注册岩土工程师必备规范汇编

（修订缩印本）

（上　册）

本社　编

中国建筑工业出版社

图书在版编目（CIP）数据

注册岩土工程师必备规范汇编：修订缩印本：上、下册/中国建筑工业出版社编. —北京：中国建筑工业出版社，2019.6
ISBN 978-7-112-23793-7

Ⅰ. ①注… Ⅱ. ①中… Ⅲ. ①岩土工程-建筑规范-中国-资格考试-自学参考资料 Ⅳ. ①TU4-65

中国版本图书馆 CIP 数据核字（2019）第 103359 号

责任编辑：咸大庆 刘瑞霞 王 梅
责任校对：焦 乐

注册岩土工程师必备规范汇编
（修订缩印本）
本社 编

*

中国建筑工业出版社出版、发行(北京海淀三里河路 9 号)

各地新华书店、建筑书店经销

北京红光制版公司制版

北京市密东印刷有限公司印刷

*

开本：787×1092 毫米 1/16 印张：158 插页：6 字数：5694 千字
2019 年 8 月第一版 2020 年 6 月第二次印刷
定价：**369.00** 元（上、下册）
ISBN 978-7-112-23793-7
（35513）

出 版 说 明

按照有关规定，我国注册岩土工程师考试分两阶段进行。第一阶段是基础考试，在考生大学本科毕业后按相应规定的年限进行，其目的是测试考生是否基本掌握进入岩土工程实践所必须具备的基础及专业理论知识。第二阶段考试是专业考试，在考生通过基础考试，并在岩土工程工作岗位上实践了规定年限的基础上进行，其目的是测试考生是否具备正确执行国家法律与技术规范进行岩土工程的勘察、设计和施工，能够保证工程的安全可靠和经济合理的能力。

按照有关规定，凡参加注册岩土工程师专业考试的考生，可携带规范入场。经注册岩土工程师考试考题设计评分专家组推荐，本汇编收录了"2020 年度全国注册土木工程师（岩土）专业考试所使用的规范、规程及法律法规"中规定必备的 34 种规范，另有 18 种规范由于种种原因，未能收录，请参见相关规范。

本汇编收录了岩土工程师常用的规范，它不仅为注册岩土工程师考试所必备，而且也是岩土工程师必备的工具书。

中国建筑工业出版社

2020 年 5 月

总 目 录

（附条文说明）

上 册

下 册

中华人民共和国国家标准

岩土工程勘察规范

Code for investigation of geotechnical engineering

GB 50021—2001

（2009 年版）

主编部门：中华人民共和国建设部
批准部门：中华人民共和国建设部
施行日期：２００２年３月１日

中华人民共和国住房和城乡建设部
公　告

第 314 号

关于发布国家标准
《岩土工程勘察规范》局部修订的公告

现批准《岩土工程勘察规范》GB 50021-2001 局部修订的条文，自 2009 年 7 月 1 日起实施。其中，第 1.0.3、4.1.18（1、2、3、4）、4.1.20（1、2、3）、4.8.5、5.7.2、7.2.2 条（款）为强制性条文，必须严格执行。经此次修改的原条文同时废止。

局部修订的条文及具体内容，将在近期出版的《工程建设标准化》刊物上登载。

中华人民共和国住房和城乡建设部

2009 年 5 月 19 日

修 订 说 明

本次局部修订系根据原建设部《关于印发〈2006 年工程建设标准规范制订、修订计划（第二批）〉的通知》（建标〔2006〕136 号）的要求，由建设综合勘察研究设计院会同有关单位对《岩土工程勘察规范》GB 50021-2001进行修订而成。

本次局部修订的主要内容是使部分条款的表达更加严谨，与相关标准更加协调。修订的主要内容如下：

1. 对"水和土腐蚀性的评价"一章内容作了较大修改。

2. 对"污染土"一节内容进行了补充和修改。

3. 其他修改 13 条：涉及土的鉴定、勘察的基本要求、场地和地基的地震效应、地下水、钻探、原位测试等。其中有强制性条文 6 条。

本规范下划线为修改内容；用黑体字表示的条文为强制性条文，必须严格执行。

本次局部修订的主编单位：建设综合勘察研究设计院

本次局部修订的参编单位：中兵勘察设计研究院
　　　　　　　　　　　　上海岩土工程勘察设计研究院有限公司
　　　　　　　　　　　　中勘冶金勘察设计研究院有限责任公司
　　　　　　　　　　　　中国有色金属工业西安勘察设计研究院
　　　　　　　　　　　　中国建筑西南勘察设计研究院有限公司

本次局部修订的主要起草人：武　威　顾宝和
　　　　　　　　　　　　　（以下按姓氏笔画排列）
　　　　　　　　　　　　　王　铠　许丽萍　李耀刚　庞锦娟　项　勃　康景文　董忠级

本次局部修订的主要审查人员：高大钊
　　　　　　　　　　　　　　（以下按姓氏笔画排列）
　　　　　　　　　　　　　　王长科　化建新　卞昭庆　杨俊峰　沈小克　戚玉红

关于发布国家标准
《岩土工程勘察规范》的通知

建标〔2002〕7 号

根据我部《关于印发一九九八年工程建设国家标准制订、修订计划（第二批）的通知》（建标〔1998〕244 号）的要求，由建设部会同有关部门共同修订的《岩土工程勘察规范》，经有关部门会审，批准为国家标准，编号为 GB 50021‑2001，自 2002 年 3 月 1 日起施行。其中，1.0.3、4.1.11、4.1.17、4.1.18、4.1.20、4.8.5、4.9.1、5.1.1、5.2.1、5.3.1、5.4.1、5.7.2、5.7.8、5.7.10、7.2.2、14.3.3 为强制性条文，必须严格执行。原《岩土工程勘察规范》GB 50021‑94 于 2002 年 12 月 31 日废止。

本规范由建设部负责管理和对强制性条文的解释，建设部综合勘察研究设计院负责具体技术内容的解释，建设部标准定额研究所组织中国建筑工业出版社出版发行。

中华人民共和国建设部

2002 年 1 月 10 日

前　　言

本规范是根据建设部建标〔1998〕244 号文的要求，对 1994 年发布的国标《岩土工程勘察规范》的修订。在修订过程中，主编单位建设部综合勘察研究设计院会同有关勘察、设计、科研、教学单位组成编制组，在全国范围内广泛征求意见，重点修改的部分编写了专题报告，并与正在实施和正在修订的有关国家标准进行了协调，经多次讨论，反复修改，先后形成了《初稿》、《征求意见稿》、《送审稿》，经审查，报批定稿。

本规范基本上保持了 1994 年发布的《规范》的适用范围、总体框架和主要内容，作了局部调整。现分为 14 章：1. 总则；2. 术语和符号；3. 勘察分级和岩土分类；4. 各类工程的勘察基本要求；5. 不良地质作用和地质灾害；6. 特殊性岩土；7. 地下水；8. 工程地质测绘和调查；9. 勘探和取样；10. 原位测试；11. 室内试验；12. 水和土腐蚀性的评价；13. 现场检验和监测；14. 岩土工程分析评价和成果报告。

本次修订的主要内容有：1. 适用范围增加了"核电厂"的勘察；2. 增加了"术语和符号"章；3. 增加了岩石坚硬程度分类、完整程度分类和岩体基本质量分级；4. 修订了"房屋建筑和构筑物"以及"桩基础"勘察的要求；5. 修订了"地下洞室"、"岸边工程"、"基坑工程"和"地基处理"勘察的规定；6. 将"尾矿坝和贮灰坝"节改为"废弃物处理工程"的勘察；7. 将"场地稳定性"章名改为"不良地质作用和地质灾害"；8. 将"强震区的场地和地基"、"地震液化"合为一节，取名"场地与地基的地震效应"；9. 对特殊性土中的"湿陷性土"和"红黏土"作了修订；10. 加强了对"地下水"勘察的要求；11. 增加了"深层载荷试验"和"扁铲侧胀试验"等。同时压缩了篇幅，突出勘察工作必须遵守的技术规则，以利作为工程质量检查的执法依据。

本规范将来可能进行局部修订，有关局部修订的信息和条文内容将刊登在《工程建设标准化》杂志上。

本规范以黑体字标志的条文为强制性条文，必须严格执行。

为了提高规范质量，请各单位在执行过程中，注意总结经验，积累资料。随时将有关意见反馈给建设部综合勘察研究设计院（北京东直门内大街 177 号，邮编 100007），以供今后修订时参考。

参加本次修订的单位和人员名单如下：

主编单位：建设部综合勘察研究设计院

参编单位：北京市勘察设计研究院
上海市岩土工程勘察设计研究院
中南勘察设计院
国家电力公司电力规划设计总院
机械工业部勘察研究院
中国兵器工业勘察设计研究院
同济大学

主要起草人：顾宝和、高大钊（以下以姓氏笔画为序）朱小林、李受祉、李耀刚、项勃、张在明、张苏民、周　红、莫群欢、戴联筠

参与审阅的专家委员会成员有：林在贯（以下以

姓氏笔画为序）
王铠、王顺富、王惠昌、卞昭庆、
李荣强、邓安福、苏贻冰、张旷成、
周亮臣、周炳源、周锡元、
林颂恩、钟亮、高岱、翁鹿年、

黄志仑、傅世法、樊颂华、魏章和

建设部
2001 年 10 月

目 次

1 总　　则

1.0.1　为了在岩土工程勘察中贯彻执行国家有关的技术经济政策，做到技术先进，经济合理，确保工程质量，提高投资效益，制定本规范。

1.0.2　本规范适用于除水利工程、铁路、公路和桥隧工程以外的工程建设岩土工程勘察。

1.0.3　各项建设工程在设计和施工之前，必须按基本建设程序进行岩土工程勘察。

1.0.3A　岩土工程勘察应按工程建设各勘察阶段的要求，正确反映工程地质条件，查明不良地质作用和地质灾害，精心勘察、精心分析，提出资料完整、评价正确的勘察报告。

1.0.4　岩土工程勘察，除应符合本规范的规定外，尚应符合国家现行有关标准、规范的规定。

2　术语和符号

2.1　术　　语

2.1.1　岩土工程勘察　geotechnical investigation

根据建设工程的要求，查明、分析、评价建设场地的地质、环境特征和岩土工程条件，编制勘察文件的活动。

2.1.2　工程地质测绘　engineering geological mapping

采用搜集资料、调查访问、地质测量、遥感解译等方法，查明场地的工程地质要素，并绘制相应的工程地质图件。

2.1.3　岩土工程勘探　geotechnical exploration

岩土工程勘察的一种手段，包括钻探、井探、槽探、坑探、洞探以及物探、触探等。

2.1.4　原位测试　in-situ tests

在岩土体所处的位置，基本保持岩土原来的结构、湿度和应力状态，对岩土体进行的测试。

2.1.5　岩土工程勘察报告　geotechnical investigation report

在原始资料的基础上进行整理、统计、归纳、分析、评价，提出工程建议，形成系统的为工程建设服务的勘察技术文件。

2.1.6　现场检验　in-situ inspection

在现场采用一定手段，对勘察成果或设计、施工措施的效果进行核查。

2.1.7　现场监测　in-situ monitoring

在现场对岩土性状和地下水的变化，岩土体和结构物的应力、位移进行系统监视和观测。

2.1.8　岩石质量指标（RQD）rock quality designation

用直径为75mm的金刚石钻头和双层岩芯管在岩石中钻进，连续取芯，回次钻进所取岩芯中，长度大于10cm的岩芯段长度之和与该回次进尺的比值，以百分数表示。

2.1.9　土试样质量等级　quality classification of soil samples

按土试样受扰动程度不同划分的等级。

2.1.10　不良地质作用　adverse geologic actions

由地球内力或外力产生的对工程可能造成危害的地质作用。

2.1.11　地质灾害　geological disaster

由不良地质作用引发的，危及人身、财产、工程或环境安全的事件。

2.1.12　地面沉降　ground subsidence，land subsidence

大面积区域性的地面下沉，一般由地下水过量抽吸产生区域性降落漏斗引起。大面积地下采空和黄土自重湿陷也可引起地面沉降。

2.1.13　岩土参数标准值　standard value of a geotechnical parameter

岩土参数的基本代表值，通常取概率分布的0.05分位数。

2.2　符　　号

2.2.1　岩土物理性质和颗粒组成

e——孔隙比；

I_L——液性指数；

I_P——塑性指数；

n——孔隙度，孔隙率；

Sr——饱和度；

w——含水量，含水率；

w_L——液限；

w_P——塑限；

W_u——有机质含量；

γ——重力密度（重度）；

ρ——质量密度（密度）；

ρ_d——干密度。

2.2.2　岩土变形参数

a——压缩系数；

C_c——压缩指数；

C_e——再压缩指数；

C_s——回弹指数；

c_h——水平向固结系数；

c_v——垂直向固结系数；

E_0——变形模量；

E_D——侧胀模量；

E_m——旁压模量；

E_s——压缩模量；

G——剪切模量；

p_c——先期固结压力。

2.2.3　岩土强度参数

c——黏聚力；

p_0——载荷试验比例界限压力，旁压试验初始压力；

p_f——旁压试验临塑压力；

p_L——旁压试验极限压力；

p_u——载荷试验极限压力；

q_u——无侧限抗压强度；

τ——抗剪强度；

φ——内摩擦角。

2.2.4 触探及标准贯入试验指标

R_f——静力触探摩阻比；

f_s——静力触探侧阻力；

N——标准贯入试验锤击数；

N_{10}——轻型圆锥动力触探锤击数；

$N_{63.5}$——重型圆锥动力触探锤击数；

N_{120}——超重型圆锥动力触探锤击数；

p_s——静力触探比贯入阻力；

q_c——静力触探锥头阻力。

2.2.5 水文地质参数

B——越流系数；

k——渗透系数；

Q——流量，涌水量；

R——影响半径；

S——释水系数；

T——导水系数；

u——孔隙水压力。

2.2.6 其他符号

F_s——边坡稳定系数；

I_D——侧胀土性指数；

K_D——侧胀水平应力指数；

p_e——膨胀力；

U_D——侧胀孔压指数；

ΔF_s——附加湿陷量；

s——基础沉降量，载荷试验沉降量；

S_t——灵敏度；

α_w——红黏土的含水比；

v_p——压缩波波速；

v_s——剪切波波速；

δ——变异系数；

Δ_s——总湿陷量；

μ——泊松比；

σ——标准差。

3 勘察分级和岩土分类

3.1 岩土工程勘察分级

3.1.1 根据工程的规模和特征，以及由于岩土工程问题造成工程破坏或影响正常使用的后果，可分为三个工程重要性等级：

1 一级工程：重要工程，后果很严重；

2 二级工程：一般工程，后果严重；

3 三级工程：次要工程，后果不严重。

3.1.2 根据场地的复杂程度，可按下列规定分为三个场地等级：

1 符合下列条件之一者为一级场地（复杂场地）：

1）对建筑抗震危险的地段；

2）不良地质作用强烈发育；

3）地质环境已经或可能受到强烈破坏；

4）地形地貌复杂；

5）有影响工程的多层地下水、岩溶裂隙水或其他水文地质条件复杂，需专门研究的场地。

2 符合下列条件之一者为二级场地（中等复杂场地）：

1）对建筑抗震不利的地段；

2）不良地质作用一般发育；

3）地质环境已经或可能受到一般破坏；

4）地形地貌较复杂；

5）基础位于地下水位以下的场地。

3 符合下列条件者为三级场地（简单场地）：

1）抗震设防烈度等于或小于 6 度，或对建筑抗震有利的地段；

2）不良地质作用不发育；

3）地质环境基本未受破坏；

4）地形地貌简单；

5）地下水对工程无影响。

注：1 从一级开始，向二级、三级推定，以最先满足的为准；第 3.1.3 条亦按本方法确定地基等级；

2 对建筑抗震有利、不利和危险地段的划分，应按现行国家标准《建筑抗震设计规范》（GB50011）的规定确定。

3.1.3 根据地基的复杂程度，可按下列规定分为三个地基等级：

1 符合下列条件之一者为一级地基（复杂地基）：

1）岩土种类多，很不均匀，性质变化大，需特殊处理；

2）严重湿陷、膨胀、盐渍、污染的特殊性岩土，以及其他情况复杂，需作专门处理的岩土。

2 符合下列条件之一者为二级地基（中等复杂地基）：

1）岩土种类较多，不均匀，性质变化较大；

2）除本条第 1 款规定以外的特殊性岩土。

3 符合下列条件者为三级地基（简单地基）：

1）岩土种类单一，均匀，性质变化不大；
　　2）无特殊性岩土。

3.1.4 根据工程重要性等级、场地复杂程度等级和地基复杂程度等级，可按下列条件划分岩土工程勘察等级。

　　甲级　在工程重要性、场地复杂程度和地基复杂程度等级中，有一项或多项为一级；

　　乙级　除勘察等级为甲级和丙级以外的勘察项目；

　　丙级　工程重要性、场地复杂程度和地基复杂程度等级均为三级。

　　注：建筑在岩质地基上的一级工程，当场地复杂程度等级和地基复杂程度等级均为三级时，岩土工程勘察等级可定为乙级。

3.2　岩石的分类和鉴定

3.2.1 在进行岩土工程勘察时，应鉴定岩石的地质名称和风化程度，并进行岩石坚硬程度、岩体完整程度和岩体基本质量等级的划分。

3.2.2 岩石坚硬程度、岩体完整程度和岩体基本质量等级的划分，应分别按表 3.2.2-1～表 3.2.2-3 执行。

表 3.2.2-1　岩石坚硬程度分类

坚硬程度	坚硬岩	较硬岩	较软岩	软岩	极软岩
饱和单轴抗压强度 f_r（MPa）	$f_r>60$	$60\geqslant f_r>30$	$30\geqslant f_r>15$	$15\geqslant f_r>5$	$f_r\leqslant 5$

注：1　当无法取得饱和单轴抗压强度数据时，可用点荷载试验强度换算，换算方法按现行国家标准《工程岩体分级标准》（GB50218）执行；

　　2　当岩体完整程度为极破碎时，可不进行坚硬程度分类。

表 3.2.2-2　岩体完整程度分类

完整程度	完整	较完整	较破碎	破碎	极破碎
完整性指数	>0.75	0.75～0.55	0.55～0.35	0.35～0.15	<0.15

注：完整性指数为岩体压缩波速度与岩块压缩波速度之比的平方，选定岩体和岩块测定波速时，应注意其代表性。

表 3.2.2-3　岩体基本质量等级分类

坚硬程度＼完整程度	完整	较完整	较破碎	破碎	极破碎
坚硬岩	Ⅰ	Ⅱ	Ⅲ	Ⅳ	Ⅴ
较硬岩	Ⅱ	Ⅲ	Ⅳ	Ⅳ	Ⅴ
较软岩	Ⅲ	Ⅳ	Ⅳ	Ⅴ	Ⅴ
软岩	Ⅳ	Ⅳ	Ⅴ	Ⅴ	Ⅴ
极软岩	Ⅴ	Ⅴ	Ⅴ	Ⅴ	Ⅴ

3.2.3 当缺乏有关试验数据时，可按本规范附录 A 表 A.0.1 和表 A.0.2 划分岩石的坚硬程度和岩体的完整程度。岩石风化程度的划分可按本规范附录 A 表 A.0.3 执行。

3.2.4 当软化系数等于或小于 0.75 时，应定为软化岩石；当岩石具有特殊成分、特殊结构或特殊性质时，应定为特殊性岩石，如易溶性岩石、膨胀性岩石、崩解性岩石、盐渍化岩石等。

3.2.5 岩石的描述应包括地质年代、地质名称、风化程度、颜色、主要矿物、结构、构造和岩石质量指标 RQD。对沉积岩着重描述沉积物的颗粒大小、形状、胶结物成分和胶结程度；对岩浆岩和变质岩应着重描述矿物结晶大小和结晶程度。

　　根据岩石质量指标 RQD，可分为好的（RQD>90）、较好的（RQD=75～90）、较差的（RQD=50～75）、差的（RQD=25～50）和极差的（RQD<25）。

3.2.6 岩体的描述应包括结构面、结构体、岩层厚度和结构类型，并宜符合下列规定：

　　1　结构面的描述包括类型、性质、产状、组合形式、发育程度、延展情况、闭合程度、粗糙程度、充填情况和充填物性质以及充水性质等；

　　2　结构体的描述包括类型、形状、大小和结构体在围岩中的受力情况等；

　　3　岩层厚度分类应按表 3.2.6 执行。

表 3.2.6　岩层厚度分类

层厚分类	单层厚度 h（m）	层厚分类	单层厚度 h（m）
巨厚层	$h>1.0$	中厚层	$0.5\geqslant h>0.1$
厚　层	$1.0\geqslant h>0.5$	薄层	$h\leqslant 0.1$

3.2.7 对地下洞室和边坡工程，尚应确定岩体的结构类型。岩体结构类型的划分应按本规范附录 A 表 A.0.4 执行。

3.2.8 对岩体基本质量等级为Ⅳ级和Ⅴ级的岩体，鉴定和描述除按本规范第 3.2.5 条～第 3.2.7 条执行外，尚应符合下列规定：

　　1　对软岩和极软岩，应注意是否具有可软化性、膨胀性、崩解性等特殊性质；

　　2　对极破碎岩体，应说明破碎的原因，如断层、全风化等；

　　3　开挖后是否有进一步风化的特性。

3.3　土的分类和鉴定

3.3.1 晚更新世 Q₃ 及其以前沉积的土，应定为老沉积土；第四纪全新世中近期沉积的土，应定为新近沉积土。根据地质成因，可划分为残积土、坡积土、洪积土、冲积土、淤积土、冰积土和风积土等。土根据有机质含量分类，应按本规范附录 A 表 A.0.5 执行。

3.3.2 粒径大于 2mm 的颗粒质量超过总质量 50% 的土，应定名为碎石土，并按表 3.3.2 进一步分类。

表 3.3.2 碎石土分类

土的名称	颗粒形状	颗粒级配
漂 石	圆形及亚圆形为主	粒径大于 200mm 的颗粒质量超过总质量 50%
块 石	棱角形为主	
卵 石	圆形及亚圆形为主	粒径大于 20mm 的颗粒质量超过总质量 50%
碎 石	棱角形为主	
圆 砾	圆形及亚圆形为主	粒径大于 2mm 的颗粒质量超过总质量 50%
角 砾	棱角形为主	

注：定名时，应根据颗粒级配由大到小以最先符合者确定。

3.3.3 粒径大于 2mm 的颗粒质量不超过总质量的 50%，粒径大于 0.075mm 的颗粒质量超过总质量 50% 的土，应定名为砂土，并按表 3.3.3 进一步分类。

表 3.3.3 砂 土 分 类

土的名称	颗 粒 级 配
砾 砂	粒径大于 2mm 的颗粒质量占总质量 25%～50%
粗 砂	粒径大于 0.5mm 的颗粒质量超过总质量 50%
中 砂	粒径大于 0.25mm 的颗粒质量超过总质量 50%
细 砂	粒径大于 0.075mm 的颗粒质量超过总质量 85%
粉 砂	粒径大于 0.075mm 的颗粒质量超过总质量 50%

注：定名时应根据颗粒级配由大到小以最先符合者确定。

3.3.4 粒径大于 0.075mm 的颗粒质量不超过总质量的 50%，且塑性指数等于或小于 10 的土，应定名为粉土。

3.3.5 塑性指数大于 10 的土应定名为黏性土。

黏性土应根据塑性指数分为粉质黏土和黏土。塑性指数大于 10，且小于或等于 17 的土，应定名为粉质黏土；塑性指数大于 17 的土应定名为黏土。

注：塑性指数应由相应于 76g 圆锥仪沉入土中深度为 10mm 时测定的液限计算而得。

3.3.6 除按颗粒级配或塑性指数定名外，土的综合定名应符合下列规定：

1 对特殊成因和年代的土类应结合其成因和年代特征定名；

2 对特殊性土，应结合颗粒级配或塑性指数定名；

3 对混合土，应冠以主要含有的土类定名；

4 对同一土层中相间呈韵律沉积，当薄层与厚层的厚度比大于 1/3 时，宜定为"互层"；厚度比为 1/10～1/3 时，宜定为"夹层"；厚度比小于 1/10 的土层，且多次出现时，宜定为"夹薄层"；

5 当土层厚度大于 0.5m 时，宜单独分层。

3.3.7 土的鉴定应在现场描述的基础上，结合室内试验的开土记录和试验结果综合确定。土的描述应符合下列规定：

1 碎石土宜描述颗粒级配、颗粒形状、颗粒排列、母岩成分、风化程度、充填物的性质和充填程度、密实度等；

2 砂土宜描述颜色、矿物组成、颗粒级配、颗粒形状、细粒含量、湿度、密实度等；

3 粉土宜描述颜色、包含物、湿度、密实度等；

4 黏性土宜描述颜色、状态、包含物、土的结构等；

5 特殊性土除应描述上述相应土类规定的内容外，尚应描述其特殊成分和特殊性质，如对淤泥尚应描述嗅味，对填土尚应描述物质成分、堆积年代、密实度和均匀性等；

6 对具有互层、夹层、夹薄层特征的土，尚应描述各层的厚度和层理特征；

7 需要时，可用目力鉴别描述土的光泽反应、摇振反应、干强度和韧性，按表 3.3.7 区分粉土和黏性土。

表 3.3.7 目力鉴别粉土和黏性土

鉴别项目	摇振反应	光泽反应	干强度	韧性
粉土	迅速、中等	无光泽反应	低	低
黏性土	无	有光泽、稍有光泽	高、中等	高、中等

3.3.8 碎石土的密实度可根据圆锥动力触探锤击数按表 3.3.8-1 或表 3.3.8-2 确定，表中的 $N_{63.5}$ 和 N_{120} 应按本规范附录 B 修正。定性描述可按本规范附录 A 表 A.0.6 的规定执行。

表 3.3.8-1 碎石土密实度按 $N_{63.5}$ 分类

重型动力触探锤击数 $N_{63.5}$	密实度	重型动力触探锤击数 $N_{63.5}$	密实度
$N_{63.5} \leqslant 5$	松 散	$10 < N_{63.5} \leqslant 20$	中 密
$5 < N_{63.5} \leqslant 10$	稍 密	$N_{63.5} > 20$	密 实

注：本表适用于平均粒径等于或小于 50mm，且最大粒径小于 100mm 的碎石土。对于平均粒径大于 50mm，或最大粒径大于 100mm 的碎石土，可用超重型动力触探或用野外观察鉴别。

表 3.3.8-2 碎石土密实度按 N_{120} 分类

超重型动力触探锤击数 N_{120}	密实度	超重型动力触探锤击数 N_{120}	密实度
$N_{120} \leqslant 3$	松 散	$11 < N_{120} \leqslant 14$	密 实
$3 < N_{120} \leqslant 6$	稍 密	$N_{120} > 14$	很 密
$6 < N_{120} \leqslant 11$	中 密		

3.3.9 砂土的密实度应根据标准贯入试验锤击数实测值 N 划分为密实、中密、稍密和松散，并应符合表 3.3.9 的规定。当用静力触探探头阻力划分砂土密实度时，可根据当地经验确定。

表 3.3.9　砂土密实度分类

标准贯入锤击数 N	密　实　度	标准贯入锤击数 N	密实度
N≤10	松　散	15<N≤30	中　密
10<N≤15	稍　密	N>30	密　实

3.3.10　粉土的密实度应根据孔隙比 e 划分为密实、中密和稍密；其湿度应根据含水量 $w(\%)$ 划分为稍湿、湿、很湿。密实度和湿度的划分应分别符合表 3.3.10-1 和表 3.3.10-2 的规定。

表 3.3.10-1　粉土密实度分类

孔　隙　比 e	密　实　度
e<0.75	密　实
0.75≤e≤0.90	中　密
e>0.9	稍　密

注：当有经验时，也可用原位测试或其他方法划分粉土的密实度。

表 3.3.10-2　粉土湿度分类

含　水　量 w	湿　度
w<20	稍　湿
20≤w≤30	湿
w>30	很　湿

3.3.11　黏性土的状态应根据液性指数 I_L 划分为坚硬、硬塑、可塑、软塑和流塑，并应符合表 3.3.11 的规定。

表 3.3.11　黏性土状态分类

液　性　指　数	状　态	液　性　指　数	状　态
$I_L≤0$	坚　硬	$0.75<I_L≤1$	软　塑
$0<I_L≤0.25$	硬　塑	$I_L>1$	流　塑
$0.25<I_L≤0.75$	可　塑		

4　各类工程的勘察基本要求

4.1　房屋建筑和构筑物

4.1.1　房屋建筑和构筑物（以下简称建筑物）的岩土工程勘察，应在搜集建筑物上部荷载、功能特点、结构类型、基础形式、埋置深度和变形限制等方面资料的基础上进行。其主要工作内容应符合下列规定：

　　1　查明场地和地基的稳定性、地层结构、持力层和下卧层的工程特性、土的应力历史和地下水条件以及不良地质作用等；

　　2　提供满足设计、施工所需的岩土参数，确定地基承载力，预测地基变形性状；

　　3　提出地基基础、基坑支护、工程降水和地基处理设计与施工方案的建议；

　　4　提出对建筑物有影响的不良地质作用的防治

方案建议；

　　5　对于抗震设防烈度等于或大于 6 度的场地，进行场地与地基的地震效应评价。

4.1.2　建筑物的岩土工程勘察宜分阶段进行，可行性研究勘察应符合选择场址方案的要求；初步勘察应符合初步设计的要求；详细勘察应符合施工图设计的要求；场地条件复杂或有特殊要求的工程，宜进行施工勘察。

　　场地较小且无特殊要求的工程可合并勘察阶段。当建筑物平面布置已经确定，且场地或其附近已有岩土工程资料时，可根据实际情况，直接进行详细勘察。

4.1.3　可行性研究勘察，应对拟建场地的稳定性和适宜性做出评价，并应符合下列要求：

　　1　搜集区域地质、地形地貌、地震、矿产、当地的工程地质、岩土工程和建筑经验等资料；

　　2　在充分搜集和分析已有资料的基础上，通过踏勘了解场地的地层、构造、岩性、不良地质作用和地下水等工程地质条件；

　　3　当拟建场地工程地质条件复杂，已有资料不能满足要求时，应根据具体情况进行工程地质测绘和必要的勘探工作；

　　4　当有两个或两个以上拟选场地时，应进行比选分析。

4.1.4　初步勘察应对场地内拟建建筑地段的稳定性做出评价，并进行下列主要工作：

　　1　搜集拟建工程的有关文件、工程地质和岩土工程资料以及工程场地范围的地形图；

　　2　初步查明地质构造、地层结构、岩土工程特性、地下水埋藏条件；

　　3　查明场地不良地质作用的成因、分布、规模、发展趋势，并对场地的稳定性做出评价；

　　4　对抗震设防烈度等于或大于 6 度的场地，应对场地和地基的地震效应做出初步评价；

　　5　季节性冻土地区，应调查场地土的标准冻结深度；

　　6　初步判定水和土对建筑材料的腐蚀性；

　　7　高层建筑初步勘察时，应对可能采取的地基基础类型、基坑开挖与支护、工程降水方案进行初步分析评价。

4.1.5　初步勘察的勘探工作应符合下列要求：

　　1　勘探线应垂直地貌单元、地质构造和地层界线布置；

　　2　每个地貌单元均应布置勘探点，在地貌单元交接部位和地层变化较大的地段，勘探点应予加密；

　　3　在地形平坦地区，可按网格布置勘探点；

　　4　对岩质地基，勘探线和勘探点的布置，勘探孔的深度，应根据地质构造、岩体特性、风化情况等，按地方标准或当地经验确定；对土质地基，应符合本节第4.1.6条~第4.1.10条的规定。

4.1.6 初步勘察勘探线、勘探点间距可按表4.1.6确定，局部异常地段应予加密。

表 4.1.6　初步勘察勘探线、勘探点间距（m）

地基复杂程度等级	勘探线间距	勘探点间距
一级（复杂）	50~100	30~50
二级（中等复杂）	75~150	40~100
三级（简单）	150~300	75~200

注：1　表中间距不适用于地球物理勘探；
　　2　控制性勘探点宜占勘探点总数的1/5~1/3，且每个地貌单元均应有控制性勘探点。

4.1.7 初步勘察勘探孔的深度可按表4.1.7确定。

表 4.1.7　初步勘察勘探孔深度（m）

工程重要性等级	一般性勘探孔	控制性勘探孔
一级（重要工程）	≥15	≥30
二级（一般工程）	10~15	15~30
三级（次要工程）	6~10	10~20

注：1　勘探孔包括钻孔、探井和原位测试孔等；
　　2　特殊用途的钻孔除外。

4.1.8 当遇下列情形之一时，应适当增减勘探孔深度：

1　当勘探孔的地面标高与预计整平地面标高相差较大时，应按其差值调整勘探孔深度；

2　在预定深度内遇基岩时，除控制性勘探孔仍应钻入基岩适当深度外，其他勘探孔达到确认的基岩后即可终止钻进；

3　在预定深度内有厚度较大，且分布均匀的坚实土层（如碎石土、密实砂、老沉积土等）时，除控制性勘探孔应达到规定深度外，一般性勘探孔的深度可适当减小；

4　当预定深度内有软弱土层时，勘探孔深度应适当增加，部分控制性勘探孔应穿透软弱土层或达到预计控制深度；

5　对重型工业建筑应根据结构特点和荷载条件适当增加勘探孔深度。

4.1.9 初步勘察采取土试样和进行原位测试应符合下列要求：

1　采取土试样和进行原位测试的勘探点应结合地貌单元、地层结构和土的工程性质布置，其数量可占勘探点总数的1/4~1/2；

2　采取土试样的数量和孔内原位测试的竖向间距，应按地层特点和土的均匀程度确定；每层土均应采取土试样或进行原位测试，其数量不宜少于6个。

4.1.10 初步勘察应进行下列水文地质工作：

1　调查含水层的埋藏条件，地下水类型、补给排泄条件，各层地下水位，调查其变化幅度，必要时

应设置长期观测孔，监测水位变化；

2　当需绘制地下水等水位线图时，应根据地下水的埋藏条件和层位，统一量测地下水位；

3　当地下水可能浸湿基础时，应采取水试样进行腐蚀性评价。

4.1.11 详细勘察应按单体建筑物或建筑群提出详细的岩土工程资料和设计、施工所需的岩土参数；对建筑地基作出岩土工程评价，并对地基类型、基础形式、地基处理、基坑支护、工程降水和不良地质作用的防治等提出建议。主要应进行下列工作：

1　搜集附有坐标和地形的建筑总平面图，场区的地面整平标高，建筑物的性质、规模、荷载、结构特点，基础形式、埋置深度，地基允许变形等资料；

2　查明不良地质作用的类型、成因、分布范围、发展趋势和危害程度，提出整治方案的建议；

3　查明建筑范围内岩土层的类型、深度、分布、工程特性，分析和评价地基的稳定性、均匀性和承载力；

4　对需进行沉降计算的建筑物，提供地基变形计算参数，预测建筑物的变形特征；

5　查明埋藏的河道、沟浜、墓穴、防空洞、孤石等对工程不利的埋藏物；

6　查明地下水的埋藏条件，提供地下水位及其变化幅度；

7　在季节性冻土地区，提供场地土的标准冻结深度；

8　判定水和土对建筑材料的腐蚀性。

4.1.12 对抗震设防烈度等于或大于6度的场地，勘察工作应按本规范第5.7节执行；当建筑物采用桩基础时，应按本规范第4.9节执行；当需进行基坑开挖、支护和降水设计时，应按本规范第4.8节执行。

4.1.13 详细勘察应论证地下水在施工期间对工程和环境的影响。对情况复杂的重要工程，需论证使用期间水位变化和需提出抗浮设防水位时，应进行专门研究。

4.1.14 详细勘察勘探点布置和勘探孔深度，应根据建筑物特性和岩土工程条件确定。对岩质地基，应根据地质构造、岩体特性、风化情况等，结合建筑物对地基的要求，按地方标准或当地经验确定；对土质地基，应符合本节第4.1.15条~第4.1.19条的规定。

4.1.15 详细勘察勘探点的间距可按表4.1.15确定。

表 4.1.15　详细勘察勘探点的间距（m）

地基复杂程度等级	勘探点间距	地基复杂程度等级	勘探点间距
一级（复杂）	10~15	三级（简单）	30~50
二级（中等复杂）	15~30		

4.1.16 详细勘察的勘探点布置，应符合下列规定：

1　勘探点宜按建筑物周边线和角点布置，对无

特殊要求的其他建筑物可按建筑物或建筑群的范围布置；

2 同一建筑范围内的主要受力层或有影响的下卧层起伏较大时，应加密勘探点，查明其变化；

3 重大设备基础应单独布置勘探点；重大的动力机器基础和高耸构筑物，勘探点不宜少于 3 个；

4 勘探手段宜采用钻探与触探相配合，在复杂地质条件、湿陷性土、膨胀岩土、风化岩和残积土地区，宜布置适量探井。

4.1.17 详细勘察的单栋高层建筑勘探点的布置，应满足对地基均匀性评价的要求，且不应少于 4 个；对密集的高层建筑群，勘探点可适当减少，但每栋建筑物至少应有 1 个控制性勘探点。

4.1.18 详细勘察的勘探深度自基础底面算起，应符合下列规定：

1 勘探孔深度应能控制地基主要受力层，当基础底面宽度不大于 5m 时，勘探孔的深度对条形基础不应小于基础底面宽度的 3 倍，对单独柱基不应小于 1.5 倍，且不应小于 5m；

2 对高层建筑和需作变形验算的地基，控制性勘探孔的深度应超过地基变形计算深度；高层建筑的一般性勘探孔应达到基底下 0.5～1.0 倍的基础宽度，并深入稳定分布的地层；

3 对仅有地下室的建筑或高层建筑的裙房，当不能满足抗浮设计要求，需设置抗浮桩或锚杆时，勘探孔深度应满足抗拔承载力评价的要求；

4 当有大面积地面堆载或软弱下卧层时，应适当加深控制性勘探孔的深度；

5 在上述规定深度内遇基岩或厚层碎石土等稳定地层时，勘探孔深度可适当调整。

4.1.19 详细勘察的勘探孔深度，除应符合 4.1.18 条的要求外，尚应符合下列规定：

1 地基变形计算深度，对中、低压缩性土可取附加压力等于上覆土层有效自重压力 20% 的深度；对于高压缩性土层可取附加压力等于上覆土层有效自重压力 10% 的深度；

2 建筑总平面内的裙房或仅有地下室部分（或当基底附加压力 $p_0 \leq 0$ 时）的控制性勘探孔的深度可适当减小，但应深入稳定分布地层，且根据荷载和土质条件不宜少于基底下 0.5～1.0 倍基础宽度；

3 当需进行地基整体稳定性验算时，控制性勘探孔深度应根据具体条件满足验算要求；

4 当需确定场地抗震类别而邻近无可靠的覆盖层厚度资料时，应布置波速测试孔，其深度应满足确定覆盖层厚度的要求；

5 大型设备基础勘探孔深度不宜小于基础底面宽度的 2 倍；

6 当需进行地基处理时，勘探孔的深度应满足地基处理设计与施工要求；当采用桩基时，勘探孔的

深度应满足本规范第 4.9 节的要求。

4.1.20 详细勘察采取土试样和进行原位测试应满足岩土工程评价要求，并符合下列要求：

1 采取土试样和进行原位测试的勘探孔的数量，应根据地层结构、地基土的均匀性和工程特点确定，且不应少于勘探孔总数的 1/2，钻探取土试样孔的数量不应少于勘探孔总数的 1/3；

2 每个场地每一主要土层的原状土试样或原位测试数据不应少于 6 件（组），当采用连续记录的静力触探或动力触探为主要勘察手段时，每个场地不应少于 3 个孔；

3 在地基主要受力层内，对厚度大于 0.5m 的夹层或透镜体，应采取土试样或进行原位测试；

4 当土层性质不均匀时，应增加取土试样或原位测试数量。

4.1.21 基坑或基槽开挖后，岩土条件与勘察资料不符或发现必须查明的异常情况时，应进行施工勘察；在工程施工或使用期间，当地基土、边坡体、地下水等发生未曾估计到的变化时，应进行监测，并对工程和环境的影响进行分析评价。

4.1.22 室内土工试验应符合本规范第 11 章的规定，为基坑工程设计进行的土的抗剪强度试验，应满足本规范第 4.8.4 条的规定。

4.1.23 地基变形计算应按现行国家标准《建筑地基基础设计规范》（GB50007）或其他有关标准的规定执行。

4.1.24 地基承载力应结合地区经验按有关标准综合确定。有不良地质作用的场地，建在坡上或坡顶的建筑物，以及基础侧旁开挖的建筑物，应评价其稳定性。

4.2 地 下 洞 室

4.2.1 本节适用于人工开挖的无压地下洞室的岩土工程勘察。

4.2.2 地下洞室勘察的围岩分级方法应与地下洞室设计采用的标准一致。

4.2.3 可行性研究勘察应通过搜集区域地质资料，现场踏勘和调查，了解拟选方案的地形地貌、地层岩性、地质构造、工程地质、水文地质和环境条件，做出可行性评价，选择合适的洞址和洞口。

4.2.4 初步勘察应采用工程地质测绘、勘探和测试等方法，初步查明选定方案的地质条件和环境条件，初步确定岩体质量等级（围岩类别），对洞址和洞口的稳定性做出评价，为初步设计提供依据。

4.2.5 初步勘察时，工程地质测绘和调查应初步查明下列问题：

1 地貌形态和成因类型；

2 地层岩性、产状、厚度、风化程度；

3 断裂和主要裂隙的性质、产状、充填、胶结、

贯通及组合关系;

    4 不良地质作用的类型、规模和分布;

    5 地震地质背景;

    6 地应力的最大主应力作用方向;

    7 地下水类型、埋藏条件、补给、排泄和动态变化;

    8 地表水体的分布及其与地下水的关系,淤积物的特征;

    9 洞室穿越地面建筑物、地下构筑物、管道等既有工程时的相互影响。

4.2.6 初步勘察时,勘探与测试应符合下列要求:

    1 采用浅层地震剖面法或其他有效方法圈定隐伏断裂、构造破碎带,查明基岩埋深、划分风化带;

    2 勘探点宜沿洞室外侧交叉布置,勘探点间距宜为100~200m,采取试样和原位测试勘探孔不宜少于勘探孔总数的2/3;控制性勘探孔深度,对岩体基本质量等级为Ⅰ级和Ⅱ级的岩体宜钻入洞底设计标高下1~3m;对Ⅲ级岩体宜钻入3~5m,对Ⅳ级、Ⅴ级的岩体和土层,勘探孔深度应根据实际情况确定;

    3 每一主要岩层和土层均应采取试样,当有地下水时应采取水试样;当洞区存在有害气体或地温异常时,应进行有害气体成分、含量或地温测定;对高地应力地区,应进行地应力量测;

    4 必要时,可进行钻孔弹性波或声波测试,钻孔地震CT或钻孔电磁波CT测试;

    5 室内岩石试验和土工试验项目,应按本规范第11章的规定执行。

4.2.7 详细勘察应采用钻探、钻孔物探和测试为主的勘察方法,必要时可结合施工导洞布置洞探,详细查明洞址、洞口、洞室穿越线路的工程地质和水文地质条件,分段划分岩体质量等级(围岩类别),评价洞体和围岩的稳定性,为设计支护结构和确定施工方案提供资料。

4.2.8 详细勘察应进行下列工作:

    1 查明地层岩性及其分布,划分岩组和风化程度,进行岩石物理力学性质试验;

    2 查明断裂构造和破碎带的位置、规模、产状和力学属性,划分岩体结构类型;

    3 查明不良地质作用的类型、性质、分布,并提出防治措施的建议;

    4 查明主要含水层的分布、厚度、埋深,地下水的类型、水位、补给排泄条件,预测开挖期间出水状态、涌水量和水质的腐蚀性;

    5 城市地下洞室需降水施工时,应分段提出工程降水方案和有关参数;

    6 查明洞室所在位置及邻近地段的地面建筑和地下构筑物、管线状况,预测洞室开挖可能产生的影响,提出防护措施。

4.2.9 详细勘察可采用浅层地震勘探和孔间地震CT

或孔间电磁波CT测试等方法,详细查明基岩埋深、岩石风化程度,隐伏体(如溶洞、破碎带等)的位置,在钻孔中进行弹性波波速测试,为确定岩体质量等级(围岩类别),评价岩体完整性,计算动力参数提供资料。

4.2.10 详细勘察时,勘探点宜在洞室中线外侧6~8m交叉布置,山区地下洞室按地质构造布置,且勘探点间距不应大于50m;城市地下洞室的勘探点间距,岩土变化复杂的场地宜小于25m,中等复杂的宜为25~40m,简单的宜为40~80m。

    采集试样和原位测试勘探孔数量不应少于勘探孔总数的1/2。

4.2.11 详细勘察时,第四系中的控制性勘探孔深度应根据工程地质、水文地质条件、洞室埋深、防护设计等需要确定;一般性勘探孔可钻至基底设计标高下6~10m。控制性勘探孔深度,可按本节第4.2.6条第2款的规定执行。

4.2.12 详细勘察的室内试验和原位测试,除应满足初步勘察的要求外,对城市地下洞室尚应根据设计要求进行下列试验:

    1 采用承压板边长为30cm的载荷试验测求地基基床系数;

    2 采用面热源法或热线比较法进行热物理指标试验,计算热物理参数:导温系数、导热系数和比热容;

    3 当需提供动力参数时,可用压缩波波速 v_p 和剪切波波速 v_s 计算求得,必要时,可用室内动力性质试验,提供动力参数。

4.2.13 施工勘察应配合导洞或毛洞开挖进行,当发现与勘察资料有较大出入时,应提出修改设计和施工方案的建议。

4.2.14 地下洞室围岩的稳定性评价可采用工程地质分析与理论计算相结合的方法,可采用数值法或弹性有限元图谱法计算。

4.2.15 当洞室可能产生偏压、膨胀压力、岩爆和其他特殊情况时,应进行专门研究。

4.2.16 详细勘察阶段地下洞室岩土工程勘察报告,除按本规范第14章的要求执行外,尚应包括下列内容:

    1 划分围岩类别;

    2 提出洞址、洞口、洞轴线位置的建议;

    3 对洞口、洞体的稳定性进行评价;

    4 提出支护方案和施工方法的建议;

    5 对地面变形和既有建筑的影响进行评价。

4.3 岸 边 工 程

4.3.1 本节适用于港口工程、造船和修船水工建筑物以及取水构筑物的岩土工程勘察。

4.3.2 岸边工程勘察应着重查明下列内容:

1 地貌特征和地貌单元交界处的复杂地层；

2 高灵敏软土、层状构造土、混合土等特殊土和基本质量等级为Ⅴ级岩体的分布和工程特性；

3 岸边滑坡、崩塌、冲刷、淤积、潜蚀、沙丘等不良地质作用。

4.3.3 可行性研究勘察时，应进行工程地质测绘或踏勘调查，内容包括地层分布、构造特点、地貌特征、岸坡形态、冲刷淤积、水位升降、岸滩变迁、淹没范围等情况和发展趋势。必要时应布置一定数量的勘探工作，并应对岸坡的稳定性和场址的适宜性做出评价，提出最优场址方案的建议。

4.3.4 初步设计阶段勘察应符合下列规定：

1 工程地质测绘，应调查岸线变迁和动力地质作用对岸线变迁的影响；埋藏河、湖、沟谷的分布及其对工程的影响；潜蚀、沙丘等不良地质作用的成因、分布、发展趋势及其对场地稳定性的影响；

2 勘探线宜垂直岸向布置；勘探线和勘探点的间距，应根据工程要求、地貌特征、岩土分布、不良地质作用等确定；岸坡地段和岩石与土层组合地段宜适当加密；

3 勘探孔的深度应根据工程规模、设计要求和岩土条件确定；

4 水域地段可采用浅层地震剖面或其他物探方法；

5 对场地的稳定性应作出进一步评价，并对总平面布置、结构和基础形式、施工方法和不良地质作用的防治提出建议。

4.3.5 施工图设计阶段勘察时，勘探线和勘探点应结合地貌特征和地质条件，根据工程总平面布置确定，复杂地基地段应予加密。勘探孔深度应根据工程规模、设计要求和岩土条件确定，除建筑物和结构物特点与荷载外，应考虑岸坡稳定性、坡体开挖、支护结构、桩基等的分析计算需要。

根据勘察结果，应对地基基础的设计和施工及不良地质作用的防治提出建议。

4.3.6 原位测试除应符合本规范第10章的要求外，软土中可用静力触探或静力触探与旁压试验相结合，进行分层，测定土的模量、强度和地基承载力等；用十字板剪切试验，测定土的不排水抗剪强度。

4.3.7 测定土的抗剪强度选用剪切试验方法时，应考虑下列因素：

1 非饱和土在施工期间和竣工以后受水浸成为饱和土的可能性；

2 土的固结状态在施工和竣工后的变化；

3 挖方卸荷或填方增荷对土性的影响。

4.3.8 各勘察阶段勘探线和勘探点的间距、勘探孔的深度、原位测试和室内试验的数量等的具体要求，应符合现行有关标准的规定。

4.3.9 评价岸坡和地基稳定性时，应考虑下列因素：

1 正确选用设计水位；

2 出现较大水头差和水位骤降的可能性；

3 施工时的临时超载；

4 较陡的挖方边坡；

5 波浪作用；

6 打桩影响；

7 不良地质作用的影响。

4.3.10 岸边工程岩土工程勘察报告除应遵守本规范第14章的规定外，尚应根据相应勘察阶段的要求，包括下列内容：

1 分析评价岸坡稳定性和地基稳定性；

2 提出地基基础与支护设计方案的建议；

3 提出防治不良地质作用的建议；

4 提出岸边工程监测的建议。

4.4 管道和架空线路工程

（Ⅰ）管道工程

4.4.1 本节适用于长输油、气管道线路及其大型穿、跨越工程的岩土工程勘察。

4.4.2 长输油、气管道工程可分选线勘察、初步勘察和详细勘察三个阶段。对岩土工程条件简单或有工程经验的地区，可适当简化勘察阶段。

4.4.3 选线勘察应通过搜集资料、测绘与调查，掌握各方案的主要岩土工程问题，对拟选穿、跨越河段的稳定性和适宜性做出评价，并应符合下列要求：

1 调查沿线地形地貌、地质构造、地层岩性、水文地质等条件，推荐线路越岭方案；

2 调查各方案通过地区的特殊性岩土和不良地质作用，评价其对修建管道的危害程度；

3 调查控制线路方案河流的河床和岸坡的稳定程度，提出穿、跨越方案比选的建议；

4 调查沿线水库的分布情况，近期和远期规划，水库水位、回水浸没和坍岸的范围及其对线路方案的影响；

5 调查沿线矿产、文物的分布概况；

6 调查沿线地震动参数或抗震设防烈度。

4.4.4 穿越和跨越河流的位置应选择河段顺直，河床与岸坡稳定，水流平缓，河床断面大致对称，河床岩土构成比较单一，两岸有足够施工场地等有利河段。宜避开下列河段：

1 河道异常弯曲，主流不固定，经常改道；

2 河床为粉细砂组成，冲淤变幅大；

3 岸坡岩土松软，不良地质作用发育，对工程稳定性有直接影响或潜在威胁；

4 断层河谷或发震断裂。

4.4.5 初步勘察应包括下列内容：

1 划分沿线的地貌单元；

2 初步查明管道埋设深度内岩土的成因、类型、厚度和工程特性；

　　3　调查对管道有影响的断裂的性质和分布；

　　4　调查沿线各种不良地质作用的分布、性质、发展趋势及其对管道的影响；

　　5　调查沿线井、泉的分布和地下水位情况；

　　6　调查沿线矿藏分布及开采和采空情况；

　　7　初步查明拟穿、跨越河流的洪水淹没范围，评价岸坡稳定性。

4.4.6　初步勘察应以搜集资料和调查为主。管道通过河流、冲沟等地段宜进行物探。地质条件复杂的大中型河流，应进行钻探。每个穿、跨越方案宜布置勘探点1～3个；勘探孔深度应按本节第4.4.8条的规定执行。

4.4.7　详细勘察应查明沿线的岩土工程条件和水、土对金属管道的腐蚀性，提出工程设计所需要的岩土特性参数。穿、跨越地段的勘察应符合下列规定：

　　1　穿越地段应查明地层结构、土的颗粒组成和特性；查明河床冲刷和稳定程度；评价岸坡稳定性，提出护坡建议；

　　2　跨越地段的勘探工作应按本节第4.4.15条和第4.4.16条的规定执行。

4.4.8　详细勘察勘探点的布置，应满足下列要求：

　　1　对管道线路工程，勘探点间距视地质条件复杂程度而定，宜为200～1000m，包括地质点及原位测试点，并应根据地形、地质条件复杂程度适当增减；勘探孔深度宜为管道埋设深度以下1～3m；

　　2　对管道穿越工程，勘探点应布置在穿越管道的中线上，偏离中线不应大于3m，勘探点间距宜为30～100m，并不应少于3个；当采用沟埋敷设方式穿越时，勘探孔深度宜钻至河床最大冲刷深度以下3～5m；当采用顶管或定向钻方式穿越时，勘探孔深度应根据设计要求确定。

4.4.9　抗震设防烈度等于或大于6度地区的管道工程，勘察工作应满足本规范第5.7节的要求。

4.4.10　岩土工程勘察报告应包括下列内容：

　　1　选线勘察阶段，应简要说明线路各方案的岩土工程条件，提出各方案的比选推荐建议；

　　2　初步勘察阶段，应论述各方案的岩土工程条件，并推荐最优线路方案；对穿、跨越工程尚应评价河床及岸坡的稳定性，提出穿、跨越方案的建议；

　　3　详细勘察阶段，应分段评价岩土工程条件，提出岩土工程设计参数和设计、施工方案的建议；对穿越工程尚应论述河床和岸坡的稳定性，提出护岸措施的建议。

（Ⅱ）架空线路工程

4.4.11　本节适用于大型架空线路工程，包括220kV及其以上的高压架空送电线路、大型架空索道等的岩土工程勘察。

4.4.12　大型架空线路工程可分初步设计勘察和施工图设计勘察两阶段；小型架空线路可合并勘察阶段。

4.4.13　初步设计勘察应符合下列要求：

　　1　调查沿线地形地貌、地质构造、地层岩性和特殊性岩土的分布、地下水及不良地质作用，并分段进行分析评价；

　　2　调查沿线矿藏分布、开发计划与开采情况；线路宜避开可采矿层；对已开采区，应对采空区的稳定性进行评价；

　　3　对大跨越地段，应查明工程地质条件，进行岩土工程评价，推荐最优跨越方案。

4.4.14　初步设计勘察应以搜集和利用航测资料为主。大跨越地段应作详细的调查或工程地质测绘，必要时，辅以少量的勘探、测试工作。

4.4.15　施工图设计勘察应符合下列要求：

　　1　平原地区应查明塔基土层的分布、埋藏条件、物理力学性质，水文地质条件及环境水对混凝土和金属材料的腐蚀性；

　　2　丘陵和山区除查明本条第1款的内容外，尚应查明塔基近处的各种不良地质作用，提出防治措施建议；

　　3　大跨越地段尚应查明跨越河段的地形地貌，塔基范围内地层岩性、风化破碎程度、软弱夹层及其物理力学性质；查明对塔基有影响的不良地质作用，并提出防治措施建议；

　　4　对特殊设计的塔基和大跨越塔基，当抗震设防烈度等于或大于6度时，勘察工作应满足本规范第5.7节的要求。

4.4.16　施工图设计勘察阶段，对架空线路工程的转角塔、耐张塔、终端塔、大跨越塔等重要塔基和地质条件复杂地段，应逐个进行塔基勘探。直线塔基地段宜每3～4个塔基布置一个勘探点；深度应根据杆塔受力性质和地质条件确定。

4.4.17　架空线路岩土工程勘察报告应包括下列内容：

　　1　初步设计勘察阶段，应论述沿线岩土工程条件和跨越主要河流地段的岸坡稳定性，选择最优线路方案；

　　2　施工图设计勘察阶段，应提出塔位明细表，论述塔位的岩土条件和稳定性，并提出设计参数和基础方案以及工程措施等建议。

4.5　废弃物处理工程

（Ⅰ）一般规定

4.5.1　本节适用于工业废渣堆场、垃圾填埋场等固体废弃物处理工程的岩土工程勘察。核废料处理场地的勘察尚应满足有关规范的要求。

4.5.2　废弃物处理工程的岩土工程勘察，应着重查明下列内容：

    1 地形地貌特征和气象水文条件；

    2 地质构造、岩土分布和不良地质作用；

    3 岩土的物理力学性质；

    4 水文地质条件、岩土和废弃物的渗透性；

    5 场地、地基和边坡的稳定性；

    6 污染物的运移，对水源和岩土的污染，对环境的影响；

    7 筑坝材料和防渗覆盖用黏土的调查；

    8 全新活动断裂、场地地基和堆积体的地震效应。

4.5.3 废弃物处理工程勘察的范围，应包括堆填场（库区）、初期坝、相关的管线、隧洞等构筑物和建筑物，以及邻近相关地段，并应进行地方建筑材料的勘察。

4.5.4 废弃物处理工程的勘察应配合工程建设分阶段进行。可分为可行性研究勘察、初步勘察和详细勘察，并应符合有关标准的规定。

    可行性研究勘察应主要采用踏勘调查，必要时辅以少量勘探工作，对拟选场地的稳定性和适宜性作出评价。

    初步勘察应以工程地质测绘为主，辅以勘探、原位测试、室内试验，对拟建工程的总平面布置、场地的稳定性、废弃物对环境的影响等进行初步评价，并提出建议。

    详细勘察应采用勘探、原位测试和室内试验等手段进行，地质条件复杂地段应进行工程地质测绘，获取工程设计所需的参数，提出设计施工和监测工作的建议，并对不稳定地段和环境影响进行评价，提出治理建议。

4.5.5 废弃物处理工程勘察前，应搜集下列技术资料：

    1 废弃物的成分、粒度、物理和化学性质，废弃物的日处理量、输送和排放方式；

    2 堆场或填埋场的总容量、有效容量和使用年限；

    3 山谷型堆填场的流域面积、降水量、径流量、多年一遇洪峰流量；

    4 初期坝的坝长和坝顶标高，加高坝的最终坝顶标高；

    5 活动断裂和抗震设防烈度；

    6 邻近的水源地保护带、水源开采情况和环境保护要求。

4.5.6 废弃物处理工程的工程地质测绘应包括场地的全部范围及其邻近有关地段，其比例尺，初步勘察宜为1：2000～1：5000，详细勘察的复杂地段不应小于1：1000，除应按本规范第8章的要求执行外，尚应着重调查下列内容：

    1 地貌形态、地形条件和居民区的分布；

    2 洪水、滑坡、泥石流、岩溶、断裂等与场地稳定性有关的不良地质作用；

    3 有价值的自然景观、文物和矿产的分布，矿产的开采和采空情况；

    4 与渗漏有关的水文地质问题；

    5 生态环境。

4.5.7 废弃物处理工程应按本规范第7章的要求，进行专门的水文地质勘察。

4.5.8 在可溶岩分布区，应着重查明岩溶发育条件，溶洞、土洞、塌陷的分布，岩溶水的通道和流向，岩溶造成地下水和渗出液的渗漏，岩溶对工程稳定性的影响。

4.5.9 初期坝的筑坝材料勘察及防渗和覆盖用黏土材料的勘察，应包括材料的产地、储量、性能指标、开采和运输条件。可行性勘察时应确定产地，初步勘察时应基本完成。

（Ⅱ）工业废渣堆场

4.5.10 工业废渣堆场详细勘察时，勘探工作应符合下列规定：

    1 勘探线宜平行于堆填场、坝、隧洞、管线等构筑物的轴线布置，勘探点间距应根据地质条件复杂程度确定；

    2 对初期坝，勘探孔的深度应能满足分析稳定、变形和渗漏的要求；

    3 与稳定、渗漏有关的关键性地段，应加密加深勘探孔或专门布置勘探工作；

    4 可采用有效的物探方法辅助钻探和井探；

    5 隧洞勘察应符合本规范第4.2节的规定。

4.5.11 废渣材料加高坝的勘察，应采用勘探、原位测试和室内试验的方法进行，并应着重查明下列内容：

    1 已有堆积体的成分、颗粒组成、密实程度、堆积规律；

    2 堆积材料的工程特性和化学性质；

    3 堆积体内浸润线位置及其变化规律；

    4 已运行坝体的稳定性，继续堆积至设计高度的适宜性和稳定性；

    5 废渣堆积坝在地震作用下的稳定性和废渣材料的地震液化可能性；

    6 加高坝运行可能产生的环境影响。

4.5.12 废渣材料加高坝的勘察，可按堆积规模垂直坝轴线布设不少于三条勘探线，勘探点间距在堆场内可适当增大；一般勘探孔深度应进入自然地面以下一定深度，控制性勘探孔深度应能查明可能存在的软弱层。

4.5.13 工业废渣堆场的岩土工程评价应包括下列内容：

    1 洪水、滑坡、泥石流、岩溶、断裂等不良地质作用对工程的影响；

2 坝基、坝肩和库岸的稳定性，地震对稳定性的影响；

3 坝址和库区的渗漏及建库对环境的影响；

4 对地方建筑材料的质量、储量、开采和运输条件，进行技术经济分析。

4.5.14 工业废渣堆场的勘察报告，除应符合本规范第 14 章的规定外，尚应满足下列要求：

1 按本节第 4.5.13 条的要求，进行岩土工程分析评价，并提出防治措施的建议；

2 对废渣加高坝的勘察，应分析评价现状和达到最终高度时的稳定性，提出堆积方式和应采取措施的建议；

3 提出边坡稳定、地下水位、库区渗漏等方面监测工作的建议。

（Ⅲ）垃圾填埋场

4.5.15 垃圾填埋场勘察前搜集资料时，除应遵守本节第 4.5.5 条的规定外，尚应包括下列内容：

1 垃圾的种类、成分和主要特性以及填埋的卫生要求；

2 填埋方式和填埋程序以及防渗衬层和封盖层的结构，渗出液集排系统的布置；

3 防渗衬层、封盖层和渗出液集排系统对地基和废弃物的容许变形要求；

4 截污坝、污水池、排水井、输液输气管道和其他相关构筑物情况。

4.5.16 垃圾填埋场的勘探测试，除应遵守本节第 4.5.10 条的规定外，尚应符合下列要求：

1 需进行变形分析的地段，其勘探深度应满足变形分析的要求；

2 岩土和似土废弃物的测试，可按本规范第 10 章和第 11 章的规定执行，非土废弃物的测试，应根据其种类和特性采用合适的方法，并可根据现场监测资料，用反分析方法获取设计参数；

3 测定垃圾渗出液的化学成分，必要时进行专门试验，研究污染物的运移规律。

4.5.17 垃圾填埋场勘察的岩土工程评价除应按本节第 4.5.13 条的规定执行外，尚宜包括下列内容：

1 工程场地的整体稳定性以及废弃物堆积体的变形和稳定性；

2 地基和废弃物变形，导致防渗衬层、封盖层及其他设施失效的可能性；

3 坝基、坝肩、库区和其他有关部位的渗漏；

4 预测水位变化及其影响；

5 污染物的运移及其对水源、农业、岩土和生态环境的影响。

4.5.18 垃圾填埋场的岩土工程勘察报告，除应符合本规范第 14 章的规定外，尚应符合下列规定：

1 按本节第 4.5.17 条的要求进行岩土工程分析评价；

2 提出保证稳定、减少变形、防止渗漏和保护环境措施的建议；

3 提出筑坝材料、防渗和覆盖用黏土等地方材料的产地及相关事项的建议；

4 提出有关稳定、变形、水位、渗漏、水土和渗出液化学性质监测工作的建议。

4.6 核 电 厂

4.6.1 本节适用于各种核反应堆型的陆地固定式商用核电厂的岩土工程勘察。核电厂勘察除按本节执行外，尚应符合有关核安全法规、导则和有关国家标准、行业标准的规定。

4.6.2 核电厂岩土工程勘察的安全分类，可分为与核安全有关建筑和常规建筑两类。

4.6.3 核电厂岩土工程勘察可划分为初步可行性研究、可行性研究、初步设计、施工图设计和工程建造等五个勘察阶段。

4.6.4 初步可行性研究勘察应以搜集资料为主，对各拟选厂址的区域地质、厂址工程地质和水文地质、地震动参数区划、历史地震及历史地震的影响烈度以及近期地震活动等方面资料加以研究分析，对厂址的场地稳定性、地基条件、环境水文地质和环境地质作出初步评价，提出建厂的适宜性意见。

4.6.5 初步可行性研究勘察，厂址工程地质测绘的比例尺应选用 1：10000～1：25000；范围应包括厂址及其周边地区，面积不宜小于 $4km^2$。

4.6.6 初步可行性研究勘察，应通过必要的勘探和测试，提出厂址的主要工程地质分层，提供岩土初步的物理力学性质指标，了解预选核岛区附近的岩土分布特征，并应符合下列要求：

1 每个厂址勘探孔不宜少于两个，深度应为预计设计地坪标高以下 30～60m；

2 应全断面连续取芯，回次岩芯采取率对一般岩石应大于 85%，对破碎岩石应大于 70%；

3 每一主要岩土层应采取 3 组以上试样；勘探孔内间隔 2～3m 应作标准贯入试验一次，直至连续的中等风化以上岩体为止；当钻进至岩石全风化层时，应增加标准贯入试验频次，试验间隔不应大于 0.5m；

4 岩石试验项目应包括密度、弹性模量、泊松比、抗压强度、软化系数、抗剪强度和压缩波速度等；土的试验项目应包括颗粒分析、天然含水量、密度、比重、塑限、液限、压缩系数、压缩模量和抗剪强度等。

4.6.7 初步可行性研究勘察，对岩土工程条件复杂的厂址，可选用物探辅助勘察，了解覆盖层的组成、厚度和基岩面的埋藏特征，了解隐伏岩体的构造特征，了解是否存在洞穴和隐伏的软弱带。

在河海岸坡和山丘边坡地区，应对岸坡和边坡的稳定性进行调查，并作出初步分析评价。

4.6.8 评价厂址适宜性应考虑下列因素：

1 有无能动断层，是否对厂址稳定性构成影响；

2 是否存在影响厂址稳定的全新世火山活动；

3 是否处于地震设防烈度大于 8 度的地区，是否存在与地震有关的潜在地质灾害；

4 厂址区及其附近有无可开采矿藏，有无影响地基稳定的人类历史活动、地下工程、采空区、洞穴等；

5 是否存在可造成地面塌陷、沉降、隆起和开裂等永久变形的地下洞穴、特殊地质体、不稳定边坡和岸坡、泥石流及其他不良地质作用；

6 有无可供核岛布置的场地和地基，并具有足够的承载力；

7 是否危及供水水源或对环境地质构成严重影响。

4.6.9 可行性研究勘察内容应符合下列规定：

1 查明厂址地区的地形地貌、地质构造、断裂的展布及其特征；

2 查明厂址范围内地层成因、时代、分布和各岩层的风化特征，提供初步的动静物理力学参数；对地基类型、地基处理方案进行论证，提出建议；

3 查明危害厂址的不良地质作用及其对场地稳定性的影响，对河岸、海岸、边坡稳定性做出初步评价，并提出初步的治理方案；

4 判断抗震设计场地类别，划分对建筑物有利、不利和危险地段，判断地震液化的可能性；

5 查明水文地质基本条件和环境水文地质的基本特征。

4.6.10 可行性研究勘察应进行工程地质测绘，测绘范围应包括厂址及其周边地区，测绘地形图比例尺为 1∶1000～1∶2000，测绘要求按本规范第 8 章和其他有关规定执行。

本阶段厂址区的岩土工程勘察应以钻探和工程物探相结合的方式，查明基岩和覆盖层的组成、厚度和工程特性；基岩埋深、风化特征、风化层厚度等；并应查明工程区存在的隐伏软弱带、洞穴和重要的地质构造；对水域应结合水工建筑物布置方案，查明海（湖）积地层分布、特征和基岩面起伏状况。

4.6.11 可行性研究阶段的勘探和测试应符合下列规定：

1 厂区的勘探应结合地形、地质条件采用网格状布置，勘探点间距宜为 150m。控制性勘探点应结合建筑物和地质条件布置，数量不宜少于勘探点总数的 1/3，沿核岛和常规岛中轴线应布置勘探线，勘探点间距宜适当加密，并应满足主体工程布置要求，保证每个核岛和常规岛不少于 1 个；

2 勘探孔深度，对基岩场地宜进入基础底面以下基本质量等级为 Ⅰ级、Ⅱ级的岩体不少于 10m；对第四纪地层场地宜达到设计地坪标高以下 40m，或进入 Ⅰ级、Ⅱ级岩体不少于 3m；核岛区控制性勘探孔深度，宜达到基础底面以下 2 倍反应堆厂房直径；常规岛区控制性勘探孔深度，不宜小于地基变形计算深度，或进入基础底面以下 Ⅰ级、Ⅱ级、Ⅲ级岩体 3m；对水工建筑物应结合水下地形布置，并考虑河岸、海岸的类型和最大冲刷深度；

3 岩石钻孔应全断面取芯，每回次岩芯采取率对一般岩石应大于 85%，对破碎岩石应大于 70%，并统计 RQD、节理条数和倾角；每一主要岩层应采取 3 组以上的岩样；

4 根据岩土条件，选用适当的原位测试方法，测定岩土的特性指标，并可用声波测试方法，评价岩体的完整程度和划分风化等级；

5 在核岛位置，宜选 1～2 个勘探孔，采用单孔法或跨孔法，测定岩土的压缩波速和剪切波速，计算岩土的动力参数；

6 岩土室内试验项目除应符合本节第 4.6.6 条的要求外，增加每个岩体（层）代表试样的动弹性模量、动泊松比和动阻尼比等动态参数测试。

4.6.12 可行性研究阶段的地下水调查和评价应符合下列规定：

1 结合区域水文地质条件，查明厂区地下水类型，含水层特征，含水层数量、埋深、动态变化规律及其与周围水体的水力联系和地下水化学成分；

2 结合工程地质钻探对主要地层分别进行注水、抽水或压水试验，测求地层的渗透系数和单位吸水率，初步评价岩体的完整性和水文地质条件；

3 必要时，布置适当的长期观测孔，定期观测和记录水位，每季度定时取水样一次作水质分析，观测周期不应少于一个水文年。

4.6.13 可行性研究阶段应根据岩土工程条件和工程需要，进行边坡勘察、土石方工程和建筑材料的调查和勘察。具体要求按本规范第 4.7 节和有关标准执行。

4.6.14 初步设计勘察应分核岛、常规岛、附属建筑和水工建筑四个地段进行，并应符合下列要求：

1 查明各建筑地段的岩土成因、类别、物理性质和力学参数，并提出地基处理方案；

2 进一步查明勘察区内断层分布、性质及其对场地稳定性的影响，提出治理方案的建议；

3 对工程建设有影响的边坡进行勘察，并进行稳定性分析和评价，提出边坡设计参数和治理方案的建议；

4 查明建筑地段的水文地质条件；

5 查明对建筑物有影响的不良地质作用，并提出治理方案的建议。

4.6.15 初步设计核岛地段勘察应满足设计和施工的

需要，勘探孔的布置、数量和深度应符合下列规定：

1 应布置在反应堆厂房周边和中部，当场地岩土工程条件较复杂时，可沿十字交叉线加密或扩大范围。勘探点间距宜为 10～30m；

2 勘探点数量应能控制核岛地段地层岩性分布，并能满足原位测试的要求。每个核岛勘探点总数不应少于 10 个，其中反应堆厂房不应少于 5 个，控制性勘探点不应少于勘探点总数的 1/2；

3 控制性勘探孔深度宜达到基础底面以下 2 倍反应堆厂房直径，一般性勘探孔深度宜进入基础底面以下Ⅰ、Ⅱ级岩体不少于 10m。波速测试孔深度不应小于控制性勘探孔深度。

4.6.16 初步设计常规岛地段勘察，除应符合本规范第 4.1 节的规定外，尚应符合下列要求：

1 勘探点应沿建筑物轮廓线、轴线或主要柱列线布置，每个常规岛勘探点总数不应少于 10 个，其中控制性勘探点不宜少于勘探点总数的 1/4；

2 控制性勘探孔深度对岩质地基应进入基础底面下Ⅰ级、Ⅱ级岩体不少于 3m，对土质地基应钻至压缩层以下 10～20m；一般性勘探孔深度，岩质地基应进入中等风化层 3～5m，土质地基应达到压缩层底部。

4.6.17 初步设计阶段水工建筑的勘察应符合下列规定：

1 泵房地段钻探工作应结合地层岩性特点和基础埋置深度，每个泵房勘探点数量不应少于 2 个，一般性勘探孔应达到基础底面以下 1～2m，控制性勘探孔应进入中等风化岩石 1.5～3.0m；土质地基中控制性勘探孔深度应达到压缩层以下 5～10m；

2 位于土质场地的进水管线，勘探点间距不宜大于 30m，一般性勘探孔深度应达到管线底标高以下 5m，控制性勘探孔应进入中等风化岩石 1.5～3.0m；

3 与核安全有关的海堤、防波堤，钻探工作应针对该地段所处的特殊地质环境布置，查明岩土物理力学性质和不良地质作用；勘探点宜沿堤轴线布置，一般性勘探孔深度应达到堤底设计标高以下 10m，控制性勘探孔应穿透压缩层或进入中等风化岩石 1.5～3.0m。

4.6.18 初步设计阶段勘察的测试，除应满足本规范第 4.1 节、第 10 章和第 11 章的要求外，尚应符合下列规定：

1 根据岩土性质和工程需要，选择合适的原位测试方法，包括波速测试、动力触探试验、抽水试验、注水试验、压水试验和岩体静载荷试验等；并对核反应堆厂房地基进行跨孔法波速测试和钻孔弹模测试，测求核反应堆厂房地基波速和岩石的应力应变特性；

2 室内试验除进行常规试验外，尚应测定岩土的动静弹性模量、动静泊松比、动阻尼比、动静剪切

模量、动抗剪强度、波速等指标。

4.6.19 施工图设计阶段应完成附属建筑的勘察和主要水工建筑以外其他水工建筑的勘察，并根据需要进行核岛、常规岛和主要水工建筑的补充勘察。勘察内容和要求可按初步设计阶段有关规定执行，每个与核安全有关的附属建筑物不应少于一个控制性勘探孔。

4.6.20 工程建造阶段勘察主要是现场检验和监测，其内容和要求按本规范第 13 章和有关规定执行。

4.6.21 核电厂的液化判别应按现行国家标准《核电厂抗震设计规范》（GB50267）执行。

4.7 边 坡 工 程

4.7.1 边坡工程勘察应查明下列内容：

1 地貌形态，当存在滑坡、危岩和崩塌、泥石流等不良地质作用时，应符合本规范第 5 章的要求；

2 岩土的类型、成因、工程特性，覆盖层厚度，基岩面的形态和坡度；

3 岩体主要结构面的类型、产状、延展情况、闭合程度、充填状况、充水状况、力学属性和组合关系，主要结构面与临空面关系，是否存在外倾结构面；

4 地下水的类型、水位、水压、水量、补给和动态变化，岩土的透水性和地下水的出露情况；

5 地区气象条件（特别是雨期、暴雨强度），汇水面积、坡面植被，地表水对坡面、坡脚的冲刷情况；

6 岩土的物理力学性质和软弱结构面的抗剪强度。

4.7.2 大型边坡勘察宜分阶段进行，各阶段应符合下列要求：

1 初步勘察应搜集地质资料，进行工程地质测绘和少量的勘探和室内试验，初步评价边坡的稳定性；

2 详细勘察应对可能失稳的边坡及相邻地段进行工程地质测绘、勘探、试验、观测和分析计算，做出稳定性评价，对人工边坡提出最优开挖坡角；对可能失稳的边坡提出防护处理措施的建议；

3 施工勘察应配合施工开挖进行地质编录，核对、补充前阶段的勘察资料，必要时，进行施工安全预报，提出修改设计的建议。

4.7.3 边坡工程地质测绘除应符合本规范第 8 章的要求外，尚应着重查明天然边坡的形态和坡角，软弱结构面的产状和性质。测绘范围应包括可能对边坡稳定有影响的地段。

4.7.4 勘探线应垂直边坡走向布置，勘探点间距应根据地质条件确定。当遇有软弱夹层或不利结构面时，应适当加密。勘探孔深度应穿过潜在滑动面并深入稳定层 2～5m。除常规钻探外，可根据需要，采用探洞、探槽、探井和斜孔。

4.7.5 主要岩土层和软弱层应采取试样。每层的试样对土层不应少于6件，对岩层不应少于9件，软弱层宜连续取样。

4.7.6 三轴剪切试验的最高围压和直剪试验的最大法向压力的选择，应与试样在坡体中的实际受力情况相近。对控制边坡稳定的软弱结构面，宜进行原位剪切试验。对大型边坡，必要时可进行岩体应力测试、波速测试、动力测试、孔隙水压力测试和模型试验。

抗剪强度指标，应根据实测结果结合当地经验确定，并宜采用反分析方法验证。对永久性边坡，尚应考虑强度可能随时间降低的效应。

4.7.7 边坡的稳定性评价，应在确定边坡破坏模式的基础上进行，可采用工程地质类比法、图解分析法、极限平衡法、有限单元法进行综合评价。各区段条件不一致时，应分区段分析。

边坡稳定系数 F_s 的取值，对新设计的边坡、重要工程宜取 1.30～1.50，一般工程宜取 1.15～1.30，次要工程宜取 1.05～1.15。采用峰值强度时取大值，采取残余强度时取小值。验算已有边坡稳定时，F_s 取 1.10～1.25。

4.7.8 大型边坡应进行监测，监测内容根据具体情况可包括边坡变形、地下水动态和易风化岩体的风化速度等。

4.7.9 边坡岩土工程勘察报告除应符合本规范第14章的规定外，尚应论述下列内容：

 1 边坡的工程地质条件和岩土工程计算参数；

 2 分析边坡和建在坡顶、坡上建筑物的稳定性，对坡下建筑物的影响；

 3 提出最优坡形和坡角的建议；

 4 提出不稳定边坡整治措施和监测方案的建议。

4.8 基 坑 工 程

4.8.1 本节主要适用于土质基坑的勘察。对岩质基坑，应根据场地的地质构造、岩体特征、风化情况、基坑开挖深度等，按当地标准或当地经验进行勘察。

4.8.2 需进行基坑设计的工程，勘察时应包括基坑工程勘察的内容。在初步勘察阶段，应根据岩土工程条件，初步判定开挖可能发生的问题和需要采取的支护措施；在详细勘察阶段，应针对基坑工程设计的要求进行勘察；在施工阶段，必要时尚应进行补充勘察。

4.8.3 基坑工程勘察的范围和深度应根据场地条件和设计要求确定。勘察深度宜为开挖深度的2～3倍，在此深度内遇到坚硬黏性土、碎石土和岩层，可根据岩土类别和支护设计要求减少深度。勘察的平面范围宜超出开挖边界外开挖深度的2～3倍。在深厚软土区，勘察深度和范围尚应适当扩大。在开挖边界外，勘察手段以调查研究、搜集已有资料为主，复杂场地和斜坡场地应布置适量的勘探点。

4.8.4 在受基坑开挖影响和可能设置支护结构的范围内，应查明岩土分布，分层提供支护设计所需的抗剪强度指标。土的抗剪强度试验方法，应与基坑工程设计要求一致，符合设计采用的标准，并应在勘察报告中说明。

4.8.5 当场地水文地质条件复杂，在基坑开挖过程中需要对地下水进行控制（降水或隔渗），且已有资料不能满足要求时，应进行专门的水文地质勘察。

4.8.6 当基坑开挖可能产生流砂、流土、管涌等渗透性破坏时，应有针对性地进行勘察，分析评价其产生的可能性及对工程的影响。当基坑开挖过程中有渗流时，地下水的渗流作用宜通过渗流计算确定。

4.8.7 基坑工程勘察，应进行环境状况的调查，查明邻近建筑物和地下设施的现状、结构特点以及对开挖变形的承受能力。在城市地下管网密集分布区，可通过地理信息系统或其他档案资料了解管线的类别、平面位置、埋深和规模，必要时应采用有效方法进行地下管线探测。

4.8.8 在特殊性岩土分布区进行基坑工程勘察时，可根据本规范第6章的规定进行勘察，对软土的蠕变和长期强度，软岩和极软岩的失水崩解、膨胀土的膨胀性和裂隙性以及非饱和土增湿软化等对基坑的影响进行分析评价。

4.8.9 基坑工程勘察，应根据开挖深度、岩土和地下水条件以及环境要求，对基坑边坡的处理方式提出建议。

4.8.10 基坑工程勘察应针对以下内容进行分析，提供有关计算参数和建议：

 1 边坡的局部稳定性、整体稳定性和坑底抗隆起稳定性；

 2 坑底和侧壁的渗透稳定性；

 3 挡土结构和边坡可能发生的变形；

 4 降水效果和降水对环境的影响；

 5 开挖和降水对邻近建筑物和地下设施的影响。

4.8.11 岩土工程勘察报告中与基坑工程有关的部分应包括下列内容：

 1 与基坑开挖有关的场地条件、土质条件和工程条件；

 2 提出处理方式、计算参数和支护结构选型的建议；

 3 提出地下水控制方法、计算参数和施工控制的建议；

 4 提出施工方法和施工中可能遇到的问题的防治措施的建议；

 5 对施工阶段的环境保护和监测工作的建议。

4.9 桩 基 础

4.9.1 桩基岩土工程勘察应包括下列内容：

 1 查明场地各层岩土的类型、深度、分布、工

程特性和变化规律;

　　2　当采用基岩作为桩的持力层时,应查明基岩的岩性、构造、岩面变化、风化程度,确定其坚硬程度、完整程度和基本质量等级,判定有无洞穴、临空面、破碎岩体或软弱岩层;

　　3　查明水文地质条件,评价地下水对桩基设计和施工的影响,判定水质对建筑材料的腐蚀性;

　　4　查明不良地质作用,可液化土层和特殊性岩土的分布及其对桩基的危害程度,并提出防治措施的建议;

　　5　评价成桩可能性,论证桩的施工条件及其对环境的影响。

4.9.2　土质地基载探点间距应符合下列规定:

　　1　对端承桩宜为 12～24m,相邻勘探孔揭露的持力层层面高差宜控制为 1～2m;

　　2　对摩擦桩宜为 20～35m;当地层条件复杂,影响成桩或设计有特殊要求时,勘探点应适当加密;

　　3　复杂地基的一柱一桩工程,宜每柱设置勘探点。

4.9.3　桩基岩土工程勘察宜采用钻探和触探以及其他原位测试相结合的方式进行,对软土、黏性土、粉土和砂土的测试手段,宜采用静力触探和标准贯入试验;对碎石土宜采用重型或超重型圆锥动力触探。

4.9.4　勘探孔的深度应符合下列规定:

　　1　一般性勘探孔的深度应达到预计桩长以下 $3～5d$（d 为桩径）,且不得小于 3m;对大直径桩,不得小于 5m;

　　2　控制性勘探孔深度应满足下卧层验算要求;对需验算沉降的桩基,应超过地基变形计算深度;

　　3　钻至预计深度遇软弱层时,应予加深;在预计勘探孔深度内遇稳定坚实岩土时,可适当减小;

　　4　对嵌岩桩,应钻入预计嵌岩面以下 $3～5d$,并穿过溶洞、破碎带,到达稳定地层;

　　5　对可能有多种桩长方案时,应根据最长桩方案确定。

4.9.5　岩土室内试验应满足下列要求:

　　1　当需估算桩的侧阻力、端阻力和验算下卧层强度时,宜进行三轴剪切试验或无侧限抗压强度试验;三轴剪切试验的受力条件应模拟工程的实际情况;

　　2　对需估算沉降的桩基工程,应进行压缩试验,试验最大压力应大于上覆自重压力与附加压力之和;

　　3　当桩端持力层为基岩时,应采取岩样进行饱和单轴抗压强度试验,必要时尚应进行软化试验;对软岩和极软岩,可进行天然湿度的单轴抗压强度试验。对无法取样的破碎和极破碎的岩石,宜进行原位测试。

4.9.6　单桩竖向和水平承载力,应根据工程等级、岩土性质和原位测试成果并结合当地经验确定。对地

基基础设计等级为甲级的建筑物和缺乏经验的地区,应建议做静载荷试验。试验数量不宜少于工程桩数的 1%,且每个场地不少于 3 个。对承受较大水平荷载的桩,应建议进行桩的水平载荷试验;对承受上拔力的桩,应建议进行抗拔试验。勘察报告应提出估算的有关岩土的基桩侧阻力和端阻力。必要时提出估算的竖向和水平承载力和抗拔承载力。

4.9.7　对需要进行沉降计算的桩基工程,应提供计算所需的各层岩土的变形参数,并宜根据任务要求,进行沉降估算。

4.9.8　桩基工程的岩土工程勘察报告除应符合本规范第 14 章的要求,并按第 4.9.6 条、第 4.9.7 条提供承载力和变形参数外,尚应包括下列内容:

　　1　提供可选的桩基类型和桩端持力层;提出桩长、桩径方案的建议;

　　2　当有软弱下卧层时,验算软弱下卧层强度;

　　3　对欠固结和有大面积堆载的工程,应分析桩侧产生负摩阻力的可能性及其对桩基承载力的影响,并提供负摩阻力系数和减少负摩阻力措施的建议;

　　4　分析成桩的可能性,成桩和挤土效应的影响,并提出保护措施的建议;

　　5　持力层为倾斜地层,基岩面凹凸不平或岩土中有洞穴时,应评价桩的稳定性,并提出处理措施的建议。

4.10　地　基　处　理

4.10.1　地基处理的岩土工程勘察应满足下列要求:

　　1　针对可能采用的地基处理方案,提供地基处理设计和施工所需的岩土特性参数;

　　2　预测所选地基处理方法对环境和邻近建筑物的影响;

　　3　提出地基处理方案的建议;

　　4　当场地条件复杂且缺乏成功经验时,应在施工现场对拟选方案进行试验或对比试验,检验方案的设计参数和处理效果;

　　5　在地基处理施工期间,应进行施工质量和施工对周围环境和邻近工程设施影响的监测。

4.10.2　换填垫层法的岩土工程勘察宜包括下列内容:

　　1　查明待换填的不良土层的分布范围和埋深;

　　2　测定换填材料的最优含水量、最大干密度;

　　3　评定垫层以下软弱下卧层的承载力和抗滑稳定性,估算建筑物的沉降;

　　4　评定换填材料对地下水的环境影响;

　　5　对换填施工过程应注意的事项提出建议;

　　6　对换填垫层的质量进行检验或现场试验。

4.10.3　预压法的岩土工程勘察宜包括下列内容:

　　1　查明土的成层条件,水平和垂直方向的分布,

排水层和夹砂层的埋深和厚度，地下水的补给和排泄条件等；

2 提供待处理软土的先期固结压力、压缩性参数、固结特性参数和抗剪强度指标、软土在预压过程中强度的增长规律；

3 预估预压荷载的分级和大小、加荷速率、预压时间、强度的可能增长和可能的沉降；

4 对重要工程，建议选择代表性试验区进行预压试验；采用室内试验、原位测试、变形和孔压的现场监测等手段，推算软土的固结系数、固结度与时间的关系和最终沉降量，为预压处理的设计施工提供可靠依据；

5 检验预压处理效果，必要时进行现场载荷试验。

4.10.4 强夯法的岩土工程勘察宜包括下列内容：

1 查明强夯影响深度范围内土层的组成、分布、强度、压缩性、透水性和地下水条件；

2 查明施工场地和周围受影响范围内的地下管线和构筑物的位置、标高；查明有无对振动敏感的设施，是否需在强夯施工期间进行监测；

3 根据强夯设计，选择代表性试验区进行试夯，采用室内试验、原位测试、现场监测等手段，查明强夯有效加固深度，夯击能量、夯击遍数与夯沉量的关系，夯坑周围地面的振动和地面隆起，土中孔隙水压力的增长和消散规律。

4.10.5 桩土复合地基的岩土工程勘察宜包括下列内容：

1 查明暗塘、暗浜、暗沟、洞穴等的分布和埋深；

2 查明土的组成、分布和物理力学性质，软弱土的厚度和埋深，可作为桩基持力层的相对硬层的埋深；

3 预估成桩施工可能性（有无地下障碍、地下洞穴、地下管线、电缆等）和成桩工艺对周围土体、邻近建筑、工程设施和环境的影响（噪声、振动、侧向挤土、地面沉陷或隆起等），桩体与水土间的相互作用（地下水对桩材的腐蚀性，桩材对周围水土环境的污染等）；

4 评定桩间土承载力，预估单桩承载力和复合地基承载力；

5 评定桩间土、桩身、复合地基、桩端以下变形计算深度范围内土层的压缩性，任务需要时估算复合地基的沉降量；

6 对需验算复合地基稳定性的工程，提供桩间土、桩身的抗剪强度；

7 任务需要时应根据桩土复合地基的设计，进行桩间土、单桩和复合地基载荷试验，检验复合地基承载力。

4.10.6 注浆法的岩土工程勘察宜包括下列内容：

1 查明土的级配、孔隙性或岩石的裂隙宽度和分布规律，岩土渗透性，地下水埋深、流向和流速，岩土的化学成分和有机质含量；岩土的渗透性宜通过现场试验测定；

2 根据岩土性质和工程要求选择浆液和注浆方法（渗透注浆、劈裂注浆、压密注浆等），根据地区经验或通过现场试验确定浆液浓度、黏度、压力、凝结时间、有效加固半径或范围，评定加固后地基的承载力、压缩性、稳定性或抗渗性；

3 在加固施工过程中对地面、既有建筑物和地下管线等进行跟踪变形观测，以控制灌注顺序、注浆压力、注浆速率等；

4 通过开挖、室内试验、动力触探或其他原位测试，对注浆加固效果进行检验；

5 注浆加固后，应对建筑物或构筑物进行沉降观测，直至沉降稳定为止，观测时间不宜少于半年。

4.11 既有建筑物的增载和保护

4.11.1 既有建筑物的增载和保护的岩土工程勘察应符合下列要求：

1 搜集建筑物的荷载、结构特点、功能特点和完好程度资料，基础类型、埋深、平面位置，基底压力和变形观测资料；场地及其所在地区的地下水开采历史，水位降深、降速、地面沉降、形变，地裂缝的发生、发展等资料；

2 评价建筑物的增层、增载和邻近场地大面积堆载对建筑物的影响时，应查明地基土的承载力，增载后可能产生的附加沉降和沉降差；对建造在斜坡上的建筑物尚应进行稳定性验算；

3 对建筑物接建或在其紧邻新建建筑物，应分析新建建筑物在既有建筑物地基土中引起的应力状态改变及其影响；

4 评价地下水抽降对建筑物的影响时，应分析抽降引起地基土的固结作用和地面下沉、倾斜、挠曲或破裂对既有建筑物的影响，并预测其发展趋势；

5 评价基坑开挖对邻近既有建筑物的影响时，应分析开挖卸载导致的基坑底部剪切隆起，因坑内外水头差引发管涌，坑壁土体的变形与位移、失稳等危险；同时还应分析基坑降水引起的地面不均匀沉降的不良环境效应；

6 评价地下工程施工对既有建筑物的影响时，应分析伴随岩土体内的应力重分布出现的地面下沉、挠曲等变形或破裂，施工降水的环境效应，过大的围岩变形或坍塌等对既有建筑物的影响。

4.11.2 建筑物的增层、增载和邻近场地大面积堆载的岩土工程勘察应包括下列内容：

1 分析地基土的实际受荷程度和既有建筑物结构、材料状况及其适应新增荷载和附加沉降的能力；

2 勘探点应紧靠基础外侧布置，有条件时宜在基础中心线布置，每栋单独建筑物的勘探点不宜少于3个；在基础外侧适当距离处，宜布置一定数量勘探点；

3 勘探方法除钻探外，宜包括探井和静力触探或旁压试验；取土和旁压试验的间距，在基底以下一倍基宽的深度范围内宜为 0.5m，超过该深度时可为 1m；必要时，应专门布置探井查明基础类型、尺寸、材料和地基处理等情况；

4 压缩试验成果中应有 e-$\lg p$ 曲线，并提供先期固结压力、压缩指数、回弹指数和与增荷后土中垂直有效压力相应的固结系数，以及三轴不固结不排水剪切试验成果；当拟增层数较多或增载量较大时，应作载荷试验，提供主要受力层的比例界限荷载、极限荷载、变形模量和回弹模量；

5 岩土工程勘察报告应着重对增载后的地基土承载力进行分析评价，预测可能的附加沉降和差异沉降，提出关于设计方案、施工措施和变形监测的建议。

4.11.3 建筑物接建、邻建的岩土工程勘察应符合下列要求：

1 除应符合本规范第 4.11.2 条第 1 款的要求外，尚应评价建筑物的结构和材料适应局部挠曲的能力；

2 除按本规范第 4.1 节的有关要求对新建建筑物布置勘探点外，尚应为研究接建、邻建部位的地基土、基础结构和材料现状布置勘探点，其中应有探井或静力触探孔，其数量不宜少于 3 个，取土间距宜为 1m；

3 压缩试验成果中应有 e-$\lg p$ 曲线，并提供先期固结压力、压缩指数、回弹指数和与增荷后土中垂直有效压力相应的固结系数，以及三轴不固结不排水剪切试验成果；

4 岩土工程勘察报告应评价由新建部分的荷载在既有建筑物地基土中引起的新的压缩和相应的沉降差；评价新基坑的开挖、降水、设桩等对既有建筑物的影响，提出设计方案、施工措施和变形监测的建议。

4.11.4 评价地下水抽降影响的岩土工程勘察应符合下列要求：

1 研究地下水抽降与含水层埋藏条件、可压缩土层厚度、土的压缩性和应力历史等的关系，作出评价和预测；

2 勘探孔深度应超过可压缩地层的下限，并应取土试验或进行原位测试；

3 压缩试验成果中应有 e-$\lg p$ 曲线，并提供先期固结压力、压缩指数、回弹指数和与增荷后土中垂直有效压力相应的固结系数，以及三轴不固结不排水剪切试验成果；

4 岩土工程勘察报告应分析预测场地可能产生地面沉降、形变、破裂及其影响，提出保护既有建筑物的措施。

4.11.5 评价基坑开挖对邻近建筑物影响的岩土工程勘察应符合下列要求：

1 搜集分析既有建筑物适应附加沉降和差异沉降的能力，与拟挖基坑在平面与深度上的位置关系和可能采用的降水、开挖与支护措施等资料；

2 查明降水、开挖等影响所及范围内的地层结构，含水层的性质、水位和渗透系数，土的抗剪强度、变形参数等工程特性；

3 岩土工程勘察报告除应符合本规范第 4.8 节的要求外，尚应着重分析预测坑底和坑外地面的卸荷回弹，坑周土体的变形位移和坑底发生剪切隆起或管涌的危险，分析施工降水导致的地面沉降的幅度、范围和对邻近建筑物的影响，并就安全合理的开挖、支护、降水方案和监测工作提出建议。

4.11.6 评价地下开挖对建筑物影响的岩土工程勘察应符合下列要求：

1 分析已有勘察资料，必要时应做补充勘探测试工作；

2 分析沿地下工程主轴线出现槽形地面沉降和在其两侧或四周的地面倾斜、挠曲的可能性及其对两侧既有建筑物的影响，并就安全合理的施工方案和保护既有建筑物的措施提出建议；

3 提出对施工过程中地面变形、围岩应力状态、围岩或建筑物地基失稳的前兆现象等进行监测的建议。

5 不良地质作用和地质灾害

5.1 岩　溶

5.1.1 拟建工程场地或其附近存在对工程安全有影响的岩溶时，应进行岩溶勘察。

5.1.2 岩溶勘察宜采用工程地质测绘和调查、物探、钻探等多种手段结合的方法进行，并应符合下列要求：

1 可行性研究勘察应查明岩溶洞隙、土洞的发育条件，并对其危害程度和发展趋势作出判断，对场地的稳定性和工程建设的适宜性作出初步评价。

2 初步勘察应查明岩溶洞隙及其伴生土洞、塌陷的分布、发育程度和发育规律，并按场地的稳定性和适宜性进行分区。

3 详细勘察应查明拟建工程范围及有影响地段的各种岩溶洞隙和土洞的位置、规模、埋深，岩溶堆填物性状和地下水特征，对地基基础的设计和岩溶的治理提出建议。

4 施工勘察应针对某一地段或尚待查明的专门

问题进行补充勘察。当采用大直径嵌岩桩时，尚应进行专门的桩基勘察。

5.1.3 岩溶场地的工程地质测绘和调查，除应遵守本规范第 8 章的规定外，尚应调查下列内容：

1 岩溶洞隙的分布、形态和发育规律；

2 岩面起伏、形态和覆盖层厚度；

3 地下水赋存条件、水位变化和运动规律；

4 岩溶发育与地貌、构造、岩性、地下水的关系；

5 土洞和塌陷的分布、形态和发育规律；

6 土洞和塌陷的成因及其发展趋势；

7 当地治理岩溶、土洞和塌陷的经验。

5.1.4 可行性研究和初步勘察宜采用工程地质测绘和综合物探为主，勘探点的间距不应大于本规范第 4 章的规定，岩溶发育地段应予加密。测绘和物探发现的异常地段，应选择有代表性的部位布置验证性钻孔。控制性勘探孔的深度应穿过表层岩溶发育带。

5.1.5 详细勘察的勘探工作应符合下列规定：

1 勘探线应沿建筑物轴线布置，勘探点间距不应大于本规范第 4 章的规定，条件复杂时每个独立基础均应布置勘探点；

2 勘探孔深度除应符合本规范第 4 章的规定外，当基础底面下的土层厚度不符合本节第 5.1.10 条第 1 款的条件时，应有部分或全部勘探孔钻入基岩；

3 当预定深度内有洞体存在，且可能影响地基稳定时，应钻入洞底基岩面下不少于 2m，必要时应圈定洞体范围；

4 对一柱一桩的基础，宜逐柱布置勘探孔；

5 在土洞和塌陷发育地段，可采用静力触探、轻型动力触探、小口径钻探等手段，详细查明其分布；

6 当需查明断层、岩组分界、洞隙和土洞形态、塌陷等情况时，应布置适当的探槽或探井；

7 物探应根据物性条件采用有效方法，对异常点应采用钻探验证，当发现或可能存在危害工程的洞体时，应加密勘探点；

8 凡人员可以进入的洞体，均应入洞勘查，人员不能进入的洞体，宜用井下电视等手段探测。

5.1.6 施工勘察工作量应根据岩溶地基设计和施工要求布置。在土洞、塌陷地段，可在已开挖的基槽内布置触探或钎探。对重要或荷载较大的工程，可在槽底采用小口径钻探，进行检测。对大直径嵌岩桩，勘探点应逐桩布置，勘探深度应不小于底面以下桩径的 3 倍并不小于 5m，当相邻桩底的基岩面起伏较大时应适当加深。

5.1.7 岩溶发育地区的下列部位宜查明土洞和土洞群的位置：

1 土层较薄、土中裂隙及其下岩体洞隙发育部位；

2 岩面张开裂隙发育，石芽或外露的岩体与土体交接部位；

3 两组构造裂隙交汇处和宽大裂隙带；

4 隐伏溶沟、溶槽、漏斗等，其上有软弱土分布的负岩面地段；

5 地下水强烈活动于岩土交界面的地段和大幅度人工降水地段；

6 低洼地段和地表水体近旁。

5.1.8 岩溶勘察的测试和观测宜符合下列要求：

1 当追索隐伏洞隙的联系时，可进行连通试验；

2 评价洞隙稳定性时，可采取洞体顶板岩样和充填物土样作物理力学性质试验，必要时可进行现场顶板岩体的载荷试验；

3 当需查明土的性状与土洞形成的关系时，可进行湿化、胀缩、可溶性和剪切试验；

4 当需查明地下水动力条件、潜蚀作用，地表水与地下水联系，预测土洞和塌陷的发生、发展时，可进行流速、流向测定和水位、水质的长期观测。

5.1.9 当场地存在下列情况之一时，可判定为未经处理不宜作为地基的不利地段：

1 浅层洞体或溶洞群，洞径大，且不稳定的地段；

2 埋藏的漏斗、槽谷等，并覆盖有软弱土体的地段；

3 土洞或塌陷成群发育地段；

4 岩溶水排泄不畅，可能暂时淹没的地段。

5.1.10 当地基属下列条件之一时，对二级和三级工程可不考虑岩溶稳定性的不利影响：

1 基础底面以下土层厚度大于独立基础宽度的 3 倍或条形基础宽度的 6 倍，且不具备形成土洞或其他地面变形的条件；

2 基础底面与洞体顶板间岩土厚度虽小于本条第 1 款的规定，但符合下列条件之一时：

1）洞隙或岩溶漏斗被密实的沉积物填满且无被水冲蚀的可能；

2）洞体为基本质量等级为 Ⅰ 级或 Ⅱ 级岩体，顶板岩石厚度大于或等于洞跨；

3）洞体较小，基础底面大于洞的平面尺寸，并有足够的支承长度；

4）宽度或直径小于 1.0m 的竖向洞隙、落水洞近旁地段。

5.1.11 当不符合本规范第 5.1.10 条的条件时，应进行洞体地基稳定性分析，并符合下列规定：

1 顶板不稳定，但洞内为密实堆积物充填且无流水活动时，可认为堆填物受力，按不均匀地基进行评价；

2 当能取得计算参数时，可将洞体顶板视为结构自承重体系进行力学分析；

3 有工程经验的地区，可按类比法进行稳定性评价；

4 在基础近旁有洞隙和临空面时，应验算向临空面倾覆或沿裂面滑移的可能；

5 当地基为石膏、岩盐等易溶岩时，应考虑溶蚀继续作用的不利影响；

6 对不稳定的岩溶洞隙可建议采用地基处理或桩基础。

5.1.12 岩溶勘察报告除应符合本规范第 14 章的规定外，尚应包括下列内容：

1 岩溶发育的地质背景和形成条件；

2 洞隙、土洞、塌陷的形态、平面位置和顶底标高；

3 岩溶稳定性分析；

4 岩溶治理和监测的建议。

5.2 滑　坡

5.2.1 拟建工程场地或其附近存在对工程安全有影响的滑坡或有滑坡可能时，应进行专门的滑坡勘察。

5.2.2 滑坡勘察应进行工程地质测绘和调查，调查范围应包括滑坡及其邻近地段。比例尺可选用 1：200～1：1000。用于整治设计时，比例尺应选用 1：200～1：500。

5.2.3 滑坡区的工程地质测绘和调查，除应遵守本规范第 8 章的规定外，尚应调查下列内容：

1 搜集地质、水文、气象、地震和人类活动等相关资料；

2 滑坡的形态要素和演化过程，圈定滑坡周界；

3 地表水、地下水、泉和湿地等的分布；

4 树木的异态、工程设施的变形等；

5 当地治理滑坡的经验。

对滑坡的重点部位应摄影或录像。

5.2.4 勘探线和勘探点的布置应根据工程地质条件、地下水情况和滑坡形态确定。除沿主滑方向应布置勘探线外，在其两侧滑坡体外也应布置一定数量勘探线。勘探点间距不宜大于 40m，在滑坡体转折处和预计采取工程措施的地段，也应布置勘探点。

勘探方法除钻探和触探外，应有一定数量的探井。

5.2.5 勘探孔的深度应穿过最下一层滑面，进入稳定地层，控制性勘探孔应深入稳定地层一定深度，满足滑坡治理需要。

5.2.6 滑坡勘察应进行下列工作：

1 查明各层滑坡面（带）的位置；

2 查明各层地下水的位置、流向和性质；

3 在滑坡体、滑坡面（带）和稳定地层中采取土试样进行试验。

5.2.7 滑坡勘察时，土的强度试验宜符合下列要求：

1 采用室内、野外滑面重合剪，滑带宜作重塑土或原状土多次剪试验，并求出多次剪和残余剪的抗剪强度；

2 采用与滑动受力条件相似的方法；

3 采用反分析方法检验滑动面的抗剪强度指标。

5.2.8 滑坡的稳定性计算应符合下列要求：

1 正确选择有代表性的分析断面，正确划分牵引段、主滑段和抗滑段；

2 正确选用强度指标，宜根据测试成果、反分析和当地经验综合确定；

3 有地下水时，应计入浮托力和水压力；

4 根据滑面（滑带）条件，按平面、圆弧或折线，选用正确的计算模型；

5 当有局部滑动可能时，除验算整体稳定外，尚应验算局部稳定；

6 当有地震、冲刷、人类活动等影响因素时，应计及这些因素对稳定的影响。

5.2.9 滑坡稳定性的综合评价，应根据滑坡的规模、主导因素、滑坡前兆、滑坡区的工程地质和水文地质条件，以及稳定性验算结果进行，并应分析发展趋势和危害程度，提出治理方案的建议。

5.2.10 滑坡勘察报告除应符合本规范第 14 章的规定外，尚应包括下列内容：

1 滑坡的地质背景和形成条件；

2 滑坡的形态要素、性质和演化；

3 提供滑坡的平面图、剖面图和岩土工程特性指标；

4 滑坡稳定分析；

5 滑坡防治和监测的建议。

5.3 危岩和崩塌

5.3.1 拟建工程场地或其附近存在对工程安全有影响的危岩或崩塌时，应进行危岩和崩塌勘察。

5.3.2 危岩和崩塌勘察宜在可行性研究或初步勘察阶段进行，应查明产生崩塌的条件及其规模、类型、范围，并对工程建设适宜性进行评价，提出防治方案的建议。

5.3.3 危岩和崩塌地区工程地质测绘的比例尺宜采用 1：500～1：1000；崩塌方向主剖面的比例尺宜采用 1：200。除应符合本规范第 8 章的规定外，尚应查明下列内容：

1 地形地貌及崩塌类型、规模、范围，崩塌体的大小和崩落方向；

2 岩体基本质量等级、岩性特征和风化程度；

3 地质构造，岩体结构类型，结构面的产状、组合关系、闭合程度、力学属性、延展及贯穿情况；

4 气象（重点是大气降水）、水文、地震和地下水的活动；

5 崩塌前的迹象和崩塌原因；

6 当地防治崩塌的经验。

5.3.4 当需判定危岩的稳定性时，宜对张裂缝进行监测。对有较大危害的大型危岩，应结合监测结果，对可能发生崩塌的时间、规模、滚落方向、途径、危害范围等作出预报。

5.3.5 各类危岩和崩塌的岩土工程评价应符合下列规定：

　　1 规模大，破坏后果很严重，难于治理的，不宜作为工程场地，线路应绕避；

　　2 规模较大，破坏后果严重的，应对可能产生崩塌的危岩进行加固处理，线路应采取防护措施；

　　3 规模小，破坏后果不严重的，可作为工程场地，但应对不稳定危岩采取治理措施。

5.3.6 危岩和崩塌区的岩土工程勘察报告除应遵守本规范第 14 章的规定外，尚应阐明危岩和崩塌区的范围、类型，作为工程场地的适宜性，并提出防治方案的建议。

5.4 泥 石 流

5.4.1 拟建工程场地或其附近有发生泥石流的条件并对工程安全有影响时，应进行专门的泥石流勘察。

5.4.2 泥石流勘察应在可行性研究或初步勘察阶段进行，应查明泥石流的形成条件和泥石流的类型、规模、发育阶段、活动规律，并对工程场地作出适宜性评价，提出防治方案的建议。

5.4.3 泥石流勘察应以工程地质测绘和调查为主。测绘范围应包括沟谷至分水岭的全部地段和可能受泥石流影响的地段。测绘比例尺，对全流域宜采用 1:50 000；对中下游可采用 1:2 000～1:10 000。除应符合本规范第 8 章的规定外，尚应调查下列内容：

　　1 冰雪融化和暴雨强度、一次最大降雨量，平均及最大流量，地下水活动等情况；

　　2 地形地貌特征，包括沟谷的发育程度、切割情况、坡度、弯曲、粗糙程度，并划分泥石流的形成区、流通区和堆积区，圈绘整个沟谷的汇水面积；

　　3 形成区的水源类型、水量、汇水条件、山坡坡度、岩层性质和风化程度；查明断裂、滑坡、崩塌、岩堆等不良地质作用的发育情况及可能形成泥石流固体物质的分布范围、储量；

　　4 流通区的沟床纵横坡度、跌水、急湾等特征；查明沟床两侧山坡坡度、稳定程度，沟床的冲淤变化和泥石流的痕迹；

　　5 堆积区的堆积扇分布范围，表面形态，纵坡，植被，沟道变迁和冲淤情况；查明堆积物的性质、层次、厚度、一般粒径和最大粒径；判定堆积区的形成历史、堆积速度，估算一次最大堆积量；

　　6 泥石流沟谷的历史，历次泥石流的发生时间、频数、规模、形成过程、暴发前的降雨情况和暴发后产生的灾害情况；

　　7 开矿弃渣、修路切坡、砍伐森林、陡坡开荒和过度放牧等人类活动情况；

　　8 当地防治泥石流的经验。

5.4.4 当需要对泥石流采取防治措施时，应进行勘探测试，进一步查明泥石流堆积物的性质、结构、厚度，固体物质含量、最大粒径，流速、流量，冲出量和淤积量。

5.4.5 泥石流的工程分类，宜遵守本规范附录 C 的规定。

5.4.6 泥石流地区工程建设适宜性的评价，应符合下列要求：

　　1 Ⅰ₁ 类和Ⅱ₁ 类泥石流沟谷不应作为工程场地，各类线路宜避开；

　　2 Ⅰ₂ 类和Ⅱ₂ 类泥石流沟谷不宜作为工程场地，当必须利用时应采取治理措施；线路应避免直穿堆积扇，可在沟口设桥（墩）通过；

　　3 Ⅰ₃ 类和Ⅱ₃ 类泥石流沟谷可利用其堆积区作为工程场地，但应避开沟口；线路可在堆积扇通过，可分段设桥和采取排洪、导流措施，不宜改沟、并沟；

　　4 当上游大量弃渣或进行工程建设，改变了原有供排平衡条件时，应重新判定产生新的泥石流的可能性。

5.4.7 泥石流岩土工程勘察报告，除应遵守本规范第 14 章的规定外，尚应包括下列内容：

　　1 泥石流的地质背景和形成条件；

　　2 形成区、流通区、堆积区的分布和特征，绘制专门工程地质图；

　　3 划分泥石流类型，评价其对工程建设的适宜性；

　　4 泥石流防治和监测的建议。

5.5 采 空 区

5.5.1 本节适用于老采空区、现采空区和未来采空区的岩土工程勘察。采空区勘察应查明老采空区上覆岩层的稳定性，预测现采空区和未来采空区的地表移动、变形的特征和规律性；判定其作为工程场地的适宜性。

5.5.2 采空区的勘察宜以搜集资料、调查访问为主，并应查明下列内容：

　　1 矿层的分布、层数、厚度、深度、埋藏特征和上覆岩层的岩性、构造等；

　　2 矿层开采的范围、深度、厚度、时间、方法和顶板管理，采空区的塌落、密实程度、空隙和积水等；

　　3 地表变形特征和分布，包括地表陷坑、台阶、裂缝的位置、形状、大小、深度、延伸方向及其与地质构造、开采边界、工作面推进方向等的关系；

　　4 地表移动盆地的特征，划分中间区、内边缘区和外边缘区，确定地表移动和变形的特征值；

　　5 采空区附近的抽水和排水情况及其对采空区

稳定的影响；

6 搜集建筑物变形和防治措施的经验。

5.5.3 对老采空区和现采空区，当工程地质调查不能查明采空区的特征时，应进行物探和钻探。

5.5.4 对现采空区和未来采空区，应通过计算预测地表移动和变形的特征值，计算方法可按现行标准《建筑物、水体、铁路及主要井巷煤柱留设与压煤开采规程》执行。

5.5.5 采空区宜根据开采情况，地表移动盆地特征和变形大小，划分为不宜建筑的场地和相对稳定的场地，并宜符合下列规定：

   1 下列地段不宜作为建筑场地：

    1）在开采过程中可能出现非连续变形的地段；

    2）地表移动活跃的地段；

    3）特厚矿层和倾角大于 55° 的厚矿层露头地段；

    4）由于地表移动和变形引起边坡失稳和山崖崩塌的地段；

    5）地表倾斜大于 10mm/m，地表曲率大于 0.6mm/m² 或地表水平变形大于 6mm/m 的地段。

   2 下列地段作为建筑场地时，应评价其适宜性：

    1）采空区采深采厚比小于 30 的地段；

    2）采深小，上覆岩层极坚硬，并采用非正规开采方法的地段；

    3）地表倾斜为 3～10mm/m，地表曲率为 0.2～0.6mm/m² 或地表水平变形为 2～6mm/m 的地段。

5.5.6 采深小、地表变形剧烈且为非连续变形的小窑采空区，应通过搜集资料、调查、物探和钻探等工作，查明采空区和巷道的位置、大小、埋藏深度、开采时间、开采方式、回填塌落和充水等情况；并查明地表裂缝、陷坑的位置、形状、大小、深度、延伸方向及其与采空区的关系；

5.5.7 小窑采空区的建筑物应避开地表裂缝和陷坑地段。对次要建筑且采空区采深采厚比大于 30，地表已经稳定时可不进行稳定性评价；当采深采厚比小于 30 时，可根据建筑物的基底压力、采空区的埋深、范围和上覆岩层的性质等评价地基的稳定性，并根据矿区经验提出处理措施的建议。

5.6 地面沉降

5.6.1 本节适用于抽吸地下水引起水位或水压下降而造成大面积地面沉降的岩土工程勘察。

5.6.2 对已发生地面沉降的地区，地面沉降勘察应查明其原因和现状，并预测其发展趋势，提出控制和治理方案。

   对可能发生地面沉降的地区，应预测发生的可能性，并对可能的沉降层位做出估计，对沉降量进行估算，提出预防和控制地面沉降的建议。

5.6.3 对地面沉降原因，应调查下列内容：

   1 场地的地貌和微地貌；

   2 第四纪堆积物的年代、成因、厚度、埋藏条件和土性特征，硬土层和软弱压缩层的分布；

   3 地下水位以下可压缩层的固结状态和变形参数；

   4 含水层和隔水层的埋藏条件和承压性质，含水层的渗透系数、单位涌水量等水文地质参数；

   5 地下水的补给、径流、排泄条件，含水层间或地下水与地面水的水力联系；

   6 历年地下水位、水头的变化幅度和速率；

   7 历年地下水的开采量和回灌量，开采或回灌的层段；

   8 地下水位下降漏斗及回灌时地下水反漏斗的形成和发展过程。

5.6.4 对地面沉降现状的调查，应符合下列要求：

   1 按精密水准测量要求进行长期观测，并按不同的结构单元设置高程基准标、地面沉降标和分层沉降标；

   2 对地下水的水位升降，开采量和回灌量，化学成分，污染情况和孔隙水压力消散、增长情况进行观测；

   3 调查地面沉降对建筑物的影响，包括建筑物的沉降、倾斜、裂缝及其发生时间和发展过程；

   4 绘制不同时间的地面沉降等值线图，并分析地面沉降中心与地下水位下降漏斗的关系及地面回弹与地下水位反漏斗的关系；

   5 绘制以地面沉降为特征的工程地质分区图。

5.6.5 对已发生地面沉降的地区，可根据工程地质和水文地质条件，建议采取下列控制和治理方案：

   1 减少地下水开采量和水位降深，调整开采层次，合理开发，当地面沉降发展剧烈时，应暂时停止开采地下水；

   2 对地下水进行人工补给，回灌时应控制回灌水源的水质标准，以防止地下水被污染；

   3 限制工程建设中的人工降低地下水位。

5.6.6 对可能发生地面沉降的地区应预测地面沉降的可能性和估算沉降量，并可采取下列预测和防治措施：

   1 根据场地工程地质、水文地质条件，预测可压缩层的分布；

   2 根据抽水压密试验、渗透试验、先期固结压力试验、流变试验、载荷试验等的测试成果和沉降观测资料，计算分析地面沉降量和发展趋势；

   3 提出合理开采地下水资源，限制人工降低地下水位及在地面沉降区内进行工程建设应采取措施的建议。

5.7 场地和地基的地震效应

5.7.1 抗震设防烈度等于或大于 6 度的地区，应进行场地和地基地震效应的岩土工程勘察，并应根据国家批准的地震动参数区划和有关的规范，提出勘察场地的抗震设防烈度、设计基本地震加速度和设计地震分组。

5.7.2 在抗震设防烈度等于或大于 6 度的地区进行勘察时，应确定场地类别。当场地位于抗震危险地段时，应根据现行国家标准《建筑抗震设计规范》GB 50011 的要求，提出专门研究的建议。

5.7.3 对需要采用时程分析的工程，应根据设计要求，提供土层剖面、覆盖层厚度和剪切波速度等有关参数。任务需要时，可进行地震安全性评估或抗震设防区划。

5.7.4 为划分场地类别布置的勘探孔，当缺乏资料时，其深度应大于覆盖层厚度。当覆盖层厚度大于 80m 时，勘探孔深度应大于 80m，并分层测定剪切波速。10 层和高度 30m 以下的丙类和丁类建筑，无实测剪切波速时，可按现行国家标准《建筑抗震设计规范》（GB 50011）的规定，按土的名称和性状估计土的剪切波速。

5.7.5 抗震设防烈度为 6 度时，可不考虑液化的影响，但对沉陷敏感的乙类建筑，可按 7 度进行液化判别。甲类建筑应进行专门的液化勘察。

5.7.6 场地地震液化判别应先进行初步判别，当初步判别认为有液化可能时，应再作进一步判别。液化的判别宜采用多种方法，综合判定液化可能性和液化等级。

5.7.7 液化初步判别除按现行国家有关抗震规范进行外，尚宜包括下列内容进行综合判别：

　　1 分析场地地形、地貌、地层、地下水等与液化有关的场地条件；

　　2 当场地及其附近存在历史地震液化遗迹时，宜分析液化重复发生的可能性；

　　3 倾斜场地或液化层倾向水面或临空面时，应评价液化引起土体滑移的可能性。

5.7.8 地震液化的进一步判别应在地面以下 15m 的范围内进行；对于桩基和基础埋深大于 5m 的天然地基，判别深度应加深至 20m。对判别液化而布置的勘探点不应少于 3 个，勘探孔深度应大于液化判别深度。

5.7.9 地震液化的进一步判别，除应按现行国家标准《建筑抗震设计规范》（GB 50011）的规定执行外，尚可采用其他成熟方法进行综合判别。

　　当采用标准贯入试验判别液化时，应按每个试验孔的实测击数进行。在需作判定的土层中，试验点的竖向间距宜为 1.0～1.5m，每层土的试验点数不宜少于 6 个。

5.7.10 凡判别为可液化的场地、应按现行国家标准《建筑抗震设计规范》（GB 50011）的规定确定其液化指数和液化等级。

勘察报告除应阐明可液化的土层、各孔的液化指数外，尚应根据各孔液化指数综合确定场地液化等级。

5.7.11 抗震设防烈度等于或大于 7 度的厚层软土分布区，宜判别软土震陷的可能性和估算震陷量。

5.7.12 场地或场地附近有滑坡、滑移、崩塌、塌陷、泥石流、采空区等不良地质作用时，应进行专门勘察，分析评价在地震作用时的稳定性。

5.8 活 动 断 裂

5.8.1 抗震设防烈度等于或大于 7 度的重大工程场地应进行活动断裂（以下简称断裂）勘察。断裂勘察应查明断裂的位置和类型，分析其活动性和地震效应，评价断裂对工程建设可能产生的影响，并提出处理方案。

　　对核电厂的断裂勘察，应按核安全法规和导则进行专门研究。

5.8.2 断裂的地震工程分类应符合下列规定：

　　1 全新活动断裂为在全新地质时期（一万年）内有过地震活动或近期正在活动，在今后一百年可能继续活动的断裂；全新活动断裂中、近期（近 500 年来）发生过地震震级 $M \geqslant 5$ 级的断裂，或在今后 100 年内，可能发生 $M \geqslant 5$ 级的断裂，可定为发震断裂；

　　2 非全新活动断裂：一万年以前活动过，一万年以来没有发生过活动的断裂。

5.8.3 全新活动断裂可按表 5.8.3 分级。

表 5.8.3　全新活动断裂分级

断裂分级 指标	活　动　性	平均活动速率 v（mm/a）	历史地震震级 M
I 强烈全新活动断裂	中晚更新世以来有活动，全新世活动强烈	$v > 1$	$M \geqslant 7$
II 中等全新活动断裂	中晚更新世以来有活动，全新世活动较强烈	$1 \geqslant v \geqslant 0.1$	$7 > M \geqslant 6$
III 微弱全新活动断裂	全新世有微弱活动	$v < 0.1$	$M < 6$

5.8.4 断裂勘察，应搜集和分析有关文献档案资料，包括卫星航空相片，区域构造地质，强震震中分布，地应力和地形变，历史和近期地震等。

5.8.5 断裂勘察工程地质测绘，除应符合本规范第 8 章的要求外，尚应包括下列内容的调查：

　　1 地形地貌特征：山区或高原不断上升剥蚀或有长距离的平滑分界线；非岩性影响的陡坡、峭壁，深切的直线形河谷，一系列滑坡、崩塌和山前叠置的洪积扇；定向断续线形分布的残丘、洼地、沼泽、芦苇地、盐碱地、湖泊、跌水、泉、温泉等；水系定向展布或同向扭曲错动等。

2 地质特征：近期断裂活动留下的第四系错动，地下水和植被的特征；断层带的破碎和胶结特征等；深色物质宜采用放射性碳14（C^{14}）法，非深色物质宜采用热释光法或铀系法，测定已错断层位和未错断层位的地质年龄，并确定断裂活动的最新时限。

3 地震特征：与地震有关的断层、地裂缝、崩塌、滑坡、地震湖、河流改道和砂土液化等。

5.8.6 大型工业建设场地，在可行性研究勘察时，应建议避让全新活动断裂和发震断裂。避让距离应根据断裂的等级、规模、性质、覆盖层厚度、地震烈度等因素，按有关标准综合确定。非全新活动断裂可不采取避让措施，但当浅埋且破碎带发育时，可按不均匀地基处理。

6 特殊性岩土

6.1 湿陷性土

6.1.1 本节适用于干旱和半干旱地区除黄土以外的湿陷性碎石土、湿陷性砂土和其他湿陷性土的岩土工程勘察。对湿陷性黄土的勘察应按现行国家标准《湿陷性黄土地区建筑规范》（GB 50025）执行。

6.1.2 当不能取试样做室内湿陷性试验时，应采用现场载荷试验确定湿陷性。在200kPa压力下浸水载荷试验的附加湿陷量与承压板宽度之比等于或大于0.023的土，应判定为湿陷性土。

6.1.3 湿陷性土场地勘察，除应遵守本规范第4章的规定外，尚应符合下列要求：

1 勘探点的间距应按本规范第4章的规定取小值。对湿陷性土分布极不均匀的场地应加密勘探点；

2 控制性勘探孔深度应穿透湿陷性土层；

3 应查明湿陷性土的年代、成因、分布和其中的夹层、包含物、胶结物的成分和性质；

4 湿陷性碎石土和砂土，宜采用动力触探试验和标准贯入试验确定力学特性；

5 不扰动土试样应在探井中采取；

6 不扰动土试样除测定一般物理力学性质外，尚应作土的湿陷性和湿化试验；

7 对不能取得不扰动土试样的湿陷性土，应在探井中采用大体积法测定密度和含水量；

8 对于厚度超过2m的湿陷性土，应在不同深度处分别进行浸水载荷试验，并应不受相邻试验的浸水影响。

6.1.4 湿陷性土的岩土工程评价应符合下列规定：

1 湿陷性土的湿陷程度划分应符合表6.1.4的规定；

2 湿陷性土的地基承载力宜采用载荷试验或其他原位测试确定；

3 对湿陷性土边坡，当浸水因素引起湿陷性土本身或其与下伏地层接触面的强度降低时，应进行稳定性评价。

6.1.5 湿陷性土地基受水浸湿至下沉稳定为止的总湿陷量 Δ_s（cm），应按下式计算：

$$\Delta_s = \sum_{i=1}^{n} \beta \Delta F_{si} h_i \qquad (6.1.5)$$

式中 ΔF_{si}——第 i 层土浸水载荷试验的附加湿陷量（cm）；

h_i——第 i 层土的厚度（cm），从基础底面（初步勘察时自地面下1.5m）算起，$\Delta F_{si}/b < 0.023$ 的不计入；

β——修正系数（cm^{-1}）。承压板面积为0.50m^2 时，$\beta = 0.014$；承压板面积为0.25m^2 时，$\beta = 0.020$。

表6.1.4 湿陷程度分类

试验条件 湿陷程度	附加湿陷量 ΔF_s（cm）	
	承压板面积 0.50m^2	承压板面积 0.25m^2
轻　微	$1.6 < \Delta F_s \leqslant 3.2$	$1.1 < \Delta F_s \leqslant 2.3$
中　等	$3.2 < \Delta F_s \leqslant 7.4$	$2.3 < \Delta F_s \leqslant 5.3$
强　烈	$\Delta F_s > 7.4$	$\Delta F_s > 5.3$

注：对能用取土器取得不扰动试样的湿陷性粉砂，其试验方法和评定标准按现行国家标准《湿陷性黄土地区建筑规范》（GB 50025）执行。

6.1.6 湿陷性土地基的湿陷等级应按表6.1.6判定。

6.1.7 湿陷性土地基的处理应根据土质特征、湿陷等级和当地建筑经验等因素综合确定。

表6.1.6 湿陷性土地基的湿陷等级

总湿陷量 Δ_s（cm）	湿陷性土总厚度（m）	湿陷等级
$5 < \Delta_s \leqslant 30$	> 3	I
	$\leqslant 3$	II
$30 < \Delta_s \leqslant 60$	> 3	
	$\leqslant 3$	III
$\Delta_s > 60$	> 3	
	$\leqslant 3$	IV

6.2 红黏土

6.2.1 本节适用于红黏土（含原生与次生红黏土）的岩土工程勘察。颜色为棕红或褐黄，覆盖于碳酸盐岩系之上，其液限大于或等于50%的高塑性黏土，应判定为原生红黏土。原生红黏土经搬运、沉积后仍保留其基本特征，且其液限大于45%的黏土，可判定为次生红黏土。

6.2.2 红黏土地区的岩土工程勘察，应着重查明其状态分布、裂隙发育特征及地基的均匀性。

1 红黏土的状态除按液性指数判定外，尚可按表 6.2.2-1 判定；

表 6.2.2-1　红黏土的状态分类

状　态	含水比 α_w
坚　硬	$\alpha_w \leqslant 0.55$
硬　塑	$0.55 < \alpha_w \leqslant 0.70$
可　塑	$0.70 < \alpha_w \leqslant 0.85$
软　塑	$0.85 < \alpha_w \leqslant 1.00$
流　塑	$\alpha_w > 1.00$

注：$\alpha_w = w/w_L$。

2 红黏土的结构可根据其裂隙发育特征按表 6.2.2-2 分类；

3 红黏土的复浸水特性可按表 6.2.2-3 分类；

4 红黏土的地基均匀性可按表 6.2.2-4 分类。

表 6.2.2-2　红黏土的结构分类

土体结构	裂隙发育特征
致密状的	偶见裂隙（<1 条/m）
巨块状的	较多裂隙（1～2 条/m）
碎块状的	富裂隙（>5 条/m）

表 6.2.2-3　红黏土的复浸水特性分类

类　别	I_r 与 I'_r 关系	复浸水特性
I	$I_r \geqslant I'_r$	收缩后复浸水膨胀，能恢复到原位
II	$I_r < I'_r$	收缩后复浸水膨胀，不能恢复到原位

注：$I_r = w_L/w_P$，$I'_r = 1.4 + 0.0066w_L$。

表 6.2.2-4　红黏土的地基均匀性分类

地基均匀性	地基压缩层范围内岩土组成
均匀地基	全部由红黏土组成
不均匀地基	由红黏土和岩石组成

6.2.3 红黏土地区的工程地质测绘和调查应按本规范第 8 章的规定进行，并着重查明下列内容：

1 不同地貌单元红黏土的分布、厚度、物质组成、土性等特征及其差异；

2 下伏基岩岩性、岩溶发育特征及其与红黏土土性、厚度变化的关系；

3 地裂分布、发育特征及其成因，土体结构特征，土体中裂隙的密度、深度、延展方向及其发育规律；

4 地表水体和地下水的分布、动态及其与红黏土状态垂向分带的关系；

5 现有建筑物开裂原因分析，当地勘察、设计、施工经验等。

6.2.4 红黏土地区勘探点的布置，应取较密的间距，查明红黏土厚度和状态的变化。初步勘察勘探点间距宜取 30～50m；详细勘察勘探点间距，对均匀地基宜取 12～24m，对不均匀地基宜取 6～12m。厚度和状态变化大的地段，勘探点间距还可加密。各阶段勘探孔的深度可按本规范第 4.1 节的有关规定执行。对不均匀地基，勘探孔深度应达到基岩。

对不均匀地基、有土洞发育或采用岩面端承桩时，宜进行施工勘察，其勘探点间距和勘探孔深度根据需要确定。

6.2.5 当岩土工程评价需要详细了解地下水埋藏条件、运动规律和季节变化时，应在测绘调查的基础上补充进行地下水的勘察、试验和观测工作。有关要求按本规范第 7 章的规定执行。

6.2.6 红黏土的室内试验除应满足本规范第 11 章的规定外，对裂隙发育的红黏土应进行三轴剪切试验或无侧限抗压强度试验。必要时，可进行收缩试验和复浸水试验。当需评价边坡稳定性时，宜进行重复剪切试验。

6.2.7 红黏土的地基承载力应按本规范第 4.1.24 条的规定确定。当基础浅埋、外侧地面倾斜、有临空面或承受较大水平荷载时，应结合以下因素综合考虑确定红黏土的承载力：

1 土体结构和裂隙对承载力的影响；

2 开挖面长时间暴露，裂隙发展和复浸水对土质的影响。

6.2.8 红黏土的岩土工程评价应符合下列要求：

1 建筑物应避免跨越地裂密集带或深长地裂地段；

2 轻型建筑物的基础埋深应大于大气影响急剧层的深度；炉窑等高温设备的基础应考虑地基土的不均匀收缩变形；开挖明渠时应考虑土体干湿循环的影响；在石芽出露的地段，应考虑地表水下渗形成的地面变形；

3 选择适宜的持力层和基础形式，在满足本条第 2 款要求的前提下，基础宜浅埋，利用浅部硬壳层，并进行下卧层承载力的验算；不能满足承载力和变形要求时，应建议进行地基处理或采用桩基础；

4 基坑开挖时宜采取保湿措施，边坡应及时维护，防止失水干缩。

6.3　软　土

6.3.1 天然孔隙比大于或等于 1.0，且天然含水量大于液限的细粒土应判定为软土，包括淤泥、淤泥质土、泥炭、泥炭质土等。

6.3.2 软土勘察除应符合常规要求外，尚应查明下列内容：

1 成因类型、成层条件、分布规律、层理特征、水平向和垂直向的均匀性；

2 地表硬壳层的分布与厚度、下伏硬土层或基岩的埋深和起伏；

3 固结历史、应力水平和结构破坏对强度和变形的影响；

4 微地貌形态和暗埋的塘、浜、沟、坑、穴的分布、埋深及其填土的情况；

5 开挖、回填、支护、工程降水、打桩、沉井等对软土应力状态、强度和压缩性的影响；

6 当地的工程经验。

6.3.3 软土地区勘察宜采用钻探取样与静力触探结合的手段。勘探点布置应根据土的成因类型和地基复杂程度确定。当土层变化较大或有暗埋的塘、浜、沟、坑、穴时应予加密。

6.3.4 软土取样应采用薄壁取土器，其规格应符合本规范第 9 章的要求。

6.3.5 软土原位测试宜采用静力触探试验、旁压试验、十字板剪切试验、扁铲侧胀试验和螺旋板载荷试验。

6.3.6 软土的力学参数宜采用室内试验、原位测试，结合当地经验确定。有条件时，可根据堆载试验、原型监测反分析确定。抗剪强度指标室内宜采用三轴试验，原位测试宜采用十字板剪切试验。

压缩系数、先期固结压力、压缩指数、回弹指数、固结系数，可分别采用常规固结试验、高压固结试验等方法确定。

6.3.7 软土的岩土工程评价应包括下列内容：

1 判定地基产生失稳和不均匀变形的可能性；当工程位于池塘、河岸、边坡附近时，应验算其稳定性；

2 软土地基承载力应根据室内试验、原位测试和当地经验，并结合下列因素综合确定：

　　1）软土成层条件、应力历史、结构性、灵敏度等力学特性和排水条件；

　　2）上部结构的类型、刚度、荷载性质和分布，对不均匀沉降的敏感性；

　　3）基础的类型、尺寸、埋深和刚度等；

　　4）施工方法和程序。

3 当建筑物相邻高低层荷载相差较大时，应分析其变形差异和相互影响；当地面有大面积堆载时，应分析对相邻建筑物的不利影响；

4 地基沉降计算可采用分层总和法或土的应力历史法，并应根据当地经验进行修正，必要时，应考虑软土的次固结效应；

5 提出基础形式和持力层的建议；对于上为硬层，下为软土的双层土地基应进行下卧层验算。

6.4 混 合 土

6.4.1 由细粒土和粗粒土混杂且缺乏中间粒径的土应定名为混合土。

当碎石土中粒径小于 0.075mm 的细粒土质量超过总质量的 25% 时，应定名为粗粒混合土；当粉土或黏性土中粒径大于 2mm 的粗粒土质量超过总质量的 25% 时，应定名为细粒混合土。

6.4.2 混合土的勘察应符合下列要求：

1 查明地形和地貌特征，混合土的成因、分布，下卧土层或基岩的埋藏条件；

2 查明混合土的组成、均匀性及其在水平方向和垂直方向上的变化规律；

3 勘探点的间距和勘探孔的深度除应满足本规范第 4 章的要求外，尚应适当加密加深；

4 应有一定数量的探井，并应采取大体积土试样进行颗粒分析和物理力学性质测定；

5 对粗粒混合土宜采用动力触探试验，并应有一定数量的钻孔或探井检验；

6 现场载荷试验的承压板直径和现场直剪试验的剪切面直径都应大于试验土层最大粒径的 5 倍，载荷试验的承压板面积不应小于 $0.5m^2$，直剪试验的剪切面面积不宜小于 $0.25m^2$。

6.4.3 混合土的岩土工程评价应包括下列内容：

1 混合土的承载力应采用载荷试验、动力触探试验并结合当地经验确定；

2 混合土边坡的容许坡度值可根据现场调查和当地经验确定。对重要工程应进行专门试验研究。

6.5 填 土

6.5.1 填土根据物质组成和堆填方式，可分为下列四类：

1 素填土：由碎石土、砂土、粉土和黏性土等一种或几种材料组成，不含杂物或含杂物很少；

2 杂填土：含有大量建筑垃圾、工业废料或生活垃圾等杂物；

3 冲填土：由水力冲填泥砂形成；

4 压实填土：按一定标准控制材料成分、密度、含水量，分层压实或夯实而成。

6.5.2 填土勘察应包括下列内容：

1 搜集资料，调查地形和地物的变迁，填土的来源、堆积年限和堆积方式；

2 查明填土的分布、厚度、物质成分、颗粒级配、均匀性、密实性、压缩性和湿陷性；

3 判定地下水对建筑材料的腐蚀性。

6.5.3 填土勘察应在本规范第 4 章规定的基础上加密勘探点，确定暗埋的塘、浜、坑的范围。勘探孔的深度应穿透填土层。

勘探方法应根据填土性质确定。对由粉土或黏性土组成的素填土，可采用钻探取样、轻型钻具与原位测试相结合的方法；对含较多粗粒成分的素填土和杂填土宜采用动力触探、钻探，并应有一定数量的探井。

6.5.4 填土的工程特性指标宜采用下列测试方法确定：

1 填土的均匀性和密实度宜采用触探法，并辅以室内试验；

2 填土的压缩性、湿陷性宜采用室内固结试验或现场载荷试验；

3 杂填土的密度试验宜采用大容积法；

4 对压实填土，在压实前应测定填料的最优含水量和最大干密度，压实后应测定其干密度，计算压实系数。

6.5.5 填土的岩土工程评价应符合下列要求：

1 阐明填土的成分、分布和堆积年代，判定地基的均匀性、压缩性和密实度；必要时应按厚度、强度和变形特性分层或分区评价；

2 对堆积年限较长的素填土、冲填土和由建筑垃圾或性能稳定的工业废料组成的杂填土，当较均匀和较密实时可作为天然地基；由有机质含量较高的生活垃圾和对基础有腐蚀性的工业废料组成的杂填土，不宜作为天然地基；

3 填土地基承载力应按本规范第 4.1.24 条的规定综合确定；

4 当填土底面的天然坡度大于 20% 时，应验算其稳定性。

6.5.6 填土地基基坑开挖后应进行施工验槽。处理后的填土地基应进行质量检验。对复合地基，宜进行大面积载荷试验。

6.6 多年冻土

6.6.1 含有固态水，且冻结状态持续二年或二年以上的土，应判定为多年冻土。

6.6.2 根据融化下沉系数 δ_0 的大小，多年冻土可分为不融沉、弱融沉、融沉、强融沉和融陷五级，并应符合表 6.6.2 的规定。冻土的平均融化下沉系数 δ_0 可按下式计算：

$$\delta_0 = \frac{h_1 - h_2}{h_1} = \frac{e_1 - e_2}{1 + e_1} \times 100(\%) \quad (6.6.2)$$

式中 h_1、e_1——冻土试样融化前的高度（mm）和孔隙比；

h_2、e_2——冻土试样融化后的高度（mm）和孔隙比。

表 6.6.2 多年冻土的融沉性分类

土的名称	总含水量 w_0(%)	平均融沉系数 δ_0	融沉等级	融沉类别	冻土类型
碎石土，砾、粗、中砂（粒径小于 0.075mm 的颗粒含量不大于 15%）	$w_0 < 10$	$\delta_0 \leq 1$	I	不融沉	少冰冻土
	$w_0 \geq 10$	$1 < \delta_0 \leq 3$	II	弱融沉	多冰冻土

续表 6.6.2

土的名称	总含水量 w_0(%)	平均融沉系数 δ_0	融沉等级	融沉类别	冻土类型
碎石土，砾、粗、中砂（粒径小于 0.075mm 的颗粒含量大于 15%）	$w_0 < 12$	$\delta_0 \leq 1$	I	不融沉	少冰冻土
	$12 \leq w_0 < 15$	$1 < \delta_0 \leq 3$	II	弱融沉	多冰冻土
	$15 \leq w_0 < 25$	$3 < \delta_0 \leq 10$	III	融沉	富冰冻土
	$w_0 \geq 25$	$10 < \delta_0 \leq 25$	IV	强融沉	饱冰冻土
粉砂、细砂	$w_0 < 14$	$\delta_0 \leq 1$	I	不融沉	少冰冻土
	$14 \leq w_0 < 18$	$1 < \delta_0 \leq 3$	II	弱融沉	多冰冻土
	$18 \leq w_0 < 28$	$3 < \delta_0 \leq 10$	III	融沉	富冰冻土
	$w_0 \geq 28$	$10 < \delta_0 \leq 25$	IV	强融沉	饱冰冻土
粉土	$w_0 < 17$	$\delta_0 \leq 1$	I	不融沉	少冰冻土
	$17 \leq w_0 < 21$	$1 < \delta_0 \leq 3$	II	弱融沉	多冰冻土
	$21 \leq w_0 < 32$	$3 < \delta_0 \leq 10$	III	融沉	富冰冻土
	$w_0 \geq 32$	$10 < \delta_0 \leq 25$	IV	强融沉	饱冰冻土
黏性土	$w_0 < w_p$	$\delta_0 \leq 1$	I	不融沉	少冰冻土
	$w_p \leq w_0 < w_p + 4$	$1 < \delta_0 \leq 3$	II	弱融沉	多冰冻土
	$w_p + 4 \leq w_0 < w_p + 15$	$3 < \delta_0 \leq 10$	III	融沉	富冰冻土
	$w_p + 15 \leq w_0 < w_p + 35$	$10 < \delta_0 \leq 25$	IV	强融沉	饱冰冻土
含土冰层	$w_0 \geq w_p + 35$	$\delta_0 > 25$	V	融陷	含土冰层

注：**1** 总含水量 w_0 包括冰和未冻水；

2 本表不包括盐渍化冻土、冻结泥炭化土、腐殖土、高塑性黏土。

6.6.3 多年冻土勘察应根据多年冻土的设计原则、多年冻土的类型和特征进行，并应查明下列内容：

1 多年冻土的分布范围及上限深度；

2 多年冻土的类型、厚度、总含水量、构造特征、物理力学和热学性质；

3 多年冻土层上水、层间水和层下水的赋存形式、相互关系及其对工程的影响；

4 多年冻土的融沉性分级和季节融化层土的冻胀性分级；

5 厚层地下冰、冰锥、冰丘、冻土沼泽、热融滑塌、热融湖塘、融冻泥流等不良地质作用的形态特征、形成条件、分布范围、发生发展规律及其对工程的危害程度。

6.6.4 多年冻土地区勘探点的间距，除应满足本规范第 4 章的要求外，尚应适当加密。勘探孔的深度应满足下列要求：

1 对保持冻结状态设计的地基，不应小于基底以下 2 倍基础宽度，对桩基应超过桩端以下 3~5m；

2 对逐渐融化状态和预先融化状态设计的地基，应符合非冻土地基的要求；

3 无论何种设计原则，勘探孔的深度均宜超过多年冻土上限深度的 1.5 倍；

4 在多年冻土的不稳定地带，应查明多年冻土下限深度；当地基为饱冰冻土或含土冰层时，应穿透该层。

6.6.5 多年冻土的勘探测试应满足下列要求：

1 多年冻土地区钻探宜缩短施工时间，宜采用大口径低速钻进，终孔直径不宜小于 108mm，必要时可采用低温泥浆，并避免在钻孔周围造成人工融区或孔内冻结；

2 应分层测定地下水位；

3 保持冻结状态设计地段的钻孔，孔内测温工作结束后应及时回填；

4 取样的竖向间隔，除应满足本规范第 4 章的要求外，在季节融化层应适当加密，试样在采取、搬运、贮存、试验过程中应避免融化；

5 试验项目除按常规要求外，尚应根据需要，进行总含水量、体积含冰量、相对含冰量、未冻水含量、冻结温度、导热系数、冻胀量、融化压缩等项目的试验；对盐渍化多年冻土和泥炭化多年冻土，尚应分别测定易溶盐含量和有机质含量；

6 工程需要时，可建立地温观测点，进行地温观测；

7 当需查明与冻土融化有关的不良地质作用时，调查工作宜在二月至五月份进行；多年冻土上限深度的勘察时间宜在九、十月份。

6.6.6 多年冻土的岩土工程评价应符合下列要求：

1 多年冻土的地基承载力，应区别保持冻结地基和容许融化地基，结合当地经验用载荷试验或其他原位测试方法综合确定，对次要建筑物可根据邻近工程经验确定；

2 除次要工程外，建筑物宜避开饱冰冻土、含土冰层地段和冰椎、冰丘、热融湖、厚层地下冰，融区与多年冻土区之间的过渡带，宜选择坚硬岩层、少冰冻土和多冰冻土地段以及地下水位或冻土层上水位低的地段和地形平缓的高地。

6.7 膨胀岩土

6.7.1 含有大量亲水矿物，湿度变化时有较大体积变化，变形受约束时产生较大内应力的岩土，应判定为膨胀岩土。膨胀土的初判应符合本规范附录 D 的规定；终判应在初判的基础上按本节第 6.7.7 条进行。

6.7.2 膨胀岩土场地，按地形地貌条件可分为平坦场地和坡地场地。符合下列条件之一者应划为平坦场地：

1 地形坡度小于 5°，且同一建筑物范围内局部高差不超过 1m；

2 地形坡度大于 5°小于 14°，与坡肩水平距离大于 10m 的坡顶地带。

不符合以上条件的应划为坡地场地。

6.7.3 膨胀岩土地区的工程地质测绘和调查应包括下列内容：

1 查明膨胀岩土的岩性、地质年代、成因、产状、分布以及颜色、节理、裂缝等外观特征；

2 划分地貌单元和场地类型，查明有无浅层滑坡、地裂、冲沟以及微地貌形态和植被情况；

3 调查地表水的排泄和积聚情况以及地下水类型、水位和变化规律；

4 搜集当地降水量、蒸发力、气温、地温、干湿季节、干旱持续时间等气象资料，查明大气影响深度；

5 调查当地建筑经验。

6.7.4 膨胀岩土的勘察应遵守下列规定：

1 勘探点宜结合地貌单元和微地貌形态布置；其数量应比非膨胀岩土地区适当增加，其中采取试样的勘探点不应少于全部勘探点的 1/2；

2 勘探孔的深度，除应满足基础埋深和附加应力的影响深度外，尚应超过大气影响深度；控制性勘探孔不应小于 8m，一般性勘探孔不应小于 5m；

3 在大气影响深度内，每个控制性勘探孔均应采取 Ⅰ、Ⅱ 级土试样，取样间距不应大于 1.0m，在大气影响深度以下，取样间距可为 1.5～2.0m；一般性勘探孔从地表下 1m 开始至 5m 深度内，可取Ⅲ级土试样，测定天然含水量。

6.7.5 膨胀岩土的室内试验，除应遵守本规范第 11 章的规定外，尚应测定下列指标：

1 自由膨胀率；

2 一定压力下的膨胀率；

3 收缩系数；

4 膨胀力。

6.7.6 重要的和特殊要求的工程场地，宜进行现场浸水载荷试验、剪切试验或旁压试验。对膨胀岩应进行黏土矿物成分、体膨胀量和无侧限抗压强度试验。对各向异性的膨胀岩土，应测定其不同方向的膨胀率、膨胀力和收缩系数。

6.7.7 对初判为膨胀土的地区，应计算土的膨胀变形量、收缩变形量和胀缩变形量，并划分胀缩等级。计算和划分方法应符合现行国家标准《膨胀土地区建筑技术规范》(GBJ 112) 的规定。有地区经验时，亦可根据地区经验分级。

当拟建场地或其邻近有膨胀岩土损坏的工程时，应判定为膨胀岩土，并进行详细调查，分析膨胀岩土对工程的破坏机制，估计膨胀力的大小和胀缩等级。

6.7.8 膨胀岩土的岩土工程评价应符合下列规定：

1 对建在膨胀岩土上的建筑物，其基础埋深、地基处理、桩基设计、总平面布置、建筑和结构措施、施工和维护，应符合现行国家标准《膨胀土地区建筑技术规范》(GBJ 112) 的规定；

2 一级工程的地基承载力应采用浸水载荷试验方法确定；二级工程宜采用浸水载荷试验；三级工程可采用饱和状态下不固结不排水三轴剪切试验计算或根据已有经验确定；

3 对边坡及位于边坡上的工程，应进行稳定性验算；验算时应考虑坡体内含水量变化的影响；均质土可采用圆弧滑动法，有软弱夹层及层状膨胀岩土应按最不利的滑动面验算；具有胀缩裂缝和地裂缝的膨胀土边坡，应进行沿裂缝滑动的验算。

6.8 盐渍岩土

6.8.1 岩土中易溶盐含量大于 0.3%，并具有溶陷、盐胀、腐蚀等工程特性时，应判定为盐渍岩土。

6.8.2 盐渍岩按主要含盐矿物成分可分为石膏盐渍岩、芒硝盐渍岩等。盐渍土根据其含盐化学成分和含盐量可按表 6.8.2-1 和 6.8.2-2 分类。

表 6.8.2-1 盐渍土按含盐化学成分分类

盐渍土名称	$\dfrac{c(Cl^-)}{2c(SO_4^{2-})}$	$\dfrac{2c(CO_3^{2-})+c(HCO_3^-)}{c(Cl^-)+2c(SO_4^{2-})}$
氯盐渍土	>2	—
亚氯盐渍土	2~1	—
亚硫酸盐渍土	1~0.3	—
硫酸盐渍土	<0.3	—
碱性盐渍土	—	>0.3

注：表中 $c(Cl^-)$ 为氯离子在 100g 土中所含毫摩数，其他离子同。

表 6.8.2-2 盐渍土按含盐量分类

盐渍土名称	平均含盐量（%）		
	氯及亚氯盐	硫酸及亚硫酸盐	碱性盐
弱盐渍土	0.3~1.0	—	—
中盐渍土	1~5	0.3~2.0	0.3~1.0
强盐渍土	5~8	2~5	1~2
超盐渍土	>8	>5	>2

6.8.3 盐渍岩土地区的调查工作，应包括下列内容：

1 盐渍岩土的成因、分布和特点；

2 含盐化学成分、含盐量及其在岩土中的分布；

3 溶蚀洞穴发育程度和分布；

4 搜集气象和水文资料；

5 地下水的类型、埋藏条件、水质、水位及其季节变化；

6 植物生长状况；

7 含石膏为主的盐渍岩石膏的水化深度，含芒硝较多的盐渍岩，在隧道通过地段的地温情况；

8 调查当地工程经验。

6.8.4 盐渍岩土的勘探测试应符合下列规定：

1 除应遵守本规范第 4 章规定外，勘探点布置尚应满足查明盐渍岩土分布特征的要求；

2 采取岩土试样宜在干旱季节进行，对用于测定含盐离子的扰动土取样，宜符合表 6.8.4 的规定；

表 6.8.4 盐渍土扰动土试样取样要求

勘察阶段	深度范围（m）	取土试样间距（m）	取样孔占勘探孔总数的百分数（%）
初步勘察	<5	1.0	100
	5~10	2.0	50
	>10	3.0~5.0	20
详细勘察	<5	0.5	100
	5~10	1.0	50
	>10	2.0~3.0	30

注：浅基取样深度到 10m 即可。

3 工程需要时，应测定有害毛细水上升的高度；

4 应根据盐渍土的岩性特征，选用载荷试验等适宜的原位测试方法，对于溶陷性盐渍土尚应进行浸水载荷试验确定其溶陷性；

5 对盐胀性盐渍土宜现场测定有效盐胀厚度和总盐胀量，当土中硫酸钠含量不超过 1% 时，可不考虑盐胀性；

6 除进行常规室内试验外，尚应进行溶陷性试验和化学成分分析，必要时可对岩土的结构进行显微结构鉴定；

7 溶陷性指标的测定可按湿陷性土的湿陷试验方法进行。

6.8.5 盐渍岩土的岩土工程评价应包括下列内容：

1 岩土中含盐类型、含盐量及主要含盐矿物对岩土工程特性的影响；

2 岩土的溶陷性、盐胀性、腐蚀性和场地工程建设的适宜性；

3 盐渍土地基的承载力宜采用载荷试验确定，当采用其他原位测试方法时，应与载荷试验结果进行对比；

4 确定盐渍岩地基的承载力时，应考虑盐渍岩的水溶性影响；

5 盐渍岩边坡的坡度宜比非盐渍岩的软质岩石边坡适当放缓，对软弱夹层、破碎带应部分或全部加以防护；

6 盐渍岩土对建筑材料的腐蚀性评价应按本规范第 12 章执行。

6.9 风化岩和残积土

6.9.1 岩石在风化营力作用下，其结构、成分和性质已产生不同程度的变异，应定名为风化岩。已完全风化成土而未经搬运的应定名为残积土。

6.9.2 风化岩和残积土的勘察应着重查明下列内容：

1 母岩地质年代和岩石名称；

2 按本规范附录 A 表 A.0.3 划分岩石的风化

程度；

    3 岩脉和风化花岗岩中球状风化体（孤石）的分布；

    4 岩土的均匀性、破碎带和软弱夹层的分布；

    5 地下水赋存条件。

6.9.3 风化岩和残积土的勘探测试应符合下列要求：

    1 勘探点间距应取本规范第 4 章规定的小值；

    2 应有一定数量的探井；

    3 宜在探井中或用双重管、三重管采取试样，每一风化带不应少于 3 组；

    4 宜采用原位测试与室内试验相结合，原位测试可采用圆锥动力触探、标准贯入试验、波速测试和载荷试验；

    5 室内试验除应按本规范第 11 章的规定执行外，对相当于极软岩和极破碎的岩体，可按土工试验要求进行，对残积土，必要时应进行湿陷性和湿化试验。

6.9.4 对花岗岩残积土，应测定其中细粒土的天然含水量 w_f、塑限 w_P、液限 w_L。

6.9.5 花岗岩类残积土的地基承载力和变形模量应采用载荷试验确定。有成熟地方经验时，对于地基基础设计等级为乙级、丙级的工程，可根据标准贯入试验等原位测试资料，结合当地经验综合确定。

6.9.6 风化岩和残积土的岩土工程评价应符合下列要求：

    1 对于厚层的强风化和全风化岩石，宜结合当地经验进一步划分为碎块状、碎屑状和土状；厚层残积土可进一步划分为硬塑残积土和可塑残积土，也可根据含砾或含砂量划分为黏性土、砂质黏性土和砾质黏性土；

    2 建在软硬互层或风化程度不同地基上的工程，应分析不均匀沉降对工程的影响；

    3 基坑开挖后应及时检验，对于易风化的岩类，应及时砌筑基础或采取其他措施，防止风化发展；

    4 对岩脉和球状风化体（孤石），应分析评价其对地基（包括桩基）的影响，并提出相应的建议。

6.10 污 染 土

6.10.1 由于致污物质的侵入，使土的成分、结构和性质发生了显著变异的土，应判定为污染土。污染土的定名可在原分类名称前冠以"污染"二字。

6.10.2 本节适用于工业污染土、尾矿污染土和垃圾填埋场渗滤液污染土的勘察，不适用于核污染土的勘察。污染土对环境影响的评价可根据任务要求进行。

6.10.3 污染土场地和地基可分为下列类型，不同类型场地和地基勘察应突出重点。

    1 已受污染的已建场地和地基；

    2 已受污染的拟建场地和地基；

    3 可能受污染的已建场地和地基；

    4 可能受污染的拟建场地和地基。

6.10.4 污染土场地和地基的勘察，应根据工程特点和设计要求选择适宜的勘察手段，并应符合下列要求：

    1 以现场调查为主，对工业污染应着重调查污染源、污染史、污染途径、污染物成分、污染场地已有建筑物受影响程度、周边环境等。对尾矿污染应重点调查不同的矿物种类和化学成分，了解选矿所采用工艺、添加剂及其化学性质和成分等。对垃圾填埋场应着重调查垃圾成分、日处理量、堆积容量、使用年限、防渗结构、变形要求及周边环境等。

    2 采用钻探或坑探采取土试样，现场观察污染土颜色、状态、气味和外观结构等，并与正常土比较，查明污染土分布范围和深度。

    3 直接接触试验样品的取样设备应严格保持清洁，每次取样后均应用清洁水冲洗后再进行下一个样品的采取；对易分解或易挥发等不稳定组分的样品，装样时应尽量减少土样与空气的接触时间，防止挥发性物质流失并防止发生氧化；土样采集后宜采取适宜的保存方法并在规定时间内运送试验室。

    4 对需要确定地基土工程性能的污染土，宜采用以原位测试为主的多种手段；当需要确定污染土地基承载力时，宜进行载荷试验。

6.10.5 对污染土的勘探测试，当污染物对人体健康有害或对机具仪器有腐蚀性时，应采取必要的防护措施。

6.10.6 拟建场地污染土勘探宜分为初步勘察和详细勘察两个阶段。条件简单时，可直接进行详细勘察。

    初步勘察应以现场调查为主，配合少量勘探测试，查明污染源性质、污染途径，并初步查明污染土分布和污染程度；详细勘察应在初步勘察的基础上，结合工程特点、可能采用的处理措施，有针对性地布置勘察工作量，查明污染土的分布范围、污染程度、物理力学和化学指标，为污染土处理提供参数。

6.10.7 勘探测试工作量的布置应结合污染源和污染途径的分布进行，近污染源处勘探点间距宜密，远污染源处勘探点间距宜疏。为查明污染土分布的勘探孔深度应穿透污染土。详细勘察时，采取污染土试样的间距应根据其厚度及可能采取的处理措施等综合确定。确定污染土与非污染土界限时，取样间距不宜大于 1m。

6.10.8 有地下水的勘探孔应采取不同深度地下水试样，查明污染物在地下水中的空间分布。同一钻孔内采取不同深度的地下水试样时，应采用严格的隔离措施，防止因采取混合水样而影响判别结论。

6.10.9 污染土和水的室内试验，应根据污染情况和任务要求进行下列试验：

    1 污染土和水的化学成分；

    2 污染土的物理力学性质；

3 对建筑材料腐蚀性的评价指标；

4 对环境影响的评价指标；

5 力学试验项目和试验方法应充分考虑污染土的特殊性质，进行相应的试验，如膨胀、湿化、湿陷性试验等；

6 必要时进行专门的试验研究。

6.10.10 污染土评价应根据任务要求进行，对场地和建筑物地基的评价应符合下列要求：

1 污染源的位置、成分、性质、污染史及对周边的影响；

2 污染土分布的平面范围和深度、地下水受污染的空间范围；

3 污染土的物理力学性质，污染对土的工程特性指标的影响程度；

4 工程需要时，提供地基承载力和变形参数，预测地基变形特征；

5 污染土和水对建筑材料的腐蚀性；

6 污染土和水对环境的影响；

7 分析污染发展趋势；

8 对已建项目的危害性或拟建项目适宜性的综合评价。

6.10.11 污染土和水对建筑材料的腐蚀性评价和腐蚀等级的划分，应符合本规范第 12 章的有关规定。

6.10.12 污染对土的工程特性的影响程度可按表 6.10.12 划分。根据工程具体情况，可采用强度、变形、渗透等工程特性指标进行综合评价。

表 6.10.12 污染对土的工程特性的影响程度

影响程度	轻微	中等	大
工程特性指标变化率（%）	<10	10~30	>30

注："工程特性指标变化率"是指污染前后工程特性指标的差值与污染前指标之百分比。

6.10.13 污染土和水对环境影响的评价应结合工程具体要求进行，无明确要求时可按现行国家标准《土壤环境质量标准》GB 15618、《地下水质量标准》GB/T 14848 和《地表水环境质量标准》GB 3838 进行评价。

6.10.14 污染土的处置与修复应根据污染程度、分布范围、土的性质、修复标准、处理工期和处理成本等综合考虑。

7 地 下 水

7.1 地下水的勘察要求

7.1.1 岩土工程勘察应根据工程要求，通过搜集资料和勘察工作，掌握下列水文地质条件：

1 地下水的类型和赋存状态；

2 主要含水层的分布规律；

3 区域性气候资料，如年降水量、蒸发量及其变化和对地下水位的影响；

4 地下水的补给排泄条件、地表水与地下水的补排关系及其对地下水位的影响；

5 勘察时的地下水位、历史最高地下水位、近 3~5 年最高地下水位、水位变化趋势和主要影响因素；

6 是否存在对地下水和地表水的污染源及其可能的污染程度。

7.1.2 对缺乏常年地下水位监测资料的地区，在高层建筑或重大工程的初步勘察时，宜设置长期观测孔，对有关层位的地下水进行长期观测。

7.1.3 对高层建筑或重大工程，当水文地质条件对地基评价、基础抗浮和工程降水有重大影响时，宜进行专门的水文地质勘察。

7.1.4 专门的水文地质勘察应符合下列要求：

1 查明含水层和隔水层的埋藏条件，地下水类型、流向、水位及其变化幅度，当地有多层对工程有影响的地下水时，应分层量测地下水位，并查明互相之间的补给关系；

2 查明场地地质条件对地下水赋存和渗流状态的影响；必要时应设置观测孔，或在不同深度处埋设孔隙水压力计，量测压力水头随深度的变化；

3 通过现场试验，测定地层渗透系数等水文地质参数。

7.1.5 水试样的采取和试验应符合下列规定：

1 水试样应能代表天然条件下的水质情况；

2 水试样的采取和试验项目应符合本规范第 12 章的规定；

3 水试样应及时试验，清洁水放置时间不宜超过 72 小时，稍受污染的水不宜超过 48 小时，受污染的水不宜超过 12 小时。

7.2 水文地质参数的测定

7.2.1 水文地质参数的测定方法应符合本规范附录 E 的规定。

7.2.2 地下水位的量测应符合下列规定：

1 遇地下水时应量测水位；

2 （此款取消）

3 对工程有影响的多层含水层的水位量测，应采取止水措施，将被测含水层与其他含水层隔开。

7.2.3 初见水位和稳定水位可在钻孔、探井或测压管内直接量测，稳定水位的间隔时间按地层的渗透性确定，对砂土和碎石土不得少于 0.5h，对粉土和黏性土不得少于 8h，并宜在勘察结束后统一量测稳定水位。量测读数至厘米，精度不得低于±2cm。

7.2.4 测定地下水流向可用几何法，量测点不应少于呈三角形分布的 3 个测孔（井）。测点间距按岩土的渗透性、水力梯度和地形坡度确定，宜为 50~

100m。应同时量测各孔（井）内水位，确定地下水的流向。

地下水流速的测定可采用指示剂法或充电法。

7.2.5 抽水试验应符合下列规定：

1 抽水试验方法可按表7.2.5选用；

2 抽水试验宜三次降深，最大降深应接近工程设计所需的地下水位降深的标高；

3 水位量测应采用同一方法和仪器，读数对抽水孔为厘米，对观测孔为毫米；

4 当涌水量与时间关系曲线和动水位与时间的关系曲线，在一定范围内波动，而没有持续上升和下降时，可认为已经稳定；

5 抽水结束后应量测恢复水位。

表7.2.5 抽水试验方法和应用范围

试 验 方 法	应 用 范 围
钻孔或探井简易抽水 不带观测孔抽水 带观测孔抽水	粗略估算弱透水层的渗透系数 初步测定含水层的渗透性参数 较准确测定含水层的各种参数

7.2.6 渗水试验和注水试验可在试坑或钻孔中进行。对砂土和粉土，可采用试坑单环法；对黏性土可采用试坑双环法；试验深度较大时可采用钻孔法。

7.2.7 压水试验应根据工程要求，结合工程地质测绘和钻探资料，确定试验孔位，按岩层的渗透特性划分试验段，按需要确定试验的起始压力、最大压力和压力级数，及时绘制压力与压入水量的关系曲线，计算试段的透水率，确定 p-Q 曲线的类型。

7.2.8 孔隙水压力的测定应符合下列规定：

1 测定方法可按本规范附录E表E.0.2确定；

2 测试点应根据地质条件和分析需要布置；

3 测压计的安装和埋设应符合有关安装技术规定；

4 测试数据应及时分析整理，出现异常时应分析原因，并采取相应措施。

7.3 地下水作用的评价

7.3.1 岩土工程勘察应评价地下水的作用和影响，并提出预防措施的建议。

7.3.2 地下水力学作用的评价应包括下列内容：

1 对基础、地下结构物和挡土墙，应考虑在最不利组合情况下，地下水对结构物的上浮作用；对节理不发育的岩石和黏土且有地方经验或实测数据时，可根据经验确定；

有渗流时，地下水的水头和作用宜通过渗流计算进行分析评价；

2 验算边坡稳定时，应考虑地下水对边坡稳定的不利影响；

3 在地下水位下降的影响范围内，应考虑地面沉降及其对工程的影响；当地下水位回升时，应考虑可能引起的回弹和附加的浮托力；

4 当墙背填土为粉砂、粉土或黏性土，验算支挡结构物的稳定时，应根据不同排水条件评价地下水压力对支挡结构物的作用；

5 因水头压差而产生自下向上的渗流时，应评价产生潜蚀、流土、管涌的可能性；

6 在地下水位以下开挖基坑或地下工程时，应根据岩土的渗透性、地下水补给条件，分析评价降水或隔水措施的可行性及其对基坑稳定和邻近工程的影响。

7.3.3 地下水的物理、化学作用的评价应包括下列内容：

1 对地下水位以下的工程结构，应评价地下水对混凝土、金属材料的腐蚀性，评价方法按本规范第12章执行；

2 对软质岩石、强风化岩石、残积土、湿陷性土、膨胀岩土和盐渍岩土，应评价地下水的聚集和散失所产生的软化、崩解、湿陷、胀缩和潜蚀等有害作用；

3 在冻土地区，应评价地下水对土的冻胀和融陷的影响。

7.3.4 对地下水采取降低水位措施时，应符合下列规定：

1 施工中地下水位应保持在基坑底面以下0.5~1.5m；

2 降水过程中应采取有效措施，防止土颗粒的流失；

3 防止深层承压水引起的突涌，必要时应采取措施降低基坑下的承压水头。

7.3.5 当需要进行工程降水时，应根据含水层渗透性和降深要求，选用适当的降低水位方法。当几种方法有互补性时，亦可组合使用。

8 工程地质测绘和调查

8.0.1 岩石出露或地貌、地质条件较复杂的场地应进行工程地质测绘。对地质条件简单的场地，可用调查代替工程地质测绘。

8.0.2 工程地质测绘和调查宜在可行性研究或初步勘察阶段进行。在可行性研究阶段搜集资料时，宜包括航空相片、卫星相片的解译结果。在详细勘察阶段可对某些专门地质问题作补充调查。

8.0.3 工程地质测绘和调查的范围，应包括场地及其附近地段。测绘的比例尺和精度应符合下列要求：

1 测绘的比例尺，可行性研究勘察可选用1∶5 000~1∶50 000；初步勘察可选用1∶2 000~1∶10 000；详细勘察可选用1∶500~1∶2 000；条件复杂时，比例尺可适当放大；

2 对工程有重要影响的地质单元体（滑坡、断层、软弱夹层、洞穴等），可采用扩大比例尺表示；

3 地质界线和地质观测点的测绘精度，在图上不应低于 3mm。

8.0.4 地质观测点的布置、密度和定位应满足下列要求：

1 在地质构造线、地层接触线、岩性分界线、标准层位和每个地质单元体应有地质观测点；

2 地质观测点的密度应根据场地的地貌、地质条件、成图比例尺和工程要求等确定，并应具代表性；

3 地质观测点应充分利用天然和已有的人工露头，当露头少时，应根据具体情况布置一定数量的探坑或探槽；

4 地质观测点的定位应根据精度要求选用适当方法；地质构造线、地层接触线、岩性分界线、软弱夹层、地下水露头和不良地质作用等特殊地质观测点，宜用仪器定位。

8.0.5 工程地质测绘和调查，宜包括下列内容：

1 查明地形、地貌特征及其与地层、构造、不良地质作用的关系，划分地貌单元；

2 岩土的年代、成因、性质、厚度和分布；对岩层应鉴定其风化程度，对土层应区分新近沉积土、各种特殊性土；

3 查明岩体结构类型，各类结构面（尤其是软弱结构面）的产状和性质，岩、土接触面和软弱夹层的特性等，新构造活动的形迹及其与地震活动的关系；

4 查明地下水的类型、补给来源、排泄条件，井泉位置，含水层的岩性特征、埋藏深度、水位变化、污染情况及其与地表水体的关系；

5 搜集气象、水文、植被、土的标准冻结深度等资料；调查最高洪水位及其发生时间、淹没范围；

6 查明岩溶、土洞、滑坡、崩塌、泥石流、冲沟、地面沉降、断裂、地震震害、地裂缝、岸边冲刷等不良地质作用的形成、分布、形态、规模、发育程度及其对工程建设的影响；

7 调查人类活动对场地稳定性的影响，包括人工洞穴、地下采空、大挖大填、抽水排水和水库诱发地震等；

8 建筑物的变形和工程经验。

8.0.6 工程地质测绘和调查的成果资料宜包括实际材料图、综合工程地质图、工程地质分区图、综合地质柱状图、工程地质剖面图以及各种素描图、照片和文字说明等。

8.0.7 利用遥感影像资料解译进行工程地质测绘时，现场检验地质观测点数宜为工程地质测绘点数的 30%～50%。野外工作应包括下列内容：

1 检查解译标志；

2 检查解译结果；

3 检查外推结果；

4 对室内解译难以获得的资料进行野外补充。

9 勘探和取样

9.1 一般规定

9.1.1 当需查明岩土的性质和分布，采取岩土试样或进行原位测试时，可采用钻探、井探、槽探、洞探和地球物理勘探等。勘探方法的选取应符合勘察目的和岩土的特性。

9.1.2 布置勘探工作时应考虑勘探对工程自然环境的影响，防止对地下管线、地下工程和自然环境的破坏。钻孔、探井和探槽完工后应妥善回填。

9.1.3 静力触探、动力触探作为勘探手段时，应与钻探等其他勘探方法配合使用。

9.1.4 进行钻探、井探、槽探和洞探时，应采取有效措施，确保施工安全。

9.2 钻探

9.2.1 钻探方法可根据岩土类别和勘察要求按表9.2.1选用。

表 9.2.1 钻探方法的适用范围

钻探方法		钻进地层				勘察要求	
		黏性土	粉土	砂土	碎石土	岩石	直观鉴别、采取不扰动试样	直观鉴别、采取扰动试样
回转	螺旋钻探	++	+	—	—	—	++	++
	无岩芯钻探	++	++	++	+	++	—	—
	岩芯钻探	++	++	++	+	++	++	++
冲击	冲击钻探	—	+	++	++	—	—	—
	锤击钻探	++	++	++	+	—	++	++
	振动钻探	++	++	++	+	—	+	++
	冲洗钻探	+	++	++	—	—	—	—

注：++ 适用；+ 部分适用；— 不适用。

9.2.2 勘探浅部土层可采用下列钻探方法：

1 小口径麻花钻（或提土钻）钻进；

2 小口径勺形钻钻进；

3 洛阳铲钻进。

9.2.3 钻探口径和钻具规格应符合现行国家标准的规定。成孔口径应满足取样、测试和钻进工艺的要求。

9.2.4 钻探应符合下列规定：

1 钻进深度和岩土分层深度的量测精度，不应低于±5cm；

2 应严格控制非连续取芯钻进的回次进尺，使分层精度符合要求；

3 对鉴别地层天然湿度的钻孔，在地下水位以上应进行干钻；当必须加水或使用循环液时，应采用双层岩芯管钻进；

4 岩芯钻探的岩芯采取率，对完整和较完整岩体不应低于80%，较破碎和破碎岩体不应低于65%；对需重点查明的部位（滑动带、软弱夹层等）应采用双层岩芯管连续取芯；

5 当需确定岩石质量指标 RQD 时，应采用75mm 口径（N 型）双层岩芯管和金刚石钻头；

6 （此款取消）

9.2.5 钻探操作的具体方法，应按现行标准《建筑工程地质钻探技术标准》（JGJ87）执行。

9.2.6 钻孔的记录和编录应符合下列要求：

1 野外记录应由经过专业训练的人员承担；记录应真实及时，按钻进回次逐段填写，严禁事后追记；

2 钻探现场可采用肉眼鉴别和手触方法，有条件或勘察工作有明确要求时，可采用微型贯入仪等定量化、标准化的方法；

3 钻探成果可用钻孔野外柱状图或分层记录表示；岩土芯样可根据工程要求保存一定期限或长期保存，亦可拍摄岩芯、土芯彩照纳入勘察成果资料。

9.3 井探、槽探和洞探

9.3.1 当钻探方法难以准确查明地下情况时，可采用探井、探槽进行勘探。在坝址、地下工程、大型边坡等勘察中，当需详细查明深部岩层性质、构造特征时，可采用竖井或平洞。

9.3.2 探井的深度不宜超过地下水位。竖井和平洞的深度、长度、断面按工程要求确定。

9.3.3 对探井、探槽和探洞除文字描述记录外，尚应以剖面图、展示图等反映井、槽、洞壁和底部的岩性、地层分界、构造特征、取样和原位试验位置，并辅以代表性部位的彩色照片。

9.4 岩土试样的采取

9.4.1 土试样质量应根据试验目的按表 9.4.1 分为四个等级。

表 9.4.1 土试样质量等级

级别	扰动程度	试验内容
I	不扰动	土类定名、含水量、密度、强度试验、固结试验
II	轻微扰动	土类定名、含水量、密度
III	显著扰动	土类定名、含水量
IV	完全扰动	土类定名

注：**1** 不扰动是指原位应力状态虽已改变，但土的结构、密度和含水量变化很小，能满足室内试验各项要求；

2 除地基基础设计等级为甲级的工程外，在工程技术要求允许的情况下可用 II 级土试样进行强度和固结试验，但宜先对土试样受扰动程度作抽样鉴定，判定用于试验的适宜性，并结合地区经验使用试验成果。

9.4.2 试样采取的工具和方法可按表 9.4.2 选择。

表 9.4.2 不同等级土试样的取样工具和方法

土试样质量等级	取样工具和方法	黏性土					粉土	砂土				砾砂、碎石土、软岩
		流塑	软塑	可塑	硬塑	坚硬		粉砂	细砂	中砂	粗砂	
I	薄壁取土器 固定活塞	++	++	++	+	+	+	-	-	-	-	-
	水压固定活塞	++	++	++	+	+	+	-	-	-	-	-
	自由活塞	-	+	+	+	+	+	-	+	+	+	-
	敞口	+	+	+	+	+	+	-	-	+	+	-
	回转取土器 单动三重管	-	+	+	++	++	+	-	+	++	++	+
	双动三重管	-	-	-	+	+	-	-	-	+	+	++
	探井（槽）中刻取块状样	++	++	++	++	++	++	+	+	+	+	++
II	薄壁取土器 水压固定活塞	++	++	++	+	+	+	-	-	-	-	-
	自由活塞	-	+	+	+	+	+	-	+	+	+	-
	敞口	+	+	+	+	+	+	+	+	+	+	-
	回转取土器 单动三重管	-	+	+	++	++	+	-	+	++	++	+
	双动三重管	-	-	-	+	+	-	-	-	+	+	++
	厚壁敞口取土器	+	+	+	+	+	+	+	+	+	+	-
III	厚壁敞口取土器	++	++	++	++	++	++	+	+	+	+	-
	标准贯入器	+	+	+	+	+	+	+	+	+	+	-
	螺纹钻头	+	+	+	+	-	+	-	-	-	-	-
	岩芯钻头	-	-	-	-	+	-	-	-	-	-	++
IV	标准贯入器	++	++	++	++	++	++	+	+	+	+	-
	螺纹钻头	++	++	++	++	+	++	+	+	+	+	-
	岩芯钻头	+	+	+	+	++	+	+	+	+	+	++

注：**1** ++：适用；+：部分适用；-：不适用；

2 采取砂土试样应有防止试样失落的补充措施；

3 有经验时，可用束节式取土器代替薄壁取土器。

9.4.3 取土器的技术规格应按本规范附录 F 执行。

9.4.4 在钻孔中采取 I、II 级砂样时，可采用原状取砂器，并按相应的现行标准执行。

9.4.5 在钻孔中采取 I、II 级土试样时，应满足下列要求：

1 在软土、砂土中宜采用泥浆护壁；如使用套管，应保持管内水位等于或稍高于地下水位，取样位置应低于套管底三倍孔径的距离；

2 采用冲洗、冲击、振动等方式钻进时，应在预计取样位置 1m 以上改用回转钻进；

3 下放取土器前应仔细清孔，清除扰动土，孔底残留浮土厚度不应大于取土器废土段长度（活塞取土器除外）；

4 采取土试样宜用快速静力连续压入法；

5 具体操作方法应按现行标准《原状土取样技术标准》（JGJ89）执行。

9.4.6 I、II、III 级土试样应妥善密封，防止湿度变化，严防曝晒或冰冻。在运输中应避免振动，保存时间不宜超过三周。对易于振动液化和水分离析的土试样宜就近进行试验。

9.4.7 岩石试样可利用钻探岩芯制作或在探井、探槽、竖井和平洞中刻取。采取的毛样尺寸应满足试块加工的要求。在特殊情况下，试样形状、尺寸和方向由岩体力学试验设计确定。

9.5 地球物理勘探

9.5.1 岩土工程勘察中可在下列方面采用地球物理勘探：

1 作为钻探的先行手段，了解隐蔽的地质界线、界面或异常点；

2 在钻孔之间增加地球物理勘探点，为钻探成果的内插、外推提供依据；

3 作为原位测试手段，测定岩土体的波速、动弹性模量、动剪切模量、卓越周期、电阻率、放射性辐射参数、土对金属的腐蚀性等。

9.5.2 应用地球物理勘探方法时，应具备下列条件：

1 被探测对象与周围介质之间有明显的物理性质差异；

2 被探测对象具有一定的埋藏深度和规模，且地球物理异常有足够的强度；

3 能抑制干扰，区分有用信号和干扰信号；

4 在有代表性地段进行方法的有效性试验。

9.5.3 地球物理勘探，应根据探测对象的埋深、规模及其与周围介质的物性差异，选择有效的方法。

9.5.4 地球物理勘探成果判释时，应考虑其多解性，区分有用信息与干扰信号。需要时应采用多种方法探测，进行综合判释，并应有已知物探参数或一定数量的钻孔验证。

10 原 位 测 试

10.1 一 般 规 定

10.1.1 原位测试方法应根据岩土条件、设计对参数的要求、地区经验和测试方法的适用性等因素选用。

10.1.2 根据原位测试成果，利用地区性经验估算岩土工程特性参数和对岩土工程问题做出评价时，应与室内试验和工程反算参数作对比，检验其可靠性。

10.1.3 原位测试的仪器设备应定期检验和标定。

10.1.4 分析原位测试成果资料时，应注意仪器设备、试验条件、试验方法等对试验的影响，结合地层条件，剔除异常数据。

10.2 载 荷 试 验

10.2.1 载荷试验可用于测定承压板下应力主要影响范围内岩土的承载力和变形模量。浅层平板载荷试验适用于浅层地基土；深层平板载荷试验适用于深层地基土和大直径桩的桩端土；螺旋板载荷试验适用于深层地基土或地下水位以下的地基土。深层平板载荷试

验的试验深度不应小于 5m。

10.2.2 载荷试验应布置在有代表性的地点，每个场地不宜少于 3 个，当场地内岩土体不均时，应适当增加。浅层平板载荷试验应布置在基础底面标高处。

10.2.3 载荷试验的技术要求应符合下列规定：

1 浅层平板载荷试验的试坑宽度或直径不应小于承压板宽度或直径的三倍；深层平板载荷试验的试井直径应等于承压板直径；当试井直径大于承压板直径时，紧靠承压板周围土的高度不应小于承压板直径；

2 试坑或试井底的岩土应避免扰动，保持其原状结构和天然湿度，并在承压板下铺设不超过 20mm 的砂垫层找平，尽快安装试验设备；螺旋板头入土时，应按每转一圈下入一个螺距进行操作，减少对土的扰动；

3 载荷试验宜采用圆形刚性承压板，根据土的软硬或岩体裂隙密度选用合适的尺寸；土的浅层平板载荷试验承压板面积不应小于 $0.25m^2$，对软土和粒径较大的填土不应小于 $0.5m^2$；土的深层平板载荷试验承压板面积宜选用 $0.5m^2$；岩石载荷试验承压板的面积不宜小于 $0.07m^2$；

4 载荷试验加荷方式应采用分级维持荷载沉降相对稳定法（常规慢速法）；有地区经验时，可采用分级加荷沉降非稳定法（快速法）或等沉降速率法；加荷等级宜取 $10\sim12$ 级，并不应少于 8 级，荷载量测精度不应低于最大荷载的 $\pm1\%$；

5 承压板的沉降可采用百分表或电测位移计量测，其精度不应低于 $\pm0.01mm$；

6 对慢速法，当试验对象为土体时，每级荷载施加后，间隔 5 min、5 min、10 min、10 min、15 min、15min 测读一次沉降，以后间隔 30 min 测读一次沉降，当连读两小时每小时沉降量小于等于 0.1mm 时，可认为沉降已达相对稳定标准，施加下一级荷载；当试验对象是岩体时，间隔 1 min、2 min、2 min、5min 测读一次沉降，以后每隔 10min 测读一次，当连续三次读数差小于等于 0.01mm 时，可认为沉降已达相对稳定标准，施加下一级荷载；

7 当出现下列情况之一时，可终止试验：

1) 承压板周边的土出现明显侧向挤出，周边岩土出现明显隆起或径向裂缝持续发展；

2) 本级荷载的沉降量大于前级荷载沉降量的 5 倍，荷载与沉降曲线出现明显陡降；

3) 在某级荷载下 24h 沉降速率不能达到相对稳定标准；

4) 总沉降量与承压板直径（或宽度）之比超过 0.06。

10.2.4 根据载荷试验成果分析要求，应绘制荷载（p）与沉降（s）曲线，必要时绘制各级荷载下沉降

（s）与时间（t）或时间对数（$\lg t$）曲线。

应根据 p-s 曲线拐点，必要时结合 s-$\lg t$ 曲线特征，确定比例界限压力和极限压力。当 p-s 呈缓变曲线时，可取对应于某一相对沉降值（即 s/d，d 为承压板直径）的压力评定地基土承载力。

10.2.5 土的变形模量应根据 p-s 曲线的初始直线段，可按均质各向同性半无限弹性介质的弹性理论计算。

浅层平板载荷试验的变形模量 E_0（MPa），可按下式计算：

$$E_0 = I_0(1-\mu^2)\frac{pd}{s} \qquad (10.2.5-1)$$

深层平板载荷试验和螺旋板载荷试验的变形模量 E_0（MPa），可按下式计算：

$$E_0 = \omega\frac{pd}{s} \qquad (10.2.5-2)$$

式中 I_0——刚性承压板的形状系数，圆形承压板取 0.785，方形承压板取 0.886；

μ——土的泊松比（碎石土取 0.27，砂土取 0.30，粉土取 0.35，粉质黏土取 0.38，黏土取 0.42）；

d——承压板直径或边长（m）；

p—— p-s 曲线线性段的压力（kPa）；

s——与 p 对应的沉降（mm）；

ω——与试验深度和土类有关的系数，可按表 10.2.5 选用。

10.2.6 基准基床系数 K_v 可根据承压板边长为 30cm 的平板载荷试验，按下式计算：

$$K_v = \frac{p}{s} \qquad (10.2.6)$$

表 10.2.5 深层载荷试验计算系数 ω

土类 d/z	碎石土	砂土	粉土	粉质黏土	黏土
0.30	0.477	0.489	0.491	0.515	0.524
0.25	0.469	0.480	0.482	0.506	0.514
0.20	0.460	0.471	0.474	0.497	0.505
0.15	0.444	0.454	0.457	0.479	0.487
0.10	0.435	0.446	0.448	0.470	0.478
0.05	0.427	0.437	0.439	0.461	0.468
0.01	0.418	0.429	0.431	0.452	0.459

注：d/z 为承压板直径和承压板底面深度之比。

10.3 静力触探试验

10.3.1 静力触探试验适用于软土、一般黏性土、粉土、砂土和含少量碎石的土。静力触探可根据工程需要

采用单桥探头、双桥探头或带孔隙水压力量测的单、双桥探头，可测定比贯入阻力（p_s）、锥尖阻力（q_c）、侧壁摩阻力（f_s）和贯入时的孔隙水压力（u）。

10.3.2 静力触探试验的技术要求应符合下列规定：

1 探头圆锥锥底截面积应采用 10cm² 或 15cm²，单桥探头侧壁高度应分别采用 57mm 或 70mm，双桥探头侧壁面积应采用 150～300cm²，锥尖锥角应为 60°；

2 探头应匀速垂直压入土中，贯入速率为 1.2m/min；

3 探头测力传感器应连同仪器、电缆进行定期标定，室内探头标定测力传感器的非线性误差、重复性误差、滞后误差、温度漂移、归零误差均应小于 1%FS，现场试验归零误差小于 3%，绝缘电阻不小于 500MΩ；

4 深度记录的误差不应大于触探深度的 ±1%；

5 当贯入深度超过 30m，或穿过厚层软土后再贯入硬土层时，应采取措施防止孔斜或断杆，也可配置测斜探头，量测触探孔的偏斜角，校正土层界线的深度；

6 孔压探头在贯入前，应在室内保证探头应变腔为已排除气泡的液体所饱和，并在现场采取措施保持探头的饱和状态，直至探头进入地下水位以下的土层为止；在孔压静力试验过程中不得上提探头；

7 当在预定深度进行孔压消散试验时，应量测停止贯入后不同时间的孔压值，其计时间隔由密而疏合理控制；试验过程不得松动探杆。

10.3.3 静力触探试验成果分析应包括下列内容：

1 绘制各种贯入曲线：单桥和双桥探头应绘制 p_s-z 曲线、q_c-z 曲线、f_s-z 曲线、R_f-z 曲线；孔压探头尚应绘制 u_i-z 曲线、q_t-z 曲线、f_t-z 曲线、B_q-z 曲线和孔压消散曲线：u_t-$\lg t$ 曲线；

其中 R_f——摩阻比；

u_i——孔压探头贯入土中量测的孔隙水压力（即初始孔压）；

q_t——真锥头阻力（经孔压修正）；

f_t——真侧壁摩阻力（经孔压修正）；

B_q——静探孔压系数，$B_q = \dfrac{u_i - u_0}{q_t - \sigma_{vo}}$；

u_0——试验深度处静水压力（kPa）；

σ_{vo}——试验深度处总上覆压力（kPa）；

u_t——孔压消散过程时刻 t 的孔隙水压力。

2 根据贯入曲线的线型特征，结合相邻钻孔资料和地区经验，划分土层和判定土类；计算各土层静力触探有关试验数据的平均值，或对数据进行统计分析，提供静力触探数据的空间变化规律。

10.3.4 根据静力触探资料，利用地区经验，可进行力学分层，估算土的塑性状态或密实度、强度、压缩性、地基承载力、单桩承载力、沉桩阻力，进行液化

判别等。根据孔压消散曲线可估算土的固结系数和渗透系数。

10.4 圆锥动力触探试验

10.4.1 圆锥动力触探试验的类型可分为轻型、重型和超重型三种，其规格和适用土类应符合表10.4.1的规定。

表 10.4.1　圆锥动力触探类型

类　型		轻　型	重　型	超重型
落锤	锤的质量（kg）	10	63.5	120
	落距（cm）	50	76	100
探头	直径（mm）	40	74	74
	锥角（°）	60	60	60
探杆直径（mm）		25	42	50～60
指标		贯入30cm的读数N_{10}	贯入10cm的读数$N_{63.5}$	贯入10cm的读数N_{120}
主要适用岩土		浅部的填土、砂土、粉土、黏性土	砂土、中密以下的碎石土、极软岩	密实和很密的碎石土、软岩、极软岩

10.4.2 圆锥动力触探试验技术要求应符合下列规定：

1 采用自动落锤装置；

2 触探杆最大偏斜度不应超过2%，锤击贯入应连续进行；同时防止锤击偏心、探杆倾斜和侧向晃动，保持探杆垂直度；锤击速率每分钟宜为15～30击；

3 每贯入1m，宜将探杆转动一圈半；当贯入深度超过10m，每贯入20cm宜转动探杆一次；

4 对轻型动力触探，当$N_{10}>100$或贯入15cm锤击数超过50时，可停止试验；对重型动力触探，当连续三次$N_{63.5}>50$时，可停止试验或改用超重型动力触探。

10.4.3 圆锥动力触探试验成果分析应包括下列内容：

1 单孔连续圆锥动力触探试验应绘制锤击数与贯入深度关系曲线；

2 计算单孔分层贯入指标平均值时，应剔除临界深度以内的数值、超前和滞后影响范围内的异常值；

3 根据各孔分层的贯入指标平均值，用厚度加权平均法计算场地分层贯入指标平均值和变异系数。

10.4.4 根据圆锥动力触探试验指标和地区经验，可进行力学分层，评定土的均匀性和物理性质（状态、密实度）、土的强度、变形参数、地基承载力、单桩承载力，查明土洞、滑动面、软硬土层界面，检测地基处理效果等。应用试验成果时是否修正或如何修正，应根据建立统计关系时的具体情况确定。

10.5 标准贯入试验

10.5.1 标准贯入试验适用于砂土、粉土和一般黏性土。

10.5.2 标准贯入试验的设备应符合表10.5.2的规定。

表 10.5.2　标准贯入试验设备规格

落　锤		锤的质量（kg）	63.5
		落　距（cm）	76
贯入器	对开管	长　度（mm）	＞500
		外　径（mm）	51
		内　径（mm）	35
	管靴	长　度（mm）	50～76
		刃口角度（°）	18～20
		刃口单刃厚度（mm）	1.6
钻　杆		直　径（mm）	42
		相对弯曲	＜1/1000

10.5.3 标准贯入试验的技术要求应符合下列规定：

1 标准贯入试验孔采用回转钻进，并保持孔内水位略高于地下水位。当孔壁不稳定时，可用泥浆护壁，钻至试验标高以上15cm处，清除孔底残土后再进行试验；

2 采用自动脱钩的自由落锤法进行锤击，并减小导向杆与锤间的摩阻力，避免锤击时的偏心和侧向晃动，保持贯入器、探杆、导向杆连接后的垂直度，锤击速率应小于30击/min；

3 贯入器打入土中15cm后，开始记录每打入10cm的锤击数，累计打入30cm的锤击数为标准贯入试验锤击数N。当锤击数已达50击，而贯入深度未达30cm时，可记录50击的实际贯入深度，按下式换算成相当于30cm的标准贯入试验锤击数N，并终止试验。

$$N = 30 \times \frac{50}{\Delta S} \tag{10.5.3}$$

式中　ΔS——50击时的贯入度（cm）。

10.5.4 标准贯入试验成果N可直接标在工程地质剖面图上，也可绘制单孔标准贯入击数N与深度关系曲线或直方图。统计分层标贯击数平均值时，应剔除异常值。

10.5.5 标准贯入试验锤击数 N 值，可对砂土、粉土、黏性土的物理状态，土的强度、变形参数、地基承载力、单桩承载力，砂土和粉土的液化，成桩的可能性等作出评价。应用 N 值时是否修正和如何修正，应根据建立统计关系时的具体情况确定。

10.6 十字板剪切试验

10.6.1 十字板剪切试验可用于测定饱和软黏性土（$\varphi \approx 0$）的不排水抗剪强度和灵敏度。

10.6.2 十字板剪切试验点的布置，对均质土竖向间距可为 1m，对非均质或夹薄层粉细砂的软黏性土，宜先作静力触探，结合土层变化，选择软黏土进行试验。

10.6.3 十字板剪切试验的主要技术要求应符合下列规定：

1 十字板板头形状宜为矩形，径高比 1∶2，板厚宜为 2～3mm；

2 十字板头插入钻孔底的深度不应小于钻孔或套管直径的 3～5 倍；

3 十字板插入至试验深度后，至少应静止 2～3min，方可开始试验；

4 扭转剪切速率宜采用（1°～2°）/10s，并应在测得峰值强度后继续测记 1min；

5 在峰值强度或稳定值测试完后，顺扭转方向连续转动 6 圈后，测定重塑土的不排水抗剪强度；

6 对开口钢环十字板剪切仪，应修正轴杆与土间的摩阻力的影响。

10.6.4 十字板剪切试验成果分析应包括下列内容：

1 计算各试验点土的不排水抗剪峰值强度、残余强度、重塑土强度和灵敏度；

2 绘制单孔十字板剪切试验土的不排水抗剪峰值强度、残余强度、重塑土强度和灵敏度随深度的变化曲线，需要时绘制抗剪强度与扭转角度的关系曲线；

3 根据土层条件和地区经验，对实测的十字板不排水抗剪强度进行修正。

10.6.5 十字板剪切试验成果可按地区经验，确定地基承载力、单桩承载力，计算边坡稳定，判定软黏性土的固结历史。

10.7 旁 压 试 验

10.7.1 旁压试验适用于黏性土、粉土、砂土、碎石土、残积土、极软岩和软岩等。

10.7.2 旁压试验应在有代表性的位置和深度进行，旁压器的量测腔应在同一土层内。试验点的垂直间距应根据地层条件和工程要求确定，但不宜小于 1m，试验孔与已有钻孔的水平距离不宜小于 1m。

10.7.3 旁压试验的技术要求应符合下列规定：

1 预钻式旁压试验应保证成孔质量，钻孔直径与旁压器直径应良好配合，防止孔壁坍塌；自钻式旁压试验的自钻钻头、钻头转速、钻进速率、刃口距离、泥浆压力和流量等应符合有关规定；

2 加荷等级可采用预期临塑压力的 1/5～1/7，初始阶段加荷等级可取小值，必要时，可作卸荷再加荷试验，测定再加荷旁压模量；

3 每级压力应维持 1min 或 2min 后再施加下一级压力，维持 1min 时，加荷后 15s、30s、60s 测读变形量，维持 2min 时，加荷后 15s、30s、60s、120s 测读变形量；

4 当量测腔的扩张体积相当于量测腔的固有体积时，或压力达到仪器的容许最大压力时，应终止试验。

10.7.4 旁压试验成果分析应包括下列内容：

1 对各级压力和相应的扩张体积（或换算为半径增量）分别进行约束力和体积的修正后，绘制压力与体积曲线，需要时可作蠕变曲线；

2 根据压力与体积曲线，结合蠕变曲线确定初始压力、临塑压力和极限压力；

3 根据压力与体积曲线的直线段斜率，按下式计算旁压模量：

$$E_m = 2(1+\mu)\left(V_c + \frac{V_0 + V_f}{2}\right)\frac{\Delta p}{\Delta V} \quad (10.7.4)$$

式中 E_m——旁压模量（kPa）；

μ——泊松比，按式 10.2.5 取值；

V_c——旁压器量测腔初始固有体积（cm³）；

V_0——与初始压力 p_0 对应的体积（cm³）；

V_f——与临塑压力 p_f 对应的体积（cm³）；

$\Delta p/\Delta V$——旁压曲线直线段的斜率（kPa/cm³）。

10.7.5 根据初始压力、临塑压力、极限压力和旁压模量，结合地区经验可评定地基承载力和变形参数。根据自钻式旁压试验的旁压曲线，还可测求土的原位水平应力、静止侧压力系数、不排水抗剪强度等。

10.8 扁铲侧胀试验

10.8.1 扁铲侧胀试验适用于软土、一般黏性土、粉土、黄土和松散～中密的砂土。

10.8.2 扁铲侧胀试验技术要求应符合下列规定：

1 扁铲侧胀试验探头长 230～240mm、宽 94～96mm、厚 14～16mm；探头前缘刃角 12°～16°，探头侧面钢膜片的直径 60mm；

2 每孔试验前后均应进行探头率定，取试验前后的平均值为修正值；膜片的合格标准为：

率定时膨胀至 0.05mm 的气压实测值 $\Delta A = 5$ ～25kPa；

率定时膨胀至 1.10mm 的气压实测值 $\Delta B = 10$ ～110kPa；

3 试验时，应以静力匀速将探头贯入土中，贯入速率宜为 2cm/s；试验点间距可取 20～50cm；

4 探头达到预定深度后，应匀速加压和减压测定膜片膨胀至 0.05mm、1.10mm 和回到 0.05mm 的压力 A、B、C 值；

5 扁铲侧胀消散试验，应在需测试的深度进行，测读时间间隔可取 1min、2min、4min、8min、15min、30min、90min，以后每 90min 测读一次，直至消散结束。

10.8.3 扁铲侧胀试验成果分析应包括下列内容：

1 对试验的实测数据进行膜片刚度修正；

$$p_0 = 1.05(A - z_m + \Delta A)$$
$$- 0.05(B - z_m - \Delta B) \quad (10.8.3-1)$$
$$p_1 = B - z_m - \Delta B \quad (10.8.3-2)$$
$$p_2 = C - z_m + \Delta A \quad (10.8.3-3)$$

式中 p_0——膜片向土中膨胀之前的接触压力（kPa）；

p_1——膜片膨胀至 1.10mm 时的压力（kPa）；

p_2——膜片回到 0.05mm 时的终止压力（kPa）；

z_m——调零前的压力表初读数（kPa）。

2 根据 p_0、p_1 和 p_2 计算下列指标：

$$E_D = 34.7(p_1 - p_0) \quad (10.8.3-4)$$
$$K_D = (p_0 - u_0)/\sigma_{vo} \quad (10.8.3-5)$$
$$I_D = (p_1 - p_0)/(p_0 - u_0) \quad (10.8.3-6)$$
$$U_D = (p_2 - u_0)/(p_0 - u_0) \quad (10.8.3-7)$$

式中 E_D——侧胀模量（kPa）；

K_D——侧胀水平应力指数；

I_D——侧胀土性指数；

U_D——侧胀孔压指数；

u_0——试验深度处的静水压力（kPa）；

σ_{vo}——试验深度处土的有效上覆压力（kPa）。

3 绘制 E_D、I_D、K_D 和 U_D 与深度的关系曲线。

10.8.4 根据扁铲侧胀试验指标和地区经验，可判别土类，确定黏性土的状态、静止侧压力系数、水平基床系数等。

10.9 现场直接剪切试验

10.9.1 现场直剪试验可用于岩土体本身、岩土体沿软弱结构面和岩体与其他材料接触面的剪切试验，可分为岩土体试体在法向应力作用下沿剪切面剪切破坏的抗剪断试验，岩土体断后沿剪切面继续剪切的抗剪试验（摩擦试验），法向应力为零时岩体剪切的抗切试验。

10.9.2 现场直剪试验可在试洞、试坑、探槽或大口径钻孔内进行。当剪切面水平或近于水平时，可采用平推法或斜推法；当剪切面较陡时，可采用楔形体法。

同一组试验体的岩性应基本相同，受力状态应与岩土体在工程中的实际受力状态相近。

10.9.3 现场直剪试验每组岩体不宜少于 5 个。剪切面积不得小于 0.25m²。试体最小边长不宜小于 50cm，高度不宜小于最小边长的 0.5 倍。试体之间的距离应大于最小边长的 1.5 倍。

每组土体试验不宜少于 3 个。剪切面积不宜小于 0.3m²，高度不宜小于 20cm 或为最大粒径的 4～8 倍，剪切面开缝应为最小粒径的 1/3～1/4。

10.9.4 现场直剪试验的技术要求应符合下列规定：

1 开挖试坑时应避免对试体的扰动和含水量的显著变化；在地下水位以下试验时，应避免水压力和渗流对试验的影响；

2 施加的法向荷载、剪切荷载应位于剪切面、剪切缝的中心；或使法向荷载与剪切荷载的合力通过剪切面的中心，并保持法向荷载不变；

3 最大法向荷载应大于设计荷载，并按等量分级；荷载精度应为试验最大荷载的 ±2%；

4 每一试体的法向荷载可分 4～5 级施加；当法向变形达到相对稳定时，即可施加剪切荷载；

5 每级剪切荷载按预估最大荷载的 8%～10% 分级等量施加，或按法向荷载的 5%～10% 分级等量施加；岩体按每 5～10min，土体按每 30s 施加一级剪切荷载；

6 当剪切变形急剧增长或剪切变形达到试体尺寸的 1/10 时，可终止试验；

7 根据剪切位移大于 10mm 时的试验成果确定残余抗剪强度，需要时可沿剪切面继续进行摩擦试验。

10.9.5 现场直剪试验成果分析应包括下列内容：

1 绘制剪切应力与剪切位移曲线、剪应力与垂直位移曲线，确定比例强度、屈服强度、峰值强度、剪胀点和剪胀强度；

2 绘制法向应力与比例强度、屈服强度、峰值强度、残余强度的曲线，确定相应的强度参数。

10.10 波 速 测 试

10.10.1 波速测试适用于测定各类岩土体的压缩波、剪切波或瑞利波的波速，可根据任务要求，采用单孔法、跨孔法或面波法。

10.10.2 单孔法波速测试的技术要求应符合下列规定：

1 测试孔应垂直；

2 将三分量检波器固定在孔内预定深度处，并紧贴孔壁；

3 可采用地面激振或孔内激振；

4 应结合土层布置测点，测点的垂直间距宜取 1～3m。层位变化处加密，并宜自下而上逐点测试。

10.10.3 跨孔法波速测试的技术要求应符合下列规定：

1 振源孔和测试孔，应布置在一条直线上；

2 测试孔的孔距在土层中宜取 2～5m，在岩层中宜取 8～15m，测点垂直间距宜取 1～2m；近地表测点宜布置在 0.4 倍孔距的深度处，震源和检波器应置于同一地层的相同标高处；

3 当测试深度大于 15m 时，应进行激振孔和测试孔倾斜度和倾斜方位的量测，测点间距宜取 1m。

10.10.4 面波法波速测试可采用瞬态法或稳态法，宜采用低频检波器，道间距可根据场地条件通过试验确定。

10.10.5 波速测试成果分析应包括下列内容：

1 在波形记录上识别压缩波和剪切波的初至时间；

2 计算由振源到达测点的距离；

3 根据波的传播时间和距离确定波速；

4 计算岩土小应变的动弹性模量、动剪切模量和动泊松比。

10.11 岩体原位应力测试

10.11.1 岩体应力测试适用于无水、完整或较完整的岩体。可采用孔壁应变法、孔径变形法和孔底应变法测求岩体空间应力和平面应力。

10.11.2 测试岩体原始应力时，测点深度应超过应力扰动影响区；在地下洞室中进行测试时，测点深度应超过洞室直径的二倍。

10.11.3 岩体应力测试技术要求应符合下列规定：

1 在测点测段内，岩性应均一完整；

2 测试孔的孔壁、孔底应光滑、平整、干燥；

3 稳定标准为连续三次读数（每隔 10min 读一次）之差不超过 5$\mu\varepsilon$；

4 同一钻孔内的测试读数不应少于三次。

10.11.4 岩芯应力解除后的围压试验应在 24 小时内进行；压力宜分 5～10 级，最大压力应大于预估岩体最大主应力。

10.11.5 测试成果整理应符合下列要求：

1 根据测试成果计算岩体平面应力和空间应力，计算方法应符合现行国家标准《工程岩体试验方法标准》(GB/T 50266)的规定；

2 根据岩芯解除应变值和解除深度，绘制解除过程曲线；

3 根据围压试验资料，绘制压力与应变关系曲线，计算岩石弹性常数。

10.12 激振法测试

10.12.1 激振法测试可用于测定天然地基和人工地基的动力特性，为动力机器基础设计提供地基刚度、阻尼比和参振质量。

10.12.2 激振法测试应采用强迫振动方法，有条件时宜同时采用强迫振动和自由振动两种测试方法。

10.12.3 进行激振法测试时，应搜集机器性能、基础形式、基底标高、地基土性质和均匀性、地下构筑物和干扰振源等资料。

10.12.4 激振法测试的技术要求应符合下列规定：

1 机械式激振设备的最低工作频率宜为 3～5Hz，最高工作频率宜大于 60Hz；电磁激振设备的扰力不宜小于 600N；

2 块体基础的尺寸宜采用 2.0m×1.5m×1.0m。在同一地层条件下，宜采用两个块体基础进行对比试验，基底面积一致，高度分别为 1.0m 和 1.5m；桩基测试应采用两根桩，桩间距取设计间距；桩台边缘至桩轴的距离可取桩间距的 1/2，桩台的长宽比应为 2∶1，高度不宜小于 1.6m；当进行不同桩数的对比试验时，应增加桩数和相应桩台面积；测试基础的混凝土强度等级不宜低于 C15；

3 测试基础应置于拟建基础附近和性质类似的土层上，其底面标高应与拟建基础底面标高一致；

4 应分别进行明置和埋置两种情况的测试，埋置基础的回填土应分层夯实；

5 仪器设备的精度，安装、测试方法和要求等，应符合现行国家标准《地基动力特性测试规范》(GB/T 50269) 的规定。

10.12.5 激振法测试成果分析应包括下列内容：

1 强迫振动测试应绘制下列幅频响应曲线：

1）竖向振动为竖向振幅随频率变化的幅频响应曲线（A_z-f 曲线）；

2）水平回转耦合振动为水平振幅随频率变化的幅频响应曲线（$A_{x\varphi}$-f 曲线）和竖向振幅随频率变化的幅频响应曲线（$A_{z\varphi}$-f 曲线）；

3）扭转振动为扭转扰力矩作用下的水平振幅随频率变化的幅频响应曲线（$A_{x\psi}$-f 曲线）。

2 自由振动测试应绘制下列波形图：

1）竖向自由振动波形图；

2）水平回转耦合振动波形图。

3 根据强迫振动测试的幅频响应曲线和自由振动测试的波形图，按现行国家标准《地基动力特性测试规范》(GB/T 50269) 计算地基刚度系数、阻尼比和参振质量。

11 室内试验

11.1 一般规定

11.1.1 岩土性质的室内试验项目和试验方法应符合本章的规定，其具体操作和试验仪器应符合现行国家标准《土工试验方法标准》(GB/T 50123) 和国家标准《工程岩体试验方法标准》(GB/T 50266) 的规定。岩土工程评价时所选用的参数值，宜与相应的原位测试成果或原型观测反分析成果比较，经修正后确定。

11.1.2 试验项目和试验方法，应根据工程要求和岩土性质的特点确定。当需要时应考虑岩土的原位应力场和应力历史，工程活动引起的新应力场和新边界条件，使试验条件尽可能接近实际；并应注意岩土的非均质性、非等向性和不连续性以及由此产生的岩土体与岩土试样在工程性状上的差别。

11.1.3 对特种试验项目，应制定专门的试验方案。

11.1.4 制备试样前，应对岩土的重要性状做肉眼鉴定和简要描述。

11.2　土的物理性质试验

11.2.1 各类工程均应测定下列土的分类指标和物理性质指标：

砂土：颗粒级配、比重、天然含水量、天然密度、最大和最小密度。

粉土：颗粒级配、液限、塑限、比重、天然含水量、天然密度和有机质含量。

黏性土：液限、塑限、比重、天然含水量、天然密度和有机质含量。

注：1　对砂土，如无法取得Ⅰ级、Ⅱ级、Ⅲ级土试样时，可只进行颗粒级配试验；
    2　目测鉴定不含有机质时，可不进行有机质含量试验。

11.2.2 测定液限时，应根据分类评价要求，选用现行国家标准《土工试验方法标准》（GB/T 50123）规定的方法，并应在试验报告上注明。有经验的地区，比重可根据经验确定。

11.2.3 当需进行渗流分析，基坑降水设计等要求提供土的透水性参数时，可进行渗透试验。常水头试验适用于砂土和碎石土；变水头试验适用于粉土和黏性土；透水性很低的软土可通过固结试验测定固结系数、体积压缩系数，计算渗透系数。土的渗透系数取值应与野外抽水试验或注水试验的成果比较后确定。

11.2.4 当需对土方回填或填筑工程进行质量控制时，应进行击实试验，测定土的干密度与含水量关系，确定最大干密度和最优含水量。

11.3　土的压缩—固结试验

11.3.1 当采用压缩模量进行沉降计算时，固结试验最大压力应大于土的有效自重压力与附加压力之和，试验成果可用 e-p 曲线整理，压缩系数和压缩模量的计算应取自土的有效自重压力至土的有效自重压力与附加压力之和的压力段。当考虑基坑开挖卸荷和再加荷影响时，应进行回弹试验，其压力的施加应模拟实际的加、卸荷状态。

11.3.2 当考虑土的应力历史进行沉降计算时，试验成果应按 e-$\lg p$ 曲线整理，确定先期固结压力并计算压缩指数和回弹指数。施加的最大压力应满足绘制完整的 e-$\lg p$ 曲线。为计算回弹指数，应在估计的先期固结压力之后，进行一次卸荷回弹，再继续加荷，直至完成预定的最后一级压力。

11.3.3 当需进行沉降历时关系分析时，应选取部分土试样在土的有效自重压力与附加压力之和的压力下，作详细的固结历时记录，并计算固结系数。

11.3.4 对厚层高压缩性软土上的工程，任务需要时应取一定数量的土试样测定次固结系数，用以计算次固结沉降及其历时关系。

11.3.5 当需进行土的应力应变关系分析，为非线性弹性、弹塑性模型提供参数时，可进行三轴压缩试验，并宜符合下列要求：

1　采用三个或三个以上不同的固定围压，分别使试样固结，然后逐级增加轴压，直至破坏；每个围压的试验宜进行一至三次回弹，并将试验结果整理成相应于各固定围压的轴向应力与轴向应变关系曲线；

2　进行围压与轴压相等的等压固结试验，逐级加荷，取得围压与体积应变关系曲线。

11.4　土的抗剪强度试验

11.4.1 三轴剪切试验的试验方法应按下列条件确定：

1　对饱和黏性土，当加荷速率较快时宜采用不固结不排水（UU）试验；饱和软土应对试样在有效自重压力下预固结后再进行试验；

2　对经预压处理的地基、排水条件好的地基、加荷速率不高的工程或加荷速率较快但土的超固结程度较高的工程，以及需验算水位迅速下降时的土坡稳定性时，可采用固结不排水（CU）试验；当需提供有效应力抗剪强度指标时，应采用固结不排水测孔隙水压力（$\overline{C}\overline{U}$）试验。

11.4.2 直接剪切试验的试验方法，应根据荷载类型、加荷速率和地基土的排水条件确定。对内摩擦角 $\varphi \approx 0$ 的软黏土，可用Ⅰ级土试样进行无侧限抗压强度试验。

11.4.3 测定滑坡带等已经存在剪切破裂面的抗剪强度时，应进行残余强度试验。在确定计算参数时，宜与现场观测反分析的成果比较后确定。

11.4.4 当岩土工程评价有专门要求时，可进行 K_0 固结不排水试验、K_0 固结不排水测孔隙水压力试验，特定应力比固结不排水试验，平面应变压缩试验和平面应变拉伸试验等。

11.5　土的动力性质试验

11.5.1 当工程设计要求测定土的动力性质时，可采用动三轴试验、动单剪试验或共振柱试验。在选择试验方法和仪器时，应注意其动应变的适用范围。

11.5.2 动三轴和动单剪试验可用于测定土的下列动力性质：

　　1 动弹性模量、动阻尼比及其与动应变的关系；

　　2 既定循环周数下的动应力与动应变关系；

　　3 饱和土的液化剪应力与动应力循环周数关系。

11.5.3 共振柱试验可用于测定小动应变时的动弹性模量和动阻尼比。

11.6 岩石试验

11.6.1 岩石的成分和物理性质试验可根据工程需要选定下列项目：

　　1 岩矿鉴定；

　　2 颗粒密度和块体密度试验；

　　3 吸水率和饱和吸水率试验；

　　4 耐崩解性试验；

　　5 膨胀试验；

　　6 冻融试验。

11.6.2 单轴抗压强度试验应分别测定干燥和饱和状态下的强度，并提供极限抗压强度和软化系数。岩石的弹性模量和泊松比，可根据单轴压缩变形试验测定。对各向异性明显的岩石应分别测定平行和垂直层理面的强度。

11.6.3 岩石三轴压缩试验宜根据其应力状态选用四种围压，并提供不同围压下的主应力差与轴向应变关系、抗剪强度包络线和强度参数 c、φ 值。

11.6.4 岩石直接剪切试验可测定岩石以及节理面、滑动面、断层面或岩层层面等不连续面上的抗剪强度，并提供 c、φ 值和各法向应力下的剪应力与位移曲线。

11.6.5 岩石抗拉强度试验可在试件直径方向上，施加一对线性荷载，使试件沿直径方向破坏，间接测定岩石的抗拉强度。

11.6.6 当间接确定岩石的强度和模量时，可进行点荷载试验和声波速度测试。

12 水和土腐蚀性的评价

12.1 取样和测试

12.1.1 当有足够经验或充分资料，认定工程场地及其附近的土或水（地下水或地表水）对建筑材料为微腐蚀时，可不取样试验进行腐蚀性评价。否则，应取水试样或土试样进行试验，并按本章评定其对建筑材料的腐蚀性。

　　土对钢结构腐蚀性的评价可根据任务要求进行。

12.1.2 采取水试样和土试样应符合下列规定：

　　1 混凝土结构处于地下水位以上时，应取土试样作土的腐蚀性测试；

　　2 混凝土结构处于地下水或地表水中时，应取水试样作水的腐蚀性测试；

　　3 混凝土结构部分处于地下水位以上、部分处于地下水位以下时，应分别取土试样和水试样作腐蚀性测试；

　　4 水试样和土试样应在混凝土结构所在的深度采取，每个场地不应少于 2 件。当土中盐类成分和含量分布不均匀时，应分区、分层取样，每区、每层不应少于 2 件。

12.1.3 水和土腐蚀性的测试项目和试验方法应符合下列规定：

　　1 水对混凝土结构腐蚀性的测试项目包括：pH 值、Ca^{2+}、Mg^{2+}、Cl^-、SO_4^{2-}、HCO_3^-、CO_3^{2-}、侵蚀性 CO_2、游离 CO_2、NH_4^+、OH^-、总矿化度；

　　2 土对混凝土结构腐蚀性的测试项目包括：pH 值、Ca^{2+}、Mg^{2+}、Cl^-、SO_4^{2-}、HCO_3^-、CO_3^{2-} 的易溶盐（土水比 1:5）分析；

　　3 土对钢结构的腐蚀性的测试项目包括：pH 值、氧化还原电位、极化电流密度、电阻率、质量损失；

　　4 腐蚀性测试项目的试验方法应符合表 12.1.3 的规定。

表 12.1.3　腐蚀性试验方法

序号	试验项目	试验方法
1	pH 值	电位法或锥形玻璃电极法
2	Ca^{2+}	EDTA 容量法
3	Mg^{2+}	EDTA 容量法
4	Cl^-	摩尔法
5	SO_4^{2-}	EDTA 容量法或质量法
6	HCO_3^-	酸滴定法
7	CO_3^{2-}	酸滴定法
8	侵蚀性 CO_2	盖耶尔法
9	游离 CO_2	碱滴定法
10	NH_4^+	钠氏试剂比色法
11	OH^-	酸滴定法
12	总矿化度	计算法
13	氧化还原电位	铂电极法
14	极化电流密度	原位极化法
15	电阻率	四极法
16	质量损失	管罐法

12.1.4 水和土对建筑材料的腐蚀性，可分为微、弱、中、强四个等级，并可按本规范第 12.2 节进行评价。

12.2 腐蚀性评价

12.2.1 受环境类型影响，水和土对混凝土结构的腐蚀性，应符合表 12.2.1 的规定；环境类型的划分按本规范附录 G 执行。

12.2.2 受地层渗透性影响，水和土对混凝土结构的腐蚀性评价，应符合表 12.2.2 的规定。

12.2.3 当按表 12.2.1 和 12.2.2 评价的腐蚀等级不同时，应按下列规定综合评定：

表 12.2.1 按环境类型水和土对混凝土结构的腐蚀性评价

腐蚀等级	腐蚀介质	环 境 类 型		
		I	II	III
微弱中强	硫酸盐含量 SO_4^{2-} (mg/L)	<200	<300	<500
		200~500	300~1500	500~3000
		500~1500	1500~3000	3000~6000
		>1500	>3000	>6000
微弱中强	镁盐含量 Mg^{2+} (mg/L)	<1000	<2000	<3000
		1000~2000	2000~3000	3000~4000
		2000~3000	3000~4000	4000~5000
		>3000	>4000	>5000
微弱中强	铵盐含量 NH_4^+ (mg/L)	<100	<500	<800
		100~500	500~800	800~1000
		500~800	800~1000	1000~1500
		>800	>1000	>1500
微弱中强	苛性碱含量 OH^- (mg/L)	<35000	<43000	<57000
		35000~43000	43000~57000	57000~70000
		43000~57000	57000~70000	70000~100000
		>57000	>70000	>100000
微弱中强	总矿化度 (mg/L)	<10000	<20000	<50000
		10000~20000	20000~50000	50000~60000
		20000~50000	50000~60000	60000~70000
		>50000	>60000	>70000

注：1 表中的数值适用于有干湿交替作用的情况，I、II 类腐蚀环境无干湿交替作用时，表中硫酸盐含量数值应乘以 1.3 的系数；

2 （此注取消）；

3 表中数值适用于水的腐蚀性评价，对土的腐蚀性评价，应乘以 1.5 的系数；单位以 mg/kg 表示；

4 表中苛性碱（OH^-）含量（mg/L）应为 NaOH 和 KOH 中的 OH^- 含量（mg/L）。

表 12.2.2 按地层渗透性水和土对混凝土结构的腐蚀性评价

腐蚀等级	pH 值		侵蚀性 CO_2 (mg/L)		HCO_3^- (mmol/L)
	A	B	A	B	A
微弱中强	≥6.5	≥5.0	<15	<30	≥1.0
	6.5~5.0	5.0~4.0	15~30	30~60	1.0~0.5
	5.0~4.0	4.0~3.5	30~60	60~100	<0.5
	<4.0	<3.5	>60	—	—

注：1 表中 A 是指直接临水或强透水层中的地下水；B 是指弱透水层中的地下水。强透水层是指碎石土和砂土；弱透水层是指粉土和黏性土。

2 HCO_3^- 含量是指水的矿化度低于 0.1g/L 的软水时，该类水质 HCO_3^- 的腐蚀性。

3 土的腐蚀性评价只考虑 pH 值指标；评价其腐蚀性时，A 是指强透水土层；B 是指弱透水土层。

1 腐蚀等级中，只出现弱腐蚀，无中等腐蚀或强腐蚀时，应综合评价为弱腐蚀；

2 腐蚀等级中，无强腐蚀；最高为中等腐蚀时，应综合评价为中等腐蚀；

3 腐蚀等级中，有一个或一个以上为强腐蚀，应综合评价为强腐蚀。

12.2.4 水和土对钢筋混凝土结构中钢筋的腐蚀性评价，应符合表 12.2.4 的规定。

表 12.2.4 对钢筋混凝土结构中钢筋的腐蚀性评价

腐蚀等级	水中的 Cl^- 含量（mg/L）		土中的 Cl^- 含量（mg/kg）	
	长期浸水	干湿交替	A	B
微	<10000	<100	<400	<250
弱	10000~20000	100~500	400~750	250~500
中	—	500~5000	750~7500	500~5000
强	—	>5000	>7500	>5000

注：A 是指地下水位以上的碎石土、砂土，稍湿的粉土，坚硬、硬塑的黏性土；B 是湿、很湿的粉土，可塑、软塑、流塑的黏性土。

12.2.5 土对钢结构的腐蚀性评价，应符合表 12.2.5 的规定。

表 12.2.5 土对钢结构腐蚀性评价

腐蚀等级	pH	氧化还原电位 (mV)	视电阻率 (Ω·m)	极化电流密度 (mA/cm²)	质量损失 (g)
微	≥5.5	>400	>100	<0.02	<1
弱	5.5~4.5	400~200	100~50	0.02~0.05	1~2
中	4.5~3.5	200~100	50~20	0.05~0.20	2~3
强	<3.5	<100	<20	>0.20	≥3

注：土对钢结构的腐蚀性评价，取各指标中腐蚀等级最高者。

12.2.6 水、土对建筑材料腐蚀的防护，应符合现行国家标准《工业建筑防腐蚀设计规范》（GB 50046）的规定。

13 现场检验和监测

13.1 一般规定

13.1.1 现场检验和监测应在工程施工期间进行。对有特殊要求的工程，应根据工程特点，确定必要的项目，在使用期内继续进行。

13.1.2 现场检验和监测的记录、数据和图件，应保持完整，并应按工程要求整理分析。

13.1.3 现场检验和监测资料，应及时向有关方面报送。当监测数据接近危及工程的临界值时，必须加密监测，并及时报告。

13.1.4 现场检验和监测完成后，应提交成果报告。报告中应附有相关曲线和图纸，并进行分析评价，提出建议。

13.2 地基基础的检验和监测

13.2.1 天然地基的基坑（基槽）开挖后，应检验开挖揭露的地基条件是否与勘察报告一致。如有异常情况，应提出处理措施或修改设计的建议。当与勘察报告出入较大时，应建议进行施工勘察。检验应包括下列内容：

1 岩土分布及其性质；

2 地下水情况；

3 对土质地基，可采用轻型圆锥动力触探或其他机具进行检验。

13.2.2 桩基工程应通过试钻或试打，检验岩土条件是否与勘察报告一致。如遇异常情况，应提出处理措施。当与勘察报告差异较大时，应建议进行施工勘察。单桩承载力的检验，应采用载荷试验与动测相结合的方法。对大直径挖孔桩，应逐桩检验孔底尺寸和岩土情况。

13.2.3 地基处理效果的检验，除载荷试验外，尚可采用静力触探、圆锥动力触探、标准贯入试验、旁压试验、波速测试等方法，并应按本规范第10章的规定执行。

13.2.4 基坑工程监测方案，应根据场地条件和开挖支护的施工设计确定，并应包括下列内容：

1 支护结构的变形；

2 基坑周边的地面变形；

3 邻近工程和地下设施的变形；

4 地下水位；

5 渗漏、冒水、冲刷、管涌等情况。

13.2.5 下列工程应进行沉降观测：

1 地基基础设计等级为甲级的建筑物；

2 不均匀地基或软弱地基上的乙级建筑物；

3 加层、接建，邻近开挖、堆载等，使地基应力发生显著变化的工程；

4 因抽水等原因，地下水位发生急剧变化的工程；

5 其他有关规范规定需要做沉降观测的工程。

13.2.6 沉降观测应按现行标准《建筑物变形测量规范》（JGJ 8）的规定执行。

13.2.7 工程需要时可进行岩土体的下列监测：

1 洞室或岩石边坡的收敛量测；

2 深基坑开挖的回弹量测；

3 土压力或岩体应力量测。

13.3 不良地质作用和地质灾害的监测

13.3.1 下列情况应进行不良地质作用和地质灾害的监测：

1 场地及其附近有不良地质作用或地质灾害，并可能危及工程的安全或正常使用时；

2 工程建设和运行，可能加速不良地质作用的发展或引发地质灾害时；

3 工程建设和运行，对附近环境可能产生显著不良影响时。

13.3.2 不良地质作用和地质灾害的监测，应根据场地及其附近的地质条件和工程实际需要编制监测纲要，按纲要进行。纲要内容包括：监测目的和要求、监测项目、测点布置、观测时间间隔和期限、观测仪器、方法和精度、应提交的数据、图件等，并及时提出灾害预报和采取措施的建议。

13.3.3 岩溶土洞发育区应着重监测下列内容：

1 地面变形；

2 地下水位的动态变化；

3 场区及其附近的抽水情况；

4 地下水位变化对土洞发育和塌陷发生的影响。

13.3.4 滑坡监测应包括下列内容：

1 滑坡体的位移；

2 滑面位置及错动；

3 滑坡裂缝的发生和发展；

4 滑坡体内外地下水位、流向、泉水流量和滑带孔隙水压力；

5 支挡结构及其他工程设施的位移、变形、裂缝的发生和发展。

13.3.5 当需判定崩塌剥离体或危岩的稳定性时，应对张裂缝进行监测。对可能造成较大危害的崩塌，应进行系统监测，并根据监测结果，对可能发生崩塌的时间、规模、塌落方向和途径、影响范围等做出预报。

13.3.6 对现采空区，应进行地表移动和建筑物变形的观测，并应符合下列规定：

1 观测线宜平行和垂直矿层走向布置，其长度应超过移动盆地的范围；

2 观测点的间距可根据开采深度确定，并大致相等；

3 观测周期应根据地表变形速度和开采深度确定。

13.3.7 因城市或工业区抽水而引起区域性地面沉降，应进行区域性的地面沉降监测，监测要求和方法应按有关标准进行。

13.4 地下水的监测

13.4.1 下列情况应进行地下水监测：

1 地下水位升降影响岩土稳定时；

2 地下水位上升产生浮托力对地下室或地下构筑物的防潮、防水或稳定性产生较大影响时；

3 施工降水对拟建工程或相邻工程有较大影响时；

4 施工或环境条件改变，造成的孔隙水压力、地下水压力变化，对工程设计或施工有较大影响时；

5 地下水位的下降造成区域性地面沉降时；

6 地下水位升降可能使岩土产生软化、湿陷、胀缩时；

7 需要进行污染物运移对环境影响的评价时。

13.4.2 监测工作的布置，应根据监测目的、场地条件、工程要求和水文地质条件确定。

13.4.3 地下水监测方法应符合下列规定：

1 地下水位的监测，可设置专门的地下水位观测孔，或利用水井、地下水天然露头进行；

2 孔隙水压力、地下水压力的监测，可采用孔隙水压力计、测压计进行；

3 用化学分析法监测水质时，采样次数每年不应少于4次，进行相关项目的分析。

13.4.4 监测时间应满足下列要求：

1 动态监测时间不应少于一个水文年；

2 当孔隙水压力变化可能影响工程安全时，应在孔隙水压力降至安全值后方可停止监测；

3 对受地下水浮托力的工程，地下水压力监测应进行至工程荷载大于浮托力后方可停止监测。

14 岩土工程分析评价和成果报告

14.1 一般规定

14.1.1 岩土工程分析评价应在工程地质测绘、勘探、测试和搜集已有资料的基础上，结合工程特点和要求进行。各类工程、不良地质作用和地质灾害以及各种特殊性岩土的分析评价，应分别符合本规范第4章、第5章和第6章的规定。

14.1.2 岩土工程分析评价应符合下列要求：

1 充分了解工程结构的类型、特点、荷载情况和变形控制要求；

2 掌握场地的地质背景，考虑岩土材料的非均质性、各向异性和随时间的变化，评估岩土参数的不确定性，确定其最佳估值；

3 充分考虑当地经验和类似工程的经验；

4 对于理论依据不足、实践经验不多的岩土工程问题，可通过现场模型试验或足尺试验取得实测数据进行分析评价；

5 必要时可建议通过施工监测，调整设计和施工方案。

14.1.3 岩土工程分析评价应在定性分析的基础上进行定量分析。岩土体的变形、强度和稳定应定量分析；场地的适宜性、场地地质条件的稳定性，可仅作定性分析。

14.1.4 岩土工程计算应符合下列要求：

1 按承载能力极限状态计算，可用于评价岩土地基承载力和边坡、挡墙、地基稳定性等问题，可根据有关设计规范规定，用分项系数或总安全系数方法计算，有经验时也可用隐含安全系数的抗力容许值进行计算；

2 按正常使用极限状态要求进行验算控制，可用于评价岩土体的变形、动力反应、透水性和涌水量等。

14.1.5 岩土工程的分析评价，应根据岩土工程勘察等级区别进行。对丙级岩土工程勘察，可根据邻近工程经验，结合触探和钻探取样试验资料进行；对乙级岩土工程勘察，应在详细勘探、测试的基础上，结合邻近工程经验进行，并提供岩土的强度和变形指标；对甲级岩土工程勘察，除按乙级要求进行外，尚宜提供载荷试验资料，必要时应对其中的复杂问题进行专门研究，并结合监测对评价结论进行检验。

14.1.6 任务需要时，可根据工程原型或足尺试验岩土体性状的量测结果，用反分析的方法反求岩土参数，验证设计计算，查验工程效果或事故原因。

14.2 岩土参数的分析和选定

14.2.1 岩土参数应根据工程特点和地质条件选用，并按下列内容评价其可靠性和适用性。

1 取样方法和其他因素对试验结果的影响；

2 采用的试验方法和取值标准；

3 不同测试方法所得结果的分析比较；

4 测试结果的离散程度；

5 测试方法与计算模型的配套性。

14.2.2 岩土参数统计应符合下列要求：

1 岩土的物理力学指标，应按场地的工程地质单元和层位分别统计；

2 应按下列公式计算平均值、标准差和变异系数：

$$\phi_m = \frac{\sum\limits_{i=1}^{n} \phi_i}{n} \qquad (14.2.2-1)$$

$$\sigma_f = \sqrt{\frac{1}{n-1}\left[\sum_{i=1}^{n}\phi_i^2 - \frac{\left(\sum\limits_{i=1}^{n}\phi_i\right)^2}{n}\right]} \qquad (14.2.2-2)$$

$$\delta = \frac{\sigma_f}{\phi_m} \qquad (14.2.2-3)$$

式中　ϕ_m——岩土参数的平均值；

　　　σ_f——岩土参数的标准差；

　　　δ——岩土参数的变异系数。

3 分析数据的分布情况并说明数据的取舍标准。

14.2.3 主要参数宜绘制沿深度变化的图件，并按变化特点划分为相关型和非相关型。需要时应分析参数在水平方向上的变异规律。

相关型参数宜结合岩土参数与深度的经验关系，按下式确定剩余标准差，并用剩余标准差计算变异系。

$$\sigma_r = \sigma_f \sqrt{1-r^2} \quad (14.2.3\text{-}1)$$

$$\delta = \frac{\sigma_r}{\phi_m} \quad (14.2.3\text{-}2)$$

式中 σ_r——剩余标准差；

r——相关系数；对非相关型，$r=0$。

14.2.4 岩土参数的标准值 ϕ_k 可按下列方法确定：

$$\phi_k = \gamma_s \phi_m \quad (14.2.4\text{-}1)$$

$$\gamma_s = 1 \pm \left\{ \frac{1.704}{\sqrt{n}} + \frac{4.678}{n^2} \right\} \delta \quad (14.2.4\text{-}2)$$

式中 γ_s——统计修正系数。

注：式中正负号按不利组合考虑，如抗剪强度指标的修正系数应取负值。

统计修正系数 γ_s 也可按岩土工程的类型和重要性、参数的变异性和统计数据的个数，根据经验选用。

14.2.5 在岩土工程勘察报告中，应按下列不同情况提供岩土参数值：

1 一般情况下，应提供岩土参数的平均值、标准差、变异系数、数据分布范围和数据的数量；

2 承载能力极限状态计算所需要的岩土参数标准值，应按式（14.2.4-1）计算；当设计规范另有专门规定的标准值取值方法时，可按有关规范执行。

14.3 成果报告的基本要求

14.3.1 岩工工程勘察报告所依据的原始资料，应进行整理、检查、分析，确认无误后方可使用。

14.3.2 岩土工程勘察报告应资料完整、真实准确、数据无误、图表清晰、结论有据、建议合理、便于使用和适宜长期保存，并应因地制宜，重点突出，有明确的工程针对性。

14.3.3 岩土工程勘察报告应根据任务要求、勘察阶段、工程特点和地质条件等具体情况编写，并应包括下列内容：

1 勘察目的、任务要求和依据的技术标准；

2 拟建工程概况；

3 勘察方法和勘察工作布置；

4 场地地形、地貌、地层、地质构造、岩土性质及其均匀性；

5 各项岩土性质指标，岩土的强度参数、变形参数、地基承载力的建议值；

6 地下水埋藏情况、类型、水位及其变化；

7 土和水对建筑材料的腐蚀性；

8 可能影响工程稳定的不良地质作用的描述和对工程危害程度的评价；

9 场地稳定性和适宜性的评价。

14.3.4 岩土工程勘察报告应对岩土利用、整治和改造的方案进行分析论证，提出建议；对工程施工和使用期间可能发生的岩土工程问题进行预测，提出监控

和预防措施的建议。

14.3.5 成果报告应附下列图件：

1 勘探点平面布置图；

2 工程地质柱状图；

3 工程地质剖面图；

4 原位测试成果图表；

5 室内试验成果图表。

注：当需要时，尚可附综合工程地质图、综合地质柱状图、地下水等水位线图、素描、照片、综合分析图表以及岩土利用、整治和改造方案的有关图表、岩土工程计算简图及计算成果图表等。

14.3.6 对岩土的利用、整治和改造的建议，宜进行不同方案的技术经济论证，并提出对设计、施工和现场监测要求的建议。

14.3.7 任务需要时，可提交下列专题报告：

1 岩土工程测试报告；

2 岩土工程检验或监测报告；

3 岩土工程事故调查与分析报告；

4 岩土利用、整治或改造方案报告；

5 专门岩土工程问题的技术咨询报告。

14.3.8 勘察报告的文字、术语、代号、符号、数字、计量单位、标点，均应符合国家有关标准的规定。

14.3.9 对丙级岩土工程勘察的成果报告内容可适当简化，采用以图表为主，辅以必要的文字说明；对甲级岩土工程勘察的成果报告除应符合本节规定外，尚可对专门性的岩土工程问题提交专门的试验报告、研究报告或监测报告。

附录 A 岩土分类和鉴定

A.0.1 岩石坚硬程度等级可按表 A.0.1 定性划分。

表 A.0.1 岩石坚硬程度等级的定性分类

坚硬程度 等级		定性鉴定	代表性岩石
硬质岩	坚硬岩	锤击声清脆，有回弹，震手，难击碎，基本无吸水反应	未风化—微风化的花岗岩、闪长岩、辉绿岩、玄武岩、安山岩、片麻岩、石英岩、石英砂岩、硅质砾岩、硅质石灰岩等
	较硬岩	锤击声较清脆，有轻微回弹，稍震手，较难击碎，有轻微吸水反应	1 微风化的坚硬岩； 2 未风化—微风化的大理岩、板岩、石灰岩、白云岩、钙质砂岩等

坚硬程度等级		定性鉴定	代表性岩石
软质岩	较软岩	锤击声不清脆，无回弹，较易击碎，浸水后指甲可刻出印痕	1 中等风化—强风化的坚硬岩或较硬岩； 2 未风化—微风化的凝灰岩、千枚岩、泥灰岩、砂质泥岩等
	软岩	锤击声哑，无回弹，有凹痕，易击碎，浸水后手可掰开	1 强风化的坚硬岩或较硬岩； 2 中等风化—强风化的较软岩； 3 未风化—微风化的页岩、泥岩、泥质砂岩等
极软岩		锤击声哑，无回弹，有较深凹痕，手可捏碎，浸水后可捏成团	1 全风化的各种岩石； 2 各种半成岩

A.0.2 岩体完整程度等级可按表 A.0.2 定性划分。

表 A.0.2 岩体完整程度的定性分类

完整程度	结构面发育程度		主要结构面的结合程度	主要结构面类型	相应结构类型
	组数	平均间距(m)			
完整	1~2	>1.0	结合好或结合一般	裂隙、层面	整体状或巨厚层状结构
较完整	1~2	>1.0	结合差	裂隙、层面	块状或厚层状结构
	2~3	1.0~0.4	结合好或结合一般		块状结构
较破碎	2~3	1.0~0.4	结合差	裂隙、层面、小断层	裂隙块状或中厚层状结构
	≥3	0.4~0.2	结合好		镶嵌碎裂结构
			结合一般		中、薄层状结构
破碎	≥3	0.4~0.2	结合差	各种类型结构面	裂隙块状结构
		≤0.2	结合一般或结合差		碎裂状结构
极破碎	无序		结合很差		散体状结构

注：平均间距指主要结构面（1~2 组）间距的平均值。

A.0.3 岩石风化程度可按表 A.0.3 划分。

表 A.0.3 岩石按风化程度分类

风化程度	野外特征	风化程度参数指标	
		波速比 K_v	风化系数 K_f
未风化	岩质新鲜，偶见风化痕迹	0.9~1.0	0.9~1.0
微风化	结构基本未变，仅节理面有渲染或略有变色，有少量风化裂隙	0.8~0.9	0.8~0.9
中等风化	结构部分破坏，沿节理面有次生矿物，风化裂隙发育，岩体被切割成岩块。用镐难挖，岩芯钻方可钻进	0.6~0.8	0.4~0.8
强风化	结构大部分破坏，矿物成分显著变化，风化裂隙很发育，岩体破碎，用镐可挖，干钻不易钻进	0.4~0.6	<0.4
全风化	结构基本破坏，但尚可辨认，有残余结构强度，可用镐挖，干钻可钻进	0.2~0.4	—
残积土	组织结构全部破坏，已风化成土状，锹镐易挖掘，干钻易钻进，具可塑性	<0.2	—

注：1 波速比 K_v 为风化岩石与新鲜岩石压缩波速度之比；
　　2 风化系数 K_f 为风化岩石与新鲜岩石饱和单轴抗压强度之比；
　　3 岩石风化程度，除按表列野外特征和定量指标划分外，也可根据当地经验划分；
　　4 花岗岩类岩体，可采用标准贯入试验划分，$N \geq 50$ 为强风化；$50 > N \geq 30$ 为全风化；$N < 30$ 为残积土；
　　5 泥岩和半成岩，可不进行风化程度划分。

A.0.4 岩体根据结构类型可按表 A.0.4 划分：

表 A.0.4 岩体按结构类型划分

岩体结构类型	岩体地质类型	结构体形状	结构面发育情况	岩土工程特征	可能发生的岩土工程问题
整体状结构	巨块状岩浆岩和变质岩，巨厚层沉积岩	巨块状	以层面和原生、构造节理为主，多呈闭合型，间距大于1.5m，一般为1~2组，无危险结构	岩体稳定，可视为均质弹性各向同性体	局部滑动或坍塌，深埋洞室的岩爆
块状结构	厚层状沉积岩，块状岩浆岩和变质岩	块状柱状	有少量贯穿性节理裂隙，结构面间距0.7~1.5m，一般为2~3组，有少量分离体	结构面互相牵制，岩体基本稳定，接近弹性各向同性体	

岩体结构类型	岩体地质类型	结构体形状	结构面发育情况	结构面特征	可能发生的岩土工程问题
层状结构	多韵律薄层、中厚层状沉积岩，副变质岩	层状板状	有层理、片理、节理，常有层间错动	变形和强度受层面控制，可视为各向异性弹塑性体，稳定性较差	可沿结构面滑塌，软岩可产生塑性变形
碎裂状结构	构造影响严重的破碎岩层	碎块状	断层、节理、片理、层理发育，结构面间距0.25～0.50m，一般3组以上，有许多分离体	整体强度很低，并受软弱结构面控制，呈弹塑性体，稳定性很差	易发生规模较大的岩体失稳，地下水加剧失稳
散体状结构	断层破碎带，强风化及全风化带	碎屑状	构造和风化裂隙密集，结构面错综复杂，多充填黏性土，形成无序小块和碎屑	完整性遭极大破坏，稳定性极差，接近松散体介质	易发生规模较大的岩体失稳，地下水加剧失稳

A.0.5 土根据有机质含量可按表 A.0.5 分类。

表 A.0.5 土按有机质含量分类

分类名称	有机质含量 W_u（%）	现场鉴别特征	说明
无机土	$W_u<5\%$		
有机质土	$5\%\leqslant W_u \leqslant 10\%$	深灰色，有光泽，味臭，除腐殖质外尚含少量未完全分解的动植物体，浸水后水面出现气泡，干燥后体积收缩	1 如现场能鉴别或有地区经验时，可不做有机质含量测定；2 当 $w>w_L$，$1.0\leqslant e<1.5$ 时称淤泥质土；3 当 $w>w_L$，$e\geqslant1.5$ 时称淤泥

分类名称	有机质含量 W_u（%）	现场鉴别特征	说明
泥炭质土	$10\%<W_u\leqslant60\%$	深灰或黑色，有腥臭味，能看到未完全分解的植物结构，浸水体胀，易崩解，有植物残渣浮于水中，干缩现象明显	可根据地区特点和需要按 W_u 细分为：弱泥炭质土（$10\%<W_u\leqslant25\%$）中泥炭质土（$25\%<W_u\leqslant40\%$）强泥炭质土（$40\%<W_u\leqslant60\%$）
泥炭	$W_u>60\%$	除有泥炭质土特征外，结构松散，土质很轻，暗无光泽，干缩现象极为明显	

注：有机质含量 W_u 按灼失量试验确定。

A.0.6 碎石土密实度野外鉴别可按表 A.0.6 执行。

表 A.0.6 碎石土密实度野外鉴别

密实度	骨架颗粒含量和排列	可挖性	可钻性
松散	骨架颗粒质量小于总质量的60%，排列混乱，大部分不接触	锹可以挖掘，井壁易坍塌，从井壁取出大颗粒后，立即塌落	钻进较易，钻杆稍有跳动，孔壁易坍塌
中密	骨架颗粒质量等于总质量的60%～70%，呈交错排列，大部分接触	锹镐可挖掘，井壁有掉块现象，从井壁取出大颗粒处，能保持凹面形状	钻进较困难，钻杆、吊锤跳动不剧烈，孔壁有坍塌现象
密实	骨架颗粒质量大于总质量的70%，呈交错排列，连续接触	锹镐挖掘困难，用撬棍方能松动，井壁较稳定	钻进困难，钻杆、吊锤跳动剧烈，孔壁较稳定

注：密实度应按表列各项特征综合确定。

附录 B 圆锥动力触探锤击数修正

B.0.1 当采用重型圆锥动力触探确定碎石土密实度时，锤击数 $N_{63.5}$ 应按下式修正：

$$N_{63.5} = \alpha_1 \cdot N'_{63.5} \tag{B.0.1}$$

式中 $N_{63.5}$——修正后的重型圆锥动力触探锤击数；

α_1——修正系数，按表 B.0.1 取值；

$N'_{63.5}$——实测重型圆锥动力触探锤击数。

表 B.0.1　重型圆锥动力触探锤击数修正系数

$N'_{63.5}$ / L(m)	5	10	15	20	25	30	35	40	≥50
2	1.00	1.00	1.00	1.00	1.00	1.00	1.00	1.00	
4	0.96	0.95	0.93	0.92	0.90	0.89	0.87	0.86	0.84
6	0.93	0.90	0.88	0.85	0.83	0.81	0.79	0.78	0.75
8	0.90	0.86	0.83	0.80	0.77	0.75	0.73	0.71	0.67
10	0.88	0.83	0.79	0.75	0.72	0.69	0.67	0.64	0.61
12	0.85	0.79	0.75	0.70	0.67	0.64	0.61	0.59	0.55
14	0.82	0.76	0.71	0.66	0.62	0.58	0.56	0.53	0.50
16	0.79	0.73	0.67	0.62	0.57	0.54	0.51	0.48	0.45
18	0.77	0.70	0.63	0.57	0.53	0.49	0.46	0.44	0.40
20	0.75	0.67	0.59	0.52	0.46	0.44	0.41	0.39	0.36

注：表中 L 为杆长。

B.0.2　当采用超重型圆锥动力触探确定碎石土密实度时，锤击数 N_{120} 应按下式修正：

$$N_{120} = \alpha_2 \cdot N'_{120} \tag{B.0.2}$$

式中　N_{120}——修正后的超重型圆锥动力触探锤击数；

α_2——修正系数，按表 B.0.2 取值；

N'_{120}——实测超重型圆锥动力触探锤击数。

表 B.0.2　超重型圆锥动力触探锤击数修正系数

N'_{120} / L(m)	1	3	5	7	9	10	15	20	25	30	35	40
1	1.00	1.00	1.00	1.00	1.00	1.00	1.00	1.00	1.00	1.00	1.00	1.00
2	0.96	0.92	0.91	0.90	0.90	0.90	0.90	0.89	0.89	0.88	0.88	0.88
3	0.94	0.88	0.86	0.85	0.84	0.84	0.84	0.83	0.82	0.82	0.81	0.81
5	0.92	0.82	0.79	0.78	0.77	0.77	0.76	0.75	0.74	0.73	0.72	0.72
7	0.90	0.78	0.75	0.74	0.73	0.72	0.71	0.70	0.69	0.68	0.67	0.66
9	0.88	0.75	0.72	0.70	0.69	0.68	0.67	0.66	0.65	0.63	0.62	0.62
11	0.87	0.73	0.69	0.67	0.66	0.66	0.64	0.63	0.61	0.60	0.59	0.58
13	0.86	0.71	0.67	0.65	0.64	0.63	0.62	0.61	0.59	0.58	0.57	0.56
15	0.86	0.69	0.65	0.63	0.62	0.61	0.61	0.59	0.57	0.55	0.54	0.53
17	0.85	0.68	0.63	0.61	0.60	0.59	0.58	0.57	0.55	0.53	0.52	0.50
19	0.84	0.66	0.62	0.60	0.58	0.58	0.56	0.54	0.52	0.51	0.50	0.48

注：表中 L 为杆长。

附录 C　泥石流的工程分类

C.0.1　泥石流的工程分类应按表 C.0.1 执行。

表 C.0.1　泥石流的工程分类和特征

类别	泥石流特征	流域特征	亚类	严重程度	流域面积(km²)	固体物质一次冲出量(×10⁴m³)	流量(m³/s)	堆积区面积(km²)
I 高频率泥石流沟谷	基本上每年均有泥石流发生。固体物质主要来源于沟谷的滑坡、崩塌。暴发雨强一般大于2～4mm/10min。除岩性因素外，滑坡、崩塌严重的沟谷多发生黏性泥石流，规模大，反之发生稀性泥石流，规模小	多位于强烈抬升区，岩层破碎，风化强烈，山体稳定性差。泥石流堆积物新鲜，无植被或仅有稀疏草丛。黏性泥石流沟中下游沟床坡度大，于4%	I₁	严重	>5	>5	>100	>1
			I₂	中等	1～5	1～5	30～100	<1
			I₃	轻微	<1	<1	<30	—

续表 C.0.1

类别	泥石流特征	流域特征	亚类	严重程度	流域面积(km²)	固体物质一次冲出量(×10⁴m³)	流量(m³/s)	堆积区面积(km²)
II 低频率泥石流沟谷	暴发周期一般在10年以上。固体物质主要来源于沟床、泥石流发生时"揭床"现象明显。暴发时坡地上产生的浅层滑坡往往是激发泥石流形成的重要因素。暴发雨强，一般大于4mm/10min。规模一般较大，性质有黏有稀	山体稳定性相对较好，无大型活动性滑坡、崩塌。沟床和扇形地上巨砾较多分布，沟内灌木丛较好，扇形地多已碎为农田。黏性泥石流沟中下游沟床坡度小于4%	II₁	严重	>10	>5	>100	>1
			II₂	中等	1～10	1～5	30～100	<1
			II₃	轻微	<1	<1	<30	

注：1　表中流量对高频率泥石流沟指百年一遇流量；对低频率泥石流沟指历史最大流量。

2　泥石流的工程分类宜采用野外特征与定量指标相结合的原则，定量指标满足其中一项即可。

附录 D　膨胀土初判方法

D.0.1　具有下列特征的土可初判为膨胀土：

1　多分布在二级或二级以上阶地、山前丘陵和盆地边缘；

2　地形平缓，无明显自然陡坎；

3　常见浅层滑坡、地裂，新开挖的路堑、边坡、基槽易发生坍塌；

4　裂缝发育，方向不规则，常有光滑面和擦痕，裂缝中常充填灰白、灰绿色黏土；

5　干时坚硬，遇水软化，自然条件下呈坚硬或硬塑状态；

6　自由膨胀率一般大于40%；

7　未经处理的建筑物成群破坏，低层较多层严重，刚性结构较柔性结构严重；

8　建筑物开裂多发生在旱季，裂缝宽度随季节变化。

附录 E　水文地质参数测定方法

E.0.1　水文地质参数可用表 E.0.1 的方法测定。

表 E.0.1　水文地质参数测定方法

参　　数	测　定　方　法
水位	钻孔、探井或测压管观测
渗透系数、导水系数	抽水试验、注水试验、压水试验、室内渗透试验
给水度、释水系数	单孔抽水试验、非稳定流抽水试验、地下水位长期观测、室内试验
越流系数、越流因数	多孔抽水试验（稳定流或非稳定流）
单位吸水率	注水试验、压水试验
毛细水上升高度	试坑观测、室内试验

注：除水位外，当对数据精度要求不高时，可采用经验数值。

E.0.2 孔隙水压力可按表 E.0.2 的方法测定。

表 E.0.2　孔隙水压力测定方法和适用条件

仪器类型		适用条件	测定方法
测压计式	立管式测压计	渗透系数大于 10^{-4} cm/s 的均匀孔隙含水层	将带有过滤器的测压管打入土层，直接在管内量测
	水压式测压计	渗透系数低的土层，量测由潮汐涨落、挖方引起的压力变化	用装在孔壁的小型测压器探头，地下水压力通过塑料管传递至水银压力计测定
	电测式测压计（电阻应变式、钢弦应变式）	各种土层	孔压通过透水石传导至膜片，引起挠度变化，诱发电阻片（或钢弦）变化，用接收仪测定
	气动测压计	各种土层	利用两根排气管使压力为常数，传来的孔压在透水元件中的水压阀产生压差测定
孔压静力触探仪		各种土层	在探头上装有多孔透水过滤器、压力传感器，在贯入过程中测定

附录 F　取土器技术标准

F.0.1 取土器技术参数应符合表 F.0.1 的规定。

表 F.0.1　取土器技术参数

取土器参数	厚壁取土器	薄壁取土器		
		敞口自由活塞	水压固定活塞	固定活塞
面积比 $\dfrac{D_w^2-D_e^2}{D_e^2}\times100(\%)$	13～20	≤10	10～13	
内间隙比 $\dfrac{D_s-D_e}{D_e}\times100(\%)$	0.5～1.5	0	0.5～1.0	
外间隙比 $\dfrac{D_w-D_t}{D_t}\times100(\%)$	0～2.0	0		
刃口角度 $\alpha(°)$	<10	5～10		
长度 L(mm)	400,550	对砂土:(5～10)D_e 对黏性土:(10～15)D_e		
外径 D_t(mm)	75～89,108	75,100		
衬管	整圆或半合管，塑料、酚醛层压纸或镀锌铁皮制成	无衬管，束节式取土器衬管同左		

注：1　取样管及衬管内壁必须光滑圆整；
　　2　在特殊情况下取土器直径可增大至 150～250mm；
　　3　表中符号：
　　　　D_e——取土器刃口内径；
　　　　D_s——取样管内径，加衬管时为衬管内径；
　　　　D_t——取样管外径；
　　　　D_w——取土器管靴外径，对薄壁管 $D_w=D_t$。

附录 G　场地环境类型

G.0.1 场地环境类型的分类，应符合表 G.0.1 的规定。

表 G.0.1　环境类型分类

环境类型	场地环境地质条件
Ⅰ	高寒区、干旱区直接临水；高寒区、干旱区强透水层中的地下水
Ⅱ	高寒区、干旱区弱透水层中的地下水；各气候区湿、很湿的弱透水层湿润区直接临水；湿润区强透水层中的地下水
Ⅲ	各气候区稍湿的弱透水层；各气候区地下水位以上的强透水层

注：1　高寒区是指海拔高度等于或大于 3000m 的地区；干旱区是指海拔高度小于 3000m，干燥度指数 K 值等于或大于 1.5 的地区；湿润区是指干燥度指数 K 值小于 1.5 的地区；

　　2　强透水层是指碎石土和砂土；弱透水层是指粉土和黏性土；

　　3　含水量 $w<3\%$ 的土层，可视为干燥土层，不具有腐蚀环境条件；

　　3A　当混凝土结构一边接触地面水或地下水，一边暴露在大气中，水可以通过渗透或毛细作用在暴露大气中的一边蒸发时，应定为Ⅰ类；

　　4　当有地区经验时，环境类型可根据地区经验划分；当同一场地出现两种环境类型时，应根据具体情况选定。

G.0.2　（此条取消）

G.0.3　（此条取消）

附录 H　规范用词说明

H.0.1　为便于在执行本规范条文时区别对待，对于要求严格程度不同的用词，说明如下：

　　1　表示很严格，非这样做不可的用词：正面词采用"必须"，反面词采用"严禁"。

　　2　表示严格，在正常情况下均应这样做的用词：正面词采用"应"，反面词采用"不应"或"不得"。

　　3　表示允许稍有选择，在条件许可时首先应这样做的用词：正面词采用"宜"或"可"，反面词采用"不宜"。

H.0.2　条文中指定应按其他有关标准、规范执行时，写法为"应符合……的规定"。非必须按所指定的标准、规范或其他规定执行时，写法为"可参照……"。

中华人民共和国国家标准

岩土工程勘察规范

GB 50021—2001

（2009 年版）

条 文 说 明

目　　次

1 总　则

1.0.1　本规范是在《岩土工程勘察规范》（GB 50021—94）（以下简称《94规范》）基础上修订而成的。《94规范》是我国第一本岩土工程勘察规范，执行以来，对保证勘察工作的质量，促进岩土工程事业的发展，起到了应有的作用。本次修订基本保持《94规范》的适用范围和总体框架，作了局部调整。加强和补充了近年来发展的新技术和新经验；改正和删除了《94规范》某些不适当、不确切的条款；按新的规范编写规定修改了体例；并与有关规范进行了协调。修订时，注意了本规范是强制性的国家标准，是勘察方面的"母规范"，原则性的技术要求，适用于全国的技术标准，应在本规范中体现；因地制宜的具体细节和具体数据，留给相关的行业标准和地方标准规定。

1.0.2　岩土工程的业务范围很广，涉及土木工程建设中所有与岩体和土体有关的工程技术问题。相应的，本规范的适用范围也较广，一般土木工程都适用，但对于水利工程、铁路、公路和桥隧工程，由于专业性强，技术上有特殊要求，因此，上述工程的岩土工程勘察应符合现行有关标准、规范的规定。

对航天飞行器发射基地，文物保护等工程的勘察要求，本规范未作具体规定，应根据工程具体情况进行勘察，满足设计和施工的需要。

《94规范》未包括核电厂勘察。近十余年来，我国进行了一批核电厂的勘察，积累了一定经验，故本次修订增加了有关核电厂勘察的内容。

1.0.3　先勘察，后设计、再施工，是工程建设必须遵守的程序，是国家一再强调的十分重要的基本政策。但是，近年来仍有一些工程，不进行岩土工程勘察就设计施工，造成工程安全事故或安全隐患。为此，本条规定："各项工程建设在设计和施工之前，必须按基本建设程序进行岩土工程勘察"。

20世纪80年代以前，我国的勘察体制基本上还是建国初期的前苏联模式，即工程地质勘察体制。其任务是查明场地或地区的工程地质条件，为规划、设计、施工提供地质资料。在实际工作中，一般只提出勘察场地的工程地质条件和存在的地质问题，而很少涉及解决问题的具体办法。所提资料设计单位如何应用也很少了解和过问，使勘察与设计施工严重脱节。20世纪80年代以来，我国开始实施岩土工程体制，经过20年的努力，这种体制已经基本形成。岩土工程勘察的任务，除了应正确反映场地和地基的工程地质条件外，还应结合工程设计、施工条件，进行技术论证和分析评价，提出解决岩土工程问题的建议，并服务于工程建设的全过程，具有很强的工程针对性。《94规范》按此指导思想编制，本次修订继续保持了这一正确的指导思想。

场地或其附近存在不良地质作用和地质灾害时，如岩溶、滑坡、泥石流、地震区、地下采空区等，这些场地条件复杂多变，对工程安全和环境保护的威胁很大，必须精心勘察，精心分析评价。此外，勘察时不仅要查明现状，还要预测今后的发展趋势。工程建设对环境会产生重大影响，在一定程度上干扰了地质作用原有的动态平衡。大填大挖，加载卸载，蓄水排水，控制不好，会导致灾难。勘察工作既要对工程安全负责，又要对保护环境负责，做好勘察评价。

1.0.3A　**【修订说明】**

原文均为强制性，考虑到"岩土工程勘察应按工程建设各勘察阶段的要求，正确反映工程地质条件，查明不良地质作用和地质灾害，精心勘察、精心分析，提出资料完整、评价正确的勘察报告"，是原则性、政策性规定，可操作性不强，容易被延伸。故本次局部修订分为两条，原文第一句保留为强制性条文；第二句另列一条，不列为强制性条文。

1.0.4　由于规范的分工，本规范不可能将岩土工程勘察中遇到的所有技术问题全部包括进去。勘察人员在进行工作时，还需遵守其他有关规范的规定。

2　术语和符号

2.1　术　语

2.1.1　本条对"岩土工程勘察"的释义来源于2000年9月25日国务院293号令《建设工程勘察设计管理条例》。其总则第二条有关的原文如下：

"本条例所称建设工程勘察，是指根据建设工程的要求，查明、分析、评价建设场地的地质地理环境特征和岩土工程条件，编制建设工程勘察文件的活动。"

本条基本全文引用。但注意到，这里定义的是"建设工程勘察"，内涵较"岩土工程勘察"宽，故稍有删改，现作以下说明：

1　岩土工程勘察是为了满足工程建设的要求，有明确的工程针对性，不同于一般的地质勘察；

2　"查明、分析、评价"需要一定的技术手段，即工程地质测绘和调查、勘探和取样、原位测试、室内试验、检验和监测、分析计算、数据处理等；不同的工程要求和地质条件，采用不同的技术方法；

3　"地质、环境特征和岩土工程条件"是勘察工作的对象，主要指岩土的分布和工程特征，地下水的赋存及其变化，不良地质作用和地质灾害等；

4 勘察工作的任务是查明情况，提供数据，分析评价和提出处理建议，以保证工程安全，提高投资效益，促进社会和经济的可持续发展；

5 岩土工程勘察是岩土工程中的一个重要组成，岩土工程包括勘察、设计、施工、检验、监测和监理等，既有一定的分工，又密切联系，不宜机械分割。

2.1.3 触探包括静力触探和动力触探，用以探测地层，测定土的参数，既是一种勘探手段，又是一种测试手段。物探也有两种功能，用以探测地层、构造、洞穴等，是勘探手段；用以测波速，是测试手段。钻探、井探等直接揭露地层，是直接的勘探手段；而触探通过力学分层判定地层，物探通过各种物理方法探测，有一定的推测因素，都是间接的勘探手段。

2.1.5 岩土工程勘察报告一般由文字和图表两部分组成。表示地层分布和岩土数据，可用图表；分析论证，提出建议，可用文字。文字与图表互相配合，相辅相成，效果较好。

2.1.10 断裂、地震、岩溶、崩塌、滑坡、塌陷、泥石流、冲刷、潜蚀等等，《94规范》及其他书籍，称之为"不良地质现象"。其实，"现象"只是一种表现，只是地质作用的结果。勘察工作应调查和研究的不仅是现象，还包括其内在规律，故用现名。

2.1.11 灾害是危及人类人身、财产、工程或环境安全的事件。地质灾害是由不良地质作用引发的这类事件，可能造成重大人员伤亡、重大经济损失和环境改变，因而是岩土工程勘察的重要内容。

2.2 符　号

2.2.1 岩土的重力密度(重度)γ和质量密度(密度)ρ是两个概念。前者是单位体积岩土所产生的重力，是一种力；后者是单位体积内所含的质量。

2.2.3 土的抗剪强度指标，有总应力法和有效应力法，总应力法符号为 C、4，有效应力法符号为 c'、φ'。对于总应力法，由于不同的固法条件和排水条件，试验成果各不相同。故勘察报告应对试验方法作必要的说明。

2.2.4 重型圆锥动力触探锤击数的符号原用 $N_{(63.5)}$，以便与标准贯入锤击数 $N_{63.5}$ 区分。现在，已将标准贯入锤击数符号改为 N，重型圆锥动力触探锤击数符号已无必要用 $N_{(63.5)}$，故改为 $N_{63.5}$，与 N_{10}、N_{120} 的表示方法一致。

3 勘察分级和岩土分类

3.1 岩土工程勘察分级

3.1.1 《建筑结构可靠度设计统一标准》(GB 50068—

2001)，将建筑结构分为三个安全等级，《建筑地基基础设计规范》(GB 50007) 将地基基础设计分为三个等级，都是从设计角度考虑的。对于勘察，主要考虑工程规模大小和特点，以及由于岩土工程问题造成破坏或影响正常使用的后果。由于涉及各行各业，涉及房屋建筑、地下洞室、线路、电厂及其他工业建筑、废弃物处理工程等，很难做出具体划分标准，故本条做了比较原则的规定。以住宅和一般公用建筑为例，30层以上的可定为一级，7～30层的可定为二级，6层及6层以下的可定为三级。

3.1.2 "不良地质作用强烈发育"，是指泥石流沟谷、崩塌、滑坡、土洞、塌陷、岸边冲刷、地下水强烈潜蚀等极不稳定的场地，这些不良地质作用直接威胁着工程安全；"不良地质作用一般发育"是指虽有上述不良地质作用，但并不十分强烈，对工程安全的影响不严重。

"地质环境"是指人为因素和自然因素引起的地下采空、地面沉降、地裂缝、化学污染、水位上升等。所谓"受到强烈破坏"是指对工程的安全已构成直接威胁，如浅层采空、地面沉降盆地的边缘地带、横跨地裂缝、因蓄水而沼泽化等；"受到一般破坏"是指已有或将有上述现象，但不强烈，对工程安全的影响不严重。

3.1.3 多年冻土情况特殊，勘察经验不多，应列为一级地基。"严重湿陷、膨胀、盐渍、污染的特殊性岩土"是指Ⅲ级和Ⅲ级以上的自重湿陷性土、Ⅲ级膨胀性土等。其他需作专门处理的，以及变化复杂，同一场地上存在多种强烈程度不同的特殊性岩土时，也应列为一级地基。

3.1.4 划分岩土工程勘察等级，目的是突出重点，区别对待，以利管理。岩土工程勘察等级应在工程重要性等级，场地等级和地基等级的基础上划分。一般情况下，勘察等级可在勘察工作开始前，通过搜集已有资料确定。但随着勘察工作的开展，对自然认识的深入，勘察等级也可能发生改变。

对于岩质地基，场地地质条件的复杂程度是控制因素。建造在岩质地基上的工程，如果场地和地基条件比较简单，勘察工作的难度是不大的。故即使是一级工程，场地和地基为三级时，岩土工程勘察等级也可定为乙级。

3.2 岩石的分类和鉴定

3.2.1～3.2.3 岩石的工程性质极为多样，差别很大，进行工程分类十分必要。《94规范》首先按岩石强度分类，再进行风化分类。按岩石强度分为极硬、次硬、次软和极软，列举了代表性岩石名称。又以新鲜岩块的饱和抗压强度30MPa为分界标准。问题在于，新鲜的末风化的岩块在现场有时很难取得，难以执行。

岩石的分类可以分为地质分类和工程分类。地质分类主要根据其地质成因、矿物成分、结构构造和风化程度，可以用地质名称（即岩石学名称）加风化程度表达，如强风化花岗岩、微风化砂岩等。这对于工程的勘察设计确是十分必要的。工程分类主要根据岩体的工程性状，使工程师建立起明确的工程特性概念。地质分类是一种基本分类，工程分类应在地质分类的基础上进行，目的是为了较好地概括其工程性质，便于进行工程评价。

为此，本次修订除了规定应确定地质名称和风化程度外，增加了岩块的"坚硬程度"、岩体的"完整程度"和"岩体基本质量等级"的划分。并分别提出了定性和定量的划分标准和方法，可操作性较强。岩石的坚硬程度直接与地基的承载力和变形性质有关，其重要性是无疑的。岩体的完整程度反映了它的裂隙性，而裂隙性是岩体十分重要的特性，破碎岩石的强度和稳定性较完整岩石大大削弱，尤其对边坡和基坑工程更为突出。

本次修订将岩石的坚硬程度和岩体的完整程度各分五级，二者综合又分五个基本质量等级。与国标《工程岩体分级标准》(GB 50218—94)和《建筑地基基础设计规范》(GB 50007—2002)协调一致。

划分出极软岩十分重要，因为这类岩石不仅极软，而且常有特殊的工程性质，例如某些泥岩具有很高的膨胀性；泥质砂岩、全风化花岗岩等有很强的软化性（单轴饱和抗压强度可等于零）；有的第三纪砂岩遇水崩解，有流砂性质。划分出极破碎岩体也很重要，有时开挖时很硬，暴露后逐渐崩解。片岩各向异性特别显著，作为边坡极易失稳。事实上，对于岩石地基，特别注意的主要是软岩、极软岩、破碎和极破碎的岩石以及基本质量等级为Ⅴ级的岩石，对可取原状试样的，可用土工试验方法测定其性状和物理力学性质。

举例：

1 花岗岩，微风化：为较硬岩，完整，质量基本等级为Ⅱ级；

2 片麻岩，中等风化：为较软岩，较破碎，质量基本等级为Ⅳ级；

3 泥岩，微风化：为软岩，较完整，质量基本等级为Ⅳ级；

4 砂岩（第三纪），微风化：为极软岩，较完整，质量基本等级为Ⅴ级；

5 糜棱岩（断层带）：极破碎，质量基本等级为Ⅴ级。

岩石风化程度分为五级，与国际通用标准和习惯一致。为了便于比较，将残积土也列在表 A.0.3 中。国际标准 ISO/TC 182/SC1 也将风化程度分为五级，并列入残积土。风化带是逐渐过渡的，没有明确的界线，有些情况不一定能划分出五个完全的等级。一般

花岗岩的风化分带比较完全，而石灰岩、泥岩等常常不存在完全的风化分带。这时可采用类似"中等风化-强风化""强风化-全风化"等语句表述。同样，岩体的完整性也可用类似的方法表述。第三系的砂岩、泥岩等半成岩，处于岩石与土之间，划分风化带意义不大，不一定都要描述风化。

3.2.4 关于软化岩石和特殊性岩石的规定，与《94规范》相同，软化岩石浸水后，其承载力会显著降低，应引起重视。以软化系数 0.75 为界限，是借鉴国内外有关规范和数十年工程经验规定的。

石膏、岩盐等易溶性岩石，膨胀性泥岩，湿陷性砂岩等，性质特殊，对工程有较大危害，应专门研究，故本规范将其专门列出。

3.2.5、3.2.6 岩石和岩体的野外描述十分重要，规定应当描述的内容是必要的。岩石质量指标 RQD 是国际上通用的鉴别岩石工程性质好坏的方法，国内也有较多经验，《94 规范》中已有反映，本次修订作了更为明确的规定。

3.3 土的分类和鉴定

3.3.1 本条由《94 规范》2.2.3 和 2.2.4 条合并而成。

3.3.2 本条与《94 规范》的规定一致。

3.3.3 本条与《94 规范》的规定一致。

3.3.4 本条对于粉土定名的规定与《94 规范》一致。

粉土的性质介于砂土和黏性土之间，较粗的接近砂土而较细的接近于黏性土。将粉土划分为亚类，在工程上是需要的。在修订过程中，曾经讨论过是否划分亚类，并有过几种划分亚类的方案建议。但考虑到在全国范围内采用统一的分类界限，如果没有足够的资料复核，很难把握适应各种不同的情况。因此，这次修订仍然采用《94 规范》的方法，不在全国规范中对粉土规定亚类的划分标准，需要对粉土划分亚类的地区，可以根据地方经验，确定相应的亚类划分标准。

3.3.5 本条与《94 规范》的规定一致。

3.3.6 本条与《94 规范》的规定基本一致，仅增加了"夹层厚度大于 0.5m 时，宜单独分层"。各款举例如下：

1 对特殊成因和年代的土类，如新近沉积粉土、残坡积碎石土等；

2 对特殊性土，如淤泥质黏土，弱盐渍粉土、碎石素填土等；

3 对混合土，如含碎石黏土，含黏土角砾等；

4 对互层，如黏土与粉砂互层；对夹薄层，如黏土夹薄层粉砂。

3.3.7 本条基本上与《94 规范》一致，仅局部修改了土的描述内容。

有人建议，应对砂土和粉土的湿度规定划分标准。《规范》修订组考虑，砂土和粉土取样困难，饱和度难以测准，规定了标准不易执行。作为野外描述，不一定都要有定量标准。至于是否饱和（涉及液化判别），地下水位上下是明确的界线，勘察人员是容易确定的。

对于黏性土和粉土的描述，《94规范》比较简单，不够完整。参照美国ASTM土的统一分类法，关于土的目力鉴别方法和《土的分类标准》（GBJ 145）的简易鉴别方法，补充了摇振反应、光泽反应、干强度和韧性的描述内容。为了便于描述，给出了如表3.1所示的描述等级。

表 3.1　土的描述等级

	摇振反应	光泽反应	干强度	韧性
粉　土	迅速、中等	无光泽反应	低	低
黏性土	无	有光泽、稍有光泽	高、中等	高、中等

3.3.7　【修订说明】

本条1~4款规定描述的内容，有时不一定全部需要，故将"应"改为"宜"。土的光泽反应、摇振反应、干强度和韧性的鉴定是现场区分粉土和黏性土的有效方法，但原文在执行中产生一些误解，以为必须描述，成为例行套话，故增加第7款，明确目力鉴别的用途。

3.3.8　对碎石土密实度的划分，《94规范》只给出了野外鉴别的方法，完全根据经验进行定性划分，可比性和可靠性都比较差。在实际工程中，有些地区已经积累了用动力触探鉴别碎石土密实度的经验，这次修订时在保留定性鉴别方法的基础上，补充了重型动力触探和超重型动力触探定量鉴别碎石土密实度的方法。现作如下说明：

1　关于划分档次

对碎石土的密实度，表3.3.8-1分为四档，表3.3.8-2分为五档，附录A表A.0.6分为三档，似不统一。这是由于$N_{63.5}$较N_{120}能量小，不适用于"很密"的碎石土，故只能分四档；野外鉴别很难明确客观标准，往往因人而异，故只能粗一些，分为三档；所以，野外鉴别的"密实"，相当于用N_{120}的"密实"和"很密"；野外鉴别的"松散"，相当于用动力触探鉴别的"稍密"和"松散"。由于这三种鉴别方法所得结果不一定一致，故勘察报告中应交待依据的是"野外鉴别"、"重型圆锥动力触探"还是"超重型圆锥动力触探"。

2　关于划分依据

圆锥动力触探多年积累的经验，是锤击数与地基承载力之间的关系；由于影响承载力的因素较多，不便于在全国范围内建立统一的标准，故本次修订只考虑了用锤击数划分碎石土的密实度，并与国标《建筑

地基基础设计规范》（GB 50007—2002）协调；至于如何根据密实度或根据锤击数确定地基承载力，则由地方标准或地方经验确定。

表3.3.8-1是根据铁道部第二勘测设计院研究成果，进行适当调整后编制而成的。表3.3.8-2是根据中国建筑西南勘察研究院的研究成果，由王顺富先生向本《规范》修订组提供的。

3　关于成果的修正

圆锥动力触探成果的修正问题，虽已有一些研究成果，但尚缺乏统一的认识；这里包括杆长修正、上覆压力修正、探杆摩擦修正、地下水修正等；作为国家标准，目前做出统一规定的条件还不成熟；但有一条原则，即勘察成果首先要如实反映实测值，应用时可以进行修正，并适当交待修正的依据。应用表3.3.8-1和表3.3.8-2时，根据该成果研制单位的意见，修正方法列在本规范附录B中；表B.0.1和表B.0.2中的数据均源于唐贤强等著《地基工程原位测试技术》（中国铁道出版社，1996）。为表达统一，均取小数点后二位。

3.3.9　砂土密实度的鉴别方法保留了《94规范》的内容，但在修改过程中，曾讨论过对划分密实度的标准贯入击数是否需要修正的问题。

标准贯入击数的修正方法一般包括杆长修正和上覆压力修正。本规范在术语中规定标准贯入击数N为实测值；在勘察报告中所提供的成果也规定为实测值，不进行任何修正。在使用时可根据具体情况采用实测值或修正后的数值。

采用标准贯入击数估计土的物理力学指标或地基承载力时，其击数是否需要修正应与经验公式统计时所依据的原始数据的处理方法一致。

用标准贯入试验判别饱和砂土或粉土液化时，由于当时建立液化判别式的原始数据是未经修正的实测值，且在液化判别式中也已经反映了测点深度的影响，因此用于判别液化的标准贯入击数不作修正，直接用实测值进行判别。

在《94规范》报批稿形成以后，曾有专家提出过用标准贯入击数鉴别砂土密实度时需要进行上覆压力修正的建议，鉴于当时已经通过审查会审查，不宜再进行重大变动，因此将这一问题留至本次修订时处理。

本次修订时，经过反复论证，认为应当从用标准贯入击数鉴别砂土密实度方法的形成历史过程来判断是否应当加以修正。采用标准贯入击数鉴别砂土密实度的方法最早由太沙基和泼克在1948年提出，其划分标准如表3.2所示。这一标准对世界各国有很大的影响，许多国家的鉴别标准大多是在太沙基和泼克1948年的建议基础上发展的。

我国自1953年南京水利实验处引进标准贯入试验后，首先在治淮工程中应用，以后在许多部门推广

应用。制定《工业与民用建筑地基基础设计规范》（TJ 7-74）时将标准贯入试验正式作为勘察手段列入规范，后来在修订《建筑地基基础设计规范》（GBJ 7-89）时总结了我国应用标准贯入击数划分砂土密实度的经验，给出了如表3.3所示的划分标准。这一标准将小于10击的砂土全部定为"松散"，不划分出"很松"的一档；将10～30击的砂土划分为两类，增加了击数为10～15的"稍密"一档；将击数大于30击的统称为"密实"，不划分出"很密"的密实度类型；而在实践中当标准贯入击数达到50击时一般就终止了贯入试验。

表3.2　太沙基和泼克建议的标准

标准贯入击数	<4	4～10	10～30	30～50	>50
密实度	很松	松散	中密	密实	很密

表3.3　我国通用的密实度划分标准

标准贯入击数	<10	10～15	15～30	>30
密实度	松散	稍密	中密	密实

从上述演变可以看出，我国目前所通用的密实度划分标准实际上就是1948年太沙基和泼克建议的标准，而当时还没有提出杆长修正和上覆压力修正的方法。也就是说，太沙基和泼克当年用以划分砂土密实度的标准贯入击数并没有经过修正。因此，根据本规范对标准贯入击数修正的处理原则，在采用这一鉴别密实度的标准时，应当使用标准贯入击数的实测值。本次修订时仍然保持《94规范》的规定不变，即鉴别砂土密实度时，标准贯入击数用不加修正的实测值 N。

3.3.10　本条与《94规范》一致。

在征求意见的过程中，有意见认为粉土取样比较困难，特别是地下水位以下的土样在取土过程中容易失水，使孔隙比减小，因此不易评价正确，故建议改用原位测试方法评价粉土的密实度。在修订过程中曾考虑过采用静力触探划分粉土密实度的方案，但经资料分析发现，静力触探比贯入阻力与孔隙比之间的关系非常分散，不同地区的粉土，其散点的分布范围不同。如图3.1所示，分别为山东东营粉土、江苏启东粉土、郑州粉土和上海粉土，由于静力触探比贯入阻力不仅反映了土的密实度，而且也反映了土的结构性。由于不同地区粉土的结构强度不同，在散点图上各地的粉土都处于不同的部位。有的地区粉土具有很小的孔隙比，但比贯入阻力不大；而另外的地区粉土的孔隙比比较大，可是比贯入阻力却很大。因此，在全国范围内，根据目前的资料，没有可能用静力触探比贯入阻力的统一划分界限来评价粉土的密实度。但是在同一地区的粉土，如结构性相差不大且具备比较

充分的资料条件，采用静力触探或其他原位测试手段划分粉土的密实度具有一定的可能性，可以进行试划分以积累地区的经验。

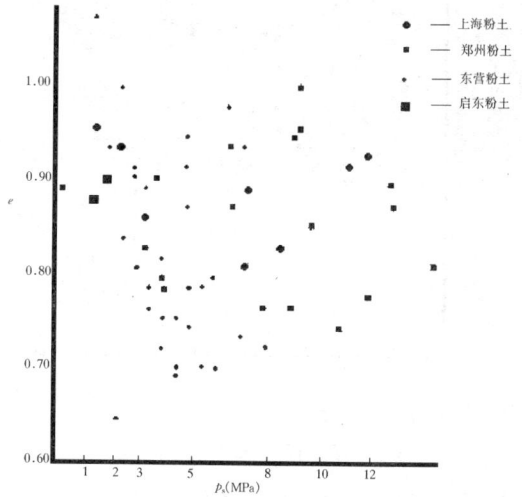

图3.1　孔隙比与比贯入阻力的散点图

有些建议认为，水下取土求得的孔隙比一般都小于0.75，不能反映实际情况，采用孔隙比鉴别粉土密实度会造成误判。由于取土质量低劣而造成严重扰动时，出现这种情况是可能的，但制定标准时不能将取土质量不符合要求的情况作为依据。只要认真取土，采取合格的土样，孔隙比的指标还是能够反映实际情况的。为了验证，随机抽取了粉土地区的勘察报告，对东营地区的粉土资料进行散点图分析。该地区地下水位2～3m，最大取土深度9～12m，取样点在地下水位上下都有，多数取自地下水位以下。考虑到压缩模量数据比较多，因此分析了压缩模量与各种物理指标之间的关系。

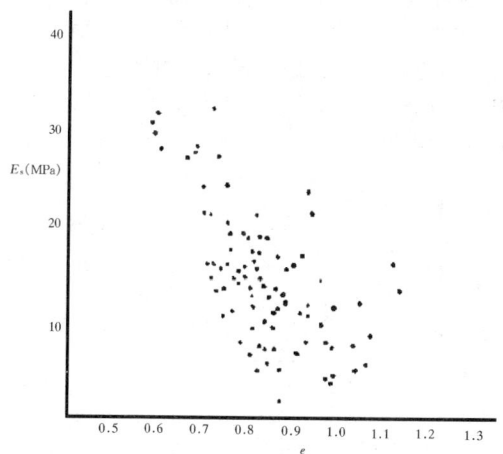

图3.2　压缩模量与孔隙比的散点图

图3.2显示了压缩模量与孔隙比之间存在比较好的规律性，孔隙比分布在0.55～1.0之间，大约有2/3的孔隙比大于0.75，说明无论是水上或水下，孔

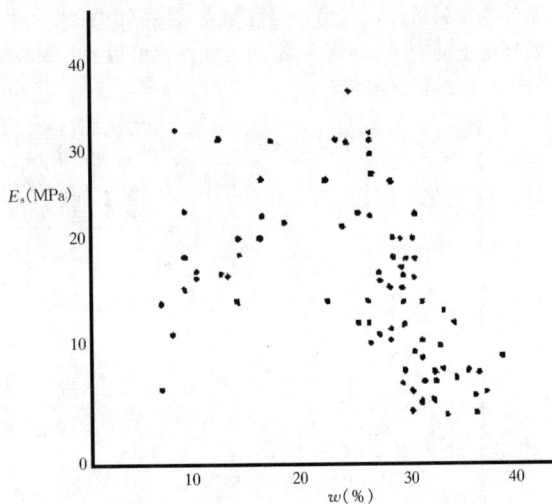

图 3.3　压缩模量与含水量的散点图

隙比都是反映粉土力学性能比较敏感的指标。如果用含水量来描述压缩模量的变化，则从图 3.3 可以发现，当含水量小于 20% 时，含水量增大，模量相应增大；但在含水量超过 20% 以后则出现相反的现象。在低含水量阶段，模量随含水量增大而增大的变化规律可能与非饱和土的基质吸力有关。采用饱和度描述时，在图 3.4 中，当土处于低饱和度时，压缩模量也随饱和度增大而增大；但当饱和度大于 80% 以后，压缩模量与饱和度之间则没有明显的规律性。对比图3.2 和图 3.4，也说明地下水位以下处于饱和状态的粉土，影响其力学性质的主要因素是土的孔隙比而不是饱和度。

从散点图分析，可以说明对于粉土的描述，饱和度并不是一个十分重要的指标。鉴别粉土是否饱和不在于饱和度的数值界限，而在于是否在地下水位以下，在地下水以下的粉土都是饱和的。饱和粉土的力学性能取决于土的密实度，而不是饱和度的差别。孔隙比对粉土的力学性质有明显的影响，而含水量对压缩模量的影响在 20% 左右出现一个明显的转折点。

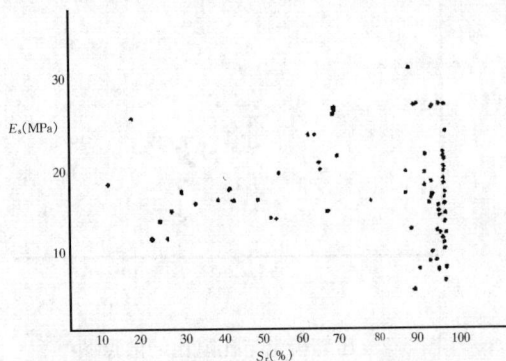

图 3.4　压缩模量与饱和度的散点图

鉴于上述分析，认为没有充分理由修改规范原来

的规定，因此仍采用孔隙比和含水量描述粉土的密实度和湿度。

3.3.11　本条与《94 规范》的规定一致。

在修订过程中，也提出过采用静力触探划分黏性土状态的建议。对于这一建议进行了专门的研究，研究结果认为，黏性土的范围相当广泛，其结构性的差异比粉土更大，而黏性土中静力触探比贯入阻力的差别在很大程度上反映了土的结构强度的强弱而不是土的状态的不同。其实，直接采用静力触探比贯入阻力判别土的状态，并不利于正确认识与土的 Atterberg 界限有关的许多工程性质。静力触探比贯入阻力值与采用液性指数判别的状态之间存在的差异，反映了客观存在的结构性影响。例如比贯入阻力比较大，而状态可能是软塑或流塑，这正说明了土的结构强度使比贯入阻力比较大，一旦扰动结构，强度将急剧下降。可以提醒人们注意保持土的原状结构，避免结构扰动以后土的力学指标的弱化。

4　各类工程的勘察基本要求

4.1　房屋建筑和构筑物

4.1.1　本条主要对房屋建筑和构筑物的岩土工程勘察，在原则上规定了应做的工作和应有的深度。岩土工程勘察应有明确的针对性，因而要求了解建筑物的上部荷载、功能特点、结构类型、基础形式、埋置深度和变形限制的要求，以便提出岩土工程设计参数和地基基础设计方案的建议。不同的勘察阶段，对建筑结构了解的深度是不同的。

4.1.2　本规范规定勘察工作宜分阶段进行，这是根据我国工程建设的实际情况和数十年勘察工作的经验规定的。勘察是一种探索性很强的工作，总有一个从不知到知，从知之不多到知之较多的过程，对自然的认识总是由粗而细，由浅而深，不可能一步到位。况且，各设计阶段对勘察成果也有不同的要求，因此，分阶段勘察的原则必须坚持。但是，也应注意到，各行业设计阶段的划分不完全一致，工程的规模和要求各不相同，场地和地基的复杂程度差别很大，要求每个工程都分阶段勘察，是不实际也是不必要的。勘察单位应根据任务要求进行相应阶段的勘察工作。

岩土工程既然要服务于工程建设的全过程，当然应当根据任务要求，承担后期的服务工作，协助解决施工和使用过程中的岩土工程问题。

在城市和工业区，一般已经积累了大量工程勘察资料。当建筑物平面布置已经确定时，可以直接进行详勘。但对于高层建筑和其他重要工程，在短时间内不易查明复杂的岩土工程问题，并作出明确的评价，故仍宜分阶段进行。

4.1.4　对拟建场地做出稳定性评价，是初步勘察的主要内容。稳定性问题应在初步勘察阶段基本解决，不宜留给详勘阶段。

高层建筑的地基基础，基坑的开挖与支护，工程降水等问题，有时相当复杂，如果这些问题都留到详勘时解决，往往因时间仓促，解决不好，故要求初勘阶段提出初步分析评价，为详勘时进一步深入评价打下基础。

4.1.5 岩质地基的特征和土质地基很不一样，与岩体特征，地质构造，风化规律有关，且沉积岩与岩浆岩、变质岩，地槽区与地台区，情况有很大差别，本节规定主要针对平原区的土质地基，对岩质地基只作了原则规定，具体勘察要求应按有关行业标准或地方标准执行。

4.1.6 初勘时勘探线和勘探点的间距，《94 规范》按"岩土工程勘察等级"分档。"岩土工程勘察等级"包含了工程重要性等级、场地等级和地基等级，而勘探孔的疏密则主要决定于地基的复杂程度，故本次修订改为按"地基复杂程度等级"分档。

4.1.7 初勘时勘探孔的深度，《94 规范》按"岩土工程勘察等级"分档。实际上，勘探孔的深度主要决定于建筑物的基础埋深、基础宽度、荷载大小等因素，而初勘时又缺乏这些数据，故表 4.1.7 按工程重要性等级分档，且给了一个相当宽的范围，勘察人员可根据具体情况选择。

4.1.8 根据地质条件和工程要求适当增减勘探孔深度的规定，不仅适用于初勘阶段，也适用于详勘及其他勘察阶段。

4.1.10 地下水是岩土工程分析评价的主要因素之一，搞清地下水是勘察工作的重要任务。但只限于查明场地当时的情况有时还不够，故在初勘和详勘中，应通过资料搜集等工作，掌握工程场地所在的城市或地区的宏观水文地质条件，包括：

1 地下水的空间赋存状态及类型；

2 决定地下水空间赋存状态、类型的宏观地质背景；主要含水层和隔水层的分布规律；

3 历史最高水位，近 3～5 年最高水位，水位的变化趋势和影响因素；

4 宏观区域和场地内的主要渗流类型。

工程需要时，还应设置长期观测孔，设置孔隙水压力装置，量测水头随平面、深度和随时间的变化，或进行专门的水文地质勘察。

4.1.11 这两条规定了详细勘察的具体任务。到了详勘阶段，建筑总平面布置已经确定，面临单体工程地基基础设计的任务。因此，应当提供详细的岩土工程资料和设计施工所需的岩土参数，并进行岩土工程评价，提出相应的工程建议。现作以下几点说明：

1 为了使勘察工作的布置和岩土工程的评价具有明确的工程针对性，解决工程设计和施工中的实际问题，搜集有关工程结构资料，了解设计要求，是十分重要的工作；

2 地基的承载力和稳定性是保证工程安全的前提，这是毫无疑问的；但是，工程经验表明，绝大多数与岩土工程有关的事故是变形问题，包括总沉降、差异沉降、倾斜和局部倾斜；变形控制是地基设计的主要原则，故本条规定了应分析评价地基的均匀性，提供岩土变形参数，预测建筑物的变形特性；有的勘察单位根据设计单位要求和业主委托，承担变形分析任务，向岩土工程设计延伸，是值得肯定的；

3 埋藏的古河道、沟浜，以及墓穴、防空洞、孤石等，对工程的安全影响很大，应予查明；

4 地下水的埋藏条件是地基基础设计和基坑设计施工十分重要的依据，详勘时应予查明；由于地下水位有季节变化和多年变化，故规定应"提供地下水位及其变化幅度"，有关地下水更详细的规定见本规范第 7 章。

4.1.13 地下停车场、地下商店等，近年来在城市中大量兴建。这些工程的主要特点是"超补偿式基础"，开挖较深，挖土卸载量较大，而结构荷载很小。在地下水位较高的地区，防水和抗浮成了重要问题。高层建筑一般带多层地下室，需防水设计，在施工过程中有时也有抗浮问题。在这样的条件下，提供防水设计水位和抗浮设计水位成了关键。这是一个较为复杂的问题，有时需要进行专门论证。

4.1.13 【修订说明】

抗浮设防水位是很重要的设计参数，但要预测建筑物使用期间水位可能发生的变化和最高水位有时相当困难，不仅与气候、水文地质等自然因素有关，有时还涉及地下水开采、上下游水量调配、跨流域调水等复杂因素，故规定应进行专门研究。

地下工程的防水高度，已在《地下工程防水技术规范》（GB 50108）中明确规定，不属于工程勘察的内容。该规范第 3.1.3 条规定：地下工程的防水设计，应考虑地表水、地下水、毛细管水等的作用，以及由于人为因素引起的附近水文地质改变的影响。单建式的地下工程应采用全封闭、部分封闭防排水设计，附建式的全地下或半地下工程的防水设防高度，应高出室外地坪高程 500mm 以上。

4.1.14 本条规定的指导思想与第 4.1.5 条一致。

4.1.15 本次修订时，除了改为按"地基复杂程度等级"分档外，根据近年来的工程经验，对勘探点间距的数值也作了调整。

4.1.16 建筑地基基础设计的原则是变形控制，将总沉降、差异沉降、局部倾斜、整体倾斜控制在允许的限度内。影响变形控制最重要的因素是地层在水平方向上的不均匀性，故本条第 2 款规定，地层起伏较大时应补充勘探点。尤其是古河道，埋藏的沟浜，基岩面的局部变化等。

勘探方法应精心选择，不应单纯采用钻探。触探可以获取连续的定量的数据，又是一种原位测试手段，并探可以直接观察岩土结构，避免单纯依据岩芯判断。因此，勘探手段包括钻探、井探、静力触探和动力触探，应根据具体情况选择。为了发挥钻探和触探的各自特点，宜配合应用。以触探方法为主时，应有一定数量的钻探配合。对复杂地质条件和某些特殊性岩土，布置一定数量的探井是很必要的。

4.1.17 高层建筑的荷载大，重心高，基础和上部结构的刚度大，对局部的差异沉降有较好的适应能力，而整体倾斜是主要控制因素，尤其是横向倾斜。为此，本条对高层建筑勘探点的布置作了明确规定，以满足岩土工程评价和地基基础设计的要求。

4.1.18、4.1.19 由于高层建筑的基础埋深和宽度都很大，钻孔比较深。钻孔深度适当与否，将极大地影响勘察质量、费用和周期。对天然地基，控制性钻孔的深度，应满足以下几个方面的要求：

1 等于或略深于地基变形计算的深度，满足变形计算的要求；

2 满足地基承载力和弱下卧层验算的需要；

3 满足支护体系和工程降水设计的要求；

4 满足对某些不良地质作用追索的要求。

以上各点中起控制作用的是满足变形计算要求。

确定变形计算深度有"应力比法"和"沉降比法"，现行国家标准《建筑地基基础设计规范》（GB 50007—2002）是沉降比法。但对于勘察工作，由于缺乏荷载和模量等数据，用沉降比法确定孔深是无法实施的。过去的办法是将孔深与基础宽度挂钩，虽然简便，但不全面。本次修订采用应力比法。经分析，第4.1.19条第1款的规定是完全可以满足变形计算要求的，在计算机已经普及的今天，也完全可以做到。

对于需要进行稳定分析的情况，孔深应根据稳定分析的具体要求确定。对于基础侧旁开挖，需验算稳定时，控制性钻孔达到基底下2倍基宽时可以满足；对于建筑在坡顶和坡上的建筑物，应结合边坡的具体条件，根据可能的破坏模式确定孔深。

当场地或场地附近没有可信的资料时，至少要有一个钻孔满足划分建筑场地类别对覆盖层厚度的要求。

建筑平面边缘的控制性钻孔，因为受压层深度较小，经过计算，可以适当减小。但应深入稳定地层。

4.1.18 【修订说明】

第5款如违反，不影响工程安全和质量，故改为非强制性条款。

本条指的是天然地基上的高层建筑。

4.1.20 由于土性指标的变异性，单个指标不能代表土的工程特性，必须通过统计分析确定其代表值，故本条第2款规定了原状土试样和原位测试的最少数量，以满足统计分析的需要。当场地较小时，可利用场地邻近的已有资料。

4.1.20 【修订说明】

取土试样和原位测试的数量以及试验项目，应由岩土工程师根据具体情况，因地制宜，因工程制宜。但从我国目前勘察市场的实际情况看，为了确保勘察质量，规范仍应控制取土试样和原位测试勘探孔的最少数量。因此在本条第1款增加规定取土试样和原位测试钻孔的数量，不应少于勘探孔总数的1/2，作为最低限度。合理数量应视具体情况确定，必要时可全部勘探孔取土试样或做原位测试。

规定钻探取土试样孔的最少数量也是必要的，否则无法掌握土的基本物理力学性质。

基岩较浅地区可能要多布置一些鉴别孔查基岩面深度，埋藏的河、沟、池、浜以及杂填土分布区等，为了查明其分布也需布置一些鉴别孔，不在此规定。

本条第2款前半句的意思与原文相同，作文字上的修改是为了更明确指的是试验或测试的数据，不合格或不能用的数据当然不包括在内，并且强调了取多少土样，做什么试验，应根据工程要求、场地大小、土层厚薄、土层在场地和地基评价中所起的作用等具体情况确定，6组数据仅是最低要求。本款前半句的原位测试，主要指标准贯入试验以及十字板剪切试验、扁铲侧胀试验等，不包括载荷试验，也不包括连续记录的静力触探和动力触探。载荷试验的数量要求本规范另有规定。本次修订增加了后半句，连续记录的静力触探或动力触探，每个场地不应少于3个孔。6组取土试验数据和3个触探孔两个条件至少满足其中之一。不同测试方法的数量不能相加，例如取土试样与标准贯入试验不能相加，静力触探与动力触探不能相加。

第4款为原则性规定，故改为非强制性条款。

4.1.23、4.1.24 地基承载力、地基变形和地基的稳定性，是建筑物地基勘察中分析评价的主要内容。鉴于已在有关国家标准中作了明确的规定，这两条强调了根据地方经验综合评定的原则，不再作具体规定。

4.2 地下洞室

4.2.2 国内目前围岩分类方法很多，国家标准有：《锚杆喷射混凝土支护技术规范》（GBJ 86—85）、《工程岩体分级标准》（GB 50218—94）和《地下铁道、轻轨交通岩土工程勘察规范》（GB 50307—99）。另外，水电系统、铁路系统和公路系统均有自己的围岩分类。

本规范推荐国家标准《工程岩体分级标准》（GB 50218—94）中的岩体质量分级标准和《地下铁道、轻轨交通岩土工程勘察规范》（GB 50307—99）中的围岩分类。

前者首先确定基本质量级别，然后考虑地下水、主要软弱结构面和地应力等因素对基本质量级别进行修正，并以此衡量地下洞室的稳定性，岩体级别越高，则洞室的自稳能力越好。

后者则为了与《地下铁道设计规范》（GB 50157—92）相一致，采用了铁路系统的围岩分类法。这种围岩分类是根据围岩的主要工程地质特征（如岩石强度、受构造的影响大小、节理发育情况和有无软弱结构面等）、结构特征和完整状态以及围岩开挖后的稳定状态等综合确定围岩类别。并可根据围岩类别估算围岩的均布压力。

而《锚杆喷射混凝土支护技术规范》（GBJ 86—85）的围岩分类，则是根据岩体结构、受构造的影响程度、结构面发育情况、岩石强度和声波指标以及毛洞稳定性情况等综合确定。

以上三种围岩分类，都是国家标准，各有特点，各有用途，使用时应注意与设计采用的标准相一致。

4.2.2 【修订说明】

修订后只保留"地下洞室勘察的围岩分级应与地下洞室设计采用的标准一致"。将后面的文字删去。因为前一句意思已很明确，且《地下铁道、轻轨交通岩土工程勘察规范》（GB 50307）所依据的是铁路规范对围岩类别的规定，现铁路规范已经修改。

4.2.3 根据多年的实践经验，地下洞室勘察分阶段实施是十分必要的。这不仅符合按程序办事的基本建设原则，也是由于自然界地质现象的复杂性和多变性所决定。因为这种复杂多变性，在一定的勘察阶段内难以全部认识和掌握，需要一个逐步深化的认识过程。分阶段实施勘察工作，可以减少工作的盲目性，有利于保证工程质量。《94规范》分为可行性与初步勘察、详细勘察和施工勘察三个阶段。但各阶段的勘察内容和勘察方法不够明确。本次修订，划分为可行性研究勘察、初步勘察、详细勘察和施工勘察四个阶段，并详细规定了各勘察阶段的勘察内容和勘察方法。当然，也可根据拟建工程的规模、性质和地质条件，因地制宜地简化勘察阶段。

可行性研究勘察阶段可通过搜集资料和现场踏勘，对拟选方案的适宜性做出评价，选择合适的洞址和洞口。

4.2.4～4.2.6 这三条规定了地下洞室初步勘察的勘察内容和勘察方法。规定初步勘察宜采用工程地质测绘，并结合工程需要，辅以物探、钻探和测试工作。

工程地质测绘的任务是查明地形地貌、地层岩性、地质构造、水文地质条件和不良地质作用，为评价洞区稳定性和建洞适宜性提供资料；为布置物探和钻探工作量提供依据。在地下洞室勘察中，工程地质测绘做好了，可以起到事半功倍的作用。

工程物探可采用浅层地震剖面勘探和地震CT等方法圈定地下隐伏体，探测构造破碎带；在钻孔内测定弹性波或声波波速，可评价岩体完整性，计算岩体动力参数，划分围岩类别等。

钻探工作可根据工程地质测绘的疑点和工程物探的异常点布置。本节第4.2.6条规定的勘探点间距和勘探孔深度是综合了《军队地下工程勘测规范》（GJB 2813—1997）、《地下铁道、轻轨交通岩土工程勘察规范》（GB 50307—99）和《公路隧道勘测规程》（JTJ 063—85）等几本规范的有关内容制定的。

4.2.7～4.2.12 这六条规定的是详细勘察。

详细勘察阶段是地下洞室勘察的一个重要勘察阶段，其任务是在查明洞体地质条件的基础上，分段划分岩体质量级别或围岩类别，评价洞体和围岩稳定性，为洞室支护设计和确定施工方案提供资料。勘探方法应采用钻探、孔内物探和测试，必要时，还可布置洞探。工程地质测绘在详勘阶段一般情况下不单独进行，只是根据需要作一些补充性调查。

试验工作除常规的以外，对地下铁道，尚应测定基床系数和热物理参数。

1 基床系数用于衬砌设计时计算围岩的弹性抗力强度，应通过载荷试验求得（参见本规范第10.2.6条）；

2 热物理参数用于地下洞室通风负荷设计，通常采用面热源法和热线比较法测定潮湿土层的导温系数、导热系数和比热容；热线比较法还适用于测定岩石的导热系数，比热容还可用热平衡法测定，具体测定方法可参见国家标准《地下铁道、轻轨交通岩土工程勘察规范》（GB 50307—99）条文说明；

3 室内动力性质试验包括动三轴试验、动单剪试验和共振柱试验等；动力参数包括动弹性模量、动剪切模量、动泊松比。

4.2.13 地下洞室勘察，凭工程地质测绘、工程物探和少量的钻探工作，其精度是难以满足施工要求的，尚需依靠施工勘察和超前地质预报加以补充和修正。因此，施工勘察和地质超前预报关系到地下洞室掘进速度和施工安全，可以起到指导设计和施工的作用。

超前地质预报主要内容包括下列四方面：

1 断裂、破碎带和风化囊的预报；

2 不稳定块体的预报；

3 地下水活动情况的预报；

4 地应力状况的预报。

超前预报的方法，主要有超前导坑预报法、超前钻孔测试法和掌子面位移量测法等。

4.2.14 评价围岩稳定性，应采用工程地质分析与理论计算相结合的方法。两者不可偏颇。

本次删去了《94规范》中的围岩压力计算公式，理由是随着科技的发展，计算方法进步很快，而这些公式显得有些陈旧，继续保留在规范中，不利于新技术、新方法的应用，不利于技术进步和发展。

关于地下洞室围岩稳定性计算分析，可采用数值法或"弹性有限元图谱法"，计算方法可参照有关书籍。

4.3 岸边工程

4.3.1 本节规定主要适用于港口工程的岩土工程勘察，对修船、造船水工建筑物、通航工程和取水构筑物的勘察，也可参照执行。

4.3.2 本条强调了岸边工程勘察需要重点查明的几个问题。

岸边工程处于水陆交互地带，往往一个工程跨越几个地貌单元；地层复杂，层位不稳定，常分布有软土、混合土、层状构造土；由于地表水的冲淤和地下水动水压力的影响，不良地质作用发育，多滑坡、坍岸、潜蚀、管涌等现象；船舶停靠挤压力、波浪、潮汐冲击力，系缆力等均对岸坡稳定产生不利影响。岸边工程勘察任务就是要重点查明和评价这些问题，并提出治理措施的建议。

4.3.3～4.3.5 岸边工程的勘察阶段，大、中型工程分为可行性研究、初步设计和施工图设计三个勘察阶段；对小型工程、地质条件简单或有成熟经验地区的工程可简化勘察阶段。第4.3.3条～第4.3.5条分别列出了上述三个勘察阶段的勘察方法和内容的原则性规定。

4.3.6 本条列出的几种原位测试方法，大多是港口工程勘察经常采用的测试方法，已有成熟的经验。

4.3.7 测定土的抗剪强度方法应结合工程实际情况，例如：

1　当非饱和土在施工期间和竣工后可能受水浸泡成为饱和土时，应进行饱和状态下的抗剪强度试验；

2　当土的固结状态在施工期间或竣工后可能变化时，宜进行土的不同固结度的抗剪强度试验；

3　挖方区宜进行卸荷条件下的抗剪强度试验，填方区则可进行常规方法的抗剪强度试验。

4.3.8 各勘察阶段的勘探工作量的布置和数量可参照《港口工程勘察规范》（JTJ 240）执行。

4.3.9 评价岸坡和地基稳定性时，应按地质条件和土的性质，划分若干个区段进行验算。

对于持久状况的岸坡和地基稳定性验算，设计水位应采用极端低水位，对有波浪作用的直立坡，应考虑不同水位和波浪力的最不利组合。

当施工过程中可能出现较大的水头差、较大的临时超载、较陡的挖方边坡时，应按短暂状况验算其稳定性。如水位有骤降的情况，应考虑水位骤降对土坡稳定的影响。

4.4 管道和架空线路工程
（Ⅰ）管道工程

4.4.1 本节主要适用于长输油、气管道线路及其穿、跨越工程的岩土工程勘察。长输油气管道主要或优先采用地下埋设方式，管道上覆土厚1.0～1.2m；自然

条件比较特殊的地区，经过技术论证，亦可采用土堤埋设、地上敷设和水下敷设等方式。

4.4.2 管道工程勘察阶段的划分应与设计阶段相适应。大型管道工程和大型穿越、跨越工程可分为选线勘察、初步勘察和详细勘察三个阶段。中型工程可分为选线勘察和详细勘察两个阶段。对于小型线路工程和小型穿、跨越工程一般不分阶段，一次达到详勘要求。

4.4.3 选线勘察主要是搜集和分析已有资料，对线路主要的控制点（例如大中型河流穿、跨越点）进行踏勘调查，一般不进行勘探工作。选线勘察是一个重要的勘察阶段。以往有些单位在选线工作中，由于对地质工作不重视，没有工程地质专业人员参加，甚至不进行选线勘察，事后发现选定的线路方案有不少岩土工程问题。例如沿线的滑坡、泥石流等不良地质作用较多，不易整治。如果整治则耗费很大，增加工程投资；如不加以整治，则后患无穷。在这种情况下，有时不得不重新组织选线。为此，加强选线勘察是十分必要的。

4.4.4 管道遇有河流、湖泊、冲沟等地形、地物障碍时，必须跨越或穿越通过。根据国内外的经验，一般是穿越较跨越好。但是管道线路经过的地区，各种自然条件不尽相同，有时因为河床不稳，要求穿越管线埋藏很深；有时沟深坡陡，管线敷设的工程量很大；有时水深流急施工穿越工程特别困难；有时因为对河流经常疏浚或渠道经常扩挖，影响穿越管道的安全。在这些情况下，采用跨越的方式比穿越方式好。因此应根据具体情况因地制宜地确定穿越或跨越方式。

河流的穿、跨越点选得是否合理，是关系到设计、施工和管理的关键问题。所以，在确定穿、跨越点以前，应进行必要的选址勘察工作。通过认真的调查研究，比选出最佳的穿、跨越方案。既要照顾到整个线路走向的合理性，又要考虑到岩土工程条件的适宜性。本条从岩土工程的角度列举了几种不适宜作为穿、跨越点的河段，在实际工作中应结合具体情况适当掌握。

4.4.5、4.4.6 初勘工作，主要是在选线勘察的基础上，进一步搜集资料，现场踏勘，进行工程地质测绘和调查，对拟选线路方案的岩土工程条件做出初步评价，协同设计人员选择出最优的线路方案。这一阶段的工作主要是进行测绘和调查，尽量利用天然和人工露头，一般不进行勘探和试验工作，只在地质条件复杂、露头条件不好的地段，才进行简单的勘探工作。因为在初勘时，还可能有几个比选方案，如果每一个方案都进行较为详细的勘察工作，工作量太大。所以，在确定工作内容时，要求初步查明管道埋设深度内的地层岩性、厚度和成因。这里的"初步查明"是指把岩土的基本性质查清楚，如有无流砂、软土和对

工程有影响的不良地质作用。

穿、跨越工程的初勘工作，也以搜集资料、踏勘、调查为主，必要时进行物探工作。山区河流，河床的第四系覆盖层厚度变化大，单纯用钻探手段难以控制，可采用电法或地震勘探，以了解基岩埋藏深度。对于大中型河流，除地面调查和物探工作外，尚需进行少量的钻探工作。对于勘探线上的勘探点间距，未作具体规定，以能初步查明河床地质条件为原则。这是考虑到本阶段对河床地层的研究仅是初步的，山区河流同平原河流的河床沉积差异性很大，即使是同一条河流，上游与下游也有较大的差别。因此，勘探点间距应根据具体情况确定。至于勘探孔的深度，可以与详勘阶段的要求相同。

4.4.8 管道穿越工程详勘阶段的勘探点间距，规定"宜为30～100m"，范围较大。这是考虑到山区河流与平原河流的差异大。对山区河流而言，30m的间距，有时还难以控制地层的变化。对平原河流，100m的间距，甚至再增大一些，也可以满足要求。因此，当基岩面起伏大或岩性变化大时，勘探点的间距应适当加密，或采用物探方法，以控制地层变化。按现用设备，当采用定向钻方式穿越时，钻探点应偏离中心线15m。

（Ⅱ）架空线路工程

4.4.11 本节适用于大型架空线路工程，主要是高压架空线路工程，其他架空线路工程可参照执行。

4.4.13、4.4.14 初勘阶段应以搜集资料和踏勘调查为主，必要时可做适当的勘探工作。为了能选择地质、地貌条件较好，路径短、安全、经济、交通便利、施工方便的线路路径方案，可按不同地质、地貌情况分段提出勘察报告。

调查和测绘工作，重点是调查研究路径方案跨河地段的岩土工程条件和沿线的不良地质作用，对各路径方案沿线地貌、地层岩性、特殊性岩土分布、地下水情况也应了解，以便正确划分地貌、地质地段，结合有关文献资料归纳整理提出岩土工程勘察报告。对特殊设计的大跨越地段和主要塔基，应做详细的调查研究，当已有资料不能满足要求时，尚应进行适量的勘探测试工作。

4.4.15、4.4.16 施工图设计勘察是在已经选定的线路下进行杆塔定位，结合塔位进行工程地质调查、勘探和测试，提出合理的地基基础和地基处理方案、施工方法的建议等。下面阐述各地段的具体要求：

1 平原地区勘察，转角、耐张、跨越和终端塔等重要塔基和复杂地段应逐基勘探，对简单地段的直线塔基勘探点间距可酌情放宽；

根据国内已建和在建的500kV送电线路工程勘察方案的总结，结合土质条件、塔的基础类型、基础埋深和荷重大小以及塔基受力的特点，按有

关理论计算结果，勘探孔深度一般为基础埋置深度下0.5～2.0倍基础底面宽度，表4.1可作参考；

表4.1 不同类型塔基勘探深度

塔　　型	勘探孔深度（m）		
	硬塑土层	可塑土层	软塑土层
直线塔	$d+0.5b$	$d+(0.5\sim1.0)b$	$d+(1.0\sim1.5)b$
耐张、转角、跨越和终端塔	$d+(0.5\sim1.0)b$	$d+(1.0\sim1.5)b$	$d+(1.5\sim2.0)b$

注：1 本表适用于均质土层。如为多层土或碎石土、砂土时，可适当增减；

　　2 d—基础埋置深度（m），b—基础底面宽度（m）。

2 线路经过丘陵和山区，应围绕塔基稳定性并以此为重点进行勘察工作；主要是查明塔基及其附近是否有滑坡、崩塌、倒石堆、冲沟、岩溶和人工洞穴等不良地质作用及其对塔基稳定性的影响；

3 跨越河流、湖沼勘察，对跨越地段杆塔位置的选择，应与有关专业共同确定；对于岸边和河中立塔，尚需根据水文调查资料（包括百年一遇洪水、淹没范围、岸边与河床冲刷以及河床演变等），结合塔位工程地质条件，对杆塔地基的稳定性做出评价。

跨越河流或湖沼，宜选择在跨距较短、岩土工程条件较好的地点布设杆塔。对跨越塔，宜布置在两岸地势较高、岸边稳定、地基土质坚实、地下水埋藏较深处；在湖沼地区立塔，则宜将塔位布设在湖沼沉积层较薄处，并需着重考虑杆塔地基环境水对基础的腐蚀性。

架空线路杆塔基础受力的基本特点是上拔力、下压力或倾覆力。因此，应根据杆塔性质（直线塔或耐张塔等），基础受力情况和地基情况进行基础上拔稳定计算、基础倾覆计算和基础下压地基计算，具体的计算方法可参照原水利电力部标准《送电线路基础设计技术规定》（SDGJ62）执行。

4.5 废弃物处理工程
（Ⅰ）一般规定

本节在《94规范》的基础上，有较大修改和补充，主要为：

1 《94规范》适用范围为矿山尾矿和火力发电厂灰渣，本次修订扩大了适用范围，包括矿山尾矿、火力发电厂灰渣、氧化铝厂赤泥等工业废料，还包括城市固体垃圾等各种废弃物；这是由于我国工业和城市废弃物处理的问题日益突出，废弃物处理工程的建设日益增多，客观上有扩大本节适用范围的需要；同时，各种废弃物堆场的特点虽各有不同，但其基本特征是类似的，可作为一节加以规定；

2 核废料的填埋处理要求很高，有核安全方面的专门要求，尚应满足相关规范的规定；

3 作为国家标准，本规范只对通用性的技术要求作了规定，具体的专门性的技术要求应由各行业标准自行规定，与《94规范》比，条文内容更为简明；

4 《94规范》只规定了"尾矿坝"和"贮灰坝"的勘察；事实上，对于山谷型堆填场，不仅有坝，还有其他工程设施。除山谷型外，还有平地型、坑埋型等，本次修订作了相应补充；

5 需要指出，矿山废石、冶炼厂炉渣等粗粒废弃物堆场，目前一般不作勘察，故本节未作规定；但有时也会发生岩土工程问题，如引发泥石流，应根据任务要求和具体情况确定如何勘察。

4.5.3 本条规定了废弃物处理工程的勘察范围。对于山谷型废弃物堆场，一般由下列工程组成：

1 初期坝：一般为土石坝，有的上游用砂石、土工布组成反滤层；

2 堆填场：即库区，有的还设截洪沟，防止洪水入库；

3 管道、排水井、隧洞等，用以输送尾矿、灰渣、降水、排水，对于垃圾堆填场，尚有排气设施；

4 截污坝、污水池、截水墙、防渗帷幕等，用以集中有害渗出液，防止对周围环境的污染，对垃圾填埋场尤为重要；

5 加高坝：废弃物堆填超过初期坝高后，用废渣材料加高坝体；

6 污水处理厂，办公用房等建筑物；

7 垃圾填埋场的底部设有复合型密封层，顶部设有密封层；赤泥堆场底部也有土工膜或其他密封层；

8 稳定、变形、渗漏、污染等的监测系统。

由于废弃物的种类、地形条件、环境保护要求等各不相同，工程建设运行过程有较大差别，勘察范围应根据任务要求和工程具体情况确定。

4.5.4 废弃物处理工程分阶段勘察是必要的，但由于各行业情况不同，各工程规模不同，要求不同，不宜硬性规定。废渣材料加高坝不属于一般意义勘察，而属于专门要求的详细勘察。

4.5.5 本条规定了勘探前需搜集的主要技术资料。这里主要规定废弃物处理工程勘察需要的专门性资料，未列入与一般场地勘察要求相同的地形图、地质图、工程总平面图等资料。各阶段搜集资料的重点亦有所不同。

4.5.6～4.5.8 洪水、滑坡、泥石流、岩溶、断裂等地质灾害，对工程的稳定有严重威胁，应予查明。滑坡和泥石流还可挤占库区，减小有效库容。有价值的自然景观包括，有科学意义需要保护的特殊地貌、地层剖面、化石群等。文物和矿产常有重要的文化和经济价值，应进行调查，并由专业部门评估，对废弃物处理工程建设的可行性有重要影响。与渗透有关的水文地质条件，是建造防渗帷幕、截污坝、截水墙等工

程的主要依据，测绘和勘探时应着重查明。

4.5.9 初期坝建筑材料及防渗和覆盖用黏土的费用对工程的投资影响较大，故应在可行性勘察时确定产地，初步勘察时基本查明。

（Ⅱ）工业废渣堆场

4.5.10 对勘探测试工作量和技术要求，本节未作具体规定，应根据工程实际情况和有关行业标准的要求确定，以能满足查明情况和分析评价要求为准。

（Ⅲ）垃圾填埋场

4.5.16 废弃物的堆积方式和工程性质不同于天然土，按其性质可分为似土废弃物和非土废弃物。似土废弃物如尾矿、赤泥、灰渣等，类似于砂土、粉土、黏性土，其颗粒组成、物理性质、强度、变形、渗透和动力性质，可用土工试验方法测试。非土废弃物如生活垃圾，取样测试都较困难，应针对具体情况，专门考虑。有些力学参数也可通过现场监测，用反分析确定。

4.5.17 力学稳定和化学污染是废弃物处理工程评价两大主要问题，故条文对评价内容作了具体规定。

变形有时也会影响工程的安全和正常使用。土石坝的差异沉降可引起坝身裂缝；废弃物和地基土的过量变形，可造成封盖和底部密封系统开裂。

4.6 核 电 厂

4.6.1 核电厂是各类工业建筑中安全性要求最高、技术条件最为复杂的工业设施。本节是在总结已有核电厂勘察经验的基础上，遵循核电安全法规和导则的有关规定，参考国外核电厂前期工作的经验制定的，适用于各种核反应堆型的陆上商用核电厂的岩土工程勘察。

4.6.2 核电厂的下列建筑物为与核安全有关建筑物：

1 核反应堆厂房；

2 核辅助厂房；

3 电气厂房；

4 核燃料厂房及换料水池；

5 安全冷却水泵房及有关取水构筑物；

6 其他与核安全有关的建筑物。

除上列与核安全有关建筑物之外，其余建筑物均为常规建筑物。与核安全有关建筑物应为岩土工程勘察的重点。

4.6.3 本条核电厂勘察五个阶段划分的规定，是根据基建审批程序和已有核电厂工程的实际经验确定的。各个阶段循序渐进、逐步投入。

4.6.4 根据原电力工业部《核电厂工程建设项目可行性研究内容与深度规定》（试行），初步可行性研究阶段应对2个或2个以上厂址进行勘察，最终确定1～2个候选厂址。勘察工作以搜集资料为主，根据地

质复杂程度，进行调查、测绘、钻探、测试和试验，满足初步可行性研究阶段的深度要求。

4.6.5 初步可行性研究阶段工程地质测绘内容包括地形、地貌、地层岩性、地质构造、水文地质以及岩溶、滑坡、崩塌、泥石流等不良地质作用。重点调查断层构造的展布和性质，必要时应实测剖面。

4.6.6、4.6.7 本阶段的工程物探要根据厂址的地质条件选择进行。结合工程地质调查，对岸坡、边坡的稳定性进行分析，必要时可做少量的勘察工作。

4.6.8 厂址和厂址附近是否存在能动断层是评价厂址适宜性的重要因素。根据有关规定，在地表或接近地表处有可能引起明显错动的断层为能动断层。符合下列条件之一者，应鉴定为能动断层：

　　1 该断层在晚更新世（距今约 10 万年）以来在地表或近地表处有过运动的证据；

　　2 证明与已知能动断层存在构造上的联系，由于已知能动断层的运动可能引起该断层在地表或近地表处的运动；

　　3 厂址附近的发震构造，当其最大潜在地震可能在地表或近地表产生断裂时，该发震构造应认为是能动断层。

　　根据我国目前的实际情况，核岛基础一般选择在中等风化、微风化或新鲜的硬质岩石地基上，其他类型的地基并不是不可以放置核岛，只是由于我国在这方面的经验不足，应当积累经验。因此，本节规定主要适用于核岛地基为岩石地基的情况。

4.6.10 工程地质测绘的范围应视地质、地貌、构造单元确定。测绘比例尺在厂址周边地区可采用1∶2000，但在厂区不应小于1∶1000。工程物探是本阶段的重点勘察手段，通常选择 2～3 种物探方法进行综合物探，物探与钻探应互相配合，以便有效地获得厂址的岩土工程条件和有关参数。

4.6.11 《核电厂地基安全问题》（HAF0108）中规定：厂区钻探采用 150m×150m 网格状布置钻孔，对于均匀地基厂址或简单地质条件厂址较为适用。如果地基条件不均匀或较为复杂，则钻孔间距应适当调整。对水工建筑物宜垂直河床或海岸布置 2～3 条勘探线，每条勘探线 2～4 个钻孔。泵房位置不应少于 1 个钻孔。

4.6.12 本条所指的水文地质工作，包括对核环境有影响的水文地质工作和常规的水文地质工作两方面。

4.6.14 根据核电厂建筑物的功能和组合，划分为 4 个不同的建筑地段，这些不同建筑地段的安全性质及其结构、荷载、基础形式和埋深等方面的差异，是考虑勘察手段和方法的选择、勘探深度和布置要求的依据。

　　断裂属于不良地质作用范畴，考虑到核电厂对断裂的特殊要求，单列一项予以说明。这里所指的断裂研究，主要是断裂工程性质的研究，即结合其位置、

规模，研究其与建筑物安全稳定的关系，查明其危害性。

4.6.15 核岛是指反应堆厂房及其紧邻的核辅助厂房。对核岛地段钻孔的数量只提出了最低的界限，主要考虑了核岛的几何形状和基础面积。在实际工作中，可根据场地实际工程地质条件进行适当调整。

4.6.16 常规岛地段按其建筑物安全等级相当于火力发电厂汽轮发电机厂房，考虑到与核岛系统的密切关系，本条对常规岛的勘探工作量作了具体的规定。在实际工作中，可根据场地工程地质条件适当调整工作量。

4.6.17 水工建筑物种类较多，各具不同的结构和使用特点，且每个场地工程地质条件存在着差别。勘察工作应充分考虑上述特点，有针对性地布置工作量。

4.6.18 本条列举的几种原位测试方法是进行岩土工程分析与评价所需的项目，应结合工程的实际情况予以选择采用。核岛地段波速测试，是一项必须进行的工作，是取得岩土体动力参数和抗震设计分析的主要手段，该项目测试对设备和技术有很高的要求，因此，对服务单位的选择、审查十分重要。

4.7　边　坡　工　程

4.7.1 本条规定了边坡勘察应查明的主要内容。根据边坡的岩土成分，可分为岩质边坡和土质边坡，土质边坡的主要控制因素是土的强度，岩质边坡的主要控制因素一般是岩体的结构面。无论何种边坡，地下水的活动都是影响边坡稳定的重要因素。进行边坡工程勘察时，应根据具体情况有所侧重。

4.7.2 本条规定的"大型边坡勘察宜分阶段进行"，是指对大型边坡的专门性勘察。一般情况下，边坡勘察和建筑物的勘察是同步进行的。边坡问题应在初勘阶段基本解决，一步到位。

4.7.3 对于岩质边坡，工程地质测绘是勘察工作首要内容，本条指出三点：

　　1 着重查明边坡的形态和坡角，这对于确定边坡类型和稳定坡率是十分重要的；

　　2 着重查明软弱结构面的产状和性质，因为软弱结构面一般是控制岩质边坡稳定的主要因素；

　　3 测绘范围不能仅限于边坡地段，应适当扩大到可能对边坡稳定有影响的地段。

4.7.4 对岩质边坡，勘察的一个重要工作是查明结构面。有时，常规钻探难以解决问题，需辅用一定数量的探洞，探井，探槽和斜孔。

4.7.6 正确确定岩土和结构面的强度指标，是边坡稳定分析和边坡设计成败的关键。本条强调了以下几点：

　　1 岩土强度室内试验的应力条件应尽量与自然条件下岩土体的受力条件一致；

　　2 对控制性的软弱结构面，宜进行原位剪切试

验，室内试验成果的可靠性较差；对软土可采用十字板剪切试验；

3 实测是重要的，但更要强调结合当地经验，并宜根据现场坡角采用反分析验证；

4 岩土性质有时有"蠕变"，强度可能随时间而降低，对于永久性边坡应予注意。

4.7.7 本条首先强调，"边坡的稳定性评价，应在确定边坡破坏模式的基础上进行"。不同的边坡有不同的破坏模式。如果破坏模式选错，具体计算失去基础，必然得不到正确结果。破坏模式有平面滑动、圆弧滑动、楔形体滑落、倾倒、剥落等，平面滑动又有沿固定平面滑动和沿（$45°+\varphi/2$）倾角滑动等。有的专家将边坡分为若干类型，按类型确定破坏模式，并列入了地方标准，这是可取的。但我国地质条件十分复杂，各地差别很大，尚难归纳出全国统一的边坡分类和破坏模式，可继续积累数据和资料，待条件成熟后再作修订。

鉴于影响边坡稳定的不确定因素很多，故本条建议用多种方法进行综合评价。其中，工程地质类比法具有经验性和地区性的特点，应用时必须全面分析已有边坡与新研究边坡的工程地质条件的相似性和差异性，同时还应考虑工程的规模、类型及其对边坡的特殊要求。可用于地质条件简单的中、小型边坡。

图解分析法需在大量的节理裂隙调查统计的基础上进行。将结构面调查统计结果绘成等密度图，得出结构面的优势方位。在赤平极射投影图上，根据优势方位结构面的产状和坡面投影关系分析边坡的稳定性。

1 当结构面或结构面交线的倾向与坡面倾向相反时，边坡为稳定结构；

2 当结构面或结构面交线的倾向与坡面倾向一致，但倾角大于坡角时，边坡为基本稳定结构；

3 当结构面或结构面交线的倾向与坡面倾向之间夹角小于45°，且倾角小于坡角时，边坡为不稳定结构。

求潜在不稳定体的形状和规模需采用实体比例投影。对图解法所得出的潜在不稳定边坡应计算验证。

本条稳定系数的取值与《94规范》一致。

4.7.8 大型边坡工程一般需要进行地下水和边坡变形的监测，目的在于为边坡设计提供参数，检验措施（如支挡、疏干等）的效果和进行边坡稳定的预报。

4.8 基 坑 工 程

4.8.1、4.8.2 目前基坑工程的勘察很少单独进行，大多是与地基勘察一并完成的。但是由于有些勘察人员对基坑工程的特点和要求不很了解，提供的勘察成果不一定能满足基坑支护设计的要求。例如，对采用桩基的建筑地基勘察往往对持力层、下卧层研究较仔细，而忽略浅部土层的划分和取样试验；侧重于针对

地基的承载性能提供土质参数，而忽略支护设计所需要的参数；只在划定的轮廓线以内进行勘探工作，而忽略对周边的调查了解等等。因深基坑开挖属于施工阶段的工作，一般设计人员提供的勘察任务委托书可能不会涉及这方面的内容。此时勘察部门应根据本节的要求进行工作。

岩质基坑的勘察要求和土质基坑有较大差别，到目前为止，我国基坑工程的经验主要在土质基坑方面，岩质基坑的经验较少。故本节规定只适用于土质基坑。岩质基坑的勘察可根据实际情况按地方经验进行。

4.8.3 基坑勘察深度范围 $2H$ 大致相当于在一般土质条件下悬臂桩墙的嵌入深度。在土质特别软弱时可能需要更大的深度。但一般地基勘察的深度比这更大，所以满足本条规定的要求不会有问题。但在平面扩大勘察范围可能会遇到困难。考虑这一点，本条规定对周边以调查研究、搜集原有勘察资料为主。在复杂场地和斜坡场地，由于稳定性分析的需要，或布置锚杆的需要，必须有实测地质剖面，故应适量布置勘探点。

4.8.4 抗剪强度是支护设计最重要的参数，但不同的试验方法（有效应力法或总应力法，直剪或三轴，UU 或 CU）可能得出不同的结果。勘察时应按照设计所依据的规范、标准的要求进行试验，提供数据。表4.2列出不同标准对土压力计算的规定，可供参考。

表 4.2　不同规范、规程对土压力计算的规定

规范规程标准	计算方法	计算参数	土压力调整
建设部行标	采用朗肯理论	砂土、粉土水土分算，黏性土有经验时水土合算	直剪固快峰值 c、φ 或三轴 c_{cu}、φ_{cu}	主动侧开挖面以下土自重压力不变
冶金部行标	采用朗肯或库伦理论按水土分算原则计算，有经验时对黏性土也可以水土合算	分算时采用有效应力指标 c'、φ' 或用 c_{cu}、φ_{cu} 代替，合算时采用 c_{cu}、φ_{cu} 乘以 0.7 的强度折减系数	有邻近建筑物基础时 $K_{ma}=(K_0+K_a)/2$；被动区不能充分发挥时 $K_{mp}=(0.3\sim0.5)K_p$
湖北省规定	采用朗肯理论黏性土、粉土水土合算，砂土水土分算，有经验时也可水土合算	分算时采用有效应力指标 c'、φ'；合算时采用总应力指标 c、φ；提供有强度指标的经验值	一般不作调整
深圳规定	采用朗肯理论水位以上水土合算；水位以下黏性土水土合算，粉土、砂土、碎石土水土分算	分算时采用有效应力指标 c'、φ'；合算时采用总应力指标 c、φ	无规定

续表 4.2

规范规程标准	计算方法	计算参数	土压力调整
上海规程	采用朗肯理论 以水土分算为主，对水泥土围护结构水土合算	水土分算采用 c_{cu}、φ_{cu}，水土合算采用经验主动土压力系数 η_a	对有支撑的围护结构开挖面以下土压力为矩形分布。提出动用土压力概念，提高的主动土压力系数界于 $K_0 \sim (K_a + K_0)/2$ 之间，降低的被动土压力系数界于 $(0.5 \sim 0.9)K_p$ 之间
广州规定	采用朗肯理论 以水土分算为主，有经验时对黏性土、淤泥可水土合算	采用 c_{cu}、φ_{cu}，有经验时可采用其他参数	开挖面以下采用矩形分布模式

从理论上说基坑开挖形成的边坡是侧向卸荷，其应力路径是 σ_1 不变，σ_3 减小，明显不同于承受建筑物荷载的地基土。另外有些特殊性岩土（如超固结老黏性土、软质岩），开挖暴露后会发生应力释放、膨胀、收缩开裂、浸水软化等现象，强度急剧衰减。因此选择用于支护设计的抗剪强度参数，应考虑开挖造成的边界条件改变、地下水条件的改变等影响，对超固结土原则上取值应低于原状试样的试验结果。

4.8.5 深基坑工程的水文地质勘察工作不同于供水水文地质勘察工作，其目的应包括两个方面：一是满足降水设计（包括降水井的布置和井管设计）需要，二是满足对环境影响评估的需要。前者按通常供水水文地质勘察工作的方法即可满足要求，后者因涉及问题很多，要求更高。降水对环境影响评估需要对基坑外围的渗流进行分析，研究流场优化的各种措施，考虑降水延续时间长短的影响。因此，要求勘察对整个地层的水文地质特征作更详细的了解。具体的勘察和试验工作可执行本规范第 7 章及其他相关规范的规定。

4.8.5 【修订说明】

当已做的勘察工作比较全面，获取的水文地质资料已满足要求时，可不必再作专门的水文地质勘察。故增加"且已有资料不能满足要求时"。

4.8.7 环境保护是深基坑工程的重要任务之一，在建筑物密集、交通流量大的城区尤其突出。由于对周边建（构）筑物和地下管线情况不了解，就盲目开挖造成损失的事例很多，有的后果十分严重。所以一定要事先进行环境状况的调查，设计、施工才能有针对性地采取有效保护措施。对地面建筑物可通过观察访问和查阅档案资料进行了解，对地下管线可通过地面标志、档案资料进行了解。有的城市建立有地理信息系统，能提供更详细的资料。如确实搜集不到资料，应采用开挖、物探、专用仪器或其他有效方法进行探测。

4.8.9 目前采用的支护措施和边坡处理方式多种多样，归纳起来不外乎表 4.3 所列的三大类。由于各地质情况不同，勘察人员提供建议时应充分了解工程所在地区经验和习惯，对已有的工程进行调查。

表 4.3　基坑边坡处理方式类型和适用条件

类　型	结　构　种　类	适　用　条　件
设置挡土结构	地下连续墙、排桩、钢板桩、悬臂、加内支撑或加锚	开挖深度大，变形控制要求高，各种土质条件
	水泥土挡墙	开挖深度不大，变形控制要求一般，土质条件中等或较好
土体加固或锚固	喷锚支护	
	土钉墙	
放坡减载	根据土质情况按一定坡率放坡，加坡面保护处理	开挖深度不大，变形控制要求不严，土质条件较好，有放坡减荷的场地条件

注：1　表中处理方式可组合使用；
　　2　变形控制要求应根据工程的安全等级和环境条件确定。

4.8.10 本条文所列内容应是深基坑支护设计的工作内容。但作为岩土工程勘察，应在岩土工程评价方面有一定的深度。只有通过比较全面的分析评价，才能使支护方案选择的建议更为确切，更有依据。

进行上述评价的具体方法可参考表 4.4。

表 4.4　不同规范、规程对支护结构设计计算的规定

规范规程标准	设计方法	稳定性分析	渗流稳定分析
建设部行标	悬臂和支点刚度大的桩墙采用被动区极限应力法，支点刚度小时采用弹性支点法，内力取上述两者中的大值，变形按弹性支点法计算	抗隆起采用 Prandtl 承载力公式；整体稳定用圆弧法分析	抗底部突涌验算，抗侧壁管涌验算
冶金部行标	采用极限平衡法计算入土深度，二、三级基坑采用极限平衡法计算内力，一级基坑采用土抗力法计算内力和变形，坑边有重要保护对象时采用平面有限元法计算位移	用不排水强度 τ_0（$\varphi = 0$）验算底部承载力，也可用小圆弧法验算坑底土的稳定，验算时可考虑墙体的抗弯，整体稳定用圆弧法分析	抗底部突涌验算，抗侧壁管涌验算

续表 4.4

规范规程标准	设计方法	稳定性分析	渗流稳定分析
湖北省规定	采用极限平衡法计算入土深度，采用弹性抗力法计算内力和变形，有条件时可采用平面有限元法计算变形	抗隆起采用prandtl承载力公式，整体稳定用圆弧法分析	以抗底部突涌验算为主，抗侧壁管涌验算列有公式，但很少应用
深圳规范	悬臂、单支点采用极限土压力平衡法计算，用 m 法计算变形 多支点用极限土压力平衡法计算插入深度，用弹性支点杆系有限元法、m法计算内力和变形	抗隆起稳定性验算采用 Caguot-Prandtl 承载力公式，整体稳定用圆弧法分析	抗侧壁管涌验算
上海规程	以桩墙下段的极限土压力力矩平衡验算抗倾覆稳定性 板式支护结构采用竖向弹性地基梁基床系数法，弹性抗力分布有多种选择	Prandtl 承载力公式，也可用小圆弧法，可考虑或不考虑桩墙的抗弯 整体稳定用圆弧法分析	抗底部突涌验算，抗侧壁管涌验算
广州规定	悬臂、单支点用极限土压力平衡法确定嵌固深度 多支点采用弹性抗力法	圆弧法 GB 50007—2002 的折线形滑动面分析法	抗侧壁管涌用验算

注：1 稳定性分析的小圆弧法是以最下一层支撑点为圆心，该点至桩墙底的距离为半径作圆，然后进行滑动力矩和稳定力矩计算的分析方法；

2 弹性支点杆系有限元法，竖向弹性地基梁基床系数法，土抗力法实际上是指同一类型的分析方法，可简称弹性抗力法。即将桩墙视为一维杆，承受主动区某种分布形式已知的土压力荷载，被动区的土抗力和支撑锚点的支反力则以弹簧模拟，认为抗力、反力随变形而变化；在此假定下模拟桩墙与土的相互作用，求解内力和变形；

3 极限土压力平衡法是假定支护结构、被动侧的土压力均达到理论的极限值，对支护结构进行整体平衡计算的方法；

4 当底水以下存在承压水含水层时进行抗突涌验算，一般只考虑承压水含水层上覆土层自重能否平衡承压水水头压力；当侧壁有含水层且依靠隔水帷幕阻隔地下水进入基坑时进行抗侧壁管涌验算，计算原则是按最短渗流路径计算水力坡度，与临界水力坡度比较。

降水消耗水资源。我国是水资源贫乏的国家，应尽量避免降水，保护水资源。降水对环境会有或大或小的影响，对环境影响的评价目前还没有成熟的得到公认的方法。一些规范、规程、规定上所列的方法是根据水头下降在土层中引起的有效应力增量和各土层

的压缩模量分层计算地面沉降，这种粗略方法计算结果并不可靠。根据武汉地区的经验，降水引起的地面沉降与水位降幅、土层剖面特征、降水延续时间等多种因素有关；而建筑物受损害的程度不仅与动水位坡降有关，而且还与土层水平方向压缩性的变化和建筑物的结构特点有关。地面沉降最大区域和受损害建筑物不一定都在基坑近旁，而可能在远离基坑外的某处。因此评价降水对环境的影响主要依靠调查了解地区经验，有条件时宜进行考虑时间因素的非稳定流渗流场分析和压缩层的固结时间过程分析。

4.9 桩 基 础

4.9.1 本节适用于已确定采用桩基础方案时的勘察工作。本条是对桩基勘察内容的总要求。

本条第 2 款，查明基岩的构造，包括产状、断裂、裂隙发育程度以及破碎带宽度和充填物等，除通过钻探、井探手段外，尚可根据具体情况辅以地表露头的调查测绘和物探等方法。本次修订，补充应查明风化程度及其厚度，确定其坚硬程度、完整程度和基本质量等级。这对于选择基岩为桩基持力层时是非常必要的。查明持力层下一定深度范围内有无洞穴、临空面、破碎岩体或软弱岩层，对桩的稳定也是非常重要的。

本条第 5 款，桩的施工对周围环境的影响，包括打入预制桩和挤土成孔的灌注桩的振动、挤土对周围既有建筑物、道路、地下管线设施和附近精密仪器设备基础等带来的危害以及噪声等公害。

4.9.2 为满足设计时验算地基承载力和变形的需要，勘察时应查明拟建建筑物范围内的地层分布、岩土的均匀性。要求勘探点布置在柱列线位置上，对群桩应根据建筑物的体型布置在建筑物轮廓的角点、中心和周边位置上。

勘探点的间距取决于岩土条件的复杂程度。根据北京、上海、广州、深圳、成都等许多地区的经验，桩基持力层为一般黏性土、砂卵石或软土，勘探点的间距多数在 12～35m 之间。桩基设计，特别是预制桩，最为担心的就是持力层起伏情况不清，而造成截桩或接桩。为此，应控制相邻勘探点揭露的持力层层面坡度、厚度以及岩土性状的变化。本条给出控制持力层层面高差幅度为 1～2m，预制桩应取小值。不能满足时，宜加密勘探点。复杂地基的一柱一桩工程，往往采用大口径桩，荷载很大，一旦出事，无以补救，结构设计上要求更严。实际工程中，每个桩位都需有可靠的地质资料。

4.9.3 作为桩基勘察已不再是单一的钻探取样手段，桩基础设计和施工所需的某些参数单靠钻探取土是无法取得的。而原位测试有其独特之处。我国幅员广大，各地区地质条件不同，难以统一规定原位测试手段。因此，应根据地区经验和地质条件选择合适的原

位测试手段与钻探配合进行。如上海等软土地基条件下，静力触探已成为桩基勘察中必不可少的测试手段。砂土采用标准贯入试验也颇为有效，而成都、北京等地区的卵石层地基中，重型和超重型圆锥动力触探为选择持力层起到了很好的作用。

4.9.4 设计对勘探深度的要求，既要满足选择持力层的需要，又要满足计算基础沉降的需要。因此，对勘探孔有控制性孔和一般性孔（包括钻探取土孔和原位测试孔）之分。勘探孔深度的确定原则，目前各地各单位在实际工作中，一般有以下几种：

1 按桩端深度控制：软土地区一般性勘探孔深度达桩端下 3～5m 处；

2 按桩径控制：持力层为砂、卵石层或基岩情况下，勘探孔深度进入持力层（3～5）d（d 为桩径）；

3 按持力层顶板深度控制：较多做法是，一般软土地区持力层为硬塑黏性土、粉土或密实砂土时，要求达到顶板深度以下 2～3m；残积土或粒状土地区要求达到顶板深度以下 2～6m；而基岩地区应注意将孤石误判为基岩的问题；

4 按变形计算深度控制：一般自桩端下算起，最大勘探深度取决于变形计算深度；对软土，如《上海市地基基础设计规范》（GBJ 08—11）一般算至附加应力等于土自重应力的 20% 处；上海市民用建筑设计院通过实测，以各种公式计算，认为群桩中变形计算深度主要与桩群宽度 b 有关，而与桩长关系不大；当群桩平面形状接近于方形时，桩尖以下压缩层厚度大约等于一倍 b；但仅仅将钻探深度与基础宽度挂钩的做法是不全面的，还与建筑平面形状、基础埋深和基底的附加压力有关；根据北京市勘察设计研究院对若干典型住宅和办公楼的计算，对于比较坚硬的场地，当建筑层数在 14、24、32 层，基础宽度为 25～45m，基础埋深为 7～15m，以及地下水位变化很大的情况下，变形计算深度（从桩尖算起）为（0.6～1.25）b；对于比较软弱的地基，各项条件相同时，为（0.9～2.0）b。

4.9.5 基岩作为桩基持力层时，应进行风干状态和饱和状态下的极限抗压强度试验，但对软岩和极软岩，风干和浸水均可使岩样破坏，无法试验，因此，应封样保持天然湿度，做天然湿度的极限抗压强度试验。性质接近土时，按土工试验要求。破碎和极破碎的岩石无法取样，只能进行原位测试。

4.9.6 从全国范围来看，单桩极限承载力的确定较可靠的方法仍为桩的静载荷试验。虽然各地、各单位有经验方法估算单桩极限承载力，如用静力触探指标估算等方法，也都与载荷试验建立相应关系后采用。根据经验确定桩的承载力一般比实际偏低较多，从而影响了桩基技术和经济效益的发挥，造成浪费。但也有不安全不可靠的，以致发生工程事故，故本规范强

调以静载荷试验为主要手段。

对于承受较大水平荷载或承受上拔力的桩，鉴于目前计算的方法和经验尚不多，应建议进行现场试验。

4.9.7 沉降计算参数和指标，可以通过压缩试验或深层载荷试验取得，对于难以采取原状土和难以进行深层载荷试验的情况，可采用静力触探试验、标准贯入试验、重型动力触探试验、旁压试验、波速测试等综合评价，求得计算参数。

4.9.8 勘察报告中可以提出几个可能的桩基持力层，进行技术、经济比较后，推荐合理的桩基持力层。一般情况下应选择具有一定厚度、承载力高、压缩性较低、分布均匀，稳定的坚实土层或岩层作为持力层。报告中应按不同的地质剖面提出桩端标高建议，阐明持力层厚度变化、物理力学性质及均匀程度。

沉桩的可能性除与锤击能量有关外，还受桩身材料强度、地层特性、桩群密集程度、群桩的施工顺序等多种因素制约，尤其是地质条件的影响最大，故必须在掌握准确可靠的地质资料，特别是原位测试资料的基础上，提出对沉桩可能性的分析意见。必要时，可通过试桩进行分析。

对钢筋混凝土预制桩、挤土成孔的灌注桩等的挤土效应，打桩产生的振动，以及泥浆污染，特别是在饱和软黏土中沉入大量、密集的挤土桩时，将会产生很高的超孔隙水压力和挤土效应，从而对周围已成的桩和已有建筑物、地下管线等产生危害。灌注桩施工中的泥浆排放产生的污染，挖孔桩排水造成地下水位下降和地面沉降，对周围环境都可产生不同程度的影响，应予分析和评价。

4.10 地 基 处 理

4.10.1 进行地基处理时应有足够的地质资料，当资料不全时，应进行必要的补充勘察。本条规定了地基处理时对岩土工程勘察的基本要求。

1 岩土参数是地基处理设计成功与否的关键，应选用合适的取样方法、试验方法和取值标准；

2 选用地基处理方法应注意其对环境和附近建筑物的影响；如选用强夯法施工时，应注意振动和噪声对周围环境产生不利影响；选用注浆法时，应避免化学浆液对地下水、地表水的污染等；

3 每种地基处理方法都有各自的适用范围、局限性和特点；因此，在选择地基处理方法时都要进行具体分析，从地基条件、处理要求、处理费用和材料、设备来源等综合考虑，进行技术、经济、工期等方面的比较，以选用技术上可靠，经济上合理的地基处理方法；

4 当场地条件复杂，或采用某种地基处理方法缺乏成功经验，或采用新方法、新工艺时，应进行现场试验，以取得可靠的设计参数和施工控制指标；当

难以选定地基处理方案时，可进行不同地基处理方法的现场对比试验，通过试验选定可靠的地基处理方法；

5 在地基处理施工过程中，岩土工程师应在现场对施工质量和施工对周围环境的影响进行监督和监测，保证施工顺利进行。

4.10.2 换填垫层法是先将基底下一定范围内的软弱土层挖除，然后回填强度较高、压缩性较低且不含有机质的材料，分层碾压后作为地基持力层，以提高地基承载力和减少变形。

换填垫层法的关键是垫层的碾压密实度，并应注意换填材料对地下水的污染影响。

4.10.3 预压法是在建筑物建造前，在建筑场地进行加载预压，使地基的固结沉降提前基本完成，从而提高地基承载力。预压法适用于深厚的饱和软黏土，预压方法有堆载预压和真空预压。

预压法的关键是使荷载的增加与土的承载力增长率相适应。为加速土的固结速率，预压法结合设置砂井或排水板以增加土的排水途径。

4.10.4 强夯法适用于从碎石土到黏性土的各种土类，但对饱和软黏土使用效果较差，应慎用。

强夯施工前，应在施工现场进行试夯，通过试验确定强夯的设计参数——单点夯击能、最佳夯击能、夯击遍数和夯击间歇时间等。

强夯法由于振动和噪声对周围环境影响较大，在城市使用有一定的局限性。

4.10.5 桩土复合地基是在土中设置由散体材料（砂、碎石）或弱胶结材料（石灰土、水泥土）或胶结材料（水泥）等构成桩柱体，与桩间土一起共同承受建筑荷载。这种由两种不同强度的介质组成的人工地基称为复合地基。复合地基中的桩柱体的作用，一是置换，二是挤密。因此，复合地基除可提高地基承载力、减少变形外，还有消除湿陷和液化的作用。

复合地基适用于松砂、软土、填土和湿陷性黄土等土类。

4.10.6 注浆法包括粒状剂和化学剂注浆法。粒状剂包括水泥浆、水泥砂浆、黏土浆、水泥黏土浆等，适用于中粗砂、碎石土和裂隙岩体；化学剂包括硅酸钠溶液、氢氧化钠溶液、氯化钙溶液等，可用于砂土、粉土、黏性土等。作业工艺有旋喷法、深层搅拌、压密注浆和劈裂注浆等。其中粒状剂注浆法和化学剂注浆法属渗透注浆，其他属混合注浆。

注浆法有强化地基和防水止渗的作用，可用于地基处理、深基坑支挡和护底、建造地下防渗帷幕，防止砂土液化、防止基础冲刷等方面。

因大部分浆液有一定的毒性，应防止浆液对地下水的污染。

4.11 既有建筑物的增载和保护

4.11.1 条文所列举的既有建筑物的增载和保护的类型主要系指在大中城市的建筑密集区进行改建和新建时可能遇到的岩土工程问题。特别是在大城市，高层建筑的数量增加很快，高度也在增高，建筑物增层、增载的情况较多；不少大城市正在兴建或计划兴建地铁，城市道路的大型立交工程也在增多等。深基坑，地下掘进，较深、较大面积的施工降水，新建建筑物的荷载在既有建筑物地基中引起的应力状态的改变等是这些工程的岩土工程特点，给我们提出了一些特殊的岩土工程问题。我们必须重视和解决好这些问题，以避免或减轻对既有建筑物可能造成的影响，在兴建建筑物的同时，保证既有建筑物的完好与安全。

本条逐一指出了各类增载和保护工程的岩土工程勘察的工作重点，注意搞清所指出的重点问题，就能使勘探、试验工作的针对性强，所获的数据资料科学、适用，从而使岩土工程分析和评价建议，能抓住主要矛盾，符合实际情况。此外，系统的监测工作是重要手段之一，往往不能缺少。

4.11.2 为建筑物的增载或增层而进行的岩土工程勘察的目的，是查明地基土的实际承载能力（临塑荷载、极限荷载），从而确定是否尚有潜力可以增层或增载。

1 增层、增载所需的地基承载力潜力是不宜通过查以往有关的承载力表的办法来衡量的；这是因为：

1）地基土的承载力表是建立在数理统计基础上的；表中的承载力只是符合一定的安全保证概率的数值，并不直接反映地基土的承载力和变形特性，更不是承载力与变形关系上的特性点；

2）地基土承载力表的使用是有条件的；岩土工程师应充分了解最终的控制与衡量条件是建筑物的容许变形（沉降、挠曲、倾斜）；

因此，原位测试和室内试验方法的选择决定于测试成果能否比较直接地反映地基土的承载力和变形特性，能否直接显示土的应力-应变的变化、发展关系和有关的力学特性点；

2 下列是比较明确的土的力学特性点：

1）载荷试验 s-p 曲线上的比例界限和极限荷载；

2）固结试验 e-$\lg p$ 曲线上的先期固结压力和再压缩指数与压缩指数；

3）旁压试验 V-p 曲线上的临塑压力 p_f 与极限压力 p_L 等。

静力触探锥尖阻力亦能在相当接近的程度上反映土的原位不排水强度。

根据测试成果分析得出的地基土的承载力与计划增层、增载后地基将承受的压力进行比较，并结合必要的沉降历时关系预测，就可得出符合或接近实际的岩土工程结论。当然，在作出关于是否可以增层、增载和增层、增载的量值和方式、步骤的最后结论之前，还应考虑既有建筑物结构的承受能力。

4.11.3 建筑物的接建、邻建所带来的主要岩土工程问题，是新建建筑物的荷载引起的、在既有建筑物紧邻新建部分的地基中的应力叠加。这种应力叠加会导致既有建筑物地基土的不均匀附加压缩和建筑物的相对变形或挠曲，直至严重裂损。针对这一主要问题，需要在接建、邻建部位专门布置勘探点。原位测试和室内试验的重点，如同第4.11.2条所述，也应以获得地基土的承载力和变形特性参数为目的，以便分析研究接建、邻建部位的地基土在新的应力状态下的稳定程度，特别是预测地基土的不均匀附加沉降和既有建筑物将承受的局部性的相对变形或挠曲。

4.11.4 在国内外由于城市、工矿地区开采地下水或以疏干为目的的降低地下水位所引起的地面沉降、挠曲或破裂的例子日益增多。这种地下水抽降与伴随而来的地面形变严重时，可导致沿江沿海城市的海水倒灌或扩大洪水淹没范围，成群成带的建筑物沉降、倾斜与裂损，或一些采空区、岩溶区的地面塌陷等。

由地下水抽降所引起的地面沉降与形变不仅发生在软黏性土地区，土的压缩性并不很高，但厚度巨大的土层也可能出现数值可观的地面沉降与挠曲。若一个地区或城市的土层巨厚、不均或存在有先期隐伏的构造断裂时，地下水抽降引起的地面沉降会以地面的显著倾斜、挠曲，以至有方向性的破裂为特征。

表现为地面沉降的土层压缩可以涉及很深处的土层，这是因为由地下水抽降造成的作用于土层上的有效压力的增加是大范围的。因此，岩土工程勘察需要勘探、取样和测试的深度很大，这样才能预测可能出现的土层累计压缩总量（地面沉降）。本条的第2款要求"勘探孔深度应超过可压缩地层的下限"和第3款关于试验工作的要求，就是这个目的。

4.11.5 深基坑开挖是高层建筑岩土工程问题之一。高层建筑物通常有多层地下室，需要进行深的开挖；有些大型工业厂房、高耸构筑物和生产设备等也要求将基础埋置很深，因而也有深基坑问题。深基坑开挖对相邻既有建筑物的影响主要有：

1 基坑边坡变形、位移，甚至失稳的影响；

2 由于基坑开挖、卸荷所引起的四邻地面的回弹、挠曲；

3 由于施工降水引起的邻近建筑物软基的压缩或地基土中部分颗粒的流失而造成的地面不均匀沉降、破裂；在岩溶、土洞地区施工降水还可能导致地面塌陷。

岩土工程勘察研究内容就是要分析上述影响产生的可能性和程度，从而决定采取何种预防、保护措施。本条还提出了关于基坑开挖过程中的监测工作的要求。对基坑开挖，这种信息法的施工方法可以弥补

岩土工程分析和预测的不足，同时还可积累宝贵的科学数据，提高今后分析、预测水平。

4.11.6 地下开挖对建筑物的影响主要表现为：

1 由地下开挖引起的沿工程主轴线的地面下沉和轴线两侧地面的对倾与挠曲。这种地面变形会导致地面既有建筑物的倾斜、挠曲甚至破坏；为了防止这些破坏性后果的出现，岩土工程勘察的任务是在勘探测试的基础上，通过工程分析，提出合理的施工方法、步骤和最佳保护措施的建议，包括系统的监测；

2 地下工程施工降水，其可能的影响和分析研究方法同第4.11.5条的说明。

在地下工程的施工中，监测工作特别重要。通过系统的监测，不但可验证岩土工程分析预测和所采取的措施的正确与否，而且还能通过对岩土与支护工程性状及其变化的直接跟踪，判断问题的演变趋势，以便及时采取措施。系统的监测数据、资料还是进行科学总结，提高岩土工程学术水平的基础。

5 不良地质作用和地质灾害

5.1 岩 溶

5.1.1 岩溶在我国是一种相当普遍的不良地质作用，在一定条件下可能发生地质灾害，严重威胁工程安全。特别在大量抽吸地下水，使水位急剧下降，引发土洞的发展和地面塌陷的发生，我国已有很多实例。故本条强调"拟建工程场地或其附近存在对工程安全有影响的岩溶时，应进行岩溶勘察"。

5.1.2 本条规定了岩溶的勘察阶段划分及其相应工作内容和要求。

1 强调可行性研究或选址勘察的重要性。在岩溶区进行工程建设，会带来严重的工程稳定性问题；故在场址比选中，应加深研究，预测其危害，做出正确抉择；

2 强调施工阶段补充勘察的必要性；岩溶土洞是一种形态奇特、分布复杂的自然现象，宏观上虽有发育规律，但在具体场地上，其分布和形态则是无常的；因此，进行施工勘察非常必要。

岩溶勘察的工作方法和程序，强调下列各点：

1 重视工程地质研究，在工作程序上必须坚持以工程地质测绘和调查为先导；

2 岩溶规律研究和勘探应遵循从面到点、先地表后地下、先定性后定量、先控制后一般以及先疏后密的工作准则；

3 应有针对性地选择勘探手段，如为查明浅层岩溶，可采用槽探，为查明浅层土洞可用钎探，为查明深埋土洞可用静力触探等；

4 采用综合物探，用多种方法相互印证，但不宜以未经验证的物探成果作为施工图设计和地基处理

的依据。

岩溶地区有大片非可溶性岩石存在时，勘察工作应与岩溶区段有所区别，可按一般岩质地基进行勘察。

5.1.3 本条规定了岩溶场地工程地质测绘应着重查明的内容，共7款，都与岩土工程分析评价密切有关。岩溶洞隙、土洞和塌陷的形成和发展，与岩性、构造、土质、地下水等条件有密切关系。因此，在工程地质测绘时，不仅要查明形态和分布，更要注意研究机制和规律。只有做好了工程地质测绘，才能有的放矢地进行勘探测试，为分析评价打下基础。

土洞的发展和塌陷的发生，往往与人工抽吸地下水有关。抽吸地下水造成大面积成片塌陷的例子屡见不鲜，进行工程地质测绘时应特别注意。

5.1.4 岩溶地区可行性研究勘察和初步勘察的目的，是查明拟建场地岩溶发育规律和岩溶形态的分布规律，宜采用工程地质测绘和多种物探方法进行综合判释。勘探点间距宜适当加密；勘探孔深度揭穿对工程有影响的表层发育带即可。

5.1.5 详勘阶段，勘探点应沿建筑物轴线布置。对地质条件复杂或荷载较大的独立基础应布置一定深度的钻孔。对一柱一桩的基础，应一柱一孔予以控制。当基底以下土层厚度不符合第5.1.10条第1款的规定时，应根据荷载情况，将部分或全部钻孔钻入基岩；当在预定深度内遇见洞体时，应将部分钻孔钻入洞底以下。

对荷载大或一柱多桩时，即使一柱一孔，有时还难以完全控制，有些问题可留到施工勘察去解决。

5.1.6 施工勘察阶段，应在已开挖的基槽内，布置轻型动力触探、钎探或静力触探，判断土洞的存在，桂林等地经验证明，坚持这样做十分必要。

5.1.7 土洞与塌陷对工程的危害远大于岩体中的洞隙，查明其分布尤为重要。但是，对单个土洞一一查明，难度及工作量都较大。土洞和塌陷的形成和发展，是有规律的。本条根据实践经验，提出在岩溶发育区中，土洞可能密集分布的地段，在这些地段上重点勘探，使勘察工作有的放矢。

5.1.8 工程需要时，应积极创造条件，更多地进行一些洞体顶板试验，积累资料。目前实测资料很少，岩溶定量评价缺少经验，铁道部第二设计院曾在高速行车的条件下，在路基浅层洞体内进行顶板应力量测，贵州省建筑设计院曾在白云岩的天然洞体上进行两组载荷试验，所得结果都说明天然岩溶洞体对外荷载具有相当的承受能力，据此可以认为，现行评价洞体稳定性的方法是有较大安全储备的。

5.1.9 当前岩溶评价仍处于经验多于理论、宏观多于微观、定性多于定量阶段。本条根据已有经验，提出几种对工程不利的情况。当遇所列情况时，宜建议绕避或舍弃，否则将会增大处理的工程量，在经济上

是不合理的。

5.1.10 第5.1.9条从不利和否定角度，归纳出了一些条件，本条从有利和肯定的角度提出当符合所列条件时，可不考虑岩溶稳定影响的几种情况。综合两者，力图从两个相反的侧面，在稳定性评价中，从定性上划出去了一大块，而余下的就只能留给定量评价去解决了。本条所列内容与《建筑地基基础设计规范》（GB 50007—2002）有关部分一致。

5.1.11 本条提出了如不符合第5.1.10条规定的条件需定量评价稳定性时，需考虑的因素和方法。在解决这一问题时，关键在于查明岩溶的形态和计算参数的确定。当岩溶体隐伏于地下，无法量测时，只能在施工开挖时，边揭露边处理。

5.2 滑　坡

5.2.1 拟建工程场地存在滑坡或有滑坡可能时，应进行滑坡勘察；拟建工程场地附近存在滑坡或有滑坡可能，如危及工程安全，也应进行滑坡勘察。这是因为，滑坡是一种对工程安全有严重威胁的不良地质作用和地质灾害，可能造成重大人身伤亡和经济损失，产生严重后果。考虑到滑坡勘察的特点，故本条指出，"应进行专门的滑坡勘察"。

滑坡勘察阶段的划分，应根据滑坡的规模、性质和对拟建工程的可能危害确定。例如，有的滑坡规模大，对拟建工程影响严重，即使为初步设计阶段，对滑坡也要进行详细勘察，以免等到施工图设计阶段再由于滑坡问题否定场址，造成浪费。

5.2.3 有些滑坡勘察对地下水问题重视不足，如含水层层数、位置、水量、水压、补给来源等未搞清楚，给整治工作造成困难甚至失败。

5.2.4 滑坡勘察的工作量，由于滑坡的规模不同，滑动面的形状不同，很难做出统一的具体规定。因此，应由勘察人员根据实际情况确定。本条只规定了勘探点的间距不宜大于40m。对规模小的滑坡，勘探点的间距应慎重考虑，以查清滑坡为原则。

滑坡勘察，布置适量的探井以直接观察滑动面，并采取包括滑面的土样，是非常必要的。动力触探、静力触探常有助于发现和寻找滑动面，适当布置动力触探、静力触探孔对搞清滑坡是有益的。

5.2.7 本条规定采用室内或野外滑面重合剪，或取滑带土作重塑土或原状土多次重复剪，求取抗剪强度。试验宜采用与滑动条件相类似的方法，如快剪、饱和快剪等。当用反分析方法检验时，应采用滑动后实测主断面计算。对正在滑动的滑坡，稳定系数 F_s 可取 0.95～1.00，对处在暂时稳定的滑坡，稳定系数 F_s 可取 1.00～1.05。可根据经验，给定 c、φ 中的一个值，反求另一值。

5.2.8 应按本条规定考虑诸多影响因素。当滑动面为折线形时，滑坡稳定性分析，可采用如下方法计算

稳定安全系数：

$$F_s = \frac{\sum\limits_{i=1}^{n-1}\left(R_i\prod\limits_{j=i}^{n-1}\psi_j\right)+R_n}{\sum\limits_{i=1}^{n-1}\left(T_i\prod\limits_{j=i}^{n-1}\psi_j\right)+T_n}$$ (5.1)

$$\psi_j = \cos(\theta_i - \theta_{i+1}) - \sin(\theta_i - \theta_{i+1})\tan\varphi_{i+1}$$ (5.2)

$$R_i = N_i\tan\varphi_i + c_iL_i$$ (5.3)

式中 F_s——稳定系数；

θ_i——第 i 块滑动面与水平面的夹角（°）；

R_i——作用于第 i 块段的抗滑力（kN/m）；

N_i——第 i 块段滑动面的法向分力（kN/m）；

φ_i——第 i 块段土的内摩擦角（°）；

c_i——第 i 块段土的黏聚力（kPa）；

L_i——第 i 块段滑动面长度（m）；

T_i——作用于第 i 块段滑动面上的滑动分力（kN/m），出现与滑动方向相反的滑动分力时，T_i 应取负值；

ψ_j——第 i 块段的剩余下滑动力传递至 $i+1$ 块段时的传递系数（$j=i$）。

稳定系数 F_s 应符合下式要求：

$$F_s \geqslant F_{st}$$ (5.4)

式中 F_{st}——滑坡稳定安全系数，根据研究程度及其对工程的影响确定。

当滑坡体内地下水已形成统一水面时，应计入浮托力和动水压力。

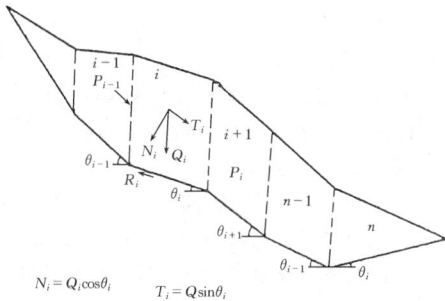

$$N_i = Q_i\cos\theta_i \qquad T_i = Q_i\sin\theta_i$$

图 5.1 滑坡稳定系数计算

滑坡推力的计算，是滑坡治理成败以及是否经济合理的重要依据，也是对滑坡的定量评价。因此，计算方法和计算参数的选取都应十分慎重。《建筑地基基础设计规范》（GB 50007—2000）采用的滑坡推力计算公式，是切合实际的。本条还建议采用室内外试验反分析方法验证滑面或滑带上土的抗剪强度。

5.2.9 由于影响滑坡稳定的因素十分复杂，计算参数难以选定，故不宜单纯依靠计算，应综合评价。

5.3 危岩和崩塌

5.3.1、5.3.2 在山区选择场址和考虑总平面布置时，应判定山体的稳定性，查明是否存在危岩和崩塌。实践证明，这些问题如不在选择场址或可行性研究阶段及早发现和解决，会给工程建设造成巨大的损失。因此，本条规定危岩和崩塌勘察应在选择场址或初步勘察阶段进行。

危岩和崩塌的涵义有所区别，前者是指岩体被结构面切割，在外力作用下产生松动和塌落，后者是指危岩的塌落过程及其产物。

5.3.3 危岩和崩塌勘察的主要方法是进行工程地质测绘和调查，着重分析研究形成崩塌的基本条件，这些条件包括：

1 地形条件：斜坡高陡是形成崩塌的必要条件，规模较大的崩塌，一般产生在高度大于 30m，坡度大于 45°的陡峻斜坡上；而斜坡的外部形状，对崩塌的形成也有一定的影响；一般在上陡下缓的凸坡和凹凸不平的陡坡上易发生崩塌；

2 岩性条件：坚硬岩石具有较大的抗剪强度和抗风化能力，能形成陡峻的斜坡，当岩层节理裂隙发育，岩石破碎时易产生崩塌；软硬岩石互层，由于风化差异，形成锯齿状坡面，当岩层上硬下软时，上陡下缓或上凸下凹的坡面亦易产生崩塌；

3 构造条件：岩层的各种结构面，包括层面、裂隙面、断层面等都是抗剪性较低的、对边坡稳定不利的软弱结构面。当这些不利结构面倾向临空面时，被切割的不稳定岩块易沿结构面发生崩塌；

4 其他条件：如昼夜温差变化、暴雨、地震、不合理的采矿或开挖边坡，都能促使岩体产生崩塌。

危岩和崩塌勘察的任务就是要从上述形成崩塌的基本条件着手，分析产生崩塌的可能性及其类型、规模、范围，提出防治方案的建议，预测发展趋势，为评价场地的适宜性提供依据。

5.3.4 危岩的观测可通过下列步骤实施：

1 对危岩及裂隙进行详细编录；

2 在岩体裂隙主要部位要设置伸缩仪，记录其水平位移量和垂直位移量；

3 绘制时间与水平位移、时间与垂直位移的关系曲线；

4 根据位移随时间的变化曲线，求得移动速度。

必要时可在伸缩仪上联接警报器，当位移量达到一定值或位移突然增大时，即可发出警报。

5.3.5 《94 规范》有崩塌分类的条文。由于城市和乡村，建筑物与线路，崩塌造成的后果对不同工程很不一致，难以用落石方量作为标准来分类，故本次修订时删去。

5.3.6 危岩和崩塌区的岩土工程评价应在查明形成崩塌的基本条件的基础上，圈出可能产生崩塌的范围和危险区，评价作为工程场地的适宜性，并提出相应的防治对策和方案的建议。

5.4 泥 石 流

5.4.1、5.4.2 泥石流对工程威胁很大。泥石流问题若不在前期发现和解决，会给以后工作造成被动或在经济上造成损失，故本条规定泥石流勘察应在可行性研究或初步勘察阶段完成。

泥石流虽然有其危害性，但并不是所有泥石流沟谷都不能作为工程场地，而决定于泥石流的类型、规模、目前所处的发育阶段，暴发的频繁程度和破坏程度等，因而勘察的任务应认真做好调查研究，做出确切的评价，正确判定作为工程场地的适宜性和危害程度，并提出防治方案的建议。

5.4.3 泥石流勘察在一般情况下，不进行勘探或测试，重点是进行工程地质测绘和调查。测绘和调查的范围应包括沟口至分水岭的全部地段，即包括泥石流的形成区、流通区和堆积区。

现将工程地质测绘和调查中的几个主要问题说明如下：

1 泥石流沟谷在地形地貌和流域形态上往往有其独特反映，典型的泥石流沟谷，形成区多为高山环抱的山间盆地；流通区多为峡谷，沟谷两侧山坡陡峻，沟床顺直，纵坡梯度大；堆积区则多呈扇形或锥形分布，沟道摆动频繁，大小石块混杂堆积，垄岗起伏不平；对于典型的泥石流沟谷，这些区段均能明显划分，但对不典型的泥石流沟谷，则无明显的流通区，形成区与堆积区直接相连；研究泥石流沟谷的地形地貌特征，可从宏观上判定沟谷是否属泥石流沟谷，并进一步划分区段；

2 形成区应详细调查各种松散碎屑物质的分布范围和数量；对各种岩层的构造破碎情况、风化层厚度、滑坡、崩塌、岩堆等现象均应调查清楚，正确划分各种固体物质的稳定程度，以估算一次供给的可能数量；

3 流通区应详细调查沟床纵坡，因为典型的泥石流沟谷，流通区没有冲淤现象，其纵坡梯度是确定"不冲淤坡度"（设计疏导工程所必需的参数）的重要计算参数；沟谷的急湾、基岩跌水陡坎往往可减弱泥石流的流通，是抑制泥石流活动的有利条件；沟谷的阻塞情况可说明泥石流的活动强度，阻塞严重者多为破坏性较强的黏性泥石流，反之则为破坏性较弱的稀性泥石流；固体物质的供给主要来源于形成区，但流通区两侧山坡及沟床内仍可能有固体物质供给，调查时应予注意；

泥石流痕迹是了解沟谷在历史上是否发生过泥石流及其强度的重要依据，并可了解历史上泥石流的形成过程、规模，判定目前的稳定程度，预测今后的发展趋势；

4 堆积区应调查堆积区范围、最新堆积物分布特点等；以分析历次泥石流活动规律，判定其活动程度、危害性，说明并取得一次最大堆积量等重要数据。

一般地说，堆积扇范围大，说明以往的泥石流规模也较大，堆积区目前的河道如已形成了较固定的河槽，说明近期泥石流活动已不强烈。从堆积物质的粒径大小、堆积的韵律，亦可分析以往泥石流的规模和暴发的频繁程度，并估算一次最大堆积量。

5.4.4 泥石流堆积物的性质、结构、厚度、固体物质含量百分比、最大粒径、流速、流量、冲积量和淤积量等指标，是判定泥石流类型、规模、强度、频繁程度、危害程度的重要标志，同时也是工程设计的重要参数。如年平均冲出量、淤积总量是拦淤设计和预测排导沟沟口可能淤积高度的依据。

5.4.5 泥石流的工程分类是要解决泥石流沟谷作为工程场地的适宜性问题。本分类首先根据泥石流特征和流域特征，把泥石流分为高频率泥石流沟谷和低频率泥石流沟谷两类；每类又根据流域面积，固体物质一次冲出量、流量，堆积区面积和严重程度分为三个亚类。定量指标的具体数据是参照了《公路路线、路基设计手册》和原中国科学院成都地理研究所1979年资料，并经修改而成的。

5.4.6 泥石流地区工程建设适宜性评价，一方面应考虑到泥石流的危害性，确保工程安全，不能轻率地将工程设在有泥石流影响的地段；另一方面也不能认为凡属泥石流沟谷均不能兴建工程，而应根据泥石流的规模、危害程度等区别对待。因此，本条根据泥石流的工程分类，分别考虑建筑的适宜性。

1 考虑到 I_1 类和 II_1 类泥石流沟谷规模大，危害性大，防治工作困难且不经济，故不能作为各类工程的建设场地；

2 对于 I_2 类和 II_2 类泥石流沟谷，一般地说，以避开为好，故作了不宜作为工程建设场地的规定，当必须作为建设场地时，应提出综合防治措施的建议；对线路工程（包括公路、铁路和穿越线路工程）宜在流通区或沟口选择沟床固定、沟形顺直、沟道纵坡比较一致、冲淤变化较小的地段设桥或墩通过，并尽量选择在沟道比较狭窄的地段以一孔跨越通过，当不可能一孔跨越时，应采用大跨径，以减少桥墩数量；

3 对于 I_3 类和 II_3 类泥石流沟谷，由于其规模及危害性均较小，防治也较容易和经济，堆积扇可作为工程建设场地；线路工程可以在堆积扇通过，但宜用一沟一桥，不宜任意改沟、并沟，根据具体情况做好排洪、导流等防治措施。

5.5 采 空 区

5.5.1 由于不同采空区的勘察内容和评价方法不同，所以本规范把采空区划分为老采空区、现采空区和未来采空区三类。对老采空区主要应查明采空区的分布范围、埋深、充填情况和密实程度等，评价其上覆岩层的稳定性；对现采空区和未来采空区应预测地表移动的规律，计算变形特征值。通过上述工作判定其作为建筑场地的适宜性和对建筑物的危害程度。

5.5.2、5.5.3 采空区勘察主要通过搜集资料和调查访问，必要时辅以物探、勘探和地表移动的观测，以查明采空区的特征和地表移动的基本参数。其具体内容如第5.5.2条1~6款所列，其中第4款主要适用于现采空区和未来采空区。

5.5.4 由地下采煤引起的地表移动有下沉和水平移动，由于地表各点的移动量不相等，又由此产生三种变形：倾斜、曲率和水平变形。这两种移动和三种变形将引起其上建筑物基础和建筑物本身产生移动和变形。地表呈平缓而均匀的下沉和水平移动，建筑物不会变形，没有破坏的危险，但过大的不均匀下沉和水平移动，就会造成建筑物严重破坏。

地表倾斜将引起建筑物附加压力的重分配。建筑的均匀荷重将会变成非均匀荷重，导致建筑结构内应力发生变化而引起破坏。

地表曲率对建筑物也有较大的影响。在负曲率（地表下凹）作用下，使建筑物中央部分悬空。如果建筑物长度过大，则在其重力作用下从底部断裂，使建筑物破坏。在正曲率（地表上凸）作用下，建筑物两端将会悬空，也能使建筑物开裂破坏。

地表水平变形也会造成建筑物的开裂破坏。

《建筑物、水体、铁路及主要井巷煤柱留设与压煤开采规程》附录四列出了地表移动与变形的三种计算方法：典型曲线法、负指数函数法（剖面函数法）和概率积分法。岩土工程师可根据需要选用。

5.5.5 根据地表移动特征、地表移动所处阶段和地表移动、变形值的大小等进行采空区场地的建筑适宜性评价。下列场地不宜作为建筑场地：

1 在开采过程中可能出现非连续变形的地段，当采深采厚比大于25~30，无地质构造破坏和采用正规采矿方法的条件下，地表一般出现连续变形；连续变形的分布是有规律的，其基本指标可用数学方法或图解方法表示；在采深采厚比小于25~30，或虽大于25~30，但地表覆盖层很薄，且采用高落式等非正规开采方法或上覆岩层有地质构造破坏时，易出现非连续变形，地表将出现大的裂缝或陷坑；非连续变形是没有规律的、突变的，其基本指标目前尚无严密的数学公式表示；非连续变形对地面建筑的危害要比连续变形大得多；

2 处于地表移动活跃阶段的地段，在开采影响下的地表移动是一个连续的时间过程，对于地表每一个点的移动速度是有规律的，亦即地表移动都是由小逐渐增大到最大值，随后又逐渐减小直至零。在地表移动的总时间中，可划分为起始阶段、活跃阶段和衰退阶段；其中对地表建筑物危害最大的是地表移动的活跃阶段，是一个危险变形期；

3 地表倾斜大于10mm/m或地表曲率大于 0.6 mm/m^2 或地表水平变形大于6mm/m的地段；这些地段对砖石结构建筑物破坏等级已达Ⅳ级，建筑物

将严重破坏甚至倒塌；对工业构筑物，此值也已超过容许变形值，有的已超过极限变形值，因此本条作了相应的规定。

应该说明的是，如果采取严格的抗变形结构措施，则即使是处于主要影响范围内，可能出现非连续变形的地段或水平变形值较大（$\varepsilon = 10 \sim 17$mm/m）的地段，也是可以建筑的。

5.5.6 小窑一般是手工开挖，采空范围较窄，开采深度较浅，一般多在50m深度范围内，但最深也可达200~300m，平面延伸达100~200m，以巷道采掘为主，向两边开挖支巷道，一般呈网格状分布或无规律，单层或2~3层重叠交错，巷道的高宽一般为2~3m，大多不支撑或临时支撑，任其自由垮落。因此，地表变形的特征是：

1 由于采空范围较窄，地表不会产生移动盆地。但由于开采深度小，又任其垮落，因此地表变形剧烈，大多产生较大的裂缝和陷坑；

2 地表裂缝的分布常与开采工作面的前进方向平行；随开采工作面的推进，裂缝也不断向前发展，形成互相平行的裂缝。裂缝一般上宽下窄，两边无显著高差出现。

小窑开采区一般不进行地质勘探，搜集资料的工作方法主要是向有关方面调查访问，并进行测绘、物探和勘探工作。

5.5.7 小窑采空区稳定性评价，首先是根据调查和测绘圈定地表裂缝、塌陷范围，如地表尚未出现裂缝或裂缝尚未达到稳定阶段，可参照同类型的小窑开采区的裂缝角用类比法确定。其次是确定安全距离。地表裂缝或塌陷区属不稳定阶段，建筑物应予避开，并有一定的安全距离。安全距离的大小可根据建筑物等级、性质确定，一般应大于5~15m。当建筑物位于采空区影响范围之内时，要进行顶板稳定分析，但目前顶板稳定性的力学计算方法尚不成熟。因此，本规范未推荐计算公式。主要靠搜集当地矿区资料和当地建筑经验，确定其是否需要处理和采取何种处理措施。

5.6 地面沉降

5.6.1 本条规定了本节内容的适用范围。

1 从沉降原因来说，本节指的是由于常年抽吸地下水引起水位或水压下降而造成的地面沉降；它往往具有沉降速率大，年沉降量达到几十至几百毫米和持续时间长（一般将持续几年到几十年）的特征。本节不包括由于以下原因所造成的地面沉降：

    1) 地质构造运动和海平面上升所造成的地面沉降；

    2) 地下水位上升或地面水下渗造成的黄土自重湿陷；

    3) 地下洞穴或采空区的塌陷；

4) 建筑物基础沉降时对附近地面的影响；

5) 大面积堆载造成的地面沉降；

6) 欠压密土的自重固结；

7) 地震、滑坡等造成的地面陷落。

2 本节规定适用于较大范围的地面沉降，一般在 $100km^2$ 以上，不适用于局部范围由于抽吸地下水引起水位下降（例如基坑施工降水）而造成的地面沉降。

5.6.2 地面沉降勘察有两种情况，一是勘察地区已发生了地面沉降；一是勘察地区有可能发生地面沉降。两种情况的勘察内容是有区别的，对于前者，主要是调查地面沉降的原因，预测地面沉降的发展趋势，并提出控制和治理方案；对于后者，主要应预测地面沉降的可能性和估算沉降量。

5.6.3 地面沉降原因的调查包括三个方面的内容。即场地工程地质条件，场地地下水埋藏条件和地下水变化动态。

国内外地面沉降的实例表明，发生地面沉降地区的共同特点是它们都位于厚度较大的松散堆积物，主要是第四纪堆积物之上。沉降的部位几乎无例外地都在较细的砂土和黏性土互层之上。当水层上的黏性土厚度较大，性质松软时，更易造成较大沉降。因此，在调查地面沉降原因时，应首先查明场地的沉积环境和年代，弄清楚冲积、湖积或浅海相沉积平原或盆地中第四纪松散堆积物的岩性、厚度和埋藏条件。特别要查明硬土层和软弱压缩层的分布。必要时尚可根据这些地层单元体的空间组合，分出不同的地面沉降地质结构区。例如，上海地区按照三个软黏土压缩层和暗绿色硬黏土层的空间组合，分成四个不同的地面沉降地质结构区，其产生地面沉降的效应也不一样。

从岩土工程角度研究地面沉降，应着重研究地表下一定深度内压缩层的变形机理及其过程。国内外已有研究成果表明，地面沉降机制与产生沉降的土层的地质成因、固结历史、固结状态、孔隙水的赋存形式及其释水机理等有密切关系。

抽吸地下水引起水位或水压下降，使上覆土层有效自重压力增加，所产生的附加荷载使土层固结，是产生地面沉降的主要原因。因此，对场地地下水埋藏条件和历年来地下水变化动态进行调查分析，对于研究地面沉降来说是至关重要的。

5.6.4 对地面沉降现状的调查主要包括下列三方面内容：

1 地面沉降量的观测；

2 地下水的观测；

3 对地面沉降范围内已有建筑物的调查。

地面沉降量的观测是以高精度的水准测量为基础的。由于地面沉降的发展和变化一般都较缓慢，用常规水准测量方法已满足不了精度要求。因此本条要求

地面沉降观测应满足专门的水准测量精度要求。

进行地面沉降水准测量时一般需要设置三种标点。高程基准标，也称背景标，设置在地面沉降所不能影响的范围，作为衡量地面沉降基准的标点。地面沉降标用于观测地面升降的地面水准点。分层沉降标，用于观测某一深度处土层的沉降幅度的观测标。

地面沉降水准测量的方法和要求应按现行国家标准《国家一、二等水准测量规范》（GB 12897）规定执行。一般在沉降速率大时可用Ⅱ等精度水准，缓慢时要用Ⅰ等精度水准。

对已发生地面沉降的地区进行调查研究，其成果可综合反映到以地面沉降为主要特征的专门工程地质分区图上。从该图可以看出地下水开采量、回灌量、水位变化、地质结构与地面沉降的关系。

5.6.5 对已发生地面沉降的地区，控制地面沉降的基本措施是进行地下水资源管理。我国上海地区首先进行了各种措施的试验研究，先后采取了压缩用水量、人工补给地下水和调整地下水开采层次等综合措施，在上海市区取得了基本控制地面沉降的成效。在这三种主要措施中，压缩地下水开采量使地下水位恢复是控制地面沉降的最主要措施，这些措施的综合利用已为国内条件与上海类似的地区所采用。

向地下水进行人工补给灌注时，要严格控制回灌水源的水质标准，以防止地下水被污染，并要根据地下水动态和地面沉降规律，制定合理的采灌方案。

5.6.6 可能发生地面沉降的地区，一般是指具有以下情况的地区：

1 具有产生地面沉降的地质环境模式，如冲积平原、三角洲平原、断陷盆地等；

2 具有产生地面沉降的地质结构，即第四纪松散堆积层厚度很大；

3 根据已有地面测量和建筑物观测资料，随着地下水的进一步开采，已有发生地面沉降的趋势。

对可能发生地面沉降的地区，主要是预测地面沉降的发展趋势，即预测地面沉降量和沉降过程。国内外有不少资料对地面沉降提供了多种计算方法。归纳起来大致有理论计算方法、半理论半经验方法和经验方法等三种。由于地面沉降区地质条件和各种边界条件的复杂性，采用半理论半经验方法或经验方法，经实践证明是较简单实用的计算方法。

5.7 场地和地基的地震效应

5.7.1 本条规定在抗震设防烈度等于或大于 6 度的地区勘察时，应考虑地震效应问题，现作如下说明：

1 《建筑抗震设计规范》（GB 50011—2001）规定了设计基本地震加速度的取值，6 度为 0.05g，7 度为 0.10 (0.15) g，8 度为 0.20 (0.30) g，9 度为 0.40g；为了确定地震影响系数曲线上的特征周期值，通过勘察确定建筑场地类别是必须做的工作；

2 饱和砂土和饱和粉土的液化判别，6度时一般情况下可不考虑，但对液化沉陷敏感的乙类建筑应判别液化，并规定可按7度考虑；

3 对场地和地基地震效应，不同的烈度区有不同的考虑，所谓场地和地基的地震效应一般包括以下内容：

1）相同的基底地震加速度，由于覆盖层厚度和土的剪切模量不同，会产生不同的地面运动；

2）强烈的地面运动会造成场地和地基的失稳或失效，如地裂、液化、震陷、崩塌、滑坡等；

3）地表断裂造成的破坏；

4）局部地形、地质结构的变异引起地面异常波动造成的破坏。

由国家批准，中国地震局主编的《中国地震动参数区划图》（GB 18306—2001）已于2001年8月1日实施。由地震烈度区划向地震动参数区划过渡是一项重要的技术进步。《中国地震动参数区划图》（GB 18306—2001）的内容包括"中国地震动峰值加速度区划图"、"中国地震动反应谱特征周期区划图"和"关于地震基本烈度向地震动参数过渡的说明"等。同时，《建筑抗震设计规范》（GB 50011—2001）规定了我国主要城镇抗震设防烈度、设计基本地震加速度和设计特征周期分区。勘察报告应提出这些基本数据。

5.7.2～5.7.4 对这几条做以下说明：

1 划分建筑场地类别，是岩土工程勘察在地震烈度等于或大于6度地区必须进行的工作，现行国家标准《建筑抗震设计规范》（GB 50011）根据土层等效剪切波速和覆盖层厚度划分为四类，当有可靠的剪切波速和覆盖层厚度值而场地类别处于类别的分界线附近时，可按插值方法确定场地反应谱特征周期。

2 勘察时应有一定数量的勘探孔满足上述要求，其深度应大于覆盖层厚度，并分层测定土的剪切波速；当场地覆盖层厚度已大致掌握并在以下情况时，为测量土层剪切波速的勘探孔可不必穿过覆盖层，而只需达到20m即可：

1）对于中软土，覆盖层厚度能肯定不在50m左右；

2）对于软弱土，覆盖层厚度能肯定不在80m左右。

如果建筑场地类别处在两种类别的分界线附近，需要按插值方法确定场地反应谱特征周期时，勘察时应提供可靠的剪切波速和覆盖层厚度值。

3 测量剪切波速的勘探孔数量，《建筑抗震设计规范》（GB 50011—2001）有下列规定：

"在场地初步勘察阶段，对大面积的同一地质单元，测量土层剪切波速的钻孔数量，应为控制性钻孔数量的1/3～1/5，山间河谷地区可适量减少，但不宜少于3个；在场地详细勘察阶段，对单幢建筑，测量土层剪切波速的钻孔数量不宜少于2个，数据变化较大时，可适量增加；对小区中处于同一地质单元的密集高层建筑群，测量土层剪切波速的钻孔数量可适当减少，但每幢高层建筑不得少于一个"。

4 划分对抗震有利、不利或危险的地段和对抗震不利的地形，《建筑抗震设计规范》（GB 50011）有明确规定，应遵照执行。

5.7.2 【修订说明】

本条原文尚有应划分对抗震有利、不利或危险地段的规定，这是与《建筑抗震设计规范》（GB 50011—2001）协调而规定的。现该规范已修订，应根据该规范修订后的规定执行，本规范不再重复规定。

当场地位于抗震危险地段时，常规勘察往往不能解决问题，应提出进行专门研究的建议。

5.7.5 地震液化的岩土工程勘察，应包括三方面的内容，一是判定场地土有无液化的可能性；二是评价液化等级和危害程度；三是提出抗液化措施的建议。

地震震害调查表明，6度区液化对房屋结构和其他各类工程所造成的震害是比较轻的，故本条规定抗震设防烈度为6度时，一般情况下可不考虑液化的影响，但为安全计，对液化沉陷敏感的乙类建筑（包括相当于乙类建筑的其他重要工程），可按7度进行液化判别。

由于甲类建筑（包括相当于甲类建筑的其他特别重要工程）的地震作用要按本地区设防烈度提高一度计算，当为8、9度时尚应专门研究，所以本条相应地规定甲类建筑应进行专门的液化勘察。

本节所指的甲、乙、丙、丁类建筑，系按现行国家标准《建筑物抗震设防分类标准》（GB 50223—95）的规定划分。

5.7.6、5.7.7 主要强调三点：

1 液化判别应先进行初步判别，当初步判别认为有液化可能时，再作进一步判别；

2 液化判别宜用多种方法综合判定，这是因为地震液化是由多种内因（土的颗粒组成、密度、埋藏条件、地下水位、沉积环境和地质历史等）和外因（地震动强度、频谱特征和持续时间等）综合作用的结果；例如，位于河曲凸岸新近沉积的粉细砂特别容易发生液化，历史上曾经发生过液化的场地容易再次发生液化等；目前各种判别液化的方法都是经验方法，都有一定的局限性和模糊性，故强调"综合判别"；

3 河岸和斜坡地带的液化，会导致滑移失稳，对工程的危害很大，应予特别注意；目前尚无简易的判别方法，应根据具体条件专门研究。

5.7.8 关于液化判别的深度问题，《94 规范》和《建筑抗震设计规范》89 版均规定为 15m。在规范修订过程中，曾考虑加深至 20m，但经过反复研究后认为，根据现有的宏观震害调查资料，地震液化主要发生在浅层，深度超过 15m 的实例极少。将判别深度普遍增加至 20m，科学依据不充分，又加大了勘察工作量，故规定一般情况仍为 15m，桩基和深埋基础才加深至 20m。

5.7.9 说明以下三点：

1 液化的进一步判别，现行国家标准《建筑抗震设计规范》（GB 50011—2001）的规定如下：

当饱和土标准贯入锤击数（未经杆长修正）小于液化判别标准贯入锤击数临界值时，应判为液化土。液化判别标准贯入锤击数临界值可按下式计算：

$$N_{cr} = N_0 [0.9 + 0.1(d_s - d_w)] \sqrt{\frac{3}{\rho_c}} \quad (d_s \leqslant 15) \tag{5.5}$$

$$N_{cr} = N_0 (2.4 - 0.1 d_w) \sqrt{\frac{3}{\rho_c}} \quad (15 < d_s \leqslant 20) \tag{5.6}$$

式中　N_{cr}——液化判别标准贯入锤击数临界值；

　　　N_0——液化判别标准贯入锤击数基准值，应按表 5.1 采用；

　　　d_s——饱和土标准贯入点深度（m）；

　　　ρ_c——粘粒含量百分率，当小于 3 或为砂土时，应采用 3。

表 5.1　标准贯入锤击数基准值

设计地震分组	烈度		
	7	8	9
第一组	6 (8)	10 (13)	16
第二、三组	8 (10)	12 (15)	18

注：括号内数值用于设计基本地震加速度取 0.15g 和 0.30g 的地区。

2 《94 规范》曾规定，采用静力触探试验判别，是根据唐山地震不同烈度区的试验资料，用判别函数法统计分析得出的，已纳入铁道部《铁路工程抗震设计规范》和《铁路工程地质原位测试规程》，适用于饱和砂土和饱和粉土的液化判别；具体规定是：当实测计算比贯入阻力 p_s 或实测计算锥尖阻力 q_c 小于液化比贯入阻力临界值 p_{scr} 或液化锥尖阻力临界值 q_{ccr} 时，应判别为液化土，并按下列公式计算：

$$p_{scr} = p_{s0} \alpha_w \alpha_u \alpha_p \tag{5.7}$$
$$q_{ccr} = q_{c0} \alpha_w \alpha_u \alpha_p \tag{5.8}$$
$$\alpha_w = 1 - 0.065(d_w - 2) \tag{5.9}$$
$$\alpha_u = 1 - 0.05(d_u - 2) \tag{5.10}$$

式中　p_{scr}、q_{ccr}——分别为饱和土静力触探液化比贯入阻力临界值及锥尖阻力临界值（MPa）；

　　　p_{s0}、q_{c0}——分别为地下水深度 $d_w = 2m$，上覆非液化土层厚度 $d_u = 2m$ 时，饱和土液化判别比贯入阻力基准值和液化判别锥尖阻力基准值（MPa），可按表 5.2 取值；

　　　α_w——地下水位埋深修正系数，地面常年有水且与地下水有水力联系时，取 1.13；

　　　α_u——上覆非液化土层厚度修正系数，对深基础，取 1.0；

　　　d_w——地下水位深度（m）；

　　　d_u——上覆非液化土层厚度（m），计算时应将淤泥和淤泥质土层厚度扣除；

　　　α_p——与静力触探摩阻比有关的土性修正系数，可按表 5.3 取值。

表 5.2　比贯入阻力和锥尖阻力基准值 p_{s0}、q_{c0}

抗震设防烈度	7 度	8 度	9 度
p_{s0}（MPa）	5.0～6.0	11.5～13.0	18.0～20.0
q_{c0}（MPa）	4.6～5.5	10.5～11.8	16.4～18.2

表 5.3　土性修正系数 α_p 值

土　类	砂　土	粉　土	
静力触探摩阻比 R_f	$R_f \leqslant 0.4$	$0.4 < R_f \leqslant 0.9$	$R_f > 0.9$
α_p	1.00	0.60	0.45

3 用剪切波速判别地面下 15m 范围内饱和砂土和粉土的地震液化，可采用以下方法：

实测剪切波速 v_s 大于按下式计算的临界剪切波速时，可判为不液化；

$$v_{scr} = v_{s0}(d_s - 0.0133 d_s^2)^{0.5} \left[1.0 - 0.185 \left(\frac{d_w}{d_s} \right) \right]$$
$$\times \left(\frac{3}{\rho_c} \right)^{0.5} \tag{5.11}$$

式中　v_{scr}——饱和砂土或饱和粉土液化剪切波速临界值（m/s）；

　　　v_{s0}——与烈度、土类有关的经验系数，按表 5.4 取值；

　　　d_s——剪切波速测点深度（m）；

　　　d_w——地下水深度（m）。

表 5.4　与烈度、土类有关的经验系数 v_{s0}

土　类	v_{s0}（m/s）		
	7 度	8 度	9 度
砂土	65	95	130
粉土	45	65	90

该法是石兆吉研究员根据 Dobry 刚度法原理和我国现场资料推演出来的，现场资料经筛选后共 68 组砂土，其中液化 20 组，未液化 48 组；粉土 145 组，其中液化 93 组，不液化 52 组。有粘粒含量值的 33

组。《天津市建筑地基基础设计规范》（TBJ1—88）结合当地情况引用了该成果。

5.7.10 评价液化等级的基本方法是：逐点判别（按照每个标准贯入试验点判别液化可能性），按孔计算（按每个试验孔计算液化指数），综合评价（按照每个孔的计算结果，结合场地的地质地貌条件，综合确定场地液化等级）。

5.7.11 强烈地震时软土发生震陷，不仅被科学实验和理论研究证实，而且在宏观震害调查中，也证明它的存在，但研究成果尚不够充分，较难进行预测和可靠的计算，《94规范》主要根据唐山地震经验提出的下列标准，可作为参考：

当地基承载力特征值或剪切波速大于表5.5数值时，可不考虑震陷影响。

表5.5　临界承载力特征值和等效剪切波速

抗震设防烈度	7度	8度	9度
承载力特征值 f_a（kPa）	>80	>100	>120
等效剪切波速 v_{sr}（m/s）	>90	>140	>200

根据科研成果，湿度大的黄土在地震作用下，也会发生液化和震陷，已在室内动力试验和古地震的调查中得到证实。鉴于迄今为止尚无公认的预测判别方法，故本次修订未予列入。

5.8　活动断裂

5.8.1 活动断裂的勘察和评价是重大工程在选址时应进行的一项重要工作。重大工程一般是指对社会有重大价值或者有重大影响的工程，其中包括使用功能不能中断或需要尽快恢复的生命线工程，如医疗、广播、通讯、交通、供水、供电、供气等工程。重大工程的具体确定，应按照国务院、省级人民政府和各行业部门的有关规定执行。大型工业建设场地或者《建筑抗震设计规范》（GB 50011）规定的甲类、乙类及部分重要的丙类建筑，应属于重大工程。考虑到断裂勘察的主要研究问题是断裂的活动性和地震，断裂主要在地震作用下才会对场地稳定性产生影响。因此，本条规定在抗震设防烈度等于或大于7度的地区应进行断裂勘察。

5.8.2 本条从岩土工程和地震工程的观点出发，考虑到工程安全的实际需要，对断裂的分类及其涵义作了明确的规定，既与传统的地质观点有区别，又保持了一定的连续性，更考虑到工程建设的需要和适用性。在活动断裂前冠以"全新"二字，并赋予较为确切的涵义。考虑到"发震断裂"与"全新活动断裂"的密切关系，将一部分近期有强烈地震活动的"全新活动断裂"定义为"发震断裂"。这样划分可以将地壳上存在的绝大多数断裂归入对工程建设场地稳定性无影响的"非全新活动断裂"中去，对工程建设有利。

5.8.3 考虑到全新活动断裂的规模、活动性质、地震强度、运动速率差别很大，十分复杂。重要的是其对工程稳定性的评价和影响也很不相同，不能一概而论。本条根据我国断裂活动的继承性、新生性特点和工程实践经验，参考了国外的一些资料，考虑断裂的活动时间、活动速率和地震强度等因素，将全新活动断裂分为强烈全新活动断裂，中等全新活动断裂和微弱全新活动断裂。

5.8.4、5.8.5 当前国内外地震地质研究成果和工程实践经验都较为丰富，在工程中勘察与评价活动断裂一般都可以通过搜集、查阅文献资料，进行工程地质测绘和调查就可以满足要求，只有在必要的情况下，才进行专门的勘探和测试工作。

搜集和研究厂址所在地区的地质资料和有关文献档案是鉴别活动断裂的第一步，也是非常重要的一步，在许多情况下，甚至只要搜集、分析、研究已有的丰富的文献资料，就能基本查明和解决有关活动断裂的问题。

在充分搜集已有文献资料和进行航空相片、卫星、相片解译的基础上进行野外调查，开展工程地质测绘是目前进行断裂勘察、鉴别活动断裂的最重要、最常用的手段之一。活动断裂都是在老构造的基础上发生新活动的断裂，一般说来它们的走向、活动特点、破碎带特性等断裂要素与构造有明显的继承性。因此，在对一个工程地区的断裂进行勘察时，应首先对本地区的构造格架有清楚的认识和了解。野外测绘和调查可以根据断裂活动引起的地形地貌特征、地质地层特征和地震迹象等鉴别活动特征。

5.8.6 本条对断裂的处理措施作了原则的规定。首先规定了重大工程场地或大型工业场地在可行性研究中，对可能影响工程稳定性的全新活动断裂，应采取避让的处理措施。避让的距离应根据工程和活动断裂的情况进行具体分析和研究确定。当前有些标准已作了一些具体的规定，如《建筑抗震设计规范》（GB 50011—2001）在仅考虑断裂错动影响的条件下，按单个建筑物的分类提出了避让距离。《火力发电厂岩土工程勘测技术规程》（DL/T 5074—1997）提出了"大型发电厂与断裂的安全距离及处理措施"。

6　特殊性岩土

6.1　湿陷性土

6.1.1 湿陷性土在我国分布广泛，除常见的湿陷性黄土外，在我国干旱和半干旱地区，特别是在山前洪、坡积扇（裙）中常遇到湿陷性碎石土、湿陷性砂土等。这种土在一定压力下浸水也常呈现强烈的湿陷性。由于这类湿陷性土在评价方面尚不能完全沿用我国现行国家标准《湿陷性黄土地区建筑规范》（GB 50025）的有关规定，所以本规范补充了这部分内容。

6.1.2 这类非黄土的湿陷性土的勘察评价首先要判定是否具有湿陷性。由于这类土不能如黄土那样用室内浸水压缩试验，在一定压力下测定湿陷系数 δ_s，并以 δ_s 值等于或大于 0.015 作为判定湿陷性黄土的标准界限。本规范规定采用现场浸水载荷试验作为判定湿陷性土的基本方法，并规定以在 200kPa 压力作用下浸水载荷试验的附加湿陷量与承压板宽度之比等于或大于 0.023 的土应判定为湿陷性土，其基本思路为：

1 假设在 200kPa 压力作用下载荷试验主要受压层的深度范围 z 等于承压板底面以下 1.5 倍承压板宽度；

2 浸水后产生的附加湿陷量 ΔF_s 与深度 z 之比 $\Delta F_s/z$，即相当于土的单位厚度产生的附加湿陷量；

3 与室内浸水压缩试验相类比，把单位厚度的附加湿陷量（在室内浸水压缩试验即为湿陷系数 δ_s）作为判定湿陷性土的定量界限指标，并将其值规定为 0.015，即

$$\Delta F_s/z = \delta_s = 0.015 \quad (6.1)$$
$$z = 1.5b \quad (6.2)$$
$$\Delta F_s/b = 1.5 \times 0.015 \approx 0.023 \quad (6.3)$$

以上这种判定湿陷性的方法当然是很粗略的，从理论上说，现场载荷试验与室内压缩试验的应力状态和变形机制是不相同的。但是考虑到目前没有其他更好的方法来判定这类土的湿陷性，从《94 规范》施行以来，也还没有收集到不同意见，所以本规范暂且仍保留 0.023 作为用 $\Delta F_s/b$ 值判定湿陷性的界限值的规定，以便进一步积累数据，总结经验。这个值与现行国家标准《湿陷性黄土地区建筑规范》（GB 50025）规定的载荷试验"取浸水下沉量（s）与承压板宽度（b）之比值等于 0.017 所对应的压力作为湿陷起始压力值"略有差异，现行国家标准《湿陷性黄土地区建筑规范》（GB 50025）的 0.017 大致相当于主要受压层的深度范围 z 等于承压板宽度的 1.1 倍。

6.1.3 本条基本上保留了《94 规范》第 5.1.2 条的内容，突出强调了以下内容：

1 有这种土分布的勘察场地，由于地貌、地质条件比较特殊，土层产状多较复杂，所以勘探点间距不宜过大，应按本规范第 4 章的规定取小值，必要时还应适当加密；

2 控制性勘探孔深度应穿透湿陷土层；

3 对于碎石土和砂土，宜采用动力触探试验和标准贯入试验确定力学特性；

4 不扰动土试样应在探井中采取；

5 增加了对厚度较大的湿陷性土，应在不同深度处分别进行浸水载荷试验的要求。

6.1.4 本条内容与《94 规范》相比，有了一些变动，主要为：

1 将湿陷性土的湿陷程度与地基湿陷等级两个不同的概念区别开来，湿陷程度主要按湿陷系数（也就是在压力作用下浸水时湿陷性土的单位厚度所产生的附加湿陷量）的大小来划分，为了与现行《湿陷性黄土地区建筑规范》（GB 50025）相适应，将湿陷程度分为轻微、中等和强烈三类；

2 从本规范第 6.1.2 条的基本思路出发，可以得出不同湿陷程度的土的载荷试验附加湿陷量界限值，如表 6.1 所示。

表 6.1 湿陷程度分类

湿陷程度	湿陷性黄土的湿陷系数 δ_s	与此相当的 $\Delta F_s/b$	附加湿陷量 ΔF_s（cm）	
			承压板面积 0.50m²	承压板面积 0.25m²
轻微	$0.015 \leqslant \delta_s \leqslant 0.03$	$0.023 \leqslant \Delta F_s/b \leqslant 0.045$	$1.6 < \Delta F_s \leqslant 3.2$	$1.1 < \Delta F_s \leqslant 2.3$
中等	$0.03 < \delta_s \leqslant 0.07$	$0.045 < \Delta F_s/b \leqslant 0.105$	$3.2 < \Delta F_s \leqslant 7.4$	$2.3 < \Delta F_s \leqslant 5.3$
强烈	$\delta_s > 0.07$	$\Delta F_s/b > 0.105$	$\Delta F_s > 7.4$	$\Delta F_s > 5.3$

6.1.5 与湿陷性黄土相似，本规范采用基础底面以下各湿陷性土层的累计总湿陷量 Δ_s 作为判定湿陷性地基湿陷等级的定量标准。

由于湿陷性土的湿陷性是用载荷试验附加湿陷量来表示的，所以总湿陷量 Δ_s 的计算公式中，引入附加湿陷量 ΔF_s，并对修正系数 β 值作了相应的调整。

1 基本思路是与现行国家标准《湿陷性黄土地区建筑规范》（GB 50025）的总湿陷量计算公式相协调，β 取值考虑两方面的因素，一是基础底面以下湿陷性土层的厚度一般都不大，可以按现行国家标准《湿陷性黄土地区建筑规范》（GB 50025）中基底下 5m 深度内的相应 β 值考虑；二是 β 值与承压板宽度 b 有关，可推导得出 β 是承压板宽度 b 的倒数，所以当承压板面积为 0.50m²（$b=70.7$cm）和 0.25m²（$b=50$cm）时，β 分别取 0.014cm⁻¹ 和 0.020cm⁻¹；

2 由于载荷试验的结果主要代表承压板底面以下 $1.5b$ 范围内土层的湿陷性；对于基础底面以下湿陷性土层厚度超过 2m 时，应在不同深度处分别进行浸水载荷试验。

6.1.6 湿陷性土地基的湿陷等级根据总湿陷量 Δ_s 按表 6.1.6 判定，需要说明的是：

1 湿陷性土地基的湿陷等级分为 Ⅰ（轻微）、Ⅱ（中等）、Ⅲ（严重）、Ⅳ（很严重）四级；

2 湿陷等级的分级标准基本上与现行国家标准《湿陷性黄土地区建筑规范》（GB 50025）相近；

3 由于缺乏非黄土湿陷性土的自重湿陷性资料，故一般不作建筑场地湿陷类型的判定，在确定地基湿陷等级时，总湿陷量 Δ_s 大于 30cm 时，一般可按照自重湿陷性场地考虑；

4 在总湿陷量 Δ_s 相同的情况下，基底下湿陷性土总厚度较小意味着土层湿陷性较为强烈，因此体现出表 6.1.6 中基底下湿陷性土总厚度小于 3m 的地

基湿陷等级按提高一级考虑。

6.1.7 在湿陷性土地区进行建设，应根据湿陷性土的特点、湿陷等级、工程要求，结合当地建筑经验，因地制宜，采取以地基处理为主的综合措施，防止地基湿陷。

6.2 红 黏 土

6.2.1 本节所指的红黏土是我国红土的一个亚类，即母岩为碳酸盐岩系（包括间夹其间的非碳酸盐岩类岩石），经湿热条件下的红土化作用形成的特殊土类。本条明确了红黏土包括原生与次生红黏土。以下各条规定均适用于这两类红黏土。按照本条的定义，原生红黏土比较易于判定，次生红黏土则可能具备某种程度的过渡性质。勘察中应通过第四纪地质、地貌的研究，根据红黏土特征保留的程度确定是否判定为次生红黏土。

6.2.2 本条着重指出红黏土作为特殊性土有别于其他土类的主要特征是：上硬下软、表面收缩、裂隙发育。地基是否均匀也是红黏土分布区的重要问题。本节以后各条的规定均针对这些特征作出。至于与其他土类具有共性的勘察内容，可按有关章节的规定执行，本节不予重复。为了反映上硬下软的特征，勘察中应详细划分土的状态。红黏土状态的划分可采用一般黏性土的液性指数划分法，也可采用红黏土特有含水比划分法。为反映红黏土裂隙发育特征，应根据野外观测的裂隙密度对土体结构进行分类。红黏土的网状裂隙分布，与地貌有一定联系，如坡度、朝向等，且呈由浅而深递减之势。红黏土中的裂隙会影响土的整体强度，降低其承载力，是土体稳定的不利因素。

红黏土天然状态膨胀率仅 $0.1\% \sim 2.0\%$，其胀缩性主要表现为收缩，线缩率一般 $2.5\% \sim 8\%$，最大达 14%。但在缩后复水，不同的红黏土有明显的不同表现，根据统计分析提出了经验方程 $I'_r \approx 1.4 + 0.0066w$，以此对红黏土进行复水特性划分。划属 I 类者，复水后随含水量增大而解体，胀缩循环呈现胀势，缩后土样高大于原始高，胀量逐次积累以崩解告终；风干复水，土的分散性、塑性恢复、表现出凝聚与胶溶的可逆性。划属 II 类者，复水土的含水量增量微，外形完好，胀缩循环呈现缩势，缩量逐次积累，缩后土样高小于原始高；风干复水，干燥后形成的团粒不完全分离，土的分散性、塑性及 I_r 值降低，表现出胶体的不可逆性。这两类红黏土表现出不同的水稳性和工程性能。

红黏土地区地基的均匀性差别很大。如地基压缩层范围均为红黏土，则为均匀地基；否则，上覆硬塑红黏土较薄，红黏土与岩石组成的土岩组合地基，是很严重的不均匀地基。

6.2.3 红黏土地区的工程地质测绘和调查，是在一般性的工程地质测绘基础上进行的。其内容与要求可根据工程和现场的实际情况确定。条文中提及的五个方面，工作中可以灵活掌握，有所侧重，或有所简略。

6.2.4 由于红黏土具有垂直方向状态变化大，水平方向厚度变化大的特点，故勘探工作应采用较密的点距，特别是土岩组合的不均匀地基。红黏土底部常有软弱土层，基岩面的起伏也很大，故勘探孔的深度不宜单纯根据地基变形计算深度来确定，以免漏掉对场地与地基评价至关重要的信息。对于土岩组合的不均匀地基，勘探孔深度应达到基岩，以便获得完整的地层剖面。

基岩面上土层特别软弱，有土洞发育时，详细勘察阶段不一定能查明所有情况，为确保安全，在施工阶段补充进行施工勘察是必要的，也是现实可行的。基岩面高低不平，基岩面倾斜或有临空面时，嵌岩桩容易失稳，进行施工勘察是必要的。

6.2.5 水文地质条件对红黏土评价是非常重要的因素。仅仅通过地面的测绘调查往往难以满足岩土工程评价的需要。此时补充进行水文地质勘察、试验、观测工作是必要的。

6.2.6 裂隙发育是红黏土的重要特性，故红黏土的抗剪强度应采用三轴试验。红黏土有收缩特性，收缩再浸水（复水）时又有不同的性质，故必要时可做收缩试验和复浸水试验。

6.2.7 红黏土承载力的确定方法，原则上与一般土并无不同。应特别注意的是红黏土裂隙的影响以及裂隙发展和复浸水可能使其承载力下降。考虑到各种不利的临空边界条件，尽可能选用符合实际的测试方法。过去积累的确定红黏土承载力的地区性成熟经验，应予充分利用。

6.2.8 地裂是红黏土地区的一种特有的现象。地裂规模不等，长可达数百米，深可延伸至地表下数米，所经之处地面建筑无一不受损坏。故评价时应建议建筑物绕避地裂。

红黏土中基础埋深的确定可能面临矛盾。从充分利用硬层，减轻下卧软层的压力而言，宜尽量浅埋；但从避免地面不利因素影响而言，又必须深于大气影响急剧层的深度。评价时应充分权衡利弊，提出适当的建议。如果采用天然地基难以解决上述矛盾，则宜放弃天然地基，改用桩基。

6.3 软 土

6.3.1 软土中淤泥和淤泥质土，现行国家标准《建筑地基基础设计规范》（GB 50007—2002）已有明确定义。泥炭和泥炭质土中含有大量未分解的腐殖质，有机质含量大于 60% 为泥炭；有机质含量 $10\% \sim 60\%$ 为泥炭质土。

6.3.2 从岩土工程的技术要求出发，对软土的勘察应特别注意查明下列问题：

1 对软土的排水固结条件、沉降速率、强度增长等起关键作用的薄层理与夹砂层特征；

2 土层均匀性，即厚度、土性等在水平向和垂直向的变化；

3 可作为浅基础、深基础持力层的硬土层或基岩的埋藏条件；

4 软土的固结历史，确定是欠固结、正常固结或超固结土，是十分重要的。先期固结压力前后变形特性有很大不同，不同固结历史的软土的应力应变关系有不同特征；要很好确定先期固结压力，必须保证取样的质量；另外，应注意灵敏性黏土受扰动后，结构破坏对强度和变形的影响；

5 软土地区微地貌形态与不同性质的软土层分布有内在联系，查明微地貌、旧堤、堆土场、暗埋的塘、浜、沟、穴等，有助于查明软土层的分布；

6 施工活动引起的软土应力状态、强度、压缩性的变化；

7 地区的建筑经验是十分重要的工程实践经验，应注意搜集。

6.3.3 软土勘察应考虑下列问题：

1 对勘探点的间距，提出了针对不同成因类型的软土和地基复杂程度采用不同布置的原则；

2 对勘探孔的深度，不要简单地按地基变形计算深度确定，而提出根据地质条件、建筑物特点、可能的基础类型确定；此外还应预计到可能采取的地基处理方案的要求；

3 勘探手段以钻探取样与静力触探相结合为原则；在软土地区用静力触探孔取代相当数量的勘探孔，不仅减少钻探取样和土工试验的工作量，缩短勘察周期，而且可以提高勘察工作质量；静力触探是软土地区十分有效的原位测试方法；标准贯入试验对软土并不适用，但可用于软土中的砂土、硬黏性土等。

6.3.4 软土易扰动，保证取土质量十分重要，故本条作了专门规定。

6.3.5 本条规定了软土地区适用的原位测试方法，这是几十年经验的总结。静力触探最大的优点在于精确的分层，用旁压试验测定软土的模量和强度，用十字板剪切试验测定内摩擦角近似为零的软土强度，实践证明是行之有效的。扁铲侧胀试验与螺旋板载荷试验，虽然经验不多，但最适用于软土也是公认的。

6.3.6 试验土样的初始应力状态、应力变化速率、排水条件和应变条件均应尽可能模拟工程的实际条件。故对正常固结的软土应在自重应力下预固结后再作不固结不排水三轴剪切试验。

6.3.7 软土的岩土工程分析与评价应考虑下列问题：

1 分析软土地基的均匀性，包括强度、压缩性的均匀性，注意边坡稳定性；

2 选择合适的持力层，并对可能的基础方案进

行技术经济论证，尽可能利用地表硬壳层；

3 注意不均匀沉降和减少不均匀沉降的措施；

4 对评定软土地基承载力强调了综合评定的原则，不单靠理论计算，要以当地经验为主，对软土地基承载力的评定，变形控制原则十分重要；

5 软土地基的沉降计算仍推荐分层总和法，一维固结沉降计算模式并乘经验系数的计算方法，但也可采用其他新的计算方法，以便积累经验，提高技术水平。

6.4 混 合 土

6.4.1 混合土在颗粒分布曲线形态上反映出呈不连续状。主要成因有坡积、洪积、冰水沉积。

经验和专门研究表明：黏性土、粉土中的碎石组分的质量只有超过总质量的25％时，才能起到改善土的工程性质的作用；而在碎石土中，粘粒组分的质量大于总质量的25％时，则对碎石土的工程性质有明显的影响，特别是当含水量较大时。

6.4.2 本条是从混合土的特点出发，提出了勘察时应重点注意的问题。混合土大小颗粒混杂，故应有一定数量的探井，以便直接观察，采取试样。动力触探对粗粒混合土是很好的手段，但应有一定数量的钻孔或探井配合。

6.5 填 土

6.5.3 填土的勘察方法，应针对不同的物质组成，采用不同的手段。轻型动力触探适用于黏性土、粉土素填土，静力触探适用于冲填土和黏性土素填土，动力触探适用于粗粒填土。杂填土成分复杂，均匀性很差，单纯依靠钻探难以查明，应有一定数量的探井。

6.5.4 素填土和杂填土可能有湿陷性，如无法取样作室内试验，可在现场用浸水载荷试验确定。本条的压实填土指的是压实黏性土填土。

6.5.5 除了控制质量的压实填土外，一般说来，填土的成分比较复杂，均匀性差，厚度变化大，利用填土作为天然地基应持慎重态度。

6.6 多 年 冻 土

6.6.1 我国多年冻土主要分布在青藏高原、帕米尔及西部高山（包括祁连山、阿尔泰山、天山等），东北的大小兴安岭和其他高山的顶部也有零星分布。冻土的主要特点是含有冰，本次修订时，参照《冻土地区建筑地基基础设计规范》（JGJ118—98），对多年冻土定义作了调整，从保持冻结状态3年或3年以上改为2年或2年以上。

多年冻土中如含易溶盐或有机质，对其热学性质和力学性质都会产生明显影响，前者称为盐渍化多年冻土，后者称为泥炭化多年冻土，勘察时应予注意。

6.6.2 多年冻土对工程的主要危害是其融沉性（或

称融陷性），故应进行融沉性分级。本次修订时，仍将融沉性分为五级，并参考《冻土地区建筑地基基础设计规范》（JGJ118—98），对具体指标作了调整。

6.6.3 多年冻土的设计原则有"保持冻结状态的设计"、"逐渐融化状态的设计"和"预先融化状态的设计"。不同的设计原则对勘察的要求是不同的。在多年冻土勘察中，多年冻土上限深度及其变化值，是各项工程设计的主要参数。影响上限深度及其变化的因素很多，如季节融化层的导热性能、气温及其变化，地表受日照和反射热的条件，多年地温等。确定上限深度主要有下列方法：

　　1 野外直接测定：

在最大融化深度的季节，通过勘探或实测地温，直接进行鉴定；在衔接的多年冻土地区，在非最大融化深度的季节进行勘探时，可根据地下冰的特征和位置判断上限深度；

　　2 用有关参数或经验方法计算：

东北地区常用上限深度的统计资料或公式计算，或用融化速率推算；青藏高原常用外推法判断或用气温法、地温法计算。

多年冻土的类型，按埋藏条件分为衔接多年冻土和不衔接多年冻土；按物质成分有盐渍多年冻土和泥炭多年冻土；按变形特性分为坚硬多年冻土、塑性多年冻土和松散多年冻土。多年冻土的构造特征有整体状构造、层状构造、网状构造等。多年冻土的冻胀性分级，按现行《冻土地区建筑地基基础设计规范》（JGJ118—98）执行。

6.6.4 多年冻土勘探孔的深度，应符合设计原则的要求。参照《冻土地区建筑地基基础设计规范》（JGJ118—98）做出了本条第1、2款的规定。多年冻土的上限深度，不稳定地带的下限深度，对于设计也很重要，亦宜查明。饱冰冻土和含土冰层的融沉量很大，勘探时应予穿透，查明其厚度。

6.6.5 对本条作以下几点说明：

　　1 为减少钻进中摩擦生热，保持岩芯核心土温不变，钻速要低，孔径要大，一般开孔孔径不宜小于130mm，终孔孔径不宜小于108mm；回次钻进时间不宜超过5min，进尺不宜超过0.3m，遇含冰量大的泥炭或黏性土可进尺0.5m；

钻进中使用的冲洗液可加入适量食盐，以降低冰点；

　　2 进行热物理和冻土力学试验的冻土试样，取出后应立即冷藏，尽快试验；

　　3 由于钻进过程中孔内蓄积了一定热量，要经过一段时间的散热后才能恢复到天然状态的地温，其恢复的时间随深度的增加而增加，一般20m深的钻孔需一星期左右的恢复时间，因此孔内测温工作应在终孔7天后进行；

　　4 多年冻土的室内试验和现场观测项目，应根据工程要求和现场具体情况，与设计单位协商后确定；室内试验方法可按照现行国家标准《土工试验方法标准》（GB/T 50123）的规定执行。

6.6.6 多年冻土地基设计时，保持冻结地基与容许融化地基的承载力大不相同，必须区别对待。地基承载力目前尚无计算方法，只能根据载荷试验、其他原位测试并结合当地经验确定。除了次要的临时性的工程外，一定要避开不良地段，选择有利地段。

6.7 膨胀岩土

6.7.1 膨胀岩土包括膨胀岩和膨胀土。由于膨胀岩的资料较少，故本节只作了原则性的规定，尚待以后积累经验。

膨胀岩土的判定，目前尚无统一的指标和方法，多年来采用综合判定。本规范仍采用这种方法，并分为初判和终判两步。对膨胀土初判主要根据地貌形态、土的外观特征和自由膨胀率；终判是在初判的基础上结合各种室内试验及邻近工程损坏原因分析进行，这里需说明三点：

　　1 自由膨胀率是一个很有用的指标，但不能作为惟一依据，否则易造成误判；

　　2 从实用出发，应以是否造成工程的损害为最直接的标准；但对于新建工程，不一定已有工程的经验可借鉴，此时仍可通过各种室内试验指标结合现场特征判定；

　　3 初判和终判不是互相分割的，应互相结合，综合分析，工作的次序是从初判到终判，但终判时仍应综合考虑现场特征，不宜只凭个别试验指标确定。

对于膨胀岩的判定尚无统一指标，作为地基时，可参照膨胀土的判定方法进行判定。因此，本节一般将膨胀岩土的判定方法相提并论。目前，膨胀岩作为其他环境介质时，其膨胀性的判定标准也不统一。例如，中国科学院地质研究所将钠蒙脱石含量5%～6%，钙蒙脱石含量11%～14%作为判定标准。铁道部第一勘测设计院以蒙脱石含量8%、或伊利石含量20%作为标准。此外，也有将粘粒含量作为判定指标的，例如铁道部第一勘测设计院以粒径小于0.002mm含量占25%或粒径小于0.005mm含量占30%作为判定标准。还有将干燥饱和吸水率25%作为膨胀岩和非膨胀岩的划分界线。

但是，最终判定时岩石膨胀性的指标还是膨胀力和不同压力下的膨胀率，这一点与膨胀土相同。

对于膨胀岩，膨胀率与时间的关系曲线以及在一定压力下膨胀率与膨胀力的关系，对洞室的设计和施工具有重要的意义。

6.7.2 大量调查研究资料表明，坡地膨胀岩土的问题比平坦场地复杂得多，故将场地类型划分为"平坦"和"坡地"是十分必要的。本条的规定与现行国家标准《膨胀土地区建筑技术规范》（GBJ 112—87）

一致，只是在表述方式上作了改进。

6.7.3 工程地质测绘和调查规定的五项内容，是为了综合判定膨胀土的需要设定的。即从岩性条件、地形条件、水文地质条件、水文和气象条件以及当地建筑损坏情况和治理膨胀土的经验等诸方面判定膨胀土及其膨胀潜势，进行膨胀岩土评价，并为治理膨胀岩土提供资料。

6.7.4 勘探点的间距、勘探孔的深度和取土数量是根据膨胀土的特殊情况规定的。大气影响深度是膨胀土的活动带，在活动带内，应适当增加试样数量。我国平坦场地的大气影响深度一般不超过 5m，故勘察孔深度要求超过这个深度。

采取试样要求从地表下 1m 开始，这是因为在计算含水量变化值 Δw 需要地表下 1m 处土的天然含水量和塑限含水量值。对于膨胀岩中的洞室，钻探深度应按洞室勘察要求考虑。

6.7.5 本条提出的四项指标是判定膨胀岩土，评价膨胀潜势，计算分级变形量和划分地基膨胀等级的主要依据，一般情况下都应测定。

6.7.6 膨胀岩土性质复杂，不少问题尚未搞清。因此对膨胀岩土的测试和评价，不宜采用单一方法，宜在多种测试数据的基础上进行综合分析和综合评价。

膨胀岩土常具各向异性，有时侧向膨胀力大于竖向膨胀力，故规定应测定不同方向的胀缩性能，从安全考虑，可选用最大值。

6.7.7 本条规定的对建在膨胀岩土上的建筑物与构筑物应计算的三项重要指标和胀缩等级的划分，与现行国家标准《膨胀土地区建筑技术规范》（GBJ 112—87）的规定一致。不同地区膨胀岩土对建筑物的作用是很不相同的，有的以膨胀为主，有的以收缩为主，有的交替变形，因而设计措施也不同，故本条强调要进行这方面的预测。

膨胀岩土是否可能造成工程的损害以及损害的方式和程度，通过对已有工程的调查研究来确定，是最直接最可靠的方法。

6.7.8 膨胀岩土的承载力一般较高，承载力问题不是主要矛盾，但应注意承载力随含水量的增加而降低。膨胀岩土裂隙很多，易沿裂隙面破坏，故不应采用直剪试验确定强度，应采用三轴试验方法。

膨胀岩土往往在坡度很小时就发生滑动，故坡地场地应特别重视稳定性分析。本条根据膨胀岩土的特点对稳定分析的方法做了规定。其中考虑含水量变化的影响十分重要，含水量变化的原因有：

1 挖方填方量较大时，岩土体中含水状态将发生变化；

2 平整场地破坏了原有地貌、自然排水系统和植被，改变了岩土体吸水和蒸发；

3 坡面受多向蒸发，大气影响深度大于平坦地带；

4 坡地旱季出现裂缝，雨季雨水灌入，易产生浅层滑坡；久旱降雨造成坡体滑动。

6.8 盐渍岩土

6.8.1 关于易溶盐含量的标准，《94 规范》采用 0.5%，是沿用前苏联的标准。根据资料，现在俄罗斯建设部门的有关规定，是对不同土类分别定出不同含盐量界限，其中最小的易溶盐含量为 0.3%。我国石油天然气总公司颁发的《盐渍土地区建筑规定》也定为 0.3%。我国柴达木、准噶尔、塔里木地区的资料表明："不少土样的易溶盐含量虽然小于 0.5%，但其溶陷系数却大于 0.01，最大的可达 0.09；我国有些地区，如青海西部的盐渍土厚度很大，超过 20m，浸水后累计溶陷量大。"（据徐攸在《盐渍土的工程特性、评价及改良》）。因此，将易溶盐含量标准由 0.5% 改为 0.3%，对保证工程安全是必要的。

除了细粒盐渍土外，我国西北内陆盆地山前冲积扇的砂砾层中，盐分以层状或窝状聚集在细粒土夹层的层面上，形状为几厘米至十几厘米厚的结晶盐层或含盐砂砾透镜体，盐晶呈纤维状晶族（华遵孟《西北内陆盆地粗颗粒盐渍土研究》）。对这类粗粒盐渍土，研究成果和工程经验不多，勘察时应予注意。

6.8.2 盐渍岩当环境条件变化时，其工程性质亦产生变化。以含盐量指标确定盐渍岩，有待今后继续积累资料。盐渍岩一般见于湖相或深湖相沉积的中生界地层。如白垩系红色泥质粉砂岩、三叠系泥灰岩及页岩。

含盐化学成分、含盐量对盐渍土有下列影响：

1 含盐化学成分的影响

  1） 氯盐类的溶解度随温度变化甚微，吸湿保水性强，使土体软化；

  2） 硫酸盐类则随温度的变化而胀缩，使土体变软；

  3） 碳酸盐类的水溶液有强碱性反应，使黏土胶体颗粒分散，引起土体膨胀；

表 6.8.2-1 采用易溶盐阴离子，在 100g 土中各自含有毫摩数的比值划分盐渍土类型；铁道部在内陆盐渍土地区多年工作经验，认为按阴离子比值划分比较简单易行，并将这种方法纳入现行行业标准《铁路工程地质技术规范》（TB10012—2001）；

2 含盐量的影响

盐渍土中含盐量的多少对盐渍土的工程特性影响较为明显，表 6.8.2-2 是在含盐性质的基础上，根据含盐量的多少划分的，这个标准也是沿用了现行行业标准《铁路工程地质技术规范》（TB10012—2001）的标准；根据部分单位的使用，认为基本反映了我国实际情况。

6.8.3 盐渍岩土地区的调查工作是根据盐渍岩土的具体条件拟定的。

1 硬石膏（$CaSO_4$）经水化后形成石膏（$CaSO_4 \cdot 2H_2O$），在水化过程中体积膨胀，可导致建筑物的破坏；另外，在石膏-硬石膏分布地区，几乎都发育岩溶化现象，在建筑物运营期间内，在石膏-硬石膏中出现岩溶化洞穴，而造成基础的不均匀沉陷；

2 芒硝（Na_2SO_4）的物态变化导致其体积的膨胀与收缩：芒硝的溶解度，当温度在32.4℃以下时，随着温度的降低而降低。因此，温度变化，芒硝将发生严重的体积变化，造成建筑物基础和洞室围岩的破坏。

6.8.4 为了划分盐渍土，应按表6.8.4的要求采取扰动土样。盐渍土平面分区可为总平面图设计选择最佳建筑场地；竖向分区则为地基设计、地下管道的埋设以及盐渍土对建筑材料腐蚀性评价等，提供有关资料。

据柴达木盆地实际观测结果，日温差引起的盐胀深度仅达表层下0.3m左右，深层土的盐胀由年温差引起，其盐胀深度范围在0.3m以下。

盐渍土盐胀临界深度，是指盐渍土的盐胀处于相对稳定时的深度。盐胀临界深度可通过野外观测获得。方法是在拟建场地自地面向下5m左右深度内，于不同深度处埋设测标，每日定时数次观测气温、各测标的盐胀量及相应深度处的地温变化，观测周期为一年。

柴达木盆地盐胀临界深度一般大于3.0m，大于一般建筑物浅基的埋深，如某深度处盐渍土由温差变化影响而产生的盐胀压力，小于上部有效压力时，其基础可适当浅埋，但室内地面下需作处理。以防由盐渍土的盐胀而导致的地面膨胀破坏。

6.8.5 盐渍土由于含盐性质及含盐量的不同，土的工程特性各异，地域性强，目前尚不具备以土工试验指标与载荷试验参数建立关系的条件，故载荷试验是获取盐渍土地基承载力的基本方法。

氯和亚氯盐渍土的力学强度的总趋势是总含盐量（S_{DS}）增大，比例界限（p_0）随之增大，当S_{DS}在10%范围内，p_0增加不大，超过10%后，p_0有明显提高。这是因为土中氯盐在其含量超过一定的临界溶解量时，则以晶体状态析出，同时对土粒产生胶结作用。使土的力学强度提高。

硫酸和亚硫酸盐渍土的总含盐量对力学强度的影响与氯盐渍土相反，即土的力学强度随S_{DS}的增大而减小。其原因是，当温度变化超越硫酸盐盐胀临界温度时，将发生硫酸盐体积的胀与缩，引起土体结构破坏，导致地基承载力降低。

6.9 风化岩和残积土

6.9.1 本条阐述风化岩和残积土的定义。不同的气候条件和不同的岩类具有不同风化特征，湿润气候以化学风化为主，干燥气候以物理风化为主。花岗岩类多沿节理风化，风化厚度大，且以球状风化为主。层状岩，多受岩性控制，硅质比黏土质不易风化，风化后层理尚较清晰，风化厚度较薄。可溶岩以溶蚀为主，有岩溶现象，不具完整的风化带，风化岩保持原岩结构和构造，而残积土则已全部风化成土，矿物结晶、结构、构造不易辨认，成碎屑状的松散体。

6.9.2 本条规定了风化岩和残积土勘察的任务，但对不同的工程应有所侧重。如作为建筑物天然地基时，应着重查明岩土的均匀性及其物理力学性质，作为桩基础时应重点查明破碎带和软弱夹层的位置和厚度等。

6.9.3 勘探点布置除遵循一般原则外，对层状岩应垂直走向布置，并考虑具有软弱夹层的特点。

勘探取样，规定在探井中刻取或采用双重管、三重管取样器，目的是为了保证采取风化岩样质量的可靠性。风化岩和残积土一般很不均匀，取样试验的代表性差，故应考虑原位测试与室内试验结合的原则，并以原位测试为主。

对风化岩和残积土的划分，可用标准贯入试验或无侧限抗压强度试验，也可采用波速测试，同时也不排除用规定以外的方法，可根据当地经验和岩土的特点确定。

6.9.4 对花岗岩残积土，为求得合理的液性指数，应确定其中细粒土（粒径小于0.5mm）的天然含水量w_f、塑性指数I_P、液性指数I_L，试验应筛去粒径大于0.5mm的粗颗粒后再作。而常规试验方法所作出的天然含水量失真，计算出的液性指数都小于零，与实际情况不符。细粒土的天然含水量可以实测，也可用下式计算：

$$w_f = \frac{w - w_A 0.01 P_{0.5}}{1 - 0.01 P_{0.5}} \qquad (6.4)$$

$$I_P = w_L - w_P \qquad (6.5)$$

$$I_L = \frac{w_f - w_P}{I_P} \qquad (6.6)$$

式中 w——花岗岩残积土（包括粗、细粒土）的天然含水量（%）；

w_A——粒径大于0.5mm颗粒吸着水含水量（%），可取5%；

$P_{0.5}$——粒径大于0.5mm颗粒质量占总质量的百分比（%）；

w_L——粒径小于0.5mm颗粒的液限含水量（%）；

w_P——粒径小于0.5mm颗粒的塑限含水量（%）。

6.9.5 花岗岩分布区，因为气候湿热，接近地表的残积土受水的淋滤作用，氧化铁富集，并稍具胶结状态，形成网纹结构，土质较坚硬。而其下强度较低，再下由于风化程度减弱强度逐渐增加。因此，同一岩性的残积土强度不一，评价时应予注意。

6.10 污　染　土

6.10.1 【修订说明】

本规范关于污染土定义的原有条文不包括环境评价。经广泛听取意见，多数专家认为，随着人们环境保护和生态建设意识的增强，污染对土和地下水造成的环境影响，尤其是对人体健康的影响日益受到重视，国际上环境岩土工程也已成为十分突出的问题。因此，本次修改对污染土的定义作了适当修改，不仅包括致污物质侵入导致土的物理力学性状和化学性质的改变，也包括致污物质侵入对人体健康和生态环境的影响。

6.10.2 【修订说明】

工业生产废水废渣污染，因生产或储存中废水、废渣和油脂的泄漏，造成地下水和土中酸碱度的改变，重金属、油脂及其他有害物质含量增加，导致基础严重腐蚀，地基土的强度急剧降低或产生过大变形，影响建筑物的安全及正常使用，或对人体健康和生态环境造成严重影响。

尾矿堆积污染，主要体现在对地表水、地下水的污染以及周围土体的污染，与选矿方法、工艺及添加剂和堆存方式等密切相关。

垃圾填埋场渗滤液的污染，因许多生活垃圾未能进行卫生填埋或卫生填埋不达标，生活垃圾的渗滤液污染土体和地下水，改变了原状土和地下水的性质，对周围环境也造成不良影响。

核污染主要是核废料污染，因其具有特殊性，故本节不包括核污染勘察。实际工程中如遇核污染问题时，应建议进行专题研究。

因人类活动所致的地基土污染一般在地表下一定深度范围内分布，部分地区地下潜水位高，地基土和地下水同时污染。因此在具体工程勘察时，污染土和地下水的调查应同步进行。

污染土勘察包括：对建筑材料的腐蚀性评价、污染对土的工程特性指标的影响程度评价以及污染土对环境的影响程度评价。考虑污染土对环境影响程度的评价需根据相关标准进行大量的室内试验，故可根据任务要求进行。

6.10.3 【修订说明】

污染土场地和地基的勘察可分为四种类型，不同类型的勘察重点有所不同。已受污染的已建场地和地基的勘察，主要针对污染土、水造成建筑物损坏的调查，是对污染土处理前的必要勘察，重点调查污染土强度和变形参数的变化、污染土和地下水对基础腐蚀程度等。对已受污染的拟建场地和地基的勘察，则在初步查明污染土和地下水空间分布特点的基础上，重点结合拟建建筑物基础形式及可能采用的处理措施，进行针对性勘察和评价。对可能受污染的场地和地基的勘察，则重点调查污染源和污染物质的分布、污染

途径，判定土、水可能受污染的程度，为已建工程的污染预防和拟建工程的设计措施提供依据。

6.10.4 【修订说明】

本条列出污染土现场勘察的适用手段，其中现场调查和钻探（或坑探）取样分析是必要手段，强调污染土勘察以现场调查为主。根据已有工程经验，应先调查污染源位置及相关背景资料。如不重视先期调查，按常规勘察盲目布置很多勘察工作量，则针对性差，有可能遗漏和淡化严重污染地段，造成土、水试样采取量不足，以致影响评价结论的可靠性。

用于不同测试目的及不同测试项目的样品，其保存的条件和保存的时间不同。国家环保总局发布的《土壤环境监测技术规范》（HJ/T 166—2004）中对新鲜样品的保存条件和保存的时间规定如表 6.2 所示。

表 6.2　新鲜样品的保存条件和保存时间

测试项目	容器材质	温度（℃）	可保存时间(d)	备注
金属（汞和六价铬除外）	聚乙烯、玻璃	<4	180	—
汞	玻璃	<4	28	—
砷	聚乙烯、玻璃	<4	180	—
六价铬	聚乙烯、玻璃	<4	1	—
氰化物	聚乙烯、玻璃	<4	2	—
挥发性有机物	玻璃（棕色）	<4	7	采样瓶装满装实并密封
半挥发性有机物	玻璃（棕色）	<4	10	采样瓶装满装实并密封
难挥发性有机物	玻璃（棕色）	<4	14	—

根据国外文献资料，多功能静力触探在环境岩土工程中应用已较为广泛。需要时，也可采用地球物理勘探方法（如电阻率法、电磁法等），配合钻探和其他原位测试，查明污染土的分布。

6.10.5 【修订说明】

本条即原规范第 6.10.6 条，内容未作修改。

6.10.6 【修订说明】

由于污染土空间分布一般具有不均匀、污染程度变化大的特点，勘察过程是一个从表面认知到逐步查明的过程，且勘察工作量与处理方法密切相关，因此污染土场地勘察宜分阶段进行，实际工程勘察也大多如此。第一阶段在承接常规勘察任务时，通过现场污染源调查、采取少量土样和地下水样进行化学分析，初步判定场地地基土和地下水是否受污染、污染的程度、污染的大致范围。第二阶段则在第一阶段勘察的基础上，经与委托方、设计方交流，并结合可能采用的基础方案、处理措施，明确详细的勘察方法并予以

实施。第二阶段的勘察工作应有很强的针对性。

6.10.7　【修订说明】

考虑到全国范围内污染物的侵入途径、污染土性质及处理方法差异均很大，勘察时应因地制宜，合理确定勘探点间距，不宜作统一规定。故本节对勘探点间距未作明确规定。

考虑污染土其污染的程度一般在深度方向变化较大，且处理方法也与污染土的深度密切相关，因此详细勘察时，划分污染土与非污染土界限时其取土试样的间距不宜过大。

6.10.8　【修订说明】

为了查明污染物在地下水不同深度的分布情况，需要采取不同深度的地下水试样。不同深度的地下水试样可以通过布设不同深度的勘探孔采取；当在同一钻孔中采取不同深度的地下水样时，需要采取严格的隔离措施，否则所取水试样是混合水样。

6.10.9　【修订说明】

污染土和水的化学成分试验内容，应根据任务要求确定。无环境评价要求时，测试的内容主要满足地基土和地下水对建筑材料的腐蚀性评价；有环境评价要求时，则应根据相关标准与任务委托时的具体要求，确定需要测试的内容。

工程需要时，研究土在不同类型和浓度污染液作用下被污染的程度、强度与变形参数的变化以及污染物的迁移特征等。主要用于污染源未隔离或未完全隔离情况下的预测分析。

6.10.10　【修订说明】

对污染土的评价，应根据污染土的物理、水理和力学性质，综合原位和室内试验结果，进行系统分析，用综合分析方法评价场地稳定性和地基适宜性。

考虑污染土和水对建筑材料的腐蚀程度、污染对土的工程特性（强度、变形、渗透性）指标的影响程度、污染土和水对环境的影响程度三方面的判别标准不同，污染等级划分标准不同，且后期处理方法也有差异，勘察报告中宜分别评价。

污染土的岩土工程评价应突出重点：对基岩地区，岩体裂隙和不良地质作用要重点评价。如有些垃圾填埋场建在山谷中，垃圾渗滤液是否沿岩体裂隙特别是构造裂隙扩散或岩体滑坡导致污染扩散等；对松软土地区，渗透性、土的力学性（强度和变形）评价则相对重要。

评价宜针对可能采用的处理方法突出重点，如挖除法处理，则主要查明污染土的分布范围；对需要提供污染土承载力的地基土，则其力学性质（强度和变形参数）评价应作为重点；对污染源未隔离或隔离效果差的场地，污染发展趋势的预测评价是重点。

6.10.12　【修订说明】

除对建筑材料的腐蚀性外，污染土的强度、渗透等工程特性指标是地基基础设计中重要的岩土参数，

需要有一个污染对土的工程特性影响程度的划分标准。但污染土性质复杂，化学成分多样，化学性质有极性和非极性，有的还含有有机质，工程要求也各不相同，很难用一个指标概括。本次修订按污染前后土的工程特性指标的变化率判别地基土受污染影响的程度。"变化率"是指污染前后工程特性指标的差值与污染前指标之比，具体选用哪种指标应根据工程具体情况确定。强度和变形指标可选用抗剪强度、压缩模量、变形模量等，也可用标贯锤击数、静力触探、动力触探指标，或载荷试验的地基承载力等。土被污染后一般对工程特性产生不利影响，但也有被胶结加固，产生有利影响，应在评价时说明。尤其应注意同一工程，经受同样程度的污染，当不同工程特性指标判别结果有差异时，宜在分别评价的基础上根据工程要求进行综合评价。

当场地地基土局部污染时，污染前工程特性指标（本底值）可依据未污染区的测试结果确定；当整个建设场地地基土均发生污染时，其污染前工程特性指标（本底值）可参考邻近未污染场地或该地区区域资料确定。

6.10.13　【修订说明】

污染土和水对环境影响的评估标准，可参照国家环境质量标准《土壤环境质量标准》（GB 15618）、《地下水质量标准》（GB/T 14848）和《地表水环境质量标准》（GB 3838）。值得注意的是我国环境质量标准与发达国家的同类标准有较大的差距。因此对环境影响评价应结合工程具体要求进行。

《土壤环境质量标准》（GB 15618—1995）中将土壤质量分为三类，分级标准分别为维持自然背景的土壤环境质量限制值、维持人体健康的土壤限制值、保障植物生长的土壤限制值。《地下水质量标准》（GB/T 14848—93）中将地下水质量分为五类，分别反映地下水化学成分天然低背景值、天然背景值、以人体健康基准值为依据、以农业及工业用水要求为依据、不宜饮用。《地表水环境质量标准》（GB 3838—2002）将地表水环境质量标准分为五类，分别主要适用于源头水及国家自然保护区、集中式生活饮用水地表水源地一级保护区、集中式生活饮用水地表水源地二级保护区、一般工业用水区、农业用水区及一般景观要求水域。根据上述标准可判定污染土和水对人体健康及植物生长等是否有影响。

根据《土壤环境监测技术规范》（HJ/T 166—2004），土壤环境质量评价一般以土壤单项污染指数、土壤污染超标率（倍数）等为主，也可用内梅罗污染指数划分污染等级（详见表6.3）。

其中：土壤单项污染指数＝土壤污染实测值/土壤污染物质量标准；

土壤污染超标率（倍数）＝（土壤某污染物实测值－某污染物质量标准）/某污

物质量标准

内梅罗污染指数 $(P_N) = \{[(Pl_{均}^2) + (Pl_{最大}^2)]/2\}^{1/2}$

式中 $Pl_{均}$ 和 $Pl_{最大}$ 分别是平均单项污染指数和最大单项污染指数。

表 6.3　土壤内梅罗污染指数评价标准

等级	内梅罗污染指数	污染等级
I	$P_N \leq 0.7$	清洁（安全）
II	$0.7 < P_N \leq 1.0$	尚清洁（警戒限）
III	$1.0 < P_N \leq 2.0$	轻度污染
IV	$2.0 < P_N \leq 3.0$	中度污染
V	$P_N > 3.0$	重污染

6.10.14【修订说明】

目前工程界处理污染土的方法有：隔离法、挖除换垫法、酸碱中和法、水稀释减低污染程度以及采用抗腐蚀的建筑材料等。总体要求是快速处理、成本控制、确保安全。需要注意的是污染土在外运处置时要防止二次污染的发生。

环境修复国外工程案例较多，修复方法包括物理方法（换土、过滤、隔离、电处理）、化学方法（酸碱中和、氧化还原、加热分解）和生物方法（微生物、植物），其中部分简单修复方法与目前我国工程界处理方法类同。生物修复历时较长，修复费用较高。仅从环境角度考虑修复方法时，不关注土体结构是否破坏，强度是否降低等岩土工程问题。

7　地　下　水

7.1　地下水的勘察要求

7.1.1～7.1.4　这 4 条都是在本次修订中增加的内容，归纳了近年来各地在岩土工程勘察，特别是高层建筑勘察中取得的一些经验。条文中的"主要含水层"，包括上层滞水的含水层。

随着城市建设的高速发展，特别是高层建筑的大量兴建，地下水的赋存和渗流形态对基础工程的影响日渐突出。表现在：

1　很多高层建筑的基础埋深超过 10m，甚至超过 20m，加上建筑体型往往比较复杂，大部分"广场式建筑（plaza）"的建筑平面内部都包含有纯地下室部分，在北京、上海、西安、大连等城市还修建了地下广场；在抗浮设计和地下室外墙承载力验算中，正确确定抗浮设防水位成为一个牵涉巨额造价以及施工难度和周期的十分关键的问题；

2　高层建筑的基础，除埋置较深外，其主体结构部分多采用箱基或筏基；基础宽度很大，加上基底压力较大，基础的影响深度可数倍、甚至十数倍于一

般多层建筑；在这个深度范围内，有时可能遇到 2 层或 2 层以上的地下水，比如北京规划区东部望京小区一带，在地面下 40m 范围内，地下水有 5 层之多；不同层位的地下水之间，水力联系和渗流形态往往各不相同，造成人们难于准确掌握建筑场地孔隙水压力场的分布；由于孔隙水压力在土力学和工程分析中的重要作用，对孔压的考虑不周将影响建筑沉降分析、承载力验算、建筑整体稳定性验算等一系列重要的工程评价问题；

3　显而易见，在基坑支护工程中，地下水控制设计和支护结构的侧向压力更与上述问题紧密相关。

工程经验表明，在大规模的工程建设中，对地下水的勘察评价将对工程的安全与造价产生极大影响。为适应这一客观需要，本次修订中强调：

1　加强对有关宏观资料的搜集工作，加重初步勘察阶段对地下水勘察的要求；

2　由于，第一、地下水的赋存状态是随时间变化的，不仅有年变化规律，也有长期的动态规律；第二、一般情况下详细勘察阶段时间紧迫，只能了解勘察时刻的地下水状态，有时甚至没有足够的时间进行本章第 7.2 节规定的现场试验；因此，除要求加强对长期动态规律的搜集资料和分析工作外，提出了有关在初勘阶段预设长期观测孔和进行专门的水文地质勘察的条文；

3　认识到地下水对基础工程的影响，实质上是水压力或孔隙水压力场的分布状态对工程结构影响的问题，而不仅仅是水位问题；了解在基础受压层范围内孔隙水压力场的分布，特别是在黏性土层中的分布，在高层建筑勘察与评价中是至关重要的；因此提出了有关了解各层地下水的补给关系、渗流状态，以及量测压力水头随深度变化的要求；有条件时宜进行渗流分析，量化评价地下水的影响；

4　多层地下水分层水位（水头）的观测，尤其是承压水压力水头的观测，虽然对基础设计和基坑设计都十分重要，但目前不少勘察人员忽视这件工作，造成勘察资料的欠缺，本次修订作了明确的规定；

5　渗透系数等水文地质参数的测定，有现场试验和室内试验两种方法。一般室内试验误差较大，现场试验比较切合实际，故本条规定通过现场试验测定，当需了解某些弱透水性地层的参数时，也可采用室内试验方法。

7.1.5　地下水样的采取应注意下列几点：

1　简分析水样取 1000ml，分析侵蚀性二氧化碳的水样取 500ml，并加大理石粉 2～3g，全分析水样取 3000ml；

2　取水容器要洗净，取样前应用水试样的水对水样瓶反复冲洗三次；

3　采取水样时应将水样瓶沉入水中预定深度缓慢将水注入瓶中，严防杂物混入，水面与瓶塞间要留

1cm 左右的空隙；

4 水样采取后要立即封好瓶口，贴好水样标签，及时送化验室。

7.2 水文地质参数的测定

7.2.1 测定水文地质参数的方法有多种，应根据地层透水性能的大小和工程的重要性以及对参数的要求，按附录 E 选择。

7.2.2、7.2.3 地下水位的量测，着重说明下列几点：

1 稳定水位是指钻探时的水位经过一定时间恢复到天然状态后的水位；地下水位恢复到天然状态的时间长短受含水层渗透性影响最大，根据含水层渗透性的差异，第7.2.3条规定了至少需要的时间；当需要编制地下水等水位线图或工期较长时，在工程结束后宜统一量测一次稳定水位；

2 采用泥浆钻进时，为了避免孔内泥浆的影响，需将测水管打入含水层 20cm 方能较准确地测得地下水位；

3 地下水位量测精度规定为 ±2cm 是指量测工具、观测等造成的总误差的限值，因此量测工具应定期用钢尺校正。

7.2.2 【修订说明】

第 2 款在第 7.2.3 条中已作规定，故删去。第 3 款原文为，"对多层含水层的水位量测，应采取止水措施将被测含水层与其他含水层隔开"。事实上，第 7.1.4 条已规定，"当场地有多层对工程有影响的地下水时，应分层量测地下水位"。如只看强制性条文，未全面理解规范，可能造成执行偏差，修改后将第 7.1.4 条的意思加了进去，以免造成片面理解。

上层滞水常无稳定水位，但应量测。

7.2.4 对地下水流向流速的测定作如下说明：

1 用几何法测定地下水流向的钻孔布置，除应在同一水文地质单元外，尚需考虑形成锐角三角形，其中最小的夹角不宜小于 40°；孔距宜为 50～100m，过大和过小都将影响量测精度；

2 用指示剂法测定地下水流速，试验孔与观测孔的距离由含水层条件确定，一般细砂层为 2～5m，含砾粗砂层为 5～15m，裂隙岩层为 10～15m，对岩溶水可大于 50m；指示剂可采用各种盐类、着色颜料等，其用量决定于地层的透水性和渗透距离；

3 用充电法测定地下水的流速适用于地下水位埋深不大于 5m 的潜水。

7.2.5 本条是对抽水试验的原则规定，具体说明下列几点：

1 抽水试验是求算含水层的水文地质参数较有效的方法；岩土工程勘察一般用稳定流抽水试验即可满足要求，正文表 7.2.5 所列的应用范围，可结合工程特点、勘察阶段及对水文地质参数精度的要求

选择；

2 抽水量和水位降深应根据工程性质、试验目的和要求确定；对于要求比较高的工程，应进行 3 次不同水位降深，并使最大的水位降深接近工程设计的水位标高，以便得到较符合实际的数据；一般工程可进行 1～2 次水位降深；

3 试验孔和观测孔的水位量测采用同一方法和器具，可以减少其间的相对误差；对观测孔的水位量测读数至毫米，是因其不受抽水泵和抽水时水面波动的影响，水位下降较小，且直接影响水文地质参数计算的精度；

4 抽水试验的稳定标准是当出水量和动水位与时间关系曲线均在一定范围内同步波动而没有持续上升和下降的趋势时即认为达到稳定；稳定延续时间，可根据工程要求和含水地层的渗透性确定；

5 试验成果分析可参照《供水水文地质勘察规范》（TJ27）进行。

7.2.6 本条所列注水试验的几种方法是国内外测定饱和松散土渗透性能的常用方法。试坑法和试坑单环法只能近似地测得土的渗透系数。而试坑双环法因排除侧向渗透的影响。测试精度较高。试坑试验时坑内注水水层厚度常用 10cm。

7.2.7 本条主要参照《水利水电工程钻孔压水试验规程》（SL25—92）及美国规范制定，具体说明下列几点：

1 常规性的压水试验为吕荣试验，该方法是 1933 年吕荣（M. Lugeon）首次提出，经多次修正完善，已为我国和大多数国家采用；成果表达采用透水率，单位为吕荣（Lu），当试段压力为 1MPa，每米试段的压入流量为 1L/min 时，称为 1Lu；

除了常规性的吕荣试验外，也可根据工程需要，进行专门性的压水试验；

2 压水试验的试段长度一般采用 5m，要根据地层的单层厚度，裂隙发育程度以及工程要求等因素确定；

3 按工程需要确定试验最大压力、压力施加的分级数及起始压力；调整压力表的工作压力为起始压力；一般采用三级压力五个阶段进行，取 1.0MPa 为试验最大压力；每 1～2min 记录压入水量，当连续五次读数的最大值和最小值与最终值之差，均小于最终值的 10% 时，为本级压力的最终压入水量，这是为了更好地控制压入量的最终值接近极值，以控制试验精度；

4 压水试验压力施加方法应由小到大，逐级增加到最大压力后，再由大到小逐级减小到起始压力；并逐级测定相应的压入水量，及时绘制压力与压入水量的相关图表，其目的是了解岩层裂隙在各种压力下的特点，如高压堵塞、成孔填塞、裂隙张闭、周围井泉等因素的影响；

5 p-Q 曲线可分为五种类型：A 型（层流型）、B 型（紊流型）、C 型（扩张型）、D 型（冲蚀型）、E 型（充填型）；

6 试验时应经常观测工作管外的水位变化及附近可能受影响的坑、孔、井、泉的水位和水量变化，出现异常时应分析原因，并及时采取相应措施。

7.2.8 对孔隙水压力的测定具体说明以下几点：

1 所列孔隙水压力测定方法及适用条件主要参考英国规范及我国实际情况制定，各种测试方法的优缺点简要说明如下：

立管式测压计安装简单，并可测定土的渗透性，但过滤器易堵塞，影响精度，反应时间较慢；

水压式测压计反应快，可同时测定渗透性，宜用于浅埋，有时也用于在钻孔中量测大的孔隙水压力，但因装置埋设在土层，施工时易受损坏；

电测式测压计（电阻应变式、钢弦应变式）性能稳定、灵敏度高，不受电线长短影响，但安装技术要求高，安装后不能检验，透水探头不能排气，电阻应变片不能保持长期稳定性；

气动测压计价格低廉，安装方便，反应快，但透水探头不能排气，不能测渗透性；

孔压静力触探仪操作简便，可在现场直接得到超孔隙水压力曲线，同时测出土层的锥尖阻力；

2 目前我国测定孔隙水压力；多使用振弦式孔隙压力计即电测式测压计和数字式钢弦频率接收仪；

3 孔隙水压力试验点的布置，应考虑地层性质、工程要求、基础型式等，包括量测地基土在荷载不断增加过程中，新建筑物对临近建筑物的影响、深基础施工和地基处理引起孔隙水压力的变化；对圆形基础一般以圆心为基点按径向布孔，其水平及垂直方向的孔距多为 5~10m；

4 测压计的埋设与安装直接影响测试成果的正确性；埋设前必须经过标定。安装时将测压计探头放置到预定深度，其上覆盖 30cm 砂均匀充填，并投入膨润土球，经压实注入泥浆密封；泥浆的配合比为 4（膨润土）：8~12（水）：1（水泥）地表部分应有保护罩以防水灌入；

5 试验成果应提供孔隙水压力与时间变化的曲线图和剖面图（同一深度），孔隙水压力与深度变化曲线图。

7.3 地下水作用的评价

7.3.1 在岩土工程的勘察、设计、施工过程中，地下水的影响始终是一个极为重要的问题，因此，在工程勘察中应当对其作用进行预测和评估，提出评价的结论与建议。

地下水对岩土体和建筑物的作用，按其机制可以划分为两类。一类是力学作用；一类是物理、化学作用。力学作用原则上应当是可以定量计算的，通过力学模型的建立和参数的测定，可以用解析法或数值法得到合理的评价结果。很多情况下，还可以通过简化计算，得到满足工程要求的结果。由于岩土特性的复杂性，物理、化学作用有时难以定量计算，但可以通过分析，得出合理的评价。

7.3.2 地下水对基础的浮力作用，是最明显的一种力学作用。在静水环境中，浮力可以用阿基米德原理计算。一般认为，在透水性较好的土层或节理发育的岩石地基中，计算结果即等于作用在基底的浮力；对于渗透系数很低的黏土来说，上述原理在原则上也应该是适用的，但是有实测资料表明，由于渗透过程的复杂性，黏土中基础所受到的浮托力往往小于水柱高度。在铁路路基设计规范中，曾规定在此条件下，浮力可作一定折减。由于这个问题缺乏必要的理论依据，很难确切定量，故本条规定，只有在具有地方经验或实测数据时，方可进行一定的折减；在渗流条件下，由于土单元体的体积 V 上存在与水力梯度 i 和水的重力密度 γ_w 呈正比的渗流力（体积力）J，

$$J = i\gamma_w V \tag{7.1}$$

造成了土体中孔隙水压力的变化，因此，浮力与静水条件下不同，应该通过渗流分析得到。

无论用何种条分极限平衡方法验算边坡稳定性，孔隙水压力都会对各分条底部的有效应力条件产生重大影响，从而影响最后的分析结果。当存在渗流条件时，和上述原理一样，渗流状态还会影响到孔隙水压力的分布，最后影响到安全系数的大小。因此条文对边坡稳定性分析中地下水作用的考虑作了原则规定。

验算基坑支护支挡结构的稳定性时，不管是采用水土合算还是水土分算的方法，都需要首先将地下水的分布搞清楚，才能比较合理地确定作用在支挡结构上的水土压力。当渗流作用影响明显时，还应该考虑渗流对水压力的影响。

渗流作用可能产生潜蚀、流砂、流土或管涌现象，造成破坏。以上几种现象，都是因为基坑底部某个部位的最大渗流梯度 i_{max} 大于临界梯度 i_{cr}，致使安全系数 F_s 不能满足要求：

$$F_s = \frac{i_{cr}}{i_{max}} \tag{7.2}$$

从土质条件来判断，不均匀系数小于 10 的均匀砂土，或不均匀系数虽大于 10，但含细粒量超过 35% 的砂砾石，其表现形式为流砂或流土；正常级配的砂砾石，当其不均匀系数大于 10，但细粒含量小于 35% 时，其表现形式为管涌；缺乏中间粒径的砂砾石，当细粒含量小于 20% 时为管涌，大于 30% 时为流土。以上经验可供分析评价时参考。

在防止由于深处承压水水压力而引起的基底隆起，需验算基坑底不透水层厚度与承压水水头压力，见图 7.1 并按平衡式（7.3）进行计算：

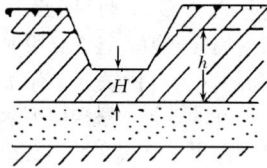

图 7.1 含水层示意图

$$\gamma H = \gamma_w \cdot h \tag{7.3}$$

要求基坑开挖后不透水层的厚度按式（7.4）计算：

$$H \geqslant (\gamma_w / \gamma) \cdot h \tag{7.4}$$

式中 H——基坑开挖后不透水层的厚度（m）；

γ——土的重度；

γ_w——水的重度；

h——承压水头高于含水层顶板的高度（m）。

以上式子中当 $H = (\gamma_w / \gamma) \cdot h$ 时处在极限平衡状态，工程实践中，应有一定的安全度，但多少为宜，应根据实际工程经验确定。

对于地下水位以下开挖基坑需采取降低地下水位的措施时，需要考虑的问题主要有：1. 能否疏干基坑内的地下水，得到便利安全的作业面；2. 在造成水头差条件下，基坑侧壁和底部土体是否稳定；3. 由于地下水的降低，是否会对邻近建筑、道路和地下设施造成不利影响。

7.3.2 【修订说明】

本条无实质性修改，仅使文字表述更科学合理。

原文中的"动水压力"一词源于前苏联，词义不够准确。动水压力实际指的是渗透力，渗透力是一种体积力，不是面积力。地下水作用既可用体积力表达，如渗透力，也可用面积力表达，如静水压力，故对第2款作了相应修改。

静水压力是一种面积力，渗透力是一种体积力，二者应分开考虑，原文第4款写在一起易被误解，故作相应修改。

第5款中删去了"流砂"，因流砂一词表达不确切。

7.3.3 即使是在赋存条件和水质基本不变的前提下，地下水对岩土体和结构基础的作用往往也是一个渐变的过程，开始可能不为人们所注意，一旦危害明显就难以处理。由于受环境，特别是人类活动的影响，地下水位和水质还可能发生变化。所以在勘察时要注意调查研究，在充分了解地下水赋存环境和岩土条件的前提下做出合理的预测和评价。

7.3.4、7.3.5 要求施工中地下水位应降至开挖面以下一定距离（砂土应在 0.5m 以下，黏性土和粉土应在1m以下）是为了避免由于土体中毛细作用使槽底土质处于饱和状态，在施工活动中受到严重扰动，影响地基的承载力和压缩性。在降水过程中如不满足有关规范要求，带出土颗粒，有可能使基底土体受到扰动，严重时可能影响拟建建筑的安全和正常使用。

工程降水方法可参考表 7.1 选用。

表 7.1 降低地下水位方法的适用范围

技术方法	适用地层	渗透系数 （m/d）	降水深度
明排井	黏性土、粉土、砂土	<0.5	<2m
真空井点	黏性土、粉土、砂土	0.1~20	单级<6m 多级<20m
电渗井点	黏性土、粉土	<0.1	按井的类型确定
引渗井	黏性土、粉土、砂土	0.1~20	根据含水层条件选用
管井	砂土、碎石土	1.0~200	>5m
大口井	砂土、碎石土	1.0~200	<20m

8 工程地质测绘和调查

8.0.1、8.0.2 为查明场地及其附近的地貌、地质条件，对稳定性和适宜性做出评价，工程地质测绘和调查具有很重要的意义。工程地质测绘和调查宜在可行性研究或初步勘察阶段进行；详细勘察时，可在初步勘察测绘和调查的基础上，对某些专门地质问题（如滑坡、断裂等）作必要的补充调查。

8.0.3 对本条作以下几点说明：

1 地质点和地质界线的测绘精度，本次修订统一定为在图上不应低于 3mm，不再区分场地内和其他地段，因同一张工程地质图，精度应当统一；

2 本条明确提出：对工程有特殊意义的地质单元体，如滑坡、断层、软弱夹层、洞穴、泉等，都应进行测绘，必要时可用扩大比例尺表示，以便更好地解决岩土工程的实际问题；

3 为了达到精度要求，通常要求在测绘填图中，采用比提交成图比例尺大一级的地形图作为填图的底图；如进行1:10000比例尺测绘时，常采用1:5000的地形图作为外业填图底图；外业填图完成后再缩成1:10000的成图，以提高测绘的精度。

8.0.4 地质观测点的布置是否合理，是否具有代表性，对于成图的质量至关重要。地质观测点宜布置在地质构造线、地层接触线、岩性分界线、不整合面和不同地貌单元、微地貌单元的分界线和不良地质作用分布的地段。同时，地质观测点应充分利用天然和已有的人工露头，例如采石场、路堑、井、泉等。当天然露头不足时，应根据场地的具体情况布置一定数量的勘探工作。条件适宜时，还可配合进行物探工作，探测地层、岩性、构造、不良地质作用等问题。

地质观测点的定位标测，对成图的质量影响很大，常采用以下方法：

1　目测法，适用于小比例尺的工程地质测绘，该法系根据地形、地物以目估或步测距离标测；

2　半仪器法，适用于中等比例尺的工程地质测绘，它是借助于罗盘仪、气压计等简单的仪器测定方位和高度，使用步测或测绳量测距离；

3　仪器法，适用于大比例尺的工程地质测绘，即借助于经纬仪、水准仪等较精密的仪器测定地质观测点的位置和高程；对于有特殊意义的地质观测点，如地质构造线、不同时代地层接触线、不同岩性分界线、软弱夹层、地下水露头以及有不良地质作用等，均宜采用仪器法；

4　卫星定位系统（GPS）：满足精度条件下均可应用。

8.0.5　对于工程地质测绘和调查的内容，本条特别强调应与岩土工程紧密结合，应着重针对岩土工程的实际问题。

8.0.6　测绘和调查成果资料的整理，本条只作了一般内容的规定，如果是为解决某一专门的岩土工程问题，也可编绘专门的图件。

在成果资料整理中应重视素描图和照片的分析整理工作。美国、加拿大、澳大利亚等国的岩土工程咨询公司都充分利用摄影和素描这个手段。这不仅有助于岩土工程成果资料的整理，而且在基坑、竖井等回填后，一旦由于科研上或法律诉讼上的需要，就比较容易恢复和重现一些重要的背景资料。在澳大利亚几乎每份岩土工程勘察报告都附有典型的彩色照片或素描图。

8.0.7　搜集航空相片和卫星相片的数量，同一地区应有2~3套，一套制作镶嵌略图，一套用于野外调绘，一套用于室内清绘。

在初步解译阶段，对航空相片或卫星相片进行系统的立体观测，对地貌和第四纪地质进行解译，划分松散沉积物与基岩的界线，进行初步构造解译等。

第二阶段是野外踏勘和验证。核实各典型地质体在照片上的位置，并选择一些地段进行重点研究，作实测地质剖面和采集必要的标本。

最后阶段是成图，将解译资料，野外验证资料和其他方法取得的资料，集中转绘到地形底图上，然后进行图面结构的分析。如有不合理现象，要进行修正，重新解译或到野外复验。

9　勘探和取样

9.1　一般规定

9.1.1　为达到理想的技术经济效果，宜将多种勘探手段配合使用，如钻探加触探，钻探加地球物理勘探等。

9.1.2　钻孔和探井如不妥善回填，可能造成对自然环境的破坏，这种破坏往往在短期内或局部范围内不易察觉，但能引起严重后果。因此，一般情况下钻孔、探井和探槽均应回填，且应分段回填夯实。

9.1.3　钻探和触探各有优缺点，有互补性，二者配合使用能取得良好的效果。触探的力学分层直观而连续，但单纯的触探由于其多解性容易造成误判。如以触探为主要勘探手段，除非有经验的地区，一般均应有一定数量的钻孔配合。

9.2　钻　探

9.2.1　选择钻探方法应考虑的原则是：

1　地层特点及钻探方法的有效性；

2　能保证以一定的精度鉴别地层，了解地下水的情况；

3　尽量避免或减轻对取样段的扰动影响。

正文表9.2.1就是按照这些原则编制的。现在国外的一些规范、标准中，都有关于不同钻探方法或工具的条款。实际工作中的偏向是着重注意钻进的有效性，而不太重视如何满足勘察技术要求。为了避免这种偏向，本条规定，为达到一定的目的，制定勘察工作纲要时，不仅要规定孔位、孔深，而且要规定钻探方法。钻探单位应按任务书指定的方法钻进，提交成果中也应包括钻进方法的说明。

9.2.3　美国金刚石岩芯钻机制造者协会的标准（简称DCDMA标准）在国际上应用最广，已有形成世界标准的趋势。国外有关岩土工程勘探、测试的规范标准以及合同文件中均习惯以该标准的代号表示钻孔口径，如Nx、Ax、Ex等。由于多方面的原因，我国现行的钻探管材标准与DCDMA比较还有一定的差别，故容许两种标准并行。

9.2.4　本条所列各项要求，是针对既要求直观鉴别地层，又要求采取不扰动土试样的情况提出的，如果勘察要求降低，对钻探的要求也可相应地放宽。

岩石质量指标RQD是岩芯中长度在10cm以上的分段长度总和与该回次钻进深度之比，以百分数表示，国际岩石力学学会建议，量测时应以岩芯的中心线为准。RQD值是对岩体进行工程评价广泛应用的指标。显然，只有在钻进操作统一标准的条件下测出的RQD值才具有可比性，才是有意义的。对此本条按照国际通用标准作出了规定。

9.2.4　【修订说明】

本条原文第6款有定向钻进的规定，定向钻进属于专门性钻进技术，对倾角和方位角的要求随工程而异，不宜在本规范中具体规定，故删去。

9.2.6　本条是有关钻探成果的标准化要求。钻探野外记录是一项重要的基础工作，也是一项有相当难度的技术工作，因此应配备有足够专业知识和经验的人员来承担。野外描述一般以目测手触鉴别为主，结果往往因人而异。为实现岩土描述的标准化，除本条的原则规定外，如有条件可补充一些标准化定量化的鉴别方法,将有助于提高钻探记录的客观性和可比性,这类方法包括:使用标准粒度模块区分砂土类别;用孟塞尔(Munsell)色标比色法表示颜色;用微型贯入仪测定土的状态;用点荷载仪判别岩石风化程度和强度等。

9.3 井探、槽探和洞探

本节无条文说明。

9.4 岩土试样的采取

9.4.1 本条改变了过去将土试样简单划分为"原状土样"和"扰动土样"的习惯,而按可供试验项目将土试样分为四个级别。绝对不扰动的土样从理论上说是无法取得的。因此 Hvorslev 将"能满足所有室内试验要求,能用以近似测定土的原位强度、固结、渗透以及其他物理性质指标的土样"定义为"不扰动土样"。但是,在实际工作中并不一定要求一个试样做所有的试验,而不同试验项目对土样扰动的敏感程度是不同的。因此可以针对不同的试验目的来划分土试样的质量等级。采取不同级别土试样花费的代价差别很大。按本条规定可根据试验内容选定试样等级。

土试样扰动程度的鉴定有多种方法,大致可分以下几类:

1 现场外观检查 观察土样是否完整,有无缺陷,取样管或衬管是否挤扁、弯曲、卷折等;

2 测定回收率 按照 Hvorslev 的定义,回收率为 L/H; H 为取样时取土器贯入孔底以下土层的深度, L 为土样长度,可取土试样毛长,而不必是净长,即可从土试样顶端算至取土器刃口,下部如有脱落可不扣除;回收率等于 0.98 左右是最理想的,大于 1.0 或小于 0.95 是土样受扰动的标志;取样回收率可在现场测定,但使用敞口式取土器时,测定有一定的困难;

3 X 射线检验 可发现裂纹、空洞、粗粒包裹体等;

4 室内试验评价 由于土的力学参数对试样的扰动十分敏感,土样受扰动的程度可以通过力学性质试验结果反映出来;最常见的方法有两种:

1)根据应力应变关系评定 随着土试样扰动程度增加,破坏应变 ε_f 增加,峰值应力降低,应力应变关系曲线线型趋缓。根据国际土力学基础工程学会取样分会汇集的资料,不同地区对不扰动土试样作不排水压缩试验得出的破坏应变值 ε_f 分别是:加拿大黏土 1%;南斯拉夫黏土 1.5%,日本海相黏土 6%;法国黏性土 3%~8%;新加坡海相黏土 2%~5%;如果测得的破坏应变值大于上述特征值,该土样即可认为是受扰动的;

2)根据压缩曲线特征评定 定义扰动指数 $I_D = (\Delta e_0/\Delta e_m)$,式中 Δe_0 为原位孔隙比与土样在先期固结压力处孔隙比的差值· Δe_m 为原位孔隙比与重塑土在上述压力处孔隙比的差值。如果先期固结压力未能确定,可改用体积应变 ε_v 作为评定指标;

$$\varepsilon_v = \Delta V/V = \Delta e/(1+e_0)$$

式中 e_0 为土样的初始孔隙比, Δe 为加荷至自重压力时的孔隙比变化量。

近年来,我国沿海地区进行了一些取样研究,采用上述指标评定的标准见表 9.1。

表 9.1 评价土试样扰动程度的参考标准

扰动程度 评价指标	几乎未 扰动	少量 扰动	中等 扰动	很大 扰动	严重 扰动	资料 来源
ε_f	1%~3%	3%~5%	5%~6%	6%~10%	>10%	上海
ε_f	3%~5%	3%~5%	5%~8%	>10%	>15%	连云港
I_p	<0.15	0.15~ 0.30	0.30~ 0.50	0.50~0.75	>0.75	上海
ε_v	<1%	1%~2%	2%~4%	4%~10%	>10%	上海

应当指出,上述指标的特征值不仅取决于土试样的扰动程度,而且与土的自身特性和试验方法有关,故不可能提出一个统一的衡量标准,各地应按照本地区的经验参考使用上述方法和数据。

一般而言,事后检验把关并不是保证土试样质量的积极措施。对土试样作质量分级的指导思想是强调事先的质量控制,即对采取某一级别土试样所必须使用的设备和操作条件做出严格的规定。

9.4.2 正文表 9.4.2 中所列各种取土器大都是国外常见的取土器。按壁厚可分为薄壁和厚壁两类,按进入土层的方式可分为贯入和回转两类。

薄壁取土器壁厚仅 1.25~2.00mm,取样扰动小,质量高,但因壁薄,不能在硬和密实的土层中使用。按其结构形式有以下几种:

1 敞口式,国外称为谢尔贝管,是最简单的一种薄壁取土器,取样操作简便,但易逃土;

2 固定活塞式,在敞口薄壁取土器内增加一个活塞以及一套与之相连的活塞杆,活塞杆可通过取土器的头部并经由钻杆的中空延伸至地面;下放取土器时,活塞处于取样管刃口端部,活塞杆与钻杆同步下放,到达取样位置后,固定活塞杆与活塞,通过钻杆压入取样管进行取样;活塞的作用在于下放取土器时可排开孔底浮土,上提时可隔绝土样顶端的水压、气压、防止逃土,同时又不会像上提活阀那样产生过度的负压引起土样扰动;取样过程中,固定活塞还可以限制土样进入取样管后顶端的膨胀上凸趋势;因此,固定活塞取土器取样质量高,成功率也高;但因需要两套杆件,操作比较费事;固定活塞薄壁取土器是目前国际公认的高质量取土器,其代表性型号有

Hvorslev 型、NGI 型等；

3 水压固定活塞式，是针对固定活塞式的缺点而制造的改进型；国外以其发明者命名为奥斯特伯格取土器；其特点是去掉活塞杆，将活塞连接在钻杆底端，取样管则与另一套在活塞缸内的可动活塞联结，取样时通过钻杆施加水压，驱动活塞缸内的可动活塞，将取样管压入土中，其取样效果与固定活塞式相同，操作较为简便，但结构仍较复杂；

4 自由活塞式，与固定活塞式不同之处在于活塞杆不延伸至地面，而只穿过接头，并用弹簧锥卡予以控制；取样时依靠土试样将活塞顶起，操作较为简便，但土试样上顶活塞时易受扰动，取样质量不及以上两种。

回转型取土器有两种：

1 单动三重（二重）管取土器，类似岩芯钻探中的双层岩芯管，取样时外管旋转，内管不动，故称单动；如在内管内再加衬管，则成为三重管；其代表性型号为丹尼森（Denison）取土器。丹尼森取土器的改进型称为皮切尔（Pitcher）取土器，其特点是内管刃口的超前值可通过一个竖向弹簧按土层软硬程度自动调节，单动三重管取土器可用于中等以至较硬的土层；

2 双动三重（二重）管取土器，与单动不同之处在于取样内管也旋转，因此可切削进入坚硬的地层，一般适用于坚硬黏性土，密实砂砾以至软岩。

厚壁敞口取土器，系指我国目前大多数单位使用的内装镀锌铁皮衬管的对分式取土器。这种取土器与国际上惯用的取土器相比，性能相差甚远，最理想的情况下，也只能取得Ⅱ级土样，不能视为高质量的取土器。

目前，厚壁敞口取土器中，大多使用镀锌铁皮衬管，其弊病甚多，对土样质量影响很大，应逐步予以淘汰，代之以塑料或酚醛层压纸管。目前仍允许使用镀锌铁皮衬管，但要特别注意保持其形状圆整，重复使用前应注意整形，清除内外壁粘附的蜡、土或锈斑。

考虑我国目前的实际情况，薄壁取土器尚需逐步普及，故允许以束节式取土器代替薄壁取土器。但只要有条件，仍以采用标准薄壁取土器为宜。

9.4.4 有关标准为 1996 年 10 月建设部发布，中华人民共和国建设部工业行业标准《原状取砂器》（JG/T 5061.10—1996）。

9.4.5 关于贯入取土器的方法，本条规定宜用快速静力连续压入法，即只要能压入的要优先采用压入法，特别对软土必须采用压入法。压入应连续而不间断，如用钻机给进机构施压，则应配备有足够压入行程和压入速度的钻机。

9.5 地球物理勘探

本节内容仅涉及采用地球物理勘探方法的一般原则，目的在于指导非地球物理勘探专业的工程地质与岩土工程师结合工程特点选择地球物理勘探方法。强调工程地质、岩土工程与地球物理勘探的工程师密切配合，共同制定方案，分析判释成果。地球物理勘探方法具体方案的制定与实施，应执行现行工程地球物理勘探规程的有关规定。

地球物理勘探发展很快，不断有新的技术方法出现。如近年来发展起来的瞬态多道面波法、地震 CT、电磁波 CT 法等，效果很好。当前常用的工程物探方法详见表 9.2。

表 9.2 地球物理勘探方法的适用范围

方法名称		适用范围
电法	自然电场法	1 探测隐伏断层、破碎带； 2 测定地下水流速、流向
	充电法	1 探测地下洞穴； 2 测定地下水流速、流向； 3 探测地下或水下隐埋物体； 4 探测地下管线
	电阻率测深	1 测定基岩埋深，划分松散沉积层序和基岩风化带； 2 探测隐伏断层、破碎带； 3 探测地下洞穴； 4 测定潜水面深度和含水层分布； 5 探测地下或水下隐埋物体
	电阻率剖面法	1 测定基岩埋深； 2 探测隐伏断层、破碎带； 3 探测地下洞穴； 4 探测地下或水下隐埋物体
	高密度电阻率法	1 测定潜水面深度和含水层分布； 2 探测地下或水下隐埋物体
	激发极化法	1 探测隐伏断层、破碎带； 2 探测地下洞穴； 3 划分松散沉积层序； 4 测定潜水面深度和含水层分布； 5 探测地下或水下隐埋物体
电磁法	甚低频	1 探测隐伏断层、破碎带； 2 探测地下或水下隐埋物体； 3 探测地下管线
	频率测深	1 测定基岩埋深，划分松散沉积层序和风化带； 2 探测隐伏断层、破碎带； 3 探测地下洞穴； 4 探测河床水深及沉积泥沙厚度； 5 探测地下或水下隐埋物体； 6 探测地下管线
	电磁感应法	1 测定基岩埋深； 2 探测隐伏断层、破碎带； 3 探测地下洞穴； 4 探测地下或水下隐埋物体； 5 探测地下管线

方法名称		适用范围
电磁法	地质雷达	1 测定基岩埋深，划分松散沉积层序和基岩风化带； 2 探测隐伏断层、破碎带； 3 探测地下洞穴； 4 测定潜水面深度和含水层分布； 5 探测河床水深及沉积泥沙厚度； 6 探测地下或水下隐埋物体； 7 探测地下管线
	地下电磁波法（无线电波透视法）	1 探测隐伏断层、破碎带； 2 探测地下洞穴； 3 探测地下或水下隐埋物体； 4 探测地下管线
地震波法和声波法	折射波法	1 测定基岩埋深，划分松散沉积层序和基岩风化带； 2 测定潜水面深度和含水层分布； 3 探测河床水深及沉积泥沙厚度
	反射波法	1 测定基岩埋深，划分松散沉积层序和基岩风化带； 2 探测隐伏断层、破碎带； 3 探测地下洞穴； 4 测定潜水面深度和含水层分布； 5 探测河床水深及沉积泥沙厚度； 6 探测地下或水下隐埋物体； 7 探测地下管线
	直达波法（单孔法和跨孔法）	划分松散沉积层序和基岩风化带；
	瑞雷波法	1 测定基岩埋深，划分松散沉积层序和基岩风化带； 2 探测隐伏断层、破碎带； 3 探测地下洞穴； 4 探测地下隐埋物体； 5 探测地下管线
	声波法	1 测定基岩埋深，划分松散沉积层序和基岩风化带； 2 探测隐伏断层、破碎带； 3 探测含水层； 4 探测洞穴和地下或水下隐埋物体； 5 探测地下管线； 6 探测滑坡体的滑动面
	声纳浅层剖面法	1 探测河床水深及沉积泥沙厚度； 2 探测地下或水下隐埋物体
地球物理测井（放射性测井、电测井、电视测井）		1 探测地下洞穴； 2 划分松散沉积层序及基岩风化带； 3 测定潜水面深度和含水层分布； 4 探测地下或水下隐埋物体

10 原位测试

10.1 一般规定

10.1.1 在岩土工程勘察中，原位测试是十分重要的手段，在探测地层分布，测定岩土特性，确定地基承载力等方面，有突出的优点，应与钻探取样和室内试验配合使用。在有经验的地区，可以原位测试为主。在选择原位测试方法时，应考虑的因素包括土类条件、设备要求、勘察阶段等，而地区经验的成熟程度最为重要。

布置原位测试，应注意配合钻探取样进行室内试验。一般应以原位测试为基础，在选定的代表性地点或有重要意义的地点采取少量试样，进行室内试验。这样的安排，有助于缩短勘察周期，提高勘察质量。

10.1.2 原位测试成果的应用，应以地区经验的积累为依据。由于我国各地的土层条件、岩土特性有很大差别，建立全国统一的经验关系是不可取的，应建立地区性的经验关系，这种经验关系必须经过工程实践的验证。

10.1.4 各种原位测试所得的试验数据，造成误差的因素是较为复杂的，由测试仪器、试验条件、试验方法、操作技能、土层的不均匀性等所引起。对此应有基本估计，并剔除异常数据，提高测试数据的精度。静力触探和圆锥动力触探，在软硬地层的界面上，有超前和滞后效应，应予注意。

10.2 载荷试验

10.2.1 平板载荷试验（plate loading test）是在岩土体原位，用一定尺寸的承压板，施加竖向荷载，同时观测承压板沉降，测定岩土体承载力和变形特性；螺旋板载荷试验（screw plate loading test）是将螺旋板旋入地下预定深度，通过传力杆对螺旋板施加竖向荷载，同时量测螺旋板沉降，测定土的承载力和变形特性。

常规的平板载荷试验，只适用于地表浅层地基和地下水位以上的地层。对于地下深处和地下水位以下的地层，浅层平板载荷试验已显得无能为力。以前在钻孔底进行的深层载荷试验，由于孔底土的扰动，板土间的接触难以控制等原因，早已废弃不用。《94规范》规定了螺旋板载荷试验，本次修订仍列入不变。

进行螺旋板载荷试验时，如旋入螺旋板深度与螺距不相协调，土层也可能发生较大扰动。当螺距过大，竖向荷载作用大，可能发生螺旋板本身的旋进，影响沉降的量测。上述这些问题，应注意避免。

本次修订增加了深层平板载荷试验方法，适用于地下水位以上的一般土和硬土。这种方法已经积累了一定经验，为了统一操作标准和计算方法，列入了本规范。

10.2.1 【修订说明】

本条原文的写法易被误解，故稍作调整。深层载荷试验与浅层载荷试验的区别，在于试土是否存在边载，荷载作用于半无限体的表面还是内部。深层载荷试验过浅，不符合变形模量计算假定荷载作用于半无限体内部的条件。深层载荷试验的条件与基础宽度、土的内摩擦角等有关，原规定 3m 偏浅，现改为 5m。原规定深层载荷试验适用于地下水位以上，但地下水位以下的土，如采取降水措施并保证试土维持原来的饱和状态，试验仍可进行，故删除了这个限制。

例如：载荷试验深度为 6m，但试坑宽度符合浅层载荷试验条件，无边载，则属于浅层载荷试验；反之，假如载荷试验深度为 5.5m，但试井直径与承压板直径相同，有边载，则属于深层载荷试验。

浅层载荷试验只用于确定地基承载力和土的变形模量，不能用于确定桩的端阻力；深层载荷试验可用于确定地基承载力、桩的端阻力和土的变形模量。但载荷试验只是一种模拟，与实际工程的工作状态总是有差别的。深层载荷试验反映了土的应力水平，反映了侧向超载对试土承载力的影响，作为地基承载力，不必作深度修正，只需宽度修正，是比较合理的方法。但深层载荷试验的破坏模式是局部剪切破坏，而浅基础一般假定为整体剪切破坏，塑性区开展的模式也不同，因而工作状态是有差别的。桩虽是局部剪切破坏，但与深层载荷试验的工作状态仍有差别。深层载荷试验时孔壁临空，而桩的侧壁限制了土体变形，桩与土之间存在法向力和剪力。此外，还有试土的代表性问题，试土扰动问题，试验操作造成的误差问题等，确定地基承载力和桩的端阻力仍需综合判定。

10.2.2 一般认为，载荷试验在各种原位测试中是最为可靠的，并以此作为其他原位测试的对比依据。但这一认识的正确性是有前提条件的，即基础影响范围内的土层应均一。实际土层往往是非均质土或多层土，当土层变化复杂时，载荷试验反映的承压板影响范围内地基土的性状与实际基础下地基土的性状将有很大的差异。故在进行载荷试验时，对尺寸效应要有足够的估计。

10.2.3 对载荷试验的技术要求作如下说明：

1 对于深层平板载荷试验，试井截面应为圆形，直径宜取 0.8~1.2m，并有安全防护措施；承压板直径取 800mm 时，采用厚约 300mm 的现浇混凝土板或预制的刚性板；可直接在外径为 800mm 的钢环或钢筋混凝土管柱内浇筑；紧靠承压板周围土层高度不应小于承压板直径，以尽量保持半无限体内部的受力状态，避免试验时土的挤出；用立柱与地面的加荷装置连接，亦可利用井壁护圈作为反力，加荷试验时应直接测读承压板的沉降；

2 对试验面，应注意使其尽可能平整，避免扰动，并保证承压板与土之间有良好的接触；

3 承压板宜采用圆形压板，符合轴对称的弹性理论解，方形板则成为三维复杂课题；板的尺寸，国外采用的标准承压板直径为 0.305m，根据国内的实际经验，可采用 0.25~0.5m²，软土应采用尺寸大些的承压板，否则易发生歪斜；对碎石土，要注意碎石的最大粒径；对硬的裂隙性黏土及岩层，要注意裂隙的影响；

4 加荷方法，常规方法以沉降相对稳定法（即一般所谓的慢速法）为准；如试验目的是确定地基承载力，加荷方法可以考虑采用沉降非稳定法（快速法）或等沉降速率法，但必须有对比的经验，在这方面应注意积累经验，以加快试验周期；如试验目的是确定土的变形特性，则快速加荷的结果只反映不排水条件的变形特性，不反映排水条件的固结变形特性；

5 承压板的沉降量测的精度影响沉降稳定的标准；当荷载沉降曲线无明确拐点时，可加测承压板周围土面的升降、不同深度土层的分层沉降或土层的侧向位移；这有助于判别承压板下地基土受荷后的变化，发展阶段及破坏模式，判定拐点；

6 一般情况下，载荷试验应做到破坏，获得完整的 p-s 曲线，以便确定承载力特征值；只有试验目的为检验性质时，加荷至设计要求的二倍时即可终止；发生明显侧向挤出隆起或裂缝，表明受荷地层发生整体剪切破坏，这属于强度破坏极限状态；等速沉降或加速沉降，表明承压板下产生塑性破坏或刺入破坏，这是变形破坏极限状态；过大的沉降（承压板直径的 0.06 倍），属于超过限制变形的正常使用极限状态。

在确定终止试验标准时，对岩体而言，常表现为承压板上和板外的测表不停地变化，这种变化有增加的趋势。此外，有时还表现为荷载加不上，或加上去后很快降下来。当然，如果荷载已达到设备的最大出力，则不得不终止试验，但应判定是否满足了试验要求。

10.2.5 用浅层平板载荷试验成果计算土的变形模量的公式，是人们熟知的，其假设条件是荷载在弹性半无限空间的表面。深层平板载荷试验荷载作用在半无限体内部，不宜采用荷载作用在半无限体表面的弹性理论公式，式（10.2.5-2）是在 Mindlin 解的基础上推算出来的，适用于地基内部垂直均布荷载作用下变形模量的计算。根据岳建勇和高大钊的推导（《工程勘察》2002 年 1 期），深层载荷试验的变形模量可按下式计算：

$$E_0 = I_0 I_1 I_2 (1 - \mu^2) \frac{pd}{s} \qquad (10.1)$$

式中，I_1 为与承压板埋深有关的系数，I_2 为与土的

泊松比有关的系数，分别为

$$I_1 = 0.5 + 0.23\frac{d}{z} \quad (10.2)$$

$$I_2 = 1 + 2\mu^2 + 2\mu^4 \quad (10.3)$$

为便于应用，令

$$\omega = I_0 I_1 I_2 (1 - \mu^2) \quad (10.4)$$

则

$$E_0 = \omega\frac{pd}{s} \quad (10.5)$$

式中，ω 为与承压板埋深和土的泊松比有关的系数，如碎石的泊松比取 0.27，砂土取 0.30，粉土取 0.35，粉质黏土取 0.38，黏土取 0.42，则可制成本规范表 10.2.5。

10.3 静力触探试验

10.3.1 静力触探试验（CPT）（cone penetration test）是用静力匀速将标准规格的探头压入土中，同时量测探头阻力，测定土的力学特性，具有勘探和测试双重功能；孔压静力触探试验（piezocone penetration test）除静力触探原有功能外，在探头上附加孔隙水压力量测装置，用于量测孔隙水压力增长与消散。

10.3.2 对静力触探的技术要求中的主要问题作如下说明：

1 圆锥截面积，国际通用标准为 10cm²，但国内勘察单位广泛使用 15cm² 的探头；10cm² 与 15cm² 的贯入阻力相差不大，在同样的土质条件和机具贯入能力的情况下，10cm² 比 15cm² 的贯入深度更大；为了向国际标准靠拢，最好使用锥头底面积为 10cm² 的探头。探头的几何形状及尺寸会影响测试数据的精度，故应定期进行检查；

以 10cm² 探头为例，锥头直径 d_e、侧壁筒直径 d_s 的容许误差分别为：

$$34.8 \leqslant d_e \leqslant 36.0\text{mm};$$

$$d_e \leqslant d_s \leqslant d_e + 0.35\text{mm};$$

锥截面积应为 $10.00\text{cm}^2 \pm (3\% \sim 5\%)$；

侧壁筒直径必须大于锥头直径，否则会显著减小侧壁摩擦阻力；侧壁摩擦筒侧面积应为 $150\text{cm}^2 \pm 2\%$；

2 贯入速率要求匀速，贯入速率 (1.2 ± 0.3) m/min 是国际通用的标准；

3 探头传感器除室内率定误差（重复性误差、非线性误差、归零误差、温度漂移等）不应超过 $\pm 1.0\%$FS 外，特别提出在现场当探头返回地面时应记录归零误差，现场的归零误差不应超过 3%，这是试验数据质量好坏的重要标志；探头的绝缘度不应小于 500MΩ 的条件，是 3 个工程大气压下保持 2h；

4 贯入读数间隔一般采用 0.1m，不超过 0.2m，深度记录误差不超过 $\pm 1\%$；当贯入深度超过 30m 或穿过软土层贯入硬土层后，应有测斜数据；当偏斜度明显，应校正土层分层界线；

5 为保证触探孔与垂直线间的偏斜度小，所使用探杆的偏斜度应符合标准：最初 5 根探杆每米偏斜小于 0.5mm，其余小于 1mm；当使用的贯入深度超过 50m 或使用 15～20 次，应检查探杆的偏斜度；如贯入厚层软土，再穿入硬层、碎石土、残积土，每用过一次应作探杆偏斜度检查。

触探孔一般至少距钻孔 25 倍孔径或 2m。静力触探宜在钻孔前进行，以免钻孔对贯入阻力产生影响。

10.3.3、10.3.4 对静力触探成果分析做以下说明：

1 绘制各种触探曲线应选用适当的比例尺。

例如：深度比例尺：1 个单位长度相当于 1m；

q_c（或 p_s）：1 个单位长度相当于 2MPa；

f_s：1 个单位长度相当于 0.2MPa；

u（或 Δu）：1 个单位长度相当于 0.05MPa；

$R_f = (f_s/q_c \times 100\%)$：1 个单位长度相当于 1；

2 利用静力触探贯入曲线划分土层时，可根据 q_c（或 p_s）、R_f 贯入曲线的线型特征、u 或 Δu 或 $[\Delta u/(q_c - p_0')]$ 等，参照邻近钻孔的分层资料划分土层。利用孔压触探资料，可以提高土层划分的能力和精度，分辨薄夹层的存在；

3 利用静探资料可估算土的强度参数、浅基或桩基的承载力、砂土或粉土的液化。只要经验关系经过检验已证实是可靠的，利用静探资料可以提供有关设计参数。利用静探资料估算变形参数时，由于贯入阻力与变形参数间不存在直接的机理关系，可能可靠性差些；利用孔压静探资料有可能评定土的应力历史，这方面还有待于积累经验。由于经验关系有其地区局限性，采用全国统一的经验关系不是方向，宜在地方规范中解决这一问题。

10.4 圆锥动力触探试验

10.4.1 圆锥动力触探试验（DPT）（dynamic penetration test）是用一定质量的重锤，以一定高度的自由落距，将标准规格的圆锥形探头贯入土中，根据打入土中一定距离所需的锤击数，判定土的力学特性，具有勘探和测试双重功能。

本规范列入了三种圆锥动力触探（轻型、重型和超重型）。轻型动力触探的优点是轻便，对于施工验槽、填土勘察、查明局部软弱土层、洞穴等分布，均有实用价值。重型动力触探是应用最广泛的一种，其规格标准与国际通用标准一致。超重型动力触探的能量指数（落锤能量与探头截面积之比）与国外的并不一致，但相近，适用于碎石土。

表中所列贯入指标为贯入一定深度的锤击数（如 N_{10}、$N_{63.5}$、N_{120}），也可采用动贯入阻力。动贯入阻力可采用荷兰的动力公式：

$$q_d = \frac{M}{M+m} \cdot \frac{M \cdot g \cdot H}{A \cdot e} \tag{10.6}$$

式中　q_d——动贯入阻力（MPa）；

　　　M——落锤质量（kg）；

　　　m——圆锥探头及杆件系统（包括打头、导向杆等）的质量（kg）；

　　　H——落距（m）；

　　　A——圆锥探头截面积（cm²）；

　　　e——贯入度，等于 D/N，D 为规定贯入深度，N 为规定贯入深度的击数；

　　　g——重力加速度，其值为 9.81m/s²。

上式建立在古典的牛顿非弹性碰撞理论（不考虑弹性变形量的损耗）。故限用于：

1）贯入土中深度小于 12m，贯入度 2～50mm。

2）$m/M<2$。如果实际情况与上述适用条件出入大，用上式计算应慎重。

有的单位已经研制电测动贯入阻力的动力触探仪，这是值得研究的方向。

10.4.2　本条考虑了对试验成果有影响的一些因素。

1　锤击能量是最重要的因素。规定落锤方式采用控制落距的自动落锤，使锤击能量比较恒定，注意保持杆件垂直，探杆的偏斜度不超过 2%。锤击时防止偏心及探杆晃动。

2　触探杆与土间的侧摩阻力是另一重要因素。试验过程中，可采取下列措施减少侧摩阻力的影响：

1）使探杆直径小于探头直径。在砂土中探头直径与探杆直径比应大于 1.3，而在黏土中可小些；

2）贯入一定深度后旋转探杆（每 1m 转动一圈或半圈），以减少侧摩阻力；贯入深度超过 10m，每贯入 0.2m，转动一次；

3）探头的侧摩阻力与土类、土性、杆的外形、刚度、垂直度、触探深度等均有关，很难用一固定的修正系数处理，应采取切合实际的措施，减少侧摩阻力，对贯入深度加以限制。

3　锤击速度也影响试验成果，一般采用每分钟 15～30 击；在砂土、碎石土中，锤击速度影响不大，则可采用每分钟 60 击。

4　贯入过程应不间断地连续击入，在黏性土中击入的间歇会使侧摩阻力增大。

5　地下水位对击数与土的力学性质的关系没有影响，但对击数与土的物理性质（砂土孔隙比）的关系有影响，故应记录地下水位埋深。

10.4.3　对动力触探成果分析作如下说明：

1　根据触探击数、曲线形态，结合钻探资料可进行力学分层，分层时注意超前滞后现象，不同土层的超前滞后量是不同的。

上为硬土层下为软土层，超前约为 0.5～0.7m，滞后约为 0.2m；上为软土层下为硬土层，超前约为 0.1～0.2m，滞后约为 0.3～0.5m。

2　在整理触探资料时，应剔除异常值，在计算土层的触探指标平均值时，超前滞后范围内的值不反映真实土性；临界深度以内的锤击数偏小，不反映真实土性，故不应参加统计。动力触探本来是连续贯入的，但也有配合钻探，间断贯入的做法，间断贯入时临界深度以内的锤击数同样不反映真实土性，不应参加统计。

3　整理多孔触探资料时，应结合钻探资料进行分析，对均匀土层，可用厚度加权平均法统计场地分层平均触探击数值。

10.4.4　动力触探指标可用于评定土的状态、地基承载力、场地均匀性等，这种评定系建立在地区经验的基础上。

10.5　标准贯入试验

10.5.1　标准贯入试验（SPT）（standard penetration test）是用质量为 63.5kg 的穿心锤，以 76cm 的落距，将标准规格的贯入器，自钻孔底部预打 15cm，记录再打入 30cm 的锤击数，判定土的力学特性。

本条提出标准贯入试验仅适用于砂土、粉土和一般黏性土，不适用于软塑～流塑软土。在国外用实心圆锥头（锥角 60°）替换贯入器下端的管靴，使标贯适用于碎石土、残积土和裂隙性硬黏土以及软岩。但由于国内尚无这方面的具体经验，故在条文内未列入，可作为有待开发的内容。

10.5.2　正文表 10.5.2 是考虑了国内各单位实际使用情况，并参考了国际标准制定的。贯入器规格，国外标准多为外径 51mm，内径 35mm，全长 660～810mm。

贯入器内外径的误差，欧洲标准确定为 ±1mm 是合理的。

本规范采用 42mm 钻杆。日本采用 40.5、50、60mm 钻杆。钻杆的弯曲度小于 1%，应定期检查，剔除弯管。

欧洲标准，落锤的质量误差为 ±0.5kg。

10.5.2【修订说明】

本表中关于刃口厚度的规定原文为 2.5mm，现修订为 1.6mm。我国其他标准一般不作规定，美国 ASTM D1586（1967，1974 再批准）为 1/16 英寸，ASTM D1586（1999）为 2.54mm，英国 BS 为 1.6mm，我国《水利电力部土工试验规程》（SD128-022-86）为 0.8mm，本规范修订后与国际多数标准基本相当，与我国实际情况基本一致。

10.5.3　关于标准贯入试验的技术要求，作如下说明：

1 根据欧洲标准，锤击速度不应超过 30 击/min；

2 宜采用回转钻进方法，以尽可能减少对孔底土的扰动。钻进时注意：

　　1) 保持孔内水位高出地下水位一定高度，保持孔底土处于平衡状态，不使孔底发生涌砂变松，影响 N 值；

　　2) 下套管不要超过试验标高；

　　3) 要缓慢地下放钻具，避免孔底土的扰动；

　　4) 细心清孔；

　　5) 为防止涌砂或塌孔，可采用泥浆护壁；

3 由于手拉绳牵引贯入试验时，绳索与滑轮的摩擦阻力及运转中绳索所引起的张力，消耗了一部分能量，减少了落锤的冲击能，使锤击数增加；而自动落锤完全克服了上述缺点，能比较真实地反映土的性状。据有关单位的试验，N 值自动落锤为手拉落锤的 0.8 倍，为 SR-30 型钻机直接吊打时的 0.6 倍；据此，本规范规定采用自动落锤法；

4 通过标贯实测，发现真正传输给杆件系统的锤击能量有很大差异，它受机具设备、钻杆接头的松紧、落锤方式、导向杆的摩擦、操作水平及其他偶然因素等支配；美国 ASTM-D4633-86 制定了实测锤击的力-时间曲线，用应力波能量法分析，即计算第一压缩波应力波曲线积分可得传输杆件的能量；通过现场实测锤击应力波能量，可以对不同锤击能量的 N 值进行合理的修正。

10.5.5 关于标贯试验成果的分析整理，作如下说明：

1 修正问题，国外对 N 值的传统修正包括：饱和粉细砂的修正、地下水位的修正、土的上覆压力修正；国内长期以来并不考虑这些修正，而着重考虑杆长修正；杆长修正是依据牛顿碰撞理论，杆件系统质量不得超过锤重二倍，限制了标贯使用深度小于21m，但实际使用深度已远超过 21m，最大深度已达100m 以上；通过实测杆件的锤击应力波，发现锤击传输给杆件的能量变化远大于杆长变化时能量的衰减，故建议不作杆长修正的 N 值是基本的数值；但考虑到过去建立的 N 值与土性参数、承载力的经验关系，所用 N 值均经杆长修正，而抗震规范评定砂土液化时，N 值又不作修正；故在实际应用 N 值时，应按具体岩土工程问题，参照有关规范考虑是否作杆长修正或其他修正；勘察报告应提供不作杆长修正的 N 值，应用时再根据情况考虑修正或不修正，用何种方法修正；

2 由于 N 值离散性大，故在利用 N 值解决工程问题时，应持慎重态度，依据单孔标贯资料提供设计参数是不可信的；在分析整理时，与动力触探相同，应剔除个别异常的 N 值；

3 依据 N 值提供定量的设计参数时，应有当地的经验，否则只能提供定性的参数，供初步评定用。

10.6 十字板剪切试验

10.6.1 十字板剪切试验（VST）（vane shear test）是用插入土中的标准十字板探头，以一定速率扭转，量测土破坏时的抵抗力矩，测定土的不排水抗剪强度。

　　十字板剪切试验的适用范围，大部分国家规定限于饱和软黏性土（$\varphi \approx 0$），我国的工程经验也限于饱和软黏性土，对于其他的土，十字板剪切试验会有相当大的误差。

10.6.2 试验点竖向间隔规定为 1m，以便均匀地绘制不排水抗剪强度－深度变化曲线；当土层随深度的变化复杂时，可根据静力触探成果和工程实际需要，选择有代表性的点布置试验点，不一定均匀间隔布置试验点，遇到变层，要增加测点。

10.6.3 十字板剪切试验的主要技术标准作如下说明：

1 十字板头形状国外有矩形、菱形、半圆形等，但国内均采用矩形，故本规范只列矩形。当需要测定不排水抗剪强度的各向异性变化时，可以考虑采用不同菱角的菱形板头，也可以采用不同径高比板头进行分析。矩形十字板头的径高比 1：2 为通用标准。十字板头面积比，直接影响插入板头时对土的挤压扰动，一般要求面积比小于 15%；十字板头直径为50mm 和 75mm，翼板厚度分别为 2mm 和 3mm，相应的面积比为 13%～14%。

2 十字板头插入孔底的深度影响测试成果，美国规定为 5b（b 为钻孔直径），前苏联规定为 0.3～0.5m，原联邦德国规定为 0.3m，我国规定为（3～5）b。

3 剪切速率的规定，应考虑能满足在基本不排水条件下进行剪切；Skempton 认为用 0.1°/s 的剪切速率得到的 c_u 误差最小；实际上对不同渗透性的土，规定相应的不排水条件的剪切速率是合理的；目前各国规程规定的剪切速率在 0.1°/s～0.5°/s，如美国 0.1°/s，英国0.1°/s～0.2°/s，前苏联 0.2°/s～0.3°/s，原联邦德国0.5°/s。

4 机械式十字板剪切仪由于轴杆与土层间存在摩阻力，因此应进行轴杆校正。由于原状土与重塑土的摩阻力是不同的，为了使轴杆与土间的摩阻力减到最低值，使进行原状土和扰动土不排水抗剪强度试验时有同样的摩阻力值，在进行十字板试验前，应将轴杆先快速旋转十余圈。

　　由于电测式十字板直接测定的是施加于板头的扭矩，故不需进行轴杆摩擦的校正。

5 国外十字板剪切试验规程对精度的规定，美国为 1.3kPa，英国 1kPa，前苏联 1～2kPa，原联邦德国 2kPa，参照这些标准，以 1～2kPa 为宜。

10.6.4 十字板剪切试验的成果分析应用作如下说明：

1 实践证明，正常固结的饱和软黏性土的不排水抗剪强度是随深度增加的；室内抗剪强度的试验成果，由于取样扰动等因素，往往不能很好地反映这一变化规律；利用十字板剪切试验，可以较好地反映不排水抗剪强度随深度的变化。

2 根据原状土与重塑土不排水抗剪强度的比值可计算灵敏度，可评价软黏土的触变性。

3 绘制抗剪强度与扭转角的关系曲线，可了解土体受剪时的剪切破坏过程，确定软土的不排水抗剪强度峰值、残余值及剪切模量（不排水）。目前十字板头扭转角的测定还存在困难，有待研究。

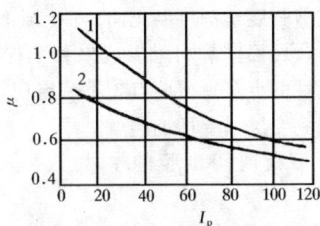

图 10.1　修正系数 μ

4 十字板剪切试验所测得的不排水抗剪强度峰值，一般认为是偏高的，土的长期强度只有峰值强度的 $60\% \sim 70\%$。因此在工程中，需根据土质条件和当地经验对十字板测定的值作必要的修正，以供设计采用。

Daccal 等建议用塑性指数确定修正系数 μ（如图 10.1）。图中曲线 2 适用于液性指数大于 1.1 的土，曲线 1 适用于其他软黏土。

10.6.5 十字板不排水抗剪强度，主要用于可假设 $\varphi \approx 0$，按总应力法分析的各类土工问题中：

1 计算地基承载力

按中国建筑科学研究院、华东电力设计院的经验，地基容许承载力可按式（10.7）估算：

$$q_a = 2c_u + \gamma h \qquad (10.7)$$

式中　c_u——修正后的不排水抗剪强度（kPa）；

γ——土的重度（kN/m^3）；

h——基础埋深（m）；

2 地基抗滑稳定性分析；

3 估算桩的端阻力和侧阻力：

桩端阻力　　$q_p = 9c_u$ 　　　　（10.8）

桩侧阻力　　$q_s = \alpha \cdot c_u$ 　　　（10.9）

α 与桩类型、土类、土层顺序等有关；

依据 q_p 及 q_s 可以估算单桩极限承载力；

4 通过加固前后土的强度变化，可以检验地基的加固效果；

5 根据 $c_u - h$ 曲线，判定软土的固结历史：若 $c_u - h$ 曲线大致呈一通过地面原点的直线，可判定为正常固结土；若 $c_u - h$ 直线不通过原点，而与纵坐标的向上延长轴线相交，则可判定为超固结土。

10.7　旁 压 试 验

10.7.1　旁压试验（PMT）（pressuremeter test）是用可侧向膨胀的旁压器，对钻孔孔壁周围的土体施加径向压力的原位测试，根据压力和变形关系，计算土的模量和强度。

旁压仪包括预钻式、自钻式和压入式三种。国内目前以预钻式为主，本节以下各条规定也是针对预钻式的。压入式目前尚无产品，故暂不列入。旁压器分单腔式和三腔式。当旁压器有效长径比大于 4 时，可认为属无限长圆柱扩张轴对称平面应变问题。单腔式、三腔式所得结果无明显差别。

10.7.2　旁压试验点的布置，应在了解地层剖面的基础上进行，最好先做静力触探或动力触探或标准贯入试验，以便能合理地在有代表性的位置上布置试验。布置时要保证旁压器的量测腔在同一土层内。根据实践经验，旁压试验的影响范围，水平向约为 60cm，上下方向约为 40cm。为避免相邻试验点应力影响范围重叠，建议试验点的垂直间距至少为 1m。

10.7.3　对旁压试验的主要技术要求说明如下：

1　成孔质量是预钻式旁压试验成败的关键，成孔质量差，会使旁压曲线反常失真，无法应用。为保证成孔质量，要注意：

　1）孔壁垂直、光滑、呈规则圆形，尽可能减少对孔壁的扰动；

　2）软弱土层（易发生缩孔、坍孔）用泥浆护壁；

　3）钻孔孔径应略大于旁压器外径，一般宜大 2～8mm。

2　加荷等级的选择是重要的技术问题，一般可根据土的临塑压力或极限压力而定，不同土类的加荷等级，可按表 10.1 选用。

表 10.1　旁压试验加荷等级表

土的特征	加荷等级（kPa）	
	临塑压力前	临塑压力后
淤泥、淤泥质土、流塑黏性土和粉土、饱和松散的粉细砂	≤15	≤30
软塑黏性土和粉土、疏松黄土、稍密很湿粉细砂、稍密中粗砂	15～25	30～50
可塑—硬塑黏性土和粉土、黄土、中密—密实很湿粉细砂、稍密—中密中粗砂	25～50	50～100
坚硬黏性土和粉土、密实中粗砂	50～100	100～200
中密—密实碎石土、软质岩	≥100	≥200

3　关于加荷速率，目前国内有"快速法"和"慢速法"两种。国内一些单位的对比试验表明，两种不同加荷速率对临塑压力和极限压力影响不大。为提高试验效率，本规范规定使用每级压力维持 1min 或 2min 的快速法。在操作和读数熟练的情况下，尽

可能采用短的加荷时间；快速加荷所得旁压模量相当于不排水模量。

　4　加荷后按 15s、30s、60s 或 15s、30s、60s 和 120s 读数。

　5　旁压试验终止试验条件为：

　　1）加荷接近或达到极限压力；

　　2）量测腔的扩张体积相当于量测腔的固有体积，避免弹性膜破裂；

　　3）国产 PY2-A 型旁压仪，当量管水位下降刚达 36cm 时（绝对不能超过 40cm），即应终止试验；

　　4）法国 GA 型旁压仪规定，当蠕变变形等于或大于 50cm³ 或量筒读数大于 600cm³ 时应终止试验。

10.7.4、10.7.5 对旁压试验成果分析和应用作如下说明：

　1　在绘制压力（p）与扩张体积（ΔV）或（$\Delta V/V_0$）、水管水位下沉量（s）或径向应变曲线前，应先进行弹性膜约束力和仪器管路体积损失的校正。由于约束力随弹性膜的材质、使用次数和气温而变化，因此新装或用过若干次后均需对弹性膜的约束力进行标定。仪器的综合变形，包括调压阀、量管、压力计、管路等在加压过程中的变形。国产旁压仪还需作体积损失的校正，对国外 GA 型和 GAm 型旁压仪，如果体积损失很小，可不作体积损失的校正。

　2　特征值的确定：

特征值包括初始压力（p_0），临塑压力（p_f）和极限压力（p_L）：

　　1）p_0 的确定：按 M'enard，定为旁压曲线中段直线段的起始点或蠕变曲线的第一拐点相应的压力；按国内经验，该压力比实际的原位初始侧向应力大，因此推荐直接按旁压曲线用作图法确定 p_0；

　　2）临塑压力 p_f 为旁压曲线中段直线的末尾点或蠕变曲线的第二拐点相应的压力；

　　3）极限压力 p_L 定义为：

　　　（a）量测腔扩张体积相当于量测腔固有体积（或扩张后体积相当于二倍固有体积）时的压力；

　　　（b）p-ΔV 曲线的渐近线对应的压力，或用 p-$(1/\Delta V)$ 关系，末段直线延长线与 p 轴的交点相应的压力。

　3　利用旁压曲线的特征值评定地基承载力：

　　1）根据当地经验，直接取用 p_f 或 p_f-p_0 作为地基土承载力；

　　2）根据当地经验，取（p_L-p_0）除以安全系数作为地基承载力。

　4　计算旁压模量：

由于加荷采用快速法，相当于不排水条件；依据

弹性理论，对于预钻式旁压仪，可用下式计算旁压模量：

$$E_m = 2(1+\mu)\left(V_c + \frac{V_0+V_f}{2}\right)\frac{\Delta p}{\Delta V} \quad (10.10)$$

式中　E_m——旁压模量（kPa）；

　　　　μ——泊松比；

　　　　V_c——旁压器量测腔初始固有体积（cm³）；

　　　　V_0——与初始压力 p_0 对应的体积（cm³）；

　　　　V_f——与临塑压力 p_f 对应的体积（cm³）；

　　$\Delta p/\Delta V$——旁压曲线直线段的斜率（kPa/cm³）。

国内原有用旁压系数及旁压曲线直线段计算变形模量的公式，由于采用慢速法加荷，考虑了排水固结变形。而本规范规定统一使用快速加荷法，故不再推荐旁压试验变形模量的计算公式。

对于自钻式旁压试验，仍可用式（10.10）计算旁压模量。由于自钻式旁压试验的初始条件与预钻式旁压试验不同，预钻式旁压试验的原位侧向应力经钻孔后已释放。两种试验对土的扰动也不相同，故两者的旁压模量并不相同，因此应说明试验所用旁压仪类型。

10.8　扁铲侧胀试验

10.8.1 扁铲侧胀试验（DMT）（dilatometer test），也有译为扁板侧胀试验，系 20 世纪 70 年代意大利 Silvano Marchetti 教授创立。扁铲侧胀试验是将带有膜片的扁铲压入土中预定深度，充气使膜片向孔壁土中侧向扩张，根据压力与变形关系，测定土的模量及其他有关指标。因能比较准确地反映小应变的应力应变关系，测试的重复性较好，引入我国后，受到岩土工程界的重视，进行了比较深入的试验研究和工程应用，已列入铁道部《铁路工程地质原位测试规程》2002 年报批稿，美国 ASTM 和欧洲 EUROCODE 亦已列入。经征求意见，决定列入本规范。

扁铲侧胀试验最适宜在软弱、松散土中进行，随着土的坚硬程度或密实程度的增加，适宜性渐差。当采用加强型薄膜片时，也可应用于密实的砂土，参见表 10.2。

10.8.2 本条规定的探头规格与国际通用标准和国内生产的扁铲侧胀仪探头规格一致。要注意探头不能有明显弯曲，并应进行老化处理。探头加工的具体技术标准由有关产品标准规定。

可用贯入能力相当的静力触探机将探头压入土中。

10.8.3 扁铲侧胀试验成果资料的整理按以下步骤进行：

　1　根据探头率定所得的修正值 ΔA 和 ΔB，现场试验所得的实测值 A、B、C，计算接触压力 p_0，膜片膨胀至 1.10mm 的压力 p_1 和膜片回到 0.05mm 的压力 p_2；

2 根据 p_0、p_1 和 p_2 计算侧胀模量 E_D、侧胀水平应力指数 K_D、侧胀土性指数 I_D 和侧胀孔压指数 U_D；

3 绘制上述 4 个参数与深度的关系曲线。

上述各种数据的测定方法和参数的计算方法，均与国内外通用方法一致。

表 10.2 扁铲侧胀试验在不同土类中的适用程度

土的性状	$q_c < 1.5$MPa，$N < 5$		$q_c = 7.5$MPa，$N = 25$		$q_c = 15$MPa，$N = 40$	
土类	未压实填土	自然状态	轻压实填土	自然状态	紧密压实填土	自然状态
黏土	A	A	B	B	B	B
粉土	B	B	B	B	C	C
砂土	A	A	B	B	C	C
砾石	C	C	G	G	G	G
卵石	G	G	G	G	G	G
风化岩石	C	C	G	G	G	G
带状黏土	A	A	B	B	B	C
黄土	A	B	B	B	—	—
泥炭	A	B	B	B	—	—
沉泥、尾矿砂	A	—	B	B	—	—

注：适用性分级：A 最适用；B 适用；C 有时适用；G 不适用。

10.8.4 扁铲侧胀试验成果的应用经验目前尚不丰富。根据铁道部第四勘测设计院的研究成果，利用侧胀土性指数 I_D 划分土类，黏性土的状态，利用侧胀模量计算饱和黏性土的水平不排水弹性模量，利用侧胀水平应力指数 K_D 确定土的静止侧压力系数等，有良好的效果，并列入铁道部《铁路工程地质原位测试规程》2002 年报批稿。上海、天津以及国际上都有一些研究成果和工程经验，由于扁铲侧胀试验在我国开展较晚，故应用时必须结合当地经验，并与其他测试方法配合，相互印证。

10.9 现场直接剪切试验

10.9.1 《94 规范》中本节包括现场直剪试验和现场三轴试验，本次修订时，考虑到现场三轴试验已非常规，属于专门性试验，故不列入本规范。国家标准《工程岩体试验方法标准》(GB/T 50266—99) 也未包括现场三轴试验。现场直剪试验，应根据现场工程地质条件、工程荷载特点，可能发生的剪切破坏模式、剪切面的位置和方向、剪切面的应力等条件，确定试验对象，选择相应的试验方法。由于试验岩土体远比室内试样大，试验成果更符合实际。

10.9.2 本条所列的各种试验布置方案，各有适用条件。

图 10.2 中 (a)、(b)、(c) 剪切荷载平行于剪切面，为平推法；(d) 剪切荷载与剪切面成 α 角，为斜推法。(a) 施加的剪切荷载有一力臂 e_1 存在，使剪切面的剪应力和法向应力分布不均匀。(b) 使施加的法向荷载产生的偏心力矩与剪切荷载产生的力矩平衡，改善剪切面上的应力分布，使趋于均匀分布，但法向荷载的偏心矩 e_2 较难控制，故应力分布仍可能

不均匀。(c) 剪切面上的应力分布是均匀的，但试验施工存在一定困难。

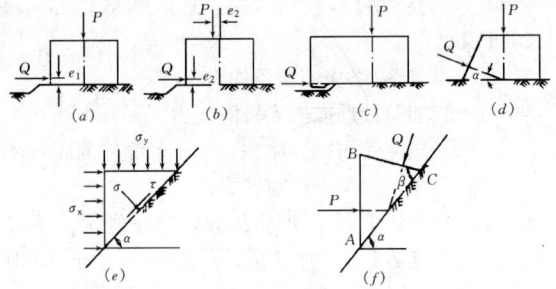

图 10.2 现场直剪方案布置

图 10.2 中 (d) 法向荷载和斜向荷载均通过剪切面中心，α 角一般为 15°。在试验过程中，为保持剪切面上的正应力不变，随着 α 值的增加，P 值需相应降低，操作比较麻烦。进行混凝土与岩体的抗剪试验，常采用斜推法，进行土体、软弱面（水平或近乎水平）的抗剪试验，常采用平推法。

当软弱面倾角大于其内摩擦角时，常采用楔形体 (e)、(f) 方案，前者适用于剪切面上正应力较大的情况，后者则相反。

图中符号 P 为竖向（法向）荷载；Q 为剪切荷载；σ_x、σ_y 为均布应力；τ 为剪应力；σ 为法向应力；e_1、e_2 为偏心距；(e)、(f) 为沿倾向软弱面剪切的楔形试体。

10.9.3 岩体试样尺寸不小于 $50\text{cm} \times 50\text{cm}$，一般采用 $70\text{cm} \times 70\text{cm}$ 的方形体，与国际标准一致。土体试样可采用圆柱体或方柱体，使试样高度不小于最小边长的 0.5 倍；土体试样高度则与土中的最大粒径有关。

10.9.4 对现场直剪试验的主要技术要求作如下说明：

1 保持岩土样的原状结构不受扰动是非常重要的，故在爆破、开挖和切样过程中，均应避免岩土样或软弱结构面破坏和含水量的显著变化；对软弱岩土体，在顶面和周边加护层（钢或混凝土），护套底边应在剪切面以上；

2 在地下水位以下试验时，应先降低水位，安装试验装置恢复水位后，再进行试验；

3 法向荷载和剪切荷载应尽可能通过剪切面中心；试验过程中注意保持法向荷载不变；对于高含水量的塑性软弱层，法向荷载应分级施加，以免软弱层挤出；

10.9.5 绘制剪应力与剪切位移关系曲线和剪应力与垂直位移曲线。依据曲线特征，确定强度参数，见图 10.3。

1 比例界限压力定义为剪应力与剪切位移曲线直线段的末端相应的剪应力，如直线段不明显，可采用一些辅助手段确定：

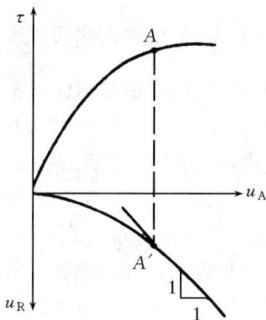

图 10.3 确定屈服
强度的辅助方法

1）用循环荷载方法 在比例强度前卸荷后的剪切位移基本恢复，过比例极限后则不然；

2）利用试体以下基底岩土体的水平位移与试样的水平位移的关系判断 在比例界限之前，两者相近；过比例界限后，试样的水平位移大于基底岩土的水平位移；

3）绘制 τ-u/τ 曲线（τ-剪应力，u-剪切位移）在比例界限之前，u/τ 变化极小；过比例界限后，u/τ 值增大加快。

2 屈服强度可通过绘制试样的绝对剪切位移 u_A 与试样和基底间的相对位移 u_R 以及与剪应力 τ 的关系曲线来确定，在屈服强度之前，u_R 的增率小于 u_A，过屈服强度后，基底变形趋于零，则 u_A 与 u_R 的增率相等，其起始点为 A，剪应力 τ 与 u_A 曲线上 A 点相应的剪应力即屈服强度；

3 峰值强度和残余强度是容易确定的；

4 剪胀强度相当于整个试样由于剪切带发生体积变大而发生相对的剪应力，可根据剪应力与垂直位移曲线判定；

5 岩体结构面的抗剪强度，与结构面的形状、闭合、充填情况和荷载大小及方向等有关。

根据长江科学院的经验，对于脆性破坏岩体，可以采取比例强度确定抗剪强度参数；而对于塑性破坏岩体，可以利用屈服强度确定抗剪强度参数。

验算岩土体滑动稳定性，可以采取残余强度确定的抗剪强度参数。因为在滑动面上破坏的发展是累进的，发生峰值强度破坏后，破坏部分的强度降为残余强度。

10.10 波 速 测 试

10.10.1 波速测试目的，是根据弹性波在岩土体内的传播速度，间接测定岩土体在小应变条件下（10^{-4}~10^{-6}）动弹性模量。试验方法有跨孔法、单孔法（检层法）和面波法。

10.10.2 单孔波速法，可沿孔向上或向下检层进行测试。主要检测水平的剪切波速，识别第一个剪切波的初至是关键。关于激振方法，通常的做法是：用锤水平敲击上压重物的木板或混凝土板，作为水平剪切波的振源。板与孔口距离取 1~3m，板上压重大于 400kg，板与地面紧密接触。沿板的纵轴从两个相反方向敲击两端，记录极性相反的两组剪切波形。除地面激振外，也可在孔内激振。

10.10.3 跨孔法以一孔为激振孔，宜布置 2 个钻孔作为检波孔，以便校核。钻孔应垂直，当孔深较大，应对钻孔的倾斜度和倾斜方位进行量测，量测精度应达到 0.1°，以便对激振孔与检波孔的水平距离进行修正。在现场应及时对记录波形进行鉴别判断，确定是否可用；如不行，在现场可立即重做。钻孔如有倾斜，应作孔距的校正。

10.10.4 面波的传统测试方法为稳态法，近年来，瞬态多道面波法获得很大发展，并已在工程中大量应用，技术已经成熟，故列入了本规范。

10.10.5 小应变动剪切模量、动弹性模量和动泊松比，应按下列公式计算：

$$G_d = \rho v_S^2 \qquad (10.11)$$

$$E_d = \frac{\rho v_S^2 (3v_P^2 - 4v_S^2)}{v_P^2 - v_S^2} \qquad (10.12)$$

$$\mu_d = \frac{v_P^2 - 2v_S^2}{2(v_P^2 - v_S^2)} \qquad (10.13)$$

式中 v_S、v_P——分别为剪切波波速和压缩波速；

G_d——土的动剪切模量；

E_d——土的动弹性模量；

μ_d——土的动泊松比；

ρ——土的质量密度。

10.11 岩体原位应力测试

10.11.1 孔壁应变法测试采用孔壁应变计，量测套钻解除应力后钻孔孔壁的岩石应变；孔径变形法测试采用孔径变形计，量测套钻解除应力后的钻孔孔径的变化；孔底应变法测试采用孔底应变计，量测套钻解除应力后的钻孔孔底岩面应变。按弹性理论公式计算岩体内某点的应力。当需测求空间应力时，应采用三个钻孔交会法测试。

10.11.3 岩体应力测试的设备、测试准备、仪器安装和测试过程按现行国家标准《工程岩体试验方法标准》（GB/T 50266）执行。

10.11.4 应力解除后的岩芯若不能在 24h 内进行围压试验，应对岩芯进行蜡封，防止含水率变化。

10.11.5 孔壁应变法、孔径变形法和孔底应变法计算空间应力、平面应力分量和空间主应力及其方向，可按《工程岩体试验方法标准》（GB/T 50266）附录 A 执行。

10.12 激 振 法 测 试

10.12.1 激振法测试包括强迫振动和自由振动，用于测定天然地基和人工地基的动力特性。

10.12.2 具有周期性振动的机器基础，应采用强迫振动测试。由于竖向自由振动试验，当阻尼比较大时，特别是有埋深的情况，实测的自由振动波数少，很快就衰减了。从波形上测得的固有频率值以及由振幅计算的阻尼比，都不如强迫振动试验准确。但是，当基础固有频率较高时，强迫振动测不出共振峰值的情况也是有的。因此，本条规定，"有条件时，宜同时采用强迫振动和自由振动两种测试方法"，以便互相补充，互为印证。

10.12.4 由于块体基础水平回转耦合振动的固有频率及在软弱地基土的竖向振动固有频率一般均较低，因此激振设备的最低频率规定为 3～5Hz，使测出的幅频响应共振曲线能较好地满足数据处理的需要。而桩基础的竖向振动固有频率高，要求激振设备的最高工作频率尽可能地高，最好能达到 60Hz 以上，以便能测出桩基础的共振峰值。电磁式激振设备的工作频率范围很宽，但扰力太小时对桩基础的竖向振动激不起来，因此规定，扰力不宜小于 600N。

为了获得地基的动力参数，应进行明置基础的测试，而埋置基础的测试是为获得埋置后对动力参数的提高效果，有了两者的动力参数，就可进行机器基础的设计。因此本条规定"测试基础应分别做明置和埋置两种情况的测试"。

10.12.5 强迫振动测试结果经数据处理后可得到变扰力或常扰力的幅频响应曲线。自由振动测试结果为波形图。根据幅频响应曲线上的共振频率和共振振幅可计算动力参数，根据波形图上的振幅和周期数计算动力参数。具体计算方法和计算公式按现行国家标准《地基动力特性测试规范》（GB/T 50269）的规定执行。

11 室 内 试 验

11.1 一 般 规 定

11.1.1、11.1.2 本章只规定了岩土试验项目和试验方法的选取以及一些原则性问题，主要供岩土工程师所用。至于具体的操作和试验仪器规格，则应按有关的规范、标准执行。由于岩土试样和试验条件不可能完全代表现场的实际情况，故规定在岩土工程评价时，宜将试验结果与原位测试成果或原型观测反分析成果比较，并作必要的修正。

一般的岩土试验，可以按标准的、通用的方法进行。但是，岩土工程师必须注意到岩土性质和现场条件中存在的许多复杂情况，包括应力历史、应力场、边界条件、非均质性、非等向性、不连续性等等，使岩土体与岩土试样的性状之间存在不同程度的差别。试验时应尽可能模拟实际，使用试验成果时不要忽视这些差别。

11.2 土的物理性质试验

11.2.1 本条规定的都是最基本的试验项目，一般工程都应进行。

11.2.2 测定液限，我国通常用 76g 瓦氏圆锥仪，但在国际上更通用卡氏碟式仪，故目前在我国是两种方法并用，《土工试验方法标准》（GB/T 50123—1999）也同时规定这两种方法和液塑限联合测定法。由于测定方法的试验成果有差异，故应在试验报告上注明。

土的比重变化幅度不大，有经验的地区可根据经验判定，误差不大，是可行的。但在缺乏经验的地区，仍应直接测定。

11.3 土的压缩—固结试验

11.3.1 采用常规固结试验求得的压缩模量和一维固结理论进行沉降计算，是目前广泛应用的方法。由于压缩系数和压缩模量的值随压力段而变，故本条作了明确的规定，并与现行国家标准《建筑地基基础设计规范》（GB 50007—2002）一致。

11.3.2 考虑土的应力历史，按 $e\text{-}\lg p$ 曲线整理固结试验成果，计算压缩指数、回弹指数，确定先期固结压力，并按不同的固结状态（正常固结、欠固结、超固结）进行沉降计算，是国际上通用的方法，故本条作了相应的规定，并与现行国家标准《土工试验方法标准》（GB/T 50123—1999）一致。

11.3.4 沉降计算时一般只考虑主固结，不考虑次固结。但对于厚层高压缩性软土，次固结沉降可能占相当分量，不应忽视。故本条作了相应规定。

11.3.5 除常规的沉降计算外，有的工程需建立较复杂的土的力学模型进行应力应变分析，试验方法包括：

1 三轴试验，按需要采用若干不同围压，使土试样分别固结后逐级增加轴压，取得在各级围压下的轴向应力与应变关系，供非线性弹性模型的应力应变分析用；各级围压下的试验，宜进行 1～3 次回弹试验；

2 当需要时，除上述试验外，还要在三轴仪上进行等向固结试验，即保持围岩与轴压相等；逐级加荷，取得围压与体积应变关系，计算相应的体积模量，供弹性、非线性弹性、弹塑性等模型的应力应变分析用。

11.4 土的抗剪强度试验

11.4.1 排水状态对三轴试验成果影响很大，不同的排水状态所测得的 c、φ 值差别很大，故本条在这方面作了一些具体的规定，使试验时的排水状态尽量与工程实际一致。不固结不排水剪得到的抗剪强度最小，用其进行计算结果偏于安全，但是饱和软黏土的原始固结程度不高，而且取样等过程又难免有一定的扰动影响，故为了不使试验结果过低，规定了在有效自重压力下进行预固结的要求。

11.4.2 虽然直剪试验存在一些明显的缺点，受力条件比较复杂，排水条件不能控制等，但由于仪器和操作都比较简单，又有大量实践经验，故在一定条件下仍可利用，但对其应用范围应予限制。

无侧限抗压强度试验实际上是三轴试验的一个特例，适用于 $\varphi \approx 0$ 的软黏土，国际上用得较多，故在本条作了相应的规定，但对土试样的质量等级作了严格规定。

11.4.3 测滑坡带上土的残余强度，应首先考虑采用含有滑面的土样进行滑面重合剪试验。但有时取不到这种土样，此时可用取自滑面或滑带附近的原状土样或控制含水量和密度的重塑土样做多次剪切。试验可用直剪仪，必要时可用环剪仪。

11.4.4 本条规定的是一些非常规的特种试验，当岩土工程分析有专门需要时才做，主要包括两大类：

1 采用接近实际的固结应力比，试验方法包括 K_0 固结不排水（CK_0U）试验、K_0 固结不排水测孔压（$CK_0\overline{U}$）试验和特定应力比固结不排水（CKU）试验；

2 考虑到沿可能破坏面的大主应力方向的变化，试验方法包括平面应变压缩（PSC）试验、平面应变拉伸（PSE）试验等。

这些试验一般用于应力状态复杂的堤坝或深挖方的稳定性分析。

11.5 土的动力性质试验

11.5.1 动三轴、动单剪、共振柱是土的动力性质试验中目前比较常用的三种方法。其他方法或还不成熟，或仅作专门研究之用。故不在本规范中规定。

不但土的动力参数值随动应变而变化，而且不同仪器或试验方法有其应变值的有效范围。故在提出试验要求时，应考虑动应变的范围和仪器的适用性。

11.5.2 用动三轴仪测定动弹性模量、动阻尼比及其与动应变的关系时，在施加动荷载前，宜在模拟原位应力条件下先使土样固结。动荷载的施加应从小应力开始，连续观测若干循环周数，然后逐渐加大动应力。

测定既定的循环周数下轴向应力与应变关系，一般用于分析震陷和饱和砂土的液化。

11.6 岩 石 试 验

本节规定了岩土工程勘察时，对岩石试验的一般要求，具体试验方法按现行国家标准《工程岩体试验方法标准》（GB/T 50266）执行。

11.6.5 由于岩石对于拉伸的抗力很小，所以岩石的抗拉强度是岩石的重要特征之一。测定岩石抗拉强度的方法很多，但比较常用的有劈裂法和直接拉伸法。

本规范推荐的是劈裂法。

11.6.6 点荷载试验和声波速度试验都是间接试验方法，利用试验关系确定岩石的强度参数，在工程上是很实用的方法。

12 水和土腐蚀性的评价

12.1 取 样 和 测 试

12.1.1 本条规定的目的是想减少一些不必要的工作量。一些地方规范也有类似的规定，如《北京地区建筑地基基础勘察设计规范》（DBJ01—501—92）规定："一般情况下，可不考虑地下水的腐蚀性，但对有环境水污染的地区，应查明地下水对混凝土的腐蚀性。"《上海地基基础设计规范》（DBJ08—11—89）规定："上海市地下水对混凝土一般无侵蚀性，在地下水有可能受环境水污染地段，勘察时应取水样化验，判定其有无侵蚀性。"

水、土对建筑材料的腐蚀危害是非常大的，因此除对有足够经验和充分资料的地区可以不进行水、土腐蚀性评价外，其他地区均应采取水、土试样，进行腐蚀性分析。

12.1.1 【修订说明】

1 关于地方经验

混凝土和钢结构腐蚀的化学和电化学原理虽已比较清楚，但所处的水土环境复杂多变，目前还难以定量计算，只能根据影响腐蚀的主要因素进行腐蚀性分级，根据分级采取措施。在研究成果和数据积累尚不够的情况下，当地工程结构的腐蚀情况和防腐蚀经验应予充分重视。本条中的"当有足够经验或充分资料，认定场地的水或土对建筑材料为微腐蚀性时"，指的是有专门研究论证，并经地方主管部门组织审查认可，或地方规范规定，并非个别单位意见。

2 关于对钢结构的腐蚀性

土对钢结构的腐蚀性，并非每项工程勘察都有这个任务，故规定可根据任务要求进行。

钢结构在土中的腐蚀问题非常复杂，涉及因素多，腐蚀途径多样，任务需要时宜专门论证或研究。

12.1.2 地下水位以上的构筑物，规定只取土样，不取水样，但实际工作中应注意地下水位的季节变化幅度，当地下水位上升，可能浸没构筑物时，仍应取水样进行水的腐蚀性测试。

12.1.2 【修订说明】

本条对取样部位和数量作了规定，便于操作，与原有规定基本一致，但更加明确。本条第1、3款中规定，当混凝土结构处于地下水位以上和混凝土结构部分处于地下水位以上时，应采取土试样进行腐蚀性测试，但当地下水位很浅，其上的土长年处于毛细带时可不取土样。

对盐类成分和含盐量分布不均匀的土类，如盐渍土，若仍按每个场地采取 2 件试样，可能缺乏代表性，故规定应分区、分层取样，每区、每层不应少于 2 件。土中含盐量在水平方向上分布不均匀时应分区，在垂直方向上分布不均匀时应分层。如分层不明显，呈渐变状，则应加密取样，查明变化规律。

当有多层地下水时，应分层采取水试样。

12.1.3 《94 规范》表 13.2.2-1 和表 13.2.2-2 中的测试项目和方法均相同，故将其合并为一个表，稍作调整，即现在的表 12.1.3。

序号 13～16 是原位测试项目，用于评价土对钢结构的腐蚀性。试验方法和评价标准可参见林宗元主编的《岩土工程试验监测手册》。

12.1.4 【修订说明】

本规范原将腐蚀等级分为弱、中、强三个等级，弱腐蚀以下为无腐蚀，并与《工业建筑防腐蚀设计规范》（GB 50046）协调一致。该规范本次修改时认为，"无腐蚀"的提法不确切，在长期化学、物理作用下，总是有腐蚀的，因此将"无腐蚀"改为"微腐蚀"。并协调，水和土对材料的腐蚀等级判定由本规范规定，防腐蚀措施由《工业建筑防腐蚀设计规范》（GB 50046）规定。为便于相关条文互相引用，本规范本次局部修订分为微、弱、中、强 4 个等级，但并不意味着多了一个等级，所谓"微腐蚀"即相当于原来的无腐蚀。

12.2 腐蚀性评价

12.2.1、12.2.2 场地环境类型对土、水的腐蚀性影响很大，附录 G 作了具体规定。不同的环境类型主要表现为气候所形成的干湿交替、冻融交替、日气温变化、大气湿度等。附录 G 第 G.0.1 条表注 1 中的干燥度，是说明气候干燥程度的指标。我国干燥度大于 1.5 的地区有：新疆（除局部）、西藏（除东部）、甘肃（除局部）、青海（除局部）、宁夏、内蒙（除局部）、陕西北部、山西北部、河北北部、辽宁西部、吉林西部，其他各地基本上小于 1.5。不能确认或需干燥度的具体数据时，可向各地气象部门查询。

在不同的环境类型中，腐蚀介质构成腐蚀的界限值是不同的。表 12.2.1 和表 12.2.2 是根据《环境水对混凝土侵蚀性判定方法及标准》专题研究组的研究成果编制的。专题研究组进行了下列工作：

1 调查研究了我国各地区混凝土的破坏实例，并分析了区域水化学分布状况，及其产生的自然地理环境条件，总结了腐蚀破坏的规律；

2 在新疆焉耆盆地盐渍土地区和青海红层盆地建立了野外试验点，进行了野外暴露试验；

3 在华北地区的气候条件下，进行室内、外长期的对比暴露试验；

4 调查研究了某些国家的腐蚀性判定标准，并对我国各部门现行标准进行了对比分析研究。

表 12.2.1 中的数值适用于有干湿交替和不冻区（段）水的腐蚀性评价标准，对无干湿交替作用、冰冻区和微冻区，对土的腐蚀性评价，尚应乘以一定的系数，这在表注中已加以说明，使用该表时应予注意。

干湿交替是指地下水位变化和毛细水升降时，建筑材料的干湿变化情况。干湿交替和气候区与腐蚀性的关系十分密切。相同浓度的盐类，在干旱区与湿润区，其腐蚀程度是不同的。前者可能是强腐蚀，而后者可能是弱腐蚀或无腐蚀性。冻融交替也是影响腐蚀的重要因素。如盐的浓度相同，在不冻区尚达不到饱和状态，因而不会析出结晶，而在冰冻区，由于气温降低，盐分易析出结晶，从而破坏混凝土。

12.2.2 【修订说明】

本次局部修订仅对表注作了修改。注 3 删去了 A 中的"含水量 $w \geq 20\%$ 的"和 B 中的"含水量 $w \geq 30\%$ 的"等文字。

12.2.4 表 12.2.4 水、土对钢筋混凝土结构中的钢筋的腐蚀性判定标准，引自前苏联《建筑物防腐蚀设计规范》（СНИП2—03—11—85）。

钢筋长期浸泡在水中，由于氧溶入较少，不易发生电化学反应，故钢筋不易被腐蚀；相反，处于干湿交替状态的钢筋，由于氧溶入较多，易发生电化学反应，钢筋易被腐蚀。

12.2.4 【修订说明】

本规范原有将 SO_4^{2-} 换算为 Cl^- 进行评价，这是前苏联的规定。欧美各国现行规范无此规定，故本次局部修订取消。

把土中氯的腐蚀环境由原来的定量指标改为定性指标，更符合实际情况。

根据我国港口工程的经验，将长期浸水的条件下，Cl^- 对钢筋混凝土中的钢筋的腐蚀定为：微腐蚀<10000mg/L，弱腐蚀 10000～20000mg/L，大于 20000mg/L，因缺乏工程经验，应专门研究。

12.2.5 表 12.2.5-1 和表 12.2.5-2 是参考了国外有关水、土对钢结构的腐蚀性评价标准，并结合我国实际情况编制的。这些标准有德国的 DIN50929（1985）、前苏联的 ГОСТ9.015—74（1984 年版本）和美国的 ANSI/AWWAC105/A21.5—82。我国武钢1.7m 轧机工程、上海宝钢工程和前苏联设计的一些火电厂等均由国外设计，腐蚀性评价均是按他们提供的标准进行测试和评价。以上两表在近几年的工程实践中，进行了多次检验，对不同土质、环境，效果较好。

12.2.5 【修订说明】

由于本规范不包含地下水对井管等管道的腐蚀，因此本次局部修订删去了水对钢结构、钢管道的腐蚀性评价的内容。

本次局部修订对视电阻率指标作了调整。当有成熟地方经验时，可根据视电阻率的实测值，结合地方经验确定腐蚀等级。

12.2.6 水、土对建筑材料腐蚀的防护，国家标准《工业建筑防腐蚀设计规范》（GB 50046）和《建筑防腐蚀工程施工及验收规范》（GB 50212）已有详细的规定。为了避免重复，本规范不再列入"防护措施"。当水、土对建筑材料有腐蚀性时，可按上述规范的规定，采取防护措施。

13 现场检验和监测

13.1 一般规定

13.1.1 所谓有特殊要求的工程，是指有特殊意义的，一旦损坏将造成生命财产重大损失，或产生重大社会影响的工程；对变形有严格限制的工程；采用新的设计施工方法，而又缺乏经验的工程。

13.1.3 监测工作对保证工程安全有重要作用。例如：建筑物变形监测，基坑工程的监测，边坡和洞室稳定的监测，滑坡监测，崩塌监测等。当监测数据接近安全临界值时，必须加密监测，并迅速向有关方面报告，以便及时采取措施，保证工程和人身安全。

13.2 地基基础的检验和监测

13.2.1 天然地基的基坑（基槽）检验，是必须做的常规工作，通常由勘察人员会同建设、设计、施工、监理以及质量监督部门共同进行。下列情况应着重检验：

1 天然地基持力层的岩性、厚度变化较大时；桩基持力层顶面标高起伏较大时；

2 基础平面范围内存在两种或两种以上不同地层时；

3 基础平面范围内存在异常土质，或有坑穴、古墓、古遗址、古井、旧基础时；

4 场地存在破碎带、岩脉以及湮废河、湖、沟、浜时；

5 在雨期、冬期等不良气候条件下施工，土质可能受到影响时。

检验时，一般首先核对基础或基槽的位置、平面尺寸和坑底标高，是否与图纸相符。对土质地基，可用肉眼、微型贯入仪、轻型动力触探等简易方法，检验土的密实度和均匀性，必要时可在槽底普遍进行轻型动力触探。但坑底下埋有砂层，且承压水头高于坑底时，应特别慎重，以免造成冒水涌砂。当岩土条件与勘察报告出入较大或设计有较大变动时，可有针对性地进行补充勘察。

13.2.2 桩长设计一般采用地层和标高双控制，并以勘察报告为设计依据。但在工程实践中，实际地层情况与勘察报告不一致是常有的事，故应通过试打试钻，检验岩土条件是否与设计时预计的一致，在工程桩施工时，也应密切注意是否有异常情况，以便及时采取必要的措施。

13.2.4 目前基坑工程的设计计算，还不能十分准确，无论计算模式还是计算参数，常常和实际情况不一致。为了保证工程安全，监测是非常必要的。通过对监测数据的分析，必要时可调整施工程序，调整支护设计。遇有紧急情况时，应及时发出警报，以便采取应急措施。本条规定的 5 款是监测的基本内容，主要从保证基坑安全的角度提出的。为科研积累数据所需的监测项目，应根据需要另行考虑。

监测数据应及时整理，及时报送，发现异常或趋于临界状态时，应立即向有关部门报告。

13.2.7 对于地下洞室，常需进行岩体内部的变形监测。可根据具体情况，在洞室顶部，洞壁水平部位，45°角部，采用机械钻孔埋设多点位移计，监测成洞时围岩的变形和成洞后围岩的蠕动。

13.3 不良地质作用和地质灾害的监测

13.3.3 岩溶对工程的最大危害是土洞和塌陷。而土洞和塌陷的发生和发展又与地下水的运动密切相关，特别是人工抽吸地下水，使地下水位急剧下降时，常常引发大面积的地面塌陷。故本条规定，岩溶土洞区监测工作的内容中，除了地面变形外，特别强调对地下水的监测。

13.3.4 滑坡体位移监测时，应建立平面和高程控制测量网，通过定期观测，确定位移边界、位移方向、位移速率和位移量。滑面位置的监测可采用钻孔测斜仪、单点或多点钻孔挠度计、钻孔伸长仪等进行，钻孔应穿过滑面，量测元件应通过滑带。地下水对滑坡的活动极为重要，应根据滑坡体及其附近的水文地质条件精心布置，并应搜集当地的气象水文资料，以便对比分析。

对滑坡地点和规模的预报，应在搜集区域地质、地形地貌、气象水文、人类活动等资料的基础上，结合监测成果分析判定。对滑坡时间的预报，应在地点预报的基础上，根据滑坡要素的变化，结合地面位移和高程位移监测、地下水监测，以及测斜仪、地音仪、测震仪、伸长计的监视进行分析判定。

13.3.6 现采空区的地表移动和建筑物变形观测工作，一般由矿产开采单位进行，勘察单位可向其搜集资料。

13.4 地下水的监测

13.4.1 地下水的动态变化，包括水位的季节变化和多年变化，人为因素造成的地下水的变化，水中化学成分的运移等，对工程的安全和环境的保护，常常是最重要最关键的因素，故本条作了相应的规定。

13.4.2 为工程建设进行的地下水监测，与区域性的地下水长期观测不同，监测要求随工程而异，不宜对监测工作的布置作具体而统一规定。

13.4.4 孔隙水压力和地下水压力的监测，应特别注意设备的埋设和保护，建立长期良好而稳定的工作状态。水质监测每年不少于4次，原则上可以每季度一次。

14 岩土工程分析评价和成果报告

14.1 一般规定

14.1.1 本条主要提出了岩土工程分析评价的总要求，说明与本规范各章的关系。

14.1.2 基本内容与《94规范》相同，仅修改了部分提法。

14.1.3 将《94规范》的定性分析和定量分析两条合并为一条，写法比较精炼。

14.1.6 将《94规范》中有关原型观测、足尺试验和反分析的主要规定综合而成。在《94规范》中关于反分析设了专门一节，在工程勘察中，反分析仅作为分析数据的一种手段，并不是勘察阶段的主要内容，与成果报告中其他节的内容也不匹配，因此不单独设节。

14.2 岩土参数的分析和选定

14.2.1 评价岩土参数的可靠性与适用性，在《94规范》规定的基础上，增加了测试结果的离散程度和测试方法与计算模型的配套性两个要求。

14.2.3 岩土参数的标准差可以作为参数离散性的尺度，但由于标准差是有量纲的指标，不能用于不同参数离散性的比较。为了评价岩土参数的变异特点，引入了变异系数 δ 的概念。变异系数 δ 是无量纲系数，使用上比较方便，在国际上是一个通用的指标，许多学者给出了不同国家、不同土类、不同指标的变异系数经验值。在正确划分地质单元和标准试验方法的条件下，变异系数反映了岩土指标固有的变异性特征，例如，土的重度的变异系数一般小于0.05，渗透系数的变异系数一般大于0.4；对于同一个指标，不同的取样方法和试验方法得到的变异系数可能相差比较大，例如用薄壁取土器取土测定的不排水强度的变异系数比常规厚壁取土器取土测定的结果小得多。

在《94规范》中给出了按参数变异性大小评价的标准，划分为很低、低、中等、高、很高五种变异性，目的是"按变异系数划分变异类型，有助于工程师定量地判别与评价岩土参数的变异特性，以便区别对待，提出不同的设计参数值。"但在使用中发现，容易将这一规定误解为判别指标是否合格的标准，对有些变异系数本身比较大的指标认为勘察试验有问

题，这显然不是规范条文的原意。为了避免不必要的误解，修订时取消了这个评价岩土参数变异性的标准。

14.2.4 岩土参数标准值的计算公式与《94规范》的方法没有差异。

岩土参数的标准值是岩土工程设计的基本代表值，是岩土参数的可靠性估值。这是采用统计学区间估计理论基础上得到的关于参数母体平均值置信区间的单侧置信界限值：

$$\phi_k = \phi_m \pm t_\alpha \sigma_m = \phi_m(1 \pm t_\alpha \delta) = \gamma_s \phi_m \quad (14.1)$$

$$\gamma_s = 1 \pm t_\alpha \delta \quad (14.2)$$

式中 σ_m——场地的空间均值标准差

$$\sigma_m = \Gamma(L)\sigma_f \quad (14.3)$$

标准差折减系数 $\Gamma(L)$ 可用随机场理论方法求得，

$$\Gamma(L) = \sqrt{\frac{\delta_e}{h}} \quad (14.4)$$

式中 δ_e——相关距离（m）；

h——计算空间的范围（m）。

考虑到随机场理论方法尚未完全实用化，可以采用下面的近似公式计算标准差折减系数：

$$\Gamma(L) = \frac{1}{\sqrt{n}} \quad (14.5)$$

将公式（14.3）和（14.4）代入公式（14.2）中得到下式：

$$\gamma_s = 1 \pm t_\alpha \delta = 1 \pm t_\alpha \Gamma(L)\delta = 1 \pm \frac{t_\alpha}{\sqrt{n}}\delta \quad (14.6)$$

式中 t_α 为统计学中的学生氏函数的界限值，一般取置信概率 α 为95%。为了便于应用，也为了避免工程上误用统计学上的过小样本容量（如 $n=2$、3、4等）在规范中不宜出现学生氏函数的界限值。因此，通过拟合求得下面的近似公式：

$$\frac{t_\alpha}{\sqrt{n}} = \left\{\frac{1.704}{\sqrt{n}} + \frac{4.678}{n^2}\right\} \quad (14.7)$$

从而得到规范的实用公式（14.2.4-2）。

14.2.5 岩土工程勘察报告一般只提供岩土参数的标准值，不提供设计值，故本条未列岩土参数设计值的计算。需要时，当采用分项系数描述设计表达式计算时，岩土参数设计值 ϕ_d 按下式计算：

$$\phi_d = \frac{\phi_k}{\gamma} \quad (14.8)$$

式中 γ——岩土参数的分项系数，按有关设计规范的规定取值。

14.3 成果报告的基本要求

14.3.1 原始资料是岩土工程分析评价和编写成果报告的基础，加强原始资料的编录工作是保证成果报告质量的基本条件。这些年来，经常发现有些单位勘探测试工作做得不少，但由于对原始资料的检查、整

理、分析、鉴定不够重视，因而不能如实反映实际情况，甚至造成假象，导致分析评价的失误。因此，本条强调，对岩土工程分析所依据的一切原始资料，均应进行整理、检查、分析、鉴定，认定无误后方可利用。

14.3.3、14.3.4 鉴于岩土工程的规模大小各不相同，目的要求、工程特点、自然条件等差别很大，要制订一个统一的适用于每个工程的报告内容和章节名称，显然是不切实际的。因此，本条只规定了岩土工程勘察报告的基本内容。

与传统的工程地质勘察报告比较，岩土工程勘察报告增加了下列内容：

1 岩土利用、整治、改造方案的分析和论证；

2 工程施工和运营期间可能发生的岩土工程问题的预测及监控、预防措施的建议。

14.3.7 本条指出，除综合性的岩土工程勘察报告外，尚可根据任务要求，提交专题报告。例如：

某工程旁压试验报告（单项测试报告）；

某工程验槽报告（单项检验报告）；

某工程沉降观测报告（单项监测报告）；

某工程倾斜原因及纠倾措施报告（单项事故调查分析报告）；

某工程深基开挖的降水与支挡设计（单项岩土工程设计）；

某工程场地地震反应分析（单项岩土工程问题咨询）；

某工程场地土液化势分析评价（单项岩土工程问题咨询）。

附录 G　场地环境类型

G.0.1～G.0.3　【修订说明】

本次局部修订增加了注 4。混凝土结构一侧与地表水或地下水接触，另一侧暴露在大气中，水通过渗透作用不断蒸发，如隧洞、坑道、竖井、地下洞室、路堑护面等，渗入面腐蚀轻微，而渗出面腐蚀严重。这种情况对混凝土腐蚀是最严重的，应定为Ⅰ类，大气越寒冷，越干燥，环境越恶劣。

由于冰冻区和冰冻段的概念不是很明确，也不便于操作，故本次局部修订删去了 G.0.2 和 G.0.3 两条。

中华人民共和国行业标准

建筑工程地质勘探与取样技术规程

Technical specification for engineering geological
prospecting and sampling of constructions

JGJ/T 87—2012

批准部门：中华人民共和国住房和城乡建设部
施行日期：２０１２年５月１日

中华人民共和国住房和城乡建设部
公 告

第 1230 号

关于发布行业标准《建筑工程
地质勘探与取样技术规程》的公告

现批准《建筑工程地质勘探与取样技术规程》为行业标准，编号为 JGJ/T 87-2012，自 2012 年 5 月 1 日起实施。原行业标准《建筑工程地质钻探技术标准》JGJ 87-92 和《原状土取样技术标准》JGJ 89-92 同时废止。

本规程由我部标准定额研究所组织中国建筑工业出版社出版发行。

中华人民共和国住房和城乡建设部

2011 年 12 月 26 日

前 言

根据住房和城乡建设部《关于印发〈2009 年工程建设标准规范制订、修订计划〉的通知》（建标［2009］88 号）的要求，规程编制组经广泛调查研究，认真总结实践经验，参考国内外有关先进标准，并在广泛征求意见的基础上，对原行业标准《建筑工程地质钻探技术标准》JGJ 87-92 和《原状土取样技术标准》JGJ 89-92 进行了修订。

本规程的主要技术内容是：1. 总则；2. 术语；3. 基本规定；4. 勘探点位测设；5. 钻探；6. 钻孔取样；7. 井探、槽探和洞探；8. 探井、探槽和探洞取样；9. 特殊性岩土；10. 特殊场地；11. 地下水位量测及取水试样；12. 岩土样现场检验、封存及运输；13. 钻孔、探井、探槽和探洞回填；14. 勘探编录与成果。

修订的主要技术内容是：1. 对原行业标准《建筑工程地质钻探技术标准》JGJ 87-92 和《原状土取样技术标准》JGJ 89-92 进行了合并修订；2. 增加了"术语"章节；3. 增加了"基本规定"章节；4. 修订了"钻孔护壁"的部分内容；5. 增加了"特殊性岩土"的勘探与取样要求；6. 增加了"特殊场地"勘探要求；7. 增加了"探洞及取样"的要求；8. 修订了"钻孔、探井、探槽和探洞回填"的部分内容；9. 修订了"勘探编录与成果"的部分内容；10. 增加了附录 D "取土器技术标准"中"环刀取砂器技术指标"，增加了附录 E "环刀取砂器结构示意图"；11. 修订了附录 G "岩土的现场鉴别"的部分内容，并增

加了"红黏土、膨胀岩土、残积土、黄土、冻土、污染土"的内容。

本规程由住房和城乡建设部负责管理，由中南勘察设计院有限公司负责具体技术内容的解释。执行过程中如有意见或建议，请寄送中南勘察设计院有限公司（地址：湖北省武汉市中南路 18 号；邮编：430071）。

本 规 程 主 编 单 位：中南勘察设计院有限公司
本 规 程 参 编 单 位：建设综合勘察研究设计院有限公司
西北综合勘察设计研究院
河北建设勘察研究院有限公司
深圳市勘察研究院有限公司
中交第二航务工程勘察设计院有限公司
本规程主要起草人员：刘佑祥　郭明田　龙雄华
邓文龙　孙连和　张晓玉
苏志刚　陈　刚　陈加红
赵治海　姚　平　徐张建
聂庆科　梁金国　梁书奇
李受祉
本规程主要审查人员：顾宝和　董忠级　卞昭庆
王步云　乌孟庄　张苏民
张文华　侯石涛　姚永华

目　次

Contents

1 总　　则

1.0.1 为在建筑工程地质勘探与取样工作中贯彻执行国家有关技术经济政策，做到安全适用、技术先进、经济合理、确保质量，制定本规程。

1.0.2 本规程适用于建筑工程的工程地质勘探与取样技术工作。

1.0.3 在工程地质勘探与取样工作中，应采取有效措施，保护环境和节约资源，保障人身和施工安全，保证勘探和取样质量。

1.0.4 工程地质勘探与取样，除应符合本规程外，尚应符合国家现行有关标准的规定。

2 术　　语

2.0.1 工程地质勘探　engineering geological prospecting

为查明工程地质条件而进行的钻探、井探、槽探和洞探等工作的总称。

2.0.2 钻探　drilling

利用钻机或专用工具，以机械或人力作动力，向地下钻孔以取得工程地质资料的勘探方法。

2.0.3 钻进　drilling，boring

钻具钻入岩土层或其他介质形成钻孔的过程。

2.0.4 回转钻进　rotary drilling

利用回转器或孔底动力机具转动钻头，切削或破碎孔底岩土的钻进方法。

2.0.5 螺旋钻进　auger drilling

利用螺旋钻具转动旋入孔底土层的钻进方法。

2.0.6 冲击钻进　percussion drilling

借助钻具重量，在一定的冲程高度内，周期性地冲击孔底破碎岩土的钻进方法。

2.0.7 锤击钻进　blow drilling

利用筒式钻具，在一定的冲程高度内，周期性地锤击钻具切削砂、土的钻进方法。

2.0.8 绳索取芯钻进　wire-line core drilling

利用带绳索的打捞器，以不提钻方式经钻杆内孔取出岩芯容纳管的钻进方法。

2.0.9 冲击回转钻进　percussion-rotary drilling

在回转钻具上安装冲击器，利用液压（风压）产生冲击，使钻具既有冲击作用又有回转作用的综合性钻进方法。

2.0.10 硬质合金钻进　tungsten-carbide drilling

利用硬质合金钻头切削或破碎孔底岩土的钻进方法。

2.0.11 金刚石钻进　diamond drilling

利用金刚石钻头切削或破碎孔底岩土的钻进方法。

2.0.12 反循环钻进　reverse circulation drilling

利用冲洗液从钻杆与孔壁间的环状间隙中流入孔底来冷却钻头，并携带岩屑由钻杆内孔返回地面的钻进技术。分为全孔反循环钻进和局部反循环钻进。

2.0.13 岩石可钻性　rock drillability

岩石由于矿物成分和结构构造不同所表现的钻进的难易程度。

2.0.14 钻孔倾角　dip angle of drilling hole

钻孔轴线上某点沿轴线延伸方向的切线与其水平投影之间的夹角称为该点的钻孔倾角。

2.0.15 冲洗液　drilling fluid

钻进中用来冷却钻头、排除钻孔中岩粉的流体。

2.0.16 泥浆　mud

黏土颗粒均匀而稳定地分散在液体中形成的浆液。

2.0.17 套管　casing

用螺纹连接或焊接成管柱后下入钻孔内，保护孔壁、隔离与封闭油、气、水层及漏失层的管材。

2.0.18 钻孔取土器　borehole sampler

在钻孔中采取岩土样的管状器具。

2.0.19 薄壁取土器　thin-wall sampler

内径为75mm～100mm、面积比不大于10%（内间隙比为0）或面积比为10%～13%（内间隙比为0.5～1.0）的无衬管取土器。

2.0.20 厚壁取土器　thick-wall sampler

内径为75mm～100mm、面积比为13%～20%的有衬管取土器。

2.0.21 岩芯　rock-core

从钻孔中提取出的土柱、岩柱。

2.0.22 岩芯采样率　core recovery percent

采取的岩芯长度之和与相应实际钻探进尺之比，以百分数表示。

2.0.23 岩石质量指标（RQD）　rock quality designation

用直径75mm（N型）双层岩芯管和金刚石钻头在岩石中连续钻进取芯，回次钻进所取得岩芯中长度大于10cm的芯段长度之和与相应回次总进尺的比值，以百分数表示。

2.0.24 土试样质量等级　quality classification of soil samples

按土试样受扰动程度不同而划分的等级。

3 基 本 规 定

3.0.1 建筑工程地质勘探应符合下列要求：

1 能正确鉴别岩土名称及其基本性质，并确定其埋藏深度及厚度；

2 能采取符合质量要求的岩土试样或进行原位测试；

3 能查明勘探深度内地下水的赋存情况。

3.0.2 建筑工程地质勘探与取样应按勘探任务书或勘察纲要执行。

3.0.3 建筑工程地质勘探应符合现行国家标准《岩土工程勘察安全规范》GB 50585 的规定。

3.0.4 布置建筑工程地质勘探工作时，应进行资料搜集和现场调查，分析评估勘探对既有地上、地下建（构）筑物和自然环境的影响，并制定有效措施，防止损害地下工程、管线等设施。

3.0.5 建筑工程地质勘探与取样方法应根据岩土样质量级别要求和岩土层性质确定。

3.0.6 现场勘探记录应由经过专业培训的编录人员或工程技术人员承担，并应由工程技术负责人签字验收。

4 勘探点位测设

4.0.1 勘探点位应根据委托方提供的坐标和高程控制点由专业人员测放。勘探点位测设于实地的允许偏差应根据勘察阶段、场地和工程情况以及勘探任务要求等确定，并应符合下列规定：

1 陆域：初步勘察阶段平面位置允许偏差为 $^{+0.50m}_{0}$，高程允许偏差为 ±0.10m；详细勘察阶段平面位置允许偏差为 $^{+0.25m}_{0}$，高程允许偏差为 ±0.05m；对于可行性勘察阶段、城市规划勘察阶段、选址勘察阶段，可利用适当比例尺的地形图，根据地形地物特征确定勘探点位和孔口高程；

2 水域：初步勘察阶段平面位置允许偏差为 $^{+2.0m}_{0}$，高程允许偏差为 ±0.20m；详细勘察阶段平面位置允许偏差为 $^{+1.0m}_{0}$，高程允许偏差为 ±0.10m。

4.0.2 陆域勘探点位应设置有编号的标志桩，开钻或掘进之前应按设计要求核对桩号及其实地位置，两者应相符。水域勘探点位可设置浮标，并应采用测量仪器等方法按孔位坐标定位。

4.0.3 当调整勘探点位时，应将实际勘探孔位置标明在平面图上，并应注明与原孔位的偏差距离、方位和高差。必要时应重新测定孔位和高程。

4.0.4 勘探成果中的平面图除应表示实际完成勘探点位之外，尚应提供各点的坐标及高程数据，且宜采用地区的统一坐标和高程系。

5 钻 探

5.1 一般规定

5.1.1 钻探工作应根据勘探技术要求、地层类别、场地及环境条件，选择合适的钻机、钻具和钻进方法。

5.1.2 钻探操作人员应履行岗位职责，并应执行操作规程。现场编录人员应详细记录、分析钻探过程和岩芯情况。

5.1.3 特殊岩土、特殊场地钻探尚应分别符合本规程第 9 章、第 10 章的相关规定。

5.2 钻孔规格

5.2.1 工程地质钻孔口径和钻具规格应符合本规程附录 A 的规定。

5.2.2 钻孔成孔口径应根据钻孔取样、测试要求、地层条件和钻进工艺等确定，并应符合表 5.2.2 的规定。

表 5.2.2 钻孔成孔口径（mm）

钻孔性质		第四纪土层	基 岩
鉴别与划分地层/岩芯钻孔		≥36	≥59
取Ⅰ、Ⅱ级土试样钻孔	一般黏性土、粉土残积土、全风化岩层	≥91	≥75
	湿陷性黄土	≥150	
	冻土	≥130	
原位测试钻孔		大于测试探头直径	
压水、抽水试验钻孔		≥110	软质岩石 / 硬质岩石
		≥75	≥59

注：采取Ⅰ、Ⅱ级土试样的钻孔，孔径应比使用的取土器外径大一个径级。

5.2.3 钻孔深度量测应符合下列规定：

1 对于钻进深度和岩土层分层深度的量测精度，陆域最大允许偏差为 ±0.05m，水域最大允许偏差为 ±0.2m；

2 每钻进 25m 和终孔后，应校正孔深，并宜在变层处校核孔深；

3 当孔深偏差超过规定时，应找出原因，并应更正记录报表。

5.2.4 钻孔的垂直度或预计的倾斜度与倾斜方向应符合下列规定：

1 对于垂直钻孔，每 50m 应测量一次垂直度，每 100m 的允许偏差为 ±2°；

2 对于定向钻孔，每 25m 应测量一次倾斜角和方位角，钻孔倾角和方位角的测量精度分别为 ±0.1° 和 ±3°；

3 当钻孔斜度及方位偏差超过规定时，应立即采取纠斜措施；

4 当勘探任务有要求时，应根据勘探任务要求测斜和防斜。

5.3 钻 进 方 法

5.3.1 钻进方法和钻进工艺应根据岩土类别、岩土可钻性分级和钻探技术要求等确定。岩土可钻性应按本规程附录 B 确定。钻进方法可按表 5.3.1 选用。

表 5.3.1　钻　进　方　法

钻进方法		钻进地层					勘察要求	
		黏性土	粉土	砂土	碎石土	岩石	直观鉴别、采取不扰动试样	直观鉴别、采取扰动试样
回转	螺旋钻进无岩芯钻进	++	+	+	—	—	++	++
	岩芯钻进	++	++	+	+	—	++	—
		++	++	++	++	++	++	++
冲击钻进		—	+	++	++	+	—	++
锤击钻进		++	++	+	+	+	+	++
振动钻进		++	++	++	+	—	+	++
冲洗钻进		+	+	++	+	—	—	—

注：1　++：适用；+：部分适用；—：不适用；
　　2　螺旋钻进不适用于地下水位以下的松散粉土和饱和砂土。

5.3.2　对于要求采取岩芯的钻孔，应采用回转钻进；对于黏性土，可根据地区经验采用螺旋钻进或锤击钻进方法；对于碎石土，可采用植物胶浆液护壁金刚石单动双管钻具钻进。

5.3.3　对于需要鉴别土层天然湿度和划分地层的钻孔，当处于地下水位以上时，应采用干钻；当需要加水或使用循环液时，可采用内管超前的双层岩芯管钻进或三重管取土器钻进；当处于地下水位以下，且采用单层岩芯管钻进时，可采用无泵反循环钻进。

5.3.4　地下水位以下饱和粉土、砂土，宜采用回转钻进方法；粉、细砂层可采用活套闭水接头单管钻进；中、粗、砾砂层可采用无泵反循环单层岩芯管回转钻进并连续取芯，取芯困难时，可用对分式取样器或标准贯入器间断取样。

5.3.5　岩石宜采用金刚石钻头或硬质合金钻头回转钻进。软质岩石及风化破碎岩石宜采用双层岩芯管钻头钻进或绳索取芯钻进；易冲刷和松软的岩石可采用双管钻具或无泵反循环钻进；硬、脆、碎岩石宜采用双管钻具、喷射式孔底反循环钻进或冲击回转钻进。

5.3.6　当需要测定岩石质量指标（RQD）时，应采用外径 75mm（N 型）的双层岩芯管和金刚石钻头。

5.3.7　预计采取Ⅰ、Ⅱ级土试样或进行原位测试的

钻孔，应按本规程表 5.3.1 选择钻进方法，并应满足本规程第 6 章的有关规定。

5.3.8　勘探浅部土层时，可采用下列钻进方法：

　　1　小口径螺旋麻花钻（或提土钻）钻进；

　　2　小口径勺形钻钻进；

　　3　洛阳铲钻进。

5.4　冲洗液和护壁堵漏

5.4.1　钻孔冲洗液和护壁堵漏材料应根据地层岩性、任务要求、钻进方法、设备条件和环境保护要求等进行选择。常用冲洗液和护壁堵漏材料宜按表 5.4.1 选择。

表 5.4.1　常用冲洗液和护壁堵漏材料

冲洗液和护壁堵漏材料	适　用　范　围
清水	致密、稳定地层
泥浆（无固相冲洗液）	松散破碎地层，吸水膨胀性地层，节理裂隙较发育的漏失性地层
黏土	局部孔段的坍塌漏失地层，钻孔浅部或覆盖层有裂隙，产生漏、涌水等情况的地层
水泥浆	较厚的破碎带，塌漏较严重的地层，特殊泥浆及黏土处理无效，漏失严重的裂隙地层等
生物、化学浆液	裂隙很发育的破碎、坍塌漏失地层，一般用于短孔段的局部护壁堵漏
植物胶	松散、掉快、裂隙地层或胶结较差的地层，如，卵砾石层、砂层
套管	严重坍塌、缩孔、漏失、涌水性地层，较大的溶洞，松散的土层，砂层，其他护壁堵漏方法无效时，水文地质试验需封闭的孔段，水上钻探的水中孔段

5.4.2　钻孔冲洗液的选用应符合下列规定：

　　1　钻进致密、稳定地层时，应选用清水作冲洗液；

　　2　用作水文地质试验的孔段，宜选用清水或易于洗孔的泥浆作冲洗液；

　　3　钻进松散、掉块、裂隙地层或胶结较差的地层时，宜选用植物胶泥浆、聚丙烯酰胺泥浆等作冲洗液；

　　4　钻进片岩、千枚岩、页岩、黏土岩等遇水膨胀地层时，宜采用钙处理泥浆或不分散低固相泥浆作冲洗液；

　　5　钻进可溶性盐类地层时，应采用与该地层可溶性盐类相应的饱和盐水泥浆作冲洗液；

　　6　钻进高压含水层或极易坍塌的岩层时，应采

用密度大、失水量少的泥浆作冲洗液；

7 金刚石钻进宜选用清水、低固相或无固相泥浆、乳化泥浆等作冲洗液。

5.4.3 钻孔护壁堵漏应符合下列规定：

1 根据孔壁稳定程度和钻进方法，可选用清水、泥浆、套管等护壁措施，当孔壁坍塌严重时，可采用水泥浆灌注护壁堵漏；

2 在地下水位以上松散填土及其他易坍塌的岩土层钻进时，可采用套管护壁；

3 在地下水位以下的饱和软黏性土层、粉土层、砂土层钻进时，宜采用泥浆护壁；在碎石土钻进取芯困难时，可采取植物胶浆液护壁钻进；

4 在破碎岩层中可根据需要采用优质泥浆、水泥浆或化学浆液护壁；冲洗液漏失严重时，应采取充填、封闭等堵漏措施；

5 采用冲击钻进时，宜采用套管护壁。

5.4.4 采用套管护壁时，应先钻进后跟进套管，不得向未钻过的土层中强行击入套管。钻进过程中应保持孔内水头压力大于或等于孔周地下水压，提钻时应能通过钻具向孔底通气通水。

5.5 采取鉴别土样及岩芯

5.5.1 钻探过程中，岩芯采取率应逐回次计算。岩芯采取率应根据勘探任务书要求确定，并应符合表5.5.1的规定。

表 5.5.1　岩芯采取率

岩土层		岩芯采取率（％）
黏土层		≥90
粉土、砂土层	地下水位以上	≥80
	地下水位以下	≥70
碎石土层		≥50
完整岩层		≥80
破碎岩层		≥65

5.5.2 对于需要重点研究的破碎带、滑动带，应根据工程技术要求提高取芯率，并宜定向连续取芯。

5.5.3 钻进回次进尺应根据岩土地层情况、钻进方法及工艺要求、工程特点等确定，并应符合下列规定：

1 满足鉴别厚度小于0.2m的薄层的要求；

2 在黏性土中，回次进尺不宜超过2.0m；在粉土、饱和砂土中，回次进尺不宜超过1.0m，且不得超过螺纹长度或取土筒（器）长度；在预计的地层界线附近及重点探查部位，回次进尺不宜超过0.5m；采取原状土样前用螺旋钻头清土时，回次进尺不宜超过0.3m；

3 在岩层中钻进时，回次进尺不得超过岩芯管长度；在软质岩层中，回次进尺不得超过2.0m；在破碎岩石或软弱夹层中，回次进尺应为0.5m～0.8m。

5.5.4 鉴别土样及岩芯的保留与存放应符合下列规定：

1 除用作试验的土样及岩芯外，其余土样及岩芯应存放于岩芯盒内，并应按钻进回次先后顺序排列，注明深度和岩土名称，且每一回次应用岩芯牌隔开；

2 易冲蚀、风化、软化、崩解的岩芯，应进行封存；

3 存放土样及岩芯的岩芯盒应平稳安放，不得日晒、雨淋和融冻，搬运时应盖上岩芯盒箱盖，小心轻放；

4 岩芯宜拍摄照片保存；

5 岩芯保留时间应根据勘察要求确定，并应保留至钻探工作检查验收完成。

6　钻孔取样

6.1　一般规定

6.1.1 采取的土试样质量等级应符合表6.1.1的规定。

表 6.1.1　土试样质量等级

级别	扰动程度	试验内容
Ⅰ	不扰动	土类定名、含水量、密度、强度试验、固结试验
Ⅱ	轻微扰动	土类定名、含水量、密度
Ⅲ	显著扰动	土类定名、含水量
Ⅳ	完全扰动	土类定名

注：1 不扰动是指原位应力状态虽已改变，但土的结构、含水量、密度变化很小，能满足室内试验各项要求；

2 除地基基础设计等级为甲级的工程外，对于可塑、硬塑黏性土及非饱和的中密、密实粉土在工程技术要求允许的情况下，可用Ⅱ级土试样进行强度和固结试验，但宜先对土试样受扰动程度作抽样鉴定，判断用于试验的适宜性，并结合地区经验使用试验成果。

6.1.2 不同等级土试样的取样工具可按本规程附录C选择。

6.1.3 采用套管护壁时，套管的下设深度与取样位置之间应保留三倍管径以上的距离。采用振动、冲击或锤击等钻进方法时，应在预计取样位置1m以上改用回转钻进。

6.1.4 下放取土器前应清孔，且除活塞取土器取样外，孔底残留浮土厚度不应大于取土器废土段长度。

6.1.5 采取土试样时，宜采用快速静力连续压入法。对于较硬土质，宜采用二、三重管回转取土器钻进取样，有地区经验时，可采用重锤少击法取样。

6.1.6 在粉土、饱和砂土层中采取Ⅰ、Ⅱ级砂样时，可采用原状取砂器；砂土扰动样可从贯入器中采取。

6.1.7 岩石试样可利用钻探岩芯制作。采取的毛样尺寸应满足试块加工的要求。有特殊要求时，试样形状、尺寸和方向应按岩石力学试验设计要求确定。

6.2 钻孔取土器

6.2.1 钻孔取土器技术规格应符合本规程附录D的规定。各类钻孔取土器的结构应符合本规程附录E的规定。

6.2.2 取土试样前，应对所使用的钻孔取土器进行检查，并应符合下列规定：

　　1 刃口卷折、残缺累计长度不应超过周长的3%，刃口内径偏差不应大于标准值的1%；

　　2 对于取土器，应量测其上、中、下三个截面的外径，每个截面应量测三个方向，且最大与最小之差不应超过1.5mm；

　　3 取样管内壁应保持光滑，其内壁的锈斑和粘附土块应清除；

　　4 各类活塞取土器的活塞杆的锁定装置应保持清洁、功能正常、活塞松紧适度、密封有效；

　　5 取土器的衬筒应保证形状圆整、内侧清洁平滑、缝口平接、盒盖配合适当，重复使用前，应予清洗和整形；

　　6 敞口取土器头部的逆止阀应保持清洁、顺向排气排水畅通、逆向封闭有效；

　　7 回转取土器的单动、双动功能应保持正常，内管超前度应符合要求，自动调节内管超前度的弹簧功能应符合设计要求；

　　8 当零部件功能失效或有缺陷者时，应修复或更换后才能投入使用。

6.3 贯入式取样

6.3.1 采取贯入式取样时，取土器应平稳下放，并不得碰撞孔壁和冲击孔底。取土器下放后，应核对孔深与钻具长度，当残留浮土厚度超过本规程第6.1.4条的规定时，应提出取土器重新清孔。

6.3.2 采取Ⅰ级土试样时，应采用快速、连续的静压方式贯入取土器，贯入速度不应小于0.1m/s。当利用钻机的给进系统施压时，应保证具有连续贯入的足够行程。采用Ⅱ级土试样时，可使用间断静压方式或重锤少击方式贯入取土器。

6.3.3 在压入固定活塞取土器时，应将活塞杆与钻架牢固连接，活塞不得向下移动。当贯入过程中需监视活塞杆的位移变化时，可在活塞杆上设定相对于地面固定点的标志，并测记其高差。活塞杆位移量不得超过总贯入深度的1%。

6.3.4 取土器贯入深度宜控制在取样管总长的90%。贯入深度应在贯入结束后准确量测并记录。当取土器压入预计深度后，应将取土器回转2~3圈或稍加静置后再提出取土器。

6.4 回转式取样

6.4.1 采用单动、双动二（三）重管采取Ⅰ、Ⅱ级土试样时，应保证钻机平稳、钻具垂直、平稳回转钻进，并可在取土器上加接重杆。

6.4.2 回转式取样时，回转钻进宜根据各场地地层特点通过试钻或经验确定钻进参数，选择清水、泥浆、植物胶等作冲洗液。

6.4.3 回转式取样时，取土器应具备可改变内管超前长度的替换管靴。宜采用具有自动调节功能的单动二（三）重管取土器，取土器内管超前量宜为50mm~150mm，内管管口压进后，应至少与外管齐平。对软硬交替的土层，宜采用具有自动调节功能的改进型单动二（三）重管取土器。

6.4.4 对硬塑以上的黏性土、密实砾砂、碎石土和软岩，可采用双动三重管取样器采取不扰动土试样。对于非胶结的砂、卵石层，取样时可在底靴上加置逆爪，在采取不扰动土试样困难时，可采用植物胶冲洗液。

7 井探、槽探和洞探

7.0.1 井探、槽探和洞探时，应采取相应的安全措施。

7.0.2 探井、探槽和探洞的深度、长度、断面尺寸等应按勘探任务要求确定，并应符合下列规定：

　　1 探井深度不宜超过地下水位，且不宜超过20m，掘进深度超过7m时，应向井内通风、照明；遇地下水时，应采取相应的排水和降水措施；

　　2 探井断面可采用圆形或矩形，且圆形探井直径不宜小于0.8m；矩形探井不宜小于1.0m×1.2m；当根据土质情况需要放坡或分级开挖时，井口宜加大；

　　3 探槽挖掘深度不宜大于3m，大于3m时，应根据槽壁的稳定情况增加支撑或改用探井方法，槽底宽度不应小于0.6m；探槽两壁的坡度，应按开挖深度及岩土性质确定；

　　4 探洞断面可采用梯形、矩形或拱形，洞宽不宜小于1.2m，洞高不宜小于1.8m；

　　5 探井的井口、探洞的洞口位置宜选择在坚固且稳定的部位，并应能满足施工安全和勘探的要求。

7.0.3 当地层破碎或岩土层不稳定、易坍塌又不允许放坡或分级开挖时，应对井、槽、洞壁设支撑保护。支护方式可采用全面支护或间隔支护。全面支护时，每隔0.5m及在需要重点观察部位应留下检查间隙。当需要采取Ⅰ、Ⅱ级岩土试样时，应采取措施减少对井、槽、洞壁取样点附近岩土层的扰动。

7.0.4 探井、探槽和探洞开挖过程中的土石方堆放位置离井、槽、洞口边缘应大于1.0m。雨期施工时，应在井、槽、洞口设防雨篷和截水沟。

7.0.5 遇大块孤石或基岩，人工开挖难以掘进时，可采用控制爆破或动力机械方式掘进。

7.0.6 对于井探、槽探和洞探，除应文字描述记录外，尚应以剖面图、展开图等反映井、槽、洞壁和底部的岩性、地层分界、构造特征、取样和原位试验位置，并应辅以代表性部位的彩色照片。探井、探槽和探洞展开图式可按本规程附录F执行。

8 探井、探槽和探洞取样

8.0.1 探井、探槽和探洞中采取的Ⅰ、Ⅱ级岩土试样宜用盒装。试样容器可采用ϕ120mm×200mm或120mm×120mm×200mm、ϕ150mm×200mm或150mm×150mm×200mm等规格。对于含有粗颗粒的非均质土及岩石样，可按试验设计要求确定尺寸。试样容器宜做成装配式，并应具有足够刚度，避免土样因自重过大而产生变形。容器应有足够净空，以便采取相应的密封和防扰动措施。

8.0.2 采取盒状土试样宜按下列步骤进行：

　　1 整平取试样处的表面；

　　2 按土样容器净空轮廓，除去四周土体，形成土柱，其大小应比容器内腔尺寸小20mm；

　　3 套上容器边框，边框上缘应高出土样柱10mm，然后浇入热蜡液，蜡液应填满土样与容器之间的空隙至框顶，并应与之齐平；待蜡液凝固后，将盖板封上；

　　4 挖开土试样根部，使之与母体分离，再颠倒过来削去根部多余土料，土试样应比容器边框低10mm，然后浇满热蜡液，待凝固后将底盖板封上。

8.0.3 按本规程第8.0.1条和第8.0.2条采取的岩土试样，可作为Ⅰ级试样。

8.0.4 采取断层泥、滑动带（面）或较薄土层的试样，可用试验环刀直接压入取样。

8.0.5 在探井、探槽和探洞中取样时，应与开挖掘进同步进行，且样品应有代表性。

9 特殊性岩土

9.1 软　　土

9.1.1 软土钻进应符合下列规定：

　　1 软土钻进可采用空心螺纹提土器或活套闭水接头单管钻具钻进取芯；当采用空心螺纹提土器钻进时，提土器上端应有排水孔，下端应用排水活门。

　　2 钻进宜连续进行；当成孔困难或需间歇作业时，应采用套管、清水、泥浆等护壁措施。

　　3 对于钻进回次进尺长度，厚层软土不宜大于2.0m，中厚层软土不宜大于1.0m，地层含粉质成分较多时，不宜超过0.5m，并应保证分层清楚，提土率应大于80%；当夹有大量砂土互层，提土率不能满足要求时，应辅以标准贯入器取样作土层鉴别。

9.1.2 软土取样应符合下列规定：

　　1 软土应采用薄壁取土器静力压入法取样，不宜采用厚壁取土器或击入法取样；

　　2 应采取措施防止所采取的土试样水分流失和蒸发，土试样应置于柔软防振的样品箱中，在运输过程中，不得改变其原有结构状态。

9.2 膨　胀　岩　土

9.2.1 膨胀岩土钻进应符合下列规定：

　　1 宜采用肋骨合金钻头回转钻进，并应加大水口高度和水槽宽度，严禁采用振动或冲击方法钻进；

　　2 钻孔取芯宜采用双管单动岩芯管或无泵反循环钻进；

　　3 钻进时宜采取干钻，采取Ⅰ、Ⅱ级土试样时，严禁送水钻进；

　　4 回次进尺宜控制在0.5m～1.0m；

　　5 当孔壁严重收缩时，应随钻随下套管护壁；

　　6 采用泥浆护壁时，应选用失水量小、护壁性能好的泥浆。

9.2.2 膨胀岩土取样应符合下列规定：

　　1 采用薄壁取土器，取土器入土深度不得大于其直径的3倍，土试样直径不得小于89mm；

　　2 保持土试样的天然湿度和天然结构，并应防止土试样湿水膨胀或失水干裂。

9.3 湿　陷　性　土

9.3.1 湿陷性土钻进应符合下列规定：

　　1 湿陷性土钻进应采用干钻方式，并严禁向孔内注水；

　　2 采取Ⅰ级土试样的钻孔应使用螺旋（纹）钻头回转钻进；

　　3 采取Ⅰ、Ⅱ级土试样的钻孔应根据地层情况控制钻进速度和旋转速度，并应按一米三钻控制回次进尺；

　　4 宜使用薄壁取土器进行清孔；当采用螺旋钻头清孔时，宜采取不施压或少加压慢速钻进。

9.3.2 湿陷性土取样应符合下列规定：

　　1 Ⅰ、Ⅱ级土试样宜在探井、探槽中刻取；

　　2 在钻孔中采取Ⅰ、Ⅱ级土试样时，应使用黄土薄壁取土器采取压入法取样；当压入法取样困难时，可采用一次击入法取样；

3 采用无内衬取土器取土时，应确保内壁干净平滑，并可在内壁均匀涂上润滑油；采取结构松散的土样时，应采用有内衬取土器，内衬应平整光滑，端部不得上翘或翻卷，并应与取土器内壁紧贴；

4 清孔时，应慢速低压连续压入或一次击入，清孔深度不应超过取样管长度，并不得采用小钻头钻进，大钻头清孔；

5 取样时应先将取土器轻轻吊放至孔底，然后匀速连续快速压入或一次击入，中途不得停顿，在压入过程中，钻杆应保持垂直、不摇摆，压入或击入深度宜保证土样超过盛土段 50mm；

6 卸土时不得敲击取土器；土试样取出后，应检查试样质量，当试样受压、破裂或变形扰动时，应废弃并重新取样。

9.4 多年冻土

9.4.1 多年冻土钻进应符合下列规定：

1 第四系松散冻土层，宜采取慢速干钻方法，钻进回次时间不宜超过 5min，回次进尺不宜大于 0.5m；

2 对于高含冰量的黏性土层，应采取快速干钻方法，钻进回次进尺不宜大于 0.80m；

3 钻进冻结碎石土或基岩时，可采用低温冲洗液；低温冲洗液的含盐浓度可根据表 9.4.1 确定；

表 9.4.1 低温冲洗液的含盐浓度

冰　点	含盐溶液浓度（%）
−4℃	4.7
−6℃	9.4
−8℃	14.1

4 孔内有残留岩芯时，应及时设法清除；不能连续钻进时，应将钻具及时从孔内提出；

5 为防止地表水或地下水渗入钻孔，应设置护孔管封水或采取其他止水措施，孔口应加盖密封；护孔管应固定且高出地面 0.1m～0.2m，下端应至冻土上限以下 0.5m～1.0m；

6 起拔冻土孔内的套管可采用振动拔管，也可用热水加温套管或在钻孔四周钻小口径钻孔并辅以振动拔管；

7 在钻探和测温期间，应减少对场地地表植被的破坏。

9.4.2 多年冻土取样应符合下列规定：

1 采取Ⅰ、Ⅱ级冻土试样宜在探井、探槽和探洞中刻取；钻孔取样宜采取大直径试样；

2 冻土可用岩芯管取样；岩芯管取样困难时，可采用薄壁取土器击入法取样；

3 从岩芯管内取芯时，可采用缓慢泵压法退芯，当退芯困难时可辅以热水加热岩芯管；取出的岩芯应自上而下按顺序摆放，并应标记岩芯深度；

4 Ⅰ、Ⅱ级冻土试样取出后，宜在现场及时进行试验。当现场不具备试验条件时，应立即密封、包装、编号并冷藏土样送至试验室，在运输中应避免试样振动。

9.5 污　染　土

9.5.1 当污染土对人体有害或对钻具仪表有腐蚀性时，应采取必要的保护措施。

9.5.2 在污染土中钻进时，不宜采用冲洗液，可采用清水或不产生附加污染的可生物降解的酯基洗孔液。

9.5.3 在较深钻孔和坚实土层中，应采用回转法取样；在较浅钻孔和松散土层中，宜采用压入法或冲击法取样。

9.5.4 取样工具应保持清洁，应采取有效措施避免污染土与大气及操作人员接触受到二次污染，并应防止挥发性物质流失、氧化。

9.5.5 土试样采集后应采取适当的封存方法，并应按规定的要求及时试验。

10　特　殊　场　地

10.1　岩　溶　场　地

10.1.1 在岩溶地区钻探时，进场前应搜集当地区域地质资料，并应配置相应钻具、护管和早强水泥等。

10.1.2 岩溶发育地区钻探宜采用液压钻机，并应低压、中慢速钻进。

10.1.3 岩溶发育地区钻进过程中，当钻穿溶洞顶板时，应立即停钻，并用钻杆或标准贯入器试探，然后根据该溶洞的特点，确定后续钻进方法和应采用的钻具。同时应详细记录溶洞顶、底板的深度，洞内充填物及其性质、成分、水文地质情况等。

10.1.4 当溶洞内有充填物时，应采用双层岩芯管钻进或采用单层岩芯管无泵钻进。

10.1.5 对无充填物或充填物不满的溶洞，钻进时，应按溶洞大小及时下相应长度的护管。

10.1.6 岩溶发育地区钻进时，应采用带卡簧或爪簧岩芯管取芯。钻具应慢速起落，遇阻时应分析原因并采取相应措施。

10.1.7 当遇有蜂窝状小型溶洞群、严重漏水并无法干钻钻进且护管无效时，应使用早强水泥浆进行封堵。

10.2　水　域　钻　探

10.2.1 水域钻探开工前，应收集相关水域的水文、气象、航运等资料，并应做好钻探计划和安全措施。

10.2.2 水域钻探应在水上固定式钻探平台或钻探船、筏等浮式平台上进行。钻探平台类型应根据钻探水域的水文、气象、地质条件和勘探技术要求等确定。

10.2.3 钻探点定位测量的仪器与方法，可根据场地离岸的距离进行选择。钻探点应按设计点位施放，开孔后应实测点位坐标和高程，并应与最新测绘的水域地形图及水文、潮汐等资料进行核对。

10.2.4 钻探点的点位高程应由多次同步测量的水深与水位确定，并可用处于稳定状态套管的长度作校核。在水深流急区域，不宜使用水砣绳测水深法确定点位标高。

10.2.5 水深测量应在孔位附近进行，水深测量和水位观测应同时进行。在潮汐影响水域采用勘探船、筏等浮式平台作业时，应按勘探任务书要求定时进行水位观测，并应校正水面标高。在地层变层时，应及时记录同步测量的水尺读数和水深水位观测数据，并应准确计算变层和钻进深度。

10.2.6 对于水域钻孔的护孔套管，除应满足陆域钻进的要求外，插入土层的套管长度应进入密实地层，并应保持稳定，确保冲洗液不跑漏。

10.2.7 在涨落潮水域采用浮动平台钻探时，可安装与浮动平台连接的导向管，并应配备 0.3m~1.0m 短套管。

10.3 冰上钻探

10.3.1 冰上钻探前，应收集该区域的结冰期、冰层厚度及气象变化规律等资料。钻探施工过程中，应设专人定时对气象和冰层厚度变化进行观测。

10.3.2 冰上钻探宜在封冰期进行，且冰层厚度不得小于 0.4m。春融期间，冰层实际厚度应大于 0.6m，且冰水之间不应有空隙；冰层厚度应满足钻探设备及人员的自重要求。

10.3.3 冰上钻探前，应规划、设定冰上人员行走和机具设备、材料搬运路线，并应避开冰眼和薄弱冰带。

10.3.4 钻场 20m 范围内，不得随意开凿冰洞。抽水、回水冰洞应在钻场 20m 以外。

10.3.5 冲洗液中应加入适量的防冻液。冲洗液池与基台间的距离宜大于 3.0m。

10.3.6 冰上钻探时，应做好人员及土样防冻工作，钻场内炉具底部及附近应铺垫砂土等隔热层。

10.3.7 在受海潮影响的河流、湖泊进行冰上钻探时，基台应高于冰面 0.3m 以上，并应根据冰面变化随时进行调整。

11 地下水位量测及取水试样

11.0.1 地下水位的量测应符合下列规定：

1 遇地下水时应量测水位；

2 对工程有影响的多层含水层的水位量测，应采取分层隔水措施，将被测含水层与其他含水层隔开。

11.0.2 对于初见水位和稳定水位，可在钻孔、探井或测压管内直接量测。稳定水位量测的间隔时间应根据地层的渗透性确定，且对砂土和碎石土，不得少于30min，对粉土和黏性土，不得少于 8h，并宜在勘探结束后统一量测稳定水位。

11.0.3 水位量测读数精度不得低于±20mm。

11.0.4 因采用泥浆护壁影响地下水位观测时，可在场地范围内另外布置专用的地下水位观测孔。

11.0.5 取水试样符合下列规定：

1 采取的水试样应代表天然条件下的水质情况；

2 当有多层含水层时，应做好分层隔水措施，并应分层采取水样；

3 取水试样前，应洗净盛水容器，不得有残留杂质；

4 取水试样过程中，应尽量减少水试样的暴露时间，及时封口；对需测定不稳定成分的水样时，应及时加入稳定剂；

5 采取水试样后，应做好取样记录，记录内容应包括取样时间、孔号、取样深度、取样人、是否加入稳定剂等；

6 水试样应及时送验，放置时间应符合试验项目的相关要求。

12 岩土样现场检验、封存及运输

12.0.1 钻孔取土器提出地面之后，应小心地将土试样连同容器（衬管）卸下，并应符合下列规定：

1 对于以螺钉连接的薄壁管，卸下螺钉后可立即取下取样管；

2 对丝扣连接的取样管、回转型取土器，应采用链钳、自由钳或专用扳手卸开，不得使用管钳等易于使土样受挤压或使取样管受损的工具；

3 采用外管非半合管的带衬管取土器时，应将衬管与土样从外管推出，并应事先将土样削至略低于衬管边缘，推土时，土试样不得受压；

4 对各种活塞取土器，卸下取样管之前应打开活塞气孔，消除真空。

12.0.2 对钻孔中采取的Ⅰ级原状土试样，应在现场测定取样回收率。使用活塞取土器取样回收率大于1.00 或小于 0.95 时，应检查尺寸量测是否有误，土试样是否受压，并应根据实际情况决定土试样废弃或降低级别使用。

12.0.3 采取的土试样应密封，密封可选用下列方法：

1 方法一：在钻孔取土器中取出土样时，先将

上下两端各去掉约 20mm，再加上一块与土样截面面积相当的不透水圆片，然后浇灌蜡液，至与容器端齐平，待蜡液凝固后扣上胶皮或塑料保护帽；

　　2 方法二：取出土样用配合适当的盒盖将两端盖严后，将所有接缝采用纱布条蜡封封口；

　　3 方法三：采用方法一密封后，再用方法二密封。

12.0.4 对软质岩石试样，应采用纱布条蜡封或黏胶带立即密封。

12.0.5 每个岩土试样密封后均应填贴标签，标签上下应与土试样上下一致，并应牢固地粘贴在容器外壁上。土试样标签应记载下列内容：

　　1 工程名称或编号；

　　2 孔（井、槽、洞）号、岩土样编号、取样深度、岩土试样名称、颜色和状态；

　　3 取样日期；

　　4 取样人姓名；

　　5 取土器型号、取样方法，回收率等。

12.0.6 试样标签记载应与现场钻探记录相符。取样的取土器型号、取样方法，回收率等应在现场记录中详细记载。

12.0.7 采取的岩土试样密封后应置于温度及湿度变化小的环境中，不得暴晒或受冻。土试样应直立放置，严禁倒放或平放。

12.0.8 运输岩土试样时，应采用专用土样箱包装，试样之间应用柔软缓冲材料填实。

12.0.9 对易于振动液化、水分离析的砂土试样，宜在现场或就近进行试验，并可采用冰冻法保存和运输。

12.0.10 岩土试样采取之后至开土试验之间的贮存时间，不宜超过两周。

13 钻孔、探井、探槽和探洞回填

13.0.1 钻孔、探井、探槽、探洞等勘探工作完成后，应根据工程要求选用适宜的材料分层回填。回填材料及方法可按表 13.0.1 的要求选择。

表 13.0.1 回填材料及方法

回填材料	回填方法
原土	每 0.5m 分层夯实
直径 20mm 左右黏土球	均匀回填，每 0.5m～1m 分层捣实
水泥、膨润土（4∶1）制成浆液或水泥浆	泥浆泵送入孔底，逐步向上灌注
素混凝土	分层捣实
灰土	每 0.3m 分层夯实

13.0.2 钻孔、探井、探槽宜采用原土回填，并应分层夯实，回填土的密实度不宜小于天然土层。

13.0.3 需要时，应对探洞洞口采取封堵处理。

13.0.4 临近堤防的钻孔应采用干黏土球回填，并应边回填边夯实；有套管护壁的钻孔应边起拔套管边回填；对隔水有特殊要求时，可用水泥浆或 4∶1 水泥、膨润土浆液通过泥浆泵从孔底向上灌注回填。

13.0.5 特殊地质或特殊场地条件下的钻孔、探井、探槽和探洞的回填，应按勘探任务书的要求回填，并应符合有关主管部门的规定。

14 勘探编录与成果

14.1 勘探现场记录

14.1.1 勘探记录应在勘探进行过程中同时完成，记录内容应包括岩土描述及钻进过程两个部分。现场岩土性鉴别应符合本规程附录 G 的规定，现场勘探记录可按本规程附录 H 执行。

14.1.2 勘探现场记录表的各栏均应按钻进回次逐项填写。当同一回次中发生变层时，应分行填写，不得将若干回次或若干层合并一行记录。现场记录的内容，不得事后追记或转抄，误写之处可用横线划去在旁边更正，不得在原处涂抹修改。

14.1.3 各类地层的描述应符合下列规定：

　　1 碎石土和卵砾石土应描述下列内容：

　　　　1）颗粒级配、颗粒含量、颗粒粒径、磨圆度、颗粒排列及层理特征；

　　　　2）粗颗粒形状、母岩成分、风化程度和起骨架作用状况；

　　　　3）充填物的性质、湿度、充填程度及密实度。

　　2 砂土应描述下列内容：

　　颜色、湿度、密实度：

　　　　① 颗粒级配、颗粒形状和矿物组成及层理特征；

　　　　② 黏性土含量。

　　3 粉土应描述下列内容：

　　　　1）颜色、湿度、密实度；

　　　　2）包含物、颗粒级配及层理特征；

　　　　3）干强度、韧性、摇振反应、光泽反应。

　　4 黏性土应描述下列内容：

　　　　1）颜色、湿度、状态；

　　　　2）包含物、结构及层理特征；

　　　　3）光泽反应、干强度、韧性等。

　　5 填土应描述下列内容：

　　　　1）填土的类别，可分为素填土、杂填土、充填土、压密填土；

　　　　2）颜色、状态或密实度；

　　　　3）物质组成、结构特征、均匀性；

4）堆积时间、堆积方式等。

6 对于特殊性岩土，除应描述相应土类的内容外，尚应描述其特殊成分和特殊性质。

7 对具有互层、夹层、夹薄层特征的土，尚应描述各层的厚度和层理特征。

14.1.4 岩石的描述应包括地质年代、地质名称、颜色、主要矿物、结构、构造和风化程度、岩芯采取率、岩石质量指标（RQD）。对沉积岩尚应描述沉积物的颗粒大小、形状、胶结物成分和胶结程度；对岩浆岩和变质岩尚应描述矿物结晶大小和结晶程度。

14.1.5 岩体的描述应包括结构面、结构体、岩层厚度和结构类型，并宜符合下列规定：

1 结构面的描述宜包括类型、性质、产状、组合形式、发育程度、延展情况、闭合程度、粗糙度、充填情况和充填物性质以及充水性质等；

2 结构体的描述宜包括类型、形状和大小、完整程度等情况。

14.1.6 岩土定名、描述术语及记录均应符合国家现行《岩土工程勘察规范》GB 50021 等标准的规定。鉴定描述应以目测、手触方法为主，并可辅以部分标准化、定量化的方法或仪器。

14.1.7 钻探过程的记录应包括下列内容：

1 使用的钻进方法、钻具名称、规格、护壁方式等；

2 钻进的难易程度、进尺速度、操作手感、钻进参数的变化情况；

3 孔内情况，应注意缩径、回淤、地下水位或冲洗液位及其变化等；

4 取样及原位测试的编号、深度位置、取样工具名称规格、原位测试类型及其结果；

5 异常情况。

14.2 勘探成果

14.2.1 勘探成果应包括下列内容：

1 勘探现场记录；

2 岩土芯样、岩芯照片；

3 钻孔、探井（槽、洞）的柱状图、展开图等；

4 勘探点坐标、高程数据一览表。

14.2.2 勘探点应按要求保存岩土芯样，并可拍摄岩土芯样的彩色照片，纳入勘察成果资料。

14.2.3 探井、探槽应按本规程附录F绘制展开图、剖面图，并宜按本规程附录J绘制现场钻孔柱状图。

14.2.4 钻探成果应有钻探机（班）长、记录员及工程负责人或检查人签名。

附录 A 工程地质钻孔口径及钻具规格

表 A 工程地质钻孔口径及钻具规格

钻孔口径 (mm)	钻具规格 (mm)										相应于 DCDMA 标准的级别
	岩芯外管		岩芯内管		套管		钻杆		绳索钻杆		
	D	d	D	d	D	d	D	d	D	d	
36	35	29	26.5	23	45	38	33	23	—	—	E
46	45	38	35	31	58	49	43	31	43.5	34	A
59	58	51	47.5	43.5	73	63	54	42	55.5	46	B
75	73	65.5	62	56.5	89	81	67	55	71	61	N
91	89	81	77	70	108	99.5	67	55			
110	108	99.5	—		127	118					
130	127	118	—		146	137					
150	146	137	—		168	156					S

注：DCDMA标准为美国金钢石钻机制造者协会标准。

附录 B 岩土可钻性分级

表 B 岩土可钻性分级

岩土可钻性分级	岩土硬度	代 表 性 岩 土	普氏坚固系数	可钻性指标 (m/h)	
				金刚石	硬质合金
Ⅰ	松软、松散	流～软塑的黏性土、有机土（淤泥、泥炭、耕土），稍密的粉土，含硬杂质在10%以内的人工填土	0.3～1		
Ⅱ	较松软、松散	可塑的黏性土，中密的粉土，新黄土，含硬杂质在(10～25)%的人工填土，粉砂、细砂、中砂	1～2		
Ⅲ	软	硬塑、坚硬的黏性土，密实的粉土，含杂质在25%以上的人工填土，老黄土、残积土、粗砂、砾砂、砾石、轻微胶结的砂土，石膏、褐煤、软烟煤、软白垩	2～4		

岩土可钻性分级	岩土硬度	代 表 性 岩 土	普氏坚固系数	可钻性指标(m/h) 金刚石	硬质合金
Ⅳ	稍软	页岩，砂质页岩，油页岩，炭质页岩，钙质页岩，砂页岩互层，较致密的泥灰岩，泥质砂岩，中等硬度煤层，岩盐，结晶石膏，高岭土，火山凝灰岩，冻结的含水砂层	4～6		＞3.9
Ⅴ	稍硬	崩积层，泥质板岩，绿泥石、云母、绢云母板岩，千枚岩，片岩，块状石灰岩，白云岩，细粒结晶灰岩，大理岩，较松散的砂岩，蛇纹岩，纯橄榄岩，硬烟煤，冻结的粗砂、砾石层，冻土层，粒径大于20mm含量大于50%的卵石、碎石，金属矿渣	6～7	2.9～3.6	2.5
Ⅵ	中	轻微硅化的灰岩，方解石、绿帘石砂卡岩，钙质胶结的砾岩，长石砂岩，石英砂岩，石英粗面岩，角闪石斑岩，透辉石岩，辉长岩，冻结的砾石层，粒径大于40mm含量大于50%的卵石、碎石，混凝土构件、砌块、路面	7～8	2.3～3.1	2.0
Ⅶ		微硅化的板岩、千枚岩、片岩，长石石英砂岩，石英二长岩，微片岩化的钠长石斑岩，粗面岩，角闪石斑岩，玢岩，微风化的粗粒花岗岩、正长岩、斑岩、辉长岩及其他火成岩，硅质灰岩，燧石灰岩，粒径大于60mm含量大于50%的卵石、碎石	8～10	1.9～2.6	1.4
Ⅷ	硬	硅化绢云母板岩、千枚岩、片岩、片麻岩，绿帘石岩，含石英的碳酸盐岩石，含石英重晶石岩石，含磁铁矿和赤铁矿石英岩，钙质胶结的砾岩，玄武岩，辉绿岩，安山岩，辉石岩，石英安山斑岩，中粒结晶的钠长石斑岩和角闪石斑岩，细粒硅质胶结的石英砂岩和长石砂岩，含大块燧石灰岩，轻微风化的花岗岩、花岗片麻岩、伟晶岩、闪长岩、辉长岩等，粒径大于80mm含量大于50%的卵石、碎石	11～14	1.5～2.1	0.8

岩土可钻性分级	岩土硬度	代 表 性 岩 土	普氏坚固系数	可钻性指标(m/h) 金刚石	硬质合金
Ⅸ	硬	高硅化的板岩、千枚岩、灰岩、砂岩，粗粒的花岗岩、花岗闪长岩、花岗片麻岩，正长岩，微风化的石英粗面岩，伟晶花岗岩，灰岩，硅化的凝灰岩，角页岩化的凝灰岩，细粒石英岩，石英质磷灰岩，伟晶岩，粒径大于100mm含量大于50%的卵石、碎石，半胶结的卵石土	14～16	1.1～1.7	
Ⅹ	坚硬	细粒的花岗岩、花岗闪长岩、花岗片麻岩、流纹岩，微晶花岗岩，石英粗面岩，石英钠长斑岩，坚硬的石英伟晶岩，燧石层，粒径大于130mm含量大于50%的卵石、碎石，胶结的卵石土	16～18	0.8～1.2	
Ⅺ		刚玉岩，石英岩，碧玉岩，块状石英，最坚硬的铁质角页岩，碧玉质的硅化板岩，燧石岩，粒径大于160mm含量大于50%的卵石、碎石	18～20	0.5～0.9	
Ⅻ	最坚硬	未风化及致密的石英岩、碧玉岩、角页岩、纯钠辉石刚玉岩，燧石，石英，粒径大于200mm含量大于50%的漂石、块石		＜0.6	

注：岩石的强风化、全风化和残积土，可参照类似土层确定。

附录 C 不同等级土试样的取样工具适宜性

表 C 不同等级土试样的取样工具适宜性

土试样质量等级	取样工具		适 用 土 类									砾砂、碎石土、软岩
			黏性土				粉土	砂 土				
			流塑	软塑	可塑	硬塑	坚硬		粉砂	细砂	中砂	粗砂	
Ⅰ	薄壁取土器	固定活塞	＋＋	＋＋	＋	－	－	＋	＋	＋	－	－	－
		水压固定活塞	＋＋	＋＋	＋	－	－	＋	＋	＋	－	－	－
		自由活塞	－	＋	＋＋	－	－	＋	＋	－	－	－	－
		敞口	＋	＋	＋	－	－	＋	＋	－	－	－	－

土试样质量等级	取样工具		适用土类										
			黏性土					粉土	砂土				砾砂、碎石土、软岩
			流塑	软塑	可塑	硬塑	坚硬		粉砂	细砂	中砂	粗砂	
Ⅰ	回转取土器	单动三重管	−	+	++	++	++	−	++	++	−	−	−
		双动三重管	−	−	−	+	++	−	−	−	++	++	−
	探井（槽）中刻取块状样		++	++	++	++	++						++
Ⅰ～Ⅱ	束节式取土器		+	+	+	−	−						
	黄土取土器												
	原状取砂器								+	+	+	+	+
Ⅱ	薄壁取土器	水压固定活塞	++	++	+			+					
		自由活塞	+	++	+			+					
		敞口	++	++	+			+					
	回转取土器	单动三重管	−	+	++	++	+	−	++	++	−	−	−
		双动三重管	−	−	−	+	++				++	++	++
	厚壁敞口取土器		+	+				+					
Ⅲ	厚壁敞口取土器		++	++	++	++	++	++					
	标准贯入器		++	++	++	++	++	++	++	++	++	++	
	螺纹钻头		++	++	++	++	++	++					
	岩芯钻头												+
Ⅳ	标准贯入器		++	++	++	++	++	++	++	++	++	++	
	螺纹钻头		++	++	++	++	++	++					
	岩芯钻头												++

注：1 ++：适用；+：部分适用；−：不适用；
　　2 采取砂土试样应有防止试样失落的补充措施；
　　3 有经验时，可用束节式取土器代替薄壁取土器；
　　4 黄土取土器是专门在黄土层中取样工具，适用于湿陷性土、黄土、黄土类土，在严格操作方法下可以取得Ⅰ级土样；
　　5 三重管回转取土器的内管超前尺度应根据土类不同予以调整，也可采用有自动调整装置的取土器，如皮切尔（Pitcher）取土器。

附录 D　取土器技术标准

D.0.1　贯入式取土器技术指标应符合表D.0.1的规定。

表 D.0.1　贯入式取土器技术指标

取土器		取样管外径(mm)	刃口角度(°)	面积比(%)	内间隙比(%)	外间隙比(%)	薄壁管总长(mm)	衬管长度(mm)	衬管材料	说明
薄壁取土器	敞口	50，75，100	5～10	<10	0	0	500，700，1000	—	—	—
	自由活塞	75，100								
	水压固定活塞									
	固定活塞			10～13	0.5～1.0					

取土器	取样管外径(mm)	刃口角度(°)	面积比(%)	内间隙比(%)	外间隙比(%)	薄壁管总长(mm)	衬管长度(mm)	衬管材料	说明
束节式取土器	50，75，100	管靴薄壁段同薄壁取土器，长度不小于内径的3倍				200，300		塑料、酚醛层压纸或用环刀	—
黄土取土器	127	10	15	1.5	1.0	150		塑料、酚醛层压纸	废土段长度200mm
厚壁取土器	75～89，108	<10双刃角 13～20		0.5～1.5	0～2.0	150，200，300		塑料、酚醛层压纸或镀锌薄钢板	废土段长度200mm

注：1 如果使用镀锌薄钢板衬管，应保证形状圆整，满足面积比要求，重复使用前应注意清理和整形；
　　2 厚壁取土器亦可不用衬管，另备盛样管。

D.0.2　回转式取土器技术指标应符合表D.0.2的规定。

表 D.0.2　回转式取土器技术指标

取土器类型		外径(mm)	土样直径(mm)	长度(mm)	内管超前	说明
双重管（加内衬管即为三重管）	单动	102	71	1500	固定可调	直径尺寸可视材料规格稍作变动，但土样直径不得小于71mm
		140	104			
	双动	102	71	1500	固定可调	
		140	104			

D.0.3　环刀取砂器技术指标应符合表D.0.3的规定。

表 D.0.3　环刀取砂器技术指标

取砂器类型	外径(mm)	砂样直径(mm)	长度(mm)	内管超前(mm)	应用范围取样等级	取样方法
内环刀取砂器	75～95	61.8～79.8	710	无内管	1 粉砂、细砂、中砂、粗砂、砾砂，亦可用于软塑、可塑性黏性土及部分粉土。 2 Ⅰ、Ⅱ级试样	压入法或重锤少击法取样
双管单动内环刀取砂器	108	61.8	675	20～50（根据土层硬度超前量自动调节）	1 粉砂、细砂、中砂、粗砂、砾砂，亦可用于软塑、可塑性黏性土及部分粉土。 2 Ⅰ、Ⅱ级试样	回转钻进法取样

附录 E 各类取土器结构示意图

E.0.1 各类取土器结构示意图见图 E.0.1-1～图 E.0.1-12。

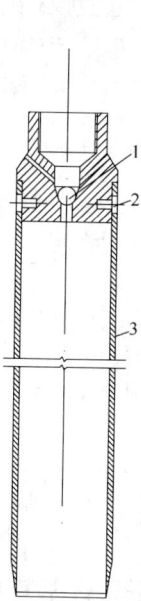

图 E.0.1-1 敞口薄
壁取土器
1—阀球；2—固定螺钉；
3—薄壁器

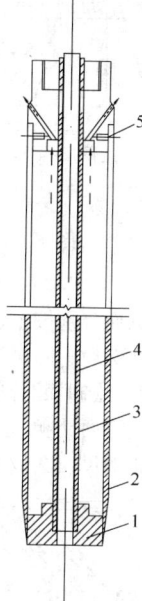

图 E.0.1-2 固定活塞
取土器
1—固定活塞；2—薄壁取样管；
3—活塞杆；4—消除真空杆；
5—固定螺钉

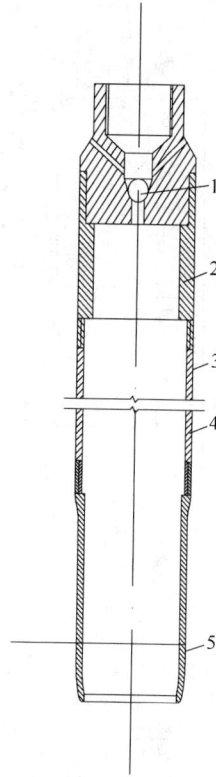

图 E.0.1-5 束节式取土器
1—阀球；2—废土管；
3—半合取土样管；
4—衬管或环刀；
5—束节薄壁管靴

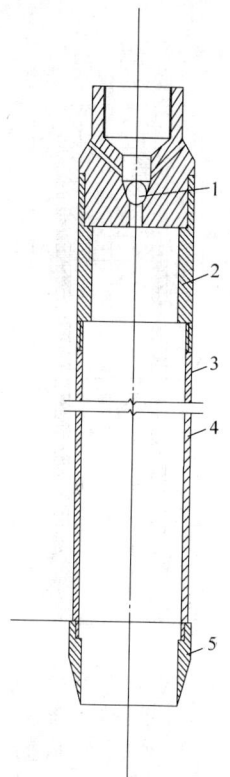

图 E.0.1-6 厚壁取土器
1—阀球；2—废土管；
3—半合取土样管；
4—衬管；5—加厚
管靴

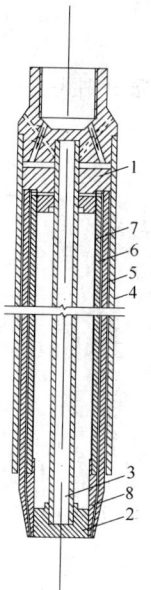

图 E.0.1-3 水压固定
活塞取土器
1—可动活塞；2—固定活塞；
3—活塞杆；4—活塞缸；
5—竖向导杆；6—取样管；
7—衬管（采用薄壁管
时无衬管）；
8—取样管刃靴

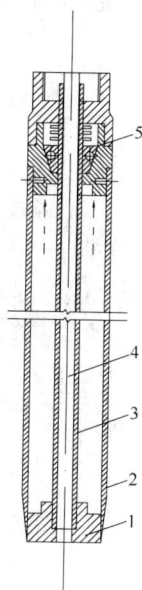

图 E.0.1-4 自由活塞
取土器
1—活塞；2—薄壁取样管；
3—活塞杆；4—消除真
空杆；5—弹簧锥卡

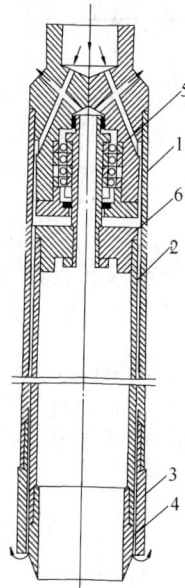

图 E.0.1-7 单动二(三)
重管取土器
1—外管；2—内管
（取样管及衬管）；
3—外管钻头；
4—内管管靴；
5—轴承；6—内
管头（内装逆止阀）

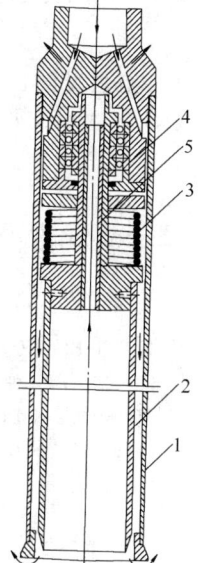

图 E.0.1-8 单动二(三)
重管取土器
（自动调节超前）
1—外管；2—内管
（取样管及衬管）；
3—调节弹簧
（压缩状态）；
4—轴承；
5—滑动阀

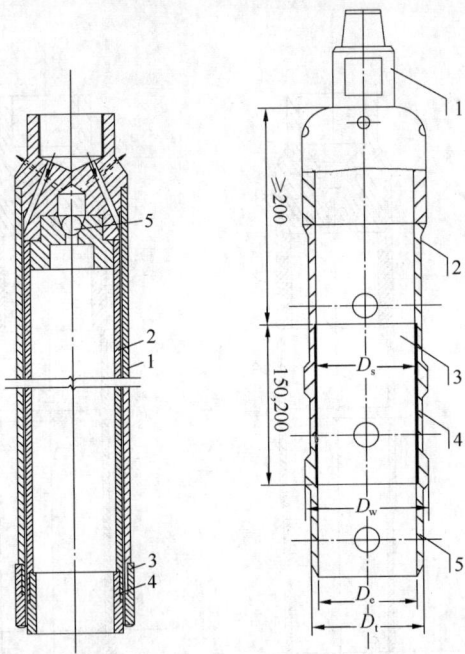

图 E.0.1-9　双动二(三)
重管取土器

1—外管；2—内管；
3—外管钻头；4—内
管钻头；5—逆止阀

图 E.0.1-10　黄土薄壁
取土器

1—导径接头；2—废土筒；
3—衬管；4—取样管；
5—刃口；D_s—衬管内径；
D_w—取样管外径；
D_e—刃口内径；
D_t—刃口外径

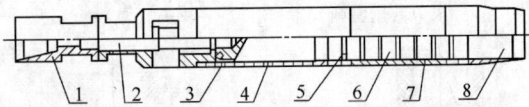

图 E.0.1-11　内环刀取砂器结构示意图

1—接头；2—六角提杆；3—活塞及 "O" 形密封圈；4—废土管；
5—隔环；6—环刀；7—取砂筒；8—管靴

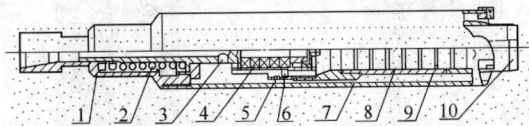

图 E.0.1-12　双管单动内环刀取砂器结构示意图

1—接头；2—弹簧；3—水冲口；4—回转总成；
5—排气排水孔；6—钢球单向阀；7 外管钻头；
8—环刀；9—隔环；10—管靴图

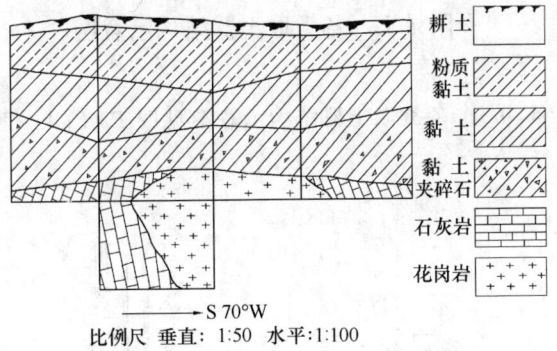

附录 F　探井、探槽、探洞
剖面展开图式

F.0.1　绘制探井剖面展开图式应将四个侧面连续展开，底面在第二个侧面底部向下展开，并应标识方向标、比例尺、图例等（图 F.0.1）。

F.0.2　绘制探槽剖面展开图式应以底面为中心，将

图 F.0.1　探井剖面展开图式

四个侧面分别按上、下、左、右展开，并应标识方向标、比例尺、图例等（图 F.0.2）。

F.0.3　绘制探洞剖面展开图式应以底（或顶）面为轴心，将两个侧面分别向上下展开，并应标识方向标、比例尺、图例等（图 F.0.3）。

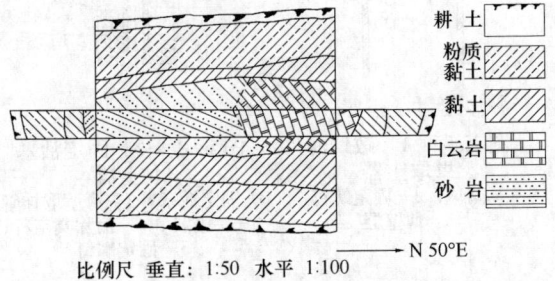

图 F.0.2　探槽剖面展开图式

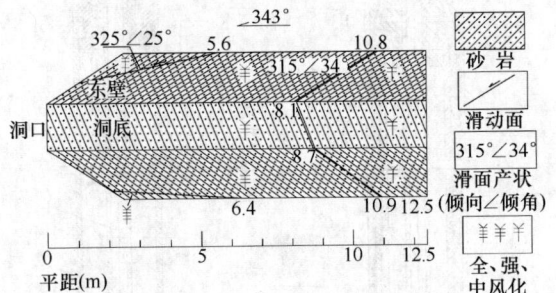

图 F.0.3　探洞剖面展开图式

附录 G　岩土的现场鉴别

G.0.1　黏性土、粉土的现场鉴别应符合表 G.0.1 的规定。

表 G.0.1 黏性土、粉土的现场鉴别

鉴别方法和特征	黏 土	粉质黏土	粉 土
湿润时用刀切	切面非常光滑，刀刃有黏腻的阻力	稍有光滑面，切面规则	无光滑面，切面比较粗糙
用手捻摸的感觉	捻摸湿土有滑腻感，当水分较大时极易黏手，感觉不到有颗粒的存在	仔细捻摸感觉到有少量细颗粒，稍有滑腻感，有黏滞感	感觉有细颗粒存在或感觉粗糙，有轻微黏滞感或无黏滞感
黏着程度	湿时极易黏着物体（包括金属与玻璃），干燥后不易剥去，用水反复洗才能去掉	能黏着物体，干燥后容易剥掉	一般不黏着物体，干后一碰就掉
湿土搓条情况	能搓成小于 0.5mm 的土条（长度不短于手掌）手持一端不致断裂	能搓成(0.5~2)mm 的土条	能搓成(2~3)mm 的土条
干土的性质	坚硬，类似陶器碎片，用锤击才能打碎，不易击成粉末	用锤易击碎，用手难捏碎	用手很易捏碎
摇震反应	无	无	有
光泽反应	有光泽	稍有光泽	无
干强度	高	中等	低
韧性	高	中等	低

G.0.2 黏性土状态的现场鉴别应符合表 G.0.2 的规定。

表 G.0.2 黏性土状态的现场鉴别

稠度状态	坚硬	硬塑	可塑	软塑	流塑
黏土	干而坚硬，很难掰成块	1 用力捏先裂成块后显柔性，手捏感觉干，不易变形；2 手按无指印	1 手捏似橡皮有柔性；2 手按有指印	1 手捏很软，易变形，土块掰时似橡皮；2 用力不大就能按成坑	土柱不能直立，自行变形
粉质黏土	干硬，能掰开或捏成块，有棱角	1 手捏感觉硬，不易变形，土块用力可打散成碎块；2 手按无指印	1 手按土易变形，有柔性，掰时似橡皮；2 能按成浅凹坑	1 手捏很软，易变形，土块掰时似橡皮；2 用力不大就能按成坑	土柱不能直立，自行变形

G.0.3 粉土湿度的现场鉴别应符合表 G.0.3 的规定。

表 G.0.3 粉土湿度的现场鉴别

湿 度	稍 湿	湿	很 湿
鉴别特征	土扰动后不易握成团，一摇即散	土扰动后能握成团，摇动时土表面稍出水，手中有湿印，用手捏水即吸回	用手摇动时有水析出，土体塌流成扁圆形

G.0.4 砂土的现场鉴别应符合表 G.0.4 的规定。

表 G.0.4 砂土的现场鉴别

鉴别特征	砾 砂	粗 砂	中 砂	细 砂	粉 砂
颗粒粗细	约有1/4以上颗粒比荞麦或高粱粒(2mm)大	约有一半以上颗粒比小米粒(0.5mm)大	约有一半以上颗粒与砂糖或白菜籽(>0.25mm)近似	大部分颗粒与粗玉米粉(>0.1mm)近似	大部分颗粒与米粉近似

鉴别特征	砾 砂	粗 砂	中 砂	细 砂	粉 砂
干燥时的状态	颗粒完全分散	颗粒完全分散，个别胶结	颗粒基本分散，部分胶结，胶结部分一碰即散	颗粒大部分分散，少量胶结，胶结部分稍加碰撞即散	颗粒少部分分散，大部分胶结，稍加压即能分散
湿润时用手拍后的状态	表面无变化	表面无变化	表面偶有水印	表面有水印及翻浆现象	表面有显著翻浆现象
黏着程度	无黏着感	无黏着感	无黏着感	偶有轻微黏着感	有轻微黏着感

G.0.5 砂土湿度的现场鉴别应符合表 G.0.5 的规定。

表 G.0.5　砂土湿度的现场鉴别

湿　度	稍　湿	很　湿	饱　和
鉴别特征	呈松散状，用手握时感到湿、凉，放在纸上不会浸湿，加水时吸收很快	可以勉强握成团，放在手上有湿感、水印，放在纸上浸湿很快，加水时吸收很慢	钻头上有水，放在手掌上水自然渗出

G.0.6 碎石土、卵石土密实度的现场鉴别应符合表 G.0.6 的规定。

表 G.0.6　碎石土、卵石土密实度的现场鉴别

状态	天然陡坎或坑壁情况	骨架和充填物	挖掘情况	钻探情况	说明
密实	天然陡坎稳定，能陡立，坎下堆积物少；坑壁稳定，无掉块现象	骨架颗粒含量大于总重的70%，呈交错排列，连续紧密接触，孔隙填满，坚硬密实，掏取大颗粒后填充物能成窝形，不易掉落	用镐挖掘困难，用撬棍方能松动，用手掏取大颗粒有困难	钻进极困难，冲击钻探时钻杆和吊锤跳动剧烈	1　密实程度按表列各项综合确定； 2　本表不包括半胶结的碎石、卵石土； 3　本表未考虑风化和地下水影响
中密	天然陡坎不能陡立或陡坎下有较多的堆积物，自然坡大于颗粒的安息角	骨架颗粒含量占总重的（60～70）%，呈交错排列，大部分接触，疏密不均，孔隙填满，填充砂土时掏取大颗粒后填充物难成窝形	用镐可挖掘，用手可掏取大颗粒	钻进较困难，冲击钻探时钻杆和吊锤跳动不剧烈	
稍密	不能形成陡坎，自然坡接近于颗粒的安息角，坑壁不能稳定，易发生坍塌	骨架颗粒含量小于总重的60%，排列混乱，大部分不接触，而被填充物包裹填充砂土时，掏取大颗粒后砂随即坍塌	用镐易刨开，手锤轻击即可引起部分塌落	钻进较容易，冲击钻探时钻杆稍有跳动	

G.0.7 岩石风化程度的现场鉴别应符合表 G.0.7 的规定。

岩石类别	风化程度	野外观察的特征	开挖或钻探情况
硬质岩石	微风化	组织结构基本未变，仅节理面有铁锰质浸染或矿物略有变色。有少量风化裂隙，岩体完整性好	开挖需爆破，一般金刚石岩芯钻方可钻进
	中风化	组织结构部分破坏，矿物成分基本未变化，仅沿节理面出现次生矿物。风化裂隙发育，岩体被切割成 20cm～50cm 的岩块，锤击声脆，且不易击碎	不能用镐挖掘，一般金刚石岩芯钻方可钻进
	强风化	组织结构已大部分破坏，矿物成分已显著变化，长石、云母已风化成次生矿物，裂隙很发育，岩体被切割成 2cm～20cm 的岩块，可用手折断	用镐可挖掘，干钻不易钻进
软质岩石	微风化	组织结构基本未变，仅节理面有铁锰质浸染或矿物略有变色，有少量风化裂隙，岩体完整性好	开挖用撬棍或爆破，一般金刚石、硬质合金均可钻进
	中风化	组织结构部分破坏，矿物成分发生变化，节理面附近的矿物已风化成土状，风化裂隙发育，岩体被切割成 20cm～50cm 岩块，锤击易碎	开挖用镐或撬棍，硬质合金可钻进
	强风化	组织结构已大部分破坏，矿物成分已显著变化，含大量黏土矿物，风化裂隙很发育，岩体被切割成碎块，干时可用手折断或捏碎，浸水或干湿交替时可较迅速地软化或崩解	用镐可挖掘，干钻可钻进
全风化		组织结构已基本破坏，但尚可辨认，有残余结构强度，风化成土混砂砾状或土夹碎粒状，岩芯手可掰断捏碎	用镐锹可挖掘，干钻可钻进
残积土		组织结构已全部破坏，已风化成土状，具可塑性	用镐锹可挖掘，干钻可钻进

G.0.8 岩石硬度的现场鉴别应符合表 G.0.8 的规定。

表 G.0.8　岩石硬度的现场鉴别

硬　度	鉴　别　特　征
很软的	用手指易压碎，锤轻击有凹痕
软　的	用手指不易压碎，用笔尖刻划可有划痕
中等的	用笔尖难于刻划，用小刀刻划有划痕，用钎击有凹痕
中硬的	用小刀难于刻划，用锤轻击有击痕或破碎
坚硬的	用锤重击出现击痕破碎
很坚硬	用锤反复重击方能破碎

G.0.9 红黏土的现场鉴别应符合表 G.0.9 的规定。

表 G.0.9　红黏土的现场鉴别

主要鉴别项目	特　征
母岩名称	石灰岩、白云岩
母岩岩性	主要为碳酸岩类岩石，岩层褶皱剧烈，岩石较破碎，易风化，成土后土质较细，液限大于 50%，塑性高，黏粒含量在 50% 以上

续表 G.0.9

主要鉴别项目	特　征
分布规律及特征	多分布在山区或丘陵地带，见于山坡、山麓、盆地或洼地中，其厚度取决于基岩的起伏，一般是低处厚，高处薄，变化极大。 颜色棕红、褐黄、直接覆盖于碳酸岩系之上的黏土，具有表面收缩，上硬下软，裂隙发育的特征。地下水位以上的土，一般结构性好，强度高；地下水位以下的土，一般呈可塑、软塑或流塑状态，强度低，压缩性高。切面很光滑

G.0.10 膨胀岩土的现场鉴别应符合表 G.0.10 的规定。

表 G.0.10　膨胀岩土的现场鉴别

主要鉴别项目	特　征
分布规律	分布于盆地的边缘和较高级的阶地上。下接湖积或冲积平原，上邻丘陵山地；在堆积时代上多属更新世，在成因类型上冲积、坡积和残积均有

续表 G.0.10

主要鉴别项目	特 征
矿物成分	含多量的蒙脱石、伊利石（水云母）、多水高岭土等（化学成分以 SiO_2 和 Al_2O_3、Fe_2O_3 为主）
颗粒与结构	黏土颗粒含量较高，塑性指数大，一般接近于黏土，土的结构强度高，但在水的作用下其表部易成泥泞的稀泥并在一定范围内膨胀
干燥后的特征	干燥时土质坚硬，易裂，具有不甚明显的垂直节理，在现场可见高度 2m～5m 左右的陡壁，有崩塌现象

G.0.11 残积土的现场鉴别应符合表 G.0.11 的规定。

表 G.0.11 残积土的现场鉴别

主要鉴别项目	特 征
结 构	结构已全部破坏，矿物成分除石英外，已风化成土状。镐易挖掘，干钻易钻进，具可塑性
分布规律	分布于基岩起伏平缓地区，与下卧基岩风化带呈渐变关系
残积砂土	未经分选，可具母岩矿物成分，表面粗糙，有棱角，常与碎石及黏性土混在一起，其厚度不均
残积粉土和残积黏性土	产状复杂，厚度不均，深埋者常为硬塑或坚硬状态。裸露地表者，孔隙比较大
残积碎石土	碎石成分与母岩相同，未经搬运，分选差，大小混杂、颗粒呈棱角形

G.0.12 新近沉积土的现场鉴别应符合表 G.0.12 的规定。

表 G.0.12 新近沉积土的现场鉴别

沉积环境	颜 色	结构性	含 有 物
河漫滩、山前洪、冲积肩（锥）的表层、古河道、已填塞的湖、塘、沟、谷和河道泛滥区	较深而暗，呈褐、暗黄或灰色，含有机质较多时带灰黑色	结构性差，用手扰动原状土时极易变软，塑性较低的土还有振动水析现象	在完整的剖面中无粒状结核体，但可能含有圆形及亚圆形钙质结核体（如礓结石）或贝壳等，在城镇附近可能含有少量碎砖、瓦片、陶瓷、铜币或朽木等人类活动遗物

G.0.13 黄土的现场鉴别应符合表 G.0.13 的规定。

表 G.0.13 黄土的现场鉴别

黄土名称	颜色	特征及包含物	古土壤	沉积环境	挖掘情况
Q_4^2 新近堆积黄土	浅褐至深褐色，或黄至黄褐色	土质松散不均，多虫孔和植物根孔，有粉末状或条纹状碳酸盐结晶，含少量小砾石或钙质结核，有时有砖瓦碎块或朽木等	无	河漫滩低级阶地，山间洼地的表面，黄土源、峁的坡脚，洪积扇或山前坡积地带，老河道及填塞的沟槽洼地的上部	锹挖很容易，进度较快
Q_4^1 黄土状土	褐黄至黄褐色	具有大孔、虫孔和植物根孔，含少量小的钙质结核或小砾石。有时有人类活动遗物，土质较均匀	底部有深褐色黑垆土	河流阶地的上部	锹挖容易，但进度稍慢
Q_3 马兰黄土	浅黄、褐黄或黄褐色	土质均匀、大孔发育，具垂直节理，有虫孔及植物根孔，有少量小的钙质结核，呈零星分布	底部有一层古土壤作为与 Q_2 黄土的分界	河流阶地和黄土源、梁、峁的上部，以及黄土高原与河谷平原的过渡地带	锹、镐挖掘不困难
Q_2 离石黄土	深黄、棕黄或黄褐色	土质较密实，有少量大孔。古土壤下部钙质结核含量增多，粒径可达 5cm～20cm，常成层分布成为钙质结核层	夹有多层古土壤层，称"红三条"或"红五条"甚至更多	河流高阶地和黄土源、梁、峁的黄土主体	锹、镐挖掘困难
Q_1 午城黄土	浅红或棕红色	土质密实，无大孔，柱状节理发育，钙质结核含量较 Q_2 黄土少	古土壤层多	第四纪早期沉积，底部与第三纪红黏土及砂砾层接触	锹、镐挖掘很困难

G.0.14 冻土构造与现场鉴别应符合表 G.0.14 的规定。

表 G.0.14 冻土构造与现场鉴别

构造类别	冰的产状	岩性与地貌条件	冻结特征	融化特征
整体构造	晶粒状	1 岩性多为细颗粒土，但砂砾石土冻结亦可产生此种构造； 2 一般分布在长草或幼树的阶地和缓坡地带以及其他地带； 3 土壤湿度：稍湿	1 粗颗粒土冻结，结构较紧密，孔隙中有冰晶，可用放大镜观察到； 2 细颗粒土冻结，呈整体状； 3 冻结强度一般（中等），可用锤子击碎	1 融化后原土结构不产生变化； 2 无渗水现象； 3 融化后，不产生融沉现象
层状构造	微层状（冰厚一般可达1mm～5mm）	1 岩性以粉砂或黏性土为主； 2 多分布在冲-洪积扇及阶地其他地带，植被较茂密； 3 土壤湿度：潮湿	1 粗颗粒土冻结，孔隙被较多冰晶充填，偶尔可见薄冰层； 2 细颗粒土冻结，呈微层状构造，可见薄冰层或薄透镜体冰； 3 冻结强度很高，不易击碎	1 融化后原土体积缩小现象不明显； 2 有少量水分渗出； 3 融化后，产生弱融沉现象
层状构造	层状（冰厚一般可达5mm～10mm）	1 岩性以粉砂为主； 2 一般分布在阶地或塔头沼泽地带； 3 有一定的水源补给条件； 4 土壤湿度：很湿	1 粗颗粒土如砾石被冰分离，可见到较多冰透镜体； 2 细颗粒土冻结，可见到层状冰； 3 冻结强度高，极难击碎	1 融化后土体积缩小； 2 有较多水分渗出； 3 融化后产生融沉现象
网状构造	网状（冰厚一般可达10mm～25mm）	1 岩性以细颗粒土为主； 2 一般分布在塔头沼泽与低洼地带； 3 土壤湿度：饱和	1 粗颗粒土冻结，有大量冰层或冰透镜体存在； 2 细颗粒土冻结，冻土互层； 3 冻结强度偏低，易击碎	1 融化后土体积明显缩小，水土界限分明，并可成流动状态； 2 融化后产生融沉现象
网状构造	厚层网状（冰厚一般可达25mm以上）	1 岩性以细颗粒土为主； 2 分布在低洼积水地带，植被以塔头、苔藓、灌丛为主； 3 土壤湿度：超饱	1 以中厚层网状构造为主； 2 冰体积大于土体积； 3 冻结强度很低，极易击碎	1 融化后水分离现象极其明显，并成流动体； 2 融化后产生融陷现象

附录 H 钻孔现场记录表式

表 H 钻孔现场记录表式

_____工程钻探野外记录　　　全____页，第____页

钻孔（探井）编号：_____　　　孔（井）口标高：_____ m

工作地点：_____钻机型号_____

钻孔口径　开孔_____ m　　　孔（井）位坐标　X：_____ m

终孔_____ m　　　　　　　　　　　　　　Y：_____ m

地下水位　初见：_____ m　　　时间　自____年____月____日起

静止：_____ m　　　　　　　　　至____年____月____日止

回次	进尺(m)		地层描述						岩石质量指标RQD	岩芯采取率	土样					原位测试类型及成果	钻进工程情况记载
	自	至	地层名称	颜色	状态	密度	湿度	成分及其他			编号	取样深度	取土器型号	回收率			

钻探单位_____　工程技术负责人_____　　钻探机长_____　　记录员_____　　检查人_____

附录 J 现场钻孔柱状图式

表 J 现场钻孔柱状图式

工程名称　　终孔深度　　m　钻机型号　　　　钻进日期　　　　　年　月　日

孔号　　孔口标高　　m　孔位坐标 $\frac{X}{Y}$ m　地下水位 初见　　m
静止　　m

层序	深度及 (标高) (m)	层厚 (m)	图例	岩性描述	岩芯		土样	原位测试	
					采取率 (%)	RQD (%)	取样深度 及取土 器型号	类型	测试结果

制图　　　　　　　　　　　校对　　　工程技术负责人

本规程用词说明

1　为便于在执行本规程条文时区别对待，对于要求严格程度不同的用词说明如下：

　　1）表示很严格，非这样做不可的：

　　　　正面词采用"必须"，反面词采用"严禁"；

　　2）表示严格，在正常情况下均应这样做的：

　　　　正面词采用"应"，反面词采用"不应"或"不得"；

　　3）表示允许稍有选择，在条件许可时首先应这样做的：

　　　　正面词采用"宜"，反面词采用"不宜"；

　　4）表示有选择，在一定条件下可以这样做的，采用"可"。

2　条文中指定应按其他有关标准执行的写法为："应符合……的规定"或"应按……执行"。

引用标准名录

1　《岩土工程勘察规范》GB 50021

2　《岩土工程勘察安全规范》GB 50585

中华人民共和国行业标准

建筑工程地质勘探与取样技术规程

JGJ/T 87—2012

条 文 说 明

修 订 说 明

《建筑工程地质勘探与取样技术规程》JGJ/T 87-2012,经住房和城乡建设部 2011 年 12 月 26 日以第 1230 号公告批准、发布。

《建筑工程地质钻探技术标准》JGJ 87 - 92 和《原状土取样技术标准》JGJ 89 - 92 主编单位是中南勘察设计院,参编单位是建设部综合勘察研究院、陕西省综合勘察院,主要起草人是李受址、苏贻冰、陈景秋。

本规程修订过程中,编制组进行了广泛的调查研究,总结了我国工程建设勘探与取样的实践经验,积极采用实践中证明行之有效的新技术、新工艺、新设备。

为便于广大勘察设计、施工、科研、学校等有关单位在使用本规程时能正确理解和执行条文规定,《建筑工程地质勘探与取样技术规程》编制组按章、节、条顺序编制了本规程的条文说明,对条文规定的目的、依据以及执行过程中需注意的有关事项进行了说明,供使用者作为理解和把握标准规定的参考。

目　　次

1 总 则

1.0.1 勘探与取样是工程地质和岩土工程勘察的基本手段，其成果是进行工程地质评价和岩土工程设计、施工的基础资料。勘探和取样质量的高低对整个勘察的质量起决定性的作用。本标准的制定旨在实现岩土工程勘察中勘探以及取样工作的标准化，明确工程地质勘探及取样的质量要求，为勘探与取样工作方案的确定、工序质量控制和成果检查与验收提供依据。

1.0.2 本规程适用范围包括建筑工程、市政工程（含轨道交通）。

1.0.3 本条强调环境保护、资源节约的重要性，要求以人为本，保障操作人员的生命安全，保障质量和安全。

2 术 语

2.0.13 反循环钻进可分为全孔反循环钻进和局部反循环钻进。根据形成孔底反循环方式不同，局部反循环钻进又分为喷射式孔底反循环钻进和无泵反循环钻进。全孔反循环钻进是指冲洗液从钻杆与孔壁间或双层钻杆的内外层间的环状间隙中流入孔底来冷却钻头，并携带岩屑由钻杆内孔返回地面的钻进技术；喷射式孔底反循环钻进是指冲洗液从钻杆进入到喷反钻具，利用射流泵原理，冲洗液一部分在剩余压力作用下，沿孔壁与钻具之间的环状间隙返回地面，另一部分在高速射流产生的负压作用下流向孔底，并不断被吸入岩心管内，形成对孔底反循环冲洗的钻进技术；无泵反循环钻进是指钻进过程中冲洗液的循环流动不是依靠水泵的压力，而是利用孔内的静水压力和上下提动钻具在孔底形成局部反循环，实现冲洗孔底的钻进技术。

3 基 本 规 定

3.0.1 本条是工程地质勘探的基本技术要求。有时勘探（特别是钻探）需要配合原位测试（包括物探）、取样试验工作。

3.0.2 《勘探任务书》或《勘察纲要》是勘察工作的基础文件之一，是勘探工作的作业指导书。有的工程勘察规模较大要编制钻探任务书，有的工艺复杂时要专门编制钻探设计。

3.0.3 《岩土工程勘察安全规范》GB 50585-2010对勘探安全作了明确规定。

3.0.4 在工程地质勘探实施过程中，可能会影响交通、给人们的生产生活带来不便，甚至危及生命安全；可能会破坏地下设施（如地下人防、电力、通信、给水排水管道等），造成其无法正常运行，甚至危及钻探操作人员的生命安全；可能会破坏环境、污染地下水等，因而采取有效措施，避免或减少事故发生是非常必要的。

3.0.5 本规程包括钻探、井探、槽探和洞探等。钻探还有不同工艺，不同的方法、工艺对钻探质量影响很大。根据勘察的目的和地层的性质来选择适当的钻探方法十分重要。取样方法和工具的选择也是同样道理。

3.0.6 现场勘探记录是勘察工作的一项重要成果，是编写勘察报告的基础资料之一，真实性是其基本保证。由经过专业训练的人员且有上岗证或专业技术人员及时记录，实行持证上岗制度，都是保障措施。

4 勘探点位测设

4.0.1 本规程所指的勘探点包括钻探、井探、槽探、洞探点。为了满足本条规定的精度要求，初步勘察阶段和详细勘察阶段一般应采用仪器测定钻孔位置与高程数据。

勘探点设计位置与实际位置允许偏差因勘察阶段、工程特点、地质情况等会有不同要求。实际工作中应根据任务书的要求进行，但应满足本条提出的基本要求。

4.0.2 水域勘探点位定位难度较大，一般可先设置浮标，钻探设备定位后，再采用测量仪器测量孔位坐标确定位置。采用 GPS 定位技术也是一种可靠的勘探孔位定位方法，在实践中应用较多。

5 钻 探

5.1 一 般 规 定

5.1.1 勘探工作经常受地质条件、场地条件、环境的限制，应根据实际情况，合理地选择钻机、钻具和钻进或掘进方法，能保障勘探任务的顺利进行。

5.1.2 遵守岗位职责，严格执行操作程序，是工程质量和操作安全的重要保障措施。

5.2 钻 孔 规 格

5.2.1 本条钻孔和钻具口径规格系列，既考虑我国现行的产品标准，也考虑与国际标准尽可能相符或接近。其中 36、46、59、75、91 用于金刚石钻头钻孔，91、110、130、150 则用于合金、钢砂钻头钻孔和土层中螺旋钻头钻孔。DCDMA 标准是目前国际最通行的标准，即美国金刚石岩芯钻机制造者协会的标准。国外有关岩土工程勘探、测试的规范、标准以及合同文件中均习惯以该标准的代号表示钻孔口径，如 N_x，A_x，E_x 等。

5.2.2 钻孔成孔直径既要满足钻孔技术的一般要求，也要满足勘察技术要求。砂土、碎石土、其他特殊岩土采取土试样时对钻孔孔径也有要求。

5.2.3 钻孔深度测量精度因钻探目的的不同，会有差异，本条的规定是钻孔深度测量精度的基本要求。

5.2.4 对钻孔垂直度（或预计倾斜度）偏差的要求在过去的勘察规范中没有明确的规定。过去一般建筑工程勘察钻孔深度在 100m 以内，不做垂直度控制是可以的。但随着建筑物规模的扩大，深基础的广泛应用以及某些特殊要求，勘探孔深度在增加，垂直度偏差带来的误差越来越不容忽视。本条参照地矿、铁道等部门的有关规定提出钻孔测斜要求和偏差控制标准。钻进中，特别是深孔钻进应加强钻孔倾斜的预防，采取防止孔斜的各种措施。

目前相关规范对钻孔倾斜度有不同要求，如《铁路工程地质钻探规程》TB 10014 - 98 钻孔顶角允许偏差，垂直孔为 2°，斜孔 3°；《水利水电工程钻探规程》SL 291 - 2003 钻孔顶角允许偏差，垂直孔为 3°，斜孔 4°；《建筑工程地质钻探技术标准》JGJ 87 - 92、《电力工程钻探技术规程》DL/T 5096 - 2008 钻孔顶角允许偏差，垂直孔为 2°，斜孔则未具体规定；原地质矿产部《工程地质钻探规程》DZ/T 0017 - 91 钻孔顶角允许偏差，垂直孔为 2°，斜孔 4°；《钻探、井探、槽探操作规程》YS 5208 - 2000 规定钻孔顶角允许偏差，垂直孔为 1.5°，斜孔 3.0°。对钻孔倾斜，重要的是采取有效措施加以防止。由于工程情况差异较大，本条规定是一个基本要求。

5.3 钻 进 方 法

5.3.1 选择钻进方法考虑的因素：
　　1 钻探方法能适应钻探地层的特点；
　　2 能保证以一定的精度鉴别地层，了解地下水的情况；
　　3 尽量避免或减轻对取样段的扰动影响；
　　4 能满足原位测试的钻探要求。

目前国内外的一些规范、标准中，都有关于不同钻探方法或工具的条款，但侧重点依据其行业有所不同，实际工作中要重注意钻进的有效性，忽视勘察技术要求。为了避免这种偏向，制定勘察工作纲要时，不仅要规定孔位、孔深，而且要规定钻进方法。钻探单位应按任务书指定的方法钻进，提交成果中也应包括钻进方法的说明。

5.3.2 采取回转方式钻进是为了尽量减少对地层的扰动，保证地层鉴别的可靠性和取样质量。我国的一些地区和单位习惯于采用锤击钻进，钻进效率高，鉴别地层，调查地下水位效果较好，在一般黏性土层钻探中配合取样、原位测试应用效果也较好。碎石土特别是卵石层、漂石层的特点是结构松散，石块之间有砂、土充填物，孔隙大，石质较坚硬，钻探时钻孔易坍塌、掉块、冲洗液易漏失，取芯困难。用植物胶作冲洗液，取芯质量高，多用于卵砾石层，在砂卵石层和破碎地层、软弱夹层钻进，岩芯采取率可达到 $90\% \sim 100\%$，值得推广。无取芯要求时，通常用振动或冲击等钻进方法。

5.3.4 在粉土、饱和砂土中钻进取芯困难。采用对分式取样器或标准贯入器配合钻探可一定程度上弥补其不足，但取样间距不能太大。采用单层岩芯管无泵"反循环"钻进方式可连续取芯。这种方式在武汉、上海等地应用很广，效果良好，特别适用于砂、粉土与黏性土交互薄层的鉴别。

5.3.5 金刚石钻头主要用于钻进硬度高的岩石。金刚石钻头转速高，切削锐利，对岩芯产生的扭矩较小，取芯率和取芯质量都很高。在风化、破碎、软弱的岩层中，采用双层岩芯管金刚石钻头钻进，能获取很有代表性的岩芯样品，采用绳索取芯钻进效果更好。绳索取芯钻进是一种比较先进的钻探工艺，可以减少提钻时间，提高钻进效率，尤其在深孔时表现得特别明显，利用绳索取芯气压栓塞，可以从钻杆下入孔内进行压水试验，无需起出钻具。该方法在水利水电工程等行业中应用广泛。

5.3.6 按照国际统一的规定，测定 RQD 值时需采用 N 级（75mm）双层岩芯管钻头钻进。

5.4 冲洗液和护壁堵漏

5.4.1 泥浆护壁和化学浆液护壁是行之有效的护壁方式，较之套管护壁，既能提高钻进速度，又有利于减轻对地层的扰动破坏。钻孔护壁堵漏可根据岩土层坍塌或漏失的实际情况，选择一种方法或综合利用几种护壁堵漏方法。

5.4.2 冲洗液除冷却和润滑钻头、带走岩粉外，还起到保护孔壁和岩芯等作用。合理选用冲洗液，可以保证钻探质量和进度。

5.4.4 孔底管涌既妨碍钻进，又严重破坏土层，影响标准贯入和取样质量。保持孔内水头压力是防止孔底管涌的有效措施。采用泥浆护壁时一般都能做到这一点；若采用螺纹钻头钻进易引起管涌，采用带底阀的空心螺纹钻头（提土器）可以防止提钻时产生负压。

5.5 采取鉴别土样及岩芯

5.5.1 本条提出了一个基本要求，具体标准需根据工程情况确定。表1～表6是国内常用标准的岩芯采取率要求。

表 1　《工程地质钻探规程》DZ/T 0017－91
规定岩芯采取率指标

地层＼岩芯采取率	岩芯采取率（％）		无岩心间隔（m）
	平均	单层	
黏性土、完整基岩	≥80	＞70	＜1
砂类土	＞60	＞50	
风化基岩、构造破碎带	＞50	＞40	＜2
松散砂砾卵石层		满足颗粒级配分析的要求	

表 2　《水利水电工程钻探规程》SL 291－2003
规定岩芯采取率

地　　层	岩芯采取率（％）
完整新鲜基岩	≥95
较完整的弱风化岩层、微风化岩层	≥90
较破碎的弱风化岩层、微风化岩层	≥85
软硬互层、硬脆碎、软酥碎、软硬不均和强风化层	根据地质要求确定
软弱夹层和断层角砾岩	
土层、泥层、砂层	
砂卵砾石层	

表 3　《铁路工程地质钻探规程》TB 10014－98
规定岩芯采取率

岩层		回次进尺采取率（％）
土类	黏性土	≥90
	砂类土	≥70
	碎石类土	≥50
基岩	滑动面及重要结构上下 5m 范围内	≥70
	风化轻微带（W1）、风化颇重带（W2）	≥70
	风化严重带（W1）、风化极严重带（W2），构造破碎带	≥50
	完整基岩	≥80

表 4　《钻探、井探、槽探操作规程》YS 5208－2000
规定的岩芯采取率

地　　层	岩芯采取率（％）
黏性土、基岩	≥80
破碎带、松散砂砾、卵石层	≥65

表 5　《港口岩土工程勘察规范》JTS 133－1－2010
规定岩芯采取率

岩石	一般岩石	破碎岩石
岩芯采取率	≥80％	≥65％

表 6　《建筑工程地质钻探技术标准》JGJ 87－92 和
《电力工程钻探技术规程》DL/T 5096－2008
规定的岩芯采取率

地　　层	岩芯采取率（％）
完整岩层	≥80
破碎岩层	≥65

5.5.4　习惯上有将装岩芯的箱（盒）子称作岩芯箱，也有将装土样的盒子称作土芯盒的，本标准统称为岩芯盒。岩芯牌要求用油漆或签字笔填写，防止字迹因雨水、日晒等原因褪色或消失。

6　钻 孔 取 样

6.1　一 般 规 定

6.1.3　下设套管对土层的扰动和取样质量的影响，Hvorslev 早就作过研究。其结论是在一般情况下，套管管靴以下约三倍管径范围内的土层会受到严重的扰动，在这一范围内不能采取原状土样。在实际工作中经常发生下设套管后因水头控制不当引起孔底管涌的现象，此时土层受扰动的范围和程度更大、更严重。因此在软黏性土、粉土、粉细砂层中钻进，因泥浆护壁比套管效果好而成为优先选择。

6.1.5　本条规定采用贯入取土器时，优先选用压入法。

6.1.6　原状取砂器又分为贯入式和回转式，贯入式取砂器内衬环刀又叫内环刀取砂器；回转式取砂器多内置环刀，有的加内衬管，又叫双管单动取砂器。采用内衬环刀较易取得 I 级砂土试样。

6.2　钻孔取土器

6.2.1　本规程所列的取土器规格及其结构特征与现行《岩土工程勘察规范》GB 50021 的规定相同，与当前国际通行的标准也是基本一致的。关于不同类型原状取土器的优劣，存在不同意见，各地的使用习惯也不尽相同。

6.2.2　为保障取样质量，妥善保护取土器，使用前应仔细检查其性能、规格是否符合要求。有关薄壁管几何尺寸、形状的检查标准是参照日本土质工学会标准提出来的。关于零部件功能目前尚未见有定量的检验标准。

6.3 贯入式取样

6.3.2 取土器的贯入是取样操作的关键环节。对贯入的三点要求，即快速（不小于 0.1m/s）、连续、静压，是按照国际通行的标准提出来的。要达到这些要求，目前主要的困难是大多数现有的钻探设备性能不能适应，如静压能力不足，给进机构的行程不够或速度不够。不完全禁止使用锤击法，重锤少击效果相对较好。

6.3.3 活塞杆的固定方式一般是采用花篮螺栓与钻架相连并收紧，以限制活塞杆与活塞系统在取样时向下移动。能否固定的前提是钻架必须稳固，钻架支腿受力时不应挠曲，支腿着地点不应下坐。

6.3.4 为减少掉土的可能，本条规定可采用回转和静置两种方法。回转的作用在于扭断土试样；静置的目的在于增加土样与容器壁之间的摩擦力，以便提升时拉断土试样。这两种方法在国外标准中都是允许的，可根据各地的经验和习惯选用。

6.4 回转式取样

6.4.1 回转取样最忌钻具抖动或偏心摇晃。抖动或摇晃一方面破坏孔壁，一方面扰动土样，因此保证钻进平稳至关重要。主要的措施是将钻机安装牢固，加大钻具质量，钻具应有良好的平直度和同心度。加接重杆是增加钻进平稳性的有效措施。

6.4.2 使用泥浆作冲洗液，钻进时起到护壁、冷却钻头、携带岩渣的作用。在泥浆中加入化学添加剂形成化学泥浆，改进了泥浆性能，此种方法在石油钻探中已广泛使用。

植物胶作为钻井冲洗液材料，既可直接配制成无固相冲洗液，又可作为一种增黏、降失水及提高润滑减阻作用的泥浆处理剂，还可配制成低固相泥浆，适用于不同的复杂地层，取样时又能在试样周围形成一层保护膜，可以很好的采取到较松散砂土的原状样，在水利钻探中已经得到较广泛的应用。

合理的回转取样钻进参数是随地层的条件而变化的，目前尚未见有统一的标准，因此一般应通过试钻确定。国内现有钻机根据型号的不同，钻进转速一般几十（48）至一千（1010）r/min，在钻进土层、砂层时一般采用中~高转速，钻进碎石、卵石层一般采用中~低转速，钻进硬塑以上地层、岩石时一般使用高转速。国际土力学基础工程学会取样分会编制的手册提供的一些经验参数列于表7，可供参考。

6.4.3 采用自动调节功能的单动二（三）重管取土器，避免频繁更换管靴，可在软硬变化频繁的地层中提高钻进效率。

表 7　回转取样钻进参数

资料来源	钻进参数				
	转速（r/s）	给进速度（mm/s）	给进压力（N）	泵压（kPa）	冲洗液流量（L/s）
美国垦务局	砂类土 1.3~1.7 黏性土 1.7	砂 100~127 黏性土 50~100	—	砂 105~175 粉质软黏土 250~200 较硬黏土 350~530	—
美军工程师团	1.0	—	—	—	孔径 100 1.2~2.0 孔径 150 3.2~3.6
日本土质工学会	0.8~0.25	—	500	—	—

7　井探、槽探和洞探

7.0.1 当钻探作业条件不具备或采用钻探方法难以准确查明地下情况时，常采用井探、槽探和洞探勘探方法。但尤其要注意做好作业过程中的安全技术措施，达到既能满足勘探任务的技术要求，又能保证人身安全的双重目的。

7.0.2 探井、探槽及探洞，其开挖受到岩土性质、地下水位等条件的制约。探井和探洞的深度、长度、断面的大小，除满足工程要求确定外，还应视地层条件和地下水的情况，采取措施确保便利施工、保持侧壁稳定，安全可靠。探井较深时，其直径或边长应加大；探洞不宜过宽，否则会增加不必要的开挖工作量和支护的难度，但要确保便于开挖和观察；洞高大于1.8m，也是从便于施工的角度考虑。探洞深度增加时，洞高、洞宽均应适当加大。

7.0.3 井、槽、洞壁应根据地层条件设支撑保护。支撑可采用全面支护或间隔支护。全面支护时，每隔0.5m及在需要重点观察部位留下检查间隙，其目的是为了便于观测、编录和拍照。

7.0.4 本条规定了井探、槽探和洞探开挖过程中的土石方堆放的安全距离，避免在井、槽、洞口边缘产生较大的附加土压力而塌方，造成人身安全事故。

8　探井、探槽和探洞取样

8.0.1 本条列出了在探井、探槽和探洞中采取的Ⅰ、Ⅱ级岩土试样的尺寸。

8.0.2 探井、探槽和探洞开挖过程及取样过程存在一系列扰动因素，如果操作不当，质量就难以保证。按本条规定的方法，可降低样品暴露时间，保持样品与容器之间密封，减少样品的扰动。

8.0.4 用试验环刀直接在土层取样，其步骤是先将取样位置削平，然后将环刀刃口垂直下压，边削边压至土样高出环刀，再用取样刀削掉两端土样。

8.0.5 探井、探槽和探洞中取样与开挖掘进同步，可减少样品暴露时间，减少含水量变化，减少样品的应力状态变化。

9 特殊性岩土

9.1 软 土

9.1.1 根据铁路部门的经验，采用活套闭水接头单管钻具钻进取芯等方法，孔壁不收缩，能够提高取芯及试样质量。

9.2 膨胀岩土

9.2.1 在膨胀性土层中钻进，易引起缩孔、糊钻、蹩泵等现象，用优质泥浆作冲洗液，是克服这些现象的主要措施。加大水口高度和水槽宽度的肋骨合金钻头钻孔间隙增大，能减少孔内阻力，加大泵量和转速。

9.3 湿陷性土

9.3.1 湿陷性土钻进常遇到的问题：

1 湿陷性土层由于其结构的特殊性，遇水产生湿陷变形，湿陷性砂土和碎石土尤为明显，天然状态下松散，遇水产生沉陷，密实度增大。在坚硬黄土层中钻进困难时向孔内注入少量清水，可能导致土样含水量增大，湿陷性黄土含水量与其物理力学性质指标密切相关，含水量增大，湿陷性减弱，压缩性增强。因此，为保证采取的土样保持原状结构，要求在湿陷性土层中钻进不得采用水钻，严禁向孔内注水。

2 螺旋（纹）钻头回转钻进法对下部土样扰动小，且操作方便，钻进效率高，因此，要求采取原状土样时应使用螺旋（纹）钻头回转钻进方法。薄壁钻头锤击钻进法相对来讲质量不易保障。但对于湿陷性砂土和碎石土，螺旋（纹）钻头提下钻时易造成孔壁坍塌，或卵石粒径较大，钻进困难时，可采用薄壁钻头锤击钻进。

3 操作应符合"分段钻进、逐次缩减、坚持清孔"的原则，控制每一回次进尺深度，愈接近取样深度愈应严格控制回次进尺深度，并于取样前清孔，严格坚持"1米3钻"，即取样间距1m时，第一钻进尺为（0.5～0.6）m，第二钻清孔进尺为0.3m，第三钻取样。当取样间距大于1m时，其下部1m仍按上述方法操作。湿陷性黄土层钻进对比试验表明，不控制回次进尺和不清孔导致湿陷性等级Ⅲ级误判为Ⅰ级。

9.3.2 湿陷性土取样常遇到的问题：

2 通常在钻孔中采取湿陷性土试样应采用压入法，如压入法采取坚硬状态湿陷性土困难时，可采用一次击入法取样。湿陷性黄土取样应使用黄土薄壁取土器，其规格应符合现行国家标准《湿陷性黄土地区建筑规范》GB 50025 的规定。

关于压入法和击入法采取土试样的质量差别，西北综合勘察设计研究院曾对湿陷性黄土取样进行过对比试验，湿陷系数结果见表8。

表 8 压入法和击入法取样湿陷系数 δ_s 值对比表

取样方法 土样编号	探井	压入法 1号 钻孔	击入法 2号 钻孔	3号 钻孔	4号 钻孔
1	0.063	0.059	0.083	0.069	0.077
2	0.074	0.072	0.068	0.060	0.058
3	0.071	0.054	0.028	0.021	0.020
4	0.055	0.072	0.049	0.077	0.054
5	0.059	0.053	0.072	0.048	0.042
6	0.061	0.061	0.059	0.036	0.036
平均值	0.064	0.062	0.060	0.052	0.048

可见，与探井土样相比，压入法采取土样质量优于击入法采取土样。击入法采取土样质量与操作者的经验关系很大，其人为影响因素较大，经验丰富的钻工认真按操作程序作业时，取样质量不低于压入法取土。

3 多年来采用的有内衬黄土薄壁取土器，当内衬薄钢板生锈、变形或蜡封清除不净时，衬与取样器内壁无法紧贴，这样会影响取土器的内腔尺寸、形状和内间隙比，在土层压入取土器的过程中土试样受压变形，经常发现薄钢板上卷，土试样严重受压扰动，导致土试样报废。因此，采用有内衬的薄壁取土器时，内衬必须是完好、干净、无变形，且安装内衬应与取土器内壁紧贴。近年来，西安地区的勘察单位经过不断探索，在黄土地区逐步推广使用无衬黄土薄壁取土器，这种取土器克服了有内衬黄土薄壁取土器取土过程中内衬挤压土样的缺点，提取土试样后卸掉环刀，将土试样从取样管推出后再装入土试样盒密封。使用无衬黄土薄壁取土器应注意保持取土器内腔干净、光滑，为减小土试样与内壁的摩擦，取样前可在内壁涂上润滑油，便于土试样轻轻推出。

4 取样前清孔是保证取样质量的重要一步，一些钻机为了追求钻探进尺，不注意清孔。清孔的目的一方面是消除钻进过程中提钻掉入孔底的虚土，另一方面是清除钻进造成下部土体压密的部分，以保证采取土试样为原状结构。

5、6 取样要匀速连续快速压入或一次击入，压入速度应控制在 0.1m/s，如果压入过程不连续或多次击入，则采取的土样多断裂或受压呈层状。由于湿陷性土结构敏感，敲击取土器会扰动土样，影响取土质量，因此，应轻轻推出或使用专用工具取出。

9.4 多年冻土

9.4.1 多年冻土钻进常遇到的问题：

1～3 冻土钻探回次进尺随含水量的增加、土温降低而加大。但对含卵石较多的冻土应少钻勤提，以避免冻土全部融化。实际上，冻土钻探对富冰冻土、饱冰冻土和含土冰层回次进尺可达 1.0m。对卵石含量较多的土层钻探（0.1～0.2）m 即需提钻。在冻土层钻进，钻探产生的热量破坏了原来冻土温度的平衡条件，引起冻土融化、孔壁坍塌或掉块，影响正常钻进，为此，应采用低温泥浆护孔，表 9.4.1 本条引用于现行行业标准《铁路工程地质钻探规程》TB 10014—98。

5 在孔中下入金属套管防止孔壁坍塌和掉块，应保持套管孔口高出孔口一定高度，以防止地表水流入孔内融化冻土。

7 钻探期间对场地植被的破坏，将引起冻土工程地质条件变化，这对建筑物地基处理方案、基础类型和结构产生影响。因此，尽量减少对地表植被的破坏，及时恢复植被自然状态，对保护冻土自然工程地质条件至关重要。

9.4.2 多年冻土取样常遇到的问题：

钻探取样不易控制质量，因此，有条件时应在探井、探槽中刻取，钻孔取样宜采取大直径试样。

采取保持天然冻结状态土样主要取决于钻进方法、取样方法和取土工具。必须保证孔底待取土样不受钻进方法产生的热影响，要求取样前应使孔底恢复到天然温度状态，在接近取样深度严格控制回次进尺，以保证取出的土样保持天然冻结状态。取出的冻结土样应及时装入具有保温性能的容器或专门的冷藏车内，土样如不能及时送验，应在现场进行试验。

9.5 污 染 土

对于污染土的钻进和取样方法所见不多，也少见相关的文献资料，故本标准只作了一些原则上的要求。钻进时要求尽可能不采用洗孔液，在必要的情况下采用清水或不产生附加污染的可生物降解的酯基洗孔液。少数场合还采用空气，甚至低温氮气作洗孔介质，以保持孔壁稳定和采集松散土层的样品。

取样是污染土钻探的重要工作。要求样品中的气体和挥发性物质不致逸散，不产生二次污染，土样应尽量不受扰动。通常取土器都带 PVC 衬管，使土样易从中取出，可以避免污染物质与大气及操作人员接触。近来国外试验了低温氮气洗孔钻进，可将土壤中的水和液态污染物冻结在原处（例如被焦油污染的砂层），样品不受扰动；同时氮气又是惰性气体，不会使土样受到二次污染。

10 特 殊 场 地

10.1 岩溶场地

10.1.2 洞穴（主要为岩溶）地区钻进，使用液压钻进效果较好。而钻探前对溶洞的分布范围、深度、大小、岩层稳定性等进行初步调查和了解，可以更有效确定针对性的钻具钻进及护壁堵漏措施。

10.2 水域钻探

10.2.2 水域钻探平台的种类很多，可根据水流、水深、波浪等条件选择，故不作具体规定，但需对水域钻探平台的安全性、稳定性和承载力进行复核；锚和锚缆的规格、种类和长度，应结合勘区水底表层土的情况，根据船的吨位及水深确定。

10.2.3 观测水尺通常设置在勘探区域内，或紧靠勘探区域。大范围水域钻探时，需加大观测水尺的设置密度。

10.2.5 在有潮汐的水域，水深是随时间变化的，须定时观察变化的水位，校正水面标高，以准确计算钻孔深度。

10.2.6 水域钻探如护孔套管不稳定或冲洗液不能从套管口回流，会直接影响钻探质量，甚至发生孔内事故。故套管的入土应有足够深度，在保证其稳定的前提下，使冲洗液不在水底泥面和套管底部处流失。

水域钻探须按照海事、航道等部门的有关规定，在通航水域钻探须与海事、航道等部门联系，通过船检，须备齐救生、消防、通信、信号等设施，并办理水域施工作业证以及安全航行等事宜；作业时悬挂相应的信号旗和信号灯，做好瞭望工作，注意水上飘浮物和过往船只对钻探作业的影响等。

10.3 冰 上 钻 探

本节的规定适用于河流、湖泊区。滨海区潮汐影响大，冰面不平整，冰层不稳定，不适宜进行冰上作业。

钻探人员进场前进行实地详细踏勘，制定出切实可行的实施方案，须包含作业风险分析和安全应急预案，是保障人员和钻机设备安全的有效方法。

11 地下水位量测及取水试样

11.0.1 为了在两个以上含水层分层测量地下水位，在钻穿第一含水层并进行稳定水位观测之后，应采用套管隔水，抽干孔内存水，变径钻进，再对下一含水层进行水位观测。

11.0.2 稳定水位是指钻探时的水位经过一定时间恢复到天然状态后的水位；地下水位恢复到天然状态的时间长短受含水层渗透影响最大，根据含水层渗透性的差异，本条规定了至少需要的时间；在工程结束后宜统一量测一次稳定水位可防止因不同时间水位波动导致地下水状态误判。

11.0.3 地下水量测精度规定为±20mm是指量测工具、观测等造成的总误差的限值，量测工具定期用钢尺校正是保证测量精度的措施之一。

11.0.4 泥浆护壁对提高钻进效率，减少土层扰动是有利的，但泥浆妨碍地下水位的观测。本条提出可另设专用的水文地质观测孔。

12 岩土样现场检验、封存及运输

12.0.2 测定回收率是鉴定土样质量的方法之一。但只有在使用活塞取土时才便于测定，回收率大于1.0时，表面土样隆起，活塞上移；回收率低于1.0时，则活塞随同取样管下移，土样可能受压；回收率的正常值应介于0.95～1.0之间。

12.0.3 土试样的密封方法和效果，会直接影响到土样质量的好坏。本条的三种密封方法，在实践中证明其可靠度是有保证的。

12.0.9 储存期间的扰动影响很大，而又往往被人们忽视。有关研究结果表明，储存期间的扰动可能更甚于取样过程中的扰动，因此建议最长储存时间不超过两周。

13 钻孔、探井、探槽和探洞回填

钻孔、探井、探槽不回填可能造成以下危害：①影响人、畜安全；②形成地表水和地下水通道，污染地下水；③在堤防附近钻孔形成管涌通道，可能引起堤防的渗透破坏；④有深层承压水时，在隔水层中形成通道，引起基坑突涌；⑤建筑基坑附近的钻孔或探井渗水，影响基坑安全；⑥地下工程、过江或跨海隧道的钻孔可能引起透水、涌沙，影响地下工程安全；⑦影响地基承载力和单桩承载力阻力，造成施工中的错判。

要求对钻孔、探井、探槽、探洞进行回填，主要是防止其对工程施工造成不良影响，尤其是对地下工程和深基坑工程。其次是防止造成人员伤害，并保护地质环境和生态环境，实现文明施工。在特殊土场地，如位于湿陷性土、膨胀土、冻土地区以及堤防、隧道和坝址处的钻孔、探井、探槽、探洞对回填要求更为严格，应引起重视，相关行业法规也有相应的规定。本章规定的不同回填方式与要求，可根据各勘探场地的具体情况选用，必要时需要采取综合处理措施。

14 勘探编录与成果

14.1 勘探现场记录

14.1.1 以往现场记录所描述的内容多侧重于岩土性质，而不大重视钻进过程，包括钻进难易、孔内情况、进尺速度及其他钻探参数的记载，因而遗漏许多能够反映地下情况的可贵信息。因此本条特别指出钻探记录应该包括的两个部分并在附录中提供了相应的格式。各地可参照此格式并结合本地需要制定合适的记录表格。

14.1.2 钻探记录一般有现场记录与岩芯编录两种方式。由于岩土工程勘察在绝大多数情况下要求仔细研究覆盖土层，而覆盖土层的样品取出地面之后湿度、状态会随时间迅速变化，因此强调现场记录要在钻进过程中及时完成，不得采用事后追忆进行编录的方法。基岩岩芯的编录不能忽视，特别对于岩性不稳定的软质岩尤其是极软岩，岩芯取出后经暴露时间过长岩性将发生较大变化，如志留系泥岩暴露后逐渐崩解，见水膨胀软化。因此，这里要特别强调基岩钻孔也应及时进行编录，不得事后追记。

14.1.3、14.1.4 岩土描述内容是根据现行岩土工程勘察规范的原则要求规定。有些特征项不是所有情况下都能判定并描述出来的。例如碎石类土中粗颗粒是否起骨架作用，只有在探井、探槽中才能观察到。对砂土、粉土采用冲洗钻探，所有项目均无从判定。因此对描述的要求应视采用的钻探方式而定。由于必须在钻探过程中随时描述，只能以目测、手触的经验鉴别方法为主，描述结果在很大程度上存在差异，除要求描述人员应接受严格训练外，还应提倡采用一些辅助性的标准化、定量化的鉴别工具和方法。

土的目力鉴别是野外区别黏性土与粉土较好的方法，《岩土工程勘察规范》GB 50021-2001对黏性土与粉土的描述也增加了该部分内容。目力鉴别包括光泽反应、摇振反应、干强度和韧性。光泽反应：用小刀切开稍湿的土，并用小刀抹过土面，观察有无光泽以及粗糙的程度。摇振试验：用含水量接近饱和的土搓成小球，放在手掌上左右摇晃，并以另一手振击该手，如土球表面有水渗出并呈光泽，但用手指捏土球时水分与光泽很快消失，称摇振反应。反应迅速的表示粉粒含量较多，反之黏粒含量较多。干强度试验：将风干的小土球，用手指捏碎的难易程度来划分。韧性试验：将土调成含水量略高于塑限、柔软而不黏手的土膏，在手掌中搓成约3mm的土条，再搓成土团二次搓条，根据再次搓条的可能性，分为低韧性、中等韧性和高韧性。各试验等级见表9。

表9　野外鉴别干强度、摇振反应和韧性

鉴别方法	等级	特征、反应及特点
干强度	无或低干强度	仅用手压就碎
	低干强度	用手指能压成粉末
	中等干强度	要用相当大的压力才能将土样压得粉碎
	高干强度	虽然用手指能压碎，但不能成粉末
	极高干强度	不能在大拇指和坚硬表面之间压碎
摇振反应	反应迅速	摇动时水很快从表面渗出（表面发亮），挤压时快消失（表面发暗）
	反应缓慢	如果需要用力敲打才能使水从表面渗出，且挤压时外表改变甚少
	无反应	看不出试样有什么变化
韧性试验	柔和软	在接近塑限含水量时，只能用很轻的压力滚搓，土条极易碎裂，碎裂以后土条不能再重塑成土团
	中等	在接近塑限含水量时，需要用中等压力滚搓，几寸长的土条能支持其自身的重量，并在碎裂以后可以捏拢重塑成土团，但轻搓又碎裂
	很硬	在接近塑限含水量时，需要用相当大的压力滚搓，几寸长的土条能支持其自身的重量，在碎裂之后土条可以重塑成土团

碎石土、砂土的密实度在钻探过程中可根据动力触探、标准贯入试验进行定量判别，判别方法引用《岩土工程勘察规范》GB 50021-2001 第3.3.8条和第3.3.9条，见表10、表11。

表10　碎石土密实度判别表

密实度	重型动力触探锤击数 $N_{63.5}$	超重型动力触探锤击数 N_{120}
松散	$N_{63.5} \leqslant 5$	$N_{120} \leqslant 3$
稍密	$5 < N_{63.5} \leqslant 10$	$3 < N_{120} \leqslant 6$
中密	$10 < N_{63.5} \leqslant 20$	$6 < N_{120} \leqslant 11$
密实	$N_{63.5} > 20$	$11 < N_{120} \leqslant 14$
很密		$N_{120} > 14$

注：$N_{63.5}$、N_{120} 是杆长修正后的值。

表11　砂土密实度判别表

密实度	标准贯入锤击数 N	密实度	标准贯入锤击数 N
松散	$N \leqslant 10$	中密	$15 < N \leqslant 30$
稍密	$10 < N \leqslant 15$	密实	$N > 30$

填土根据物质组成和堆填方式，可分为下列四类：

1　素填土：由碎石土、砂土、粉土和黏性土等一种或几种材料组成，不含杂物或含杂物很少；

2　杂填土：含有大量建筑垃圾、工业废料或生活垃圾等杂物；

3　冲填土：由水力冲填泥沙形成；

4　压实填土：按一定标准控制材料成分、密度、含水量，分层压实或夯实而成。

14.1.5　随着岩土工程的飞速发展，基岩已作为岩土工程重点研究对象，岩石的野外描述十分重要。岩石的风化程度按风化渐变过程可分为5个等级，其野外鉴别见本规程附录G表G.0.7和表G.0.8，因硬质岩石与软质岩石的全风化与残积土差异不大，故未细分。残积土的描述内容可与黏性土相同。岩体的描述一般在探槽与探洞中进行。

14.2　勘探成果

14.2.1　本条对勘探成果应包括几个方面作了规定，并强调现场柱状图的绘制。单孔柱状图能翔实地反映钻进情况的原貌，而在剖面中却不能表现更多的细节。剖面图的作用偏于综合，柱状图的作用则偏于分析，二者各有所长。一律以剖面图取代柱状图是不可取的。20世纪五六十年代，大家对钻探的质量控制是比较严格的。当时虽然采用较落后的人力钻具，但能严格执行操作规程。现场描述人员大多训练有素，能认真采取并保存岩土芯样，对每个勘探点逐一绘制柱状图、展开图等，因此钻探成果质量是较高的。这些早期的严谨的工作习惯现在应继续保持下去。有鉴于此，本条重申钻探成果应该包括的内容。今后，随着岩土工程技术体制的发展，岩土工程技术与钻探作业的社会分工将趋于明确，承担钻探作业的单位要提供全面的钻探成果，以利分清责任，保证钻探质量。

14.2.2　岩土芯样保存是保障勘察报告、甚至工程质量的重要措施。保持时间根据工程而定。一般保持到钻探工作检查验收为止，有特别要求时遵其规定。

14.2.3　现场钻孔柱状图是现场记录员为该钻孔地层作一个简单的分层，是现场技术人员对原始资料的小结，是室内资料整理的依据。

附录B　岩土可钻性分级

可钻性分级是以使用 XB-300 型和 XB-500 型钻

机在表 12 规定的技术条件下测定的，与目前建筑工程岩土工程勘察使用的钻进工具相差较大。

目前岩土可钻性分级在分级数量上是不相同的。铁路规范采用的是八级分级，水利水电规范采用的是十二级分级。

表 12　岩土可钻性分级的钻机技术条件

技术条件	Ⅰ～Ⅷ级岩土 用合金钻进	Ⅶ～Ⅻ级岩石 用钢粒钻进
钻头直径（mm）	91	91
立轴转数（r/min）	160	160
轴心压力（kN）	7	—
钻头底部单位面积压力（MPa）	—	2.5
冲洗液量（L/s）	1～2.5	0.17～0.42
投粒方法		一次投粒法或 连续投粒法

中华人民共和国国家标准

城市轨道交通岩土工程勘察规范

Code for geotechnical investigations of urban rail transit

GB 50307—2012

主编部门：北 京 市 规 划 委 员 会
批准部门：中华人民共和国住房和城乡建设部
施行日期：２０１２年８月１日

中华人民共和国住房和城乡建设部
公　告

第 1269 号

关于发布国家标准
《城市轨道交通岩土工程勘察规范》的公告

　　现批准《城市轨道交通岩土工程勘察规范》为国家标准，编号为 GB 50307－2012，自 2012 年 8 月 1 日起实施。其中，第 7.2.3、7.3.6、7.4.5、10.3.2、11.1.1 条为强制性条文，必须严格执行。原《地下铁道、轻轨交通岩土工程勘察规范》GB 50307－1999 同时废止。

　　本规范由我部标准定额研究所组织中国计划出版社出版发行。

中华人民共和国住房和城乡建设部
二〇一二年一月二十一日

前　　言

　　本规范是根据原建设部《关于印发〈2007 年工程建设标准规范制订、修订计划（第一批）〉的通知》（建标〔2007〕125 号）的要求，由北京城建勘测设计研究院有限责任公司会同有关单位，在原国家标准《地下铁道、轻轨交通岩土工程勘察规范》GB 50307—1999（以下简称：原规范）的基础上修订完成的。

　　本规范在修订过程中，编制组认真总结实践经验，重点修改的部分编写了专题报告，与正在实施和正在修订的有关国家标准进行了协调，经多次讨论，反复修改，并在广泛征求意见的基础上，最后经审查定稿。

　　本规范共分为 19 章和 11 个附录，主要技术内容：总则，术语和符号，基本规定，岩土分类、描述与围岩分级，可行性研究勘察，初步勘察，详细勘察，施工勘察，工法勘察，地下水，不良地质作用，特殊性岩土，工程地质调查与测绘，勘探与取样，原位测试，岩土室内试验，工程周边环境专项调查，成果分析与勘察报告，现场检验与检测等。

　　本规范修订的主要内容是：

　　1. 修订了场地复杂程度等级划分标准，增加了工程周边环境风险等级及岩土工程勘察等级；

　　2. 增加了岩体完整程度分类和岩土基本质量等级，修订了围岩分级及岩土施工工程等级；

　　3. 修订了各阶段的勘察要求并独立成章；

　　4. 修订了工法勘察要求，将原规范"明挖法勘

察"和"暗挖法勘察"合并为"工法勘察"；

　　5. 增加了沉管法施工的勘察要求；

　　6. 增加了"不良地质作用"章节；

　　7. 增加了扁铲侧胀试验、岩体原位应力测试、现场直接剪切试验、地温测试；

　　8. 增加了工程周边环境调查。

　　本规范中以黑体字标志的条文为强制性条文，必须严格执行。

　　本规范由住房和城乡建设部负责管理和对强制性条文的解释，北京市规划委员会负责日常管理，北京城建勘测设计研究院有限责任公司负责具体技术内容的解释。本规范在执行过程中，请各单位认真总结经验，注意积累资料，如发现需要修改和补充之处，请将意见和建议寄至北京城建勘测设计研究院有限责任公司（地址：北京市朝阳区安慧里五区六号；邮政编码：100101），以供今后修订时参考。

　　本规范主编单位、参编单位、主要起草人和主要审查人：

　　主 编 单 位：北京城建勘测设计研究院有限责任公司

　　参 编 单 位：北京城建设计研究总院有限责任公司

　　　　　　　　广州地铁设计研究院有限公司

　　　　　　　　西北综合勘察设计研究院

　　　　　　　　铁道第三勘察设计院集团有限公司

　　　　　　　　建设综合勘察研究设计院有限公司

上海岩土工程勘察设计研究院有限公司

北京市勘察设计研究院有限公司

中铁二院工程集团有限责任公司

中航勘察设计研究院有限公司

北京轨道交通建设管理有限公司

广州市地下铁道总公司

广东有色工程勘察设计院

主要起草人：金　淮　高文新　马雪梅　刘志强

主要审查人：
刘永勤	许再良	张荣成	张　华
李书君	李静荣	杨俊峰	杨石飞
杨秀仁	沈小克	林在贯	周宏磊
竺维彬	罗富荣	赵　平	徐张建
郭明田	顾宝和	顾国荣	彭友君
谢　明	燕建龙	鞠世健	
施仲衡	张　雁	翁鹿年	袁炳麟
万姜林	刁日明	王笃礼	史海鸥
冯永能			

目　　次

Contents

1 总　则

1.0.1　为规范城市轨道交通岩土工程勘察的技术要求，做到安全适用、技术先进、经济合理、保护环境、确保质量、控制风险，制定本规范。

1.0.2　本规范适用于城市轨道交通工程的岩土工程勘察。

1.0.3　城市轨道交通岩土工程勘察应广泛搜集已有的勘察设计与施工资料，科学制订勘察方案、精心组织实施，提供资料完整、数据可靠、评价正确、建议合理的勘察报告。

1.0.4　城市轨道交通岩土工程勘察除应执行本规范外，尚应符合国家现行有关标准的规定。

2　术语和符号

2.1　术　语

2.1.1　城市轨道交通　urban rail transit，mass transit

在不同型式轨道上运行的大、中运量城市公共交通工具，是当代城市中地铁、轻轨、单轨、自动导向、磁浮、市域快速轨道交通等轨道交通的统称。

2.1.2　工程周边环境　environment around engineering

泛指城市轨道交通工程施工影响范围内的建（构）筑物、地下管线、城市道路、城市桥梁、既有城市轨道交通、既有铁路和地表水体等环境对象。

2.1.3　围岩　surrounding rock

由于开挖，地下洞室周围初始应力状态发生了变化的岩土体。

2.1.4　基床系数　coefficient of subgrade reaction

岩土体在外力作用下，单位面积岩土体产生单位变形时所需的压力，也称弹性抗力系数或地基反力系数。按照岩土体受力方向分为水平基床系数和垂直基床系数。

2.1.5　热物理指标　thermophysical index

反映岩土体导热、导温、储热等能力的指标，一般包括导热系数、导温系数和比热容等。

2.1.6　工法勘察　geotechnical investigations for construction methods

为施工方法和工艺选择、设备选型及施工组织设计提供有针对性的工程地质、水文地质资料进行的勘察工作。

2.1.7　明挖法　cut and cover method

由地面开挖基坑修筑城市轨道交通工程的方法。

2.1.8　矿山法　mining method

在岩土体内采用新奥法或浅埋暗挖法修筑城市轨道交通工程隧道的施工方法统称。

2.1.9　盾构法　shield tunnelling method

在岩土体内采用盾构机修筑城市轨道交通工程隧道的施工方法。

2.1.10　沉管法　immersed tube method

采用预制管段沉放修筑水底隧道的方法。

2.2　符　号

ρ——质量密度（密度）；

w——含水量，含水率；

e——孔隙比；

W_u——土中有机质含量；

I_L——液性指数；

I_P——塑性指数；

d_{10}——有效粒径；

d_{50}——中值粒径；

α——导温系数；

λ——导热系数；

C——比热容；

N——标准贯入锤击数；

$N_{63.5}$——重型圆锥动力触探锤击数；

N_{120}——超重型圆锥动力触探锤击数；

q_c——静力触探锥头阻力；

p_0——旁压试验初始压力；

p_L——旁压试验极限压力；

p_y——旁压试验临塑压力；

f_L——地基极限强度；

f_y——地基临塑强度；

c_u——原状土的十字板剪切强度；

c_u'——重塑土的十字板剪切强度；

E_d——动弹性模量；

E_0——变形模量；

E_D——侧胀模量；

E_m——旁压模量；

f_r——岩石饱和单轴抗压强度；

K——基床系数；

K_h——水平基床系数；

K_v——垂直基床系数；

v_s——剪切波波速；

S_t——土的灵敏度；

μ——泊松比；

δ_{ef}——自由膨胀率；

Δ_s——湿陷量；

Δ_{zs}——自重湿陷量。

3　基本规定

3.0.1　城市轨道交通岩土工程勘察应按规划、设计阶段的技术要求，分阶段开展相应的勘察工作。

3.0.2　城市轨道交通岩土工程勘察应分为可行性研究勘察、初步勘察和详细勘察。施工阶段可根据需要开展施工勘察工作。

3.0.3　城市轨道交通工程线路或场地附近存在对工程设计方案和施工有重大影响的岩土工程问题时应进行专项勘察。

3.0.4　城市轨道交通岩土工程勘察应取得工程沿线地形图、管线及地下设施分布图等资料，分析工程与环境的相互影响，提出工程周边环境保护措施的建议。必要时根据任务要求开展工程周边环境专项调查工作。

3.0.5　城市轨道交通岩土工程勘察应在搜集当地已有勘察资料、建设经验的基础上，针对线路敷设形式以及各类工程的建筑类型、结构形式、施工方法等工程条件开展工作。

3.0.6　城市轨道交通岩土工程勘察应根据工程重要性等级、场地复杂程度等级和工程周边环境风险等级制订勘察方案，采用综合的勘察方法，布置合理的勘察工作量，查明工程地质条件、水文地质条件，进行岩土工程评价，提供设计、施工所需的岩土参数，提出岩土治理、环境保护以及工程监测等建议。

3.0.7　工程重要性等级可根据工程规模、建筑类型和特点以及因岩土工程问题造成工程破坏的后果，按照表3.0.7的规定进行划分：

表 3.0.7 工程重要性等级

工程重要性等级	工程破坏的后果	工程规模及建筑类型
一级	很严重	车站主体、各类通道、地下区间、高架区间、大中桥梁、地下停车场、控制中心、主变电站
二级	严重	路基、涵洞、小桥、车辆基地内的各类房屋建筑、出入口、风井、施工竖井、盾构始发(接收)井
三级	不严重	次要建筑物、地面停车场

3.0.8 场地复杂程度等级可根据地形地貌、工程地质条件、水文地质条件按照下列规定进行划分,从一级开始,向二级、三级推定,以最先满足的为准。

 1 符合下列条件之一者为一级场地(或复杂场地):

  1)地形地貌复杂。

  2)建筑抗震危险和不利地段。

  3)不良地质作用强烈发育。

  4)特殊性岩土需要专门处理。

  5)地基、围岩或边坡的岩土性质较差。

  6)地下水对工程的影响较大需要进行专门研究和治理。

 2 符合下列条件之一者为二级场地(或中等复杂场地):

  1)地形地貌较复杂。

  2)建筑抗震一般地段。

  3)不良地质作用一般发育。

  4)特殊性岩土不需要专门处理。

  5)地基、围岩或边坡的岩土性质一般。

  6)地下水对工程的影响较小。

 3 符合下列条件者为三级场地(或简单场地):

  1)地形地貌简单。

  2)抗震设防烈度小于或等于6度或对建筑抗震有利地段。

  3)不良地质作用不发育。

  4)地基、围岩或边坡的岩土性质较好。

  5)地下水对工程无影响。

3.0.9 工程周边环境风险等级可根据工程周边环境与工程的相互影响程度及破坏后果的严重程度进行划分:

 1 一级环境风险:工程周边环境与工程相互影响很大,破坏后果很严重。

 2 二级环境风险:工程周边环境与工程相互影响大,破坏后果严重。

 3 三级环境风险:工程周边环境与工程相互影响较大,破坏后果较严重。

 4 四级环境风险:工程周边环境与工程相互影响小,破坏后果轻微。

3.0.10 岩土工程勘察等级,可按下列条件划分:

 1 甲级:在工程重要性等级、场地复杂程度等级和工程周边环境风险等级中,有一项或多项为一级的勘察项目。

 2 乙级:除勘察等级为甲级和丙级以外的勘察项目。

 3 丙级:工程重要性等级、场地复杂程度等级均为三级且工程周边环境风险等级为四级的勘察项目。

3.0.11 城市轨道交通线路工程和地面建筑工程的场地土类型划分、建筑场地类别划分、地基土液化判别应分别执行现行国家标准《铁道工程抗震设计规范》GB 50111、《建筑抗震设计规范》GB 50011的有关规定。

4 岩土分类、描述与围岩分级

4.1 岩石分类

4.1.1 岩石按成因应分为岩浆岩、沉积岩和变质岩。

4.1.2 岩石坚硬程度应按表4.1.2分为坚硬岩、较硬岩、较软岩、软岩和极软岩。现场工作中可按本规范附录A的规定进行定性划分。

表 4.1.2 岩石坚硬程度分类

坚硬程度	坚硬岩	较硬岩	较软岩	软岩	极软岩
饱和单轴抗压强度(MPa)	$f_r > 60$	$30 < f_r \leqslant 60$	$15 < f_r \leqslant 30$	$5 < f_r \leqslant 15$	$f_r \leqslant 5$

注:1 当无法取得饱和单轴抗压强度数据时,可用点荷载试验强度换算,换算方法按现行国家标准《工程岩体分级标准》GB 50218执行。

  2 当岩体完整程度为极破碎时,可不进行坚硬程度分类。

4.1.3 岩体完整程度可根据完整性指数按表4.1.3的规定进行分类。

表 4.1.3 岩体完整程度分类

完整程度	完整	较完整	较破碎	破碎	极破碎
完整性指数	>0.75	0.55~0.75	0.35~0.55	0.15~0.35	<0.15

注:完整性指数为岩体压缩波速度与岩块压缩波速度之比的平方。选定岩体和岩块测定波速时,应注意其代表性。

4.1.4 岩体基本质量等级应根据岩石坚硬程度和岩体完整程度按表4.1.4的规定进行划分。

表 4.1.4 岩体基本质量等级分类

完整程度 / 坚硬程度	完整	较完整	较破碎	破碎	极破碎
坚硬岩	I	II	III	IV	V
较硬岩	II	III	IV	IV	V
较软岩	III	IV	IV	V	V
软岩	IV	IV	V	V	V
极软岩	V	V	V	V	V

4.1.5 岩石风化程度应按本规范附录B分为未风化岩石、微风化岩石、中等风化岩石、强风化岩石和全风化岩石。

4.1.6 当软化系数小于或等于0.75时,应定为软化岩石。当岩石具有特殊成分、特殊结构或特殊性质时,应定为特殊性岩石,如易溶性岩石、膨胀性岩石、崩解性岩石、盐渍化岩石等。

4.1.7 岩石可根据岩石质量指标(RQD)进行划分,RQD大于90为好的、RQD为75~90为较好的、RQD为50~75为较差的、RQD为25~50为差的、RQD小于25为极差的。

4.2 土 的 分 类

4.2.1 土按沉积年代分为老沉积土、一般沉积土、新近沉积土并应符合下列规定:

 1 老沉积土:第四纪晚更新世(Q_3)及其以前沉积的土。

 2 一般沉积土:第四纪全新世早期沉积的土。

 3 新近沉积土:第四纪全新世中、晚期沉积的土。

4.2.2 土按地质成因可分为残积土、坡积土、洪积土、冲积土、淤积土、冰积土、风积土等。

4.2.3 土根据有机质含量(W_u)可按表4.2.3的规定进行分类。

表 4.2.3 土按有机质含量(W_u)分类

土 的 名 称	有机质含量(%)
无机土	$W_u < 5$
有机质土	$5 \leqslant W_u \leqslant 10$
泥炭质土	$10 < W_u \leqslant 60$
泥炭	$W_u > 60$

注:有机质含量W_u为550℃时的灼失量。

4.2.4 土按颗粒级配或塑性指数可分为碎石土、砂土、粉土和黏性土。

4.2.5 粒径大于2mm颗粒的质量超过总质量50%的土,应定名为碎石土,并按表4.2.5的规定进一步分类。

表 4.2.5 碎石土的分类

土的名称	颗粒形状	颗 粒 含 量
漂石	圆形和亚圆形为主	粒径大于200mm颗粒的质量超过总质量的50%
块石	棱角形为主	
卵石	圆形和亚圆形为主	粒径大于20mm颗粒的质量超过总质量的50%
碎石	棱角形为主	

土的名称	颗粒形状	颗粒含量
圆砾	圆形和亚圆形为主	粒径大于 2mm 颗粒的质量超过总质量的 50%
角砾	棱角形为主	

注:分类时应根据粒组含量由大到小,以最先符合者确定。

4.2.6 粒径大于 2mm 颗粒的质量不超过总质量 50%、粒径大于 0.075mm 颗粒的质量超过总质量 50% 的土,应定名为砂土,并按表 4.2.6 的规定进一步分类。

表 4.2.6 砂土的分类

土的名称	颗粒含量
砾砂	粒径大于 2mm 颗粒的质量占总质量大于 25%,且小于 50%
粗砂	粒径大于 0.5mm 颗粒的质量超过总质量 50%
中砂	粒径大于 0.25mm 颗粒的质量超过总质量 50%
细砂	粒径大于 0.075mm 颗粒的质量超过总质量 85%
粉砂	粒径大于 0.075mm 颗粒的质量超过总质量 50%

注:分类时应根据粒组含量由大到小,以最先符合者确定。

4.2.7 粒径大于 0.075mm 颗粒的质量不超过总质量 50%,且塑性指数 I_P 小于或等于 10 的土,应定名为粉土。粉土可按表 4.2.7 的规定进一步划分为砂质粉土和黏质粉土。

表 4.2.7 粉土的分类

土的名称	塑性指数 I_P
砂质粉土	$3 < I_P \leqslant 7$
黏质粉土	$7 < I_P \leqslant 10$

注:塑性指数由相应于 76g 圆锥体沉入土样中深度为 10mm 时测定的液限计算而得。当有地区经验时,可结合地区经验综合考虑。

4.2.8 塑性指数 I_P 大于 10 的土应定名为黏性土,并按表 4.2.8 的规定进一步分类。

表 4.2.8 黏性土分类

土的名称	塑性指数 I_P
粉质黏土	$10 < I_P \leqslant 17$
黏土	$I_P > 17$

注:塑性指数由相应于 76g 圆锥体沉入土样中深度为 10mm 时测定的液限计算而得。

4.2.9 土按特殊性质可分为填土、软土(包括淤泥和淤泥质土)、湿陷性土、膨胀岩土、残积土、盐渍土、红黏土、多年冻土、混合土及污染土等。

4.3 岩土的描述

4.3.1 岩石的描述应包括地质年代、名称、风化程度、颜色、主要矿物、结构、构造和岩石质量指标(RQD)。对沉积岩着重描述沉积物的颗粒大小、形状、胶结物成分和胶结程度;对岩浆岩和变质岩应着重描述矿物结晶大小和结晶程度。

4.3.2 岩体的描述应包括结构面、结构体、岩层厚度和结构类型,并应符合下列规定:

1 结构面的描述包括类型、性质、产状、组合形式、发育程度、延展情况、闭合程度、粗糙程度、充填情况和充填物性质以及充水性质等。

2 结构体的描述包括类型、形状、大小和结构体在围岩中的受力情况等。

3 结构类型可按本规范附录 C 进行分类。

4 岩层厚度分类应按表 4.3.2 的规定执行。

表 4.3.2 岩层厚度分类

层厚分类	单层厚度 h(m)	层厚分类	单层厚度 h(m)
巨厚层	$h > 1.0$	中厚层	$0.1 < h \leqslant 0.5$
厚层	$0.5 < h \leqslant 1.0$	薄层	$h \leqslant 0.1$

4.3.3 对岩体基本质量等级为Ⅳ级和Ⅴ级的岩体,鉴定和描述除按本规范第 4.3.1 条、第 4.3.2 条执行外,尚应符合下列规定:

1 对软岩和极软岩,应注意是否具有可软化性、膨胀性、崩解性等特殊性质。

2 对极破碎岩体,应说明破碎原因。

3 开挖后是否有进一步风化的特性。

4.3.4 土的描述应符合下列规定:

1 碎石土宜描述颜色、颗粒级配、最大粒径、颗粒形状、颗粒排列、母岩成分、风化程度、充填物和充填程度、密实度、层理特征等。

2 砂土宜描述颜色、矿物组成、颗粒级配、颗粒形状、细粒含量、湿度、密实度及层理特征等。

3 粉土宜描述颜色、含有物、湿度、密实度、摇震反应及层理特征等。

4 黏性土宜描述颜色、状态、含有物、光泽反应、土的结构、层理特征及状态、断面状态等。

5 特殊性土除描述上述相应土类规定的内容外,尚应描述其特殊成分和特殊性质;如对淤泥尚应描述嗅味,对填土应描述物质成分、堆积年代、密实度和厚度的均匀程度等。

6 对具有互层、夹层、夹薄层特征的土,尚应描述各层的厚度和层理特征。

4.3.5 土的密实度可按下列规定划分:

1 碎石土的密实度可根据圆锥动力触探锤击数按表 4.3.5-1 和表 4.3.5-2 的规定确定。表中的 $N'_{63.5}$ 和 N'_{120} 是根据实测圆锥动力触探锤击数 $N_{63.5}$ 和 N_{120} 按本规范附录 D 中第 D.0.2 和第 D.0.3 条的规定进行修正后得到的锤击数。定性描述可按本规范附录 D 中第 D.0.1 条的规定执行。

表 4.3.5-1 碎石土密实度按 $N'_{63.5}$ 分类

重型动力触探锤击数 $N'_{63.5}$	密实度	重型动力触探锤击数 $N'_{63.5}$	密实度
$N'_{63.5} \leqslant 5$	松散	$10 < N'_{63.5} \leqslant 20$	中密
$5 < N'_{63.5} \leqslant 10$	稍密	$N'_{63.5} > 20$	密实

注:本表适用于平均粒径小于或等于 50mm,且最大粒径小于 100mm 的碎石土。对于平均粒径大于 50mm,或最大粒径大于 100mm 的碎石土,可用超重型动力触探或用野外观察鉴别。

表 4.3.5-2 碎石土密实度按 N'_{120} 分类

超重型动力触探锤击数 N'_{120}	密实度	超重型动力触探锤击数 N'_{120}	密实度
$N'_{120} \leqslant 3$	松散	$11 < N'_{120} \leqslant 14$	密实
$3 < N'_{120} \leqslant 6$	稍密	$N'_{120} > 14$	很密
$6 < N'_{120} \leqslant 11$	中密	—	—

2 砂土的密实度应根据标准贯入试验锤击数实测值 N 划分为密实、中密、稍密和松散,并应符合表 4.3.5-3 的规定。

表 4.3.5-3 砂土密实度分类

标准贯入锤击数 N	密实度	标准贯入锤击数 N	密实度
$N \leqslant 10$	松散	$15 < N \leqslant 30$	中密
$10 < N \leqslant 15$	稍密	$N > 30$	密实

3 粉土的密实度应根据孔隙比 e 划分为密实、中密和稍密,并符合表 4.3.5-4 的规定。

表 4.3.5-4 粉土密实度分类

孔隙比 e	密实度
$e < 0.75$	密实
$0.75 \leqslant e \leqslant 0.90$	中密
$e > 0.9$	稍密

注:当有经验时,也可用原位测试或其他方法划分粉土的密实度。

4.3.6 粉土的湿度应根据含水量 $w(\%)$ 划分为稍湿、湿和很湿,并符合表 4.3.6 的规定。

表 4.3.6 粉土湿度分类

含水量 $w(\%)$	湿度
$w < 20$	稍湿
$20 \leqslant w \leqslant 30$	湿
$w > 30$	很湿

4.3.7 黏性土状态应根据液性指数 I_L 划分为坚硬、硬塑、可塑、软塑和流塑，并符合表 4.3.7 的规定。

表 4.3.7　黏性土状态分类

液性指数 I_L	状态	液性指数 I_L	状态
$I_L \leqslant 0$	坚硬	$0.75 < I_L \leqslant 1.00$	软塑
$0 < I_L \leqslant 0.25$	硬塑	$I_L > 1.00$	流塑
$0.25 < I_L \leqslant 0.75$	可塑	—	—

4.4　围岩分级与岩土施工工程分级

4.4.1 围岩分级应根据隧道围岩的工程地质条件、开挖后的稳定状态、弹性纵波波速按本规范附录 E 划分为Ⅰ级、Ⅱ级、Ⅲ级、Ⅳ级、Ⅴ级和Ⅵ级。

4.4.2 岩土施工工程分级可根据岩土名称及特征、岩石饱和单轴抗压强度、钻探难度按本规范附录 F 分为松土、普通土、硬土、软质岩、次坚石和坚石。

5　可行性研究勘察

5.1　一般规定

5.1.1 可行性研究勘察应针对城市轨道交通工程线路方案开展工程地质勘察工作，研究线路场地的地质条件，为线路方案比选提供地质依据。

5.1.2 可行性研究勘察应重点研究影响线路方案的不良地质作用、特殊性岩土及关键工程的工程地质条件。

5.1.3 可行性研究勘察应在搜集已有地质资料和工程地质调查与测绘的基础上，开展必要的勘探与取样、原位测试、室内试验等工作。

5.2　目的与任务

5.2.1 可行性研究勘察应调查城市轨道交通工程线路场地的岩土工程条件、周边环境条件，研究控制线路方案的主要工程地质问题和重要工程周边环境，为线位、站位、线路敷设形式、施工方法等方案的设计与比选、技术经济论证、工程周边环境保护及编制可行性研究报告提供地质资料。

5.2.2 可行性研究勘察应进行下列工作：

1 搜集区域地质、地形、地貌、水文、气象、地震、矿产等资料，以及沿线的工程地质条件、水文地质条件、工程周边环境条件和相关工程建设经验。

2 调查线路沿线的地层岩性、地质构造、地下水埋藏条件等，划分工程地质单元，进行工程地质分区，评价场地稳定性和适宜性。

3 对控制线路方案的工程周边环境，分析其与线路的相互影响，提出规避、保护的初步建议。

4 对控制线路方案的不良地质作用、特殊性岩土，了解其类型、成因、范围及发展趋势，分析其对线路的危害，提出规避、防治的初步建议。

5 研究场地的地形、地貌、工程地质、水文地质、工程周边环境等条件，分析路基、高架、地下等工程方案及施工方法的可行性，提出线路比选方案的建议。

5.3　勘察要求

5.3.1 可行性研究勘察的资料搜集应包括下列内容：

1 工程所在地的气象、水文以及与工程相关的水利、防洪设施等资料。

2 区域地质、构造、地震及液化等资料。

3 沿线地形、地貌、地层岩性、地下水、特殊性岩土、不良地质作用和地质灾害等资料。

4 沿线古城址及河、湖、沟、坑的历史变迁及工程活动引起的地质变化等资料。

5 影响线路方案的重要建（构）筑物、桥涵、隧道、既有轨道交通设施等工程周边环境的设计与施工资料。

5.3.2 可行性研究勘察的勘探工作应符合下列要求：

1 勘探点间距不宜大于 1000m，每个车站应有勘探点。

2 勘探点数量应满足工程地质分区的要求；每个工程地质单元应有勘探点，在地质条件复杂地段应加密勘探点。

3 当有两条或两条以上比选线路时，各比选线路均应布置勘探点。

4 控制线路方案的江、河、湖等地表水体和不良地质作用和特殊性岩土地段应布置勘探点。

5 勘探孔深度应满足场地稳定性、适宜性评价和线路方案设计、工法选择等需要。

5.3.3 可行性研究勘察的取样、原位测试、室内试验的项目和数量，应根据线路方案、沿线工程地质和水文地质条件确定。

6　初　步　勘　察

6.1　一般规定

6.1.1 初步勘察应在可行性研究勘察的基础上，针对城市轨道交通工程线路敷设形式、各类工程的结构形式、施工方法等开展工作，为初步设计提供地质依据。

6.1.2 初步勘察应对控制线路平面、埋深及施工方法的关键工程或区段进行重点勘察，并结合工程周边环境提出岩土工程防治和风险控制的初步建议。

6.1.3 初步勘察工作应根据沿线区域地质和场地工程地质、水文地质、工程周边环境等条件，采用工程地质调查与测绘、勘探与取样、原位测试、室内试验等多种手段相结合的综合勘察方法。

6.2　目的与任务

6.2.1 初步勘察应初步查明城市轨道交通工程线路、车站、车辆基地和相关附属设施的工程地质和水文地质条件，分析评价地基基础形式和施工方法的适宜性，预测可能出现的岩土工程问题，提供初步设计所需的岩土参数，提出复杂或特殊地段岩土治理的初步建议。

6.2.2 初步勘察应进行下列工作：

1 搜集带地形图的拟建线路平面图、线路纵断面图、施工方法等有关设计文件及可行性研究勘察报告、沿线地下设施分布图。

2 初步查明沿线地质构造、岩土类型及分布、岩土物理力学性质、地下水埋藏条件，进行工程地质分区。

3 初步查明特殊性岩土的类型、成因、分布、规模、工程性质，分析其对工程的危害程度。

4 查明沿线场地不良地质作用的类型、成因、分布、规模，预测其发展趋势，分析其对工程的危害程度。

5 初步查明沿线地表水的水位、流量、水质、河湖淤积物的分布，以及地表水与地下水的补排关系。

6 初步查明地下水位，地下水类型，补给、径流、排泄条件，历史最高水位，地下水动态和变化规律。

7 对抗震设防烈度大于或等于 6 度的场地，应初步评价场地和地基的地震效应。

8 评价场地稳定性和工程适宜性。

9 初步评价水和土对建筑材料的腐蚀性。

10 对可能采取的地基基础类型、地下工程开挖与支护方案、地下水控制方案进行初步分析评价。

11 季节性冻土地区，应调查场地土的标准冻结深度。

12 对环境风险等级较高的工程周边环境，分析可能出现的工程问题，提出预防措施的建议。

6.3 地下工程

6.3.1 地下车站与区间工程初步勘察除应符合本规范第6.2.2条的规定外，尚应满足下列要求：

1 初步划分车站、区间隧道的围岩分级和岩土施工工程分级。

2 根据车站、区间隧道的结构形式及埋置深度，结合岩土工程条件，提供初步设计所需的岩土参数，提出地基基础方案的初步建议。

3 每个水文地质单元选择代表性地段进行水文地质试验，提供水文地质参数，必要时设置地下水位长期观测孔。

4 初步查明地下有害气体、污染土层的分布、成分，评价其对工程的影响。

5 针对车站、区间隧道的施工方法，结合岩土工程条件，分析基坑支护、围岩支护、盾构设备选型、岩土加固与开挖、地下水控制等可能遇到的岩土工程问题，提出处理措施的初步建议。

6.3.2 地下车站的勘探点宜按结构轮廓线布置，每个车站勘探点数量不宜少于4个，且勘探点间距不宜大于100m。

6.3.3 地下区间的勘探点应根据场地复杂程度和设计方案布置，并符合下列要求：

1 勘探点间距宜为100m～200m，在地貌、地质单元交接部位、地层变化较大地段以及不良地质作用和特殊性岩土发育地段应加密勘探点。

2 勘探点宜沿区间线路布置。

6.3.4 每个地下车站或区间取样、原位测试的勘探点数量不应少于勘探点总数的2/3。

6.3.5 勘探孔深度应根据地质条件及设计方案综合确定，并符合下列规定：

1 控制性勘探孔进入结构底板以下不小于30m；在结构埋深范围内如遇强风化、全风化岩石地层进入结构底板以下不应小于15m；在结构埋深范围内如遇中等风化、微风化岩石地层宜进入结构底板以下5m～8m。

2 一般性勘探孔进入结构底板以下不应小于20m；在结构埋深范围内如遇强风化、全风化岩石地层进入结构底板以下不应小于10m；在结构埋深范围内如遇中等风化、微风化岩石地层进入结构底板以下不应小于5m。

3 遇岩溶和破碎带时钻孔深度应适当加深。

6.4 高架工程

6.4.1 高架车站与区间工程初步勘察除应符合本规范第6.2.2条的规定外，尚应满足下列要求：

1 重点查明对高架方案有控制性影响的不良地质体的分布范围，指出工程设计应注意的事项。

2 采用天然地基时，初步评价墩台基础地基稳定性和承载力，提供地基变形、基础抗倾覆和抗滑移稳定性验算所需的岩土参数。

3 采用桩时，初步查明桩持力层的分布、厚度变化规律，提出桩型及成桩工艺的初步建议，提供桩侧土层摩阻力、桩端土层端阻力初步建议值，并评价桩施工对工程周边环境的影响。

4 对跨河桥，还应初步查明河流水文条件，提供冲刷计算所需的颗粒级配等参数。

6.4.2 勘探点间距应根据场地复杂程度和设计方案确定，宜为80m～150m；高架车站勘探点数量不宜少于3个；取样、原位测试的勘探点数量不应少于勘探点总数的2/3。

6.4.3 勘探孔深度应符合下列规定：

1 控制性勘探孔深度应满足墩台基础或桩基沉降计算和软弱下卧层验算的要求，一般性勘探孔应满足查明墩台基础或桩基持力层和软弱下卧土层分布的要求。

2 墩台基础置于无地表水地段时，应穿过最大冻结深度达持力层以下；墩台基础置于地表水水下时，应穿过水流最大冲刷深度达持力层以下。

3 覆盖层较薄，下伏基岩风化层不厚时，勘探孔应进入微风化地层3m～8m。为确认是基岩而非孤石，应将岩芯同当地岩层露头、岩性、层理、节理和产状进行对比分析，综合判断。

6.5 路基、涵洞工程

6.5.1 路基工程初步勘察除应符合本规范第6.2.2条的规定外，尚应符合下列规定：

1 初步查明各岩土层的岩性、分布情况及物理力学性质，重点查明对路基工程有控制性影响的不稳定岩土体、软弱土层等不良地质体的分布范围。

2 初步评价路基底的稳定性，划分岩土施工工程等级，指出路基设计应注意的事项并提出相关建议。

3 初步查明水文地质条件，评价地下水对路基的影响，提出地下水控制措施的建议。

4 对高路堤应初步查明软弱土层的分布范围和物理力学性质，提出天然地基的填土允许高度或地基处理建议，对路堤的稳定性进行初步评价；必要时进行取土场勘察。

5 对深路堑，应初步查明岩土体的不利结构面，调查沿线天然边坡、人工边坡的工程地质条件，评价边坡稳定性，提出边坡治理措施的建议。

6 对支挡结构，应初步评价地基稳定性和承载力，提出地基基础形式及地基处理措施的建议。对路堑挡土墙，还应提供墙后岩土体物理力学性质指标。

6.5.2 涵洞工程初步勘察除应符合本规范第6.2.2条的规定外，尚应符合下列规定：

1 初步查明涵洞场地地貌、地层分布和岩性、地质构造、天然沟床稳定状态、隐伏的基岩倾斜面、不良地质作用和特殊性岩土。

2 初步查明涵洞地基的水文地质条件，必要时进行水文地质试验，提供水文地质参数。

3 初步评价涵洞地基稳定性和承载力，提供涵洞设计、施工所需的岩土参数。

6.5.3 路基、涵洞工程勘探点间距应符合下列要求：

1 每个地貌、地质单元均应布置勘探点，在地貌、地质单元交接部位和地层变化较大地段应加密勘探点。

2 路基的勘探点间距宜为100m～150m，支挡结构、涵洞应有勘探点控制。

3 高路堤、深路堑应布置横断面。

6.5.4 取样、原位测试的勘探点数量不应少于路基、涵洞工程勘探点总数的2/3。

6.5.5 路基、涵洞工程的控制性勘探孔深度应满足稳定性评价、变形计算、软弱下卧层验算的要求；一般性勘探孔宜进入基底以下5m～10m。

6.6 地面车站、车辆基地

6.6.1 车辆基地的路基工程初步勘察要求应符合本规范第6.5节的规定。

6.6.2 地面车站、车辆基地的建（构）筑物初步勘察应符合现行国家标准《岩土工程勘察规范》GB 50021的有关规定。

7 详细勘察

7.1 一般规定

7.1.1 详细勘察应在初步勘察的基础上,针对城市轨道交通各类工程的建筑类型、结构形式、埋置深度和施工方法等开展工作,满足施工图设计要求。

7.1.2 详细勘察工作应根据各类工程场地的工程地质、水文地质和工程周边环境等条件,采用钻探与取样、原位测试、室内试验,辅以工程地质调查与测绘、工程物探的综合勘察方法。

7.2 目的与任务

7.2.1 详细勘察应查明各类工程场地的工程地质和水文地质条件,分析评价地基、围岩及边坡稳定性,预测可能出现的岩土工程问题,提出地基基础、围岩加固与支护、边坡治理、地下水控制、周边环境保护方案建议,提供设计、施工所需的岩土参数。

7.2.2 详细勘察工作前应搜集附有坐标和地形的拟建工程的平面图、纵断面图、荷载、结构类型与特点、施工方法、基础形式及埋深、地下工程埋置深度及上覆土层的厚度、变形控制要求等资料。

7.2.3 详细勘察应进行下列工作:

1 查明不良地质作用的特征、成因、分布范围、发展趋势和危害程度,提出治理方案的建议。

2 查明场地范围内岩土层的类型、年代、成因、分布范围、工程特性,分析和评价地基的稳定性、均匀性和承载能力,提出天然地基、地基处理或桩基等地基基础方案的建议,对需进行沉降计算的建(构)筑物、路基等,提供地基变形计算参数。

3 分析地下工程围岩的稳定性和可挖性,对围岩进行分级和岩土施工工程分级,提出对地下工程有不利影响的工程地质问题及防治措施的建议,提供基坑支护、隧道初期支护和衬砌设计与施工所需的岩土参数。

4 分析边坡的稳定性,提供边坡稳定性计算参数,提出边坡治理的工程措施建议。

5 查明对工程有影响的地表水体的分布、水位、水深、水质、防渗措施、淤积物分布及地表水与地下水的水力联系等,分析地表水体对工程可能造成的危害。

6 查明地下水的埋藏条件,提供场地的地下水类型、勘察时水位、水质、岩土渗透系数、地下水位变化幅度等水文地质资料,分析地下水对工程的作用,提出地下水控制措施的建议。

7 判定地下水和土对建筑材料的腐蚀性。

8 分析工程周边环境与工程的相互影响,提出环境保护措施的建议。

9 应确定场地类别,对抗震设防烈度大于6度的场地,应进行液化判别,提出处理措施的建议。

10 在季节性冻土地区,应提供场地土的标准冻结深度。

7.3 地下工程

7.3.1 地下车站主体、出入口、风井、通道、地下区间、联络通道等地下工程的详细勘察,除应符合本规范第7.2.3条的规定外,尚应符合本节规定。

7.3.2 地下工程详细勘察尚应符合下列规定:

1 查明各岩土层的分布,提供各岩土层的物理力学性质指标及地下工程设计、施工所需的基床系数、静止侧压力系数、热物理指标和电阻率等岩土参数。

2 查明不良地质作用、特殊性岩土及对工程施工不利的饱和砂层、卵石层、漂石层等地质条件的分布与特征,分析其对工程的

危害和影响,提出工程防治措施的建议。

3 在基岩地区应查明岩石风化程度、岩层层理、片理、节理等软弱结构面的产状及组合形式,断裂构造和破碎带的位置、规模、产状和力学属性,划分岩体结构类型,分析隧道偏压的可能性及危害。

4 对隧道围岩的稳定性进行评价,应按照本规范附录E、附录F进行围岩分级、岩土施工工程分级。分析隧道开挖、围岩加固及初期支护等可能出现的岩土工程问题,提出防治措施建议,提供隧道围岩加固、初期支护和衬砌设计与施工所需的岩土参数。

5 对基坑边坡的稳定性进行评价,分析基坑支护可能出现的岩土工程问题,提出防治措施建议,提供基坑支护设计所需的岩土参数。

6 分析地下水对工程施工的影响,预测基坑和隧道突水、涌砂、流土、管涌的可能性及危害程度。

7 分析地下水对工程结构的作用,对需采取抗浮措施的地下工程,提出抗浮设防水位的建议,提供抗拔桩或抗浮锚杆设计所需的各岩土层的侧摩阻力或锚固力等计算参数,必要时对抗浮设防水位进行专项研究。

8 分析评价工程降水、岩土开挖对工程周边环境的影响,提出周边环境保护措施的建议。

9 对出入口与通道、风井与风道、施工竖井与施工通道、联络通道等附属工程及隧道断面尺寸变化较大区段,应根据工程特点、场地地质条件和工程周边环境条件进行岩土工程分析与评价。

10 对地基承载力、地基处理和围岩加固效果等的工程检测提出建议,对工程结构、工程周边环境、岩土体的变形及地下水位变化等的工程监测提出建议。

7.3.3 勘探点间距根据场地的复杂程度、地下工程类别及地下工程的埋深、断面尺寸等特点可按表7.3.3的规定综合确定。

表 7.3.3　勘探点间距(m)

场地复杂程度	复杂场地	中等复杂场地	简单场地
地下车站勘探点间距	10~20	20~40	40~50
地下区间勘探点间距	10~30	30~50	50~60

7.3.4 勘探点的平面布置应符合下列规定:

1 车站主体勘探点宜沿结构轮廓线布置,结构角点以及出入口与通道、风井与风道、施工竖井与施工通道等附属工程部位应有勘探点控制。

2 每个车站不应少于2条纵剖面和3条有代表性的横剖面。

3 车站采用承重桩时,勘探点的平面布置宜结合承重桩的位置布设。

4 区间勘探点宜在隧道结构外侧3m~5m的位置交叉布置。

5 在区间隧道洞口、陡坡段、大断面、异型断面、工法变换等部位以及联络通道、渡线、施工竖井等应有勘探点控制,并布设剖面。

6 山岭隧道勘探点的布置可执行现行行业标准《铁路工程地质勘察规范》TB 10012的有关规定。

7.3.5 勘探孔深度应符合下列规定:

1 控制性勘探孔的深度应满足地基、隧道围岩、基坑边坡稳定性分析、变形计算以及地下水控制的要求。

2 对车站工程,控制性勘探孔进入结构底板以下不应小于25m或进入结构底板以下中等风化或微风化岩石不应小于5m,一般性勘探孔深度进入结构底板以下不应小于15m或进入结构底板以下中等风化或微风化岩石不应小于3m。

3 对区间工程,控制性勘探孔进入结构底板以下不应小于3倍隧道直径(宽度)或进入结构底板以下中等风化或微风化岩石不应小于5m,一般性勘探孔进入结构底板以下不应小于2倍隧道直径(宽度)或进入结构底板以下中等风化或微风化岩石不应小

于 3m。

4 当采用承重桩、抗拔桩或抗浮锚杆时，勘探孔深度应满足其设计的要求。

5 当预定深度范围内存在软弱土层时，勘探孔应适当加深。

7.3.6 地下工程控制性勘探孔的数量不应少于勘探点总数的1/3。采取岩土试样及原位测试勘探孔的数量：车站工程不应少于勘探点总数的1/2，区间工程不应少于勘探点总数的2/3。

7.3.7 采取岩土试样和进行原位测试应满足岩土工程评价的要求。每个车站或区间工程每一主要土层的原状土试样或原位测试数据不应少于 10 件(组)，且每一地质单元的每一主要土层不应少于 6 件(组)。

7.3.8 原位测试应根据需要和地区经验选取适合的测试手段，并符合本规范第 15 章的规定；每个车站或区间工程的波速测试孔不宜少于 3 个，电阻率测试孔不宜少于 2 个。

7.3.9 室内试验除应符合本规范第 16 章的规定外，尚应符合下列规定：

1 抗剪强度室内试验方法应根据施工方法、施工条件、设计要求等确定。

2 静止侧压力系数和热物理指标试验数据每一主要土层不宜少于 3 组。

3 宜在基底以下压缩层范围内采取岩土试样进行回弹再压缩试验，每层试验数据不宜少于 3 组。

4 对隧道范围内的碎石土和砂土应测定颗粒级配，对粉土应测定黏粒含量。

5 应采取地表水、地下水水试样或地下结构范围内的岩土试样进行腐蚀性试验，地表水每处不应少于 1 组，地下水岩土试样每层不应少于 2 组。

6 在基岩地区应进行岩块的弹性波速度测试，并应进行岩石的饱和单轴抗压强度试验，必要时尚应进行软化试验；对软岩、极软岩可进行天然湿度的单轴抗压强度试验。每个场地每一主要岩层的试验数据不应少于 3 组。

7.3.10 在基床系数在有经验地区可通过原位测试、室内试验结合本规范附录 H 的经验值综合确定，必要时通过专题研究或现场 K_{30} 载荷试验确定。

7.3.11 在基岩地区应根据需要提供抗剪强度指标、软化系数、完整性指数、岩体基本质量等级等参数。

7.3.12 岩土的抗剪强度指标宜通过室内试验、原位测试结合当地的工程经验综合确定。

7.3.13 当地下水对车站和区间工程有影响时应布置长期水文观测孔，对需要进行地下水控制的车站和区间工程宜进行水文地质试验。

7.4 高 架 工 程

7.4.1 高架工程详细勘察包括高架车站、高架区间及其附属工程的勘察，除应符合本规范第 7.2.3 条的规定外，尚应符合本节要求。

7.4.2 高架工程详细勘察尚应符合下列规定：

1 查明场地各岩土层类型、分布、工程特性和变化规律，确定墩台基础与桩基的持力层，提供各岩土层的物理力学性质指标；分析桩基承载性状，结合当地经验提供桩基承载力计算和变形计算参数。

2 查明溶洞、土洞、人工洞穴、采空区、可液化土层和特殊性岩土的分布与特征，分析其对墩台基础和桩基的危害程度，评价墩台地基和桩基的稳定性，提出防治措施的建议。

3 采用基岩作为墩台基础或桩基的持力层时，应查明基岩的岩性、构造、岩面变化、风化程度，确定岩石的坚硬程度、完整程度和岩体基本质量等级，判定有无洞穴、临空面、破碎岩体或软弱岩层。

4 查明水文地质条件，评价地下水对墩台基础及桩基设计和施工的影响；判定地下水和土对建筑材料的腐蚀性。

5 查明场地是否存在产生桩侧负摩阻力的地层，评价负摩阻力对桩基承载力的影响，并提出处理措施的建议。

6 分析桩基施工存在的岩土工程问题，评价成桩的可能性，论证桩基施工对工程周边环境的影响，并提出处理措施的建议。

7 对基桩的完整性和承载力提出检测的建议。

7.4.3 勘探点的平面布置应符合下列规定：

1 高架车站勘探点应沿结构轮廓线和柱网布置，勘探点间距宜为 15m～35m。当桩端持力层起伏较大、地层分布复杂时，应加密勘探点。

2 高架区间勘探点应逐墩布设，地质条件简单时可适当减少勘探点。地质条件复杂或跨度较大时，可根据需要增加勘探点。

7.4.4 勘探孔深度应符合下列规定：

1 墩台基础的控制性勘探孔应满足沉降计算和下卧层验算要求。

2 墩台基础的一般性勘探孔应到达基底以下 10m～15m 或墩台基础底面宽度的 2 倍～3 倍；在基岩地段，当风化层不厚或为硬质岩时，应进入基底以下中等风化岩石地层 2m～3m；

3 桩基的控制性勘探孔深度应满足沉降计算和下卧层验算要求，应穿透桩端平面以下压缩层厚度；对嵌岩桩，控制性勘探孔应达到预计桩端平面以下 3 倍～5 倍桩身设计直径，并穿过溶洞、破碎带，进入稳定地层。

4 桩基的一般性勘探孔深度应达到预计桩端平面以下 3 倍～5 倍桩身设计直径，且不应小于 3m，对大直径桩，不应小于 5m。嵌岩桩一般性勘探孔应达到预计桩端平面以下 1 倍～3 倍桩身设计直径。

5 当预定深度范围内存在软弱土层时，勘探孔应适当加深。

7.4.5 高架工程控制性勘探孔的数量不应少于勘探点总数的1/3。取样及原位测试孔的数量不应少于勘探点总数的1/2。

7.4.6 采取岩土试样和原位测试应符合本规范第 7.3.7 条的规定。

7.4.7 原位测试应根据需要和地区经验选取适合的测试手段，并符合本规范第 15 章的规定；每个车站或区间工程的波速测试孔不宜少于 3 个。

7.4.8 室内试验应符合本规范第 16 章的规定，并应符合下列规定：

1 当需估算基桩的侧阻力、端阻力和验算下卧层强度时，宜进行三轴剪切试验或无侧限抗压强度试验，三轴剪切试验受力条件应模拟工程实际情况。

2 需要进行沉降计算的桩基工程，应进行压缩试验，试验最大压力应大于自重压力与附加压力之和。

3 桩端持力层为基岩时，应采取岩样进行饱和单轴抗压强度试验，必要时尚应进行软化试验；对软岩和极软岩，可进行天然湿度的单轴抗压强度试验；对无法取样的破碎和极破碎岩石，应进行原位测试。

7.5 路基、涵洞工程

7.5.1 路基、涵洞工程勘察包括路基工程、涵洞工程、支挡结构及其附属工程的勘察。路基、涵洞工程勘察除应符合本规范第 7.2.3 条的规定外，尚应符合本节规定。

7.5.2 一般路基详细勘察应包括下列内容：

1 查明地层结构、岩土性质、岩层产状、风化程度及水文地质特征；分段划分岩土施工工程等级；评价路基基底的稳定性。

2 应采取岩土试样进行物理力学试验，采取水试样进行水质分析。

7.5.3 高路堤详细勘察应包括下列内容：

1 查明基底地层结构，岩土性质，覆盖层与基岩接触面的形态。查明不利倾向的软弱夹层,并评价其稳定性。

　　2　调查地下水活动对基底稳定性的影响。

　　3　地质条件复杂的地段应布置横剖面。

　　4　应采取岩土试样进行物理力学试验,提供验算地基强度及变形的岩土参数。

　　5　分析基底和斜坡稳定性,提出路基和斜坡加固方案的建议。

　　7.5.4　深路堑详细勘察应包括下列内容:

　　1　查明场地的地形、地貌、不良地质作用和特殊地质问题;调查沿线天然边坡、人工边坡的工程地质条件;分析边坡工程对周边环境产生的不利影响。

　　2　土质边坡应查明土层厚度、地层结构、成因类型、密实程度及下伏基岩面形态及坡度。

　　3　岩质边坡应查明岩层性质、厚度、成因、节理、裂隙、断层、软弱夹层的分布、风化破碎程度;主要结构面的类型、产状及充填物。

　　4　查明影响深度范围的含水层、地下水埋藏条件、地下水动态,评价地下水对路堑边坡及结构稳定性的影响,需要时应提供路堑结构抗浮设计的建议。

　　5　建议路堑边坡坡度,分析评价路堑边坡的稳定性,提供边坡稳定性计算参数,提出路堑边坡治理措施的建议。

　　6　调查雨期、暴雨量、汇水范围和雨水对坡面、坡脚的冲刷及对坡体稳定性的影响。

　　7.5.5　支挡结构详细勘察应包括下列内容:

　　1　查明支挡地段地形、地貌、不良地质作用和特殊性岩土,地层结构及岩土性质,评价支挡结构地基稳定性和承载力,提供支挡结构设计所需的岩土参数,提出支挡形式和地基基础方案的建议。

　　2　查明支挡地段水文地质条件,评价地下水对支挡结构的影响,提出处理措施的建议。

　　7.5.6　涵洞详细勘察应符合下列规定:

　　1　查明地形、地貌、地层、岩性、天然沟床稳定状态、隐伏的基岩斜坡、不良地质作用和特殊性岩土。

　　2　查明涵洞场地的水文地质条件,必要时进行水文地质试验,提供水文地质参数。

　　3　应采取勘探、测试和试验等方法综合确定地基承载力,提供涵洞设计所需的岩土参数。

　　4　调查雨期、雨量等气象条件及涵洞附近的汇水面积。

　　7.5.7　勘探点的平面布置应符合下列规定:

　　1　一般路基勘探点间距为50m～100m,高路堤、深路堑、支挡结构勘探点间距可根据场地复杂程度按表7.5.7的规定综合确定。

表7.5.7　勘探点间距(m)

复杂场地	中等复杂场地	简单场地
15～30	30～50	50～60

　　2　高路堤、深路堑应根据基底和边坡的特征,结合工程处理措施,确定代表性工程地质断面的位置和数量。每个断面的勘探点不宜少于3个,地质条件简单时不宜少于2个。

　　3　深路堑工程遇有软弱夹层或不利结构面时,勘探点应当加密。

　　4　支挡结构的勘探点不宜少于3个。

　　5　涵洞的勘探点不宜少于2个。

　　7.5.8　控制性勘探孔的数量不应少于勘探点总数的1/3,取样及原位测试孔数量应根据地层结构、土的均匀性和设计要求确定,不应少于勘探点总数的1/2。

　　7.5.9　勘探孔深度应满足下列要求:

　　1　控制性勘探孔深度应满足地基、边坡稳定性分析,及地基变形计算的要求。

　　2　一般路基的一般性勘探孔深度不应小于5m,高路堤不应小于8m。

　　3　路堑的一般性勘探孔深度应能探明软弱层厚度及软弱结构面产状,且穿过潜在滑动面并深入稳定地层内2m～3m,满足支护设计要求;在地下水发育地段,根据排水工程需要适当加深。

　　4　支挡结构的一般性勘探孔深度应达到基底以下不应小于5m。

　　5　基础置于土中的涵洞一般性勘探孔深度应按表7.5.9的规定确定。

表7.5.9　涵洞勘探孔深度(m)

碎石土	砂土、粉土和黏性土	软土、饱和砂土等
3～8	8～15	15～20

　　注:1　勘探孔深度应由结构底板算起。
　　　　2　箱型涵洞勘探孔应当加深。

　　6　遇软弱土层时,勘探孔应当加深。

7.6　地面车站、车辆基地

　　7.6.1　车辆基地的详细勘察包括站场股道、出入线、各类房屋建筑及其附属设施的勘察。

　　7.6.2　车辆基地可根据不同建筑类型分别进行勘察,同时考虑场地挖填方对勘察的要求。

　　7.6.3　地面车站、各类建筑及附属设施的详细勘察应按现行国家标准《岩土工程勘察规范》GB 50021的有关规定执行。

　　7.6.4　站场股道及出入线的详细勘察,可根据线路敷设形式按照本规范第7.3节～第7.5节的规定执行。

8　施 工 勘 察

　　8.0.1　施工勘察应针对施工方法、施工工艺的特殊要求和施工中出现的工程地质问题等开展工作,提供地质资料,满足施工方案调整和风险控制的要求。

　　8.0.2　施工阶段施工单位宜开展下列地质工作:

　　1　研究工程勘察资料,掌握场地工程地质条件及不良地质作用和特殊性岩土的分布情况,预测施工中可能遇到的岩土工程问题。

　　2　调查了解工程周边环境条件变化、周边工程施工情况、场地地下水位变化及地下管线渗漏情况,分析地质与周边环境条件的变化对工程可能造成的危害。

　　3　施工中应通过观察开挖面岩土成分、密实度、湿度,地下水情况,软弱夹层、地质构造、裂隙、破碎带等实际地质条件,核实、修正勘察资料。

　　4　绘制边坡和隧道地质素描图。

　　5　对复杂地质条件下的地下工程应开展超前地质探测工作,进行超前地质预报。

　　6　必要时对地下水动态进行观测。

　　8.0.3　遇下列情况宜进行施工专项勘察:

　　1　场地地质条件复杂、施工过程中出现地质异常,对工程结构及工程施工产生较大危害。

　　2　场地存在暗浜、古河道、空洞、岩溶、土洞等不良地质条件影响工程安全。

　　3　场地存在孤石、漂石、球状风化体、破碎带、风化深槽等特殊岩土体对工程施工造成不利影响。

　　4　场地地下水位变化较大或施工中发现不明水源,影响工程施工或危及工程安全。

　　5　施工方案有较大变更或采用新技术、新工艺、新方法、新材料，详细勘察资料不能满足要求。

6 基坑或隧道施工过程中出现桩（墙）变形过大、基底隆起、涌水、坍塌、失稳等岩土工程问题，或发生地面沉降过大、地面塌陷、相邻建筑开裂等工程环境问题。

7 工程降水，土体冻结，盾构始发（接收）井端头、联络通道的岩土加固等辅助工法需要时。

8 需进行施工勘察的其他情况。

8.0.4 对抗剪强度、基床系数、桩端阻力、桩侧摩阻力等关键岩土参数缺少相关工程经验的地区，宜在施工阶段进行现场原位试验。

8.0.5 施工专项勘察工作应符合下列规定：

1 搜集施工方案、勘察报告、工程周边环境调查报告以及施工中形成的相关资料。

2 搜集和分析工程检测、监测和观测资料。

3 充分利用施工开挖面了解工程地质条件，分析需要解决的工程地质问题。

4 根据工程地质问题的复杂程度、已有的勘察工作和场地条件等确定施工勘察的方法和工作量。

5 针对具体的工程地质问题进行分析评价，并提供所需岩土参数，提出工程处理措施的建议。

9 工 法 勘 察

9.1 一般规定

9.1.1 采用明挖法、矿山法、盾构法、沉管法等施工方法修筑地下工程时，岩土工程勘察除应符合本规范第6章、第7章的规定外，尚应根据施工工法特点，满足本章各节的相应要求，为施工方法的比选与设计提供所需的岩土工程资料。

9.1.2 各勘察阶段均应开展工法勘察工作，满足相应阶段工法设计深度的要求。原位测试、室内试验方法及所提供的岩土参数应结合施工方法、辅助措施的特点综合确定。

9.2 明挖法勘察

9.2.1 明挖法勘察应提供放坡开挖、支护开挖及盖挖等设计、施工所需的岩土工程资料。

9.2.2 明挖法勘察应为下列工作提供勘察资料：

1 基坑支护设计与施工。

2 土方开挖设计与施工。

3 地下水控制设计与施工。

4 基坑突涌和基底隆起的防治。

5 施工设备选型和工艺参数的确定。

6 工程风险评估、工程周边环境保护以及工程监测方案设计。

9.2.3 明挖法勘察应符合下列要求：

1 查明场地岩土类型、成因、分布与工程特性；重点查明填土、暗浜、软弱土夹层及饱和砂层的分布，基岩埋深较浅地区的覆盖层厚度、基岩起伏、坡度及岩层产状。

2 根据开挖方法和支护结构设计的需要按照本规范附录J提供必要的岩土参数。

3 土的抗剪强度指标应根据土的性质、基坑安全等级、支护形式和工况条件选择室内试验方法；当地区经验成熟时，也可通过原位测试结合地区经验综合确定。

4 查明场地水文地质条件，判定人工降低地下水位的可能性，为地下水控制设计提供参数；分析地下水位降低对工程及工程周边环境的影响，当采用坑内降水时还应预测降低地下水位对基底、坑壁稳定性的影响，并提出处理措施的建议。

5 根据粉土、粉细砂分布及地下水特征，分析基坑发生突水、

涌砂流土、管涌的可能性。

6 搜集场地附近既有建（构）筑物基础类型、埋深和地下设施资料，并对既有建（构）筑物、地下设施与基坑边坡的相互影响进行分析，提出工程周边环境保护措施的建议。

9.2.4 明挖法勘察宜在开挖边界外按开挖深度的1倍～2倍范围内布置勘探点，当开挖边界外无法布置勘探点时，可通过搜集、调查取得相应资料。对于软土勘察范围尚应适当扩大。

9.2.5 明挖法勘探点间距及平面布置应符合本规范第7.3.3条和第7.3.4条的要求，地层变化较大时，应加密勘探点。

9.2.6 明挖法勘探孔深度应满足基坑稳定分析、地下水控制、支护结构设计的要求。

9.2.7 放坡开挖法勘察应提供边坡稳定性计算所需岩土参数，提出人工边坡最佳开挖坡形和坡角、平台位置及边坡坡度允许值的建议。

9.2.8 盖挖法勘察应查明支护桩墙和立柱桩端的持力层深度、厚度，提供桩墙和立柱桩承载力及变形计算参数。

9.2.9 勘察报告除应符合本规范第18章的要求外，尚应包括下列内容：

1 提供基坑支护设计、施工所需的岩土及水文地质参数。

2 指出基坑支护设计、施工需重点关注的岩土工程问题。

3 对不良地质作用和特殊性岩土可能引起的明挖法施工风险提出控制措施的建议。

9.3 矿山法勘察

9.3.1 矿山法勘察应提供全断面法、台阶法、洞桩（柱）法等施工方法及辅助工法设计、施工所需要的岩土工程资料。

9.3.2 矿山法勘察应为下列工作提供勘察资料：

1 隧道轴线位置的选定。

2 隧道断面形式和尺寸的选定。

3 洞口、施工竖井位置和明、暗挖施工分界点的选定。

4 开挖方案及辅助施工方法的比选。

5 围岩加固、初期支护及衬砌设计与施工。

6 开挖设备选型及工艺参数的确定。

7 地下水控制设计与施工。

8 工程风险评估、工程周边环境保护和工程监测方案设计。

9.3.3 矿山法勘察应符合下列要求：

1 土层隧道应查明场地岩土类型、成因、分布与工程特性；重点查明隧道通过土层的性状、密实度及自稳性，古河道、古湖泊、地下水、饱和粉细砂层、有害气体的分布，填土的组成、性质及厚度。

2 在基岩地区应查明基岩起伏、岩石坚硬程度、岩体结构形态和完整状态、岩层风化程度、结构面发育情况、构造破碎带特征、岩溶发育及富水情况、围岩的膨胀性等。

3 了解隧道影响范围内的地下人防、地下管线、古墓穴及废弃工程的分布，以及地下管线渗漏、人防充水等情况。

4 根据隧道开挖方法及围岩岩土类型与特征，按照本规范附录J提供所需的岩土参数。

5 预测施工可能产生突水、涌水、开挖面坍塌、冒顶、边墙失稳、洞底隆起、岩爆、滑坡、围岩松动等风险的地段，并提出防治措施的建议。

6 查明场地水文地质条件，分析地下水对工程施工的危害，建议合理的地下水控制措施，提供地下水控制设计、施工所需的水文地质参数；当采用降水措施时应分析地下水位降低对工程及工程周边环境的影响。

7 根据围岩岩土条件、隧道断面形式和尺寸、开挖特点分析隧道开挖引起的围岩变形特征；根据围岩变形特征和工程周边环境变形控制要求，对隧道开挖步序、围岩加固、初期支护、隧道衬砌以及环境保护提出建议。

9.3.4 矿山法勘察的勘探点间距及平面布置应符合本规范第7.3.3条和第7.3.4条的要求。

9.3.5 采用掘进机开挖隧道时，应查明沿线的地质构造、断层破碎带及溶洞等，必要时进行岩石抗磨性试验，在含有大量石英或其他坚硬矿物的地层中，应做含量分析。

9.3.6 采用钻爆法施工时，应测试振动波传播速度和振幅衰减参数；在施工过程中进行爆破振动监测。

9.3.7 采用洞桩（柱）法施工时，应提供地基承载力、单桩承载力计算和变形计算参数，当洞内桩身承受侧向岩土压力时应提供岩土压力计算参数。

9.3.8 采用气压法时，应进行透气试验。

9.3.9 采用导管注浆加固围岩时，应提供地层的孔隙率和渗透系数。

9.3.10 采用管棚超前支护围岩施工时，应评价管棚施工的难易程度，建议合适的施工工艺，指出施工应注意的问题。

9.3.11 勘察报告除应符合本规范第18章的要求外，尚应包括下列内容：

1 开挖方法、大型开挖设备选型及辅助施工措施的建议。

2 分析地层条件，提出隧道初期支护形式的建议。

3 对存在的不良地质作用及特殊性岩土可能引起矿山法施工风险提出控制措施的建议。

9.4 盾构法勘察

9.4.1 盾构法勘察应提供盾构选型、盾构施工、隧道管片设计等所需要的岩土工程资料。

9.4.2 盾构法勘察应为下列工作提供勘察资料：

1 隧道轴线和盾构始发（接收）井位置的选定。

2 盾构设备选型、设计制造和刀盘、刀具的选择。

3 盾构管片及管片背后注浆设计。

4 盾构推进压力、推进速度、盾构姿态等施工工艺参数的确定。

5 土体改良设计。

6 盾构始发（接收）井端头加固设计与施工。

7 盾构开仓检修与换刀位置的选定。

8 工程风险评估、工程周边环境保护及工程监测方案设计。

9.4.3 盾构法勘察应符合下列要求：

1 查明场地岩土类型、成因、分布与工程特性；重点查明高灵敏度软土层、松散砂土层、高塑性黏性土层、含承压水砂层、软硬不均地层、含漂石或卵石地层等的分布和特征，分析评价其对盾构施工的影响。

2 在基岩地区应查明岩土分界面位置、岩石坚硬程度、岩石风化程度、结构面发育情况、构造破碎带、岩脉的分布与特征等，分析其对盾构施工可能造成的危害。

3 通过专项勘察查明岩溶、土洞、孤石、球状风化体、地下障碍物、有害气体的分布。

4 提供砂土、卵石和全风化、强风化岩石的颗粒组成、最大粒径及曲率系数、不均匀系数、耐磨矿物成分及含量，岩石质量指标（RQD）、土层的黏粒含量等。

5 对盾构始发（接收）井及区间联络通道的地质条件进行分析和评价，预测可能发生的岩土工程问题，提出岩土加固范围和方法的建议。

6 根据隧道围岩条件、断面尺寸和形式，对盾构设备选型及刀盘、刀具的选择以及辅助工法的确定提出建议，并按照本规范附录J提供所需的岩土参数。

7 根据围岩岩土条件及工程周边环境变形控制要求，对不良地质体的处理及环境保护提出建议。

9.4.4 盾构法勘察勘探点间距及平面布置应符合本规范第

7.3.3条和第7.3.4条的要求，勘探过程中应结合盾构施工要求对勘探孔进行封填，并详细记录钻孔内遗留物。

9.4.5 盾构下穿地表水体时应调查地表水与地下水之间的水力联系，分析地表水体对盾构施工可能造成的危害。

9.4.6 分析评价隧道下伏的淤泥层及易产生液化的饱和粉土层、砂层对盾构施工和隧道运营的影响，提出处理措施的建议。

9.4.7 勘察报告除应符合本规范第18章的要求外，尚应包括下列内容：

1 盾构始发（接收）井端头及区间联络通道岩土加固方法的建议。

2 对不良地质作用及特殊性岩土可能引起的盾构法施工风险提出控制措施的建议。

9.5 沉管法勘察

9.5.1 沉管法勘察应为下列工作提供勘察资料：

1 沉管法施工的适宜性评价。

2 沉管隧道选址及沉管设置高程的确定。

3 沉管的浮运及沉放方案。

4 沉管的结构设计。

5 沉管的地基处理方案。

6 工程风险评估、工程周边环境保护及工程监测方案设计。

9.5.2 沉管法勘察应符合下列要求：

1 搜集河流的宽度、流量、流速、含砂（泥）量、最高洪水位、最大冲刷坑、汛期等水文资料。

2 调查河道的变迁、冲淤的规律以及隧道位置处的障碍物。

3 查明水底以下软弱地层的分布及工程特性。

4 勘探点应布置在基槽及周围影响范围内，沿线路方向勘探点间距宜为20m～30m，在垂直线路方向勘探点间距宜为30m～40m。

5 勘探孔深度应达到基槽底以下不小于10m，并满足变形计算的要求。

6 河岸的管节临时停放位置宜布置勘探点。

7 提供砂土水下休止角、水下开挖边坡坡角。

9.5.3 勘察报告除应符合本规范第18章的要求外，尚应包括下列内容：

1 水体深度、水面标高及其变化幅度。

2 管节停放位置的建议。

3 对存在的不良地质作用及特殊性岩土可能引起沉管法施工风险提出控制措施的建议。

9.6 其他工法及辅助措施勘察

9.6.1 其他工法及辅助措施的岩土工程勘察应提供采用沉井、导管注浆、冻结等工法及辅助措施设计、施工所需的岩土工程资料。

9.6.2 沉井法勘察应符合下列要求：

1 沉井的位置应有勘探点控制，并宜根据沉井的大小和工程地质条件的复杂程度布置1个～4个勘探孔。

2 勘探孔进入沉井底以下的深度：进入土层不宜小于10m，或进入中等风化或微风化岩层不宜小于5m。

3 查明岩土层的分布及物理力学性质，特别是影响沉井施工的基底面起伏、软弱土层中的坚硬夹层、球状风化体、漂石等。

4 查明含水层的分布、地下水位、渗透系数等水文地质条件，必要时进行抽水试验。

5 提供岩土层与沉井外壁的摩擦系数、侧壁摩阻力。

9.6.3 导管注浆法勘察应符合下列要求：

1 注浆加固的范围内均应布置勘探点。

2 查明土的颗粒级配、孔隙率、有机质含量，岩石的裂隙宽度和分布规律，岩土渗透性，地下水埋深、流向和流速。

3 宜通过现场试验测定岩土的渗透性。

4 预测注浆施工中可能遇到的工程地质问题，并提出处理措施的建议。

9.6.4 冻结法勘察应符合下列要求：

1 查明需冻结土层的分布及物理力学性质，其中包括含水量、饱和度、固结系数、抗剪强度。

2 查明需冻结土层周围含水层的分布，提供地下水流速、地下水中的含盐量。

3 提供地层温度、热物理指标、冻胀率、融沉系数等参数。

4 查明冻结施工场地周围的建（构）筑物、地下管线等分布情况，分析冻结法施工对周边环境的影响。

10 地 下 水

10.1 一般规定

10.1.1 城市轨道交通岩土工程勘察应查明沿线与工程有关的水文地质条件，并应根据工程需要和水文地质条件，评价地下水对工程结构和工程施工可能产生的作用并提出防治措施的建议。

10.1.2 当水文地质条件复杂且对工程及地下水控制有重要影响时应进行水文地质专项勘察。

10.1.3 地下水勘察应在搜集已有工程地质和水文地质资料的基础上，采用调查与测绘、钻探、物探、试验、动态观测等多种手段相结合的综合勘察方法。

10.2 地下水的勘察要求

10.2.1 地下水的勘察应符合下列规定：

1 搜集区域气象资料，评价其对地下水的影响。

2 查明地下水的类型和赋存状态、含水层的分布规律，划分水文地质单元。

3 查明地下水的补给、径流和排泄条件，地表水与地下水的水力联系。

4 查明勘察时的地下水位，调查历史最高地下水位、近3年~5年最高地下水位、地下水水位年变化幅度、变化趋势和主要影响因素。

5 提供地下水控制所需的水文地质参数。

6 调查是否存在污染地下水和地表水的污染源及可能的污染程度。

7 评价地下水对工程结构、工程施工的作用和影响，提出防治措施的建议。

8 必要时评价地下工程修建对地下水环境的影响。

10.2.2 山岭隧道或基岩隧道工程地下水的勘察还应符合下列规定：

1 查明不同岩性接触带、断层破碎带及富水带的位置与分布范围。

2 当隧道通过可溶岩地区时，查明岩溶的类型、蓄水构造和垂直溢流带、水平径流带的分布位置及特征。

3 预测隧道通过地段施工中可能发生集中涌水段、点的位置以及对工程的危害程度。

4 分段预测施工阶段可能发生的最大涌水量和正常涌水量，并提出工程措施的建议。

10.2.3 应根据地下水类型、基坑形状与含水构造特点等条件，提出地下水控制措施的建议。

10.2.4 地下水对地下工程有影响时，应根据工程实际情况布设一定数量的水文地质试验孔和长期观测孔。

10.2.5 对工程有影响的地下水应采取水试样进行水质分析，水质分析试验应符合现行国家标准《岩土工程勘察规范》GB 50021

的有关规定。

10.3 水文地质参数的测定

10.3.1 当水文地质条件复杂且对工程影响重大时，应通过现场试验确定水文地质参数。

10.3.2 勘察时遇有地下水应量测水位。当场地存在对工程有影响的多层含水层时，应分层量测。

10.3.3 初见水位和稳定水位的量测，可在钻孔、探井和测压管内直接量测，精度不得低于±2cm，并注明量测时间。量测稳定水位的间隔时间应根据地层的渗透性确定。从停钻至量测的时间：砂土和碎石土不宜少于0.5h，粉土和黏性土不宜少于8h。对位于江边、岸边的工程，地表水与地下水应同时量测。

10.3.4 测定地下水流向可用几何法，量测点不应少于呈三角形分布的3个测孔（井）。地下水流速的测定可采用指示剂法或充电法。

10.3.5 含水层的渗透系数及导水系数宜采用抽水试验、注水试验求得；含水层的透水性根据渗透系数 k 按表 10.3.5 的规定划分。

表 10.3.5 含水层的透水性

类别	特强透水	强透水	中等透水	弱透水	微透水	不透水
$k(m/d)$	$k>200$	$10 \leqslant k \leqslant 200$	$1 \leqslant k<10$	$0.01 \leqslant k<1$	$0.001 \leqslant k<0.01$	$k<0.001$

10.3.6 含水层的给水度宜采用抽水试验确定。松散岩类含水层的给水度，可采用室内试验确定；岩石裂隙、岩溶的给水度，可采用裂隙率、岩溶率代替。有经验的地区，可采用经验值。

10.3.7 越流系数宜进行带观测孔的多孔抽水试验确定。影响半径可通过计算法求得，当工程需要时，可用实测法确定。

10.3.8 土中孔隙水压力的测定应符合下列规定：

1 测试点位置应根据地质条件和分析需要选定。

2 测压计的安装和埋设应符合有关技术规定。

3 测试数据应及时分析整理，出现异常时应分析原因，采取相应措施。

10.3.9 抽水试验和注水试验布置应符合下列规定：

1 试验应布置在不同地貌单元、不同含水层（组）且富水性较强的地段，并应距隧道外侧 3m~5m。

2 在需人工降低地下水位的车站、区间宜布置试验孔。

3 抽水试验的观测孔宜垂直或平行地下水流向。

4 在含水构造复杂且富水性较强的地段应分层或分段进行抽水试验；对潜水与承压水应分别进行抽水试验。

10.3.10 抽水试验应符合下列规定：

1 抽水试验方法可按表 10.3.10 的规定确定。

2 抽水试验宜三次降深，最大降深宜接近工程设计所需的地下水位降深的标高。

3 水位量测应采用同一方法与仪器，读数单位对抽水孔为厘米，对观测孔为毫米。

4 当涌水量与时间关系曲线和动水位与时间关系曲线，在一定的范围内波动，而没有持续上升或下降时，可认为已经稳定。稳定水位的延续时间：卵石、圆砾和粗砂含水层为 8h，中砂、细砂和粉砂含水层为 16h，基岩含水层（带）为 24h。

5 抽水试验应同时观测水位和水量，抽水结束后应量测恢复水位。

表 10.3.10 抽水试验方法和应用范围

试验方法	应用范围
钻孔或探井简易抽水	粗略估算弱透水层的渗透系数
不带观测孔抽水	初步确定含水层的渗透性参数
带观测孔抽水	较准确测定含水层的各种参数

10.3.11 注水试验可在试坑或钻孔中进行，注水稳定时间宜为 4h~6h。

10.3.12 压水试验应根据工程要求,结合工程地质测绘和钻探资料确定试验孔位,并按岩层的渗透特性划分试验段。

10.4 地下水的作用

10.4.1 城市轨道交通岩土工程勘察应评价地下水的作用,包括地下水力学作用和物理、化学作用。

10.4.2 地下水力学作用的评价应包括下列内容:

1 对地下结构物和挡土墙应考虑在最不利组合情况下,地下水对结构物的上浮作用,提供抗浮设防水位;对于节理不发育的岩石和黏土可根据地方经验或实测数据确定。有渗流时,地下水的水头和作用宜通过渗流计算进行分析评价。

2 验算边坡稳定时,应考虑地下水对边坡稳定的不利影响。

3 在地下水位下降的影响范围内,应分析地面沉降及其对工程和周边环境的影响。

4 在有水头压差的粉细砂、粉土地层中,应分析产生潜蚀、流土、管涌的可能性。

10.4.3 地下水的物理、化学作用的评价应包括下列内容:

1 对地下水位以下的工程结构,应评定地下水对建筑材料的腐蚀性。

2 对软质岩、强风化岩、残积土、湿陷性土、膨胀岩土和盐渍岩土,应评价地下水的聚集和散失所产生的软化、崩解、湿陷、胀缩和潜蚀等有害作用。

3 在冻土地区,应评价地下水对土的冻胀和融陷的影响。

10.4.4 地下水、土对建筑材料的腐蚀性评价应符合现行国家标准《岩土工程勘察规范》GB 50021 的有关规定。

10.5 地下水控制

10.5.1 城市轨道交通岩土工程勘察应根据施工方法、开挖深度、含水层岩性和地层组合关系、地下水资源和环境要求,建议适宜的地下水控制方法。

10.5.2 降水方法可按表 10.5.2 的规定选用。

表 10.5.2 降水方法的适用范围

名称		适用地层	渗透系数 k(m/d)	水位降深(m)
集水坑明排		风化岩石、黏性土、砂土	<20.0	<2
井点降水	电渗井点	黏性土	<0.1	<6
	喷射井点	填土、黏性土、粉土、粉砂	0.1~20.0	8~20
	真空井点	黏性土、粉土、粉砂、细砂	0.1~20.0	单级<6、多级<20
管井		砂类土、碎石土、岩溶、裂隙	1.0~200.0	>5
大口井		砂类土、碎石土	1.0~200.0	5~20
辐射井		黏性土、粉土、砂土	<20.0	<20
引渗井		黏性土、粉土、砂土	0.1~20.0	将上层水引渗到下层含水层

10.5.3 采用降水方法进行地下水控制时,应评价工程降水可能引起的岩土工程问题:

1 评价降水对工程周边环境的影响程度。

2 评价降水形成区域性降落漏斗和引发地下水补给、径流、排泄条件的改变。

3 采用辐射井降水方法时,应评价土层颗粒流失对工程周边环境的影响。

4 采用减压井降水方法时,应分析评价基底稳定性和水位下降对工程周边环境的影响。

10.5.4 采用帷幕隔水方法时,应分析截水帷幕的深度、施工工艺的可行性,并分析施工中存在的风险。

10.5.5 采用引渗方法时,应评价上层水的下渗效果及对下层水水环境的影响。

10.5.6 采用回灌方法时,应评价同层回灌或异层回灌的可能性,异层回灌时应评价不同含水层地下水混合后对下层水环境的影响。

11 不良地质作用

11.1 一般规定

11.1.1 拟建工程场地或其附近存在对工程安全有不利影响的不良地质作用且无法规避时,应进行专项勘察工作。

11.1.2 采空区、岩溶、地裂缝、地面沉降、有害气体等不良地质作用的勘察应符合本章规定;对工程有影响的其他不良地质作用应按照国家现行有关规范、规程进行勘察。

11.1.3 应查明工程沿线不良地质作用的成因类型、分布范围、规模及特征,评价对工程的影响程度,以及工程施工对不良地质作用的诱发,提出避让或防治措施的建议,满足工程设计、施工和运营的需要。

11.1.4 不良地质作用的勘察应采用遥感解译、地质调查与测绘、工程勘探、野外及室内试验、现场监测相结合的综合勘察手段和资料综合分析,根据不同的成因类型,确定具体工作内容、勘察方法,有针对性地开展工作。

11.1.5 对城市轨道交通地下工程附近的燃气、油气管道渗漏、化学污染、人工有机物堆积、化粪池等产生、储存有害气体地段,应参照本章第 11.6 节的规定进行有害气体的勘察与评价,并提出处理建议。

11.2 采空区

11.2.1 采空区根据开采现状可分为古老采空区、现代采空区和未来采空区;根据采空程度可分为大面积采空区和小窑采空区。

11.2.2 遇下列情况应按采空区开展工作:

1 正在开采的各类大型和小型矿区。

2 已废弃的各类大型和小型矿区。

3 尚未开采但已规划好的矿区。

4 沿沟、河岸有矿线露头、矿点分布的地带。

5 线路附近分布有连续防空洞的地段。

11.2.3 采空区地段工程地质调查与测绘应符合下列要求:

1 调查与测绘前搜集各种地质图、矿床分布图、矿区规划图,地表变形和有关变形的观测、计算资料,地表最大下沉值、最大倾斜值、最小曲率半径、移动角等资料,了解加固处理措施及效果。

2 工程地质调查与测绘宜包括下列内容:

1)地层层序、岩性、地质构造,矿层的分布范围、开采深度、厚度。

2)采空区的开采历史、开采计划、开采方法、开采边界、顶板管理方法、工作面推进方向和速度,巷道平面展布、断面尺寸及相应的地表位置,顶板的稳定情况,洞壁完整性和稳定程度。

3)地下水的季节与年变化幅度、最高与最低水位及地下水动态变化对坑洞稳定性的影响;了解采空区附近工业、农业抽水和水利工程建设情况及其对采空稳定的影响。

4)采空区的空间位置、塌落、支撑、回填和充水情况。

5)有害气体的类型、分布特征、压力和危害程度。在调查与测绘过程中应注意有害气体对人体造成的危害。

3 地表变形调查宜包括下列内容:

1)地表变形的特征和分布规律,地表塌陷、裂缝、台阶的分布位置、高度、延伸方向、发生时间、发展速度,以及它们与采空区、岩层产状、主要节理、断层、开采边界、工作面推进方向等的相互关系。

2)移动盆地的特征和边界,划分均匀下沉区、移动区和轻微变形区。

4 建(构)筑物变形调查宜包括下列内容:

1)建(构)筑物变形的特征,变形开始时间,发展速度,裂缝分布规律,延伸方向,形状,宽度等。

2)建(构)筑物的结构类型、所处位置与采空区、地质构造、开采边界、工作面推进方向的相互关系。

11.2.4 采空区地段勘探与测试应符合下列要求:

1 在采空区分布无规律、地面痕迹不明显、无法进入坑洞内进行调查和验证的地区,应采用电法、地震和地质雷达等综合物探,并用物探结果指导钻探,必要时进行综合测井。各种方法的勘探结果应得到相互补充和验证。

2 勘探线、勘探点应根据工程线路走向、敷设形式,并结合坑洞的埋藏深度、延伸方向布置,勘探孔数量和深度应满足稳定性评价与加固、治理工程设计的要求。

3 对上覆不同性质的岩土层应分别取代表性试样进行物理力学性质试验,提供稳定性验算及工程设计所需岩土参数;应分别取地下水和地表水试样进行水质分析;对可能储气部位,必要时应进行有害气体含量、压力的现场测试。

11.2.5 当缺乏资料且难以查明采空区的基本特征时应进行定位观测。

11.2.6 采空区地段岩土工程分析与评价应包括下列内容:

1 采空区的稳定性。

2 采空区的变形情况和发展趋势。

3 采空区对工程建设可能造成的影响。

4 采空区中残存的有害气体、充水情况及其造成危害的可能性。

5 线路通过采空区应采取的工程措施。

6 施工和运营期间防治措施的建议。

7 必要时应编制采空区地段的工程地质图(比例尺1∶2000~1∶5000)、工程地质横断面图(比例尺1∶100~1∶200)、工程地质纵断面图(比例尺横1∶500~1∶5000,竖1∶200~1∶500)、坑洞平面图(比例尺1∶200~1∶500)等。

11.3 岩 溶

11.3.1 对地表或地下分布可溶性岩层并存在各种岩溶现象,以及可溶岩地区的上覆土层曾发生地面塌陷或有土洞存在的地段或地区,应按岩溶地段开展岩土工程勘察。

11.3.2 根据岩溶埋藏条件可分为裸露型岩溶、覆盖型岩溶和埋藏型岩溶;根据岩溶发育程度可分为强烈发育、中等发育、弱发育和微弱发育的岩溶。

11.3.3 岩溶勘察应查明下列内容:

1 可溶岩地表岩溶形态特征、溶蚀地貌类型。

2 可溶岩层分布、地层年代、岩性成分、地层厚度、结晶程度、裂隙发育程度、单层厚度、产状、所含杂质及溶蚀、风化程度。

3 可溶岩与非可溶岩的分布特征、接触关系。

4 地下岩溶发育程度,较大岩溶洞穴、暗河的空间位置、形态、深度及分布和充填情况,岩溶与工程的关系。

5 断裂的力学性质、产状,断裂带的破碎程度、宽度、胶结程度、阻水或导水条件,以及与岩溶发育程度的关系。

6 褶曲不同部位的特征,节理、裂隙性质,岩体破碎程度,以及与岩溶发育程度的关系。

7 溶洞或暗河发育的层数、标高、连通性,分析区域侵蚀基准面、地方侵蚀基准面与岩溶发育的关系。

8 岩溶地下水分布特征及补给、径流、排泄条件,岩溶地下水的流向、流速,地表岩溶泉的出露位置、水量及变化情况,岩溶水与地表水的联系。

9 岩溶发育强度分级,圈定岩溶水富水区。

11.3.4 覆盖型岩溶发育地区还应查明下列内容:

1 查明覆盖层成因、性质、厚度。

2 地下水补给来源、埋藏深度,各含水层间的水力联系,地下水开采量、开采方式。

3 土洞和塌陷的分布、形态和发育规律。

4 土洞和塌陷的成因及其发展趋势。

5 治理土洞和塌陷的经验。

11.3.5 岩溶勘探应符合下列要求:

1 岩溶地区勘探应采用综合物探、钻探、钻孔电视等综合勘探方法。

2 浅层溶洞和覆盖土层厚度可用挖探查明或验证,土洞可用轻便型、密集型勘探查明或验证。

3 岩溶勘探点布置、勘探深度、钻孔护壁方法及材料应根据勘察阶段并结合物探方法和水文地质试验的要求确定。

4 岩芯采取率:

1)完整岩层大于或等于80%。

2)破碎带大于或等于50%。

3)溶洞充填物大于50%(软塑、流塑体除外)。

5 勘探中应测定岩芯中的岩溶率。

6 岩溶区钻探深度进入结构底板或桩端平面以下不应小于10m,揭露溶洞时应根据工程需要适当加深。

7 岩溶发育且形态复杂时,施工阶段应结合工程开挖和处理措施,采用探灌结合的方法进一步查明岩溶发育形态。

11.3.6 岩溶测试、试验应符合下列要求:

1 地表水、地下水水样除进行一般试验项目外应增加游离CO_2和侵蚀性CO_2含量分析,必要时进行放射性同位素测试。

2 覆盖层土样应进行物理力学性质、膨胀性、渗透性试验,必要时进行矿物与化学成分分析;溶洞充填物样应进行物理力学性质试验,必要时进行黏土矿物成分分析。

3 代表性岩样应进行物理力学性质试验,必要时选样进行镜下鉴定、化学分析和溶蚀试验;泥灰岩应增加软化系数试验。

4 与线路有关的暗河、大型溶洞、岩溶泉等应进行连通试验,查明其分布规律、主发育方向。

5 水文地质条件复杂的岩溶地段应进行水文地质试验或地下水动态观测,对于重点工程区段,必要时应选择一定数量的钻孔与岩溶泉(井),进行不应少于一个水文年的水文地质动态观测。

11.3.7 岩溶的岩土工程分析与评价应包括下列内容:

1 应阐明岩溶的空间分布、发育程度、发育规律,对各类工程的影响和处理原则,存在问题及施工中注意事项等。

2 岩溶地段基坑、隧道涌水量应采用多种方法计算比较确定,并应对岩溶突水、突泥位置和强度、地下水位下降的可能性、对地表水和工程周边环境的影响、可能发生地面塌陷的地段等岩土工程问题作出预测和评估,提出可行的设计、施工措施建议。

3 岩溶地面塌陷应根据岩溶发育程度、土层厚度与结构、地下水位等主要因素综合评价,分析塌陷的主要原因,提出处理措施的建议。

4 线路工程跨越、置于隐伏溶洞之上时,应评价隐伏溶洞的稳定性。

5 必要时编制岩溶工程地质平面图(比例尺1∶500~1∶5000)、工程地质纵断面图(比例尺横向1∶200~1∶2000,竖向1∶100~1∶500)、工程地质横断面图(比例尺1∶200~1∶500)及隐伏岩溶、洞穴或暗河的平面、纵横剖面图(比例尺视需要确定,纵、横比例宜一致),图中应标出各类岩溶形态分布位置、与线路工程相互关系。

11.4 地 裂 缝

11.4.1 本节适用于由构造、地震、地面沉降或人工采空等原因造成的长距离地裂缝的岩土工程勘察。地裂缝包括在地表出露的地裂缝和未在地表出露的隐伏地裂缝。

11.4.2 地裂缝勘察主要应包括下列内容:

1 搜集研究区域地质条件及前人的工作成果资料,查明地裂缝的性质、成因、形成年代、发生发展规律。

2 调查场地的地形、地貌、地层岩性及地质构造等地质背景,研究其与地裂缝之间的关系;对有显著特征的地层,可确定为勘探时的标志层。

3 调查场地的新构造运动和地震活动情况,研究其与地裂缝之间的关系。

4 调查场地的地下水类型、含水层分布、地下水开采及水位变化情况,研究其与地裂缝之间的关系。

5 调查场地人工坑洞分布及地面沉降等情况,研究其与地裂缝之间的关系。

6 查明地裂缝的分布规律、具体位置、出露情况、延伸长度、产状、上下盘主变形区和微变形区的宽度、次生裂缝发育情况。

7 查明地裂缝形态、宽度、充填物、充填程度。

8 查明地裂缝的活动性、活动速率、不同位置的垂直和水平错距。

9 查明地裂缝对既有建(构)筑物的破坏情况及针对地裂缝破坏所采取工程措施的成功经验。

10 对地裂缝进行长期监测。

11.4.3 地裂缝勘察应符合下列要求:

1 地裂缝勘察宜采用地质调查与测绘、槽探、钻探、静力触探、物探等综合方法。

2 每个场地勘探线数量不宜少于 3 条,勘探线间距宜为20m～50m,在线路通过位置应布置勘探线。

3 地裂缝每一侧勘探点数量不宜少于 3 个,勘探线长度不宜小于 30m;对埋深 30m 以内标志层错断,勘探点间距不宜大于4m;对埋深 20m 以下标志层错断,勘探点间距不宜大于 10m。

4 勘探孔深度应能查明主要标志层的错动情况,并达到主要标志层层底以下 5m。

5 物探可采用人工浅层地震反射波法,并应对场地异常点进行钻探验证。

11.4.4 地裂缝场地岩土工程分析与评价应包括下列内容:

1 工程地质图中应标明地裂缝在地面的位置、延伸方向及相应的坐标,分出主变形区和微变形区。

2 工程地质剖面图中应标明地裂缝的倾向、倾角及主变形区和微变形区。

3 评价地裂缝的活动性及活动速率,预估地裂缝在工程设计周期内的最大变形量。

4 提出减缓或预防地裂缝活动的措施。

5 地上工程不宜建在地裂缝上,应根据其重要程度建议合理地避让距离,必须建在地裂缝上时,应建议需采取的工程措施。

6 地下工程宜避开地裂缝,应根据其分布情况建议合理地避让距离,无法避开时,宜大角度穿越,并应建议需采取的工程措施。对于活动地裂缝,尚应建议工程线路的通过方式。

7 应评价地裂缝对工程开挖、隧道涌水的影响,建议采取的工程措施。

8 提出对工程结构和地裂缝进行长期监测的建议。

11.5 地面沉降

11.5.1 本节适用于抽吸地下水引起水位或水压下降而造成大面积地面沉降的岩土工程勘察。

11.5.2 对已发生地面沉降的地区,地面沉降勘察应查明其原因及现状,并预测其发展趋势,评价对城市轨道交通既有线路或新建线路的影响,提出控制和治理方案;对可能发生地面沉降的地区,应预测发生的可能性,并对可能的固结压缩层位作出估计,对沉降量进行估算,分析对城市轨道交通线路可能造成的影响,提出预防和控制地面沉降的建议。

11.5.3 对地面沉降原因应调查下列内容:

1 场地的地貌和微地貌。

2 第四系堆积物的年代、成因、厚度、埋藏条件和土性特征,硬土层和软弱压缩层的分布。

3 地下水位以下可压缩层的固结应力历史、最大历史压力和固结变形参数。

4 含水层和隔水层的埋藏条件和承压性质,含水层的渗透系数、单位涌水量等水文地质参数。

5 地下水的补给、径流、排泄条件,含水层间或地下水与地表水的水力联系。

6 历年地下水位、水头的变化幅度和速率。

7 历年地下水的开采量和回灌量,开采或回灌的层段。

8 地下水位下降漏斗及回灌时地下水反漏斗的形成和发展过程。

11.5.4 对地面沉降现状的调查,应符合下列要求:

1 搜集城市轨道交通通过地段地面沉降及地下水位的监测资料。

2 按精密水准测量要求进行长期观测,并按不同的结构单元设置高程基准标、地面沉降标和分层沉降标。

3 对地下水的水位升降,开采量和回灌量,化学成分、污染情况和孔隙水压力消散、增长情况进行观测。

4 调查地面沉降对建筑物、既有城市轨道交通线路的影响,包括建筑物和既有城市轨道交通线路的沉降、倾斜、裂缝及其发生时间和发展过程。

5 绘制不同时间的地面沉降等值线图,并分析地面沉降中心与地下水位下降漏斗形成、发展的关系及沉降缓解、地面回弹与地下水位回升的关系。

6 绘制以地面沉降为特征的工程地质分区图。

11.5.5 城市轨道交通线路通过已发生地面沉降或可能发生地面沉降的地区时,应评价地面沉降对工程线路的影响,提出建设和运营期间的工程措施建议。

11.6 有害气体

11.6.1 在城市轨道交通地下工程通过工业垃圾和生活垃圾地段,富含有机质的软土地区,以及煤、石油、天然气层或曾发现过有害气体的地区应开展有害气体勘察工作。

11.6.2 有害气体的勘察应查明下列内容:

1 地层成因、沉积环境、岩性特征、结构、构造、分布规律、厚度变化。

2 含气地层的物理化学特征、具体位置、层数、厚度、产状及纵、横方向上的变化特征、圈闭构造。

3 有害气体生成、储藏和保存条件,确定有害气体运移、排放、液气相转换和储存的压力、温度及地质因素。

4 地下水水位与变化幅度、补给、径流、排泄条件,含水层分布位置、孔隙率与渗透性,地下水与有害气体的共存关系。

5 有害气体的分布、范围、规模、类型、物理化学性质。

6 当地有关有害气体的利用及危害情况和工程处理经验。

11.6.3 有害气体的勘探应符合下列要求:

1 应采用钻探、物探和现场测试等综合勘探手段。勘探点应结合地层复杂程度、含气构造和工程类型确定,勘探线宜按线路纵、横断面方向布置,并应有部分勘探点通过生气层、储气层部位。勘探点的数量应根据实际情况确定。

2 勘探孔深度宜结合生气层、储气层深度确定。

3 岩层、砂层岩芯采取率不宜小于 80%,黏性土、粉土、煤层不宜小于 90%。

4 各生气层、储气层应取样不少于 2 组,隔气顶、底板各不少于 1 组。

11.6.4 有害气体的测试应包括下列内容:

1 有害气体的类型、含量、浓度、压力、温度及物理化学性质。

2 生气层、储气层的密度、含水量、液限、塑限、有机质含量、孔隙率、饱和度、渗透系数。煤层的密度、孔隙率、水分、挥发分、全硫、坚固性系数、瓦斯放散初速度、等温吸附常数、自燃倾向性、煤尘爆炸性。

3 封闭有害气体的顶、底板的物理力学性质。

4 水的腐蚀性。

11.6.5 有害气体的分析与评价应包括下列内容：

1 地下工程通过段的工程地质与水文地质条件，有害气体生气层、储气层的埋深、长度、厚度、与线路交角、分布趋势、物理化学性质及封闭圈特征。

2 地下工程通过段的有害气体类型、含量、浓度、压力，预测施工时有害气体突出危险性、突出位置、突出量，评价有害气体对施工及运营的影响，提出工程措施的建议。

3 必要时编制详细工程地质图(比例尺1：500～1：5000)、工程地质纵、横断面图(比例尺1：200～1：2000)，应填绘有害气体的类型、分布范围及生气层、储气层的具体位置、有关测试参数等。

12 特殊性岩土

12.1 一般规定

12.1.1 城市轨道交通工程建设中常见的特殊性岩土主要有填土、软土、湿陷性土、膨胀岩土、强风化岩、全风化岩或残积土，若工作中遇到红黏土、混合土、多年冻土、盐渍岩土和污染土等特殊性岩土，应按国家现行有关规范、规程进行岩土工程勘察。

12.1.2 在分布特殊性岩土的场地，应通过踏勘、搜集已有工程资料和进行工程地质调查与测绘，初步判断勘察场地的特殊性岩土种类和场地的复杂程度，结合工程的重要程度，制定合理的岩土工程勘察方案。

12.1.3 在分布特殊性岩土的场地，应结合城市轨道交通工程特点有针对性地布置勘察工作。勘探点的种类、数量、间距和深度等，应能查明特殊性岩土的分布特征，其原位测试和室内试验的项目、方法和数量等，应能查明特殊性岩土的工程特性。

12.1.4 特殊性岩土的勘探与测试方法、工艺和操作要点等，应确保能充分反映特殊性岩土的工程特性。

12.1.5 应评价特殊性岩土对城市轨道交通工程建设和运营的影响，提供设计与施工所需的特殊性岩土的物理力学参数。

12.2 填 土

12.2.1 填土的勘察应查明下列内容：

1 地形、地物的变迁，填土的来源、物质成分、堆填方式。

2 不同物质成分填土的分布、厚度、深度、均匀程度及相互接触关系。

3 不同物质成分填土的堆填时间与加载、卸荷经历。

4 填土的含水量、密度、颗粒级配、有机质含量、密实度、压缩性、湿陷性及腐蚀性等。

5 地下水的赋存状态、补给、径流、排泄方式及腐蚀性等。

12.2.2 填土的勘探应符合下列要求：

1 勘探点的密度应能查明暗埋的塘、浜、坑的范围，查明不同种类与物质成分填土的分布、厚度、工程性质及其变化。

2 勘探孔的深度应穿透填土层，并应满足工程设计及地基加固施工的需要。

3 勘探方法应根据填土性质确定。对由粉土或黏性土组成的素填土，可采用钻探取样、轻型钻具与原位测试相结合的方法；对含较多粗粒成分的素填土和杂填土，宜采用动力触探、钻探，在具备施工条件时，可适当布置一定数量的探井。

12.2.3 填土的工程特性指标宜采用下列方法确定：

1 填土的均匀性和密实度宜采用触探法，并辅以室内试验。

2 填土的压缩性和湿陷性宜采用室内固结试验或现场载荷试验。

3 杂填土的密度试验宜采用大容积法。

4 对压实填土应测定其干密度，并应测定填料的最优含水量和最大干密度，计算压实系数。

5 填土的承载力可采用原位测试方法结合当地经验确定，必要时应做载荷试验。

12.2.4 填土的岩土工程分析与评价应包括下列内容：

1 阐明填土的成分、分布、厚度与岩土工程性质及其变化。

2 对填土的承载力、抗剪强度、基床系数和天然密度等提出建议值。

3 暗挖工程应评价填土及其含水状况对隧道围岩稳定性的影响，提出处理措施和监测工作的建议。

4 明挖、盖挖工程应评价填土对边坡坡度、支护形式及施工的影响，提出处理措施和监测工作的建议。

5 填土开挖时应进行验槽，必要时应补充勘探及测试工作。

12.3 软 土

12.3.1 软土勘察应包括下列内容：

1 软土的成因类型、形成年代、岩性、分布规律、厚度变化、地层结构及均匀性。

2 软土分布区的地形、地貌特征，尤其是沿线微地貌与软土分布的关系，以及古牛轭湖、埋藏谷、暗埋的塘、浜、坑、穴、沟、渠等分布范围及形态。

3 软土硬壳层的分布、厚度、性质及随季节变化情况；硬夹层的空间分布、形态、厚度及性质；下伏硬底层的岩土组成、性质、埋深和起伏。

4 软土的沉积环境、固结程度、强度、压缩特性、灵敏度、有机质含量等。

5 地下水类型、埋藏深度与变化幅度，补给与排泄条件，软土中各含水层的分布、颗粒成分、渗透系数；地表水汇流和水位季节变化、地表水疏干条件等。

6 调查基坑开挖施工、隧道掘进、基桩施工、填筑工程、工程降水等造成的土性变化、土体位移、地面变形及由此引起的工程设施受损或破坏及处理的情况。

12.3.2 软土的勘探应符合下列要求：

1 应采用钻探取样和原位测试相结合的综合勘探方法。原位测试可采用静力触探试验、十字板剪切试验、扁铲侧胀试验、旁压试验、螺旋板载荷试验等方法。

2 勘探点的平面布置应根据城市轨道交通的工程类型、施工方法、基础形式及软土的地层结构、成因类型、成层条件和岩土工程治理的需要确定；勘探点的密度应满足相应勘察阶段岩土工程评价、工程设计的需要，一般宜为25m～50m。当需要圈定重要的局部变化时，可加密勘探点。必要时进行横断面勘探。

3 勘探孔的深度应满足设计要求，一般应穿透软土层，钻至硬层或下伏基岩内2m～5m。当软土层较厚时，勘探、测试孔深度应满足地基压缩层的计算深度和围护结构计算的要求。

4 软土应采用薄壁取土器采取Ⅰ级土样，应严格按相关要求进行钻探、取样和及时送样、试验。对重要工点和重要的建筑物，在工程地质单元中每层的试样数量不应少于10组。

12.3.3 软土的室内试验应符合下列要求：

1 试验项目应根据不同勘察阶段，不同工程类别和处理措施选定。

2 除常规项目外，一般还应包括：渗透系数、固结系数、抗剪强度、静止侧压力系数、灵敏度、有机质含量等。

3 在每一地貌单元应有代表性高压固结试验，成果按$e\text{-}\lg p$

曲线的形式整理，确定先期固结压力并计算压缩指数和回弹指数。

12.3.4 软土的岩土工程分析与评价应包括下列内容：

1 应按土的先期固结压力与上覆有效土自重压力之比，判定土的历史固结程度。

2 邻近有河湖、池塘、洼地、河岸、边坡时，或软土围岩和地基受力范围内有起伏、倾斜的基岩、硬土层或存在较厚的透镜体时，应分析软土侧向塑性挤出或产生滑移的危险程度，分析软土发生变形、不均匀变形的可能性，并提出工程处理措施建议。

3 软土地基主要受力层中有薄的砂层或软土与砂土互层时，应根据其固结排水条件，判定其对地基变形的影响。

4 应根据软土的成层、分布及物理力学性质对影响或危及城市轨道交通工程安全的不均匀沉降、滑动、变形作出评价，提出加固处理措施的建议。

5 判定地下水位的变化幅度和承压水头等水文地质条件对软土地基和隧道围岩稳定性和变形的影响。

6 对软土地层基坑和隧道的开挖、支护结构类型、地下水控制提出建议，提供抗剪强度参数、土压力系数、渗透系数等岩土参数。

7 根据建(构)筑物对沉降的限制要求，采用多种方法综合分析评价软土地基的承载力：一般建筑物可利用静力触探及其他原位测试成果，结合地区经验确定，或采用工程地质类比法确定；对重要建筑物和缺乏经验的地区，宜采用载荷试验方法确定。

8 桩基评价应考虑软土继续固结所产生的负摩擦力。当桩基邻近有堆载时，还应分析桩的侧向位移或倾斜。

9 抗震设防烈度大于或等于7度的厚层软土，应判别软土震陷的可能性。

10 对含有沼气等有害气体的软土地基、围岩，应判定有害气体逸出对地基和围岩稳定性、变形及施工的影响。

11 对软土场地因施工、取土、运输等原因产生的环境地质问题应作出评价，并提出相应措施。

12.4 湿 陷 性 土

12.4.1 湿陷性土的勘察应查明下列内容：

1 湿陷性土的年代、成因、分布及其与地质、地貌、气候之间的关系。

2 湿陷性土的地层结构、厚度变化以及与非湿陷性土层的关系。

3 湿陷系数、自重湿陷系数随深度的变化。

4 湿陷类型和不同湿陷等级的平面分布。

5 古墓、井坑、井巷、地道等的分布。

6 大气降水的积聚与排泄条件，地下水位季节变化幅度及升降趋势。

7 当地消除湿陷性的建筑经验。

12.4.2 湿陷性土的勘探应符合下列规定：

1 探井数量宜占取土勘探点总数的1/3～1/2。

2 取土勘探点的数量应为勘探点总数的1/2～2/3，当勘探点间距较大或数量不多时，宜将所有勘探点作为取土勘探点。

3 勘探孔的深度，除应大于地基压缩层深度外，在非自重湿陷性场地应达到基础底面以下不小于10m；在自重湿陷性场地尚应大于自重湿陷性土层的深度，并应满足工程设计与施工的特殊需要。

4 土试样应为Ⅰ级土样，并应在探井中取样，竖向间距宜为1m，土样直径不应小于120mm；取样应按现行国家标准《湿陷性黄土地区建筑规范》GB 50025的有关规定执行。

5 探井和钻孔应分层回填夯实，回填土的干密度不应小于1.5g/cm³。

12.4.3 湿陷性土的试验应符合下列规定：

1 室内试验除应满足本规范第16章的要求外，尚应进行湿

陷系数、自重湿陷系数、湿陷起始压力等试验，对浸水可能性大的工程，应进行饱和状态下的压缩和剪切试验。

2 黄土的基坑稳定性计算与支护设计所需抗剪强度指标宜采用三轴固结不排水剪试验(CU)，在初步设计阶段可采用固结快剪试验。

3 根据工程需要可进行现场试坑浸水试验和现场载荷试验。

4 湿陷性土的原位及室内试验应按现行国家标准《湿陷性黄土地区建筑规范》GB 50025的有关规定执行。

12.4.4 湿陷性土的岩土工程分析与评价应包括下列内容：

1 判定场地湿陷类型：当实测自重湿陷量 Δ_{zs}' 或计算自重湿陷量 Δ_{zs} 大于70mm时应判定为自重湿陷性场地；小于或等于70mm时应判定为非自重湿陷性场地。

2 湿陷性黄土地基湿陷量 Δ_s 计算方法按现行国家标准《湿陷性黄土地区建筑规范》GB 50025的有关规定执行；对不能采取不扰动土试样的湿陷性碎石土、湿陷性砂土、湿陷性粉土和湿陷性填土等，地基湿陷量 Δ_s 计算方法按现行国家标准《岩土工程勘察规范》GB 50021的有关规定执行。

3 湿陷性黄土地基的湿陷等级应根据场地的湿陷类型、计算自重湿陷量 Δ_{zs} 和湿陷量 Δ_s 按表12.4.4-1的规定确定；湿陷性碎石土、湿陷性砂土、湿陷性粉土和湿陷性填土等地基的湿陷等级应根据湿陷量 Δ_s 和湿陷性土总厚度按表12.4.4-2的规定确定。

表12.4.4-1 湿陷性黄土地基的湿陷等级

湿陷量 Δ_s (mm) ＼ 自重湿陷量 Δ_{zs} (mm)	非自重湿陷性场地	自重湿陷性场地	
	$\Delta_{zs}\leq70$	$70<\Delta_{zs}\leq350$	$\Delta_{zs}>350$
$\Delta_s\leq300$	Ⅰ(轻微)	Ⅱ(中等)	—
$300<\Delta_s\leq700$	Ⅱ(中等)	Ⅱ(中等)或Ⅲ(严重)	Ⅲ(严重)
$\Delta_s>700$	Ⅱ(中等)	Ⅲ(严重)	Ⅳ(很严重)

注：当湿陷量的计算值 Δ_s 大于600mm，自重湿陷量的计算值 Δ_{zs} 大于300mm时，可判为Ⅲ级，其他情况可判为Ⅱ级。

表12.4.4-2 湿陷性碎石土等其他湿陷性土地基的湿陷等级

湿陷量 Δ_s (mm)	湿陷性土总厚度(m)	湿陷等级
$50<\Delta_s\leq300$	>3	Ⅰ
	≤3	Ⅱ
$300<\Delta_s\leq600$	>3	
	≤3	Ⅲ
$\Delta_s>600$	>3	
		Ⅳ

4 应提出消除地基湿陷性措施的建议。

5 湿陷性黄土的承载力应按现行国家标准《湿陷性黄土地区建筑规范》GB 50025的有关规定确定。湿陷性碎石土、湿陷性砂土、湿陷性粉土和湿陷性填土等的承载力宜按载荷试验确定。

6 应对自重湿陷性场地的桩基设计提出关于负摩阻力值的建议。测定负摩阻力宜进行现场试验。当进行现场试验有困难时，可参照《湿陷性黄土地区建筑规范》GB 50025的有关规定进行估算。

7 应对黄土中可能存在的钙质结核及钙质结核富集层对隧道施工的影响进行分析评价。

12.5 膨 胀 岩 土

12.5.1 膨胀土的勘察应查明下列内容：

1 膨胀土的地层岩性、形成年代、成因、结构、分布及节理、裂隙等特征。

2 膨胀土分布区的地形、地貌特征。

3 膨胀土分布区不良地质作用的发育情况与危害程度。

4 膨胀土的强度、胀缩特性及不同膨胀潜势、胀缩等级的分布特征。

5 地表水的排泄条件,地下水位与变化幅度。

6 多年的气象资料及大气的影响深度。

7 当地的建筑经验,建筑物与道路的破坏形式,发生发展特点与防治措施等。

12.5.2 膨胀土的勘探应符合下列要求:

1 勘探点宜结合地貌特征和工程类型布置,采用钻探和井探相结合,钻探宜采用干钻。

2 取土试样钻孔、探井的数量不应少于钻孔、探井总数的1/2。

3 勘探孔深度,除应超过压缩层深度外,尚应大于大气影响深度。勘探孔深度还应满足各类工程设计的需要。

4 在大气影响深度内的土试样,取样间隔宜为1m,在大气影响深度以下,取样间隔可适当增大。

5 钻孔、探井应分层回填夯实。

12.5.3 膨胀土室内试验应符合下列要求:

1 一般应包括常规物理力学指标、无侧限抗压强度、自由膨胀率、一定压力下的膨胀率、收缩系数、膨胀力等特性指标,必要时可测定蒙脱石含量和阳离子含量。

2 计算在荷载作用下的地基膨胀量时,应测定土样在自重与附加压力之和作用下的膨胀率。

3 必要时,进行三轴剪切试验、残余强度试验等。

12.5.4 膨胀岩的勘察应符合下列要求:

1 除满足本规范第12.5.1条的规定外,尚应查明膨胀岩的地质构造、岩层产状、风化程度。

2 勘探点应结合工程类型布置,勘探孔深度应大于大气影响深度和满足各类工程设计的需要。

3 按岩性、风化带分层采取代表性样品,进行密度、含水量、自由膨胀率、膨胀力、岩石的饱和吸水率等试验。

12.5.5 膨胀岩土的岩土工程分析与评价应包括下列内容:

1 膨胀土膨胀潜势应按表12.5.5-1的规定进行分类:

表 12.5.5-1　膨胀潜势分类

分类指标 \ 膨胀潜势	弱	中	强
自由膨胀率 δ_{ef}(%)	$40 \leq \delta_{ef} < 60$	$60 \leq \delta_{ef} < 90$	$\delta_{ef} \geq 90$
蒙脱石含量 M'(%)	$7 \leq M' < 17$	$17 \leq M' < 27$	$M' \geq 27$
阳离子交换量 $CEC(NH_4^+)$(mmol/kg)	$170 \leq CEC(NH_4^+) < 260$	$260 \leq CEC(NH_4^+) < 360$	$CEC(NH_4^+) \geq 360$

注:当有两项指标符合时,即判定为该等级。

2 场地应按下列条件进行分类:

1)平坦场地:地形坡度小于5°;地形坡度大于5°、小于14°而距坡肩的水平距离大于10m的坡顶地带。

2)坡地场地:地形坡度大于或等于5°;地形坡度虽小于5°但同一座建筑物或工程设施范围内的局部地形高差大于1m。

3 膨胀土地基胀缩等级应按表12.5.5-2的规定进行划分:

表 12.5.5-2　膨胀土地基胀缩等级

级　别	地基分级变形量 s_c(mm)
Ⅰ	$15 \leq s_c < 35$
Ⅱ	$35 \leq s_c < 70$
Ⅲ	$s_c \geq 70$

注:1 测定膨胀率的试验压力应为50kPa;
2 分级变形量的计算应按现行国家标准《膨胀土地区建筑技术规范》GBJ 112的有关规定进行。

4 确定地基土的承载力应按下列要求进行:

1)重要建(构)筑物或工程设施的地基承载力宜采用载荷试验或浸水载荷试验确定。

2)一般建(构)筑物或工程设施的地基承载力宜根据三轴不固结不排水剪(UU)试验结果计算确定。

5 确定土体抗剪强度应按下列要求进行:

1)表面风化层宜采用干湿循环试验确定。

2)地下水位以下或坡面无封闭、有雨水、地表水渗入,宜采用浸水条件下的直剪仪慢剪试验确定。

3)地下水位以上或坡面及时封闭、无雨水、无地表水渗入,宜采用非浸水条件下的直剪仪慢剪试验确定。

4)裂隙面强度宜采用无侧限抗压强度试验或直剪仪裂重重合剪试验确定。

6 分析膨胀岩土对工程的影响,建议相应的基础埋深、地基处理及隧道、边坡、基坑支护和防水、保湿措施等。

7 应对建(构)筑物、工程设施、边坡等的变形、岩土的含水量变化及气候等环境条件变异的监测提出建议。

12.6 强风化岩、全风化岩与残积土

12.6.1 强风化岩、全风化岩与残积土的勘察应着重查明下列内容:

1 母岩的地质年代和名称。

2 强风化岩、全风化岩与残积土的分布、埋深与厚度变化。

3 原岩矿物的风化程度、组织结构的变化程度。

4 强风化岩、全风化岩与残积土的不均匀程度,破碎带和软弱夹层的分布、特征。

5 强风化岩、全风化岩与残积土中岩脉的分布。

6 强风化岩、全风化岩与残积土的透水性和富水性。

7 强风化岩、全风化岩与残积土的物理力学性质及参数。

8 当地强风化岩、全风化岩与残积土的工程经验。

12.6.2 强风化岩、全风化岩与残积土的勘探与测试应符合下列要求:

1 采用钻探与标准贯入试验、重型动力触探试验、波速测试等原位测试相结合的手段进行勘察工作。

2 应有一定数量的探井。

3 勘探点间距应按照本规范第7.3.3条的规定取小值。

4 在强风化岩、全风化岩与残积土中应取得Ⅰ级试样。

5 根据工程需要按本规范第16章的规定,对全风化岩、残积土和呈土状的强风化岩进行土工试验,对呈岩块状的强风化岩进行岩石试验,对残积土必要时进行湿陷性和湿化试验。

12.6.3 强风化岩、全风化岩与残积土的技术指标和参数宜采用原位测试与室内试验相结合的方法确定。其承载力和变形模量E_0宜采用原位测试方法确定,亦可按现行国家标准《建筑地基基础设计规范》GB 50007的有关规定确定。

12.6.4 对花岗岩类的强风化岩、全风化岩与残积土的勘察,应符合下列要求:

1 花岗岩类的强风化岩、全风化岩与残积土可按表12.6.4的规定划分。

2 可根据含砾或含砂量将花岗岩类残积土划分为砾质黏性土、砂质黏性土和黏性土。

表 12.6.4　花岗岩类的强风化岩、全风化岩与残积土划分

测试项目及指标 \ 岩土名称	标准贯入 N 值(实测值)	剪切波波速 v_s(m/s)
强风化岩	$N \geq 50$	$v_s \geq 400$
全风化岩	$50 > N \geq 30$	$400 > v_s \geq 300$
残积土	$N < 30$	$v_s < 300$

3 除满足本规范第12.6.1条的规定外,尚应着重查明花岗

岩分布区强风化岩、全风化岩与残积土中球状风化体(孤石)的分布。

    4 对花岗岩类残积土和全风化岩进行细粒土的天然含水量、塑性指数、液性指数等试验。

12.6.5 强风化岩、全风化岩与残积土的岩土工程分析与评价应包括下列内容:

    1 评价强风化岩、全风化岩与残积土的地基及边坡稳定性,并提出工程措施的建议。

    2 评价强风化岩、全风化岩与残积土中的桩基承载力和稳定性。

    3 分析岩土的不均匀程度,尤其是破碎带和软弱夹层的分布,指出隧道和基坑开挖、桩基施工中存在的岩土工程问题,提出工程措施的建议。

    4 评价强风化岩、全风化岩与残积土的透水性和地下水的富水性,分析在不同工法下,地下水对岩土体稳定性的影响,提出地下水控制措施的建议。

    5 分析岩脉、孤石和球状风化体对工程的影响,提出工程措施的建议。

13 工程地质调查与测绘

13.1 一般规定

13.1.1 工程地质调查与测绘应包括工程场地的地形地貌、地层岩性、地质构造、工程地质条件、水文地质条件、不良地质作用和特殊性岩土等。

13.1.2 应通过调查与测绘掌握场地主要工程地质问题,结合区域地质资料对城市轨道交通工程场地的稳定性、适宜性作出评价,划分场地复杂程度,分析工程建设中存在的岩土工程问题,提出防治措施的建议,并为各勘察阶段的勘探与测试工作布置提供依据。

13.2 工作方法

13.2.1 工程地质调查与测绘应搜集工程沿线的既有资料,并进行综合分析研究。

13.2.2 在工程地质调查与测绘工作中,必要时可进行适量的勘探、物探和测试工作。

13.2.3 在采用遥感技术的地段,应对室内解译结果进行现场核实。

13.2.4 地质观测点的布置应符合下列规定:

    1 地质观测点应布置在具有代表性的岩土露头、地层界线、断层及重要的节理、地下水露头、不良地质、特殊岩土界线等处。

    2 地质观测点密度应根据技术要求、地质条件和成图比例尺等因素综合确定。其密度应能控制不同类型地质界线和地质单元体的变化。

    3 地质观测点的定位应根据精度要求和地质复杂程度选用目测法、半仪器法、仪器法。对构造线、地下水露头、不良地质作用等重要的地质观测点,应采用仪器定位。

13.2.5 当地质条件复杂时,宜采用填图的方法进行调查与测绘。当地质条件简单或既有地质资料比较充分时,可采用编图方法进行调查与测绘。

13.3 工作范围

13.3.1 应按勘察阶段所确定的线路、建(构)筑物平面范围及邻近地段开展地质调查与测绘工作,其范围应满足线路方案比选和建(构)筑物选址、地质条件评价的需要。

13.3.2 一般区间直线段向两侧不应少于100m;车站、区间弯道段及车辆基地向外侧不应少于200m。

13.3.3 对工程建设有影响的不良地质作用、特殊性岩土、断裂构造、地下富水区、既有建筑工程等地段应扩大工作范围。

13.3.4 工程建设可能诱发地质灾害地段,其工作范围应包含可能的地质灾害发生的范围。

13.3.5 当地质条件特别复杂或需进行专项研究时,工作范围应专门研究确定。

13.4 工作内容

13.4.1 工程地质调查与测绘的资料搜集应包括下列内容:

    1 区域性的地质、水文、气象、航卫片、建筑及植被等资料。

    2 既有建(构)筑物的岩土工程勘察资料和施工经验。

    3 已发生的岩土工程事故案例,了解其发生的原因、处理措施和整治效果。

13.4.2 工程地质调查与测绘工作应包括下列内容:

    1 调查、测绘地形与地貌的形态,划分地貌单元,确定成因类型,分析其与基底岩性和新构造运动的关系。

    2 调查天然和人工边坡的形式、坡率、防护措施和稳定情况。

    3 调查地层的岩性、结构、构造、产状,岩体的结构特征和风化程度,了解岩石的坚硬程度和岩体的完整程度。

    4 调查构造类型、形态、产状、分布,对断裂、节理等构造进行分类,确定主要结构面与线路的关系。

    5 对主干断裂、强烈破碎带,应调查其分布范围、形态和物质组成,分析地下水软化作用对隧道围岩稳定性的影响和危害程度。

    6 调查地表水体及河床演变历史,搜集主要河流的最高洪水位、流速、流量、河床标高、淹没范围等。

    7 调查地下水各含水层类型、水位、变化幅度、水力联系、补给来源和排泄条件,地下水动态变化与地表水系的联系、腐蚀性情况,以及历年地下水位的长期观测资料。

    8 调查填土的堆积年代、坑塘淤积层的厚度,以及软土、盐渍岩土、膨胀性岩土、风化岩和残积土等特殊性岩土的分布范围和工程地质特征。

    9 调查岩溶、人工空洞、滑坡、岸边冲刷、地面沉降、地裂缝、地下古河道、暗浜、含放射性或有害气体地层等不良地质的形成、规模、分布、发展趋势及对工程建设的影响。

13.5 工作成果

13.5.1 工程地质调查与测绘的资料应准确可靠、图文相符。对工程设计、施工有影响的工程地质现象,应用素描图或照片记录并附文字说明。

13.5.2 工程地质测绘的比例尺和精度应符合下列要求:

    1 测绘用图比例尺宜选用比最终成果图大一级的地形图作底图,在可行性研究勘察阶段选用1:1000~1:2000;在初步勘察、详细勘察和施工勘察阶段选用1:500~1:1000;在工程地质条件复杂地段应适当放大比例尺。

    2 在可行性研究勘察阶段地层单位划分到"阶"或"组";岩体年代单位划分到"期";在初步勘察、详细勘察和施工勘察阶段均划分到"段"。第四系应划分不同的成因类型,年代应划分到"世"。

    3 地质界线、地质观察点测绘在图上的位置误差不应大于2mm。

    4 地质单元体在图上的宽度大于或等于2mm时,均应在图上表示。有特殊意义或对工程有重要影响的地质单元体,在图面上宽度小于2mm时,应采用扩大比例尺的方法标示并加以注明。

13.5.3 工程地质调查与测绘的成果资料宜符合下列规定:

    1 对地质条件简单地段,工程地质调查与测绘的成果可纳入相应阶段的岩土工程勘察报告。

    2 对地质条件复杂地段,应编制工程地质调查与测绘报告。报告内容包括文字报告、地质柱状图、工程地质图、纵横地质剖面图、遥感地质解译资料、素描图和照片等。

14 勘探与取样

14.1 一般规定

14.1.1 钻探、井探、槽探、物探等勘探方法的选择，应根据地层、勘探深度、取样、原位测试及场地现状确定。

14.1.2 勘探应分层准确，不得遗漏对工程有影响的软弱夹层、软弱面（带）。

14.1.3 勘探点测量应采用与设计相符的高程、坐标系统，引测基准点应满足其精度要求。

14.1.4 岩土试样的采取方法应结合地层条件、岩土试验技术要求确定。

14.1.5 勘探作业应考虑对工程及环境的影响，防止对地下管线、地下构筑物和环境的破坏，并采取有效措施，确保勘探施工安全。

14.1.6 钻孔、探井、探槽用完后应及时妥善回填，并记录回填方法、材料和过程。回填质量应满足工程施工要求，避免对工程施工造成危害。

14.2 钻 探

14.2.1 钻探方法可根据岩土类别和勘察要求按表14.2.1的规定选用。

表 14.2.1 钻探方法的适用范围

钻进方法		钻进地层				勘察要求	
		黏性土	粉土	砂土	碎石土	岩石	直观鉴别，采取不扰动试样	直观鉴别，采取扰动试样
回转	螺纹钻探	○	△	△			○	○
	无岩芯钻探	○	○	○	△	○	—	—
	岩芯钻探	○	○	○	△	○	○	○
冲击钻探		—	△	○	○		—	○
锤击钻探		○	○	○	△		○	○
振动钻探		○	○	○	△		△	○
冲洗钻探		△	○	○			—	○

注：○代表适用；△代表部分情况适用；—代表不适用。

14.2.2 钻孔直径和钻具规格应符合现行国家标准的规定。成孔口径应满足取样、原位测试、水文地质试验、综合测井和钻进工艺的要求。

14.2.3 钻探应符合下列规定：

1 钻进深度、岩土分层深度允许偏差为±50mm，地下水位量测允许偏差为±20mm。

2 对鉴别地层天然湿度的钻孔，在地下水位以上应进行干钻；当必须加水或使用循环液时，应采用双层岩芯管钻进。

3 钻进的回次进尺，应在保证获得准确地质资料的前提下，根据地层条件和岩芯管长度确定。钻进时回次进尺不应超过岩芯管的长度。在砂土、碎石土等取芯困难地层中钻进时，应控制回次进尺或回次时间，以确保分层与描述的要求。

4 工程地质钻探的岩芯采取率应符合表14.2.3的规定。

表 14.2.3 工程地质钻探岩芯采取率

岩 土 类 型		岩芯采取率（%）
土类	黏性土、粉土	≥90
	砂土	≥70
	碎石土	≥50
基岩	滑动面及重要结构面上下5m范围内	≥70
	微风化带、中风化带	≥70
	强风化带、全风化带，构造破碎带	≥65
	完整岩层	≥80

注：1 岩芯采取率：圆柱状、饼片状及合成柱状岩芯长度与破碎岩芯装入同径岩芯管中之总和与该回次进尺的百分比。
  2 滑动面及重要结构面在第四系土中时，岩芯采取率应符合相应土类的规定。

5 当需确定岩石质量指标（RQD）时，应采用75mm口径（N型）双层岩芯管和金刚石钻头。

14.2.4 岩芯整理应符合下列规定：

1 采取的岩芯应按上下顺序装箱摆放，填写回次标签，在同一回次内采得两种不同岩芯时应注明变层深度。

2 当发现滑动面、软弱结构面或薄层时，应加填标签注明起止深度，放在岩芯相应位置。

3 对重要的钻孔，应装箱妥善保存岩芯、土样，分箱拍摄彩色照片。

14.2.5 钻探记录和编录应符合下列规定：

1 钻探现场岩芯鉴别可采用肉眼鉴别和手触方法，有条件或勘探工作有明确要求时，可采用微型贯入仪等定量化、标准化的方法。

2 钻探记录应包括回次进尺和深度、钻进情况、孔内情况、钻进参数、地下水位、岩芯记录等内容。

14.3 井探、槽探

14.3.1 在建筑物密集、地下管线复杂等工程周边环境条件下，可采用挖探的方法查明地下情况。对卵石、碎石、漂石、块石等粗颗粒土钻探难以查明岩土性质或需要做大型原位测试时，应采用挖探的方法。挖探宜在地下水位以上进行。

14.3.2 井探宜采用圆形或方形断面，在井内取样应随挖探工作及时进行。在松散地层中掘进时应进行护壁，且应每隔0.5m～1.0m设一检查孔。井施工时，应根据实际情况，向井中送风并应监测井内有害气体含量。

14.3.3 对井探、槽探除文字描述记录外，尚应以剖面图、展示图等反映井、槽壁和底部的岩性、地层分界、构造特征、取样和原位测试位置，并辅以代表性部位的彩色照片。

14.4 取 样

14.4.1 土试样质量等级应根据用途按表14.4.1的规定划分为四级：

表 14.4.1 土试样质量等级

级别	扰动程度	试验内容
Ⅰ级	不扰动	土类定名、含水量、密度、强度试验、固结试验
Ⅱ级	轻微扰动	土类定名、含水量、密度
Ⅲ级	显著扰动	土类定名、含水量
Ⅳ级	完全扰动	土类定名

注：不扰动土样是指虽然土的原位应力状态改变，但土的结构、密度、含水量变化很小，可满足各项室内试验要求的土样。

14.4.2 土试样采取的工具和方法可按本规范附录G选取。

14.4.3 对特殊土的取样应符合本规范第12章的有关规定。

14.4.4 在钻孔中采取Ⅰ、Ⅱ级砂试样时，可采用原状取砂器。

14.4.5 在钻孔中采取Ⅰ、Ⅱ级土试样时，应满足下列条件：

1 在软土、砂土中，宜采用泥浆护壁；如使用套管，应保持管内水位等于或稍高于地下水位，取样位置应低于套管底3倍孔径的距离。

2 采用冲洗、冲击、振动等方式钻进时，应在预计采样位置1m以上改用回转钻进。

3 下放取土器前应仔细清孔，清除扰动土，孔底残留浮土厚度不应大于取土器废土段长度。

4 采取土试样宜用快速静力连续压入法。在硬塑和坚硬的黏性土和密实的粉土层中压入法取样有困难时，可采用击入法，并应重锤少击。

14.4.6 Ⅰ、Ⅱ、Ⅲ级土试样应妥善密封，防止湿度变化，严防暴晒或冰冻，保存时间不宜超过两周。在运输中应避免振动，对易于振动液化和水分离析的土试样宜就近进行试验。

14.4.7 岩石试样可利用钻探岩芯制作或在探井、探槽、竖井和平洞中采取。采取的毛样尺寸应满足试块加工的要求。在特殊情况下,试样形状、尺寸和方向由岩体力学试验设计确定。

14.4.8 比热容、导热系数、导温系数、基床系数、动三轴特殊试验项目的取样,应满足试验的要求。

14.5 地球物理勘探

14.5.1 城市轨道交通岩土工程勘察宜在下列方面采用地球物理勘探:

   1 探测隐伏的地质界线、界面、不良地质体、地下管线、地下空洞、土洞、溶洞等。

   2 在钻孔之间增加地球物理勘探点,为钻探成果的内插、外推提供依据。

   3 测定沿线大地导电率、岩土体波速、岩土体电阻率、放射性辐射参数等,计算动弹性模量、动剪切模量、卓越周期。

14.5.2 采用地球物理勘探方法时,应具备下列条件:

   1 被探测对象与其周围介质间存在一定的物性(电性、弹性、磁性、密度、温度、放射性等)差异。

   2 被探测对象的几何尺寸与其埋藏深度或探测距离之比不应小于1/10。

   3 能抑制各种干扰,区分有用信号和干扰信号。

14.5.3 在应用地球物理勘探方法时,应进行方法的有效性试验;试验地段应选择在有对比资料,且具有代表性的地段。

14.5.4 解译地球物理勘探资料时,应考虑其多解性。当需要时,应采用多种勘探手段,包括多种地球物理勘探方法,并应有一定数量的钻探验证孔,在相互印证的基础上,对资料进行综合解译。

14.5.5 提交地球物理勘探解译成果图及解译报告内容、格式应满足设计要求,必要时还应交付地震时间剖面图、电阻率断面图等原始资料。

15 原 位 测 试

15.1 一 般 规 定

15.1.1 原位测试方法应根据岩土条件、设计对参数的需要、地区经验和测试方法的适用性等因素综合确定。

15.1.2 原位测试成果应与原型试验、室内试验及工程经验等结合使用,并应进行综合分析。对重要的工程或缺乏使用经验的地区,应与工程反算参数作对比,检验其可靠性。

15.1.3 原位测试的仪器设备应定期检验和标定。

15.1.4 原位测试应符合国家或行业有关测试规程的规定。

15.2 标准贯入试验

15.2.1 标准贯入试验适用于砂土、粉土、黏性土、残积土、全风化岩及强风化岩。

15.2.2 标准贯入试验的设备应符合表15.2.2的规定。

表 15.2.2 标准贯入试验设备规格

落锤		锤的质量(kg)	63.5
		落距(cm)	76
贯入器	对开管	长度(mm)	>500
		外径(mm)	51
		内径(mm)	35
	管靴	长度(mm)	50~76
		刃口角度(°)	18~20
		刃口单刃厚度(mm)	1.6
钻杆		直径(mm)	42
		相对弯曲	<1/1000

15.2.3 标准贯入试验可在钻孔全深度范围内或在个别土层内以1m~2m的间距进行。标准贯入试验孔采用回转钻进,水位下试验时应保证孔内水位不低于原地下水位。当孔壁不稳定时,可用泥浆护壁,钻至试验标高以上15cm处,清除孔底残土后进行试验。

15.2.4 当在30cm内锤击数已达50击时,可不再强行贯入,但应记录50击时的贯入深度,试验成果可按下式换算为相当于30cm的锤击数。

$$N = 30n/\Delta S \tag{15.2.4}$$

式中:N——实测标准贯入锤击数;

    n——所取锤击数为50击;

    ΔS——相应于n的贯入深度(cm)。

15.2.5 标准贯入试验成果,应采用实测值,按数理统计方法进行统计。不宜使用单孔的N值对土的工程性质作出评价。

15.2.6 标准贯入试验成果资料整理应包括下列内容:

   1 标准贯入试验成果N可直接标在工程地质剖面图上,也可绘制单孔标准贯入锤击数N与深度关系曲线或直方图。统计分层标准贯入锤击数平均值时,应剔除异常值。

   2 应用N值时是否修正和如何修正,应根据建立统计关系时的具体情况确定。

15.3 圆锥动力触探试验

15.3.1 圆锥动力触探类型应符合表15.3.1的规定。轻型圆锥动力触探试验适用于浅部的黏性土、粉土、砂土及填土。重型圆锥动力触探试验和超重型圆锥动力触探试验适用于强风化、全风化的硬质岩石、各种软质岩石及砂土、圆砾(角砾)和卵石(碎石)。

表 15.3.1 圆锥动力触探类型

类 型		轻型	重型	超重型
落锤	锤的质量(kg)	10	63.5	120
	落距(cm)	50	76	100
探头	直径(mm)	40	74	74
	锥角(°)	60	60	60
探杆直径(mm)		25	42	50~60
贯入指标	贯入深度(cm)	30	10	10
	锤击数符号	N_{10}	$N_{63.5}$	N_{120}

15.3.2 圆锥动力触探试验应结合地区经验并与其他方法配合使用。

15.3.3 不宜使用单孔锤击数对土的工程性质作出评价。

15.3.4 圆锥动力触探试验成果资料整理应包括下列内容:

   1 单孔连续圆锥动力触探试验应绘制锤击数与贯入深度关系曲线。

   2 计算单孔分层贯入指标平均值时,应剔除临界深度以内的数值、超前和滞后影响范围内的异常值。

   3 根据各孔分层的贯入指标平均值,用厚度加权平均法计算场地分层贯入指标平均值和变异系数。

15.4 旁压试验

15.4.1 旁压试验适用于黏性土、粉土、砂土、碎石土、残积土、极软岩和软岩等。

15.4.2 旁压试验应在有代表性的位置和深度进行,旁压器的量测腔应在同一土层内,试验点的垂直间距不宜小于1m,每层土的测点不少于1个,厚度大于3m的土层测点不应少于3个。

15.4.3 预钻式旁压试验应保证成孔质量,钻孔直径与旁压器直径应配合良好,防止孔壁坍塌;自钻式旁压试验的自钻钻头、钻头转速、钻进速率、刃口距离、泥浆压力和流量等应符合有关规定。

15.4.4 在饱和软黏性土层中宜采用自钻式旁压试验,在试验前宜通过试钻确定最佳回转速率、冲洗液流量、切削器的距离等技术参数。

15.4.5 加荷等级可采用预期临塑压力的 $1/7\sim1/5$ 或极限压力的 $1/12\sim1/10$，如不易预估临塑压力或极限压力时，可按表 15.4.5 的规定确定加载增量。初始阶段加荷等级可取小值，必要时，可做卸荷再加荷试验，测定再加荷旁压模量。

表 15.4.5 试验加载增量

土性特征	加载增量(kPa)
淤泥、淤泥质土、流塑黏性土、松散的粉土及砂土	≤15
软塑黏性土、新黄土、稍密的粉土及砂土	15～25
可塑—硬塑黏性土、一般黄土、中密的粉土、砂土	25～50
坚硬黏性土、老黄土、密实的粉土、砂土	50～150
软质岩、风化岩	100～600

注：为确定 P-V 曲线上直线段起点对应的压力 P_0，开始的 1 级～2 级加载增量宜减半施加。

15.4.6 每级压力应保持相对稳定的观测时间，对黏性土、砂土宜为 3min，对软质岩石和风化岩宜为 1min。维持 1min 时，加荷后 15、30、60s 测读变形量；维持 3min 时，加荷后 15、30、60、120、180s 测读变形量。

15.4.7 旁压试验成果资料整理应包括下列内容：

1　对各级压力及相应的扩张体积或半径增量分别进行约束力及体积的修正后，绘制压力与体积曲线，需要时可作蠕变曲线。

2　根据压力与体积曲线，结合蠕变曲线确定初始压力、临塑压力和极限压力，地基极限强度 f_L 和临塑强度 f_y，按下列公式计算：

$$f_L = p_L - p_0 \qquad (15.4.7-1)$$
$$f_y = p_f - p_0 \qquad (15.4.7-2)$$

式中：p_0——旁压试验初始压力(kPa)；

p_L——旁压试验极限压力(kPa)；

p_f——旁压试验临塑压力(kPa)。

3　根据压力与体积曲线的直线段斜率，按下式计算旁压模量：

$$E_m = 2(1+\mu)\left(V_c + \frac{V_0+V_f}{2}\right)\frac{\Delta p}{\Delta V} \qquad (15.4.7-3)$$

式中：E_m——旁压模量(kPa)；

μ——泊松比(碎石土取 0.27，砂土取 0.30，粉土取 0.35，粉质黏土取 0.38，黏土取 0.42)；

V_c——旁压器量测腔初始固有体积(cm^3)；

V_0——与初始压力 p_0 对应的体积(cm^3)；

V_f——与临塑压力 p_f 对应的体积(cm^3)；

$\Delta p/\Delta V$——旁压曲线直线段的斜率(kPa/cm^3)。

15.5　静力触探试验

15.5.1 静力触探试验适用于软土、一般黏性土、粉土、砂土和含少量碎石的土。静力触探可根据工程需要和地区经验采用单桥探头、双桥探头或带孔隙水压力量测的单桥、双桥探头，可测定比贯入阻力(p_s)、锥头阻力(q_c)、侧壁摩阻力(f_s)和贯入时的孔隙水压力(u)。

15.5.2 当贯入深度较大，或穿过厚层软土后再贯入硬土层或密实砂层时，应采取措施防止孔斜或断杆，也可配置测斜探头，量测触探孔的偏斜角，校正土层界线的深度。

15.5.3 水上触探应有保证孔位不致发生偏移以及在试验过程中不发生探头上下移动的稳定措施，水底以上部位应加设防止探杆挠曲的装置。

15.5.4 当在预定深度进行孔压消散试验时，应量测停止贯入后不同时间的孔压值，其计时间隔由密而疏合理控制。

15.5.5 静力触探试验成果资料整理应包括下列内容：

1　绘制比贯入阻力与深度曲线、锥尖阻力与深度曲线、侧壁摩阻力与深度曲线、侧壁摩阻力与锥尖阻力之比与深度曲线、孔隙水压力与深度曲线以及超孔隙水压力与深度曲线。

2　根据贯入曲线的线型特征，结合相邻钻孔资料和地区经验划分土层。计算各土层静力探触有关试验数据的平均值。

3　根据静力探触资料，利用地区经验估算土的强度、变形参数和估算单桩承载力等。

15.6　载荷试验

15.6.1 载荷试验一般包括平板载荷试验和螺旋板载荷试验。浅层平板载荷试验适用于浅层地基土；深层平板载荷试验适用于深层地基土和大直径桩的桩端土；螺旋板载荷试验适用于深层地基土或地下水位以下的地基土。

15.6.2 刚性承压板根据土的软硬或岩体裂隙密度选用合适的尺寸，土的浅层平板载荷试验承压板面积不应小于 $0.25m^2$，对软土和粒径较大的填土不小于 $0.5m^2$；土的深层板载荷试验承压板面积宜选用 $0.5m^2$；岩石载荷试验承压板的面积不宜小于 $0.07m^2$；螺旋板载荷试验承压板直径根据土性分别取 0.160m 或 0.252m。

15.6.3 基床系数在现场测定时宜采用 K_{30} 方法，即采用直径 30cm 的荷载板垂直或水平加载试验，可直接测定地基土的垂直基床系数 K_v 和水平基床系数 K_h。

15.6.4 载荷试验应布置在围岩内或基础埋置深度处，当土质不均匀或多土层时，应选择有代表性的地点和深度进行，必要时，宜在不同土层深度进行试验。

15.6.5 浅层平板载荷试验的试坑宽度或直径不应小于承压板宽度或直径的 3 倍；深层平板载荷试验的试井直径应等于承压板直径，试坑或试井底的岩土应避免扰动，保持其原状结构和天然湿度；螺旋板头入土时，应按每转一圈下入一个螺距进行操作，减少对土的扰动。

15.6.6 载荷试验加荷方式应采用分级维持荷载沉降相对稳定法(常规慢速法)；有地区经验时，可采用分级加荷沉降非稳定法(快速法)或等沉降速率法；加荷等级宜取 10 级～12 级，并不应少于 8 级；当极限荷载不易估计时，可按表 15.6.6 的规定取值。

表 15.6.6 荷载增量取值

试验土层及特性	荷载增量(kPa)
淤泥、流塑黏性土、松散粉土、砂土	<15
软塑黏性土、新近沉积黄土、稍密粉土、砂土	15～25
硬塑黏性土、新黄土(Q_4)、中密粉土、砂土	25～50
坚硬黏性土、老黄土、新黄土(Q_3)、密实粉土、砂土	50～100
碎石类土、软岩及风化岩	100～200

15.6.7 试验点附近宜取土试验提供土工试验指标，或其他原位测试资料，试验后应在承压板中心向下开挖取土试验，并描述 2 倍承压板直径或宽度范围内土层的结构变化。

15.6.8 载荷试验成果资料整理与计算应符合下列规定：

1　根据载荷试验成果分析要求，应绘制荷载(p)与沉降(s)曲线，必要时宜绘制各级荷载下沉降(s)与时间(t)或时间对数(lgt)曲线。应根据 p-s 曲线拐点，必要时结合 s-lgt 曲线特征，确定比例界限压力和极限压力；

2　当 p-s 呈缓变曲线时，可按表 15.6.8-1 的规定取对应于某一相对沉降值(即 s/d 或 s/b，d 和 b 为承压板直径和宽度)的压力评定地基土承载力，但其值不应大于最大加载量的一半。

表 15.6.8-1 各类土的相对沉降值(s/d 或 s/b)

土名	黏性土					粉土			砂土			
状态	流塑	软塑	可塑	硬塑	坚硬	稍密	中密	密实	松散	稍密	中密	密实
s/d 或 s/b	0.020	0.016	0.014	0.012	0.010	0.020	0.015	0.010	0.020	0.016	0.012	0.008

注：对于软～极软的软质岩、强风化～全风化的风化岩类，应根据工程的重要性和地基的复杂程度取 s/d 或 $s/b=0.001\sim0.002$ 所对应的压力为地基土承载力。

3　土的变形模量应根据 p-s 曲线的初始直线段，可根据均质各向同性半无限弹性介质的弹性理论计算。

浅层平板载荷试验的变形模量 E_0（MPa），可按下式计算：

$$E_0 = I_0(1-\mu^2)\frac{pd}{s} \qquad (15.6.8\text{-}1)$$

深层平板载荷试验和螺旋板载荷试验的变形模量 E_0（MPa），可按下式计算：

$$E_0 = \omega\frac{pd}{s} \qquad (15.6.8\text{-}2)$$

式中：I_0——刚性承压板的形状系数，圆形承压板取 0.785；方形承压板取 0.886；

μ——土的泊松比按式（15.4.7-3）取值；

d——承压板直径或边长（m）；

p——p-s 曲线线性段的压力（kPa）；

s——与压力 p 对应的沉降（mm）；

ω——与试验深度和土类有关的系数，可按表 15.6.8-2 的规定选用。

表 15.6.8-2 深层载荷试验计算系数 ω

土类 d/z	碎石土	砂土	粉土	粉质黏土	黏土
0.30	0.477	0.489	0.491	0.515	0.524
0.25	0.469	0.480	0.482	0.506	0.514
0.20	0.460	0.471	0.474	0.497	0.505
0.15	0.444	0.454	0.457	0.479	0.487
0.10	0.435	0.446	0.448	0.470	0.478
0.05	0.427	0.437	0.439	0.461	0.468
0.01	0.418	0.429	0.452	0.452	0.459

注：d/z 为承压板直径或边长和承压板底面深度之比。

15.6.9 确定地基土承载力应符合下列规定：

1 同一土层参加统计的试验点数不应少于 3 个；

2 试验点的地基土承载力的极差小于或等于其平均值的 30% 时，可采用平均值作为地基土承载力；当极差大于其平均值的 30% 时，应查找、分析出现异常值原因，并按极差剔除准则补充试验和剔除异常值。

15.7 扁铲侧胀试验

15.7.1 扁铲侧胀试验适用于软土、一般黏性土、粉土、黄土和松散或稍密的砂土。

15.7.2 扁铲侧胀试验应在有代表性的地点进行，测试点间距一般为 0.2m～0.5m。

15.7.3 扁铲侧胀试验应符合下列规定：

1 每孔试验前后均应进行探头率定，取试验前后的平均值为修正值；膜片的合格标准为：

率定时膨胀至 0.05mm 的气压实测值 ΔA 为 5kPa～25kPa；

率定时膨胀至 1.10mm 的气压实测值 ΔB 为 10kPa～110kPa；

2 试验时，应以静力匀速将探头贯入土中，贯入速率宜为 2cm/s。

3 探头达到预定深度后，应匀速加压和减压测定膜片膨胀至 0.05、1.10mm 和回到 0.05mm 的压力 A、B、C 值。

4 扁铲侧胀消散试验，应在需测试的深度进行，测读时间间隔可取 1、2、4、8、15、30、90min，以后每 90min 测读一次，直至消散结束。

15.7.4 扁铲侧胀试验成果资料整理应包括下列内容：

1 对试验的实测数据进行膜片刚度修正：

$$p_0 = 1.05(A - z_m + \Delta A) - 0.05(B - z_m - \Delta B)$$
$$(15.7.4\text{-}1)$$
$$p_1 = B - z_m - \Delta B \qquad (15.7.4\text{-}2)$$
$$p_2 = C - z_m + \Delta A \qquad (15.7.4\text{-}3)$$

式中：p_0——膜片向土中膨胀之前的接触压力（kPa）；

p_1——膜片膨胀至 1.10mm 时的压力（kPa）；

p_2——膜片回到 0.05mm 的终止压力（kPa）；

z_m——调零前的压力表初读数（kPa）。

2 根据 p_0、p_1 和 p_2 计算下列指标：

$$E_D = 34.7(p_1 - p_0) \qquad (15.7.4\text{-}4)$$
$$K_D = (p_0 - u_0)/\sigma_{V0} \qquad (15.7.4\text{-}5)$$
$$I_D = (p_1 - p_0)/(p_0 - u_0) \qquad (15.7.4\text{-}6)$$
$$U_D = (p_2 - u_0)/(p_0 - u_0) \qquad (15.7.4\text{-}7)$$

式中：E_D——侧胀模量（kPa）；

K_D——侧胀水平应力指数；

I_D——侧胀土性指数；

U_D——侧胀孔压指数；

u_0——试验深度处的静水压力（kPa）；

σ_{V0}——试验深度处土的有效上覆压力（kPa）。

3 绘制 E_D、I_D、K_D 和 U_D 与深度的关系曲线。

15.8 十字板剪切试验

15.8.1 十字板剪切试验适用于均质饱和软黏性土。

15.8.2 试验点竖向间距可取 1m～2m，或根据静力触探试验等资料布置。

15.8.3 十字板头插入钻孔底的深度不应小于钻孔或套管直径的 3 倍～5 倍，插入至试验深度后，至少应静止 2min～3min，方可开始试验；扭转剪切速率宜采用 1°/10s～2°/10s，并应在测得峰值强度后继续测记 1min；在峰值强度或稳定值测试完后，顺扭转方向连续转动大于或等于 6 圈后，测定重塑土的不排水抗剪强度。

15.8.4 十字板剪切试验成果资料整理应包括下列内容：

1 计算土的不排水抗剪强度峰值、残余值和灵敏度。

2 绘制不排水抗剪强度峰值和残余值随深度的变化曲线，需要时，绘制抗剪强度与扭转角度的关系曲线。

3 根据土层条件及地区经验，对不排水抗剪强度应进行修正。

15.8.5 根据原状土的十字板强度 c_u 和重塑土的十字板强度 c_u'，土的灵敏度 S_t，按下式计算：

$$S_t = c_u/c_u' \qquad (15.8.5)$$

15.9 波速测试

15.9.1 波速测试可采用单孔法、跨孔法或面波法；波速测试可用于下列目的：

1 确定场地类别、判断场地地震液化的可能性，提供地震反应分析所需的场地土动力参数。

2 计算设计动力机器基础和计算结构物与地基土共同作用所需的动力参数。

3 判定碎石土的密实度，评价地基土加固处理效果。

4 利用岩体纵波速度与岩石单轴极限抗压强度进行围岩分级，确定岩石风化程度，并初步确定基床系数，围岩稳定程度。

15.9.2 单孔法波速测试的技术要求应符合下列规定：

1 测试孔应垂直。

2 将三分量检波器固定在孔内预定深度处，并紧贴孔壁。

3 可采用地面激振或孔内激振。

4 应结合土层布置测点，测点的垂直间距宜取 1m～3m。层位变化处加密，并宜自下而上逐点测试。

15.9.3 跨孔法波速测试的技术要求应符合下列规定：

1 应设置 2 个或 3 个试验孔，且成一条直线，在第四系覆盖层地段孔距宜为 2m～5m，在基岩地段孔距宜为 8m～15m。

2 试验钻孔应圆直，并应下定向套管，套管与孔壁间应灌浆或填砂。

3 当钻孔深度大于 15m 时，应对试验孔进行测斜，测斜点竖向间距宜为 1m,测得每一试验深度的倾斜角与方位。

4 竖向测试点间距宜为 1m～2m,三分量传感器应紧贴孔壁,同一深度的剪切波,锤击应正反向重复激振,并应互换激振孔与接收孔,经重复试验,确定剪切波的初至时间。

15.9.4 面波法波速测试可采用瞬态法或稳态法,宜采用低频检波器,道间距可根据场地条件通过试验确定。

15.9.5 波速测试成果资料整理应包括下列内容:

1 在波形记录上识别压缩波和第一个剪切波的初至时间。

2 根据压缩波和剪切波传播时间和距离,确定压缩波与剪切波的波速。

3 确定地层小应变的动剪切模量、动弹性模量、动泊松比和动刚度。

4 稳态面波法尚应提供波长、波速。

15.9.6 土层的动剪切模量 G_d 和动弹性模量 E_d 可按下列公式计算:

$$G_d = \rho \cdot v_s^2 \qquad (15.9.6\text{-}1)$$

$$E_d = 2(1 + \mu_d)\rho \cdot v_s^2 \qquad (15.9.6\text{-}2)$$

式中:μ_d——土的动泊松比;

ρ——土的质量密度(kg/m³);

v_s——剪切波波速(m/s)。

15.10 岩体原位应力测试

15.10.1 岩体应力测试适用于无水、完整或较完整的岩体。可采用孔壁应变法、孔径变形法和孔底应变法测求岩体空间应力和平面应力。

15.10.2 孔壁应变法、孔径变形法和孔底应变法的选用应根据岩体条件、设计对参数的需要、地区经验和测试方法的适用性等因素综合确定。

15.10.3 测试岩体原始应力时,测点深度应超过应力扰动影响区;在地下洞室中进行测试时,测点深度应超过洞室直径的 2 倍。

15.10.4 岩体应力测试技术要求应符合下列规定:

1 在测点段内,岩性应均一完整。

2 测试孔壁、孔底应光滑、平整、干燥。

3 稳定标准为连续三次读数(每隔 10min 读一次)之差不超过 5$\mu\varepsilon$。

4 同一钻孔内的测试读数不应少于 3 次。

15.10.5 岩芯应力解除后的围压试验应在 24h 内进行;压力宜分 5 级～10 级,最大压力应大于预估岩体最大主应力。

15.10.6 岩体原位应力测试成果资料整理应符合下列要求:

1 根据测试成果计算岩体平面应力和空间应力,计算方法应符合现行国家标准《工程岩体试验方法标准》GB/T 50266 的有关规定。

2 根据岩芯解除应变值和解除深度,绘制解除过程曲线。

3 根据围压试验资料,绘制压力与应变关系曲线,计算岩石弹性常数。

15.11 现场直接剪切试验

15.11.1 现场直剪试验可用于岩土体本身、岩土体沿软弱结构面和岩体与其他材料接触面的剪切试验,可分为岩土体试体在法向应力作用下沿剪切面剪切破坏的抗剪断试验、岩土体剪断后沿剪切面继续剪切的抗剪试验(摩擦试验),法向应力为零时岩体剪切的抗切试验。

15.11.2 现场直剪试验布置应符合下列规定:

1 现场直剪试验可在试洞、试坑、探槽或大口径钻孔内进行。当剪切面水平或近于水平时,可采用平推法或斜推法;当剪切面较陡时,可采用楔形体法。

2 同一组试验体的岩性应基本相同,受力状态应与岩土体在工程中的实际受力状态相近。

3 每组岩体不宜少于 5 个。剪切面积不得小于 0.25m²,试体最小边长不宜小于 50cm,高度不宜小于最小边长的 0.5 倍。试体之间的最小间距应大于最小边长的 1.5 倍。

4 每组土体试验不宜少于 3 个。剪切面不宜小于 0.3m²,高度不宜小于 20cm 或为最大粒径的 4 倍～8 倍,剪切面开缝应为最小粒径的 1/4～1/3。

15.11.3 直剪试验设备包括试体制备、加载、传力、量测及其他配套设备。直剪试验设备应采用电测式和自动化仪器。

15.11.4 试验前应对试体及所在试验地段进行描述与记录下列内容:

1 岩石名称及岩性、风化破裂程度、岩体软弱面的成因、类型、产状、分布状况、连续性及所夹充填物的性状(厚度、颗粒组成、泥化程度和含水状态等)。

2 在岩洞内应记录岩洞编号、位置、洞线走向、洞底高程、岩洞和试点的纵、横地质剖面。

3 在露天或基坑内应记录试点位置、高程及周围的地形、地质情况。

4 记录试验地段开挖情况和试体制备方法;试体编号、位置、剪切面尺寸和剪切方向;试验地段和试点部位地下水的类型、化学成分、活动规律和流量等。

15.11.5 试验后应描述剪切面尺寸、剪切破坏形式、剪切面起伏差、擦痕的方向和长度、碎块分布状况、剪切面上充填物性质,并对剪切面拍照记录。

15.11.6 现场直剪试验的技术要求应符合下列规定:

1 开挖试坑时应避免对试体的扰动和含水量的显著变化;在地下水位以下试验时,应避免水压力和渗流对试验的影响。

2 施加的法向荷载、剪切荷载应位于剪切面、剪切缝的中心;或使法向荷载与剪切荷载的合力通过剪切面的中心,并保持法向荷载不变。

3 最大法向荷载应大于设计荷载,并按等量分级;荷载精度应为试验最大荷载的±2%。

4 每一试体的法向荷载可分 4 级～5 级施加;当法向变形达到相对稳定时,即可施加剪切荷载。

5 每级剪切荷载按预估最大荷载的 8%～10%分级等量施加,或按法向荷载的 5%～10%分级等量施加;岩体按每 5min～10min,土体按每 30s 施加一级剪切荷载。

6 当剪切变形急剧增长或剪切变形达到试体尺寸的 1/10 时,可终止试验。

7 根据剪切位移大于 10mm 时的试验成果确定残余抗剪强度,需要时可沿剪切面继续进行摩擦试验。

15.11.7 现场直剪试验成果资料整理应包括下列内容:

1 绘制剪切应力与剪切位移曲线、剪应力与垂直位移曲线、确定比例强度、屈服强度、峰值强度、剪胀点和剪胀强度。

2 绘制法向应力与比例强度、屈服强度、峰值强度、残余强度的曲线,确定相应的强度参数。

15.12 地 温 测 试

15.12.1 地温测试可采用钻孔法、贯入法、埋设温度传感器法,地温长期观测宜采用埋设温度传感器法。

15.12.2 温度传感器的测量范围宜为 -20℃～100℃,测量误差不宜大于±0.5℃,温度传感器和读数仪使用前应进行校验。

15.12.3 每个地下车站均宜进行地温测试,测试点宜布设在隧道上下各一倍洞径深度范围内;发现有热源影响区域,采用冻结施工或设计有特殊要求的部位应布置测试点。

15.12.4 钻孔法测试应符合下列规定:

1 在钻孔中进行瞬态测温时,地下水位静止时间不宜小于 24h,稳态测温时,地下水位静止时间不宜小于 5d。

2 重复测量应在观测后 8h 内进行,两次测量误差不超过

0.5℃。

15.12.5 贯入法测试时,温度传感器插入钻孔底的深度不应小于钻孔或套管直径的3倍～5倍;插入至测试深度后,至少应静止5min～10min,方可开始观测。

15.12.6 地温长期观测周期应根据当地气温变化确定。

15.12.7 测试成果资料整理应符合下列要求:

1 地温测试前应记录测试点气温、天气、日期、时间以及光线遮挡情况,钻孔法应记录地下水稳定水位。

2 绘制地温随深度变化曲线图,对照不同深度土性、孔隙比、含水量、饱和度及热物理指标变化情况;一年期测试结果宜绘制不同深度温度随时间变化曲线图。

3 不同气温条件下地层测温结果对比,推算地层稳态温度。

16 岩土室内试验

16.1 一般规定

16.1.1 岩土室内试验的试验方法、操作和采用的仪器设备应符合现行国家标准《土工试验方法标准》GB/T 50123和《工程岩体试验方法标准》GB/T 50266的有关规定。

16.1.2 岩土室内试验项目应根据岩土性质、工程类型和设计、施工需要确定。

16.1.3 应正确分析整理岩土室内试验的资料,为工程设计、施工提供准确可靠的参数。

16.2 土的物理性质试验

16.2.1 土的物理性质试验应测定颗粒级配、比重、天然含水量、天然密度、塑限、液限、有机质含量等。

16.2.2 土的比重,可直接测定也可根据经验值确定。

16.2.3 当需进行渗流分析,基坑降水设计等要求提供土的透水性参数时,可进行渗透试验。常水头试验适用于砂类和碎石土;变水头试验适用于粉土和黏性土;透水性很低的软土可通过固结试验测定固结系数、体积压缩系数,计算渗透系数。土的渗透系数取值应与抽水试验或注水试验的成果比较后确定。

16.2.4 当需对填筑工程进行质量控制时,应进行击实试验,确定最大干密度和最优含水量。

16.2.5 结合地质条件和工程类型,必要时应进行土的腐蚀性试验。

16.2.6 岩土热物理指标的测定,可采用面热源法、热线法或热平衡法。三个热物理指标有下列相互关系:

$$\alpha = 3.6 \frac{\lambda}{C\rho} \qquad (16.2.6-1)$$

式中:ρ——密度(kg/m³);

α——导温系数(m²/h);

λ——导热系数[W/(m·K)];

C——比热容[kJ/(kg·K)]。

岩土热物理指标的经验值,见本规范附录K。

16.3 土的力学性质试验

16.3.1 土的力学性质试验一般包括固结试验、直剪试验、三轴压缩试验、膨胀试验、湿陷性试验、无侧限抗压强度试验、静止侧压力系数试验、回弹试验、基床系数试验等。

16.3.2 压缩试验的最大压力值应大于土的有效自重压力与附加压力之和。

16.3.3 需确定先期固结压力时,施加的最大压力应满足绘制完整的e-$\lg p$曲线的要求,必要时测定回弹模量和回弹再压缩模量。

16.3.4 内摩擦角、黏聚力在有经验地区可采用直接快剪和固结快剪的方法测定。采用三轴试验方法测定时:当排水条件不好或施工速度较快时,宜采用三轴不固结不排水剪(UU);当排水条件较好或施工速度较慢时,宜采用三轴固结不排水剪(CU)。

16.3.5 必要时应进行无侧限抗压强度试验,确定灵敏度时应进行重塑土的无侧限抗压强度试验。

16.3.6 当工程需要时可采用侧压力仪测定土体的静止侧压力系数。

16.3.7 在有经验的地区可采用三轴试验或固结试验的方法测得土的基床系数。

16.3.8 当需要测定土的动力性质时,可采用动三轴试验、动单剪试验或共振柱试验。

1 动三轴和动单剪试验适用分析测定土的下列动力性质:

　　1)动弹性模量、动阻尼比及其与动应变的关系。

　　2)既定循环周数下的动应力与动应变关系。

　　3)饱和砂土、粉土的液化剪应力与动应力循环周数关系。

当出现孔隙水压力上升达到初始固结压力时,或轴向动应变达到5%时,或振动次数在相应的预计地震震级限度之内,即可判定土样液化。

2 共振柱试验可用于测定小动应变时的弹性模量和动阻尼比。

16.4 岩石试验

16.4.1 岩石的试验包括颗粒密度、块体密度、吸水性试验,软化或崩解试验、膨胀试验,抗压、抗剪、抗拉试验等,具体项目应根据工程需要确定。

16.4.2 单轴抗压强度应分别测定干燥和饱和状态下的强度,软岩可测定天然状态下的强度,并应提供有关参数。

16.4.3 岩石抗剪试验,应沿节理面、层面等薄弱环节进行。应在不同法向应力下测定。

16.4.4 岩石抗拉强度试验可在试件直径方向上,施加一对线性荷载,使试件沿直径方向破坏,间接测定岩石的抗拉强度。

16.4.5 当间接测定岩石的力学性质时,可采用点荷载试验和波速测试方法。

17 工程周边环境专项调查

17.1 一般规定

17.1.1 工程周边环境专项调查范围、对象及内容,可根据工程设计方案、环境风险等级、工程地质、水文地质及施工工法等条件确定。

17.1.2 工程周边环境专项调查应在取得工程沿线地形图、管线及地下设施分布图等资料的基础上,采用实地调查、资料调阅、现场勘查与探测等多种手段相结合的综合方法开展工作。

17.2 调查要求

17.2.1 工程周边环境专项调查的内容主要包括环境类型、权属单位、使用单位、管理单位、使用性质、建设年代、设计使用年限、地质资料、设计文件、变形要求、与工程的空间关系、相关影像资料等。

17.2.2 建(构)筑物应重点调查建(构)筑物的平面图、上部结构形式、地基基础形式与埋深、持力层性质、基坑支护、桩基或地基处理设计、施工参数、建(构)筑物的沉降观测资料等。

17.2.3 地下构筑物及人防工程应重点调查工程的平面图、结构形式、顶板和底板标高、工程施工方法以及使用、充水情况等。

17.2.4 地下管线应重点调查管线的类型、平面位置、埋深(或高程)、铺设方式、材质、管节长度、接口形式、介质类型、工作压力、节门位置等。

17.2.5 既有城市轨道交通线路与铁路应重点调查下列内容：

1 地下结构调查应包括结构的平面图、剖面图，地基基础形式与埋深，隧道断面形式与尺寸，支护形式与参数，施工方法。

2 高架线路调查应包括桥梁的结构形式、墩台跨度与荷载、基础桩桩位、桩长、桩径等。

3 地面线路调查应包括路基的类型、结构形式、道床类型、涵洞与支挡结构形式以及地基基础形式与埋深。

17.2.6 城市道路及高速公路应重点调查下列内容：

1 路基调查应包括道路的等级、路面材料、路堤高度、路堑深度；支挡结构形式及地基基础形式与埋深。

2 桥涵调查应包括桥涵的类型、结构形式、基础形式、跨度，桩基或地基加固设计、施工参数等。

17.2.7 文物建筑应重点调查文物建筑的平面位置、名称、保护等级、结构形式、地基基础形式与埋深等。

17.2.8 水工构筑物应重点调查构筑物的类型、结构形式、地基基础形式与埋深、使用现状等。

17.2.9 架空线缆应重点调查架空线缆的类型、走廊宽度、线塔地基基础形式与埋深、线缆与轨道交通线路的交汇点坐标、悬高等。

17.2.10 地表水体应重点调查水位、水深、水体底部淤积物及厚度、防渗措施，河流的流量、流速、水质及河床宽度，河床冲刷深度等。

17.3 成果资料

17.3.1 建（构）筑物调查成果资料的整理应符合下列规定：

1 编制调查报告，报告内容包括文字报告、调查对象成果表、调查对象平面位置图、调查对象的影像资料等。

2 文字报告主要包括：工程概述、调查依据、调查范围、调查对象及内容、调查方法、工作量完成情况及调查成果汇总，初步分析工程与建（构）筑物的相互影响，划分环境风险等级，提出有关的措施和建议，说明调查工作遗留问题。

3 调查对象成果表主要包括：名称、产权单位、使用单位、使用性质、修建年代、地上和地下层数、地基基础形式与埋深等。

4 调查对象应在平面位置图上进行标识。

5 工程环境调查报告中应详细说明资料获取方式及来源。

17.3.2 地下管线探测成果资料整理应符合现行行业标准《城市地下管线探测技术规程》CJJ 61 有关报告书编制的要求。

17.3.3 其他各类环境对象的调查成果资料可参照本规范第17.3.1条的有关规定进行整理。

18 成果分析与勘察报告

18.1 一般规定

18.1.1 城市轨道交通岩土工程勘察报告，应在搜集已有资料，取得工程地质调查与测绘、勘探、测试和室内试验成果的基础上，根据勘察阶段、工程特点、设计方案、施工方法对勘察工作的要求，进行岩土工程分析与评价，提供工程场地的工程地质和水文地质资料。

18.1.2 勘察报告应资料完整，数据真实，内容可靠，逻辑清晰，文字、表格、图件互相印证；文字、标点符号、术语、数字和计量单位等应符合国家现行有关标准的规定。

18.1.3 勘察报告中的岩土工程分析评价，应论据充分、针对性强，所提建议应技术可行、经济合理、安全适用。岩土参数的分析与选用应符合现行国家标准《岩土工程勘察规范》GB 50021 的有

关规定。

18.1.4 可行性研究阶段岩土工程勘察报告宜按照线路编制，初步勘察阶段岩土工程勘察报告宜按照线路编制或按照地质单元、线路敷设形式编制，详细勘察阶段岩土工程勘察报告宜按照车站、区间、车辆基地等分别编制；报告中应统一全线地质单元、工程地质和水文地质分区、岩土分层的划分标准。

18.1.5 勘察成果资料整理应符合下列规定：

1 各阶段勘察成果应具有连续性、完整性。

2 相邻区段、相邻工点的衔接部位或不同线路交叉部位的勘察成果资料应互相利用、保持一致。

3 勘探点平面图宜取合适的比例尺，应包含地形、线位、站位、里程、结构轮廓线等。

4 绘制工程地质断面图时，勘探点宜投影至线路断面上，断面图应包含里程标、地面高程、线路及车站断面等。

5 地质构造图、区域交通位置图等平面图应包括线路位置和必要的车站、区间名称的标识。

18.1.6 勘察报告中的图例宜符合本规范附录 L 的规定。

18.2 成果分析与评价

18.2.1 勘察报告中的岩土工程分析评价应包括下列内容：

1 工程建设场地的稳定性、适宜性评价。

2 地下工程、高架工程、路基及各类建筑工程的地基基础形式、地基承载力及变形的分析与评价。

3 不良地质作用及特殊性岩土对工程影响的分析与评价，避让或防治措施的建议。

4 划分场地土类型和场地类别，抗震设防烈度大于或等于 6 度的场地，评价地震液化和震陷的可能性。

5 围岩、边坡稳定性和变形分析，支护方案和施工措施的建议。

6 工程建设与工程周边环境相互影响的预测及防治对策的建议。

7 地下水对工程的静水压力、浮托作用分析。

8 水和土对建筑材料腐蚀性的评价。

18.2.2 明挖法施工应重点分析评价下列内容：

1 分析基底隆起、基坑突涌的可能性，提出基坑开挖方式及支护方案的建议。

2 支护桩墙类型分析，连续墙、立柱桩的持力层和承载力。

3 软弱结构面空间分布、特性及其对边坡、坑壁稳定的影响。

4 分析岩土层的渗透性及地下水动态，评价排水、降水、截水等措施的可行性。

5 分析基坑开挖过程中可能出现的岩土工程问题，以及对附近地面、邻近建（构）筑物和管线的影响。

18.2.3 矿山法施工应重点分析评价下列内容：

1 分析岩土及地下水的特性，进行围岩分级，评价隧道围岩的稳定性，提出隧道开挖方式、超前支护形式等建议。

2 指出可能出现坍塌、冒顶、边墙失稳、洞底隆起、涌水或突水等风险的地段，提出防治措施的建议。

3 分析隧道开挖引起的地面变形及影响范围，提出环境保护措施的建议。

4 采用爆破法施工时，分析爆破可能产生的影响及范围，提出防治措施的建议。

18.2.4 盾构法施工应重点分析评价下列内容：

1 分析岩土层的特征，指出盾构选型应注意的地质问题。

2 分析复杂地质条件以及河流、湖泊等地表水体对盾构施工的影响。

3 提出在软硬不均地层中的开挖措施及开挖面障碍物处理方法的建议。

4 分析盾构施工可能造成的土体变形,对工程周边环境的影响,提出防治措施的建议。

18.2.5 高架工程应重点分析评价下列内容:

1 分析岩土层的特征,建议天然地基、桩基持力层,评价天然地基承载力、桩基承载力,提供变形计算参数。

2 评价成桩的可能性,指出成桩过程应注意的问题。

3 分析评价岩溶、土洞等不良地质作用和膨胀土、填土等特殊性岩土对桩基稳定性和承载力的影响,提出防治措施的建议。

18.2.6 地面建(构)筑物的岩土工程分析评价,应符合现行国家标准《岩土工程勘察规范》GB 50021 的有关规定。

18.2.7 工程建设对工程周边环境影响的分析评价可包括下列内容:

1 基坑开挖、隧道掘进和桩基施工等可能引起的地面沉降、隆起和土体的水平位移对邻近建(构)筑物及地下管线的影响。

2 工程建设导致地下水位变化、区域性降落漏斗、水源减少、水质恶化、地面沉降、生态失衡等情况,提出防治措施的建议。

3 工程建成后或运营过程中,可能对周围岩土体、工程周边环境的影响,提出防治措施的建议。

18.3 勘察报告的内容

18.3.1 勘察报告应包括文字部分、表格、图件,重要的支持性资料可作为附件。

18.3.2 勘察报告的文字部分宜包括下列内容:

1 勘察任务依据、拟建工程概况、执行的技术标准、勘察目的与要求、勘察范围、勘察方法、完成工作量等。

2 区域地质概况及勘察场地的地形、地貌、水文、气象条件。

3 场地地面条件及工程周边环境条件等。

4 岩土特征描述,岩土分区与分层,岩土物理力学性质,岩土施工工程分级,隧道围岩分级。

5 地下水类型、赋存、补给、径流、排泄条件,地下水位及其变化幅度,地层的透水及隔水性质。

6 不良地质作用、特殊性岩土的描述,及其对工程危害程度的评价。

7 场地土类型、场地类别、抗震设防烈度、液化判别。

8 场地稳定性和适宜性评价。

9 按本规范第 18.2 节的要求进行岩土工程分析评价,并提出相应的建议。

10 其他需要说明的问题。

18.3.3 勘察报告的表格宜包括下列内容:

1 勘探点主要数据一览表。

2 标准贯入试验、静力触探等原位测试,岩土室内试验,抽水试验,水质分析等成果表。

3 各岩土层的原位测试、岩土室内试验统计汇总表;地震液化判别成果表。

4 各岩土层物理力学性质指标综合统计表及参数建议值表。

5 其他的相关分析表格。

18.3.4 勘察报告的图件宜包括下列内容:

1 区域地质构造图,水文地质图。

2 线路综合工程地质图、工程地质及水文地质单元分区图、工程地质及水文地质分区图。

3 水文地质试验成果图。

4 勘探点平面位置图,工程地质纵、横断(剖)面图。

5 钻孔柱状图,岩芯照片。

6 室内土工试验、岩石试验成果图。

7 波速、电阻率测井试验成果图,静力触探、载荷试验等原位测试曲线图。

8 填土、软土及基岩埋深等值线图。

9 其他相关图件。

18.3.5 勘察报告可附室内土工试验、岩石试验、岩矿鉴定等试验原始记录。

18.3.6 专项勘察报告的内容,可根据专项勘察的目的、要求参照本规范第 18.3.2 条~第 18.3.5 条执行。工程周边环境调查报告应符合本规范第 17.3 节的要求。

19 现场检验与检测

19.0.1 现场检验、检测方法可根据工程类型、岩土条件及周边环境采用现场观察、试验、仪器量测等手段。

19.0.2 基槽、基坑、路基开挖后及隧道开挖过程中,应检验地基和围岩的地质条件与勘察报告是否一致,遇到异常情况时,应提出处理措施或修改设计的建议,当与勘察报告有较大差异时宜进行施工勘察。

19.0.3 地基检验应包括下列内容:

1 岩土分布、均匀性和特征。

2 地下水情况。

3 检查是否有暗浜、古井、古墓、洞穴、防空掩体及地下埋设物,并查清其位置、深度、性状。

4 检查地基是否受到施工的扰动,及扰动的范围和深度。

5 冬季、雨季施工时应注意检查地基的防护措施,地基土质是否受冻、浸泡和冲刷、干裂等,并查明影响的范围和深度。

6 对土质地基,可采用轻型圆锥动力触探进行检验。

19.0.4 隧道围岩检验应包括下列内容:

1 开挖揭露的围岩性质、分布和特征。

2 地下水渗漏情况。

3 工作面岩土体的稳定状态。

4 围岩超挖或坍塌情况。

5 根据开挖揭露的岩土情况,对围岩分级进行确认或修正。

19.0.5 高架工程的桩基应通过试钻或试打,检验岩土条件是否与勘察报告一致。如遇异常情况,应提出处理措施。对大直径人工挖孔桩,应检验孔底尺寸和岩土情况。

19.0.6 现场检验应填写检验报告,必要时绘制开挖面实际地层素描图或拍照。

19.0.7 桩基检测内容包括桩身完整性和承载力,应符合现行行业标准《建筑基桩检测技术规范》JGJ 106 的有关规定。

19.0.8 地基处理效果检测的项目、方法、数量应按现行国家标准《建筑地基基础工程施工质量验收规范》GB 50202 和现行行业标准《建筑地基处理技术规范》JGJ 79 的有关规定执行。

19.0.9 路基工程可通过环刀法、灌砂法或核子密度仪法等对路基的密实度进行检测。

19.0.10 基坑支护结构监测与检测应符合现行行业标准《建筑基坑支护技术规程》JGJ 120 的有关规定。

19.0.11 应对隧道围岩加固的范围、效果等进行检测,可采用钻芯、原位测试或物探等检测方法。检测工作宜包括下列内容:

1 盾构始发(接收)井加固体的强度、抗渗性、完整性。

2 隧道衬砌或管片背后注浆的范围和充填情况。

3 止水帷幕的强度、完整性和止水效果。

4 冷冻法加固土体的范围、强度、温度等。

19.0.12 遇下列情况应对城市轨道交通工程结构进行沉降观测:

1 地质条件复杂、地基软弱或采用人工加固地基。

2 因地基变形、局部失稳影响工程结构安全时。

3 受力条件复杂的工程结构、设计有特殊要求的工程结构。

4 采用新的施工技术时。

5 地面沉降等不良地质作用发育区段。

6 受附近深基坑开挖、隧道开挖、工程降水等施工影响的工程结构。

19.0.13 沉降观测方法和要求应符合国家现行标准《国家一、二等水准测量规范》GB/T 12897、《城市轨道交通工程测量规范》GB 50308及《建筑变形测量规范》JGJ 8 的有关规定。

附录 A 岩石坚硬程度的定性划分

表 A 岩石坚硬程度等级的定性划分

名　　称		定性鉴定	代表性岩石
硬质岩	坚硬岩	锤击声清脆,有回弹,振手,难击碎;基本无吸水反应	未风化一微风化的花岗岩、闪长岩、辉绿岩、玄武岩、安山岩、片麻岩、石英岩、石英砂岩、硅质砾岩、硅质灰岩等
	较硬岩	锤击声较清脆,有轻微回弹,稍振手,较难击碎;有轻微吸水反应	1.微风化的坚硬岩;2.未风化一微风化的大理岩、板岩、石灰岩、白云岩、钙质砂岩等
软质岩	较软岩	锤击声不清脆,无回弹,较易击碎;指甲可刻出印痕	1.中等风化一强风化的坚硬岩或较硬岩;2.未风化一微风化的凝灰岩、千枚岩、砂质泥岩、泥灰岩等
	软岩	锤击声哑,无回弹,有凹痕,易击碎;浸水后手可掰开	1.强风化的坚硬岩或较硬岩;2.中等风化一强风化的较软岩;3.未风化一微风化的页岩、泥岩、泥质砂岩等
极软岩		锤击声哑,无回弹,有较深凹痕,手可捏碎;浸水后,可捏成团	1.全风化的各种岩石;2.各种半成岩

附录 B 岩石按风化程度分类

表 B 岩石按风化程度分类

风化程度	野 外 特 征	风化程度参数指标	
		波速比	风化系数
未风化	结构和构造未变,岩质新鲜,偶见风化痕迹	0.9~1.0	0.9~1.0
微风化	结构和构造基本未变,仅节理面有铁锰质渲染或矿物略有变色,有少量风化裂隙	0.8~0.9	0.8~0.9
中等风化	1.组织结构部分破坏,矿物成分基本未变,沿节理面出现次生矿物,风化裂隙发育;2.岩体被节理、裂隙分割成块状 200mm~500mm;硬质岩,锤击声脆,且不易击碎;软质岩,锤击易碎;3.用镐难挖掘,用岩芯钻方可钻进	0.6~0.8	0.4~0.8
强风化	1.组织结构已大部分破坏,矿物成分已显著变化;2.岩体被节理、裂隙分割成碎石状 20mm~200mm,碎石用手可以折断;3.用镐可以挖掘,用干钻不易钻进	0.4~0.6	<0.4
全风化	1.结构已基本破坏,但尚可辨认;2.岩石已风化成坚硬或密实土状,可用镐挖,干钻可钻进;3.需用机械普通刨松方能铲挖满载	0.2~0.4	—
残积土	组织结构全部破坏,已风化成土状,锹镐易挖掘,干钻易钻进,具可塑性	<0.2	—

注:1　波速比为风化岩与新鲜岩石压缩波速之比。
　　2　风化系数为风化岩与新鲜岩石饱和单轴抗压强度之比。
　　3　岩石风化程度,除表列野外特征和定量指标划分外,也可根据经验划分。
　　4　花岗岩类岩石,当 N≥50 为强风化;30≤N<50 为全风化;N<30 为残积土。
　　5　泥岩和半成岩,可不进行风化程度划分。

附录 C 岩体按结构类型分类

表 C 岩体按结构类型分类

岩体结构类型	岩体地质类型	结构体形状	结构面发育情况	岩土工程特征	可能发生的岩土工程问题
整体状结构	巨块状岩浆岩和变质岩,巨厚层沉积岩	巨块状	以层面和原生构造节理为主,多呈闭合型,间距大于 1.5m,一般为 1 组~2 组,无危险结构	岩体稳定,可视为均质弹性各向同性体	局部滑动或坍塌,深埋洞室的岩爆
块状结构	厚层沉积岩,块状岩浆岩和变质岩	块状柱状	有少量贯穿性节理裂隙,结构面间距 0.7m~1.5m 一般 2 组~3 组,有少量分离体	结构面相互牵制,岩体基本稳定,接近弹性各向同性体	
层状结构	多韵律的薄层、中厚层状沉积岩、副变质岩	层状板状	有层理、片理、节理,常有层间错动	变形和强度受层面控制,可视为各向异性弹塑性体,稳定性较差	可沿结构面滑塌,软岩可产生塑性变形
碎裂状结构	构造影响严重的破碎岩层	碎块状	断层、节理、片理、层理发育,结构面间距 0.25m~0.5m,一般 3 组,有许多分离体	整体强度很低,并受软弱结构面控制,呈弹塑性,稳定性很差	易发生规模较大的岩体失稳,地下水加剧失稳
散体状结构	断层破碎带,强风化及全风化带	碎屑状	构造和风化裂隙密集,结构面错综复杂,多填充黏性土,形成无序小块和碎屑	完整性遭极大破坏,稳定性极差,接近松散介质	易发生规模较大的岩体失稳,地下水加剧失稳

附录 D 碎石土的密实度

D.0.1 碎石土的密实度野外鉴别可按表 D.0.1 的规定执行。

表 D.0.1 碎石土密实度野外鉴别

密实度	骨架颗粒的质量和排列	可挖性	可钻性
密实	骨架颗粒的质量大于总质量的70%,呈交错排列,连续接触	锹镐挖掘困难,用撬棍方能松动,井壁较稳定	钻进极困难,冲击钻探时钻杆、吊锤跳动剧烈,孔壁较稳定
中密	骨架颗粒的质量等于总质量的60%~70%,呈交错排列,大部分接触,孔隙为砂土或密实坚硬的黏性土、粉土填充	锹镐可挖掘,井壁有掉块现象,从井壁取出大颗粒后能保持颗粒凹面形状	钻进较困难,冲击钻探时钻杆、吊锤跳动不剧烈,孔壁有坍塌现象
稍密(松散)	骨架颗粒的质量小于总质量的60%,排列较乱,大部分不接触,孔隙为中密的砂土或可塑的黏性土填充	锹可以挖掘,井壁易坍塌,从井壁取出大颗粒后,砂土立即坍落	钻进较容易,冲击钻探时钻杆稍有跳动,孔壁易坍塌

D.0.2 当采用重型圆锥动力触探确定碎石土密实度时,锤击数 $N'_{63.5}$ 应按下式修正:

$$N'_{63.5} = \alpha_1 \times N_{63.5} \qquad (D.0.2)$$

式中:$N'_{63.5}$——修正后的重型圆锥动力触探锤击数;
　　　α_1——修正系数,按表 D.0.2 的规定取值;
　　　$N_{63.5}$——实测重型圆锥动力触探锤击数。

表 D.0.2 重型圆锥动力触探锤击数修正系数

$N_{63.5}$ / L(m)	5	10	15	20	25	30	35	40	≥50
2	1.00	1.00	1.00	1.00	1.00	1.00	1.00	1.00	
4	0.96	0.95	0.93	0.92	0.90	0.89	0.87	0.86	0.84
6	0.93	0.90	0.88	0.85	0.83	0.81	0.79	0.78	0.75
8	0.90	0.86	0.83	0.80	0.77	0.75	0.73	0.71	0.67
10	0.88	0.83	0.79	0.75	0.72	0.69	0.67	0.64	0.61
12	0.85	0.79	0.75	0.70	0.67	0.64	0.61	0.59	0.55
14	0.82	0.76	0.71	0.66	0.62	0.58	0.56	0.53	0.50
16	0.79	0.73	0.67	0.62	0.57	0.54	0.51	0.48	0.45
18	0.77	0.70	0.63	0.57	0.53	0.49	0.46	0.43	0.40
20	0.75	0.67	0.59	0.53	0.48	0.44	0.41	0.39	0.36

注:表中 L 为杆长。

D.0.3 当采用超重型圆锥动力触探确定碎石土密实度时,锤击数 N'_{120} 应按下式修正:

$$N'_{120} = \alpha_2 \times N_{120} \tag{D.0.3}$$

式中:N'_{120}——修正后的超重型圆锥动力触探锤击数;

α_2——修正系数,按表 D.0.3 的规定取值;

N_{120}——实测超重型圆锥动力触探锤击数。

表 D.0.3 超重型圆锥动力触探锤击数修正系数

N_{120} / L(m)	1	3	5	7	9	10	15	20	25	30	35	40
1	1.00	1.00	1.00	1.00	1.00	1.00	1.00	1.00	1.00	1.00	1.00	1.00
2	0.96	0.92	0.91	0.90	0.90	0.90	0.90	0.89	0.89	0.88	0.88	0.88
3	0.94	0.88	0.86	0.85	0.84	0.84	0.83	0.82	0.82	0.81	0.81	0.81
5	0.92	0.82	0.79	0.78	0.77	0.76	0.75	0.74	0.73	0.72	0.72	0.72
7	0.90	0.78	0.75	0.74	0.73	0.72	0.71	0.70	0.68	0.68	0.67	0.66
9	0.88	0.75	0.72	0.70	0.69	0.68	0.66	0.66	0.64	0.63	0.62	0.62
11	0.87	0.73	0.69	0.67	0.66	0.65	0.63	0.62	0.61	0.60	0.59	0.58
13	0.86	0.71	0.67	0.65	0.63	0.61	0.60	0.57	0.56	0.55	0.55	0.55
15	0.86	0.69	0.65	0.63	0.62	0.60	0.59	0.58	0.56	0.55	0.54	0.54
17	0.85	0.68	0.63	0.61	0.60	0.59	0.58	0.56	0.54	0.53	0.52	0.51
19	0.84	0.66	0.62	0.60	0.58	0.57	0.55	0.54	0.53	0.52	0.51	0.50

注:表中 L 为杆长。

附录 E 隧道围岩分级

表 E 隧道围岩分级

围岩级别	围岩主要工程地质条件		围岩开挖后的稳定状态(单线)	围岩压缩波速 v_p(km/s)
	主要工程地质特征	结构形态和完整状态		
I	坚硬岩(单轴饱和抗压强度 $f_r > 60MPa$)受地质构造影响轻微,节理不发育,无软弱面(或夹层);层状岩层为巨厚层或厚层,层间结合良好,岩体完整	呈巨块状整体结构	围岩稳定,无坍塌,可能产生岩爆	>4.5
II	坚硬岩($f_r > 60MPa$):受地质构造影响较重,节理较发育,有少量软弱面(或夹层)和贯通微张节理,但其产状及组合关系不致产生滑动;层状岩层为中层或厚层,层间结合一般,很少有分离现象;或为硬质岩偶夹软质岩石;岩体较完整	呈大块状砌体结构	暴露时间长,可能会出现局部小坍塌,侧壁稳定,层间结合差的平缓岩层顶板易塌落	3.5~4.5
II	较硬岩($30MPa < f_r \leqslant 60MPa$)受地质构造影响轻微,节理不发育;层状岩层为厚层,层间结合良好,岩体完整	呈巨块状整体结构		
III	坚硬岩和较硬岩:受地质构造影响较重,节理较发育,有层状软弱面(或夹层),但其产状组合关系尚不致产生滑动;层状岩层为薄层或中层,层间结合差,多有分离现象;或为硬、软质岩石互层	呈块状镶嵌结构	拱部无支护时可能产生局部小坍塌,侧壁基本稳定,爆破震动过大易塌落	2.5~4.0
III	较软岩($15MPa < f_r \leqslant 30MPa$)和软岩($5MPa < f_r \leqslant 15MPa$):受地质构造影响严重,节理较发育;层状岩层为薄层、中厚层或厚层,层间结合一般	呈大块状砌体结构		
IV	坚硬岩和较硬岩:受地质构造影响严重,节理较发育;层状软弱面(或夹层)已基本破坏	呈碎石状压碎结构	拱部无支护时可产生较大坍塌,侧壁有时失去稳定	1.5~3.0
IV	较软岩和软岩:受地质构造影响严重,节理较发育	呈块石、碎石状镶嵌结构		
IV	土体:1. 具压密或成岩作用的黏性土、粉土及碎石土 2. 黄土(Q1、Q2) 3. 一般钙质或铁质胶结的碎石土、卵石土、粗角砾土、粗圆砾土、大块石土	1、2 呈大块状压密结构,3 呈巨块状整体结构		
V	软岩受地质构造影响严重,裂隙杂乱,呈石夹土或土夹石状,极软岩($f_r \leqslant 5MPa$)	呈角砾、碎石状松散结构	围岩易坍塌,处理不当会出现大坍塌,侧壁经常小坍塌,浅埋时易出现地表下沉(陷)或塌至地表	1.0~2.0
V	土体:一般第四系的坚硬、硬塑的黏性土,稍密及以上、稍湿或潮湿的碎石土、卵石土、圆砾土、角砾土、粉土及黄土(Q3、Q4)	非黏性土呈松散结构,黏性土及黄土呈松软状结构		
VI	岩体:受地质构造影响严重,呈碎石、角砾及粉末、泥土状	呈松软状结构	围岩极易坍塌变形,有水时土砂常与水一齐涌出,浅埋时易坍塌至地表	<1.0(饱和状态的土<1.5)
VI	土体:可塑、软塑状黏性土、饱和的粉土及砂类土等	黏性土呈易蠕动的松软结构,砂性土呈潮湿松散结构		

注:1 表中"围岩级别"和"围岩主要工程地质条件"栏,不包括膨胀性围岩、多年冻土等特殊岩土。

2 III、IV、V级围岩遇有地下水时,可根据具体情况和施工条件适当降低围岩级别。

附录 F 岩土施工工程分级

表 F 岩土施工工程分级

等级	分类	岩土名称及特征	钻1m所需时间 液压凿岩台车、潜孔钻机(净钻分钟)	钻1m所需时间 手持风枪湿式凿岩合金钻头(净钻分钟)	钻1m所需时间 双人打眼(工日)	岩石单轴饱和抗压强度(MPa)	开挖方法
Ⅰ	松土	砂类土、种植土、未经压实的填土	—	—	—	—	用铁锹挖,脚蹬一下到底的松散土层,机械能全部直接铲挖,普通装载机可满载
Ⅱ	普通土	坚硬的、硬塑和软塑的粉质黏土、硬塑和软塑的黏土、膨胀土、粉土、Q3、Q4黄土、稍密的细角砾土、细圆砾土、松散的粗角砾土、碎石土、粗圆砾土、卵石土、压密的填土、风积沙	—	—	—	—	部分用镐刨松,再用锹挖,脚蹬连蹬数次才能挖动的。挖掘机、带齿尖口装载机可满载,普通装载机可直接铲挖,但不能满载
Ⅲ	硬土	坚硬的黏性土、膨胀土、Q1、Q2黄土,稍密、中密粗角砾土、碎石土、粗圆砾土、碎石土,密实的细圆砾土、细角砾土、各种风化成土状的岩石	—	—	—	—	必须用镐先全部松动才能用锹挖。挖掘机、带齿尖口装载机不能满载,大部分采用松土器松动方能铲挖装载
Ⅳ	软质岩	块石土、漂石土、含块石、漂石30%~50%的土及密实的碎石土、粗角砾土、卵石土、粗圆砾土;岩盐、各类较软岩、软岩及成岩作用差的岩石;泥质砾岩、煤、凝灰岩、云母片岩、千枚岩	—	<7	<0.2	<30	部分用撬棍及大锤开挖或挖掘机、单钩裂土器松动,部分需借助液压冲击镐解碎或部分采用爆破方法开挖
Ⅴ	次坚石	各种硬质岩;硅质页岩、钙质砂岩、白云岩、石灰岩、泥灰岩、玄武岩、片岩、片麻岩、正长岩、花岗岩	≤10	7~20	0.2~1.0	30~60	能用液压冲击镐解碎或大部分需爆破法开挖

续表 F

等级	分类	岩土名称及特征	钻1m所需时间 液压凿岩台车、潜孔钻机(净钻分钟)	钻1m所需时间 手持风枪湿式凿岩合金钻头(净钻分钟)	钻1m所需时间 双人打眼(工日)	岩石单轴饱和抗压强度(MPa)	开挖方法
Ⅵ	坚石	各种极硬岩:硅质砂岩、硅质砾岩、石灰岩、石英岩、大理岩、玄武岩、闪长岩、花岗岩、角岩	>10	>20	>1.0	>60	可用液压冲击镐解碎,需用爆破法开挖

注:1 软土(软黏性土、淤泥质土、淤泥、泥炭质土、泥炭)的施工工程分级,一般可定为Ⅱ级,多年冻土一般可定为Ⅳ级。
    2 表中所列岩石均按完整结构岩体考虑,若岩体极破碎、节理很发育或强风化时,其等级应按表对应岩石的等级降低一个等级。

附录 G 不同等级土试样的取样工具和方法

表 G 不同等级土试样的取样工具和方法

土试样质量等级	取样工具和方法		适用土类 黏性土 流塑	软塑	可塑	硬塑	坚硬	粉土	砂土 粉砂	细砂	中砂	粗砂	砾砂、碎石土、软岩
Ⅰ	薄壁取土器	固定活塞	++	++	++	+	—	+	+	+	—	—	—
		水压固定活塞	++	++	++	+	—	+	+	+	—	—	—
		自由活塞	—	+	++	+	—	+	—	—	—	—	—
		敞口	+	++	++	+	—	+	+	+	—	—	—
	回转取土器	单动三重管	—	+	++	++	+	++	+	++	+	+	—
		双动三重管	—	—	+	++	++	—	—	—	+	++	+
	探井(槽)中刻取块状土样		++	++	++	++	++	++	+	+	+	+	++
Ⅱ	薄壁取土器	水压固定活塞	++	++	++	+	—	++	++	++	—	—	—
		自由活塞	+	++	++	+	—	+	—	—	—	—	—
		敞口	++	++	++	+	—	++	++	++	—	—	—
	回转取土器	单动三重管	—	+	++	++	+	++	+	++	+	+	—
		双动三重管	—	—	+	++	++	—	—	—	++	++	++
Ⅲ	厚壁敞口取土器		+	++	++	++	+	++	+	+	+	+	—
	厚壁敞口取土器		++	++	++	++	++	++	++	++	++	++	—
	标准贯入器		++	++	++	++	++	++	++	++	++	++	—
	螺纹钻头		++	++	++	++	++	++	—	—	—	—	—
	岩芯钻头		++	++	++	++	++	++	—	—	—	—	++
Ⅳ	标准贯入器		++	++	++	++	++	++	++	++	++	++	—
	螺纹钻头		++	++	++	++	++	++	—	—	—	—	—
	岩芯钻头		++	++	++	++	++	++	—	—	—	—	++

注:++表示适用;+表示部分适用;—表示不适用;采取砂土试样应有防止试样失落的补充措施;有经验时,可用束节式取土器代替薄壁取土器。

附录 H 基床系数经验值

表 H 基床系数经验值

岩土类别		状态/密实度	基床系数 K(MPa/m) 水平基床系数 K_h	垂直基床系数 K_v
新近沉积土	黏性土	软塑	10~20	5~15
		可塑	12~30	10~25
	粉土	稍密	10~20	12~18
		中密	15~25	10~25

续表 H

岩土类别	状态/密实度	基床系数 K（MPa/m）	
		水平基床系数 K_h	垂直基床系数 K_v
软土（软黏性土、软粉土、淤泥、淤泥质土、泥炭和泥炭质土等）	—	1～12	1～10
黏性土	流塑	3～15	4～10
	软塑	10～25	8～22
	可塑	20～45	20～45
	硬塑	30～65	30～70
	坚硬	60～100	55～90
粉土	稍密	10～25	11～20
	中密	15～40	15～35
	密实	20～70	25～70
砂类土	松散	3～15	5～15
	稍密	10～30	12～30
	中密	20～45	20～40
	密实	25～60	25～65
圆砾、角砾	稍密	15～40	15～40
	中密	25～55	25～60
	密实	55～90	60～80
卵石、碎石	稍密	17～50	20～60
	中密	25～85	35～100
	密实	50～120	50～120
新黄土	可塑、硬塑	30～50	30～60
老黄土	可塑、硬塑	40～70	40～80
软质岩石	全风化	35～39	41～45
	强风化	135～160	160～180
	中等风化	200	220～250
硬质岩石	强风化或中等风化	200～1000	
	未风化	1000～15000	

注：基床系数宜采用 K_{30} 试验结合原位测试和室内试验以及当地经验综合确定。

附录 J 工法勘察岩土参数选择

J.0.1 明挖法勘察所需提供的岩土参数可从表 J.0.1 中选用。

表 J.0.1 明挖法勘察岩土参数选择表

开挖施工方法		密度	黏聚力	内摩擦角	静止侧压力系数	无侧限抗压强度	十字板剪切强度	水平基床系数	水平力的比例系数	回弹及回弹再压缩模量	弹性模量	渗透系数	土体与锚固固体粘结强度	桩基设计参数
放坡开挖		√	√	√		√	○						√	
支护开挖	土钉墙	√	√	√		√	○						√	—
	排桩	√	√	√	○	√	○	○	○	○	○		○	○
	钢板桩	√	√	√	○	√	○	○	○	○	○		—	—
	地下连续墙	√	√	√	○	√	○	○	○	○	○		○	○
	水泥土挡墙	√	√	√		√	○					○	—	—
盖挖		√	√	√	○	√	○	○	○	○	○		—	○

注：表中○表示可提供，√表示应提供，—表示不可提供。

J.0.2 矿山法勘察所需提供的岩土参数可从表 J.0.2 中选用。

表 J.0.2 矿山法勘察岩土参数选择表

类别	参数	类别	参数
地下水	1.地下水位、水量； 2.渗透系数	物理性质	1.含水量、密度、孔隙比； 2.液限、塑限； 3.黏粒含量； 4.颗粒级配； 5.围岩的纵、横波速度
力学性质	1.无侧限抗压强度； 2.抗拉强度； 3.黏聚力、内摩擦角； 4.岩体的弹性模量； 5.土体的变形模量及压缩量； 6.泊松比； 7.标准贯入锤击数； 8.静止侧压力系数； 9.基床系数； 10.岩石质量指标（RQD）	矿物组成及工程特性	1.矿物组成； 2.浸水崩解性； 3.吸水率、膨胀率； 4.热物理指标
		有害气体	1.土的化学成分； 2.有害气体成分、压力、含量

J.0.3 盾构法勘察所需提供的岩土参数可从表 J.0.3 中选用。

表 J.0.3 盾构法勘察岩土参数选择表

类别	参数	类别	参数
地下水	1.地下水位； 2.孔隙水压力； 3.渗透系数	物理性质	1.比重、含水量、密度、孔隙比； 2.含砾石量、含砂量、含粉砂量、含黏土量； 3. d_{10}、d_{50}、d_{60} 及不均匀系数 d_{60}/d_{10}； 4.砾石中的石英、长石等硬质矿物含量； 5.最大粒径、砾石形状、尺寸及硬度； 6.颗粒级配； 7.液限、塑限； 8.灵敏度； 9.围岩的纵、横波速度； 10.岩石岩矿组成及硬质矿物含量
力学性质	1.无侧限抗压强度； 2.黏聚力、内摩擦角； 3.压缩模量、压缩系数； 4.泊松比； 5.静止侧压力系数； 6.标准贯入锤击数； 7.基床系数； 8.岩石质量指标（RQD）； 9.岩石天然湿度抗压强度		
		有害气体	1.土的化学成分； 2.有害气体成分、压力、含量

附录 K 岩土热物理指标经验值

表 K 岩土热物理指标

岩土类别	含水量 $w(\%)$	密度 $\rho(g/cm^3)$	热物理指标		
			比热容 C $[kJ/(kg \cdot K)]$	导热系数 λ $[W/(m \cdot K)]$	导温系数 $\alpha \times 10^{-3}$ (m^2/h)
黏性土	$5 \leqslant w < 15$	1.90～2.00	0.82～1.35	0.25～1.25	0.55～1.65
	$15 \leqslant w < 25$	1.85～1.95	1.05～1.65	1.08～1.85	0.80～2.35
	$25 \leqslant w < 35$	1.75～1.85	1.25～1.85	1.15～1.95	0.95～2.55
	$35 \leqslant w < 45$	1.70～1.80	1.55～2.35	1.25～2.05	1.05～2.65
粉土	$w < 5$	1.55～1.85	0.92～1.25	0.28～1.05	1.05～2.05
	$5 \leqslant w < 15$	1.65～1.90	1.05～1.45	0.88～1.35	1.25～2.35
	$15 \leqslant w < 25$	1.75～2.00	1.35～1.65	1.15～1.85	1.45～2.55
	$25 \leqslant w < 35$	1.85～2.05	1.55～1.85	1.25～1.95	1.65～2.65
粉、细砂	$w < 5$	1.55～1.85	0.85～1.15	0.35～0.95	0.90～2.45
	$5 \leqslant w < 15$	1.65～1.95	1.05～1.45	0.55～1.45	1.10～2.55
	$15 \leqslant w < 25$	1.75～2.15	1.25～1.65	1.20～1.85	1.25～2.75
中砂、粗砂、砾砂	$w < 5$	1.65～2.30	0.85～1.05	0.45～1.05	0.90～2.85
	$5 \leqslant w < 15$	1.75～2.25	0.95～1.45	0.65～1.65	1.05～3.15
	$15 \leqslant w < 25$	1.85～2.35	1.15～1.75	1.35～2.25	1.90～3.35
圆砾、角砾	$w < 5$	1.85～2.25	0.95～1.25	0.65～1.15	1.35～3.35
	$5 \leqslant w < 15$	2.05～2.45	1.05～1.50	0.75～2.25	1.55～3.55
卵石、碎石	$w < 5$	1.95～2.35	1.00～1.35	0.75～1.25	1.35～3.45
	$5 \leqslant w < 10$	2.05～2.45	1.05～1.45	0.85～2.75	1.65～3.65

岩土类别	含水量 $w(\%)$	密度 $\rho(\text{g/cm}^3)$	热物理指标		
			比热容 C [kJ/(kg·K)]	导热系数 λ [W/(m·K)]	导温系数 $a\times10^{-3}$ (m²/h)
全风化软质岩	$5\leqslant w<15$	1.85~2.05	1.05~1.35	1.05~2.25	0.95~2.05
	$15\leqslant w<25$	1.90~2.15	1.15~1.45	1.20~2.45	1.15~2.85
全风化硬质岩	$10\leqslant w<15$	1.85~2.15	0.75~1.45	0.85~1.15	1.10~2.15
	$15\leqslant w<25$	1.90~2.25	0.85~1.65	0.95~2.15	1.25~3.00
强风化软质岩	$2\leqslant w<10$	2.05~2.40	0.57~1.55	1.00~1.75	1.30~3.50
强风化硬质岩	$2\leqslant w<10$	2.05~2.45	0.43~1.46	0.90~1.85	1.50~4.50
中风化软质岩	$w<5$	2.25~2.45	0.85~1.15	1.65~2.45	1.60~4.00
中风化硬质岩	$w<5$	2.25~2.55	0.75~1.25	1.85~2.75	1.60~5.50

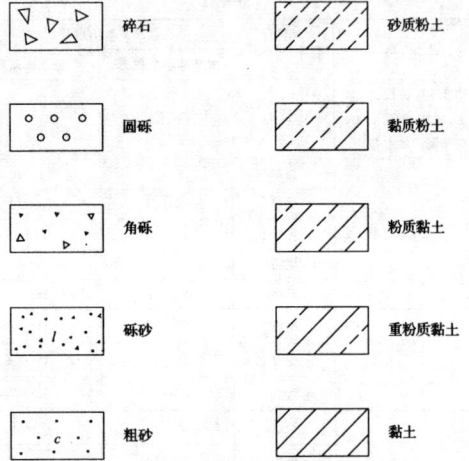

附录 L 常用图例

L.0.1 常用岩石图例(图 L.0.1)。

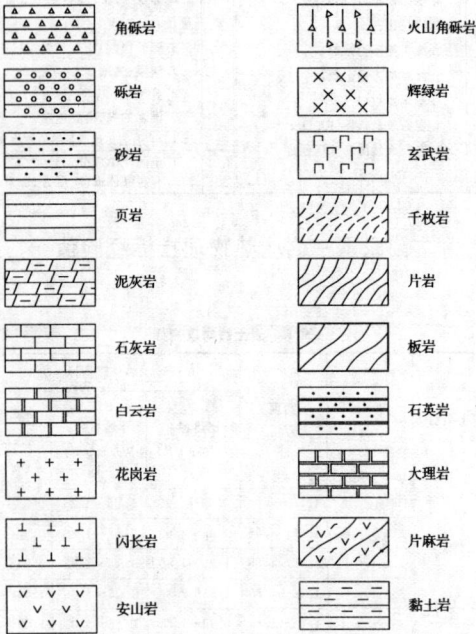

角砾岩　火山角砾岩
砾岩　辉绿岩
砂岩　玄武岩
页岩　千枚岩
泥灰岩　片岩
石灰岩　板岩
白云岩　石英岩
花岗岩　大理岩
闪长岩　片麻岩
安山岩　黏土岩

图 L.0.1 常用岩石图例

L.0.2 松散土层图例(图 L.0.2)。

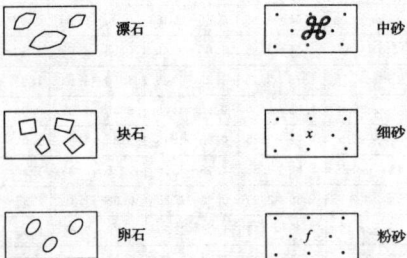

漂石　中砂
块石　细砂
卵石　粉砂

图 L.0.2 松散土图例(一)

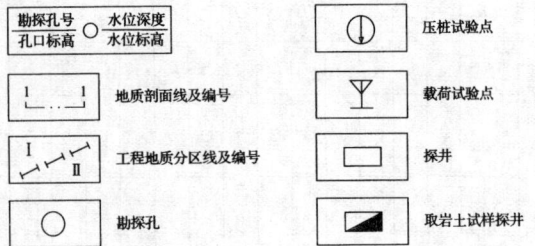

碎石　砂质粉土
圆砾　黏质粉土
角砾　粉质黏土
砾砂　重粉质黏土
粗砂　黏土

图 L.0.2 松散土图例(二)

L.0.3 其他图例(图 L.0.3-1、图 L.0.3-2)。

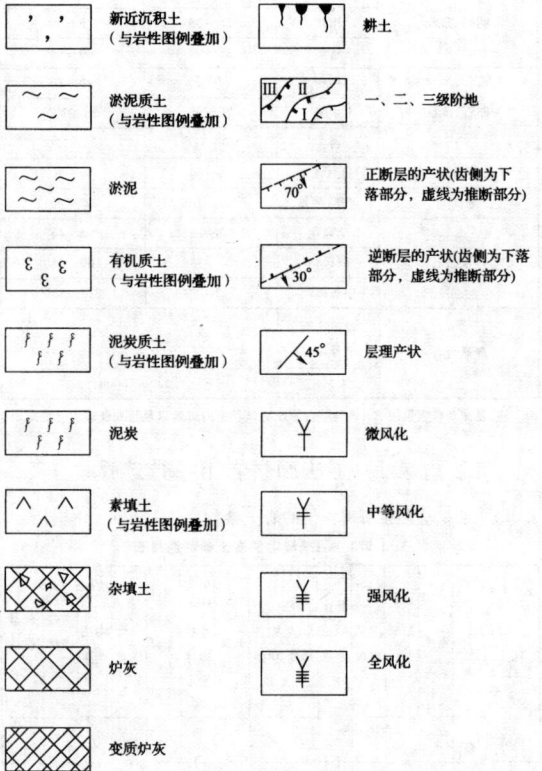

新近沉积土(与岩性图例叠加)　耕土
淤泥质土(与岩性图例叠加)　一、二、三级阶地
淤泥　正断层的产状(齿侧为下落部分,虚线为推断部分)
有机质土(与岩性图例叠加)　逆断层的产状(齿侧为下落部分,虚线为推断部分)
泥炭质土(与岩性图例叠加)　层理产状
泥炭　微风化
素填土(与岩性图例叠加)　中等风化
杂填土　强风化
炉灰　全风化
变质炉灰

图 L.0.3-1 其他图例(一)

勘探孔号 / 孔口标高　水位深度 / 水位标高　压桩试验点
地质剖面线及编号　载荷试验点
工程地质分区线及编号　探井
勘探孔　取岩土试样探井

图 L.0.3-2 其他图例(二)

图例	名称	图例	名称
◐	取岩土试样钻孔	▭	探槽
☼	取水试样钻孔	—⊥—	稳定水位
▼	标准贯入试验孔	—⊽—	初见水位
▽	静力触探试验孔	⊡	取岩土试样位置
◬	轻型圆锥动力触探试验孔	N	标准贯入试验锤击数
▲	重型圆锥动力触探试验孔	p_s	比贯入阻力值
⊘	波速试验孔	N_{10}	轻型圆锥动力触探试验锤击数
⊖	旁压试验孔	$N_{63.5}$	重型圆锥动力触探试验锤击数
◎	利用已有资料钻孔		

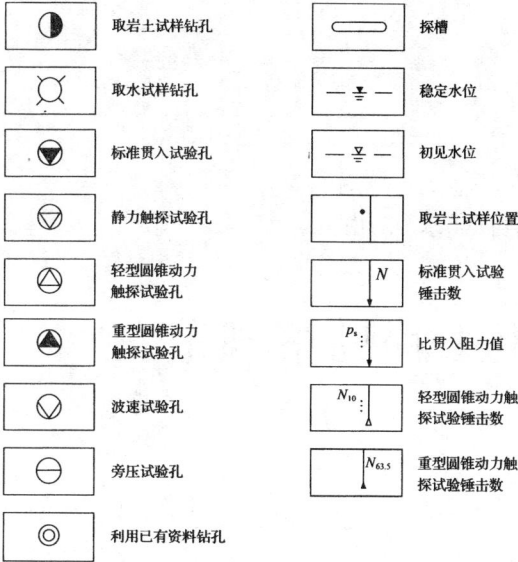

图 L.0.3-2　其他图例(二)

本规范用词说明

1　为便于在执行本规范条文时区别对待,对要求严格程度不同的用词说明如下:

1)表示很严格,非这样做不可的:
正面词采用"必须",反面词采用"严禁";
2)表示严格,在正常情况下均应这样做的:
正面词采用"应",反面词采用"不应"或"不得";
3)表示允许稍有选择,在条件许可时首先应这样做的:
正面词采用"宜",反面词采用"不宜";
4)表示有选择,在一定条件下可以这样做的,采用"可"。

2　条文中指明应按其他有关标准执行的写法为:"应符合……的规定"或"应按……执行"。

引用标准名录

《建筑地基基础设计规范》GB 50007
《建筑抗震设计规范》GB 50011
《岩土工程勘察规范》GB 50021
《湿陷性黄土地区建筑规范》GB 50025
《铁道工程抗震设计规范》GB 50111
《土工试验方法标准》GB/T 50123
《建筑地基基础工程施工质量验收规范》GB 50202
《工程岩体分级标准》GB 50218
《工程岩体试验方法标准》GB/T 50266
《城市轨道交通工程测量规范》GB 50308
《国家一、二等水准测量规范》GB 12897
《膨胀土地区建筑技术规范》GBJ 112
《建筑变形测量规范》JGJ 8
《建筑地基处理技术规范》JGJ 79
《建筑桩基检测技术规范》JGJ 106
《建筑基坑支护技术规程》JGJ 120
《城市地下管线探测技术规程》CJJ 61
《铁路工程地质勘察规范》TB 10012

中华人民共和国国家标准

城市轨道交通岩土工程勘察规范

GB 50307—2012

条 文 说 明

修 订 说 明

《城市轨道交通岩土工程勘察规范》GB 50307—2012，经住房和城乡建设部 2012 年 1 月 21 日以第 1269 号公告批准发布。

本规范是在《地下铁道、轻轨交通岩土工程勘察规范》GB 50307—1999 的基础上修订而成。由于近年来随着城市轨道交通的发展，出现了单轨交通、中低速磁悬浮轨道交通等新的制式，"地下铁道、轻轨交通"不能包含所有城市轨道交通的制式。"城市轨道交通"目前是业内约定俗成，能够代表包括地铁、轻轨、单轨、磁悬浮等制式在内的所有轨道类交通的名称。同时，已修编完成的《城市轨道交通工程测量规范》等规范也已更名，正在编制的《城市轨道交通工程监测技术规范》也按此定名；为了与城市轨道交通系列的规范定名相一致，将《地下铁道、轻轨交通岩土工程勘察规范》更名为《城市轨道交通岩土工程勘察规范》。

上一版的主编单位是北京市城建勘察测绘院（改制后为北京城建勘测设计研究院有限责任公司），参编单位是北京市城建设计研究院、广州市地下铁道总公司、上海岩土工程勘察设计研究院、北京市勘察设计研究院、西北综合勘察设计研究院、沈阳市勘察测绘研究院、青岛市勘察测绘研究院、建设部综合勘察研究设计院、铁道部科学研究院、深圳市勘察测绘院，主要起草人员是袁绍武、王元湘、刘官熙、史存林、庄宝璠、吴成孝、林在贯、张乃瑞、金淮、周士鉴、罗梅云、顾宝和、顾国荣、贾信远、傅迺鑫、彭家骏、鞠世健、陈玉梅。

本规范修订过程中，编制组进行了细致深入的调查研究，开展了多项专题研究，总结了我国城市轨道交通岩土工程勘察的实践经验，同时参考了国外先进技术法规、技术标准，通过研究取得了城市轨道交通岩土工程勘察的重要技术参数。

为便于广大设计、施工、科研、学校等单位有关人员在使用本规范时能正确理解和执行条文规定，《城市轨道交通岩土工程勘察规范》编制组按章、节、条顺序编制了本规范的条文说明，对条文规定的目的、依据及执行中需注意的有关事项进行了说明，还着重对强制性条文的强制性理由作了解释。本条文说明不具备与规范正文同等的法律效力，仅供使用者作为理解和把握标准规定的参考。

目　次

1 总 则

1.0.1 随着国民经济的发展,我国迎来了城市轨道交通工程建设的高潮,目前已有 27 个城市开展了城市轨道交通工程的建设工作。岩土工程勘察是为城市轨道交通工程建设提供基础资料的一个重要环节,根据构建和谐社会、科学发展的要求,岩土工程勘察应综合考虑生存、发展、环境、安全、效益诸方面的问题。

城市轨道交通工程属于高风险工程,安全事故时有发生,目前全国各个城市的轨道交通工程建设都开展了安全风险管理工作,因此,本规范在《地下铁道、轻轨交通岩土工程勘察规范》GB 50307—1999(以下简称原规范)基础上增加了控制风险的原则。

1.0.2 本规范针对城市轨道交通工程的各种敷设形式、各种结构类型和施工方法,提出了具体的勘察要求,能够满足城市轨道交通新建和改、扩建工程的要求。

1.0.3 城市轨道交通工程多在大城市建设,城市中的勘察资料往往比较丰富,特别是各种大型工业与民用建筑工程的基础设计、施工、监测资料,均可供城市轨道交通工程参考和借鉴。所以收集与利用既有资料对城市轨道交通工程勘察工作是十分有益的。

城市轨道交通工程建设过程中基坑、隧道的坍塌,周边建筑物、管线等环境破坏,往往与地质条件密切相关。因此,应引起岩土工程勘察人员的重视,科学制订方案、精心组织实施。

城市轨道交通岩土工程勘察应密切结合工程特点进行工程地质、水文地质勘察,针对各类结构设计及各种施工方法,依据工程地质、水文地质条件进行技术论证和评价,提出合理可行的工程建议是十分重要的。

1.0.4 城市轨道交通工程各项岩土工程勘察工作,均应按照本规范执行。凡是本规范未涉及的内容,对于线路工程可根据城市轨道交通工程的特点,参照铁道部的有关规范执行。对于建筑工程可按照现行工业与民用建筑有关规范执行。

3 基 本 规 定

3.0.1 城市轨道交通工程建设阶段一般包括规划、可行性研究、总体设计、初步设计、施工图设计、工程施工、试运营等阶段。由于城市轨道交通工程投资巨大,线路穿越城市中心地带,地质、环境风险极高,建设各阶段对工程技术的要求高,各个阶段所解决的工程问题不同,对岩土工程勘察的资料深度要求也不同。如:规划阶段应规避对线路方案产生重大影响的地质和环境风险。在设计阶段应针对所有的岩土工程问题开展设计工作,并对各类环境提出保护方案。

若不按照建设阶段及各阶段的技术要求开展岩土工程勘察工作,可能会导致工程投资浪费、工期延误,甚至在施工阶段产生重大的工程风险。根据规划和各设计阶段的要求,分阶段开展岩土工程勘察工作,规避工程风险,对轨道交通工程建设意义重大。

3.0.2 岩土工程勘察分阶段开展工作,就是坚持由浅入深、不断深化的认识过程,逐步认识沿线区域及场地的工程地质条件,准确提供不同阶段所需的岩土工程资料。特别在地质条件复杂地区,若不按阶段进行岩土工程勘察工作,轻者给后期工作造成被动,形成返工浪费,重者给工程造成重大损失或给运营线路留下无穷后患。

鉴于工程地质现象的复杂性和不确定性,按一定间距布设勘探点所揭示地层信息存在局限性;受周边环境条件限制,部分钻孔

在详细勘察阶段无法实施;工程施工阶段周期较长(一般为 2 年~4 年),在此期间,地下水和周边环境会发生较大变化;同时在工程施工中经常会出现一些工程问题。因此,城市轨道交通工程在施工阶段有必要开展勘察工作,对地质资料进行验证、补充或修正。

3.0.3 不良地质作用、地质灾害、特殊性岩土等往往对城市轨道交通工程线位规划、敷设形式、结构设计、工法选择等工程方案产生重大影响,严重时危及工程施工和线路运营的安全。不良地质作用、地质灾害、特殊性岩土等岩土工程问题往往具有复杂性和特殊性,采用常规的勘探手段,在常规的勘探工作量条件下难以查清。因此,对工程方案有重大影响的岩土工程问题应进行专项勘察工作,提出有针对性的工程措施建议,确保工程规划设计经济、合理,工程施工安全、顺利。

西安城市轨道交通工程建设能否穿越地裂缝,济南城市轨道交通工程建设能否避免对泉水产生影响,是西安和济南城市轨道交通工程建设的控制因素。因此,这两个城市在轨道交通工程建设中都进行了专项岩土工程勘察工作,专项勘察成果指导了城市轨道交通工程的规划、设计、施工工作。

3.0.4 城市轨道交通工程周边存在着大量的地上、地下建(构)筑物、地下管线、人防工程等环境条件,对工程设计方案和工程安全产生重大的影响,同时,轨道交通的敷设形式多采用地下线形式,地下工程的施工容易导致周边环境产生破坏。因此,岩土工程勘察前需要从建设单位获取地形图、地下管线及地下设施分布图,以便勘察单位在勘察期间确保地下管线和设施的安全,并在勘察成果中分析工程与周边环境的相互影响。

工程周边环境资料是工程设计、施工的重要依据,地形图及地下管线图往往不能满足周边环境与工程相互影响分析及工程环境保护设计、施工的要求。因此,有必要在工程建设中开展周边环境专项调查工作,取得周边环境的详细资料,以便采取环境保护措施,保证环境和城市轨道交通工程建设的安全。

目前,工程周边环境的专项调查工作,是由建设单位单独委托,承担环境调查工作的单位,可以是设计单位、勘察单位或其他单位。

3.0.5 搜集当地已有勘察资料和建设经验是岩土工程勘察的基本要求,充分利用已有勘察资料和建设经验可以达到事半功倍的效果。

城市轨道交通工程线路敷设形式多,结构类型多,施工方法复杂;不同类型的工程对岩土工程勘察的要求不同,解决的问题不同。因此,针对线路敷设形式以及各类工程的建筑类型、结构形式、施工方法等工程条件开展工作是十分必要的。

3.0.6 城市轨道交通岩土工程勘察等级的划分,主要考虑了工程结构类型、破坏后果的严重性、场地工程地质条件的复杂程度、环境安全风险等级等因素,以便在勘察工作量布置、岩土工程评价、参数获取、工程措施建议等方面突出重点、区别对待。

3.0.7 城市轨道交通工程本身是一个复杂的系统工程,是各类工程和建筑类型的集合体,为了使岩土工程勘察工作更具针对性,本规范根据各个工程的规模和建筑类型的特点以及破坏后果的严重性进行了重要性等级划分,并划分为三个等级。本条在原规范的基础上进行了适当的调整。

3.0.8 本条主要依据现行国家标准《岩土工程勘察规范》GB 50021制定。考虑到城市轨道交通隧道工程的岩土工程问题主要是围岩的稳定性问题,因此在地基、边坡岩土性质的条款中增加了围岩。

对建筑抗震有利、不利和危险地段的划分,应按现行国家标准《建筑抗震设计规范》GB 50011 的有关规定确定。

3.0.9 城市轨道交通工程周边环境复杂,不同环境类型与城市轨道交通工程建设的相互影响不同,工程环境风险与环境的重要性、环境与工程的空间位置关系密切相关。

目前,各个城市在城市轨道交通建设中,针对不同等级的环境

风险采取的管理措施不同：一级环境风险需进行专项评估、专项设计和编制专项施工方案；二级的环境风险在设计文件中应提出环境保护措施并编制专项施工方案；三级环境风险应在工程施工方案中制订环境保护措施。不同级别环境风险的保护和控制对岩土工程勘察的要求不同。

一般可行性研究阶段应重点关注一级环境风险，并提出规避措施建议；初步勘察阶段应重点关注一级和二级的环境风险，并提出保护措施建议；详细勘察阶段应关注所有环境风险，并提出明确的环境保护措施建议。

北京市城市轨道交通工程的环境风险分级如下：

1 特级环境风险：下穿既有轨道线路（含铁路）。

2 一级环境风险：下穿重要既有建（构）筑物、重要市政管线及河流，上穿既有轨道线路（含铁路）。

3 二级环境风险：下穿一般既有建（构）筑物、重要市政道路，临近重要既有建（构）筑物、重要市政管线及河流。

4 三级环境风险：下穿一般市政管线、一般市政道路及其他市政基础设施，临近一般既有建（构）筑物、重要市政道路。

3.0.11 城市轨道交通工程的结构类型大体可归属为铁路和建筑两大行业，两大行业对岩土工程设计参数的选取有一定的差异，岩土工程勘察时需要根据设计单位的要求参照相应的行业规范提供。

一般路基、隧道、跨河桥、跨线桥、高架桥、高架车站中与车站结构完全分开的线路、桥梁等岩土设计参数参照现行铁路行业规范；建筑、房屋等其他结构参照现行建筑行业规范。城市轨道交通工程沿线场地和地基地震效应的岩土工程评价，需要采用与结构设计相同行业类别的抗震设计规范。

4 岩土分类、描述与围岩分级

4.1 岩石分类

4.1.2 岩石坚硬程度的划分，现有国家和行业规范逐渐统一到现行国家标准《工程岩体分级标准》GB 50218。从表 1 可看出，现行行业标准《铁路工程地质勘察规范》TB 10012 中岩石坚硬程度的定量划分与现行国家标准《工程岩体分级标准》GB 50218 和《岩土工程勘察规范》GB 50021 原则上一致，本次修订参照现行国家标准《工程岩体分级标准》GB 50218 和《岩土工程勘察规范》GB 50021进行分类，分为 5 类。

表 1 岩石坚硬程度的划分比较

《工程岩体分级标准》GB 50218 和《岩土工程勘察规范》GB 5002 中坚硬程度划分	坚硬岩	较硬岩	较软岩	软岩	极软岩
《铁路工程岩土分类标准》TB 10012 中坚硬程度划分	硬质岩	硬岩	较软岩	软岩	极软岩
饱和单轴抗压强度 f_r（MPa）	$f_r > 60$	$30 < f_r \leqslant 60$	$15 < f_r \leqslant 30$	$5 < f_r \leqslant 15$	$f_r \leqslant 5$

4.1.5 风化程度分类参照现行国家标准《工程岩体分级标准》GB 50218 和《岩土工程勘察规范》GB 50021，残积土作为岩石风化后的残积物，具有土的特性，工程意义重要，为便于比较，附录中把残积土列出。

全风化岩石在工程中是常常遇到的岩石，国内外一些规范也有类似规定和提法。未风化岩石按工程岩体分级标准，含义是岩质新鲜、结构未变。

4.1.6 软化系数是衡量水对岩石强度影响程度的判别准则之一，软化的岩石浸水后的承载力明显降低。分类标准和现行国家

标准《岩土工程勘察规范》GB 50021 一致，规定 0.75 作为不软化和软化的界限值。条文中增加了特殊性岩石的定名。

4.1.7 本条为本次修订增加的内容。岩体的完整程度反映了它的裂隙性，而裂隙性是岩体十分重要的特性，破碎岩石的强度比完整岩石大大削弱；RQD 指钻孔中用 N 型（直径 75mm）二重管金刚石钻头获取的大于 10cm 的岩芯段长度与该回次钻进深度之比，是国际上通用的鉴别岩石工程性质好坏的方法。英国岩石质量指标 RQD 分类见表 2，和国内分类是一致的，国内也有较多经验，本次修订按现行国家标准《岩土工程勘察规范》GB 50021 作了明确的规定。

表 2 岩体按岩石的质量指标（RQD）分类

岩 体 分 类	岩石的质量指标 RQD（%）
很好（excellent）	＞90
好的（good）	75～90
中等（fair）	50～75
坏的（poor）	25～50
极坏（very poor）	＜25

注：摘自英国标准《英国岩土工程勘察规范》BS 5930：1981。

4.2 土的分类

4.2.1～4.2.8 粉土在原规范和现行的国家标准《岩土工程勘察规范》GB 50021 和《建筑地基基础设计规范》GB 50007 中，没有进一步划分。本次修订是以塑性指数 7 为界，划分为黏质粉土和砂质粉土，主要考虑工程性质的差异，在存在地下水时砂质粉土和黏质粉土性状不同，尤其对地下开挖工程的影响，砂质粉土易产生流土等渗流变形，接近粉砂的性状，黏质粉土接近粉质黏土的性状。对条文中粉土划分标准作如下说明：

1 在划分相当于粉质黏土和黏质粉土的问题上，一直存在两种意见，有人认为应以塑性指数 I_P 等于 10 为界线，同时也有人认为应以塑性指数 I_P 等于 7 为界线。两方面都有资料数据和实验结果为依据。现行国家标准《建筑地基基础设计规范》GB 50007 中以塑性指数 I_P 等于 10 为界，并将塑性指数 I_P 小于或等于 10 的土作为一个不属于黏性土的大类别划分出来，称为粉土。但塑性指数 I_P 等于 7 的确也还是一个界线，这可以从液限（w_L）与塑限（w_P）、液限（w_L）与塑性指数（I_P）、塑限（w_P）与塑性指数（I_P）关系图（长春地质学院学报《工程地质专辑》中《我国黏性土分类的研究》 李克骧等著，1988）看出。因此，用塑性指数 I_P 等于 7 作为粉土类土的亚类划分界线是完全可以的。

2 据统计塑性指数 I_P 小于 7 的土，粘粒含量（粒径小于0.005mm）一般小于 10%。塑性指数 I_P 小于 7 的土液化势较高。

3 北京市多年来用塑性指数 I_P 小于或等于 7 作为界线，划分出黏质粉土和砂质粉土，效果较好，积累了大量的野外鉴别和评价的经验及资料。

4 用塑性指数简单易行，可避免繁琐的颗粒分析工作，在有经验的地区可采用颗粒分析资料对粉土进行进一步划分。

5 一般在室内试验塑性指数 I_P 小于 3 的土的塑性指数已做不出来，故将塑性指数 I_P 等于 3 作为粉土与砂类土的界线。

其他土类定名与原规范一致。

4.2.9 特殊土的划分具有重要的工程意义。

填土：在城市中填土分布很广，但规律性很差，成分复杂，对城市轨道交通工程设计和施工影响很大，在已有城市轨道交通工程建设中，由于对填土重视程度不够和相关措施不到位，工程事故时有发生。

湿陷性土：黄土是一种湿陷性土，在我国北方广泛分布的特殊土，主要分布在秦岭、伏牛山以北的华北、西北、东北广大地域。如西安城市轨道交通工程存在着湿陷性黄土。

膨胀岩土：由于膨胀岩土富含亲水矿物，吸水显著膨胀、软化、崩解，失水急剧收缩，对工程结构和施工往往产生较大影响。高塑

性指数的膨胀岩土,在盾构施工时,易形成泥饼,勘察时应高度重视。如在南宁和合肥地区的城市轨道交通工程勘察中发现了膨胀性岩土。

混合土:混合土是指颗粒级配极不连续,主要由黏粒、粉粒、砾粒和漂粒组成。如进行筛分,根据其颗粒组成可定名为碎石土或砂土,再将其细部分进行可塑性试验,根据其塑性指数又可定名为粉土或黏性土。这类土的性质,常处于粗粒土和细粒土之间,粗粒土和细粒土在施工中需要采取的工程措施不同,勘察过程中对隧道或基坑开挖不能简单地按照粗粒或细粒土进行评价。

污染土:随着城市建设的发展,历史或现状存在一些污染企业,如印染、造纸、制革、冶炼、铸造等,对岩土层产生污染和腐蚀,岩土性状发生变化。由于城市轨道交通工程线路不可避免会穿越城市历史或现状的工业场地,可能分布有污染土层,对于富集有毒成分(包括气体)的土层,对施工与运营安全带来潜在风险,特别是地下线路,在勘察过程中应引起重视。

4.3 岩土的描述

4.3.1~4.3.3 岩石和岩体的野外描述十分重要,规定应当描述的内容十分必要,岩石质量指标(RQD)是国际上通用的鉴别岩石工程性质好坏的方法。本规范的岩石和岩体的描述参照了现行国家标准《岩土工程勘察规范》GB 50021制定。

4.3.4~4.3.7 本规范的土的描述及土的密实度、粉土的湿度、黏性土的状态等划分标准参照了现行的国家标准《岩土工程勘察规范》GB 50021制定。

碎石土的最大粒径对地下隧道工程施工工艺的选择十分重要,砂卵石地层中卵石最大粒径的大小和含量的多少是盾构设备选型和施工参数确定的关键因素。

4.4 围岩分级与岩土施工工程分级

4.4.1、4.4.2 现行国家标准《地铁设计规范》GB 50157规定,暗挖结构的围岩分级按现行行业标准《铁路隧道设计规范》TB 10003确定。根据这一原则,本次岩土工程勘察规范的修订中围岩分级与现行国家标准《地铁设计规范》GB 50157配套。

对于围岩等级为Ⅴ、Ⅵ级的土层可结合地方经验进一步划分亚级,以更好的为工程建设服务。

岩土施工工程分级依据现行行业标准《铁路工程地质勘察规范》TB 10012制定。

5 可行性研究勘察

5.1 一般规定

5.1.1、5.1.2 可行性研究阶段勘察是城市轨道交通工程建设的一个重要环节。城市轨道交通工程在规划可研阶段,就需要考虑众多的影响和制约因素,如城市发展规划、交通方式、预测客流等,以及地质条件、环境设施、施工难度等。这些因素是确定线路走向、埋深和工法时应重点考虑的内容。

制约线路敷设方式、工期、投资的地质因素主要为不良地质作用、特殊性岩土和线路控制节点的工程地质与水文地质问题。因此,这些地质问题是可行性研究阶段勘察工作的重点。

5.1.3 由于城市轨道交通工程设计中,一般可行性研究阶段与初步设计阶段之间还有总体设计阶段,在实际工作中,可行性研究阶段的勘察报告还需要满足总体设计阶段的需要。如果仅依靠搜集资料来编制可研勘察报告难以满足上述两个阶段需要,因此强调应进行必要的现场勘探、测试和试验工作。

5.2 目的与任务

5.2.1 由于比选线路方案、完善线路走向、确定敷设方式和稳定

车站等工作,需要同时考虑对环境的保护和协调,如重点文物单位的保护、既有桥隧、地下设施等,并认识和把握既有地上、地下环境所处的岩土工程背景条件。因此,可行性研究阶段勘察,应从岩土工程角度,提出线路方案与环境保护的建议。

5.2.2 轨道交通工程为线状工程,不良地质作用、特殊性岩土以及重要的工程周边环境决定了工程线路敷设形式、开挖形式、线路走向等方案的可行性,并影响着工程的造价、工期及施工安全。

5.3 勘察要求

5.3.2 可行性研究阶段勘察所依据的线路方案一般都不稳定和具体,并且各地的场地复杂程度、线路的城市环境条件也不同,所以编制组研究认为,可行性研究阶段勘探点间距需要根据地质条件和实际灵活掌握。

广州城市轨道交通工程可行性研究阶段勘察的做法是:沿线路正线250m~350m布置一个钻孔,每个车站均有钻孔。当搜集到可利用钻孔时,对钻孔进行删减。

北京城市轨道交通工程可行性研究阶段勘察的做法是:沿线路正线1000m布置一个钻孔,并满足每个车站和每个地质单元均有钻孔控制。对控制线路方案的不良地质条件进行钻孔加密。

6 初 步 勘 察

6.1 一 般 规 定

6.1.1 初步设计是城市轨道交通工程建设非常重要的设计阶段,初步设计工作往往是在线路总体设计的基础上开展工点设计工作,不同的敷设形式初步设计的内容不同,如:初步设计阶段的地下工程一般根据环境及地质条件需完成车站主体及区间的平面布置、埋置深度、开挖方法、支护形式、地下水控制、环境保护、监控量测等的初步方案。初步设计阶段的岩土工程勘察需要满足以上初步设计工作的要求。

因此,本次修编在提出对初步勘察总的任务要求基础上,按照线路敷设方式,针对地下工程、高架工程和路基与涵洞工程、地面车站和车辆基地分别提出了初步勘察要求。

6.1.2 初步设计过程中,对一些控制性工程,如穿越水体、重要建筑物地段、换乘节点等往往需要对位置、埋深、施工方法进行多种方案的比选,因此,初步勘察需要为控制性节点工程的设计和比选,确定切实可行的工程方案,提供必要的地质资料。

6.2 目的与任务

本节对原规范进行了梳理,增加了"标准冻结深度"、"环境影响分析评价"、"对可能采取的地基基础类型、地下工程开挖与支护方案、地下水控制方案进行初步分析评价"、"评价场地稳定性和工程适宜性"等内容。同时将"土石可开挖性分级和围岩分级"调整到本规范第6.3节地下工程的勘察要求中。

6.3 地 下 工 程

6.3.1 城市轨道交通工程初步设计阶段的地下工程主要涉及地下车站、区间隧道,本条是在满足本规范第6.2.2条的基础上,针对地下工程的特点提出的勘察要求。勘察要求主要包括了围岩分级、岩土施工工程分级、地基基础形式、围岩加固形式、有害气体、污染土、支护形式和盾构选型等隧道工程、基坑工程所需要查明和评价的内容。

6.3.2 原规范对初勘勘探点间距确定为100m~200m,未考虑敷设形式和车站与区间的差异,本次修订在综合各地初勘的经验和设计要求的基础上,对地下工程的车站和区间分别提出钻孔布置要求。其中地下车站至少布置4个勘探点,当地质条件复杂时,还需增加钻孔。例如,北京地区初勘阶段,每个车站一般布置4个~

6个钻孔。

6.3.3 地下区间初步勘察的勘探点间距与原规范一致,但增加了钻孔加密的条件。例如,广州地铁1号线广钢至广州东站,其地层为第四纪沉积层,下伏白垩层红层,多为中等风化或强风化,局部为海陆交互层,地层复杂,因此钻孔间距一般为20m～30m。

6.3.5 地下区间、车站的勘探孔深度的制定原则在原规范的基础上进行了细化,考虑到满足设计方案调整以及初勘勘探孔的可利用性,将钻孔深度适当增加,并针对第四系和基岩的地质条件分别作出规定。

6.4 高架工程

6.4.1 城市轨道交通工程初步设计阶段高架工程主要涉及高架车站、区间桥梁,本条是在满足本规范第6.2.2条的基础上,针对高架工程的特点提出的勘察要求。勘察要求主要考虑轨道交通高架结构对沉降控制较为严格,一般采用桩基方案,因此勘察工作的重点是桩基方案的评价和建议,关于桩基方案的勘察评价可参照相关的专业规范执行。

6.4.2 原规范对初勘勘探点间距确定为100m～200m,未考虑敷设形式和车站与区间的差异,本次修订在综合各地初勘的经验和设计要求的基础上,对高架工程的车站和区间分别提出钻孔布置要求。由于初步设计阶段的高架结构柱跨或桥墩台位置尚不确定,所以参考各地经验,提出勘探点的布置间距要求。对于已经基本明确桥柱位置和柱跨情况,初勘点位应尽量结合桥柱、框架柱布设。

6.4.3 高架区间、车站的勘探孔深度的制定原则在原规范的基础上进行了细化,分墩台基础和桩基础,并针对第四系和基岩的地质条件分别作出规定。

6.5 路基、涵洞工程

6.5.1 城市轨道交通路基工程主要包括一般路基、路堤、路堑、支挡结构及其他的线路附属设施,本条是在满足本规范第6.2.2条的基础上,针对不同的路基形式和支挡结构提出了勘察要求。

6.5.3 本次修订在综合各地初勘的经验和设计要求的基础上,对路基勘探点间距进行了缩小,对高路堤、陡坡路堤、深路堑等提出了横断面的布置要求。

7 详细勘察

7.1 一般规定

7.1.1 城市轨道交通工程结构、建筑类型多,一般包括:地下车站和地下区间、高架车站和高架区间、地面车站和地面区间,以及各类地上地下通道、出入口、风井、施工竖井、车辆段、停车场、变电站及附属设施等。不同的工程和结构类型的岩土工程问题不同,设计所需的岩土参数不同;地下工程的埋深不同,工程风险不同,因此,需要针对工程的特点、工程的建筑类型和结构形式、结构埋置深度、施工方法提出勘察要求。

本章按照线路不同的敷设形式即地下工程、高架工程、路基、涵洞工程、地面车站与车辆基地提出勘察要求。

7.2 目的与任务

7.2.1 城市轨道交通工程所遇到的岩土工程问题概括起来主要为各类建筑工程的地基基础问题、隧道围岩稳定问题、天然边坡人工边坡稳定性问题、周边环境保护问题等,为分析评价和解决好这些岩土工程问题,详细勘察阶段需要详细查明其地质条件,提出处理措施建议,提供所需的岩土参数。

7.2.2 为了使勘察工作的布置和岩土工程的评价具有明确的工程针对性,解决工程设计和施工中的实际问题,搜集工程有关资料,了解设计要求是十分重要的工作,也是勘察工作的基本要求。

7.2.3 本条为强制性条文,必须严格执行。本条规定了城市轨道交通工程详细勘察的具体任务,对其中的第1款～第5款和第8款分别作以下几点说明:

1 城市轨道交通工程建设,一般分布在大中城市人口稠密的地区,对危害人类生命财产安全的重大地质灾害,如滑坡、泥石流、危岩、崩塌的情况比较少见,且多数进行了治理。但是,线路经过地面沉降区段、砂土液化地段、地下隐伏断裂和第四地层中活动断裂、地裂缝等情况还是比较常见,这些常见的不良地质作用对城市轨道交通工程的施工安全和长期运营造成危害。

2 查明场地内的岩土类型、分布、成因等是岩土工程勘察的基本要求。由于城市轨道交通工程线路较长、结构类型多、地基基础类型多,差异沉降会给工程结构及运营安全带来危害,在软土地区和地质条件复杂地区已出现过此类问题。因此,需要提出各类工程地基基础方案建议并对其地基变形特征进行评价。

3 城市轨道交通地下工程结构复杂、施工工法工艺多,不同工法对地层的适应性不同,例如饱和粉细砂、松散填土层、高承压水地层等地质条件一般会造成矿山法施工隧道掌子面失稳和突涌;软弱土层会导致盾构法施工隧道管片错台、衬砌开裂、渗水等问题。这些工程地质问题会影响地下工程土方开挖、支护体系施工和隧道运行的安全。基坑、隧道岩土压力及计算模型,以及基坑、隧道的支护体系变形是地下工程设计计算的主要内容。岩土工程勘察需为这些工程问题的解决提供岩土参数。

4 城市轨道交通在山区、丘陵地区或穿越临近环境以及开挖会遇到天然边坡和人工边坡问题。

5 城市轨道交通工程经常要穿越和跨越江、河、湖、沟、渠、塘等各种类型的地表水体。地表水体是控制线路工程的重要因素,而且施工风险极高,易产生灾难性的后果,如上海地铁4号线联络通道的坍塌导致江水灌入隧道,北京地铁也发生过雨后河水上涨灌入隧道的情况。因此查明地表水体的分布、水位、水深、水质、防渗措施、淤积物分布及地表水与地下水的水力联系等,对工程施工安全风险控制十分重要。

8 城市轨道交通工程一般临近或穿越地下管线、既有轨道交通、周边建(构)筑物、桥梁以及文物等工程周边环境,与城市轨道交通工程存在着相互影响;工程周边环境保护是城市轨道交通工程建设的一项重要工作,也是一个难点。因此,根据岩土工程条件及城市轨道交通工程的建设特点分析环境与工程的相互作用,提出环境拆、改、移及保护等措施建议,是城市轨道交通工程勘察的一项重要工作。

7.3 地 下 工 程

7.3.2 本条根据地下工程的特点规定了在详细勘察阶段需要重点勘察的内容。对其中的第1、2、7、9款分别作以下几点说明:

1 地下工程勘察主要包括基坑工程和暗挖隧道工程,除常规岩土物理力学参数外,基床系数、静止侧压力系数、热物理指标和电阻率等是城市轨道交通地下工程设计、施工所需的重要岩土参数。

同时,由于各设计单位的设计习惯和采用的计算软件不同,勘察时应考虑设计单位的设计习惯提供基床系数或地基土的抗力系数比例系数。

在城市轨道交通运营期间,行车和乘客会散发出大量的热量,若不及时通风排出,将逐日积蓄热量,在围岩中形成热套。在冻结法施工中也涉及热的置换,为此尚需测定围岩的热物理指标,以作为通风设计和冻结法设计的依据。

2 饱和砂层、卵石层、漂石层、人工空洞、污染土、有害气体等对地下工程施工安全影响很大,应予以查明。例如杭州地铁1号线和武汉地铁2号线均在地下施工断面发现有可燃气体;北京地铁9号线的卵石、漂石地层,北京地区的浅层人工空洞等对工程的影响很大。

7 抗浮设防水位是很重要的设计参数,但要预测建(构)筑物使用期间水位可能发生的变化和最高水位有时相当困难,它不仅与气候、水文地质等因素有关,有时还涉及地下水开采、上下游水量调配、跨流域调水等复杂因素,故规定应进行专门研究。一般抗浮设防水位的确定方法详见本规范第10.4.2条的条文说明。

9 出入口、通道、风井、风道、施工竖井等附属工程一般位于路口或穿越道路,工程周边环境复杂,通道与井交接部位受力复杂,经常发生工程事故,安全风险较高。因此应进行单独勘察评价。

7.3.3 表7.3.3所列钻孔间距比原规范规定的严格一些,主要是结合全国各地勘察的实际情况、城市地下工程的复杂性以及设计、施工的要求等进行修订。

7.3.4 本条要求勘探点在满足表7.3.3规定间距的基础上,勘探点平面布置还要考虑工程结构特点、场地条件、施工方法、附属结构、特殊部位的要求。

2 车站横剖面一般结合通道、出入口、风井的分布情况布设,数量可根据地质条件复杂程度和设计要求进行调整。

4 在结构范围内布置钻孔容易导致地下水贯通,给工程施工带来危害。隧道采用单线单洞时,左右线距离大于3倍洞径时采用双排孔布置,左右线距离小于3倍洞径或隧道采用双线单洞时可交叉布点。

7.3.5 本条结合车站主体工程的一般宽度和以往全国各城市的勘察经验,给出了勘探孔深度的确定要求。城市轨道交通地下工程受各种因素的制约,埋置深度往往在施工图设计阶段还需进行调整,因此,勘探孔深度比原规范的要求适当加深。

7.3.6 本条为强制性条文,必须严格执行。原规范对控制性勘探孔及取样和原位测试的试验孔的数量未作规定,城市轨道交通工程设计年限长,为百年大计工程,且工程复杂,施工难度大,变形控制要求高等,必须有一定数量的控制性钻孔,以及取样及原位测试钻孔以取得满足变形计算、稳定性分析、地下水控制等所需的岩土参数,本条参照现行国家标准《岩土工程勘察规范》GB 50021的相关规定,并考虑到车站工程的钻孔数量比较多且附属设施需要单独布置钻孔,测试、试验数据数量能满足统计分析要求,将取样和原位测试孔的数量规定为不应少于1/2;区间工程的取样测试孔数量要求严于现行国家标准《岩土工程勘察规范》GB 50021的规定,主要考虑区间工程孔间距较大,钻孔数量较少,因此将取样和原位测试孔的数量规定为不应少于2/3。

7.3.7 本条规定的取样和测试的数量主要是考虑城市轨道交通工程为百年大计工程,同时周边的环境条件一般比较复杂,为了提高工程设计的可靠性,减小参数变异风险,将取样或原位测试数量定为不应少于10组。

7.3.10 基床系数是城市轨道交通地下工程设计的重要参数,其数值的准确性关系到工程的安全性和经济性;对于没有工程经验积累的地区需要进行现场试验和专题研究,当有成熟地区经验时,可通过原位测试、室内试验结合附录H的经验值综合确定。

本次修订对基床系数进行了专题研究,主要成果如下:

1 基床系数 K 的定义与 K_{30} 试验。

基床系数是地基土在外力作用下产生单位变形时所需的应力,也称弹性抗力系数或地基反力系数,一般可表示为:

$$K = P/s \tag{1}$$

式中:K——基床系数(MPa/m);

P——地基土所受的应力(MPa);

s——地基的变形(m)。

基床系数与地基土的类别(砾状土、黏性土)、土的状况(密度、含水量)、物理力学特性、基础的形状及作用面积有关。

基床系数用于模拟地基土与结构物的相互作用,计算结构物内力及变形。结构物是指受水平力、垂直力和弯矩作用的基础、衬砌及桩等;变形是指基础竖向变形、衬砌的侧向变形、桩的水平变形和竖向变形等。基床系数的确定方法如下:

地基土的基床系数 K 可由原位荷载试验(或 K_{30} 试验)结果计算确定。考虑到荷载板尺寸的影响,K 值随着基础宽度 B 的增加而有所减小。

对于砾状土、砂土上的条形基础:

$$K = K_1 \left(\frac{B + 0.305}{2B} \right)^2 \tag{2}$$

对于黏性土上的条形基础:

$$K = K_1 \left(\frac{0.305}{B} \right) \tag{3}$$

式中:K_1——0.305m宽标准荷载板的标准基床系数或 K_{30} 值。

铁路常用的 K_{30} 荷载板试验是用直径为30cm的承载板,测定土的 K_{30} 值。其 K_{30} 值是指在 p-s 曲线上对应地基土变形为0.125cm时的 p 值与 $p_{0.125}$ 变形的比值:

$$K_{30} = \frac{p_{0.125}}{0.125} \tag{4}$$

基床系数 K 这个指标,不同的试验方法和不同的试验条件,其结果会有较大的差别。为便于统一和比较,建议 K_{30} 荷载板试验值作为标准基床系数 K_1 值,即标准基床系数 K_1 值应用 K_{30} 荷载板试验。对于具体设计中基床系数 K 的取值,应考虑施工程序和施工过程中的结构变形,由设计人员修正确定。

2 基床系数的室内试验。

由于原位荷载板试验受试验方法的局限性,适合测定表层土和施工阶段基坑开挖深度范围内土体的基床系数,在勘察阶段对不开挖的表层以下各土层很难直接通过实测方法测定,具体岩土勘察过程中常用原位测试、室内试验、结合经验值等方法综合分析确定基床系数。

1)原规范中规定的三轴试验法和固结试验法。

三轴试验法:三轴试验法是将土样经饱和处理后,在 K_0 状态下固结,对一组土样分别做试验:

$$\sigma_3 = K_0 \gamma h, \sigma_1 = \gamma h \tag{5}$$

$$n = \Delta\sigma_3 / \Delta\sigma_1 = 0.0, 0.1, 0.2, 0.3 \tag{6}$$

不同应力路径下的三轴试验(慢剪),得到 $\Delta\sigma_1{}' \sim \Delta h_0$ 曲线,求得初始切线模量或某一割线模量,定义为基床系数 K。

固结试验法:根据固结试验中测得的应力与变形关系来确定基床系数 K:

$$K = \frac{\sigma_2 - \sigma_1}{e_1 - e_2} \times \frac{1 + e_m}{h_0} \tag{7}$$

式中:$\sigma_2 - \sigma_1$——应力增量(MPa);

$e_1 - e_2$——相应的孔隙比减量;

e_m——$e_m = (e_1 + e_2)/2$;

h_0——样品高度(m)。

2)上述室内试验方法的现状和分析。

目前国内对于这两种试验方法都有采用。通过对国内北京、天津、沈阳、上海、深圳和西安等地铁室内试验项目固结法和三轴法试验的对比研究,特别是通过天津地铁大量数据统计分析:固结法试验结果大于三轴割线法;固结法比原位载荷板试验结果大4倍～20倍;三轴割线法比原位载荷板试验结果大2倍～8倍。由于试件尺寸及试验条件与实际工况的差别,室内试验应在与原位载荷板试验大量对比试验的基础上,各地区根据实际情况确定基床系数的取值。

原位载荷板试验与室内试验的对比分析:由于原位载荷板试验与室内试验除存在着试验尺寸的差异外,尚存在如下差异:第一,原位载荷板试验下的土体有侧限变形,而室内固结试验土样侧向受限,无侧限变形;第二,原位载荷板试验的压缩层厚度为影响深度范围内的土层厚度,而室内试验的土试样高度 h_0 即为压缩层厚度,在假定相同的压板面积下,室内试验下沉量要小。综合考虑上述因素,室内试验求得基床系数与原位载荷板试验数据存在差异。

通过以上国内各勘察单位室内试验结果综合分析,固结法和三轴割线法求取的基床系数数据与土体实际不一致,而且偏差很大。

3)建议。

a.由于固结法试验结果比原位载荷板试验结果大 4 倍～20 倍,三轴割线法比原位载荷板试验结果大 2 倍～8 倍,建议在以后的工作中进一步研究和积累经验。

b.利用三轴法,操作过程模拟现场 K_{30} 原位平板载荷试验的试验原理,应是以后发展的方向。

c.铁三院中心试验室通过模拟现场 K_{30} 试验的做法,在常规三轴仪上对土样按取样深度进行固结,地下水位以下固结压力 $P_1 = 10H$(H 为取样深度),地下水位以上固结压力 $P_2 = 20H$,这样模拟土的原始状态,试样制备和三轴试验法相同,通过土的静止侧压力系数 K_0 计算所施加围压 σ_3(固结压力乘以静止侧压力系数 K_0 求得),静止侧压力系数 K_0 可以通过实测或经验值得到,试样施加围压 σ_3 后对试样进行压缩剪切,试得出应变为 1.25mm 时对应的应力,通过计算得到基床系数值。该方法试验结果接近经验值。

d.上海岩土工程勘察设计研究院有限公司使用三轴法测定基床系数。三轴法不同于原规范上的描述方法,具体如下:利用传统三轴仪,根据取样深度确定固结压力,进行等向固结。固结稳定后用固结排水剪方法进行试验,得出应力应变关系曲线。试验结果较接近经验值。

总之,研究表明在同一压力作用下,基床系数不是常数,它除了与土体的性质、类别有关外,还与基础底面积的大小、形状以及基础的埋深等因素有关。上述所列基床系数的室内试验方法仅提供了一个研究方向,后期的研究中还应加强现场 K_{30} 平板载荷试验数据与室内试验数据的对比分析,逐步积累资料和经验。同时,在施工过程中通过监测结构物的变形,反分析求解,不断积累数据形成经验推算法,也是今后需进一步研究的方向。

3 确定基床系数的其他方法。

1)基床系数值与地基土的标贯锤击数 N 的经验关系为:

$$K = (1.5 \sim 3.0)N \qquad (8)$$

2)地基土的基床系数 K 与土体介质的弹性模量 E、泊松比 μ 及基础面积 A 的关系为:

$$K = \frac{E}{(1 - \mu^2)\sqrt{A}} \qquad (9)$$

4 有关基床系数经验值的说明:

本规范附录 H 的制定是在当前国内外部分基床系数试验成果的基础上综合确定的。本次修订工作统计了北京、上海、天津、广州、成都、深圳、西安、沈阳等地区的岩土工程勘察报告中提供的基床系数值、专项研究成果,并考虑了其他行业和地方标准的规定。

5 岩石的基床系数。

1)北京地铁工程在 20 世纪 60 年代根据工程的需要,在公主坟第三纪红色砂砾岩中做了现场大型试验,根据试验成果提出了第三纪强风化—全风化砂砾岩基床系数 K 值为 120MPa/m～150MPa/m。

2)青岛地铁花岗岩中等风化、微风化、未风化,岩体单位基床系数 K 计算及测试方法如下:

计算公式:

$$K = \frac{E}{(1 + \mu)100} \qquad (10)$$

K 与岩体弹性模量 E 和泊松比 μ,关系密切。测定 E 和 μ,简便易行。因此,可根据 E、μ 与 K 值之间的关系,计算出 K 的值。

测试方法有两种:

一是用静力法测得 E、μ 值,是把岩芯加工成立方体、长柱体,贴应变片,以应变方法测出 μ 值,计算出 K 为基床系数。

二是用动力法测得 E_d、μ_d 值,是在岩芯上由超声波检测仪分别测出纵波速 v_p、横波速 v_s;然后计算出 E_d、μ_d,根据上述公式,可求得动基床系数。

E_d、μ_d 计算公式如下:

动弹性模量 E_d,

$$E_d = \frac{\rho v_s^2 (3v_p^2 - 4v_s^2)}{v_p^2 - v_s^2} \qquad (11)$$

动泊松比 μ_d,

$$\mu_d = \frac{v_p^2 - 2v_s^2}{2(v_p^2 - v_s^2)} \qquad (12)$$

式中:$\rho = 2.60 \sim 2.70$。

7.4 高 架 工 程

7.4.2 本条根据高架工程大多采用桩基的特点规定了在详细勘察阶段对桩基工程需要重点勘察的要求。需要注意的是,高架线路桩基设计依据的规范主要有现行行业标准《铁路桥涵设计基本规范》TB 10002.1 和《建筑桩基技术规范》JGJ 94;勘察时应根据设计单位选用的规范,并结合当地经验提出桩基设计参数。

7.4.3 高架车站的勘探点间距 15m～35m,主要是依据场地的复杂程度和柱网间距确定,同时与现行行业标准《建筑桩基技术规范》JGJ 94 相一致。

高架区间勘探点间距取决于高架桥柱距,目前各城市地铁高架桥的柱距一般采用 30m,跨既有铁路、公路线路采用大跨度的柱距一般为 50m。城市轨道交通工程高架桥对变形要求较高,一般条件下每柱均应布置勘探点,对地质条件复杂,且跨度较大的高架桥一个柱下可以布置 2 个～4 个勘探点。

7.4.5 本条为强制性条文,必须严格执行。城市轨道交通运营对变形要求高,需要进行变形计算,必须有一定数量的控制性钻孔、取样及原位测试钻孔,以取得桩侧摩阻力、桩端阻力及变形计算的岩土参数,为确保高架工程的结构安全,规定了对控制性钻孔及取样原位测试钻孔数量,其中采样与原位测试钻孔的数量与现行国家标准《岩土工程勘察规范》GB 50021 的规定相一致。

7.5 路基、涵洞工程

7.5.3 高路堤的基底稳定、变形等是路堤勘察的重点工作。既有线调查表明,路堤病害绝大多数是由于路堤基底有软弱夹层或对地下水没处理好,其次是填料不合要求,夯实不紧密而引起的。为此需要查明基底有无软弱夹层及地下水出露范围和埋藏情况。在填方边坡高及工程地质条件较差地段岩土工程问题较多,设置路基横断面查清地质条件是非常必要的。勘探深度视地层情况与路基高度而定。

7.5.4 深路堑在路基工程中是属于比较重要的工程,城市轨道交通工程路堑一般采用 U 型槽形式,路堑工程涉及挡墙地基稳定性、结构抗浮稳定性等诸多问题,在岩土工程勘察中不可忽视。

路堑受地形、地貌、地质、水文地质、气候等条件影响较大,且边坡又较高,容易出现边坡病害。为了路堑边坡及地基的稳定,避免工程病害出现,勘察工作需按本条基本要求详细查明岩土工程条件,并针对不同情况提出相应的处理措施。

7.5.5 挡土墙及其他支挡建筑物是确保路堑等边坡稳固的重要措施。当路堑边坡稳固条件较差,需要设置支挡构筑物时,勘察工作可在详勘阶段结合深路堑工程勘察同时进行。

7.6 地面车站、车辆基地

7.6.1 车辆基地的各类房屋建筑一般包括停车列检库、物资总库、洗车库、办公楼、培训中心等,附属设施一般包括变电站、门卫室、供水井、地下管线、道路等。

7.6.2 车辆基地一般占地范围较大，多为近郊不适合开发的土地，甚至为垃圾场，一般地形起伏大，需要考虑挖填方等场地平整的要求。目前场地平整和股道路基设计时需要勘察单位提供场地的地质横断面图。在填土变化较大时需要提供填土厚度等值线图以及不良土层平面分布图等图件。

根据广州市轨道交通工程的经验，车辆基地一般需要提供如下图纸、文件：

1 为进行软基处理，勘察报告提供车辆段场坪范围内软土平面分布图，软土顶面、底面等高线图；液化砂层分区图；中等风化岩面等高线图。

2 为满足填方需要，勘察报告提供填料组别。

3 车辆基地勘察完毕，尚应进行专门的工程地质断面填图，断面线间距25m～30m，断面的水平比例为1：200，竖直比例为1：200。

8 施 工 勘 察

8.0.1 城市轨道交通工程尤其是地下工程经常发生因地质条件变化而产生的施工安全事故，因此施工阶段的勘察非常重要。施工阶段的勘察主要包括施工中的地质工作以及施工专项勘察工作。

8.0.2 施工地质工作是施工单位在施工过程中的必要工作，是信息化施工的重要手段。本条规定了施工中常开展的地质工作，在实际工作中不限于这些工作。

8.0.3 施工阶段需进行的专项勘察工作内容主要是从以往勘察和工程施工工作中总结出来的，这些内容往往对城市轨道交通工程施工的安全和解决工程施工中的重大问题起重要作用，需要在施工阶段重点查明。

1 由于钻孔为点状地质信息，地质条件复杂时在钻孔之间会出现大的地层异常情况，超出详细勘察报告分析推测范围。施工过程中常见的地质异常主要包括地层岩性出现较大的变化，地下水位明显上升，出现不明水源，出现新的含水层或透镜体。

2，3 在施工过程中经常会遇见暗浜、古河道、空洞、岩溶、土洞以及卵石地层中的漂石、残积土中的孤石、球状风化等增加施工难度、危及施工安全的地质条件。这些地质条件在前期勘察工作中虽已发现，但其分布具有随机性，同时受详细勘察精度和场地条件的影响，难以查清其确切分布状况。因此，在施工阶段有必要开展针对性的勘察工作以查清此类地质条件，为工程施工提供依据。

比如广州地铁针对溶洞、孤石等委托原勘察单位开展了施工阶段的专门性勘察工作，钻孔间距达到3m～5m，北京地铁9号线针对卵石地层中的漂石对盾构和基坑护坡桩施工的影响，委托原勘察单位开展了施工阶段的专门性勘察工作，采用了人工探井、现场颗分试验等勘察手段。

4 由于勘察阶段距离施工阶段的时间跨度较大，场地周边环境可能会发生较大变化，常见的包括场地范围内埋设了新的地下管线，周边出现新的工程施工，既有管线发生渗漏等。

6 地下工程施工过程中出现桩（墙）变形过大、开裂、基坑或隧道出现涌水、坍塌和失稳等意外情况，或发生地面沉降过大等岩土工程问题，需要查明其地质情况为工程抢险和恢复施工提供依据。

7 一般城市轨道交通工程的盾构始发接收井、联络通道加固，工程降水，冻结等辅助措施的施工方案在施工阶段方能确定，详细勘察阶段的地质工作往往缺乏针对性，需要在施工阶段补充相应的岩土工程资料。

8.0.4 施工阶段由于地层已开挖，为验证原位试验提供了良好条件，本规范建议在缺少工程经验的地区开展关键参数的原位试验为工程积累资料。

8.0.5 施工勘察是专门为解决施工中出现的问题而进行的勘察，因此，施工勘察的分析评价，提出的岩土参数、工程处理措施建议应具有针对性。

9 工 法 勘 察

9.1 一 般 规 定

9.1.1 城市轨道交通工程勘察工作不仅要为工程结构设计服务，还需要满足施工方案和施工组织设计的需要。城市轨道交通工程施工的工法较多、工艺复杂，不同的工法工艺对地质条件的适应性不同，需要的岩土参数不同，对地下水的敏感性不同，需要解决的工程地质问题也不相同，因此，需要针对不同的施工方法提出具体的勘察要求。本次修订将原规范中的明挖法勘察和暗挖法勘察两章合并为工法勘察一章，同时增加了沉管法勘察和其他工法与辅助措施的勘察。

9.1.2 工法的选择往往会影响工程的成败，对工程造价、工期、工程安全均会产生较大的影响，在各阶段的勘察均要根据施工方法的要求开展相应的勘察工作。工法的勘察应结合工法的具体特点、地质条件选取合理的勘察手段和方法，并进行分析评价，提出适合工法要求的措施、建议及岩土参数。

9.2 明 挖 法 勘 察

9.2.1 盖挖法包括盖挖顺筑法和盖挖逆筑法，盖挖顺筑法是在地面修筑维持地面交通的临时路面及其支撑后自上而下开挖土方至坑底设计标高再自下而上修筑结构；盖挖逆筑法是开挖地面修筑结构顶板及其竖向支撑结构后在顶板的下面自上而下分层开挖土方分层修筑结构。

9.2.3 明挖法勘察内容与一般基坑工程勘察具有相同之处，但是城市轨道交通工程明挖法具有工程开挖深度大、周边环境复杂、变形控制要求严、存在明暗相接区段、明挖结构开洞较多等自身的一些特点。本条规定了明挖法的重点勘察内容。

1 特别强调要查明软弱土夹层、粉细砂层的分布。实践证明这种岩土条件往往给支护工程带来极大麻烦，如沿软弱夹层产生整体滑动，产生流砂而造成地面塌陷等。因此，必须给予更多的投入查清其产状与分布，以便采取防范措施。

3 按工程施工情况和现场的饱和黏性土存在的不同排水条件，考虑究竟采用总应力法或有效应力法，以期更接近实际，取得较好效果。

如饱和黏性土层不甚厚，有较好的排水条件，工程进展较慢，宜采用排水剪的抗剪强度指标；一般土质或黏性土层较厚，工程进展快，来不及排水，为分析此间地基失稳问题，宜采用不排水剪的抗剪强度指标。

有效应力法的黏聚力、内摩擦角用于分析饱和黏性土地基稳定性时，在理论上比较严密，但它要求必须求出孔隙水压分布、荷载应力分布。实践中由于仪器不尽完善，要测准孔隙水压力有一定难度。

总应力法比较方便，广为使用。但它要求地层统一，这在客观上是不多见的，所以它的计算成果较粗略。

4 人工降低水位与深基坑开挖密切相关。勘察工作首先要分析判断要不要人工降低水位，并应对降低水位形成地层固结导致地面沉降、建筑物变形以及潜在带来的危害等有充分估计。实践中这类教训是不少的，为此勘察中应充分论证和预测，以便采取有效措施，使之对既有建筑的危害减至最低限度。

9.2.7 边坡稳定性计算，可分段进行。勘察中应逐段提供岩土密度、黏聚力、内摩擦角及工程地质剖面图，粗估可能产生的破坏形式。

软弱结构面的方位是边坡稳定评价的重要因素。地下工程放坡开挖施工,基坑又深又长,临空面暴露又多,为此在软弱面上取样作三轴剪切求出黏聚力、内摩擦角是评价边坡稳定的重要依据。对基岩结构面进行地质测绘了解产状、构造等条件,作出比较接近实际的稳定性计算与评价,也是很必要的。

为确定人工边坡最佳坡形及边坡允许值可考虑概念设计的原则,在定性分析的基础上,进行定量设计,较为稳妥。

9.2.8 确定地下连续墙的入土深度及立柱桩的桩基持力层至关重要,因此需查明桩(墙)端持力层的性质、含水层与隔水层的特性。为有效控制地下连续墙与中间桩的差异沉降,设计时应考虑开挖的各个工况的变形规律(土体隆起与沉降),因此一般盖挖施工,其勘探孔深度较大,当地质条件复杂时,应加密钻孔间距,与常规基坑勘察要求有所不同。

9.2.9 对明挖法的勘察,其勘察报告除满足常规基坑评价内容,宜结合岩土条件、周边环境条件,提出其明挖法基坑围护方法的建议与相应的设计参数;根据大量地铁工程经验,对存在的不良地质作用,如暗浜、厚度较大的杂填土等,如果勘察未查明或施工处理不当,可能引起支护结构施工质量问题(如地下连续墙露筋、接头分叉,灌注桩缩径,止水结构断裂等),对周边环境产生不利影响(如地面塌陷,管道断裂,房屋倾斜等),因此,在勘察报告中应增加不良地质作用可能引起明挖法施工风险的分析,并提出控制措施及建议的要求。

9.3 矿山法勘察

9.3.1 矿山法施工的工艺较多,工法名称尚没有统一的规定,目前常见的矿山法施工的开挖方法一般包括全断面法、上半断面临时封闭正台阶法、正台阶环形开挖法、单侧壁导坑正台阶法、双侧壁导坑法(眼镜工法)、中隔墙法(CD 法、CRD 法)、中洞法、侧洞法、柱洞法、洞桩法(PBA 法)等方法开挖。

9.3.2 矿山法隧道轴线位置选定,隧道断面形式和尺寸,洞口、施工竖井位置和明、暗挖施工的分界点的选定,开挖方案及辅助施工方法,围岩加固、初期支护等与工程地质条件和水文地质条件密切相关。岩土工程条件对矿山法施工工法工艺的影响主要体现在以下几个方面:

1 矿山法隧道的埋置深度应根据运营使用和环境保护要求结合地层情况通过技术经济比较确定。无水地层中,在不影响地铁运营和车站使用的前提下,宜使区间隧道处于深埋状态,以节约工程费用。但在第四纪土层中往往难以做到。这种情况在选择隧道穿越的土层时,最好使其拱部及以上有一定厚度的可塑一硬塑状的黏性土层,以减少施工中的辅助措施费用,有条件时宜把隧道底板置于地下水位以上。在综合以上考虑的基础上,隧道的埋深宜选择较大的覆跨比(覆盖层厚度与隧道开挖宽度之比)。

2 矿山法地铁隧道的结构断面形式,应根据围岩条件、使用要求,施工工艺及开挖断面的尺度等从结构受力、围岩稳定及环境保护等方面综合考虑合理确定,宜采用连接圆顺的马蹄形断面。围岩条件较好时,采用拱形与直墙或曲墙相组合的形式,软岩及土、砂地层中应设仰拱或受力平底板。浅埋区间隧道,一般采用两单线平行隧道,岩石地层中则采用双线单洞断面较为经济,也有利于大型施工机具的使用。

土层中的车站隧道,一般采用三跨或双跨的拱形结构;岩石地层中的车站隧道,从减少施工对围岩的扰动和提高车站的使用效果等方面考虑,宜采用单跨结构。矿山法车站隧道,视需要也可做成多层。

视地层及地下水条件、环境条件、施工方法及隧道开挖断面尺寸的不同,矿山法隧道可选用单层衬砌或双层衬砌。轨道交通行车隧道不宜单独采用喷锚衬砌,当岩层的整体性好、基本无地下水,从开挖到衬砌这段时间围岩能够自稳,或通过锚喷临时支护围岩能够自稳时,可采用单层整体现浇混凝土衬砌或装配式衬砌。双层衬砌一般用于Ⅴ、Ⅵ级围岩或车站、折返线等大跨度隧道中,其外层衬砌为初期支护,由注浆加固的地层、锚喷支护及格栅等组合而成,内层衬砌为二次支护,大多采用模筑混凝土或钢筋混凝土。

4 开挖方法对支护结构的受力、围岩稳定、周围环境、工期和造价等有重大影响。对一般的单双线区间隧道和开挖宽度在 15m 内的其他隧道,可根据地层条件、埋深、机具设备及环境条件等,从图 1 中选择合适的开挖方法。车站隧道的开挖方法则要根据结构型式、跨度及围岩条件等来选择。例如,埋置于第四纪地层中的北京西单地铁车站,采用双层三跨拱形结构覆盖层厚度 6m,隧道开挖尺寸为 26.14m(宽)×13.5m(高)。采用侧洞法施工,首先开挖两侧的行车隧道,完成边洞的二衬及立柱后,再开挖中洞并施作中洞拱部及仰拱的二衬;侧洞采用双侧壁导洞法开挖。埋置于岩石地层中的大跨度单拱车站隧道,当地层较差或为浅埋时,多采用品字形开挖先墙后拱法施工;在Ⅴ、Ⅵ类围岩中的深埋单拱车站,也可采用先拱后墙法施工。

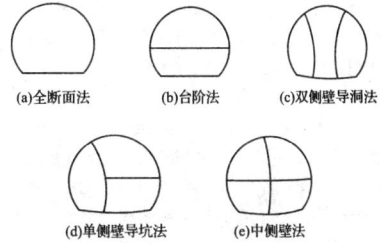

图 1 中小跨度单跨地铁隧道的开挖方法

关于辅助施工方法。在土、砂等软弱围岩中,遇下列情况在隧道开挖前应考虑使用辅助施工方法:

1)采用缩短进尺、分部开挖及及时支护等时空效应的综合利用手段仍不能保证从开挖到支护起作用这段时间内围岩自稳时。

2)在隧道上方或一侧有重要建(构)筑物或地下管线需要保护,采用以时空效应综合利用手段或设置临时仰拱等常规方法仍不能把隧道开挖引发的地面沉降控制在允许范围以内时。

3)开挖及出渣等需要采用机械化作业或因工期要求,不允许通过以上缩短进尺等措施作为主要手段来稳定围岩和控制地表沉降时。

4)需处理地下水时。

作为稳定围岩和控制地面沉降的辅助施工方法大致可分为预支护和围岩预加固两类。常用的预支护方法有超前锚杆或超前插板、小导管注浆、管棚、超前长桩、预切槽、管拱和超前盖板等;围岩预加固有垂直砂浆锚杆加固和地层注浆等。作为地下水处理的辅助施工方法有降排水法、气压法、地层注浆法和冻结法。

辅助施工方法的选择与地层条件、隧道断面大小及采用目的等因素有关,并对工程造价和施工机具的配置等产生直接影响。

5 预支护与围岩预加固。工程实践和理论分析证明,隧道开挖过程中,围岩应力状态的改变和松弛将波及开挖面前方一定范围内的地层。所以提高开挖面前方土体强度和改善其受力条件,是保证开挖面稳定和控制开挖产生过大沉降的重要手段。因此,预支护和围岩预加固就成为土质浅埋隧道中经常使用的施工措施。

所谓预支护,就是在隧道开挖前,预先设在隧道轮廓线以外一定范围内的支护,有的还与开挖面后方的支架等共同组成支护体系。超前锚杆和小导管注浆是一般土质隧道采用较多的预支护方法,前者适用于拱顶以上黏性土地层较薄或为粉土地层,后者多用于砂层或砂卵石地层。它们能有效地防止顶部围岩坍塌,在一定程度也有利于提高开挖面的稳定度,但由于预支护长度短(一般

3m~5m），在特别松软的地层中，难以有效地支承开挖面前方破坏棱体上方的土体；此外，对限制土体变形的作用也不够明显。所以国外在对地层扰动大或开挖成型困难的超浅埋隧道、多连拱隧道和平ş直墙隧道，都无例外地采用了管棚等大型预支护手段。

管棚和超前长桩是对传统预支护手段的重大改进，不仅把预支护长度增加到10m~20m以上，有的还在开挖面前方形成空间刚度很大、纵横两个方向均能传力的伞状预支护体系，因而对控制开挖产生的地面沉降特别有效。一种常见的超前长桩是意大利人开发的旋喷水平桩，利用专用设备，根据土质分别选用不同的注浆方法及注浆材料，可以在隧道外围构筑直径0.6m~2.0m的砂浆桩（在砂性土中，采用单管法，使用水泥浆加固，砂浆桩的直径为0.6m~0.8m；在淤泥和黏性土中，采用双重管法，用压缩空气＋水泥浆加固，砂浆桩的直径为1.2m，若采用三重管法，用压缩空气＋水＋水泥浆加固，砂浆桩的直径可达2.0m）。

管拱实际上是一种直径达2m的巨型钢筋混凝土超前长桩，它同时又作为隧道主要承载结构的一部分。米兰地铁verriezia车站采用了这一技术。车站主体为净跨22.8m、净高16m的单拱隧道，开挖宽度达28m，覆盖层厚度为4m~5m，埋置于砂砾和粉细砂组成的地层中。先在墙脚处开挖两个侧导洞并浇筑混凝土；在车站两端的竖井内沿隧道顶部依次顶入12根覆盖整个车站的钢筋混凝土管，在管内充填混凝土；从侧导洞沿拱圈每隔6m开挖一个弧形导洞，施作支承顶管的钢筋混凝土拱肋；在管拱的下面开挖隧道，施作仰拱。实测施工引起的地面沉降为10mm~14mm。

预切槽法是在隧道开挖前，沿隧道外轮廓用专用设备切出一条1.5m~5.0m的深槽，当为土质隧道时必须用喷混凝土立即充填，形成一个预拱。它可用于开挖断面积为30m²~150m²、土质比较均匀的隧道。

围岩预加固多用于浅埋隧道或对地面沉降控制特别严格的隧道。其中垂直砂浆锚杆加固，是在地面按一定间距垂直钻孔后，设置一直伸到拱外缘的砂浆锚杆，用以加固地层。注浆法则常与封闭地下水的目的配合使用。

7 地下水对矿山法施工隧道的设计、施工、使用以及由它引发的环境问题的影响，主要表现在以下两个方面：

一是隧道施工中，地下水大量涌入，不仅影响正常作业，严重的还会导致开挖面失稳。事故统计资料表明：塌方总量的95％都与地下水有关。

二是在某些地层中由于施工降水措施不当，或在隧道建成后的运营过程中，由于长期渗漏造成城市地下水位的大幅度变化，引起周围建筑物因沉陷过大而破坏。此外，在粉状土中长期渗漏会把土颗粒带进隧道，最终将削弱对隧道的侧向和底部支撑，严重时可导致隧道破坏。

地下水的处理，必须因地制宜，结合隧道所处地质条件、环境条件及施工方法等，选择经济、适宜的方法。

9.3.3 本条规定了矿山法的重点勘察内容。

1~3 第四纪覆盖地区土层的密实度、自稳性、地下水、饱和粉细砂层等，基岩地区的基岩起伏、结构面、构造破碎带、岩层风化带、岩溶、地热、温泉、膨胀岩等，以及隧道分布范围内的古河道、古湖泊、地下人防、地下管线、古墓穴、废弃工程残留物等均是影响矿山法隧道施工安全的重要因素，应重点查明其分布和范围。

对人体带来不良影响的各种有毒气体，以及能形成爆炸、火灾等可燃性气体，统称为有害气体。除洞内作业生成的以外，从地层涌出的有害气体主要包括缺氧空气、硫化氢（H_2S）、二氧化碳（CO_2）、二氧化氮（NO_2）、有机溶液的蒸气及甲烷等天然气。

其中垃圾及沼池回填地中的甲烷属可燃性气体，由于它的比重仅约为空气比重的一半，极易沿地层的裂隙上升到地表附近，是隧道施工中遭遇频度最高的一种有害气体。硫化氢气体主要产生于火山温泉地带，它可燃，能引起人员中毒，还会腐蚀衬砌结构。

缺氧气体多出现在以下地层中：

1)在上部有不透水层的砂砾层或砂层中，由于抽取地下水或用气压法施工等原因，使地下水完全枯竭或含水量大量减少，如果地层中含有氧化亚铁等还原物质或有机物等，就会与空气产生氧化作用而消耗氧气，使之变为缺氧气体。

2)含有甲烷或其他可燃气体时，在通风不良的隧道或竖井中，因施工作业大量消耗氧气，使空气中氧气浓度降低，也会导致缺氧。

人体吸入氧气浓度低于18％的缺氧空气而产生的各种病症，称为缺氧症；低于10％时能造成神志不清或窒息而死亡。

5 隧道突水、涌砂、开挖面坍塌、冒顶、边坡失稳、洞底隆起、岩爆、滑坡、围岩松动等是矿山法施工常见的工程地质问题，会给隧道施工带来灾难性的后果。勘察过程中应根据所揭露的地质条件，预测其可能发生的部位并提出防治措施建议，是矿山法勘察的重要内容之一。

9.3.5 掘进机是一种先进、高效的开挖设备，它根据以剪裂为主的滚刀破岩原理，充分利用了岩石抗剪强度较低的特点，尤其适用于长隧道的施工。但它也存在以下问题：

1 掘进机掘进速度取决于岩石硬度、完整性和节理情况。节理越密、掘进越快；节理方向与掘进方向的夹角在45°左右时，掘进速度较快；节理平行或垂直掘进方向时，速度较慢；在软岩中最快，但在断层、溶岩发达区则问题较多，还出现过难以用正常方法掘进的实例。因此，事前对沿线地质进行深入细致的调查，对掘进机的选型、设计、估算工程进度等都至关重要。

2 工作中刀片消耗极大，需要经常更换。

9.3.6 爆破对地面建筑和居民的主要影响表现在爆破地震动效应和爆破噪声。爆破地震动在达到一定的量值之后，不仅引起建筑物的裂损和破坏，而且也会影响居民的正常生活。大量的试验观察结果表明，地震动对建筑物的破坏和对居民的影响与爆破产生的地面震动速度关系极大，爆破噪声也与爆破地面震动速度关系密切。所以各国大都把爆破产生的地面震动速度作为评价爆破次生效应的基础，制定出建筑物和人员所能承受的地面安全震动速度标准。

据现行国家标准《爆破安全规程》GB 6722规定，不同类型建筑物地面安全震动速度为：

土窑洞、土坯房、毛石房屋：1.0cm/s；

一般砖房、非抗震的大型砌块建筑物：2cm/s~3cm/s；

钢筋混凝土框架房屋：5cm/s。

9.3.7 洞桩（柱）法一般用于城市轨道交通工程的暗挖车站工程，通过先施工上下导洞，在上导洞中向下导洞中施作立柱与桩，柱下要施作基础。通常桩或柱需要承担上部荷载，边桩还要承担侧向岩土压力。在桩或柱体的支撑下，再进行车站的开挖。这种开挖方式又称为PBA法或暗挖逆筑法。勘察时，根据该工法的特点提供地基承载力、桩基承载力及变形计算的岩土参数，以及侧向土压力计算参数是勘察工作的重要内容。

9.3.8 气压法是在软弱含水地层中，向开挖面输送能抵抗水压力的压缩空气，以控制涌水、保证开挖面稳定的一种开挖隧道的方法。

覆盖层厚度、土的粒径、颗粒组成、密度、土的透气性、地下水状态和隧道开挖断面的大小等对压气作用的效果影响很大。一般在黏性土地层中，压气效果显著。在粉土地层中，由于透水性小，压气效果较好，但当覆盖层薄而气压高时，有造成地表隆起的危险；而气压过低又容易使隧道底部呈现泥泞状态，引起开挖面松弛。这时，应结合实际情况，及时调整气压。在透水性和透气性大的砂土地层中，当开挖面的顶部有一层不透水的黏性土层时，也是一种使用气压法施工的较好条件；如果砂土中黏土成分占30％~40％，则有一定的压气效果；在黏土含量在15％~20％以下的砂层中,当覆盖层薄或上部无不透水层时,过高的气压有使地表喷发的危险,此时往往需要与注浆法或降低地下水位法同时使用;当隧道开挖断面较大时,由于隧道底部的气压无法平衡外部的水压力,有可能出现涌水甚至是流砂。而隧道顶部由于"过剩压力"而导致的地层过度脱水,又极易引起地层坍塌。

9.4 盾构法勘察

9.4.2 盾构法隧道轴线和盾构始发井、接收井位置的选定,盾构设备选型与刀盘、刀具的选择,盾构管片设计及管片背后注浆设计,盾构推进压力、推进速度、土体改良、盾构姿态等施工工艺参数的确定,盾构始发井、接收井端头加固设计与施工,盾构开仓检修与换刀位置的选定等与工程地质条件和水文地质条件密切相关。

1 盾构隧道轴线和覆土厚度的确定,必须确保施工安全,并且不给周围环境带来不利影响,应综合考虑地面及地下建筑物的状况、围岩条件、开挖断面大小、施工方法等因素后确定。覆盖层过小,不仅可能造成漏气、喷发(当采用气压盾构时)、上浮、地面沉降或隆起、地下管线破坏等,而且盾构推进时也容易产生蛇行;过大则会影响施工的作业效率,增大工程投入。根据工程经验,盾构隧道的最小覆盖层厚度以控制在1倍开挖直径为宜。

2 由于盾构选型与地质条件、开挖和出渣方式、辅助施工方法的选用关系密切,各种盾构的造价、施工费用、工程进度和推进中对周围环境的影响差别又相当大,加之施工中盾构难以更换,所以必须结合地质条件、场地条件、使用要求和施工条件等慎重比选。

盾构机械根据前端的构造型式和开挖方式的不同,大致分为图2所示的几种基本型式:

1)全面开放型盾构:又称敞口盾构,是开挖面前方未封闭的盾构的总称。根据所配备的开挖设备,又区分为人工开挖式盾构、半机械开挖式盾构和机械开挖式盾构。

全面开放型盾构原则上适用于洪积层的密实的砂、砂砾、黏土等开挖面能够自稳的地层。当在含水地层或在冲积层的软弱砂土、粉砂和黏土等开挖面不能自稳的地层中采用时,需与气压法、降低地下水位法或注浆法结合使用。

其中人工开挖式盾构是利用铲、风镐、锄、碎石机等工具开挖地层,根据需要,开挖面可设置挡土千斤顶进行全断面挡土。它比较容易处理开挖面出现软硬不匀的地层或夹有漂石、卵石等的地层,清除开挖面前方的障碍物也较为便利。一般当开挖断面很大时,可在盾构机内装备可动工作平台采用分层开挖,来保证开挖面的稳定。

半机械开挖式盾构是指断面的一部分或大部分的开挖和装渣使用了动力机械的盾构。由于在使用挖掘机和装渣机的部分采用挡土千斤顶等支护措施比较困难,只能实现部分挡土,且往往工作面的敞开比用人工开挖式盾构时大。因此对地层稳定性的要求比后者更为严格。

机械开挖式盾构采用旋转的切削头连续地进行开挖。刀头安装在刀盘或条辐上,前者可利用刀盘起到支护作用,对开挖面的稳定有利;后者工作面敞开大,适用于可在相当长的时间内自稳的地层。

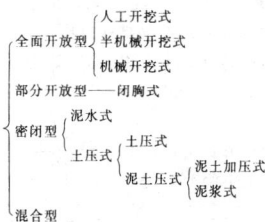

图2 盾构类型

2)部分开放式盾构:这种盾构在距开挖面稍后处设置隔墙,其部分是开口的,用以排除工作面上呈塑性流动状的土砂,是一种适合在冲积层的黏土和粉砂地层中使用的机种;不适用于洪积黏土层、砂土和碎石土地层。此盾构对土层的含砂量及液性指数等有一定要求(见图3及表3)。从日本的工程实践看,多用于含砂量小于15%的地层;一般适用范围为含砂量小于25%、黏聚力小于45kPa、液性指数大于0.80的地层。如果超出以上范围,随着地层强度和含砂量增大,盾构推进时的千斤顶推力亦增大,易造成对管片和盾构机的损伤,且会产生盾构方向控制和地表隆起问题。

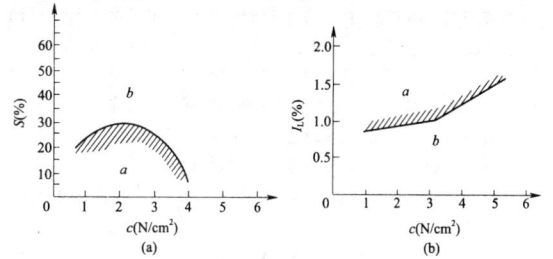

图3 部分开放式盾构的适用范围

a—可用封闭;b—不能用封闭;S—含砂率;c—黏聚力;I_L—液性指数

表3 部分开放式盾构适用的地层特性

项目	名称		符号	单位	适用范围
1	颗粒组成	砂	S	%	<20
		粉土	M		>20
		黏土	C		>20
2	土的粒径	有效粒径	d_{10}	mm	<0.001
		60%的粒径	d_{60}		<0.030
3	天然含水量		w	%	40~60
4	天然含水量/液限		w/w_L	%	>1
5	内摩擦角(三轴)		φ	°	<12
6	黏聚力(三轴)		c	kPa	<20
7	无侧限抗压强度		q_u	kPa	<60

3)密闭型盾构:包括土压平衡盾构和泥水平衡盾构两大类。它们是现代盾构技术发展的结晶,具有施工安全可靠、掘进速度快,在大多数情况下可不用辅助施工方法等特点。这两类盾构在工法形成的基本条件方面有许多共同点,前端都有一个全断面的切削刀盘和设在刀盘后面的密封舱,把从液状到半固体状的各种状态的弃土充满在舱室内,用以保持开挖面的稳定,并通过适当的手段把密封工作面的弃土排除掉。

土压平衡盾构:其特点是利用与密封舱相连的螺旋输送机排土,通过充填在密封舱内的弃土并调节螺旋输送机的排土量以平衡开挖面上的水、土压力。为了达到上述目的,对密封舱内的弃土最基本的要求是应具有一定的流动性和抗渗性。前者至少要有使土颗粒容易移动的尽可能适度的孔隙量(含水量、孔隙比)。此孔隙量随地层而异,作为大致的标准,黏性土是液性限界、砂性土是最大孔隙量。此外渗透系数 $k=10^{-5}$ cm/s 被认为是土压平衡盾构操作的一个经验限制值。如果土质的渗透性过高,地下水可能穿透密封舱和螺旋输送机的土壤。因此,在不具备流动性或渗透性能过高的土层中,需要通过对密封舱内的弃土注入附加剂的方法改善其特性。这种措施使得土压平衡盾构可以适用于多种地层。包括砂砾、砂、粉砂、黏土等固结度低的软弱地层和软、硬相兼的地层。视地层条件的不同,可以采用不同类型的土压平衡盾构,其中:

土压式适用于一般的软黏土和含水量及颗粒组成适当、有一定黏性的粉土。弃土经刀盘搅拌后已具备较大的流动性,能以流态充满密封舱。

泥土加压式适用于无流动性的砂、砂砾地层或洪积黏土层中。通过对舱内弃土添加水、膨润土、黏土浆液、气泡、高级水性树脂等外加剂，经强制搅拌使挖土获得必要的流动性和抗渗性。

泥浆适用于松散、透水性大，易于崩塌的含水砂砾层或覆土较薄、泥土易于喷出地面的情况。将压力泥浆送入密封舱，与弃土搅拌后成为高浓度泥浆（比重为 1.6～1.8），用以平衡开挖面的水、土压力。

泥水平衡盾构：此种盾构的特点是向密封舱内注入适当压力的泥浆用以支撑开挖面，将弃土和泥水混合后用排泥泵及管道输送至地面进行排泥处理。泥水盾构不仅适用于砂砾、砂、粉土、黏土等固结度低的含水软弱地层及软、硬相间的地层，而且对上述地层中上部有河流、湖泊、海洋等高水压的情况也是有效的。但是对渗透系数 $k \geqslant 10^{-2}$ cm/s、细粒含量在 10% 以下的土层难以通过泥水取得加压效果，并可能使地层产生流动化。

泥水盾构的主要缺点是需要配备一套昂贵的泥水处理设备，且占地较大。

4）混合型盾构：为适应沿线地质条件有明显差异的长隧道的施工而开发的新型盾构。实质是根据具体工程的地质、水文、隧道、环境等方面的实际条件将土盾构和硬岩掘进机的功能和结构，合理地加以组合与改进，可以适应从饱和软土到硬岩的开挖。例如，带有伸缩式刀盘并设有土压平衡设施，刀盘上备有能分别适应于软、硬岩切削的割刀和滚刀两种刀具，还装备有横向支撑等。当盾构在硬岩中掘进时，横向支撑将盾构固定在围岩中，刀盘旋转并向前伸进，弃土进入土舱后经螺旋输送机排除，此时土舱中的弃土不充满，也不需要进行土压平衡控制。当遇不稳定含水地层时，利用盾构千斤顶顶进，弃土全部充满土舱，必要时加添加剂，采用土压平衡盾构的方式工作。

9.4.3 从以下几方面理解盾构法岩土工程勘察的要求。

1 常见的不良岩土条件对盾构法施工的影响主要为以下几个方面：

1）灵敏度高的软土层：由于土层流动造成开挖面失稳；

2）透水性强的松散砂土层：涌水并引起开挖面失稳和地面下沉；

3）高塑性的黏性土地层：因黏着造成盾构设备或管路堵塞，使开挖难以进行；

4）含有承压水的砂土层：突发性的涌水和流砂，随着地层空洞的扩大引起地面大范围的突然塌陷；

5）含漂石或卵石的地层：难以排除，或因被切削头带动而扰动地层，造成超挖和地层下沉；

6）上软下硬复合地层：因软弱层排土过多引起地层下沉，并造成盾构在线路方向上的偏离。

因此，以上岩土条件是盾构法的重点勘察内容。

4 当盾构穿越含有漂石或卵石的地层时，粒径大小、含量及强度对盾构机的选型、设计，以及设备配置等有直接影响。随着盾构技术的发展，在此种含水地层中，采用封闭型盾构施工的实例正在增多，但也不乏因情况不明或设计不周导致机械故障，造成难以推进的例子。所以，当用常规钻孔无法搞清情况时，就应该采用大口径探孔以便摸清地质情况，据此设计盾构机切削刀头的前面形状、支承方式、确定刀盘的开口形状和尺寸，刀头的材质和形状，螺旋输送机或其他水力输送机的直径、结构等。由于受到盾构内部作业空间的限制，输送管道允许采用的口径与盾构内径有关。一般当粒径大于输送管道直径的1/3时，就容易出现堵塞现象，需在盾构中设置破碎机。

盾构始发井、到达井及联络通道是盾构施工中最容易出现事故的部位，因此，盾构法的岩土工程勘察工作需要对盾构始发、接收井及盾构区间联络通道的地质条件进行分析和评价，预测可能发生的岩土工程问题，提出岩土加固范围和方法建议。

6 盾构勘察中各项勘察试验目的见表4。

表 4　各项勘察试验目的

勘察项目	勘察试验目的
地下水位	计算水压力（衬砌及结构设计用）；决定气压盾构的气压和最小覆土厚度；盾构选型
孔隙水压力	计算水压力
渗透系数	决定降水方法及抽水量；判定注浆难易；选择注浆材料及注浆方法；盾构选型；推求土层的透气性
地下水流速、流向	分析注浆法和冻结法的可行性
无侧限抗压强度	推算黏性土的抗剪强度；评价开挖面的稳定性
土的黏聚力	计算土压力；盾构选型；推算黏性土强度
内摩擦角	计算土压力；盾构选型；推算砂性土强度；确定剪切破坏区
变形系数	有限元分析的输入参数；计算地层变形量
泊松比	有限元分析的输入参数；计算地层变形量
标贯击数	盾构选型（表示土的强度及密实度）；液化判定
基床系数	计算地层反力
土的重力密度	计算土压力
孔隙比	了解土孔隙的大小；估计注浆率；计算黏性土的固结下沉量
含水量	计算浆液充填量；施工稳定性分析
颗粒分布曲线	明确颗粒粗细；推算渗透系数；测算注入率；选择注浆材料和注压方式；判定砂土液化；开挖面自稳性分析
液限	推算土的稳定性；结合土的灵敏度，选择注入率；黏性土固结下沉量估算
塑限	推算土的稳定性；结合土的灵敏度，选择注入率
岩石的岩性和风化程度	盾构设计和刀具选择
岩石的单轴抗压强度	盾构设计和刀具选择
岩石的RQD值	盾构刀具的配置
岩石的结构、构造和矿物成分	施工参数的选择和刀具磨损的评估

9.4.4 盾构法施工管片背后注浆压力比较大，如钻孔封填不密实，浆液可能沿钻孔喷出地面。此类现象在北京、成都、深圳、广州的城市轨道交通工程盾构施工中均出现过。因此，需要按照要求对勘探孔封填密实，广州市城市轨道交通工程勘察中一般采用水泥砂浆通过钻杆注浆回填至地面。

9.4.5 盾构下穿地表水体时，尤其是盾构处在掘进困难时，受地表水体危害的可能性是较大的，因此，岩土工程勘察应对这种情况进行分析。

9.4.6 淤泥层、可液化的饱和粉土层及砂层等对盾构施工产生很大影响，而且这种影响会持续到运营期间，严重时会影响盾构隧道的稳定性。因此，岩土工程勘察不仅需要分析评价淤泥层、可液化的饱和粉土层及砂层对盾构施工安全的影响，还要提出这些不良地层对将来运营期间隧道稳定性可能产生的影响。

9.5　沉管法勘察

9.5.1 沉管法已应用于城市轨道交通工程地下工程穿越河流等水体的施工，例如，广州市城市轨道交通工程建设中曾有应用。本条规定了沉管法勘察应解决的设计、施工问题。

9.5.2 在符合本规范详细勘察要求的基础上，沉管隧道、水下基槽开挖、管节停放等是沉管法的重要勘察部位。有关说明如下：

1 钻孔的布置范围一般包括水下开挖基槽、管节停放、临时停放的范围。

2 一般钻孔的布置可按网格状布置钻孔，揭示基槽及两侧的岩土情况。钻孔间距的规定来源于广州市轨道交通工程勘察，已应用于工程实践。

3 管节位置是指水下开挖基槽中沉放管节的部位，条款强调钻孔深度应达到水下开挖基槽以下10m并穿过压缩层，以满足计算沉降量的需要。

4 河岸的管节临时停放位置，需要布置少量钻孔，揭示此处土层的承载力。

5 干坞是管节预制的场所，属于临时工程，干坞的勘察要求视干坞的规模、场地条件等而确定，未列入本规范。

9.6 其他工法及辅助措施勘察

9.6.1 沉井、导管注浆、冻结等工法及辅助措施在一定程度上决定了城市轨道交通工程建设成败，其勘察工作一般在车站、区间的详细勘察中完成。当辅助施工需要补充更为详细的岩土资料时，可在详细勘察的基础上进行施工勘察。本规范未涉及的高压旋喷、搅拌桩等辅助工法可参照其他有关规范进行勘察。

9.6.2 沉井可用于矿山法竖井或盾构法竖井的施工。本条特别说明了沉井或沉箱的勘察要求，主要包括钻孔布置、终孔深度，以及查明岩土层的分布、物理力学性质和水文地质条件，特别提及可能遇到对沉井施工不利情况的勘察要求。钻孔数量不宜多，一般1个~4个钻孔可满足要求。

9.6.3 导管注浆法是将水泥浆、硅酸钠（水玻璃）等液体注入地层使之固化，用以加固围岩、提高其止水性能的一种施工方法。为此需根据围岩的渗透系数、孔隙率、地下水埋深、流向和流速等，选定与注浆目的相适应的注浆材料和施工方法，决定注浆范围、注浆压力和注浆量等。

9.6.4 冻结法是临时用人工方法将软弱围岩或含水层冻结成具有较高强度和抗渗性能的冻土，以安全地进行隧道作业的一种施工方法。由于成本较高，一般是在其他辅助施工方法不能达到目的时方可采用。

冻结法可用于砂层和黏土地层中，但当土层的含水率在10%以下或地下水流速为1m/d~5m/d时，难以获得预期的冻结效果。对于后一种情况，可以通过注浆来降低水流速度。采用本法时，必须对围岩的含水量、地下水流速、土的冻胀特性及冻土解冻时地层下沉等问题进行充分地调查与研究。

土壤冻结时产生的体积膨胀与土壤的物理力学性质、有无上覆荷载及所采用的冻结方法等有关，一般在砂层和砂砾层中几乎不会产生，在黏土和粉砂中较大。通常人工冻土的体积膨胀不会超过5%，产生的冻胀力可达2500kN/m²~3000kN/m²。为了获得黏性土的冻胀量，可进行不扰动土取样的室内试验。

在接近建筑物或地下管线处采用冻结法施工时，必要时可采取以下措施：

1 控制冻土成长；

2 限定冻结范围，设置冻胀吸收带，使建筑物周围不冻结；

3 对建筑物进行临时支撑或加固等。

解冻产生的地层下沉主要出现在黏性土中。解冻时，由于土颗粒的结合被切断而产生的孔隙，在上覆荷载和自重的作用下就会产生下沉。下沉量可比冻胀量大20%。为此，可配合注浆法加以克服。

冻土强度与温度和地层的含水量有关。同一温度下的饱和土，冻土强度大小依次按砂砾大于砂大于黏土的顺序排列。表5的数值可供参考。

表 5　冻土强度(kN/m²)

土质	−10℃			−15℃		
	单轴抗压强度	弯曲抗拉强度	抗剪强度	单轴抗压强度	弯曲抗拉强度	抗剪强度
黏土、粉砂	4000	2000	2000	5000	2500	2500
砂	7000	2000	2000	10000	3000	2000

例如，2000年广州市地下铁道二号线纪念堂至越秀公园区间隧道过清泉街断裂采用水平冻结法施工（冻结长度64m），2006年

广州市轨道交通三号线天河客运站折返线隧道在燕山期花岗岩残积层中采用水平冻结法加固地层，均为矿山法开挖。

冻结法勘察需要着重解决以下几个问题：

1 冻结使土体的物理力学性质发生突变，与未冻结相比，主要表现在：土体的黏聚力增大、强度提高，压缩量明显减小，体积增大，原来松散的含水土体成为不透水土体。因此，特别强调查明需冻结土层的物理力学性质，其中包括含水量、孔隙比、固结系数、剪切强度。

2 冻结法利用冻结壁隔绝岩土层中的地下水与开挖体的联系，以便在冻结壁的保护下进行开挖和衬砌施工。因此，查明需冻结土层周围含水层的分布及含水量是勘察的重要工作内容。

3 地温、导温系数、导热系数和比热容等热物理指标是影响冻结温度场的主要因素。勘察工作中需要依据本规范第15.12节测试需冻结土层的地温，依据第16.2.6条测定土层的热物理指标。

4 冻结土层的冻胀率、融沉率等冻结参数需在冻结施工中测定。尽可能收集已有的冻结法施工经验，包括不同土层的冻结参数，以及冻胀、融沉对环境的影响程度，为指导施工提供依据。在冻结法施工中，应防止严重的冻胀和融沉。

5 冻结和解冻过程中，土体的物理力学性质发生突变，要求查明冻结施工周围的地面条件、建（构）筑物分布、地下管线等分布情况。

6 在施工前，要求分析冻结法施工对周围环境的影响，并将影响减至最小。

10 地 下 水

10.1 一 般 规 定

10.1.1 在城市轨道交通工程建设中，地下水对工程影响重大，如结构抗浮问题、抗渗问题、施工方法选择、地下水控制、结构水土压力计算等均与地下水密切相关，在施工过程中因地下水问题产生的工程事故频发，地下水勘察是岩土工程勘察的重要组成部分。

10.1.2 水文地质条件简单时，在详细勘察工作中采取的一些水位观测、水文地质试验等可满足工程需要；鉴于地下水对城市轨道交通工程建设的重要性，对于复杂的水文地质条件和存在泉水等地下水景观时，一般通过采用专门水文地质钻孔，专门地下水动态长期观测孔，抽水试验孔等手段开展水文地质专项勘察工作。

10.2 地下水的勘察要求

10.2.1 本条是城市轨道交通工程地下水的勘察基本要求。

2 由于地下含水透镜体分布的复杂性，在勘察中不但要查明稳定含水层分布规律，还应查明地下含水透镜体的分布。

4 历史最高水位指长期观测孔中历年地下水达到的最高纪录。

5 城市轨道交通的地下工程勘察一般通过现场勘察、试验取得具体水文地质参数。

10.2.2 山岭隧道中不同岩性接触带、断层带和富水带是隧道施工中最易发生大量涌水的地段和部位，为此查明"三带"是非常重要的。

1 山岭隧道地下水类型主要为孔隙水、裂隙水和岩溶水。有的还根据岩性、构造分为亚类，如裂隙水分为不同岩性接触带裂隙

水、断层裂隙水和节理裂隙密集带水，从已有隧道涌水类型看，以孔隙水、裂隙水为主，其次为综合性涌水，断层水和岩溶水也占一定比例。

2 岩溶水的垂直分带即垂直渗流带、水平径流带和深部缓流带可根据现行行业标准《铁路工程不良地质规程》TB 10027 划分。查明岩溶水的垂直分带与隧道设计高程的关系以及蓄水结构是至关重要的。

3 预测隧道施工中的集中涌水段、点的位置及其涌水量和对围岩影响是极其重要的。所谓集中涌水，国内尚无量的规定，日本的《隧道地质学》，将隧道施工中开挖面的涌水划分为四个等级，以开挖面10m区间涌水量计，1级为无水或涌水量1L/min，2级为滴水或涌水量 1L/min～20L/min，3级为涌水量 20L/min～100L/min，4级为全面涌水 100L/min 以上。

4 集中涌水段或点在施工过程中可能发生的最大涌水量和正常涌水量的预测方法，目前国内外尚无固定的计算模型，主要根据地质、水文地质条件综合分析确定。

10.3 水文地质参数的测定

10.3.1 具体工程勘察中，首先根据地层、岩性、透水性和工程重要性等条件的不同确定地下水作用的评价内容，并根据评价内容的要求，明确水文地质参数及其测定方法，表 6 是各种水文地质参数常用的测试方法。

表 6 水文地质参数及测定方法

参　　数	测　定　方　法
水位	钻孔、探井或测压管观测
渗透系数、导水系数	抽水试验、提水试验、注水试验、压水试验、室内渗透试验
给水度、释水系数	单孔抽水试验、非稳定流抽水试验、地下水位长期观测、室内试验
越流系数、越流因数	多孔抽水试验
单位吸水率	注水试验、压水试验
毛细水上升高度	试坑观测、室内试验

10.3.2 本条为强制性条文，必须严格执行。地下水一般分层赋存于含水地层中，各含水层的地下水位多数情况下不同，多层地下水分层水位的量测，尤其是承压水水头的观测，对隧道设计与施工、地下车站基础和基坑支护设计与施工十分重要，目前不少勘察人员忽视这项工作，造成勘察资料的欠缺，本次修订作了明确的规定。

多层地下水分层水位的量测要注意钻探过程中套管是否隔开上层水的影响，这是需要在现场进行判断的，如果无法取得准确的各层水位，就需要设置分层观测孔。

10.3.4 对地下水流向流速的测定作如下说明：

1 用几何法测定地下水流向的钻孔布置，除应在同一水文地质单元外，尚需考虑形成锐角三角形，其中最小的夹角不宜小于40°；孔距宜为 50m～100m，过大和过小都将影响量测精度。

2 用指示剂法测定地下水流速，试验孔与观测孔的距离由含水层条件确定，一般细砂层为 2m～5m，含砾粗砂层为 5m～15m，裂隙岩层为 10m～15m，岩溶地区可大于 50m。指示剂可用各种盐类、着色颜料、I^{131} 等，其用量决定于地层的透水性和渗流距离。

3 当工程对地下水流速精度要求不高时，可以采用水力梯度法计算。水力梯度法是间接求得场区地下水流速的方法，只要知道场区含水层的渗透系数 k 和水力梯度 i，则流速为：

$$v = ki \qquad (13)$$

10.3.5 为了使渗透系数等水文参数更接近工程实际情况，在城市轨道交通勘察工作中一般采用抽水试验、注水试验等现场测试方法确定。表 7 的渗透系数经验值可供参考。

由于渗透系数大于 200m/d 的含水层的水量往往很大，这类地层中进行施工降水时，常需配采用堵水、截水等方法才能满足设计和施工的要求，所以本规范中特别列出"特强透水"一类。

10.3.6 松散类岩土给水度可参考表 8 的经验值。

表 7 岩土的渗透系数经验值

岩土名称	渗透系数 k	
	（m/d）	（cm/s）
黏土	<0.001	$<1.2×10^{-6}$
粉质黏土	0.001～0.100	$1.2×10^{-6}～1.2×10^{-4}$
粉土	0.100～0.500	$1.2×10^{-4}～6.0×10^{-4}$
黄土	0.250～0.500	$3.0×10^{-4}～6.0×10^{-4}$
粉砂	0.500～1.000	$6.0×10^{-4}～1.2×10^{-3}$
细砂	1.000～5.000	$1.2×10^{-3}～6.0×10^{-3}$
中砂	5.000～20.000	$6.0×10^{-3}～2.4×10^{-2}$
均质中砂	35.000～50.000	$4.0×10^{-2}～6.0×10^{-2}$
粗砂	20.000～50.000	$2.4×10^{-2}～6.0×10^{-2}$
均质粗砂	60.000～75.000	$7.0×10^{-2}～8.6×10^{-2}$
圆砾	50.000～100.000	$6.0×10^{-2}～1.2×10^{-1}$
卵石	100.000～500.000	$1.2×10^{-1}～6.0×10^{-1}$
无充填的卵石	500.000～1000.000	$6.0×10^{-1}～1.2$
稍有裂隙岩石	20.000～60.000	$2.4×10^{-2}～7.0×10^{-2}$
裂隙多的岩石	>60.000	$>7.0×10^{-2}$

表 8 岩土给水度的经验值

岩土名称	给水度	岩土名称	给水度
粉砂与黏土	0.100～0.150	粗砂及砾砂	0.250～0.350
细砂与泥质砂	0.150～0.200	黏土胶结的砂岩	0.020～0.030
中砂	0.200～0.250	裂隙灰岩	0.008～0.100

10.3.7 采用计算法求影响半径时，表 9 列出了常用的计算公式：

表 9 影响半径计算公式

计算公式		适用条件	备注
潜水	承压水		
$lgR=\dfrac{s_w(2H-s_w)lgr_1-s_1(2H-s_1)lgr}{(s_w-s_1)(2H-s_w-s_1)}$	$lgR=\dfrac{s_wlgr_1-s_1lgr_w}{s_w-s_1}$	1 完整井 2 一个观测孔	结果偏大
$lgR=\dfrac{s_1(2H-s_1)lgr_2-s_2(2H-s_2)lgr_1}{(s_1-s_2)(2H-s_1-s_2)}$	$lgR=\dfrac{s_1lgr_2-s_2lgr_1}{s_1-s_2}$	两个观测孔	精度可靠
$lgR=\dfrac{1.366k(2H-s_w)s_w}{Q}lgr_w$	$lgR=\dfrac{2.73kMs_w}{Q}+lgr_w$	单孔	一般偏大
$R=2s\sqrt{Hk}$	$R=10s\sqrt{k}$	单孔	概略计算

10.3.8 孔隙水压力对土体的变形和稳定性有很大影响。在隧道开挖阶段，采取工程降水时，为了控制地面沉降，对有关土层进行孔隙水压力的监测有利于地面沉降原因的分析。

10.3.9、10.3.10 城市轨道交通工程地下水控制往往是决定工程成败的关键，地下工程往往埋深大、涉及多个含水层，仅靠经验参数进行地下水控制的设计不能满足要求，因此需要在现场布置一定数量的抽水试验，通过现场试验获取可靠的参数满足地下水控制设计与施工的需要。

10.4 地下水的作用

10.4.1 地下水对岩土体和城市轨道交通工程的作用，按其机制可以划分为两类。一类是力学作用；一类是物理、化学作用。

10.4.2 地下水对城市轨道交通工程的力学作用及评价方法主要包括以下几个方面：

1 地下水对地下工程的浮力是最明显的一种力学作用。在静水环境中，浮力可以用阿基米德原理计算。一般认为，在透水性较好的土层或节理发育的岩体中，计算结果即等于作用在基底的浮力。对于节理不发育的岩体,尚缺乏必要的理论依据,很难确切定量,故本款规定,有经验或实测数据时,按经验或实测数据确定。

在渗流条件下,由于土单元体的体积 V 上存在与水力梯度 i 和水的重力密度 γ_w 呈正比的渗透力(体积力)J:

$$J = i\gamma_w V \qquad (14)$$

造成了土体中孔隙水压力的变化,因此,浮力与静水条件下不同,应该通过渗流分析求出。

在工程设计中,抗浮设防水位的确定十分重要,目前,设计工程师寄希望勘察报告中能准确给出抗浮设防水位。由于地下水位变化影响的因素很多,主要有:

1)地下含水层的水位与大气降水入渗的关系;

2)城市规划中地下水的开采量变化对该层地下水的影响;

3)建筑物周围的环境,与周围水系的联系;

4)其他各层地下水与其补给排泄的影响。

从其影响因素看,抗浮设防水位的确定十分复杂,本次修订在第7.3.2条中规定应进行专项工作。

一般抗浮设防水位可采用综合方法确定:

1)当有长期水位观测资料时,抗浮设防水位可根据该层地下水实测最高水位和地下工程运营期间地下水的变化来确定;无长期水位观测资料或资料缺乏时,按勘察期间实测最高稳定水位并结合场地地形地貌、地下水补给、排泄条件等因素综合确定;

2)场地有承压水且与潜水有水力联系时,应实测承压水水位并考虑其对抗浮设防水位的影响。

2 验算边坡稳定性时需考虑地下水渗流对边坡稳定的影响。对基坑支护结构的稳定性验算时,不管是采用水土合算还是水土分算,都需要首先将地下水的分布搞清楚,才能比较合理地确定作用在支护结构上的水土压力。

4 渗流作用可能产生潜蚀、流土或管涌现象,造成破坏。以上几种现象,都是因为基坑底某个部位的最大渗流梯度大于临界梯度,流土和管涌的判别方法可参阅有关规范和文献。

在防止由于深处承压水的水压力而引起的基坑隆起即突涌,需验算基坑底不透水层厚度与承压水水头压力,见图4,并按平衡式(15)进行计算:

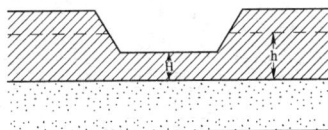

图 4 突涌验算示意

$$\gamma H = \gamma_w \cdot h \qquad (15)$$

基坑开挖后不透水层的安全厚度按式(16)计算:

$$H \geqslant (\gamma_w / \gamma) \cdot h \qquad (16)$$

式中:H——基坑开挖后不透水层的安全厚度(m);

γ——土的重度(g/cm³);

γ_w——水的重度(g/cm³);

h——承压水头高于含水层顶板的高度(m)。

10.5 地下水控制

10.5.3 降水对周边环境影响主要有降水引起地面沉降、地下水资源的消耗。关于降水引起地面沉降的估算可参考相关规范、手册。

10.5.4～10.5.6 地下水控制不管采用什么方法都是有利有弊:

1 帷幕截水方法以现有的技术当属地下连续墙最为可靠,但造价偏高,目前采用的薄壁地下连续墙已经在城市建设中有所应用,由于造价降低不少,是值得研究应用的方法。

2 采用旋喷桩帷幕截水,虽然每根桩深度不受过多限制,但由于成桩过程中存在的垂直度不能保证达到要求,可能会出现局部缝隙,在施工开挖时会造成严重后果。因此深大基坑应慎重选

择旋喷桩截水帷幕,如选择旋喷桩截水帷幕,应强调施工的质量要求。

3 目前,国内许多城市的浅层地下水污染较严重,深部地下水质量相对较好。自渗方法降低地下水位就是把上层水通过自渗井导入下层水,在不考虑地下水环境的情况下,是施工降水比较节省的方法。如上层水导入下层水可能恶化下层水的水质,则不宜采用这类方法。

4 地下水回灌具有两方面作用:一是保障基坑周边地面不发生沉降;二是保障地下水资源量不受施工降水的影响。采用回灌方法是与抽水方法相伴生的。回灌可在同层进行,也可以在异层进行。同层回灌应保证回灌井回灌的水量不能过多地流入抽水井,加重抽取水量。这就要保证在工程场区存在同层回灌的条件,即存在设置回灌井的位置,能够保证回灌井与抽水井的距离。异层回灌虽然不受场地大小的限制,但考虑到上层水水质往往较差,在选择采用异层回灌前,应评价不同层位地下水混合后对地下水环境的影响,避免产生水质型水资源损失。

11 不良地质作用

11.1 一般规定

11.1.1 本条为强制性条文,必须严格执行。本规范所列人的不良地质作用是城市轨道交通工程建设中常见的地质现象,对城市轨道交通工程的线路方案、施工方案、工程安全、工程造价、工期等会产生重大影响,同时不良地质作用随时空的变化而变化,伴随在城市轨道交通工程建设和运营的全过程中,因此,应对不良地质作用进行专项的勘察工作。

11.1.2 本规范列入的不良地质作用有采空区、岩溶、地裂缝、地面沉降、有害气体,是目前勘察中遇到的。随着国内城市轨道交通工程的不断发展,在今后勘察工作中可能遇到滑坡、危岩落石、岩堆、泥石流、活动断裂等不良地质作用,国家现行标准《岩土工程勘察规范》GB 50021、《铁路工程不良地质勘察规程》TB 10027 对勘察有明确规定。

11.2 采 空 区

11.2.1 采空区是指有地层规律可循,并沿某一特征地层挖掘的坑洞。如煤矿(窑)、掏金洞、掏沙洞、坎儿井等。采空区的采空程度和稳定性分区是该类地段工程地质勘察必须解决的问题。由于开采矿体不同和开采时期不同,采空程度差异很大;影响采空区稳定性的因素众多,地质勘察积累的资料较少,在规范中一直未列出划分标准。近几年随着城市轨道交通工程建设的发展,通过和即将通过开采矿区、规划矿区、地下人防等越来越多,上述问题更加突出。为适应工程建设需要,本规范规定按采空程度和开采现状的分类方法,并希望在使用过程中积累资料,补充完善分类标准。

11.2.2 城市轨道交通工程由于主要分布在城市及近郊,这些地区人类活动频繁,多留有人类活动的痕迹,如防空洞、枯井、墓穴、采砂坑等,这些人工坑洞大部分分布较浅,对城市轨道交通工程建设影响较大,因此将其也纳入人工坑洞的勘察范围,勘察时参照采空区的相关规定执行。

11.2.3 有设计、有计划开采的矿区和规划矿区,将矿区设计、实施资料移放在线路平面图上与该段区域地质资料综合分析后圈画移动盆地或保留煤柱。

小窑采空区,开采多为乱采乱挖,要确定其采空范围则必须经过实地调查、坑洞测量、结合该段区域地质资料,初步圈定采空范

围,用钻探和物探查明坑洞含水和采空范围,根据区域地质资料和钻探资料获取采空层位的埋深和顶板地层的物理力学性质。

时间久远的古窑采空区,由于时间久远情况少,坑洞坍塌又不能实地测量,采空范围和采空程度确定十分困难。为达勘察目的,可采用广泛访问、了解地区开采历史、开采方式、开采能力、开采设备、年开采量、开采时段,分析区域地质资料和水文地质情况,初步确定开采层位,圈定采空范围和采空程度。有条件时,应以物探为先导指导钻探验证采空范围。

11.2.6 采空区稳定性评价,应根据采空程度和坑洞顶板地层的物理力学性质进行。大面积采空,根据开采矿体的范围、矿层的倾斜程度、上覆地层的物理力学性质确定移动盆地。根据工程性质确定线路通过位置。小窑采空区,根据上覆地层物理力学性质进行评价。浅埋的人防空洞应根据其与城市轨道交通工程的空间位置关系和土层的物理力学性质进行评价。

铁一院通过在陕西、山西煤系地层小窑采空区的铁路建设,根据前述的小煤窑开采情况和该地区煤层主要位于石炭、二叠系泥页岩夹砂岩地层的特点,提出了该地区小煤窑采空稳定性评价标准。即当基岩顶板厚度小于30m时,为可能塌陷区,要求所有工程均需处理;当基岩顶板厚度等于30m~60m时,为可能变形区,重点工程应处理;当基岩顶板厚度大于60m时,为基本稳定区,一般工程不处理,重大工程结合其重要性单独考虑。其中顶板为第四系土层时,按3:1换算为基岩(即3m土层换算为1m基岩)。依据上述标准,在孝柳、侯月、神朔等线小煤窑采空区进行工程处理,经过施工、运营考验尚未发生工程地质问题。

11.3 岩溶

11.3.1 岩溶亦称喀斯特,是指可溶性岩层如碳酸盐类的石灰岩、白云岩以及硫酸盐类的石膏等受水的化学和物理作用产生沟槽、裂隙和空洞,以及由于空洞顶板塌落使地表产生陷穴、洼地等侵蚀及堆积地貌形态特征和地质作用的总称。

11.3.2 按埋藏条件的岩溶分类参考表10:

表10 按埋藏条件的岩溶分类及其特征

岩溶类型	岩溶特征	分布特征
裸露型岩溶	可溶性岩石直接出露于地表,地表岩溶显著,裸露型岩溶多出现于新构造运动上升地区	我国绝大部分岩溶均属此类
覆盖型岩溶	可溶性岩石被第四系松散堆积物所覆盖,覆盖层厚度一般小于50m,覆盖层下的岩溶常对地表地形有影响,如在地面形成洼地、漏斗、浅塘、塌陷坑等	多分布于广西、云贵高原等地
埋藏型岩溶	可溶性岩石被上覆基岩深埋达几百米至一、二千米,在地下深处发育岩溶,属于古岩溶,地表上无岩溶现象	分布于四川盆地、华北平原

岩溶发育程度按表11进行分级:

表11 岩溶发育强度分级

级别	岩溶强烈发育	岩溶中等发育	岩溶弱发育	岩溶微弱发育
岩溶形态	以大型暗河、廊道、较大规模溶洞、竖井和落水洞为主	沿断层、层面、不整合面等有显著溶蚀、中小型串珠状洞穴发育	沿裂隙、层面溶蚀扩大为岩溶化裂隙或小型洞穴	以裂隙状岩溶或溶孔为主
连通性	地下洞穴系统基本形成	地下洞穴系统未形成	裂隙连通性差	溶孔、裂隙不连通
地下水	有大型暗河	有小型暗河或集中径流	少见集中径流,常有裂隙水流	裂隙透水性差

11.3.5 岩溶地区的地质条件一般都很复杂,勘察难度大,采用综合勘探手段取得的地质资料相互补充、相互验证,是岩溶地区勘察的基本原则。

岩溶地区的钻探深度应结合工程类别考虑,作为地基时从溶洞的顶板安全厚度考虑,太薄则不安全;作为建筑物环境,一方面应考虑环境条件的要求,另一方面还应考虑基底岩层顶板的安全厚度;对于覆盖型岩溶一般应穿透覆盖层至下伏完整基岩。

11.3.7 岩溶岩土工程分析与评价包括岩土工程勘察报告和各类图件。不同勘察阶段,岩溶岩土工程分析与评价的内容、深度不同:

1 可行性研究阶段,岩土工程勘察报告主要包括可溶岩地层岩性、空间分布、岩溶发育的形态特征、岩溶地下水类型及补、径、排条件,对线路工程的影响程度、方案比选意见,宜采取的对策措施。

2 初勘阶段,岩土工程勘察报告主要包括可溶岩地层岩性、空间分布、岩溶发育的形态特征、岩溶地下水类型及补、径、排条件,对线路方案评价意见及比选建议,重点工程的评价和处理原则,基坑及隧道涌水量的预测和评价,存在问题及下阶段勘察中注意事项。

3 详勘阶段,岩土工程勘察报告主要包括可溶岩地层岩性、空间分布、岩溶发育的形态特征、岩溶地下水类型及补、径、排条件,岩溶对各类工程的影响程度及采取的相应处理措施,基坑及隧道涌水量的预测和评价,存在问题及施工中应注意事项。

4 施工阶段,岩土工程勘察报告主要是具体分析与评价报告,应阐明隐伏岩溶、洞穴或暗河的空间走向、与工程的空间关系,评价对工程的影响程度、采取的工程处理措施建议。

关于岩溶地面塌陷可按表12进行综合评价:

表12 岩溶地面塌陷预测分析参考标准

基本条件	主要影响因素	因素的水平	指标分数
水——塌陷动力	水位(40分)	水位能在土、石界面上下波动	40
		水位不能在土、石界面上下波动	20
覆盖层——塌陷物质	土的性质与土层结构(20分)	黏性土	10
		砂性土	20
		风化砂页岩	10
		多元结构	20
	土层厚度(10分)	<10m	10
		10m~20m	7
		>20m	5
岩溶——塌陷与储运条件	地貌(15分)	平原、谷地、溶蚀洼地	15
		谷坡、山丘	5
	岩溶发育程度(15分)	漏斗、洼地、落水洞、溶槽、石牙、竖井、暗河、溶洞较多	10~15
		漏斗、洼地、落水洞、溶槽、石牙、竖井、暗河、溶洞稀少	5~9

注:1 累计指标分大于或等于90为极易塌陷区,71~89为易塌陷区,小于或等于70为不易塌陷区。

　　2 近期产生过塌陷地区,累计指标分应为100。

　　3 地表降水入渗至塌陷地区,水的指标分为40。

11.4 地裂缝

11.4.1 历史上我国许多地方都出现过地裂缝。唐山地震前后,华北广大地区出现地裂缝活动,涉及10余省200多个县市,发育达上千处之多;山西运城鸣条岗早在20世纪20年代就出现地裂缝,到1975年该地裂缝还在活动,总体走向为北东向,全长约12000m,宽度一般200mm~300mm;陕西的礼泉、泾阳、长安也曾出现过地裂缝;最具有代表性的属于西安地裂缝,到目前为止已发现13条。西安地裂缝是指在过量开采承压水,产生不均匀地面沉降的条件下,临潼—长安断裂带西北侧(上盘)存在的一组北东走向的隐伏地裂缝的被动"活动",在浅表形成的破裂。西安地裂缝的基本特征有以下几点：

1 西安地裂缝大多是由主地裂缝和分枝裂缝组成的，少数地裂缝则由主地裂缝、次生地裂缝和分枝裂缝组成。

2 主地裂缝总体走向北东，近似于平行临潼－长安断裂，倾向南东，与临潼－长安断裂倾向相反，倾角约为80°，平面形态呈不等间距近似平行排列。次生地裂缝分布在主地裂缝的南侧，总体倾向北西，在剖面上与主地裂缝组成"Y"字形。

3 地裂缝具有很好的连续性，每条地裂缝的延伸长度可达数公里至数十公里。

4 地裂缝都发育在特定的构造地貌部位(现在可见的和地质年代存在过的构造地貌)，即梁岗的南侧陡坡上，梁间洼地的北侧边缘。

5 地裂缝的活动方式是蠕动，主要表现为主地裂缝的南侧(上盘)下降，北侧(下盘)相对上升。次生地裂缝则表现为北侧(上盘)下降，南侧(下盘)相对上升。

6 地裂缝的垂直位移具有单向累积的特性，断距随深度的增大而增大。

从上述情况看，地裂缝的形成往往与构造、地震、地面沉降等因素有关。

这里对地裂缝的规模提出了要求。"长距离地裂缝"原则上指长度超过1000m的地裂缝。山西运城鸣条岗地裂缝、陕西的礼泉地裂缝、泾阳地裂缝以及西安地裂缝的长度都超过了1000m。这也是为了区分由地下采空、边坡失稳、挖填分界、黄土湿陷及地震液化等原因造成的小规模地裂缝。

从西安地裂缝的长期研究结果看，地裂缝既有地表可见到的地裂缝，也有地表看不到的隐伏地裂缝。

11.4.3 对本条的有关内容说明如下：

1 地裂缝调查是地裂缝勘察中非常重要的手段，因为地裂缝的活动往往是周期性的，延续时间也较长，而我们的城市轨道交通工程都建设在城市中及近郊，这些地段人类活动频繁，对地形地貌的改造较为剧烈，地裂缝活动的痕迹难以保留，只有通过深入细致的调查才能了解地裂缝的基本分布情况，指导进一步的勘察工作。确定地裂缝的历史活动性及错距，主要是通过对标志层的对比来实现的，因此在地裂缝调查时，应确定出哪些层位可作为标志层。西安地裂缝场地勘察时主要采用三类标志层。

第一类标志层为地表层，其场地特征主要为：场地内地裂缝是活动的，在地表已形成破裂；地表破裂具有清晰的垂直位移，地面呈台阶状；地表破裂有较长的延伸距离；地表破裂与错断上更新统或中更新统的隐伏地裂缝位置相对应。

第二类标志层为上更新统和中更新统红褐色古土壤层，其场地特征主要为：场地内的地裂缝现今没有活动，或活动产生的地表破裂已被人类工程活动所掩埋；场地内埋藏有上更新统或中更新统红褐色古土壤层。

第三类标志层主要指埋藏深度40m～80m的中更新统河湖相地层和60m～500m深度内可连续追索的六个人工地震反射层组。

采用人工浅层地震反射波法勘探时，宜进行现场试验，确定合理的仪器参数和观测系统。野外数据采集系统的基本要求为：覆盖次数不宜少于24次，道距3m～5m，偏移距不小于50m。对区域地层结构不清楚的场地，不宜采用人工浅层地震反射波法勘探。

对地表出露明显的地裂缝，宜以地质调查与测绘、槽探、钻探、静力触探等方法为主；对隐伏地裂缝，宜以地质调查与测绘、钻探、静力触探、物探等方法为主。

2 若地层分布较稳定，结构清晰，采用静力触探能较准确地查明地裂缝两侧的地层错距。西安市广泛分布的上更新统红褐色古土壤层(地面下第一层古土壤层)，层底一般有钙质结核富集层，

静力触探曲线上该层呈非常突出的峰值，是比较好的标志层。且静力触探施工方便，速度快。

3 由于城市轨道交通工程呈线状工程，主要沿城市已有交通要道布设，线位选择余地少，因此在线位与地裂缝走向基本正交时，对地裂缝勘察的勘探线有2条就基本能确定地裂缝的走向。若有左右线，左右线的勘探线也就是地裂缝的勘探线。但线路通过位置应布置勘探线。若线位与地裂缝走向基本平行，地裂缝的勘探线要根据实际情况增加。

4 这些规定是保证发现地裂缝及确定其位置的最基本要求，也是西安地裂缝长期勘察的经验。

5 勘探孔深度主要根据标志层深度确定，以能查明标志层错位情况为原则。

6 人工浅层地震反射波法反映的异常，不一定都是由地裂缝造成的，因此需要用钻探验证。

11.4.4 对本条的有关内容说明如下：

西安市地方标准《西安地裂缝场地勘察与工程设计规程》DBJ 61－6－2006对地裂缝影响区范围和建(构)筑物总平面布置以及工程设计措施主要有以下规定：

地裂缝影响区范围上盘0～20m，其中主变形区0～6m，微变形区6m～20m；下盘0～12m，其中主变形区0～4m，微变形区4m～12m。以上分区范围均从主地裂缝或次生地裂缝起算。

在地裂缝场地，同一建筑物的基础不得跨越地裂缝布置。采用特殊结构跨越地裂缝的建筑物应进行专门研究；在地裂缝影响区内，建筑物长边宜平行地裂缝布置。

建筑物基础底面外沿(桩基时为桩端外沿)至地裂缝的最小避让距离，一类建筑应进行专门研究或按表13采用；二类、三类建筑应满足表12的规定，且基础的任何部分都不得进入主变形区内；四类建筑允许布置在主变形区内。

表13 地裂缝场地建筑物最小避让距离(m)

结构类别	构造位置	建筑物重要性类别		
		一	二	三
砌体结构	上盘	—	—	6
	下盘	—	—	4
钢筋混凝土结构、钢结构	上盘	40	20	6
	下盘	24	12	4

注：使用表13时，应同时满足下列条件：

1 底部框架砖砌体结构、框支剪力墙结构建筑物的避让距离应按表中数值的1.2倍取值。

2 Δh 大于2m时，实际避让距离等于最小避让距离加上 Δh。

3 桩基础计算避让距离时，地裂缝倾角统一采用80°。

主地裂缝与次生地裂缝之间，间距小于100m时，可布置体型简单的三类、四类建筑；间距大于100m时，可布置二类、三类、四类建筑。

地裂缝场地的建筑工程设计，采取减小地裂缝影响的措施主要有：采取合理的避让距离；加强建筑物适应不均匀沉降的能力；采取防水措施或地基处理措施，避免水浸入地裂缝产生次生灾害；在地裂缝影响区范围内，不得采用用水量较大的地基处理方法；在地裂缝影响区内的建筑，应增加其结构的整体刚度与强度，体型应简单，体型复杂时，应设置沉降缝将建筑物分成几个体型简单的独立单元，单元长高比不应大于2.5；在地裂缝影响区内的砌体建筑，应在每层楼盖和屋盖处及基础设置钢筋混凝土现浇圈梁；在地裂缝影响区内的建筑宜采用钢筋混凝土双向条基、筏基或箱基等整体刚度较大的基础。

采用路堤方式跨越地裂缝时，除查明地裂缝外，应定期监测地裂缝的活动，及时调整线路坡度。桥梁工程场地及附近存在地裂缝时，除查明地裂缝外，还需采取以下设防措施：

1) 当桥梁长度方向与地裂缝走向重合时，应适当调整线位，宜置于相对稳定的下盘；

2）桥墩基础的避让距离，单孔跨径大、中、小桥可按三类建筑物的避让距离确定，单孔跨径特大桥可按二类建筑物的避让距离确定；

3）跨越地裂缝的桥梁上部结构应采用静定结构，特大桥宜选用柔性桥型，并采取适当的预防措施，定期监测地裂缝的活动，及时进行调整。采用隧道结构穿越地裂缝时，宜采用大角度穿越，必要时采用柔性结构设计，定期监测地裂缝的活动，及时进行调整。

11.5 地面沉降

本节是按照现行国家标准《岩土工程勘察规范》GB 50021 的相关规定修订。

11.6 有害气体

11.6.1 对人体或工程造成危害的有害气体种类较多，常见的有在有机质、工业垃圾、生活垃圾地层中产生的沼气、毒气，煤层中的瓦斯，油气田中的天然气，及缺氧空气。有害气体常造成可燃气体的爆炸事故，缺氧气体的缺氧事故，毒性气体的中毒事故等危害。

有害气体勘察前，应十分重视对区域地质和有害气体资料的收集和分析，了解线路通过地区是否存在有害气体及其种类、分布情况，对指导下一步的勘察工作非常有益。目前有害气体的勘察、设计资料积累不多，需要在今后的工作中不断地去总结和完善。

遇到煤、石油、天然气层可参照现行行业标准《铁路工程不良地质勘察规程》TB 10027 进行工程地质勘察。

11.6.3 有害气体的勘探以钻探为主，并在钻孔中测定有害气体的压力、温度，采岩样、气样进行有害气体的类型、含量、浓度及物理力学、化学指标分析，取得的资料需综合分析、相互验证。勘探点的布置、数量、深度应以查明有害气体的分布范围、空间位置和有关参数为目的，一般应结合各地下工程类型的勘探，必要时增加纵、横向勘探点。

11.6.4 目前测试土层中有害气体的方法较多，有抽水后孔内气体浓度测定法、孔内水取样法、气液分离法、泥水探测法、BAT 系统法，前 4 种方法均存在弊病，而由 B. A. Torstensson 开发的BAT 系统法，能较好地测定土中气体含量和浓度。BAT 系统法的取样装置主要由过滤头、导管、取样筒、压力计组成；操作流程为过滤头设置、取样筒准备（充 He 气）→土中气体的取样、回收（测定气压、孔内温度）→减压→用气相色谱仪对气体作气相、液相分析→评价。

11.6.5 有害气体的评价应重点说明有害气体的类型、含量、浓度、压力、是否会发生突出，其突出的位置，突出量和危害性。盾构隧道施工段，当土层中甲烷浓度 $CH_4 \geq 1.5\%$、氧气浓度 $O_2 \leq 18\%$ 时，应制订必要的通风、防爆等安全措施。

目前上海等城市对土层中勘察查明的浅层沼气进行预先控制排气，即在隧道施工前 3~6 个月采用套管钻井，安装减压阀，控制放气，其控制标准为不导致对放气孔周围地层显著扰动，不出现放气过程中带走泥砂现象。排气孔尺寸与数量应根据气囊的大小、气压与连通性确定，其位置应离隧道一定距离。预先控制排气措施是预防浅层沼气对隧道施工和今后运营中产生不利影响的较好方法，但一次性提前放气可能不彻底，且沼气可能有一定程度的回聚，故仍需要在施工中加强监测和采取安全措施。

目前，城市轨道交通工程勘察中遇到的有害气体主要为甲烷，需要说明如下：

1 甲烷（CH_4）气体，别名沼气，其一般性质如表 14。

表 14 甲烷气体一般性质

项　目	内　容
分子量	16.03
0℃　1 大气压　1mol 的容积	22.361L/mol
1m³ 的质量	0.7168kg

续表 14

项　目	内　容		
0℃　1 大气压下的相对密度	0.5545		
1 大气压下的水中溶解度	温度（℃）	15	20	25
	亨利定数（atm/mol）	3.28E+4	3.66E+4	4.04E+4
危险程度	爆炸，着火点为 537℃，爆炸界限 5%		
性质	可燃性，无色，无味，无臭，与氧气结合有发生爆炸的危险		
中毒症状	呼吸困难，呈缺氧症状		

2 甲烷在海相、海陆交互相、滨海相、湖沼相等有机质土层中产生，称为生气层，储存于孔渗性较好的砂、贝壳、颗粒状多孔粉质黏土等土层中，称为储层，各土层大多交互沉积，呈现条带透镜体状、扁豆体状、薄层状砂与黏土互层等形态。

3 查明生气层、储气层的具体位置和特征，对评价有害气体的分布、范围是十分重要的，勘察中还应注意生气层、储气层可能具有多层性的特点。

4 甲烷生成后，以溶存于地下水中的溶存气体及存在于土颗粒空隙中的游离气体两种形式存在于土层中，其扩散与地层的渗水特性有关。当压力或温度变化时，部分溶存气体与游离气体可相互转换。

5 水文地质特征影响着甲烷在土中的存在形式。饱和土中仅存在溶存甲烷，非饱和土中存在溶存甲烷和游离甲烷。甲烷气体的运移与地下水的补给、径流、排泄条件有较密切的关系。

12 特殊性岩土

12.1 一般规定

12.1.1 由于红黏土、混合土、多年冻土和盐渍岩土等特殊性岩土在大、中城市分布不是很普遍，且分布深度较浅，对城市轨道交通工程建设影响较小，故本规范中没有作具体规定。若在勘察时遇到，应执行相关标准。

12.1.3、12.1.4 我国特殊性岩土种类繁多，对分布范围较广的特殊性岩土已进行了深入的研究，先后制定了不少国家标准、行业标准和地方标准，如国家现行标准《湿陷性黄土地区建筑规范》GB 50025、《膨胀土地区建筑技术规范》GBJ 112、《冻土工程地质勘察规范》GB 50324、《软土地区工程地质勘察规范》JGJ 83 等，这些标准都是从特殊性岩土的工程特性出发，对勘察工作量、勘察方法、勘察手段和勘察成果等进行了较为详细的规定。本规范制定第12.1.3 条和第 12.1.4 条之目的，也是要求在特殊性岩土场地勘察时，要有针对性地开展勘察工作。

12.2 填　土

12.2.1 对本条主要说明以下两点：

1 掌握填土的堆填年限和固结程度。特别是填土是否经过超载，在对填土的岩土工程评价中有重要意义。一般而言，填土之所以"松"、压缩性高，主要是由于它只经过自重压力（这一压力还是不大的）固结或（对年轻的填土）仍在经受自重压力的固结。归纳言之，一是固结压力小，二是正常固结或欠固结的。这就是填土常常难以直接作为地基土的主要原因。若填土在历史上曾有过超载，则它是超固结的；超载愈大，超固结比愈大。有过这样经历的填土就有被直接利用作为天然地基的可能性。填土年代愈久，经受过超载的概率愈高，因此，往往年代和超载指的是同一过程和效应。

2 强调查明填土的种类和物质成分，是为了划分素填土、杂填土和冲填土，而这三个基本种类还可细分。在本款中，还要求对其厚度变化予以特别注意。这是因为填土不是自然过程形成的物质。它不但成分多变，厚度也极不稳定。将本款与上款的内容归纳之，填土的主要特点是：成分不一，厚薄多变，固结程度低，往往系欠固结的（即高压缩性的）。

12.2.2 填土与湿陷性土、软土、膨胀土与残积土、风化岩一样，对勘探与取样亦有其特殊要求；下面就第1款、第3款依次给予必要说明：

1 由于填土的物质成分和厚度多变，勘探点的密度自然宜大于一般情况，但在具体布置上不应一步到位而宜采取逐步加密和有目的追索、圈定的方法。

3 像其他特殊土一样，填土的勘探与取样也应有一定数量的探井，这既是对填土成分和组织结构进行直接观察的需要，也是采取高质量等级的土样和进行大体积密度测定的需要。便携钻机由于成本低、能进入到钻机不易去的地方等，在圈定填土范围时能发挥较大的作用。

12.2.3 由于填土的物质成分多变，取高质量等级的土样不但不易而且所得到的岩土技术性质参数变异性大，为弥补这些不足应充分利用原位测试技术，特别是轻便型的原位测试设备。只有勘探取样和原位测试结合起来，才能取得好的效果。

12.2.4 填土的岩土工程分析与评价应结合填土的前述主要特点。

1 如前指出，填土的历史超载程度与其压缩性高低和强度大小有直接关系。填土是否有过超载和超载程度，除进行调查和经验分析外，有时还可通过室内试验解决。在有相似建筑经验的地区，轻便静力触探、动力触探等测试数据有时亦能反映超载效应是否存在。

2 对于城市轨道交通工程而言，除了地基问题外主要就是基坑和隧道开挖问题，因此填土的承载力、抗剪强度、基床系数和天然密度等物理力学指标是必不可少的。

4 有较厚填土分布场地，基坑坑壁局部或大范围坍塌是深基坑开挖时的常遇现象，特别当填土形成年代较短和成分复杂更为常见。

5 施工验槽是针对填土的物质成分和分布厚度多变的现实情况提出来的。坚持施工验槽能揭露勘探过程中遗漏的重要现象（即使勘探工作密度和数量可观时）。补充勘探测试工作可以修改岩土工程评价和建议中的不当、不足之处，防止事故，总结经验。

12.3 软　土

12.3.1 本条的各款内容是针对软土形成的地理—地质环境条件和主要的岩土技术特性提出的，现对有关内容加以说明：

1 所谓的"软土"泛指软黏性土、淤泥质土、淤泥和泥炭质土、泥炭等几种类型的软弱土类。它们的成因类型见表15：

表15　软土的成因类型

地貌特征	成因类型	沉积特征
滨海平原	滨海相	土质不均匀、极疏松，具交错层理，常与砂砾层混杂，砂砾分选、磨圆度好，有时含有生物贝壳及其碎片局部富集
	泻湖相	颗粒细小、孔隙比大、强度低，显示水平纹理，交错层理不发育，常夹有泥炭薄层
	溺谷相	孔隙比大、结构疏松、含水量高
	三角洲相	分选性差，结构疏松，多交错层理，多粉砂薄层

续表15

地貌特征	成因类型	沉积特征
湖积平原	湖相	沉积物中粉土颗粒成分高，季节韵律带状层理，结构松软，表层硬壳厚度不规律
河流冲积平原	河漫滩相	沉积物成层情况较复杂，呈特殊的洪水层理，成分不均一，以淤泥及软黏性土为主，间与砂或泥炭互层
	牛轭湖相	沉积物成层情况较复杂，成分不均一，以淤泥及软黏性土为主，间与砂或泥炭互层，下部含有各种植物物质和软体动物贝壳
山间谷地	谷地相	软土呈片状、带状分布，靠山边浅，谷地中心深，厚度变化大；颗粒由山前到谷地中心逐渐变细；下伏硬层坡度较大
泥炭沼泽地	沼泽相	以泥炭沉积为主，且常出露于地表，孔隙极大，富有弹性，下部为淤泥层或薄层淤泥与泥炭互层

不同成因的软土，由于其沉积环境不同，其分布范围、层位的稳定性、土层的厚度均有其特点。

软土的厚度及其变化对沉降和差异沉降的预测，地基处理与结构措施的选择，桩基设计及基坑开挖与支护方法关系极大，其中应特别重视查明砂层和含砂交互层的存在与分布，因为这涉及软土地层的排水固结条件，沉降历时长短与强度在荷载作用下的递增速度，甚至会关系到一个工程项目的可行性。

2 地貌的变化在很大程度上反映了地质情况的变化，特别是微地貌，往往是地层变化或软土分布在地表上的反映（例如：在平原区地貌突变处，有可能有暗埋湖塘、洼浜或古河道），因此，注意微地貌的变化。

3 查明软土的硬壳和硬底状态，对分析各类工程的稳定和变形具有重要意义。

4 软土的固结应力历史及反映这个历史的不排水抗剪强度，先期固结压力（亦称最大历史压力），$e-\lg P$曲线上的回弹指数与压缩指数等对确定软土的承载力，选择地基处理方法及预测软土性状与表现等是重要的依据。将软土按超固结比 OCR 划分为欠固结土、正常固结土与超固结土（后者还可进一步划分）对反映软土固结应力历史具有实用意义。

5 软土中的含水层数量、位置、颗粒组成与各层的水头高度是深基坑降水、开挖与支护设计及地下结构的防水所需要的资料。

6 应指出施工或相邻工程的施工（包括降水、开挖、设桩或大面积填筑等）会导致软土中应力状态的突变或孔隙水压的骤升，使土体及已竣工工程变形、位移或破坏。软土的勘察应特别注意此类问题的分析，并提出措施建议。

12.3.2 本条主要是针对软土的特殊性，提出的勘探与取样要求。

1 勘探（简易勘探、挖探、钻探等）和原位测试（静力触探、十字板剪切试验、旁压试验、螺旋板载荷试验等）应在地质调绘的基础上综合运用，一般情况下，宜先采用简易勘探、静力触探，再布置钻探、十字板剪切试验等。在软土地区应充分采用静力触探测定软土层在天然结构下的物理力学性能，划分地层层次。原位测试进行软土地基的勘探、测试虽然具有显著的优越性，但目前还只能通过各种相关关系的建立来提供软土的物理力学指标。所以，对各种勘探、测试方法、设计参数的选取，在有经验的地区，应充分利用当地的有关规则、规定和经验公式，宜结合当地经验进行，以保证勘探结果的可靠性。

国内外经验证明静力触探、十字板剪切试验及自钻式旁压试验是软土地区行之有效的原位测试方法，它们能大大弥补钻探取样与室内试验的不足。

由于软土钻探采取原状土样比较困难，取土后又容易受震动失水，致使室内试验数据不准，而采用十字板剪切试验可以弥补这一缺陷，所以，为测定软土层在不排水状态下的抗剪强度指标一般采用十字板剪切试验。

3 压缩层计算深度宜用应力比法控制，在实际工作中，软土地基计算压缩层的计算深度可作如下控制：

1）对于均质厚层软土，软土地基附加应力为自重应力的比例为 $0.1\sim0.15$ 时相应的深度；

2）对于非均质分布的软土地层，软土地基附加应力为自重应力的比例为 $0.15\sim0.2$ 时相应的深度；如果在影响深度范围内，软土层下出现有密实或硬塑的下卧硬层（如半坚硬黏土层等硬土层、砂层等）或岩土底板时，在查明其性质并确定一定厚度后，可不再继续计算；

3）压缩层计算中应注意：对可透水性饱和土层的自重应力应用浮重度；当软弱土地基不均匀时，所确定的计算深度下如果还有软土层，则应继续向下计算，以避免计算深度下的软土层的变形使总变形量超过允许变形值。

12.3.3 室内试验方法测定软土的力学性质时，应合理进行试验方法的选取：

1 为地基承载力计算测定强度参数时，当加荷速率高，土中超孔隙水压力消散慢，宜采用自重压力预固结的不固结不排水剪（UU）试验或快剪试验。当加荷速率低，土中孔隙水压力消散快，可采用固结不排水剪（CU）试验或固结快剪试验。

2 支护结构设计中土压力计算所需用的抗剪强度参数应根据不同条件和要求选用总应力强度参数或有效应力强度参数。后者可用固结不排水剪（CU）测孔隙水压力试验确定。

3 固结试验方法，各土样的最大试验压力及所取得的系数应符合沉降计算的需要。

12.3.4 本条中各款的规定，对软土而言是有很强的针对性的，按超固结比划分软土，对确定承载力和预测沉降有启发、指导作用，掌握了软土的灵敏度有助于重视挖土方法，选好支护措施或合理布置打桩施工程序，以防止出现坑底隆起、土体滑移或桩基变位等事故。

软土地区的城市轨道交通运营线路已经出现了过量沉降问题，并导致隧道结构开裂、渗漏水等问题。产生过量沉降的因素很复杂，一般包括施工扰动、自然固结以及运营震动影响等。因此，软土地区的城市轨道交通工程的沉降问题应引起勘察与设计人员的高度重视。

12.4 湿陷性土

12.4.1 本条所列的 7 个重点是重要的经验总结，现对前三款给予说明：

1 土的湿陷性是否显示和显示大小与所施加的压力有密切关系。一般的情况是土的形成时间愈久，使其在浸水时显示湿陷性所需的压力愈大。例如新近堆积黄土（Q_4^2）和一般湿陷性黄土（$Q_4^1+Q_3^2$）在 200kPa 的压力下就较充分地显示其湿陷性，较之为老的离石黄土（Q_2^2 和 Q_2^1）则不然，要它们显示出湿陷性需要较高的压力，而且时代愈早所需的压力愈大。成因与土的湿陷性高低也有一定关系。例如，在形成时代相同的条件下，坡积土的湿陷性一般要比冲积土高。

2 地层结构系指不同时代湿陷性土的序列分布及它们与其中的非湿陷性土层的位置关系，包括基岩、砂砾层等下卧地层的深度与起伏。这与湿陷场地的岩土工程评价，防止湿陷事故与消除湿陷性措施的选取关系密切。

3 查明湿陷系数与自重湿陷系数沿深度的变化，既有助于对地基的岩土工程的深入评价，也有助于针对性地选取工程技术措施。图 5 中所示的是陕北洛川坡头和河南陕县的黄土自重湿陷系数 δ_{ZS}、先期固结压力（也是自重湿陷系数起始压力）P_{cw} 与自重压力 P'_{ow} 三者沿深度方向变化的比较。可见前者的自重湿陷系数起始压力 P_{cw} 到 50 多米深仍小于自重压力，这与 δ_{ZS} 一直大于 0.015 一致。后者的自重湿陷系数起始压力 P_{cw}，到 20 多米等于或略小于自重压力 P'_{ow}，再深则一直大于自重压力，故可被认为基本上是非自重湿陷性场地。其 δ_{ZS} 值的变化与之一致。

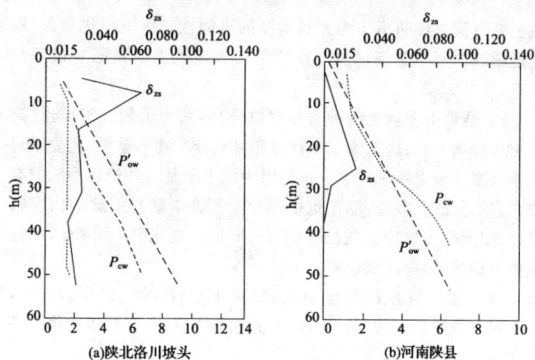

图 5 黄土 δ_{ZS}、P_{cw} 与 P'_{ow} 三者沿深度的变化与相互关系的比较
P'_{ow}—自重压力；P_{cw}—先期固结压力；h—深度；δ_{ZS}—黄土自重湿陷系数

12.4.2 本条的特殊要求系基于湿陷性土的特殊结构与该结构的易破坏性。现作如下说明：

1 由于湿陷性土的结构易破坏，迄今无论国外或国内，探井仍是采取原状黄土样不可缺少的手段，有时还可以作为主要的手段。

2 湿陷性土的地层结构的持续性一般好于其他土类，故勘探点间距可比别的土类的间距大些。同理，不取样的"鉴别"钻孔作用有限，不宜很多。在这种情况下，取土勘探点的比例就应大些或可将所有勘探点当作取土勘探点，以保证满足湿陷性评价的需要。

4 为了保证湿陷性评价的准确性，湿陷性土样的质量等级必须是 I 级，否则可能错误地歪曲或降低地基的湿陷等级，严重时还会将等级本属严重湿陷性的地基错定为非湿陷性或轻微湿陷性地基。对黄土钻探取样必须采用专用的黄土薄壁取土器和相应的钻进取样工艺（见现行国家标准《湿陷性黄土地区建筑规范》GB 50025附录 D）。

12.4.3 由于湿陷性土的特殊性，在浸水情况下强度降低很多，因此对有浸水可能性或地下水位可能上升的工程，除进行天然状态下的试验外，建议进行饱和状态下的压缩和剪切试验。

12.4.4 本条中相关款的说明可参阅现行国家标准《湿陷性黄土地区建筑规范》GB 50025 和《岩土工程勘察规范》GB 50021 条文说明的相关部分。

12.5 膨胀岩土

12.5.1 本条的内容十分强调微地貌、当地气象特点和建筑物破坏情况的调查，这对膨胀岩土来说是有针对性的，不同于其他土类的情况，因而也是对膨胀岩土进行评价所必需的。

膨胀岩土包括膨胀土和膨胀岩，目前尚无统一的判定标准，一般采用综合判定，分初判和详判两步。初判主要根据野外地质特征和自由膨胀率，详判是在初判的基础上，作进一步的室内试验分析。常见的膨胀岩有泥岩、泥质粉砂岩、页岩、风化的泥灰岩、蒙脱石化的凝灰岩、含硬石膏、芒硝的岩石等。

12.5.2 由于膨胀土中有众多裂隙，钻探取样难免扰动，而且在膨胀土中钻进难度较大，而用水是绝对不允许的，故为了取得质量等级为 I 级的土样，必须有一定数量的探井。关于钻探、探井中取土钻探、探井的比例，考虑问题的依据均同湿陷性土。

气候的干湿周期性交替对膨胀土的胀缩有直接的影响。多年一周期的气候干湿大变化的影响能达到较大的深度，称之为大气影响深度，国外常称之为活动层（Active zone）。经多年观测，我国膨胀土分布区内平坦场地的大气影响深度一般在 5m 以内，再往下土的含水量受气候变化影响很小，以至消失。显而易见，勘探取样深度必须超过这个深度的下限，而且在这个深度范围内应采取 I 级土样，取样间隔宜为 1m，往下要求可以放宽。

12.5.3 关于在设计(实际)压力作用下的地基胀缩量计算,应按现行国家标准《膨胀土地区建筑技术规范》GBJ 112 的有关规定执行。

12.5.5 对本条的岩土工程分析与评价说明如下:

1 铁路系统对膨胀土采用自由膨胀率、蒙脱石含量、阳离子交换量作为详判指标,经过了大量的工程实践,证明是可行的,而城市轨道交通工程与铁路具相似性,故参照纳入,这样既充分考虑了线路工程的特点,又避免采用自由膨胀率单一指标可能造成的漏判。膨胀岩的判定尚处于研究、总结阶段,建议参照膨胀土的判定方法或现行行业标准《铁路工程特殊岩土勘察规程》TB 10038 进行综合判定。

2 调查和长期观测证明,在坡地场地上建筑物的损毁程度较平坦场地要严重得多,因此认为有必要将原简单场地改称平坦场地,而将原中等复杂场地和复杂场地改划为坡地场地。现举一些数据和实例:

1)在坡地场地上的建筑物破坏程度和数量较在平坦场地上更大,据统计:

对坡顶上的 324 栋建筑物的调查,损坏的占 64%,其中程度严重的占 24.8%;

在 291 栋建于坡腰的建筑物中,损坏的占 77.4%,其中程度严重的占 30.6%;

在 36 栋建于坡脚的建筑物中,损坏的占 6.8%,其程度仅为轻微一中等;

在阶地上和盆地中部的建筑物,除少量的遭到了破坏,大多数完好。

2)边坡变形的特点以湖北郧县法院边坡为例。从图 6 和表 16 可见,在边坡上的观测点不但有升降变化而且有水平位移。它们都以坡面上的为最大,随着离坡面距离的增大而减小,水平位移还导致坡肩附近裂缝的产生。

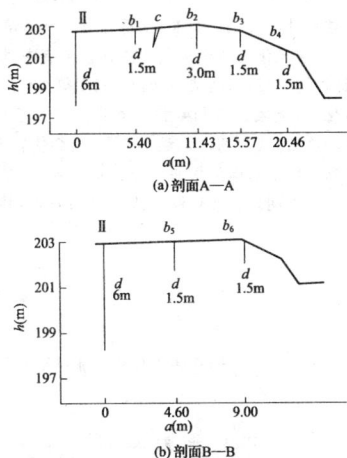

图 6 湖北郧县法院变形观测剖面

h—高程;*a*—水平距离;*b*—边坡;*c*—裂缝;*d*—桩深

表 16 湖北郧县法院边坡变形观测结果

剖面长度(m)	点号	距离(m)	水平位移(mm)		点号	升降变形幅度(mm)
			"+"	"-"		
20.46(Ⅱ—b4)	Ⅱ—b1	5.40	4.00	3.10	Ⅱ	10.29
	Ⅱ—b2	11.43	—	9.90	b1	49.29
	Ⅱ—b3	15.57	20.60	10.70	b2	34.66
	Ⅱ—b4	20.46	34.20	—	b3	47.45
9.00(Ⅱ—b6)	Ⅱ—b5	4.60	3.00	6.10	b4	47.07
	Ⅱ—b6	9.00	24.40	—	b5	45.01
					b6	51.96

注:"+"表示位移增大;"—"表示位移减小。

3)坡地上建筑物变形特点,以云南个旧东方红农场小学的教室和该市冶炼厂 5 栋在 5°~12°斜坡上的升降观测结果为例,临坡面的变形与时间关系曲线是逐年渐次下降的,在非临坡面则基本上是波状升降。这说明边坡的影响加剧了建筑临坡面的变形,导致建筑物的破坏。

6 为了防止膨胀岩土地基的过量胀缩变形引起的对建筑物的影响和破坏,集中起来是"防水保湿"四个字,做到了这点,便没有膨胀岩土的胀缩变形。这一点对开挖的基坑的保护也完全适用。

20 世纪 70 年代我国的几条通过膨胀土地区铁道的修筑中经验教训十分深刻。由于忽视了及时的必要支护与防水保湿措施,膨胀土开裂严重,滑塌频繁(以中小型浅层为多)。以后花了多年的科研与治理的时间和巨额的补充投资才基本完成了整治。至于支护结构遭膨胀岩土的膨胀压力而变形开裂的实例也不鲜见。

12.6 强风化岩、全风化岩与残积土

12.6.1 强风化岩、全风化岩与残积土的勘察着重点与其他岩土层的勘察着重点有明显不同。

1 确定母岩的地质年代、岩石的类别,是强风化岩、全风化岩与残积土勘察的基本要求。

2 强风化岩、全风化岩与残积土的分布、埋深与厚度变化对线路敷设方式、线路埋深、施工工法选择都有重要影响。

3 原岩矿物的风化程度、组织结构的变化程度是岩石定名的基本依据。

4 岩土的不均匀程度、岩块和软弱夹层的分布、特征对岩体的整体强度和稳定性常起着控制作用。

5 由于强风化岩、全风化岩与残积土中的球状风化体及孤石对隧道工程施工的影响很大,应给以查明。

6 由于原岩矿物成分的不同和节理裂隙密度与发育程度的差别,强风化岩、全风化岩与残积土的透水性和富水性有很低的,也有很高的,必须予以查明。而且,在水的作用下,强风化岩、全风化岩与残积土往往具有遇水易崩解的工程特征。

12.6.2 本条规定了强风化岩、全风化岩与残积土的勘探、测试的基本要求。

1 本款强调钻探与原位测试,特别是标准贯入试验相结合。这是由于强风化岩、全风化岩与残积土的Ⅰ级试样采取困难,数量有限。国内外常用标准贯入试验等方法,通过击数等指标与风化岩的工程性质建立相关关系,以更好地进行风化岩的分级并推求工程技术性质指标。除标准贯入试验外,在有些国家旁压试验用得较多,并已较系统地总结了经验。我国的超重型动力触探(N_{120})在碎石、卵石地层中应用颇有成效,亦宜通过比较试验,建立相关关系,可推广应用到强风化岩、全风化岩与残积土的勘察评价上来。

4 强风化岩、全风化岩与残积土的结构极易受到扰动。本款规定在强风化岩、全风化岩与残积土中应取Ⅰ级试样,以保证取样质量。为了取得质量等级属Ⅰ级的试样,现行国家标准《岩土工程勘察规范》GB 50021 规定,应采用三重管(单动)取样器,其中的第三重管是衬管。利用三重管取样达到 100%的岩心采取率并得Ⅰ级试样,这在国外已很普及或成定规。

5 本款根据轨道交通的工程实践,对强风化岩、全风化岩与残积土的岩土试验方法作了明确规定,即对全风化岩、残积土和呈土状的强风化岩进行土工试验,对呈岩块状的强风化岩进行岩石试验,对残积土必要时进行湿陷性和湿化试验,还可以进行现场点荷载试验。

12.6.3 鉴于取得Ⅰ级土样比较困难,而且有的试验(如压缩试验)不易在试验室内完成,原位测试作为取样试验的必要补充,迄今几乎已必不可缺。例如:

1 用旁压试验确定地基土的承载力、变形模量等岩土技术参

数,以计算建筑物的沉降,为锚杆或土钉设计确定土的抗拔摩阻力等,在一些国家(如法国、加拿大、澳大利亚等)已成规或常规之一。原苏联也有类似做法。在我国推广应用旁压试验的条件首先是要有能提供足够工作压力(如大于或等于 15000kPa)测试设备;其次是进行必要数量的对比试验,建立旁压试验指标(临塑压力 P_f、极限压力 P_1、旁压模量 E_m 等)和岩土技术设计参数(承载力、抗拔摩阻力、不排水剪强度、变形模量等)之间的相关关系。

2 用标准贯入击数确定风化岩与残积土的变形模量或压缩模量国外也有不少实例,如 Decourt(1989)等提出根据标准贯入实击值(N)可按下式计算残积土的变形模量 E_0:

$$E_0 = 3N \qquad (17)$$

但计算结果可能较实际偏高。

每一种原位测试方法都有其最佳适用范围,为此在选用时应区别不同要求,有针对性地选用最适用的方法或方法组合,以获得最佳效果。除此之外,本条还规定可按现行国家标准《建筑地基基础设计规范》GB 50007 的有关规定确定承载力和变形模量 E_0。

对于花岗岩残积土、全风化与强风化岩的变形模量可用标准贯入试验实击值 N 按下式,结合当地经验和类比验证确定。

$$E_0 = 0.4N \sim 1.4N \quad (N < 100) \qquad (18)$$

式 18 系来自日本的一份内容较丰富的总结性材料。它综合反映了花岗岩残积土、全风化岩与强风化岩的压缩性(变形模量)与标准贯入试验实击值之间的关系。

$$E_0 = 2.2N' \qquad (19)$$

式 19 系我国部分地区根据标贯试验和载荷试验的约 30 个对比资料总结出来的。用此式计算 E_0 值时需结合当地经验,必要时可进行载荷试验确定。

12.6.4 工程实践表明,若处理不慎,花岗岩类的强风化岩、全风化岩与残积土会对工程实施造成严重影响。因此,在第 12.6.1 条的基础上,本条专门规定了花岗岩类的强风化岩、全风化岩与残积土的勘察要求。某些以花岗岩为母岩的变质岩或其他类似岩石的强风化岩、全风化岩与残积土的勘察,可参照本条规定执行。

1 关于花岗岩类的强风化岩、全风化岩与残积土划分,修改情况如下:

1)原规范采用标准贯入击数修正值划分花岗岩风化程度与残积土,并在条文说明中解释了采用该方法的理由,但是,它列举的情况现在已经发生了变化。现行国家标准《岩土工程勘察规范》GB 50021 和广东省地方标准《建筑地基基础设计规范》DBJ 15—31 已明确采用标准贯入试验实测值划分花岗岩强风化、全风化岩和残积土。为与现行国家标准《岩土工程勘察规范》GB 50021 等协调一致,本款修改了原规范关于花岗岩风化程度的划分指标,现以标准贯入试验实击值作为花岗岩强风化、全风化岩和残积土的划分指标之一。按标准贯入试验确定地基承载力时,是否修正以及如何修正实击值,可根据当地经验选择确定。

2)原采用单轴抗压强度(f_r)作为划分指标之一,实际难以操作,予以删除。

3)根据工程实践经验,调整了作为划分指标之一的剪切波速值。例如,广州地铁一号线越秀公园站的花岗岩类强风化岩、全风化岩与残积土的剪切波速分别为 1105m/s、349m/s、286m/s;轨道交通三号线 A 标段的分别为 433m/s、361m/s、182m/s~225m/s;轨道交通四号线海傍至黄阁区间的分别为 474.3m/s~508m/s、369.5m/s~389m/s、259.8m/s~263.2m/s;轨道交通六号线东湖至燕塘区间的分别为 518.2m/s、352.3m/s、206.5m/s~283.7m/s。

2 本款根据含砾或含砂量将花岗岩类残积土划分为砾质黏性土、砂质黏性土和黏性土。根据广东省的经验,在花岗岩类残积土中,当大于 2mm 颗粒含量超过总质量 20% 的为砾质黏性土,当大于 2mm 颗粒含量在 5%~20% 的为砂质黏性土,当大于 2mm 颗粒含量小于 5% 的为黏性土。

3 花岗岩类岩石多沿节理风化,风化厚度大,且以球状风化

为主,在强风化岩、全风化岩与残积土中易形成球状风化核。花岗岩及某些以花岗岩为母岩的变质岩,其全风化岩与残积土的孔隙比通常较大,液性指数较小,压缩性较低,但易扰动,遇水易软化崩解。岩脉和花岗岩球状风化体往往较周围岩石坚硬,造成地层的软硬不均,隧道掘进困难;花岗岩球状风化体也会影响桩基持力层的确定。因此,除满足本规范第 12.6.1 条的规定外,本款特别规定,勘察尚应着重查明花岗岩分布区球状风化体(孤石)的分布,强风化岩、全风化岩与残积土的工程特性及其水文地质条件。特别说明,在大多情况下是指花岗岩类或以花岗岩为母岩的强风化岩、全风化岩与残积土遇水易软化崩解等特征。

4 残积土细粒土的天然含水量 w_f,塑性指数 I_P,液性指数 I_L 分别按下列公式计算:

$$w_f = \frac{w - w_A 0.01 P_{0.5}}{1 - 0.01 P_{0.5}} \qquad (20)$$

$$I_P = w_L - w_P \qquad (21)$$

$$I_L = \frac{w_f - w_P}{I_P} \qquad (22)$$

式中:w——花岗岩残积土(包括粗、细粒土)的天然含水量(%);

w_A——土中粒径大于 0.5mm 颗粒吸着水含水量(%),可取 5%;

$P_{0.5}$——土中粒径大于 0.5mm 颗粒质量占总质量的百分数(%);

w_L——土中粒径小于 0.5mm 颗粒的液限含水量(%);

w_P——土中粒径小于 0.5mm 颗粒的塑限含水量(%)。

12.6.5 本条规定应对强风化岩、全风化岩与残积土进行岩土工程分析与评价,并根据岩土工程特性和轨道交通工程实践,列举了可能包括的分析与评价内容,但不限于这些内容。

1、2 这两款所称的"评价稳定性",主要针对强风化岩、全风化岩与残积土遇水易软化崩解的工程特征而言。

3 工程实践表明,强风化岩、全风化岩与残积土的不均匀程度,尤其是岩块和软弱夹层的分布,对隧道掘进和基坑、桩基施工的影响很大。在强风化岩或全风化岩中往往夹有中风化岩块,桩基施工遇到这种情况时,切勿认为已经挖到中等风化岩层。

4 强风化岩、全风化岩和残积土本身的渗透系数不一定较大,但经过扰动之后,其中的含水量不论多寡,会使岩土体迅速崩解。因此,本款提出了对地下水的评价要求。

5 为进一步查明球状风化体(孤石),可在地面和隧道内进行超前钻。

13 工程地质调查与测绘

13.1 一般规定

13.1.1、13.1.2 针对城市轨道交通工程的特点,工程地质调查与测绘工作是极其必要的,是岩土工程勘察的基础工作内容,是从宏观上获取场地地质条件的主要手段。工程地质调查与测绘工作主要在可行性研究和初步勘察阶段进行,在详细勘察和施工勘察阶段主要进行专题性的调绘工作。由于轨道交通工程的特殊性,勘察设计的各个阶段线、站位置会有调整或变化,因此,工程地质调查与测绘工作要贯穿勘察设计各阶段的始终。

加强工程地质调查与测绘工作有助于增加地质信息量,指导后期勘探量布置,在岩土勘察工作中起到事半功倍的作用。

对工程有重大影响的地质问题,如活动性断裂、滑坡和采空区等,常规的工程地质调查与测绘是不够的,应进行专项工程地质调查与测绘工作。

13.2 工作方法

13.2.1 对搜集的各种资料进行综合分析，不仅可在岩土工程勘察资料编制过程中加以利用，也是合理布置勘探量、制订勘察大纲等工作的必要的前期工作。

13.2.2 工程地质调查与测绘过程中原则上不投入大量勘探工作量，必要时可适量进行勘探、物探和原位测试工作，勘探一般以简易勘探为主。

13.2.3 利用航片、卫片等遥感判释手段尤其适用于可行性研究和初步勘察阶段的方案比选工作。如地貌单元的划分、地质构造、不良地质和特殊岩土的判释等。遥感地质解译应按"建立解译标志、分析解释成果，确定调查重点，实地核对、修改，补充解译，复判"的程序开展工作。利用遥感手段可以宏观性掌控区域地质条件，减少外业调绘强度，提高大面积调绘的工作质量。

13.2.4 对本条作以下说明：

1 地质观察点的布置是否合理，对于调绘工作质量、成果质量以及岩土工程评价至关重要。地质观察点应布置在不同类型的地质界线上，例如：地层、岩体、岩性、构造、不整合面、不同地貌成因类型等地质界线。

地质观察点的布置要充分利用岩石露头。例如，采石场、路堑、基坑、基槽、冲沟、基岩裸露等。它们可以提供有关岩土体的工程地质性状，包括：岩性、物质成分、粒度成分、层序及其变化、岩石风化程度、岩体结构类型、构造类型、结构面形态及其力学性质、地下水等。当地质体隐蔽时或天然露头、人工露头稀少时，应根据具体情况（场地的地形、工作环境、技术要求等），选择适宜的手段、布置一定数量的勘探与测试工作。

2 在工程地质调查与测绘中关于地质观察点的密度，国内外未有统一的规定。本款只是从原则上作出这一规定，具体实施时，应从实际出发，根据技术要求，工程地质条件和成图比例尺等因素综合确定。

3 地质观测点的定位，直接影响成图的质量，常用的定位方法如下：

目测法：适用于小比例尺的地质调绘，主要是根据地形、地物以目估或步测距离进行标测。

半仪器法：适用于中比例尺的地质调绘，主要是使用罗盘仪测定方位、气压计测定高程、步测或量绳确定距离。

仪器法：适用于大比例尺的地质调绘，主要是使用高精度的经纬仪测定方位、水准仪测定高程。

卫星定位系统（GPS）：根据精度要求选择使用。

13.2.5 工程地质调查与测绘的最终产品是图件和文字报告。生产图件的工作方法基本上有两种，一是填图、二是编图。填图与编图不仅是工程地质调查与测绘常用的方法，而且也是在区域地质调查或地质普查与勘探过程中常用的传统方法。

13.3 工作范围

13.3.1、13.3.2 工程地质调查与测绘的宽度以往没有具体的规定。第13.3.2条的要求根据国内一些城市轨道交通工程岩土勘察的经验总结出来的。

13.3.5 工程地质调查与测绘具有多学科、多工种、综合性强、服务领域广的特点。根据国内地铁岩土勘察实践经验，设专题研究的目的是为了把影响设计施工的重大地质问题研究透彻，使提供的结论经济合理。

13.4 工作内容

13.4.1 各种既有资料的搜集是地质调绘重要工作，必须在岩土工程勘察前期统筹规划、全面考虑和认真落实。

调查搜集以往岩土工程事故发生的原因、处理的措施和整治效果，在岩土勘察工作中有重要意义。

13.5 工作成果

13.5.1 对工程有重要意义的工程地质现象，应拍彩色照片附文字说明，存档备查。这项工作在国内外都是常用的，这样做有利于地质资料的分析研究与综合整理，也有利于后期工作开展。

13.5.2 工程地质测绘比例尺的选择和精度，一般与轨道交通工程设计的需要及工程地质条件的复杂程度有关，同时与本地区在城区规划、勘察、设计、施工等常用比例尺和精度的要求相一致，以利于使用。为了达到精度要求，在测绘工作中习惯采用比提交成果图大一级的地形图件作为测绘的底图，或者直接采用城区建设常用的1：500的比例尺地形图件底图，待外业完成后根据设计需要可缩成提交成果图所需要的比例尺图件。

地质界线、地质观察点在图面上的位置误差，目前各行业的规定一般为2mm或3mm。本条提出："在图上不应大于2mm"，主要是考虑轨道交通工程的特点和精度要求。

在测绘时图面所表示地质单元体的最小尺寸，尚无统一规定。"有特殊意义或对工程有重要影响的地质单元体，在图面上宽度小于2mm时，应采用扩大比例尺方法标示并加以注明"。这样可确保重要地质现象不漏失，提高测绘精度。

13.5.3 工程地质调查与测绘，一般成果资料可纳入相应的岩土工程勘察报告中，不必单独编制调绘报告。如果为了解决某一专题性的岩土工程问题，也可编制专项用途的成果资料。对于各种文字报告、图件和图表的表示内容，可按设计的需要和有关规定执行。

14 勘探与取样

14.1 一般规定

14.1.5 城市轨道交通工程勘探多在大城市的繁华街道上进行。其特点是地上有高压电线，地下有各种管网。还可能有地下构筑物、地下古迹。如不小心，钻坏地下管网，其后果不堪设想。所以在施钻前应搜集街道管网分布图，在布孔时躲避各种地下设施，并采用地下管道探测仪了解地下设施，或用探坑查明，确无设施时，再行钻探。

安装钻机除要避开地下设施外，还要注意钻架距高压线要有一定的安全距离，防止发生触电事故。

14.1.6 钻孔完成后，根据地层情况，分层回填，孔口要用不透水黏性土封好孔，以免地上污水污染地下水。位于隧道结构线范围内的勘探点应列为回填的重点，因为若回填不好，将成为地下水涌入隧道的通道，可能对施工造成严重的影响；或者隧道衬砌背后注浆时，浆液通过钻孔喷出地面，对环境造成污染。

14.2 钻 探

14.2.1 选择钻探方法应考虑的原则是：

1 地层特点及钻探方法的有效性；

2 能保证以一定的精度鉴别地层，了解地下水的情况；

3 尽量避免或减轻对取样段的扰动影响。

条文中表14.2.1就是按照这些原则编制的。通过勘察工作纲要规定钻探方法，不仅要考虑钻进的有效性，而且要满足勘察技术要求。钻探单位应按任务书指定的方法钻进，提交成果中也应说明钻进方法。

14.2.3 城市轨道交通工程勘探在技术上要求较高，为充分取得有效的地质资料，通过勘察纲要对孔位、孔深、钻探方法、岩芯采取率、取样、原位测试等提出具体技术要求。

在砂土、碎石土等取样困难地层中钻进时，可通过控制回次进尺提高岩芯采取率，回次进尺可参照表17。

表17 工程地质钻探回次进尺长度

岩层	回次进尺(m)
黏性土、粉土	1.0～1.5
薄层黏性土与薄层砂类土互层	1.0～1.5
砂类土	泥浆钻进 1.0～1.5
	跟管回转钻进 0.3～0.5
碎石类土	双管钻具钻进 0.5～1.0
	无泵反循环钻软质岩石 1.0～1.5
	无泵反循环钻破碎岩石 0.5～0.7
冻土	0.3～0.5
软土	0.3～1.0
黄土	钻进取芯时 1.0～1.5；取原状土时，1m三钻，第一钻 0.5～0.6、第二钻 0.2～0.3、第三钻取样
膨胀性岩层	0.5～1.0
滑动面及重要结构面上下5m	预计滑动面及其以上5m范围小于或等于0.3
	重要结构面上下5m为 0.3～0.5
软硬互层、软硬不均化带及硬、脆、碎基岩	0.5～1.0
较完整、轻微风化基岩	1.0～2.5
完整基岩	<3.5

14.3 井探、槽探

14.3.1 在无条件进行钻探的地点，利用人工挖探可达到技术要求。目前井探已广泛应用而且能保证质量，便于鉴定、描述和取样。

14.3.2 井探的支护可根据地质情况及当地施工经验，采取不同方法，并符合当地政府主管部门的规定。

14.4 取 样

14.4.1 土试样的质量要求，应根据工程的需要而定。在工程的关键部位取样质量，需要Ⅰ级土样。进行热物理指标的土样可用Ⅱ级土样。进行颗粒分析的土样质量可用Ⅳ级土样。

14.4.4 过去对砂层的压缩模量、密度等技术指标，多根据其他方法换算求得，准确度不高。而砂土的压缩模量和密度是城市轨道交通工程勘察的重要指标之一。所以要推广取砂样，在取砂器内放置环刀，将环刀取出后，即可求得砂的密度，并放入压缩仪，直接试验砂土的压缩模量。

14.5 地球物理勘探

本节内容仅涉及采用地球物理勘探方法的一般原则与注意事项。目的在于指导非地球物理勘探专业的岩土工程勘察技术人员结合工程特点选择适宜的地球物理勘探方法。强调岩土工程勘察人员与地球物理勘探人员的密切配合，共同制订方案，分析解释成果。各种地球物理勘探方法具体方案的制订与实施，应执行现行地球物理勘探规程，如现行行业标准《铁路工程物理勘探规程》TB 10013、《城市工程地球物理探测规范》CJJ 7 的有关规定。

近20年来，在城市轨道交通工程岩土工程勘察中，作为综合勘探的重要手段之一，地球物理勘探已在地质界线、断层、岩溶、小煤窑采空区及地下管线的探测和隧道围岩级别、场地土类型及类

别的划分方面得到了广泛应用，取得了较好的勘探效果。

地球物理勘探发展很快，不断有新的技术方法出现，如近十几年发展迅猛的隧道超前地质预报（TSP）、弹性波层析成像（CT）、电磁波层析成像（CT）、地质雷达、瑞雷面波法等，在城市轨道交通工程岩土工程勘察中取得了较好的效果。

当前常用的物探方法详见表18。

表18 地球物理勘探方法应用范围表

	方法名称	应用范围
直流电法	自然电场法	1.探测隐伏断层、破碎带； 2.测定地下水流速、流向
	充电法	1.探测地下洞穴； 2.测定地下水流速、流向
	电阻率测深法	1.探测基岩埋深、划分松散沉积层序和基岩风化带； 2.探测隐伏断层、破碎带； 3.探测地下洞穴； 4.探测含水层分布； 5.探测地下或水下隐埋物体； 6.测定沿线大地导电率和牵引变电所土壤电阻率
	电阻率剖面法	探测隐伏断层、破碎带
	高密度电阻率法	1.探测基岩埋深、划分松散沉积层序和基岩风化带； 2.探测隐伏断层、破碎带； 3.探测地下洞穴； 4.探测含水层分布； 5.探测地下或水下隐埋物体
	激发激化法	1.探测隐伏断层、破碎带； 2.探测地下洞穴； 3.划分松散沉积层序； 4.测定潜水面深度和含水层分布； 5.探测地下或水下隐埋物体
交流电法	频率测深法	1.探测基岩埋深、划分松散沉积层序和基岩风化带； 2.探测隐伏断层、破碎带； 3.探测地下洞穴； 4.探测河床水深及沉积泥沙厚度； 5.探测地下或水下隐埋物体； 6.探测地下管线
	电磁感应法	1.探测基岩埋深； 2.探测隐伏断层、破碎带； 3.探测地下或水下隐埋物体； 4.探测地下洞穴； 5.探测地下管线
	地质雷达法	1.探测基岩埋深、划分松散沉积层序和基岩风化带； 2.探测隐伏断层、破碎带； 3.探测地下洞穴； 4.探测地下或水下隐埋物体； 5.探测河床水深及沉积泥沙厚度； 6.探测地下管线
	跨孔电磁波层析成像（CT）法	1.探测岩溶洞穴； 2.探测隐伏断层
地震波法	折射波法	1.探测基岩埋深、划分松散沉积层序和基岩风化带； 2.探测河床水深及沉积泥沙厚度
	反射波法	1.探测基岩埋深、划分松散沉积层序和基岩风化带； 2.探测隐伏断层、破碎带； 3.探测地下洞穴； 4.探测河床水深及沉积泥沙厚度； 5.探测地下或水下隐埋物体
	跨孔透射波层析成像（CT）法	1.探测小煤窑采空洞穴； 2.探测隐伏断层、破碎带； 3.划分松散沉积层序及基岩风化带
	瑞雷面波法	1.探测基岩埋深、划分松散沉积层序和基岩风化带； 2.探测隐伏断层、破碎带； 3.探测地下洞穴； 4.探测地下管线

方法名称		应用范围
地震波法	TSP法	1. 探测隧道掌子面前方地层界线； 2. 探测隧道掌子面前方断层、破碎带； 3. 探测隧道掌子面前方岩溶发育情况
	声呐浅层剖面法	1. 探测河床水深及泥沙厚度； 2. 探测地下或水下隐埋物体
地球物理测井(含电测井、放射性测井、电视测井、声波测井、地震压缩波测井、地震剪切波测井等)		1. 划分地层界线； 2. 划分含水层； 3. 测定潜水面深度和含水层； 4. 划分场地土类型和类别； 5. 计算动弹性模量、动剪切模量及卓越周期等； 6. 测定放射性辐射参数； 7. 测定土对金属的腐蚀性
红外辐射法		1. 探测热力管道； 2. 探测断层、破碎带； 3. 探测地下热水

15 原 位 测 试

15.1 一 般 规 定

15.1.1、15.1.2 原位测试基本上是在原位的应力条件下对土体进行测试，其测试结果有较好的可靠性和代表性，但原位测试评定土的工程参数主要是建立在统计的经验基础上，有很强的地区性和土类的局限性，因此，在选择原位试验方法时应根据岩土条件、设计对参数的要求、地区经验和试验方法的适用性等确定。原位测试的试验项目、测定参数、主要试验目的可参照表19。

表 19 原位测试项目一览表

试验项目	测定参数	主要试验目的
标准贯入试验	标准贯入锤击数 N(击)	1. 判别土层均匀性和划分土层； 2. 判别地基液化可能性及等级(标准贯入试验)； 3. 估算砂土密实度、黏性土状态； 4. 估算土体基床系数和比例系数； 5. 估算土体强度指标； 6. 选择桩基持力层、估算单桩承载力； 7. 判断沉桩的可能性
动力触探试验	动力触探锤击数 N_{10}、$N_{63.5}$、N_{120}(击)	
旁压试验	初始压力 p_0(kPa)、临塑压力 p_y(kPa)、极限压力 p_L(kPa)和旁压模量 E_m(kPa)	1. 估算地基强度和变形指标； 2. 计算土的侧向基床系数； 3. 估算桩承载力； 4. 确定土的原位水平应力和静止侧压力系数(自钻式旁压试验)
静力触探试验	单桥比贯入阻力 p_s(MPa)，双桥锥尖阻力 q_c(MPa)、侧壁摩阻力 f_s(kPa)、摩阻比 R_f(%)，孔压静力触探的孔隙水压力 u(kPa)	1. 判别土层均匀性和划分土层； 2. 估算地基强度和变形指标； 3. 估算土的侧向基床系数和比例系数； 4. 判断盾构推进难易程度； 5. 估算桩承载力； 6. 判断沉桩可能性； 7. 判别地基液化可能性及等级
载荷试验(平板、螺旋板)	比例界限压力 p_0(kPa)、极限压力 p_u(kPa)和压力与变形关系，地基基床系数 K_v(kPa/	1. 评定岩土承载力； 2. 估算土的变形模量； 3. 计算土体竖向基床系数

试验项目	测定参数	主要试验目的
扁铲侧胀试验	侧胀模量 E_D(kPa)、侧胀土性指数 I_D、侧胀水平应力指数 K_D 和侧胀孔压指数 U_D	1. 划分土层和区分土类； 2. 计算土的侧向基床系数； 3. 判别地基土液化可能性
十字板剪切试验	不排水抗剪强度 c_u(kPa)和重塑土不排水抗剪强度 c'_u(kPa)	1. 测求饱和黏性土的不排水抗剪强度和灵敏度； 2. 估算地基承载力和单桩侧阻力； 3. 计算边坡稳定性； 4. 判断软黏性土的应力历史
波速测试	压缩波波速 v_p(m/s)、剪切波波速 v_s(m/s)	1. 划分场地类别； 2. 提供地震反应分析所需的场地土动力参数； 3. 评价岩体完整性； 4. 估算场地卓越周期
岩体现场直接剪切试验	岩体的摩擦角 φ_P(°)、残余摩擦角 φ_R(°)、黏聚力 c(kPa)	1. 确定岩体抗剪强度； 2. 计算岩质边坡的稳定性
岩体原位应力测试	岩体空间应力、平面应力	1. 岩体应力与应变关系； 2. 测求岩石弹性常数

布置原位试验，应注意配合钻探取样进行室内土工试验，其目的是建立统计经验公式并有助于缩短勘察周期和提高勘察质量。

原位测试成果的应用主要应以地区性经验的积累为依据，建立相应的经验关系，这种经验关系必须经过工程实践的验证。

原位测试中的第15.7节扁铲侧胀试验，第15.9节波速测试，第15.10节岩体原位应力测试，第15.11节现场直接剪切试验是按照现行国家标准《岩土工程勘察规范》GB 50021的有关规定修订。

15.2 标准贯入试验

15.2.1 标准贯入试验对砂土、粉土和一般黏性土较为适用，尤其对砂土，标准贯入试验是可行的重要测试手段。目前，国内的一些地方在残积土及强风化岩也采用标准贯入试验，并取得了这方面的经验，故适用范围也将残积土及强风化岩列入其中。

15.2.3 本条文对标准贯入试验间距作了一般性的规定，并提出了相应的钻探施工工艺要求，以保证标准贯入试验锤击数的准确性。

15.2.4 标准贯入试验要求分两段进行：

1 预打阶段：先将贯入器打入土中15cm，并记录锤击数。

2 试验阶段：将贯入器打入土中30cm，记录每打入10cm锤击数；累计打入30cm的锤击数即为标准贯入试验 N 值；当累计锤击已达50击，而贯入度未达30cm，可不再强行贯入，但应记录50击时的贯入深度，试验成果以大于50击表示或换算为相当于30cm的锤击数。

15.2.5 由于 N 值离散性大，故在利用 N 值解决工程问题时，应持慎重态度，依据单孔标贯资料提供设计参数必须与其他试验综合分析。

15.3 圆锥动力触探试验

15.3.1 动力触探(圆锥)试验是利用一定的锤击动能，将一定规格的圆锥探头打入土中，根据其打入击数，对土层进行力学分层，它对难以取样的砂土、粉土、碎石类土等是一种有效的勘探测试手段，本规范列入了目前国内常用的三种动力触探试验规格(轻型、重型、超重型)，并对其岩土条件的适用性作了规定。

15.3.2 动力触探试验由于不能采取土样对土进行直接鉴别描述、试验误差较大、再现性差等缺点，故在使用试验成果时，应结合地区经验并与其他方法相配合使用。

15.3.4 动力触探试验成果分析：

1 根据触探击数、曲线形态，结合其他钻孔资料可进行力学分层，分层时注意超前滞后现象。

2 在整理触探资料时，应剔除异常值，在计算土层的触探指标平均值时，超前滞后范围内的值不反映土性的变化，所以不应参加统计。

3 整理多孔触探资料时，应结合钻探地质资料进行分析，对土质均匀、动探数据离散性不大时，可取各孔分层平均动探值，用厚度加权平均法计算场地分层平均动探值；当动探数据离散性大时，可采用多孔资料或与钻探资料及其他原位测试资料综合分析。

4 采用动力触探指标进行评定土的工程性能时，必须建立在地区经验的基础上。

15.4 旁压试验

15.4.1 旁压试验包括预钻式旁压试验、自钻式旁压试验和压入式旁压试验。预钻式旁压试验适用于易成孔的土层；自钻式旁压试验适用于软黏性土以及松散—稍密的粉土或砂土，但含碎石的土不适用；压入式旁压试验适用于一般黏性土、粉土和软土，但硬土和密实土不易压入。

15.4.2 旁压试验点的布置，先做静力触探试验或标准贯入试验，以便能合理地在有代表性的位置上进行试验。布置时使旁压器的量测腔在同一土层内，并建议试验点的垂直间距不宜小于1m。

15.4.3 预钻式旁压试验成果要求孔壁垂直、光滑、呈规则圆形，尽可能减少对孔壁的扰动；在软弱土层（易缩径、坍孔）需用泥浆护壁，钻孔孔径应略大于旁压器外径，但一般不宜大于8mm。

当采用自钻式旁压试验，应先通过试钻，以便确定各种技术参数及最佳的匹配，保证对周围土体的扰动最小，保证试验质量。

15.4.5 旁压试验的加荷等级，一般可根据土的临塑压力和极限压力而定，加荷等级一般为10级～12级。

15.4.6 旁压试验加荷速率，目前国内有"快速法"和"慢速法"两种。一般情况下，为求土的强度参数时，常用"快速法"；而为求土的变形参数往往强调采用"慢速法"。据国内一些单位的对比试验，两种不同加荷速率对试验结果影响不大。为提高试验效率，本规范规定使用每一级压力维持1min或3min的快速法。

15.4.7 旁压试验成果分析：

1 在绘制压力与扩张体积 ΔV 或 $\Delta V/V_0$、水管水位下沉量 s、或径向应变曲线前，应先进行弹性膜约束力仪器管路体积损失的校正。由于约束力随弹性膜的材质、使用次数和气温而变化，因此新装或用过若干次后均需对弹性膜的约束力进行标定。仪器的综合变形，包括调压阀、量管、压力计、管路等在加压过程中的变形。国产旁压仪还需作体积损失的校正。

2 旁压模量。由于加荷采用快速法，相当于不排水条件。预钻式的旁压试验所测定的旁压模量由于原位侧向应力经钻孔后已释放，一般所得的旁压模量偏小，建议采用卸荷再加荷方法确定再加荷旁压模量，可减少孔壁扰动对试验的影响；或采用自钻式旁压试验。

15.5 静力触探试验

15.5.1 静力触探试验主要用于黏性土、粉土、砂土，对杂填土、碎石是不适用的。它可测定比贯入阻力（单桥探头）、锥尖阻力、侧壁摩擦力（双桥探头）和孔隙水压力（孔隙静探探头）。

静力触探探头除当前广泛采用的单桥探头、双桥探头外，增加了孔压探头，孔压探头在国际上已成为取代双桥探头的换代新探头。考虑到国内一些单位已经引进国外的孔压探头，同济大学等单位也研制了孔压探头，并在一些工程中成功地使用了孔压探头，所以在本规范中列入。

静探探头圆锥截面积，国际上通用标准为 $10cm^2$，但与国内大多数单位广泛使用 $15cm^2$ 探头测得的比贯入阻力相差不大。

15.5.2、15.5.3 根据工程经验，当静力触探试验贯入硬层，易发生触探孔的偏斜及发生断杆事故。孔斜使土层线及比贯入阻力发生失真，影响桩基持力层埋深的判定，因此，对静力触探试验的孔斜作了规定。参照国外的多功能探头的产品技术标准，测斜传感器所能测的偏斜角最大 14°，为避免发生断杆及失真分层界线和阻力，要求采取导管护壁，防止孔斜或断杆。或装配测斜装置，量测探头偏斜角，校正土分层界线，当偏斜角超过 15°时宜停止贯入。

15.5.5 静力触探试验成果分析：

1 利用静力触探试验比贯入曲线划分土层，可根据锥尖阻力、侧壁摩阻力与锥尖阻力之比曲线参照钻孔的分层资料划分土层；利用孔隙水压力曲线，可以提高土层划分的精度并能分辨薄夹层。

2 利用静力触探资料，结合地区经验估算土的强度、变形参数等。由于经验关系有地区局限性，因此只有当经验关系经过检验已证实是可靠的，则可以提供设计参数。

3 利用孔压静力触探试验资料，可评定土的应力历史、估算土的渗透系数和固结系数，一般均采用半理论半经验公式计算，在这方面有待于积累经验。

根据孔压静探的孔压消散曲线资料，可按式23估算土的固结系数 C_v 值：

$$C_v = (T_{50}/t_{50})r_0^2 \tag{23}$$

式中：T_{50}——相当于 50％固结度的时间因数，当滤水器位于探头锥尖后时，T_{50} 可取为 6.87；当滤水器位于探头锥尖上时，T_{50} 可取为 1.64；

t_{50}——超孔隙水压力消散达 50％时的历时时间（min）；

r_0——孔压探头的半径（cm）。

15.6 载荷试验

15.6.7 本条的目的是建立载荷试验与室内土工试验指标或其他原位测试结果的相关经验公式，有利于缩短勘察周期和提高勘察质量。

15.6.8 对载荷试验成果的分析和应用，应特别注意承压板影响深度范围内土层的不均匀性，否则会降低试验成果的使用价值。

15.7 扁铲侧胀试验

扁铲侧胀试验（dilatometer test, DMT），也有译为扁板侧胀试验，系 20 世纪 70 年代意大利 Silvano Marchetti 教授创立。扁铲侧胀试验是将带有膜片的扁铲压入土中预定深度，充气使膜片向孔壁中侧向扩张，根据压力与变形关系，测定土的模量及其他有关指标。因能比较准确地反映小应变的应力应变关系，测试的重复性较好，引入我国后，受到岩土工程界的重视，进行了比较深入的试验研究和工程应用，已列入现行国家标准《岩土工程勘察规范》GB 50021 中。

15.8 十字板剪切试验

15.8.1 十字板剪切试验适用范围，大部分国家规定限于饱和软黏土（$\varphi_u \approx 0$）。虽然有的国家把它扩大到非饱和土，但需进一步的研究和实践。

美国 ASTM-STP1014（1988）提出十字板剪切试验适用于灵敏度 $S_t \leqslant 10$，固结系数 $C_v \leqslant 100m^2/a$ 的均质饱和软黏性土，对于其他的土（如夹有薄层粉细砂或粉土的软黏性土）十字板剪切试验会有相当大的误差。

15.8.2 十字板剪切试验点的布置,对均质土试验点竖向间距可取 1m~2m,对于非均质土,根据静力触探等资料选择有代表性的点布置,不宜机械地按等间距布置试验点。

15.8.4 十字板剪切试验成果分析:

1 实践证明,正常固结的天然饱和软黏性土的不排水抗剪强度是随深度增加,室内抗剪强度的试验成果,由于取样扰动等因素,往往不能反映这一变化规律。

2 十字板剪切试验所得的不排水抗剪强度峰值,一般认为是偏高的,土的长期强度只有峰值强度的 60%~70%,因此在使用过程中,需对十字板测定的强度值作必要的修正。

15.12 地温测试

15.12.1 地温是地铁设计时结构温度应力、暖通设计等所需参数,但目前地铁勘察中地温测试手段仍相对单一,可靠性尚待提高。目前地温测试主要有三种方法:一种是采用电阻式井温仪,通过测量钻孔水温确定土体温度,主要用于深层地温探测;一种是将温度传感器附设于静探、十字板等传感器上,通过贯入设备,在进行其他原位测试时同步完成;另一种是直接将温度计或温度传感器埋入地下,测量地表一定深度范围内温度。上述三种方法可归纳为钻孔法、贯入法和埋设法。

地表一定深度范围内土体温度主要受大气影响,研究表明,地温在地表以下10m范围内受大气温度影响较为敏感,因此变化幅度较大,10m以后趋于稳定,其影响因素主要包括土性(砂性、黏性)、孔隙比、含水量和饱和度等,一般而言,土颗粒越密实,孔隙越少,导热系数就越大,温度变化越明显。图7是美国弗吉尼亚州矿产能源部对土体温度长期监测结果,图中横坐标表示与平均温度差异值,纵坐标表示深度;图8是一年不同时期不同深度平均温度变化情况。

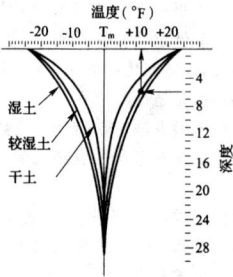

图 7　土体温度随深度变化曲线

地铁车站以及区间段一般都在地温变化范围内,因此地温测量原则上应超过车站或区间段埋深,当埋深超过10m后可认为温度稳定。

15.12.3 本条规定了地温测试的范围和部位。

15.12.5 贯入法测温静置目的是减少贯入过程中产生热量对测温结果影响,对比试验表明,其对结果影响比较明显。

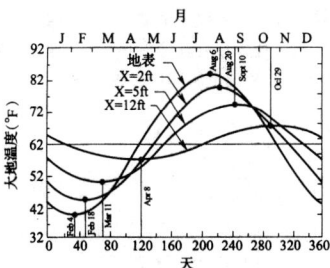

图 8　土体温度随时间变化曲线

16　岩土室内试验

16.1　一般规定

16.1.1 本章未对室内试验方法作出具体规定,室内试验的试验方法、操作和采用的仪器设备要与现行国家标准相一致,确保岩土试验遵循共同的试验准则,使试验结果具有一致性和可比性。

在使用和评价岩土试验数据时,必须注意到,岩土试样与实际状态是存在着差别的,试验方法应尽量模拟实际,评价成果时,宜结合原位测试成果和既有的经验数据进行比较分析,综合给出合理的推荐值。

16.1.2 岩土工程勘察的目的是为设计、施工服务的,试验项目的选择要结合工程类型和设计、施工需要综合确定。

16.1.3 试验资料的分析,对提供准确可靠的试验指标是十分重要的,内容涉及成果整理、试验指标的选择等。对不合理的数据要分析原因,有条件时,进行一定的补充试验,以便决定对可疑数据的取舍或更正。

16.2　土的物理性质试验

16.2.1 土的物理性质试验,主要应满足岩土工程勘察过程中所要求的土的常规物理试验项目。

采用原状土或扰动土进行土的物理性质试验一般需要保持其天然含水状态。试样制备首先对土样进行描述,了解土样的均匀程度、含夹杂物等,保证物理性质试验所用的试样一致,并作为统计分层的依据。

16.2.2 土粒比重变化幅度不大,有经验的地区可根据经验判定。但对缺乏经验的地区,仍应直接测定。

16.2.6 热物理指标是城市轨道交通岩土工程勘察需要提供的一个特殊参数,对本条作如下说明:

1 城市轨道交通工程通风负荷计算方法确定后,合理地选择岩土热物理指标,对保证城市轨道交通工程建筑良好的使用功能及降低工程造价和运行管理有着不可忽视的影响。而岩土的热物理性能是与密度、湿度及化学成分有关。导热系数、导温系数随着密度和湿度的增加而变大,而湿度对比热容的影响较大。此外,在相同密度及湿度的情况下,由于化学成分不同,其值也相差很大。因此,应通过试验取得数据,以保证设计合理。

2 由于土的热物理指标与土的密度和含水率等状态密切相关,因此需要对原状土的级别进行鉴别。为了真实反映地下土层的热物理特性,保证试验成果的可靠性,质量不符合要求的土样不能做该项目试验。

3 测定热物理性能试验方法较多,各种不同的方法都有一定的适用范围。因此,根据岩土自身的特性,本规范选用了三种方法测定岩土的热物理性能。面源热源法能够一次测得岩土的导温系数和导热系数,并计算出比热容。但测试仪器及操作计算较复杂,中山大学采用此方法试验。热线法和热平衡法分别适用于测定潮湿土质材料的导热系数和比热容,利用关系式计算出导温系数。这两种组合测试方法测试装置简单,测试快捷方便,北京城建勘测设计研究院有限责任公司采用此方法试验。

1)面源热源法:是在被测物体中间作用一个恒定的短时间的平面热源,则物体温度将随时间而变化,其温度变化是与物体的性能有关。通过求解导热微分方程,并通过试验测出有关参数,然后按下列一些公式就可计算出被测物体的导温系数、导热系数和比热容。

导温系数:

$$\alpha = \frac{d^2}{4\tau'y^2} \qquad (24)$$

式中：α——导温系数（m²/h）；

　　　τ'——距热源面 d(m)温度升高 θ' 时的时间(h)；

　　　y——函数 $B(y)$ 的自变量。

函数 $B(y)$ 值：

$$B(y) = \frac{\theta'(\sqrt{\tau_2} - \sqrt{\tau_2 - \tau_1})}{\theta_2 \sqrt{\tau'}} \quad (25)$$

式中：$B(y)$——自变量为 y 的函数值；

　　　τ_1——关掉加热器的时间(h)；

　　　τ_2——加热停止后,热源上温度升高到 θ_2 时的时间(h)。

导热系数：

$$\lambda = \frac{I^2 R \sqrt{\alpha} (\sqrt{\tau_2} - \sqrt{\tau_2 - \tau_1})}{S \theta_2 \sqrt{\pi}} \quad (26)$$

式中：λ——导热系数[W/(m·K)]；

　　　I——加热电流(A)；

　　　R——加热器电阻(Ω)；

　　　S——加热器面积(m²)。

比热容：

$$C = 3.6 \frac{\lambda}{\alpha \rho} \quad (27)$$

式中：C——比热容[kJ/(kg·K)]；

　　　ρ——密度(kg/m³)。

2)热线法：是在匀温的各向同性均质试样中放置一根电阻丝,即所谓的"热线",当热线以恒定的功率放热时,热线和其附近试样的温度将随时间升高。根据其温度随时间变化的关系,可确定试样的导热系数。通过试验测出有关参数后,按下式计算岩土的导热系数。

$$\lambda = \frac{I \cdot V}{4\pi L} \cdot \frac{\ln \frac{t_2}{t_1}}{\theta_2 - \theta_1} \quad (28)$$

或

$$\lambda = \frac{I^2 \cdot R}{4\pi L} \cdot \frac{\ln \frac{t_2}{t_1}}{\theta_2 - \theta_1} \quad (29)$$

式中：λ——导热系数[W/(m·K)]；

　　　V——热线 A、B 段的加热电压(V)；

　　　R——加热丝的电阻(Ω)；

　　　I——加热丝的电流(A)；

　　　L——热线 A、B 间的长度(m)；

　　　θ_1、θ_2——热线的两次测量温升(℃)；

　　　t_1、t_2——测 θ_1、θ_2 时的加热时间(s)。

3)热平衡法：是测定岩土比热容的常用方法。在试样中心插入热电偶,通过测量试样与水的初温及热量传递到温度均衡状态时的温度,按下式计算岩土的比热容。

$$C_m = \frac{(G_1 + E) \cdot C_w (t_3 - t_2)}{G_2(t_1 - t_3)} - \frac{G_3}{G_2} \cdot C_b \quad (30)$$

式中：C_m——岩土在 t_3 到 t_1 温度范围内的平均比热容[J/(kg·K)]；

　　　C_b——试样筒材料(黄铜)在 t_3 到 t_1 温度范围内的平均比热容[J/(kg·K)]；

　　　C_w——杜瓦瓶中水在 t_2 到 t_3 温度范围内的平均比热容[J/(kg·K)]；

　　　E——水当量(用已知比热的试样进行测定,可得到 E 值)(g)；

　　　t_1——岩土下落时的初温(℃)；

　　　t_2——杜瓦瓶中水的初温(℃)；

　　　t_3——杜瓦瓶中水的计算终温(℃)；

　　　G_1——水重量(g)；

　　　G_2——试样重量(g)；

　　　G_3——试样筒重量(g)。

4 本规范附录 K 是常见的 12 类岩土的热物理指标,来源于

北京、广州、天津等地区近 30 年的试验值。其数值的大小与密度、含水量有关,在可行性研究和初步勘察阶段可根据岩土的密度、含水量的实际情况按附录 K 选用。在详细勘察和施工勘察阶段有特殊要求的工点取样试验确定,对于有工程经验的地区,可通过试验和经验值综合分析确定。

16.3　土的力学性质试验

16.3.1　本条列举了土的主要力学试验内容。

膨胀土地区应取样做膨胀性试验,根据试验指标作出场地的膨胀潜势分析。水位以上黄土应取样做湿陷性试验,确定黄土的湿陷性。固结试验、直剪试验、三轴压缩试验、无侧限抗压强度试验、静止侧压力系数试验、回弹试验、基床系数试验等应根据工程类型,设计、施工需要和岩土条件综合确定。

选用试验数据时,宜结合原位测试成果和既有的经验数据进行综合分析研究,给出合理的推荐值。

16.3.2　条文中的要求是考虑当采用压缩量进行沉降计算时,压缩系数和压缩模量一般选取有效自重压力至有效自重压力与附加压力之和的压力段,才能使计算结果更接近工程实际情况。

16.3.3　当采用土的应力历史进行沉降计算时,试验成果应按 e-lg$p$ 曲线整理,确定先期固结压力并计算压缩指数和回弹指数。施加的最大压力应满足绘制完整的 e-lg$p$ 曲线的要求。回弹模量和回弹再压缩模量的取样测试主要是为了计算基底卸荷回弹量,做固结试验时要考虑基坑的开挖深度,要对土的有效自重压力进行分段取整,获得回弹和回弹再压缩曲线,利用回弹曲线的割线斜率计算回弹模量,利用回弹再压缩曲线的割线斜率计算回弹再压缩模量。实际工作中,若两者差别不大,可用前者代替后者。

16.3.4　直接剪切试验包含快剪、固结快剪和慢剪。直接剪切试验由于设备和操作都比较简单,试验结果存在明显的缺点,但由于已经积累了大量的勘察和设计经验,仍可以有条件地使用。快剪试验所得到的抗剪强度指标最小,用于设计计算结果偏于安全,对于基坑工程而言可代表性进行快剪试验。基坑工程施工一般都属于加荷固结速度缓慢,土体在排水条件下有一定的自重固结时间,因此选择固结快剪试验是适合的。

选用不同的三轴试验方法所取得 c、φ 值数据差别很大,故本条规定采用的试验方法应尽量与工程施工的加荷速率、排水条件相一致。

16.3.5　土在侧面不受限制的条件下,抵抗垂直压力的极限强度称为土的无侧限抗压强度(q_u)。主要适用于测试饱和软黏性土,用于估算土的承载力和抗剪强度。

16.3.6　土在不允许有侧向变形的条件下,试样在轴向压力增量 $\Delta \sigma_1$ 的作用下引起的侧向压力的相应增量 $\Delta \sigma_3$,其 $\Delta \sigma_3 / \Delta \sigma_1$ 的比值称为土的侧压力系数(ξ)或静止土压力系数(K_0),水利水电设计规范中称为静止侧压力系数。本规范统一称为土的静止侧压力系数(K_0),试验仪器采用侧压力仪。

16.3.7　关于基床系数的说明参见本规范第 7.3.10 条的条文说明。

16.3.8　动三轴、动单剪和共振柱是土的动力学性质试验中较常用和较成熟的三种方法。不但土的动力学参数随应变而变化,不同的试验仪器或试验方法有其应变的有效范围,故在提出试验要求时,应考虑动应变的范围和仪器的适用性。

17　工程周边环境专项调查

17.1　一　般　规　定

17.1.1、17.1.2　工程周边环境是影响城市轨道交通工程规划、设

计和施工的重要因素,一旦对某一环境因素没有查清,可能引起线路埋深、车站结构等的变更,严重时引发工程事故和人员伤亡。北京市轨道交通建设管理有限公司为避免和减少环境安全事故的发生制定了《北京市轨道交通工程建设工程环境调查指南》。由于各个设计阶段对环境调查的范围和深度要求不同,因此,需要分阶段开展环境调查工作,满足各个阶段的设计要求。

17.2 调查要求

17.2.2 建筑物一般指供人们进行生产、生活或其他活动的房屋或场所。例如,工业建筑、民用建筑、农业建筑和园林建筑等,工程周边环境调查涉及的建筑物主要是房屋建筑和工业厂房。

构筑物一般指人们不直接在内进行生产和生活活动的场所。如水塔、烟囱、堤坝、蓄水池、人防工程、化粪池、地下油库、地下暗渠以及各种地下管线隧道等。

17.2.4 在国内城市轨道交通工程施工过程中,经常发生因地下管线与线路发生冲突的情况,导致线路无法穿越,造成管线改移,以及施工过程中对管线的直接破坏,或由于管线的渗漏造成基坑边坡和隧道的坍塌,给工程带来了很大的工期和经济损失。因此,地下管线的调查对城市轨道交通工程的设计、施工是非常重要的。

17.2.6 城市道路包括高速公路、城市快速路、城市主干道、次干道、支路等。桥涵包括城市立交桥、跨河桥、过街天桥、过街地道以及涵洞等。

17.2.9 架空线缆是泛指,还包括其他的架空电线或电缆。

17.3 成果资料

17.3.1～17.3.3 成果资料的核心内容是查明影响范围内已有建(构)筑物、道路、地下管线等设施的位置、现状,根据它们和轨道交通工程在空间上的相互关系,结合工程地质和水文地质条件,预测由于开挖和降水等工程施工对工程周边环境的影响,提出必要的预防、控制和监测措施。

18 成果分析与勘察报告

18.1 一般规定

18.1.1 本条明确提出了对岩土工程勘察报告两方面的基本要求:

1 提供工程场地及沿线的工程地质、水文地质及岩土性质资料。

2 结合工程特点和要求,进行岩土工程分析评价。

18.1.4 城市轨道交通工程线路较长、勘察单位比较多;目前多数地区没有勘察总体单位或勘察监理单位总体把关。为了便于勘察资料的使用和各勘察阶段资料的延续性,需要制订地质单元、工程地质水文地质分区、岩土分层的统一标准。

18.2 成果分析与评价

18.2.1 本条主要针对城市轨道交通工程结构提出分析评价的综合要求,即分不同的敷设形式提出成果分析与评价的要求。地下工程主要是围岩和土体的稳定和变形问题,高架工程和地面工程主要是地基的承载力和变形问题,并特别强调了工程建设对环境的影响和对地下水作用的分析评价。

18.2.2 对于明挖法施工的分析评价,侧重于分析岩土层的稳定性、透水性和富水性,这关系到边坡、基坑的稳定;分析不同支护方式可能出现的工程问题,提出防治措施的建议。

18.2.3 对于矿山法施工的分析评价,侧重于分析不良地质和地下水的情况,以及由此带来的工程问题,提出防治措施的建议。

18.2.4 对于盾构法施工的分析评价,侧重于盾构机选型应注意的地质问题,指出影响盾构施工的地质条件。

18.2.5 对于高架工程的分析评价,侧重于桩基设计所需的岩土参数,指出影响桩基施工的不良地质和特殊岩土,提出防治措施的建议。

18.2.7 本条基本保留了原规范的内容。轨道交通工程建设对城市环境的影响较大,勘察报告通过分析、评价和预测,提出防治措施的建议。环境问题涉及面广,本条仅涉及属于岩土工程方面的内容。

18.3 勘察报告的内容

18.3.1 本条概括规定了轨道交通岩土工程勘察报告的内容组成,将勘察报告的内容组成分为文字部分、表格、图件和附件。

18.3.2～18.3.4 根据轨道交通工程勘察的实践,列出了报告的内容组成,这是根据完整的报告要求列出的。各地地质条件差别很大,勘察报告的内容组成不可能相同。根据工程规模和任务要求等,选择适合于实际勘察的内容组成编写报告。其中,勘察任务依据、拟建工程概况、勘察要求与目的、勘察范围、勘察方法与执行标准、完成工作量等,是勘察文字报告必备的基本内容。

18.3.6 鉴于施工勘察报告、专项勘察报告的特殊性,其内容组成难以统一,可根据勘察的要求、目的在本规范第18.3.2条～第18.3.5条中合理选取。

19 现场检验与检测

19.0.1 现场检验与检测是保证工程质量与安全的重要手段之一,为保证工程周边环境安全、工程结构安全以及工程施工安全,岩土工程勘察报告中需要根据工程岩土特点、结构特点和施工特点,提出工程检验与检测的建议。目前现场检验与检测的方法主要有现场观察、试验和仪器量测等。

19.0.2 城市轨道交通工程地基、路基及隧道的现场检验,是工程建设中对地质体检查的最后一道关口,通过检验发现异常地层,及时采取措施确保工程施工和结构的安全。该项工作是必须做的常规工作,通常由地质人员会同建设、设计、施工、监理以及质量监督部门共同进行。

检验时,一般首先核对基础或基槽的位置、平面尺寸和坑底标高,是否与图纸相符。对土质地基,可用肉眼、微型贯入仪、轻型动力触探等简易方法,检验土的密实度和均匀性,必要时可在槽底普遍进行轻型动力触探。但坑底下埋有砂层,且承压水头高于坑底时,应特别慎重,以免造成冒水涌砂。当岩土条件与勘察报告出入较大或设计有较大变动时,可有针对性地进行施工专项勘察。

19.0.3、19.0.4 这两条所列检验内容,都是以往工程实践中发现的,影响地基、路基和围岩稳定和变形的重要因素,在现场检验时需要给予充分的重视。

19.0.5 桩长设计一般采用地层和标高双控制,并以勘察报告为设计依据。但在工程实践中,会有实际地层情况与勘察报告不一致的情况,故应通过试打试钻,检验岩土条件是否与设计时预计的一致,在工程桩施工时,也应密切注意是否有异常情况,以便及时采取必要的措施。大直径挖孔桩,一般设计承载力很高,对工程影响重大,所以应逐桩检验孔底尺寸和岩土情况,并且人工挖孔也为检验提供了良好的条件。

19.0.7 现行行业标准《建筑基桩检测技术规范》JGJ 106 对施工完成后的工程桩的检验范围和方法作了明确的规定。确定桩的承载能力虽然有多种方法，但目前最可靠的仍是载荷试验。

目前在桩身质量检验方面，动力测桩技术已较为成熟，普遍使用，但对操作人员和仪器要求较高，必须符合有关规范和规定。

19.0.8 地基处理施工前，应根据设计文件，现场核查设计图纸、设计参数、设计要求、施工机械、施工工艺及质量控制指标等；复合地基的竖向增强体，尚应试打或试钻，通过试打或试钻检验岩土条件与勘察成果的相符性，确定沉桩或成孔的可能性，确定施工机械、施工工艺的适用性以及质量控制指标。对于有经验的工程场地，试打或试钻可结合工程桩进行。发现问题及时与有关部门研究解决。对缺乏施工经验的场地或采用新工艺时，应进行地基处理效果的测试。

19.0.10 基坑支护体系的检测是为了确保其施工质量达到设计要求，具体检测方法和技术执行现行行业标准《建筑基坑支护技术规程》JGJ 120 的有关要求。

19.0.11 对围岩加固范围、加固效果进行检测是确保工程施工安全的重要环节，本条对目前城市轨道交通涉及围岩加固检测的情况和采用的检测方法进行了归纳总结。

19.0.12 对城市轨道交通工程结构进行沉降观测，一方面为城市轨道交通工程施工及运营的安全提供保证；另一方面可以起到积累建筑经验或对工程进行设计反分析的作用。本条对城市轨道交通工程需要进行沉降观测的情况进行了规定。

中华人民共和国国家标准

工程岩体分级标准

Standard for engineering classification of rock mass

GB/T 50218—2014

主编部门：中 华 人 民 共 和 国 水 利 部
批准部门：中华人民共和国住房和城乡建设部
施行日期：2 0 1 5 年 5 月 1 日

中华人民共和国住房和城乡建设部
公　告

第 531 号

住房城乡建设部关于发布国家标准
《工程岩体分级标准》的公告

现批准《工程岩体分级标准》为国家标准，编号为 GB/T 50218‑2014，自 2015 年 5 月 1 日起实施。原《工程岩体分级标准》GB 50218‑94 同时废止。

本标准由我部标准定额研究所组织中国计划出版社出版发行。

中华人民共和国住房和城乡建设部

2014 年 8 月 27 日

前　言

本标准是根据住房城乡建设部《关于印发〈2011 年工程建设标准规范制订、修订计划〉的通知》（建标〔2011〕17 号）的要求，由长江水利委员会长江科学院会同有关单位在原《工程岩体分级标准》GB 50218—94 的基础上修订而成的。

本标准在编制过程中，编制组经广泛调查研究，认真总结实践经验，参考相关国家标准和国外先进标准，并在广泛征求意见的基础上，最后经审查定稿。

本标准的主要技术内容为总则、术语和符号、岩体基本质量的分级因素、岩体基本质量分级和工程岩体级别的确定等。

本标准修订的主要内容包括：

1. 对原标准中的岩体基本质量指标 BQ 计算公式，在原有样本数据基础上，新增了 54 组样本数据，重新进行了回归分析，论证了岩体基本质量指标 BQ 计算公式的有效性，并对 BQ 公式进行了局部修订。

2. 增加了边坡工程岩体质量指标的计算、边坡工程岩体级别的划分以及边坡工程岩体自稳能力的确定等内容。

3. 收集与整理了自标准颁布以来的有关工程岩体现场试验成果资料，依据基于岩体质量级别的试验资料统计结果，对附录 D 岩体及结构面物理力学参数进行了论证与局部修订。

4. 收集与整理了不同岩体级别条件下的岩石地基现场载荷试验资料，对基岩承载力基本值（f_0）进行了论证。

5. 在初始应力对地下工程岩体质量指标影响修正方面，将岩体初始应力状态对地下工程岩体级别的影响调整为以相应初始应力和围岩强度确定的强度应力比值作为修正控制因素。

6. 对章节和附录结构以及内容进行了局部调整和补充，对岩石风化程度的划分及结构面结合程度的划分等内容进行了局部修订。

本标准由住房城乡建设部负责管理，由水利部负责日常管理，由长江水利委员会长江科学院负责具体技术内容的解释。执行过程中如有意见或建议，请寄送给长江水利委员会长江科学院（地址：武汉市黄浦大街 23 号；邮政编码：430010）。

本标准主编单位、参编单位、主要起草人和主要审查人：

主编单位：长江水利委员会长江科学院
参编单位：东北大学
　　　　　总参工程兵第四设计研究院
　　　　　中铁西南科学研究院有限公司
　　　　　建设综合勘察研究设计院有限公司
　　　　　长江勘测规划设计研究有限责任公司
　　　　　中国水电顾问集团成都勘测设计研究院
　　　　　煤炭科学研究总院开采研究分院
　　　　　中交第二公路勘察设计研究院有限公司

华北有色工程勘察院有限公司　　　　　　　　　张宜虎　汪　斌

主要起草人： 邬爱清　赵　文　周火明　柳赋铮　　　　**主要审查人：** 司富安　陈德基　王行本　高玉生

　　　　　　龚固墙　徐复安　何发亮　孙　毅　　　　　　　　　　　董学晟　邢念信　齐俊修　朱维申

　　　　　　李会中　宋胜武　陈卫东　冯夏庭　　　　　　　　　　　聂德新　李小和　丁小军　陈昌彦

　　　　　　康红普　吴万平　刘新社　朱杰兵　　　　　　　　　　　雷兴顺　林韵梅　王石春　陈梦德

目　　次

Contents

1 总　则

1.0.1 为统一工程岩体分级方法，并为岩石工程勘察、设计、施工和运行提供基本依据，制定本标准。

1.0.2 本标准适用于各类型岩石工程的岩体分级。

1.0.3 工程岩体分级应采用定性与定量相结合的方法，并分两步进行，先确定岩体基本质量，再结合具体工程的特点确定工程岩体级别。

1.0.4 工程岩体分级，除应符合本标准外，尚应符合国家现行有关标准的规定。

2 术语和符号

2.1 术　语

2.1.1 岩石工程　rock engineering

以岩体为工程建筑物地基或环境，并对其进行开挖或加固的工程，主要包括岩石地下工程、岩石边坡工程和岩石地基工程。

2.1.2 工程岩体　engineering rock mass

岩石工程影响范围内的岩体。

2.1.3 岩体基本质量　rock mass basic quality

岩体所固有的、影响工程岩体稳定性的最基本属性。本标准规定，岩体基本质量由岩石坚硬程度和岩体完整程度所决定。

2.1.4 结构面　structural plane (discontinuity)

岩体内部具有一定方向、一定规模、一定形态和特性的面、缝、层和带状的地质界面。

2.1.5 岩体完整性指数　intactness index of rock mass

岩体弹性纵波速度与岩石弹性纵波速度之比的平方。

2.1.6 岩体体积节理数　volumetric joint count of rock mass

每立方米岩体体积内的结构面数目。

2.1.7 点荷载强度指数　point load strength index

直径 50mm 圆柱体试件径向加压时的点荷载强度。

2.1.8 初始应力场　initial geo-stress field

自然状态下岩体中的应力场，也称天然应力场。

2.1.9 工程岩体自稳能力　stand-up time of engineering rock mass

在无支护或无加固条件下，工程岩体保持稳定的能力。

2.1.10 基岩承载力基本值　basic value of bearing capacity of rock foundation

岩石地基工程中，与岩体载荷—位移曲线中的比例极限或屈服极限相对应的荷载。

2.2 符　号

γ——岩体重力密度；

R_c——岩石饱和单轴抗压强度；

$I_{s(50)}$——岩石点荷载强度指数；

E——岩体变形模量；

μ——岩体泊松比；

φ——岩体或结构面内摩擦角；

c——岩体或结构面黏聚力；

K_v——岩体完整性指数；

J_v——岩体体积节理数；

K_1——地下工程地下水影响修正系数；

K_2——地下工程主要结构面产状影响修正系数；

K_3——初始应力状态影响修正系数；

K_4——边坡工程地下水影响修正系数；

K_5——边坡工程主要结构面产状影响修正系数；

λ——边坡工程主要结构面类型与延伸性修正系数；

f_0——岩体基岩承载力基本值；

BQ——岩体基本质量指标；

[BQ]——工程岩体质量指标；

H——岩石地下工程埋深或岩石边坡高度。

3 岩体基本质量的分级因素

3.1 分级因素及其确定方法

3.1.1 岩体基本质量应由岩石坚硬程度和岩体完整程度两个因素确定。

3.1.2 岩石坚硬程度和岩体完整程度，应采用定性划分和定量指标两种方法确定。

3.2 分级因素的定性划分

3.2.1 岩石坚硬程度的定性划分应符合表 3.2.1 的规定。

表 3.2.1　岩石坚硬程度的定性划分

坚硬程度		定性鉴定	代表性岩石
硬质岩	坚硬岩	锤击声清脆，有回弹，震手，难击碎； 浸水后，大多无吸水反应	未风化～微风化的： 花岗岩、正长岩、闪长岩、辉绿岩、玄武岩、安山岩、片麻岩、硅质板岩、石英岩、硅质胶结的砾岩、石英砂岩、硅质石灰岩等
	较坚硬岩	锤击声较清脆，有轻微回弹，稍震手，较难击碎； 浸水后，有轻微吸水反应	1. 中等(弱)风化的坚硬岩； 2. 未风化～微风化的： 熔结凝灰岩、大理岩、板岩、白云岩、石灰岩、钙质砂岩、粗晶大理岩等
软质岩	较软岩	锤击声不清脆，无回弹，较易击碎； 浸水后，指甲可刻出印痕	1. 强风化的坚硬岩； 2. 中等(弱)风化的较坚硬岩； 3. 未风化～微风化的： 凝灰岩、千枚岩、砂质泥岩、泥岩、泥质砂岩、粉砂岩、砂质页岩等

坚硬程度	定性鉴定	代表性岩石
软质岩	锤击声哑,无回弹,有凹痕,易击碎; 浸水后,手可掰开	1. 强风化的坚硬岩; 2. 中等(弱)风化~强风化的较坚硬岩; 3. 中等(弱)风化的较软岩; 4. 未风化的泥岩、泥质页岩、绿泥石片岩、绢云母片岩等
极软岩	锤击声哑,无回弹,有较深凹痕,手可捏碎; 浸水后,可捏成团	1. 全风化的各种岩石; 2. 强风化的软岩; 3. 各种半成岩

3.2.2 岩石坚硬程度定性划分时,其风化程度应按表3.2.2的规定确定。

表3.2.2 岩石风化程度的划分

风化程度	风化特征
未风化	岩石结构构造未变,岩质新鲜
微风化	岩石结构构造、矿物成分和色泽基本未变,部分裂隙面有铁锰质渲染或略有变色
中等(弱)风化	岩石结构构造部分破坏,矿物成分和色泽较明显变化,裂隙面风化较剧烈
强风化	岩石结构构造大部分破坏,矿物成分和色泽明显变化,长石、云母和铁镁矿物已风化蚀变
全风化	岩石结构构造已完全破坏,已崩解和分解成松散土状或砂状,矿物全部变色,光泽消失,除石英颗粒外的矿物大部分风化蚀变为次生矿物

3.2.3 岩体完整程度的定性划分应符合表3.2.3的规定。

表3.2.3 岩体完整程度的定性划分

完整程度	结构面发育程度		主要结构面的结合程度	主要结构面类型	相应结构类型
	组数	平均间距(m)			
完整	1~2	>1.0	结合好或结合一般	节理、裂隙、层面	整体状或巨厚层状结构
较完整	1~2	>1.0	结合差	节理、裂隙、层面	块状或厚层状结构
	2~3	1.0~0.4	结合好或结合一般		块状结构
较破碎	2~3	1.0~0.4	结合差	节理、裂隙、劈理、层面、小断层	裂隙块状或中厚层状结构
	≥3	0.4~0.2	结合好		镶嵌碎裂结构
			结合一般		薄层状结构
破碎		0.4~0.2	结合差	各种类型结构面	裂隙块状结构
	≥3	≤0.2	结合一般或结合差		碎裂结构
极破碎	无序		结合很差		散体状结构

注:平均间距指主要结构面间距的平均值。

3.2.4 结构面的结合程度,应根据结构面特征,按表3.2.4确定。

表3.2.4 结构面结合程度的划分

结合程度	结构面特征
结合好	张开度小于1mm,为硅质、铁质或钙质胶结,或结构面粗糙,无充填物; 张开度1mm~3mm,为硅质或铁质胶结; 张开度大于3mm,结构面粗糙,为硅质胶结
结合一般	张开度小于1mm,结构面平直,钙泥质胶结或无充填物; 张开度1mm~3mm,为钙质胶结; 张开度大于3mm,结构面粗糙,为铁质或钙质胶结
结合差	张开度1mm~3mm,结构面平直,泥质或钙质胶结; 张开度大于3mm,多为泥质或岩屑充填
结合很差	泥质充填或泥夹岩屑充填,充填物厚度大于起伏差

3.3 分级因素的定量指标

3.3.1 岩石坚硬程度的定量指标,应采用岩石饱和单轴抗压强度R_c。R_c应采用实测值。当无条件取得实测值时,也可采用实测的岩石点荷载强度指数$I_{s(50)}$的换算值,并按下式换算:

$$R_c = 22.82 I_{s(50)}^{0.75} \quad (3.3.1)$$

式中:R_c——岩石饱和单轴抗压强度(MPa)。

3.3.2 岩体完整程度的定量指标,应采用岩体完整性指数K_v。K_v应采用实测值。当无条件取得实测值时,也可用岩体体积节理数J_v,并按表3.3.2确定对应的K_v值。

表3.3.2 J_v与K_v的对应关系

J_v(条/m³)	<3	3~10	10~20	20~35	≥35
K_v	>0.75	0.75~0.55	0.55~0.35	0.35~0.15	≤0.15

3.3.3 岩石饱和单轴抗压强度R_c与岩石坚硬程度的对应关系,可按表3.3.3确定。

表3.3.3 R_c与岩石坚硬程度的对应关系

R_c(MPa)	>60	60~30	30~15	15~5	≤5
坚硬程度	硬质岩			软质岩	
	坚硬岩	较坚硬岩	较软岩	软岩	极软岩

3.3.4 岩体完整性指数K_v与岩体完整程度的对应关系,可按表3.3.4确定。

表3.3.4 K_v与岩体完整程度的对应关系

K_v	>0.75	0.75~0.55	0.75~0.35	0.35~0.15	≤0.15
完整程度	完整	较完整	较破碎	破碎	极破碎

3.3.5 定量指标R_c、$I_{s(50)}$的测试应符合本标准附录A的规定。

3.3.6 定量指标K_v、J_v的测试应符合本标准附录B的规定。

4 岩体基本质量分级

4.1 基本质量级别的确定

4.1.1 岩体基本质量分级,应根据岩体基本质量的定性特征和岩体基本质量指标BQ两者相结合,并按表4.1.1确定。

表4.1.1 岩体基本质量分级

岩体基本质量级别	岩体基本质量的定性特征	岩体基本质量指标(BQ)
I	坚硬岩,岩体完整	>550
II	坚硬岩,岩体较完整; 较坚硬岩,岩体完整	550~451
III	坚硬岩,岩体较破碎; 较坚硬岩,岩体较完整; 较软岩,岩体完整	450~351
IV	坚硬岩,岩体破碎; 较坚硬岩,岩体较破碎~破碎; 较软岩,岩体较完整~破碎; 软岩,岩体完整~较完整	350~251
V	较软岩,岩体破碎; 软岩,岩体较破碎~破碎; 全部极软岩及全部极破碎岩	≤250

4.1.2 当根据基本质量定性特征和岩体基本质量指标BQ确定的级别不一致时,应通过对定性划分和定量指标的综合分析,确定岩体基本质量级别。当两者的级别划分相差达1级及以上时,应进一步补充测试。

4.1.3 各基本质量级别岩体的物理力学参数,可按本标准表

D.0.1确定。结构面抗剪断峰值强度参数，可根据其两侧岩石的坚硬程度和结构面结合程度，按本标准表 D.0.2确定。

4.2 基本质量的定性特征和基本质量指标

4.2.1 岩体基本质量的定性特征，应由本标准表 3.2.1和表 3.2.3所确定的岩石坚硬程度及岩体完整程度组合确定。

4.2.2 岩体基本质量指标的确定应符合下列规定：

1 岩体基本质量指标 BQ，应根据分级因素的定量指标 R_c 的兆帕数值和 K_v，按下式计算：

$$BQ = 100 + 3R_c + 250K_v \qquad (4.2.2)$$

2 使用公式 (4.2.2) 计算时，应符合下列规定：

1) 当 $R_c > 90K_v + 30$ 时，应以 $R_c = 90K_v + 30$ 和 K_v 代入计算 BQ 值；

2) 当 $K_v > 0.04R_c + 0.4$ 时，应以 $K_v = 0.04R_c + 0.4$ 和 R_c 代入计算 BQ 值。

5 工程岩体级别的确定

5.1 一般规定

5.1.1 对工程岩体进行初步定级时，应按本标准表 4.1.1确定的岩体基本质量级别作为岩体级别。

5.1.2 对工程岩体进行详细定级时，应在岩体基本质量分级的基础上，结合不同类型工程的特点，根据地下水状态、初始应力状态、工程轴线或工程走向线的方位与主要结构面产状的组合关系等修正因素，确定各类工程岩体质量指标。

5.1.3 岩体初始应力状态对地下工程岩体级别的影响，应按本标准表 C.0.2以相应初始应力和围岩强度确定的强度应力比值作为修正控制因素。

5.1.4 岩体初始应力状态，有实测的应力成果时，应采用实测值；无实测成果时，可根据工程埋深或开挖深度、地形地貌、地质构造运动史、主要构造线、钻孔中的岩心饼化和开挖过程中出现的岩爆等特殊地质现象，按本标准附录 C 作出评估。

5.1.5 对膨胀性及易溶性等特殊岩类，还应根据其特殊的变形破坏特性、岩溶发育程度及其对工程岩体的影响，综合确定工程岩体的级别。

5.2 地下工程岩体级别的确定

5.2.1 地下工程岩体详细定级，当遇有下列情况之一时，应对岩体基本质量指标 BQ 进行修正，并以修正后获得的工程岩体质量指标值依据本标准表 4.1.1确定岩体级别。

1 有地下水；

2 岩体稳定性受结构面影响，且有一组起控制作用；

3 工程岩体存在由强度应力比所表征的初始应力状态。

5.2.2 地下工程岩体质量指标 [BQ]，可按下式计算。其修正系数 K_1、K_2、K_3 值，可分别按表 5.2.2-1、表 5.2.2-2 和表 5.2.2-3 确定。

$$[BQ] = BQ - 100(K_1 + K_2 + K_3) \qquad (5.2.2)$$

式中：[BQ]——地下工程岩体质量指标；

K_1——地下工程地下水影响修正系数；

K_2——地下工程主要结构面产状影响修正系数；

K_3——初始应力状态影响修正系数。

表 5.2.2-1 地下工程地下水影响修正系数 K_1

地下水出水状态	BQ				
	>550	550~451	450~351	350~251	≤250
潮湿或点滴状出水，$p ≤ 0.1$ 或 $Q ≤ 25$	0	0	0~0.1	0.2~0.3	0.4~0.6
淋雨状或线流状出水，$0.1 < p ≤ 0.5$ 或 $25 < Q ≤ 125$	0~0.1	0.1~0.2	0.2~0.3	0.4~0.6	0.7~0.9
涌流状出水，$p > 0.5$ 或 $Q > 125$	0.1~0.2	0.2~0.3	0.4~0.6	0.7~0.9	1.0

注：1 p 为地下工程围岩裂隙水压(MPa)；

2 Q 为每 10m 洞长出水量(L/min·10m)。

表 5.2.2-2 地下工程主要结构面产状影响修正系数 K_2

结构面产状及其与洞轴线的组合关系	结构面走向与洞轴线夹角 <30° 结构面倾角 30°~75°	结构面走向与洞轴线夹角 >60° 结构面倾角 >75°	其他组合
K_2	0.4~0.6	0~0.2	0.2~0.4

表 5.2.2-3 初始应力状态影响修正系数 K_3

围岩强度应力比 $\left(\dfrac{R_c}{\sigma_{max}}\right)$	BQ				
	>550	550~451	450~351	350~251	≤250
<4	1.0	1.0	1.0~1.5	1.0~1.5	1.0
4~7	0.5	0.5	0.5	0.5~1.0	0.5~1.0

5.2.3 对跨度不大于 20m 的地下工程，岩体自稳能力可按本标准附录 E 中表 E.0.1确定。当其实际的自稳能力与本标准表 E.0.1中相应级别的自稳能力不相符时，应对岩体级别作相应调整。

5.2.4 对跨度大于 20m 或特殊的地下工程岩体，除应按本标准确定基本质量级别外，详细定级时，尚可采用其他有关标准中的方法，进行对比分析，综合确定岩体级别。

5.3 边坡工程岩体级别的确定

5.3.1 岩石边坡工程详细定级时，应根据控制边坡稳定性的主要结构面类型与延伸性、边坡内地下水发育程度以及结构面产状与坡面间关系等影响因素，对岩体基本质量指标 BQ 进行修正，并以获得的工程岩体质量指标值按本标准表 4.1.1确定岩体级别。

5.3.2 边坡工程岩体质量指标 [BQ]，可按下列公式计算。其修正系数 λ、K_4 和 K_5 值，可分别按表 5.3.2-1、表 5.3.2-2 和表 5.3.2-3 确定。

$$[BQ] = BQ - 100(K_4 + \lambda K_5) \qquad (5.3.2-1)$$

$$K_5 = F_1 \times F_2 \times F_3 \qquad (5.3.2-2)$$

式中：λ——边坡工程主要结构面类型与延伸性修正系数；

K_4——边坡工程地下水影响修正系数；

K_5——边坡工程主要结构面产状影响修正系数；

F_1——反映主要结构面倾向与边坡倾向间关系影响的系数；

F_2——反映主要结构面倾角影响的系数；

F_3——反映边坡倾角与主要结构面倾角间关系影响的系数。

表 5.3.2-1 边坡工程主要结构面类型与延伸性修正系数 λ

结构面类型与延伸性	修正系数 λ
断层、夹泥层	1.0
层面、贯通性较好的节理和裂隙	0.9～0.8
断续节理和裂隙	0.7～0.6

表 5.3.2-2　边坡工程地下水影响修正系数 K_4

边坡地下水发育程度	BQ				
	>550	550～451	450～351	350～251	≤250
潮湿或点滴状出水，$p_w < 0.2H$	0	0	0～0.1	0.2～0.3	0.4～0.6
线流状出水，$0.2H < p_w \leq 0.5H$	0～0.1	0.1～0.2	0.2～0.3	0.4～0.6	0.7～0.9
涌流状出水，$p_w > 0.5H$	0.1～0.2	0.2～0.3	0.4～0.6	0.7～0.9	1.0

注：1　p_w 为边坡坡内潜水或承压水头(m)；
　　2　H 为边坡高度(m)。

表 5.3.2-3　边坡工程主要结构面产状影响修正

序号	条件与修正系数	影响程度划分				
		轻微	较小	中等	显著	很显著
1	结构面倾向与边坡坡面倾向间的夹角(°)	>30	30～20	20～10	10～5	≤5
	F_1	0.15	0.40	0.70	0.85	1.0
2	结构面倾角(°)	<20	20～30	30～35	35～45	≥45
	F_2	0.15	0.40	0.70	0.85	1.0
3	结构面倾角与边坡坡面倾角之差(°)	>10	10～0	0	0～-10	≤-10
	F_3	0	0.2	0.8	2.0	2.5

注：表中负值表示结构面倾角小于坡面倾角，在坡面出露。

5.3.3　对高度不大于 60m 的边坡工程岩体，可根据已确定的级别，按本标准附录 E 中表 E.0.2 确定其自稳能力。

5.3.4　对高度大于 60m 或特殊边坡工程岩体，除按本标准第 5.3.2 条确定[BQ]值外，尚应根据坡高影响，结合工程进行专门论证，综合确定岩体级别。

5.4　地基工程岩体级别的确定

5.4.1　地基工程岩体应按本标准表 4.1.1 规定的岩体基本质量级别定级。

5.4.2　地基工程各级别岩体基岩承载力基本值 f_0 可按表 5.4.2 确定。

表 5.4.2　基岩承载力基本值 f_0

岩体级别	I	II	III	IV	V
f_0(MPa)	>7.0	7.0～4.0	4.0～2.0	2.0～0.5	≤0.5

附录 A　R_c、$I_{s(50)}$ 测试的规定

A.0.1　岩石饱和单轴抗压强度 R_c 的测试应符合下列规定：

1　试件取样应根据地层岩性变化及岩体分级单元进行布置，并能反映拟分级岩体的坚硬程度及其变化规律。

2　标准试件为圆柱形，可用钻孔岩心或在坑探槽中采取岩块加工制成。试件直径宜为 48mm～54mm，并应大于岩石最大颗粒直径的 10 倍。试件高度与直径之比宜为 2.0～2.5。

3　试件加工精度应符合下列要求：
　　1) 试件两端面不平行度误差不应大于 0.05mm；
　　2) 沿试件高度、直径的误差不应大于 0.3mm；
　　3) 端面应垂直于试件轴线，最大偏差不应大于 0.25°。

4　可采用自由吸水法或强制饱和法使试件吸水饱和。对软岩或极软岩，试件应采取保护措施。

5　试验时，试件置于试验机承压板中心，试件两端面应与试验机上下压板接触均匀。应以每秒 0.5MPa～1.0MPa 的速率加载直至破坏。应根据破坏载荷及试件截面面积计算岩石单轴抗压强度。

6　每组试件数量不应少于 3 个。

A.0.2　岩石点荷载强度指数 $I_{s(50)}$ 的测试应符合下列规定：

1　岩石点荷载强度指数 $I_{s(50)}$ 的测试，其试件尺寸应符合下列规定：
　　1) 径向岩心加载试验，岩心直径宜为 30mm～70mm，长度应为试件直径的 1.4 倍；
　　2) 岩心轴向加载试验，岩心直径宜为 30mm～70mm，长度为试件直径的 0.5 倍～1.0 倍；
　　3) 方块体试件或不规则块体试件，试件的最短边长宜为 30mm～80mm，加荷点间距 D 与通过两加载点的最小截面平均宽度 W 之比宜为 0.5～1.0，且加载点至自由端的距离 L 应大于 0.5D。

2　岩石点荷载强度指数测试过程中，沿加载点间的距离量测允许偏差应为 ±2%。岩心轴向试验中的试件纵截面宽度 W、方块体试件及不规则块体试件的通过两加载点的最小截面平均宽度 W，其量测允许偏差应为 ±5%。

3　试验时应连续均匀加载，使试件控制在 10s～60s 内破坏。当破坏面贯穿整个试件，并通过两加载点时，试验结果方应有效。

4　未经修正的岩石点荷载强度指数应按下式计算：

$$I_s = \frac{P}{D_e^2} \qquad (A.0.2-1)$$

式中：I_s——未经修正的点荷载强度指数(MPa)；
　　　　P——破坏载荷(N)；
　　　　D_e——等价岩心直径(mm)。

岩石径向加载、岩心轴向加载、方块体及不规则块体加载试验，其等效岩心直径 D_e 应分别按下列公式计算：

$$D_e = D \qquad (A.0.2-2)$$

$$D_e = \sqrt{\frac{4A}{\pi}} \qquad (A.0.2-3)$$

$$D_e = \sqrt{\frac{4WD}{\pi}} \qquad (A.0.2-4)$$

式中：D——加载点间的距离(mm)；
　　　　A——通过两加载点的最小截面积(mm²)；
　　　　W——通过两加载点的最小截面平均宽度(mm)。

5　岩石点荷载强度指数应换算成直径为 50mm 的标准试件的点荷载强度指数 $I_{s(50)}$。$I_{s(50)}$ 可按下列公式计算：

$$I_{s(50)} = K_d I_s \qquad (A.0.2-5)$$

$$K_d = \left(\frac{D_e}{50}\right)^m \qquad \text{(A.0.2-6)}$$

式中：K_d——尺寸效应修正系数；

　　　m——修正指数，可取 0.40～0.45，也可根据同类岩石的实测资料，通过在对数坐标图上绘制不同等效直径的 $P \sim D_e^2$ 关系图，并用作图法确定。

　　6 点荷载强度指数测试，同组试验岩样数量不应少于 10 个。试验成果为舍去最大、最小测试值后的算术平均值。

　　7 点荷载测试不适用于砾岩和 R_c 不大于 5MPa 的极软岩。

方位，计算该组结构面沿法线方向的真间距，其算术平均值的倒数即为该组结构面沿法向每米长结构面的条数。

　　4）对迹线长度大于 1m 的分散节理应予以统计，已为硅质、铁质、钙质胶结的节理不应参与统计。

　　5）J_v 值应根据节理统计结果按下式计算：

$$J_v = \sum_{i=1}^{n} S_i + S_0, \quad i = 1, \cdots n \qquad \text{(B.0.2)}$$

式中：J_v——岩体体积节理数（条/m³）；

　　　n——统计区域内结构面组数；

　　　S_i——第 i 组结构面沿法向每米长结构面的条数；

　　　S_0——每立方米岩体非成组节理条数。

附录 B　K_v、J_v 测试的规定

B.0.1 岩体完整性指数 K_v 的测试应符合下列规定：

　　1 应针对不同的工程地质岩组或岩性段，选择有代表性的测段，测试岩体弹性纵波速度，并应在同一岩体中取样，测试岩石弹性纵波速度。

　　2 对于岩浆岩，岩体弹性纵波速度测试宜覆盖岩体内各裂隙组发育区域；对沉积岩和沉积变质岩层，弹性波测试方向宜垂直于或大角度相交于岩层层面。

　　3 K_v 值应按下式计算：

$$K_v = \left(\frac{V_{pm}}{V_{pr}}\right)^2 \qquad \text{(B.0.1)}$$

式中：V_{pm}——岩体弹性纵波速度（km/s）；

　　　V_{pr}——岩石弹性纵波速度（km/s）。

B.0.2 岩体体积节理数 J_v 的测试应符合下列规定：

　　1 应针对不同的工程地质岩组或岩性段，选择有代表性的出露面或开挖壁面进行节理（结构面）统计。有条件时宜选择两个正交岩体壁面进行统计。

　　2 岩体体积节理数 J_v 的测试应采用直接法或间距法。

　　3 间距法的测试应符合下列规定：

　　1）测线应水平布置，测线长度不宜小于 5m；根据具体情况，可增加垂直测线，垂直测线长度不宜小于 2m。

　　2）应对与测线相交的各结构面迹线交点位置及相应结构面产状进行编录，并根据产状分布情况对结构面进行分组。

　　3）应对测线上同组结构面沿测线方向间距进行测量与统计，获得沿测线方向视间距。应根据结构面产状与测线

附录 C　岩体初始应力场评估

C.0.1 没有岩体初始应力实测成果时，可根据地形和地质勘察资料，按下列方法对初始应力场作出评估：

　　1 较平缓的孤山体，一般情况下，初始应力的铅直向应力为自重应力，水平向应力不大于 $\frac{\mu}{1-\mu} \times \gamma H$。

　　2 通过对历次构造形迹的调查和对近期构造运动的分析，以第一序次为准，根据复合关系，确定最新构造体系，据此确定初始应力的最大主应力方向。

　　当铅直向应力为自重应力，且是主应力之一时，水平向主应力较大的一个，可取 0.8 γH～1.2 γH 或更大。

　　3 埋深大于 1000m，随着深度的增加，初始应力场逐渐趋向于静水压力分布；大于 1500m 以后，可按静水压力分布确定。

　　4 在峡谷地段，从谷坡至山体以内，可划分为应力松弛区、应力过渡区、应力稳定区和河底应力集中区。峡谷的影响范围，在水平方向一般为谷宽的 1 倍～3 倍。在谷底较深部位，最大主应力趋于水平且多垂直于河谷。

　　5 地表岩体剥蚀显著地区，水平向应力应按原覆盖层厚度计算，其覆盖层厚度应包括已剥蚀的部分。

C.0.2 根据岩体开挖或钻孔取心过程中出现的高初始应力条件下的主要现象，可按表 C.0.2 评估工程岩体所对应的强度应力比范围值。

表 C.0.2 工程岩体强度应力比评估

高初始应力条件下的主要现象	$\dfrac{R_c}{\sigma_{max}}$
1. 硬质岩：岩心常有饼化现象；开挖过程中时有岩爆发生，有岩块弹出，洞壁岩体发生剥离，新生裂缝多，围岩易失稳；基坑有剥离现象，成形性差。 2. 软质岩：开挖过程中洞壁岩体有剥离，位移极为显著，甚至发生大位移，持续时间长，不易成洞；基坑发生显著隆起或剥离，不易成形	<4
1. 硬质岩：岩心时有饼化现象；开挖过程中偶有岩爆发生，洞壁岩体有剥离和掉块现象，新生裂缝较多；基坑时有剥离现象，成形性一般尚好。 2. 软质岩：开挖过程中洞壁岩体位移显著，持续时间较长，围岩易失稳；基坑有隆起现象，成形性较差	4～7

注：σ_{max} 为垂直洞轴线方向的最大初始应力。

附录 D 岩体及结构面物理力学参数

D.0.1 岩体物理力学参数可按表 D.0.1 确定。

表 D.0.1 岩体物理力学参数

岩体基本质量级别	重力密度 γ (kN/m³)	抗剪断峰值强度		变形模量 E(GPa)	泊松比 μ
		内摩擦角 φ(°)	黏聚力 c(MPa)		
Ⅰ	>26.5	>60	>2.1	>33	<0.20
Ⅱ		60～50	2.1～1.5	33～16	0.20～0.25
Ⅲ	26.5～24.5	50～39	1.5～0.7	16～6	0.25～0.30
Ⅳ	24.5～22.5	39～27	0.7～0.2	6～1.3	0.30～0.35
Ⅴ	<22.5	<27	<0.2	<1.3	>0.35

D.0.2 岩体结构面抗剪断峰值强度参数可按表 D.0.2 确定。

表 D.0.2 岩体结构面抗剪断峰值强度

类别	两侧岩石的坚硬程度及结构面的结合程度	内摩擦角 φ(°)	黏聚力 c(MPa)
1	坚硬岩，结合好	>37	>0.22
2	坚硬～较坚硬岩，结合一般； 较软岩，结合好	37～29	0.22～0.12
3	坚硬～较坚硬岩，结合差； 较软岩～软岩，结合一般	29～19	0.12～0.08
4	较坚硬～较软岩，结合差～结合很差； 软岩，结合差； 软质岩的泥化面	19～13	0.08～0.05
5	较坚硬岩及全部软质岩，结合很差； 软质岩泥化层本身	<13	<0.05

附录 E 工程岩体自稳能力

E.0.1 地下工程岩体自稳能力，应按表 E.0.1 确定。

表 E.0.1 地下工程岩体自稳能力

岩体级别	自稳能力
Ⅰ	跨度≤20m，可长期稳定，偶有掉块，无塌方
Ⅱ	跨度<10m，可长期稳定，偶有掉块； 跨度10m～20m，可基本稳定，局部可发生掉块或小塌方
Ⅲ	跨度<5m，可基本稳定； 跨度5m～10m，可稳定数月，可发生局部块体位移及小、中塌方； 跨度10m～20m，可稳定数日至1个月，可发生小、中塌方
Ⅳ	跨度≤5m，可稳定数日至1个月； 跨度>5m，一般无自稳能力，数日至数月内可发生松动变形、小塌方，进而发展为中、大塌方。埋深小时，以拱部松动破坏为主，埋深大时，有明显塑性流动变形和挤压破坏
Ⅴ	无自稳能力

注：1 小塌方：塌方高度小于3m，或塌方体积小于30m³；
　　2 中塌方：塌方高度3m～6m，或塌方体积30m³～100m³；
　　3 大塌方：塌方高度大于6m，或塌方体积大于100m³。

E.0.2 边坡工程岩体自稳能力，应按表 E.0.2 确定。

表 E.0.2 边坡工程岩体自稳能力

岩体级别	自稳能力
Ⅰ	高度≤60m，可长期稳定，偶有掉块
Ⅱ	高度<30m，可长期稳定，偶有掉块； 高度30m～60m，可基本稳定，局部可发生楔形体破坏
Ⅲ	高度<15m，可基本稳定，局部可发生楔形体破坏； 高度15m～30m，可稳定数月，可发生由结构面及局部岩体组成的平面或楔形体破坏，或由反倾结构面引起的倾倒破坏
Ⅳ	高度<8m，可稳定数月，局部可发生楔形体破坏； 高度8m～15m，可稳定数日至1个月，可发生由不连续面及岩体组成的平面或楔形体破坏，或由反倾结构面引起的倾倒破坏
Ⅴ	不稳定

注：表中边坡指坡角大于70°的陡倾岩质边坡。

本标准用词说明

1 为便于在执行本标准条文时区别对待，对要求严格程度不同的用词说明如下：
　　1）表示很严格，非这样做不可的：
　　　　正面词采用"必须"，反面词采用"严禁"；
　　2）表示严格，在正常情况下均应这样做的：
　　　　正面词采用"应"，反面词采用"不应"或"不得"；
　　3）表示允许稍有选择，在条件许可时首先应这样做的：
　　　　正面词采用"宜"，反面词采用"不宜"；
　　4）表示有选择，在一定条件下可以这样做的，采用"可"。
2 条文中指明应按其他有关标准执行的写法为："应符合……的规定"或"应按……执行"。

中华人民共和国国家标准

工程岩体分级标准

GB/T 50218—2014

条 文 说 明

修 订 说 明

《工程岩体分级标准》GB/T 50218-2014，经住房和城乡建设部 2014 年 8 月 27 日以第 531 号公告批准、发布。

本标准是在原《工程岩体分级标准》GB 50218—94 的基础上修订而成，上一版的主编单位是长江水利委员会长江科学院，参编单位是东北大学、总参工程兵第四设计研究院、铁道部科学研究院西南分院、建设综合勘察研究设计院。主要起草人（按姓氏笔画）是：王石春、邢念信、李云林、李兆权、苏贻冰、张可诚、林韵梅、柳赋铮、徐复安、董学晟。本次修订的主要内容包括：1. 对原标准中的岩体基本质量指标 BQ 计算公式，在原有样本数据基础上，新增了 54 组样本数据，重新进行了回归分析，论证了岩体基本质量指标 BQ 计算公式的有效性，并对 BQ 公式进行了局部修订；2. 增加了边坡工程岩体质量指标的计算、边坡工程岩体级别的划分以及边坡工程岩体自稳能力的确定等内容；3. 收集与整理了自标准颁布以来的有关工程岩体现场试验成果资料，依据基于岩体质量级别的试验资料统计结果，对岩体及结构面物理力学参数进行了论证与局部修订；4. 收集与整理了不同岩体级别条件下的岩石地基工程现场载荷试验资料，对基岩承载力基本值 f_0 进行了论证；5. 在初始应力条件下地下工程岩体质量修正方面，将岩体初始应力状态对地下工程岩体级别的影响调整为以相应初始应力和围岩强度确定的强度应力比值作为修正控制因素；6. 对章节和附录和结构以及内容进行了局部调整和补充，对岩石风化程度的划分及结构面结合程度的划分等内容进行了局部修订。

本标准修订过程中，编制组通过资料收集与调研，总结了标准颁布实施以来在我国工程建设中的应用实践、效果以及在相关行业标准制定中的应用情况，同时参考了国外先进技术法规、技术标准，完成本标准的修订工作。

为便于广大设计、施工、科研、学校等单位有关人员在使用本标准时能正确理解和执行条文规定，编制组按章、节、条顺序编制了本标准的条文说明，对条文规定的目的、依据以及执行中需注意的有关事项进行了说明。但是，本条文说明不具备与正文同等的法律效力，仅供使用者作为理解和把握标准规定的参考。

目　次

1 总 则

1.0.1 本标准涉及的工程岩体分级方法主要是与工程岩体质量及其稳定性评价相关的岩体分级方法。随着国家现代化建设事业的发展,在水利水电、铁道、交通、矿山、工业与民用建筑、国防等工程中,各种类型、各种用途的岩石工程日益增多。在工程建设的各阶段(规划、勘察、设计和施工),正确地对工程岩体的质量及其稳定性作出评价,具有十分重要的意义。质量优、稳定性好的岩体,不需要或只需要很少的加固支护措施,并且施工安全、简便;质量差、稳定性不好的岩体,需要复杂、昂贵的加固支护等处理措施。正确、及时地对工程建设涉及的岩体质量及稳定性作出评价,是经济合理地进行岩体开挖和加固支护设计、快速安全施工,以及建筑物安全运行必不可少的条件。

针对不同类型岩石工程的特点,根据影响岩体稳定性的各种地质条件和岩石物理力学特性,将工程岩体划分为岩体质量及稳定程度不同的若干级别,以此为标尺作为评价岩体稳定的依据,是岩体稳定性评价的一种简易快速的方法。工程岩体分级既是对岩体复杂的性质与状况的分解,又是对性质与状况相近岩体的归并,由此区分出不同的岩体质量等级。

岩体分级方法是建立在以往工程实践经验和大量岩石力学试验基础上的一种方法。只需进行少量简易的地质勘察和岩石力学试验就能确定岩体级别,作出岩体稳定性评价,给出相应的物理力学参数,为岩石工程建设的勘察、设计和施工等提供基本依据。

考虑到需要区分的是稳定程度的不同,具有量的差别,是有序的;"分类"一词通常指的是属性不同的类型的区分,如按地质成因,岩石可分为岩浆岩、沉积岩、变质岩三大类,是无序的。而"级"是"等级"的意思,有量的概念,一般将有"量"的划分称为"分级",因此,本标准采用"分级"一词,而不用以往比较流行的"分类"一词。

此外,本标准采用"工程岩体"一词,旨在明确指出其对象是与岩石工程有关的岩体,是工程结构的一部分。工程岩体与工程结构共同承受荷载,是工程整体稳定性评价的对象。至于"岩石"一词,一般多指小块的岩石或岩块,而建设工程总是以一定范围的岩体(并不是小块岩石)为其地基或环境。严格来说,应以"岩体工程"来代替过去常用的"岩石工程"一词,但考虑习惯上多称这类工程为"岩石工程","岩体工程"的提法少见,故本标准仍采用"岩石工程"一词。

1.0.2 本标准适用于各类型岩石工程,如矿井、巷道、水工、铁路和公路隧道,地下厂房、地下采场、地下仓库等各种地下洞室工程;坝肩、船闸、渠道、露天矿、路堑、码头等各类地面岩石开挖形成的岩石边坡工程,以及闸坝、桥梁、港口、工业与民用建筑物等岩石地基工程。

由于工程建设各阶段的地质勘察、岩石力学试验的工作深度不同,确定的工程岩体级别的代表性和准确性也不同。随着勘测设计阶段的深入,获得更多的勘察、试验资料,重复使用本标准,逐步缩小划分单元,使定级的代表性和准确性提高。对于某些大型或重要工程,在施工阶段,还可进一步用实际揭露的岩体情况检验、修正已定的岩体级别。

本标准属于国家标准第二层次的通用标准,适用于各部门、各行业的岩石工程。考虑到岩石工程建设和使用行业的特点,各部门还可根据自己的经验和实际需要,在本标准的基础上进一步作出详细规定,制定适合于行业的工程岩体分级标准。

1.0.3 国内外现有的各种岩体分级方法,或是定性或是定量,或是定性与定量相结合。定性分级,是在现场对影响岩体质量的诸因素进行鉴别、判断,或对某些指标作出评判、打分,可从全局上去

把握,充分利用工程实践经验,但这一方法经验的成分较大,有一定人为因素和不确定性。定量分级,是依据对岩体(或岩石)性质进行测试的数据,经计算获得岩体质量指标,能够建立确定的量的概念,但由于岩体性质和赋存条件十分复杂,分级时仅用少数参数和某个数学公式难以全面、准确地概括所有情况,实际工作中测试数量又总是有限,抽样的代表性也受操作者的经验所局限。本标准采用定性与定量相结合的分级方法,在分级过程中,定性与定量同时进行并对比检验,最后综合评定级别,这样可以提高分级的准确性和可靠性。

由于各种类型工程岩体的受力状态不同,它们的稳定标准是不同的。即使对于同一类型岩石工程(如地下工程),由于各行业(各部门)运用条件上的差异,对岩体稳定性的要求也有很大差别,而且各部门的勘察、设计、施工以及与施工技术有密切关系的加固或支护措施,都有自己的一套专门要求和做法。

为了编制一个统一的,各行业都能适用的工程岩体分级的通用标准,总结分析现有众多的分级方法,以及大量的岩石工程实践和岩石力学试验研究成果,按照共性提升的原则,将其中决定各类型工程岩体质量和稳定性的基本的共性抽出来,这就是只考虑岩石作为材料时的属性——岩石坚硬程度,和考虑岩石作为地质体而存在的属性——岩体完整程度,将它们作为衡量各种类型工程岩体质量和稳定性高低的基本尺度,作为岩体分级的基本因素。

至于其他影响岩体质量和稳定性的属性,以及岩体存在的环境条件影响,如结构面的产状和组合、岩体初始应力状态、地下水状态等,它们对不同类型岩石工程影响的程度各不相同,也与行业的要求有关,体现了各工程类型和行业的特殊性。因此,所有其他因素可以作为各类型工程岩体个性的修正因素,用以为各具体类型的工程岩体作进一步的定级。

因此,本标准规定了分两步进行的工程岩体分级方法:首先将由岩石坚硬程度和岩体完整程度这两个因素所决定的工程岩体性质,定义为"岩体基本质量",据此为工程岩体进行初步定级;然后针对各类型工程岩体的特点,分别考虑其他影响因素,对已经给出的岩体基本质量进行修正,对各类型工程岩体再作详细定级。由此形成一个各类型岩石工程,各行业都能适用的分级标准。

3 岩体基本质量的分级因素

3.1 分级因素及其确定方法

3.1.1 本标准在确定分级因素及其指标时,采取了两种方法平行进行,以便互相校核和检验,提高分级因素选择的准确性和可靠性。一种是从地质条件和岩石力学的角度分析影响岩体稳定性的主要因素,总结国内外实践经验,进而确定分级因素,并综合分析、选取分级因素的定量指标。另一种是采用统计分析方法,研究我国各部门多年积累的大量测试数据,从中寻找符合统计规律的最佳分级因素。

影响岩体稳定的因素主要是岩石的物理力学性质、构造发育情况、承受的荷载(工程荷载和初始应力)、应力应变状态、几何边界条件、水的赋存状态等。在这些因素中,只有岩石的物理力学性质和构造发育情况是独立于各种工程类型之外的,两者反映了岩体的基本特性。在岩石的各项物理力学性质中,对稳定性影响最大的是岩石坚硬程度。岩体的构造发育状况,则集中反映了岩体的不连续性及不完整性这一属性。这两者是各种类型岩石工程的共性,对各种类型工程岩体的稳定性都是重要的,是控制性的。因此,岩体基本质量分级的因素,应当是岩石坚硬程度和岩体完整程度这两个因素。

至于岩石风化,虽然也是影响工程岩体质量和稳定性的重要因素,但是风化程度对工程岩体特性的影响,一方面是使岩石疏软以至松散,物理力学性质变坏,另一方面是使岩体中裂隙增多,这些已分别在岩石坚硬程度和岩体完整程度中得到反映,所以本标准没有把风化程度作为一个独立的分级因素。

应用聚类分析、相关分析等统计方法,并根据工程实践经验来研究、选取分级因素。收集了来自各部门、各工程的460组实测数据,从中遴选了包括岩石饱和单轴抗压强度 R_c、岩石点荷载强度指数 I_s、岩石弹性纵波速度 V_{pr}、岩体弹性纵波速度 V_{pm}、岩石重力密度 γ、岩石地下工程埋深 H、平均节理间距 d_p 或 RQD 等七项测试指标,以及岩体完整性指数 K_v、应力强度比 $\gamma H/R_c$ 二项复合变量作为子样。对同一工程且岩体性质相同的各区段,以其测试结果的平均值作为统计子样。这样,最终选定的抽样总体来自各部门的103组工程数据,其中来自国防21组、铁道13组、水电24组、冶金和有色金属30组、煤炭8组、人防1组和建筑部门6组。经过对抽样总体的相关分析、聚类分析和可靠性分析之后,确定岩体基本质量指标的因素的参数是 R_c、K_v、d_p 与 γ。在这四项参数中,经进一步分析,γ 值绝大多数在23kN/m³~28kN/m³之间变动,对岩体质量的影响不敏感,可反映在公式的常数项中;而 K_v 与 d_p 在一定意义上同属反映岩体完整性的参数,考虑到 K_v 在公式中的方差贡献大于 d_p,并考虑到国内使用的广泛性与简化公式的需要,仅选用 K_v。这样,最终确定以 R_c 和 K_v 为定量评定岩体基本质量的分级因素。这与根据地质条件和岩石力学综合分析的结果是一致的。

3.1.2 根据定性与定量相结合的原则,岩体基本质量的两个分级因素应当同时采用定性划分和定量指标两种方法确定,并相互比对。

分级因素定性划分依据工程地质勘察中对岩体(石)性质和状态的定性描述,需要在勘察过程中,对这两个分级因素的一些要素认真观察和记录。这些资料由于获取方法直观,简便易行,有经验的工程人员易于对此进行鉴定和划分。

分级因素的定量指标是通过现场原位测试或取样作室内试验取得的,这些测试和试验简单易行,一般工程条件下都可以进行。在某些情况下,如果进行规定的测试和试验有困难,还可以采用代用测试和试验方法,经过换算求得所需的分级因素定量指标。

对于定性划分出的各档次,给出了相应的定量指标范围值,以便使定性划分和定量指标两种方法确定的分级因素可以相互对比。

3.2 分级因素的定性划分

3.2.1 岩石坚硬程度的确定,主要应考虑岩石的矿物成分、结构及其成因,还应考虑岩石受风化作用的程度,以及岩石受水作用后的软化、吸水反应等情况。为了便于现场勘察时直观地鉴别岩石坚硬程度,在"定性鉴定"中规定采用锤击难易程度、回弹程度、手触感觉和吸水反应等行之有效、简单易行的方法。

本条表 3.2.1中,规定了用"定性鉴定"作为定性评价岩石坚硬程度的依据,并给出了相应代表性岩石。在定性划分时,应注意作综合评价,在相互检验中确定坚硬程度并定名。

在确定岩石坚硬程度的划分档数时,考虑到划分过粗不能满足不同岩石工程对不同岩石的要求,在对岩体基本质量进行分级时,不便于对不同情况进行合理地组合;划分过细又显繁杂,不便使用。鉴于上述考虑,总结并参考国内已有的划分方法和工程实践中的经验,本条先将岩石划分为硬质岩和软质岩两个大档次,再进一步划分为坚硬岩、较坚硬岩、较软岩、软岩和极软岩五个档次。

3.2.2 岩石长期受物理、化学等自然营力作用,即风化作用,致使岩石疏松以至松散,物理力学性质变坏。在确定代表性岩石时,仅仅说明属于哪一种岩石是不够的,还必须指明其风化程度,以便确定风化后的岩石坚硬程度档次。

关于风化程度的划分或定义,国内外在工程地质工作上,大都从大范围的地层或风化壳的划分着眼,把裂隙密度、裂隙分布及发育情况、弹性纵波速度以及岩石结构被破坏、矿物变异等多种因素都包括进去。本条表 3.2.2关于岩石风化特征的描述和风化程度的划分,仅针对岩块,是为表 3.2.1服务的,它并不代替工程地质中对岩体风化程度的定义和划分。这项专门为描述岩石坚硬程度所作的规定,主要考虑了岩石结构构造被破坏、矿物蚀变和颜色变化程度,把地质特征描述中的有关裂隙及其发育情况等归入另一个基本质量分级因素,即归入岩体完整程度中去。

在自然界里,岩石风化程度总是从未风化逐渐演变为全风化的,是普遍存在的一个地质现象。本条总结了我国采用的划分方法,并考虑在岩石坚硬程度划分和在岩体基本质量分级时便于对不同情况加以组合,将岩石风化程度划分为未风化、微风化、中等(弱)风化、强风化和全风化五种情况。

3.2.3 岩体完整程度是决定岩体基本质量的另一个重要因素。影响岩体完整性的因素很多,从结构面的几何特征来看,有结构面组数、产状、密度和延伸程度,以及各组结构面相互切割关系;从结构面性状特征来看,有结构面的张开度、粗糙度、起伏度、充填情况、充填物、水的赋存状态等,如将这些因素逐项考虑,用来对岩体完整程度进行划分,显然是困难的。从工程岩体的稳定性着眼,应抓住影响岩体稳定的主要方面,使评判划分易于进行。经分析综合,将结构面几何特征诸项综合为"结构面发育程度";将结构面性状特征诸项综合为"主要结构面的结合程度"。

本条表 3.2.3中,规定了用结构面发育程度、主要结构面的结合程度和主要结构面类型作为划分岩体完整程度的依据。在定性划分时,应注意对这三者作综合分析评价,进而对岩体完整程度进行定性划分并定名。

表中所谓"主要结构面"是指相对发育的结构面,即张开度较大、充填物较差、成组性好的结构面。在对洞室及边坡工程进行工程岩体体级别确定时,主要结构面是产状、发育程度及结合程度等因素对工程稳定性起主要影响的结构面。

结构面发育程度包括结构面组数和平均间距,它们是影响岩体完整性的重要方面。我国各部门对结构面间距的划分不尽相同(表1),也有别于国外(表2)。本条在对结构面平均间距进行划分时,主要参考了我国工程实践和有关规范的划分情况,也酌情考虑了国外划分情况。

表1 国内结构面间距划分（m）

结构类型	岩土工程勘察规范 GB 50021	铁路工程岩土分类标准 TB 10077	锚杆喷射混凝土支护技术规范 GB 50086	水力发电工程地质勘察规范 GB 50287	工程地质手册（第四版）	本标准
完整（整体状）	>1.5（1～2）	>1.0（1～2）	>0.8（1～2）	>1.0（1～2）	>1.5（1～2）	>1.0（1～2）
较完整（块状）	1.5～0.7（2～3）	1.0～0.4（2～3）	0.80～0.4（3）	1.0～0.5（1～2）0.5～0.2（2～3）	1.5～0.7（2～3）	>1.0（1～2）1.0～0.4（2～3）
较破碎（层状）	0.4～0.2（3）	0.4～0.2（3）		0.3～0.1（2～3）<0.1（3）		1.0～0.4（2～3）0.4～0.2（>3）
破碎（碎裂状）	0.5～0.25（>3）	<0.2（>3）	0.4～0.2（3）	<0.1（3）	0.5～0.25（>3）	0.4～0.2（>3）≤0.2（>3）
极破碎（散体状）	—	无序		无序		无序

注：表中括号内数值为结构面组数。

表2 国外裂隙间距划分（m）

名称	资料来源		
	加拿大岩土工程手册，1985年（能源部华北电力设计院译，1990年）	美国工程师和施工者联合公司（冶金勘察总公司译，1979年）	ISO/TC182/SC/WG1《土与岩石的鉴定和分类》
极宽	>6.0		
很宽	6.0～2.0	>3.0	>2.0
宽的	2.0～0.6	3.0～0.9	2.0～0.6
中的	0.6～0.2	0.9～0.3	0.6～0.2
密的	0.2～0.06	0.3～0.05	0.2～0.06
很密	0.06～0.02	<0.05	<0.06
极密	<0.02	—	—

表3.2.3中所列的"相应结构类型"，是国内对岩体完整程度比较流行的一种划分方法。为了适应已形成的习惯，在使用本标准时有一个逐渐过渡的过程，列出了这些结构类型以作参考。表3引自《水利水电工程地质勘察规范》GB 50487和《水力发电工程地质勘察规范》GB 50287中关于岩体结构类型的划分方法。比较表3.2.3和表3，对于结合好或结合一般的情况，条文表3.2.3中各类岩体完整程度下的结构面发育程度与表3中的划分基本一致；当结构面结合程度为结合差时，对应的岩体结构类型向劣化方向降低一个亚类。

表3 岩体结构分类

类型	亚类	岩体结构特征
块状结构	整体结构	岩体完整，呈巨块状，结构面不发育，间距大于100cm
	块状结构	岩体较完整，呈块状，结构面轻度发育，间距一般为100cm～50cm
	次块状结构	岩体较完整，呈次块状，结构面中等发育，间距一般为50cm～30cm
层状结构	巨厚层状结构	岩体完整，呈巨厚层状，层面不发育，间距大于100cm
	厚层状结构	岩体较完整，呈厚层状，层面轻度发育，间距一般为100cm～50cm
	中厚层状结构	岩体较完整，呈中厚层状，层面中等发育，间距一般为50cm～30cm
	互层结构	岩体较完整或完整性差，呈互层状，层面较发育或发育，间距一般为30cm～10cm
	薄层状结构	岩体完整性差，呈薄层状，层面发育，间距一般小于10cm

续表3

类型	亚类	岩体结构特征
镶嵌结构		岩体完整性差，岩块镶嵌紧密，结构面发育到很发育，间距一般为30cm～10cm
碎裂结构	块裂结构	岩体完整性差，岩块间有岩屑和泥质物充填，嵌合中等紧密到较松弛，结构面较发育到很发育，间距一般为30cm～10cm
	碎裂结构	岩体破碎，结构面发育，间距一般小于10cm
散体结构	碎块状结构	岩体破碎，岩块夹岩屑或泥质物
	碎屑状结构	岩体破碎，岩屑或泥质物夹岩块

本标准各条文表中的有关数据（如本条表3.2.3），均采用范围值而没有给出确定的界限值，是考虑到岩体（岩石）复杂多变，有一定随机性。这些数据只是从一个侧面反映其性质，评价时必须结合物性特征。在划分或以后定级时，若其有关数据恰好处于界限值上，应结合物性特征作出判定。

3.2.4 结构面结合程度，应从各种结构面特征，即张开度、粗糙程度、充填物性质及其性状等方面进行综合评价。本条规定这几个方面内容作为评价划分的依据，一是因为它们是决定结构面的结合程度的主要方面，再则也是为了便于在进行划分时适应野外工作的特点，工程师在野外观察时凭直观就能判断。将这几方面的情况分析综合，划分为结合好、结合一般、结合差、结合很差四种情况。

张开度是指结构面缝隙紧密的程度，国内一些部门在工程实践中，各自作了定量划分，见表4所列。从表中可以看出张开度划分界限最大值为5.0mm，最小值为0.1mm。考虑到适用于野外定性鉴别，对大于3.0mm者，从工程角度看，已认为是张开的，再细分无实际意义；小于1.0mm者再细分肉眼不易判别。所以本标准确定了本条表3.2.4张开度的划分界限。

当鉴定结构面结合程度时，还应注意描述缝隙两侧壁岩性的变化，充填物性质（来源、成分、颗粒粗细）、胶结情况及赋水状态等，综合分析评价它们对结合程度的影响。

结构面粗糙程度，是决定结构面结合程度好坏的一个重要方面。从工程稳定方面看，对于结构面，人们所关心的是其抗滑能力，而结构面侧壁的粗糙程度，常在很大程度上影响着它的抗滑能力。因此，国内各方面都着力对结构面粗糙度进行鉴别和划分，这些划分方法对粗糙度尚无确切的含义和标准，仅从结构面的成因和形态来划分，较为抽象，不便使用。再者，考虑到本标准系高层次的通用标准，也不宜作繁杂具体的规定。

表4 结构面张开度划分情况

名称	张开度（mm）	张开程度
军队地下工程勘测规范 GJB 2813	>1.0	张开
	<1.0	闭合
铁路隧道设计规范 TB 10003	>1.0	无充填张开
	0.5～1.0	张开
	0.1～0.5	部分张开
	<0.1	密闭
铁路工程岩土分类标准 TB 10077	≥5.0	宽张
	3.0～5.0	张开
	1.0～3.0	微张
	<1.0	密闭
火力发电厂工程地质测绘技术规定 DL/T 5104	>5.0	宽开
	1.0～5.0	张开
	0.2～1.0	微张
	<0.2	闭合
水利水电工程地质测绘规程 SL 299	≥5.0	张开
	0.5～5.0	微张
	≤0.5	闭合
本标准	>3.0	张开
	1.0～3.0	微张
	<1.0	闭合

3.3 分级因素的定量指标

3.3.1 岩石坚硬程度,是岩石(或岩块)在工程中的最基本性质之一。它的定量指标和岩石组成的矿物成分、结构、致密程度、风化程度以及受水软化程度有关。表现为岩石在外荷载作用下,抵抗变形直至破坏的能力。表示这一性质的定量指标,有岩石饱和单轴抗压强度 R_c、点载荷强度指数 $I_{s(50)}$、回弹值 r 等。在这些力学指标中,饱和单轴抗压强度容易测得,代表性强,使用最广,与其他强度指标密切相关,同时又能反映出岩石受水软化的性质,因此,采用饱和单轴抗压强度 R_c 作为反映岩石坚硬程度的定量指标。

岩石点荷载强度试验主要用于岩石分级和估算岩石饱和单轴抗压强度。这项试验以其方法简便、成本低、便于现场试验、可对未加工成型的岩块进行测试等优点,得到广泛使用,在我国已取得新的进展,并积累了大量测试资料。

国内外研究结果表明,岩石点荷载强度与饱和单轴抗压强度之间有一定的相关性,表5列举了二者之间的回归方程。

根据国内现有的测试方法和试验研究成果,考虑测试岩石种类的代表性、测试数据的可靠程度,本条采用公式(3.3.1)。该式主要是在铁道部第二勘测设计院试验成果回归方程的基础上获得。考虑国际岩石力学学会试验方法委员会建议方法和国内对不同岩性试验成果回归方程式,基于公式(3.3.1)的饱和单轴抗压强度结果基本合适。

由于点荷载试验的加荷特点和试件受荷载时的破坏特征,这项试验不适用于砾岩和 R_c 不大于 5MPa 的极软岩。

在本标准中,宜首先考虑采用饱和单轴抗压强度作为评价岩石坚硬程度的指标,并参与岩体基本质量指标的计算。若用实测的 $I_{s(50)}$ 时,则必须按公式(3.3.1)换算成 R_c 值再使用。

表 5 岩石饱和单轴抗压强度与点荷载强度关系

名 称	R_c 与 $I_{s(50)}$ 的关系	相关系数	岩石类别
Broch & Franklin(1972)、Bieniawski(1975)	$R_c = (23.7 - 24) I_{s(50)}$	0.88	砂岩、板岩、大理岩、玄武岩、花岗岩、苏长岩等十多种岩石
国际岩石力学学会试验方法委员会建议方法(1985)	$R_c = (20 - 25) I_{s(50)}$	—	—
成都地质学院(向桂馥,1986)	$R_c = 18.9 I_{s(50)}$	0.88	沉积岩
长沙矿山研究院(姜荣超、金细贞,1984)	对坚硬岩石 $R_c = 20.01 I_{s(50)}$	—	砂岩、白云岩、页岩、灰岩、大理岩、花岗岩、石英岩等
铁道部第二勘测设计院(李茂兰,1990)	$R_c = 22.819 I_{s(50)}^{0.746}$	0.90	包括高、中、低 3 类强度的岩石,共计 743 组对比试验
北京勘测设计研究院(胡庆华,1997)	$R_c = 19.59 I_{s(50)}$	0.78	安山岩
中铁大桥勘测设计院有限公司(何凤雨,2009)	$R_c = (17.65 - 25.2) I_{s(50)}$	—	砂岩、白云岩、花岗岩、玄武岩,不同风化程度
长江科学院(2011)	$R_c = 21.86 I_{s(50)}$	0.85	灰岩、砂岩、大理岩、花岗岩、粉砂岩等
铁路工程岩石试验规程 TB 10115	$R_c = 24.382 I_{s(50)}^{0.7333}$	—	—

3.3.2 岩体完整程度的定量指标,国内外采用的不尽相同。较普遍的有:岩体完整性指数 K_v、岩体体积节理数 J_v、岩石质量指标 RQD、节理平均间距 d_p、岩体与岩块动静弹模比、岩体龟裂系数、

1.0m 长岩心段包括的裂隙数等。这些指标均从某个侧面反映了岩体的完整程度。目前国内的诸多岩体分级方法中,大多数认为前三项指标能较全面地体现岩体的完整状态,其中 K_v 和 J_v 两项具有应用广泛、测试或量测方法简便的特点,且两者相互间关系的论证相对较为充分,因此本标准选用 K_v 来定量评定岩体的完整程度和计算岩体基本质量指标。

岩体内普遍存在的各种结构面及充填的各种物质,使得声波在它们内部的传播速度有不同程度的降低,岩体弹性纵波速度(V_{pm})反映了由于岩体不完整性而降低了的物理力学性质。岩块则认为基本上不包含明显的结构面,测得的岩块弹性纵波速度(V_{pr})反映的是完整岩石的物理力学性质。所以,K_v 既反映了岩体结构面的发育程度,又反映了结构面的性状,是一项较全面地从量上反映岩体完整程度的指标。因此,本标准规定以 K_v 值为主要定量指标。

岩体体积节理数 J_v(本标准泛指各种结构面数)是国际岩石力学学会试验方法委员会推荐采用来定量评价岩体节理化程度和单元岩体块度的一个指标。经国内铁道、水电及国防等部门一些单位应用,认为它具有上述物理含义,而且在工程地质勘察各阶段及施工阶段均容易获得。考虑到它不能反映结构面的结合程度,特别是结构面的张开程度和充填物性状等,而这些恰是决定岩体完整程度的重要方面。因此,本条规定 J_v 值作为评价岩体完整程度的代用定量指标,没有作为主要的定量指标。采用 J_v 值时,须按表 3.3.2 查得对应的 K_v 值后再使用。

表 3.3.2 中数值范围的界限处理采用了约定表达方式(下同)。如对 J_v 值规定,分别表示 $J_v<3$、$10>J_v≥3$、$20>J_v≥10$、$35>J_v≥20$ 及 $J_v≥35$ 等 5 种条件。

国内一些单位对 J_v 与 K_v 的关系做了研究,认为这二者之间有较好的对应关系,如表 6、表 7 所列。本条中的 J_v 与 K_v 对应关系表 3.3.2 是综合这些科研成果的结果。

表 6 J_v 与 K_v 对照表(水电部昆明勘测设计院)

岩体完整程度	完整	较完整	完整性差	破碎
J_v(条/m³)	<3	3~10	10~30	>30
K_v	1.0~0.75	0.75~0.45	0.45~0.2(软岩)	<0.2(软岩)
			0.45~0.1(硬岩)	<0.1(硬岩)

表 7 J_v 与 K_v 对照表(铁道部科学研究院西南分院)

J_v(条/m³)	<5(巨块状)	5~15(块状)	15~25(中等块状)	25~35(小块状)	>35(碎块状)
K_v	1.0~0.85(极完整)	0.85~0.65(完整)	0.65~0.45(中等完整)	0.45~0.25(完整性差)	<0.25(破碎)

3.3.3 本条表 3.3.3 给出 R_c 值与岩石坚硬程度的对应关系,使定性划分的岩石坚硬程度有一个大致的定量范围值。值得说明的是,表 3.3.3 并不是岩体质量定性和定量分级中必须用到的表,只是定量指标在定性划分上的初步对应关系。国内各部门,多采用 R_c 这一定量指标来划分岩石坚硬程度,参见表 8。从表中可知,各部门所划分的档数和界限值虽不尽相同,但都以 30MPa 作为硬质岩与软质岩的划分界限。关于坚硬岩石的划分,这里选取 60MPa 作为界限值,是考虑到工程界的已有习惯,为工程界所接受。实际上,对坚硬岩石,岩石的饱和单轴抗压强度值一般都在较大程度上高于 60MPa。

表 8 国内岩石坚硬程度的强度划分

名 称	硬质岩 R_c(MPa)			软质岩 R_c(MPa)		
	极硬岩	坚硬岩	较硬岩	较软岩	软岩	极软岩
建筑地基基础设计规范 GB 50007	>60		60~30	30~15	15~5	≤5
公路桥涵地基与基础设计规范 JTJ D63	>60		60~30	30~15	15~5	≤5

续表8

名称	极硬岩	坚硬岩	较硬岩	较软岩	软岩	极软岩
	硬质岩 R_c（MPa）			软质岩 R_c（MPa）		
军队地下工程勘测规范 GJB 2813	>60		60～30	30～15	15～5	<5
铁路工程地质勘察规范 TB 10012	>60		60～30	<30		
铁路隧道设计规范 TB 10003	>60		60～30	30～15	15～5	≤5
工程地质手册（第四版），2007 年	>60		60～30	30～15	15～5	≤5
岩土工程勘察规范 GB 50021	>60		60～30	30～15		≤5
水工隧洞设计规范 DL/T 5195	>60			30～15	15～5	—
水利水电工程地质勘察规范 GB 50487	>60			30～15	15～5	
水力发电工程地质勘察规范 GB 50287	>60			30～15	15～5	
水电站大型地下洞室围岩稳定和支护的研究和实践成果汇编（原水利电力部昆明勘测设计院，1986 年）	>100	100～60	60～30		15～5	<5
本标准	>60		60～30	30～15	15～5	≤5

3.3.4 本条表 3.3.4 给出 K_v 值与岩体完整程度的对应关系，使定性划分的岩体完整程度有一个大致的定量范围值。

国内一些单位或规范根据 K_v 值对岩体完整程度作了划分，如表 9 所列。本标准总结和参考了这些划分情况，并根据编制过程中收集的样本资料，在表 3.3.4 中给出了与定性划分相对应的各档次的岩体完整性指数 K_v 值。

表 9 国内岩体完整性指数 K_v 划分情况

名称	整体状结构	块状结构	碎裂镶嵌结构	碎裂结构	散体结构
	完整程度 K_v				
锚杆喷射混凝土技术规范 GB 50086	>0.75	0.75～0.55	0.55～0.35	0.35～0.15	<0.15
水工隧洞设计规范 DL/T 5195	>0.75	0.75～0.55	0.55～0.35	0.35～0.15	<0.15
《岩体工程地质力学基础》（谷德振，科学出版社，1979）	>0.75	0.75～0.5	0.5～0.3	0.3～0.2	<0.2
建筑地基基础设计规范 GB 50007	>0.75	0.75～0.55	0.55～0.35	0.35～0.15	<0.15
公路桥涵地基与基础设计规范 JTG D63	>0.75	0.75～0.55	0.55～0.35	0.35～0.15	<0.15
铁路工程地质勘察规范 TB 10012	>0.75	0.75～0.55	0.55～0.35	0.35～0.15	<0.15
水利水电工程地质勘察规范 GB 50487	>0.75	0.75～0.55	0.55～0.35	0.35～0.15	≤0.15

4 岩体基本质量分级

4.1 基本质量级别的确定

4.1.1 岩体基本质量分级，是各类型工程岩体定级的基础。本条强调应根据岩体基本质量的定性特征与岩体基本质量指标 BQ 相结合，进行岩体基本质量分级。

岩体基本质量的定性特征是两个分级因素定性划分的组合，根据这些组合可以进行岩体基本质量的定性分级。而岩体基本质量指标 BQ 是用两个分级因素定量指标计算取得的，根据所确定的 BQ 值可以进行岩体基本质量的定量分级。定性分级与定量分级相互验证，可以获得更准确的定级。

在工程建设的不同阶段，地质勘察和参数测试等工作的深度不同，对分级精度的要求也不尽相同。可行性研究阶段，可以定性分级为主；初步设计、技术设计和施工设计阶段，必须进行定性和定量相结合的分级工作。在工程施工期间，还应根据开挖所揭露的岩体情况，补充勘察及测试资料，对已划分的岩体等级加以检验和修正。

对岩体基本质量进行分级，需要决定分级档数。可靠性分析的研究成果表明，评级的可靠程度随着档数的增多而降低；但另一方面，当抽样总体中的样本足够时，评级的预报精度却往往随分级档数的增多而增加。因此，应当选择一个适中的档数，既便于工程界使用，又有合理的可靠度与精度。考虑到目前在国内外的分级方法中，多采用五级分级法，这个档数能较好地满足以上要求，故本标准将分级档数定为五级。

4.1.2 本条规定了根据基本质量的定性特征作出的岩体基本质量定性分级，与根据基本质量指标 BQ 作出的定量分级不一致时的处理方法。出现定性分级与定量分级不吻合的情况是经常发生的。若两者定级不一致，可能是定性评级不符合岩体实际的级别，也可能是测试数据在选用或实测时缺乏代表性，或两者兼而有之。必要时，应重新进行定性鉴定和定量指标的复核，在此基础上经综合分析，重新确定岩体基本质量的级别。

为了提高定级的准确性，宜由有经验的技术人员进行定性分级，定量指标测试的地点与定性分级的岩石工程部位应一致。

4.1.3 岩体物理力学参数和结构面抗剪断峰值强度参数，是岩体和结构面所固有的物理力学性质，从量上反映了岩体和结构面的基本属性。大量的岩石力学试验研究工作表明，岩体的物理力学参数与决定岩体基本质量的岩石坚硬程度和岩体完整程度密切相关。进行工程岩体基本质量分级的目的之一，就是根据对工程岩体所定的级别，迅速评估岩体的物理力学参数。与其他相关规范中的岩体力学参数建议值或采用值不同，本标准附录 D 所给出的岩体力学参数为不同基本质量级别岩体的岩体力学试验统计值，相当于现场原位实测值。

4.2 基本质量的定性特征和基本质量指标

4.2.1 本条规定了由两个分级因素定性划分来评定岩体基本质量定性特征的方法。岩石坚硬程度和岩体完整程度定性划分后，二者组合成定性特征，进行仔细的综合分析、评价，按本标准表 4.1.1 对岩体基本质量作出定性评级。

4.2.2 本条规定了岩体基本质量指标 BQ 的计算方法及应遵守的限制条件。

根据分级因素的定量指标对岩体质量进行定量分级的方法有上百种，经归纳大致可分为三种：(1) 单参数法，如 RQD 法（U. D. Deere，1969）；(2) 多参数法，如岩稳定性动态分级法（林韵梅等，1984）；(3) 多参数组成的综合指标法，如坑道工程围岩分类（邢念信等，1984）、Q 分类法（N. Barton，1974）等。

本标准采用多参数组成的综合指标法，以两个分级因素的定量指标 R_c 及 K_v 为参数，计算取得岩体基本质量指标 BQ，作为划分级别的定量依据。

由 R_c 和 K_v 两因素构成的基本质量指标可由多种函数形式来表达。流行的方法有积商法与和差法。本标准采用逐步回归、逐步判别等方法建立并检验基本质量指标 BQ 的计算公式，属于和差模型。

由 R_c 和 K_v 确定 BQ 值的公式是根据逐次回归法建立的。其计算模式以 R_c 和 K_v 为因素，BQ 为因变量，经回归比较，先后采用二元线性回归及二元二次多项式回归等方式，最后选定为带两个限定条件的二元线性回归公式，如本条公式（4.2.2）。

原《工程岩体分级标准》GB 50218—94 在建立 BQ 计算公式时，样本数据为 103 组，包括国防 21 组，铁道 13 组，水电 24 组，冶金和有色金属 30 组，煤炭 8 组，人防 1 组及建筑部门 6 组。

经应用以来的综合调研及理论分析表明，BQ 计算公式有较好的合理性，在各行业的岩体工程中得到了应用。本条在修编时，针对标准颁布以来收集到的 54 组新增样本数据，其中水电部门 31 组，建筑部门 15 组，公路部门 8 组，与原样本数据一起重新进行了回归分析研究，得到的 BQ 公式的参数与原来基本一致，根据计算结果以及本标准执行过程中的反馈意见，将原 BQ 公式的常数项作了细微调整，原公式前面系数由 90 调整为 100，其他参数和限制条件都未做调整。

本条还规定了使用公式（4.2.2）时应遵守的限制条件。限制条件之一是对公式（4.2.2）中 R_c 值上限的限制，这是注意到岩石的 R_c 值很大，而岩体的 K_v 值不大时，对于这样坚硬但完整性较差的岩体，其质量和稳定性仍然是比较差的，R_c 值虽高但对质量和稳定性起不了那么大的作用，如果不加区别地将测得的 R_c 值代入公式，过大的 R_c 值将使得岩体基本质量指标 BQ 大为增高，造成对岩体质量等级及实际稳定性作出错误的判断。使用这一限制条件，可获得经修正过的 R_c 值。例如，当 $K_v = 0.55$ 时，$R_c = 90 \times 0.55 + 30 = 79.5$MPa，如实测 R_c 值大于 79.5MPa，则直接取用 79.5MPa，而不应取用实测值。

本条给出的第二个限制条件，是对公式（4.2.2）中 K_v 值上限的限制，这是针对岩石的 R_c 值很低，而相应的岩体 K_v 值过高的情况下给定的。这是注意到，完整性虽好但其为软弱的岩体，其质量和稳定性也是不好的，将过高的实测 K_v 值代入公式也会得出高于岩体实际稳定性或质量等级的错误判断。使用这一限制条件，可获得经修正过的 K_v 值。例如，当 $R_c = 10$MPa 时，$K_v = 0.04 \times 10 + 0.4 = 0.8$，如实测 K_v 值大于 0.8，则取用 0.8，而不应取用实测值。

5 工程岩体级别的确定

5.1 一般规定

5.1.1 岩体基本质量反映了岩体的最基本的属性，也反映了影响工程岩体稳定的主要方面。

对各类型工程岩体，作为分级工作的第一步，在基本质量确定后，可用基本质量的级别作为工程岩体的初步定级。初步定级一般是在工程勘察设计的初期阶段采用，该阶段勘察资料不全，工作还不够深入，各项修正因素尚难于确定，作为初步定级，可以采用基本质量的级别作为工程岩体的级别。

5.1.2 本条规定了对工程岩体详细定级时应考虑的修正因素。影响工程岩体稳定性的诸因素中，岩石坚硬程度和岩体完整程度是岩体的基本属性，是各类型工程岩体的共性，反映了岩体质量的基本特征，但它们并不是影响岩体质量和稳定性的全部重要因素。地下水状态、初始应力状态、工程轴线或走向线的方位与主要结构面产状的组合关系等，也是影响岩体质量和稳定性的重要因素。这些因素对不同类型的工程岩体，其影响程度往往是不一样的。例如，某一陡倾角结构面，走向近乎平行工程轴线方位，对地下工程来说，对洞体稳定可能很不利，但对坝基抗滑稳定的影响就不那么大，若结构面倾向上游，则可基本上不考虑它的影响。

随着设计工作的深入，地质勘察资料增多，就应结合不同类型工程的特点、边界条件、所受荷载（含初始应力）情况和运行条件等，引入影响岩体稳定的主要修正因素，对工程岩体作详细的定级。

所谓"工程轴线"是指地下洞室的洞轴线、大坝的坝轴线；"工程走向线"是指边坡工程的坡面走向线。

5.1.3 地下工程岩体级别的确定中，将影响岩体稳定性的初始应力状态作为修正因素。工程实践表明，岩体初始应力对地下工程岩体稳定性的影响，一方面取决于初始应力绝对量值的大小，另一方面也取决于围岩抗压强度的高低。引入强度应力比，强调将此值作为反映岩体初始应力状态对地下工程岩体级别的影响，相比仅考虑初始应力绝对值大小而言，对反映岩体初始应力作用对洞室围岩稳定性影响程度方面，将更符合实际。

5.1.5 对于膨胀性、易溶性等特殊岩类，它们对工程岩体稳定性的影响与一般岩类很不相同。本标准分级的方法未反映其特殊性，也无成熟的经验或依据用修正的办法反映其对稳定性的影响。对这些带有特殊性的问题，需针对其对工程岩体的特殊影响，在专题研究的基础上，综合确定工程岩体的级别。

5.2 地下工程岩体级别的确定

5.2.1 本条规定了地下工程岩体在岩体基本质量级别确定后，作详细定级时应考虑的几个修正因素和修正后的定级原则。

国内外对地下工程岩体分级做了大量的探索和研究工作，比其他类型的工程岩体分级研究得更深入一些，资料也比较丰富。从表 10 中可以看出，这些分级方法所考虑的主要因素是比较一致的。本标准分析总结了这些已有的成果，并结合工程实践，将最基本的带共性的岩石坚硬程度（岩石强度）和岩体完整程度，作为岩体基本质量的影响因素，而将另外几项主要影响因素，包括地下水、结构面与洞轴线组合关系、初始应力状态等作为修正因素。

引入修正因素，对岩体基本质量进行修正后，本条规定仍按表 4.1.1 进行定级。这是因为本标准分级的标准只有一个，只是岩体基本质量指标 BQ 和地下工程岩体质量指标 [BQ] 所包含的影响因素的内容不同。例如，某地下工程在一个地段的岩体基本质量指标 BQ＝280，其基本质量为Ⅳ级，由于有淋雨状出水，出水量（25～125）L/min·10m，则修正系数 $K_1 = 0.5$，经修正后的 [BQ]＝230，按表 4.1.1 的规定，工程岩体质量应定为Ⅴ级。

表 10　国内外部分岩体分级考虑因素情况

代表性岩体分级	考虑的主要因素							
	岩石强度	岩体完整程度	地下水	初始应力状态	结构面与洞轴线组合关系	结构面状态	声波速度	其他
岩石结构评价（G. E. Wickham，1972）	√	√	√		√			
节理化岩体地质力学分类（Z. T. Bieniawski，1973）	√	节理间距	√		√	√		RQD指标
工程岩体分类（Q 值）（N. Barton 等，1974）	SRF	RQD J_n	(J_w)	(SRF)		(J_r,J_a)		
岩体工程地质力学基础（谷德振，1979）	√	√				抗剪强度		
围岩稳定性动态分级（东北工学院，1984）	√	节理间距					√	稳定时间
军队地下工程勘测规范 GJB 2813	√	√			辅助	辅助		
铁路隧道设计规范 TB 10003	√	√	√		√	√		
铁路隧洞工程岩体围岩分级方法（铁道部科学研究院西南所，1986）	√	√	√		√	√		
锚杆喷射混凝土技术规范 GB 50086	√	√	√		√	√		
水工隧洞设计规范 DL／T 5195	√	√	√		√	√		
水利水电工程地质勘察规范 GB 50487	√	√	辅助	限定	辅助			√ 岩体结构类型
水力发电工程地质勘察规范 GB 50287	√	√	辅助	限定	辅助			√ 岩体结构类型
大型水电站地下洞室围岩分类（水电部昆明勘测设计院，1988）	√	√	√		√	√		
本标准	√	√	√		√	√		

5.2.2 本条规定了对地下水影响等三项修正因素的修正方法和修正系数取值原则，并给出了相应的修正系数值。当地下工程岩体质量指标为负值时，修正后的工程岩体质量直接按Ⅴ级岩体考虑。

1 地下工程地下水影响修正。地下水是影响岩体稳定的重要因素。水的作用主要表现为溶蚀岩石和结构面中易溶胶结物，潜蚀充填物中的细小颗粒，使岩石软化、疏松，充填物泥化、强度降低，增加动、静水压力等。这些作用对岩体质量的影响，有的可在基本质量中反映出来，如对岩石的软化作用，采用了饱和单轴抗压强度。水的其他作用在基本质量中得不到反映，需采用修正措施来反映它们对岩体质量的影响。

目前国内外在地下工程围岩分级中，考虑水的影响时主要有四种方法：修正法、降级法、限制法、不考虑。本标准采用修正法，并给出定量的修正系数，这一方法不仅考虑了出水等水的赋存状态，还考虑了岩体基本质量级别。

表 11 为现有规范对洞室围岩出水状态的有关描述。在出水量定量描述中，一般以 10m 洞长渗水量为统计量。为便于现场测量，这里以 10m 洞长渗水量[单位：L/(min·10m)]代替原标准中单位渗水量。

关于裂隙水压，原标准中对三种状态下的水压值分别规定为：不计入≤0.1MPa 和>0.1MPa 三种条件。本次修订时，对上述三种情况下的水压力值适当提高，分别规定为≤0.1MPa、0.1MPa～0.5MPa 和>0.5MPa 三种条件。由表 11 可看出修订后的水压规定值与表中其他方法规定值相比较，仍相对严格。

表 11　地下洞室围岩出水状态的描述

资料来源	地下水出水状态	状态名称与定量描述		
		状态 1	状态 2	状态 3
水工隧洞设计规范 DL／T 5195	10m洞长水量 Q (L/min·10m) 或压力水头 H(MPa)	干燥到渗水滴水，Q≤25 或 H≤0.1	线状流水，25<Q≤125 0.1<H≤1.0	涌水，Q>125 H>1.0
水利水电工程地质勘察规程 GB 50487	10m洞长水量 Q (L/min·10m) 或压力水头 H(MPa)	渗水到滴水，Q≤25 或 H≤0.1	线状流水，25<Q≤125 0.1<H≤1.0	涌水，Q>125 H>1.0
铁路隧道设计规范 TB 10003	10m洞长渗水量 (L/min·10m)	干燥或湿润，<10	偶有渗水，10~25	经常渗水，25~125
节理岩体地质力学分级（RMR法）	10m洞长水量 Q (L/min·10m) 或裂隙水压力与最大主应力比值 ξ	干燥，湿润，滴水，Q≤25 或 ξ≤0.2	线状流水，25<Q≤125 0.2<ξ≤0.5	涌水，Q>125 ξ>0.5
原《工程岩体分级标准》GB 50218—94	水压 H (MPa)，或每延 m 出水量 Q (L/min)	湿润或点滴状出水	淋雨状或涌流状出水，H≤0.1 或 Q≤10	淋雨状或涌流状出水，H>0.1 或 Q>10
本标准	水压 p(MPa)，或 10m洞长出水量 Q (L/min·10m)	潮湿或点滴状出水，p≤0.1 Q≤25	淋雨状或线状流水，0.1<p≤0.5 25<Q≤125	涌流状出水，p>0.5 Q>125

水对岩体质量的影响，不仅与水的赋存状态有关，还与岩石性质和岩体完整程度有关。岩石愈致密，强度愈高，完整性愈好，则水的影响愈小。反之，水的不利影响愈大。基本质量为Ⅰ级、Ⅱ级的岩体，且含水不多，无水压时，认为水对岩体质量无不利影响，取修正系数 $K_1=0$；基本质量为Ⅴ级的岩体，呈涌水状出水，水压力较大时，不利影响最大，取 $K_1=1.0$（即降一级）。对其他中间情况，认为在同一出水状态下，基本质量愈差的岩体，影响程度愈大，因而修正系数也随之加大。

地下水修正系数的确定，除考虑上述原则外，还参考了国内相关规范规定与研究成果，见表 12。

2 主要结构面产状修正。主要结构面就其产状、发育程度及结合程度等因素，对地下工程岩体稳定性起主要影响的结构面。其中，更应注意对稳定影响大、起着控制作用的结构面，如层状岩体的泥化层面、一组很发育的裂隙、次生泥化夹层、含断层泥、糜棱岩的小断层等。

由于结构面产状不同，与洞轴线的组合关系不同，对地下工程岩体稳定的影响程度亦不同。如层状岩体层面性状较差，为陡倾角且走向与洞轴线夹角很大时，对岩体稳定性影响很小。反之，倾

表 12　地下水影响修正系数汇总

出水状态	资料来源	岩体基本质量级别				
		I	II	III	IV	V
渗水到滴水状出水	大型水电站地下洞室围岩分类(水电部昆明勘察设计院,1986)	0	0	0~0.1 (软岩)	0.2~0.4 (硬岩~软岩)	0.4~0.5 (硬岩~软岩)
	水工隧洞设计规范 DL/T 5195	0	0~0.1	0.1~0.3	0.3~0.5	0.5~0.7
	水利水电工程地质勘察规范 GB 50487	0	0~0.1	0.1~0.3	0.3~0.5	0.5~0.7
	铁道隧道工程岩体分级方案(铁道部科学研究院西南研究所,1986)	0	0.1 (硬岩)	0.1~0.25 (硬岩~软岩)	0.1~0.25 (硬岩~软岩)	0.1~0.25 (硬岩~软岩)
	铁路隧道设计规范 TB 10003	0	0	0	0	0
	军队地下工程勘测规范 GJB 2813	0	0	0.1	0.25	0.5
	本标准	0	0	0.1	0.2~0.3	0.4~0.6
淋雨状或线流状出水	大型水电站地下洞室围岩分类(水电部昆明勘察设计院,1986)	0	0~0.1 (硬岩)	0.1~0.25 (硬岩~软岩)	0.3~0.6 (硬岩~软岩)	0.6~0.9 (硬岩~软岩)
	水工隧洞设计规范 DL/T 5195	0~0.1	0.1~0.3	0.3~0.5	0.5~0.7	0.7~0.9
	水利水电工程地质勘察规范 GB 50487	0~0.1	0.1~0.3	0.3~0.5	0.5~0.7	0.7~0.9
	铁道隧道工程岩体分级方案(铁道部科学研究院西南研究所,1986)	0	0.1 (硬岩)	0.1~0.5 (硬岩~软岩)	0.1~0.5 (硬岩~软岩)	0.1~0.5 (硬岩~软岩)
	铁路隧道设计规范 TB 1003	0	0	1.0	1.0	1.0
	军队地下工程勘测规范 GJB 2813	0	0.1	0.25	0.5	0.75
	本标准	0	0.1	0.2~0.3	0.4~0.6	0.7~0.9
涌流状出水	大型水电站地下洞室围岩分类(水电部昆明勘察设计院,1986)	0	0~0.2 (硬岩)	0.2~0.5 (硬岩~软岩)	0.4~0.8 (硬岩~软岩)	0.8~1.0 (硬岩~软岩)
	水工隧洞设计规范 DL/T 5195	0.1~0.3	0.3~0.5	0.5~0.7	0.7~0.9	0.9~1.0
	水利水电工程地质勘察规范 GB 50487	0.1~0.3	0.3~0.5	0.5~0.7	0.7~0.9	0.9~1.0
	铁道隧道工程岩体分级方案(铁道部科学研究院西南研究所,1986)	0	0.25 (硬岩)	0.25~0.75 (硬岩~软岩)	0.25~0.75 (硬岩~软岩)	0.25~0.75 (硬岩~软岩)
	铁路隧道设计规范 TB 10003	1.0	1.0	1.0	1.0	1.0
	军队地下工程勘测规范 GJB 2813	0	0.25	0.5	0.75	1.0
	本标准	0	0.20	0.4~0.6	0.7~0.9	1.0

角较缓且走向与洞轴线夹角很小时，就容易发生沿层面的过大变形，甚至发生拱顶坍塌或侧壁滑移。再如一条小断层，当其倾角很陡，且与洞轴线夹角很大时，对洞室稳定影响很小，反之则有很大的影响。这种不利影响在岩体基本质量及其指标中反映不出来。

为了反映这种组合关系对稳定性的影响，本标准仍采用对基本质量进行修正的方法，其修正系数 K_2 见本标准表5.2.2-2，该表是根据工程经验、力学分析，并参考表13制定的。所谓"其他组合"，是指结构面倾角＜30°，夹角为任意值；倾角＞30°，夹角为30°～60°；倾角30°～75°，夹角＞60°；倾角＞75°，夹角＜30°四种情况。

需指出，这里是指存在一组起控制作用结构面的情况，若有两组或两组以上起控制作用的结构面，组合情况就复杂多了，不能用修正岩体基本质量的方法，而需通过专门的稳定性分析解决。

表13 国内对结构面影响的修正情况

代表性分级	修正系数
水利水电工程地质勘察规范 GB 50487	0～0.6
军队地下工程勘测规范 GJB 2813	0～0.5
大型水电站地下洞室围岩分类(水电部昆明勘测设计院，1986)	0～0.6
水工隧洞设计规范 DL/T 5195	0～0.6
节理化岩体地质力学分类(Z. T. Bieniawski，1973)	0～0.6
岩体结构评价(G. E. Wichham，1972)	0～0.6
本标准	0～0.6

3 岩体初始应力状态影响修正。岩体初始应力对地下工程岩体稳定性的影响是众所周知的，特别是高初始应力的存在。岩石强度与初始应力之比 R_c/σ_{max} 大于一定值时，可以认为对洞室岩体稳定不起控制作用，当这个比值小于一定值时，再加上洞室周边应力集中的结果，对岩体稳定性或变形破坏的影响就表现得显著，尤其岩石强度接近初始应力值时，这种现象就更为突出。采用降低岩体基本质量指标BQ，从而限制岩体级别的办法来处理，引入修正系数 K_3。

根据工程实践经验，当围岩强度应力比值很小时（相当于极高初始应力条件，本标准规定强度应力比小于4），对于基本质量为Ⅲ、Ⅳ级的岩体，将会发生不同程度的塑性挤压、流动变形，基本上没有自稳能力，故必须较大幅度地限制岩体的级别。为此，进行了如下处理，如：当 BQ = 351～450 和 BQ = 251～350 时，均取 K_3=1.0～1.5。BQ 值较小时取较大的修正系数 K_3，反之取较小的修正系数。基本质量为Ⅰ、Ⅱ级的岩体在该强度应力比条件下，虽然未丧失自稳能力，但明显地影响了自稳性。对于相当于高初始应力区的强度应力比条件，初始应力对岩体的影响大为减小，但仍影响岩体稳定性，故取较小的修正系数 K_3，适当限制其级别。

对初始应力这一修正因素，采用降低岩体BQ指标的处理办法，可用于经验方法确定支护参数的设计。

按照这种办法进行修正，修正前后可能仍属同一级，似无意义，其实经修正后可能由原来靠近某级上限而变为处于该级中部或接近下限。不仅如此，若单修正地下水的影响，由某级的上限修正到该级的中部，如果再加上另一个影响因素的修正，就可能降一级。这些修正对于评价地下工程岩体稳定性和选用支护等参数是有意义的，因为有关规范中的支护等参数表，每级都有一定的范围值。对BQ＜250时也作修正，就是据此考虑的。

5.2.3 地下工程岩体的级别是地下洞室稳定性的尺度，岩体级别越高的洞室在无支护条件下的稳定性（即自稳能力）越好。针对跨度不大于20m的地下工程，本条规定了不同级别工程岩体的自稳能力情况。同时，本条还强调，可以将洞室开挖后的实际自稳能力，作为检验原来地下工程岩体定级正确与否的标志。

地下工程岩体的自稳能力，不仅与工程岩体级别有关，还与洞室跨度有关。对于跨度不大于20m的工程岩体，实践经验比较丰富，经统计分析给出表 E.0.1(参见附录 E 说明)，作为各级别岩体自稳能力的基本评价。

对照表 E.0.1，开挖后岩体的实际稳定性与原定级别不符时，应将岩体级别调整到与实际情况相适应的级别。当开挖后岩体的稳定性比原定级别高时，由低级别调整到高级别须慎重。

5.2.4 对于跨度大于20m的岩石地下工程，通常存在支护条件影响，岩体稳定性应与支护条件结合进行。对于特殊的地下工程，往往有特殊要求，加之行业或专业的特点，对工程施工和运行，进而对工程岩体稳定性评价的要求不尽相同，评价时引入影响工程岩体稳定性的修正因素及其侧重点也不同。本标准作为通用的基础标准，难以将所有各种影响因素都考虑进去，更难以全面照顾各行业的特殊需要。有关行业标准的规定更具有针对性，更详细些。国内外在实施岩体分级工作时，往往采用几种分级方法进行对比，对大型和特殊的地下工程，为了慎重这样做是适宜的。考虑到这些情况，本条规定在详细定级时尚可应用其他有关标准方法进行对比分析，综合确定岩体级别。

5.3 边坡工程岩体级别的确定

5.3.1 本条规定了边坡工程岩体在岩体基本质量确定以后，作详细定级时，应考虑的几个修正因素和修正后的定级原则。

影响岩质边坡稳定性的因素很多，主要有岩性、岩体风化程度、岩体结构特征、结构面产状及延伸性、岩体初始应力、地下水、地表水、开挖施工方法与效果等。前面3项及边坡开挖施工方法与效果，已在本标准中的岩体坚硬程度和岩体完整程度两项岩体基本质量分级因素中得到考虑。本标准所涉及边坡主要是60m高度以下的中、高边坡，岩体初始应力一般不属高应力，故不考虑岩体初始应力的修正。

5.3.2 本条给出了边坡工程岩体质量指标的计算公式以及边坡工程岩体质量诸修正系数的确定方法。当边坡工程岩体质量指标为负值时，修正后的工程岩体质量直接按Ⅴ级岩体考虑。

在边坡工程岩体分级方法研究中，Romana M.(1985)在RMR分级基础上，提出的边坡质量指标 SMR 方法(Slope Mass Rating)相对成熟。该方法在 RMR 岩体质量评价基础上，引入结构面及边坡面产状关系修正及边坡开挖方法影响等，实现不同岩体质量级别下的稳定性评价。中国水利水电工程边坡登记小组(孙东亚、陈祖煜，1997)在国家八五科技攻关项目成果中，对 SMR 在边坡岩体分级中的适用性进行了研究，并提出了考虑边坡坡高及边坡主要控制结构面条件修正系数的 CSMR 方法，该方法已作为《水电水利工程边坡工程地质勘察技术规程》DL/T 5337 中有关边坡岩体质量分类的推荐方法之一。20 世纪 90 年代后，SMR 法、CSMR 法及各种改进方法，已在国内水电及公路等行业边坡工程分级中得到初步应用。另外，在建筑工程领域，根据边坡岩体的完整程度、结构面结合程度及结构面与边坡间的产状关系，提出了岩质边坡的岩体分类，见《建筑边坡工程技术规范》GB 50330。

根据对水电及公路等领域十余个工程 200 余组 BQ 和 RMR 实测值回归分析发现，本标准中的 BQ 值与 RMR 间具有良好的线性关系，其线性回归方程为：

$$BQ = 80.786 + 6.0943RMR(r = 0.81) \tag{1}$$

根据回归方程(1)，对 RMR 分级及本标准依据 BQ 的定量分级作进一步对比分析发现，RMR 与 BQ 五级划分各级别界限划分值具有较好的对应关系。仅在Ⅴ级和Ⅳ级岩体中，依据方程(1)，BQ 方法可能会保守半级至 $\frac{1}{4}$ 级。

针对上述研究成果，综合了 SMR 方法及 CSMR 特点，提出了本条规定的基于 BQ 的边坡工程岩体质量指标计算方法。

在边坡工程岩体质量指标[BQ]计算中，分别考虑了边坡地下水影响、边坡控制性结构面类型与延伸性以及边坡控制性结构面产状影响等因素的修正。

（1）边坡控制性结构面类型与延伸性修正系数 λ 是引用了 CSMR 方法中的结构面条件系数的影响规定，并将其改名为结构面类型与延伸性修正系数，其物理意义更明确。在取值方面，对断续节理和裂隙,根据发育程度,给出了取值范围。

(2)边坡地下水影响修正。关于水对边坡的影响,其影响程度主要是边坡降雨的入渗性、边坡渗透压力形成情况以及控制性结构面中软弱充填物被浸蚀及软化的程度。与地下洞室围岩中有关水的赋存特点不同,边坡岩体中的水与降雨及地下水状态密切相关。对一个给定边坡,评价水的影响程度,应结合可能的降雨强度及已有的边坡水文地质条件,研究与评价最不利条件下边坡内地下水发育程度及其对边坡岩体质量与稳定性的影响。这里,综合岩体坡面上地下水出水状态的定性程度划分以及反映坡内岩体地下水发育程度的潜水或承压水头等指标,确定边坡岩体中地下水影响修正系数 K_4。现行国家标准《建筑边坡工程技术规范》GB 50330中建议,当边坡地下水发育时,Ⅱ、Ⅲ类岩体可根据具体情况降低一档,其规定与表5.3.2-2规定基本相符。

(3)边坡控制性结构面产状影响修正。在提出的边坡岩体质量指标计算方法中,对边坡稳定性起控制作用的主要结构面修正系数 K_5,是在吸收SMR思路基础上,针对主要结构面的可能影响确定的。与SMR或CSMR方法不同之处是,鉴于边坡岩体发生倾倒破坏的复杂性以及倾倒破坏具有渐进性破坏特点,表5.3.2-3中仅考虑了边坡岩体内因结构面存在引起的平面滑动破坏这一主要类型。若边坡岩体中存在因反倾向结构面可能引起的倾倒破坏以及由多组结构面切割形成的楔形体失稳问题,建议针对具体情况进行专门论证。

5.3.3 对于高度不大于60m的岩石边坡工程,本条规定了不同级别工程岩体的自稳能力。关于边坡工程岩体自稳能力,主要是依据极限平衡分析、已有规范的规定,并结合现场调查和经验给出。对岩石边坡,确定60m高陡倾边坡(在边坡自稳能力评价中,假定边坡为坡角大于 $70°$ 的陡倾边坡)为高度划分的界限点主要依据两个方面的考虑:一是有成功的工程实例验证。三峡工程永久船闸岩体为闪云斜长花岗岩,属Ⅰ级岩体,双线闸室为垂直开挖边坡,高达60m,岩体自稳能力较好;二是适用性较强。针对具有普遍性的各类岩石边坡工程,主要考虑到建筑、公路及铁路等工程领域,边坡的高度一般在数十米高度以下。对这类工程规模的边坡,因数量多,工程勘察手段相对简单,一般的设计过程是,在进行简单测试或试验基础上对岩石边坡稳定性进行宏观判断,并根据规范要求和经验给出相应的工程措施。因此,对这类边坡进行工程岩体详细定级,具有工程应用和推广价值。

5.3.4 由于岩石边坡工程的复杂性,对水电或矿山工程等行业中的超高边坡,或特殊边坡,其工程岩体级别的确定,应在坡高修正的基础上,或应结合工程特点和行业要求,作专门论证。《水利水电工程边坡工程地质勘察技术规程》DL/T 5337 中的CSMR边坡岩体质量分类方法,给出了坡高修正系数计算公式,可供参考。

5.4 地基工程岩体级别的确定

5.4.1 岩石地基工程主要是指以岩石作为承载地基的工业与民用建筑物岩石地基、公路与铁路桥涵岩石地基以及港口工程岩石地基等。岩石地基工程设计中,最关心的是地基的承载能力。由于岩体的基本质量综合反映了岩石的坚硬程度和岩体的完整程度,而此两项指标是影响岩石基础承载力的主要因素,因此,本条规定,岩石地基工程岩体的级别可以直接由岩体的基本质量定级。以往常采用岩石饱和单轴抗压强度 R_c 的折减来确定地基的承载力,本标准岩体基本质量则不仅考虑了 R_c,还考虑了岩体的完整性,评价方法更为科学。

5.4.2 岩体作为工业与民用建筑物及公路与铁路桥涵等工程地基,其承载能力很高,一般都能满足设计要求。针对岩石地基的承载能力,目前国内外有关规范规定的地基承载力,大多以评估方法为主,有的主要利用岩石单轴抗压强度试验资料,并综合裂隙的发育程度及工程经验确定,总体偏于安全,见表14~表20。表14中,岩石地基的基本承载能力是指建筑物基础短边宽度不大于

2.0m、埋置深度不大于3.0m时的地基容许承载力。地基容许承载力即是在保证地基稳定和建筑物沉降量不超过容许值的条件下,地基单位面积所能承受的最大压力。表15中,岩石地基的极限承载力是指基岩土体即将破坏时单位面积所承受的压力。表16中,岩石地基承载力基本容许值是指基础短边宽度不大于2.0m、埋置深度不大于3.0m时,地基压力变形曲线上,在线性变形段内某一变形所对应的压力值,物理概念上也即是表14中的岩石地基的基本承载能力。

随着工程建设中工程规模的增大,对地基承载能力的要求也越来越高,并且为满足土地优良资源的控制及合理利用土地的要求,利用岩石地基为承载体的支撑结构(如高速铁路与公路领域的桥基及桩基等)已作为工程规划与设计方案比选中的重要内容。鉴于岩石地基评价的复杂性,提供一套基于各级别岩石现场载荷试验资料的岩体基本承载力,对各行业有关岩石地基基本承载力的制定,具有重要的参考价值。这里的基本承载力是指裂隙岩体在载荷试验过程中,与岩体载荷—位移曲线中的比例极限或屈服极限相对应的荷载。表21中所列各级别岩体基本承载力比例界限特征值是对14个工程98点现场载荷试验资料,按岩体质量级别分别统计获得。

现场岩体载荷试验结果表明,表21所给出的岩体基本承载力与表14~表20中所列建议值都要高。考虑到岩石地基的复杂性,对软岩、破碎岩体或受大型载荷条件下的工程岩体(如大跨度桥梁地基岩体等),通常应通过现场岩体载荷试验确定岩体基本承载力。这里,基岩承载力基本值仍沿用原标准中偏于保守的值。

表 14　岩石地基的基本承载力(kPa)

节理发育程度		节理不发育	节理发育	节理很发育	资料来源
	定性描述	节理间距(cm)			
		>40	40~20	20~2	
坚硬程度	硬质岩	>3000	3000~2000	2000~1500	《铁路工程地质勘察规范》TB 10012
	较软岩	3000~1500	1500~1000	1000~800	
	软岩	1200~900	1000~700	800~500	
	极软岩	500~400	400~300	300~200	

表 15　岩石地基的极限承载力(kPa)

节理发育程度		节理不发育	节理发育	节理很发育	资料来源
	定性描述	节理间距(cm)			
		>40	40~20	20~2	
坚硬程度	坚硬岩、较硬岩	>9000	9000~6000	6000~4500	《铁路工程地质勘察规范》TB 10012
	较软岩	9000~4500	4500~3000	3000~2400	
	软岩	3600~2700	3000~2100	2400~1250	
	极软岩	1250~1000	1000~750	750~500	

表 16　岩石地基承载力基本容许值(kPa)

节理发育程度		节理不发育	节理发育	节理很发育	资料来源
	定性描述	节理间距(cm)			
		>40	40~20	20~2	
坚硬程度	坚硬岩、较硬岩	>3000	3000~2000	2000~1500	《公路桥涵地基与基础设计规范》JTG D63
	较软岩	3000~1500	1500~1000	1000~800	
	软岩	1200~1000	1000~800	800~500	
	极软岩	500~400	400~300	300~200	

表 17　岩石地基允许承载力

岩石名称	允许承载力	资料来源
坚硬岩石	$\left(\dfrac{1}{20} \sim \dfrac{1}{25}\right) R_c$	《水利水电工程地质勘察规范》GB 50487
中等坚硬岩石	$\left(\dfrac{1}{10} \sim \dfrac{1}{20}\right) R_c$	
较软弱岩石	$\left(\dfrac{1}{5} \sim \dfrac{1}{10}\right) R_c$	

表 18　岩石地基允许承载力

岩体级别	Ⅰ	Ⅱ	Ⅲ	Ⅳ	Ⅴ	资料来源
$R_m = R_c \cdot K_v$ (MPa)	>60	60~30	30~15	15~5	<5	《军队地下工程勘察规范》GJB 2813
允许承载力(kPa)	>6000	6000~3000	3000~1500	1500~500	<500	

表19 岩石地基允许承载力(kPa)

岩石性质	承载力允许值	资料来源
岩石好	2000～4000	《德国地基规范》DIN 1054
岩石差	1000～1500	

表20 岩石地基允许承载力(kPa)

名　称	允许承载力	资料来源
未风化完整的坚硬火成岩及片麻岩	10000	
未风化坚硬石灰岩和坚硬砂岩	4000	《英国标准实用规范(基础工程)》BS 8004
未风化片岩和板岩	3000	
未风化坚硬页岩,泥岩和粉砂岩	2000	

表21 岩体基岩承载力比例界限统计特征值

岩体质量级别	I	II	III	IV	V
样本个数		9	23	41	25
均值(MPa)		36.16	16.15	13.27	1.83
均方差(MPa)		2.47	9.61	6.66	1.49
偏差系数		0.07	0.60	0.50	0.81

附录A　R_c、$I_{s(50)}$测试的规定

A.0.1 岩石饱和单轴抗压强度试验是测定试件在无侧限条件下,受轴向压力作用破坏时,单位面积上所承受的载荷。

鉴于圆形试件具有轴对称性,应力分布均匀,本标准推荐圆柱试件作为标准试件。对于没有条件加工圆柱体试件时,允许采用方柱体试件,但试件高度与横向边长之比应为2.0～2.5。

为反映岩石受水软化的性质,本标准采用岩石饱和单轴抗压强度R_c值作为岩石坚硬程度的定量指标。采用自由吸水或强制饱和法使试件吸水饱和。

A.0.2 岩石点荷载强度指数试验是将试件置于点荷载仪上下一对球端圆锥之间,施加集中载荷直至破坏,据此测定岩石点荷载强度指数的一种试验方法。本试验可间接确定岩石强度。点荷载试验仪球端的曲率半径应为5mm,圆锥体顶角应为60°。

附录B　K_v、J_v测试的规定

B.0.1 由于声波测试设备及工作条件的不同,岩体弹性纵波速度(V_{pm})的测试方法主要有跨孔测试法、单孔测井法、锤击法等几种。根据弹性波测试频率范围,有地震波(频率小于5kHz)、声波(频率5kHz～20kHz)和超声波(频率大于20kHz)三类。不同测试方法结果略有差异,由它们计算得到的K_v值,彼此相差约为±10%,但仍可用来定量地评价岩体的完整程度。因此,本附录规定V_{pm}的测试以岩体弹性纵波速度测试为主。为正确把握被测岩体K_v值的物理意义,以及便于确立由不同方法获得的K_v值之间的关系,各工程的勘察试验报告中,应当说明测试方法。

跨孔测试方法所取得的V_{pm}值,能较好地反映岩体的完整性程度,在可能的条件下,宜首先考虑采用此测试方法。若在洞室内进行测试,应避开爆破影响带。

B.0.2 岩体体积理节数J_v值的测量方法主要有三种,包括直接测量法,间距法和条数法。直接测量法是直接数出单位体积岩体中的结构面数;间距法是通过测量岩体中各组结构面的间距,并以其平均值计算岩体单位体积中结构面的条数;条数法是指在单测量区域内数出单位面积内的结构面条数,并乘以修正经验系数。本附录推荐岩体体积理节数J_v值的测量可采用直接测量法或结构面间距法。

当采用结构面间距法时,测线布置一般采用与某组结构面出露迹线呈大角度相交的原则,鉴于一般的岩体露头主要是边坡坡面或勘察平洞等部位,这里规定测线布置一般为水平布置。若有结构面与测线近平行或小夹角展布,可布置另一条与主测线垂直的辅助测线。关于测线长度,根据国际岩石力学学会建议,测线长度应不小于10倍的被测量结构面间距,这里规定,水平向测线长不宜小于5m,垂直向辅助测线长不宜小于2m。

鉴于现代计算技术的普及,对测线间距的处理,本条规定应将测得的沿测线方向的视间距转换为沿每组结构面法向上的真间距,以获得更准确的J_v值。

由于被硅质、铁质、钙质充填再胶结的结构面已不再成为分割岩体的界面。因此,在确定J_v时,不予统计。对延伸长度大于1m的非成组分散的结构面予以统计,即需加上每立方米岩体非成组节理条数S_0,使计算的J_v值更符合实际。

附录 C 岩体初始应力场评估

C.0.1 岩体初始应力或称地应力，是在天然状态下，存在于岩体内部的应力，是岩石工程的基本外荷载之一。岩体初始应力是三维应力状态，一般为压应力。初始应力场受多种因素的影响，一般来讲，其主要影响因素依次为埋深、构造运动、地形地貌、地表剥蚀等。当然，在不同地方这个主次关系可能改变。

准确地获得岩体初始应力值的最有效方法，是进行现场测试。对大型或特殊工程，宜现场实测岩体初始应力，以取得定量数据。对一般工程，当有岩体初始应力实测数据时，应采用实测值；无实测资料时，可根据地质勘探资料，对初始应力场进行评估。

1 在其他因素的影响不显著情况下，初始应力为自重应力场。上覆岩体的重量为铅直向主应力，沿深度线性增加。

2 历次地质构造运动，常影响并改变自重应力场。国内外大量实测资料表明，铅直向应力值 σ_v 往往大于岩体自重。若用 $\lambda_0 = \dfrac{\sigma_v}{\gamma H}$ 表示这个比例系数，我国实测资料 $\lambda_0 < 0.8$ 者约占 13%，$\lambda_0 = 0.8 \sim 1.2$ 者占 17%，$\lambda_0 > 1.2$ 者占 65% 以上。这些资料大多是在 200m 深度内测得的，最深达 500m。A·B 裴伟整理的苏联资料，$\lambda_0 < 0.8$ 者占 4%，$\lambda_0 = 0.8 \sim 1.2$ 者占 23%，$\lambda_0 > 1.2$ 者占 73%。

国内外的实测水平应力，普遍大于泊松效应产生的 $\dfrac{\mu}{1-\mu} \times \gamma H$，且大于或接近实测铅直应力。用最大水平应力（$\sigma_{H1}$）与 σ_v 之比表示侧压系数（$\lambda_1 = \sigma_{H1}/\sigma_v$），一般 λ_1 为 $0.5 \sim 5.5$，大部分在 $0.8 \sim 2.0$ 之间，λ_1 最大达 30。若用两个水平应力的平均值（$\sigma_{H \cdot an}$）与 σ_v 之比表示侧压系数（$\lambda_{av} = \sigma_{H \cdot an}/\sigma_v$），一般 λ_{av} 为 $0.5 \sim 5.0$，大多数为 $0.8 \sim 1.5$。我国实测资料 λ_{av} 在 $0.8 \sim 3.0$ 之间，$\lambda_{av} < 0.8$ 者约占 30%，$\lambda_{av} = 0.8 \sim 1.2$ 者占 40%，$\lambda_{av} > 1.2$ 者占 30%。

确定初始应力的方向是一个极为复杂的问题，本附录没有具体给出，在使用本条第 2 款时，可用以下方法对初始应力的方向进行评估。

分析历次构造运动，特别是近期构造运动，确定最新构造体系，进行地质力学分析，根据构造线确定应力场主轴方向。根据地质构造和岩石强度理论，一般认为自重应力是主应力之一，另一主应力与断裂构造体系正交。对于正断层，σ_v 为大主应力，即 $\sigma_1 = \gamma H$，小主应力 σ_3 与断层带正交；对于逆断层，σ_v 为小主应力，即 $\sigma_3 = \gamma H$，σ_1 与断层带正交；对于平移断层，σ_v 是中间主应力，即 $\sigma_2 = \gamma H$，σ_1 与断层面成 $30° \sim 45°$ 的交角，且 σ_1 与 σ_3 均为水平方向。

依据工程勘探平洞局部围岩片帮等高地应力现象也可以初步判断局部地段岩体初始应力的方向和大小。一般情况下，片帮所在位置的切向方向与断面上最大主应力方向一致，片帮的程度可以说明断面上最大和最小主应力的差别大小。与最大主应力方向相垂直的平洞，片帮和片顶破坏的程度也越强烈。

3 实测资料还表明，水平应力并不总是占优势的，到达一定深度以后，水平应力逐渐趋向等于或略小于铅直应力，即趋向静水压力场。这个转变点的深度，即临界深度，经实测资料统计，大约在 1000m～1500m 之间。也有人提出，这个临界深度在各国不尽相同，如南非为 1200m，美国为 1000m，日本为 500m，冰岛最浅，为 200m，我国 1000 余米。

在目前测试技术和现有实测成果的基础上，本附录规定深度在 1000m～1500m 为过渡段，1500m 为临界深度是比较合适的。况且，就岩石工程而言，绝大部分工程的埋深小于 1500m。

4 由于地质构造与河流切割的原因，河流峡谷地段，从谷坡至山体一定区域内，岩体初始应力场通常具有明显的区域分布特性。另外，由于地质构造及岩性差异，岩体初始应力分布也具有不均匀性特征。一般而言，断层及影响带内，岩体应力较低，近影响带岩体局部可能有应力集中现象，远离断层带，岩体应力趋于稳定应力值。软硬相间层状岩体和软弱断层岩中，岩体初始应力通常较低，硬质岩层中，岩体初始应力通常较高。

C.0.2 高初始应力区的存在，已为工程实践所证实。岩爆和岩心饼化产生的共同条件是高初始应力。一般情况下，岩爆发生在岩性坚硬完整或较完整的地区，岩心饼化发生在中等强度以下的岩体。在我国，二滩工程的正长岩、白鹤滩工程的玄武岩、大岗山工程的花岗岩、鲁布革工程的白云岩、大瑶山隧道的浅变质长石石英砂岩、拉西瓦工程的花岗岩、锦屏一级和二级工程中的大理岩以及天生桥二级引水隧洞、渔子溪工程的引水洞、河南省故县工程、甘肃金川矿等，在勘探和掘进过程都有岩爆或岩心饼化发生，经实测均存在高初始应力。在国外，如瑞典的 Victas 隧洞，开挖期间在 300m 长的地段发生岩爆，该洞段位于高水平应力区，最大主应力为 35MPa，倾角 10°，方向垂直洞轴线。美国大古力坝，厂房基坑为花岗岩，开挖中水平层状裂开，剥离了一层又一层。

一定的初始应力值，对不同岩性的岩体，影响其稳定性的程度是不一样的。为此，用岩石饱和单轴抗压强度 R_c 与最大主应力 σ_1 的比值，作为评价岩爆和岩心饼化发生的条件，进而评价初始应力对工程岩体稳定性影响的指标。实测资料表明，一般当 $R_c/\sigma_1 = 3 \sim 6$ 时就会发生岩爆和岩心饼化，小于 3 可能发生严重岩爆。实际上，洞室周边应力集中系数最小为 2，这样高的初始应力值 σ_1，引起洞周围应力集中，从而使得部分洞壁岩体接近或超过强度极限。

考虑到空间最大主应力 σ_1 与工程轴线（如洞室轴线）夹角的不同，对工程岩体稳定的影响程度也不同，只有垂直工程轴线方向的最大初始应力 σ_{max}，对工程岩体稳定的影响最大，且荷载作用明确。所以本附录表 C.0.2 采用 R_c/σ_{max} 作为评价岩体初始应力影响的定量指标。

由于高初始应力对工程岩体稳定性的影响程度，尚缺乏成熟的资料，目前还不能给出更详细的规定，表 C.0.2 将应力情况定为两种是适宜的。

初始应力的最大主应力方向与工程主要特征尺寸方位（如洞室轴线、坝轴线、边坡走向等）的关系不同，对工程岩体稳定性的影响也不同，特别是地下工程岩体。由于目前在这方面缺乏足够的依据，无法在分级标准中作出规定，而且这类问题也不是分级工作所能解决的，应在工程设计和施工中根据具体情况给予充分注意。

附录 D 岩体及结构面物理力学参数

D.0.1 本条在各级别岩体现场试验成果综合整理分析基础上，给出了与岩体基本质量级别对应的岩体物理力学参数。

原标准在给出各级别岩体物理力学参数建议值时，主要根据当时所收集的现场岩体力学试验资料，按平均值以上划分二级及平均值以下划分三级的原则，给定各级别岩体力学参数建议值。其中，岩体抗剪断峰值强度确定，依据的资料来源于 29 个工程 60 组样本确定，涉及花岗岩、石灰岩、砂岩、页岩、黏土岩等 24 种岩石；岩体变形模量的确定，依据资料有 47 个工程的 143 个样本，涉及花岗岩、白云质灰岩、石灰岩、砂岩、凝灰岩、大理岩、页岩及泥岩等 21 种岩石；岩体结构面抗剪断峰值强度，资料来源于 34 个工程的 94 组试验样本，涉及花岗岩、石灰岩、砂岩、页岩、黏土岩等 21 种岩石。

本次修订进一步收集与整理了自本标准颁布以来的有关工程岩体现场试验成果资料，并按岩体基本质量级别分别进行统计。依据基于岩体质量级别的试验资料统计结果与原标准各级岩体参数建议值进行比较，以分析与论证原标准参数建议值的合理性。

（1）岩体抗剪断峰值强度统计。样品总数 192 组，取自 44 个工程，系大型试件双千斤顶法（部分为双压力钢枕）直剪试验成果。其中Ⅰ级岩体样本 14 组，Ⅱ级岩体样本 38 组，Ⅲ级岩体样本 48 组，Ⅳ级岩体样本 76 组，Ⅴ级岩体样本 16 组。最大实测内摩擦角 $\varphi=70.1°$、黏聚力 $C=5.31MPa$（新鲜完整花岗岩）；最小测值 $\varphi=17.8°$，$C=0.02MPa$（破碎的粉砂质黏土岩）。各级岩体样本统计结果见表 22 和表 23。

表 22　各级岩体内摩擦角 φ 统计结果（°）

岩体基本质量级别	Ⅰ	Ⅱ	Ⅲ	Ⅳ	Ⅴ
样本组数	14	38	48	76	16
最小值	54.10	45.02	42.01	19.81	17.75
最大值	70.05	70.12	64.03	65.59	54.30
均值	63.07	58.35	54.48	44.56	35.87
均方差	5.07	6.00	5.67	11.24	10.01

表 23　各级岩体黏聚力 C 统计结果（MPa）

岩体基本质量级别	Ⅰ	Ⅱ	Ⅲ	Ⅳ	Ⅴ
样本组数	14	38	48	76	16
最小值	1.12	0.36	0.20	0.04	0.02
最大值	6.86	3.88	3.80	2.64	1.91
均值	3.84	1.77	1.66	0.91	0.50
均方差	1.66	0.99	0.93	0.71	0.53

（2）岩体变形模量统计。样品总数 897 个，取自 65 个工程，系刚性（部分为柔性）承压板法试验成果。其中Ⅰ级岩体样本 89 个，Ⅱ级岩体样本 184 个，Ⅲ级岩体样本 262 个，Ⅳ级岩体样本 184 个，Ⅴ级岩体样本 178 个。最大实测值为 72.2GPa（新鲜完整闪云斜长花岗岩）；最小实测值为 0.003GPa（断层带破碎岩）。各级岩体样本统计结果见表 24。

表 24　各级岩体变形模量 E 统计结果（GPa）

岩体基本质量级别	Ⅰ	Ⅱ	Ⅲ	Ⅳ	Ⅴ
样本个数	89	184	262	184	178
最小值	20.60	5.24	0.92	0.57	0.003
最大值	72.19	57.50	25.10	9.55	2.32
均值	42.70	26.30	10.82	4.12	0.56
均方差	11.36	10.96	5.19	1.92	0.58

基于岩体基本质量级别的统计分析结果表明，原标准中各级

岩体力学参数总体合理。但是，Ⅲ级以下岩体的内摩擦角和黏聚力本次统计结果比原建议值略高；Ⅱ级岩体变形模量区间下限或Ⅲ级岩体变形模量区间上限比原标准建议值低。结合各级岩体现场试验资料统计特征值，并通过综合分析，除Ⅱ级与Ⅲ级岩体变形模量界限值从 20GPa 下调到 16GPa 外，其他参数基本维持原标准参数表不变。

D.0.2 本条在现场各类岩体结构面剪断试验成果综合整理基础上，给出了各类型结构面抗剪断强度参数。

岩体结构面抗剪断峰值强度，取决于两侧岩石的坚硬程度和结构面本身的结合程度。本条首先根据结构面两侧岩石的坚硬程度和结构面本身的结合程度对结构面进行分类，在收集结构面原位抗剪强度试验资料的基础上，对各类岩体结构面抗剪断峰值参数分别进行统计，以获得各类岩体结构面抗剪断强度参数分布特征。

结构面抗剪断强度统计样本情况。样品总数 350 组，取自 40 个工程，试验剪断面控制在结构面上；其中 1 类结构面样本 84 组，2 类结构面样本 111 组，3 类结构面样本 115 组，4 类结构面样本 30 组，5 类结构面样本 10 组。最大实测内摩擦角 $\varphi=66.7°$、黏聚力 $C=2.97MPa$（未风化～微风化闪长花岗岩的裂隙面、闭合、起伏粗糙）；最小实测内摩擦角 $\varphi=9°$、$C=0.01MPa$（黏土岩泥化夹层）。各类结构面样本统计结果见表 25 和表 26。

表 25　各类结构面内摩擦角 φ 统计结果（°）

结构面类别	1	2	3	4	5
样本组数	84	111	115	30	10
最小值	26.12	21.32	14.58	14.04	9.09
最大值	66.72	62.00	46.96	40.72	20.31
均值	43.72	34.67	25.51	21.01	15.45
均方差	7.58	6.33	5.52	6.12	3.67

表 26　各类结构面黏聚力 C 统计结果（MPa）

结构面类别	1	2	3	4	5
样本组数	84	111	115	30	10
最小值	0.14	0.01	0.01	0.01	0.01
最大值	2.97	1.50	0.80	0.55	0.09
均值	0.75	0.31	0.16	0.09	0.03
均方差	0.48	0.24	0.14	0.12	0.02

依据统计结果，绘制各类结构面抗剪断强度参数累计概率曲线。依据累计概率曲线，确定第 1 类至第 5 类结构面抗剪断峰值强度内摩擦角 φ 分级界限值为 38°、29°、22°、17°，黏聚力 C 分级界限值为 0.40MPa、0.18MPa、0.10MPa、0.03MPa。这里，各类型结构面抗剪断强度参数界限值的确定是在累计概率曲线上，累计概率为 0.2 的分位值。与原标准相比，各类岩体结构面抗剪强度参数比原标准强度参数略高。考虑到 C 值的实测值分散性和随机性较大，从保守的角度出发，各类结构面抗剪强度参数仍维持原标准建议参数。

附录E 工程岩体自稳能力

E.0.1 由工程岩体质量指标[BQ]确定的地下工程岩体级别与洞室的自稳能力之间,有很好的对应关系。据对48项地下工程,416个区段,总长度12000m洞室的工程岩体质量指标[BQ]值和塌方破坏关系的统计,BQ>550的52段无一处塌方,其中最大跨度为18m~22m无支护,稳定超过20年。其他情况见表27。值得注意的是,表中所列的[BQ]<351地段(Ⅲ级岩体),所发生的塌方多数是没有按要求及时支护,若长期不支护,可能有100%的地段发生塌方。经工程实践统计分析,本附录给出地下工程岩体自稳能力表。

表27 塌方情况统计

项 目	工程岩体级别				
	Ⅰ	Ⅱ	Ⅲ	Ⅳ	Ⅴ
段数	52	80	81	108 .	95
发生塌方段数	0	10	14	39	59
塌方段占总段数比(%)	0	12.5	17.3	36.1	62.1
最大塌方高度(m)	0	2	3	10	65

表E.0.1所描述的稳定性(自稳能力),包括变形和破坏两方面,是指长期作用的结果。开挖后短时间不破坏并不能说明岩体是稳定的,需通过变形观测和较长时间作用的检验。

E.0.2 本条给出了各级别边坡工程岩体的自稳能力。这里,边坡工程岩体的自稳能力评价是指正常工况条件,而不包括地震及强暴雨等特殊工况条件。边坡岩体的自稳能力划分为四个层次:长期稳定,指边坡岩体仅需用随机锚杆对局部结构面切割问题进行支护,即能保持稳定;基本稳定,即边坡的长期稳定性还需在进行系统支护和排水条件下,才能保持稳定;稳定数月或稳定数日至1个月,即是边坡整体稳定性总体欠稳定,需进行加强支护和排水,才能保持稳定。

关于边坡工程岩体自稳能力的确定,主要是依据各级别边坡岩体可能的强度参数进行系统的极限平衡分析,参照SMR方法、《建筑边坡工程技术规范》GB 50330、《水电水利工程边坡工程地质勘察技术规程》DL/T 5337等文献资料,结合现场调查和经验,综合给出。表28中给出了相关规范对各级边坡岩体稳定性的评价。

表28 各级岩体边坡的稳定性评价

资料名称	工程岩体级别				
	Ⅰ	Ⅱ	Ⅲ	Ⅳ	Ⅴ
SMR方法(Romana. M, 1985)	稳定性很好,无破坏	稳定性好,一些块体破坏	稳定性一般,一些不连续面构成平面或楔体破坏	稳定性差,节理构成平面或大楔体破坏	稳定性很破坏,大型平面或类似土体破坏
《水电水利工程边坡工程地质勘察技术规程》DL/T 5337	岩体质量很好,很稳定	岩体质量好,稳定	岩体质量中等,基本稳定	岩体质量差,不稳定	岩体质量很差,很不稳定
《建筑边坡工程技术规范》GB 50330	30m高边坡长期稳定,偶有掉块	整体结构,15m高边坡稳定,15m~25m高边坡欠稳定,较完整结构,边坡出现局部塌落	8m高边坡稳定,15m高边坡欠稳定	8m高边坡不稳定	—

中华人民共和国国家标准

工程岩体试验方法标准

Standard for test methods of engineering rock mass

GB/T 50266—2013

主编部门：中 国 电 力 企 业 联 合 会
批准部门：中华人民共和国住房和城乡建设部
实行日期：2 0 1 3 年 9 月 1 日

中华人民共和国住房和城乡建设部
公 告

第 1633 号

住房城乡建设部关于发布国家标准
《工程岩体试验方法标准》的公告

现批准《工程岩体试验方法标准》为国家标准，编号为 GB/T 50266—2013，自 2013 年 9 月 1 日起实施。原国家标准《工程岩体试验方法标准》GB/T 50266—1999 同时废止。

本标准由我部标准定额研究所组织中国计划出版

社出版发行。

中华人民共和国住房和城乡建设部
2013 年 1 月 28 日

前 言

本标准是根据住房和城乡建设部《关于印发〈2008 年工程建设标准规范制订、修订计划（第二批）〉的通知》（建标标函〔2008〕35 号）的要求，由中国水电顾问集团成都勘测设计研究院会同有关单位对原国家标准《工程岩体试验方法标准》GB/T 50266—1999 进行修订而成。

本标准分为 7 章，包括：总则、岩块试验、岩体变形试验、岩体强度试验、岩石声波测试、岩体应力测试、岩体观测。

本次修订的主要技术内容包括：增加了岩块冻融试验、混凝土与岩体接触面直剪试验、岩体载荷试验、水压致裂法岩体应力试验、岩体表面倾斜观测、岩体渗压观测等试验项目，增加了水中称量法岩石颗粒密度试验、千分表法单轴压缩变形试验、方形承压板法岩体变形试验等试验方法。

本标准由住房和城乡建设部负责管理，由中国电力企业联合会负责日常管理，由中国水电顾问集团成都勘测设计研究院负责具体技术内容的解释。执行过程中如有意见或建议，请寄送中国水电顾问集团成都勘测设计研究院（地址：四川省成都浣花北路 1 号，邮政编码：610072）。

主 编 单 位： 中国水电顾问集团成都勘测设计研

究院

水电水利规划设计总院
中国电力企业联合会

参 编 单 位： 水利部长江水利委员会长江科学院
中国科学院武汉岩土力学研究所
同济大学
中国水利水电科学研究院
铁道科学院
煤炭科学研究总院
交通运输部公路科学研究院

主要起草人： 王建洪 邬爱清 盛 谦 汤大明
胡建忠 刘怡林 曾纪全 尹健民
周火明 李海波 沈明荣 袁培进
刘艳青 贺如平 康红普 陈梦德

主要审查人： 董学晟 汪 毅 翁新雄 李晓新
侯红英 张建华 刘 艳 陈文华
朱绍友 廖建军 徐志纬 何永红
杨 建 唐纯华 王永年 席福来
和再良 杨 建 贾志欣 李光煜
汪家林 张家生 胡卸文 谢松林
谷明成 赵静波

目　次

Contents

1 总　则

1.0.1 为统一工程岩体试验方法,提高试验成果的质量,增强试验成果的可比性,制定本标准。

1.0.2 本标准适用于地基、围岩、边坡以及填筑料的工程岩体试验。

1.0.3 工程岩体试验对象应具有地质代表性。试验内容、试验方法、技术条件等应符合工程建设勘测、设计、施工、质量检验的基本要求和特性。

1.0.4 工程岩体试验除应符合本标准外,尚应符合国家现行有关标准的规定。

2 岩 块 试 验

2.1 含水率试验

2.1.1 各类岩石含水率试验均应采用烘干法。

2.1.2 岩石试件应符合下列要求:

1 保持天然含水率的试样应在现场采取,不得采用爆破法。试样在采取、运输、储存和制备试件过程中,应保持天然含水状态。其他试验需测含水率时,可采用试验完成后的试件制备。

2 试件最小尺寸应大于组成岩石最大矿物颗粒直径的10倍,每个试件的质量应为40g～200g,每组试验试件的数量应为5个。

3 测定结构面充填物含水率时,应符合现行国家标准《土工试验方法标准》GB/T 50123的有关规定。

2.1.3 试件描述应包括下列内容:

1 岩石名称、颜色、矿物成分、结构、构造、风化程度、胶结物性质等。

2 为保持含水状态所采取的措施。

2.1.4 应包括下列主要仪器和设备:

1 烘箱和干燥器。

2 天平。

2.1.5 试验应按下列步骤进行:

1 应称试件烘干前的质量。

2 应将试件置于烘箱内,在105℃～110℃的温度下烘24h。

3 将试件从烘箱中取出,放入干燥器内冷却至室温,应称烘干后试件的质量。

4 称量应准确至0.01g。

2.1.6 试验成果整理应符合下列要求:

1 岩石含水率应按下式计算:

$$w = \frac{m_0 - m_s}{m_s} \times 100 \qquad (2.1.6)$$

式中:w——岩石含水率(%);

m_0——烘干前的试件质量(g);

m_s——烘干后的试件质量(g)。

2 计算值应精确至0.01。

2.1.7 岩石含水率试验记录应包括工程名称、试件编号、试件描述、试件烘干前后的质量。

2.2 颗粒密度试验

2.2.1 岩石颗粒密度试验应采用比重瓶法或水中称量法。各类岩石均可采用比重瓶法,水中称量法应符合本标准第2.4节的规定。

2.2.2 岩石试件的制作应符合下列要求:

1 应将岩石用粉碎机粉碎成岩粉,使之全部通过0.25mm筛孔,并应用磁铁吸去铁屑。

2 对含有磁性矿物的岩石,应采用瓷研钵或玛瑙研钵粉碎,使之全部通过0.25mm筛孔。

2.2.3 试件描述应包括下列内容:

1 岩石粉碎前的名称、颜色、矿物成分、结构、构造、风化程度、胶结物性质等。

2 岩石的粉碎方法。

2.2.4 应包括下列主要仪器和设备:

1 粉碎机、瓷研钵或玛瑙研钵、磁铁块和孔径为0.25mm的筛。

2 天平。

3 烘箱和干燥器。

4 煮沸设备和真空抽气设备。

5 恒温水槽。

6 短颈比重瓶:容积100mL。

7 温度计:量程0℃～50℃,最小分度值0.5℃。

2.2.5 试验应按下列步骤进行:

1 应将制备好的岩粉置于105℃～110℃温度下烘干,烘干时间不应少于6h,然后放入干燥器内冷却至室温。

2 应用四分法取两份岩粉,每份岩粉质量应为15g。

3 应将岩粉装入烘干的比重瓶内,注入试液(蒸馏水或煤油)至比重瓶容积的一半处。对含水溶性矿物的岩石,应使用煤油作试液。

4 当使用蒸馏水作试液时,可采用煮沸法或真空抽气法排除气体。当使用煤油作试液时,应采用真空抽气法排除气体。

5 当采用煮沸法排除气体时,在加热沸腾后煮沸时间不应少于1h。

6 当采用真空抽气法排除气体时,真空压力表读数宜为当地大气压。抽气至无气泡逸出时,继续抽气时间不宜少于1h。

7 应将经过排除气体的试液注入比重瓶至近满,然后置于恒温水槽内,应使瓶内温度保持恒定并待上部悬液澄清。

8 应塞上瓶塞,使多余试液自瓶塞毛细孔中溢出,将瓶外擦干,应称瓶、试液和岩粉的总质量,并应测定瓶内试液的温度。

9 应洗净比重瓶,注入经排除气体并与试验同温度的试液至比重瓶内,应按本条第7、8款步骤称瓶和试液的质量。

10 称量应准确至0.001g,温度应准确至0.5℃。

2.2.6 试验成果整理应符合下列要求:

1 岩石颗粒密度应按下式计算:

$$\rho_s = \frac{m_s}{m_1 + m_s - m_2} \rho_{WT} \qquad (2.2.6)$$

式中:ρ_s——岩石颗粒密度(g/cm³);

m_s——烘干岩粉质量(g);

m_1——瓶、试液总质量(g);

m_2——瓶、试液、岩粉总质量(g);

ρ_{WT}——与试验温度同温度的试液密度(g/cm³)。

2 计算值应精确至0.01。

3 颗粒密度试验应进行两次平行测定,两次测定的差值不应大于0.02,颗粒密度应取两次测值的平均值。

2.2.7 岩石颗粒密度试验记录应包括工程名称、试件编号、试件描述、比重瓶编号、试液温度、试液密度、干岩粉质量、瓶和试液总质量,以及瓶、试液和岩粉总质量。

2.3 块体密度试验

2.3.1 岩石块体密度试验可采用量积法、水中称量法或蜡封法,并应符合下列要求:

1 凡能制备成规则试件的各类岩石,宜采用量积法。

2 除遇水崩解、溶解和干缩湿胀的岩石外，均可采用水中称量法。水中称量法试验应符合本标准第2.4节的规定。

3 不能用量积法或水中称量法进行测定的岩石，宜采用蜡封法。

4 本标准用水采用洁净水，水的密度取为1g/cm³。

2.3.2 量积法岩石试件应符合下列要求：

1 试件尺寸应大于岩石最大矿物颗粒直径的10倍，最小尺寸不宜小于50mm。

2 试件可采用圆柱体、方柱体或立方体。

3 沿试件高度、直径或边长的误差不应大于0.3mm。

4 试件两端面不平行度误差不应大于0.05mm。

5 试件端面应垂直试件轴线，最大偏差不得大于0.25°。

6 方柱体或立方体试件相邻两面应互相垂直，最大偏差不得大于0.25°。

2.3.3 蜡封法试件宜为边长40mm～60mm的浑圆状岩块。

2.3.4 测湿密度每组试验试件数量应为5个，测干密度每组试验试件数量应为3个。

2.3.5 试件描述应包括下列内容：

1 岩石名称、颜色、矿物成分、结构、构造、风化程度、胶结物性质等。

2 节理裂隙的发育程度及其分布。

3 试件的形态。

2.3.6 应包括下列主要仪器和设备：

1 钻石机、切石机、磨石机和砂轮机等。

2 烘箱和干燥器。

3 天平。

4 测量平台。

5 熔蜡设备。

6 水中称量装置。

7 游标卡尺。

2.3.7 量积法试验应按下列步骤进行：

1 应测试件两端和中间三个断面上相互垂直的两个直径或边长，应按平均值计算截面积。

2 应测两端面周边对称四点和中心点的五个高度，计算高度平均值。

3 应将试件置于烘箱中，在105℃～110℃温度下烘24h，取出放入干燥器内冷却至室温，应称烘干试件质量。

4 长度量测应准确至0.02mm，称量应准确至0.01g。

2.3.8 蜡封法试验应按下列步骤进行：

1 测湿密度时，应取有代表性的岩石制备试件并称量；测干密度时，试件应在105℃～110℃温度下烘24h，取出放入干燥器内冷却至室温，应称烘干试件质量。

2 应将试件系上细线，置于温度60℃左右的熔蜡中约1s～2s，使试件表面均匀涂上一层蜡膜，其厚度约1mm。当试件上蜡膜有气泡时，应用热针刺穿并用蜡液涂平，待冷却后应称蜡封试件质量。

3 应将蜡封试件置于水中称量。

4 取出试件，应擦干表面水分后再次称量。当浸水后的蜡封试件质量增加时，应重做试验。

5 湿密度试件在剥除密封蜡膜后，应按本标准第2.1.5条的步骤，测定岩石含水率。

6 称量应准确至0.01g。

2.3.9 试验成果整理应符合下列要求：

1 采用量积法，岩石块体干密度应按下式计算：

$$\rho_d = \frac{m_s}{AH} \qquad (2.3.9-1)$$

式中：ρ_d——岩石块体干密度(g/cm³)；

m_s——烘干试件质量(g)；

A——试件截面积(cm²)；

H——试件高度(cm)。

2 采用蜡封法，岩石块体干密度和块体湿密度应分别按下列公式计算：

$$\rho_d = \frac{m_s}{\dfrac{m_1 - m_2}{\rho_w} - \dfrac{m_1 - m_s}{\rho_p}} \qquad (2.3.9-2)$$

$$\rho = \frac{m}{\dfrac{m_1 - m_2}{\rho_w} - \dfrac{m_1 - m}{\rho_p}} \qquad (2.3.9-3)$$

式中：ρ——岩石块体湿密度(g/cm³)；

m——湿试件质量(g)；

m_1——蜡封试件质量(g)；

m_2——蜡封试件在水中的称量(g)；

ρ_w——水的密度(g/cm³)；

ρ_p——蜡的密度(g/cm³)；

w——岩石含水率(%)。

3 岩石块体湿密度换算成岩石块体干密度时，应按下式计算：

$$\rho_d = \frac{\rho}{1 + 0.01w} \qquad (2.3.9-4)$$

4 计算值应精确至0.01。

2.3.10 岩石密度试验记录应包括工程名称、试件编号、试件描述、试验方法、试件质量、试件水中称量、试件尺寸、水的密度、蜡的密度。

2.4 吸水性试验

2.4.1 岩石吸水性试验应包括岩石吸水率试验和岩石饱和吸水率试验，并应符合下列要求：

1 岩石吸水率应采用自由浸水法测定。

2 岩石饱和吸水率应采用煮沸法或真空抽气法强制饱和后测定。岩石饱和吸水率应在岩石吸水率测定后进行。

3 在测定岩石吸水率与饱和吸水率的同时，宜采用水中称量法测定岩石块体干密度和岩石颗粒密度。

4 凡遇水不崩解、不溶解和不干缩膨胀的岩石，可采用本标准。

5 试验用水应采用洁净水，水的密度应取为1g/cm³。

2.4.2 岩石试件应符合下列要求：

1 规则试件符合本标准第2.3.2条的要求。

2 不规则试件宜采用边长为40mm～60mm的浑圆状岩块。

3 每组试验试件的数量应为3个。

2.4.3 试件描述应符合本标准第2.3.5条的规定。

2.4.4 应包括下列主要仪器和设备：

1 钻石机、切石机、磨石机和砂轮机等。

2 烘箱和干燥器。

3 天平。

4 水槽。

5 真空抽气设备和煮沸设备。

6 水中称量装置。

2.4.5 试验应按下列步骤进行：

1 应将试件置于烘箱内，在105℃～110℃温度下烘24h，取出放入干燥器内冷却至室温后应称量。

2 当采用自由浸水法时，应将试件放入水槽，先注水至试件高度的1/4处，以后每隔2h分别注水至试件高度的1/2和3/4处，6h后全部浸没试件。试件应在水中自由吸水48h后取出，并沾去表面水分后称量。

3 当采用煮沸法饱和试件时，煮沸容器内的水面应始终高于试件，煮沸时间不得少于6h。经煮沸的试件应放置在原容器中冷却至室温,取出并沾去表面水分后称量。

4 当采用真空抽气法饱和试件时,饱和容器内的水面应高于试件,真空压力表读数宜为当地大气压值。抽气直至无气泡逸出为止,但抽气时间不得少于4h。经真空抽气的试件,应放置在原容器中,在大气压力下静置4h,取出并沾去表面水分后称量。

5 应将经煮沸或真空抽气饱和的试件置于水中称量装置上,称其在水中的称量。

6 称量应准确至0.01g。

2.4.6 试验成果整理应符合下列要求:

1 岩石吸水率、饱和吸水率、块体干密度和颗粒密度应分别按下列公式计算:

$$\omega_a = \frac{m_0 - m_s}{m_s} \times 100 \qquad (2.4.6-1)$$

$$\omega_{sa} = \frac{m_p - m_s}{m_s} \times 100 \qquad (2.4.6-2)$$

$$\rho_d = \frac{m_s}{m_p - m_w} \rho_w \qquad (2.4.6-3)$$

$$\rho_s = \frac{m_s}{m_s - m_w} \rho_w \qquad (2.4.6-4)$$

式中:ω_a——岩石吸水率(%);

ω_{sa}——岩石饱和吸水率(%);

m_0——试件浸水48h后的质量(g);

m_s——烘干试件质量(g);

m_p——试件经强制饱和后的质量(g);

m_w——强制饱和试件在水中的称量(g);

ρ_w——水的密度(g/cm³)。

2 计算值应精确至0.01。

2.4.7 岩石吸水性试验记录应包括工程名称、试件编号、试件描述、试验方法、烘干试件质量、浸水后质量、强制饱和后质量、强制饱和试件在水中称量、水的密度。

2.5 膨胀性试验

2.5.1 岩石膨胀性试验应包括岩石自由膨胀率试验、岩石侧向约束膨胀率试验和岩石体积不变条件下的膨胀压力试验,并应符合下列要求:

1 遇水不易崩解的岩石可采用岩石自由膨胀率试验,遇水易崩解的岩石不应采用岩石自由膨胀率试验。

2 各类岩石均可采用岩石侧向约束膨胀率试验和岩石体积不变条件下的膨胀压力试验。

2.5.2 试样应在现场采取,并应保持天然含水状态,不得采用爆破法取样。

2.5.3 岩石试件应符合下列要求:

1 试件应采用干法加工。

2 圆柱体自由膨胀率试验的试件的直径宜为48mm～65mm,试件高度宜等于直径,两端面应平行;正方体自由膨胀率试验的试件的边长宜为48mm～65mm,各相对面应平行。每组试验试件的数量应为3个。

3 侧向约束膨胀率试验和保持体积不变条件下的膨胀压力试验的试件高度不应小于20mm,或不应大于组成岩石最大矿物颗粒直径的10倍,两端面应平行。试件直径宜为50mm～65mm,试件直径应小于金属套环直径0.0mm～0.1mm。同一膨胀方向每组试验试件的数量应为3个。

2.5.4 试件描述应包括下列内容:

1 岩石名称、颜色、矿物成分、结构、构造、风化程度、胶结物性质等。

2 膨胀变形和加载方向分别与层理、片理、节理裂隙之间的关系。

3 试件加工方法。

2.5.5 应包括下列主要仪器和设备:

1 钻石机、切石机、磨石机等。

2 测量平台。

3 自由膨胀率试验仪。

4 侧向约束膨胀率试验仪。

5 膨胀压力试验仪。

6 温度计。

2.5.6 自由膨胀率试验应按下列步骤进行:

1 应将试件放入自由膨胀率试验仪内,在试件上、下端分别放置透水板,顶部放置一块金属板。

2 应在试件上部和四侧对称的中心部位安装千分表,分别量测试件的轴向变形和径向变形。四侧千分表与试件接触处宜放置一块薄铜片。

3 记录千分表读数,应每隔10min测读变形1次,直至3次读数不变。

4 应缓慢地向盛水容器内注入蒸馏水,直至淹没上部透水板,并立即读数。

5 应在第1h内,每隔10min测读变形1次,以后每隔1h测读变形1次,直至所有千分表的3次读数差不大于0.001mm为止,但浸水后的试验时间不得少于48h。

6 在试验加水后,应保持水位不变,水温变化不得大于2℃。

7 在试验过程中及试验结束后,应详细描述试件的崩解、开裂、掉块、表面泥化或软化现象。

2.5.7 侧向约束膨胀率试验应按下列步骤进行:

1 应将试件放入内壁涂有凡士林的金属套环内,应在试件上、下端分别放置薄型滤纸和透水板。

2 顶部放上固定金属载荷块并安装垂直千分表。金属载荷块的质量应能对试件产生5kPa的持续压力。

3 试验及稳定标准应符合本标准第2.5.6条中第3款至第6款步骤。

4 试验结束后,应描述试件的泥化和软化现象。

2.5.8 体积不变条件下的膨胀压力试验应按下列步骤进行:

1 应将试件放入内壁涂有凡士林的金属套环内,并应在试件上、下端分别放置薄型滤纸和金属透水板。

2 按膨胀压力试验仪的要求,应安装加压系统和量测试件变形的千分表。

3 应使仪器各部位和试件在同一轴线上,不应出现偏心载荷。

4 应对试件施加10kPa压力的载荷,应记录千分表和测力计读数,每隔10min测读1次,直至3次读数不变。

5 应缓慢地向盛水容器内注入蒸馏水,直至淹没上部金属透水板,观测千分表的变化。当变形量大于0.001mm时,应调节所施加的载荷,应使试件膨胀变形或试件厚度在整个试验过程中始终保持不变,并应记录测力计读数。

6 开始时应每隔10min读数一次,连续3次读数差小于0.001mm时,应改为每1h读数一次;当每1h读数连续3次读数差小于0.001mm时,可认为稳定并应记录试验载荷。浸水后总的试验时间不得少于48h。

7 在试验加水后,应保持水位不变。水温变化不得大于2℃。

8 试验结束后,应描述试件的泥化和软化现象。

2.5.9 试验成果整理应符合下列要求:

1 岩石轴向自由膨胀率、径向自由膨胀率、侧向约束膨胀率和体积不变条件下的膨胀压力应分别按下列公式计算:

$$V_H = \frac{\Delta H}{H} \times 100 \qquad (2.5.9-1)$$

$$V_D = \frac{\Delta D}{D} \times 100 \qquad (2.5.9-2)$$

$$V_{HP} = \frac{\Delta H_1}{H} \times 100 \qquad (2.5.9\text{-}3)$$

$$p_e = \frac{F}{A} \qquad (2.5.9\text{-}4)$$

式中：V_H——岩石轴向自由膨胀率(%)；

$\quad V_D$——岩石径向自由膨胀率(%)；

$\quad V_{HP}$——岩石侧向约束膨胀率(%)；

$\quad p_e$——体积不变条件下的岩石膨胀压力(MPa)；

$\quad \Delta H$——试件轴向变形值(mm)；

$\quad H$——试件高度(mm)；

$\quad \Delta D$——试件径向平均变形值(mm)；

$\quad D$——试件直径或边长(mm)；

$\quad \Delta H_1$——有侧向约束试件的轴向变形值(mm)；

$\quad F$——轴向载荷(N)；

$\quad A$——试件截面积(mm^2)。

2 计算值应取 3 位有效数字。

2.5.10 岩石膨胀性试验记录应包括工程名称、取样位置、试件编号、试件描述、试件尺寸、试验方法、温度、试验时间、轴向变形、径向变形和轴向载荷。

2.6 耐崩解性试验

2.6.1 遇水易崩解岩石可采用岩石耐崩解性试验。

2.6.2 岩石试件应符合下列要求：

1 应在现场采取保持天然含水状态的试样并密封。

2 试件应制成浑圆状，且每个质量应为 40g～60g。

3 每组试验试件的数量应为 10 个。

2.6.3 试件描述应包括岩石名称、颜色、矿物成分、结构、构造、风化程度、胶结物性质等。

2.6.4 应包括下列主要仪器和设备：

1 烘箱和干燥器。

2 天平。

3 耐崩解性试验仪(由动力装置、圆柱形筛筒和水槽组成，其中圆柱形筛筒长 100mm，直径 140mm，筛孔直径 2mm)。

4 温度计。

2.6.5 试验应按下列步骤进行：

1 应将试件装入耐崩解试验仪的圆柱形筛筒内，在 105℃～110℃的温度下烘 24h，取出后应放入干燥器内冷却至室温称量。

2 应将装有试件的筛筒放入水槽，向水槽内注入蒸馏水，水面应在转动轴下约 20mm。筛筒以 20r/min 的转速转动 10min 后，应将装有残留试件的筛筒在 105℃～110℃的温度下烘 24h，在干燥器内冷却至室温称量。

3 重复本条第 2 款的步骤，应求得第二次循环后的筛筒和残留试件质量。根据需要，可进行 5 次循环。

4 试验过程中，水温应保持在 20℃±2℃范围内。

5 试验结束后，应对残留试件、水的颜色和水中沉淀物进行描述。根据需要，应对水中沉淀物进行颗粒分析、界限含水率测定和黏土矿物成分分析。

6 称量应准确至 0.01g。

2.6.6 试验成果整理应符合下列要求：

1 岩石二次循环耐崩解性指数应按下式计算：

$$I_{d2} = \frac{m_r}{m_s} \times 100 \qquad (2.6.6)$$

式中：I_{d2}——岩石二次循环耐崩解性指数(%)；

$\quad m_s$——原试件烘干质量(g)；

$\quad m_r$——残留试件烘干质量(g)。

2 计算值应取 3 位有效数字。

2.6.7 岩石耐崩解性试验记录应包括工程名称、取样位置、试件编号、试件描述、水的温度、循环次数、试件在试验前后的烘干质量。

2.7 单轴抗压强度试验

2.7.1 能制成圆柱体试件的各类岩石均可采用岩石单轴抗压强度试验。

2.7.2 试件可用钻孔岩心或岩块制备。试样在采取、运输和制备过程中，应避免产生裂缝。

2.7.3 试件尺寸应符合下列规定：

1 圆柱体试件直径宜为 48mm～54mm。

2 试件的直径应大于岩石中最大颗粒直径的 10 倍。

3 试件高度与直径之比宜为 2.0～2.5。

2.7.4 试件精度应符合下列要求：

1 试件两端面不平行度误差不得大于 0.05mm。

2 沿试件高度，直径的误差不得大于 0.3mm。

3 端面应垂直于试件轴线，偏差不得大于 0.25°。

2.7.5 试验的含水状态，可根据需要选择天然含水状态、烘干状态、饱和状态或其他含水状态。试件烘干和饱和方法应符合本标准第 2.4.5 条的规定。

2.7.6 同一含水状态和同一加载方向下，每组试验试件的数量应为 3 个。

2.7.7 试件描述应包括下列内容：

1 岩石名称、颜色、矿物成分、结构、构造、风化程度、胶结物性质等。

2 加载方向与岩石试件层理、节理、裂隙的关系。

3 含水状态及所使用的方法。

4 试件加工中出现的现象。

2.7.8 应包括下列主要仪器和设备：

1 钻石机、切石机、磨石机和车床等。

2 测量平台。

3 材料试验机。

2.7.9 试验应按下列步骤进行：

1 应将试件置于试验机承压板中心，调整球形座，使试件两端面与试验机上下压板接触均匀。

2 应以每秒 0.5MPa～1.0MPa 的速度加载直至试件破坏。应记录破坏载荷及加载过程中出现的现象。

3 试验结束后，应描述试件的破坏形态。

2.7.10 试验成果整理应符合下列要求：

1 岩石单轴抗压强度和软化系数应分别按下列公式计算：

$$R = \frac{P}{A} \qquad (2.7.10\text{-}1)$$

$$\eta = \frac{\bar{R}_w}{\bar{R}_d} \qquad (2.7.10\text{-}2)$$

式中：R——岩石单轴抗压强度(MPa)；

$\quad \eta$——软化系数；

$\quad P$——破坏载荷(N)；

$\quad A$——试件截面积(mm^2)；

$\quad \bar{R}_w$——岩石饱和单轴抗压强度平均值(MPa)；

$\quad \bar{R}_d$——岩石烘干单轴抗压强度平均值(MPa)。

2 岩石单轴抗压强度计算值应取 3 位有效数字，岩石软化系数计算值应精确至 0.01。

2.7.11 岩石单轴抗压强度试验记录应包括工程名称、取样位置、试件编号、试件描述、含水状态、受力方向、试件尺寸和破坏载荷。

2.8 冻融试验

2.8.1 岩石冻融试验应采用直接冻融法，能制成圆柱体试件的各类岩石均可采用直接冻融法。

2.8.2 岩石试件应符合本标准第 2.7.2 条至第 2.7.5 条的要求。

2.8.3 同一加载方向下，每组试验试件的数量应为 6 个。

2.8.4 试件描述应符合本标准第 2.7.7 条的要求。

2.8.5 应包括下列主要仪器和设备：

1 天平。

2 冷冻温度能达到 −24℃ 的冰箱或低温冰柜、冷冻库。

3 白铁皮盒和铁丝架。

4 其他应符合本标准第 2.7.8 条的要求。

2.8.6 试验应按下列步骤进行：

1 应将试件烘干，应称试验前试件的烘干质量。再将试件进行强制饱和，并应称试件的饱和质量。试件进行烘干和强制饱和方法应符合本标准第 2.4.5 条的规定。

2 应取 3 个经强制饱和的试件进行冻融前的单轴抗压强度试验。

3 应将另 3 个经强制饱和的试件放入铁皮盒内的铁丝架中，把铁皮盒放入冰箱或冰柜或冷冻库内，应在 −20℃±2℃ 温度下冻 4h，然后取出铁皮盒，应往盒内注水浸没试件，使水温保持在 20℃±2℃ 下融解 4h，即为一个冻融循环。

4 冻融循环次数应为 25 次。根据需要，冻融循环次数也可采用 50 次或 100 次。

5 每进行一次冻融循环，应详细检查各试件有无掉块、裂缝等，应观察其破坏过程。冻融循环结束后应作一次总的检查，并应作详细记录。

6 冻融循环结束后，应把试件从水中取出，应沾干表面水分后称其质量，进行单轴抗压强度试验。

7 单轴抗压强度试验应符合本标准第 2.7.9 条的规定。

8 称量应准确至 0.01g。

2.8.7 试验成果整理应符合下列要求：

1 岩石冻融质量损失率、岩石冻融单轴抗压强度和岩石冻融系数应分别按下列公式计算：

$$M = \frac{m_p - m_{fm}}{m_s} \times 100 \quad (2.8.7\text{-}1)$$

$$R_{fm} = \frac{P}{A} \quad (2.8.7\text{-}2)$$

$$K_{fm} = \frac{\bar{R}_{fm}}{\bar{R}_w} \quad (2.8.7\text{-}3)$$

式中：M——岩石冻融质量损失率（%）；

R_{fm}——岩石冻融单轴抗压强度（MPa）；

K_{fm}——岩石冻融系数；

m_p——冻融前饱和试件质量（g）；

m_{fm}——冻融后试件质量（g）；

m_s——试验前烘干试件质量（g）；

$\bar{R}_{fm}$——冻融后岩石单轴抗压强度平均值（MPa）；

$\bar{R}_w$——岩石饱和单轴抗压强度平均值（MPa）。

2 岩石冻融质量损失率和岩石冻融单轴抗压强度计算值应取 3 位有效数字，岩石冻融系数计算值应精确至 0.01。

2.8.8 岩石冻融试验记录应包括工程名称、取样位置、试件编号、试件描述、试件尺寸、烘干试件质量、饱和试件质量、冻融后试件质量、破坏载荷。

2.9 单轴压缩变形试验

2.9.1 岩石单轴压缩变形试验应采用电阻应变片法或千分表法，能制成圆柱体试件的各类岩石均可采用电阻应变片法或千分表法。

2.9.2 岩石试件应符合本标准第 2.7.2 条至第 2.7.6 条的要求。

2.9.3 试件描述应符合本标准第 2.7.7 条的要求。

2.9.4 应包括下列主要仪器和设备：

1 静态电阻应变仪。

2 惠斯顿电桥、兆欧表、万用电表。

3 电阻应变片、千（百）分表。

4 千分表架、磁性表架。

5 其他应符合本标准第 2.7.8 条的要求。

2.9.5 电阻应变片法试验应按下列步骤进行：

1 选择电阻应变片时，应变片阻栅长度应大于岩石最大矿物颗粒直径的 10 倍，并应小于试件半径；同一试件所选定的工作片与补偿片的规格、灵敏系数等应相同，电阻值允许偏差为 0.2Ω。

2 贴片位置应选择在试件中部相互垂直的两对称部位，应以相对面为一组，分别粘贴轴向、径向应变片，并应避开裂隙或斑晶。

3 贴片位置应打磨平整光滑，并应用清洗液清洗干净。各种含水状态的试件，应在贴片位置的表面均匀地涂一层防底潮胶液，厚度不宜大于 0.1mm，范围应大于应变片。

4 应变片应牢固地粘贴在试件上，轴向或径向应变片的数量可采用 2 片或 4 片，其绝缘电阻不应小于 200MΩ。

5 在焊接导线后，可在应变片上作防潮处理。

6 应将试件置于试验机承压板中心，调整球形座，使试件受力均匀，并应测初始读数。

7 加载宜采用一次连续加载法。应以每秒 0.5MPa～1.0MPa 的速度加载，逐级测读载荷与各应变片应变值直至试件破坏，应记录破坏载荷。测值不宜少于 10 组。

8 应记录加载过程及破坏时出现的现象，并应对破坏后的试件进行描述。

2.9.6 千分表法试验应按下列步骤进行：

1 千分表架固定在试件预定的标距上，在表架上的对称部位应分别安装量测试件轴向或径向变形的测表。标距长度和试件直径应大于岩石最大矿物颗粒直径的 10 倍。

2 对于变形较大的试件，可将试件置于试验机承压板中心，应将磁性表架对称安装在下承压板上，量测试件轴向变形的测表表头应对称，应直接与上承压板接触。量测试件径向变形的测表表头应直接与试件中部表面接触，径向测表应分别安装在试件直径方向的对称位置上。

3 量测轴向或径向变形的测表可采用 2 只或 4 只。

4 其他应符合本标准第 2.9.5 条中第 6 款至第 8 款试验步骤。

2.9.7 试验成果整理应符合下列要求：

1 岩石单轴抗压强度应按本标准式（2.7.10-1）计算。

2 各级应力应按下式计算：

$$\sigma = \frac{P}{A} \quad (2.9.7\text{-}1)$$

式中：σ——各级应力（MPa）；

P——与所测各组应变值相应的载荷（N）。

3 千分表各级应力的轴向应变值、与 ε_l 同应力的径向应变值应分别按下列公式计算：

$$\varepsilon_l = \frac{\Delta L}{L} \quad (2.9.7\text{-}2)$$

$$\varepsilon_d = \frac{\Delta D}{D} \quad (2.9.7\text{-}3)$$

式中：ε_l——各级应力的轴向应变值；

ε_d——与 ε_l 同应力的径向应变值；

ΔL——各级载荷下的轴向变形平均值（mm）；

ΔD——与 ΔL 同载荷下径向变形平均值（mm）；

L——轴向测量标距或试件高度（mm）；

D——试件直径（mm）。

4 应绘制应力与轴向应变及径向应变关系曲线。

5 岩石平均弹性模量和岩石平均泊松比应分别按下列公式计算：

$$E_{av} = \frac{\sigma_b - \sigma_a}{\varepsilon_{lb} - \varepsilon_{la}} \quad (2.9.7\text{-}4)$$

$$\mu_{av} = \frac{\varepsilon_{db} - \varepsilon_{da}}{\varepsilon_{lb} - \varepsilon_{la}} \qquad (2.9.7\text{-}5)$$

式中：E_{av}——岩石平均弹性模量（MPa）；

  μ_{av}——岩石平均泊松比；

  σ_a——应力与轴向应变关系曲线上直线段始点的应力值（MPa）；

  σ_b——应力与轴向应变关系曲线上直线段终点的应力值（MPa）；

  ε_{la}——应力为 σ_a 时的轴向应变值；

  ε_{lb}——应力为 σ_b 时的轴向应变值；

  ε_{da}——应力为 σ_a 时的径向应变值；

  ε_{db}——应力为 σ_b 时的径向应变值。

 6 岩石割线弹性模量及相应的岩石泊松比应分别按下列公式计算：

$$E_{50} = \frac{\sigma_{50}}{\varepsilon_{l50}} \qquad (2.9.7\text{-}6)$$

$$\mu_{50} = \frac{\varepsilon_{d50}}{\varepsilon_{l50}} \qquad (2.9.7\text{-}7)$$

式中：E_{50}——岩石割线弹性模量（MPa）；

  μ_{50}——岩石泊松比；

  σ_{50}——相当于岩石单轴抗压强度 50% 时的应力值（MPa）；

  ε_{l50}——应力为 σ_{50} 时的轴向应变值；

  ε_{d50}——应力为 σ_{50} 时的径向应变值。

 7 岩石弹性模量值应取 3 位有效数字，岩石泊松比计算值应精确至 0.01。

2.9.8 岩石单轴压缩变形试验记录应包括工程名称、取样位置、试件编号、试件描述、试件尺寸、含水状态、受力方向、试验方法、各级载荷下的应力及轴向和径向变形值或应变值、破坏载荷。

2.10 三轴压缩强度试验

2.10.1 岩石三轴压缩强度试验应采用等侧向压力，能制成圆柱体试件的各类岩石均可采用等侧向压力三轴压缩强度试验。

2.10.2 岩石试件应符合下列要求：

 1 圆柱体试件直径应为试验机承压板直径的 0.96~1.00。试件高度与直径之比宜为 2.0~2.5。

 2 同一含水状态和同一加载方向下，每组试验试件的数量应为 5 个。

 3 其他应符合本标准第 2.7.2 条至第 2.7.5 条的要求。

2.10.3 试件描述应符合本标准 2.7.7 条的要求。

2.10.4 应包括下列主要仪器和设备：

 1 钻石机、切石机、磨石机和车床等。

 2 测量平台。

 3 三轴试验机。

2.10.5 试验应按下列步骤进行：

 1 各试件侧压力可按等差级数或等比级数进行选择。最大侧压力应根据工程需要和岩石特性及三轴试验机性能确定。

 2 应根据三轴试验机要求安装试件和轴向变形测表。试件应采用防油措施。

 3 应以每秒 0.05MPa 的加载速度同步施加侧向压力和轴向压力至预定的侧压力值，应记录试件轴向变形值并作为初始值。在试验过程中应使侧向压力始终保持为常数。

 4 加载应采用一次连续加载法。应以每秒 0.5MPa~1.0MPa 的加载速度施加轴向载荷，应逐级测读轴向载荷及轴向变形，直至试件破坏，并应记录破坏载荷。测值不宜少于 10 组。

 5 按本条第 2 款~4 款步骤，应进行其余试件在不同侧压力下的试验。

 6 应对破坏后的试件进行描述。当有完整的破坏面时，应量测破坏面与试件轴线方向的夹角。

2.10.6 试验成果整理符合下列要求：

 1 不同侧压条件下的最大主应力应按下式计算：

$$\sigma_1 = \frac{P}{A} \qquad (2.10.6\text{-}1)$$

式中：σ_1——不同侧压条件下的最大主应力（MPa）；

  P——不同侧压条件下的试件轴向破坏载荷（N）。

  A——试件截面积（mm²）。

 2 应根据计算的最大主应力 σ_1 及相应施加的侧向压力 σ_3，在 $\tau-\sigma$ 坐标图上绘制莫尔应力圆；应根据莫尔—库伦强度准则确定岩石在三向应力状态下的抗剪强度参数，应包括摩擦系数 f 和黏聚力 c 值。

 3 抗剪强度参数也可采用下述方法予以确定。应在以 σ_1 为纵坐标和 σ_3 为横坐标的坐标图上，根据各试件的 σ_1、σ_3 值，点绘出各试件的坐标点，并应建立下列线性方程式：

$$\sigma_1 = F\sigma_3 + R \qquad (2.10.6\text{-}2)$$

式中：F——$\sigma_1-\sigma_3$ 关系曲线的斜率；

  R——$\sigma_1-\sigma_3$ 关系曲线在 σ_1 轴上的截距，等同于试件的单轴抗压强度（MPa）。

 4 根据参数 F、R，莫尔—库伦强度准则参数分别按下列公式计算：

$$f = \frac{F-1}{2\sqrt{F}} \qquad (2.10.6\text{-}3)$$

$$c = \frac{R}{2\sqrt{F}} \qquad (2.10.6\text{-}4)$$

式中：f——摩擦系数；

  c——黏聚力（MPa）。

2.10.7 岩石三轴压缩强度试验记录应包括工程名称、取样位置、试件编号、试件描述、试件尺寸、含水状态、受力方向、各侧压力下的各级轴向载荷及轴向变形、破坏载荷。

2.11 抗拉强度试验

2.11.1 岩石抗拉强度试验应采用劈裂法，能制成规则试件的各类岩石均可采用劈裂法。

2.11.2 岩石试件应符合下列要求：

 1 圆柱体试件的直径宜为 48mm~54mm。试件厚度宜为直径的 0.5 倍~1.0 倍，并应大于岩石中最大颗粒直径的 10 倍。

 2 其他应符合本标准第 2.7.2 条、第 2.7.4 条至第 2.7.6 条的要求。

2.11.3 岩石试件描述应符合本标准第 2.7.7 条的要求。

2.11.4 主要仪器设备应符合本标准第 2.7.8 条的要求。

2.11.5 试验应按下列步骤进行：

 1 应根据要求的劈裂方向，通过试件直径的两端，沿轴线方向应画两条相互平行的加载基线，应将 2 根垫条沿加载基线固定在试件两侧。

 2 应将试件置于试验机承压板中心，调整球形座，应使试件均匀受力，并使垫条与试件在同一加载线上。

 3 应以每秒 0.3MPa~0.5MPa 的速度加载直至破坏。

 4 应记录破坏载荷及加载过程中出现的现象，并应对破坏后的试件进行描述。

2.11.6 试验成果整理应符合下列要求：

 1 岩石抗拉强度应按下式计算：

$$\sigma_t = \frac{2P}{\pi Dh} \qquad (2.11.6)$$

式中：σ_t——岩石抗拉强度（MPa）；

  P——试件破坏载荷（N）；

  D——试件直径（mm）；

  h——试件厚度（mm）。

 2 计算值应取 3 位有效数字。

2.11.7 岩石抗拉强度试验的记录应包括工程名称、取样位置、试件编号、试件描述、试件尺寸、破坏载荷等。

2.12 直剪试验

2.12.1 岩石直剪试验应采用平推法。各类岩石、岩石结构面以及混凝土与岩石接触面均可采用平推法直剪试验。

2.12.2 试样应在现场采取，在采取、运输、储存和制备过程中，应防止产生裂隙和扰动。

2.12.3 岩石试件应符合下列要求：

1 岩石直剪试验试件的直径或边长不得小于50mm，试件高度应与直径或边长相等。

2 岩石结构面直剪试验试件的直径或边长不应小于50mm，试件高度宜与直径或边长相等。结构面应位于试件中部。

3 混凝土与岩石接触面直剪试验试件宜为正方体，其边长不宜小于150mm。接触面应位于试件中部，浇筑前岩石接触面的起伏差宜为边长的1%～2%。混凝土应按预定的配合比浇筑，骨料的最大粒径不得大于边长的1/6。

2.12.4 试验的含水状态，可根据需要选择天然含水状态、饱和状态或其他含水状态。

2.12.5 每组试验试件的数量应为5个。

2.12.6 试件描述应包括下列内容：

1 岩石名称、颜色、矿物成分、结构、构造、风化程度、胶结物性质等。

2 层理、片理、节理裂隙的发育程度及其与剪切方向的关系。

3 结构面的充填物性质、充填程度以及试样采取和试件制备过程中受扰动的情况。

2.12.7 应包括下列主要仪器和设备：

1 试件制备设备。

2 试件饱和与养护设备。

3 应力控制式平推法直剪试验仪。

4 位移测表。

2.12.8 试件安装符合下列规定：

1 应将试件置于直剪仪的剪切盒内，试件受剪方向宜与预定受力方向一致，试件与剪切盒内壁的间隙用填料填实，应使试件与剪切盒成为一整体。预定剪切面应位于剪切缝中部。

2 安装试件时，法向载荷和剪切载荷的作用力方向应通过预定剪切面的几何中心。法向位移测表和剪切位移测表应对称布置，各测表数量不得少于2只。

3 预留剪切缝宽度应为试件剪切方向长度的5%，或为结构面充填物的厚度。

4 混凝土与岩石接触面试件，应达到预定混凝土强度等级。

2.12.9 法向载荷施加应符合下列规定：

1 在每个试件上分别施加不同的法向载荷，对应的最大法向应力值不宜小于预定的法向应力。各试件的法向载荷，宜根据最大法向载荷等分确定。

2 在施加法向载荷前，应测读各法向位移测表的初始值。应每10min测读一次，各个测表三次读数差值不超过0.02mm时，可施加法向载荷。

3 对于岩石结构面中含有充填物的试件，最大法向载荷应以不挤出充填物为宜。

4 对于不需要固结的试件，法向载荷可一次施加完毕；施加完毕法向荷载应测读法向位移，5min后应再测读一次，即可施加剪切载荷。

5 对于需要固结的试件，应按充填物的性质和厚度分1～3级施加。在法向载荷施加至预定值后的第一小时内，应每隔15min读数一次；然后每30min读数一次。当各个测表每小时法向位移不超过0.05mm时，应视作固结稳定，即可施加剪切载荷。

6 在剪切过程中，应使法向载荷始终保持恒定。

2.12.10 剪切载荷施加应符合下列规定：

1 应测读各位移测表读数，必要时可调整测表读数。根据需要，可调整剪切千斤顶位置。

2 根据预估最大剪切载荷，宜分8级～12级施加。每级载荷施加后，即应测读剪切位移和法向位移，5min后再测读一次，即可施加下一级剪切载荷直至破坏。当剪切位移量增幅变大时，可适当加密剪切载荷分级。

3 试件破坏后，应继续施加剪切载荷，应直至测出趋于稳定的剪切载荷值为止。

4 应将剪切载荷退至零。根据需要，待试件回弹后，调整测表，应按本条第1款至第3款步骤进行摩擦试验。

2.12.11 试验结束后，应对试件剪切面进行下列描述：

1 应量测剪切面，确定有效剪切面积。

2 应描述剪切面的破坏情况，擦痕的分布、方向和长度。

3 应测定剪切面的起伏差，绘制沿剪切方向断面高度的变化曲线。

4 当结构面内有充填物时，应查找剪切面的准确位置，并应记述其组成成分、性质、厚度、结构构造、含水状态。根据需要，可测定充填物的物理性质和黏土矿物成分。

2.12.12 试验成果整理应符合下列要求：

1 各法向载荷下，作用于剪切面上的法向应力和剪应力应分别按下列公式计算：

$$\sigma = \frac{P}{A} \qquad (2.12.12\text{-}1)$$

$$\tau = \frac{Q}{A} \qquad (2.12.12\text{-}2)$$

式中：σ——作用于剪切面上的法向应力（MPa）；

τ——作用于剪切面上的剪应力（MPa）；

P——作用于剪切面上的法向载荷（N）；

Q——作用于剪切面上的剪切载荷（N）；

A——有效剪切面面积（mm²）。

2 应绘制各法向应力下的剪应力与剪切位移及法向位移关系曲线，应根据曲线确定各剪切阶段特征点的剪应力。

3 应将各剪切阶段特征点的剪应力和法向应力点绘在坐标图上，绘制剪应力与法向应力关系曲线，并应按库伦—奈维表达式确定相应的岩石强度参数（f，c）。

2.12.13 岩石直剪试验记录应包括工程名称、取样位置、试件编号、试件描述、含水状态、混凝土配合比和强度等级、剪切面积、各法向载荷下各级剪切载荷时的法向位移及剪切位移，剪切面描述。

2.13 点荷载强度试验

2.13.1 各类岩石均可采用岩石点荷载强度试验。

2.13.2 试件可采用钻孔岩心，或从岩石露头、勘探坑槽、平洞、巷道或其他洞室中采取的岩块。在试样采取和试件制备过程中，应避免产生裂缝。

2.13.3 岩石试件应符合下列规定：

1 作径向试验的岩心试件，长度与直径之比应大于1.0；作轴向试验的岩心试件，长度与直径之比宜为0.3～1.0。

2 方块体或不规则块体试件，其尺寸宜为50mm±35mm，两加载点间距与加载处平均宽度之比宜为0.3～1.0。

2.13.4 试件的含水状态可根据需要选择天然含水状态、烘干状态、饱和状态或其他含水状态。试件烘干和饱和方法应符合本标准第2.4.5条的规定。

2.13.5 同一含水状态和同一加载方向下，岩心试件每组试验试件数量宜为5个～10个，方块体和不规则块体试件每组试验试件数量宜为15个～20个。

2.13.6 试件描述应包括下列内容：

1 岩石名称、颜色、矿物成分、结构、构造、风化程度、胶结物性质等。

2 试件形状及制备方法。

3 加载方向与层理、片理、节理的关系。

4 含水状态及所使用的方法。

2.13.7 应包括下列主要仪器和设备：

1 点荷载试验仪。

2 游标卡尺。

2.13.8 试验应按下列步骤进行：

1 径向试验时，应将岩心试件放入球端圆锥之间，使上下锥端与试件直径两端应紧密接触。应量测加载点间距，加载点距试件自由端的最小距离不应小于加载两点间距的0.5。

2 轴向试验时，应将岩心试件放入球端圆锥之间，加载方向应垂直试件两端面，使上下锥端连线通过岩心试件中截面的圆心处并应与试件紧密接触。应量测加载点间距及垂直于加载方向的试件宽度。

3 方块体与不规则块体试验时，应选择试件最小尺寸方向为加载方向。应将试件放入球端圆锥之间，使上下锥端位于试件中心处并应与试件紧密接触。应量测加载点间距及通过两加载点最小截面的宽度或平均宽度，加载点距试件自由端的距离不应小于加载点间距的0.5。

4 应稳定地施加荷载，使试件在10s～60s内破坏，应记录破坏载荷。

5 有条件时，应量测试件破坏瞬间的加载点间距。

6 试验结束后，应描述试件的破坏形态。破坏面贯穿整个试件并通过两加载点为有效试验。

2.13.9 试验成果整理应符合下列要求：

1 未经修正的岩石点荷载强度应按下式计算：

$$I_s = \frac{P}{D_e^2} \qquad (2.13.9-1)$$

式中：I_s——未经修正的岩石点荷载强度(MPa)；

P——破坏载荷(N)；

D_e——等价岩心直径(mm)。

2 等价岩心直径采用径向试验应分别按下列公式计算：

$$D_e^2 = D^2 \qquad (2.13.9-2)$$

$$D_e^2 = DD' \qquad (2.13.9-3)$$

式中：D——加载点间距(mm)；

D'——上下锥端发生贯入后，试件破坏瞬间的加载点间距(mm)。

3 轴向、方块体或不规则块体试验的等价岩心直径应分别按下列公式计算：

$$D_e^2 = \frac{4WD}{\pi} \qquad (2.13.9-4)$$

$$D_e^2 = \frac{4WD'}{\pi} \qquad (2.13.9-5)$$

式中：W——通过两加载点最小截面的宽度或平均宽度(mm)。

4 当等价岩心直径不等于50mm时，应对计算值进行修正。当试验数据较多，且同一组试件中的等价岩心直径具有多种尺寸而不等于50mm时，应根据试验结果，绘制D_e^2与破坏载荷P的关系曲线，并应在曲线上查找D_e^2为2500mm²时对应的P_{50}值，岩石点荷载强度指数应按下式计算：

$$I_{s(50)} = \frac{P_{50}}{2500} \qquad (2.13.9-6)$$

式中：$I_{s(50)}$——等价岩心直径为50mm的岩石点荷载强度指数(MPa)；

P_{50}——根据$D_e^2 \sim P$关系曲线求得的D_e^2为2500mm²时的P值(N)。

5 当等价岩心直径不为50mm，且试验数据较少时，不宜按本条第4款方法进行修正，岩石点荷载强度指数分别应按下列公式计算：

式计算：

$$I_{s(50)} = FI_s \qquad (2.13.9-7)$$

$$F = \left(\frac{D_e}{50}\right)^m \qquad (2.13.9-8)$$

式中：F——修正系数；

m——修正指数，可取0.40～0.45，或根据同类岩石的经验值确定。

6 岩石点荷载强度各向异性指数应按下式计算：

$$I_{a(50)} = \frac{I'_{s(50)}}{I''_{s(50)}} \qquad (2.13.9-9)$$

式中：$I_{a(50)}$——岩石点荷载强度各向异性指数；

$I'_{s(50)}$——垂直于弱面的岩石点荷载强度指数(MPa)；

$I''_{s(50)}$——平行于弱面的岩石点荷载强度指数(MPa)。

7 按式(2.13.9-7)计算的垂直和平行弱面岩石点荷载强度指数应取平均值。当一组有效的试验数据不超过10个时，应舍去最高值和最低值，再计算其余数据的平均值；当一组有效的试验数据超过10个时，应依次舍去2个最高值和2个最低值，再计算其余数据的平均值。

8 计算值应取3位有效数字。

2.13.10 岩石点荷载强度试验记录应包括工程名称、取样位置、试件编号、试件描述、含水状态、试验类型、试件尺寸、破坏载荷。

3 岩体变形试验

3.1 承压板法试验

3.1.1 承压板法试验应按承压板性质，可采用刚性承压板或柔性承压板。各类岩体均可采用刚性承压板法试验，完整和较完整岩体也可采用柔性承压板法试验。

3.1.2 试验地段开挖时，应减少对岩体的扰动和破坏。

3.1.3 在岩体的预定部位加工试点，应符合下列要求：

1 试点受力方向宜与工程岩体实际受力方向一致。各向异性的岩体，也可按要求的受力方向制备试点。

2 加工的试点面积应大于承压板，承压板的直径或边长不宜小于30cm。

3 试点表层受扰动的岩体宜清除干净。试点表面应修凿平整，表面起伏差不宜大于承压板直径或边长的1%。

4 承压板外1.5倍承压板直径范围以内的岩体表面应平整，应无松动岩块和石碴。

3.1.4 试点的边界条件应符合下列要求：

1 试点中心至试验洞侧壁或顶底板的距离，应大于承压板直径或边长的2.0倍；试点中心至洞口或掌子面的距离，应大于承压板直径或边长的2.5倍；试点中心至临空面的距离，应大于承压板直径或边长的6.0倍。

2 两试点中心之间的距离，应大于承压板直径或边长的4.0倍。

3 试点表面以下3.0倍承压板直径或边长深度范围内的岩体性质宜相同。

3.1.5 试点的反力部位岩体应能承受足够的反力，表面应凿平。

3.1.6 柔性承压板中心孔法应采用钻孔轴向位移计进行深部岩体变形量测的试点，应在试点中心垂直试点表面钻孔并取心，钻孔应符合钻孔轴向位移计对钻孔的要求，孔深不应小于承压板直径的6.0倍。孔内残留岩心与石碴应打捞干净，孔壁应清洗，孔口应保护。

3.1.7 试点可在天然状态下试验，也可在人工泡水条件下试验。

3.1.8 试点地质描述应包括下列内容：

1 试段开挖和试点制备的方法以及出现的情况。

2 岩石名称、结构及主要矿物成分。

3 岩体结构面的类型、产状、宽度、延伸性、密度、充填物性质,以及与受力方向的关系等。

4 试段岩体风化状态及地下水情况。

5 试验段地质展示图、试验段地质纵横剖面图、试点地质素描图和试点中心钻孔柱状图。

3.1.9 应包括下列主要仪器和设备:

  1 液压千斤顶。

  2 环形液压枕。

  3 液压泵及管路。

  4 压力表。

  5 圆形或方形刚性承压板。

  6 垫板。

  7 环形钢板和环形传力箱。

  8 传力柱。

  9 反力装置。

  10 测表支架。

  11 变形测表。

  12 磁性表座。

  13 钻孔轴向位移计。

3.1.10 刚性承压板法加压系统安装应符合下列要求:

1 应清洗试点岩体表面,铺垫一层水泥浆,放上刚性承压板,轻击承压板,并应挤出多余水泥浆,使承压板平行试点表面。水泥浆的厚度不宜大于承压板直径或边长的1%,并应防止水泥浆内有气泡产生。

2 应在承压板上放置千斤顶,千斤顶的加压中心应与承压板中心重合。

3 应在千斤顶上依次安装垫板、传力柱、垫板,在垫板和反力后座岩体之间填筑砂浆或安装反力装置。

4 在露天场地或无法利用洞室顶板作为反力部位时,可采用堆载法或地锚作为反力装置。

5 安装完毕后,可启动千斤顶稍加压力,使整个系统结合紧密。

6 加压系统应具有足够的强度和刚度,所有部件的中心应保持在同一轴线上并与加压方向一致。

3.1.11 柔性承压板法加压系统安装应符合下列规定:

1 进行中心孔法试验的试点,应在放置液压枕之前先在孔内安装钻孔轴向位移计。钻孔轴向位移计的测点布置,可按液压枕直径的0.25、0.50、0.75、1.00、1.50、2.00、3.00倍的钻孔不同深度进行,但孔口及孔底应设测点或固定点。

2 应清洗试点岩体表面,铺垫一层水泥浆,应放置两面凹槽已用水泥砂浆填平并经养护的环形液压枕,并挤出多余水泥浆,应使环形液压枕平行试点表面。水泥浆的厚度不宜大于1cm,应防止水泥浆内有气泡产生。

3 应在环形液压枕上放置环形钢板和环形传力箱,并应依次安装垫板、液压枕或千斤顶、垫板、传力柱、垫板,在垫板和反力部位之间填筑砂浆或安装反力装置。

4 其他应符合本标准第3.1.10条中第4款至第6款的规定。

3.1.12 变形量测系统安装应符合下列规定:

1 在承压板或液压枕两侧应各安放测表支架1根,测表支架应满足刚度要求,支承形式宜为简支。支架的支点应设在距承压板或液压枕中心2.0倍直径或边长以外,可采用浇筑在岩面上的混凝土墩为支点。应防止支架在试验过程中产生沉陷。

2 在测表支架上应通过磁性表座安装变形测表。刚性承压板法试验应在承压板上对称布置4个测表,柔性承压板法试验应在环形液压枕中心表面上布置1个测表。

3 根据需要,可在承压板外试点的影响范围内,通过承压板中心且相互垂直的两条轴线上对称布置若干测表。

3.1.13 安装时浇筑的水泥浆和混凝土应进行养护。

3.1.14 试验及稳定标准应符合下列要求:

1 试验最大压力不宜小于预定压力的1.2倍。压力宜分为5级,应按最大压力等分施加。

2 加压前应对测表进行初始稳定读数观测,应每隔10min同时测读各测表一次,连续三次读数不变,可开始加压试验,并应将此读数作为各测表的初始读数值。钻孔轴向位移计各测点及板外测表观测,可在表面测表稳定不变后进行初始读数。

3 加压方式宜采用逐级一次循环法。根据需要,可采用逐级多次循环法,或大循环法。

4 每级压力加压后应立即读数,以后每隔10min读数一次,当刚性承压板上所有测表或柔性承压板中心岩面上的测表,相邻两次读数差与同级压力下第一次变形读数和前一级压力下最后一次变形读数差之比小于5%时,可认为变形稳定,并应进行退压。退压后的稳定标准,应与加压时的稳定标准相同。退压稳定后,应按上述步骤依次加压至最大压力,可结束试验。

5 在加压、退压过程中,均应测读相应过程压力下测表读数一次。

6 钻孔轴向位移计各测点、板外测表可在读数稳定后读取读数。

3.1.15 试验时应对加压设备和测表运行情况、试点周围岩体隆起和裂隙开展、反力部位掉块和变形等进行记录和描述。试验期间,应控制试验环境温度的变化,露天场地进行试验时宜搭建专门试验棚。

3.1.16 试验结束后,应及时拆卸试验设备。必要时,可在试点处切槽检查。

3.1.17 试验成果整理应符合下列要求:

1 刚性承压板法岩体弹性(变形)模量应按下式计算:

$$E = I_0 \frac{(1-\mu^2)pD}{W} \qquad (3.1.17\text{-}1)$$

式中:E——岩体弹性(变形)模量(MPa)。当以总变形W_0代入式中计算的为变形模量E_0;当以弹性变形W_e代入式中计算的为弹性模量E;

  W——岩体变形(cm);

  p——按承压板面积计算的压力(MPa);

  I_0——刚性承压板的形状系数,圆形承压板取0.785,方形承压板取0.886;

  D——承压板直径或边长(cm);

  μ——岩体泊松比。

2 柔性承压板法试验量测岩体表面变形时,岩体弹性(变形)模量数应按下式计算:

$$E = \frac{(1-\mu^2)p}{W} \times 2(r_1 - r_2) \qquad (3.1.17\text{-}2)$$

式中:r_1、r_2——环形柔性承压板的有效外半径和内半径(cm);

  W——柔性承压板中心岩体表面变形(cm)。

3 柔性承压板法试验量测中心孔深部变形时,岩体弹性(变形)模量应分别按下列公式计算:

$$E = \frac{p}{W_z} K_z \qquad (3.1.17\text{-}3)$$

$$K_z = 2(1-\mu^2)(\sqrt{r_1^2 + Z^2} - \sqrt{r_2^2 + Z^2}) - (1+\mu)$$
$$\left(\frac{Z^2}{\sqrt{r_1^2 + Z^2}} - \frac{Z^2}{\sqrt{r_2^2 + Z^2}}\right) \qquad (3.1.17\text{-}4)$$

式中:W_z——深度为Z处的岩体变形(cm);

  Z——测点深度(cm);

  K_z——与承压板尺寸、测点深度和泊松比有关的系数(cm)。

4 当柔性承压板中心孔法试验量测到不同深度两点的岩体变形值时,两点之间岩体弹性(变形)模量应按下式计算:

$$E = \frac{p(K_{z1} - K_{z2})}{W_{z1} - W_{z2}} \qquad (3.1.17-5)$$

式中:W_{z1}、W_{z2}——深度分别为 Z_1 和 Z_2 处的岩体变形(cm);

K_{z1}、K_{z2}——深度分别为 Z_1 和 Z_2 处的相应系数(cm)。

5 当方形刚性承压板边长为 30cm 时,基准基床系数应按下式计算:

$$K_v = \frac{p}{W} \qquad (3.1.17-6)$$

式中:K_v——基准基床系数(kN/m³)。

p——按方形刚性承压板计算的压力(kN/m²);

W——岩体变形(cm)。

6 应绘制压力与变形关系曲线、压力与变形模量和弹性模量及基准基床系数关系曲线。中心孔法试验应绘制不同压力下沿中心孔深度与变形关系曲线。

3.1.18 承压板法岩体变形试验记录应包括工程名称、试点编号、试点位置、试验方法、试点描述、压力表和千斤顶(液压枕)编号、承压板尺寸、测表布置及编号、各级压力下的测表读数。

3.2 钻孔径向加压法试验

3.2.1 钻孔径向加压法试验可采用钻孔膨胀计或钻孔弹模计。完整和较完整的中硬岩和软质岩可采用钻孔膨胀计,各类岩体均可采用钻孔弹模计。

3.2.2 试点应符合下列要求:

1 试验孔应采用金刚石钻头钻进,孔壁应平直光滑,孔内残留岩心与石碴应打捞干净,孔壁应清洗,孔口应保护。孔径应根据仪器要求确定。

2 采用钻孔膨胀计进行试验时,试验孔应铅直。

3 试验段岩性应均一。

4 两试点加压段边缘之间的距离不应小于 1.0 倍加压段长;加压段边缘距孔口的距离不应小于 1.0 倍加压段长;加压段边缘距孔底的距离不应小于加压段长的 0.5 倍。

3.2.3 试点地质描述应包括下列内容:

1 钻孔钻进过程中的情况。

2 岩石名称、结构及主要矿物成分。

3 岩体结构面的类型、产状、宽度、充填物性质。

4 地下水水位、含水层与隔水层分布。

5 钻孔平面布置图和钻孔柱状图。

3.2.4 应包括下列主要仪器和设备:

1 钻孔膨胀计或钻孔弹模计。

2 液压泵及高压软管。

3 压力表。

4 扫孔器。

5 模拟管。

6 校正仪。

7 定向杆。

8 起吊设备。

3.2.5 采用钻孔膨胀计进行试验时,试验准备工作应符合下列要求:

1 应向钻孔内注水至孔口,并将扫孔器放入孔内进行扫孔,直至上下连续三次收集不到岩块为止。应将模拟管放入孔内直至孔底,如畅通无阻即可进行试验。

2 应按仪器使用要求,将组装后的探头放入孔内预定深度,施加 0.5MPa 的初始压力,探头即自行固定,应读取初始读数。

3.2.6 采用钻孔弹模计进行试验时,试验准备工作应符合下列要求:

1 任意方向钻孔均可采用钻孔弹模计,可在水下试验,也可在干孔中试验。

2 应将扫孔器放入孔内进行扫孔,直至上下连续三次收集不到岩块为止。应将模拟管放入孔内直至孔底,如畅通无阻即可进

行试验。

3 应根据试验段岩性情况,选择承压板。

4 应按仪器使用要求,将组装后的探头用定向杆放入孔内预定深度。应在定向后立即施加 0.5MPa~2.0MPa 的初始压力,探头即自行固定,应读取初始读数。

3.2.7 试验及稳定标准应符合下列规定:

1 试验最大压力应根据需要而定,可为预定压力的 1.2 倍~1.5 倍。压力可分为 5 级~10 级,应按最大压力等分施加。

2 加压方式宜采用逐级一次循环法或大循环法。

3 采用逐级一次循环法时,每级压力加荷后应立即读数,以后每隔 3min~5min 读数一次,当相邻两次读数差与同级压力下第一次变形读数和前一级压力下最后一次变形读数差之比小于5%时,可认为变形稳定,即可进行退压。

4 采用大循环法时,每级过程压力应稳定 3min~5min,并应测读稳定前后读数,最后一级压力稳定标准同本条第 3 款。变形稳定后,即可进行退压。大循环次数不应少于 3 次。

5 退压后的稳定标准应与加压时的稳定标准相同。

6 每一循环过程中退压时,压力应退至初始压力。最后一次循环在退至初始压力后,应进行稳定值读数,然后全部压力退至零并保持一段时间,应根据仪器要求移动探头。

7 试验应由孔底向孔口逐段进行。

3.2.8 试验结束后,应及时取出探头。

3.2.9 试验成果整理应符合下列要求:

1 采用钻孔膨胀计进行试验时,岩体弹性(变形)模量应按下式计算:

$$E = p(1 + \mu)\frac{d}{\Delta d} \qquad (3.2.9-1)$$

式中:E——岩体弹性(变形)模量(MPa)。当以总变形 Δd_t 代入式中计算的为变形模量 E_0;当以弹性变形 Δd_e 代入式中计算的为弹性模量 E;

p——计算压力,为试验压力与初始压力之差(MPa);

d——实测钻孔直径(cm);

Δd——岩体径向变形(cm)。

2 采用钻孔弹模计进行试验时,岩体弹性(变形)模量应按下式计算:

$$E = Kp(1 + \mu)\frac{d}{\Delta d} \qquad (3.2.9-2)$$

式中:K——与三维效应、传感器灵敏度、加压角和弯曲效应等有关的系数,根据率定确定。

3 应绘制各测点的压力与变形关系曲线、各测点的压力与变形模量和弹性模量关系曲线,以及与钻孔岩心柱状图相对应的沿孔深的变形模量和弹性模量分布图。

3.2.10 钻孔变形试验记录应包括工程名称、试验孔编号、试验孔位置、钻孔岩心柱状图、测点编号、测点深度、试验方法、测点方向、测点处钻孔直径、初始压力、钻孔弹模计率定系数、各级压力下的读数。

4 岩体强度试验

4.1 混凝土与岩体接触面直剪试验

4.1.1 混凝土与岩体接触面直剪试验可采用平推法或斜推法。

4.1.2 试验地段开挖时,应减少对岩体产生扰动和破坏。试验段的岩性应均一,同一组试验剪切面的岩体性质应相同,剪切面下不应有贯穿性的近于平行剪切面的裂隙通过。

4.1.3 在岩体预定部位加工剪切面时,应符合下列要求:

1 加工的剪切面尺寸宜大于混凝土试体尺寸 10cm,实际剪

切面面积不应小于 2500cm²，最小边长不应小于 50cm。

2 剪切面表面起伏差宜为试体推力方向边长的 1%～2%。

3 各试体间距不宜小于试体推力方向的边长。

4 剪切面应垂直预定的法向应力方向，试体的推力方向宜与预定的剪切方向一致。

5 在试体的推力部位，应留有安装千斤顶的足够空间。平推法直剪试验应开挖千斤顶槽。

6 剪切面周围的岩体应凿平，浮渣应清除干净。

4.1.4 混凝土试体制备应符合下列要求：

1 浇筑混凝土前，应将剪切面岩体表面清洗干净。

2 混凝土试体高度不应小于推力方向边长的 1/2。

3 根据预定的混凝土配合比浇筑试体，骨料的最大粒径不应大于试体最小边长的 1/6。混凝土可直接浇筑在剪切面上，也可预先在剪切面上先浇筑一层厚度为 5cm 的砂浆垫层。

4 在制备混凝土试体的同时，可在试体预定部位埋设量测位移标点。

5 在浇筑混凝土和砂浆垫层的同时，应制备一定数量的混凝土和砂浆试件。

6 混凝土试体的顶面应平行剪切面，试体各侧面应垂直剪切面。当采用斜推法时，试体推力面也可按预定的推力夹角浇筑成斜面，推力夹角宜采用 12°～20°。

7 应对混凝土试体和试件进行养护。试验前应测定混凝土强度，在确认混凝土达到预定强度后，应及时进行试验。

4.1.5 试体的反力部位应能承受足够的反力。反力部位岩体表面应凿平。

4.1.6 每组试验试体的数量不宜少于 5 个。

4.1.7 试验可在天然状态下进行，也可在人工泡水条件下进行。

4.1.8 试验地质描述应包括下列内容：

1 试验地段开挖、试体制备的方法及出现的情况。

2 岩石名称、结构构造及主要矿物成分。

3 岩体结构面的类型、产状、宽度、延伸性、密度、充填物性质以及与受力方向的关系等。

4 试验段岩体完整程度、风化程度及地下水情况。

5 试验段工程地质图、及平面布置图及剪切面素描图。

6 剪切面表面起伏差。

4.1.9 应包括下列主要仪器和设备：

1 液压千斤顶。

2 液压泵及管路。

3 压力表。

4 垫板。

5 滚轴排。

6 传力柱。

7 传力块。

8 斜垫板。

9 反力装置。

10 测表支架。

11 磁性表座。

12 位移测表。

4.1.10 应标出法向载荷和剪切载荷的安装位置。应按照先安装法向载荷系统后安装剪切载荷系统以及量测系统的顺序进行。

4.1.11 法向载荷系统安装应符合下列要求：

1 在试件顶部应铺设一层水泥砂浆，并放上垫板，应轻击垫板，使垫板平行预定剪切面。试件顶部也可铺设橡皮板或细砂，再放置垫板。

2 在垫板上应依次安放滚轴排、垫板、千斤顶、垫板、传力柱及顶部垫板。

3 在顶部垫板和反力座之间应填筑混凝土（或砂浆）或安装反力装置。

4 在露天场地或无法利用洞室顶板作为反力部位时，可采用堆载法或地锚作为反力装置。当法向载荷较小时，也可采用压重法。

5 安装完毕后，可启动千斤顶稍加压力，应使整个系统结合紧密。

6 整个法向载荷系统的所有部件，应保持在加载方向的同一轴线上，并应垂直预定剪切面。法向载荷的合力应通过预定剪切面的中心。

7 法向载荷系统应具有足够的强度和刚度。当剪切面为倾斜或载荷系统超过一定高度时，应对法向载荷系统进行支撑。

8 液压千斤顶活塞在安装前应启动部分行程。

4.1.12 剪切载荷系统安装应符合下列要求：

1 采用平推法进行直剪试验时，在试体受力面应用水泥砂浆粘贴一块垫板，垫板应垂直预定剪切面。在垫板后应依次安放传力块、液压千斤顶、垫板。在垫板和反力座之间应填筑混凝土（或砂浆）。

2 采用斜推法进行直剪试验时，当试体受力面为垂直预定剪切面时，在试体受力面应用水泥砂浆粘贴一块垫板，垫板应垂直预定剪切面，在垫板后应依次安放斜垫板、液压千斤顶、垫板、滚轴排、垫板；当试体受力面为斜面时，在试体受力面应用水泥砂浆粘贴一块垫板，垫板与预定剪切面的夹角应等于预定推力夹角，在垫板后应依次安放传力块、液压千斤顶、垫板、滚轴排、垫板。在垫板和反力座之间填筑混凝土（或砂浆）。

3 在试体受力面粘贴垫板时，垫板底部与剪切面之间，应预留约 1cm 间隙。

4 安装剪切载荷千斤顶时，应使剪切方向与预定的推力方向一致，其轴线在剪切面上的投影，应通过预定剪切面中心。平推法剪切载荷作用轴线应平行预定剪切面，轴线与剪切面的距离不宜大于剪切方向试体边长的 5%；斜推法剪切载荷方向应按预定的夹角安装，剪切载荷合力的作用点应通过预定剪切面的中心。

4.1.13 量测系统安装应符合下列要求：

1 安装量测试体绝对位移的测表支架，应牢固地安放在支点上，支架的支点应在变形影响范围以外。

2 在支架上应通过磁性表座安装测表。在试体的对称部位应分别安装剪切和法向位移测表，每种测表的数量不宜少于 2 只。

3 根据需要，在试体与基岩表面之间，可布置量测试体相对位移的测表。

4 所有测表及标点应予以定向，应分别垂直或平行预定剪切面。

4.1.14 应对安装时所浇筑的水泥砂浆和混凝土进行养护。

4.1.15 试验准备应包括下列各项：

1 应根据液压千斤顶率定曲线和试体剪切面积，计算施加的各级载荷与压力表读数。

2 应检查各测表的工作状态，测读初始读数值。

4.1.16 法向载荷的施加方法应符合下列要求：

1 应在每个试体上施加不同的法向载荷，可分别为最大法向载荷的等分值。剪切面上的最大法向应力不宜小于预定的法向应力。

2 对于每个试体，法向载荷宜分为 1 级～3 级施加，分级可视法向应力的大小和岩性而定。

3 加载采用时间控制，应每 5min 施加一级载荷，加载后应立即测读每级载荷下的法向位移，5min 后再测读一次，即可施加下一级载荷。施加到预定载荷后，应每 5min 测读一次，当连续两次测读的法向位移之差不大于 0.01mm 时，可开始施加剪切载荷。

4 在剪切过程中，应使法向应力始终保持为常数。

4.1.17 剪切载荷的施加方法应符合下列要求：

1 剪切载荷施加前，应对剪切载荷系统和测表进行检查，必要时应进行调整。

2 应按预估的最大剪切载荷分8级～12级施加。当施加剪切载荷引起的剪切位移明显增大时，可适当增加剪切载荷分级。

3 剪切载荷的施加方法应采用时间控制。每5min施加一级，应在每级载荷施加前后对各位移测表测读一次。接近剪断时，应密切注视和测读载荷变化情况及相应的位移，载荷及位移应同步观测。

4 采用斜推法分级施加载荷时，为保持法向应力始终为一常数，应同步降低因施加斜向剪切载荷而产生的法向分量的增量。作用于剪切面上的总法向载荷应按下式计算：

$$P = P_0 - Q\sin\alpha \qquad (4.1.17)$$

式中：P——作用于剪切面上的总法向载荷（N）；

P_0——试验开始时作用于剪切面上的总法向载荷（N）；

Q——试验时的各级总斜向剪切载荷（N）；

α——斜向剪切载荷施力方向与剪切面的夹角（°）。

5 试体剪断后，应继续施加剪切载荷，直至测出趋于稳定的剪切载荷值为止。

6 将剪切载荷缓慢退载至零，观测试体回弹情况，抗剪断试验即告结束。在剪切载荷退零过程中，仍应保持法向应力为常数。

7 根据需要，在抗剪断试验结束以后，可保持法向应力不变，调整设备和测表，应按本条第2款至第6款沿剪断面进行抗剪（摩擦）试验。剪切载荷可按抗剪断试验最后稳定值进行分级施加。

8 抗剪试验结束后，根据需要，可在不同的法向载荷下进行重复摩擦试验，即单点摩擦试验。

4.1.18 在试验过程中，对加载设备和测表运行情况、试验中出现的响声、试体和岩体中出现松动或掉块以及裂缝开展等现象，作详细描述和记录。

4.1.19 试验结束应及时拆卸设备。在清理试验场地后，翻转试体，对剪切面进行描述。剪切面的描述应包括下列内容：

1 量测剪切面面积。

2 剪切面的破坏情况，擦痕的分布、方向及长度。

3 岩体或混凝土试体内局部剪断的部位和面积。

4 剪切面上碎屑物质的性质和分布。

4.1.20 试验成果整理应符合下列规定：

1 采用平推法，各法向载荷下的法向应力和剪应力应分别按下列公式计算：

$$\sigma = \frac{P}{A} \qquad (4.1.20\text{-}1)$$

$$\tau = \frac{Q}{A} \qquad (4.1.20\text{-}2)$$

式中：σ——作用于剪切面上的法向应力（MPa）；

τ——作用于剪切面上的剪应力（MPa）；

P——作用于剪切面上的总法向载荷（N）；

Q——作用于剪切面上的总剪切载荷（N）；

A——剪切面面积（mm²）。

2 采用斜推法，各法向载荷下的法向应力和剪应力应分别按下列公式计算：

$$\sigma = \frac{P}{A} + \frac{Q}{A}\sin\alpha \qquad (4.1.20\text{-}3)$$

$$\tau = \frac{Q}{A}\cos\alpha \qquad (4.1.20\text{-}4)$$

式中：Q——作用于剪切面上的总斜向剪切载荷（N）；

α——斜向载荷施力方向与剪切面的夹角（°）。

3 应绘制各法向应力下的剪应力与剪切位移及法向位移关系曲线。应根据关系曲线，确定各法向应力下的抗剪断峰值。

4 应绘制各法向应力与其对应的抗剪断峰值关系曲线，应按库伦-奈维表达式确定相应的抗剪断强度参数（f，c）。应根据需要确定抗剪（摩擦）强度参数。

5 应根据需要，在剪应力与位移曲线上确定其他剪切阶段特征点，并应根据各特征点确定相应的抗剪强度参数。

4.1.21 混凝土与岩体接触面直剪试验记录应包括工程名称、试验段位置和编号及试体布置、试体编号、试验方法、试体和剪切面描述、混凝土强度、剪切面面积、千斤顶和压力表编号、测表布置和编号、各法向载荷下各级剪切载荷时的法向位移及剪切位移。

4.2 岩体结构面直剪试验

4.2.1 岩体结构面直剪试验可采用平推法或斜推法。

4.2.2 试验地段开挖时，应减少对岩体结构面产生扰动和破坏。同一组试验各试体的岩体结构面性质应相同。

4.2.3 应在探明岩体中结构面部位和产状后，在预定的试验部位加工试体。试体应符合下列要求：

1 试体中结构面面积不宜小于2500cm²，试体最小边长不宜小于50cm，结构面以上的试体高度不应小于试体推力方向长度的1/2。

2 各试体间距不宜小于试体推力方向的边长。

3 作用于试体的法向载荷方向应垂直剪切面，试体的推力方向宜与预定的剪切方向一致。

4 在试体的推力部位，应留有安装千斤顶的足够空间。平推法直剪试验应开挖千斤顶槽。

5 试体周围的结构面充填物及浮碴，应清除干净。

6 对结构面上部不需浇筑保护套的完整岩石试体，试体的各个面应大致修整平整，顶面宜平行预定剪切面。在加压过程中，可能出现破裂或松动的试体，应浇筑钢筋混凝土保护套（或采取其他措施）。保护套应具有足够的强度和刚度，保护套顶面应平行预定剪切面，底部应在预定剪切面上缘。当采用斜推法时，试体推力面也可按预定推力夹角加工或浇筑成斜面，推力夹角宜为12°～20°。

7 对于剪切面倾斜的试体，在加工试体前应采取保护措施。

4.2.4 试体的反力部位，应能承受足够的反力。反力部位岩体表面应凿平。

4.2.5 每组试验试体的数量不宜少于5个。

4.2.6 试验可在天然含水状态下进行，也可在人工泡水条件下进行。对结构面中具有较丰富的地下水时，在试体加工前应先切断地下水来源，防止试段开挖到试验进行时，试段反复泡水。

4.2.7 试验地质描述应包括下列内容：

1 试验地段开挖、试体制备及出现的情况。

2 结构面的产状、成因、类型、连续性及起伏差情况。

3 充填物的厚度、矿物成分、颗粒组成、泥化软化程度、风化程度、含水状态等。

4 结构面两侧岩体的名称、结构构造及主要矿物成分。

5 试验段的地下水情况。

6 试验段工程地质图、试验段平面布置图、试体地质素描图和结构面剖面示意图。

4.2.8 主要仪器和设备应符合本标准第4.1.9条的要求。

4.2.9 设备安装应符合本标准第4.1.10条至第4.1.13条的规定。

4.2.10 试验前应对水泥砂浆和混凝土进行养护。

4.2.11 对于无充填物的结构面或充填岩块、岩屑的结构面，试验应符合本标准第4.1.15条～第4.1.18条的规定。

4.2.12 对于充填物含泥的结构面，试验应符合下列规定：

1 剪切面上的最大法向应力，不宜小于预定的法向应力，但不应使结构面中的夹泥挤出。

2 法向载荷可视法向应力的大小宜分3级～5级施加。加载采用时间控制，每5min施加一级载荷，加载后应立即测读每级载荷下的法向位移，5min后再测读一次。在最后一级载荷作用下，要求法向位移值相对稳定。法向位移稳定标准可视充填物的厚度和性质而定，按每10min或15min测读一次，连续两次每一测表读数之差不超过 0.05mm,可视为稳定,施加剪切载荷。

3 剪切载荷的施加方法采用时间控制,可视充填物的厚度和性质而定,按每 10min 或 15min 施加一级。加载前后均应测读各测表读数。

4 其他应符合本标准第 4.1.15 条至第 4.1.18 条的规定。

4.2.13 试验结束应及时拆卸设备。在清理试验场地后,翻转试体,应对剪切面进行描述。剪切面的描述应包括下列内容:

1 应量测剪切面面积。

2 当结构面中同时存在多个剪切面时,应准确判断主剪切面。

3 应描述剪切面的破坏情况,擦痕的分布、方向及长度。

4 应量测剪切面的起伏差,绘制沿剪切方向断面高度的变化曲线。

5 对于结构面中的充填物,应记述其组成成分、风化程度、性质、厚度。根据需要,测定充填物的物理性质和黏土矿物成分。

4.2.14 试验成果整理应符合本标准第 4.1.20 条的要求。

4.2.15 岩体结构面直剪试验记录应包括工程名称、试验段位置和编号及试体布置、试体编号、试验方法、试体和剪切面描述、剪切面面积、千斤顶和压力表编号、测表布置和编号、各法向载荷下各级剪切载荷时的法向位移及剪切位移。

4.3 岩体直剪试验

4.3.1 岩体直剪试验可采用平推法或斜推法。

4.3.2 试验地段开挖时,应减少对岩体产生扰动和破坏。试验段的岩性应均一。同一组试验各试体的岩体性质应相同,试体及剪切面下不应有贯通性裂隙通过。

4.3.3 在岩体的预定部位加工试体时,应符合下列要求:

1 试体底部剪切面面积不应小于 2500cm²,试体最小边长不应小于 50cm,试体高度应大于推力方向试体边长的 1/2。

2 各试体间距应大于试体推力方向的边长。

3 施加于试体的法向载荷方向应垂直剪切面,试体的推力方向宜与预定的剪切方向一致。

4 在试体的推力部位,应留有安装千斤顶的足够空间。平推法直剪试验应开挖千斤顶槽。

5 试体周围岩面宜修凿平整,宜与预定剪切面在同一平面上。

6 对不需要浇筑保护套的完整岩石试体,试体的各个面应大致修凿平整,顶面宜平行预定剪切面。在加压或剪切过程中,可能出现破裂或松动的试体,应浇筑钢筋混凝土保护套(或采取其他措施)。保护套应具有足够的强度和刚度,保护套顶面应平行预定剪切面,底部应预留剪切缝,剪切缝宽度宜为试体推力方向边长的 5%。试体推力面也可按预定的推力夹角加工成斜面(斜推法),推力夹角宜为 12°~20°。

4.3.4 试体的反力部位应能承受足够的反力,反力部位岩体表面应凿平。

4.3.5 每组试验试体的数量不应少于 5 个。

4.3.6 试验可在天然含水状态下进行,也可在人工泡水条件下进行。

4.3.7 试验地质描述应包括下列内容:

1 试体素描图。

2 其他应符合本标准第 4.1.8 条中第 1 款~第 5 款的要求。

4.3.8 主要仪器和设备应符合本标准第 4.1.9 条的要求。

4.3.9 设备安装应符合本标准第 4.1.10 条至第 4.1.14 条的规定。

4.3.10 试验应符合本标准第 4.1.15 条至第 4.1.18 条的规定。

4.3.11 试验结束应及时拆卸设备。在清理试验场地后,应翻转试体,对剪切面进行描述。剪切面描述应包括下列内容:

1 应量测剪切面面积。

2 应描述剪切面的破坏情况,破坏情况应包括破坏形式及范围,剪切碎块的大小及范围,擦痕的分布、方向及长度。

3 应绘制剪切面素描图。量测剪切面的起伏差,绘制沿剪切方向断面高度的变化曲线。应根据需要,作剪切面等高线图。

4.3.12 试验成果整理应符合本标准第 4.1.20 条的要求。

4.3.13 岩体直剪试验记录应包括工程名称、试验段位置和编号及试体布置、试体编号、试验方法、试体和剪切面描述、剪切面面积、千斤顶和压力表编号、测表布置和编号、各法向载荷下各级剪切载荷时的法向位移及剪切位移。

4.4 岩体载荷试验

4.4.1 岩体载荷试验应采用刚性承压板法进行浅层静力载荷试验。

4.4.2 试点制备应符合本标准第 3.1.2 条至第 3.1.5 条和第 3.1.7 条的要求。

4.4.3 试点地质描述应符合本标准第 3.1.8 条的要求。

4.4.4 主要仪器和设备应符合本标准第 3.1.9 条中刚性承压板法的要求。

4.4.5 设备安装应符合本标准第 3.1.10 条、3.1.12 条、3.1.13 条中刚性承压板法的规定。应布置板外测表。

4.4.6 载荷的施加方法应符合下列规定:

1 应采用一次逐级连续加载的方式施加载荷,直至试点岩体破坏。破坏前不应卸载。

2 在试验初期阶段,每级载荷可按预估极限载荷的 10% 施加。

3 当载荷与变形关系曲线不再呈直线,或承压板周围岩面开始出现隆起或裂缝时,应及时调整载荷等级,每级载荷可按预估极限载荷的 5% 施加。

4 当承压板上测表变形速度明显增大,或承压板周围岩面隆起或裂缝开展速度加剧时,应加密载荷等级,每级载荷可按预估极限载荷的 2%~3% 施加。

4.4.7 试验及稳定标准应符合下列规定:

1 加压前应对测表进行初始稳定读数观测,应每隔 10min 同时测读各测表一次,连续三次读数不变,可开始加载。

2 每级载荷加载后应立即读数,以后应每隔 10min 读数一次,当所有测表相邻两次读数之差与同级载荷下第一次变形读数和前一级载荷下最后一次变形读数差之比小于 5% 时认为变形稳定,可施加下一级载荷。

3 每级读数累计时间不应小于 1h。

4 承压板外岩面上的测表读数,可在板上测表读数稳定后测读一次。

4.4.8 当出现下列情况之一时,即可终止加载:

1 在本级载荷下,连续测读 2h 变形无法稳定。

2 在本级载荷下,变形急剧增加,承压板周围岩面发生明显隆起或裂缝持续发展。

3 总变形量超过承压板直径或边长的 1/12。

4 已经达到加载设备的最大出力,且已经超过比例极限的 15% 或超过预定工程压力的两倍。

4.4.9 终止加载后,载荷可分 3 级~5 级进行卸载,每级载荷应测读测表一次。载荷完全卸除后,每隔 10min 应测读一次,应连续测读 1h。

4.4.10 在试验过程中,应对承压板周围岩面隆起和裂隙的发生及开展情况,以及与载荷大小和时间的关系等,作详细观测、描述和记录。

4.4.11 试验结束应及时拆卸设备。在清理试验场地后,应对试点及周围岩面进行描述。描述应包括下列内容:

1 裂缝的产状及性质。

2 岩面隆起的位置及范围。

3 必要时进行切槽检查。

4.4.12 试验成果整理应符合下列要求:

1 应计算各级载荷下的岩体表面压力。

2 应绘制压力与板内和板外变形关系曲线。

3 应根据关系曲线确定各载荷阶段特征点。关系曲线中,直线段的终点对应的压力为比例界限压力;关系曲线中,符合本标准第4.4.8条中第1款至第3款情况之一对应的压力应为极限压力。

4 根据关系曲线直线段的斜率,应按本标准式(3.1.17-1)计算岩体变形参数。

4.4.13 岩体载荷试验记录应包括工程名称、试点编号、试点位置、试验方法、试点描述、承压板尺寸、压力表和千斤顶编号、测表布置及编号、各级载荷下各测表的变形。

5 岩石声波测试

5.1 岩块声波速度测试

5.1.1 能制成规则试件的岩石均可采用岩块声波速度测试。

5.1.2 岩石试件应符合本标准第2.7.2条至第2.7.6条的要求。

5.1.3 试件描述应符合本标准第2.7.7条的要求。

5.1.4 应包括下列主要仪器和设备:

1 钻石机、锯石机、磨石机、车床等。

2 测量平台。

3 岩石超声波参数测定仪。

4 纵、横波换能器。

5 测试架。

5.1.5 应检查仪器接头性状、仪器接线情况以及开机后仪器和换能器的工作状态。

5.1.6 测试应按下列步骤进行:

1 发射换能器的发射频率应符合下式要求:

$$f \geqslant \frac{2v_p}{D} \qquad (5.1.6)$$

式中:f——发射换能器发射频率(Hz);

　　　v_p——岩石纵波速度(m/s);

　　　D——试件的直径(m)。

2 测试纵波速度时,耦合剂可采用凡士林或黄油;测试横波速度时,耦合剂可采用铝箔、铜箔或水杨酸苯脂等固体材料。

3 对非受力状态下的直透法测试,应将试件置于测试架上,换能器应置于试件轴线的两端,并应量测两换能器中心距离。应对换能器施加约0.05MPa的压力,测读纵波或横波在试件中传播时间。受力状态下的测试,宜与单轴压缩变形试验同时进行。

4 需要采用平透法测试时,应将一个发射换能器和两个(或两个以上)接收换能器置于试件的同一侧的一条直线上,应量测发射换能器中心至每一接收换能器中心的距离,并应测读纵波或横波在试件中传播时间。

5 直透法测试结束后,应测定声波在不同长度的标准有机玻璃棒中的传播时间,并绘制时距曲线,以确定仪器系统的零延时。也可将发射、接收换能器对接测读零延时。

6 使用切变振动模式的横波换能器时,收、发换能器的振动方向应一致。

5.1.7 距离应准确至1mm,时间应准确至0.1μs。

5.1.8 测试成果整理应符合下列要求:

1 岩石纵波速度、横波速度应分别按下列公式计算:

$$v_p = \frac{L}{t_p - t_0} \qquad (5.1.8-1)$$

$$v_s = \frac{L}{t_s - t_0} \qquad (5.1.8-2)$$

$$v_p = \frac{L_2 - L_1}{t_{p2} - t_{p1}} \qquad (5.1.8-3)$$

$$v_s = \frac{L_2 - L_1}{t_{s2} - t_{s1}} \qquad (5.1.8-4)$$

式中:v_p——纵波速度(m/s);

　　　v_s——横波速度(m/s);

　　　L——发射、接收换能器中心间的距离(m);

　　　t_p——直透法纵波的传播时间(s);

　　　t_s——直透法横波的传播时间(s);

　　　t_0——仪器系统的零延时(s);

　　　$L_1(L_2)$——平透法发射换能器至第一(二)个接收换能器两中心的距离(m);

　　　$t_{p1}(t_{s1})$——平透法发射换能器至第一个接收换能器纵(横)波的传播时间(s);

　　　$t_{p2}(t_{s2})$——平透法发射换能器至第二个接收换能器纵(横)波的传播时间(s)。

2 岩石各种动弹性参数应分别按下列公式计算:

$$E_d = \rho v_p^2 \frac{(1+\mu)(1-2\mu)}{1-\mu} \times 10^{-3} \qquad (5.1.8-5)$$

$$E_d = 2\rho v_s^2 (1+\mu) \times 10^{-3} \qquad (5.1.8-6)$$

$$\mu_d = \frac{\left(\frac{v_p}{v_s}\right)^2 - 2}{2\left[\left(\frac{v_p}{v_s}\right)^2 - 1\right]} \qquad (5.1.8-7)$$

$$G_d = \rho v_s^2 \times 10^{-3} \qquad (5.1.8-8)$$

$$\lambda_d = \rho(v_p^2 - 2v_s^2) \times 10^{-3} \qquad (5.1.8-9)$$

$$K_d = \rho \frac{3v_p^2 - 4v_s^2}{3} \times 10^{-3} \qquad (5.1.8-10)$$

式中:E_d——岩石动弹性模量(MPa);

　　　μ_d——岩石动泊松比;

　　　G_d——岩石动刚性模量或动剪切模量(MPa);

　　　λ_d——岩石动拉梅系数(MPa);

　　　K_d——岩石动体积模量(MPa);

　　　ρ——岩石密度(g/cm³)。

3 计算值应取三位有效数字。

5.1.9 岩石声波速度测试记录应包括工程名称、取样位置、试件编号、试件描述、试件尺寸、测试方法、换能器间的距离、声波传播时间,仪器系统零延时。

5.2 岩体声波速度测试

5.2.1 各类岩体均可采用岩体声波速度测试。

5.2.2 测点布置应符合下列要求:

1 测点可选择在洞室、钻孔、风钻孔或地表露头。

2 测线应根据岩体特性布置:当测点岩性为各向同性时,测线应按直线布置;当测点岩性为各向异性时,测线应分别按平行或垂直岩体的主要结构面布置。

3 相邻两测点的距离,宜根据声波激发方式确定:当采用换能器发射声波时,测距宜为1m~3m;当采用锤击法激发声波时,测距不应小于3m;当采用电火花激发声波时,测距宜为10m~30m。

4 单孔测试时,源距宜为0.3m~0.5m,换能器每次移动距离不宜小于0.2m。

5 在钻孔或风钻孔中进行孔间穿透测试时,两换能器每次移动距离宜为0.2m~1.0m。

5.2.3 测点地质描述应包括下列内容:

1 岩石名称、颜色、矿物成分、结构、构造、风化程度、胶结性质等。

2 岩体结构面的产状、宽度、粗糙程度、充填物性质、延伸情况等。

3 层理、节理、裂隙的延伸方向与测线关系。

4 测线、测点平面地质图、展示图及剖面图。

5 钻孔柱状图。

5.2.4 应包括下列主要仪器和设备：

1 岩体声波参数测定仪。

2 孔中发射、接收换能器。

3 一发双收单孔测试换能器。

4 弯曲式接收换能器。

5 夹式式发射换能器。

6 干孔测试设备。

7 声波激发锤。

8 电火花振源。

9 仰孔注水设备。

10 测孔换能器扶位器。

5.2.5 岩体表面平透法测试准备应符合下列规定：

1 测点表面应大致修凿平整，对各测点应进行编号。

2 应擦净测点表面，将换能器放在测点上，并应压紧能器。在试点和换能器之间，应有耦合剂。纵波换能器可涂1mm～2mm厚的凡士林或黄油作为耦合剂，横波换能器可采用多层铝箔或铜箔作为耦合剂。

3 应测量发射换能器或锤击点与接收换能器之间的距离，测距相对误差应小于1%。

5.2.6 钻孔或风钻孔中岩体测试准备应符合下列要求：

1 钻孔或风钻孔应冲洗干净，孔内应注满水，并应对各孔进行编号。

2 进行孔间穿透测试时，应量测两孔口中心点的距离，测距相对误差应小于1%。当两孔轴线不平行时，应量测钻孔或风钻孔轴线的倾角和方位角，计算不同深度处两测点的距离。

3 进行单孔平透折射波法测试采用一发双收时，应安装扶位器。

4 对向上倾的斜孔，应采取供水、止水措施。

5 根据需要可采用干孔测试。

5.2.7 仪器和设备安装应符合下列要求：

1 应检查仪器接头性状、仪器接线情况及开机后仪器和换能器的工作状态。在洞室中进行测试时，应注意仪器防潮。

2 采用换能器发射声波时，应将仪器置于内同步工作方式。

3 采用锤击或电火花振源激发声波时，应将仪器置于外同步方式。

5.2.8 测试应按下列步骤进行：

1 可将荧光屏上的光标(游标)关门讯号调整到纵波或横波初至位置，应测读声波传播时间，或利用自动关门装置测读声波传播时间。

2 每一对测点应读数3次，最大读数之差不宜大于3%。

3 测试结束，应采用绘制岩体的、或者水的、空气的时距曲线方法，确定仪器系统的零延时。采用发射换能器发射声波时，也可采用有机玻璃棒或换能器对接方式确定仪器系统的零延时。

4 测试时，应保持测试环境处于安静状态，应避免钻探、爆破、车辆等干扰。

5.2.9 测试成果整理应符合下列要求：

1 岩体声波测试参数计算应符合本标准第5.1.8条的要求。

2 应绘制沿测线或孔深与波速关系曲线。必要时，可列入动弹性参数关系曲线。

3 岩体完整性指数应按下式计算：

$$K_v = \left(\frac{v_{pm}}{v_{pr}}\right)^2 \qquad (5.2.9)$$

式中：K_v——岩体完整性指数，精确到0.01；

v_{pm}——岩体纵波速度(m/s)；

v_{pr}——岩块纵波速度(m/s)。

5.2.10 岩体声波速度测试记录应包括工程名称、测点编号、测点位置、测试方法、测点描述、测点布置、测点间距、传播时间、仪器系统零延时。

6 岩体应力测试

6.1 浅孔孔壁应变法测试

6.1.1 完整和较完整岩体可采用浅孔孔壁应变法测试，测试深度不宜大于30m。

6.1.2 测点布置应符合下列要求：

1 在同一测段内，岩性应均一、完整。

2 同一测段内，有效测点不应少于2个。

6.1.3 地质描述应包括下列内容：

1 钻孔钻进过程中的情况。

2 岩石名称、结构、构造及主要矿物成分。

3 岩体结构面的类型、产状、宽度、充填物性质。

4 测区的岩体应力现象。

5 区域地质图、测区工程地质图、测点工程地质剖面图和钻孔柱状图。

6.1.4 应包括下列主要仪器和设备：

1 浅孔孔壁应变计或空心包体式孔壁应变计。

2 钻机。

3 金刚石钻头包括小孔径钻头、套钻解除钻头、扩孔器、磨平钻头和锥形钻头。各类钻头规格应与应变计配套。

4 静态电阻应变仪。

5 安装器。

6 岩心围压率定器。

7 钻孔烘烤设备。

6.1.5 测试准备应符合下列要求：

1 应根据测试要求，选择适当场地，安装并固定好钻机，并应按预定的方位角和倾角进行钻进。

2 应用套钻解除钻头钻至预定的测试深度，并应取出岩心，进行描述。

3 应用磨平钻头磨平孔底，并应用锥形钻头打喇叭口。

4 应用小孔径钻头钻中心测试孔，深度应视应变计要求长度而定。中心测试孔应与解除孔同轴，两孔孔轴允许偏差不应大于2mm。

5 中心测试孔钻进过程中，应施力均匀并一次完成，取出岩心进行描述。当孔壁不光滑时，应采用金刚石扩孔器扩孔；当岩心不能满足测试要求时，应重复本条第2款～第4款步骤，直至找到完整岩心位置。

6 应用水冲洗中心测试孔直至回水不含岩粉为止。

7 应根据所选类型的孔壁应变计和黏结剂要求，对中心测试孔孔壁进行干燥处理或清洗。

6.1.6 浅孔孔壁应变计安装应符合下列要求：

1 在中心测试孔孔壁和应变计上应均匀涂上黏结剂。

2 应用安装器将应变计送入中心测试孔，就位定向，施加并保持一定的预压力，应使应变计牢固地黏结在孔壁上。

3 待黏结剂充分固化后，应取出安装器，记录测点方位角、倾角及埋设深度。

4 应检查系统绝缘值，不应小于50MΩ。

6.1.7 空心包体式孔壁应变计安装应符合下列要求：

1 应在应变计内腔的胶管内注满黏结剂胶液。

2 应用安装器将应变计送入中心测试孔，就位定向。应推动安装杆，切断定位销钉，挤出黏结剂。

3 其他应符合本标准第6.1.6条中第3款、第4款的规定。

6.1.8 测试及稳定标准应符合下列规定：

1 应从钻具中引出应变计电缆，连接电阻应变仪。

2 向钻孔内冲水，应每隔 10min 读数一次，连续三次读数相差不大于 5με 时，即认为稳定，应将最后一次读数作为初始读数。

3 用套钻解除钻头在匀压匀速条件下，应进行连续套钻解除，可按每钻进 2cm 读数一次。也可按每钻进 2cm 停钻后读数一次。

4 套钻解除深度应超过孔底应力集中影响区。当解除至一定深度后，应变计读数趋于稳定，可终止钻进。最终解除深度，即应变计中应变丛位置至解除孔孔底深度，不应小于解除岩心外径的 2.0 倍。

5 向钻孔内继续充水，应每隔 10min 读数一次，连续三次读数相差不大于 5με 时，可认为稳定，应取最后一次读数作为最终读数。

6 在套钻解除过程中，当发现异常情况时，应及时停钻检查，进行处理并记录。

7 应检查系统绝缘值。退出钻具，应取出装有应变计的岩心，进行描述。

6.1.9 岩心围压试验应按下列步骤进行：

1 现场测试结束后，应将解除后带有应变计的岩心放入岩心围压率定器中，进行围压试验。其间隔时间，不宜超过 24h。

2 应将应变计电缆与电阻应变仪连接，对岩心施加围压。率定的最大压力宜大于预估的岩体最大主应力，或根据围岩率定器的设计压力确定。压力宜分为 5 级～10 级，宜按最大压力等分施加。

3 采用大循环加压时，每级压力下应读数一次，两相邻循环的最大压力读数不超过 5με 时，可终止试验，但大循环的次数不应少于 3 次。

4 采用一次逐级加压时，每级压力下应读取稳定读数，每隔 5min 读数一次，连续两次读数相差不大于 5με 时，即认为稳定，可施加下一级压力。

6.1.10 测试成果整理应符合下列要求：

1 应根据岩心解除应变值和解除深度，绘制解除过程曲线。

2 应根据围压试验资料，绘制压力与应变关系曲线，并应计算岩石弹性模量。

3 应按本标准附录 A 的规定计算岩体应力参数。

6.1.11 孔壁应变法测试记录应包括工程名称、钻孔编号、钻孔位置、孔口高程、测点编号、测点位置、测试方法、地质描述、相应于解除深度的各应变片应变值、各应变片及应变丛布置、钻孔轴向方位角和倾角、围压试验资料。

6.2 浅孔孔径变形法测试

6.2.1 完整和较完整岩体可采用浅孔孔径变形法测试，测试深度不宜大于 30m。

6.2.2 测点布置应符合下列要求：

1 当测试岩体空间应力状态时，应布置交会于岩体某点的三个测试孔，两个辅助测试孔与主测试孔夹角宜为 45°，三个测试孔宜在同一平面内。测点宜布置在交会点附近。

2 其他应符合本标准第 6.1.2 条的要求。

6.2.3 地质描述应符合本标准第 6.1.3 条的规定。

6.2.4 应包括下列主要仪器和设备：

1 四分向钢环式孔径变形计。

2 其他应符合本标准第 6.1.4 条中第 2 款至第 6 款的规定。

6.2.5 测试准备应符合本标准第 6.1.5 条中第 1 款至第 6 款的要求。

6.2.6 孔径变形计安装应符合下列规定：

1 应根据中心测试孔直径调整触头长度，孔径变形计应变钢环的预压缩量宜为 0.2mm～0.6mm。应将孔径变形计与应变仪连接，应装上定位器后用安装器将变形计送入中心测试孔内。在将孔径变形计送入中心测试孔的同时，应观测应变仪的读数变化情况。

2 将孔径变形计送至预定位置后，应适当锤击安装杆端部，使孔径变形计锥体楔入中心测试孔内，与孔口紧密接触。

3 应退出安装器，记录测点方位角及深度。

4 检查系统绝缘值，不应小于 50MΩ。

6.2.7 测试及稳定标准应符合本标准第 6.1.8 条的规定。

6.2.8 岩心围压试验应按本标准第 6.1.9 规定的步骤进行。

6.2.9 测试成果整理应符合下列要求：

1 各级解除深度的相对孔径变形应按下式计算：

$$\varepsilon_i = K \frac{\varepsilon_{ni} - \varepsilon_0}{d} \qquad (6.2.9)$$

式中：ε_i——各级解除深度的相对孔径变形；

ε_{ni}——各级解除深度的应变仪读数；

ε_0——初始读数；

K——测量元件率定系数（mm）；

d——中心测试钻孔直径（mm）。

2 应根据套钻解除时应变仪读数计算的相对孔径变形和解除深度，绘制解除过程曲线。

3 应根据围压试验资料，绘制压力与孔径变形关系曲线，计算岩石弹性模量。

4 应按本标准附录 A 的规定计算岩体应力参数。

6.2.10 孔径变形法测试记录应包括工程名称、钻孔编号、钻孔位置、孔口标高、测点编号、测点位置、测试方法、地质描述、相应于解除深度的各应变片应变值、孔径变形计触头布置、钻孔轴向方位角和倾角、中心测试孔直径、各元件率定系数、围压试验资料。

6.3 浅孔孔底应变法测试

6.3.1 完整和较完整岩体可采用浅孔孔底应变法测试，测试深度不宜大于 30m。

6.3.2 测点布置应符合本标准第 6.2.2 条的要求。

6.3.3 地质描述应符合本标准第 6.1.3 条的规定。

6.3.4 应包括下列主要仪器和设备：

1 孔底应变计。

2 其他应符合本标准第 6.1.4 条的第 2 款至第 7 款的规定。

6.3.5 测试准备应符合下列要求：

1 应根据测试要求，选择适当场地，安装并固定好钻机，按预定的方位角和倾角进行钻进。

2 应用套钻解除钻头钻至预定的测试深度，取出岩心，进行描述。当不能满足测试要求时，应继续钻进，直至找到合适位置。

3 应用粗磨钻头将孔底磨平，再用细磨钻头进行精磨。孔底应平整光滑。

4 应根据所选类型的孔底应变计和黏结剂要求，对孔底进行干燥处理或清洗。

6.3.6 应变计安装应符合下列规定：

1 在孔壁平面和孔底应变计底面应分别均匀涂上黏结剂。

2 应用安装器将应变计送至孔底中央部位，经定向定位后对应变计施加一定的预压力，并应使应变计牢固地黏结在孔底上。

3 应待黏结剂充分固化后，取出安装器，应记录测点方位角及埋设深度。

4 检查系统绝缘值，不应小于 50MΩ。

6.3.7 测试及稳定标准应符合下列规定：

1 读取初始读数时，钻孔内冲水时间不宜少于 30min。

2 应每解除 1cm 读数一次。

3 最终解除深度不应小于解除岩心直径的 0.8。

4 其他应符合本标准第 6.1.8 条的规定。

6.3.8 岩心围压试验应按本标准第 6.1.9 条规定的步骤进行。试验时应变计应位于围压器中间，另一端应接装直径和岩性相同的岩心。

6.3.9 测试成果整理应符合下列要求：

1 应根据岩心解除应变值和解除深度，绘制解除过程曲线。

2 应根据围压试验资料，绘制压力与应变关系曲线，计算岩石弹性模量。

3 应按本标准附录 A 的规定计算岩体应力参数。

6.3.10 孔底应变计测试记录应包括工程名称、钻孔编号、钻孔位置、孔口标高、测点编号、测点位置、测试方法、地质描述、相应于解除深度的各应变片应变值、各应变片位置、钻孔轴向方位角和倾角、围压试验资料。

6.4 水压致裂法测试

6.4.1 完整和较完整岩体可采用水压致裂法测试。

6.4.2 测点布置应符合下列规定：

1 测点的加压段长度应大于测试孔直径的 6.0 倍。加压段的岩性应均一、完整。

2 加压段与封隔段岩体的透水率不宜大于 1Lu。

3 应根据钻孔岩心柱状图或钻孔电视选择测点。同一测试孔内测点的数量，应根据地形地质条件、岩心变化、测试孔孔深而定。两测点间距应大于 3m。

6.4.3 地质描述应包括下列内容：

1 测试钻孔的透水性指标。

2 测试钻孔地下水位。

3 其他应符合本标准第 6.1.3 条的要求。

6.4.4 应包括下列主要仪器和设备：

1 钻机。

2 高压大流量水泵。

3 联结管路。

4 封隔器。

5 压力表和压力传感器。

6 流量表和流量传感器。

7 函数记录仪。

8 印模器或钻孔电视。

6.4.5 测试准备应符合下列规定：

1 应根据测试要求，在选定部位按预定的方位角和倾角进行钻孔。测试孔孔径应满足封隔器要求，孔壁应光滑，孔深宜超过预定测试部位 10m。测试孔应进行压水试验。

2 测试孔应全孔取心，每一回411次应进行冲孔，终孔时孔底沉淀不宜超过 0.5m。应量测岩体内稳定地下水位。

3 对联结管路应进行密封性能试验，试验压力不应小于 15MPa，或为预估破裂压力的 1.5 倍。

6.4.6 仪器安装应符合下列要求：

1 加压系统宜采用双回路加压，分别向封隔器和加压段施加压力。

2 应按仪器使用要求，将两个封隔器按加压段要求的距离串接，并应用联结管路通过压力表与水泵相连。

3 加压段应用联结管路通过流量计、压力表与水泵相连，在管路中接入压力传感器与流量传感器，并应接入函数记录仪。

4 应将组装后的封隔器用安装器送入测试孔预定测点的加压段，对封隔器进行充水加压，使封隔器座封与测试孔孔壁紧密接触，形成充水加压孔段。施加的压力应小于预估的测试岩体破裂缝的重张压力。

6.4.7 测试及稳定标准应符合下列规定：

1 打开函数记录仪，应同时记录压力与时间关系曲线和流量与时间关系曲线。

2 应对加压段进行充水加压，按预估的压力稳定地升压，加压时间不宜少于 1min，加压时应观察关系曲线的变化。岩体的破裂压力值应在压力上升至曲线出现拐点、压力突然下降、流量急剧上升时读取。

3 瞬时关闭压力值应在关闭水泵、压力下降并趋于稳定时读取。

4 应打开水泵阀门进行卸压退零。

5 应按本条第 2 款至第 4 款继续进行加压、卸压循环，此时的峰值压力即为岩体的重张压力。循环次数不宜少于 3 次。

6 测试结束后，应将封隔器内压力退到零，在测试孔内移动封隔器，应按本条第 2 款～第 5 款进行下一测点的测试。测试应自孔底向孔口逐点进行。

7 全孔测试结束后，应从测试孔中取出封隔器，用印模器或钻孔电视记录加压段岩体裂缝的长度和方向。裂缝的方向即为最大平面主应力的方向。

6.4.8 测试成果整理应符合下列要求：

1 应根据压力与时间关系曲线和流量与时间关系曲线确定各循环特征点参数。

2 岩体钻孔横截面上岩体平面最小主应力应分别按下列公式计算：

$$S_h = p_s \quad (6.4.8\text{-}1)$$
$$S_H = 3S_h - p_b - p_0 + \sigma_t \quad (6.4.8\text{-}2)$$
$$S_H = 3p_s - p_r - p_0 \quad (6.4.8\text{-}3)$$

式中：S_h——钻孔横截面上岩体平面最小主应力（MPa）；

S_H——钻孔横截面上岩体平面最大主应力（MPa）；

σ_t——岩体抗拉强度（MPa）；

p_s——瞬时关闭压力（MPa）；

p_r——重张压力（MPa）；

p_b——破裂压力（MPa）；

p_0——岩体孔隙水压力（MPa）。

3 钻孔横截面上岩体平面最大主应力计算时，应视岩性和测试情况选择式（6.4.8-2）或式（6.4.8-3）之一进行计算。

4 应根据印模器或钻孔电视记录，绘制裂缝形状、长度图，并应据此确定岩体平面最大主应力方向。

5 当压力传感器与测点有高程差时，岩体应力应叠加静水压力。岩体孔隙水压力可采用岩体内稳定地下水位在测点处的静水压力。

6 应绘制岩体应力与测试深度关系曲线。

6.4.9 水力致裂法测试记录应包括工程名称、钻孔编号、钻孔位置、孔口高程、钻孔轴向方位角和倾角、测点编号、测点位置、测试方法、地质描述、压力与时间关系曲线、流量与时间关系曲线、最大主应力方向。

7 岩体观测

7.1 围岩收敛观测

7.1.1 各类岩体均可采用围岩收敛观测。

7.1.2 观测布置应符合下列规定：

1 应根据地质条件、围岩应力、施工方法、断面形式、支护形式及围岩的时间和空间效应等因素，按一定的间距选择观测断面和测点位置。

2 观测断面间距宜大于 2 倍洞径。

3 初测观测断面宜靠近开挖掌子面，距离不宜大于 1.0m。

4 基线的数量和方向,应根据围岩的变形条件及洞室的形状和大小确定。

7.1.3 地质描述应包括下列内容:

1 观测段的岩石名称、结构构造、岩层产状及主要矿物成分。

2 岩体结构面的类型、产状、宽度及充填物性质。

3 地下洞室开挖过程中岩体应力特征。

4 水文地质条件。

5 观测断面地质剖面图和观测段地质展视图。

7.1.4 应包括下列主要仪器和设备:

1 卷尺式收敛计。

2 测桩及保护装置。

3 温度计。

7.1.5 测点安装应符合下列要求:

1 应清除测点埋设处的松动岩石。

2 应用钻孔工具在选定的测点处垂直洞壁钻孔,并应将测桩固定在孔内。测桩端头宜位于岩体表面,不宜出露过长。

3 测点应设保护装置。

7.1.6 观测准备应包括下列内容:

1 对于同一工程部位进行收敛观测,应使用同一收敛计。

2 需要对收敛计进行更换时,应重新建立基准值。

3 收敛计应在观测前进行标定。

7.1.7 观测应按下列步骤进行:

1 应将测桩端头擦拭干净。

2 应将收敛计两端分别固定在基线两端测桩的端头上,并应按基线长度固定尺长。钢尺不应受扭。

3 应根据基线长度确定的收敛计恒定张力,调节张力装置,读取观测值,然后松开张力装置。

4 每次观测应重复测读3次,3次观测读数的最大差值不应大于收敛计的精度范围。应取3次读数的平均值作为观测读数值,第1次观测读数值作为观测基准值。

5 应量测环境温度。

6 观测时间间隔应根据观测目的、工程需要和围岩收敛情况确定。

7 应记录工程施工或运行情况。

7.1.8 观测成果整理应符合下列要求:

1 应根据仪器使用要求,计算基线观测长度。

2 经温度修正的实际收敛值应按下式计算:

$$\Delta L_i = L_0 - [L_i + \alpha L_0 (T_i - T_0)] \qquad (7.1.8)$$

式中:ΔL_i——实际收敛值(mm);

L_0——基线基准长度(mm);

L_i——基线观测长度(mm);

α——收敛计系统温度线胀系数(1/℃);

T_i——收敛计观测时的环境温度(℃);

T_0——收敛计第一次读数时的环境温度(℃)。

3 应绘制收敛值与时间关系曲线、收敛值与开挖空间变化关系曲线。

4 需要进行收敛观测各测点位移的分配计算时,可根据测点的布置形式选择相应的计算方法进行。

7.1.9 围岩收敛观测记录应包括工程名称、观测段和观测断面及观测点的位置与编号、地质描述、收敛计编号、观测时间、观测读数、基线长度、环境温度、工程施工或运行情况。

7.2 钻孔轴向岩体位移观测

7.2.1 各类岩体均可采用钻孔轴向岩体位移观测,观测深度不宜大于60m。

7.2.2 观测布置应符合下列要求:

1 观测断面及断面上观测孔的数量,应根据工程规模、工程特点和地质条件确定。

2 观测孔的位置、方向和深度,应根据观测目的和地质条件确定。观测孔的深度宜大于最深测点0.5m~1.0m。

3 观测孔中测点的位置,宜据位移变化梯度确定,位移变化大的部位宜加密测点。测点宜避开构造破碎带。

4 当以最深点为绝对位移基准点时,最深点应设置在应力扰动区外。

5 当有条件时,位移计可在开挖前进行预埋,或在同一断面上的重要部位选择1孔~2孔进行预埋。预埋孔中最深测点,距开挖面距离宜大于1.0m。

6 当无条件进行预埋时,埋设断面距掌子面不宜大于1.0m。当工程开挖为分台阶开挖时,可在下一台阶开挖前进行埋设。

7.2.3 地质描述应包括下列内容:

1 观测区段的岩石名称、岩性及地质分层。

2 岩体结构面的类型、产状、宽度及充填物性质。

3 观测孔钻孔柱状图、观测区段地质纵横剖面图和观测区段平面地质图。

7.2.4 应包括下列主要仪器设备:

1 钻孔设备。

2 杆式轴向位移计。

3 读数仪。

4 安装器。

5 灌浆设备。

7.2.5 观测准备应符合下列规定:

1 在预定部位应按要求的孔径、方向和深度钻孔。孔口松动岩石应清除干净,孔口应平整。

2 应清洗钻孔,检查钻孔通畅程度。

3 应根据钻孔岩心柱状图和观测要求,确定测点位置和选择锚头类型。

7.2.6 仪器安装应符合下列要求:

1 应根据位移计的安装要求,进行位移计安装。应按确定的测点位置,由孔底向孔口逐点安装各测点,最后安装孔口装置。并联式位移计安装时,应防止各测点间传递位移的连接杆相互干扰。

2 应根据锚头类型和安装要求,逐点固定锚头。当使用灌浆锚头时,应预置灌浆管和排气管。

3 安装位移传感器时应对传感器和观测电缆进行编号。调整每个测点的初始读数,当采用灌浆锚头时,应在浆液充分固化后进行。

4 需要设置集线箱时,位移传感器通过观测电缆应按编号接入集成箱。

5 孔口、观测电缆、集线箱应设保护装置。

6 仪器安装情况应进行记录。

7.2.7 观测应按下列步骤进行:

1 应在连接读数仪后进行观测。

2 每个测点宜重复测读3次,3次读数的最大差值不应大于读数仪的精度范围。应取3次读数的平均值作为观测读数值,第1次观测读数值应作为观测基准值。

3 观测时间间隔应根据观测目的、工程需要和岩体位移情况确定。

4 应记录工程施工或运行情况。

7.2.8 观测成果整理应符合下列要求:

1 应计算各测点位移。

2 应绘制测点位移与时间关系曲线。

3 应绘制观测孔位移与孔深关系曲线。

4 应绘制观测断面上,各观测孔的位移与孔深关系曲线。

5 应选择典型观测孔,绘制各测点位移与开挖面距离变化的关系曲线。

7.2.9 钻孔轴向岩体位移观测记录应包括工程名称、观测断面和观测孔及测点的位置与编号、地质描述、仪器安装记录、读数仪编号、传感器编号、观测时间、观测读数、工程施工或运行情况。

7.3 钻孔横向岩体位移观测

7.3.1 各类岩体均可采用铅垂向钻孔进行钻孔横向岩体位移观测。

7.3.2 观测布置应符合下列要求：

1 观测断面及断面上观测孔的数量，应根据工程规模、工程特点和地质条件确定。

2 观测断面方向宜与预计的岩体最大位移方向或倾斜方向一致。

3 观测孔应根据地质条件和岩体受力状态布置在最有可能产生滑移、倾斜或对工程施工及运行安全影响最大的部位。

4 观测孔的深度宜超过预计最深滑移或倾斜岩体底部5m。

7.3.3 地质描述应包括下列内容：

1 观测区段的岩石名称、岩性及地质分层。

2 岩体结构面的类型、产状、宽度及充填物性质。

3 观测孔钻孔柱状图、观测区段地质纵横剖面图和观测区段平面地质图。

7.3.4 应包括下列主要仪器和设备：

1 钻孔设备。

2 伺服加速度计式滑动测斜仪。

3 模拟测头。

4 测斜管和管接头。

5 安装设备。

6 灌浆设备。

7 测扭仪。

7.3.5 观测准备应符合下列要求：

1 应在预定部位按要求的孔径和深度进行铅垂向钻孔。观测孔孔径宜大于测斜管外径50mm。

2 应清洗钻孔，检查钻孔通畅程度。

3 应进行全孔取心，绘制钻孔柱状图，并应记录钻进过程中的情况。

7.3.6 测斜管安装应符合下列要求：

1 应按要求长度将测斜管进行逐节预接，打好铆钉孔，在对接处作好对准标记并编号，底部测斜管应进行密封。对接处导槽应对准，铆钉孔应避开导槽。

2 应按测斜管的对准标记和编号逐节对接、固定和密封后，逐节吊入观测孔内，直至将测斜管全部下入观测孔内。

3 应调整导槽方向，其中一对导槽方向宜与预计的岩体位移或倾斜方向一致。用模拟测头检查导槽通无阻后，将测斜管就位锁紧。

4 应在测斜管内灌注洁净水，必要时施加压重。

5 应封闭测斜管管口，并应将灌浆管沿测斜管外侧下入孔内至孔底以上1m处，进行灌浆。待浆液从孔口溢出，溢出的浆液与灌入浆液相同时，边灌浆边取出灌浆管。浆液应按要求配制。

6 灌浆结束后，孔口应设保护装置。

7 测斜管安装情况应进行记录。

7.3.7 观测应按下列步骤进行：

1 应待浆液充分固化后，量测测斜管导槽方位。

2 应用模拟测头检查测斜管导槽通畅程度。必要时，应用测扭仪测导槽的扭曲度。

3 使测斜仪处于工作状态，应将测头导轮插入测斜管导槽，缓慢地下至孔底，由孔底自下而上进行连续观测，并应记录测点观测读数和测点深度。测读完成后，应将测头旋转180°插入同一对

导槽内，并按上述步骤再测读1次，测点深度应与第1次相同。

4 测读完一对导槽后，将测头旋转90°，并应按本条第3款步骤测读另一对导槽两个方向的观测读数。

5 每次观测时，应保持测点在同一深度上。同一深度一对导槽正反两次观测读数的误差应满足仪器精度要求，取两次读数的平均值作为观测读数值。

6 应取第1次的观测读数值作为观测基准值。也可在浆液固化后，按一定的时间间隔进行观测，取其读数稳定值作为观测基准值。

7 当读数有异常时，应及时补测，或分析原因后采取相应措施。

8 观测时间间隔，应根据工程需要和岩体位移情况确定。

9 应记录工程施工或运行情况。

7.3.8 观测成果整理应符合下列要求：

1 应根据仪器要求，计算各测点位移和累积位移。

2 应绘制位移与深度关系曲线，并附钻孔柱状图。

3 应绘制各观测时间的位移与深度关系曲线。

4 对有明显位移的部位，应绘制该深度的位移与时间关系曲线。

5 应根据需要，计算测点的位移矢量及其方位角，绘制位移矢量与深度关系曲线，以及方位角与深度关系曲线、测区位移矢量平面分布图。

7.3.9 钻孔横向岩体位移观测记录应包括工程名称、观测区和观测断面位置和编号、观测孔位置和编号、测点位置和编号、导槽方向、地质描述、测斜管安装记录、测斜仪编号、观测时间、观测读数、工程施工或运行情况。

7.4 岩体表面倾斜观测

7.4.1 各类岩体均可采用岩体表面倾斜观测。

7.4.2 观测布置应符合下列要求：

1 观测范围、测点的位置和数量应根据工程规模、工程特点和地质条件确定。

2 测点应布置在能反映岩体整体倾斜趋势的部位。

3 测点宜直接布置在岩体表面。当条件无法满足时，也可采用浇筑混凝土墩与岩体连接。

4 需要设置参照基准测点时，应布置在受扰动岩体范围外的稳定岩体上。

5 测点应设置在方便观测的位置，并有观测通道。

7.4.3 地质描述应包括下列内容：

1 岩石名称、结构、主要矿物成分。

2 岩体主要结构面类型、产状、宽度、充填物性质。

3 岩体风化程度及范围。

4 观测区工程地质平面图。

7.4.4 应包括下列主要仪器和设备：

1 倾角计。

2 读数仪。

3 基准板。

7.4.5 测点安装应符合下列规定：

1 基准板宜水平向布置。

2 应在预定的测点部位，清理出50cm×50cm的新鲜岩面，清洗后用水泥浆或黏结胶按预计最大倾斜方向将基准板固定在岩面上。

3 根据岩体的风化程度或完整性，可采用锚杆将岩体连成一整体，或开挖一定深度后，先设置锚杆再浇筑混凝土墩。混凝土墩断面尺寸宜为50cm×50cm，并应高出岩体表面约20cm，按本条第1款要求固定基准板。

4 根据需要，基准板也可任意向布置。采用任意向布置时，

应按本条第 2 款要求固定基准板。

  5 基准板应设保护装置。水泥浆和混凝土应进行养护。

  6 测点安装情况应进行记录。

7.4.6 观测应按下列步骤进行：

  1 应擦净基准板表面和倾角计底面，应按基准板上要求的方向将倾角计安装在基准板上后进行测读，记录观测读数。

  2 每次观测应重复测读 3 次，3 次观测读数的最大差值不应大于读数仪的允许误差，取 3 次读数的平均值作为观测读数值。

  3 应将倾角计旋转 180°进行安装，并应按本条第 1 款、第 2 款步骤读取倾角计旋转 180°后的观测读数值。

  4 应将倾角计旋转 90°，并应按本条第 1 款至第 3 款步骤测读另一方向的观测读数值。

  5 应取第一次的一组观测读数值作为观测基准值。

  6 参照基准测点应在同一观测时间内进行测读。

  7 观测时间间隔应根据工程需要和岩体位移情况确定。

  8 应记录工程施工或运行情况。

7.4.7 观测成果整理应符合下列要求：

  1 应根据观测读数值和倾角计给定的关系式，计算两个方向的角位移。

  2 根据需要，可计算最大角位移及其方向。

  3 应绘制角位移和时间关系曲线。根据需要，可绘制观测区平面矢量图。

7.4.8 岩体表面倾斜观测记录应包括工程名称、观测区和观测点位置和编号、观测方向、地质描述、测角计编号、读数仪编号、观测时间、观测读数、工程施工或运行情况。

7.5 岩体渗压观测

7.5.1 各类岩体均可采用岩体渗压观测。

7.5.2 观测布置应符合下列要求：

  1 应根据工程区的工程地质和水文地质条件、工程采取的防渗和排水措施选择观测断面和测点位置。

  2 观测断面应选择在断面渗压分布变化较大部位，断面方向宜平行渗流方向。

  3 测点应布置在渗压坡降大的部位、防渗或排水设施上下游、相对隔水层两侧、不同渗透介质的接触面、可能产生渗透稳定破坏的部位、工程需要观测的部位。

  4 应利用已有的孔、井、地下水出露点布置测点。

  5 应根据不同的观测目的、岩体结构条件、岩体渗流特性及仪器埋设条件，选用测压管或渗压计进行观测。对于重要部位，宜采用不同类型仪器进行平行观测。

7.5.3 地质描述应包括下列内容：

  1 岩石名称、结构、主要矿物成分。

  2 观测孔钻孔柱状图，并附钻孔透水性指标。

  3 观测区工程地质、水文地质图。

7.5.4 应包括下列主要仪器和设备：

  1 钻孔设备。

  2 灌浆设备。

  3 测压管：由进水管和导管组成。

  4 水位计或测绳。

  5 压力表。

  6 渗压计。

  7 读数仪。

7.5.5 测压管安装应符合下列规定：

  1 应在预定部位按要求的孔径、方向和深度钻孔，清洗钻孔。钻孔方向除有专门要求外，宜选择铅垂向。

  2 钻孔应进行全孔取心，绘制钻孔柱状图。对需要布置测点的孔段，应进行压水试验。

  3 应根据钻孔柱状图、压水试验成果、工程要求确定测点位

置和观测段长度。

  4 应根据测点位置，计算导管和进水管长度。用于点压力观测的进水管长度不宜大于 0.5m。进水管底部应预留 0.5m 长的沉淀管段。

  5 应在钻孔底部填入约 0.3m 厚的中砾石层。

  6 将测压管的进水管和导管依次连接放入孔内，顶部宜高出地面 1.0m。连接处应密封，孔口应保护。必要时，进水管应设置反滤层。

  7 应在测压管和孔壁间隙中填入中砾石至进水管顶部，再填入 1.0m 厚的中细砂，上部充填水泥砂浆或水泥膨润土浆至孔口。

  8 当全孔处于完整和较完整岩体中时，可不安装测压管，应安装管口装置。

  9 需要进行分层观测渗压时，可采用一孔多管式，应在各进水管间采用封闭隔离措施。

  10 当测压管水平向安装时，钻孔宜向下倾斜，倾角约 3°。

  11 仪器安装情况应进行记录。

7.5.6 渗压计安装应符合下列要求：

  1 应按本标准第 7.5.5 条中第 1 款至第 3 款要求进行钻孔并确定测点位置。测点观测段长不应小于 1.0m。

  2 应向孔内填入中粗砂至渗压计埋设位置，厚度不应小于 0.4m。应将装有经预饱和渗压计的细砂包置于砂层顶部，引出观测电缆。渗压计在埋设前和定位后，应检查渗压计使用状态。

  3 再填入中粗砂至观测段顶部，再填入厚 1.0m 的细砂，上部充填水泥砂浆或膨润土至孔口。

  4 在干孔中填砂后，加水使砂层达到饱和。

  5 分层观测渗压时，可在一个钻孔内埋设多个渗压计，应对渗压计和观测电缆进行编号。应在各观测段间采取封闭隔离措施。

  6 观测点压力时，观测段长度不应大于 0.5m。

  7 进行岩体和混凝土接触面渗压观测时，应在岩体测点部位表面，选择有透水裂隙通过处挖槽，先铺设中粗砂，放入装有经预饱和渗压计的细砂包，引出观测电缆，用水泥砂浆封闭。

  8 需要设置集线箱时，渗压计应通过观测电缆按编号接入集线箱。应量测观测电缆长度。

  9 观测电缆、集线箱应设保护装置。

  10 仪器安装情况应进行记录。

7.5.7 观测应按下列步骤进行：

  1 无压测压管水位可采用测绳或水位计观测，观测读数应准确至 0.01m。

  2 有压测压管应在管口安装压力表，应读取压力表值，并应估读至 0.1 格。如水位变化缓慢，开始阶段可采用本条第 1 款方法观测，当水位溢出管口时，再安装压力表。当压力长期低于压力表量程的 1/3，或压力超过压力表量程的 2/3 时，应更换压力表。

  3 渗压计每次观测读数不应少于 2 次，当相邻 2 次读数不大于读数仪允许误差时，应取 2 次读数平均值作为观测读数值。

  4 测压管和渗压计观测时间间隔应根据工程需要和渗压变化情况确定。

  5 应记录工程施工或运行情况。

7.5.8 观测成果整理应符合下列要求：

  1 应根据测压管读数和孔口高程计算水位。

  2 应根据渗压计要求，计算岩体渗压值。

  3 应绘制水位或渗压与时间关系曲线。当地面水水位与渗压有关时，应同时绘制地面水水位与时间关系曲线。

  4 应绘制水位或渗压沿断面方向分布曲线。

7.5.9 岩体渗压观测记录应包括工程名称、观测断面位置和编号、测点位置和编号、地质描述、水位计或压力表或渗压计型号和编号、观测电缆型号和长度、读数仪编号、观测时间、观测读数、工程施工或运行情况。

附录 A 岩体应力参数计算

A.1 孔壁应变法计算

A.1.1 孔壁应变法大地坐标系中空间应力分量应分别按下列公式计算：

$$E\varepsilon_{ij} = A_{xx}\sigma_x + A_{yy}\sigma_y + A_{zz}\sigma_z + A_{xy}\tau_{xy} + A_{yz}\tau_{yz} + A_{zx}\tau_{zx} \quad (A.1.1\text{-}1)$$

$$A_{xx} = (l_x^2 + l_y^2 - \mu l_z^2)\sin^2\varphi_{ij} - [\mu(l_x^2 + l_y^2) - l_z^2]\cos^2\varphi_{ij} - 2(1-\mu^2)[(l_x^2 - l_y^2)\cos2\theta_i + 2l_xl_y\sin2\theta_i]\sin^2\varphi_{ij} + 2(1+\mu)(l_yl_z\cos\theta_i - l_xl_z\sin\theta_i)\sin2\varphi_{ij} \quad (A.1.1\text{-}2)$$

$$A_{yy} = (m_x^2 + m_y^2 - \mu m_z^2)\sin^2\varphi_{ij} - [\mu(m_x^2 + m_y^2) - m_z^2]\cos^2\varphi_{ij} - 2(1-\mu^2)[(m_x^2 - m_y^2)\cos2\theta_i + 2m_xm_y\sin2\theta_i]\sin^2\varphi_{ij} + 2(1+\mu)(m_ym_z\cos\theta_i - m_xm_z\sin\theta_i)\sin2\varphi_{ij} \quad (A.1.1\text{-}3)$$

$$A_{zz} = (n_x^2 + n_y^2 - \mu n_z^2)\sin^2\varphi_{ij} - [\mu(n_x^2 + n_y^2) - n_z^2]\cos^2\varphi_{ij} - 2(1-\mu^2)[(n_x^2 - n_y^2)\cos2\theta_i + 2n_xn_y\sin2\theta_i]\sin^2\varphi_{ij} + 2(1+\mu)(n_yn_z\cos\theta_i - n_xn_z\sin\theta_i)\sin2\varphi_{ij} \quad (A.1.1\text{-}4)$$

$$A_{xy} = 2(l_xm_x + l_ym_y - \mu l_zm_z)\sin^2\varphi_{ij} - 2[\mu(l_xm_x + l_ym_y) - l_zm_z]\cos^2\varphi_{ij} - 4(1-\mu^2)[(l_xm_x - l_ym_y)\cos2\theta_i + (l_xm_y + l_ym_x)\sin2\theta_i]\sin^2\varphi_{ij} + 2(1+\mu)[(l_ym_z + l_zm_y)\cos\theta_i - (l_xm_z + l_zm_x)\sin\theta_i]\sin2\varphi_{ij} \quad (A.1.1\text{-}5)$$

$$A_{yz} = 2(m_xn_x + m_yn_y - \mu m_zn_z)\sin^2\varphi_{ij} - 2[\mu(m_xn_x + m_yn_y) - m_zn_z]\cos^2\varphi_{ij} - 4(1-\mu^2)[(m_xn_x - m_yn_y)\cos2\theta_i + (m_xn_y + m_yn_x)\sin2\theta_i]\sin^2\varphi_{ij} + 2(1+\mu)[(m_yn_z + m_zn_y)\cos\theta_i - (m_xn_z + m_zn_x)\sin\theta_i]\sin2\varphi_{ij} \quad (A.1.1\text{-}6)$$

$$A_{zx} = 2(n_xl_x + n_yl_y - \mu n_zl_z)\sin^2\varphi_{ij} - 2[\mu(n_xl_x + n_yl_y) - n_zl_z]\cos^2\varphi_{ij} - 4(1-\mu^2)[(n_xl_x - n_yl_y)\cos2\theta_i + (n_xl_y + n_yl_x)\sin2\theta_i]\sin^2\varphi_{ij} + 2(1+\mu)[(n_yl_z + n_zl_y)\cos\theta_i - (n_xl_z + n_zl_x)\sin\theta_i]\sin2\varphi_{ij} \quad (A.1.1\text{-}7)$$

式中： E——岩体弹性模量（MPa）；

ε_{ij}——序号为 i 应变丛中序号为 j 应变片的应变计算值；

μ——岩体泊松比；

φ_{ij}——序号为 i 应变丛中序号为 j 应变片的倾角（°）；

θ_i——序号为 i 应变丛的极角（°）；

$\sigma_x,\sigma_y,\sigma_z,\tau_{xy},\tau_{yz},\tau_{zx}$——岩体空间应力分量（MPa）；

$A_{xx},A_{yy},A_{zz},A_{xy},A_{yz},A_{zx}$——应力系数；

$l_x,m_x,n_x;l_y,m_y,n_y;l_z,m_z,n_z$——测试钻孔坐标系各轴对于大地坐标系的方向余弦。

A.1.2 采用空心包体进行孔壁应变法测试时，在计算中应根据空心包体几何尺寸、材料变形参数进行修正。空心包体应提供有关技术参数。

A.2 孔径变形法计算

A.2.1 孔径变形法大地坐标系中空间应力分量应分别按下列公式计算：

$$E\varepsilon_{ij} = A_{xx}^i\sigma_x + A_{yy}^i\sigma_y + A_{zz}^i\sigma_z + A_{xy}^i\tau_{xy} + A_{yz}^i\tau_{yz} + A_{zx}^i\tau_{zx} \quad (A.2.1\text{-}1)$$

$$A_{xx}^i = l_{xi}^2 + l_{yi}^2 - \mu l_{zi}^2 + 2(1-\mu^2)[(l_{xi}^2 - l_{yi}^2)\cos2\theta_{ij} + 2l_{xi}l_{yi}\sin2\theta_{ij}] \quad (A.2.1\text{-}2)$$

$$A_{yy}^i = m_{xi}^2 + m_{yi}^2 - \mu m_{zi}^2 + 2(1-\mu^2)[(m_{xi}^2 - m_{yi}^2)\cos2\theta_{ij} + 2m_{xi}m_{yi}\sin2\theta_{ij}] \quad (A.2.1\text{-}3)$$

$$A_{zz}^i = n_{xi}^2 + n_{yi}^2 - \mu n_{zi}^2 + 2(1-\mu^2)[(n_{xi}^2 - n_{yi}^2)\cos2\theta_{ij} + 2n_{xi}n_{yi}\sin2\theta_{ij}] \quad (A.2.1\text{-}4)$$

$$A_{xy}^i = 2(l_{xi}m_{xi} + l_{yi}m_{yi} - \mu l_{zi}m_{zi}) + 4(1-\mu^2)[(l_{xi}m_{xi} - l_{yi}m_{yi})\cos2\theta_{ij} + (l_{xi}m_{yi} + m_{xi}l_{yi})\sin2\theta_{ij}] \quad (A.2.1\text{-}5)$$

$$A_{yz}^i = 2(m_{xi}n_{xi} + m_{yi}n_{yi} - \mu m_{zi}n_{zi}) + 4(1-\mu^2)[(m_{xi}n_{xi} - m_{yi}n_{yi})\cos2\theta_{ij} + (m_{xi}n_{yi} + n_{xi}m_{yi})\sin2\theta_{ij}] \quad (A.2.1\text{-}6)$$

$$A_{zx}^i = 2(n_{xi}l_{xi} + n_{yi}l_{yi} - \mu n_{zi}l_{zi}) + 4(1-\mu^2)[(n_{xi}l_{xi} - n_{yi}l_{yi})\cos2\theta_{ij} + (n_{xi}l_{yi} + l_{xi}n_{yi})\sin2\theta_{ij}] \quad (A.2.1\text{-}7)$$

式中： ε——序号为 i 测试钻孔中 j 测试方向中心测试孔的相对孔径变形值；

i——测试钻孔序号；

j——孔径变形计算钢环序号；

θ_{ij}——序号为 i 测试钻孔中 j 测试方向钢环触头极角（°）；

$A_{xx}^i,A_{yy}^i,A_{zz}^i,A_{xy}^i,A_{yz}^i,A_{zx}^i$——序号 i 测试钻孔的应力系数；

$l_{xi},m_{xi},n_{xi};l_{yi},m_{yi},n_{yi};l_{zi},m_{zi},n_{zi}$——序号 i 测试钻孔坐标系各轴对于大地坐标系的方向余弦。

A.2.2 当只在一个测试钻孔内，进行垂直于钻孔轴线平面内各应力分量沿孔深度变化趋势分析时，作平面应力假定，各平面内的应力分量应按下式计算：

$$E\varepsilon_j = [1 + 2(1-\mu^2)\cos2\theta_j]\sigma_x + [1 - 2(1-\mu^2)\cos2\theta_j]\sigma_y + 4(1-\mu^2)\cos2\theta_j\tau_{xy} \quad (A.2.2)$$

式中： ε_j——j 测试方向中心测试孔的相对孔径变形值；

$\sigma_x,\sigma_y,\tau_{xy}$——岩体平面应力分量（MPa）；

θ_j——j 测试方向钢环触头极角（°）。

A.3 孔底应变法计算

A.3.1 孔底应变法大地坐标系中空间应力分量应分别按下列公式计算：

$$E\varepsilon_{ij} = A_{xx}^i\sigma_x + A_{yy}^i\sigma_y + A_{zz}^i\sigma_z + A_{xy}^i\tau_{xy} + A_{yz}^i\tau_{yz} + A_{zx}^i\tau_{zx} \quad (A.3.1\text{-}1)$$

$$A_{xx}^i = \lambda_{i1}l_{xi}^2 + \lambda_{i2}l_{yi}^2 + \lambda_{i3}l_{zi}^2 + \lambda_{i4}l_{xi}l_{yi} \quad (A.3.1\text{-}2)$$

$$A_{yy}^i = \lambda_{i1}m_{xi}^2 + \lambda_{i2}m_{yi}^2 + \lambda_{i3}m_{zi}^2 + \lambda_{i4}m_{xi}m_{yi} \quad (A.3.1\text{-}3)$$

$$A_{zz}^i = \lambda_{i1}n_{xi}^2 + \lambda_{i2}n_{yi}^2 + \lambda_{i3}n_{zi}^2 + \lambda_{i4}n_{xi}n_{yi} \quad (A.3.1\text{-}4)$$

$$A_{xy}^i = 2(\lambda_{i1}l_{xi}m_{xi} + \lambda_{i2}l_{yi}m_{yi} + \lambda_{i3}l_{zi}m_{zi}) + \lambda_{i4}(l_{xi}m_{yi} + m_{xi}l_{yi}) \quad (A.3.1\text{-}5)$$

$$A_{yz}^i = 2(\lambda_{i1}m_{xi}n_{xi} + \lambda_{i2}m_{yi}n_{yi} + \lambda_{i3}m_{zi}n_{zi}) + \lambda_{i4}(m_{xi}n_{xi} + n_{xi}m_{yi}) \quad (A.3.1\text{-}6)$$

$$A_{zx}^i = 2(\lambda_{i1}n_{xi}l_{xi} + \lambda_{i2}n_{yi}l_{yi} + \lambda_{i3}n_{zi}l_{zi}) + \lambda_{i4}(n_{xi}l_{yi} + l_{xi}n_{yi}) \quad (A.3.1\text{-}7)$$

$$\lambda_{i1} = 1.25(\cos^2\varphi_{ij} - \mu\sin^2\varphi_{ij}) \quad (A.3.1\text{-}8)$$

$$\lambda_{i2} = 1.25(\sin^2\varphi_{ij} - \mu\cos^2\varphi_{ij}) \quad (A.3.1\text{-}9)$$

$$\lambda_{i3} = -0.75(0.645 + \mu)(1 - \mu) \quad (A.3.1\text{-}10)$$

$$\lambda_{i4} = 1.25(1 + \mu)\sin2\varphi_{ij} \quad (A.3.1\text{-}11)$$

式中： ε_{ij}——序号为 i 测试钻孔中 j 测试方向应变片的应变计算值；

i——测试钻孔序号；

j——应变丛中应变片序号；

φ_{ij}——序号为 i 测试钻孔中 j 测试方向应变片倾角

$(°)$。

λ_{i1},λ_{i2},λ_{i3},λ_{i4}——序号 i 测试钻孔与泊松比和应变片夹角有关的计算系数。

A.3.2 计算系数 λ 适用于一般的孔底应变计,也可根据试验或建立的数学模型确定计算系数。

A.4 空间主应力参数计算

A.4.1 空间主应力计算应符合下列规定:

1 空间主应力应分别按下列公式计算:

$$\sigma_1 = 2\sqrt{-\frac{P}{3}}\cos\frac{\omega}{3} + \frac{1}{3}J_1 \qquad (A.4.1\text{-}1)$$

$$\sigma_2 = 2\sqrt{-\frac{P}{3}}\cos\frac{\omega+2\pi}{3} + \frac{1}{3}J_1 \qquad (A.4.1\text{-}2)$$

$$\sigma_3 = 2\sqrt{-\frac{P}{3}}\cos\frac{\omega+4\pi}{3} + \frac{1}{3}J_1 \qquad (A.4.1\text{-}3)$$

$$\omega = \arccos\left[-\frac{Q}{2\sqrt{-\left(\frac{P}{3}\right)^3}}\right] \qquad (A.4.1\text{-}4)$$

$$P = -\frac{1}{3}J_1^2 + J_2 \qquad (A.4.1\text{-}5)$$

$$Q = -2\left(\frac{J_1}{3}\right)^3 + \frac{1}{3}J_1 J_2 - J_3 \qquad (A.4.1\text{-}6)$$

$$J_1 = \sigma_x + \sigma_y + \sigma_z \qquad (A.4.1\text{-}7)$$

$$J_2 = \sigma_x\sigma_y + \sigma_y\sigma_z + \sigma_z\sigma_x - \tau_{xy}^2 - \tau_{yz}^2 - \tau_{zx}^2 \qquad (A.4.1\text{-}8)$$

$$J_3 = \sigma_x\sigma_y\sigma_z - \sigma_x\tau_{yz}^2 - \sigma_y\tau_{zx}^2 - \sigma_z\tau_{xy}^2 - 2\tau_{xy}\tau_{yz}\tau_{zx} \qquad (A.4.1\text{-}9)$$

式中: σ_1,σ_2,σ_3——岩体空间主应力(MPa);

ω,P,Q,J_1,J_2,J_3——为简化应力计算公式而设置的计算代号。

2 各主应力对于大地坐标系各轴的方向余弦应分别按下列公式计算:

$$l_i = \frac{A}{\sqrt{A^2+B^2+C^2}} \qquad (A.4.1\text{-}10)$$

$$m_i = \frac{B}{\sqrt{A^2+B^2+C^2}} \qquad (A.4.1\text{-}11)$$

$$n_i = \frac{C}{\sqrt{A^2+B^2+C^2}} \qquad (A.4.1\text{-}12)$$

$$A = \tau_{xy}\tau_{yz} - (\sigma_y - \sigma_i)\tau_{zx} \qquad (A.4.1\text{-}13)$$

$$B = \tau_{xy}\tau_{zx} - (\sigma_x - \sigma_i)\tau_{yz} \qquad (A.4.1\text{-}14)$$

$$C = (\sigma_x - \sigma_i)(\sigma_y - \sigma_i) - \tau_{xy}^2 \qquad (A.4.1\text{-}15)$$

式中: l_i,m_i,n_i——各主应力对于大地坐标系各轴的方向余弦(°);

A,B,C——为简化方向余弦计算公式而设置的计算代号。

3 各主应力方向应分别按下列公式计算:

$$\alpha_i = \arcsin n_i \qquad (A.4.1\text{-}16)$$

$$\beta_i = \beta_0 - \arcsin\frac{m_i}{\sqrt{1-n_i^2}} \qquad (A.4.1\text{-}17)$$

式中: α_i——主应力 σ_i 的倾角(°);

β_0——大地坐标系 X 轴方位角(°);

β_i——主应力 σ_i 在水平面上投影线的方位角(°)。

A.4.2 按式(A.2.2)进行平面应力分量解算时,平面主应力参数计算应符合下列规定:

1 平面主应力应分别按下列公式计算:

$$\sigma_1 = \frac{1}{2}\left[(\sigma_x+\sigma_y) + \sqrt{(\sigma_x-\sigma_y)^2 + 4\tau_{xy}^2}\right] \qquad (A.4.2\text{-}1)$$

$$\sigma_2 = \frac{1}{2}\left[(\sigma_x+\sigma_y) - \sqrt{(\sigma_x-\sigma_y)^2 + 4\tau_{xy}^2}\right] \qquad (A.4.2\text{-}2)$$

式中: σ_1,σ_2——岩体平面主应力(MPa)。

2 主应力方向应按下式计算:

$$\alpha = \frac{1}{2}\arctan\frac{2\tau_{xy}}{\sigma_x - \sigma_y} \qquad (A.4.2\text{-}3)$$

式中: α——σ_1 与 X 轴夹角(°)。

本标准用词说明

1 为便于在执行本标准条文时区别对待,对要求严格程度不同的用词说明如下:

　1)表示很严格,非这样做不可的:

　　正面词采用"必须",反面词采用"严禁";

　2)表示严格,在正常情况下均应这样做的:

　　正面词采用"应",反面词采用"不应"或"不得";

　3)表示允许稍有选择,在条件许可时首先应这样做的:

　　正面词采用"宜",反面词采用"不宜";

　4)表示有选择,在一定条件下可以这样做的,采用"可"。

2 条文中指明应按其他有关标准执行的写法为:"应符合……的规定"或"应按……执行"。

引用标准名录

《土工试验方法标准》GB/T 50123

中华人民共和国国家标准

工程岩体试验方法标准

GB/T 50266—2013

条 文 说 明

修　订　说　明

《工程岩体试验方法标准》GB/T 50266—2013，经住房和城乡建设部 2013 年 1 月 28 日以第 1633 号公告批准发布。

本标准是在《工程岩体试验方法标准》GB/T 50266—1999 的基础上修订而成，上一版的主编单位为：水电水利规划设计总院。参加单位为：成都勘测设计研究院、中国水利水电科学研究院、长沙矿冶研究院、煤炭科学研究院、武汉岩体土力学研究所、长江科学院、黄河水利委员会勘测规划设计院、昆明勘测设计研究院、东北勘测设计院、铁道科学研究院西南研究所。主要起草人为：陈祖安、张性一、陈梦德、李迪、陈扬辉、傅冰骏、崔志莲、潘青莲、袁澄文、王永年、阎政翔、夏万仁、陈成宗、郭惠丰、吴玉山、刘永燮。

本次修订的主要内容为：1. 增加了岩块冻融试验、混凝土与岩体接触面直剪试验、岩体载荷试验、水压致裂法岩体应力测试、岩体表面倾斜观测、岩体渗压观测 6 个试验项目；2. 增加了水中称量法比重试验、千分表法单轴压缩变形试验、方形承压板法岩体变形试验 3 种试验方法。

为便于广大设计、施工、科研、学校等单位有关人员在使用本规范时能正确理解和执行条文规定，《工程岩体试验方法标准》编制组按章、节、条顺序编制了本规范的条文说明。对条文规定的目的、依据以及执行中需注意的有关事项进行了说明。但是，本条文说明不具备与规范正文同等的法律效力，仅供使用者作为理解和把握标准规定的参考。

目　次

1 总　则

1.0.1 工程岩体试验的成果,既取决于工程岩体本身的特性,又受试验方法、试件形状、测试条件和试验环境等的影响。本标准就上述内容作了统一规定,有利于提高岩石试验成果的质量,增强同类工程岩体试验成果的可比性。

1.0.2 本条由原标准适用的行业修改为适用的工程对象。考虑到各行业对工程岩体技术标准的特殊要求,各行业可根据自己的经验和要求,在本标准基础上,制定适应本行业的具体试验方法标准。

1.0.3 本次修改增加质量检验内容。

2 岩块试验

2.1 含水率试验

2.1.1 岩石含水率是岩石在105℃～110℃温度下烘至恒量时所失去的水的质量与岩石固体颗粒质量的比值,以百分数表示。

(1)岩石含水率试验,主要用于测定岩石的天然含水状态或试件在试验前后的含水状态。

(2)对于含有结晶水易逸出矿物的岩石,在未取得充分论证前,一般采用烘干温度为55℃～65℃,或在常温下采用真空抽气干燥方法。

2.1.2 在地下水丰富的地区,无法采用干钻法,本次修订允许采用湿钻法。结构面充填物的含水状态将影响其物理力学性质,本次修订增加此方法。

2.1.5 本次修订将称量控制修改为烘干时间控制。其他试验均采用烘干时间为24h,且经过论证,为统一试验方法和便于操作,含水率试验烘干时间采用24h。

2.2 颗粒密度试验

2.2.1 岩石颗粒密度是岩石在105℃～110℃温度下烘至恒量时岩石固相颗粒质量与其体积的比值。岩石颗粒密度试验除采用比重瓶法外,本次修订增加水中称量法,列入本标准第2.4节吸水性试验中。

2.2.2 本条对试件作了以下规定:

1 颗粒密度试验的试件一般采用块体密度试验后的试件粉碎成岩粉,其目的是减少岩石不均一性的影响。

2 试件粉碎后的最大粒径,不含闭合裂隙。已有实测资料表明,当最大粒径为1mm时,对试验成果影响甚微。根据国内有关规定,同时考虑我国现有技术条件,本标准规定岩石粉碎成岩粉后需全部通过0.25mm筛孔。

2.2.4 本标准只采用容积为100ml的短颈比重瓶,是考虑了岩石的不均一性和我国现有的实际条件。

2.2.6 蒸馏水密度可查物理手册;煤油密度实测。

2.3 块体密度试验

2.3.1 岩石块体密度是岩石质量与岩石体积之比。根据岩石含水状态,岩石密度可分为天然密度、烘干密度和饱和密度。

(1)选择试验方法时,主要考虑试件制备的难易和水对岩石的影响。

(2)对于不能用量积法和直接在水中称量进行测定的干缩湿胀类岩石采用密封法。选用石蜡密封试件时,由于石蜡的熔点较高,在蜡封过程中可能会引起试件含水率的变化,同时试件也会产生干缩现象,这些都将影响岩石含水率和密度测定的准确性。高分子树脂胶是在常温下使用的涂料,能确保含水量和试件体积不变,在取得经验的基础上,可以代替石蜡作为密封材料。

2.3.2 用量积法测定岩石密度,适用于能制成规则试件的各类岩石。该方法简便、成果准确、且不受环境的影响,一般采用单轴抗压强度试验试件,以利于建立各指标间的相互关系。

2.3.3 蜡封法一般用不规则试件,试件表面有明显棱角或缺陷时,对测试成果有一定影响,因此要求试件加工成浑圆状。

2.3.7 用量积法测定岩石密度时,对于具有干缩湿胀的岩石,试件体积量测在烘干前进行,避免试件烘干对计算密度的影响。

2.3.8 用蜡封法测定岩石密度时,需掌握好熔蜡温度,温度过高容易使蜡液浸入试件缝隙中;温度低了会使试件封闭不均,不易形成完整蜡膜。因此,本试验规定的熔蜡温度略高于蜡的熔点(约57℃)。蜡的密度变化较大,在进行蜡封法试验时,需测定蜡的密度,其方法与岩石密度试验中水中称量法相同。

2.3.10 鉴于岩石属不均质体,并受节理裂隙等结构的影响,因此同组岩石的每个试件试验成果值存在一定差异。在试验成果中列出每一试件的试验值。在后面章节条文说明中,凡有计算平均值的要求,均按此条文说明,不再另行说明。

2.4 吸水性试验

2.4.1 岩石吸水率是岩石在大气压力和室温条件下吸入水的质量与岩石固体颗粒质量的比值,以百分数表示;岩石饱和吸水率是岩石在强制条件下的最大吸水量与岩石固体颗粒质量的比值,以百分数表示。

水中称量法可以连续测定岩石吸水性、块体密度、颗粒密度等指标,对简化试验步骤,建立岩石指标相关关系具有明显的优点。因此,水中称量法和比重瓶法测定岩石颗粒密度的对比试验研究,从原标准制订前至今,始终在进行。水中称量法测定岩石颗粒密度的试验方法,在土工和材料试验中,已被制订在相关的标准中。

由于在岩石中可能存在封闭空隙,水中称量法测得的岩石颗粒密度值等于或小于比重瓶法。经对比试验,饱和吸水率小于0.30%时,误差基本在0.00～0.02之间。

水中称量法测定岩石颗粒密度方法简单,精度能满足一般使用要求,本次修订将水中称量法测定岩石颗粒密度方法正式列入本标准。对于含较多封闭孔隙的岩石,仍需采用比重瓶法。

2.4.2 试件形态对岩石吸水率的试验成果有影响,不规则试件的吸水率可以是规则试件的两倍多,这和试件与水的接触面积大小有很大关系。采用单轴抗压强度试验的试件作为吸水性试验的标准试件,能与抗压强度等指标建立良好的相关关系。因此,只有在试件制备困难时,才允许采用不规则试件,但需试件为浑圆形,有一定的尺寸要求(40mm～60mm),才能确保试验成果的精度。

2.4.7 本条说明同本标准第2.3.10条的说明。

2.5 膨胀性试验

2.5.1 岩石膨胀性试验是测定岩石在吸水后膨胀的性质,主要是测定含有遇水易膨胀矿物的各类岩石,其他岩石也可采用本标准。主要包括下列内容:

(1)岩石自由膨胀率是岩石试件在浸水后产生的径向和轴向变形分别与试件原直径和高度之比,以百分数表示。

(2)岩石侧向约束膨胀率是岩石试件在有侧限条件下,轴向受有限载荷时,浸水后产生的轴向变形与试件原高度之比,以百分数表示。

（3）岩石体积不变条件下的膨胀压力是岩石试件浸水后保持原形体积不变所需的压力。

2.5.3 由于国内进行膨胀性试验采用的仪器大多为土工压缩仪，本次修订将试件尺寸修改为满足土工仪器要求，同时考虑膨胀的方向性。

2.5.7 侧向约束膨胀率试验仪中的金属套环高度需大于试件高度与二透水板厚度之和。避免由于金属套环高度不够，引起试件浸水饱和后出现三向变形。

2.5.8 岩石膨胀压力试验中，为使试件体积始终不变，需随时调节所加载荷，并在加压时扣除仪器的系统变形。

2.5.10 本条说明同本标准第 2.3.10 条的说明。

2.6 耐崩解性试验

2.6.1 岩石耐崩解性试验是测定岩石在经过干燥和浸水两个标准循环后，岩石残留的质量与其原质量之比，以百分数表示。岩石耐崩解性试验主要适用于在干、湿交替环境中易崩解的岩石，对于坚硬完整岩石一般不需要进行此项试验。

2.7 单轴抗压强度试验

2.7.1 岩石单轴抗压强度试验是测定岩石在无侧限条件下，受轴向压力作用破坏时，单位面积上所承受的载荷。本试验采用直接压坏试件的方法来求得岩石单轴抗压强度，也可在进行岩石单轴压缩变形试验的同时，测定岩石单轴抗压强度。为了建立各指标间的关系，尽可能利用同一试件进行多种项目测试。

2.7.3 鉴于圆柱形试件具有轴对称特性，应力分布均匀，而且试件可直接取自钻孔岩心，在室内加工程序简单，本标准推荐圆柱体作为标准试件的形状。在没有条件加工圆柱体试件时，允许采用方柱体试件，试件高度与边长之比为 2.0～2.5，并在成果中说明。

2.7.9 加载速度对岩石抗压强度测试结果有一定影响。本试验所规定的每秒 0.5MPa～1.0MPa 的加载速度，与当前国内外习惯使用的加载速度一致。在试验中，可根据岩石强度的高低选用上限或下限。对软弱岩石，加载速度视情况再适当降低。

根据现行国家标准《岩土工程勘察规范》GB 50021 的要求，本次修订增加软化系数计算公式。由于岩石的不均一性，导致试验值存在一定的离散性，试验中软化系数可能出现大于 1 的现象。软化系数是统计的结果，要求试验有足够的数量，才能保证软化系数的可靠性。

2.7.10 当试件无法制成本标准要求的高径比时，按下列公式对其抗压强度进行换算：

$$R = \frac{8R'}{7 + \frac{2D}{H}} \tag{1}$$

式中：R ——标准高径比试件的抗压强度；

R' ——任意高径比试件的抗压强度；

D ——试件直径；

H ——试件高度。

2.7.11 本条说明同本标准第 2.3.10 条的说明。

2.8 冻融试验

2.8.1 岩石冻融试验是指岩石经过多次反复冻融后，测定其质量损失和单轴抗压强度变化，并以冻融系数表示岩石的抗冻性能。根据现行国家标准《岩土工程勘察规范》GB 50021 的要求，本次修订增加本试验。岩石冻融破坏，是由于裂隙中的水结冰后体积膨胀，从而造成岩石胀裂。当岩石吸水率小于 0.05% 时，不必做冻融试验。

岩石冻融试验，本标准采用直接冻融的方法，又分慢冻和快冻两种方式。慢冻是在空气中冻 4h，水中融 4h，每一次循环为 8h；

快冻是将试件放在装有水的铁盒中，铁盒放入冻融试验槽中，往槽中交替输入冷、热氯化钙溶液，使岩石冻融，每一次循环为 2h。因此，快冻较慢冻具有试验周期短、劳动强度低等优点，但需要较大的冷库和相应的设备，在目前情况下，不便普及，因此本标准推荐慢冻方式。

2.8.6 本次修订参考了混凝土试验的有关标准，冻融循环次数明确为 25 次，也可视工程需要和地区气候条件确定为 25 的倍数。

2.8.8 本条说明同本标准第 2.3.10 条说明。

2.9 单轴压缩变形试验

2.9.1 岩石单轴压缩变形试验是测定岩石在单轴压缩条件下的轴向和径向应变值，据此计算岩石弹性模量和泊松比。本次修订增列千分表法，在计算时先将变形换算成应变。

2.9.5 试验时一般采用分点测量，这样有利于检查和判断试件受力状态的偏心程度，以便及时调整试件位置，使之受力均匀。

2.9.6 采用千分表架试验时，标距一般为试件高度的一半，位于试件中部。可以根据试件高度大小和设备条件作适当调整。千分表法的测表，按经验选用百分表或千分表。

2.9.7 本试验用两种方法计算岩石弹性模量和泊松比，即岩石平均弹性模量与岩石割线弹性模量及相对应的泊松比。根据需要，可以确定任何应力下的岩石弹性模量和泊松比。

2.9.8 本条说明同本标准第 2.3.10 条的说明。

2.10 三轴压缩强度试验

2.10.1 岩石三轴压缩强度试验是测定一组岩石试件在不同侧压条件下的三向压缩强度，据此计算岩石在三轴压缩条件下的强度参数。本标准采用等侧压条件下的三轴试验，为三向应力状态中的特殊情况，即 $\sigma_2 = \sigma_3$。在进行三轴试验的同时进行岩石单轴抗压强度、抗拉强度试验，有利于试验成果整理。

2.10.5 侧向压力值主要依据工程特性、试验内容、岩石性质以及三轴试验机性能选定。为了便于成果分析，侧压力级差可选择等差级数或等比级数。

试件采取防油措施，以避免油液渗入试件而影响试验成果。

2.10.6 为便于资料整理，本次修订补充了强度参数的计算公式。

2.11 抗拉强度试验

2.11.1 岩石抗拉强度试验是在试件直径方向上，施加一对线性载荷，使试件沿直径方向破坏，间接测定岩石的抗拉强度。本试验采用劈裂法，属间接拉伸法。

2.11.5 垫条可采用直径为 4mm 左右的钢丝或胶木棍，其长度大于试件厚度。垫条的硬度与岩石试件硬度相匹配，垫条硬度过大，易于贯入试件；垫条硬度过低，自身将严重变形，从而都会影响试验成果。试件最终破坏是沿试件直径贯穿破坏，如未贯穿整个截面，而是局部脱落，属无效试验。

2.11.7 本条说明同本标准第 2.3.10 条的说明。

2.12 直 剪 试 验

2.12.1 岩石直剪试验是将同一类型的一组岩石试件，在不同的法向载荷下进行剪切，根据库伦-奈维表达式确定岩石的抗剪强度参数。

本标准采用应力控制式的平推法直剪。完整岩石采用双面剪时，可参照本标准。

2.12.9 预定的法向应力一般是指工程设计应力。因此法向应力的选取，根据工程设计应力（或工程设计压力）、岩石或岩体的强度、岩体的应力状态以及设备的精度和出力等确定。

2.12.12 当剪切位移量不大时，剪切面积可直接采用试件剪切面积，当剪切位移量过大而影响计算精度时，采用最终的重叠剪切面积。确定剪切阶段特征点时，按现在常用的有比例极限、屈服极限、峰值强度、摩擦强度，在提供抗剪强度参数时，均需提供抗剪断的峰值强度参数值。

计算剪切载荷时，需减去滚轴排的摩阻力。

2.13 点荷载强度试验

2.13.1 岩石点荷载强度试验是将试件置于点荷载仪上下一对球端圆锥之间，施加集中载荷直至破坏，据此求得岩石点荷载强度指数和岩石点荷载强度各向异性指数。本试验是间接确定岩石强度的一种试验方法。

2.13.7 点荷载试验仪的球端的曲率半径为 5mm，圆锥体顶角为 60°。

2.13.8 当试件中存在弱面时，加载方向分别垂直弱面和平行弱面，以求得各向异性岩石的垂直和平行的点荷载强度。

2.13.9 修正指数 m，一般可取 0.40~0.45。也可在 $\log P \sim \log D_e^2$ 关系曲线上求取曲线的斜率 n，这时 $m=2(1-n)$。

3 岩体变形试验

3.1 承压板法试验

3.1.1 本条说明了该试验的适用范围。

（1）承压板法岩体变形试验是通过刚性或柔性承压板施力于半无限空间岩体表面，量测岩体变形，按弹性理论公式计算岩体变形参数。

（2）本次修订，根据现行国家标准《岩土工程勘察规范》GB 50021 的要求，增加了方形刚性承压板。

（3）采用刚性承压板或柔性承压板，按岩体性质和设备拥有情况选用。

（4）在露天进行试验或无法利用洞室岩壁作为反力座时，反力装置可采用地锚法或压重法，但需注意试验时的环境温度变化，以免影响试验成果。

3.1.9 由于岩体性质和试验要求不同，无法规定具体的量程和精度，因此本条只明确了试验必要的仪器和设备，以后各项试验有关仪器设备条文说明同本条说明。

3.1.10 当刚性承压板刚性不足时，采用叠置垫板的方式增加承压板刚度。

3.1.12 对均质完整岩体，板外测点一般按平行和垂直试验洞轴线布置；对具明显各向异性的岩体，一般可按平行和垂直主要结构面走向布置。

3.1.14 逐级一次循环加压时，每一循环压力需退零，使岩体充分回弹。当加压方向与地面不相垂直时，考虑安全的原因，允许保持一小压力，这时岩体回弹是不充分的，所计算的岩体弹性模量值可能偏大，在记录中予以说明。

柔性承压板中心孔法变形试验中，由于岩体中应力传递至深部，需要一定时间过程，稳定读数时间作适当延长，各测表同时读取变形稳定值。注意保护钻孔轴向位移计的引出线，不使异物掉入孔内。

3.1.15 当试点距洞口的距离大于 30m 时，一般可不考虑外部气温变化对试验值的影响，但避免由于人为因素（人员、照明、取暖等）造成洞内温度变化幅度过大。通常要求试验期间温度变化范围为 ±1℃。当试点距离洞口较近时，需采取设置隔温门等措施。

3.1.17 本条规定了试验成果整理的内容，成果整理时注意以下事项：

（1）当测表因量程不足而需调表时，需读取调表前后的稳定读

数值，并在计算中减去稳定读数值之差。如在试验中，因掉块等原因引起碰动，也可用此方法进行。

（2）刚性承压板试验，用 4 个测表的平均值作为岩体变形计算值。当其中一个测表因故障或其他原因被判断为失效时，需采用另一对称的两个测表的平均值作为岩体变形计算值，并予以说明。

（3）本次修订，根据现行国家标准《岩土工程勘察规范》GB 50021 的要求，增加基准基床系数计算公式。

3.2 钻孔径向加压法试验

3.2.1 钻孔径向加压法试验是在岩体钻孔中的一有限长度内对孔壁施加压力，同时量测孔壁的径向变形，按弹性理论求解得岩体变形参数。

原标准名称为钻孔变形试验，为区别钻孔孔底加压法试验，本次修订改称为钻孔径向加压法试验。

3.2.4 钻孔膨胀计为柔性加压，直接或间接量测孔壁岩体变形；钻孔弹模计为刚性加压，直接量测孔壁岩体变形。本次修订增加钻孔弹模计。

3.2.7 试验最大压力系根据岩体强度、岩体应力状态、工程设计应力和设备条件确定。孔径效应问题通过增大试验压力的方法解决。

4 岩体强度试验

4.1 混凝土与岩体接触面直剪试验

4.1.1 直剪试验是将同一类型的一组试件，在不同的法向载荷下进行剪切，根据库伦-奈维表达式确定抗剪强度参数。直剪试验可分为在剪切面未受扰动的情况下进行的第一次剪断的抗剪断试验、剪断后沿剪切面继续进行剪切的抗剪试验（或称摩擦试验）、试件上不施加法向载荷的抗切试验。直剪试验可以预先选择剪切面的位置，剪切载荷可以按预定的方向施加。混凝土与岩体接触面直剪试验的最终破坏面有下列几种形式：

1）沿接触面剪断；

2）在混凝土试件内部剪断；

3）在岩体内部剪断；

4）上述三种的组合形式。

本次修订，根据现行国家标准《岩土工程勘察规范》GB 50021 的要求，增加本试验。

4.1.3 本条规定了对试件的要求：

（1）本标准推荐方形（或矩形）试件。

（2）确定试件间距的最小尺寸，主要考虑在进行试验时，不致扰动两侧尚未进行试验的试件，包括基岩沉陷和裂缝开展的影响，同时要满足设备安装所需的空间。

（3）对于均匀且各向同性的岩体，推力方向也可根据试验条件确定，不必强求与建筑物推力方向一致。

以后各节均按此条文说明。

4.1.4 本条规定了对混凝土试件制备的要求：

（1）砂浆垫层一般采用将试件混凝土中粗骨料剔除后先进行铺设，也可以采用试件混凝土配比中水、水泥、砂的配合比单独拌制后铺设。

（2）剪切载荷平行于剪切面施加为平推法，剪切载荷与剪切面成一定角度施加为斜推法。由于平推法和斜推法两种试验方法的最终成果无明显差别，本标准仍将两种方法并列，一般可根据设备条件和经验进行选择。斜推法的推力夹角一般为 12°~25°，本标准推荐 12°~20°。

(3)混凝土或砂浆的养护包括两部分。在对混凝土试件和测定混凝土强度等级的试件养护时,在同一环境条件下进行,试验在试件混凝土达到设计强度等级后进行。安装过程中浇筑的混凝土或砂浆,达到一定强度后即可进行试验。在寒冷地区养护时,注意环境温度对混凝土的影响。

4.1.11 试件在剪切过程中,会出现上抬现象,一般称为"扩容"现象,在安装法向载荷液压千斤顶时,启动部分行程以适应试件上抬引起液压千斤顶活塞的压缩变形。

4.1.13 根据试验观测,绘制剪切力与位移关系曲线时,在试件对称部位各布置2个测表所取得的数据,能满足确定峰值强度的要求,还可以观测到岩体的不均一性和载荷的偏心程度。

4.1.16 本条规定了法向载荷的施加方法,并作如下说明:

(1)一组试件中,施加在剪切面上的最大法向应力,一般可定为1.2倍的预定法向应力。预定法向应力通常指工程设计应力或工程设计压力,在确定试验时所施加的最大法向应力时,还要考虑岩体的强度、岩体的应力状态以及设备的出力和精度。

(2)采用斜推法进行试验时,预先计算施加斜向剪切载荷在试件剪切时产生的法向分载荷,并相应减除施加在试件上的法向载荷,以保持法向应力在试验过程中始终为一常数。

(3)法向载荷施加分级为1级~3级,没有考虑载荷大小和岩性因素,在实际操作中,可参考法向位移的大小进行调整。

4.1.17 本条规定了剪切载荷的施加方法,并作如下说明:

(1)由于"残余抗剪强度"在岩石力学领域中,至今概念尚不明确,试验要求"试件剪断后,应继续施加剪切载荷,直至测出趋于稳定的剪切载荷值为止",这对取得准确的抗剪(摩擦)值有利。

(2)本标准规定直剪试验应进行抗剪断试验,建议进行抗剪(摩擦)试验,并提出相应的抗剪断峰值和抗剪(摩擦)强度参数。对于单点法试验仍继续累积资料,以利今后修改标准时使用。

4.1.20 本条规定了试验成果整理的要求,并进行下述说明:

(1)作用于剪切面上的总剪切载荷是施加的剪切载荷与滚轴排摩阻力之差。斜推法计算法向应力时,总斜向剪切载荷中不包括滚轴排的摩阻力。

(2)鉴于在剪应力与剪切位移关系曲线上确定比例极限和屈服极限的方法,至今尚未统一,有一定的随意性,本标准要求提供抗剪断峰值强度参数。

(3)抗剪值一般采用抗剪稳定值。出现峰值说明剪切面未被全部剪断,或出现新的剪断面。

4.2 岩体结构面直剪试验

4.2.3 本标准推荐方形(或矩形)试件。对于高倾角结构面,首先考虑加工方形试件,在加工方形试件确有困难而需采用楔形试件时,注意在试验过程中保持法向应力为常数。对于倾斜的结构面试件,在试件加工过程中或安装法向加载系统时,易发生位移,可以采用预留岩柱或支撑的方法固定试件,在施加法向载荷后予以去除。

4.2.12 对于具有一定厚度黏性土充填的结构面,为能在试验中施加较大的法向应力而不致挤出夹泥,可以适当加大剪切面积。对于膨胀性较大的夹泥,可以采用预锚法。

4.3 岩体直剪试验

4.3.1 对于完整坚硬的岩体,一般采用室内三轴试验。

4.3.3 剪切缝的宽度为推力方向试件边长的5%,能够满足一般岩体的要求,也可根据岩体的不均一性,作适当调整。

4.3.10 试验过程中及时记录试件中的声响和试件周围裂缝开展情况,以供成果整理时参考。

4.3.12 岩体的强度参数一般离散性较大。在试验中,可以根据设备和岩性条件,适当加大剪切面上的最大法向应力,或增加试件

的数量,以取得可靠的强度参数值。

4.4 岩体载荷试验

4.4.1 岩体载荷试验的主要目的是确定岩体的承载力。

4.4.7 由于塑性变形有一个时间积累过程,本标准规定"每级读数累计时间不小于1h"。

4.4.8 本标准确定终止试验有4种情况。第3种情况为岩体发生过大的变形(承压板直径的1/12),属于限制变形的正常使用极限状态。第4种情况是由于岩体承载力的不确定性,限于加载设备的最大出力条件,加载达不到极限载荷,这时的试验载荷若已达到岩体设计压力的2倍或超过岩体比例界限载荷的15%,试验仍有效,否则重新选择出力更大的加载设备再进行试验。

5 岩石声波测试

5.1 岩块声波速度测试

5.1.1 岩块声波速度测试是测定声波的纵、横波在试件中传播的时间,据此计算声波在岩块中的传播速度及岩块的动弹性参数。

5.1.2 本测试试件采用单轴抗压强度试验的试件,这是为了便于建立各指标间的相互关系。如只进行岩块声波速度测试,也可采用其他型式试件。

5.1.6 对换能器施加一定的压力,挤出多余的耦合剂或压紧耦合剂,是为了使换能器和岩体接触良好,减少对测试成果的影响。

5.1.9 本条说明同本标准第2.3.10条的说明。

5.2 岩体声波速度测试

5.2.1 岩体声波速度测试是利用电脉冲、电火花、锤击等方式激发声波,测试声波在岩体中的传播时间,据此计算声波在岩体中的传播速度及岩体的动弹性参数。

5.2.8 在测试过程中,横波可按下列方法判定:

(1)在岩体介质中,横波与纵波传播时间之比约为1.7。

(2)接收到的纵波频率大于横波频率。

(3)横波的振幅比纵波的振幅大。

(4)采用锤击法时,改变锤击的方向或采用换能器时,改变发射电压的极性,此时接收到的纵波相位不变,横波的相位改变180°。

(5)反复调整仪器放大器的增益和衰减挡,在荧光屏上可见到较为清晰的横波,然后加大增益,可较准确测出横波初至时间。

(6)利用专用横波换能器测定横波。

5.2.9 由于岩体完整性指数已被广泛应用于工程中,本次修订列入计算公式。

6 岩体应力测试

6.1 浅孔孔壁应变法测试

6.1.1 孔壁应变法测试采用孔壁应变计,即在钻孔孔壁粘贴电阻应变片,量测套钻解除后钻孔孔壁的岩石应变,按弹性理论建立的应变与应力之间的关系式,求出岩体内该点的空间应力参数。为防止应变计引出电缆在钻杆内被绞断,要求测试深度不大于30m。

6.1.2 如需测试原岩应力时,测点深度需超过应力扰动影响区。在地下洞室中进行测试时,测点深度一般超过洞室直径(或相应尺

寸)的 2 倍。

6.1.3 由于工程区域构造应力场、岩体特性及边界条件等对应力测试成果有直接影响,因此需收集上述有关资料。

6.1.4 本次修订增加了空心包体式孔壁应变计,此类应变计已在工程中被广泛应用,由于岩石应变通过黏结剂和包体传递至电阻应变片,因此在对实测资料进行计算时,需引入电阻应变片并非直接粘贴在钻孔岩壁上的修正系数。修正系数一般由空心包体厂商提供。

要求各类钻头规格与应变计配套是为了减少中心测试孔安装应变计的误差,以及套钻解除后的岩心满足弹性理论中厚壁圆筒的条件。

6.1.5 由于黏结技术的进步,对于有水钻孔可以采用适用于水下黏结的黏结剂。当采用一般黏结剂时,适用在无水孔内进行测试,同时对孔壁进行干燥处理后再涂黏结剂。

6.1.8 最小套钻解除深度需超过孔底应力集中影响区,这一深度大致相当于测孔内粘贴应变计应变丛部位至解除孔孔底的距离达到解除岩心外径的 1/2。为保证成果的可靠性,本次修订将解除深度定为 2.0 倍。

为保证测试成果的可靠性,一个段需布置若干测点进行测试,并保证有 2 个测点为有效测点,各测点尽量靠拢。

关于套钻解除过程中分级读数方法,原标准制订时有分级停钻测读和连续钻进分级测读两种方法,根据当时设备条件和技术水平,选择分级停钻测读。本次修订改为匀压匀速连续钻进分级测读,主要考虑:钻孔技术进步;电阻应变仪已具备自动量测和记录功能;分级读数目的是为了绘制解除曲线,两种方法均能满足;连续钻进可避免再次钻进发生冲击载荷。

6.1.9 解除后的岩心如不能在 24h 内进行围压加载试验,立即对其包封,防止干燥。在进行围压试验时,不允许移动测试元件位置,以保证测试成果的准确性。

6.1.10 岩石弹性模量和泊松比也可以参考室内岩块试验成果。

6.2 浅孔孔径变形法测试

6.2.1 孔径变形法测试采用孔径变形计,即在钻孔内埋设孔径变形计,量测套钻解除后钻孔孔径的变形,经换算成孔径应变后,按弹性理论建立的应变和应力之间的关系式,求出岩体内该点的平面应力参数。要求测试深度不大于 30m。

6.2.2 测求岩体内某点的空间应力状态,本标准推荐前交会法,成果符合实际情况。当受条件限制时,也可采用后交会法,但需说明。

6.2.6 将变形计送入中心测试孔后,应变钢环的预压缩量控制在 0.2mm～0.6mm 范围内,否则需取出变形计,更换适当长度的触头重新安装。根据以往工程实测经验,在该预压范围内,一般可以满足套钻解除全过程中孔径的变化。

6.2.7 本条说明同第 6.1.8 条说明。

6.2.8 本条说明同第 6.1.10 条说明。

6.2.9 根据式(6.2.9)计算结果是中心测试孔的相对孔径变形,为与其他测试统一,以及应力测试的习惯和计算方便,本次修订仍用应变符号 ε 表示。

6.3 浅孔孔底应变法测试

6.3.1 孔底应变计测试采用孔底应变计,即在钻孔孔底平面粘贴电阻应变片,量测套钻解除后钻孔孔底的岩石平面应变,按弹性理论建立的应变与应力之间的关系式,求出岩体内该点的平面应力参数。要求测试深度不大于 30m。

6.3.2 测求岩体内某点的空间应力状态,本标准推荐前交会法,成果符合实际情况。当受条件限制时,也可采用后交会法,但需说明。

6.3.5 清洁剂一般采用丙酮,清洗后采用风吹干或用红外线光源进行烘烤。

6.3.6 根据有关研究,在钻孔孔底平面中央 2/3 直径范围内,应力分布较为均匀,因此要求将孔底应变计内电阻片的位置准确粘贴在该范围以内。

6.3.7 解除深度在超过解除岩心直径的 0.5 以后,基本上开始不受孔底应力集中的影响,本标准确定为岩心直径的 0.8。此外,可以考虑岩心围压率定器要求的岩心长度,予以适当加长。

6.3.9 本条说明同第 6.1.10 条说明。

6.4 水压致裂法测试

6.4.1 水压致裂法测试是采用两个长约 1m 串接起来可膨胀的橡胶封隔器阻塞钻孔,形成一封闭的加压段(长约 1m),对加压段加压致孔壁岩体产生张拉破裂,根据破裂压力等压力参数按弹性理论公式计算岩体应力参数。

本测试假定岩体为均匀和各向同性的线弹性体,岩体为非渗透性的,并假设岩体中有一个主应力分量与钻孔轴线平行。

采用水压致裂法测试岩体应力这一方法,已被广泛应用于深部岩体应力测试,1987 年被国际岩石力学学会实验室和现场试验标准化委员会列为推荐方法,本次修订将此方法列入本标准。

6.4.2 本测试利用高压水直接作用于钻孔孔壁,要求岩石渗透性等级为微透水或极微透水,本标准要求岩石透水率不宜大于 1Lu。

6.4.4 高压大流量水泵按岩体应力量级和岩性进行选择,一般采用最大压力为 40MPa,流量不小于 8L/min 的水泵。当流量不够时,可以采用两台并联。

6.4.8 水压致裂法测试一般在铅垂向钻孔内进行,求得随孔深岩体应力参数的变化规律,作为建筑物布置的依据。需要进行空间应力状态测试时,可以参考有关的技术文献进行。

7 岩体观测

7.1 围岩收敛观测

7.1.1 围岩收敛观测是采用收敛计量测地下洞室围岩表面两点之间在连线(基线)方向上的相对位移,即收敛值。本观测也可用于岩体表面两点间距变化的观测。

7.1.2 本条规定了观测断面和观测点布置的基本原则:

(1)当地质条件、地下洞室尺寸和形状、施工方法已确定时,围岩位移主要受空间和时间两种因素影响。围岩位移存在"空间效应"和"时间效应",这两种效应是围岩稳定状态的重要标志,可用来判断围岩稳定性、推算位移速度和最终位移值,确定支护合理时机。

(2)根据工程经验,在一般情况下,当开挖掌子面距观测断面 1.5 倍～2.0 倍洞径后,"空间效应"基本消除。观测断面距掌子面 1.0 倍洞径时,位移释放量约为总量的 10%～20%,距离掌子面越远,释放量越大,因此要求测点埋设尽量接近掌子面。

(3)原标准要求断面距掌子面不宜超过 0.5m,在实施过程中不易控制,本次修订改为不大于 1.0m。

7.1.4 本观测推荐卷尺式收敛计,采用其他形式收敛计,可以参照本标准进行。

7.1.7 本条规定了观测步骤和观测过程中注意的问题:

(1)收敛计根据不同的尺长采用不同的恒定张力,是为了减少尺的曲率和保持曲率的相对一致,以减小观测误差。恒定张力的大小视基线长度参照收敛计的使用要求确定。

(2)观测时间间隔当观测断面距掌子面在 2 倍洞径范围内时,每次开挖前后需观测 1 次。在 2 倍洞径范围外时,观测时间间隔一般按收敛位移变化情况而定。

7.1.8 原标准只列出温度修正值的计算公式。本次修订后的公式,适用于任何型式收敛计的计算。

采用收敛计观测的围岩位移是两测点位移之和,可以通过近似分配计算求得各测点的位移,选择计算方法的假设需接近洞室条件。

7.2 钻孔轴向岩体位移观测

7.2.1 钻孔轴向岩体位移观测是通过位移计量测不同深度孔壁岩体沿钻孔轴线方向的位移。本标准推荐并联式或串联式采用金属杆传递位移的多点位移计。当采用其他形式位移计时,可参照本标准。

观测深度过大,将影响位移传递精度。本标准要求测试深度不宜大于60m。

7.2.4 位移观测一般采用位移传感器和读数仪进行,当位移量较大且观测方便时,也可采用百分表直接读数。

锚头种类较多,适用于各类岩体和施工条件,一般按使用经验选择。

7.3 钻孔横向岩体位移观测

7.3.1 钻孔横向岩体位移观测是采用伺服加速度式滑动测斜仪量测孔壁岩体不同深度与钻孔轴线垂直的位移。本观测按单向伺服加速度计式滑动侧斜仪编写,采用双向、三向或其他型式仪器时,可参照本标准进行。

7.3.2 超过滑移带一定深度是为保证有可靠的基准点,一般根据岩性的滑移带性质确定。当地表配合其他观测方法可以确定位移量和位移方向时,基准点也可设置在地表。

7.3.6 对于软岩或破碎岩体,也可采用砂充填间隙。在预计的位移突变段,一般采用填砂方法,以防止侧斜管发生剪断。

7.4 岩体表面倾斜观测

7.4.1 岩体表面倾斜观测是采用倾角计量测岩体表面倾斜角位移,本标准推荐便携式倾角计。由于倾角观测已被应用于工程中,且方法简便可行,本次修订增列此方法。

7.4.5 测点安装需保证测点与岩体之间不产生相对位移,并能准确反映被测岩体的位移情况。选择测点时,首先考虑基准板直接置于岩体表面,当条件不许可时,采用本条第2款的方法。

7.5 岩体渗压观测

7.5.1 岩体渗压观测是通过埋设的测压管或渗压计量测岩体内地下水的渗透压力值。岩体渗压观测是较成熟的观测方法,本次修订增列本方法。

7.5.2 本条根据岩土工程的特点确定布置原则,目的是观测建筑物的防渗或排水效果、堤坝坝基和软弱夹带下扬压力观测、边坡滑动面地下水压力观测、混凝土构筑物的静水压力观测。

7.5.4 测压管坚固耐用、观测方便、经济,但观测值具有一定的滞后性,适用在地下水较丰富部位使用。渗压计对地下水压力反应较为敏感,对工程中需要及时反映地下水压力变化部位、岩体渗透性很小的部位,以及不宜埋设测压管的部位采用渗压计。

压力表和渗压计的量程按预估的地下水最大压力选用,渗压计需有足够的富裕度。

中华人民共和国国家标准

土工试验方法标准

Standard for geotechnical testing method

GB/T 50123—2019

主编部门：中 华 人 民 共 和 国 水 利 部
批准部门：中华人民共和国住房和城乡建设部
施行日期：２ ０ １ ９ 年 １ ０ 月 １ 日

中华人民共和国住房和城乡建设部
公　告

2019年　第131号

住房和城乡建设部关于发布国家标准
《土工试验方法标准》的公告

　　现批准《土工试验方法标准》为国家标准，编号为GB/T 50123—2019，自2019年10月1日起实施。原《土工试验方法标准》（GB/T 50123—1999）同时废止。

　　本标准在住房和城乡建设部门户网站

（www.mohurd.gov.cn）公开，并由住房和城乡建设部标准定额研究所组织中国计划出版社出版发行。

中华人民共和国住房和城乡建设部

2019年5月24日

前　言

　　根据住房和城乡建设部《关于印发〈2010年工程建设标准规范制订、修订计划〉的通知》（建标〔2010〕43号）的要求，标准编制组经广泛调查研究，认真总结实验经验、参考有关国家标准和国外先进标准，并在广泛征求意见的基础上，修订本标准。

　　本标准共分69章和4个附录，主要技术内容是：总则、术语和符号、基本规定、试样制备和饱和、含水率试验、密度试验、比重试验、颗粒分析试验、界限含水率试验、崩解试验、毛管水上升高度试验、相对密度试验、击实试验、承载比试验、回弹模量试验、渗透试验、固结试验、黄土湿陷试验、三轴压缩试验、无侧限抗压强度试验、直接剪切试验、排水反复直接剪切试验、无黏性土休止角试验、自由膨胀率试验、膨胀率试验、收缩试验、膨胀力试验、土的静止测压力系数试验、振动三轴试验、共振柱试验、土的基床系数试验、冻土含水率试验、冻土密度试验、冻结温度试验、冻土导热系数试验、冻土的未冻含水率试验、冻胀率试验、冻土融化压缩试验、原位冻土融化压缩试验、原位冻胀率试验、原位密度试验、试坑渗透试验、原位直剪试验、十字板剪切试验、标准贯入试验、静力触探试验、动力触探试验、旁压试验、载荷试验、波速试验、化学分析试样风干含水率试验、酸碱度试验、易溶盐试验、中溶盐石膏试验、难溶盐碳酸钙试验、有机质试验、游离氧化铁试验、阳离子交换量试验、土的X射线衍射矿物成分试验、粗颗粒土的试样制备、粗颗粒土相对密度试验、粗颗粒土击实试验、粗颗粒土的渗透及渗透变形试验、反滤试验、粗颗粒土固结试验、粗颗粒土直接剪切试

验、粗颗粒土三轴压缩试验、粗颗粒土三轴蠕变试验、粗颗粒土三轴湿化变形试验等。

　　本标准修订的主要内容是：

　　（1）增加了基本规定；

　　（2）增加了崩解试验、毛管水上升高度试验、无黏性土休止角试验、土的静止侧压力系数试验、振动三轴试验、共振柱试验、土的基床系数试验、冻土含水率试验、原位冻胀率试验、原位密度试验、试坑渗透试验、原位直剪试验、十字板剪切试验、标准贯入试验、静力触探试验、动力触探试验、旁压试验、载荷试验、波速试验、化学分析试样风干含水率试验、游离氧化铁试验、阳离子交换量试验、土的X射线衍射矿物成分试验、粗颗粒土的试样制备、粗颗粒土相对密度试验、粗颗粒土击实试验、粗颗粒土的渗透及渗透变形试验、反滤试验、粗颗粒土固结试验、粗颗粒土直接剪切试验、粗颗粒土三轴压缩试验、粗颗粒土三轴蠕变试验、粗颗粒土三轴湿化变形试验；

　　（3）补充完善了条文说明；

　　（4）删除了土的离心含水当量试验。

　　本标准由住房和城乡建设部负责管理，由水利部水利水电规划设计总院负责具体技术内容的解释。执行过程中如有意见或建议，请寄送水利部水利水电规划设计总院（地址：北京市西城区六铺炕北小街2-1号，邮政编码：100120）。

　　本标准主编单位、参编单位、主要起草人和主要审查人。

　　主 编 单 位：水利部水利水电规划设计总院
　　　　　　　　　南京水利科学研究院

参 编 单 位：中国水利水电科学研究院
　　　　　　长江科学院
　　　　　　中国科学院寒区旱区环境与工程研
　　　　　　究所冻土工程国家重点实验室
　　　　　　西北农林科技大学（水利部西北水
　　　　　　利科学研究所）
　　　　　　西安理工大学
　　　　　　中铁第一勘察设计院集团有限公司
　　　　　　工程试验检测中心
　　　　　　河海大学
　　　　　　长江岩土工程总公司（武汉）
　　　　　　中水东北勘测设计研究有限责任
　　　　　　公司

主要起草人：蔡正银　王　芳　高长胜　何　宁
　　　　　　刘小生　龚壁卫　吴青柏　李　鹏
　　　　　　胡再强　凌　华　邓友生　王韫楠
　　　　　　朱俊高　李少雄　韩会生　曹　培
　　　　　　傅　华　高明霞　张延亿　李　杰
　　　　　　刘启旺　关云飞　郭　伟　曹永琅
　　　　　　蔡　红　左永振　李顺利　李小梅
　　　　　　黄英豪

主要审查人：饶锡保　陈德基　殷宗泽　路新景
　　　　　　盛树馨　辛鸿博　薛　强　汪明元
　　　　　　雷兴顺　冯　星　卜素珍　潘海利
　　　　　　江菊英

目　　次

Contents

1 总　则

1.0.1　为测定土的基本工程性质,统一试验方法,制定本标准。

1.0.2　本标准适用于工业和民用建筑、水利水电、交通、电力等建设工程的地基土及填筑土料的基本工程性质试验。

1.0.3　土工试验资料的整理,应通过对样本(试验测得的数据)的研究来估计土体单元特征及其变化的规律,使土工试验的成果为工程设计和施工提供准确可靠的土性指标。试验成果的分析整理应按本标准附录 A 进行。

1.0.4　土样的要求与管理应符合本标准附录 B 的规定,土的分类应符合本标准附录 C 的规定。

1.0.5　土工试验方法除应符合本标准外,尚应符合国家现行有关标准的规定。

2　术语和符号

2.1　术　语

2.1.1　干比重　dry specific gravity

土在 105℃～110℃下烘至恒值时的质量与相当于土粒总体积的纯水 4℃时纯水质量的比值,土粒总体积包括土的固体颗粒、封闭型孔隙及开敞型孔隙组成的全部体积。

2.1.2　吸着含水率　absorbed water content

土粒在饱和面干状态时所含的水的质量与干土质量比,以百分数表示。

2.1.3　土的泊松比　poisson's ratio of soil

土在无侧限条件下加载时径向应变与竖向应变的比值。

2.1.4　主固结　primary consolidation

饱和土受压力后,随孔隙水的排出孔隙水压力逐渐消散至零,有效应力相应增加,体积逐渐减小的过程。

2.1.5　次固结　secondary consolidation

饱和黏性土在完成主固结后,土体积仍随时间减小的过程。

2.1.6　次固结系数　coefficient of secondary consolidation

土体主固结完成进入次固结后固结曲线的斜率,反映土体次固结速率的指标。

2.1.7　粗颗粒土　coarse-grained soil

粒径 5mm 以上土的质量大于总质量 50% 的粗粒土。

2.1.8　动三轴试验　dynamic triaxial test

在试验仪器压力室内,以一定围压或偏压使土样固结后施加动荷载以确定土的动强度、动弹性模量与阻尼以及液化势的试验。

2.1.9　原位测试　in-situ testing

在岩土体原来所处的位置,基本保持岩土体的结构、含水率和原位应力状态,直接或间接地测定岩土的工程特性。

2.1.10　载荷试验　plate loading test

用一定尺寸的承压板,对岩、土体施加竖向荷载,同时量测承压板沉降,以研究岩、土体在荷载作用下的变形特征,测定岩、土体承载力和变形模量等的原位试验。分为平板载荷试验和螺旋板载荷试验。

2.1.11　旁压试验　pressuremeter test(PMT)

利用可侧向膨胀的旁压仪,在钻孔中对孔壁施加径向压力,根据压力与变形关系测定岩土临塑压力、极限压力、旁压模量等参数的原位测试,又称横压试验。

2.1.12　波速测试　wave velocity testing

根据压缩波、剪切波或瑞利波在岩土体内的传播速度,间接测定岩土体在小应变条件下动弹性模量的原位测试。

2.1.13　纯水　pure water

脱气水或离子交换水。

2.2　符　号

2.2.1　物理性指标:

C_c——曲率系数;

C_u——不均匀系数;

D_r——相对密度;

e——孔隙比;

G_s——土粒比重;

G'_s——干比重;

I_D——密度指数;

I_L——液性指数;

I_P——塑性指数;

S_r——饱和度;

w——含水率;

w_f——冻土含水率;

w_{fn}——冻土的未冻含水率;

w_L——液限;

w_P——塑限;

w_{op}——最优含水率;

w_s——缩限;

W_u——有机质含量;

ρ——土的湿密度;

ρ_f——冻土密度;

ρ_d——土的干密度;

ρ_{fd}——冻土干密度;

α_c——风干状态下休止角;

α_m——水下休止角。

2.2.2　力学性指标:

A_f——试样破坏时孔隙水压力系数;

A_t——试样在时间 t 时的崩解量;

a_{fo}——冻土融沉系数;

a_{fv}——冻土融化压缩系数;

a_v——压缩系数;

B——试样初始孔隙水压力系数;

B_i——初始切线体积模量;

c——黏聚力;

C_c——压缩指数;

C_h——径向固结系数;

C_s——回弹指数;

C_v——固结系数;

C_α——次固结系数;

CBR——承载力;

E_e——回弹模量;

E_d——动弹性模量;

E_i——初始切线模量;

E_s——压缩模量;

E_m——旁压模量;

E_{sc}——螺旋板试验土的变形模量;

G_d——动剪切模量;

K——基床系数;

K_t——切线体积变形模量;

K_0——静止侧压力系数;

k_{20}——标准温度 20℃时的渗透系数;

m_v——体积压缩系数；

p_c——先期固结压力；

p_e——膨胀力；

p_{sh}——湿陷起始压力；

q_u——无侧限抗压强度；

R_f——破坏比；

S——抗剪强度；

S_t——灵敏度；

u——孔隙水压力；

δ_e——无荷载膨胀率；

δ_{ef}——自由膨胀率；

δ_{ep}——有荷载膨胀率；

δ_s——湿陷系数；

δ_t——时间 t 时的无荷载膨胀率；

δ_{wt}——溶滤湿陷系数；

δ_{zs}——自重湿陷系数；

η_f——冻胀率；

λ——阻尼比；

λ_s——收缩系数；

μ_i——初始切线泊松比；

σ——正应力；

τ——剪应力；

φ——摩擦角。

2.2.3 热学指标：

T——温度；

T_f——冻结温度；

λ_f——导热系数。

2.2.4 化学性指标：

$b(x)$——物质 x 的质量摩尔浓度；

$C(x)$——溶液 x 的浓度；

$\omega(x)$——物质 x 的含量；

CEC——阳离子交换量；

$O.M.$——土壤有机质含量。

3 基 本 规 定

3.0.1 本标准所用的仪器设备应符合现行国家标准《岩土工程仪器基本参数及通用技术条件》GB/T 15406 的有关规定，并应进行检定或校准。

3.0.2 本标准试验用水，除特殊要求外均应为纯水。

3.0.3 本标准试验用试剂，除特殊要求外应为国家标准二级品或以上等级的试剂。

4 试样制备和饱和

4.1 一般规定

4.1.1 试样制备的扰动土和原状土的颗粒粒径应小于 60mm。

4.1.2 制备特殊试样的程序应符合有关试验的规定。

4.1.3 试样制备的数量视试验需要而定，应多制备 1 个～2 个备用。原状土样同一组试样的密度最大允许差值应为 ±0.03g/cm³，含水率最大允许差值应为 ±2%；扰动土样制备试样密度、含水率与制备标准之间最大允许差值应分别为 ±0.02g/cm³ 与

±1%；扰动土平行试验或一组内各试样之间最大允许差值应分别为 ±0.02g/cm³ 与 ±1%。

4.1.4 扰动土试样的制备视工程实际情况可分别采用击样法、击实法和压样法。

4.2 仪器设备

4.2.1 制备试样需用的主要仪器设备应符合下列规定：

1 筛：孔径 20mm、5mm、2mm、0.5mm；

2 洗筛：孔径 0.075mm；

3 台秤：称量 10kg～40kg，分度值 5g；

4 天平：称量 1000g，分度值 0.1g；称量 200g，分度值 0.01g；

5 碎土器：磨土机；

6 击实器：包括活塞、导筒和环刀；

7 抽气机（附真空表）；

8 饱和器（附金属或玻璃的真空缸）。

4.2.2 制备试样需用的其他设备：烘箱、干燥器、保湿器、研钵、木锤、木碾、橡皮板、玻璃瓶、玻璃缸、修土刀、钢丝锯、凡士林、土样标签及盛土器。

4.3 扰动土试样预备程序

4.3.1 细粒土试样预备程序应符合下列规定：

1 对扰动土试样进行描述，描述内容可包括颜色、土类、气味及夹杂物；当有需要时，将扰动土充分拌匀，取代表性土样进行含水率测定。

2 将块状扰动土放在橡皮板上用木碾或利用碎土器碾散，碾散时勿压碎颗粒；当含水率较大时，可先风干至易碾散为止。

3 根据试验所需试样数量，将碾散后的土样过筛。过筛后用四分对角取样法或分砂器，取出足够数量的代表性试样装入玻璃缸内，试样应有标签，标签内容应包括任务单号、土样编号、过筛孔径、用途、制备日期和试验人员，以备各项试验之用。对风干土，应测定风干含水率。

4 配制一定含水率的试样，取过筛的风干土 1kg～5kg，平铺在不吸水的盘内，按本标准式（4.7.2）计算所需的加水量，用喷雾器喷洒预计的加水量，静置一段时间，装入玻璃缸内密封，润湿一昼夜备用，砂性土润湿时间可酌情减短。

5 测定湿润土样不同位置的含水率，取样点不应少于 2 个，最大允许差值应为 ±1%。

6 对不同土层的土样制备混合土样时，应根据各土层厚度，按权数计算相应的质量配合，然后应按本标准第 4.3.1 条第 1 款～第 4 款的规定进行扰动土的预备工作。

4.3.2 粗粒土试样预备程序应符合下列规定：

1 对砂及砂砾土，可按四分法或分砂器细分土样。取足够试验用的代表性试样供颗粒分析试验用，其余过 5mm 筛。筛上和筛下土样分别贮存，供做比重及相对密度等试验用。取一部分过 2mm 筛的试样供做直剪、固结力学性试验用。

2 当有部分黏土依附在砂砾石表面时，先用水浸泡，将浸泡过的土样在 2mm 筛上冲洗，取筛上及筛下代表性的试样供做颗粒分析试验用。

3 将冲洗下来的土浆风干至易碾散为止，应按本标准第 4.3.1 条第 2 款～第 4 款的规定进行预备工作。

4.4 扰动土试样制备

4.4.1 扰动土试样的制备，根据工程实际情况可分别采用击样法、击实法和压样法。

4.4.2 击样法应按下列步骤进行：

1 根据模具的容积及所要求的干密度、含水率，应按本标准式（4.7.1）、式（4.7.2）计算的用量制备湿土试样；

2 将湿土倒入模具内,并固定在底板上的击实器内,用击实方法将土击入模具内;

3 称取试样质量,应符合本标准第4.1.3条的规定。

4.4.3 击实法应按下列步骤进行:

1 根据试样所要求的干密度、含水率,应按本标准式(4.7.1)、式(4.7.2)计算的用量制备湿土试样。

2 应按本标准第13.3.1条、第13.3.2条的规定,将土样击实到所需的密度,用推土器推出。

3 将试验用的切土环刀内壁涂一薄层凡士林,刃口向下,放在土样上。用切土刀将土样切削成稍大于环刀直径的土柱。然后将环刀垂直向下压,边压削,至土样伸出环刀为止。削去两端余土并修平。擦净环刀外壁,称环刀、土总量,准确至0.1g,并应测定环刀两端削下土样的含水率,应符合本标准第4.1.3条的规定。

4.4.4 压样法应按下列步骤进行:

1 应按本标准第4.4.2条第1款的规定制备湿试样,称出所需的湿土量。将湿土倒入压样器内,拂平土样表面,以静压力将土压入。

2 称取试样质量,并应符合本标准第4.1.3条的规定。

4.4.5 本试验的记录格式应符合本标准附录D表D.1的规定。

4.5 原状土试样制备

4.5.1 应小心开启原状土样包装皮,辨别土样上下和层次,整平土样两端。无特殊要求时,切土方向应与天然层次垂直。

4.5.2 应按本标准第4.4.3条第3款的操作步骤执行,切取试样,试样与环刀应密合。

4.5.3 切削过程中,应细心观察土样的情况,并应描述土样的层次、气味、颜色,同时记录土样有无杂质、土质是否均匀、有无裂缝等情况。

4.5.4 切取试样后剩余的原状土样,应用蜡纸包好置于保湿器内,以备补做试验之用;切削的余土做物理性试验。

4.5.5 应视试样本身及工程要求,决定试样是否进行饱和,当不立即进行试验或饱和时,应将试样暂存于保湿器内。

4.5.6 原状土开土记录格式应符合本标准附录D表D.2的规定。

4.6 试样饱和

4.6.1 试样饱和方法视土样的透水性能,可选用浸水饱和法、毛管饱和法及真空抽气饱和法。

1 砂土可直接在仪器内浸水饱和;

2 较易透水的细粒土,渗透系数大于$1×10^{-4}$cm/s时,宜采用毛管饱和法;

3 不易透水的细粒土,渗透系数小于$1×10^{-4}$cm/s时,宜采用真空饱和法;当土的结构性较弱时,抽气可能发生扰动者,不宜采用真空饱和法。

4.6.2 毛管饱和法应按下列步骤进行:

1 选用框式饱和器(图4.6.2),在装有试样的环刀两面贴放滤纸,再放两块大于环刀的透水板于滤纸上,通过框架两端的螺丝将透水板、环刀夹紧;

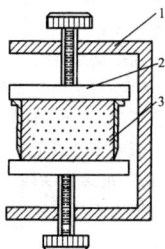

图 4.6.2 框式饱和器
1—框架;2—透水板;3—环刀

2 将装好试样的饱和器放入水箱中,注入清水,水面不宜将试样淹没;

3 关上箱盖,防止水分蒸发,借土的毛细管作用使试样饱和,约需3d;

4 试样饱和后,取出饱和器,松开螺丝,取出环刀,擦干外壁,吸去表面积水,取下试样上下滤纸,称环刀、土总量,准确至0.1g,应按本标准式(4.7.5)计算饱和度;

5 如饱和度小于95%时,将环刀再装入饱和器,浸入水中延长饱和时间直至满足要求。

4.6.3 真空饱和法应按下列步骤进行:

1 选用重叠式饱和器(图4.6.3-1)或框式饱和器,在重叠式饱和器下板正中放置稍大于环刀直径的透水板和滤纸,将装有试样的环刀放在滤纸上,试样上再放一张滤纸和一块透水板,以此顺序由下向上重叠至拉杆的高度,将饱和器上夹板放在最上部透水板上,旋紧拉杆上端的螺丝,各个环刀在上下夹板间夹紧;

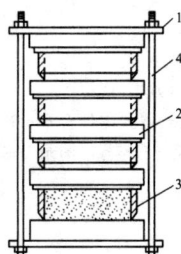

图 4.6.3-1 重叠式饱和器
1—夹板;2—透水板;3—环刀;4—拉杆

2 装好试样的饱和器放入真空缸内(图4.6.3-2),盖上缸盖,盖缝内应涂一薄层凡士林,以防漏气;

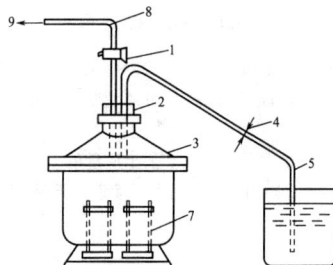

图 4.6.3-2 真空缸
1—二通阀;2—橡皮塞;3—真空缸;4—管夹;5—引水管;7—饱和器;8—排气管;9—接抽气机

3 关管夹、开二通阀,将抽气机与真空缸接通,启动抽气机,抽除缸内及土中气体,当真空表接近-100kPa后,继续抽气,黏质土约1h,粉质土约0.5h,稍微开启管夹,使清水由引水管徐徐注入真空缸内;在注水过程中,应调节管夹,使真空表上的数值基本上保持不变;

4 待饱和器完全淹没水中后即停止抽气,将引水管自水缸中提出,开管夹令空气进入真空缸内,静置一定时间,细粒土宜为10h,使试样充分饱和;

5 应按本标准第4.6.2条第4款的规定取出试样,称量,计算饱和度。

4.7 计算和记录

4.7.1 干土质量应按下式计算:

$$m_d = \frac{m_0}{1+0.01w_0} \qquad (4.7.1)$$

式中:m_d——干土质量(g);

m_0——风干土质量(或天然湿土质量)(g);

w_0——风干含水率(或天然含水率)(%)。

4.7.2 土样制备含水率所加水量应按下式计算:

$$m_w = \frac{m_0}{1+0.01w_0} \times 0.01(w'-w_0) \quad (4.7.2)$$

式中:m_w——土样所需加水质量(g);

w'——土样所要求的含水率(%)。

4.7.3 制备扰动土试样所需总土质量应按下式计算:

$$m_0 = (1+0.01w_0)\rho_d V \quad (4.7.3)$$

式中:ρ_d——制备试样所要求的干密度(g/cm³);

V——计算击实土样体积或压样器所用环刀容积(cm³)。

4.7.4 制备扰动土样应增加的水量应按下式计算:

$$\Delta m_w = 0.01(w'-w_0)\rho_d V \quad (4.7.4)$$

式中:Δm_w——制备扰动土样应增加的水量(g)。

4.7.5 饱和度应按下式计算:

$$S_r = \frac{(\rho-\rho_d)G_s}{e\rho_d} \times 100 \ 或 \ S_r = \frac{wG_s}{e} \quad (4.7.5)$$

式中:S_r——饱和度(%);

ρ——饱和后的密度(g/cm³);

G_s——土粒比重;

e——土的孔隙比;

w——饱和后的含水率(%)。

4.7.6 扰动土开土记录格式应符合本标准附录 D 表 D.1 的规定。原状土开土记录应符合本标准附录 D 表 D.2 的规定。

5 含水率试验

5.1 一般规定

5.1.1 本试验以烘干法为室内试验的标准方法。在野外当无烘箱设备或要求快速测定含水率时,可用酒精燃烧法测定细粒土含水率。

5.1.2 土的有机质含量不宜大于干土质量的 5%,当土中有机质含量为 5%~10% 时,仍允许采用本标准进行试验,但应注明有机质含量。

5.2 烘 干 法

5.2.1 本试验所用的仪器设备应符合下列规定:

1 烘箱:可采用电热烘箱或温度能保持 105℃~110℃ 的其他能源烘箱;

2 电子天平:称量200g,分度值0.01g;

3 电子台秤:称量5000g,分度值1g;

4 其他:干燥器、称量盒。

5.2.2 烘干法试验应按下列步骤进行:

1 取有代表性试样:细粒土15g~30g,砂类土50g~100g,砂砾石2kg~5kg。将试样放入称量盒内,立即盖好盒盖,称量,细粒土、砂类土称量应准确至0.01g,砂砾石称量应准确至1g。当使用恒质量盒时,可先将其置放在电子天平或电子台秤上清零,再称量装有试样的恒质量盒,称量结果即为湿土质量;

2 揭开盒盖,将试样和盒放入烘箱,在105℃~110℃下烘到恒量。烘干时间,对黏质土,不得少于8h;对砂类土,不得少于6h;对有机质含量为5%~10%的土,应将烘干温度控制在65℃~70℃的恒温下烘至恒量;

3 将烘干后的试样和盒取出,盖好盒盖放入干燥器内冷却至室温,称干土质量。

5.2.3 含水率应按下式计算,计算至0.1%。

$$w = \left(\frac{m_0}{m_d}-1\right) \times 100 \quad (5.2.3)$$

式中:w——含水率(%)。

5.2.4 本试验应进行两次平行测定,取其算术平均值,最大允许平行差值应符合表5.2.4的规定。

表 5.2.4 含水率测定的最大允许平行差值(%)

含水率 w	最大允许平行差值
<10	±0.5
10~40	±1.0
>40	±2.0

5.2.5 本试验的记录格式应符合本标准附录 D 表 D.3 的规定。

5.3 酒精燃烧法

5.3.1 本试验所用的仪器设备应符合下列规定:

1 电子天平:称量200g,分度值0.01g;

2 酒精:纯度不得小于95%;

3 其他:称量盒、滴管、火柴、调土刀。

5.3.2 酒精燃烧法应按下列步骤进行:

1 取有代表性试样:黏土5g~10g,砂土20g~30g。放入称量盒内,应按本标准第5.2.2条第1款的规定称取湿土。

2 用滴管将酒精注入放有试样的称量盒中,直至盒中出现自由液面为止。为使酒精在试样中充分混合均匀,可将盒底在桌面上轻轻敲击;

3 点燃盒中酒精,烧至火焰熄灭;

4 将试样冷却数分钟,应按本标准第5.3.2条第2款、第3款的规定再重复燃烧两次。当第3次火焰熄灭后,立即盖好盒盖,称干土质量;

5 本试验称量应准确至0.01g。

5.3.3 本试验应进行两次平行测定,计算方法及最大允许平行差值应符合本标准式(5.2.3)和表5.2.4的规定。

5.3.4 本试验的记录格式应符合本标准附录 D 表 D.3 的规定。

6 密 度 试 验

6.1 一般规定

6.1.1 细粒土宜采用环刀法。

6.1.2 试样易碎裂、难以切削时,可用蜡封法。

6.2 环 刀 法

6.2.1 本试验所用的主要仪器设备应符合下列规定:

1 环刀:尺寸参数应符合国家现行标准《岩土工程仪器基本参数及通用技术条件》GB/T 15406 及《土工实验仪器 环刀》SL 370 的规定;

2 天平:称量500g,分度值0.1g;称量200g,分度值0.01g。

6.2.2 环刀法试验应按下列步骤进行:

1 按工程需要取原状土试样或制备所需状态的扰动土试样,整平其两端,将环刀内壁涂一薄层凡士林,刃口向下放在试样上;

2 用切土刀(或钢丝锯)将土样削成略大于环刀直径的土柱。然后将环刀垂直下压,边压边削,至土样伸出环刀为止。将两端土削去修平,取剩余的代表性土样测定含水率;

3 擦净环刀外壁称量,准确至0.1g。

6.2.3 密度及干密度应按下列公式计算,计算至0.01g/cm³。

$$\rho = \frac{m_0}{V} \quad (6.2.3-1)$$

$$\rho_d = \frac{\rho}{1+0.01w} \quad (6.2.3-2)$$

式中：ρ——试样的湿密度（g/cm³）；

ρ_d——试样的干密度（g/cm³）；

V——环刀容积（cm³）。

6.2.4 本试验应进行两次平行测定，其最大允许平行差值应为±0.03g/cm³。取其算术平均值。

6.2.5 本试验记录格式应符合本标准附录D表D.4的规定。

6.3 蜡 封 法

6.3.1 本试验所用的主要仪器设备应符合下列规定：

1 蜡封设备：应附熔蜡加热器；

2 天平：称量500g，分度值0.1g；称量200g，分度值0.01g。

6.3.2 蜡封法试验应按下列步骤进行：

1 切取约30cm³的试样。削去松浮表土及尖锐棱角后，系于细线上称量，准确至0.01g，取代表性试样测定含水率；

2 持线将试样徐徐浸入刚至熔点的蜡中，待全部沉浸后，立即将试样提出。检查涂在试样四周的蜡中有无气泡存在。当有气泡时，应用热针刺破，并涂平孔口。冷却后称蜡封试样质量，准确至0.1g；

3 用线将试样吊在天平（图6.3.2）一端，并使试样浸没于纯水中称量，准确至0.1g。测记纯水的温度；

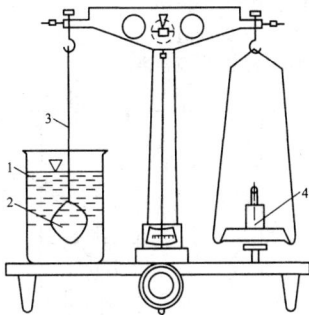

图6.3.2 天平
1—盛水杯；2—蜡封试样；3—细线；4—砝码

4 取出试样，擦干蜡表面的水分，用天平称蜡封试样，准确至0.1g。当试样质量增加时，应另取试样重做试验。

6.3.3 湿密度及干密度应按下列公式计算：

$$\rho = \frac{m_0}{\dfrac{m_n - m_{nw}}{\rho_{wT}} - \dfrac{m_n - m_0}{\rho_n}} \qquad (6.3.3-1)$$

$$\rho_d = \frac{\rho}{1 + 0.01w} \qquad (6.3.3-2)$$

式中：m_n——试样加蜡质量（g）；

m_{nw}——试样加蜡在水中质量（g）；

ρ_{wT}——纯水在T℃时的密度（g/cm³），准确至0.01g/cm³；

ρ_n——蜡的密度（g/cm³），准确至0.01g/cm³。

6.3.4 本试验应进行两次平行测定，其最大允许平行差值应为±0.03g/cm³。试验结果取其算术平均值。

6.3.5 本试验记录格式应符合本标准附录D表D.5的规定。

7 比 重 试 验

7.1 一 般 规 定

7.1.1 按照土粒粒径可分别用下列方法进行比重测定：

1 粒径小于5mm的土，用比重瓶法进行；

2 粒径不小于5mm的土，且其中粒径大于20mm的颗粒含

量小于10%时，应用浮称法；粒径大于20mm的颗粒含量不小于10%时，应用虹吸筒法。

7.1.2 一般土粒的比重应用纯水测定；对含有易溶盐、亲水性胶体或有机质的土，应用煤油等中性液体替代纯水测定。

7.2 比 重 瓶 法

7.2.1 本试验所用的仪器设备应符合下列规定：

1 比重瓶：容量100mL或50mL，分长颈和短颈两种；

2 天平：称量200g，分度值0.001g；

3 恒温水槽：最大允许误差应为±1℃；

4 砂浴：应能调节温度；

5 真空抽气设备：真空度−98kPa；

6 温度计：测量范围0℃～50℃，分度值0.5℃；

7 筛：孔径5mm；

8 其他：烘箱、纯水、中性液体、漏斗、滴管。

7.2.2 比重瓶的校准应按下列步骤进行：

1 将比重瓶洗净，烘干，称量两次，准确至0.001g。取其算术平均值，其最大允许平均差值应为±0.002g。

2 将煮沸并冷却的纯水注入比重瓶，对长颈比重瓶，达到刻度为止。对短颈比重瓶，注满水，塞紧瓶塞，多余水自瓶塞毛细管中溢出。移比重瓶入恒温水槽。待瓶内水温稳定后，将瓶取出，擦干外壁的水，称瓶、水总质量，准确至0.001g。测定两次，取其算术平均值，其最大允许平行差值应为±0.002g。

3 将恒温水槽水温以5℃级差调节，逐级测定不同温度下的瓶、水总质量。

4 以瓶、水总质量为横坐标，温度为纵坐标，绘制瓶、水总质量与温度的关系曲线。

7.2.3 比重瓶法试验应按下列步骤进行：

1 将比重瓶烘干。当使用100mL比重瓶时，应称粒径小于5mm的烘干土15g装入；当使用50mL比重瓶时，应称粒径小于5mm的烘干土12g装入。

2 可采用煮沸法或真空抽气法排除土中的空气。向已装有干土的比重瓶注入纯水至瓶的一半处，摇动比重瓶，将瓶放在砂浴上煮沸，煮沸时间自悬液沸腾起砂土不得少于30min，细粒土不得少于1h。煮沸时应注意不使土液溢出瓶外。

3 将纯水注入比重瓶，当采用长颈比重瓶时，注水至略低于瓶的刻度处；当采用短颈比重瓶时，应注水至近满，有恒温水槽时，可将比重瓶放于恒温水槽内。待瓶内悬液温度稳定及瓶上部悬液澄清。

4 当采用长颈比重瓶时，用滴管调整液面恰至刻度处，以弯液面下缘为准，擦干瓶外及瓶内壁刻度以上部分的水，称瓶、水、土总质量；当采用短颈比重瓶时，塞好瓶塞，使多余水分自瓶塞毛细管中溢出，将瓶外水分擦干后，称瓶、水、土总质量。称量后应测定瓶内水的温度。

5 根据测得的温度，从已绘制的温度与瓶、水总质量关系中查得瓶、水总质量。

6 当土粒中含有易溶盐、亲水性胶体或有机质时，测定其土粒比重应用中性液体代替纯水，用真空抽气法代替煮沸法，排除土中空气。抽气时真空度应接近一个大气负压值（−98kPa），抽气时间可为1h～2h，直至悬液内无气泡逸出时为止。其余步骤应按本标准第7.2.3条第3款～第5款的规定进行。

7 本试验称量应准确至0.001g，温度应准确至0.5℃。

7.2.4 土粒比重应按下列公式计算：

1 用纯水测定时：

$$G_s = \frac{m_d}{m_{bw} + m_d - m_{bws}} G_{wT} \qquad (7.2.4-1)$$

式中：m_{bw}——比重瓶、水总质量(g)；

$\quad\quad m_{bws}$——比重瓶、水、干土总质量(g)；

$\quad\quad G_{wT}$——T℃时纯水的比重(可查物理手册)，准确至0.001。

2 用中性液体测定时：

$$G_s = \frac{m_d}{m_{bk} + m_d - m_{bks}} G_{kT} \quad (7.2.4-2)$$

式中：m_{bk}——瓶、中性液体总质量(g)；

$\quad\quad m_{bks}$——瓶、中性液体、干土总质量(g)；

$\quad\quad G_{kT}$——T℃时中性液体的比重(实测得)，准确至0.001。

7.2.5 本试验应进行2次平行测定，试验结果取其算术平均值，其最大允许平行差值应为±0.02。

7.2.6 本试验记录格式应符合本标准附录D表D.6的规定。

7.3 浮 称 法

7.3.1 本试验所用的仪器设备应符合下列规定：

1 铁丝筐：孔径小于5mm，直径为10cm～15cm，高为10cm～20cm；

2 盛水容器：适合铁丝筐沉入；

3 浮称天平或秤：称量2kg，分度值0.2g；称量10kg，分度值1g；

4 筛：孔径为5mm、20mm；

5 其他：烘箱、温度计。

7.3.2 浮称法试验应按下列步骤进行：

1 取粒径不小于5mm，且其中粒径大于20mm的颗粒含量小于10%的代表性试样500g～1000g，当采用秤称时，称取1kg～2kg；

2 冲洗试样，直至颗粒表面无尘土和其他污物；

3 将试样浸在水中24h后取出，将试样放在湿毛巾上擦干表面，即为饱和面干试样，称取饱和面干试样质量后，立即放入铁丝筐，缓缓浸没于水中，并在水中摇晃，至无气泡逸出时为止；

4 称铁丝筐和试样在水中的总质量(图7.3.2)；

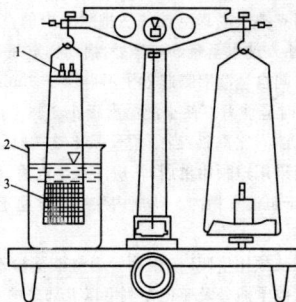

图7.3.2 浮称天平
1—调天平平衡砝码盘；2—盛水容器；3—盛粗粒土的铁丝框

5 取出试样烘干，称量；

6 称铁丝筐在水中质量，并应测量容器内水的温度，准确至0.5℃；

7 本试验称量应准确至0.2g。

7.3.3 土粒比重应按下式计算：

$$G_s = \frac{m_d}{m_d - (m_{ks} - m_k)} G_{wT} \quad (7.3.3)$$

式中：m_{ks}——试样加铁丝筐在水中总质量(g)；

$\quad\quad m_k$——铁丝筐在水中质量(g)。

7.3.4 干比重应按下式计算：

$$G_s' = \frac{m_d}{m_b - (m_{ks} - m_k)} G_{wT} \quad (7.3.4)$$

式中：m_b——饱和面干试样质量(g)。

7.3.5 吸着含水率应按下式计算：

$$w_{ab} = \left(\frac{m_b}{m_d} - 1\right) \times 100 \quad (7.3.5)$$

式中：w_{ab}——吸着含水率(%)，计算至0.1%。

7.3.6 本试验应进行两次平行测定，两次测定最大允许差值应为±0.02，试验结果取其算术平均值。

7.3.7 土粒平均比重应按下式计算：

$$G_s = \frac{1}{\dfrac{P_5}{G_{s1}} + \dfrac{1 - P_5}{G_{s2}}} \quad (7.3.7)$$

式中：P_5——粒径大于5mm的土粒占总质量的含量，以小数计；

$\quad\quad G_{s1}$——粒径大于5mm的土粒的比重；

$\quad\quad G_{s2}$——粒径小于5mm的土粒的比重。

7.3.8 本试验记录格式应符合本标准附录D表D.7的规定。

7.4 虹 吸 筒 法

7.4.1 本试验所用的仪器设备应符合下列规定：

1 虹吸筒(图7.4.1)；

2 台秤：称量10kg，分度值1g；

3 量筒：容量大于2000mL；

4 筛：孔径5mm、20mm；

5 其他：烘箱、温度计、搅拌棒。

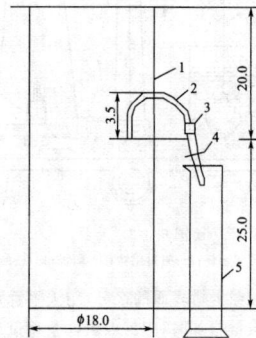

图7.4.1 虹吸筒(单位：cm)
1—虹吸筒；2—虹吸管；3—橡皮管；4—管夹；5—量筒

7.4.2 虹吸筒法试验应按下列步骤进行：

1 取粒径不小于5mm，且其中粒径不小于20mm的颗粒含量大于10%的代表性试样1000g～7000g；

2 将试样冲洗，直至颗粒表面无尘土和其他污物；

3 再将试样浸在水中24h后取出，晾干(或用布擦干)其表面水分，称量；

4 注清水入虹吸筒，至管口有水溢出时停止注水。待管口不再有水流出后，关闭管夹，将试样缓缓放入筒中，边放边使用搅拌棒搅拌，至无气泡逸出时为止，搅动时勿使水溅出筒外；

5 待虹吸筒中水面平静后，开管夹，让试样排开的水通过虹吸管流入量筒中；

6 称量筒与水总质量。测量筒内水的温度，准确至0.5℃；

7 取出虹吸筒内试样，烘干、称量；

8 本试验称量应准确至1g。

7.4.3 比重应按下式计算：

$$G_s = \frac{m_d}{(m_{cw} - m_c) - (m_{ad} - m_d)} G_{wT} \quad (7.4.3)$$

式中：m_{cw}——量筒加排开水总质量(g)；

$\quad\quad m_c$——量筒质量(g)；

m_{ad}——晾干试样质量(g)。

7.4.4 本试验应进行两次平行测定,两次测定的最大允许平均差值应为±0.02。取其算术平均值。

7.4.5 平均比重应按本标准式(7.3.7)计算。

7.4.6 本试验的记录格式应符合本标准附录D表D.8的规定。

8 颗粒分析试验

8.1 一般规定

8.1.1 本试验方法分为筛析法、密度计法、移液管法。

8.1.2 本试验根据土的颗粒大小及级配情况,可分别采用下列4种方法:

1 筛析法:适用于粒径为0.075mm～60mm的土;

2 密度计法:适用于粒径小于0.075mm的土;

3 移液管法:适用于粒径小于0.075mm的土;

4 当土中粗细兼有时,应联合使用筛析法和密度计或筛析法和移液管法。

8.2 筛 析 法

8.2.1 本试验所用的仪器设备应符合下列规定:

1 试验筛:应符合现行国家标准《试验筛 技术要求和检验 第1部分:金属丝编织网试验筛》GB/T 6003.1的规定;

2 粗筛:孔径为60mm、40mm、20mm、10mm、5mm、2mm;

3 细筛:孔径为2.0mm、1.0mm、0.5mm、0.25mm、0.1mm、0.075mm;

4 天平:称量1000g,分度值0.1g;称量200g,分度值0.01g;

5 台秤:称量5kg,分度值1g;

6 振筛机:应符合现行行业标准《实验室用标准筛振荡机技术条件》DZ/T 0118的规定;

7 其他:烘箱、量筒、漏斗、瓷杯、附带橡皮头研杵的研钵、瓷盘、毛刷、匙、木碾。

8.2.2 筛析法试验应按下列步骤进行:

1 从风干、松散的土样中,用四分法按下列规定取出代表性试样:

1)粒径小于2mm的土取100g～300g;

2)最大粒径小于10mm的土取300g～1000g;

3)最大粒径小于20mm的土取1000g～2000g;

4)最大粒径小于40mm的土取2000g～4000g;

5)最大粒径小于60mm的土取4000g以上。

2 砂砾土筛析法应按下列步骤进行:

1)应按本标准第8.2.2条第1款规定的数量取出试样,称量应准确至0.1g;当试样质量大于500g时,应准确至1g;

2)将试样过2mm细筛,分别称出筛上和筛下土质量;

3)若2mm筛下的土小于试样总质量的10%,则可省略细筛析。若2mm筛上的土小于试样总质量的10%,则可省略粗筛析;

4)取2mm筛上试样倒入依次叠好的粗筛的最上层筛中;取2mm筛下试样倒入依次选好的细筛最上层筛中,进行筛析。细筛宜放在振筛机上震摇,震摇时间应为10min～15min;

5)由最大孔径筛开始,顺序将各筛取下,在白纸上用手轻叩摇晃筛,当仍有土粒漏下时,应继续轻叩摇筛,至无土粒漏下为止。漏下的土粒应全部放入下级筛内。并将留在各筛上的试样分别称量,当试样质量小于500g时,准

确至0.1g;

6)筛前试样总质量与筛后各级筛上和筛底试样质量的总和的差值不得大于试样总质量的1%。

3 含有黏土粒的砂砾土应按下列步骤进行:

1)将土样放在橡皮板上用土碾将黏结的土团充分碾散,用四分法取样,取样时应按本标准第8.2.2条第1款的规定称取代表性试样,置于盛有清水的瓷盆中,用搅棒搅拌,使试样充分浸润和粗细颗粒分离;

2)将浸润后的混合液过2mm细筛,边搅拌边冲洗边过筛,直至筛上仅留大于2mm的土粒为止。然后将筛上的土烘干称量,准确至0.1g。应按本标准第8.2.2条第2款第3项、第4项的规定进行粗筛析;

3)用带橡皮头的研杵研磨粒径小于2mm的混合液,待稍沉淀,将上部悬液过0.075mm筛。再向瓷盆加清水研磨,静置过筛。如此反复,直至盆内悬液澄清。最后将全部土料倒在0.075mm筛上,用水冲洗,直至筛上仅留粒径大于0.075mm的净砂为止;

4)将粒径大于0.075mm的净砂烘干称量,准确至0.01g。并应按本标准第8.2.2条第2款第3项、第4项的规定进行细筛析;

5)将粒径大于2mm的土和粒径为2mm～0.075mm的土的质量从原取土总量中减去,即得粒径小于0.075mm的土的质量;

6)当粒径小于0.075mm的试样质量大于总质量的10%时,应按密度计法或移液管法测定粒径小于0.075mm的颗粒组成。

8.2.3 小于某粒径的试样质量占试样总质量百分数应按下式计算:

$$X = \frac{m_A}{m_B} d_x \qquad (8.2.3)$$

式中:X——小于某粒径的试样质量占试样总质量的百分数(%);

m_A——小于某粒径的试样质量(g);

m_B——当细筛分析时或用密度计法分析时所取试样质量(粗筛分析时则为试样总质量)(g);

d_x——粒径小于2mm或粒径小于0.075mm的试样质量占总质量的百分数(%)。

8.2.4 以小于某粒径的试样质量占试样总质量的百分数为纵坐标,颗粒粒径为横坐标,在单对数坐标上绘制颗粒大小分布曲线。

8.2.5 级配指标不均匀系数和曲率系数C_u、C_c应按下列公式计算:

1 不均匀系数:

$$C_u = \frac{d_{60}}{d_{10}} \qquad (8.2.5-1)$$

式中:C_u——不均匀系数;

d_{60}——限制粒径(mm),在粒径分布曲线上小于该粒径的土含量占总土质量的60%的粒径;

d_{10}——有效粒径(mm),在粒径分布曲线上小于该粒径的土含量占总土质量的10%的粒径。

2 曲率系数:

$$C_c = \frac{d_{30}^2}{d_{60} d_{10}} \qquad (8.2.5-2)$$

式中:C_c——曲率系数;

d_{30}——在粒径分布曲线上小于该粒径的土含量占总土质量的30%的粒径(mm)。

8.2.6 本试验的记录格式应符合本标准附录D表D.9的规定。

8.3 密度计法

8.3.1 本试验所用的仪器设备应符合下列规定：

1 密度计应符合下列规定：
　1)甲种：刻度单位以 20℃时每 1000mL 悬液内所含土质量的克数表示，刻度为 −5～50，分度值为 0.5；
　2)乙种：刻度单位以 20℃时悬液的比重表示，刻度为 0.995～1.020，分度值为 0.0002。

2 量筒：高约 45cm，直径约 6cm，容积 1000mL。刻度为 0mL～1000mL，分度值为 10mL。

3 试验筛应符合下列规定：
　1)细筛：孔径 2mm、1mm、0.5mm、0.25mm、0.15mm；
　2)洗筛：孔径 0.075mm。

4 天平：称量 200g，分度值 0.01g。

5 温度计：刻度 0℃～50℃，分度值 0.5℃。

6 洗筛漏斗：直径略大于洗筛直径，使洗筛恰可套入漏斗中。

7 搅拌器：轮径 50mm，孔径约 3mm；杆长约 400mm，带旋转叶。

8 煮沸设备：附冷凝管。

9 其他：秒表、锥形瓶、研钵、木杵、电导率仪。

8.3.2 试剂应符合下列规定：

1 分散剂：浓度 4%六偏磷酸钠，6%双氧水，1%硅酸钠；

2 水溶盐检验试剂：10%盐酸，5%氯化钡，10%硝酸，5%硝酸银。

8.3.3 密度计法试验应按下列步骤进行：

1 宜采用风干土试样，并应按下式计算试样干质量为 30g 时所需的风干土质量：

$$m_0 = m_d(1 + 0.01w_0) \qquad (8.3.3-1)$$

式中：w_0——风干土含水率(%)。

2 试样中易溶盐含量大于总质量的 0.5%时，应洗盐。易溶盐含量检验可用电导法或目测法：
　1)电导法应按电导率仪使用说明书操作，测定温度 T℃时试样溶液(土水比1:5)的电导率，20℃时的电导率应按下式计算：

$$K_{20} = \frac{K_T}{1 + 0.02(T - 20)} \qquad (8.3.3-2)$$

式中：K_{20}——20℃时悬液的电导率(μS/cm)；
　　　K_T——T℃时悬液的电导率(μS/cm)；
　　　T——测定时悬液的温度(℃)。

当 $K_{20} > 1000\mu$S/cm 时，应洗盐。

　2)目测法应取风干试样 3g 于烧杯中，加适量纯水调成糊状研散，再加纯水 25mL 煮沸 10min 冷却后移入试管，放置过夜，观察试管，当出现凝聚现象时应洗盐。

3 洗盐应按下列步骤进行：
　1)将分析用的试样放入调土杯内，注入少量蒸馏水，拌和均匀。迅速倒入贴有滤纸的漏斗中，并注入蒸馏水冲洗过滤。附在调土杯上的土粒全部洗入漏斗。发现滤液浑浊时，应重新过滤。
　2)应经常使漏斗内的液面保持高出土面约 5cm。每次加水后，应用表面皿盖住漏斗。
　3)检查易溶盐清洗程度，可用 2 个试管各取刚滤下的滤液 3mL～5mL，一管加 3 滴～5 滴 10%盐酸和 5%氯化钡；另一管加 3 滴～5 滴 10%硝酸和 5%硝酸银。当发现管中有白色沉淀时，试样中的易溶盐未洗净，应继续清洗，直至检查时试管中均不再发现白色沉淀为止。
　4)洗盐后将漏斗中的土样仔细洗下，风干试样。

4 称干质量为 30g 的风干试样倒入锥形瓶中，勿使土粒丢失。注入水 200mL，浸泡约 12h。

5 将锥形瓶放在煮沸设备上，连接冷凝管进行煮沸。煮沸时间约为 1h。

6 将冷却后的悬液倒入瓷杯中，静置约 1min，将上部悬液倒入量筒。杯底沉淀物用带橡皮头研杵细心研散，加水，经搅拌后，静置约 1min，再将上部悬液倒入量筒。如此反复操作，直至杯内悬液澄清为止。当土中粒径大于 0.075mm 的颗粒大致超过试样总质量的 15%时，应将其全部倒入 0.075mm 筛上冲洗，至筛上仅留大于 0.075mm 的颗粒为止。

7 将留在洗筛上的颗粒洗入蒸发皿内，倾去上部清水，烘干称量，应按本标准第 8.2.2 条第 2 款的规定进行细筛筛析。

8 将过筛悬液倒入量筒，加 4%浓度的六偏磷酸钠 10mL 于量筒溶液中，再注入纯水，使筒内悬液达 1000mL。当加入六偏磷酸钠后土样产生凝聚时，应选用其他分散剂。

9 用搅拌器在量筒内沿整个悬液深度上下搅拌约 1min，往复各约 30 次，搅拌时勿使悬液溅出筒外。使悬液内土粒均匀分布。

10 取出搅拌器，将密度计放入悬液中同时开动秒表。可测经 0.5min、1min、2min、5min、15min、30min、60min、120min、180min 和 1440min 时的密度计读数。

11 每次读数均应在预定时间前 10s～20s 密度计小心地放入悬液接近读数的深度，并应将密度计浮泡保持在量筒中部位置，不得贴近筒壁。

12 密度计读数均以弯液面上缘为准。甲种密度应准确至 0.5，乙种密度应准确至 0.0002。每次读数完毕立即取出密度计放入盛有纯水的量筒中。并测定各相应的悬液温度，准确至 0.5℃。放入或取出密度计时，应尽量减少悬液的扰动。

13 当试样在分析前未过 0.075mm 洗筛，在密度计第 1 个读数时，发现下沉的土粒已超过试样总质量的 15%时，则应于试验结束后，将量筒中土粒过 0.075mm 筛，应按本标准第 8.3.3 条第 7 款的规定进行筛析，并应计算各级颗粒占试样总质量的百分比。

8.3.4 小于某粒径的试样质量占试样总质量百分数应按下列公式计算：

1 甲种密度计：

$$X = \frac{100}{m_d}C_s(R_1 + m_T + n_w - C_D) \qquad (8.3.4-1)$$

$$C_s = \frac{\rho_s}{\rho_s - \rho_{w20}} \cdot \frac{2.65 - \rho_{w20}}{2.65} \qquad (8.3.4-2)$$

式中：C_s——土粒比重校正值，也可按表 8.3.4-1 执行；
　　　R_1——甲种密度计读数；
　　　m_T——温度校正值，可按表 8.3.4-2 执行；
　　　n_w——弯液面校正值；
　　　C_D——分散剂校正值；
　　　ρ_s——土粒密度(g/cm³)；
　　　ρ_{w20}——20℃时水的密度(g/cm³)。

表 8.3.4-1　土粒比重校正值

土粒比重	甲种土壤密度计比重校正值 C_s	乙种土壤密度计比重校正值 C'_s	土粒比重	甲种土壤密度计比重校正值 C_s	乙种土壤密度计比重校正值 C'_s
2.50	1.038	1.666	2.58	1.017	1.632
2.52	1.032	1.658	2.60	1.012	1.625
2.54	1.027	1.649	2.62	1.007	1.617
2.56	1.022	1.641	2.64	1.002	1.609

续表8.3.4-1

土粒比重	甲种土壤密度计比重校正值 C_s	乙种土壤密度计比重校正值 C_s'	土粒比重	甲种土壤密度计比重校正值 C_s	乙种土壤密度计比重校正值 C_s'
2.66	0.998	1.603	2.78	0.973	1.562
2.68	0.993	1.595	2.80	0.969	1.556
2.70	0.989	1.588	2.82	0.965	1.549
2.72	0.985	1.581	2.84	0.961	1.543
2.74	0.981	1.575	2.86	0.958	1.538
2.76	0.977	1.568	2.88	0.954	1.532

表8.3.4-2 温度校正值

悬液温度(℃)	甲种密度计温度校正值 m_T	乙种密度计温度校正值 m_T'	悬液温度(℃)	甲种密度计温度校正值 m_T	乙种密度计温度校正值 m_T'
10.0	−2.0	−0.0012	20.0	0.0	+0.0000
10.5	−1.9	−0.0012	20.5	+0.1	+0.0001
11.0	−1.9	−0.0012	21.0	+0.3	+0.0002
11.5	−1.8	−0.0011	21.5	+0.5	+0.0003
12.0	−1.8	−0.0011	22.0	+0.6	+0.0004
12.5	−1.7	−0.0010	22.5	+0.8	+0.0005
13.0	−1.6	−0.0010	23.0	+0.9	+0.0006
13.5	−1.5	−0.0009	23.5	+1.1	+0.0007
14.0	−1.4	−0.0009	24.0	+1.3	+0.0008
14.5	−1.3	−0.0008	24.5	+1.5	+0.0009
15.0	−1.2	−0.0008	25.0	+1.7	+0.0010
15.5	−1.1	−0.0007	25.5	+1.9	+0.0011
16.0	−1.0	−0.0006	26.0	+2.1	+0.0013
16.5	−0.9	−0.0006	26.5	+2.2	+0.0014
17.0	−0.9	−0.0005	27.0	+2.5	+0.0015
17.5	−0.7	−0.0004	27.5	+2.6	+0.0016
18.0	−0.5	−0.0003	28.0	+2.9	+0.0018
18.5	−0.4	−0.0003	28.5	+3.1	+0.0019
19.0	−0.3	−0.0002	29.0	+3.3	+0.0021
19.5	−0.1	−0.0001	29.5	+3.5	+0.0022
20.0	−0.0	−0.0000	30.0	+3.7	+0.0023

2 乙种密度计:

$$X = \frac{100V}{m_d} C_s' \left[(R_2 - 1) + m_T' + n_w' - C_D' \right] \rho_{w20} \tag{8.3.4-3}$$

$$C_s' = \frac{\rho_s}{\rho_s - \rho_{w20}} \tag{8.3.4-4}$$

式中:V——悬液体积(mL);

C_s'——土粒比重校正值,也可按表8.3.4-1执行;

R_2——乙种密度计读数;

m_T'——温度校正值,可按表8.3.4-2执行;

n_w'——弯液面校正值;

C_D'——分散剂校正值。

8.3.5 粒径应按下式计算:

$$d = \sqrt{\frac{1800 \times 10^4 \eta}{(G_s - G_{wT})\rho_{w0} g} \cdot \frac{L_t}{t}} \tag{8.3.5-1}$$

式中:d——粒径(mm);

η——水的动力黏滞系数(1×10^{-6} kPa·s),可按8.3.5-1执行;

G_{wT}——温度为T℃时的水的比重;

ρ_{w0}——4℃时水的密度(g/cm³);

g——重力加速度(981cm/s²);

L_t——某一时间t内的土粒沉降距离(cm);

t——沉降时间(s)。

为了简化计算,式(8.3.5-1)也可写成:

$$d = K\sqrt{\frac{L_t}{t}} \tag{8.3.5-2}$$

式中:K——粒径计算系数 $\left[K = \sqrt{\dfrac{1800 \times 10^4 \eta}{(G_s - G_{wT})\rho_{w0} g}} \right]$,与悬液温度和土粒比重有关。其值可按表8.3.5-2执行。

表8.3.5-1 水的动力黏滞系数、黏滞系数比、温度校正值

温度 T(℃)	动力黏滞系数 η (1×10^{-6} kPa·s)	η_T/η_{20}	温度校正系数 T_D	温度 T(℃)	动力黏滞系数 η (1×10^{-6} kPa·s)	η_T/η_{20}	温度校正系数 T_D
5.0	1.516	1.501	1.17	17.5	1.074	1.066	1.66
5.5	1.493	1.478	1.19	18.0	1.061	1.050	1.68
6.0	1.470	1.455	1.21	18.5	1.048	1.038	1.70
6.5	1.449	1.435	1.23	19.0	1.035	1.025	1.72
7.0	1.428	1.414	1.25	19.5	1.022	1.012	1.74
7.5	1.407	1.393	1.27	20.0	1.010	1.000	1.76
8.0	1.387	1.373	1.28	20.5	0.998	0.988	1.78
8.5	1.367	1.353	1.30	21.0	0.986	0.976	1.80
9.0	1.347	1.334	1.32	21.5	0.974	0.964	1.83
9.5	1.328	1.315	1.34	22.0	0.963	0.953	1.85
10.0	1.310	1.297	1.36	22.5	0.952	0.943	1.87
10.5	1.292	1.279	1.38	23.0	0.941	0.932	1.89
11.0	1.274	1.261	1.40	24.0	0.919	0.910	1.94
11.5	1.256	1.243	1.42	25.0	0.899	0.890	1.98
12.0	1.239	1.227	1.44	26.0	0.879	0.870	2.03
12.5	1.223	1.211	1.46	27.0	0.859	0.850	2.07
13.0	1.206	1.194	1.48	28.0	0.841	0.833	2.12
13.5	1.188	1.176	1.50	29.0	0.823	0.815	2.16
14.0	1.175	1.163	1.52	30.0	0.806	0.798	2.21
14.5	1.160	1.148	1.54	31.0	0.789	0.781	2.25
15.0	1.144	1.133	1.56	32.0	0.773	0.765	2.30
15.5	1.130	1.119	1.58	33.0	0.757	0.750	2.34
16.0	1.115	1.104	1.60	34.0	0.742	0.735	2.39
16.5	1.101	1.090	1.62	35.0	0.727	0.720	2.43
17.0	1.088	1.077	1.64	—	—	—	—

表8.3.5-2 粒径计算系数K值表

温度 (℃)	土粒比重 G_s								
	2.45	2.50	2.55	2.60	2.65	2.70	2.75	2.80	2.85
5	0.1385	0.1360	0.1339	0.1318	0.1298	0.1279	0.1261	0.1243	0.1226
6	0.1365	0.1342	0.1320	0.1299	0.1280	0.1261	0.1243	0.1225	0.1208
7	0.1344	0.1321	0.1300	0.1280	0.1260	0.1241	0.1224	0.1206	0.1189
8	0.1324	0.1302	0.1281	0.1260	0.1241	0.1223	0.1205	0.1188	0.1182
9	0.1305	0.1283	0.1262	0.1242	0.1224	0.1205	0.1187	0.1171	0.1164
10	0.1288	0.1267	0.1247	0.1227	0.1208	0.1189	0.1173	0.1156	0.1141
11	0.1270	0.1249	0.1229	0.1209	0.1190	0.1173	0.1156	0.1140	0.1124
12	0.1253	0.1232	0.1212	0.1193	0.1175	0.1157	0.1140	0.1124	0.1109
13	0.1235	0.1214	0.1195	0.1175	0.1158	0.1141	0.1124	0.1109	0.1004
14	0.1221	0.1200	0.1180	0.1162	0.1149	0.1127	0.1111	0.1095	0.1000
15	0.1205	0.1184	0.1165	0.1148	0.1130	0.1113	0.1096	0.1081	0.1067
16	0.1189	0.1169	0.1150	0.1133	0.1114	0.1098	0.1083	0.1067	0.1053
17	0.1173	0.1154	0.1135	0.1118	0.1100	0.1085	0.1069	0.1047	0.1039
18	0.1159	0.1140	0.1121	0.1103	0.1086	0.1071	0.1055	0.1040	0.1026
19	0.1145	0.1125	0.1108	0.1090	0.1073	0.1058	0.1031	0.1088	0.1014

温度	土粒比重 G_s								
(℃)	2.45	2.50	2.55	2.60	2.65	2.70	2.75	2.80	2.85
20	0.1130	0.1111	0.1093	0.1075	0.1059	0.1043	0.1029	0.1014	0.1000
21	0.1118	0.1099	0.1081	0.1064	0.1043	0.1033	0.1018	0.1003	0.0990
22	0.1103	0.1085	0.1067	0.1050	0.1035	0.1019	0.1004	0.0990	0.09767
23	0.1091	0.1072	0.1055	0.1038	0.1023	0.1007	0.09930	0.09793	0.09659
24	0.1078	0.1061	0.1044	0.1028	0.1012	0.09970	0.09823	0.09600	0.09555
25	0.1065	0.1047	0.1031	0.1014	0.09990	0.09839	0.09701	0.09566	0.09434
26	0.1054	0.1035	0.1019	0.1003	0.09897	0.09731	0.09592	0.09455	0.09327
27	0.1041	0.1024	0.1007	0.09915	0.09767	0.09623	0.09482	0.09349	0.09225
28	0.1032	0.1014	0.09975	0.09818	0.09670	0.09529	0.09391	0.09257	0.09132
29	0.1019	0.1002	0.09859	0.09706	0.09555	0.09413	0.09279	0.09144	0.09028
30	0.1008	0.09910	0.09752	0.09597	0.09450	0.09311	0.09176	0.09050	0.08927

8.3.6 用小于某粒径的土质量百分数为纵坐标，粒径为横坐标，在单对数横坐标上绘制颗粒大小分布曲线。当与筛析法联合分析时，应将两段曲线绘成一平滑曲线。

8.3.7 本试验记录格式应符合本标准附录 D 表 D.10 的规定。

8.4 移液管法

8.4.1 本试验所用的仪器设备应符合下列规定：

1 移液管(图 8.4.1)：容积 25mL；

2 小烧杯：容积 50mL；

3 天平：称量 200g，分度值 0.001g；

4 其他：应符合本标准第 8.3.1 条第 5 款～第 9 款的规定。

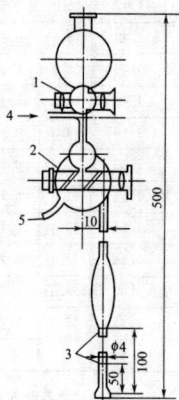

图 8.4.1 移液管示意图(单位：mm)
1—二通阀；2—三通阀；3—移液管；4—接吸球；5—放流口

8.4.2 移液管法试验应按下列步骤进行：

1 取代表性试样，黏土为 10g～15g，砂土为 20g，并应按本标准第 8.3.3 条第 1 款～第 8 款的规定制备悬液；

2 将盛试样悬液的量筒放入恒温水槽中，测读悬液温度，准确至 0.5℃。试验中悬液温度允许变化范围应为±0.5℃；

3 可按本标准式(8.3.5-2)推算出粒径小于 0.05mm、0.01mm、0.005mm、0.002mm 和其他所需粒径下沉一定深度所需的静置时间；

4 准备好移液管，将二通阀置于关闭位置，三通阀置于移液管和吸球相通的位置；

5 用搅拌器沿悬液上、下搅拌各 30 次，时间 1min，取出搅拌器；

6 开动秒表，根据各粒径的静置时间，提前约 10s，将移液管放入悬液中，浸入深度为 10cm，用吸球吸取悬液，吸取悬液量不应少于 25mL；

7 旋转三通阀，使与放流口相通，将多余的悬液从放流口放出，收集后倒入原量筒内的悬液中；

8 将移液管下口放入已称量过的小烧杯中，由上口倒入少量纯水，开三通阀使水流入移液管，连同移液管内的试样悬液流入小烧杯内；

9 每吸取一组粒径的悬液后必须重新搅拌，再吸取另一组粒径的悬液；

10 将烧杯内的悬液蒸发浓缩半干，在 105℃～110℃下烘至恒量，称小烧杯连同干土的质量，准确至 0.001g。

8.4.3 小于某粒径的试样质量占试样总量的百分数应按下式计算：

$$X = \frac{m_{dx}V_x}{V'_x m_d} \times 100 \qquad (8.4.3)$$

式中：m_{dx}——吸取悬液中(25mL)土粒的干土质量(g)；

V_x——悬液总体积，$V_x = 1000mL$；

V'_x——移液管每次吸取的悬液体积，$V'_x = 25mL$。

8.4.4 以小于某粒径的试样质量百分数为纵坐标，粒径为横坐标，在单对数横坐标纸上绘制颗粒大小分布曲线。

8.4.5 本试验记录格式应符合本标准附录 D 表 D.11 的规定。

9 界限含水率试验

9.1 一般规定

9.1.1 土的粒径应小于 0.5mm 以及有机质含量不大于干土质量的 5%。

9.1.2 本试验中含水率的测定应按本标准第 5.2 节的烘干法执行。

9.2 液塑限联合测定法

9.2.1 本试验所用的仪器设备应符合下列规定：

1 液塑限联合测定仪(图 9.2.1)应包括带标尺的圆锥仪、电磁铁、显示屏、控制开关和试样杯。圆锥仪质量为 76g，锥角为 30°；读数显示宜采用光电式、游标式和百分表式；

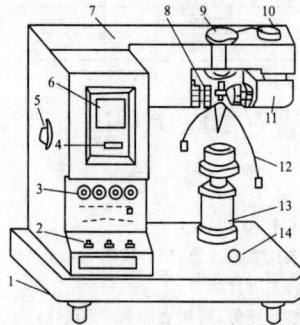

图 9.2.1 光电式液塑限联合测定仪示意图
1—水平调节螺丝；2—控制开关；3—指示灯；4—零线调节螺丝；5—反光镜调节螺丝；6—屏幕；7—机壳；8—物镜调节螺丝；9—电磁装置；10—光源调节螺丝；11—光源；12—圆锥仪；13—升降台；14—水平泡

2 试样杯：直径 40mm～50mm；高 30mm～40mm；

3 天平：称量 200g，分度值 0.01g；

4 筛：孔径 0.5mm；

5 其他：烘箱、干燥缸、铝盒、调土刀、凡士林。

9.2.2 液塑限联合测定法试验应按下列步骤进行：

1 液塑限联合试验宜采用天然含水率的土样制备试样，也可用风干土制备试样。

2 当采用天然含水率的土样时，应剔除粒径大于 0.5mm 的颗粒,再分别按接近液限、塑限和二者的中间状态制备不同稠度的土膏,静置湿润。静置时间可视原含水率的大小而定。

3 当采用风干土样时,取过 0.5mm 筛的代表性土样约 200g,分成 3 份,分别放入 3 个盛土皿中,加入不同数量的纯水,使其分别达到本标准第 9.2.2 条第 2 款中所述的含水率,调成均匀土膏,放入密封的保湿缸内,静置 24h。

4 将制备好的土膏用调土刀充分调拌均匀,密实地填入试样杯中,应使空气逸出。高出试样杯的余土用刮土刀刮平,将试样杯放在仪器底座上。

5 取圆锥仪,在锥体上涂以薄层润滑油脂,接通电源,使电磁铁吸稳圆锥仪。当使用游标式或百分表式时,提起锥杆,用旋钮固定。

6 调节屏幕准线,使初读数为零。调节升降座,使圆锥仪锥角接触试样面,指标灯亮时圆锥在自重下沉入试样内,当使用游标式或百分表式时用手扭动旋扭,松开锥杆,经 5s 后测读圆锥下沉深度。然后取出试样杯,挖去锥尖入土处的润滑油脂,取试样体附近的试样不得少于 10g,放入称量盒内,称量,准确至 0.01g,测定含水率。

7 应按本标准第 9.2.2 条第 4 款~第 6 款的规定,测试其余 2 个试样的圆锥下沉深度和含水率。

9.2.3 以含水率为横坐标,圆锥下沉深度为纵坐标,在双对数坐标纸上绘制关系曲线。三点连一直线(图 9.2.3 中的 A 线)。当三点不在一直线上,通过高含水率的一点与其余两点连成两条直线,在圆锥下沉深度为 2mm 处查得相应的含水率,当两个含水率的差值小于 2% 时,应以该两点含水率的平均值与高含水率的点连成一线(图 9.2.3 中的 B 线)。当两个含水率的差值不小于 2% 时,应补做试验。

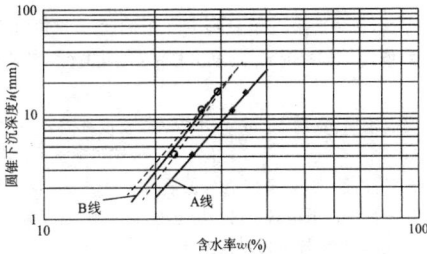
图 9.2.3 圆锥下沉深度与含水率关系图曲线

9.2.4 通过圆锥下沉深度与含水率关系图,查得下沉深度为 17mm 所对应的含水率为液限,下沉深度为 10mm 所对应的含水率为 10mm 液限;查得下沉深度为 2mm 所对应的含水率为塑限,以百分数表示,准确至 0.1%。

9.2.5 塑性指数和液性指数应按下列公式计算:

$$I_P = w_L - w_P \qquad (9.2.5-1)$$

$$I_L = \frac{w_0 - w_P}{I_P} \qquad (9.2.5-2)$$

式中:I_P——塑性指数;
　　　I_L——液性指数,计算至 0.01;
　　　w_L——液限(%);
　　　w_P——塑限(%)。

9.2.6 本试验的记录格式应符合本标准附录 D 表 D.12 的规定。

9.3 碟式仪液限法

9.3.1 本试验所用的仪器设备应符合下列规定:

1 碟式液限仪(图 9.3.1):由土碟和支架组成专用仪器,并有专用划刀。其技术条件应符合现行国家标准《土工试验仪器液限仪 第 1 部分:碟式液限仪》GB/T 21997.1 的规定;

2 天平:称量 200g,分度值 0.01g;

3 筛:孔径为 0.5mm;

4 其他:烘箱、干燥缸、铝盒、调土刀。

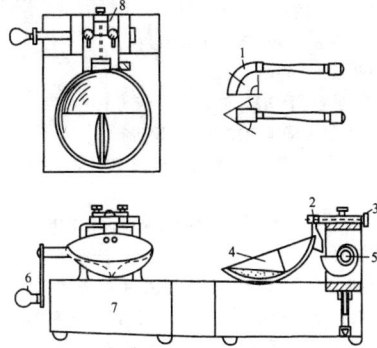
图 9.3.1 碟式液限仪
1—开槽器;2—销子;3—支架;4—土碟;
5—蜗轮;6—摇柄;7—底座;8—调整板

9.3.2 碟式仪液限法试验应按下列步骤进行:

1 取过 0.5mm 筛的土样(天然含水率的土样或风干土样均可)约 100g,放在调土皿中,按需要加纯水,用调土刀反复拌匀。

2 取一部分试样,平铺于土碟的前半部。铺土时应防止试样中混入气泡。用调土刀将试样面修平,使最厚处为 10mm,多余试样放回调土皿中。以蜗形轮为中心,用划刀自后至前沿土碟中央将试样划成槽缝清晰的两半(图 9.3.2-1)。为避免槽边扯裂或试样在土碟中滑动,允许从前至后,再从后至前多划几次,将槽逐步加深,以代替一次划槽,最后一次从后至前的划槽能明显的接触碟底,但应尽量减少划槽的次数。

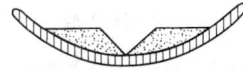
图 9.3.2-1 划槽状况

3 以每秒 2 转的速率转动摇柄,使土碟反复起落,坠击于底座上,数记击数,直至试样两边在槽底的合拢长度为 13mm 为止(图 9.3.2-2),记录击数,并在槽的两边采取试样 10g 左右,测定其含水率。

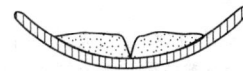
图 9.3.2-2 合拢状况

4 将土碟中的剩余试样移至调土皿中,再加水彻底拌和均匀,应按本标准第 9.3.2 条第 2 款、第 3 款的规定至少再做两次试验。这两次土的稠度应使合拢长度为 13mm 时所需击数为 15 次~35 次,其中 25 次以上及以下各 1 次。然后测定各击次下试样的相应含水率。

9.3.3 各击次下合拢时试样的相应含水率应按下式计算:

$$w_N = \left(\frac{m_N}{m_d} - 1\right) \times 100 \qquad (9.3.3)$$

式中:w_N——N 击下试样的含水率(%);
　　　m_N——N 击下试样的质量(g)。

9.3.4 根据试验结果,以含水率为纵坐标,击次为横坐标,在单对数坐标上绘制击次与含水率关系曲线,查得曲线上击数 25 次所对应的含水率,即为该试样的液限。

9.3.5 本试验的记录格式应符合本标准附录 D 表 D.13 的规定。

9.4 搓滚塑限法

9.4.1 本试验所用的仪器设备应符合下列规定:

1 毛玻璃板:尺寸宜为200mm×300mm;

2 卡尺:分度值0.02mm;

3 天平:称量200g,分度值0.01g;

4 筛:孔径0.5mm;

5 其他:烘箱、干燥缸、铝盒。

9.4.2 搓滚塑限法试验应按下列步骤进行:

1 取过0.5mm筛的代表性试样约100g,加纯水拌和,浸润静置过夜。

2 将试样在手中捏揉至不黏手,捏扁,当出现裂缝时,表示含水率已接近塑限。

3 取接近塑限的试样一小块,先手用捏成椭榄形,然后再用手掌在毛玻璃板上轻轻搓滚。搓滚时手掌均匀施加压力于土条上,不得使土条在毛玻璃板上无力滚动,土条不得有空心现象,土条长度不宜大于手掌宽度。

4 当土条搓成3mm时,产生裂缝,并开始断裂,表示试样达到塑限。当不产生裂缝及断裂时,表示这时试样的含水率高于塑限;当土条直径大于3mm时即断裂,表示试样含水率小于塑限,应弃去,重新取土试验。当土条在任何含水率下始终搓不到3mm即开始断裂,则该土无塑性。

5 取直径符合3mm断裂土条3g～5g,放入称量盒内,盖紧盒盖,测定含水率。此含水率即为塑限。

9.4.3 塑限应按下式计算,计算至0.1%:

$$w_P = \left(\frac{m_0}{m_d} - 1\right) \times 100 \qquad (9.4.3)$$

9.4.4 本试验应进行两次平行测定,两次测定的最大允许差值应符合本标准第5.2.4条的规定。

9.4.5 本试验的记录格式应符合本标准附录D表D.14的规定。

9.5 缩限试验

9.5.1 本试验所用的仪器设备应符合下列规定:

1 收缩皿(或环刀):金属制成,直径4.5cm～5.0cm,高2.0cm～3.0cm;

2 天平:称量500g,分度值0.01g;

3 筛:孔径0.5mm;

4 蜡、烧杯、细线、针;

5 其他:烘箱、干燥缸、铝盒、调土刀。

9.5.2 缩限试验应按下列步骤进行:

1 取代表性的土样,用纯水制备成约为液限的试样;

2 在收缩皿内抹一薄层凡士林,将试样分层装入收缩皿中,每次装入后将皿在试验台上拍击,直至驱尽气泡为止;

3 收缩皿装满试样后,用直尺刮去多余试样,擦净收缩皿外部,立即称收缩皿加湿土总质量;

4 将盛装试样的收缩皿放在室内逐渐晾干,至试样的颜色变淡时,放入烘箱中烘至恒量;

5 称皿和干土总质量,应准确至0.01g;

6 应按本标准第6.3节的规定测定干土体积。

9.5.3 缩限应按下式计算,计算至0.1%:

$$w_s = \left(0.01w' - \frac{V_0 - V_d}{m_d} \cdot \rho_w\right) \times 100 \qquad (9.5.3)$$

式中:w_s——缩限(%);

w'——土样所要求的含水率(制备含水率)(%);

V_0——湿土体积(即收缩皿或环刀的容积)(cm³);

V_d——烘干后土的体积(cm³);

ρ_w——水的密度(g/cm³)。

9.5.4 本试验应进行两次平行测定,两次测定的最大允许差值符合本标准第5.2.4条的规定。

9.5.5 本试验的记录格式应符合本标准附录D表D.15的规定。

10 崩解试验

10.0.1 土样为有结构性的黏质土体。

10.0.2 本试验所用的仪器设备(图10.0.2)应符合下列规定:

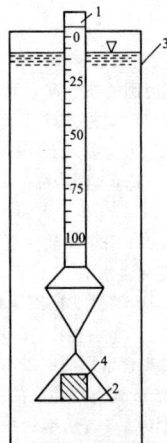

图10.0.2 崩解仪示意图
1—浮筒;2—网板;3—玻璃水筒;4—试样

1 浮筒:长颈锥体,下有挂钩,颈上有刻度,分度值为5;

2 网板:10cm×10cm。金属方格网,孔眼1cm²,可挂在浮筒下端;

3 玻璃水筒:宽约15cm,高约70cm,长度视需要而定,内盛清水;

4 天平:称量500g,分度值0.01g;

5 其他:烘箱、干燥器、时钟、切土刀、调土皿、称量皿。

10.0.3 崩解试验应按下列步骤进行:

1 取原状土或扰动土制备成所需状态的土样,用切土刀切成边长为5cm的立方体试样;

2 应按本标准第5.2节、第6.2节的规定测定试样的含水率及密度;

3 将试样放在网板中央,网板挂在浮筒下,然后手持浮筒颈端,迅速地将试样浸入水筒中,开动秒表,测记开始时浮筒齐水面处刻度的瞬间稳定读数及开始时间;

4 在试验开始时可按1min、3min、10min、30min、60min、2h、3h、4h……测记浮筒齐水面处的刻度读数,并描述各该时试样的崩解情况,根据试样崩解的快慢,可适当缩短或增长测读的时间间隔;

5 当试样完全通过网格落下后,试验即告结束;当试样长期不崩解时,应记录试样在水中的情况。

10.0.4 崩解量应按下式计算:

$$A_t = \frac{R_t - R_0}{100 - R_0} \times 100 \qquad (10.0.4)$$

式中:A_t——试样在时间t时的崩解量(%);

R_t——时间t时浮筒齐水面处的刻度读数;

R_0——试验开始时浮筒齐水面处刻度的瞬间稳定读数。

10.0.5 本试验的记录格式应符合本标准附录D表D.16的规定。

11 毛管水上升高度试验

11.1 一般规定

11.1.1 本试验根据不同的土质,可分别采用直接观测法和土样管法。

11.1.2 直接观测法用于粗砂、中砂,土样管法用于细砂、粉土或毛管水上升高度较小的黏土。

11.2 直接观测法

11.2.1 本试验所用的仪器设备应符合下列规定:

1 毛管仪(图 11.2.1):包括支架、玻璃杯和厚壁玻璃管。厚壁玻璃管内径为 2cm～3cm,长约 100cm,分度值为 0.5cm,零点在下端,底端用金属网包住;

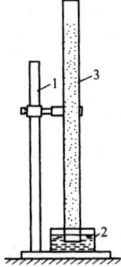

图 11.2.1 毛管仪

1—支架;2—玻璃杯;3—厚壁玻璃管

2 天平:称量 2000g,分度值 0.1g;

3 其他:烘箱、漏斗、称量盒、捣棒。

11.2.2 直接观测法试验应按下列步骤进行:

1 取代表性的风干砂土约 1500g,使其分散,借漏斗分数次装入玻璃管中,并应用捣棒捣实,使密度均匀,并达到所需的干密度;

2 将玻璃管垂直插入玻璃杯中,管身用支架固定;

3 在玻璃杯中注入水,水面应高出管底 0.5cm～1.0cm。在试验过程中水面须保持不变;

4 注水入杯后,经过 5min、10min、20min、30min、60min,以后每隔数小时,根据玻璃管中砂土颜色的深浅,测记各时间毛管水上升最高点的高度(从杯中水面为基点),直至上升稳定为止。

11.2.3 本试验的记录格式应符合本标准附录 D 表 D.17 的规定。

11.3 土样管法

11.3.1 本试验所用的仪器设备应符合下列规定:

1 土样管毛管仪(图 11.3.1)应符合下列规定:

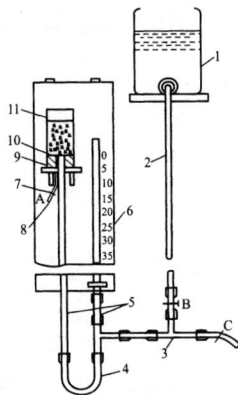

图 11.3.1 土样管毛管仪

1—供水瓶;2—玻璃管;3—三通接头;4—橡皮管;5—测压管;6—直尺;
7—管夹;8—排气管;9—橡皮塞;10—筛布;11—玻璃筒

1)玻璃筒(或金属筒):直径 4cm～6cm,高约 12cm;

2)测压管:直径 0.5cm～1.0cm,长约 200cm;

3)直尺:分度值 0.5cm,其零点与试样面齐平。

2 天平:称量 2000g,分度值 0.1g;

3 其他:烘箱、干燥缸、捣棒、直径比玻璃筒略小的切土筒、修土刀、称量盒。

11.3.2 土样管法试验应按下列步骤进行:

1 关好管夹 A、B、C。供水瓶注满水,取代表性风干土样约 500g～600g,经分散后倒入铺有筛布的玻璃筒中,并逐次用捣棒捣实,使其均匀,达到所需的孔隙比,直至试样高度达 8.0cm 为止,测定试样密度。

2 对原状土样,用切土筒削取试样高约 8.0cm,测定含水率和密度。并将试样推入玻璃筒中,使其距玻璃筒端约 2cm。四周间隙用蜡密封,不使其漏气。玻璃筒下口铺有筛布的橡皮塞塞紧,并采取密封措施。土中含有较多黏土颗粒时,则在筛布上铺一层约 1cm 厚粗砂缓冲层。此时,直尺零点应与缓冲层顶齐平。

3 开管夹 A、B,使水缓缓地经测压管上升至试样下部。排除管内空气至排气管流出的水中无气泡时,关管夹 A、B。

4 徐徐间断开或关管夹 B,使水缓缓地由而上地饱和试样,至试样表面见水时,关管夹 B。

5 徐徐开管夹 C,使右侧测压管之水面逐渐下降,至管内水面停止下降或开始升高时,记下此时测压管中水面读数,即为毛管水上升高度。

6 应按本标准第 11.3.2 条第 1 款～第 5 款的规定重复 1 次,取两次测定结果的算术平均值,以整数(cm)表示。

11.3.3 本试验的记录格式应符合本标准附录 D 表 D.18 的规定。

12 相对密度试验

12.1 一般规定

12.1.1 土样为能自由排水的砂砾土,粒径不应大于 5mm,其中粒径为 2mm～5mm 的土样质量不应大于土样总质量的 15%。

12.1.2 最小干密度试验宜采用漏斗法和量筒法,最大干密度试验宜采用振动锤击法。

12.1.3 本试验应进行两次平行测定,两次测定值其最大允许平行差值应为 ±0.03g/cm³,取两次测值的算术平均值为试验结果。

12.2 最小干密度试验

12.2.1 本试验所用的主要仪器设备应符合下列规定:

1 量筒:容积为 500mL 及 1000mL 两种,后者内径应大于 6cm;

2 长颈漏斗:颈管内径约 1.2cm,颈口磨平;

3 锥形塞:直径约 1.5cm 的圆锥体,焊接在铜杆下端(图 12.2.1);

4 天平:称量 1000g,分度值 1g;

5 砂面拂平器。

12.2.2 最小干密度试验应按下列步骤进行:

1 取代表性的烘干或充分风干试样约 1.5kg,用手搓揉或用圆木棍在橡皮板上碾散,并拌和均匀;

2 将锥形塞杆自漏斗下口穿入,并向上提起,使锥体堵住漏斗管口,一并放入 1000mL 量筒中,使其下端与筒底接触;

3 称取试样 700g,应准确至 1g,均匀倒入漏斗中,将漏斗与塞杆同时提高,然后下放塞杆使锥体略离开管口,管口应经常保持高出砂面 1cm～2cm,使试样缓缓且均匀分布地落入量筒中;

4 试样全部落入量筒后，取出漏斗与锥形塞，用砂面拂平器将砂面拂平，勿使量筒振动，然后测读砂样体积，估读至 5mL；

5 用手掌或橡皮板堵住量筒口，将量筒倒转，然后缓慢地转回原来位置，如此重复几次，记下体积的最大值，估读至 5mL；

6 从本标准第 12.2.2 条第 4 款和第 5 款两种方法测得的体积值中取体积值较大的一个，为松散状态时试样的最大体积。

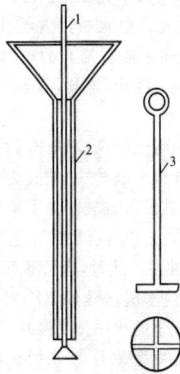

图 12.2.1　漏斗及拂平器
1—锥形塞；2—长颈漏斗；3—砂面拂平器

12.2.3 最小干密度应按下式计算，计算至 0.01g/cm³：

$$\rho_{dmin} = \frac{m_d}{V_{max}} \qquad (12.2.3)$$

式中：ρ_{dmin}——最小干密度(g/cm³)；

V_{max}——松散状态时试样的最大体积(cm³)。

12.2.4 最大孔隙比应按下式计算：

$$e_{max} = \frac{\rho_w G_s}{\rho_{dmin}} - 1 \qquad (12.2.4)$$

式中：e_{max}——最大孔隙比。

12.2.5 本试验的记录格式应符合本标准附录 D 表 D.19 的规定。

12.3　最大干密度试验

12.3.1 本试验所用的主要仪器设备应符合下列规定：

1 金属容器，有两种：
  1）容积 250mL，内径 5cm，高 12.7cm；
  2）容积 1000mL，内径 10cm，高 12.75cm。

2 振动叉（图 12.3.1-1）；

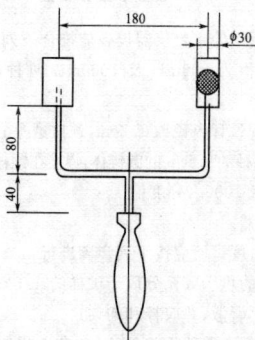

图 12.3.1-1　振动叉(单位:mm)

3 击锤：锤质量 1.25kg，落高 15cm，锤底直径 5cm(图 12.3.1-2)；

4 台秤：称量 5000g，分度值 1g。

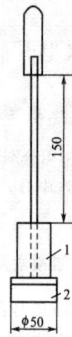

图 12.3.1-2　击锤(单位:mm)
1—击锤；2—锤座

12.3.2 最大干密度试验应按下列步骤进行：

1 取代表性的试样约 4kg，应按本标准第 12.2.2 条第 1 款的规定处理。

2 分 3 次倒入容器进行振击。先取代表性试样 600g～800g（其数量应使振击后的体积略大于容器容积的 1/3）倒入 1000mL 容器内，用振动叉以每分钟各 150 次～200 次的速度敲打容器两侧，并在同一时间内，用击锤于试样表面每分钟锤击 30 次～60 次，直至砂样体积不变为止，一般击 5min～10min。敲打时要用足够的力量使试样处于振动状态；锤击时，粗砂可用较少击数，细砂应用较多击数。

3 应符合本标准第 12.3.2 条第 2 款的规定，进行后两次的装样、振动和锤击，第 3 次装样时应先在容器口上安装套环。

4 最后 1 次振毕，取下套环，用修土刀齐容器顶面刮去多余试样，称容器内试样质量，准确至 1g，并记录试样体积，计算其最小孔隙比。

12.3.3 最大干密度应按下式计算，计算至 0.01g/cm³：

$$\rho_{dmax} = \frac{m_d}{V_{min}} \qquad (12.3.3)$$

式中：ρ_{dmax}——最大干密度(g/cm³)；

V_{min}——紧密状态时试样的最小体积(cm³)。

12.3.4 最小孔隙比应按下式计算：

$$e_{min} = \frac{\rho_w G_s}{\rho_{dmax}} - 1 \qquad (12.3.4)$$

式中：e_{min}——最小孔隙比。

12.3.5 相对密度应按下列公式计算：

$$D_r = \frac{e_{max} - e_0}{e_{max} - e_{min}} \qquad (12.3.5-1)$$

$$D_r = \frac{(\rho_d - \rho_{dmin})\rho_{dmax}}{(\rho_{dmax} - \rho_{dmin})\rho_d} \qquad (12.3.5-2)$$

式中：D_r——相对密度，计算至 0.01；

e_0——天然孔隙比或填土的相应孔隙比。

12.3.6 本试验的记录格式应符合本标准附录 D 表 D.19 的规定。

13　击　实　试　验

13.1　一　般　规　定

13.1.1 土样粒径应小于 20mm。

13.1.2 本试验分轻型击实和重型击实。轻型击实试验的单位体积击实功约为 592.2kJ/m³，重型击实试验的单位体积功约为 2684.9kJ/m³。

13.2 仪器设备

13.2.1 本试验所用的主要仪器设备应符合下列规定：

1 击实仪：应符合现行国家标准《土工试验仪器　击实仪》GB/T 22541 的规定。由击实筒(图 13.2.1-1)、击锤(图 13.2.1-2)和护筒组成，其尺寸应符合表 13.2.1 的规定。

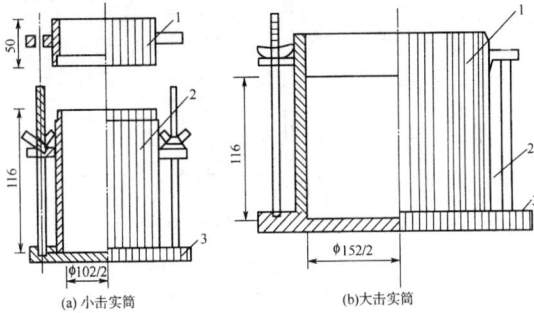

图 13.2.1-1　击实筒(单位：mm)
1—护筒；2—击实筒；3—底板

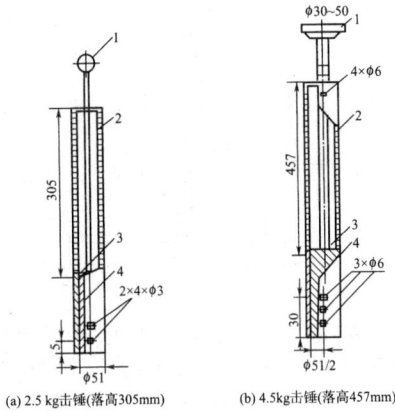

图 13.2.1-2　击锤与导筒(单位：mm)
1—提手；2—导筒；3—硬橡皮垫；4—击锤

表 13.2.1　击实仪主要技术指标

试验方法	锤底直径(mm)	锤质量(kg)	落高(mm)	层数	每层击数	击实筒 内径(mm)	击实筒 筒高(mm)	击实筒 容积(cm³)	护筒高度(mm)	备注
轻型	51	2.5	305	3	25	102	116	947.4	≥50	
				3	56	152	116	2103.9	≥50	
重型		4.5	457	3	42	102	116	947.4	≥50	
				3	94	152	116	2103.9	≥50	
				5	56					

2 击实仪的击锤应配导筒，击锤与导筒间应有足够的间隙使锤能自由下落。电动操作的击锤必须有控制落距的跟踪装置和锤击点按一定角度均匀分布的装置。

3 天平：称量 200g，分度值 0.01g。

4 台秤：称量 10kg，分度值 1g。

5 标准筛：孔径为 20mm、5mm。

13.2.2 本试验所用的其他仪器设备应符合下列规定：

1 试样推出器：宜用螺旋式千斤顶或液压式千斤顶，如无此类装置，也可用刮刀和修土刀从击实筒中取出试样；

2 其他：烘箱、喷水设备、碾土设备、盛土器、修土刀和保湿设备。

13.3 操作步骤

13.3.1 试样制备可分为干法制备和湿法制备两种方法。

1 干法制备应按下列步骤进行：

1)用四点分法取一定量的代表性风干试样，其中小筒所需土样约为 20kg，大筒所需土样约为 50kg，放在橡皮板上用木碾碾散，也可用碾土器碾散；

2)轻型按要求过 5mm 或 20mm 筛，重型过 20mm 筛，将筛下土样拌匀，并测定土样的风干含水率；根据土的塑限预估的最优含水率，并按本标准第 4.3 节规定的步骤制备不少于 5 个不同含水率的一组试样，相邻 2 个试样含水率的差值宜为 2%；

3)将一定量土样平铺于不吸水的盛土盘内，其中小型击实筒所需击实土样约为 2.5kg，大型击实筒所取土样约为 5.0kg，按预定含水率用喷水设备往土样上均匀喷洒所需加水量，拌匀并装入塑料袋内或密封于盛土器内静置备用。静置时间分别为：高液限黏土不得少于 24h，低液限黏土可酌情缩短，但不应少于 12h。

2 湿法制备应取天然含水率的代表性土样，其中小型击实筒所需土样约为 20kg，大型击实筒所需土样约为 50kg。碾散，按要求过筛，将筛下土样拌匀，并测定试样的含水率。分别风干或加水到所要求的含水率，应使制备好的试样水分均匀分布。

13.3.2 试样击实应按下列步骤进行：

1 将击实仪平稳置于刚性基础上，击实筒内壁和底板涂一薄层润滑油，连接好击实筒与底板，安装好护筒。检查仪器各部件及配套设备的性能是否正常，并做好记录。

2 从制备好的一份试样中称取一定量土料，分 3 层或 5 层倒入击实筒内并将土面整平，分层击实。手工击实时，应保证使击锤自由铅直下落，锤击点必须均匀分布于土面上；机械击实时，可将定数器拨到所需的击实数处，击数可按表 13.2.1 确定，按动电钮进行击实。击实后的每层试样高度应大致相等，两层交接面的土面应刨毛。击实完成后，超出击实筒顶的试样高度应小于 6mm。

3 用修土刀沿护筒内壁削挖后，扭动并取下护筒，测出超高，应取多个测值平均，准确至 0.1mm。沿击实筒顶细心修平试样，拆除底板。试样底面超出筒外时，应修平。擦净筒外壁，称量，准确至 1g。

4 用推土器从击实筒内推出试样，从试样中心处取 2 个一定量的土料，细粒土为 15g~30g，含粗粒土为 50g~100g。平行测定土的含水率，称量准确到 0.01g，两个含水率的最大允许差值应为 ±1%。

5 应按本条第 1 款~第 4 款的规定对其他含水率的试样进行击实。一般不重复使用土样。

13.4 计算、制图和记录

13.4.1 击实后各试样的含水率应按下式计算：

$$w = \left(\frac{m_0}{m_d} - 1\right) \times 100 \qquad (13.4.1)$$

13.4.2 击实后各试样的干密度应按下式计算，计算至 0.01g/cm³：

$$\rho_d = \frac{\rho}{1 + 0.01w} \qquad (13.4.2)$$

13.4.3 土的饱和含水率应按下式计算：

$$w_{sat} = \left(\frac{\rho_w}{\rho_d} - \frac{1}{G_s}\right) \times 100 \qquad (13.4.3)$$

式中：w_{sat}——饱和含水率(%)；

ρ_w——水的密度(g/cm³)。

13.4.4 以干密度为纵坐标，含水率为横坐标，绘制干密度与含水率的关系曲线。曲线上峰值点的纵、横坐标分别代表土的最大干密度和最优含水率。曲线不能给出峰值点时，应进行补点试验。

13.4.5 数个干密度下土的饱和含水率应按本标准式(13.4.3)计算。以干密度为纵坐标，含水率为横坐标，在图上绘制饱和曲线。

13.4.6 本试验的记录格式应符合本标准附录 D 表 D.20 的规定。

14 承载比试验

14.1 一般规定

14.1.1 土样粒径应小于20mm。

14.1.2 本试验应采用重型击实法将扰动土在规定试样筒内制样后进行试验。

14.2 仪器设备

14.2.1 本试验所用的主要仪器设备应符合下列规定：

1 击实仪应符合本标准第13.2.1条的规定，其主要部件的尺寸应符合下列规定：

1）试样筒（图14.2.1-1）：内径152mm，高166mm的金属圆筒；试样筒内底板上放置垫块，垫块直径为151mm，高50mm，护筒高度50mm；

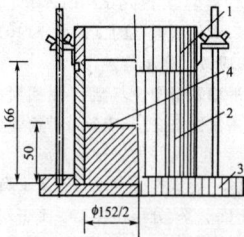

图14.2.1-1 试样筒（单位：mm）
1—护筒；2—试样筒；3—底板；4—垫块

2）击锤和导筒：锤底直径51mm，锤质量4.5kg，落距457mm；击锤与导筒之间的空隙应符合现行国家标准《土工试验仪器 击实仪》GB/T 22541的规定。

2 贯入仪（图14.2.1-2）应符合下列规定：

1）加荷和测力设备：量程应不低于50kN，最小贯入速度应能调节至1mm/min；

2）贯入杆：杆的端面直径50mm，杆长100mm，杆上应配有安装百分表的夹孔；

3）百分表：2只，量程分别为10mm和30mm，分度值0.01mm。

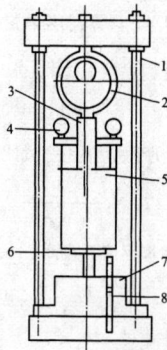

图14.2.1-2 贯入仪示意图
1—框架；2—测力计；3—贯入杆；4—位移计；5—试样；
6—升降台；7—蜗轮蜗杆箱；8—摇把

3 标准筛：孔径为20mm、5mm；

4 台秤：称量20kg，分度值1g；

5 天平：称量200g，分度值0.01g。

14.2.2 本试验所用的其他仪器设备应符合下列规定：

1 膨胀量测定装置（图14.2.2-1）：由百分表和三脚架组成；

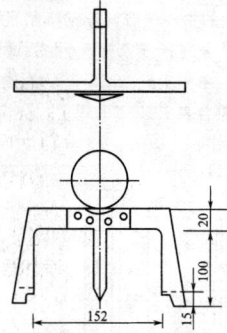

图14.2.2-1 膨胀量测定装置（单位：mm）

2 有孔底板：孔径宜小于2mm，底板上应配有可紧密连接试样筒的装置；带调节杆的多孔顶板（图14.2.2-2）；

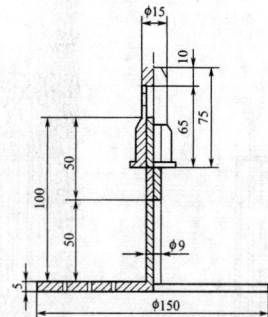

图14.2.2-2 带调节杆的多孔顶板（单位：mm）

3 荷载块（图14.2.2-3）：直径150mm，中心孔直径52mm，每对质量1.25kg，共4对，并沿直径分为两个半圆块；

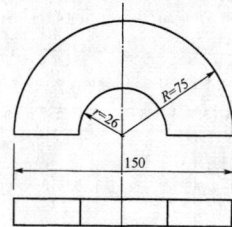

图14.2.2-3 荷载块（单位：mm）

4 水槽：槽内水面应高出试件顶面25mm；

5 其他：刮刀、修土刀、直尺、量筒、土样推出器、烘箱、盛土盘。

14.3 操作步骤

14.3.1 试样制备应按下列步骤进行：

1 试样制备应符合本标准第13.3.1条的规定。其中土样需过20mm筛，以筛除粒径大于20mm的颗粒，并记录超径粒的百分数；按需要制备数份试样，每份试样质量约为6.0kg；

2 应按本标准第13.3.2条的规定进行重型击实试验，求取最大干密度和最优含水率；

3 应按最优含水率备料，进行重型击实试验制备3个试样，击实完成后试样超高应小于6mm；

4 卸下护筒，沿试样筒顶修平试样，表面不平整处宜细心用细料修补，取出垫块，称试样筒和试样的总质量。

14.3.2 浸水膨胀应按下列步骤进行：

1 将一层滤纸铺于试样表面，放上多孔底板，并应用拉杆将试样筒与多孔底板固定好；

2 倒转试样筒，取一层滤纸铺于试样的另一表面，并在该面上放置带有调节杆的多孔顶板，再放上8块荷载块；

3 将整个装置放入水槽，先不放水，安装好膨胀量测定装置，并读取初读数；

4 向水槽内缓缓注水，使水自由进入试样的顶部和底部，注水后水槽内水面应保持在荷载块顶面以上大约25mm(图14.3.2)；通常试样要浸水4d；

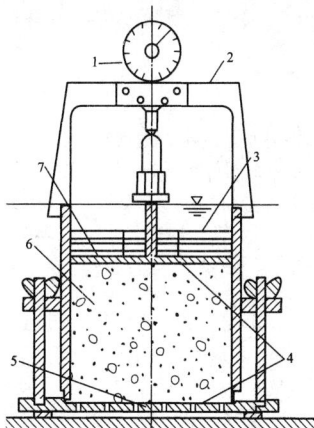

图 14.3.2 浸水膨胀试验装置

1—百分表；2—三脚架；3—荷载块；4—滤纸；5—多孔底板；
6—试样；7—多孔顶板

5 根据需要以一定时间间隔读取百分表的读数。浸水终了时，读取终读数。膨胀率应按下式计算：

$$\delta_w = \frac{\Delta h_w}{h_0} \times 100 \qquad (14.3.2)$$

式中：δ_w——浸水后试样的膨胀率(%)；

Δh_w——浸水后试样的膨胀量(mm)；

h_0——试样的初始高度(mm)。

6 卸下膨胀量测定装置，从水槽中取出试样，吸去试样顶面的水，静置15min让其排水，卸去荷载块、多孔顶板和有孔底板，取下滤纸，并称试样筒和试样总质量，计算试样的含水率与密度的变化。

14.3.3 贯入试验应按下列步骤进行：

1 将浸水终了的试样放到贯入仪的升降台上，调整升降台的高度，使贯入杆与试样顶面刚好接触，并在试样顶面放上8块荷载块；

2 在贯入杆上施加45N荷载，将测力计量表和测变形的量表读数调整至零点；

3 加荷使贯入杆以1mm/min～1.25mm/min的速度压入试样，按测力计内量表的某些整读数(如20、40、60)记录相应的贯入量，并使贯入量达2.5mm时的读数不得少于5个，当贯入量读数为10mm～12.5mm时可终止试验；

4 应进行3个试样的平行试验，每个试样间的干密度最大允许差值应为±0.03g/cm³。当3个试样试验结果所得承载比的变异系数大于12%时，去掉一个偏离大的值，试验结果取其余2个结果的平均值；当变异系数小于12%时，试验结果取3个结果的平均值。

14.4 计算、制图和记录

14.4.1 由 p-l 曲线上获取贯入量为2.5mm和5.0mm时的单位压力值，各自的承载比应按下列公式计算。承载比一般是指贯入量为2.5mm时的承载比，当贯入量为5.0mm时的承载比大于2.5mm时，试验应重新进行。当试验结果仍然相同时，应采用贯入量为5.0mm时的承载比。

1 贯入量为2.5mm时的承载比应按下式计算：

$$CBR_{2.5} = \frac{p}{7000} \times 100 \qquad (14.4.1-1)$$

式中：$CBR_{2.5}$——贯入量为2.5mm时的承载比(%)；

p——单位压力(kPa)；

7000——贯入量为2.5mm时的标准压力(kPa)。

2 贯入量为5.0mm时的承载比应按下式计算：

$$CBR_{5.0} = \frac{p}{10500} \times 100 \qquad (14.4.1-2)$$

式中：$CBR_{5.0}$——贯入量为5.0mm时的承载比(%)；

10500——贯入量为5.0mm时的标准压力(kPa)。

14.4.2 以单位压力(p)为横坐标，贯入量(l)为纵坐标，绘制 p-l 曲线(图14.4.2)。图14.4.2中，曲线1是合适的，曲线2的开始段是凹曲线，应进行修正。修正的方法为：在变曲率点引一切线，与纵坐标交于 O' 点，这 O' 点即为修正后的原点。

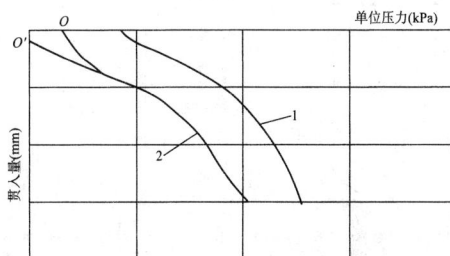

图 14.4.2 单位压力与贯入量的关系曲线(p-l 曲线)

14.4.3 承载比试验的记录格式应符合本标准附录 D 表D.21、表D.22的规定。

15 回弹模量试验

15.1 一般规定

15.1.1 土样粒径应小于20mm。

15.1.2 本试验采用杠杆压力仪法和强度仪法。杠杆压力仪法用于含水率较大、硬度较小的试样。

15.2 杠杆压力仪法

15.2.1 本试验所用的主要仪器设备应符合下列规定：

1 杠杆压力仪(图15.2.1-1)：最大压力1500N；

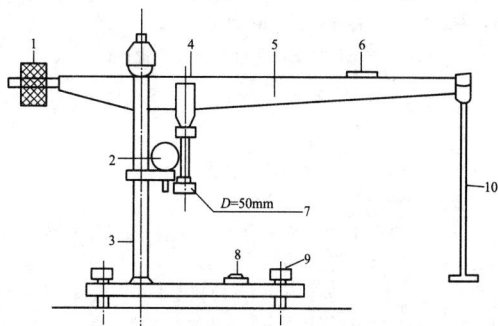

图 15.2.1-1 杠杆压力仪

1—调平砝码；2—千分表；3—立柱；4—加压杆；5—水平杠杆；6—水平气泡；
7—加压球座；8—底座水平气泡；9—调平脚螺丝；10—加载架

2 试样筒(图 15.2.1-2):内径 152mm,高 166mm 的金属圆筒,其形式和尺寸应符合本标准图 14.2.1-1 的规定,但在与夯击底板的立柱连接的缺口板上多一个内径 5mm、深 5mm 的螺丝孔,用来安装千分表支架;

3 护筒:高 50mm;

4 筒内垫块:直径 151mm,高 50mm,夯击底板与击实仪同;

5 承载板(图 15.2.1-3):直径 50mm,高 80mm;

6 千分表:2 只,量程 2.0mm,分度值 0.001mm;

7 秒表:分度值 0.1s。

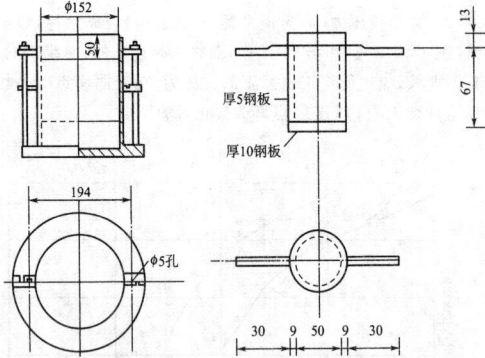

图 15.2.1-2 试样筒(单位:mm) 图 15.2.1-3 承载板(单位:mm)

15.2.2 杠杆压力仪法试验应按下列步骤进行:

1 应按本标准第 13.3.2 条的规定用重型击实法制备试样,得出最大干密度和最优含水率。

2 应按最优含水率制备试样,以规定的击数在试样筒内制备试样。

3 将装有试样的试样筒底面放在杠杆压力仪的底盘上,将承载板放在试样的中心位置,并与杠杆压力仪的加压球座对正。将千分表固定在立柱上,并将千分表的测头安放在承载板的表架上。

4 在杠杆压力仪的加载架上施加砝码,用预定的最大压力进行预压,对含水率大于塑限的土,$p=50kPa\sim100kPa$;对含水率小于塑限的土,$p=100kPa\sim200kPa$。预压应进行 1 次~2 次,每次预压 1min 卸载。预压后调整承载板位置,并将千分表调到零位。

5 预定的最大压力分为 4 级~6 级进行加载,每级加载时间为 1min,记录千分表读数,同时卸载,当卸载 1min 时,记录千分表读数,再施加下一级荷载。如此逐级进行加载和卸载,并记录千分表读数,直至最后一级加载。为使试验曲线的开始部分比较准确,可将第 1 级、第 2 级荷载再分别分成 2 小级进行加载和卸载。试验中的最大压力也可略大于预定的最大压力。

6 土的回弹模量测定应进行 3 次平行试验,每次试验结果与回弹模量的均值间最大允许差值应为±5%。

15.2.3 每级荷载下试样的回弹模量应按下式计算:

$$E_e = \frac{\pi pD}{4l}(1-\mu^2) \qquad (15.2.3)$$

式中:E_e——回弹模量(kPa);

p——承载板上的单位压力(kPa);

D——承载板直径(cm);

l——相应于压力的回弹变形量(加载读数减卸载读数)(cm);

μ——土的泊松比,一般取 0.35。

15.2.4 以单位压力 p 为横坐标,回弹变形量 l 为纵坐标,绘制 p-l 曲线。试样的回弹模量取 p-l 曲线的直线段计算,对于较软的土,p-l 曲线不通过原点时,允许用初始直线段与纵坐标轴的交点当作原点,修正各级荷载下回弹变形和回弹模量。

15.2.5 本试验的记录格式应符合本标准附录 D 表 D.23 的规定。

15.3 强度仪法

15.3.1 本试验所用的主要仪器设备应符合下列规定:

1 路面材料强度仪:应符合本标准第 14.2.1 条第 2 款的规定;

2 试样筒:应符合本标准第 15.2.1 条第 2 款的规定;

3 承载板:应符合本标准第 15.2.1 条第 5 款的规定;

4 千分表(量表)支杆与表夹:支杆长 200mm,直径 10mm,一端带有长 5mm 与试样筒上螺丝孔连接的螺丝杆,表夹可用钢制,也可用硬塑料制成;

5 其他仪器应符合本标准第 15.2.1 条第 6 款、第 7 款的规定。

15.3.2 强度仪试验应按下列步骤进行:

1 试样制备应符合本标准第 15.2.2 条第 1 款、第 2 款的规定;

2 将制备好的试样和试样筒的底面放在强度仪的升降台上,千分表支杆拧在试样筒两侧的螺丝孔上,承载板放在试样表面中央位置,并与强度仪的贯入杆对正;千分表和表夹安装在支杆上,并将千分表测头安放在承载板两侧的支架上;

3 摇动摇把,用预定的最大压力进行预压,预压方法应按本标准第 15.2.2 条第 4 款执行;

4 将预定的最大压力分为 4 级~6 级进行加载,加载卸载按本标准第 15.2.2 条第 5 款执行;当试样较硬时,可以不受预定最大压力值的限制,增加加载级数,至需要的压力为止;

5 进行平行试验的次数和准确度应符合本标准第 15.2.2 条第 6 款的规定。

15.3.3 每级压力下试样的回弹模量应按本标准式(15.2.3)计算。其中计算中所用 μ 值一般为 0.35,对于具有一定龄期的加固土取值范围为 0.25~0.30。

15.3.4 本试验的 p-l 曲线绘制应符合本标准第 15.2.4 条的规定。

15.3.5 本试验的记录格式应符合本标准附录 D 表 D.23 的规定。

16 渗透试验

16.1 一般规定

16.1.1 常水头渗透试验适用于粗粒土,变水头渗透试验适用于细粒土。

16.1.2 试验用水宜采用实际作用于土中的天然水。有困难时,可用纯水或经过滤的清水。在试验前必须用抽气法或煮沸法进行脱气。试验时的水温宜高于室温 3℃~4℃。

16.1.3 渗透系数的最大允许差值应为±2.0×10^{-n}cm/s,在测得的结果中取 3 个~4 个在允许差值范围内的数据,求得其平均值,作为试样在该孔隙比 e 时的渗透系数。

16.1.4 本试验应以水温 20℃为标准温度,计算标准温度下的渗透系数。

16.2 常水头渗透试验

16.2.1 本试验所用的仪器设备应符合下列规定:

1 常水头渗透仪装置:封底圆筒的尺寸参数应符合现行国家标准《岩土工程仪器基本参数及通用技术条件》GB/T 15406 的规定;当使用其他尺寸的圆筒时,圆筒内径应大于试样最大粒径的 10 倍;玻璃测压管内径为 0.6cm,分度值为 0.1cm(图 16.2.1);

2 天平:称量 5000g,分度值 1.0g;

3 温度计:分度值 0.5℃;

4 其他:木锤、秒表。

16.2.2 常水头渗透试验应按下列步骤进行:

1 应先装好仪器(图16.2.1),并检查各管路接头处是否漏水。将调节管与供水管连通,由仪器底部充水至水位略高于金属孔板,关止水夹。

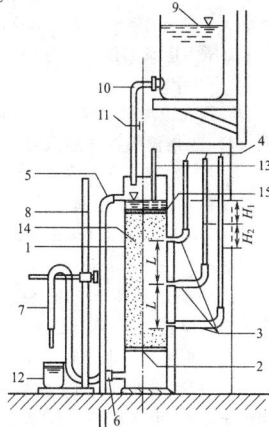

图16.2.1 常水头渗透装置

1—封底金属圆筒;2—金属孔板;3—测压孔;4—玻璃测压管;5—溢水孔;6—渗水孔;7—调节管;8—滑动支架;9—供水瓶;10—供水管;11—止水夹;12—容量为500mL的量筒;13—温度计;14—试样;15—砾石层

2 取具有代表性的风干试样3kg~4kg,称量准确至1.0g,并测定试样的风干含水率。

3 将试样分层装入圆筒,每层厚2cm~3cm,用木锤轻轻击实到一定的厚度,以控制其孔隙比。试样含黏粒较多时,应在金属孔板上加铺厚约2cm的粗砂过渡层,防止试验时细粒流失,并量出过渡层厚度。

4 每层试样装好后,连接供水管和调节管,并由调节管中进水,微开止水夹,使试样逐渐饱和。当水面与试样顶齐平,关止水夹。饱和时水流不应过急,以免冲动试样。

5 按照本标准第16.2.2条第1款~第4款的规定逐层装试样,至试样高出上测压孔3cm~4cm为止。在试样上端铺厚约2cm砾石作缓冲层。待最后一层试样饱和后,继续使水位缓缓上升至溢水孔。当有水溢出时,关止水夹。

6 试样装好后量测试样顶部至仪器上口的剩余高度,计算试样净高。称剩余试样质量,准确至1.0g,计算装入试样总质量。

7 静置数分钟后,检查各测压管水位是否与溢水孔齐平。不齐平时,说明试样中或测压管接头处有集气阻隔,用吸水球进行吸水排气处理。

8 提高调节管,使其高于溢水孔,然后将调节管与供水管分开,并将供水管置于金属圆筒内。开止水夹,使水由上部注入金属圆筒内。

9 降低调节管口,使其位于试样上部1/3高度处,造成水位差使水渗入试样,经调节管流出。在渗透过程中应调节进水夹,使供水管流量略多于溢水量。溢水孔应始终有余水溢出,以保持常水位。

10 测压管水位稳定后,记录测压管水位,计算各测压管间的水位差。

11 开动秒表,同时用量筒接取经一定时间的渗透水量,并重复1次。接取渗透水量时,调节管口不得没入水中。

12 测定进水与出水处的水温,取平均值。

13 降低调节管口至试样中部及下部1/3处,以改变水力坡降,按本标准第16.2.2条第9款~第12款规定重复进行测定。

14 根据需要,可数个不同孔隙比的试样,进行渗透系数的测定。

16.2.3 常水头渗透试验渗透系数应按下列公式计算:

$$k_T = \frac{2QL}{At(H_1 + H_2)} \quad (16.2.3-1)$$

$$k_{20} = k_T \frac{\eta_T}{\eta_{20}} \quad (16.2.3-2)$$

式中:k_T——水温T℃时试样的渗透系数(cm/s);

Q——时间t秒内的渗透水量(cm³);

L——渗径(cm),等于两测压孔中心间的试样高度;

A——试样的断面积(cm²);

t——时间(s);

H_1、H_2——水位差(cm);

k_{20}——标准温度(20℃)时试样的渗透系数(cm/s);

η_T——T℃时水的动力黏滞系数(1×10^{-6}kPa·s);

η_{20}——20℃时水的动力黏滞系数(1×10^{-6}kPa·s)。

比值η_T/η_{20}与温度的关系应按本标准表8.3.5-1执行。

16.2.4 当进行不同孔隙比下的渗透试验时,可在半对数坐标上绘制以孔隙比为纵坐标,渗透系数为横坐标的e-k关系曲线图。

16.2.5 常水头渗透试验的记录格式应符合本标准附录D表D.24的规定。

16.3 变水头渗透试验

16.3.1 本试验所用的仪器设备(图16.3.1)应符合下列规定:

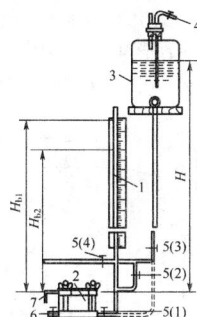

图16.3.1 变水头渗透装置

1—变水头管;2—渗透容器;3—供水瓶;4—接水源管;5—进水管夹;6—排气管;7—出水管

1 渗透容器:由环刀、透水板、套筒及上、下盖组成;

2 水头装置:变水头管的内径,根据试样渗透系数选择不同尺寸,且不宜大于1cm,长度为1.0m以上,分度值为1.0mm;

3 其他:切土器、秒表、温度计、削土刀、凡士林。

16.3.2 变水头渗透试验应按下列步骤进行:

1 用环刀垂直或平行土样层面切取原状试样或扰动土制备成给定密度的试样,进行充分饱和。切土时,应尽量避免结构扰动,不得用削土刀反复涂抹试样表面。

2 将容器套筒内壁涂一薄层凡士林,将盛有试样的环刀推入套筒,压入止水垫圈。把挤出的多余凡士林小心刮净。装好带有透水板的上、下盖,并用螺丝拧紧,不得漏气漏水。

3 把装好试样的渗透容器与水头装置连通。利用供水瓶中的水充满进水管,水头高度根据试样结构的疏松程度确定,不应大于2m,待水头稳定后注入渗透容器。开排气阀,将容器侧立,排除渗透容器底部的空气,直至溢出水中无气泡。关排气阀,放平渗透容器。

4 在一定水头作用下静置一段时间,待出水管口有水溢出时,再开始进行试验测定。

5 将水头管充水至需要高度后,关止水夹5(2),开时测记变水头管中起始水头高度和起始时间,按预定时间间隔测记水头和时间的变化,并测出水口的水温。如此连续测记2次~3次后,再使水头管水位回升至需要高度,再连续测记数次,重复试验5次~6次以上。

16.3.3 变水头渗透试验渗透系数应按下列公式计算:

$$k_T = 2.3 \frac{aL}{At} \lg\frac{H_{b1}}{H_{b2}} \quad (16.3.3-1)$$

$$k_{20} = k_T \frac{\eta_T}{\eta_{20}} \quad (16.3.3-2)$$

式中：a——变水头管截面积(cm^2)；

  L——渗径(cm)，等于试样高度；

  H_{b1}——开始时水头(cm)；

  H_{b2}——终止时水头(cm)。

16.3.4 变水头渗透试验的记录格式应符合本标准附录 D 表 D.25 的规定。

17 固 结 试 验

17.1 一 般 规 定

17.1.1 土样应为饱和的细粒土。当只进行压缩试验时，可用于非饱和土。

17.1.2 渗透性较大的细粒土，可进行快速固结试验。

17.2 标准固结试验

17.2.1 本试验所用的仪器设备应符合下列规定：

  1 固结容器：由环刀、护环、透水板、加压上盖和量表架等组成。环刀、透水板的技术性能和尺寸参数应符合现行国家标准《土工实验仪器 环刀》SL 370 切土环刀及相关标准的规定(图 17.2.1)。

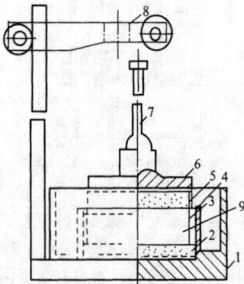

图 17.2.1 固结容器示意图

1—水槽；2—护环；3—环刀；4—导环；5—透水板；6—加压上盖；
7—位移导杆；8—位移计架；9—试样

  2 加压设备：可采用量程为 5kN～10kN 的杠杆式、磅秤式或其他加压设备，其最大允许误差应符合现行国家标准《土工试验仪器 固结仪 第 1 部分：单杠杆固结仪》GB/T 4935.1、《土工试验仪器 固结仪 第 2 部分：气压式固结仪》GB/T 4935.2 的有关规定。

  3 变形测量设备：百分表量程 10mm，分度值为 0.01mm，或最大允许误差为 ±0.2%F.S 的位移传感器。

  4 其他：刮土刀、钢丝锯、天平、秒表。

17.2.2 标准固结试验应按下列步骤进行：

  1 根据工程需要，切取原状土试样或制备给定密度与含水率的扰动土试样。制备方法应按本标准第 4.3 节、第 4.4 节执行。

  2 冲填土应先将土样调成液限或 1.2 倍～1.3 倍液限的土膏，拌和均匀，在保湿器内静置 24h。然后把环刀倒置于小玻璃板上用调土刀把土膏填入环刀，排除气刮平，称量。

  3 试样的含水率及密度的测定应符合本标准第 5.2.2 条、第 6.2.2 条的规定。对于扰动试样需要饱和时，应按本标准第 4.6 节规定的方法将试样进行饱和。

  4 在固结容器内放置护环、透水板和薄滤纸，将带有环刀的试样小心装入护环，然后在试样上放薄滤纸、透水板和加压盖板，置于加压框架下，对准加压框架的正中，安装量表。

  5 为保证试样与仪器上下各部件之间接触良好，应施加 1kPa 的预压力，然后调整量表，使读数为零。

  6 确定需要施加的各级压力。加压等级宜为 12.5kPa、25kPa、50kPa、100kPa、200kPa、400kPa、800kPa、1600kPa、3200kPa。最后一级的压力应大于上覆土层的计算压力 100kPa～200kPa。

  7 需要确定原状土的先期固结压力时，加压率宜小于 1，可采用 0.5 或 0.25。最后一级压力应使 e-$\lg p$ 曲线下段出现较长的直线段。

  8 第 1 级压力的大小视土的软硬程度宜采用 12.5kPa、25.0kPa 或 50.0kPa(第 1 级实加压力应减去预压力)。只需测定压缩系数时，最大压力不小于 400kPa。

  9 如系饱和试样，则在施加第 1 级压力后，立即向水槽中注水至满。对非饱和试样，须用湿棉围住加压盖板四周，避免水分蒸发。

  10 需测定沉降速率时，加压后宜按下列时间顺序测记量表读数：6s、15s、1min、2min15s、4min、6min15s、9min、12min15s、16min、20min15s、25min、30min15s、36min、42min15s、49min、64min、100min、200min、400min、23h 和 24h 为稳定为止。

  11 当不需要测定沉降速率时，稳定标准规定为每级压力下固结 24h 或试样变形每小时变化不大于 0.01mm。测记稳定读数后，再施加第 2 级压力。依次逐级加压至试验结束。

  12 需要做回弹试验时，可在某级压力(大于上覆有效压力)下固结稳定后卸压，直至卸至第 1 级压力。每次卸压后的回弹稳定标准与加压相同，并测记每级压力及最后一级压力时的回弹量。

  13 需要做次固结沉降试验时，可在主固结试验结束继续试验至固结稳定为止。

  14 试验结束后，迅速拆除仪器各部件，取出带环刀的试样。需测定试验后含水率时，则用干滤纸吸去试样两端表面上的水，测定其含水率。

17.2.3 固结试验各项指标计算应符合下列规定：

  1 试样的初始孔隙比 e_0 应按下式计算：

$$e_0 = \frac{\rho_w G_s (1 + 0.01 w_0)}{\rho_0} - 1 \qquad (17.2.3-1)$$

式中：e_0——初始孔隙比。

  2 各级压力下固结稳定后的孔隙比 e_i 应按下式计算：

$$e_i = e_0 - (1 + e_0) \frac{\sum \Delta h_i}{h_0} \qquad (17.2.3-2)$$

式中：e_i——某级压力下的孔隙比；

  $\sum \Delta h_i$——某级压力下试样的高度总变形量(cm)；

  h_0——试样初始高度(cm)。

  3 某一压力范围内的压缩系数 a_v 应按下式计算：

$$a_v = \frac{e_i - e_{i+1}}{p_{i+1} - p_i} \times 10^3 \qquad (17.2.3-3)$$

式中：a_v——压缩系数(MPa^{-1})；

  p_i——某一单位压力值(kPa)。

  4 某一压力范围内的压缩模量 E_s 及体积压缩系数 m_v 应按下列公式计算：

$$E_s = \frac{1 + e_0}{a_v} \qquad (17.2.3-4)$$

$$m_v = \frac{1}{E_s} = \frac{a_v}{1 + e_0} \qquad (17.2.3-5)$$

式中：E_s——压缩模量(MPa)；

  m_v——体积压缩系数(MPa^{-1})。

  5 压缩指数 C_c 及回弹指数 C_s(C_c 即 e-$\lg p$ 曲线直线段的斜率。用同法在回弹支上求其平均斜率，即 C_s)应按下式计算：

$$C_c \text{ 或 } C_s = \frac{e_i - e_{i+1}}{\lg p_{i+1} - \lg p_i} \qquad (17.2.3-6)$$

式中：C_c——压缩指数；

  C_s——回弹指数。

17.2.4 以孔隙比 e 为纵坐标，单位压力 p 为横坐标，绘制孔隙比与单位压力的关系曲线。

17.2.5 原状土的先期固结压力 p_c 的确定方法可按图 17.2.5 执行,用适当比例的纵横坐标作 e-$\lg p$ 曲线,在曲线上找出最小曲率半径 R_{min} 点 O。过 O 点作水平线 OA、切线 OB 及 $\angle AOB$ 的平分线 OD,OD 与曲线的直线段 C 的延长线交于点 E,则对应于 E 点的压力值即为该原状土的先期固结压力。

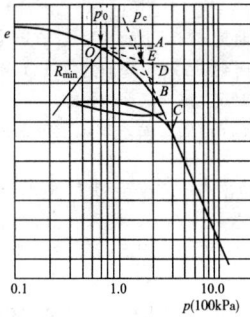

图 17.2.5　e-$\lg p$ 曲线和求 p_c 示意图

17.2.6 固结系数 C_v 应按下列方法求算:

1 时间平方根法:对于某一压力,以量表读数 d(mm)为纵坐标,时间平方根 $\sqrt{t}$(min)为横坐标,绘制 d-$\sqrt{t}$ 曲线(图 17.2.6-1)。延长 d-$\sqrt{t}$ 曲线开始段的直线,交纵坐标轴于 d_s(称理论零点)。过 d_s 绘制另一直线,令其横坐标为前一直线横坐标的 1.15 倍,则后一直线与 d-$\sqrt{t}$ 曲线交点所对应的时间的平方根为试样固结度达 90% 所需的时间 t_{90}。该压力下的固结系数应按下式计算:

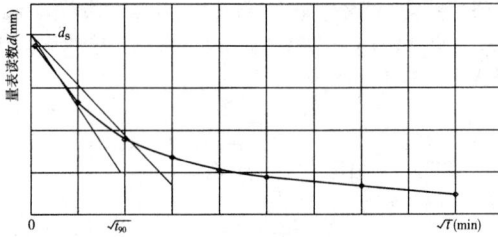

图 17.2.6-1　时间平方根法求 t_{90}

$$C_v = \frac{0.848 \bar{h}^2}{t_{90}} \qquad (17.2.6\text{-}1)$$

式中:C_v——固结系数(cm^2/s);

　　　$\bar{h}$——最大排水距离,等于某一压力下试样始与终了高度的平均值之半(cm);

　　　t_{90}——固结度达 90% 所需的时间(s)。

2 时间对数法:对于某一压力,以量表读数 d(mm)为纵坐标,时间在对数(min)横坐标上,绘制 d-$\lg t$ 曲线(图 17.2.6-2)。延长 d-$\lg t$ 曲线的开始段,选任一时间 t_1,相对应的量表读数为 d_1,再取时间 $t_2 = \dfrac{t_1}{4}$,相对应的量表读数为 d_2,则 $2d_2 - d_1$ 之值为 d_{01}。如此再选另一时间,依同法求得 d_{02}、d_{03}、d_{04} 等,取其平均值即为理论零点 d_0。延长曲线中部的直线段和通过曲线尾部数点切线的交点即为理论终点 d_{100},则 $d_{50} = \dfrac{d_0 + d_{100}}{2}$,对应于 d_{50} 的时间即为试样固结度达到 50% 所需的时间 t_{50}。该压力下的固结系数 C_v 应按下式计算:

$$C_v = \frac{0.197 \bar{h}^2}{t_{50}} \qquad (17.2.6\text{-}2)$$

式中:t_{50}——固结度达 50% 所需的时间(s)。

17.2.7 对于某一压力,以孔隙比 e 为纵坐标,时间在对数(min)横坐标上,绘制 e-$\lg t$ 曲线。主固结结束后试验曲线下部

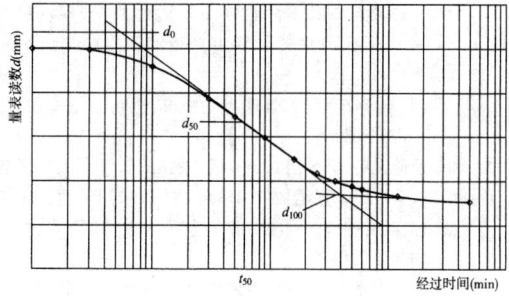

图 17.2.6-2　时间对数法求 t_{50}

的直线段的斜率即为次固结系数。次固结系数应按下式计算:

$$C_a = \frac{-\Delta e}{\lg(t_2/t_1)} \qquad (17.2.7)$$

式中:C_a——次固结系数;

　　　Δe——对应时间 t_1 到 t_2 的孔隙比的差值;

　　　t_1、t_2——次固结某一时间(min)。

17.2.8 标准固结试验的记录格式应符合本标准附录 D 表 D.26～表 D.28 的规定。

17.3　快速固结试验

17.3.1 仪器设备应符合本标准第 17.2.1 条的规定。

17.3.2 试验应按本标准第 17.2.2 条第 1 款～第 6 款、第 8 款、第 9 款和第 14 款执行。

17.3.3 计算应符合本标准第 17.2.3 条第 1 款～第 4 款的规定。对快速法所得的试验结果,当需要校正时,各级压力下试样校正后的总变形量应按下式计算:

$$\sum \Delta h_i = (h_i)_t \frac{(h_n)_{t_w}}{(h_n)_t} \qquad (17.3.3)$$

式中:$\sum \Delta h_i$——某一压力下校正后的总变形量(mm);

　　　$(h_i)_t$——某一压力下固结 1h 的总变形量减去该压力下的仪器变形量(mm);

　　　$(h_n)_{t_w}$——最后一级压力下达到稳定标准的总变形量减去该压力下的仪器变形量(mm);

　　　$(h_n)_t$——最后一级压力下固结 1h 的总变形量减去该压力下的仪器变形量(mm)。

17.3.4 制图应符合本标准第 17.2.4 条的规定。

17.3.5 快速固结试验的记录格式应符合本标准附录 D 表 D.29 的规定。

17.4　应变控制加荷固结试验

17.4.1 本试验所用的仪器设备应符合下列规定:

1 固结仪(图 17.4.1):由具有连续测孔隙水压力装置的刚性底座、护环、环刀、透水板、加压上盖等组成:

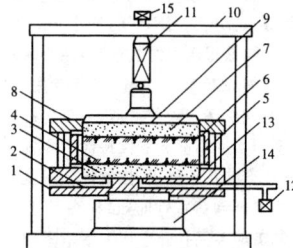

图 17.4.1　固结仪组装示意图

1—底座;2—排气孔;3—下透水板;4—试样;5—护环;6—环刀;7—上透水板;8—上盖;9—加压盖板;10—加压框架;11—负荷传感器;12—孔压传感器;13—密封圈;14—加压机座;15—位移传感器

1）环刀、透水板的技术性能和尺寸参数应符合现行行业标准《土工实验仪器 环刀》SL 370 及有关标准的规定。

2）环刀和护环底部与刚性底座要密封，应能经受 1.0MPa 的内压不泄漏。

2 轴向加荷设备：可采用螺旋杆式、液压式和气压式加荷装置。应能反馈、伺服跟踪连续加荷。轴向测力计采用负荷传感器等。测量装置应具有相应的刚度。量程为 0kN～10kN；最大允许误差应为 ±0.5%F.S。

3 孔隙水压力量测设备：可采用压力传感器，量程：0MPa～1MPa；最大允许误差应为 ±0.5%F.S。其体积因数应小于 1.5×10^{-5} cm³/kPa。

4 变形测量设备：可采用位移传感器，量程应为 0mm～10mm；最大允许误差应为 ±0.2%F.S。

5 其他：切土器、刮土刀、天平、秒表、烘箱、土样盒。

17.4.2 应变控制式加荷固结试验应按下列步骤进行：

1 制备试样应按本标准第 17.2.2 条第 1 款执行。

2 测定试样的密度和含水率应符合本标准第 17.2.2 条第 3 款的规定，并对试样饱和。

3 将固结容器底部连接孔隙水压力传感器的阀门打开，用无气水排除底部滞留的气泡。并将透水板用无气水饱和，使水淹盖底部透水板。透水板上放薄滤纸。

4 将装有试样的环刀放入护环内，装入固结容器，压入密封圈内。试样上放薄滤纸、透水板、上盖和加压盖板，用螺丝拧紧，使环刀和护环与底座密封。然后将固结仪放置到轴向加荷设备正中。在组装固结仪时，孔隙水压力测量系统不应带入气体。

5 装上位移传感器，并对试样加上 1kPa 的设置压力，然后调整孔隙水压力和位移传感器的初始读数或零读数。

6 选择适宜的应变速率。其标准使在试验时的任何时间试样底部产生的孔隙水压力为施加垂直应力的 3%～20%。应变速率可按表 17.4.2 选择。试验时，当超孔隙水压力值超出建议的范围时，可调整应变速率。

表 17.4.2 应变速率

液限 w_L(%)	应变速率 $\dot{\varepsilon}$(%/min)	液限 w_L(%)	应变速率 $\dot{\varepsilon}$(%/min)
0～40	0.04	80～100	0.001
40～60	0.01	100～120	0.0004
60～80	0.004	120～140	0.0001

7 接通控制系统、采集系统和加压设备的电源，预热 30mim，采集初始读数。在所选的常应变速率下，施加轴向载荷，使产生轴应变。

8 数据采集时间间隔。在历时前 10min 内间隔 1min；随后的 1h 以内间隔 5min；1h 以后间隔 15min 采集 1 次轴荷载、超孔隙水压力和变形值。

9 连续加荷一直到预期应力或应变为止。当轴向荷载施加完成后，在轴向荷载不变或变形不变的条件下使孔隙水压力消散。

10 在试验时，需获得次固结数据时，在所需轴向荷载中断控制应变加荷，并保持该荷载不变条件下，应按本标准第 17.2.2 条第 10 款规定的时间顺序记录变形值，一直延续至变形和对数时间关系曲线上呈现一次固结部分线性特性阶段为止。若需进一步加荷，则在先前常应变率条件下，恢复控制应变的轴向加荷。

11 当要求回弹或卸荷特性时，试样在等于加荷时的应变速率条件下卸荷。卸荷时关闭孔隙水压力测量系统。应按本标准第 17.4.2 条第 8 款规定的时间间隔记录轴向荷载和变形。回弹完成后，打开孔隙水压力测量系统，监测孔隙水压力，并允许其消散。

12 所有试验完成后，从固结仪中取出整个试样，称量、烘干，求得干密度和含水率。

17.4.3 应变控制加荷固结试验指标应按下列规定计算：

1 试样的初始孔隙比 e_0 应按本标准式（17.2.3-1）计算；

2 任意时刻试样的孔隙比 e_i 应按本标准式（17.2.3-2）计算；

3 任意时刻试样的有效压力 σ'_i 应按下式计算：

$$\sigma'_i = \sigma_i - \frac{2}{3}u_b \qquad (17.4.3-1)$$

式中：σ'_i——任意时刻 t 试样上的有效压力（kPa）；

σ_i——任意时刻 t 试样上施加的总压力（kPa）；

u_b——任意时刻 t 试样底部的孔隙水压力（kPa）。

4 某一压力范围内的压缩系数 a_v 应按本标准式（17.2.3-3）计算；

5 某一压力范围内压缩模量 E_s 和体积压缩系数 m_v 应按本标准式（17.2.3-4）、式（17.2.3-5）计算；

6 压缩指数 C_c 和回弹指数 C_s 应按本标准式（17.2.3-6）计算；

7 任意时刻 t 的固结系数 C_v 应按下式计算：

$$C_v = \frac{\Delta\varepsilon}{\Delta t} \cdot \frac{h^2}{2m_v u'_b} \qquad (17.4.3-2)$$

式中：$\Delta\varepsilon$——两读数间的应变变化（%）；

h——两读数间的试样平均高度（cm）；

Δt——两读数间的历时（s）；

u'_b——两读数间试样底部测得的孔隙水压力平均值（kPa）。

17.4.4 以孔隙比 e 为纵坐标，有效压力 σ' 在对数横坐标上，绘制 e-$\lg\sigma'$ 的关系图。

17.4.5 以固结系数 C_v 为纵坐标，有效压力 σ' 为横坐标，绘制 C_v-σ' 的关系图。

17.4.6 为获得次压缩数据，在半对数坐标上绘制变形与时间图。

17.4.7 应变控制式加荷固结试验的记录格式应符合本标准附录 D 表 D.26～表 D.28、表 D.30 的规定。

18 黄土湿陷试验

18.1 一般规定

18.1.1 本试验根据工程要求，分别测定黄土的湿陷系数、自重湿陷系数、溶滤变形系数和湿陷起始压力。

18.1.2 进行本试验时，从同一土样中制备的试样，其密度的最大允许差值应为 ±0.03g/cm³。

18.1.3 本试验所用的仪器设备应符合本标准第 17.2.1 条的规定，环刀内径为 79.8mm。试验所用的滤纸及透水石的湿度应接近试样的天然湿度。

18.1.4 黄土湿陷试验的变形稳定标准为每小时变形不应大于 0.01mm，溶滤变形稳定标准为每 3d 变形不应大于 0.01mm。

18.2 湿陷系数试验

18.2.1 湿陷系数试验应按下列步骤进行：

1 试样制备应符合本标准第 4.5 节的规定，试样安装应符合本标准第 17.2.2 条第 4 款、第 5 款的规定。

2 确定需要施加的各级压力，压力等级宜为 50kPa、100kPa、150kPa、200kPa，大于 200kPa 后每级压力为 100kPa。最后一级压力应取决土深度而定：从基础底面算起至 10m 深度以内，压力为 200kPa；10m 以下至非湿陷土层顶面，应用其上覆土的饱和自重压力，当大于 300kPa 时，仍应用 300kPa。当基底压力大于 300kPa 时或有特殊要求的建筑物时，宜按实际压力确定。

3 施加第一级压力后，每隔 1h 测定一次变形读数，直至试样变形稳定为止。

4 试样在第一级压力下变形稳定后，施加第二级压力，以此类推。试样在规定浸水压力下变形稳定后,向容器内自上而下或自下而上注入纯水,水面宜高出试样顶面,每隔1h测记一次变形读数,直至试样变形稳定为止。

5 测记试样浸水变形稳定读数后,应按本标准第17.2.2条第14款规定的步骤拆卸仪器及试样。

18.2.2 湿陷系数应按下式计算:

$$\delta_s = \frac{h_p - h'_p}{h_0} \qquad (18.2.2)$$

式中:δ_s——湿陷系数;

h_p——在某级压力下,试样变形稳定后的高度(mm);

h'_p——在某级压力下,试样浸水湿陷变形稳定后的高度(mm)。

18.2.3 本试验的记录格式应符合本标准附录D表D.31的规定。

18.3 自重湿陷系数试验

18.3.1 自重湿陷系数试验应按下列步骤进行:

1 试样制备应符合本标准第4.5节的规定,试样安装应符合本标准第17.2.2条第4款、第5款的规定;

2 施加土的饱和自重压力,当饱和自重压力小于或等于50kPa时,可一次施加;当压力大于50kPa时,应分级施加,每级压力不应大于50kPa,每级压力时间不应少于15min,如此连续加至饱和自重压力;加压后每隔1h测记一次变形读数,直至试样变形稳定为止;

3 向容器内注入纯水,水面应高出试样顶面,每隔1h测记一次变形读数,直至试样浸水变形稳定为止;

4 测记试样变形稳定读数后,可按本标准第17.2.2条第14款规定的步骤拆卸仪器及试样。

18.3.2 自重湿陷系数应按下式计算:

$$\delta_{zs} = \frac{h_z - h'_z}{h_0} \qquad (18.3.2)$$

式中:δ_{zs}——自重湿陷系数;

h_z——在饱和自重压力下,试样变形稳定后的高度(mm);

h'_z——在饱和自重压力下,试样浸水湿陷变形稳定后的高度(mm)。

18.3.3 本试验的记录格式应符合本标准附录D表D.32的规定。

18.4 溶滤变形系数试验

18.4.1 溶滤变形系数试验应按下列步骤进行:

1 试样制备应符合本标准第4.5节的规定,试样安装应符合本标准第17.2.2条第4款、第5款的规定;

2 试验应按本标准第18.2.1条第2款~第4款规定的步骤进行后继续用水渗透,每隔2h测记1次变形读数,24h后每天测记1次~3次,直至变形稳定为止;

3 测记试样溶滤变形稳定读数后,拆卸仪器及试样应按本标准第17.2.2条第14款执行。

18.4.2 溶滤变形系数应按下式计算:

$$\delta_{wt} = \frac{h'_s - h_n}{h_0} \qquad (18.4.2)$$

式中:δ_{wt}——溶滤变形系数;

h_s——在某级压力下,长期渗透而引起的溶滤变形稳定后的试样高度(mm)。

18.4.3 本试验的记录格式应符合本标准附录D表D.31的规定。

18.5 湿陷起始压力试验

18.5.1 本试验可用单线法或双线法。

18.5.2 湿陷起始压力试验应按下列步骤进行:

1 试样制备应符合本标准第4.5节的规定,单线法切取5个环刀试样,双线法切取2个环刀试样;试样安装应符合本标准第17.2.2条第4款、第5款的规定;

2 单线法试验:对5个试样均在天然湿度下分级加压,分别

加至不同的规定压力,应符合本标准第18.2.1条第2款~第4款的规定,直至试样湿陷变形稳定为止;

3 双线法试验:一个试样在天然湿度下分级加压,应符合本标准第18.2.1条第2款~第4款规定,直至湿陷变形稳定为止;另一个试样在天然湿度下施加第一级压力后浸水,直至第一级压力下湿陷稳定后,再分级加压,直至试样在各级压力下浸水变形稳定为止;压力等级,在150kPa以内,每级增量为25kPa~50kPa;150kPa以上,每级增量为50kPa~100kPa;

4 测记试样湿陷变形稳定读数后,应按本标准第17.2.2条第14款的规定卸仪器及试样。

18.5.3 某一级压力下的湿陷系数应按下式计算:

$$\delta_{sp} = \frac{h_{pn} - h_{pw}}{h_0} \qquad (18.5.3)$$

式中:δ_{sp}——某一级压力下的湿陷系数;

h_{pn}——在某一级压力下试样变形稳定后的高度(mm);

h_{pw}——在某一级压力下试样浸水变形稳定后的高度(mm)。

18.5.4 以压力为横坐标,湿陷系数为纵坐标,绘制压力与湿陷系数关系曲线(图18.5.4),湿陷系数为0.015所对应的压力即为湿陷起始压力。

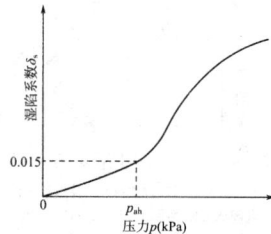

图 18.5.4 湿陷系数与压力关系曲线

18.5.5 本试验的记录格式应符合本标准附录D表D.33的规定。

19 三轴压缩试验

19.1 一般规定

19.1.1 土样粒径应小于20mm。

19.1.2 根据排水条件的不同,本试验可分为不固结不排水剪(UU)、固结不排水剪(CU或$\overline{CU}$)和固结排水剪(CD)3种试验类型。

19.1.3 对于无法取得多个试样、灵敏度较低的原状土,可采用一个试样多级加荷试验。

19.2 仪器设备

19.2.1 本试验所用的仪器设备应符合下列规定:

1 应变控制式三轴仪(图19.2.1-1):由反压力控制系统、周围压力控制系统、压力室、孔隙水压力量测系统组成。其技术条件应符合现行国家标准《岩土工程仪器基本参数及通用技术条件》GB/T 15406及《土工试验仪器 三轴仪 第1部分:应变控制式三轴仪》GB/T 24107.1的规定。

2 附属设备应符合下列规定:

1)击实器(图19.2.1-2);

2)饱和器(图19.2.1-3);

3)切土盘(图19.2.1-4);

4)切土器和切土架(图19.2.1-5);

5)原状土分样器(图19.2.1-6);

6)承膜筒(图19.2.1-7);

7)制备砂样圆模(图19.2.1-8),用于冲填土或砂性土。

3 天平:称量200g,分度值0.01g;称量1000g,分度值0.1g;称量5000g,分度值1g;

4 负荷传感器:轴向力的最大允许误差为±1%;

5 位移传感器(或量表):量程30mm,分度值0.01mm;

6 橡皮膜:对直径为39.1mm和61.8mm的试样,橡皮膜厚度宜为0.1mm～0.2mm;对直径为101mm的试样,橡皮膜厚度宜为0.2mm～0.3mm;

7 透水板:直径与试样直径相等,其渗透系数宜大于试样的渗透系数,使用前在水中煮沸并泡于水中。

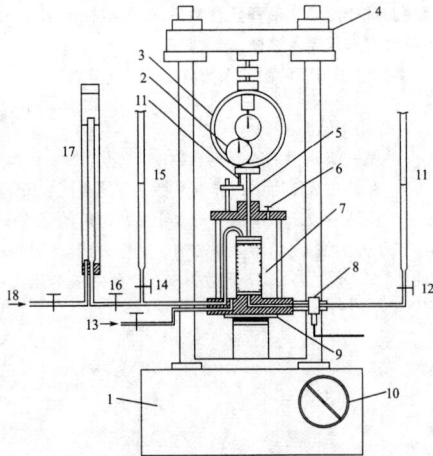

图 19.2.1-1 三轴仪示意图

1—试验机;2—轴向位移计;3—轴向测力计;4—试验机横梁;5—活塞;6—排气孔;
7—压力室;8—孔隙压力传感器;9—升降台;10—手轮;11—排水管;
12—排水管阀;13—周围压力;14—排水管阀;15—量水管;
16—体变管阀;17—体变管;18—反压力

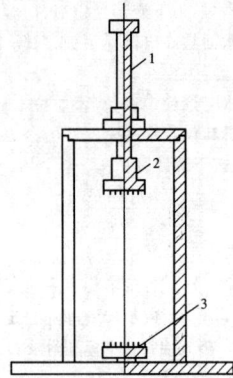

图 19.2.1-4 切土盘
1—轴;2—上盘;3—下盘

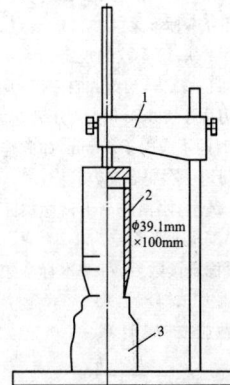

图 19.2.1-5 切土器和切土架
1—切土架;2—切土器;3—土样

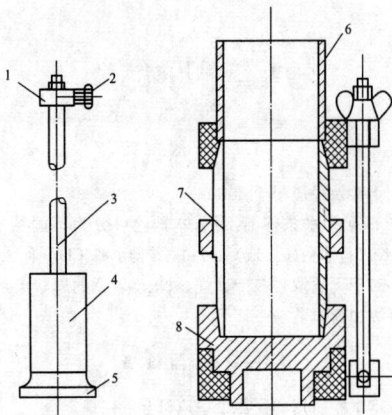

图 19.2.1-2 击实器
1—套环;2—定位螺丝;3—导杆;4—击锤;5—底板;6—套筒;7—饱和器;8—底板

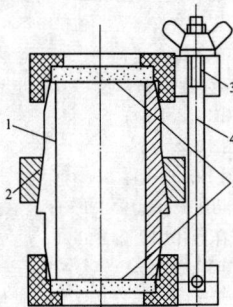

图 19.2.1-6 原状土分样器

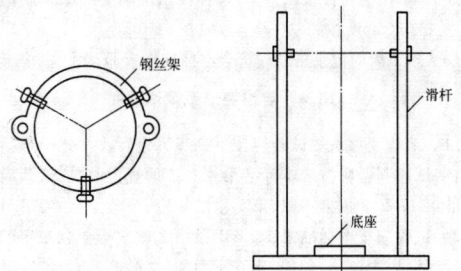

图 19.2.1-3 饱和器
1—土样筒;2—紧箍;3—夹板;4—拉杆;5—透水板

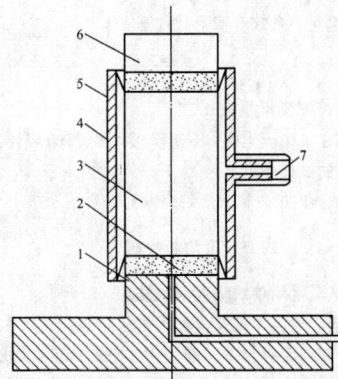

图 19.2.1-7 承膜筒安装示意图
1—压力室底座;2—透水板;3—试样;4—承膜筒;5—橡皮膜;6—上帽;7—吸气孔

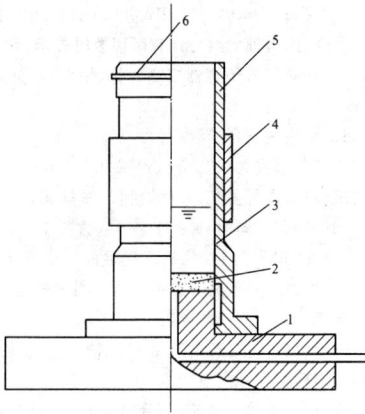

图 19.2.1-8 制备砂样圆模
1—压力室底座；2—透水板；3—制样圆模（两片合成）；
4—紧箍；5—橡皮膜；6—橡皮圈

19.2.2 试验时的仪器应符合下列规定：

1 根据试样的强度大小，选择不同量程的测力计。

2 孔隙压力量测系统的气泡应排除。其方法是：孔隙压力量测系统中充以无气水并施加压力，小心地打开孔隙压力阀，让管路中的气泡从压力室底座排出。应反复几次直到气泡完全冲出为止。孔隙压力量测系统的体积因数应小于 $1.5 \times 10^{-5} \, \text{cm}^3/\text{kPa}$。

3 排水管路应通畅。活塞在轴套内应能自由滑动，各连接处应无漏水漏气现象。仪器检查完毕，关周围压力阀、孔隙压力阀和排水阀以备使用。

4 橡皮膜在使用前应仔细检查。其方法是扎紧两端，在膜内充气，然后沉入水下检查，应无气泡溢出。

19.3 试样的制备和饱和

19.3.1 试样制备应按下列步骤进行：

1 试样高度 h 与直径 D 之比（h/D）应为 $2.0 \sim 2.5$，直径 D 分别为 39.1mm、61.8mm 及 101.0mm。对于有裂隙、软弱面或构造面的试样，直径 D 宜采用 101.0mm。

2 原状土试样制备应按下列规定进行：

1）对于较软的土样，先用钢丝锯或削土刀切取一稍大于规定尺寸的土柱，放在切土盘（图 19.2.1-4）的上、下圆盘之间。再用钢丝据或削土刀紧靠侧板，由上往下细心切削，边切削边转动圆盘，直至土样的直径被削成规定的直径为止。然后按试样高度的要求，削平上下两端。对于直径为 10cm 的软黏土土样，可先用原状土分样器（图 19.2.1-6）分成 3 个土柱，再按上述的方法切削成直径为 39.1mm 的试样；

2）对于较硬的土样，先用削土刀或钢丝锯切取一稍大于规定尺寸的土柱，上、下两端削平，按试样要求的层次方向放在切土架上，用切土器（图 19.2.1-5）切削。先在切土器刀口内壁涂上一薄层油，将切土器的刀口对准土样顶面，边削土边压切土器，直至切削到比要求的试样高度高约 2cm 为止，然后拆开切土器，将试样取出，按要求的高度将两端削平。试样的两端面应平整，互相平行，侧面垂直，上下均匀。在切样过程中，当试样表面因遇砾石而成孔洞时，允许用切削下的余土填补；

3）将切削好的试样称量，直径为 101.0mm 的试样应准确至 1g；直径为 61.8mm 和 39.1mm 的试样应准确至 0.1g。取切下的余土，平行测定含水率，取其平均值作为试样的含水率。试样高度和直径用卡尺量测，试样的平均直径应按下式计算：

$$D_0 = \frac{D_1 + 2D_2 + D_3}{4} \qquad (19.3.1)$$

式中： D_0——试样平均直径（mm）；

D_1、D_2、D_3——试样上、中、下部位的直径（mm）。

4）对于特别坚硬的和很不均匀的土样，当不易切成平整、均匀的圆柱体时，允许切成与规定直径接近的柱体，按所需试样高度将上下两端削平，称取质量，然后包上橡皮膜，用浮称法称试样的质量，并换算出试样的体积和平均直径。

3 扰动土试样制备的击实法应按下列步骤进行：

1）选取一定数量的代表性土样。直径为 39.1mm 的试样约取 2kg，直径为 61.8mm 和 101.0mm 试样分别取 10kg 和 20kg。经风干、碾碎、过筛、筛的孔径应符合本标准表 19.3.1 的规定，测定风干含水率，按要求的含水率算出所需加水量。

表 19.3.1　土样粒径与试样直径的关系（mm）

试样直径 D	最大允许粒径 d_{max}
39.1	$\frac{1}{10}D$
61.8	$\frac{1}{10}D$
101.0	$\frac{1}{5}D$

2）将需加的水量喷洒到土料上拌匀，稍静置后装入塑料袋，然后置于密闭容器内至少 20h，使含水率均匀。取出土料复测其含水率。含水率的最大允许差值应为 $\pm 1\%$。当不符合要求时，应调整含水率至符合要求为止；

3）击样筒的内径应与试样直径相同。击锤的直径宜小于试样直径，也可采用与试样直径相等的击锤。击样筒壁在使用前应洗擦干净，涂一薄层凡士林；

4）根据要求的干密度，称取所需土质量。按试样高度分层击实，粉土分 3 层～5 层，黏土分 5 层～8 层击实。各层土料质量相等。每层击实至要求高度后，将表面刨毛，再加第 2 层土料。如此继续进行，直至击实最后一层。将击样筒中的试样两端整平，取出称其质量。

4 砂土试样制备应按下列步骤进行：

1）根据试验要求的试样干密度和试样体积称取所需风干砂样质量，分三等份，在水中煮沸，冷却后待用；

2）开孔隙压力阀及量管阀，使压力室底座充水。将煮沸过的透水板滑入压力室底座上，并用橡皮带把透水板包扎在底座上，以防砂土漏入底座中。关孔隙压力阀及量管阀，将橡皮膜的一端套在压力室底座上并扎紧，将对开模套在底座上，将橡皮膜的上端翻出，然后抽气，使橡皮膜贴紧对开模内壁（图 19.2.1-8）；

3）在橡皮膜内注脱气水约达试样高的 1/3。用长柄小勺将煮沸冷却的一份砂样装入膜内，填至该层要求高度。对含有细粒土和要求高密度的试样，可采用干砂制备，用水头饱和或反压力饱和；

4）第 1 层砂样填完后，继续注水至试样高度的 2/3，再装第 2 层砂样。如此继续装样，直至模内装满为止。如果要求干密度较大，则可在填砂过程中轻轻敲打对开模，使所称出的砂样填满规定的体积。然后放上透水板、试样帽，翻起橡皮膜，并扎紧在试样帽上；

5）开量管阀降低量管，使管内水面低于试样中心高程以下约 0.2m，当试样直径为 101mm 时，应低于试样中心高程以下约 0.5m。在试样内产生一定负压，使试样能站立。拆除对开模，测量试样高度与直径应符合本标准第 19.3.1 条第 2 款第 3 项的规定，复核试样干密度。各试样之间的干密度最大允许差值应为 $\pm 0.03 \text{g/cm}^3$。

19.3.2 试样饱和宜选用下列方法：

1 抽气饱和法：应将装有试样的饱和器置于无水的抽气缸内，进行抽气，当真空度接近当地 1 个大气压后，应继续抽气，继续抽气时间宜符合表 19.3.2 的规定。

表 19.3.2 不同土性的抽气时间（h）

土 类	抽气时间
粉土	>0.5
黏土	>1
密实的黏土	>2

当抽气时间达到表 19.3.2 的规定后，徐徐注入清水，并保持真空度稳定。待饱和器完全被水淹没即停止抽气，并释放抽气缸的真空。试样在水下静置时间应大于 10h，然后取出试样并称其质量。

2 水头饱和法：适用于粉土或粉土质砂。应按本标准第 19.3.1 条第 4 款第 1 项～第 5 项规定的步骤安装试样，试样顶用透水帽，然后施加 20kPa 的周围压力，并同时提高试样底部量管的水面和降低连接试样顶部固结排水管的水面，使两管水面差 1m 左右。打开量管阀、孔隙压力阀和排水阀，让水自下而上通过试样，至同一时间间隔内量管流出的水量与固结排水管内的水量相等为止。当需要提高试样的饱和度时，宜在水头饱和前，从底部将二氧化碳气体通入试样，置换孔隙中的空气。二氧化碳的压力宜为 5kPa～10kPa，再进行水头饱和。

3 反压力饱和法：试样要求完全饱和时，可对试样施加反压力。

1) 试样装好后装上压力室罩，关孔隙压力阀和反压力阀，测记体变管读数。先对试样施加 20kPa 的周围压力预压，并开孔隙压力阀待孔隙压力稳定后记下读数，然后关孔隙压力阀；

2) 反压力应分级施加，并同时分级施加周围压力，以减少对试样的扰动，在施加反压力过程中，始终保持周围压力比反压力大 20kPa，反压力和周围压力的每级增量对软黏土取 30kPa；对坚实的土或初始饱和度较低的土，取 50kPa～70kPa；

3) 操作时，先调周围压力至 50kPa，并将反压力系统调至 30kPa，同时打开周围压力阀和反压力阀，再缓缓打开孔隙压力阀，待孔隙压力稳定后，测记孔隙压力计和体变管读数，再施加下一级的周围压力和反压力；

4) 计算每级周围压力下的孔隙压力增量 Δu，并与周围压力增量 $\Delta\sigma_3$ 比较，当孔隙水压力增量与周围压力增量之比 $\Delta u/\Delta\sigma_3 > 0.98$ 时，认为试样饱和；否则应按本标准第 19.3.2 条第 3 款的规定重复，直至试样饱和为止。

19.4 不固结不排水剪试验

19.4.1 试样的安装应按下列步骤进行：

1 对压力室底座充水，在底座上放置不透水板，并依次放置试样、不透水板及试样帽。对于砂性土的试样安装，应按本标准第 19.3.1 条第 4 款的规定进行。

2 将橡皮膜套在承膜筒内，两端翻出筒外（图 19.2.1-7），从吸气孔吸气，使膜贴紧承膜筒内壁，套在试样外，放气，翻起橡皮膜的两端，取出承膜筒。用橡皮圈将橡皮膜分别扎紧在压力室底座和试样帽上。

3 装上压力室罩。安装时应先将活塞提升，以防碰撞试样，压力室罩安放后，将活塞对准试样帽中心，并均匀地旋紧螺丝。

4 开排气孔，向压力室充水，当压力室内快注满水时，降低进水速度，水从排气孔溢出时，关闭排气孔。

5 关体变传感器或体变管阀及孔隙压力阀，开周围压力阀，施加所需的周围压力。周围压力大小应与工程的实际小主应力 σ_3 相适应，并尽可能使最大周围压力与土体的最大实际小主应力

σ_3 大致相等。也可按 100kPa、200kPa、300kPa、400kPa 施加。

6 上升升降台，当轴向测力计有微读数时表示活塞已与试样帽接触。然后将轴向负荷传感器或测力计、轴向位移传感器或位移计的读数调整到零位。

19.4.2 剪切试样应按下列步骤进行：

1 剪切应变速率宜为 0.5%/min～1.0%/min。

2 开动试验机，进行剪切。开始阶段，试样每产生轴向应变 0.3%～0.4% 时，测记轴向力和轴向位移读数各 1 次。当轴向应变达 3% 以后，读数间隔可延长为每产生轴向应变 0.7%～0.8% 时各测记 1 次。当接近峰值时应加密读数。当试样为特别硬脆或软弱土时，可加密或减少测读的次数。

3 当出现峰值后，再继续剪 3%～5% 轴向应变；轴向力读数无明显减少时，则剪切至轴向应变达 15%～20%。

4 试验结束后，关闭电动机，下降升降台，开排气孔，排去压力室内的水，拆除压力室罩，揩干试样周围的余水，脱去试样外的橡皮膜，描述破坏后形状，称试样质量，测定试验后含水率。对于直径为 39.1mm 的试样，宜取整个试样烘干；直径为 61.8mm 和 101mm 的试样，可切取剪切面附近有代表性的部分土样烘干。

19.5 固结不排水剪试验

19.5.1 试样的安装应按下列步骤进行：

1 开孔隙压力阀及量管阀，使压力室底座充水排气，并关阀。然后放上试样，试样上端放一湿浸纸及透水板。在其周围贴上 7 条～9 条湿润的滤纸条，滤纸条宽度为试样直径的 1/5～1/6。滤纸条两端与透水石连接，当要施加反压力饱和试样时，所贴的滤纸条必须中间断开约试样高度的 1/4，或自底部向上贴至试样高度 3/4 处。

2 应按本标准第 19.4.1 条第 2 款的规定将橡皮膜套在试样外。橡皮膜下端扎紧在压力室底座上。

3 用软刷子或双手自下向上轻轻按抚试样，以排除试样与橡皮膜之间的气泡。对于饱和软黏土，可开孔隙压力阀及量管阀，使水徐徐流入试样与橡皮膜之间，以排除夹气，然后关闭。

4 开排水管阀，使水从试样帽徐徐流出以排除管路中气泡，并将试样帽置于试样顶端。排除顶端气泡，将橡皮膜扎紧在试样帽上。

5 降低排水管，使其水面至试样中心高程以下 20cm～40cm，吸出试样与橡皮膜之间多余水分，然后关排水管阀。

6 应按本标准第 19.4.1 条第 3 款、第 4 款的规定，装上压力室罩并注满水。然后放低排水管使其水面与试样中心高度齐平，测记其水面读数，并关排水管阀。

19.5.2 试样排水固结应按下列步骤进行：

1 使量管水面位于试样中心高度处，开量管阀，测读传感器，记下孔隙压力起始读数，然后关量管阀。

2 施加周围压力应符合本标准第 19.4.1 条第 5 款的规定，并调整负荷传感器或测力计、轴向位移传感器或位移计的读数。

3 打开孔隙压力阀，测记稳定后的孔隙压力读数，减去孔隙压力计起始读数，即为周围压力与试样的初始孔隙压力。

4 开排水管阀，按 0min、0.25min、1min、4min、9min…时间测记排水读数及孔隙压力计读数。固结度至少应达到 95%，固结过程中可随时绘制排水量 ΔV 与时间平方根或时间对数曲线及孔隙压力消散度与时间对数曲线。若试样的主固结时间已经掌握，也可不读排水管和孔隙压力的过程读数。

5 当要求对试样施加反压力时，则应符合本标准第 19.3.2 条第 3 款的规定。关体变管阀，增大周围压力，使周围压力与反压力之差等于原来选定的周围压力，记录稳定的孔隙压力读数和体变管水面读数作为固结前的起始读数。

6 开体变管阀，让试样通过体变管排水，并应按本标准第 19.5.2 条第 2 款～第 4 款的规定进行排水固结。

7 固结完成后,关排水管阀或体变管阀,记下体变管或排水管和孔隙压力的读数。开动试验机,到轴向力读数开始微动时,表示活塞已与试样接触,记下轴向位移读数,即为固结下沉量 Δh_c。依此算出固结后试样高度 h_c。然后将轴向力和轴向位移读数都调至零。

8 其余几个试样按同样方法安装试样,并在不同周围压力下排水固结。

19.5.3 剪切试样应按下列步骤进行:

1 剪切应变速率宜为 $0.05\%/\text{min}\sim0.10\%/\text{min}$,粉土剪切应变速率宜为 $0.1\%/\text{min}\sim0.5\%/\text{min}$;

2 开始剪切试样。测力计、轴向变形、孔隙水压力的测记应符合本标准第19.5.2条第3款、第4款规定;

3 试验结束后,关闭电动机,下降升降台,开排气孔,排去压力室内的水,拆除压力室罩,揩干试样周围的余水,脱去试样外的橡皮膜,描述破坏后形状,称试样质量,测定试验后含水率。

19.6 固结排水剪试验

19.6.1 试样的安装、固结应按本标准第19.5.1条、第19.5.2条的规定进行。

19.6.2 试样的剪切应按本标准第19.5.3条的规定进行,但在剪切过程中应打开排水阀。剪切速率宜为 $0.003\%/\text{min}\sim0.012\%/\text{min}$。

19.7 一个试样多级加荷试验

19.7.1 不固结不排水剪试验应按下列步骤进行:

1 试样的安装应符合本标准第19.4.1条的规定。

2 施加第一级周围压力,试样剪切应符合本标准第19.4.2条第1款的规定。当测力计读数达到稳定或出现倒退时,测记轴向位移和测力计读数,关闭电机停止剪切,将轴向压力退至零。

3 施加第二级周围压力。此时测力计因施加周围压力而增加,应重新调至原来读数值,然后升高升降台。当测力计读数微动时,表示试样帽与测力系统重新接触,再按原剪切速率剪切,直至测力计读数稳定或接近稳定为止。按此进行其余各级周围压力的试验。最后一级周围压力下的剪切累积应变不应超过20%。

4 试验结束后,关周围压力阀,拆除压力室罩,取下试样称量,并测定剪切后的含水率。

19.7.2 固结不排水剪试验应按下列步骤进行:

1 试样的安装应符合本标准第19.5.1条的规定。

2 试样的固结应符合本标准第19.5.2条的规定。

3 试样的剪切应符合本标准第19.5.3条的规定。施加第一级周围压力,试样剪切应变速率符合本标准第19.5.3条第1款的规定。第一级剪切完成后,退除轴向压力,待孔隙水压力稳定后施加第二级周围压力,进行排水固结。

4 固结完成后进行第二级周围压力下的剪切,并按本标准19.7.2条第1款~第3款的步骤进行第三级周围压力下的剪切,累计剪切累积应变不应超过20%。

5 试验结束后,关周围压力阀,尽快拆除压力室罩,取下试样称量,并测定剪切后的含水率。

19.8 计算、制图和记录

19.8.1 计算应符合下列规定:

1 试样的高度、面积、体积及剪切时的面积应按表19.8.1中的公式计算。

表 19.8.1 高度、面积、体积计算表

项目	起始	固结后		剪切时校正值
		按实测固结下沉	等应变简化式样	
试样高度 (cm)	h_0	$h_c = h_0 - \Delta h_c$	$h_c = h_0 \times \left(1 - \dfrac{\Delta V}{V_0}\right)^{1/3}$	—

续表 19.8.1

项目	起始	固结后		剪切时校正值
		按实测固结下沉	等应变简化式样	
试样面积 (cm²)	A_0	$A_c = \dfrac{V_0 - \Delta V}{h_c}$	$A_c = A_0 \times \left(1 - \dfrac{\Delta V}{V_0}\right)^{2/3}$	$A_a = \dfrac{A_0}{1 - 0.01\varepsilon_1}$ (不固结不排水剪) $A_a = \dfrac{A_c}{1 - 0.01\varepsilon_1}$ (固结不排水剪) $A_a = \dfrac{V_c - \Delta V_i}{h_c - \Delta h_i}$ (固结排水剪)
试样体积 (cm³)	V_0	$V_c = h_c A_c$		—

注:表中,Δh_c 为固结下沉量,由轴向位移计测得(cm);ΔV 为固结排水量(实测或试验前后试样质量差换算)(cm³);ΔV_i 为排水剪中剪切时的试样体积变化(cm³),按体变管或排水管读数求得;ε_1 为轴向应变(%);Δh_i 试样剪切时高度变化(cm),由轴向位移计测得,为方便起见,可预先绘制 $\Delta V\text{-}h_c$ 及 $\Delta V\text{-}A_c$ 的关系线备用。

2 主应力差 $(\sigma_1 - \sigma_3)$ 应按下式计算:

$$(\sigma_1 - \sigma_3) = \frac{CR}{A_a} \times 10 \qquad (19.8.1\text{-}1)$$

式中:σ_1——大主应力(kPa);

σ_3——小主应力(kPa);

C——测力计率定系数(N/0.01mm);

R——测力计读数(0.01mm);

A_a——试样剪切时的面积(cm²)。

3 有效主应力比 σ_1'/σ_3' 应按下列公式计算:

$$\frac{\sigma_1'}{\sigma_3'} = \frac{(\sigma_1 - \sigma_3)}{\sigma_3'} + 1 \qquad (19.8.1\text{-}2)$$

$$\sigma_1' = \sigma_1 - u \qquad (19.8.1\text{-}3)$$

$$\sigma_3' = \sigma_3 - u \qquad (19.8.1\text{-}4)$$

式中:σ_1'、σ_3'——有效大主应力和有效小主应力(kPa);

σ_1、σ_3——大主应力与小主应力(kPa);

u——孔隙水压力(kPa)。

4 孔隙压力系数 B 和 A 应按下列公式计算:

$$B = \frac{u_0}{\sigma_3} \qquad (19.8.1\text{-}5)$$

$$A = \frac{u_d}{B(\sigma_1 - \sigma_3)} \qquad (19.8.1\text{-}6)$$

式中:u_0——试样在周围压力下产生的初始孔隙压力(kPa);

u_d——试样在主应力差 $(\sigma_1 - \sigma_3)$ 下产生的孔隙压力(kPa)。

19.8.2 制图应符合下列规定:

1 根据需要分别绘制主应力差 $(\sigma_1 - \sigma_3)$ 与轴向应变 ε_1 的关系曲线,有效主应力比 (σ_1'/σ_3') 与轴向应变 ε_1 的关系曲线,孔隙压力 μ 与轴向应变 ε_1 的关系曲线,用 $\dfrac{\sigma_1' - \sigma_3'}{2}\left[\dfrac{(\sigma_1 - \sigma_3)}{2}\right]$ 与 $\dfrac{\sigma_1' + \sigma_3'}{2}\left[\dfrac{(\sigma_1 + \sigma_3)}{2}\right]$ 作坐标的应力路径关系曲线。

2 破坏点的取值可以 $(\sigma_1 - \sigma_3)$ 或 (σ_1'/σ_3') 的峰点值作为破坏点。如 $(\sigma_1 - \sigma_3)$ 和 (σ_1'/σ_3') 均无峰值,应以应力路径的密集点或按一定轴向应变(一般可取 $\varepsilon_1 = 15\%$),经过论证也可根据工程情况选取破坏应变)相应的 $(\sigma_1 - \sigma_3)$ 或 (σ_1'/σ_3') 作为破坏强度值。

3 应按下列规定绘制强度包线:

1)对于不固结不排水剪切试验及固结不排水剪切试验,以法向应力 σ 为横坐标,剪应力 τ 为纵坐标,在横坐标上以 $\dfrac{(\sigma_{1f} + \sigma_{3f})}{2}$ 为圆心,$\dfrac{(\sigma_{1f} - \sigma_{3f})}{2}$ 为半径(f 注脚表示破坏时的值),绘制破坏总应力圆后,作诸圆包线。该包线的倾角为内摩擦角 φ_u 或 φ_{cu},包线在纵轴上的截距为黏聚力 c_u 或 c_{cu};

2)在固结不排水剪切中测孔隙压力，则可确定试样破坏时的有效应力。以有效应力 σ' 为横坐标，剪应力为 τ 为纵坐标，在横坐标轴上以 $\frac{\sigma'_{1f}+\sigma'_{3f}}{2}$ 为圆心，以 $\frac{\sigma'_{1f}-\sigma'_{3f}}{2}$ 为半径，绘制不同周围压力下的有效破坏应力圆后，作诸圆包线，包线的倾角为有效内摩擦角 φ'，包线在纵轴上的截距为有效黏聚力 c'；

3)在排水剪切试验中，孔隙压力等于零，抗剪强度包线的倾角和在纵轴上的截距分别以 φ_d 和 c_d 表示；

4)如各应力圆无规律，难以绘制各圆的强度包线，可按应力路径取值，即以 $\frac{\sigma'_1-\sigma'_3}{2}\left[\frac{(\sigma_1-\sigma_3)}{2}\right]$ 为纵坐标，$\frac{\sigma'_1+\sigma'_3}{2}\left[\frac{(\sigma_1+\sigma_3)}{2}\right]$ 为横坐标，绘制应力圆，作通过各圆之圆顶点的平均直线。根据直线的倾角及在纵坐标上的截距，应按下列公式计算 φ' 和 c'：

$$\varphi' = \sin^{-1}\tan\alpha \tag{19.8.2-1}$$

$$c' = \frac{d}{\cos\varphi'} \tag{19.8.2-2}$$

式中：α——平均直线的倾角(°)；

d——平均直线在纵轴上的截距(kPa)。

19.8.3 本试验的记录格式应符合本标准附录 D 表 D.34～表 D.36 的规定。

20 无侧限抗压强度试验

20.1 一般规定

20.1.1 土样应为饱和软黏土。

20.1.2 本试验方法加荷方式应为应变控制式。

20.2 仪器设备

20.2.1 本试验所用的主要仪器设备应符合下列规定：

1 应变控制式无侧限压缩仪(图 20.2.1)；应包括负荷传感器或测力计、加压框架及升降螺杆等。应根据土的软硬程度选用不同量程的负荷传感器或测力计；

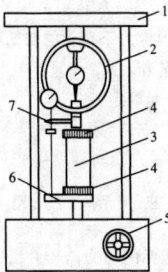

图 20.2.1 应变控制式无侧限压缩仪示意图
1—轴向加压架；2—轴向测力计；3—试样；4—传压板；5—手轮或电动转轮；
6—升降板；7—轴向位移计

2 位移传感器或位移计(百分表)；量程30mm，分度值0.01mm。

3 天平；称量1000g，分度值0.1g。

20.2.2 本试验所用的其他仪器设备应符合下列规定：

1 重塑筒筒身应可以拆成两半，内径为 3.5mm～4.0mm，高为80mm；

2 其他设备包括秒表、厚约 0.8cm 的铜垫板、卡尺、切土盘、直尺、削土刀、钢丝锯、薄塑料布、凡士林。

20.3 操作步骤

20.3.1 试样制备应符合本标准第19.3.1条的规定。

20.3.2 试样直径可为 3.5cm～4.0cm。试样高度宜为 8.0cm。

20.3.3 将试样两端抹一薄层凡士林，当气候干燥时，试样侧面亦需抹一薄层凡士林防止水分蒸发。

20.3.4 将试样放在下加压板上，升高下加压板，使试样与上加压板刚好接触。将轴向位移计、轴向测力读数均调至零位。

20.3.5 下加压板宜以每分钟轴向应变为 1%～3% 的速度上升，使试验在 8min～10min 内完成。

20.3.6 轴向应变小于 3% 时，每 0.5% 应变测记轴向力和位移读数 1 次；轴向应变达 3% 以后，每 1% 应变测记轴向位移和轴向力读数 1 次。

20.3.7 当轴向力的读数达到峰值或读数达到稳定时，应再进行 3%～5% 的轴向应变值即可停止试验；当读数无稳定值时，试验进行到轴向应变达 20% 为止。

20.3.8 试验结束后，迅速下降下加压板，取下试样，描述破坏后形状，测量破坏面倾角。

20.3.9 当需要测定灵敏度时，应立即将破坏后的试样除去涂有凡士林的表面，加入少量切削余土，包于塑料薄膜内用手搓捏，破坏其结构，重塑成圆柱形，放入重塑筒内，用金属垫板，将试样挤成与原状样密度、体积相等的试样。然后应按本标准第20.3.4条～第20.3.8条的规定进行试验。

20.4 计算、制图和记录

20.4.1 试样的轴向应变应按下式计算：

$$\varepsilon_1 = \frac{\Delta h}{h_0} \times 100 \tag{20.4.1}$$

20.4.2 试样的平均断面积应按下式计算：

$$A_a = \frac{A_0}{1-0.01\varepsilon_1} \tag{20.4.2}$$

20.4.3 试样所受的轴向应力应按下式计算：

$$\sigma = \frac{CR}{A_a} \times 10 \tag{20.4.3}$$

式中：σ——轴向应力(kPa)；

C——测力计率定系数(N/0.01mm)；

R——测力计读数(0.01mm)；

A_a——试样剪切时的面积(cm²)。

20.4.4 以轴向应力为纵坐标，轴向应变为横坐标，绘制应力应变曲线(图 20.4.4)。取曲线上的最大轴向应力作为无侧限抗压强度 q_u。最大轴向应力不明显时，取轴向应变为15%对应的应力作为无侧限抗压强度 q_u。

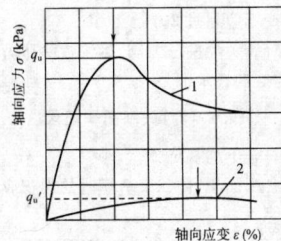

图 20.4.4 轴向应力与轴向应变关系曲线
1—原状试样；2—重塑试样

20.4.5 灵敏度应按下式计算：

$$S_t = \frac{q_u}{q'_u} \tag{20.4.5}$$

式中：S_t——灵敏度；

q_u——原状试样的无侧限抗压强度(kPa)；

q_u'——重塑试样的无侧限抗压强度(kPa)。

20.4.6 本试验的记录格式应符合本标准附录 D 表 D.37 的规定。

21 直接剪切试验

21.1 一般规定

21.1.1 本试验方法分为快剪、固结快剪和慢剪三种。

21.1.2 快剪试验和固结快剪试验的土样宜为渗透系数小于 1×10^{-6} cm/s 的细粒土。

21.2 仪器设备

21.2.1 本试验所用的仪器设备应符合下列规定：

  1 应变控制式直剪仪（图 21.2.1）：包括剪切盒（水槽、上剪切盒、下剪切盒），垂直加压框架、负荷传感器或测力计及推动机构等，其技术条件应符合现行国家标准《岩土工程仪器基本参数及通用技术条件》GB/T 15406 的规定；

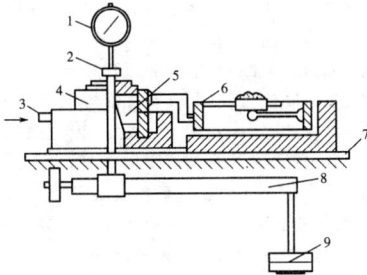

图 21.2.1 应变控制式直剪仪结构示意图
1—垂直变形百分表；2—垂直加压框架；3—推动座；4—剪切盒；
5—试样；6—测力计；7—台板；8—杠杆；9—砝码

  2 位移传感器或位移计（百分表）：量程 5mm～10mm，分度值 0.01mm；

  3 天平：称量 500g，分度值 0.1g。

21.2.2 本试验所用的其他仪器设备应符合下列规定：

  1 环刀：内径 6.18cm，高 2cm；

  2 其他：饱和器、削土刀或钢丝锯、秒表、滤纸、直尺。

21.3 操作步骤

21.3.1 试样制备应按下列步骤进行：

  1 黏性土试样制备：

  1）从原状土样中切取原状土试样或制备给定干密度及含水率的扰动土试样。制备方法应符合本标准第 4.5 节的规定；

  2）测定试样的含水率及密度，应符合本标准第 5.2 节及本标准第 6.2 节的规定。对于试样需要饱和时，应按本标准第 4.6 节规定的方法进行抽气饱和。

  2 砂类土试样制备：

  1）取过 2mm 筛孔的代表性风干砂样 1200g 备用。按要求的干密度称每个试样所需风干砂量，准确至 0.1g；

  2）对准上下盒，插入固定销，将洁净的透水板放入剪切盒内；

  3）将准备好的砂样倒入剪力盒内，拂平表面，放上一块硬木块，用手轻轻敲打，使试样达到要求的干密度。然后取出硬木块。

  3 垂直压力应符合下列规定：每组试验应取 4 个试样，在 4 种不同垂直压力下进行剪切试验。可根据工程实际和土的软硬程度施加各级垂直压力，垂直压力的各级差值要大致相等。也可取垂直压力分别为 100kPa、200kPa、300kPa、400kPa，各个垂直压力可一次轻轻施加，若土质松软，也可分级施加以防试样挤出。

21.3.2 试样安装与剪切应按下列步骤进行：

  1 快剪试验：

  1）对准上下盒，插入固定销。在下盒内放不透水板。将装有试样的环刀平口向下，对准剪切盒口，在试样顶面放不透水板，然后将试样徐徐推入剪切盒内，移去环刀。对砂类土，应按本标准第 21.3.1 条第 2 款的规定制备和安装试样；

  2）转动手轮，使上盒前端钢珠刚好与负荷传感器或测力计接触。调整负荷传感器或测力计读数为零。顺次加上加压盖板、钢珠、加压框架，安装垂直位移传感器或位移计，测记起始读数；

  3）应按本标准第 21.3.1 条第 3 款的规定施加垂直压力；

  4）施加垂直压力后，立即拔去固定销。开动秒表，宜采用 0.8mm/min～1.2mm/min 的速率剪切，每分钟 4 转～6 转的均匀速度旋转手轮，使试样在 3min～5min 内剪损。当剪应力的读数达到稳定或有显著后退时，表示试样已剪损，宜剪至剪切变形达到 4mm。当剪应力读数继续增加时，剪切变形应达到 6mm 为止，手轮每转一转，同时测记负荷传感器或测力计读数并根据需要测记垂直位移读数，直至剪损为止。

  5）剪切结束后，吸去剪切盒中积水，倒转手轮，移去垂直压力、框架、钢珠、加压盖板等，取出试样。需要时，测定剪切面附近土的含水率。

  2 固结快剪试验：

  1）试样安装和定位应符合本条第 1 款第 1 项、第 2 项的规定。试样上下两面的不透水板改放湿滤纸和透水板；

  2）试样为饱和样时，在施加垂直压力 5min 后，往剪切盒水槽内注满水；当试样为非饱和土时，仅在活塞周围包以湿棉花，防止水分蒸发；

  3）在试样上施加规定的垂直压力后，测记垂直变形读数。当每小时垂直变形读数变化不大于 0.005mm 时，认为已达到固结稳定。试样也可在其他仪器上固结，然后移至剪切盒内，继续固结至稳定后，再进行剪切；

  4）试样达到固结稳定后，剪切应按本条第 1 款第 4 项执行，剪切后取试样测定剪切面附近试样的含水率。

  3 慢剪试验：

  1）安装试样应符合本条第 1 款第 1 项、第 2 项的规定；试样固结应符合本条第 2 款第 1 项～第 3 项的规定。待试样固结稳定后进行剪切。剪切速率应小于 0.02mm/min。也可按下式估算剪切破坏时间：

$$t_f = 50t_{50} \qquad (21.3.2)$$

式中：t_f——达到破坏所经历的时间(min)；

t_{50}——固结度达到 50% 的时间(min)。

  2）剪损标准应按本条第 1 款第 4 项的规定选取；

  3）应按本条第 1 款第 5 项的规定进行拆卸试样及测定含水率。

21.4 计算、制图和记录

21.4.1 试样的剪应力应按下式计算：

$$\tau = \frac{CR}{A_0} \times 10 \qquad (21.4.1)$$

式中：τ——剪应力(kPa)；

C——测力计率定系数(N/0.01mm)；

R——测力计读数(0.01mm);

A_0——试样初始的面积(cm^2)。

21.4.2 以剪应力为纵坐标,剪切位移为横坐标,绘制剪应力 τ 与剪切位移 ΔL 关系曲线。

21.4.3 选取剪应力 τ 与剪切位移 ΔL 关系曲线上的峰值点或稳定值作为抗剪强度 S。当无明显峰点时,取剪切位移 $\Delta L = 4mm$ 对应的剪应力作为抗剪强度 S。

21.4.4 以抗剪强度 S 为纵坐标,垂直单位压力 p 为横坐标,绘制抗剪强度 S 与垂直压力 p 的关系曲线。根据图上各点,绘一视测的直线。直线的倾角为土的内摩擦角 φ,直线在纵坐标轴上的截距为土的黏聚力 c。各种试验方法所测得的 c、φ 值,快剪试验应表示为 c_q 及 φ_q;固结快剪试验应表示为 c_{cq} 及 φ_{cq};慢剪试验应表示为 c_s 及 φ_s。

21.4.5 本试验的记录格式应符合本标准附录 D 表 D.38、表 D.39 的规定。

22 排水反复直接剪切试验

22.1 一般规定

22.1.1 土样宜为超固结黏土及软弱岩石夹层的黏土。

22.1.2 本试验方法加荷方式为应变控制式。

22.2 仪器设备

22.2.1 应变控制式反复直剪仪(图 22.2.1)应包括变速设备、可逆电动机和反推夹具。

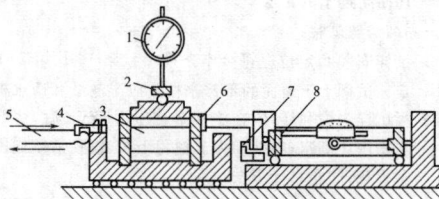

图 22.2.1 反复直剪仪结构示意图
1—垂直变形百分表;2—加压框架;3—试样;4—连接件;5—推动轴;
6—剪切盒;7—限制连接杆;8—测力计

22.2.2 其他仪器设备应符合本标准第 21.2.2 条的规定。

22.3 操作步骤

22.3.1 试样制备应按下列步骤进行:

1 对有软弱面的原状土样,先要分清软弱面的天然滑动方向,整平土样两端,使土样顶面平行于软弱面。在环刀内涂一薄层凡士林。切土时,使软弱面位于环刀高度一半处,在试样面上标出软弱面的天然滑动方向。

2 对无软弱面的完整原状黏土或原状的超固结土,可用环刀按本标准第 4.5 节的规定制备试样,将试样放入剪切盒内。先在小于 50kPa 的垂直压力下,以较快的剪速进行预剪,使形成破裂面。当试样坚硬时,也可用刀、锯等工具先切割成一个剪切面,再加垂直荷载,待固结稳定后进行剪切。

3 对泥化带较厚的软弱夹层、滑坡裂面,取靠近滑裂面 1mm~2mm 的土;对泥化带较薄的滑动面,取泥化的土;对无泥化带的裂隙面,取靠裂隙面两边的土。将所刮取的土用纯水浸泡 24h 后调制均匀,制备成液限状态的土膏,将其填入环刀内。装填时,先沿环刀四周填入,然后填中部。应排除试样内的气体。

4 原状试样应取破裂面上的土测求含水率;对于扰动土试样,可取切下的余土测求含水率。

5 试样应达到饱和。饱和方法一般用抽气饱和法。

6 每组试验应制备 4 个试样,同组试样的密度最大允许差值应为 $\pm 0.03g/cm^3$。

22.3.2 试样剪切应按下列步骤进行:

1 先对仪器进行检查。然后将上、下剪切盒对准,插入固定销,顺次放入饱和的透水板、滤纸,将试样推入剪切盒内。再放上滤纸、透水板及加压盖板、钢珠、加压框架等,并安装垂直位移传感器或百分表。在加压板周围包以湿棉花,防止水分蒸发。然后记录负荷传感器或测记测力计和垂直位移的初始读数。

2 施加垂直压力应符合本标准第 21.3.1 条第 3 款的规定。对于液限状态的试样,应分级施加至规定压力,并应按本标准第 21.3.2 条第 2 款第 3 项的规定进行固结。

3 除含水率相当于液限试样的剪切外,一般原状土、硬黏土的试验,在剪切时,剪切盒应开缝,缝宽应保持在 0.3mm~1.0mm。

4 转动手轮,使剪切盒前端的钢珠与测力计刚好接触,再调整负荷传感器或测力计读数至零位。

5 拔出固定销,调节变速箱。对一般粉质土、粉质黏土及低塑性黏土,剪切速度不宜大于 0.06mm/min;对高塑性黏土,剪切速度不宜大于 0.02mm/min。开动电机,测读垂直位移和水平位移读数。在第 1 次剪切过程中,达到峰值剪应力之前,一般水平位移每隔 0.2mm~0.4mm 测记 1 次;过峰值后,每隔 0.5mm 测记 1 次。剪切时其每次正向剪切位移为 8mm~10mm,试验不能中断,直至最大剪切位移,停止剪切。

6 倒转手轮,用反推设备应以不大于 0.6mm/min 的剪切速度将下剪切盒反向推至与上剪切盒重合位置,插入固定销。按上述步骤进行第 2 次剪切。一次剪切完成后,也允许相隔一定时间后再按上述步骤进行下一次剪切。如此,继续反复进行剪切至剪应力达到稳定值为止。粉质黏土、砂质黏土需 5 次~6 次正向剪切,正向总剪切位移量为 40mm~48mm;黏土需要 3 次~4 次正向剪切,正向总剪切位移量为 24mm~32mm。

7 剪切结束,测记垂直位移读数,吸去剪切盒中积水,尽快卸除位移传感器或位移计、垂直压力、加压框架,加压盖板及剪切盒等,并描述剪切面的破坏情况。取剪切面附近的土样测定剪后含水率。

22.4 计算、制图和记录

22.4.1 残余剪应力应按下式计算:

$$\tau_r = \frac{CR}{A_0} \times 10 \qquad (22.4.1)$$

式中:τ_r——残余剪应力(kPa)。

22.4.2 绘制剪应力与剪切位移关系曲线。取每个试验曲线上第 1 次剪切时峰值作为破坏强度值;取曲线上最后稳定值作为残余强度,并绘制抗剪强度与垂直压力关系曲线,抗剪强度包括峰值强度和残余强度。直线的倾角为土的内摩擦角 φ_r,直线在纵坐标轴上的截距为土的黏聚力 c_r。

22.4.3 本试验的记录格式应符合本标准附录 D 表 D.40 的规定。

23 无黏性土休止角试验

23.1 一般规定

23.1.1 土样应为粒径小于 5mm 的无黏性土。

23.1.2 本试验方法测定的休止角分为风干状态和水下状态两种。

23.2 仪器设备

23.2.1 休止角测定仪(图 23.2.1)圆盘直径分为 10cm 和 20cm

两种,分别适用于粒径小于 2mm 的无黏性和粒径小于 5mm 的无黏性土。

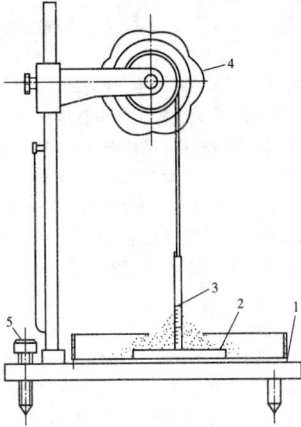

图 23.2.1 休止角测定仪
1—底盘;2—圆盘;3—铁杆;4—制动器;5—水平螺丝

23.2.2 附属设备包括勺子、水槽、烘箱。

23.3 操 作 步 骤

23.3.1 取代表性的充分风干试样若干,并选择相应的圆盘。

23.3.2 转动制动器,使圆盘落在底盘中。

23.3.3 用小勺细心地沿铁杆四周倾倒试样。小勺离试样表面的高度应始终保持在 1cm 左右,直至圆盘外缘完全盖满为止。

23.3.4 慢慢转动制动器,使圆盘平稳升起,直至离开底盘内的试样为止。测记锥顶与铁杆接触处的刻度(h_{zc})。

23.3.5 当测定水下状态的休止角时,先将盛土圆盘慢慢地沉入水槽内。水槽内水面应达铁杆的 0 刻度处,应按本标准第 23.3.3 条的规定注入试样。应按本标准第 23.3.4 条的规定转动制动器,使圆盘下降。当锥体顶端露出水面时,测记锥顶与铁杆接触处的刻度(h_{zm})。

23.3.6 根据测得的 h_{zc} 和 h_{zm} 值,计算其休止角。

23.3.7 本试验需进行 2 次平行测定,取其算术平均值,以整数(°)表示。

23.4 计算和记录

23.4.1 风干状态及水下休止角应按下列公式计算:

$$\alpha_c = \arctan\left(\frac{2h_{zc}}{d_z}\right) \qquad (23.4.1\text{-}1)$$

$$\alpha_m = \arctan\left(\frac{2h_{zm}}{d_z}\right) \qquad (23.4.1\text{-}2)$$

式中:α_c——风干状态下休止角(°);

α_m——水下休止角(°);

h_{zc}——风干状态下试样堆积圆锥高度(cm);

h_{zm}——水下试样堆积圆锥高度(cm);

d_z——圆锥底面直径(cm)。

23.4.2 本试验的记录格式应符合本标准附录 D 表 D.41 的规定。

24 自由膨胀率试验

24.1 一般规定

24.1.1 土样应为无结构情况下的黏土试样。

24.1.2 本试验应进行两次测定,当 $\delta_{ef}<60\%$ 时,最大允许差值应为 $\pm5\%$;当 $\delta_{ef}\geqslant60\%$ 时,最大允许差值应为 $\pm8\%$。取其算术平均值,以整数(%)表示。

24.2 仪 器 设 备

24.2.1 玻璃量筒容积应为 50mL,分度值应为 1mL。

24.2.2 量土杯内径应为 20mm,容积应为 10mL。

24.2.3 无颈漏斗上口直径应为 50mm~60mm,下口直径约为 5mm。

24.2.4 搅拌器由直杆和带孔圆板组成,圆板应略小于量筒直径。

24.2.5 天平称量应为 200g,分度值应为 0.01g。

24.2.6 标准筛的孔径应为 0.5mm。

24.2.7 其他设备包括漏斗支架、刮土刀。

24.3 操 作 步 骤

24.3.1 选取有代表性的风干土样 100g,碾碎后全部过 0.5mm 筛,在 105℃~110℃下烘至恒量。取出放入干燥缸内冷却至室温。

24.3.2 将无颈漏斗放在支架上,漏斗下口对准量土杯中心并保持距离 10mm(图 24.3.2)。

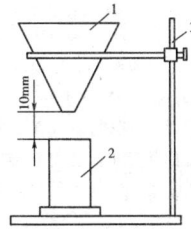

图 24.3.2 漏斗与量杯位置图
1—漏斗;2—量土杯;3—支架

24.3.3 应按图 24.3.2 装置用取土匙取适量试样倒入漏斗中,边倒边用细铁丝搅动。待量土杯装满土样并开始溢出时,移开漏斗,刮去杯口多余土,称量土杯中试样质量。将量杯中试样倒入匙内,再次倒入漏斗中,并落入量土杯,刮去多余土,称量土杯中试样的质量。两次测定的差值不得大于 0.1g。

24.3.4 向 50mL 的量筒内注入 30mL 纯水,并加入 5mL 浓度为 5% 的纯氯化钠溶液。

24.3.5 将备好的试样倒入量筒内,用搅拌器上下搅拌溶液各 10 次,用纯水淋洗搅拌器和量筒壁至悬液达 50mL,静置 24h。

24.3.6 待悬液澄清后每隔 2h 测读 1 次土面高度,估读至 0.1mL,直至 6h 内两次读数差值不大于 0.2mL 为止,当土面倾斜时,读数应取中值。

24.4 计算和记录

24.4.1 自由膨胀率应按下式计算:

$$\delta_{ef} = \frac{V_{we} - V_0}{V_0} \times 100 \qquad (24.4.1)$$

式中:δ_{ef}——自由膨胀率(%);

V_{we}——土样在水中膨胀稳定后的体积(mL);

V_0——土样初始体积,即量土杯体积(mL)。

24.4.2 本试验的记录格式应符合本标准附录 D 表 D.42 的规定。

25 膨胀率试验

25.1 一般规定

25.1.1 土样应为原状试样或击实试样。

25.1.2 本试验方法分为无荷载膨胀率和有荷载膨胀率两种。

25.2 无荷载膨胀率试验

25.2.1 本试验所用的仪器设备应符合下列规定：

1 膨胀仪(图 25.2.1)：环刀直径 61.8mm，高 20mm；另备等直径环刀接环，高 10mm；

2 百分表：量程 10mm，分度值 0.01mm；

3 其他：天平、秒表、吸水球、刮土刀。

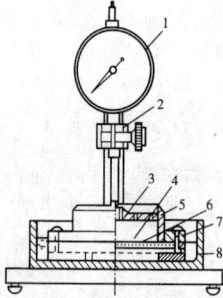

图 25.2.1 膨胀仪示意图

1—量表；2—表架；3—多孔板；4—试样；5—环刀；6—透水板；7—压板；8—水盒

25.2.2 无荷载膨胀率试验应按下列步骤进行：

1 在环刀内壁均匀涂抹薄层凡士林，切取代表性原状土试样或所需状态的击实试样，修平两面，制成高度为 20mm 的试样；

2 擦净环刀外壁，称环刀和土总质量，准确至 0.1g；

3 将烘干的透水板埋在切削下的碎土内 1h 后，取出刷净，放入仪器中；

4 将环刀钝口端用压环固定在底座上，使试样底面与透水板顶面密切接触，然后一起放到水盒中，将有孔盖板放在试样顶面，对准中心，安好百分表，记录初读数；

5 向水盒内注入纯水，使水自下而上进入试样，并保持水面高出试样 5mm，记录注水开始时间，按 5min、10min、20min、30min、1h、2h、3h、6h、12h 测读百分表读数；

6 当 6h 内变形不大于 0.01mm 时，可终止试验。移去百分表，吸去容器中的水，从环刀内推出试样，称量并烘至恒量；待冷却后再称量，计算胀后含水率和孔隙比。

25.2.3 膨胀含水率应按下式计算：

$$w_h = \frac{m_w}{m_d} \times 100 \qquad (25.2.3)$$

式中：w_h——膨胀含水率(%)；

m_w——膨胀稳定后试样中水的质量(g)。

25.2.4 体膨胀率应按下式计算：

$$\delta_e = \frac{V_w - V_0}{V_0} \times 100 \qquad (25.2.4)$$

式中：δ_e——体膨胀率(%)；

V_w——膨胀稳定后试样的体积(cm³)；

V_0——试样初始体积(cm³)。

25.2.5 任一时间的无荷载膨胀率应按下式计算：

$$\delta_t = \frac{Z_0 - Z_t}{h_0} \times 100 \qquad (25.2.5)$$

式中：δ_t——时间 t 时的无荷载膨胀率(%)；

Z_0——试验开始时量表的读数(mm)；

Z_t——时间 t 时量表的读数(mm)；

h_0——试样初始高度(mm)。

25.2.6 当有需要时，可绘制膨胀率与时间关系曲线。

25.2.7 本试验的记录格式应符合本标准附录 D 表 D.43、表 D.44 的规定。

25.3 有荷载膨胀率试验

25.3.1 本试验所用的仪器设备应符合下列规定：

1 试样容器：应符合现行国家标准《土工试验仪器 固结仪 第 1 部分：单杠杆固结仪》GB/T 4935.1 的规定。另备等直径的环刀接环，高 10mm；

2 加压设备、变形测定设备：应符合本标准第 17.2.1 条第 2 款的规定；

3 其他：刮土刀、钢丝锯、天平、秒表。

25.3.2 有荷载膨胀率试验应按下列步骤进行：

1 在环刀内壁均匀涂抹薄层凡士林，切取代表性原状试样或所需状态的击实试样，修平两面制成高度 20mm 的试样；

2 擦净环刀外壁，称环刀和土总质量，应准确至 0.1g；

3 检查仪器的平衡状况及注水通路；

4 将烘干的透水板埋在切削下的碎土内 1h 后，取出刷净，放入仪器中；

5 将试样放到容器中，放上透水板和盖板，安好量表，施加 1kPa 的压力，使仪器各部分接触，调整量表，记下初读数；

6 根据试验所要求的荷载，可 1 次或分级施加，当每级荷载下每小时变形不大于 0.01mm 时，认为变形稳定；

7 至预定荷载变形稳定后，记下此时读数，开始向水盒内注入纯水，使水自下而上进入试样，并保持水面高出试样 5mm，记下注水开始时间；

8 浸水后每隔 2h 测读量表读数 1 次，当两次读数差值不大于 0.01mm 时，认为膨胀稳定，记下稳定读数；

9 试验结束，取出试样，称量并烘至恒量，计算胀后含水率和孔隙比。

25.3.3 特定荷载下的膨胀率应按下式计算：

$$\delta_{ep} = \frac{Z_{w1} - Z_{w2}}{h_0} \times 100 \qquad (25.3.3)$$

式中：δ_{ep}——压力 p 作用下的膨胀率(%)；

Z_{w1}——压力 p 作用下变形稳定后的量表读数(mm)；

Z_{w2}——压力 p 作用下膨胀稳定后的量表读数(mm)。

25.3.4 当有需要时，可绘制膨胀率与压力的关系曲线。

25.3.5 本试验的记录格式应符合本标准附录 D 表 D.43、表 D.44 的规定。

26 收 缩 试 验

26.1 一 般 规 定

26.1.1 土样应为原状试样或击实试样。

26.1.2 本试验应在室温不高 30℃ 的条件下进行。

26.2 仪 器 设 备

26.2.1 收缩仪(图 26.2.1)多孔板上孔的面积应大于总面积的 50%。

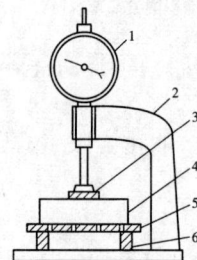

图 26.2.1 收缩仪

1—量表；2—支架；3—测板；4—试样；5—多孔板；6—垫块

26.2.2 环刀尺寸参数应符合现行行业标准《土工实验仪器 环

刀》SL 370 的规定。

26.2.3 百分表量程应为 10mm,分度值应为 0.01mm。

26.2.4 天平量程应为 500g,分度值应为 0.1g。

26.2.5 其他设备包括烘箱、干燥缸、蜡封工具。

26.3 试验步骤

26.3.1 试样制备应按本标准第 4.3 节～第 4.5 节的步骤进行。

26.3.2 将制备好的试样推出刀（当试样不紧密时,应采用风干脱环法）,置于多孔板上,称试样和多孔板的质量,应准确至 0.1g。

26.3.3 装好百分表,记下初读数。

26.3.4 根据室内温度及收缩速度,宜每隔 1h～4h 测记百分表读数,并称整套装置和试样质量,准确至 0.1g;2d 后,每隔 6h～24h 测记百分表读数并称质量,直至两次百分表读数不变。称量时应保持百分表不变。在收缩曲线的第 I 阶段内应取得不少于 4 个数据。

26.3.5 取出试样在 105℃～110℃下烘干,称干土质量。

26.3.6 应按本标准第 6.3 节蜡封法的规定测定烘干试样体积。

26.4 计算、制图和记录

26.4.1 不同时间的含水率应按下式计算:

$$w_t = \left(\frac{m_t}{m_d} - 1 \right) \times 100 \qquad (26.4.1)$$

式中:w_t——时间 t 时的试样含水率(%);

m_t——时间 t 时的试样质量(g)。

26.4.2 线缩率应按下式计算:

$$\delta_{st} = \frac{Z_t - Z_0}{h_0} \times 100 \qquad (26.4.2)$$

式中:δ_{st}——时间 t 时的试样线缩率(%);

Z_t——时间 t 时的百分表读数(mm);

Z_0——百分表初始读数(mm)。

26.4.3 体缩率应按下式计算:

$$\delta_v = \frac{V_0 - V_d}{V_0} \times 100 \qquad (26.4.3)$$

式中:δ_v——体缩率(%);

V_0——试样初始体积(环刀容积)(cm³);

V_d——试样烘干后的体积(cm³)。

26.4.4 收缩系数应按下式计算:

$$\lambda_s = \frac{\Delta\delta_{st}}{\Delta w} \qquad (26.4.4)$$

式中:λ_s——收缩系数;

$\Delta\delta_{st}$——收缩曲线上第 I 阶段 2 点线缩率之差(%);

Δw——相应于 $\Delta\delta_{st}$ 两点含水率之差(%)。

26.4.5 以线缩率为纵坐标,含水率为横坐标,绘制关系曲线(图 26.4.5)。延长第 I、III 阶段的直线段至相交,两线交点对应的横坐标值 w_s 即为原状土的缩限。

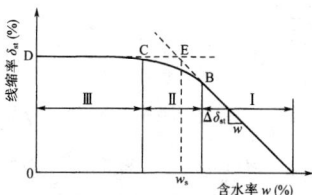

图 26.4.5 线缩率与含水率关系曲线

26.4.6 收缩试验的记录格式应符合本标准附录 D 表 D.45 的规定。

27 膨胀力试验

27.1 一般规定

27.1.1 土样应为原状试样或击实试样。

27.1.2 本试验方法采用加荷平衡法。

27.2 仪器设备

27.2.1 试样容器应符合本标准第 25.3.1 条第 1 款的规定,另备等高 10mm 的直径环刀接环。

27.2.2 加压设备、变形测量设备应符合本标准第 25.3.1 条第 2 款的规定。

27.2.3 其他设备包括刮土刀、钢丝锯、天平、吸水球、分度值为 0.01mm 的量表。

27.3 操作步骤

27.3.1 试样安装应按本标准第 25.3.2 条第 1 款～第 5 款的规定进行。

27.3.2 向水盒内注入纯水,并保持水面高出试样 5mm。

27.3.3 试样开始膨胀,当膨胀量不大于 0.01mm 时,应施加平衡荷载,使量表指针仍指向初始读数,加荷载时应避免冲击力。

27.3.4 当平衡荷载足以产生仪器变形时,在加下一次平衡荷载时,此时量表指针应指向上一级平衡荷载相应的仪器变形位置。直到试样在某级平衡荷载下间隔 2h 不再膨胀时,则试样在该级荷载下达到稳定,允许膨胀量不应大于 0.01mm,记录施加的平衡荷载。

27.3.5 试验结束,吸去容器内水,取出试样,称试样质量,测定试验后含水率并计算孔隙比。

27.4 计算和记录

27.4.1 膨胀力应按下式计算:

$$p_e = k \frac{W}{A} \times 10 \qquad (27.4.1)$$

式中:p_e——膨胀力(kPa);

k——固结仪杠杆比;

W——平衡荷载(N);

A——面积(cm²)。

27.4.2 膨胀力试验的记录格式应符合本标准附录 D 表 D.46、表 D.47 的规定。

28 土的静止侧压力系数试验

28.1 一般规定

28.1.1 土样应为饱和的黏土或砂质土。

28.1.2 试样变形稳定标准为每小时变形不应大于 0.01mm。

28.2 仪器设备

28.2.1 本试验所用的主要仪器设备应符合下列规定:

1 侧压力仪(图 28.2.1);

2 轴向加压设备分为杠杆式或磅秤式,最大负荷 5kN;

3 周围压力量测设备包括压力传感器,最大允许误差应为 ±0.5%F.S,测量装置或三轴压缩仪的测压板。

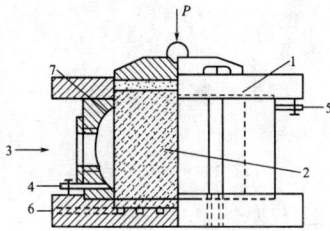

图 28.2.1 侧压力仪试验装置示意图
1—侧压力仪容器；2—试样；3—接压力传递系统；4—进水孔；
5—排气孔阀；6—固结排水孔；7—O形圈

28.2.2 本试验所用的其他仪器设备应符合下列规定：

1 切土环刀：内径 61.8mm，高度 40mm；

2 校正样块：内径 61.8mm，高度 100mm；

3 其他设备：饱和器、推样器、硅脂。

28.3 操 作 步 骤

28.3.1 黏土试样的静止侧压力试验应按下列步骤进行：

1 试样分原状土和扰动土两类，原状土试样制备应按本标准第 4.5.1 条～第 4.5.5 条的规定进行；扰动土试样制备应按第 4.4.2 条～第 4.4.4 条的规定进行。

2 将带有环刀的试样装入框式饱和器内，应按本标准第 4.6 节的规定进行饱和，饱和度要求达到 95% 以上。

3 将试样推出环刀，贴上滤纸条，套上橡皮膜并涂薄层硅脂，放入侧压力仪容器内。安装试样前，打开进水阀，用调压筒抽出密闭受压室中的部分水，使橡皮膜凹进，试样推进容器后，再将抽出的水压回受压室，使试样与橡皮膜紧密接触，关进水阀。放上透水板、护水圈、传压板、钢珠。将容器置于加压框架正中，施加 1kPa 预压力。安装轴向位移计，并调至零位。

4 打开接侧压力量测装置的阀，调平电测仪表。测记受压室中水压力为零时的压力传感器读数（用三轴压缩仪的测压板测定受压室压力时，则调整零位指示器内水银面于指示线处，并测定压力表初始读数）。

5 施加轴向压力。压力等级应按 25kPa、50kPa、100kPa、200kPa、400kPa 施加。施加每级轴向压力后，随时调平电测仪表，应按 0.5min、1min、4min、9min、16min、25min、36min、49min……测记仪表读数和轴向变形，当用测压板测定受压室压力时，则随时调节调压筒，使零位指示器内水银面保持初始位置，按上述时间间隔测定压力表读数，直至变形稳定后再加下一级轴向压力。

6 试验结束后，关接侧压力装置阀，卸去轴向压力，拆除护水圈、传压板及透水板等。取出试样称量，并测定含水率。

28.3.2 砂质土的静止侧压力试验应按下列步骤进行：

1 根据要求的干密度和试样体积称取所需的风干砂样，准确至 0.1g；

2 将砂样装入容器中，抹平表面，放上一块硬木块，用手轻轻敲打，使试样达到要求的干密度，然后取下硬木块。若采用饱和砂样，则将干砂放入水中煮沸，冷却后填入容器；

3 试样填好后，放上透水板、传压板，将容器置于加压架、正中，应按本标准第 28.3.1 条第 3 款～第 6 款的规定进行。

28.4 计算、制图和记录

28.4.1 周围压力应按下式计算：

$$\sigma_3' = C'(R_d - R_{d0}) \tag{28.4.1}$$

式中：σ_3'——密封受压室的水压力即周围有效应力(kPa)；

C'——压力传感器比例常数(kPa/mV)；

R_d——试样竖向变形稳定时电测仪表读数(mV)；

R_{d0}——周围压力等于零时，电测仪表的初读数(mV)。

28.4.2 以有效轴向压力为横坐标，有效周围压力为纵坐标，绘制 σ_1'-σ_3' 关系曲线，其斜率为静止侧压力系数，即 $K_0 = \sigma_3'/\sigma_1'$。

28.4.3 本试验的记录格式应符合本标准附录 D 表 D.48 的规定。

29 振动三轴试验

29.1 一 般 规 定

29.1.1 土样应为饱和的细粒土或砂土，其他粗粒土也可参照执行。

29.1.2 动强度（或抗液化强度）特性试验宜采用固结不排水振动试验条件。动力变形特性试验宜采用固结不排水振动试验条件。动残余变形特性试验宜采用固结排水振动试验条件。

29.2 仪 器 设 备

29.2.1 本试验所用的主要仪器设备应符合下列规定：

1 振动三轴仪：按激振方式可分为惯性力式、电磁式、电液伺服式及气动式等振动三轴仪。其组成包括主机、静力控制系统、动力控制系统、量测系统、数据采集和处理系统。

　1）主机（图 29.2.1）：包括压力室和激振器等；

　2）静力控制系统：用于施加周围压力、轴向压力、反压力，包括储气罐、调压阀、放气阀、压力表和管路等；

　3）动力控制系统：用于轴向激振，施加轴向动应力，包括液压油源、伺服控制器、伺服阀、轴向作动器等。要求激振波形良好，拉压两半周幅值和持时基本相等，相差应小于 10%；

　4）量测系统：由用于量测轴向载荷、轴向位移及孔隙水压力的传感器等组成；

　5）计算机控制、数据采集和处理系统：包括计算机，绘图和打印设备，计算机控制、数据采集和处理程序等；

　6）整个设备系统各部分均应有良好的频率响应，性能稳定，误差不应超过允许范围。

2 附属设备符合本标准第 19.2.1 条第 2 款的规定。

3 天平：称量 200g，分度值 0.01g；称量 1000g，分度值 0.1g。

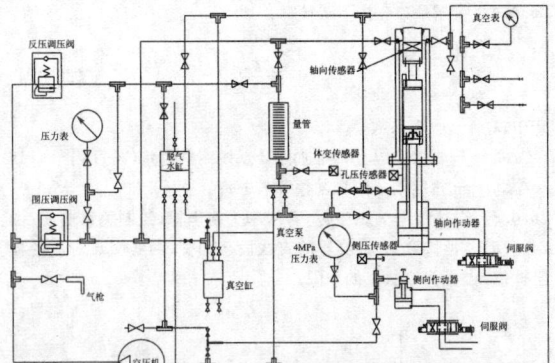

图例： 开关 连通 不连通

图 29.2.1 液压伺服单向激振式振动三轴仪示意图

29.2.2 压力室、静力控制系统、孔隙水压力量测系统的检查应符合本标准第 19.2.2 条第 1 款～第 3 款的规定。

29.3 操 作 步 骤

29.3.1 试样制备应符合下列规定：

1 本试验采用的试样最小直径为 39.1mm，最大直径为

101mm,高度以试样直径的 2 倍～2.5 倍为宜;

2 原状土样的试样制备应按本标准第 19.3.1 条第 2 款的规定进行;

3 扰动土样的试样制备应按本标准第 19.3.1 条第 3 款的规定进行;

4 砂土试样制备应按本标准第 19.3.1 条第 4 款的规定进行;

对填土,宜模拟现场状态用密度控制。对天然地基,宜用原状试样。

29.3.2 试样饱和应符合下列规定:

1 抽气饱和应按本标准第 19.3.2 条第 1 款的规定进行;

2 水头饱和应按本标准第 19.3.2 条第 2 款的规定进行;

3 反压力饱和应按第 19.3.2 条第 3 款的规定进行。

29.3.3 试样安装应符合下列规定:

1 打开供水阀,使试样底座充水排气,当溢出的水不含气泡时,应按本标准第 19.5.1 条第 1 款～第 6 款的规定安装试样;

2 砂样安装在试样制备过程中完成。

29.3.4 试样固结应符合下列规定:

1 等向固结应先对试样施加 20kPa 的侧压力,然后逐级施加均等的周围压力和轴向压力,直到周围压力和轴向压力相等并达到预定压力;

2 不等向固结应在等向固结变形稳定后,逐级增加轴向压力,直到预定的轴向压力,加压时勿使试样产生过大的变形;

3 对施加反压力的试样应按本标准第 19.3.2 条第 3 款的规定施加反压力;

4 施加压力后打开排水阀或体变管阀和反压力阀,使试样排水固结。固结稳定标准,对黏土和粉土试样,1h 内固结排水量变化不大于 0.1cm³;砂土试样等向固结时,关闭排水阀后 5min 内孔隙压力不上升;不等向固结时,5min 内轴向变形不大于 0.005mm;

5 固结完成后关排水阀,并计算振前干密度。

29.3.5 动强度(抗液化强度)试验应按下列步骤进行:

1 动强度(抗液化强度)试验为固结不排水振动三轴试验,试验中测定应力、应变和孔隙水压力的变化过程,根据一定的试样破坏标准,确定动强度(抗液化强度)。破坏标准可取应变等于 5% 或孔隙水压力等于周围压力,也可根据具体工程情况选取。

2 试样固结好后,在计算机控制界面中设定试验方案,包括动荷载大小、振动频率、振动波形、振动次数等。动强度试验宜采用正弦波激振,振动频率宜根据实际工程动荷载条件确定振动频率,也可采用 1.0Hz。

3 在计算机控制界面中新建试验数据存储的文件。

4 关闭排水阀,并检查管路各个开关的状态,确认活塞轴上、下锁定处于解除状态。

5 当所有工作检查完毕,并确定无误后,点击计算机控制界面的开始按钮,试验开始。

6 当试样达到破坏标准后,再振 5 周～10 周左右停止振动。

7 试验结束后卸掉压力,关闭压力源。

8 描述试样破坏形状,必要时测定试样振后干密度,拆除试样。

9 对同一密度的试样,可选择 1 个～3 个固结比。在同一固结比下,可选择 1 个～3 个不同的周围压力。每一周围压力下用 4 个～6 个试样。可分别选择 10 周、20 周～30 周和 100 周等不同的振动破坏周次,应按本标准第 29.3.5 条的规定进行试验。

10 整个试验过程中的动荷载、动变形、动孔隙水压力及侧压力由计算机自动采集和处理。

29.3.6 动力变形特性试验应按下列步骤进行:

1 在动力变形特性试验中,根据振动试验过程中的轴向应力和轴向动应变的变化过程和应力应变滞回圈,计算动弹性模量和阻尼比。动力变形特性试验一般采用正弦波激振,振动频率可根据工程需要选择确定。

2 试样固结好后,在计算机控制界面中设定试验方案,包括振动次数、振动的动荷载大小、振动频率和振动波形等。

3 在计算机控制界面中新建试验数据存储的文件。

4 关闭排水阀,检查管路各个开关的状态,确认活塞轴上、下锁定处于解除状态。

5 当所有工作检查完毕,并确定无误后,点击计算机控制界面的开始按钮,分级进行试验。试验过程中由计算机自动采集轴向动应力、轴向变形及试样孔隙水压力等的变化过程。

6 试验结束后,卸掉压力,关闭压力源。

7 在需要时测定试样振后干密度,拆除试样。

8 在进行动弹性模量和阻尼比随应变幅的变化的试验时,一般每个试样只能进行一个动应力试验。当采用多级加荷试验时,同一干密度的试样,在同一固结应力比下,可选 1 个～5 个不同的侧压力试验,每一侧压力用 3 个～5 个试样,每个试样采用 4 级～5 级动应力,宜采用逐级施加动应力幅的方法,后一级的动应力幅值可控制为前一级的 2 倍左右,每级的振动次数不宜大于 10 次,应按本条的规定进行试验。

9 试验过程的试验数据由计算机自动采集、处理,并根据所采集的应力应变关系,画出应力应变滞回圈,整理出动弹性模量和阻尼比随应变幅的关系曲线。

29.3.7 动力残余变形特性试验应按下列步骤进行:

1 动力残余变形特性试验为饱和固结排水振动试验。根据振动试验过程中的排水量计算其残余体积应变的变化过程,根据振动试验过程中的轴向变形量计算其残余轴应变及残余剪应变的变化过程。

2 动力残余变形特性试验一般采用正弦波激振,振动频率可根据工程需要选择确定。

3 试样固结好后,在计算机控制界面中设定试验方案,包括动荷载、振动频率、振动次数、振动波形等。

4 在计算机控制界面中新建试验数据存储的文件。

5 保持排水阀开启,并检查管路各个开关的状态,确认活塞轴上、下锁定处于解除状态。

6 当所有工作检查完毕,并确定无误后,点击计算机控制界面的开始按钮,试验开始。

7 试验结束后,卸掉压力,关闭压力源。

8 在需要时测定试样振后干密度,拆除试样。

9 对同一密度的试样,可选择 1 个～3 个固结比。在同一固结比下,可选择 1 个～3 个不同的周围压力。每一周围压力下用 3 个～5 个试样,应按本条的规定进行试验。

10 整个试验过程中的动荷载、侧压力、残余体积和残余轴向变形由计算机自动采集和处理。根据所采集的应力应变(包括体应变)时程记录,整理需要的残余剪应变和残余体应变模型参数。

29.4 计算、制图和记录

29.4.1 试样的静、动应力指标应按下列规定计算:

1 固结应力比应按下式计算:

$$K_c = \frac{\sigma'_{1c}}{\sigma'_{3c}} = \frac{\sigma_{1c} - u_0}{\sigma_{3c} - u_0} \tag{29.4.1-1}$$

式中:K_c——固结应力比;

σ'_{1c}——有效轴向固结应力(kPa);

σ'_{3c}——有效侧向固结应力(kPa);

σ_{1c}——轴向固结应力(kPa);

σ_{3c}——侧向固结应力(kPa);

u_0——初始孔隙水压力(kPa)。

2 轴向动应力应按下式计算：

$$\sigma_d = \frac{W_d}{A_c} \times 10 \qquad (29.4.1-2)$$

式中：σ_d——轴向动应力(kPa)；

W_d——轴向动荷载(N)；

A_c——试样固结后截面积(cm^2)。

3 轴向动应变应按下式计算：

$$\varepsilon_d = \frac{\Delta h_d}{h_c} \times 100 \qquad (29.4.1-3)$$

式中：ε_d——轴向动应变(%)；

Δh_d——轴向动变形(mm)；

h_c——固结后试样高度(mm)。

4 体积应变应按下式计算：

$$\varepsilon_V = \frac{\Delta V}{V_c} \times 100 \qquad (29.4.1-4)$$

式中：ε_V——体积应变(%)；

ΔV——试样体积变化，即固结排水量(cm^3)；

V_c——试样固结后体积(cm^3)。

29.4.2 动强度(抗液化强度)计算应在试验记录的动应力、动变形和动孔隙水压力的时程曲线上，根据本标准第 29.3.5 条第 1 款规定的破坏标准，确定达到该标准的破坏振次。相应于该破坏振次试样 45°面上的破坏动剪应力比 τ_d/σ'_0 应按下列公式计算：

$$\frac{\tau_d}{\sigma'_0} = \frac{\sigma_d}{2\sigma'_0} \qquad (29.4.2-1)$$

$$\tau_d = \frac{\sigma_d}{2} \qquad (29.4.2-2)$$

$$\sigma'_0 = \frac{\sigma'_{1c} + \sigma'_{3c}}{2} \qquad (29.4.2-3)$$

式中：τ_d/σ'_0——试样 45°面上的破坏动剪应力比；

σ_d——试样轴向动应力(kPa)；

τ_d——试样 45°面上的动剪应力(kPa)；

σ'_0——试样 45°面上的有效法向固结应力(kPa)；

σ'_{1c}——有效轴向固结应力(kPa)；

σ'_{3c}——有效侧向固结应力(kPa)。

29.4.3 动强度试验的试验曲线可按下列规定进行绘图：

1 对同一固结应力条件进行多个试样的测试，以破坏动剪应力比 R_f 为纵坐标，破坏振次 N_f 为横坐标，在单对数坐标上绘制破坏动剪应力比 τ_d/σ'_0 与破坏振次 N_f 的关系曲线；

2 对于工程要求的等效破坏振次 N，可根据破坏动剪应力比 τ_d/σ'_0 与破坏振次 N_f 的曲线确定相应的破坏动剪应力比 $(\tau_d/\sigma'_0)_N$，并可根据工程需要，按不同表示方法，整理出动强度(抗液化强度)特性指标；

3 在对孔隙水压力数据进行整理时，可取动孔隙水压力的峰值；也可根据工程需要，取残余动孔隙水压力值；

4 当由于土的性能影响或仪器性能影响导致测试记录的孔隙水压力有滞后现象时，可对记录值进行修正后再作处理；

5 以孔隙水压力为纵坐标，以振次为横坐标，根据试验结果在单对数坐标上绘制动孔隙水压力比与振次的关系曲线；

6 以孔压比为纵坐标，以破坏振次 N_f 为横坐标，绘制振次比与动孔压比的关系曲线；

7 对于初始剪应力比相同的各个试验，可以动孔压比为纵坐标，以动剪应力比为横坐标，绘制在固定振次作用下的动孔压比与动剪应力比的关系曲线；也可根据工程需要，绘制不同初始剪应力比与不同振次作用下的同类关系曲线。

29.4.4 动弹性模量和阻尼比应按下列公式计算：

1 动弹性模量：

$$E_d = \frac{\sigma_d}{\varepsilon_d} \times 100 \qquad (29.4.4-1)$$

式中：E_d——动弹性模量(kPa)；

σ_d——轴向动应力(kPa)；

ε_d——轴向动应变(%)。

2 阻尼比 λ：

$$\lambda = \frac{1}{4\pi} \frac{A_z}{A_s} \qquad (29.4.4-2)$$

式中：λ——阻尼比；

A_z——滞回圈 ABCDA(图 29.4.4-1)的面积(cm^2)；

A_s——三角形 OAE 的面积(cm^2)。

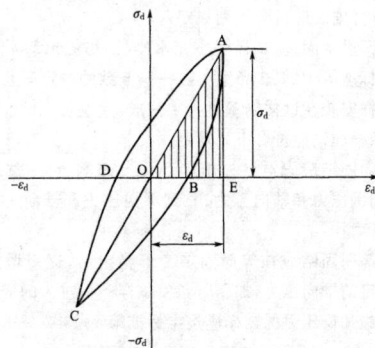

图 29.4.4-1 应力应变滞回圈

3 动弹性模量和动剪切模量及动轴向应变幅和动剪应变幅之间，可按下列公式进行换算：

$$G_d = \frac{E_d}{2(1+\mu)} \qquad (29.4.4-3)$$

$$\gamma_d = \varepsilon_d(1+\mu) \qquad (29.4.4-4)$$

式中：G_d——动剪切模量(kPa)；

μ——泊松比；

γ_d——动剪应变(%)。

4 最大动弹性模量可按下列规定求得：绘制 ε_d/σ_d(即 $1/E_d$)与动应变 ε_d 的关系曲线(图 29.4.4-2)，将曲线切线在纵轴上的截距的倒数作为最大动弹性模量。有条件时，可将在微小应变($\varepsilon_d \leqslant 1 \times 10^{-5}$)测得的动弹性模量作为最大动弹性模量。

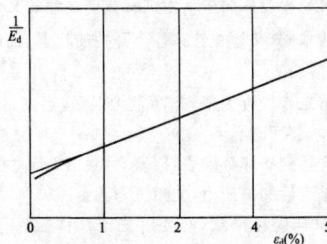

图 29.4.4-2 最大动弹性模量的确定示意图

29.4.5 残余变形计算应根据所采用计算模型和计算方法要求，对每个试样试验可分别整理残余体积应变、残余轴变与振次关系曲线。

29.4.6 动强度(抗液化强度)试验记录和计算格式应符合本标准附录 D 表 D.49、表 D.50 的规定。动弹性模量和阻尼比试验记录和计算格式应符合本标准附录 D 表 D.51、表 D.52 的规定。动残余变形特性试验记录和计算格式应符合本标准附录 D 表 D.53、表 D.54 的规定。

30 共振柱试验

30.1 一般规定

30.1.1 土样应为饱和的细粒土或砂土。

30.1.2 本试验宜制备多个性质相同的试样，在不同周围压力和不同固结比下进行试验。周围压力和固结比宜根据工程实际确定。可采用1个~4个周围压力，1个~3个固结比。

30.2 仪器设备

30.2.1 本试验所用的主要仪器设备应符合下列规定：

1 共振柱试验仪：按试样约束条件，可分为一端固定一端自由及一端固定一端用弹簧和阻尼器支承两类；按激振方式，可分为稳态强迫振动法和自由振动法两类；按振动方式，可分为扭转振动和纵向振动两类；

2 压力室（图30.2.1）：内部置放激振器、加速度计及试样，压力室底座和试样上压盖板具有辐射状的凸条；

3 静力控制系统：应符合本标准第29.2.1条第1款第2项的规定；

4 激振控制系统：包括信号发生器、功率放大器、D/A转换器和计算机；

5 量测系统：包括加速度计、电荷放大器、频率计、示波器或A/D转换器和计算机。

30.2.2 本试验所用的其他仪器设备应符合本标准第19.2.1条第2款的规定。

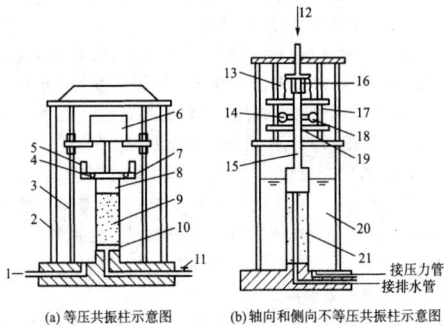

图 30.2.1 共振柱主机示意图

1—接周围压力系统；2—压力室外罩；3—支架；4—加速度计；5—扭转激振器；6—轴向激振器；7—驱动板；8—上压盖；9—试样；10—透水板；11—接排水管；12—轴向压力；13—弹簧；14—激振器；15—旋转轴；16—压力传感器；17—导向杆；18—加速度计；19—上下活动框架；20—水；21—试样

30.3 操作步骤

30.3.1 试样制备应符合下列规定：

1 本试验采用的试样直径为50mm，试样高度为直径的2倍~2.5倍；

2 原状土样的试样制备应按本标准第19.3.1条第2款的规定进行；

3 扰动土样的试样制备应按本标准19.3.1条第3款进行；

4 砂性土的试样制备应按本标准第19.3.1条第4款进行。

30.3.2 试样饱和应符合下列规定：

1 抽气饱和应按本标准第19.3.2条第1款的规定进行；

2 水头饱和应按本标准第19.3.2条第2款的规定进行；

3 饱和度检查和反压力饱和应按本标准第19.3.2条第3款的规定进行。

30.3.3 试样安装和固结应按下列步骤进行：

1 打开量管阀，使试样底座充水，当溢出的水不含气泡时，关量管阀，在底座透水板上放湿滤纸。

2 将试样放在底座上，并压入凸条中，在其周围贴7条~9条宽6mm的湿滤纸条，用撑膜筒将乳胶膜套在试样外，下端与底座扎紧，取下撑膜筒。用对开圆模夹紧试样，将乳胶膜上端翻出模外。

3 对扭转振动，将加速度计和激振驱动系统水平固定在驱动板上，再将驱动板置于试样上端，将旋转轴与试样帽上端连接，翻起乳胶膜并扎紧在上压盖上（试样帽），按线圈编号，将对应的线圈套在磁钢外级，磁极中心至线圈上、下端的距离应相等。两对线圈的高度应一致，线圈两侧的磁隙应相同，并对称于线圈支架，按线圈上的标志接线。

4 对轴向振动，将加速度计垂直固定在上压盖上，再将上压盖与激振器相连。当上压盖上下活动自如时，垂直地置于试样上端，翻起乳胶膜并扎紧在上压盖上。

5 用引线将加力线圈与功率放大器相连，并将加速度计与电荷放大器相连。

6 拆除对开圆模，装上压力室外罩。

7 转动调压阀，逐级施加至预定的周围压力，一端固定另一端弹簧支承的可进行不等向固结。打开排水阀，直至固结稳定。稳定标准应符合本标准第29.3.4条第4款的规定，关排水阀。

30.3.4 稳态强迫振动法应按下列步骤进行：

1 开启信号发生器、示波器、电荷放大器和频率计电源，预热，打开计算机数据采集系统。

2 将信号发生器的振幅控制旋钮调至零位，开启功率放大器电源预热5min，将功能开关置于共振挡。

3 将信号发生器输出调至给定值，连续改变激振频率，由低频逐渐增大，直至系统发生共振，读出最大电压值，此时频率计读数即为共振频率。测记共振频率和相应的电压值，由电压值确定动应变或动剪应变。

4 进行阻尼比测定时，当激振频率达到系统共振频率后，继续增大频率，这时振幅逐渐减小，测记每一激振频率和相应的振幅电压值。如此继续，测记7组~10组数据，关仪器电源。以振幅为纵坐标，以频率为横坐标，绘制振幅与频率关系曲线。

5 宜逐级施加动应变幅或动应力幅进行测试，后一级的振幅可控制为前一级的1倍。在同一试样上选用允许施加的动应变幅或动应力幅的级数时，应避免孔隙水压力明显升高。

6 关闭仪器电源，退去压力，取下压力室罩，拆除试样，需要时测定试样的干密度和含水率。

30.3.5 自由振动法应按下列步骤进行：

1 开启电荷放大器电源，预热，开计算机系统电源。

2 将试验程序输入计算机，开功率放大器电源预热5min，在计算机控制下进行试验。计算机指令D/A转换器控制驱动系统，对试样施加瞬时扭力后立即卸除，使试样自由振动。在振动过程中，加速度计的信号经过电荷放大器和A/D转换器输入计算机处理，得到振幅衰减曲线。

3 宜逐级施加动应变幅或动应力幅进行测试，后一级的振幅可控制为前一级的1倍。在每一级激振力振动下试验后，逐次增大激振力，继续进行试验得到在试样应变值增大后测试的模量和阻尼比。一般应变值增大到1×10^{-4}为止。

4 关闭仪器电源，退除压力，取下压力室外罩，拆除试样，需要时测定试样的干密度和含水率。

30.4 计算、制图和记录

30.4.1 试样的动应变按下列公式计算：

1 动剪应变：

$$\gamma = \frac{A_d d_c}{3 d_1 h_c} \times 100 = \frac{U d_c}{3 d_1 h_c \beta \omega^2} \times 100 = \frac{U d_c}{12 d_1 h_c \beta \pi^2 f_{nt}^2} \times 100$$

$$(30.4.1\text{-}1)$$

式中：γ——动剪应变(%)；

A_d——安装加速度计处的动位移(cm)；

d_c——试样固结后的直径(cm)；

d_1——加速度计到试样轴线的距离(cm)；

h_c——试样固结后的高度(cm)；

U——加速度计经放大后的电压值(mV)；

β——标定系数[mV/(981cm·s^2)]；

ω——共振圆频率(rad/s)；

f_{nt}——试验实测扭转共振频率(Hz)。

2 动轴向应变：

$$\varepsilon_d = \frac{\Delta h_d}{h_c} \times 100 = \frac{U}{\beta \omega^2 h_c} \times 100 \qquad (30.4.1\text{-}2)$$

式中：Δh_d——动轴向变形(cm)。

30.4.2 扭转共振时的动剪切模量应按下式计算：

$$G_d = \left(\frac{2\pi f_{nt} h_c}{\beta_s} \right)^2 \rho_0 \times 10^{-4} \qquad (30.4.2)$$

式中：G_d——动剪切模量(kPa)；

f_{nt}——试验时实测的扭转共振频率(Hz)；

β_s——扭转无量纲频率因数；

ρ_0——试样密度(g/cm^3)。

30.4.3 扭转无量纲频率因数应根据试样的约束条件分别按下列公式计算：

1 无弹簧支承：

$$\beta_s \tan \beta_s = \frac{I_0}{I_t} = \frac{m_0 d^2}{8 I_t} \qquad (30.4.3\text{-}1)$$

式中：I_0——试样的转动惯量(g·cm^2)；

I_t——试样顶端附加物的转动惯量(g·cm^2)；

m_0——试样质量(g)；

d——试样直径(cm)。

2 有弹簧支承：

$$\beta_s \tan \beta_s = \frac{I_0}{I_t} \frac{1}{1 - \left(\frac{f_{0t}}{f_{nt}} \right)^2} \qquad (30.4.3\text{-}2)$$

式中：f_{0t}——无试样时转动振动各部分的扭振共振频率(Hz)；

f_{nt}——试验时实测的扭转共振频率(Hz)。

30.4.4 轴向共振时的动弹性模量应按下式计算：

$$E_d = \left(\frac{2\pi f_{nl} h_c}{\beta_L} \right)^2 \rho_0 \times 10^{-4} \qquad (30.4.4)$$

式中：E_d——动弹性模量(kPa)；

f_{nl}——试验时实测的纵向振动共振频率(Hz)；

β_L——纵向振动无量纲频率因数。

30.4.5 纵向振动无量纲频率因数应根据试样的约束条件分别按下列公式计算：

1 无弹簧支承：

$$\beta_L \tan \beta_L = \frac{m_0}{m_{ft}} \qquad (30.4.5\text{-}1)$$

式中：m_0——试样的质量(g)；

m_{ft}——试样顶端附加物的质量(g)。

2 有弹簧支承：

$$\beta_L \tan \beta_L = \frac{m_0}{m_T} \frac{1}{1 - \left(\frac{f_{0l}}{f_{nl}} \right)^2} \qquad (30.4.5\text{-}2)$$

式中：f_{0l}——无试样时系统各部分的纵向振动共振频率(Hz)；

f_{nl}——试验时实测的纵向振动共振频率(Hz)。

30.4.6 土的阻尼比应按下列公式计算：

1 无弹簧支承：

1）自由振动法：

$$\lambda = \frac{1}{2\pi} \frac{1}{N} \ln \frac{A_1}{A_{N+1}} \qquad (30.4.6\text{-}1)$$

式中：λ——阻尼比；

N——计算所取的振动次数；

A_1——停止激振后第 1 周振动的振幅(mm)；

A_{N+1}——停止激振后第 $N+1$ 周振动的振幅(mm)。

2）稳态强迫振动法：

$$\lambda = \frac{1}{2} \left(\frac{f_2 - f_1}{f_n} \right) \qquad (30.4.6\text{-}2)$$

式中：f_1、f_2——振幅与频率关系曲线上最大振幅值的 70.7% 处所对应的频率(Hz)；

f_n——最大振幅值所对应的频率(Hz)。

2 有弹簧支承：

1）自由扭转振动法：

$$\lambda = \frac{\delta_t (1 + s_t) - \delta_{0t} s_t}{2\pi} \qquad (30.4.6\text{-}3)$$

$$s_t = \frac{I_t}{I_0} \left(\frac{f_{0t} \beta_s}{f_{nt}} \right)^2 \qquad (30.4.6\text{-}4)$$

式中：δ_t、δ_{0t}——有试样和无试样时系统扭转振动时的对数衰减率；

s_t——扭转振动时的能量比。

2）自由纵向振动法：

$$\lambda = \frac{\delta_l (1 + s_l) - \delta_{0l} s_l}{2\pi} \qquad (30.4.6\text{-}5)$$

$$s_l = \frac{m_t}{m_0} \left(\frac{f_{0l} \beta_L}{f_{nl}} \right)^2 \qquad (30.4.6\text{-}6)$$

式中：δ_l、δ_{0l}——有试样和无试样时系统纵向振动时的对数衰减率；

s_l——纵向振动时的能量比。

30.4.7 以动剪应变（或轴向应变）为横坐标，动剪切模量或动弹模量为纵坐标，在半对数纸上绘制不同周围压力下动剪应变或动弹模量与动剪切模量或轴向应变关系曲线。取微小动剪应变（$\gamma < 1 \times 10^{-5}$）下的动剪切模量为最大动剪切模量 G_{dmax}。

30.4.8 以动剪应变或轴向应变为横坐标，动剪切模量比或动弹模量比为纵坐标，在半对数纸上绘制周围压力下动剪应变或轴向应变与动剪切模量比或动弹模量比关系的归一化曲线。

30.4.9 以动剪应变或轴向应变为横坐标，阻尼比为纵坐标，在半对数纸上绘制关系曲线。

30.4.10 共振柱试验记录格式应符合本标准附录 D 表 D.55～表 D.58 的规定。

31 土的基床系数试验

31.1 一般规定

31.1.1 土样应为饱和的黏土或砂质土。

31.1.2 本试验采用应力加荷法。

31.2 仪器设备

31.2.1 本试验主要仪器设备应符合本标准第 19.2.1 条的规定。

31.2.2 试验时的仪器设备应符合本标准第 19.2.2 条的规定。

31.3 操作步骤

31.3.1 试样的制备和饱和应按本标准第 19.3.1 条、第 19.3.2 条的规定进行。

31.3.2 土的静止侧压力系数 K_0 值应按本标准第 28.4 节的规定计算。

31.3.3 试样安装和固结应符合下列规定：

    1 试样安装应符合本标准第19.5.1条的规定；

    2 将试样在 K_0 条件下进行排水固结，侧向围压应按下列公式计算，排水固结应按本标准第19.5.2条的规定进行：

$$\sigma_3 = K_0\sigma_1 \qquad (31.3.3\text{-}1)$$

$$\sigma_1 = \gamma h_0 \qquad (31.3.3\text{-}2)$$

式中：σ_1——轴向应力（kPa）；

          σ_3——侧向围压（kPa）；

          K_0——土的静止侧压力系数；

          γ——上覆土层重度（kN/m³）；

          h_0——上覆土层厚度（m）。

31.3.4 固结稳定后，控制主应力增量 $\Delta\sigma_1$ 与围压增量 $\Delta\sigma_3$ 比值 n 为某一固定数值，应分别按 $n=0$、0.1、0.2、0.3等不同应力路径进行，剪切速率宜采用 0.003%/min～0.012%/min，剪切过程中应打开排水阀。

31.3.5 试验结束后，关闭电动机，下降升降台，开排气孔，排去压力室内的水，拆除压力室罩，揩干试样周围的余水，脱去试样外的橡皮膜，描述试验后试样形状，称试样质量，测定试验后含水率。

31.4 计算、制图和记录

31.4.1 试验结果的整理应按本标准第19.8节的规定进行。

31.4.2 以主应力增量为纵坐标，轴向应变为横坐标，绘制 $\Delta\sigma_1$-ε_1 关系曲线；以主应力增量为纵坐标，轴向变形为横坐标，绘制不同应力比的 $\Delta\sigma_1$-Δh_1 关系曲线。

31.4.3 取 $\Delta\sigma_1$-Δh_1 关系曲线初始段切线模量或取对应力段的割线模量为基床系数。

31.4.4 本试验的记录格式应符合本标准附录D表D.59的规定。

32 冻土含水率试验

32.1 一般规定

32.1.1 冻土的有机质含量不应大于干土质量的5%。当冻土的有机质含量在5%～10%之间时，仍可采用烘干法，但应注明有机质含量。

32.1.2 本试验的标准方法为烘干法。在现场或需要快速测定含水率时，对层状和网状结构的冻土可采用联合测定法。

32.2 烘干法

32.2.1 本试验所用的仪器设备应符合下列规定：

    1 烘箱：可采用电热烘箱或温度能保持105℃～110℃的其他加热干燥设备；

    2 天平：称量500g，分度值0.1g；称量5000g，最小分度值1g；

    3 称量盒：可将盒调整为恒量并定期校正；

    4 其他：干燥器、搪瓷盘、切土刀、吸水球、滤纸。

32.2.2 烘干法试验应按下列步骤进行：

    1 整体状构造（肉眼不易看到显著冰晶）的黏质土或砂质土：

        1）每个试样的质量不宜少于50g，试验应符合本标准第5.2.2条、第5.2.3条的规定；

        2）试样应进行两次平行测定，取其算术平均值，其最大允许平行差值应符合表32.2.2的规定。

    2 对层状和网状构造的冻土，应采用平均试样法测定含水率：

        1）将冻土样用四分法取出1000g～2000g，视冻土结构均匀程度而定，较均匀的可少取，反之多取。称量准确至1g，放入搪瓷盘中使其融化；

表32.2.2 冻土含水率测定平行差值（%）

含水率 w_f	最大允许平行差值
$w_f \leqslant 10$	±1
$10 < w_f \leqslant 20$	±2
$20 < w_f \leqslant 30$	±3

        2）将融化的土样调拌成均匀糊状稠度，当土太湿时，多余水分待澄清后可用吸球和吸纸吸出，或让其自然蒸发；土太干时可适当加水。进行称量，准确至0.1g；

        3）从糊状稠度土样中取样测定含水率，应按本标准第5.2.2条第1款～第3款的规定进行；

        4）试验应进行两次平行测定，其平行最大允许差值应为±1%。

32.2.3 整体状构造的冻土含水率应按本标准式（5.2.3）计算，层状和网状构造的冻土应按下式计算冻土的含水率，计算至0.1%：

$$w_f = \left[\frac{m_{f0}}{m_{f1}}(1 + 0.01w_n) - 1 \right] \times 100 \qquad (32.2.3)$$

式中：w_f——冻土含水率（%）；

          m_{f0}——冻土试样质量（g）；

          m_{f1}——调成糊状的土样质量（g）；

          w_n——平均试样含水率（%）。

32.2.4 烘干法冻土含水率试验的记录格式应符合本标准附录D表D.60的规定。

32.3 联合测定法

32.3.1 本试验所用的仪器设备应符合下列规定：

    1 排液筒（图32.3.1）；

    2 台秤：称量5kg，分度值1g；

    3 量筒：容量1000mL，分度值10mL。

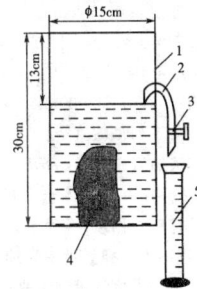

图32.3.1 排液筒装置示意图

1—排液筒；2—虹吸管；3—止水夹；4—冻土试样；5—量筒

32.3.2 联合测定法试验应按下列步骤进行：

    1 将排液筒置于台秤上，拧紧虹吸管止水夹。排液筒在台秤上的位置，在试验过程中不得移动；

    2 取1000g～1500g的冻土试样，并称质量；

    3 将接近0℃的清水缓慢倒入排液筒，使水面超过虹吸管顶；

    4 松开虹吸管的止水夹，使排液筒中的水面徐徐下降，待水面稳定和虹吸管不再出水时，拧紧水夹，称排液筒和水的质量；

    5 将冻土试样轻轻放入排液筒中，松开止水夹，使排液筒中的水流入量筒内；

    6 水流停止后，拧紧止水夹，立即称排液筒、水和试样质量，同时测读量筒中水的体积，用以核核冻土试样的体积；

    7 使冻土试样在排液筒中充分融化成松散状态，澄清。补加清水使水面超过虹吸管顶；

    8 松开止水夹，排水。当水流停止后，拧紧止水夹，并称排液筒、水和土颗粒质量；

9 在试验过程中应保持水面平稳,在排水和放入冻土试样时,排液筒不得发生上下剧烈晃动。

32.3.3 冻土含水率 w_f 应按下式计算,计算至0.1%:

$$w_f = \left[\frac{m_{f0}(G_s - 1)}{(m_{tws} - m_{tw})G_s} - 1 \right] \times 100 \qquad (32.3.3)$$

式中:m_{f0}——冻土试样质量(g);

$\quad m_{tws}$——筒、水和冻土颗粒的总质量(g);

$\quad m_{tw}$——筒加水的质量(g)。

32.3.4 联合测定法冻土含水率试验的记录格式应符合本标准附录D表D.61的规定。

33 冻土密度试验

33.1 一般规定

33.1.1 土样应为原状冻土或人工冻土。

33.1.2 冻土密度试验应根据冻土的特点和试验条件选用浮称法、联合测定法、环刀法或充砂法:

1 浮称法用于表面无显著孔隙的冻土;

2 联合测定法用于砂质冻土和层状、网状结构的黏质冻土;

3 环刀法用于温度高于−3℃的黏质和砂质冻土;

4 充砂法用于表面有明显孔隙的冻土。

33.1.3 冻土密度试验宜在负温环境下进行。无负温环境时,应采取保温措施和快速测定。在试验过程中,冻土表面不得发生融化。

33.2 浮 称 法

33.2.1 本试验所用的主要仪器设备应符合下列规定:

1 天平(图33.2.1):称量1000g,分度值0.1g;

2 液体密度计:分度值0.001g/cm³;

3 温度计:测量范围为−30℃~+20℃,分度值为0.1℃;

4 量筒:容积为1000mL;

5 盛液筒:容积为1000mL~2000mL。

33.2.2 浮称法试验应按下列步骤进行:

1 调整天平,将盛液筒置于天平一端;

2 切取质量为300g~1000g的冻土试样,用细线捆紧,放入盛液筒中并悬吊在天平挂钩上称量,准确至0.1g;

3 将事先预冷接近冻土试样温度的煤油缓慢注入盛液筒,液面宜超过试样顶面2cm,并用温度计量测煤油温度,准确至0.1℃;

4 称取试样在煤油中的质量,准确至0.1g;

5 从煤油中取出冻土试样,削去表层带煤油的部分,然后按规定取样测定冻土的含水率;

6 采用0℃水时,应快速测定,试样表面不得发生融化。

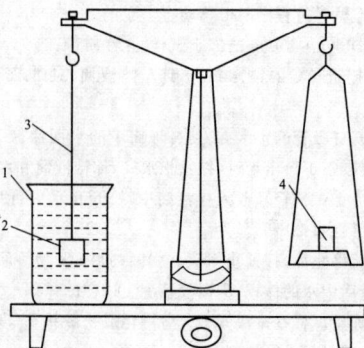

图 33.2.1 浮重天平
1—盛液筒;2—试样;3—细线;4—砝码

33.2.3 冻土密度应按下列公式计算:

$$\rho_f = \frac{m_{f0}}{V_f} \qquad (33.2.3-1)$$

$$V_f = \frac{m_{f0} - m_{fm}}{\rho_m} \qquad (33.2.3-2)$$

式中:ρ_f——冻土密度(g/cm³);

$\quad V_f$——冻土试样体积(cm³);

$\quad m_{f0}$——冻土试样质量(g);

$\quad m_{fm}$——冻土试样在煤油中的质量(g);

$\quad \rho_m$——试验温度下煤油的密度(g/cm³),可由煤油密度与温度关系曲线查得。

33.2.4 冻土干密度应按下式计算,计算至0.01g/cm³:

$$\rho_{fd} = \frac{\rho_f}{1 + 0.01 w_f} \qquad (33.2.4)$$

式中:ρ_{fd}——冻土干密度(g/cm³)。

33.2.5 冻土密度试验应进行不少于2组平行试验。对于整体状构造的冻土,两次测定的最大允许差值应为±0.03g/cm³,并取其算术平均值;对于层状和网状构造和其他富冰冻土,宜提出两次测定值。

33.2.6 浮称法冻土密度试验的记录格式应符合本标准附录D表D.62的规定。

33.3 联合测定法

33.3.1 本试验所用的仪器设备应符合本试验第32.3.1条的规定。

33.3.2 本试验方法应按本试验第32.3.2条规定的步骤进行。

33.3.3 联合测定法的冻土密度应按下列公式计算:

$$\rho_f = \frac{m_{f0}}{V_f} \qquad (33.3.3-1)$$

$$V_f = \frac{m_{f0} + m_{tw} - m'_{tws}}{\rho_w} \qquad (33.3.3-2)$$

式中:m'_{tws}——放入冻土试样后筒、水、试样的总质量(g)。

33.3.4 联合测定法的冻土干密度应按本标准式(33.2.4)计算。

33.3.5 本试验应进行两次平行试验。试验结果取其算术平均值。

33.4 环 刀 法

33.4.1 本试验所用的仪器设备应符合下列规定:

1 环刀:容积不得小于500cm³;

2 天平:称量3000g,分度值0.2g;

3 其他:切土器、钢丝锯。

33.4.2 环刀法试验应按下列步骤进行:

1 本试验宜在负温环境中进行。无负温环境时,必须快速进行。切样和试验过程中的试样表面不得发生融化。

2 取原状土样,整平其两端,将环刀刃口向下放在土样上。

3 用切土刀(或钢丝锯)将土样削成大于环刀直径的土柱,然后将环刀垂直下压,边压边削,至土样伸出环刀为止。将两端余土削去修平,取剩余的代表性土样测定含水率。

4 擦净环刀外壁称量,算出冻土质量,准确至0.2g。

33.4.3 冻土密度和冻土干密度按本标准式(33.2.3-1)和式(33.2.4)计算。

33.4.4 本试验应进行两次平行试验。其平行最大允许差值应为±0.03g/cm³。试验结果取其算术平均值。

33.4.5 环刀法冻土密度试验的记录格式应符合本标准附录D表D.63的确定。

33.5 充 砂 法

33.5.1 本试验所用的主要仪器设备应符合下列规定:

1 金属测筒:内径宜用15cm,高度宜用13cm;

2 量砂：粒径 0.25mm～0.50mm 的干净标准砂；

3 漏斗：上口直径可为 15cm，下口直径为 1.5cm，高度为 10cm；

4 天平：称量 5000g，分度值 1g。

33.5.2 充砂法试验应按下列步骤进行：

1 切取冻土试样，试样宜取直径为 8cm～10cm，高为 8cm～10cm 的圆形或(8～10)cm×(8～10)cm×(8～10)cm 的方形体，试样底面必须削平，称试样质量。

2 将试样平面朝下放入测筒内，试样底面与测筒底面必须接触紧密。

3 用标准砂充填冻土试样与筒壁之间的空隙和试样顶面：

1)取一定量的清洗干净校验后的干净标准砂，标准砂的温度应接近冻土试样的温度；

2)用漏斗架将漏斗置于测筒上方，漏斗下口与测筒上口应保持 5cm～10cm 的距离；

3)用挡板挡住漏斗下口，并将标准砂充满漏斗后移开挡板，使砂充入测筒，与此同时，不断向漏斗中补充标准砂，使砂面始终保持与漏斗上口齐平，在充砂过程中不得敲击或振动漏斗和测筒；

4)当测筒充满标准砂后，移开漏斗，轻轻刮开砂面，使之与测筒上口齐平，在刮砂过程中不应将砂压密。

4 称测筒、试样和充砂的总质量。

33.5.3 冻土密度应按下列公式计算：

$$\rho_i = \frac{m_{f0}}{V_f} \qquad (33.5.3-1)$$

$$V_f = V_{f0} - \frac{m_{tfs} - m_{lt} - m_{f0}}{\rho_{ls}} \qquad (33.5.3-2)$$

$$\rho_{ls} = \frac{m_{ts} - m_{lt}}{V_t} \qquad (33.5.3-3)$$

式中：m_{tfs}——测筒、试样和量砂的总质量(g)；

m_{lt}——测筒质量(g)；

m_{ts}——筒、砂总质量(g)；

ρ_{ls}——量砂的密度(g/cm³)；

V_t——测筒容积(cm³)。

33.5.4 本试验应进行两次平行测定，其平行最大允许差值应为 ±0.03g/cm³，试验结果取其算术平均值。

33.5.5 充砂法冻土密度试验的记录格式应符合本标准附录 D 表 D.64 的规定。

34 冻结温度试验

34.1 一 般 规 定

34.1.1 土样应为黏土或砂质土。

34.1.2 本试验方法采用无外加载荷法。

34.2 仪 器 设 备

34.2.1 仪器设备(图 34.2.1)包括零温瓶、低温瓶、测温设备和试样杯。仪器设备应符合下列规定：

1 零温瓶：容积为 3.57L，内盛冰水混合物，其温度应为 0±0.1℃；

2 低温瓶：容积为 3.57L，内盛低融冰晶混合物，其温度宜为 −7.6℃；

3 测温设备：由热电偶和数字电压表组成。热电偶宜用 0.2mm 的铜和康铜线制成；

4 数字电压表：量程为 2mV，分度值为 1μV；

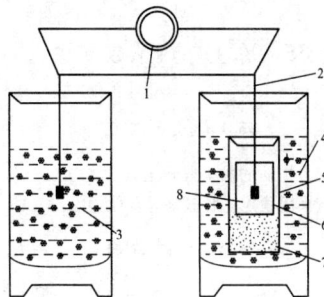

图 34.2.1 冻结温度测定装置示意图
1—数字电压表；2—热电偶；3—零温瓶；4—低温瓶；
5—塑料管；6—试样杯；7—干砂；8—试样

5 试样杯：用黄铜制成，直径 3.5cm，高 5cm，带有杯盖。

34.2.2 其他：用于配制低融冰晶混合物的氯化钠、氯化钙。直径 5cm、长 25cm 的硬质聚氯乙烯管。切土刀。

34.3 操 作 步 骤

34.3.1 原状冻土试验应按下列步骤进行：

1 土样应按自然沉积方向放置。剥去蜡封和胶带，开启土样筒取出土样；

2 试样杯内壁涂一薄层凡士林，杯口向下放在土样上，将试样杯垂直下压，并用切土刀沿杯外壁切削土样，边压边削至土样达到试样杯高度，用钢丝锯整平杯口，擦净外壁，盖上杯盖，并取余土测定含水率；

3 将热电偶的测量端插入试样中心，杯盖周侧用硝基漆密封；

4 零温瓶内装入用纯水制成的冰块，冰块直径应小于 2cm，再倒入纯水，使水面与冰块面相平，然后插入热电偶零温端；

5 低温瓶内装入用浓度 2mol·L⁻¹ 氯化钠等溶液制成的盐冰块，其直径应小于 2cm，再倒入相同浓度的氯化钠溶液，使之与冰块面相平；

6 将封好底且内装 5cm 高干砂的塑料管插入低温瓶内，再把试样杯放入塑料管内，然后塑料管口和低温瓶口分别用橡皮塞和瓶盖密封；

7 将热电偶测定端与数字电压表相连，每分钟测量一次热电势，当电势值突然减小并连续 3 次稳定在某一数值(相应的温度即为冻结温度)时，试验结束。

34.3.2 扰动冻土试验应按下列步骤进行：

1 称取风干土样，平铺在搪瓷盘内，按所需的加水量将纯水均匀喷洒在土样上，充分拌匀后装入盛土器内盖紧，润湿 24h(砂质土的润湿时间可酌减)；

2 将配制好的土装入试样杯中，以装实装满为止，杯口加盖，将热电偶测量端插入试样中心，杯盖周侧用硝基漆密封；

3 应按本标准第 34.3.1 条第 4 款～第 7 款的规定进行试验。

34.4 计算、制图和记录

34.4.1 冻结温度应按下式计算：

$$T_f = U_f / K_f \qquad (34.4.1)$$

式中：T_f——冻结温度(℃)；

U_f——热电势跳跃后的电压稳定值(μV)；

K_f——热电偶的标定系数(μV/℃)。

34.4.2 以温度为纵坐标，时间为横坐标，绘制温度和时间过程曲线。

34.4.3 冻结温度试验的记录格式应符合本标准附录 D 表 D.65 的规定。

35 冻土导热系数试验

35.1 一般规定

35.1.1 土样应为扰动的黏土或砂土。

35.1.2 本试验采用稳定态比较法。

35.2 仪器设备

35.2.1 试验装置(图35.2.1)由恒热系统、测温系统和试样盒组成。

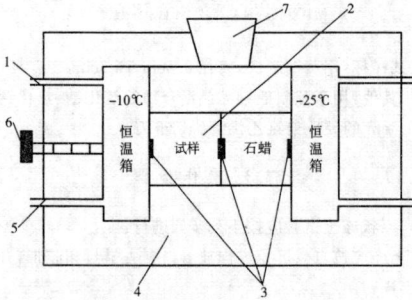

图35.2.1 导热系数试验装置示意图
1—冷浴循环液出口;2—试样盒;3—热电偶;4—保温材料;
5—冷浴循环液进口;6—夹紧螺杆;7—保温盖

35.2.2 本试验所用的主要仪器设备应符合下列规定:

1 恒温系统:由2个尺寸$l \times b \times h$为50cm×20cm×50cm的恒温箱和2台低温循环冷浴组成。恒温箱与试样盒接触面应采用5mm厚的平整铜板。2个恒温箱分别提供2个不同的负温环境(−10℃和−25℃)。恒温最大允许差值应为±0.1℃。

2 测温系统:由热电偶、零温瓶和量程为2mV、分度值1μV的数字电压表组成。

3 试样盒:2只,其外形尺寸$l \times b \times h$为25cm×25cm×25cm,盒的两侧为厚5mm的平整铜板。试样盒的另两侧、底面和上端盒盖应采用尺寸为25cm×25cm,厚3mm的胶木板。

35.3 操作步骤

35.3.1 将风干试样平铺在搪瓷盘内,应按所需的含水率和土样制备要求制备试样。

35.3.2 将制备好的试样按要求的密度装入一个试样盒,装实装满后加盒盖。装时,将2支热电偶的测温端放置在试样两侧铜板内壁的中心位置。

35.3.3 另一个试样盒装入石蜡,作为标准试样。装石蜡时,按要求安放两支热电偶。

35.3.4 应将分别装好石蜡和试样的2个试样盒按图35.2.1的方式安装好,驱动夹紧螺杆使试样恒温箱的各铜板面坚实接触。

35.3.5 接通测温系统。

35.3.6 开动2个低温循环冷浴,分别设定冷浴循环液温度为−10℃和−25℃。

35.3.7 冷浴循环液达到要求温度后再运行8h,开始测温。每隔10min测定1次标准试样和冻土试样两侧壁面的温度,并记录。当各点的温度连续3次测得的差值小于0.1℃时,试验结束。

35.3.8 取出冻土试验,测定其含水率和密度。

35.4 计算和记录

35.4.1 导热系数应按下式计算:

$$\lambda_f = \frac{\lambda_0 \Delta\theta_0}{\Delta\theta} \qquad (35.4.1)$$

式中:λ_f——冻土的导热系数[W/(m·K)];

λ_0——石蜡的导热系数[0.279 W/(m·K)];

$\Delta\theta_0$——石蜡样品盒内两壁面温差(℃);

$\Delta\theta$——待测试样盒两壁面温差(℃)。

35.4.2 导热系数试验的记录格式应符合本标准附录D表D.66的规定。

36 冻土的未冻含水率试验

36.1 一般规定

36.1.1 土样应为黏土或砂质土。

36.1.2 冻土的未冻含水率以两次平行试验的差值,在0℃～−3℃范围内最大允许误差应为±2%;低于−3℃时最大允许误差应为±1%。

36.2 仪器设备

36.2.1 本试验的主要仪器设备应符合本标准第34.2.1条的规定。

36.2.2 本试验的其他仪器设备应符合本标准第34.2.2条的规定。

36.3 操作步骤

36.3.1 应按本标准第34.3.2条第1款的规定制备3个试样。其中1个试样按所需的加水量加纯水制备;另2个试样的加水量宜使试样处于10mm液限和塑限状态作为初始含水率。

36.3.2 制备好的试样按本标准第34.3.2条第2款、第3款的规定进行冻结试验。

36.4 计算、制图和记录

36.4.1 未冻含水率应按下列公式计算:

$$w_{fn} = A T_f^{-B} \qquad (36.4.1-1)$$

$$A = w_L T_L^B \qquad (36.4.1-2)$$

$$B = \frac{\ln w_L - \ln w_P}{\ln T_P - \ln T_L} \qquad (36.4.1-3)$$

式中:w_{fn}——冻土的未冻含水率(%);

T_f——试样的冻结温度(负温)绝对值(℃);

T_L——液限试样的冻结温度绝对值(℃);

T_P——塑限试样的冻结温度绝对值(℃)。

36.4.2 以试样的含水率为纵坐标,对应的冻结温度为横坐标,在双对数纸上绘制含水率与冻结温度的关系曲线。从曲线上查得需测试样的冻结温度T_f相对应的含水率,即为冻土的未冻含水率。

36.4.3 未冻含水率试验记录格式应符合本标准附录D表D.65的规定。

37 冻胀率试验

37.1 一般规定

37.1.1 土样应为黏土或砂质土。

37.1.2 本试验方法的降温速度,黏土应为0.3℃/h,砂质土为0.2℃/h。

37.2 仪器设备

37.2.1 试样盒(图37.2.1)应由外径为12cm、壁厚为1cm、高为10cm

的有机玻璃筒作为试样盒。在侧壁,沿高度每隔1cm设热敏电阻温度计插入孔,底板和顶盖结构能提供恒温液循环和外界水源补充通道。

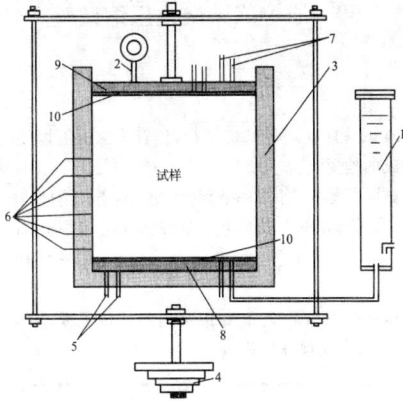

图 37.2.1　试样盒结构示意图
1—供水装置;2—百分表;3—保温材料;4—加压装置;5—正温循环液进口;
6—热敏电阻测温点;7—负温循环液进口;8—底板;9—顶板;10—滤水板

37.2.2 恒温箱容积不应小于 0.8m³,内设冷液循环管路和加热器,功率为 500W,通过热敏电阻温度计与温度控制仪相连,使试验期间箱温保持在 1℃±0.5℃。

37.2.3 温度控制系统应由低温循环浴和温度控制仪组成,提供试验所需的顶板、底板温度。

37.2.4 温度监测系统应由热敏电阻温度计、数字电压表组成。监测试验过程中土样、顶板、底板温度和箱温变化。

37.2.5 补水系统应由恒定水位装置通过塑料管与底板相连,水位应高于底板和土样接触面 0.5cm。

37.2.6 变形监测系统百分表或位移传感器的量程应为 30mm,分度值应为 0.01mm。

37.2.7 加压系统应由加压框架和砝码组成。

37.3　操作步骤

37.3.1 原状土冻胀率试验应按下列步骤进行:
　　1 土样应按自然沉积方向放置,剥去蜡封和胶带,开启土样筒取出土样;
　　2 用切土器将原状土样削成直径为 10cm、高为 5cm 的试样,称量确定密度并取余土测定初始含水率;
　　3 在有机玻璃试样盒内壁涂上一薄层凡士林,放在底板上并放一张滤纸,然后将试样从顶装入盒内,让其自由滑落在底板上;
　　4 在试样顶面上放一张滤纸,然后放上顶板,并稍稍加力,以使土柱与顶、底板接触紧密;
　　5 将装有试样的试样盒放入恒温箱内,试样周侧、顶板、底板内插入热敏电阻温度计,试样周侧包裹 5cm 厚的泡沫塑料进行保温,连接顶板、底板冷液循环管路及底板补水管路,供水并排除底板内气泡,调节供水装置水位,当考虑无水源补充状态时,可切断供水,安装百分表或位移传感器;
　　6 若需模拟原状土天然受力状态,可施加相应的荷载;
　　7 开启恒温箱、试样顶板、底板冷浴,设定恒温箱冷浴温度为 −15℃,箱内温度为 1℃;顶板、底板冷浴温度为 1℃;
　　8 试样恒温 6h,并监测温度和变形。待试样初始温度均匀达到 1℃以后,开始试验;
　　9 顶板温度调节到 −15℃并持续 0.5h,让试样迅速从顶面开始冻结,然后将顶板温度调节到 −2℃或所要求的负温,使土体温度匀速下降,保持箱温和底板温度均为 1℃,记录初始水位,每隔 1h 记录水位、温度和变形各 1 次,试验持续 72h;
　　10 试验结束后,迅速从试样盒中取出试样,量测试样高度并测定冻结深度。

37.3.2 扰动土冻胀率试验应按下列步骤进行:
　　1 称取风干土样,加纯水拌和呈稀泥浆,装入内径为 10cm 的有机玻璃筒内,加压固结,直至达到所需初始含水率和干容重要求后,将土样从有机玻璃筒中推出,并将土样高度切削到 5cm;
　　2 应按本标准第 37.3.1 条第 3 款~第 10 款的规定进行试验。

37.4　计算和记录

37.4.1 冻胀率应按下式计算:

$$\eta_f = \frac{\Delta h_f}{H_f - \Delta h_f} \times 100 \qquad (37.4.1)$$

式中:η_f——冻胀率(%);
　　　Δh_f——试样总冻胀量(mm);
　　　H_f——冻结深度(mm)。

37.4.2 冻胀率试验的记录格式应符合本标准附录 D 表 D.67 的规定。

38　冻土融化压缩试验

38.1　一般规定

38.1.1 土样应为冻结黏土和粒径小于 2mm 的冻结砂质土。

38.1.2 本试验试样宜在负温环境下进行。严禁在切样和装样过程中使试样表面发生融化。试验过程中应满足自上而下单向融化。

38.2　仪器设备

38.2.1 融化压缩仪(图 38.2.1)应由加热传压板应采用导热性能好的金属材料制成。试样环应采用有机玻璃或其他导热性低的非金属材料制成,其尺寸宜为:内径 79.8mm,高 40.0mm。保温外套可用聚苯乙烯或聚氨酯泡沫塑料。

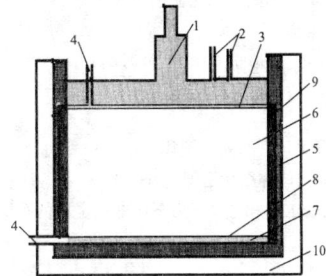

图 38.2.1　融化压缩仪示意图
1—加热传压板;2—热循环水进出口;3—透水板;4—上下排水孔;5—试样环;
6—试样;7—透水板;8—滤纸;9—环;10—保温外套

38.2.2 加荷设备可采用量程为 2000kPa 的杠杆式、磅秤式和其他相同量程的加荷设备,其最大允许误差应符合现行国家标准《土工试验仪器　固结仪　第 1 部分:单杠杆固结仪》GB/T 4935.1 的规定。

38.2.3 变形测量设备由百分表或位移传感器组成,量程应为 10mm,分度值应为 0.01mm。

38.2.4 恒温供水设备。

38.2.5 原状冻土取样器钻具开口内径应为 79.8mm。

38.3　操作步骤

38.3.1 在切样和装样过程中不得使试样表面发生融化。

38.3.2 用冻土取样器钻取冻土试样,其高度应大于试样环高度。将钻样剩余的冻土取样测定含水率。钻样时必须保持试样的层面与原状土一致，且不得上下倒置。

38.3.3 将冻土样装入试样环，使之与环壁紧密接触。刮平上、下面，但不得造成试样表面发生融化。测定冻土试样的密度。

38.3.4 在融化压缩容器底部先放透水板，其上放一张润湿滤纸。将装有试样的试样环放在滤纸上，套上护环。然后在试样上部放滤纸和透水板，再放上加热传压板。装上保温外套，并将融化压缩容器放置在加压框架正中。安装百分表或位移传感器。

38.3.5 施加 1kPa 的压力，调整平加压杠杆。调整百分表或位移传感器到零位。

38.3.6 用胶管连接加热传压板的热循环水进出口与事先装有温度为 40℃～50℃水的恒温水槽，并打开开关和开动恒温器，以保持水温。

38.3.7 试样开始融沉时即开动秒表，分别记录 1min、2min、5min、10min、30min、60min 时的变形量。之后每 2h 观测记录 1次，直到变形量在 2h 内小于 0.05mm 时为止，并测记最后一次变形量。

38.3.8 融沉稳定后，停止热水循环，并开始加荷进行压缩试验。加荷等级视实际工程需要确定，宜取 50kPa、100kPa、200kPa、400kPa、800kPa，最后一级荷载应比土层的计算压力大 100kPa～200kPa。

38.3.9 施加每级荷载后 24h 为稳定标准，并观测记录相应的压缩量。直到施加最后一级荷载压缩稳定为止。

38.3.10 试验结束后，拆卸仪器各部件，取出试样，测定含水率。

38.4 计算、制图和记录

38.4.1 融沉系数应按下式计算：

$$a_{f0} = \frac{\Delta h_{f0}}{h_{f0}} \times 100 \qquad (38.4.1)$$

式中：a_{f0}——冻土融沉系数（%）；

Δh_{f0}——冻土融化下沉量（mm）；

h_{f0}——冻土试样初始高度（mm）。

38.4.2 冻土试样初始孔隙比应按下式计算：

$$e_{f0} = \frac{\rho_w G_s (1 + 0.01 w_f)}{\rho_{f0}} - 1 \qquad (38.4.2)$$

式中：e_{f0}——冻土试样初始孔隙比；

ρ_{f0}——冻土试样初始密度（g/cm³）。

38.4.3 融沉稳定后和各级压力下压缩稳定后的孔隙比应按下列公式计算：

$$e = e_{f0} - (h_0 - \Delta h_0)\frac{1 + e_{f0}}{h_{f0}} \qquad (38.4.3-1)$$

$$e_i = e - (h - \Delta h)\frac{1 + e}{h} \qquad (38.4.3-2)$$

式中：e、e_i——融沉稳定后和压力作用下压缩稳定后的孔隙比；

h、h_{f0}——融沉稳定后和初始试样高度（mm）；

Δh、Δh_0——压力作用下稳定后的下沉量和融沉下沉量（mm）。

38.4.4 某一压力范围内的冻土融化压缩系数应按下式计算：

$$a_{fv} = \frac{e_i - e_{i+1}}{p_{i+1} - p_i} \times 10^3 \qquad (38.4.4)$$

式中：a_{fv}——某一压力范围内的冻土融化压缩系数（MPa⁻¹）。

38.4.5 以孔隙比为纵坐标，单位压力为横坐标，绘制孔隙比与压力关系曲线。

38.4.6 冻土融化压缩试验的记录格式应符合本标准附录 D 表 D.68 的规定。

39 原位冻土融化压缩试验

39.1 一般规定

39.1.1 本试验应在现场试坑进行，位置为除漂石以外的其他各类冻土形成的地层。

39.1.2 试坑深度不得小于季节融化深度，对于非衔接的多年冻土，不得小于多年冻土层的上限深度。试坑底面积不得小于 2m×2m。

39.2 仪器设备

39.2.1 试验装置（图 39.2.1）应由内热式传压板、加荷系统、沉降量测系统、温度量测系统组成。

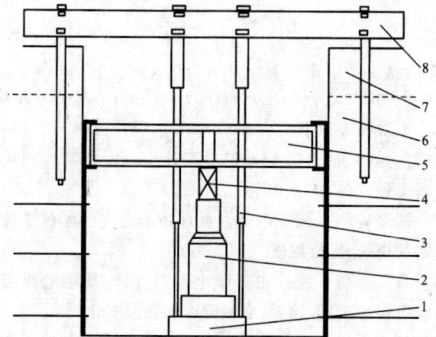

图 39.2.1 原位融化压缩试验示意图
1—热压模板；2—千斤顶；3—变位测针；4—压力传感器；5—反压横梁；
6—冻土；7—融土；8—测量支架

39.2.2 本试验所用的主要仪器设备应符合下列规定：

1 内热式传压板：传压板可取圆形或方形，中空式平板。应有足够刚度，承受上部荷载时不发生变形。面积不宜小于 5000cm²（图 39.2.2）；

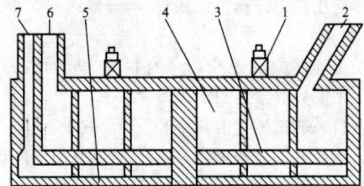

图 39.2.2 热压模板示意图
1—固定千斤顶螺丝；2—加热孔；3—热压模板；4—储水腔；
5—透水板；6—排水孔；7—加水孔

2 加热系统：传压板加热可用电热或水（汽）热，加热应均匀，加热温度不应超过 90℃。传压板周围应形成一定的融化圈，其宽度不宜小于传压板直径的 30%；

3 加荷系统：加荷方式可用千斤顶或重物。当冻土的总含水率超过液限时，加荷装置的重量不应大于传压板底面高程处的上覆压力；

4 沉降量测系统：沉降量测可采用大量程百分表或位移传感器，其量测最大允许误差应为 0.01mm；

5 温度量测系统：温度量测系统可由热电偶和数字电压表组成。量测准确度应为 0.1℃。

39.3 操作步骤

39.3.1 应对试验场地进行冻结土层的岩性和冷生构造的描述，并取样进行其物理性试验。

39.3.2 仔细开挖试坑,平整试坑底面。必要时应进行坑壁保护。

39.3.3 在传压板的边侧钻孔,孔径 3cm～5cm,孔深宜为 50cm。将 5 支热电偶温端自下而上每隔 10cm 逐个放入孔内,并用黏质土夯实填孔。

39.3.4 坑底面铺砂找平。铺砂厚度不应大于 2cm。将传压板放置在坑底中央砂面上。

39.3.5 安装加荷装置,应使加荷点处于传压板中心部位。

39.3.6 在传压板周边等距安装 3 个位移计。

39.3.7 进行安全和可靠性检查后,向传压板施加等于该处上履压力,不小于 50kPa,直至传压板沉降稳定后,调整位移计至零读数,做好记录。

39.3.8 接通电(热)源,连接测温系统,使传压板下和周围冻土缓慢均匀融化。每隔 1h 观测记录 1 次土温和位移。

39.3.9 当融化深度达到 25cm～30cm 时,切断电(热)源停止加热。用钢钎探测 1 次融化深度,并继续观测记录土温和位移。当融化深度接近 40cm(50%传压板直径)时,每 15min 观测记录 1 次融化深度。当 0℃温度融化深度达到 40cm 时观测记录位移量,并用钢钎观测记录 1 次融化深度。

39.3.10 当停止加热时,依靠余热不能使传压板下的冻土继续融化到 50%传压板直径的深度时,应继续补加热,直至满足这一要求。

39.3.11 经上述步骤达到融沉稳定后,开始逐级加荷进行压缩试验。加荷等级视实际工程需要确定,每级荷载,对黏质土宜取 50kPa,对砂质土宜取 75kPa,对含巨粒土宜取 100kPa,最后一级荷载应比计算压力大 100kPa～200kPa。

39.3.12 施加一级荷载后,每 10min、20min、30min、60min 测记 1 次位移示值,此后每小时测记 1 次,直到传压板沉降稳定后再加下一级荷载。

39.3.13 沉降量可取 3 个位移计读数的平均值。沉降稳定标准,对黏质土宜取 0.05mm/h,对砂和含巨粒砂土宜取 0.1mm/h。

39.3.14 试验结束后,拆除加荷装置,清除垫砂和 10cm 厚表土,然后取 2 个～3 个融化压实土样,进行含水率、密度及其他必要的试验。最后,应挖除其余融化压实土量测融化圈。

39.4 计算、制图和记录

39.4.1 融沉系数 a_{f0} 应按下式计算:

$$a_{f0} = \frac{S_0}{h_{r0}} \times 100 \qquad (39.4.1)$$

式中:S_0——冻土融沉($p=0$)阶段的沉降量(cm);

  h_{r0}——融化深度(cm)。

39.4.2 原位融化压缩系数 a_{fv} 应按下列公式计算:

$$a_{fv} = \frac{\Delta\delta}{\Delta p} K_{fv} \qquad (39.4.2\text{-}1)$$

$$\Delta\delta = \frac{S_{i+1} - S_i}{h_{r0}} \qquad (39.4.2\text{-}2)$$

式中:$\Delta\delta$——相应于某一压力范围(Δp)的相对融沉降系数量;

  Δp——单位压力增量值(kPa);

  K_{fv}——系数,黏土为 1.00,粉质黏土为 1.20,砂和砂质土为 1.30,巨粒土为 1.35;

  S_i——某一荷载作用下的沉降量(cm)。

39.4.3 以相对沉降量为纵坐标,单位压力为横坐标,绘制相对沉降量与单位压力关系曲线。

39.4.4 原位冻土融化压缩试验的记录格式应符合本标准附录 D 表 D.69 的规定。

40 原位冻胀率试验

40.1 一般规定

40.1.1 本试验应选择有代表性的黏土或砂质土的场地。

40.1.2 场地的地表应整平。在地表开始冻结前埋设冻胀仪。

40.2 仪器设备

40.2.1 分层冻胀仪可采用图 40.2.1 所示的形式。

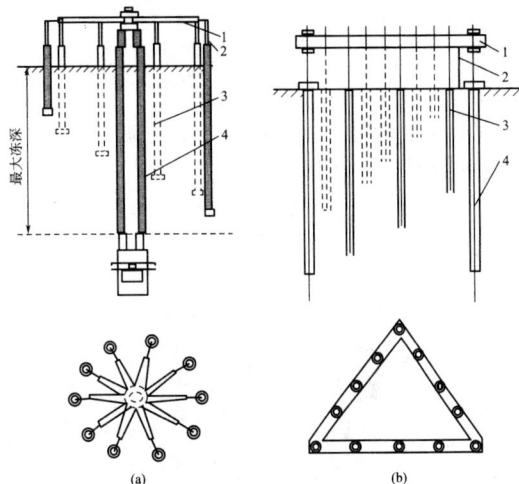

图 40.2.1 分层冻胀仪示意图
1—基准盘(梁);2—测杆;3—套管;4—固定桩(杆)

40.2.2 本试验所用的仪器设备应符合下列规定:

  1 冻深器应具有套管的水位管;

  2 测尺分度值应为 1mm;

  3 地下水位管及测钟;

  4 $\phi50cm$ 土钻及相应工具。

40.3 操作步骤

40.3.1 冻胀仪测杆分层埋设的间距可取 20cm～30cm,地表必须设 1 个测点,最深一点应达到最大冻深线。各测杆之间的水平埋设距离不得小于 30cm。

40.3.2 测杆应采用钻孔埋设。孔口应加盖保护。当地下水位处于冻结层内时,测杆与套管之间的空隙必须用工业凡士林或其他低温下不冻的材料充填。

40.3.3 架设基准盘(梁)的固定杆在最大冻深范围内必须加设套管。其打入最大冻深线以下土中的深度应小于 1m。

40.3.4 基准盘(梁)距冻前地面的架设高度应大于 40cm。

40.3.5 应在冻胀仪附近埋设冻深器和地下水位观测管。

40.3.6 冻胀量的测量可采用分度值为 1mm 的钢尺。在地表开始冻结前,应观测记录各测杆顶端至基准盘(梁)上相应固定点的长度,作为起始读数。

40.3.7 冻结期间可每隔 1d～2d 观测记录 1 次。融化期间可根据需要确定观测记录的次数。

40.3.8 观测期间宜用水准仪每隔半个月左右校核一次基准盘(梁)固定杆、冻深器、地下水位管顶端的高程变化,进行各项测值必要的修正。

40.4 计算、制图和记录

40.4.1 平均冻胀率应按下式计算:

$$\eta_f = \frac{\Delta h_f}{H_f} \times 100 \qquad (40.4.1)$$

式中：η_t——冻胀率(%)；

Δh_t——地表总冻胀量(cm)；

H_f——冻深(cm)，以冻结前地面算起的最大冻深。

40.4.2 绘制平均冻胀量、冻深与时间的关系曲线(图40.4.2)。

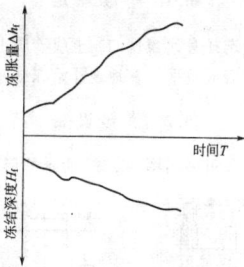

图 40.4.2 冻胀过程线

40.4.3 以冻深为纵坐标，总冻胀量或冻胀率为横坐标，绘制 H_f-$\Delta h_t(\eta_t)$关系曲线(图40.4.3)。

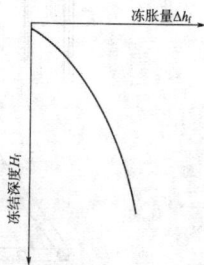

图 40.4.3 H_f-$\Delta h_t(\eta_t)$关系曲线

40.4.4 原位冻胀率试验的记录格式应符合本标准附录 D 表 D.70 的规定。

41 原位密度试验

41.1 一般规定

41.1.1 原位密度试验方法有环刀法、灌砂法、灌水法。

41.1.2 环刀法适用于细粒土。灌砂法、灌水法适用于细粒土、砂类土和砾类土。

41.2 灌 砂 法

41.2.1 本试验所用的仪器设备应符合下列规定：

1 灌砂法密度试验仪(图41.2.1)：包括漏斗、漏斗架、防风筒、套环、附有3个固定器；

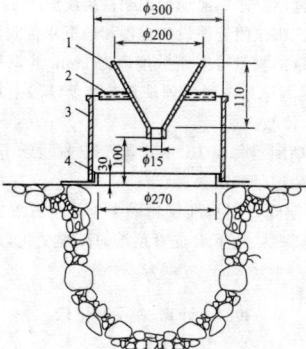

图 41.2.1 灌砂法密度试验仪(单位：mm)
1—漏斗；2—漏斗架；3—防风筒；4—套环

2 台秤：称量10kg，分度值5g；称量50kg，分度值10g；

3 量砂：粒径0.25mm~0.50mm的干燥清洁标准砂10kg~40kg；

4 其他：有盖的量砂容器、直尺、铲土工具。

41.2.2 用套环的灌砂法试验应按下列步骤进行：

1 选定具有代表性的一块面积约40cm×40cm的场地并将地面铲平。检查填土压实密度时，应将表面未压实土层清除掉，并将压实土层铲去一部分，其深度视需要而定，使试坑底能达到规定的深度。

2 称盛量砂的容器加量砂质量。按图41.2.1所示，将仪器放在整平的地面上，用固定器将套环固定。开漏斗阀，将量砂经漏斗灌入套环内，待套环灌满后，拿掉漏斗、漏斗架及防风筒，无风可不用防风筒，用直尺刮平套环内砂面，使与套环边缘齐平。将刮下的量砂细心倒回量砂容器，不得丢失。称量砂容器加第1次剩余量砂质量。

3 将套环内的量砂取出，称量，倒回量砂容器内。环内量砂允许有少部分仍留在环内。

4 在套环内挖试坑，其尺寸应符合表41.2.2的规定。挖坑时要特别小心，将已松动的试样全部取出。放入盛试样的容器内，将盖盖好，称容器加试样质量，并取代表性试样，测定含水率。

表 41.2.2 试坑尺寸与相应的最大粒径(mm)

试样最大粒径	试坑尺寸	
	直 径	深 度
5(20)	150	200
40	200	250
60	250	300
200	880	1000

5 在套环上重新装上防风筒、漏斗架及漏斗。将量砂经漏斗灌入试坑内，量砂下落速度应大致相等，直至灌满套环。

6 取掉漏斗、漏斗架及防风筒，用直尺刮平套环上的砂面，使与套环边缘齐平。刮下的量砂全部倒回量砂容器内，不得丢失。称量砂容器加第二次剩余量砂质量。

41.2.3 不用套环的灌砂法试验按下列步骤进行：

1 应按本标准第41.2.2条第1款的规定选择试验地点，在刮平的地面上应按本标准表41.2.2的规定挖坑；

2 称盛量砂容器加量砂质量，在试坑上放置防风筒和漏斗，将量砂经漏斗灌入试坑内，量砂下落速度应大致相等，直至灌满试坑；

3 试坑灌满量砂后，去掉漏斗及防风筒，用直尺刮平量砂表面，使与原地面齐平，将多余的量砂倒回量砂容器，称量砂容器加剩余量砂质量。

41.2.4 计算应符合下列规定。

1 湿密度应按下列公式计算：

1)用套环法：

$$\rho = \frac{(m_{y4} - m_{y6}) - [(m_{y1} - m_{y2}) - m_{y3}]}{\dfrac{m_{y2} + m_{y3} - m_{y5}}{\rho_{1s}} - \dfrac{m_{y1} - m_{y2}}{\rho'_{1s}}} \quad (41.2.4-1)$$

2)不用套环法：

$$\rho = \frac{m_{y4} - m_{y6}}{\dfrac{m_{y1} - m_{y7}}{\rho_{1s}}} \quad (41.2.4-2)$$

式中：m_{y1}——量砂容器加原有量砂质量(g)；

m_{y2}——量砂容器加第1次剩余量砂质量(g)；

m_{y3}——从套环中取出的量砂质量(g)；

m_{y4}——试样容器加试样质量(包括少量遗留质量)(g)；

m_{y5}——量砂容器加第2次剩余量砂质量(g)；

m_{y6}——试样容器质量(g)；

m_{y7}——量砂容器加剩余量砂质量(g);

ρ_{ts}——往试坑内灌砂时砂的平均密度(g/cm³);

ρ'_{ts}——挖试坑前,往套环内灌砂时砂的平均密度(g/cm³),计算至0.01g/cm³。

2 干密度应按下式计算:

$$\rho_d = \frac{\rho}{1+0.01w} \qquad (41.2.4\text{-}3)$$

3 本试验需进行两次平行测定,取其算术平均值。

41.2.5 灌砂法试验的记录格式应符合本标准附录D表D.71、表D.72的规定。

41.3 灌 水 法

41.3.1 本试验所用的仪器设备应符合下列规定:

1 储水筒:直径应均匀,并附有刻度;

2 台秤:称量20kg,分度值5g;称量50kg,分度值10g;

3 薄膜:聚乙烯塑料薄膜;

4 其他:铲土工具、水准尺、直尺等。

41.3.2 灌水法试验应按下列步骤进行:

1 将测点处的地面整平,并用水准尺检查;

2 应按本标准表41.2.2的规定确定试坑尺寸,按确定的试坑直径划出坑口轮廓线,在轮廓线内下挖到要求的深度。将坑内的试样装入盛土容器内,称试样质量,取有代表性的试样测定含水率;

3 试坑挖好后,放上相应尺寸的套环,并用水准尺找平,将大于试坑容积的塑料薄膜沿坑底、坑壁紧密相贴(图41.3.2);

4 记录储水筒内初始水位高度,拧开储水筒内的注水开关,将水缓慢注入塑料薄膜中。当水面接近套环上边缘时,将水流调小,直至水面与套环上边缘齐平时关注水开关,不应使套环内的水溢出;持续3min～5min,记录储水筒内水位高度。

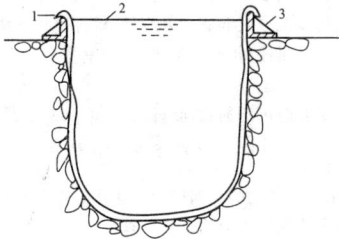

图 41.3.2 灌水法密度试验
1—塑料薄膜;2—参考水平面;3—钢套环

41.3.3 计算应符合下列规定:

1 试坑体积应按下式计算:

$$V_{sk} = (H_{t2}-H_{t1})A_w - V_{th} \qquad (41.3.3\text{-}1)$$

式中:V_{sk}——试坑体积(cm³);

H_{t1}——储水筒内初始水位高度(cm);

H_{t2}——储水筒内注水终了时水位高度(cm);

A_w——储水筒断面积(cm²);

V_{th}——套环体积(cm³)。

2 湿密度及干密度按下列公式计算,计算至0.01g/cm³:

$$\rho = \frac{m_0}{V_{sk}} \qquad (41.3.3\text{-}2)$$

$$\rho_d = \frac{\rho}{1+0.01w} \qquad (41.3.3\text{-}3)$$

3 本试验需进行两次平行测定,取算术平均值。

41.3.4 灌水法试验的记录格式应符合本标准附录D表D.73的规定。

42 试坑渗透试验

42.1 一般规定

42.1.1 本试验采用试坑注水法,可测定非饱和土的渗透参数。

42.1.2 试验方法有双环法和单环法,砂土及粉土宜用单环法,黏性土宜用双环法。

42.2 仪器设备

42.2.1 本试验试验装置可采用图42.2.1所示的形式。

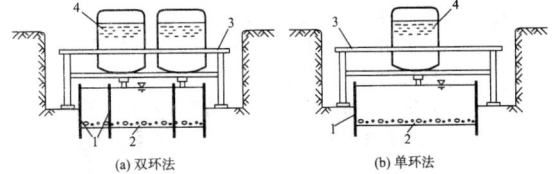

图 42.2.1 试坑渗水法装置
1—铁环;2—砾石层;3—支架;4—供水瓶

(a) 双环法 (b) 单环法

42.2.2 本试验所用的仪器设备应符合下列规定:

1 铁环:双环法为内环直径25cm、高15cm,外环直径50cm、高15cm。单环法铁环直径37cm～75cm(铁环横截面积1000cm²)、高15cm。在木支架上倒置着容量为5000mL～10000mL装有斜口玻璃管和橡皮塞的供水瓶,根据试验需要可为一个或多个。供水瓶的分度值为50mL。

2 温度计:量程0℃～50℃,分度值1℃。

3 其他设备:土钻、吸球及原位测含水率设备。

42.3 操作步骤

42.3.1 应在试验地区拟定的测试土体中按预定深度开挖一面积不小于1.0m×1.5m的试坑,在坑底再下挖一直径等于外环、深10cm～15cm的贮水坑,整平坑底。

42.3.2 把铁环细心放入贮水坑中,钢环入土深度至环上的起点刻度。双环法应使内、外环成同心圆状,两环上缘应在同一水平面上。压环时,须防止土的压实或变形。如扰动过大,须重新挖试坑另做。

42.3.3 在环底部土体上均铺2cm厚的砾石层,然后向环内注入清水至满,安放支架至水平位置。将供水瓶注满清水后倒置于支架上,供水瓶的斜口玻璃管插入环内水面以下。双环法注水时,支架上倒置2个注满清水的供水瓶,2个供水瓶的斜口玻璃管分别插入内环和内外环之间的水面以下,玻璃管的斜口应在同一高度上,即环口水平面。

42.3.4 打开橡皮塞,调节供水瓶出水量,以保持环内水位不变。双环法注水时,内环和内外环之间的水面应在同一高度。

42.3.5 记录渗水开始时间及供水瓶的水位和水温。经一定时间后,测出在此时间内由供水瓶渗入土中的水量,直至流量稳定为止。

42.3.6 从供水瓶流出的水量达稳定后,在1h～2h内测记流出水量至少5次～6次。每次测记的流量与平均流量之差不应超过10%。双环法主要侧记内环供水瓶的流量。

42.3.7 试验结束后,拆除仪器,吸出贮水坑中的水。

42.3.8 在离试坑中心3m～4m以外,钻几个3m～4m深的钻孔,每隔0.2m取土样1个,平行测定其含水率。根据含水率的变化,确定渗透水的入渗深度。

42.4 计算和记录

42.4.1 渗透系数应按下列公式计算:

1 近似值：

$$k_T = \frac{Q}{tA_h} \qquad (42.4.1\text{-}1)$$

2 较精确值：

$$k_T = \frac{QH_1}{tA_h(H_{y1} + H_{y2} + H_{y3})} \qquad (42.4.1\text{-}2)$$

$$k_{20} = k_T \frac{\eta_T}{\eta_{20}} \qquad (42.4.1\text{-}3)$$

式中：Q ——渗透水量（cm^3），双环法为内环渗透水量；

t ——时间（s）；

A_h ——铁环面积（cm^2），双环法为内环面积；

H_{y1} ——试验时水的入渗深度（cm）；

H_{y2} ——贮水坑中水的深度（cm）；

H_{y3} ——相当于作用毛细管力的水柱高度（cm），根据不同土质可按表 42.4.1 采用；

η_T、η_{20} ——分别为 T℃和20℃时水的动力黏滞系数（1×10^{-6} kPa·s）。比值 η_T / η_{20} 与温度的关系可按本标准表 8.3.5-1 执行。

表 42.4.1　相当于作用毛细管力的水柱高度表（cm）

土的名称	H_{y3}	土的名称	H_{y3}
粉质黏土（CL）	100	黏土质细砂（SC）	30
砂质黏土（CLS）	80	细砂（SM）	20
粉土（ML）	60	中砂（SP）	10
砂质粉土（MLS）	40	粗砂（SW）	5

42.4.2 试坑注水法渗透试验的记录格式应符合本标准附录 D 表 D.74 的规定。

43　原位直剪试验

43.1　一般规定

43.1.1 本试验方法可分为岩土体法向应力作用下沿剪切面剪切破坏的抗剪断试验，岩土体剪断后沿剪切面继续剪切的抗剪试验（摩擦试验），法向应力为零时岩体剪切的抗剪试验。

43.1.2 原位直剪试验可在试洞、试坑、探槽或大口径钻孔内进行。当剪切面水平或接近于水平时，可采用平推法或斜推法；当剪切面较陡时，可采用契形体法。

43.2　仪器设备

43.2.1 本试验所用的主要仪器设备应由垂直加荷装置、水平推力（拉力）装置、剪切盒、水平及垂直位移计组成。

43.2.2 本试验所用的仪器设备应符合下列规定：

1 附压力表的千斤顶 4 个～6 个，出力 150kN～200kN；压力表为 1.5 级。经称量的加重物若干块；

2 拉力计：量程为 0kN～100kN，最大允许差值为 1.0%F.S；

3 百分表：2 个～4 个，量程 10mm～25mm，分度值 0.01mm；

4 牵引及导向设备：钢丝绳、滑轮、三脚架、锚座等；

5 其他设备：加荷台、起重葫芦、秒表、土锚、工字梁、槽钢、垫块、滚珠轴承、链条钳。

43.3　操作步骤

43.3.1 同一组试验体的土性应基本相同，受力状态应与土体在工程中的受力状态相近。

43.3.2 开挖试坑时，应避免对试体的扰动，尽量保持土体结构及

含水率不产生显著变化。在地下水位以下进行试验时，应避免水压力及渗流对试体的影响。

43.3.3 每组试验土体不宜少于 3 个。剪切面积不宜小于 0.3m²，高度不宜小于 20cm 或宜为最大土粒粒径的 4 倍～8 倍，剪切面开缝应为最小粒径的 1/3～1/4。

43.3.4 将修整好的试体在顶面放上盖板，周边套上剪切盒，剪切盒与试样间的间隙应用膨胀快凝水泥砂浆填充。剪切盒底边应在剪切面以上留适当的间隙。

43.3.5 施加的法向压力、剪切压力应位于剪切面、剪切缝的中心，或使法向压力与剪切压力的合力通过剪切面的中心，并保持法向压力不变。

43.3.6 最大的法向压力应大于设计荷载，并按等量分成 4 个～5 个压力进行试验。法向压力施加方法如下：

1 当采用重物加荷时，可先在土试体上搁置加荷平台，均匀地逐渐加上重物。应避免加荷时发生偏心现象；

2 当采用千斤顶加荷时，安装好反力装置，按顺序装上千斤顶及滚轮及滑轨，必须保证试验全过程中作用力位于试体的中心。

43.3.7 施加法向压力后，让土体在此压力下进行压缩，并用百分表量测法向变形量。当法向变形量每小时小于 0.01mm 时，即达到相对稳定后，架设测试剪向位移的百分表即可开始剪切。

43.3.8 剪切时，施加剪应力的速率应适当选择。施加每级剪切压力可按预估最大压力的 8%～10%分级等量施加，或按法向压力的 5%～10%分级等量施加，一般每隔 30s 施加一级剪切荷载。

43.3.9 在施加每一级剪应力时，均应测记剪切力和土试块的剪向位移量及法向位移量。位移量应在加下一级剪应力前测试。同时观察周围土的变形现象，当剪切变形急剧增长或剪切变形量达试件尺寸的 1/10 时，即认为土体已经破坏，可停止试验。

43.3.10 试验停止后，掀开剪切盒及试样土块，记录剪切面的形态、土体的结构特征或软弱面的发育特点，并进行素描或照相。

43.3.11 按本标准上述规定，测定不同垂直压力下试块的抗剪强度。

43.3.12 当需要时可沿剪切面继续进行摩擦试验。

43.4　计算、制图和记录

43.4.1 作用于试块上的法向应力 σ 计算应符合下列规定：

1 采用重物加载法应按下式计算：

$$\sigma = \frac{W}{A_0} \times 10 \qquad (43.4.1\text{-}1)$$

式中：σ ——作用于试块上的法向压力（kPa）；

W ——作用于加荷台上的轴向总荷载（N）；

A_0 ——试体或混凝土块的面积（cm^2）。

2 采用千斤顶法加载法应按下式计算：

$$\sigma = \frac{pa_h}{A_0} \qquad (43.4.1\text{-}2)$$

式中：p ——单位压力，即垂直千斤顶上压力表的读数（kPa）；

a_h ——千斤顶活塞面积（cm^2）。

43.4.2 土体的剪应力 τ 或抗滑强度 S 应按下式计算：

$$\tau(S) = \frac{F_H}{A} \times 10 \qquad (43.4.2)$$

式中：F_H ——试体或地基土破坏时的剪切力（当采用滑轮组加荷时，根据滑轮组合计算求得，当用千斤顶加载时，则为水平千斤顶上压力表的读数乘千斤顶活塞面积）（kN）；

A ——土试体（混凝土块）的面积（cm^2）。

43.4.3 绘制剪应力与剪切位移曲线（图 43.4.3），应按现行国家标准《岩土工程勘察规范》GB 50021 的规定，确定比例强度 τ_e、屈服强度 τ_p 和峰值强度 τ_f。

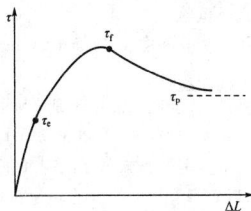

图 43.4.3 剪应力与剪切位移曲线

43.4.4 根据不同垂直压力的试验,以抗剪强度(一般为峰值强度)为纵坐标,垂直压力为横坐标,绘制抗剪强度与垂直压力关系曲线(图 43.4.4),确定相应的强度参数 c、φ。

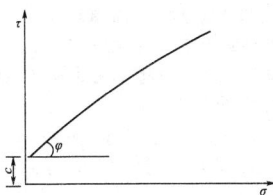

图 43.4.4 抗剪强度与垂直压力关系曲线

43.4.5 原位直剪试验的记录格式应符合本标准附录 D 表 D.75 的规定。

44 十字板剪切试验

44.1 一般规定

44.1.1 十字板剪切试验按力的传递方式分为电测式和机械式两类。

44.1.2 对于均质的软黏土,十字板剪切试验点的布置宜按 1.0m 左右进行一点试验,对于非均质或夹薄层粉细砂的软黏土,宜先进行静力触探试验探清土层分布,选择软黏土进行试验。

44.2 电测式十字板剪切试验

44.2.1 本试验所用的仪器设备应符合下列规定:

1 压入主机:应能将十字板头垂直压入土中,可采用触探主机或其他压入设备;

2 十字板头:基本参数、机械和材料应符合现行国家标准《岩土工程仪器基本参数及通用技术条件》GB/T 15406 的规定;

3 扭力量测仪表:传感器和量测仪表应符合现行国家标准《岩土工程仪器基本参数及通用技术条件》GB/T 15406 的规定;

4 扭力装置:由蜗轮蜗杆、变速齿轮、钻杆夹具和手轮组成;

5 环境要求:仪器应在 -10℃～+45℃ 条件下能正常工作,应符合现行国家标准《岩土工程仪器基本参数及通用技术条件》GB/T 15406 的规定;

6 其他:钻杆、水平尺、管钳等。

44.2.2 电测式十字板剪切试验应按下列步骤进行:

1 在试验点两旁将地锚旋入土中,安装和固定压入主机。用分度值为 1mm 的水平尺校平,并安装好施加扭力的装置。

2 将十字板头接在扭力传感器上并拧紧。把穿好电缆的钻杆插入扭力装置的钻杆夹具孔内,将传感器的电缆插头与穿过钻杆的电缆插座连接并进行防水处理。接通量测仪表,然后拧紧钻杆。钻杆应平直,接头要拧紧。宜在十字板以上 1m 的钻杆接头

处加扩孔器。

3 将十字板头压入土中预定的试验深度后,调整机架使钻杆位于机架面板导孔中心。当试验深度处为较硬的夹层时,应穿过夹层进行试验。

4 十字板头压入试验深度后,应静止 2min～3min 方可开始试验。

5 拧紧扭力装置上的钻杆夹具,并将量测仪表调零或读取初读数。

6 顺时针方向转动扭力装置上的手摇柄,当量测仪表读数开始增大时,即开动秒表,宜以 1°/10s～2°/10s 的速率旋转钻杆。每转 1°测记读数 1 次,当读数出现峰值或稳定值后,再继续旋转测记 1min。峰值或稳定值作为原状土剪切破坏时的读数。

7 在峰值或稳定值测试完成后,按顺时针方向旋转 6 圈,使十字板头周围的土充分扰动后,应按本条第 6 款的规定测定重塑土的不排水抗剪强度。重塑土的抗剪强度试验视工程需要而定。

8 如需继续进行试验,可松开钻杆夹具,将十字板头压至下一个试验深度,按上述的规定进行。

9 全孔试验完毕后,逐节提取钻杆和十字板头,清洗干净,检查各部件完好程度。

10 对需要钻孔进行十字板剪切试验的,则钻孔并下套管至欲测试深度以上 3 倍～5 倍套管直径或 0.5m 处,然后使用有孔螺旋钻清孔,并将十字板头、轴杆、钻杆逐节接好用管钳拧紧,然后下放孔内至十字板头与孔底接触,将十字板头压入钻孔底的深度不得小于钻孔或套管直径的 3 倍～5 倍或 0.5m。

11 试验时应避免十字板头被暴晒或受冻,对开口钢环十字板剪切仪,应修正轴杆与土间的摩阻力影响。

12 在工程试验前和结束后,应对十字板头的扭力传感器进行标定,每次标定的使用时效一般以 1 个月～3 个月为宜,在使用过程中出现异常应重新标定,标定时所用的传感器、导线和测量仪器应与试验时相同。

13 水上进行十字板试验,当孔底土质软时,为防止套管在试验过程中下沉,应采用套管控制器。

44.2.3 各试验点土体的十字板剪切强度 C_u、C'_u 应按下列公式计算:

$$C_u = 10K'_1\xi R_y \qquad (44.2.3-1)$$

$$C'_u = 10K'_1\xi R_e \qquad (44.2.3-2)$$

$$K'_1 = \frac{2}{\pi D^2 H\left(1 + \dfrac{D}{3H}\right)} \qquad (44.2.3-3)$$

式中:C_u——原状土不排水抗剪强度(kPa);

C'_u——重塑土不排水抗剪强度(kPa);

K'_1——与十字板头尺寸有关的常数(cm^{-3});

ξ——传感器率定系数[N·(cm/$\mu\varepsilon$)];

R_y——原状土剪切破坏时的读数($\mu\varepsilon$);

R_e——重塑土剪切破坏时的读数($\mu\varepsilon$);

D——十字板头直径(cm);

H——十字板头高度(cm)。

44.2.4 土的灵敏度 S_t 应按下式计算:

$$S_t = C_u/C'_u \qquad (44.2.4)$$

44.2.5 以深度为纵坐标,抗剪强度为横坐标,绘制抗剪强度 C_u 值随深度变化曲线。必要时以抗剪强度为纵坐标,转动角为横坐标,绘制各试验点的抗剪强度与转动角的关系曲线。

44.2.6 根据土层条件和地区经验,对实测土体的十字板不排水抗剪强度进行修正。

44.2.7 电测式十字板剪试验的记录格式应符合本标准附录 D 表 D.76 的规定。

44.3 机械式十字板剪切试验

44.3.1 机械式十字板剪切仪(图 44.3.1)应符合现行国家标准《土工试验仪器 剪切仪 第 2 部分:现场十字板剪切仪》GB/T 4934.2 的规定。

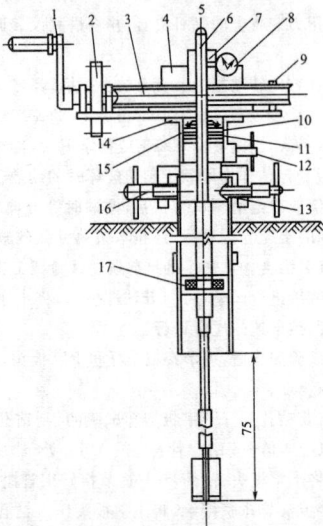

图 44.3.1 机械式十字板剪切仪示意图(单位:cm)
1—手摇柄;2—齿轮;3—涡轮;4—开口钢环;5—导杆;6—特制键;7—固定夹;
8—量表;9—支座;10—压圈;11—平面弹子盘;12—锁紧轴;
13—底座;14—固定套;15—横销;16—制军轴;17—导轮

44.3.2 机械式十字板剪切仪由十字板头、钻杆和扭力装置组成。

1 十字板头:基本参数、机械和材料要求应符合本标准第 44.2.1 条第 2 款的规定。连接形式有离合式和牙嵌式(图 44.3.2);

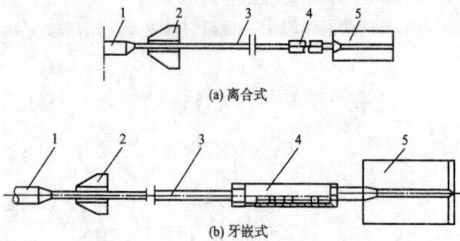

(a) 离合式

(b) 牙嵌式

图 44.3.2 十字板头离合器示意图
1—钻杆;2—导轮;3—轴杆;4—离合器;5—十字板头

2 钻杆:应符合现行国家标准《岩土工程仪器基本参数及通用技术条件》GB/T 15406 标准的规定。

3 扭力装置:由开口钢环、刻度盘、旋转手柄等组成,量程和最大允许误差应符合现行国家标准《岩土工程仪器基本参数及通用技术条件》GB/T 15406 的规定。

44.3.3 机械式十字板剪切试验应按下列步骤进行:

1 在试验地点按钻探深度,将套管下至欲测试深度以上 3 倍~5 倍套管直径或 0.5m 处;

2 用木套管夹或链条钳将套管固定,以防套管下沉或扭力过大时套管发生反向旋转;

3 清除孔内残土,为避免试验土层受扰动,一般使用有孔螺旋钻清孔;

4 将十字板头、轴杆、钻杆逐节接好用管钳拧紧,然后下放孔内至十字板头与孔底接触;

5 接上导杆,将底座穿过导杆固定在套管上,用制紧螺丝拧

紧,然后将十字板头徐徐压至试验深度。当试验深度处为较硬夹层时,应穿过夹层进行试验;

6 十字板头压入试验深度后,应静止 2min~3min,方可开始试验;

7 套上传动部件,转动底板使导杆键槽与钢环固定夹键槽对正,用锁紧螺丝将固定套与底座锁紧,再转动手摇柄使特制键自由落入键槽,将指针对准任何一整数刻度,装上百分表并调至零位;

8 试验开始,以 $1°/10s \sim 2°/10s$ 的转速转动手摇柄,同时开动秒表,每转 $1°$ 测记百分表读数 1 次;当读数出现峰值或稳定值后,再继续旋转测读 1min,其峰值读数或稳定值读数即为原状土剪切破坏时量表最大读数 R_y;

9 拔出特制键,在导杆上端装上旋转手柄,顺时针方向转动 6 圈,使十字板头周围土充分扰动。取下旋转手柄,然后插上特制键,应按本条第 8 款的规定,测记重塑土剪切破坏时量表最大读数 R_y,重塑土的抗剪强度试验视工程需要而定;

10 对于离合式十字板头,拨下特制键,上提导杆 2cm~3cm,使离合齿脱离,再插上特制键,匀速转动手摇柄,测记轴杆与土摩擦的量表稳定读数 R_y;

11 对于牙嵌式十字板头,逆时针快速转动手柄十余圈,使轴杆与十字板头脱离,再顺时针方向匀速转动手柄,测记轴杆与土摩擦时的量表读数 R_y;

12 试验完毕,卸下转动部件和底座,在导杆孔中插入吊钩,逐节提取钻杆和十字板头。清洗十字板头,检查螺丝是否松动,轴杆是否弯曲;

13 水上进行十字板试验,当孔底土质软时,为防止套管在试验过程中下沉,应采用套管控制器;

14 对于开口钢环十字板剪切仪,应修正轴干与土体之间的摩擦力的影响;

15 在工程试验前和结束后,应对十字板头的扭力传感器进行标定,在使用过程中出现异常应重新标定,标定时所用的传感器、导线和测量仪器应与试验时相同。

44.3.4 十字板剪切强度 C_u、C'_u 应按下列公式计算:

$$C_u = 10K'_2C(R_y - R_g) \qquad (44.3.4-1)$$

$$C'_u = 10K'_2C(R_e - R_g) \qquad (44.3.4-2)$$

$$K'_2 = \frac{2L_{lb}}{\pi D^2 H\left(1 + \dfrac{D}{3H}\right)} \qquad (44.3.4-3)$$

式中:K'_2——与十字板头尺寸有关的常数(cm^{-2});

C——钢环系数(N/mm);

R_g——轴杆和钻杆与土摩擦时的量表最大读数(mm);

L_{lb}——率定时的力臂长(cm)。

44.3.5 土的灵敏度的计算应按本标准式(44.2.4)计算。

44.3.6 制图应按本标准第 44.2.5 条的规定进行。

44.3.7 机械式十字板剪切试验的记录格式应符合本标准附录 D 表 D.77 的规定。

45 标准贯入试验

45.1 一般规定

45.1.1 土样应为原位的砂土、粉土和黏土。

45.1.2 对于流塑状态的软黏土层,不宜进行标准贯入试验。

45.2 仪器设备

45.2.1 标准贯入器(图 45.2.1)应由刃口形的贯入器靴、对开圆筒式贯入器身和贯入器头 3 部分组成。

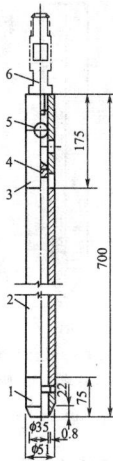

图 45.2.1 标准贯入器结构图(单位:mm)

1—贯入器靴;2—贯入器身;3—贯入器头;4—钢球;5—排水孔;6—钻杆接头

45.2.2 本试验所用的主要仪器设备应符合下列规定:

1 标准贯入器:其机械要求和材料要求应符合现行国家标准《岩土工程仪器基本参数及通用技术条件》GB/T 15406 和《土工试验仪器 贯入仪》GB/T 12746 的规定。具体规格应符合表 45.2.2 的要求;

表 45.2.2 贯入器规格

贯入器靴	长度(mm)	50~76
	刃口角度(°)	18~20
	靴壁厚(mm)	1.6
贯入器身	长度(mm)	>500
	外径(mm)	51±1
	内径(mm)	35±1
贯入器头	长度(mm)	175

2 落锤(穿心锤):钢锤质量为 63.5kg±0.5kg,应配有自动落锤装置,落距为 76cm±2cm;

3 钻杆:直径 42mm,抗拉强度应大于 600MPa;轴线的直线度最大允许误差应为±0.1%;

4 锤垫:承受锤击钢垫,附导向杆,两者总质量宜不超过 30kg。

45.3 操作步骤

45.3.1 标准贯入试验孔采用回转钻进,当在地下水位以下的土层进行试验时,应使孔内水位略高于地下水位,以免出现涌砂和坍孔,必要时应下套管或用泥浆护壁,用套管时,套管不得进入钻孔底部的土层,以免使试验结果偏大。

45.3.2 先用钻具钻至试验土层标高以上 15cm 处,清除残土,清孔时应避免试验土层受到扰动。

45.3.3 贯入前应拧紧钻杆接头,将贯入器放入孔内,避免冲击孔底,注意保持贯入器、钻杆、导向杆连接后的垂直度,孔口宜加导向器,以保证穿心锤中心施力。在贯入器放入孔内后,测定其深度,残土厚度不应大于 10cm。

45.3.4 采用自动落锤法,锤击速率宜采用每分钟 15 击~30 击,将贯入器打入土中 15cm 后,开始记录每打入 10cm 的锤击数,累计打入 30cm 锤击数为标准贯入击数 N,同时记录贯入深度与试验情况。若遇密实土层,当锤击数已达到 50 击,而贯入深度尚未达到 30cm 时,不应强行打入,记录 50 击的贯入深度,并按本标准式(45.4.1)换算成相当于 30cm 的标准贯入试验锤击数 N_{30}。

45.3.5 旋转钻杆,提出贯入器,取贯入器中的土样进行鉴别、描述、记录,并量测其长度。需要保存的土样仔细包装、编号,以备试验之用。

45.3.6 应按本标准第 45.3.1 条~第 45.3.4 条的规定进行下一深度的贯入试验,直到所需深度。

45.3.7 试验时每隔 1.0m~2.0m 进行一次试验,对于土质不均匀的土层进行标准贯入试验时,应增加试验点的密度。

45.4 计算、制图和记录

45.4.1 相应于贯入 30cm 的锤击数 N_{30} 应按下式换算:

$$N_{30} = \frac{0.3N_0}{\Delta S} \qquad (45.4.1)$$

式中:N_{30}——贯入 30cm 相应的一阵击锤击数;

N_0——所选取贯入的锤击数;

ΔS——对应锤击数为 N_0 的贯入深度(m)。

45.4.2 以深度标高为纵坐标,击数为横坐标,绘制击数(N_t)和贯入深度标高(H)关系曲线。

45.4.3 标准贯入试验的记录格式应符合本标准附录 D 表 D.78 的规定。

46 静力触探试验

46.1 一般规定

46.1.1 土样为原位的软土、一般黏性土、粉土、砂土或含少量碎石的土层。其中孔压静力触探试验中土样为饱和土。

46.1.2 静力触探可根据工程需要采用单桥探头、双桥探头或带孔隙水压力测量的单、双桥探头。试验时将圆锥形探头按一定速率匀速压入土中,可量测比贯入阻力、锥尖阻力、侧壁摩阻力和贯入时的孔隙水压力。

46.1.3 静力触探试验可用于:

1 划分土层,判定土层类别,查明软、硬夹层及土层在水平和垂直方向的均匀性;

2 评价地基土的工程特性,包括容许承载力、压缩性质、不排水抗剪强度、水平向固结系数、土体液化判别、砂土密实度;

3 探寻和确定桩基持力层,预估打入桩沉桩可能性和单桩承载力;

4 检验人工填土的密实度及地基加固效果。

46.2 仪器设备

46.2.1 本试验贯入装置可采用图 46.2.1 所示的形式。

46.2.2 本试验所用的仪器设备应符合下列规定:

1 触探主机:应能匀速地将探头垂直压入土中,其额定贯入力和贯入速度应满足现行国家标准《岩土工程仪器基本参数及通用技术条件》GB/T 15406 的规定。

2 反力装置:可用地锚、压重、车辆自重提供所需的反力。

3 探头:探头的结构按功能分为单桥探头、双桥探头和孔压探头。

1)规格和结构:单桥探头用于测定比贯入阻力 p_s,其结构主要由探头管、顶柱、变形柱(传感器)及锥头组成(图 46.2.2-1);双桥探头用于测定锥尖阻力 q_c 和侧壁摩阻力 f_s,它与单桥探头的区别主要是有 2 个传感器(2 个电桥)分别测定锥头阻力和侧壁摩阻力,其结构可参照图 46.2.2-2;孔压静探探头,除测定锥尖阻力和侧壁摩阻力外,同时还测定孔隙压力及其消散,其结构可参照图 46.2.2-3。探头的锥头截面积最大允许误差为±3%,双桥摩擦筒表面积最大允许误差为±2%,锥头高度允许误差范围为−10%~0;

2）材料和机械要求应符合现行国家标准《土工试验仪器触探仪》GB/T 12745 的规定；

3）探头传感器最大允许误差应符合现行国家标准《岩土工程仪器基本参数及通用技术条件》GB/T 15406 标准的规定。

4 探杆：探杆应符合现行国家标准《岩土工程仪器基本参数及通用技术条件》GB/T 15406 的规定。

5 量测仪器可采用下列仪器：

1）静态电阻应变仪：最大允许误差为±2%，分度值为 5με；

2）静力触探数字测力仪：最大允许误差，自动挡为 0.3%，手动挡为 0.5%；

3）电子电位差计：0.5 级；

4）深度记录装置：最大允许误差为±1%。

6 其他：水准尺、管钳。

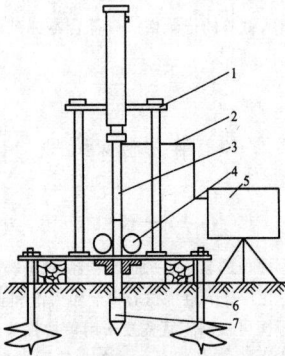

图 46.2.1 贯入装置示意图
1—触探主机；2—导线；3—探杆；4—深度转换装置；5—测量记录仪；
6—反力装置；7—探头

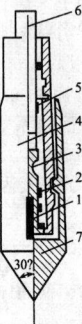

图 46.2.2-1 单桥探头
1—顶柱；2—电阻片；3—变形柱；4—探头筒；
5—密封圈；6—电缆；7—锥头

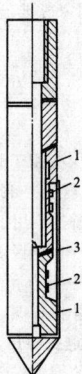

图 46.2.2-2 双桥探头
1—变形柱；2—电阻片；3—摩擦筒

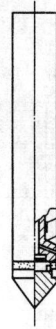

图 46.2.2-3 孔压静力探头
1—透水石；2—孔压传感器；3—变形柱；4—电阻片

46.3 操作步骤

46.3.1 平整试验场地，设置反力装置。将触探主机对准孔位，调平机座，用分度值为 1mm 的水准尺校准，并紧固在反力装置上。

46.3.2 将已穿入探杆内的传感器引线按要求接到量测仪器上，打开电源开关，预热并调试到正常工作状态。

46.3.3 贯入前应试压探头，检查顶柱、锥头、摩擦筒等部件工作是否正常。当测孔隙压力时，应使孔压传感器透水面饱和。正常后将连接探头的探杆插入导向器内，调整垂直并紧固导向装置，必须保证探头垂直贯入土中。启动动力设备并调整到正常工作状态。

46.3.4 采用自动记录仪时，应安装深度转换装置，并检查卷纸机构运转是否正常；采用电阻应变仪或数字测力仪时，应设置深度标尺。

46.3.5 将探头按(1.2±0.3)m/min 均速贯入土中 0.5m～1.0m 左右，冬季应超过冻结线，然后稍许提升 5cm～10cm，使探头传感器处于不受力状态。待探头温度与地温平衡后(仪器零位基本稳定)，将仪器调零或记录初读数，即可进行正常贯入。在深度 6m 内，一般每贯入 1m～2m，应提升探头检查温漂并调零，6m 以下每贯入 5m～10m 应提升探头检查回零情况，当出现异常时，应检查原因及时处理。

46.3.6 贯入过程中，当采用自动记录时，应根据贯入阻力大小合理选用供桥电压，并随时核对，校正深度记录误差，做好记录；使用电阻应变仪或数字测力计时，一般每隔 0.1m～0.2m 记录读数 1 次。

46.3.7 孔压探头在贯入前，应采用抽气饱和等方法确保探头应变腔为已排除气泡的液体所饱和，并在现场采取措施保持探头的饱和状态，直至探头进入地下水位以下的土层为止，在进行孔压静探过程中应连续贯入，不得中间提升探头。

46.3.8 当测定孔隙水压力消散时，应在预定的深度或土层停止贯入，立即锁定钻杆并同时启动测量仪器，测定不同时间的孔隙水压力消散值，直至基本稳定，在消散过程中不得碰撞和松动探杆。

46.3.9 为保证探头孔压系统的饱和，在地下水位以上的部分应预先开孔，注水后在进行贯入。

46.3.10 当贯入预定深度或出现下列情况之一时，应停止贯入：

1 触探主机达到额定贯入力，探头阻力达到最大容许压力；

2 反力装置失效；

3 发现探杆弯曲已达到不能容许的程度。

46.3.11 试验结束后应及时起拔探杆，并记录仪器的回零情况。探头拔出后应立即清洗上油，妥善保管，防止探头被曝晒或受冻。

46.3.12 试验应注意下列事项：

1 试验点与已有钻孔、触探孔、十字板试验孔等的距离，不宜小于 20 倍已有的孔径，且不宜小于 2m；

2 试验前应根据试验场地的地质情况,合理选用探头,使其在贯入过程中,仪器的灵敏度较高而又不致损坏;

3 试验点必须避开地下设施,以免发生意外;

4 由于人为或设备的故障而使贯入中断10min以上时,应及时排除故障。故障处理后,重新贯入前应提升探头,测记零读数。对超深触探孔分两次或多次贯入时,或在钻孔底部进行触探时,在深度衔接点以下的扰动段,其测试数据应舍弃;

5 应注意安全操作和安全用电;

6 当使用液压式、电动丝杆式触探主机时,活塞杆、丝杆的行程不得超过上、下限位,以免损坏设备;

7 采用拧锚机时,应待准备就绪后才可启动。拧锚过程中如遇障碍,应立即停机处理;

8 锥尖阻力及侧壁阻力的"采零"应在试验终止时进行,孔压的"采零"应在探头提出地面更换透水元件时进行;

9 探头测力传感器应连同仪器、电缆连线定期标定,室内探头标定测力传感器的非线性误差、重复性误差、滞后误差、温度漂移、归零等最大允许误差应为±1%F.S,现场归零误差应为±3%,绝缘电阻不应小于500MΩ。

46.4 计算、制图和记录

46.4.1 原始数据的处理应按下列规定进行:

1 零点读数:当有零点漂移时,一般按回零段内以线性内插法进行校正,校正值等于读数值减零读数内插值;

2 记录深度与实际深度有误差时,应按线性内插法进行调整。

46.4.2 比贯入阻力 p_s、锥头阻力 q_c、侧壁摩阻力 f_s、摩阻比 F_m 及孔隙水压力 u 应按下列公式分别计算:

$$p_s = k_p \varepsilon_p \qquad (46.4.2-1)$$
$$q_c = k_q \varepsilon_q \qquad (46.4.2-2)$$
$$f_s = k_f \varepsilon_f \qquad (46.4.2-3)$$
$$u = k_u \varepsilon_u \qquad (46.4.2-4)$$
$$F_m = \frac{f_s}{q_c} \qquad (46.4.2-5)$$

式中:k_p、k_q、k_f、k_u——p_s、q_c、f_s、u 对应的率定系数(kPa/με 或 kPa/mV);

ε_p、ε_q、ε_f、ε_u——单桥探头、双桥探头、摩擦筒及孔压探头传感器的应变量或输出电压(με 或 mV)。

46.4.3 静探径向固结系数 C_h 应按下式估算:

$$C_h = \frac{R_t^2}{t_{50}} T_{50} \qquad (46.4.3)$$

式中:T_{50}——与圆锥几何形状、透水板位置有关的相应于孔隙压力消散度 50% 的时间因数(对锥角 60°、截面积为 10cm² 、透水板位于锥底处的孔压探头,取 $T_{50}=5.6$);

R_t——探头圆锥底半径(cm);

t_{50}——实测孔隙消散度达 50% 的经历时间(s)。

46.4.4 以深度(H)为纵坐标,以锥头阻力 q_c(或比贯入阻力 p_s)、侧壁摩阻力 f_s、摩阻比 F 及孔隙压力 u 为横坐标,绘制 q_c-H(p_s-H)、f_s-H、F-H 及 u-H 关系曲线。

46.4.5 孔隙水压力消散曲线按下列规定绘制:

1 数据取舍应符合下列规定:由于土的变异、孔压传感器含气以及操作等原因,使实测的初始孔隙水压力滞后很多或波动太大的,这些数据应舍弃;

2 将消散数据归一化为超孔隙压力,消散度 $\overline{U}$ 应按下式计算:

$$\overline{U} = \frac{u_t - u_0}{u_i - u_0} \qquad (46.4.5)$$

式中:$\overline{U}$——t 时孔隙水压力消散度(%);

u_t——t 时孔隙水压力实测值(kPa);

u_0——初始孔隙水压力,即静水压力(kPa);

u_i——开始(或贯入)时的孔隙水压力($t=0$)(kPa)。

3 以消散度为纵坐标,以时间为横坐标,绘制 $\overline{U}$-lg$t$ 的关系曲线。

46.4.6 本试验的记录格式应符合本标准附录D表D.79的规定。

47 动力触探试验

47.1 一般规定

47.1.1 动力触探试验根据锤击能量分为轻型、重型和超重型 3 种。

47.1.2 轻型动力触探适用于浅部的素填土、砂土、粉土和黏性土,重型动力触探适用于中、粗、砾砂和中密以下碎石土,超重型适用于卵石、密实和很密的碎石土以及砾石类土。

47.2 仪器设备

47.2.1 本试验所用的仪器设备应符合下列规定:

1 动力触探仪:由落锤、探头和触探杆(包括锤座和导向杆)组成,其规格应符合表 47.2.1 的规定。

表 47.2.1 动力触探设备规格

设备类型		轻型	重型	超重型
落锤	质量 m(kg)	10±0.2	63.5±0.5	120±1
	落距 H(m)	0.50±0.02	0.76±0.02	100±0.02
探头	直径(mm)	40	74	74
	截面积(cm²)	12.6	43	43
	圆锥角(°)	60	60	60
触探杆	直径(mm)	25	42,50	50～63
	每米质量(kg)	—	<8	<12
	锤座质量(kg)	—	10～15	—
指标		贯入30cm 的读数 N_{10}	贯入10cm 的读数 $N_{63.5}$	贯入10cm 的读数 N_{120}

2 为保证锤击能量的恒定,动力触探设备应采用固定落距的自动落锤装置;

3 探头的尺寸如图 47.2.1-1 和图 47.2.1-2 所示。重型和超重型动力触探探头直径的最大允许磨损尺寸为 2mm,探头尖端的最大允许磨损尺寸为 5mm;

4 触探杆最大偏斜度为±2%,每个接头的容许最大偏心为 0.2mm。重型和超重型动力触探的锤座直径应小于 100mm,并不大于锤底面直径的一半。锤座和导杆的总质量不应超过 30kg。

47.2.2 试验时的仪器设备应符合下列规定:

1 锤击贯入应连续进行;防止锤击偏心、探杆倾斜和侧向晃动,保持锤座、导向杆与触探杆的轴中心成一直线。触探杆的接头

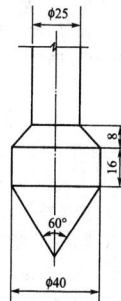

图 47.2.1-1 轻型动力触探探头(单位:mm)

图47.2.1-2 重型、超重型动力触探探头(单位:mm)

应与触探杆具有相同的直径;

2 锤击速率每分钟宜为 15 击~30 击,每贯入 1m,宜将探杆转动一圈半,当贯入深度超过 10m 时,每贯入 20cm 宜转动探杆一次,使探杆能保持垂直贯入,并减少探杆的侧阻力,每一孔触探孔应连续贯入,只是在接探杆时才允许停顿。

47.3 操作步骤

47.3.1 轻型动力触探法试验应按下列步骤进行:

1 先用轻便钻具钻至试验土层标高以上 0.3m 处,将探头和探杆放入到孔内,保持探杆垂直,就位后对所需试验土层连续进行触探;

2 试验时,穿心锤落距为 0.50m±0.02m,使其自由下落,记录每打入土层中 0.30m 时所需的锤击数,最初 0.30m 可以不记,然后连续向下贯入,记录下一深度的锤击数,重复试验到预定的试验深度;

3 若需描述土层情况时,可将触探杆拔出,取下探头,换入贯入器进行取样;

4 如遇密实坚硬土层,当贯入 0.30m 所需锤击数超过 100 击或贯入 0.15m 超过 50 击时,即可停止试验;如需对下卧土层进行试验时,可用钻具穿透坚实土层后再贯入;

5 本试验一般用于贯入深度小于 4m 的土层。必要时也可在贯入 4m 后用钻具将孔掏清后再继续贯入 2m。

47.3.2 重型动力触探法试验应按下列步骤进行:

1 试验前将触探架安装平稳,使触探保持垂直地进行,触探杆应保持平直,连接牢固。

2 贯入时,应使穿心锤自由下落,落锤落距为 0.76m±0.02m。地面上的触探杆的高度不宜过高,以免倾斜与摆动太大。

3 贯入过程应连续进行,所有超过 5min 的间断都应在记录中予以注明。

4 及时记录每贯入 0.10m 所需的锤击数。其方法可在触探杆上每隔 0.10m 划出标记,记录锤击数;也可以记录每一阵击的贯入度,然后再换算为每贯入 0.10m 所需的锤击数。

5 对于一般砂、圆砾和卵石,触探深度不宜超过 12m~15m,超过该深度时,应考虑触探杆的侧壁摩阻影响。

6 每贯入 0.10m 所需锤击数连续 3 次超过 50 击时,即停止试验。当需对土层继续进行试验时,应改用超重型动力触探。

7 本试验也可在钻孔中分段进行。可先进行贯入,然后进行钻探直至动力触探所及深度以上 1m 处,取出钻具将触探器放入孔内再进行贯入。

8 本试验用于贯入深度小于 12m~15m,当超过 15m 时,需考虑探杆侧壁摩阻的影响。

47.3.3 超重型动力触探法试验应按下列步骤进行:

1 贯入时穿心锤自由下落,落距为 100m±0.02m。贯入深度不宜超过 20m,超过该深度时,需考虑触探杆侧壁摩阻的影响。

2 其他步骤可参照本标准第 47.3.2 条第 1 款~第 5 款的规定进行。

3 本试验 N_{120} 的正常击数为 3 击~40 击,击数超过这个范围,如遇软黏土,可记录每击的贯入度,如遇硬土层,可记录一定击数下的贯入度。

47.4 计算、制图和记录

47.4.1 触探指标应按下式计算:

$$N_{63.5} = \frac{100N_0}{\Delta S} \qquad (47.4.1)$$

式中:$N_{63.5}$——每贯入 0.10m 所需的锤击数,超重型动力触探为 N_{120};

N_0——相应的一阵击锤击数;

ΔS——一阵击的贯入度(mm)。

47.4.2 动贯入阻力 q_d 应按下式计算:

$$q_d = \frac{Q_{lc}^2}{(Q_{lc}+Q_{ct})} \cdot \frac{H_1 N_0}{A_1 \Delta S} \times 1000 \qquad (47.4.2)$$

式中:q_d——动贯入阻力(kPa);

Q_{lc}——落锤重(kN);

Q_{ct}——触探器被打入部分(包括探头、触探杆、锤座和导向杆)的重量(kN);

H_1——落距(m);

A_1——探头面积(m^2)。

47.4.3 动力触探曲线应按下列规定绘制:

1 计算单孔分层贯入指标平均值时,应剔除超前和滞后影响范围内及个别指标的异常值;

2 以深度为纵坐标,贯入指标为横坐标,绘制贯入指标与触探深度曲线。

47.4.4 动力触探试验的记录格式应符合本标准附录 D 表 D.80 和表 D.81 的规定。

48 旁压试验

48.1 一般规定

48.1.1 土样为原位的黏性土、粉土、砂土、碎石土、残积土、极软岩或软岩。

48.1.2 本试验方法为预钻式旁压试验。

48.2 仪器设备

48.2.1 旁压仪由旁压器、加压稳定装置和变形测量装置及导管等部分组成,其结构框图见图 48.2.1。

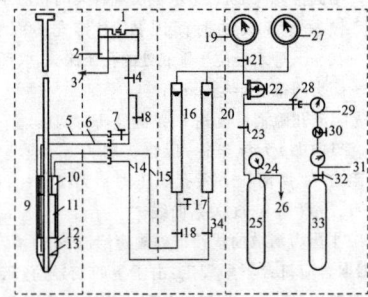

注:➡为快速接头
图 48.2.1 旁压仪结构图
1—安全阀;2—水箱;3—水箱加压;4—注水阀;5—注水管;6—注水管;7—中腔注水;8—排水阀;9—旁压器;10—上腔;11—中腔;12—下腔;13—导水管;14—导压管;15—导压管 4;16—量箱;17—调零阀;18—测压阀;19—600kPa 压力表;20—辅管;21—低压表阀;22—调压器;23—手动加压阀;24—2500kPa 压力表;25—贮气罐;26—手动加压;27—1600kPa 压力表;28—氮气加压阀;29—2500kPa 压力表;30—减压阀;31—25000kPa 压力表;32—氮气源阀;33—高压氮气源;34—辅管阀

48.2.2 本试验所用的仪器设备应符合下列规定：

1 旁压器：为圆柱形骨架，外套有密封的弹性膜。预钻式一般分上、中、下三腔。中腔为测试腔，上、下腔为辅助腔。上、下腔用金属管连通，而与中腔严密隔离。自钻式一般为单腔，旁压器中央为导水管，用以疏导地下水，以利于将旁压器放到测试位置。在弹性膜外按需要可加装一层可扩张的金属保护套（铠装保护）。其规格应符合表48.2.2的要求。

表 48.2.2 旁压仪规格

旁压器				体变管		压力		量管截面积(cm²)
外径(mm)	中腔长度(mm)	总长度(mm)	总长度外径(mm)	量程(cm³)	最大允许误差(%)	量程(MPa)	最大允许误差(%)	
44~90	200~250	450~980	4~10	0~600	±1.5	0~7.0	±1.5	13.2~34.5

2 加压稳压装置：压力源为高压氮气或人工打气，并附有加压稳压调节阀和压力表。其量程和最大允许误差应符合表48.2.2的要求。

3 变形量测装置：一般由体变管或液位仪及辅组成，其量程和最大允许误差应符合表48.2.2的要求。也可采用横向变形传感器直接测出径向变形。其技术条件应符合现行国家标准《岩土工程仪器基本参数及通用技术条件》GB/T 15406的规定。

4 导管：为尼龙软管，连接旁压器中腔与体变管相通，连接上、下腔与辅管相通。

5 自钻式旁压仪的自钻钻头、钻头转速、钻进速率、刃口距离、泥浆压力和流量等应符合有关规定。

48.3 操作步骤

48.3.1 试验前平整试验场地，根据土的分类和状态选择适宜的钻头开孔。要求孔壁垂直、呈完整的圆形，尽可能减少孔壁土体扰动。

48.3.2 钻孔时，若遇松散砂层和软土地层时，须用泥浆护壁钻进。钻孔孔径应略大于旁压器外径2mm~10mm。

48.3.3 试验点布置原则：必须保证旁压器上、中、下三腔都在同一土层中，试验点垂直间距不宜小于1m。试验孔与已有钻孔的水平距离不宜小于1m，取完土样或做过标贯试验的部位不得进行旁压试验。

48.3.4 试验前在水箱内注满蒸馏水或无杂质的冷开水，打开水箱安全盖。

48.3.5 检查并接通管路，把旁压器的注水管和导压管的快速接头对号插入。

48.3.6 把旁压器竖立于地面，打开水箱至量管、辅管各管阀门，使水从水箱分别注入旁压器各个腔室，并返回到量管和辅管。在此过程中需不停地拍打尼龙管及摇晃旁压器，以便尽量排除旁压器和管路中滞留的气泡。为了加速注水和排除气泡，亦可向水箱稍加压力。当量管和辅管水位升到刻度零或稍高于零，即可终止注水，关闭注水阀和中腔注水阀。

48.3.7 调零。把旁压器垂直提高，直到使中腔的中点与量管零位相平，打开调零阀，并密切注意水位的变化，当水位下降到零时，立即关闭调零阀、量管阀和辅管阀，然后放下旁压器。

48.3.8 将旁压器放入钻孔中预定的试验深度，其深度以中腔中点为准。打开量管阀和辅管阀施加压力。

48.3.9 用高压氮气源加压时，接上氮气加压装置导管（手动加压装置则应关闭），把减压阀按逆时针方向拧到最松位置，打开气源阀，按顺时针方向调节减压阀，使高压降低到比所需最高试验压力大100kPa~200kPa，然后缓慢地按顺时针方向调节高压阀并调到所需的试验压力。

48.3.10 手动加压时，先接上气筒，关闭氮气加压阀，打开手动加压阀，用打气筒向贮气罐加气，使贮气罐内的压力增加到比所需最高试验压力大100kPa~200kPa以上。然后按顺时针方向缓慢

旋转调节阀调到所需的试验压力。

48.3.11 加压等级一般为预计极限压力的1/7~1/5，初始加荷等级可取小值，也可参照表48.3.11选用。必要时可做卸荷再加荷试验，测定再加荷旁压模量。

表 48.3.11 试验加压等级(kPa)

土的工程特性	加压等级	
	临塑压力前	临塑压力后
淤泥、淤泥质土、流塑状态的黏质土、饱和或松散的粉细砂	<15	≤30
软塑状的黏质土、疏松的黄土、稍密很湿的粉细砂，稍密的中、粗砂	15~25	30~50
可塑至硬塑状态的黏质土、一般黄土、中密至密实很湿的粉细砂，稍密至中密的中、粗砂	25~50	50~100
坚硬状态的黏质土、密实的中、粗砂	50~100	100~200
中密至密实的碎石类土	≥100	≥200

48.3.12 各级压力下的相对稳定时间标准为1min或3min。相对稳定时间标准为1min时，加荷后15s、30s、60s测读变形量；相对稳定时间标准为3min时，加荷后60s、120s、180s测读变形量。

48.3.13 当测量腔的扩张体积相当于量测腔的固有体积时，或试验压力达到仪器的容许最大压力时，应立即终止试验。

48.3.14 试验结束后，采用以下方法使弹性膜恢复原状：

1 试验深度小于2m时，把调压阀按逆时针方向拧到最松位置，即与大气相通，利用弹性膜的约束力回水至量管和辅管，当水位接近零时，即可关闭量管阀和辅管阀。

2 试验深度大于2m时，打开水箱安全盖，再打开注水阀和中腔注水阀，利用试验压力使旁压器回水至水箱。

3 当需排净旁压器内的水时，可打开排水阀和中腔注水阀，利用试验压力排净旁压器内的水。

4 也可引用真空泵吸回水。

48.3.15 终止试验消压后，必须等2min~3min后才能取出旁压器，并仔细检查、擦洗、装箱。

48.3.16 当需进行下一试验点时，重复本标准第48.3.1条~第48.3.15条。

48.4 计算、制图和记录

48.4.1 校正压力应按下式计算：

$$p_x = p_m + p_w - p_i \tag{48.4.1}$$

式中：p_x——校正后的单位压力(kPa)；

p_m——压力表读数(kPa)；

p_w——静水压力(kPa)；

p_i——弹性膜约束力(kPa)，查弹性膜约束力校正曲线确定。

48.4.2 校正变形量应按下列公式计算：

$$V = H_x A \tag{48.4.2-1}$$

$$H_x = H_m - a(p_m + p_w) \tag{48.4.2-2}$$

式中：V——校正后的体变量(cm³)；

H_x——校正后的量管水位下降值(cm)；

A——量水管截面积(cm²)；

H_m——量水管水位下降值(cm)；

a——仪器综合变形校正系数(cm/kPa)。

48.4.3 以校正后的体变 V 为纵坐标，校正后的压力 p 为横坐标，绘制 p-V 曲线（图48.4.3）。也可绘制压力和量管水位变化曲线。作图比例：纵坐标以1cm代表体积变量100cm³；横坐标为单位压力 p 值，以1cm代表100kPa。或根据具体情况选择比例标准。图幅尺寸要求宜为10cm×10cm。

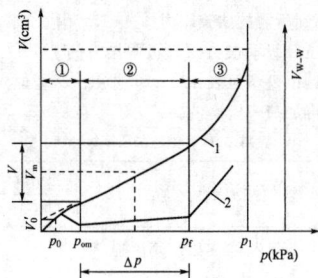

图 48.4.3 旁压曲线
1—旁压曲线；2—蠕变曲线

48.4.4 在绘制的 p-V 曲线上，确定三个压力特征值：p_0、p_f、p_1。

1 将旁压曲线直线段延长与纵坐标相交，交点为 V_0'，由 V_0' 作与 p 轴平行线相交于曲线的一点，其对应的压力为原位水平土压力 p_0 值；

2 取旁压曲线直线段的终点，即曲线与直线段的第 2 个切点所对应的压力为临塑压力 p_f 值；

3 曲线过临塑压力后，趋向于与纵轴平行的渐近线时，其对应的压力为极限压力 p_1 值，当从 p-V 曲线上不能直接求出极限压力 p_1 值时，可用曲线外推方法至最大体积增量值 $V_1(=V_c+2V_0)$，V_c 为旁压器中腔初始体积，V_0 为孔穴体积与初始体积的差值），取对应 V_1 的压力为极限压力 p_1 值。或用倒数曲线法求取。

48.4.5 可从三个压力特征值确定承载力的基本值 f_{0k}。

1 临塑压力法：

$$f_{0k} = p_f - p_0 \qquad (48.4.5\text{-}1)$$

2 极限压力法：

$$f = (p_1 - p_0)/F_n \qquad (48.4.5\text{-}2)$$

式中：p_0——原位水平单位土压力(kPa)；

F_n——安全系数。

48.4.6 不排水抗剪强度应按下式计算：

$$C_u = p_f - p_0 \qquad (48.4.6)$$

48.4.7 侧压力系数应按下式估算：

$$K_0 = \frac{p_0}{z\gamma} \qquad (48.4.7)$$

式中：z——旁压器中心点至地面的土柱高度(m)；

γ——土的容重(kN/m³)。

48.4.8 旁压模量应按下式计算：

$$E_m = 2(1+\mu)(V_c+V_m)\frac{\Delta p}{\Delta V} \qquad (48.4.8)$$

式中：E_m——由旁压试验确定的模量，称为旁压模量(kPa)；

μ——泊松比；

V_c——旁压器(中腔)初始体积(cm³)；

V_m——平均体积增量(取旁压试验曲线直线段两点间压力所对应的体积之和的一半)(cm³)；

Δp——旁压试验曲线上直线变形段的压力增量(kPa)；

ΔV——相应于 Δp 的体积变化增量(cm³)。

48.4.9 旁压试验的记录格式应符合本标准附录 D 表 D.82 的规定。

49 载 荷 试 验

49.1 一 般 规 定

49.1.1 载荷试验方法可用于测定承压板下应力主要影响范围内岩土的承载力和变形模量，包括平板载荷试验和螺旋板载荷试验，每个场地试验点不宜少于 3 个，土体不均匀时，应适当增加试验点。

49.1.2 平板载荷试验方法适用于各类地基土。它所反映的相当于承压板下 1.5 倍～2.0 倍承压板直径或宽度的深度范围内地基土的强度、变形的综合性状。浅层平板载荷试验适用于浅层地基土，深层平板载荷试验适用于试验深度不小于 5m 的深层地基土和大直径桩的桩端土。

49.1.3 螺旋板载荷试验适用于黏土和砂土地基，用于深层地基土或地下水位以下的地基土。

49.2 平板载荷试验

49.2.1 本试验所用的主要仪器设备应符合下列规定：

1 承压板：平板载荷试验一般采用圆形或正方形钢质板，也可采用现浇或预制混凝土板，应具有足够的刚度。土的浅层平板载荷试验承压板的面积不应小于 0.25m²，对于软土和粒径较大的填土，不应小于 0.50m²；对于含碎石的土类，承压板宽度应为最大碎石直径的 10 倍～20 倍，加固后复合地基宜采用大型载荷试验。土的深层平板载荷试验承压板面积宜选用 0.5m²，紧靠承压板周围外侧的土层高度不应少于 80cm。

2 加荷装置：包括压力源、载荷台架或反力构架；

1)压力源：可用液压装置或重物，出力最大允许误差应 ±1%F.S；安全过负荷率应大于 120%；

2)载荷台架或反力构架：必须牢固稳定、安全可靠，其承受能力不小于试验最大荷载的 1.5 倍～2.0 倍；

3 沉降观测装置：其组合必须牢固稳定、调节方便。位移仪表可采用大量程百分表或位移传感器等，其量测最大允许误差应为 ±1%F.S。

49.2.2 平板载荷试验试验应按下列步骤进行：

1 在有代表性的地点，整平场地，开挖试坑。浅层平板载荷试验的试坑宽度不应小于承压板直径或宽度的 3 倍，深层平板载荷试验的试井直径应等于承压板直径，当试井直径大于承压板直径时，紧靠承压板周围土的高度不应小于承压板直径。

2 试验前应保持试坑或试井底的土层避免扰动，在开挖试坑及安装设备中，应将坑内地下水位降至坑底以下，并防止因降低地下水位而可能产生破坏土体的现象。试验前应在试坑边取原状土样 2 个，以测定土的含水率和密度。

3 设备安装应符合图 49.2.2-1、图 49.2.2-2 的要求，步骤应符合下列规定：

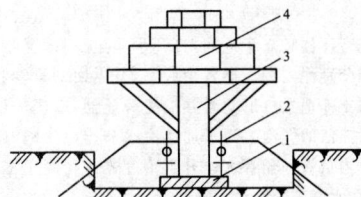

图 49.2.2-1 重物式装置示意图
1—承压板；2—沉降观测装置；3—荷载台架；4—重物

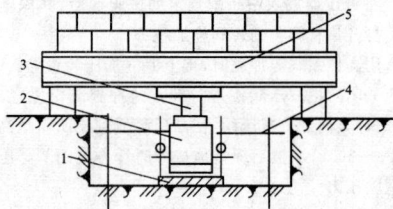

图 49.2.2-2 反力式装置示意图
1—承压板；2—加荷千斤顶；3—荷重传感器；4—沉降观测装置；5—反力装置

1）安装承压板前应整平试坑面,铺设不超过 20cm 厚的中砂垫层找平,使承压板与试验面平整接触,并尽快安装设备;

2）安放载荷台架或加荷千斤顶反力构架,其中心应与承压板中心一致。当调整反力构架时,应避免对承压板施加压力;

3）安装沉降观测装置。其固定点应设在不受变形影响的位置处。沉降观测点对称设置。

4 试验点应避免冰冻、曝晒、雨淋,必要时设置工作棚。

5 载荷试验加荷方式应采用分级维持荷载沉降相对稳定法(常规慢速法),有地区经验时,可采用分级加荷沉降非稳定法(快速法)或等沉降速率法。加荷等级宜取 10 级～12 级,并不应少于 8 级,最大加荷量不应小于设计要求的 2 倍,载荷量测最大允许误差应为 ±1%F.S。每级荷载增量一般取预估试验土层极限压力的 1/10～1/12,当不易预估其极限压力时,可参考表 49.2.2 所列增量选用。

表 49.2.2 荷载增量表(kPa)

试验土层特征	荷载增量
淤泥、流塑状黏质土、饱和或松的粉细砂	≤15
软塑状黏质土、疏松的黄土、稍密的粉细砂	15～25
可塑～硬塑状黏质土、一般黄土、中密～密实的粉细砂	25～100
坚硬的黏质土、中粗砂、碎石类土、软质岩石	50～200

6 每级荷载作用下都必须保持稳压,由于地基土的沉降和设备变形等都会引起荷载的减小,试验中应随时观察压力变化,使所加的荷载保持稳定。

7 稳定标准可采用相对稳定法,即每施加一级荷载,待沉降速率达到相对稳定后再下一级荷载。

8 应按时、准确观测沉降量。每级荷载下观测沉降的时间间隔一般采用下列标准:对于慢速法,每级荷载施加后,间隔 5min、5min、10min、10min、15min、15min 测读 1 次沉降,以后每隔 30min 测读 1 次沉降,当连续 2 小时每小时沉降量不大于 0.1mm 时,可以认为沉降已达到相对稳定标准,施加下一级荷载。

9 试验宜进行至试验土层达到破坏阶段终止。当出现下列情况之一时,即可终止试验,前三种情况其所对应的前一级荷载即为极限荷载:

1）承压板周围土出现明显侧向挤出,周边土体出现明显隆起和裂缝;

2）本级荷载沉降量大于前级荷载沉降量的 5 倍,荷载-沉降曲线出现明显陡降段;

3）在本级荷载下,持续 24h 沉降速率不能达到相对稳定值;

4）总沉降量超过承压板直径或宽度的 6%;

5）当达不到极限荷载时,最大压力应达预期设计压力的 2.0 倍或超过第一拐点至少三级荷载。

10 当需要卸载观测回弹时,每级卸载量可为加载增量的 2 倍,每卸一级荷载后,间隔 15min 观测一次,1h 后再卸第二级荷载,荷载卸完后继续观测 3h。

11 对于深层平板载荷试验,加荷等级可按预估承载力的 1/15～1/10 分级施加,当出现下列情况之一时,可终止加荷:

1）在本级荷载下,沉降急剧增加,荷载-沉降曲线出现明显的陡降段,且沉降量超过承压板直径的 4%;

2）在本级荷载下,持续 24h 沉降速率不能达到相对稳定值;

3）总沉降量超过承压板直径或宽度的 6%;

4）当持力土层坚硬,沉降量很小时,最大加载量不应小于设计要求的 2.0 倍。

49.2.3 对原始数据检查、校对后,整理出荷载与沉降值、时间与沉降值汇总表。

49.2.4 绘制 p-s 曲线(图 49.2.4),必要时绘制 s-t 曲线或 s-lgt 曲线,如果 p-s 曲线的直线段延长不经过(0,0)点,应采用图解法或最小二乘法进行修正。p 坐标单位为 kPa,s 坐标单位为 mm。

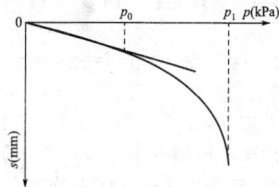

图 49.2.4 典型 p-s 曲线

49.2.5 特征值的确定应符合下列规定:

1 当曲线具有明显直线段及转折点时,以转折点所对应的荷载定为比例界限压力和极限压力;

2 当曲线无明显直线段及转折点时,可按本标准第 49.2.2 条第 9 款所列情况确定极限荷载值,或取对应于某一相对沉降值(即 s/d,d 为承压板直径)的压力评定地基土称承压力。

49.2.6 承载力基本值 f_0 可按现行国家标准《建筑地基基础设计规范》GB 50007 确定。

1 比例界限明确时,取该比例界限所对应的荷载值,即 $f_0 = p_l$;

2 当极限荷载能确定时(且其值小于比例界限荷载值 1.5 倍时),取极限荷载值的一半,即 $f_0 = p_l/2$;

3 不能按照上述两点确定时,以沉降标准进行取值,若压板面积为 $0.25m^2$～$0.50m^2$,对低压缩性土和砂土,取 $s=(0.01～0.015)b$ 对应的荷载值;对中、高压缩性土,取 $s=0.02b$ 对应的荷载值。

49.2.7 变形模量计算应符合下列规定:

1 浅层平板载荷试验法可按下列公式计算:

$$E_0 = 0.785(1-\mu^2)D_c \frac{p}{s} \quad (\text{承压板为圆形})$$

$$(49.2.7-1)$$

$$E_0 = 0.886(1-\mu^2)a_c \frac{p}{s} \quad (\text{承压板为方形}) (49.2.7-2)$$

2 深层平板载荷试验法可按下式计算:

$$E_0 = \omega' D_c \frac{p}{s} \quad (49.2.7-3)$$

式中:E_0——试验土层的变形模量(kPa);

μ——土的泊松比(碎石取 0.27,砂土取 0.30,粉土取 0.35,粉质黏土取 0.38,黏土取 0.42);

D_c——承压板的直径(cm);

p——单位压力(kPa);

s——对应于施加压力的沉降量(cm);

a_c——承压板的边长(cm);

ω'——与试验深度和土类有关的系数,可按表 49.2.7 选用。

表 49.2.7 深层载荷试验计算系数 ω'

土类	碎石土	砂土	粉土	粉质黏土	黏土
$d/z=0.30$	0.477	0.489	0.491	0.515	0.524
$d/z=0.25$	0.469	0.480	0.480	0.506	0.514
$d/z=0.20$	0.460	0.471	0.471	0.497	0.505
$d/z=0.15$	0.444	0.454	0.454	0.479	0.487
$d/z=0.10$	0.435	0.446	0.446	0.470	0.478
$d/z=0.05$	0.427	0.437	0.437	0.461	0.468
$d/z=0.01$	0.418	0.429	0.429	0.452	0.459

49.2.8 平板载荷试验的记录格式应符合本标准附录 D 表 D.83 的规定。

49.3 黄土浸水载荷试验

49.3.1 本试验所用的主要仪器设备应符合下列规定:

1 承压板:面积不宜小于 0.5m²,其余应符合本标准第 49.2.1 条第 1 款的规定;

2 加荷装置应符合本标准第 49.2.1 条第 2 款的规定;

3 沉降观测装置应符合本标准第 49.2.1 条第 3 款的规定。

49.3.2 黄土浸水载荷试验应按下列步骤进行：

1 单线法：

1）整平场地，开挖试坑。应在同一土层内平行挖 3 个试坑，间距不应大于 6m；

2）设备安装应按本标准第 49.2.2 条第 2 款的规定进行。承压板的安装应按本标准第 49.2.2 条第 3 款第 1 项的规定进行，在承压板以外的试坑面积也应铺设 5cm～10cm 厚的砂砾石滤层。沉降观测的装置固定点不得受浸水影响；

3）施加荷载增量取预估湿陷起始压力的 1/5，或采用 10kPa～20kPa。试验终止压力不宜小于 200kPa；

4）按相对稳定法进行天然湿度下的加载试验，直到预估的湿陷起始压力；

5）向试坑内注水。试坑内的水头高度应高于滤层顶面 3cm。并按相对稳定法的观测要求观测浸水沉降量（湿陷量），直至每小时的沉降量不大于 0.1mm 为止；

6）应按本标准第 49.3.2 条第 1 款第 4 项、第 5 项的规定，选用大小于预估湿陷压力 50kPa 压力下，进行其余两个试坑的试验。

2 双线法：

1）应按本标准第 49.3.2 条第 1 款第 1 项的规定，在同一土层内平行开挖 2 个试坑；

2）应按本标准第 49.3.2 条第 1 款第 2 项的规定安装试验设备；

3）应按本标准第 49.3.2 条第 1 款第 3 项的规定确定加载等级；

4）一个试坑按相对稳定法在天然湿度下进行加载试验，另一个试坑在预先浸水饱和后再按相对稳定法进行加载试验。

3 饱水单线法：

1）应按本标准第 49.3.2 条第 1 款第 1 项的规定平整场地，开挖 1 个试坑；

2）应按本标准第 49.3.2 条第 1 款第 2 项的规定安装试验设备；

3）应按本标准第 49.3.2 条第 1 款第 3 项的规定确定荷载等级；

4）向试坑内注水，使 3.5 倍承压板直径（或宽度）深度范围内的土层达到饱和。饱和标准采用饱和含水率；

5）按相对稳定法进行加荷试验。

49.3.3 绘制 p-s 曲线，然后在图上取不同压力下的湿陷量（s_{sh}值），并绘出 p-s_{sh}曲线（图 49.3.3-1、图 49.3.3-2）。

49.3.4 一般取 p-s_{sh}曲线转折点对应的荷载作为湿陷起始压力（p_{sh}）。当曲线上的转折点不明显时，可取浸水下沉量与承压板宽度之比 $\left(\dfrac{s}{b}\right)$ 等于 0.02 所对应的荷载作为湿陷起始压力。

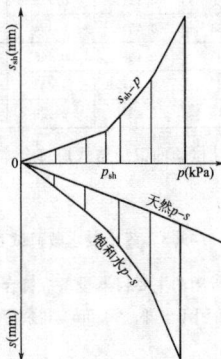

图 49.3.3-1 双线法求湿陷起始压力

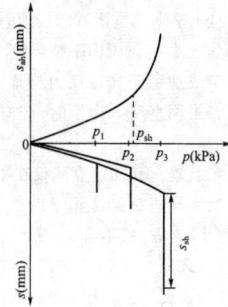

图 49.3.3-2 单线法求湿陷起始压力

49.4 螺旋板载荷试验

49.4.1 仪器设备（图 49.4.1）应由螺旋承压板、加荷装置、位移观测装置组成，并应符合下列规定：

1 螺旋承压板：螺旋板尺寸参数及测力传感器的最大允许压力宜符合现行国家标准《岩土工程仪器基本参数及通用技术条件》GB/T 15406 的规定；

2 加荷装置：包括压力源和反力构架，其技术条件应符合本标准第 49.2.1 条第 2 款的规定；

3 位移观测装置应符合本标准第 49.2.1 条第 3 款的规定。

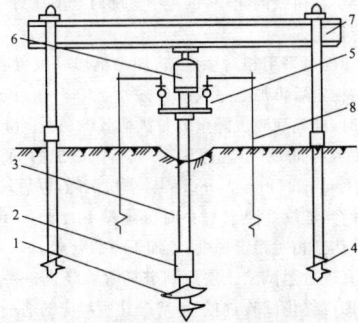

图 49.4.1 螺旋板荷载试验装置示意图
1—螺旋承压板；2—测力传感器；3—传力杆；4—反力地锚；5—位移计；6—油压千斤顶；7—反力钢梁；8—位移固定锚

49.4.2 螺旋板载荷试验应按下列步骤进行：

1 将试验场地平整，设置反力装置及位移计的固定地锚。

2 选择适宜尺寸的螺旋承压板旋钻至预定深度，旋钻时应控制每旋转一周钻进一螺距，尽可能减小对土体的扰动程度。

3 安装加荷千斤顶，其中心应与螺旋承压板中心一致；安装位移计，并调整零点。

4 按下列方式进行加荷：

1）当采用应力控制式时，按等量分级施加，荷载增量应按本标准第 49.2.2 条第 5 款的规定，每级荷载确保稳压；

2）当采用应变控制式时，应连续加荷，控制沉降速度应为 0.25mm/min～2.00mm/min；

3）试验的加荷等级、试验结束条件应符合本标准第 49.2.2 条第 4 款～第 9 款的规定；

4）按本标准第 49.4.2 条第 4 款第 1 项、第 2 项的规定加荷时，应进行沉降观测。应力控制式加荷沉降观测的时间顺序宜采用 0.10min、0.25min、1.00min、2.25min、4.00min 等按 $\sqrt{t}$ 读取，直至沉降基本稳定，再加下一级荷载，该时间顺序用于绘制 $\sqrt{t}$-s 曲线；应变控制式加载沉降观测每隔 30s 间距取 1 次，试验至土体破坏。

5 土体破坏后，卸除加荷和位移观测装置，再将螺旋承压板旋钻至下一个预定的试验深度,应按本标准第49.4.2条第3款、第4款的规定进行试验。

49.4.3 应按本标准第49.2.3条、第49.2.4条的规定,进行计算并绘制 $p\text{-}s$ 曲线(图49.4.3)。

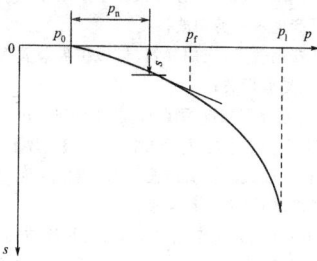

图 49.4.3 $p\text{-}s$ 曲线

49.4.4 根据各级荷载下的沉降 s 与时间 t 的数据,绘制 $s\text{-}\sqrt{t}$ 曲线(图49.4.4)。

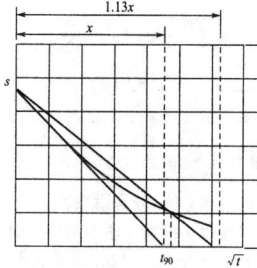

图 49.4.4 $s\text{-}\sqrt{t}$ 曲线

49.4.5 特殊值应按下规定确定:

1 原位有效自重压力 p_0:取 $p\text{-}s$ 曲线的直线段与 p 轴的交点作为 p_0 值;

2 临塑压力 p_f:相应于 $p\text{-}s$ 曲线的直线段终点的压力;

3 极限压力 p_1:相应于 $p\text{-}s$ 曲线末尾直线段起点的压力;

4 固结度达90%所需时间 t_{90}:以 $s\text{-}\sqrt{t}$ 曲线初始直线段与沉降坐标(纵坐标)的交点作为理论零点,其延长段交于沉降稳定值的渐近线(横坐标)上,见图49.4.4的 x 段,再作与初始直线斜率1.13倍的直线,该直线与 $s\text{-}\sqrt{t}$ 曲线的交点所对应的时间为 t_{90}。

49.4.6 变形模量应按下式计算:

$$E_{sc} = m_{sc} p_a \left(\frac{p}{p_a}\right)^{1-a_p} \qquad (49.4.6\text{-}1)$$

可根据 $p\text{-}s$ 曲线求得变形模量系数 m_{sc}:

$$m_{sc} = \frac{A_p}{s} \cdot \frac{p-p_0'}{p_a} D_{sc} = \frac{A_p}{s} \cdot \frac{p_n}{p_a} D_{sc} \qquad (49.4.6\text{-}2)$$

式中:E_{sc}——螺旋板试验土的变形模量(kPa);

m_{sc}——变形模量系数,对正常饱和黏土一般为5~50;

p_a——标准压力,取100kPa;

p——单位压力(kPa),取直线段内任一压力值;

a_p——应力指数,超固结饱和取1,砂与粉土取1/2,正常固结饱和黏土, $a=0$;

A_p——无量纲沉降系数,与 p_0、p_n 有关,查图49.4.6确定;

s——对应于施加压力的沉降量(cm);

p_0'——原位有效自重压力(kPa);

D_{sc}——螺旋承压板直径(cm)。

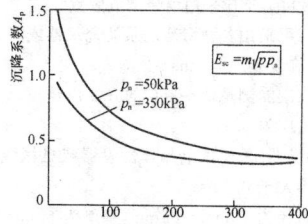

(a)有效自重压力 p_0(kPa)

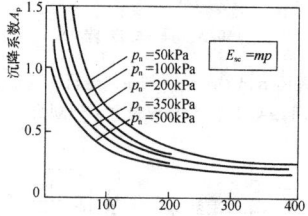

(b)有效自重压力 p_0(kPa)

图 49.4.6 沉降系数 A_p 值

49.4.7 径向固结系数应按下式估算:

$$C_h = T_{90}\frac{R_{sc}^2}{t_{90}} = 0.335\frac{R_{sc}^2}{t_{90}} \qquad (49.4.7)$$

式中:C_h——径向固结系数(cm²/s);

T_{90}——相应于90%固结度的时间因数,$T_{90}=0.335$;

R_{sc}——螺旋承压板半径(cm);

t_{90}——固结度达90%的所需时间(s)。

49.4.8 螺旋板载荷试验的记录格式应符合本标准附录D表D.83的规定。

50 波 速 试 验

50.1 一 般 规 定

50.1.1 波速试验分跨孔法、单孔波速法(检层法)和面波法。

50.1.2 跨孔法以一孔为激振孔,另布置2孔或3孔作检波孔,测定直达的压缩波初至和第一个直达剪切波的到达时间,计算传播速度。常用于多层体系地层中。

50.1.3 单孔波速法是在同一孔中,在孔口设置振源,孔内不同深度处放置检波器,测出孔口振源所产生的波传到孔内不同深度处所需的时间,计算传播速度。常用于地层软硬变化大和层次较少或岩基上为覆盖层的地层中。

50.1.4 面波法,本试验采用稳态振动法。测定不同激振频率下瑞利波(R波)速度弥散曲线(即R波波速与波长关系曲线),可以计算一个波长范围内的平均波速。

50.2 仪 器 设 备

50.2.1 本试验所用的主要仪器设备由激振器、检波器、放大器、记录器、测斜仪、零时触发器和套管组成。

50.2.2 本试验所用的主要仪器设备应符合下列规定:

1 激振器:可采用机械震源、电火花等,但主要是采用能正反向重复激振的井下剪切波锤。面波法采用电磁式或机械式激振器;

2 检波器:采用三分量检波器,其谐振频率一般为 8Hz~27Hz,检波器必须置于密封防水的无磁性圆筒内;

3 放大器:采用低噪声多通道放大器,噪声水平应低于2μV,相位一致性偏差应小于0.1ms,并配有可调的增益装置,电压增益应大于80dB，不应采用信号滤波装置；

4 记录器：可采用各种型号的示波记录器或多通道工程地震仪，记录最大允许误差为1ms～2ms；

5 测斜仪：应能测量0°～360°的方位角及0°～30°的倾角，倾角测量允许差值应为0.1°；

6 零时触发器：采用压电晶体触发器或机械触发装置，其升压时间延迟应不大于0.1ms；

7 套管：内径为76mm～85mm，壁厚为6mm～7mm的硬聚氯乙烯塑料管。

50.3 操作步骤

50.3.1 跨孔波速法试验应按下列步骤进行：

1 试验孔布置（图50.3.1）应符合下列规定：

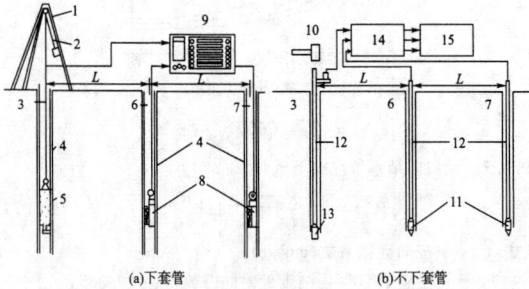

图 50.3.1 试验布置图

1—三脚架；2—绞车；3—震源孔；4—套管；5—井下剪切波锤；6—接收孔1；7—接收孔2；8—井下剪切波锤；9—信号增强地震仪；10—锤子；11—检波器；12—钻杆；13—取土器；14—测震放大器；15—振子示波器

1）振源孔和测试孔应布置在一条直线上，试验孔尽量布置在地表高程相差不大的地段，若地表起伏较大，必须准确测量孔口高程；

2）一组试验布置3孔，试验孔的间距，在土层中宜取2m～5m，在岩层中宜取8m～15m，测点垂直间距宜取1m～2m，近地表测点宜布置在2/5孔距的深处，振源和检波器应置于同一地层的相同标高处，并绘制钻孔柱状图。在保证直达波首先到达检波器的前提下，孔距可根据地层厚度、测试要求适当调整。

2 先将一组试验孔一次全部钻好，接着在孔内安置好塑料套管，并在孔壁与套管的间隙内灌浆或用砂充填。

3 灌浆前按照1∶1∶6.25的比例将水泥、膨润土和水搅拌成混合物。然后采用移动式循环高压泥浆泵，通过放到孔底的灌浆管，从孔底向上灌浆，直到灌满孔壁与套管的间隙，并测定孔口溢流出的泥浆浓度（或密度）与预先搅拌的泥浆浓度（或密度）相等为止。

4 待灌浆或填砂后3d～6d，方可进行测试。

5 为准确地算出各测点的直达波传播距离，当测试孔深度大于15m时，应进行激振孔和测试孔倾斜度和倾斜方位的量测，测点间距宜取1m。

6 将井下剪切波锤利用气囊，或用弹簧、机械扩展装置等方法固定。然后拉动上、下质量块，上、下冲击固定锤体，使土层水平向产生S波，用放入孔内贴壁式三分量检波器由上往下逐点测量。从孔口往下2/5孔距处为第1个测点，然后以1m～2m的间距连续测量。每个地层一般要有2个～5个测点，每个测点需测量2次～4次。每次测试时，振源中心和检波器中心须在同一高程上。

7 当用几台钻机分段钻进时，待钻至预定测试深度后，提出钻机，将振源装置和检波器分别放入各钻孔底，进行测试。采用此方法时，为确保振源装置和检波器顺利放到所测深度处，孔底残余扰动土应小于10cm厚，否则应重新清除孔底浮土。

50.3.2 单孔波速法试验应按下列步骤进行：

1 在所选定的试验点沿垂直向进行钻孔，并绘制钻孔柱状图，将三分量检波器固定在孔内预定深度出，并紧贴孔壁；

2 可采用地面激振或孔内激振，进行孔内激振时，在距孔口1.0m～3.0m处放一长度为2m～3m的混凝土板或木板，木板上应放置约500kg的重物，用锤沿板纵轴从两个相反方向水平敲击板端，使地层产生水平剪切波；

3 将检波器用气囊，或用弹簧、机械扩展装置等方法固定在孔内不同深度接受剪切波；

4 应结合土层布置测点，测点垂直间距宜取1m～3m，层位变化处加密，测试应自下而上进行，每个试验点，试验次数不应小于3次。

50.3.3 稳态振动面波法试验应按下列步骤进行：

1 选择试验场地，并进行整平；

2 可采用瞬态法或稳定法，宜采用低频检波器，间距可根据场地条件通过试验确定，以振源作为测线零点，在振源一边布置2个或3个检波器（图50.3.3）；

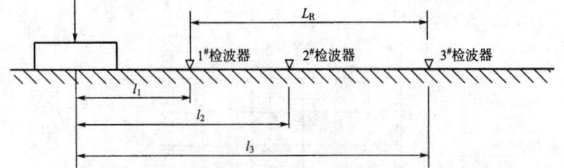

图 50.3.3 面波法（稳定振动）布置图

3 选择适合的激振频率，开启激振器，由拾振器接受瑞利波；

4 当两检波器接收到的振动波有相位差时，表明两检波器的间距 Δl 不等于瑞利波波长 L_R，因此，移动其中任一检波器，使两检波器记录的波形同相位（2π），然后在同一频率下，移动检波器至2个波长或3个波长处，$l = L_R, 2L_R, 3L_R \cdots$ 进行测试。试验应重复多次，一般5组即可。

50.4 计算、制图和记录

50.4.1 波形识别按下列规定进行：

1 在各测点的原始波形记录上识别出压缩波（P波）序列和剪切波（S波）序列，第1个起跳点即为压缩波的初至。然后，根据下列特征识别出第1个剪切波的到达点；

2 波幅突然增至压缩波幅2倍以上，如图50.4.1（a）所示；

3 周期比压缩波周期至少增加2倍以上，如图50.4.1（b）所示；

4 若采用井下剪切波锤作振源，一般压缩波的初至极性不发生变化，而第一个剪切波到达点的极性产生180°的改变，所以，极性波的交点即为第一个剪切波的到达点[图50.4.1（c）]。

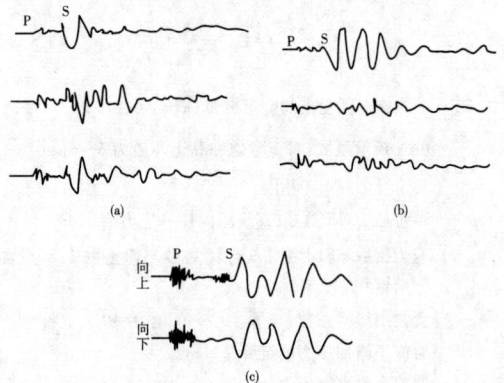

图 50.4.1 P波、S波的识别

50.4.2 应正确计算激振点与检波点之间的距离,对跨孔法,如孔有偏斜,应对孔距进行校准。

50.4.3 压缩波、剪切波和瑞利波的传播速度应按下列公式计算,其最大允许误差应为±5%:

$$v_P = \frac{L_P}{t_P} \tag{50.4.3-1}$$

$$v_S = \frac{L_S}{t_S} \tag{50.4.3-2}$$

$$v_R = \frac{L_R}{t_R} = \frac{L_R}{\frac{2\pi}{\omega}} = L_R f \tag{50.4.3-3}$$

式中:v_P、v_S、v_R——压缩波、剪切波和瑞利波的波速(m/s);

L_P、L_S、L_R——压缩波、剪切波和瑞利波的传播距离(激振点与检波点的距离)(m);

t_P、t_S、t_R——各波从激振点传至检波点所需的时间(s);

ω——简谐波的圆频率(rad/s);

f——激振频率(s^{-1})。

50.4.4 动剪切模量、动弹性模量和泊松比应按下列公式计算:

$$G_d = \rho v_S^2 \tag{50.4.4-1}$$

$$E_d = \frac{\rho v_S^2(3v_P^2 - 4v_S^2)}{v_P^2 - v_S^2} \tag{50.4.4-2}$$

或

$$E_d = 2\rho v_S^2(1 + \mu_d) \tag{50.4.4-3}$$

$$E_d = \frac{\rho v_P^2(1 + \mu_d)(1 - 2\mu_d)}{1 - \mu_d} \tag{50.4.4-4}$$

$$\mu_d = \left[\left(\frac{v_P}{v_S}\right)^2 - 2\right] \Big/ \left[2\left(\frac{v_P}{v_S}\right)^2 - 2\right] \tag{50.4.4-5}$$

式中:G_d——地层的动剪切模量(kPa);

v_S——地层的剪切波波速(m/s);

v_P——地层的压缩波波速(m/s);

E_d——地层的动弹性模量(kPa);

μ_d——地层的动泊松比。

50.4.5 根据整理和计算的数据,以深度为纵坐标,压缩波速、剪切波速、动剪切模量、动弹性模量为横坐标,绘出 v_P、v_S、G_d、E_d 值与深度变化的关系曲线。

50.4.6 波速试验的记录格式应符合本标准附录 D 表 D.84、表 D.85 的规定。

51 化学分析试样风干含水率试验

51.1 一般规定

51.1.1 土样为除有机质含量较高以及含石膏较多的土之外的各种土。

51.1.2 本试验方法所用试样应为风干试样。

51.2 仪器设备

51.2.1 电子天平称量应为 200g,分度值为 0.001g。

51.2.2 本试验所用的其他仪器设备应符合下列规定:

1 烘箱:附温度控制装置;

2 铝盒或水分皿;

3 干燥器,盛有氯化钙或其他干燥剂。

51.3 操作步骤

51.3.1 将洁净的铝盒置于 105℃~110℃的烘箱中烘焙 3h~4h,取出,置于干燥器中冷却至室温,用电子天平称量。如此反复操作,直至恒量为止,恒量稳定标准为前后两次质量相差不大于

0.001g。记下铝盒质量。

51.3.2 将风干试样 2g~3g 放入上述称量过的铝盒中,用电子天平称量,准确至 0.001g。

51.3.3 将盛有试样的铝盒置于烘箱中,敞开铝盒,在 105℃~110℃下烘焙 6h~8h。

51.3.4 取出铝盒,将盒盖盖好,放在干燥器中冷却至室温,立即称量。

51.3.5 再将铝盒放在烘箱中,敞开铝盒,在 105℃~110℃下烘焙 3h~4h,取出铝盒,将盒盖盖好,放在干燥器中冷却至室温,立即称量。如此反复操作直至恒量为止,记下质量。

51.4 计算和记录

51.4.1 风干土含水率应按下式计算:

$$w_0 = \left(\frac{m_0}{m_d} - 1\right) \times 100 \tag{51.4.1}$$

式中:w_0——风干土含水率(%);

m_0——风干试样质量(g)。

51.4.2 风干土含水率结果应计算至 0.01%,平行试验最大允许差值应为±0.5%,试验结果取其算术平均值。

51.4.3 化学分析试样风干含水率试验的记录格式应符合本标准附录 D 表 D.86 的规定。

52 酸碱度试验

52.1 一般规定

52.1.1 土样为各种土类。

52.1.2 本试验方法采用电位法测定。

52.2 仪器设备和试剂

52.2.1 本试验所用的主要仪器设备应符合下列规定:

1 酸度计(pH 计):附玻璃电极、甘汞电极或复合电极;

2 天平:称量 200g,分度值 0.01g;

3 电动振荡器;

4 容量瓶;

5 广口瓶;

6 烧杯;

7 定性滤纸;

8 温度计。

52.2.2 本试验所用的试剂应符合下列规定:

1 邻苯二甲酸盐标准缓冲溶液(pH=4.01):称取在温度 105℃~110℃下经 2h~3h 烘干恒重的邻苯二甲酸氢钾($KHC_8H_4O_6$)10.21g,用无二氧化碳纯水溶解后,移至 1000mL 容量瓶中,稀释至刻度,摇匀。

2 磷酸盐标准缓冲溶液(pH=6.87):称取在温度 105℃~110℃下经 2h~3h 烘干恒重的磷酸氢二钠(Na_2HPO_4)3.53g 和磷酸二氢钾(KH_2PO_4)3.39g,用无二氧化碳纯水溶解后,移至 1000mL 容量瓶中,稀释至刻度,摇匀。

3 硼酸盐标准缓冲溶液(pH=9.18):称取硼砂($Na_2B_4O_7 \cdot 10H_2O$)3.80g,用无二氧化碳纯水溶解后,移至 1000mL 容量瓶中,稀释至刻度,摇匀,转入密闭的塑料瓶中保存。此溶液保存使用期不宜超过 2 个月,若出现发霉、浑浊,不宜使用。

4 饱和氯化钾(KCl)溶液:向适量纯水中加入氯化钾,边加边搅拌,直至不溶解为止。

52.3.1 土悬液制备应称取通过 2mm 筛的风干试样 10g,置于 100mL 广口瓶中,加 50mL 无二氧化碳纯水(土水比为 1:5)。在振荡器上振荡 3min,静止 30min,待测。

52.3.2 将少许土悬液盛于小烧杯中,将酸度计上的玻璃电极和甘汞电极(或复合电极)插入杯中,轻轻摇动烧杯,使土悬液均匀接触电极 2min~3min,弃去。如此反复用土悬液洗涤 1 次~2 次。再取土悬液按仪器说明书测定 pH 值,准确到 0.01。同时测定土悬液温度,进行温度补偿。两次平行最大允许误差应为±0.1。

52.3.3 测量完毕,关闭电源,用纯水洗净电极,并用滤纸吸干电极表面的水分或将玻璃电极浸泡在饱和氯化钾溶液中。

52.3.4 酸碱度试验的记录格式应符合本标准附录 D 表 D.87 的规定。

53 易溶盐试验

53.1 一般规定

53.1.1 土样为各种土类。

53.1.2 本试验方法所用试样应为风干试样。

53.2 浸出液制取

53.2.1 本试验所用的仪器设备应符合下列规定:

1 过滤设备:包括真空泵、平底瓷漏斗、抽滤瓶;

2 离心机:转速为 10000r/min;

3 天平:称量 200g,分度值 0.01g;

4 其他:广口瓶、细颈瓶等、微孔滤膜。

53.2.2 浸出液制取法试验应按下列步骤进行:

1 称取 2mm 筛下风干试样 50g~150g(视土中含盐量和分析项目而定),准确到 0.01g。置于广口瓶,按土水比例 1:5 加入纯水,振荡 3min,抽气过滤;另取试样 3g~5g,按本标准第 51.3.1 条~第 51.3.5 条的规定测定风干含水率;

2 将滤纸用纯水浸湿后贴在漏斗底部,漏斗装在抽滤瓶上,连通真空泵抽气,使滤纸与漏斗贴紧,将振荡后的土悬液摇匀,倾入漏斗中抽气过滤;

3 当发现滤液混浊时,需重新过滤。经反复过滤仍然浑浊,应用离心机分离,或用微孔滤膜过滤。所得的透明滤液即为土的浸出液,贮于细口瓶中供分析用。

53.3 易溶盐总量测定(质量法)

53.3.1 本试验所用的仪器设备应符合下列规定:

1 分析天平:称量 200g,分度值 0.0001g;

2 烘箱:附温度控制装置;

3 其他:水浴锅、蒸发皿、表面皿、移液管、干燥器。

53.3.2 本试验所用的试剂应符合下列规定:

1 15%双氧水(化学纯);

2 2%碳酸钠(Na_2CO_3)溶液。

53.3.3 易溶盐总量测定试验应按下列步骤进行:

1 用移液管吸取浸出液 50mL~100mL 注入已恒量的蒸发皿中,放在水浴锅上蒸干;当蒸干残渣中呈现黄褐色时,表明残渣含有有机质,加入少量 15%双氧水,继续在水浴上加热,反复处理至残渣发白,以完全除去有机质;

2 将蒸发皿放入烘箱,在温度 105℃~110℃下烘干 4h~8h,取出后放入干燥器中冷却,称蒸发皿加试样的总质量,反复进行至两次质量差值不大于 0.0001g;

3 当浸出液蒸干残渣中含有大量结晶水时,将使测得的易溶盐含量偏高,遇此情况,可用两个蒸发皿,一个加浸出液 50mL,另一个加纯水 50mL,然后各加等量 2%碳酸钠溶液,搅拌均匀后按上述的规定操作,烘干温度改为 180℃。

53.3.4 易溶盐含量应按下列公式计算,计算至 $0.1g \cdot kg^{-1}$,平行最大允许差值应为 $±0.2g \cdot kg^{-1}$,取算术平均值。

1 未经 2%碳酸钠溶液处理的易溶盐含量应按下式计算:

$$\omega(易溶盐) = \frac{(m_{mz} - m_m)\frac{V_w}{V_{x1}}}{m_d \times 10^{-3}} \quad (53.3.4\text{-}1)$$

式中:ω(易溶盐)——易溶盐含量($g \cdot kg^{-1}$);

m_{mz}——蒸发皿加烘干残渣质量(g);

m_m——蒸发皿质量(g);

V_w——制取浸出液所加纯水量(mL);

V_{x1}——吸取浸出液量(mL)。

2 经 2%碳酸钠处理后的易溶盐含量应按下式计算:

$$\omega(易溶盐) = \frac{V_w(m_{z1} - m_z)}{V_{x1}m_d \times 10^{-3}} \quad (53.3.4\text{-}2)$$

式中:m_{z1}——蒸干后试样加碳酸钠质量(g);

m_z——蒸干后碳酸钠质量(g)。

53.3.5 本试验的记录格式应符合本标准附录 D 表 D.88 的规定。

53.4 碳酸根(CO_3^{2-})及重碳酸根(HCO_3^-)的测定 (双指示剂中和滴定法)

53.4.1 本试验所用的仪器设备应符合下列规定:

1 酸式滴定管:容量为 25mL,分度值为 0.1mL;

2 分析天平:称量 200g,分度值 0.0001g;

3 其他:容量瓶、蒸发皿、烘箱等。

53.4.2 本试验所用的试剂应符合下列规定:

1 0.1%甲基橙指示剂:称 0.1g 甲基橙溶于 100mL 纯水中;

2 0.5%酚酞指示剂:称 0.5g 酚酞溶于 50mL95%的酒精中,用纯水稀释至 100mL;

3 硫酸(H_2SO_4)标准溶液:将 3mL 浓硫酸加入 1000mL 纯水,然后再稀释至 5000mL。

53.4.3 硫酸(H_2SO_4)标准溶液的标定应取在温度 160℃~180℃下烘干 2h~4h 的无水碳酸钠(Na_2CO_3)3 份,每份 0.1g(准确至 0.0001g)。放入 3 个锥形瓶,注入 20mL~30mL 纯水,加 0.1%甲基橙指示剂 2 滴,用配制好的硫酸标准溶液滴定至溶液由黄色变为橙色为止。记下硫酸标准溶液用量。硫酸标准溶液的浓度应按下式计算,计算准确至 $0.0001mol \cdot L^{-1}$,取 3 个结果的算术平均值作为硫酸标准溶液的浓度:

$$C\left(\frac{1}{2}H_2SO_4\right) = m_{h1}/(V_{hb1} \times 0.053) \quad (53.4.3)$$

式中:$C\left(\frac{1}{2}H_2SO_4\right)$——硫酸标准溶液的浓度($mol \cdot L^{-1}$);

m_{h1}——碳酸钠的用量(g);

V_{hb1}——硫酸标准溶液的用量(mL);

0.053——碳酸钠$\left(\frac{1}{2}Na_2CO_3\right)$摩尔质量($kg \cdot mol^{-1}$)。

53.4.4 碳酸根(CO_3^{2-})及重碳酸根(HCO_3^-)的测定试验应按下列步骤进行:

1 用移液管吸取土浸液 25mL,注入锥形瓶中,加 0.5%酚酞指示剂 2 滴~3 滴,如试液不显红色,表示无碳酸根(CO_3^{2-})存在;当试液显红色时,用硫酸标准溶液滴定至呈淡红色为止,记下硫酸标准溶液的用量,准确至 0.01mL;

2 在试液中加入 0.1%甲基橙指示剂 1 滴~2 滴,继续用硫酸标准溶液滴定至试液由黄色变为橙色为止,记下硫酸标准溶液

用量,准确至 0.05mL;

3 滴定后的试液,可作测定氯离子(Cl^-)用。

53.4.5 碳酸根的含量按下列公式计算,计算准确至 0.001g·kg^{-1} 或 0.01mmol·kg^{-1},平行最大允许误差应为 ±0.015g·kg^{-1} 或 ±0.25mmol·kg^{-1},取算术平均值:

$$b\left(\frac{1}{2}CO_3^{2-}\right) = \frac{2V_{hh2}C\left(\frac{1}{2}H_2SO_4\right)\frac{V_w}{V_{x2}}}{m_d \times 10^{-3}} \quad (53.4.5\text{-}1)$$

$$\omega(CO_3^{2-}) = 0.030 \times b(CO_3^{2-}) \quad (53.4.5\text{-}2)$$

式中:$b\left(\frac{1}{2}CO_3^{2-}\right)$——碳酸根的质量摩尔浓度(mmol·$kg^{-1}$);

$\omega(CO_3^{2-})$——碳酸根含量(g·kg^{-1});

V_{hh2}——酚酞指示剂达到终点时消耗硫酸标准溶液的量(mL),此时碳酸盐只是半中和;

V_w——制浸出液加纯水量(mL);

V_{x2}——试验时吸取土浸出液量(mL);

$C\left(\frac{1}{2}H_2SO_4\right)$——硫酸标准溶液的浓度(mol·$L^{-1}$);

0.030——碳酸根($\frac{1}{2}CO_3^{2-}$)的摩尔质量(kg·mol^{-1})。

53.4.6 重碳酸根的含量按下列公式计算,计算准确至 0.001g·kg^{-1} 或 0.01mmol·kg^{-1},平行最大允许误差应为 ±0.02g·kg^{-1} 或 ±0.3mmol·kg^{-1},取算术平均值:

$$b(HCO_3^-) = \frac{(V_{hh3} - 2V_{hh2})C\left(\frac{1}{2}H_2SO_4\right)\frac{V_w}{V_{x2}}}{m_d \times 10^{-3}}$$
$$(53.4.6\text{-}1)$$

$$\omega(HCO_3^-) = 0.061b(HCO_3^-) \quad (53.4.6\text{-}2)$$

式中:$b(HCO_3^-)$——重碳酸根的质量摩尔浓度(mmol·kg^{-1});

$\omega(HCO_3^-)$——重碳酸根含量(g·kg^{-1});

V_{hh3}——甲基橙为指示剂滴定时的硫酸标准溶液用量(mL);

0.061——重碳酸根的摩尔质量(g·$mmol^{-1}$)。

53.4.7 本试验的记录格式应符合本标准附录 D 表 D.89 的规定。

53.5 氯离子(Cl^-)的测定(硝酸银滴定法)

53.5.1 本试验所用的主要仪器设备应符合下列规定:

1 酸式滴定管、试剂瓶、细口瓶均为棕色;

2 分析天平:称量200g,分度值 0.0001g;

3 其他:容量瓶、蒸发皿、烘箱等。

53.5.2 本试验所用的试剂应符合下列规定:

1 5%铬酸钾(K_2CrO_4)指示剂:取5g铬酸钾溶于大约75mL纯水中,逐滴加入硝酸银($AgNO_3$)标准溶液至略有砖红色沉淀为止。放置24h后过滤,将滤液稀释至100mL,贮于棕色瓶中,备用。

2 浓度为 0.02mol·L^{-1} 重碳酸钠($NaHCO_3$)溶液:称取1.7g重碳酸钠,溶于纯水中,稀释至1000mL。

3 浓度为 0.02mol·L^{-1} 硝酸银($AgNO_3$)标准溶液:准确称取经105℃~110℃烘干的分析纯硝酸银 3.3974g,溶解于纯水中,倒入1000mL容量瓶,用纯水稀释定容,贮于棕色细口瓶中。

53.5.3 氯离子(Cl^-)测定试验应按下列步骤进行:

1 用滴定碳酸盐和重碳酸盐以后的溶液继续滴定 Cl^-。如果不用这个溶液,另取 25mL 土浸出液,加入甲基橙指示剂,逐滴加入浓度为 0.02mol·L^{-1} 重碳酸钠溶液至试液变为纯黄色,酸碱度控制为7。再加入5%铬酸钾指示剂5滴~6滴。用硝酸银标

准溶液滴定,直至生成砖红色沉淀,记下硝酸银标准溶液用量。

2 用移液管吸取25mL纯水,应按本标准第53.4.3条1款的规定进行空白试验,记下硝酸银标准溶液用量。

53.5.4 氯根的含量按下列公式计算,计算准确至 0.001g·kg^{-1} 或 0.01mmol·kg^{-1},平行最大允许差值应为 ±0.005g·kg^{-1} 或 0.1mmol·kg^{-1},取算术平均值:

$$b(Cl^-) = \frac{C(AgNO_3)(V_{hh4} - V_{hh5})\frac{V_w}{V_{x2}}}{m_d \times 10^{-3}} \quad (53.5.4\text{-}1)$$

$$\omega(Cl^-) = 0.0355b(Cl^-) \quad (53.5.4\text{-}2)$$

式中:$b(Cl^-)$——氯根的质量摩尔浓度(mmol·kg^{-1});

$C(AgNO_3)$——硝酸银标准溶液浓度(mol·L^{-1});

V_{hh4}——滴定试样时硝酸银标准溶液用量(mL);

V_{hh5}——空白试验中硝酸银标准溶液用量(mL);

$\omega(Cl^-)$——氯根含量(g·kg^{-1});

0.0355——氯离子的摩尔质量(g·$mmol^{-1}$);

10^{-3}——将 g 换算成 kg 的因数。

53.5.5 本试验的记录格式应符合本标准附录 D 表 D.90 的规定。

53.6 硫酸根(SO_4^{2-})的测定(EDTA 络合滴定法或比浊法)

53.6.1 硫酸根的测定应根据硫酸根含量的估测结果选用下列方法:

1 EDTA 络合滴定法适用于常量分析;

2 比浊法适用于硫酸根含量小于 50mg·L^{-1}。

53.6.2 硫酸根含量的估测应符合下列规定:

1 5%氯化钡($BaCl_2$)溶液:5g氯化钡溶于95mL纯水。

2 硫酸根含量的估测应按下列步骤进行:

1)取土浸出液 5mL 注入试管,加入 1:1 盐酸 2 滴,5%氯化钡溶液 5 滴摇匀。按浊液混浊程度查表 53.6.2 估测硫酸根的含量。当含量不小于 50mol·L^{-1} 时,用 EDTA 络合滴定法;当含量小于 50mol·L^{-1} 时,用比浊法。

2)硫酸根含量测定时,吸取土浸出液体积和钡镁混合剂用量应查表 53.6.2 确定。

表 53.6.2　硫酸根测定方法选择与试剂用量表

加氯化钡后溶液浑浊情况	硫酸根含量(mg·L^{-1})	测定方法	吸取土浸出液体积(mL)	钡镁混合剂(mL)
数分钟后微浑浊	<10	比浊法	—	—
立即呈微浑浊	25~50	比浊法	—	—
立即浑浊	50~100	EDTA 法	25	4~5
立即沉淀	100~200	EDTA 法	25	8
立即大量沉淀	>200	EDTA 法	10	10~12

53.6.3 EDTA 间接络合滴定法应按下规定进行:

1 EDTA 络合滴定法所用的主要仪器设备应符合本标准第 53.2.1 条第 1 款~第 3 款的规定,但需增加电炉。

2 试剂应符合下列规定:

1)1:4 盐酸溶液:将浓盐酸 10mL 与 40mL 纯水混匀;

2)钡镁混合剂:将 1.22g 氯化钡($BaCl_2·2H_2O$)和 1.02g 氯化镁($MgCl_2·6H_2O$)溶于水中,稀释至 500mL,溶液中钡、镁(Ba^{2+}、Mg^{2+})离子浓度为 0.01mol·L^{-1},每毫升约沉淀硫酸根(SO_4^{2-})1mg;

3)氨缓冲液(pH=10):将 67.50g 氯化铵(NH_4Cl)溶于 300mL 纯水中,加入氨水 570mL,用纯水稀释至

4) 铬黑 T 指示剂：将 0.5g 铬黑 T 和 100g 烘干氯化钠 (NaCl) 混合，磨细拌匀，贮于棕色瓶中，并放入干燥器中；

5) 酒精：浓度为 95%；

6) 钙 (Ca^{2+}) 标准溶液：准确称取在 $105℃\sim110℃$ 下烘干 $4h\sim6h$ 的分析纯 $CaCO_3$ 0.5004g，溶于 25mL 0.5mol·L^{-1} 盐酸溶液中，煮沸除去 CO_2，用无 CO_2 的纯水洗入 500mL 容量瓶，并稀释至刻度。此溶液浓度为 0.01mol·L^{-1}；

7) 浓度为 0.01mol·L^{-1} EDTA 标准溶液：称取乙二胺四乙酸二钠 3.720g 溶于无 CO_2 的纯水中，微热溶解，冷却后定容至 1000mL。用钙标准溶液标定。

3 标准溶液的标定应符合下列规定：

1) 浓度为 0.01mol·L^{-1} EDTA 标准溶液的标定应用移液管吸取 3 份浓度为 0.01mol·L^{-1} 钙标准溶液，每份 20mL，分别注入 3 个锥形瓶中，加纯水至 50mL，加氨缓冲溶液 10mL，铬黑 T 指示剂少许，95% 酒精 5mL，用 EDTA 标准溶液滴定，使溶液由红色变为亮蓝色为止，记下用量。

2) EDTA 标准溶液的浓度应按下式计算，计算至 0.0001 mol·L^{-1}，取 3 个标定值的算术平均值：

$$C(EDTA) = V_C \frac{C(Ca^{2+})}{V_E} \qquad (53.6.3-1)$$

式中：$C(EDTA)$——EDTA 标准溶液的浓度 (mol·L^{-1})；

V_C——钙标准溶液的用量 (mL)；

$C(Ca^{2+})$——钙标准溶液的浓度 (mol·L^{-1})；

V_E——EDTA 标准溶液的用量 (mL)。

4 EDTA 间接络合滴定法试验应按下列步骤进行：

1) 参考表 53.6.2 的规定，用移液管吸取土浸出液放入 150mL 三角瓶中，稀释成 25mL，加入 1∶4 的盐酸溶液 8 滴，并煮沸除去二氧化碳。按表 53.6.2 的规定用滴定管缓慢加入钡镁合剂，边加边摇动。再煮沸 5min，冷却后静置 2h。加入氨缓冲溶液 10mL 摇匀，再加入铬黑 T 指示剂少许，95% 酒精 5mL，摇匀。用 EDTA 标准溶液滴定，当溶液呈紫色时，摇动 0.5min～1min，继续滴定至试液变为亮蓝色为止。记下 EDTA 标准溶液用量，准确至 0.01mL。

2) 另取锥形瓶进行空白试验。用移液管吸取 25mL 纯水放入 150mL 三角瓶中，加入 1∶4 的盐酸溶液 8 滴，加入 10mL 钡镁合剂、10mL 氨缓冲溶液、少许铬黑 T 指示剂，95% 酒精 5mL，摇匀。再用 EDTA 标准溶液滴定至空白试液由红色变为亮蓝色为止。记下 EDTA 标准溶液用量。

5 钡镁混合液浓度应按下式计算，计算至 0.0001mol·L^{-1}：

$$C(Ba+Mg) = V_E \frac{C(EDTA)}{10} \qquad (53.6.3-2)$$

式中：$C(Ba+Mg)$——钡镁混合液浓度 (mol·L^{-1})；

$C(EDTA)$——EDTA 标准溶液浓度 (mol·L^{-1})。

6 硫酸根 (SO_4^{2-}) 的含量按下列公式计算，计算至 0.001g·kg^{-1} 或 0.01mmol·kg^{-1}，平行最大允许误差应为 ±0.025g·kg^{-1} 或 ±0.25mmol·kg^{-1}，取算术平均值：

$$b\left(\frac{1}{2}SO_4^{2-}\right) = \frac{[C(Ba+Mg)V_B - (V_E-V_{E0})C(EDTA)]\frac{V_w}{V_{x2}} \times 2}{m_d \times 10^{-3}}$$
$$(53.6.3-3)$$

$$\omega(SO_4^{2-}) = 0.048b\left(\frac{1}{2}SO_4^{2-}\right) \qquad (53.6.3-4)$$

式中：$b\left(\frac{1}{2}SO_4^{2-}\right)$——硫酸根的质量摩尔浓度 (mmol·$kg^{-1}$)；

$\omega(SO_4^{2-})$——硫酸根含量 (g·kg^{-1})；

$C(Ba+Mg)$——钡镁混合液浓度 (mol·L^{-1})；

V_B——加入钡镁混合剂量 (mL)；

V_{E0}——消耗于与测硫酸根时体积相同的土浸出液中钙离子和镁离子的 EDTA 标准溶液的滴定量 (mL)；

$C(EDTA)$——EDTA 标准溶液的浓度 (mol·L^{-1})；

0.048——硫酸根的摩尔质量 (g·$mmol^{-1}$)。

7 本试验的记录格式应符合本标准附录 D 表 D.91、表 D.92 的规定。

53.6.4 比浊法应按下列规定进行：

1 本试验所用的仪器设备应符合下列规定：

1) 磁力搅拌器，秒表；

2) 光电比色计或分光光度计；

3) 量匙：容量为 0.2mL～0.3mL；

4) 其他：移液管、容量瓶、烧杯等。

2 试剂应符合下列规定：

1) 悬浊液稳定剂：将浓盐酸 30mL，95% 的酒精 100mL，纯水 300mL，氯化钠 (NaCl)75g 的溶液与 50mL 甘油混合；

2) 结晶氯化钡 ($BaCl_2$)：将氯化钡结晶过筛，取粒径在 0.25mm～0.5mm 之间的结晶备用；

3) 硫酸根 (SO_4^{2-}) 标准溶液：称取在温度 $105℃\sim110℃$ 下烘干的无水硫酸钠 (Na_2SO_4)0.1479g，溶于纯水中，倒入 1000mL 容量瓶中定容。此溶液中硫酸根含量为 0.1mg·mL^{-1}。

3 比浊法试验应按下列步骤进行：

1) 用移液管吸取土浸出液 25mL（当硫酸根含量大于 4mg·mL^{-1} 时应减少土浸出液用量并稀释至 25mL），放入 50mL 烧杯中。准确加入悬浊液稳定剂 1mL 和一量匙氯化钡结晶 (1.0g)，用磁力搅拌器搅拌 1min，将上述悬浊液在 15min 内于 420nm 或 480 nm 下进行比浊，以同一土浸出液（25mL 中加 1mL 稳定剂，不加氯化钡结晶），调节比色(浊)计吸收值"0"点，或测读吸收值后在土样浊液吸收值中减去，从工作曲线上查得比浊液中硫酸根含量 (mg·mL^{-1})。记录测定时的室温。

2) 工作曲线的绘制：用移液管分别准确吸取硫酸根标准溶液 0mL、1mL、2mL、4mL、6mL、8mL、10mL 倒入 25mL 容量瓶中，加水定容，即成硫酸根含量为 0mL、0.1mL、0.2mL、0.4mL、0.6mL、0.8mL、1.0mg/25mL 的标准系列溶液。按上述与待测液相同的步骤，加悬浊稳定剂 1mL 和一量匙氯化钡结晶显浊和测读吸收值后，以硫酸根含量为纵坐标，吸收值为横坐标，绘制关系曲线。该曲线称为标准曲线，并注明试验温度。

4 硫酸根 (SO_4^{2-}) 含量按下列公式计算：

$$\omega(SO_4^{2-}) = \frac{0.001K_{h1}\frac{V_w}{V_{x1}}}{m_d \times 10^{-3}} \qquad (53.6.4-1)$$

$$b\left(\frac{1}{2}SO_4^{2-}\right) = \frac{\omega(SO_4^{2-})}{0.0480} \qquad (53.6.4-2)$$

式中：$\omega(SO_4^{2-})$——硫酸根含量 (g·kg^{-1})；

$b\left(\frac{1}{2}SO_4^{2-}\right)$——硫酸根的质量摩尔浓度 (mmol·$kg^{-1}$)；

K_{h1}——由标准曲线查得的 25mL 浸出液中的 SO_4^{2-} 含量 (mg)；

0.001——将 mg 换算成 g 的因数；

0.0480——$\frac{1}{2}SO_4^{2-}$ 的摩尔质量 (kg·mol^{-1})。

5 本试验的记录格式应符合本标准附录 D 表 D.91、表 D.92

的规定。

53.7 钙离子(Ca^{2+})的测定(EDTA 法)

53.7.1 本试验所用的仪器设备应符合本标准第 53.4.1 条的规定。

53.7.2 本试验所用的试剂应符合下列规定:

1 试剂应符合本标准第 53.6.2 条第 2 款的规定;

2 刚果红试纸;

3 K.B 指示剂应称取 0.5g 酸性铬蓝 K、1g 萘酚绿 B 与 100g 干燥分析纯氯化钠(NaCl)研细混匀,贮于棕色瓶中,用毕即刻盖好,可长期使用。放在干燥器中保存;

4 2mol·L^{-1}氢氧化钠(NaOH)溶液应称取 8g 氢氧化钠溶于 100mL 无二氧化碳的纯水中。

53.7.3 标准溶液标定应符合本标准第 53.6.3 条第 3 款的规定。

53.7.4 钙离子(Ca^{2+})试验应按下列步骤进行:

1 用移液管吸取土浸出液 25mL,加入 150mL 三角瓶中,放入刚果红试纸一小片。滴入 1:4 的盐酸溶液,使试纸变蓝色,煮沸除去二氧化碳。当土浸出液中碳酸根和重碳酸根含量很少,可省去此步骤;

2 冷却后,加入 2mol·L^{-1}氢氧化钠 2mL(酸碱度控制在 12),摇匀放置 1min～2min,使镁离子沉淀完全。加入钙指示剂少许,95%酒精 5mL,用 EDTA 标准溶液滴定至试液由红色变为浅蓝色为止。记下 EDTA 标准溶液的用量,准确至 0.01mL。

53.7.5 钙离子的含量按下列公式计算,计算至 0.001g·kg^{-1}或 0.01mmol·kg^{-1},平行最大允许差值应为±0.004g·kg^{-1}或 0.1mmol·kg^{-1},取算术平均值:

$$b\left(\frac{1}{2}Ca^{2+}\right)=\frac{C(EDTA)V_{E1}\frac{V_w}{V_{x1}}\times 2}{m_d\times 10^{-3}} \qquad (53.7.5-1)$$

$$\omega(Ca^{2+})=0.020b\left(\frac{1}{2}Ca^{2+}\right) \qquad (53.7.5-2)$$

式中:$b\left(\frac{1}{2}Ca^{2+}\right)$——钙离子的质量摩尔浓度(mmol·$kg^{-1}$);

$\omega(Ca^{2+})$——钙离子含量(g·kg^{-1});

V_{E1}——滴定 Ca^{2+}时所用的 EDTA 体积(mL);

0.020——钙离子($\frac{1}{2}Ca^{2+}$)的摩尔质量(kg·mol^{-1})。

53.7.6 本试验记录格式应符合本标准附录 D 表 D.93 的规定。

53.8 镁离子(Mg^{2+})的测定(钙镁合量滴定法)

53.8.1 本试验所用的仪器设备应符合本标准第 53.4.1 条的规定。

53.8.2 本试验所用的试剂应符合本标准第 53.6.3 条第 2 款的规定。

53.8.3 标准溶液的标定应符合本标准第 53.6.3 条第 3 款的规定。

53.8.4 镁离子(Mg^{2+})的测定试验应按下列步骤进行:

1 用移液管吸取土浸出液 25mL,注入三角瓶中,加入氨缓冲溶液 5mL,摇匀,加铬黑 T 指示剂少许,95%酒精 5mL,充分摇匀。再用 EDTA 标准溶液滴定试液至亮蓝色为止,记下 EDTA 标准溶液用量,准确至 0.01mL;

2 用移液管吸取与本标准第 53.8.4 条第 1 款规定的等体积浸出液,应按本标准第 53.7.4 条的规定,滴定钙离子对 EDTA 标准溶液的用量。

53.8.5 镁离子的含量应按下列公式计算,计算准确至 0.001g·kg^{-1}或 0.01mmol·kg^{-1},平行最大允许差值应为±0.004g·kg^{-1}或 0.15mmol·kg^{-1},取算术平均值:

$$b\left(\frac{1}{2}Mg^{2+}\right)=\frac{C(EDTA)(V_{E2}-V_{E1})\frac{V_w}{V_{x1}}}{m_d\times 10^{-3}} \qquad (53.8.5-1)$$

$$\omega(Mg^{2+})=0.0122b\left(\frac{1}{2}Mg^{2+}\right) \qquad (53.8.5-2)$$

式中:$b\left(\frac{1}{2}Mg^{2+}\right)$——镁离子的质量摩尔浓度(mmol·$kg^{-1}$);

$\omega(Mg^{2+})$——镁离子含量(g·kg^{-1});

V_{E2}——滴定 Ca^{2+}、Mg^{2+}合量时所用的 EDTA 标准溶液体积(mL);

0.0122——镁离子的摩尔质量(kg·mol^{-1})。

53.8.6 镁离子的测定记录格式应符合本标准附录 D 表 D.93 的规定。

53.9 钠离子(Na^+)和钾离子(K^+)的测定(火焰光度法)

53.9.1 本试验所用的仪器设备应符合下列规定:

1 火焰光度计或原子吸收光谱-火焰分光光度计;

2 分析天平:称量 100g,分度值 0.0001g;

3 其他:烧杯、容量瓶、塑料瓶、高温电炉、烘箱。

53.9.2 试剂应符合下列规定:

1 钠(Na^+)标准溶液:准确称取经 550℃灼烧过的氯化钠(NaCl)0.2542g,在少量纯水中溶解,移至 1000mL 容量瓶定容,贮于塑料瓶中,此溶液含钠离子浓度为 0.1mg·mL^{-1},以此为母液可稀释配制成所需浓度的标准系列溶液;

2 钾(K^+)标准溶液:准确称取经 105℃～110℃烘干 4h～6h 的分析纯氯化钾(KCl)0.1907g,在少许纯水中溶解,移至 1000mL 容量瓶中定容,贮于塑料瓶中,此溶液含钾离子 0.1mg/mL,以此为母液可稀释配制所需浓度的标准系列溶液。

53.9.3 钠离子(Na^+)和钾离子(K^+)的测定试验应按下列步骤进行:

1 标准曲线的制作。取 50mL 容量瓶 9 个,准确加入钠和钾标准溶液各为 0mL、0.5mL、1mL、2.5mL、5mL、10mL、15mL、20mL、25mL,然后用纯水稀释定容,即成钠、钾含量分别为 0mg·L^{-1}、1mg·L^{-1}、2mg·L^{-1}、5mg·L^{-1}、10mg·L^{-1}、20mg·L^{-1}、30mg·L^{-1}、40mg·L^{-1}、50mg·L^{-1}的标准系列溶液。按火焰光度计使用说明进行操作,分别用钠滤光片和钾滤光片逐个测定其吸收值,然后以吸收值为横坐标,相应的钠、钾浓度为纵坐标,分别绘制标准曲线,并将曲线进行回归,求出回归方程。

2 吸取 10mL～20mL 的土浸出液,在火焰光度计上,按仪器说明书进行操作。当钠、钾含量超过仪器容许范围时,需稀释后再操作。分别用钠滤光片、钾滤光片逐个测定吸收值。记下仪器读数,注明试验条件。分别查钠、钾标准曲线,计算其钾、钠含量。用原子吸收-火焰分光光度计时,用发射挡。

53.9.4 钠离子的含量应按下列公式计算,计算至 0.001g·kg^{-1}或 0.01mmol·kg^{-1},平行最大允许差值应为±0.005g·kg^{-1}或±0.2mmol·kg^{-1},取算术平均值:

$$\omega(Na^+)=\frac{0.001N_xK_nV_w}{m_d\times 10^{-3}} \qquad (53.9.4-1)$$

$$b(Na^+)=\frac{\omega(Na^+)}{0.023} \qquad (53.9.4-2)$$

式中:$\omega(Na^+)$——钠离子含量(g·kg^{-1});

$b(Na^+)$——钠离子的质量摩尔浓度(mmol·kg^{-1});

0.001——mg 换算成 g 的因数;

N_x——土浸出液的稀释倍数,当直接取土浸出液比色时,$N_x=1$;

K_n——由标准曲线查得的钠离子含量(mg·mL^{-1});

0.023——钠离子的摩尔质量（kg·mol^{-1}）。

53.9.5 钾离子的含量应按下列公式计算，计算至 0.001g·kg^{-1} 或 0.01mmol·kg^{-1}，平行最大允许差值应为 ±0.02g·kg^{-1} 或 ±0.5mmol·kg^{-1}，取算术平均值：

$$\omega(K^+) = \frac{0.001NK_kV_w}{m_d \times 10^{-3}} \quad (53.9.5\text{-}1)$$

$$b(K^+) = \frac{\omega(K^+)}{0.039} \quad (53.9.5\text{-}2)$$

式中：$\omega(K^+)$——钾离子含量（g·kg^{-1}）；

　　　　$b(K^+)$——钾离子的质量摩尔浓度（mmol·kg^{-1}）；

　　　　K_k——由标准曲线查得的钾离子含量（mg·mL^{-1}）；

　　　　0.039——钾离子的摩尔质量（kg·mol^{-1}）。

53.9.6 本试验的记录格式应符合本标准附录 D 表 D.94 的规定。

54 中溶盐石膏试验

54.1 一般规定

54.1.1 土样为含石膏较多的土类。

54.1.2 当土中石膏含量很高时，以 55℃～60℃烘干土或风干土计算为宜。

54.2 仪器设备和试剂

54.2.1 本试验所用的仪器设备应符合下列规定：

　　1 高温电炉、水浴锅、瓷坩埚；

　　2 分析天平：称量 200g，分度值 0.0001g；

　　3 其他：容量瓶、漏斗、漏斗架、烧杯、无灰滤纸。

54.2.2 试剂应符合下列规定：

　　1 浓度为 0.25mol·L^{-1} 的盐酸（HCl）溶液：将浓盐酸 20.8mL 稀释至 1000mL；

　　2 10% 氨水（NH$_4$OH）：将浓氨水 31mL 稀释成 100mL；

　　3 10% 氯化钡（BaCl$_2$）溶液：将 10g 氯化钡溶于少量纯水中，稀释至 100mL；

　　4 酸化硝酸银（AgNO$_3$）溶液：将 0.5g 硝酸银溶于 50mL 纯水中，加入少量浓硝酸酸化。贮于棕色瓶中；

　　5 0.1% 甲基橙指示剂；

　　6 1:1 盐酸溶液。

54.3 操作步骤

54.3.1 试样中石膏的浸提液制备应按下列规定进行：

　　1 称取过 0.25mm 筛的风干试样 1g～5g，准确至 0.0001g。放入 250mL 烧杯中，缓慢加入浓度为 0.25mol·L^{-1} 的盐酸溶液 50mL。边加边搅拌。当土中含碳酸钙时，应加盐酸至无气泡产生为止，放置过夜。

　　2 第二天过滤，并用浓度为 0.25mol·L^{-1} 的盐酸溶液淋洗土样至滤液中无硫酸根为止。

54.3.2 硫酸根的测定应按下列规定进行：

　　1 应按本标准上述的规定处理后的滤液中加入 2 滴 0.1% 甲基橙指示剂，用 10% 氨水中和溶液，当溶液呈黄色时，再用 1:1 盐酸溶液调至红色后多加 10 滴，加热煮沸，进行搅拌，并缓慢滴入热的 10% 氯化钡溶液，直至试液中硫酸根沉淀完全，并稍有过量为止。放在水浴锅（60℃左右）保温 2h，或静置过夜。

　　2 将硫酸根沉淀，用无灰滤纸过滤，用温纯水洗涤至无氯离子为止（用硝酸银溶液检验）。

　　3 用滤纸包好洗净的沉淀物，放入经 600℃灼烧至恒量的瓷坩埚中，置于电炉上灰化滤纸（不得出现明火燃烧）。然后移入高温炉中，控制在 600℃下灼烧 1h 取出，放于洁净的石棉网上，在干燥器中冷却至室温，称质量，再在 600℃下灼烧 30min，冷却后称质量，反复操作至恒量，记下质量。

　　4 易溶盐硫酸根的测定，应按本标准第 53.6 节的规定进行。

54.4 计算和记录

54.4.1 减去易溶盐硫酸根含量时中溶盐（石膏）含量应按下式计算，计算至 0.1g·kg^{-1}，平行最大允许差值应为 ±1g·kg^{-1}，取算术平均值：

$$\omega(CaSO_4 \cdot 2H_2O) = \left[\frac{(m_{gz}-m_{g0}) \times 0.4114}{m_d \times 10^{-3}} - \omega(SO_4^{2-})\right] \times 1.7922$$
$$(54.4.1)$$

式中：$\omega(CaSO_4 \cdot 2H_2O)$——中溶盐（石膏）含量（g·kg^{-1}）；

　　　　m_{gz}——瓷坩埚与沉淀总质量（g）；

　　　　m_{g0}——瓷坩埚质量（g）；

　　　　0.4114——由硫酸钡换算为硫酸根的系数；

　　　　$\omega(SO_4^{2-})$——易溶盐硫酸根的含量（g·kg^{-1}）；

　　　　10^{-3}——将 g 换算成 kg 的因数；

　　　　1.7922——由硫酸根换算为石膏的系数。

54.4.2 不减去易溶盐硫酸根含量时中溶盐（石膏）含量应按下式计算，计算至 0.1g·kg^{-1}，平行最大允许差值应为 ±1g·kg^{-1}，取算术平均值：

$$\omega(CaSO_4 \cdot 2H_2O) = \frac{(m_{gz}-m_{g0}) \times 0.7377}{m_d \times 10^{-3}} \quad (54.4.2)$$

式中：0.7377——由硫酸钡换算为石膏的系数。

54.4.3 本试验的记录格式应符合本标准附录 D 表 D.95 的规定。

55 难溶盐碳酸钙试验

55.1 一般规定

55.1.1 土样为各类土。

55.1.2 本试验方法分为简易碱吸收容量法和气量法两种方法，可根据试验数量和最大允许误差要求选用其中之一。对测定结果要求较准确时宜用简易碱吸收容量法，而气量法适用于大批试样的粗略测定。

55.2 简易碱吸收容量法

55.2.1 本试验使用的仪器设备应符合下列规定：

　　1 简易的碱吸收容量法测定装置（图 55.2.1）；

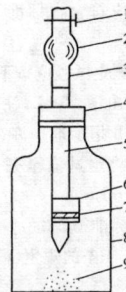

图 55.2.1 简易碱吸收容量法测定装置
1—止水夹；2—玻璃珠；3—乳胶管；4—橡皮塞；5—玻璃管；
6—塑料杯；7—橡皮筋；8—广口瓶；9—土样

2 分析天平:称量 100g,分度值 0.0001g;

3 其他:容量瓶、250mL 三角瓶、酸式滴定管、50mL 医用注射器、塑料瓶、点滴瓶。

55.2.2 本试验使用的试剂应符合下列规定:

1 浓度为 2mg·L^{-1} 的氢氧化钾(KOH)溶液:应将 112g 氢氧化钾溶解于 700mL 煮沸后冷却的纯水中,移至 1000mL 容量瓶中,用纯水稀释至刻度,摇匀。贮于有隔绝空气中二氧化碳装置(苏打石灰膏)的塑料瓶中。

2 浓度为 2mol·L^{-1} 的盐酸(HCl)溶液:应将 167mL 盐酸(HCl,$\rho \approx 1.19g/cm^3$,分析纯)稀释至 1000mL。

3 浓度为 1mol·L^{-1} 的盐酸溶液:应将 83mL 盐酸(HCl,$\rho \approx 1.19g/cm^3$,分析纯)稀释至 1000mL。

4 浓度为 0.1mol·L^{-1} 的盐酸标准溶液制备应按下列规定进行:

  1)浓度为 0.1mol·L^{-1} 的盐酸标准溶液的配制:应将 8.3mL 盐酸(HCl,$\rho \approx 1.19g/cm^3$,分析纯)稀释至 1000mL;

  2)盐酸标准溶液的标定应按本标准第 53.4.3 条的规定进行,并计算其浓度,计算结果表示到小数点后四位;

  3)溴甲酚绿指示剂:应将 0.1g 溴甲酚绿溶解于 250mL 浓度为 0.0006 mol·L^{-1} 的氢氧化钾溶液中;

  4)百里酚兰-酚酞试剂:应将 1 份 1.0g·kg^{-1} 百里酚蓝的 50% 的酒精溶液与 3 份 1.0g·kg^{-1} 酚酞酒精溶液相混合。

55.2.3 简易碱吸收容量法试验应按下列步骤进行:

1 用分析天平准确称取过 0.15mm 筛孔的风干土样 1g~8g(碳酸钙含量不超过 0.25g),放置于广口瓶中,在塑料杯中加入 5mL 浓度为 2 mol·L^{-1} 的氢氧化钾溶液,塞紧瓶塞勿使漏气。将 50mL 医用注射器连接在乳胶管上端,捏开玻璃珠开关,从广口瓶中抽出 50mL 空气。

2 用注射器通过乳胶管向广口瓶内注入 20mL 浓度为 2mol·L^{-1} 的盐酸溶液,乳胶管上端用止水夹夹紧,轻轻旋转广口瓶使试样与盐酸充分接触均匀,在室温下放置 16h~24h。

3 打开瓶塞,细心取出塑料杯,用 50mL 无二氧化碳的纯水,将塑料杯中的氢氧化钾溶液洗入 200mL 三角瓶中。加百里酚兰-酚酞混合指示剂 20 滴,用 1mol·L^{-1} 盐酸溶液滴定至溶液由紫色变为淡红色时,改用 0.1mol·L^{-1} 盐酸标准溶液滴定至溶液刚出现黄色而红色又未完全消失(pH=8.3)为止(不记用量)。然后加入 16 滴钾溴酚绿指示剂,用浓度为 0.1mol·L^{-1} 的盐酸标准溶液滴定至溶液由蓝色变为亮黄色(pH=3.9)为止,记下这次滴定量。

4 应按本条第 3 款的规定进行空白试验。

55.2.4 碳酸钙含量应按下式计算,计算结果表示到小数点后一位,平行最大允许差值应为 ±2g·kg^{-1},试验结果取算术平均值:

$$\omega(CaCO_3) = \frac{2C_{b1}(V_{hb6} - V_{hb7}) \times 0.050}{m_d \times 10^{-3}} \quad (55.2.4)$$

式中:$\omega(CaCO_3)$——难溶盐碳酸钙含量(g·kg^{-1});

  2——因 V_1 只是酸中和重碳酸根时的用量,故中和碳酸根的用量应为 2 倍 V_1;

  C_{b1}——盐酸标准滴定溶液浓度(mol·L^{-1});

  V_{hb6}——以钾溴酚绿为指示剂时盐酸滴定标准溶液滴定溶液的体积的数值(mL);

  V_{hb7}——空白试验,以钾溴酚绿为指示剂时盐酸标准滴定溶液的体积的数值(mL);

  0.050——碳酸钙摩尔质量的一半(g·mmol^{-1}),因 1mmol 盐酸仅能与 0.5mmol 碳酸钙作用;

  10^{-3}——将 g 换算成 kg 的因数。

55.2.5 本试验碱吸收容量法的记录格式应符合本标准附录 D 表 D.96 的规定。

55.3 气 量 法

55.3.1 本试验所用的仪器设备应符合下列规定:

1 二氧化碳约测计,装置如图 55.3.1 所示;

2 气压计、温度计;

3 天平:称量 200g,分度值 0.01g;

4 其他:瓷坩埚、指形管等。

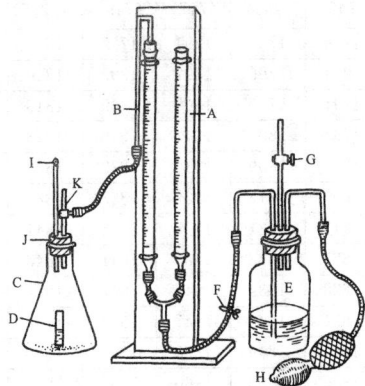

图 55.3.1 二氧化碳约测计示意图
A、B—量管;C—三角瓶;D—试管;E—广口瓶;F—夹子;G—活塞;
H—打气球;I—温度计;J—橡皮塞;K—活塞

55.3.2 试剂应符合下列规定:

1 1:3 盐酸溶液:将 1 份盐酸(HCl,$\rho \approx 1.19g/cm^3$,分析纯)与 3 份纯水混合;

2 浓度约为 0.5mol·L^{-1} 的 H_2SO_4 有色溶液,每 100mL 纯水中加硫酸(H_2SO_4,$\rho = 1.84g/cm^3$,化学纯)3mL,加甲基红指示剂数滴,装入量气管;

3 含量为 1.0g·kg^{-1} 的甲基红指示剂。

55.3.3 气量法试验应按下列步骤进行:

1 称取过 0.25mm 筛,经 105℃~110℃ 烘干的试样 1g~5g($CaCO_3$ 含量 0.1g~0.2g),准确至 0.01g,小心地将土样倒入三角瓶底。在试管 D 中装入盐酸溶液(1:3)约至 2/3 处,将试管用镊子小心地立在已盛有土样的三角瓶 C 中。

2 给广口瓶中装入浓度为 0.5 mol·L^{-1} 的 H_2SO_4 有色溶液,关闭活塞 G,打开夹子 F,用打气球打气,使有色溶液装满滴定管。检查是否漏气:关闭活塞 K,将橡皮塞 J 塞紧,此时 B 管液面略低于 A 管,稍等片刻,检查是否漏气。如果漏气,两管液面会慢慢齐平,应仔细检查各接头中用石蜡溶液密封,使不漏气。

3 打开活塞 K,使 A、B 两管液面在同一平面,记录 B 管液面读数,再关好活塞 K,同时打开活塞 G。

4 将三角瓶 C 中的试管 D 的盐酸倒到瓶底,此时即有 CO_2 气体产生,B 管液面下降,应及时用夹子 F 调节 A 管中液面,使 A 管液面始终略高于 B 管。当 B 管液面停止下降时,用长柄夹子夹住三角瓶 C 颈部,间歇摇动三角瓶 C 四至五次,直到 B 管液面不下降为止。

5 用夹子 F 或上下变动 A 管高低来调节 A、B 两管液面使之在同一水平面上,记录 B 管液面读数。最终读数与起始读数之差即为产生的二氧化碳体积的数值,并同时记录温度和气压。

55.3.4 碳酸钙的含量应按下式计算,计算结果表示到个位,平行最大允许差值应为 ±5g·kg^{-1},取算术平均值:

$$\omega(CaCO_3) = \frac{V_{CO_2} \rho_{CO_2} \times 10^{-6} \times 2.272}{m_d \times 10^{-3}} \quad (55.3.4)$$

式中:$\omega(CaCO_3)$——碳酸钙含量(g·kg^{-1});

  V_{CO_2}——二氧化碳的体积(mL);

  ρ_{CO_2}——在试验的温度和气压下二氧化碳的密度($\mu g·mL^{-1}$),可查表 55.3.4 确定;

  2.272——由二氧化碳换算成碳酸钙的系数(100/44);

  10^{-6}——μg 与 kg 的换算系数;

  10^{-3}——g 与 kg 的换算系数。

表 55.3.4　不同温度及大气压力下二氧化碳密度 ρ_{CO_2} $(\mu g \cdot mL^{-1})$

温度 (℃)	大气压力[kPa(mmHg)]													
	98.925 (742)	99.258 (744.5)	99.591 (747)	99.858 (749)	100.125 (753.5)	100.458 (751)	100.791 (756)	101.059 (758)	101.325 (760)	101.658 (762.5)	101.991 (756)	102.258 (767)	102.525 (769)	102.791 (771)
28	1778	1784	1791	1797	1804	1810	1817	1823	1828	1833	1837	1842	1847	1852
27	1784	1790	1797	1803	1810	1816	1823	1829	1834	1839	1843	1848	1853	1858
26	1791	1797	1803	1809	1816	1822	1829	1835	1840	1845	1849	1854	1859	1864
25	1797	1803	1810	1816	1823	1829	1836	1842	1847	1852	1856	1861	1866	1871
24	1803	1809	1816	1822	1829	1835	1842	1848	1853	1858	1862	1867	1872	1877
23	1809	1815	1822	1828	1835	1841	1848	1854	1859	1864	1868	1873	1878	1883
22	1815	1821	1828	1834	1841	1847	1854	1860	1865	1870	1875	1880	1885	1890
21	1822	1828	1835	1841	1848	1854	1861	1867	1872	1877	1882	1887	1892	1897
20	1828	1834	1841	1847	1854	1860	1867	1873	1878	1883	1888	1893	1898	1903
19	1834	1840	1847	1853	1860	1866	1873	1879	1884	1889	1894	1899	1904	1909
18	1840	1846	1853	1859	1866	1872	1879	1885	1890	1895	1900	1905	1910	1915
17	1846	1853	1860	1866	1873	1879	1886	1892	1897	1902	1907	1912	1917	1922
16	1853	1860	1867	1873	1879	1886	1892	1893	1903	1909	1913	1918	1923	1928
15	1859	1866	1872	1879	1886	1892	1899	1905	1910	1915	1920	1925	1930	1935
14	1865	1872	1878	1885	1892	1899	1906	1912	1917	1922	1927	1932	1937	1942
13	1872	1878	1885	1892	1899	1906	1913	1919	1924	1929	1934	1939	1944	1949
12	1878	1885	1892	1899	1906	1912	1919	1925	1930	1935	1940	1945	1950	1955
11	1885	1892	1899	1906	1913	1919	1926	1932	1937	1942	1947	1952	1957	1962
10	1892	1899	1960	1913	1919	1926	1933	1939	1944	1949	1954	1959	1964	1969

55.3.5 在无气压计情况下采用标准曲线法计算 $CaCO_3$ 的含量。在分度值为 0.01g 的天平上称取干燥的分析纯 $CaCO_3$ 分别为 0.05g、0.1g、0.2g、0.3g、0.4g(如果用 50mL 滴定管收集气体称取的 $CaCO_3$ 量不要大于 0.2g),按上述实验按下列步骤进行:测定 CO_2 毫升数,以 CO_2 的体积为纵坐标,$CaCO_3$ 含量为横坐标,画出标准曲线,或求出其回归方程。然后用同一时间测得的土样 CO_2 的体积数求出 $CaCO_3$ 含量。计算结果表示到个位,平行最大允许差值应为 $\pm 5g \cdot kg^{-1}$,取算术平均值。

$$\omega(CaCO_3) = \frac{m_{cl}}{m_d \times 10^{-3}} \qquad (55.3.5)$$

式中:m_{cl}——查得 $CaCO_3$ 的质量(g)。

55.3.6 本试验气量法的记录格式应符合本标准附录 D 表 D.97 的规定。

56　有机质试验

56.1　一般规定

56.1.1 本试验采用重铬酸钾容量法测定其中的有机碳,再乘以经验系数 1.724 换算成有机质,并以 1kg 烘干土中所含有机质的克(g)数表示,单位为克每千克(g·kg⁻¹)。

56.1.2 土样的有机质含量不应大于 150g·kg⁻¹。

56.2　仪器设备和试剂

56.2.1 本试验使用的仪器设备应符合下列规定:

1　分析天平:称量 200g,分度值 0.0001g;

2　油浴锅:内盛甘油或植物油并应带铁丝笼;

3　温度计:量程 0℃~200℃,分度值为 0.5℃;

4　其他:酸式滴定管、三角瓶、硬质试管、小漏斗、试管夹。

56.2.2 本试验所用的试剂应符合下列规定:

1　浓度为 0.8000mol·L⁻¹ 的重铬酸钾 $\left(\frac{1}{6}K_2Cr_2O_7\right)$ 标准溶液:用分析天平取经 105℃~110℃烘干并研磨细的重铬酸钾

39.2245g,溶于 400mL 纯水,加热溶解,冷却后倒入 1000mL 容量瓶中,用纯水稀释至刻度,摇匀。

2　浓度为 0.2mol·L⁻¹ 的硫酸亚铁($FeSO_4 \cdot 7H_2O$)(或硫酸亚铁铵)标准溶液应符合下列规定:

1)浓度为 0.2mol·L⁻¹ 的硫酸亚铁 $\left(\frac{1}{2}FeSO_4 \cdot 7H_2O\right)$(或硫酸亚铁铵)标准溶液的配制:称取硫酸亚铁 56.0g(或硫酸亚铁铵 80.0g),溶于纯水中,加入浓度为 6 mol·L⁻¹ 的硫酸 $\left(\frac{1}{2}H_2SO_4\right)$ 溶液 30mL,稀释至 1000mL,贮于棕色瓶中;

2)浓度为 0.2mol·L⁻¹ 的硫酸亚铁 $\left(\frac{1}{2}FeSO_4 \cdot 7H_2O\right)$(或硫酸亚铁铵)标准溶液的标定:准确吸取重铬酸钾标准溶液 5mL,硫酸 5mL 各三份,分别放入 250mL 锥形瓶中,稀释至 60mL 左右,加入邻啡罗啉指示剂 3 滴~5 滴,用硫酸亚铁标准溶液进行滴定,使溶液由黄色经绿色突变至棕红色为止。按下式计算硫酸亚铁的浓度,计算结果表示到小数点后四位,取三份结果的算术平均值:

$$C\left(\frac{1}{2}FeSO_4\right) = \frac{C\left(\frac{1}{6}K_2Cr_2O_7\right)V_K}{V_F} \qquad (56.2.2)$$

式中:$C\left(\frac{1}{2}FeSO_4\right)$——硫酸亚铁标准滴定溶液的浓度(mol·L⁻¹);

$C\left(\frac{1}{6}K_2Cr_2O_7\right)$——重铬酸钾标准溶液的浓度(mol·L⁻¹);

V_K——重铬酸钾标准溶液的体积的数值(mL);

V_F——硫酸亚铁标准滴定溶液的体积的数值(mL)。

3　硫酸(H_2SO_4,$\rho=1.84g/cm^3$,分析纯)。

4　邻啡罗啉指示剂:将邻啡罗啉 1.485g 和硫酸亚铁 0.695g 溶于 100mL 纯水中,贮于棕色瓶中。

56.3　操作步骤

56.3.1 当试样中含有机质小于 8mg 时,用分析天平取剔除植物根并通过 0.15mm 筛的风干试样 0.1g~0.5g,放入干燥的试管底部,准确吸取重铬酸钾标准溶液 5mL、硫酸 5mL,加入试管并摇匀,在试管口放上小漏斗。

56.3.2 将试管插入铁丝笼中,放入 190℃ 左右的油浴锅内。试管内的液面低于油面。温度应控制在 170℃~180℃,从试管内试液沸腾时开始计时,煮沸 5min,取出。

56.3.3 将试管内溶液倒入三角瓶中,用纯水洗净试管内部,并使溶液控制在 60mL 左右,加入邻啡罗啉指示剂 3 滴~5 滴,用硫酸亚铁标准滴定溶液滴定,当溶液由黄色经绿色突变至橙红色时为止。记下硫酸亚铁标准溶液用量,准确至 0.01mL。

56.3.4 试样试验的同时,应按本标准第 56.3.1 条~第 56.3.3 条的规定采用纯砂进行空白试验。

56.4 计算和记录

56.4.1 有机质含量应按下式计算,计算至 0.1g·kg^{-1},平行最大允许误差为 ±0.5g·kg^{-1},试验结果取算术平均值:

$$O.M. = \frac{0.003 \times 1.724 \times C\left(\frac{1}{2}FeSO_4\right)(V_{hb8} - V_{hb9})}{m_d \times 10^{-3}}$$

(56.4.1)

式中:O.M.——土壤有机质含量(g·kg^{-1});

V_{hb8}——空白试验时硫酸亚铁标准滴定溶液的体积的数值(mL);

V_{hb9}——硫酸亚铁标准滴定溶液的体积的数值(mL);

0.003——1mol 硫酸亚铁所相当的有机质碳量(kg);

1.724——有机碳换算成有机质的系数;

10^{-3}——将 g 换算成 kg 的系数。

56.4.2 本试验的记录格式应符合本标准附录 D 表 D.98 的规定。

57 游离氧化铁试验

57.1 一般规定

57.1.1 土样为各类土。

57.1.2 本试验用于测定土中游离氧化铁的总量(米拉·杰克逊法)和无定形游离氧化铁的含量(达姆试剂法),二者相减可得结晶质游离氧化铁。

57.2 仪器设备和试剂

57.2.1 本试验使用的仪器设备应符合下列规定:

1 离心机(转速为 3000r/min~4000r/min),50mL 离心管;

2 分析天平:称量 200g,分度值 0.0001g;

3 可见光分光光度计;

4 水浴锅(附温度控制器);

5 振荡器;

6 其他设备:容量瓶、移液管、量筒、100mL 棕色广口瓶、100mL 试剂瓶、0.25mm 细筛。

57.2.2 本试验使用的试剂应符合下列规定:

1 连二亚硫酸钠($Na_2S_2O_4$),化学纯;

2 氯化钠溶液:称取氯化钠 58.45g 溶于纯水,稀释至 1L,氯化钠溶液浓度为 1mol·L^{-1};

3 100g·L^{-1} 盐酸羟胺溶液:称取 10g 化学纯盐酸羟胺溶于水中,移入 100mL 容量瓶中,用纯水稀释至刻度,摇匀,贮于棕色试剂瓶中;

4 1mol·L^{-1} 碳酸氢钠溶液:称取 84.01g 碳酸氢钠($NaHCO_3$,化学纯)溶于水,移入 1000mL 容量瓶中,用纯水稀释至刻度,摇匀;

5 0.3mol·L^{-1} 柠檬酸钠溶液:称取 104.4g 柠檬酸钠($Na_3C_6H_5O_7$·H_2O,化学纯)溶于纯水,移入 1000mL 容量瓶中,用纯水稀释至刻度,摇匀;

6 醋酸-醋酸钠缓冲溶液:称取 68g 醋酸钠(CH_3COONa·H_2O)溶于 500mL 纯水中,加入 28.8mL 冰醋酸,用纯水稀释至 1000mL;

7 铁标准储备溶液:称取 0.7017g 硫酸亚铁铵[$(NH_4)_2Fe(SO_4)_2$·$6H_2O$]溶于纯水中,加浓硫酸 5mL,然后移入 1000mL 容量瓶中,用纯水稀释刻度,摇匀,此时溶液含铁 100μg·mL^{-1};

8 铁标准溶液:将 100μg·mL^{-1} 铁标准溶液稀释 10 倍成为 10μg/mL 的溶液,供比色制标准曲线;

9 1.0g·L^{-1} 邻菲罗啉:称取 1.0g 邻菲罗啉($CnHSN_2$·H_2O)溶于 1000mL 纯水中(内含 0.1mol·L^{-1} 盐酸 5mL);

10 达姆试剂(0.2mol·L^{-1} 草酸铵缓冲液):称取 62.1g 草酸铵、31.5g 草酸溶于 2500mL 纯水中,溶液 pH 值为 3.2 左右,必要时可用氨水或草酸调节。

57.3 操作步骤

57.3.1 试样处理应按下列规定进行:

1 用分析天平称过 0.25mm 筛的风干土样 0.1g~0.5g(游离氧化铁含量很低时要称 0.5g~1.0g),放入 50mL 离心管中,加入 0.3mol·L^{-1} 柠檬酸钠溶液 20mL,1mol·L^{-1} 碳酸氢钠溶液 2.5mL;

2 将离心管在水浴锅上加热至 80℃(不能超过此温度)后,加固体连二亚硫酸钠 0.5g,不断搅拌 15min,然后再加氯化钠溶液 5mL,取出冷却,用离心机分离,清液倒入 250mL 容量瓶中,如此反复处理至土样呈灰白色;

3 用 1mol·L^{-1} 氯化钠溶液洗涤离心管内残渣 2 次~3 次,清液一并倒入 250mL 容量瓶中,定容待测游离氧化铁总量;

4 用分析天平称取 1g~2g 土样,放入 100mL 经过烘干的棕色广口瓶中,用移液管或酸式滴定管加入 0.2mol·L^{-1} 达姆试剂草酸铵缓冲溶液 50mL,加塞振荡 2h 后,立即倒入离心管中离心机分离,将澄清液倒入烘干的 100mL 试剂瓶中待测无定形铁之用。

57.3.2 铁的测定应按下列步骤进行:

1 分别吸取一定量的上述两种待测液至 50mL 容量瓶中,加入 100g·L^{-1} 盐酸羟胺 1mL 摇匀放置 10min,加醋酸-醋酸钠缓冲溶液 5mL,加入 1.0g·L^{-1} 邻菲罗啉 5mL,摇匀,室温 20℃时放置 1.5h,使其充分显色。用纯水稀释至刻度后,摇匀,然后于 520nm 波长处用 1cm 比色皿比色,测定其吸光度。

2 分别吸取 10μg·mL^{-1} 铁标准溶液使用液 0mL、1mL、3mL、5mL、7mL、9mL,相应的含铁量为 0μg、10μg、30μg、50μg、70μg、90μg,应按本标准第 57.4.2 条第 1 款的规定与待测液做同样处理显色,测定其对应的吸光度,然后以含铁量为横坐标、吸光度为纵坐标,绘制标准曲线。显色时间在室温下需 24h,亦可在水浴锅上加热 15min,以加快显色过程。

57.4 计算

57.4.1 游离氧化铁总量应按下式计算,计算结果表示到小数点后一位,平行最大允许差值应为 ±1g·kg^{-1},取算术平均值:

$$\omega(Fe_2O_3) = \frac{F\dfrac{V_w}{V_{xl}} \times 1.4297 \times 10^{-3}}{m_d}$$

(57.4.1)

式中:$\omega(Fe_2O_3)$——游离氧化铁总量(g·kg^{-1});

F——按待测液的消光值在标准曲线上查得的铁含量(μg);

V_w——浸提液的总体积的数值(mL);

V_{xl}——吸取待测液的体积的数值(mL);

1.4297——Fe 与 Fe₂O₃ 的换算系数;

10⁻³——将 g 换算成 kg 的系数。

57.4.2 无定形游离氧化铁应按下式计算,计算结果表示到小数点后一位,平行最大允许差值应为 ±1g·kg⁻¹,取算术平均值。

$$\omega(无定形游离氧化铁) = \frac{F_1 \frac{V_w}{V_{xl}} \times 1.4297 \times 10^{-3}}{m_d}$$

(57.4.2)

式中: F_1——标准曲线上查的得铁含量(μg);

V_w——达姆试剂浸提液的总体积(mL)。

57.4.3 结晶态游离氧化铁应按下式计算:

$$\omega(结晶态游离氧化铁) = \omega(Fe_2O_3) - \omega(无定形游离氧化铁)$$

(57.4.3)

57.4.4 本试验的记录格式应符合本标准附录 D 表 D.99、表 D.100 的规定。

58 阳离子交换量试验

58.1 一般规定

58.1.1 本试验采用氯化钡缓冲液法、1mol·L⁻¹乙酸铵交换法、乙酸钠-火焰光度法测定土中阳离子交换总量。

58.1.2 氯化钡缓冲液法适用于非盐渍化的各种土类,1mol·L⁻¹乙酸铵交换法适用于酸性土,乙酸钠-火焰光度法适用于石灰性土和盐碱土。

58.2 氯化钡缓冲液法

58.2.1 本试验使用的主要仪器设备应符合下列规定:

1 离心机(转速为 3000r/min~4000r/min)及离心管(容量为 100mL);

2 分析天平:称量 100g,分度值 0.0001g;天平,分度值 0.1g;

3 其他:移液管、滴定管、容量瓶、三角瓶等。

58.2.2 本试验使用的试剂应符合下列规定:

1 1mol·L⁻¹氯化钡(BaCl₂)溶液:称取 244g 氯化钡(BaCl₂·2H₂O),溶于纯水中,移入 1000mL 容量瓶中,用纯水稀释至刻度,摇匀;

2 氯化钡缓冲试剂:将等体积的三乙醇胺溶液与浓度为 1mol·L⁻¹的氯化钡溶液混合,调节 pH 值至 8.1;

3 pH=10 的氨缓冲溶液:称取 67.5g 氯化铵于纯水中,加入 570mL 浓氨水(ρ=0.9g/cm³,含氨 25%),加纯水稀释至 1000mL;

4 0.025mol·L⁻¹硫酸镁(MgSO₄)溶液:称取 6.2g 硫酸镁(MgSO₄·7H₂O),用纯水稀释至 1000mL;

5 0.01mol·L⁻¹ EDTA 标准溶液:称取 3.720g EDTA,用纯水稀释至 1000mL,其标定见本标准第 53.6.3 条第 2 款第 7 条的规定;

6 三乙醇胺溶液:量取 90mL 三乙醇胺,用纯水稀释至 1000mL,加入 140mL 浓度为 2mol·L⁻¹的盐酸,移入 2000mL 容量瓶中,用纯水稀释至刻度,摇匀,贮存期间防止吸收二氧化碳;

7 1.0g·L⁻¹铬黑 T:称取 0.1g 铬黑 T,与 5g 盐酸羟胺共溶于 100mL 酒精中。

58.2.3 氯化钡缓冲液法试验应按下列步骤进行:

1 称取 2g 左右通过 0.15mm 筛孔的风干土样,放入离心管中准确称量;

2 若土样系石灰性土,加入 40mL 氯化钡缓冲液试剂,间歇摇晃 1h,用离心机转 3min~5min,弃去清液;若土样系非石灰性土,则此步骤可以省略;

3 加入 80mL 氯化钡缓冲液,摇晃后放置过夜,离心弃去上部清液;

4 加入 80mL 纯水,摇晃至土块碎裂,再离心,弃去上部清液,将离心管与内容物一起称量;

5 用移液管向离心管中注入 40mL 的 0.025 mol·L⁻¹硫酸镁溶液,间歇摇晃 2h,离心后,将上部清液仔细移入有盖三角瓶中;

6 从三角瓶中吸出 5mL 溶液,加 8 滴 pH=10 的氨缓冲溶液和 4 滴铬黑 T 指示剂,使呈紫色,用 EDTA 标准溶液滴定至颜色由红变蓝为止(滴定量为 V_{E4});

7 另吸 5mL 的 0.025 mol·L⁻¹硫酸镁溶液用 EDTA 标准溶液滴定至终点(滴定量为 V_{E5}),根据 2 份滴定结果之差计算交换量。

58.2.4 计算应符合下列规定:

1 考虑到离心过的土样用纯水洗后残留体积的影响,对土样的滴定量(V_{E4})应按下式的规定进行校正:

$$V_{E3} = V_{E4}(40 + m_{g2} - m_{g1})/40 \quad (58.2.4-1)$$

式中: V_{E3}——EDTA 标准滴定溶液的体积的数值(mL);

m_{g1}——试样加离心管质量(g);

m_{g2}——离心后土液混合物加离心管质量(g)。

2 阳离子交换量应按下式计算:

$$CEC = \frac{(V_{E5} - V_{E3}) \times \frac{40}{5} \times C(EDTA) \times 100}{m_d}$$

(58.2.4-2)

式中: CEC——阳离子交换量(cmol·kg⁻¹);

V_{E5}——滴定硫酸镁溶液所消耗 Na₂-EDTA 的体积(mL);

V_{E3}——滴定经硫酸镁处理的土样溶液所消耗的 EDTA 标准滴定溶液的体积(mL);

$\frac{40}{5}$——分取倍数;

$C(EDTA)$——EDTA 标准滴定溶液的浓度(mol·L⁻¹);

100——mol 与 cmol 的换算系数。

58.2.5 本试验的记录格式应符合本标准附录 D 表 D.101 的规定。

58.3 1mol·L⁻¹乙酸铵交换法

58.3.1 本试验使用的仪器设备应符合下列规定:

1 离心机(转速为 3000r/min~4000r/min)及离心管(容量为 100mL);

2 分析天平:称量 100g,分度值 0.0001g;天平,称量 200g,分度值 0.01g;

3 其他:移液管、滴定管、容量瓶、三角瓶、开氏瓶(150mL)、蒸馏装置。

58.3.2 本试验使用的试剂应符合下列规定:

1 固体氧化镁:将氧化镁(化学纯)放在镍蒸发皿或坩埚内,在 500℃~600℃高温电炉中灼烧半小时,冷后贮藏在密闭的玻璃器皿内。

2 1mol·L⁻¹乙酸铵溶液(pH=7.0):称取乙酸铵(CH₃COONH₄,化学纯)77.09g 用水溶解,用纯水稀释至近 1000mL。如 pH≠7.0,使用 1:1 氨水溶液或稀乙酸溶液调节 pH=7.0,然后用纯水稀释至 1000mL。

3 95%乙醇溶液。

4 液体石蜡(化学纯)。

5 20g·L⁻¹硼酸指示剂溶液:称取硼酸(H₃BO₃,化学纯)20g,溶于 1000mL 水中;每升硼酸溶液中加入甲基红-溴甲酚绿混合指示剂 20mL,并用稀酸或稀碱调节至紫红色(葡萄酒色),此时该溶液的 pH=4.5。

6 pH=10 的氨缓冲溶液:称取氯化铵(化学纯)67.5g 溶于无

二氧化碳的水中,加入新开瓶的浓氨水(分析纯,$\rho=0.9g \cdot mL^{-1}$,含氨25%)570mL,用水稀释至1000mL,贮于塑料瓶中,并注意防止吸收空气中的二氧化碳。

7 $0.05mol \cdot L^{-1}$盐酸标准溶液应符合下列规定:

1)$0.05mol \cdot L^{-1}$盐酸标准溶液的配制:吸取盐酸(HCl,$\rho \approx 1.19g/cm^3$,分析纯)4.5mL,放入1000mL容量瓶中,用纯水稀释至刻度,摇匀;

2)$0.05 mol \cdot L^{-1}$盐酸标准溶液的标定:标定剂硼砂($Na_2B_4O_7 \cdot 10H_2O$,分析纯)必须保存于相对湿度为60%~70%的空气中,以确保硼砂有10个结合水,通常可在干燥器的底部放置氯化钠和蔗糖的饱和溶液(并有二者的固体存在),密闭容器中空气的相对湿度即为60%~70%。称取硼砂2.3825g溶于水中,用纯水稀释至250mL,得$0.05mol \cdot L^{-1}$($\frac{1}{2}Na_2B_4O_7$)标准溶液。

吸取上述溶液25mL置于250mL锥形瓶中,加2滴溴甲酚绿-甲基红指示剂(或$2.0g \cdot kg^{-1}$甲基红指示剂),用配好的$0.05mol \cdot L^{-1}$盐酸溶液滴定至溶液变酒红色为终点(甲基红的终点是由黄突变为微红色)。同时做空白试验。盐酸标准溶液的浓度应按下式计算,取3次标定结果的平均值:

$$C_{b1} = \frac{C_{b2} \times V_{hb12}}{V_{hb10} - V_{hb11}} \tag{58.3.2}$$

式中:C_{b1}——盐酸标准滴定溶液的浓度($mol \cdot L^{-1}$);

C_{b2}——硼砂($1/2Na_2B_4O_7$)标准溶液的浓度($mol \cdot L^{-1}$);

V_{hb10}——盐酸标准滴定溶液的体积的数值(mL);

V_{hb11}——空白试验用去盐酸标准溶液的体积的数值(mL);

V_{hb12}——吸取硼砂标准溶液的体积的数值(mL)。

8 纳氏试剂:称取氢氧化钾(KOH,分析纯)134g溶于460mL水中。另称取碘化钾(KI,分析纯)20g溶于50mL水中,加入碘化汞(HgI_2,分析纯)大约3g,使溶解至饱和状态。然后将两溶液混合即成。

9 甲基红-溴甲酚绿混合指示剂:称取溴甲酚绿0.099g和甲基红0.066g置于玛瑙研钵中,加少量95%乙醇,研磨至指示剂完全溶解为止,最后加95%乙醇至100mL。

58.3.3 $1mol \cdot L^{-1}$乙酸铵交换法试验应按下列步骤进行:

1 称取通过2mm筛孔的风干样土2.0g,质地较轻的土壤称取5.0g,放入100mL离心管中,沿离心管壁加入少量$1mol \cdot L^{-1}$乙酸铵溶液,用橡皮头玻璃棒搅拌土样,使其成为搅拌均匀的泥浆状态。再加$1mol \cdot L^{-1}$乙酸铵溶液至总体积约60mL,并充分搅拌均匀,然后用$1mol \cdot L^{-1}$乙酸铵溶液洗净橡皮头玻璃棒,溶液收入离心管内。

2 将离心管成对放在粗天平的两盘上,用乙酸铵溶液使之质量平衡。平衡好的离心管对称地放入离心机中,离心3min~5min,转速为3000r/min~4000r/min,如不测定交换性盐基,离心后的清液即弃去,如需测定交换性盐基时,每次离心后的清液收集在250mL容量瓶中,如此用$1mol \cdot L^{-1}$乙酸铵溶液处理3次~5次,直到最后浸出液中无钙离子反应为止。最后用$1mol \cdot L^{-1}$乙酸铵溶液定容,留着测定交换性盐基。

3 往载土的离心管中加少量95%乙醇,用橡皮头玻璃棒搅拌土样,使之其成为泥浆状态,再加95%乙醇约60mL,用橡皮头玻璃棒充分搅匀,以便洗去土粒表面多余的乙酸铵,切不可有小土团存在。然后将离心管成对放在粗天平的两盘上,用95%乙醇溶液使之质量平衡,并对称放入离心机中,离心3min~5min,转速为3000r/min~4000r/min,弃去酒精溶液。如此反复用酒精洗涤3次~4次,直到最后1次乙醇溶液中无铵离子为止,用纳氏试剂检查铵离子。

4 用水冲洗离心管的外壁,往离心管内加少量水,并搅拌成糊状,用水把泥浆洗入150mL开氏瓶中,并用橡皮头玻璃棒擦洗离心管的内壁,使全部土样转入开氏瓶中,洗入水的体积应控制在50mL~80mL。蒸馏前往开氏瓶内加入液状石蜡2mL和氧化镁1g,立即把开氏瓶装在蒸馏装置上。

5 将盛有$20g \cdot L^{-1}$硼酸指示剂吸收液25mL的锥形瓶(250mL),放置在用缓冲管连接的冷凝管的下端。打开螺丝夹(蒸汽发生器内的水要先加热至沸),通入蒸汽,随时摇动开氏瓶内的溶液使其混合均匀。打开开氏瓶下的电炉电源,接通冷凝系统的流水。用螺丝夹调节蒸汽流速度,使其一致,蒸馏约20min,馏出液约达80mL以后,应检查蒸馏是否完全。检查方法:取下缓冲管,在冷凝管下端取几滴馏出液于白瓷比色板的凹孔中,立即往馏出液内加1滴甲基红-溴甲酚绿混合指示剂,呈紫红色,则表示氨已蒸完,呈蓝色则需继续蒸馏(如加滴纳氏试剂,无黄色反应,即表示蒸馏完全)。

6 将缓冲管连同锥形瓶内一起取下,用水冲洗缓冲管的内外壁(洗入锥形瓶内),然后用盐酸标准溶液滴定。同时做空白试验。

58.3.4 阳离子交换量应按下式计算:

$$CEC = \frac{C_{b1}(V_{hb10} - V_{hb11})}{m_d} \times 100 \tag{58.3.4}$$

式中:CEC——阳离子交换量($cmol \cdot kg^{-1}$);

C_{b1}——盐酸标准溶液的浓度($mol \cdot L^{-1}$)。

58.3.5 本试验的记录格式应符合本标准附录D表D.102的规定。

58.4 乙酸钠-火焰光度法

58.4.1 本试验,适用于石灰性土和盐碱土,所用的仪器设备应符合下列规定:

1 离心机(转速为3000r/min~4000r/min)及离心管(容量为100mL);

2 分析天平:称量100g,分度值0.0001g;天平,分度值0.1g;

3 火焰光度计;

4 其他:移液管、容量瓶。

58.4.2 试剂应符合下列规定:

1 $1mol \cdot L^{-1}$乙酸钠溶液(pH=8.2):称取乙酸钠($CH_3COONa \cdot 3H_2O$,分析纯)136g用蒸馏水溶解并稀释至1000mL。此溶液pH=8.2;

2 异丙醇(99%)或乙醇(95%);

3 $1mol \cdot L^{-1}$ NH_4OAc溶液(pH=7.0):加冰乙酸(99.5%)57mL,加蒸馏水至500mL,再加69mL浓氨水($NH_3 \cdot H_2O$),再加蒸馏水至约980mL,用氨水溶液或乙酸溶液调节溶液pH=7.0,然后用纯水稀释至1000mL;

4 钠(Na)标准溶液:称取氯化钠(分析纯,105℃烘4h)2.5423g,以pH=7.0的$0.1mol \cdot L^{-1}$ NH_4OAc溶液为溶剂,定容于1000mL,即$1000\mu g \cdot mL^{-1}$钠标准溶液,然后逐级用醋酸铵溶液稀释成$3\mu g \cdot mL^{-1}$、$5\mu g \cdot mL^{-1}$、$10\mu g \cdot mL^{-1}$、$20\mu g \cdot mL^{-1}$、$30\mu g \cdot mL^{-1}$、$50\mu g \cdot mL^{-1}$钠标准溶液,贮于塑料瓶中保存。

58.4.3 乙酸钠-火焰光度法试验应按下列步骤进行:

1 称取过1mm筛孔的风干土样4.00g~6.00g(黏土4g,砂土6g),置于50mL离心管中。

2 当含盐量较大时,于离心管中加入50℃左右的50%乙醇溶液30mL,搅拌,离心,弃去清液,重复数次至用$BaCl_2$溶液检查清液仅有微量$BaSO_4$反应为止。

3 加pH=8.2的$1mol \cdot L^{-1}$ NaOAc溶液33mL,使各管质量一致,塞住管口,振荡5min后离心,弃去清液。重复用NaOAc提取4次。然后以同样方法,用异丙醇或乙醇溶液洗涤试样3次,最后1次尽量除尽洗涤液。

4 将上述土样加 $1mol \cdot L^{-1}$ NH_4OAc 溶液 33mL，振荡 5min（必要时用玻棒搅动），离心，将清液小心地倾入 100mL 容量瓶中；按同样方法用 $1mol \cdot L^{-1}$ NH_4OAc 溶液交换洗涤两次，收集的清液最后用 $1mol \cdot L^{-1}$ NH_4OAc 溶液稀释至刻度。

5 用火焰光度计测定溶液中 Na^+ 浓度，计算土壤交换量。

58.4.4 阳离子交换量应按下式计算：

$$CEC = \frac{\rho_{Na^+} \cdot V_{hd} N}{m_d \times 23} \times 10^{-1} \quad (58.4.4)$$

式中：ρ_{Na^+}——标准曲线上查得的待测液中钠离子的质量浓度 $(\mu g \cdot mL^{-1})$；

V_{hd}——测定时定容的体积的数值（mL）；

N——吸取滤液的稀释倍数；

23——钠的摩尔质量 $(g \cdot mol^{-1})$。

58.4.5 本试验的记录格式应符合本标准附录 D 表 D.103 的规定。

59 土的 X 射线衍射矿物成分试验

59.1 一般规定

59.1.1 本方法是以 X 射线射入矿物晶格产生的衍射为基础，定性或半定量地判断土的矿物组成。

59.1.2 土样为各种土类。

59.2 仪器设备和试剂

59.2.1 本试验使用的主要仪器设备应符合下列规定：

1 X 射线衍射仪：X 射线发生器、测角仪、计数器及自动记录装置。X 射线衍射仪应按仪器说明书进行校准；

2 载样玻璃片：平面的及开有试样孔槽的硬质玻璃片；

3 离心机：5000r/min；

4 高温电炉及电炉；

5 干燥器：内盛饱和硝酸钙溶液，相对湿度约为 50%；

6 其他：烧杯、量杯、移液管、玻璃片、软毛刷等。

59.2.2 试剂应符合下列规定：

1 $0.5mol \cdot L^{-1}$ 氯化镁 $(MgCl_2)$ 溶液：将 102g 氯化镁溶于少量纯水中，移入 1000mL 容量瓶中，用纯水稀释至刻度，摇匀；

2 $0.5mol \cdot L^{-1}$ 氯化钾（KCl）溶液：将 74.5g 氯化钾溶于少量纯水中，移入 1000mL 容量瓶中，用纯水稀释至刻度，摇匀；

3 $1mol \cdot L^{-1}$ 硝酸铵溶液：将 80g 硝酸铵溶于少量纯水中，稀释至 1000mL；

4 盐酸溶液（1+1）；

5 95% 乙醇；

6 丙酮；

7 甘油（1+1）。

59.3 操作步骤

59.3.1 常规鉴定用的试样制备应按下列规定进行：

1 镁饱和试样制备应按下列步骤进行：

　1）称取 1g 左右过 0.15mm 筛孔的风干土试样，放入离心管中，加入 $0.5mol \cdot L^{-1}$ 氯化镁溶液 50mL，用球状玻璃棒充分搅拌，然后用 3000r/min 以上的速度离心，弃去上部清液；再用 $0.5mol \cdot L^{-1}$ 氯化镁溶液处理两次；

　2）分别用纯水和 95% 乙醇或丙酮洗涤，离心 2 次～3 次；

　3）将处理过的试样晾干，或在低于 50℃ 下烘干，磨细备用。

2 干粉末试样制备：应将开有试样孔的载样玻璃片，放在一块平整玻璃片上，向试样孔中填入经过风干磨细的土样，使其厚度略高出试样孔。盖上一块平整玻璃片，用手按压，将试样压实、压

平，然后移去上下的玻璃片。用软毛刷小心地扫除试样孔周围多余的土样。

3 水分散定向薄膜试样的制备：应称取 0.05g 镁饱和试样，加 2mL～3mL 纯水，充分搅拌使其分散。吸出 1.5mL 悬液，在 3.5cm×5cm 洁净的平面载样玻璃板上均匀铺开，静置晾干。

59.3.2 试样的专门处理与制备应按下列规定进行：

1 镁饱和试样甘油化扩展处理应按下列步骤进行：

　1）供蒙脱石类矿物与蛭石、绿泥石区分，以及水化埃洛石与伊利石区分用；

　2）将镁饱和试样 50mg 放入离心管中，加入 5% 甘油溶液 10mL，用球状玻璃棒充分搅拌。用 3000r/min 以上的速度离心，弃去上部清液。按此操作用甘油溶液再处理一次，最后将离心管竖立于滤纸上，吸尽剩余的甘油溶液，按本标准第 59.3.1 条第 3 款的规定制成定向薄膜试样；

　3）也可按本标准第 59.3.1 条第 2 款的规定压制的干粉末样，加入 1 滴～2 滴的甘油溶液（1+1）湿润，稍干后即可供鉴定用。若试样加甘油后膨胀隆起，用玻璃片压实刮平。

2 钾饱和试样的制备和热处理应按下列步骤进行：

　1）供扩展性与非扩展性晶格的矿物区分，以及蛭石与蒙脱石类矿物区分用；

　2）钾饱和试样制备：可按本标准第 59.3.1 条的规定制备，仅需将试剂相应地换成 $1mol \cdot L^{-1}$ 氯化钾溶液即可；

　3）薄膜制备：可将钾饱和试样按本标准第 59.3.1 条第 3 款的规定制成定向薄膜试样，或风干研成粉末后可按本标准第 59.3.1 条第 2 款的规定进行压制；

　4）钾饱和试样的热处理：将钾饱和粉末试样或其定向薄膜放入 300℃～350℃ 高温炉内加热 2h（定向薄膜的玻璃片加热时应逐渐上升至所需温度，加热后应逐渐冷却）。然后冷却至 60℃ 左右，取出贮于盛有无水氯化钙或五氧化二磷的干燥器中，直至进行 X 射线分析时取出使用。若是粉末试样，使用时应按本标准第 59.3.1 条第 2 款的规定进行压制。

3 试样 550℃ 热处理应按下列步骤进行：

　1）供绿泥石与高岭石以及其他 14×10^{-1}nm 矿物区分用；

　2）将钾或镁饱和粉末试样或其定向薄膜放入 550℃ 高温炉中加热 2h，然后冷却至 60℃ 左右，取出贮于盛有无水氯化钙或五氧化二磷的干燥器中，直至进行 X 射线分析时取出使用。若是粉末试样，使用时应按本标准第 59.3.1 条第 2 款的规定进行压制。

4 试样的盐酸溶蚀处理应按下列步骤进行：

　1）供绿泥石与高岭石以及其他 14×10^{-1}nm 矿物区分用；

　2）盐酸溶蚀处理：将试样用盐酸溶液（1+1）在 100℃ 下加热处理 15min～20min，然后移至离心管中，离心，弃去上部清液，分别用纯水和 95% 乙醇或丙酮各处理两次，离心洗去多余的盐酸；

　3）溶蚀过的试样应按本标准第 59.3.1 条第 3 款的规定制成定向薄膜，或风干磨细成粉末应按本标准第 59.3.1 条第 2 款的规定进行压制。

5 试样的硝酸铵处理应按下列步骤进行：

　1）供镁质蛭石与其他 14×10^{-1}nm 矿物区分用；

　2）硝酸铵处理：将试样或其镁饱和试样用 $1mol \cdot L^{-1}$ 硝酸铵溶液煮沸 10min，然后移至离心管中，离心，弃去上部清液，分别用纯水、95% 乙醇或丙酮处理两次，离心洗去多余的盐类；

　3）处理过的试样应按本标准第 59.3.1 条第 3 款的规定制成定向薄膜，或风干磨细成粉末应按本标准第 59.3.1

条第 2 款的规定进行压制。

59.3.3 X 射线衍射分析应按下列规定进行：

1 在分析前，各种试样(加热处理的试样除外)应在盛有饱和硝酸钙溶液的干燥器内放置 3d。

2 加热处理的试样从无水氯化钙干燥器中取出后，应加热至 60℃ 左右或立即进行分析。若衍射仪试样台有加热装置，则加热处理的试样应在 120℃ 温度下进行衍射分析。

3 试验条件的控制和主要参数选择(因仪器型号、性能不同而有所差异，下列为参考值)：

1)X 射线管阳极一般为铜靶(CuKa 辐射)，含铁多的试样最好能用铁靶(FeKa 辐射)。X 射线管的工作电压为 30kV～40kV，工作电流为 10mA～15mA；

2)发射狭缝：1° 或 0.5°；散射狭缝：1°(加镍滤片或不加)；接收狭缝：0.2mm 或 0.4mm。

3)扫描速度：可在 0.5°～2°(2θ/min)内选择，一般用 1°(2θ/min)；

4)扫描范围：一般为 2°～32°(2θ)。如果要研究矿物高角度的衍射谱线如(060)等，则应将扫描范围延伸到 65°(2θ)左右(都是对铜靶而言)，同时要减小扫描速度，放宽狭缝；

5)灵敏度：满刻度 400N/s～2000N/s；

6)时间常数：4s～8s；

7)记录纸移动速度：300mm/h～600mm/h。

4 将载有试样的玻片插在 X 射线衍射仪的试验台上，选定技术参数和试验条件后，按仪器使用说明书启动仪器进行操作。当测角器转至所需角度(2θ)上限后，即可结束试验，关闭仪器。

59.4 数据整理、鉴定和记录

59.4.1 数据整理应符合下列规定：

1 试验结束后所得到的试验结果为仪器记录的衍射图谱，它是以衍射角(2θ)为横坐标，以衍射谱线的衍射强度(衍射峰的高度)为纵坐标的曲线。为了鉴定矿物，必须进行整理求得晶面间距和衍射强度两种衍射数据。

2 数据的整理方法：

1)由各衍射峰的峰尖向横坐标作垂线，确定衍射峰的衍射角(2θ)；

2)根据衍射峰的衍射角查衍射角与晶面间距换算表(即 θ-d 对照表，可参照有关专著)求得相应的晶面间距(一般称作 d 值)。也可按布拉格公式求出 d 值，简化后的布拉格公式为：

$$d = \lambda_{hx}/2\sin\theta \qquad (59.4.1)$$

式中：d——晶面间距(10^{-1} nm)；

λ_{hx}——X 射线波长(X 射线管为铜靶时，$\lambda_{hx}=1.5418\times10^{-1}$ nm；若为铁靶，$\lambda_{hx}=1.9373\times10^{-1}$ nm)(10^{-1} nm)；

θ——衍射角(°)。

3)根据衍射峰的高度或面积，确定其衍射强度(一般用 I 表示)。衍射强度广为应用的是相对强度(I/I_0)。表示方法常用的有：100 分制：以最强者为 100，最弱为 0.5，然后对比其他衍射峰的强度；10 分制：以最强者为 10，最弱者为 1，然后对比其他衍射峰的强度；五级制：将强度分为最强、强、中等、弱、最弱五个等级；

4)对于某些形状特殊的衍射峰，需注明宽散程度、对称程度等；

5)在衍射图谱上注明试验条件、主要参数及试样制备和处理方法。

59.4.2 黏土矿物鉴定应符合下列规定：

1 衍射数据整理后，便可与标准矿物的衍射数据对比，进行鉴定矿物。鉴定的要点如下：

1)应有 3 条强衍射谱线(即衍射峰)的 d 值和 I/I_0[有的矿物在 2°～32°(2θ)范围内可能只出现一条衍射谱线]，与标准矿物的数据基本吻合，其中 d 值吻合程度要求高一些，I/I_0 吻合程度可以差一些；

2)对比时，应以低角度谱线(值大的谱线)特别是(001)基面谱线为主，高角度衍射谱线为辅；

3)应注意特征谱线的对比(表 59.4.2)；

表 59.4.2 常见的黏土矿物粉晶衍射数据表

高岭石(苏州)		埃洛石(阳泉)		蒙脱石(抚顺)		伊利石(南京)		蛭石		绿泥石	
$d(10^{-1}$ nm$)$	I/I_0	$d(10^{-1}$ nm$)$	I/I_0	$d(10^{-1}$ nm$)$	I/I_0	$d(10^{-1}$ nm$)$	I/I_0	$d(10^{-1}$ nm$)$	I/I_0	$d(10^{-1}$ nm$)$	I/I_0
7.19	10	10.04	10	15.0	10	9.83	8	14.5	10	14.02	0.5
4.459	3.5	4.391	7.5	5.007	0.5	4.983	6	4.952	2	7.08	10
4.439	4.5	3.361	3	4.548	1	4.484	1	4.571	3	4.717	6.5
4.167	4	2.996	3	3.006	0.5	4.230	1	3.504	2	3.546	6
3.830	2	2.554	3	2.569	1	3.480	1	2.605	3	3.323	2
3.736	1	1.682	1	1.524	1	3.339	1	2.421	1	2.838	1
3.576	10	1.481	1.5			3.184	7	1.674	2	2.547	0.5
3.372	1					2.979	1	1.529	1	2.378	0.5
2.564	3			2.550	3					2.031	1
2.534	1			2.456	1					1.663	0.5
2.495	3			2.380	1					1.538	0.5
2.384	1			2.276	1						
2.336	4			2.128	1						
2.290	8			1.994	1						
1.994	3.5			1.817	0.5						
1.786	0.5			1.624	1						
1.650	1.5			1.497	2						
1.617	1										
1.545	1										
1.489	2.5										

4)注意衍射峰的形状特征：黏土矿物衍射峰形状大多宽散，非黏土矿大多较尖锐。扩展性晶格矿物如蒙脱石等衍射峰具有明显的宽散特征；

5)先鉴别出主要的黏土矿物类型，然后再作细分，最后鉴定伴存矿物。

2 高岭石与埃洛石的衍射图谱相似，可用下列方法区分：

1)高岭石为片状结晶，易于形成定向集合体，故 $d(001)=7.0\times10^{-1}$ nm～7.2×10^{-1} nm，衍射强度大，4.4×10^{-1} nm 附近谱线强度弱，谱线均无宽散现象。埃洛石的(001)基面间距略大些，$d=7.4\times10^{-1}$ nm～7.6×10^{-1} nm，谱线宽且强度较弱，但 4.4×10^{-1} nm 附近谱线强度大，并有向小的晶面间距扩散的趋势；

2)埃洛石在甘油饱和后，$d(001)$ 可扩展至 10×10^{-1} nm 左右，高岭石不扩展；

3)高岭石(001)与绿泥石(002)基面间距相似，均在 7×10^{-1} nm 左右，可用下列方法区分：将试样按酸的溶蚀处理后，绿泥石因分解，衍射谱线全部消失(绿泥石的特征反应)，而高岭石无变化。故处理后 7×10^{-1} nm 谱线仍然存在，示有高岭石；反之，说明原有 7×10^{-1} nm 附近谱线是绿泥石。将试样进行 550℃ 热处理后，高岭石因晶格破坏，衍射谱线全部消失。绿泥石衍射谱线仅有变化，往往是(001)基面谱线增强，而(002)、(003)和(004)基面的衍射谱线减弱。高岭石与绿泥石还可按下列谱线对比来区分：

绿泥石　　　　　　高岭石

4.72×10^{-1}nm(003)无

3.54×10^{-1}nm(004)　3.57×10^{-1}nm～3.58×10^{-1}nm(002)

极弱或无(006)　　2.37×10^{-1}nm～2.39×10^{-1}nm(003)弱

1.53×10^{-1}nm(060)　1.48×10^{-1}nm～1.49×10^{-1}nm(060)

3 蒙脱石、蛭石、绿泥石这三种矿物都有 14×10^{-1}nm 附近的谱线,可按下列方法区分:

1)在镁饱和甘油化定向薄膜试样的衍射图谱中,仅蒙脱石的(001)基面间距由 14×10^{-1}nm 附近扩展至 17.7×10^{-1}nm(蒙脱石的特征反应)。据此易于将蒙脱石与其他 14×10^{-1}nm 矿物区分开来;

2)将试样进行热处理后,三者之中仅绿泥石(001)基面间距无显著变化,且衍射强度往往有所增大,而蒙脱石和蛭石均由 14×10^{-1}nm 附近收缩至 10×10^{-1}nm 附近。此可作为绿泥石与其他 14×10^{-1}nm 附近矿物相区别的特征反应;

3)将试样进行酸的溶蚀处理后,三者之中仅绿泥石衍射线全部消失,其余两者的谱线基本上不变;

4)将试样制成钾饱和定向薄膜,其中绿泥石的 14×10^{-1}nm 谱线无变化,蛭石 14×10^{-1}nm 谱线收缩至 10×10^{-1}nm,而蒙脱石则收缩至 12×10^{-1}nm 附近(有的亦可收缩至 10×10^{-1}nm)。若再进行 300℃～350℃加热处理,三者中仅有绿泥石谱线无变化,其余二者均可收缩至 10×10^{-1}nm 左右;

5)将试样进行硝酸铵处理后,三者之中仅绿泥石衍射线无变化。镁质蛭石 14×10^{-1}nm 谱线将收缩至 10×10^{-1}nm,蒙脱石则收缩至 12×10^{-1}nm 附近;

6)伊利石与水化埃洛石这两种矿物都有 10×10^{-1}nm 附近谱线,可按下列方法区分:试样处理成镁饱和甘油化定向薄膜后,伊利石谱线无变化,水化埃洛石的 10×10^{-1}nm 谱线将扩展至 11×10^{-1}nm 附近。试样进行 300℃～350℃加热处理后,伊利石谱线无变化,水化埃洛石的 10×10^{-1}nm谱线将收缩至 7.2×10^{-1}nm 附近。

7)伊利石类矿物 $d(003)$=3.32×10^{-1}nm～3.36×10^{-1}nm,石英 $d(101)$=3.34×10^{-1}nm 左右。这两种矿物都是土中常见的,在判读 d=3.34×10^{-1}nm 左右谱线时容易混淆,应当注意。石英以 $d(100)$=4.26×10^{-1}nm 附近谱线为依据较为适宜;

8)二八面体和三八面体的黏土矿物,可用(060)晶面间距大小以及(002)谱线的强弱来鉴别。通常二八面体的黏土矿物 $d(060)$=1.48×10^{-1}nm～1.51×10^{-1}nm,并且(002)谱线较强;三八面体的黏土矿物 $d(060)$=1.52×10^{-1}nm～1.53×10^{-1}nm,(002)谱线较弱或没有。应当注意不要将石英的 1.53×10^{-1}nm 附近的谱线加以误判。

59.4.3 本试验系定性的鉴定而不是定量分析,所以鉴定结果依据主要衍射峰的高度和面积粗略地加以估计后,按各种黏土矿物大致含量由多到少依次排列。至于伴存的非黏土矿物,宜按其含量由多到少依次排列在黏土后面。

59.4.4 试验记录中除了将鉴定出的矿物依次排列外,还应将整理后的衍射数据列入记录中,同时应将试样的 X 射线衍射图谱附在成果鉴定表后。

59.4.5 本试验的记录格式应符合本标准附录 D 表 D.104 的规定。

60 粗颗粒土的试样制备

60.1 一般规定

60.1.1 土样应为黏质粗颗粒土或无黏性粗颗粒土。

60.1.2 本试验对于含超粒径土样的处理方式有剔除法、等量替代法、相似级配法和混合法。

60.2 仪器设备

60.2.1 本试验所用的主要仪器设备应符合下列规定:

1 粗筛孔径:100mm、80mm、60mm、40mm、20mm、10mm、5mm;

2 细筛孔径:2mm、1mm、0.5mm、0.25mm、0.10mm、0.075mm。

60.2.2 本试验所用的其他仪器设备应符合下列规定:

1 台秤:称量 100kg 或 50kg,分度值 50g;称量 10kg,分度值 5g;

2 天平:称量 5000g,分度值 1g;称量 200g,分度值 0.01g;

3 其他:碎石机、振筛机、烘箱、木锤、橡皮板、铁铲、盛土盘、喷雾器、保湿缸。

60.3 操作步骤

60.3.1 黏质粗颗粒土的试样制备应按下列步骤进行:

1 风干土样制备应将全部土样置于橡皮板上风干,用木锤将土块及附着在粗颗粒土上的细土敲散,应注意避免破坏土的天然颗粒。将全部土样依次过筛,按>100mm、100mm～80mm、80mm～60mm、60mm～40mm、40mm～20mm、20mm～10mm、10mm～5mm、<5mm 分组并称其质量,计算各粒组含量百分数,测定粒径大于 5mm 土及粒径小于 5mm 的各粒组土的风干含水率。

2 根据土样性质及工程要求,从粒径大于 5mm 和小于 5mm 的土中分别取代表性土样进行物理性试验。必要时,参照地质鉴定方法对粒径大于 5mm 土粒的岩性、形状、风化程度及粒径小于 5mm 土粒特性进行描述。

3 根据试验要求的级配进行配制土样。各粒组取土质量应按本标准第 60.4.5 条的规定计算。当土样中含超粒径颗粒时,可按下列 4 种方法处理:

1)剔除法:将超粒径颗粒剔除;

2)等量替代法:用粒径小于仪器允许最大粒径并大于 5mm 的土粒按比例等质量替换超粒径颗粒;

3)相似级配法:根据原级配曲线的粒径,分别按照几何相似条件等比例地将原样粒径缩小至仪器允许的粒径;

4)混合法:同时采用本款第 2 项、第 3 项两种方法,即先用适当的比尺缩小,使粒径小于 5mm 的土的质量不大于总质量的 30%,若仍有超粒径颗粒再用等量替代法制样。

4 将取好的土样拌和均匀,平铺在不吸水的垫板上,含水率应按本标准第 60.4.6 条的规定计算加水量。用喷雾器均匀喷洒所需的水量后,充分拌和,在保湿器内湿润 24h,并实测含水率,含水率的最大允许差值应为±1%。

5 制备好的土样如暂时不用,应装入塑料袋或有内衬塑料膜的编织袋中,扎紧袋口,密封保存,以防含水率变化。

6 如土料数量不够,可重复使用,但风化土和含有棱角的易破碎的石渣、堆石料则不允许重复使用。

7 天然含水率土样制备:应在保持天然含水率不变的情况下,将全部土样拌和均匀。根据含砾量多少,取不少于以下规定的

代表性土样,测定其天然含水率:

粗、细颗粒混合土样	2000g～5000g
粒径大于5mm粗颗粒土	2000g～3000g(各粒组分别测定时取 200g～2000g)
粒径不大于5mm细颗粒土	100g～200g

根据各项试验所需总质量,用四分法分别取所需土样质量(务必使粗颗粒分配均匀),装入保湿器内,以防含水率变化。

60.3.2 无黏性粗颗粒土的试样制备应符合下列规定:

1 将全部土样依次过粗筛,分组称量。必要时取粒径小于5mm土过筛,计算各粒组含量百分数。按粒组分别存放备用;

2 应按本标准第60.3.1条第2款～第6款的规定进行备样。

60.4 计算和记录

60.4.1 剔除法级配应按下式计算:

$$X_i = \frac{X_{0i}}{1 - P_{dmax}} \qquad (60.4.1)$$

式中:X_i——剔除后某粒组含量(%);

X_{0i}——原级配某粒组含量(%);

P_{dmax}——超粒径颗粒含量,以小数计。

60.4.2 等量替代法级配应按下式计算:

$$X_i = \frac{X_{0i}}{P_5 - P_{dmax}} P_5 \qquad (60.4.2)$$

式中:P_5——粒径大于5mm的土粒占总质量的含量,以小数计。

60.4.3 相似级配法粒径应按下列公式计算:

$$d_{ni} = \frac{d_{0i}}{n_d} \qquad (60.4.3-1)$$

$$n_d = d_{0max} / d_{max} \qquad (60.4.3-2)$$

式中:d_{ni}——原级配某粒径缩小后的粒径(mm);

d_{0i}——原级配某粒径(mm);

n_d——粒径缩小倍数;

d_{0max}——原级配最大粒径(mm);

d_{max}——仪器允许最大粒径(mm)。

60.4.4 相似级配法级配应按下式计算:

$$X_{dn} = X_{d0} / n_d \qquad (60.4.4)$$

式中:X_{dn}——粒径缩小 n_d 倍后相应的小于某粒径含量(%);

X_{d0}——原级配相应的小于某粒径含量(%)。

60.4.5 各单项试验所需风干土质量和某粒组应取风干土质量应按下列公式计算:

1 各单项试验所需风干土质量:

$$m_0 = m_{01} + m_{02} \qquad (60.4.5-1)$$

$$m_{01} = V\rho_d P_5 (1 + 0.01 w_{01}) \qquad (60.4.5-2)$$

$$m_{02} = V\rho_d (1 + 0.01 w_{02})(1 - P_5) \qquad (60.4.5-3)$$

2 某粒组应取风干土质量:

$$m_{0i} = \frac{0.01 X_i}{P_5} m_{01} \qquad (60.4.5-4)$$

式中:m_0——风干土样总质量(kg);

m_{01}——粒径大于5mm风干土质量(kg);

m_{02}——粒径不大于5mm风干土质量(kg);

m_{0i}——某粒组风干土质量(kg);

w_{01}——粒径大于5mm风干土含水率(%);

w_{02}——粒径不大于5mm风干土含水率(%);

V——试样体积(cm³);

X_i——某粒组含量(%)。

60.4.6 土样所需加水量应按下列公式计算:

$$m_w = \frac{m_0}{1 + 0.01 w_0} 0.01(w' - w_0) \qquad (60.4.6-1)$$

$$w_0 = w_{01} P_5 + w_{02}(1 - P_5) \qquad (60.4.6-2)$$

60.4.7 土样制备记录格式应符合本标准附录D表D.105的规定。

61 粗颗粒土相对密度试验

61.1 一般规定

61.1.1 土样应为最大粒径不大于60mm的能自由排水的粗颗粒土。

61.1.2 粗颗粒土中细粒土的含量不应大于12%。

61.2 仪器设备

61.2.1 本试验所用的主要仪器设备应符合下列规定:

1 振动台:具有隔振装置的振动台。台面尺寸为762mm×762mm,振动台的负荷应满足试样筒、套筒、加重底板、加重物及试样等总质量要求。振动台频率应为40Hz～60Hz,振幅为0mm～2mm可调,加重盖板为1.2cm厚的钢板,直径略小于试样筒,中心应有15mm未穿通的提吊螺孔。对所用的试样筒,加重盖板与加重物的总压力为14kPa。

2 表面振动器:由振动电动机及钢制夯组成。钢制夯由连接杆、连接栓固定于振动电动机下,其底部为厚15mm的圆形夯板。夯板直径略小于试样筒内径2mm～5mm。表面振动器振动频率为40Hz～60Hz,激振力约为4.2kN,夯与振动器对试样的静压力为14kPa。

3 试样筒:试样筒的尺寸应符合表61.2.1的规定。

表 61.2.1 试样筒尺寸

内径 D (cm)	高度 H (cm)	体积 V (cm³)	允许最大粒径 d_{max} (mm)	试料质量 m (kg)
30	34	24033	60	40～50

61.2.2 本试验所用的其他仪器设备应符合下列规定:

1 套筒:应与试样筒紧固连接;

2 测针架及测针:测针的分度值为0.1mm;

3 灌注设备:带管嘴的漏斗。管嘴直径10mm～20mm,漏斗喇叭口径100mm～150mm,管嘴长度视套筒高度而定;

4 试验筛:

1)粗筛:孔径分别为60mm、40mm、20mm、10mm、5mm;

2)细筛:孔径分别为5mm、2mm、1mm、0.5mm、0.25mm、0.075mm。

5 台秤:称量50kg,分度值50g;称量10kg,分度值5g;

6 其他:搅拌盘、起吊设备、铁铲、毛刷、秒表、钢尺、卡尺、称料桶、大瓷盘。

61.3 操作步骤

61.3.1 选用代表性土样在105℃～110℃下烘干,并分级过筛贮存。筛分过程中应使弱胶结的土样充分剥落。

61.3.2 最小干密度试验应按下列步骤进行:

1 称筒质量。

2 对粒径不大于10mm的烘干土,采用固定体积法。将拌匀的土样从漏斗管嘴均匀徐徐地注入试样筒。注入时随时调整漏斗管口的高度,使自由下落的距离保持在2mm～5mm之间。同时要从外侧向中心呈螺旋线移动,使土层厚度均匀增高而不产生大小颗粒分离。当充填到高出筒顶约25mm时,用钢直刀沿筒口刮去余土。注意在操作时不得扰动试样筒。称筒及试样总质量。

3 对粒径大于10mm的烘干土,采用固定体积法。用大勺或小铲将土样填入试样筒内。装填时小铲应贴近筒内土面,使铲中土样徐徐滑入筒内,直至填土高出筒顶,余土高度不应超过

25mm。然后将筒面整平。当有大颗粒露顶时，凸出筒顶的体积应能近似地与筒顶水平面以下的大凹隙体积相抵消，称筒及试样总质量。

4 最小干密度测定应按上述的规定进行平行试验，取其算术平均值，其最大允许平行差值应为±0.03g/cm³。

61.3.3 最大干密度振动台法试验应按下列步骤进行：

1 振动台法（干法）：先拌匀烘干土样，将土样装填于试样筒中，称筒与试样总质量。装填方法与最小干密度的测定相同。通常情况是直接用最小干密度试验时装好的试样筒，放在振动台上，加上套筒，把加重盖板放于土面上，依次安放好加重物。随即将振动台调至最优振幅0.64mm，振动8min后，卸除加重物和套筒，测读试样高度，计算试样体积。

2 振动台法（湿法）：在烘干试料中加适量的水，或用天然的湿土进行装样。装完试样后，应立即振动6min。对于高含水率的土样，为了防止某些土在振动过程中产生颗粒跳动，振动6min时，应随时减小振动台的振幅。振动后吸除土面上的积水，依次装上套筒。施加重物，然后固定在振动台上，振动8min后，依次卸除加重物和套筒。测读试样高度，称筒与试样总质量。取代表性土样测含水率。

3 最大干密度测定应按上述的规定进行平行试验，取其算术平均值，其最大允许平行差值应为±0.03g/cm³。

61.3.4 最大干密度表面振动法试验的测定应按下列步骤进行：

1 干法表面振动法应先将试样筒及底板固定在基础上，制样及装填方法应按本标准第61.3.3条第1款的规定进行，将试样均分为两份，分两层装填，每层振动8min，取出振动器，卸除套筒，量测试样高度。称试样筒和土的质量。

2 湿法表面振动法应先将试样筒及底板固定在基础上，制样及装填方法应按本标准第61.3.3条第2款的规定进行，将试样均分为两份，分两层装填，第一层装好后，放入振动器进行振动，振动8min后，提起振动器，吸除土表面的积水，重复第一层试样装填振动步骤。测读试样高度，称筒与试样总质量并应按本标准第60.3.1条第3款第7项的规定测试含水率。

61.4 计算和记录

61.4.1 最小、最大干密度应按下列公式计算：

1 最小干密度：

$$\rho_{dmin} = \frac{m_d}{V_c}$$ (61.4.1-1)

2 最大干密度：

$$\rho_{dmax} = \frac{m_d}{V_s} = \frac{m_d}{V_c - (R_i - R_t) \times 0.1 \times A}$$ (61.4.1-2)

式中：V_c——试样筒的体积（cm³）；

V_s——试样体积（cm³）；

R_i——起始读数（mm）；

R_t——振后加荷盖板上百分表的读数（mm）；

A——试样筒断面积（cm²）。

61.4.2 相对密度 D_r 应按下列公式计算：

$$D_r = \frac{(\rho_{d0} - \rho_{dmin})\rho_{dmax}}{(\rho_{dmax} - \rho_{dmin})\rho_{d0}}$$ (61.4.2-1)

$$D_r = \frac{e_{max} - e_0}{e_{max} - e_{min}}$$ (61.4.2-2)

式中：ρ_{d0}——天然状态或人工填筑之干密度（g/cm³）；

e_0——天然或填筑孔隙比。

61.4.3 压实度应按下式计算：

$$R_c = \frac{\rho_{d0}}{\rho_{dmax}}$$ (61.4.3)

式中：R_c——压实度，以小数计。

61.4.4 密度指数应按下式计算：

$$I_D = \frac{\rho_{d0} - \rho_{dmin}}{\rho_{dmax} - \rho_{dmin}} \times 100$$ (61.4.4)

式中：I_D——密度指数（%）。

61.4.5 粗颗粒土相对密度试验记录格式应符合本标准附录D表D.106的规定。

62 粗颗粒土击实试验

62.1 一般规定

62.1.1 土样应为最大粒径不大于60mm且不能自由排水的含黏质土的粗颗粒土。

62.1.2 本试验分为轻型击实试验和重型击实试验。轻型击实试验的单位体积击实功约为592.2kJ/m³，重型击实试验的单位体积功约为2684.9kJ/m³。

62.2 仪器设备

62.2.1 大型击实仪应符合下列规定（图62.2.1）：由击实筒、套筒、击锤、导筒等组成。其主要指标应符合现行国家标准《岩土工程仪器基本参数及通用技术条件》GB/T 15406的规定，见表62.2.1。

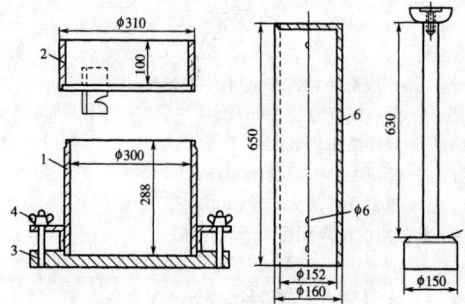

图 62.2.1 大型击实仪示意图（单位：mm）
1—击实筒；2—套筒；3—底盘；4—固定螺丝；5—击锤；6—导筒

表 62.2.1 大型击实仪技术性能

击锤质量（kg）	击锤底直径（cm）	落高（cm）	击实筒尺寸		装土层次	每层击数	单位面积冲量（kPa·s）
			直径（cm）	高度（cm）			
15.5	15	60	30	28.8	3	44	3
35.2	15	60	30	28.8	3	88	7

62.2.2 本试验所用的其他仪器设备应符合下列规定：

1 天平：称量200g，分度值0.01g；称量2000g，分度值1g；

2 台秤：称量10kg，分度值5g；称量100kg，分度值50g；

3 粗筛：孔径100mm、80mm、60mm、40mm、20mm、10mm、5mm；

4 其他：喷水器、恒湿器、搪瓷盘、大铝盒、铁铲、木棒、刮土刀、平口刀。

62.3 操作步骤

62.3.1 试样制备分为湿样法和干样法两种。

1 干法制备应按下列步骤进行：

1）将有代表性土样一次备足，充分拌匀后取20kg～50kg，测定试验前的级配、混合含水率或分别测定粗颗粒土、粒径不大于5mm土样的含水率、比重及细粒土的液塑限；

2）将代表性土样风干，将土块及附于粗颗粒上的细颗粒碾散。碾散时，应避免将天然颗粒碾破。然后将全部土样过筛，按＞60mm、60mm～40mm、40mm～20mm、20mm～10mm、10mm～5mm、＜5mm 粒组分别堆放备用；

3）备好的土样应按照本标准第 60.3.1 条第 3 款的规定进行处理，分别计算并称取每一试样所需的各级粒组的质量（每个试样的质量约为 35kg～45kg），一组试验不少于 5 个试样；

4）调制粒径不大于 5mm 试样含水率，各试样依次相差 2% 左右，其中 2 个大于最优含水率，2 个小于最优含水率（按细粒的塑限估计最优含水率）。所需加水量按本标准第 60.4.6 条的规定进行计算。若粗颗粒采用饱和面干状态含水率，则只需计算粒径不大于 5mm 试样的加水量；

5）将各个试样分别置于不吸水的平板上，用喷水设备均匀喷洒至预定水量。分层边喷洒边拌和，待拌和均匀后，装入盛土密闭器具内，在保湿器内湿润 24h，根据土的性质可延长或缩短贮存时间。

2 湿法制备应按下列步骤进行：

1）宜用于含强风化的粗颗粒土；

2）取天然含水率的粗颗粒土约为 300kg～400kg，分成 7 等份，其中 1 份作测定试样含水率用，1 份备用，其余 5 份应分别按本标准第 62.3.1 条第 1 款第 4 项的规定制备试样。

62.3.2 击实试验应按下列步骤进行：

1 击实仪应放在刚性基础上，安装调整好，拧紧全部螺帽，在击实筒内壁及底板涂一薄层润滑油。

2 取制备好的土样，拌和均匀。应按本标准表 62.2.1 的规定分层击实。装填试样时，应防止粗粒集中并控制每层的高度大致相同，每层击实后，应将其表面刨毛。最后一层的顶面不应大于击实筒顶面 15mm。

3 击实完成后，取下套环，取去超高部分余土，并将表面填平。然后卸去底盘，将击实筒外壁擦净，称筒与试样总质量，准确至 50g。

4 将试样从击实筒内推出，并从试样中部取 2kg～5kg 混合土样测定其含水率，或取 50g～100g 粒径不大于 5mm 的土样，测定其含水率。

5 应按本标准第 62.3.2 条第 2 款～第 4 款的规定进行不同含水率土样的击实试验。

62.4 计算、制图和记录

62.4.1 干密度应按下式计算：

$$\rho_d = \frac{\rho}{1 + 0.01w} \qquad (62.4.1)$$

62.4.2 以干密度为纵坐标，含水率为横坐标，绘制干密度和含水率关系曲线。曲线的峰值为最大干密度 $\rho_{d\,max}$，与其对应的含水率为最优含水率 w_{op}。

62.4.3 饱和状态的含水率应按下式计算：

$$w_{sat} = \left(\frac{\rho_w}{\rho_d} - \frac{1}{G_s}\right) \times 100 \qquad (62.4.3)$$

式中：w_{sat}——饱和状态含水率（%）。

62.4.4 计算数个干密度下土的饱和含水率，以干密度为纵坐标，含水率为横坐标，绘制饱和曲线。

62.4.5 粗颗粒土击实试验记录格式应符合本标准附录 D 表 D.107 的规定。

63 粗颗粒土的渗透及渗透变形试验

63.1 一般规定

63.1.1 土样应为扰动的粗颗粒土试样。

63.1.2 本试验方法分为垂直渗透试验和水平渗透试验。

63.2 仪器设备

63.2.1 本试验所使用的主要仪器设备应符合以下规定：

1 垂直渗透变形仪（图 63.2.1-1）：包括仪器筒、顶盖、底座、透水板及支架。筒身内径与试样最大颗粒粒径之比不应小于 5，试样高度不应小于试样直径。顶盖中心为一活塞套。透水板分上透水板和下透水板，上透水板兼起传递荷载作用。在下渗水板之下，也可设置斜透水板，坡度为 1:1～1:1.5，用以排除水中含气，斜透水板上端设有排气孔。

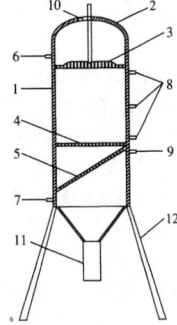

图 63.2.1-1 垂直渗透变形仪示意图

1—筒身；2—上盖；3—上透水板；4—下透水板；5—斜透水板；6—上进水口（溢水口）；7—下进水口（溢水口）；8—测压孔；9—排气孔；10—上排气孔；11—集砂器；12—支架

2 水平渗透变形仪（图 63.2.1-2）：由进水段、试样段、出水段、集砂器、水箱、支架组成。仪器的宽度和厚度与试样最大颗粒粒径比不得小于 5，长度不得小于宽度。

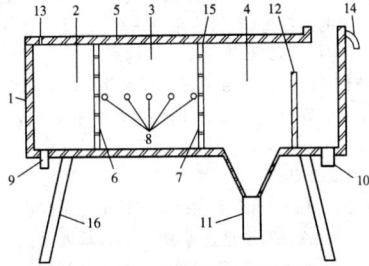

图 63.2.1-2 水平渗透变形仪示意图

1—筒；2—进水段；3—试样段；4—出水段；5—上盖板；6—上游透水板；7—下游透水板；8—测压孔；9—上游进水口（放水口）；10—下游放水口；11—集砂器；12—格栅；13—上游排气孔；14—下游溢水口；15—橡皮止水；16—支架

3 供水设备：供水箱，提升架，橡皮管。供水箱设置溢流堰能保持常水头。

4 加荷设备：活塞杆、加荷框架、加荷杠杆和百分表支架。

5 量测设备：测压管、量筒、秒表、温度计、百分表和测压装置。

6 其他设备：击锤（或振动器）、台秤、天平及标准筛等。

63.2.2 仪器检查应按下列步骤进行：

1 将下进水口与供水管相连接，使仪器充水，检查仪器的各部件是否堵塞及漏水等。检查完毕，降低供水箱，对于垂直渗透仪使水箱中水位与下透水板的下沿齐平，对于水平渗透仪使水箱中水位与试样底部齐平。

2 对于垂直渗透仪，取去顶盖，在下透水板上铺设滤网，以免细料漏失，沿仪器壁和滤网之间的接触缝隙涂一圈油泥或橡皮泥。对于水平渗透仪，取去上盖板，固定上游透水板，在透水板上铺设滤网。只进行渗透系数试验时，在下游固定透水板并铺设滤网。需进行渗透变形时，下游设置格栅，安好集砂器。沿仪器壁和透水板之间的接触缝隙涂一圈油泥或橡皮泥。

3 开启全部测压孔，使之处于排气状态。

63.3 操作步骤

63.3.1 试样制备应按下列步骤进行：

1 从风干、松散的土样中取具有代表性土样，进行颗粒分析试验，确定试样的颗粒级配，并绘制颗粒级配曲线。

2 根据试验土样粒径，按仪器内径不小于试样最大粒径的5倍选择仪器。当常规试验的仪器内径不能满足要求时，应设计加工大直径的渗透变形仪。或根据试样情况，对最大允许粒径以上的粗颗粒可按本标准第60.3.1条第3款第2项的规定处理。

3 根据需要控制的干密度及试样高度，试样质量应按下式计算：

$$m_d = \rho_d \pi r^2 h' \qquad (63.3.1)$$

式中：r——仪器筒身半径（cm）；

　　　h'——试样高度（cm）。

4 称取试样后，为减少粗细颗粒分离现象，保证试样的均匀性，应当分层装填试样，且每层的级配应相同，还可酌加相当于试样质量1%～2%的水分，拌和均匀后再进行装样。

5 将称好的试样均匀分层装入仪器中，用击实锤（对于风化石渣或易击碎之土料可采用振动加密法）击实。达到要求的密度试样总厚度：砂土不小于10cm；细砾石不小于15cm；中粗砾石为20cm～25cm；卵石为试样最大粒径的3倍～5倍。装填分层厚度：砂土一般为2cm～3cm；砂砾石及砂卵石为试样最大粒径的1.5倍～2.0倍。

63.3.2 试样饱和应按下列步骤进行：

1 试样装好后，测量试样的实际厚度，然后用无气水采用水头饱和法进行饱和。使水位略高于试样底面位置，再缓慢地提升水箱，每次提升1cm，待水箱水位与试样中水位相等，并停10min后，再升高水箱。随着供水箱上升，让水由仪器底部向上渗入，使试样缓慢饱和，以完全排除试样中的空气。与此同时，随着水位上升，应接通相应的测压管（若试验用自来水，应至少贮存一天曝气后再用来作试验用水，以减少水中气体的离析）。

2 为减少试验过程中由于试验用水分离出的气泡堵塞试样孔隙，影响试验准确度，应使试验用水的温度不低于室温，或采用其他排气措施。

63.3.3 渗透试验应按下列步骤进行：

1 根据工程要求，当需要在试验过程中在试样顶面施加荷载时，则利用加荷设备。对于垂直渗透仪，通过活塞及上透水板对试样施加荷载；对于水平渗透仪，通过上盖板对试样施加荷载。

2 试验时，选择初始渗透坡降及渗透坡降递增值，应先根据细粒含量大致判别试样渗透变形的破坏形式。如为管涌破坏，则渗透坡降初始值及递增值要小一些。如为流土破坏，则渗透坡降初始值及递增值应大一些。其原则是既要测得试样临发生变形前的坡降，又要准确地测得临界坡降。

3 提升供水箱，使供水箱的水面高出渗透容器的溢水口（上进水口）保持常水头差，形成初始渗透坡降。

4 对管涌土，加第一级水头时，初始渗透坡降可为0.02～0.03；然后一般可按0.05、0.1、0.15、0.2、0.3、0.4、0.5、0.7、1.0、1.5、2.0……等坡降递增。但在接近临界坡降时，渗透坡降递增值应酌量减小。对于非管涌土，初始渗透坡降可适当提高，渗透坡降递增值应适当放大。

5 每次升高水头30min至1h后，测记测压管水位，并用量筒测读渗水量3次。每次测读间隔时间一般为10min～20min。同时测读水温、室温。对非管涌土，测读间隔时间可适当延长。仔细观察试验过程中出现的各种现象，如水的浑浊程度、冒气泡、细颗粒的跳动、移动或被水流带出、土体悬浮、渗流量及测压管水位的变化等，并描述记于记录中。

6 如果连续3次测得的水位及渗水量基本稳定，又无异常现象，即可提升至下一级水头。

7 对于每级渗透坡降，均应按本标准63.3.3条第5款的规定重复进行，直至试样破坏或当水头不能再继续增加时，即可结束试验。

63.4　计算、制图和记录

63.4.1 试样的干密度应按下式计算：

$$\rho_d = \frac{m_d}{\pi r^2 h_0} \qquad (63.4.1)$$

式中：r——试样半径（cm）；

　　　h_0——试样初始高度（cm）。

63.4.2 试样的孔隙率应按下式计算：

$$n = \left(1 - \frac{\rho_d}{\rho_w G_s}\right) \times 100 \qquad (63.4.2)$$

式中：n——孔隙率（%）。

63.4.3 土粒比重 G_s 应为粗细颗粒混合比重，应按下式计算：

$$G_s = \frac{1}{\dfrac{P_5}{G_{s1}} + \dfrac{1 - P_5}{G_{s2}}} \qquad (63.4.3)$$

式中：G_{s1}、G_{s2}——粒径大于5mm和不大于5mm的土粒比重。

63.4.4 渗透坡降应按下式计算：

$$i = \frac{\Delta H}{L} \qquad (63.4.4)$$

式中：i——渗透坡降；

　　　ΔH——测压管水头差（cm）；

　　　L——与水头差 ΔH 相应的渗径长度（cm）。

63.4.5 渗流速度应按下式计算：

$$v = \frac{Q}{tA} \qquad (63.4.5)$$

式中：v——渗透流速（cm/s）；

　　　Q——渗水量（cm³）；

　　　t——时间（s）；

　　　A——试样面积（cm²）。

63.4.6 渗透系数应按下式计算：

$$k_T = \frac{v}{i} \qquad (63.4.6)$$

63.4.7 在双对数纸上，以渗透坡降 i 为纵坐标，渗透速度 v 为横坐标，绘制渗透坡降与渗流速度关系曲线（lg$i$-lg$v$ 曲线）。

63.4.8 对管涌破坏的试样，应分别确定其临界坡降及破坏坡降。首先根据试样的总厚度作出 lg$i$-lg$v$ 曲线，必要时还应作出测压管之间试样厚度的 lg$i$-gv 曲线。临界坡降可根据 lg$i$-lg$v$ 关系曲线进行判断。当 lg$i$-lg$v$ 关系曲线的斜率开始变化，并观察到细颗粒开始跳动或被水流带出时，认为该试样达到了临界坡降 i_k，其值为：

$$i_k = \frac{i_2 + i_1}{2} \qquad (63.4.8\text{-}1)$$

式中：i_2——开始出现管涌时的坡降；

　　　i_1——开始出现管涌前一级的坡降。

随着水头逐步加大，细粒不断被冲走，渗透流量变大，当水头增加到试样破坏，该坡降称为试样的破坏坡降 i_F，其值为：

$$i_F = \frac{i_2' + i_1'}{2} \qquad (63.4.8\text{-}2)$$

式中：i_2'——试样破坏时的渗流坡降；

　　　i_1'——试样破坏前一级的渗流坡降。

发生流土破坏时，有时 i_2' 不易测得，则可按下式计算：

$$i_F = i_1' \qquad (63.4.8\text{-}3)$$

63.4.9 粗颗粒土的渗透及渗透变形试验记录格式应符合本标准附录 D 表 D.108 的规定。

64　反滤试验

64.1　一般规定

64.1.1 土样应为无黏性土样和黏性土样。

64.1.2 本试验方法采用垂直渗透法。

64.2 无黏性土的反滤试验

64.2.1 本试验所用的主要仪器设备应符合本标准第63.2.1条第1款～第6款的规定。当渗透水流由上向下时,下游溢水口处,加设一个可升降的溢流水箱。

64.2.2 仪器检查应符合本标准第63.2.2条第1款～第3款的规定。

64.2.3 试样的制备与饱和应按下列步骤进行:

    1 试样制备应按下列步骤进行:

      1)将称好的土样分层装入仪器内,用击实锤(对风化石渣或易击碎的土料,可采用振动加密法)击实,使之达到要求的干密度;

      2)被保护土和反滤料的厚度应符合第63.3.1条第5款的规定,并不小于15cm;

      3)在滤料与被保护土和滤层与滤层之间的接触面上均应布置测压管;

      4)如渗透水流方向由上向下,反滤料应位于被保护土之下。

    2 试样饱和应符合本标准第63.3.2条的规定。

64.2.4 无黏性土的反滤试验应按下列步骤进行:

    1 进行由上向下的渗透试验时,下游溢水箱水面应高于或位于被保护土和滤层的接触面。

    2 试验开始时,以相应于0.1～0.2的渗透坡降的水头作为第一级水头进行试验,以后每隔1h加一级水头。

    3 每抬高一级水头后,隔30min读数一次。每级水头应测读两次。流量也应进行两次测量,取其平均值。

    4 若试样未发生任何变化,流量未随时间增大,测压管水位无变化,无细粒移动和水色变浑等迹象,即可进行下一级水头的试验。以后各级水头,大致按0.3、0.5、1.0、1.5、2.0、3.0、4.0…的坡降逐次升高。每升高一次水头,均应按标准64.2.4条第3款的规定进行测读。

    5 在本级水头下,如发现细粒通过接触面跑入滤层,或发现滤层中的测压管水头差不断增大时,则本级水头和以后步骤中的每一级水头试验持续时间需延长到3h～4h。

    6 当渗入滤层中的细粒停止移动,位于滤层中的测压管水头差不再继续增大时,应继续升高水位,进行下一级水头的试验,不宜中断。

    7 有下列情况之一者,可结束试验:

      1)当升高水头后,流量不断变大,被保护土中的渗透坡降减小;

      2)滤层中的渗透坡降等于被保护土中的渗透坡降;

      3)被保护土为黏质土,渗透坡降大于50～100时;被保护土为无黏性土,渗透坡降大于10时,被保护土仍未破坏。

    8 试验结束后,应缓慢降低水箱水位,以防止上层细粒在停水过程中掉入下层,或通过透水板掉入下漏斗。

    9 仪器中水放完后,分层取样,进行颗粒分析。在分层取样时,记录下列现象:滤层淤填厚度、接触带变化情况、被保护土中细粒流失粒径、流失部分、深度等。

64.2.5 干密度、孔隙率、土粒比重、渗透坡降、渗透速度应按本标准第63.4.1条～第63.4.4条所列公式计算。

64.2.6 应绘制被保护土的$\lg i$-$\lg v$曲线和v-t曲线。

64.2.7 应绘制被保护土和滤层在试验前后的颗粒级配曲线,用以确定从被保护土层中带出的土粒量及滤层内的淤填量。

64.2.8 无黏性土的反滤试验记录格式应符合本标准附录D表D.108的规定。

64.3 黏性土的反滤试验

64.3.1 仪器设备应符合本标准第63.2.1条第1款～第6款的规定。

64.3.2 仪器检查应符合本标准第63.2.2条第1款～第3款的规定。

64.3.3 反滤料试样备制应按下列步骤进行:

    1 渗透水流方向采用由上向下,反滤料应置于黏性土试样之下;

    2 先将称好的反滤料分层装入仪器内,用击实锤击实或振动加密法压实,使之达到要求的干密度;

    3 在反滤料与黏性土之间的接触面上应布置测压管。

64.3.4 反滤料试样饱和应符合本标准第63.3.2条的规定。当反滤料里的水面离出口表面差2cm时,停止饱和。

64.3.5 黏性土试样制备应按下列步骤进行:

    1 为了在黏性土试样中形成贯穿裂缝,将长度略高于试样高度的70mm×3mm(宽×厚)的造缝模具置于试样中心部位、反滤料层顶面处;

    2 将称好的黏性土分层装入仪器内,用击实锤击实,使之达到要求的干密度;

    3 小心拔出预先放置的模具,在黏性土试样中形成70mm×3mm(长×宽)的贯通裂缝。

64.3.6 黏性土的反滤试验应按下列步骤进行:

    1 从下游溢水箱处缓慢注水,并调整溢流水面置于略高于黏性土和滤料的接触面的位置;

    2 对黏性土缝隙表面用砾石或碎石进行保护,防止水流直接冲刷缝隙表面;

    3 上游慢慢注水,充满整个容器,待水充满整个容器后,立即施加水头进行试验,施加水头采用一次性加压到位的方法,水头值应保证黏性土试样土体(不考虑裂缝)所承的水力比降不低于100;

    4 施加水头后测量记录不同时间的渗流量以及出水是否浑浊,试验开始后立即测定流量,并在随后的30min内每5min测记1次流量,然后每小时测记1次流量;

    5 试验结束后,应缓慢降低水箱水位;

    6 仪器中水放完后,拆样察看裂缝自愈的情况,以及裂缝的土体是否进入到反滤料中。

64.3.7 有下列情况之一者,可以结束试验:

    1 渗流量越来越大,而且出水浑浊;

    2 出水先是有点浑浊,然后变清,而且渗流量逐步减小,试验进行24h;

    3 渗流量基本上不变,试验进行24h。

64.3.8 应按本标准第63.4.1条～第63.4.3条所列公式计算干密度、孔隙率、土粒比重、渗透坡降,并绘制Q-t曲线。

64.3.9 黏性土的反滤试验记录格式应符合本标准附录D表D.108的规定。

65 粗颗粒土固结试验

65.1 一般规定

65.1.1 土样应为扰动的粗颗粒土试样。

65.1.2 本试验方法采用标准固结法。

65.2 仪器设备

65.2.1 本试验所用的仪器设备应符合以下规定:

    1 固结仪(图65.2.1):

      1)固结容器(浮环式):直径(D)与高度(H)之比为1.5～2.5,高度与试样最大粒径d_{max}之比4～6为宜,其尺寸应符合现行国家标准《岩土工程仪器基本参数及通用技术条件》GB/T 15406的规定;

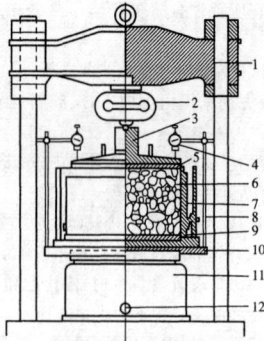

图 65.2.1 大型压缩仪装置示意图
1—加荷框架；2—测力计；3—传压块；4—百分表；5—有孔金属透水板；6—试样；
7—浮环；8—饱和水槽；9—浮环垫块；10—底盘；11—油压机；12—接压力油库

 2）加荷设备（附稳压装置）：负荷传感器（或测力计）最大允许误差应为±1%F.S；

 3）位移传感器：最大允许误差应为±0.2%F.S；或位移计：分度值 0.01mm。

 2 磅秤：称量 100kg，分度值 50g；台秤：称量 5000g，分度值 5g。

 3 其他：饱和装置、吊装设备、振动器、击实器、推土器、秒表、烘箱、瓷盘、铁铲。

65.2.2 加荷平台要求水平稳固与加荷框架平行，中心一致；稳压器灵敏，试验压力稳定。各管路接头、阀门不泄漏。

65.3 操作步骤

65.3.1 试样制备应按下列步骤进行：

 1 应按本标准第 60.3.1 条、第 60.3.2 条的规定制备土样。取备好的土样拌匀，均分为 2 份～3 份，注意勿使粗粒集中。

 2 将带套环的固结容器内壁涂上一层润滑脂，安放在放有透水板的底盘上。容器下垫以垫块。透水板上放一层滤纸或薄层无纺土工布，分层均匀装料。黏质粗颗粒土用击实法，无黏性粗颗粒土用振动法，将试样分层压实至要求的干密度。除去套环，整平表面，其上放一层滤纸或薄层无纺土工布，顺次放透水板和传压板。

65.3.2 试样安装与饱和应按下列步骤进行：

 1 将装有试样的固结容器吊装到水槽内，置于加荷框架中心；

 2 试样需饱和时，将饱和装置连接供水装置，对无黏性粗颗粒土试样，宜用水头饱和；对黏质粗颗粒土试样，宜用真空饱和；

 3 拆去容器的浮环垫块，安装负荷传感器或测力计、位移传感器或百分表。

65.3.3 固结试验应按下列步骤进行：

 1 用稳压装置施加 3kPa～5kPa 的预压力，使试样与仪器各部之间接触良好。将各百分表或位移传感器调整到零点或初始读数；

 2 施加各级压力，压力等级一般为 50kPa、100kPa、200kPa、400kPa、800kPa、1600kPa、3200kPa…最后一级压力应大于土层实际压力 100kPa～200kPa；

 3 对黏质粗颗粒土需要测定固结系数时，则施加每一级压力后，按下列时间顺序测记试样高度的变化：0.1min、0.25min、1min、2.25min、4min、6.25min、9min、12.25min、16min、20.25min、30.25min、36min、42.25min、60min，此后每隔 1h 测记 1 次，直至主固结完成或延长至 24h；

 4 当需做回弹试验时，可在施加大于上覆压力的某级压力固结稳定后逐级退压，直至退到第一级压力，每次退压后的回弹稳定标准与加压相同，测记试样的回弹量；

 5 试验结束后，排除容器中的水，拆除仪器各部件，将试样从

容器内推出，取代表性试样测定试验后含水率，当需了解颗粒破碎情况时，应对全部试样进行颗粒分析试验。

65.4 计算、制图和记录

65.4.1 计算应符合本标准第 17.2.3 条的规定。
65.4.2 制图应符合本标准第 17.2.4 条的规定。
65.4.3 本试验的记录格式应符合本标准附录 D 表 D.109、表 110 规定。

66 粗颗粒土直接剪切试验

66.1 一般规定

66.1.1 土样应为最大粒径不大于 60mm 的粗颗粒土。
66.1.2 本试验采用应变控制式大型直接剪切仪测定粗颗粒土的抗剪强度参数。

66.2 仪器设备

66.2.1 应变控制式大型直剪仪（图 66.2.1）应由上剪切盒、下剪切盒、传压板、滚珠排、加荷设备、垂直加压框架和水平加压支座等组成。

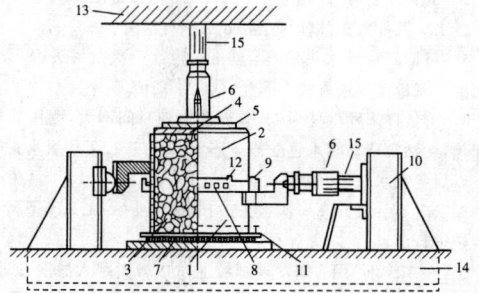

图 66.2.1 大型直剪仪示意图
1—下剪切盒；2—上剪切盒；3—试样；4—透水板；5—传压板；6—测力计；
7—滚轴排；8—开缝装置；9—水槽；10—水平加压支座；11—进水孔；
12—固定销；13—上反力横梁；14—下反力横梁；15—传动轴

66.2.2 剪切盒形状宜采用圆形，尺寸：D/d_{max} 为 8～12，H/d_{max} 为 4～8。

66.2.3 百分表或位移计：分度值 0.01mm。

66.2.4 粗筛：孔径 60mm、40mm、20mm、10mm、5mm、2mm。

66.2.5 磅秤：分度值 250g。

66.2.6 其他设备：附真空测压表的真空泵、饱和器、台秤、水平尺、拌和工具、恒湿设备与击实锤。

66.3 操作步骤

66.3.1 试样制备和安装应按下列步骤进行：

 1 试样应按本标准第 60.3.1 条、第 60.3.2 条的规定进行备料。根据试验要求的干密度、含水率和试样尺寸，计算并称取所需的土样数量。对无黏性粗颗粒土，为防止颗粒分离，也可根据装填层数，分层称取试验所需的土样。

 2 将下剪切盒吊放在滚轴排上，并在下剪切盒上安放开缝环及钢珠，控制剪切开缝尺寸为(1/3～1/4)d_{max}，然后将上剪切盒放上，使上、下盒同心，并用固定插销定位。

 3 将称好的试样拌匀后分层装入剪切盒内（层次可根据高度与层缝错开的原则而定，一般为 3 层或 5 层）。每一层可采用击实、振捣或静压等制样方法控制每一层试样至预定要求的高度。对黏质粗颗粒土，每层表面刨毛后，再填下一层。重复上述步骤至最后一层，整平表面。

4 试样当需饱和时,对无黏性粗颗粒土,宜用水头饱和法;对黏质粗颗粒土,宜用真空饱和法。

5 在试样面上依次放上透水板、传压板等。要求安装对中,传压板应用水平尺校平。上、下反力钢梁应水平。安装 2 个~4 个垂直百分表,徐徐开动垂直传动轴,使各部接触。记录变形起始读数。

6 安装水平百分表或位移计,使水平传动轴的着力线通过剪切面的中心。徐徐开动水平传动轴,使其与下剪切盒的着力点接触即停止。

7 每组试验应制备 4 个~5 个试样,在不同压力下进行试验,其密度最大允许差值应为 ±0.03g/cm³,含水率最大允许差值应为 ±1%。

66.3.2 快剪试验应按下列步骤进行:

1 应按本标准第 66.3.1 条第 5 款的规定安装试样和定位,但在试样上、下面接触处,安放与透水板厚度相等的不透水钢板。在试样上一次施加预定的垂直荷载,使其在整个试验过程中保持恒定。

2 拔除上、下剪切盒的固定销并取掉开缝环。记录垂直、水平测力计、百分表等的读数。开动水平传动轴和秒表,以每分钟剪切试样直径的 1.2%~1.8% 的剪切速率,使试样在 5min~10min 内剪损。如剪应力的读数达到稳定,或有显著后退,表示试样已剪损。若剪应力读数继续增加,则剪切变形应达到 60mm 或达到试样直径的 1/15~1/10 为止。每 1mm 测记负荷传感器或测力计读数并根据需要测记垂直位移读数,直至剪损为止。

3 试验结束后,尽快卸去百分表或位移计、水平荷载、垂直荷载和加荷设备。视需要对剪切面作简要描述。取剪切面附近的试样,测定其剪切后含水率与颗粒级配。

66.3.3 固结快剪试验应按下列步骤进行:

1 应按本标准第 66.3.1 条第 5 款的规定进行试样安装和定位,试样上、下两面的不透水板换放细铜布和透水钢板;

2 在试样上施加垂直荷载后,当每小时垂直变形小于 0.03mm 时,认为变形稳定。测记此时垂直百分表读数;

3 试样达到固结稳定后应按本标准第 66.3.2 条第 2 款、第 3 款的规定进行剪切。

66.3.4 慢剪试验应按下列步骤进行:

1 应按本标准第 66.3.1 条第 5 款的规定进行试样安装和定位,但试样上、下两面的不透水板改放细铜丝布和透水钢板。

2 应按本标准第 66.3.3 条第 2 款的规定进行试样固结。

3 试样达到固结稳定后,拔除上、下剪切盒固定销并取掉开缝环。检查垂直荷载、水平测力计、百分表等,记录其读数。开动水平传动轴和秒表,以一定剪切速率施加水平荷载,每隔 1mm 测记 1 次水平荷载读数和垂直百分表读数。剪切速率可按式(66.3.4)计算,根据剪切破坏时间,计算剪切速率。当水平荷载读数达到稳定,或有显著后退,表示试样已剪损。若剪应力读数继续增加,应控制剪切变形达试样直径的 1/5~1/10,方可停止试验;

$$t_f = 50t_{50} \qquad (66.3.4)$$

式中:t_f——达到破坏所经历的时间(s);

t_{50}——固结度达到 50% 的时间(s)。

4 试验结束后应按本标准 66.3.2 条第 3 款的规定拆除试样,并测定其剪切后含水率与颗粒级配。

66.4 计算、制图和记录

66.4.1 剪应力应按下式计算:

$$\tau = \frac{CR - F}{A} \qquad (66.4.1)$$

式中:τ——剪应力(kPa);

C——水平测力计率定系数(kN/0.01mm);

R——水平测力计读数(0.01mm);

F——某垂直压力下仪器摩擦力(kN);

A——试样面积(m²)。

66.4.2 以剪应力和垂直变形为纵坐标,水平位移为横坐标,分别绘制某垂直压力下剪应力 τ 与水平位移 ΔL 关系曲线、垂直变形 Δs 与水平位移 ΔL 关系曲线。

66.4.3 取剪应力 τ 与水平位移 ΔL 关系曲线上峰值或稳定值作为抗剪强度。当无明显峰值时,取水平位移达到试样直径 1/15~1/10 处的剪应力作为抗剪强度 S。

66.4.4 以抗剪强度 S 为纵坐标,垂直压力 p 为横坐标,绘制抗剪强度 S 与垂直压力 p 的关系曲线。直线的倾角为粗颗粒土的内摩擦角 φ,直线在纵坐标轴上的截距为粗颗粒土的黏聚力 c。

66.4.5 粗颗粒土直接剪切试验的记录格式应符合本标准附录 D 表 D.111 的规定。

67 粗颗粒土三轴压缩试验

67.1 一般规定

67.1.1 土样应为最大粒径不大于 60mm 的粗颗粒土。

67.1.2 根据粗颗粒土的性质、工程情况和不同的排水条件,本试验分为不固结不排水剪(UU)、固结不排水剪(CU)、固结排水剪(CD)等三种试验类型。

67.2 仪器设备

67.2.1 本试验所用的主要仪器设备应符合下列规定:

1 大型三轴仪(图 67.2.1):包括压力室、轴向加压系统、周围压力系统、反压力系统、体变量测系统和孔隙水压力量测系统等部分:

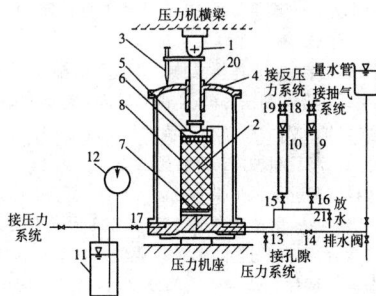

图 67.2.1 大型三轴仪示意图

1—轴向荷载传感器;2—试样;3—轴向位移计;4—压力室罩;5—顶帽;6—上透水板;7—下透水板;8—橡皮膜;9—量水管;10—体变管;11—压力库;12—压力表;13—孔隙压力阀;14—进水管阀;15—排水阀;16—量水管阀;17—周围压力阀

1)压力室:为钢筒,尺寸按试样大小选用,钢筒上宜镶有有机玻璃窗口;

2)轴向加压系统:包括加压框架、加压设备和轴向压力量测设备(轴向荷载传感器、压力机)等;

3)周围压力系统:包括空气压缩机、压力库和恒压装置;

4)变形量测系统:包括大量程百分表(或位移传感器)和体变管(或体变测量装置)。

2 附属设备:包括对开成型筒、承膜筒、击实锤或振捣器、橡皮膜、真空泵、磅秤、天平、钢尺、秒表、瓷盘、烘箱等。

67.2.2 三轴仪使用前应按下列规定进行检查:

1 轴向压力系统、周围压力系统运行正常。根据工程要求确定周围压力 σ_3 的最大值,按 $\sigma_1 > 5\sigma_3$ 估算轴向额定压力。轴向荷载传感器的最大允许误差宜为 ±1%F.S.。

2 压力室应密封不泄漏。传压活塞应在轴套内滑动正常,孔隙压力量测设备的管道内应无气泡,各管道、阀门、接头等应通畅不泄漏。检查完毕后,关闭周围压力阀、排水阀、孔隙压力阀等,以备使用。

3 橡皮膜应不漏水。

4 孔隙压力量测系统可按本标准第19.2.2条第2款的规定进行检查。

67.3 无黏性粗颗粒土三轴压缩试验

67.3.1 试样制备应按以下步骤进行:

1 试样尺寸:试样直径不应小于最大土粒直径的5倍($D \geqslant 5d_{max}$),试样高度宜为试样直径的2倍~2.5倍($H/D = 2.0 \sim 2.5$)。一般试样直径宜采用200mm~500mm。应按本标准第60.3.2条的规定备好土料。根据试验要求的干密度、含水率及试样尺寸计算并分层称取试验所需的土样,分层不少于5层。

2 将透水板放在试样底座上,开进水阀,使试样底座透水板充水至无气泡逸出,关闭阀门。

3 在底座上扎好橡皮膜,安装成型筒,将橡皮膜外翻在成型筒上,并使其顺直和紧贴成型筒内壁。

5 装入第1层试样,均匀拂平表面,用振捣法使土样达到预计高度后,再以同样方法填入第2层土样。如此继续,直至装完最后一层,应防止粗细粒分离,保证试样的均匀性。整平表面,加上透水板和试样帽,扎紧橡皮膜。开真空泵从试样顶部抽气,使试样在30kPa负压下直立,再去掉成型筒。

6 检查橡皮膜,若有破裂处,进行粘补,必要时再加一层。

7 用钢直尺量测试样高度H_0,用钢卷尺量测试样上、中、下部的直径,试样平均直径D_0应按下式计算:

$$D_0 = \frac{1}{4}(D_1 + 2D_2 + D_3) - 2d_m \quad (67.3.1)$$

式中:D_1、D_2、D_3——试样上部、中部、下部的直径(cm);
d_m——橡皮膜厚度(cm)。

8 安装压力室,旋紧连接螺栓。开压力室排气孔,向压力室注满水后,关排气孔。开压力机,使试样与传力活塞和轴向荷载传感器等接触,当轴向荷载传感器的读数微动时立即停机。并调整轴向位移计(百分表)和轴向荷载传感器为零。

67.3.2 试样饱和应按下步骤进行:

1 抽气饱和法:由试样顶部抽气,试样内形成负压,测记进水量管水位读数后,徐徐开进水阀,使用脱气水在负压作用下,水由下而上逐渐饱和试样。待试样上部出水后,持续20min左右,停止抽气。徐徐打开周围压力阀施加周围压力σ_3($\leqslant$30kPa),并开试样上部排气(水)阀释放负压。提高进水管水位,用水头饱和法继续进行饱和。

2 水头饱和法:按本标准第67.3.1条第8款的规定安装压力室,然后徐徐打开周围压力阀施加周围压力σ_3($\leqslant$30kPa)和开试样上部排气(水)阀,释放负压,测记进水量管水位读数。开进水阀,逐渐提高进水量管水头,水由下而上逐渐饱和试样,待上部出水后,测记进、出水量管水位读数。用进水量、出水量和孔隙体积估算饱和度。若未达到要求,适当提高水进出水管水头差,最大水头差不应大于2m,仍按上述方法延长饱和时间,至符合要求为止。

3 二氧化碳(CO_2)饱和法:二氧化碳饱和系统见图67.3.2。应先按本标准第67.3.1条第8款的规定安装压力室后,然后徐徐开排气阀(5),施加周围压力σ_3(=30kPa)。开门(1)和(3),使二氧化碳(CO_2)由试样底部注入,由下而上置换试样孔隙中的空气。二氧化碳(CO_2)的压力宜为2kPa~10kPa。待水气瓶(6)内的水面冒气泡30min~60min,再关阀门(1),开阀门(2)。利用水头使试样饱和。

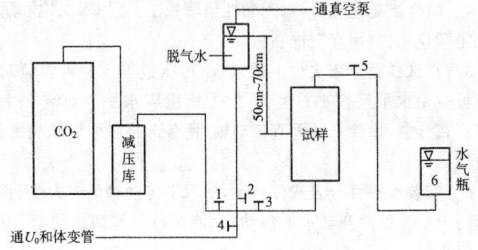

图67.3.2 二氧化碳饱和系统示意图

4 饱和度的鉴别。当孔隙压力系数$B \geqslant 0.95$时,可认为试样已达到饱和。当$B < 0.95$时,应继续饱和,B值的计算应按本标准式(19.8.1-3)计算。

67.3.3 固结不排水剪试验(CU)(测孔隙压力)应按下列步骤进行:

1 试样饱和后,使量水管水面位于试样中部,测记读数。关排水阀,测记孔隙压力的起始读数。施加周围压力至预定值,并保持恒定,测定孔隙压力稳定后的读数。

2 开排水阀,每隔20s~30s测记排水量管水位和孔隙压力计读数各1次。在固结过程中随时绘制排水量ΔV与时间t或孔隙水压力u与时间t关系曲线。正常情况下,排水量应趋于稳定,即曲线的下段趋于水平,即认为固结完成。

3 固结完成后,关排水阀,测记量水管水位和孔隙压力计读数。开压力机,当轴向荷载传感器微动时,表示活塞与试样接触,关压力机,测轴向位移计读数,计算固结下沉量Δh。

4 以每分钟轴向应变为0.1%~1.0%的速率施加轴向压力。试样的轴向应变每0.1%~0.4%测记轴向荷载传感器、孔隙压力计和轴向位移计读数各1次,若有特殊要求,可酌情增加或减少读数次数。有峰值时,试验应进行至轴向应变达到峰值出现后的3%~5%。如无峰值时,则轴向应变达到15%~20%。

5 试验结束后,关孔隙压力阀,卸去轴向压力,再卸去周围压力,开压力室排气孔和排水阀,排去压力室内的水,卸除压力室罩,揩干试样周围余水,去掉橡皮膜,拆掉试样,并对剪后试样进行描述。必要时测定剪切面试样含水率和分析颗粒破碎情况。

6 其余几个试样应分别在不同周围压力下,按上述步骤进行试验。

67.3.4 固结排水剪试验(CD)应按下列步骤进行:

1 应按本标准第67.3.3条第1款、第2款的规定进行固结,完成后不关排水阀,使试样保持排水条件。以每分钟应变为0.1%~0.5%的剪切速率进行剪切。在剪切过程中测记轴向荷载传感器、轴向位移计和量水管读数。

2 其余试样应分别在不同周围压力下,按本标准第67.3.3条第1款的规定进行试验。

67.4 黏质粗颗粒土三轴压缩试验

67.4.1 试样制备应按下列步骤进行:

1 应按本标准第60.3.1条的规定制备土样。根据干密度、含水率、试样体积及个数一次备好一组试验所需的土样,称取每个试样所需要的土样质量备用。

2 将每个试样的土样分成3等份或5等份,分3层或5层填入成型筒。用锤击实或压力机压实,第1层土样压实后,其表面应刨毛,再加第2层土样压实。其他各层用同样的方法进行压实,每层土样均压实至预定高度。

3 拆去成型筒(或将试样从成型筒内推出)。将试样置于压力室底座上测定其直径D_0及高度H_0,依次放上顶帽,套上橡皮膜,并将其与顶帽和底座扎紧。

67.4.2 试样饱和应按下列步骤进行：

1 抽气饱和法：将试样连同成型筒一起吊入饱和缸内，盖好密封顶盖后进行抽气。待接近1个大气压后，持续约1h，徐徐注入清水，并保持真空度稳定，直至试样全部浸没，停止抽气。静置10h以上，将成型筒连同试样从水中取出，将试样从成型筒内取出，然后称量并计算其饱和度。抽气饱和也可在三轴仪上进行，其方法应符合本标准第67.3.2条第1款的规定。因黏质粗颗粒土透水性小，负压值宜在60kPa～90kPa范围内。

2 反压力饱和法：若需作反压力饱和时，将试样安装于压力室后，先向接反压力系统的体管管内注水，并关闭孔隙压力阀、反压力阀、测记体管读数。再向试样施加30kPa的周围压力，开孔隙压力阀，测记孔隙压力稳定读数。同时分级施加周围压力和反压力，施加过程中，始终保持周围压力比反压力大30kPa，反压力和周围压力的每级增量为20kPa，待孔隙压力稳定后，测记孔隙压力和体管读数，然后再施加下一级周围压力和反压力，直至B=$\Delta u / \Delta \sigma_3 \geqslant 0.95$为止。

67.4.3 不固结不排水剪试验(UU)应按下列步骤进行：

1 试样饱和后，关进水阀、排水阀，开周围压力阀施加周围压力至预定值，并保持恒定，周围压力的大小应根据工程的实际荷载选用；

2 应以每分钟轴向应变0.1%～0.5%的速率按本标准第67.3.3条第4款至第67.3.3条第6款的规定进行剪切，试验过程中可不测孔隙压力。

67.4.4 固结不排水剪(CU)应按下列步骤进行：

1 试样饱和后应按本标准第67.3.3条第1款、第2款的规定进行排水固结，同时开排水阀和秒表，在0min、0.15min、1min、4min、9min、16min、25min、36min、49min……时刻测量水管水位和孔隙压力计读数，在固结过程中随时绘制固结排水量 ΔV 与时间 t 对数(或平方根)曲线；或绘制孔隙压力消散度 U 与时间 t 对数曲线。

2 如对试样施加反压力时，则应按本标准第67.4.2条第2款的规定进行。然后保持反压力恒定，关排水阀，增大周围压力，使其与反压力之差等于选定的周围压力并保持恒定，测记稳定后的孔隙压力计和体变管水位读数作为固结前的起始读数。然后开排水阀，让试样排水到体变管，并按本标准第67.4.4条第1款的规定进行排水固结。固结度至少达到95%，固结完成后测记体变管水位、孔隙压力计和轴向位移计读数等，测定固结下沉量 Δh。

3 剪切速率控制在每分钟轴向应变0.05%～0.1%以内，应按本标准67.3.3条第4款的规定进行剪切。

4 对固结不排水，不测孔隙水压力的剪切试验，在固结完成后，关排水阀、孔隙压力阀，按上述的规定进行剪切，但剪切过程中不测孔隙水压力。

67.4.5 固结排水剪试验(CD)应按下列步骤进行：固结完成后，不关孔隙压力阀和排水阀，保持排水条件，应以每分钟轴向应变为0.012%～0.003%的剪切速率按本标准第67.3.4条第1款和第67.3.4条第2款的规定进行剪切。并在剪切过程中测记轴向荷载传感器示值、轴向位移计、量水管水位和孔隙压力计读数。

67.5 计算、制图和记录

67.5.1 计算应符合本标准第19.8.1条的规定。

67.5.2 制图应符合本标准第19.8.2条的规定。

67.5.3 本试验的记录格式应符合本标准附录D表D.34～表D.36的规定。

68 粗颗粒土三轴蠕变试验

68.1 一般规定

68.1.1 土样应为最大粒径不大于60mm的粗颗粒土。

68.1.2 本试验方法加荷方式采用应力控制式。

68.2 仪器设备

68.2.1 本试验所用的仪器设备应符合以下规定：

1 粗颗粒土的蠕变试验宜在能长期恒压的应力控制式大型三轴压缩仪上进行。大型三轴仪的设备组成可参照本标准第67.2.1条第1款的规定，参见图67.2.1。试验期间应保持试验室温度相对稳定。

2 附属设备：应符合本标准第67.2.1条第2款的规定。

68.2.2 三轴仪使用前的轴向压力系统、周围压力系统、压力室、体变量测系统和孔隙压力量测系统等应按本标准第67.2.2条第1款～第4款的规定进行检查。

68.3 操作步骤

68.3.1 试样制备应按下列步骤进行：

1 试样尺寸：试样的直径和高度应符合本标准第67.3.1条第1款的规定。

2 无黏性粗颗粒土应按本标准第67.3.1条第2款～第8款的规定，黏质粗颗粒土应按本标准第67.4.1条第1款～第3款的规定，进行试样制备及量测试样的直径和高度。

68.3.2 试样饱和应按下列步骤进行：无黏性粗颗粒土应按本标准第67.3.2条的规定，黏质粗颗粒土应按本标准第67.4.2条的规定，进行试样饱和并进行饱和度的鉴别。

68.3.3 试样固结应按下列步骤进行：无黏性粗颗粒土的固结应符合本标准第67.3.3条第1款、第2款的规定，黏质粗颗粒土的固结应符合应按本标准第67.4.4条第1款、第2款的规定。

68.3.4 无黏性粗颗粒土的剪切速率应符合本标准第67.3.4条第1款的规定，黏质粗颗粒土的剪切速率应符合本标准第67.4.5条的规定，剪切至预定轴向压力，保持轴向应力不变。剪切过程中测读轴向荷载传感器、轴向位移计、体变管水位读数等。

68.3.5 蠕变试验应按下列步骤进行：

1 加载到设定的轴向荷载后，立即记录时间、轴向位移计、体变管水位读数，作为初值。在整个蠕变试验过程，应保持围压和轴向应力不变；

2 每隔一定时间记录时间、温度、轴向位移计、体变管水位。时间可选为：0.2min、0.5min、1min、2min、3min、5min、10min、30min、60min……在蠕变试验中期和后期，可数小时或十数小时读数一次。

3 蠕变稳定标准可取每24h内轴向应变的变化量小于0.05‰，或取24h的轴向应变小于累计蠕变轴向应变的1‰～5‰，达到稳定标准后，可结束试验，停机、拆样。

4 蠕变试验可取3级～5级围压，每个围压下取3级～4级应力水平。

68.4 计算、制图和记录

68.4.1 应按本标准第19.8.1条、第19.8.2条进行蠕变试验前的计算和制图。

68.4.2 蠕变轴向应变、蠕变体积应变应按下列公式计算：

$$\varepsilon_{lt} = \frac{\Delta h_t}{h_c} \times 100 \qquad (68.4.2\text{-}1)$$

$$\varepsilon_{vt} = \frac{\Delta V_t}{V_c} \times 100 \qquad (68.4.2\text{-}2)$$

式中：ε_{lt}——蠕变轴向应变(%)；

ε_{vt}——蠕变体积应变(%)；

Δh_t——剪切蠕变开始后至某时刻止试样的轴向变形(cm)；

h_c——试样固结后的高度(cm)；

ΔV_t——剪切蠕变开始后至某时刻止试样的体积变化(cm³)，通过体变管或排水量管量测；

V_c——试样固结后的体积(cm³)。

68.4.3 以时间为横坐标，以轴向应变 ε_{lt} 和体积应变 ε_{vt} 为纵坐标，绘制蠕变变形与时间的关系曲线。

68.4.4 本试验的记录格式应符合本标准附录 D 表 D.34~表 D.36、表 D.112 的规定。

69 粗颗粒土三轴湿化变形试验

69.1 一般规定

69.1.1 土样为最大粒径不应大于 60mm 的粗颗粒土。

69.1.2 本试验方法加荷方式采用应力控制式。

69.2 仪器设备

69.2.1 本试验所用的仪器设备应符合以下规定:

1 粗颗粒土的湿化试验宜在能长期恒压的应力控制式大型三轴压缩仪上进行,大型三轴仪的设备组成可参考本标准图 67.2.1。为准确测量体积变化,应在大型三轴压缩仪围压系统上增加高精度的外体变测量系统(图 69.2.1)。

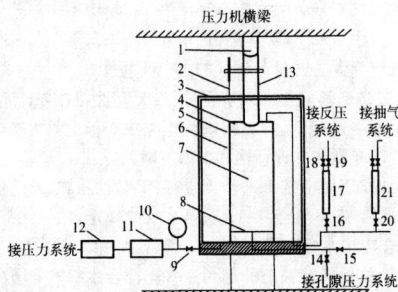

图 69.2.1 大型三轴压缩仪

1—轴向荷载传感器;2—位移传感器;3—压力室;4—试样帽;5—上透水板;6—橡皮膜;
7—试样;8—下透水板;9—周围压力阀;10—压力表;11—外体变测量系统;
12—液压推缸;13—传力杆;14—孔隙压力阀;15—进水管阀;16—排水阀;
17—体变管;18—通气阀;19—反压力阀;20—量水管阀;21—量水管

2 附属设备:应符合本标准第 67.2.1 条第 2 款的规定。

69.2.2 三轴仪使用前的轴向压力系统、周围压力系统、压力室、体变量测系统和孔隙压力量测系统等应按本标准第 67.2.2 条第 1 款~第 4 款的规定进行检查。

69.3 操作步骤

69.3.1 试样制备应按下列步骤进行:

1 试样尺寸:试样的直径和高度应符合本标准第 67.3.1 条第 1 款的规定;

2 无黏性粗颗粒土应按本标准第 67.3.1 条第 2 款~第 8 款的规定,黏质粗颗粒土应按本标准第 67.4.1 条的规定,进行试样制备并测定试样的直径和高度。

69.3.2 试样固结应按下列步骤进行:

1 施加周围压力至预定压力;

2 待外体变测量系统读数稳定后,清零读数;

3 开推水阀(实际起排气作用),每隔 20s~30s 记录外体变测量系统读数 ΔV 一次,计算得到试样的体积变化 ΔV。固结过程中随时绘制 ΔV-t 关系曲线,当曲线下段趋于水平时即认为固结完成。

69.3.3 施加轴向应力应按下列步骤进行:

1 无黏性粗颗粒土应符合本标准第 67.3.4 条第 1 款的规定,黏质粗颗粒土应符合本标准第 67.4.5 条的规定,剪切至预定轴向压力后,保持轴向压力不变。剪切过程中应测记轴向荷载传感器、位移计、外体变测量系统等的读数。

2 经过 3h~5h,在围压和轴向应力作用下,当 30min 内干样的轴向应变变化量小于 0.01% 时,认为干样的变形稳定。

69.3.4 湿化试验应按下列步骤进行:

1 干样变形稳定后,将轴向位移计、外体变测量系统等清零或记录湿化前的初始读数。保持周围压力和轴向应力不变,应按本标准第 67.3.2 条第 2 款的规定进行水头饱和。在试样饱和过程中,应保持试样中心部位水压恒定在 10kPa。

2 水头饱和过程中应记录时间、测计轴向荷载传感器、轴向位移计、孔隙压力计和外体变测量系统读数。

3 对于细粒含量较少的无黏性粗颗粒土,湿化变形能较快稳定,对于黏质粗颗粒土,稳定的时间应适当放长。当 30min 内轴向应变的变化量小于 0.01% 时,可认为湿化变形稳定。

4 湿化变形稳定后停机拆样。

5 湿化变形试验可取 3 级~5 级围压,每个围压下 3 级~4 级应力水平。

69.4 计算、制图和记录

69.4.1 干样固结后的体积 V_c 应按下列公式计算:

$$V_c = V_0 - \Delta V \tag{69.4.1-1}$$

$$\Delta V = \Delta V' - \Delta h_c A_g = \Delta V' - \frac{\Delta h_c \pi D_g^2}{4} \tag{69.4.1-2}$$

式中 V_c——干样固结后的体积(cm^3);

V_0——干样初始体积(cm^3);

$\Delta V'$——外体变测量系统读数变化(cm^3);

Δh_c——干样固结下沉量(cm),由轴向位移计测得;

A_g——传力杆的面积(cm^2);

D_g——平均直径(cm),选择传力杆 3 个位置,分 4 个角度用游标卡尺量测传力杆的直径。

69.4.2 湿化轴向应变 ε_{1s}、湿化体积应变 ε_{vs} 应按下列公式计算:

$$\varepsilon_{1s} = \frac{\Delta h_s}{h_c} \times 100 = \frac{\Delta h_s}{h_0 - \Delta h_s} \times 100 \tag{69.4.2-1}$$

$$\varepsilon_{vs} = \frac{\Delta V_s}{V_c} \times 100 = \frac{\Delta V' - \Delta h_s A_g}{V_c} \times 100 \tag{69.4.2-2}$$

式中:ε_{1s}——湿化轴向应变(%);

ε_{vs}——湿化体积应变(%);

Δh_s——某时刻止湿化产生的轴向变形(cm);

h_c——干样固结后的高度(cm);

ΔV_s——某时刻止湿化产生的体积变化(cm^3)。

69.4.3 以时间为横坐标,以轴向应变和体积应变为纵坐标,绘制湿化变形与时间的关系曲线。

69.4.4 本试验的记录格式应符合本标准附录 D 表 D.34~表 D.36、表 D.113 的规定。

附录 A 试验资料的整理与试验报告

A.0.1 为使试验资料可靠和适用,应进行正确的数据分析和整理。整理时对试验资料中明显不合理的数据,应通过研究,分析原因(试样的代表性、试验过程中出现异常情况等),或在有条件时,进行一定的补充试验后,可决定对可疑数据的取舍或改正。

A.0.2 舍弃试验数据时,应根据误差分析或概率的概念,按三倍标准差(即土 $3s$)作为舍弃标准,即在资料分析中应该舍弃那些在 $\bar{x} \pm 3s$ 范围以外的测定值,然后重新计算整理。

A.0.3 土工试验测得的土性指标,可按其在工程设计中的实际作用分为一般特性指标和主要计算指标。前者如土的天然密度、天然含水率、土粒比重、颗粒组成、液限、塑限、有机质、水溶盐等,系指作为对土分类定名和阐明其物理化学特性的土性指标;后者如土的黏聚力、内摩擦角、压缩系数、变形模量、渗透系数等,系指在设计计算中直接用以确定主体的强度、变形和稳定性等力学性的土性指标。

A.0.4 对一般特性指标的成果整理,通常可采用多次测定值 x_i 的算术平均值 $\bar{x}$,并计算出相应的标准差 s 和变异系数 c_v,以反映实际测定值对算术平均值的变化程度，从而判别其采用算术平均值时的可靠性。

1 算术平均值 $\bar{x}$ 应按下式计算：

$$\bar{x} = \frac{1}{n}\sum_{i=1}^{n} x_i \qquad (A.0.4-1)$$

式中：n——指标测定的总次数；

$\sum_{i=1}^{n} x_i$——指标测定值的总和。

2 标准差 s 应按下式计算：

$$s = \sqrt{\frac{1}{n-1}\sum_{i=1}^{n}(x_i - \bar{x})^2} \qquad (A.0.4-2)$$

3 变异系数 c_v 应按下式计算，并按表 A.0.4 评价变异性：

$$c_v = \frac{s}{\bar{x}} \qquad (A.0.4-3)$$

表 A.0.4 变异性评价

变异系数	$c_v<0.1$	$0.1\leqslant c_v<0.2$	$0.2\leqslant c_v<0.3$	$0.3\leqslant c_v<0.4$	$c_v\geqslant 0.4$
变异性	很小	小	中等	大	很大

A.0.5 对于主要计算指标的成果整理，测定的组数较多时，此时指标的最佳值接近于诸测值的算术平均值，仍可按一般特性指标的方法确定其设计计算值，即采用算术平均值。但通常由于试验的数据较少，考虑到测定误差、土体本身不均匀性和施工质量的影响等，为安全考虑，对初步设计和次要建筑物宜采用标准差平均值，即对算术平均值加或减一个标准差的绝对值（$\bar{x}\pm|s|$）。

A.0.6 对不同应力条件下得得的某种指标，如抗剪强度等，应经过综合整理求取。在有些情况下，尚需求出不同土体单元综合使用时的计算指标。这种综合性的土性指标，一般采用图解法或最小二乘方分析法确定。

1 图解法：将不同应力条件下测得的指标值（如抗剪强度）求得算术平均值，然后以不同应力为横坐标，以指标平均值为纵坐标作图，并求得关系曲线，确定其参数（如土的黏聚力 c 和角摩擦系数 $tg\varphi$）。

2 最小二乘方分析法：根据各测定值同关系曲线的偏差的平方和为最小的原理求取参数值。

3 当设计计算几个土体单元土性参数的综合值时，可按土体单元在设计计算中的实际影响，采用加权平均值，即：

$$\bar{x} = \frac{\sum \omega_i x_i}{\sum \omega_i} \qquad (A.0.6)$$

式中：ω_i——不同土体单元的对应权；

x_i——不同土体单元的计算指标。

A.0.7 试验报告的编写和审核应符合下列规定：

1 试验报告所依据的试验数据应进行整理、检查、分析，经确定无误后方可采用。

2 试验报告所需提供的依据应包括根据不同建筑物的设计和施工的具体要求所拟试验的全部土性指标。

3 试验报告的内容可包括：试验方案的简要说明，试验数据和基本结论。其中试验方案的内容可包括工程概况，所需解决的问题以及由此对试样的采制，试验项目和试验条件提出的要求。

4 试验报告中应采用国家颁布的法定计量单位。

5 试验报告应按下列方面审查：

1）对照委托任务书，检查试验项目应齐全；

2）检查试验项目应按照试验方法标准进行；

3）综合分析检查各指标间的关系应合理；

4）对需要进行数据统计分析的试验报告检查选用的方法应合理，结果应正确；

5）检查土的定义应与相关标准相符。

6 试验报告审批应符合下列程序：

1）由试验人员填写成果汇总表；

2）经校核人员校核汇总表中的数据；

3）由试验负责人编写试验报告；

4）由技术负责人签字并盖章发送。

附录 B 土样的要求与管理

B.0.1 采样数量应满足要求进行的试验项目和试验方法的需要，常规试验项目采样的数量可按表 B.0.1 的规定进行，并应附取土记录及土样现场描述。

表 B.0.1 试验取样数量和过土筛标准

试验项目	土样数量					过筛标准 (mm)
	细粒土		砂土		砂砾土	
	原状土（筒）$\phi 10cm \times 20cm$	扰动土 (kg)	原状土（筒）$\phi 10cm \times 20cm$	扰动土 (kg)	扰动土 (kg)	
含水率	1	0.8	1	0.8	10	—
密度	1	—	—	—	—	—
比重	1	0.8	1	0.8	10	—
颗粒分析	1	0.8	1	0.8	200	—
界限含水率	1	0.5	—	—	—	0.5
崩解	1	—	—	—	—	—
毛管水上升高度	—	—	1	2	—	—
相对密度	—	—	1	6	80	5、60
击实	—	30～50	—	—	300	20、60
承载比	—	50	—	—	—	20
渗透	1	2	1	5	80	2.0、60
反滤料	—	—	—	—	150	60
固结	1	2	1	2	200	2.0、60
黄土湿陷	1	—	—	—	—	—
三轴压缩	2	3	3	5～20	600	2.0、20、60
三轴流变	—	—	—	—	2400	60
三轴湿化变形	—	—	—	—	2400	60
无侧限抗压强度	1	2	—	—	—	2.0
直接剪切	1	3	1	3	1000	2.0、60
排水反复剪切	1	3	1	3	1000	2.0、60
无黏性土休止角	—	—	—	—	—	5
膨胀、收缩	2	2	—	—	—	2.0
振动三轴、共振柱试验	—	20	—	20～300	5000	2、20、60

续表 B.0.1

土样数量 / 试验项目	黏土 原状土(筒)φ10cm×20cm	黏土 扰动土(g)	砂土 原状土(筒)φ10cm×20cm	砂土 扰动土(g)	过筛标准(mm)
土的静止侧压力系数	1	2000	1	2000	—
土的基床系数	2	5000	3	5000~20000	2、20
冻土含水率	1	2000	1	2000	—
冻土密度	1	3000	1	3000	—
冻结温度	—	500	—	500	—
冻土导热系数	—	20000	—	20000	—
未冻含水率	1	500	1	500	—
冻胀率	1	1500	1	1500	—
冻土融化压缩试验	1	1000	1	1000	—
化学分析试样风干含水率	—	500	—	500	2
酸碱度	—	500	—	500	2
易溶盐	—	500	—	500	2
中溶盐石膏	—	100	—	100	0.25
难溶盐碳酸钙	—	100	—	100	0.15
有机质	—	100	—	100	0.15
游离氧化铁	—	500	—	500	2
阳离子交换量	—	500	—	500	2
土的矿物组成	—	100	—	100	0.15

B.0.2 土样的验收和管理应符合下列规定：

1 土样送达试验单位，必须附送清单及试验委托书或其他有关资料。送样单位应有原始记录和编号。内容应包括工程名称，试坑或钻孔编号、高程、取土深度、取样日期。原状土应有地下水位高程、土样现场鉴别和描述及定义、取土方法等。试验委托书应包括工程名称、工程项目、试验目的、试验项目、试验方法及要求。例如原状土进行力学性试验时，试样是在天然含水率状态下还是饱和状态下进行；剪切试验的仪器；剪切试验方法；剪切和固结的最大荷重；渗透试验是垂直还是水平方向；求哪一级荷重或某一个干密度孔隙比下的固结系数或湿陷渗透系数；黄土压缩试验须提出设计荷重。扰动土样的力学性试验要提出初步设计干度和施工现场可能达到的平均含水率等。

2 试验单位接到土样后，应按试验委托书验收。验收中需查明土样数量、编号，所送土样应满足试验项目和试验方法的要求。必要时可抽称土样质量，验收后登记，编号。登记内容应包括：工程名称、委托单位、送样日期、土样室内编号和野外编号、取土地点和取土深度、试验项目的要求以及要求提出成果的日期等。

3 土样送交试验单位验收、登记后，即将土样按顺序妥善存放，应将原状土样和保持天然含水率的扰动土样置于阴凉的地方，尽量防止扰动和水分蒸发。土样从取样之日起至开始试验的时间不应超过3周。

4 土样经过试验之后，余土应贮存于适当容器内，并标记工程名称及室内土样编号，妥善保管，以备审核试验成果之用。一般保存到试验报告提出3个月以后，委托单位对试验报告未提出任何疑义时，方可处理。

5 处理试验余土时应考虑余土对环境的污染、卫生等要求。

附录 C　土的工程分类

C.0.1 土的工程分类应符合现行国家标准《土的工程分类标准》GB/T 50145 的规定。

C.0.2 土按其不同粒组的相对含量可分为：巨粒类土、粗粒类土和细粒类土。土的粒组应按表 C.0.2 中规定的土颗粒粒径范围划分。

1 巨粒类土应按粒组划分；

2 粗粒类土应按粒组、级配、细粒土含量划分；

3 细粒类土应按塑性图、所含粗粒类别以及有机质含量划分。

表 C.0.2　粒组划分

粒组	颗粒名称		粒径(d)的范围(mm)
巨粒	漂石(块石)		$d>200$
	卵石(碎石)		$60<d\leqslant200$
粗粒	砾粒	粗砾	$20<d\leqslant60$
		中砾	$5<d\leqslant20$
		细砾	$2<d\leqslant5$
	砂粒	粗砂	$0.5<d\leqslant2$
		中砂	$0.25<d\leqslant0.5$
		细砂	$0.075<d\leqslant0.25$
细粒	粉粒		$0.005<d\leqslant0.075$
	黏粒		$d\leqslant0.005$

C.0.3 巨粒类土的分类应符合表 C.0.3 的规定。

表 C.0.3　巨粒类土的分类

土类	粒组含量		土类代号	土类名称
巨粒土	巨粒含量>75%	漂石含量大于卵石含量	B	漂石(块石)
		漂石含量不大于卵石含量	Cb	卵石(碎石)
混合巨粒土	50%<巨粒含量≤75%	漂石含量大于卵石含量	BSI	混合土漂石(块石)
		漂石含量不大于卵石含量	CbSI	混合土卵石(块石)
巨粒混合土	15%<巨粒含量≤50%	漂石含量大于卵石含量	SIB	漂石(碎石)混合土
		漂石含量不大于卵石含量	SICb	卵石(碎石)混合土

C.0.4 砾类土的分类应符合表 C.0.4 的规定。

表 C.0.4　砾类土的分类

土类	粒组含量		土类代号	土类名称
砾	细粒含量<5%	级配：$C_u\geqslant5,1\leqslant C_c\leqslant3$	GW	级配良好砾
		级配：不同时满足上述要求	GP	级配不良砾
含细粒土砾	5%≤细粒含量<15%		GF	含细粒土砾
细粒土质砾	15%≤细粒含量<50%	细粒组中粉粒含量不大于50%	GC	黏土质砾
		细粒组中粉粒含量大于50%	GM	粉土质砾

C.0.5 砂类土的分类应符合表 C.0.5 的规定。

表 C.0.5 砂类土的分类

土类	粒 组 含 量		土类代号	土类名称
砂	细粒含量 ＜5%	级配：C_u≥5,1≤C_c≤3	SW	级配良好砂
		级配：不同时满足上述要求	SP	级配不良砂
含细粒土砂	5%≤细粒含量＜15%			SF
细粒土质砂	15%≤细粒 含量＜50%	细粒组中粉粒含量不大于50%	SC	黏土质砂
		细粒组中粉粒含量大于50%	SM	粉土质砂

C.0.6 细粒土的分类应符合表 C.0.6 的规定。

表 C.0.6 细粒土的分类

土的塑性指标在塑性图中的位置		土类代号	土类名称
I_P≥0.73(w_L－20) 和 I_P≥7	w_L≥50%	CH	高液限黏土
	w_L＜50%	CL	低液限黏土
I_P＜0.73(w_L－20) 或 I_P＜4	w_L≥50%	MH	高液限粉土
	w_L＜50%	ML	低液限粉土

附录 D 各项试验记录表

表 D.1 扰动土试样制备记录

任务单号		制备日期		计算者	
仪器名称及编号		试验者		校核者	

试样编号	制备标准		所需土质量及增加水量的计算						试样制备							与制备标准之差		备注
	干密度 ρ_d (g/cm³)	含水率 w' (%)	环刀或计算的击实筒容积 V (cm³)	干土质量 m_d (g)	含水率 w_0 (%)	湿土质量 m (g)	增加的水量 Δm_w (mL)	所需土质量 m (g)	制备方法	环刀质量 (g)	环刀加湿土质量 (g)	湿土质量 m (g)	密度 ρ (g/cm³)	含水率 w (%)	干密度 ρ_d (g/cm³)	干密度 ρ_d (g/cm³)	含水率 w (%)	

表 D.2 原状土开土记录

任务单号		进室日期： 年 月 日						
记录者		开土日期： 年 月 日						
试样编号		取土高程	取土深度 (m)	颜色	气味	结构	夹杂物	包装与扰动情况	其他
室内	野外								

表 D.3 含水率试验记录

任务单号					试验者			
试验日期					计算者			
天平编号					校核者			
烘箱编号								

试样编号	试样说明	盒号	盒质量(g)	盒加湿土质量(g)	盒加干土质量(g)	水分质量(g)	干土质量 m_d (g)	含水率 w (%)	平均含水率 $\overline{w}$ (%)
			(1)	(2)	(3)	(4)=(2)−(3)	(5)=(3)−(1)	(6)=$\frac{(4)}{(5)}$×100	(7)

表 D.4 密度试验记录表(环刀法)

任务单号					试验者		
试验日期					计算者		
天平编号					校核人员		
烘箱编号							

试样编号	环刀号	环刀体积 V (cm³)	湿土质量 m_0 (g)	湿密度 ρ (g/cm³)	含水率 w (%)	干密度 ρ_d (g/cm³)	平均干密度 $\overline{\rho}_d$ (g/cm³)

表 D.5 密度试验记录表(蜡封法)

任务单号		试验者	
试验日期		计算者	
试验标准		校核者	
烘箱编号		天平编号	

蜡的密度 $\rho_n=0.92(\mathrm{g/cm^3})$

试样编号	试样质量 m (g)	试样加蜡质量 m_n(g)	试样加蜡在水中质量 m_{nw}(g)	温度(℃)	水的密度 ρ_{wT} (g/cm³)	试样加蜡体积(cm³)	蜡体积(cm³)	试样体积(cm³)	湿密度 ρ (g/cm³)	含水率 w (%)	干密度 ρ_d (g/cm³)	平均干密度 $\bar\rho_d$ (g/cm³)	备注
(1)	(2)	(3)	—	(4)	$(5)=\dfrac{(2)-(3)}{(4)}$	$(6)=\dfrac{(2)-(1)}{\rho_n}$	(7)=(5)-(6)	$(8)=\dfrac{(1)}{(7)}$	(9)	$(10)=\dfrac{(8)}{1+0.01(9)}$	(11)	

表 D.6 比重试验记录表(比重瓶法)

任务单号		试验环境	
试验日期		试验者	
试验标准		校核者	
烘箱编号		天平编号	

试样编号	比重瓶号	温度(℃)	液体比重 G_{kT}	干土质量 m_d(g)	比重瓶、液总质量 m_{bk}(g)	比重瓶、液、土总质量 m_{bks}(g)	与干土同体积的液体质量(g)	比重 G_s	平均比重 $\bar G_s$	备注
		(1)	(2)	(3)	(4)	(5)	(6)=(3)+(4)-(5)	$(7)=\dfrac{(3)}{(6)}\times(2)$		

表 D.7 比重试验记录表(浮称法)

任务单号		试验者	
试验日期		计算者	
天平编号		校核者	
烘箱编号			

试样编号	温度(℃)	水的比重 G_{wT}	烘干土质量 m_d(g)	铁丝筐加试样在水中质量 m_{ks}(g)	铁丝筐在水中质量 m_k(g)	试样在水中质量(g)	比重 G_s	平均比重 $\bar G_s$	备注
	(1)	(2)	(3)	(4)	(5)	(6)=(4)-(5)	$(7)=\dfrac{(3)\times(2)}{(3)-(6)}$		

表 D.8　比重试验记录表(虹吸筒法)

任务单号		试验者	
试验日期		计算者	
试验标准		校核者	
烘箱编号		天平编号	

试样编号	温度 (℃)	水的比重 G_{wT}	烘干土质量 m_d (g)	晾干土质量 m_{ad} (g)	量筒质量 m_c (g)	量筒加排开水质量 m_{cw} (g)	排开水质量 (g)	吸着水质量 (g)	比重 G_s	平均比重 $\overline{G}_s$	备注
	(1)	(2)	(3)	(4)	(5)	(6)	(7)=(6)-(5)	(8)=(4)-(3)	$(9)=\dfrac{(3)\times(2)}{(7)\times(8)}$		

表 D.9　颗粒分析试验记录表(筛析法)

任务单号		试验者	
试验日期		计算者	
烘箱编号		校核者	
试样编号		天平编号	

风干土质量 = ＿＿＿＿＿ g　　　小于 0.075mm 的土占总土质量百分数 X = ＿＿＿＿ %

2mm 筛上土质量 = ＿＿＿＿＿ g　　小于 2mm 的土占总土质量百分数 X = ＿＿＿＿＿ %

2mm 筛下土质量 = ＿＿＿＿＿ g　　细筛分析时所取试样质量 m_B = ＿＿＿＿＿＿＿ g

试验筛编号	孔径 (mm)	累积留筛土质量 (g)	小于某粒径的试样质量 m_A (g)	小于某粒径的试样质量百分数 (%)	小于某孔径的试样质量占试样总质量的百分数 X(%)
底盘总计					

6—102

表 D.10　颗粒分析试验记录表(密度计法)

任务单号		试验日期	
试样编号		试验者	
烧瓶编号		计算者	
量筒编号		校核者	
烘箱编号		天平编号	
密度计编号			

小于 0.075mm 颗粒土质量百分数_____　　干土总质量　30g　　　风干土质量_____g　　土粒比重 G_s_____
试样处理说明_____　　比重校正值 C_s_____　　弯液面校正值 n_w_____

下沉时间 t (min)	悬液温度 T (℃)	密度计读数					土料落距 L_t (cm)	粒径 d (mm)	小于某粒径的土质量百分数 (%)	小于某孔径的试样质量占试样总质量的百分数 X(%)
		密度计读数 R_1	温度校正值 m_T	分散剂校正值 C_D	$R_M = R_1 + m_T + n_w - C_D$	$R_H = R_M C_s$				

表 D.11　颗粒分析试验记录表(移液管法)

任务单号		试验日期	
试样编号		试验者	
烘箱编号		计算者	
量筒编号		校核者	
移液管编号		天平编号	
三角烧瓶编号			

小于 2mm 颗粒土质量百分数_____　　　小于 0.075mm 颗粒土质量百分数_____
干土总质量 m_d　　　30g　　　　土粒比重 G_s_____　　　移液管体积 V'_x_____

粒径 d (mm)	杯号	杯加干土质量 (g)	杯质量 (g)	吸管内悬液土粒的干土质量 m_{dx} (g)	1000mL 量筒内土质量 m_d (g)	小于某粒径的土质量百分数 (%)	小于某粒径土占总土质量百分数 X(%)
(1)	(2)	(3)	(4)	(5)=(3)-(4)	(6)	(7)	(8)

表 D.12 液塑限联合试验记录表

任务单号		试验者	
试验日期		计算者	
天平编号		校核者	
烘箱编号		液塑限联合测定仪编号	

试样编号	圆锥下沉深度 h（mm）	盒号	湿土质量 m_0（g）	干土质量 m_d（g）	含水率 w（%）	液限 w_L（%）	塑限 w_P（%）	塑性指数 I_P
	—	—	(1)	(2)	$(3)=\left[\dfrac{(1)}{(2)}-1\right]\times100$	(4)	(5)	$(6)=(4)-(5)$

表 D.13 碟式仪液限法试验记录表

任务单号		试验者	
试验日期		计算者	
碟式仪编号		校核者	
烘箱编号		天平编号	

试样编号	击数 N	盒号	湿土质量 m_N（g）	干土质量 m_d（g）	含水率 w_N（%）	液限 w_L（%）
	—	—	(1)	(2)	$(3)=\left[\dfrac{(1)}{(2)}-1\right]$	(4)

表 D.15 缩限试验记录表

任务单号		试验者	
试验日期		计算者	
烘箱编号		校核者	
收缩皿编号		天平编号	
试样编号			

湿土质量（g）	(1)	—
干土质量 m_d（g）	(2)	—
含水率 w（%）	(3)	$\left[\dfrac{(1)}{(2)}-1\right]\times100$
湿土体积 V_0（cm³）	(4)	—
干土体积 V_d（cm³）	(5)	—
收缩体积（g/cm³）	(6)	(4)—(5)
收缩含水率（%）	(7)	$\dfrac{(6)}{(2)}\rho_w\times100$
缩限 w_s（%）	(8)	(3)—(7)
平均值（%）	(9)	—

表 D.14 搓滚塑限法试验记录表

任务单号		试验者	
试验日期		计算者	
烘箱编号		校核者	
天平编号			

试样编号	盒号	湿土质量 m（g）	干土质量 m_d（g）	含水率 w_p（%）	塑限 w_P（%）
	—	(1)	(2)	$(3)=\left[\dfrac{(1)}{(2)}-1\right]\times100$	—

表 D.16 崩解试验记录表

任务单号		试验者	
试验日期		计算者	
试样名称		校核者	
天平编号		烘箱编号	

密度 _____（g/cm³）　　　含水率 _____（%）

观察时间 年 月 d；h；min	经过时间 h；min	浮筒读数 R_t	浮筒读数差 R_t-R_0	崩解量 A_t（%）	崩解情况

表 D.17 毛管水上升高度试验记录表（直接观测法）

任务单号		试验者	
试样编号		计算者	
烘箱编号		校核者	
毛管仪编号		天平编号	
试验日期		_____年_____月_____日	

日	时	分	毛管水上升高度(cm)	试样状态
				试样干密度$(\rho_d)=$_____ g/cm³
				试样孔隙比$(e)=$_____

表 D.18 毛管水上升高度试验记录表（土样管法）

任务单号		试验者	
试样编号		计算者	
烘箱编号		校核者	
毛管仪编号		天平编号	
试验日期		_____年_____月_____日	

试样质量 m(g)	(1)	—
试样体积 V(cm³)	(2)	—
密度 ρ(g/cm³)	(3)	(1)/(2)
含水率 w(%)	(4)	
干密度 ρ_d(g/cm³)	(5)	$\dfrac{(3)}{1+0.01(4)}$
土粒比重 G_s	(6)	
孔隙比 e	(7)	(6)/(5)-1
毛管水上升高度(cm)		—
毛管水上升高度平均值(cm)		—

表 D.19 相对密度试验记录表

任务单号		试验者	
试验日期		计算者	
试样编号		校核者	
相对密度仪编号		天平编号	
烘箱编号			

试验项目		最大孔隙比 e_{max}	最小孔隙比 e_{min}		备注
试验方法		漏斗法	量筒法	振打法	
试样加容器质量(g)	(1)	—	—		
容器质量(g)	(2)				
试样质量 m_d(g)	(3)	(1)-(2)			
试样体积 V(cm³)	(4)	—			
干密度 ρ_d(g/cm³)	(5)	(3)/(4)			
平均干密度(g/cm³)	(6)	—			
比重 G_s	(7)				
孔隙比 e	(8)				
天然干密度(g/cm³)	(9)	—			
天然孔隙比 e_0	(10)	—			
相对密度 D_r	(11)	—			

表 D.20 击实试验记录表

任务单号		试验者	
试验日期		计算者	
击实仪编号		校核者	
台秤编号		天平编号	
击实筒体积（cm³）		烘箱编号	
落距(mm)		击锤质量(kg)	
每层击数		击实方法	

试样编号	试验序号	干密度					含水率					超高(mm)
		筒加土质量(g)	筒质量(g)	湿土质量 m_0(g)	湿密度 ρ(g/cm³)	干密度 ρ_d(g/cm³)	盒号	湿土质量 m_0(g)	干土质量 m_d(g)	含水率 w(%)	平均含水率 $\overline{w}$(%)	

最大干密度 ρ_{dmax} _____（g/cm³） 最优含水率 w_{op} _____（%）

表 D.21　承载比试验记录表(膨胀量)

任务单号				试验者		
试验日期				计算者		
仪器名称及编号				校核者		
试样筒体积 V(cm³)						

		试 样 编 号	(1)	—	1	2	3
		击实筒编号	(2)	—			
含水率		盒加湿土质量(g)	(3)	—			
		盒加干土质量(g)	(4)	—			
		盒质量(g)	(5)	—			
		含水率 $w(\%)$	(6)	$\left[\dfrac{(3)-(5)}{(4)-(5)}-1\right]\times100$			
		平均含水率 $\overline{w}(\%)$	(7)	—			
密度		筒加试样质量 $m_2(g)$	(8)	—			
		筒质量 $m_1(g)$	(9)	—			
		湿密度 $\rho(g/cm^3)$	(10)	$\dfrac{(8)-(9)}{V}$			
		干密度 $\rho_d(g/cm^3)$	(11)	$\dfrac{(10)}{1+0.01(7)}$			
		干密度平均值 $\overline{\rho}_d(g/cm^3)$	(12)	—			
膨胀率		浸水前试样高度 $h_0(mm)$	(13)	—			
		浸水后试样高度 $h_w(mm)$	(14)	—			
		膨胀率 $\delta_w(\%)$	(15)	$\dfrac{(14)-(13)}{(13)}\times100$			
		膨胀率平均值 $\overline{\delta}_w(\%)$	(16)	—			
吸水		浸水后筒加试样质量 $m_3(g)$	(17)	—			
		吸水量 $m_w(g)$	(18)	(17)−(8)			
		吸水量平均值 $\overline{m}_w(g)$	(19)	—			

表 D.22　承载比试验记录表(贯入)

任务单号		试验者	
试验日期		计算者	
试样筒体积		校核者	
仪器名称编号			

击实方法 _____ (次/层)　　荷载板质量 m _____ (kg)　　测力计率定系数 C _____ (N/0.01mm)

最大干密度 ρ_{dmax} _____ (g/cm³)　　贯入速度 v _____ (mm/min)　　浸水条件 _____

最优含水率 w_{op} _____ (%)　　贯入面积 A _____ (cm²)

试样编号 No			测力计读数(0.01mm)	单位压力(kPa)	试样编号 No			测力计读数(0.01mm)	单位压力(kPa)	试样编号 No			测力计读数(0.01mm)	单位压力(kPa)
贯入量(0.01mm)					贯入量(0.01mm)					贯入量(0.01mm)				
量表Ⅰ	量表Ⅱ	平均值			量表Ⅰ	量表Ⅱ	平均值			量表Ⅰ	量表Ⅱ	平均值		
$CBR_{2.5}=$		(%)			$CBR_{2.5}=$		(%)			$CBR_{2.5}=$		(%)		
$CBR_{5.0}=$		(%)			$CBR_{5.0}=$		(%)			$CBR_{5.0}=$		(%)		
$CBR=$		(%)			$CBR=$		(%)			$CBR=$		(%)		
平均 $CBR=$							(%)							

表 D. 23　回弹模量试验记录表

任务单号				试验者	
试样编号				计算者	
试验标准				校核者	
仪器名称及编号				试验日期	
承载板直径 D(cm)					

加载级数	单位压力 p (kPa)	单位压力(kPa) 或测力计读数 (0.01mm)	量表读数(0.001mm)						回弹变形量 l (cm)		回弹模量 E_e (kPa)
			加　载			卸　载			读数值	修正值	
			左	右	平均	左	右	平均			

表 D. 24　常水头渗透试验记录

任务单号		试样高度（cm）		干土质量（g）		试验者	
试样编号		试样面积 A（cm²）		土料比重 G_s		计算者	
仪器名称及编号		试样说明		孔隙比 e		校核者	
测压孔间距（cm）						试验日期	

试验次数	经过时间 t (s)	测压管水位（cm）			水位差（cm）			水力坡降 J	渗透水量 Q (cm³)	渗透系数 k_T (cm/s)	平均水温 T (℃)	校正系数 $\dfrac{\eta_T}{\eta_{20}}$	水温20℃渗透系数 k_{20} (cm/s)	平均渗透系数 $\bar{k}_{20}$ (cm/s)	备注
		Ⅰ管	Ⅱ管	Ⅲ管	H_1	H_2	平均 H								
	(1)	(2)	(3)	(4)	(5)	(6)	(7)	(8)	(9)	(10)	(11)	(12)	(13)	(14)	
—	—	—	—	—	(2)－(3)	(3)－(4)	$\dfrac{(5)+(6)}{2}$	$\dfrac{(7)}{L}$	—	$\dfrac{(9)}{A\times(8)\times(1)}$	—	—	(10)×(12)	$\dfrac{\sum(13)}{n}$	

表 D.25 变水头渗透试验记录

任务单号		试样说明		试样面积(cm²)		试验者	
试样编号		测压管断面积 a(cm²)		孔隙比 e		计算者	
仪器名称及编号		试样高度(cm)		试验日期		校核者	

开始时间 t_1 (d h min)	终了时间 t_2 (d h min)	经过时间 t (s)	开始水头 H_{b1} (cm)	终止水头 H_{b2} (cm)	$2.3\dfrac{a}{A}\dfrac{L}{t}$	$\lg\dfrac{H_{b1}}{H_{b2}}$	水温 T℃时的渗透系数 k_T (cm/s)	水温 T (℃)	校正系数 $\dfrac{\eta_T}{\eta_{20}}$	渗透系数 k_{20} (cm/s)	平均渗透系数 $\bar{k}_{20}$ (cm/s)
(1)	(2)	(3)	(4)	(5)	(6)	(7)	(8)	(9)	(10)	(11)	(12)
—	—	(2)−(1)	—	—	$2.3\dfrac{a}{A}\dfrac{L}{(3)}$	$\lg\dfrac{(4)}{(5)}$	(6)×(7)		—	(8)×(10)	$\dfrac{\sum(11)}{n}$

表 D.26 标准固结试验记录表(一)

任务单号		试验者	
试样编号		计算者	
取土深度		校核者	
试样说明		试验日期	
仪器名称及编号			

1. 含水率试验

试样情况	盒号	盒加湿土质量(g)	盒加干土质量(g)	盒质量(g)	水质量(g)	干土质量 m_d(g)	含水率 w(%)	平均含水率 $\bar{w}$(%)
		(1)	(2)	(3)	(4)	(5)	(6)	(7)
		—	—	—	(1)−(2)	(2)−(3)	(4)/(5)×100	$\dfrac{\sum(6)}{2}$
试验前								
试验后								

2. 密度试验

试样情况	环加土质量(g)	环刀质量(g)	湿土质量 m_0(g)	试样体积 V(cm³)	湿密度 ρ(g/cm³)
	(1)	(2)	(3)	(4)	(5)
	—	—	(1)−(2)		(3)/(4)
试验前					
试验后					

3. 孔隙比及饱和度计算 $G_s=$ _____

试样情况	试验前	试验后
含水率 w(%)		
湿密度 ρ(g/cm³)		
孔隙比 e		
饱和度 S_r(%)		

表 D.27 标准固结试验记录表(二)

任务单号		试验者	
试样编号		计算者	
试验日期		校核者	
仪器名称及编号			

经过时间	试样在不同上覆压力下变形							
	( )(kPa)		( )(kPa)		( )(kPa)		( )(kPa)	
	时间	量表读数 (0.01mm)	时间	量表读数 (0.01mm)	时间	量表读数 (0.01mm)	时间	量表读数 (0.01mm)
0								
6″								
15″								
1′								
2′15″								
4′								
6′15″								
9′								
12′15″								
16′								
20′15″								
25′								
30′15″								
36′								
42′15″								
49′								
64′								
100′								
200′								
400′								
23h								
24h								
总变形量(mm)								
仪器变形量(mm)								
试样总变形量(mm)								

表 D.28 标准固结试验记录表(三)

任务单号		试验者	
试样编号		计算者	
试验日期		校核者	
仪器名称及编号			

试样原始高度 $h_0 = 20.0$mm 试验前孔隙比 $e_0 =$	$C_v = \dfrac{0.848(\overline{h})^2}{t_{90}}$ 或 $C_v = \dfrac{0.1978(\overline{h})^2}{t_{90}}$

加压历时 (h)	压力 p (kPa)	试样总变形量 $\sum \Delta h_i$ (mm)	压缩后试样高度 h (mm)	孔隙比 e_i	压缩模量 E_s (MPa)	压缩系数 a_v (MPa^{-1})	排水距离 $\overline{h}$ (cm)	固结系数 C_v (cm^2/s)
(1)	(2)	(3)	(4)	(5)	(6)	(7)	(8)	(9)
—	—	—	(4)=h_0-(3)	(5)= $e_0 - \dfrac{(3)(1+e_0)}{h_0}$	—	—	(8)=$\dfrac{h_i+h_{i+1}}{4}$	—
0								
24								
24								
24								
24								
24								
24								
24								
24								
24								

表 D.29 快速固结试验记录表

任务单号		试验者	
试样编号		计算者	
试验日期		校核者	
仪器名称及编号			

试验初始高度：$h_0 =$ _____ mm $\qquad K = (h_n)_T/(h_n)_t =$

加压历时 (h)	压力 p (kPa)	校正前试样总变形量 $(h_i)_t$ (mm)	校正后试样总变形量 $\sum \Delta h_i$ (mm)	压缩后试样高度 h (mm)	孔隙比 e_i	压缩模量 E_s (MPa)	压缩系数 a_v (MPa^{-1})
(1)	(2)	(3)	(4)	(5)	(6)	(7)	(8)
—	—	—	(4)=K(3)	(5)=K_0-(4)	(6)=$e_0 - \dfrac{(4)(1+e_0)}{h_0}$	—	—
1							
1							
1							
1							
1							
稳定							

表 D. 30　应变控制加荷固结试验记录表

任务单号		试验者	
试样编号		计算者	
试验日期		校核者	
仪器名称及编号			

试样初始高度 $h_0 =$ _____ cm　　试样面积 $A =$ _____ cm² 　负荷传感器系数 $\alpha =$ _____

试样初始孔隙比 $e_0 =$ _____ 　　应变速率 $=$ _____ ％/s 　　孔压传感器系数 $\beta =$ _____

经过时间 t (min)	轴向变形 Δh (0.01mm)	应变 (％)	t 时孔隙比 e_i	负荷传感器读数	轴向荷载 P (kN)	轴向压力 σ (MPa)	孔压传感器读数	底部孔隙压力 u_b (MPa)	轴向有效压力 σ' (MPa)
(1)	(2)	(3)	(4)	(5)	(6)	(7)	(8)	(9)	(10)
—	—	$(3)=(2)/(10\times h_0)$	$(4)=e_0-\dfrac{(1-e_0)\times(3)}{100}$	—	$(6)=(5)\times\alpha$	$(7)=(6)/A$	—	$(9)=(8)\times\beta$	$(10)=(7)-\dfrac{2}{3}(9)$
0									
1									
2									
⋮									
10									
15									
20									
25									
⋮									
60									
75									
90									
105									
120									
135									
150									

表 D. 31　黄土湿陷试验记录

任务单号		试样含水率 w(％)		试验者	
试样编号		试样湿密度 ρ(g/cm³)		计算者	
仪器名称及编号		土粒比重 G_s		校核者	
试验方法		试样初始高度 h_0(mm)		试验日期	

经过时间 (h)	试样在不同上覆压力下变形											
	(　)(kPa)		(　)(kPa)		(　)(kPa)		(　)(kPa)		浸水湿陷		浸水溶滤	
	时间	读数 (0.01mm)	时间	读数 (0.01mm)	时间	读数 (0.01mm)	时间	读数 (0.01mm)	时间	读数 (0.01mm)	时间	读数 (0.01mm)
1												
2												
3												
4												
5												
⋮												
总变形量 (mm)												
仪器变形量 (mm)												
试样变形量 (mm)												

表 D.32 黄土湿陷性试验记录（自重湿陷系数）

任务单号		仪器名称及编号		试验者	
试样编号		环刀号		计算者	
试验日期		试样初始高度(mm)		校核者	

	饱和自重压力计算							试验测试		
层数	密度 ρ (g/cm³)	含水率 w (%)	比重 G_s	孔隙率 n (%)	饱和密度 ρ_{sat} (g/cm³)	层厚 (m)	土层自重 (kPa)	经过时间 t(h)	百分表读数 (0.01mm)	
									自重压力	浸水
	(1)	(2)	(3)	$(4)=\left\{1-\dfrac{(1)}{(3)\times[1+(2)\times0.01]}\right\}\times100$	$(5)=\dfrac{(1)}{1+(2)\times0.01}+0.85\times(4)$	(6)	$(7)=9.81\times(6)\times(5)$	(8)	(9)	(10)
									稳定读数	
自重压力(kPa)∑(7)								自重湿陷系数 δ_{zs}		

表 D.33 黄土湿陷性试验记录（湿陷起始压力）

任务单编号		试验者	
试样编号		计算者	
试验日期		校核者	
仪器名称及编号			

	环刀号：	试样初始高度 h_0：	(mm)				环刀号：	试样初始高度 h_0：	(mm)		
经过时间 (min)	天然状态		仪器号：				浸水状态		仪器号：		
	( ) (kPa)	( ) (kPa)	( ) (kPa)	( ) (kPa)	( ) (kPa)	( ) (kPa)	浸水	( ) (kPa)	( ) (kPa)	( ) (kPa)	( ) (kPa)	( ) (kPa)	( ) (kPa)	浸水
	变形读数(0.01mm)							变形读数(0.01mm)				
仪器变形量 (mm)											
试样变形量 (mm)											
湿陷系数 δ_{sp}											

表 D.34 三轴压缩试验记录表(一)

任务单号					试验者	
试样编号					计算者	
试样说明					校核者	
试验方法					试验日期	

试样状态				周围压力 σ_3(kPa)	
项 目	起始值	固结后	剪切后	反压力 u_0(kPa)	
直径 D(cm)				周围压力下的孔隙压力 u(kPa)	
高度 h_0(cm)					
面积 A(cm²)				孔隙压力系数 $B=\dfrac{u_0}{\sigma_3}$	
体积 V(cm³)					
质量 m(g)				破坏应变 ε_f(%)	
湿密度 ρ(g/cm³)				破坏主应力差 $(\sigma_1-\sigma_3)_f$(kPa)	
干密度 ρ_d(g/cm³)				破坏主应力 σ_{1f}(kPa)	

试样含水率			破坏孔隙压力系数 $\overline{B_f}=\dfrac{U_f}{\sigma_{3f}}$	
起始值		剪切后		
盒号			相应的有效大主应力 σ_1'(kPa)	
盒质量(g)				
盒加湿土质量(g)			相应的有效小主应力 σ_3'(kPa)	
湿土质量 m(g)				
盒加干土质量(g)			最大有效主应力比 $\left(\dfrac{\sigma_1'}{\sigma_3'}\right)_{max}$	
干土质量 m_d(g)				
水质量(g)				
含水率 w(%)			孔隙压应力系数 $A_f=\dfrac{u_{df}}{B(\sigma_1-\sigma_3)_f}$	
饱和度 S_r				

试样破坏情况的描述	呈鼓状破坏
备 注	

表 D.35 三轴压缩试验记录表(二)

任务单号		试验者	
试样编号		计算者	
周围压力		校核者	
仪器名称及编号		试验日期	

加反压力过程							说明(检验结果)	固结过程							说明
时间	周围压力 σ_3 (kPa)	反压力 u_σ (kPa)	孔隙压力 u (kPa)	孔隙压力增量 Δu	试样体积变化			时间 (min)	量管		孔隙压力 u		体变管		
					读数 (cm³)	体变量 (cm³)			读数	排水量 (cm³)	读数	压力值 (kPa)	读数 (cm³)	体变值 (cm³)	

表 D.36 三轴压缩试验记录表(三)

试样编号		试验者	
试验方法		计算者	
试验日期		校核者	
仪器名称及编号			

周围压力 $\sigma_3 = $ _____ kPa 剪切应变速率 = _____ mm/min 测力计率定系数 $C = $ _____ N/0.01mm	固结下沉量 $\Delta h = $ _____ cm 固结后高度 $h_c = $ _____ cm 固结后面积 $A_c = $ _____ cm²

轴向变形读数 Δh_i (0.01mm)	轴向应变 $\varepsilon_1 = \dfrac{\Delta h_i}{h_c \times 10}$ (%)	试样校正后面积 $A_a = \dfrac{A_c}{1-\varepsilon_1 \times 0.01}$ (cm²)	测力计表读数 R (0.01mm)	主应力差 $(\sigma_1-\sigma_3) = \dfrac{RC}{A_a} \times 10$ (kPa)	大主应力 $\sigma_1 = \sigma_3 + (\sigma_1-\sigma_3)$ (kPa)	孔隙压力 u		试样体积变化				有效大主应力 σ_1' (kPa)	有效小主应力 σ_3' (kPa)	有效主应力比 $\dfrac{\sigma_1}{\sigma_3}$	$\dfrac{\sigma_1-\sigma_3}{2}$ (kPa)	$\dfrac{\sigma_1+\sigma_3}{2}$ (kPa)	$\dfrac{\sigma_1+\sigma_3}{3}$ (kPa)
						读数	压力值 (kPa)	排水管		体积变化							
								读数	排出水量 (cm³)	读数	体变量 (cm³)						

表 D.37 无侧限抗压强度试验记录表

任务单号		试验者	
试样编号		计算者	
试样编号		校核者	
试样说明		试验日期	
仪器名称及编号			

试验前试样高度 $h_0 = $ _____ cm 试验前试样直径 $D_0 = $ _____ cm 试验前试验面积 $A_0 = $ _____ cm² 试样质量 $m_0 = $ _____ g 试样湿密度 $\rho = $ _____ g/cm³ 轴向变形 $\Delta h = $ _____ 0.01mm 测力计定率系数 $C = $ _____ N/0.01mm 原状试样无侧限抗压强度 $q_u = $ _____ kPa 重塑试样无侧限抗压强度 $q_u' = $ _____ kPa 灵敏度 $S_t = $ _____	试样破坏情况

测力计量表读数 R (0.01mm)	轴向变形 Δh (0.01mm)	轴向应变 ε_1 (%)	校正后面积 A_a (cm²)	轴向应力 σ (kPa)
(1)	(2)	(3)	(4)	$(5) = \dfrac{(1) \times C}{(4)} \times 10$

表 D.38 直接剪切试样记录表(一)

任务单号		试验者	
试样编号		计算者	
试样说明		校核者	
试验日期		仪器名称及编号	

试 样 编 号			1			2			3			4		
			起始	饱和后	剪后	起始	饱和后	剪后	起始	饱和后	剪后	起始	饱和后	剪后
湿密度 ρ(g/cm³)	(1)	(1)												
含水率 w(%)	(2)	(2)												
干密度 ρ_d(g/cm³)	(3)	$\dfrac{(1)}{1+0.01\times(2)}$												
孔隙比 e	(4)	$\dfrac{G_s}{(3)}-1$												
饱和度 S_r(%)	(5)	$\dfrac{G_s\times(2)}{(4)}$												

表 D.39 直接剪切试样记录表(二)

任务单号		计算者	
试样编号		校核者	
试验方法		试验者	
		试验日期	
试样编号		剪切前固结时间(min)	
仪器名称及编号		剪切前压缩量(mm)	
垂直压力 p(kPa)		剪切历时(min)	
测力计率定系数 C (N/0.01mm)		抗剪强度 S(kPa)	

手轮转数 (转)	测力计读数 R (0.01mm)	剪切位移 Δl (0.01mm)	剪应力 τ (kPa)	垂直位移 (0.01mm)
(1)	(2)	$(3)=(1)\times20-(2)$	$(4)=\dfrac{(2)\times C}{A_0}\times10$	
1				
2				
3				
4				
5				
6				
7				
8				
9				
10				
11				
12				
⋮				
32				

表 D.40 排水反复直接剪切试验

任务单号			试验者		
试样编号			计算者		
试验日期			校核者		
仪器名称及编号			剪前固结时间(min)		
测力计率定系数 C(N/0.01mm)			剪前固结沉降量(mm)		
剪切速率(mm/min)			剪切次数		
垂直压力 p(kPa)			抗剪强度 S(kPa)		
剪切位移 Δl (0.01mm)	垂直位移计读数 (0.01mm)		测力计读数 R (0.01mm)		剪应力 τ (kPa)
30					
60					
100					
130					
160					
200					
230					
260					
300					
350					
400					
$\vdots$					
800					

表 D.41 无黏性土休止角试验记录表

任务单号			试验者		
试样说明			计算者		
试验方法			校核者		
仪器名称及编号			试验日期		
圆锥底面直径 d_z(cm)					

试样编号	充分风干状态休止角 α_c			水下状态休止角 α_m			备注
	读数		平均值	读数		平均值	
	h_{zc} (cm)	(°)	(°)	h_{zm} (cm)	(°)	(°)	

表 D.42 自由膨胀率试验记录表

任务单号		试验者	
量筒体积		计算者	
试验日期		校核者	
仪器名称及编号			

试样编号	干土质量 m_d (g)	量筒编号	不同时间的体积读数(mL)						自由膨胀率 δ_{ef} (%)
			2h	4h	6h	8h	10h	12h	
备注									

表 D.43 膨胀率试验记录(一)

任务单号		试验者	
试验类型		校核者	
试样编号		计算者	
仪器名称及编号		试验日期	

项目		环刀加湿土质量 (g)	环刀加干土质量 (g)	环刀质量 (g)	湿土质量 m_0 (g)	干土质量 m_d (g)	水质量 m_w (g)	含水率 w (%)	试样体积 V (cm³)	密度 ρ (g/cm³)	干密度 ρ_d (g/cm³)	土粒比重 G_s	孔隙比 e
		(1)	(2)	(3)	$(4)=$ $(1)-(3)$	$(5)=$ $(2)-(3)$	$(6)=$ $(4)-(5)$	$(7)=\dfrac{(6)}{(5)}\times100$	(8)	$(9)=\dfrac{(4)}{(8)}$	$(10)=\dfrac{(5)}{(8)}$	(11)	$(12)=\dfrac{(11)}{(10)}-1$
试验前													
试验后													

表 D.44 膨胀率试验记录(二)

任务单号				试验者		
试验类型				校核者		
试样编号				计算者		
仪器名称及编号				试验日期		

测定时间			经过时间			量表读数(mm)	膨胀率(%)
d	h	min	d	h	min		

表 D.45 收缩试验记录表

任务单号				试验者				
试样编号				计算者				
试验日期				校核者				
仪器名称及编号								

测定时间			百分表读数 z_t (0.01mm)	单向收缩 $z_t - z_0$ (mm)	线缩率 δ_{st} (%)	试样质量 m_t (g)	水质量 m_w (g)	含水率 w_t (%)	备注
d	h	min							

表 D.46 膨胀力试验记录(一)

任务单号		试验者	
试验类型		校核者	
试样编号		计算者	
仪器名称及编号		试验日期	

试样状态

项目	环刀加湿土质量(g)	环刀加干土质量(g)	环刀质量(g)	湿土质量 m_0 (g)	干土质量 m_d (g)	水质量 m_w (g)	含水率 w (%)	试样体积 V (cm³)	密度 ρ (g/cm³)	干密度 ρ_d (g/cm³)	土粒比重 G_s	孔隙比 e
	(1)	(2)	(3)	$(4)=(1)-(3)$	$(5)=(2)-(3)$	$(6)=(4)-(5)$	$(7)=\dfrac{(6)}{(5)}\times100$	(8)	$(9)=\dfrac{(4)}{(8)}$	$(10)=\dfrac{(5)}{(8)}$	(11)	$(12)=\dfrac{(11)}{(10)}-1$
试验前												
试验后												

表 D.47 膨胀力试验记录

任务单号		试验者	
试验类型		校核者	
试样编号		计算者	
仪器名称及编号		试验日期	

测定时间 (h:min:s)	平衡荷载 W (N)	膨胀力 p_e (kPa)	仪器变形量 (0.01mm)

表 D.48 静止侧压力系数试验记录表

1. 含水率 w _____ %

任务单号		试验者	
试样编号		计算者	
试验日期		校核者	
仪器名称及编号			

项目	试验前		试验后	
	(1)	(2)	(1)	(2)
盒号				
湿土加盒质量(g)				
干土加盒质量(g)				
盒质量(g)				
含水率 w(%)				
平均含水率 $\overline{w}$(%)				

2. 密度 ρ _____ g/cm³

项目	试验前	试验后
试样面积 A(cm²)		
试样高度 h(cm)		
试样体积 V(cm³)		
试样质量 m_0(g)		
试样密度 ρ(g/cm³)		
孔隙比 e		
试样描述		

3. K_0 试验

电测仪表初始读数 $R_0=$ _____ $\mu\varepsilon$(mV)

压力传感器比例常数 $C'=$ _____ kPa/$\mu\varepsilon$(mV)

轴向压力= _____ kPa

经过时间 t (min)	轴向变形 Δh (0.01mm)	电测仪表读数 R_d ($\mu\varepsilon$,mV)	读数变化值 (R_d-R_{d0}) ($\mu\varepsilon$,mV)	周围压力 σ_3' (kPa)

表 D.49 振动三轴动强度(抗液化强度)试验记录表(一)

任务单号		试验者	
试样编号		计算者	
试验日期		校核者	
仪器名称及编号			

固 结 前	固 结 后	固 结 条 件	试验条件和破坏标准
试样直径 d(mm)	试样直径 d_c(mm)	固结应力比 K_c	动荷载 W_d(kN)
试样高度 h(mm)	试样高度 h_c(mm)	轴向固结应力 σ_{1c}(kPa)	振动频率(Hz)
试样面积 A(cm²)	试样面积 A_c(cm²)	侧向固结应力 σ_{3c}(kPa)	等压时孔压破坏标准(kPa)
体积量管读数 V_1(cm³)	体积量管读数 V_2(cm³)	固结排水量 ΔV(mL)	等压时应变破坏标准(%)
试样体积 V(cm³)	试样体积 V_c(cm³)	固结变形量 Δh(mm)	偏压时应变破坏标准(%)
试样干密度 ρ_d(g/cm³)	试样干密度 ρ_d(g/cm³)	振后排水量(mL)	振后高度(mm)
试样破坏情况描述			
备 注			

表 D.50 振动三轴动强度(抗液化强度)试验记录表(二)

任务单号		试验者	
试样编号		计算者	
试验日期		校核者	
仪器名称及编号			

振次 (次)	动变形 Δh_d (mm)	动应变 ε_d (%)	动孔隙压力 u_d (kPa)	动孔压比 u_d/σ_0'

表 D.51 振动三轴动力变形特性试验记录表(一)

任务单号			试验者	
试样编号			计算者	
试验日期			校核者	
仪器名称及编号				

固 结 前		固 结 后		固结条件及振动试验条件	
试样直径 d(mm)		试样直径 d_c(mm)		固结应力比 K_c	
试样高度 h(mm)		试样高度 h_c(mm)		轴向固结应力 σ_{1c}(kPa)	
试样面积 A(cm²)		试样面积 A_c(cm²)		侧向固结应力 σ_{3c}(kPa)	
体积量管读数 V_1(cm³)		体积量管读数 V_2(cm³)		固结排水量 ΔV(mL)	
试样体积 V(cm³)		试样体积 V_c(cm³)		固结变形量 Δh(mm)	
试样干密度 ρ_d(g/cm³)		试样干密度 ρ_d(g/cm³)		振动频率 f(Hz)	

级　　数	1	2	3	4	5	6	7	8	9	10
每级动荷载(kN)										
备　　注										

表 D.52 振动三轴动力变形特性试验记录表(二)

任务单号		试验者	
试样编号		计算者	
试验日期		校核者	
仪器名称及编号			

振次 (次)	动应力 σ_d (kPa)	动变形 Δh_d (mm)	动应变 ε_d (%)	动弹性模量 E_d (kPa)	阻尼比 λ (%)

表 D.53　振动三轴残余变形特性试验记录表（一）

任务单号			试验者	
试样编号			计算者	
试验日期			校核者	
仪器名称及编号				

固 结 前	固 结 后	固 结 条 件	试验及破坏条件
试样直径 d(mm)	试样直径 d_c(mm)	固结应力比 K_c	动荷载(kN)
试样高度 h(mm)	试样高度 h_c(mm)	轴向固结应力 σ_{1c}(kPa)	振动频率 f(Hz)
试样面积 A(cm²)	试样面积 A_c(cm²)	侧向固结应力 σ_{3c}(kPa)	振动次数(次)
体积量管读数 V_1(cm³)	体积量管读数 V_2(cm³)	固结排水量 ΔV(mL)	振后排水量(mL)
试样体积 V(cm³)	试样体积 V_c(cm³)	固结变形量 Δh(mm)	振后高度(mm)
试样干密度 ρ_d(g/cm³)	试样干密度 ρ_d(g/cm³)		
试样破坏情况描述			
备　　注			

表 D.54　振动三轴残余变形特性试验记录表（二）

任务单号		试验者	
试样编号		计算者	
试验日期		校核者	
仪器名称及编号			

振次 （次）	动残余体积变化 （cm³）	动残余轴向变形 （mm）	残余体应变 ε_{vr} （%）	动残余轴向应变 ε_d （%）

表 D.55 共振柱试验记录表(带弹簧和阻尼器支承端扭转共振柱)

任务单号		试验者	
试样编号		计算者	
试验日期		校核者	
仪器名称及编号			

试 样 情 况		计 算 参 数	
试样干质量(g)		试样干密度(g/cm³)	
固结前高度(cm)		试样质量 m_t(g)	
固结前直径(cm)		试样转动惯量 I_t(g/cm²)	
固结后高度(cm)		顶端附加物质量 m_0(g)	
固结后直径(cm)		顶端附加物转动惯量 I_0(g/cm²)	
固结后体积(cm³)		加速度计到试样轴线距离 d_1(cm)	
试样含水率(%)		加速度标定系数 β(981cm·s²/mV)	

扭转共振测试结果

测定次数	最大电压值 U (mV)	扭转共振频率 f_{nt} (Hz)	扭转共振圆频率 ω (rad/s)	动剪应变 ×10⁴ (%)	无试样时系统扭转共振频率 f_{0t}(Hz)	扭转无量纲频率因数 β_s	动剪切模量 G_d (kPa)	有试样时系统扭转振动时的对数衰减率 δ_t	无试样时系统扭转振动时的对数衰减率 δ_{0t}	扭转振动时的能量比 S_t	阻尼比 λ

表 D.56 共振柱试验记录表(带弹簧和阻尼器支承端纵向振动共振柱)

任务单号		试验者	
试样编号		计算者	
试验日期		校核者	
仪器名称及编号			

试 样 情 况		计 算 参 数	
试样干质量(g)		试样干密度(g/cm³)	
固结前高度(cm)		试样质量 m_t(g)	
固结前直径(cm)		试样转动惯量 I_t(g/cm²)	
固结后高度(cm)		顶端附加物质量 m_0(g)	
固结后直径(cm)		顶端附加物转动惯量 I_0(g/cm²)	
固结后体积(cm³)		加速度计到试样轴线距离 d_1(cm)	
试样含水率(%)		加速度标定系数 β(981cm·s²/mV)	

纵向振动测试结果

测定次数	最大电压值 U (mV)	轴向动应变 ×10⁴ (%)	纵向共振频率 f_{nl} (Hz)	无试样时系统纵向共振频率 f_{0t}(Hz)	纵向振动无量纲频率因数 β_L	动弹性模量 E_d (kPa)	有试样时系统纵向振动时的对数衰减率 δ_l	无试样时系统纵向振动时的对数衰减率 δ_{0l}	纵向振动时的能量比 S_l	阻尼比 λ

表 D.57 共振柱试验记录表(自由端扭转共振柱)

任务单号		试验者	
试样编号		计算者	
试验日期		校核者	
仪器名称及编号			

试样情况		试验参数	
试样干质量(g)		试样干密度(g/cm³)	
固结前高度(cm)		试样质量 m_t(g)	
固结前直径(cm)		试样转动惯量 I_t(g/cm²)	
固结后高度(cm)		顶端附加物质量 m_0(g)	
固结后直径(cm)		顶端附加物转动惯量 I_0(g/cm²)	
固结后体积(cm³)		加速度计到试样轴线距离 d_1(cm)	
试样含水率(%)		加速度标定系数 β(981cm·s²/mV)	

扭转自由振动测试结果

测定次数	电荷输出电压 U (mV)	自振周期(s)					自振振幅(mm)					扭转自由振动频率 f_{nt} (Hz)	动剪应变 γ (%)	无试样时系统扭转自由振动频率 f_{0t}(Hz)	扭转无量纲频率因数 β_s	动剪切模量 G_d (kPa)	阻尼比 λ
		T_1	T_2	T_3	T_4	平均	A_1	A_2	A_3	A_4	平均						

表 D.58 共振柱试验记录表(自由端纵向振动共振柱)

任务单号		试验者	
试样编号		计算者	
试验日期		校核者	
仪器名称及编号			

试样情况		计算参数	
试样干质量(g)		试样干密度(g/cm³)	
固结前高度(cm)		试样质量 m_t(g)	
固结前直径(cm)		试样转动惯量 I_t(g/cm²)	
固结后高度(cm)		顶端附加物质量 m_{ft}(g)	
固结后直径(cm)		顶端附加物转动惯量 I_0(g/cm²)	
固结后体积(cm³)		加速度计到试样轴线距离 d_1(cm)	
试样含水率(%)		加速度标定系数 β(981cm·s²/mV)	

自由纵向振动测试结果

测定次数	电荷输出电压 U (mV)	自振周期(s)					自振振幅(mm)					纵向自由振动频率 f_{nl} (Hz)	轴向动应变 ε_d (%)	无试样时系统纵向自由振动频率 f_{0l}(Hz)	纵向无量纲频率因数 β_l	动弹性模量 E_s (kPa)	阻尼比 λ
		T_1	T_2	T_3	T_4	平均	A_1	A_2	A_3	A_4	平均						

表 D.59 基床系数试验记录表

任务单号		试验者	
试样编号		计算者	
试验日期		校核者	
仪器名称及编号			
含水率(%)		试样高度(mm)	
控制比值 n		试样直径(mm)	

试样高度 h_i (mm)	土的变形 Δh_i (mm)	轴向压力 (N)	轴向应变 ε_1 (%)	校正后的面积 (mm²)	应力 σ_1 (kPa)

表 D.60 冻土含水率试验记录表(烘干法)

任务单号						试验者			
试验日期						计算者			
仪器名称及编号						校核者			

试样编号	试样说明	盒号	盒质量 (g)	盒加湿土质量 (g)	盒加干土质量 (g)	冻土质量 m_{f0} (g)	干土质量 m_d (g)	冻土含水率 w_f (%)	冻土含水率平均值 $\overline{w_f}$ (%)
			(1)	(2)	(3)	(4)=(2)-(1)	(5)=(3)-(1)	$(6)=\left[\dfrac{(4)}{(5)}-1\right]\times100$	(7)

表 D.61　冻土含水率和冻土密度试验记录表（联合测定法）

任务单号		试验者	
试验日期		计算者	
仪器名称及编号		校核者	

试样编号	冻土质量 m_{f0} (g)	筒加水质量 m_{tw} (g)	筒加水加试样质量 (g)	筒加水加冻土颗粒质量 m_{tws} (g)	土粒比重 G_s	冻土试样体积 V_f (cm³)	冻土密度 ρ_f (g/cm³)	冻土含水率 w_f (%)

表 D.62　冻土密度试验记录表（浮称法）

任务单号		试验者	
试验日期		计算者	
仪器名称及编号		校核者	

试样编号	试样描述	煤油温度 （℃）	煤油密度 ρ_m (g/cm³)	冻土质量 m_{f0} (g)	试样在油中的质量 m_{fm} (g)	冻土体积 V_f (cm³)	冻土密度 ρ_f (g/cm³)	平均冻土密度 $\bar{\rho}_f$ (g/cm³)
		(1)	(2)	(3)	(4)	$(5)=\dfrac{(3)-(4)}{(2)}$	$(6)=\dfrac{(3)}{(5)}$	(7)

表 D.63 冻土密度试验记录表(环刀法)

任务单号		试验者	
试验日期		计算者	
仪器名称及编号		校核者	

试样编号	试样描述	冻土体积 V_f (cm³)	冻土质量 m_{f0} (g)	冻土密度 ρ_f (g/cm³)	冻土含水率 w_f (%)	冻土干密度 ρ_{fd} (g/cm³)	冻土平均干密度 $\bar{\rho}_{fd}$ (g/cm³)
		(1)	(2)	$(3)=\dfrac{(2)}{(1)}$	(4)	$(5)=\dfrac{(3)}{1+0.01\times(4)}$	(6)

表 D.64 冻土密度试验记录表(充砂法)

任务单号		试验者	
试验日期		计算者	
仪器名称及编号		校核者	

试样编号	测筒质量 m_t (g)	试样质量 m_{f0} (g)	测筒、试样加量砂质量 m_{tfs} (g)	量砂质量 (g)	量砂密度 ρ_{ls} (g/cm³)	测筒容积 V_t (cm³)	试样体积 V_f (cm³)	冻土密度 ρ_f (g/cm³)	冻土平均密度 $\bar{\rho}_f$ (g/cm³)
	(1)	(2)	(3)	$(4)=(3)-(1)-(2)$	(5)	(6)	$(7)=(6)-\dfrac{(4)}{(5)}$	$(8)=\dfrac{(2)}{(7)}$	(9)

表 D.65 冻结温度试验记录表

任务单号		试验者	
试验日期		计算者	
仪器名称及编号		校核者	

热电偶编号：＿＿＿＿ 热电偶系数 $K_f =$＿＿＿＿$\mu V/℃$

试样编号	历时 (min)	电压表示值 U_f (μV)	冻结温度 T_f (℃)	备注
	(1)	(2)	(3)=(2)/K_f	

表 D.66 冻土导热数试验记录表

任务单号		试验者	
试验日期		计算者	
仪器名称及编号		校核者	

冻土试样含水率 $w_f =$＿＿＿＿% 石蜡导热系数 $\lambda_0 = 0.279W/(m \cdot K)$
冻土试样密度 $\rho_f =$＿＿＿＿g/cm^3

试样 编号	时间 (min)	石蜡样品盒内 两壁面温差 $\Delta\theta_0$ (℃)	待测试样盒 两壁面温差 $\Delta\theta$ (℃)	导热系数 λ_f $[W/(m \cdot K)]$	备注
	(1)	(2)	(3)	(4)=$\lambda_0 \times$(2)/(3)	

表 D.67 冻胀率试验记录表

任务单号		试验者	
试验日期		计算者	
仪器名称及编号		校核者	
试样结构			

冻土试样含水率 $w_f =$＿＿＿＿% 冻土试样密度 $\rho_f =$＿＿＿＿g/cm^3
初始水位＿＿＿＿ 冻结深度 $H_f =$＿＿＿＿mm

试样编号	时间 (h)	水位 (mm)	温度 (℃)	冻胀量 Δh_f (mm)	备注

表 D.68 冻土融化压缩试验记录表

任务单号		试验者	
试验日期		计算者	
试样编号		校核者	
仪器名称及编号			

融沉下沉量 $\Delta h_{f0} =$＿＿＿＿cm 融沉后试样孔隙比 $e =$＿＿＿＿

加压时间 t (h,min)	压力 p (kPa)	试样 总变形量 (mm)	孔隙比 e_i	融化压缩系数 α_{fv} (MPa^{-1})
(1)	(2)	(3)	(4)=$e-\dfrac{(3)}{h}(1+e)$	(5)

表 D.69 原位冻土融化压缩试验记录表

任务单号		试验者	
试验日期		计算者	
仪器名称及编号		校核者	
试坑编号及深度		土类	

冻结状态含水率 $w_f =$＿＿＿＿% 密度 $\rho_f =$＿＿＿＿g/cm^3

荷载 (kPa)	历时		变形(mm)		荷载 (kPa)	历时		变形(mm)	
	读数 时间	累计 (min)	量表 读数	变形量		读数 时间	累计 (min)	量表 读数	变形量

表 D.70 原位冻胀率试验记录表

任务单号		试验者	
试验地点		计算者	
试验日期		校核者	
仪器名称及编号			
试样编号			

时间	温度及冻胀量	深度(cm)						地下水位 (m)	冻深 H_f(m)		冻胀率 η_f (%)
		0	20	40	60	80	100		地温计	冻深器	
	温度(℃)										
	冻胀量 Δh_f(cm)										
	温度(℃)										
	冻胀量 Δh_f(cm)										
	温度(℃)										
	冻胀量 Δh_f(cm)										

表 D.71 原位密度试验记录表(灌砂法,用套环)

任务单号			试验者			
试验日期			计算者			
试验环境			校核者			
试样编号			仪器名称及编号			
试样描述			取样地点			
量砂容器质量加原有量砂质量 m_{y1}(g)	(1)					
量砂容器质量加第1次剩余量砂质量 m_{y2}(g)	(2)					
套环内耗砂质量(g)	(3)	(1)-(2)				
量砂密度 ρ'_{ls}(g/cm³)	(4)					
套环体积(cm³)	(5)	(3)/(4)				
从套环内取出量砂质量 m_{y3}(g)	(6)					
套环内残留量砂质量(g)	(7)	(3)-(6)				
量砂容器质量加第2次剩余量砂质量 m_{y5}(g)	(8)					
试坑及套环内耗砂质量(g)	(9)	(2)+(6)-(8)				
量砂密度 ρ_{ls}(g/cm³)	(10)	(9)/(10)				
试坑及套环总体积(cm³)	(11)					
试坑体积(cm³)	(12)	(11)-(5)				
试样容器质量加试样质量(内包括残留之量砂) m_{y4}(g)	(13)					
试样容器质量 m_{y6}(g)	(14)					
试样质量 m_0(g)	(15)	(13)-(14)-(7)				
试样密度 ρ(g/cm³)	(16)	(15)/(12)				
试样含水率 w(%)	(17)					
干密度 ρ_d(g/cm³)	(18)	$\dfrac{(16)}{1+0.01\times(17)}$				
平均干密度 $\bar{\rho}_d$(g/cm³)	(19)					

表 D.72 原位密度试验记录表(灌砂法,不用套环)

任务单号			试验者			
试验日期			计算者			
试验环境			校核者			
试样编号			仪器名称及编号			
试样描述			取样地点			
量砂容器质量加原有量砂质量 m_{y1}(g)	(1)					
量砂容器质量加剩余量砂质量 m_{y7}(g)	(2)					
试坑内耗砂质量(g)	(3)	(1)-(2)				
量砂密度 ρ_n(g/cm³)	(4)					
试坑体积(cm³)	(5)	(3)/(4)				
试样质量加试样容器质量 m_{y4}(g)	(6)					
试样容器质量 m_{y6}(g)	(7)					
试样质量 m_0(g)	(8)	(6)-(7)				
试样密度 ρ(g/cm³)	(9)	(8)/(5)				
试样含水率 w(%)	(10)					
干密度 ρ_d(g/cm³)	(11)	$\dfrac{(9)}{1+0.01\times(10)}$				
平均干密度 $\bar{\rho}_d$(g/cm³)	(12)					

表 D.73 原位密度试验记录表（灌水法）

任务单号		试验者	
试验日期		计算者	
试验环境		校核者	
试样描述		仪器名称及编号	
取样地点		试样编号	

试样编号	套环体积 V_{th}（cm³）	储水筒水位(cm) 初始 H_{t1}	储水筒水位(cm) 终了 H_{t2}	储水筒面积 A_w（cm²）	试坑体积 V_{sk}（cm³）	试样质量 m_0（g）	试样含水率 w（%）	试样湿密度 ρ（g/cm³）	试样干密度 ρ_d（g/cm³）
(1)	(2)	(3)	(4)	(5)	(6)=[(4)−(3)]×(5)−(2)	(7)	(8)	(9)=(7)/(6)	(10)= $\dfrac{(9)}{1+0.01\times(8)}$

表 D.74 试坑渗透试验记录表

任务单号		试坑编号		试验方法		试验者	
土质说明		铁(内)环直径		试坑深度		计算者	
仪器名称及编号				试验日期		校核者	

测量时间 d	测量时间 h	测量时间 min	时间间隔 t（min）	渗入水量 Q（cm³）	水的渗透流量 cm³/min	水的渗透流量 cm³/s	近似渗透系数 k_T（cm/s）	试验时水的入渗深度 H_{y1}（cm）	贮水坑中水的深度 H_{y2}（cm）	相当于作用毛细管力的水柱高度 H_{y3}（cm）	渗透系数 k_T（cm/s）	水温20℃渗透系数 k_{20}（cm/s）	平均渗透系数 $\bar{k}_{20}$（cm/s）
—	—	—	(1)	(2)	(3)	(4)	(5)	(6)	(7)	(8)	(9)	(10)	(11)
—	—	—			$\dfrac{(2)}{(1)}$	$\dfrac{(3)}{60}$	(4)/A		—	—	$\dfrac{(4)\times(6)}{A[(6)+(7)+(8)]}$	(9)×$\dfrac{\eta_T}{\eta_{20}}$	$\dfrac{\sum(10)}{n}$

表 D.75 原位直剪试验记录表

任务单号		试验者	
试验地点		计算者	
试样编号		校核者	
试验方法		试验日期	
仪器名称及编号			
试样(混凝土板)面积 A_0(cm²)		垂直压力 p(kPa)	
固结时间(h)		剪切历时(min)	
试样压缩量(mm)		抗剪强度 S(kPa)	

剪切历时(min)	剪应力 τ (kPa)	剪切位移 ΔL (mm)	备 注

表 D.76 电测试十字板剪切试验记录表

任务单号		试验者	
试验地点		计算者	
试验孔号		校核者	
仪器名称及编号		试验日期	
孔口标高		应变仪编号	
试验环境		稳定水位	

十字板规格 $D=$_____ mm $H=$_____ mm $K'_1=$_____ cm⁻³
传感器编号:_____ 率定系数 $\xi=$_____ N·(cm/με)

序号	原状土		重塑土		试验深度 (m)	备注
	应变仪读数 R_y (με)	抗剪强度 C_u (kPa)	应变仪读数 R_e (με)	抗剪强度 C'_u (kPa)		

表 D.77 机械式十字板剪切试验记录表

任务单号		试验者	
试验地点		计算者	
试验孔号		校核者	
仪器名称及编号		试验日期	
孔口标高		稳定水位	
试验环境			

十字板规格 $D=$_____ mm $H=$_____ mm $K'_2=$_____ cm⁻²
钢环编号:_____ 钢环系数 $C=$_____ N/0.01mm

序号	原状土		重塑土		轴杆	试验深度 (m)	备注
	百分表读数 (0.01mm)	抗剪强度 C_u (kPa)	百分表读数 (0.01mm)	抗剪强度 C'_u (kPa)	百分表读数 (0.01mm)		

表 D.78 标准贯入试验记录表

任务单号		试验者	
钻孔编号		计算者	
孔口标高		校核者	
地下水位		试验日期	
仪器名称及编号		试验环境	
钻孔孔径		钻进方式	
护孔方式		落锤方式	

孔内水位(或泥浆高程)

序号	浮土厚度 (cm)	试验深度 (m)	贯入深度 (cm)	击数 N	描述

表 D.79 静力触探试验记录表

任务单号		探头率定系数 k_p	试验者
孔号		率定系数 k_p	计算者
孔口标高(m)		率定系数 k_q	校核者
水位标高(m)		率定系数 k_t	试验日期
试验环境		率定系数 k_u	

1. 阻力测定

触探深度 (m)	锥头阻力 q_c(p_s)		摩擦阻力 f_s		孔隙水压力 u		摩阻比 $F_m=\dfrac{f_s}{q_c}$ (%)
	仪表读数 (με,mV)	贯入阻力 (kPa)	仪表读数 (με,mV)	贯入阻力 (kPa)	仪表读数 (με,mV)	贯入阻力 (kPa)	

2. 孔压消散(触探深度:_____ m)

时间 (min)	经过时间 (min)	仪表读数 (με,mV)	孔隙压力 u_t (kPa)	孔隙压力消散百分数 $\bar{U}$ (%)

表 D.80 轻型动力触探试验记录表

任务单号		孔号		试验者	
试验地点		探杆直径		计算者	
孔口标高		探杆质量		校核者	
地下水位		锤座质量		试验日期	
仪器名称及编号					

触探杆总长 (m)	触探深度 (m)	一阵锤击数 N_0	贯入度 ΔS (mm)	每贯入 0.1m 锤击数 $N_{63.5}$	小层累计贯入度 (mm)	小层平均锤击数	说明

表 D.81 重型、超重型动力触探试验记录表

任务单号		孔号		试验者	
试验地点		探杆直径		计算者	
孔口标高		探杆质量		校核者	
地下水位		锤座质量		试验日期	
仪器名称及编号					

触探杆总长 (m)	触探深度 (m)	一阵锤击数 N_0	贯入度 ΔS (mm)	每贯入 0.1m 锤击数 N_{120}	小层累计贯入度 (mm)	小层平均锤击数	说明

表 D.82 旁压试验记录表

任务单号		试验者	
试验孔编号		计算者	
试验点编号		校核者	
旁压器编号		试验日期	
孔口标高(m)		地下水位(m)	
试验深度(m)		旁压器中所受静水压力 p_w(kPa)	
量管水面离孔口距离(m)		试验土层描述	

压力 p(kPa)				量管水位下降值(累计值)H_m(cm)							体积增量 V (cm³)
压力表读数 p_m	总压力	校正值	校正后	0s	15s	30s	60s	120s	校正值	校正后	

表 D.83 载荷试验记录表

任务单号		试验者	
试验地点		计算者	
试验深度		校核者	
试验方法		试验日期	
承压板面积		气候条件	
试验环境		土层性状	
仪器名称及编号			

加荷时间	读数时间	单位压力 p (kPa)	沉降量 s(cm)								平均沉降量 (cm)	累计沉降量 (cm)	备注
			A		B		C		D				
			读数	沉降	读数	沉降	读数	沉降	读数	沉降			

表 D.84　波速试验记录表(跨孔法)

任务单号		试验者	
试验日期		计算者	
钻孔排列方位		校核者	
仪器名称及编号			

深度 (m)	土层 名称	测斜后的实际水平距离(m)			波的传播时间(ms)						波速值(m/s)					
		S—R_1	S—R_2	R_1—R_2	S—R_1		S—R_2		R_1—R_2		S—R_1		S—R_2		R_1—R_2	
					t_P	t_S	t_P	t_S	t_P	t_S	v_P	v_S	v_P	v_S	v_P	v_S

表 D.85　波速试验记录表(面波法)

任务单号		试验者	
试验地点		计算者	
试验日期		校核者	
仪器名称及编号			

激振频率 f (s^{-1})	检波器与振源间距离(m)			波长(m) $L_R = l_3 - l_1$	波速值 $V_R = L_R f$ (m/s)
	S—l_1	S—l_2	S—l_3		

表 D.86　风干含水率试验记录表

任务单号		试验者	
试验地点		计算者	
试验日期		校核者	

仪器名称及编号

试样编号	铝盒编号	铝盒质量(g)		铝盒加风干土质量(g)	铝盒加烘干土质量(g)		烘干土质量 m_d (g)	失水质量 (g)	风干含水率 w_0（%）	
		第1次	第2次		第1次	第2次			计算值	平均值

表 D.87　酸碱度(pH)测定记录表

任务单号		试验者	
试验地点		计算者	
试验日期		校核者	

仪器名称及编号

试样编号	土水比例	温度(℃)	pH 值		备　注
			第1次	第2次	

表 D.88　易溶盐总量测定试验记录表

任务单号		试验者	
试验地点		计算者	
试验日期		校核者	
仪器名称及编号			

试样编号	风干土质量 m_0 (g)	风干含水率 w_0 (%)	烘干土质量 m_d (g)	加水容积 V_w (mL)	吸取浸出液 V_{x1} (mL)	蒸发皿编号 No.	蒸发皿质量 m_m (g)	蒸发皿加烘干残渣质量 m_{mz} (g)	烘干残渣质量 $m_{mz}-m_m$ (g)	易溶盐总量 ω(易溶盐) (g·kg^{-1})	
										计算值	平均值

表 D.89　易溶盐碳酸根 $\left(\dfrac{1}{2}CO_3^{2-}\right)$ 及重碳酸根 (HCO_3^-) 试验记录表

任务单号		试验者	
试验地点		计算者	
试验日期		校核者	
仪器名称及编号			

试样编号	烘干土质量 m_d (g)	加水体积 V_w (mL)	吸取滤液体积 V_{x2} (mL)	硫酸 $\left(\dfrac{1}{2}H_2SO_4\right)$ 标准溶液			碳酸根含量 $\omega(CO_3^{2-})$ (g·kg^{-1})		重碳酸钙含量 $\omega(HCO_3^-)$ (g·kg^{-1})	
				浓度 $C\left(\dfrac{1}{2}H_2SO_4\right)$ (mol·L^{-1})	第1次用量 V_{hb2} (mL)	第2次用量 V_{hb3} (mL)	计算值	平均值	计算值	平均值

表 D. 90　易溶盐氯根(Cl^-)的试验记录表

任务单号				试验者		
试验地点				计算者		
试验日期				校核者		
仪器名称及编号						

试样编号	烘干土质量 m_d (g)	加水体积 V_w (mL)	吸取滤液体积 V_{x2} (mL)	硝酸银标准溶液			氯离子含量 $\omega(Cl^-)$ (g·kg⁻¹)	
				浓度 $C(AgNO_3)$ (mol·L⁻¹)	滴定用量 V_{hb4} (mL)	空白用量 V_{hb5} (mL)	计算值	平均值

表 D. 91　硫酸根(SO_4^{2-})测定记录表(EDTA 法)

任务单号			试验者		
试验方法	EDTA 法		计算者		
试验日期			校核者		
仪器名称及编号					

试样编号	烘干土质量 m_d (g)	加水体积 V_w (mL)	吸取滤液体积 V_{x2} (mL)	钡镁混合液		EDTA 标准溶液			硫酸根含量 $\omega(SO_4^{2-})$ (g·kg⁻¹)	
				浓度 $C(Ba+Mg)$ (mol·L⁻¹)	用量 V_B (mL)	浓度 $C(EDTA)$ (mL)	用量 V_E (mL)	滴定钙镁用量 V_{E0} (mL)	计算值	平均值

表 D.92 硫酸根(SO₄²⁻)测定记录表(比浊法)

任务单号			试验者	
试验方法	比浊法		计算者	
试验日期			校核者	
仪器名称及编号				

试样编号	烘干土质量 m_d (g)	加水体积 V_w (mL)	吸取滤液体积 V_{x2} (mL)	试验时温度 (℃)	吸收值	由标准曲线查出的硫酸根质量 K_{h1} (mg)	硫酸根含量 $\omega(SO_4^{2-})$ (g·kg⁻¹)	
							计算值	平均值

表 D.93 钙离子(Ca²⁺)、镁离子(Mg²⁺)测定记录表

任务单号			试验者	
试验方法	EDTA 法		计算者	
试验日期			校核者	
仪器名称及编号				

试样编号	烘干土质量 m_d (g)	加水体积 V_w (mL)	吸取滤液体积 V_{x2} (mL)	EDTA 标准溶液				Ca²⁺含量 $\omega(Ca^{2+})$ (g·kg⁻¹)		Mg²⁺含量 $\omega(Mg^{2+})$ (g·kg⁻¹)	
				浓度 $C(EDTA)$ (mL)	滴定 Ca²⁺用量 V_{E1} (mL)	滴定 Ca²⁺+Mg²⁺用量 V_{E2} (mL)	滴定 Mg²⁺用量 $V_{E1}-V_{E2}$ (mL)	计算值	平均值	计算值	平均值

表 D.94　钠离子(Na^+)、钾离子(K^+)测定记录表

任务单号			试验者	
试验方法	火焰光度法		计算者	
试验日期			校核者	
仪器名称及编号				

试样编号	烘干土质量 m_d (g)	加水体积 V_w (mL)	吸取滤液稀释倍数 n	试验条件	测钠离子读数 E_n	由标准曲线查钠离子含量 K_n (mg·mL^{-1})	钠离子含量 $\omega(Na^+)$ (g·kg^{-1})		测钾离子读数 E_k	由标准曲线查钾离子含量 K_k (mg·mL^{-1})	钾离子含量 $\omega(K^+)$ (g·kg^{-1})	
							计算值	平均值			计算值	平均值

表 D.95　中溶盐石膏($CaSO_4 \cdot 2H_2O$)测定记录表

任务单号			试验者	
试验方法			计算者	
试验日期			校核者	
仪器名称及编号				

试样编号	烘干质量 m_d (g)	坩埚编号 No.	坩埚质量 m_{g0} (g)	沉淀加坩埚质量 m_{gz} (g)	沉淀质量 $m_{gz} - m_{g0}$ (g)	酸浸出硫酸根含量 $\omega(SO_4^{2-})$ (g·kg^{-1})	易溶盐硫酸根含量 $\omega(SO_4^{2-})$ (g·kg^{-1})	中溶盐石膏含量 $\omega(CaSO_4 \cdot 2H_2O)$ (g·kg^{-1})	
								计算值	平均值

表 D.96 难溶盐碳酸钙(CaCO₃)测定记录表(碱吸收容量法)

任务单号			试验者		
试验方法	碱吸收容量法		计算者		
试验日期			校核者		
仪器名称及编号					

试样编号	风干土质量 m_0 (g)	风干含水率 w_0 (%)	烘干质量 m_d (g)	盐酸标准溶液			难溶盐碳酸钙含量 $\omega(CaCO_3)$ (g·kg⁻¹)	
				浓度 C_{b1} (mol·L⁻¹)	用量 V_{hb6} (mL)	空白用量 V_{hb7} (mL)	计算值	平均值

表 D.97 难溶盐碳酸钙(CaCO₃)测定记录表(气量法)

任务单号			试验者		
试验方法	气量法		计算者		
试验日期			校核者		
仪器名称及编号					

试样编号	风干土质量 m_0 (g)	风干含水率 w_0 (%)	烘干质量 m_d (g)	试验温度 (℃)	大气压力 (kPa)	二氧化碳体积 V_{CO_2} (mL)	二氧化碳密度 ρ_{CO_2} (μg·mL)	难溶盐碳酸钙含量 $\omega(CaCO_3)$ (g·kg⁻¹)	
								计算值	平均值

表 D.98 有机质试验记录表

任务单号		试验者	
试验方法		计算者	
试验日期		校核者	
仪器名称及编号			

试样编号	烘干质量 m_d (g)	重铬酸钾标准溶液			硫酸亚铁标准溶液			有机质含量 $O.M.$ ($g \cdot kg^{-1}$)	
		浓度 $C\left(\frac{1}{6}K_2Cr_2O_7\right)$ ($mol \cdot L^{-1}$)	用量 V_K (mL)	空白用量 V (mL)	浓度 $C\left(\frac{1}{2}FeSO_4\right)$ ($mol \cdot L^{-1}$)	空白用量 V_{hb8} (mL)	用量 V_{hb9} (mL)	计算值	平均值

表 D.99 游离氧化铁总量试验记录表

任务单号		试验者	
试验方法	米拉·杰克法	计算者	
试验日期		校核者	
仪器名称及编号			

试样编号	烘干质量 m_d (g)	浸提液		消光值	从标准曲线上查得的含铁量 F (μg)	游离氧化铁含量 $\omega(Fe_2O_3)$ ($g \cdot kg^{-1}$)	
		总体积 V_w (mL)	用量 V_{xl} (mL)			计算值	平均值

表 D.100　无定形(非晶质)游离氧化铁试验记录表

任务单号				试验者		
试验方法		达姆试剂法		计算者		
试验日期				校核者		
仪器名称及编号						

试样编号	烘干质量 m_d (g)	浸提液		消光值	从标准曲线上查得的含铁量 F (μg)	无定形游离氧化铁含量 ω(无定形游离氧化铁) (g·kg^{-1})	
		总体积 V_w (mL)	用量 V_{x1} (mL)			计算值	平均值

表 D.101　阳离子交换量试验记录表(氯化钡缓冲液法)

任务单号				试验者		
试验方法		氯化钡缓冲液法		计算者		
试验日期				校核者		
仪器名称及编号						

试样编号	烘干质量 m_d (g)	离心管加试样质量		EDTA 标准溶液			校正后滴定用量 V_{E3} (mL)	阳离子交换量 CEC (cmol·kg^{-1})	
		处理前 m_{g1} (g)	处理后 m_{g2} (g)	滴定用量 V_{E4} (mL)	空白滴定用量 V_{E5} (mL)	浓度 C_E (mol·L^{-1})		计算值	平均值

表 D.102　阳离子交换量试验记录表(1mol·L⁻¹乙酸铵交换法)

任务单号		试验者	
试验方法	1mol·L⁻¹乙酸铵交换法	计算者	
试验日期		校核者	
仪器名称及编号			

试样编号	风干土质量 m_0 (g)	烘干土质量 m_d (g)	HCl 标准溶液			阳离子交换量 CEC (cmol·kg⁻¹)	
			滴定用量 V_{hb10} (mL)	空白滴定用量 V_{hb11} (mL)	浓度 C_{b1} (mol·L⁻¹)	计算值	平均值

表 D.103　阳离子交换量试验记录表(乙酸钠-火焰光度法)

任务单号		试验者	
试验方法	乙酸钠-火焰光度法	计算者	
试验日期		校核者	
仪器名称及编号			

试样编号	烘干土质量 m_d (g)	吸取溶液体积 V_{hd} (mL)	吸取滤液稀释倍数 N	Na 的测定		阳离子交换量 CEC (cmol·kg⁻¹)	
				测钠离子读数 E_n	由标准曲线查钠离子含量 ρ_{Na^+} (μg·mL⁻¹)	计算值	平均值

表 D.104 X射线粉晶衍射分析记录表

任务单号		试验者	
试验方法		计算者	
试验日期		校核者	
仪器名称及编号			

d $(10^{-1}\mathrm{nm})$	I/I_0	d $(10^{-1}\mathrm{nm})$	I/I_0	d $(10^{-1}\mathrm{nm})$	I/I_0	鉴定结果
						试验条件

X射线衍射图谱：

表 D.105 粗颗粒土扰动试样制备记录表

任务单号		试验者	
试样名称及编号		计算者	
允许最大粒径(mm)		校核者	
含砾量 P_5		试验日期	
超粒径颗粒处理方法			

粒径(mm)	原级配或要求级配		替换料级配 (%)	各粒组取风干土质量 m_{0i} (kg)	描述
	留筛土质量 (kg)	留筛百分数 (%)			
100					
80					
60					
40					
20					
10					
5					
<5					
总计					

控制干密度 ρ_d(g/cm^3)		控制含水率 w'(%)	
试样体积 V(cm^3)		大于5mm粒径风干土含水率 w_{01}(%)	
大于5mm粒径风干土质量 m_{01}(kg)		不大于5mm粒径风干土含水率 w_{02}(%)	
不大于5mm粒径风干土质量 m_{02}(kg)		试料风干含水率 w_0(%)	
总风干试料土质量 m_0(kg)		试料加水量 m_w(kg)	

表 D.106 粗颗粒土相对密度试验记录表

任务单号		试验者	
试样编号		计算者	
试验日期		校核者	
仪器名称及编号		试验方法	
试样筒质量(kg)		土粒比重 G_s	
天然状态(人工填筑)干密度 ρ_{d0}(g/m³)		天然孔隙比 e_0	

试 验 项 目	最小干密度的测定		最大干密度的测定	
试样体积 V_s(cm³)				
试样加试样筒质量(kg)				
试样质量 m_d(kg)				
干密度 ρ_d(g/cm³)				
平均干密度 (g/cm³)				
孔隙比 e				
平均孔隙比 e				
相对密度 D_r				
压实度 R_c				
密度指数 I_D(%)				

表 D.107 粗颗粒土击实试验记录表

任务单号		试验者	
试样编号		计算者	
试验日期		校核者	
仪器名称及编号			

每层击数_____　　起始含水率_____(%)　试验前 P_5_____　　试验后 P_5_____

击实筒体积_____(cm³)　　击实筒质量_____(g)　　　　　　试样比重 G_s_____

试样说明_____　　　　制样方法_____

试 验 次 数		1	2	3	4	5	6	7						
干密度	制样加水量(g)													
	筒加湿土质量(g)													
	湿土质量 m_0(g)													
	湿密度 ρ(g/cm³)													
	干密度 ρ_d(g/cm³)													
含水率	盘号	1	2	3	4	5	6	7	8	9	10	11	12	13	14
	盘加湿土质量(g)													
	盘加干土质量(g)													
	盘质量(g)													
	含水率 w(%)													
	平均含水率(%)													
	饱和含水率 w_{sat}(%)													
最大干密度 ρ_{dmax}(g/cm³)														
最优含水率 w_{op}(%)														

表 D.108　粗颗粒土的渗透变形及反滤试验记录表

任务单号		试样质量 m_d(g)		试样不均匀系数 C_u		试验者	
试样编号		试样面积 A (cm²)		曲率系数 C_c		计算者	
试样采取地点		试验前试样高度 h(cm)		试样中值粒径 d_{50}(mm)		校核者	
试样类别		试验后试样高度 h' (cm)		骨架粒径 (mm)		试验日期	
试验组次		试样干密度 ρ_d(g/cm³)		填料含量 P_5		渗流方向	
荷载 p (kPa)		试样孔隙率 n (%)		接触面下移距离(mm)		土粒比重 G_s	
反滤层层数		反滤层中值粒径 d_{50}(mm)		反滤层不均匀系数 C_u		反滤层厚度 (cm)	
仪器名称及编号							

试验次数	记录时间 (h:min)	测压管编号	测压管读数 (cm)	测压管水位差 ΔH (cm)	测压管间距 L (cm)	渗透坡降 $i=\dfrac{\Delta h}{L}$	渗水量 Q (cm³)	时间 t (s)	渗流速度 $v=\dfrac{Q}{tA}$ (cm/s)	渗透系数 $k=\dfrac{v}{i}$ (cm/s)	温度校正系数 $\dfrac{\eta_T}{\eta_{20}}$	渗透系数 k_{20} (cm/s)	沉降量 (cm)	集砂量 (g)	反滤层淤填量 Z (%)	水温 T (℃)	室温 T (℃)	试验现象描述

表 D.109　粗颗粒土固结试验记录表(一)

任务单号		试验者	
试样编号		计算者	
试验日期		校核者	
仪器名称及编号			

记录时间			变形读数(0.01mm)																			
			50kPa			100kPa			200kPa			400kPa			800kPa			1600kPa			3200kPa		
h	min	s	1表	2表	平均	1表	2表	平均	1表	2表	平均	1表	2表	平均	1表	2表	平均	1表	2表	平均	1表	2表	平均
		15																					
	1																						
	2	15																						
	4																							
	6	15																						
	9																							
	12	15																						
	16																							
	20	15																						
	25																							
	30	15																						
	36																							
	42	15																						
	60																							
2																							
3																							
4																							
5																							
6																							
7																							
8																							
24																							
总变形量(mm)																							
仪器变形量(mm)																							
试样总变形量 (mm)																							

表 D.110 粗颗粒土固结试验记录表(二)

任务单号		试验者	
试验编号		计算者	
试验日期		校核者	
仪器名称及编号			

制样密度		>5mm 粗粒含量 P_5	总含水率 w		比重 G_s			饱和度 S_r		起始孔隙比 e_0	试样原始高度 h_0 (mm)	$C_v=\dfrac{0.848(\bar{h})^2}{t_{90}}$ 或 $C_v=\dfrac{0.1978(\bar{h})^2}{t_{50}}$
湿密度 ρ (g/cm³)	干密度 ρ_d (g/cm³)		起始 w_0 (%)	饱和后 w_{sat} (%)	>5mm 颗粒	<5mm 颗粒	混合	起始 (%)	饱和后 (%)			

压力 p (MPa)	试样总变形量 $\sum \Delta h_i$ (mm)	压缩后试样高度 $h=h_0-\sum \Delta h_i$ (mm)	孔隙比 $e_i=e_0-\dfrac{(1+e_0)\sum \Delta h_i}{h_0}$	压缩系数 $a_v=\dfrac{e_i-e_{i+1}}{p_{i+1}-p}$ (MPa⁻¹)	压缩模量 $E_s=\dfrac{1+e_0}{a_v}$ (MPa)	排水距离 $\bar{h}=\dfrac{h_1+h_2}{4}$ (cm)	固结系数 C_v (cm²/s)
0							
0.05							
0.1							
0.2							
0.4							
0.8							
1.6							
3.2							

表 D.111 粗颗粒土直接剪切试验记录表

任务单号		试验者	
试样编号		计算者	
制样日期		校核者	
仪器名称及编号			

试验方法	快剪(q)	固结快剪(R)	慢剪(S)

垂直压力 $p=$ _____ kPa   试样面积 $A=$ _____ m²

固结时间 $t=$ _____ h   开缝尺寸 $t_1=$ _____ mm

剪切速率 $=$ _____ mm/min   摩擦力 $F=$ _____ kN

起始干密度 $\rho_d=$ _____ g/cm³

风干含水率 $w=$ _____ %

破坏剪应力 $\tau=$ _____ kPa $C=$ _____ kN/0.01mm

测力计计数 (0.01mm)	剪应力 τ (kPa)	水平位移(0.01mm)				垂直变形(0.01mm)			
		百分表读数 ΔL			累计增量 $\sum \Delta L$	百分表读数 Δs			累计增量 $\sum \Delta s$
		1	2	平均		1	2	平均	

| 备　注 | |

表 D.112 粗颗粒土三轴蠕变试验记录表

任务单号		试验者	
试样编号		计算者	
试验日期		校核者	
仪器名称及编号			
周围压力 σ_3(kPa)		轴向应力 σ_1(kPa)	
固结后高度 h_c(cm)		剪切后高度 h_j(cm)	
固结后面积 A_c(cm^2)		剪切后面积 A_j(cm^2)	
固结后体积 V_c(cm^3)		剪切后体积 V_j(cm^3)	

时间 t_1			室内温度 T (℃)	经过时间 t_2 (min)	试样轴向变形 Δh_t (cm)	轴向应变 $\varepsilon_{lt}=\dfrac{\Delta h_t}{h_c}\times100$ (%)	试样体积变化 ΔV_t (cm^3)	体积应变 $\varepsilon_{vt}=\dfrac{\Delta V_t}{V_c}\times100$ (%)	备注
d	h	min							

表 D.113 粗颗粒土三轴湿化试验记录表

任务单号		试验者	
试验日期		计算者	
温度		校核者	
仪器名称及编号			
周围压力 σ_3(kPa)		轴向应力 σ_1(kPa)	
固结后高度 h_c(cm)		剪切后高度 h_j(cm)	
固结后面积 A_c(cm^2)		剪切后面积 A_j(cm^2)	
固结后体积 V_c(cm^3)		剪切后体积 V_j(cm^3)	
传力杆面积 A_g(cm^2)			

时间 T (min)	试样轴向变形 Δh_s (cm)	湿化轴向应变 $\varepsilon_{ls}=\dfrac{\Delta h_s}{h_c}\times100$ (%)	外体变测量系统读数 $\Delta V'$ (cm^3)	试样湿化体积变化 $\Delta V_s=\Delta V'\Delta h_s A_g$ (cm^3)	湿化体积应变 $\varepsilon_{vs}=\dfrac{\Delta V_s}{V_c}\times100$ (%)	备注

本标准用词说明

1 为便于在执行本标准条文时区别对待,对要求严格程度不同的用词说明如下:

　　1)表示很严格,非这样做不可的:

　　　　正面词采用"必须",反面词采用"严禁";

　　2)表示严格,在正常情况下均应这样做的:

　　　　正面词采用"应",反面词采用"不应"或"不得";

　　3)表示允许稍有选择,在条件许可时首先应这样做的:

　　　　正面词采用"宜",反面词采用"不宜";

　　4)表示有选择,在一定条件下可以这样做的,采用"可"。

2 条文中指明应按其他有关标准执行的写法为:"应符合……的规定"或"应按……执行"。

引用标准名录

《建筑地基基础设计规范》GB 50007

《岩土工程勘察规范》GB 50021

《土的工程分类标准》GB/T 50145

《土工试验仪器 剪切仪 第2部分:现场十字板剪切仪》GB/T 4934.2

《土工试验仪器 固结仪 第1部分:单杠杆固结仪》GB/T 4935.1

《土工试验仪器 固结仪 第2部分:气压式固结仪》GB/T 4935.2

《试验筛 技术要求和检验 第1部分:金属丝编织网试验筛》GB/T 6003.1

《土工试验仪器 触探仪》GB/T 12745

《土工试验仪器 贯入仪》GB/T 12746

《岩土工程仪器基本参数及通用技术条件》GB/T 15406

《土工试验仪器 液限仪 第1部分:碟式液限仪》GB/T 21997.1

《土工试验仪器 击实仪》GB/T 22541

《土工试验仪器 三轴仪 第1部分:应变控制式三轴仪》GB/T 24107.1

《实验室用标准筛振荡机技术条件》DZ/T 0118

《土工实验仪器 环刀》SL 370

中华人民共和国国家标准

土工试验方法标准

GB/T 50123—2019

条 文 说 明

编 制 说 明

《土工试验方法标准》GB/T 50123—2019，经住房和城乡建设部 2019 年 5 月 24 日以第 131 号公告批准发布。

本标准是在《土工试验方法标准》GB/T 50123—1999（以下简称"原标准"）的基础上修订而成的，上一版标准的主编单位是南京水利科学研究院；参编单位有：铁道部第一勘测设计院、中国科学院兰州冰川冻土研究所、水利部东北勘测设计院、中国建筑科学研究院、交通部公路科学研究所；主要起草人为：盛树馨、吴连荣、徐敩祖、徐伯孟、阎明礼、饶鸿雁、陶秀珍。

本标准修订过程中，主编单位南京水利科学研究院会同有关勘察、设计、科研、教学单位组成编制组，认真总结了以往，特别是原标准制订以来，有关土工试验的实践经验及发展情况，在全国范围内广泛征求意见，并与正在实施和正在修订的有关国家标准进行了协调，参考了相关国外标准，听取国内众多专家意见，经多次讨论，反复修改后完成本标准修订工作。

为便于广大设计、施工、科研、学校等单位有关人员在使用本标准时能正确理解和执行条文规定，《土工试验方法标准》编制组按章、节、条顺序编制了本标准的条文说明，对条文规定的目的、依据以及执行中需注意的有关事项进行了说明。但是，本条文说明不具备与标准正文同等的法律效力，仅供使用者作为理解和把握标准规定的参考。

目　次

1 总 则

1.0.1 《土工试验方法标准》GB/T 50123—1999(以下简称"原标准")自1999年实施以来,已有十多年时间,在这期间,岩土工程有一定的发展,要求提供更多、更可靠的计算参数和判定指标,同时,测试技术也有进步,因此,有必要对原标准进行修改,使各系统的土工试验有一个能满足岩土工程发展需要的试验准则,使所有的试验及试验结果具有一致性和可比性。

1.0.2 水利、公路、铁路、冶金等系统均有相应的土工试验规程,基本内容与本标准相同,但有些试验方法使用条件不同,为此在一些具体的参数或规定上有特殊要求时,允许以相应的专业标准为依据。

1.0.3 土工试验资料的分析整理,对提供准确可靠的土性指标是十分重要的。内容涉及成果整理、土性指标的选择,并计算相应的标准差、变异系数或绝对误差与相对误差指标等。根据误差分析,对不合理的数据进行研究、分析原因,或有条件时,进行一定的补充试验,以便决定对可疑数据的取舍或改正。为此,列入附录A。

3 基本规定

3.0.1 土工试验所用的仪器应符合现行国家标准《岩土工程仪器基本参数及通用技术条件》GB/T 15406的规定。根据国家计量法的要求,土工试验所用的仪器设备应定期检定或校验。对通用仪器设备,应按有关的检定或校验规程进行,对专用仪器设备可参照国家现行相关标准进行校验。

4 试样制备和饱和

4.1 一般规定

4.1.2 本标准包括扰动土、原状土的试样制备及试样饱和的一般方法。对于粗颗粒土,在本标准中另列了一项"粗颗粒土的试样制备"。

4.1.3 为了控制制备试样的均匀性,减少试验数据的离散性,一般是用含水率和密度作为控制指标。对扰动土制备一组试样的密度和含水率的允许误差,不能像原状土试样中所规定的一样,所以在标准中不能单规定各试样之间的允许误差,还应规定试样与所要求的密度、含水率的允许误差。本标准规定原状土样同一组试样的密度最大允许差值应为±0.03g/cm³,含水率最大允许差值应为±2%;扰动土样制备试样密度、含水率与制备标准之间最大允许差值应分别为±0.02g/cm³与±1%。由于原状土的均匀性是反映天然土体的状态,非人工所能控制,因此,同一组试样的密度和含水率的差值比扰动土试样的稍大一些。

4.3 扰动土试样预备程序

4.3.1 细粒土样预备程序应符合下列规定:

3 对碾散后的黏质土样和砂质土样,应进行过筛程序。筛孔径的大小取决于试验所用的仪器容器的大小。根据已有的试验研究表明:用于直接剪切试验中的试样颗粒最大粒径,不应大于剪切盒内径的1/20(以剪切盒内径为6.18m计),土样需过2mm筛。对于无侧限压缩、三轴压缩(直径小于10cm)等试验,试样颗粒最大粒径与试样直径的比值为1/8~1/12。对压缩试验,试样最大颗粒粒径为容器高度的1/6~1/8。根据目前一般所用的固结仪,其容器高度为2cm,用过2mm筛的土样是可以的,又鉴于粒径2mm又恰为砂粒的上限,因此,土样制备中统一规定直剪及固结试验扰动土过2mm筛进行试样制备。物理性试验的土样过0.5mm筛,击实试验的土样过5mm筛或20mm筛。

4.3.2 粗粒土样预备程序应符合下列规定:

2 砾质土的过筛。砾质土有的是无黏性松散土,有的是黏粒附于砾粒上具有黏性的土。前者可以稍加研磨而后过筛。后者如用碾磨粉碎的方法,不但使大颗粒受到破坏,而且黏附在砾石上的黏土粒也不易脱粒,影响颗粒分析成果。根据试验资料,同样的砾质土,干过筛与湿过筛(即浸泡以后水中过筛)的结果,在黏粒含量方面有很大的区别。如对一种砾质粗砂,干过筛黏粒含量仅20%,湿过筛则黏粒含量增到39%,说明这种砾质土是不能用干过筛的,否则影响筛分结果。属于砾质土的风化土(如风化破碎等),使用水浸透后过筛的方法,避免在研磨时使岩石破碎,但由于岩石风化程度和性质不同,是否均可用水浸透,应视具体情况确定。

湿过筛对于具有黏性的砾质土固然是比较好的方法,但手续既烦琐,又费时间。所以为了省掉一次过筛程序,在制备土样时仅过2mm筛,免去过5mm筛的程序。

4.4 扰动土试样制备

4.4.2~4.4.4 关于扰动土试样的制备,以往通常用击实法将土样击实后再切成试样,这样做往往因分层击实,试样上、下密度及土体结构情况不好,为此要求以单层击实最佳。

目前常用的击样法是将土样用击实方法直接在环刀中击成需要密度和含水率的试样,也有单位用压样器来制备试样。试样制备方法对抗剪强度的影响随土质情况、饱和方法及开始含水率等条件而变化。试样制备龄期会对抗剪强度有影响,但试样一经压密此影响即消失,故在实际中可忽略不计。标准中对扰动土样制备,将击样法、压样法和击实法均列入,以备使用单位根据具体情况选用。但单层击实法(用小面积锤中),以控制击实高度来代表以锤击的功能控制土样的密度,这样是比较易于控制试样的密度。压器在各使用单位形式不一,有的活塞有排气孔,有的带有透水板,有的采用有上下活塞两面压样的。

4.5 原状土试样制备

4.5.1~4.5.3 原状土的开土、切削、土样描述强调了对土样质量的鉴别。为了保证试验成果的可靠性,质量不符合要求的原状土样不能做力学性试验。

4.5.6 关于试样制备记录问题。为了便于计算和与制备标准比较,在标准中增列了原状土开土记录及扰动土试样制备记录。鉴于原状土开土时的土样描述对于试验成果的分析有很大的用处,所以增列了"原状土开土记录",内容包括:试样编号、取土高程、取土深度、包装与扰动情况、颜色、气味、结构、夹杂物,其他的描述可记载在"其他"一栏中。

4.6 试样饱和

4.6.2 毛管饱和法应按下列步骤进行:

5 饱和度的大小对渗透试验、固结和剪切试验的成果均有影响。对于不测孔隙水压力的试验,一般认为饱和度大于95%即为饱和。对于需要测试孔隙水压力参数的试验,如三轴压缩试验、应变控制加荷固结试验,对饱和度的要求较高(S,为98%以上),宜采用二氧化碳或反压力饱和方法。

5 含水率试验

5.1 一般规定

5.1.1 本标准将烘干法作为室内试验的标准方法。标准方法一般是要较长时间才能测定含水率,效率低。在填方和土坝等施工质量管理中,常常要求很快得出填土的含水率,此时,可采用酒精燃烧法快速测定含水率。

5.1.2 对含有机质的土,由于在 105℃～110℃ 下经长时间烘干后,有机质特别是腐殖酸会在烘干过程中逐渐分解而不断损失,使测得的含水率比实际的含水率大,土中有机质含量越高误差就越大。故本标准适用于有机质含量不大于干质量 5% 的土,当土中有机质含量在 5%～10% 之间,仍允许采用本标准进行试验,但需注明有机质含量,以作参考。

5.2 烘 干 法

5.2.2 烘干法试验应按下列步骤进行:

1 关于代表性试样选取及取样数量问题。进行含水率试验时,常因各种因素影响试验成果:如土层的不均匀,试样数量过少,扰动土样(如风干土)拌和不匀,钻探取土时取土器和筒壁的挤压,土样在运输和存放期间保护不当等。为此,选取含水率试验的试样可根据试验目的和要求而定。若为了了解全土层综合而概略的天然含水率,可沿土层剖面竖向切取土样,拌和均匀测定其含水率;如是配合压缩、抗剪强度、渗透试验,应在切取试样环刀的上下两面选取土样,这样测得含水率的结果可能由于土样层次不均有所差异,但有助于了解土层的真实情况和对试验成果的分析。

关于试样的数量问题。对烘干法,为使试验结果准确可靠,同时考虑到烘焙时间的长短,细粒土规定为 15g～30g;砂性土或砾质土因持水性较差,颗粒大小相差悬殊,含水量易于变化,所以试样应多取一些。

5.2.4 关于平行试验和平行差值问题。标准采用平行试验的目的是为了避免操作中间发生的错误。对原状土通过平行试验还可进一步了解含水率的均匀程度。为了保证试验准确度,规定平行试验的允许误差是合理的。对于烘干法,允许误差规定见表 5.2.4。

5.3 酒精燃烧法

5.3.2 酒精燃烧法试验应按下列步骤进行:

1 酒精燃烧法多为施工质量控制所采用,为使酒精用量不过大,根据实践经验,黏土试样的数量为 5g～10g。

5.3.3 对酒精燃烧法,标准中规定了平行测定而未规定允许误差的范围,这是因为该方法准确度较差,可以参考烘干法的规定,斟酌采用。

6 密度试验

6.1 一般规定

6.1.2 土的密度是单位体积的土质量。按定义,测定密度的方法主要是以测定土体积的方法而命名,如环刀法、蜡封法。

6.2 环刀法

6.2.4 为了保证试验的可靠性,对本试验方法规定了平行试验,同时最大允许平行差值应为 ±0.03g/cm^3,这与本标准第 4 章的规定基本一致。当平行差值超过允许范围时,需核实所取试样的

代表性,如有异常,则重新进行测定;如无异常,则应分别列出两次测定结果,以备选用。

6.3 蜡 封 法

6.3.2 蜡封法试验应按下列步骤进行:

2 土样浸入熔解的蜡中蜡封时,如果蜡的温度过高,对土样的含水率和结构都会造成一定的影响,而温度太低会使蜡熔解不均匀,不易封好蜡皮。故标准规定蜡的温度控制到刚才熔点。

封蜡时为避免易碎裂土样的扰动和有气泡封闭在土与蜡中间,采用将土样一次徐徐沉浸在蜡中。

3 蜡封试样在水中的质量与水的密度有关,水的密度随温度而变化,条文中规定测定水温的目的是为了消除因水密度变化而产生的影响。

6.3.4 本条规定的理由与第 6.2.4 条相同。

7 比重试验

7.1 一般规定

7.1.1 在工程建设中,作为建筑材料和地基的土,有细料和粗料(以粒径 5mm 为界线)之分,因此标准中根据土颗粒粒径大小分别采用比重瓶法、浮称法和虹吸筒法。浮称法所测结果较为稳定,但当粒径大于 20mm 的粗粒较多时,用该方法将增加试验设备,室内使用不便,故规定粒径大于 5mm 的试样中粒径大于 20mm 的颗粒含量小于 10% 时,用浮称法;粒径大于 20mm 的颗粒含量大于 10% 时,用虹吸筒法。

7.1.2 标准中规定一般土粒的比重试验用水为纯水,对于含有易溶盐、亲水性胶体或有机质的土,须用中性液体代替纯水测定。这是因为含有机质、水溶盐、亲水性胶体的土与水相互作用时,使靠近土粒表面的水密度大,使一定容积内的瓶、水、土总质量增大,比重值亦相应增大。对含水溶盐的土,则由于盐类部分或全部溶于水中,同样会使瓶、水、土总质量增大,也会使比重值增大。关于中性液体目前多采用煤油,也有采用苯或酒精的。

7.2 比重瓶法

7.2.1 本试验所用的主要仪器设备应符合下列规定:

1 比重瓶大小的选择。目前各单位多采用 100mL 的比重瓶,也有采用 50mL 的。通过试验比较,认为瓶的大小对比重成果影响不大。用 100mL 的比重瓶可多取些试样,使试样的代表性和试验的准确度可以提高。本标准建议采用 100mL 的比重瓶,但允许采用 50mL 的比重瓶。

7.2.3 比重瓶法试验试验应按下列步骤进行:

1 用比重瓶法测定土粒比重,目前绝大多数试验室都采用烘干土,认为可减少计算中的累计误差,也适合于含有机质、易溶盐、亲水性胶体等的土用中性液体测定。同时认为烘焙对土中胶体的影响并无害处。因此本标准中采用烘干土。但也有人认为试样在高温下烘焙会引起土中胶体的变化,也会引起有机质土中腐殖物烧失,如美国陆军水道实验站工程手册中提到特别是对那些有机质含量高的土一经烘干后往往难以重新湿润。对这些土,首先可不预先烘干即做试验,待试验结束后,再测定试样的烘干质量。因此,在实际工作中如遇有某些土用烘干土测定会影响试验成果时,也可采用风干土或天然土用纯水测定,试验结束后,再测定试样的烘干质量。

2 排气方法。标准中仍选用煮沸法为主,此法简单易行,效果好。如需用中性液体时,则采用真空抽气法。砂土煮沸时砂粒容易跳出,亦允许用真空抽气法代替煮沸法。

7.3 浮 称 法

7.3.7 粗、细土粒混合测定问题。天然土常为粗细颗粒混合而成，对这类土的比重应区别情况进行测定，以不影响准确度为原则。当其中粒径大于 5mm 的粗粒含量较少时，可直接用比重瓶法一次测定。也允许将少量粒径大于 5mm 的颗粒打碎拌和均匀后取样，颗粒打碎有助于排除孔隙里的空气。当粒径大于 5mm 的粗粒含量较多时，据实际情况分别用浮称法(或虹吸筒法)和比重瓶法测定，然后再求其加权平均值。

8 颗粒分析试验

8.1 一般规定

8.1.2 颗粒大小分析的试验方法主要有两大类：一是机械分析法，如筛析法；二是物理分析法，如密度计法、移液管法、沉淀法等。本标准根据大规模生产的需要，除选入筛析法和密度计法外，并增加移液管法，以便在细粒土的分析中更好地根据实际情况进行选择。

8.2 筛 析 法

8.2.2 筛析法试验应按下列步骤进行：

1 关于试样的用量。以往的标准规定按粒径大于 2mm 的含量百分数来确定取样量。根据以往经验，按上述方法确定试样用量，在实际工作中是不便于掌握的。鉴于土样中粗颗粒的含量(以质量计)一般与颗粒的大小有关，因而以最大颗粒粒径为标准来确定试样的用量，比较直观易于掌握。

8.3 密 度 计 法

8.3.1 本试验所用的主要仪器设备应符合下列规定：

1 密度计型号的选择。目前通常采用的密度计有甲、乙两种，其制造原理及使用方法并无不同之处。甲种密度计读数系表示 1000mL 悬液中的干土质量；乙种密度计读数系表示悬液比重，有些单位为了计算时方便而采用甲种密度计。如果校验准确，两种密度计的效果相同，故标准不作硬性规定。

必须指出，由于这两种密度计刻度所采用的悬液温度标准不同(20℃/20℃，20℃/4℃)，因此在密度计校验以及土量百分数计算公式中，都有严格区别，如不加以注意，将会造成错误。本标准采用 20℃/20℃标准。

8.3.3 密度计法试验应按下列步骤进行：

1 试样的状态。黏质土颗粒分析的结果主要取决于分析时试样状态、制备方法和分析方法等因素。试样通常可分为天然湿度、风干和烘干三种状态。

实践证明，用天然状态下的试样比风干和烘干状态所得的黏粒含量均偏高。因为黏土中往往有非可逆性的胶体物质，经过干燥后细粒能胶结成团，难以再度分散。所以，一般来说，用天然湿度状态下的试样分析更符合实际。但是在实际工作中，往往在土样取出后，特别是坝料，在查勘时所取得的扰动土样，经过长途运送，历时较长，无法保持其天然含水率。因此，原则规定密度计法和移液管法应采用天然含水率的土样进行。若土样无法保持其天然含水率时，允许用风干或烘干土样进行分析。但应该注意，同一地区同一工程用途应该采用相同状态的土样进行分析，以便比较。

2 本标准规定了当试样中易溶盐含量大于总质量的 0.5% 时即属于盐渍土，须经过洗盐手续，才能进行颗粒分析试验。

当用含有易溶盐的试样进行颗粒分析时，对试验成果有较大

影响，见表 1。从表 1 中可见，未经洗盐的试样与洗盐后的试样相比，未洗盐的粉粒含量高，黏粒含量低；洗盐后粉粒含量低，黏粒含量高。

表 1 盐渍土洗盐与不洗盐的比较

省(区)	土样号	含盐量(%)	粉粒含量(%) 0.05mm~0.005mm		黏粒含量(%) <0.005mm	
			洗盐前	洗盐后	洗盐前	洗盐后
新疆	146	5.26	22.33	6.00	9.08	18.61
	147	14.66	17.23	13.10	40.04	41.14
甘肃	133	2.10	62.20	47.50	1.50	14.00
	142	2.19	54.50	43.50	0.50	14.00
	143	1.11	24.99	22.47	17.99	21.34
	149	5.13	20.79	7.21	5.25	16.52
	156	0.88	41.50	34.70	9.50	13.00

关于洗盐的方法，一般采用过滤法。对黏粒含量较多的试样，可用抽气过滤法，以加快过滤的速度。

洗盐的检验方法，标准上列了加化学试剂的观测法。也可采用电导法，该法效率高，操作方便，具体操作参考有关手册。

6.13 关于过筛次序问题。密度计分析中，试样过 0.075mm 洗筛的步骤，有的主张在分析前进行，有的主张在分析后进行。前者一方面是根据一般文献规定，另一方面考虑到土中粒径大于 0.075mm 的土粒过多时，如不先筛，则在沉降过程中粗粒互相碰撞，将会引起悬液扰动，且当粗粒下沉时易将细粒曳带一起下沉，影响分析结果的准确性。主张分析后过筛的理由是：一方面在操作上可以省去一些繁杂的冲洗手续，另一方面由于在筛上经过反复冲洗，易使土粒损失，这些均能影响结果。

以上两种主张都有根据，但也都有缺点。因此，为了提高效率而又确保质量，本标准规定：如土中粒径大于 0.075mm 的颗粒含量约超过试样总量的 15% 时，应将其全部倒至 0.075mm 筛上冲洗，至筛上仅留粒径大于 0.075mm 的颗粒为止。反之，可不经过筛冲洗，直接全部倒入量筒。但在试验程序中应妥为安排，以免混乱，发生错误。

8 关于土的分散标准和分散剂品种问题。细粒土的土粒可以分为原级颗粒和团粒两种。团粒是由颗粒集结而成，它是在沉积过程中以及其后的生存期间内形成。组成黏土的原级颗粒和团粒，总称之为结构单元。制备试样时，随着处理过程的加剧(例如延长煮沸时间等)，黏粒含量越来越大，直至一极限。黏粒含量的增大，说明一部分团粒已被分散。

对于颗粒大小分析中试样分散标准问题，有的主张用全分散法，理由是颗粒分析本身应该反映出土的各种真实原级颗粒的组成；有的主张用半分散法和微集成法，以符合实际土未被完全分散的情况。

本标准采用半分散法(用煮沸法)为主，主要是考虑到此法在一般建筑工程和地质工程做颗粒分析时惯用。这种分散方法所得的结果是土的结构单元不受任何破坏时，其粒组所占土质量的百分数。

关于分散剂品种，国内有不同意见，主要反映在：①从不同土类的角度出发，选用合适的分散剂；②从不同的分散理论角度出发，如有的从土悬液 pH 值的大小来考虑，采用不同的分散剂；有的从黏土的离子交换容量能力来考虑，选用合适的分散剂。

从目前国际上的趋势看，采用强分散剂(如六偏磷酸钠，焦磷酸钠)不再考虑不同土类用不同分散剂的趋势，以便统一标准和方法。

国内大多数标准也均以钠盐作为分散剂，以六偏磷酸钠使用最广；使用六偏磷酸钠和焦磷酸钠亦不少，还有些单位使用 25% 氨水作分散剂。

分散剂的选择应考虑各种不同土类的黏土矿物组成、结晶的性质及浓度，同时又要考虑到试验数据的可比性及国内外交流的需要。根据我国以往对分散剂使用的现状及我国土类分布的多样性，本标准规定了对一般土用4%六偏磷酸钠作为分散剂。至于特殊土类，要选择不同的合适的分散剂。

10 密度计读数的选择目前有两种方法：一种是全曲线分析读数法，即经 0.5min、1min、2min、5min、15min、30min、60min、120min、180min、1440min……测读密度计读数。其中，0.5min、1.0min、2.0min 读数后均需重新搅拌。另一种是五点法，即测定 1min、5min、30min、120min 和 1440min 的 5 个读数。这种方法节省了大量的计算工作量，又免去了多次在静止的悬液中放密度计对悬液的扰动，减少了产生误差的因素。另外也可根据试样情况或实际需要，可适当增加密度计读数或缩短最后一次读数的时间。

8.4 移液管法

8.4.2 移液管法试验应按下列步骤进行：

1 关于试样的用量。根据对移液管法进行研究的结果：当悬液浓度在 0.5%～3% 范围时，各粒组的含量没有显著出入；而当悬液浓度增至 4% 尤其是 5% 时，则 0.25mm～0.05mm 粒组含量增加，并相应地减少了黏粒含量。因此，当移液管法分析时，试样用量可酌情减少，规定用量黏土为 10g～15g，砂土为 20g。

3 移液管法是根据各种粒径在一定时间下后沉距离的关系来计算吸取悬液的时间和距离。因此，本标准是固定粒径和吸取深度（10cm）来计算时间。但需要说明的是，在计算前还要确定土粒比重和悬液温度。为了方便，可事先制备土粒在不同温度静水中某一深度（10cm）沉降时间表，以便查阅。

8.4.3 移液管法主要是从量筒中吸取一定体积的悬液注入烧杯，然后烘干、称量。因此，在悬液中小于某一约定粒径的土粒质量 m_0 等于被吸取的土粒干质量 m_{dx} 乘以悬液总体积 V_x 与被吸悬液体积 V'_x 之比，即：

$$m_0 = m_{dx} \frac{V_x}{V'_x} \tag{1}$$

小于某一粒径的土粒质量的百分数为：

$$X(\%) = \frac{m_0}{m_d} = \frac{m_{dx} V_x}{m_d V'_x} \times 100 \tag{2}$$

9 界限含水率试验

9.2 液塑限联合测定法

9.2.1 本试验所用的主要仪器设备应符合下列规定：

1 液塑限联合测定仪的读数显示部分分别列有光电式、游标式和百分表式几种，并在试验进行中均有注明，可根据具体情况选用。

9.2.2 液塑限联合测定法试验应按下列步骤进行：

1 为了尽量减少人为影响，使试样更能反映实际情况，本标准规定，原则上用天然含水率的土样制备试样。但由于有时土样在采取及运送过程中湿度可能已经变化，或者由于土质不均匀，选取代表性的土样有困难。因此，本标准允许用风干土样制备试样。当用天然含水率的土样进行联合测定时，视天然含水率的大小，从高含水率做到低含水率。

2 液塑限联合试验法三个测点的分布应使其间距尽量大些，在图上比较均匀地分布。一般锥体下沉深度在 2mm～17mm 之间。因此，标准规定"分别按接近液限、塑限和二者的中间状态制备不同稠度的土膏，静置湿润，静置时间可视原含水率的大小而定"。

6 圆锥沉入土中读数时间标准。对中、高液限的黏质土和粉质土，锥体沉入后，能在较短时间内稳定，对比试验的资料表明：对上述土类，5s、15s、30s 的下沉读数保持基本不变；而对低液限粉质土，由于试样在锥体作用下发生排水，使锥体继续下沉，有时长达数分钟后才能稳定。若待锥体下沉持续很长时间再读数，因含水率及强度均有变化，求得的结果就难以代表试样的真实情况，因此，原则上当锥体由很快下沉转变为缓慢蠕动下沉时就读数，但这很难做到。对此资料表明：对于低液限土，下沉深度随时间增加。在高含水率时，5s 与 15s 下沉深度最大差值可达 2mm；但低含水率时差值较小，一般在 0.5mm 上下，由此引起的含水率差异并不太大（因 $1gw$-$1gh$ 直线的斜率大），一般情况下不超过 1%。个别情况略大于 1%。为了尽可能避免蠕动影响，标准规定以 5s 为锥体下沉的测读时间标准。

9.2.4 液限是土体处于黏滞塑性状态时的含水率，在该界限时，土体出现一定的流动阻力即最小可量度的剪切强度，理论上是强度"从无到有"的分界点。这是各种测试方法等效的标准。根据以往的研究，卡萨格兰特（Casagrande）得到土在液限状态时的不排水强度约为 2kPa～3kPa。而使用 76g 圆锥，下沉深度 10mm 时测得土的强度为 5.4kPa，比其他液限标准下的强度高几倍（见表 9.2.4）。实际上，76g 锥下沉深度 10mm 对应的试样含水率不是土的真正液限，不能反映土的真正物理状态，因此，必须改进，使液限标准向国标上通用标准靠拢。本标准采用与碟式仪测液限时土的抗剪强度相一致的方法来确定圆锥仪的入土深度，作为液限标准。

碟式仪测得液限时对应的抗剪强度如表 2 所示。从表 2 中可以看出：不同的碟式仪（基底材料不同）液限时土样的抗剪强度也不同。国外较多的研究者认为：对各类土，碟式液限时的抗剪强度约为 1.7kPa。该值可作为等效标准。

表 2 碟式仪液限时土的不排水强度

基座材料	抗剪强度 C_u(kPa)	资料来源
硬橡胶	2.55	Seed 等人（1964）
胶木	2.04～3.00	Casagrande（1958）
	1.12～2.35	Norman（1958）
	1.33～2.45	Youssef 等人（1965）
	0.51～4.08	Karlsson（1977）
橡胶 （英国标准）	0.82～1.68	Norman（1958）
	0.71～1.48	Skempton，Northey（1952）
	1.02～3.06	Skopek，Ter-Stepanian（1975）

原水利电力部于 1983 年组织单位对 16 种不同土类，用 76g、80g、100g 的圆锥仪进行液限、塑限对比试验，结果表明，以 76g 锥下沉深度 17mm 和 100g 锥下沉深度 20mm 时的含水率作为液限与美国 ASTM D423 碟式液限仪测得液限时土的强度（平均值）一致，说明这两种标准与 ASTM 标准等效。鉴于目前使用 76g 锥较多，本标准将 76g 锥下沉深度 17mm 时的含水率作为液限标准。另外从实用角度出发，本标准既采用 76g 锥下沉深度 17mm 时的含水率定为液限的标准，又采用下沉深度 10mm 时的含水率定为 10mm 液限标准。使用于不同目的，当确定土的液限值用于了解土的物理性质及塑性图分类时，应采用碟式仪法或 17mm 时的含水率确定液限；现行国家标准《建筑地基基础设计规范》GB 50007 确定黏性土承载力标准值时，按 10mm 液限计算塑性指数和液性指数，是配套的专门规定。

使用圆锥仪测定塑限，是以滚搓法作为比较的，交通部公路系统曾进行了大量对比试验，得出了不同土类塑限时的下沉深度和液限含水率的关系曲线，提出对黏性土用双曲线确定塑限时锥的下沉深度 h_p，对砂类土用正交三次多项式曲线确定 h_p（图1），然后根据 h_p 值从本标准图 9.2.3 查得含水率即为塑限。原水利电力部经过对比试验，绘制圆锥下沉深度与塑限时抗剪强度的关系曲线有一剧烈的变化段(图2)，引两直线的交点，该点的下沉深度约为1.8mm，相对应抗剪强度约130kPa，与国外塑限时的强度接近，认为该点的含水率即为塑限。为此，建议76g锥下沉深度2mm时的含水率定为塑限。

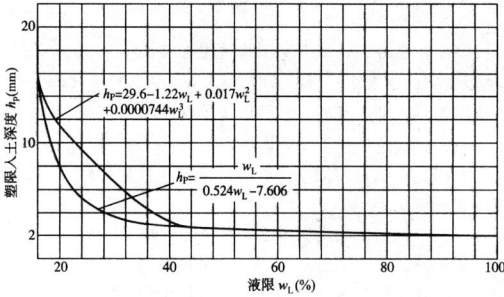

图1 圆锥下沉深度与液限关系曲线

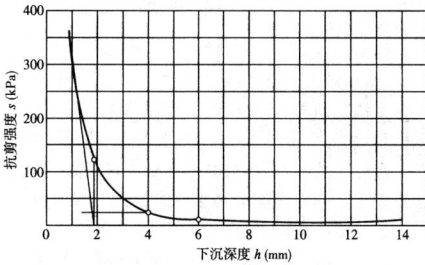

图2 圆锥下沉深度与塑限时抗剪强度关系曲线

9.3 碟式仪液限法

9.3.1 本试验所用的主要仪器设备应符合下列规定：

1 碟式液限仪是卡萨格兰特为使液限试验标准化加以改进的仪器。各国使用的碟式仪的制造材料(尤其是基座材料)和划刀规格不尽相同，本标准采用国际上应用较广的ASTM标准的碟式仪及A型划刀。

9.4 搓滚塑限法

9.4.2 搓滚塑限法应按下列步骤进行：

4 滚搓法测定塑限时，各国的搓条方法不尽相同，土条断裂时的直径多数采用3mm，美国ASTM D424规定为1/8in(约3.2mm)，我国一直使用3mm，故本标准仍规定为3mm。对于某些低液限粉质土，始终搓不到3mm，可认为塑性极低或无塑性，可按细砂处理。

9.5 缩限试验

9.5.2 缩限试验应按下列步骤进行：

2 分层填装试样时，要切实注意不断挤压拍击，使其充分排气，增加试样的饱和度，否则不符合土体积的收缩量等于水分的减少量的基本假定，导致计算结果失真，缩限指标不准确。

10 崩 解 试 验

10.0.1 本试验的目的是测定具有结构性的黏质土体在水中的崩解速度。用土作为建筑材料的工程，直接处于大气中，遭受着气候、水位变化的作用，土体易产生崩解的现象，以至于破裂、剥落或

降低其强度和稳定性。另外在湿法筑坝的设计与施工中，需要了解土料崩解的速度，作为取舍料场的依据。因此测定土的崩解性能，是有重要意义的。

10.0.3 崩解试验应按下列步骤进行：

1 试样的选用取决于实际工作条件，如为地基上应采用原状土样；如为填筑的堤坝，应取扰动土样，并控制一定的密度和含水率，制备成试样进行试验。在行业标准《水中填土筑坝施工技术暂行规范》中，规定以5cm×5cm×5cm的立方土体进行崩解试验，作为选择土料标准之一。

4 试验中主要测定的指标是土的崩解速度，因此，需要确定读数的时间间隔。

11 毛管水上升高度试验

11.1 一 般 规 定

11.1.1 毛管水上升高度试验可以求出土内毛管水的上升高度及其上升速度，用于估测地下水位升高时，某些地区是否会变成沼泽或盐碱化，建筑物有无被浸湿的可能性等问题，并用来推算降低地下水位的必要深度。

目前测定毛管水上升高度方法可以综合为两类：正水头作用的和负水头作用的。试验原理都是根据毛管水的弯液面所能支持的水柱重力而计算出毛管水的上升高度。

正水头作用的试验法系使土中毛管水弯液面支持上升的水柱。这类方法中有直接观测法(适用于砂土)和郝赛法(适用于黏质土)。负水头作用的试验法是使土中毛管水弯液面支持下降的水柱。这类方法中有土样管法，适用于原状土或扰动的细砂、粉土及黏质土，不适应于黏性大的黏土。本标准只列入较通用易行的直接观测法和土样管法。其他方法可参阅有关文献。

11.2 直接观测法

11.2.2 直接观测法试验应按下列步骤进行：

4 用直接观测法进行毛管水上升高度试验可以求出毛管水上升高度和速度的关系。试验过程中可以随时绘制高度与时间的关系曲线。当曲线已成平缓或趋于平缓时，可依延长线的趋势估计毛管水的上升高度。

11.3 土样管法

11.3.2 土样管法试验应按下列步骤进行：

5 关于水柱下降速度问题。水面下降速度的快慢和打开夹子C(见图11.3.1)的松紧程度有关。在开始试验时夹子C可以稍微松些，使试样右侧测压管内水面的下降速度稍微大些，约每分钟2cm～5cm，至估计水面的降落已达到毛管水上升高度的1/2或1/4时，应将速度降低，调正夹子C的松紧程度，使每分钟下降至1cm，以便准确地测定毛管水上升高度。

12 相对密度试验

12.1 一 般 规 定

12.1.1 相对密度是砂类土紧密度的指标，对于土作为材料的建筑物和地基的稳定性，特别是在抗震稳定性方面具有重要的意义。相对密度试验适用于透水性良好的无黏性土，对含细粒较多的试样不宜进行相对密度试验，美国ASTM规定粒径小于0.075mm土粒的含量不大于试样总质量的12%。美国垦务局规定的宜做相对密

度试验的土类如表 3 所示。如遇细粒土（粒径小于 0.075mm）超过总质量的 12% 时，分别做相对密度和标准击实试验，当相对密度为 70% 对应的干密度小于击实最大干密度的 95% 时，则应用击实试验。关于颗粒粒径大于 5mm 的试验，参考粗颗粒土标准。

表 3　宜做相对密度试验的土类

土类	细粒含量(%) <0.075mm	土 名	相对密度试验
GW,GP SW,SP	<5	各种级配的纯砂、纯砾	宜
GW-GM, GW-GC GP-GM, GP-GC	<8	砾石含粉土， 砾石含黏土	宜
SW-SM, SP-SM SP-QC	<12	砂中含粉土， 砂中含黏土	宜
SM,SC	—	砂与粉土混合料， 砂与黏土混合料	是否适宜，须视级配及塑性而定，有些 SM 中细粒含量达 16% 也宜

12.2　最小干密度试验

12.2.2　最小干密度试验应按下列步骤进行：

1　考虑到砂、砾质土的风干含水率很小，可以认为充分风干与烘干两种状态非常接近，对试验结果影响较小。但试验证明，含水率有少量的增加，对最大孔隙比的测定影响较大，见图 3。故在标准中规定用烘干或充分风干的试样（即风干到稳定状态或近于烘干状态），避免产生误差。

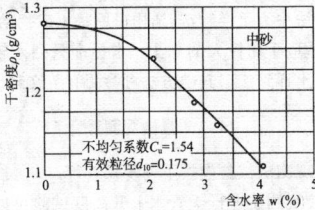

图 3　最小干密度与含水率关系曲线

6　关于最小干密度测定方法。测定最大孔隙比常用的方法有量筒法、漏斗法、松砂器法等。通过比较试验几种方法所得结果相差不大，而各种方法本身也存在不同的问题。因此，本标准选用漏斗法与量筒法，并规定取上述两种方法测得的较大体积值。试验中，试样能否达到最松状态，除试验方法外，还与土的性质、颗粒大小形状及操作熟练程度有关。

12.3　最大干密度试验

12.3.2　根据砂的振动试验得出结论：当砂的含水率相当于饱和度为 0.8 时，砂能得到最好的振动压实；同时，当砂的含水率为零时，与最优含水率时所得到的干密度极相近。美国材料试验学会（ASTM D2049）是同时采用干法和湿法两种，但在用湿法时还需与干法比较，选择最大的干密度。基于以上原因，本标准规定采用烘干或充分风干试样。

关于最大干密度试验方法问题。测定砂的最大干密度即最小孔隙比，国外采用振动台法，国内以往采用振动锤击法。在制订原标准时，对这两种方法进行了比较，振动台法按美国 ASTM D2049 规定，采用一定的频率、振幅、时间和加重块，分别进行了干法和湿法试验，试样为均匀的标准砂（中砂）和级配良好的黄砂。试验结果表明：振动锤击法测定的最大干密度比振动台法测得的大。因此，本标准仍以振动锤击法作为最大干密度测定的标准方法。

13　击实试验

13.1　一般规定

13.1.1　原标准规定轻型击实试验适用于粒径小于 5mm 的黏性土，重型击实试验采用三层击实时，最大粒径不大于 40mm。此次修订中增加了大型击实筒在轻型击实试验方法中的使用，标准规定试样最大粒径与试样直径的比值小于 1/5。另外对于重型击实筒，最大粒径 40mm，即使分三层击实也存在较大超高，因此本标准规定粒径应小于 20mm。

13.1.2　室内扰动土的击实试验一般根据工程实际情况选用轻型击实试验和重型击实试验。我国以往采用轻型击实试验比较多，水库、堤防、铁路路基填土均采用轻型击实试验，高等级公路填土和机场跑道等采用重型击实较多。

13.3　操作步骤

13.3.1　土样制备方法不同，所得击实试验成果也不同。试验证明：最大干密度以烘干土最大，风干土次之，天然土最小；最优含水率也因制备方法不同而不同，以烘干土为最低。这种现象在黏土中表现最明显，黏粒含量越大，烘干对最大干密度影响也越大，这显然是烘干影响了胶粒性质，故黏土一般不宜用烘干土备样。本标准规定采用干法制备和湿法制备两种方法，一般干法以风干居多，也有用低于 60℃ 烘干的。

某些特殊土（如红土），含水率的配制方法对压实影响尤为显著。将天然含水率的土风干为不同含水率的一组试样（称为"由湿到干"）进行击实，与事先将天然含水率的土风干，再加水制备成不同含水率的试样进行击实（称为"由干到湿"），两种制样方法所得试验成果差异较大。图 4 为天生桥红黏土的击实曲线。

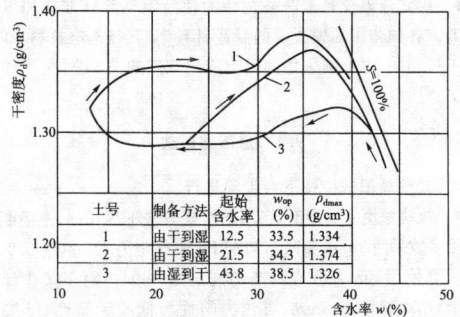

图 4　天生桥红黏土的击实试验

重型击实试验的试样制备与轻型击实试验相同。只是过筛的筛径和土样数量有所区别。

13.3.2　试样击实应按下列步骤进行：

2　重型击实试验中，为了保证击实筒内中央土层和周围土层所受击实功能相同，在采用机械操作时，击实仪必须具备在每一圈周围击实完后中间加一锤的功能。击实完成后超过筒高的土柱高度称为余土高度。所谓击实关系曲线是指在某一个标准的单位击实功能下，土的干密度与含水率的关系曲线。如果余土高度（超高）等于零（理想状况），击实后土样体积刚好等于击实筒容积，那么，击实曲线就是一条标准功能的等功能曲线。如果击实后余土高度不等，干密度和含水率的关系曲线就不是一条等功能曲线。根据大量试验结果表明，当余土高度不超过 6mm 时，干密度（以余土高度为零时的干密度为基准）才能控制在允许误差范围内。

为了保证试验准确度，本标准规定：余土高度不得超过6mm。

3 击实完成后，如果不先用修土刀沿护筒内壁削挖后扭动护筒，则有可能发生击实土柱被剪断的现象。

5 重复使用土样，对最大干密度和最优含水率以及其他物理性质指标都有一定影响。其原因是：土中的部分颗粒，由于反复击实而破碎，改变了土的级配，其次是试样被击实后要恢复到原来松散状态比较困难，特别是高塑性黏土，再加水时更难以浸透，因而影响试验成果。国内外对此均进行过比较试验，结果表明：重复用土对最大干密度影响较大，差值达 $0.05g/cm^3 \sim 0.08g/cm^3$；对最优含水率影响较小；对强度指标也有影响。国外的资料也表明，由于重复用土，在击实功能小时，最大干密度的差值为 $0.02g/cm^3 \sim 0.06g/cm^3$，击实功能大时，差别更大。

13.4 计算、制图和记录

13.4.6 土料中常掺杂有较大的颗粒如砾石等，这些颗粒的存在，对填土的最大干密度和最优含水率都有一定的影响。由于仪器尺寸的限制，必须将土料过20mm筛。因此，当粒径大于20mm颗粒土含量小于30%时，就产生了击实试验中对含粒径大于20mm颗粒土的试验结果校正的问题。在一般情况下，黏质土坝料中，粒径大于20mm的颗粒质量占总土量的百分数是不大的，这些大颗粒间的孔隙能全部被细粒土所填充，因此，可以根据土料中粒径大于20mm颗粒的含量和该颗粒的密度，从过筛土料的击实试验结果来推算原土料的最大干密度和最优含水率。

14 承载比试验

14.1 一般规定

14.1.1 本试验的目的是采用贯入法，通过测定土在承受标准贯入探头贯入土中时相应的贯入阻力，求取扰动土的承载比。本试验方法只适用于室内扰动土的CBR试验。由于本试验采用的试样筒高为166mm，除去垫块的高度50mm，实际试样高度为116mm，按三层击实，所以粒径宜控制为粒径不大于20mm的土。

14.3 操作步骤

14.3.2 浸水膨胀按下列步骤进行：

2 为了模拟地基土的上覆压力，在浸水膨胀和贯入试验时，试样表面要加荷载块，尽管希望能施加与实际荷载或设计荷载相同的力，但对于黏性土来说，特别是上覆荷载较大时，荷载块的影响是无法达到上述要求的。因此，规定施加8块荷载块(5kg)作为标准方法。

4 为预估土料在现场可能出现的最不利情况，贯入试验前一般要将试样浸水使之吸水，国内外的标准均以浸水四昼夜作为浸水时间，本标准也参照使用。当然，也可根据不同地区、地形、排水条件和工程结构等情况，适当改变浸水时间或不浸水，使试验结果更符合实际情况。

14.4 计算、制图和记录

14.4.1 关于计算：

1、2 公式中的分母7000和10500是原来以 kg/cm^2 表示时的70和105乘以换算系数($1kgf/cm^2 \approx 100kPa$)而得的。

14.4.2 绘制单位压力(p)与贯入量(l)的关系曲线时，如发现曲线起始部分呈反弯，则表示试验开始时贯入杆端与土表面接触不好，故应对曲线进行修正，见图14.4.2，以 O' 点作为修正的原点。

15 回弹模量试验

15.2 杠杆压力仪法

15.2.1 本试验所用的主要仪器设备应符合下列规定：

5 本标准将承载板的直径定为50mm是根据公路土工试验标准的规定，因此，杠杆压力仪的加压球座直径也相应定为50mm。

6 由于室内试验回弹变形很小，尤其在加载初始阶段，估读误差大，故测定变形的量表采用千分表。

15.2.4 由于加载开始时的土样塑性变形，得出的 p-l 曲线有可能与纵坐标轴相交不通过原点的位置。如果仍按读数值计算回弹变形，其中将包含一部分塑性变形，故应对读数进行修正。

15.3 强度仪法

15.3.2 强度仪试验应按下列步骤进行：

3 加载后由于土样的微小变形可能会使测力计发生轻微卸载。对于较硬的土，卸载很小可以忽略不计；当土样较软时，可用手稍稍摇动强度仪摇把，补上卸掉的微小压力。

16 渗 透 试 验

16.1 一般规定

16.1.1 规定的两种方法的适用范围：常水头渗透试验适用于粗粒土；变水头渗透试验适用于细粒土。这种规定比较原则，但直观。国外有的标准(如 JIS)规定：常水头渗透试验适用于渗透系数较大的试样；即 $k=1\times10^{-2}cm/s \sim 1\times10^{-3}cm/s$；变水头渗透试验适用于渗透系数较小的试样，通常指 $k=1\times10^{-3}cm/s \sim 1\times10^{-6}cm/s$。也就是说，上述两种方法仅适用于 $k=1\times10^{-2}cm/s \sim 1\times10^{-6}cm/s$ 的试样。至于极高和极低透水性的土，需要采用特殊的试验方法或通过间接的推算求取渗透系数。

16.1.2 关于试验用水问题。水中含气对渗透系数的影响，主要是由于水中气体分离，形成气泡堵塞土的孔隙，致使渗透系数逐渐降低，因此，试验中要求用无气水，最好用实际作用于土中的天然水。本标准规定采用的纯水要脱气，并规定水温高于室温 $3℃ \sim 4℃$，目的是避免水进入试样因温度升高而分解出气泡。

16.1.3 对一个试样多次测定的取值标准。根据6个单位467组渗透试验成果，当 $k=A\times10^{-n}$ 时，n 值不变，A 的差值小于1.0的占66.3%，小于2.0的占82.6%，大于2.0的占17.4%。根据上述结果，标准中规定了一个试样多次测定的取值标准是：在连续测定6次以后，取同次方的 A 值最大与最小的差值不大于2.0的3个~4个结果，并取其平均值，作为该试样某一孔隙比下的平均渗透系数。

16.2 常水头渗透试验

16.2.1 本试验所用的主要仪器设备应符合下列规定：

1 常水头渗透仪主要由装样容器及水头装置组成。水头装置可以采用正压和负压。从结构简单、操作方便、试验结果合理可靠出发，标准所列适合粗粒土的常水头仪器(70型渗透仪)与国外大同小异。标准规定：圆筒内径应大于试样最大粒径的10倍，这是因为若试样粒径相对圆筒内径较大时，圆筒内壁与部分试样的间隙大，可能出现试样边缘部分渗透水增大；另一方面，试样有效截面积会减小，有效水流长度缩短，造成试验有较大的误差。

16.2.3 常水头渗透系数的计算公式是根据达西定律推导的，求得的渗透系数为测试温度下的渗透系数。计算时需要校正到标准温度下的渗透系数。

16.2.4 土的渗透性是水流通过土孔隙的能力，显然，土的孔隙大小决定着渗透系数的大小。因此测定渗透系数时，必须说明与渗透系数相适应的土的密度状态。

试验时应将试样控制在设计要求的孔隙比下，测定其渗透系数，否则试验结果实用意义不大。使试样孔隙比控制在需要值有困难时，可进行不同孔隙比下渗透系数的测定，作出孔隙比与渗透系数的关系曲线，即可查出任意需要孔隙比下的渗透系数。

16.3 变水头渗透试验

16.3.1 变水头渗透试验使用的仪器设备除应符合试验结果可靠合理、结构简要求外，还要求止水严密，易于排气。常用的仪器设备是变水头渗透仪和负压式渗透仪，为适应各试验室的设备，仪器形式不作具体规定。

16.3.2 变水头渗透试验应按下列步骤进行：

1 试样饱和是变水头渗透试验中的重要问题，土样的饱和度愈小，土的孔隙内残留气体愈多，使土的有效渗透面积减小。同时，由于气体因孔隙水压的变化而胀缩，因而饱和度的影响成为一个不定的因素。为了保证试验准确度，要求试样必须饱和。饱和方法见本标准第4章有关条文。

16.3.3 变水头渗透系数的计算公式是根据达西定律，利用同一时间内经过土样的渗流量与水头导管流量相等推导而得的，求得的渗透系数也是测试温度下的渗透系数，同样需要校正到标准温度下的渗透系数。

17 固结试验

17.1 一般规定

17.1.1 本试验是以太沙基(Terzaghi)的单向固结理论为基础的。对于非饱和土，本试验只用于测定压缩性指标，不能用于测定固结系数。

17.2 标准固结试验

17.2.1 本试验所用的主要仪器设备应符合下列规定：

2 随着工程建设的发展，以及为测定土的先期固结压力 p_c，需要压力高、准确度高的压力设备，目前国内常用的加压设备有三种：磅秤式、杠杆式和气压式，也有用液压加压设备。本标准没有规定具体形式，但最大允许误差应符合现行国家标准《土工试验仪器　固结仪　第1部分：单杠杆固结仪》GB/T 4935.1、《土工试验仪器　固结仪　第2部分：气压式固结仪》GB/T 4935.2的规定。

17.2.2 标准固结试验试验应按下列步骤进行：

1 对原状试样的固结试验，在切削试样时若对土的扰动程度较大，则影响试验成果。图5所示的是以不同扰动程度计算厚6m～7m土层的沉降量及沉降速率。因此，在切削试样时，应尽可能避免破坏土样的结构。操作中，不允许直接将环刀压入土样，应用钢丝锯（或薄口锐刀）按略大于环刀的尺寸沿土样外缘切削，待土样的直径接近环刀的内径时，再轻轻地压下环刀，边压边切；也不允许在削去环刀两端余土时，用刀来回涂抹土面，而致孔隙堵塞，最好用钢丝锯慢慢地一次性割去多余的土样。

7 关于加压率。固结试验中一般规定加压率等于1。由于加压率对确定土的先期固结压力有影响，特别是软土，这种影响更为明显，因此，标准中规定：如需测定土的先期固结压力，加压宜

小于1，可采用0.5或0.25，在实际试验中，可根据土的状态分段采用不同的荷重率，例如在孔隙比与压力的对数关系曲线最小曲率半径出现前，加压率应小些，而曲线尾部直线段加压率等于1是合适的。

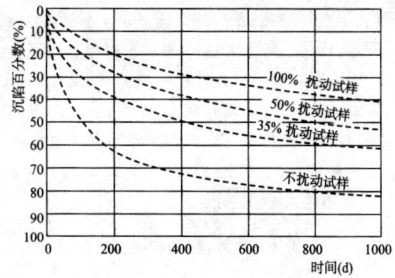

图5　不同扰动程度的试样估算的沉降率

10、11 关于稳定标准。目前国内外的土工试验标准（或规程）大多采用每级压力下固结24h的稳定标准，一方面考虑土的变形能达到稳定，另一方面也考虑到每天在同一时间施加压力和测记变形读数。本标准规定每级荷重下固结24h作为稳定标准。特殊土需要更长固结时间。而当试验中仅测定压缩系数时，施加每级压力后，以量表读数每小时不大于0.01mm为稳定标准。

17.2.5 先期固结压力 p_c 一般可根据工程地质和水文地质情况来估算。但是，有的因素是地质上无法估计的，因而推算的 p_c 不很可靠。在这种情况下，只能根据室内试验所得的 e-$\lg p$ 曲线来估计。本标准建议采用目前应用较普遍的卡萨格兰特图解法。

用卡氏图解法求先期固结压力有许多影响因素。首先是 e-$\lg p$ 曲线尚不能完全反映天然土层的压缩特性，因为在自然界，先期固结压力 p_c 是通过若干世纪，而不是几小时或几天形成的。再就是在钻取土样和试验操作中，取样的扰动和试验方法等影响，都是不可忽视的。试验时沉降稳定标准不同（次固结的影响），可使 p_c 值在较大的范围内变化，如图6所示。绘制 e-$\lg p$ 曲线所用比例不同，p_c 也可能有明显的改变。为了便于比较，作图时应选用合适的纵横坐标比例。建议纵坐标取 $\Delta e = 0.1$ 时的长度与横坐标取一个对数周期长度之比值为0.4～1.0。尽管这样，用图解法求得的结果也并不总是可靠的。要较可靠地求得该压力，需要进一步研究确定天然地层中黏土压缩曲线的方法。

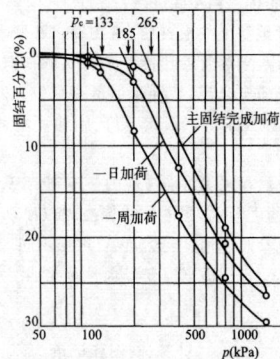

图6　不同加载历时的压缩曲线

17.2.6 固结系数的确定方法有多种，常用的有时间平方根法、时间对数法和时间对数坡度法。按理，在同一试验结果中，用三种方法确定的固结系数应该比较一致。实际上却相差甚远。原因是这些方法是利用理论与试验的时间和变形关系曲线的形状相似性，以经验配合法，找出在某一固结度 U 下，理论曲线上 T_v 相当于试验曲

线上某一时间 t 值。但实际试验的变形与时间关系曲线的形状因土的性质、状态及受荷历史而不同，不可能得出一致的结果。

一般认为，用时间对数法确定理论零点误差较大。这样按时间对数坡度法确定 t_{50}，所求得的 C_v 值误差更大。因此，本标准仅将时间平方根法和时间对数法列入。在应用时，宜先用时间平方根法求 C_v。如不能准确定出开始的直线段，再用时间对数法。

17.2.7 次固结是指超孔隙水压力消散主固结结束后，有效应力基本稳定的条件下，因土粒表面的结合水膜蠕变及土颗粒结构重新排列等引起的较为缓慢的变形。次固结系数可以通过固结试验求得，在孔隙比与时间的半对数关系曲线上，次固结系数即为次固结曲线段的斜率。

17.3 快速固结试验

标准固结试验需数天到十多天才能完成。研究表明，对 2cm 厚的一般黏质土试样，在荷重作用下，1h 的固结度一般可达 90%（以 24h 固结度为 100% 计）。按 1h 稳定的速率进行试验，对试验结果的 e-p 曲线进行校正，可得到与标准固结试验近似的结果，又节省时间；因此，标准中列有 1h 快速法，即试样在各级压力下的固结时间为 1h，仅在最后一级压力下，测记 1h 的量表读数和试样达压缩稳定时的量表读数，并用其对各级压力下试样的变形量进行修正，以求得压缩指标。

17.4 应变控制加荷固结试验

17.4.1 本试验所用的主要仪器设备应符合下列规定：

1 试验过程中，在试样底部测定孔隙水压力，要求仪器结构应能使试样与环刀、环刀及护环、底部与刚性底座之间密封良好，且易于排除滞留于底部的气泡。

2 控制的等应变率是通过加荷设备的测力系统传递的，因此，要求测力系统有相应的准确度。

3 测量孔隙水压力的传感器，要求体积因数（单位孔隙水压力作用下的体积变化）小，使从试样底部孔隙水的排出可以忽略，能及时测定试样中的孔隙水压力变化。体积因数采用三轴试验所规定的标准。同时，一般孔隙水压力将不超过轴向压力的 30%，传感器要求最大允许误差为 $\pm 0.5\%$ F.S.。

17.4.2 应变控制式加荷固结试验应按下列步骤进行：

2 连续加荷固结试验，因涉及准确测定试样底部孔隙水压力，故要求试样完全饱和或实际上接近完全饱和。

6 已有的试验研究资料表明：应变速率对一般土（液限低，活动性小）的压缩性指标和固结系数影响不大。但对高液限土（w_L 大于 100 以上），大应变速率的试验结果表明：土的压缩量偏小（与标准固结试验相比）。因此，为了使不同方法所得结果具有可比性，要求试验过程中，试样底部孔隙水压力 u_b 不超过垂直应力 σ 的某一数值。通过对不同应变速率条件下试样底部孔隙水压力值 u_b 变化的试验结果表明，对于正常固结土，在加荷过程中试样底部孔隙水压力 u_b 达到稳定值时，其比值 u_b/σ 一般为 20%～30%。本标准采用 ASTM D4186 的规定，u_b/σ 取值范围为 3%～20%。根据该范围估计的应变速率如表 17.4.2 所示。对于特殊土，根据经验可以修正该估计值。

8 数据采集时间间隔的规定基于以下两点道理：①试验开始时，试样底部孔隙水压力 u_b 迅速增大；②取足够的读数确定应力应变曲线，当试验数据发生重大变化时，需要更多的读数。

17.4.3 关于计算：

3 计算有效应力时，假定试样中的孔隙水压力处于稳定状态，沿试样高度的分布为一抛物线。

7 在加荷后，短时间间隔内应力应变关系可以认为是线性的，即 $\Delta \varepsilon = m_v \cdot \Delta \sigma$，因此，从 e-p 曲线上求得 a_{vi}，再求 m_v，计算固结系数 C_v。

18 黄土湿陷试验

18.1 一般规定

18.1.1 湿陷变形是指黄土在荷重和浸水共同作用下，由于结构遭破坏产生显著的湿陷变形，这是黄土的重要特性。湿陷系数不小于 0.015 时，称为湿陷性黄土，当湿陷系数小于 0.015 时，称非湿陷性黄土。

黄土受水浸湿后，在土的自重压力下发生湿陷的，称为自重湿陷性黄土，在土的自重压力下不发生湿陷的，称为非自重湿陷性黄土。

渗透溶滤变形是指黄土在荷重及渗透水长期作用下，由于盐类溶滤及土中孔隙继续被压密而产生的垂直变形，实际上是湿陷变形的继续，一般很缓慢，在水工建筑物地基是常见的。

黄土在荷重作用下，受水浸湿后开始出现湿陷的压力，称为湿陷起始压力。黄土湿陷试验对房屋地基来说，主要是测定自重湿陷系数、起始压力和规定压力下的湿陷系数，而对水工建筑物来说，主要是测定施工和运用阶段相应的湿陷性指标，包括本试验的所有内容。

18.1.4 关于稳定标准。黄土黏性机理与黏土不同，例如水源来自河流、渠道、塘库则自上而下，若是地下水位上升则自下而上。黄土的变形稳定标准规定为每小时变形量不大于 0.01mm。对于渗透溶滤变形，由于变形特性除粒间应力引起的缓慢塑性变形以外，也取决于长期渗透时盐类溶滤作用，故规定 3d 的变形量不大于 0.01mm。

18.2 湿陷系数试验

18.2.1 浸水压力和湿陷系数是划分湿陷等级的主要指标，为了对比地基优劣情况，需要在同一条件下规定某一浸水压力下求得湿陷系数。本次修订时，浸水压力是根据现行国家标准《湿陷性黄土地区建筑规范》GB 50025 的规定确定的。而水工建筑物的地基，必须考虑土体的压力强度与结构强度被破坏的作用，分级加荷至浸水时的压力应是恰好代表土层中部断面上所受的实际荷重。在实际荷重下沉降稳定后，根据工程实际情况自上而下或自下而上的方式使试样浸水，确定土的湿陷变形。

18.3 自重湿陷系数试验

18.3.1 自重湿陷系数试验应按下列步骤进行：

2 土的饱和自重压力应分层计算，以工程地质勘察分层为依据，当工程未提供分层资料时，才允许按取样深度和试样密度粗略地划分层次。

饱和自重压力大于 50kPa 时，应分级施加，每级压力不大于 50kPa。每级压力时间视变形情况而定，为使试验时有个参考，本条中规定不小于 15min。

18.4 溶滤变形系数试验

18.4.1 溶滤变形系数是水工建筑物施工和运用阶段所要求的湿陷性指标。一般在实际荷重下进行试验，浸水后长期渗透求得溶滤变形。

18.5 湿陷起始压力试验

18.5.1 湿陷起始压力利用湿陷系数和压力关系曲线求得。测定湿陷起始压力（或不同压力下的湿陷系数），国内外都沿用单线、双线两种方法。从理论上和试验结果来说，单线法比双线法更适用于黄土变形的实际情况，如果土质均匀可以得出良好的结果。双线法简便，工作量少，但与变形的实际情况不完全符合，为与现行国家标准《湿陷性黄土地区建筑规范》GB 50025 一致，本标准改成单线法、双线法并列，供试验人员根据实际情况选用。进行双线法时，保持天然湿度施加压力的试样，在完成最后一级压力后仍要求浸水测定湿陷系数，其目的在于与浸水条件下最后一级压力的湿陷系数比较，以便二者进行校核。

19 三轴压缩试验

19.1 一般规定

19.1.2 三轴压缩试验是根据摩尔－库仑破坏准则测定土的强度参数：黏聚力 c 和内摩擦角 φ。常规的三轴压缩试验是取一圆柱体试样，先在其四周施加一周围压力（即小主应力）σ_3，随后逐渐增加大主应力 σ_1 直至破坏为止。根据破坏时的大主应力 σ_1 和小主应力 σ_3 绘摩尔圆，摩尔圆的包线就是抗剪强度与法向应力的关系曲线。通常以近似的直线表示，其倾角为内摩擦角 φ，在纵轴上的截距为黏聚力 c（见图7）。故抗剪强度与法向应力的关系曲线可以用库仑方程表示：

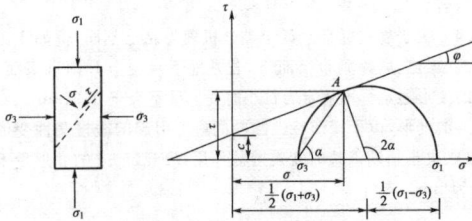

图7 三轴压缩试验抗剪强度与法向应力关系曲线

$$\tau = c + \sigma\tan\varphi \tag{3}$$

式中：τ、σ——作用在破坏面上的剪应力及法向应力。

τ、σ 与大主应力 σ_1、小主应力 σ_3 及破坏面与大主应力面的倾角 α 具有如下关系：

$$\left.\begin{aligned} \sigma &= \frac{1}{2}(\sigma_1 + \sigma_3) + \frac{1}{2}(\sigma_1 - \sigma_3)\cos2\alpha \\ \tau &= \frac{1}{2}(\sigma_1 - \sigma_3)\sin2\alpha \end{aligned}\right\} \tag{4}$$

式中：$\alpha = 45° + \dfrac{\varphi}{2}$。

土体受荷载后，任何面上的法向应力为固体颗粒骨架和孔隙水或气体所承受，即 $\sigma' = \sigma - u$。σ' 称为有效应力，u 称为孔隙压力。土的抗剪强度如用有效应力表示，则式(3)又可写成：

$$\tau = c' + (\sigma - u)\tan\varphi' = c' + \sigma'\tan\varphi' \tag{5}$$

式中：c'——有效黏聚力（kPa）；
φ'——有效内摩擦角（°）。

三轴压缩试验能控制试验过程中的排水条件，可根据工程施工和运用的实际情况选择不同排水条件的试验。无论黏质土或砂质土均可适用。通常分为不固结不排水剪试验（UU试验）、固结不排水剪试验（CU试验）和固结排水剪试验（CD试验）。

不固结不排水剪试验（UU试验）：这种方法适用的条件是土体受力而孔隙压力不消散的情况。当建筑物施工速度快，土体渗透系数较低（如小于 $A×10^{-4}$cm/s），而排水条件又差时，为考虑施工期的稳定，可采用UU试验。

对于非饱和土，如压实填土，或未饱和的天然地层，这种土的强度随 σ_3 的增加而增加。但当随 σ_3 增加到一定值，空气逐渐溶解于水而达到饱和时，强度不再增加。强度包线并非直线。因此，用总应力方法分析时，应按规定的压力范围内选取 c_u、φ_u。如果饱和地层预计施工期可能有雨水入渗或地下水位上升会使土体饱和，则试样应在剪切前予以饱和。

固结不排水剪试验（CU试验）：试验主要目的有两个：一是借测量孔隙压力求得的有效强度参数 c'、φ'，以便进行土体稳定的有效应力分析；二是求得总应力强度指标 c_{cu}、φ_{cu}。

固结排水剪试验（CD试验）：主要是为了求得土的排水强度指标 c_d、φ_d。采用应变控制式三轴仪的固结排水剪比费时，故仅应用于较透水的土料。在测试土的应力应变关系时，为了模拟实际工程的排水条件，也需用应变控制三轴压缩仪的固结排水剪试验成果来确定变形模量、泊松比和剪切模量等变形指标。

19.1.3 在三轴压缩试验中，用一个试样多级加荷测定土的强度参数 c 和 φ 值，是根据库仑定律，假定 c、φ 值不因应力状态的变化而改变，破裂角 $\alpha\left(45° + \dfrac{\varphi}{2}\right)$ 在第一级荷载下出现后，在以后各级荷载下均保持不变。第一级荷载以后所施加的荷载只是增加摩擦强度，因而可以测定强度包线。

一个试样多级加荷三轴压缩试验原则上适用于黏质土、砂质土。由于只是采用一个试样确定强度包线，它避免了多个试样的不均匀而造成的应力圆分散，各应力圆能很好地切于强度包线。但一个试样的代表性低于多个试样的代表性，故本标准只限于无法取得多个试样，或多个试样彼此性质不均匀的情况下采用此法，并不建议替代作为常规方法采用。

19.2 仪器设备

19.2.1 三轴压缩仪分为应变控制式和应力控制式两种。前者操作方便，应用广泛，故本标准中各种试验方法均采用此种仪器；后者操作较麻烦，难以测定峰值以后的应力应变曲线，故本标准修订时予以取消，仅将其列入弹性模量试验标准中。

关于孔隙压力量测系统，除了不能残留气泡外，应有一定的灵敏度，量测时不应允许孔隙水流动。试样内孔隙水的流动会导致：一是不能准确地测定孔隙压力值，特别是在低压缩性的土中显得特别重要；其次是在透水性小的土中会导致时间滞后现象，使得读数难以稳定。本标准规定孔压测量系统的体积因数不能大于 $1.5×10^{-5}$cm^3/kPa。这一数值与英国帝国学院、挪威土工研究所、美国垦务局等使用仪器的体积因数基本一致。

对于孔隙压力系统采用的传感器，要求体积因数小，线性误差和重复性误差小，时漂要满足试验要求。传感器体积因数的测定，可采用精密的双套体变管的方法，将传感器接在体变管的量测系统中（体变管内管更换成毛细管），排除气泡，然后加压，记下压力值与体积变化值，作出压力与体积变化的关系曲线，即可求出传感器的体积因数。

19.2.2 三轴压缩试验操作复杂，技术要求高，需要的土样也多，如不小心操作，就得不到正确的试验成果，本标准规定了对仪器应预先进行检查，以避免因仪器上的差错给试验带来误差。近年来，随着三轴试验测试设备水平的不断发展，孔隙压力测试普遍采用了传感器，因此本标准删除了有关调试零位指示器的内容。

19.3 试样的制备和饱和

19.3.1 关于试验制备：

1 本标准规定三轴试验试样直径分别为 $D=39.1$mm、$D=61.8$mm 及 $D=101.0$mm，是根据现行国家标准《土工试验仪器 三轴仪 第1部分：应变控制式三轴仪》GB/T 24107.1中应变控制式三轴仪所允许的尺寸而制订的。由于试样直径 D 与试样土粒粒径 d 之比与强度有一定影响，如 D/d 比超过某一范围，则所测得的强度偏大。故本标准参照国外的一些标准对试样直径 D 与允许的最大土粒粒径列表19.3.1所列的规定。

近年从国外引进了一些三轴压缩仪，试样的直径大多数为38mm、50mm、70mm 及 100mm，与本标准的试样直径相似，因此本标准也适用于上述直径的试样进行试验。

2、3 细粒土试样分为原状土试样和扰动土试样两种。原状土试样一般均用原状土块或钻孔原状土柱在切土器上切取。扰动土试样的制备方法有压样法、击实法、搓碾法等。不同的制备方法所得试样的强度有所差别。一般来说,制备方法应与现场情况类似为好,故以击实法和搓碾法为宜。

19.3.2 试样饱和应按下列规定进行:

1 试样饱和方法有抽气饱和法、浸水饱和法、水头饱和法等,其中以抽气饱和法效果较好。据对粉质黏土的对比试验表明:用抽气饱和法饱和度可达 95%,浸水饱和法和水头饱和法在持续数昼夜后仅达到 85%左右。有些资料亦表明:用抽气饱和法饱和度可达 90%~95%。若研究软化的影响,则要用水头饱和法。

3 对于渗透性小的黏性土,抽气饱和法难以达到完全饱和,即使试样达到了完全饱和,但仪器底座、孔隙压力系统及安装过程中,试样与橡皮膜等之间的残余气泡也难以驱净,不能满足试验过程中完全饱和。反压力的另一个作用是使试样的孔隙水压力升高后,在剪切过程中有剪胀的试样不致出现负的孔隙压力。

目前国内外已把对试样施加反压力作为一种常用的饱和方法,例如美国水道试验站规定:对 CU 试验,剪切前试样饱和度必须达到 98%,而测孔隙压力 $\overline{CU}$ 试验,则必须完全饱和。因此,施加反压力是试验中的必要步骤。

19.4 不固结不排水剪试验

19.4.2 不固结不排水剪试验及固结不排水剪试验的剪切(不测孔隙压力)应变速率,在通常的速率范围内对强度影响不大,故可根据试验方便来选择剪切应变速率。标准建议每分钟应变为 0.5%~1.0%,以使试样在 15min~30min 内完成剪切试验。

19.5 固结不排水剪试验

19.5.1 试样的安装应按下列步骤进行:

1 为了加速试样的固结过程,同时在剪切时使试样内孔隙压力均匀传递,国内外都普遍在试样外贴滤纸条。

关于滤纸条的贴法,大约有如下几种:覆盖面积达侧面的 50%以上和上下连续的滤条(如图 19.5.1 中 I 型);上下均与透水板相连的连续滤条(如图 8 中 II 型);滤纸条下部与透水板相连,而上部与透水板断开 1/4 试样高度的距离(如图 8 中 III 型);上下均与透水板相连,但中部间断 1/4 试样高度的形式(如图 8 中 IV 型);为了加速试样固结,建议采用 II 型。但如对试样施加反压力或测孔隙压力,滤纸条的上下端与透水板不连接以防反压力与孔隙压力测量直接连通。

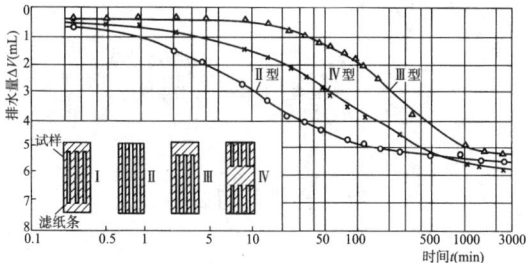

图 8 滤纸条不同贴法的固结过程

19.5.2 对试样施加的周围压力应尽可能与土体现场实际作用的压力一致。然而在大周围压力下所测得的强度指标比在小周围压力下所测得的强度指标要低。因此在提供强度指标时应注明所施加的周围压力的范围。

固结标准采用两种方法:一种是以固结排水量达到稳定作为固结的标准,另一种是以孔隙水压力完全消散为标准。根据所进行的试验与国内外的经验,本标准规定以固结度达到 95%~

100%作为固结标准。

19.5.3 关于固结不排水试验的剪切(测孔隙压力)应变速率。在常规三轴试样剪切过程中,孔隙压力分布是不均匀的,一般中部较大,两端较小。对于测孔隙压力的 $\overline{CU}$ 试验,为了使底部测得的值能代表剪切区的孔隙压力,故要求剪切应变速率相当慢,以便孔隙压力有足够时间均匀分布。

测孔隙压力的 $\overline{CU}$ 试验国内不少单位对于剪切应变速率积累了许多经验。经研究认为,黏性土采用每分钟应变为 0.1%是合适的,也有认为黏土以每分钟应变为 0.05%为好。国外对黏质土则多用每分钟应变为 0.04%~0.1%的速率。鉴于上述,因此,标准建议对黏质土测孔隙压力的 $\overline{CU}$ 试验的剪切应变速率为每分钟应变为 0.05%~0.1%。

粉质土的剪切应变速率可以加快些,经比较,对于渗透系数 $k=1\times10^{-5}$ cm/s 的粉质土,当剪切应变速率每分钟应变为 0.1%~0.6%时,孔隙压力变化很小。对强度的影响也不大(见图 9),故粉质土的剪切应变速率采用每分钟应变为 0.1%~0.5%。

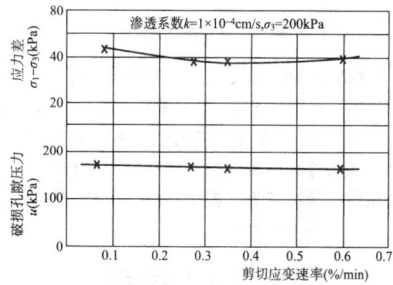

图 9 剪切速率对应力差与孔隙压力的影响

19.6 固结排水剪试验

19.6.2 关于固结排水试验的剪切应变速率,吉甫逊曾建议过破坏历时的理论公式:

$$U_f = 1 - \frac{h^2}{\eta C_v t_f} \qquad (6)$$

式中:U_f——试样的平均消散度;

h——排水距离;

η——取决于排水条件的系数,当试样为一端排水时,$\eta=0.75$;两端排水时,$\eta=3.0$;

C_v——消散系数(cm²/s);

t_f——破坏历时(s)。

在式(6)中若取 $U_f=0.95$,则得破坏历时 t_f 的式子:

$$t_f = \frac{20h^2}{\eta C_v} \qquad (7)$$

将所得的 t_f 来除试样的总变形量,即可得剪切应变速率。按式(6)算得的剪切应变速率,对黏质土一般为每分钟应变为 0.003%~0.012%。采用这样的剪切应变速率的固结排水剪,对于黏质土可能仍有微小的孔隙压力产生。但对强度影响不大,故本标准规定剪切应变速率为每分钟应变为 0.003%~0.012%。

19.7 一个试样多级加荷试验

一个试样多级加荷三轴试验的各级剪切变形随土的种类不同相差很大,故不能做统一规定。基本原则是第一级剪切变形应与多个试样试验的控制变形一致,最后一级达到的累积变形以不超过 20%为准,中间剪切的轴向变形无作出统一规定。各级剪切中,可以同时计算有效主应力比或绘制有效应力路径来控制。

破坏点的确定应与多个试样破坏标准的确定相一致,不另作规定。

对于软黏土及塑性大的土，因破坏点不显明，难以根据峰值或稳定值的近似点确定施加下一级周围压力的标准，因此可以按预先设定的轴向应变，施加各级周围压力。一般可以按以下标准进行，见图10。

第一级：轴向应变至16%；

第二级：轴向应变至18%；

第三级：轴向应变至20%。

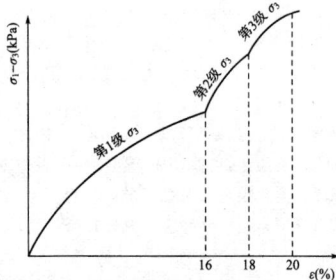

图10　按轴向应变加荷

19.7.1　不固结不排水剪试验应按下列步骤进行：

2　对于第一级围压作用下试样剪切完成后，须退除轴向压力（即测力计为零），使试样恢复到等向受力状态，再施加下一级周围压力，这样可以消除固结时偏应力的影响，不致产生轴向蠕变变形，以保持试样在等向压力下固结，故标准作了退除轴向压力的规定。

19.8　计算、制图和记录

19.8.1　本条说明如下：

1　三轴压缩试验的试样在固结后和剪切过程中试样面积会减小或增大，因此必须进行修正。

固结后的修正方法有：①根据固结下沉量和固结排水量（对CU试验和$\overline{CU}$试验也可采用试验前后的试样质量差）计算固结后的面积；②假定试样固结应变各向均等来计算。固结后的面积由于试样的固结应变并非各向均等，故一般以前法为好。据研究，按前法求得的面积比按后法算得的面积更接近实测值。但有时测固结下沉量较困难，故标准中规定采用第二种方法计算。

19.8.2　绘制应力圆时，需根据破坏标准选取代表性试样破坏时的应力，以主应力差（或主应力比）的峰值和应变值作为破坏标准是国际上普遍采用的标准，我国多年来的实践也证明其行之有效，故本标准仍将其作为主要选择的标准。而应力路径的密集点（或拐点）适用于各应力圆难以作共同切线时，绘出各破坏应力点（密集点或拐点），通过这些点作平均直线，根据直线的倾角 α 和在纵轴的截距 d，间接地求出 c' 和 φ'，本标准保留此法供试验人员选用。

20　无侧限抗压强度试验

20.3　操作步骤

20.3.2　无侧限抗压强度试验是用圆柱试样，在无侧向应力下，测定其最大的轴向力即抗压强度 q_u，并间接求得抗剪强度，它相当于不固结不排水强度 S 的一半：

$$S = \frac{1}{2}q_u \qquad (8)$$

试样高度与直径的比值对无侧限抗压强度试验值有很大影响。比值较大的试样，在加荷后往往发生歪扭，得出较小的结果；反之，比值较小时，由于试样两端受加压板的约束，在两端附近各形成一锥状

的不变形区域，致使试样内产生不均匀变形，影响试样中心部位的应力分布，从而歪曲了试验结果。因此，试样的高度与直径应有适当的比值。试验结果表明：当试样高度与直径的比值大于2时，两端加压板的约束对试样中心部位应力分布的影响就较小。采用试样高度与直径的比值不小于2是合适的，故本标准建议比值为2~2.5。

至于试样直径大小，根据国内试验单位的取土情况，建议采用3.5cm~4.0cm。重塑土试样尺寸应与原状土尺寸相同，以避免由于试样尺寸不同而产生的误差。

20.3.3　当轴向荷载作用于试样时，试样与加压板之间即发生与侧向膨胀力方向相反的摩擦力。该力使两端土的侧向膨胀受到限制，故试样变成鼓状。垂直变形愈大，鼓状愈大。这样，试样内的应力分布就不均匀。为了减少该影响，可在试样两端抹一薄层凡士林。如果气候干燥，试样侧面也可涂一薄层凡士林，以防水分蒸发。但是在做重塑试验时，应把抹凡士林的一层土刮去。

20.3.5　如试验的土样渗透性较小，试验历时较短，可认为试验前后的含水率不变。但历时过短，试验不便，故限制加荷时间约为8min~10min。本标准规定应变速率为每分钟轴向应变为1%~3%。

20.3.9　天然结构的土经重塑后，它的结构凝聚力会全部消失。但若放置时间较久，又可以恢复一部分。放置时间愈长，恢复程度愈大。所以，试样重塑后应立即进行试验。

20.4　计算、制图和记录

20.4.2　试验过程中，试样面积的修正是假定试样体积在轴向变形过程中不发生改变的情况下求得其平均断面。三轴不固结不排水试验也是采用此方法进行试样面积修正的，也可以用某一轴向变形下试样最大的断面积来计算，但在试验过程中测定断面积较困难，所以目前很少采用该法。

20.4.4　试样受压破坏时，一般分脆性破坏及塑性破坏两种。脆性破坏具有明晰的破裂面，而塑性破坏时没有破裂面。应力应变关系曲线也大致有两种：一种是具有峰值或稳定值的，另一种是不具有峰值或稳定值而是应力随应变渐增的（见图11）。选择破坏值时，对于有明显峰值或稳定值的，以峰值或稳定值为抗压强度，对于没有峰值或稳定值的，以应变15%作为取值标准。

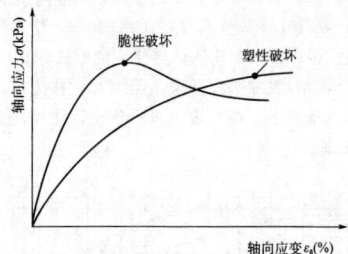

图11　轴向应力与轴向应变关系图

21　直接剪切试验

21.1　一般规定

21.1.1　用直接剪切试验确定土的强度参数 c 和 φ 的方法主要有三种，即快剪、固结快剪和慢剪。每种试验方法适用于一定排水条件下的土体，相应于工程所处的工作状态。因此，在选择试验方法时，应注意所采用的方法尽量反映土的特性和工程所处的工作阶段，并与分析计算方法相匹配。

21.1.2　对于高含水率、低密度的土或透水性大（渗透系数大于$1×10^{-6}$cm/s）的土，即使再加快剪切速率，也难以避免排水固结，因而对于这类土，建议用三轴仪测定其不排水强度。直接剪

切仪的最大缺点是不能有效地控制排水条件。对渗透性较大的土,进行快剪试验时,所得的结果,用库仑公式表示时,具有较大的内摩擦角,且总应力强度指标往往偏大。因而,标准规定,对渗透系数大于 $A \times 10^{-6}$ cm/s 的土不宜做快剪及固结快剪试验。

21.2 仪 器 设 备

21.2.1 常用的直接剪切仪分为应变控制式和应力控制式两种。应变控制是控制试样产生一定位移,测定其相应的水平剪应力。应力控制则是对试样施加一定水平剪切力,测定其相应的位移。应变控制直接剪切仪的优点是能较准确地测定剪应力和剪切位移曲线上的峰值和最后值,且操作方便。故本标准以此种仪器作为主要仪器。应力控制直接剪切仪施加水平剪切力较为麻烦,不能准确地测得应力和剪切位移曲线上的峰值及稳定值,目前国内国外均很少采用。

21.3 操 作 步 骤

21.3.1 试样制备应按下列规定进行:

3 黏质土的抗剪强度与垂直压力的关系并不完全符合库仑方程的直线关系。对于正常固结土,在一般荷载(100kPa～400kPa)作用下,可以认为是直线关系。标准中规定:垂直荷载大小应根据预计土体所受的力来决定,也可按 100kPa、200kPa、300kPa、400kPa 四级荷载施加。对于先期固结土,在选择垂直荷载时,应考虑先期固结压力 p_c 值,设计压力小于先期固结压力 p_c 时,施加的最大垂直压力不大于 p_c;设计压力大于先期固结压力 p_c 时,垂直压力应大于 p_c。

21.3.2 试样安装与剪切应按下列规定进行:

1 快剪试验:

4)剪切速率是影响土的强度的一个重要因素,它从两方面影响土的强度:一方面是剪切的快慢影响试样的排水固结度;另一方面是对黏滞阻力的影响,剪切速率愈快,黏滞阻力愈大,强度也愈大,反之亦然。不过在常规试验中,对于黏滞阻力的影响,通常不考虑。标准中规定:快剪应在3min～5min 内剪损,其目的就是为了在剪切过程中尽量避免试样的排水固结。

2 固结快剪试验:

3)试样在每级垂直荷载作用下,应固结至主固结完成。关于固结稳定标准,规定为:每小时垂直位移读数变化不超过0.005mm,认为已达固结稳定。

3 慢剪试验:

1)慢剪试验要求在剪切过程中试样的孔隙压力完全消散。因此试验要有充分的时间。参照国内外经验,标准中规定剪切速率应小于 0.02mm/min。但也可根据固结50%的时间 t_{50} 的 50 倍($50t_{50}$)估算破坏历时,也可用 $35t_{60}$ 及 $12t_{90}$ 估算。两者的实质一样,计算结果相差不大。

21.4 计算、制图和记录

21.4.3 破坏值选定,常有两种情况:若剪应力-剪切位移关系曲线中具有明显峰值或稳定值,则取峰值或稳定值作为抗剪强度值,如图 12 中的曲线 1 及曲线 2 的 a 点及 b 点;若剪应力随剪切位移不断增长,无峰值或无稳定值时(如图 12 中曲线 3),则以相应于选定的某一剪切位移相应的剪应力值作为强度值。国内一般采用最大位移为试样直径 D 的 1/15～1/10,即对于直径 61.8mm 的试样,其最大剪切位移量约为 4mm～6mm。法国中央土木试验室标准取剪切位移为 D/10,美国水道实验站试验标准取剪切位移为 D/6。本标准中规定取剪切位移为 4mm 时的剪应力值来确定抗剪强度。

以剪切位移作为选值标准,虽然方法简单,但从理论上讲不太严格,因各种不同类型破坏时的剪切位移并不完全相同,即使对同

一种土,在不同的垂直荷载作用下,破坏剪切位移亦不相同,因而只有在破坏值难以选取时,才允许采用此法。

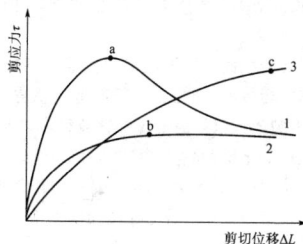

图 12 剪应力与剪切位移关系曲线

22 排水反复直接剪切试验

22.1 一 般 规 定

22.1.1 超固结黏土试样在某一有效压力作用下进行剪切试验时,当剪应力达到**峰值**以后,若继续剪切,剪应力随剪切位移增加而显著降低,最后达到一个稳定值,该稳定值称土的残余抗剪强度或残余强度,以下式表达:

$$S'_r = c'_r + p\tan\varphi'_r \qquad (9)$$

式中:S'_r——土的残余强度(kPa);

c'_r——残余黏聚力(一般 $c'_r \approx 0$)(kPa);

φ'_r——残余内摩擦角(°);

p——垂直压力(kPa)。

正常固结黏土亦有此现象,但不很明显,如图 13 所示。

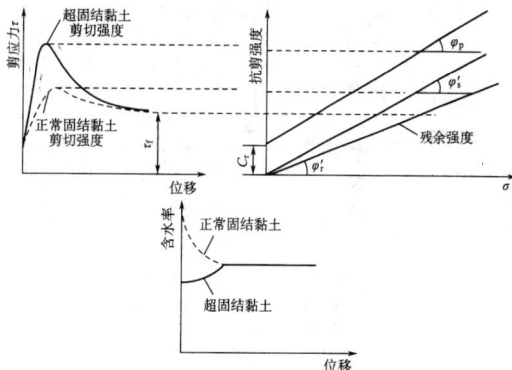

图 13 剪应力与剪切位移关系曲线

22.2 仪 器 设 备

22.2.1 本试验所用的主要仪器设备应符合下列规定:

室内测定残余强度的仪器和方法。目前主要有三轴压缩试验、用环剪仪做环形剪切试验和用直剪仪做排水反复直接剪切试验(以下简称反复剪)三种方法。反复剪试验存在一定的缺点,例如,每次反复后,有一小峰值出现,剪切面可能呈泥浆状。但它简单易行,对多数土均能测得较好的成果,因此,国内外应用较广,本标准也推荐采用直剪仪做反复排水剪试验。

本标准规定在进行第二次、第三次……剪切时,不卸除垂直荷载,将剪切盒下盒拉回原位置。因此,仪器的推力设备要求既能使其能推进又能拉回,或另制造一反推设备,待一次剪切完成后,用反推设备将剪切盒下盒推回至原位置。

22.3 操 作 步 骤

22.3.1 研究表明:扰动试样的残余强度通常与原状试样的残余

强度相接近。对同一种土,不管是正常固结的或超固结的,只要是在同一有效压力作用下,其残余强度相同,φ_r' 为一常数。它只与土的性质有关,而与应力历史无关。因此,当选取原状土样有困难时,可取扰动土进行试验。

但软弱夹层的滑裂面或滑坡层面是构成剪切破坏的产物,它曾经受过较大的剪切位移,加之在漫长的地质历史时期中地下水的长期作用,使滑裂面或滑坡面上土的颗粒组成以及矿物、化学成分都有别于滑面上下土层,故选取扰动土样时,应取滑裂面或滑坡层面上 1mm~2mm 的土进行残余强度试验。否则扰动土的残余强度指标可能大于滑裂面或滑坡层面实际强度值。

经过对土(岩)地基软弱夹层或滑坡带土体的调查了解,夹层和滑动层面上土的含水率往往比夹层上下层的含水率高 10% 左右。当确定制备含水率时,应注意这个实际情况。本标准建议扰动土制备含水率采用该土(泥化夹层和滑动层面)的液限为宜。

22.3.2 试样剪切应按下列规定进行:

5 剪切速率对测定土的残余强度具有明显的影响。土达到残余强度时,其剪切面上的孔隙压力已充分消散,土颗粒已完全定向排列,故测定残余强度的方法只能是最大剪切位移下的慢剪试验。

关于剪切速率对土的残余强度的影响问题。根据对黏土、高塑性黏土、粉土的液限试样和黏土的原状样进行不同剪切速度的对比试验,其成果见图 14。从图 14 中可以看出:粉土、黏土及液限黏土的剪切速度的临界值分别为 1.0mm/min、0.06mm/min 和 0.02mm/min。

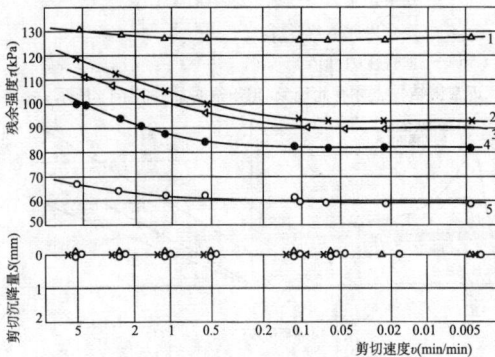

图 14 剪切速度与残余强度和剪切沉降量的关系曲线
(注:试样的垂直压力均为 200kPa)
1—江苏粉土;2—广西 8301-7 粉土;3—葛洲坝夹层土(原状样);
4—华东黏土;5—东北黏土

当剪切速度采用 0.02mm/min 时,对于每一剪切行程的位移量为 8mm~10mm 的试验,约需 8h~10h 左右。为了试验室工作进行的方便,可间隔一定时间进行下一次剪切(即可使试验在白天进行)。

6 对试验的总剪切位移多大才能测到稳定的强度值的问题,斯肯普顿认为在室内试验时,过峰值强度后继续剪切到位移达 25mm~50mm,强度可降低到稳定残余值;诺尔用内径 4.8cm 的试样在直接剪切仪上以 0.004mm/min 的速率进行试验,每次剪切位移 2.5mm,再推回,如此反复剪 10 次~15 次,总位移约为 50mm~75mm,也可达到残余值。

长江科学院在对软弱夹层的试验中,使用直径为 6.4cm 的试样,在直接剪切仪上以 0.0224mm/min 的剪切速率做反复直接剪切试验,试验成果表明:不同颗粒组成的试样,所需要的总剪切位移量是不一样的,一般来讲黏粒含量大的试样,需要的总剪切位移量小,反之亦然,如粉质土、粉质黏土一般需要 40mm~48mm,黏土一般需要 24mm~32mm。一般反向剪切的剪应力大于正向剪切的剪应力,见图 15。其原因在于反向剪切破坏了已定向排列的土颗粒,使得土的强度增高。因此,不能将反向剪切的位移量计入

达到残余强度时所需要的总剪切位移量中。

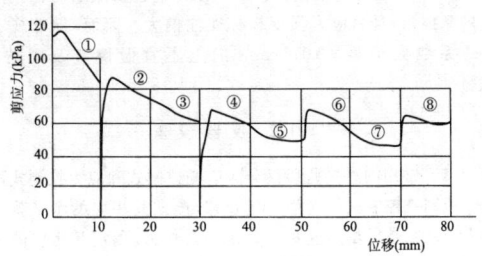

图 15 反复剪切试验的应力和位移曲线
①、③、⑤、⑦—正向剪切;②、④、⑥、⑧—反向剪切

24 自由膨胀率试验

24.1 一般规定

24.1.1 本试验目的是测定黏质土在无结构情况下的膨胀潜势,初步评定黏质土的膨胀性。

24.3 操作步骤

24.3.1 自由膨胀率试验中的试样制备是非常重要的,首先是土样过筛的孔径大小。用不同孔径过筛的试样进行比较试验,其结果是过筛孔径越小,10cm³ 体积的土越轻,自由膨胀率越小。为了取得相对稳定的试验条件,本标准规定采用 0.5mm 过筛。

24.3.3 试样用体积法量取,紧密或疏松会影响自由膨胀率的大小,为消除这个影响因素,规定采用漏斗和支架,固定落距一次导入的方法,并将量杯的内径统一规定为 20mm,高度略大于内径,便于在装土刮平时避免或减轻自重的影响。

24.3.4 黏土颗粒在悬液中有时有长期浑浊的现象,为了加速试验采用加凝聚剂的方法,但凝聚剂的用量和浓度实际上对不同土类有不同反映,为了增强可比性,本标准统一规定采用浓度为 5% 的纯氯化钠溶液 5mL。

24.3.5 搅拌的目的是使悬液中土粒分散,充分吸水膨胀。搅拌的方法有量筒反复倒转和用搅拌器上下来回搅拌两种,前者操作困难,工作强度大;后者有随搅拌次数增加,读数增大的趋势,故本标准规定上下搅拌各 10 次。

25 膨胀率试验

25.2 无荷载膨胀率试验

25.2.1 无荷载膨胀试验规定在有侧限条件下测定土的膨胀变形,且只允许向上单向膨胀。其试样尺寸对膨胀量是有影响的。在统一的膨胀稳定标准下,膨胀量随试样高度增加而减小,随直径的增大而增大,为了与通用的环刀尺寸一致,故规定环刀高 20mm、直径 61.8mm,并在钝口和座底下加工丝扣,用于固定环刀。

25.2.2 无荷载膨胀率试验试样应按下列步骤进行:

3 膨胀与土的自然状态关系非常密切,起始含水率、干密度都直接影响试验结果。为了防止透水板的水分影响初始读数,标准中要求透水板先烘干,再埋置在切削下的碎土内 1h,使其与试样的湿度大致相同。

25.3 有荷载膨胀率试验

25.3.2 有荷载膨胀率试验应按下列步骤进行:

5 有荷载膨胀率试验会发生沉降或涨升两种情况,因此,安

装量表时要予以考虑。

6 有荷膨胀试验是为了模拟建筑物地基的上覆压力或某一特定荷载条件下，地基土在有侧向约束、浸水以后的膨胀变形量。因此，根据所要求的荷载，可一次加或分级施加。一次连续施加荷载是将总荷载分成几级，一次连续加完，目的是为了使土样在受压时有个时间间歇，同时避免荷载太大，产生冲击力；对在较小荷载下膨胀性较强的土，应注意浸水后下端土膨胀挤冒，使压缩仪杠杆失去平衡，因此要随时将压缩仪杠杆调水平。有荷膨胀率试验的起始条件应当是在一定荷载条件下已经达到固结（压缩）稳定状态，因此，在荷载施加过程以及稳定后，应测读取样卸荷—再压缩所产生的变形量，并将该变形量从试样的起始厚度中扣除。此外，施加荷载所引起的仪器变形量已经通过调整表指针调零的方式扣除，而膨胀引起的仪器变形量难以准确测量，因此，在运用式(25.3.3)计算荷载 p 作用下的膨胀率时，可不计试样卸荷—再压缩所产生的变形量以及荷载引起的仪器变形量。

个别试验中出现注水后土样压缩的情况，可终止试验或根据需要换用更低一级荷载进行试验。

7 为了保持试样始终浸在水中，要求注水至土样顶面以上5mm。为便于排气，可采用逐步加水。

8 同一试样，荷载越大，稳定越快；无荷载时，膨胀稳定很慢。因此，有荷载与无荷载的稳定标准有所不同，本标准规定 2h 的读数差值不大于 0.01mm 作为稳定标准。

26 收缩试验

26.1 一般规定

26.1.1 收缩试验与缩限试验的区别主要是目的不相同。收缩试验是测定土的收缩特性，适用的土样状态不同，适用于原状土和击实黏性土的试样；而缩限试验适用于含水量不小于液限的扰动土样。因而，试验方法也不同。

26.2 仪器设备

26.2.1 收缩仪多为自制，采用轻金属制成百分表架和托盘连在一起的形式，以便整体称量，避免反复装卸试样。

26.3 试验步骤

26.3.4 由于收缩试验是测定不同收缩时刻的收缩率及收缩系数，因而根据试样的温度及收缩速率，采用相应的时间进行称量（包括整个装置和试样）。

26.4 计算、制图和记录

26.4.5 由于原状土和击实土试样不一定饱和，为符合缩限定义，该指标借绘图法求得，如图 26.4.5 所示。同时，按定义：在收缩过程中，缩限是体积不再变化时所对应的含水率，如图 26.4.5 中的 C 点所对应的含水率。但在实际试验中很难确定这一点，因此，通常用 I、III 阶段直线延长线的交点 E 所对应的含水率 w_n 代替。根据试验和计算，含水率小于 w_n 后，土体减小的收缩率仅为总收缩率的 $5\%\sim10\%$；太沙基也曾测得这种附加的收缩率小于总收缩率的 5%。可见以 E 点代替 C 点的误差是不大的。

27 膨胀力试验

27.1 一般规定

27.1.2 膨胀力是黏质土遇水膨胀而产生的内应力。伴随此力的

解除，土体即发生膨胀。根据实测，当不允许土体发生膨胀时，有的黏性土的膨胀力可达 1600kPa，所以膨胀力的测定很有意义。在室内测定膨胀力的方法有多种，国内外采用最多的是外力平衡内力的方法，即平衡法。本标准规定采用平衡法。

27.3 操作步骤

27.3.3 在平衡法试验中，平衡不及时或施加过量的压力都会影响到土的潜能势的发挥，膨胀力随允许膨胀量的增大而增大。试验资料表明，当允许膨胀量由 0.01mm 增加至 0.1mm，再加载平衡时，膨胀力将提高 50%。为了提高试验准确度，允许膨胀量应限制到 0.005mm。由于仪器本身变形和测量准确度不够，所以，本标准规定允许膨胀量为 0.01mm。

27.3.4 对变形较大的仪器，在施加平衡荷载时应注意使量表指针不要退回到零位或初读数，而是指向与压力相对应的仪器变形位置。

28 土的静止侧压力系数试验

静止侧压力系数是土体在无侧向变形条件下，有效侧向应力与有效轴向应力之比。静止侧应力系数是用于确定天然土层的水平向应力以及挡土墙结构物在静止状态水平向应力的计算。根据静止侧压力系数的定义，在轴对称试样中 $\varepsilon_2=\varepsilon_3=0$ 时：

$$K_0 = \frac{\sigma_3'}{\sigma_1'} = \frac{\sigma_3-u}{\sigma_1-u} \tag{10}$$

如果施加在试样上的轴向总应力 σ_1 保持不变，对于饱和土来说，开始时试样上的侧向总应力 σ_3 与 σ_1 之比接近1，随着排水固结的过程，总应力逐渐转换为有效应力。因此，用总应力表示的比值是逐渐减小的。但在整个试验过程，有效应力的比值基本保持常数，所以用有效应力定义静止侧应力系数。

在进行静止侧压力系数测定时，要求主应力方向是水平向和垂直向的，即试样的上面、下面和侧面都是主应力面，不存在剪应力。能够用于这种试验的仪器和方法很多，目前应用较多的，按试验方法及仪器设备来分大致有两类：一类是三轴仪及相应的保持试样在加压过程中不发生侧向变形的条件。另一类是侧压力仪，在施加轴向压力后试样不允许发生侧向变形，即轴向应变和体积应变相等，在此条件下试样侧面所承受的压力即为静止侧压力。

根据我国目前的设备，采用侧压力仪进行试验的较多，且有定型的仪器，为此，本次标准修订仅列侧压力仪法。

28.2 仪器设备

28.2.1 本试验所用的主要仪器设备应符合下列规定：

1 侧压力仪的原理与密闭受压室(Cell)相似。它与三轴仪的差别主要有两方面：一是在试验过程中受压室的阀门关闭，液体密闭在受压室中，当增大轴向压力时，由于保持试样侧向不允许变形，受压室中的液体压力也增大；二是加轴向压力的传压板直径与试样直径相等，试样受力发生压缩后，由于密闭受压室的容积仍保持不变，试样不可能发生侧向变形，轴向变形等于体积应变。用这种仪器测定静止侧压力，密闭受压室必须密封不漏水。密闭受压室外罩、量测密闭受压室液体压力的管路等装置，在承受压力后不应发生变形，否则将引起试样侧向变形。

3 侧压力仪用压力传感器量测密闭受压室的液体压力，传感器应有足够的灵敏度，又要有相当的刚度，以免量测时变形较大而引起试样侧向变形。传感器应定期标定，测得电压或电阻与压力之间的关系，求得标定系数。

28.3 操作步骤

28.3.1 黏土试样的静止侧压力试验应按下列步骤进行：

1 侧压力仪的试样直径一般采用 61.8mm，同环刀尺寸一致。试样的高度与直径之比不宜过大，尤其是黏土样，由于固结时间与试样高度有关，高度太大，所需的时间太长，而且在固结过程中，沿试样高度空隙水压力大小不等，虽然沿试样高度的平均侧向变形等于零，但是局部会发生侧向变形。试样高度减小，可以减少这种局部发生侧向应变的影响。但高度太小，试样上、下两端透水板摩擦作用对侧压力也会产生影响。根据经验，用侧压力仪测定静止侧压力系数，试样的径高比宜用 1。

5 本试验方法为排水试验，加荷等级和加荷历时要按第 17.2.2 条第 6 款和第 10 款的规定施加。

29 振动三轴试验

29.1 一般规定

29.1.2 振动三轴试验是室内进行土的动力特性参数测定时较普遍采用的一种方法。土的动力特性参数取决于所选用的力学模型。在循环应力作用下，土的力学模型很多，但比较成熟、国内外应用较广的是等效黏弹性模型，需要确定动强度（或抗液化强度）、动孔隙水压力特性、动弹性模量、阻尼比特性以及动力残余变形特性等参数。主要包括三种试验：一是动强度（或抗液化强度）特性试验，确定土的动强度，用以分析动态作用条件下地基和结构物的稳定性，特别是砂土的振动液化问题；二是动力变形特性试验，确定剪切模量和阻尼比，用以计算土体在一定范围内引起的位移、速度、加速度或应力随时间变化等动力反应；三是残余变形特性试验，确定动力残余体应变和残余剪应变特性，用于计算动荷载作用下引起的永久变形。

振动三轴试验是应用圆柱形试样，在轴向与侧向均等或不均等压力下，通过轴向等幅周期循环荷载作用，测定应力、应变或孔隙水压力的变化，从而求得土的动力特性参数。试验过程中，不仅要模拟现场土体的静应力状态，而且还要模拟实际现场的排水条件，将实际不规则变化的地震波按震级大小进行等幅周期简化模拟，施加动荷载。

在采用单向激振式三轴仪进行试验时，为了模拟土体实际应力状态，必须考虑动孔隙水压力的影响。试验模拟条件应该尽量真实地反映实际现场条件，并与采用的计算模型和分析方法相匹配。对于地震动力反应分析和抗震稳定分析来说，由于震前的试样在静力作用下已经固结，而在震动作用下，又因作用时间很短，相当于在基本不排水条件下施加了动剪应力，故动强度（或抗液化强度）试验和动力变形特性试验建议在固结不排水条件下进行。

采用动力残余变形评价土工建筑物和地基的抗震安全性是近年来土工抗震设计和研究的发展趋势，根据目前一般采用的计算地震残余变形的方法，标准建议动力残余变形特性试验在固结排水振动试验条件下进行，对应于采用有效应力地震动力反应分析方法或实际工程排水条件较好的情况。

29.2 仪器设备

29.2.1 振动三轴仪按产生激振力的激振方式不同，分为惯性力激振式、电磁激振式、气动力激振式和液压伺服激振式。按控制方式不同，又分为常规手动控制式及计算机控制式。每种类型又有单向激振和双向激振之分。目前较多采用的是计算机控制的液压伺服单向激振式，因此本试验以液压伺服单向激振式振动三轴仪为例进行编写。

29.2.2 振动三轴仪在使用前应认真检查。孔隙水压力量测系统应不漏水、不漏气，无气泡残存；加压系统的压力应保持稳定；各活动部件应灵活并进行摩擦修正。对激振部分，要求波型良好，拉压两半周的幅值应基本相等，相差小于 ±10%；振动频率在 0.1Hz~10Hz 范围内可调；振动荷载在大应变时应基本稳定，增减变化小于 10% 单幅值；各传感器应满足有关要求。仪器设备的各组成部分均应定期标定；计算机控制的各种部件应连接准确。

29.3 操作步骤

29.3.1 试样制备应符合下列规定：

1 本标准规定采用的尺寸，主要是为了符合目前国内使用仪器的情况。试样的高度以试样直径的 2 倍~2.5 倍为宜。

3 扰动土试样制备。要求成型良好，密度均匀，完全饱和，结构状态尽可能接近现场情况，试样制备是整个试验中最关键的环节。

4 砂土试样制备。当前砂样成型均采用样模（对开或三瓣）、抽气（使橡皮内膜紧贴模壁，保证形状均匀，尺寸合格）并施加负压（使试样挺立，便于拆模和量测试样尺寸）等 3 个措施，效果良好。量取试样直径时，一般取上、中、下三个数据，必要时考虑橡皮膜厚度的校正。

为了达到密度均匀，常用在一定试模体积内装相应干砂量（取决于控制的密度）的方法控制。当干装或湿装时，常将按预定密度和体积计算称取的干砂或湿砂分成 5 等份~6 等份，每份填装于同密度相应的体积内，最后进行饱和。当直接填装饱和砂时，常用两种方法：一是将称取的砂样浸水饱和，再按一定方法（取决于要求的密度）正好装满预定的体积；另一是直接从盛有已备妥的饱和砂土的量杯中取砂装样，称装样前后量杯的质量，计算实际装入的干砂量。

对于一组试验中的各个试样，固结后的密度应基本接近于要求的控制密度。对填土宜模拟现场状态用密度控制。对天然地基宜用原状试样。

29.3.2 为了使试样获得较高的饱和度，常用的方法有以下几种：①用脱气水制样；②将砂煮沸；③抽气饱和；④用脱气水循环渗流；⑤采用二氧化碳加反压力饱和。这些提高饱和度的方法应该配合使用。二氧化碳饱和法主要利用二氧化碳比空气重，易溶于水的特性。这样，可以在安装好试样后，自下而上连接通入二氧化碳，使其尽量排除试样中可能残留的空气，接着再自下而上通入脱气水。此时，二氧化碳溶于水，原先由二氧化碳所占据的孔隙即可由水代替，达到饱和的目的。二氧化碳饱和法一般应用于要求制密度较低砂土试验。反压力饱和是预先向试样内施加一定的压力，使残留在试样中的气泡压缩变小以致溶解于孔隙水中，达到增大饱和度的目的。反压力饱和可与上述各种饱和方法结合使用。

29.3.5 对于循环荷载作用下土的动强度，通常定义为达到某一指定破坏标准（一般轴向应变达到某个值 ε_f）所需的动应力。因为有时间因素的影响，一般试验成果表示为破坏动应力比与破坏振次 N_f 的关系曲线。如果 N_f 值以按 H. B. Seed 对不同震级提出的等效循环次数来确定的话，即对 7 级、7.5 级和 8 级地震分别取 10 次、20 次和 30 次。如果取的破坏应变的标准不同，相应的动强度也就不同。可见，合理地确定这个破坏应变 ε_f 是讨论动强度的基础。但是破坏应变这个概念具有两方面的含义：一是试样达到真正破坏时相应的应变；一是从工程对象所能允许经受的破坏应变。前者从研究土性的变化出发，后者从研究工程对象稳定性出发。当然土体达到破坏时，由它做成的构筑物或地基自然发生破坏，所以以上述两种含义基本一致。但是，土在各向不等压固结情况下受动荷载作用时，变形常连续增长，而土体并无明显破坏的情况。此时，为了在设计上合理采用动强度指标，最好将二者联系起来确定不同建筑物设计时应该取用的破坏应变标准。为此，试验应提出不同破坏应变标准时的动强度曲线以供不同的建筑物设计时分析应用。此外，对饱和试样，一定的破坏标准还同一定的孔隙压力相联系,因此也可采用初始液化标准。

本标准提出的是目前比较通用的标准,在实践中也可根据土的性质、动荷载性质、工程运行条件及工程的重要性,选用其他应变标准,或在同时按几种标准进行整理,以供工程设计选用。试验比较表明,由于达到极限平衡标准时,一般应变都还未能较大发展,作为工程破坏标准过于保守,因此没有列入。

土的动强度(或抗液化强度)的试验结果还与动荷载的作用速度有关,因此试验振动频率应该根据动荷载的实际作用频率选取。由于实际动荷载,特别是地震荷载,是许多频率成分的组合,其频率为2Hz~10Hz,属低频荷载。低频荷载的振动频率对动强度(或抗液化强度)的影响不显著。为了方便,对地震作用模拟,可以采用1.0Hz。

当试验结束后,测定干密度时,采用如下方法:在拆样前排水并记录排水量,拆样过程中不要损失含水率,测定试样含水率,假定试样完全饱和,试验体积等于土颗粒体积与水体积之和,计算试样最终干密度。

29.3.6 本试验规定动弹性模量和阻尼比的测定是在不排水条件下施加动荷载,但其前提条件是在施加动荷过程中,试样上的有效应力不改变。因此,振动次数不宜过多,否则产生孔隙水压力使测得的动弹性模量偏低。本标准没有具体规定振动次数,一般是低于5次。采用一个试样进行试验时,由于试样在前一级动荷载振动预定次数 N 时,将引起孔隙水压力的一定发展,此时进行第二级动荷载下的振动,该孔隙水压力将影响第二级动荷载下的变形,也就是每一级动荷载下的变形将受到前面各级动荷载的累积影响。因此,对砂土一般不建议采用多级加荷试验方法。对黏性土或其他孔隙水压力增长影响较小的情况,可采用一个试样逐级加荷试验。规定在一个试样多级加荷时,应对前一级荷载孔隙水压力排水固结后,再施加后一级荷载,并保证后一级荷载应该为前一级荷载的2倍以上。

同样,作为低频荷载的地震荷载,振动频率对动模量和阻尼比的影响不显著。

29.3.7 动力残余变形特性试验的主要目的是确定目前普遍采用的基于应变势概念基础之上的地震永久变形分析方法所需参数。固结条件和循环荷载幅值一定时,动力残余变形的大小还与循环次数有关。按 H.B.Seed 提出的震级-等效循环次数对应关系,实际地震荷载的等效循环次数罕有超过50次。为了一个试样能整理出对应不同震级(或等效循环次数)下的动力残余变形,建议每次振动不超过50次。

由于先期振动对动力残余变形特性影响显著,一般不允许采用一个试样逐级加荷进行试验的方法。

振动频率对动力残余变形试验结果的影响主要体现在试验过程中试样是否能充分排水,不累积残余孔隙水压力,应根据土的渗透性及试样尺寸选定。

29.4 计算、制图和记录

29.4.2 动强度(或抗液化强度)的试验成果一般表示为一定的密度、一定的固结比及一定侧向固结压力下的动剪应力比 τ_d/σ_0' 与破坏循环次数 N_f 的关系曲线。这是因为,对于某些砂土,σ_0' 可以对动剪应力与破坏循环周次关系曲线进行归一。即在同一固结应力比下,不管 σ_0' 的大小,试验点基本落在同一条 τ_d/σ_0'-N_f 曲线上。这说明在通常的固结压力范围内,液化应力比与循环振动次数有关,与固结压力无关,利用这一特点,在某一固结应力比下,可只选用一个或较少的侧向固结压力进行液化试验。

然后,在此关系曲线的基础上,根据不同要求,对土的动强度成果整理出不同的参数。

由于土的动抗剪强度与静抗剪强度不同,不仅与法向应力大小有关,而且与振次、初始剪应力有关,所以在整理试验成果时,采用绘制某一振次下不同初始剪应力时的总剪应力与潜在破坏面

上法向应力关系曲线,进而确定总应力抗剪强度指标。这种整理方法概念上比较合理,实际应用也较广,因此标准列入这一整理方法。当然,也可根据具体的工程问题及所采用的分析方法采用其他的整理方法,确定相应的动强度(或抗液化强度)参数。

此外,有效应力分析土体动力反应和抗震稳定性,既是发展趋势,有些情况还必须考虑地震引起的动孔隙水压力的影响,因此需要测试并整理土的动孔隙水压力特性曲线和参数,这里建议的是目前国内外应用较广的表示和整理方法。

29.4.3 地震荷载作用时,土体上反复作用着剪应力,使土体产生动应变,而土具有非线性和滞后性,在一个循环振动周期内的应力应变关系曲线,将是一个狭长的封闭滞回圈。对于这种特性,广泛采用等效割线动弹性模量和阻尼比来表达土的应力应变关系。在振动三轴试验中,施加轴向动应力,测定轴向动应变时,同样可以绘出每一周的滞回曲线,以此求得动模量和阻尼比。

研究表明,在以平面波方式传播时,土的最大动剪模量只与在质点振动和振动传播两个方向上作用的主应力有关,而几乎不受作用在垂直振动平面上的主应力影响。对三维问题,最大动剪模量与三个方向上的主应力有关。因此,在整理最大动剪模量或最大动弹性模量与有效应力的关系时,对二维和三维问题,应采用不同的整理方法。

29.4.5 振动三轴试验条件下的动力残余变形特性试验结果一般表示为一定的密度、一定的固结比及一定侧向固结压力下的残余剪应变及残余体应变与循环次数 N 的关系曲线。

在此基础上,可根据所采用的残余剪应变模型、残余体应变模型及地震永久变形分析方法,整理出相应的关系曲线和模型参数,标准仅建议了最基本的整理方法。

30 共振柱试验

30.1 一般规定

30.1.1 由于共振柱试验设备和试样尺寸的限制,规定本标准适用于砂土和细粒土。

30.1.2 共振柱试验是用圆柱状或圆筒状试样以不同频率的谐波激振力顺次使试样振动,测定其共振频率,以确定弹性波在试样中传播的速度,从而计算动剪切模量、动弹性模量和阻尼比。共振柱试验适用的试样应变范围为 $1×10^{-6}$~$1×10^{-4}$,测试结果宜包括下列内容:

(1)最大动剪模量或最大动弹性模量与平均有效固结应力的关系曲线;

(2)动剪切模量和阻尼比对动剪应变幅的关系曲线,或动弹性模量和阻尼比对动轴向应变幅的关系曲线。

30.2 仪器设备

30.2.1 共振柱仪按其约束条件分为一端固定另一端自由和一端固定另一端弹簧和阻尼器支承两种形式,如图16所示。不论哪一种形式的共振柱仪都是由三部分组成:①压力室和施加固结压

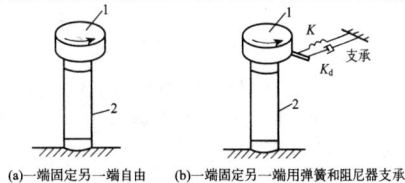

(a)一端固定另一端自由 (b)一端固定另一端弹簧和阻尼器支承
图16 共振柱形式示意图
1—附加质量;2—试样

力的加压系统;②激振器及调节振动频率和振动力大小的激振系统;③位移、速度或加速度传感器及计算机数据采集系统。

30.3.3 激振器、位移传感器、加速度传感器都放在压力室中,安装在水面以上可以上下移动使之与试样接触但不能扭转的圆盘上。试样用橡皮膜包扎安装在水面以下,周围压力和轴向压力都用压缩空气施加。轴向压力与周围压力可以不相等。如果激振器和传感器都安装在试样顶端,试样的顶端自由,轴向压力和周围压力相等,则只能在各向等压作用力下试验。

30.3.4、30.3.5 共振柱试样测定阻尼比也有两种方法,即自由振动法和稳态强迫振动法。常用的是自由振动法,即在试样自由的一端先施加扭转激振力,然后迅速切断电源,释放扭力,使试样自由振动。由于阻尼作用,扭转振幅越来越小,最后停止振动。振动的衰减曲线见图17。若用稳态强迫振动法,则可按本标准第30.3.4条第4款的规定测定。

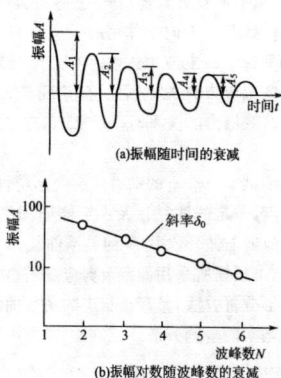

图 17 自由振动振幅衰减曲线

30.4 计算、制图和记录

30.4.3、30.4.5 计算式中的无量纲频率因数 β_s、β_L 分别表示扭转振动和轴向(纵向)振动时的试样及其顶部附加质量的转动惯量的比值 I_0/I_t 和质量比值 m_0/m_t。以扭转振动的 β_s 为例,推导如下:

(1)对一端固定一端自由的共振柱,根据动力平衡条件及边界条件解圆柱发生扭转振动的波动方程,得出在振动时试样顶端的扭转角 θ_t 对静力矩扭转角 θ_s 的放大倍数为:

$$\frac{\theta_t}{\theta_s} = \frac{\frac{v_s}{\omega H}\sin\frac{\omega H}{v_s}}{\cos\frac{\omega H}{v_s} - \frac{I_t}{I_0}\frac{\omega H}{v_s}\sin\frac{\omega H}{v_s}} \tag{11}$$

式中:θ_t——静力扭矩 M 施加于圆柱试样顶端时的扭转角 $\left(\frac{MH}{GI_0}\right)$;

v_s——剪切波速(cm/s)。

由于圆柱体发生共振时在无阻尼条件下放大倍数无限增大,因此共振时的圆频率 ω_n 应满足下式:

$$\frac{\omega_n H}{v_s}\tan\frac{\omega_n H}{v_s} = \frac{I_0}{I_t} \tag{12}$$

若用 β_s 表示 $\frac{\omega H}{v_s}$,且 β_s 的数值较小可近似取:

$$\beta_s\tan\beta_s \approx \beta_s^2 = \frac{I_0}{I_t} \tag{13}$$

(2)对一端固定一端有约束的共振柱,根据试验资料得知,仪器阻尼系数对确定剪切模量没有很大影响。在此情况下试样发生共振时的圆频率应满足下式:

$$\frac{\omega_n H}{v_s}\tan\frac{\omega_n H}{v_s} = \frac{I_0}{I_t - \frac{k_s}{(2\pi f)^2}} \tag{14}$$

式中:k_s——弹簧系数,$k_s = (2\pi f_0)^2 I_t$。

根据式(13),则得:

$$\beta_s\tan\beta_s = \frac{I_0}{I_t} \cdot \frac{1}{1 - \left(\frac{f_0}{f_n}\right)^2} \tag{15}$$

(3)对于轴向振动,可以进行类似的推导。

30.4.6 本标准式(30.4.6-1)是由试样端部用一个弹簧和一个阻尼器表示的单自由度质点振动系统得出的。对试样顶部有激振器和传感器的振动系统,振动系统的质量应为试样质量 m 和试样顶部附加物质量 m_t 的总和。这样需对试样的对数衰减率给予修正。根据阻尼比的定义,设未修正阻尼比 λ,修正的阻尼比为 λ',则:

$$\frac{\lambda}{\lambda'} = \sqrt{\frac{m + m_t}{m}} = \sqrt{1 + \frac{m_t}{m}} \tag{16}$$

将试样质量换算成等效的集中质量 $0.405m$,则式(16)改为:

$$\lambda = \lambda'\sqrt{1 + \frac{m_t}{0.405m}} \tag{17}$$

对扭转振动的试样,也可用相同的修正值:

$$\lambda = \lambda'\sqrt{1 + \frac{I_t}{0.405 I_0}} \tag{18}$$

31 土的基床系数试验

基床系数与地基土的类别(砾状土、黏性土)、土的状况(含水率、密度)、风化程度及物理力学特性、岩土体性状与结构、基础的形状及作用面积受力状况有关。这些因素共同决定了基床系数是一个不易确定的指标,各种确定基床系数的测试方法都有一定的局限性和应用范围。

当前用于测定基床系数的标准方法是原位载荷试验(或 K_{30} 试验),随着我国地铁工程、隧道工程的纷纷开建,用原位载荷试验(或 K_{30} 试验)测定基床系数的方法局限性愈发突出。目前,就室内测定基床系数的方法仅在现行国家标准《城市轨道交通岩土工程勘察规范》GB 50307 中提出了可用三轴试验和固结试验方法确定基床系数的描述。

虽然国内学者对基床系数的试验方法进行了大量研究工作,但现阶段直接用某种试验确定地基土的基床系数尚不十分成熟,需要采用多种试验方法并与已有的地区经验值对比后综合确定。

本章主要参考现行国家标准《城市轨道交通岩土工程勘察规范》GB 50307—2012 第 7.3.10 条条文说明、论文"关于用室内三轴(CD)试验方法确定基床系数的探讨"[吴英,印文东。上海地质,2007(102):38~40]等进行编写。

31.3 操作步骤

31.3.2 为了使土样受力状态与天然状态下相似,通常采用 K_0 状态下固结,即根据土性及埋深确定自重应力,测算出侧向围压。

31.3.4 在试验过程中,σ_1 是一个变量,要满足 $n=0$,需控制围压不变,即 $\Delta\sigma_3 = 0$。

32 冻土含水率试验

32.1 一般规定

32.1.2 联合测定法是采用一个试样,同时测定密度和含水率两个指标。这种方法对冻土更为适用。由于冻土的结构极不均匀,用一般方法分别取试样测定冻土的含水率和密度,往往使这些指标间彼此不协调。用联合测定法同时测定含水率和密度,这样能克服分别测定时存在的缺点,使试验资料彼此协调。

联合测定法是通过量测已知质量的试样所排开水的体积来求得密度,并利用颗粒比重来计算含水率。在计算中取水的密度为 $1g/cm^3$,温度对水的密度的影响可以忽略不计。

联合测定法只适用于易分散的层状和网状结构的黏质冻土和砂质冻土。

32.2 烘 干 法

32.2.2 烘干法试验应按下列步骤进行：

1 由于冻土结构很不均匀，在不同部位和不同时间，含水率变化很大。为了使试验结果准确可靠，应选择具有代表性的试样，且试样质量应较多，故标准规定试样不宜小于50g。

关于平行试验差值。由于冻土中冰、水成分分布极不均匀，其平行试验差值往往比融土的大。对于整体状结构的冻土，平行试验差值绝大多数在3%以内，只有个别试样大于3%。因此，参照一般土含水率平行差值的要求，确定了冻土含水率试验平行差值的要求，见表32.2.2。

2 平均试样法是将土样用四分法取出1000g～2000g试样，并使其融化，搅拌成糊状稠度。如果试样过干可加水，过湿可将多余水分吸出，这对计算冻土总含水率没有影响。

关于层状和网状结构的冻土，若采用一般取样方法进行试验，当含水率小于液限时，其平行试验的差值一般为5%，个别的达到10%以上；对于含冰层土，其平行差值一般为10%，有的竟达到20%。因此，对于层状和网状结构的冻土必须采用平均试样法，其平行差值可控制在1%以内。

32.2.3 平均试样法计算公式如下：

试样干土质量：

$$m_{\mathrm{d}} = \frac{m_{\mathrm{fl}}}{1 + 0.01 w_{\mathrm{n}}}$$ (19)

试样的含水率：

$$w_{\mathrm{f}} = \left(\frac{m_{\mathrm{f0}}}{m_{\mathrm{d}}} - 1 \right) \times 100$$ (20)

将式(19)代入式(20)中得：

$$w_{\mathrm{f}} = \left[\frac{m_{\mathrm{f0}}}{m_{\mathrm{fl}}} (1 + 0.01 w_{\mathrm{n}}) - 1 \right] \times 100$$ (21)

式中：m_{f0}——冻土试样质量(g)；

m_{fl}——调成糊状的土样质量(g)；

w_{n}——平均试样含水率(%)。

32.3 联合测定法

32.3.2 联合测定法试验应按下列步骤进行：

7 当试样完全融化并呈松散状态后，筒中水面下降，这时应补充加水至虹吸管以上，以便测定土颗粒的排水体积。

32.3.3 联合测定法含水率计算公式的推导：

土颗粒体积：

$$V_{\mathrm{s}} = \frac{m_{\mathrm{f0}} - m_{\mathrm{w}}}{\rho_{\mathrm{w}} G_{\mathrm{s}}}$$ (22)

土颗粒在水(排液筒)中的质量：

$$V_{\mathrm{s}} (G_{\mathrm{s}} - \rho_{\mathrm{w}}) = m_{\mathrm{tws}} - m_{\mathrm{tw}}$$ (23)

联立式(22)、式(23)可解得 m_{w} 为：

$$m_{\mathrm{w}} = \frac{G_{\mathrm{s}} m_{\mathrm{tw}} + m_{\mathrm{f0}} (G_{\mathrm{s}} - \rho_{\mathrm{w}}) - G_{\mathrm{s}} m_{\mathrm{tws}}}{G_{\mathrm{s}} - \rho_{\mathrm{w}}}$$ (24)

根据含水率定义：

$$w_{\mathrm{f}} = \frac{m_{\mathrm{w}}}{m_{\mathrm{f0}} - m_{\mathrm{w}}} \times 100$$ (25)

将式(24)代入式(25)，即可得：

$$w_{\mathrm{f}} = \left[\frac{m_{\mathrm{f0}} (G_{\mathrm{s}} - 1)}{(m_{\mathrm{tws}} - m_{\mathrm{tw}}) G_{\mathrm{s}}} - 1 \right] \times 100$$ (26)

式中：V_{s}——土颗粒体积(cm³)；

m_{f0}——冻土样质量(g)；

m_{w}——冻土试样中水的质量(g)；

m_{tws}——筒、水和土颗粒的质量(g)；

ρ_{w}——水的密度(g/cm³)；

m_{tw}——筒加水的质量(g)。

33 冻土密度试验

33.1 一般规定

33.1.2 冻土密度是冻土的基本物理指标之一。它是冻土地区工程建设中计算土的冻结或融化深度、冻胀或融沉、冻土热学和力学指标、验算冻土地基强度等所需的重要指标。测定冻土的密度，关键是准确测定冻土试样的体积。

33.1.3 考虑到国内不少单位没有低温试验室，故规定无负温环境时应保持试验过程中试样表面不得发生融化，以免改变冻土的体积。

33.2 浮 称 法

33.2.5 冻土的基本构造有整体状、层状和网状，不同构造的冻土，其不均匀性差别较大。因此，冻土密度平行试验的差值较之融土密度平行试验差值要大。整体状的冻土的结构一般比较均匀，故要求平行试验最大允许差值应为±0.03g/cm³，与融土试验的规定一致；而层状和网状构造冻土的结构均匀性差，平行试验的差值超过误差范围，此时，可以提供试验值的范围。

33.4 环 刀 法

33.4.1 本试验所用的主要仪器设备应符合下列规定：

1 为了适应冻土结构的不均匀性，所以环刀容积要大一些，但太大会增加取样的困难。环刀尺寸国外有的采用直径为100mm～120mm，高度为80mm～100mm。本标准规定冻土试样的体积不得小于500cm³。

34 冻结温度试验

土的冻结是以土中孔隙水结晶为表征。冻结温度是判别土是否处于冻结状态的指标。纯水的结冰温度为0℃，土中水分由于受到土颗粒表面能的束缚且含有化学物质，其冻结温度均低于0℃。土的冻结温度主要取决于土颗粒的分散度、土中水的化学成分和含量以及外加载荷等。

34.2 仪 器 设 备

34.2.1 本试验采用热电偶测温法，因此需要零温瓶和低温瓶。若采用贝克曼温度计(分辨率为0.05℃，量程为−10℃～+20℃)，则可省略零温瓶、数字表和热电偶。

34.3 操 作 步 骤

34.3.1 原状土试验应按下列规定进行：

7 土中的液态水变成固态的冰这一结晶过程大致要经历三个阶段：先形成很小的分子集团，称为结晶中心或称生长点(germs)；再由这种分子集团生长变成稍大一些团粒，称为晶核(nuclei)；最后由这些小团粒结合或生长，产生冰晶(icecrystal)。从冻结过程的温度曲线上可以看出：第一阶段，土体开始冷却和过冷，此时土中水尚未冻结成冰，其持续时间取决于土中的水量和冷却速度；第二阶段，土中冰晶已形成，由于水结晶而放出大量的潜热，使土体温度剧烈上升；第三阶段，孔隙水结冰阶段，这阶段中土体的稳定温度就是土中水的冻结温度。所以，土中水冻结的时间过程一般须经历过冷、跳跃、恒定及降低阶段。当出现跳跃时，热点势会突然减少，接着稳定在某一数值,此即为开始冻结。因此标准中规定:"当电势值突然减小并连续3次稳定在某一数值(相应的温度即为冻结温度)时,试验结束"。

35 冻土导热系数试验

35.1 一般规定

35.1.2 导热系数的测定方法分两大类:稳定态法和非稳定态法。稳定态法测定时间较长,但试验结果的重复性较好;非稳定态法具有快速特点,但结果重复性较差。因此,本试验采用稳定态法。稳定态法中,通常使用热流计法。但国产热流计的性能欠佳,故采用比较法,采用导热系数稳定的物质作为标准试样。导热系数用于土体冻融深度、热量周转、温度场计算以及冻土地区建筑工程有关的热工计算中,因此,其在土的热物理指标中占有相当重要的位置。

35.3 操作步骤

35.3.3 采用比较法测定冻土导热系数应采用导热系数稳定的物质作为标准试样。一般常用标准砂、石蜡等。标准砂的密度控制不易准确,因而,本标准采用石蜡作为标准试样。

35.3.7 稳态比较法应遵循测点温度不随时间而变化的原则,但实际上很难做到测点温度绝对不变。因此规定连续3次同一测点温差值小于0.1℃则认为以满足方法原理。

35.4 计算和记录

35.4.1 冻土导热系数是在单位厚的冻土层,其层面温度相差1℃时,单位时间在单位面积上通过的热量,它表示土体导热能力的指标。

36 冻土的未冻含水率试验

本标准采用的方法是依据冻土的未冻含水率与负温为指数函数的规律,通过测定不同初始含水率的冻结温度(冰点),利用双对数关系计算出未冻含水率的两点法。该法能满足试验准确度的要求,同时与冻结温度试验方法相同。

36.3 操作步骤

36.3.1 冻土的未冻含水率随初始含水率的变化略有变化。初始含水率过小,会因冰点测定不准而带来较大的误差。因此,不同初始含水率宜在液限和塑限之间。

36.3.2 可以将制备好的三个不同初始含水率的试样,同时放入装试样杯的聚氯乙烯管内,一起进行试验。

37 冻胀率试验

37.1 一般规定

37.1.1 土体不均匀冻胀变形是寒区工程大量破坏的重要因素之一。因此,各项工程开展之前,必须对工程所在地区的土体作出冻胀性评价,以便采取相应措施,确保工程构筑物的安全可靠。土体冻胀变形的基本特征值是冻胀量。但由于各地冻结深度等条件不同,其冻胀量值相差很大。为了便于比较冻胀变形的强弱,因此,

采用冻胀量与该冻结土层厚度之比,即冻胀率(用百分数计)作为土体冻胀性的特征值。

在特定条件下,土的冻胀性是确定的。但在土的冻胀性的评价方法和等级划分标准上,目前国内外不尽一致。我国现行行业标准《冻土地区建筑地基基础设计规范》JGJ 118 采用冻胀率来分级,见表4。

表4 冻胀性分级表

冻胀率 η(%)	$\eta \leqslant 1$	$1 < \eta \leqslant 3.5$	$3.5 < \eta \leqslant 6$	$6 < \eta \leqslant 12$	$\eta > 12$
冻胀等级	不冻胀	弱冻胀	冻胀	强冻胀	特强冻胀

我国现行行业标准《水工建筑物抗冰冻设计规范》SL211—2006 则按冻胀量进行划分,见表5。

表5 冻胀性分级表

冻胀量 Δh(mm)	$\Delta h \leqslant 20$	$20 < \Delta h \leqslant 50$	$50 < \Delta h \leqslant 120$	$120 < \Delta h \leqslant 220$	$\Delta h > 220$
冻胀性级别	I	II	III	IV	V

在现行国家标准《建筑地基基础设计规范》GB 50007 中,按地基土含水状态、地下水补给条件和冻胀性关系,分为不冻胀、弱冻胀、冻胀及强冻胀性四类。

美国用冻胀速度分级,俄罗斯(ГОСТ28622)按冻胀率划分,其标准与我国接近。土的冻胀性,可通过现场直接观测和室内试验来测定。室内试验不受季节和时间限制,能控制冻结过程中有关条件,便于标准化。但影响土冻胀的因素,如土的结构状态、原位冻融情况、地下水变化等条件的模拟和控制比较复杂。

原状冻土和扰动冻土的结构差异较大,为对冻胀性作出正确评价,试验一般应采用原状土进行。若条件不允许,非采用扰动土不可时,应在试验报告中予以说明。本试验方法与目前美国、俄罗斯等国所用方法基本一致。所得数据用于评价该种土的冻胀性略偏大,在工程设计上偏安全。

37.3 操作步骤

37.3.1 原状土应按下列规定进行:

2 试样尺寸以往多采用直径和高度均为15cm～24cm。各国的试样尺寸也不尽相同。本标准考虑到原状土取土设备的尺寸及土体的均匀程度,试样尺寸建议采用直径 10cm、高 5cm。

5 在水源的补给上,根据不同条件分封闭和敞开系统的两种方法。衔接的多年冻土地区及地下水位较深的季节冻土地区,无外界水源(大气降雨、人工排水)补给条件的地区,可视为封闭系统;而有水源补给条件的地区,可视为敞开系统,本标准所列方法适用于敞开系统。若进行封闭系统的试验,可将供水装置关闭。

9 土体冻胀量是土质、温度和外载条件的函数。当土质已定且不考虑外载时,温度条件就至关重要。其中起主导作用的因素是降温速度。冻胀量与降温速度大致呈抛物线型关系。

38 冻土融化压缩试验

38.1 一般规定

38.1.2 冻土融化时在荷载作用下将同时发生融化下沉和压密。在单向融化条件下,这种沉降符合一维沉降。融化下沉是在土体自重作用下发生的,而压缩沉降则与外部压力有关。目前国内外在进行冻土融化压缩试验时首先是在微小压力下测出冻土融化后的沉降量,计算冻土的融沉系数,然后分级施加荷载测定各级荷载下的压缩沉降,并取某压力范围计算融化压缩系数。由此可以计算冻土融化压缩的总沉降量。

38.2 仪器设备

38.2.1 冻土融化压缩试验的尺寸,国外取高度(h)与直径(d)之比为$h/d \geqslant 1/2$,最小直径取 5cm,对于不均匀的层状和网状构造的黏质土,则根据其构造情况加大直径并使$h/d=1/5 \sim 1/3$。国内曾采用的试样环面积为 45cm²、78cm² 两种,试样高度有 2.5cm、4cm。考虑到便于利用固结仪改装融化压缩仪,故规定可取试样环直径与固结仪大环刀直径(79.8mm)一致,高度则考虑冻土构造的不均匀性,取 40.0mm,这样高度与直径之比基本为 1:2。

为了模拟天然地层的融化过程,在试验中必须保持试样自上而下的单向融化,因此,除单向加热使试样自上而下融化外,还必须避免侧向热传导而造成试样的侧向融化,这样,试样容器需用坚固的非金属(胶木、有机玻璃等)材料加工制作,以防止侧向传热。

38.3 操作步骤

38.3.1 试验时在负温环境下或较低室温下进行。土温太低,切样时往往造成脆性破碎;太高时,切样时表面要发生局部融化。温度一般控制在 0.5℃~1.0℃。

38.3.2 室内试验采用的冻土试样有原状冻土和用扰动融土制备的冻土试样。一般采用原状土。

根据原状冻土相同的土质、含水率的扰动土制成的冻土试样进行的对比试验表明:扰动冻土试样的融沉系数小于原状冻土的融沉系数,其差值一般均小于 5%。因此,在没有条件采取原状冻土时,可用扰动融土根据冻土天然构造及物理指标(含水率、密度)进行制样。必要时,对融沉系数作适当的修正。

38.3.5 测定融沉系数 α_{f0} 值时,本标准规定施加 1kPa 的压力。这主要是考虑克服试样与环壁之间的摩擦力。而且,冻土在融化过程中单靠自重下沉的过程往往很长,所以,施加这一小量压力可以加快下沉速度,又不致对融化土骨架产生过大的压缩,对 α_{f0} 的影响甚微。

38.3.6 试验当中当融化速度超过天然条件下的排水速度时,融化土层不能及时排水,使融化下沉发生滞后现象。当遇到试样含冰(水)量较大时,若融化速度过快,土体常发生崩解现象,使土颗粒与水一起挤出,导致试验失败或 α_{f0} 值偏大。因此,循环热水的温度应加以控制。根据已有试验,本标准规定水温控制在 40℃~50℃。加热循环水应畅通,水温要逐渐升高。当试样含冰(水)量大或试验环境温度较高时,可适当降低水温,以控制 4cm 高度的试样在 2h 内融化完为宜。

39 原位冻土融化压缩试验

39.1 一般规定

39.1.1 原位冻土融化压缩试验方法与载土的载荷试验方法相似。先在无荷载作用下,加热地基冻土,使其融化下沉稳定后,再逐级加载进行压缩试验。与载荷试验不同的是载荷试验没有界定的压缩土层,而融化压缩试验有一界定的融化深度。该办法由于比较复杂,劳动强度也较大,一般仅用于室内试验难以进行的冻结的粗颗粒土、含砾黏土和富冰土层。

39.2 仪器设备

39.2.2 本试验所用的主要仪器设备应符合下列规定:

2 由于融化速度是由传压板的温度来控制,在加热温度 90℃时,原位试验约在 8h 内融化深度可达 40cm。

39.3 操作步骤

39.3.11 停止加热后,依靠余热使试样继续融化,因此,仍应继续

观测融沉变形,当两小时内变形量,对细颗粒土小于 0.5mm,对粗粒土小于 0.2mm 时,即可认为达到稳定。然后逐级进行压缩试验。

40 原位冻胀率试验

土的冻胀性,可通过原位直接观测和室内试验来了解,原位试验工作量大,周期较长,但方法简易,结果比较实际和可靠,被广泛采用。

40.2 仪器设备

40.2.1 分层冻胀仪目前国内采用的有单独式和叠合式两种:单独式分层冻胀仪制作容易,用钻孔法埋设,对土的原有结构破坏较小,对地下水位高于冻深的地区尤为适用;叠合式分层冻胀仪能集中在一点观测分层冻胀,有利于成果的整理分析,其缺点是制作和埋设较麻烦,同时,由于埋设孔较大,仪器埋入后对周围土的温度场有影响。从观测数据的可靠性来考虑,本标准采用了单独式分层冻胀仪。

40.3 操作步骤

40.3.1 关于沿深度分层间距可视需要而定。分层多可以较详细地得出土层沿深度的冻胀性,但增加了测点及观测工作量;分层过少则不可能反映土层的分层冻胀性。本标准提出一般间距为 20cm~30cm。冻深大的间距可取大些,反之间距可小些。

40.3.4 基准盘(梁)离地面的距离,本标准规定应大于 40cm,这是考虑到测量方便和根据季节性冻土地区可产生的最大冻胀量,如果系工程冻胀量往往达到 30cm。

40.3.5 冻深和地下水位观测是冻胀观测中必须同时进行的基本项目。冻深观测一般用冻深器(胶管内装水)。这种方法由于外套管的影响,胶管内水的冻结不完全与土的冻结深度一致。但该法方便易行,当没有条件做分层地温观测时,还是可以采用的。

地温观测可用电阻温度计,温度测点应与冻胀仪埋设的间距一致。地下水位管埋设深度至少应超过当地可能最低地下水位以下 50cm。

41 原位密度试验

41.2 灌砂法

41.2.1 本试验所用的主要仪器设备应符合下列规定:

3 灌砂法所用的量砂,应选择适当粒径使其密度变化较小。通过比较试验,认为粒径在 0.3mm~0.4mm 时密度变化较小。据国外资料,其粒径在 0.30mm~0.50mm 范围内的量砂密度较稳定。故本标准建议量砂直径为 0.25mm~0.50mm。

41.2.2 用套环灌砂法的试验应按下列步骤进行:

2 关于使用套环问题。一般灌砂法不用套环,直接在刮平的地面上挖试坑,然后灌砂求其体积。这样往往由于地面没有刮平,使所测试坑体积不够准确;采用套环,以套环上缘为一固定基准平面,先灌砂测定基准平面至地面之间的体积,见图18(a)。挖试坑后,再测此基准平面至坑底之间的体积,见图18(b)。两者之差即为试坑体积。这样即使地面不平,亦无影响。但此法增加了一个工序,称量达 6 次之多,不但试验时间较长,而且增加称量累计误差,是其缺点。

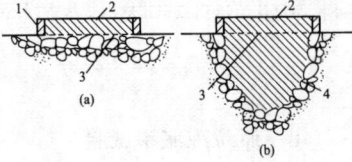

图 18 试坑和套环
1—套环；2—套环上缘部；3—地面；4—坑底

用套环法时，挖试坑前很难将套环内的量砂取净，所以标准中允许有一些量砂留在环内。但当挖试坑时，必须将此量砂和试样一同取出。如试坑直径较小时，可将套环内地面剥掉一薄层，以便将套环内量砂全部取出，见图19。

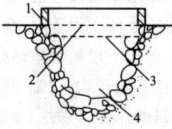

图 19 试坑
1—套环；2—原地面；3—剥掉一薄层；4—试坑

5 本试验是以标准物质（量砂）作为计量体积，所以标准物质的密度应稳定。因此，应在相同条件下（如落距、速度等）灌量砂，使其与校验量砂密度时一致，否则会引起过大的误差。

41.2.3 不用套环的灌砂法试验应按下列步骤进行：

2 本款规定的理由与第41.2.2条第2款的相同。

41.2.4 对于灌砂法和灌水法，标准中只规定了进行两次平行试验，其目的是为了相互验证。但由于填土密度变异性较大，而且这两种方法准确度较差，难以用平行试验差值来控制。故未规定最大允许平行差值。

41.3 灌 水 法

41.3.2 灌水法试验应按下列步骤进行：

1~3 工地用灌水法测量密度，测试方法是采用较大的试坑（与灌砂法相近），在坑内铺普通塑料薄膜后，灌水测定试坑体积。由于薄膜不能紧贴凹凸不平的坑壁，并有折、皱纹等现象，使测得的体积偏小，计算的干密度偏大，与灌砂法相比，有时差值达 $0.03g/cm^3$，为了解决试坑地面和试坑内壁平整度，本标准建议在试坑地面置放相应尺寸的套环，并用水准尺找平，试坑内壁采用较柔软的薄塑料膜铺设，使之与坑底、坑壁紧密相贴，以提高测定试坑体积的准确度。

42 试坑渗透试验

42.1 一 般 规 定

42.1.2 原位渗透系数的测定，以抽水、注水测定结果较为可靠。但由于设备复杂，耗费大，仅在特殊需要时才采用。本标准中仅列了试坑注水法，适用于埋藏较浅的土体，效果良好。但对细粒土应考虑毛细管引力对渗透系数的影响，否则将导致结果偏大，因此，在式（42.4.1-2）中考虑了毛细管升高的影响。同时此法适用于地下水面较深的地区，采用时应予以注意。

单环法由于没有考虑侧向渗透的影响，试验成果精度稍差；双环法基本排除了侧向渗透的影响，试验成果较为准确。

43 原位直剪试验

43.1 一 般 规 定

43.1.1 直接剪切试验是测定土体抗剪强度的方法之一，可用于岩土体本身、岩土体沿软弱结构面和岩体与其他材料接触面的剪切试验，可分为岩土体试体在法向应力作用下沿剪切面剪切破坏的抗剪断试验，岩土体剪断后沿剪切面继续剪切的抗剪试验（摩擦试验），法向应力为零时岩体剪切的抗切试验。

通常土体的原位剪切试验可分为沿剪切面剪切破坏的抗剪断试验，沿剪切破坏面继续剪切的抗剪试验（或称摩擦试验，或抗滑试验）以及抗切试验（法向应力为零），如图20所示。原位直剪试验由于试验的岩土试体比室内试样大，能包含宏观结构的变化，所以，试验条件接近工程实际情况。

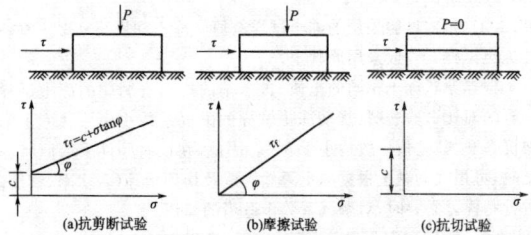

图 20 剪切试验示意图

本标准包括两类试验：一类是抗剪断试验和抗切试验，它们都是用完整的试体，如图20(a)、(c)所示；一类是抗剪试验，以两块试体的接触面作为剪切面，如图20(b)所示，这类试验用于确定软弱结构面上的抗剪强度。混凝土板与地基土的抗滑试验也属于此类。

在计算软基上混凝土闸、坝的稳定性时，除分析地基浅层或深层滑动外，还应核算建筑物沿地基表面的水平滑动，这时必须要有混凝土板和地基土之间的抗剪强度指标。抗滑试验适用于承受水平作用力较大的闸、坝工程；对于其他类似工程，如挡土建筑物等，应根据实际情况决定试验方法，如浸水时间和剪切方式等。当地基土为不均匀土层时，还应注意沿软弱层的抗滑稳定性。

43.1.2 原位直剪试验可在试洞、试坑、探槽或大口径钻孔内进行。当剪切面水平或近于水平时，可采用平推法或斜推法；当剪切面较陡时，可采用楔形体法。同一组试验体的岩性应基本相同，受力状态应与岩土体在工程中的实际受力状态相近。

43.3 操 作 步 骤

43.3.2 保持岩土试体的原状结构不被扰动是非常重要的，这是原位直剪试验的最主要的优点。

43.3.3 土体试样一般以圆形为宜，也可采用方柱体，其尺寸可根据土的不均匀程度及最大粒径确定。

43.3.4 在削好的试体套上剪切盒，试体与剪切盒之间的间隙应用砂或砂浆填充密实，这样能更好地传递垂直压力和剪切力。

43.3.5 原位直剪试验应根据工程地质条件、工程荷载特点、可能发生的剪切破坏模式、剪切面的位置及方向、剪切面的应力条件，选择相应的试验方法。

剪切力平行于剪切面（包括剪断的潜在剪切面和软弱面）时，为平推法，如图21(a)、(b)所示；当剪切力与剪切面成 α 角时，为楔形体法，如图21(c)所示。

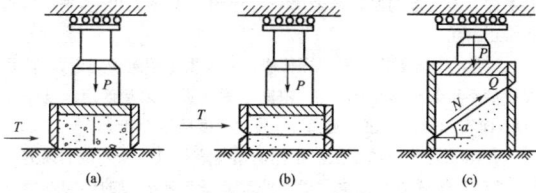

图 21 原位直剪布置方案

43.4 计算、制图和记录

43.4.3 绘制剪应力与剪切位移曲线,根据曲线特征,确定有关强度参数。

比例强度定义为剪应力与剪切位移曲线直线段的末端相应的剪应力。在比例强度前,剪切位移很小,比例强度后,剪切位移增加很大,用该特性来确定比例强度。

对于剪应力与剪切位移曲线没有直线段,一般具有硬化型曲线,这时应确定屈服强度。可以用剪切位移与垂直位移曲线特征来辅助确定,如图 22 所示,其中有两种情况:①垂直位移逐渐变小,当增量接近于零时的相应的剪应力值,即为屈服强度,如图 22(a)所示;②垂直位移从正值(试体压缩)变为负值(试样剪胀)时相应的剪应力值,即为屈服强度,如图 22(b)所示。峰值强度和残余强度是容易确定的。

关于抗滑混凝土试块开始滑动的水平力的选择问题,原则上应按应力-位移曲线上的峰点确定。但是曲线上有时没有明显的峰值或转折点。一般以出现下列情况作为试块开始滑动的特征:①水平力不增大,而水平位移呈直线增加,此点以前无明显位移;②水平力不断增大的同时,水平位移突然猛增;或水平力减小,而位移继续增大,在曲线上呈现明显的弯曲部段;③当曲线上有两个以上明显的弯曲部段,则参照重复试验曲线作综合分析。

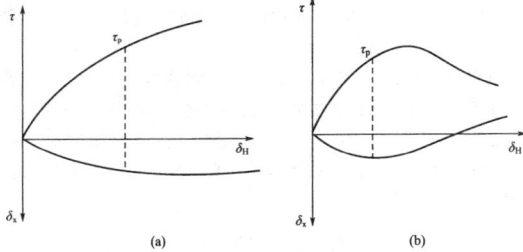

图 22 确定屈服强度辅助方法

43.4.4 原位直接剪切试验表明:土体在剪切力作用下发生破坏的过程一般分为三个阶段:第一阶段是剪应力从零到比例强度 τ_e,这一阶段为弹性(或准弹性),剪应力和位移曲线为直线(或接近直线),试体开始产生裂隙;剪应力从 τ_e 一直增加到 τ_f(峰值强度)属于第二阶段,这一阶段是裂隙发展和增长,当剪应力达到 τ_f 时,剪切面上就达到完全破坏;第三阶段,从 τ_f 开始强度不断降低,最终达残余强度,如图 23 所示。将不同垂直压力(即正应力 σ)条件下所得的不同强度值绘制成相应的曲线,即可得出相应的强度参数 c、φ。从图 23 上可以看出:残余强度是失去黏聚力而仅有摩擦力的强度。

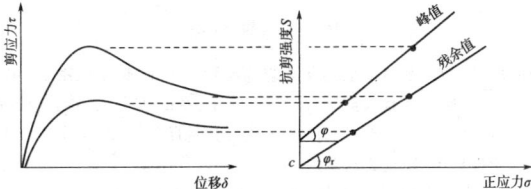

图 23 抗剪强度与正应力的关系

44 十字板剪切试验

44.2 电测式十字板剪切试验

44.2.1 本试验所用的主要仪器设备应符合下列规定:

2 关于十字板的规格。目前国际上十字板形状有矩形和菱形,矩形又分为高矩形和矮矩形。我国大多数使用的为高矩形,尺寸为 50mm×100mm 和 75mm×150mm 两种。

十字板厚度也应引起重视,它直接影响试验成果。根据试验表明:十字板厚度愈大,土的扰动也愈大,测得的抗剪强度 C_u 值就愈小。

44.2.2 电测式十字板剪切试验应按下列步骤进行:

6 关于剪切速率。曾用电测十字板剪切仪进行了剪切速率的对比试验,试验的速率为 0.1°/s 和 0.2°/s 两种,试验结果表明:两组强度曲线变化很有规律。剪切速率大,抗剪强度也大;剪切速率小,抗剪强度也小。因此,剪切速率应控制在适当范围内。

各国标准规定的剪切速率为 0.1°/s~0.5°/s,如美国为 0.1°/s,英国为 0.1°/s~0.2°/s,原苏联为 0.2°/s~0.3°/s,原联邦德国为 0.5°/s。理论上,对不同渗透性的土,规定相应的不排水条件的剪切速率是合理的。但实际操作时,不可能事先了解地基土层的渗透性,针对不同渗透性的土选用相应的剪切速率就难以实现。因此,为了统一,并与现行国家标准《岩土工程勘察规范》GB 50021 一致,本标准规定剪切速率为 1°/10s~2°/10s。

44.3 机械式十字板剪切试验

44.3.3 机械式十字板剪切试验应按下列步骤进行:

1 十字板头插入孔底的深度影响试验成果。美国规定为 5d(d 为钻孔直径),原苏联规定为 0.3m~0.5m,原联邦德国规定为 0.3m,本标准规定为 3 倍~5 倍套管直径。

3 标准中规定当进行下一试验点时,必须清除钻孔中的残土。目前多采用有孔螺旋钻和管钻清土,很少采用冲洗法。在饱和软黏土中使用有孔螺旋钻清土,其优点是能消除孔底的负压作用,保持孔壁不坍,且对孔底土层的扰动深度也较浅,这样十字板插入土层深 0.5m 即可。另外,采用全断面取蕊法钻进,也能清除孔内残土。

8 本款规定的理由与第 44.2.2 条第 6 款的相同。

9、10 关于轴杆校正。当十字板插入土层中旋转时,土层与轴杆之间产生摩擦阻力,这对试验成果是有影响的。因此,试验时必须进行轴杆校正。

45 标准贯入试验

标准贯入试验(简称标贯)起源于美国,1927 年 L. 哈特(Hart)和 C.F 弗莱彻(Fletcher)设计了一种直径为 2 英寸的对开式取土器,通过一系列试验之后,弗莱彻和 H.C. 莫尔(Mohr)采用了对开式取土器,质量为 63.5kg(140 磅)的锤,落高为 76.2cm(30 英寸),使贯入试验达到标准化。标准贯入试验原来是为深基础设计提供数据的,后来在美国普遍采用。1948 年太沙基(Terzaghi)和皮克(Peck)把试验数据制成图表,也用于浅基设计。

标准贯入试验已在国际上广泛应用,如美国、英国、日本、意大利、西班牙、葡萄牙、希腊、捷克等。我国自 1953 年原南京水利实验处引进研制后,首先在淮河水利工程的勘测设计中使用,由于标准贯入试验是一种简易迅速的原位测试手段,已广泛采用。近年来在国际上的技术合作和交流中,一般都要求标准贯入试验成果,如日本建筑学会制定的《建筑物基础结构设计标准同解说》及《建筑物钢桩基础设计施工标准同解说》中都明文规定 N 值为主要地基勘察成果之一。目前,在《岩土工程勘察规范》GB 50021 等很多标准与规范中,均列有试验要点和对地基土体的工程性质的评价方法。标准贯入试验已成为最常用和最广泛的原位试验方法之一。

45.2 仪器设备

45.2.2 本试验所用的主要仪器设备应符合下列规定:

1 本标准采用的贯入器规格尺寸是考虑到国内各单位实际使用情况,也参考多数国家常用的规格而选定的。贯入器规格国外标准多为外径51mm,内径35mm,全长660mm~810mm。现行国家标准《岩土工程勘察规范》GB 50021 规定贯入器对开管长大于 500mm。此外,欧洲标准规定贯入器内外径的误差为±1mm,这也是合理的,可以采用。

2 落锤的质量,按现行国家标准《岩土工程仪器基本参数及通用技术条件》GB/T 15406 的规定,误差值为±0.5kg,锤击速率不应超过每分钟 30 击。

关于落距控制,本标准规定为76cm±2cm。根据以往国内外的试验对比表明:用人力牵引控制落锤和用卷扬机牵引控制落锤所得的锤击数均比自动落锤装置控制落距的锤击数要大。人力牵引的落锤击数比自动落锤击数多 1.3 倍~1.6 倍。

当前自动落锤的装置,国内外均有很大的发展。由于自动落锤具有很大优越性,故本标准规定应用自动落锤装置。但在应用以往人力牵引落锤的资料时,应注意修正问题。

根据动能分析资料,落距误差在 2.0cm~5.0cm 以内,对 N 值影响较小,若误差为±7.5cm 时,动能变化达±10%。为此,采用欧洲标准的规定:落距为76cm±2cm。

3 标准规定用直径为 42mm 的钻杆,主要是根据国内实际情况,也与各国标准大致相同。钻杆壁厚和直径不同,其单位长度的质量不一样。根据单桩计算的能量传递说明粗杆将减小 N 值,但也有人认为影响不大,如 1982 年进行的钻杆直径 42mm 和 50mm 的对比试验,以及结合欧洲标准,控制钻杆质量每米不大于8kg,使用直径为 50mm 的钻杆对成果影响不大。

45.3 操作步骤

45.3.1 关于钻孔,关键因素是成孔方法。标准中提出了原则要求,未规定具体方法,这是因为钻孔方法因机具及习惯而不同,难以具体罗列。采用泥浆护壁,防止了涌砂和塌孔。对比试验表明:泥浆护壁相应地增大了 N 值。如对一细砂层至中砂层,由于涌砂,N 的平均值分别为 22 击、24 击、29 击;而泥浆护壁防止涌砂后分别为 64 击、88 击、94 击。

钻孔孔径在标准中未做具体规定。国内通用的有 108mm、127mm、146mm,国外也不统一。关于孔径对 N 值的影响,英国比较了 8 英寸、10 英寸及 12 英寸(200mm、250mm 及 300mm)套管钻孔的标贯试验;印度进行了较浅孔的 100mm、200mm、300mm 孔径及挖坑的比较试验。结果表明:大孔径孔底由于应力分布的影响,N 值减小。

45.3.4 预打 15cm,如 50 击未达 15cm,记录实际贯入深度。以后每打入 10cm,就记录锤击数,累计打入 30cm 的锤击数即为标准贯入数 N。如锤击已达 50 击,而贯入深度尚未达 30cm,则记录实际贯入深度,可通过换算求得贯入深度达 30cm 的 N 值。

45.4 计算、制图和记录

45.4.1 关于标准贯入击数 N 的修正问题。影响贯入击数 N 的因素很多,目前国内外常有对钻杆长度、土层深度、地下水位及落锤的装置等因素的影响进行校正,但迄今尚没有一致公认的意见。

故本标准对击数的修正未做统一规定,建议按不同用途,采用不同的修正方法。

(1)钻杆长度的修正。杆长修正是根据牛顿碰撞理论,杆件系统质量不得超过锤重的 2 倍,限制了标准贯入试验使用深度小于21m,而实际使用深度远超 21m,最大深度已达 100m 以上。

利用能量分析的方法对不同的钻杆进行了一系列试验研究表明,来自钻杆颤动或其他因素对波动能量传递方面的影响远大于杆长变化时能量的衰减减,故建议不做杆长修正的 N 值是基本的数值;但考虑到过去建立的 N 值与土性参数、承载力的经验关系,所用 N 值均经杆长修正,而抗震规范评定砂土液化时,N 值又不做修正;故在实际应用 N 值时,应按具体岩土工程问题,参照有关规范考虑是否作杆长修正或其他修正。从目前的研究情况来看,认为在一定深度(杆长)范围内,可以不进行杆长的修正是一个总的趋势。

抗震设计规范在使用标贯击数时,都未明确规定钻杆长度的校正,原因是在判断砂土液化时,由于原始数据 N 值未经杆长修正,故使用规范中液化判别式时,N 值也不进行杆长校正。考虑到过去一些规范标准建立的 N 值与土性参数、承载力的经验关系,所用 N 值均经杆长校正。依据 N 值提供定量的设计参数时,应有当地的经验,否则只能提供定性的参数,供初步评定用。

(2)土层深度影响(土的有效上覆压力的影响)的修正。自从20 世纪 50 年代吉布斯和霍尔兹(Cibbs,Holtz)的研究试验结果指出:同样的击数 N 对不同深度的砂土表示不同的相对密度之后,一般认为对标准贯入试验的结果应进行深度影响修正。国内对该问题的研究较少,在《北京地区建筑地基基础勘察设计规范》DBJ 11−501 中规定了当有效覆盖压力大于 25kPa 时标准贯入试验锤击数的校正方法。故本标准未作规定,需要时可参考有关标准或文献。

(3)地下水位影响的修正。许多试验研究证实,细砂到粗砂以及砾石的浸水,对贯入击数 N 没有多大影响。但对有效粒径(d_{10})在 0.1mm~0.05mm 范围内的极细砂或粉砂,浸水对标贯击数有较显著的影响。

太沙基和派克(1948)认为:松的极细砂或粉砂,在浸水饱和区以下的贯入击数比干砂的击数要低;当紧密状态时,贯入击数将增大。因此,对于标贯击数 N' 大于 15 的浸水的饱和极细砂或粉砂,其相对密度大致等于按下式提出的标贯击数 N 的干砂的相对密度,即:

$$N = 15 + \frac{1}{2}(N' - 15) \qquad (27)$$

式中:N'——未校正的饱和极细砂或粉砂的标贯击数;

N——校正后的标贯击数。

在我国水利行业标准中,标准贯入试验锤击数 N 值作为砂土地震液化判别依据时,规定 N 值应对地下水位的影响进行校正。

综合上述,勘察报告应提供不做杆长修正的 N 值,可按岩土工程具体问题,参照有关规范和设计要求考虑是否作有关因素的校正。

46 静力触探试验

46.1 一般规定

46.1.1 静力触探试验适用于黏性土和砂类土,但不适用于裂隙黏土。土层中含有大量砾石、卵石、砖瓦、姜石、贝壳时,难以贯入,并将使贯入阻力严重失真。对某些工程地质问题(如水文地质条件、流砂现场等)也无法解决。

46.1.2 静力触探试验是工程地质勘察工作中常用的一个原位测试项目。从力学意义上说,该试验应称准静力触探试验,习惯上称静力触探试验。

46.2 仪器设备

46.2.1 目前,国内常用的触探主机按力的传动方式不同可分为液压传动和机械传动两大类:液压传动式触探主机有单缸、双缸两种类型。最大贯入行程一般为 0.5m~1.0m,贯入力大于 80kN。特点是贯入速度均匀,稳定,加压能力大,但加工制作要求精度高,设备较重。适用于一般黏性土、硬黏土、较密实砂类土的深层静力触探试验。机械传动式触探主机有电动丝杆和手摇链式两种。而电动丝杆又有梯形丝杆和滚珠丝杆两种。滚珠丝杆触探主机,由于采用了新技术——滚珠丝杆,使机械摩阻力减小,传递效率可高达 92%~96%,从而可使贯入压力提高到 100kN~150kN。这类触探主机每次贯入行程为 1m,贯入速度一般为 1.2m/min 左右,提升速率可通过变速箱或变速电机来加快。特点是结构简单,保养维修方便,适用于一般黏质土和砂类土。

手摇链式触探主机是一种轻型装置,它是以人力转动手柄,将探头压入土中,贯入速率可人为控制,提升速度是靠改变手柄位置来加快,贯入力一般小于 20kN~30kN。特点是结构简单轻巧,不需电源,便于搬运,对交通不便及无电源地区来说尤为方便。适用于软土、一般黏质土及松至中密砂类土。该机还附有电测十字板探头,可分别进行静力触探试验和十字板剪切试验。

46.2.2 本试验所用的仪器设备应符合下列规定:

3 探头的规格尺寸。探头(装有测定土层贯入阻力的传感器)是直接影响试验成果准确性的关键部件。有关探头的一般要求和质量标准在标准中已做了规定,这里着重说明探头的外形、截面积的大小及靠近探头部分的探杆尺寸对试验成果的影响。探头底面积的大小对贯入阻力的影响称为"尺寸效应"。

(1)圆锥截面积,国际通用标准为 10cm²,但国内勘察单位广泛使用 15cm² 的探头。10cm² 的探头与 15cm² 的探头的贯入阻力相差不大,在同样的土质条件和机具贯入能力的情况下,10cm² 的探头比 15cm² 的探头的贯入深度更大;为了向国际标准靠拢,最好使用锥头底面积为 10cm² 的探头。探头的几何形状及尺寸会影响测试数据的精度,故应定期进行检查。

以 10cm² 的探头为例,锥头直径 d_c、侧壁筒直径 d_s 的容许误差分别为:34.8mm≤d_c≤36.0mm;d_c≤d_s≤d_c+0.35mm;锥截面积应为 10.00cm²±(3%~5%);侧壁筒直径必须大于锥头直径,否则会显著减小侧壁摩阻力;侧壁摩擦筒侧面积应为 150cm²±2%。

双桥探头的外部几何形状也是影响试验成果的一个重要因素,目前国内常用的有两种形式,如图 24 所示。从使用效果来看,一般认为 a 型探头较简单,其工作性状与桩接近,并且便于向多功能探头发展(如测孔隙水压力,测定波速等)。国内外均推荐 a 型,也就是国际上常用的富格罗型。故本标准也推荐了 a 型探头,便于国际资料的交流。

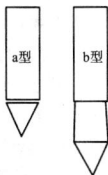

图 24 常用双桥探头外形

探头加工尺寸公差是按贯入阻力的容许误差为 ±1% 的原则而确定的。更换标准则按投影面积的误差为 −3% 来考虑,这种误差引起贯入阻力的改变对工程来讲是偏于安全的。这一规定比欧洲标准(加工公差为 35.7mm±0.3mm,使用过程中

允许磨损为 1mm)和美国 ASTM(锥底直径 35.7mm±0.4mm)均小。而更换标准介于两者之间。摩擦筒面积误差也按 1% 考虑,但只允许有正误差,当摩擦筒直径小于锥头直径时,应予报废。

(2)探头传感器除室内率定最大允许误差(重复性误差、非线性误差、归零误差、温度漂移等)应为 ±1.0%F.S 外,特别是在现场当探头返回地面时应记录归零误差,现场的归零误差不应超过 3%,这是试验数据质量好坏的重要标志;探头的绝缘度不应小于 500MΩ 的条件,是在 3 个工程大气压下保持 2h。

(3)贯入读数间隔一般采用 0.1m,不超过 0.2m,深度记录最大允许误差为 +1%;当贯入深度超过 30m 或穿过软土层贯入硬土层后,应有测斜数据;当偏斜度明显,应校正土层分层界线。

4 触探探杆在贯入和起拔过程中主要是承受竖向压力和拉力,同时,由于触探深度较大,在触探过程中细长的探杆不可避免地会产生一定幅度的弹性弯曲,故探杆除了要满足抗压强度条件外,还需要满足压杆的稳定条件。这就要求合理地选用探杆,一般要采用抗拉、抗压、抗弯强度高的合金管,并按热处理工艺进行调质后加工。

探杆要求平直,特别是进行深层静力触探试验时(一般大于 30m),试验前应严格检查探杆的平直度。

5 贯入阻力的量测仪器有间断记录和连续自动记录两种,前者一般用电阻应变仪或数字测力仪等;后者用电子电位差计(自动记录仪)。近年来,国外已大量采用计算机装置测记、贮存数据,然后按需要进行数据处理,计算和绘图。国内也有些单位已开始将计算机应用于静力触探,并已取得了成效。

46.3 操作步骤

46.3.2 常用数据传输方式为探头传感器测试数据通过探杆内的缆线将数据传输到地面量测仪器上,需要预先安装缆线,而且缆线和连接头易意外损坏,试验过程需要人工加接探杆,耗费时间。目前,国外已经研制出无缆静力触探系统,主要利用声学、光学及无线电等无线数据传输技术来传输数据,使试验过程更方便、安全、高效,并使试验过程自动加接探杆成为可能。该技术对数据传输和接收设备要求较高,使用范围不广。本标准暂未列入,有条件的单位可以先行试用。

46.3.3 探头偏离垂直方向贯入(即探孔倾斜)或探杆弯曲,将使量测的成果不能如实反映实际地层贯入阻力的变化情况,影响试验成果的准确度,有时甚至会得出错误的结论。工程实践表明:当触探试验深度大于 30m,且土中有硬土层或密实砂层存在时,有时按触探资料定出的土层埋深比按钻探所定的土层埋深偏大(指深部土层),有时相差很大。所以,往往出现地层"缺失"或"变厚"及埋深增大等现象,如图 25 所示。因此,要求垂直贯入。当贯入深度超过 30m 或穿过软土层贯入硬土层后,应有测斜数据。当偏斜度明显时,应修正土层分界线。

46.3.5 贯入速率要求匀速,贯入速率 1.2m/min±0.3m/min 是国际通用的标准;贯入速率是静力触探试验中的一个重要问题,它不仅关系到试验历时,而且将直接影响试验成果的准确性,国内外对此问题做了不少对比研究。结果表明:贯入速率对贯入阻力是有影响的,但在速率变化范围较小时这种影响是很小的。欧洲标准、美国 ASTM 标准及其他一些国家都规定以 1.2m/min 作为标准速率,允许变化范围为 0.9m/min~1.5m/min。考虑到国内设备情况,并尽可能与国际通用标准一致,本标准规定贯入速率为 1.2m/min±0.3m/min。在此速率范围内,可不考虑贯入速率对贯入阻力的影响。

贯入速率对探头周围孔隙水压力的影响较为明显,但目前对比研究资料不多。因此,当用能同时量测孔隙水压力的多用探头进行静力触探试验时,也应尽可能采用标准贯入速率。

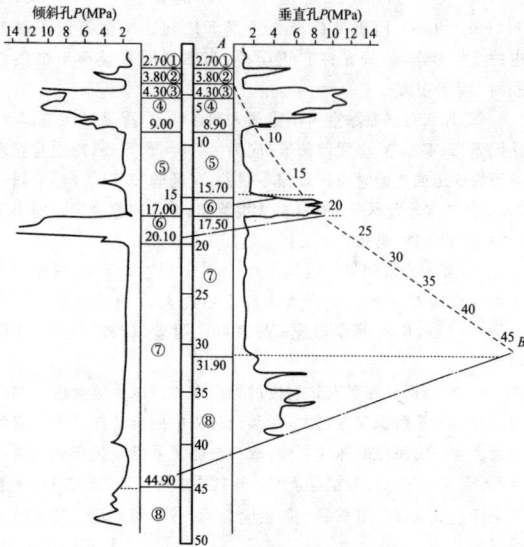

图 25 垂直孔与倾斜孔对比资料

46.4 计算、制图和记录

46.4.2 当使用孔压静探探头时，由于作用于锥底的孔隙水压力，其方向与贯入时产生的锥头阻力相反，因此，应对测量的锥头阻力 q_c 进行修正，得出土层的真正阻力 q_t。修正公式如下：

$$q_t = q_c + u(1-a) \qquad (28)$$

式中：q_t——修正后的总锥头阻力（kPa）；

　　　u——孔隙水压力（kPa）；

　　　a——净面积比，即孔隙压力作用面积与圆锥底面积之比。

46.4.3 利用静力触探贯入所产生的超孔隙水压力消散估算水平向固结系数 C_h（静探固结系数）的理论假设为：

(1)土层状态为正常固结或轻超固结（OCR<3）；

(2)不考虑土的非均匀性（$k_v \neq k_h$），孔隙水压力消散主要由水平向固结系数控制；

(3)当固结时，不考虑总应力与孔隙水压力的耦合作用；

(4)土层的土性指标为常数（固结系数不随消散过程而变）。

依据上述假设，以扩孔原理（球形或圆柱形）进行线性分析，求得超孔隙水压力消散度（$u = \Delta u / \Delta u_i$）对时间因数 T 的关系式，其中时间因数与固结系数的表达式为：

$$C_h = \frac{R^2}{t} T \qquad (29)$$

式中：C_h——静探水平向固结系数（cm²/s）；

　　　R——探头圆锥底半径（cm）；

　　　t——达到给定消散度的测定时间（s）；

　　　T——时间因数。

在推导固结理论关系式时，假定在消散过程中，固结系数为常数。因此，从式(28)中看出：在给定的锥体半径 R 条件下，时间因数 T 与相应的测定时间 t 的比值为常数。从理论上讲，固结系数可以从任意消散度的相应时间因数和测定时间 t 的表达式中求得。但在实际测定过程中，由于土层的异变性或者由于测试误差，在静水压力 u_0 和初始孔隙水压力 u_i 的数值中存在一定的不确定性。静水压力 u_0 的误差 δu_0 将对消散度大时有较大的影响；初始孔隙水压力 u_i 的误差 δu_i 将对消散度小时有较大的影响。因此，考虑到两类误差，采用中间时间，即当消散度 $\overline{U} = 0.5$ 时的时间因数 T_{50} 和相应的测试时间 t_{50} 估算固结系数是适合的。

从固结理论及试验研究中发现：探头附近超孔隙水压力的起始分布对消散过程有明显的影响。而分布状态除与土的固结状态有

关外，还与探头的几何形状和透水板的位置有关。图 26 所示的是具有锥角为 60° 的探头，透水板处于四个不同位置的孔隙水压力消散度 $\overline{U}$ 对时间因数关系曲线。具体数值列在表 6 中。在标准中建议采用的探头结构为图 46.2.2-3 所示，即透水板位于靠近锥底处，因而，$T_{50} = 5.6$。若采用其他结构，可用相应的其他数据。

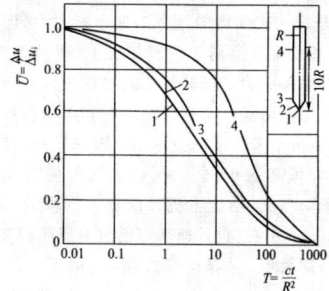

图 26 锥角 60° 探头的消散曲线

表 6 锥角 60° 探头时间因数值

透水板位置	T 消散度 $\overline{U}$(%)				
	80	60	50	40	20
锥尖和锥面	0.44	1.9	3.7	6.5	27
锥底	0.69	3.0	5.6	10	39
探杆(10R)	7.3	22	33	47	114

46.4.4 绘制触探曲线应选用适当的比例尺。一般宜选用的比尺为：

H（深度）：1 个单位长相当于 1m；

q_c（或 p_s）：1 个单位长相当于 2MPa；

f_s：1 个单位长相当于 0.2MPa；

u（或 Δu）：1 个单位长相当于 0.05MPa；

F：1 个单位长相当于 1。

46.4.5 记录的超孔隙水压力消散曲线是在停止均速贯入后，从初始值 u_i 一直消散到静水压力值 u_0 为止。当研究消散规律时，主要是绘制超孔隙水压力 $\Delta u_t (= u_t - u_0)$ 消散，为了消除初始超孔隙水压力的影响因素，用初始值 $\Delta u_i (= u_i - u_0)$ 对比进行归一化 $\overline{U} (= \Delta u_t / \Delta u_i)$。当固结时，$\overline{U}$ 值从 1 减到零。相应的固结度 $U (= 1 - \overline{U})$ 就从零到百分之百。根据归一化的消散曲线，选择相应于不同固结度时的经历时间 t（本标准建议选用 t_{50}）进行固结系数估算。

47 动力触探试验

47.1 一般规定

47.1.1 本标准列入了轻型、重型和超重型三种动力触探。

轻型动力触探的优点在于轻便，在施工槽壁、填土勘察，查明局部软土、洞穴等分布具有实用价值。重型动力触探是应用最广泛的动力触探试验，已经积累了较多的经验，其规格标准与国际通用标准一致。超重型动力触探的能量指数（落锤能量与探头截面积之比）与国外的并不一致，但相近，适用于碎石土。

动力触探试验的应用从一般的砂土向碎（卵）石土发展。对于比较密实坚硬的土层，动力触探宜加大触探能量而增大贯入能力。法国、原苏联的有些动力触探落锤质量超过 100kg（例如法国 E. T. F，落锤质量 150kg），落距达 1.0m 或更多。欧洲动力触探试验标准规定对坚硬的土层可以调整触探能量，必要时落锤质量可增加到

127kg，落距增大到 1.0m。我国在成都地区应用落锤质量 120kg，落距为 1.0m 的超重型动力触探试验，在评价成都地区卵石土地基的实际应用中取得了经验。为了适应对碎（卵）石类土勘察的需要，将这种超重型动力触探列入以利普遍推广和进一步积累经验。

触探试验适用土层如图 27 所示。

以每贯入一定深度所需的锤击数为触探指标。这种指标虽然比较直观，但却存在着很重要的缺陷。主要是：不同触探仪参数得出的触探击数不便于互相对比；它的量纲也不利于与其他物理力学性质指标进行对比。因而，有趋向于用动贯入阻力作为动力触探的应用指标。例如原苏联国家标准 ГОСТ19912 规定以土的假定动阻力作为计算指标。这个假定动阻力与动力触探能量指数和锤击时的能量损失、侧壁摩擦以及每击贯入度有关。欧洲触探试验标准虽然仍规定以每贯入 0.20m 所需的锤击数为触探指标，但同时列出了动贯入阻力的计算公式。本标准采取了与欧洲触探试验标准相似的办法。

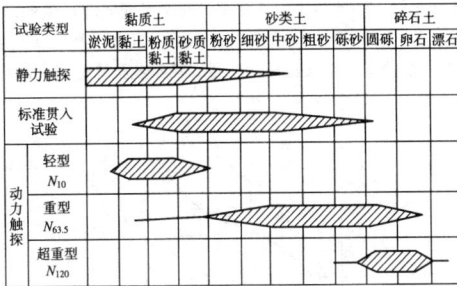

图 27 触探试验的适用土层

47.2 仪器设备

47.2.1 本试验所用的仪器设备应符合下列规定：

1 国外的动力触探类型较多，例如法国常用的动力触探有 20 种以上。但是应用广泛且较有代表的是欧洲触探试验标准规定的两种类型和原苏联常用的几种类型。表 7 列出了本标准的动力触探仪和国外类型的对比。

表 7 国内外常用的动力触探仪

触探类型		落锤质量 M(kg)	落距 H(m)	探头直径 (mm)	探头截面积 A(cm²)	能量指数 P_0(J/cm²)
中国	轻型	10	0.5	40	12.6	3.9
	重型	63.5	0.76	74	43	11.0
	超重型	120	1.00	74	43	27.4
原苏联	轻型	30	0.40	74	43	2.7
	中型	60	0.80	74	43	11.0
	重型	120	1.00	74	43	27.4
欧洲	DPA DPB	63.5	0.75	62	30	15.6
		63.5	0.75	51	20	23.4

国内外常见的动力触探探头截面积为 10cm²～43cm²。截面积较大的探头应配合较大的触探能量。一般用触探能量与探头截面积之比值作为衡量的指标，用能量指数 P_0（potential energy index）表示：

$$P_0 = \frac{mgH}{A} \tag{30}$$

式中：P_0——动力触探能量指数（J/cm²）；

m——落锤质量（kg）；

g——重力加速度（9.8m/s²）；

H——落距（m）；

A——探头截面积（cm²）。

3 除了落锤部分（包括落锤质量和落距，它们与重力加速度之积称为触探能量）以外，最主要的触探仪参数就是探头的外形和尺寸。

探头一般为圆锥形。个别国家如瑞典、西班牙也有采用尖锥截面为 40mm×40mm 的正方形探头。锥角一般都为 60°或 90°。1977 年欧洲标准采用了联邦德国和瑞典等国常用的 90°锥角，又说明 60°也可用。西班牙的 C.O.uriel 等人对从 15°～180°八种不同锥角的探头进行了对比试验，结果表明，锥角对探头阻力影响不大。按国内常用尺寸，本标准规定探头圆锥角为 60°。

在本标准中对试验设备的许多技术条件做了规定，如锥的质量和落距的允许误差；探头直径和尖端的最大允许磨损量；探杆的直径和每米质量；锤座的直径；锤座、导向杆的总质量等。有些规定是实践的经验总结，有些是为了逐步和国际上的标准接近。

47.2.2 试验时的仪器设备应符合下列规定：

2 本标准规定了贯入锤击速率为每分钟 15 击～30 击。这个速率略低于欧洲触探试验标准所规定的每分钟 20 击～60 击。另外还规定尽可能连续进行。这个规定与欧洲触探试验标准也是一致的。

47.3 操作步骤

47.3.2 重型动力触探应按下列步骤进行：

5 我国现行的规范没有提及侧壁摩擦影响问题。但原苏联国家标准和欧洲触探试验标准都提到了。欧洲标准中建议的两种动力触探方法，主要区别是对侧壁摩擦的考虑和处理方法有所不同。A 型动力触探（DPA）是用泥浆或套管来消除侧壁摩擦，因而在评价时可以不考虑侧壁摩擦的影响，B 型动力触探（DPB）不用泥浆或套管，孔壁不能保持稳定，这种试验的侧壁摩擦是不能忽视的。该标准要求用转动触探杆并测定相应的扭矩来估计侧壁摩擦影响。

国外有些资料介绍，对于一般的土层条件，在深度 15m 以内用泥浆护孔和无泥浆护孔的试验结果基本一致，因而可以不考虑探杆的侧壁摩擦的影响，深度大于 15m 则差别较大。重型动力触探在深度不大（一般可为 12m 左右）的范围内，侧壁摩擦对击数的影响是不显著的，可以不予考虑。但有随土的密度和触探深度的增大而增大的趋势。

侧壁摩擦的影响是客观存在的。但想用一个固定的修正系数来适应所有条件，显然是不符合实际情况的。因此，本标准建议在深度较大时，应采取措施（用泥浆或套管）消除侧壁摩擦。

47.4 计算、制图和记录

47.4.1 关于动力触探锤击数的修正问题。锤击数是否修正及如何修正历来有不同的观点，缺乏统一认识，相关规范也无明确规定。现行国家标准《岩土工程勘察规范》GB 50021 中规定，试验成果是否修正及如何修正，应根据建立统计关系时的具体情况确定。

关于探杆长度的修正。现行国家标准《岩土工程勘察规范》GB 50021—2001 附录 B 中规定，当采用重型或超重型动力触探试验确定碎石土的密度时，锤击数按下列公式修正：

$$N_{63.5} = \alpha_1 N'_{63.5} \tag{31}$$

$$N_{120} = \alpha_2 N'_{120} \tag{32}$$

式中：$N_{63.5}$、N_{120}——修正后的重型、超重型动力触探锤击数；

α_1、α_2——修正系数，分别按表 8 和表 9 取值；

$N'_{63.5}$、N'_{120}——实测重型、超重型动力触探锤击数。

表 8 重型动力触探锤击数修正系数 α_1

$N'_{63.5}$ 探杆长度 L(m)	5	10	15	20	25	30	35	40	≥50
2	1.00	1.00	1.00	1.00	1.00	1.00	1.00	1.00	—
4	0.96	0.95	0.93	0.92	0.90	0.89	0.87	0.86	0.84

续表8

$N'_{63.5}$ 探杆长度 L(m)	5	10	15	20	25	30	35	40	≥50
6	0.93	0.90	0.88	0.85	0.83	0.81	0.79	0.78	0.75
8	0.90	0.86	0.83	0.80	0.77	0.75	0.73	0.71	0.67
10	0.88	0.83	0.79	0.75	0.72	0.69	0.67	0.64	0.61
12	0.85	0.79	0.75	0.70	0.67	0.64	0.61	0.59	0.55
14	0.82	0.76	0.71	0.66	0.62	0.58	0.56	0.53	0.50
16	0.79	0.73	0.67	0.62	0.57	0.54	0.51	0.49	0.45
18	0.77	0.70	0.63	0.57	0.53	0.49	0.46	0.43	0.40
20	0.75	0.67	0.59	0.53	0.48	0.44	0.41	0.39	0.36

表9　超重型动力触探锤击数修正系数 α_2

N'_{120} 探杆长度 L(m)	1	3	5	7	9	10	15	20	25	30	35	40
1	1.00	1.00	1.00	1.00	1.00	1.00	1.00	1.00	1.00	1.00	1.00	1.00
2	0.96	0.92	0.91	0.90	0.90	0.90	0.90	0.89	0.89	0.88	0.88	0.88
3	0.94	0.88	0.86	0.85	0.84	0.84	0.84	0.83	0.82	0.82	0.81	0.81
5	0.92	0.82	0.79	0.78	0.77	0.77	0.76	0.75	0.74	0.73	0.72	0.72
7	0.90	0.78	0.75	0.73	0.72	0.72	0.71	0.70	0.69	0.68	0.68	0.66
9	0.88	0.75	0.72	0.70	0.69	0.68	0.67	0.66	0.64	0.63	0.62	0.62
11	0.87	0.73	0.69	0.67	0.66	0.65	0.64	0.62	0.61	0.60	0.59	0.53
13	0.86	0.71	0.67	0.65	0.64	0.63	0.61	0.60	0.58	0.57	0.57	0.53
15	0.85	0.69	0.65	0.63	0.62	0.61	0.59	0.58	0.56	0.55	0.54	0.53
17	0.85	0.68	0.63	0.61	0.60	0.59	0.58	0.54	0.53	0.53	0.52	0.50
19	0.84	0.66	0.62	0.60	0.58	0.57	0.54	0.52	0.51	0.50	0.50	0.48

47.4.2 动贯入阻力采用荷兰动力公式,该式是建立在古典的牛顿非弹性碰撞理论上的,即不考虑弹性变形量的消散,故限用于:

(1)触探深度小于 12m,每击贯入度 2mm～50mm;

(2)触探器重量 q 与落锤重量 Q 之比宜小于 2。

当实际情况与上述条件差别大时,采用式(47.4.2)时应慎重。

47.4.3 触探实践表明:当触探头尚未到达下卧土层时,在一定深度以上,对下卧土的影响已经"超前"反映出来。当触探头已经穿透上覆土层进入下卧土层中时,在一定深度内,对上覆土层的影响仍然会有一定的反映。这两种情况分别称之为触探的"超前反映"和"滞后反映"现象,特别是对松软土,情况比较显著。

根据试验研究,当上覆为硬层、下卧为软层时,对触探击数的影响范围大,超前反映量(最大可达 0.5m～0.7m)大于滞后反映量(约为 0.2m)。当上覆为软层、下卧为硬层时,影响范围小,超前反映量(约为 0.1m～0.2m)小于滞后反映量(约为 0.3m～0.6m),两者差值也较小。标准规定:在考虑工程地质分层界限时,要考虑触探曲线的"超前反映"和"滞后反映"。

48 旁压试验

48.1 一般规定

48.1.2 旁压仪包括预钻式和自钻式两种。目前较广泛使用的是预钻式,因此,本标准是以预钻式旁压试验为主进行编写的。自钻式由于自钻系统、变形测量系统各不相同,试验方法在具体操作上可参照产品说明书进行。

目前旁压仪的适用土类已扩展到碎石土、残积土、软岩和风化岩,测试深度可大于 90m。

48.2 仪器设备

48.2.2 本试验所用的主要仪器设备应符合下列规定:

1 旁压器分单腔式和三腔式。当旁压器的有效长径比大于 4 时,孔壁土体变形属于无限长圆柱扩张轴对称平面应变问题。这样单腔式与三腔式所得的变形模量结果无明显差别,但单腔式的临塑压力和极限压力偏小。

48.3 操作步骤

48.3.1、48.3.2 关于成孔质量要求。成孔质量好坏是预钻旁压试验成败的关键。根据勘察实践总结的经验,成孔质量影响旁压曲线的形态。图28中的 a、c、d 型曲线都是反常的旁压曲线。a 线反映钻孔直径太小或有缩孔现象,旁压器被强行压入钻孔中,试验前,孔壁已受到挤压,故旁压曲线前段消失,找不到 p_0 值和 V_0 值。c 线的特点是在曲线上有一段很长的 V_0 值,说明孔径太大,旁压器的膨胀量相当一部分是由于弹性膜与孔壁之间间隙产生的。d 线反映成孔过程中孔壁土体被严重扰动,当加压时,扰动土层被压缩,占据较多的体变量,因而,达不到试验要求就被迫停止试验。

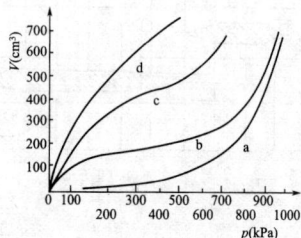

图 28　成孔质量对旁压曲线的影响

孔壁扰动是试验中孔壁出现压缩层(千层饼扰动带)的根本原因,压缩层的存在影响了成果的判释和应用,尤其对旁压模量 E_m 值影响更大。

鉴于上述情况,在标准中规定了钻孔成孔要求及成孔直径的规定,从工程实际出发对试验孔径大于旁压器外径值放宽到 10mm。

48.3.3 旁压试验的布点应在了解地层剖面的基础上进行,以便能合理地在有代表性的位置上布置试验。布置时要保证旁压器的量测腔在同一土层中。关于旁压试验应力的影响范围,根据实践相邻试点点的相互影响,规定试验点的垂直距离不宜小于 1m。

48.3.11 加压等级的选择和设计是个技术问题。这是因为若加压等级选择不当,不但延长了试验时间,而且在旁压曲线上不易获得 p_0 和 p_1 的特征点。国内几种规格旁压仪的加压方法不太统一,大体是按照仪器说明书进行的。原则上都是按土的预估临塑压力 p_1 值或极限压力 p_1 值而定。

分析研究了上述各种规定后,采用了通用的加压等级,即规定一般按预估极限压力的 $1/7～1/5$ 的等级加压,同时考虑到按土的性状划分等级更符合实际情况。为了易于获得 p_0 值和 p_1 值,在标准中又推荐了在临塑压力前后不同的加压等级。

48.3.12 加压速率或相对稳定标准是旁压试验中一个很重要的问题。不同的加压速率反映了不同的机制。目前国内常用的加压速率有 1min、3min、5min、10min 四种标准。将 1min、3min 的标准称为"快速法",将 5min、10min 的标准称为"慢速法"。

通过对"快速法"和"慢速法"的对比试验表明:两种不同加压速率对临塑压力和极限压力影响不大。为提高试验效率,标准规定了 1min 和 3min 的快速法的稳定标准。

48.3.13 旁压试验终止试验条件为：

（1）加压等级接近或达到极限压力（预计最大压力）；

（2）量测腔的扩张体积相当于量测腔的固有体积，避免弹性膜破裂。对国产 PY2-A 型旁压仪，因量水管的断面积为 $15.28cm^2$，所以，量水管水位下降值为 36cm 时（绝对不能超过 40cm），即终止试验。

法国 GA 型旁压仪规定，当蠕变变形等于或大于 $50cm^3$ 或量筒读数大于 $600cm^3$ 时应终止试验。

48.4 计算、制图和记录

48.4.1 静水压力的计算应考虑以下两种条件，参见图 29。

（1）无地下水时：

$$p_w = (h_0 + z)\gamma_w \tag{33}$$

（2）有地下水时：

$$p_w = (h_0 + h_w)\gamma_w \tag{34}$$

式中：h_0——量管水面离地面孔口高度（cm）；

z——地面至旁压器中腔（量测腔）中心点的距离（cm）；

h_w——地下水位离孔口的距离（cm）；

γ_w——水的容重（kN/m³）。

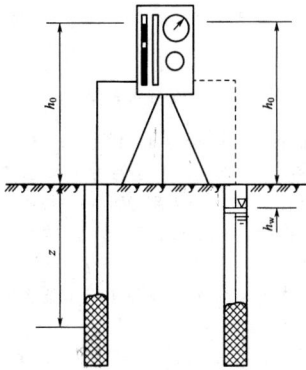

图 29　静水压力计算示意图

48.4.3 旁压试验曲线的绘制应有统一的规格、标准、尺度和准确度等。图面大小不应小于 10cm×10cm。旁压试验的压力一律要经过约束力和水头压力的校正，特别要注意地下水位记录数据。其变形要经过仪器综合变形的校正，避免现场直接读数绘制旁压曲线，如用现场直接读数绘制曲线时，所求得的特征值也要经过校正后使用。

48.4.4 根据梅纳尔的理论，p_0、p_f 值是蠕变压力曲线（以 60s 与 30s 间隔内体积变化值为该级压力下蠕变值划出的 $P\text{-}V_{60''\text{-}30''}$ 曲线）上的第一个和第二个拐点。但是绘制该曲线较麻烦。同时，由于钻孔扰动、缩孔等影响，按该求法求得的 p_{0m} 值比实际的原位初始侧向（水平）应力大，因此，在标准中推荐了简捷求 p_0 的方法。

至于 p_f 值，相对应 $p\text{-}V$ 旁压曲线上直线终点 c 对应的应力值。当该点难以直观确定时，可用蠕变曲线第二个拐点对应的压力值作为 p_f 值。

关于求取 p_l 值，根据梅纳尔理论 p_l 值是当 $p\text{-}V$ 旁压曲线通过临塑压力后，趋于铅直，即与纵坐标平行的渐近线相对应的压力值，相当于最大体积增量 V_l（$=V_e+2V_0$）时对应的压力值。国外求取 p_l 值的方法较多，如双对数法、倒数曲线法和相对体积法等。近年来，还发展了一些数解法。标准中推荐了梅纳尔的倒数曲线法。该法是把临塑压力 p_f 以后曲线部分各点的体积 V（或 S）取倒数 $1/V$（$1/S$），作 $p\text{-}1/V$ 关系曲线（近似直线），在直线上 $\dfrac{1}{2V_c+V_0}$ 所对应的压力值即为极限压力 p_l。

极限压力 p_l 与原位土的不排水抗剪强度 C_u 的关系，在假定孔穴周围土体为理想弹塑性材料的条件下，可用下式表示：

$$p_l = p_0 + C_u\left[1 + \ln\frac{E_u}{2(1+\mu)C_u}\right] \tag{35}$$

式中：E_u——土的不排水变形模量（kPa）；

μ——土的泊松比，对饱和土，取 0.5。

48.4.5 目前，国内采用两种确定地基容许承载力的方法，即临塑压力法和极限压力法。以往临塑压力法有三种：$q_k = p_f$，$q_k = p_f - p_0$，$q_k = p_f - \xi\gamma h$。在公式 $q_k = p_f$ 中，没有减去侧压力，不宜采用。公式 $q_k = p_f - \xi\gamma h$ 又因其深度效应问题尚未解决，目前只适用于浅基。因此，在标准中推荐了 $f_{0k} = p_f - p_0$ 这个基本公式。

对于红黏土、软淤泥等，旁压试验曲线通过临塑压力后呈现急剧拐弯，采用极限压力法为宜。其计算公式过去曾用梅纳尔公式，即 $q_A = q_0 + \dfrac{k(p_l - p_0)}{F}$。简化为 $q_A = q_0 + \dfrac{p_l - p_0}{F}$。该式已包含了深宽修正因素（$k=1.0$，$q_0=\gamma h$），与公式 $f_{0k} = p_f - p_0$ 不协调。因此，推荐公式 $q_k = \dfrac{p_l - p_0}{F_a}$（$F_a$ 为安全系数，取 2～3）。各类土的安全系数根据统计列入表 10 以供参考。

表 10　各类土的安全系数

土　类	安全系数	统计数
高液限黏质土（黏土）	2.6	112
中液限黏质土（粉质黏土）	2.6	114
低液限黏质土（粉质粉土）	3.0	89
粉细砂	3.8	15
黄土	2.7	74
黄土状亚黏土	2.1	49
填土	2.5	12

48.4.8 旁压试验采用"快速法"，相当于不排水条件，根据弹性理论，推导出了旁压模量 E_m。

由于影响旁压模量的因素较多，各类土的载荷试验变形模量 E_0 与旁压模量 E_m，室内压缩模量 E_s 与旁压模量 E_m 之间除个别地区外，目前还建立不起来完整的相关关系。因此，在标准中没有提出相关关系式。各地区应根据具体情况采用式（48.4.8）计算旁压模量。

对于自钻式旁压试验，仍可用标准的公式计算旁压模量。由于预钻式和自钻式的初始条件不同，土体被扰动的程度也不同，因此，提供旁压模量时要注明旁压仪类型。

49　载荷试验

49.1　一般规定

49.1.1 平板载荷试验（plate loading test）是在岩土体原位，用一定尺寸的承压板，施加竖向荷载，同时观测承压板沉降，测定岩土体承载力和变形特性；螺旋板载荷试验（screw plate loading test）是将螺旋板旋入地下预定深度，通过传力杆对螺旋板施加竖向荷载，同时量测螺旋板沉降，测定土的承载力和变形特性。

49.1.2 平板载荷试验由于它只反映承压板以下大约 1.5 倍～2.0 倍承压板直径或宽度的深度内土层的应力，应变和时间之间的综合性状，因而只用于浅层地基和地下水位以上的地层。同时，承压板影响范围内的土层应均一。深层平板载荷试验方法适用于地下水位以上的一般土和硬土，这种方法已经积累了一定经验。

49.1.3 对于深层载荷试验，以往曾采用在钻孔底部进行。由于孔底土体的扰动，板与土体之间的接触难以控制，同时应力复杂难以分析,限制了试验成果的应用。因此,常用螺旋板载荷试验代替深层平板载荷试验。

49.2 平板载荷试验

49.2.1 本试验所用的主要仪器设备应符合下列规定:

1 承压板面积的选择。载荷试验所得的荷载与沉降曲线的形状取决于承压板的大小、土层的组成以及加载的特性、速率和频率等。承压板的尺寸效应,包括形状和大小,是主要影响因素之一。在试验土层和加载条件一定时,承压板的大小影响地基土体的破坏形式。以往许多对不同面积的承压板载荷试验的成果表明,当承压板面积在一定范围内,沉降量 s 随承压板直径 D(或宽度 B)的增大而增大;当承压板面积大到一定尺寸后,沉降量不随承压板直径的增大而增大。当面积太小时,沉降量随承压板直径的减小反而增大;上述两个转折点所对应的承压板直径值分别为30cm 和 500cm。

国外采用的标准承压板直径为 0.305m(1 英尺)。国内采用的承压板面积为 $0.25m^2 \sim 0.50m^2$。根据目前试验条件,将 $0.25m^2$ 作为承压板面积的下限是合理的。在多数情况下,用面积 $0.25m^2$ 以上的承压板进行试验所获得的成果是可靠的。

关于承压板的形状,从浅基承载力的理论计算来说,对其极限承载力是有影响的。但方形和圆形的影响承载力的形状系数是相同的,因而,承压板的形状可以采用相同面积的方形或圆形。

2 关于加载准确度的问题。现行国家标准《建筑地基基础设计规范》GB 50007 有关载荷试验的条款中,没有荷载准确度的规定。现行国家标准《岩土工程勘察规范》GB 50021 的载荷试验条款中规定:"荷载量测最大允许误差应为±1%F.S"。

对液压荷载源来说,要求具有良好的稳压效果。因此,压力稳定性必须考虑液压系统的密封性、液压脉动及迟滞爬行等因素的影响。

49.2.2 平板载荷试验试验应按下列步骤进行:

1 关于试坑底面宽度。我国多数标准规定试坑底面宽度不小于承压板宽的 3 倍。在影响范围内的试验土层,应属于同一土层,即从工程地质观点出发,土层的地质年代、成因类型、地基土类别、主要物理力学性质方面属于同一层次。对于非均匀土层,例如,在冲积相的多层地基或人工改良的复合地基上进行载荷试验,在分析和应用试验成果时,需借助于理论知识和实践经验慎重对待。

5、6 关于加荷方式和等级。载荷试验的加载方式有等级加荷相对稳定法、沉降非稳定法(快速法)和等沉降速率法。加载方式取决于载荷试验的目的。若仅确定地基承载力,可以采用沉降非稳定法(快速法)或等沉降速率法。它所反映的是不排水或不完全排水条件下的变形特性,但必须有比对的资料。加载等级从整理分析 p-s 曲线的需要来看,一般情况下,一个试验有 8 级～10 级,便能较好地反映 p-s 特征,同时,也可有 4 点～5 点在似弹性变形段内。现行国家标准《岩土工程勘察规范》GB 50021 规定:"加荷等级宜取 10 级～12 级,并不应少于 8 级",因此,本标准与其保持一致。

关于第一级荷载量,本标准不考虑挖除试坑土的自重压力,其理由同室内压缩试验的荷载不考虑土自重压力一样。土自重的影响会反映在 p-s 曲线上。但设备的重量应计入荷载中。

8 沉降观测:定时进行沉降观测的目的在于获得沉降随时间发展过程,以便确定加荷时间。

9 破坏标准:参考现行国家标准《建筑地基基础设计规范》GB 50007 和《岩土工程勘察规范》GB 50021 进行了改写,明确了极限荷载的取法。

49.2.4 关于 p-s 曲线的校正问题。在载荷试验中,由于各种因素的影响,使 p-s 曲线偏离坐标原点。我国各系统有的标准,以及原苏联 1979 年的标准提出,不论 p-s 曲线的形态如何,一律按 p-s

曲线前段呈线性关系用平均直线法进行校正。欧美各国的标准并没有明确规定要进行校正。

p-s 曲线是否校正,主要看对变形模量、临塑压力和极限压力影响的程度。从临塑压力和极限压力来看,校正与否影响不大;对于变形模量,标准所列的公式中,p 值规定得比较灵活,即按实际所需的压力取值,s 值则为所需压力 p 相对应的沉降量,同时,零点的校正实质上应该是对第一级荷载下相应的沉降量校正问题。鉴于上述理由,校正与否对变形模量的计算影响也是不大的。因此,标准中没有明确规定对 p-s 曲线必须进行校正。

如果 p-s 曲线用于进行其他分析研究,需对其进行校正时,可以参考有关文献所建议的方法,如平均直线法、三点法以及高次多项式拟合法等进行校正。

49.2.5 确定临塑压力及极限压力的方法。在本标准中,除对曲线具有明显直线段及转折点的 p-s 曲线规定可直接用转折点确定临塑压力外,对其他形状的曲线未作规定。为了便于确定转折点,可绘制 $\lg p$-$\lg s$ 曲线、p-$\dfrac{\Delta s}{\Delta P}$ 曲线等其他辅助曲线。

49.2.6 关于变形模量的计算方法。变形模量的计算是在地基土可侧向变形条件下,由弹性理论求得,仅适用于试验土层属于同一层次的均匀地基。实际上土体的应力应变关系是非线性的,因此,不少研究者探索用割线模量、弦线(或切线)模量用于计算地基变形。

49.3 黄土浸水载荷试验

49.3.2 本标准列入了三种浸水试验方法,即单线法、双线法和饱水单线法。对测定湿陷起始压力,三种方法均可,但饱水单线法只需作一点,不受土层均匀程度差别的影响;单线法可在某一预定荷载时浸水,对测定某级荷载浸水湿陷量比较明确;双线法在理论上可以测定最大荷载以内任一荷载的湿陷量,对全面观察土层在不同压力下的湿陷性是较经济的方法。由于双线法和多点单线法进行平行试验,受土层的不均匀性的影响较大。

关于浸水饱和程度的鉴定。本标准以饱和含水率为标准,即试验土层在浸水前后取原状土样测定密度等指标,推算饱和含水率。浸水后含水率达饱和含水率的 85%～90%,即认为饱和。

对于单线法,因为先加荷后浸水,一般只用湿陷速率控制。当湿陷速率达到相对稳定标准,即认为饱和程度也达到了要求。

49.3.4 关于确定湿陷起始压力的方法。

(1)在 p-s_{sh} 曲线上有转折点时,在曲线上做两切线,其交点对应的压力即为湿陷起始压力。若曲线上出现两个转折点,如图 30 所示,则在 A、B 两点之间取值。

(2)当曲线上无明显转折点时,可根据曲线的形态以 $s_{sh} \leqslant 0.02b$ 所对应的压力作湿陷起始压力。对湿陷性小的土,取值大些;对湿陷性较大的土,取值小些。

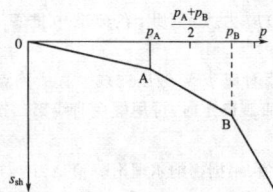

图 30　确定起始湿陷压力示意图

49.4 螺旋板载荷试验

49.4.1 仪器设备由螺旋承压板、加荷装置、位移观测装置组成,应符合下列规定:

螺旋板的尺寸系列比较多,本标准建议采用现行国家标准《岩土工程仪器基本参数及通用技术条件》GB/T 15406 的规定,也可根据不同土层及现有仪器的尺寸规格选用。

为了消除压杆与土的摩擦力对成果的影响,在紧接螺旋板上端与压杆之间连接一测力传感器直接测量施加于螺旋板上的荷载。

49.4.2 螺旋板载荷试验应按下列步骤进行:

2 螺旋板载荷试验的可靠性主要取决于螺旋板旋钻时对土体的扰动,为尽量保证土体的原有状态,应控制螺旋板每旋转一周钻进一个螺距。

5 试验点沿深度的间距一般为 1m,对均匀土层也可以 2m～3m 间距设 1 个试验点。根据已有的试验,最大试验深度达 30m。

49.4.5 从理论上讲,在原位有效自重压力 p_0 之前,螺旋板没有或只有很小的沉降,但实际上往往有少量沉降产生,这可能与土体的扰动有关。因此,取 p-s 曲线的直线段与 p 轴的交点作为 p_0 值。

49.4.6 在地层内部用螺旋板载荷试验的结果计算变形模量的理论模式如图 31 所示。由图 31 可知:在螺旋板处于某一深度,该处的上覆有效自重压力为 p_0,作用在螺旋板上的附加压力 p_n。在该种应力条件下,螺旋板下一直径为 D、厚度为 d_z 土体的变形量(即螺旋板的沉降量)s 应是有效上覆力 p_0、附加压力 $p_n = (p-p_0)$、螺旋板直径 D 和土的模量 E_{sc} 的函数,即:

$$s = \frac{A}{m_{sc}}\frac{(p'-p'_0)}{p_a}D = \frac{A}{m_{sc}}\frac{p_n}{p_a}D \quad (36)$$

或

$$m_{sc} = \frac{A}{s}\frac{(p'-p'_0)}{p_a}D = \frac{A}{s}\frac{p_n}{p_a}D \quad (37)$$

式中:m_{sc}——无因次的模量系数;

A——无因次的沉降系数,与 p_0、p_n 有关,可查标准图 49.4.6。

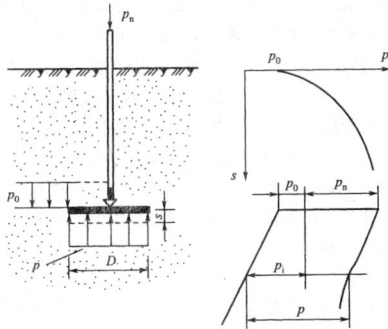

图 31 地层内圆盘沉降计算模式

由于土的变形模量与土的类别、应力状态和应力水平有关,因而用一系数 A 来统一沉降表达式;同时,用理想化的应力条件来定义模量而用无因次的模量系数 m_{sc} 来表示。这样,变形模量的普遍表达式即为:

$$E_{sc} = m_{sc}p_a\left(\frac{p}{p_a}\right)^{1-a} \quad (38)$$

一定的应力指数 a 对应于一定的土类和土的状态。若将应力指数 a 取值为 1、1/2、0 三个值,则相应的土类和土的状态为:

(1)$a=1$,则 $E_{sc}=m_{sc}p_a$。这意味着沉降系数 A 近似常数,约等于 0.72。常模量的概念显示土体具有弹性性质。这类土包括岩石、硬冰渍土、超固结土以及饱和黏性土的初始不排水条件。

(2)$a=1/2$,相应于模量 $E_{sc}=m_{sc}\sqrt{p_a p}$。从图 49.4.6(a)中可看出:沉降系数 A 随着 p_n 和 p'_0 的增加而减小,这种模量很大程度上相应于砂质土和粉质土。模量系数 m_{sc} 从 50 开始到几百。

(3)$a=0$,则 $E_{sc}=mp$。从图 49.4.6(b)中看出:沉降系数 A

随着 p_0 的增加而急速减小。该种线性模量相应于正常固结的饱和黏土和很细的粉质土。模量系数 m_{sc} 可从 5 变化到 50。

上述三种典型土类的模量与应力状态的关系如图 32 所示。

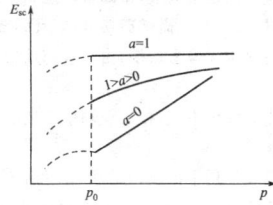

图 32 典型土类状态与模量关系

根据地层内螺旋板载荷试验,测得载荷 p_n 与螺旋板的沉降值 s,再依据土类从图 49.4.6 中查得沉降系数 A,即可求得地层的变形模量系数 m_{sc},最后利用 m_{sc} 求得变形模量 E_{sc}。

49.4.7 关于固结系数的计算。利用螺旋板载荷试验所观测的沉降随时间变化的曲线计算固结系数,是根据径向固结理论中所定义的时间因数 T_r,即:

$$T_r = \frac{C_h}{R^2}t \text{ 或 } C_h = \frac{T_r}{t}R^2 \quad (39)$$

式中:T_r——径向排水时间因数,无因次数;

C_h——水平向固结系数(cm^2/s);

R——螺旋承压板半径(cm);

t——荷载增加后的历时(s)。

径向固结微分方程式为:

$$\frac{\partial u}{\partial t} = C_h\left(\frac{\partial^2 u_r}{\partial r^2} + \frac{1}{r}\frac{\partial u_r}{\partial r}\right) \quad (40)$$

假定承压板下土层的边界条件如图 33 所示,则对固结微分方程进行求解得到固结度 U_r 与 T_r 的关系。因 T_r 与 U_r 都是无因次的,如将 U_r 与 T_r 的理论关系曲线同试验所得的沉降与时间曲线相比较,就可以得出 T_r 与 t 的相应值,从而求得 C_h。

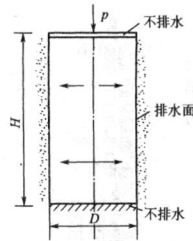

图 33 试验土层边界条件

U_r 与 T_r 的理论关系,在固结度达 60% 之前近似于抛物线,其表达式为:

$$U_r^2 = CT_r \text{ 或 } U_r = C\sqrt{T_r} \quad (41)$$

固结度大于 60% 时,时间因数 T_r 与固结度 U_r 的关系为:

$$U_r = 1 - 0.692(\exp^{-5.78T_r}) \quad (42)$$

当固结度 $U_r = 90\%$ 时,$T_r = 0.335$,所以:

$$C_r = T_{90}\frac{R_{sc}^2}{t_{90}} = 0.335\frac{R_{sc}^2}{t_{90}} \quad (43)$$

50 波速试验

50.1 一般规定

50.1.1 由于跨孔波速测试主要是测定直达的压缩波初至和第一个直达剪切波的到达时间,而且振动波直接在所测地层中传播,故

测出的 v_p、v_s 值反映了地层在天然结构和原有应力条件下的特征。另外，采用跨孔波速测试方法，能测出一些较薄软弱层的动力参数。从理论上讲，能测出钻探所及深度内地层的动力参数值。

单孔波速法又称波速检层法，振源可以是压缩波，也可以是剪切波，常用的是剪切波。为了提供剪切波，在孔口放置混凝土板或木板，上压重物，用锤水平敲击板端，由于板与地面水平接触，故产生水平剪切波。

面波法由于测试深度不大，在工程勘察中较少用，但可用于碾压填土的质量控制。

地层在地震荷载作用下的反应分析，动力基础的设计和结构物受动力作用的反应计算，都需要地层的动弹性模量 E_d、动剪切模量 G_d。用原位测定场地地层的压缩波速度 v_p、剪切波速 v_s，计算得到地层动弹性模量 E_d、动剪切模量 G_d 被认为是最可靠的方法之一。

测定土体动力参数的方法有试验室内测定和原位测定。试验室测定包括共振柱法、动三轴和动单剪测定法等。原位测定包括跨孔波速法、波速检层法、稳态振动法等。每种方法各有优缺点。原位测试可以保持地层的天然结构和原有应力状态。

50.2 仪器设备

50.2.2 本试验所用的主要仪器设备应符合下列规定：

1 钻孔波速试验，主要是测出场地地层的剪切波速度 v_s，要求振源能产生足够的剪切波能量，抑制压缩波能量，必须使振源产生的 S 波与 P 波能量比尽可能提高，故常采用能反复激振，并能反向冲击的机械振源装置。机械振源装置目前主要有两大类型：①一般通用的标准贯入试验装置。特点是结构简单，加工方便，易于操作，振动能量大，传播距离远。几乎把所有的能量集中在竖直轴上，能把大量能量转换成剪切能，产生很大的剪切波能量。这种振源装置主要用于土层中的跨孔波速试验。②井下剪切波锤，如图 34 所示。主要由一个固定的圆筒体和一个活动质量块组成，适用于各种地层中的钻孔波速试验。特别是能在钻孔中的任一深度

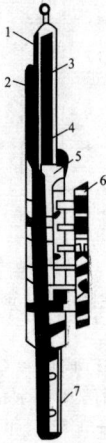

图 34　剪切波锤结构示意图
1—"张扩"液压管；2—"收缩"液压管；3—上部活动质量块；4—活动滑杆；
5—井下锤的固定部分；6—井下锤扩张板；7—下部活动质量块

处通过液压装置将筒体与孔壁紧贴，然后上、下拉动和松开连接质量块的绳子，使活动质量块上、下冲击固定的筒体，使地层产生很大的剪切波能量，并能重复激振，双向冲击，适用于测定较深地层中的动力参数。

面波法的激振源可以用机械激振、电磁激振和电液激振三种：①机械式稳态振动是用固定的机构，按固定的周期，循环往复地施加常扰力。这种扰动力通常用成对的质量块以固定的离心加速度

循环的旋转，从而产生周期性离心力，作用于试体上。②电磁激振是利用一定频率和波形的信号发生器，将要求模拟的电信号输入到功率放大器予以加强输出功率。然后将具有一定功率和频率的谐波电流，输送到电磁铁的固定线圈上，从而产生交变磁场，并驱动线圈产生模拟振动。③电液激振实际上是一种电液伺服系统，比较复杂。

面波法采用机械激振最轻和最为简便。

2 钻孔波速试验采用三分量检波器作为检测振动信号的接收装置，它用三个检波器按相互正交的方向固定在一个圆柱形的非磁性的塑料管或铝合金管内。我国目前大量生产的三分量检波器的自振频率一般为 27Hz 和 8Hz。由机械振源装置激振所产生的剪切波序列的主要频率为 70Hz～130Hz，这种三分量检波器的自振频率为现场波序列主要频率的 1/4～1/3。从国外引进的三分量检波器的自振频率一般都是 8Hz。检波器自振频率高，对埋置时的垂直度要求不严；自振频率低，埋置时要求尽可能垂直。

采用三分量检波器的目的，主要是用竖直检波器接收剪切波，用相对于振源径向排列的水平检波器接受压缩波，同时可相互校验波到达的时间。

50.3 操作步骤

50.3.1 跨孔波速法应按下列规定进行：

1 跨孔波速试验原是采用 2 个钻孔，后来发现由于振源触发器开关的延迟，波的传播路径改变等因素所产生的计时误差无法估算，势必影响波速值的准确度，因而建议每组跨孔波速试验采取 3 个钻孔，取间隔速度值，排除了振源装置一系列因素的影响，这种间隔速度值的准确度完全满足工程的要求。为了提高波速值的可靠性，每组跨孔波速试验最好采用 4 个～5 个钻孔，而且最好每组采用两个振源孔。此方法对验证资料的准确度是可行的，但费用太高，故本标准推荐每组跨孔波速试验用 3 个钻孔。

钻孔的孔距很重要，因为该方法的基础是接收直达的压缩波初至和第一个直达剪切波的到达时间。根据折射波的形成的传播特点，最佳孔距的确定，既要防止接收到折射波，又要考虑到仪器的计时准确度，同时还要考虑振源能量所传播到的距离。理论分析表明：测试结果误差随孔距的增大而增加。根据国内多年来的实践经验，并参考国外有关文献，在标准中提出：土层中的孔距为 2m～5m，岩石中的孔距为 8m～15m。若为砂石土层，孔距可采用 4m～5m。

2 一般不用钢管作套管。因钢管本身波的传播速度大（大于 6000m/s），容易传播钢管本身的剪切振动，会沿钢管长度产生波，导致波的传播和接收复杂化。

不同的套管材料、充填材料、填料的密实度以及采用套管与否等对所测定的波速值的影响程度，尚需进一步积累资料，以便提出更合理的要求。

3 如果在钻孔内埋设内径 76mm～85mm 的硬塑料套管，孔壁与套管之间的间隙必须灌浆或用砂充填，以保证波的传播。灌浆时，一般须采用灌浆管。

浆液是膨润土、水泥和水按照 1:1:6.25 的比例搅拌成混合物，其凝固后的密度一般为 $1.70g/cm^3$～$2.10g/cm^3$。灌浆一定要使整个孔壁与套管壁之间密实，不能出现空隙。

用砂充填时，应采用振捣或水冲等措施。此方法一般受深度限制。实际工作中塑料套管多选择与钻孔孔径相一致的，真正进行灌浆处理的不多。

5 为了准确地测定波速值，必须准确地计算出孔内各测点之间的水平距离（L）。当试验深度大于 15m 时，必须用测斜仪对每个试验孔进行倾斜度测量。

6 目前，检波器的固定主要用气囊装置将检波器外壳与孔壁

紧密接触。注意不要仅使检波器的一端与孔壁贴紧，这样会使检波器与孔壁之间出现振荡力偶，形成振动假信号。其他装置如楔子，钢性扩展装置没有气囊装置优越。

众所周知，激振能量除一部分直达检波器外，同时还向各个方向散射，其中部分散射到地面，而地表面是一个良阻波面，又将部分能量反射入地层，其中部分到达检波器，这就干扰了直达波的接收；接收点距地面越近，干扰越严重。所以，本标准规定第一个测点深度应设在孔口以下 2/5 孔距处。

50.3.2 单孔波速法应按下列规定进行：

1 对原标准的表达方式进行了调整，记录土层状态明确为：绘制钻孔柱状图。

2 单孔波速法主要检测水平的剪切波速。识别第一个剪切波的初至是关键。采用从两个相反方向激振，一般压缩波的初至极性不发生变化，而第一个剪切波达到点的极性产生 180° 改变，极性波的交点即为第一个剪切波的到达点。

4 对每个试验点的试验次数进行了明确，不应少于 3 次。

50.3.3 稳态振动面波法试验应按下列步骤进行：

4 稳态振动产生的波是正弦波。地表面上任一点距振源 l 处的波动方程为：

$$Z(t) = A\sin(\omega t, \phi) = A\sin\omega(t, \Delta t) \qquad (44)$$

式中：A——振幅；

Δt——波由振源传至距离 l 处的时间差；

ϕ——相位差，$\phi = \dfrac{2\pi fl}{v_R}$。

当 l 等于瑞利波波长 L_R 时，则 $\phi = 2\pi = \dfrac{2\pi fL_R}{v_R}$，故

$$v_R = fL_R \qquad (45)$$

当激振器输出一频率 f，两拾振器的间距为 Δl，如 Δl 不等于 L_R，两拾振器收到的振动波就有相位差，$\Delta l (=l_2 - l_1)$ 越大，2 号检波器测到的波形滞后于 1 号检波器的波形的时间 $\Delta t = \dfrac{\phi}{\omega}$ 就越大，则波速值：

$$v_R = \dfrac{\Delta l}{\Delta t} \qquad (46)$$

当 2 号检波器移到 l_3 处，且 l_3 和 l_1 处两拾振器记录的波形是同相位的，即相位差刚好为 2π，则间距 $l_3 - l_1$ 等于 1 个波长 L_R，此时式(46)变为普遍关系式(45)。改变激振频率，可得 R 波速的弥散曲线（即 v_R-L_R 关系曲线）。波速与间距 Δl 等于 1 个波长 L_R 不一致则可能因：①土层不均匀，有块石、夹层、孔洞等；②记录信号受其他振动干扰。

50.4 计算、制图和记录

50.4.1 波形识别按下列规定进行：

1 波形识别是试验中一项很重要的工作。为了使每个测点所得的波形记录能分辨出压缩波序列和剪切波序列，除了采用反向振源外，可以不断调节放大器的增益装置，达到增大压缩波和剪切波之间的区别。当采用微振源时，一定要清晰地显示出较远接收孔所检测得的信号。如不清晰，需重新激振。同时，根据波形的疏密形状，调整记录器的扫描速度，使波形略微拉开。

准确地判断出压缩波的初至和第一个剪切波的起跳点，从而读出波的传播时间。首先，根据不同方向激振所记录下的波形图，在垂直轴(z)记录线上找出极性相反的波形相位，然后用重叠法找出第一个剪切波到达的起跳点，作为剪切波的到达时间，这是有效的方法。

50.4.3 波形识别和判断准确以后，分别计算出每个测点的振源孔到接收器波长比 L_{R1}、接收器波长 L_{R2} 以及 L_{R1} 到 L_{R2} 之间的速度。

从理论上讲，这三个速度值应该相等，但实际上是很难达到的。碰到这种情况，需要加以分析，找出原因，如触发器延迟、震源附近地层不均等。特别要分析是否受到折射的影响。分析方法可根据下式判断：

$$\dfrac{l_c}{H} = \dfrac{2\cos i \cos\varphi}{1 - \sin(i+\varphi)} \qquad (47)$$

式中：l_c——临界距离，当振源点到接收点的距离大于此距离时，会接收到折射波；

H——振源点到地层界面的厚度；

i——临界角，表示为 $i = \sin^{-1}\dfrac{v_1}{v_2}$；

h——地层倾角，顺时针为正，逆时针为负。

式(47)中符号的意义如图 35 所示。计算的 l_c/H 值如表 11 所示。

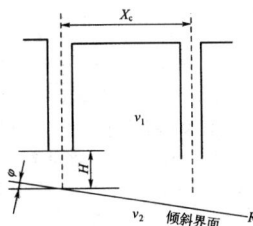

图 35　倾斜地层折射波影响参数示意图

表 11　l_c/H 值

$\dfrac{l_c}{H}$ ＼ $\dfrac{v_1}{v_2}$ $\varphi(°)$	0.10	0.20	0.30	0.40	0.45	0.50	0.55	0.60	0.65	0.70	0.75	0.80	0.85	0.90	0.95
0	2.21	2.45	2.73	3.06	3.25	3.46	3.71	4.00	4.37	4.76	5.29	6.00	7.02	8.72	12.49
10	2.69	3.04	3.49	4.04	4.38	4.78	5.24	5.83	6.57	7.53	8.89	10.94	14.52	22.60	—
20	3.31	3.86	4.58	5.54	6.17	6.95	7.95	9.25	11.05	13.69	18.01	26.21	46.95	—	—
30	4.14	5.04	6.28	8.13	9.45	11.20	13.63	17.23	23.04	33.71	43.74	—	—	—	—

假若在水平地层中进行跨孔波速试验，根据钻探资料和测试结果分析，已知上、下两层的速度值，并满足 $v_2 > v_1$。若 $v_1/v_2 = 0.1$，$\varphi = 0°$，同时已知从振源到接收点的距离为 6m，则要求振源点到地层界面的厚度最小为 2.71m，即大于 2.71m 时，接收不到折射波。小于 2.71m 时，可能接收到折射波。在整理资料过程中，通过这样的计算分析，可对速度值是否受折射影响作出判断。

51　化学分析试样风干含水率试验

51.1　一般规定

51.1.2 本标准中化学分析部分所用试样均为室温下的风干试样，而化学分析中各项试验结果均以试样的烘干质量为基准，故在结果计算中应将试样的风干质量(m_0)换算成烘干质量(m_d)，风干含水率(w)的测定便是以此为目的，其换算关系为：$m_d = m_0/(1 + 0.01w)$。

51.2　仪器设备

51.2.2 本试验所用的其他仪器设备应符合下列规定：

3 试验中所用的干燥器应当固定，其中干燥剂用一段时间后应予以更换或烘干再用。

51.3　操作步骤

51.3.1 在本试验条件下，烘焙时失去的水分主要是吸湿水。其质量随空气相对湿度、试样的成分以及颗粒的大小而异。本方法

适用于各种土，但当试样中有机质含量较高时，本方法误差较大，可改用真空干燥法测定含水率。含石膏较多的试样，烘焙温度应为55℃～60℃。

51.3.3 土样烘焙时间应按规定执行，不得任意增减，以免造成误差。烘焙时要注意烘箱中的温度分布情况。铝盒放在烘箱底层，因此处温度较高。

51.3.4 铝盒盖严后放在干燥器内冷却，冷却时间每次应控制一致。铝盒称量的先后次序也应固定，以利称量。

51.3.5 每次称量时，铝盒的数量不宜过多，一般4只～6只为宜。称量时动作要迅速，否则会因吸湿而难以称量。

52 酸碱度试验

酸碱度是了解土的物理化学性质和工程性质的一项重要的基本指标。酸碱度用pH值表示。土呈碱性时，土粒表面容易形成较扩展的扩散双电层，使土粒处于松散状态。这种土塑性较大，抗剪强度不大。而酸性土，土粒之间可以通过带正电的边、角和带负电的基面的静电力相互吸引而较牢固的连接，有较高的力学强度。

pH值的测定可用比色法、电测法。但比色法不如电测法方便、准确，而电测法测定酸碱度是目前常用的方法。酸度计是一种以pH值表示读数的电位计，用它可以直接读出溶液的pH值。

52.3 操作步骤和记录

52.3.1 土悬液的土水比例的大小，对测定结果有一定的影响。土水比例究竟用多大比较适宜，目前尚无结论，国内外也不统一，但用1:5的比例较多。本标准也采用1:5的比例，振荡3min，静置30min。

53 易溶盐试验

土中易溶盐包括所有的氯化物盐类、易溶的硫酸盐类和碳酸盐类。这些盐类既可以呈固态，也可以呈液态存在于土中，而且经常互相转化。它们溶解于孔隙溶液中的阳离子与土粒表面吸附的阳离子之间，可以相互置换，并处于动平衡状态。因此，易溶盐的含量、成分和状态及其变化，对土粒表面扩散双电层的性状和结构联结的特性等有较大的影响，从而引起土的物理力学性质发生差异。

在现行国家标准《岩土工程勘察规范》GB 50021中有关盐渍土分类规定：盐渍土按含盐的性质分类是采用含盐类质量摩尔浓度（mmol·kg⁻¹）的比值进行分类，盐渍土按含盐量分类是采用含盐质量分数（g·kg⁻¹）进行分类。因此，试验结果计算需提供两个不同量的名称和单位。

53.2 浸出液制取

53.2.2 浸出液制取试验应按下列步骤进行：

1 用水浸提易溶盐时，需要选择适当的土水比例和浸提时间，力求将易溶盐完全溶解出来，而尽可能不使中溶盐和难溶盐溶解。同时要防止浸出液中的离子与土粒上吸附的离子发生交换反应。由于各种盐类在水中的溶解差异悬殊，因而利用控制土水比例的方法是有可能将易溶盐、中溶盐和难溶盐分离开来的。从土中易溶盐的含量和组成比例而言，加水量少较好。但由于加水量少，给操作带来一定困难，尤其不适用于黏土。国内普遍用1:5的土水比例。

关于浸提时间，在同一土水比例下，浸提的时间不同，所得结果亦有差异。浸提时间愈长，中溶盐、难溶盐被溶提的可能性愈大，土粒和水溶液间离子交换反应亦显著。所以浸提时间宜短不宜长。研究表明：对土中易溶盐的浸提时间2min～3min即可。为了统一，本标准采用的浸提时间均为3min。

2、3 浸出液过滤问题是该项试验成败的关键。试验中经常遇到过滤困难的问题，需要很长时间才能获得需要的滤液数量，而且不易获得清澈的滤液，目前采用抽滤方法效果较好，且操作简便。

53.3 易溶盐总量测定（质量法）

53.3.3 易溶盐总量测定试验应按下列步骤进行：

1 易溶盐试验主要测定土中易溶盐的总量以及各阴离子和阳离子的含量。总量的测定采用烘干法，由于不需用特殊的仪器设备，且比较准确，故在室内分析中应用广泛。电导法虽简单迅速，但受各种因素如颗粒成分、盐分组成、温度等影响，准确度较差，故本标准未列。各种离子的测定采用化学分析法和仪器分析法。

3 当烘干残渣中有较多的钙、镁碳酸盐存在时，在105℃～110℃下结晶水难以蒸发，会使结果偏高，应改为180℃烘干至恒量，并注明烘焙温度。

当烘干残渣中有较多的吸湿性的钙、镁氯化物存在时，将难以恒量。可在浸出液内预先准确加入2%碳酸钠（Na₂CO₃）溶液10mL～20mL，使其转变为钙、镁碳酸盐，在180℃下烘至恒量，并做一个加2%碳酸钠溶液的空白试验，所加入的碳酸钠量应从烘干残渣总量中减去。

53.4 碳酸根（CO₃²⁻）及重碳酸根（HCO₃⁻）的测定（双指示剂中和滴定法）

53.4.4 碳酸根（CO₃²⁻）及重碳酸根（HCO₃⁻）的测定试验应按下列步骤进行：

1、2 碳酸根（CO₃²⁻）和重碳酸根（HCO₃⁻）用双指示剂中和滴定法测定。该法是利用碱金属碳酸盐和重碳酸盐水解时碱性强弱不同，用酸分步滴定，并以不同指示剂指示终点，由标准酸液用量算出碳酸根和重碳酸根的含量。

碳酸根和重碳酸根的测定应在土浸出液过滤后立即进行，否则将由于二氧化碳的吸收或释出而产生误差。

53.5 氯离子（Cl⁻）的测定（硝酸银滴定法）

53.5.3 氯离子（Cl⁻）测定试验应按下列步骤进行：

1 氯根（Cl⁻）采用硝酸银滴定法测定，以铬酸钾为指示剂。该法是根据铬酸银与氯化银的溶解度不同，以铬酸钾为指示剂用硝酸进行氯根滴定时，氯化银首先沉淀，待其完全后，多余的银离子才能生成砖红色铬酸银沉淀，此时即表明氯根滴定已达终点。

2 由于有微量的硝酸银与铬酸钾反应指示终点，因此需进行空白试验以减去消耗于铬酸钾的硝酸银用量。

53.6 硫酸根（SO₄²⁻）的测定（EDTA络合滴定法或比浊法）

53.6.1 硫酸根的测定应根据硫酸根含量的估测结果选用下列方法：

1 硫酸根（SO₄²⁻）采用EDTA络合滴定法是用过量的氯化钡使溶液中的硫酸根沉淀完全，再用EDTA标准溶液在pH≈10时以铬黑T为指示剂滴定过量的钡离子，最后由将消耗的钡离子计算硫酸根含量。比浊法是使氯化钡与溶液中硫酸根形成硫酸钡沉淀，然后在一定条件下使硫酸钡分散成较稳定的悬浊液，在比色计中测定其浊度，按照浊度查标准曲线便可计算硫酸根的含量。

53.6.3 EDTA间接络合滴定法应按下规定进行：

3 用EDTA标准溶液滴定过量的钡离子，以铬黑T为指示剂时，由于钡离子指示剂阴离子络合不稳定，终点不明显，需加入镁使终点清晰，故沉淀硫酸根时采用钡镁混合剂。

53.6.4 比浊法适用于硫酸根含量小于 $40mg \cdot L^{-1}$ 的试样，因硫酸根含量大于 $40mg \cdot L^{-1}$ 时，标准曲线即向下弯曲，且悬浊液亦不稳定。当试样中硫酸根含量较高时，可稀释后测定。在比浊法操作中，沉淀搅拌时间、搅拌速度、试剂的用量等需严格控制，否则将会引起较大的误差。

53.7 钙离子（Ca^{2+}）的测定（EDTA 法）

53.7.2 在 pH>12 的溶液中，镁离子被沉淀为氢氧化镁，在此条件下以钙指示剂为指示剂，用 EDTA 标准溶液滴定溶液中的钙离子。

53.7.4 钙离子（Ca^{2+}）试验应按下列步骤进行：

2 在钙离子测定中，测定钙离子时，溶液的 pH 值必须控制在 12 以上，使镁离子沉淀为氢氧化镁，以免影响钙离子的滴定。加氢氧化钠使镁沉淀完全后，应及时滴定，以免溶液吸收二氧化碳而生成碳酸钙沉淀，延长滴定终点。

53.8 镁离子（Mg^{2+}）的测定（钙镁合量滴定法）

53.8.4 镁离子（Mg^{2+}）的测定试验应按下列步骤进行：

1 在 pH=10 条件下，以铬黑 T 等为指示剂，用 EDTA 标准溶液滴定钙离子、镁离子合量，从合量中减去钙离子含量而求出镁离子含量。

53.9 钠离子（Na^+）和钾离子（K^+）的测定（火焰光度法）

53.9.1 本试验所用的主要仪器设备应符合下列规定：

1 火焰光度法是发散光谱分析中比较简单的一种方法。它是利用火焰激发使原子的电子跃迁而释放能量产生特征谱线。由于激发的能量较低，仅有碱金属和碱土金属等能用此方法激发，所产生的发射光谱经滤光片后用光电池和检流计来测其发射强度。这种方法简便、迅速、灵敏度较高，常用来测定钠、钾的含量，尤其是当其含量较低时，用火焰光度计优于其他方法。故本标准列入该法。差减法因误差大，本标准未列入。

53.9.3 钠离子（Na^+）和钾离子（K^+）的测定试验应按下列步骤进行：

1 用火焰光度计测定钠离子和钾离子，激发状况的变化是导致误差的重要原因，因此，试验过程中必须使激发状况稳定。试液中其他成分的干扰也是产生误差的原因，为此，绘制标准曲线时，配制标准溶液所用的盐类应与土样的主要盐类一致。

54 中溶盐石膏试验

54.1 一般规定

54.1.2 中溶盐是指土中所含的石膏（$CaSO_4 \cdot 2H_2O$）。本试验是测定土中石膏含量。以 1kg 烘干土（在 105℃～110℃下恒重）中所含的石膏的克（g）数表示。当土中石膏含量很高时，以 55℃～60℃烘干或风干土计算为宜。

54.3 操作步骤

54.3.1 浸提土中石膏的方法有水浸法和酸浸法。由于水浸法较为费时，且难以溶解完全，本标准规定采用酸浸-质量法，适用于含石膏较多的土样。该法利用稀盐酸为浸提剂，使土中石膏全部溶解，然后利用氯化钡为沉淀剂，使浸出的碳酸根沉淀为硫酸钡，沉淀经过滤、洗涤后灼烧至恒量，按硫酸钡的质量换算成石膏的含量。

用盐酸浸提石膏时，若土中含有碳酸钙，应在加酸待溶液澄清后立即用倾析法过滤，再加酸处理土样，反复进行至无二氧化碳气

泡产生为止，静置过夜。

54.3.2 硫酸根的测定应按下列规定进行：

3 滤纸灰化时，不应出现明火燃烧，以免沉淀飞出损失。同时灰化要充分，以免残留的碳素使硫酸钡还原为硫化钡。为了避免发生这种反应，高温炉灼烧时的温度以不超过 600℃为宜。

4 土中易溶性硫酸盐含量较高时，应对测定结果加以校正，即减去易溶盐中硫酸根的含量。

55 难溶盐碳酸钙试验

55.1 一般规定

55.1.2 土中难溶盐是指钙、镁的碳酸盐类。本试验是测定难溶的碳酸盐类在土中的含量，以 1kg 烘干土所含碳酸的克数（$g \cdot kg^{-1}$）表示。

土中的碳酸钙测定有多种方法，本标准中所列的气量法是较粗略的方法，适合大批试样的粗略测定。该法对土中的碳酸钙用盐酸分解，测量释放出的二氧化碳的体积，乘以二氧化碳的密度，求出二氧化碳的质量，再乘以换算系数 2.272，便可算出碳酸钙的含量。

55.3 气 量 法

55.3.3 气量法试验应按下列步骤进行：

3 试验前应检查试验装置是否漏气。读数时保持两管水面齐平是为了使两个量管所受压力均为 1 个大气压。

4 气量法受温度影响，特别是三角瓶与量管连接的 B 管。因此，需用长柄夹子夹住广口瓶，即使摇动也不要用手接触量管连接肢，以免人的体温影响气体体积。

56 有机质试验

56.1 一般规定

56.1.1 重铬酸钾容量法是测定土中有机质比较通用的方法。它是通过强氧化剂重铬酸钾加热来氧化有机质，以氧化剂的消耗量求出有机质的量。用过量的重铬酸钾-硫酸溶液，在加热条件下氧化土中有机质，剩余的重铬酸钾则用硫酸亚铁或硫酸亚铁铵的标准溶液滴定，从而得到氧化有机质的重铬酸钾的消耗量，根据重铬酸钾的消耗量乘上换算系数，便可计算出土中有机质的含量。

56.1.2 由于重铬酸钾容量法氧化能力有一定限度，故有机质含量高于 $150g \cdot kg^{-1}$（15%）的土样是不适用的。

57 游离氧化铁试验

57.1 一般规定

57.1.1、57.1.2 游离氧化铁是红土、红黏土及红色沉积岩的主要胶结物，同时易受环境条件的影响而改变其形态和特征，由于这些特征，它们对于这类岩土的工程性质有较大的影响。研究表明，游离氧化铁在岩土中的胶结作用不仅与它们的含量、分布形式有关，还受它们的结晶程度、水化程度等影响。本标准所列方法可测定岩土中游离氧化铁的总量和无定形游离氧化铁，二者相减即得结晶质游离氧化铁的含量，可用于定性分析和比较岩土的与胶结有关的工程性质。

57.3.1 试样处理应按下列规定进行:

4 从加入草酸氨缓冲溶液直至离心分离的整个过程应连续进行不得间歇,以免因土壤与溶液作用时间不同而影响提取质量。

57.3.2 铁的测定应下列步骤进行:

1 达姆试剂提取液用量应控制在 6mL 以内,超过此用量对测定结果有影响。

58 阳离子交换量试验

58.2 氯化钡缓冲液法

58.2.3 氯化钡缓冲液法试验应按下列步骤进行:

2 间歇摇晃可根据情况而定,大约每隔 10min 摇晃一次,每次摇晃约 1min(手摇)。

6 用 EDTA 溶液滴定硫酸镁溶液时,需仔细观测终点。当颜色由酒红色变为紫色时,应中止滴定,并不停地摇晃三角瓶,溶液若由紫色变为蓝色,表示已到终点;如溶液不变蓝色,再继续滴加 Na_2-EDTA 溶液,即变为蓝色。

59 土的 X 射线衍射矿物成分试验

59.1 一般规定

59.1.1 X 射线衍射分析是研究黏土矿物最重要的一种方法。本法是以 X 射线射入黏土矿物晶格中产生的衍射为基础。不同的黏土矿物,晶格构造各异,X 射线射入时便会产生不同的衍射图谱,据此可对其中的黏土矿物组成进行鉴定。土中伴存的非黏土矿物的鉴定原理与黏土矿物的鉴定相同。有关这些矿物的粉晶衍射数据可参考有关文献。

59.3 操作步骤

59.3.1 常规鉴定用的试样制备应按下列规定进行:

1 试样以制成镁离子饱和的为好,因镁是常见的两价阳离子中原子序数最小的,对 X 射线吸收较少。同时利用甘油扩展法来区分蛭石和蒙脱石时,仅仅镁饱和的蛭石晶层是比较可靠地只吸附一层甘油而保持 14Å(1Å=1×10⁻¹⁰ m)附近的晶面间距,不因荷电量多少而异。而钙、钡等饱和的蛭石,则可依荷电量多少不同,有时吸附两层甘油也可扩展至 17.7Å 左右,无法与蒙脱石区别。

59.3.2 试样的专门处理与制备应按下列规定进行:

1 在鉴别具有扩展性晶格矿物如蒙脱石等时,本标准建议用甘油扩展法。近来乙二醇扩展法在国内外比较流动,此法效果虽与甘油法相似,但是,某些蛭石特别是层间电荷较少的蛭石,即使用镁饱和也可以吸附两层乙二醇,同样扩展至 17Å 附近易与蒙脱石混淆,所以采用甘油扩展法较好。

2 实践证明,试样制成定向薄膜比干粉末压制样的效果好,试样用量也较少。故以定向薄膜做衍射分析为宜(研究 060 谱线除外)。

60 粗颗粒土的试样制备

60.1 一般规定

60.1.1 本标准中将土颗粒粒径大于 5mm 的土称为粗颗粒土或粗粒土。粗颗粒土的试样制备是为了使各项试验所用的土样制备

有统一的程序,并提供具有同一级配的试样进行各项试验。

60.3 操作步骤

60.3.1 黏质粗粒土的试样制备应按下列步骤进行:

3 关于试样级配和超粒径颗粒的处理。

(1)关于试样级配。级配是影响粗颗粒土工程特性的重要因素。就同一地区的同一类土料而言,尽管成因相同,级配组成也会有所变化。因此,在进行试验时,应按料场或天然地基的自然级配,或模拟工程实际情况合理地选择试样级配,以便试验成果具有代表性。

目前,各单位所采用的级配类型有两种,即天然级配和人工配。天然级配是根据天然料场或天然地基的天然级配制备试样,进行各项物理力学性试验并按此来确定各项指标的范围及其采用值。人工级配是根据料场或实际填料试验所得级配成果,按统计方法整理得出的级配随统计方法的不同有多种形式。有采用土料方量百分率级配曲线的方法进行统计,得出典型级配,包括上包线级配、下包线级配和平均级配;也有根据多组级配曲线的外包线轮廓线作出级配范围线,以最细者为上包线,最粗者为下包线,各组算术平均为平均级配。外包线级配是控制料场的极端情况,多用作验证性或探索性试验的依据,平均级配曲线系代表料场的平均级配情况,大多以此作为进行物理力学性质试验的依据。对于级配变化较大的土料,如风化料,则不能固定在某一级配情况下试验,必须在一定范围内进行研究。此外,尚有采用小值平均级配与考虑强度或渗透变形特征进行配制级配的其他方法。

总之,试样级配选择是一个复杂的问题,实际选用时必须以反映客观实际情况为原则,防止由于试样级配选择不当而影响试验成果的可靠性。

(2)关于超径颗粒的处理。用原级配土料进行试验是最理想的,但由于仪器尺寸的限制,有时不得不对土料中某些超过仪器允许粒径的颗粒(即超径颗粒)进行处理。

目前,国内外处理超径颗粒的方法大体有四种,处理后的级配变化如图 36 和表 12 所示。

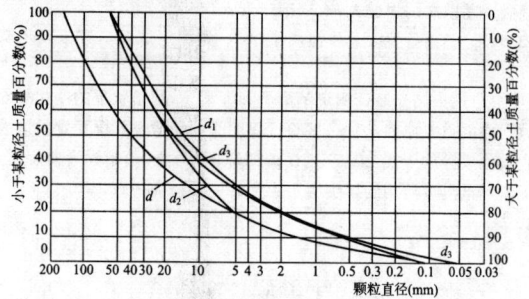

图 36 颗粒分析级配曲线

表 12 颗粒级配变化表

土样编号	颗粒组成(%)									d_{30}	限制粒径 d_{60}	有效粒径 d_{10}	不均匀系数 $\frac{d_{60}}{d_{10}}$	曲率系数 $\frac{d_{30}^2}{(d_{10} \cdot d_{60})}$
	>60	60~40	40~20	20~10	10~5	5~2	2~0.1	>0.1	>5					
原级配	40.0	11.0	13.0	10.0	8.0	7.0	11.0	0.0	82.0	13.5	59.0	1.55	38.1	1.99
剔除法级配 d_1	—	18.3	21.7	16.7	13.3	11.7	18.3	0.0	70.0	4.8	20.0	0.65	30.8	1.77
等量替代级配 d_2	—	21.5	25.4	19.5	15.6	7.0	11.0	0.0	82.0	9.0	25.0	1.55	16.1	2.09
相似法级配 d_3	—	20.0	25.0	16.0	11.0	11.0	15.0	3.0	71.0	5.3	23.3	0.61	38.2	1.98

1)剔除法。此法是将超粒径颗粒剔除,剩余部分作为整体,再分别计算各粒组含量。这样将使粒径小于5mm的颗粒含量相对增加,改变了粒径大于5mm的颗粒土的性质。因此,除超粒径颗粒含量极小外,一般不采用此法。

2)等量替代法。以仪器允许的最大粒径以下和粒径大于5mm之间颗粒,按比例等量替换超粒径颗粒,替代的级配虽保持粒径大于和小于5mm颗粒含量不变,但改变了粗料土级配,不均匀系数C_u及曲率系数C_c,此法适用于超粒径颗粒含量小于40%的土石混合料。根据比较试验证实:经替代后所得的强度比剔除法更接近实际。故此法在我国广泛应用于土石混合料等的力学性试验备料。

3)相似级配法。该法系将原级配的土料根据确定的允许最大粒径按几何相似等比例将原土粒径缩小。于是颗分曲线平移后,仍保持与原级配曲线相似,故C_u、C_c可保持不变,但粒径小于5mm的颗粒含量有所增加。因此,该法只是几何尺寸相似,不能全面地模拟原样的性质。理想的模拟材料是其级配、颗粒形状、颗粒本身的强度、颗粒表面的粗糙度等均应与原材料相似。但这种条件是难以满足的。采用相似级配法应注意的是颗粒级配曲线的平移后,不应使其中的细粒含量增加到影响原级配试样力学性质的程度。一般来讲,粒径小于5mm颗粒的含量不大于15%~30%,对力学性质的影响是不明显的。

相似级配法在国外应用较广,多用于砂砾料及堆石料等无黏性粗颗粒土的力学性质试验,近年来,我国也有一些单位采用。

4)混合法。先用较适宜的比尺缩小,使超粒径颗粒含量小于40%,再用等量替代法制样。资料表明:该法所得的最大干密度与现场碾压试验相接近。

曾用大型($\phi70cm$)、中型($\phi30cm$)、小型($\phi10cm$)三种不同尺寸的三轴仪对几种堆石料和砂卵石料进行一系列比较试验,以大试件为原级配,中、小试件分别用相似级配和等量替代级配。成果表明:中试件两种模拟级配所得的内摩擦角(φ)比大试件大2°~2.5°,应力应变关系基本一致;而小试件所得的内摩擦角(φ)和应力应变关系均偏大。这说明粗颗粒土级配粒径缩小过多其成果受到一定的影响。

此外,对于渗透变形等试验,超粒径颗粒处理是否可参照进行,尚有待于试验验证。

总之,上述几种处理超粒径颗粒的方法,有一定局限性,故本标准未做具体规定。在使用时,要根据土料性质和试验项目来决定。

(3)关于风化粗颗粒土超径的限制。视粗颗粒风化程度不同对试样允许最大粒径的限制可适当放宽。

7 关于粗颗粒土含水率的测定。粗颗粒土含有大量砾石,颗粒大小悬殊,往往难以取样代表性试样正确地测定含水率。目前测定含水率的方法有两种:一是测全料含水率,该法取代表性试样时应尽量照顾粗、细料含量的比例,试样数量不小于2000g~5000g;另一种是粗、细料含水率分别测定,然后按加权值计算全料含水率。

61 粗颗粒土相对密度试验

61.1 一般规定

61.1.2 粗颗粒土包括砂、砾及少量的细粒土,本标准规定细粒土(粒径小于0.075mm)的含量不大于12%,其目的是要求土样能自由排水,颗粒之间不致细粒含量过多而产生黏聚力。目前,世界各国除美国外,均未制订试验标准。为了对粗颗粒土的相对密度试验有一可以遵循的标准,根据我国的实践经验,并参照美国ANST/ASTM. D2049,制订了本试验标准。

61.2 仪器设备

61.2.1 本试验所用的主要仪器设备应符合下列规定:

1 本标准建议采用的主要仪器为振动台,试样筒尺寸与ANST/ASTM. D2049的规定略有差异,也可选择内径为20cm的试样桶,但允许最大粒径为20mm,见表13。其余振动频率、振幅及压重均与ANST/ASTM. D2049.69的规定一致。

表13 试样筒尺寸比较

内径 D (cm)		高度 H (cm)		体积 V (cm³)		允许最大粒径 d_{max} (mm)	
本标准	ASTM	本标准	ASTM	本标准	ASTM	本标准	ASTM
30	21.94	34	23.09	24033	14160	60	76.2
20	15.12	23	15.52	7226	2830	20	38.1

2 对于表面振动器,振动频率为40Hz~60Hz,对试样的静压力为14kPa。考虑到高土石坝的建设,对粗颗粒土的碾压标准不断提高,试验单位可根据工程的实际情况调整静压力和振动时间,需在试验报告中指出。

61.3 操作步骤

61.3.2 最小干密度的试验方法一般文献中缺少详细说明,只提及用人工松填灌注进行,并指出为了降低系统误差,必须进行平行试验。另外,为了保证试样结构相似和消除相对密度指标的系统误差,容器尺寸应该与最大于密度试验一致。并且应当满足公认的1/5径高比的要求(颗粒最大粒径与容器直径和高度之比值)。

61.3.3、61.3.4 振动台法系原标准规定的唯一最大干密度的测试方法,本次修订增加了表面振动法与之并列,该法已为英国、瑞典等国家标准采用;振动台法和表面振动法均是采用振动方法测定土的最大干密度,振动台法是整个土样同时受到垂直方向的振动作用,而表面振动法是振动作用自由土土体表面垂直向下传递。国内于20世纪80年代开始进行了表面振动法测试最大干密度,并应用于许多实际工程,说明该法已趋于成熟,有条件列入本标准正式使用,因此,试验室可根据设备拥有情况并结合工程实际选取最大干密度试验方法。目前国内外无论采用干法或是采用湿法进行最大干密度试验,均采用变体积法。对有些试样,用振动法所得的资料表明:当含水率相当于饱和度为0.8时,砂能得到最好的振动密实;同时,当砂的含水率为零时与最优含水率时所得的干密度极相近。因此,参照ANST/ASTM标准,本标准同时推荐采用湿法与干法测定粗颗粒土的最大干密度。

61.4 计算和记录

61.4.3、61.4.4 在实际工程的设计和施工中也常用压实度R_c和密度指数I_D作为控制质量的指标,这两个指标具有实用性,故本次修订的标准保留这两个指标。

62 粗颗粒土击实试验

62.1 一般规定

62.1.2 击实试验的两项控制标准为单位体积功能和单位面积冲量,世界各国所采用的标准基本上参考美国ASTM所制订的标准(D698)。为了有利于国际交流及与国际通用标准接轨,本标准参照了美国标准ASTM. D698,对击实仪的尺寸及击实方法做了修改,使之满足粗颗粒土的击实试验要求,但单位体积击实功能及单位面积冲量保持与ASTM. D698的击实标准等效,即单位体积功能及单位面积冲量按两种标准制定,分别为592.2kJ/m³和3kPa·s及

2684.9kJ/m³和7kPa·s。采用何种标准,试验者应根据工程设计的规定选用,在保证击实功率的情况下,可根据实际情况选择击实筒,需在试验报告中指出。

62.3 操作步骤

62.3.1 本标准规定了干法和湿法两种制样方法,其原因见本标准第13章相应的条文说明。

62.3.2 击实试验应按下列步骤进行:

2 余土超高15mm时,约占总体积的5.2%,相应的单位体积功能将减少约5%,虽对干密度一般超过0.03g/cm³,但因含较多的粒径大于5mm的颗粒,超高限制过小,操作难以控制,故规定余土超高不应大于15mm。

63 粗颗粒土的渗透及渗透变形试验

63.1 一般规定

63.1.1 粗颗粒土的渗透变形试验,主要适用于扰动的粗颗粒土试样。对于原状粗颗粒土试样,考虑到粗颗粒原状土的制样和运输难度非常大,不适宜在室内进行,建议进行原位试验,具体方法可参考本标准"试坑渗透试验"。

63.2 仪器设备

63.2.1 本试验所用的主要仪器设备应符合下列规定:

1 本标准所规定的仪器的尺寸主要是根据仪器的内径与试验土样最大粒径(或d_{85})之比来确定。个别地区可视当地材料而具体确定合适的比值。仪器分进水段、试样段和出水段。仪器筒身可用无缝有机玻璃管制成,也可用嵌有玻璃的铁质圆筒,以便观察。

4 加荷设备。加荷的目的在于使试验更好地符合天然受力状态。目前,加荷设备大都采用杠杆式。一般均用于小直径仪器中。若用于大直径仪器,则所需荷载总量较大,设备也要加大,应用不便,且占地较多。也可采用其他方式加荷,例如气压和液压。

5 测压管的布置原则:

(1)在仪器进水段及出水段要各布置1个测压管,以测定试样总坡降。

(2)试样段测压管要布置较密些。一般每隔5.0cm布置1个。布置方式不限,可以分排布置,也可以螺旋形布置或其他布置形式。

(3)在做反滤层试验时,要在反滤层与被保护土之间及后滤层每层之间的接触面上布置测压管。

(4)在做水平渗透变形及接触冲刷试验时,在不同介质接触面上,要每隔5cm布置测压管。

(5)测压板上的玻璃管一定要垂直,各个玻璃管内径相互误差不大于2mm。

(6)测压板上零点读数要低于仪器的第一个测压管,测压板上的最高读数要比最高水箱的水位略高些。

63.3 操作步骤

63.3.1 试样制备应按下列步骤进行:

2 关于超粒径的处理办法,主要有剔除法、等量替代法、相似级配法和混合法,优先考虑等量替代法。

4 试样装入仪器中,不可能与仪器边壁很好地结合,容易形成边壁通道,渗流集中。因为,管涌往往首先从边壁孔隙内发生。这样,测得的管涌临界坡降就会偏小,使得试验成果失真,必须进行边壁处理。其处理办法,目前均处于摸索阶段,例如用凡士林或

橡皮泥涂在侧壁周围等。这些处理办法均是在试样分层装入仪器时,同时逐层进行的。

63.3.2 试样饱和应按下列步骤进行:

1 过滤排气可以起到一定作用,当水流自下而上流动时,先通过倾斜透水板滤气并通过排气孔排出,然后通过下透水板进入试样,可以收到一定效果。

63.3.3 渗透试验应按下列步骤进行:

3、4 为了缩短试验时间,将渗流坡降的递增值采用逐级加大的方法,即随着试验的不断进行,将其相邻两级的坡降差额逐步加大,类似于等比级数那样。这样做的目的是为了既节省试验时间,又不会增大相对误差。但应按既要取得试样临发生变形前的坡降值,又要能准确找到变形的临界坡降的原则,视具体情况掌握。对于非管涌土,递增值可大些,对于管涌土,递增值可小些。在临界状态以后至破坏坡降这一段,由于历时较长,递增值可大些。

63.4 计算、制图和记录

63.4.8 试验中对管涌的鉴别,国内外缺乏一个明确标准,概括起来,不外乎下列几种:

(1)试验人员从仪器周壁及试样表面直接用肉眼观察。

(2)在双对数纸上,以渗流坡降(i)为纵坐标,渗透速度(v)为横坐标,绘制i-v关系曲线。若试验期间,温度变化不大,坡降较小,则根据达西定律,即管涌发生以前,i-v线段应为直线,其斜率等于1;管涌开始后,一般说来,该直线段将发生明显转折。

(3)供水水箱位置升高,而上游测压管水位并不相应升高,甚至下降,流量加大,说明试样内部结构已起变化。

(4)试样表面有2/3的面积出现细粒跳动,或泉眼翻滚,形成破坏。

从上面所列举的几条标准来看,立足点不一致,有的是说明管涌的临界坡降,有的则是说明管涌的破坏坡降。对管涌而言,其变形有一个发展过程。在i-v关系曲线上表现为:当第一个阶段接近终了时,斜率为1的直线段发生转折,到达管涌临界坡降。管涌过程进入第二阶段,这时i-v直线与横轴成某一角度继续上升。在经历一个过程后,到达第三阶段,此时i-v曲线的纵坐标i值随v的增大而减小,此转折点所对应的坡降值为破坏坡降。综上所述,对管涌的鉴定,应以i-v曲线为主,并结合目测。

64 反滤试验

保护渗流出口处不发生破坏,可以有效地防止渗透变形的发生和发展,反滤层是防止流土及管涌的重要措施。本试验的目的是在土与砂、砾或排水设施之间,选择适宜级配的砂砾料组合层,使之既能防止细土流失,又能畅通排水,保证建筑物有效使用和安全。

64.2 无黏性土的反滤试验

64.2.1 反滤试验使用的仪器,因为考虑到反滤试验的装样、饱和以及测试方式和渗透变形试验近似,利用垂直渗透变形仪能达到试验要求。故直接采用垂直渗透变形仪进行反滤料试验。

64.2.7 对于试验前后各层的土料均应进行颗粒分析,在同一颗粒分析坐标纸上绘制被保护层和滤层试验前后颗粒分析曲线,根据试验曲线,确定被保护土层中带出土量,从而判断所选定的滤层土料是否能满足反滤要求。

64.3 黏性土的反滤试验

64.3.5 高土石坝防渗体的反滤层应按可能产生裂缝的原则设计

已逐渐被认可。黏性土考虑裂缝的反滤试验方法有裂缝自愈性能试验、松填黏性土反滤试验等，试验基本上是在大型垂直渗透变形仪上进行。常用的裂缝模拟方式有矩形缝和圆孔两种，由于采用矩形缝模拟更接近实际裂缝的形态，本标准建议采用矩形缝，造缝方法采用预埋式造缝法，这样可避免后制缝（试验样制备好后再钻孔造缝）对缝周围土体干扰，裂缝尺寸控制及与反滤料的接合比较容易解决。试样直径建议不小于 20cm。

64.3.6 试样制备好后，黏性土试样不进行饱和，立即施加水头进行试验，采用一次性加压到位的方法施加水头，以模拟水库在高水位运行时心墙突然出现贯穿性裂缝的最不利条件。

65 粗颗粒土固结试验

65.2 仪 器 设 备

65.2.1 本试验所用的主要仪器设备应符合下列规定：

1 试样尺寸的大小应当和粗颗粒土的粒径相适应，即试样的最大粒径 d_{max} 随试样高度与最大粒径之比（H/d_{max}）、试样直径与高度之比（D/H）等而定。

根据国内外使用的一些大型固结仪试样尺寸的统计，H/d_{max} 大致为 3~10（较多的在 3.3~5 之间），D/H 大致在 0.5~3 的范围内（较多的在 1.5~2.5 之间）。

考虑到粗颗粒土的粒径变化范围极大，故本标准对固结仪的试样尺寸未做具体规定，但对尺寸的比例关系予以规定，即 D/H 为 1.5~2.5，$H/d_{max}=4$~6 为宜。试验时可根据试样的粒径、级配等性质选定。

65.3 操 作 步 骤

65.3.1 试样制备应按下列步骤进行：

2 为了减少试样与环壁之间的摩擦，要求容器内壁加工光滑，涂衬润滑材料如硅脂、聚四氟乙烯。也可采用多环式固结器（一节钢环、一节橡皮相间组合），从而减小侧壁摩擦的影响。

65.3.3 试样固结应按下列步骤进行：

3 在荷载作用下，土粒的重新排列及孔隙体积的减少，孔隙压力的消散都需要一定的时间。施加荷载的历时对试验结果都有影响，直接关系到试样的压缩量、固结速率、次固结量等，因此，需要有稳定标准。本标准规定每级压力下，主固结完成或以 24h 作为稳定标准，这一标准与国外大多数国家的稳定标准一致。对于某些粗颗粒土，在高压力下，颗粒破碎可能会引起次固结量。

66 粗颗粒土直接剪切试验

66.2 仪 器 设 备

66.2.2 对粗颗粒土进行直剪试验时，试样尺寸取决于最大粒径。根据国内外现有资料，统计了各试验研究单位所用试样尺寸与最大粒径的比值。

由统计分析可知：试样直径与最大粒径的比值（D/d_{max}）变化范围较大，为 4~12.5。其中径径比为 7.5~10 的统计数为 64%，径径比小于 7.5 的占 25%，径径比大于 10 的占 11%；高径比的变化为 1.5~10，其中高径比为 4~8 的占 53%，高径比大于 8 的占 17%，高径比小于 4 的占 30%。以上各单位采用的比值较集中为：径径比为 7.5~10，高径比为 4~8。

不同的径径比和不同的高径比对粗颗粒土的摩擦角的影响如图 37、图 38 所示。为此，确定试样尺寸与最大粒径关系时，应同时考虑高径比，推荐径径比为 8~12，高径比为 4~8。根据统计资

料分析，粗颗粒土直剪仪的剪切盒多数为圆形，其次是方形，少数为长方形。圆形受力条件与应力分布比方形的好，而方形的又比长方形的好。故本试验推荐圆形直剪仪。

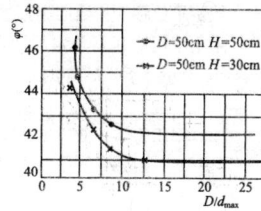

图 37 φ-D/d_{max}关系曲线

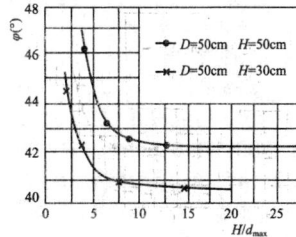

图 38 φ-H/d_{max}关系曲线

66.3 操 作 步 骤

66.3.1 试样制备和安装应下列步骤进行：

2 粗颗粒土在剪切过程中，颗粒的位置不断调整，在剪切区产生错动、翻滚和磨损现象。在直剪仪中，试样受剪力盒约束及剪切面固定，因此，剪切时粗粒要发生翻滚和错动较困难，导致颗粒剪破，剪切过程中伴随着明显的剪胀，使测得的强度偏高。为此，应在上、下剪切盒之间开一定的缝隙。开缝的目的在于避免颗粒剪破，使试样沿弱面剪切。但开缝过大也不恰当，因剪切区侧限作用过小，试样易从剪缝挤出；开缝过小，不能消除约束的影响。根据国内资料综合分析，粗颗粒土直剪试验的开缝尺寸推荐（1/3~1/4）d_{max} 作为其使用标准。

3 试样制备选用以下方法：

(1) 击实法。采用与室内击实试验相同的功能分 3 层~5 层及层缝交错法将试料击实至控制密度。

(2) 振捣法。对砂砾石等无黏性粗颗粒土采用机械振捣到控制密度。

(3) 静压法。用千斤顶施加静压力，分层将试料压实到控制密度。

试样制备方法应尽可能与现场施工情况一致。对于土坝及土石坝工程或回填基础的含黏质土粗颗粒土，一般可采用击实法制备试样。击锤底面积应比试样面积小，便于击实时排气，塑流揉搓，以与实际压实结构相似。对于无黏性粗颗粒土，采用振捣法制备，接近振动碾施工情况。静压法不便排气，静压时粗粒受压不均匀，在重要工程中也无使用经验，故不拟推荐。

4 试样饱和常用的方法有真空抽气饱和法、毛细管饱和法和浸水饱和法。实践证明，真空抽气饱和法的饱和度最高，效果最好，适用于含黏质土的粗颗粒土；水头饱和法次之，可用于无黏性粗颗粒土。浸水饱和法易使气体封闭在土内，并造成细粒在水的作用下向下移动，淤填孔隙，使试样密度不均匀，饱和效果最差，一般不宜使用。

66.3.2 快剪试验应按下列步骤进行：

1 渗透系数大于 1×10^{-6}cm/s 的土不宜用此法。粗颗粒土在高压情况下，抗剪强度与垂直压力呈非线性关系，不符合库仑方程的直线关系。因此，在设备出力允许条件下，采用的最大垂直压力应符合建筑物或地基中的受力情况；如限于仪器设备能力达不

到要求的出力时,应在提交试验资料时予以说明。

2 关于水平剪切力施加方法。根据国内的情况,水平剪切力的施加方法有以下三种:

(1)应变控制法。按水平位移计读数的等速递增作为标准。

(2)时间控制法。采用液压稳压器均匀推动水平千斤顶加水平剪切力,控制试样在 3min～5min(有的单位控制在 5min～10min)内剪损。

(3)应力控制法。按水平压力计读数递增水平剪切力。

剪切速率的大小直接关系到试样排水,是影响抗剪强度的主要因素之一。

对于无黏性粗颗粒土,其渗透系数较大,在荷载作用下孔隙水压力能迅速消散,在快剪和固结快剪条件下,也难避免排水固结,因而建议用三轴仪测定其不排水强度。

对于渗透系数较小的黏质粗颗粒土,快剪和固结快剪的剪切速率参考了直径 61.8mm 细粒土的剪切速率。对于固结慢剪,由于土料性质和渗透系数的差异,较难准确确定剪切速率,参考细粒土固结慢剪经验,建议估算破坏历时,根据破坏时的剪切变形计算剪切速率。可根据设备尺寸、土料性质等因素自行确定剪切速率,但要保证孔隙水压力消散充分。

66.3.3 固结快剪试验应按下列步骤进行:

2、3 目前对试样在垂直荷载作用下达到稳定的控制标准,大多数单位用每小时变形不大于 0.01mm～0.05mm。本标准规定在垂直荷载作用下,每小时垂直变形小于 0.03mm 为变形稳定标准,这与原大型固结试验的变形稳定标准一致。

第 66.3.4 条第 3 款规定的理由与第 66.3.2 条第 2 款的相同。

66.4 计算、制图和记录

66.4.3 粗颗粒土直剪试验中现行破坏标准有两种,即:极限强度标准和剪切位移标准。

据调查统计,国内许多单位采用极限强度标准作为破坏标准,即以 τ-ΔL 关系曲线上的峰值或稳定值作为破坏值。该值的概念与极限平衡理论相符,本标准推荐采用极限强度标准。

但在粗颗粒土剪切试验中,有时没有明显的峰值,国内外资料建议采用相应于下列变形时的剪应力作为破坏值:

(1)塑性材料:$\Delta L_{max} > (1/15)D$;

(2)半脆性材料:$\Delta L_{max} = (1/15)D$;

(3)脆性材料:$(1/20)D \leqslant \Delta L_{max} \leqslant (1/15)D$。

本标准建议在剪切试验过程中无峰值或稳定值时,可用 ΔL_{max} 值为 $\left(\dfrac{1}{15}\sim\dfrac{1}{10}\right)D$ 作为确定破坏值的标准。

67 粗颗粒土三轴压缩试验

67.1 一般规定

67.1.2 在三轴压缩试验中,根据排水条件的不同,分为不固结不排水剪(UU)、固结不排水剪(CU)、固结排水剪(CD)三种试验类型。其特点和应用见本标准第 19.1.2 条的说明。

67.2 仪器设备

67.2.1 本试验所用的主要仪器设备应符合下列规定:

1 国内外相继研制了许多大型三轴仪,试样直径为 200mm～500mm,周围压力 σ_3 为 0MPa～14MPa,其中:以试样直径 D 为 300mm,试样高度 H 为 600mm～750mm,侧压力 σ_3 为 1.5MPa～2.5MPa 的为多数,应用也十分广泛。本标准对试样尺寸未做具体规定,可根据具体情况而定。

67.3 无黏性粗颗粒土三轴压缩试验

67.3.1 试样制备应按下步骤进行:

1 本标准中规定试样直径不应小于试料最大粒径的 5 倍。而试样高度与试样直径的比值对试验结果的影响也很大,根据对比试验研究结果,高径比大于 2.5 时,两端承压板的约束对试样中部应力分布影响小。而当高径比大于 2.5 时,试验中试样容易歪斜,成果偏低;高径比小于 2.0 时,试验成果偏高。故本试验建议以高径比为 2～2.5 为宜。

5 由于粗颗粒土性质不同,有的含有一定的细颗粒,在土体颗粒间有一定的结合力,土体可自立成土柱;而较多的粗颗粒不含黏土颗粒,也就无黏结作用,土体只有借助外力才能直立状,故在本标准中分为黏质粗颗粒土和无黏性粗颗粒土两类。前者因可自立成土柱,故在试样制备中可在三轴仪底座上或在制样器底座上安装成型筒用击实法制样;后者只宜在三轴仪底座上安装成型筒用击实法或振捣法制样,然后从试样顶部抽气,施加30kPa 左右的负压才能拆去成型筒,即借助负压才能自成土柱。粗颗粒土颗粒径大,颗粒本身强度较高,试验过程中容易刺破橡皮膜。为了防止橡皮膜被刺破,有以下几种方法:①用两层或三层橡皮膜;②在橡皮膜和试样间衬几块橡皮板,块厚不超过橡皮膜厚度(见图 39),外再套一层橡皮膜;③在内膜和试样间夹一层波纹纸,同时在内膜上贴擦了油的聚氯乙烯片(100mm×100mm×1mm)再加一外层橡皮膜。显然这些方法比一般圆筒型橡皮膜要复杂一些。

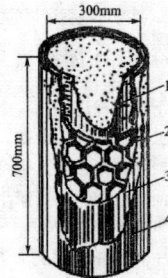

图 39 贴有六边形橡皮块的橡皮膜
1—内套;2—六边形块;3—六边形黏结套;4—外橡皮膜

为消除橡皮膜对试样的影响,应对橡皮膜的影响加以校正。目前校正方法有如下两种:一种是用橡皮膜的弹性模量计算的校正方法;另一种是采用整体校正方法,即分别用一层或几层特制橡皮膜进行试验,两者的差值即为校正值。

67.3.2、67.4.2 对于黏质粗颗粒土,因透水性小,本试验建议用抽气饱和法或反压力饱和法;对于无黏性粗颗粒土,透水性较大,本试验建议用抽气饱和法、水头饱和法及二氧化碳饱和法等。使用中也可联合使用,如用抽气饱和之后,再继续水头饱和则效果更好。

在这些试验方法中,水头饱和、抽气饱和及反压力饱和法皆为大家所熟悉,已积累了一定的经验。二氧化碳饱和法目前在国内已有应用,可获得良好的饱和效果。

关于饱和度的鉴别方法,因试样尺寸较大,对那些只宜在仪器上制样的粗颗粒土,是难以用称量法鉴别饱和度的。除了用饱和水量和孔隙体积估算饱和度外还要用孔隙压力系数 $B(u/\sigma_3) \geqslant 95\%$ 作为鉴别标准。

67.3.3 固结不排水剪切试验(CU)应按下列步骤进行:

2 关于试样固结稳定标准。一般常用的鉴别标准有:①固结排水量趋于稳定;②固结过程中孔隙水压力消散至小于 5% 或消散度达 95% 以上;③主固结完成。这里需指出的是,因粗颗粒土性能差别较大，如对于无黏性粗颗粒土，透水性能强，固结历时短，不存在次固结问题，试样在几分钟之内就完成固结。故对此类粗颗粒土，在固结过程可不按 $\sqrt{t}$ 时间进行测记。本试验规定每隔 20s～30s 测记读数一次，并随时绘制 ΔV-t 或 u-t 关系曲线。当曲线的下端趋于水平或孔隙压力 u 消散到 5% 以下，则表示固结完成。对黏质粗颗粒土，因渗透性小，固结历时较长，可按 0min、1/4min、1min、4min、9min、25min 等的时间间隔测记读数，并随时绘制 ΔV-t 或 ΔV-$\lg t$ 关系曲线，当主固结完成或固结度 $U \geqslant 0.95$ 则认为固结完成。

4 剪切速率是粗颗粒土三轴压缩试验中的一个重要问题，它不仅关系到剪切试验历时的长短，而且关系到试验成果的可靠性。

许多研究资料表明，当粒径大于 5mm 的颗粒含量大于 70% 时，可用较快的剪切速率；粗颗粒含量不大于 30%～40% 时，则其物性主要取决于细颗粒的性质，则粗颗粒土就具有黏质土的特征。由此可见，粗颗粒土的性能差异很大，它的剪切速率不能一概而论。然而截至目前，对粗颗粒土剪切速率系统研究的资料甚少，故那些由细粒性质起决定作用的粗颗粒土，如黏质粗颗粒土，其性能与细粒土相似，剪切速率可参考常规三轴试验。对无黏性颗粒土，不固结不排水剪对应的实际工况几乎没有，试验本身没有意义，因此本标准未纳入无黏性颗粒土不固结不排水剪试验。无黏性颗粒土固结排水剪，对于砂土，当剪切历时由 1000s 减少到 0.01s，强度仅增强 10%，影响不大。采用每分钟轴向应变为 0.1%～0.5% 为宜。

67.4 黏质粗颗粒土三轴压缩试验

67.4.1 试样制备应按下列步骤进行：

2 本款规定的理由与第 67.3.1 条第 1 款的相同。

68 粗颗粒土三轴蠕变试验

68.1 一般规定

68.1.1 土体变形和应力与时间的关系统称为土的流变。它包括：蠕变、应力松弛、长期强度、应变率（或荷载率）效应等。蠕变是指有效应力不变条件下，变形随时间而发展的现象。

粗颗粒土具有蠕变特性，从已建大坝的沉降资料来看，竣工以后的沉降相当一部分是由于作为坝体填料的粗粒料蠕变造成的。例如澳大利亚坝高 110m 的塞沙那（Cethana）面板堆石坝，从 1971 年 4 月蓄水结束到 1980 年 11 月，坝顶最大沉降约达 64mm，坝顶最大向下游方向的水平位移约 44mm，其中 1973 年～1980 年，坝体沉降和水平位移分别以每年 4mm 和 3mm 的速率发展。我国高 95m 的西北口面板坝，观测沉降最大的点在施工完成时的沉降为 36cm，8 年后的沉降发展到 66cm。我国的成屏面板堆石坝运行 3 年后，变形才逐渐趋于稳定。这些后期变形主要是由堆石的蠕变引起的。我国正在兴建的 200m 至 300m 的高土石坝，坝体内应力分布复杂，应力大，堆石体的蠕变问题更严重，是值得高度重视的问题。

通常情况下，室内粗颗粒材料蠕变试验只是研究恒定应力作用下颗粒本身的蠕变及接触点错动或破坏所引起的宏观上的变形与时间的关系，测得的蠕变量在总变量中所占的比例较小，完成得也快。野外现场受到日晒雨淋因素的影响，测得的蠕变量则相当大，且长时间发展。对于土石坝工程而言，主要原因有两条：①天气变化、日晒雨淋、温度循环、大气的氧化作用等现场因素引起颗粒接触点的软化、侵蚀，从而加剧堆石内部颗粒错动或者接触点破碎，引起重新排列，相应产生变形；②荷载的变化。库水位的

周期性升降引起荷载反复增减，引起堆石料的塑性变形。这部分变形是荷载变化引起的，不属于蠕变。

68.2 仪器设备

68.2.1 本试验所用的仪器设备应符合下列规定：

1 室内蠕变试验仪器主要有：单向压缩蠕变仪、三轴蠕变仪和剪切蠕变仪。单向蠕变仪可以是普通的单向固结仪，恒定竖向压力，量测随时间变化的竖向变形。该仪器操作简单，但是仅能得到 K_0 固结状态下的体积变形，不能得到剪切变形，而且侧壁摩擦影响大。在具有应力控制功能且能长期恒压的三轴仪上进行蠕变试验，能够确定体积变形和轴向变形，因此本标准只列入了在三轴仪上进行蠕变试验的方法。

研究表明，温度是影响蠕变试验测试精度的重要影响因素之一，由此在进行试验时宜在恒温条件或温差不大情况下进行。

68.3 操作步骤

68.3.4 蠕变试验在变形量测时，应保证有效应力不变。在外荷不变和排水条件下，就要求超孔隙水压力保持为零，或在蠕变初始测量时就不允许产生超孔隙水压力。因此本标准在施加轴向应力时采用的加载速率是三轴压缩 CD 试验的剪切速率，以使试样能充分排水，保证孔隙水压力基本为零。

68.3.5 蠕变试验应按下列步骤进行：

1、2 目前普遍的观点是：蠕变在荷载施加时刻起就已经发生。因此施加轴向应力到预定应力时，就应立刻开始记录产生的变形。

但要说明的是，按照滞后变形理论，量测得到的应变可分为瞬时产生的弹塑性应变（或初始应变）和蠕变应变。目前还没有统一的方法进行这两者之间的区分，有的单位以时间（如 1h）为界，有的单位按照理论公式或经验公式对试验曲线进行拟合后确定。试验中应全过程记录，前期变形发展较大，记录应密集；后期变形发展缓慢，可适当延长时间间隔。

3 关于蠕变的稳定标准，目前还没有形成公论。国内进行蠕变试验时往往采用下述 3 种稳定标准：①以一定时间内变形的绝对变化值为标准，如轴向应变每 24h 不大于 5×10^{-5}；②以一定时间内变形的相对变化为标准，如选择 24h 内的变形是累计蠕变形的 1‰～5‰；③以时间作为稳定标准，如蠕变试验每级至少 7d。这个标准显然忽视了堆石的本身特性，如硬岩稳定时间较短，而强风化或软岩相应的蠕变稳定时间较长，黏质粗颗粒材料的稳定时间更长。按第①、②种稳定标准，往往数天或数十天蠕变形已较稳定。因此推荐第①、②种稳定标准，第③种不推荐。

68.4 计算、制图和记录

68.4.2、68.4.3 研究表明，试样级配、母岩岩性、颗粒形状、试样的饱和状态、试样密度、初始应力状态（包括围压和应力水平）、加载应力路径、试样尺寸等是影响粗粒料蠕变特性的主要因素。试验环境温度对试验结果也有影响。温度变化会引起土体本身黏性的变化，温度高，蠕变性增加。温度还影响试验仪器（尤其是电子量测系统）的精度。因此在试验中尽量控制环境温度不变，并予以记录。

蠕变的本构模型很多，有将蠕变曲线用幂函数或指数衰减函数等拟合的经验蠕变模型、元件蠕变模型、弹黏塑性模型、速率过程理论等。国内各家试验和计算单位也未采用统一的模型。因此本标准仅要求记录变形随时间的发展关系，实际应用时根据蠕变曲线，由计算模型再确定模型参数。已有研究表明，最终剪切蠕变量与偏应力水平和试验围压均有关；最终体积蠕变量也与围压和偏应力水平有关，存在"剪胀性"。这表明了蠕变特性也存在"交叉影响"。

69 粗颗粒土三轴湿化变形试验

69.1 一般规定

69.1.2 粗粒土料的湿化是指粗粒土料在一定的应力状态下浸水,由于颗粒之间被水润滑以及颗粒矿物浸水软化等原因而使颗粒发生相互滑移、破碎和重新排列,从而产生变形的现象。室内试验中这种变形应在应力状态不变时进行量测。

粗粒土料湿化变形试验研究可在单向固结仪和三轴仪上进行。单向固结仪只能测量湿化体积变形,而且一般其侧向应力无法控制。湿化试验在三轴仪上进行时,具有应力条件明确、能够量测体积变形和剪切变形的优点,因此本标准仅列出了在三轴仪上进行湿化试验的方法。

湿化变形试验和计算分析中,有单线法(直接法)或双线法(间接法)两种方法可供选择。"双线法"是指分别进行干态和湿态下土样的三轴剪切试验,再用相同应力状态下的湿态与干态变形的差值作为该应力状态下的湿化变形量。"单线法"是指在干态试样在围压作用下固结完成后剪切到某一应力水平,然后保持应力状态不变,浸水湿化,此过程中发生的变形即为该应力状态下的湿化变形量。

69.3 操作步骤

69.3.2 试样固结应按下列步骤进行:

2 当试样孔隙内仅有气相时,其渗透系数往往比饱和试样渗透系数大一个或几个数量级,干样的固结过程非常迅速。为方便起见,将干样固结方式、剪切方法按饱和粗颗粒土的进行,这完全可以保证超孔隙气压力的消散。施加周围压力,压力室、侧向缸体和管路等系统会产生变形。因此在加围压后,在未开排气阀门状态下,待外体变测量系统读数稳定后,将外体变测量系统读数清零,以消除系统膨胀导致的误差。

69.3.3 施加轴向应力应按下列步骤进行:

1 本款规定的理由与第69.3.2条第2款的相同。

2 当干样剪切完毕后维持预定应力状态时,试验样将产生蠕变变形,称之为"停机变形"。如果达到预定应力状态时立即进行湿化试验,则试验所得湿化变形将包含停机变形,从而夸大了材料的湿化变形。目前对湿化试验中停机变形标准的研究较少。对于无黏性粗颗粒土,一般在3h~5h后,平均应变率为0.00001/min,已较稳定。对于黏质粗颗粒土,稳定时间应适当延长。结合多家试验单位的试验经验和具体操作方法,建议以30min内轴向应变小于0.01%作为稳定标准。

69.3.4 湿化试验应按下列步骤进行:

1 无黏性粗颗粒土的饱和方法有抽气饱和法、水头饱和法和二氧化碳饱和法。为避免对湿化试验成果的影响,建议采取自下而上的水头饱和法,而且饱和过程中进水口水头应保持不变,水头压力10kPa。

3 试样湿化稳定标准不宜太高也不宜太低。标准太高,变形量测就不可避免地含有蠕变变形;太低,则不能得到完整的湿化变形量。根据多家单位的实际经验,对于堆石料,饱和完成后3h~5h就可认为湿化变形已经完成。对于黏质粗颗粒土,稳定时间应适当延长。结合多家试验单位的试验经验和具体操作方法,建议以30min内轴向应变的变化量小于0.01%作为稳定标准。

69.4 计算、制图和记录

69.4.1、69.4.2 当试样产生轴向变形,传力杆会进入或退出压力室,导致压力室内水的体积发生改变,外体变量程示值读数发生变化,应去除这部分的变化。

69.4.3 已有研究表明,湿化变形与母岩岩性、颗粒形状、试验级配、试验密度、初始应力状态、试样尺寸等相关。受上述各种因素的影响,从已有的文献成果来看,湿化轴向变形和湿化体积变形随围压和应力水平的关系也没有形成普遍认同的规律。国内各家试验和计算单位也未采用统一的模型,因此,仅要求记录湿化变形。再由相应的计算单位根据湿化曲线,由计算模型再确定相应参数。

中华人民共和国国家标准

建筑结构荷载规范

Load code for the design of building structures

GB 50009—2012

主编部门：中华人民共和国住房和城乡建设部
批准部门：中华人民共和国住房和城乡建设部
施行日期：2 0 1 2 年 1 0 月 1 日

中华人民共和国住房和城乡建设部
公　　告

第 1405 号

关于发布国家标准《建筑结构荷载规范》的公告

现批准《建筑结构荷载规范》为国家标准，编号为 GB 50009-2012，自 2012 年 10 月 1 日起实施。其中，第 3.1.2、3.1.3、3.2.3、3.2.4、5.1.1、5.1.2、5.3.1、5.5.1、5.5.2、7.1.1、7.1.2、8.1.1、8.1.2 条为强制性条文，必须严格执行。原《建筑结构荷载规范》GB 50009-2001（2006 年版）同时废止。

本规范由我部标准定额研究所组织中国建筑工业出版社出版发行。

中华人民共和国住房和城乡建设部

2012 年 5 月 28 日

前　　言

根据住房和城乡建设部《关于印发〈2009 年工程建设标准规范制订、修订计划〉的通知》（建标[2009] 88 号文）的要求，本规范由中国建筑科学研究院会同各有关单位在国家标准《建筑结构荷载规范》GB 50009-2001（2006 年版）的基础上进行修订而成。修订过程中，编制组认真总结了近年来的设计经验，参考了国外规范和国际标准的有关内容，开展了多项专题研究，在全国范围内广泛征求了建设主管部门以及设计、科研和教学单位的意见，经反复讨论、修改和试设计，最后经审查定稿。

本规范共分 10 章和 9 个附录，主要技术内容是：总则、术语和符号、荷载分类和荷载组合、永久荷载、楼面和屋面活荷载、吊车荷载、雪荷载、风荷载、温度作用、偶然荷载。

本规范修订的主要技术内容是：1. 增加可变荷载考虑设计使用年限的调整系数的规定；2. 增加偶然荷载组合表达式；3. 增加第 4 章"永久荷载"；4. 调整和补充了部分民用建筑楼面、屋面均布活荷载标准值，修改了设计墙、柱和基础时消防车活荷载取值的规定，修改和补充了栏杆活荷载；5. 补充了部分屋面积雪不均匀分布的情况；6. 调整了风荷载高度变化系数和山峰地形修正系数；7. 补充完善了风荷载体型系数和局部体型系数，补充了高层建筑群干扰效应系数的取值范围，增加对风洞试验设备和方法要求的规定；8. 修改了顺风向风振系数的计算表达式和计算参数，增加大跨屋盖结构风振计算的原则规定；9. 增加了横风向和扭转风振等效风荷载计算的规定，增加了顺风向风荷载、横风向及扭转风振等效风荷载组合工况的规定；10. 修改了阵风系数的计算公式与表格；11. 增加了第 9 章"温度作用"；12. 增加了第 10 章"偶然荷载"；13. 增加了附录 B "消防车活荷载考虑覆土厚度影响的折减系数"；14. 根据新的观测资料，重新统计全国各气象台站的雪压和风压，调整了部分城市的基本雪压和基本风压值，绘制了新的全国基本雪压和基本风压图；15. 根据历年月平均最高和月平均最低气温资料，经统计给出全国各气象台站的基本气温，增加了全国基本气温分布图；16. 增加了附录 H "横风向及扭转风振的等效风荷载"；17. 增加附录 J "高层建筑顺风向和横风向风振加速度计算"。

本规范中以黑体字标志的条文为强制性条文，必须严格执行。

本规范由住房和城乡建设部负责管理和对强制性条文的解释，由中国建筑科学研究院负责具体技术内容的解释。在执行中如有意见和建议，请寄送中国建筑科学研究院国家标准《建筑结构荷载规范》管理组（地址：北京市北三环东路 30 号，邮编 100013）。

本 规 范 主 编 单 位：中国建筑科学研究院

本 规 范 参 编 单 位：同济大学

中国建筑设计研究院

中国建筑标准设计研究院

北京市建筑设计研究院

中国气象局公共气象服务
中心
哈尔滨工业大学
大连理工大学
中国航空规划建设发展有
限公司
华东建筑设计研究院有限
公司
中国建筑西南设计研究院
有限公司
中南建筑设计院股份有限
公司
深圳市建筑设计研究总院
有限公司

浙江省建筑设计研究院

本规范主要起草人员：金新阳（以下按姓氏笔画
排列）

王　建	王国砚	冯　远
朱　丹	贡金鑫	李　霆
杨振斌	杨蔚彪	束伟农
陈　凯	范　重	范　峰
林　政	顾　明	唐　意
韩纪升		

本规范主要审查人员：

程懋堃	汪大绥	徐永基
陈基发	薛　桁	任庆英
娄　宇	袁金西	左　江
吴一红	莫　庸	郑文忠
方小丹	章一萍	樊小卿

目 次

Contents

1 总　则

1.0.1 为了适应建筑结构设计的需要，符合安全适用、经济合理的要求，制定本规范。

1.0.2 本规范适用于建筑工程的结构设计。

1.0.3 本规范依据国家标准《工程结构可靠性设计统一标准》GB 50153-2008 规定的基本准则制订。

1.0.4 建筑结构设计中涉及的作用应包括直接作用（荷载）和间接作用。本规范仅对荷载和温度作用作出规定，有关可变荷载的规定同样适用于温度作用。

1.0.5 建筑结构设计中涉及的荷载，除应符合本规范的规定外，尚应符合国家现行有关标准的规定。

2　术语和符号

2.1　术　　语

2.1.1 永久荷载　permanent load

在结构使用期间，其值不随时间变化，或其变化与平均值相比可以忽略不计，或其变化是单调的并能趋于限值的荷载。

2.1.2 可变荷载　variable load

在结构使用期间，其值随时间变化，且其变化与平均值相比不可以忽略不计的荷载。

2.1.3 偶然荷载　accidental load

在结构设计使用年限内不一定出现，而一旦出现其量值很大，且持续时间很短的荷载。

2.1.4 荷载代表值　representative values of a load

设计中用以验算极限状态所采用的荷载量值，例如标准值、组合值、频遇值和准永久值。

2.1.5 设计基准期　design reference period

为确定可变荷载代表值而选用的时间参数。

2.1.6 标准值　characteristic value/nominal value

荷载的基本代表值，为设计基准期内最大荷载统计分布的特征值（例如均值、众值、中值或某个分位值）。

2.1.7 组合值　combination value

对可变荷载，使组合后的荷载效应在设计基准期内的超越概率，能与该荷载单独出现时的相应概率趋于一致的荷载值；或使组合后的结构具有统一规定的可靠指标的荷载值。

2.1.8 频遇值　frequent value

对可变荷载，在设计基准期内，其超越的总时间为规定的较小比率或超越频率为规定频率的荷载值。

2.1.9 准永久值　quasi-permanent value

对可变荷载，在设计基准期内，其超越的总时间约为设计基准期一半的荷载值。

2.1.10 荷载设计值　design value of a load

荷载代表值与荷载分项系数的乘积。

2.1.11 荷载效应　load effect

由荷载引起结构或结构构件的反应，例如内力、变形和裂缝等。

2.1.12 荷载组合　load combination

按极限状态设计时，为保证结构的可靠性而对同时出现的各种荷载设计值的规定。

2.1.13 基本组合　fundamental combination

承载能力极限状态计算时，永久荷载和可变荷载的组合。

2.1.14 偶然组合　accidental combination

承载能力极限状态计算时永久荷载、可变荷载和一个偶然荷载的组合，以及偶然事件发生后受损结构整体稳固性验算时永久荷载与可变荷载的组合。

2.1.15 标准组合　characteristic/nominal combination

正常使用极限状态计算时，采用标准值或组合值为荷载代表值的组合。

2.1.16 频遇组合　frequent combination

正常使用极限状态计算时，对可变荷载采用频遇值或准永久值为荷载代表值的组合。

2.1.17 准永久组合　quasi-permanent combination

正常使用极限状态计算时，对可变荷载采用准永久值为荷载代表值的组合。

2.1.18 等效均布荷载　equivalent uniform live load

结构设计时，楼面上不连续分布的实际荷载，一般采用均布荷载代替；等效均布荷载系指其在结构上所得的荷载效应能与实际的荷载效应保持一致的均布荷载。

2.1.19 从属面积　tributary area

考虑梁、柱等构件均布荷载折减所采用的计算构件负荷的楼面面积。

2.1.20 动力系数　dynamic coefficient

承受动力荷载的结构或构件，当按静力设计时采用的等效系数，其值为结构或构件的最大动力效应与相应的静力效应的比值。

2.1.21 基本雪压　reference snow pressure

雪荷载的基准压力，一般按当地空旷平坦地面上积雪自重的观测数据，经概率统计得出50年一遇最大值确定。

2.1.22 基本风压　reference wind pressure

风荷载的基准压力，一般按当地空旷平坦地面上10m高度处10min平均的风速观测数据，经概率统计得出50年一遇最大值确定的风速，再考虑相应的空气密度，按贝努利（Bernoulli）公式（E.2.4）确定的风压。

2.1.23 地面粗糙度　terrain roughness

风在到达结构物以前吹越过2km范围内的地面时，描述该地面上不规则障碍物分布状况的等级。

2.1.24 温度作用 thermal action

结构或结构构件中由于温度变化所引起的作用。

2.1.25 气温 shade air temperature

在标准百叶箱内测量所得按小时定时记录的温度。

2.1.26 基本气温 reference air temperature

气温的基准值，取 50 年一遇月平均最高气温和月平均最低气温，根据历年最高温度月内最高气温的平均值和最低温度月内最低气温的平均值经统计确定。

2.1.27 均匀温度 uniform temperature

在结构构件的整个截面中为常数且主导结构构件膨胀或收缩的温度。

2.1.28 初始温度 initial temperature

结构在施工某个特定阶段形成整体约束的结构系统时的温度，也称合拢温度。

2.2 符 号

2.2.1 荷载代表值及荷载组合

A_d ——偶然荷载的标准值；

C ——结构或构件达到正常使用要求的规定限值；

G_k ——永久荷载的标准值；

Q_k ——可变荷载的标准值；

R_d ——结构构件抗力的设计值；

S_{A_d} ——偶然荷载效应的标准值；

S_{Gk} ——永久荷载效应的标准值；

S_{Qk} ——可变荷载效应的标准值；

S_d ——荷载效应组合设计值；

γ_0 ——结构重要性系数；

γ_G ——永久荷载的分项系数；

γ_Q ——可变荷载的分项系数；

γ_{L_j} ——可变荷载考虑设计使用年限的调整系数；

ψ_c ——可变荷载的组合值系数；

ψ_f ——可变荷载的频遇值系数；

ψ_q ——可变荷载的准永久值系数。

2.2.2 雪荷载及风荷载

$a_{D,z}$ ——高层建筑 z 高度顺风向风振加速度 (m/s^2)；

$a_{L,z}$ ——高层建筑 z 高度横风向风振加速度 (m/s^2)；

B ——结构迎风面宽度；

B_z ——脉动风荷载的背景分量因子；

C'_L ——横风向风力系数；

C'_T ——风致扭矩系数；

C_m ——横风向风力的角沿修正系数；

C_{sm} ——横风向风力功率谱的角沿修正系数；

D ——结构平面进深（顺风向尺寸）或直径；

f_1 ——结构第 1 阶自振频率；

f_{T1} ——结构第 1 阶扭转自振频率；

f_1^* ——折算频率；

f_{T1}^* ——扭转折算频率；

F_{Dk} ——顺风向单位高度风力标准值；

F_{Lk} ——横风向单位高度风力标准值；

T_{Tk} ——单位高度风致扭矩标准值；

g ——重力加速度，或峰值因子；

H ——结构或山峰顶部高度；

I_{10} ——10m 高度处风的名义湍流强度；

K_L ——横风向振型修正系数；

K_T ——扭转振型修正系数；

R ——脉动风荷载的共振分量因子；

R_L ——横风向风振共振因子；

R_T ——扭转风振共振因子；

Re ——雷诺数；

St ——斯脱罗哈数；

S_k ——雪荷载标准值；

S_0 ——基本雪压；

T_1 ——结构第 1 阶自振周期；

T_{L1} ——结构横风向第 1 阶自振周期；

T_{T1} ——结构扭转第 1 阶自振周期；

w_0 ——基本风压；

w_k ——风荷载标准值；

w_{Lk} ——横风向风振等效风荷载标准值；

w_{Tk} ——扭转风振等效风荷载标准值；

α ——坡度角，或风速剖面指数；

β_z ——高度 z 处的风振系数；

β_{gz} ——阵风系数；

v_{cr} ——横风向共振的临界风速；

v_H ——结构顶部风速；

μ_r ——屋面积雪分布系数；

μ_z ——风压高度变化系数；

μ_s ——风荷载体型系数；

μ_{sl} ——风荷载局部体型系数；

η ——风荷载地形地貌修正系数；

η_a ——顺风向风振加速度的脉动系数；

ρ ——空气密度，或积雪密度；

ρ_x、ρ_z ——水平方向和竖直方向脉动风荷载相关系数；

φ_z ——结构振型系数；

ζ ——结构阻尼比；

ζ_a ——横风向气动阻尼比。

2.2.3 温度作用

T_{max}、T_{min} ——月平均最高气温，月平均最低气温；

$T_{s,max}$、$T_{s,min}$ ——结构最高平均温度，结构最低平均温度；

$T_{0,max}$、$T_{0,min}$ ——结构最高初始温度，结构最低初始温度；

ΔT_k ——均匀温度作用标准值；

α_T ——材料的线膨胀系数。

2.2.4 偶然荷载

A_V ——通口板面积（m²）；

K_{dc} ——计算爆炸等效均布静力荷载的动力系数；

m ——汽车或直升机的质量；

P_k ——撞击荷载标准值；

p_c ——爆炸均布动荷载最大压力；

p_V ——通口板的核定破坏压力；

q_{ce} ——爆炸等效均布静力荷载标准值；

t ——撞击时间；

v ——汽车速度（m/s）；

V ——爆炸空间的体积。

3 荷载分类和荷载组合

3.1 荷载分类和荷载代表值

3.1.1 建筑结构的荷载可分为下列三类：

1 永久荷载，包括结构自重、土压力、预应力等。

2 可变荷载，包括楼面活荷载、屋面活荷载和积灰荷载、吊车荷载、风荷载、雪荷载、温度作用等。

3 偶然荷载，包括爆炸力、撞击力等。

3.1.2 建筑结构设计时，应按下列规定对不同荷载采用不同的代表值：

1 对永久荷载应采用标准值作为代表值；

2 对可变荷载应根据设计要求采用标准值、组合值、频遇值或准永久值作为代表值；

3 对偶然荷载应按建筑结构使用的特点确定其代表值。

3.1.3 确定可变荷载代表值时应采用50年设计基准期。

3.1.4 荷载的标准值，应按本规范各章的规定采用。

3.1.5 承载能力极限状态设计或正常使用极限状态按标准组合设计时，对可变荷载应按规定的荷载组合采用荷载的组合值或标准值作为其荷载代表值。可变荷载的组合值，应为可变荷载的标准值乘以荷载组合值系数。

3.1.6 正常使用极限状态按频遇组合设计时，应采用可变荷载的频遇值或准永久值作为其荷载代表值；按准永久组合设计时，应采用可变荷载的准永久值作为其荷载代表值。可变荷载的频遇值，应为可变荷载标准值乘以频遇值系数。可变荷载准永久值，应为可变荷载标准值乘以准永久值系数。

3.2 荷载组合

3.2.1 建筑结构设计应根据使用过程中在结构上可能同时出现的荷载，按承载能力极限状态和正常使用

极限状态分别进行荷载组合，并应取各自的最不利的组合进行设计。

3.2.2 对于承载能力极限状态，应按荷载的基本组合或偶然组合计算荷载组合的效应设计值，并应采用下列设计表达式进行设计：

$$\gamma_0 S_d \leqslant R_d \qquad (3.2.2)$$

式中：γ_0 ——结构重要性系数，应按各有关建筑结构设计规范的规定采用；

S_d ——荷载组合的效应设计值；

R_d ——结构构件抗力的设计值，应按各有关建筑结构设计规范的规定确定。

3.2.3 荷载基本组合的效应设计值 S_d，应从下列荷载组合值中取用最不利的效应设计值确定：

1 由可变荷载控制的效应设计值，应按下式进行计算：

$$S_d = \sum_{j=1}^{m} \gamma_{G_j} S_{G_j k} + \gamma_{Q_1} \gamma_{L_1} S_{Q_1 k} + \sum_{i=2}^{n} \gamma_{Q_i} \gamma_{L_i} \psi_{c_i} S_{Q_i k}$$

$$(3.2.3\text{-}1)$$

式中：γ_{G_j} ——第 j 个永久荷载的分项系数，应按本规范第 3.2.4 条采用；

γ_{Q_i} ——第 i 个可变荷载的分项系数，其中 γ_{Q_1} 为主导可变荷载 Q_1 的分项系数，应按本规范第 3.2.4 条采用；

γ_{L_i} ——第 i 个可变荷载考虑设计使用年限的调整系数，其中 γ_{L_1} 为主导可变荷载 Q_1 考虑设计使用年限的调整系数；

$S_{G_j k}$ ——按第 j 个永久荷载标准值 G_{jk} 计算的荷载效应值；

$S_{Q_i k}$ ——按第 i 个可变荷载标准值 Q_{ik} 计算的荷载效应值，其中 $S_{Q_1 k}$ 为诸可变荷载效应中起控制作用者；

ψ_{c_i} ——第 i 个可变荷载 Q_i 的组合值系数；

m ——参与组合的永久荷载数；

n ——参与组合的可变荷载数。

2 由永久荷载控制的效应设计值，应按下式进行计算：

$$S_d = \sum_{j=1}^{m} \gamma_{G_j} S_{G_j k} + \sum_{i=1}^{n} \gamma_{Q_i} \gamma_{L_i} \psi_{c_i} S_{Q_i k}$$

$$(3.2.3\text{-}2)$$

注：1 基本组合中的效应设计值仅适用于荷载与荷载效应为线性的情况；

2 当对 $S_{Q_1 k}$ 无法明显判断时，应轮次以各可变荷载效应作为 $S_{Q_1 k}$，并选取其中最不利的荷载组合的效应设计值。

3.2.4 基本组合的荷载分项系数，应按下列规定采用：

1 永久荷载的分项系数应符合下列规定：

1）当永久荷载效应对结构不利时，对由可变荷载效应控制的组合应取1.2，对由永久荷载效应控制的组合应取1.35；

2）当永久荷载效应对结构有利时，不应大于1.0。

2 可变荷载的分项系数应符合下列规定：

1）对标准值大于 $4kN/m^2$ 的工业房屋楼面结构的活荷载，应取1.3；

2）其他情况，应取1.4。

3 对结构的倾覆、滑移或漂浮验算，荷载的分项系数应满足有关的建筑结构设计规范的规定。

3.2.5 可变荷载考虑设计使用年限的调整系数 γ_L 应按下列规定采用：

1 楼面和屋面活荷载考虑设计使用年限的调整系数 γ_L 应按表3.2.5采用。

**表 3.2.5 楼面和屋面活荷载考虑设计使用
年限的调整系数 γ_L**

结构设计使用年限（年）	5	50	100
γ_L	0.9	1.0	1.1

注：1 当设计使用年限不为表中数值时，调整系数 γ_L 可按线性内插确定；

2 对于荷载标准值可控制的活荷载，设计使用年限调整系数 γ_L 取1.0。

2 对雪荷载和风荷载，应取重现期为设计使用年限，按本规范第 E.3.3 条的规定确定基本雪压和基本风压，或按有关规范的规定采用。

3.2.6 荷载偶然组合的效应设计值 S_d 可按下列规定采用：

1 用于承载能力极限状态计算的效应设计值，应按下式进行计算：

$$S_d = \sum_{j=1}^{m} S_{G_j k} + S_{A_d} + \psi_{f_1} S_{Q_1 k} + \sum_{i=2}^{n} \psi_{q_i} S_{Q_i k}$$

(3.2.6-1)

式中：S_{A_d}——按偶然荷载标准值 A_d 计算的荷载效应值；

ψ_{f_1}——第1个可变荷载的频遇值系数；

ψ_{q_i}——第 i 个可变荷载的准永久值系数。

2 用于偶然事件发生后受损结构整体稳固性验算的效应设计值，应按下式进行计算：

$$S_d = \sum_{j=1}^{m} S_{G_j k} + \psi_{f_1} S_{Q_1 k} + \sum_{i=2}^{n} \psi_{q_i} S_{Q_i k}$$

(3.2.6-2)

注：组合中的设计值仅适用于荷载与荷载效应为线性的情况。

3.2.7 对于正常使用极限状态，应根据不同的设计要求，采用荷载的标准组合、频遇组合或准永久组合，并应按下列设计表达式进行设计：

$$S_d \leqslant C \qquad (3.2.7)$$

式中：C——结构或结构构件达到正常使用要求的规定限值，例如变形、裂缝、振幅、加速度、应力等的限值，应按各有关建筑结构设计规范的规定采用。

3.2.8 荷载标准组合的效应设计值 S_d 应按下式进行计算：

$$S_d = \sum_{j=1}^{m} S_{G_j k} + S_{Q_1 k} + \sum_{i=2}^{n} \psi_{c_i} S_{Q_i k} \quad (3.2.8)$$

注：组合中的设计值仅适用于荷载与荷载效应为线性的情况。

3.2.9 荷载频遇组合的效应设计值 S_d 应按下式进行计算：

$$S_d = \sum_{j=1}^{m} S_{G_j k} + \psi_{f_1} S_{Q_1 k} + \sum_{i=2}^{n} \psi_{q_i} S_{Q_i k}$$

(3.2.9)

注：组合中的设计值仅适用于荷载与荷载效应为线性的情况。

3.2.10 荷载准永久组合的效应设计值 S_d 应按下式进行计算：

$$S_d = \sum_{j=1}^{m} S_{G_j k} + \sum_{i=1}^{n} \psi_{q_i} S_{Q_i k} \quad (3.2.10)$$

注：组合中的设计值仅适用于荷载与荷载效应为线性的情况。

4 永久荷载

4.0.1 永久荷载应包括结构构件、围护构件、面层及装饰、固定设备、长期储物的自重，土压力、水压力，以及其他需要按永久荷载考虑的荷载。

4.0.2 结构自重的标准值可按结构构件的设计尺寸与材料单位体积的自重计算确定。

4.0.3 一般材料和构件的单位自重可取其平均值，对于自重变异较大的材料和构件，自重的标准值应根据对结构的不利或有利状态，分别取上限值或下限值。常用材料和构件单位体积的自重可按本规范附录A采用。

4.0.4 固定隔墙的自重可按永久荷载考虑，位置可灵活布置的隔墙自重应按可变荷载考虑。

5 楼面和屋面活荷载

5.1 民用建筑楼面均布活荷载

5.1.1 民用建筑楼面均布活荷载的标准值及其组合值系数、频遇值系数和准永久值系数的取值，不应小于表5.1.1的规定。

表 5.1.1 民用建筑楼面均布活荷载标准值及其组合值、频遇值和准永久值系数

项次	类 别			标准值 (kN/m²)	组合值系数 ψ_c	频遇值系数 ψ_f	准永久值系数 ψ_q
1	(1) 住宅、宿舍、旅馆、办公楼、医院病房、托儿所、幼儿园			2.0	0.7	0.5	0.4
	(2) 试验室、阅览室、会议室、医院门诊室			2.0	0.7	0.6	0.5
2	教室、食堂、餐厅、一般资料档案室			2.5	0.7	0.6	0.5
3	(1) 礼堂、剧场、影院、有固定座位的看台			3.0	0.7	0.5	0.3
	(2) 公共洗衣房			3.0	0.7	0.6	0.5
4	(1) 商店、展览厅、车站、港口、机场大厅及其旅客等候室			3.5	0.7	0.6	0.5
	(2) 无固定座位的看台			3.5	0.7	0.5	0.3
5	(1) 健身房、演出舞台			4.0	0.7	0.6	0.5
	(2) 运动场、舞厅			4.0	0.7	0.6	0.3
6	(1) 书库、档案库、贮藏室			5.0	0.9	0.9	0.8
	(2) 密集柜书库			12.0	0.9	0.9	0.8
7	通风机房、电梯机房			7.0	0.9	0.9	0.8
8	汽车通道及客车停车库	(1) 单向板楼盖（板跨不小于 2m）和双向板楼盖（板跨不小于 3m×3m）	客车	4.0	0.7	0.7	0.6
			消防车	35.0	0.7	0.5	0.0
		(2) 双向板楼盖（板跨不小于 6m×6m）和无梁楼盖（柱网不小于 6m×6m）	客车	2.5	0.7	0.7	0.6
			消防车	20.0	0.7	0.5	0.0
9	厨房	(1) 餐厅		4.0	0.7	0.7	0.7
		(2) 其他		2.0	0.7	0.6	0.5
10	浴室、卫生间、盥洗室			2.5	0.7	0.6	0.5
11	走廊、门厅	(1) 宿舍、旅馆、医院病房、托儿所、幼儿园、住宅		2.0	0.7	0.5	0.4
		(2) 办公楼、餐厅、医院门诊部		2.5	0.7	0.6	0.5
		(3) 教学楼及其他可能出现人员密集的情况		3.5	0.7	0.5	0.3
12	楼梯	(1) 多层住宅		2.0	0.7	0.5	0.4
		(2) 其他		3.5	0.7	0.5	0.3
13	阳台	(1) 可能出现人员密集的情况		3.5	0.7	0.6	0.5
		(2) 其他		2.5	0.7	0.6	0.5

注：1 本表所给各项活荷载适用于一般使用条件，当使用荷载较大、情况特殊或有专门要求时，应按实际情况采用；

2 第 6 项书库活荷载当书架高度大于 2m 时，书库活荷载尚应按每米书架高度不小于 2.5kN/m² 确定；

3 第 8 项中的客车活荷载仅适用于停放载人少于 9 人的客车；消防车活荷载适用于满载总重为 300kN 的大型车辆；当不符合本表的要求时，应将车轮的局部荷载按结构效应的等效原则，换算为等效均布荷载；

4 第 8 项消防车活荷载，当双向板楼盖板跨介于 3m×3m～6m×6m 之间时，应按跨度线性插值确定；

5 第 12 项楼梯活荷载，对预制楼梯踏步平板，尚应按 1.5kN 集中荷载验算；

6 本表各项荷载不包括隔墙自重和二次装修荷载；对固定隔墙的自重应按永久荷载考虑，当隔墙位置可灵活自由布置时，非固定隔墙的自重应取不小于 1/3 的每延米长墙重（kN/m）作为楼面活荷载的附加值（kN/m²）计入，且附加值不应小于 1.0kN/m²。

5.1.2 设计楼面梁、墙、柱及基础时，本规范表 5.1.1中楼面活荷载标准值的折减系数取值不应小于下列规定：

  1 设计楼面梁时：

   1）第 1（1）项当楼面梁从属面积超过 25m² 时，应取 0.9；

   2）第 1（2）～7项当楼面梁从属面积超过 50m² 时，应取 0.9；

   3）第 8项对单向板楼盖的次梁和槽形板的纵肋应取 0.8，对单向板楼盖的主梁应取 0.6，对双向板楼盖的梁应取 0.8；

   4）第 9～13 项应采用与所属房屋类别相同的折减系数。

  2 设计墙、柱和基础时：

   1）第 1（1）项应按表 5.1.2规定采用；

   2）第 1（2）～7项应采用与其楼面梁相同的折减系数；

   3）第 8项的客车，对单向板楼盖应取 0.5，对双向板楼盖和无梁楼盖应取 0.8；

   4）第 9～13 项应采用与所属房屋类别相同的折减系数。

注：楼面梁的从属面积应按梁两侧各延伸二分之一梁间距的范围内的实际面积确定。

表 5.1.2 活荷载按楼层的折减系数

墙、柱、基础计算截面以上的层数	1	2～3	4～5	6～8	9～20	＞20
计算截面以上各楼层活荷载总和的折减系数	1.00 (0.90)	0.85	0.70	0.65	0.60	0.55

注：当楼面梁的从属面积超过 25m² 时，应采用括号内的系数。

5.1.3 设计墙、柱时，本规范表 5.1.1中第 8项的消防车活荷载可按实际情况考虑；设计基础时可不考虑消防车荷载。常用板跨的消防车活荷载按覆土厚度的折减系数可按附录 B规定采用。

5.1.4 楼面结构上的局部荷载可按本规范附录 C的规定，换算为等效均布活荷载。

5.2 工业建筑楼面活荷载

5.2.1 工业建筑楼面在生产使用或安装检修时，由设备、管道、运输工具及可能拆移的隔墙产生的局部荷载，均应按实际情况考虑，可采用等效均布活荷载代替。对设备位置固定的情况，可直接按固定位置对结构进行计算，但应考虑因设备安装和维修过程中的位置变化可能出现的最不利效应。工业建筑楼面堆放原料或成品较多、较重的区域，应按实际情况考虑；一般的堆放情况可按均布活荷载或等效均布活荷载

考虑。

注：1 楼面等效均布活荷载，包括计算次梁、主梁和基础时的楼面荷载，可分别按本规范附录 C的规定确定；

  2 对于一般金工车间、仪器仪表生产车间、半导体器件车间、棉纺织车间、轮胎准备车间和粮食加工车间，当缺乏资料时，可按本规范附录 D采用。

5.2.2 工业建筑楼面（包括工作平台）上无设备区域的操作荷载，包括操作人员、一般工具、零星原料和成品的自重，可按均布活荷载 2.0kN/m² 考虑。在设备所占区域内可不考虑操作荷载和堆料荷载。生产车间的楼梯活荷载，可按实际情况采用，但不宜小于 3.5kN/m²。生产车间的参观走廊活荷载，可采用 3.5kN/m²。

5.2.3 工业建筑楼面活荷载的组合值系数、频遇值系数和准永久值系数除本规范附录 D中给出的以外，应按实际情况采用；但在任何情况下，组合值和频遇值系数不应小于 0.7，准永久值系数不应小于 0.6。

5.3 屋面活荷载

5.3.1 房屋建筑的屋面，其水平投影面上的屋面均布活荷载的标准值及其组合值系数、频遇值系数和准永久值系数的取值，不应小于表 5.3.1的规定。

表 5.3.1 屋面均布活荷载标准值及其组合值系数、频遇值系数和准永久值系数

项次	类别	标准值 (kN/m²)	组合值系数 ψ_c	频遇值系数 ψ_f	准永久值系数 ψ_q
1	不上人的屋面	0.5	0.7	0.5	0.0
2	上人的屋面	2.0	0.7	0.5	0.4
3	屋顶花园	3.0	0.7	0.6	0.4
4	屋顶运动场地	3.0	0.7	0.6	0.4

注：1 不上人的屋面，当施工或维修荷载较大时，应按实际情况采用；对不同类型的结构应按有关设计规范的规定采用，但不得低于 0.3kN/m²；

  2 当上人的屋面兼作其他用途时，应按相应楼面活荷载采用；

  3 对于因屋面排水不畅、堵塞等引起的积水荷载，应采取构造措施加以防止；必要时，应按积水的可能深度确定屋面活荷载；

  4 屋顶花园活荷载不应包括花圃土石等材料自重。

5.3.2 屋面直升机停机坪荷载应按下列规定采用：

  1 屋面直升机停机坪荷载应按局部荷载考虑，或根据局部荷载换算为等效均布荷载考虑。局部荷载标准值应按直升机实际最大起飞重量确定，当没有机型技术资料时，可按表 5.3.2的规定选用局部荷载标准值及作用面积。

表 5.3.2 屋面直升机停机坪局部荷载标准值及作用面积

类型	最大起飞重量 （t）	局部荷载标准值 （kN）	作用面积
轻型	2	20	0.20m×0.20m
中型	4	40	0.25m×0.25m
重型	6	60	0.30m×0.30m

2　屋面直升机停机坪的等效均布荷载标准值不应低于 5.0kN/m²。

3　屋面直升机停机坪荷载的组合值系数应取 0.7，频遇值系数应取 0.6，准永久值系数应取 0。

5.3.3　不上人的屋面均布活荷载，可不与雪荷载和风荷载同时组合。

5.4　屋面积灰荷载

5.4.1　设计生产中有大量排灰的厂房及其邻近建筑时，对于具有一定除尘设施和保证清灰制度的机械、冶金、水泥等的厂房屋面，其水平投影面上的屋面积灰荷载标准值及其组合值系数、频遇值系数和准永久值系数，应分别按表 5.4.1-1 和表 5.4.1-2 采用。

表 5.4.1-1　屋面积灰荷载标准值及其组合值系数、频遇值系数和准永久值系数

项次	类　别	标准值（kN/m²）			组合值系数 ψ_c	频遇值系数 ψ_f	准永久值系数 ψ_q
		屋面无挡风板	屋面有挡风板				
			挡风板内	挡风板外			
1	机械厂铸造车间（冲天炉）	0.50	0.75	0.30	0.9	0.9	0.8
2	炼钢车间（氧气转炉）	—	0.75	0.30			
3	锰、铬铁合金车间	0.75	1.00	0.30			
4	硅、钨铁合金车间	0.30	0.50	0.30			
5	烧结室、一次混合室	0.50	1.00	0.20			
6	烧结厂通廊及其他车间	0.30			0.9	0.9	0.8
7	水泥厂有灰源车间（窑房、磨房、联合贮库、烘干房、破碎房）	1.00					
8	水泥厂无灰源车间（空气压缩机站、机修间、材料库、配电站）	0.50					

注：1　表中的积灰均布荷载，仅应用于屋面坡度 α 不大于 25°时；当 α 大于 45°时，可不考虑积灰荷载；当 α 在 25°~45°范围内时，可按插值法取值；

2　清灰设施的荷载另行考虑；

3　对第 1~4 项的积灰荷载，仅应用于距烟囱中心 20m 半径范围内的屋面；当邻近建筑在该范围内时，其积灰荷载对第 1、3、4 项应按车间屋面无挡风板的采用，对第 2 项应按车间屋面挡风板外的采用。

表 5.4.1-2　高炉邻近建筑的屋面积灰荷载标准值及其组合值系数、频遇值系数和准永久值系数

高炉容积 （m³）	标准值（kN/m²）			组合值系数 ψ_c	频遇值系数 ψ_f	准永久值系数 ψ_q
	屋面离高炉距离（m）					
	≤50	100	200			
<255	0.50	—	—	1.0	1.0	1.0
255~620	0.75	0.30	—			
>620	1.00	0.50	0.30			

注：1　表 5.4.1-1 中的注 1 和注 2 也适用本表；

2　当邻近建筑屋面离高炉距离为表内中间值时，可按插入法取值。

5.4.2　对于屋面上易形成灰堆处，当设计屋面板、檩条时，积灰荷载标准值宜乘以下列规定的增大系数：

1　在高低跨处两倍于屋面高差但不大于 6.0m 的分布宽度内取 2.0；

2　在天沟处不大于 3.0m 的分布宽度内取 1.4。

5.4.3　积灰荷载应与雪荷载或不上人的屋面均布活荷载两者中的较大值同时考虑。

5.5　施工和检修荷载及栏杆荷载

5.5.1　施工和检修荷载应按下列规定采用：

1　设计屋面板、檩条、钢筋混凝土挑檐、悬挑雨篷和预制小梁时，施工或检修集中荷载标准值不应小于 1.0kN，并应在最不利位置处进行验算；

2　对于轻型构件或较宽的构件，应按实际情况验算，或应加垫板、支撑等临时设施；

3　计算挑檐、悬挑雨篷的承载力时，应沿板宽每隔 1.0m 取一个集中荷载；在验算挑檐、悬挑雨篷的倾覆时，应沿板宽每隔 2.5m~3.0m 取一个集中荷载。

5.5.2　楼梯、看台、阳台和上人屋面等的栏杆活荷载标准值，不应小于下列规定：

1　住宅、宿舍、办公楼、旅馆、医院、托儿所、幼儿园，栏杆顶部的水平荷载应取 1.0 kN/m；

2　学校、食堂、剧场、电影院、车站、礼堂、展览馆或体育场，栏杆顶部的水平荷载应取 1.0 kN/m，竖向荷载应取 1.2kN/m，水平荷载与竖向荷载应分别考虑。

5.5.3　施工荷载、检修荷载及栏杆荷载的组合值系数应取 0.7，频遇值系数应取 0.5，准永久值系数应取 0。

5.6　动　力　系　数

5.6.1　建筑结构设计的动力计算，在有充分依据时，可将重物或设备的自重乘以动力系数后，按静力计算方法设计。

5.6.2　搬运和装卸重物以及车辆启动和刹车的动力

系数，可采用 1.1~1.3；其动力荷载只传至楼板和梁。

5.6.3 直升机在屋面上的荷载，也应乘以动力系数，对具有液压轮胎起落架的直升机可取 1.4；其动力荷载只传至楼板和梁。

6 吊 车 荷 载

6.1 吊车竖向和水平荷载

6.1.1 吊车竖向荷载标准值，应采用吊车的最大轮压或最小轮压。

6.1.2 吊车纵向和横向水平荷载，应按下列规定采用：

1 吊车纵向水平荷载标准值，应按作用在一边轨道上所有刹车轮的最大轮压之和的 10% 采用；该项荷载的作用点位于刹车轮与轨道的接触点，其方向与轨道方向一致；

2 吊车横向水平荷载标准值，应取横行小车重量与额定起重量之和的百分数，并应乘以重力加速度，吊车横向水平荷载标准值的百分数应按表 6.1.2 采用。

表 6.1.2　吊车横向水平荷载标准值的百分数

吊车类型	额定起重量（t）	百分数（%）
软钩吊车	≤10	12
	16~50	10
	≥75	8
硬钩吊车	—	20

3 吊车横向水平荷载应等分于桥架的两端，分别由轨道上的车轮平均传至轨道，其方向与轨道垂直，并应考虑正反两个方向的刹车情况。

> 注：1 悬挂吊车的水平荷载应由支撑系统承受；设计该支撑系统时，尚应考虑风荷载与悬挂吊车水平荷载的组合；
> 2 手动吊车及电动葫芦可不考虑水平荷载。

6.2 多台吊车的组合

6.2.1 计算排架考虑多台吊车竖向荷载时，对单层吊车的单跨厂房的每个排架，参与组合的吊车台数不宜多于 2 台；对单层吊车的多跨厂房的每个排架，不宜多于 4 台；对双层吊车的单跨厂房宜按上层和下层吊车分别不多于 2 台进行组合；对双层吊车的多跨厂房宜按上层和下层吊车分别不多于 4 台进行组合，且当下层吊车满载时，上层吊车应按空载计算；上层吊车满载时，下层吊车不应计入。考虑多台吊车水平荷载时，对单跨或多跨厂房的每个排架，参与组合的吊车台数不应多于 2 台。

> 注：当情况特殊时，应按实际情况考虑。

6.2.2 计算排架时，多台吊车的竖向荷载和水平荷载的标准值，应乘以表 6.2.2 中规定的折减系数。

表 6.2.2　多台吊车的荷载折减系数

参与组合的吊车台数	吊车工作级别	
	A1~A5	A6~A8
2	0.90	0.95
3	0.85	0.90
4	0.80	0.85

6.3 吊车荷载的动力系数

6.3.1 当计算吊车梁及其连接的承载力时，吊车竖向荷载应乘以动力系数。对悬挂吊车（包括电动葫芦）及工作级别 A1~A5 的软钩吊车，动力系数可取 1.05；对工作级别为 A6~A8 的软钩吊车、硬钩吊车和其他特种吊车，动力系数可取为 1.1。

6.4 吊车荷载的组合值、频遇值及准永久值

6.4.1 吊车荷载的组合值系数、频遇值系数及准永久值系数可按表 6.4.1 中的规定采用。

表 6.4.1　吊车荷载的组合值系数、频遇值系数及准永久值系数

吊车工作级别		组合值系数 ψ_c	频遇值系数 ψ_f	准永久值系数 ψ_q
软钩吊车	工作级别 A1~A3	0.70	0.60	0.50
	工作级别 A4、A5	0.70	0.70	0.60
	工作级别 A6、A7	0.70	0.70	0.70
硬钩吊车及工作级别 A8 的软钩吊车		0.95	0.95	0.95

6.4.2 厂房排架设计时，在荷载准永久组合中可不考虑吊车荷载；但在吊车梁按正常使用极限状态设计时，宜采用吊车荷载的准永久值。

7 雪 荷 载

7.1 雪荷载标准值及基本雪压

7.1.1 屋面水平投影面上的雪荷载标准值应按下式计算：

$$s_k = \mu_r s_0 \qquad (7.1.1)$$

式中：s_k——雪荷载标准值（kN/m²）；

μ_r——屋面积雪分布系数；

s_0——基本雪压（kN/m²）。

7.1.2 基本雪压应采用按本规范规定的方法确定的 50 年重现期的雪压；对雪荷载敏感的结构，应采用 100 年重现期的雪压。

7.1.3 全国各城市的基本雪压值应按本规范附录 E 中表 E.5 重现期 R 为 50 年的值采用。当城市或建设地点的基本雪压值在本规范表 E.5 中没有给出时,基本雪压值应按本规范附录 E 规定的方法,根据当地年最大雪压或雪深资料,按基本雪压定义,通过统计分析确定,分析时应考虑样本数量的影响。当地没有雪压和雪深资料时,可根据附近地区规定的基本雪压或长期资料,通过气象和地形条件的对比分析确定;也可比照本规范附录 E 中附图 E.6.1 全国基本雪压分布图近似确定。

7.1.4 山区的雪荷载应通过实际调查后确定。当无实测资料时,可按当地邻近空旷平坦地面的雪荷载值乘以系数 1.2 采用。

7.1.5 雪荷载的组合值系数可取 0.7;频遇值系数可取 0.6;准永久值系数应按雪荷载分区Ⅰ、Ⅱ和Ⅲ的不同,分别取 0.5、0.2 和 0;雪荷载分区应按本规范附录 E.5 或附图 E.6.2 的规定采用。

7.2 屋面积雪分布系数

7.2.1 屋面积雪分布系数应根据不同类别的屋面形式,按表 7.2.1 采用。

表 7.2.1 屋面积雪分布系数

项次	类别	屋面形式及积雪分布系数 μ_r	备　注
1	单跨单坡屋面	 <table><tr><td>α</td><td>≤25°</td><td>30°</td><td>35°</td><td>40°</td><td>45°</td><td>50°</td><td>55°</td><td>≥60°</td></tr><tr><td>μ_r</td><td>1.0</td><td>0.85</td><td>0.7</td><td>0.55</td><td>0.4</td><td>0.25</td><td>0.1</td><td>0</td></tr></table>	—
2	单跨双坡屋面	均匀分布的情况 μ_r 不均匀分布的情况 $0.75\mu_r$　$1.25\mu_r$	μ_r 按第 1 项规定采用
3	拱形屋面	均匀分布的情况 μ_r 不均匀分布的情况 $0.5\mu_{r,m}$ $\mu_{r,m}$ $\mu_r = l/(8f)$ $(0.4 \leqslant \mu_r \leqslant 1.0)$ $\mu_{r,m} = 0.2 + 10f/l$　$(\mu_{r,m} \leqslant 2.0)$	—
4	带天窗的坡屋面	均匀分布的情况 1.0 不均匀分布的情况 1.1　0.8　1.1	—
5	带天窗有挡风板的坡屋面	均匀分布的情况 1.0 不均匀分布的情况 1.0　1.4　0.8　1.4　1.0	—

项次	类别	屋面形式及积雪分布系数 μ_r	备注
6	多跨单坡屋面（锯齿形屋面）	均匀分布的情况 1.0 不均匀分布的情况1 0.6 1.4 0.6 1.4 0.6 1.4 $l/2$ $l/2$ 不均匀分布的情况2 μ_r 2.0 μ_r 2.0 μ_r 2.0 $l/2$ $l/2$ α l l	μ_r 按第 1 项规定采用
7	双跨双坡或拱形屋面	均匀分布的情况 1.0 不均匀分布的情况1 μ_r 1.4 μ_r 不均匀分布的情况2 μ_r 2.0 μ_r α f l l	μ_r 按第 1 或 3 项规定采用
8	高低屋面	情况1： 1.0 $\mu_{r,m}$ 1.0 a / 1.0 $\mu_{r,m}$ 1.0 a 情况2： 1.0 2.0 1.0 a / 1.0 2.0 1.0 a h b_1 b_2 / h b_1 $b_2<a$ $a=2h$（4m$<a<$8m） $\mu_{r,m}=(b_1+b_2)/2h(2.0\leqslant\mu_{r,m}\leqslant4.0)$	—
9	有女儿墙及其他突起物的屋面	$\mu_{r,m}$ μ_r $\mu_{r,m}$ a a h $a=2h$ $\mu_{r,m}=1.5h/s_0$（1.0$\leqslant\mu_{r,m}\leqslant$2.0）	—
10	大跨屋面（$l>$100m）	0.8μ_r 1.2μ_r 0.8μ_r $l/4$ $l/2$ $l/4$ l	1 还应同时考虑第 2 项、第 3 项的积雪分布； 2 μ_r 按第 1 或 3 项规定采用

注：1 第 2 项单跨双坡屋面仅当坡度 α 在 20°～30°范围时，可采用不均匀分布情况；

　　2 第 4、5 项只适用于坡度 α 不大于 25°的一般工业厂房屋面；

　　3 第 7 项双跨双坡或拱形屋面，当 α 不大于 25°或 f/l 不大于 0.1 时，只采用均匀分布情况；

　　4 多跨屋面的积雪分布系数，可参照第 7 项的规定采用。

7.2.2 设计建筑结构及屋面的承重构件时，应按下列规定采用积雪的分布情况：

1 屋面板和檩条按积雪不均匀分布的最不利情况采用；

2 屋架和拱壳应分别按全跨积雪的均匀分布、不均匀分布和半跨积雪的均匀分布按最不利情况采用；

3 框架和柱可按全跨积雪的均匀分布情况采用。

8 风 荷 载

8.1 风荷载标准值及基本风压

8.1.1 垂直于建筑物表面上的风荷载标准值，应按下列规定确定：

1 计算主要受力结构时，应按下式计算：

$$w_k = \beta_z \mu_s \mu_z w_0 \qquad (8.1.1-1)$$

式中：w_k——风荷载标准值（kN/m^2）；

β_z——高度 z 处的风振系数；

μ_s——风荷载体型系数；

μ_z——风压高度变化系数；

w_0——基本风压（kN/m^2）。

2 计算围护结构时，应按下式计算：

$$w_k = \beta_{gz} \mu_{sl} \mu_z w_0 \qquad (8.1.1-2)$$

式中：β_{gz}——高度 z 处的阵风系数；

μ_{sl}——风荷载局部体型系数。

8.1.2 基本风压应采用按本规范规定的方法确定的 **50 年重现期的风压，但不得小于 0.3kN/m²**。对于高层建筑、高耸结构以及对风荷载比较敏感的其他结构，基本风压的取值应适当提高，并应符合有关结构设计规范的规定。

8.1.3 全国各城市的基本风压值应按本规范附录 E 中表 E.5 重现期 R 为 50 年的值采用。当城市或建设地点的基本风压值在本规范表 E.5 没有给出时，基本风压值应按本规范附录 E 规定的方法，根据基本风压的定义和当地年最大风速资料，通过统计分析确定，分析时应考虑样本数量的影响。当地没有风速资料时，可根据附近地区规定的基本风压或长期资料，通过气象和地形条件的对比分析确定；也可比照本规范附录 E 中附图 E.6.3 全国基本风压分布图近似确定。

8.1.4 风荷载的组合值系数、频遇值系数和准永久值系数可分别取 0.6、0.4 和 0.0。

8.2 风压高度变化系数

8.2.1 对于平坦或稍有起伏的地形，风压高度变化系数应根据地面粗糙度类别按表 8.2.1 确定。地面粗糙度可分为 A、B、C、D 四类：A 类指近海海面和海岛、海岸、湖岸及沙漠地区；B 类指田野、乡村、丛林、丘陵以及房屋比较稀疏的乡镇；C 类指有密集建筑群的城市市区；D 类指有密集建筑群且房屋较高的城市市区。

表 8.2.1 风压高度变化系数 μ_z

离地面或海平面高度（m）	地面粗糙度类别			
	A	B	C	D
5	1.09	1.00	0.65	0.51
10	1.28	1.00	0.65	0.51
15	1.42	1.13	0.65	0.51
20	1.52	1.23	0.74	0.51
30	1.67	1.39	0.88	0.51
40	1.79	1.52	1.00	0.60
50	1.89	1.62	1.10	0.69
60	1.97	1.71	1.20	0.77
70	2.05	1.79	1.28	0.84
80	2.12	1.87	1.36	0.91
90	2.18	1.93	1.43	0.98
100	2.23	2.00	1.50	1.04
150	2.46	2.25	1.79	1.33
200	2.64	2.46	2.03	1.58
250	2.78	2.63	2.24	1.81
300	2.91	2.77	2.43	2.02
350	2.91	2.91	2.60	2.22
400	2.91	2.91	2.76	2.40
450	2.91	2.91	2.91	2.58
500	2.91	2.91	2.91	2.74
≥550	2.91	2.91	2.91	2.91

8.2.2 对于山区的建筑物，风压高度变化系数除可按平坦地面的粗糙度类别由本规范表 8.2.1 确定外，还应考虑地形条件的修正，修正系数 η 应按下列规定采用：

1 对于山峰和山坡，修正系数应按下列规定采用：

1） 顶部 B 处的修正系数可按下式计算：

$$\eta_B = \left[1 + \kappa \tan\alpha \left(1 - \frac{z}{2.5H} \right) \right]^2 \qquad (8.2.2)$$

式中：$\tan\alpha$——山峰或山坡在迎风面一侧的坡度；当 $\tan\alpha$ 大于 0.3 时，取 0.3；

κ——系数，对山峰取 2.2，对山坡取 1.4；

H——山顶或山坡全高（m）；

z——建筑物计算位置离建筑地面的高度（m）；当 $z>2.5H$ 时，取 $z=2.5H$。

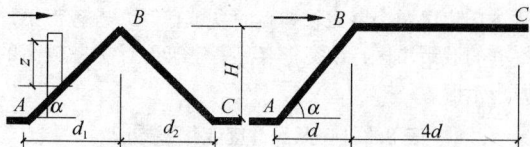

图 8.2.2 山峰和山坡的示意

2）其他部位的修正系数，可按图 8.2.2 所示，取 A、C 处的修正系数 η_A、η_C 为 1，AB 间和 BC 间的修正系数按 η 的线性插值确定。

2 对于山间盆地、谷地等闭塞地形，η 可在 0.75～0.85 选取。

3 对于与风向一致的谷口、山口，η 可在 1.20～1.50 选取。

8.2.3 对于远海海面和海岛的建筑物或构筑物，风压高度变化系数除可按 A 类粗糙度类别由本规范表 8.2.1 确定外，还应考虑表 8.2.3 中给出的修正系数。

表 8.2.3 远海海面和海岛的修正系数 η

距海岸距离（km）	η
<40	1.0
40～60	1.0～1.1
60～100	1.1～1.2

8.3 风荷载体型系数

8.3.1 房屋和构筑物的风荷载体型系数，可按下列规定采用：

1 房屋和构筑物与表 8.3.1 中的体型类同时，可按表 8.3.1 的规定采用；

2 房屋和构筑物与表 8.3.1 中的体型不同时，可按有关资料采用；当无资料时，宜由风洞试验确定；

3 对于重要且体型复杂的房屋和构筑物，应由风洞试验确定。

表 8.3.1 风荷载体型系数

项次	类别	体型及体型系数 μ_s	备注
1	封闭式落地双坡屋面	 α：0°，μ_s：0.0；30°，+0.2；≥60°，+0.8	中间值按线性插值法计算
2	封闭式双坡屋面	 α：≤15°，μ_s：−0.6；30°，0.0；≥60°，+0.8	1 中间值按线性插值法计算；2 μ_s 的绝对值不小于 0.1
3	封闭式落地拱形屋面	 f/l：0.1，μ_s：+0.1；0.2，+0.2；0.5，+0.6	中间值按线性插值法计算
4	封闭式拱形屋面	 f/l：0.1，μ_s：−0.8；0.2，0.0；0.5，+0.6	1 中间值按线性插值法计算；2 μ_s 的绝对值不小于 0.1
5	封闭式单坡屋面		迎风坡面的 μ_s 按第 2 项采用

项次	类 别	体型及体型系数 μ_s	备 注
6	封闭式 高低双坡屋面	μ_s -0.6 -0.6 -0.5 α -0.6 -0.2 -0.6 $+0.8$ -0.5 $+0.8$ -0.5	迎风坡面的 μ_s 按第 2 项采用
7	封闭式 带天窗 双坡屋面	-0.7 $+0.6$ -0.6 -0.2 -0.6 $+0.8$ -0.5	带天窗的拱形屋面可按照本图采用
8	封闭式 双跨双坡 屋面	μ_s -0.5 -0.4 -0.4 α $+0.8$ -0.4	迎风坡面的 μ_s 按第 2 项采用
9	封闭式 不等高不 等跨的双 跨双坡 屋面	μ_s -0.6 -0.6 α -0.6 -0.4 $+0.8$ -0.4 -0.6 -0.2 -0.5 μ_s -0.6 $+0.8$ α -0.4	迎风坡面的 μ_s 按第 2 项采用
10	封闭式 不等高不 等跨的三 跨双坡 屋面	μ_{s1} -0.2 -0.5 -0.5 μ_s -0.6 h_1/h -0.5 -0.4 α $+0.8$ -0.4	1 迎风坡面的 μ_s 按第 2 项采用; 2 中跨上部迎风墙面的 μ_{s1} 按下式采用: $\mu_{s1}=0.6（1-2h_1/h）$ 当 $h_1=h$，取 $\mu_{s1}=-0.6$
11	封闭式 带天窗带坡的 双坡屋面	$+0.6$ -0.7 -0.6 -0.2 -0.5 -0.6 $+0.8$ -0.5 -0.5 $+0.3$ -0.6 -0.6 -0.2 -0.7 -0.3 -0.5 $+0.8$ -0.5	—
12	封闭式 带天窗带双坡 的双坡屋面	-0.6 $+0.6$ -0.6 $+0.7$ -0.3 -0.2 -0.6 -0.5 $+0.8$ -0.4 -0.4	—
13	封闭式不等高 不等跨且中 跨带天窗的 三跨双坡屋面	$+0.3$ -0.6 -0.6 μ_{s1} -0.3 -0.6 μ_s -0.6 h_1 -0.5 -0.4 α $+0.8$ -0.4	1 迎风坡面的 μ_s 按第 2 项采用; 2 中跨上部迎风墙面的 μ_{s1} 按下式采用: $\mu_{s1}=0.6(1-2h_1/h)$ 当 $h_1=h$，取 $\mu_{s1}=-0.6$
14	封闭式 带天窗的 双跨双坡 屋面	-0.6 a -0.6 -0.5 -0.2 -0.7 -0.6 μ_s h $+0.8$ -0.5 -0.4 -0.4	迎风面第 2 跨的天窗面的 μ_s 下列规定采用: 1 当 $a\leqslant4h$，取 $\mu_s=0.2$; 2 当 $a>4h$，取 $\mu_s=0.6$

续表 8.3.1

项次	类 别	体型及体型系数 μ_s	备 注
15	封闭式带女儿墙的双坡屋面	+1.3　0　+0.8　−0.5	当屋面坡度不大于15°时，屋面上的体型系数可按无女儿墙的屋面采用
16	封闭式带雨篷的双坡屋面	(a) μ_s　−0.6　−0.3　+0.8　−0.5　(b) −1.4　−0.9　−0.5　+0.8　−0.5	迎风坡面的 μ_s 按第 2 项采用
17	封闭式对立两个带雨篷的双坡屋面	μ_s　−0.4　−0.3　−0.2　−0.4　−0.5　+0.8　−0.4　+0.2　−0.3　s	1 本图适用于 s 为 8m～20m 范围内； 2 迎风坡面的 μ_s 按第 2 项采用
18	封闭式带下沉天窗的双坡屋面或拱形屋面	−0.8　−0.5　−1.2　+0.8　−0.5	—
19	封闭式带下沉天窗的双跨双坡或拱形屋面	−0.8　−1.2　−0.5　−1.2　−0.4　+0.8　−0.4	—
20	封闭式带天窗挡风板的坡屋面	+1.4　0.8　−0.7　0.6　+0.3　0　0.6　−0.8　−0.6　−0.5　+0.8	—
21	封闭式带天窗挡风板的双跨坡屋面	+1.4　0.8　−0.7　0.6　0.5　−0.6　0.4　+0.3　0　0　−0.4　−0.8　−0.6　−0.6　−0.5　−0.4　+0.8	—
22	封闭式锯齿形屋面	μ_s　−0.6　−0.6　−0.5　−0.5　−0.4　0.4　−0.6　−0.6　−0.5　0.5　0.4　0.4　−0.4　+0.8　+0.8　(1)(2)(3)(1)(2)(3)	1 迎风坡面的 μ_s 按第 2 项采用； 2 齿面增多或减少时，可均匀地在(1)、(2)、(3)三个区段内调节
23	封闭式复杂多跨屋面	−0.6　−0.7　−0.6　+0.6　−0.7　−0.6　−0.5　+0.8　+0.6　−0.2　−0.6　−0.5　+0.2　−0.5　+0.2　+0.5　−0.4　a　h	天窗面的 μ_s 按下列规定采用： 1 当 $a\leqslant 4h$ 时，取 $\mu_s=0.2$； 2 当 $a>4h$ 时，取 $\mu_s=0.6$

7—20

续表8.3.1

项次	类 别	体型及体型系数 μ_s	备 注

项次 24 靠山封闭式双坡屋面

本图适用于 $H_m/H \geqslant 2$ 及 $s/H = 0.2 \sim 0.4$ 的情况

体型系数 μ_s 按下表采用:

β	α	A	B	C	D	E
30°	15°	+0.9	−0.4	0.0	+0.2	−0.2
	30°	+0.9	+0.2	−0.2	−0.2	−0.3
	60°	+1.0	+0.7	−0.4	−0.2	−0.5
60°	15°	+1.0	+0.3	+0.4	+0.5	+0.4
	30°	+1.0	+0.4	+0.3	+0.4	+0.2
	60°	+1.0	+0.8	−0.3	0.0	−0.5
90°	15°	+1.0	+0.5	+0.7	+0.8	+0.6
	30°	+1.0	+0.6	+0.8	+0.9	+0.7
	60°	+1.0	+0.9	−0.1	+0.2	−0.4

体型系数 μ_s 按下表采用:

β	ABCD	E	A'B'C'D'	F
15°	−0.8	+0.9	−0.2	−0.2
30°	−0.9	+0.9	−0.2	−0.2
60°	−0.9	+0.9	−0.2	−0.2

项次 25 靠山封闭式带天窗的双坡屋面

本图适用于 $H_m/H \geqslant 2$ 及 $s/H = 0.2 \sim 0.4$ 的情况

体型系数 μ_s 按下表采用:

β	A	B	C	D	D'	C'	B'	A'	E
30°	+0.9	+0.2	−0.6	−0.4	−0.3	−0.3	−0.3	−0.2	−0.5
60°	+0.9	+0.6	+0.1	+0.1	+0.2	+0.2	+0.2	+0.4	+0.1
90°	+1.0	+0.8	+0.6	+0.2	+0.6	+0.6	+0.6	+0.8	+0.6

项次 26 单面开敞式双坡屋面

(a) 开口迎风   (b) 开口背风

迎风坡面的 μ_s 按第2项采用

项次	类 别	体型及体型系数 μ_s	备 注
27	双面开敞及四面开敞式双坡屋面	(a) 两端有山墙　　　　(b) 四面开敞 体型系数 μ_s <table><tr><td>α</td><td>μ_{s1}</td><td>μ_{s2}</td></tr><tr><td>≤10°</td><td>−1.3</td><td>−0.7</td></tr><tr><td>30°</td><td>+1.6</td><td>+0.4</td></tr></table>	1　中间值按线性插值法计算； 2　本图屋面对风作用敏感，风压时正时负，设计时应考虑 μ_s 值变号的情况； 3　纵向风荷载对屋面所引起的总水平力，当 $\alpha \geqslant 30°$ 时，为 $0.05Aw_h$；当 $\alpha < 30°$ 时，为 $0.10Aw_h$；其中，A 为屋面的水平投影面积，w_h 为屋面高度 h 处的风压； 4　当室内堆放物品或房屋处于山坡时，屋面吸力应增大，可按第26项（a）采用
28	前后纵墙半开敞双坡屋面	μ_s −0.3　　−0.8 $+0.5$　　α　　$−0.8$	1　迎风坡面的 μ_s 按第2项采用； 2　本图适用于墙的上部集中开敞面积 $\geqslant 10\%$ 且 $< 50\%$ 的房屋； 3　当开敞面积达 50% 时，背风墙面的系数改为 −1.1
29	单坡及双坡顶盖	(a)　μ_{s1} μ_{s2}　μ_{s3} μ_{s4} <table><tr><td>α</td><td>μ_{s1}</td><td>μ_{s2}</td><td>μ_{s3}</td><td>μ_{s4}</td></tr><tr><td>≤10°</td><td>−1.3</td><td>−0.5</td><td>+1.3</td><td>+0.5</td></tr><tr><td>30°</td><td>−1.4</td><td>−0.6</td><td>+1.4</td><td>+0.6</td></tr></table> (b)　μ_{s1}　μ_{s2} (c)　μ_{s1} μ_{s2} <table><tr><td>α</td><td>μ_{s1}</td><td>μ_{s2}</td></tr><tr><td>≤10°</td><td>+1.0</td><td>+0.7</td></tr><tr><td>30°</td><td>−1.6</td><td>−0.4</td></tr></table>	1　中间值按线性插值法计算； 2　(b) 项体型系数按第27项采用； 3　(b)、(c) 应考虑第27项注2和注3
30	封闭式房屋和构筑物	(a) 正多边形（包括矩形）平面 $+0.8$　−0.7　0 −0.5　+0.4 −0.7 −0.5 -0.7	—

项次	类 别	体型及体型系数 μ_s	备 注
30	封闭式房屋和构筑物	(b) Y形平面 (c) L形平面　　(d) Π形平面 (e) 十字形平面　　(f) 截角三边形平面	—
31	高度超过45m的矩形截面高层建筑	+0.8　H <table><tr><td>D/B</td><td>$\leqslant 1$</td><td>1.2</td><td>2</td><td>$\geqslant 4$</td></tr><tr><td>μ_{s1}</td><td>-0.6</td><td>-0.5</td><td>-0.4</td><td>-0.3</td></tr><tr><td>μ_{s2}</td><td colspan="4">-0.7</td></tr></table>	—
32	各种截面的杆件	$\mu = +1.3$	—
33	桁架	(a) 单榀桁架的体型系数 $$\mu_{st} = \phi \mu_s$$ 式中：μ_s 为桁架构件的体型系数，对型钢杆件按第 32 项采用，对圆管杆件按第 37（b）项采用； $\phi = A_n/A$ 为桁架的挡风系数； A_n 为桁架杆件和节点挡风的净投影面积； $A = hl$ 为桁架的轮廓面积。 (b) n 榀平行桁架的整体体型系数 $$\mu_{stw} = \mu_{st} \frac{1 - \eta^n}{1 - \eta}$$ 式中：μ_{st} 为单榀桁架的体型系数； η 系数按下表采用。	—

Y形平面体型系数：-0.7、-0.5、40°、$+0.7$、-0.75、$+1.0$、-0.5、-0.5、$+0.9$、-0.55、-0.7、-0.5

L形平面：-0.6、45°、$+0.3$、$+0.8$、-0.5、$+0.3$、$+0.9$、-0.6、$+0.8$、-0.6、-0.6

Π形平面：-0.7、$+0.8$、$+0.9$、-0.5、$+0.8$、-0.7、-0.7

十字形平面：-0.6、$+0.6$、-0.5、$+0.8$、-0.5、$+0.6$、-0.5、-0.6

截角三边形平面：-0.45、-0.5、$+0.8$、-0.5、-0.45、-0.5

ϕ ＼ b/h	$\leqslant 1$	2	4	6
$\leqslant 0.1$	1.00	1.00	1.00	1.00
0.2	0.85	0.90	0.93	0.97
0.3	0.66	0.75	0.80	0.85
0.4	0.50	0.60	0.67	0.73
0.5	0.33	0.45	0.53	0.62
0.6	0.15	0.30	0.40	0.50

项次	类 别	体型及体型系数 μ_s	备 注
34	独立墙壁及围墙	$\rightarrow$ $\boxed{+1.3}$	—
35	塔架	(a) 角钢塔架整体计算时的体型系数 μ_s 按下表采用。 (b) 管子及圆钢塔架整体计算时的体型系数 μ_s： 当 $\mu_z w_0 d^2$ 不大于 0.002 时，μ_s 按角钢塔架的 μ_s 值乘以 0.8 采用； 当 $\mu_z w_0 d^2$ 不小于 0.015 时，μ_s 按角钢塔架的 μ_s 值乘以 0.6 采用。	中间值按线性插值法计算
36	旋转壳顶	(a) $f/l > \frac{1}{4}$　(b) $f/l \leqslant \frac{1}{4}$ $\mu_s = -\cos^2\phi$ $\mu_s = 0.5\sin^2\phi\sin\varphi - \cos^2\phi$ 式中：ψ 为平面角，ϕ 为仰角。	—
37	圆截面构筑物（包括烟囱、塔桅等）	(a) 局部计算时表面分布的体型系数	1 (a) 项局部计算用表中的值适用于 $\mu_z w_0 d^2$ 大于 0.015 的表面光滑情况，其中 w_0 以 kN/m² 计，d 以 m 计。 2 (b) 项整体计算用表中的中间值按线性插值法计算；Δ 为表面凸出高度

角钢塔架整体计算时的体型系数表：

挡风系数 ϕ	方形			三角形 风向③④⑤
	风向①	风向②		
		单角钢	组合角钢	
$\leqslant 0.1$	2.6	2.9	3.1	2.4
0.2	2.4	2.7	2.9	2.2
0.3	2.2	2.4	2.7	2.0
0.4	2.0	2.2	2.4	1.8
0.5	1.9	1.9	2.0	1.6

项次	类 别	体型及体型系数 μ_s	备 注
37	圆截面构筑物（包括烟囱、塔桅等）	<表格及图>	1 （a）项局部计算用表中的值适用于 $\mu_z w_0 d^2$ 大于0.015的表面光滑情况，其中 w_0 以 kN/m² 计，d 以 m 计。 2 （b）项整体计算用表中的中间值按线性插值法计算；Δ为表面凸出高度
38	架空管道	<图>	1 本图适用于 $\mu_z w_0 d^2 \geqslant$ 0.015的情况； 2 （b）项前后双管的 μ_s 值为前后两管之和，其中前管为0.6； 3 （c）项密排多管的 μ_s 值为各管之总和

项次37内容：

α	$H/d \geqslant 25$	$H/d=7$	$H/d=1$
0°	+1.0	+1.0	+1.0
15°	+0.8	+0.8	+0.8
30°	+0.1	+0.1	+0.1
45°	−0.9	−0.8	−0.7
60°	−1.9	−1.7	−1.2
75°	−2.5	−2.2	−1.5
90°	−2.6	−2.2	−1.7
105°	−1.9	−1.7	−1.2
120°	−0.9	−0.8	−0.7
135°	−0.7	−0.6	−0.5
150°	−0.6	−0.5	−0.4
165°	−0.6	−0.5	−0.4
180°	−0.6	−0.5	−0.4

（b）整体计算时的体型系数

$\mu_z w_0 d^2$	表面情况	$H/d \geqslant 25$	$H/d=7$	$H/d=1$
≥0.015	Δ≈0	0.6	0.5	0.5
	Δ=0.02d	0.9	0.8	0.7
	Δ=0.08d	1.2	1.0	0.8
≤0.002		1.2	0.8	0.7

项次38内容：

（a）上下双管

s/d	≤0.25	0.5	0.75	1.0	1.5	2.0	≥3.0
μ_s	+1.20	+0.90	+0.75	+0.70	+0.65	+0.63	+0.60

（b）前后双管

s/d	≤0.25	0.5	1.5	3.0	4.0	6.0	8.0	≥10.0
μ_s	+0.68	+0.86	+0.94	+0.99	+1.08	+1.11	+1.14	+1.20

（c）密排多管

$$\mu_s = +1.4$$

项次	类 别	体型及体型系数 μ_s	备 注
39	拉索	风荷载水平分量 w_x 的体型系数 μ_{sx} 及垂直分量 w_y 的体型系数 μ_{sy} 按下表采用： | α	μ_{sx}	μ_{sy}	α	μ_{sx}	μ_{sy}
0°	0.00	0.00	50°	0.60	0.40
10°	0.05	0.05	60°	0.85	0.40
20°	0.10	0.10	70°	1.10	0.30
30°	0.20	0.25	80°	1.20	0.20
40°	0.35	0.40	90°	1.25	0.00		—

8.3.2 当多个建筑物，特别是群集的高层建筑，相互间距较近时，宜考虑风力相互干扰的群体效应；一般可将单独建筑物的体型系数 μ_s 乘以相互干扰系数。相互干扰系数可按下列规定确定：

1 对矩形平面高层建筑，当单个施扰建筑与受扰建筑高度相近时，根据施扰建筑的位置，对顺风向风荷载可在 1.00～1.10 范围内选取，对横风向风荷载可在 1.00～1.20 范围内选取；

2 其他情况可比照类似条件的风洞试验资料确定，必要时宜通过风洞试验确定。

8.3.3 计算围护构件及其连接的风荷载时，可按下列规定采用局部体型系数 μ_{sl}：

1 封闭式矩形平面房屋的墙面及屋面可按表 8.3.3 的规定采用；

2 檐口、雨篷、遮阳板、边棱处的装饰条等突出构件，取 −2.0；

3 其他房屋和构筑物可按本规范第 8.3.1 条规定体型系数的 1.25 倍取值。

表 8.3.3 封闭式矩形平面房屋的局部体型系数

项次	类别	体型及局部体型系数	备注
1	封闭式矩形平面房屋的墙面	 E 应取 $2H$ 和迎风宽度 B 中较小者 | 迎风面		1.0
侧面	S_a	−1.4
	S_b	−1.0
背风面		−0.6		E 应取 $2H$ 和迎风宽度 B 中较小者

项次	类 别	体型及局部体型系数	备 注
2	封闭式矩形平面房屋的双坡屋面		1 E 应取 $2H$ 和迎风宽度 B 中较小者； 2 中间值可按线性插值法计算（应对相同符号项插值）； 3 同时给出两个值的区域应分别考虑正负风压的作用； 4 风沿纵轴吹来时，靠近山墙的屋面可照表中 $\alpha \leq 5$ 时的 R_a 和 R_b 取值

	α	≤5	15	30	≥45
R_a	$H/D \leq 0.5$	−1.8 0.0	−1.5 +0.2	−1.5 +0.7	0.0 +0.7
	$H/D \geq 1.0$	−2.0 0.0	−2.0 +0.2		
R_b		−1.8 0.0	−1.5 +0.2	−1.5 +0.7	0.0 +0.7
R_c		−1.2 0.0	−0.6 +0.2	−0.3 +0.4	0.0 +0.6
R_d		−0.6 +0.2	−1.5 0.0	−0.5 0.0	−0.3 0.0
R_e		−0.6 0.0	*−0.4 0.0	−0.4 0.0	−0.2 0.0

项次	类别	体型及局部体型系数	备注
3	封闭式矩形平面房屋的单坡屋面		1 E应取2H和迎风宽度B中的较小者; 2 中间值可按线性插值计算; 3 迎风坡面可参考第2项取值

α	$\leqslant 5$	15	30	$\geqslant 45$
R_a	-2.0	-2.5	-2.3	-1.2
R_b	-2.0	-2.0	-1.5	-0.5
R_c	-1.2	-1.2	-0.8	-0.5

8.3.4 计算非直接承受风荷载的围护构件风荷载时,局部体型系数 μ_{sl} 可按构件的从属面积折减,折减系数按下列规定采用:

1 当从属面积不大于 $1m^2$ 时,折减系数取1.0;

2 当从属面积大于或等于 $25m^2$ 时,对墙面折减系数取0.8,对局部体型系数绝对值大于1.0的屋面区域折减系数取0.6,对其他屋面区域折减系数取1.0;

3 当从属面积大于 $1m^2$ 小于 $25m^2$ 时,墙面和绝对值大于1.0的屋面局部体型系数可采用对数插值,即按下式计算局部体型系数:

$$\mu_{sl}(A) = \mu_{sl}(1) + [\mu_{sl}(25) - \mu_{sl}(1)]\log A / 1.4 \tag{8.3.4}$$

8.3.5 计算围护构件风荷载时,建筑物内部压力的局部体型系数可按下列规定采用:

1 封闭式建筑物,按其外表面风压的正负情况取-0.2或0.2;

2 仅一面墙有主导洞口的建筑物,按下列规定采用:

1) 当开洞率大于0.02且小于或等于0.10时,取 $0.4\mu_{sl}$;

2) 当开洞率大于0.10且小于或等于0.30时,取 $0.6\mu_{sl}$;

3) 当开洞率大于0.30时,取 $0.8\mu_{sl}$。

3 其他情况,应按开放式建筑物的 μ_{sl} 取值。

注:1 主导洞口的开洞率是指单个主导洞口面积与该墙面全部面积之比;

2 μ_{sl} 应取主导洞口对应位置的值。

8.3.6 建筑结构的风洞试验,其试验设备、试验方法和数据处理应符合相关规范的规定。

8.4 顺风向风振和风振系数

8.4.1 对于高度大于30m且高宽比大于1.5的房屋,以及基本自振周期 T_1 大于0.25s的各种高耸结构,应考虑风压脉动对结构产生顺风向风振的影响。顺风向风振响应应计算应按结构随机振动理论进行。对于符合本规范第8.4.3条规定的结构,可采用风振系数法计算其顺风向风荷载。

注:1 结构的自振周期应按结构动力学计算;近似的基本自振周期 T_1 可按附录F计算;

2 高层建筑顺风向风振加速度可按本规范附录J计算。

8.4.2 对于风敏感的或跨度大于36m的柔性屋盖结构,应考虑风压脉动对结构产生风振的影响。屋盖结构的风振响应,宜依据风洞试验结果按随机振动理论计算确定。

8.4.3 对于一般竖向悬臂型结构,例如高层建筑和构架、塔架、烟囱等高耸结构,均可仅考虑结构第一振型的影响,结构的顺风向风荷载可按公式(8.1.1-1)计算。z高度处的风振系数 β_z 可按下式计算:

$$\beta_z = 1 + 2gI_{10}B_z\sqrt{1+R^2} \tag{8.4.3}$$

式中:g ——峰值因子,可取2.5;

I_{10} ——10m高度名义湍流强度,对应A、B、C和D类地面粗糙度,可分别取0.12、0.14、0.23和0.39;

R ——脉动风荷载的共振分量因子;

B_z ——脉动风荷载的背景分量因子。

8.4.4 脉动风荷载的共振分量因子可按下列公式计算:

$$R = \sqrt{\frac{\pi}{6\zeta_1}\frac{x_1^2}{(1+x_1^2)^{4/3}}} \tag{8.4.4-1}$$

$$x_1 = \frac{30f_1}{\sqrt{k_w w_0}}, x_1 > 5 \tag{8.4.4-2}$$

式中:f_1 ——结构第1阶自振频率(Hz);

k_w ——地面粗糙度修正系数,对A类、B类、C类和D类地面粗糙度分别取1.28、1.0、0.54和0.26;

ζ_1 ——结构阻尼比,对钢结构可取0.01,对有填充墙的钢结构房屋可取0.02,对钢筋混凝土及砌体结构可取0.05,对其他结构可根据工程经验确定。

8.4.5 脉动风荷载的背景分量因子可按下列规定确定:

1 对体型和质量沿高度均匀分布的高层建筑和高耸结构,可按下式计算:

$$B_z = kH^{a_1}\rho_x\rho_z\frac{\phi_1(z)}{\mu_z} \tag{8.4.5}$$

式中：$\phi_1(z)$——结构第 1 阶振型系数；

H——结构总高度（m），对 A、B、C 和 D
类地面粗糙度，H 的取值分别不应
大于 300m、350m、450m 和 550m；

ρ_x——脉动风荷载水平方向相关系数；

ρ_z——脉动风荷载竖直方向相关系数；

k、a_1——系数，按表 8.4.5-1 取值。

表 8.4.5-1　系数 k 和 a_1

粗糙度类别		A	B	C	D
高层建筑	k	0.944	0.670	0.295	0.112
	a_1	0.155	0.187	0.261	0.346
高耸结构	k	1.276	0.910	0.404	0.155
	a_1	0.186	0.218	0.292	0.376

2　对迎风面和侧风面的宽度沿高度按直线或接
近直线变化，而质量沿高度按连续规律变化的高耸结
构，式（8.4.5）计算的背景分量因子 B_z 应乘以修正
系数 θ_B 和 θ_v。θ_B 为构筑物在 z 高度处的迎风面宽度
$B(z)$ 与底部宽度 $B(0)$ 的比值；θ_v 可按表 8.4.5-2
确定。

表 8.4.5-2　修正系数 θ_v

$\dfrac{B(H)}{B(0)}$	1	0.9	0.8	0.7	0.6	0.5	0.4	0.3	0.2	≤0.1
θ_v	1.00	1.10	1.20	1.32	1.50	1.75	2.08	2.53	3.30	5.60

8.4.6　脉动风荷载的空间相关系数可按下列规定
确定：

1　竖直方向的相关系数可按下式计算：

$$\rho_z = \frac{10\sqrt{H + 60e^{-H/60} - 60}}{H} \quad (8.4.6-1)$$

式中：H——结构总高度（m）；对 A、B、C 和 D 类
地面粗糙度，H 的取值分别不应大于
300m、350m、450m 和 550m。

2　水平方向相关系数可按下式计算：

$$\rho_x = \frac{10\sqrt{B + 50e^{-B/50} - 50}}{B} \quad (8.4.6-2)$$

式中：B——结构迎风面宽度（m），$B \leq 2H$。

3　对迎风面宽度较小的高耸结构，水平方向相
关系数可取 $\rho_x = 1$。

8.4.7　振型系数应根据结构动力计算确定。对外形、
质量、刚度沿高度按连续规律变化的竖向悬臂型高耸
结构及沿高度比较均匀的高层建筑，振型系数 $\phi_1(z)$
也可根据相对高度 z/H 按本规范附录 G 确定。

8.5　横风向和扭转风振

8.5.1　对于横风向风振作用效应明显的高层建筑以
及细长圆形截面构筑物，宜考虑横风向风振的影响。

8.5.2　横风向风振的等效风荷载可按下列规定采用：

1　对于平面或立面体型较复杂的高层建筑和高
耸结构，横风向风振的等效风荷载 w_{Lk} 宜通过风洞试
验确定，也可比照有关资料确定；

2　对于圆形截面高层建筑及构筑物，其由跨临
界强风共振（旋涡脱落）引起的横风向风振等效风荷
载 w_{Lk} 可按本规范附录 H.1 确定；

3　对于矩形截面及凹角或削角矩形截面的高层
建筑，其横风向风振等效风荷载 w_{Lk} 可按本规范附录
H.2 确定。

注：高层建筑横风向风振加速度可按本规范附录 J
计算。

8.5.3　对圆形截面的结构，应按下列规定对不同雷
诺数 Re 的情况进行横风向风振（旋涡脱落）的校核：

1　当 $Re < 3 \times 10^5$ 且结构顶部风速 v_H 大于 v_{cr}
时，可发生亚临界的微风共振。此时，可在构造上采
取防振措施，或控制结构的临界风速 v_{cr} 不小于
15m/s。

2　当 $Re \geq 3.5 \times 10^6$ 且结构顶部风速 v_H 的 1.2
倍大于 v_{cr} 时，可发生跨临界的强风共振，此时应考
虑横风向风振的等效风荷载。

3　当雷诺数为 $3 \times 10^5 \leq Re < 3.5 \times 10^6$ 时，则发
生超临界范围的风振，可不作处理。

4　雷诺数 Re 可按下列公式确定：

$$Re = 69000vD \quad (8.5.3-1)$$

式中：v——计算所用风速，可取临界风速值 v_{cr}；

D——结构截面的直径（m），当结构的截面沿
高度缩小时（倾斜度不大于 0.02），可
近似取 2/3 结构高度处的直径。

5　临界风速 v_{cr} 和结构顶部风速 v_H 可按下列公
式确定：

$$v_{cr} = \frac{D}{T_i St} \quad (8.5.3-2)$$

$$v_H = \sqrt{\frac{2000\mu_H w_0}{\rho}} \quad (8.5.3-3)$$

式中：T_i——结构第 i 振型的自振周期，验算亚临界
微风共振时取基本自振周期 T_1；

St——斯脱罗哈数，对圆截面结构取 0.2；

μ_H——结构顶部风压高度变化系数；

w_0——基本风压（kN/m^2）；

ρ——空气密度（kg/m^3）。

8.5.4　对于扭转风振作用效应明显的高层建筑及高
耸结构，宜考虑扭转风振的影响。

8.5.5　扭转风振等效风荷载可按下列规定采用：

1　对于体型较复杂以及质量或刚度有显著偏心
的高层建筑，扭转风振等效风荷载 w_{Tk} 宜通过风洞试
验确定，也可比照有关资料确定；

2　对于质量和刚度较对称的矩形截面高层建筑，
其扭转风振等效风荷载 w_{Tk} 可按本规范附录 H.3 确定。

8.5.6 顺风向风荷载、横风向风振及扭转风振等效风荷载宜按表8.5.6考虑风荷载组合工况。表8.5.6中的单位高度风力 F_{Dk}、F_{Lk} 及扭矩 T_{Tk} 标准值应按下列公式计算：

$$F_{Dk} = (w_{k1} - w_{k2})B \qquad (8.5.6\text{-}1)$$

$$F_{Lk} = w_{Lk}B \qquad (8.5.6\text{-}2)$$

$$T_{Tk} = w_{Tk}B^2 \qquad (8.5.6\text{-}3)$$

式中：F_{Dk} ——顺风向单位高度风力标准值（kN/m）；

F_{Lk} ——横风向单位高度风力标准值（kN/m）；

T_{Tk} ——单位高度风致扭矩标准值（kN·m/m）；

w_{k1}、w_{k2} ——迎风面、背风面风荷载标准值（kN/m²）；

w_{Lk}、w_{Tk} ——横风向风振和扭转风振等效风荷载标准值（kN/m²）；

B ——迎风面宽度（m）。

表 8.5.6 风荷载组合工况

工况	顺风向风荷载	横风向风振等效风荷载	扭转风振等效风荷载
1	F_{Dk}		
2	$0.6F_{Dk}$	F_{Lk}	
3	—		T_{Tk}

8.6 阵风系数

8.6.1 计算围护结构（包括门窗）风荷载时的阵风系数应按表8.6.1确定。

表 8.6.1 阵风系数 β_{gz}

离地面高度（m）	地面粗糙度类别			
	A	B	C	D
5	1.65	1.70	2.05	2.40
10	1.60	1.70	2.05	2.40
15	1.57	1.66	2.05	2.40
20	1.55	1.63	1.99	2.40
30	1.53	1.59	1.90	2.40
40	1.51	1.57	1.85	2.29
50	1.49	1.55	1.81	2.20
60	1.48	1.54	1.78	2.14
70	1.48	1.52	1.75	2.09
80	1.47	1.51	1.73	2.04
90	1.46	1.50	1.71	2.01
100	1.46	1.50	1.69	1.98
150	1.43	1.47	1.63	1.87
200	1.42	1.45	1.59	1.79
250	1.41	1.43	1.57	1.74
300	1.40	1.42	1.54	1.70
350	1.40	1.41	1.53	1.67
400	1.40	1.41	1.51	1.64
450	1.40	1.41	1.50	1.62
500	1.40	1.41	1.50	1.60
550	1.40	1.41	1.50	1.59

9 温度作用

9.1 一般规定

9.1.1 温度作用应考虑气温变化、太阳辐射及使用热源等因素，作用在结构或构件上的温度作用应采用其温度的变化来表示。

9.1.2 计算结构或构件的温度作用效应时，应采用材料的线膨胀系数 α_T。常用材料的线膨胀系数可按表9.1.2采用。

表 9.1.2 常用材料的线膨胀系数 α_T

材料	线膨胀系数 α_T（$\times 10^{-6}/℃$）
轻骨料混凝土	7
普通混凝土	10
砌体	6～10
钢，锻铁，铸铁	12
不锈钢	16
铝，铝合金	24

9.1.3 温度作用的组合值系数、频遇值系数和准永久值系数可分别取0.6、0.5和0.4。

9.2 基本气温

9.2.1 基本气温可采用按本规范附录E规定的方法确定的50年重现期的月平均最高气温 T_{max} 和月平均最低气温 T_{min}。全国各城市的基本气温值可按本规范附录E中表E.5采用。当城市或建设地点的基本气温值在本规范附录E中没有给出时，基本气温值可根据当地气象台站记录的气温资料，按附录E规定的方法通过统计分析确定。当地没有气温资料时，可根据附近地区规定的基本气温，通过气象和地形条件的对比分析确定；也可比照本规范附录E中图E.6.4和图E.6.5近似确定。

9.2.2 对金属结构等对气温变化较敏感的结构，宜考虑极端气温的影响，基本气温 T_{max} 和 T_{min} 可根据当地气候条件适当增加或降低。

9.3 均匀温度作用

9.3.1 均匀温度作用的标准值应按下列规定确定：

1 对结构最大温升的工况，均匀温度作用标准值按下式计算：

$$\Delta T_k = T_{s,max} - T_{0,min} \qquad (9.3.1\text{-}1)$$

式中：ΔT_k ——均匀温度作用标准值（℃）；

$T_{s,max}$ ——结构最高平均温度（℃）；

$T_{0,min}$ ——结构最低初始平均温度（℃）。

2 对结构最大温降的工况，均匀温度作用标准值按下式计算：

$$\Delta T_{k} = T_{s,min} - T_{0,max} \qquad (9.3.1-2)$$

式中：$T_{s,min}$——结构最低平均温度（℃）；

$T_{0,max}$——结构最高初始平均温度（℃）。

9.3.2 结构最高平均温度 $T_{s,max}$ 和最低平均温度 $T_{s,min}$ 宜分别根据基本气温 T_{max} 和 T_{min} 按热工学的原理确定。对于有围护的室内结构，结构平均温度应考虑室内外温差的影响；对于暴露于室外的结构或施工期间的结构，宜依据结构的朝向和表面吸热性质考虑太阳辐射的影响。

9.3.3 结构的最高初始平均温度 $T_{0,max}$ 和最低初始平均温度 $T_{0,min}$ 应根据结构的合拢或形成约束的时间确定，或根据施工时结构可能出现的温度按不利情况确定。

10 偶然荷载

10.1 一般规定

10.1.1 偶然荷载应包括爆炸、撞击、火灾及其他偶然出现的灾害引起的荷载。本章规定仅适用于爆炸和撞击荷载。

10.1.2 当采用偶然荷载作为结构设计的主导荷载时，在允许结构出现局部构件破坏的情况下，应保证结构不致因偶然荷载引起连续倒塌。

10.1.3 偶然荷载的荷载设计值可直接取用本章规定的方法确定的偶然荷载标准值。

10.2 爆 炸

10.2.1 由炸药、燃气、粉尘等引起的爆炸荷载宜按等效静力荷载采用。

10.2.2 在常规炸药爆炸动荷载作用下，结构构件的等效均布静力荷载标准值，可按下式计算：

$$q_{ce} = K_{dc} p_{c} \qquad (10.2.2)$$

式中：q_{ce}——作用在结构构件上的等效均布静力荷载标准值；

p_{c}——作用在结构构件上的均布动荷载最大压力，可按国家标准《人民防空地下室设计规范》GB 50038-2005 中第 4.3.2 条和第 4.3.3 条的有关规定采用；

K_{dc}——动力系数，根据构件在均布动荷载作用下的动力分析结果，按最大内力等效的原则确定。

注：其他原因引起的爆炸，可根据其等效 TNT 装药量，参考本条方法确定等效均布静力荷载。

10.2.3 对于具有通口板的房屋结构，当通口板面积 A_V 与爆炸空间体积 V 之比在 0.05～0.15 之间且体积 V 小于 1000m³ 时，燃气爆炸的等效均布静力荷载 p_k 可按下列公式计算并取其较大值：

$$p_k = 3 + p_V \qquad (10.2.3-1)$$

$$p_{k} = 3 + 0.5 p_{V} + 0.04 \left(\frac{A_{V}}{V} \right)^{2}$$
$$(10.2.3-2)$$

式中：p_V——通口板（一般指窗口的平板玻璃）的额定破坏压力（kN/m²）；

A_V——通口板面积（m²）；

V——爆炸空间的体积（m³）。

10.3 撞 击

10.3.1 电梯竖向撞击荷载标准值可在电梯总重力荷载的（4～6）倍范围内选取。

10.3.2 汽车的撞击荷载可按下列规定采用：

1 顺行方向的汽车撞击力标准值 P_k（kN）可按下式计算：

$$P_{k} = \frac{mv}{t} \qquad (10.3.2)$$

式中：m——汽车质量（t），包括车自重和载重；

v——车速（m/s）；

t——撞击时间（s）。

2 撞击力计算参数 m、v、t 和荷载作用点位置宜按照实际情况采用；当无数据时，汽车质量可取 15t，车速可取 22.2m/s，撞击时间可取 1.0s，小型车和大型车的撞击力荷载作用点位置可分别取位于路面以上 0.5m 和 1.5m 处。

3 垂直行车方向的撞击力标准值可取顺行方向撞击力标准值的 0.5 倍，二者不可考虑同时作用。

10.3.3 直升飞机非正常着陆的撞击荷载可按下列规定采用：

1 竖向等效静力撞击力标准值 P_k（kN）可按下式计算：

$$P_{k} = C \sqrt{m} \qquad (10.3.3)$$

式中：C——系数，取 3kN·kg⁻⁰·⁵；

m——直升飞机的质量（kg）。

2 竖向撞击力的作用范围宜包括停机坪内任何区域以及停机坪边缘线 7m 之内的屋顶结构。

3 竖向撞击力的作用区域宜取 2m×2m。

附录 A 常用材料和构件的自重

表 A 常用材料和构件的自重表

项次	名 称		自重	备 注
1	木材 (kN/m³)	杉木	4.0	随含水率而不同
		冷杉、云杉、红松、华山松、樟子松、铁杉、拟赤松、红椿、杨木、枫杨	4.0～5.0	随含水率而不同
		马尾松、云南松、油松、赤松、广东松、�松、枫香、柳木、檫木、秦岭落叶松、新疆落叶松	5.0～6.0	随含水率而不同

续表 A

项次	名称		自重	备注
1	木材（kN/m³）	东北落叶松、陆均松、榆木、桦木、水曲柳、苦楝、木荷、臭椿	6.0～7.0	随含水率而不同
		锥木（栲木）、石栎、槐木、乌墨	7.0～8.0	随含水率而不同
		青冈栎（楮木）、栎木（柞木）、桉树、木麻黄	8.0～9.0	随含水率而不同
		普通木板条、椽檩木料	5.0	随含水率而不同
		锯末	2.0～2.5	加防腐剂时为3kN/m³
		木丝板	4.0～5.0	—
		软木板	2.5	—
		刨花板	6.0	—
2	胶合板材（kN/m²）	胶合三夹板（杨木）	0.019	—
		胶合三夹板（椴木）	0.022	—
		胶合三夹板（水曲柳）	0.028	—
		胶合五夹板（杨木）	0.030	—
		胶合五夹板（椴木）	0.034	—
		胶合五夹板（水曲柳）	0.040	—
		甘蔗板（按10mm厚计）	0.030	常用厚度为13mm，15mm，19mm，25mm
		隔声板（按10mm厚计）	0.030	常用厚度为13mm，20mm
		木屑板（按10mm厚计）	0.120	常用厚度为6mm，10mm
3	金属矿产（kN/m³）	锻铁	77.5	—
		铁矿渣	27.6	—
		赤铁矿	25.0～30.0	—
		钢	78.5	—
		紫铜、赤铜	89.0	—
		黄铜、青铜	85.0	—
		硫化铜矿	42.0	—
		铝	27.0	—
		铝合金	28.0	—
		锌	70.5	—
		亚锌矿	40.5	—
		铅	114.0	—
		方铅矿	74.5	—
		金	193.0	—
		白金	213.0	—
		银	105.0	—

续表 A

项次	名称		自重	备注
3	金属矿产（kN/m³）	锡	73.5	—
		镍	89.0	—
		水银	136.0	—
		钨	189.0	—
		镁	18.5	—
		锑	66.6	—
		水晶	29.5	—
		硼砂	17.5	—
		硫矿	20.5	—
		石棉矿	24.6	—
		石棉	10.0	压实
		石棉	4.0	松散，含水量不大于15%
		石垩（高岭土）	22.0	—
		石膏矿	25.5	—
		石膏	13.0～14.5	粗块堆放 $\varphi=30°$ 细块堆放 $\varphi=40°$
		石膏粉	9.0	—
4	土、砂、砂砾、岩石（kN/m³）	腐殖土	15.0～16.0	干，$\varphi=40°$；湿，$\varphi=35°$；很湿，$\varphi=25°$
		黏土	13.5	干，松，空隙比为1.0
		黏土	16.0	干，$\varphi=40°$，压实
		黏土	18.0	湿，$\varphi=35°$，压实
		黏土	20.0	很湿，$\varphi=25°$，压实
		砂土	12.2	干，松
		砂土	16.0	干，$\varphi=35°$，压实
		砂土	18.0	湿，$\varphi=35°$，压实
		砂土	20.0	很湿，$\varphi=25°$，压实
		砂土	14.0	干，细砂
		砂土	17.0	干，粗砂
		卵石	16.0～18.0	干
		黏土夹卵石	17.0～18.0	干，松
		砂夹卵石	15.0～17.0	干，松
		砂夹卵石	16.0～19.2	干，压实
		砂夹卵石	18.9～19.2	湿
		浮石	6.0～8.0	干

项次	名　称		自重	备　注
4	土、砂、砂砾、岩石（kN/m³）	浮石填充料	4.0～6.0	—
		砂岩	23.6	—
		页岩	28.0	—
		页岩	14.8	片石堆置
		泥灰石	14.0	$\varphi=40°$
		花岗岩、大理石	28.0	—
		花岗岩	15.4	片石堆置
		石灰石	26.4	—
		石灰石	15.2	片石堆置
		贝壳石灰岩	14.0	—
		白云石	16.0	片石堆置 $\varphi=48°$
		滑石	27.1	—
		火石（燧石）	35.2	—
		云斑石	27.6	—
		玄武岩	29.5	—
		长石	25.5	—
		角闪石、绿石	30.0	—
		角闪石、绿石	17.1	片石堆置
		碎石子	14.0～15.0	堆置
		岩粉	16.0	黏土质或石灰质的
		多孔黏土	5.0～8.0	作填充料用，$\varphi=35°$
		硅藻土填充料	4.0～6.0	—
		辉绿岩板	29.5	—
5	砖及砌块（kN/m³）	普通砖	18.0	240mm×115mm×53mm（684块/m³）
		普通砖	19.0	机器制
		缸砖	21.0～21.5	230mm×110mm×65mm（609块/m³）
		红缸砖	20.4	—
		耐火砖	19.0～22.0	230mm×110mm×65mm（609块/m³）
		耐酸瓷砖	23.0～25.0	230mm×113mm×65mm（590块/m³）
		灰砂砖	18.0	砂：白灰=92：8
		煤渣砖	17.0～18.5	—
		矿渣砖	18.5	硬矿渣：烟灰：石灰=75：15：10
		焦渣砖	12.0～14.0	—
		烟灰砖	14.0～15.0	炉渣：电石渣：烟灰=30：40：30

项次	名　称		自重	备　注
5	砖及砌块（kN/m³）	黏土坯	12.0～15.0	—
		锯末砖	9.0	—
		焦渣空心砖	10.0	290mm×290mm×140mm（85块/m³）
		水泥空心砖	9.8	290mm×290mm×140mm（85块/m³）
		水泥空心砖	10.3	300mm×250mm×110mm（121块/m³）
		水泥空心砖	9.6	300mm×250mm×160mm（83块/m³）
		蒸压粉煤灰砖	14.0～16.0	干重度
		陶粒空心砌块	5.0	长600mm、400mm，宽150mm、250mm，高250mm、200mm
			6.0	390mm×290mm×190mm
		粉煤灰轻渣空心砌块	7.0～8.0	390mm×190mm×190mm，390mm×240mm×190mm
		蒸压粉煤灰加气混凝土砌块	5.5	—
		混凝土空心小砌块	11.8	390mm×190mm×190mm
		碎砖	12.0	堆置
		水泥花砖	19.8	200mm×200mm×24mm（1042块/m³）
		瓷面砖	17.8	150mm×150mm×8mm（5556块/m³）
		陶瓷马赛克	0.12kN/m²	厚5mm
6	石灰、水泥、灰浆及混凝土（kN/m³）	生石灰块	11.0	堆置，$\varphi=30°$
		生石灰粉	12.0	堆置，$\varphi=35°$
		熟石灰膏	13.5	—
		石灰砂浆、混合砂浆	17.0	—
		水泥石灰焦渣砂浆	14.0	—
		石灰炉渣	10.0～12.0	—
		水泥炉渣	12.0～14.0	—
		石灰焦渣砂浆	13.0	—
		灰土	17.5	石灰：土=3：7，夯实
		稻草石灰泥	16.0	—
		纸筋石灰泥	16.0	—
		石灰锯末	3.4	石灰：锯末=1：3
		石灰三合土	17.5	石灰、砂子、卵石
		水泥	12.5	轻质松散，$\varphi=20°$
		水泥	14.5	散装，$\varphi=30°$

项次	名　称		自重	备　注
6	石灰、水泥、灰浆及混凝土（kN/m³）	水泥	16.0	袋装压实，$\varphi=40°$
		矿渣水泥	14.5	—
		水泥砂浆	20.0	—
		水泥蛭石砂浆	5.0～8.0	—
		石棉水泥浆	19.0	—
		膨胀珍珠岩砂浆	7.0～15.0	—
		石膏砂浆	12.0	—
		碎砖混凝土	18.5	—
		素混凝土	22.0～24.0	振捣或不振捣
		矿渣混凝土	20.0	—
		焦渣混凝土	16.0～17.0	承重用
		焦渣混凝土	10.0～14.0	填充用
		铁屑混凝土	28.0～65.0	—
		浮石混凝土	9.0～14.0	—
		沥青混凝土	20.0	—
		无砂大孔性混凝土	16.0～19.0	—
		泡沫混凝土	4.0～6.0	—
		加气混凝土	5.5～7.5	单块
		石灰粉煤灰加气混凝土	6.0～6.5	—
		钢筋混凝土	24.0～25.0	—
		碎砖钢筋混凝土	20.0	—
		钢丝网水泥	25.0	用于承重结构
		水玻璃耐酸混凝土	20.0～23.5	—
		粉煤灰陶砾混凝土	19.5	—
7	沥青、煤灰、油料（kN/m³）	石油沥青	10.0～11.0	根据相对密度
		柏油	12.0	—
		煤沥青	13.4	—
		煤焦油	10.0	—
		无烟煤	15.5	整体
		无烟煤	9.5	块状堆放，$\varphi=30°$
		无烟煤	8.0	碎状堆放，$\varphi=35°$
		煤末	7.0	堆放，$\varphi=15°$
		煤球	10.0	堆放
		褐煤	12.5	—
		褐煤	7.0～8.0	堆放
		泥炭	7.5	—
		泥炭	3.2～3.4	堆放
		木炭	3.0～5.0	—
		煤焦	12.0	—

项次	名　称		自重	备　注
7	沥青、煤灰、油料（kN/m³）	煤焦	7.0	堆放，$\varphi=45°$
		焦渣	10.0	—
		煤灰	6.5	—
		煤灰	8.0	压实
		石墨	20.8	—
		煤蜡	9.0	—
		油蜡	9.6	—
		原油	8.8	—
		煤油	8.0	—
		煤油	7.2	桶装，相对密度0.82～0.89
		润滑油	7.4	—
		汽油	6.7	—
		汽油	6.4	桶装，相对密度0.72～0.76
		动物油、植物油	9.3	—
		豆油	8.0	大铁桶装，每桶360kg
8	杂项（kN/m³）	普通玻璃	25.6	—
		钢丝玻璃	26.0	—
		泡沫玻璃	3.0～5.0	—
		玻璃棉	0.5～1.0	作绝缘层填充用
		岩棉	0.5～2.5	—
		沥青玻璃棉	0.8～1.0	—
		玻璃棉板（管套）	1.0～1.5	导热系数0.035～0.047[W/(m·K)]
		玻璃钢	14.0～22.0	—
		矿渣棉	1.2～1.5	松散，导热系数0.031～0.044[W/(m·K)]
		矿渣棉制品（板、砖、管）	3.5～4.0	导热系数0.047～0.07[W/(m·K)]
		沥青矿渣棉	1.2～1.6	导热系数0.041～0.052[W/(m·K)]
		膨胀珍珠岩粉料	0.8～2.5	干，松散，导热系数0.052～0.076[W/(m·K)]
		水泥珍珠岩制品、憎水珍珠岩制品	3.5～4.0	强度1N/m²；导热系数0.058～0.081[W/(m·K)]
		膨胀蛭石	0.8～2.0	导热系数0.052～0.07[W/(m·K)]
		沥青蛭石制品	3.5～4.5	导热系数0.81～0.105[W/(m·K)]

项次	名　称		自重	备　注
8	杂项 (kN/m³)	水泥蛭石制品	4.0～6.0	导热系数 0.093～0.14[W/(m·K)]
		聚氯乙烯板(管)	13.6～16.0	
		聚苯乙烯泡沫塑料	0.5	导热系数不大于0.035[W/(m·K)]
		石棉板	13.0	含水率不大于3%
		乳化沥青	9.8～10.5	
		软性橡胶	9.30	—
		白磷	18.30	—
		松香	10.70	—
		磁	24.00	—
		酒精	7.85	100%纯
		酒精	6.60	桶装，相对密度 0.79～0.82
		盐酸	12.00	浓度40%
		硝酸	15.10	浓度91%
		硫酸	17.90	浓度87%
		火碱	17.00	浓度60%
		氯化铵	7.50	袋装堆放
		尿素	7.50	袋装堆放
		碳酸氢铵	8.00	袋装堆放
		水	10.00	温度 4℃密度最大时
		冰	8.96	—
		书籍	5.00	书架藏置
		道林纸	10.00	—
		报纸	7.00	—
		宣纸类	4.00	—
		棉花、棉纱	4.00	压紧平均重量
		稻草	1.20	—
		建筑碎料(建筑垃圾)	15.00	—
9	食品 (kN/m³)	稻谷	6.00	$\varphi=35°$
		大米	8.50	散放
		豆类	7.50～8.00	$\varphi=20°$
		豆类	6.80	袋装
		小麦	8.00	$\varphi=25°$
		面粉	7.00	—
		玉米	7.80	$\varphi=28°$
		小米、高粱	7.00	散装
		小米、高粱	6.00	袋装

项次	名　称		自重	备　注
9	食品 (kN/m³)	芝麻	4.50	袋装
		鲜果	3.50	散装
		鲜果	3.00	箱装
		花生	2.00	袋装带壳
		罐头	4.50	箱装
		酒、酱、油、醋	4.00	成瓶箱装
		豆饼	9.00	圆饼放置，每块28kg
		矿盐	10.0	成块
		盐	8.60	细粒散放
		盐	8.10	袋装
		砂糖	7.50	散装
		砂糖	7.00	袋装
10	砌体 (kN/m³)	浆砌细方石	26.4	花岗石，方整石块
		浆砌细方石	25.6	石灰石
		浆砌细方石	22.4	砂岩
		浆砌毛方石	24.8	花岗石，上下面大致平整
		浆砌毛方石	24.0	石灰石
		浆砌毛方石	20.8	砂岩
		干砌毛石	20.8	花岗石，上下面大致平整
		干砌毛石	20.0	石灰石
		干砌毛石	17.6	砂岩
		浆砌普通砖	18.0	—
		浆砌机砖	19.0	—
		浆砌缸砖	21.0	—
		浆砌耐火砖	22.0	—
		浆砌矿渣砖	21.0	—
		浆砌焦渣砖	12.5～14.0	—
		土坯砖砌体	16.0	
		黏土砖空斗砌体	17.0	中填碎瓦砾，一眠一斗
		黏土砖空斗砌体	13.0	全斗
		黏土砖空斗砌体	12.5	不能承重
		黏土砖空斗砌体	15.0	能承重
		粉煤灰泡沫砌块砌体	8.0～8.5	粉煤灰:电石渣:废石膏=74:22:4
		三合土	17.0	灰:砂:土＝1:1:9～1:1:4

项次	名 称		自重	备 注
11	隔墙与墙面(kN/m²)	双面抹灰板条隔墙	0.9	每面抹灰厚16～24mm，龙骨在内
		单面抹灰板条隔墙	0.5	灰厚16～24mm，龙骨在内
		C形轻钢龙骨隔墙	0.27	两层12mm纸面石膏板，无保温层
			0.32	两层12mm纸面石膏板，中填岩棉保温板50mm
			0.38	三层12mm纸面石膏板，无保温层
			0.43	三层12mm纸面石膏板，中填岩棉保温板50mm
			0.49	四层12mm纸面石膏板，无保温层
			0.54	四层12mm纸面石膏板，中填岩棉保温板50mm
		贴瓷砖墙面	0.50	包括水泥砂浆打底，共厚25mm
		水泥粉刷墙面	0.36	20mm厚，水泥粗砂
		水磨石墙面	0.55	25mm厚，包括打底
		水刷石墙面	0.50	25mm厚，包括打底
		石灰粗砂粉刷	0.34	20mm厚
		剁假石墙面	0.50	25mm厚，包括打底
		外墙拉毛墙面	0.70	包括25mm水泥砂浆打底
12	屋架、门窗(kN/m²)	木屋架	$0.07+0.007l$	按屋面水平投影面积计算，跨度l以m计算
		钢屋架	$0.12+0.011l$	无天窗，包括支撑，按屋面水平投影面积计算，跨度l以m计算
		木框玻璃窗	0.20～0.30	—
		钢框玻璃窗	0.40～0.45	—
		木门	0.10～0.20	—
		钢铁门	0.40～0.45	—

项次	名 称	自重	备 注
13	屋顶(kN/m²)		
	黏土平瓦屋面	0.55	按实际面积计算，下同
	水泥平瓦屋面	0.50～0.55	—
	小青瓦屋面	0.90～1.10	—
	冷摊瓦屋面	0.50	—
	石板瓦屋面	0.46	厚6.3mm
	石板瓦屋面	0.71	厚9.5mm
	石板瓦屋面	0.96	厚12.1mm
	麦秸泥灰顶	0.16	以10mm厚计
	石棉板瓦	0.18	仅瓦自重
	波形石棉瓦	0.20	1820mm×725mm×8mm
	镀锌薄钢板	0.05	24号
	瓦楞铁	0.05	26号
	彩色钢板波形瓦	0.12～0.13	0.6mm厚彩色钢板
	拱形彩色钢板屋面	0.30	包括保温及灯具重0.15kN/m²
	有机玻璃屋面	0.06	厚1.0mm
	玻璃屋顶	0.30	9.5mm夹丝玻璃，框架自重在内
	玻璃砖顶	0.65	框架自重在内
	油毡防水层(包括改性沥青防水卷材)	0.05	一层油毡刷油两遍
		0.25～0.30	四层做法，一毡二油上铺小石子
		0.30～0.35	六层做法，二毡三油上铺小石子
		0.35～0.40	八层做法，三毡四油上铺小石子
	捷罗克防水层	0.10	厚8mm
	屋顶天窗	0.35～0.40	9.5mm夹丝玻璃，框架自重在内
14	顶棚(kN/m²)		
	钢丝网抹灰吊顶	0.45	—
	麻刀灰板条顶棚	0.45	吊木在内，平均灰厚20mm
	砂子灰板条顶棚	0.55	吊木在内，平均灰厚25mm
	苇箔抹灰顶棚	0.48	吊木龙骨在内
	松木板顶棚	0.25	吊木在内
	三夹板顶棚	0.18	吊木在内
	马粪纸顶棚	0.15	吊木及盖缝条在内
	木丝板吊顶棚	0.26	厚25mm，吊木及盖缝条在内

项次	名 称		自重	备 注
14	顶棚 (kN/m²)	木丝板吊顶棚	0.29	厚 30mm, 吊木及盖缝条在内
		隔声纸板顶棚	0.17	厚 10mm, 吊木及盖缝条在内
		隔声纸板顶棚	0.18	厚 13mm, 吊木及盖缝条在内
		隔声纸板顶棚	0.20	厚 20mm, 吊木及盖缝条在内
		V 形轻钢龙骨吊顶	0.12	一层 9mm 纸面石膏板, 无保温层
			0.17	二层 9mm 纸面石膏板, 有厚 50mm 的岩棉板保温层
			0.20	二层 9mm 纸面石膏板, 无保温层
			0.25	二层 9mm 纸面石膏板, 有厚 50mm 的岩棉板保温层
		V 形轻钢龙骨及铝合金龙骨顶	0.10~0.12	一层矿棉吸声板厚 15mm, 无保温层
		顶棚上铺焦渣锯末绝缘层	0.20	厚 50mm 焦渣、锯末按1:5混合
15	地面 (kN/m²)	地板格栅	0.20	仅格栅自重
		硬木地板	0.20	厚 25mm, 剪刀撑、钉子等自重在内, 不包括格栅自重
		松木地板	0.18	—
		小瓷砖地面	0.55	包括水泥粗砂打底
		水泥花砖地面	0.60	砖厚 25mm, 包括水泥粗砂打底
		水磨石地面	0.65	10mm 面层, 20mm 水泥砂浆打底
		油地毡	0.02~0.03	油地纸, 地板表面用
		木块地面	0.70	加防腐油膏铺砌厚76mm
		菱苦土地面	0.28	厚 20mm
		铸铁地面	4.00~5.00	60mm 碎石垫层, 60mm 面层
		缸砖地面	1.70~2.10	60mm 砂垫层, 53mm 棉层, 平铺
		缸砖地面	3.30	60mm 砂垫层, 115mm 棉层, 侧铺
		黑砖地面	1.50	砂垫层, 平铺

项次	名 称	自重	备 注
16	建筑用压型钢板 (kN/m²)	单波型 V-300(S-30)	0.120	波高 173mm, 板厚 0.8mm
	双波型 W-500	0.110	波高 130mm, 板厚 0.8mm
	三波型 V-200	0.135	波高 70mm, 板厚 1mm
	多波型 V-125	0.065	波高 35mm, 板厚 0.6mm
	多波型 V-115	0.079	波高 35mm, 板厚 0.6mm
17	建筑墙板 (kN/m²)	彩色钢板金属幕墙板	0.11	两层, 彩色钢板厚 0.6mm, 聚苯乙烯芯材厚 25mm
	金属绝热材料(聚氨酯)复合板	0.14	板厚 40mm, 钢板厚 0.6mm
		0.15	板厚 60mm, 钢板厚 0.6mm
		0.16	板厚 80mm, 钢板厚 0.6mm
	彩色钢板夹聚苯乙烯保温板	0.12~0.15	两层, 彩色钢板厚 0.6mm, 聚苯乙烯芯材板厚(50~250)mm
	彩色钢板岩棉夹心板	0.24	板厚 100mm, 两层彩色钢板, Z 型龙骨岩棉芯材
		0.25	板厚 120mm, 两层彩色钢板, Z 型龙骨岩棉芯材
	GRC 增强水泥聚苯复合保温板	1.13	—
	GRC 空心隔墙板	0.30	长(2400~2800)mm, 宽 600mm, 厚 60mm
	GRC 内隔墙板	0.35	长(2400~2800)mm, 宽 600mm, 厚 60mm
	轻质 GRC 保温板	0.14	3000mm×600mm×60mm
	轻质 GRC 空心隔墙板	0.17	3000mm×600mm×60mm
	轻质大型墙板(太空板系列)	0.70~0.90	6000mm×1500mm×120mm, 高强水泥发泡芯材

续表 A

项次	名 称			自重	备 注
17	建筑墙板 (kN/m²)	轻质条型墙板(太空板系列)	厚度80mm	0.40	标准规格3000mm×1000(1200、1500)mm高强水泥发泡
			厚度100mm	0.45	芯材,按不同檩距及荷载配有不同钢骨架及冷拔钢丝网
			厚度120mm	0.50	
		GRC墙板		0.11	厚10mm
		钢丝网岩棉夹芯复合板(GY板)		1.10	岩棉芯材厚50mm,双面钢丝网水泥砂浆各厚25mm
		硅酸钙板		0.08	板厚6mm
				0.10	板厚8mm
				0.12	板厚10mm
		泰柏板		0.95	板厚10mm,钢丝网片夹聚苯乙烯保温层,每面抹水泥砂浆层20mm
		蜂窝复合板		0.14	厚75mm
		石膏珍珠岩空心条板		0.45	长(2500~3000)mm,宽600mm,厚60mm
		加强型水泥石膏聚苯保温板		0.17	3000mm×600mm×60mm
		玻璃幕墙		1.00~1.50	一般可按单位面积玻璃自重增大20%~30%采用

附录 B　消防车活荷载考虑覆土厚度影响的折减系数

B.0.1 当考虑覆土对楼面消防车活荷载的影响时,可对楼面消防车活荷载标准值进行折减,折减系数可按表 B.0.1、表 B.0.2 采用。

表 B.0.1　单向板楼盖楼面消防车活荷载折减系数

折算覆土厚度 $\bar{s}$ (m)	楼板跨度(m)		
	2	3	4
0	1.00	1.00	1.00
0.5	0.94	0.94	0.94
1.0	0.88	0.88	0.88
1.5	0.82	0.80	0.81
2.0	0.70	0.70	0.71
2.5	0.56	0.60	0.62
3.0	0.46	0.51	0.54

表 B.0.2　双向板楼盖楼面消防车活荷载折减系数

折算覆土厚度 $\bar{s}$ (m)	楼板跨度(m)			
	3×3	4×4	5×5	6×6
0	1.00	1.00	1.00	1.00
0.5	0.95	0.96	0.99	1.00
1.0	0.88	0.93	0.98	1.00
1.5	0.79	0.83	0.93	1.00
2.0	0.67	0.72	0.81	0.92
2.5	0.57	0.62	0.70	0.81
3.0	0.48	0.54	0.61	0.71

B.0.2 板顶折算覆土厚度 $\bar{s}$ 应按下式计算:

$$\bar{s} = 1.43s\tan\theta \quad (B.0.2)$$

式中:s——覆土厚度(m);

θ——覆土应力扩散角,不大于45°。

附录 C　楼面等效均布活荷载的确定方法

C.0.1 楼面(板、次梁及主梁)的等效均布活荷载,应在其设计控制部位上,根据需要按内力、变形及裂缝的等值要求来确定。在一般情况下,可仅按内力的等值来确定。

C.0.2 连续梁、板的等效均布活荷载,可按单跨简支计算。但计算内力时,仍应按连续考虑。

C.0.3 由于生产、检修、安装工艺以及结构布置的不同,楼面活荷载差别较大时,应划分区域分别确定等效均布活荷载。

C.0.4 单向板上局部荷载(包括集中荷载)的等效均布活荷载可按下列规定计算:

1 等效均布活荷载 q_e 可按下式计算:

$$q_e = \frac{8M_{max}}{bl^2} \quad (C.0.4-1)$$

式中:l——板的跨度;

　　b——板上荷载的有效分布宽度,按本附录 C.0.5 确定;

　　M_{max}——简支单向板的绝对最大弯矩,按设备的最不利布置确定。

2 计算 M_{max} 时,设备荷载应乘以动力系数,并扣去设备在该板跨内所占面积上由操作荷载引起的弯矩。

C.0.5 单向板上局部荷载的有效分布宽度 b,可按下列规定计算:

1 当局部荷载作用面的长边平行于板跨时,简支板上荷载的有效分布宽度 b 为(图 C.0.5-1):

当 $b_{cx} \geqslant b_{cy}$,$b_{cy} \leqslant 0.6l$,$b_{cx} \leqslant l$ 时:

$$b = b_{cy} + 0.7l \quad (C.0.5-1)$$

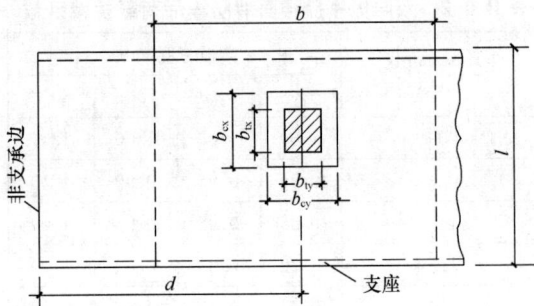

图 C.0.5-1 简支板上局部荷载的有效分布宽度
（荷载作用面的长边平行于板跨）

当 $b_{cx} \geqslant b_{cy}$，$0.6l < b_{cy} \leqslant l$，$b_{cx} \leqslant l$ 时：

$$b = 0.6b_{cy} + 0.94l \qquad (C.0.5\text{-}2)$$

2 当荷载作用面的长边垂直于板跨时，简支板上荷载的有效分布宽度 b 按下列规定确定（图 C.0.5-2）：

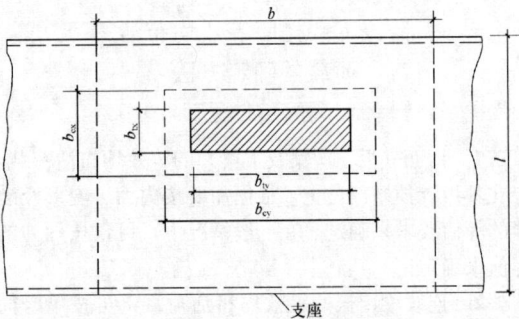

图 C.0.5-2 简支板上局部荷载的有效分布宽度
（荷载作用面的长边垂直于板跨）

1) 当 $b_{cx} < b_{cy}$，$b_{cy} \leqslant 2.2l$，$b_{cx} \leqslant l$ 时：

$$b = \frac{2}{3}b_{cy} + 0.73l \qquad (C.0.5\text{-}3)$$

2) 当 $b_{cx} < b_{cy}$，$b_{cy} > 2.2l$，$b_{cx} \leqslant l$ 时：

$$b = b_{cy} \qquad (C.0.5\text{-}4)$$

式中：l——板的跨度；

b_{cx}、b_{cy}——荷载作用面平行和垂直于板跨的计算宽度，分别取 $b_{cx} = b_{tx} + 2s + h$，$b_{cy} = b_{ty} + 2s + h$。其中 b_{tx} 为荷载作用面平行于板跨的宽度，b_{ty} 为荷载作用面垂直于板跨的宽度，s 为垫层厚度，h 为板的厚度。

3 当局部荷载作用在板的非支承边附近，即 $d < \dfrac{b}{2}$ 时（图 C.0.5-1），荷载的有效分布宽度应予折减，可按下式计算：

$$b' = \frac{b}{2} + d \qquad (C.0.5\text{-}5)$$

式中：b'——折减后的有效分布宽度；

d——荷载作用面中心至非支承边的距离。

4 当两个局部荷载相邻且 $e < b$ 时（图 C.0.5-3），荷载的有效分布宽度应予折减，可按下式计算：

$$b' = \frac{b}{2} + \frac{e}{2} \qquad (C.0.5\text{-}6)$$

式中：e——相邻两个局部荷载的中心间距。

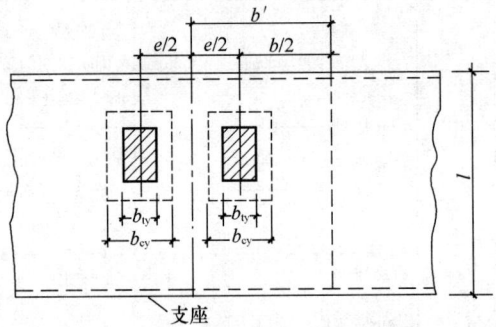

图 C.0.5-3 相邻两个局部荷载的有效分布宽度

5 悬臂板上局部荷载的有效分布宽度（图 C.0.5-4）按下式计算：

$$b = b_{cy} + 2x \qquad (C.0.5\text{-}7)$$

式中：x——局部荷载作用面中心至支座的距离。

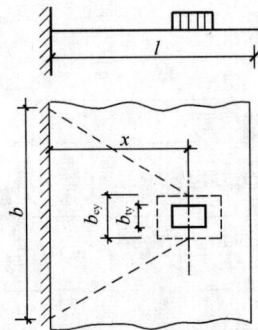

图 C.0.5-4 悬臂板上局部荷载的有效分布宽度

C.0.6 双向板的等效均布荷载可按与单向板相同的原则，按四边简支板的绝对最大弯矩等值来确定。

C.0.7 次梁（包括槽形板的纵肋）上的局部荷载应按下列规定确定等效均布活荷载：

1 等效均布活荷载应取按弯矩和剪力等效的均布活荷载中的较大者，按弯矩和剪力等效的均布活载分别按下列公式计算：

$$q_{eM} = \frac{8M_{max}}{sl^2} \qquad (C.0.7\text{-}1)$$

$$q_{eV} = \frac{2V_{max}}{sl} \qquad (C.0.7\text{-}2)$$

式中：s——次梁间距；

l——次梁跨度；

M_{max}、V_{max}——简支次梁的绝对最大弯矩与最大剪力，按设备的最不利布置确定。

2 按简支梁计算 M_{max} 与 V_{max} 时，除了直接传给次梁的局部荷载外，还应考虑邻近板面传来的活荷载（其中设备荷载应考虑动力影响，并扣除设备所占面积上的操作荷载），以及两侧相邻次梁卸荷作用。

C.0.8 当荷载分布比较均匀时，主梁上的等效均布活荷载可由全部荷载总和除以全部受荷面积求得。

C.0.9 柱、基础上的等效均布活荷载，在一般情况下，可取与主梁相同。

附录 D 工业建筑楼面活荷载

D.0.1 一般金工车间、仪器仪表生产车间、半导体器件车间、棉纺织车间、轮胎厂准备车间和粮食加工车间的楼面等效均布活荷载，可按表 D.0.1-1～表 D.0.1-6 采用。

表 D.0.1-1　金工车间楼面均布活荷载

序号	项目	标准值 (kN/m²) 板 板跨 ≥1.2m	板 板跨 ≥2.0m	次梁（肋）梁间距 ≥1.2m	次梁（肋）梁间距 ≥2.0m	主梁	组合值系数 ψ_c	频遇值系数 ψ_f	准永久值系数 ψ_q	代表性机床型号
1	一类金工	22.0	14.0	14.0	10.0	9.0	1.00	0.95	0.85	CW6180、X53K、X63W、B690、M1080、Z35A

续表 D.0.1-1

序号	项目	标准值 (kN/m²) 板 板跨 ≥1.2m	板 板跨 ≥2.0m	次梁（肋）梁间距 ≥1.2m	次梁（肋）梁间距 ≥2.0m	主梁	组合值系数 ψ_c	频遇值系数 ψ_f	准永久值系数 ψ_q	代表性机床型号
2	二类金工	18.0	12.0	12.0	9.0	8.0	1.00	0.95	0.85	C6163、X52K、X62W、B6090、M1050A、Z3040
3	三类金工	16.0	10.0	10.0	8.0	7.0	1.00	0.95	0.85	C6140、X51K、X61W、B6050、M1040、Z3025
4	四类金工	12.0	8.0	8.0	6.0	6.0	1.00	0.95	0.85	C6132、X50A、X60W、B635-1、M1010、Z32K

注：1　表列荷载适用于单向支承的现浇楼板及预制槽形板等楼面结构，对于槽形板，表列板跨系指槽形板纵肋间距。
　　2　表列荷载不包括隔墙和吊顶自重。
　　3　表列荷载考虑了安装、检修和正常使用情况下的设备（包括动力影响）和操作荷载。
　　4　设计墙、柱、基础时，表列楼面活荷载可采用与设计主梁相同的荷载。

表 D.0.1-2　仪器仪表生产车间楼面均布活荷载

序号	车间名称		标准值 (kN/m²) 板 板跨 ≥1.2m	板 板跨 ≥2.0m	次梁（肋）	主梁	组合值系数 ψ_c	频遇值系数 ψ_f	准永久值系数 ψ_q	附注
1	光学车间	光学加工	7.0	5.0	5.0	4.0	0.80	0.80	0.70	代表性设备 H015 研磨机、ZD-450 型及 GZD300 型镀膜机、Q8312 型透镜抛光机
2		较大型光学仪器装配	7.0	5.0	5.0	4.0	0.80	0.80	0.70	代表性设备 C0502A 精整车床，万能工具显微镜
3		一般光学仪器装配	4.0	4.0	4.0	3.0	0.70	0.70	0.60	产品在桌面上装配
4	较大型光学仪器装配		7.0	5.0	5.0	4.0	0.80	0.80	0.70	产品在楼面上装配
5	一般光学仪器装配		4.0	4.0	4.0	3.0	0.70	0.70	0.60	产品在桌面上装配
6	小模数齿轮加工，晶体元件（宝石）加工		7.0	5.0	5.0	4.0	0.80	0.80	0.70	代表性设备 YM3680 滚齿机，宝石平面磨床
7	车间仓库	一般仪器仓库	4.0	4.0	4.0	3.0	1.0	0.95	0.85	—
		较大型仪器仓库	7.0	7.0	7.0	6.0	1.0	0.95	0.85	—

注：见表 D.0.1-1 注。

表 D.0.1-3　半导体器件车间楼面均布活荷载

序号	车间名称	标准值 (kN/m²) 板 板跨 ≥1.2m	板 板跨 ≥2.0m	次梁（肋）梁间距 ≥1.2m	次梁（肋）梁间距 ≥2.0m	主梁	组合值系数 ψ_c	频遇值系数 ψ_f	准永久值系数 ψ_q	代表性设备单件自重 (kN)
1	半导体器件车间	10.0	8.0	8.0	6.0	5.0	1.0	0.95	0.85	14.0～18.0
2		8.0	6.0	6.0	5.0	4.0	1.0	0.95	0.85	9.0～12.0
3		6.0	5.0	5.0	4.0	3.0	1.0	0.95	0.85	4.0～8.0
4		4.0	4.0	3.0	3.0	3.0	1.0	0.95	0.85	≤3.0

注：见表 D.0.1-1 注。

表 D.0.1-4　棉纺织造车间楼面均布活荷载

序号	车间名称		标准值 (kN/m²)					组合值系数 ψ_c	频遇值系数 ψ_f	准永久值系数 ψ_q	代表性设备
			板		次梁(肋)		主梁				
			板跨≥1.2m	板跨≥2.0m	梁间距≥1.2m	梁间距≥2.0m					
1	梳棉间		12.0	8.0	10.0	7.0	5.0	0.8	0.8	0.7	FA201，203
			15.0	10.0	12.0	8.0					FA221A
2	粗纱间		8.0 (15.0)	6.0 (10.0)	6.0 (8.0)	5.0	4.0				FA401，415A，421TJEA458A
3	细纱间 络筒间		6.0 (10.0)	5.0	5.0	5.0	4.0				FA705，506，507A GA013，015ESPERO
4	捻线间整经间		8.0	6.0	6.0	5.0	4.0	0.8	0.8	0.7	FAT05，721，762 ZC-L-180 D3-1000-180
5	织布间	有梭织机	12.5	6.5	6.5	5.5	4.4				GA615-150 GA615-180
		剑杆织机	18.0	9.0	10.0	6	4.5				GA731-190，733-190 TP600-200 SOMET-190

注：括号内的数值仅用于粗纱机机头部位局部楼面。

表 D.0.1-5　轮胎厂准备车间楼面均布活荷载

序号	车间名称	标准值（kN/m²）				组合值系数 ψ_c	频遇值系数 ψ_f	准永久值系数 ψ_q	代表性设备
		板		次梁(肋)	主梁				
		板跨≥1.2m	板跨≥2.0m						
1	准备车间	14.0	14.0	12.0	10.0	1.0	0.95	0.85	炭黑加工投料
2		10.0	8.0	8.0	6.0	1.0	0.95	0.85	化工原料加工配合、密炼机炼胶

注：1　密炼机检修用的电葫芦荷载未计入，设计时应另行考虑。
　　2　炭黑加工投料活荷载系考虑兼作炭黑仓库使用的情况，若不兼作仓库时，上述荷载应予降低。
　　3　见表 D.0.1-1 注。

表 D.0.1-6　粮食加工车间楼面均布活荷载

序号	车间名称		标准值（kN/m²）							组合值系数 ψ_c	频遇值系数 ψ_f	准永久值系数 ψ_q	代表性设备
			板			次梁			主梁				
			板跨≥2.0m	板跨≥2.5m	板跨≥3.0m	梁间距≥2.0m	梁间距≥2.5m	梁间距≥3.0m					
1		拉丝车间	14.0	12.0	12.0	12.0	12.0	12.0	12.0				JMN10 拉丝机
2		磨子间	12.0	10.0	9.0	10.0	9.0	8.0	9.0				MF011 磨粉机
3	面粉厂	麦间及制粉车间	5.0	5.0	4.0	5.0	4.0	4.0	4.0				SX011 振动筛 GF031 擦麦机 GF011 打麦机
4		吊平筛的顶层	2.0	2.0	2.0	6.0	6.0	6.0	6.0	1.0	0.95	0.85	SL011 平筛
5		洗麦车间	14.0	12.0	10.0	10.0	9.0	9.0	9.0				洗麦机
6	米厂	砻谷机及碾米车间	7.0	5.0	5.0	5.0	5.0		5.0				LG309 胶辊 砻谷机
7		清理车间	4.0	3.0	3.0	4.0	3.0	3.0	3.0				组合清理筛

注：1　当拉丝车间不可能满布磨辊时，主梁活荷载可按 10kN/m² 采用。
　　2　吊平筛的顶层荷载系按设备吊在梁下考虑的。
　　3　米厂清理车间采用 SX011 振动筛时，等效均布活荷载可按面粉厂麦间的规定采用。
　　4　见表 D.0.1-1 注。

附录 E 基本雪压、风压和温度的确定方法

E.1 基本雪压

E.1.1 在确定雪压时，观察场地应符合下列规定：

1 观察场地周围的地形为空旷平坦；

2 积雪的分布保持均匀；

3 设计项目地点应在观察场地的地形范围内，或它们具有相同的地形；

4 对于积雪局部变异特别大的地区，以及高原地形的山区，应予以专门调查和特殊处理。

E.1.2 雪压样本数据应符合下列规定：

1 雪压样本数据应采用单位水平面积上的雪重（kN/m²）；

2 当气象台站有雪压记录时，应直接采用雪压数据计算基本雪压；当无雪压记录时，可采用积雪深度和密度按下式计算雪压 s：

$$s = h\rho g \qquad (E.1.2)$$

式中：h——积雪深度，指从积雪表面到地面的垂直深度（m）；

ρ——积雪密度（t/m³）；

g——重力加速度，9.8m/s²。

3 雪密度随积雪深度、积雪时间和当地的地理气候条件等因素的变化有较大幅度的变异，对于无雪压直接记录的台站，可按地区的平均雪密度计算雪压。

E.1.3 历年最大雪压数据按每年7月份到次年6月份间的最大雪压采用。

E.1.4 基本雪压按 E.3 中规定的方法进行统计计算，重现期应取50年。

E.2 基本风压

E.2.1 在确定风压时，观察场地应符合下列规定：

1 观测场地及周围应为空旷平坦的地形；

2 能反映本地区较大范围内的气象特点，避免局部地形和环境的影响。

E.2.2 风速观测数据资料应符合下述要求：

1 应采用自记式风速仪记录的10min平均风速资料，对于以往非自记的定时观测资料，应通过适当修正后加以采用。

2 风速仪标准高度应为10m；当观测的风速仪高度与标准高度相差较大时，可按下式换算到标准高度的风速 v：

$$v = v_z \left(\frac{10}{z}\right)^\alpha \qquad (E.2.2)$$

式中：z——风速仪实际高度（m）；

v_z——风速仪观测风速（m/s）；

α——空旷平坦地区地面粗糙度指数，取0.15。

3 使用风杯式测风仪时，必须考虑空气密度受温度、气压影响的修正。

E.2.3 选取年最大风速数据时，一般应有25年以上的风速资料；当无法满足时，风速资料不宜少于10年。观测数据应考虑其均一性，对不均一数据应结合周边气象站状况等作合理性订正。

E.2.4 基本风压应按下列规定确定：

1 基本风压 w_0 应根据基本风速按下式计算：

$$w_0 = \frac{1}{2}\rho v_0^2 \qquad (E.2.4-1)$$

式中：v_0——基本风速；

ρ——空气密度（t/m³）。

2 基本风速 v_0 应按本规范附录 E.3 中规定的方法进行统计计算，重现期应取50年。

3 空气密度 ρ 可按下列规定采用：

1）空气密度 ρ 可按下式计算：

$$\rho = \frac{0.001276}{1+0.00366t}\left(\frac{p-0.378p_{vap}}{100000}\right) \qquad (E.2.4-2)$$

式中：t——空气温度（℃）；

p——气压（Pa）；

p_{vap}——水汽压（Pa）。

2）空气密度 ρ 也可根据所在地的海拔高度按下式近似估算：

$$\rho = 0.00125e^{-0.0001z} \qquad (E.2.4-3)$$

式中 z——海拔高度（m）。

E.3 雪压和风速的统计计算

E.3.1 雪压和风速的统计样本均应采用年最大值，并采用极值 I 型的概率分布，其分布函数应为：

$$F(x) = \exp\{-\exp[-\alpha(x-u)]\} \qquad (E.3.1-1)$$

$$\alpha = \frac{1.28255}{\sigma} \qquad (E.3.1-2)$$

$$u = \mu - \frac{0.57722}{\alpha} \qquad (E.3.1-3)$$

式中：x——年最大雪压或年最大风速样本；

u——分布的位置参数，即其分布的众值；

α——分布的尺度参数；

σ——样本的标准差；

μ——样本的平均值。

E.3.2 当由有限样本 n 的均值 $\bar{x}$ 和标准差 σ_1 作为 μ 和 σ 的近似估计时，分布参数 u 和 α 应按下列公式计算：

$$\alpha = \frac{C_1}{\sigma_1} \qquad (E.3.2-1)$$

$$u = \bar{x} - \frac{C_2}{\alpha} \qquad (E.3.2-2)$$

式中：C_1、C_2——系数，按表 E.3.2 采用。

表 E.3.2 系数 C_1 和 C_2

n	C_1	C_2	n	C_1	C_2
10	0.9497	0.4952	60	1.17465	0.55208
15	1.02057	0.5182	70	1.18536	0.55477
20	1.06283	0.52355	80	1.19385	0.55688
25	1.09145	0.53086	90	1.20649	0.5586
30	1.11238	0.53622	100	1.20649	0.56002
35	1.12847	0.54034	250	1.24292	0.56878
40	1.14132	0.54362	500	1.2588	0.57240
45	1.15185	0.54630	1000	1.26851	0.57450
50	1.16066	0.54853	∞	1.28255	0.57722

E.3.3 重现期为 R 的最大雪压和最大风速 x_R 可按下式确定：

$$x_R = u - \frac{1}{\alpha} \ln \left[\ln \left(\frac{R}{R-1} \right) \right] \quad (E.3.3)$$

E.3.4 全国各城市重现期为 10 年、50 年和 100 年的雪压和风压值可按表 E.5 采用，其他重现期 R 的相应值可根据 10 年和 100 年的雪压和风压值按下式确定：

$$x_R = x_{10} + (x_{100} - x_{10})(\ln R / \ln 10 - 1)$$

$$(E.3.4)$$

E.4 基本气温

E.4.1 气温是指在气象台站标准百叶箱内测量所得按小时定时记录的温度。

E.4.2 基本气温根据当地气象台站历年记录所得的最高温度月的月平均最高气温值和最低温度月的月平均最低气温值资料，经统计分析确定。月平均最高气温和月平均最低气温可假定其服从极值Ⅰ型分布，基本气温取极值分布中平均重现期为 50 年的值。

E.4.3 统计分析基本气温时，选取的月平均最高气温和月平均最低气温资料一般应取最近 30 年的数据；当无法满足时，不宜少于 10 年的资料。

E.5 全国各城市的雪压、风压和基本气温

表 E.5 全国各城市的雪压、风压和基本气温

省市名	城 市 名	海拔高度 (m)	风压(kN/m²)			雪压(kN/m²)			基本气温(℃)		雪荷载准永久值系数分区
			$R=10$	$R=50$	$R=100$	$R=10$	$R=50$	$R=100$	最低	最高	
北京	北京市	54.0	0.30	0.45	0.50	0.25	0.40	0.45	—13	36	Ⅱ
天津	天津市	3.3	0.30	0.50	0.60	0.25	0.40	0.45	—12	35	Ⅱ
	塘沽	3.2	0.40	0.55	0.65	0.20	0.35	0.40	—12	35	Ⅱ
上海	上海市	2.8	0.40	0.55	0.60	0.10	0.20	0.25	—4	36	Ⅲ
重庆	重庆市	259.1	0.25	0.40	0.45	—	—	—	1	37	—
	奉节	607.3	0.25	0.35	0.45	0.20	0.35	0.40	—1	35	Ⅲ
	梁平	454.6	0.20	0.30	0.35	—	—	—	—1	36	—
	万州	186.7	0.20	0.35	0.45	—	—	—	0	38	—
	涪陵	273.5	0.20	0.30	0.35	—	—	—	1	37	—
	金佛山	1905.9	—	—	—	0.35	0.50	0.60	—10	25	Ⅱ
河北	石家庄市	80.5	0.25	0.35	0.40	0.20	0.30	0.35	—11	36	Ⅱ
	蔚县	909.5	0.20	0.30	0.35	0.20	0.30	0.35	—24	33	Ⅱ
	邢台市	76.8	0.20	0.30	0.35	0.25	0.35	0.40	—10	36	Ⅱ
	丰宁	659.7	0.30	0.40	0.45	0.15	0.25	0.30	—22	33	Ⅱ
	围场	842.8	0.35	0.45	0.50	0.20	0.30	0.35	—23	32	Ⅱ
	张家口市	724.2	0.35	0.55	0.60	0.15	0.25	0.30	—18	34	Ⅱ
	怀来	536.8	0.25	0.35	0.40	0.15	0.20	0.25	—17	35	Ⅱ

续表 E.5

省市名	城市名	海拔高度（m）	风压（kN/m²）			雪压（kN/m²）			基本气温（℃）		雪荷载准永久值系数分区
			R=10	R=50	R=100	R=10	R=50	R=100	最低	最高	
河北	承德市	377.2	0.30	0.40	0.45	0.20	0.30	0.35	−19	35	Ⅱ
	遵化	54.9	0.30	0.40	0.45	0.25	0.40	0.50	−18	35	Ⅱ
	青龙	227.2	0.25	0.30	0.35	0.25	0.40	0.45	−19	34	Ⅱ
	秦皇岛市	2.1	0.35	0.45	0.50	0.15	0.25	0.30	−15	33	Ⅱ
	霸县	9.0	0.25	0.40	0.45	0.20	0.30	0.35	−14	36	Ⅱ
	唐山市	27.8	0.30	0.40	0.45	0.35	0.40		−15	35	Ⅱ
	乐亭	10.5	0.30	0.40	0.45	0.25	0.40	0.45	−16	34	Ⅱ
	保定市	17.2	0.30	0.40	0.45	0.25	0.35	0.40	−12	36	Ⅱ
	饶阳	18.9	0.30	0.35	0.40	0.20	0.30	0.35	−14	36	Ⅱ
	沧州市	9.6	0.30	0.40	0.45	0.20	0.30	0.35	—	—	Ⅱ
	黄骅	6.6	0.30	0.40	0.45	0.20	0.30	0.35	−13	36	Ⅱ
	南宫市	27.4	0.25	0.35	0.40	0.15	0.25	0.30	−13	37	Ⅱ
山西	太原市	778.3	0.30	0.40	0.45	0.25	0.35	0.40	−16	34	Ⅱ
	右玉	1345.8	—	—	—	0.20	0.30	0.35	−29	31	Ⅱ
	大同市	1067.2	0.35	0.55	0.65	0.15	0.25	0.30	−22	32	Ⅱ
	河曲	861.5	0.30	0.50	0.60	0.20	0.30	0.35	−24	35	Ⅱ
	五寨	1401.0	0.30	0.40	0.45	0.20	0.25	0.30	−25	31	Ⅱ
	兴县	1012.6	0.25	0.45	0.55	0.20	0.25	0.30	−19	34	Ⅱ
	原平	828.2	0.30	0.50	0.60	0.20	0.30	0.35	−19	34	Ⅱ
	离石	950.8	0.30	0.45	0.50	0.20	0.30	0.35	−19	34	Ⅱ
	阳泉市	741.9	0.30	0.40	0.45	0.20	0.35	0.40	−13	34	Ⅱ
	榆社	1041.4	0.20	0.30	0.35	0.20	0.30	0.35	−17	33	Ⅱ
	隰县	1052.7	0.25	0.35	0.40	0.20	0.30	0.35	−16	34	Ⅱ
	介休	743.9	0.25	0.40	0.45	0.20	0.30	0.35	−15	35	Ⅱ
	临汾市	449.5	0.25	0.40	0.45	0.15	0.25	0.30	−14	37	Ⅱ
	长治县	991.8	0.30	0.50	0.60	—	—	—	−15	32	—
	运城市	376.0	0.30	0.45	0.50	0.15	0.25	0.30	−11	38	Ⅱ
	阳城	659.5	0.30	0.45	0.50	0.20	0.30	0.35	−12	34	Ⅱ
内蒙古	呼和浩特市	1063.0	0.35	0.55	0.60	0.25	0.40	0.45	−23	33	Ⅱ
	额右旗拉布达林	581.4	0.35	0.50	0.60	0.35	0.45	0.50	−41	30	Ⅰ
	牙克石市图里河	732.6	0.30	0.40	0.45	0.40	0.60	0.70	−42	28	Ⅰ
	满洲里市	661.7	0.50	0.65	0.70	0.20	0.30	0.35	−35	30	Ⅰ
	海拉尔市	610.2	0.45	0.65	0.75	0.35	0.45	0.50	−38	30	Ⅰ
	鄂伦春小二沟	286.1	0.30	0.40	0.45	0.35	0.50	0.55	−40	31	Ⅰ
	新巴尔虎右旗	554.2	0.45	0.60	0.65	0.25	0.40	0.45	−32	32	Ⅰ
	新巴尔虎左旗阿木古朗	642.0	0.40	0.55	0.60	0.25	0.35	0.40	−34	31	Ⅰ
	牙克石市博克图	739.7	0.40	0.55	0.60	0.35	0.55	0.65	−31	28	Ⅰ

7—43

续表 E.5

省市名	城市名	海拔高度 (m)	风压(kN/m²)			雪压(kN/m²)			基本气温(℃)		雪荷载准永久值系数分区
			R=10	R=50	R=100	R=10	R=50	R=100	最低	最高	
	扎兰屯市	306.5	0.30	0.40	0.45	0.35	0.55	0.65	-28	32	I
	科右翼前旗阿尔山	1027.4	0.35	0.50	0.55	0.45	0.60	0.70	-37	27	I
	科右翼前旗索伦	501.8	0.45	0.55	0.60	0.25	0.35	0.40	-30	31	I
	乌兰浩特市	274.7	0.40	0.55	0.60	0.20	0.30	0.35	-27	32	I
	东乌珠穆沁旗	838.7	0.35	0.55	0.65	0.20	0.30	0.35	-33	32	I
	额济纳旗	940.5	0.40	0.60	0.70	0.05	0.10	0.15	-23	39	II
	额济纳旗拐子湖	960.0	0.45	0.55	0.60	0.10	0.10	0.10	-23	39	II
	阿左旗巴彦毛道	1328.1	0.40	0.55	0.60	0.10	0.15	0.20	-23	35	II
	阿拉善右旗	1510.1	0.45	0.55	0.60	0.05	0.10	0.10	-20	35	II
	二连浩特市	964.7	0.55	0.65	0.70	0.15	0.25	0.30	-30	34	II
	那仁宝力格	1181.6	0.40	0.55	0.60	0.20	0.30	0.35	-33	31	I
	达茂旗满都拉	1225.2	0.50	0.75	0.85	0.15	0.20	0.25	-25	34	II
	阿巴嘎旗	1126.1	0.35	0.50	0.55	0.30	0.45	0.50	-33	31	I
	苏尼特左旗	1111.4	0.40	0.50	0.55	0.25	0.35	0.40	-32	33	I
	乌拉特后旗海力素	1509.6	0.45	0.50	0.55	0.10	0.15	0.20	-25	33	II
	苏尼特右旗朱日和	1150.8	0.50	0.65	0.75	0.15	0.20	0.25	-26	33	II
	乌拉特中旗海流图	1288.0	0.45	0.60	0.65	0.20	0.30	0.35	-26	33	II
	百灵庙	1376.6	0.50	0.75	0.85	0.25	0.35	0.40	-27	32	II
	四子王旗	1490.1	0.40	0.60	0.70	0.30	0.45	0.55	-26	30	II
	化德	1482.7	0.45	0.75	0.85	0.15	0.25	0.30	-26	29	II
内蒙古	杭锦后旗陕坝	1056.7	0.30	0.45	0.50	0.15	0.20	0.25	—	—	II
	包头市	1067.2	0.35	0.55	0.60	0.15	0.25	0.30	-23	34	II
	集宁市	1419.3	0.40	0.60	0.70	0.25	0.35	0.40	-25	30	II
	阿拉善左旗吉兰泰	1031.8	0.35	0.50	0.55	0.05	0.10	0.15	-23	37	II
	临河市	1039.3	0.30	0.50	0.60	0.15	0.25	0.30	-21	35	II
	鄂托克旗	1380.3	0.35	0.55	0.65	0.15	0.20	0.20	-23	33	II
	东胜市	1460.4	0.30	0.50	0.60	0.25	0.35	0.40	-21	31	II
	阿腾席连	1329.3	0.40	0.50	0.55	0.20	0.30	0.35	—	—	II
	巴彦浩特	1561.4	0.40	0.60	0.70	0.15	0.20	0.25	-19	33	II
	西乌珠穆沁旗	995.9	0.45	0.55	0.60	0.30	0.40	0.45	-30	30	I
	扎鲁特鲁北	265.0	0.40	0.55	0.60	0.20	0.30	0.35	-23	34	II
	巴林左旗林东	484.4	0.40	0.55	0.60	0.20	0.30	0.35	-26	32	II
	锡林浩特市	989.5	0.40	0.55	0.60	0.30	0.40	0.45	-30	31	I
	林西	799.0	0.45	0.60	0.70	0.25	0.40	0.45	-25	32	I
	开鲁	241.0	0.40	0.55	0.60	0.20	0.30	0.35	-25	34	II
	通辽	178.5	0.40	0.55	0.60	0.20	0.30	0.35	-25	33	II
	多伦	1245.4	0.40	0.55	0.60	0.20	0.30	0.35	-28	30	I
	翁牛特旗乌丹	631.8	—	—	—	0.20	0.30	0.35	-25	32	II
	赤峰市	571.1	0.30	0.55	0.65	0.20	0.30	0.35	-23	33	II
	敖汉旗宝国图	400.5	0.40	0.50	0.55	0.25	0.40	0.45	-23	33	II

省市名	城 市 名	海拔高度(m)	风压(kN/m²)			雪压(kN/m²)			基本气温(℃)		雪荷载准永久值系数分区
			R=10	R=50	R=100	R=10	R=50	R=100	最低	最高	
辽宁	沈阳市	42.8	0.40	0.55	0.60	0.30	0.50	0.55	−24	33	Ⅰ
	彰武	79.4	0.35	0.45	0.50	0.20	0.30	0.35	−22	33	Ⅱ
	阜新市	144.0	0.40	0.60	0.70	0.25	0.40	0.45	−23	33	Ⅱ
	开原	98.2	0.30	0.45	0.50	0.35	0.45	0.55	−27	33	Ⅰ
	清原	234.1	0.25	0.40	0.45	0.45	0.70	0.80	−27	33	Ⅰ
	朝阳市	169.2	0.40	0.55	0.60	0.30	0.45	0.55	−23	35	Ⅱ
	建平县叶柏寿	421.7	0.30	0.35	0.40	0.25	0.35	0.40	−22	35	Ⅱ
	黑山	37.5	0.45	0.65	0.75	0.30	0.45	0.50	−21	33	Ⅱ
	锦州市	65.9	0.40	0.60	0.70	0.30	0.40	0.45	−18	33	Ⅱ
	鞍山市	77.3	0.30	0.50	0.60	0.30	0.45	0.55	−18	34	Ⅱ
	本溪市	185.2	0.35	0.45	0.50	0.40	0.55	0.60	−24	33	Ⅰ
	抚顺市章党	118.5	0.30	0.45	0.50	0.35	0.45	0.50	−28	33	Ⅰ
	桓仁	240.3	0.25	0.30	0.35	0.35	0.50	0.55	−25	32	Ⅰ
	绥中	15.3	0.25	0.40	0.45	0.25	0.35	0.40	−19	33	Ⅱ
	兴城市	8.8	0.35	0.45	0.50	0.20	0.30	0.35	−19	32	Ⅱ
	营口市	3.3	0.40	0.65	0.75	0.30	0.40	0.45	−20	33	Ⅱ
	盖县熊岳	20.4	0.30	0.40	0.45	0.25	0.40	0.45	−22	33	Ⅱ
	本溪县草河口	233.4	0.25	0.45	0.55	0.35	0.55	0.60	—	—	Ⅰ
	岫岩	79.3	0.30	0.45	0.50	0.35	0.50	0.55	−22	33	Ⅱ
	宽甸	260.1	0.30	0.50	0.60	0.40	0.60	0.70	−26	32	Ⅱ
	丹东市	15.1	0.35	0.55	0.65	0.30	0.40	0.45	−18	32	Ⅱ
	瓦房店市	29.3	0.35	0.50	0.55	0.20	0.30	0.35	−17	32	Ⅱ
	新金县皮口	43.2	0.35	0.50	0.55	0.20	0.30	0.35	—	—	Ⅱ
	庄河	34.8	0.35	0.55	0.65	0.25	0.35	0.40	−19	32	Ⅱ
	大连市	91.5	0.40	0.65	0.75	0.25	0.40	0.45	−13	32	Ⅱ
吉林	长春市	236.8	0.45	0.65	0.75	0.30	0.45	0.50	−26	32	Ⅰ
	白城市	155.4	0.45	0.65	0.75	0.15	0.20	0.25	−29	33	Ⅱ
	乾安	146.3	0.35	0.45	0.55	0.15	0.20	0.23	−28	33	Ⅱ
	前郭尔罗斯	134.7	0.30	0.45	0.50	0.15	0.25	0.30	−28	33	Ⅱ
	通榆	149.5	0.35	0.50	0.55	0.15	0.25	0.30	−28	33	Ⅱ
	长岭	189.3	0.30	0.45	0.50	0.15	0.20	0.25	−27	32	Ⅱ
	扶余市三岔河	196.6	0.40	0.60	0.70	0.25	0.35	0.40	−29	32	Ⅱ
	双辽	114.9	0.35	0.50	0.55	0.20	0.30	0.35	−27	33	Ⅰ
	四平市	164.2	0.40	0.55	0.60	0.20	0.35	0.40	−24	33	Ⅱ
	磐石县烟筒山	271.6	0.30	0.40	0.45	0.25	0.40	0.45	−31	31	Ⅰ
	吉林市	183.4	0.40	0.50	0.55	0.30	0.45	0.50	−31	32	Ⅰ
	蛟河	295.0	0.30	0.45	0.50	0.50	0.75	0.85	−31	32	Ⅰ

続表 E.5

省市名	城市名	海拔高度（m）	风压(kN/m²)			雪压(kN/m²)			基本气温(℃)		雪荷载准永久值系数分区
			R=10	R=50	R=100	R=10	R=50	R=100	最低	最高	
吉林	敦化市	523.7	0.30	0.45	0.50	0.30	0.50	0.60	−29	30	I
	梅河口市	339.9	0.30	0.40	0.45	0.30	0.45	0.50	−27	32	I
	桦甸	263.8	0.30	0.40	0.45	0.40	0.65	0.75	−33	32	I
	靖宇	549.2	0.25	0.35	0.40	0.40	0.60	0.70	−32	31	I
	扶松县东岗	774.2	0.30	0.45	0.55	0.80	1.15	1.30	−27	30	I
	延吉市	176.8	0.35	0.50	0.55	0.35	0.55	0.65	−26	32	I
	通化市	402.9	0.30	0.50	0.60	0.50	0.80	0.90	−27	32	I
	浑江市临江	332.7	0.20	0.30	0.30	0.45	0.70	0.80	−27	33	I
	集安市	177.7	0.20	0.30	0.35	0.45	0.70	0.80	−26	33	I
	长白	1016.7	0.35	0.45	0.50	0.40	0.60	0.70	−28	29	I
黑龙江	哈尔滨市	142.3	0.35	0.55	0.70	0.30	0.45	0.50	−31	32	I
	漠河	296.0	0.25	0.35	0.40	0.60	0.75	0.85	−42	30	I
	塔河	357.4	0.25	0.30	0.35	0.50	0.65	0.75	−38	30	I
	新林	494.6	0.25	0.35	0.40	0.50	0.65	0.75	−40	29	I
	呼玛	177.4	0.30	0.50	0.60	0.45	0.60	0.70	−40	31	I
	加格达奇	371.7	0.25	0.35	0.40	0.45	0.65	0.70	−38	30	I
	黑河市	166.4	0.35	0.50	0.55	0.60	0.75	0.85	−35	31	I
	嫩江	242.2	0.40	0.55	0.60	0.40	0.55	0.60	−39	31	I
	孙吴	234.5	0.40	0.60	0.70	0.45	0.60	0.70	−40	31	I
	北安市	269.7	0.30	0.50	0.55	0.40	0.55	0.60	−36	31	I
	克山	234.6	0.30	0.45	0.50	0.30	0.50	0.55	−34	31	I
	富裕	162.4	0.30	0.40	0.45	0.25	0.35	0.40	−34	32	I
	齐齐哈尔市	145.9	0.35	0.45	0.50	0.25	0.40	0.45	−30	32	I
	海伦	239.2	0.35	0.55	0.65	0.30	0.40	0.45	−32	31	I
	明水	249.2	0.35	0.45	0.50	0.25	0.40	0.45	−30	31	I
	伊春市	240.9	0.25	0.35	0.40	0.50	0.65	0.75	−36	31	I
	鹤岗市	227.9	0.30	0.40	0.45	0.45	0.65	0.70	−27	31	I
	富锦	64.2	0.30	0.45	0.50	0.40	0.55	0.60	−30	31	I
	泰来	149.5	0.30	0.45	0.50	0.20	0.30	0.35	−28	33	I
	绥化市	179.6	0.35	0.55	0.65	0.35	0.50	0.60	−32	31	I
	安达市	149.3	0.35	0.55	0.65	0.20	0.30	0.35	−31	32	I
	铁力	210.5	0.25	0.35	0.40	0.50	0.75	0.85	−34	31	I
	佳木斯市	81.2	0.40	0.65	0.75	0.60	0.85	0.95	−30	32	I
	依兰	100.1	0.45	0.65	0.75	0.30	0.45	0.50	−29	32	I
	宝清	83.0	0.30	0.40	0.45	0.55	0.85	1.00	−30	31	I
	通河	108.6	0.35	0.50	0.55	0.50	0.75	0.85	−33	32	I
	尚志	189.7	0.35	0.55	0.60	0.40	0.55	0.60	−32	32	I

续表 E.5

省市名	城　市　名	海拔高度(m)	风压(kN/m²)			雪压(kN/m²)			基本气温(℃)		雪荷载准永久值系数分区
			R=10	R=50	R=100	R=10	R=50	R=100	最低	最高	
黑龙江	鸡西市	233.6	0.40	0.55	0.65	0.45	0.65	0.75	−27	32	Ⅰ
	虎林	100.2	0.35	0.45	0.50	0.95	1.40	1.60	−29	31	Ⅰ
	牡丹江市	241.4	0.35	0.50	0.55	0.50	0.75	0.85	−28	32	Ⅰ
	绥芬河市	496.7	0.40	0.60	0.70	0.60	0.75	0.85	−30	29	Ⅰ
山东	济南市	51.6	0.30	0.45	0.50	0.20	0.30	0.35	−9	36	Ⅱ
	德州市	21.2	0.30	0.45	0.50	0.20	0.35	0.40	−11	36	Ⅱ
	惠民	11.3	0.40	0.50	0.55	0.25	0.35	0.40	−13	36	Ⅱ
	寿光县羊角沟	4.4	0.30	0.45	0.50	0.15	0.25	0.30	−11	36	Ⅱ
	龙口市	4.8	0.45	0.60	0.65	0.25	0.35	0.40	−11	35	Ⅱ
	烟台市	46.7	0.40	0.55	0.60	0.30	0.40	0.45	−8	32	Ⅱ
	威海市	46.6	0.45	0.65	0.75	0.30	0.50	0.60	−8	32	Ⅱ
	荣成市成山头	47.7	0.60	0.70	0.75	0.25	0.40	0.45	−7	30	Ⅱ
	莘县朝城	42.7	0.35	0.45	0.50	0.25	0.35	0.40	−12	36	Ⅱ
	泰安市泰山	1533.7	0.65	0.85	0.95	0.40	0.55	0.60	−16	25	Ⅱ
	泰安市	128.8	0.30	0.40	0.45	0.20	0.35	0.40	−12	33	Ⅱ
	淄博市张店	34.0	0.30	0.40	0.45	0.30	0.45	0.50	−12	36	Ⅱ
	沂源	304.5	0.30	0.35	0.40	0.20	0.30	0.35	−13	35	Ⅱ
	潍坊市	44.1	0.30	0.40	0.45	0.25	0.35	0.40	−12	36	Ⅱ
	莱阳市	30.5	0.30	0.40	0.45	0.15	0.25	0.30	−13	35	Ⅱ
	青岛市	76.0	0.45	0.60	0.70	0.15	0.20	0.25	−9	33	Ⅱ
	海阳	65.2	0.40	0.55	0.60	0.10	0.15	0.15	−10	33	Ⅱ
	荣成市石岛	33.7	0.40	0.55	0.65	0.10	0.15	0.15	−8	31	Ⅱ
	菏泽市	49.7	0.25	0.40	0.45	0.20	0.30	0.35	−10	36	Ⅱ
	兖州	51.7	0.25	0.40	0.45	0.25	0.35	0.45	−11	36	Ⅱ
	营县	107.4	0.25	0.35	0.40	0.20	0.35	0.40	−11	35	Ⅱ
	临沂	87.9	0.30	0.40	0.45	0.25	0.40	0.45	−10	35	Ⅱ
	日照市	16.1	0.30	0.40	0.45	—	—	—	−8	33	Ⅱ
江苏	南京市	8.9	0.25	0.40	0.45	0.40	0.65	0.75	−6	37	Ⅱ
	徐州市	41.0	0.25	0.35	0.40	0.25	0.35	0.40	−8	35	Ⅱ
	赣榆	2.1	0.30	0.45	0.50	0.25	0.35	0.40	−8	35	Ⅱ
	盱眙	34.5	0.25	0.35	0.40	0.20	0.30	0.35	−7	36	Ⅱ
	淮阴市	17.5	0.25	0.40	0.45	0.25	0.40	0.45	−7	35	Ⅱ
	射阳	2.0	0.30	0.40	0.45	0.15	0.20	0.25	−7	35	Ⅲ
	镇江	26.5	0.30	0.40	0.45	0.25	0.35	0.40	—	—	Ⅲ
	无锡	6.7	0.30	0.45	0.50	0.30	0.40	0.45	—	—	Ⅲ
	泰州	6.6	0.25	0.40	0.45	0.25	0.35	0.40	—	—	Ⅲ
	连云港	3.7	0.35	0.55	0.65	0.25	0.40	0.45	—	—	Ⅱ

省市名	城市名	海拔高度(m)	风压(kN/m²)			雪压(kN/m²)			基本气温(℃)		雪荷载准永久值系数分区
			$R=10$	$R=50$	$R=100$	$R=10$	$R=50$	$R=100$	最低	最高	
江苏	盐城	3.6	0.25	0.45	0.55	0.20	0.35	0.40	—	—	Ⅲ
	高邮	5.4	0.25	0.40	0.45	0.20	0.35	0.40	−6	36	Ⅲ
	东台市	4.3	0.30	0.40	0.45	0.20	0.30	0.35	−6	36	Ⅲ
	南通市	5.3	0.30	0.45	0.50	0.15	0.25	0.30	−4	36	Ⅲ
	启东县吕泗	5.5	0.35	0.50	0.55	0.10	0.20	0.25	−4	35	Ⅲ
	常州市	4.9	0.25	0.40	0.45	0.20	0.35	0.40	−4	37	Ⅲ
	溧阳	7.2	0.25	0.40	0.45	0.30	0.50	0.55	−5	37	Ⅲ
	吴县东山	17.5	0.30	0.45	0.50	0.25	0.40	0.45	−5	36	Ⅲ
浙江	杭州市	41.7	0.30	0.45	0.50	0.30	0.45	0.50	−4	38	Ⅲ
	临安县天目山	1505.9	0.55	0.75	0.85	1.00	1.60	1.85	−11	28	Ⅱ
	平湖县乍浦	5.4	0.35	0.45	0.50	0.25	0.35	0.40	−5	36	Ⅲ
	慈溪市	7.1	0.30	0.45	0.50	0.25	0.35	0.40	−4	37	Ⅲ
	嵊泗	79.6	0.85	1.30	1.55	—	—	—	−2	34	
	嵊泗县嵊山	124.6	1.00	1.65	1.95	—	—	—	0	30	
	舟山市	35.7	0.50	0.85	1.00	0.30	0.50	0.60	−2	35	Ⅲ
	金华市	62.6	0.25	0.35	0.40	0.35	0.55	0.65	−3	39	Ⅲ
	嵊县	104.3	0.25	0.40	0.50	0.35	0.55	0.65	−3	39	Ⅲ
	宁波市	4.2	0.30	0.50	0.60	0.20	0.30	0.35	−3	37	Ⅲ
	象山县石浦	128.4	0.75	1.20	1.45	0.20	0.30	0.35	−2	35	Ⅲ
	衢州市	66.9	0.25	0.35	0.40	0.30	0.50	0.60	−3	38	Ⅲ
	丽水市	60.8	0.20	0.30	0.35	0.30	0.45	0.50	−3	39	Ⅲ
	龙泉	198.4	0.20	0.30	0.35	0.35	0.55	0.65	−2	38	Ⅲ
	临海市括苍山	1383.1	0.60	0.90	1.05	0.45	0.65	0.75	−8	29	Ⅲ
	温州市	6.0	0.35	0.60	0.70	0.25	0.35	0.40	0	36	Ⅲ
	椒江市洪家	1.3	0.35	0.55	0.65	0.20	0.30	0.35	−2	36	Ⅲ
	椒江市下大陈	86.2	0.95	1.45	1.75	0.25	0.35	0.40	−1	33	Ⅲ
	玉环县坎门	95.9	0.70	1.20	1.45	0.20	0.35	0.40	0	34	Ⅲ
	瑞安市北麂	42.3	1.00	1.80	2.20	—	—	—	2	33	
安徽	合肥市	27.9	0.25	0.35	0.40	0.40	0.60	0.70	−6	37	Ⅱ
	砀山	43.2	0.25	0.35	0.40	0.25	0.40	0.45	−9	36	Ⅱ
	亳州市	37.7	0.25	0.45	0.55	0.25	0.40	0.45	−8	37	Ⅱ
	宿县	25.9	0.25	0.40	0.50	0.25	0.40	0.45	−8	36	Ⅱ
	寿县	22.7	0.25	0.35	0.40	0.30	0.50	0.55	−7	35	Ⅱ
	蚌埠市	18.7	0.25	0.35	0.40	0.30	0.45	0.55	−6	36	Ⅱ
	滁县	25.3	0.25	0.35	0.40	0.30	0.50	0.60	−6	36	Ⅱ
	六安市	60.5	0.20	0.35	0.40	0.35	0.55	0.60	−5	37	Ⅱ
	霍山	68.1	0.20	0.35	0.40	0.45	0.65	0.75	−6	37	Ⅱ

省市名	城 市 名	海拔高度(m)	风压(kN/m²)			雪压(kN/m²)			基本气温(℃)		雪荷载准永久值系数分区
			$R=10$	$R=50$	$R=100$	$R=10$	$R=50$	$R=100$	最低	最高	
安徽	巢湖	22.4	0.25	0.35	0.40	0.30	0.45	0.50	−5	37	Ⅱ
	安庆市	19.8	0.25	0.40	0.45	0.20	0.35	0.40	−3	36	Ⅲ
	宁国	89.4	0.25	0.35	0.40	0.30	0.50	0.55	−6	38	Ⅲ
	黄山	1840.4	0.50	0.70	0.80	0.35	0.45	0.50	−11	24	Ⅲ
	黄山市	142.7	0.25	0.35	0.40	0.30	0.45	0.50	−3	38	Ⅲ
	阜阳市	30.6	—	—	—	0.35	0.55	0.60	−7	36	Ⅱ
江西	南昌市	46.7	0.30	0.45	0.55	0.30	0.45	0.50	−3	38	Ⅲ
	修水	146.8	0.20	0.30	0.35	0.25	0.40	0.50	−4	37	Ⅲ
	宜春市	131.3	0.20	0.30	0.35	0.25	0.40	0.45	−3	38	Ⅲ
	吉安	76.4	0.25	0.30	0.35	0.25	0.35	0.45	−2	38	Ⅲ
	宁冈	263.1	0.20	0.30	0.35	0.30	0.45	0.50	−3	38	Ⅲ
	遂川	126.1	0.20	0.30	0.35	0.30	0.45	0.55	−1	38	Ⅲ
	赣州市	123.8	0.20	0.30	0.35	0.20	0.35	0.40	0	38	Ⅲ
	九江	36.1	0.25	0.35	0.40	0.30	0.40	0.45	−2	38	Ⅲ
	庐山	1164.5	0.40	0.55	0.60	0.60	0.95	1.05	−9	29	Ⅲ
	波阳	40.1	0.25	0.40	0.45	0.35	0.60	0.70	−3	38	Ⅲ
	景德镇市	61.5	0.25	0.35	0.40	0.25	0.35	0.40	−3	38	Ⅲ
	樟树市	30.4	0.20	0.30	0.35	0.25	0.40	0.45	−3	38	Ⅲ
	贵溪	51.2	0.20	0.30	0.35	0.35	0.50	0.60	−2	38	Ⅲ
	玉山	116.3	0.20	0.30	0.35	0.35	0.55	0.65	−3	38	Ⅲ
	南城	80.8	0.25	0.30	0.35	0.20	0.35	0.40	−3	37	Ⅲ
	广昌	143.8	0.20	0.30	0.35	0.30	0.45	0.50	−2	38	Ⅲ
	寻乌	303.9	0.25	0.30	0.35	—	—	—	−0.3	37	—
福建	福州市	83.8	0.40	0.70	0.85	—	—	—	3	37	—
	邵武市	191.5	0.20	0.30	0.35	0.25	0.35	0.40	−1	37	Ⅲ
	崇安县七仙山	1401.9	0.55	0.70	0.80	0.40	0.60	0.70	−5	28	Ⅲ
	浦城	276.9	0.20	0.30	0.35	0.35	0.55	0.65	−2	37	Ⅲ
	建阳	196.9	0.25	0.35	0.40	0.35	0.50	0.55	−2	38	Ⅲ
	建瓯	154.9	0.25	0.35	0.40	0.25	0.35	0.40	0	38	Ⅲ
	福鼎	36.2	0.35	0.70	0.90	—	—	—	1	37	—
	泰宁	342.9	0.20	0.30	0.35	0.30	0.50	0.60	−2	37	Ⅲ
	南平市	125.6	0.20	0.35	0.45	—	—	—	2	38	—
	福鼎县台山	106.6	0.75	1.00	1.10	—	—	—	4	30	—
	长汀	310.0	0.20	0.35	0.40	0.15	0.25	0.30	0	36	Ⅲ
	上杭	197.9	0.25	0.30	0.35	—	—	—	2	36	—
	永安市	206.0	0.25	0.40	0.45	—	—	—	2	38	—
	龙岩市	342.3	0.20	0.35	0.45	—	—	—	3	36	—

省市名	城 市 名	海拔高度(m)	风压(kN/m²)			雪压(kN/m²)			基本气温(℃)		雪荷载准永久值系数分区
			R=10	R=50	R=100	R=10	R=50	R=100	最低	最高	
福建	德化县九仙山	1653.5	0.60	0.80	0.90	0.25	0.40	0.50	−3	25	Ⅲ
	屏南	896.5	0.20	0.30	0.35	0.25	0.45	0.50	−2	32	Ⅲ
	平潭	32.4	0.75	1.30	1.60	—	—	—	4	34	—
	崇武	21.8	0.55	0.85	1.05	—	—	—	5	33	—
	厦门市	139.4	0.50	0.80	0.95	—	—	—	5	35	—
	东山	53.3	0.80	1.25	1.45	—	—	—	7	34	—
陕西	西安市	397.5	0.25	0.35	0.40	0.20	0.25	0.30	−9	37	Ⅱ
	榆林市	1057.5	0.25	0.40	0.45	0.20	0.25	0.30	−22	35	Ⅱ
	吴旗	1272.6	0.25	0.40	0.50	0.15	0.25	0.30	−20	33	Ⅱ
	横山	1111.0	0.30	0.40	0.45	0.15	0.25	0.30	−21	35	Ⅱ
	绥德	929.7	0.30	0.40	0.45	0.20	0.35	0.40	−19	35	Ⅱ
	延安市	957.8	0.25	0.35	0.40	0.15	0.25	0.30	−17	34	Ⅱ
	长武	1206.5	0.20	0.30	0.35	0.20	0.30	0.35	−15	32	Ⅱ
	洛川	1158.3	0.25	0.35	0.40	0.25	0.35	0.40	−15	32	Ⅱ
	铜川市	978.9	0.20	0.30	0.35	0.15	0.20	0.25	−12	33	Ⅱ
	宝鸡市	612.4	0.20	0.35	0.40	0.15	0.20	0.25	−8	37	Ⅱ
	武功	447.8	0.20	0.35	0.40	0.20	0.25	0.30	−9	37	Ⅱ
	华阴县华山	2064.9	0.40	0.50	0.55	0.50	0.70	0.75	−15	25	Ⅱ
	略阳	794.2	0.25	0.35	0.40	0.15	0.15	0.15	−6	34	Ⅲ
	汉中市	508.4	0.20	0.30	0.35	0.15	0.20	0.25	−5	34	Ⅲ
	佛坪	1087.7	0.25	0.30	0.35	0.15	0.25	0.30	−8	33	Ⅲ
	商州市	742.2	0.25	0.30	0.35	0.20	0.30	0.35	−8	35	Ⅱ
	镇安	693.7	0.20	0.35	0.40	0.20	0.30	0.35	−7	36	Ⅲ
	石泉	484.9	0.20	0.30	0.35	0.20	0.30	0.35	−5	35	Ⅲ
	安康市	290.8	0.30	0.45	0.50	0.10	0.15	0.20	−4	37	Ⅲ
甘肃	兰州	1517.2	0.20	0.30	0.35	0.10	0.15	0.20	−15	34	Ⅱ
	吉诃德	966.5	0.45	0.55	0.60	—	—	—	—	—	—
	安西	1170.8	0.40	0.55	0.60	0.10	0.20	0.25	−22	37	Ⅱ
	酒泉市	1477.2	0.40	0.55	0.60	0.20	0.30	0.35	−21	33	Ⅱ
	张掖市	1482.7	0.30	0.50	0.60	0.05	0.10	0.15	−22	34	Ⅱ
	武威市	1530.9	0.35	0.55	0.65	0.15	0.20	0.25	−20	33	Ⅱ
	民勤	1367.0	0.40	0.50	0.55	0.05	0.10	0.10	−21	35	Ⅱ
	乌鞘岭	3045.1	0.35	0.40	0.45	0.35	0.55	0.60	−22	21	Ⅱ
	景泰	1630.5	0.25	0.40	0.45	0.10	0.15	0.20	−18	33	Ⅱ
	靖远	1398.2	0.20	0.30	0.35	0.15	0.20	0.25	−18	33	Ⅱ
	临夏市	1917.0	0.20	0.30	0.35	0.15	0.25	0.30	−18	30	Ⅱ
	临洮	1886.6	0.20	0.30	0.35	0.30	0.50	0.55	−19	30	Ⅱ
	华家岭	2450.6	0.30	0.40	0.45	0.25	0.40	0.45	−17	24	Ⅱ

省市名	城 市 名	海拔高度(m)	风压(kN/m²)			雪压(kN/m²)			基本气温(℃)		雪荷载准永久值系数分区
			R=10	R=50	R=100	R=10	R=50	R=100	最低	最高	
甘肃	环县	1255.6	0.20	0.30	0.35	0.15	0.25	0.30	−18	33	Ⅱ
	平凉市	1346.6	0.25	0.30	0.35	0.15	0.25	0.30	−14	32	Ⅱ
	西峰镇	1421.0	0.20	0.30	0.35	0.25	0.40	0.45	−14	31	Ⅱ
	玛曲	3471.4	0.25	0.30	0.35	0.15	0.20	0.25	−23	21	Ⅱ
	夏河县合作	2910.0	0.25	0.30	0.35	0.25	0.40	0.45	−23	24	Ⅱ
	武都	1079.1	0.25	0.35	0.40	0.05	0.10	0.15	−5	35	Ⅲ
	天水市	1141.7	0.20	0.35	0.40	0.15	0.20	0.25	−11	34	Ⅱ
	马宗山	1962.7	—	—	—	0.10	0.15	0.20	−25	32	Ⅱ
	敦煌	1139.0	—	—	—	0.10	0.15	0.20	−20	37	Ⅱ
	玉门市	1526.0	—	—	—	0.15	0.20	0.25	−21	33	Ⅱ
	金塔县鼎新	1177.4	—	—	—	0.05	0.10	0.15	−21	36	Ⅱ
	高台	1332.2	—	—	—	0.10	0.15	0.20	−21	34	Ⅱ
	山丹	1764.6	—	—	—	0.15	0.20	0.25	−21	32	Ⅱ
	永昌	1976.1	—	—	—	0.10	0.15	0.20	−22	29	Ⅱ
	榆中	1874.1	—	—	—	0.15	0.20	0.25	−19	30	Ⅱ
	会宁	2012.2	—	—	—	0.20	0.30	0.35	—	—	Ⅱ
	岷县	2315.0	—	—	—	0.10	0.15	0.20	−19	27	Ⅱ
宁夏	银川	1111.4	0.40	0.65	0.75	0.15	0.20	0.25	−19	34	Ⅱ
	惠农	1091.0	0.45	0.65	0.70	0.05	0.10	0.10	−20	35	Ⅱ
	陶乐	1101.6	—	—	—	0.05	0.10	0.10	−20	35	Ⅱ
	中卫	1225.7	0.30	0.45	0.50	0.05	0.10	0.15	−18	33	Ⅱ
	中宁	1183.3	0.30	0.35	0.40	0.10	0.15	0.20	−18	34	Ⅱ
	盐池	1347.8	0.30	0.40	0.45	0.20	0.30	0.35	−20	34	Ⅱ
	海源	1854.2	0.25	0.35	0.40	0.25	0.40	0.45	−17	30	Ⅱ
	同心	1343.9	0.20	0.30	0.35	0.10	0.10	0.15	−18	34	Ⅱ
	固原	1753.0	0.25	0.35	0.40	0.30	0.40	0.45	−20	29	Ⅱ
	西吉	1916.5	0.20	0.30	0.35	0.15	0.20	0.20	−20	29	Ⅱ
青海	西宁	2261.2	0.25	0.35	0.40	0.15	0.20	0.25	−19	29	Ⅱ
	茫崖	3138.5	0.30	0.40	0.45	0.05	0.10	0.10	—	—	Ⅱ
	冷湖	2733.0	0.40	0.55	0.60	0.05	0.10	0.10	−26	29	Ⅱ
	祁连县托勒	3367.0	0.30	0.40	0.45	0.20	0.25	0.30	−32	22	Ⅱ
	祁连县野牛沟	3180.0	0.30	0.40	0.45	0.20	0.20	0.20	−31	21	Ⅱ
	祁连县	2787.4	0.30	0.35	0.40	0.10	0.15	0.15	−25	25	Ⅱ
	格尔木市小灶火	2767.0	0.30	0.40	0.45	0.05	0.10	0.10	−25	30	Ⅱ
	大柴旦	3173.2	0.30	0.40	0.45	0.10	0.15	0.15	−27	26	Ⅱ
	德令哈市	2981.5	0.25	0.35	0.40	0.10	0.15	0.20	−22	28	Ⅱ
	刚察	3301.5	0.25	0.35	0.40	0.20	0.25	0.30	−26	21	Ⅱ

省市名	城 市 名	海拔高度(m)	风压(kN/m²)			雪压(kN/m²)			基本气温(℃)		雪荷载准永久值系数分区
			R=10	R=50	R=100	R=10	R=50	R=100	最低	最高	
青海	门源	2850.0	0.25	0.35	0.40	0.20	0.30	0.30	—27	24	Ⅱ
	格尔木市	2807.6	0.30	0.40	0.45	0.10	0.20	0.25	—21	29	Ⅱ
	都兰县诺木洪	2790.4	0.35	0.50	0.60	0.05	0.10	0.10	—22	30	Ⅱ
	都兰	3191.1	0.30	0.45	0.55	0.20	0.25	0.30	—21	26	Ⅱ
	乌兰县茶卡	3087.6	0.25	0.35	0.40	0.15	0.20	0.25	—25	25	Ⅱ
	共和县恰卜恰	2835.0	0.25	0.35	0.40	0.15	0.20		—22	26	Ⅱ
	贵德	2237.1	0.25	0.30	0.35	0.05	0.10	0.10	—18	30	Ⅱ
	民和	1813.9	0.20	0.30	0.35	0.10	0.10	0.15	—17	31	Ⅱ
	唐古拉山五道梁	4612.2	0.35	0.45	0.50	0.20	0.25	0.30	—29	17	Ⅰ
	兴海	3323.2	0.25	0.35	0.40	0.15	0.20	0.20	—25	23	Ⅱ
	同德	3289.4	0.20	0.35	0.40	0.25	0.30	0.35	—28	23	Ⅱ
	泽库	3662.8	0.25	0.30	0.35	0.20	0.40	0.45	—	—	Ⅱ
	格尔木市托托河	4533.1	0.40	0.50	0.55	0.25	0.35	0.40	—33	19	Ⅰ
	治多	4179.0	0.25	0.30	0.35	0.15	0.20	0.25	—	—	Ⅰ
	杂多	4066.4	0.25	0.35	0.40	0.20	0.25	0.30	—25	22	Ⅱ
	曲麻菜	4231.2	0.25	0.35	0.40	0.15	0.25	0.30	—28	20	Ⅰ
	玉树	3681.2	0.20	0.30	0.35	0.15	0.20	0.25	—20	24.4	Ⅱ
	玛多	4272.3	0.30	0.40	0.40	0.25	0.35	0.40	—33	18	Ⅰ
	称多县清水河	4415.4	0.25	0.30	0.35	0.25	0.30	0.35	—33	17	Ⅰ
	玛沁县仁峡姆	4211.1	0.30	0.35	0.40	0.25	0.30	0.35	—33	18	Ⅰ
	达日县吉迈	3967.5	0.25	0.35	0.40	0.25	0.25	0.30	—27	20	Ⅰ
	河南	3500.0	0.25	0.40	0.45	0.20	0.25	0.30	—29	21	Ⅱ
	久治	3628.5	0.20	0.30	0.35	0.25	0.25	0.30	—24	21	Ⅱ
	昂欠	3643.7	0.25	0.30	0.35	0.10	0.20	0.25	—18	25	Ⅱ
	班玛	3750.0	0.20	0.30	0.35	0.15	0.20	0.25	—20	22	Ⅱ
新疆	乌鲁木齐市	917.9	0.40	0.60	0.70	0.65	0.90	1.00	—23	34	Ⅰ
	阿勒泰市	735.3	0.40	0.70	0.85	1.20	1.65	1.85	—28	32	Ⅰ
	阿拉山口	284.8	0.95	1.35	1.55	0.20	0.25	0.25	—25	39	Ⅰ
	克拉玛依市	427.3	0.65	0.90	1.00	0.20	0.30	0.35	—27	38	Ⅰ
	伊宁市	662.5	0.40	0.60	0.70	1.00	1.40	1.55	—23	35	Ⅰ
	昭苏	1851.0	0.25	0.40	0.45	0.65	0.85	0.95	—23	26	Ⅰ
	达坂城	1103.5	0.55	0.80	0.90	0.15	0.20	0.20	—21	32	Ⅰ
	巴音布鲁克	2458.0	0.25	0.35	0.40	0.55	0.75	0.85	—40	22	Ⅰ
	吐鲁番市	34.5	0.50	0.85	1.00	0.15	0.20	0.25	—20	44	Ⅱ
	阿克苏市	1103.8	0.30	0.45	0.50	0.15	0.25	0.30	—20	36	Ⅱ
	库车	1099.0	0.35	0.50	0.60	0.15	0.20	0.30	—19	36	Ⅱ
	库尔勒	931.5	0.30	0.45	0.50	0.15	0.20	0.30	—18	37	Ⅱ

省市名	城 市 名	海拔高度(m)	风压(kN/m²)			雪压(kN/m²)			基本气温(℃)		雪荷载准永久值系数分区
			R=10	R=50	R=100	R=10	R=50	R=100	最低	最高	
新疆	乌恰	2175.7	0.25	0.35	0.40	0.35	0.50	0.60	−20	31	Ⅱ
	喀什	1288.7	0.35	0.55	0.65	0.30	0.45	0.50	−17	36	Ⅱ
	阿合奇	1984.9	0.25	0.35	0.40	0.25	0.35	0.40	−21	31	Ⅱ
	皮山	1375.4	0.20	0.30	0.35	0.15	0.20	0.25	−18	37	Ⅱ
	和田	1374.6	0.25	0.40	0.45	0.10	0.20	0.25	−15	37	Ⅱ
	民丰	1409.3	0.20	0.30	0.35	0.10	0.15	0.15	−19	37	Ⅱ
	安德河	1262.8	0.20	0.30	0.35	0.05	0.05	0.05	−23	39	Ⅱ
	于田	1422.0	0.20	0.30	0.35	0.10	0.15	0.15	−17	36	Ⅱ
	哈密	737.2	0.40	0.60	0.70	0.15	0.25	0.30	−23	38	Ⅱ
	哈巴河	532.6	—	—	—	0.70	1.00	1.15	−26	33.6	Ⅰ
	吉木乃	984.1	—	—	—	0.85	1.15	1.35	−24	31	Ⅰ
	福海	500.9	—	—	—	0.30	0.45	0.50	−31	34	Ⅰ
	富蕴	807.5	—	—	—	0.95	1.35	1.50	−33	34	Ⅰ
	塔城	534.9	—	—	—	1.10	1.55	1.75	−23	35	Ⅰ
	和布克塞尔	1291.6	—	—	—	0.25	0.40	0.45	−23	30	Ⅰ
	青河	1218.2	—	—	—	0.90	1.30	1.45	−35	31	Ⅰ
	托里	1077.8	—	—	—	0.55	0.75	0.85	−24	32	Ⅰ
	北塔山	1653.7	—	—	—	0.55	0.65	0.70	−25	28	Ⅰ
	温泉	1354.6	—	—	—	0.35	0.45	0.50	−25	30	Ⅰ
	精河	320.1	—	—	—	0.20	0.30	0.35	−27	38	Ⅰ
	乌苏	478.7	—	—	—	0.40	0.55	0.60	−26	37	Ⅰ
	石河子	442.9	—	—	—	0.50	0.70	0.80	−28	37	Ⅰ
	蔡家湖	440.5	—	—	—	0.40	0.50	0.55	−32	38	Ⅰ
	奇台	793.5	—	—	—	0.55	0.75	0.85	−31	34	Ⅰ
	巴仑台	1752.5	—	—	—	0.20	0.30	0.35	−20	30	Ⅱ
	七角井	873.2	—	—	—	0.05	0.10	0.15	−23	38	Ⅱ
	库米什	922.4	—	—	—	0.10	0.15	0.15	−25	38	Ⅱ
	焉耆	1055.8	—	—	—	0.15	0.20	0.25	−24	35	Ⅱ
	拜城	1229.2	—	—	—	0.20	0.30	0.35	−26	34	Ⅱ
	轮台	976.1	—	—	—	0.15	0.20	0.30	−19	38	Ⅱ
	吐尔格特	3504.4	—	—	—	0.40	0.55	0.65	−27	18	Ⅱ
	巴楚	1116.5	—	—	—	0.10	0.15	0.20	−19	38	Ⅱ
	柯坪	1161.8	—	—	—	0.05	0.10	0.15	−20	37	Ⅱ
	阿拉尔	1012.2	—	—	—	0.05	0.10	0.10	−20	36	Ⅱ
	铁干里克	846.0	—	—	—	0.10	0.15	0.15	−20	39	Ⅱ
	若羌	888.3	—	—	—	0.10	0.15	0.20	−18	40	Ⅱ
	塔吉克	3090.9	—	—	—	0.15	0.25	0.30	−28	28	Ⅱ

省市名	城市名	海拔高度(m)	风压(kN/m²)			雪压(kN/m²)			基本气温(℃)		雪荷载准永久值系数分区
			R=10	R=50	R=100	R=10	R=50	R=100	最低	最高	
新疆	莎车	1231.2	—	—	—	0.15	0.20	0.25	−17	37	Ⅱ
	且末	1247.5	—	—	—	0.10	0.15	0.20	−20	37	Ⅱ
	红柳河	1700.0	—	—	—	0.10	0.15	0.15	−25	35	Ⅱ
河南	郑州市	110.4	0.30	0.45	0.50	0.25	0.40	0.45	−8	36	Ⅱ
	安阳市	75.5	0.25	0.45	0.55	0.40	0.45		−8	36	Ⅱ
	新乡市	72.7	0.30	0.40	0.45	0.20	0.30	0.35	−8	36	Ⅱ
	三门峡市	410.1	0.25	0.40	0.45	0.15	0.20	0.25	−8	36	Ⅱ
	卢氏	568.8	0.20	0.30	0.35	0.20	0.30	0.35	−10	35	Ⅱ
	孟津	323.3	0.30	0.45	0.50	0.30	0.40	0.50	−8	35	Ⅱ
	洛阳市	137.1	0.25	0.40	0.45	0.25	0.35	0.40	−6	36	Ⅱ
	栾川	750.1	0.20	0.30	0.35	0.25	0.40	0.45	−9	34	Ⅱ
	许昌市	66.8	0.30	0.40	0.45	0.25	0.40	0.45	−8	36	Ⅱ
	开封市	72.5	0.30	0.45	0.50	0.20	0.30	0.35	−8	36	Ⅱ
	西峡	250.3	0.25	0.35	0.40	0.20	0.30	0.35	−6	36	Ⅱ
	南阳市	129.2	0.25	0.35	0.40	0.25	0.45	0.50	−7	36	Ⅱ
	宝丰	136.4	0.25	0.35	0.40	0.20	0.30	0.35	−8	36	Ⅱ
	西华	52.6	0.25	0.45	0.55	0.30	0.45	0.50	−8	37	Ⅱ
	驻马店市	82.7	0.25	0.40	0.45	0.30	0.45	0.50	−8	36	Ⅱ
	信阳市	114.5	0.25	0.35	0.40	0.35	0.55	0.65	−6	36	Ⅱ
	商丘市	50.1	0.20	0.35	0.45	0.30	0.45	0.50	−8	36	Ⅱ
	固始	57.1	0.20	0.35	0.45	0.35	0.55	0.65	−6	36	Ⅱ
湖北	武汉市	23.3	0.25	0.35	0.40	0.30	0.50	0.60	−5	37	Ⅱ
	郧县	201.9	0.20	0.30	0.35	0.25	0.40	0.45	−3	37	Ⅱ
	房县	434.4	0.20	0.30	0.35	0.20	0.30	0.35	−7	35	Ⅲ
	老河口市	90.0	0.20	0.30	0.35	0.25	0.35	0.40	−6	36	Ⅱ
	枣阳	125.5	0.25	0.40	0.45	0.25	0.40	0.45	−6	36	Ⅱ
	巴东	294.5	0.15	0.30	0.35	0.15	0.20	0.25	−2	38	Ⅲ
	钟祥	65.8	0.20	0.30	0.35	0.25	0.35	0.40	−4	36	Ⅱ
	麻城市	59.3	0.20	0.35	0.45	0.35	0.55	0.65	−4	37	Ⅱ
	恩施市	457.1	0.20	0.30	0.35	0.15	0.20	0.25	−2	36	Ⅲ
	巴东县绿葱坡	1819.3	0.30	0.35	0.40	0.65	0.95	1.10	−10	26	Ⅲ
	五峰县	908.4	0.20	0.30	0.35	0.25	0.35	0.40	−5	34	Ⅲ
	宜昌市	133.1	0.20	0.30	0.35	0.20	0.30	0.35	−3	37	Ⅲ
	荆州	32.6	0.20	0.30	0.35	0.25	0.40	0.45	−4	36	Ⅱ
	天门市	34.1	0.20	0.30	0.35	0.25	0.35	0.45	−5	36	Ⅱ
	来凤	459.5	0.20	0.30	0.35	0.15	0.20	0.25	−3	35	Ⅲ
	嘉鱼	36.0	0.20	0.35	0.45	0.25	0.35	0.40	−3	37	Ⅲ
	英山	123.8	0.20	0.30	0.35	0.25	0.40	0.45	−5	37	Ⅲ
	黄石市	19.6	0.25	0.35	0.40	0.25	0.35	0.40	−3	38	Ⅲ

省市名	城市名	海拔高度(m)	风压(kN/m²)			雪压(kN/m²)			基本气温(℃)		雪荷载准永久值系数分区
			R=10	R=50	R=100	R=10	R=50	R=100	最低	最高	
湖南	长沙市	44.9	0.25	0.35	0.40	0.30	0.45	0.50	—3	38	Ⅲ
	桑植	322.2	0.20	0.30	0.35	0.25	0.35	0.40	—3	36	Ⅲ
	石门	116.9	0.25	0.30	0.35	0.25	0.35	0.40	—3	36	Ⅲ
	南县	36.0	0.25	0.40	0.50	0.30	0.45	0.50	—3	36	Ⅲ
	岳阳市	53.0	0.25	0.40	0.45	0.35	0.55	0.65	—2	36	Ⅲ
	吉首市	206.6	0.20	0.30	0.35	0.20	0.30	0.35	—2	36	Ⅲ
	沅陵	151.6	0.20	0.30	0.35	0.20	0.35	0.40	—3	37	Ⅲ
	常德市	35.0	0.25	0.40	0.50	0.30	0.50	0.60	—3	36	Ⅱ
	安化	128.3	0.20	0.30	0.35	0.30	0.45	0.50	—3	38	Ⅱ
	沅江市	36.0	0.25	0.40	0.45	0.35	0.55	0.65	—3	37	Ⅲ
	平江	106.3	0.20	0.30	0.35	0.25	0.40	0.45	—4	37	Ⅲ
	芷江	272.2	0.20	0.30	0.35	0.25	0.35	0.45	—3	36	Ⅲ
	雪峰山	1404.9	—	—	—	0.50	0.75	0.85	—8	27	Ⅱ
	邵阳市	248.6	0.20	0.30	0.35	0.20	0.30	0.35	—3	37	Ⅲ
	双峰	100.0	0.20	0.30	0.35	0.25	0.40	0.45	—4	38	Ⅲ
	南岳	1265.9	0.60	0.75	0.85	0.50	0.75	0.85	—8	28	Ⅱ
	通道	397.5	0.25	0.30	0.35	0.15	0.25	0.30	—3	35	Ⅲ
	武岗	341.0	0.20	0.30	0.35	0.20	0.30	0.35	—3	36	Ⅲ
	零陵	172.6	0.25	0.40	0.45	0.15	0.25	0.30	—2	37	Ⅲ
	衡阳市	103.2	0.25	0.40	0.45	0.20	0.35	0.40	—2	38	Ⅲ
	道县	192.2	0.25	0.35	0.40	0.15	0.20	0.25	—1	37	Ⅲ
	郴州市	184.9	0.20	0.30	0.35	0.20	0.30	0.35	—2	38	Ⅲ
广东	广州市	6.6	0.30	0.50	0.60	—	—	—	6	36	—
	南雄	133.8	0.20	0.30	0.35	—	—	—	1	37	—
	连县	97.6	0.20	0.30	0.35	—	—	—	2	37	—
	韶关	69.3	0.20	0.35	0.45	—	—	—	2	37	—
	佛岗	67.8	0.20	0.30	0.35	—	—	—	4	36	—
	连平	214.5	0.20	0.30	0.35	—	—	—	2	36	—
	梅县	87.8	0.20	0.30	0.35	—	—	—	4	37	—
	广宁	56.8	0.20	0.30	0.35	—	—	—	4	36	—
	高要	7.1	0.30	0.50	0.60	—	—	—	6	36	—
	河源	40.6	0.20	0.30	0.35	—	—	—	5	36	—
	惠阳	22.4	0.35	0.55	0.60	—	—	—	6	36	—
	五华	120.9	0.20	0.30	0.35	—	—	—	4	36	—
	汕头市	1.1	0.50	0.80	0.95	—	—	—	6	35	—
	惠来	12.9	0.45	0.75	0.90	—	—	—	7	35	—
	南澳	7.2	0.50	0.80	0.95	—	—	—	9	32	—

省市名	城市名	海拔高度（m）	风压(kN/m²)			雪压(kN/m²)			基本气温(℃)		雪荷载准永久值系数分区
			R=10	R=50	R=100	R=10	R=50	R=100	最低	最高	
广东	信宜	84.6	0.35	0.60	0.70	—	—	—	7	36	—
	罗定	53.3	0.20	0.30	0.35	—	—	—	6	37	—
	台山	32.7	0.35	0.55	0.65	—	—	—	6	35	—
	深圳市	18.2	0.45	0.75	0.90	—	—	—	8	35	—
	汕尾	4.6	0.50	0.85	1.00	—	—	—	7	34	—
	湛江市	25.3	0.50	0.80	0.95	—	—	—	9	36	—
	阳江	23.3	0.45	0.75	0.90	—	—	—	7	35	—
	电白	11.8	0.45	0.70	0.80	—	—	—	8	35	—
	台山县上川岛	21.5	0.75	1.05	1.20	—	—	—	8	35	—
	徐闻	67.9	0.45	0.75	0.90	—	—	—	10	36	—
广西	南宁市	73.1	0.25	0.35	0.40	—	—	—	6	36	—
	桂林市	164.4	0.20	0.30	0.35	—	—	—	1	36	—
	柳州市	96.8	0.20	0.30	0.35	—	—	—	3	36	—
	蒙山	145.7	0.20	0.30	0.35	—	—	—	2	36	—
	贺山	108.8	0.20	0.30	0.35	—	—	—	2	36	—
	百色市	173.5	0.25	0.45	0.55	—	—	—	5	37	—
	靖西	739.4	0.20	0.30	0.35	—	—	—	4	32	—
	桂平	42.5	0.20	0.30	0.35	—	—	—	5	36	—
	梧州市	114.8	0.20	0.30	0.35	—	—	—	4	36	—
	龙舟	128.8	0.20	0.30	0.35	—	—	—	7	36	—
	灵山	66.0	0.20	0.30	0.35	—	—	—	5	35	—
	玉林	81.8	0.20	0.30	0.35	—	—	—	5	36	—
	东兴	18.2	0.45	0.75	0.90	—	—	—	8	34	—
	北海市	15.3	0.45	0.75	0.90	—	—	—	7	35	—
	涠洲岛	55.2	0.70	1.10	1.30	—	—	—	9	34	—
海南	海口市	14.1	0.45	0.75	0.90	—	—	—	10	37	—
	东方	8.4	0.55	0.85	1.00	—	—	—	10	37	—
	儋县	168.7	0.40	0.70	0.85	—	—	—	9	37	—
	琼中	250.9	0.30	0.45	0.55	—	—	—	8	36	—
	琼海	24.0	0.50	0.85	1.05	—	—	—	10	37	—
	三亚市	5.5	0.50	0.85	1.05	—	—	—	14	36	—
	陵水	13.9	0.50	0.85	1.05	—	—	—	12	36	—
	西沙岛	4.7	1.05	1.80	2.20	—	—	—	18	35	—
	珊瑚岛	4.0	0.70	1.10	1.30	—	—	—	16	36	—
四川	成都市	506.1	0.20	0.30	0.35	0.10	0.10	0.15	−1	34	Ⅲ
	石渠	4200.0	0.25	0.30	0.35	0.35	0.50	0.60	−28	19	Ⅱ
	若尔盖	3439.6	0.25	0.30	0.35	0.30	0.40	0.45	−24	21	Ⅱ
	甘孜	3393.5	0.35	0.45	0.50	0.30	0.50	0.55	−17	25	Ⅱ

续表 E.5

省市名	城市名	海拔高度(m)	风压(kN/m²)			雪压(kN/m²)			基本气温(℃)		雪荷载准永久值系数分区
			R=10	R=50	R=100	R=10	R=50	R=100	最低	最高	
四川	都江堰市	706.7	0.20	0.30	0.35	0.15	0.25	0.30	—	—	Ⅲ
	绵阳市	470.8	0.20	0.30	0.35	—	—	—	−3	35	—
	雅安市	627.6	0.20	0.30	0.35	0.10	0.20	0.20	0	34	Ⅲ
	资阳	357.0	0.20	0.30	0.35	—	—	—	1	33	—
	康定	2615.7	0.30	0.35	0.40	0.30	0.50	0.55	−10	23	Ⅱ
	汉源	795.9	0.20	0.30	0.35	—	—	—	2	34	—
	九龙	2987.3	0.20	0.30	0.35	0.15	0.20	0.20	−10	25	Ⅲ
	越西	1659.0	0.25	0.30	0.35	0.15	0.25	0.30	−4	31	Ⅲ
	昭觉	2132.4	0.25	0.30	0.35	0.25	0.35	0.40	−6	28	Ⅲ
	雷波	1474.9	0.20	0.30	0.40	0.20	0.30	0.35	−4	29	Ⅲ
	宜宾市	340.8	0.20	0.30	0.35	—	—	—	2	35	—
	盐源	2545.0	0.20	0.30	0.35	0.20	0.30	0.35	−6	27	Ⅲ
	西昌市	1590.9	0.20	0.30	0.35	0.20	0.30	0.35	−1	32	Ⅲ
	会理	1787.1	0.20	0.30	0.35	—	—	—	−4	30	—
	万源	674.0	0.20	0.30	0.35	0.05	0.10	0.15	−3	35	Ⅲ
	阆中	382.6	0.20	0.30	0.35	—	—	—	−1	36	—
	巴中	358.9	0.20	0.30	0.35	—	—	—	−1	36	—
	达县市	310.4	0.20	0.35	0.45	—	—	—	0	37	—
	遂宁市	278.2	0.20	0.30	0.35	—	—	—	0	36	—
	南充市	309.3	0.20	0.30	0.35	—	—	—	0	36	—
	内江市	347.1	0.25	0.40	0.50	—	—	—	0	36	—
	泸州市	334.8	0.20	0.30	0.35	—	—	—	1	36	—
	叙永	377.5	0.20	0.30	0.35	—	—	—	1	36	—
	德格	3201.2	—	—	—	0.15	0.20	0.25	−15	26	Ⅲ
	色达	3893.9	—	—	—	0.30	0.40	0.45	−24	21	Ⅲ
	道孚	2957.2	—	—	—	0.15	0.20	0.25	−16	28	Ⅲ
	阿坝	3275.1	—	—	—	0.25	0.40	0.45	−19	22	Ⅲ
	马尔康	2664.4	—	—	—	0.15	0.25	0.30	−12	29	Ⅲ
	红原	3491.6	—	—	—	0.25	0.40	0.45	−26	22	Ⅱ
	小金	2369.2	—	—	—	0.10	0.15	0.15	−8	31	Ⅱ
	松潘	2850.7	—	—	—	0.20	0.30	0.35	−16	26	Ⅱ
	新龙	3000.0	—	—	—	0.10	0.15	0.15	−16	27	Ⅱ
	理唐	3948.9	—	—	—	0.35	0.50	0.60	−19	21	Ⅱ
	稻城	3727.7	—	—	—	0.20	0.30	0.30	−19	23	Ⅲ
	峨眉山	3047.4	—	—	—	0.40	0.55	0.60	−15	19	Ⅱ
贵州	贵阳市	1074.3	0.20	0.30	0.35	0.10	0.20	0.25	−3	32	Ⅲ
	威宁	2237.5	0.25	0.35	0.40	0.25	0.35	0.40	−6	26	Ⅲ

省市名	城市名	海拔高度(m)	风压(kN/m²)			雪压(kN/m²)			基本气温(℃)		雪荷载准永久值系数分区
			$R=10$	$R=50$	$R=100$	$R=10$	$R=50$	$R=100$	最低	最高	
贵州	盘县	1515.2	0.25	0.35	0.40	0.25	0.35	0.45	−3	30	Ⅲ
	桐梓	972.0	0.20	0.30	0.35	0.10	0.15	0.20	−4	33	Ⅲ
	习水	1180.2	0.20	0.30	0.35	0.15	0.20	0.25	−5	31	Ⅲ
	毕节	1510.6	0.20	0.30	0.35	0.15	0.25	0.30	−4	30	Ⅲ
	遵义市	843.9	0.20	0.30	0.35	0.10	0.15	0.20	−2	34	Ⅲ
	湄潭	791.8	—	—	—	0.15	0.20	0.25	−3	34	Ⅲ
	思南	416.3	0.20	0.30	0.35	0.10	0.20	0.25	−1	36	Ⅲ
	铜仁	279.7	0.20	0.30	0.35	0.20	0.30	0.35	−2	37	Ⅲ
	黔西	1251.8	—	—	—	0.15	0.20	0.25	−4	32	Ⅲ
	安顺市	1392.9	0.20	0.30	0.35	0.20	0.30	0.35	−3	30	Ⅲ
	凯里市	720.3	0.20	0.30	0.35	0.15	0.20	0.25	−3	34	Ⅲ
	三穗	610.5	—	—	—	0.20	0.30	0.35	−4	34	Ⅲ
	兴仁	1378.5	0.20	0.30	0.35	0.20	0.35	0.40	−2	30	Ⅲ
	罗甸	440.3	0.20	0.30	0.35	—	—	—	1	37	
	独山	1013.3	—	—	—	0.20	0.30	0.35	−3	32	Ⅲ
	榕江	285.7	—	—	—	0.10	0.15	0.20	−1	37	Ⅲ
云南	昆明市	1891.4	0.20	0.30	0.35	0.20	0.30	0.35	−1	28	Ⅲ
	德钦	3485.0	0.25	0.35	0.40	0.60	0.90	1.05	−12	22	Ⅱ
	贡山	1591.3	0.20	0.30	0.35	0.45	0.75	0.90	−3	30	Ⅱ
	中甸	3276.1	0.20	0.30	0.35	0.50	0.80	0.90	−15	22	Ⅱ
	维西	2325.6	0.20	0.30	0.35	0.45	0.65	0.75	−6	28	Ⅲ
	昭通市	1949.5	0.25	0.35	0.40	0.15	0.25	0.30	−6	28	Ⅲ
	丽江	2393.2	0.25	0.30	0.35	0.20	0.30	0.35	−5	27	Ⅲ
	华坪	1244.8	0.30	0.45	0.55	—	—	—	−1	35	—
	会泽	2109.5	0.25	0.35	0.40	0.25	0.35	0.40	−4	26	Ⅲ
	腾冲	1654.6	0.20	0.30	0.35	—	—	—	−3	27	—
	泸水	1804.9	0.20	0.30	0.35	—	—	—	1	26	—
	保山市	1653.5	0.20	0.30	0.35	—	—	—	−2	29	—
	大理市	1990.5	0.45	0.65	0.75	—	—	—	−2	28	—
	元谋	1120.2	0.25	0.35	0.40	—	—	—	2	35	—
	楚雄市	1772.0	0.20	0.35	0.40	—	—	—	−2	29	—
	曲靖市沾益	1898.7	0.25	0.30	0.35	0.25	0.40	0.45	−1	28	Ⅲ
	瑞丽	776.6	0.20	0.30	0.35	—	—	—	3	32	—
	景东	1162.3	0.20	0.30	0.35	—	—	—	1	32	—
	玉溪	1636.7	0.20	0.30	0.35	—	—	—	−1	30	—
	宜良	1532.1	0.25	0.45	0.55	—	—	—	1	28	—
	泸西	1704.3	0.25	0.30	0.35	—	—	—	−2	29	—

省市名	城 市 名	海拔高度(m)	风压(kN/m²)			雪压(kN/m²)			基本气温(℃)		雪荷载准永久值系数分区
			$R=10$	$R=50$	$R=100$	$R=10$	$R=50$	$R=100$	最低	最高	
云南	孟定	511.4	0.25	0.40	0.45	—	—	—	−5	32	—
	临沧	1502.4	0.20	0.30	0.35	—	—	—	0	29	—
	澜沧	1054.8	0.20	0.30	0.35	—	—	—	1	32	—
	景洪	552.7	0.20	0.40	0.50	—	—	—	7	35	—
	思茅	1302.1	0.25	0.45	0.50	—	—	—	3	30	—
	元江	400.9	0.25	0.30	0.35	—	—	—	7	37	—
	勐腊	631.9	0.20	0.30	0.35	—	—	—	7	34	—
	江城	1119.5	0.20	0.40	0.50	—	—	—	4	30	—
	蒙自	1300.7	0.25	0.35	0.45	—	—	—	3	31	—
	屏边	1414.1	0.20	0.40	0.35	—	—	—	2	28	—
	文山	1271.6	0.20	0.30	0.35	—	—	—	3	31	—
	广南	1249.6	0.25	0.35	0.40	—	—	—	0	31	—
西藏	拉萨市	3658.0	0.20	0.30	0.35	0.10	0.15	0.20	−13	27	Ⅲ
	班戈	4700.0	0.35	0.55	0.65	0.20	0.25	0.30	−22	18	Ⅰ
	安多	4800.0	0.45	0.75	0.90	0.25	0.40	0.45	−28	17	Ⅰ
	那曲	4507.0	0.30	0.45	0.50	0.30	0.40	0.45	−25	19	Ⅰ
	日喀则市	3836.0	0.20	0.30	0.35	0.10	0.15	0.15	−17	25	Ⅲ
	乃东县泽当	3551.7	0.20	0.30	0.35	0.10	0.15	0.15	−12	26	Ⅲ
	隆子	3860.0	0.30	0.45	0.50	0.10	0.15	0.20	−18	24	Ⅲ
	索县	4022.8	0.30	0.40	0.50	0.20	0.25	0.30	−23	22	Ⅰ
	昌都	3306.0	0.20	0.30	0.35	0.15	0.20	0.20	−15	27	Ⅱ
	林芝	3000.0	0.25	0.35	0.45	0.10	0.15	0.15	−9	25	Ⅲ
	葛尔	4278.0	—	—	—	0.10	0.15	0.15	−27	25	Ⅰ
	改则	4414.9	—	—	—	0.20	0.30	0.35	−29	23	Ⅰ
	普兰	3900.0	—	—	—	0.50	0.70	0.80	−21	25	Ⅰ
	申扎	4672.0	—	—	—	0.15	0.20	0.20	−22	19	Ⅰ
	当雄	4200.0	—	—	—	0.30	0.45	0.50	−23	21	Ⅱ
	尼木	3809.4	—	—	—	0.15	0.20	0.25	−17	26	Ⅲ
	聂拉木	3810.0	—	—	—	2.00	3.30	3.75	−13	18	Ⅰ
	定日	4300.0	—	—	—	0.15	0.25	0.30	−22	23	Ⅱ
	江孜	4040.0	—	—	—	0.10	0.10	0.15	−19	24	Ⅲ
	错那	4280.0	—	—	—	0.60	0.90	1.00	−24	16	Ⅲ
	帕里	4300.0	—	—	—	0.95	1.50	1.75	−23	16	Ⅱ
	丁青	3873.1	—	—	—	0.25	0.35	0.40	−17	22	Ⅱ
	波密	2736.0	—	—	—	0.25	0.35	0.40	−9	27	Ⅲ
	察隅	2327.6	—	—	—	0.35	0.55	0.65	−4	29	Ⅲ

省市名	城 市 名	海拔高度(m)	风压(kN/m²)			雪压(kN/m²)			基本气温(℃)		雪荷载准永久值系数分区
			$R=10$	$R=50$	$R=100$	$R=10$	$R=50$	$R=100$	最低	最高	
台湾	台北	8.0	0.40	0.70	0.85	—	—	—	—	—	—
	新竹	8.0	0.50	0.80	0.95	—	—	—	—	—	—
	宜兰	9.0	1.10	1.85	2.30	—	—	—	—	—	—
	台中	78.0	0.50	0.80	0.90	—	—	—	—	—	—
	花莲	14.0	0.40	0.70	0.85	—	—	—	—	—	—
	嘉义	20.0	0.50	0.80	0.95	—	—	—	—	—	—
	马公	22.0	0.85	1.30	1.55	—	—	—	—	—	—
	台东	10.0	0.65	0.90	1.05	—	—	—	—	—	—
	冈山	10.0	0.55	0.80	0.95	—	—	—	—	—	—
	恒春	24.0	0.70	1.05	1.20	—	—	—	—	—	—
	阿里山	2406.0	0.25	0.35	0.40	—	—	—	—	—	—
	台南	14.0	0.60	0.85	1.00	—	—	—	—	—	—
香港	香港	50.0	0.60	0.90	1.05	—	—	—	—	—	—
	横澜岛	55.0	0.95	1.25	1.40	—	—	—	—	—	—
澳门	澳门	57.0	0.75	0.85	0.90	—	—	—	—	—	—

注：表中"—"表示该城市没有统计数据。

E.6 全国基本雪压、风压及基本气温分布图

E.6.1 全国基本雪压分布图见图 E.6.1。

E.6.2 雪荷载准永久值系数分区图见图 E.6.2。

E.6.3 全国基本风压分布图见图 E.6.3。

E.6.4 全国基本气温(最高气温)分布图见图 E.6.4。

E.6.5 全国基本气温(最低气温)分布图见图 E.6.5。

附录 F 结构基本自振周期的经验公式

F.1 高 耸 结 构

F.1.1 一般高耸结构的基本自振周期，钢结构可取下式计算的较大值，钢筋混凝土结构可取下式计算的较小值：

$$T_1 = (0.007 \sim 0.013)H \qquad (F.1.1)$$

式中：H——结构的高度(m)。

F.1.2 烟囱和塔架等具体结构的基本自振周期可按下列规定采用：

1 烟囱的基本自振周期可按下列规定计算：

1)高度不超过 60m 的砖烟囱的基本自振周期按下式计算：

$$T_1 = 0.23 + 0.22 \times 10^{-2} \frac{H^2}{d} \qquad (F.1.2-1)$$

2)高度不超过 150m 的钢筋混凝土烟囱的基本自振周期按下式计算：

$$T_1 = 0.41 + 0.10 \times 10^{-2} \frac{H^2}{d} \qquad (F.1.2-2)$$

3)高度超过 150m，但低于 210m 的钢筋混凝土烟囱的基本自振周期按下式计算：

$$T_1 = 0.53 + 0.08 \times 10^{-2} \frac{H^2}{d} \qquad (F.1.2-3)$$

式中：H——烟囱高度(m)；

d——烟囱 1/2 高度处的外径(m)。

2 石油化工塔架(图 F.1.2)的基本自振周期可按下列规定计算：

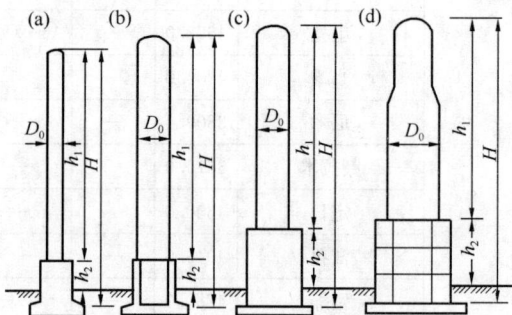

图 F.1.2 设备塔架的基础形式
(a)圆柱基础塔；(b)圆筒基础塔；(c)方形(板式)框架基础塔；(d)环形框架基础塔

1)圆柱(筒)基础塔(塔壁厚不大于 30mm)的基

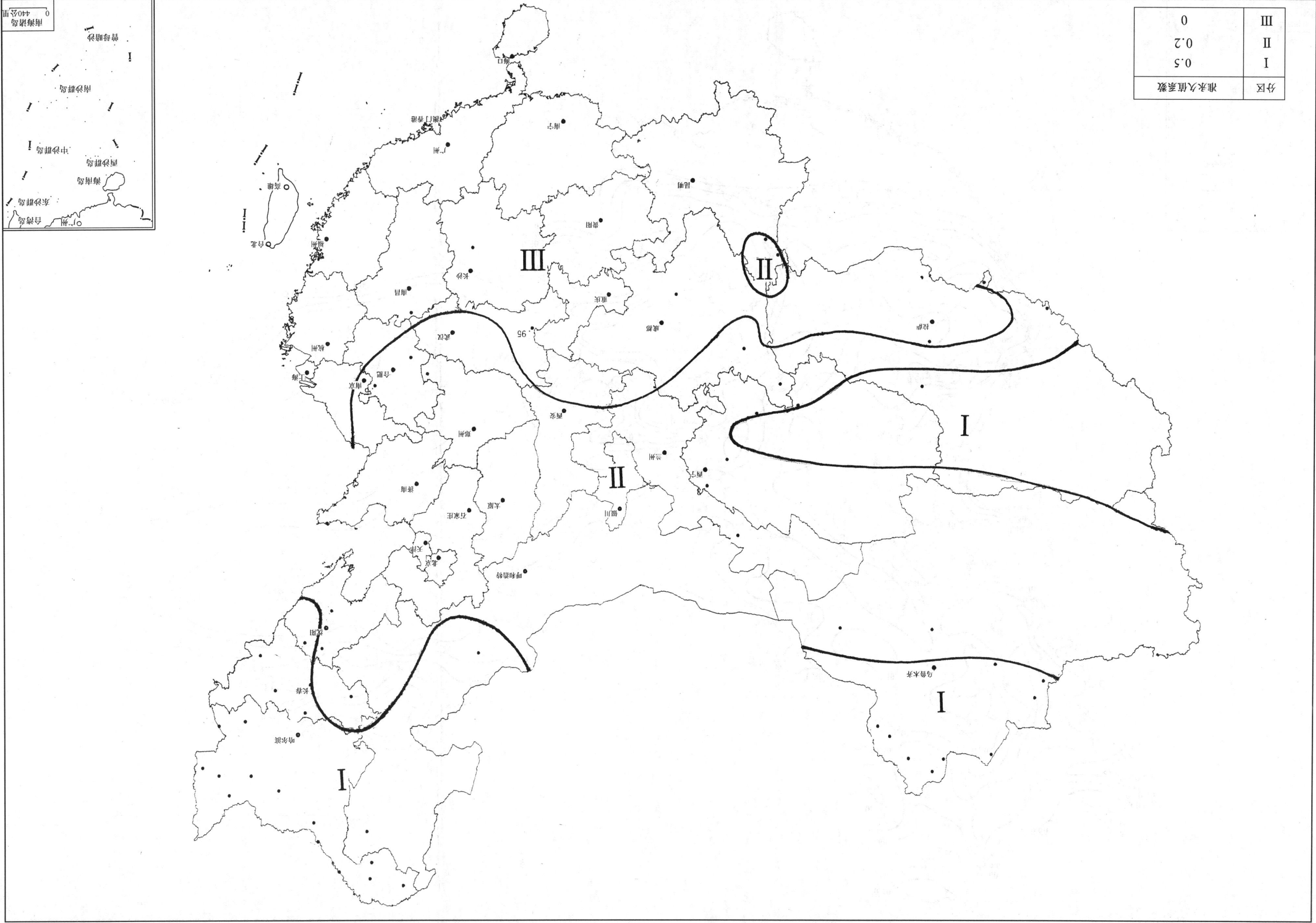

图 E.6.2　重庆暴雨水入渗系数分区图

分区	暴雨水入渗系数
I	0.5
II	0.2
III	0

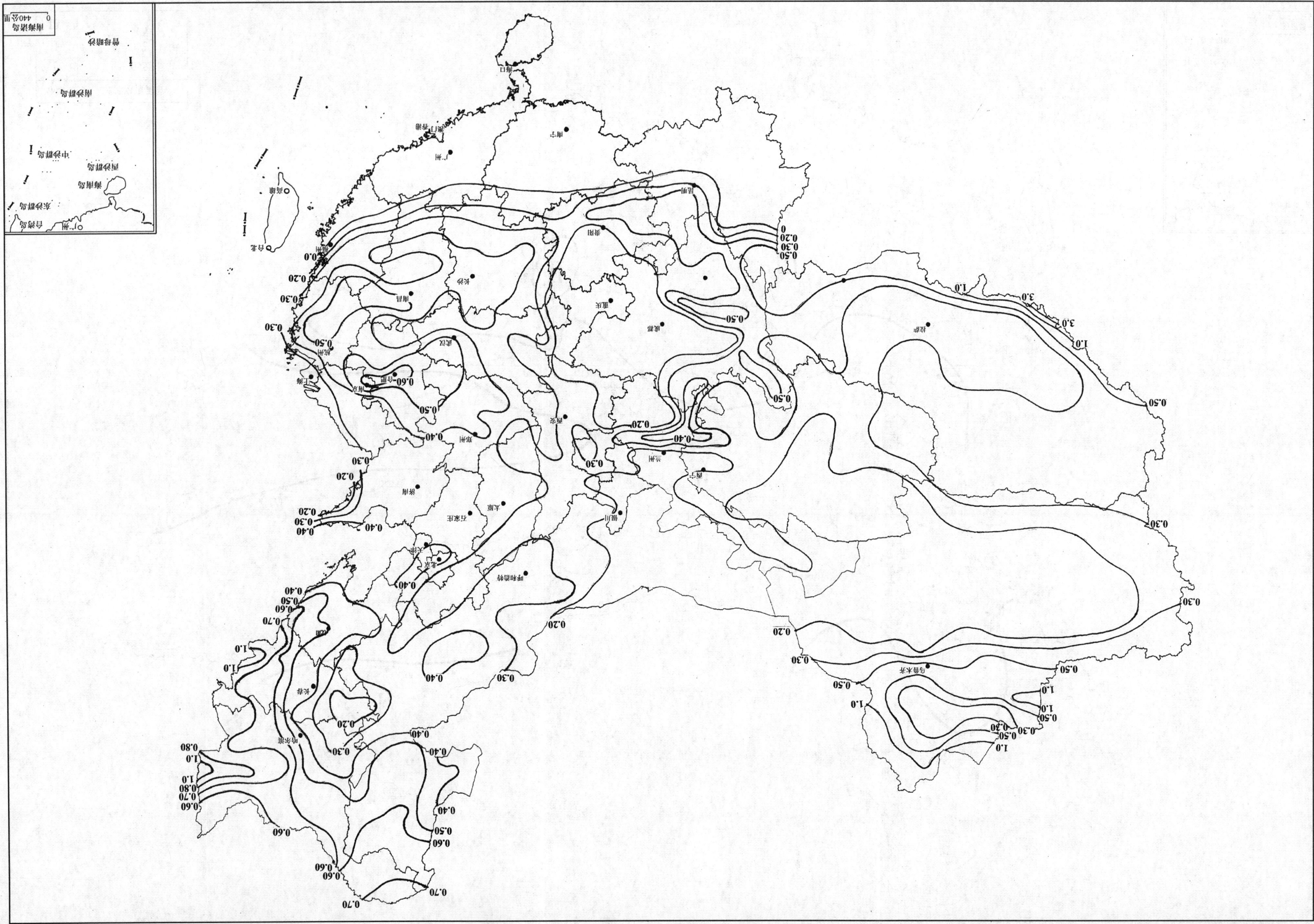

图 E.6.1　全国基本雪压分布图 (kN/m²)

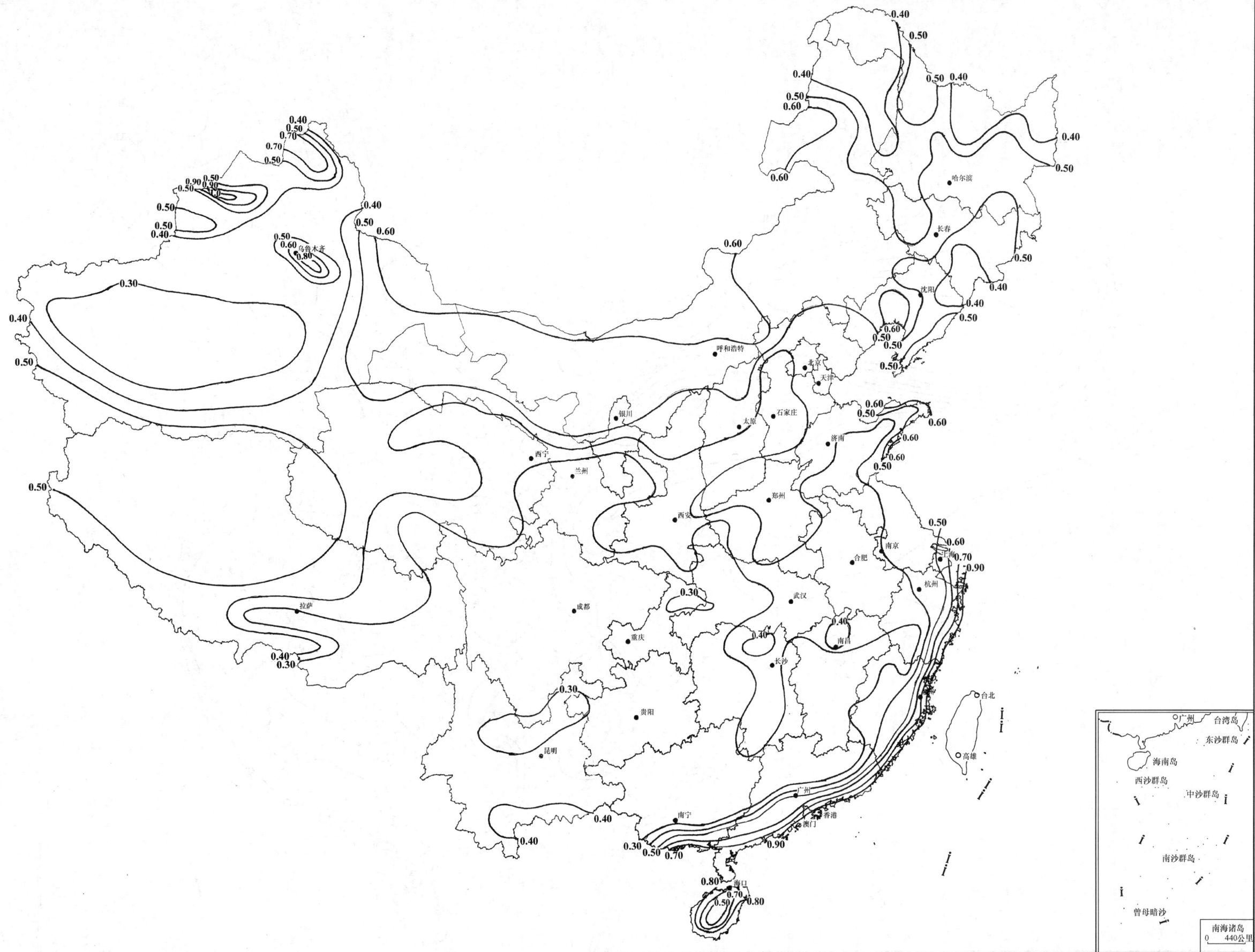

图 E.6.3 全国基本风压分布图（kN/m²）

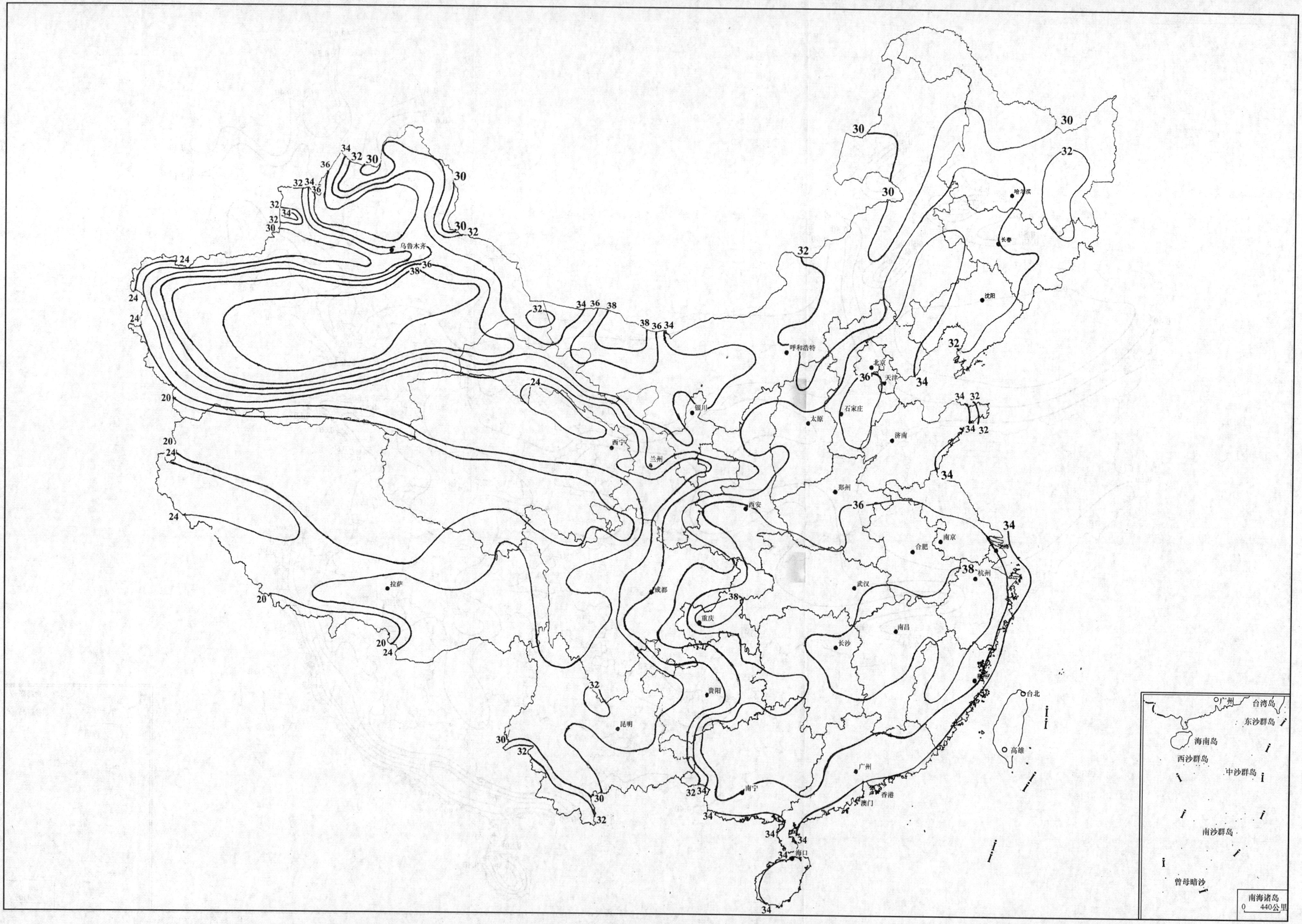

图 E.6.4 全国基本气温（最高气温）分布图

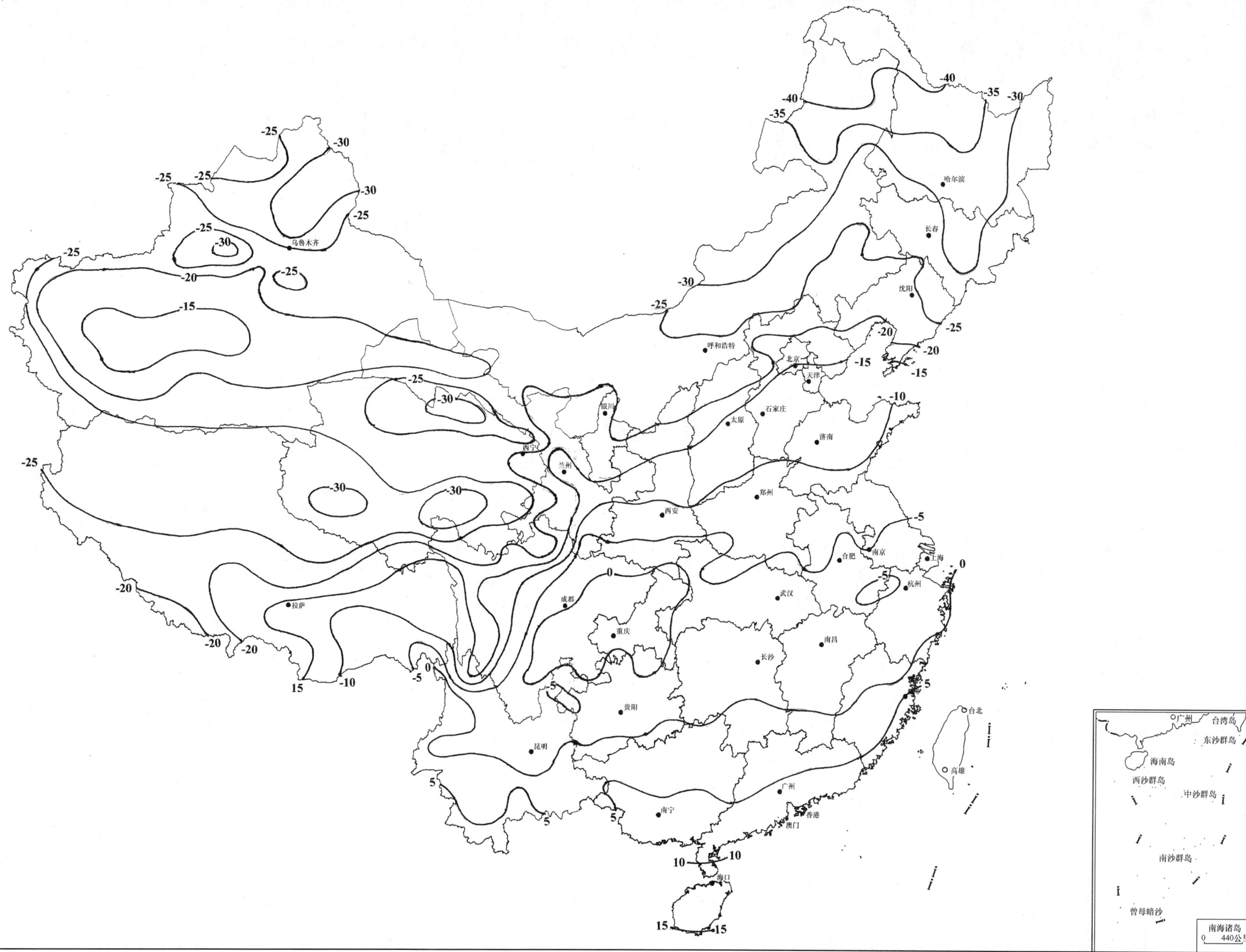

图 E.6.5　全国基本气温（最低气温）分布图

本自振周期按下列公式计算：

当 $H^2/D_0 < 700$ 时

$$T_1 = 0.35 + 0.85 \times 10^{-3} \frac{H^2}{D_0} \quad \text{(F.1.2-4)}$$

当 $H^2/D_0 \geqslant 700$ 时

$$T_1 = 0.25 + 0.99 \times 10^{-3} \frac{H^2}{D_0} \quad \text{(F.1.2-5)}$$

式中：H——从基础底板或柱基顶面至设备塔顶面的总高度(m)；

　　　D_0——设备塔的外径(m)；对变直径塔，可按各段高度为权，取外径的加权平均值。

2) 框架基础塔(塔壁厚不大于 30mm)的基本自振周期按下式计算：

$$T_1 = 0.56 + 0.40 \times 10^{-3} \frac{H^2}{D_0} \quad \text{(F.1.2-6)}$$

3) 塔壁厚大于 30mm 的各类设备塔架的基本自振周期应按有关理论公式计算。

4) 当若干塔由平台连成一排时，垂直于排列方向的各塔基本自振周期 T_1 可采用主塔(即周期最长的塔)的基本自振周期值；平行于排列方向的各塔基本自振周期 T_1 可采用主塔基本自振周期乘以折减系数 0.9。

F.2 高层建筑

F.2.1 一般情况下，高层建筑的基本自振周期可根据建筑总层数近似地按下列规定采用：

1 钢结构的基本自振周期按下式计算：

$$T_1 = (0.10 \sim 0.15)n \quad \text{(F.2.1-1)}$$

式中：n——建筑总层数。

2 钢筋混凝土结构的基本自振周期按下式计算：

$$T_1 = (0.05 \sim 0.10)n \quad \text{(F.2.1-2)}$$

F.2.2 钢筋混凝土框架、框剪和剪力墙结构的基本自振周期可按下列规定采用：

1 钢筋混凝土框架和框剪结构的基本自振周期按下式计算：

$$T_1 = 0.25 + 0.53 \times 10^{-3} \frac{H^2}{\sqrt[3]{B}} \quad \text{(F.2.2-1)}$$

2 钢筋混凝土剪力墙结构的基本自振周期按下式计算：

$$T_1 = 0.03 + 0.03 \frac{H}{\sqrt[3]{B}} \quad \text{(F.2.2-2)}$$

式中：H——房屋总高度(m)；

　　　B——房屋宽度(m)。

附录 G 结构振型系数的近似值

G.0.1 结构振型系数应按实际工程由结构动力学计算得出。一般情况下，对顺风向响应可仅考虑第 1 振型的影响，对圆截面高层建筑及构筑物横风向的共振响应，应验算第 1 至第 4 振型的响应。本附录列出相应的前 4 个振型系数。

G.0.2 迎风面宽度远小于其高度的高耸结构，其振型系数可按表 G.0.2 采用。

表 G.0.2　高耸结构的振型系数

相对高度	振 型 序 号			
z/H	1	2	3	4
0.1	0.02	−0.09	0.23	−0.39
0.2	0.06	−0.30	0.61	−0.75
0.3	0.14	−0.53	0.76	−0.43
0.4	0.23	−0.68	0.53	0.32
0.5	0.34	−0.71	0.02	0.71
0.6	0.46	−0.59	−0.48	0.33
0.7	0.59	−0.32	−0.66	−0.40
0.8	0.79	0.07	−0.40	−0.64
0.9	0.86	0.52	0.23	−0.05
1.0	1.00	1.00	1.00	1.00

G.0.3 迎风面宽度较大的高层建筑，当剪力墙和框架均起主要作用时，其振型系数可按表 G.0.3 采用。

表 G.0.3　高层建筑的振型系数

相对高度	振 型 序 号			
z/H	1	2	3	4
0.1	0.02	−0.09	0.22	−0.38
0.2	0.08	−0.30	0.58	−0.73
0.3	0.17	−0.50	0.70	−0.40
0.4	0.27	−0.68	0.46	0.33
0.5	0.38	−0.63	−0.03	0.68
0.6	0.45	−0.48	−0.49	0.29
0.7	0.67	−0.18	−0.63	−0.47
0.8	0.74	0.17	−0.34	−0.62
0.9	0.86	0.58	0.27	−0.02
1.0	1.00	1.00	1.00	1.00

G.0.4 对截面沿高度规律变化的高耸结构，其第 1 振型系数可按表 G.0.4 采用。

表 G.0.4　高耸结构的第 1 振型系数

相对高度	高 耸 结 构				
z/H	$B_H/B_0 = 1.0$	0.8	0.6	0.4	0.2
0.1	0.02	0.02	0.01	0.01	0.01
0.2	0.06	0.06	0.05	0.04	0.03
0.3	0.14	0.12	0.11	0.09	0.07
0.4	0.23	0.21	0.19	0.16	0.13
0.5	0.34	0.32	0.29	0.26	0.21
0.6	0.46	0.44	0.41	0.37	0.31
0.7	0.59	0.57	0.55	0.51	0.45
0.8	0.79	0.71	0.69	0.66	0.61
0.9	0.86	0.86	0.85	0.83	0.80
1.0	1.00	1.00	1.00	1.00	1.00

注：表中 B_H、B_0 分别为结构顶部和底部的宽度。

附录 H 横风向及扭转风振的等效风荷载

H.1 圆形截面结构横风向风振等效风荷载

H.1.1 跨临界强风共振引起在 z 高度处振型 j 的等效风荷载标准值可按下列规定确定：

1 等效风荷载标准值 $w_{Lk,j}$（kN/m^2）可按下式计算：

$$w_{Lk,j} = |\lambda_j| v_{cr}^2 \phi_j(z) / 12800 \zeta_j \quad (\text{H.1.1-1})$$

式中：λ_j——计算系数；

v_{cr}——临界风速，按本规范公式（8.5.3-2）计算；

$\phi_j(z)$——结构的第 j 振型系数，由计算确定或按本规范附录 G 确定；

ζ_j——结构第 j 振型的阻尼比；对第 1 振型，钢结构取 0.01，房屋钢结构取 0.02，混凝土结构取 0.05；对高阶振型的阻尼比，若无相关资料，可近似按第 1 振型的值取用。

2 临界风速起始点高度 H_1 可按下式计算：

$$H_1 = H \times \left(\frac{v_{cr}}{1.2 v_H}\right)^{1/\alpha} \quad (\text{H.1.1-2})$$

式中：α——地面粗糙度指数，对 A、B、C 和 D 四类地面粗糙度分别取 0.12、0.15、0.22 和 0.30；

v_H——结构顶部风速（m/s），按本规范公式（8.5.3-3）计算。

注：横风向风振等效风荷载所考虑的高阶振型序号不大于 4，对一般悬臂型结构，可只取第 1 或第 2 阶振型。

3 计算系数 λ_j 可按表 H.1.1 采用。

表 H.1.1 λ_j 计算用表

结构类型	振型序号	H_1/H										
		0	0.1	0.2	0.3	0.4	0.5	0.6	0.7	0.8	0.9	1.0
高耸结构	1	1.56	1.55	1.54	1.49	1.42	1.31	1.15	0.94	0.68	0.37	0
	2	0.83	0.82	0.76	0.60	0.37	0.09	−0.16	−0.33	−0.38	−0.27	0
	3	0.52	0.48	0.32	0.06	−0.19	−0.30	−0.21	0.00	0.20	0.23	0
	4	0.30	0.18	0.02	−0.20	−0.23	0.03	0.16	0.11	−0.05	−0.18	0
高层建筑	1	1.56	1.56	1.54	1.49	1.41	1.28	1.12	0.91	0.65	0.35	0
	2	0.73	0.72	0.63	0.45	0.19	−0.11	−0.36	−0.52	−0.53	−0.36	0

H.2 矩形截面结构横风向风振等效风荷载

H.2.1 矩形截面高层建筑当满足下列条件时，可按本节的规定确定其横风向风振等效风荷载：

1 建筑的平面形状和质量在整个高度范围内基本相同；

2 高宽比 $H/\sqrt{BD}$ 在 4～8 之间，深宽比 D/B 在 0.5～2 之间，其中 B 为结构的迎风面宽度，D 为结构平面的进深（顺风向尺寸）；

3 $v_H T_{L1}/\sqrt{BD} \leqslant 10$，$T_{L1}$ 为结构横风向第 1 阶自振周期，v_H 为结构顶部风速。

H.2.2 矩形截面高层建筑横风向风振等效风荷载标准值可按下式计算：

$$w_{Lk} = g w_0 \mu_z C_L' \sqrt{1 + R_L^2} \quad (\text{H.2.2})$$

式中：w_{Lk}——横风向风振等效风荷载标准值（kN/m^2），计算横风向风力时应乘以迎风面的面积；

g——峰值因子，可取 2.5；

C_L'——横风向风力系数；

R_L——横风向共振因子。

H.2.3 横风向风力系数可按下列公式计算：

$$C_L' = (2 + 2\alpha) C_m \gamma_{CM} \quad (\text{H.2.3-1})$$

$$\gamma_{CM} = C_R - 0.019 \left(\frac{D}{B}\right)^{-2.54} \quad (\text{H.2.3-2})$$

式中：C_m——横风向风力角沿修正系数，可按本附录第 H.2.5 条的规定采用；

α——风速剖面指数，对应 A、B、C 和 D 类粗糙度分别取 0.12、0.15、0.22 和 0.30；

C_R——地面粗糙度系数，对应 A、B、C 和 D 类粗糙度分别取 0.236、0.211、0.202 和 0.197。

H.2.4 横风向共振因子可按下列规定确定：

1 横风向共振因子 R_L 可按下列公式计算：

$$R_L = K_L \sqrt{\frac{\pi S_{F_L} C_{sm}/\gamma_{CM}^2}{4(\zeta_1 + \zeta_{a1})}} \quad (\text{H.2.4-1})$$

$$K_L = \frac{1.4}{(\alpha + 0.95) C_m} \cdot \left(\frac{z}{H}\right)^{-2\alpha + 0.9} \quad (\text{H.2.4-2})$$

$$\zeta_{a1} = \frac{0.0025(1 - T_{L1}^{*2}) T_{L1}^* + 0.000125 T_{L1}^{*2}}{(1 - T_{L1}^{*2})^2 + 0.0291 T_{L1}^{*2}} \quad (\text{H.2.4-3})$$

$$T_{L1}^* = \frac{v_H T_{L1}}{9.8B} \quad (\text{H.2.4-4})$$

式中：S_{F_L}——无量纲横风向广义风力功率谱；

C_{sm}——横风向风力功率谱的角沿修正系数，可按本附录第 H.2.5 条的规定采用；

ζ_1——结构第 1 阶振型阻尼比；

K_L——振型修正系数;

ζ_{a1}——结构横风向第1阶振型气动阻尼比;

T_{L1}^*——折算周期。

(a) A类地貌

(b) B类地貌

图 H.2.4 无量纲横风向广义风力功率谱(一)

(c) C类地貌

(d) D类地貌

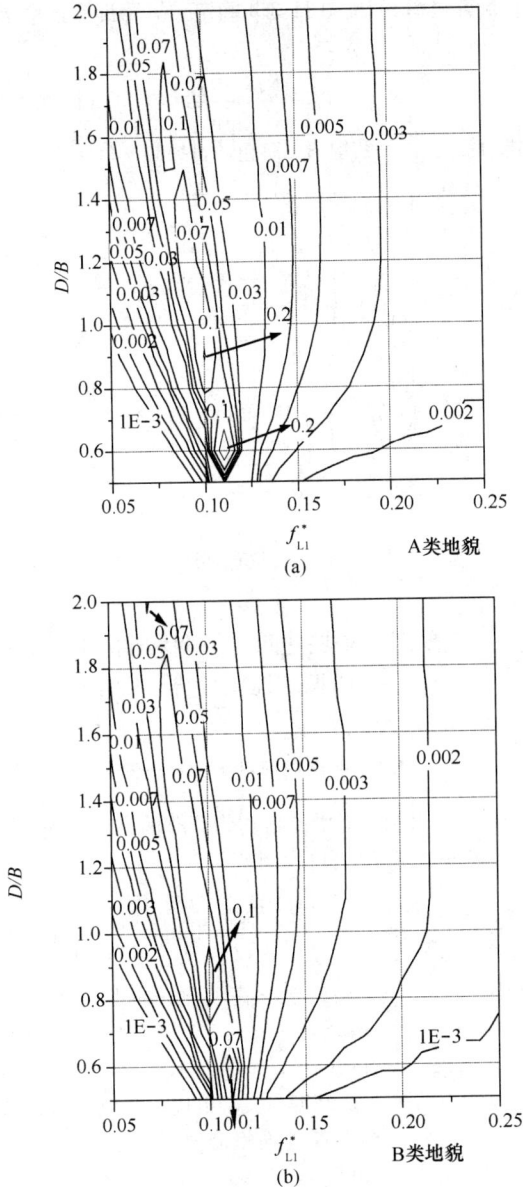

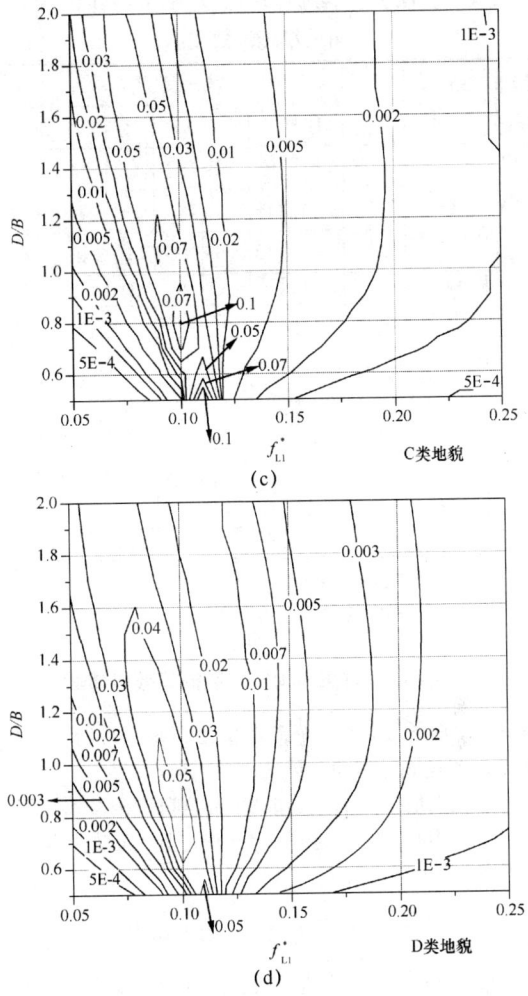

图 H.2.4 无量纲横风向广义风力功率谱(二)

(a) 削角   (b) 凹角

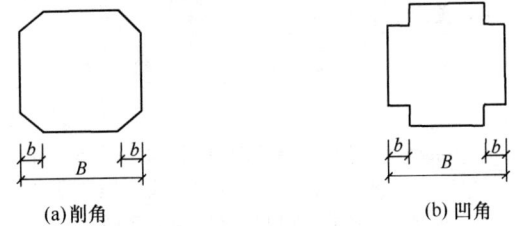

图 H.2.5 截面削角和凹角示意图

2 无量纲横风向广义风力功率谱 S_{F_L},可根据深宽比 D/B 和折算频率 f_{L1}^* 按图 H.2.4 确定。折算频率 f_{L1}^* 按下式计算:

$$f_{L1}^* = f_{L1} B / v_H \qquad (H.2.4-5)$$

式中:f_{L1}——结构横风向第1阶振型的频率(Hz)。

H.2.5 角沿修正系数 C_m 和 C_{sm} 可按下列规定确定:

1 对于横截面为标准方形或矩形的高层建筑,C_m 和 C_{sm} 取 1.0;

2 对于图 H.2.5 所示的削角或凹角矩形截面,横风向风力系数的角沿修正系数 C_m 可按下式计算:

$$C_m = \begin{cases} 1.00 - 81.6 \left(\dfrac{b}{B}\right)^{1.5} + 301 \left(\dfrac{b}{B}\right)^2 - 290 \left(\dfrac{b}{B}\right)^{2.5} \\ \qquad 0.05 \leqslant b/B \leqslant 0.2 \quad 凹角 \\ 1.00 - 2.05 \left(\dfrac{b}{B}\right)^{0.5} + 24 \left(\dfrac{b}{B}\right)^{1.5} - 36.8 \left(\dfrac{b}{B}\right)^2 \\ \qquad 0.05 \leqslant b/B \leqslant 0.2 \quad 削角 \end{cases}$$

$$(H.2.5)$$

式中:b——削角或凹角修正尺寸(m)(图 H.2.5)。

3 对于图 H.2.5 所示的削角或凹角矩形截面,横风向广义风力功率谱的角沿修正系数 C_{sm} 可按表 H.2.5 取值。

表 H.2.5　横风向广义风力功率谱的角沿修正系数 C_{sm}

角沿情况	地面粗糙度类别	b/B	折减频率(f_{L1}^*)						
			0.100	0.125	0.150	0.175	0.200	0.225	0.250
削角	B类	5%	0.183	0.905	1.2	1.2	1.2	1.2	1.1
		10%	0.070	0.349	0.568	0.653	0.684	0.670	0.653
		20%	0.106	0.902	0.953	0.819	0.743	0.667	0.626
	D类	5%	0.368	0.749	0.922	0.955	0.943	0.917	0.897
		10%	0.256	0.504	0.659	0.706	0.713	0.697	0.686
		20%	0.339	0.974	0.977	0.894	0.841	0.805	0.790
凹角	B类	5%	0.106	0.595	0.980	1.0	1.0	1.0	1.0
		10%	0.033	0.228	0.450	0.565	0.610	0.604	0.594
		20%	0.042	0.842	0.563	0.451	0.421	0.400	0.400
	D类	5%	0.267	0.586	0.839	0.955	0.987	0.991	0.984
		10%	0.091	0.261	0.452	0.567	0.613	0.633	0.628
		20%	0.169	0.954	0.659	0.527	0.475	0.447	0.453

注：1　A类地面粗糙度的 C_{sm} 可按B类取值；
　　2　C类地面粗糙度的 C_{sm} 可按B类和D类插值取用。

H.3　矩形截面结构扭转风振等效风荷载

H.3.1　矩形截面高层建筑当满足下列条件时，可按本节的规定确定其扭转风振等效风荷载：

　　1　建筑的平面形状在整个高度范围内基本相同；

　　2　刚度及质量的偏心率（偏心距/回转半径）小于 0.2；

　　3　$\dfrac{H}{\sqrt{BD}} \leqslant 6$，$D/B$ 在 $1.5 \sim 5$ 范围内，$\dfrac{T_{T1} v_H}{\sqrt{BD}} \leqslant 10$，其中 T_{T1} 为结构第 1 阶扭转振型的周期(s)，应按结构动力计算确定。

H.3.2　矩形截面高层建筑扭转风振等效风荷载标准值可按下式计算：

$$w_{Tk} = 1.8 g w_0 \mu_H C_T' \left(\frac{z}{H}\right)^{0.9} \sqrt{1 + R_T^2}$$

$$(H.3.2)$$

式中：w_{Tk}——扭转风振等效风荷载标准值(kN/m²)，扭矩计算应乘以迎风面面积和宽度；

　　μ_H——结构顶部风压高度变化系数；

　　g——峰值因子，可取 2.5；

　　C_T'——风致扭矩系数；

　　R_T——扭转共振因子。

H.3.3　风致扭矩系数可按下式计算：

$$C_T' = \{0.0066 + 0.015 (D/B)^2\}^{0.78} \quad (H.3.3)$$

H.3.4　扭转共振因子可按下列规定确定：

　　1　扭转共振因子可按下列公式计算：

$$R_T = K_{TP} \sqrt{\frac{\pi F_T}{4 \zeta_1}} \qquad (H.3.4\text{-}1)$$

$$K_T = \frac{(B^2 + D^2)}{20 r^2} \left(\frac{z}{H}\right)^{-0.1} \qquad (H.3.4\text{-}2)$$

式中：F_T——扭矩谱能量因子；

　　K_T——扭转振型修正系数；

　　r——结构的回转半径(m)。

　　2　扭矩谱能量因子 F_T 可根据深宽比 D/B 和扭转折算频率 f_{T1}^* 按图 H.3.4 确定。扭转折算频率 f_{T1}^* 按下式计算：

$$f_{T1}^* = \frac{f_{T1} \sqrt{BD}}{v_H} \qquad (H.3.4\text{-}3)$$

式中：f_{T1}——结构第 1 阶扭转自振频率(Hz)。

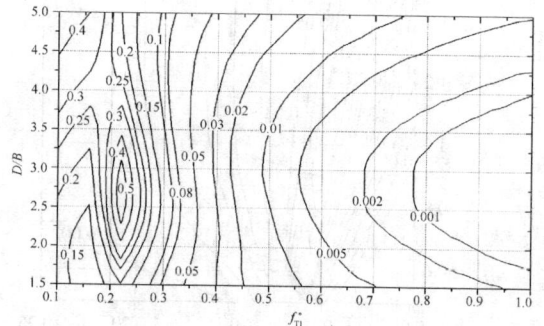

图 H.3.4　扭矩谱能量因子

附录 J　高层建筑顺风向和横风向风振加速度计算

J.1　顺风向风振加速度计算

J.1.1　体型和质量沿高度均匀分布的高层建筑，顺风向风振加速度可按下式计算：

$$a_{D,z} = \frac{2 g I_{10} w_R \mu_s \mu_z B_z \eta_a B}{m} \qquad (J.1.1)$$

式中：$a_{D,z}$——高层建筑 z 高度顺风向风振加速度(m/s²)；

　　g——峰值因子，可取 2.5；

　　I_{10}——10m 高度名义湍流度，对应 A、B、C 和 D 类地面粗糙度，可分别取 0.12、0.14、0.23 和 0.39；

　　w_R——重现期为 R 年的风压(kN/m²)，可按本规范附录 E 公式(E.3.3)计算；

　　B——迎风面宽度(m)；

　　m——结构单位高度质量(t/m)；

　　μ_z——风压高度变化系数；

　　μ_s——风荷载体型系数；

　　B_z——脉动风荷载的背景分量因子，按本规范公式(8.4.5)计算；

　　η_a——顺风向风振加速度的脉动系数。

J.1.2　顺风向风振加速度的脉动系数 η_a 可根据结构阻尼比 ζ_1 和系数 x_1，按表 J.1.2 确定。系数 x_1 按本规范公式(8.4.4-2)计算。

表 J.1.2　顺风向风振加速度的脉动系数 η_a

x_1	$\zeta_1=0.01$	$\zeta_1=0.02$	$\zeta_1=0.03$	$\zeta_1=0.04$	$\zeta_1=0.05$
5	4.14	2.94	2.41	2.10	1.88
6	3.93	2.79	2.28	1.99	1.78
7	3.75	2.66	2.18	1.90	1.70
8	3.59	2.55	2.09	1.82	1.63
9	3.46	2.46	2.02	1.75	1.57
10	3.35	2.38	1.95	1.69	1.52
20	2.67	1.90	1.55	1.35	1.21
30	2.34	1.66	1.36	1.18	1.06
40	2.12	1.51	1.23	1.07	0.96
50	1.97	1.40	1.15	1.00	0.89
60	1.86	1.32	1.08	0.94	0.84
70	1.76	1.25	1.03	0.89	0.80
80	1.69	1.20	0.98	0.85	0.76
90	1.62	1.15	0.94	0.82	0.74
100	1.56	1.11	0.91	0.79	0.71
120	1.47	1.05	0.86	0.74	0.67
140	1.40	0.99	0.81	0.71	0.63
160	1.34	0.95	0.78	0.68	0.61
180	1.29	0.91	0.75	0.65	0.58
200	1.24	0.88	0.72	0.63	0.56
220	1.20	0.85	0.70	0.61	0.55
240	1.17	0.83	0.68	0.59	0.53
260	1.14	0.81	0.66	0.58	0.52
280	1.11	0.79	0.65	0.56	0.50
300	1.09	0.77	0.63	0.55	0.49

J.2　横风向风振加速度计算

J.2.1　体型和质量沿高度均匀分布的矩形截面高层建筑，横风向风振加速度可按下式计算：

$$a_{L,z}=\frac{2.8gw_R\mu_H B}{m}\phi_{L1}(z)\sqrt{\frac{\pi S_{F_L}C_{sm}}{4(\zeta_1+\zeta_{a1})}}$$

$$(\text{J.2.1})$$

式中：$a_{L,z}$——高层建筑 z 高度横风向风振加速度（m/s²）；

g——峰值因子，可取 2.5；

w_R——重现期为 R 年的风压（kN/m²），可按本规范附录 E 第 E.3.3 条的规定计算；

B——迎风面宽度（m）；

m——结构单位高度质量（t/m）；

μ_H——结构顶部风压高度变化系数；

S_{F_L}——无量纲横风向广义风力功率谱，可按本规范附录 H 第 H.2.4 条确定；

C_{sm}——横风向风力谱的角沿修正系数，可按本规范附录 H 第 H.2.5 条的规定采用；

$\phi_{L1}(z)$——结构横风向第 1 阶振型系数；

ζ_1——结构横风向第 1 阶振型阻尼比；

ζ_{a1}——结构横风向第 1 阶振型气动阻尼比，可按本规范附录 H 公式（H.2.4-3）计算。

本规范用词说明

1　为便于在执行本规范条文时区别对待，对执行规范严格程度的用词说明如下：

　1)表示很严格，非这样做不可的用词：

　　正面词采用"必须"，反面词采用"严禁"；

　2)表示严格，在正常情况下均应这样做的用词：

　　正面词采用"应"，反面词采用"不应"或"不得"；

　3)表示允许稍有选择，在条件许可时首先应这样做的用词：

　　正面词采用"宜"，反面词采用"不宜"；

　4)表示有选择，在一定条件下可以这样做的，采用"可"。

2　条文中指明应按其他有关标准执行的写法为："应符合……的规定"或"应按……执行"。

引用标准名录

1　《人民防空地下室设计规范》GB 50038

2　《工程结构可靠性设计统一标准》GB 50153

中华人民共和国国家标准

建筑结构荷载规范

GB 50009—2012

条 文 说 明

修 订 说 明

《建筑结构荷载规范》GB 50009－2012，经住房和城乡建设部 2012 年 5 月 28 日以第 1405 号公告批准、发布。

本规范是在《建筑结构荷载规范》GB 50009－2001（2006 年版）的基础上修订而成。上一版的主编单位是中国建筑科学研究院，参编单位是同济大学、建设部建筑设计院、中国轻工国际工程设计院、中国建筑标准设计研究所、北京市建筑设计研究院、中国气象科学研究院。主要起草人是陈基发、胡德炘、金新阳、张相庭、顾子聪、魏才昂、蔡益燕、关桂学、薛桁。本次修订中，上一版主要起草人陈基发、张相庭、魏才昂、薛桁等作为顾问专家参与修订工作，发挥了重要作用。

本规范修订过程中，编制组开展了设计使用年限可变荷载调整系数与偶然荷载组合、雪荷载灾害与屋面积雪分布、风荷载局部体型系数与内压系数、高层建筑群体干扰效应、高层建筑结构顺风向风振响应计算、高层建筑横风向与扭转风振响应计算、国内外温度作用规范与应用、国内外偶然作用规范与应用等多项专题研究，收集了自上一版发布以来反馈的意见和建议，认真总结了工程设计经验，参考了国内外规范和国际标准的有关内容，在全国范围内广泛征求了建设主管部门和设计院等有关使用单位的意见，并对反馈意见进行了汇总和处理。

本次修订增加了第 4 章、第 9 章和第 10 章，增加了附录 B、附录 H 和附录 J，规范的涵盖范围和技术内容有较大的扩充和修订。

为了便于设计、审图、科研和学校等单位的有关人员在使用本规范时能正确理解和执行条文规定，《建筑结构荷载规范》编制组按章、节、条顺序编写了本规范的条文说明，对条文规定的目的、编制依据以及执行中需注意的有关事项进行了说明，部分条文还列出了可提供进一步参考的文献。但是，本条文说明不具备与规范正文同等的法律效力，仅供使用者作为理解和把握条文内容的参考。

目　次

1 总　　则

1.0.1 制定本规范的目的首先是要保证建筑结构设计的安全可靠，同时兼顾经济合理。

1.0.2 本规范的适用范围限于工业与民用建筑的主结构及其围护结构的设计，其中也包括附属于该类建筑的一般构筑物在内，例如烟囱、水塔等。在设计其他土木工程结构或特殊的工业构筑物时，本规范中规定的风、雪荷载也可作为设计的依据。此外，对建筑结构的地基基础设计，其上部传来的荷载也应以本规范为依据。

1.0.3 本标准在可靠性理论基础、基本原则以及设计方法等方面遵循《工程结构可靠性设计统一标准》GB 50153-2008 的有关规定。

1.0.4 结构上的作用是指能使结构产生效应（结构或构件的内力、应力、位移、应变、裂缝等）的各种原因的总称。直接作用是指作用在结构上的力集（包括集中力和分布力），习惯上统称为荷载，如永久荷载、活荷载、吊车荷载、雪荷载、风荷载以及偶然荷载等。间接作用是指那些不是直接以力集的形式出现的作用，如地基变形、混凝土收缩和徐变、焊接变形、温度变化以及地震等引起的作用等。

本次修订增加了温度作用的规定，因此本规范涉及的内容范围也由直接作用（荷载）扩充到间接作用。考虑到设计人员的习惯和使用方便，在规范条文中规定对于可变荷载的规定同样适用于温度作用，这样，在后面的条文的用词中涉及温度作用有关内容时不再区分作用与荷载，统一以荷载来表述。

对于其他间接作用，目前尚不具备条件列入本规范。尽管在本规范中没有给出各类间接作用的规定，但在设计中仍应根据实际可能出现的情况加以考虑。

对于位于地震设防地区的建筑结构，地震作用是必须考虑的主要作用之一。由于《建筑抗震设计规范》GB 50011 已经对地震作用作了相应规定，本规范不再涉及。

1.0.5 除本规范中给出的荷载外，在某些工程中仍有一些其他性质的荷载需要考虑，例如塔桅结构上结构构件、架空线、拉绳表面的裹冰荷载，由《高耸结构设计规范》GB 50135 规定，储存散料的储仓荷载由《钢筋混凝土筒仓设计规范》GB 50077 规定，地下构筑物的水压力和土压力由《给水排水工程构筑物结构设计规范》GB 50069 规定，烟囱结构的温差作用由《烟囱设计规范》GB 50051 规定，设计中应按相应的规范执行。

2　术语和符号

术语和符号是根据现行国家标准《工程结构设计基本术语和通用符号》GBJ 132、《建筑结构设计术语和符号标准》GB/T 50083 的规定，并结合本规范的具体情况给出的。

本次修订在保持原有术语符号基本不变的情况下，增加了与温度作用相关的术语，如温度作用、气温、基本气温、均匀温度以及初始温度等，增加了横风向与扭转风振、温度作用以及偶然荷载相关的符号。

3　荷载分类和荷载组合

3.1　荷载分类和荷载代表值

3.1.1 《工程结构可靠性设计统一标准》GB 50153 指出，结构上的作用可按随时间或空间的变异分类，还可按结构的反应性质分类，其中最基本的是按随时间的变异分类。在分析结构可靠度时，它关系到概率模型的选择；在按各类极限状态设计时，它还关系到荷载代表值及其效应组合形式的选择。

本规范中的永久荷载和可变荷载，类同于以往所谓的恒荷载和活荷载；而偶然荷载也相当于 50 年代规范中的特殊荷载。

土压力和预应力作为永久荷载是因为它们都是随时间单调变化而能趋于限值的荷载，其标准值都是依其可能出现的最大值来确定。在建筑结构设计中，有时也会遇到有水压力作用的情况，对水位不变的水压力可按永久荷载考虑，而水位变化的水压力应按可变荷载考虑。

地震作用（包括地震力和地震加速度等）由《建筑抗震设计规范》GB 50011 具体规定。

偶然荷载，如撞击、爆炸等是由各部门以其专业本身特点，一般按经验确定采用。本次修订增加了偶然荷载一章，偶然荷载的标准值可按该章规定的方法确定采用。

3.1.2 结构设计中采用何种荷载代表将直接影响到荷载的取值和大小，关系结构设计的安全，要以强制性条文给以规定。

虽然任何荷载都具有不同性质的变异性，但在设计中，不可能直接引用反映荷载变异性的各种统计参数，通过复杂的概率运算进行具体设计。因此，在设计时，除了采用能便于设计者使用的设计表达式外，对荷载仍应赋予一个规定的量值，称为荷载代表值。荷载可根据不同的设计要求，规定不同的代表值，以使之能更确切地反映它在设计中的特点。本规范给出荷载的四种代表值：标准值、组合值、频遇值和准永久值。荷载标准值是荷载的基本代表值，而其他代表值都可在标准值的基础上乘以相应的系数后得出。

荷载标准值是指其在结构的使用期间可能出现的最大荷载值。由于荷载本身的随机性，因而使用期间的最大荷载也是随机变量，原则上也可用它的统计分布来描述。按《工程结构可靠性设计统一标准》GB 50153 的规定，荷载标准值统一由设计基准期最大荷载概率分布的某个分位值来确定，设计基准期统一规定为 50 年，而对该分位值的百分位未作统一规定。

因此，对某类荷载，当有足够资料而有可能对其统计分布作出合理估计时，则在其设计基准期最大荷载的分布上，可根据协议的百分位，取其分位值作为该荷载的代表值，原则上可取分布的特征值（例如均值、众值或中值），国际上习惯称之为荷载的特征值（Characteristic value）。实际上，对于大部分自然荷载，包括风雪荷载，习惯上都以其规定的平均重现期来定义标准值，也即相当于以其重现期内最大荷载的分布的众值为标准值。

目前，并非对所有荷载都能取得充分的资料，为此，不得不从实际出发，根据已有的工程实践经验，通过分析判断后，协议一个公称值（Nominal value）作为代表值。在本规范中，对按这两种方式规定的代表值统称为荷载标准值。

3.1.3 在确定各类可变荷载的标准值时，会涉及出现荷载最大值的时域问题，本规范统一采用一般结构的设计使用年限 50 年作为规定荷载最大值的时域，在此也称之为设计基准期。采用不同的设计基准期，会得到不同的可变荷载代表值，因而也会直接影响结构的安全，必须以强制性条文予以确定。设计人员在按本规范的原则和方法确定其他可变荷载时，也应采用 50 年设计基准期，以便与本规范规定的分项系数、组合值系数等参数相匹配。

3.1.4 本规范所涉及的荷载，其标准值的取值应按本规范各章的规定采用。本规范提供的荷载标准值，若属于强制性条款，在设计中必须作为荷载最小值采用；若不属于强制性条款，则应由业主认可后采用，并在设计文件中注明。

3.1.5 当有两种或两种以上的可变荷载在结构上要求同时考虑时，由于所有可变荷载同时达到其单独出现时可能达到的最大值的概率极小，因此，除主导荷载（产生最大效应的荷载）仍可以其标准值为代表值外，其他伴随荷载均应采用相应时段内的最大荷载，也即以小于其标准值的组合值为荷载代表值，而组合值原则上可按相应时段最大荷载分布中的协议分位值（可取与标准值相同的分位值）来确定。

国际标准对组合值的确定方法另有规定，它出于可靠指标一致性的目的，并采用经简化后的敏感系数 α，给出两种不同方法的组合值系数表达式。在概念上这种方式比同分位值的表达方式更为合理，但在研究中发现，采用不同方法所得的结果对实际应用来说，并没有明显的差异，考虑到目前实际荷载取样的局限性，因此本规范暂时不明确组合值的确定方法，主要还是在工程设计的经验范围内，偏保守地加以

确定。

3.1.6 荷载的标准值是在规定的设计基准期内最大荷载的意义上确定的，它没有反映荷载作为随机过程而具有随时间变异的特性。当结构按正常使用极限状态的要求进行设计时，例如要求控制房屋的变形、裂缝、局部损坏以及引起不舒适的振动时，就应从不同的要求出发，来选择荷载的代表值。

在可变荷载 Q 的随机过程中，荷载超过某水平 Q_x 的表示方式，国际标准对此建议有两种：

1 用超过 Q_x 的总持续时间 $T_x = \Sigma t_i$，或其与设计基准期 T 的比值 $\mu_x = T_x / T$ 来表示，见图 1（a）。图 1（b）给出的是可变荷载 Q 在非零时域内任意时点荷载 Q^* 的概率分布函数 $F_{Q*}(Q)$，超越 Q_x 的概率为 p^* 可按下式确定：

$$p^* = 1 - F_{Q*}(Q_x)$$

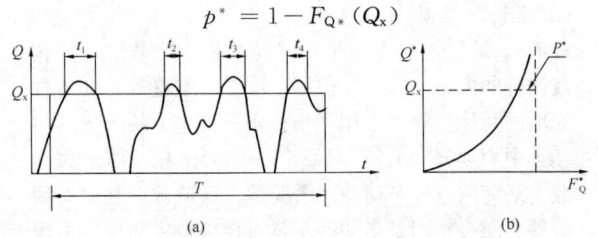

图 1 可变荷载按持续时间确定代表值示意图

对于各态历经的随机过程，μ_x 可按下式确定：

$$\mu_x = \frac{T_x}{T} = p^* q$$

式中，q 为荷载 Q 的非零概率。

当 μ_x 为规定时，则相应的荷载水平 Q_x 按下式确定：

$$Q_x = F_{Q*}^{-1}\left(1 - \frac{\mu_x}{q}\right)$$

对于与时间有关联的正常使用极限状态，荷载的代表值均可考虑按上述方式取值。例如允许某些极限状态在一个较短的持续时间内被超过，或在总体上不长的时间内被超过，可以采用较小的 μ_x 值（建议不大于 0.1）计算荷载频遇值 Q_f 作为荷载的代表值，它相当于在结构上时而出现的较大荷载值，但总是小于荷载的标准值。对于在结构上经常作用的可变荷载，应以准永久值为代表值，相应的 μ_x 值建议取 0.5，相当于可变荷载在整个变化过程中的中间值。

2 用超越 Q_x 的次数 n_x 或单位时间内的平均超越次数 $\nu_x = n_x / T$（跨阈率）来表示（图 2）。

跨阈率可通过直接观察确定，一般也可应用随机过程的某些特性（例如其谱密度函数）间接确定。当其任意时点荷载的均值 μ_{Q*} 及其跨阈率 ν_m 为已知，而且荷载是高斯平稳各态历经的随机过程，则对应于跨阈率 ν_x 的荷载水平 Q_x 可按下式确定：

$$Q_x = \mu_{Q*} + \sigma_{Q*} \sqrt{\ln\left(\nu_m / \nu_x\right)^2}$$

对于与荷载超越次数有关联的正常使用极限状态，荷载的代表值可考虑按上述方式取值，国际标准

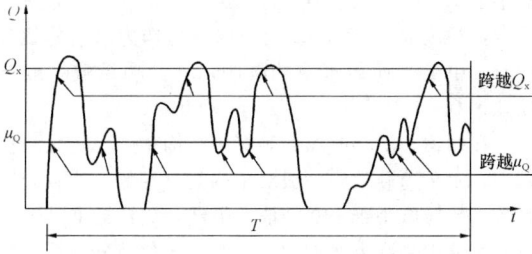

图 2 可变荷载按跨阈率确定代表值示意图

建议将此作为确定频遇值的另一种方式，尤其是当结构振动时涉及人的舒适性、影响非结构构件的性能和设备的使用功能的极限状态，但是国际标准关于跨阈率的取值目前并没有具体的建议。

按严格的统计定义来确定频遇值和准永久值目前还比较困难，本规范所提供的这些代表值，大部分还是根据工程经验并参考国外标准的相关内容后确定的。对于有可能再划分为持久性和临时性两类的可变荷载，可以直接引用荷载的持久性部分，作为荷载准永久值取值的依据。

3.2 荷 载 组 合

3.2.1、3.2.2 当整个结构或结构的一部分超过某一特定状态，而不能满足设计规定的某一功能要求时，则称此特定状态为结构对该功能的极限状态。设计中的极限状态往往以结构的某种荷载效应，如内力、应力、变形、裂缝等超过相应规定的标志为依据。根据设计中要求考虑的结构功能，结构的极限状态在总体上可分为两大类，即承载能力极限状态和正常使用极限状态。对承载能力极限状态，一般是以结构的内力超过其承载能力为依据；对正常使用极限状态，一般是以结构的变形、裂缝、振动参数超过设计允许的限值为依据。在当前的设计中，有时也通过结构应力的控制来保证结构满足正常使用的要求，例如地基承载应力的控制。

对所考虑的极限状态，在确定其荷载效应时，应对所有可能同时出现的诸荷载作用加以组合，求得组合后在结构中的总效应。考虑荷载出现的变化性质，包括出现与否和不同的作用方向，这种组合可以多种多样，因此还必须在所有可能组合中，取其中最不利的一组作为该极限状态的设计依据。

3.2.3 对于承载能力极限状态的荷载组合，可按《工程结构可靠性设计统一标准》GB 50153－2008 的规定，根据所考虑的设计状况，选用不同的组合；对持久和短暂设计状况，应采用基本组合，对偶然设计状况，应采用偶然组合。

在承载能力极限状态的基本组合中，公式（3.2.3-1）和公式（3.2.3-2）给出了荷载效应组合设计值的表达式，由于直接涉及结构的安全性，故要以强制性条文规定。建立表达式的目的是保证在各种可能出现的荷载组合情况下，通过设计都能使结构维持在相同的可靠度水平上。必须注意，规范给出的表达式都是以荷载与荷载效应有线性关系为前提，对于明显不符合该条件的情况，应在各本结构设计规范中对此作出相应的补充规定。这个原则同样适用于正常使用极限状态的各个组合的表达式。

在应用公式（3.2.3-1）时，式中的 S_{Q_1K} 为诸可变荷载效应中其设计值为控制其组合为最不利者，当设计者无法判断时，可轮次以各可变荷载效应 S_{Q_iK} 为 S_{Q_1K}，选其中最不利的荷载效应组合为设计依据，这个过程建议由计算机程序的运算来完成。

GB 50009－2001 修订时，增加了结构的自重占主要荷载时，由公式（3.2.3-2）给出了永久荷载效应控制的组合设计值。考虑这个组合式后可以避免可靠度可能偏低的后果；虽然过去在有些结构设计规范中，也曾为此专门给出某些补充规定，例如对某些以自重为主的构件采用提高重要性系数、提高屋面活荷载的设计规定，但在实际应用中，总不免有挂一漏万的顾虑。采用公式（3.2.3-2）后，可在结构设计规范中撤销这些补充的规定，同时也避免了永久荷载为主的结构安全度可能不足的后果。

在应用公式（3.2.3-2）的组合式时，对可变荷载，出于简化的目的，也可仅考虑与结构自重方向一致的竖向荷载，而忽略影响不大的横向荷载。此外，对某些材料的结构，可考虑自身的特点，由各结构设计规范自行规定，可不采用该组合式进行校核。

考虑到简化规则缺乏理论依据，现在结构分析及荷载组合基本由计算机软件完成，简化规则已经用得很少，本次修订取消原规范第 3.2.4 条关于一般排架、框架结构基本组合的简化规则。在方案设计阶段，当需要用手算初步进行荷载效应组合计算时，仍允许采用对所有参与组合的可变荷载的效应设计值，乘以一个统一的组合系数 0.9 的简化方法。

必须指出，条文中给出的荷载效应组合值的表达式是采用各项可变荷载效应叠加的形式，这在理论上仅适用于各项可变荷载的效应与荷载为线性关系的情况。当涉及非线性问题时，应根据问题性质，或按有关设计规范的规定采用其他不同的方法。

GB 50009－2001 修订时，摈弃了原规范"遇风组合"的惯例，即只有在可变荷载包含风荷载时才考虑组合值系数的方法，而要求基本组合中所有可变荷载在作为伴随荷载时，都必须以其组合值为代表值。对组合值系数，除风荷载取 $\psi_c＝0.6$ 外，对其他可变荷载，目前建议统一取 $\psi_c＝0.7$。但为避免与以往设计结果有过大差别，在任何情况下，暂时建议不低于频遇值系数。

参照《工程结构可靠性设计统一标准》GB 50153－2008，本次修订引入了可变荷载考虑结构设计使用

年限的调整系数 γ_L。引入可变荷载考虑结构设计使用年限调整系数的目的，是为解决设计使用年限与设计基准期不同时对可变荷载标准值的调整问题。当设计使用年限与设计基准期不同时，采用调整系数 γ_L 对可变荷载的标准值进行调整。

设计基准期是为统一确定荷载和材料的标准值而规定的年限，它通常是一个固定值。可变荷载是一个随机过程，其标准值是指在结构设计基准期内可能出现的最大值，由设计基准期最大荷载概率分布的某个分位值来确定。

设计使用年限是指设计规定的结构或结构构件不需要进行大修即可按其预定目的使用的时期，它不是一个固定值，与结构的用途和重要性有关。设计使用年限长短对结构设计的影响要从荷载和耐久性两个方面考虑。设计使用年限越长，结构使用中荷载出现"大值"的可能性越大，所以设计中应提高荷载标准值；相反，设计使用年限越短，结构使用中荷载出现"大值"的可能性越小，设计中可降低荷载标准值，以保持结构安全和经济的一致性。耐久性是决定结构设计使用年限的主要因素，这方面应在结构设计规范中考虑。

3.2.4 荷载效应组合的设计值中，荷载分项系数应根据荷载不同的变异系数和荷载的具体组合情况（包括不同荷载的效应比），以及与抗力有关的分项系数的取值水平等因素确定，以使在不同设计情况下的结构可靠度能趋于一致。但为了设计上的方便，将荷载分成永久荷载和可变荷载两类，相应给出两个规定的系数 γ_G 和 γ_Q。这两个分项系数是在荷载标准值已给定的前提下，使按极限状态设计表达式设计所得的各类结构构件的可靠指标，与规定的目标可靠指标之间，在总体上误差最小为原则，经优化后选定的。

《建筑结构设计统一标准》GBJ 68-84 编制组曾选择了 14 种有代表性的结构构件；针对永久荷载与办公楼活荷载、永久荷载与住宅活荷载以及永久荷载与风荷载三种简单组合情况进行分析，并在 $\gamma_G =$ 1.1、1.2、1.3 和 $\gamma_Q =$ 1.1、1.2、1.3、1.4、1.5、1.6 共 3×6 组方案中，选得一组最优方案为 $\gamma_G = 1.2$ 和 $\gamma_Q = 1.4$。但考虑到前提条件的局限性，允许在特殊的情况下作合理的调整，例如对于标准值大于 $4kN/m^2$ 的工业楼面活荷载，其变异系数一般较小，此时从经济上考虑，可取 $\gamma_Q = 1.3$。

分析表明，当永久荷载效应与可变荷载效应相比很大时，若仍采用 $\gamma_G = 1.2$，则结构的可靠度就不能达到目标值的要求，因此，在本规范公式（3.2.3-2）给出的由永久荷载效应控制的设计组合值中，相应取 $\gamma_G = 1.35$。

分析还表明，当永久荷载效应与可变荷载效应异号时，若仍采用 $\gamma_G = 1.2$，则结构的可靠度会随永久荷载效应所占比重的增大而严重降低，此时，γ_G 宜

取小于 1.0 的系数。但考虑到经济效果和应用方便的因素，建议取 $\gamma_G = 1.0$。地下水压力作为永久荷载考虑时，由于受地表水位的限制，其分项系数一般建议取 1.0。

在倾覆、滑移或漂浮等有关结构整体稳定性的验算中，永久荷载效应一般对结构是有利的，荷载分项系数一般应取小于 1.0 的值。虽然各结构标准已经广泛采用分项系数表达方式，但对永久荷载分项系数的取值，如地下水荷载的分项系数，各地方有差异，目前还不可能采用统一的系数。因此，在本规范中原则上不规定与此有关的分项系数的取值，以免发生矛盾。当在其他结构设计规范中对结构倾覆、滑移或漂浮的验算有具体规定时，应按结构设计规范的规定执行，当没有具体规定时，对永久荷载分项系数应按工程经验采用不大于 1.0 的值。

3.2.5 本条为本次修订增加的内容，规定了可变荷载设计使用年限调整系数的具体取值。

《工程结构可靠性设计统一标准》GB 50153-2008 附录 A1 给出了设计使用年限为 5、50 和 100 年时考虑设计使用年限的可变荷载调整系数 γ_L。确定 γ_L 可采用两种方法：（1）使结构在设计使用年限 T_L 内的可靠指标与在设计基准期 T 的可靠指标相同；（2）使可变荷载按设计使用年限 T_L 定义的标准值 Q_{kL} 与按设计基准期 T（50 年）定义的标准值 Q_k 具有相同的概率分位值。按第二种方法进行分析比较简单，当可变荷载服从极值 I 型分布时，可以得到下面 γ_L 的表达式：

$$\gamma_L = 1 + 0.78 k_Q \delta_Q \ln\left(\frac{T_L}{T}\right)$$

式中，k_Q 为可变荷载设计基准期内最大值的平均值与标准值之比；δ_Q 为可变荷载设计基准期最大值的变异系数。表 1 给出了部分可变荷载对应不同设计使用年限时的调整系数，比较可知规范的取值基本偏于保守。

表 1 考虑设计使用年限的可变
荷载调整系数 γ_L 计算值

设计使用年限（年）	5	10	20	30	50	75	100
办公楼活荷载	0.839	0.858	0.919	0.955	1.000	1.036	1.061
住宅活荷载	0.798	0.859	0.920	0.955	1.000	1.036	1.061
风荷载	0.651	0.756	0.861	0.923	1.000	1.061	1.105
雪荷载	0.713	0.799	0.886	0.936	1.000	1.051	1.087

对于风、雪荷载，可通过选择不同重现期的值来考虑设计使用年限的变化。本规范在附录 E 除了给出

重现期为 50 年（设计基准期）的基本风压和基本雪压外，也给出了重现期为 10 年和 100 年的风压和雪压值，可供选用。对于吊车荷载，由于其有效荷载是核定的，与使用时间没有太大关系。对温度作用，由于是本次规范修订新增内容，还没有太多设计经验，考虑设计使用年限的调整尚不成熟。因此，本规范引入的《工程结构可靠性设计统一标准》GB 50153-2008 表 A.1.9 可变荷载调整系数 γ_L 的具体数据，仅限于楼面和屋面活荷载。

根据表 1 计算结果，对表 3.2.5 中所列以外的其他设计使用年限对应的 γ_L 值，按线性内插计算是可行的。

荷载标准值可控制的活荷载是指那些不会随时间明显变化的荷载，如楼面均布活荷载中的书库、储藏室、机房、停车库，以及工业楼面均布活荷载等。

3.2.6 本次修订针对结构承载能力计算和偶然事件发生后受损结构整体稳固性验算分别给出了偶然组合效应设计值的计算公式。

对于偶然设计状况（包括撞击、爆炸、火灾事故的发生），均应采用偶然组合进行设计。偶然荷载的特点是出现的概率很小，而一旦出现，量值很大，往往具有很大的破坏作用，甚至引起结构与起因不成比例的连续倒塌。我国近年因撞击或爆炸导致建筑物倒塌的事件时有发生，加强建筑物的抗连续倒塌设计刻不容缓。目前美国、欧洲、加拿大、澳大利亚等有关规范都有关于建筑结构抗连续倒塌设计的规定。原规范只是规定了偶然荷载效应的组合原则，本规范分别给出了承载能力计算和整体稳定验算偶然荷载效应组合的设计值的表达式。

偶然荷载效应组合的表达式主要考虑到：（1）由于偶然荷载标准值的确定往往带有主观和经验的因素，因而设计表达式中不再考虑荷载分项系数，而直接采用规定的标准值为设计值；（2）对偶然设计状况，偶然事件本身属于小概率事件，两种不相关的偶然事件同时发生的概率更小，所以不必同时考虑两种或两种以上偶然荷载；（3）偶然事件的发生是一个强不确定性事件，偶然荷载的大小也是不确定的，所以实际情况下偶然荷载值超过规定设计值的可能性是存在的，按规定设计值设计的结构仍然存在破坏的可能性；但为保证人的生命安全，设计还要保证偶然事件发生后受损的结构能够承担对应于偶然设计状况的永久荷载和可变荷载。所以，表达式分别给出了偶然事件发生时承载能力计算和发生后整体稳固性验算两种不同的情况。

设计人员和业主首先要控制偶然荷载发生的概率或减小偶然荷载的强度，其次才是进行抗连续倒塌设计。抗连续倒塌设计有多种方法，如直接设计法和间接设计法等。无论采用直接方法还是间接方法，均需要验算偶然荷载下结构的局部强度及偶然荷载发生后

结构的整体稳固性，不同的情况采用不同的荷载组合。

3.2.7～3.2.10 对于结构的正常使用极限状态设计，过去主要是验算结构在正常使用条件下的变形和裂缝，并控制它们不超过限值。其中，与之有关的荷载效应都是根据荷载的标准值确定的。实际上，在正常使用的极限状态设计时，与状态有关的荷载水平，不一定非以设计基准期内的最大荷载为准，应根据所考虑的正常使用具体条件来考虑。参照国际标准，对正常使用极限状态的设计，当考虑短期效应时，可根据不同的设计要求，分别采用荷载的标准组合或频遇组合，当考虑长期效应时，可采用准永久组合。频遇组合系指永久荷载标准值、主导可变荷载的频遇值与伴随可变荷载的准永久值的效应组合。

可变荷载的准永久值系数仍按原规范的规定采用；频遇值系数原则上应按本规范第 3.1.6 条的条文说明中的规定，但由于大部分可变荷载的统计参数并不掌握，规范中采用的系数目前是按工程经验经判断后给出。

此外，正常使用极限状态要求控制的极限标志也不一定仅限于变形、裂缝等常见现象，也可延伸到其他特定的状态，如地基承载应力的设计控制，实质上是控制地基的沉降，因此也可归入这一类。

与基本组合中的规定相同，对于标准、频遇及准永久组合，其荷载效应组合的设计值也仅适用于各项可变荷载效应与荷载为线性关系的情况。

4 永 久 荷 载

4.0.1 本章为本次修订新增的内容，主要是为了完善规范的章节划分，并与国外标准保持一致。本章内容主要由原规范第 3.1.3 条扩充而来。

民用建筑二次装修很普遍，而且增加的荷载较大，在计算面层及装饰自重时必须考虑二次装修的自重。

固定设备主要包括：电梯及自动扶梯，采暖、空调及给排水设备，电器设备，管道、电缆及其支架等。

4.0.2、4.0.3 结构或非承重构件的自重是建筑结构的主要永久荷载，由于其变异性不大，而且多为正态分布，一般以其分布的均值作为荷载标准值，由此，即可按结构设计规定的尺寸和材料或结构构件单位体积的自重（或单位面积的自重）平均值确定。对于自重变异性较大的材料，如现场制作的保温材料、混凝土薄壁构件等，尤其是制作屋面的轻质材料，考虑到结构的可靠性，在设计中应根据该荷载对结构有利或不利，分别取其自重的下限值或上限值。在附录 A 中，对某些变异性较大的材料，都分别给出其自重的上限和下限值。

对于在附录 A 中未列出的材料或构件的自重，应根据生产厂家提供的资料或设计经验确定。

4.0.4 可灵活布置的隔墙自重按可变荷载考虑时，可换算为等效均布荷载，换算原则在本规范表 5.1.1 注 6 中规定。

5 楼面和屋面活荷载

5.1 民用建筑楼面均布活荷载

5.1.1 作为强制性条文，本次修订明确规定表 5.1.1 中列入的民用建筑楼面均布活荷载的标准值及其组合值系数、频遇值系数和准永久值系数为设计时必须遵守的最低要求。如设计中有特殊需要，荷载标准值及其组合值、频遇值和准永久值系数的取值可以适当提高。

本次修订，对不同类别的楼面均布活荷载，除调整和增加个别项目外，大部分的标准值仍保持原有水平。主要修订内容为：

1) 提高教室活荷载标准值。原规范教室活荷载取值偏小，目前教室除传统的讲台、课桌椅外，投影仪、计算机、音响设备、控制柜等多媒体教学设备显著增加；班级学生人数可能出现超员情况。本次修订将教室活荷载取值由 2.0kN/m² 提高至 2.5kN/m²。

2) 增加运动场的活荷载标准值。现行规范中尚未包括体育馆中运动场的活荷载标准值。运动场除应考虑举办运动会、开闭幕式、大型集会等密集人流的活动外，还应考虑跑步、跳跃等冲击力的影响。本次修订运动场活荷载标准值取为 4.0kN/m²。

3) 第 8 项的类别修改为汽车通道及"客车"停车库，明确本项荷载不适用于消防车的停车库；增加了板跨为 3m×3m 的双向板楼盖停车库活荷载标准值。在原规范中，对板跨小于 6m×6m 的双向板楼盖和柱网小于 6m×6m 的无梁楼盖的消防车活荷载未作出具体规定。由于消防车活荷载本身较大，对结构构件截面尺寸、层高与经济性影响显著，设计人员使用不方便，故在本次修订中予以增加。

根据研究与大量试算，在表注 4 中明确规定板跨在 3m×3m 至 6m×6m 之间的双向板，可以按线性插值方法确定活荷载标准值。

对板上有覆土的消防车活荷载，明确规定可以考虑覆土的影响，一般可在原消防车轮压作用范围的基础上，取扩散角为 35°，以扩散后的作用范围按等效均布方法确定活荷载标准值。新增加附录 B，给出常用板跨消防车活荷载覆土厚度折减系数。

4) 提高原规范第 10 项第 1 款浴室和卫生间的活荷载标准值。近年来，在浴室、卫生间中安装浴缸、坐便器等卫生设备的情况越来越普遍，故在本次修订中，将浴室和卫生间的活荷载统一规定为

2.5kN/m²。

5) 楼梯单列一项，提高除多层住宅外其他建筑楼梯的活荷载标准值。在发生特殊情况时，楼梯对于人员疏散与逃生的安全性具有重要意义。汶川地震后，楼梯的抗震构造措施已经大大加强。在本次修订中，除了使用人数较少的多层住宅楼梯活荷载仍按 2.0kN/m² 取值外，其余楼梯活荷载取值均改为 3.5kN/m²。

在《荷载暂行规范》规结 1—58 中，民用建筑楼面活荷载取值是参照当时的苏联荷载规范并结合我国具体情况，按经验判断的方法来确定的。《工业与民用建筑结构荷载规范》TJ 9—74 修订前，在全国一定范围内对办公室和住宅的楼面活荷载进行了调查。当时曾对 4 个城市（北京、兰州、成都和广州）的 606 间住宅和 3 个城市（北京、兰州和广州）的 258 间办公室的实际荷载作了测定。按楼板内弯矩等效的原则，将实际荷载换算为等效均布荷载，经统计计算，分别得出其平均值为 1.051kN/m² 和 1.402kN/m²，标准差为 0.23kN/m² 和 0.219kN/m²；按平均值加两倍标准差的标准荷载定义，得出住宅和办公室的标准活荷载分别为 1.513kN/m² 和 1.84kN/m²。但在规结 1—58 中对办公楼允许按不同情况可取 1.5kN/m² 或 2kN/m² 进行设计，而且较多单位根据当时的设计实践经验取 1.5kN/m²，而只对兼作会议室的办公楼可提高到 2kN/m²。对其他用途的民用楼面，由于缺乏足够数据，一般仍按实际荷载的具体分析，并考虑当时的设计经验，在原规范的基础上适当调整后确定。

《建筑结构荷载规范》GBJ 9-87 根据《建筑结构统一设计标准》GBJ 68-84 对荷载标准值的定义，重新对住宅、办公室和商店的楼面活荷载作了调查和统计，并考虑荷载随空间和时间的变异性，采用了适当的概率统计模型。模型中直接采用房间面积平均荷载来代替等效均布荷载，这在理论上虽然不很严格，但对结果估计不会有严重影响，而调查和统计工作却可得到很大的简化。

楼面活荷载按其随时间变异的特点，可分持久性和临时性两部分。持久性活荷载是指楼面上在某个时段内基本保持不变的荷载，例如住宅内的家具、物品，工业房屋内的机器、设备和堆料，还包括常住人员自重。这些荷载，除非发生一次搬迁，一般变化不大。临时性活荷载是指楼面上偶尔出现短期荷载，例如聚会的人群、维修时工具和材料的堆积、室内扫除时家具的集聚等。

对持续性活荷载 L_i 的概率统计模型，可根据调查给出荷载变动的平均时间间隔 τ 及荷载的统计分布，采用等时段的二项平稳随机过程（图 3）。

对临时性活荷载 L_r 由于持续时间很短，要通过调查确定荷载在单位时间内出现次数的平均率及其荷载值的统计分布，实际上是有困难的。为此，提出一

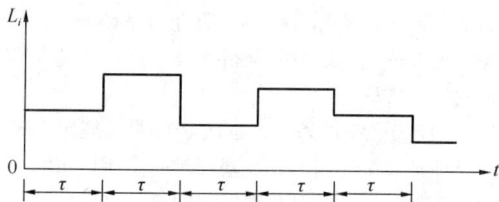

图 3 持续性活荷载随时间变化示意图

个勉强可以代替的方法，就是通过对用户的查询，了解到最近若干年内一次最大的临时性荷载值，以此作为时段内的最大荷载 L_{rs}，并作为荷载统计的基础。对 L_r 也采用与持久性荷载相同的概率模型（图4）。

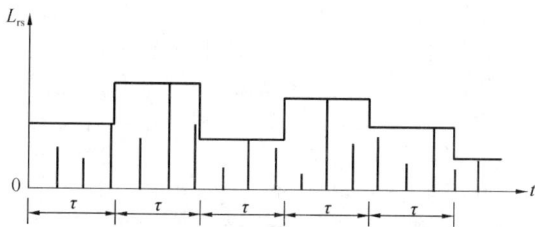

图 4 临时性活荷载随时间变化示意图

出于分析上的方便，对各类活荷载的分布类型采用了极值Ⅰ型。根据 L_r 和 L_{rs} 的统计参数，分别求出50年最大荷载值 L_{iT} 和 L_{rT} 的统计分布和参数。再根据 Tukstra 的组合原则，得出50年内总荷载最大值 L_T 的统计参数。在1977年以后的三年里，曾对全国某些城市的办公室、住宅和商店的活荷载情况进行了调查，其中：在全国25个城市实测了133栋办公楼共2201间办公室，总面积为63700m²，同时调查了317栋用户的搬迁情况；对全国10个城市的住宅实测了556间，总为7000m²，同时调查了229户的搬迁情况；在全国10个城市实测了21家百货商店共214个柜台，总面积为23700m²。

表2中的 L_K 系指《建筑结构荷载规范》GBJ 9-87中给出的活荷载的标准值。按《建筑结构可靠度设计统一标准》GB 50068的规定，标准值应为设计基准期50年内荷载最大值分布的某一个分位值。虽然没有对分位值的百分数作具体规定，但对性质类同的可变荷载，应尽量使其取值在保证率上保持相同的水平。从表5.1.1中可见，若对办公室而言，$L_K = 1.5$kN/m²，它相当于 L_T 的均值 μ_{L_T} 加1.5倍的标准差 σ_{L_T}，其中1.5系数指保证率系数 α。若假设 L_T 的分布仍为极值Ⅰ型，则与 α 对应的保证率为92.1%，也即 L_K 取92.1%的分位值。以此为标准，则住宅的活荷载标准值就偏低较多。鉴于当时调查时的住宅荷载还是偏高的实际情况，因此原规范仍保持以往的取值。但考虑到工程界普遍的意见，认为对于建设工程量比较大的住宅和办公楼来说，其荷载标准值与国外相比显然偏低，又鉴于民用建筑的楼面活荷载今后的变化趋势也难以预测，因此，在《建筑结构荷载规

范》GB 50009—2001修订时，楼面活荷载的最小值规定为2.0kN/m²。

表2 全国部分城市建筑楼面活荷载统计分析表

	办公室			住宅			商店		
	μ	σ	τ	μ	σ	τ	μ	σ	τ
L_i	0.386	0.178	10年	0.504	0.162	10年	0.580	0.351	10年
L_{rs}	0.355	0.244		0.468	0.252		0.955	0.428	
L_{iT}	0.610	0.178		0.707	0.162		4.650	0.351	
L_{rT}	0.661	0.244		0.784	0.252		2.261	0.428	
L_T	1.047	0.302		1.288	0.300		2.841	0.553	
L_K	1.5			1.5			3.5		
α	1.5			0.7			1.2		
p (%)	92.1			79.1			88.5		

关于其他类别的荷载，由于缺乏系统的统计资料，仍按以往的设计经验，并参考国际标准化组织1986年颁布的《居住和公共建筑的使用和占用荷载》ISO 2103 而加以确定。

对藏书库和档案库，根据70年代初期的调查，其荷载一般为 3.5kN/m² 左右，个别超过 4kN/m²，而最重的可达 5.5kN/m²（按书架高 2.3m，净距 0.6m，放7层精装书籍估计）。GBJ 9-87修订时参照 ISO 2103的规定采用为5kN/m²，并在表注中又给出按书架每米高度不少于 2.5kN/m² 的补充规定。对于采用密集柜的无过道书库规定荷载标准值为 12kN/m²。

客车停车库及车道的活荷载仅考虑由小轿车、吉普车、小型旅行车（载人少于9人）的车轮局部荷载以及其他必要的维修设备荷载。在 ISO 2103 中，停车库活荷载标准值取 2.5kN/m²。按荷载最不利布置核算其等效均布荷载后，表明该荷载值只适用于板跨不小于 6m 的双向板或无梁楼盖。对国内目前常用的单向板楼盖，当板跨不小于 2m 时，应取 4.0kN/m² 比较合适。当结构情况不符合上述条件时，可直接按车轮局部荷载计算楼板内力，局部荷载取 4.5kN，分布在 0.2m×0.2m 的局部面积上。该局部荷载也可作为验算结构局部效应的依据（如抗冲切等）。对其他车的车库和车道，应按车辆最大轮压作为局部荷载确定。

目前常见的中型消防车总质量小于 15t，重型消防车总质量一般在（20~30）t。对于住宅、宾馆等建筑物，灭火时以中型消防车为主，当建筑物总高在 30m 以上或建筑物面积较大时，应考虑重型消防车。消防车楼面活荷载按等效均布荷载确定，本次修订对消防车活荷载进行了更加广泛的研究和计算，扩大了楼板跨度的取值范围，考虑了覆土厚度影响。计算中选用的消防车为重型消防车，全车总重300kN，前

轴重为 60kN，后轴重为 2×120kN，有 2 个前轮与 4 个后轮，轮压作用尺寸均为 0.2m×0.6m。选择的楼板跨度为 2m～4m 的单向板和跨度为 3m～6m 的双向板。计算中综合考虑了消防车台数、楼板跨度、板长宽比以及覆土厚度等因素的影响，按照荷载最不利布置原则确定消防车位置，采用有限元软件分析了在消防车轮压作用下不同板跨单向板和双向板的等效均布活荷载值。

根据单向板和双向板的等效均布活荷载值计算结果，本次修订规定板跨在 3m 至 6m 之间的双向板，活荷载可根据板跨按线性插值确定。当单向板楼盖板跨介于 2m～4m 之间时，活荷载可按跨度在（35～25）kN/m² 范围内线性插值确定。

当板顶有覆土时，可根据覆土厚度对活荷载进行折减，在新增的附录 B 中，给出了不同板跨、不同覆土厚度的活荷载折减系数。

在计算折算覆土厚度的公式（B.0.2）中，假定覆土应力扩散角为 35°，常数 1.43 为 tan35° 的倒数。使用者可以根据具体情况采用实际的覆土应力扩散角 θ，按此式计算折算覆土厚度。

对于消防车不经常通行的车道，也即除消防站以外的车道，适当降低了其荷载的频遇值和准永久值系数。

对民用建筑楼面可根据在楼面上活动的人和设施的不同状况，可以粗略将其标准值分成以下七个档次：

（1）活动的人很少 $L_K = 2.0$kN/m²；

（2）活动的人较多且有设备 $L_K = 2.5$kN/m²；

（3）活动的人很多且有较重的设备 $L_K = 3.0$kN/m²；

（4）活动的人很集中，有时很挤或有较重的设备 $L_K = 3.5$kN/m²；

（5）活动的性质比较剧烈 $L_K = 4.0$kN/m²；

（6）储存物品的仓库 $L_K = 5.0$kN/m²；

（7）有大型的机械设备 $L_K = (6～7.5)$kN/m²。

对于在表 5.1.1 中没有列出的项目可对照上述类别和档次选用，但当有特别重的设备时应另行考虑。

作为办公楼的荷载还应考虑会议室、档案室和资料室等的不同要求，一般应在（2.0～2.5）kN/m² 范围内采用。

对于洗衣房、通风机房以及非固定隔墙的楼面均布活荷载，均系参照国内设计经验和国外规范的有关内容酌情增添的。其中非固定隔墙的荷载应按活荷载考虑，可采用每延米长度的墙重（kN/m）的 1/3 作为楼面活荷载的附加值（kN/m²），该附加值建议不小于 1.0kN/m²，但对于楼面活荷载大于 4.0kN/m² 的情况，不小于 0.5kN/m²。

走廊、门厅和楼梯的活荷载标准值一般应按相连通房屋的活荷载标准值采用，但对有可能出现密集人流的情况，活荷载标准值不应低于 3.5kN/m²。可能出现密集人流的建筑主要是指学校、公共建筑和高层建筑的消防楼梯等。

5.1.2 作为强制性条文，本次修订明确规定本条列入的设计楼面梁、墙、柱及基础时的楼面均布活荷载的折减系数，为设计时必须遵守的最低要求。

作用在楼面上的活荷载，不可能以标准值的大小同时布满在所有的楼面上，因此在设计梁、墙、柱和基础时，还要考虑实际荷载沿楼面分布的变异情况，也即在确定梁、墙、柱和基础的荷载标准值时，允许按楼面活荷载标准值乘以折减系数。

折减系数的确定实际上是比较复杂的，采用简化的概率统计模型来解决这个问题还不够成熟。目前除美国规范是按结构部位的影响面积来考虑外，其他国家均按传统方法，通过从属面积来虑荷载折减系数。对于支撑单向板的梁，其从属面积为梁两侧各延伸二分之一的梁间距范围内的面积；对于支撑双向板的梁，其从属面积由板面的剪力零线围成。对于支撑梁的柱，其从属面积为所支撑梁的从属面积的总和；对于多层房屋，柱的从属面积为其上部所有柱从属面积的总和。

在 ISO 2103 中，建议按下述不同情况对荷载标准值乘以折减系数 λ。

当计算梁时：

1 对住宅、办公楼等房屋或其房间按下式计算：

$$\lambda = 0.3 + \frac{3}{\sqrt{A}} \quad (A > 18\text{m}^2)$$

2 对公共建筑或其房间按下式计算：

$$\lambda = 0.5 + \frac{3}{\sqrt{A}} \quad (A > 36\text{m}^2)$$

式中：A——所计算梁的从属面积，指向梁两侧各延伸 1/2 梁间距范围内的实际楼面面积。

当计算多层房屋的柱、墙和基础时：

1 对住宅、办公楼等房屋按下式计算：

$$\lambda = 0.3 + \frac{0.6}{\sqrt{n}}$$

2 对公共建筑按下式计算：

$$\lambda = 0.5 + \frac{0.6}{\sqrt{n}}$$

式中：n——所计算截面以上的楼层数，$n \geqslant 2$。

为了设计方便，而又不明显影响经济效果，本条文的规定作了一些合理的简化。在设计柱、墙和基础时，对第 1（1）建筑类别采用的折减系数改用 $\lambda = 0.4 + \frac{0.6}{\sqrt{n}}$。对第 1（2）～8 项的建筑类别，直接按楼面梁的折减系数，而不另考虑按楼层的折减。这与 ISO 2103 相比略为保守，但与以往的设计经验比较接近。

停车库及车道的楼面活荷载是根据荷载最不利布置下的等效均布荷载确定，因此本条文给出的折减系数，实际上也是根据次梁、主梁或柱上的等效均布荷载与楼面等效均布荷载的比值确定。

本次修订，设计墙、柱和基础时针对消防车的活荷载的折减不再包含在本强制性条文中，单独列为第5.1.3条，便于设计人员灵活掌握。

5.1.3 消防车荷载标准值很大，但出现概率小，作用时间短。在墙、柱设计时应容许作较大的折减，由设计人员根据经验确定折减系数。在基础设计时，根据经验和习惯，同时为减少平时使用时产生的不均匀沉降，允许不考虑消防车通道的消防车活荷载。

5.2 工业建筑楼面活荷载

5.2.1 本规范附录C的方法主要是为确定楼面等效均布活荷载而制订的。为了简化，在方法上作了一些假设：计算等效均布荷载时统一假定结构的支承条件都为简支，并按弹性阶段分析内力。这对实际上为非简支的结构以及考虑材料处于弹塑性阶段的设计会有一定的设计误差。

计算板面等效均布荷载时，还必须明确板面局部荷载实际作用面的尺寸。作用面一般按矩形考虑，从而可确定荷载传递到板轴心面处的计算宽度，此时假定荷载按45°扩散线传递。

板面等效均布荷载按板内分布弯矩等效的原则确定，也即在实际的局部荷载作用下在简支板内引起的绝对最大的分布弯矩，使其等于在等效均布荷载作用下在该简支板内引起的最大分布弯矩作为条件。所谓绝对最大是指在设计时假定实际荷载的作用位置是在对板最不利的位置上。

在局部荷载作用下，板内分布弯矩的计算比较复杂，一般可参考有关的计算手册。对于边长比大于2的单向板，本规范附录C中给出更为具体的方法。在均布荷载作用下，单向板内分布弯矩沿板宽方向是均匀分布的，因此可按单位宽度的简支板来计算其分布弯矩；在局部荷载作用下，单向板内分布弯矩沿板宽方向不再是均匀分布，而是在局部荷载处具有最大值，并逐渐向宽度两侧减小，形成一个分布宽度。现以均布荷载代替，为使板内分布弯矩等效，可相应确定板的有效分布宽度。在本规范附录C中，根据计算结果，给出了五种局部荷载情况下有效分布宽度的近似公式，从而可直接按公式（C.0.4-1）确定单向板的等效均布活荷载。

不同用途的工业建筑，其工艺设备的动力性质不尽相同。对一般情况，荷载中应考虑动力系数1.05～1.1；对特殊的专用设备和机器，可提高到1.2～1.3。

本次修订增加固定设备荷载计算原则，增加原料、成品堆放荷载计算原则。

5.2.2 操作荷载对板面一般取2kN/m²。对堆料较多的车间，如金工车间，操作荷载取2.5kN/m²。有的车间，例如仪器仪表装配车间，由于生产的不均衡性，某个时期的成品、半成品堆放特别严重，这时可定为4kN/m²。还有些车间，其荷载基本上由堆料所控制，例如粮食加工厂的拉丝车间、轮胎厂的准备车间、纺织车间的齿轮室等。

操作荷载在设备所占的楼面面积内不予考虑。

本次修订增加设备区域内可不考虑操作荷载和堆料荷载的规定，增加参观走廊活荷载。

5.3 屋面活荷载

5.3.1 作为强制性条文，本次修订明确规定表5.3.1中列入的屋面均布活荷载的标准值及其组合值系数、频遇值系数和准永久值系数为设计时必须遵守的最低要求。

对不上人的屋面均布活荷载，以往规范的规定是考虑在使用阶段作为维修时所必需的荷载，因而取值较低，统一规定为0.3kN/m²。后来在屋面结构上，尤其是钢筋混凝土屋面上，出现了较多的事故，原因无非是屋面超重、超载或施工质量偏低。特别对无雪地区，按过低的屋面活荷载设计，就更容易发生质量事故。因此，为了进一步提高屋面结构的可靠度，在GBJ 9-87中将不上人的钢筋混凝土屋面活荷载提高到0.5kN/m²。根据原颁布的GBJ 68-84，对永久荷载和可变荷载分别采用不同的荷载分项系数以后，荷载以自重为主的屋面结构可靠度相对又有所下降。为此，GBJ 9-87有区别地适当提高其屋面活荷载的值为0.7kN/m²。

GB 50009-2001修订时，补充了以恒载控制的不利组合式，而屋面活荷载中主要考虑的仅是施工或维修荷载，故将原规范项次1中对重屋盖结构附加的荷载值0.2kN/m²取消，也不再区分屋面性质，统一取为0.5kN/m²。但在不同材料的结构设计规范中，尤其对于轻质屋面结构，当出于设计方面的历史经验而有必要改变屋面荷载的取值时，可由该结构设计规范自行规定，但不得低于0.3kN/m²。

关于屋顶花园和直升机停机坪的荷载是参照国内设计经验和国外规范有关内容确定的。

本次修订增加了屋顶运动场地的活荷载标准值。随着城市建设的发展，人民的物质文化生活水平不断提高，受到土地资源的限制，出现了屋面作为运动场地的情况，故在本次修订中新增屋顶运动场活荷载的内容。参照体育馆的运动场，屋顶运动场地的活荷载值为4.0kN/m²。

5.4 屋面积灰荷载

5.4.1 屋面积灰荷载是冶金、铸造、水泥等行业的建筑所特有的问题。我国早已注意到这个问题，各设计、生产单位也积累了一定的经验和数据。在制订TJ 9-74前，曾对全国15个冶金企业的25个车间，

13 个机械工厂的 18 个铸造车间及 10 个水泥厂的 27 个车间进行了一次全面系统的实际调查。调查了各车间设计时所依据的积灰荷载、现场的除尘装置和实际清灰制度，实测了屋面不同部位、不同灰源距离、不同风向下的积灰厚度，并计算其平均日积灰量，对灰的性质及其重度也作了研究。

调查结果表明，这些工业建筑的积灰问题比较严重，而且其性质也比较复杂。影响积灰的主要因素是：除尘装置的使用维修情况、清灰制度执行情况、风向和风速、烟囱高度、屋面坡度和屋面挡风板等。对积灰特别严重或情况特殊的工业厂房屋面积灰荷载应根据实际情况确定。

确定积灰荷载只有在工厂设有一般的除尘装置，且能坚持正常的清灰制度的前提下才有意义。对一般厂房，可以做到（3~6）个月清灰一次。对铸造车间的冲天炉附近，因积灰速度较快，积灰范围不大，可以做到按月清灰一次。

调查中所得的实测平均日积灰量列于表 3 中。

表 3　实测平均日积灰量

车　间　名　称		平均日积灰量（cm）
贮矿槽、出铁场		0.08
炼钢车间	有化铁炉	0.06
	无化铁炉	0.065
铁合金车间		0.067~0.12
烧结车间	无挡风板	0.035
	有挡风板（挡风板内）	0.046
铸造车间		0.18
水泥厂	窑房	0.044
	磨房	0.028
生、熟料库和联合贮库		0.045

对积灰取样测定了灰的天然重度和饱和重度，以其平均值作为灰的实际重度，用以计算积灰周期内的最大积灰荷载。按灰源类别不同，分别得出其计算重度（表 4）。

表 4　积灰重度

车间名称	灰源类别	重度（kN/m³）			备　注
		天然	饱和	计算	
炼铁车间	高炉	13.2	17.9	15.55	
炼钢车间	转炉	9.4	15.5	12.45	
铁合金车间	电炉	8.1	16.6	12.35	—
烧结车间	烧结炉	7.8	15.8	11.80	
铸造车间	冲天炉	11.2	15.6	13.40	
水泥厂	生料库	8.1	12.6	10.35	建议按熟料库采用
	熟料库			15.00	

5.4.2　易于形成灰堆的屋面处，其积灰荷载的增大

系数可参照雪荷载的屋面积雪分布系数的规定来确定。

5.4.3　对有雪地区，积灰荷载应与雪荷载同时考虑。此外，考虑到雨季的积灰有可能接近饱和，此时的积灰荷载的增值为偏于安全，可通过不上人屋面活荷载来补偿。

5.5　施工和检修荷载及栏杆荷载

5.5.1　设计屋面板、檩条、钢筋混凝土挑檐、雨篷和预制小梁时，除了按第 5.3.1 条单独考虑屋面均布活荷载外，还应另外验算在施工、检修时可能出现在最不利位置上，由人和工具自重形成的集中荷载。对于宽度较大的挑檐和雨篷，在验算其承载力时，为偏于安全，可沿其宽度每隔 1.0m 考虑有一个集中荷载；在验算其倾覆时，可根据实际可能的情况，增大集中荷载的间距，一般可取（2.5~3.0）m。

地下室顶板等部位在建造施工和使用维修时，往往需要运输、堆放大量建筑材料与施工机具，因施工超载引起建筑物楼板开裂甚至破坏时有发生，应该引起设计与施工人员的重视。在进行首层地下室顶板设计时，施工活荷载一般不小于 4.0kN/m²，但可以根据情况扣除尚未施工的建筑地面做法与隔墙的自重，并在设计文件中给出相应的详细规定。

5.5.2　作为强制性条文，本次修订明确规定栏杆活荷载的标准值为设计时必须遵守的最低要求。

本次修订时，考虑到楼梯、看台、阳台和上人屋面等的栏杆在紧急情况下对人身安全保护的重要作用，将住宅、宿舍、办公楼、旅馆、医院、托儿所、幼儿园等的栏杆顶部水平荷载从 0.5kN/m 提高至 1.0kN/m。对学校、食堂、剧场、电影院、车站、礼堂、展览馆或体育场等的栏杆，除了将顶部水平荷载提高至 1.0kN/m 外，还增加竖向荷载 1.2kN/m。参照《城市桥梁设计荷载标准》CJJ 77-98 对桥上人行道栏杆的规定，计算桥上人行道栏杆时，作用在栏杆扶手上的竖向活荷载采用 1.2kN/m，水平向外活荷载采用 1.0kN/m。两者应分别考虑，不应同时作用。

6　吊车荷载

6.1　吊车竖向和水平荷载

6.1.1　按吊车荷载设计结构时，有关吊车的技术资料（包括吊车的最大或最小轮压）都应由工艺提供。多年实践表明，由各工厂设计的起重机械，其参数和尺寸不太可能完全与该标准保持一致。因此，设计时仍应直接参照制造厂当时的产品规格作为设计依据。

选用的吊车是按其工作的繁重程度来分级的，这不仅对吊车本身的设计有直接的意义，也和厂房结构的设计有关。国家标准《起重机设计规范》GB

3811－83 是参照国际标准《起重设备分级》ISO 4301－1980 的原则，重新划分了起重机的工作级别。在考虑吊车繁重程度时，它区分了吊车的利用次数和荷载大小两种因素。按吊车在使用期内要求的总工作循环次数分成 10 个利用等级，又按吊车荷载达到其额定值的频繁程度分成 4 个载荷状态（轻、中、重、特重）。根据要求的利用等级和载荷状态，确定吊车的工作级别，共分 8 个级别作为吊车设计的依据。

这样的工作级别划分在原则上也适用于厂房的结构设计，虽然根据过去的设计经验，在按吊车荷载设计结构时，仅参照吊车的载荷状态将其划分为轻、中、重和超重 4 级工作制，而不考虑吊车的利用因素，这样做实际上也并不会影响到厂房的结构设计，但是，在执行国家标准《起重机设计规范》GB 3811－83 以来，所有吊车的生产和定货，项目的工艺设计以及土建原始资料的提供，都以吊车的工作级别为依据，因此在吊车荷载的规定中也相应改用按工作级别划分。采用的工作级别是按表 5 与过去的工作制等级相对应的。

表 5　吊车的工作制等级与工作级别的对应关系

工作制等级	轻级	中级	重级	超重级
工作级别	A1～A3	A4，A5	A6，A7	A8

6.1.2　吊车的水平荷载分纵向和横向两种，分别由吊车的大车和小车的运行机构在启动或制动时引起的惯性力产生。惯性力为运行重量与运行加速度的乘积，但必须通过制动轮与钢轨间的摩擦传递给厂房结构。因此，吊车的水平荷载取决于制动轮的轮压和它与钢轨间的滑动摩擦系数，摩擦系数一般可取 0.14。

在规范 TJ 9－74 中，吊车纵向水平荷载取作用在一边轨道上所有刹车轮最大轮压之和的 10%，虽比理论值为低，但经长期使用检验，尚未发现有问题。太原重机学院曾对 1 台 300t 中级工作制的桥式吊车进行了纵向水平荷载的测试，得出大车制动力系数为 0.084～0.091，与规范规定值比较接近。因此，纵向水平荷载的取值仍保持不变。

吊车的横向水平荷载可按下式取值：

$$T = \alpha(Q + Q_1)g$$

式中：Q——吊车的额定起重量；

Q_1——横行小车重量；

g——重力加速度；

α——横向水平荷载系数（或称小车制动力系数）。

如考虑小车制动轮数占总轮数之半，则理论上 α 应取 0.07，但 TJ 9－74 当年对软钩吊车取 α 不小于 0.05，对硬钩吊车取 α 为 0.10，并规定该荷载仅由一边轨道上各车轮平均传递到轨顶，方向与轨道垂直，同时考虑正反两个方向。

经浙江大学、太原重机学院及原第一机械工业部第一设计院等单位，在 3 个地区对 5 个厂房及 12 个露天栈桥的额定起重量为 5t～75t 的中级工作制桥式吊车进行了实测。实测结果表明：小车制动力的上限均超过规范的规定值，而且横向水平荷载系数 α 往往随吊车起重量的减小而增大，这可能是由于司机对起重量大的吊车能控制以较低的运行速度所致。根据实测资料分别给出 5t～75t 吊车上小车制动力的统计参数，见表 6。若对小车制动力的标准值按保证率 99.9% 取值，则 $T_k = \mu_T + 3\sigma_T$，由此得出系数 α，除 5t 吊车明显偏大外，其他约在 0.08～0.11 之间。经综合分析比较，将吊车额定起重量按大小分成 3 个组别，分别规定了软钩吊车的横向水平荷载系数为 0.12，0.10 和 0.08。

对于夹钳、料耙、脱锭等硬钩吊车，由于使用频繁，运行速度高，小车附设的悬臂结构使吊起的重物不能自由摆动等原因，以致制动时产生较大的惯性力。TJ 9－74 规范规定它的横向水平荷载虽已比软钩吊车大一倍，但与实测相比还是偏低，曾对 10t 夹钳吊车进行实测，实测的制动力为规范规定值的 1.44 倍。此外，硬钩吊车的另一个问题是卡轨现象严重。综合上述情况，GBJ 9－87 已将硬钩吊车的横向水平荷载系数 α 提高为 0.2。

表 6　吊车制动力统计参数

吊车额定起重量 (t)	制动力 T（kN）		标准值 T_k (kN)	$\alpha = \dfrac{T_k}{(Q+Q_1)g}$
	均值 μ_T	标准差 σ_T		
5	0.056	0.020	0.116	0.175
10	0.074	0.022	0.140	0.108
20	0.121	0.040	0.247	0.079
30	0.181	0.048	0.325	0.081
75	0.405	0.141	0.828	0.080

经对 13 个车间和露天栈桥的小车制动力实测数据进行分析，表明吊车制动轮与轨道之间的摩擦力足以传递小车制动时产生的制动力。小车制动力是由支承吊车的两边相应的承重结构共同承受，并不是 TJ 9－74 规范中所认为的仅由一边轨道传递横向水平荷载。经对实测资料的统计分析，当两边柱的刚度相等时，小车制动力的横向分配系数多数为 0.45/0.55，少数为 0.4/0.6，个别为 0.3/0.7，平均为 0.474/0.526。为了计算方便，GBJ 9－87 规范已建议吊车的横向水平荷载在两边轨道上平等分配，这个规定与欧美的规范也是一致的。

6.2　多台吊车的组合

6.2.1　设计厂房的吊车梁和排架时，考虑参与组合的吊车台数是根据所计算的结构构件能同时产生效应的吊车台数确定。它主要取决于柱距大小和厂房跨间的数量，其次是各吊车同时集聚在同一柱距范围内的可能性。根据实际观察，在同一跨度内，2台吊车以邻接距离运行的情况还是常见的，但3台吊车相邻运行却很罕见，即使发生，由于柱距所限，能产生影响的也只是2台。因此，对单跨厂房设计时最多考虑2台吊车。

对多跨厂房，在同一柱距内同时出现超过2台吊车的机会增加。但考虑隔跨吊车对结构的影响减弱，为了计算上的方便，容许在计算吊车竖向荷载时，最多只考虑4台吊车。而在计算吊车水平荷载时，由于同时制动的机会很小，容许最多只考虑2台吊车。

本次修订增加了双层吊车组合的规定：当下层吊车满载时，上层吊车只考虑空载的工况；当上层吊车满载时，下层吊车不应同时作业，不予考虑。

6.2.2 TJ 9-74规范对吊车荷载，无论是由2台还是4台吊车引起的，都按同时满载，且其小车位置都按同时处于最不利的极限工作位置上考虑。根据在北京、上海、沈阳、鞍山、大连等地的实际观察调查，实际上这种最不利的情况是不可能出现的。对不同工作制的吊车，其吊车载荷有所不同，即不同吊车有各自的满载概率，而2台或4台同时满载，且小车又同时处于最不利位置的概率就更小。因此，本条文给出的折减系数是从概率的观点考虑多台吊车共同作用时的吊车荷载效应组合相对于最不利效应的折减。

为了探讨多台吊车组合后的折减系数，在编制GBJ 68-84时，曾在全国3个地区9个机械工厂的机械加工、冲压、装配和铸造车间，对额定起重量为2t～50t的轻、中、重级工作制的57台吊车做了吊车竖向荷载的实测调查工作。根据所得资料，经整理并通过统计分析，根据分析结果表明，吊车荷载的折减系数与吊车工作的载荷状态有关，随吊车工作载荷状态由轻级到重级而增大；随额定起重量的增大而减小；同跨2台和相邻跨2台的差别不大。在对竖向吊车荷载分析结果的基础上，并参考国外规范的规定，本条文给出的折减系数值还是偏于保守的；并将此规定直接引用到横向水平荷载的折减。GB 50009-2001修订时，在参与组合的吊车数量上，插入了台数为3的可能情况。

双层吊车的吊车荷载折减系数可以参照单层吊车的规定采用。

6.3 吊车荷载的动力系数

6.3.1 吊车竖向荷载的动力系数，主要是考虑吊车在运行时对吊车梁及其连接的动力影响。根据调查了解，产生动力的主要因素是吊车轨道接头的高低不平和工件翻转时的振动。从少量实测资料来看，其量值都在1.2以内。TJ 9-74规范对钢吊车梁取1.1，对钢筋混凝土吊车梁按工作制级别分别取1.1，1.2和

1.3。在前苏联荷载规范 СНИП6-74 中，不分材料，仅对重级工作制的吊车梁取动力系数1.1。GBJ 9-87修订时，主要考虑到吊车荷载分项系数统一按可变荷载分项系数1.4取值后，相对于以往的设计而言偏高，会影响吊车梁的材料用量。在当时对吊车梁的实际动力特性不甚清楚的前提下，暂时采用略为降低的值1.05和1.1，以弥补偏高的荷载分项系数。

TJ 9-74规范当时对横向水平荷载还规定了动力系数，以计算重级工作制的吊车梁上翼缘及其制动结构的强度和稳定性以及连接的强度，这主要是考虑在这类厂房中，吊车在实际运行过程中产生的水平卡轨力。产生卡轨力的原因主要在于吊车轨道不直或吊车行驶时的歪斜，其大小与吊车的制造、安装、调试和使用期间的维护等管理因素有关。在下沉的条件下，不应出现严重的卡轨现象，但实际上由于生产中难以控制的因素，尤其是硬钩吊车，经常产生较大的卡轨力，使轨道被严重啃蚀，有时还会造成吊车梁与柱连接的破坏。假如采用按吊车的横向制动力乘以所谓动力系数的方式来规定卡轨力，在概念上是不够清楚的。鉴于目前对卡轨力的产生机理、传递方式以及在正常条件下的统计规律还缺乏足够的认识，因此在取得更为系统的实测资料以前，还无法建立合理的计算模型，给出明确的设计规定。TJ 9-74规范中关于这个问题的规定，已从本规范中撤销，由各结构设计规范和技术标准根据自身特点分别自行规定。

6.4 吊车荷载的组合值、频遇值及准永久值

6.4.2 处于工作状态的吊车，一般很少会持续地停留在某一个位置上，所以在正常条件下，吊车荷载的作用都是短时间的。但当空载吊车经常被安置在指定的某个位置时，计算吊车梁的长期荷载效应可按本条文规定的准永久值采用。

7 雪 荷 载

7.1 雪荷载标准值及基本雪压

7.1.1 影响结构雪荷载大小的主要因素是当地的地面积雪自重和结构上的积雪分布，它们直接关系到雪荷载的取值和结构安全，要以强制性条文规定雪荷载标准值的确定方法。

7.1.2 基本雪压的确定方法和重现期直接关系到当地基本雪压值的大小，因而也直接关系到建筑结构在雪荷载作用下的安全，必须以强制性条文规定。确定基本雪压的方法包括对雪压观测场地、观测数据以及统计方法的规定，重现期为50年的雪压即为传统意义上的50年一遇的最大雪压，详细方法见本规范附录E。对雪荷载敏感的结构主要是指大跨、轻质屋盖结构，此类结构的雪荷载经常是控制荷载，极端雪

荷载作用下的容易造成结构整体破坏，后果特别严重，应此基本雪压要适当提高，采用 100 年重现期的雪压。

本规范附录 E 表 E.5 中提供的 50 年重现期的基本雪压值是根据全国 672 个地点的基本气象台（站）的最大雪压或雪深资料，按附录 E 规定的方法经统计得到的雪压。本次修订在原规范数据的基础上，补充了全国各台站自 1995 年至 2008 年的年极值雪压数据，进行了基本雪压的重新统计。根据统计结果，新疆和东北部分地区的基本雪压变化较大，如新疆的阿勒泰基本雪压由 1.25 增加到 1.65，伊宁由 1.0 增加到 1.4，黑龙江的虎林由 0.7 增加到 1.4。近几年西北、东北及华北地区出现了历史少见的大雪天气，大跨轻质屋盖结构工程因雪灾遭受破坏的事件时有发生，应引起设计人员的足够重视。

我国大部分气象台（站）收集的都是雪深数据，而相应的积雪密度数据又不齐全。在统计中，当缺乏平行观测的积雪密度时，均以当地的平均密度来估算雪压值。

各地区的积雪的平均密度按下述取用：东北及新疆北部地区的平均密度取 150kg/m³；华北及西北地区取 130kg/m³，其中青海省 120kg/m³；淮河、秦岭以南地区一般取 150kg/m³，其中江西、浙江取 200kg/m³。

年最大雪压的概率分布统一按极值 I 型考虑，具体计算可按本规范附录 E 的规定。我国基本雪压分布图具有如下特点：

1）新疆北部是我国突出的雪压高值区。该区由于冬季受北冰洋南侵的冷湿气流影响，雪量丰富，且阿尔泰山、天山等山脉对气流有阻滞和抬升作用，更利于降雪。加上温度低，积雪可以保持整个冬季不融化，新雪覆老雪，形成了特大雪灾。在阿尔泰山区域雪压值达 1.65kN/m²。

2）东北地区由于气旋活动频繁，并有山脉对气流的抬升作用，冬季多降雪天气，同时因气温低，更有利于积雪。因此大兴安岭及长白山区是我国又一个雪压高值区。黑龙江省北部和吉林省东部的广泛地区，雪压值可达 0.7kN/m² 以上。但是吉林西部和辽宁北部地区，因地处大兴安岭的东南背风坡，气流有下沉作用，不易降雪，积雪不多，雪压不大。

3）长江中下游及淮河流域是我国稍南地区的一个雪压高值区。该地区冬季积雪情况不很稳定，有些年份一冬无积雪，而有些年份在某种天气条件下，例如寒潮南下，到此区后冷暖空气僵持，加上水汽充足，遇较低温度，即降下大雪，积雪很深，也带来雪灾。1955 年元旦，江淮一带降大雪，南京雪深达 51cm，正阳关达 52cm，合肥达 40cm。1961 年元旦，浙江中部降大雪，东阳雪深达 55cm，金华达 45cm。江西北部以及湖南一些地点也会出现（40～50）cm

以上的雪深。因此，这一地区不少地点雪压达（0.40～0.50）kN/m²。但是这里的积雪期是较短的，短则 1、2 天，长则 10 来天。

4）川西、滇北山区的雪压也较高。因该区海拔高，温度低，湿度大，降雪较多而不易融化。但该区的河谷内，由于落差大，高度相对低和气流下沉增温作用，积雪就不多。

5）华北及西北大部地区，冬季温度虽低，但水汽不足，降水量较少，雪压也相应较小，一般为（0.2～0.3）kN/m²。西北干旱地区，雪压在 0.2kN/m² 以下。该区内的燕山、太行山、祁连山等山脉，因有地形的影响，降雪稍多，雪压可在 0.3kN/m² 以上。

6）南岭、武夷山脉以南，冬季气温高，很少降雪，基本无积雪。

对雪荷载敏感的结构，例如轻型屋盖，考虑到雪荷载有时会远超过结构自重，此时仍采用雪荷载分项系数为 1.40，屋盖结构的可靠度可能不够，因此对这种情况，建议将基本雪压适当提高，但这应由有关规范或标准作具体规定。

7.1.4 对山区雪压未开展实测研究仍按原规范作一般性的分析估计。在无实测资料的情况下，规范建议比附近空旷地面的基本雪压增大 20% 采用。

7.2 屋面积雪分布系数

7.2.1 屋面积雪分布系数就是屋面水平投影面积上的雪荷载 s_h 与基本雪压 s_0 的比值，实际也就是地面基本雪压换算为屋面雪荷载的换算系数。它与屋面形式、朝向及风力等有关。

我国与前苏联、加拿大、北欧等国相比，积雪情况不甚严重，积雪期也较短。因此本规范根据以往的设计经验，参考国际标准 ISO 4355 及国外有关资料，对屋面积雪分布仅概括地规定了典型屋面积雪分布系数，现就这些图形作以下几点说明：

1 坡屋面

我国南部气候转暖，屋面积雪容易融化，北部寒潮风较大，屋面积雪容易吹掉。

本次修订根据屋面积雪的实际情况，并参考欧洲规范的规定，将第 1 项中屋面积雪为 0 的最大坡度 α 由原规范的 50° 修改为 60°，规定当 $\alpha \geqslant 60°$ 时 $\mu_r = 0$；规定当 $\alpha \leqslant 25°$ 时 $\mu_r = 1$；屋面积雪分布系数 μ_r 的值也作相应修改。

2 拱形屋面

原规范只给出了均匀分布的情况，所给积雪系数与矢跨比有关，即 $\mu_r = l/8f$（l 为跨度，f 为矢高），规定 μ_r 不大于 1.0 及不小于 0.4。

本次修订增加了一种不均匀分布情况，考虑拱形屋面积雪的飘移效应。通过对拱形屋面实际积雪分布的调查观测，这类屋面由于飘积作用往往存在不均匀分布的情况，积雪在屋脊两侧的迎风面和背风面都有分布，峰值出现在有积雪范围内（屋面切线角小于等于60°）的中间处，迎风面的峰值大约是背风面峰值的50%。增加的不均匀积雪分布系数与欧洲规范相当。

3 带天窗屋面及带天窗有挡风板的屋面

天窗顶上的数据0.8是考虑了滑雪的影响，挡风板内的数据1.4是考虑了堆雪的影响。

4 多跨单坡及双跨（多跨）双坡或拱形屋面

其系数1.4及0.6则是考虑了屋面凹处范围内，局部堆雪影响及局部滑雪影响。

本次修订对双坡屋面和锯齿形屋面都增加了一种不均匀分布情况（不均匀分布情况2），双坡屋面增加了一种两个屋脊间不均匀积雪的分布情况，而锯齿形屋面增加的不均匀情况则考虑了类似高低跨衔接处的积雪效应。

5 高低屋面

前苏联根据西伯里亚地区的屋面雪荷载的调查，规定屋面积雪分布系数 $\mu_r = \dfrac{2h}{s_0}$，但不大于4.0，其中 h 为屋面高低差，以"m"计，s_0 为基本雪压，以"kN/m²"计；又规定积雪分布宽度 $a_1 = 2h$，但不小于5m，不大于10m；积雪按三角形状分布，见图5。

我国高雪地区的基本雪压 $s_0 = (0.5\sim0.8)$ kN/m²，当屋面高低差达2m以上时，则 μ_r 通常均取4.0。根据我国积雪情况调查，高低屋面堆雪集中程度远次于西伯里亚地区，形成三角形分布的情况较少，一般高低屋面存在风涡作用，雪堆多形成曲线图形的堆积情况。本规范将它简化为矩形分布的雪堆，μ_r 取平均值为2.0，雪堆长度为 $2h$，但不小于4m，不大于8m。

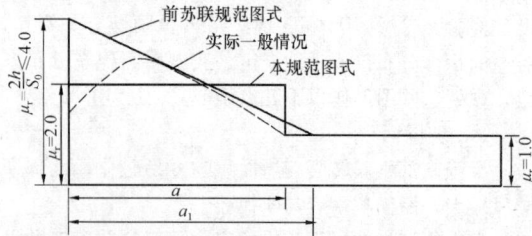

图5 高低屋面处雪堆分布图示

本次修订增加了一种不均匀分布情况，考虑高跨墙体对低跨屋面积雪的遮挡作用，使得计算的积雪分布更接近于实际，同时还增加了低跨屋面跨度较小时的处理。$\mu_{r,m}$ 的取值主要参考欧洲规范。

这种积雪情况同样适用于雨篷的设计。

6 有女儿墙及其他突起物的屋面

本次修订新增加的内容，目的是要规范和完善女儿墙及其他突起物屋面积雪分布系数的取值。

7 大跨屋面

本次修订针对大跨屋面增加一种不均匀分布情

况。大跨屋面结构对雪荷载比较敏感，因雪破坏的情况时有发生，设计时增加一类不均匀分布情况是必要的。由于屋面积雪在风作用下的飘移效应，屋面积雪会呈现中部大边缘小的情况，但对于不均匀积雪分布的范围以及屋面积雪系数具体的取值，目前尚没有足够的调查研究作依据，规范提供的数值供酌情使用。

8 其他屋面形式

对规范典型屋面图形以外的情况，设计人员可根据上述说明推断酌定，例如天沟处及下沉式天窗内建议 $\mu_r = 1.4$，其长度可取女儿墙高度的（1.2~2）倍。

7.2.2 设计建筑结构及屋面的承重构件时，原则上应按表7.2.1中给出的两种积雪分布情况，分别计算结构构件的效应值，并按最不利的情况确定结构构件的截面，但这样的设计计算工作量较大。根据长期以来积累的设计经验，出于简化的目的，规范允许设计人员按本条文的规定进行设计。

8 风 荷 载

8.1 风荷载标准值及基本风压

8.1.1 影响结构风荷载因素较多，计算方法也可以有多种多样，但是它们将直接关系到风荷载的取值和结构安全，要以强制性条文分别规定主体结构和围护结构风荷载标准值的确定方法，以达到保证结构安全的最低要求。

对于主要受力结构，风荷载标准值的表达可有两种形式，其一为平均风压加上由脉动风引起结构风振的等效风压；另一种为平均风压乘以风振系数。由于在高层建筑和高耸结构等悬臂型结构的风振计算中，往往是第1振型起主要作用，因而我国与大多数国家相同，采用后一种表达形式，即采用平均风压乘以风振系数 β_z，它综合考虑了结构在风荷载作用下的动力响应，其中包括风速随时间、空间的变异性和结构的阻尼特性等因素。对非悬臂型的结构，如大跨空间结构，计算公式（8.1.1-1）中风荷载标准值也可理解为结构的静力等效风荷载。

对于围护结构，由于其刚性一般较大，在结构效应中可不必考虑其共振分量，此时可仅在平均风压的基础上，近似考虑脉动风瞬间的增大因素，可通过局部风压体型系数 μ_{s1} 和阵风系数 β_{gz} 来计算其风荷载。

8.1.2 基本风压的确定方法和重现期直接关系到当地基本风压值的大小，因而也直接关系到建筑结构在风荷载作用下的安全，必须以强制性条文作规定。确定基本风压的方法包括对观测场地、风速仪的类型和高度以及统计方法的规定，重现期为50年的风压即为传统意义上的50年一遇的最大风压。

基本风压 w_0 是根据当地气象台站历年来的最大风速记录，按基本风速的标准要求，将不同风速仪高度和时次时距的年最大风速，统一换算为离地 10m 高，自记 10min 平均年最大风速数据，经统计分析确定重现期为 50 年的最大风速，作为当地的基本风速 v_0，再按以下贝努利公式计算得到：

$$w_0 = \frac{1}{2}\rho v_0^2$$

详细方法见本规范附录 E。

对风荷载比较敏感的高层建筑和高耸结构，以及自重较轻的钢木主体结构，这类结构风荷载很重要，计算风荷载的各种因素和方法还不十分确定，因此基本风压应适当提高。如何提高基本风压值，仍可由各结构设计规范，根据结构的自身特点作出规定，没有规定的可以考虑适当提高其重现期来确定基本风压。对于此类结构物中的围护结构，其重要性与主体结构相比要低些，可仍取 50 年重现期的基本风压。对于其他设计情况，其重现期也可由有关的设计规范另行规定，或由设计人员自行选用，附录 E 给出了不同重现期风压的换算公式。

本规范附录 E 表 E.5 中提供的 50 年重现期的基本风压值是根据全国 672 个地点的基本气象台（站）的最大风速资料，按附录 E 规定的方法经统计和换算得到的风压。本次修订在原规范数据的基础上，补充了全国各台站自 1995 年至 2008 年的年极值风速数据，进行了基本风压的重新统计。虽然部分城市在采用新的极值风速数据统计后，得到的基本风压比原规范小，但考虑到近年来气象台站地形地貌的变化等因素，在没有可靠依据情况下一般保持原值不变。少量城市在补充新的气象资料重新统计后，基本风压有所提高。

20 世纪 60 年代前，国内的风速记录大多数根据风压板的观测结果，刻度所反映的风速，实际上是统一根据标准的空气密度 $\rho = 1.25 kg/m^3$ 按上述公式反算而得，因此在按该风速确定风压时，可统一按公式 $w_0 = v_0^2/1600 \ (kN/m^2)$ 计算。

鉴于通过风压板的观测，人为的观测误差较大，再加上时次时距换算中的误差，其结果就不太可靠。当前各气象台站已累积了较多的根据风杯式自记风速仪记录的 10min 平均年最大风速数据，现在的基本风速统计基本上都是以自记的数据为依据。因此在确定风压时，必须考虑各台站观测当时的空气密度，当缺乏资料时，也可参考附录 E 的规定采用。

8.2 风压高度变化系数

8.2.1 在大气边界层内，风速随离地面高度增加而增大。当气压场随高度不变时，风速随高度增大的规律，主要取决于地面粗糙度和温度垂直梯度。通常认为在离地面高度为 300m～550m 时，风速不再受地面粗糙度的影响，也即达到所谓"梯度风速"，该高度称之梯度风高度 H_G。地面粗糙度等级低的地区，其梯度风高度比等级高的地区为低。

风速剖面主要与地面粗糙度和风气候有关。根据气象观测和研究，不同的风气候和风结构对应的风速剖面是不同的。建筑结构要承受多种风气候条件下的风荷载的作用，从工程应用的角度出发，采用统一的风速剖面表达式是可行和合适的。因此规范在规定风剖面和统计各地基本风压时，对风的性质并不加以区分。主导我国设计风荷载的极端风气候为台风或冷锋风，在建筑结构关注的近地面范围，风速剖面基本符合指数律。自 GBJ 9-87 以来，本规范一直采用如下的指数律作为风速剖面的表达式：

$$v_z = v_{10}\left(\frac{z}{10}\right)^\alpha$$

GBJ 9-87 将地面粗糙度类别划分为海上、乡村和城市 3 类，GB 50009-2001 修订时将地面粗糙度类别规定为海上、乡村、城市和大城市中心 4 类，指数分别取 0.12、0.16、0.22 和 0.30，梯度高度分别取 300m、350m、400m 和 450m，基本上适应了各类工程建设的需要。

但随着国内城市发展，尤其是诸如北京、上海、广州等超大型城市群的发展，城市涵盖的范围越来越大，使得城市地貌下的大气边界层厚度与原来相比有显著增加。本次修订在保持划分 4 类粗糙度类别不变的情况下，适当提高了 C、D 两类粗糙度类别的梯度风高度，由 400m 和 450m 分别修改为 450m 和 550m。B 类风速剖面指数由 0.16 修改为 0.15，适当降低了标准场地类别的平均风荷载。

根据地面粗糙度指数及梯度风高度，即可得出风压高度变化系数如下：

$$\mu_z^A = 1.284\left(\frac{z}{10}\right)^{0.24}$$

$$\mu_z^B = 1.000\left(\frac{z}{10}\right)^{0.30}$$

$$\mu_z^C = 0.544\left(\frac{z}{10}\right)^{0.44}$$

$$\mu_z^D = 0.262\left(\frac{z}{10}\right)^{0.60}$$

针对 4 类地貌，风压高度变化系数分别规定了各自的截断高度，对应 A、B、C、D 类分别取为 5m、10m、15m 和 30m，即高度变化系数取值分别不小于 1.09、1.00、0.65 和 0.51。

在确定城区的地面粗糙度类别时，若无 α 的实测可按下述原则近似确定：

1 以拟建房 2km 为半径的迎风半圆影响范围内的房屋高度和密集度来区分粗糙度类别，风向原则上应以该地区最大风的风向为准，但也可取其主导风；

2 以半圆影响范围内建筑物的平均高度 $\bar{h}$ 来划分地面粗糙度类别，当 $\bar{h} \geq 18m$，为 D 类，$9m < \bar{h} < 18m$，为 C 类，$\bar{h} \leq 9m$，为 B 类；

3 影响范围内不同高度的面域可按下述原则确

定，即每座建筑物向外延伸距离为其高度的面域内均为该高度，当不同高度的面域相交时，交叠部分的高度取大者；

4 平均高度 $\bar{h}$ 取各面域面积为权数计算。

8.2.2 地形对风荷载的影响较为复杂。原规范参考加拿大、澳大利亚和英国的相关规范，以及欧洲钢结构协会 ECCS 的规定，针对较为简单的地形条件，给出了风压高度变化系数的修正系数，在计算时应注意公式的使用条件。更为复杂的情形可根据相关资料或专门研究取值。

本次修订将山峰修正系数计算公式中的系数 κ 由 3.2 修改为 2.2，原因是原规范规定的修正系数在 z/H 值较小的情况下，与日本、欧洲等国外规范相比偏大，修正结果偏于保守。

8.3 风荷载体型系数

8.3.1 风荷载体型系数是指风作用在建筑物表面一定面积范围内所引起的平均压力（或吸力）与来流风的速度压的比值，它主要与建筑物的体型和尺度有关，也与周围环境和地面粗糙度有关。由于它涉及的是关于固体与流体相互作用的流体动力学问题，对于不规则形状的固体，问题尤为复杂，无法给出理论上的结果，一般应由试验确定。鉴于原型实测的方法对结构设计的不现实性，目前只能根据相似性原理，在边界层风洞内对拟建的建筑物模型进行测试。

表 8.3.1 列出 39 项不同类型的建筑物和各类结构体型及其体型系数，这些都是根据国内外的试验资料和国外规范中的建议性规定整理而成，当建筑物与表中列出的体型类同时可参考应用。

本次修订增加了第 31 项矩形截面高层建筑，考虑深宽比 D/B 对背风面体型系数的影响。当平面深宽比 $D/B \leqslant 1.0$ 时，背风面的体型系数由 -0.5 增加到 -0.6，矩形高层建筑的风力系数也由 1.3 增加到 1.4。

必须指出，表 8.3.1 中的系数是有局限性的，风洞试验仍应作为抗风设计重要的辅助工具，尤其是对于体型复杂而且重要的房屋结构。

8.3.2 当建筑群，尤其是高层建筑群，房屋相互间距较近时，由于旋涡的相互干扰，房屋某些部位的局部风压会显著增大，设计时应予注意。对比较重要的高层建筑，建议在风洞试验中考虑周围建筑物的干扰因素。

本条文增加的矩形平面高层建筑的相互干扰系数取值是根据国内大量风洞试验研究结果给出的。试验研究直接以基底弯矩响应作为目标，采用基于基底弯矩的相互干扰系数来描述基底弯矩由于干扰所引起的静力和动力干扰作用。相互干扰系数定义为受扰后的结构风荷载和单体结构风荷载的比值。在没有充分依据的情况下，相互干扰系数的取值一般不小于 1.0。

建筑高度相同的单个施扰建筑的顺风向和横风向风荷载相互干扰系数的研究结果分别见图 6 和图 7。图中假定风向是由左向右吹，b 为受扰建筑的迎风面宽度，x 和 y 分别为施扰建筑离受扰建筑的纵向和横向距离。

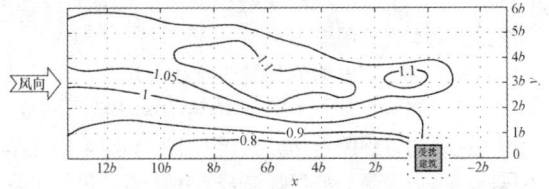

图 6 单个施扰建筑作用的
顺风向风荷载相互干扰系数

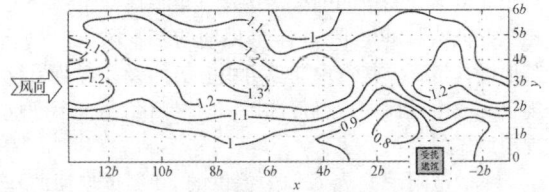

图 7 单个施扰建筑作用的横风向
风荷载相互干扰系数

建筑高度相同的两个干扰建筑的顺风向荷载相互干扰系数见图 8。图中 l 为两个施扰建筑 A 和 B 的中心连线，取值时 l 不能和 l_1 和 l_2 相交。图中给出的是两个施扰建筑联合作用时的最不利情况，当这两个建筑都不在图中所示区域时，应按单个施扰建筑情况处理并依照图 6 选取较大的数值。

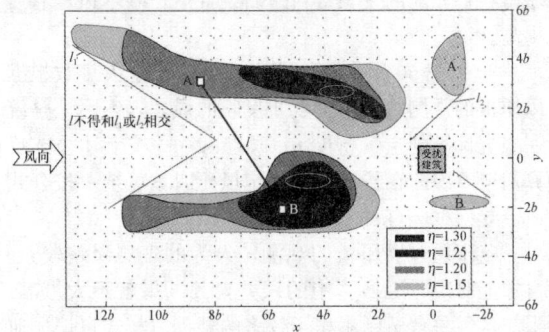

图 8 两个施扰建筑作用的
顺风向风荷载相互干扰系数

8.3.3 通常情况下，作用于建筑物表面的风压分布并不均匀，在角隅、檐口、边棱处和在附属结构的部位（如阳台、雨篷等外挑构件），局部风压会超过按本规范表 8.3.1 所得的平均风压。局部风压体型系数是考虑建筑物表面风压分布不均匀而导致局部部位的风压超过全表面平均风压的实际情况作出的调整。

本次修订细化了原规范对局部体型系数的规定，补充了封闭式矩形平面房屋墙面及屋面的分区域局部体型系数，反映了建筑物高宽比和屋面坡度对局部体型系数的影响。

8.3.4 本条由原规范7.3.3条注扩充而来，考虑了从属面积对局部体型系数的影响，并将折减系数的应用限于验算非直接承受风荷载的围护构件，如檩条、幕墙骨架等，最大的折减从属面积由10m²增加到25m²，屋面最小的折减系数由0.8减小到0.6。

8.3.5 本条由原规范7.3.3条第2款扩充而来，增加了建筑物某一面有主导洞口的情况，主导洞口是指开孔面积较大且大风期间也不关闭的洞口。对封闭式建筑物，考虑到建筑物内实际存在的个别孔口和缝隙，以及机械通风等因素，室内可能存在正负不同的气压，参照国外规范，大多取±(0.18~0.25)的压力系数，本次修订仍取±0.2。

对于有主导洞口的建筑物，其内压分布要复杂得多，和洞口面积、洞口位置、建筑物内部格局以及其他墙面的背景透风率等因素都有关系。考虑到设计工作的实际需要，参考国外规范规定和相关文献的研究成果，本次修订对仅有一面墙有主导洞口的建筑物内压作出了简化规定。根据本条第2款进行计算时，应注意考虑不同风向下内部压力的不同取值。本条第3款所称的开放式建筑是指主导洞口面积过大或不止一面墙存在大洞口的建筑物（例如本规范表8.3.1的26项）。

8.3.6 风洞试验虽然是抗风设计的重要研究手段，但必须满足一定的条件才能得出合理可靠的结果。这些条件主要包括：风洞风速范围、静压梯度、流场均匀度和气流偏角等设备的基本性能；测试设备的量程、精度、频响特性等；平均风速剖面、湍流度、积分尺度、功率谱等大气边界层的模拟要求；模型缩尺比、阻塞率、刚度；风洞试验数据的处理方法等。由住房与城乡建设部立项的行业标准《建筑工程风洞试验方法标准》正在制订中，该标准将对上述条件作出具体规定。在该标准尚未颁布实施之前，可参考国外相关资料确定风洞试验应满足的条件，如美国ASCE编制的Wind Tunnel Studies of Buildings and Structures、日本建筑中心出版的《建筑风洞实验指南》（中国建筑工业出版社，2011，北京）等。

8.4 顺风向风振和风振系数

8.4.1 参考国外规范及我国建筑工程抗风设计和理论研究的实践情况，当结构基本自振周期 $T \geq 0.25s$ 时，以及对于高度超过30m且高宽比大于1.5的高柔房屋，由风引起的结构振动比较明显，而且随着结构自振周期的增长，风振也随之增强。因此在设计中应考虑风振的影响，而且原则上还应考虑多个振型的影响；对于前几阶频率比较密集的结构，例如桅杆、屋盖等结构，需要考虑的振型可多达10个及以上。应按随机振动理论对结构的响应进行计算。

对于 $T < 0.25s$ 的结构和高度小于30m或高宽比小于1.5的房屋，原则上也应考虑风振影响。但已有研究表明，对这类结构，往往按构造要求进行结构设计，结构已有足够的刚度，所以这类结构的风振响应一般不大。一般来说，不考虑风振响应不会影响这类结构的抗风安全性。

8.4.2 对如何考虑屋盖结构的风振问题过去没有提及，这次修订予以补充。需考虑风振的屋盖结构指的是跨度大于36m的柔性屋盖结构以及质量轻刚度小的索膜结构。

屋盖结构风振响应和等效静力风荷载计算是一个复杂的问题，国内外规范均没有给出一般性计算方法。目前比较一致的观点是，屋盖结构不宜采用与高层建筑和高耸结构相同的风振系数计算方法。这是因为，高层及高耸结构的顺风向风振系数方法，本质上是直接采用风速谱估计风压谱（准定常方法），然后计算结构的顺风向振动响应。对于高层（耸）结构的顺风向风振，这种方法是合适的。但屋盖结构的脉动风压除了和风速脉动有关外，还和流动分离、再附、旋涡脱落等复杂流动现象有关，所以风压谱不能直接用风速谱来表示。此外，屋盖结构多阶模态及模态耦合效应比较明显，难以简单采用风振系数方法。

悬挑型大跨屋盖结构与一般悬臂型结构类似，第1阶振型对风振响应的贡献最大。另有研究表明，单侧独立悬挑型大跨屋盖结构可按照准定常方法计算风振响应。比如澳洲规范（AS/NZS 1170.2：2002）基于准定常方法给出悬挑型大跨屋盖的设计风荷载。但需要注意的是，当存在另一侧看台挑篷或其他建筑物干扰时，准定常方法有可能也不适用。

8.4.3~8.4.6 对于一般悬臂型结构，例如框架、塔架、烟囱等高耸结构，高度大于30m且高宽比大于1.5的高柔房屋，由于频谱比较稀疏，第一振型起到绝对的作用，此时可以仅考虑结构的第一振型，并通过下式的风振系数来表达：

$$\beta(z) = \frac{\overline{F}_{Dk}(z) + \hat{F}_{Dk}(z)}{\overline{F}_{Dk}(z)} \qquad (1)$$

式中：$\overline{F}_{Dk}(z)$ 为顺风向单位高度平均风力（kN/m），可按下式计算：

$$\overline{F}_{Dk}(z) = w_0 \mu_s \mu_z(z) B \qquad (2)$$

$\hat{F}_{Dk}(z)$ 为顺风向单位高度第1阶风振惯性力峰值（kN/m），对于重量沿高度无变化的等截面结构，采用下式计算：

$$\hat{F}_{Dk}(z) = g\omega_1^2 m\phi_1(z)\sigma_{q_1} \qquad (3)$$

式中：ω_1 为结构顺风向第1阶自振圆频率；g 为峰值因子，取为2.5，与原规范取值2.2相比有适当提高；σ_{q_1} 为顺风向一阶广义位移均方根，当假定相干函数与频率无关时，σ_{q_1} 可按下式计算：

$$\sigma_{q_1} = \frac{2w_0 I_{10} B \mu_s}{\omega_1^2 m}$$

$$\frac{\sqrt{\int_0^B \int_0^B coh_x(x_1,x_2)\mathrm{d}x_1\mathrm{d}x_2 \int_0^H \int_0^H [\mu_z(z_1)\phi_1(z_1)\overline{I}_z(z_1)][\mu_z(z_2)\phi_1(z_2)\overline{I}_z(z_2)]coh_z(z_1,z_2)\mathrm{d}z_1\mathrm{d}z_2}}{\int_0^H \phi_1^2(z)\mathrm{d}z}$$

$$\times \sqrt{\int_0^\infty \omega_1^4 |H_j(i\omega)|^2 S_f(\omega)\mathrm{d}\omega} \tag{4}$$

将风振响应近似取为准静态的背景分量及窄带共振响应分量之和。则式（4）与频率有关的积分项可近似表示为：

$$\left[\omega_1^4 \int_{-\infty}^\infty |H_{q_1}(i\omega)|^2 S_f(\omega) \cdot \mathrm{d}\omega\right]^{1/2} \approx \sqrt{1+R^2} \tag{5}$$

而式（4）中与频率无关的积分项乘以 $\phi_1(z)/\mu_z(z)$ 后以背景分量因子表达：

$$B_z = \frac{\sqrt{\int_0^B \int_0^B coh_x(x_1,x_2)\mathrm{d}x_1\mathrm{d}x_2 \int_0^H \int_0^H \lceil\mu_z(z_1)\phi_1(z_1)\overline{I}_z(z_1)\rceil\lceil\mu_z(z_2)\phi_1(z_2)\overline{I}_z(z_2)\rceil coh_z(z_1,z_2)\mathrm{d}z_1\mathrm{d}z_2}}{\int_0^H \phi_1^2(z)\mathrm{d}z} \frac{\phi_1(z)}{\mu_z(z)} \tag{6}$$

将式（2）～式（6）代入式（1），就得到规范规定的风振系数计算式（8.4.3）。

共振因子 R 的一般计算式为：

$$R = \sqrt{\frac{\pi f_1 S_f(f_1)}{4\zeta_1}} \tag{7}$$

S_f 为归一化风速谱，若采用 Davenport 建议的风速谱密度经验公式，则：

$$S_f(f) = \frac{2x^2}{3f(1+x^2)^{4/3}} \tag{8}$$

利用式（7）和式（8）可得到规范的共振因子计算公式（8.4.4-1）。

在背景因子计算中，可采用 Shiotani 提出的与频率无关的竖向和水平向相干函数：

$$coh_z(z_1,z_2) = e^{\frac{-|z_1-z_2|}{60}} \tag{9}$$

$$coh_x(x_1,x_2) = e^{\frac{-|x_1-x_2|}{50}} \tag{10}$$

湍流度沿高度的分布可按下式计算：

$$I_z(z) = I_{10}\overline{I}_z(z) \tag{11}$$

$$\overline{I}_z(z) = \left(\frac{z}{10}\right)^{-a} \tag{12}$$

式中 α 为地面粗糙度指数，对应于 A、B、C 和 D 类地貌，分别取为 0.12、0.15、0.22 和 0.30。I_{10} 为 10m 高名义湍流度，对应 A、B、C 和 D 类地面粗糙度，可分别取 0.12、0.14、0.23 和 0.39，取值比原规范有适当提高。

式（6）为多重积分式，为方便使用，经过大量试算及回归分析，采用非线性最小二乘法拟合得到简化经验公式（8.4.5）。拟合计算过程中，考虑了迎风面和背风面的风压相关性，同时结合工程经验乘以了 0.7 的折减系数。

对于体型或质量沿高度变化的高耸结构，在应用公式（8.4.5）时应注意如下问题：对于进深尺寸比

较均匀的构筑物，即使迎风面宽度沿高度有变化，计算结果也和按等截面计算的结果十分接近，故对这种情况仍可采用公式（8.4.5）计算背景分量因子；对于进深尺寸和宽度沿高度按线性或近似于线性变化、而重量沿高度按连续规律变化的构筑物，例如截面为正方形或三角形的高耸塔架及圆形截面的烟囱，计算结果表明，必须考虑外形的影响，对背景分量因子予以修正。

本次修订在附录 J 中增加了顺风向风振加速度计算的内容。顺风向风振加速度计算的理论与上述风振系数计算所采用的相同，在仅考虑第一振型情况下，加速度响应峰值可按下式计算：

$$a_D(z) = g\phi_1(z)\sqrt{\int_{-\infty}^\infty \omega^4 S_{q_1}(\omega)\mathrm{d}\omega}$$

式中，$S_{q_1}(\omega)$ 为顺风向第 1 阶广义位移响应功率谱。

采用 Davenport 风速谱和 Shiotani 空间相关性公式，上式可表示为：

$$a_D(z) = \frac{2gI_{10}w_R\mu_s\mu_z B_z B}{m}\sqrt{\int_0^\infty \omega^4 |H_{q_1}(i\omega)|^2 S_f(\omega)\mathrm{d}\omega}$$

为便于使用，上式中的根号项用顺风向风振加速度的脉动系数 η_a 表示，则可得到本规范附录 J 的公式（J.1.1）。经计算整理得到 η_a 的计算用表，即本规范表 J.1.2。

8.4.7 结构振型系数按理应通过结构动力分析确定。为了简化，在确定风荷载时，可采用近似公式。按结构变形特点，对高耸构筑物可按弯曲型考虑，采用下述近似公式：

$$\phi_1 = \frac{6z^2 H^2 - 4z^3 H + z^4}{3H^4}$$

对高层建筑，当以剪力墙的工作为主时，可按弯剪型考虑，采用下述近似公式：

$$\phi_1 = \tan\left[\frac{\pi}{4}\left(\frac{z}{H}\right)^{0.7}\right]$$

对高层建筑也可进一步考虑框架和剪力墙各自的弯曲和剪切刚度，根据不同的综合刚度参数 λ，给出不同的振型系数。附录 G 对高层建筑给出前四个振型系数，它是假设框架和剪力墙均起主要作用时的情况，即取 $\lambda=3$。综合刚度参数 λ 可按下式确定：

$$\lambda = \frac{C}{\eta}\left(\frac{1}{EI_{\mathrm{w}}} + \frac{1}{EI_{\mathrm{N}}}\right)H^2$$

式中：C——建筑物的剪切刚度；

EI_{w}——剪力墙的弯曲刚度；

EI_{N}——考虑墙柱轴向变形的等效刚度；

$$\eta = 1 + \frac{C_{\mathrm{f}}}{C_{\mathrm{w}}}$$

C_{f}——框架剪切刚度；

C_{w}——剪力墙剪切刚度；

H——房屋总高。

8.5 横风向和扭转风振

8.5.1 判断高层建筑是否需要考虑横风向风振的影响这一问题比较复杂，一般要考虑建筑的高度、高宽比、结构自振频率及阻尼比等多种因素，并要借鉴工程经验及有关资料来判断。一般而言，建筑高度超过150m或高宽比大于5的高层建筑可出现较为明显的横风向风振效应，并且效应随着建筑高度或建筑高宽比增加而增加。细长圆形截面构筑物一般指高度超过30m且高宽比大于4的构筑物。

8.5.2、8.5.3 当建筑物受到风力作用时，不但顺风向可能发生风振，而且在一定条件下也能发生横风向的风振。导致建筑横风向风振的主要激励有：尾流激励（旋涡脱落激励）、横风向紊流激励以及气动弹性激励（建筑振动和风之间的耦合效应），其激励特性远比顺风向要复杂。

对于圆截面柱体结构，若旋涡脱落频率与结构自振频率相近，可能出现共振。大量试验表明，旋涡脱落频率 f_s 与平均风速 v 成正比，与截面的直径 D 成反比，这些变量之间满足如下关系：$St = \dfrac{f_s D}{v}$，其中，St 是斯脱罗哈数，其值仅决定于结构断面形状和雷诺数。

雷诺数 $Re = \dfrac{vD}{\nu}$（可用近似公式 $Re=69000vD$ 计算，其中，分母中 ν 为空气运动黏性系数，约为 $1.45 \times 10^{-5}\mathrm{m}^2/\mathrm{s}$；分子中 v 是平均风速；D 是圆柱结构的直径）将影响圆截面柱体结构的横风向风力和振动响应。当风速较低，即 $Re \leqslant 3 \times 10^5$ 时，$St \approx 0.2$。一旦 f_s 与结构频率相等，即发生亚临界的微风共振。当风速增大而处于超临界范围，即 $3 \times 10^5 \leqslant Re < 3.5 \times 10^6$ 时，旋涡脱落没有明显的周期，结构的横向振动

也呈随机性。当风更大，$Re \geqslant 3.5 \times 10^6$，即进入跨临界范围，重新出现规则的周期性旋涡脱落。一旦与结构自振频率接近，结构将发生强风共振。

一般情况下，当风速在亚临界或超临界范围内时，只要采取适当构造措施，结构不会在短时间内出现严重问题。也就是说，即使发生亚临界微风共振或超临界随机振动，结构的正常使用可能受到影响，但不至于造成结构破坏。当风速进入跨临界范围内时，结构有可能出现严重的振动，甚至于破坏，国内外都曾发生过很多这类损坏和破坏的事例，对此必须引起注意。

规范附录 H.1 给出了发生跨临界强风共振时的圆形截面横风向风振等效风荷载计算方法。公式（H.1.1-1）中的计算系数 λ_j 是对 j 振型情况下考虑与共振区分布有关的折算系数。此外，应注意公式中的临界风速 v_{cr} 与结构自振周期有关，也即对同一结构不同振型的强风共振，v_{cr} 是不同的。

附录 H.2 的横风向风振等效风荷载计算方法是依据大量典型建筑模型的风洞试验结果给出的。这些典型建筑的截面为均匀矩形，高宽比（$H/\sqrt{BD}$）和截面深宽比（D/B）分别为 4～8 和 0.5～2。试验结果的适用折算风速范围为 $v_H T_{\mathrm{L1}}/\sqrt{BD} \leqslant 10$。

大量研究结果表明，当建筑截面深宽比大于 2 时，分离气流将在侧面发生再附，横风向风力的基本特征变化较大；当设计折算风速大于 10 或高宽比大于 8，可能发生不利且难以准确估算的气动弹性现象，不宜采用附录 H.2 计算方法，建议进行专门的风洞试验研究。

高宽比 $H/\sqrt{BD}$ 在 4～8 之间以及截面深宽比 D/B 在 0.5～2 之间的矩形截面高层建筑的横风向广义力功率谱可按下列公式计算得到：

$$S_{F_{\mathrm{L}}} = \frac{S_{\mathrm{p}}\beta_{\mathrm{k}}(f_{\mathrm{L1}}^*/f_{\mathrm{p}})^{\gamma}}{\{1 - (f_{\mathrm{L1}}^*/f_{\mathrm{p}})^2\}^2 + \beta_{\mathrm{k}}(f_{\mathrm{L1}}^*/f_{\mathrm{p}})^2}$$

$$f_{\mathrm{p}} = 10^{-5}\left(191 - 9.48N_{\mathrm{R}} + \frac{1.28H}{\sqrt{DB}} + \frac{N_{\mathrm{R}}H}{\sqrt{DB}}\right)$$
$$\left[68 - 21\left(\frac{D}{B}\right) + 3\left(\frac{D}{B}\right)^2\right]$$

$$S_{\mathrm{p}} = (0.1N_{\mathrm{R}}^{-0.4} - 0.0004e^{N_{\mathrm{R}}})$$
$$\left[\frac{0.84H}{\sqrt{DB}} - 2.12 - 0.05\left(\frac{H}{\sqrt{DB}}\right)^2\right] \times$$
$$\left[0.422 + \left(\frac{D}{B}\right)^{-1} - 0.08\left(\frac{D}{B}\right)^{-2}\right]$$

$$\beta_{\mathrm{K}} = (1 + 0.00473e^{1.7N_{\mathrm{R}}})$$
$$\left(0.065 + e^{1.26 - \frac{0.63B}{\sqrt{DB}}}\right)e^{1.7 - \frac{3.44B}{D}}$$

$$\gamma = (-0.8 + 0.06N_{\mathrm{R}} + 0.0007e^{N_{\mathrm{R}}})$$
$$\left[-\left(\frac{H}{\sqrt{DB}}\right)^{0.34} + 0.00006e^{\frac{H}{\sqrt{DB}}}\right] \times$$
$$\left[\frac{0.414D}{B} + 1.67\left(\frac{D}{B}\right)^{-1.23}\right]$$

式中：f_p——横风向风力谱的谱峰频率系数；

　　　N_R——地面粗糙度类别的序号，对应 A、B、C 和 D 类地貌分别取 1、2、3 和 4；

　　　S_p——横风向风力谱的谱峰系数；

　　　β_k——横风向风力谱的带宽系数；

　　　γ——横风向风力谱的偏态系数。

图 H.2.4 给出的是将 $H/\sqrt{BD}=6.0$ 代入该公式计算得到的结果，供设计人员手算时用。此时，因取高宽比为固定值，忽略了其影响，对大多数矩形截面高层建筑，计算误差是可以接受的。

本次修订在附录 J 中增加了横风向风振加速度计算的内容。横风向风振加速度计算的依据和方法与横风向风振等效风荷载相似，也是基于大量的风洞试验结果。大量风洞试验结果表明，高层建筑横风向风力以旋涡脱落激励为主，相对于顺风向风力谱，横风向风力谱的峰值比较突出，谱峰的宽度较小。根据横风向风力谱的特点，并参考相关研究成果，横风向加速度响应可只考虑共振分量的贡献，由此推导可得到本规范附录 J 横风向加速度计算公式（J.2.1）。

8.5.4、8.5.5 扭转风荷载是由于建筑各个立面风压的非对称作用产生的，受截面形状和湍流度等因素的影响较大。判断高层建筑是否需要考虑扭转风振的影响，主要考虑建筑的高度、高宽比、深宽比、结构自振频率、结构刚度与质量的偏心等因素。

建筑高度超过 150m，同时满足 $H/\sqrt{BD} \geqslant 3$、$D/B \geqslant 1.5$、$\dfrac{T_{T1} v_H}{\sqrt{BD}} \geqslant 0.4$ 的高层建筑〔T_{T1} 为第 1 阶扭转周期（s）〕，扭转风振效应明显，宜考虑扭转风振的影响。

截面尺寸和质量沿高度基本相同的矩形截面高层建筑，当其刚度或质量的偏心率（偏心距/回转半径）不大于 0.2，且同时满足 $\dfrac{H}{\sqrt{BD}} \leqslant 6$，$D/B$ 在 1.5～5 范围，$\dfrac{T_{T1} v_H}{\sqrt{BD}} \leqslant 10$，可按附录 H.3 计算扭转风振等效风荷载。

当偏心率大于 0.2 时，高层建筑的弯扭耦合风振效应显著，结构风振响应规律非常复杂，不能直接采用附录 H.3 给出的方法计算扭转风振等效风荷载；大量风洞试验结果表明，风致扭矩与横风向风力具有较强相关性，当 $\dfrac{H}{\sqrt{BD}} > 6$ 或 $\dfrac{T_{T1} v_H}{\sqrt{BD}} > 10$ 时，两者的耦合作用易发生不稳定的气动弹性现象。对于符合上述情况的高层建筑，建议在风洞试验基础上，有针对性地进行专门研究。

8.5.6 高层建筑结构在脉动风荷载作用下，其顺风向风荷载、横风向风振等效风荷载和扭转风振等效风荷载一般是同时存在的，但三种风荷载的最大值并不一定同时出现，因此在设计中应当按表 8.5.6 考虑三种风荷载的组合工况。

表 8.5.6 主要参考日本规范方法并结合我国的实际情况和工程经验给出。一般情况下顺风向风振响应与横风向风振响应的相关性较小，对于顺风向风荷载为主的情况，横风向风荷载不参与组合；对于横风向风荷载为主的情况，顺风向风荷载仅静力部分参与组合，简化为在顺风向风荷载标准值前乘以 0.6 的折减系数。

虽然扭转风振与顺风向及横风向风振响应之间存在相关性，但由于影响因素较多，在目前研究尚不成熟情况下，暂不考虑扭转风振等效风荷载与另外两个方向的风荷载的组合。

8.6 阵 风 系 数

8.6.1 计算围护结构的阵风系数，不再区分幕墙和其他构件，统一按下式计算：

$$\beta_{zg} = 1 + 2gI_{10}\left(\frac{z}{10}\right)^{-\alpha}$$

其中 A、B、C、D 四类地面粗糙度类别的截断高度分别为 5m，10m，15m 和 30m，即对应的阵风系数不大于 1.65，1.70，2.05 和 2.40。调整后的阵风系数与原规范相比系数有变化，来流风的极值速度压（阵风系数乘以高度变化系数）与原规范相比降低了约 5%到 10%。对幕墙以外的其他围护结构，由于原规范不考虑阵风系数，因此风荷载标准值会有明显提高，这是考虑到近几年来轻型屋面围护结构发生风灾破坏的事件较多的情况而作出的修订。但对低矮房屋非直接承受风荷载的围护结构，如檩条等，由于其最小局部体型系数由 -2.2 修改为 -1.8，按面积的最小折减系数由 0.8 减小到 0.6，因此风荷载的整体取值与原规范相当。

9 温 度 作 用

9.1 一 般 规 定

9.1.1 引起温度作用的因素很多，本规范仅涉及气温变化及太阳辐射等由气候因素产生的温度作用。有使用热源的结构一般是指有散热设备的厂房、烟囱、储存热物的筒仓、冷库等，其温度作用应由专门规范作规定，或根据建设方和设备供应商提供的指标确定温度作用。

温度作用是指结构或构件内温度的变化。在结构构件任意截面上的温度分布，一般认为可由三个分量叠加组成：① 均匀分布的温度分量 ΔT_u（图 9a）；② 沿截面线性变化的温度分量（梯度温差）ΔT_{My}、ΔT_{Mz}（图 9b、c），一般采用截面边缘的温度差表示；③ 非线性变化的温度分量 ΔT_E（图 9d）。

结构和构件的温度作用即指上述分量的变化，对超大型结构、由不同材料部件组成的结构等特殊情况，尚需考虑不同结构部件之间的温度变化。对大体积结构，尚需考虑整个温度场的变化。

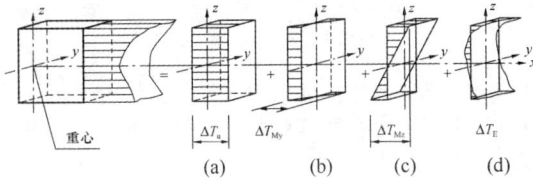

图9　结构构件任意截面上的温度分布

建筑结构设计时，应首先采取有效构造措施来减少或消除温度作用效应，如设置结构的活动支座或节点、设置温度缝、采用隔热保温措施等。当结构或构件在温度作用和其他可能组合的荷载共同作用下产生的效应（应力或变形）可能超过承载能力极限状态或正常使用极限状态时，比如结构某一方向平面尺寸超过伸缩缝最大间距或温度区段长度、结构约束较大、房屋高度较高等，结构设计中一般应考虑温度作用。是否需要考虑温度作用效应的具体条件由《混凝土结构设计规范》GB 50010、《钢结构设计规范》GB 50017等结构设计规范作出规定。

9.1.2　常用材料的线膨胀系数表主要参考欧洲规范的数据确定。

9.1.3　温度作用属于可变的间接作用，考虑到结构可靠指标及设计表达式的统一，其荷载分项系数取值与其他可变荷载相同，取1.4。该值与美国混凝土设计规范ACI 318的取值相当。

作为结构可变荷载之一，温度作用应根据结构施工和使用期间可能同时出现的情况考虑其与其他可变荷载的组合。规范规定的组合值系数、频遇值系数及准永久值系数主要依据设计经验及参考欧洲规范确定。

混凝土结构在进行温度作用效应分析时，可考虑混凝土开裂等因素引起的结构刚度的降低。混凝土材料的徐变和收缩效应，可根据经验将其等效为温度作用。具体方法可参考有关资料和文献。如在行业标准《水工混凝土结构设计规范》SL 191-2008中规定，初估混凝土干缩变形时可将其影响折算为（10～15）℃的温降。在《铁路桥涵设计基本规范》TB 10002.1-2005中规定混凝土收缩的影响可按降低温度的方法来计算，对整体浇筑的混凝土和钢筋混凝土结构分别相当于降低温度20℃和15℃。

9.2　基本气温

9.2.1　基本气温是气温的基准值，是确定温度作用所需最主要的气象参数。基本气温一般是以气象台站记录所得的某一年极值气温数据为样本，经统计得到的具有一定年超越概率的最高和最低气温。采用什么气温参数作为年极值气温样本数据，目前还没有统一

模式。欧洲规范 EN 1991-1-5∶-2003 采用小时最高和最低气温；我国行业标准《铁路桥涵设计基本规范》TB 10002.1-2005 采用七月份和一月份的月平均气温，《公路桥涵设计通用规范》JTG D60-2004采用有效温度并将全国划分为严寒、寒冷和温热三个区来规定。目前国内在建筑结构设计中采用的基本气温也不统一，钢结构设计有的采用极端最高、最低气温，混凝土结构设计有的采用最高或最低月平均气温，这种情况带来的后果是难以用统一尺度评判温度作用下结构的可靠性水准，温度作用分项系数及其他各系数的取值也很难统一。作为结构设计的基本气象参数，有必要加以规范和统一。

根据国内的设计现状并参考国外规范，本规范将基本气温定义为50年一遇的月平均最高和月平均最低气温。分别根据全国各基本气象台站最近30年历年最高温度月的月平均最高和最低温度月的月平均最低气温为样本，经统计（假定其服从极值Ⅰ型分布）得到。

对于热传导速率较慢且体积较大的混凝土及砌体结构，结构温度接近当地月平均气温，可直接采用月平均最高气温和月平均最低气温作为基本气温。

对于热传导速率较快的金属结构或体积较小的混凝土结构，它们对气温的变化比较敏感，这些结构要考虑昼夜气温变化的影响，必要时应对基本气温进行修正。气温修正的幅度大小与地理位置相关，可根据工程经验及当地极值气温与月平均最高和月平均最低气温的差值以及保温隔热性能的情况酌定。

9.3　均匀温度作用

9.3.1　均匀温度作用对结构影响最大，也是设计时最常考虑的，温度作用的取值及结构分析方法较为成熟。对室内外温差较大且没有保温隔热面层的结构，或太阳辐射较强的金属结构等，应考虑结构或构件的梯度温度作用，对体积较大或约束较强的结构，必要时应考虑非线性温度作用。对梯度和非线性温度作用的取值及结构分析目前尚没有较为成熟统一的方法，因此，本规范仅对均匀温度作用作出规定，其他情况设计人员可参考有关文献或根据设计经验酌情处理。

以结构的初始温度（合拢温度）为基准，结构的温度作用效应要考虑温升和温降两种工况。这两种工况产生的效应和可能出现的控制应力或位移是不同的，温升工况会使构件产生膨胀，而温降则会使构件产生收缩，一般情况两者都应校核。

气温和结构温度的单位采用摄氏度（℃），零上为正，零下为负。温度作用标准值的单位也是摄氏度（℃），温升为正，温降为负。

9.3.2　影响结构平均温度的因素较多，应根据工程施工期间和正常使用期间的实际情况确定。

对暴露于环境气温下的室外结构，最高平均温度

和最低平均温度一般可依据基本气温 T_{max} 和 T_{min} 确定。

对有围护的室内结构，结构最高平均温度和最低平均温度一般可依据室内和室外的环境温度按热工学的原理确定，当仅考虑单层结构材料且室内外环境温度类似时，结构平均温度可近似地取室内外环境温度的平均值。

在同一种材料内，结构的梯度温度可近似假定为线性分布。

室内环境温度应根据建筑设计资料的规定采用，当没有规定时，应考虑夏季空调条件和冬季采暖条件下可能出现的最低温度和最高温度的不利情况。

室外环境温度一般可取基本气温，对温度敏感的金属结构，尚应根据结构表面的颜色深浅及朝向考虑太阳辐射的影响，对结构表面温度予以增大。夏季太阳辐射对外表面最高温度的影响，与当地纬度、结构方位、表面材料色调等因素有关，不宜简单近似。参考早期的国际标准化组织文件《结构设计依据—温度气候作用》技术报告 ISO TR 9492 中相关的内容，经过计算发现，影响辐射量的主要因素是结构所处的方位，在我国不同纬度的地方（北纬 20 度～50 度）虽然有差别，但不显著。

结构外表面的材料及其色调的影响肯定是明显的。表 7 为经过计算归纳近似给出围护结构表面温度的增大值。当没有可靠资料时，可参考表 7 确定。

表 7　考虑太阳辐射的围护结构表面温度增加

朝向	表面颜色	温度增加值（℃）
平屋面	浅亮	6
	浅色	11
	深暗	15
东向、南向和西向的垂直墙面	浅亮	3
	浅色	5
	深暗	7
北向、东北和西北向的垂直墙面	浅亮	2
	浅色	4
	深暗	6

对地下室与地下结构的室外温度，一般应考虑离地表面深度的影响。当离地表面深度超过 10m 时，土体基本为恒温，等于年平均气温。

9.3.3　混凝土结构的合拢温度一般可取后浇带封闭时的月平均气温。钢结构的合拢温度一般可取合拢时的日平均温度，但当合拢时有日照时，应考虑日照的影响。结构设计时，往往不能准确确定施工工期，因此，结构合拢温度通常是一个区间值。这个区间值应包括施工可能出现的合拢温度，即应考虑施工的可行性和工期的不可预见性。

10　偶然荷载

10.1　一般规定

10.1.1　产生偶然荷载的因素很多，如由炸药、燃气、粉尘、压力容器等引起的爆炸，机动车、飞行器、电梯等运动物体引起的撞击，罕遇出现的风、雪、洪水等自然灾害及地震灾害等等。随着我国社会经济的发展和全球反恐面临的新形势，人们使用燃气、汽车、电梯、直升机等先进设施和交通工具的比例大大提高，恐怖袭击的威胁仍然严峻。在建筑结构设计中偶然荷载越来越重要，为此本次修订专门增加偶然荷载这一章。

限于目前对偶然荷载的研究和认知水平以及设计经验，本次修订仅对炸药及燃气爆炸、电梯及汽车撞击等较为常见且有一定研究资料和设计经验的偶然荷载作出规定，对其他偶然荷载，设计人员可以根据本规范规定的原则，结合实际情况或参考有关资料确定。

依据 ISO 2394，在设计中所取的偶然荷载代表值是由有关权威机构或主管工程人员根据经济和社会政策、结构设计和使用经验按一般性的原则确定的，其值是唯一的。欧洲规范进一步规定偶然荷载的确定应从三个方面来考虑：①荷载的机理，包括形成的原因、短暂时间内结构的动力响应、计算模型等；②从概率的观点对荷载发生的后果进行分析；③针对不同后果采取的措施从经济上考虑优化设计的问题。从上述三方面综合确定偶然荷载代表值相当复杂，因此欧洲规范提出当缺乏后果定量分析及经济优化设计数据时，对偶然荷载可以按年失效概率万分之一确定，相当于偶然荷载万年一遇。其思路大致如此：假设在偶然荷载设计状况下结构的可靠指标为 $\beta=3.8$（稍高于一般的 3.7），则其取值的超越概率为：

$$\Phi(-\alpha\beta)=\Phi(-0.7\times3.8)=\Phi(-2.66)=0.003$$

这是对设计基准期是 50 年而言，对 1 年的超越概率则为万分之零点六，近似取万分之一。由于偶然荷载的有效统计数据在很多情况下不够充分，此时只能根据工程经验来确定。

10.1.2　偶然荷载的设计原则，与《工程结构可靠性设计统一标准》GB 50153 - 2008 一致。建筑结构设计中，主要依靠优化结构方案、增加结构冗余度、强化结构构造等措施，避免因偶然荷载作用引起结构发生连续倒塌。在结构分析和构件设计中是否需要考虑偶然荷载作用，要视结构的重要性、结构类型及复杂程度等因素，由设计人员根据经验决定。

结构设计中应考虑偶然荷载发生时和偶然荷载发生后两种设计状况。首先，在偶然事件发生时应保证某些特殊部位的构件具备一定的抵抗偶然荷载的承载能力，结构构件受损可控。此时结构在承受偶然荷载的同时，还要承担永久荷载、活荷载或其他荷载，应采用结构承载能力设计的偶然荷载效应组合。其次，要保证在偶然事件发生后，受损结构能够承担对应于偶然设计状况的永久荷载和可变荷载，保证结构有足够的整体稳固性，不致因偶然荷载引起结构连续倒塌，此时应采用结构整体稳固验算的偶然荷载效应组合。

10.1.3 与其他可变荷载根据设计基准期通过统计确定荷载标准值的方法不同，在设计中所取的偶然荷载代表值是由有关的权威机构或主管工程人员根据经济和社会政策、结构设计和使用经验按一般性的原则来确定的，因此不考虑荷载分项系数，设计值与标准值取相同的值。

10.2 爆　炸

10.2.1 爆炸一般是指在极短时间内，释放出大量能量，产生高温，并放出大量气体，在周围介质中造成高压的化学反应或状态变化。爆炸的类型很多，例如炸药爆炸（常规武器爆炸、核爆炸）、煤气爆炸、粉尘爆炸、锅炉爆炸、矿井下瓦斯爆炸、汽车等物体燃烧时引起的爆炸等。爆炸对建筑物的破坏程度与爆炸类型、爆炸源能量大小、爆炸距离及周围环境、建筑物本身的振动特性等有关，精确度量爆炸荷载的大小较为困难。本规范首次加入爆炸荷载的内容，对目前工程中较为常用且有一定研究和应用经验的炸药爆炸和燃气爆炸荷载进行规定。

10.2.2 爆炸荷载的大小主要取决于爆炸当量和结构离爆炸源的距离，本条主要依据《人民防空地下室设计规范》GB 50038 - 2005 中有关常规武器爆炸荷载的计算方法制定。

确定等效均布静力荷载的基本步骤为：

1）确定爆炸冲击波波形参数，即等效动荷载。

常规武器地面爆炸空气冲击波波形可取按等冲量简化的无升压时间的三角形，见图10。

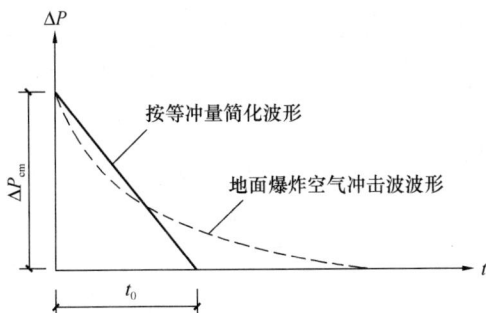

图 10　常规武器地面爆炸
空气冲击波简化波形

常规武器地面爆炸冲击波最大超压（N/mm²）ΔP_{cm} 可按下式计算：

$$\Delta P_{cm} = 1.316\left(\frac{\sqrt[3]{C}}{R}\right)^3 + 0.369\left(\frac{\sqrt[3]{C}}{R}\right)^{1.5}$$

式中：C——等效 TNT 装药量（kg），应按国家现行有关规定取值；

R——爆心至作用点的距离（m），爆心至外墙外侧水平距离应按国家现行有关规定取值。

地面爆炸空气冲击波按等冲量简化的等效作用时间 t_0（s），可按下式计算：

$$t_0 = 4.0 \times 10^{-4} \Delta P_{cm}^{-0.5} \sqrt[3]{C}$$

2）按单自由度体系强迫振动的方法分析得到构件的内力。

从结构设计所需精度和尽可能简化设计的角度考虑，在常规武器爆炸动荷载或核武器爆炸动荷载作用下，结构动力分析一般采用等效静荷载法。试验结果与理论分析表明，对于一般防空地下室结构在动力分析中采用等效静荷载法除了剪力（支座反力）误差相对较大外，不会造成设计上明显不合理。

研究表明，在动荷载作用下，结构构件振型与相应静荷载作用下挠曲线很相近，且动荷载作用下结构构件的破坏规律与相应静荷载作用下破坏规律基本一致，所以在动力分析时，可将结构构件简化为单自由度体系。运用结构动力学中对单自由度集中质量等效体系分析的结果，可获得相应的动力系数。

等效静荷载法一般适用于单个构件。实际结构是个多构件体系，如有顶板、底板、墙、梁、柱等构件，其中顶板、底板与外墙直接受到不同峰值的外加动荷载，内墙、柱、梁等承受上部构件传来的动荷载。由于动荷载作用的时间有先后，动荷载的变化规律也不一致，因此对结构体系进行综合的精确分析是较为困难的，故一般均采用近似方法，将它拆成单个构件，每一个构件都按单独的等效体系进行动力分析。各构件的支座条件应按实际支承情况来选取。例如对钢筋混凝土结构，顶板与外墙的刚度接近，其连接处可近似按弹性支座（介于固端与铰支之间）考虑。而底板与外墙的刚度相差较大，在计算外墙时可将二者连接处视作固定端。对通道或其他简单、规则的结构，也可近似作为一个整体构件按等效静荷载法进行动力计算。

对于特殊结构也可按有限自由度体系采用结构动力学方法，直接求出结构内力。

3）根据构件最大内力（弯矩、剪力或轴力）等效的原则确定等效均布静力荷载。

等效静力荷载法规定结构构件在等效静力荷载作用下的各项内力（如弯矩、剪力、轴力）等与动荷载作用下相应内力最大值相等，这样即可把动荷载视为静荷载。

10.2.3 当前在房屋设计中考虑燃气爆炸的偶然荷载是有实际意义的。本条主要参照欧洲规范《由撞击和爆炸引起的偶然作用》EN 1991-1-7 中的有关规定。设计的主要思想是通过通口板破坏后的泄压过程，提供爆炸空间内的等效静力荷载公式，以此确定关键构件的偶然荷载。

爆炸过程是十分短暂的，可以考虑构件设计抗力的提高，爆炸持续时间可近似取 $t=0.2s$。

EN 1991 Part 1.7 给出的抗力提高系数的公式为：

$$\varphi_d = 1 + \sqrt{\frac{p_{SW}}{p_{Rd}}} \sqrt{\frac{2u_{max}}{g(\Delta t)^2}}$$

式中：p_{SW}——关键构件的自重；

　　　p_{Rd}——关键构件的在正常情况下的抗力设计值；

　　　u_{max}——关键构件破坏时的最大位移；

　　　g——重力加速度。

10.3 撞　击

10.3.1 当电梯运行超过正常速度一定比例后，安全钳首先作用，将轿厢（对重）卡在导轨上。安全钳作用瞬间，将轿厢（对重）传来的冲击荷载作用给导轨，再由导轨传至底坑（悬空导轨除外）。在安全钳失效的情况下，轿厢（对重）才有可能撞击缓冲器，缓冲器将吸收轿厢（对重）的动能，提供最后的保护。因此偶然情况下，作用于底坑的撞击力存在四种情况：轿厢或对重的安全钳通过导轨传至底坑；轿厢或对重通过缓冲器传至底坑。由于这四种情况不可能同时发生，表 10 中的撞击力取值为这四种情况下的最大值。根据部分电梯厂家提供的样本，计算出不同的电梯品牌、类型的撞击力与电梯总重力荷载的比值（表 8）。

根据表 8 结果，并参考了美国 IBC 96 规范以及我国《电梯制造与安装安全规范》GB 7588-2003，确定撞击荷载标准值。规范值适用于电力驱动的拽引式或强制式乘客电梯、病床电梯及载货电梯，不适用于杂物电梯和液压电梯。电梯总重力荷载为电梯核定载重和轿厢自重之和，忽略了电梯装饰荷载的影响。额定速度较大的电梯，相应的撞击荷载也较大，高速电梯（额定速度不小于 2.5m/s）宜取上限值。

表 8　撞击力与电梯总重力荷载比值计算结果

电梯类型		品牌 1	品牌 2	品牌 3
无机房	低速客梯	3.7～4.4	4.1～5.0	3.7～4.7
有机房	低速客梯	3.7～3.8	4.1～4.3	4.0～4.8
	低速观光梯	3.7	4.9～5.6	4.9～5.4
	低速医梯	4.2～4.7	5.2	4.0～4.5
	低速货梯	3.5～4.1	3.9～7.4	3.6～5.2
	高速客梯	4.7～5.4	5.9～7.0	6.5～7.1

10.3.2 本条借鉴了《公路桥涵设计通用规范》JTG D60-2004 和《城市人行天桥与人行地道技术规范》CJJ 69-95 的有关规定，基于动量定理给出了撞击力的一般公式，概念较为明确。按上述公式计算的撞击力，与欧洲规范相当。

我国公路上 10t 以下中、小型汽车约占总数的 80%，10t 以上大型汽车占 20%。因此，该规范规定计算撞击力时撞击车质量取 10t。而《城市人行天桥与人行地道技术规范》CJJ 69-95 则建议取 15t。本规范建议撞击车质量按照实际情况采用，当无数据时可取为 15t。又据《城市人行天桥与人行地道技术规范》CJJ 69-95，撞击车速建议取国产车平均最高车速的 80%。目前高速公路、一级公路、二级公路的最高设计车速分别为 120km/h、100km/h 和 80km/h，综合考虑取车速为 80km/h（22.2m/s）。

在没有试验资料时，撞击时间按《公路桥涵设计通用规范》JTG D60-2004 的建议，取值 1s。

参照《城市人行天桥与人行地道技术规范》CJJ 69-95 和欧洲规范 EN 1991-1-7，垂直行车方向撞击力取顺行方向撞击力的 50%，二者不同时作用。

建筑结构可能承担的车辆撞击主要包括地下车库及通道的车辆撞击、路边建筑物车辆撞击等，由于所处环境不同，车辆质量、车速等变化较大，因此在给出一般值的基础上，设计人员可根据实际情况调整。

10.3.3 本条主要参考欧洲规范 EN 1991-1-7 的有关规定。

中华人民共和国国家标准

建筑地基基础设计规范

Code for design of building foundation

GB 50007—2011

主编部门：中华人民共和国住房和城乡建设部
批准部门：中华人民共和国住房和城乡建设部
施行日期：２０１２年８月１日

中华人民共和国住房和城乡建设部
公 告

第 1096 号

关于发布国家标准
《建筑地基基础设计规范》的公告

现批准《建筑地基基础设计规范》为国家标准，编号为 GB 50007-2011，自 2012 年 8 月 1 日起实施。其中，第 3.0.2、3.0.5、5.1.3、5.3.1、5.3.4、6.1.1、6.3.1、6.4.1、7.2.7、7.2.8、8.2.7、8.4.6、8.4.9、8.4.11、8.4.18、8.5.10、8.5.13、8.5.20、8.5.22、9.1.3、9.1.9、9.5.3、10.2.1、10.2.10、10.2.13、10.2.14、10.3.2、10.3.8 条为强制性条文，必须严格执行。原《建筑地基基础设计规范》GB 50007-2002 同时废止。

本规范由我部标准定额研究所组织中国建筑工业出版社出版发行。

中华人民共和国住房和城乡建设部
2011 年 7 月 26 日

前 言

本规范是根据住房和城乡建设部《关于印发〈2008 年工程建设标准规范制订、修订计划（第一批）〉的通知》（建标〔2008〕102 号）的要求，由中国建筑科学研究院会同有关单位在原《建筑地基基础设计规范》GB 50007-2002 的基础上修订完成的。

本规范在编制过程中，编制组经广泛调查研究，认真总结实践经验，参考国外先进标准，与国内相关标准协调，并在广泛征求意见的基础上，最后经审查定稿。

本规范共分 10 章和 22 个附录，主要技术内容包括：总则、术语和符号、基本规定、地基岩土的分类及工程特性指标、地基计算、山区地基、软弱地基、基础、基坑工程、检验与监测。

本规范修订的主要技术内容是：

1. 增加地基基础设计等级中基坑工程的相关内容；

2. 地基基础设计使用年限不应小于建筑结构的设计使用年限；

3. 增加泥炭、泥炭质土的工程定义；

4. 增加回弹再压缩变形计算方法；

5. 增加建筑物抗浮稳定计算方法；

6. 增加当地基中下卧岩面为单向倾斜，岩面坡度大于 10%，基底下的土层厚度大于 1.5m 的土岩组合地基设计原则；

7. 增加岩石地基设计内容；

8. 增加岩溶地区场地根据岩溶发育程度进行地基基础设计的原则；

9. 增加复合地基变形计算方法；

10. 增加扩展基础最小配筋率不应小于 0.15% 的设计要求；

11. 增加当扩展基础底面短边尺寸小于或等于柱宽加 2 倍基础有效高度的斜截面受剪承载力计算要求；

12. 对桩基沉降计算方法，经统计分析，调整了沉降经验系数；

13. 增加对高地下水位地区，当场地水文地质条件复杂，基坑周边环境保护要求高，设计等级为甲级的基坑工程，应进行地下水控制专项设计的要求；

14. 增加对地基处理工程的工程检验要求；

15. 增加单桩水平载荷试验要点，单桩竖向抗拔载荷试验要点。

本规范中以黑体字标志的条文为强制性条文，必须严格执行。

本规范由住房和城乡建设部负责管理和对强制性条文的解释，由中国建筑科学研究院负责具体技术内容的解释。本规范在执行过程中如有意见或建议，请寄送中国建筑科学研究院国家标准《建筑地基基础设计规范》管理组（地址：北京市北三环东路 30 号，邮编：100013，Email：tyjcabr@sina.com.cn）。

本 规 范 主 编 单 位：中国建筑科学研究院

本 规 范 参 编 单 位：建设综合勘察设计研究院
北京市勘察设计研究院

中国建筑西南勘察设计研究院
贵阳建筑勘察设计有限公司
北京市建筑设计研究院
中国建筑设计研究院
上海现代设计集团有限公司
中国建筑东北设计研究院
辽宁省建筑设计研究院
云南怡成建筑设计公司
中南建筑设计院
湖北省建筑科学研究院
广州市建筑科学研究院
黑龙江省寒地建筑科学研究院
黑龙江省建筑工程质量监督总站
中冶北方工程技术有限公司
中国建筑工程总公司
天津大学
同济大学
太原理工大学
广州大学
郑州大学
东南大学
重庆大学

本规范主要起草人员：　滕延京　黄熙龄　王曙光
　　　　　　　　　　　宫剑飞　王卫东　王小南
　　　　　　　　　　　王公山　白晓红　任庆英
　　　　　　　　　　　刘松玉　朱　磊　沈小克
　　　　　　　　　　　张丙吉　张成金　张季超
　　　　　　　　　　　陈祥福　杨　敏　林立岩
　　　　　　　　　　　郑　刚　周同和　武　威
　　　　　　　　　　　郝江南　侯光瑜　胡岱文
　　　　　　　　　　　袁内镇　顾宝和　唐孟雄
　　　　　　　　　　　顾晓鲁　梁志荣　康景文
　　　　　　　　　　　裴　捷　潘凯云　薛慧立

本规范主要审查人员：　徐正忠　黄绍铭　吴学敏
　　　　　　　　　　　顾国荣　化建新　王常青
　　　　　　　　　　　肖自强　宋昭煌　徐天平
　　　　　　　　　　　徐张建　梅全亭　黄质宏
　　　　　　　　　　　窦南华

目　　次

Contents

1 总　则

1.0.1 为了在地基基础设计中贯彻执行国家的技术经济政策，做到安全适用、技术先进、经济合理、确保质量、保护环境，制定本规范。

1.0.2 本规范适用于工业与民用建筑（包括构筑物）的地基基础设计。对于湿陷性黄土、多年冻土、膨胀土以及在地震和机械振动荷载作用下的地基基础设计，尚应符合国家现行相应专业标准的规定。

1.0.3 地基基础设计，应坚持因地制宜、就地取材、保护环境和节约资源的原则；根据岩土工程勘察资料，综合考虑结构类型、材料情况与施工条件等因素，精心设计。

1.0.4 建筑地基基础的设计除应符合本规范的规定外，尚应符合国家现行有关标准的规定。

2　术语和符号

2.1　术　语

2.1.1 地基　ground，foundation soils
支承基础的土体或岩体。

2.1.2 基础　foundation
将结构所承受的各种作用传递到地基上的结构组成部分。

2.1.3 地基承载力特征值　characteristic value of subsoil bearing capacity
由载荷试验测定的地基土压力变形曲线线性变形段内规定的变形所对应的压力值，其最大值为比例界限值。

2.1.4 重力密度（重度）　gravity density，unit weight
单位体积岩土体所承受的重力，为岩土体的密度与重力加速度的乘积。

2.1.5 岩体结构面　rock discontinuity structural plane
岩体内开裂的和易开裂的面，如层面、节理、断层、片理等，又称不连续构造面。

2.1.6 标准冻结深度　standard frost penetration
在地面平坦、裸露、城市之外的空旷场地中不少于 10 年的实测最大冻结深度的平均值。

2.1.7 地基变形允许值　allowable subsoil deformation
为保证建筑物正常使用而确定的变形控制值。

2.1.8 土岩组合地基　soil-rock composite ground
在建筑地基的主要受力层范围内，有下卧基岩表面坡度较大的地基；或石芽密布并有出露的地基；或大块孤石或个别石芽出露的地基。

2.1.9 地基处理　ground treatment，ground improvement
为提高地基承载力，或改善其变形性质或渗透性质而采取的工程措施。

2.1.10 复合地基　composite ground，composite foundation
部分土体被增强或被置换，而形成的由地基土和增强体共同承担荷载的人工地基。

2.1.11 扩展基础　spread foundation
为扩散上部结构传来的荷载，使作用在基底的压应力满足地基承载力的设计要求，且基础内部的应力满足材料强度的设计要求，通过向侧边扩展一定底面积的基础。

2.1.12 无筋扩展基础　non-reinforced spread foundation
由砖、毛石、混凝土或毛石混凝土、灰土和三合土等材料组成的，且不需配置钢筋的墙下条形基础或柱下独立基础。

2.1.13 桩基础　pile foundation
由设置于岩土中的桩和连接于桩顶端的承台组成的基础。

2.1.14 支挡结构　retaining structure
使岩土边坡保持稳定、控制位移、主要承受侧向荷载而建造的结构物。

2.1.15 基坑工程　excavation engineering
为保证地面向下开挖形成的地下空间在地下结构施工期间的安全稳定所需的挡土结构及地下水控制、环境保护等措施的总称。

2.2　符　号

2.2.1 作用和作用效应
E_a——主动土压力；
F_k——相应于作用的标准组合时，上部结构传至基础顶面的竖向力值；
G_k——基础自重和基础上的土重；
M_k——相应于作用的标准组合时，作用于基础底面的力矩值；
p_k——相应于作用的标准组合时，基础底面处的平均压力值；
p_0——基础底面处平均附加压力；
Q_k——相应于作用的标准组合时，轴心竖向力作用下桩基中单桩所受竖向力。

2.2.2 抗力和材料性能
a——压缩系数；
c——黏聚力；
E_s——土的压缩模量；
e——孔隙比；
f_a——修正后的地基承载力特征值；
f_{ak}——地基承载力特征值；

f_{rk}——岩石饱和单轴抗压强度标准值；

q_{pa}——桩端土的承载力特征值；

q_{sa}——桩周土的摩擦力特征值；

R_a——单桩竖向承载力特征值；

w——土的含水量；

w_L——液限；

w_p——塑限；

γ——土的重力密度，简称土的重度；

δ——填土与挡土墙墙背的摩擦角；

δ_r——填土与稳定岩石坡面间的摩擦角；

θ——地基的压力扩散角；

μ——土与挡土墙基底间的摩擦系数；

ν——泊松比；

φ——内摩擦角。

2.2.3　几何参数

A——基础底面面积；

b——基础底面宽度（最小边长）；或力矩作用方向的基础底面边长；

d——基础埋置深度，桩身直径；

h_0——基础高度；

H_f——自基础底面算起的建筑物高度；

H_g——自室外地面算起的建筑物高度；

L——房屋长度或沉降缝分隔的单元长度；

l——基础底面长度；

s——沉降量；

u——周边长度；

z_0——标准冻结深度；

z_n——地基沉降计算深度；

β——边坡对水平面的坡角。

2.2.4　计算系数

$\bar{\alpha}$——平均附加应力系数；

η_b——基础宽度的承载力修正系数；

η_d——基础埋深的承载力修正系数；

ψ_s——沉降计算经验系数。

3　基　本　规　定

3.0.1　地基基础设计应根据地基复杂程度、建筑物规模和功能特征以及由于地基问题可能造成建筑物破坏或影响正常使用的程度分为三个设计等级，设计时应根据具体情况，按表 3.0.1 选用。

表 3.0.1　地基基础设计等级

设计等级	建筑和地基类型
甲级	重要的工业与民用建筑物 30 层以上的高层建筑 体型复杂，层数相差超过 10 层的高低层连成一体建筑物

续表 3.0.1

设计等级	建筑和地基类型
甲级	大面积的多层地下建筑物（如地下车库、商场、运动场等） 对地基变形有特殊要求的建筑物 复杂地质条件下的坡上建筑物（包括高边坡） 对原有工程影响较大的新建建筑物 场地和地基条件复杂的一般建筑物 位于复杂地质条件及软土地区的二层及二层以上地下室的基坑工程 开挖深度大于 15m 的基坑工程 周边环境条件复杂、环境保护要求高的基坑工程
乙级	除甲级、丙级以外的工业与民用建筑物 除甲级、丙级以外的基坑工程
丙级	场地和地基条件简单、荷载分布均匀的七层及七层以下民用建筑及一般工业建筑；次要的轻型建筑物 非软土地区且场地地质条件简单、基坑周边环境条件简单、环境保护要求不高且开挖深度小于 5.0m 的基坑工程

3.0.2　根据建筑物地基基础设计等级及长期荷载作用下地基变形对上部结构的影响程度，地基基础设计应符合下列规定：

　　1　所有建筑物的地基计算均应满足承载力计算的有关规定；

　　2　设计等级为甲级、乙级的建筑物，均应按地基变形设计；

　　3　设计等级为丙级的建筑物有下列情况之一时应作变形验算：

　　　　1）地基承载力特征值小于 130kPa，且体型复杂的建筑；

　　　　2）在基础上及其附近有地面堆载或相邻基础荷载差异较大，可能引起地基产生过大的不均匀沉降时；

　　　　3）软弱地基上的建筑物存在偏心荷载时；

　　　　4）相邻建筑距离近，可能发生倾斜时；

　　　　5）地基内有厚度较大或厚薄不均的填土，其自重固结未完成时。

　　4　对经常受水平荷载作用的高层建筑、高耸结构和挡土墙等，以及建造在斜坡上或边坡附近的建筑物和构筑物，尚应验算其稳定性；

　　5　基坑工程应进行稳定性验算；

　　6　建筑地下室或地下构筑物存在上浮问题时，尚应进行抗浮验算。

3.0.3　表 3.0.3 所列范围内设计等级为丙级的建筑物可不作变形验算。

表 3.0.3 可不作地基变形验算的设计
等级为丙级的建筑物范围

地基主要受力层情况	地基承载力特征值 f_{ak} (kPa)		$80 \leqslant f_{ak}$ <100	$100 \leqslant f_{ak}$ <130	$130 \leqslant f_{ak}$ <160	$160 \leqslant f_{ak}$ <200	$200 \leqslant f_{ak}$ <300
建筑类型	各土层坡度(%)		≤5	≤10	≤10	≤10	≤10
	砌体承重结构、框架结构(层数)		≤5	≤5	≤6	≤6	≤7
	单层排架结构(6m柱距)	单跨 吊车额定起重量(t)	10~15	15~20	20~30	30~50	50~100
		单跨 厂房跨度(m)	≤18	≤24	≤30	≤30	≤30
		多跨 吊车额定起重量(t)	5~10	10~15	15~20	20~30	30~75
		多跨 厂房跨度(m)	≤18	≤24	≤30	≤30	≤30
	烟囱 高度(m)		≤40	≤50	≤75		≤100
	水塔	高度(m)	≤20	≤30	≤30		≤30
		容积(m³)	50~100	100~200	200~300	300~500	500~1000

注：1 地基主要受力层系指条形基础底面下深度为 $3b$（b 为基础底面宽度），独立基础下为 $1.5b$，且厚度均不小于 5m 的范围（二层以下一般的民用建筑除外）；

　　2 地基主要受力层中如有承载力特征值小于 130kPa 的土层，表中砌体承重结构的设计，应符合本规范第 7 章的有关要求；

　　3 表中砌体承重结构和框架结构均指民用建筑，对于工业建筑可按厂房高度、荷载情况折合成与其相当的民用建筑层数；

　　4 表中吊车额定起重量、烟囱高度和水塔容积的数值系指最大值。

3.0.4 地基基础设计前应进行岩土工程勘察，并应符合下列规定：

　　1 岩土工程勘察报告应提供下列资料：

　　　1）有无影响建筑场地稳定性的不良地质作用，评价其危害程度；

　　　2）建筑物范围内的地层结构及其均匀性，各岩土层的物理力学性质指标，以及对建筑材料的腐蚀性；

　　　3）地下水埋藏情况、类型和水位变化幅度及规律，以及对建筑材料的腐蚀性；

　　　4）在抗震设防区应划分场地类别，并对饱和砂土及粉土进行液化判别；

　　　5）对可供采用的地基基础设计方案进行论证分析，提出经济合理、技术先进的设计方案建议；提供与设计要求相对应的地基承载力及变形计算参数，并对设计与施工应注意的问题提出建议；

　　　6）当工程需要时，尚应提供：深基坑开挖的边坡稳定计算和支护设计所需的岩土技术

参数，论证其对周边环境的影响；基坑施工降水的有关技术参数及地下水控制方法的建议；用于计算地下水浮力的设防水位。

　　2 地基评价宜采用钻探取样、室内土工试验、触探，并结合其他原位测试方法进行。设计等级为甲级的建筑物应提供载荷试验指标、抗剪强度指标、变形参数指标和触探资料；设计等级为乙级的建筑物应提供抗剪强度指标、变形参数指标和触探资料；设计等级为丙级的建筑物应提供触探及必要的钻探和土工试验资料。

　　3 建筑物地基均应进行施工验槽。当地基条件与原勘察报告不符时，应进行施工勘察。

3.0.5 地基基础设计时，所采用的作用效应与相应的抗力限值应符合下列规定：

　　1 按地基承载力确定基础底面积及埋深或按单桩承载力确定桩数时，传至基础或承台底面上的作用效应应按正常使用极限状态下作用的标准组合；相应的抗力应采用地基承载力特征值或单桩承载力特征值；

　　2 计算地基变形时，传至基础底面上的作用效应应按正常使用极限状态下作用的准永久组合，不应计入风荷载和地震作用；相应的限值应为地基变形允许值；

　　3 计算挡土墙、地基或滑坡稳定以及基础抗浮稳定时，作用效应应按承载能力极限状态下作用的基本组合，但其分项系数均为 1.0；

　　4 在确定基础或桩基承台高度、支挡结构截面、计算基础或支挡结构内力、确定配筋和验算材料强度时，上部结构传来的作用效应和相应的基底反力、挡土墙土压力以及滑坡推力，应按承载能力极限状态下作用的基本组合，采用相应的分项系数；当需要验算基础裂缝宽度时，应按正常使用极限状态下作用的标准组合；

　　5 基础设计安全等级、结构设计使用年限、结构重要性系数应按有关规范的规定采用，但结构重要性系数 γ_0 不应小于 1.0。

3.0.6 地基基础设计时，作用组合的效应设计值应符合下列规定：

　　1 正常使用极限状态下，标准组合的效应设计值 S_k 应按下式确定：

$$S_k = S_{Gk} + S_{Q1k} + \psi_{c2}S_{Q2k} + \cdots\cdots + \psi_{cn}S_{Qnk}$$

$$(3.0.6-1)$$

式中：S_{Gk}——永久作用标准值 G_k 的效应；

　　　S_{Qik}——第 i 个可变作用标准值 Q_{ik} 的效应；

　　　ψ_{ci}——第 i 个可变作用 Q_i 的组合值系数，按现行国家标准《建筑结构荷载规范》GB 50009 的规定取值。

　　2 准永久组合的效应设计值 S_k 应按下式确定：

$$S_k = S_{Gk} + \psi_{q1}S_{Q1k} + \psi_{q2}S_{Q2k} + \cdots\cdots + \psi_{qn}S_{Qnk}$$

$$(3.0.6-2)$$

式中：ψ_{qi}——第 i 个可变作用的准永久值系数，按现行国家标准《建筑结构荷载规范》GB 50009 的规定取值。

3 承载能力极限状态下，由可变作用控制的基本组合的效应设计值 S_d，应按下式确定：

$$S_d = \gamma_G S_{Gk} + \gamma_{Q1}S_{Q1k} + \gamma_{Q2}\psi_{c2}S_{Q2k} + \cdots\cdots + \gamma_{Qn}\psi_{cn}S_{Qnk}$$

$$(3.0.6-3)$$

式中：γ_G——永久作用的分项系数，按现行国家标准《建筑结构荷载规范》GB 50009 的规定取值；

γ_{Qi}——第 i 个可变作用的分项系数，按现行国家标准《建筑结构荷载规范》GB 50009 的规定取值。

4 对由永久作用控制的基本组合，也可采用简化规则，基本组合的效应设计值 S_d 可按下式确定：

$$S_d = 1.35 S_k \qquad (3.0.6-4)$$

式中：S_k——标准组合的作用效应设计值。

3.0.7 地基基础的设计使用年限不应小于建筑结构的设计使用年限。

4 地基岩土的分类及工程特性指标

4.1 岩土的分类

4.1.1 作为建筑地基的岩土，可分为岩石、碎石土、砂土、粉土、黏性土和人工填土。

4.1.2 作为建筑地基的岩石，除应确定岩石的地质名称外，尚应按本规范第 4.1.3 条划分岩石的坚硬程度，按本规范第 4.1.4 条划分岩体的完整程度。岩石的风化程度可分为未风化、微风化、中等风化、强风化和全风化。

4.1.3 岩石的坚硬程度应根据岩块的饱和单轴抗压强度 f_{rk} 按表 4.1.3 分为坚硬岩、较硬岩、较软岩、软岩和极软岩。当缺乏饱和单轴抗压强度资料或不能进行该项试验时，可在现场通过观察定性划分，划分标准可按本规范附录 A.0.1 条执行。

表 4.1.3 岩石坚硬程度的划分

坚硬程度类别	坚硬岩	较硬岩	较软岩	软岩	极软岩
饱和单轴抗压强度标准值 f_{rk}(MPa)	$f_{rk}>60$	$60 \geqslant f_{rk}$ >30	$30 \geqslant f_{rk}$ >15	$15 \geqslant f_{rk}$ >5	$f_{rk} \leqslant 5$

4.1.4 岩体完整程度应按表 4.1.4 划分为完整、较完整、较破碎、破碎和极破碎。当缺乏试验数据时可

按本规范附录 A.0.2 条确定。

表 4.1.4 岩体完整程度划分

完整程度等级	完整	较完整	较破碎	破碎	极破碎
完整性指数	>0.75	0.75～0.55	0.55～0.35	0.35～0.15	<0.15

注：完整性指数为岩体纵波波速与岩块纵波波速之比的平方。选定岩体、岩块测定波速时应有代表性。

4.1.5 碎石土为粒径大于 2mm 的颗粒含量超过全重 50% 的土。碎石土可按表 4.1.5 分为漂石、块石、卵石、碎石、圆砾和角砾。

表 4.1.5 碎石土的分类

土的名称	颗粒形状	粒组含量
漂石 块石	圆形及亚圆形为主 棱角形为主	粒径大于 200mm 的颗粒含量超过全重 50%
卵石 碎石	圆形及亚圆形为主 棱角形为主	粒径大于 20mm 的颗粒含量超过全重 50%
圆砾 角砾	圆形及亚圆形为主 棱角形为主	粒径大于 2mm 的颗粒含量超过全重 50%

注：分类时应根据粒组含量栏从上到下以最先符合者确定。

4.1.6 碎石土的密实度，可按表 4.1.6 分为松散、稍密、中密、密实。

表 4.1.6 碎石土的密实度

重型圆锥动力触探锤击数 $N_{63.5}$	密 实 度
$N_{63.5} \leqslant 5$	松 散
$5 < N_{63.5} \leqslant 10$	稍 密
$10 < N_{63.5} \leqslant 20$	中 密
$N_{63.5} > 20$	密 实

注：1 本表适用于平均粒径小于或等于 50mm 且最大粒径不超过 100mm 的卵石、碎石、圆砾、角砾；对于平均粒径大于 50mm 或最大粒径大于 100mm 的碎石土，可按本规范附录 B 鉴别其密实度；

2 表内 $N_{63.5}$ 为经综合修正后的平均值。

4.1.7 砂土为粒径大于 2mm 的颗粒含量不超过全重 50%、粒径大于 0.075mm 的颗粒超过全重 50% 的土。砂土可按表 4.1.7 分为砾砂、粗砂、中砂、细砂和粉砂。

表 4.1.7 砂土的分类

土的名称	粒组含量
砾砂	粒径大于 2mm 的颗粒含量占全重 25%～50%

续表 4.1.7

土的名称	粒组含量
粗砂	粒径大于 0.5mm 的颗粒含量超过全重 50%
中砂	粒径大于 0.25mm 的颗粒含量超过全重 50%
细砂	粒径大于 0.075mm 的颗粒含量超过全重 85%
粉砂	粒径大于 0.075mm 的颗粒含量超过全重 50%

注：分类时应根据粒组含量栏从上到下以最先符合者确定。

4.1.8 砂土的密实度，可按表 4.1.8 分为松散、稍密、中密、密实。

表 4.1.8 砂土的密实度

标准贯入试验锤击数 N	密实度
$N \leqslant 10$	松散
$10 < N \leqslant 15$	稍密
$15 < N \leqslant 30$	中密
$N > 30$	密实

注：当用静力触探探头阻力判定砂土的密实度时，可根据当地经验确定。

4.1.9 黏性土为塑性指数 I_p 大于 10 的土，可按表 4.1.9 分为黏土、粉质黏土。

表 4.1.9 黏性土的分类

塑性指数 I_p	土的名称
$I_p > 17$	黏土
$10 < I_p \leqslant 17$	粉质黏土

注：塑性指数由相应于 76g 圆锥体沉入土样中深度为 10mm 时测定的液限计算而得。

4.1.10 黏性土的状态，可按表 4.1.10 分为坚硬、硬塑、可塑、软塑、流塑。

表 4.1.10 黏性土的状态

液性指数 I_L	状态
$I_L \leqslant 0$	坚硬
$0 < I_L \leqslant 0.25$	硬塑
$0.25 < I_L \leqslant 0.75$	可塑
$0.75 < I_L \leqslant 1$	软塑
$I_L > 1$	流塑

注：当用静力触探探头阻力判定黏性土的状态时，可根据当地经验确定。

4.1.11 粉土为介于砂土与黏性土之间，塑性指数 I_p 小于或等于 10 且粒径大于 0.075mm 的颗粒含量不超过全重 50% 的土。

4.1.12 淤泥为在静水或缓慢的流水环境中沉积，并经生物化学作用形成，其天然含水量大于液限、天然孔隙比大于或等于 1.5 的黏性土。当天然含水量大于液限而天然孔隙比小于 1.5 但大于或等于 1.0 的黏性土或粉土为淤泥质土。含有大量未分解的腐殖质，有机质含量大于 60% 的土为泥炭，有机质含量大于或等于 10% 且小于或等于 60% 的土为泥炭质土。

4.1.13 红黏土为碳酸盐岩系的岩石经红土化作用形成的高塑性黏土。其液限一般大于 50%。红黏土经再搬运后仍保留其基本特征，其液限大于 45% 的土为次生红黏土。

4.1.14 人工填土根据其组成和成因，可分为素填土、压实填土、杂填土、冲填土。素填土为由碎石土、砂土、粉土、黏性土等组成的填土。经过压实或夯实的素填土为压实填土。杂填土为含有建筑垃圾、工业废料、生活垃圾等杂物的填土。冲填土为由水力冲填泥砂形成的填土。

4.1.15 膨胀土为土中黏粒成分主要由亲水性矿物组成，同时具有显著的吸水膨胀和失水收缩特性，其自由膨胀率大于或等于 40% 的黏性土。

4.1.16 湿陷性土为在一定压力下浸水后产生附加沉降，其湿陷系数大于或等于 0.015 的土。

4.2 工程特性指标

4.2.1 土的工程特性指标可采用强度指标、压缩性指标以及静力触探探头阻力、动力触探锤击数、标准贯入试验锤击数、载荷试验承载力等特性指标表示。

4.2.2 地基土工程特性指标的代表值应分别为标准值、平均值及特征值。抗剪强度指标应取标准值，压缩性指标应取平均值，载荷试验承载力应取特征值。

4.2.3 载荷试验应采用浅层平板载荷试验或深层平板载荷试验。浅层平板载荷试验适用于浅层地基，深层平板载荷试验适用于深层地基。两种载荷试验的试验要求应分别符合本规范附录 C、D 的规定。

4.2.4 土的抗剪强度指标，可采用原状土室内剪切试验、无侧限抗压强度试验、现场剪切试验、十字板剪切试验等方法测定。当采用室内剪切试验确定时，宜选择三轴压缩试验的自重压力下预固结的不固结不排水试验。经过预压固结的地基可采用固结不排水试验。每层土的试验数量不得少于六组。室内试验抗剪强度指标 c_k、φ_k，可按本规范附录 E 确定。在验算坡体的稳定性时，对于已有剪切破裂面或其他软弱结构面的抗剪强度，应进行野外大型剪切试验。

4.2.5 土的压缩性指标可采用原状土室内压缩试验、原位浅层或深层平板载荷试验、旁压试验确定，并应符合下列规定：

1 当采用室内压缩试验确定压缩模量时，试验所施加的最大压力应超过土自重压力与预计的附加压力之和，试验成果用 e-p 曲线表示；

2 当考虑土的应力历史进行沉降计算时,应进行高压固结试验,确定先期固结压力、压缩指数,试验成果用 e-$\lg p$ 曲线表示;为确定回弹指数,应在估计的先期固结压力之后进行一次卸荷,再继续加荷至预定的最后一级压力;

3 当考虑深基坑开挖卸荷和再加荷时,应进行回弹再压缩试验,其压力的施加应与实际的加卸荷状况一致。

4.2.6 地基土的压缩性可按 p_1 为 100kPa,p_2 为 200kPa 时相对应的压缩系数值 a_{1-2} 划分为低、中、高压缩性,并符合以下规定:

1 当 $a_{1-2} < 0.1\text{MPa}^{-1}$ 时,为低压缩性土;

2 当 $0.1\text{MPa}^{-1} \leqslant a_{1-2} < 0.5\text{MPa}^{-1}$ 时,为中压缩性土;

3 当 $a_{1-2} \geqslant 0.5\text{MPa}^{-1}$ 时,为高压缩性土。

5 地 基 计 算

5.1 基础埋置深度

5.1.1 基础的埋置深度,应按下列条件确定:

1 建筑物的用途,有无地下室、设备基础和地下设施,基础的形式和构造;

2 作用在地基上的荷载大小和性质;

3 工程地质和水文地质条件;

4 相邻建筑物的基础埋深;

5 地基土冻胀和融陷的影响。

5.1.2 在满足地基稳定和变形要求的前提下,当上层地基的承载力大于下层土时,宜利用上层土作持力层。除岩石地基外,基础埋深不宜小于 0.5m。

5.1.3 **高层建筑基础的埋置深度应满足地基承载力、变形和稳定性要求。位于岩石地基上的高层建筑,其基础埋深应满足抗滑稳定性要求。**

5.1.4 在抗震设防区,除岩石地基外,天然地基上的箱形和筏形基础其埋置深度不宜小于建筑物高度的 1/15;桩箱或桩筏基础的埋置深度(不计桩长)不宜小于建筑物高度的 1/18。

5.1.5 基础宜埋置在地下水位以上,当必须埋在地下水位以下时,应采取地基土在施工时不受扰动的措施。当基础埋置在易风化的岩层上,施工时应在基坑开挖后立即铺筑垫层。

5.1.6 当存在相邻建筑物时,新建建筑物的基础埋深不宜大于原有建筑基础。当埋深大于原有建筑基础时,两基础间应保持一定净距,其数值应根据建筑荷载大小、基础形式和土质情况确定。

5.1.7 季节性冻土地基的场地冻结深度应按下式进行计算:

$$z_d = z_0 \cdot \psi_{zs} \cdot \psi_{zw} \cdot \psi_{ze} \qquad (5.1.7)$$

式中:z_d——场地冻结深度(m),当有实测资料时

按 $z_d = h' - \Delta z$ 计算;

h'——最大冻深出现时场地最大冻土层厚度(m);

Δz——最大冻深出现时场地地表冻胀量(m);

z_0——标准冻结深度(m);当无实测资料时,按本规范附录 F 采用;

ψ_{zs}——土的类别对冻结深度的影响系数,按表 5.1.7-1 采用;

ψ_{zw}——土的冻胀性对冻结深度的影响系数,按表 5.1.7-2 采用;

ψ_{ze}——环境对冻结深度的影响系数,按表 5.1.7-3 采用。

表 5.1.7-1 土的类别对冻结深度的影响系数

土的类别	影响系数 ψ_{zs}
黏性土	1.00
细砂、粉砂、粉土	1.20
中、粗、砾砂	1.30
大块碎石土	1.40

表 5.1.7-2 土的冻胀性对冻结深度的影响系数

冻 胀 性	影响系数 ψ_{zw}
不冻胀	1.00
弱冻胀	0.95
冻胀	0.90
强冻胀	0.85
特强冻胀	0.80

表 5.1.7-3 环境对冻结深度的影响系数

周围环境	影响系数 ψ_{ze}
村、镇、旷野	1.00
城市近郊	0.95
城市市区	0.90

注:环境影响系数一项,当城市市区人口为 20 万～50 万时,按城市近郊取值;当城市市区人口大于 50 万小于或等于 100 万时,只计入市区影响;当城市市区人口超过 100 万时,除计入市区影响外,尚应考虑 5km 以内的郊区近郊影响系数。

5.1.8 季节性冻土地区基础埋置深度宜大于场地冻结深度。对于深厚季节冻土地区,当建筑基础底面土层为不冻胀、弱冻胀、冻胀土时,基础埋置深度可以小于场地冻结深度,基础底面下允许冻土层最大厚度应根据当地经验确定。没有地区经验时可按本规范附录 G 查看。此时,基础最小埋置深度 d_{min} 可按下式计算:

$$d_{min} = z_d - h_{max} \qquad (5.1.8)$$

式中:h_{max}——基础底面下允许冻土层最大厚度

5.1.9 地基土的冻胀类别分为不冻胀、弱冻胀、冻胀、强冻胀和特强冻胀，可按本规范附录 G 查取。在冻胀、强冻胀和特强冻胀地基上采用防冻害措施时应符合下列规定：

　　1　对在地下水位以上的基础，基础侧表面应回填不冻胀的中、粗砂，其厚度不应小于 200mm；对在地下水位以下的基础，可采用桩基础、保温性基础、自锚式基础（冻土层下有扩大板或扩底短桩），也可将独立基础或条形基础做成正梯形的斜面基础。

　　2　宜选择地势高、地下水位低、地表排水条件好的建筑场地。对低洼场地，建筑物的室外地坪标高应至少高出自然地面 300mm～500mm，其范围不宜小于建筑四周向外各一倍冻结深度距离的范围。

　　3　应做好排水设施，施工和使用期间防止水浸入建筑地基。在山区应设置截水沟或在建筑物下设置暗沟，以排走地表水和潜水。

　　4　在强冻胀性和特强冻胀性地基上，其基础结构应设置钢筋混凝土圈梁和基础梁，并控制建筑的长高比。

　　5　当独立基础连系梁下或桩基础承台下有冻土时，应在梁或承台下留有相当于该土层冻胀量的空隙。

　　6　外门斗、室外台阶和散水坡等部位宜与主体结构断开，散水坡分段不宜超过 1.5m，坡度不宜小于 3%，其下宜填入非冻胀性材料。

　　7　对跨年度施工的建筑，入冬前应对地基采取相应的防护措施；按采暖设计的建筑物，当冬季不能正常采暖时，也应对地基采取保温措施。

5.2　承载力计算

5.2.1　基础底面的压力，应符合下列规定：

　　1　当轴心荷载作用时

$$p_k \leqslant f_a \qquad (5.2.1\text{-}1)$$

　　式中：p_k——相应于作用的标准组合时，基础底面处的平均压力值（kPa）；

　　　　　f_a——修正后的地基承载力特征值（kPa）。

　　2　当偏心荷载作用时，除符合式（5.2.1-1）要求外，尚应符合下式规定：

$$p_{kmax} \leqslant 1.2 f_a \qquad (5.2.1\text{-}2)$$

　　式中：p_{kmax}——相应于作用的标准组合时，基础底面边缘的最大压力值（kPa）。

5.2.2　基础底面的压力，可按下列公式确定：

　　1　当轴心荷载作用时

$$p_k = \frac{F_k + G_k}{A} \qquad (5.2.2\text{-}1)$$

　　式中：F_k——相应于作用的标准组合时，上部结构传至基础顶面的竖向力值（kN）；

　　　　　G_k——基础自重和基础上的土重（kN）；

　　　　　A——基础底面面积（m²）。

　　2　当偏心荷载作用时

$$p_{kmax} = \frac{F_k + G_k}{A} + \frac{M_k}{W} \qquad (5.2.2\text{-}2)$$

$$p_{kmin} = \frac{F_k + G_k}{A} - \frac{M_k}{W} \qquad (5.2.2\text{-}3)$$

　　式中：M_k——相应于作用的标准组合时，作用于基础底面的力矩值（kN·m）；

　　　　　W——基础底面的抵抗矩（m³）；

　　　　　p_{kmin}——相应于作用的标准组合时，基础底面边缘的最小压力值（kPa）。

　　3　当基础底面形状为矩形且偏心距 $e > b/6$ 时（图 5.2.2），p_{kmax} 应按下式计算：

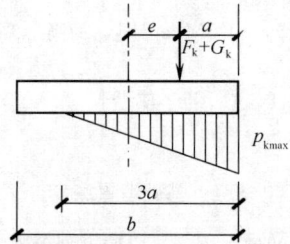

图 5.2.2　偏心荷载（$e > b/6$）
下基底压力计算示意
b—力矩作用方向基础底面边长

$$p_{kmax} = \frac{2(F_k + G_k)}{3la} \qquad (5.2.2\text{-}4)$$

　　式中：l——垂直于力矩作用方向的基础底面边长（m）；

　　　　　a——合力作用点至基础底面最大压力边缘的距离（m）。

5.2.3　地基承载力特征值可由载荷试验或其他原位测试、公式计算，并结合工程实践经验等方法综合确定。

5.2.4　当基础宽度大于 3m 或埋置深度大于 0.5m 时，从载荷试验或其他原位测试、经验值等方法确定的地基承载力特征值，尚应按下式修正：

$$f_a = f_{ak} + \eta_b \gamma (b - 3) + \eta_d \gamma_m (d - 0.5) \qquad (5.2.4)$$

　　式中：f_a——修正后的地基承载力特征值（kPa）；

　　　　　f_{ak}——地基承载力特征值（kPa），按本规范第 5.2.3 条的原则确定；

　　　　　η_b、η_d——基础宽度和埋置深度的地基承载力修正系数，按基底下土的类别查表 5.2.4 取值；

　　　　　γ——基础底面以下土的重度（kN/m³），地下水位以下取浮重度；

　　　　　b——基础底面宽度（m），当基础底面宽度小于 3m 时按 3m 取值，大于 6m 时按 6m 取值；

γ_m —— 基础底面以上土的加权平均重度（kN/m³），位于地下水位以下的土层取有效重度；

d —— 基础埋置深度（m），宜自室外地面标高算起。在填方整平地区，可自填土地面标高算起，但填土在上部结构施工后完成时，应从天然地面标高算起。对于地下室，当采用箱形基础或筏基时，基础埋置深度自室外地面标高算起；当采用独立基础或条形基础时，应从室内地面标高算起。

表 5.2.4 承载力修正系数

土 的 类 别		η_b	η_d
淤泥和淤泥质土		0	1.0
人工填土 e 或 I_L 大于等于 0.85 的黏性土		0	1.0
红 黏 土	含水比 $\alpha_w \geq 0.8$	0	1.2
	含水比 $\alpha_w \leq 0.8$	0.15	1.4
大面积压实填土	压实系数大于 0.95、黏粒含量 $\rho_c \geq 10\%$ 的粉土	0	1.5
	最大干密度大于 2100kg/m³ 的级配砂石	0	2.0
粉 土	黏粒含量 $\rho_c \geq 10\%$ 的粉土	0.3	1.5
	黏粒含量 $\rho_c < 10\%$ 的粉土	0.5	2.0
e 及 I_L 均小于 0.85 的黏性土		0.3	1.6
粉砂、细砂（不包括很湿与饱和时的稍密状态）		2.0	3.0
中砂、粗砂、砾砂和碎石土		3.0	4.4

注：1 强风化和全风化的岩石，可参照所风化成的相应土类取值，其他状态下的岩石不修正；
2 地基承载力特征值按本规范附录 D 深层平板载荷试验确定时 η_d 取 0；
3 含水比是指土的天然含水量与液限的比值；
4 大面积压实填土是指填土范围大于两倍基础宽度的填土。

5.2.5 当偏心距 e 小于或等于 0.033 倍基础底面宽度时，根据土的抗剪强度指标确定地基承载力特征值可按下式计算，并应满足变形要求：

$$f_a = M_b \gamma b + M_d \gamma_m d + M_c c_k \quad (5.2.5)$$

式中： f_a —— 由土的抗剪强度指标确定的地基承载力特征值（kPa）；

M_b、M_d、M_c —— 承载力系数，按表 5.2.5 确定；

b —— 基础底面宽度（m），大于 6m 时按 6m 取值，对于砂土小于 3m 时按 3m 取值；

c_k —— 基底下一倍短边宽度的深度范围内土的黏聚力标准值（kPa）。

表 5.2.5 承载力系数 M_b、M_d、M_c

土的内摩擦角标准值 φ_k（°）	M_b	M_d	M_c
0	0	1.00	3.14
2	0.03	1.12	3.32
4	0.06	1.25	3.51
6	0.10	1.39	3.71
8	0.14	1.55	3.93
10	0.18	1.73	4.17
12	0.23	1.94	4.42
14	0.29	2.17	4.69
16	0.36	2.43	5.00
18	0.43	2.72	5.31
20	0.51	3.06	5.66
22	0.61	3.44	6.04
24	0.80	3.87	6.45
26	1.10	4.37	6.90
28	1.40	4.93	7.40
30	1.90	5.59	7.95
32	2.60	6.35	8.55
34	3.40	7.21	9.22
36	4.20	8.25	9.97
38	5.00	9.44	10.80
40	5.80	10.84	11.73

注：φ_k —— 基底下一倍短边宽度的深度范围内土的内摩擦角标准值（°）。

5.2.6 对于完整、较完整、较破碎的岩石地基承载力特征值可按本规范附录 H 岩石地基载荷试验方法确定；对破碎、极破碎的岩石地基承载力特征值，可根据平板载荷试验确定。对完整、较完整和较破碎的岩石地基承载力特征值，也可根据室内饱和单轴抗压强度按下式进行计算：

$$f_a = \psi_r \cdot f_{rk} \quad (5.2.6)$$

式中： f_a —— 岩石地基承载力特征值（kPa）；

f_{rk} —— 岩石饱和单轴抗压强度标准值（kPa），可按本规范附录 J 确定；

ψ_r —— 折减系数。根据岩体完整程度以及结构面的间距、宽度、产状和组合，由地方经验确定。无经验时，对完整岩体可取 0.5；对较完整岩体可取 0.2～0.5；对较破碎岩体可取 0.1～0.2。

注：1 上述折减系数值未考虑施工因素及建筑物使用后风化作用的继续；
2 对于黏土质岩，在确保施工期及使用期不致遭水浸泡时，也可采用天然湿度的试样，不进行饱和处理。

5.2.7 当地基受力层范围内有软弱下卧层时，应符合下列规定：

1 应按下式验算软弱下卧层的地基承载力：

$$p_z + p_{cz} \leq f_{az} \quad (5.2.7-1)$$

式中： p_z —— 相应于作用的标准组合时，软弱下卧层顶面处的附加压力值（kPa）；

p_{cz}——软弱下卧层顶面处土的自重压力值
　　　　（kPa）；

f_{az}——软弱下卧层顶面处经深度修正后的地基
　　　　承载力特征值（kPa）。

2 对条形基础和矩形基础，式（5.2.7-1）中的
p_z值可按下列公式简化计算：

条形基础

$$p_z = \frac{b(p_k - p_c)}{b + 2z\tan\theta} \quad (5.2.7\text{-}2)$$

矩形基础

$$p_z = \frac{lb(p_k - p_c)}{(b + 2z\tan\theta)(l + 2z\tan\theta)} \quad (5.2.7\text{-}3)$$

式中：b——矩形基础或条形基础底边的宽度（m）；

l——矩形基础底边的长度（m）；

p_c——基础底面处土的自重压力值（kPa）；

z——基础底面至软弱下卧层顶面的距离
　　　（m）；

θ——地基压力扩散线与垂直线的夹角（°），
　　　可按表 5.2.7 采用。

表 5.2.7　地基压力扩散角 θ

E_{s1}/E_{s2}	z/b	
	0.25	0.50
3	6°	23°
5	10°	25°
10	20°	30°

注：1 E_{s1} 为上层土压缩模量；E_{s2} 为下层土压缩模量；

　　2 $z/b < 0.25$ 时取 $\theta = 0°$，必要时，宜由试验确定；
　　　$z/b > 0.50$ 时 θ 值不变；

　　3 z/b 在 0.25 与 0.50 之间可插值使用。

5.2.8 对于沉降已经稳定的建筑或经过预压的地基，
可适当提高地基承载力。

5.3 变形计算

5.3.1 建筑物的地基变形计算值，不应大于地基变
形允许值。

5.3.2 地基变形特征可分为沉降量、沉降差、倾斜、
局部倾斜。

5.3.3 在计算地基变形时，应符合下列规定：

1 由于建筑地基不均匀、荷载差异很大、体型
复杂等因素引起的地基变形，对于砌体承重结构应由
局部倾斜值控制；对于框架结构和单层排架结构应由
相邻柱基的沉降差控制；对于多层或高层建筑和高耸
结构应由倾斜值控制；必要时尚应控制平均沉降量。

2 在必要情况下，需要分别预估建筑物在施工
期间和使用期间的地基变形值，以便预留建筑物有关
部分之间的净空，选择连接方法和施工顺序。

5.3.4 建筑物的地基变形允许值应按表 5.3.4 规定
采用。对表中未包括的建筑物，其地基变形允许值应

根据上部结构对地基变形的适应能力和使用上的要求
确定。

表 5.3.4　建筑物的地基变形允许值

变形特征		地基土类别	
		中、低压缩性土	高压缩性土
砌体承重结构基础的局部倾斜		0.002	0.003
工业与民用建筑相邻柱基的沉降差	框架结构	0.002l	0.003l
	砌体墙填充的边排柱	0.0007l	0.001l
	当基础不均匀沉降时不产生附加应力的结构	0.005l	0.005l
单层排架结构（柱距为 6m）柱基的沉降量（mm）		(120)	200
桥式吊车轨面的倾斜（按不调整轨道考虑）	纵　向	0.004	
	横　向	0.003	
多层和高层建筑的整体倾斜	$H_g \leqslant 24$	0.004	
	$24 < H_g \leqslant 60$	0.003	
	$60 < H_g \leqslant 100$	0.0025	
	$H_g > 100$	0.002	
体型简单的高层建筑基础的平均沉降量（mm）		200	
高耸结构基础的倾斜	$H_g \leqslant 20$	0.008	
	$20 < H_g \leqslant 50$	0.006	
	$50 < H_g \leqslant 100$	0.005	
	$100 < H_g \leqslant 150$	0.004	
	$150 < H_g \leqslant 200$	0.003	
	$200 < H_g \leqslant 250$	0.002	
高耸结构基础的沉降量（mm）	$H_g \leqslant 100$	400	
	$100 < H_g \leqslant 200$	300	
	$200 < H_g \leqslant 250$	200	

注：1　本表数值为建筑物地基实际最终变形允许值；

　　2　有括号者仅适用于中压缩性土；

　　3　l 为相邻柱基的中心距离（mm）；H_g 为自室外地面
起算的建筑物高度（m）；

　　4　倾斜指基础倾斜方向两端点的沉降差与其距离的
比值；

　　5　局部倾斜指砌体承重结构沿纵向 6m～10m 内基础
两点的沉降差与其距离的比值。

5.3.5 计算地基变形时，地基内的应力分布，可采
用各向同性均质线性变形体理论。其最终变形量可按
下式进行计算：

$$s = \psi_s s' = \psi_s \sum_{i=1}^{n} \frac{p_0}{E_{si}}(z_i \bar{\alpha}_i - z_{i-1} \bar{\alpha}_{i-1}) \quad (5.3.5)$$

式中：s——地基最终变形量（mm）；

s'——按分层总和法计算出的地基变形量（mm）；

ψ_s——沉降计算经验系数，根据地区沉降观测资料及经验确定，无地区经验时可根据变形计算深度范围内压缩模量的当量值（$\overline{E}_s$），基底附加压力按表 5.3.5 取值；

n——地基变形计算深度范围内所划分的土层数（图 5.3.5）；

p_0——相应于作用的准永久组合时基础底面处的附加压力（kPa）；

E_{si}——基础底面下第 i 层土的压缩模量（MPa），应取土的自重压力至土的自重压力与附加压力之和的压力段计算；

z_i、z_{i-1}——基础底面至第 i 层土、第 $i-1$ 层土底面的距离（m）；

$\overline{\alpha}_i$、$\overline{\alpha}_{i-1}$——基础底面计算点至第 i 层土、第 $i-1$ 层土底面范围内平均附加应力系数，可按本规范附录 K 采用。

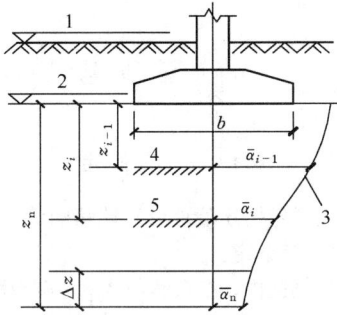

图 5.3.5　基础沉降计算的分层示意
1—天然地面标高；2—基底标高；3—平均附加
应力系数 $\overline{\alpha}$ 曲线；4—$i-1$ 层；5—i 层

表 5.3.5　沉降计算经验系数 ψ_s

基底附加压力 $\backslash$ $\overline{E}_s$ (MPa)	2.5	4.0	7.0	15.0	20.0
$p_0 \geqslant f_{ak}$	1.4	1.3	1.0	0.4	0.2
$p_0 \leqslant 0.75 f_{ak}$	1.1	1.0	0.7	0.4	0.2

5.3.6　变形计算深度范围内压缩模量的当量值（$\overline{E}_s$），应按下式计算：

$$\overline{E}_s = \frac{\Sigma A_i}{\Sigma \dfrac{A_i}{E_{si}}} \qquad (5.3.6)$$

式中：A_i——第 i 层土附加应力系数沿土层厚度的积分值。

5.3.7　地基变形计算深度 z_n（图 5.3.5），应符合式（5.3.7）的规定。当计算深度下部仍有较软土层时，应继续计算。

$$\Delta s'_n \leqslant 0.025 \sum_{i=1}^{n} \Delta s'_i \qquad (5.3.7)$$

式中：$\Delta s'_i$——在计算深度范围内，第 i 层土的计算变形值（mm）；

$\Delta s'_n$——在由计算深度向上取厚度为 Δz 的土层计算变形值（mm），Δz 见图 5.3.5 并按表 5.3.7 确定。

表 5.3.7　Δz

b (m)	$\leqslant 2$	$2 < b \leqslant 4$	$4 < b \leqslant 8$	$b > 8$
Δz (m)	0.3	0.6	0.8	1.0

5.3.8　当无相邻荷载影响，基础宽度在 1m～30m 范围内时，基础中点的地基变形计算深度也可按简化公式（5.3.8）进行计算。在计算深度范围内存在基岩时，z_n 可取至基岩表面；当存在较厚的坚硬黏性土层，其孔隙比小于 0.5、压缩模量大于 50MPa，或存在较厚的密实砂卵石层，其压缩模量大于 80MPa 时，z_n 可取至该层土表面。此时，地基土附加压力分布应考虑相对硬层存在的影响，按本规范公式（6.2.2）计算地基最终变形量。

$$z_n = b(2.5 - 0.4 \ln b) \qquad (5.3.8)$$

式中：b——基础宽度（m）。

5.3.9　当存在相邻荷载时，应计算相邻荷载引起的地基变形，其值可按应力叠加原理，采用角点法计算。

5.3.10　当建筑物地下室基础埋置较深时，地基土的回弹变形量可按下式进行计算：

$$s_c = \psi_c \sum_{i=1}^{n} \frac{p_c}{E_{ci}} (z_i \overline{\alpha}_i - z_{i-1} \overline{\alpha}_{i-1}) \qquad (5.3.10)$$

式中：s_c——地基的回弹变形量（mm）；

ψ_c——回弹量计算的经验系数，无地区经验时可取 1.0；

p_c——基坑底面以上土的自重压力（kPa），地下水位以下应扣除浮力；

E_{ci}——土的回弹模量（kPa），按现行国家标准《土工试验方法标准》GB/T 50123 中土的固结试验回弹曲线的不同应力段计算。

5.3.11　回弹再压缩变形量计算可采用再加荷的压力小于卸荷土的自重压力段内再压缩变形线性分布的假定按下式进行计算：

$$s'_c = \begin{cases} r'_0 s_c \dfrac{p}{p_c R'_0} & p < R'_0 p_c \\[2mm] s_c \left[r'_0 + \dfrac{r'_{R'=1.0} - r'_0}{1 - R'_0} \left(\dfrac{p}{p_c} - R'_0 \right) \right] & R'_0 p_c \leqslant p \leqslant p_c \end{cases}$$
$$(5.3.11)$$

式中：s'_c——地基土回弹再压缩变形量（mm）；

s_c——地基的回弹变形量（mm）；

r'_0——临界再压缩比率，相应于再压缩比率与再加荷比关系曲线上两段线性交点对应的再压缩比率，由土的固结回弹再压缩试验确定；

R'_0——临界再加荷比，相应在再压缩比率与再加荷比关系曲线上两段线性交点对应的再加荷比，由土的固结回弹再压缩试验确定；

$r'_{R'=1.0}$——对应于再加荷比 $R'=1.0$ 时的再压缩比率，由土的固结回弹再压缩试验确定，其值等于回弹再压缩变形增大系数；

p——再加荷的基底压力（kPa）。

5.3.12 在同一整体大面积基础上建有多栋高层和低层建筑，宜考虑上部结构、基础与地基的共同作用进行变形计算。

5.4 稳定性计算

5.4.1 地基稳定性可采用圆弧滑动面法进行验算。最危险的滑动面上诸力对滑动中心所产生的抗滑力矩与滑动力矩应符合下式要求：

$$M_R/M_S \geqslant 1.2 \qquad (5.4.1)$$

式中：M_S——滑动力矩（kN·m）；

M_R——抗滑力矩（kN·m）。

5.4.2 位于稳定土坡坡顶上的建筑，应符合下列规定：

1 对于条形基础或矩形基础，当垂直于坡顶边缘线的基础底面边长小于或等于 3m 时，其基础底面外边缘线至坡顶的水平距离（图 5.4.2）应符合下式要求，且不得小于 2.5m：

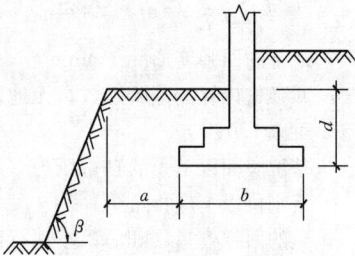

图 5.4.2 基础底面外边缘线至坡顶的水平距离示意

条形基础

$$a \geqslant 3.5b - \frac{d}{\tan\beta} \qquad (5.4.2-1)$$

矩形基础

$$a \geqslant 2.5b - \frac{d}{\tan\beta} \qquad (5.4.2-2)$$

式中：a——基础底面外边缘线至坡顶的水平距离（m）；

b——垂直于坡顶边缘线的基础底面边长（m）；

d——基础埋置深度（m）；

β——边坡坡角（°）。

2 当基础底面外边缘线至坡顶的水平距离不满

足式（5.4.2-1）、式（5.4.2-2）的要求时，可根据基底平均压力按式（5.4.1）确定基础距坡顶边缘的距离和基础埋深。

3 当边坡坡角大于 45°、坡高大于 8m 时，尚应按式（5.4.1）验算坡体稳定性。

5.4.3 建筑物基础存在浮力作用时应进行抗浮稳定性验算，并应符合下列规定：

1 对于简单的浮力作用情况，基础抗浮稳定性应符合下式要求：

$$\frac{G_k}{N_{w,k}} \geqslant K_w \qquad (5.4.3)$$

式中：G_k——建筑物自重及压重之和（kN）；

$N_{w,k}$——浮力作用值（kN）；

K_w——抗浮稳定安全系数，一般情况下可取 1.05。

2 抗浮稳定性不满足设计要求时，可采用增加压重或设置抗浮构件等措施。在整体满足抗浮稳定性要求而局部不满足时，也可采用增加结构刚度的措施。

6 山 区 地 基

6.1 一 般 规 定

6.1.1 山区（包括丘陵地带）地基的设计，应对下列设计条件分析认定：

1 建设场区内，在自然条件下，有无滑坡现象，有无影响场地稳定性的断层、破碎带；

2 在建设场地周围，有无不稳定的边坡；

3 施工过程中，因挖方、填方、堆载和卸载等对山坡稳定性的影响；

4 地基内岩石厚度及空间分布情况、基岩面的起伏情况、有无影响地基稳定性的临空面；

5 建筑地基的不均匀性；

6 岩溶、土洞的发育程度，有无采空区；

7 出现危岩崩塌、泥石流等不良地质现象的可能性；

8 地面水、地下水对建筑地基和建设场区的影响。

6.1.2 在山区建设时应对场区作出必要的工程地质和水文地质评价。对建筑物有潜在威胁或直接危害的滑坡、泥石流、崩塌以及岩溶、土洞强烈发育地段，不应选作建设场地。

6.1.3 山区建设工程的总体规划，应根据使用要求、地形地质条件合理布置。主体建筑宜设置在较好的地基上，使地基条件与上部结构的要求相适应。

6.1.4 山区建设中，应充分利用和保护天然排水系统和山地植被。当必须改变排水系统时，应在易于导流或拦截的部位将水引出场外。在受山洪影响的地段，应采取相应的排洪措施。

6.2 土岩组合地基

6.2.1 建筑地基（或被沉降缝分隔区段的建筑地基）的主要受力层范围内，如遇下列情况之一者，属于土岩组合地基：

　　1 下卧基岩表面坡度较大的地基；

　　2 石芽密布并有出露的地基；

　　3 大块孤石或个别石芽出露的地基。

6.2.2 当地基中下卧基岩面为单向倾斜、岩面坡度大于 10%、基底下的土层厚度大于 1.5m 时，应按下列规定进行设计：

　　1 当结构类型和地质条件符合表 6.2.2-1 的要求时，可不作地基变形验算。

表 6.2.2-1　下卧基岩表面允许坡度值

地基土承载力特征值 f_{ak}(kPa)	四层及四层以下的砌体承重结构，三层及三层以下的框架结构	具有 150kN 和 150kN 以下吊车的一般单层排架结构	
		带墙的边柱和山墙	无墙的中柱
≥150	≤15%	≤15%	≤30%
≥200	≤25%	≤30%	≤50%
≥300	≤40%	≤50%	≤70%

　　2 不满足上述条件时，应考虑刚性下卧层的影响，按下式计算地基的变形：

$$s_{gz} = \beta_{gz} s_z \qquad (6.2.2)$$

　　式中：s_{gz}——具刚性下卧层时，地基土的变形计算值（mm）；

　　　　　β_{gz}——刚性下卧层对上覆土层的变形增大系数，按表 6.2.2-2 采用；

　　　　　s_z——变形计算深度相当于实际土层厚度按本规范第 5.3.5 条计算确定的地基最终变形计算值（mm）。

表 6.2.2-2　具有刚性下卧层时地基变形增大系数 β_{gz}

h/b	0.5	1.0	1.5	2.0	2.5
β_{gz}	1.26	1.17	1.12	1.09	1.00

　　注：h—基底下的土层厚度；b—基础底面宽度。

　　3 在岩土界面上存在软弱层（如泥化带）时，应验算地基的整体稳定性。

　　4 当土岩组合地基位于山间坡地、山麓洼地或冲沟地带，存在局部软弱土层时，应验算软弱下卧层的强度及不均匀变形。

6.2.3 对于石芽密布并有出露的地基，当石芽间距小于 2m，其间为硬塑或坚硬状态的红黏土时，对于

房屋为六层和六层以下的砌体承重结构、三层和三层以下的框架结构或具有 150kN 和 150kN 以下吊车的单层排架结构，其基底压力小于 200kPa，可不作地基处理。如不能满足上述要求时，可利用经检验稳定性可靠的石芽作支墩式基础，也可在石芽出露部位作褥垫。当石芽间有较厚的软弱土层时，可用碎石、土夹石等进行置换。

6.2.4 对于大块孤石或个别石芽出露的地基，当土层的承载力特征值大于 150kPa、房屋为单层排架结构或一、二层砌体承重结构时，宜在基础与岩石接触的部位采用褥垫进行处理。对于多层砌体承重结构，应根据土质情况，结合本规范第 6.2.6 条、第 6.2.7 条的规定综合处理。

6.2.5 褥垫可采用炉渣、中砂、粗砂、土夹石等材料，其厚度宜取 300mm～500mm，夯填度应根据试验确定。当无资料时，夯填度可按下列数值进行设计：

　　中砂、粗砂　　　　　　　　　　　0.87±0.05；

　　土夹石（其中碎石含量为 20%～30%）

　　　　　　　　　　　　　　　　　0.70±0.05。

　　注：夯填度为褥垫夯实后的厚度与虚铺厚度的比值。

6.2.6 当建筑物对地基变形要求较高或地质条件比较复杂不宜按本规范第 6.2.3 条、第 6.2.4 条有关规定进行地基处理时，可调整建筑平面位置，或采用桩基或梁、拱跨越等处理措施。

6.2.7 在地基压缩性相差较大的部位，宜结合建筑平面形状、荷载条件设置沉降缝。沉降缝宽度宜取 30mm～50mm，在特殊情况下可适当加宽。

6.3 填 土 地 基

6.3.1 当利用压实填土作为建筑工程的地基持力层时，在平整场地前，应根据结构类型、填料性能和现场条件等，对拟压实的填土提出质量要求。未经检验查明以及不符合质量要求的压实填土，均不得作为建筑工程的地基持力层。

6.3.2 当利用未经填方设计处理形成的填土作为建筑物地基时，应查明填料成分与来源，填土的分布、厚度、均匀性、密实度与压缩性以及填土的堆积年限等情况，根据建筑物的重要性、上部结构类型、荷载性质与大小、现场条件等因素，选择合适的地基处理方法，并提出填土地基处理的质量要求与检验方法。

6.3.3 拟压实的填土地基应根据建筑物对地基的具体要求，进行填方设计。填方设计的内容包括填料的性质、压实机械的选择、密实度要求、质量监督和检验方法等。对重大的填方工程，必须在填方设计前选择典型的场区进行现场试验，取得填方参数后，才能进行填方工程的设计与施工。

6.3.4 填方工程设计前应具备详细的场地地形、地貌及工程地质勘察资料。位于塘、沟、积水洼地等地

区的填土地基，应查明地下水的补给与排泄条件、底层软弱土体的清除情况、自重固结程度等。

6.3.5 对含有生活垃圾或有机质废料的填土，未经处理不宜作为建筑物地基使用。

6.3.6 压实填土的填料，应符合下列规定：

　　1 级配良好的砂土或碎石土；以卵石、砾石、块石或岩石碎屑作填料时，分层压实时其最大粒径不宜大于 200mm，分层夯实时其最大粒径不宜大于 400mm；

　　2 性能稳定的矿渣、煤渣等工业废料；

　　3 以粉质黏土、粉土作填料时，其含水量宜为最优含水量，可采用击实试验确定；

　　4 挖高填低或开山填沟的土石料，应符合设计要求；

　　5 不得使用淤泥、耕土、冻土、膨胀性土以及有机质含量大于 5% 的土。

6.3.7 压实填土的质量以压实系数 λ_c 控制，并应根据结构类型、压实填土所在部位按表 6.3.7 确定。

表 6.3.7　压实填土地基压实系数控制值

结构类型	填土部位	压实系数 (λ_c)	控制含水量 (%)
砌体承重及框架结构	在地基主要受力层范围内	≥0.97	$w_{op}\pm2$
	在地基主要受力层范围以下	≥0.95	
排架结构	在地基主要受力层范围内	≥0.96	
	在地基主要受力层范围以下	≥0.94	

注：1　压实系数 (λ_c) 为填土的实际干密度 (ρ_d) 与最大干密度 (ρ_{dmax}) 之比；w_{op} 为最优含水量；
　　2　地坪垫层以下及基础底面标高以上的压实填土，压实系数不应小于 0.94。

6.3.8 压实填土的最大干密度和最优含水量，应采用击实试验确定，击实试验的操作应符合现行国家标准《土工试验方法标准》GB/T 50123 的有关规定。对于碎石、卵石，或岩石碎屑等填料，其最大干密度可取 2100kg/m³～2200kg/m³。对于黏性土或粉土填料，当无试验资料时，可按下式计算最大干密度：

$$\rho_{dmax} = \eta \frac{\rho_w d_s}{1+0.01 w_{op} d_s} \qquad (6.3.8)$$

式中：ρ_{dmax}——压实填土的最大干密度（kg/m³）；

　　　　η——经验系数，粉质黏土取 0.96，粉土取 0.97；

　　　　ρ_w——水的密度（kg/m³）；

　　　　d_s——土粒相对密度（比重）；

　　　　w_{op}——最优含水量（%）。

6.3.9 压实填土地基承载力特征值，应根据现场原位测试（静载荷试验、动力触探、静力触探等）结果确定。其下卧层顶面的承载力特征值应满足本规范第

5.2.7 条的要求。

6.3.10 填土地基在进行压实施工时，应注意采取地面排水措施，当其阻碍原地表水畅通排泄时，应根据地形修建截水沟，或设置其他排水设施。设置在填土区的上、下水管道，应采取防渗、防漏措施，避免因漏水使填土颗粒流失，必要时应在填土土坡的坡脚处设置反滤层。

6.3.11 位于斜坡上的填土，应验算其稳定性。对由填土而产生的新边坡，当填土边坡坡度符合表 6.3.11 的要求时，可不设置支挡结构。当天然地面坡度大于 20% 时，应采取防止填土可能沿坡面滑动的措施，并应避免雨水沿斜坡排泄。

表 6.3.11　压实填土的边坡坡度允许值

填土类型	边坡坡度允许值（高宽比）		压实系数 (λ_c)
	坡高在 8m 以内	坡高为 8m～15m	
碎石、卵石	1∶1.50～1∶1.25	1∶1.75～1∶1.50	0.94～0.97
砂夹石（碎石、卵石占全重 30%～50%）	1∶1.50～1∶1.25	1∶1.75～1∶1.50	
土夹石（碎石、卵石占全重 30%～50%）	1∶1.50～1∶1.25	1∶2.00～1∶1.50	
粉质黏土，黏粒含量 ρ_c≥10% 的粉土	1∶1.75～1∶1.50	1∶2.25～1∶1.75	

6.4　滑 坡 防 治

6.4.1 在建设场区内，由于施工或其他因素的影响有可能形成滑坡的地段，必须采取可靠的预防措施。对具有发展趋势并威胁建筑物安全使用的滑坡，应及早采取综合整治措施，防止滑坡继续发展。

6.4.2 应根据工程地质、水文地质条件以及施工影响等因素，分析滑坡可能发生或发展的主要原因，采取下列防治滑坡的处理措施：

　　1 排水：应设置排水沟以防止地面水浸入滑坡地段，必要时尚应采取防渗措施。在地下水影响较大的情况下，应根据地质条件，设置地下排水系统。

　　2 支挡：根据滑坡推力的大小、方向及作用点，可选用重力式抗滑挡墙、阻滑桩及其他抗滑结构。抗滑挡墙的基底及阻滑桩的桩端应埋置于滑动面以下的稳定土（岩）层中。必要时，应验算墙顶以上的土（岩）体从墙顶滑出的可能性。

　　3 卸载：在保证卸载区上方及两侧岩土稳定的情况下，可在滑体主动区卸载，但不得在滑体被动区卸载。

　　4 反压：在滑体的阻滑区段增加竖向荷载以提高滑体的阻滑安全系数。

6.4.3 滑坡推力可按下列规定进行计算:

1 当滑体有多层滑动面(带)时,可取推力最大的滑动面(带)确定滑坡推力。

2 选择平行于滑动方向的几个具有代表性的断面进行计算。计算断面一般不得少于2个,其中应有一个是滑动主轴断面。根据不同断面的推力设计相应的抗滑结构。

3 当滑动面为折线形时,滑坡推力可按下列公式进行计算(图6.4.3)。

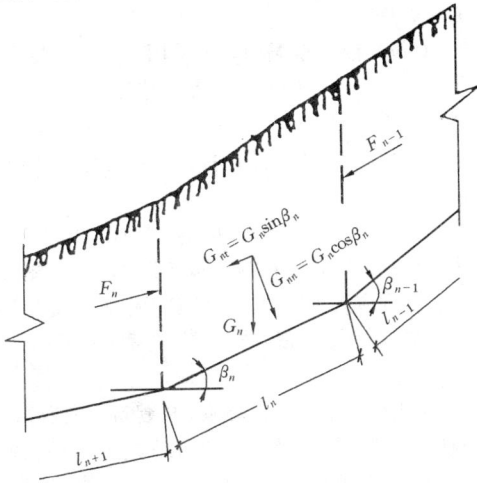

图6.4.3 滑坡推力计算示意

$$F_n = F_{n-1}\psi + \gamma_t G_{nt} - G_{nm}\tan\varphi_n - c_n l_n$$
$$(6.4.3-1)$$

$$\psi = \cos(\beta_{n-1} - \beta_n) - \sin(\beta_{n-1} - \beta_n)\tan\varphi_n$$
$$(6.4.3-2)$$

式中:F_n、F_{n-1}——第 n 块、第 $n-1$ 块滑体的剩余下滑力(kN);

ψ——传递系数;

γ_t——滑坡推力安全系数;

G_{nt}、G_{nm}——第 n 块滑体自重沿滑动面、垂直滑动面的分力(kN);

φ_n——第 n 块滑体沿滑动面土的内摩擦角标准值(°);

c_n——第 n 块滑体沿滑动面土的黏聚力标准值(kPa);

l_n——第 n 块滑体沿滑动面的长度(m);

4 滑坡推力作用点,可取在滑体厚度的1/2处。

5 滑坡推力安全系数,应根据滑坡现状及其对工程的影响等因素确定,对地基基础设计等级为甲级的建筑物宜取1.30,设计等级为乙级的建筑物宜取1.20,设计等级为丙级的建筑物宜取1.10。

6 根据土(岩)的性质和当地经验,可采用试验和滑坡反算相结合的方法,合理地确定滑动面上的抗剪强度。

6.5 岩 石 地 基

6.5.1 岩石地基基础设计应符合下列规定:

1 置于完整、较完整、较破碎岩体上的建筑物可仅进行地基承载力计算。

2 地基基础设计等级为甲、乙级的建筑物,同一建筑物的地基存在坚硬程度不同,两种或多种岩体变形模量差异达2倍及2倍以上,应进行地基变形验算。

3 地基主要受力层深度内存在软弱下卧岩层时,应考虑软弱下卧岩层的影响进行地基稳定性验算。

4 桩孔、基底和基坑边坡开挖应采用控制爆破,到达持力层后,对软岩、极软岩表面应及时封闭保护。

5 当基岩面起伏较大,且都使用岩石地基时,同一建筑物可以使用多种基础形式。

6 当基础附近有临空面时,应验算向临空面倾覆和滑移稳定性。存在不稳定的临空面时,应将基础埋深加大至下伏稳定基岩;亦可在基础底部设置锚杆,锚杆应进入下伏稳定岩体,并满足抗倾覆和抗滑移要求。同一基础的地基可以放阶处理,但应满足抗倾覆和抗滑移要求。

7 对于节理、裂隙发育及破碎程度较高的不稳定岩体,可采用注浆加固和清爆填塞等措施。

6.5.2 对遇水易软化和膨胀、易崩解的岩石,应采取保护措施减少其对岩体承载力的影响。

6.6 岩溶与土洞

6.6.1 在碳酸盐岩为主的可溶性岩石地区,当存在岩溶(溶洞、溶蚀裂隙等)、土洞等现象时,应考虑其对地基稳定的影响。

6.6.2 岩溶场地可根据岩溶发育程度划分为三个等级,设计时应根据具体情况,按表6.6.2选用。

表6.6.2 岩溶发育程度

等 级	岩溶场地条件
岩溶强发育	地表有较多岩溶塌陷、漏斗、洼地、泉眼 溶沟、溶槽、石芽密布,相邻钻孔间存在临空面且基岩面高差大于5m 地下有暗河、伏流 钻孔见洞隙率大于30%或线岩溶率大于20% 溶槽或串珠状竖向溶洞发育深度达20m以上
岩溶中等发育	介于强发育和微发育之间
岩溶微发育	地表无岩溶塌陷、漏斗 溶沟、溶槽较发育 相邻钻孔间存在临空面且基岩面相对高差小于2m 钻孔见洞隙率小于10%或线岩溶率小于5%

6.6.3 地基基础设计等级为甲级、乙级的建筑物主体宜避开岩溶强发育地段。

6.6.4 存在下列情况之一且未经处理的场地，不应作为建筑物地基：

   1 浅层溶洞成群分布，洞径大，且不稳定的地段；

   2 漏斗、溶槽等埋藏浅，其中充填物为软弱土体；

   3 土洞或塌陷等岩溶强发育的地段；

   4 岩溶水排泄不畅，有可能造成场地暂时淹没的地段。

6.6.5 对于完整、较完整的坚硬岩、较硬岩地基，当符合下列条件之一时，可不考虑岩溶对地基稳定性的影响：

   1 洞体较小，基础底面尺寸大于洞的平面尺寸，并有足够的支承长度；

   2 顶板岩石厚度大于或等于洞的跨度。

6.6.6 地基基础设计等级为丙级且荷载较小的建筑物，当符合下列条件之一时，可不考虑岩溶对地基稳定性的影响。

   1 基础底面以下的土层厚度大于独立基础宽度的 3 倍或条形基础宽度的 6 倍，且不具备形成土洞的条件时；

   2 基础底面与洞体顶板间土层厚度小于独立基础宽度的 3 倍或条形基础宽度的 6 倍，洞隙或岩溶漏斗被沉积物填满，其承载力特征值超过 150kPa，且无被水冲蚀的可能性时；

   3 基础底面存在面积小于基础底面积 25% 的垂直洞隙，但基底岩石面积满足上部荷载要求时。

6.6.7 不符合本规范第 6.6.5 条、第 6.6.6 条的条件时，应进行洞体稳定性分析；基础附近有临空面时，应验算向临空面倾覆和沿岩体结构面滑移稳定性。

6.6.8 土洞对地基的影响，应按下列规定综合分析与处理：

   1 在地下水强烈活动于岩土交界面的地区，应考虑由地下水作用所形成的土洞对地基的影响，预测地下水位在建筑物使用期间的变化趋势。总图布置前，应获得场地土洞发育程度分区资料。施工时，除已查明的土洞外，尚应沿基槽进一步查明土洞的特征和分布情况。

   2 在地下水位高于基岩表面的岩溶地区，应注意人工降水引起土洞进一步发育或地表塌陷的可能性。塌陷区的范围及方向可根据水文地质条件和抽水试验的观测结果综合分析确定。在塌陷范围内不应采用天然地基。并应注意降水对周围环境和建（构）筑物的影响。

   3 由地表水形成的土洞或塌陷，应采取地表截流、防渗或堵塞等措施进行处理。应根据土洞埋深，

分别选用挖填、灌砂等方法进行处理。由地下水形成的塌陷及浅埋土洞，应清除软土，抛填块石作反滤层，面层用黏土夯填；深埋土洞宜用砂、砾石或细石混凝土灌填。在上述处理的同时，尚应采用梁、板或拱跨越。对重要的建筑物，可采用桩基处理。

6.6.9 对地基稳定性有影响的岩溶洞隙，应根据其位置、大小、埋深、围岩稳定性和水文地质条件综合分析，因地制宜采取下列处理措施：

   1 对较小的岩溶洞隙，可采用镶补、嵌塞与跨越等方法处理。

   2 对较大的岩溶洞隙，可采用梁、板和拱等结构跨越，也可采用浆砌块石等堵塞措施以及洞底支撑或调整柱距等方法处理。跨越结构应有可靠的支承面。梁式结构在稳定岩石上的支承长度应大于梁高 1.5 倍。

   3 基底有不超过 25% 基底面积的溶洞（隙）且充填物难以挖除时，宜在洞隙部位设置钢筋混凝土底板，底板宽度应大于洞隙，并采取措施保证底板不向洞隙方向滑移。也可在洞隙部位设置钻孔桩进行穿越处理。

   4 对于荷载不大的低层和多层建筑，围岩稳定，如溶洞位于条形基础末端，跨越工程量大，可按悬臂梁设计基础，若溶洞位于单独基础重心一侧，可按偏心荷载设计基础。

6.7 土质边坡与重力式挡墙

6.7.1 边坡设计应符合下列规定：

   1 边坡设计应保护和整治边坡环境，边坡水系应因势利导，设置地表排水系统，边坡工程应设内部排水系统。对于稳定的边坡，应采取保护及营造植被的防护措施。

   2 建筑物的布局应依山就势，防止大挖大填。对于平整场地而出现的新边坡，应及时进行支挡或构造防护。

   3 应根据边坡类型、边坡环境、边坡高度及可能的破坏模式，选择适当的边坡稳定计算方法和支挡结构形式。

   4 支挡结构设计应进行整体稳定性验算、局部稳定性验算、地基承载力计算、抗倾覆稳定性验算、抗滑移稳定性验算及结构强度计算。

   5 边坡工程设计前，应进行详细的工程地质勘察，并应对边坡的稳定性作出准确的评价；对周围环境的危害性作出预测；对岩石边坡的结构面调查清楚，指出主要结构面的所在位置；提供边坡设计所需要的各项参数。

   6 边坡的支挡结构应进行排水设计。对于可以向坡外排水的支挡结构，应在支挡结构上设置排水孔。排水孔应沿着横竖两个方向设置，其间距宜取 2m～3m，排水孔外斜坡度宜为 5%，孔眼尺寸不宜

小于100mm。支挡结构后面应做好滤水层，必要时应做排水暗沟。支挡结构后面有山坡时，应在坡脚处设置截水沟。对于不能向坡外排水的边坡，应在支挡结构后面设置排水暗沟。

7 支挡结构后面的填土，应选择透水性强的填料。当采用黏性土作填料时，宜掺入适量的碎石。在季节性冻土地区，应选择不冻胀的炉渣、碎石、粗砂等填料。

6.7.2 在坡体整体稳定的条件下，土质边坡的开挖应符合下列规定：

1 边坡的坡度允许值，应根据当地经验，参照同类土层的稳定坡度确定。当土质良好且均匀、无不良地质现象、地下水不丰富时，可按表 6.7.2 确定。

表 6.7.2　土质边坡坡度允许值

土的类别	密实度或状态	坡度允许值（高宽比）	
		坡高在 5m 以内	坡高为 5m～10m
碎石土	密实	1：0.35～1：0.50	1：0.50～1：0.75
	中密	1：0.50～1：0.75	1：0.75～1：1.00
	稍密	1：0.75～1：1.00	1：1.00～1：1.25
黏性土	坚硬	1：0.75～1：1.00	1：1.00～1：1.25
	硬塑	1：1.00～1：1.25	1：1.25～1：1.50

注：1　表中碎石土的充填物为坚硬或硬塑状态的黏性土；
　　2　对于砂土或充填物为砂土的碎石土，其边坡坡度允许值均按自然休止角确定。

2 土质边坡开挖时，应采取排水措施，边坡的顶部应设置截水沟。在任何情况下不应在坡脚及坡面上积水。

3 边坡开挖时，应由上往下开挖，依次进行。弃土应分散处理，不得将弃土堆置在坡顶及坡面上。当必须在坡顶或坡面上设置弃土转运站时，应进行坡体稳定性验算，严格控制堆栈的土方量。

4 边坡开挖后，应立即对边坡进行防护处理。

6.7.3 重力式挡土墙土压力计算应符合下列规定：

1 对土质边坡，边坡主动土压力应按式(6.7.3-1)进行计算。当填土为无黏性土时，主动土压力系数可按库仑土压力理论确定。当支挡结构满足朗肯条件时，主动土压力系数可按朗肯土压力理论确定。黏性土或粉土的主动土压力也可采用楔体试算法图解求得。

$$E_a = \frac{1}{2}\psi_a \gamma h^2 k_a \qquad (6.7.3\text{-}1)$$

式中：E_a——主动土压力（kN）；

ψ_a——主动土压力增大系数，挡土墙高度小于 5m 时宜取 1.0，高度 5m～8m 时宜取 1.1，高度大于 8m 时宜取 1.2；

γ——填土的重度（kN/m³）；

h——挡土结构的高度（m）；

k_a——主动土压力系数，按本规范附录 L 确定。

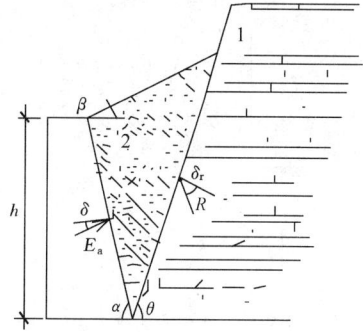

图 6.7.3　有限填土挡土墙土压力计算示意
1—岩石边坡；2—填土

2 当支挡结构后缘有较陡峻的稳定岩石坡面，岩坡的坡角 $\theta>(45°+\varphi/2)$ 时，应按有限范围填土计算土压力，取岩石坡面为破裂面。根据稳定岩石坡面与填土间的摩擦角按下式计算主动土压力系数：

$$k_a = \frac{\sin(\alpha+\theta)\sin(\alpha+\beta)\sin(\theta-\delta_r)}{\sin^2\alpha\sin(\theta-\beta)\sin(\alpha-\delta+\theta-\delta_r)}$$

$$(6.7.3\text{-}2)$$

式中：θ——稳定岩石坡面倾角（°）；

δ_r——稳定岩石坡面与填土间的摩擦角（°），根据试验确定。当无试验资料时，可取 $\delta_r=0.33\varphi_k$，φ_k 为填土的内摩擦角标准值（°）。

6.7.4 重力式挡土墙的构造应符合下列规定：

1 重力式挡土墙适用于高度小于 8m、地层稳定、开挖土石方时不会危及相邻建筑物的地段。

2 重力式挡土墙可在基底设置逆坡。对于土质地基，基底逆坡坡度不宜大于 1：10；对于岩石地基，基底逆坡坡度不宜大于 1：5。

3 毛石挡土墙的墙顶宽度不宜小于 400mm；混凝土挡土墙的墙顶宽度不宜小于 200mm。

4 重力式挡墙的基础埋置深度，应根据地基承载力、水流冲刷、岩石裂隙发育及风化程度等因素进行确定。在特强冻涨、强冻涨地区应考虑冻涨的影响。在土质地基中，基础埋置深度不宜小于 0.5m；在软质岩地基中，基础埋置深度不宜小于 0.3m。

5 重力式挡土墙应每间隔 10m～20m 设置一道伸缩缝。当地基有变化时宜加设沉降缝。在挡土结构的拐角处，应采取加强的构造措施。

6.7.5 挡土墙的稳定性验算应符合下列规定：

1 抗滑移稳定性应按下列公式进行验算（图6.7.5-1）：

$$\frac{(G_n+E_{an})\mu}{E_{at}-G_t} \geq 1.3 \qquad (6.7.5\text{-}1)$$

$$G_n = G\cos\alpha_0 \qquad (6.7.5\text{-}2)$$

$$G_t = G\sin\alpha_0 \qquad (6.7.5\text{-}3)$$

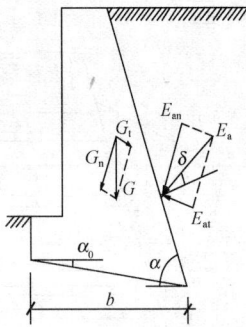

图 6.7.5-1 挡土墙抗滑
稳定验算示意

$$E_{at} = E_a \sin(\alpha - \alpha_0 - \delta) \qquad (6.7.5\text{-}4)$$

$$E_{an} = E_a \cos(\alpha - \alpha_0 - \delta) \qquad (6.7.5\text{-}5)$$

式中：G——挡土墙每延米自重（kN）；

α_0——挡土墙基底的倾角（°）；

α——挡土墙墙背的倾角（°）；

δ——土对挡土墙墙背的摩擦角（°），可按表6.7.5-1选用；

μ——土对挡土墙基底的摩擦系数，由试验确定，也可按表6.7.5-2选用。

表 6.7.5-1　土对挡土墙墙背的摩擦角 δ

挡土墙情况	摩擦角 δ
墙背平滑、排水不良	$(0 \sim 0.33)\varphi_k$
墙背粗糙、排水良好	$(0.33 \sim 0.50)\varphi_k$
墙背很粗糙、排水良好	$(0.50 \sim 0.67)\varphi_k$
墙背与填土间不可能滑动	$(0.67 \sim 1.00)\varphi_k$

注：φ_k 为墙背填土的内摩擦角。

表 6.7.5-2　土对挡土墙基底的摩擦系数 μ

土的类别		摩擦系数 μ
黏性土	可塑	$0.25 \sim 0.30$
	硬塑	$0.30 \sim 0.35$
	坚硬	$0.35 \sim 0.45$
粉土		$0.30 \sim 0.40$
中砂、粗砂、砾砂		$0.40 \sim 0.50$
碎石土		$0.40 \sim 0.60$
软质岩		$0.40 \sim 0.60$
表面粗糙的硬质岩		$0.65 \sim 0.75$

注：1　对易风化的软质岩和塑性指数 I_p 大于 22 的黏性土，基底摩擦系数应通过试验确定；

2　对碎石土，可根据其密实程度、填充物状况、风化程度等确定。

2　抗倾覆稳定性应按下列公式进行验算（图6.7.5-2）：

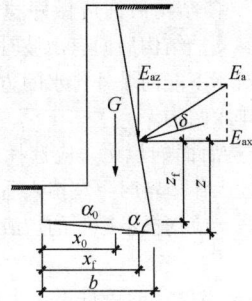

图 6.7.5-2　挡土墙抗
倾覆稳定验算示意

$$\frac{Gx_0 + E_{az}x_f}{E_{ax}z_f} \geqslant 1.6 \qquad (6.7.5\text{-}6)$$

$$E_{ax} = E_a \sin(\alpha - \delta) \qquad (6.7.5\text{-}7)$$

$$E_{az} = E_a \cos(\alpha - \delta) \qquad (6.7.5\text{-}8)$$

$$x_f = b - z\cot\alpha \qquad (6.7.5\text{-}9)$$

$$z_f = z - b\tan\alpha_0 \qquad (6.7.5\text{-}10)$$

式中：z——土压力作用点至墙踵的高度（m）；

x_0——挡土墙重心至墙趾的水平距离（m）；

b——基底的水平投影宽度（m）。

3　整体滑动稳定性可采用圆弧滑动面法进行验算。

4　地基承载力计算，除应符合本规范第5.2节的规定外，基底合力的偏心距不应大于 0.25 倍基础的宽度。当基底下有软弱下卧层时，尚应进行软弱下卧层的承载力验算。

6.8　岩石边坡与岩石锚杆挡墙

6.8.1　在岩石边坡整体稳定的条件下，岩石边坡的开挖坡度允许值，应根据当地经验按工程类比的原则，参照本地区已有稳定边坡的坡度值加以确定。

6.8.2　当整体稳定的软质岩边坡高度小于12m，硬质岩边坡高度小于15m时，边坡开挖时可进行构造处理（图6.8.2-1、图6.8.2-2）。

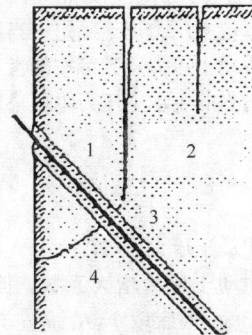

图 6.8.2-1　边坡顶部支护
1—崩塌体；2—岩石边坡顶部
裂隙；3—锚杆；4—破裂面

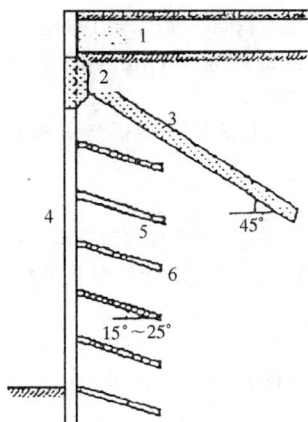

图 6.8.2-2 整体稳定边坡支护

1—土层；2—横向连系梁；3—支护锚杆；

4—面板；5—防护锚杆；6—岩石

6.8.3 对单结构面外倾边坡作用在支挡结构上的推力，可根据楔体平衡法进行计算，并应考虑结构面填充物的性质及其浸水后的变化。具有两组或多组结构面的交线倾向于临空面的边坡，可采用棱形体分割法计算棱体的下滑力。

6.8.4 岩石锚杆挡土结构设计，应符合下列规定（图 6.8.4）：

1 岩石锚杆挡土结构的荷载，宜采用主动土压力乘以 1.1～1.2 的增大系数；

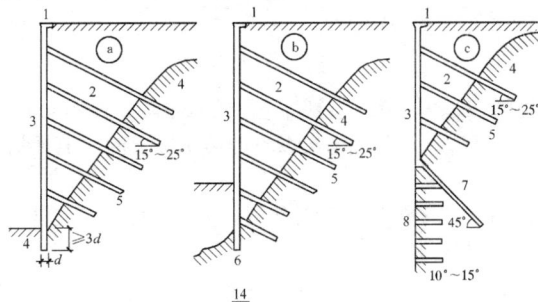

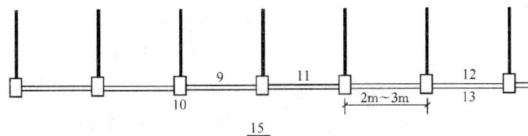

图 6.8.4 锚杆体系支挡结构

1—压顶梁；2—土层；3—立柱及面板；4—岩石；5—岩石锚杆；6—立柱嵌入岩体；7—顶撑锚杆；8—护面；9—面板；10—立柱（竖柱）；11—土体；12—土坡顶部；13—土坡坡脚；14—剖面图；15—平面图

2 挡板计算时，其荷载的取值可考虑支承挡板的两立柱间土体的卸荷拱作用；

3 立柱端部应嵌入稳定岩层内，并应根据端部的实际情况假定为固定支承或铰支承，当立柱插入岩层中的深度大于 3 倍立柱长边时，可按固定支承

计算；

4 岩石锚杆应与立柱牢固连接，并应验算连接处立柱的抗剪切强度。

6.8.5 岩石锚杆的构造应符合下列规定：

1 岩石锚杆由锚固段和非锚固段组成。锚固段应嵌入稳定的基岩中，嵌入基岩深度应大于 40 倍锚杆筋体直径，且不得小于 3 倍锚杆的孔径。非锚固段的主筋必须进行防护处理。

2 作支护用的岩石锚杆，锚杆孔径不宜小于 100mm；作防护用的锚杆，其孔径可小于 100mm，但不应小于 60mm。

3 岩石锚杆的间距，不应小于锚杆孔径的 6 倍。

4 岩石锚杆与水平面的夹角宜为 15°～25°。

5 锚杆筋体宜采用热轧带肋钢筋，水泥砂浆强度不宜低于 25MPa，细石混凝土强度不宜低于 C25。

6.8.6 岩石锚杆锚固段的抗拔承载力，应按照本规范附录 M 的试验方法经现场原位试验确定。对于永久性锚杆的初步设计或对于临时性锚杆的施工阶段设计，可按下式计算：

$$R_t = \xi f u_r h_r \qquad (6.8.6)$$

式中：R_t——锚杆抗拔承载力特征值（kN）；

ξ——经验系数，对于永久性锚杆取 0.8，对于临时性锚杆取 1.0；

f——砂浆与岩石间的粘结强度特征值（kPa），由试验确定，当缺乏试验资料时，可按表 6.8.6 取用；

u_r——锚杆的周长（m）；

h_r——锚杆锚固段嵌入岩层中的长度（m），当长度超过 13 倍锚杆直径时，按 13 倍直径计算。

表 6.8.6 砂浆与岩石间的粘结强度特征值（MPa）

岩石坚硬程度	软 岩	较 软 岩	硬 质 岩
粘结强度	<0.2	0.2～0.4	0.4～0.6

注：水泥砂浆强度为 30MPa 或细石混凝土强度等级为 C30。

7 软 弱 地 基

7.1 一 般 规 定

7.1.1 当地基压缩层主要由淤泥、淤泥质土、冲填土、杂填土或其他高压缩性土层构成时应按软弱地基进行设计。在建筑地基的局部范围内有高压缩性土层时，应按局部软弱土层处理。

7.1.2 勘察时，应查明软弱土层的均匀性、组成、分布范围和土质情况；冲填土尚应查明排水固结条件；杂填土应查明堆积历史，确定自重压力下的稳定性、湿陷性等。

7.1.3 设计时，应考虑上部结构和地基的共同作用。对建筑体型、荷载情况、结构类型和地质条件进行综合分析，确定合理的建筑措施、结构措施和地基处理方法。

7.1.4 施工时，应注意对淤泥和淤泥质土基槽底面的保护，减少扰动。荷载差异较大的建筑物，宜先建重、高部分，后建轻、低部分。

7.1.5 活荷载较大的构筑物或构筑物群（如料仓、油罐等），使用初期应根据沉降情况控制加载速率，掌握加载间隔时间，或调整活荷载分布，避免过大倾斜。

7.2 利用与处理

7.2.1 利用软弱土层作为持力层时，应符合下列规定：

1 淤泥和淤泥质土，宜利用其上覆较好土层作为持力层，当上覆土层较薄，应采取避免施工时对淤泥和淤泥质土扰动的措施；

2 冲填土、建筑垃圾和性能稳定的工业废料，当均匀性和密实度较好时，可利用作为轻型建筑物地基的持力层。

7.2.2 局部软弱土层以及暗塘、暗沟等，可采用基础梁、换土、桩基或其他方法处理。

7.2.3 当地基承载力或变形不能满足设计要求时，地基处理可选用机械压实、堆载预压、真空预压、换填垫层或复合地基等方法。处理后的地基承载力应通过试验确定。

7.2.4 机械压实包括重锤夯实、强夯、振动压实等方法，可用于处理由建筑垃圾或工业废料组成的杂填土地基，处理有效深度应通过试验确定。

7.2.5 堆载预压可用于处理较厚淤泥和淤泥质土地基。预压荷载宜大于设计荷载，预压时间应根据建筑物的要求以及地基固结情况决定，并应考虑堆载大小和速率对堆载效果和周围建筑物的影响。采用塑料排水带或砂井进行堆载预压和真空预压时，应在塑料排水带或砂井顶部做排水砂垫层。

7.2.6 换填垫层（包括加筋垫层）可用于软弱地基的浅层处理。垫层材料可采用中砂、粗砂、砾砂、角（圆）砾、碎（卵）石、矿渣、灰土、黏性土以及其他性能稳定、无腐蚀性的材料。加筋材料可采用高强度、低徐变、耐久性好的土工合成材料。

7.2.7 复合地基设计应满足建筑物承载力和变形要求。当地基土为欠固结土、膨胀土、湿陷性黄土、可液化土等特殊性土时，设计采用的增强体和施工工艺应满足处理后地基土和增强体共同承担荷载的技术要求。

7.2.8 复合地基承载力特征值应通过现场复合地基载荷试验确定，或采用增强体载荷试验结果和其周边土的承载力特征值结合经验确定。

7.2.9 复合地基基础底面的压力除应满足本规范公式（5.2.1-1）的要求外，还应满足本规范公式（5.2.1-2）的要求。

7.2.10 复合地基的最终变形量可按式（7.2.10）计算：

$$s = \psi_{sp} s' \qquad (7.2.10)$$

式中：s——复合地基最终变形量（mm）；

ψ_{sp}——复合地基沉降计算经验系数，根据地区沉降观测资料经验确定，无地区经验时可根据变形计算深度范围内压缩模量的当量值（$\overline{E}_s$）按表 7.2.10 取值；

s'——复合地基计算变形量（mm），可按本规范公式（5.3.5）计算；加固土层的压缩模量可取复合土层的压缩模量，按本规范第 7.2.12 条确定；地基变形计算深度应大于加固土层的厚度，并应符合本规范第 5.3.7 条的规定。

表 7.2.10 复合地基沉降计算经验系数 ψ_{sp}

$\overline{E}_s$（MPa）	4.0	7.0	15.0	20.0	35.0
ψ_{sp}	1.0	0.7	0.4	0.25	0.2

7.2.11 变形计算深度范围内压缩模量的当量值（$\overline{E}_s$），应按下式计算：

$$\overline{E}_s = \frac{\sum\limits_{i=1}^{n} A_i + \sum\limits_{j=1}^{m} A_j}{\sum\limits_{i=1}^{n} \dfrac{A_i}{E_{spi}} + \sum\limits_{j=1}^{m} \dfrac{A_j}{E_{sj}}} \qquad (7.2.11)$$

式中：E_{spi}——第 i 层复合土层的压缩模量（MPa）；

E_{sj}——加固土层以下的第 j 层土的压缩模量（MPa）。

7.2.12 复合地基变形计算时，复合土层的压缩模量可按下列公式计算：

$$E_{spi} = \xi \cdot E_{si} \qquad (7.2.12-1)$$
$$\xi = f_{spk} / f_{ak} \qquad (7.2.12-2)$$

式中：E_{spi}——第 i 层复合土层的压缩模量（MPa）；

ξ——复合土层的压缩模量提高系数；

f_{spk}——复合地基承载力特征值（kPa）；

f_{ak}——基础底面下天然地基承载力特征值（kPa）。

7.2.13 增强体顶部应设褥垫层。褥垫层可采用中砂、粗砂、砾砂、碎石、卵石等散体材料。碎石、卵石宜掺入 20%～30%的砂。

7.3 建筑措施

7.3.1 在满足使用和其他要求的前提下，建筑体型应力求简单。当建筑体型比较复杂时，宜根据其平面形状和高度差异情况，在适当部位用沉降缝将其划分成若干个刚度较好的单元；当高度差异或荷载差异较大时，可将两者隔开一定距离，当拉开距离后的两单元必须连接时，应采用能自由沉降的连接构造。

7.3.2 当建筑物设置沉降缝时，应符合下列规定：

  1 建筑物的下列部位，宜设置沉降缝：

    1）建筑平面的转折部位；

    2）高度差异或荷载差异处；

    3）长高比过大的砌体承重结构或钢筋混凝土框架结构的适当部位；

    4）地基土的压缩性有显著差异处；

    5）建筑结构或基础类型不同处；

    6）分期建造房屋的交界处。

  2 沉降缝应有足够的宽度，沉降缝宽度可按表7.3.2选用。

表 7.3.2　房屋沉降缝的宽度

房屋层数	沉降缝宽度（mm）
二～三	50～80
四～五	80～120
五层以上	不小于 120

7.3.3 相邻建筑物基础间的净距，可按表7.3.3选用。

表 7.3.3　相邻建筑物基础间的净距(m)

影响建筑的预估平均沉降量 s(mm) ＼ 被影响建筑的长高比	$2.0 \leqslant \dfrac{L}{H_f} < 3.0$	$3.0 \leqslant \dfrac{L}{H_f} < 5.0$
70～150	2～3	3～6
160～250	3～6	6～9
260～400	6～9	9～12
＞400	9～12	不小于 12

  注：1 表中 L 为建筑物长度或沉降缝分隔的单元长度(m)；H_f 为自基础底面标高算起的建筑物高度(m)；

    2 当被影响建筑的长高比为 $1.5 < L/H_f < 2.0$ 时，其间净距可适当缩小。

7.3.4 相邻高耸结构或对倾斜要求严格的构筑物的外墙间隔距离，应根据倾斜允许值计算确定。

7.3.5 建筑物各组成部分的标高，应根据可能产生的不均匀沉降采取下列相应措施：

  1 室内地坪和地下设施的标高，应根据预估沉降量予以提高。建筑物各部分（或设备之间）有联系时，可将沉降较大者标高提高。

  2 建筑物与设备之间，应留有净空。当建筑物有管道穿过时，应预留孔洞，或采用柔性的管道接头等。

7.4　结　构　措　施

7.4.1 为减少建筑物沉降和不均匀沉降，可采用下列措施：

  1 选用轻型结构，减轻墙体自重，采用架空地板代替室内填土；

  2 设置地下室或半地下室，采用覆土少、自重轻的基础形式；

  3 调整各部分的荷载分布、基础宽度或埋置深度；

  4 对不均匀沉降要求严格的建筑物，可选用较小的基底压力。

7.4.2 对于建筑体型复杂、荷载差异较大的框架结构，可采用箱基、桩基、筏基等加强基础整体刚度，减少不均匀沉降。

7.4.3 对于砌体承重结构的房屋，宜采用下列措施增强整体刚度和承载力：

  1 对于三层和三层以上的房屋，其长高比 L/H_f 宜小于或等于2.5；当房屋的长高比为 $2.5 < L/H_f \leqslant 3.0$ 时，宜做到纵墙不转折或少转折，并应控制其内横墙间距或增强基础刚度和承载力。当房屋的预估最大沉降量小于或等于120mm时，其长高比可不受限制。

  2 墙体内宜设置钢筋混凝土圈梁或钢筋砖圈梁。

  3 在墙体上开洞时，宜在开洞部位配筋或采用构造柱及圈梁加强。

7.4.4 圈梁应按下列要求设置：

  1 在多层房屋的基础和顶层处应各设置一道，其他各层可隔层设置，必要时也可逐层设置。单层工业厂房、仓库，可结合基础梁、连系梁、过梁等酌情设置。

  2 圈梁应设置在外墙、内纵墙和主要内横墙上，并宜在平面内连成封闭系统。

7.5　大面积地面荷载

7.5.1 在建筑范围内有地面荷载的单层工业厂房、露天车间和单层仓库的设计，应考虑由于地面荷载所产生的地基不均匀变形及其对上部结构的不利影响。当有条件时，宜利用堆载预压过的建筑场地。

  注：地面荷载系指生产堆料、工业设备等地面堆载和天然地面上的大面积填土。

7.5.2 地面堆载应均衡，并应根据使用要求、堆载特点、结构类型和地质条件确定允许堆载量和范围。

    堆载不宜压在基础上。大面积的填土，宜在基础施工前三个月完成。

7.5.3 地面堆载荷载应满足地基承载力、变形、稳定性要求，并应考虑对周边环境的影响。当堆载量超过地基承载力特征值时应进行专项设计。

7.5.4 厂房和仓库的结构设计，可适当提高柱、墙的抗弯能力，增强房屋的刚度。对于中、小型仓库，宜采用静定结构。

7.5.5 对于在使用过程中允许调整吊车轨道的单层钢筋混凝土工业厂房和露天车间的天然地基设计，除应遵守本规范第5章的有关规定外，尚应符合下式要求：

$$s'_g \leqslant [s'_g] \qquad (7.5.5)$$

式中：s'_g——由地面荷载引起柱基内侧边缘中点的地基附加沉降量计算值，可按本规范附录 N 计算；

$[s'_g]$——由地面荷载引起柱基内侧边缘中点的地基附加沉降量允许值，可按表 7.5.5 采用。

表 7.5.5 地基附加沉降量允许值 $[s'_g]$（mm）

$\dfrac{a}{b}$	6	10	20	30	40	50	60	70
1	40	45	50	55	55			
2	45	50	55	60	60			
3	50	55	60	65	70	75		
4	55	60	65	70	75	80	85	90
5	65	70	75	80	85	90	95	100

注：表中 a 为地面荷载的纵向长度（m）；b 为车间跨度方向基础底面边长（m）。

7.5.6 按本规范第 7.5.5 条设计时，应考虑在使用过程中垫高或移动吊车轨道和吊车梁的可能性。应增大吊车顶面与屋架下弦间的净空和吊车边缘与上柱边缘间的净距，当地基土平均压缩模量 E_s 为 3MPa 左右，地面平均荷载大于 25kPa 时，净空宜大于 300mm，净距宜大于 200mm。并应按吊车轨道可能移动的幅度，加宽钢筋混凝土吊车梁腹部及配置抗扭钢筋。

7.5.7 具有地面荷载的建筑地基遇到下列情况之一时，宜采用桩基：

1 不符合本规范第 7.5.5 条要求；

2 车间内设有起重量 300kN 以上、工作级别大于 A5 的吊车；

3 基底下软土层较薄，采用桩基经济者。

8 基 础

8.1 无筋扩展基础

8.1.1 无筋扩展基础（图 8.1.1）高度应满足下式的要求：

$$H_0 \geqslant \frac{b - b_0}{2\tan\alpha} \qquad (8.1.1)$$

式中：b——基础底面宽度（m）；

b_0——基础顶面的墙体宽度或柱脚宽度（m）；

H_0——基础高度（m）；

$\tan\alpha$——基础台阶宽高比 $b_2 : H_0$，其允许值可按表 8.1.1 选用；

b_2——基础台阶宽度（m）。

表 8.1.1 无筋扩展基础台阶宽高比的允许值

基础材料	质量要求	台阶宽高比的允许值		
		$p_k \leqslant 100$	$100 < p_k \leqslant 200$	$200 < p_k \leqslant 300$
混凝土基础	C15 混凝土	1：1.00	1：1.00	1：1.25
毛石混凝土基础	C15 混凝土	1：1.00	1：1.25	1：1.50
砖基础	砖不低于 MU10、砂浆不低于 M5	1：1.50	1：1.50	1：1.50
毛石基础	砂浆不低于 M5	1：1.25	1：1.50	—
灰土基础	体积比为 3：7 或 2：8 的灰土，其最小干密度：粉土 1550kg/m³ 粉质黏土 1500kg/m³ 黏土 1450kg/m³	1：1.25	1：1.50	—
三合土基础	体积比 1：2：4～1：3：6（石灰：砂：骨料），每层约虚铺 220mm，夯至 150mm	1：1.50	1：2.00	—

注：1 p_k 为作用的标准组合时基础底面处的平均压力值（kPa）；

2 阶梯形毛石基础的每阶伸出宽度，不宜大于 200mm；

3 当基础由不同材料叠合组成时，应对接触部分作抗压验算；

4 混凝土基础单侧扩展范围内基础底面处的平均压力值超过 300kPa 时，尚应进行抗剪验算；对基底反力集中于立柱附近的岩石地基，应进行局部受压承载力验算。

8.1.2 采用无筋扩展基础的钢筋混凝土柱，其柱脚高度 h_1 不得小于 b_1（图 8.1.1），并不应小于 300mm 且不小于 $20d$。当柱纵向钢筋在柱脚内的竖向锚固长度不满足锚固要求时，可沿水平方向弯折，弯折后的水平锚固长度不应小于 $10d$ 也不应大于 $20d$。

注：d 为柱中的纵向受力钢筋的最大直径。

8.2 扩展基础

8.2.1 扩展基础的构造，应符合下列规定：

1 锥形基础的边缘高度不宜小于 200mm，且两个方向的坡度不宜大于 1：3；阶梯形基础的每阶高度，宜为 300mm～500mm。

2 垫层的厚度不宜小于 70mm，垫层混凝土强度等级不宜低于 C10。

3 扩展基础受力钢筋最小配筋率不应小于 0.15%，底板受力钢筋的最小直径不应小于 10mm，间距不应大于 200mm，也不应小于 100mm。墙下钢

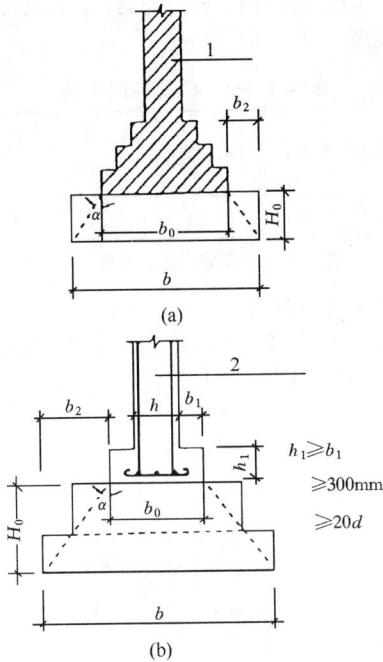

图 8.1.1 无筋扩展基础构造示意
d—柱中纵向钢筋直径；
1—承重墙；2—钢筋混凝土柱

筋混凝土条形基础纵向分布钢筋的直径不应小于8mm；间距不应大于300mm；每延米分布钢筋的面积不应小于受力钢筋面积的15%。当有垫层时钢筋保护层的厚度不应小于40mm；无垫层时不应小于70mm。

4 混凝土强度等级不应低于C20。

5 当柱下钢筋混凝土独立基础的边长和墙下钢筋混凝土条形基础的宽度大于或等于2.5m时，底板受力钢筋的长度可取边长或宽度的0.9倍，并宜交错布置（图8.2.1-1）。

6 钢筋混凝土条形基础底板在T形及十字形交接处，底板横向受力钢筋仅沿一个主要受力方向通长布置，另一方向的横向受力钢筋可布置到主要受力方向底板宽度1/4处（图8.2.1-2）。在拐角处底板横向受力钢筋应沿两个方向布置（图8.2.1-2）。

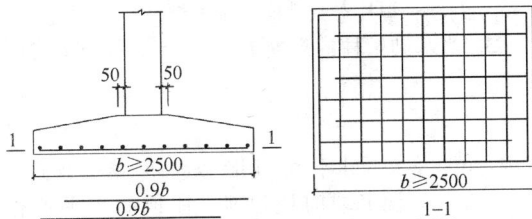

图 8.2.1-1 柱下独立基础底板受力钢筋布置

8.2.2 钢筋混凝土柱和剪力墙纵向受力钢筋在基础内的锚固长度应符合下列规定：

1 钢筋混凝土柱和剪力墙纵向受力钢筋在基

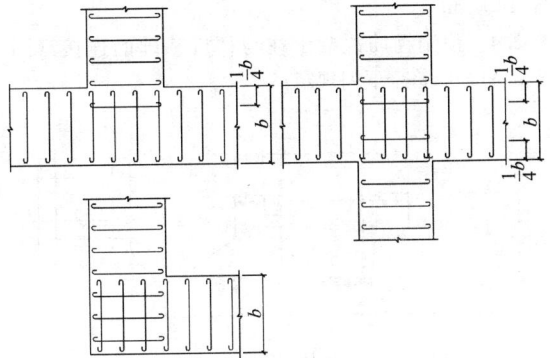

图 8.2.1-2 墙下条形基础纵横交叉处底板
受力钢筋布置

内的锚固长度（l_a）应根据现行国家标准《混凝土结构设计规范》GB 50010有关规定确定；

2 抗震设防烈度为6度、7度、8度和9度地区的建筑工程，纵向受力钢筋的抗震锚固长度（l_{aE}）应按下式计算：

　　1）一、二级抗震等级纵向受力钢筋的抗震锚固长度（l_{aE}）应按下式计算：

$$l_{aE} = 1.15 l_a \qquad (8.2.2\text{-}1)$$

　　2）三级抗震等级纵向受力钢筋的抗震锚固长度（l_{aE}）应按下式计算：

$$l_{aE} = 1.05 l_a \qquad (8.2.2\text{-}2)$$

　　3）四级抗震等级纵向受力钢筋的抗震锚固长度（l_{aE}）应按下式计算：

$$l_{aE} = l_a \qquad (8.2.2\text{-}3)$$

式中：l_a——纵向受拉钢筋的锚固长度（m）。

3 当基础高度小于l_a（l_{aE}）时，纵向受力钢筋的锚固总长度除符合上述要求外，其最小直锚段的长度不应小于20d，弯折段的长度不应小于150mm。

8.2.3 现浇柱的基础，其插筋的数量、直径以及钢筋种类应与柱内纵向受力钢筋相同。插筋的锚固长度应满足本规范第8.2.2条的规定，插筋与柱的纵向受力钢筋的连接方法，应符合现行国家标准《混凝土结构设计规范》GB 50010的有关规定。插筋的下端宜做成直钩放在基础底板钢筋网上。当符合下列条件之一时，可仅将四角的插筋伸至底板钢筋网上，其余插筋锚固在基础顶面下l_a或l_{aE}处（图8.2.3）。

1 柱为轴心受压或小偏心受压，基础高度大于或等于1200mm；

2 柱为大偏心受压，基础高度大于或等

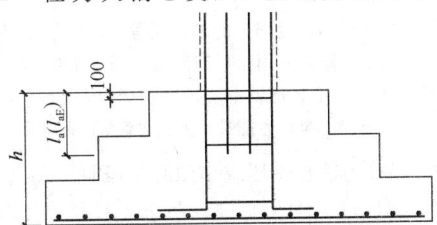

图 8.2.3 现浇柱的基础中插筋构造示意

于 1400mm。

8.2.4 预制钢筋混凝土柱与杯口基础的连接（图8.2.4），应符合下列规定：

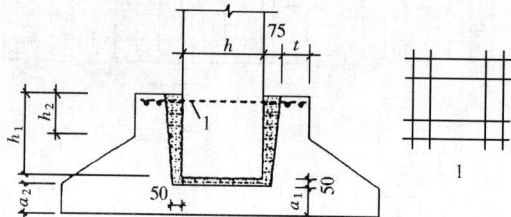

图 8.2.4 预制钢筋混凝土柱与杯口
基础的连接示意

注：$a_2 \geq a_1$；1—焊接网

1 柱的插入深度，可按表8.2.4-1选用，并应满足本规范第8.2.2条钢筋锚固长度的要求及吊装时柱的稳定性。

表 8.2.4-1 柱的插入深度 h_1（mm）

矩形或工字形柱				双肢柱
$h<500$	$500 \leq h$ <800	$800 \leq h$ ≤ 1000	$h>1000$	
$h \sim 1.2h$	h	$0.9h$ 且 ≥ 800	$0.8h$ ≥ 1000	$(1/3 \sim 2/3)h_a$ $(1.5 \sim 1.8)h_b$

注：1 h 为柱截面长边尺寸；h_a 为双肢柱全截面长边尺寸；h_b 为双肢柱全截面短边尺寸；
　　2 柱轴心受压或小偏心受压时，h_1 可适当减小，偏心距大于 $2h$ 时，h_1 应适当加大。

2 基础的杯底厚度和杯壁厚度，可按表8.2.4-2选用。

表 8.2.4-2 基础的杯底厚度和杯壁厚度

柱截面长边尺寸 h（mm）	杯底厚度 a_1（mm）	杯壁厚度 t（mm）
$h<500$	≥ 150	$150 \sim 200$
$500 \leq h<800$	≥ 200	≥ 200
$800 \leq h<1000$	≥ 200	≥ 300
$1000 \leq h<1500$	≥ 250	≥ 350
$1500 \leq h<2000$	≥ 300	≥ 400

注：1 双肢柱的杯底厚度值，可适当加大；
　　2 当有基础梁时，基础梁下的杯壁厚度，应满足其支承宽度的要求；
　　3 柱子插入杯口部分的表面应凿毛，柱子与杯口之间的空隙，应用比基础混凝土强度等级高一级的细石混凝土充填密实，当达到材料设计强度的70%以上时，方能进行上部吊装。

3 当柱为轴心受压或小偏心受压且 $t/h_2 \geq 0.65$ 时，或大偏心受压且 $t/h_2 \geq 0.75$ 时，杯壁可不配筋；当柱为轴心受压或小偏心受压且 $0.5 \leq t/h_2 <0.65$

时，杯壁可按表8.2.4-3构造配筋；其他情况下，应按计算配筋。

表 8.2.4-3 杯壁构造配筋

柱截面长边尺寸（mm）	$h<1000$	$1000 \leq h$ <1500	$1500 \leq h$ ≤ 2000
钢筋直径（mm）	$8 \sim 10$	$10 \sim 12$	$12 \sim 16$

注：表中钢筋置于杯口顶部，每边两根（图8.2.4）。

8.2.5 预制钢筋混凝土柱（包括双肢柱）与高杯口基础的连接（图8.2.5-1），除应符合本规范第8.2.4条插入深度的规定外，尚应符合下列规定：

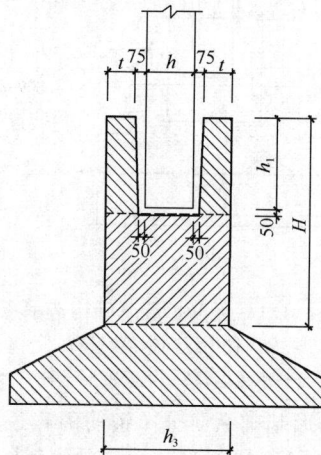

图 8.2.5-1 高杯口基础
H—短柱高度

1 起重机起重量小于或等于750kN，轨顶标高小于或等于14m，基本风压小于0.5kPa的工业厂房，且基础短柱的高度不大于5m。

2 起重机起重量大于750kN，基本风压大于0.5kPa，应符合下式的规定：

$$\frac{E_2 J_2}{E_1 J_1} \geq 10 \qquad (8.2.5-1)$$

式中：E_1——预制钢筋混凝土柱的弹性模量（kPa）；

　　　J_1——预制钢筋混凝土柱对其截面短轴的惯性矩（m^4）；

　　　E_2——短柱的钢筋混凝土弹性模量（kPa）；

　　　J_2——短柱对其截面短轴的惯性矩（m^4）。

3 当基础短柱的高度大于5m，应符合下式的规定：

$$\Delta_2 / \Delta_1 \leq 1.1 \qquad (8.2.5-2)$$

式中：Δ_1——单位水平力作用在以高杯口基础顶面为固定端的柱顶时，柱顶的水平位移（m）；

　　　Δ_2——单位水平力作用在以短柱底面为固定端的柱顶时，柱顶的水平位移（m）。

4 杯壁厚度应符合表8.2.5的规定。高杯口基础短柱的纵向钢筋，除满足计算要求外，在非地震区及抗震设防烈度低于9度地区，且满足本条第1、2、3款的要求时，短柱四角纵向钢筋的直径不宜小于20mm，并延伸至基础底板的钢筋网上；短柱长边的纵向钢筋，当长边尺寸小于或等于1000mm时，其钢筋直径不应小于12mm，间距不应大于300mm；当长边尺寸大于1000mm时，其钢筋直径不应小于16mm，间距不应大于300mm，且每隔一米左右伸下一根并作150mm的直钩支在基础底部的钢筋网上，其余钢筋锚固至基础底板顶面下l_a处（图8.2.5-2）。短柱短边每隔300mm应配置直径不小于12mm的纵向钢筋且每边的配筋率不少于0.05%短柱的截面面积。短柱中杯口壁内横向箍筋不应小于$\phi8@150$；短柱中其他部位的箍筋直径不应小于8mm，间距不应大于300mm；当抗震设防烈度为8度和9度时，箍筋直径不应小于8mm，间距不应大于150mm。

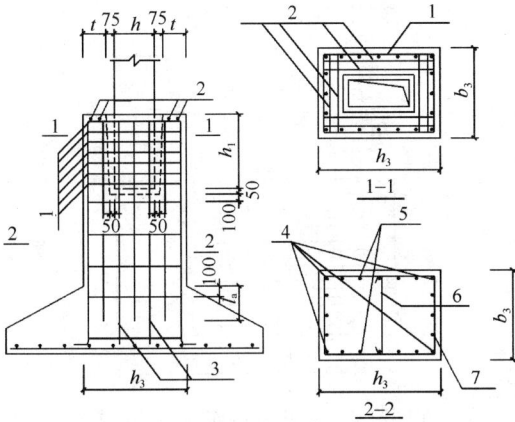

图8.2.5-2 高杯口基础构造配筋

1—杯口壁内横向箍筋 $\phi8@150$；2—顶层焊接钢筋网；3—插入基础底部的纵向钢筋不应少于每米1根；4—短柱四角钢筋一般不小于$\phi20$；5—短柱长边纵向钢筋当h_3≤1000用$\phi12@300$，当h_3>1000用$\phi16@300$；6—按构造要求；7—短柱短边纵向钢筋每边不小于0.05%b_3h_3（不小于$\phi12@300$）

表8.2.5 高杯口基础的杯壁厚度 t

h（mm）	t（mm）
600<h≤800	≥250
800<h≤1000	≥300
1000<h≤1400	≥350
1400<h≤1600	≥400

8.2.6 扩展基础的基础底面积，应按本规范第5章有关规定确定。在条形基础相交处，不应重复计入基础面积。

8.2.7 扩展基础的计算应符合下列规定：

1 对柱下独立基础，当冲切破坏锥体落在基础底面以内时，应验算柱与基础交接处以及基础变阶处的受冲切承载力；

2 对基础底面短边尺寸小于或等于柱宽加两倍基础有效高度的柱下独立基础，以及墙下条形基础，应验算柱（墙）与基础交接处的基础受剪切承载力；

3 基础底板的配筋，应按抗弯计算确定；

4 当基础的混凝土强度等级小于柱的混凝土强度等级时，尚应验算柱下基础顶面的局部受压承载力。

8.2.8 柱下独立基础的受冲切承载力应按下列公式验算：

$$F_l \leqslant 0.7\beta_{hp} f_t a_m h_0 \quad (8.2.8-1)$$
$$a_m = (a_t + a_b)/2 \quad (8.2.8-2)$$
$$F_l = p_j A_l \quad (8.2.8-3)$$

式中：β_{hp}——受冲切承载力截面高度影响系数，当h不大于800mm时，β_{hp}取1.0；当h大于或等于2000mm时，β_{hp}取0.9，其间按线性内插法取用；

f_t——混凝土轴心抗拉强度设计值（kPa）；

h_0——基础冲切破坏锥体的有效高度（m）；

a_m——冲切破坏锥体最不利一侧计算长度（m）；

a_t——冲切破坏锥体最不利一侧斜截面的上边长（m），当计算柱与基础交接处的受冲切承载力时，取柱宽；当计算基础变阶处的受冲切承载力时，取上阶宽；

a_b——冲切破坏锥体最不利一侧斜截面在基础底面积范围内的下边长（m），当冲切破坏锥体的底面落在基础底面以内（图8.2.8a、b），计算柱与基础交接处的受冲切承载力时，取柱宽加两倍基础有效高度；当计算基础变阶处的受冲切承载力时，取上阶宽加两倍该处的基础有效高度；

p_j——扣除基础自重及其上土重后相应于作用的基本组合时的地基土单位面积净反力（kPa），对偏心受压基础可取基础边缘处最大地基土单位面积净反力；

A_l——冲切验算时取用的部分基底面积（m²）（图8.2.8a、b中的阴影面积ABC-DEF）；

F_l——相应于作用的基本组合时作用在A_l上的地基土净反力设计值（kPa）。

8.2.9 当基础底面短边尺寸小于或等于柱宽加两倍基础有效高度时，应按下列公式验算柱与基础交接处截面受剪承载力：

$$V_s \leqslant 0.7\beta_{hs} f_t A_0 \quad (8.2.9-1)$$
$$\beta_{hs} = (800/h_0)^{1/4} \quad (8.2.9-2)$$

式中：V_s——相应于作用的基本组合时，柱与基础交接处的剪力设计值（kN），图8.2.9中

(a) 柱与基础交接处

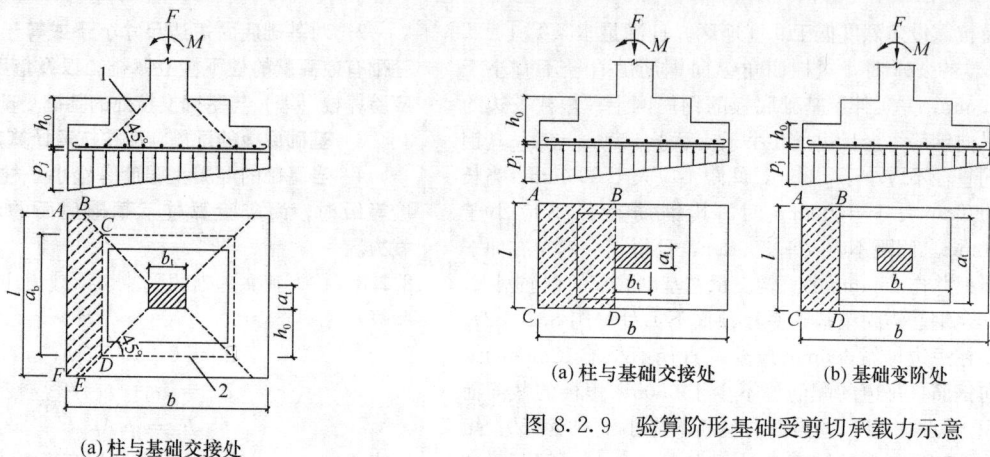

图 8.2.9 验算阶形基础受剪切承载力示意

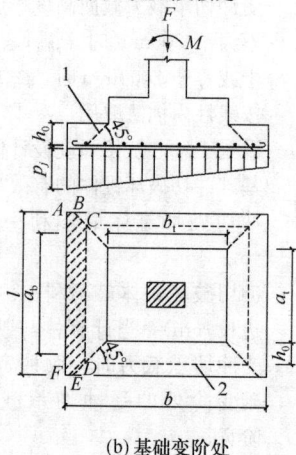

(b) 基础变阶处

图 8.2.8 计算阶形基础的受冲切承载力截面位置
1—冲切破坏锥体最不利一侧的斜截面；
2—冲切破坏锥体的底面线

图 8.2.11 矩形基础底板的计算示意

$$M_{II} = \frac{1}{48}(l-a')^2(2b+b')\left(p_{max}+p_{min}-\frac{2G}{A}\right)$$

(8.2.11-2)

式中：M_{I}、M_{II}——相应于作用的基本组合时，任意截面 I-I、II-II 处的弯矩设计值（kN·m）；

a_1——任意截面 I-I 至基底边缘最大反力处的距离（m）；

l、b——基础底面的边长（m）；

p_{max}、p_{min}——相应于作用的基本组合时的基础底面边缘最大和最小地基反力设计值（kPa）；

p——相应于作用的基本组合时在任意截面 I-I 处基础底面地基反力设计值（kPa）；

G——考虑作用分项系数的基础自重及其上的土重（kN）；当组合值由永久作用控制时，作用分项系数可取 1.35。

8.2.12 基础底板配筋除满足计算和最小配筋率要求外，尚应符合本规范第 8.2.1 条第 3 款的构造要求。

的阴影面积乘以基底平均净反力；

β_{hs}——受剪切承载力截面高度影响系数，当 h_0 < 800mm 时，取 h_0 = 800mm；当 h_0 > 2000mm 时，取 h_0 = 2000mm；

A_0——验算截面处基础的有效截面面积（m²）。当验算截面为阶形或锥形时，可将其截面折算成矩形截面，截面的折算宽度和截面的有效高度按本规范附录 U 计算。

8.2.10 墙下条形基础底板应按本规范公式（8.2.9-1）验算墙与基础底板交接处截面受剪承载力，其中 A_0 为验算截面处基础底板的单位长度垂直截面有效面积，V_s 为墙与基础交接处由基底平均净反力产生的单位长度剪力设计值。

8.2.11 在轴心荷载或单向偏心荷载作用下，当台阶的宽高比小于或等于 2.5 且偏心距小于或等于 1/6 基础宽度时，柱下矩形独立基础任意截面的底板弯矩可按下列简化方法进行计算（图 8.2.11）：

$$M_{I} = \frac{1}{12}a_1^2\left[(2l+a')\left(p_{max}+p-\frac{2G}{A}\right)+(p_{max}-p)l\right]$$

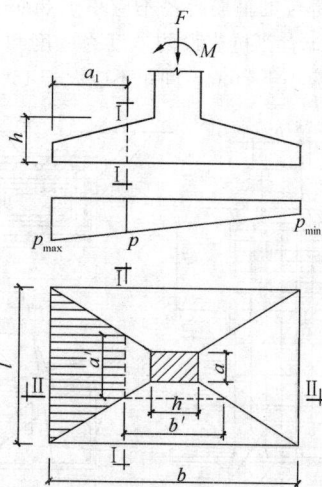

(8.2.11-1)

计算最小配筋率时，对阶形或锥形基础截面，可将其截面折算成矩形截面，截面的折算宽度和截面的有效高度，按附录 U 计算。基础底板钢筋可按式（8.2.12）计算。

$$A_s = \frac{M}{0.9 f_y h_0} \qquad (8.2.12)$$

8.2.13 当柱下独立柱基底面长短边之比 ω 在大于或等于 2、小于或等于 3 的范围时，基础底板短向钢筋应按下述方法布置：将短向全部钢筋面积乘以 λ 后求得的钢筋，均匀分布在与柱中心线重合的宽度等于基础短边的中间带宽范围内（图 8.2.13），其余的短向钢筋则均匀分布在中间带宽的两侧。长向配筋应均匀分布在基础全宽范围内。λ 按下式计算：

$$\lambda = 1 - \frac{\omega}{6} \qquad (8.2.13)$$

8.2.14 墙下条形基础（图 8.2.14）的受弯计算和配筋应符合下列规定：

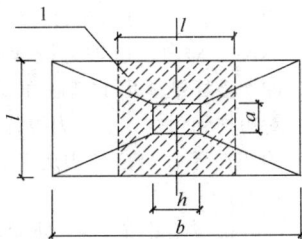

图 8.2.13 基础底板短向
钢筋布置示意
1—λ 倍短向全部钢筋面积
均匀配置在阴影范围内

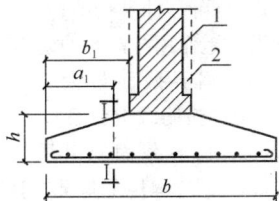

图 8.2.14 墙下条形
基础的计算示意
1—砖墙；2—混凝土墙

1 任意截面每延米宽度的弯矩，可按下式进行计算。

$$M_1 = \frac{1}{6} a_1^2 \left(2p_{max} + p - \frac{3G}{A} \right) \quad (8.2.14)$$

2 其最大弯矩截面的位置，应符合下列规定：
  1）当墙体材料为混凝土时，取 $a_1 = b_1$；
  2）如为砖墙且放脚不大于 1/4 砖长时，取 $a_1 = b_1 + 1/4$ 砖长。

3 墙下条形基础底板每延米宽度的配筋除满足计算和最小配筋率要求外，尚应符合本规范第 8.2.1 条第 3 款的构造要求。

8.3 柱下条形基础

8.3.1 柱下条形基础的构造，除应符合本规范第 8.2.1 条的要求外，尚应符合下列规定：

1 柱下条形基础梁的高度宜为柱距的 1/4～1/8。翼板厚度不应小于 200mm。当翼板厚度大于 250mm 时，宜采用变厚度翼板，其顶面坡度宜小于或等于 1:3。

2 条形基础的端部宜向外伸出，其长度宜为第一跨距的 0.25 倍。

3 现浇柱与条形基础梁的交接处，基础梁的平面尺寸应大于柱的平面尺寸，且柱的边缘至基础梁边缘的距离不得小于 50mm（图 8.3.1）。

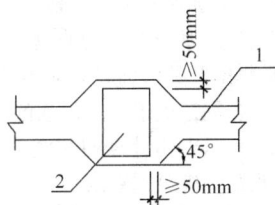

图 8.3.1 现浇柱与条形
基础梁交接处平面尺寸
1—基础梁；2—柱

4 条形基础梁顶部和底部的纵向受力钢筋除应满足计算要求外，顶部钢筋应按计算配筋全部贯通，底部通长钢筋不应少于底部受力钢筋截面总面积的 1/3。

5 柱下条形基础的混凝土强度等级，不应低于 C20。

8.3.2 柱下条形基础的计算，除应符合本规范第 8.2.6 条的要求外，尚应符合下列规定：

1 在比较均匀的地基上，上部结构刚度较好，荷载分布较均匀，且条形基础梁的高度不小于 1/6 柱距时，地基反力可按直线分布，条形基础梁的内力可按连续梁计算，此时边跨跨中弯矩及第一内支座的弯矩值宜乘以 1.2 的系数。

2 当不满足本条第 1 款的要求时，宜按弹性地基梁计算。

3 对交叉条形基础，交点上的柱荷载，可按静力平衡条件及变形协调条件，进行分配。其内力可按本条上述规定，分别进行计算。

4 应验算柱边缘处基础梁的受剪承载力。

5 当存在扭矩时，尚应作抗扭计算。

6 当条形基础的混凝土强度等级小于柱的混凝土强度等级时，应验算柱下条形基础梁顶面的局部受压承载力。

8.4 高层建筑筏形基础

8.4.1 筏形基础分为梁板式和平板式两种类型，其选型应根据地基土质、上部结构体系、柱距、荷载大小、使用要求以及施工条件等因素确定。框架-核心筒结构和筒中筒结构宜采用平板式筏形基础。

8.4.2 筏形基础的平面尺寸，应根据工程地质条件、上部结构的布置、地下结构底层平面以及荷载分布等因素按本规范第 5 章有关规定确定。对单幢建筑物，在地基土比较均匀的条件下，基底平面形心宜与结构竖向永久荷载重心重合。当不能重合时，在作用的准永久组合下，偏心距 e 宜符合下式规定：

$$e \leqslant 0.1W/A \tag{8.4.2}$$

式中：W——与偏心距方向一致的基础底面边缘抵抗矩（m^3）；

A——基础底面积（m^2）。

8.4.3 对四周与土层紧密接触带地下室外墙的整体式筏基和箱基，当地基持力层为非密实的土和岩石，场地类别为Ⅲ类和Ⅳ类，抗震设防烈度为 8 度和 9 度，结构基本自振周期处于特征周期的 1.2 倍～5 倍范围时，按刚性地基假定计算的基底水平地震剪力、倾覆力矩可按设防烈度分别乘以 0.90 和 0.85 的折减系数。

8.4.4 筏形基础的混凝土强度等级不应低于 C30，当有地下室时应采用防水混凝土。防水混凝土的抗渗等级应按表 8.4.4 选用。对重要建筑，宜采用自防水并设置架空排水层。

表 8.4.4 防水混凝土抗渗等级

埋置深度 d（m）	设计抗渗等级	埋置深度 d（m）	设计抗渗等级
$d<10$	P6	$20 \leqslant d <30$	P10
$10 \leqslant d <20$	P8	$30 \leqslant d$	P12

8.4.5 采用筏形基础的地下室，钢筋混凝土外墙厚度不应小于 250mm，内墙厚度不宜小于 200mm。墙的截面设计除满足承载力要求外，尚应考虑变形、抗裂及外墙防渗等要求。墙体内应设置双面钢筋，钢筋不宜采用光面圆钢筋，水平钢筋的直径不应小于 12mm，竖向钢筋的直径不应小于 10mm，间距不应大于 200mm。

8.4.6 平板式筏基的板厚应满足受冲切承载力的要求。

8.4.7 平板式筏基柱下冲切验算应符合下列规定：

1 平板式筏基柱下冲切验算时应考虑作用在冲切临界截面重心上的不平衡弯矩产生的附加剪力。对基础边柱和角柱冲切验算时，其冲切力应分别乘以 1.1 和 1.2 的增大系数。距柱边 $h_0/2$ 处冲切临界截面的最大剪应力 τ_{max} 应按式（8.4.7-1）、式（8.4.7-2）进行计算（图 8.4.7）。板的最小厚度不应小于 500mm。

$$\tau_{max} = \frac{F_l}{u_m h_0} + \alpha_s \frac{M_{unb} c_{AB}}{I_s} \tag{8.4.7-1}$$

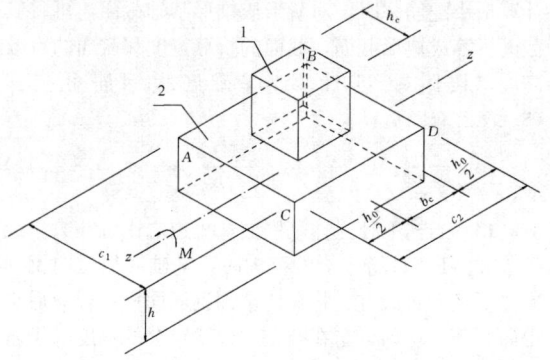

图 8.4.7 内柱冲切临界截面示意
1—筏板；2—柱

$$\tau_{max} \leqslant 0.7(0.4 + 1.2/\beta_s)\beta_{hp} f_t \tag{8.4.7-2}$$

$$\alpha_s = 1 - \frac{1}{1 + \frac{2}{3}\sqrt{\left(\frac{c_1}{c_2}\right)}} \tag{8.4.7-3}$$

式中：F_l——相应于作用的基本组合时的冲切力（kN），对内柱取轴力设计值减去筏板冲切破坏锥体内的基底净反力设计值；对边柱和角柱，取轴力设计值减去筏板冲切临界截面范围内的基底净反力设计值；

u_m——距柱边缘不小于 $h_0/2$ 处冲切临界截面的最小周长（m），按本规范附录 P 计算；

h_0——筏板的有效高度（m）；

M_{unb}——作用在冲切临界截面重心上的不平衡弯矩设计值（kN·m）；

c_{AB}——沿弯矩作用方向，冲切临界截面重心至冲切临界截面最大剪应力点的距离（m），按附录 P 计算；

I_s——冲切临界截面对其重心的极惯性矩（m^4），按本规范附录 P 计算；

β_s——柱截面长边与短边的比值，当 $\beta_s < 2$ 时，β_s 取 2，当 $\beta_s > 4$ 时，β_s 取 4；

β_{hp}——受冲切承载力截面高度影响系数，当 $h \leqslant 800mm$ 时，取 $\beta_{hp} = 1.0$；当 $h \geqslant 2000mm$ 时，取 $\beta_{hp} = 0.9$，其间按线性内插法取值；

f_t——混凝土轴心抗拉强度设计值（kPa）；

c_1——与弯矩作用方向一致的冲切临界截面的边长（m），按本规范附录 P 计算；

c_2——垂直于 c_1 的冲切临界截面的边长（m），按本规范附录 P 计算；

α_s——不平衡弯矩通过冲切临界截面上的偏心剪力来传递的分配系数。

2 当柱荷载较大，等厚度筏板的受冲切承载力不能满足要求时，可在筏板上面增设柱墩或在筏板下局部增加板厚或采用抗冲切钢筋等措施满足受冲切承载能力要求。

8.4.8 平板式筏基内筒下的板厚应满足受冲切承载力的要求，并应符合下列规定：

1 受冲切承载力应按下式进行计算：

$$F_l/u_m h_0 \leqslant 0.7\beta_{hp} f_t/\eta \qquad (8.4.8)$$

式中：F_l——相应于作用的基本组合时，内筒所承受的轴力设计值减去内筒下筏板冲切破坏锥体内的基底净反力设计值（kN）；

u_m——距内筒外表面 $h_0/2$ 处冲切临界截面的周长（m）（图 8.4.8）；

h_0——距内筒外表面 $h_0/2$ 处筏板的截面有效高度（m）；

η——内筒冲切临界截面周长影响系数，取 1.25。

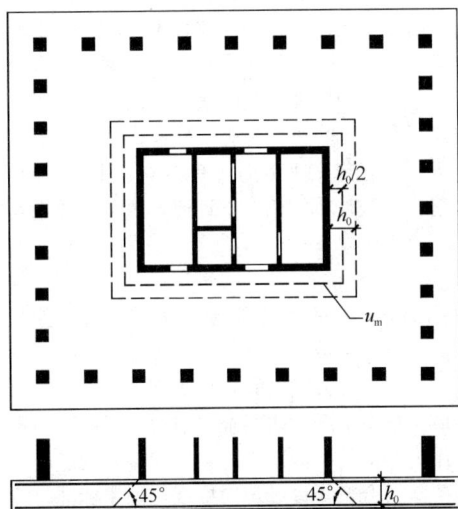

图 8.4.8 筏板受内筒冲切的临界截面位置

2 当需要考虑内筒根部弯矩的影响时，距内筒外表面 $h_0/2$ 处冲切临界截面的最大剪应力可按公式（8.4.7-1）计算，此时 $\tau_{max} \leqslant 0.7\beta_{hp} f_t/\eta$。

8.4.9 平板式筏基应验算距内筒和柱边缘 h_0 处截面的受剪承载力。当筏板变厚度时，尚应验算变厚度处筏板的受剪承载力。

8.4.10 平板式筏基受剪承载力应按式（8.4.10）验算，当筏板的厚度大于 2000mm 时，宜在板厚中间部位设置直径不小于 12mm、间距不大于 300mm 的双向钢筋网。

$$V_s \leqslant 0.7\beta_{hs} f_t b_w h_0 \qquad (8.4.10)$$

式中：V_s——相应于作用的基本组合时，基底净反力平均值产生的距内筒或柱边缘 h_0 处筏板单位宽度的剪力设计值（kN）；

b_w——筏板计算截面单位宽度（m）；

h_0——距内筒或柱边缘 h_0 处筏板的截面有效高度（m）。

8.4.11 梁板式筏基底板应计算正截面受弯承载力，其厚度尚应满足受冲切承载力、受剪切承载力的要求。

8.4.12 梁板式筏基底板受冲切、受剪切承载力计算应符合下列规定：

1 梁板式筏基底板受冲切承载力应按下式进行计算：

$$F_l \leqslant 0.7\beta_{hp} f_t u_m h_0 \qquad (8.4.12-1)$$

式中：F_l——作用的基本组合时，图 8.4.12-1 中阴影部分面积上的基底平均净反力设计值（kN）；

u_m——距基础梁边 $h_0/2$ 处冲切临界截面的周长（m）（图 8.4.12-1）。

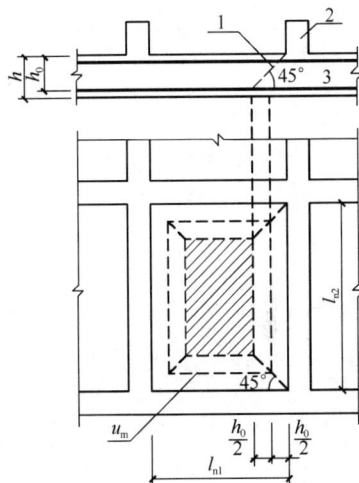

图 8.4.12-1 底板的冲切计算示意
1—冲切破坏锥体的斜截面；2—梁；3—底板

2 当底板区格为矩形双向板时，底板受冲切所需的厚度 h_0 应按式（8.4.12-2）进行计算，其底板厚度与最大双向板格的短边净跨之比不应小于 1/14，且板厚不应小于 400mm。

$$h_0 = \frac{(l_{n1} + l_{n2}) - \sqrt{(l_{n1} + l_{n2})^2 - \dfrac{4 p_n l_{n1} l_{n2}}{p_n + 0.7\beta_{hp} f_t}}}{4}$$

$$(8.4.12-2)$$

式中：l_{n1}、l_{n2}——计算板格的短边和长边的净长度（m）；

p_n——扣除底板及其上填土自重后，相应于作用的基本组合时的基底平均净反力设计值（kPa）。

3 梁板式筏基双向底板斜截面受剪承载力应按下式进行计算：

$$V_s \leqslant 0.7\beta_{hs} f_t (l_{n2} - 2h_0) h_0 \qquad (8.4.12-3)$$

式中：V_s——距梁边缘 h_0 处，作用在图 8.4.12-2 中阴影部分面积上的基底平均净反力产生的剪力设计值（kN）。

4 当底板板格为单向板时，其斜截面受剪承载力应按本规范第 8.2.10 条验算，其底板厚度不应小于 400mm。

8.4.13 地下室底层柱、剪力墙与梁板式筏基的基础梁连接的构造应符合下列规定：

1 柱、墙的边缘至基础梁边缘的距离不应小于 50mm（图 8.4.13）；

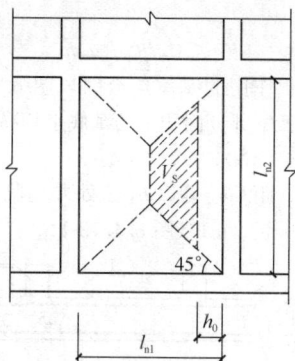

图 8.4.12-2 底板剪切
计算示意

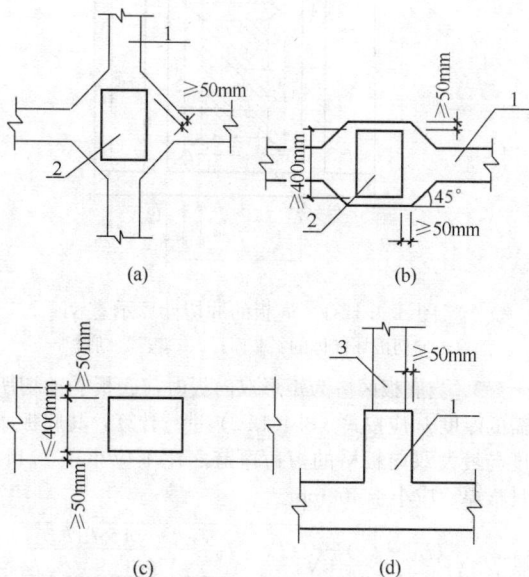

(a)　　　　　(b)

(c)　　　　　(d)

图 8.4.13 地下室底层柱或剪力墙与梁板式
筏基的基础梁连接的构造要求
1—基础梁；2—柱；3—墙

2 当交叉基础梁的宽度小于柱截面的边长时，交叉基础梁连接处应设置八字角，柱角与八字角之间的净距不宜小于 50mm（图 8.4.13a）；

3 单向基础梁与柱的连接，可按图 8.4.13b、c 采用；

4 基础梁与剪力墙的连接，可按图 8.4.13d 采用。

8.4.14 当地基土比较均匀、地基压缩层范围内无软弱土层或可液化土层、上部结构刚度较好，柱网和荷载较均匀、相邻柱荷载及柱间距的变化不超过 20%，且梁板式筏基梁的高跨比或平板式筏基板的厚跨比不

小于 1/6 时，筏形基础可仅考虑局部弯曲作用。筏形基础的内力，可按基底反力直线分布进行计算，计算时基底反力应扣除底板自重及其上填土的自重。当不满足上述要求时，筏基内力可按弹性地基梁板方法进行分析计算。

8.4.15 按基底反力直线分布计算的梁板式筏基，其基础梁的内力可按连续梁分析，边跨跨中弯矩以及第一内支座的弯矩值宜乘以 1.2 的系数。梁板式筏基的底板和基础梁的配筋除满足计算要求外，纵横方向的底部钢筋尚应有不少于 1/3 贯通全跨，顶部钢筋按计算配筋全部连通，底板上下贯通钢筋的配筋率不应小于 0.15%。

8.4.16 按基底反力直线分布计算的平板式筏基，可按柱下板带和跨中板带分别进行内力分析。柱下板带中，柱宽及其两侧各 0.5 倍板厚且不大于 1/4 板跨的有效宽度范围内，其钢筋配置量不应小于柱下板带钢筋数量的一半，且应能承受部分不平衡弯矩 $\alpha_m M_{unb}$。M_{unb} 为作用在冲切临界截面重心上的不平衡弯矩，α_m 应按式（8.4.16）进行计算。平板式筏基柱下板带和跨中板带的底部支座钢筋应有不少于 1/3 贯通全跨，顶部钢筋应按计算配筋全部连通，上下贯通钢筋的配筋率不应小于 0.15%。

$$\alpha_m = 1 - \alpha_s \qquad (8.4.16)$$

式中：α_m——不平衡弯矩通过弯曲来传递的分配
系数；

α_s——按公式（8.4.7-3）计算。

8.4.17 对有抗震设防要求的结构，当地下一层结构顶板作为上部结构嵌固端时，嵌固端处的底层框架柱下端截面组合弯矩设计值应按现行国家标准《建筑抗震设计规范》GB 50011 的规定乘以与其抗震等级相对应的增大系数。当平板式筏形基础板作为上部结构的嵌固端、计算柱下板带截面组合弯矩设计值时，底层框架柱下端内力应考虑地震作用组合及相应的增大系数。

8.4.18 梁板式筏基基础梁和平板式筏基的顶面应满足底层柱下局部受压承载力的要求。对抗震设防烈度为 9 度的高层建筑，验算柱下基础梁、筏板局部受压承载力时，应计入竖向地震作用对柱轴力的影响。

8.4.19 筏板与地下室外墙的接缝、地下室外墙沿高度处的水平接缝应严格按施工缝要求施工，必要时可设通长止水带。

8.4.20 带裙房的高层建筑筏形基础应符合下列规定：

1 当高层建筑与相连的裙房之间设置沉降缝时，高层建筑的基础埋深应大于裙房基础的埋深至少 2m。地面以下沉降缝的缝隙应用粗砂填实（图 8.4.20a）。

2 当高层建筑与相连的裙房之间不设置沉降缝时，宜在裙房一侧设置用于控制沉降差的后浇带，当沉降实测值和计算确定的后期沉降差满足设计要求

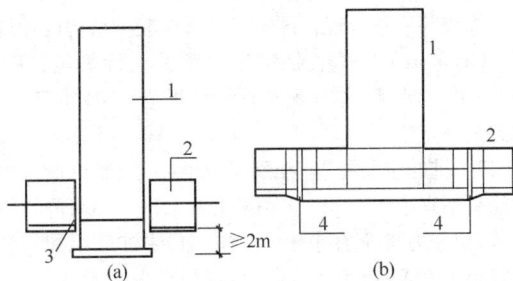

图 8.4.20 高层建筑与裙房间的沉降缝、
后浇带处理示意

1—高层建筑；2—裙房及地下室；3—室外地坪以下
用粗砂填实；4—后浇带

后，方可进行后浇带混凝土浇筑。当高层建筑基础面积满足地基承载力和变形要求时，后浇带宜设在与高层建筑相邻裙房的第一跨内。当需要满足高层建筑地基承载力、降低高层建筑沉降量、减小高层建筑与裙房间的沉降差而增大高层建筑基础面积时，后浇带可设在距主楼边柱的第二跨内，此时应满足以下条件：

    1）地基土质较均匀；

    2）裙房结构刚度较好且基础以上的地下室和裙房结构层数不少于两层；

    3）后浇带一侧与主楼连接的裙房基础底板厚度与高层建筑的基础底板厚度相同（图8.4.20b）。

    3 当高层建筑与相连的裙房之间不设沉降缝和后浇带时，高层建筑及其紧邻一跨裙房的筏板应采用相同厚度，裙房筏板的厚度宜从第二跨裙房开始逐渐变化，应同时满足主、裙楼基础整体性和基础板的变形要求；应进行地基变形和基础内力的验算，验算时应分析地基与结构间变形的相互影响，并采取有效措施防止产生有不利影响的差异沉降。

8.4.21 在同一大面积整体筏形基础上建有多幢高层和低层建筑时，筏板厚度和配筋宜按上部结构、基础与地基土共同作用的基础变形和基底反力计算确定。

8.4.22 带裙房的高层建筑下的整体筏形基础，其主楼下筏板的整体挠度值不宜大于0.05%，主楼与相邻的裙房柱的差异沉降不应大于其跨度的0.1%。

8.4.23 采用大面积整体筏形基础时，与主楼连接的外扩地下室其角隅处的楼板板角，除配置两个垂直方向的上部钢筋外，尚应布置斜向上部构造钢筋，钢筋直径不应小于10mm、间距不应大于200mm，该钢筋伸入板内的长度不宜小于1/4的短边跨度；与基础整体弯曲方向一致的垂直于外墙的楼板上部钢筋以及主裙楼交界处的楼板上部钢筋，钢筋直径不应小于10mm、间距不应大于200mm，且钢筋的面积不应小于现行国家标准《混凝土结构设计规范》GB 50010中受弯构件的最小配筋率，钢筋的锚固长度不应小于30d。

8.4.24 筏形基础地下室施工完毕后，应及时进行基坑回填工作。填土应按设计要求选料，回填时应先清除基坑中的杂物，在相对的两侧或四周同时回填并分层夯实，回填土的压实系数不应小于0.94。

8.4.25 采用筏形基础带地下室的高层和低层建筑、地下室四周外墙与土层紧密接触且土层为非松散填土、松散粉细砂土、软塑流塑黏性土，上部结构为框架、框剪或框架—核心筒结构，当地下一层结构顶板作为上部结构嵌固部位时，应符合下列规定：

    1 地下一层的结构侧向刚度大于或等于与其相连的上部结构底层楼层侧向刚度的1.5倍。

    2 地下一层结构顶板应采用梁板式楼盖，板厚不应小于180mm，其混凝土强度等级不宜小于C30；楼面应采用双层双向配筋，且每层每个方向的配筋率不宜小于0.25%。

    3 地下室外墙和内墙边缘的板面不应有大洞口，以保证将上部结构的地震作用或水平力传递到地下室抗侧力构件中。

    4 当地下室内、外墙与主体结构墙体之间的距离符合表8.4.25的要求时，该范围内的地下室内、外墙可计入地下一层的结构侧向刚度，但此范围内的侧向刚度不能重叠使用于相邻建筑。当不符合上述要求时，建筑物的嵌固部位可设在筏形基础的顶面，此时宜考虑基侧土和基底土对地下室的抗力。

表8.4.25 地下室墙与主体结构墙之间的最大间距 d

抗震设防烈度7度、8度	抗震设防烈度9度
$d \leqslant 30m$	$d \leqslant 20m$

8.4.26 地下室的抗震等级、构件的截面设计以及抗震构造措施应符合现行国家标准《建筑抗震设计规范》GB 50011的有关规定。剪力墙底部加强部位的高度应从地下室顶板算起；当结构嵌固在基础顶面时，剪力墙底部加强部位的范围尚应延伸至基础顶面。

8.5 桩 基 础

8.5.1 本节包括混凝土预制桩和混凝土灌注桩低桩承台基础。竖向受压桩按桩身竖向受力情况可分为摩擦型桩和端承型桩。摩擦型桩的桩顶竖向荷载主要由桩侧阻力承受；端承型桩的桩顶竖向荷载主要由桩端阻力承受。

8.5.2 桩基设计应符合下列规定：

    1 所有桩基均应进行承载力和桩身强度计算。对预制桩，尚应进行运输、吊装和锤击等过程中的强度和抗裂验算。

    2 桩基础沉降验算应符合本规范第8.5.15条的规定。

    3 桩基础的抗震承载力验算应符合现行国家标准《建筑抗震设计规范》GB 50011的有关规定。

4 桩基宜选用中、低压缩性土层作桩端持力层。

5 同一结构单元内的桩基，不宜选用压缩性差异较大的土层作桩端持力层，不宜采用部分摩擦桩和部分端承桩。

6 由于欠固结软土、湿陷性土和场地填土的固结，场地大面积堆载、降低地下水位等原因，引起桩周土的沉降大于桩的沉降时，应考虑桩侧负摩擦力对桩基承载力和沉降的影响。

7 对位于坡地、岸边的桩基，应进行桩基的整体稳定验算。桩基应与边坡工程统一规划，同步设计。

8 岩溶地区的桩基，当岩溶上覆土层的稳定性有保证，且桩端持力层承载力及厚度满足要求，可利用上覆土层作为桩端持力层。当必须采用嵌岩桩时，应对岩溶进行施工勘察。

9 应考虑桩基施工中挤土效应对桩基及周边环境的影响；在深厚饱和软土中不宜采用大片密集有挤土效应的桩基。

10 应考虑深基坑开挖中，坑底土回弹隆起对桩身受力及桩承载力的影响。

11 桩基设计时，应结合地区经验考虑桩、土、承台的共同工作。

12 在承台及地下室周围的回填中，应满足填土密实度要求。

8.5.3 桩和桩基的构造，应符合下列规定：

1 摩擦型桩的中心距不宜小于桩身直径的 3 倍；扩底灌注桩的中心距不宜小于扩底直径的 1.5 倍，当扩底直径大于 2m 时，桩端净距不宜小于 1m。在确定桩距时尚应考虑施工工艺中挤土等效应对邻近桩的影响。

2 扩底灌注桩的扩底直径，不应大于桩身直径的 3 倍。

3 桩底进入持力层的深度，宜为桩身直径的 1 倍～3 倍。在确定桩底进入持力层深度时，尚应考虑特殊土、岩溶以及震陷液化等影响。嵌岩灌注桩周边嵌入完整和较完整的未风化、微风化、中风化硬质岩体的最小深度，不宜小于 0.5m。

4 布置桩位时宜使桩基承载力合力点与竖向永久荷载合力作用点重合。

5 设计使用年限不少于 50 年时，非腐蚀环境中预制桩的混凝土强度等级不应低于 C30，预应力桩不应低于 C40，灌注桩的混凝土强度等级不应低于 C25；二 b 类环境及三类及四类、五类微腐蚀环境中不应低于 C30；在腐蚀环境中的桩，桩身混凝土的强度等级应符合现行国家标准《混凝土结构设计规范》GB 50010 的有关规定。设计使用年限不少于 100 年的桩，桩身混凝土的强度等级宜适当提高。水下灌注混凝土的桩身混凝土强度等级不宜高于 C40。

6 桩身混凝土的材料、最小水泥用量、水灰比、抗渗等级等应符合现行国家标准《混凝土结构设计规范》GB 50010、《工业建筑防腐蚀设计规范》GB 50046 及《混凝土结构耐久性设计规范》GB/T 50476 的有关规定。

7 桩的主筋配置应经计算确定。预制桩的最小配筋率不宜小于 0.8%（锤击沉桩）、0.6%（静压沉桩），预应力桩不宜小于 0.5%；灌注桩最小配筋率不宜小于 0.2%～0.65%（小直径桩取大值）。桩顶以下 3 倍～5 倍桩身直径范围内，箍筋宜适当加密。

8 桩身纵向钢筋配筋长度应符合下列规定：

1）受水平荷载和弯矩较大的桩，配筋长度应通过计算确定；

2）桩基承台下存在淤泥、淤泥质土或液化土层时，配筋长度应穿过淤泥、淤泥质土层或液化土层；

3）坡地岸边的桩、8 度及 8 度以上地震区的桩、抗拔桩、嵌岩端承桩应通长配筋；

4）钻孔灌注桩构造钢筋的长度不宜小于桩长的 2/3；桩施工在基坑开挖前完成时，其钢筋长度不宜小于基坑深度的 1.5 倍。

9 桩身配筋可根据计算结果及施工工艺要求，可沿桩身纵向不均匀配筋。腐蚀环境中的灌注桩主筋直径不宜小于 16mm，非腐蚀性环境中灌注桩主筋直径不应小于 12mm。

10 桩顶嵌入承台内的长度不应小于 50mm。主筋伸入承台内的锚固长度不应小于钢筋直径（HPB235）的 30 倍和钢筋直径（HRB335 和 HRB400）的 35 倍。对于大直径灌注桩，当采用一柱一桩时，可设置承台或将桩和柱直接连接。桩和柱的连接可按本规范第 8.2.5 条高杯口基础的要求选择截面尺寸和配筋，柱纵筋插入桩身的长度应满足锚固长度的要求。

11 灌注桩主筋混凝土保护层厚度不应小于 50mm；预制桩不应小于 45mm，预应力管桩不应小于 35mm；腐蚀环境中的灌注桩不应小于 55mm。

8.5.4 群桩中单桩桩顶竖向力应按下列公式进行计算：

1 轴心竖向力作用下：

$$Q_k = \frac{F_k + G_k}{n} \qquad (8.5.4-1)$$

式中：F_k——相应于作用的标准组合时，作用于桩基承台顶面的竖向力（kN）；

G_k——桩基承台自重及承台上土自重标准值（kN）；

Q_k——相应于作用的标准组合时，轴心竖向力作用下任一单桩的竖向力（kN）；

n——桩基中的桩数。

2 偏心竖向力作用下：

$$Q_{ik} = \frac{F_k + G_k}{n} \pm \frac{M_{xk} y_i}{\sum y_i^2} \pm \frac{M_{yk} x_i}{\sum x_i^2} \quad (8.5.4\text{-}2)$$

式中：Q_{ik} ——相应于作用的标准组合时，偏心竖向力作用下第 i 根桩的竖向力（kN）；

M_{xk}、M_{yk} ——相应于作用的标准组合时，作用于承台底面通过桩群形心的 x、y 轴的力矩（kN·m）；

x_i、y_i ——第 i 根桩至桩群形心的 y、x 轴线的距离（m）。

3 水平力作用下：

$$H_{ik} = \frac{H_k}{n} \quad (8.5.4\text{-}3)$$

式中：H_k ——相应于作用的标准组合时，作用于承台底面的水平力（kN）；

H_{ik} ——相应于作用的标准组合时，作用于任一单桩的水平力（kN）。

8.5.5 单桩承载力计算应符合下列规定：

1 轴心竖向力作用下：

$$Q_k \leqslant R_a \quad (8.5.5\text{-}1)$$

式中：R_a ——单桩竖向承载力特征值（kN）。

2 偏心竖向力作用下，除满足公式（8.5.5-1）外，尚应满足下列要求：

$$Q_{ikmax} \leqslant 1.2 R_a \quad (8.5.5\text{-}2)$$

3 水平荷载作用下：

$$H_{ik} \leqslant R_{Ha} \quad (8.5.5\text{-}3)$$

式中：R_{Ha} ——单桩水平承载力特征值（kN）。

8.5.6 单桩竖向承载力特征值的确定应符合下列规定：

1 单桩竖向承载力特征值应通过单桩竖向静载荷试验确定。在同一条件下的试桩数量，不宜少于总桩数的 1% 且不应少于 3 根。单桩的静载荷试验，应按本规范附录 Q 进行。

2 当桩端持力层为密实砂卵石或其他承载力类似的土层时，对单桩竖向承载力很高的大直径端承型桩，可采用深层平板载荷试验确定桩端土的承载力特征值，试验方法应符合本规范附录 D 的规定。

3 地基基础设计等级为丙级的建筑物，可采用静力触探及标贯试验参数结合工程经验确定单桩竖向承载力特征值。

4 初步设计时单桩竖向承载力特征值可按下式进行估算：

$$R_a = q_{pa} A_p + u_p \sum q_{sia} l_i \quad (8.5.6\text{-}1)$$

式中：A_p ——桩底端横截面面积（m²）；

q_{pa}，q_{sia} ——桩端阻力特征值、桩侧阻力特征值（kPa），由当地静载荷试验结果统计分析算得；

u_p ——桩身周边长度（m）；

l_i ——第 i 层岩土的厚度（m）。

5 桩端嵌入完整及较完整的硬质岩中，当桩长较短且入岩较浅时，可按下式估算单桩竖向承载力特征值：

$$R_a = q_{pa} A_p \quad (8.5.6\text{-}2)$$

式中：q_{pa} ——桩端岩石承载力特征值（kN）。

6 嵌岩灌注桩桩端以下 3 倍桩径且不小于 5m 范围内应无软弱夹层、断裂破碎带和洞穴分布，且在桩底应力扩散范围内应无岩体临空面。当桩端无沉渣时，桩端岩石承载力特征值应根据岩石饱和单轴抗压强度标准值按本规范第 5.2.6 条确定，或按本规范附录 H 用岩石地基荷载试验确定。

8.5.7 当作用于桩基上的外力主要为水平力或高层建筑承台下为软弱土层、液化土层时，应根据使用要求对桩顶变位的限制，对桩基的水平承载力进行验算。当外力作用面的桩距较大时，桩基的水平承载力可视为各单桩的水平承载力的总和。当承台侧面的土未经扰动或回填密实时，可计算土抗力的作用。当水平推力较大时，宜设置斜桩。

8.5.8 单桩水平承载力特征值应通过现场水平载荷试验确定。必要时可进行带承台桩的载荷试验。单桩水平载荷试验，应按本规范附录 S 进行。

8.5.9 当桩基承受拔力时，应对桩基进行抗拔验算。单桩抗拔承载力特征值应通过单桩竖向抗拔载荷试验确定，并应加载至破坏。单桩竖向抗拔载荷试验，应按本规范附录 T 进行。

8.5.10 桩身混凝土强度应满足桩的承载力设计要求。

8.5.11 按桩身混凝土强度计算桩的承载力时，应按桩的类型和成桩工艺的不同将混凝土的轴心抗压强度设计值乘以工作条件系数 φ_c，桩轴心受压时桩身强度应符合式（8.5.11）的规定。当桩顶以下 5 倍桩身直径范围内螺旋式箍筋间距不大于 100mm 且钢筋耐久性得到保证的灌注桩，可适当计入桩身纵向钢筋的抗压作用。

$$Q \leqslant A_p f_c \varphi_c \quad (8.5.11)$$

式中：f_c ——混凝土轴心抗压强度设计值（kPa），按现行国家标准《混凝土结构设计规范》GB 50010 取值；

Q ——相应于作用的基本组合时的单桩竖向力设计值（kN）；

A_p ——桩身横截面面积（m²）；

φ_c ——工作条件系数，非预应力预制桩取 0.75，预应力桩取 0.55~0.65，灌注桩取 0.6~0.8（水下灌注桩、长桩或混凝土强度等级高于 C35 时用低值）。

8.5.12 非腐蚀环境中的抗拔桩应根据环境类别控制裂缝宽度满足设计要求，预应力混凝土管桩应按桩身裂缝控制等级为二级的要求进行桩身混凝土抗裂验算。腐蚀环境中的抗拔桩和受水平力或弯矩较大的桩应进行桩身混凝土抗裂验算，裂缝控制等级应为二级；预应力混凝土管桩裂缝控制等级应为一级。

8.5.13 桩基沉降计算应符合下列规定：

  1 对以下建筑物的桩基应进行沉降验算：

    1）地基基础设计等级为甲级的建筑物桩基；

    2）体形复杂、荷载不均匀或桩端以下存在软弱土层的设计等级为乙级的建筑物桩基；

    3）摩擦型桩基。

  2 桩基沉降不得超过建筑物的沉降允许值，并应符合本规范表 **5.3.4** 的规定。

8.5.14 嵌岩桩、设计等级为丙级的建筑物桩基、对沉降无特殊要求的条形基础下不超过两排桩的桩基、吊车工作级别 A5 及 A5 以下的单层工业厂房且桩端下为密实土层的桩基，可不进行沉降验算。当有可靠地区经验时，对地质条件不复杂、荷载均匀、对沉降无特殊要求的端承型桩基也可不进行沉降验算。

8.5.15 计算桩基沉降时，最终沉降量宜按单向压缩分层总和法计算。地基内的应力分布宜采用各向同性均质线性变形体理论，按实体深基础方法或明德林应力公式方法进行计算，计算按本规范附录 R 进行。

8.5.16 以控制沉降为目的设置桩基时，应结合地区经验，并满足下列要求：

  1 桩身强度应按桩顶荷载设计值验算；

  2 桩、土荷载分配应按上部结构与地基共同作用分析确定；

  3 桩端进入较好的土层，桩端平面处土层应满足下卧层承载力设计要求；

  4 桩距可采用 4 倍～6 倍桩身直径。

8.5.17 桩基承台的构造，除满足受冲切、受剪切、受弯承载力和上部结构的要求外，尚应符合下列要求：

  1 承台的宽度不应小于 500mm。边桩中心至承台边缘的距离不宜小于桩的直径或边长，且桩的外边缘至承台边缘的距离不小于 150mm。对于条形承台梁，桩的外边缘至承台梁边缘的距离不小于 75mm。

  2 承台的最小厚度不应小于 300mm。

  3 承台的配筋，对于矩形承台，其钢筋应按双向均匀通长布置（图 8.5.17a），钢筋直径不宜小于 10mm，间距不宜大于 200mm；对于三桩承台，钢筋应按三向板带均匀布置，且最里面的三根钢筋围成的三角形应在柱截面范围内（图 8.5.17b）。承台梁的主筋除满足计算要求外，尚应符合现行国家标准《混凝土结构设计规范》GB 50010 关于最小配筋率的规定，主筋直径不宜小于 12mm，架立筋不宜小于 10mm，箍筋直径不宜小于 6mm（图 8.5.17c）；柱下独立桩基承台的最小配筋率不应小于 0.15%。钢筋锚固长度自边桩内侧（当为圆桩时，应将其直径乘以 0.886 等效为方桩）算起，锚固长度不应小于 35 倍钢筋直径，当不满足时应将钢筋向上弯折，此时钢筋水平段的长度不应小于 25 倍钢筋直径，弯折段的长

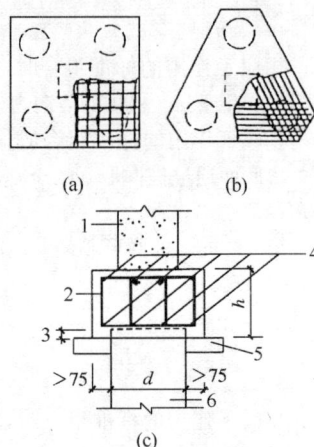

(a) (b)

(c)

图 8.5.17 承台配筋

1—墙；2—箍筋直径≥6mm；3—桩顶入承台≥50mm；

4—承台梁内主筋除须按计算配筋外尚应满足最小

配筋率；5—垫层 100mm 厚 C10 混凝土

度不应小于 10 倍钢筋直径。

  4 承台混凝土强度等级不应低于 C20；纵向钢筋的混凝土保护层厚度不应小于 70mm，当有混凝土垫层时，不应小于 50mm；且不应小于桩头嵌入承台内的长度。

8.5.18 柱下桩基承台的弯矩可按以下简化计算方法确定：

  1 多桩矩形承台计算截面取在柱边和承台高度变化处（杯口外侧或台阶边缘，图 8.5.18a）：

$$M_x = \sum N_i y_i \qquad (8.5.18-1)$$
$$M_y = \sum N_i x_i \qquad (8.5.18-2)$$

式中：M_x、M_y——分别为垂直 y 轴和 x 轴方向计算截面处的弯矩设计值（kN·m）；

  x_i、y_i——垂直 y 轴和 x 轴方向自桩轴线至相应计算截面的距离（m）；

  N_i——扣除承台和其上填土自重后相应于作用的基本组合时的第 i 桩竖向力设计值（kN）。

  2 三桩承台

  1）等边三桩承台（图 8.5.18b）。

$$M = \frac{N_{max}}{3}\left(s - \frac{\sqrt{3}}{4}c\right) \qquad (8.5.18-3)$$

式中：M——由承台形心至承台边缘距离范围内板带的弯矩设计值（kN·m）；

  N_{max}——扣除承台和其上填土自重后的三桩中相应于作用的基本组合时的最大单桩竖向力设计值（kN）；

  s——桩距（m）；

  c——方柱边长（m），圆柱时 $c = 0.886d$（d 为圆柱直径）。

  2）等腰三桩承台（图 8.5.18c）。

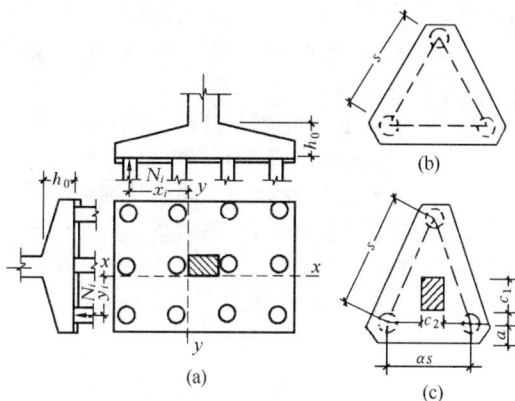

图 8.5.18　承台弯矩计算

$$M_1 = \frac{N_{\max}}{3}\left(s - \frac{0.75}{\sqrt{4-\alpha^2}}c_1\right) \quad (8.5.18\text{-}4)$$

$$M_2 = \frac{N_{\max}}{3}\left(\alpha s - \frac{0.75}{\sqrt{4-\alpha^2}}c_2\right) \quad (8.5.18\text{-}5)$$

式中：M_1、M_2——分别为由承台形心到承台两腰和底边的距离范围内板带的弯矩设计值（kN·m）；

　　　　s——长向桩距（m）；

　　　　α——短向桩距与长向桩距之比，当 α 小于 0.5 时，应按变截面的二桩承台设计；

　　　　c_1、c_2——分别为垂直于、平行于承台底边的柱截面边长（m）。

8.5.19 柱下桩基础独立承台受冲切承载力的计算，应符合下列规定：

　1　柱对承台的冲切，可按下列公式计算（图 8.5.19-1）：

$$F_l \leqslant 2[\alpha_{ox}(b_c + a_{oy}) + \alpha_{oy}(h_c + a_{ox})]\beta_{hp}f_t h_0$$
$$(8.5.19\text{-}1)$$

$$F_l = F - \Sigma N_i \quad (8.5.19\text{-}2)$$

$$\alpha_{ox} = 0.84/(\lambda_{ox} + 0.2) \quad (8.5.19\text{-}3)$$

$$\alpha_{oy} = 0.84/(\lambda_{oy} + 0.2) \quad (8.5.19\text{-}4)$$

式中：F_l——扣除承台及其上填土自重，作用在冲切破坏锥体上相应于作用的基本组合时的冲切力设计值（kN），冲切破坏锥体应采用自柱边或承台变阶处至相应桩顶边缘连线构成的锥体，锥体与承台底面的夹角不小于 45°（图 8.5.19-1）；

　　　　h_0——冲切破坏锥体的有效高度（m）；

　　　　β_{hp}——受冲切承载力截面高度影响系数，其值按本规范第 8.2.8 条的规定取用；

　　　　α_{ox}、α_{oy}——冲切系数；

　　　　λ_{ox}、λ_{oy}——冲跨比，$\lambda_{ox} = a_{ox}/h_0$，$\lambda_{oy} = a_{oy}/h_0$，$a_{ox}$、$a_{oy}$ 为柱边或变阶处至桩边的水平距离；当 $a_{ox}(a_{oy}) < 0.25h_0$ 时，$a_{ox}(a_{oy})$

$= 0.25h_0$；当 $a_{ox}(a_{oy}) > h_0$ 时，$a_{ox}(a_{oy})$ $= h_0$；

　　　　F——柱根部轴力设计值（kN）；

　　　　ΣN_i——冲切破坏锥体范围内各桩的净反力设计值之和（kN）。

对中低压缩性土上的承台，当承台与地基土之间没有脱空现象时，可根据地区经验适当减小柱下桩基础独立承台受冲切计算的承台厚度。

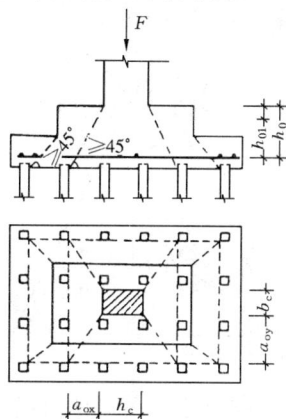

图 8.5.19-1　柱对承台冲切

　2　角桩对承台的冲切，可按下列公式计算：

　　1)　多桩矩形承台受角桩冲切的承载力应按下列公式计算（图 8.5.19-2）：

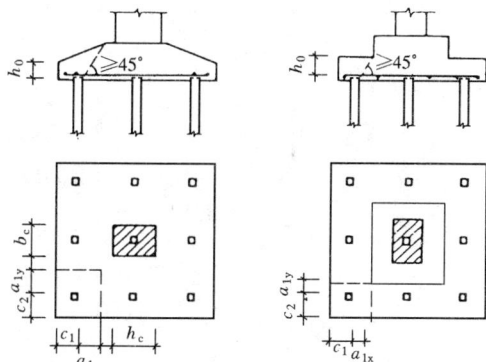

图 8.5.19-2　矩形承台角桩冲切验算

$$N_l \leqslant \left[\alpha_{1x}\left(c_2 + \frac{a_{1y}}{2}\right) + \alpha_{1y}\left(c_1 + \frac{a_{1x}}{2}\right)\right]\beta_{hp}f_t h_0$$
$$(8.5.19\text{-}5)$$

$$\alpha_{1x} = \frac{0.56}{\lambda_{1x} + 0.2} \quad (8.5.19\text{-}6)$$

$$\alpha_{1y} = \frac{0.56}{\lambda_{1y} + 0.2} \quad (8.5.19\text{-}7)$$

式中：N_l——扣除承台和其上填土自重后的角桩桩顶相应于作用的基本组合时的竖向力设计值（kN）；

　　　　α_{1x}、α_{1y}——角桩冲切系数；

　　　　λ_{1x}、λ_{1y}——角桩冲跨比，其值满足 0.25～1.0，$\lambda_{1x} = a_{1x}/h_0$，$\lambda_{1y} = a_{1y}/h_0$；

c_1、c_2——从角桩内边缘至承台外边缘的距离(m);

a_{1x}、a_{1y}——从承台底角桩内边缘引 $45°$ 冲切线与承台顶面或承台变阶处相交点至角桩内边缘的水平距离(m);

h_0——承台外边缘的有效高度(m)。

2) 三桩三角形承台受角桩冲切的承载力可按下列公式计算(图8.5.19-3)。对圆柱及圆桩,计算时可将圆形截面换算成正方形截面。

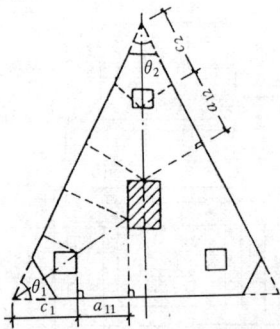

图 8.5.19-3　三角形承台角桩冲切验算

底部角桩

$$N_l \leqslant \alpha_{11}(2c_1 + a_{11})\tan\frac{\theta_1}{2}\beta_{hp}f_th_0$$
(8.5.19-8)

$$\alpha_{11} = \frac{0.56}{\lambda_{11} + 0.2}$$
(8.5.19-9)

顶部角桩

$$N_l \leqslant \alpha_{12}(2c_2 + a_{12})\tan\frac{\theta_2}{2}\beta_{hp}f_th_0$$
(8.5.19-10)

$$\alpha_{12} = \frac{0.56}{\lambda_{12} + 0.2}$$
(8.5.19-11)

式中:λ_{11}、λ_{12}——角桩冲跨比,其值满足 $0.25 \sim 1.0$,$\lambda_{11} = \frac{a_{11}}{h_0}$,$\lambda_{12} = \frac{a_{12}}{h_0}$;

a_{11}、a_{12}——从承台底角桩内边缘向相邻承台边引 $45°$ 冲切线与承台顶面相交点至角桩内边缘的水平距离(m);当柱位于该 $45°$ 线以内时则取柱边与桩内边缘连线为冲切锥体的锥线。

8.5.20 柱下桩基础独立承台应分别对柱边和桩边、变阶处和桩边连线形成的斜截面进行受剪计算。当柱边外有多排桩形成多个剪切斜截面时,尚应对每个斜截面进行验算。

8.5.21 柱下桩基独立承台斜截面受剪承载力可按下列公式进行计算(图8.5.21):

$$V \leqslant \beta_{hs}\beta f_t b_0 h_0$$
(8.5.21-1)

$$\beta = \frac{1.75}{\lambda + 1.0}$$
(8.5.21-2)

式中:V——扣除承台及其上填土自重后相应于作用的基本组合时的斜截面的最大剪力设计值(kN);

b_0——承台计算截面处的计算宽度(m);阶梯形承台变阶处的计算宽度、锥形承台的计算宽度应按本规范附录 U 确定;

h_0——计算宽度处的承台有效高度(m);

β——剪切系数;

β_{hs}——受剪切承载力截面高度影响系数,按公式(8.2.9-2)计算;

λ——计算截面的剪跨比,$\lambda_x = \frac{a_x}{h_0}$,$\lambda_y = \frac{a_y}{h_0}$;

a_x、a_y 为柱边或承台变阶处至 x、y 方向计算一排桩的桩边的水平距离,当 $\lambda < 0.25$ 时,取 $\lambda = 0.25$;当 $\lambda > 3$ 时,取 $\lambda = 3$。

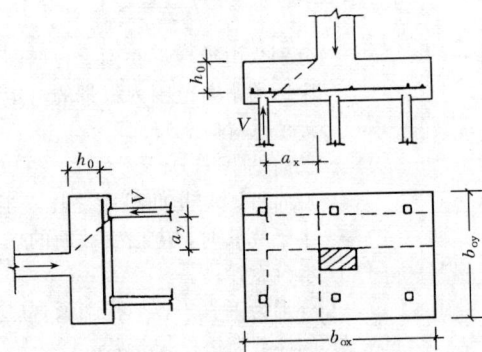

图 8.5.21　承台斜截面受剪计算

8.5.22 当承台的混凝土强度等级低于柱或桩的混凝土强度等级时,尚应验算柱下或桩上承台的局部受压承载力。

8.5.23 承台之间的连接应符合下列要求:

1 单桩承台,应在两个互相垂直的方向上设置连系梁。

2 两桩承台,应在其短向设置连系梁。

3 有抗震要求的柱下独立承台,宜在两个主轴方向设置连系梁。

4 连系梁顶面宜与承台位于同一标高。连系梁的宽度不应小于 250mm,梁的高度可取承台中心距的 $1/10 \sim 1/15$,且不小于 400mm。

5 连系梁的主筋应按计算要求确定。连系梁内上下纵向钢筋直径不应小于 12mm 且不应少于 2 根,并应按受拉要求锚入承台。

8.6　岩石锚杆基础

8.6.1 岩石锚杆基础适用于直接建在基岩上的柱基,以及承受拉力或水平力较大的建筑物基础。锚杆基础应与基岩连成整体,并应符合下列要求:

1 锚杆孔直径,宜取锚杆筋体直径的 3 倍,但不应小于一倍锚杆筋体直径加 50mm。锚杆基础的构造要求，可按图 8.6.1 采用。

2 锚杆筋体插入上部结构的长度，应符合钢筋的锚固长度要求。

3 锚杆筋体宜采用热轧带肋钢筋，水泥砂浆强度不宜低于 30MPa，细石混凝土强度不宜低于 C30。灌浆前，应将锚杆孔清理干净。

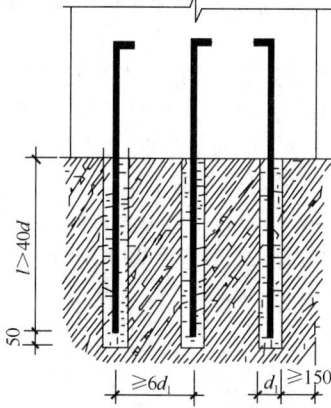

图 8.6.1 锚杆基础
d_1—锚杆直径；l—锚杆的有效锚固长度；d—锚杆筋体直径

8.6.2 锚杆基础中单根锚杆所承受的拔力，应按下列公式验算：

$$N_{ti} = \frac{F_k + G_k}{n} - \frac{M_{xk} y_i}{\sum y_i^2} - \frac{M_{yk} x_i}{\sum x_i^2} \quad (8.6.2-1)$$

$$N_{tmax} \leqslant R_t \quad (8.6.2-2)$$

式中：F_k——相应于作用的标准组合时，作用在基础顶面上的竖向力（kN）；

G_k——基础自重及其上的土自重（kN）；

M_{xk}、M_{yk}——按作用的标准组合计算作用在基础底面形心的力矩值（kN·m）；

x_i、y_i——第 i 根锚杆至基础底面形心的 y、x 轴线的距离（m）；

N_{ti}——相应于作用的标准组合时，第 i 根锚杆所承受的拔力值（kN）；

R_t——单根锚杆抗拔承载力特征值（kN）。

8.6.3 对设计等级为甲级的建筑物，单根锚杆抗拔承载力特征值 R_t 应通过现场试验确定；对于其他建筑物应符合下式规定：

$$R_t \leqslant 0.8\pi d_1 l f \quad (8.6.3)$$

式中：f——砂浆与岩石间的粘结强度特征值（kPa），可按本规范表 6.8.6 选用。

9 基 坑 工 程

9.1 一 般 规 定

9.1.1 岩、土质场地建（构）筑物的基坑开挖与支护，包括桩式和墙式支护、岩层或土层锚杆以及采用逆作法施工的基坑工程应符合本章的规定。

9.1.2 基坑支护设计应确保岩土开挖、地下结构施工的安全，并应确保周围环境不受损害。

9.1.3 基坑工程设计应包括下列内容：

1 支护结构体系的方案和技术经济比较；

2 基坑支护体系的稳定性验算；

3 支护结构的承载力、稳定和变形计算；

4 地下水控制设计；

5 对周边环境影响的控制设计；

6 基坑土方开挖方案；

7 基坑工程的监测要求。

9.1.4 基坑工程设计安全等级、结构设计使用年限、结构重要性系数，应根据基坑工程的设计、施工及使用条件按有关规范的规定采用。

9.1.5 基坑支护结构设计应符合下列规定：

1 所有支护结构设计均应满足强度和变形计算以及土体稳定性验算的要求；

2 设计等级为甲级、乙级的基坑工程，应进行因土方开挖、降水引起的基坑内外土体的变形计算；

3 高地下水位地区设计等级为甲级的基坑工程，应按本规范第 9.9 节的规定进行地下水控制的专项设计。

9.1.6 基坑工程设计采用的土的强度指标，应符合下列规定：

1 对淤泥及淤泥质土，应采用三轴不固结不排水抗剪强度指标；

2 对正常固结的饱和黏性土应采用在土的有效自重应力下预固结的三轴不固结不排水抗剪强度指标；当施工挖土速度较慢，排水条件好，土体有条件固结时，可采用三轴固结不排水抗剪强度指标；

3 对砂类土，采用有效应力强度指标；

4 验算软黏土隆起稳定性时，可采用十字板剪切强度或三轴不固结不排水抗剪强度指标；

5 灵敏度较高的土，基坑邻近有交通频繁的主干道或其他对土的扰动源时，计算采用土的强度指标宜适当进行折减；

6 应考虑打桩、地基处理的挤土效应等施工扰动原因造成对土强度指标降低的不利影响。

9.1.7 因支护结构变形、岩土开挖及地下水条件变化引起的基坑内外土体变形应符合下列规定：

1 不得影响地下结构尺寸、形状和正常施工；

2 不得影响既有桩基的正常使用；

3 对周围已有建、构筑物引起的地基变形不得超过地基变形允许值；

4 不得影响周边地下建（构）筑物、地下轨道交通设施及管线的正常使用。

9.1.8 基坑工程设计应具备以下资料：

1 岩土工程勘察报告；

2 建筑物总平面图、用地红线图；

3 建筑物地下结构设计资料，以及桩基础或地基处理设计资料；

4 基坑环境调查报告，包括基坑周边建（构）筑物、地下管线、地下设施及地下交通工程等的相关资料。

9.1.9 基坑土方开挖应严格按设计要求进行，不得超挖。基坑周边堆载不得超过设计规定。土方开挖完成后应立即施工垫层，对基坑进行封闭，防止水浸和暴露，并应及时进行地下结构施工。

9.2 基坑工程勘察与环境调查

9.2.1 基坑工程勘察宜在开挖边界外开挖深度的1倍～2倍范围内布置勘探点。勘察深度应满足基坑支护稳定性验算、降水或止水帷幕设计的要求。当基坑开挖边界外无法布置勘察点时，应通过调查取得相关资料。

9.2.2 应查明场区水文地质资料及与降水有关的参数，并应包括下列内容：

1 地下水的类型、地下水位高程及变化幅度；

2 各含水层的水力联系、补给、径流条件及土层的渗透系数；

3 分析流砂、管涌产生的可能性；

4 提出施工降水或隔水措施以及评估地下水位变化对场区环境造成的影响。

9.2.3 当场地水文地质条件复杂，应进行现场抽水试验，并进行水文地质勘察。

9.2.4 严寒地区的大型越冬基坑应评价各土层的冻胀性，并应对特殊土受开挖、振动影响以及失水、浸水影响引起的土的特性参数变化进行评估。

9.2.5 岩体基坑工程勘察除查明基坑周围的岩层分布、风化程度、岩石破碎情况和各岩层物理力学性质外，还应查明岩体主要结构面的类型、产状、延展情况、闭合程度、填充情况、力学性质等，特别是外倾结构面的抗剪强度以及地下水情况，并评估岩体滑动、岩块崩塌的可能性。

9.2.6 需对基坑工程周边进行环境调查时，调查的范围和内容应符合下列规定：

1 应调查基坑周边2倍开挖深度范围内建（构）筑物及设施的状况，当附近有轨道交通设施、隧道、防汛墙等重要建（构）筑物及设施时，或降水深度较大时应扩大调查范围。

2 环境调查应包括下列内容：

　1）建（构）筑物的结构形式、材料强度、基础形式与埋深、沉降与倾斜及保护要求等；

　2）地下交通工程、管线设施等的平面位置、埋深、结构形式、材料强度、断面尺寸、运营情况及保护要求等。

9.3 土压力与水压力

9.3.1 支护结构的作用效应包括下列各项：

1 土压力；

2 静水压力、渗流压力；

3 基坑开挖影响范围以内的建（构）筑物荷载、地面超载、施工荷载及邻近场地施工的影响；

4 温度变化及冻胀对支护结构产生的内力和变形；

5 临水支护结构尚应考虑波浪作用和水流退落时的渗流力；

6 作为永久结构使用时建筑物的相关荷载作用；

7 基坑周边主干道交通运输产生的荷载作用。

9.3.2 主动土压力、被动土压力可采用库仑或朗肯土压力理论计算。当对支护结构水平位移有严格限制时，应采用静止土压力计算。

9.3.3 作用于支护结构的土压力和水压力，对砂性土宜按水土分算计算；对黏性土宜按水土合算计算；也可按地区经验确定。

9.3.4 基坑工程采用止水帷幕并插入坑底下部相对不透水层时，基坑内外的水压力，可按静水压力计算。

9.3.5 当按变形控制原则设计支护结构时，作用在支护结构的计算土压力可按支护结构与土体的相互作用原理确定，也可按地区经验确定。

9.4 设 计 计 算

9.4.1 基坑支护结构设计时，作用的效应设计值应符合下列规定：

1 基本组合的效应设计值可采用简化规则，应按下式进行计算：

$$S_d = 1.25S_k \qquad (9.4.1-1)$$

式中：S_d——基本组合的效应设计值；

S_k——标准组合的效应设计值。

2 对于轴向受力为主的构件，S_d简化计算可按下式进行：

$$S_d = 1.35S_k \qquad (9.4.1-2)$$

9.4.2 支护结构的入土深度应满足基坑支护结构稳定性及变形验算的要求，并结合地区工程经验综合确定。有地下水渗流作用时，应满足抗渗流稳定的验算，并宜插入坑底下部不透水层一定深度。

9.4.3 桩、墙式支护结构设计计算应符合下列规定：

1 桩、墙式支护可为柱列式排桩、板桩、地下连续墙、型钢水泥土墙等独立支护或与内支撑、锚杆组合形成的支护体系，适用于施工场地狭窄、地质条件差、基坑较深或需要严格控制支护结构或基坑周边环境地基变形时的基坑工程。

2 桩、墙式支护结构的设计应包括下列内容：

　1）确定桩、墙的入土深度；

2）支护结构的内力和变形计算；

3）支护结构的构件和节点设计；

4）基坑变形计算，必要时提出对环境保护的工程技术措施；

5）支护桩、墙作为主体结构一部分时，尚应计算在建筑物荷载作用下的内力及变形；

6）基坑工程的监测要求。

9.4.4 根据基坑周边环境的复杂程度及环境保护要求，可按下列规定进行变形控制设计，并采取相应的保护措施：

1 根据基坑周边的环境保护要求，提出基坑的各项变形设计控制指标；

2 预估基坑开挖对周边环境的附加变形值，其总变形值应小于其允许变形值；

3 应从支护结构施工、地下水控制及开挖三个方面分别采取相关措施保护周围环境。

9.4.5 支护结构的内力和变形分析，宜采用侧向弹性地基反力法计算。土的侧向地基反力系数可通过单桩水平载荷试验确定。

9.4.6 支护结构应进行稳定验算。稳定验算应符合本规范附录V的规定。当有可靠工程经验时，稳定安全系数可按地区经验确定。

9.4.7 地下水渗流稳定性验算，应符合下列规定：

1 当坑内外存在水头差时，粉土和砂土应按本规范附录W进行抗渗流稳定性验算；

2 当基坑底上部土体为不透水层，下部具有承压水头时，坑内土体应按本规范附录W进行抗突涌稳定性验算。

9.5 支护结构内支撑

9.5.1 支护结构的内支撑必须采用稳定的结构体系和连接构造，优先采用超静定内支撑结构体系，其刚度应满足变形计算要求。

9.5.2 支撑结构计算分析应符合下列原则：

1 内支撑结构应按与支护桩、墙节点处变形协调的原则进行内力与变形分析；

2 在竖向荷载及水平荷载作用下支撑结构的承载力和位移计算应符合国家现行结构设计规范的有关规定，支撑体系可根据不同条件按平面框架、连续梁或简支梁分析；

3 当基坑内坑底标高差异大，或因基坑周边土层分布不均匀，土性指标差异大，导致作用在内支撑周边侧向土压力值变化较大时，应按桩、墙与内支撑系统节点的位移协调原则进行计算；

4 有可靠经验时，可采用空间结构分析方法，对支撑、围檩（压顶梁）和支护结构进行整体计算；

5 内支撑系统的各水平及竖向受力构件，应按结构构件的受力条件及施工中可能出现的不利影响因素，设置必要的连接构件，保证结构构件在平面内及

平面外的稳定性。

9.5.3 支撑结构的施工与拆除顺序，应与支护结构的设计工况相一致，必须遵循先撑后挖的原则。

9.6 土层锚杆

9.6.1 土层锚杆锚固段不应设置在未经处理的软弱土层、不稳定土层和不良地质地段及钻孔注浆引发较大土体沉降的土层。

9.6.2 锚杆杆体材料宜选用钢绞线、螺纹钢筋，当锚杆极限承载力小于400kN时，可采用HRB 335钢筋。

9.6.3 锚杆布置与锚固体强度应满足下列要求：

1 锚杆锚固体上下排间距不宜小于2.5m，水平方向间距不宜小于1.5m；锚杆锚固体上覆土层厚度不宜小于4.0m。锚杆的倾角宜为15°～35°。

2 锚杆定位支架沿锚杆轴线方向宜每隔1.0m～2.0m设置一个，锚杆杆体的保护层不得少于20mm。

3 锚固体宜采用水泥砂浆或纯水泥浆，浆体设计强度不宜低于20.0MPa。

4 土层锚杆钻孔直径不宜小于120mm。

9.6.4 锚杆设计应包括下列内容：

1 确定锚杆类型、间距、排距和安设角度、断面形状及施工工艺；

2 确定锚杆自由段、锚固段长度、锚固体直径、锚杆抗拔承载力特征值；

3 锚杆筋体材料设计；

4 锚具、承压板、台座及腰梁设计；

5 预应力锚杆张拉荷载值、锁定荷载值；

6 锚杆试验和监测要求；

7 对支护结构变形控制需要进行的锚杆补张拉设计。

9.6.5 锚杆预应力筋的截面面积应按下式确定：

$$A \geqslant 1.35 \frac{N_t}{\gamma_P f_{Pt}} \qquad (9.6.5)$$

式中：N_t——相应于作用的标准组合时，锚杆所承受的拉力值（kN）；

γ_P——锚杆张拉施工工艺控制系数，当预应力筋为单束时可取1.0，当预应力筋为多束时可取0.9；

f_{Pt}——钢筋、钢绞线强度设计值（kPa）。

9.6.6 土层锚杆锚固段长度（L_a）应按基本试验确定，初步设计时也可按下式估算：

$$L_a \geqslant \frac{K \cdot N_t}{\pi \cdot D \cdot q_s} \qquad (9.6.6)$$

式中：D——锚固体直径（m）；

K——安全系数，可取1.6；

q_s——土体与锚固体间粘结强度特征值（kPa），由当地锚杆抗拔试验结果统计

分析算得。

9.6.7 锚杆应在锚固体和外锚头强度达到设计强度的 80% 以上后逐根进行张拉锁定，张拉荷载宜为锚杆所受拉力值的 1.05 倍～1.1 倍，并在稳定 5min～10min 后退至锁定荷载锁定。锁定荷载宜取锚杆设计承载力的 0.7 倍～0.85 倍。

9.6.8 锚杆自由段超过潜在的破裂面不应小于 1m，自由段长度不宜小于 5m，锚固段在最危险滑动面以外的有效长度应满足稳定性计算要求。

9.6.9 对设计等级为甲级的基坑工程，锚杆轴向拉力特征值应按本规范附录 Y 土层锚杆试验确定。对设计等级为乙级、丙级的基坑工程可按物理参数或经验数据设计，现场试验验证。

9.7 基坑工程逆作法

9.7.1 逆作法适用于支护结构水平位移有严格限制的基坑工程。根据工程具体情况，可采用全逆作法、半逆作法、部分逆作法。

9.7.2 逆作法的设计应包含下列内容：

1 基坑支护的地下连续墙或排桩与地下结构侧墙、内支撑、地下结构楼盖体系一体的结构分析计算；

2 土方开挖及外运；

3 临时立柱做法；

4 侧墙与支护结构的连接；

5 立柱与底板和楼盖的连接；

6 坑底土卸载和回弹引起的相邻立柱之间，立柱与侧墙之间的差异沉降对已施工结构受力的影响分析计算；

7 施工作业程序、混凝土浇筑及施工缝处理；

8 结构节点构造措施。

9.7.3 基坑工程逆作法设计应保证地下结构的侧墙、楼板、底板、柱满足基坑开挖时作为基坑支护结构及作为地下室永久结构工况时的设计要求。

9.7.4 当采用逆作法施工时，可采用支护结构体系与地下结构结合的设计方案：

1 地下结构墙体作为基坑支护结构；

2 地下结构水平构件（梁、板体系）作为基坑支护的内支撑；

3 地下结构竖向构件作为支护结构支柱。

9.7.5 当地下连续墙同时作为地下室永久结构使用时，地下连续墙的设计计算尚应符合下列规定：

1 地下连续墙应分别按承载能力极限状态和正常使用极限状态进行承载力、变形计算和裂缝验算。

2 地下连续墙墙身的防水等级应满足永久结构使用防水设计要求。地下连续墙与主体结构连接的接缝位置（如地下结构顶板、底板位置）根据地下结构的防水等级要求，可设置刚性止水片、遇水膨胀橡胶

止水条以及预埋注浆管等构造措施。

3 地下连续墙与主体结构的连接应根据其受力特性和连接刚度进行设计计算。

4 墙顶承受竖向偏心荷载时，应按偏心受压构件计算正截面受压承载力。墙顶圈梁与墙体及上部结构的连接处应验算截面抗剪承载力。

9.7.6 主体地下结构的水平构件用作支撑时，其设计应符合下列规定：

1 用作支撑的地下结构水平构件宜采用梁板结构体系进行分析计算；

2 宜考虑由立柱桩差异变形及立柱桩与围护墙之间差异变形引起的地下结构水平构件的结构次应力，并采取必要措施防止有害裂缝的产生；

3 对地下结构的同层楼板面存在高差的部位，应验算该部位构件的抗弯、抗剪、抗扭承载能力，必要时应设置可靠的水平转换结构或临时支撑等措施；

4 对结构楼板的洞口及车道开口部位，当洞口两侧的梁板不能满足支撑的水平传力要求时，应在缺少结构楼板处设置临时支撑等措施；

5 在各层结构留设结构分缝或基坑施工期间不能封闭的后浇带位置，应通过计算设置水平传力构件。

9.7.7 竖向支承结构的设计应符合下列规定：

1 竖向支承结构宜采用一根结构柱对应布置一根临时立柱和立柱桩的形式（一柱一桩）。

2 立柱应按偏心受压构件进行承载力计算和稳定性验算，立柱桩应进行单桩竖向承载力与沉降计算。

3 在主体结构底板施工之前，相邻立柱桩间以及立柱桩与邻近基坑围护墙之间的差异沉降不宜大于 1/400 柱距，且不宜大于 20mm。作为立柱桩的灌注桩宜采用桩端后注浆措施。

9.8 岩体基坑工程

9.8.1 岩体基坑包括岩石基坑和土岩组合基坑。基坑工程实施前应对基坑工程有潜在威胁或直接危害的滑坡、泥石流、崩塌以及岩溶、土洞强烈发育地段，采取可靠的整治措施。

9.8.2 岩体基坑工程设计时应分析岩体结构、软弱结构面对边坡稳定的影响。

9.8.3 在岩石边坡整体稳定的条件下，可采用放坡开挖方案。岩石边坡的开挖坡度允许值，应根据当地经验按工程类比的原则，可按本地区已有稳定边坡的坡度值确定。

9.8.4 对整体稳定的软质岩边坡，开挖时应按本规范第 6.8.2 条的规定对边坡进行构造处理。

9.8.5 对单结构面外倾边坡作用在支挡结构上的横推力，可根据楔形平衡法进行计算，并应考虑结构面

填充物的性质及其浸水后的变化。具有两组或多组结构面的交线倾向于临空面的边坡，可采用棱形体分割法计算棱体的下滑力。

9.8.6 对土岩组合基坑，当采用岩石锚杆挡土结构进行支护时，应符合本规范第 6.8.2 条、第 6.8.3 条的规定。岩石锚杆的构造要求及设计计算应符合本规范第 6.8.4 条、第 6.8.5 条的规定。

9.9 地下水控制

9.9.1 基坑工程地下水控制应防止基坑开挖过程及使用期间的管涌、流砂、坑底突涌及与地下水有关的坑外地层过度沉降。

9.9.2 地下水控制设计应满足下列要求：

　1 地下工程施工期间，地下水位控制在基坑面以下 0.5m~1.5m；

　2 满足坑底突涌验算要求；

　3 满足坑底和侧壁抗渗流稳定的要求；

　4 控制坑外地面沉降量及沉降差，保证邻近建（构）筑物及地下管线的正常使用。

9.9.3 基坑降水设计应包括下列内容：

　1 基坑降水系统设计应包括下列内容：

　　1）确定降水井的布置、井数、井深、井距、井径、单井出水量；

　　2）疏干井和减压井过滤管的构造设计；

　　3）人工滤层的设置要求；

　　4）排水管路系统。

　2 验算坑底土层的渗流稳定性及抗承压水突涌的稳定性。

　3 计算基坑降水域内各典型部位的最终稳定水位及水位降深随时间的变化。

　4 计算降水引起的对邻近建（构）筑物及地下设施产生的沉降。

　5 回灌井的设置及回灌系统设计。

　6 渗流作用对支护结构内力及变形的影响。

　7 降水施工、运营、基坑安全监测要求，除对周边环境的监测外，还应包括对水位和水中微细颗粒含量的监测要求。

9.9.4 隔水帷幕设计应符合下列规定：

　1 采用地下连续墙或隔水帷幕隔离地下水，隔离帷幕渗透系数宜小于 $1.0×10^{-4}$m/d，竖向截水帷幕深度应插入下卧不透水层，其插入深度应满足抗渗流稳定的要求。

　2 对封闭式隔水帷幕，在基坑开挖前进行坑内抽水试验，并通过坑内外的观测井观察水位变化、抽水量变化等确认帷幕的止水效果和质量。

　3 当隔水帷幕不能有效切断基坑深部承压含水层时，可在承压含水层中设置减压井，通过设计计算，控制承压含水层的减压水头，按需减压，确保坑底土不发生突涌。对承压水进行减压控制时，因降水

减压引起的坑外地面沉降不得超过环境控制要求的地面变形允许值。

9.9.5 基坑地下水控制设计应与支护结构的设计统一考虑，由降水、排水和支护结构水平位移引起的地层变形和地表沉陷不应大于变形允许值。

9.9.6 高地下水位地区，当水文地质条件复杂，基坑周边环境保护要求高，设计等级为甲级的基坑工程，应进行地下水控制专项设计，并应包括下列内容：

　1 应具备专门的水文地质勘察资料、基坑周边环境调查报告及现场抽水试验资料；

　2 基坑降水风险分析及降水设计；

　3 降水引起的地面沉降计算及环境保护措施；

　4 基坑渗漏的风险预测及抢险措施；

　5 降水运营、监测与管理措施。

10 检验与监测

10.1 一般规定

10.1.1 为设计提供依据的试验应在设计前进行，平板载荷试验、基桩静载试验、基桩抗拔试验及锚杆的抗拔试验等应加载到极限或破坏，必要时，应对基底反力、桩身内力和桩端阻力等进行测试。

10.1.2 验收检验静载荷试验最大加载量不应小于承载力特征值的 2 倍。

10.1.3 抗拔桩的验收检验应采取工程桩裂缝宽度控制的措施。

10.2 检 验

10.2.1 基槽（坑）开挖到底后，应进行基槽（坑）检验。当发现地质条件与勘察报告和设计文件不一致、或遇到异常情况时，应结合地质条件提出处理意见。

10.2.2 地基处理的效果检验应符合下列规定：

　1 地基处理后载荷试验的数量，应根据场地复杂程度和建筑物重要性确定。对于简单场地上的一般建筑物，每个单体工程载荷试验点数不宜少于 3 处；对复杂场地或重要建筑物应增加试验点数。

　2 处理地基的均匀性检验深度不应小于设计处理深度。

　3 对回填风化岩、山坯土、建筑垃圾等特殊土，应采用波速、超重型动力触探、深层载荷试验等多种方法综合评价。

　4 对遇水软化、崩解的风化岩、膨胀性土等特殊土层，除根据试验数据评价承载力外，尚应评价由于试验条件与实际条件的差异对检测结果的影响。

　5 复合地基除应进行静载荷试验外，尚应进行

竖向增强体及周边土的质量检验。

6 条形基础和独立基础复合地基载荷试验的压板宽度宜按基础宽度确定。

10.2.3 在压实填土的施工过程中，应分层取样检验土的干密度和含水量。检验点数量，对大基坑每 $50m^2 \sim 100m^2$ 面积内不应少于一个检验点；对基槽每 $10m \sim 20m$ 不应少于一个检验点；每个独立柱基不应少于一个检验点。采用贯入仪或动力触探检验垫层的施工质量时，分层检验点的间距应小于 4m。根据检验结果求得的压实系数，不得低于本规范表 6.3.7 的规定。

10.2.4 压实系数可采用环刀法、灌砂法、灌水法或其他方法检验。

10.2.5 预压处理的软弱地基，在预压前后应分别进行原位十字板剪切试验和室内土工试验。预压处理的地基承载力应进行现场载荷试验。

10.2.6 强夯地基的处理效果应采用载荷试验结合其他原位测试方法检验。强夯置换的地基承载力检验除应采用单墩载荷试验检验外，尚应采用动力触探等方法查明施工后土层密度随深度的变化。强夯地基或强夯置换地基载荷试验的压板面积应按处理深度确定。

10.2.7 砂石桩、振冲碎石桩的处理效果应采用复合地基载荷试验方法检验。大型工程及重要建筑应采用多桩复合地基载荷试验方法检验；桩间土应在处理后采用动力触探、标准贯入、静力触探等原位测试方法检验。砂石桩、振冲碎石桩的桩体密实度可采用动力触探方法检验。

10.2.8 水泥搅拌桩成桩后可进行轻便触探和标准贯入试验结合钻取芯样、分段取芯样作抗压强度试验评价桩身质量。

10.2.9 水泥土搅拌桩复合地基承载力检验应进行单桩载荷试验和复合地基载荷试验。

10.2.10 复合地基应进行桩身完整性和单桩竖向承载力检验以及单桩或多桩复合地基载荷试验，施工工艺对桩间土承载力有影响时还应进行桩间土承载力检验。

10.2.11 对打入式桩、静力压桩，应提供经确认的施工过程有关参数。施工完成后尚应进行桩顶标高、桩位偏差等检验。

10.2.12 对混凝土灌注桩，应提供施工过程有关参数，包括原材料的力学性能检验报告，试件留置数量及制作养护方法、混凝土抗压强度试验报告、钢筋笼制作质量检查报告。施工完成后尚应进行桩顶标高、桩位偏差等检验。

10.2.13 人工挖孔桩终孔时，应进行桩端持力层检验。单柱单桩的大直径嵌岩桩，应视岩性检验孔底下 3 倍桩身直径或 5m 深度范围内有无土洞、溶洞、破碎带或软弱夹层等不良地质条件。

10.2.14 施工完成后的工程桩应进行桩身完整性检验和竖向承载力检验。承受水平力较大的桩应进行水平承载力检验，抗拔桩应进行抗拔承载力检验。

10.2.15 桩身完整性检验宜采用两种或多种合适的检验方法进行。直径大于 800mm 的混凝土嵌岩桩应采用钻孔抽芯法或声波透射法检测，检测桩数不得少于总桩数的 10%，且不得少于 10 根，且每根柱下承台的抽桩数不应少于 1 根。直径不大于 800mm 的桩以及直径大于 800mm 的非嵌岩桩，可根据桩径和桩长的大小，结合桩的类型和当地经验采用钻孔抽芯法、声波透射法或动测法进行检测。检测的桩数不应少于总桩数的 10%，且不得少于 10 根。

10.2.16 竖向承载力检验的方法和数量可根据地基基础设计等级和现场条件，结合当地可靠的经验和技术确定。复杂地质条件下的工程桩竖向承载力的检验应采用静载试验，检验桩数不得少于同条件下总桩数的 1%，且不得少于 3 根。大直径嵌岩桩的承载力可根据终孔时桩端持力层岩性报告结合桩身质量检验报告核验。

10.2.17 水平受荷桩和抗拔桩承载力的检验可分别按本规范附录 S 单桩水平载荷试验和附录 T 单桩竖向抗拔静载试验的规定进行，检验桩数不得少于同条件下总桩数的 1%，且不得少于 3 根。

10.2.18 地下连续墙应提交经确认的有关成墙记录和施工报告。地下连续墙完成后应进行墙体质量检验。检验方法可采用钻孔抽芯或声波透射法，非承重地下连续墙检验槽段数不得少于同条件下总槽段数的 10%；对承重地下连续墙检验槽段数不得少于同条件下总槽段数的 20%。

10.2.19 岩石锚杆完成后应按本规范附录 M 进行抗拔承载力检验，检验数量不得少于锚杆总数的 5%，且不得少于 6 根。

10.2.20 当检验发现地基处理的效果、桩身或地下连续墙质量、桩或岩石锚杆承载力不满足设计要求时，应结合工程场地地质和施工情况综合分析，必要时应扩大检验数量，提出处理意见。

10.3 监 测

10.3.1 大面积填方、填海等地基处理工程，应对地面沉降进行长期监测，直到沉降达到稳定标准；施工过程中还应对土体位移、孔隙水压力等进行监测。

10.3.2 基坑开挖应根据设计要求进行监测，实施动态设计和信息化施工。

10.3.3 施工过程中降低地下水对周边环境影响较大时，应对地下水位变化、周边建筑物的沉降和位移、土体变形、地下管线变形等进行监测。

10.3.4 预应力锚杆施工完成后应对锁定的预应力进行监测，监测锚杆数量不得少于锚杆总数的 5%，且不得少于 6 根。

10.3.5 基坑开挖监测包括支护结构的内力和变形、地下水位变化及周边建（构）筑物、地下管线等市政设施的沉降和位移等监测内容可按表 10.3.5 选择。

表 10.3.5 基坑监测项目选择表

地基基础设计等级	支护结构水平位移	邻近建（构）筑物沉降与地下管线变形	地下水位	锚杆拉力	支撑轴力或变形	立柱变形	桩墙内力	地面沉降	基坑底隆起	土侧向变形	孔隙水压力	土压力
甲级	√	√	√	√	√	√	√	√	√	△	△	
乙级	√	√	△	△	△			△	△	△		
丙级	√	√	○	○	○	○	○	○	○			

注：1 √为应测项目，△为宜测项目，○为可不测项目；
　　2 对深度超过 15m 的基坑宜设坑底土回弹监测点；
　　3 基坑周边环境进行保护要求严格时，地下水位监测应包括对基坑内、外地下水位进行监测。

10.3.6 边坡工程施工过程中，应严格记录气象条件、挖方、填方、堆载等情况。尚应对边坡的水平位移和竖向位移进行监测，直到变形稳定为止，且不得少于二年。爆破施工时，应监控爆破对周边环境的影响。

10.3.7 对挤土桩布桩较密或周边环境保护要求严格时，应对打桩过程中造成的土体隆起和位移、邻桩桩顶标高及桩位、孔隙水压力等进行监测。

10.3.8 下列建筑物应在施工期间及使用期间进行沉降变形观测：

　　1 地基基础设计等级为甲级建筑物；

　　2 软弱地基上的地基基础设计等级为乙级建筑物；

　　3 处理地基上的建筑物；

　　4 加层、扩建建筑物；

　　5 受邻近深基坑开挖施工影响或受场地地下水等环境因素变化影响的建筑物；

　　6 采用新型基础或新型结构的建筑物。

10.3.9 需要积累建筑物沉降经验或进行设计反分析的工程，应进行建筑物沉降观测和基础反力监测。沉降观测宜同时设分层沉降监测点。

附录 A　岩石坚硬程度及岩体完整程度的划分

A.0.1 岩石坚硬程度根据现场观察进行定性划分应符合表 A.0.1 的规定。

表 A.0.1 岩石坚硬程度的定性划分

名称		定性鉴定	代表性岩石
硬质岩	坚硬岩	锤击声清脆，有回弹，振手，难击碎，基本无吸水反应	未风化—微风化的花岗岩、闪长岩、辉绿岩、玄武岩、安山岩、片麻岩、石英岩、硅质砾岩、石英砂岩、硅质石灰岩等
	较硬岩	锤击声较清脆，有轻微回弹，稍振手，较难击碎，有轻微吸水反应	1. 微风化的坚硬岩； 2. 未风化—微风化的大理岩、板岩、石灰岩、白云岩、钙质砂岩等
软质岩	较软岩	锤击声不清脆，无回弹，较易击碎，浸水后指甲可刻出印痕	1. 中等风化—强风化的坚硬岩或较硬岩； 2. 未风化—微风化的凝灰岩、千枚岩、砂质泥岩、泥灰岩等
	软岩	锤击声哑，无回弹，有凹痕，易击碎，浸水后手可掰开	1. 强风化的坚硬岩和较硬岩； 2. 中等风化—强风化的较软岩； 3. 未风化—微风化的页岩、泥质砂岩、泥岩等
	极软岩	锤击声哑，无回弹，有较深凹痕，手可捏碎，浸水后可捏成团	1. 全风化的各种岩石； 2. 各种半成岩

A.0.2 岩体完整程度的划分宜按表 A.0.2 的规定。

表 A.0.2 岩体完整程度的划分

名称	结构面组数	控制性结构面平均间距（m）	代表性结构类型
完整	1～2	＞1.0	整状结构
较完整	2～3	0.4～1.0	块状结构
较破碎	＞3	0.2～0.4	镶嵌状结构
破碎	＞3	＜0.2	碎裂状结构
极破碎	无序	—	散体状结构

附录 B　碎石土野外鉴别

表 B.0.1 碎石土密实度野外鉴别方法

密实度	骨架颗粒含量和排列	可挖性	可钻性
密实	骨架颗粒含量大于总重的70%，呈交错排列，连续接触	锹镐挖掘困难，用撬棍方能松动，井壁一般较稳定	钻进极困难，冲击钻探时，钻杆、吊锤跳动剧烈，孔壁较稳定

密实度	骨架颗粒含量和排列	可挖性	可钻性
中密	骨架颗粒含量等于总重的60%~70%，呈交错排列，大部分接触	锹镐可挖掘，井壁有掉块现象，从井壁取出大颗粒处，能保持颗粒凹面形状	钻进较困难，冲击钻探时，钻杆、吊锤跳动不剧烈，孔壁有坍塌现象
稍密	骨架颗粒含量等于总重的55%~60%，排列混乱，大部分不接触	锹可以挖掘，井壁易坍塌，从井壁取出大颗粒后，砂土立即坍落	钻进较容易，冲击钻探时，钻杆稍有跳动，孔壁易坍塌
松散	骨架颗粒含量小于总重的55%，排列十分混乱，绝大部分不接触	锹易挖掘，井壁极易坍塌	钻进很容易，冲击钻探时，钻杆无跳动，孔壁易坍塌

注：1 骨架颗粒系指与本规范表 4.1.5 相对应粒径的颗粒；

  2 碎石土的密实度应按表列各项要求综合确定。

附录 C 浅层平板载荷试验要点

C.0.1 地基土浅层平板载荷试验适用于确定浅部地基土层的承压板下应力主要影响范围内的承载力和变形参数，承压板面积不应小于 $0.25m^2$，对于软土不应小于 $0.5m^2$。

C.0.2 试验基坑宽度不应小于承压板宽度或直径的三倍。应保持试验土层的原状结构和天然湿度。宜在拟试压表面用粗砂或中砂层找平，其厚度不应超过 20mm。

C.0.3 加荷分级不应少于 8 级。最大加载量不应小于设计要求的两倍。

C.0.4 每级加载后，按间隔 10min、10min、10min、15min、15min，以后为每隔半小时测读一次沉降量，当在连续两小时内，每小时的沉降量小于 0.1mm 时，则认为已趋稳定，可加下一级荷载。

C.0.5 当出现下列情况之一时，即可终止加载：

 1 承压板周围的土明显地侧向挤出；

 2 沉降 s 急骤增大，荷载-沉降（p-s）曲线出现陡降段；

 3 在某一级荷载下，24h 内沉降速率不能达到稳定标准；

 4 沉降量与承压板宽度或直径之比大于或等于 0.06。

C.0.6 当满足第 C.0.5 条前三款的情况之一时，其

对应的前一级荷载为极限荷载。

C.0.7 承载力特征值的确定应符合下列规定：

 1 当 p-s 曲线上有比例界限时，取该比例界限所对应的荷载值；

 2 当极限荷载小于对应比例界限的荷载值的 2 倍时，取极限荷载值的一半；

 3 当不能按上述二款要求确定时，当压板面积为 $0.25m^2$~$0.50m^2$，可取 $s/b=0.01$~0.015 所对应的荷载，但其值不应大于最大加载量的一半。

C.0.8 同一土层参加统计的试验点不应少于三点，各试验实测值的极差不得超过其平均值的 30%，取此平均值作为该土层的地基承载力特征值（f_{ak}）。

附录 D 深层平板载荷试验要点

D.0.1 深层平板载荷试验适用于确定深部地基土层及大直径桩桩端土层在承压板下应力主要影响范围内的承载力和变形参数。

D.0.2 深层平板载荷试验的承压板采用直径为 0.8m 的刚性板，紧靠承压板周围外侧的土层高度应不少于 80cm。

D.0.3 加荷等级可按预估极限承载力的 1/10~1/15 分级施加。

D.0.4 每级加荷后，第一个小时内按间隔 10min、10min、10min、15min、15min，以后为每隔半小时测读一次沉降。当在连续两小时内，每小时的沉降量小于 0.1mm 时，则认为已趋稳定，可加下一级荷载。

D.0.5 当出现下列情况之一时，可终止加载：

 1 沉降 s 急剧增大，荷载-沉降（p-s）曲线上有可判定极限承载力的陡降段，且沉降量超过 $0.04d$（d 为承压板直径）；

 2 在某级荷载下，24h 内沉降速率不能达到稳定；

 3 本级沉降量大于前一级沉降量的 5 倍；

 4 当持力层土层坚硬，沉降量很小时，最大加载量不小于设计要求的 2 倍。

D.0.6 承载力特征值的确定应符合下列规定：

 1 当 p-s 曲线上有比例界限时，取该比例界限所对应的荷载值；

 2 满足终止加载条件前三款的条件之一时，其对应的前一级荷载定为极限荷载，当该值小于对应比例界限的荷载值的 2 倍时，取极限荷载值的一半；

 3 不能按上述二款要求确定时，可取 $s/d=0.01$~0.015 所对应的荷载值，但其值不应大于最大加载量的一半。

D.0.7 同一土层参加统计的试验点不应少于三点，当试验实测值的极差不超过平均值的 30% 时，取此平均值作为该土层的地基承载力特征值（f_{ak}）。

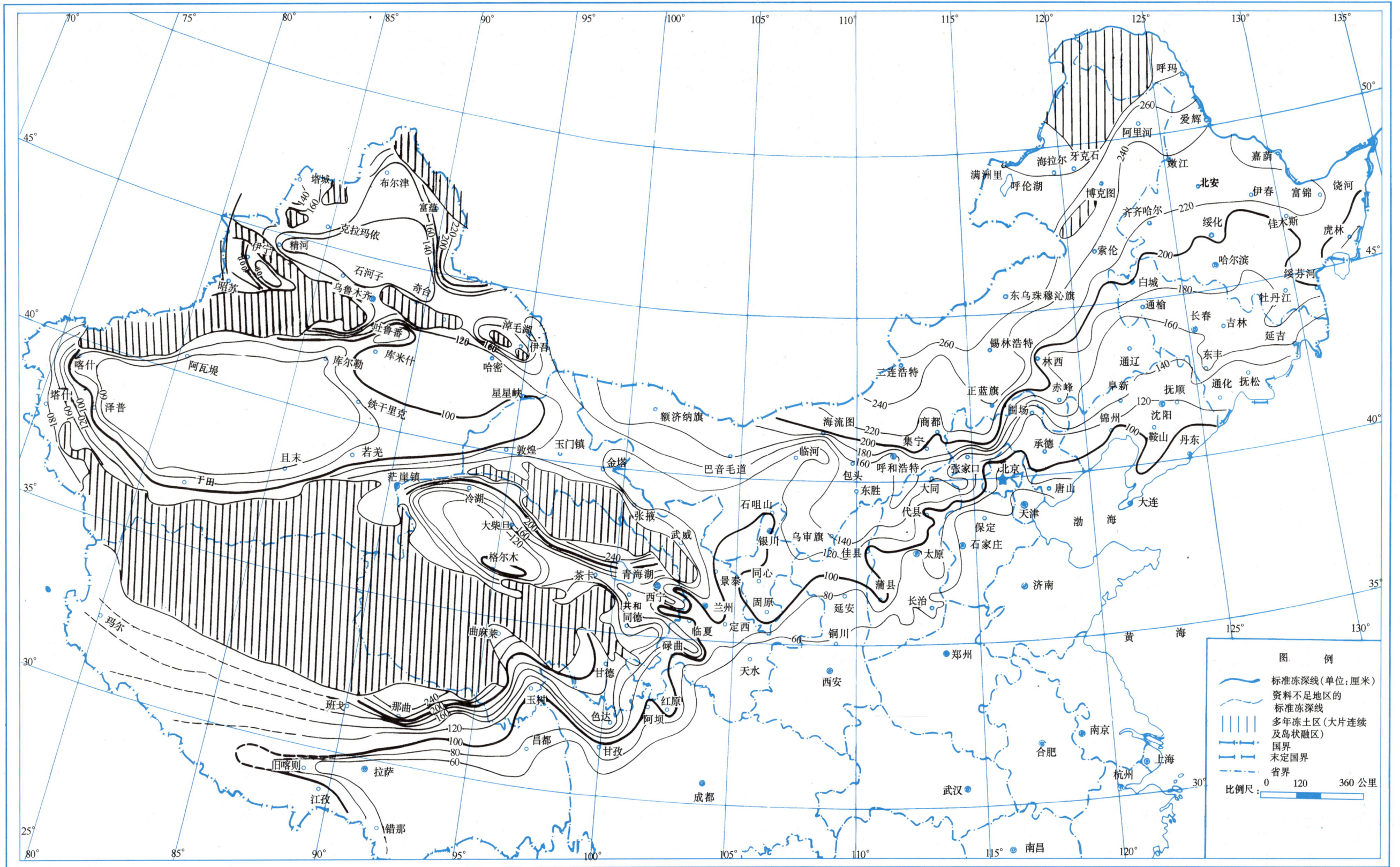

附录 F 中国季节性冻土标准冻深线图

附录 E 抗剪强度指标 c、φ 标准值

E.0.1 内摩擦角标准值 φ_k，黏聚力标准值 c_k，可按下列规定计算：

   1 根据室内 n 组三轴压缩试验的结果，按下列公式计算变异系数、某一土性指标的试验平均值和标准差：

$$\delta = \sigma/\mu \qquad (E.0.1\text{-}1)$$

$$\mu = \frac{\sum\limits_{i=1}^{n}\mu_i}{n} \qquad (E.0.1\text{-}2)$$

$$\sigma = \sqrt{\frac{\sum\limits_{i=1}^{n}\mu_i^2 - n\mu^2}{n-1}} \qquad (E.0.1\text{-}3)$$

式中　δ——变异系数；

      μ——某一土性指标的试验平均值；

      σ——标准差。

   2 按下列公式计算内摩擦角和黏聚力的统计修正系数 ψ_φ、ψ_c：

$$\psi_\varphi = 1 - \left(\frac{1.704}{\sqrt{n}} + \frac{4.678}{n^2}\right)\delta_\varphi \qquad (E.0.1\text{-}4)$$

$$\psi_c = 1 - \left(\frac{1.704}{\sqrt{n}} + \frac{4.678}{n^2}\right)\delta_c \qquad (E.0.1\text{-}5)$$

式中　ψ_φ——内摩擦角的统计修正系数；

      ψ_c——黏聚力的统计修正系数；

      δ_φ——内摩擦角的变异系数；

      δ_c——黏聚力的变异系数。

   3

$$\varphi_k = \psi_\varphi \varphi_m \qquad (E.0.1\text{-}6)$$

$$c_k = \psi_c c_m \qquad (E.0.1\text{-}7)$$

式中　φ_m——内摩擦角的试验平均值；

      c_m——黏聚力的试验平均值。

附录 G 地基土的冻胀性分类及建筑基础底面下允许冻土层最大厚度

G.0.1 地基土的冻胀性分类，可按表 G.0.1 分为不冻胀、弱冻胀、冻胀、强冻胀和特强冻胀。

G.0.2 建筑基础底面下允许冻土层最大厚度 h_{max} (m)，可按表 G.0.2 查取。

表 G.0.1　地基土的冻胀性分类

土的名称	冻前天然含水量 w（%）	冻结期间地下水位距冻结面的最小距离 h_w（m）	平均冻胀率 η（%）	冻胀等级	冻胀类别
碎（卵）石，砾、粗、中砂（粒径小于 0.075mm 颗粒含量大于 15%），细砂（粒径小于 0.075mm 颗粒含量大于 10%）	$w \leqslant 12$	>1.0	$\eta \leqslant 1$	I	不冻胀
		≤1.0	$1 < \eta \leqslant 3.5$	II	弱胀冻
	$12 < w \leqslant 18$	>1.0			
		≤1.0	$3.5 < \eta \leqslant 6$	III	胀冻
	$w > 18$	>0.5			
		≤0.5	$6 < \eta \leqslant 12$	IV	强胀冻
粉砂	$w \leqslant 14$	>1.0	$\eta \leqslant 1$	I	不冻胀
		≤1.0	$1 < \eta \leqslant 3.5$	II	弱胀冻
	$14 < w \leqslant 19$	>1.0			
		≤1.0	$3.5 < \eta \leqslant 6$	III	胀冻
	$19 < w \leqslant 23$	>1.0			
		≤1.0	$6 < \eta \leqslant 12$	IV	强胀冻
	$w > 23$	不考虑	$\eta > 12$	V	特强胀冻
粉土	$w \leqslant 19$	>1.5	$\eta \leqslant 1$	I	不冻胀
		≤1.5	$1 < \eta \leqslant 3.5$	II	弱胀冻
	$19 < w \leqslant 22$	>1.5	$1 < \eta \leqslant 3.5$	II	弱胀冻
粉土		≤1.5	$3.5 < \eta \leqslant 6$	III	胀冻
	$22 < w \leqslant 26$	>1.5			
		≤1.5	$6 < \eta \leqslant 12$	IV	强胀冻
	$26 < w \leqslant 30$	>1.5			
		≤1.5	$\eta > 12$	V	特强胀冻
	$w > 30$	不考虑			

土的名称	冻前天然含水量 w（%）	冻结期间地下水位距冻结面的最小距离 h_w（m）	平均冻胀率 η（%）	冻胀等级	冻胀类别
黏性土	$w \leqslant w_p + 2$	＞2.0	$\eta \leqslant 1$	Ⅰ	不冻胀
		≤2.0	$1 < \eta \leqslant 3.5$	Ⅱ	弱胀冻
	$w_p + 2 < w \leqslant w_p + 5$	＞2.0			
		≤2.0	$3.5 < \eta \leqslant 6$	Ⅲ	胀冻
	$w_p + 5 < w \leqslant w_p + 9$	＞2.0			
		≤2.0	$6 < \eta \leqslant 12$	Ⅳ	强胀冻
	$w_p + 9 < w \leqslant w_p + 15$	＞2.0			
		≤2.0	$\eta > 12$	Ⅴ	特强胀冻
	$w > w_p + 15$	不考虑			

注：1 w_p——塑限含水量（%）；

　　w——在冻土层内冻前天然含水量的平均值（%）；

2 盐渍化冻土不在表列；

3 塑性指数大于 22 时，冻胀性降低一级；

4 粒径小于 0.005mm 的颗粒含量大于 60% 时，为不冻胀土；

5 碎石类土当充填物大于全部质量的 40% 时，其冻胀性按充填物土的类别判断；

6 碎石土、砾砂、粗砂、中砂（粒径小于 0.075mm 颗粒含量不大于 15%）、细砂（粒径小于 0.075mm 颗粒含量不大于 10%）均按不冻胀考虑。

表 G.0.2　建筑基础底面下允许冻土层最大厚度 h_{max}（m）

冻胀性	基础形式	采暖情况	基底平均压力（kPa） 110	130	150	170	190	210
弱冻胀土	方形基础	采暖	0.90	0.95	1.00	1.10	1.15	1.20
		不采暖	0.70	0.80	0.95	1.00	1.05	1.10
	条形基础	采暖	＞2.50	＞2.50	＞2.50	＞2.50	＞2.50	＞2.50
		不采暖	2.20	2.50	＞2.50	＞2.50	＞2.50	＞2.50
冻胀土	方形基础	采暖	0.65	0.70	0.75	0.80	0.85	—
		不采暖	0.55	0.60	0.65	0.70	0.75	—
	条形基础	采暖	1.55	1.80	2.00	2.20	2.50	—
		不采暖	1.15	1.35	1.55	1.75	1.95	—

注：1 本表只计算法向冻胀力，如果基侧存在切向冻胀力，应采取防切向力措施；

2 基础宽度小于 0.6m 时不适用，矩形基础取短边尺寸按方形基础计算；

3 表中数据不适用于淤泥、淤泥质土和欠固结土；

4 计算基底平均压力时取永久作用的标准组合值乘以 0.9，可以内插。

附录 H　岩石地基载荷试验要点

H.0.1　本附录适用于确定完整、较完整、较破碎岩石地基作为天然地基或桩基础持力层时的承载力。

H.0.2　采用圆形刚性承压板，直径为 300mm。当岩石埋藏深度较大时，可采用钢筋混凝土桩，但桩周需采取措施以消除桩身与土之间的摩擦力。

H.0.3　测量系统的初始稳定读数观测应在加压前，每隔 10min 读数一次，连续三次读数不变可开始试验。

H.0.4 加载应采用单循环加载，荷载逐级递增直到破坏，然后分级卸载。

H.0.5 加载时，第一级加载值应为预估设计荷载的 1/5，以后每级应为预估设计荷载的 1/10。

H.0.6 沉降量测读应在加载后立即进行，以后每 10min 读数一次。

H.0.7 连续三次读数之差均不大于 0.01mm，可视为达到稳定标准，可施加下一级荷载。

H.0.8 加载过程中出现下述现象之一时，即可终止加载：

1 沉降量读数不断变化，在 24h 内，沉降速率有增大的趋势；

2 压力加不上或勉强加上而不能保持稳定。

注：若限于加载能力，荷载也应增加到不少于设计要求的两倍。

H.0.9 卸载及卸载观测应符合下列规定：

1 每级卸载为加载时的两倍，如为奇数，第一级可为 3 倍；

2 每级卸载后，隔 10min 测读一次，测读三次后可卸下一级荷载；

3 全部卸载后，当测读到半小时回弹量小于 0.01mm 时，即认为达到稳定。

H.0.10 岩石地基承载力的确定应符合下列规定：

1 对应于 $p\text{-}s$ 曲线上起始直线段的终点为比例界限。符合终止加载条件的前一级荷载为极限荷载。将极限荷载除以 3 的安全系数，所得值与对应于比例界限的荷载相比较，取小值。

2 每个场地载荷试验的数量不应少于 3 个，取最小值作为岩石地基承载力特征值。

3 岩石地基承载力不进行深宽修正。

附录 J　岩石饱和单轴抗压强度试验要点

J.0.1 试料可用钻孔的岩芯或坑、槽探中采取的岩块。

J.0.2 岩样尺寸一般为 $\phi 50\text{mm} \times 100\text{mm}$，数量不应少于 6 个，进行饱和处理。

J.0.3 在压力机上以每秒 500kPa～800kPa 的加载速度加荷，直到试件破坏为止，记下最大加载，做好试验前后的试样描述。

J.0.4 根据参加统计的一组试样的试验值计算其平均值、标准差、变异系数，取岩石饱和单轴抗压强度的标准值为：

$$f_{rk} = \psi \cdot f_{rm} \tag{J.0.4-1}$$

$$\psi = 1 - \left(\frac{1.704}{\sqrt{n}} + \frac{4.678}{n^2} \right) \delta \tag{J.0.4-2}$$

式中：f_{rm}——岩石饱和单轴抗压强度平均值（kPa）；

f_{rk}——岩石饱和单轴抗压强度标准值（kPa）；

ψ——统计修正系数；

n——试样个数；

δ——变异系数。

附录 K　附加应力系数 α、平均附加应力系数 $\bar{\alpha}$

K.0.1 矩形面积上均布荷载作用下角点的附加应力系数 α（表 K.0.1-1）、平均附加应力系数 $\bar{\alpha}$（表 K.0.1-2）。

表 K.0.1-1　矩形面积上均布荷载作用下角点附加应力系数 α

z/b	l/b											
	1.0	1.2	1.4	1.6	1.8	2.0	3.0	4.0	5.0	6.0	10.0	条形
0.0	0.250	0.250	0.250	0.250	0.250	0.250	0.250	0.250	0.250	0.250	0.250	0.250
0.2	0.249	0.249	0.249	0.249	0.249	0.249	0.249	0.249	0.249	0.249	0.249	0.249
0.4	0.240	0.242	0.243	0.243	0.244	0.244	0.244	0.244	0.244	0.244	0.244	0.244
0.6	0.223	0.228	0.230	0.232	0.232	0.233	0.234	0.234	0.234	0.234	0.234	0.234
0.8	0.200	0.207	0.212	0.215	0.216	0.218	0.220	0.220	0.220	0.220	0.220	0.220
1.0	0.175	0.185	0.191	0.195	0.198	0.200	0.203	0.204	0.204	0.204	0.205	0.205
1.2	0.152	0.163	0.171	0.176	0.179	0.182	0.187	0.188	0.189	0.189	0.189	0.189
1.4	0.131	0.142	0.151	0.157	0.161	0.164	0.171	0.173	0.174	0.174	0.174	0.174
1.6	0.112	0.124	0.133	0.140	0.145	0.148	0.157	0.159	0.160	0.160	0.160	0.160
1.8	0.097	0.108	0.117	0.124	0.129	0.133	0.143	0.146	0.147	0.148	0.148	0.148
2.0	0.084	0.095	0.103	0.110	0.116	0.120	0.131	0.135	0.136	0.137	0.137	0.137
2.2	0.073	0.083	0.092	0.098	0.104	0.108	0.121	0.125	0.127	0.128	0.128	0.128
2.4	0.064	0.073	0.081	0.088	0.093	0.098	0.111	0.116	0.118	0.118	0.119	0.119
2.6	0.057	0.065	0.072	0.079	0.084	0.089	0.102	0.107	0.110	0.111	0.112	0.112
2.8	0.050	0.058	0.065	0.071	0.076	0.080	0.094	0.100	0.102	0.104	0.105	0.105
3.0	0.045	0.052	0.058	0.064	0.069	0.073	0.087	0.093	0.096	0.097	0.099	0.099
3.2	0.040	0.047	0.053	0.058	0.063	0.067	0.081	0.087	0.090	0.092	0.093	0.094
3.4	0.036	0.042	0.048	0.053	0.057	0.061	0.075	0.081	0.085	0.086	0.088	0.089
3.6	0.033	0.038	0.043	0.048	0.052	0.056	0.069	0.076	0.080	0.082	0.084	0.084
3.8	0.030	0.035	0.040	0.044	0.048	0.052	0.065	0.072	0.075	0.077	0.080	0.080

z/b	l/b											
	1.0	1.2	1.4	1.6	1.8	2.0	3.0	4.0	5.0	6.0	10.0	条形
4.0	0.027	0.032	0.036	0.040	0.044	0.048	0.060	0.067	0.071	0.073	0.076	0.076
4.2	0.025	0.029	0.033	0.037	0.041	0.044	0.056	0.063	0.067	0.070	0.072	0.073
4.4	0.023	0.027	0.031	0.034	0.038	0.041	0.053	0.060	0.064	0.066	0.069	0.070
4.6	0.021	0.025	0.028	0.032	0.035	0.038	0.049	0.056	0.061	0.063	0.066	0.067
4.8	0.019	0.023	0.026	0.029	0.032	0.035	0.046	0.053	0.058	0.060	0.064	0.064
5.0	0.018	0.021	0.024	0.027	0.030	0.033	0.043	0.050	0.055	0.057	0.061	0.062
6.0	0.013	0.015	0.017	0.020	0.022	0.024	0.033	0.039	0.043	0.046	0.051	0.052
7.0	0.009	0.011	0.013	0.015	0.016	0.018	0.025	0.031	0.035	0.038	0.043	0.045
8.0	0.007	0.009	0.010	0.011	0.013	0.014	0.020	0.025	0.028	0.031	0.037	0.039
9.0	0.006	0.007	0.008	0.009	0.010	0.011	0.016	0.020	0.024	0.026	0.032	0.035
10.0	0.005	0.006	0.007	0.007	0.008	0.009	0.013	0.017	0.020	0.022	0.028	0.032
12.0	0.003	0.004	0.005	0.005	0.006	0.006	0.009	0.012	0.014	0.017	0.022	0.026
14.0	0.002	0.003	0.003	0.004	0.004	0.005	0.007	0.009	0.011	0.013	0.018	0.023
16.0	0.002	0.002	0.003	0.003	0.003	0.004	0.005	0.007	0.009	0.010	0.014	0.020
18.0	0.001	0.002	0.002	0.002	0.003	0.003	0.004	0.006	0.007	0.008	0.012	0.018
20.0	0.001	0.001	0.002	0.002	0.002	0.002	0.004	0.005	0.006	0.007	0.010	0.016
25.0	0.001	0.001	0.001	0.001	0.001	0.002	0.002	0.003	0.004	0.004	0.007	0.013
30.0	0.001	0.001	0.001	0.001	0.001	0.001	0.002	0.002	0.003	0.002	0.005	0.011
35.0	0.000	0.000	0.001	0.001	0.001	0.001	0.001	0.002	0.002	0.002	0.004	0.009
40.0	0.000	0.000	0.000	0.000	0.001	0.001	0.001	0.001	0.001	0.002	0.003	0.008

注：l—基础长度（m）；b—基础宽度（m）；z—计算点离基础底面垂直距离（m）。

K.0.2 矩形面积上三角形分布荷载作用下的附加应力系数 α、平均附加应力系数 $\bar{\alpha}$（表 K.0.2）。

K.0.3 圆形面积上均布荷载作用下中点的附加应力系数 α、平均附加应力系数 $\bar{\alpha}$（表 K.0.3）。

K.0.4 圆形面积上三角形分布荷载作用下边点的附加应力系数 α、平均附加应力系数 $\bar{\alpha}$（表 K.0.4）。

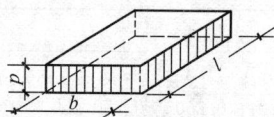

表 K.0.1-2　矩形面积上均布荷载作用下角点的平均附加应力系数 $\bar{\alpha}$

z/b \ l/b	1.0	1.2	1.4	1.6	1.8	2.0	2.4	2.8	3.2	3.6	4.0	5.0	10.0
0.0	0.2500	0.2500	0.2500	0.2500	0.2500	0.2500	0.2500	0.2500	0.2500	0.2500	0.2500	0.2500	0.2500
0.2	0.2496	0.2497	0.2497	0.2498	0.2498	0.2498	0.2498	0.2498	0.2498	0.2498	0.2498	0.2498	0.2498
0.4	0.2474	0.2479	0.2481	0.2483	0.2483	0.2484	0.2485	0.2485	0.2485	0.2485	0.2485	0.2485	0.2485
0.6	0.2423	0.2437	0.2444	0.2448	0.2451	0.2452	0.2454	0.2455	0.2455	0.2455	0.2455	0.2455	0.2456
0.8	0.2346	0.2372	0.2387	0.2395	0.2400	0.2403	0.2407	0.2408	0.2409	0.2409	0.2410	0.2410	0.2410
1.0	0.2252	0.2291	0.2313	0.2326	0.2335	0.2340	0.2346	0.2349	0.2351	0.2352	0.2352	0.2353	0.2353
1.2	0.2149	0.2199	0.2229	0.2248	0.2260	0.2268	0.2278	0.2282	0.2285	0.2286	0.2287	0.2288	0.2289
1.4	0.2043	0.2102	0.2140	0.2164	0.2180	0.2191	0.2204	0.2211	0.2215	0.2217	0.2218	0.2220	0.2221
1.6	0.1939	0.2006	0.2049	0.2079	0.2099	0.2113	0.2130	0.2138	0.2143	0.2146	0.2148	0.2150	0.2152
1.8	0.1840	0.1912	0.1960	0.1994	0.2018	0.2034	0.2055	0.2066	0.2073	0.2077	0.2079	0.2082	0.2084

l/b \ z/b	1.0	1.2	1.4	1.6	1.8	2.0	2.4	2.8	3.2	3.6	4.0	5.0	10.0
2.0	0.1746	0.1822	0.1875	0.1912	0.1938	0.1958	0.1982	0.1996	0.2004	0.2009	0.2012	0.2015	0.2018
2.2	0.1659	0.1737	0.1793	0.1833	0.1862	0.1883	0.1911	0.1927	0.1937	0.1943	0.1947	0.1952	0.1955
2.4	0.1578	0.1657	0.1715	0.1757	0.1789	0.1812	0.1843	0.1862	0.1873	0.1880	0.1885	0.1890	0.1895
2.6	0.1503	0.1583	0.1642	0.1686	0.1719	0.1745	0.1779	0.1799	0.1812	0.1820	0.1825	0.1832	0.1838
2.8	0.1433	0.1514	0.1574	0.1619	0.1654	0.1680	0.1717	0.1739	0.1753	0.1763	0.1769	0.1777	0.1784
3.0	0.1369	0.1449	0.1510	0.1556	0.1592	0.1619	0.1658	0.1682	0.1698	0.1708	0.1715	0.1725	0.1733
3.2	0.1310	0.1390	0.1450	0.1497	0.1533	0.1562	0.1602	0.1628	0.1645	0.1657	0.1664	0.1675	0.1685
3.4	0.1256	0.1334	0.1394	0.1441	0.1478	0.1508	0.1550	0.1577	0.1595	0.1607	0.1616	0.1628	0.1639
3.6	0.1205	0.1282	0.1342	0.1389	0.1427	0.1456	0.1500	0.1528	0.1548	0.1561	0.1570	0.1583	0.1595
3.8	0.1158	0.1234	0.1293	0.1340	0.1378	0.1408	0.1452	0.1482	0.1502	0.1516	0.1526	0.1541	0.1554
4.0	0.1114	0.1189	0.1248	0.1294	0.1332	0.1362	0.1408	0.1438	0.1459	0.1474	0.1485	0.1500	0.1516
4.2	0.1073	0.1147	0.1205	0.1251	0.1289	0.1319	0.1365	0.1396	0.1418	0.1434	0.1445	0.1462	0.1479
4.4	0.1035	0.1107	0.1164	0.1210	0.1248	0.1279	0.1325	0.1357	0.1379	0.1396	0.1407	0.1425	0.1444
4.6	0.1000	0.1070	0.1127	0.1172	0.1209	0.1240	0.1287	0.1319	0.1342	0.1359	0.1371	0.1390	0.1410
4.8	0.0967	0.1036	0.1091	0.1136	0.1173	0.1204	0.1250	0.1283	0.1307	0.1324	0.1337	0.1357	0.1379
5.0	0.0935	0.1003	0.1057	0.1102	0.1139	0.1169	0.1216	0.1249	0.1273	0.1291	0.1304	0.1325	0.1348
5.2	0.0906	0.0972	0.1026	0.1070	0.1106	0.1136	0.1183	0.1217	0.1241	0.1259	0.1273	0.1295	0.1320
5.4	0.0878	0.0943	0.0996	0.1039	0.1075	0.1105	0.1152	0.1186	0.1211	0.1229	0.1243	0.1265	0.1292
5.6	0.0852	0.0916	0.0968	0.1010	0.1046	0.1076	0.1122	0.1156	0.1181	0.1200	0.1215	0.1238	0.1266
5.8	0.0828	0.0890	0.0941	0.0983	0.1018	0.1047	0.1094	0.1128	0.1153	0.1172	0.1187	0.1211	0.1240
6.0	0.0805	0.0866	0.0916	0.0957	0.0991	0.1021	0.1067	0.1101	0.1126	0.1146	0.1161	0.1185	0.1216
6.2	0.0783	0.0842	0.0891	0.0932	0.0966	0.0995	0.1041	0.1075	0.1101	0.1120	0.1136	0.1161	0.1193
6.4	0.0762	0.0820	0.0869	0.0909	0.0942	0.0971	0.1016	0.1050	0.1076	0.1096	0.1111	0.1137	0.1171
6.6	0.0742	0.0799	0.0847	0.0886	0.0919	0.0948	0.0993	0.1027	0.1053	0.1073	0.1088	0.1114	0.1149
6.8	0.0723	0.0779	0.0826	0.0865	0.0898	0.0926	0.0970	0.1004	0.1030	0.1050	0.1066	0.1092	0.1129
7.0	0.0705	0.0761	0.0806	0.0844	0.0877	0.0904	0.0949	0.0982	0.1008	0.1028	0.1044	0.1071	0.1109
7.2	0.0688	0.0742	0.0787	0.0825	0.0857	0.0884	0.0928	0.0962	0.0987	0.1008	0.1023	0.1051	0.1090
7.4	0.0672	0.0725	0.0769	0.0806	0.0838	0.0865	0.0908	0.0942	0.0967	0.0988	0.1004	0.1031	0.1071
7.6	0.0656	0.0709	0.0752	0.0789	0.0820	0.0846	0.0889	0.0922	0.0948	0.0968	0.0984	0.1012	0.1054
7.8	0.0642	0.0693	0.0736	0.0771	0.0802	0.0828	0.0871	0.0904	0.0929	0.0950	0.0966	0.0994	0.1036
8.0	0.0627	0.0678	0.0720	0.0755	0.0785	0.0811	0.0853	0.0886	0.0912	0.0932	0.0948	0.0976	0.1020
8.2	0.0614	0.0663	0.0705	0.0739	0.0769	0.0795	0.0837	0.0869	0.0894	0.0914	0.0931	0.0959	0.1004
8.4	0.0601	0.0649	0.0690	0.0724	0.0754	0.0779	0.0820	0.0852	0.0878	0.0893	0.0914	0.0943	0.0938
8.6	0.0588	0.0636	0.0676	0.0710	0.0739	0.0764	0.0805	0.0836	0.0862	0.0882	0.0898	0.0927	0.0973
8.8	0.0576	0.0623	0.0663	0.0696	0.0724	0.0749	0.0790	0.0821	0.0846	0.0866	0.0882	0.0912	0.0959
9.2	0.0554	0.0599	0.0637	0.0670	0.0697	0.0721	0.0761	0.0792	0.0817	0.0837	0.0853	0.0882	0.0931
9.6	0.0533	0.0577	0.0614	0.0645	0.0672	0.0696	0.0734	0.0765	0.0789	0.0809	0.0825	0.0855	0.0905
10.0	0.0514	0.0556	0.0592	0.0622	0.0649	0.0672	0.0710	0.0739	0.0763	0.0783	0.0799	0.0829	0.0880
10.4	0.0496	0.0537	0.0572	0.0601	0.0627	0.0649	0.0686	0.0716	0.0739	0.0759	0.0775	0.0804	0.0857
10.8	0.0479	0.0519	0.0553	0.0581	0.0606	0.0628	0.0664	0.0693	0.0717	0.0736	0.0751	0.0781	0.0834
11.2	0.0463	0.0502	0.0535	0.0563	0.0587	0.0609	0.0644	0.0672	0.0695	0.0714	0.0730	0.0759	0.0813
11.6	0.0448	0.0486	0.0518	0.0545	0.0569	0.0590	0.0625	0.0652	0.0675	0.0694	0.0709	0.0738	0.0793
12.0	0.0435	0.0471	0.0502	0.0529	0.0552	0.0573	0.0606	0.0634	0.0656	0.0674	0.0690	0.0719	0.0774
12.8	0.0409	0.0444	0.0474	0.0499	0.0521	0.0541	0.0573	0.0599	0.0621	0.0639	0.0654	0.0682	0.0739
13.6	0.0387	0.0420	0.0448	0.0472	0.0493	0.0512	0.0543	0.0568	0.0589	0.0607	0.0621	0.0649	0.0707
14.4	0.0367	0.0398	0.0425	0.0448	0.0468	0.0486	0.0516	0.0540	0.0561	0.0577	0.0592	0.0619	0.0677
15.2	0.0349	0.0379	0.0404	0.0426	0.0446	0.0463	0.0492	0.0515	0.0535	0.0551	0.0565	0.0592	0.0650
16.0	0.0332	0.0361	0.0385	0.0407	0.0425	0.0442	0.0469	0.0492	0.0511	0.0527	0.0540	0.0567	0.0625
18.0	0.0297	0.0323	0.0345	0.0364	0.0381	0.0396	0.0422	0.0442	0.0460	0.0475	0.0487	0.0512	0.0570
20.0	0.0269	0.0292	0.0312	0.0330	0.0345	0.0359	0.0383	0.0402	0.0418	0.0432	0.0444	0.0468	0.0524

矩形面积上三角形分布荷载作用下的附加应力系数 α 与平均附加应力系数 $\bar{\alpha}$

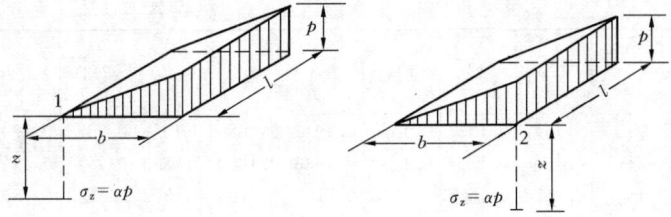

表 K.0.2

z/b	l/b=0.2 点1 α	0.2 点1 ᾱ	0.2 点2 α	0.2 点2 ᾱ	0.4 点1 α	0.4 点1 ᾱ	0.4 点2 α	0.4 点2 ᾱ	0.6 点1 α	0.6 点1 ᾱ	0.6 点2 α	0.6 点2 ᾱ	z/b
0.0	0.0000	0.0000	0.2500	0.2500	0.0000	0.0000	0.2500	0.2500	0.0000	0.0000	0.2500	0.2500	0.0
0.2	0.0223	0.0112	0.1821	0.2161	0.0280	0.0140	0.2115	0.2308	0.0296	0.0148	0.2165	0.2333	0.2
0.4	0.0269	0.0179	0.1094	0.1810	0.0420	0.0245	0.1604	0.2084	0.0487	0.0270	0.1781	0.2153	0.4
0.6	0.0259	0.0207	0.0700	0.1505	0.0448	0.0308	0.1165	0.1851	0.0560	0.0355	0.1405	0.1966	0.6
0.8	0.0232	0.0217	0.0480	0.1277	0.0421	0.0340	0.0853	0.1640	0.0553	0.0405	0.1093	0.1787	0.8
1.0	0.0201	0.0217	0.0346	0.1104	0.0375	0.0351	0.0638	0.1461	0.0508	0.0430	0.0852	0.1624	1.0
1.2	0.0171	0.0212	0.0260	0.0970	0.0324	0.0351	0.0491	0.1312	0.0450	0.0439	0.0673	0.1480	1.2
1.4	0.0145	0.0204	0.0202	0.0865	0.0278	0.0344	0.0386	0.1187	0.0392	0.0436	0.0540	0.1356	1.4
1.6	0.0123	0.0195	0.0160	0.0779	0.0238	0.0333	0.0310	0.1082	0.0339	0.0427	0.0440	0.1247	1.6
1.8	0.0105	0.0186	0.0130	0.0709	0.0204	0.0321	0.0254	0.0993	0.0294	0.0415	0.0363	0.1153	1.8
2.0	0.0090	0.0178	0.0108	0.0650	0.0176	0.0308	0.0211	0.0917	0.0255	0.0401	0.0304	0.1071	2.0
2.5	0.0063	0.0157	0.0072	0.0538	0.0125	0.0276	0.0140	0.0769	0.0183	0.0365	0.0205	0.0908	2.5
3.0	0.0046	0.0140	0.0051	0.0458	0.0092	0.0248	0.0100	0.0661	0.0135	0.0330	0.0148	0.0786	3.0
5.0	0.0018	0.0097	0.0019	0.0289	0.0036	0.0175	0.0038	0.0424	0.0054	0.0236	0.0056	0.0476	5.0
7.0	0.0009	0.0073	0.0010	0.0211	0.0019	0.0133	0.0019	0.0311	0.0028	0.0180	0.0029	0.0352	7.0
10.0	0.0005	0.0053	0.0004	0.0150	0.0009	0.0097	0.0010	0.0222	0.0014	0.0133	0.0014	0.0253	10.0

z/b	l/b=0.8 点1 α	0.8 点1 ᾱ	0.8 点2 α	0.8 点2 ᾱ	1.0 点1 α	1.0 点1 ᾱ	1.0 点2 α	1.0 点2 ᾱ	1.2 点1 α	1.2 点1 ᾱ	1.2 点2 α	1.2 点2 ᾱ	z/b
0.0	0.0000	0.0000	0.2500	0.2500	0.0000	0.0000	0.2500	0.2500	0.0000	0.0000	0.2500	0.2500	0.0
0.2	0.0301	0.0151	0.2178	0.2339	0.0304	0.0152	0.2182	0.2341	0.0305	0.0153	0.2184	0.2342	0.2
0.4	0.0517	0.0280	0.1844	0.2175	0.0531	0.0285	0.1870	0.2184	0.0539	0.0288	0.1881	0.2187	0.4
0.6	0.0621	0.0376	0.1520	0.2011	0.0654	0.0388	0.1575	0.2030	0.0673	0.0394	0.1602	0.2039	0.6
0.8	0.0637	0.0440	0.1232	0.1852	0.0688	0.0459	0.1311	0.1883	0.0720	0.0470	0.1355	0.1899	0.8
1.0	0.0602	0.0476	0.0996	0.1704	0.0666	0.0502	0.1086	0.1746	0.0708	0.0518	0.1143	0.1769	1.0
1.2	0.0546	0.0492	0.0807	0.1571	0.0615	0.0525	0.0901	0.1621	0.0664	0.0546	0.0962	0.1649	1.2
1.4	0.0483	0.0495	0.0661	0.1451	0.0554	0.0534	0.0751	0.1507	0.0606	0.0559	0.0817	0.1541	1.4
1.6	0.0424	0.0490	0.0547	0.1345	0.0492	0.0533	0.0628	0.1405	0.0545	0.0561	0.0696	0.1443	1.6
1.8	0.0371	0.0480	0.0457	0.1252	0.0435	0.0525	0.0534	0.1313	0.0487	0.0556	0.0596	0.1354	1.8
2.0	0.0324	0.0467	0.0387	0.1169	0.0384	0.0513	0.0456	0.1232	0.0434	0.0547	0.0513	0.1274	2.0
2.5	0.0236	0.0429	0.0265	0.1000	0.0284	0.0478	0.0318	0.1063	0.0326	0.0513	0.0365	0.1107	2.5
3.0	0.0176	0.0392	0.0192	0.0871	0.0214	0.0439	0.0233	0.0931	0.0249	0.0476	0.0270	0.0976	3.0
5.0	0.0071	0.0285	0.0074	0.0576	0.0088	0.0324	0.0091	0.0624	0.0104	0.0356	0.0108	0.0661	5.0
7.0	0.0038	0.0219	0.0038	0.0427	0.0047	0.0251	0.0047	0.0465	0.0056	0.0277	0.0056	0.0496	7.0
10.0	0.0019	0.0162	0.0019	0.0308	0.0023	0.0186	0.0024	0.0336	0.0028	0.0207	0.0028	0.0359	10.0

续表 K.0.2

z/b	1.4 点1 α	1.4 点1 ᾱ	1.4 点2 α	1.4 点2 ᾱ	1.6 点1 α	1.6 点1 ᾱ	1.6 点2 α	1.6 点2 ᾱ	1.8 点1 α	1.8 点1 ᾱ	1.8 点2 α	1.8 点2 ᾱ	z/b
0.0	0.0000	0.0000	0.2500	0.2500	0.0000	0.0000	0.2500	0.2500	0.0000	0.0000	0.2500	0.2500	0.0
0.2	0.0305	0.0153	0.2185	0.2343	0.0306	0.0153	0.2185	0.2343	0.0306	0.0153	0.2185	0.2343	0.2
0.4	0.0543	0.0289	0.1886	0.2189	0.0545	0.0290	0.1889	0.2190	0.0546	0.0290	0.1891	0.2190	0.4
0.6	0.0684	0.0397	0.1616	0.2043	0.0690	0.0399	0.1625	0.2046	0.0694	0.0400	0.1630	0.2047	0.6
0.8	0.0739	0.0476	0.1381	0.1907	0.0751	0.0480	0.1396	0.1912	0.0759	0.0482	0.1405	0.1915	0.8
1.0	0.0735	0.0528	0.1176	0.1781	0.0753	0.0534	0.1202	0.1789	0.0766	0.0538	0.1215	0.1794	1.0
1.2	0.0698	0.0560	0.1007	0.1666	0.0721	0.0568	0.1037	0.1678	0.0738	0.0574	0.1055	0.1684	1.2
1.4	0.0644	0.0575	0.0864	0.1562	0.0672	0.0586	0.0897	0.1576	0.0692	0.0594	0.0921	0.1585	1.4
1.6	0.0586	0.0580	0.0743	0.1467	0.0616	0.0594	0.0780	0.1484	0.0639	0.0603	0.0806	0.1494	1.6
1.8	0.0528	0.0578	0.0644	0.1381	0.0560	0.0593	0.0681	0.1400	0.0585	0.0604	0.0709	0.1413	1.8
2.0	0.0474	0.0570	0.0560	0.1303	0.0507	0.0587	0.0596	0.1324	0.0533	0.0599	0.0625	0.1338	2.0
2.5	0.0362	0.0540	0.0405	0.1139	0.0393	0.0560	0.0440	0.1163	0.0419	0.0575	0.0469	0.1180	2.5
3.0	0.0280	0.0503	0.0303	0.1008	0.0307	0.0525	0.0333	0.1033	0.0331	0.0541	0.0359	0.1052	3.0
5.0	0.0120	0.0382	0.0123	0.0690	0.0135	0.0403	0.0139	0.0714	0.0148	0.0421	0.0154	0.0734	5.0
7.0	0.0064	0.0299	0.0066	0.0520	0.0073	0.0318	0.0074	0.0541	0.0081	0.0333	0.0083	0.0558	7.0
10.0	0.0033	0.0224	0.0032	0.0379	0.0037	0.0239	0.0037	0.0395	0.0041	0.0252	0.0042	0.0409	10.0

z/b	2.0 点1 α	2.0 点1 ᾱ	2.0 点2 α	2.0 点2 ᾱ	3.0 点1 α	3.0 点1 ᾱ	3.0 点2 α	3.0 点2 ᾱ	4.0 点1 α	4.0 点1 ᾱ	4.0 点2 α	4.0 点2 ᾱ	z/b
0.0	0.0000	0.0000	0.2500	0.2500	0.0000	0.0000	0.2500	0.2500	0.0000	0.0000	0.2500	0.2500	0.0
0.2	0.0306	0.0153	0.2185	0.2343	0.0306	0.0153	0.2186	0.2343	0.0306	0.0153	0.2186	0.2343	0.2
0.4	0.0547	0.0290	0.1892	0.2191	0.0548	0.0290	0.1894	0.2192	0.0549	0.0291	0.1894	0.2192	0.4
0.6	0.0696	0.0401	0.1633	0.2048	0.0701	0.0402	0.1638	0.2050	0.0702	0.0402	0.1639	0.2050	0.6
0.8	0.0764	0.0483	0.1412	0.1917	0.0773	0.0486	0.1423	0.1920	0.0776	0.0487	0.1424	0.1920	0.8
1.0	0.0774	0.0540	0.1225	0.1797	0.0790	0.0545	0.1244	0.1803	0.0794	0.0546	0.1248	0.1803	1.0
1.2	0.0749	0.0577	0.1069	0.1689	0.0774	0.0584	0.1096	0.1697	0.0779	0.0586	0.1103	0.1699	1.2
1.4	0.0707	0.0599	0.0937	0.1591	0.0739	0.0609	0.0973	0.1603	0.0748	0.0612	0.0982	0.1605	1.4
1.6	0.0656	0.0609	0.0826	0.1502	0.0697	0.0623	0.0870	0.1517	0.0708	0.0626	0.0882	0.1521	1.6
1.8	0.0604	0.0611	0.0730	0.1422	0.0652	0.0628	0.0782	0.1441	0.0666	0.0633	0.0797	0.1445	1.8
2.0	0.0553	0.0608	0.0649	0.1348	0.0607	0.0629	0.0707	0.1371	0.0624	0.0634	0.0726	0.1377	2.0
2.5	0.0440	0.0586	0.0491	0.1193	0.0504	0.0614	0.0559	0.1223	0.0529	0.0623	0.0585	0.1233	2.5
3.0	0.0352	0.0554	0.0380	0.1067	0.0419	0.0589	0.0451	0.1104	0.0449	0.0600	0.0482	0.1116	3.0
5.0	0.0161	0.0435	0.0167	0.0749	0.0214	0.0480	0.0221	0.0797	0.0248	0.0500	0.0256	0.0817	5.0
7.0	0.0089	0.0347	0.0091	0.0572	0.0124	0.0391	0.0126	0.0619	0.0152	0.0414	0.0154	0.0642	7.0
10.0	0.0046	0.0263	0.0046	0.0403	0.0066	0.0302	0.0066	0.0462	0.0084	0.0325	0.0083	0.0485	10.0

z/b	6.0 点1 α	6.0 点1 ᾱ	6.0 点2 α	6.0 点2 ᾱ	8.0 点1 α	8.0 点1 ᾱ	8.0 点2 α	8.0 点2 ᾱ	10.0 点1 α	10.0 点1 ᾱ	10.0 点2 α	10.0 点2 ᾱ	z/b
0.0	0.0000	0.0000	0.2500	0.2500	0.0000	0.0000	0.2500	0.2500	0.0000	0.0000	0.2500	0.2500	0.0
0.2	0.0306	0.0153	0.2186	0.2343	0.0306	0.0153	0.2186	0.2343	0.0306	0.0153	0.2186	0.2343	0.2
0.4	0.0549	0.0291	0.1894	0.2192	0.0549	0.0291	0.1894	0.2192	0.0549	0.0291	0.1894	0.2192	0.4
0.6	0.0702	0.0402	0.1640	0.2050	0.0702	0.0402	0.1640	0.2050	0.0702	0.0402	0.1640	0.2050	0.6
0.8	0.0776	0.0487	0.1426	0.1921	0.0776	0.0487	0.1426	0.1921	0.0776	0.0487	0.1426	0.1921	0.8
1.0	0.0795	0.0546	0.1250	0.1804	0.0796	0.0546	0.1250	0.1804	0.0796	0.0546	0.1250	0.1804	1.0
1.2	0.0782	0.0587	0.1105	0.1700	0.0783	0.0587	0.1105	0.1700	0.0783	0.0587	0.1105	0.1700	1.2
1.4	0.0752	0.0613	0.0986	0.1606	0.0752	0.0613	0.0987	0.1606	0.0753	0.0613	0.0987	0.1606	1.4
1.6	0.0714	0.0628	0.0887	0.1523	0.0715	0.0628	0.0888	0.1523	0.0715	0.0628	0.0889	0.1523	1.6
1.8	0.0673	0.0635	0.0805	0.1447	0.0675	0.0635	0.0806	0.1448	0.0675	0.0635	0.0808	0.1448	1.8
2.0	0.0634	0.0637	0.0734	0.1380	0.0636	0.0638	0.0736	0.1380	0.0636	0.0638	0.0738	0.1380	2.0
2.5	0.0543	0.0627	0.0601	0.1237	0.0547	0.0628	0.0604	0.1238	0.0548	0.0628	0.0605	0.1239	2.5
3.0	0.0469	0.0607	0.0504	0.1123	0.0474	0.0609	0.0509	0.1124	0.0476	0.0609	0.0511	0.1125	3.0
5.0	0.0283	0.0515	0.0290	0.0833	0.0296	0.0519	0.0303	0.0837	0.0301	0.0521	0.0309	0.0839	5.0
7.0	0.0186	0.0435	0.0190	0.0663	0.0204	0.0442	0.0207	0.0671	0.0212	0.0445	0.0216	0.0674	7.0
10.0	0.0111	0.0349	0.0111	0.0509	0.0128	0.0359	0.0130	0.0520	0.0139	0.0364	0.0141	0.0526	10.0

表 K.0.3 圆形面积上均布荷载作用下中点的附加应力系数 α 与平均附加应力系数 $\bar{\alpha}$

z/r	圆形 α	圆形 ᾱ	z/r	圆形 α	圆形 ᾱ
0.0	1.000	1.000	2.6	0.187	0.560
0.1	0.999	1.000	2.7	0.175	0.546
0.2	0.992	0.998	2.8	0.165	0.532
0.3	0.976	0.993	2.9	0.155	0.519
0.4	0.949	0.986	3.0	0.146	0.507
0.5	0.911	0.974	3.1	0.138	0.495
0.6	0.864	0.960	3.2	0.130	0.484
0.7	0.811	0.942	3.3	0.124	0.473
0.8	0.756	0.923	3.4	0.117	0.463
0.9	0.701	0.901	3.5	0.111	0.453
1.0	0.647	0.878	3.6	0.106	0.443
1.1	0.595	0.855	3.7	0.101	0.434
1.2	0.547	0.831	3.8	0.096	0.425
1.3	0.502	0.808	3.9	0.091	0.417
1.4	0.461	0.784	4.0	0.087	0.409
1.5	0.424	0.762	4.1	0.083	0.401
1.6	0.390	0.739	4.2	0.079	0.393
1.7	0.360	0.718	4.3	0.076	0.386
1.8	0.332	0.697	4.4	0.073	0.379
1.9	0.307	0.677	4.5	0.070	0.372
2.0	0.285	0.658	4.6	0.067	0.365
2.1	0.264	0.640	4.7	0.064	0.359
2.2	0.245	0.623	4.8	0.062	0.353
2.3	0.229	0.606	4.9	0.059	0.347
2.4	0.210	0.590	5.0	0.057	0.341
2.5	0.200	0.574			

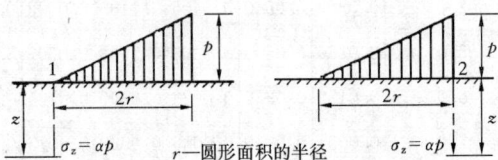

r—圆形面积的半径　$\sigma_z = \alpha p$

表 K.0.4 圆形面积上三角形分布荷载作用下边点的附加应力系数 α 与平均附加应力系数 $\bar{\alpha}$

z/r	点1 α	点1 ᾱ	点2 α	点2 ᾱ
0.0	0.000	0.000	0.500	0.500
0.1	0.016	0.008	0.465	0.483
0.2	0.031	0.016	0.433	0.466
0.3	0.044	0.023	0.403	0.450
0.4	0.054	0.030	0.376	0.435
0.5	0.063	0.035	0.349	0.420
0.6	0.071	0.041	0.324	0.406
0.7	0.078	0.045	0.300	0.393
0.8	0.083	0.050	0.279	0.380
0.9	0.088	0.054	0.258	0.368
1.0	0.091	0.057	0.238	0.356
1.1	0.092	0.061	0.221	0.344
1.2	0.093	0.063	0.205	0.333
1.3	0.092	0.065	0.190	0.323
1.4	0.091	0.067	0.177	0.313
1.5	0.089	0.069	0.165	0.303
1.6	0.087	0.070	0.154	0.294
1.7	0.085	0.071	0.144	0.286
1.8	0.083	0.072	0.134	0.278
1.9	0.080	0.072	0.126	0.270
2.0	0.078	0.073	0.117	0.263

续表 K.0.4

z/r 系数\点	1		2	
	α	$\bar{\alpha}$	α	$\bar{\alpha}$
2.1	0.075	0.073	0.110	0.255
2.2	0.072	0.073	0.104	0.249
2.3	0.070	0.073	0.097	0.242
2.4	0.067	0.073	0.091	0.236
2.5	0.064	0.072	0.086	0.230
2.6	0.062	0.072	0.081	0.225
2.7	0.059	0.071	0.078	0.219
2.8	0.057	0.071	0.074	0.214
2.9	0.055	0.070	0.070	0.209
3.0	0.052	0.070	0.067	0.204
3.1	0.050	0.069	0.064	0.200
3.2	0.048	0.069	0.061	0.196
3.3	0.046	0.068	0.059	0.192
3.4	0.045	0.067	0.055	0.188
3.5	0.043	0.067	0.053	0.184
3.6	0.041	0.066	0.051	0.180
3.7	0.040	0.065	0.048	0.177
3.8	0.038	0.065	0.046	0.173
3.9	0.037	0.064	0.043	0.170
4.0	0.036	0.063	0.041	0.167
4.2	0.033	0.062	0.038	0.161
4.4	0.031	0.061	0.034	0.155
4.6	0.029	0.059	0.031	0.150
4.8	0.027	0.058	0.029	0.145
5.0	0.025	0.057	0.027	0.140

附录 L 挡土墙主动土压力系数 k_a

L.0.1 挡土墙在土压力作用下，其主动压力系数应按下列公式计算：

$$k_a = \frac{\sin(\alpha+\beta)}{\sin^2\alpha\sin^2(\alpha+\beta-\varphi-\delta)}\{k_q[\sin(\alpha+\beta)\sin(\alpha-\delta)$$
$$+\sin(\varphi+\delta)\sin(\varphi-\beta)]$$
$$+2\eta\sin\alpha\cos\varphi\cos(\alpha+\beta-\varphi-\delta)$$
$$-2[(k_q\sin(\alpha+\beta)\sin(\varphi-\beta)+\eta\sin\alpha\cos\varphi)$$
$$(k_q\sin(\alpha-\delta)\sin(\varphi+\delta)$$
$$+\eta\sin\alpha\cos\varphi)]^{1/2}\} \qquad \text{(L. 0. 1-1)}$$

$$k_q = 1 + \frac{2q}{\gamma h}\frac{\sin\alpha\cos\beta}{\sin(\alpha+\beta)} \qquad \text{(L. 0. 1-2)}$$

$$\eta = \frac{2c}{\gamma h} \qquad \text{(L. 0. 1-3)}$$

式中：q——地表均布荷载（kPa），以单位水平投影面上的荷载强度计算。

L.0.2 对于高度小于或等于 5m 的挡土墙，当填土质量满足设计要求且排水条件符合本规范第 6.7.1 条的要求时，其主动土压力系数可按图 L.0.2 查得，当地下水丰富时，应考虑水压力的作用。

L.0.3 按图 L.0.2 查主动土压力系数时，图中土类

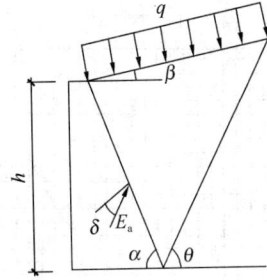

图 L.0.1 计算简图

的填土质量应满足下列规定：

1 Ⅰ类 碎石土，密实度应为中密及以上，干密度应大于或等于 2000kg/m³；

2 Ⅱ类 砂土，包括砾砂、粗砂、中砂，其密实度应为中密及以上，干密度应大于或等于 1650kg/m³；

3 Ⅲ类 黏土夹块石，干密度应大于或等于 1900kg/m³；

4 Ⅳ类 粉质黏土，干密度应大于或等于 1650kg/m³。

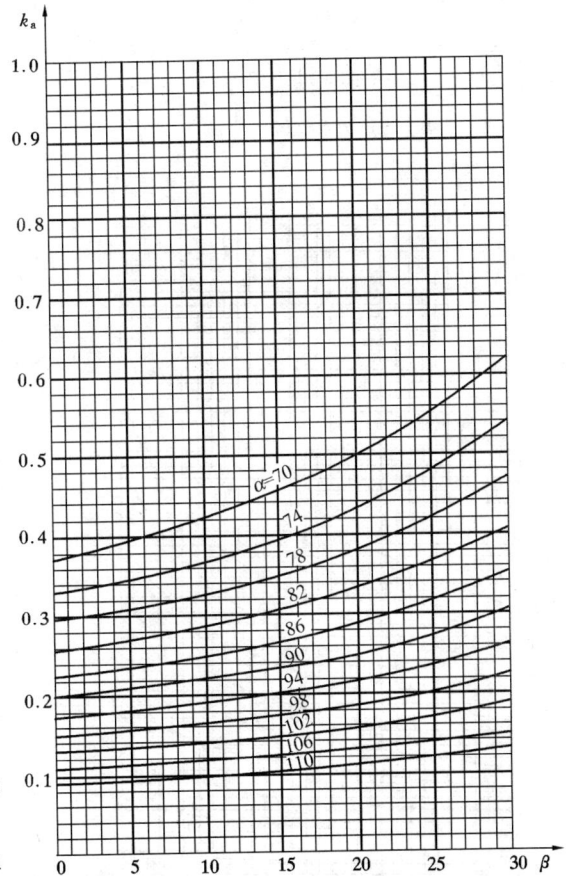

(a)

图 L.0.2-1 挡土墙主动土压力系数 k_a（一）

(a) Ⅰ类土土压力系数 $\left(\delta=\frac{1}{2}\varphi,\ q=0\right)$

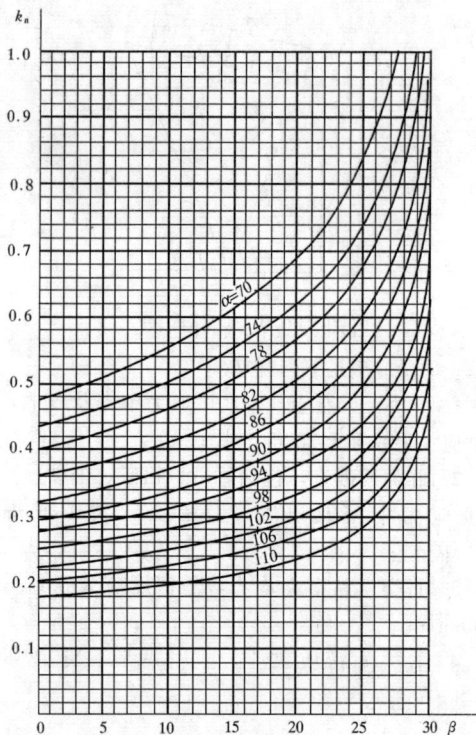

图 L.0.2-2　挡土墙主动土压力系数 k_a（二）

(b) Ⅱ类土土压力系数 $\left(\delta=\dfrac{1}{2}\varphi,\ q=0\right)$

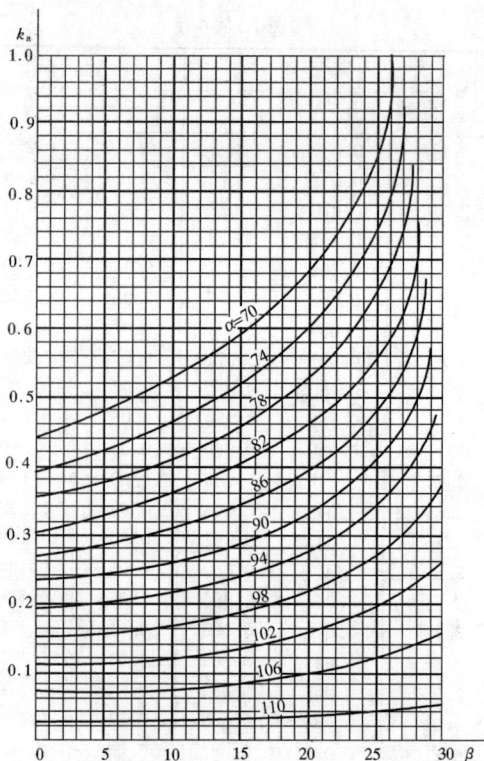

图 L.0.2-4　挡土墙主动土压力系数 k_a（四）

(d) Ⅳ类土土压力系数 $\left(\delta=\dfrac{1}{2}\varphi,\ q=0,\ H=5\text{m}\right)$

附录 M　岩石锚杆抗拔试验要点

M.0.1　在同一场地同一岩层中的锚杆，试验数不得少于总锚杆的 5%，且不应少于 6 根。

M.0.2　试验采用分级加载，荷载分级不得少于 8 级。试验的最大加载量不应少于锚杆设计荷载的 2 倍。

M.0.3　每级荷载施加完毕后，应立即测读位移量。以后每间隔 5min 测读一次。连续 4 次测读出的锚杆拔升值均小于 0.01mm 时，认为在该级荷载下的位移已达到稳定状态，可继续施加下一级上拔荷载。

M.0.4　当出现下列情况之一时，即可终止锚杆的上拔试验：

　　1　锚杆拔升值持续增长，且在 1h 内未出现稳定的迹象；

　　2　新增加的上拔力无法施加，或者施加后无法使上拔力保持稳定；

　　3　锚杆的钢筋已被拔断，或者锚杆锚筋被拔出。

M.0.5　符合上述终止条件的前一级上拔荷载，即为该锚杆的极限抗拔力。

M.0.6　参加统计的试验锚杆，当满足其极差不超

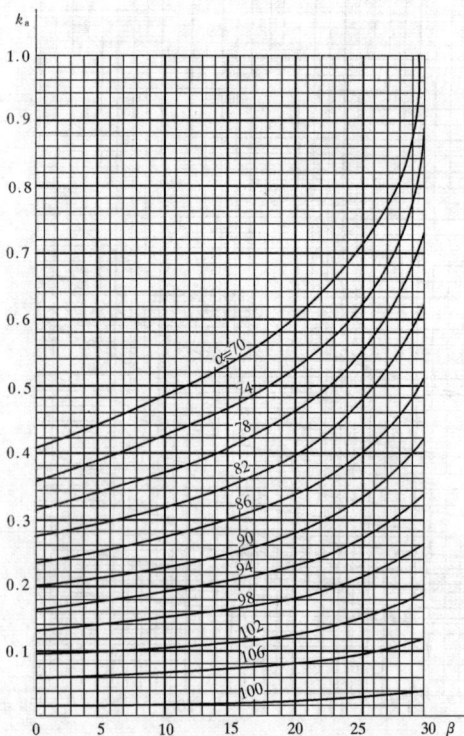

图 L.0.2-3　挡土墙主动土压力系数 k_a（三）

(c) Ⅲ类土土压力系数 $\left(\delta=\dfrac{1}{2}\varphi,\ q=0,\ H=5\text{m}\right)$

过平均值的 30% 时，可取其平均值为锚杆极限承载力。极差超过平均值的 30% 时，宜增加试验量并分析极差过大的原因，结合工程情况确定极限承载力。

M.0.7 将锚杆极限承载力除以安全系数 2 为锚杆抗拔承载力特征值（R_t）。

M.0.8 锚杆钻孔时，应利用钻孔取出的岩芯加工成标准试件，在天然湿度条件下进行岩石单轴抗压试验，每根试验锚杆的试样数不得少于 3 个。

M.0.9 试验结束后，必须对锚杆试验现场的破坏情况进行详尽的描述和拍摄照片。

附录 N 大面积地面荷载作用下地基附加沉降量计算

N.0.1 由地面荷载引起柱基内侧边缘中点的地基附加沉降计算值可按分层总和法计算，其计算深度按本规范公式（5.3.7）确定。

N.0.2 参与计算的地面荷载包括地面堆载和基础完工后的新填土，地面荷载应按均布荷载考虑，其计算范围：横向取 5 倍基础宽度，纵向为实际堆载长度。其作用面在基底平面处。

N.0.3 当荷载范围横向宽度超过 5 倍基础宽度时，按 5 倍基础宽度计算。小于 5 倍基础宽度或荷载不均匀时，应换算成宽度为 5 倍基础宽度的等效均布地面荷载计算。

N.0.4 换算时，将柱基两侧地面荷载按每段为 0.5 倍基础宽度分成 10 个区段（图 N.0.4），然后按式（N.0.4）计算等效均布地面荷载。当等效均布地面荷载为正值时，说明柱基将发生内倾；为负值时，将发生外倾。

$$q_{eq} = 0.8 \left[\sum_{i=0}^{10} \beta_i q_i - \sum_{i=0}^{10} \beta_i p_i \right] \quad (N.0.4)$$

式中：q_{eq}——等效均布地面荷载（kPa）；
  β_i——第 i 区段的地面荷载换算系数，按表 N.0.4 查取；
  q_i——柱内侧第 i 区段内的平均地面荷载（kPa）；
  p_i——柱外侧第 i 区段内的平均地面荷载（kPa）。

表 N.0.4 地面荷载换算系数 β_i

区段	0	1	2	3	4	5	6	7	8	9	10
$\dfrac{a}{5b} \geq 1$	0.30	0.29	0.22	0.15	0.10	0.08	0.06	0.04	0.03	0.02	0.01
$\dfrac{a}{5b} < 1$	0.52	0.40	0.30	0.13	0.08	0.05	0.02	0.01	0.01	—	—

注：a、b 见本规范表 7.5.5。

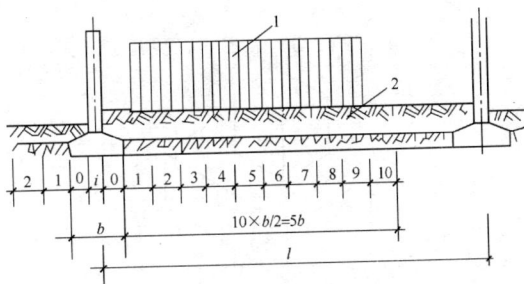

图 N.0.4 地面荷载区段划分
1—地面堆载；2—大面积填土

附录 P 冲切临界截面周长及极惯性矩计算公式

P.0.1 冲切临界截面的周长 u_m 以及冲切临界截面对其重心的极惯性矩 I_s，应根据柱所处的部位分别按下列公式进行计算：

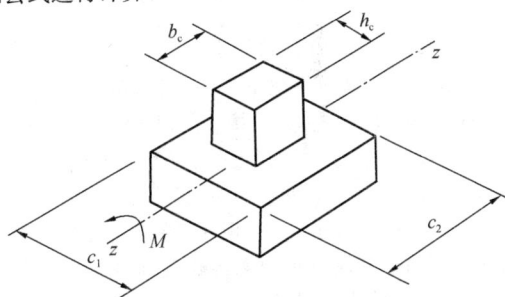

图 P.0.1-1

1 对于内柱，应按下列公式进行计算：

$$u_m = 2c_1 + 2c_2 \quad (P.0.1-1)$$

$$I_s = \frac{c_1 h_0^3}{6} + \frac{c_1^3 h_0}{6} + \frac{c_2 h_0 c_1^2}{2} \quad (P.0.1-2)$$

$$c_1 = h_c + h_0 \quad (P.0.1-3)$$

$$c_2 = b_c + h_0 \quad (P.0.1-4)$$

$$c_{AB} = \frac{c_1}{2} \quad (P.0.1-5)$$

式中：h_c——与弯矩作用方向一致的柱截面的边长（m）；
  b_c——垂直于 h_c 的柱截面边长（m）。

2 对于边柱，应按式（P.0.1-6）～式（P.0.1-11）进行计算。公式（P.0.1-6）～式（P.0.1-11）适用于柱外侧齐筏板边缘的边柱。对外伸式筏板，边柱柱下筏板冲切临界截面的计算模式应根据边柱外侧筏板的悬挑长度和柱子的边长确定。当边柱外侧的悬挑长度小于或等于（$h_0 + 0.5 b_c$）时，冲切临界截面可计算至垂直于自由边的板端，计算 c_1 及 I_s 值时应计及边柱外侧的悬挑长度；当边柱外侧筏板的悬挑长度大于（$h_0 + 0.5 b_c$）时，边柱柱下筏板冲切临界截面的计算模式同内柱。

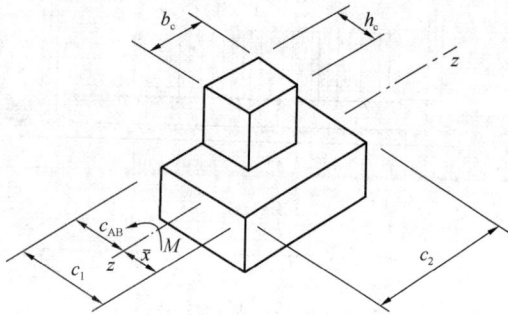

图 P.0.1-2

$$u_m = 2c_1 + c_2 \qquad (\text{P.0.1-6})$$

$$I_s = \frac{c_1 h_0^3}{6} + \frac{c_1^3 h_0}{6} + 2h_0 c_1 \left(\frac{c_1}{2} - \overline{X}\right)^2 + c_2 h_0 \overline{X}^2$$
$$(\text{P.0.1-7})$$

$$c_1 = h_c + \frac{h_0}{2} \qquad (\text{P.0.1-8})$$

$$c_2 = b_c + h_0 \qquad (\text{P.0.1-9})$$

$$c_{AB} = c_1 - \overline{X} \qquad (\text{P.0.1-10})$$

$$\overline{X} = \frac{c_1^2}{2c_1 + c_2} \qquad (\text{P.0.1-11})$$

式中：$\overline{X}$——冲切临界截面重心位置（m）。

3 对于角柱，应按式（P.0.1-12）～式（P.0.1-17）进行计算。公式（P.0.1-12）～式（P.0.1-17）适用于柱两相邻外侧齐筏板边缘的角柱。对外伸式筏板，角柱柱下筏板冲切临界截面的计算模式应根据角柱外侧筏板的悬挑长度和柱子的边长确定。当角柱两相邻外侧筏板的悬挑长度分别小于或等于（$h_0 + 0.5b_c$）和（$h_0 + 0.5h_c$）时，冲切临界截面可计算至垂直于自由边的板端，计算 c_1、c_2 及 I_s 值应计及角柱外侧筏板的悬挑长度；当角柱两相邻外侧筏板的悬挑长度大于（$h_0 + 0.5b_c$）和（$h_0 + 0.5h_c$）时，角柱柱下筏板冲切临界截面的计算模式同内柱。

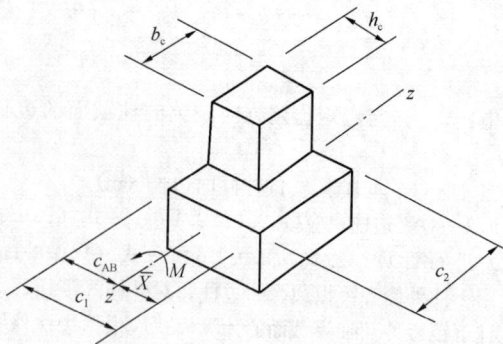

图 P.0.1-3

$$u_m = c_1 + c_2 \qquad (\text{P.0.1-12})$$

$$I_s = \frac{c_1 h_0^3}{12} + \frac{c_1^3 h_0}{12} + c_1 h_0 \left(\frac{c_1}{2} - \overline{X}\right)^2 + c_2 h_0 \overline{X}^2$$
$$(\text{P.0.1-13})$$

$$c_1 = h_c + \frac{h_0}{2} \qquad (\text{P.0.1-14})$$

$$c_2 = b_c + \frac{h_0}{2} \qquad (\text{P.0.1-15})$$

$$c_{AB} = c_1 - \overline{X} \qquad (\text{P.0.1-16})$$

$$\overline{X} = \frac{c_1^2}{2c_1 + 2c_2} \qquad (\text{P.0.1-17})$$

附录 Q 单桩竖向静载荷试验要点

Q.0.1 单桩竖向静载荷试验的加载方式，应按慢速维持荷载法。

Q.0.2 加载反力装置宜采用锚桩，当采用堆载时应符合下列规定：

1 堆载加于地基的压应力不宜超过地基承载力特征值。

2 堆载的限值可根据其对试桩和对基准桩的影响确定。

3 堆载量大时，宜利用桩（可利用工程桩）作为堆载的支点。

4 试验反力装置的最大抗拔或承重能力应满足试验加荷的要求。

Q.0.3 试桩、锚桩（压重平台支座）和基准桩之间的中心距离应符合表 Q.0.3 的规定。

表 Q.0.3 试桩、锚桩和基准桩之间的中心距离

反力系统	试桩与锚桩（或压重平台支座墩边）	试桩与基准桩	基准桩与锚桩（或压重平台支座墩边）
锚桩横梁反力装置压重平台反力装置	≥4d 且 >2.0m	≥4d 且 >2.0m	≥4d 且 >2.0m

注：d—试桩或锚桩的设计直径，取其较大者（如试桩或锚桩为扩底桩时，试桩与锚桩的中心距尚不应小于 2 倍扩大端直径）。

Q.0.4 开始试验的时间：预制桩在砂土中入土 7d 后。黏性土不得少于 15d。对于饱和软黏土不得少于 25d。灌注桩应在桩身混凝土达到设计强度后，才能进行。

Q.0.5 加荷分级不应小于 8 级，每级加载量宜为预估极限荷载的 1/8～1/10。

Q.0.6 测读桩沉降量的间隔时间：每级加载后，每第 5min、10min、15min 时各测读一次，以后每隔 15min 读一次，累计 1h 后每隔半小时读一次。

Q.0.7 在每级荷载作用下，桩的沉降量连续两次在每小时内小于 0.1mm 时可视为稳定。

Q.0.8 符合下列条件之一时可终止加载：

1 当荷载-沉降（Q-s）曲线上有可判定极限承

载力的陡降段，且桩顶总沉降量超过 40mm；

2 $\dfrac{\Delta s_{n+1}}{\Delta s_n} \geqslant 2$，且经 24h 尚未达到稳定；

3 25m 以上的非嵌岩桩，$Q\text{-}s$ 曲线呈缓变型时，桩顶总沉降量大于 60mm～80mm；

4 在特殊条件下，可根据具体要求加载至桩顶总沉降量大于 100mm。

注：1 Δs_n——第 n 级荷载的沉降量；

Δs_{n+1}——第 $n+1$ 级荷载的沉降量；

2 桩底支承在坚硬岩（土）层上，桩的沉降量很小时，最大加载量不应小于设计荷载的两倍。

Q.0.9 卸载及卸载观测应符合下列规定：

1 每级卸载值为加载值的两倍；

2 卸载后隔 15min 测读一次，读两次后，隔半小时再读一次，即可卸下一级荷载；

3 全部卸载后，隔 3h 再测读一次。

Q.0.10 单桩竖向极限承载力应按下列方法确定：

1 作荷载-沉降（$Q\text{-}s$）曲线和其他辅助分析所需的曲线。

2 当陡降段明显时，取相应于陡降段起点的荷载值。

3 当出现本附录 Q.0.8 第 2 款的情况时，取前一级荷载值。

4 $Q\text{-}s$ 曲线呈缓变型时，取桩顶总沉降量 $s=$ 40mm 所对应的荷载值，当桩长大于 40m 时，宜考虑桩身的弹性压缩。

5 按上述方法判断有困难时，可结合其他辅助分析方法综合判定。对桩基沉降有特殊要求者，应根据具体情况选取。

6 参加统计的试桩，当满足其极差不超过平均值的 30% 时，可取其平均值为单桩竖向极限承载力；极差超过平均值的 30% 时，宜增加试桩数量并分析极差过大的原因，结合工程具体情况确定极限承载力。对桩数为 3 根及 3 根以下的柱下桩台，取最小值。

Q.0.11 将单桩竖向极限承载力除以安全系数 2，为单桩竖向承载力特征值（R_a）。

附录 R 桩基础最终沉降量计算

R.0.1 桩基础最终沉降量的计算采用单向压缩分层总和法：

$$s = \psi_p \sum_{j=1}^{m} \sum_{i=1}^{n_j} \frac{\sigma_{j,i} \Delta h_{j,i}}{E_{sj,i}} \quad (\text{R.0.1})$$

式中：s——桩基最终计算沉降量（mm）；

m——桩端平面以下压缩层范围内土层总数；

$E_{sj,i}$——桩端平面下第 j 层土第 i 个分层在自重应

力至自重应力加附加应力作用段的压缩模量（MPa）；

n_j——桩端平面下第 j 层土的计算分层数；

$\Delta h_{j,i}$——桩端平面下第 j 层土的第 i 个分层厚度·（m）；

$\sigma_{j,i}$——桩端平面下第 j 层土第 i 个分层的竖向附加应力（kPa），可分别按本附录第 R.0.2 条或第 R.0.4 条的规定计算；

ψ_p——桩基沉降计算经验系数，各地区应根据当地的工程实测资料统计对比确定。

R.0.2 采用实体深基础计算桩基础最终沉降量时，采用单向压缩分层总和法按本规范第 5.3.5 条～第 5.3.8 条的有关公式计算。

R.0.3 本规范公式（5.3.5）中附加压力计算，应为桩底平面处的附加压力。实体基础的支承面积可按图 R.0.3 采用。实体深基础桩基沉降计算经验系数 ψ_{ps} 应根据地区桩基础沉降观测资料及经验统计确定。在不具备条件时，ψ_{ps} 值可按表 R.0.3 选用。

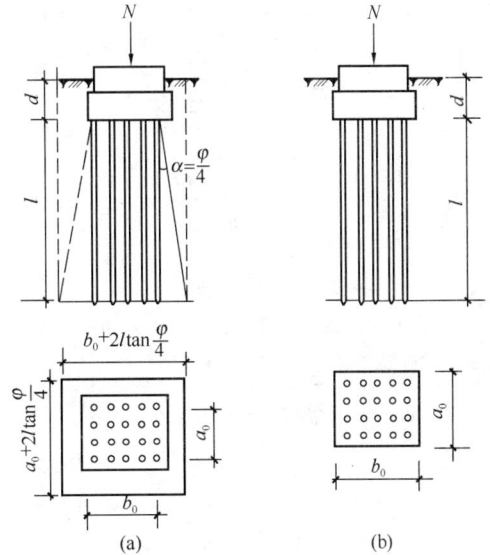

图 R.0.3 实体深基础的底面积

表 R.0.3 实体深基础计算桩基沉降经验系数 ψ_{ps}

$\overline{E}_s$（MPa）	$\leqslant 15$	25	35	$\geqslant 45$
ψ_{ps}	0.5	0.4	0.35	0.25

注：表内数值可以内插。

R.0.4 采用明德林应力公式方法进行桩基础沉降计算时，应符合下列规定：

1 采用明德林应力公式计算地基中的某点的竖向附加应力值时，可将各根桩在该点所产生的附加应力，逐根叠加按下式计算：

$$\sigma_{j,i} = \sum_{k=1}^{n} (\sigma_{zp,k} + \sigma_{zs,k}) \quad (\text{R.0.4-1})$$

式中：$\sigma_{zp,k}$——第 k 根桩的端阻力在深度 z 处产生的应力（kPa）；

$\sigma_{zs,k}$——第 k 根桩的侧摩阻力在深度 z 处产生的应力（kPa）。

2 第 k 根桩的端阻力在深度 z 处产生的应力可按下式计算；

$$\sigma_{zp,k} = \frac{\alpha Q}{l^2} I_{p,k} \qquad (R.0.4-2)$$

式中：Q——相应于作用的准永久组合时，轴心竖向力作用下单桩的附加荷载（kN）；由桩端阻力 Q_p 和桩侧摩阻力 Q_s 共同承担，且 $Q_p = \alpha Q$，α 是桩端阻力比；桩的端阻力假定为集中力，桩侧摩阻力可假定为沿桩身均匀分布和沿桩身线性增长分布两种形式组成，其值分别为 βQ 和 $(1-\alpha-\beta)Q$，如图 R.0.4 所示；

l——桩长（m）；

$I_{p,k}$——应力影响系数，可用对明德林应力公式进行积分的方式推导得出。

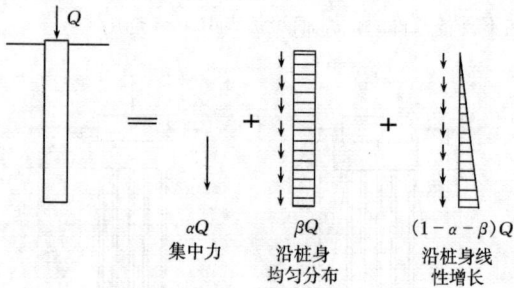

αQ 集中力　　βQ 沿桩身均匀分布　　$(1-\alpha-\beta)Q$ 沿桩身线性增长

图 R.0.4　单桩荷载分担

3 第 k 根桩的侧摩阻力在深度 z 处产生的应力可按下式计算；

$$\sigma_{zs,k} = \frac{Q}{l^2}\left[\beta I_{s1,k} + (1-\alpha-\beta)I_{s2,k}\right]$$

$$(R.0.4-3)$$

式中：I_{s1}，I_{s2}——应力影响系数，可用对明德林应力公式进行积分的方式推导得出。

4 对于一般摩擦型桩可假定桩侧摩阻力全部是沿桩身线性增长的（即 $\beta=0$），则 (R.0.4-3) 式可简化为：

$$\sigma_{zs,k} = \frac{Q}{l^2}(1-\alpha)I_{s2,k} \qquad (R.0.4-4)$$

5 对于桩顶的集中力：

$$I_p = \frac{1}{8\pi(1-\nu)}\left\{\frac{(1-2\nu)(m-1)}{A^3} - \frac{(1-2\nu)(m-1)}{B^3}\right.$$

$$+ \frac{3(m-1)^3}{A^5}$$

$$+ \frac{3(3-4\nu)m(m+1)^2 - 3(m+1)(5m-1)}{B^5}$$

$$\left.+ \frac{30m(m+1)^3}{B^7}\right\} \qquad (R.0.4-5)$$

6 对于桩侧摩阻力沿桩身均匀分布的情况：

$$I_{s1} = \frac{1}{8\pi(1-\nu)}\left\{\frac{2(2-\nu)}{A}\right.$$

$$- \frac{2(2-\nu) + 2(1-2\nu)(m^2/n^2 + m/n^2)}{B}$$

$$+ \frac{(1-2\nu)2(m/n)^2}{F} - \frac{n^2}{A^3}$$

$$- \frac{4m^2 - 4(1+\nu)(m/n)^2 m^2}{F^3}$$

$$- \frac{4m(1+\nu)(m+1)(m/n+1/n)^2 - (4m^2+n^2)}{B^3}$$

$$\left.+ \frac{6m^2(m^4-n^4)/n^2}{F^5} - \frac{6m\left[mn^2 - (m+1)^5/n^2\right]}{B^5}\right\}$$

$$(R.0.4-6)$$

7 对于桩侧摩阻力沿桩身线性增长的情况：

$$I_{s2} = \frac{1}{4\pi(1-\nu)}\left\{\frac{2(2-\nu)}{A}\right.$$

$$- \frac{2(2-\nu)(4m+1) - 2(1-2\nu)(1+m)m^2/n^2}{B}$$

$$- \frac{2(1-2\nu)m^3/n^2 - 8(2-\nu)m}{F} - \frac{mn^2 + (m-1)^3}{A^3}$$

$$- \frac{4\nu n^2 m + 4m^3 - 15n^2 m - 2(5+2\nu)(m/n)^2(m+1)^3 + (m+1)^3}{B^3}$$

$$- \frac{2(7-2\nu)mn^2 - 6m^3 + 2(5+2\nu)(m/n)^2 m^3}{F^3}$$

$$- \frac{6mn^2(n^2-m^2) + 12(m/n)^2(m+1)^5}{B^5}$$

$$+ \frac{12(m/n)^2 m^5 + 6mn^2(n^2-m^2)}{F^5}$$

$$\left.+ 2(2-\nu)\ln\left(\frac{A+m-1}{F+m} \times \frac{B+m+1}{F+m}\right)\right\}$$

$$(R.0.4-7)$$

式中：$A = \left[n^2+(m-1)^2\right]^{\frac{1}{2}}$、$B = \left[n^2+(m+1)^2\right]^{\frac{1}{2}}$、

$F = \sqrt{n^2+m^2}$、$n = r/l$、$m = z/l$；

ν——地基土的泊松比；

r——计算点离桩身轴线的水平距离（m）；

z——计算应力点离承台底面的竖向距离（m）。

8 将公式 (R.0.4-1) ～公式 (R.0.4-4) 代入公式 (R.0.1)，得到单向压缩分层总和法沉降计算公式：

$$s = \psi_{pm}\frac{Q}{l^2}\sum_{j=1}^{m}\sum_{i=1}^{n_j}\frac{\Delta h_{j,i}}{E_{sj,i}}\sum_{k=1}^{K}\left[\alpha I_{p,k} + (1-\alpha)I_{s2,k}\right]$$

$$(R.0.4-8)$$

R.0.5 采用明德林应力公式计算桩基础最终沉降量时，相应于作用的准永久组合时，轴心竖向力作用下单桩附加荷载的桩端阻力比 α 和桩基沉降计算经验系数 ψ_{pm} 应根据当地工程的实测资料统计确定。无地区经验时，ψ_{pm} 值可按表 R.0.5 选用。

表 R.0.5 明德林应力公式方法计算桩基
沉降经验系数 ψ_{pm}

$\overline{E}_s$（MPa）	≤15	25	35	≥40
ψ_{pm}	1.00	0.8	0.6	0.3

注：表内数值可以内插。

附录 S 单桩水平载荷试验要点

S.0.1 单桩水平静载荷试验宜采用多循环加卸载试验法，当需要测量桩身应力或应变时宜采用慢速维持荷载法。

S.0.2 施加水平作用力的作用点宜与实际工程承台底面标高一致。试桩的竖向垂直度偏差不宜大于 1%。

S.0.3 采用千斤顶顶推或采用牵引法施加水平力。力作用点与试桩接触处宜安设球形铰，并保证水平作用力与试桩轴线位于同一平面。

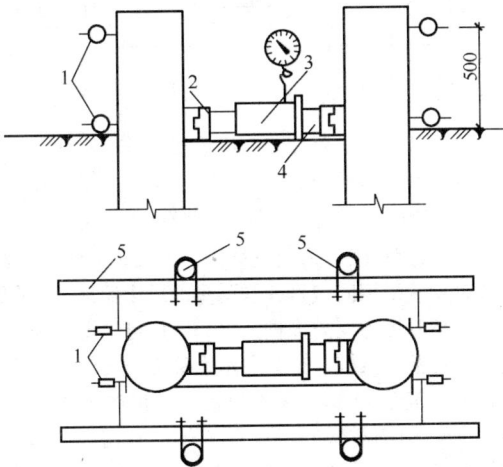

图 S.0.3 单桩水平静载荷试验示意

1—百分表；2—球铰；3—千斤顶；4—垫块；5—基准梁

S.0.4 桩的水平位移宜采用位移传感器或大量程百分表测量，在力作用水平面试桩两侧应对称安装两个百分表或位移传感器。

S.0.5 固定百分表的基准桩应设置在试桩及反力结构影响范围以外。当基准桩设置在与加荷轴线垂直方向上或试桩位移相反方向上，净距可适当减小，但不宜小于 2m。

S.0.6 采用顶推法时，反力结构与试桩之间净距不宜小于 3 倍试桩直径，采用牵引法时不宜小于 10 倍试桩直径。

S.0.7 多循环加载时，荷载分级宜取设计或预估极限水平承载力的 1/10～1/15。每级荷载施加后，维持恒载 4min 测读水平位移，然后卸载至零，停 2min 测读水平残余位移，至此完成一个加卸载循环，如此循环 5 次即完成一级荷载的试验观测。试验不得中途停歇。

S.0.8 慢速维持荷载法的加卸载分级、试验方法及稳定标准应符合本规范第 Q.0.5 条、第 Q.0.6 条、第 Q.0.7 条的规定。

S.0.9 当出现下列情况之一时，可终止加载：

1 在恒定荷载作用下，水平位移急剧增加；

2 水平位移超过 30mm～40mm（软土或大直径桩时取高值）；

3 桩身折断。

S.0.10 单桩水平极限荷载 H_u 可按下列方法综合确定：

1 取水平力-时间-位移（$H_0 - t - X_0$）曲线明显陡变的前一级荷载为极限荷载（图 S.0.10-1）；慢速维持荷载法取 $H_0 - X_0$ 曲线产生明显陡变的起始点对应的荷载为极限荷载；

2 取水平力-位移梯度（$H_0 - \Delta X_0 / \Delta H_0$）曲线第二直线段终点对应的荷载为极限荷载（图 S.0.10-2）；

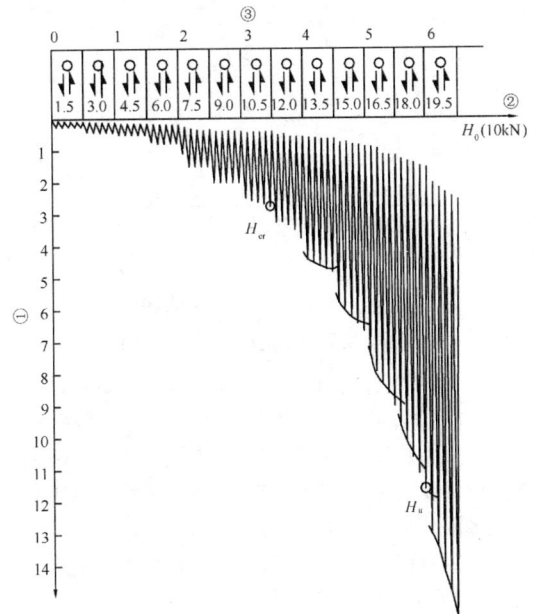

图 S.0.10-1 $H_0 - t - X_0$ 曲线

①—水平位移 X_0（mm）；②—水平力；③—时间 t（h）

3 取桩身折断的前一级荷载为极限荷载（图 S.0.10-3）；

4 按上述方法判断有困难时，可结合其他辅助分析方法综合判定；

5 极限承载力统计取值方法应符合本规范第 Q.0.10 条的有关规定。

S.0.11 单桩水平承载力特征值应按以下方法综合确定：

1 单桩水平临界荷载（H_{cr}）可取 $H_0 - \Delta X_0 /$

ΔH_0曲线第一直线段终点或 $H_0 - \sigma_g$曲线第一拐点所对应的荷载（图 S.0.10-2、图 S.0.10-3）。

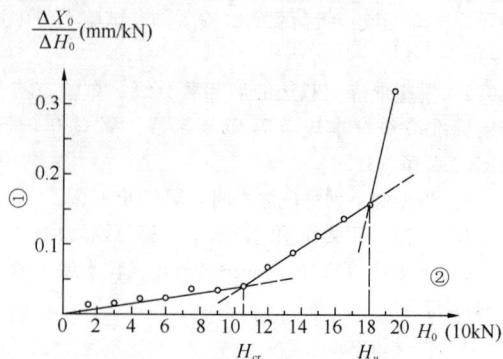

图 S.0.10-2　$H_0 - \Delta X_0/\Delta H_0$曲线
①—位移梯度；②—水平力

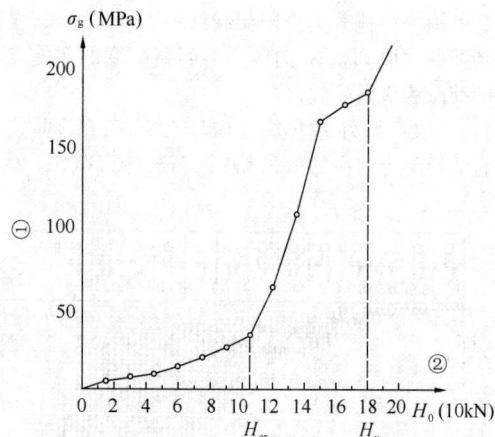

图 S.0.10-3　$H_0 - \sigma_g$曲线
①—最大弯矩点钢筋应力；②—水平力

2　参加统计的试桩，当满足其极差不超过平均值的30%时，可取其平均值为单桩水平极限荷载统计值。极差超过平均值的30%时，宜增加试桩数量并分析极差过大的原因，结合工程具体情况确定单桩水平极限荷载统计值。

3　当桩身不允许裂缝时，取水平临界荷载统计值的0.75倍为单桩水平承载力特征值。

4　当桩身允许裂缝时，将单桩水平极限荷载统计值的除以安全系数2为单桩水平承载力特征值，且桩身裂缝宽度应满足相关规范要求。

S.0.12　从成桩到开始试验的间隔时间应符合本规范第 Q.0.4 条的规定。

附录 T　单桩竖向抗拔载荷试验要点

T.0.1　单桩竖向抗拔载荷试验应采用慢速维持荷载法进行。

T.0.2　试桩应符合实际工作条件并满足下列规定：

1　试桩桩身钢筋伸出桩顶长度不宜少于 $40d +500mm$（d 为钢筋直径）。为设计提供依据的试验，试桩钢筋按钢筋强度标准值计算的拉力应大于预估极限承载力的1.25倍。

2　试桩顶部露出地面高度不宜小于300mm。

3　试桩的成桩工艺和质量控制应严格遵守有关规定。试验前应对试验桩进行低应变检测，有明显扩径的桩不应作为抗拔试验桩。

4　试桩的位移量测仪表的架设位置与桩顶的距离不应小于1倍桩径，当桩径大于800mm时，试桩的位移量测仪表的架设位置与桩顶的距离可适当减少，但不得少于0.5倍桩径。

5　当采用工程桩作试桩时，桩的配筋应满足在最大试验荷载作用下桩的裂缝宽度控制条件，可采用分段配筋。

T.0.3　试验设备装置主要由加载装置与量测装置组成，如图 T.0.3 所示。

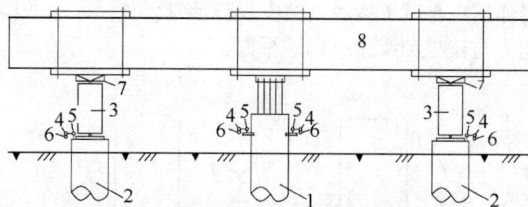

图 T.0.3　单桩竖向抗拔载荷试验示意
1—试桩；2—锚桩；3—液压千斤顶；4—表座；
5—测微表；6—基准梁；7—球铰；8—反力梁

1　量测仪表应采用位移传感器或大量程百分表。加载装置应采用同型号并联同步油压千斤顶，千斤顶的反力装置可为反力锚桩。反力锚桩可根据现场情况利用工程桩。试桩、锚桩和基准桩之间的最小间距应符合本规范第 Q.0.3 条的规定，对扩底抗拔桩，上述最小间距应适当加大。

2　采用天然地基提供反力时，施加于地基的压应力不应大于地基承载力特征值的1.5倍。

T.0.4　加载量不宜少于预估的或设计要求的单桩抗拔极限承载力。每级加载为设计或预估单桩极限抗拔承载力的 $1/8 \sim 1/10$，每级荷载达到稳定标准后加下一级荷载，直到满足加载终止条件，然后分级卸载到零。

T.0.5　抗拔静载试验除对试桩的上拔变形量进行观测外，还应对锚桩的变形量、桩周地面土的变形情况及桩身外露部分裂缝开展情况进行观测记录。

T.0.6　每级加载后，在第5min、10min、15min各测读一次上拔变形量，以后每隔15min测读一次，累计1h以后每隔30min测读一次。

T.0.7　在每级荷载作用下，桩的上拔变形量连续两次在每小时内小于0.1mm时可视为稳定。

T.0.8 每级卸载值为加载值的两倍。卸载后间隔 15min 测读一次，读两次后，隔 30min 再读一次，即可卸下一级荷载。全部卸载后，隔 3h 再测读一次。

T.0.9 在试验过程中，当出现下列情况之一时，可终止加载：

1 桩顶荷载达到桩受拉钢筋强度标准值的 0.9 倍，或某根钢筋拉断；

2 某级荷载作用下，上拔变形量陡增且总上拔变形量已超过 80mm；

3 累计上拔变形量超过 100mm；

4 工程桩验收检测时，施加的上拔力应达到设计要求，当桩有抗裂要求时，不应超过桩身抗裂要求所对应的荷载。

T.0.10 单桩竖向抗拔极限承载力的确定应符合下列规定：

1 对于陡变形曲线（图 T.0.10-1），取相应于陡升段起点的荷载值。

2 对于缓变形 U-Δ 曲线，可根据 Δ-$\lg t$ 曲线，取尾部显著弯曲的前一级荷载值（图 T.0.10-2）。

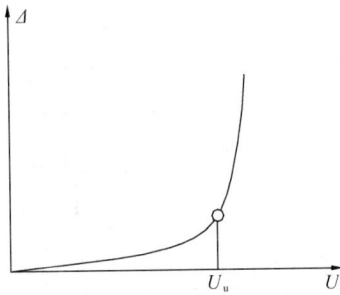

图 T.0.10-1　陡变形 U-Δ 曲线

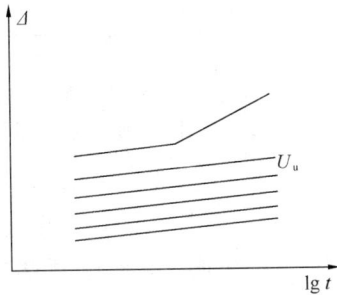

图 T.0.10-2　Δ-$\lg t$ 曲线

3 当出现第 T.0.9 条第 1 款情况时，取其前一级荷载。

4 参加统计的试桩，当满足其极差不超过平均值的 30% 时，可取其平均值为单桩竖向抗拔极限承载力；极差超过平均值的 30% 时，宜增加试桩数量并分析极差过大的原因，结合工程具体情况确定极限承载力。对桩数为 3 根及 3 根以下的柱下桩台，取最小值。

T.0.11 单桩竖向抗拔承载力特征值应按以下方法确定：

1 将单桩竖向抗拔极限承载力除以 2，此时桩身配筋应满足裂缝宽度设计要求；

2 当桩身不允许开裂时，应取桩身开裂的前一级荷载；

3 按设计允许的上拔变形量所对应的荷载取值。

T.0.12 从成桩到开始试验的时间间隔，应符合本规范第 Q.0.4 条的要求。

附录 U　阶梯形承台及锥形承台斜截面受剪的截面宽度

U.0.1 对于阶梯形承台应分别在变阶处（A_1-A_1，B_1-B_1）及柱边处（A_2-A_2，B_2-B_2）进行斜截面受剪计算（图 U.0.1），并应符合下列规定：

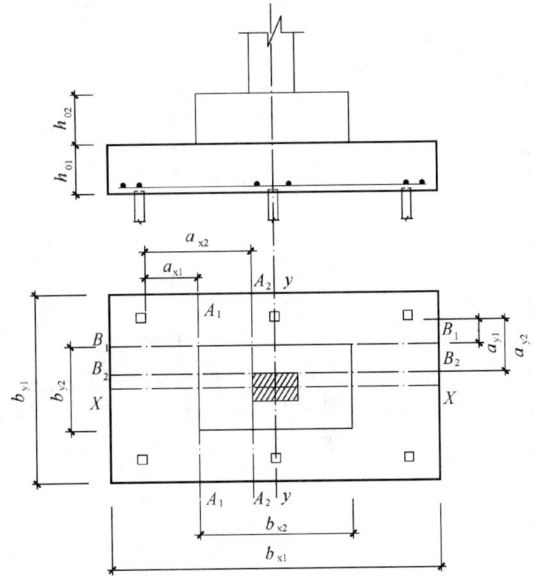

图 U.0.1　阶梯形承台斜截面受剪计算

1 计算变阶处截面 A_1-A_1、B_1-B_1 的斜截面受剪承载力时，其截面有效高度均为 h_{01}，截面计算宽度分别为 b_{y1} 和 b_{x1}。

2 计算柱边截面 A_2-A_2 和 B_2-B_2 处的斜截面受剪承载力时，其截面有效高度均为 $h_{01}+h_{02}$，截面计算宽度按下式进行计算：

对 A_2-A_2　　　$$b_{y0} = \frac{b_{y1} \cdot h_{01} + b_{y2} \cdot h_{02}}{h_{01}+h_{02}} \qquad (U.0.1-1)$$

对 B_2-B_2

$$b_{x0} = \frac{b_{x1} \cdot h_{01} + b_{x2} \cdot h_{02}}{h_{01}+h_{02}} \qquad (U.0.1-2)$$

U.0.2 对于锥形承台应对 A-A 及 B-B 两个截面进行受剪承载力计算（图 U.0.2），截面有效高度均

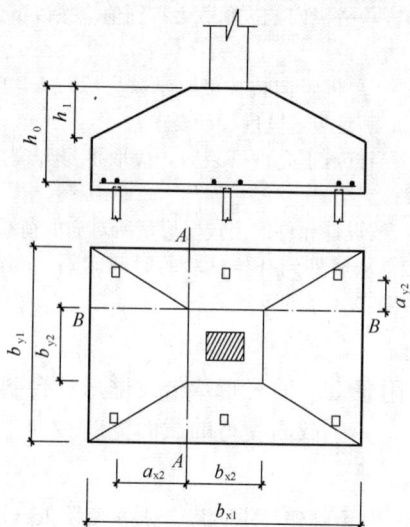

图 U.0.2 锥形承台受剪计算

为 h_0，截面的计算宽度按下式计算：

对 A-A $b_{y0} = \left[1 - 0.5\dfrac{h_1}{h_0}\left(1 - \dfrac{b_{y2}}{b_{y1}}\right)\right]b_{y1}$

$$（U.0.2-1）$$

对 B-B $b_{x0} = \left[1 - 0.5\dfrac{h_1}{h_0}\left(1 - \dfrac{b_{x2}}{b_{x1}}\right)\right]b_{x1}$

$$（U.0.2-2）$$

附录 V   支护结构稳定性验算

V.0.1   桩、墙式支护结构应按表 V.0.1 的规定进行抗倾覆稳定、隆起稳定和整体稳定验算。土的抗剪强度指标的选用应符合本规范第 9.1.6 条的规定。

V.0.2   当坡体内有地下水渗流作用时，稳定分析时应进行坡体内的水力坡降与渗流压力计算，也可采用替代重度法作简化分析。

表 V.0.1   支护结构的稳定性验算

结构类型 稳定性验算 计算方法与稳定安全系数	桩、墙式支护	
	悬臂桩倾覆稳定	带支撑桩的倾覆稳定
计算简图		
计算方法与稳定安全系数	悬臂支护桩在坑内外水、土压力作用下，对 O 点取距的倾覆作用，应满足下式规定： $$K_t = \dfrac{\sum M_{E_p}}{\sum M_{E_a}}$$ 式中：$\sum M_{E_p}$——主动区倾覆作用力矩总和（kN·m）； $\sum M_{E_a}$——被动区抗倾覆作用力矩总和（kN·m）； K_t——桩、墙式悬臂支护抗倾覆稳定安全系数，取 $K_t \geqslant 1.30$	最下一道支撑点以下支护桩在坑内外水、土压力作用下，对 O 点取距的倾覆作用应满足下式规定： $$K_t = \dfrac{\sum M_{E_p}}{\sum M_{E_a}}$$ 式中：$\sum M_{E_p}$——主动区倾覆作用力矩总和（kN·m）； $\sum M_{E_a}$——被动区抗倾覆作用力矩总和（kN·m）； K_t——带支撑桩、墙式支护抗倾覆稳定安全系数，取 $K_t \geqslant 1.30$	
备注		

续表 V.0.1

结构类型 / 稳定性验算 / 计算方法与稳定安全系数	桩、墙式支护		
	隆起稳定		整体稳定
计算简图			
计算方法与稳定安全系数	基坑底下部土体的强度稳定性应满足下式规定： $$K_D = \dfrac{N_c \tau_0 + \gamma t}{\gamma(h+t)+q}$$ 式中：N_c——承载力系数，$N_c = 5.14$； τ_0——由十字板试验确定的总强度（kPa）； γ——土的重度（kN/m³）； K_D——入土深度底部土抗隆起稳定安全系数，取 $K_D \geqslant 1.60$； t——支护结构入土深度（m）； h——基坑开挖深度（m）； q——地面荷载（kPa）	基坑底下部土体的强度稳定性应满足下式规定： $$K_D = \dfrac{M_p + \int_0^\pi \tau_0 t \, \mathrm{d}\theta}{(q+\gamma h)t^2/2}$$ 式中：M_P——支护桩、墙横截面抗弯强度标准值（kN·m）； K_D——基坑底部处土抗隆起稳定安全系数，取 $K_D \geqslant 1.40$	按圆弧滑动面法，验算基坑整体稳定性，应满足下式规定： $$K_R = \dfrac{M_R}{M_S}$$ 式中：M_S、M_R——分别为对于危险滑弧面上滑动力矩和抗滑力矩（kN·m）； K_R——整体稳定安全系数，取 $K_R \geqslant 1.30$
备注	适用于支护桩底为软土（$\varphi = 0$）的基坑		

附录 W 基坑抗渗流稳定性计算

W.0.1 当上部为不透水层，坑底下某深度处有承压水层时，基坑底抗渗流稳定性可按下式验算（图 W.0.1）：

$$\frac{\gamma_m(t+\Delta t)}{p_w} \geqslant 1.1 \qquad (\text{W.0.1})$$

式中：γ_m——透水层以上土的饱和重度（kN/m³）；

$t+\Delta t$——透水层顶面距基坑底面的深度（m）；

p_w——含水层水压力（kPa）。

W.0.2 当基坑内外存在水头差时，粉土和砂土应进行抗渗流稳定性验算，渗流的水力梯度不应超过临界水力梯度。

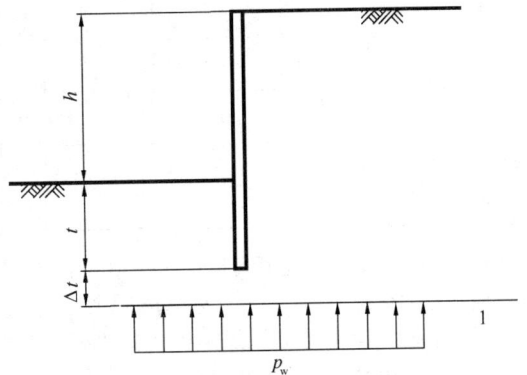

图 W.0.1 基坑底抗渗流稳定验算示意
1—透水层

附录 Y 土层锚杆试验要点

Y.0.1 土层锚杆试验的地质条件、锚杆材料和施工工艺等应与工程锚杆一致。为使确定锚固体与土层粘结强度特征值、验证杆体与砂浆间粘结强度特征值的试验达到极限状态，应使杆体承载力标准值大于预估破坏荷载的1.2倍。

Y.0.2 试验时最大的试验荷载不宜超过锚杆杆体承载力标准值的0.9倍。

Y.0.3 锚固体灌浆强度达到设计强度的90%后，方可进行锚杆试验。

Y.0.4 试验应采用循环加、卸载法，并应符合下列规定：

1 每级加荷观测时间内，测读锚头位移不应小于3次；

2 每级加荷观测时间内，当锚头位移增量不大于0.1mm时，可施加下一级荷载；不满足时应在锚头位移增量2h内小于2mm时再施加下一级荷载；

3 加、卸载等级、测读间隔时间宜按表Y.0.4确定；

4 如果第六次循环加荷观测时间内，锚头位移增量不大于0.1mm时，可视试验装置情况，按每级增加预估破坏荷载的10%进行1次或2次循环。

表 Y.0.4 锚杆基本试验循环加卸载等级与位移观测间隔时间

加荷标准循环数	预估破坏荷载的百分数（%）							
	每级加载量			累计加载量		每级卸载量		
第一循环	10			30				10
第二循环	10	30		50			30	10
第三循环	10	30	50	70		50	30	10
第四循环	10	30	50	70	80	70	50	30	10
第五循环	10	30	50	80	90	80	50	30	10
第六循环	10	30	50	90	100	90	50	30	10
观测时间（min）	5	5	5	5	10	10	5	5	5

Y.0.5 锚杆试验中出现下列情况之一时可视为破坏，应终止加载：

1 锚头位移不收敛，锚固体从土层中拔出或锚杆从锚固体中拔出；

2 锚头总位移量超过设计允许值；

3 土层锚杆试验中后一级荷载产生的锚头位移增量，超过上一级荷载位移增量的2倍。

Y.0.6 试验完成后，应根据试验数据绘制荷载-位移（Q-s）曲线、荷载-弹性位移（Q-s_e）曲线和荷载-塑性位移（Q-s_e）曲线。

Y.0.7 单根锚杆的极限承载力取破坏荷载前一级的荷载量；在最大试验荷载作用下未达到破坏标准时，单根锚杆的极限承载力取最大荷载值。

Y.0.8 锚杆试验数量不得少于3根。参与统计的试验锚杆，当满足其极差值不大于平均值的30%时，取平均值作为锚杆的极限承载力；若最大极差超过30%，应增加试验数量，并分析极差过大的原因，结合工程情况确定极限承载力。

Y.0.9 将锚杆极限承载力除以安全系数2，即为锚杆抗拔承载力特征值。

Y.0.10 锚杆验收试验应符合下列规定：

1 试验最大荷载值按$0.85A_s f_y$确定；

2 试验采用单循环法，按试验最大荷载值的10%、30%、50%、70%、80%、90%、100%施加；

3 每级试验荷载达到后，观测10min，测计锚头位移；

4 达到试验最大荷载值，测计锚头位移后卸荷到试验最大荷载值的10%观测10min并测计锚头位移；

5 锚杆试验完成后，绘制锚杆荷载-位移曲线（Q-s）曲线图；

6 符合下列条件时，试验的锚杆为合格：
 1）加载到设计荷载后变形稳定；
 2）锚杆弹性变形不小于自由段长度变形计算值的80%，且不大于自由段长度与1/2锚固段长度之和的弹性变形计算值。

7 验收试验的锚杆数量取锚杆总数的5%，且不应少于5根。

本规范用词说明

1 为便于在执行本规范条文时区别对待，对要求严格程度不同的用词说明如下：
 1）表示很严格，非这样做不可的用词：
  正面词采用"必须"；反面词采用"严禁"。
 2）表示严格，在正常情况下均应这样做的用词：
  正面词采用"应"；反面词采用"不应"或"不得"。
 3）表示允许稍有选择，在条件许可时首先应这样做的用词：
  正面词采用"宜"；反面词采用"不宜"。
 4）表示有选择，在一定条件下可以这样做的，采用"可"。

2 规范中指明应按其他有关标准执行时的写法为"应符合……的规定"或"应按……执行"。

引用标准名录

1　《建筑结构荷载规范》GB 50009
2　《混凝土结构设计规范》GB 50010
3　《建筑抗震设计规范》GB 50011
4　《工业建筑防腐蚀设计规范》GB 50046
5　《土工试验方法标准》GB/T 50123
6　《混凝土结构耐久性设计规范》GB/T 50476

中华人民共和国国家标准

建筑地基基础设计规范

GB 50007—2011

条 文 说 明

修 订 说 明

《建筑地基基础设计规范》GB 50007-2011，经住房和城乡建设部 2011 年 7 月 26 日以第 1096 号公告批准、发布。

本规范是在《建筑地基基础设计规范》GB 50007-2002 的基础上修订而成的，上一版的主编单位是中国建筑科学研究院，参编单位是北京市勘察设计研究院、建设部综合勘察设计研究院、北京市建筑设计研究院、建设部建筑设计院、上海建筑设计研究院、广西建筑综合设计研究院、云南省设计院、辽宁省建筑设计研究院、中南建筑设计院、湖北省建筑科学研究院、福建省建筑科学研究院、陕西省建筑科学研究院、甘肃省建筑科学研究院、广州市建筑科学研究院、四川省建筑科学研究院、黑龙江省寒地建筑科学研究院、天津大学、同济大学、浙江大学、重庆建筑大学、太原理工大学、广东省基础工程公司，主要起草人员是黄熙龄、滕延京、王铁宏、王公山、王惠昌、白晓红、汪国烈、吴学敏、杨敏、周光孔、周经文、林立岩、罗宇生、陈如桂、钟亮、顾晓鲁、顾宝和、侯光瑜、袁炳麟、袁内镇、唐杰康、黄求顺、龚一鸣、裴捷、潘凯云、潘秋元。本次修订的主要技术内容是：

1 增加地基基础设计等级中基坑工程的相关内容；

2 地基基础设计使用年限不应小于建筑结构的设计使用年限；

3 增加泥炭、泥炭质土的工程定义；

4 增加回弹再压缩变形计算方法；

5 增加建筑物抗浮稳定计算方法；

6 增加当地基中下卧岩面为单向倾斜，岩面坡度大于 10%，基底下的土层厚度大于 1.5m 的土岩组合地基设计原则；

7 增加岩石地基设计内容；

8 增加岩溶地区场地根据岩溶发育程度进行地基基础设计的原则；

9 增加复合地基变形计算方法；

10 增加扩展基础最小配筋率不应小于 0.15% 的设计要求；

11 增加当扩展基础底面短边尺寸小于或等于柱宽加 2 倍基础有效高度的斜截面受剪承载力计算要求；

12 对桩基沉降计算方法，经统计分析，调整了沉降经验系数；

13 增加对高地下水位地区，当场地水文地质条件复杂，基坑周边环境保护要求高，设计等级为甲级的基坑工程，应进行地下水控制专项设计的要求；

14 增加对地基处理工程的工程检验要求；

15 增加单桩水平载荷试验要点，单桩竖向抗拔载荷试验要点。

本规范修订过程中，编制组共召开全体会议 4 次，专题研讨会 14 次，总结了我国建筑地基基础领域的实践经验，同时参考了国外先进技术法规、技术标准，通过调研、征求意见及工程试算，对增加和修订内容的反复讨论、分析、论证，取得了重要技术参数。

为便于广大设计、施工、科研、学校等单位有关人员在使用本规范时能正确理解和执行条文规定，《建筑地基基础设计规范》修订组按章、节、条顺序编制了本规范的条文说明，对条文规定的目的、依据以及执行中需注意的有关事项进行了说明，还着重对强制性条文的强制性理由作了解释。但是，本条文说明不具备与规范正文同等的法律效力，仅供使用者作为理解和把握规范规定的参考。

目　次

1 总 则

1.0.1 现行国家标准《工程结构可靠性设计统一标准》GB 50153 对结构设计应满足的功能要求作了如下规定：一、能承受在正常施工和正常使用时可能出现的各种作用；二、保持良好的使用性能；三、具有足够的耐久性能；四、当发生火灾时，在规定的时间内可保持足够的承载力；五、当发生爆炸、撞击、人为错误等偶然事件时，结构能保持必需的整体稳固性，不出现与起因不相称的破坏后果，防止出现结构的连续倒塌。按此规定根据地基工作状态，地基设计时应当考虑：

 1 在长期荷载作用下，地基变形不致造成承重结构的损坏；

 2 在最不利荷载作用下，地基不出现失稳现象；

 3 具有足够的耐久性能。

 因此，地基基础设计应注意区分上述三种功能要求。在满足第一功能要求时，地基承载力的选取以不使地基中出现长期塑性变形为原则，同时还要考虑在此条件下各类建筑可能出现的变形特征及变形量。由于地基土的变形具有长期的时间效应，与钢、混凝土、砖石等材料相比，它属于大变形材料。从已有的大量地基事故分析，绝大多数事故皆由地基变形过大或不均匀造成。故在规范中明确规定了按变形设计的原则、方法；对于一部分地基基础设计等级为丙级的建筑物，当按地基承载力设计基础面积及埋深后，其变形亦同时满足要求时可不进行变形计算。

 地基基础的设计使用年限应满足上部结构的设计使用年限要求。大量工程实践证明，地基在长期荷载作用下承载力有所提高，基础材料应根据其工作环境满足耐久性设计要求。

1.0.2 本规范主要针对工业与民用建筑（包括构筑物）的地基基础设计提出设计原则和计算方法。

 对于湿陷性黄土地基、膨胀土地基、多年冻土地基等，由于这些土类的物理力学性质比较特殊，选用土的承载力、基础埋深、地基处理等应按国家现行标准《湿陷性黄土地区建筑规范》GB 50025、《膨胀土地区建筑技术规范》GBJ 112、《冻土地区建筑地基基础设计规范》JGJ 118 的规定进行设计。对于振动荷载作用下的地基设计，由于土的动力性能与静力性能差异较大，应按现行国家标准《动力机器基础设计规范》GB 50040 的规定进行设计。但基础设计，仍然可以采用本规范的规定进行设计。

1.0.3 由于地基土的性质复杂。在同一地基内土的力学指标离散性一般较大，加上暗塘、古河道、山前洪积、熔岩等许多不良地质条件，必须强调因地制宜原则。本规范对总的设计原则、计算均作出了通用规定，也给出了许多参数。各地区可根据土的特性、地质情况作具体补充。此外，设计人员必须根据具体工程的地质条件、结构类型以及地基在长期荷载作用下的工作形状，采用优化设计方法，以提高设计质量。

1.0.4 地基基础设计中，作用在基础上的各类荷载及其组合方法按现行国家标准《建筑结构荷载规范》GB 50009 执行。在地下水位以下时应扣去水的浮力。否则，将使计算结果偏差很大而造成重大失误。在计算土压力、滑坡推力、稳定性时尤应注意。

 本规范只给出各类基础基底反力、力矩、挡墙所受的土压力等。至于基础断面大小及配筋量尚应满足抗弯、抗冲切、抗剪切、抗压等要求，设计时应根据所选基础材料按照有关规范规定执行。

2 术语和符号

2.1 术 语

2.1.3 由于土为大变形材料，当荷载增加时，随着地基变形的相应增长，地基承载力也在逐渐加大，很难界定出一个真正的"极限值"；另一方面，建筑物的使用有一个功能要求，常常是地基承载力还有潜力可挖，而变形已达到或超过按正常使用的限值。因此，地基设计是采用正常使用极限状态这一原则，所选定的地基承载力是在地基土的压力变形曲线线性变形段内相应于不超过比例界限点的地基压力值，即允许承载力。

 根据国外有关文献，相应于我国规范中"标准值"的含义可以有特征值、公称值、名义值、标定值四种，在国际标准《结构可靠性总原则》ISO 2394 中相应的术语直译为"特征值"（Characteristic Value），该值的确定可以是统计得出，也可以是传统经验值或某一物理量限定的值。

 本次修订采用"特征值"一词，用以表示正常使用极限状态计算时采用的地基承载力和单桩承载力的设计使用值，其涵义即为在发挥正常使用功能时所允许采用的抗力设计值，以避免过去一律提"标准值"时所带来的混淆。

3 基 本 规 定

3.0.1 建筑地基基础设计等级是按照地基基础设计的复杂性和技术难度确定的，划分时考虑了建筑物的性质、规模、高度和体型；对地基变形的要求；场地和地基条件的复杂程度；以及由于地基问题对建筑物的安全和正常使用可能造成影响的严重程度等因素。

 地基基础设计等级采用三级划分，见表 3.0.1。现对该表作如下重点说明：

 在地基基础设计等级为甲级的建筑物中，30 层以上的高层建筑，不论其体型复杂与否均列入甲级，这是考虑到其高度和重量对地基承载力和变形均有较高要求，采用天然地基往往不能满足设计需要，而须考虑桩基或进行地基处理；体型复杂、层数相差超过10层的高低层连成一体的建筑物是指在平面上和立面上高度变化较大、体型变化复杂，且建于同一整体基础上的高层宾馆、办公楼、商业建筑等建筑物。由于上部荷载大小相差悬殊、结构刚度和构造变化复杂，很易出现地基不均匀变形，为使地基变形不超过建筑物的允许值，地基基础设计的复杂程度和技术难度均较大，有时需要采用多种地基和基础类型或考虑采用地基与基础和上部结构共同作用的变形分析计算来解决不均匀沉降对基础和上部结构的影响问题；大面积的多层地下建筑物存在深基坑开挖的降水、支护和对邻近建筑物可能造成严重不良影响等问题，增加了地基基础设计的复杂性，有些地面以上没有荷载或荷载很小的大面积多层地下建筑物，如地下停车场、商场、运动场等还存在抗地下水浮力的设计问题；复杂地质条件下的坡上建筑物是指坡体岩土的种类、性质、产状和地下水条件变化复杂等对坡体稳定性不利的情况，此时应作坡体稳定性分析，必要时应采取整治措施；对原有工程有较大影响的新建建筑物是指在原有建筑物旁和在地铁、地下隧道、重要地下管道上或旁边新建的建筑物，当新建建筑物对原有工程影响较大时，为保证原有工程的安全和正常使用，增加了地基基础设计的复杂性和难度；场地和地基条件复杂的建筑物是指不良地质现象强烈发育的场地，如泥石流、崩塌、滑坡、岩溶土洞塌陷等，或地质环境恶劣的场地，如地下采空区、地面沉降区、地裂缝地区等，复杂地基是指地基岩土种类和性质变化很大、有古河道或暗浜分布、地基为特殊性岩土，如膨胀土、湿陷性土等，以及地下水对工程影响很大需特殊处理等情况，上述情况均增加了地基基础设计的复杂程度和技术难度。对在复杂地质条件和软土地区开挖较深的基坑工程，由于基坑支护、开挖和地下水控制等技术复杂、难度较大；挖深大于15m的基坑以及基坑周边环境条件复杂、环境保护要求高时对基坑支挡结构的位移控制严格，也列入甲级。

表3.0.1所列的设计等级为丙级的建筑物是指建筑场地稳定，地基岩土均匀良好、荷载分布均匀的七层及七层以下的民用建筑和一般工业建筑物以及次要的轻型建筑物。

由于情况复杂，设计时应根据建筑物和地基的具体情况参照上述说明确定地基基础的设计等级。

3.0.2 本条为强制性条文。本条规定了地基设计的基本原则，为确保地基设计的安全，在进行地基设计时必须严格执行。地基设计的原则如下：

1 各类建筑物的地基计算均应满足承载力计算的要求。

2 设计等级为甲级、乙级的建筑物均应按地基

变形设计，这是由于因地基变形造成上部结构的破坏和裂缝的事例很多，因此控制地基变形成为地基基础设计的主要原则，在满足承载力计算的前提下，应按控制地基变形的正常使用极限状态设计。

3 对经常受水平荷载作用、建造在边坡附近的建筑物和构筑物以及基坑工程应进行稳定性验算。本规范2002版增加了对地下水埋藏较浅，而地下室或地下建筑存在上浮问题时，应进行抗浮验算的规定。

3.0.4 本条规定了对地基勘察的要求：

1 在地基基础设计前必须进行岩土工程勘察。

2 对岩土工程勘察报告的内容作出规定。

3 对不同地基基础设计等级建筑物的地基勘察方法，测试内容提出了不同要求。

4 强调应进行施工验槽，如发现问题应进行补充勘察，以保证工程质量。

抗浮设防水位是很重要的设计参数，影响因素众多，不仅与气候、水文地质等自然因素有关，有时还涉及地下水开采、上下游水量调配、跨流域调水和大量地下工程建设等复杂因素。对情况复杂的重要工程，要在勘察期间预测建筑物使用期间水位可能发生的变化和最高水位有时有相当困难。故现行国家标准《岩土工程勘察规范》GB 50021规定，对情况复杂的重要工程，需论证使用期间水位变化，提出抗浮设防水位时，应进行专门研究。

3.0.5 本条为强制性条文。地基基础设计时，所采用的作用的最不利组合和相应的抗力限值应符合下列规定：

当按地基承载力计算和地基变形计算以确定基础底面积和埋深时应采用正常使用极限状态，相应的作用效应为标准组合和准永久组合的效应设计值。

在计算挡土墙、地基、斜坡的稳定和基础抗浮稳定时，采用承载能力极限状态作用的基本组合，但规定结构重要性系数 γ_0 不应小于1.0，基本组合的效应设计值 S 中作用的分项系数均为1.0。

在根据材料性质确定基础或桩台的高度、支挡结构截面，计算基础或支挡结构内力、确定配筋和验算材料强度时，应按承载能力极限状态采用作用的基本组合。此时，S 中包含相应作用的分项系数。

3.0.6 作用组合的效应设计值应按现行国家标准《建筑结构荷载规范》GB 50009的规定执行。规范编制组对基础构件设计的分项系数进行了大量试算工作，对高层建筑筏板基础5人次8项工程、高耸构筑物1人次2项工程、烟囱2人次8项工程、支挡结构5人次20项工程的试算结果统计，对由永久作用控制的基本组合采用简化算法确定设计值，作用的综合分项系数可取1.35。

3.0.7 现行国家标准《工程结构可靠性设计统一标准》GB 50153规定，工程设计时应规定结构的设计

使用年限，地基基础设计必须满足上部结构设计使用年限的要求。

4 地基岩土的分类及工程特性指标

4.1 岩土的分类

4.1.2～4.1.4 岩石的工程性质极为多样，差别很大，进行工程分类十分必要。

岩石的分类可以分为地质分类和工程分类。地质分类主要根据其地质成因、矿物成分、结构构造和风化程度，可以用地质名称加风化程度表达，如强风化花岗岩、微风化砂岩等。这对于工程的勘察设计确是十分必要的。工程分类主要根据岩体的工程性状，使工程师建立起明确的工程特性概念。地质分类是一种基本分类，工程分类应在地质分类的基础上进行，目的是为了较好地概括其工程性质，便于进行工程评价。

本规范 2002 版除了规定应确定地质名称和风化程度外，增加了"岩石的坚硬程度"和"岩体的完整程度"的划分，并分别提出了定性和定量的划分标准和方法，对于可以取样试验的岩石，应尽量采用定量的方法，对于难以取样的破碎和极破碎岩石，可用附录 A 的定性方法，可操作性较强。岩石的坚硬程度直接和地基的强度和变形性质有关，其重要性是无疑的。岩体的完整程度反映了它的裂隙性，而裂隙性是岩体十分重要的特性，破碎岩石的强度和稳定性较完整岩石大大削弱，尤其对边坡和基坑工程更为突出。将岩石的坚硬程度和岩体的完整程度各分五级。划分出极软岩十分重要，因为这类岩石常有特殊的工程性质，例如某些泥岩具有很高的膨胀性；泥质砂岩、全风化花岗岩等有很强的软化性（饱和单轴抗压强度可等于零）；有的第三纪砂岩遇水崩解，有流砂性质。划分出极破碎岩体也很重要，有时开挖时很硬，暴露后逐渐崩解。片岩各向异性特别显著，作为边坡极易失稳。

破碎岩石测岩块的纵波波速有时会有困难，不易准确测定，此时，岩块的纵波波速可用现场测定岩性相同但岩体完整的纵波波速代替。

这些内容本次修订保留原规范内容。

4.1.6 碎石土难以取样试验，规范采用以重型动力触探锤击数 $N_{63.5}$ 为主划分其密实度，同时采用野外鉴别法，列入附录 B。

重型圆锥动力触探在我国已有近 50 年的应用经验，各地积累了大量资料。铁道部第二设计院通过筛选，采用了 59 组对比数据，包括卵石、碎石、圆砾、角砾，分布在四川、广西、辽宁、甘肃等地，数据经修正（表 1），统计分析了 $N_{63.5}$ 与地基承载力关系（表 2）。

表 1　修正系数

$N_{63.5}$／L（m）	5	10	15	20	25	30	35	40	≥50
≤2	1.0	1.0	1.0	1.0	1.0	1.0	1.0	1.0	
4	0.96	0.95	0.93	0.92	0.90	0.89	0.87	0.86	0.84
6	0.93	0.90	0.88	0.85	0.83	0.81	0.79	0.78	0.75
8	0.90	0.86	0.83	0.80	0.77	0.75	0.73	0.71	0.67
10	0.88	0.83	0.79	0.75	0.72	0.69	0.67	0.64	0.61
12	0.85	0.79	0.75	0.70	0.67	0.64	0.61	0.59	0.55
14	0.82	0.76	0.71	0.66	0.62	0.58	0.56	0.53	0.50
16	0.79	0.73	0.67	0.62	0.57	0.54	0.51	0.48	0.45
18	0.77	0.70	0.63	0.57	0.53	0.49	0.46	0.43	0.40
20	0.75	0.67	0.59	0.53	0.48	0.44	0.41	0.39	0.36

注：L 为杆长。

表 2　$N_{63.5}$ 与承载力的关系

$N_{63.5}$	3	4	5	6	8	10	12	14	16
σ_0（kPa）	140	170	200	240	320	400	480	540	600
$N_{63.5}$	18	20	22	24	26	28	30	35	40
σ_0（kPa）	660	720	780	830	870	900	930	970	1000

注：1　适用的深度范围为 1m～20m；
　　2　表内的 $N_{63.5}$ 为经修正后的平均击数。

表 1 的修正，实际上是对杆长、上覆土自重压力、侧摩阻力的综合修正。

过去积累的资料基本上是 $N_{63.5}$ 与地基承载力的关系，极少与密实度有关系。考虑到碎石土的承载力主要与密实度有关，故本次修订利用了表 2 的数据，参考其他资料，制定了本条按 $N_{63.5}$ 划分碎石土密实度的标准。

4.1.8 关于标准贯入试验锤击数 N 值的修正问题，虽然国内外已有不少研究成果，但意见很不一致。在我国，一直用经过修正后的 N 值确定地基承载力，用不修正的 N 值判别液化。国外和我国某些地方规范，则采用有效上覆自重压力修正。因此，勘察报告首先提供未经修正的实测值，这是基本数据。然后，在应用时根据当地积累资料统计分析时的具体情况，确定是否修正和如何修正。用 N 值确定砂土密实度，确定这个标准时并未经过修正，故表 4.1.8 中的 N 值为未经过修正的数值。

4.1.11 粉土的性质介于砂土和黏性土之间。砂粒含量较多的粉土，地震时可能产生液化，类似于砂土的性质。黏粒含量较多（＞10%）的粉土不会液化，性质近似于黏性土。而西北一带的黄土，颗粒成分以粉粒为主，砂粒和黏粒含量都很低。因此，将粉土细分为亚类，是符合工程需要的。但目前，由于经验积累的不同和认识上的差别，尚难确定一个能被普遍接受的划分亚类标准，故本条未作划分亚类的明确规定。

4.1.12 淤泥和淤泥质土有机质含量为 5%～10% 时的工程性质变化较大，应予以重视。

随着城市建设的需要，有些工程遇到泥炭或泥炭质土。泥炭或泥炭质土是在湖相和沼泽静水、缓慢的流水环境中沉积，经生物化学作用形成，含有大量的有机质，具有含水量高、压缩性高、孔隙比高和天然密度低、抗剪强度低、承载力低的工程特性。泥炭、泥炭质土不应直接作为建筑物的天然地基持力层，工程中遇到时应根据地区经验处理。

4.1.13 红黏土是红土的一个亚类。红土化作用是在炎热湿润气候条件下的一种特定的化学风化成土作用。它较为确切地反映了红黏土形成的历程与环境背景。

区域地质资料表明：碳酸盐类岩石与非碳酸盐类岩石常呈互层产出，即使在碳酸盐类岩石成片分布的地区，也常见非碳酸盐类岩石夹杂其中。故将成土母岩扩大到"碳酸盐岩系出露区的岩石"。

在岩溶洼地、谷地、准平原及丘陵斜坡地带，当受片状及间歇性水流冲蚀，红黏土的土粒被带到低洼处堆积成新的土层，其颜色较未搬运者为浅，常含粗颗粒，但总体上仍保持红黏土的基本特征，而明显有别于一般的黏性土。这类土在鄂西、湘西、广西、粤北等山地丘陵区分布，还远较红黏土广泛。为了利于对这类土的认识和研究，将它划定为次生红黏土。

4.2 工程特性指标

4.2.1 静力触探、动力触探、标准贯入试验等原位测试，用于确定地基承载力，在我国已有丰富经验，可以应用，故列入本条，并强调了必须有地区经验，即当地的对比资料。同时还应注意，当地基基础设计等级为甲级和乙级时，应结合室内试验成果综合分析，不宜单独应用。

本规范 1974 版建立了土的物理力学性指标与地基承载力关系，本规范 1989 版仍保留了地基承载力表，列入附录，并在使用上加以适当限制。承载力表使用方便是其主要优点，但也存在一些问题。承载力表是用大量的试验数据，通过统计分析得到的。我国各地土质条件各异，用几张表格很难概括全国的规律。用查表法确定承载力，在大多数地区可能基本适合或偏保守，但也不排除个别地区可能不安全。此外，随着设计水平的提高和对工程质量要求的趋于严格，变形控制已是地基设计的重要原则，本规范作为国标，如仍沿用承载力表，显然已不适应当前的要求，本规范 2002 版已决定取消有关承载力表的条文和附录，勘察单位应根据试验和地区经验确定地基承载力等设计参数。

4.2.2 工程特性指标的代表值，对于地基计算至关重要。本条明确规定了代表值的选取原则。标准值取其概率分布的 0.05 分位数；地基承载力特征值是指由载荷试验地基土压力变形曲线线性变形段内规定的变形对应的压力值，实际即为地基承载力的允许值。

4.2.3 载荷试验是确定岩土承载力和变形参数的主要方法，本规范 1989 版列入了浅层平板载荷试验。考虑到浅层平板载荷试验不能解决深层土的问题，本规范 2002 版修订增加了深层载荷试验的规定。这种方法已积累了一定经验，为了统一操作，将其试验要点列入了本规范的附录 D。

4.2.4 采用三轴剪切试验测定土的抗剪强度，是国际上常规的方法。优点是受力条件明确，可以控制排水条件，既可用于总应力法，也可用于有效应力法；缺点是对取样和试验操作要求较高，土质不均时试验成果不理想。相比之下，直剪试验虽然简便，但受力条件复杂，无法控制排水，故本规范 2002 版修订推荐三轴试验。鉴于多数工程施工速度快，较接近于不固结不排水试验条件，故本规范推荐 UU 试验。而且，用 UU 试验成果计算，一般比较安全。但预压固结的地基，应采用固结不排水剪。进行 UU 试验时，宜在土的有效自重压力下预固结，更符合实际。

鉴于现行国家标准《土工试验方法标准》GB/T 50123 中未提出土的有效自重压力下预固结 UU 试验操作方法，本规范对其试验要点说明如下：

1 试验方法适用于细粒土和粒径小于 20mm 的粗粒土。

2 试验必须制备 3 个以上性质相同的试样，在不同的周围压力下进行试验，周围压力宜根据工程实际荷重确定。对于填土，最大一级周围压力应与最大的实际荷重大致相等。

注：试验宜在恒温条件下进行。

3 试样的制备应满足相关规范的要求。对于非饱和土，试样应保持土的原始状态；对于饱和土，试样应预先进行饱和。

4 试样的安装、自重压力固结，应按下列步骤进行：

1） 在压力室的底座上，依次放上不透水板、试样及不透水试样帽，将橡皮膜用承膜筒套在试样外，并用橡皮圈将橡皮膜两端与底座及试样帽分别扎紧。

2） 将压力室罩顶部活塞提高，放下压力室罩，将活塞对准试样中心，并均匀地拧紧底座连接螺母。向压力室内注满纯水，待压力室顶部排气孔有水溢出时，拧紧排气孔，并将活塞对准测力计和试样顶部。

3） 将离合器调至粗位，转动粗调手轮，当试样帽与活塞及测力计接近时，将离合器调至细位，改用细调手轮，使试样帽与活塞及测力计接触，装上变形指示计，将测力计和变形指示计调至零位。

4） 开周围压力阀，施加相当于自重压力的周围压力。

5） 施加周围压力 1h 后关排水阀。

6） 施加试验需要的周围压力。

5 剪切试样应按下列步骤进行：

  1） 剪切应变速率宜为每分钟应变 0.5%～1.0%。

  2） 启动电动机，合上离合器，开始剪切。试样每产生 0.3%～0.4% 的轴向应变（或 0.2mm 变形值），测记一次测力计读数和轴向变形值。当轴向应变大于 3% 时，试样每产生 0.7%～0.8% 的轴向应变（或 0.5mm 变形值），测记一次。

  3） 当测力计读数出现峰值时，剪切应继续进行到轴向应变为 15%～20%。

  4） 试验结束，关电动机，关周围压力阀，脱开离合器，将离合器调至粗位，转动粗调手轮，将压力室降下，打开排气孔，排除压力室内的水，拆卸压力室罩，拆除试样，描述试样破坏形状，称试样质量，并测定含水率。

6 试验数据的计算和整理应满足相关规范要求。

室内试验确定土的抗剪强度指标影响因素很多，包括土的分层合理性、土样均匀性、操作水平等，某些情况下使试验结果的变异系数较大，这时应分析原因，增加试验组数，合理取值。

4.2.5 土的压缩性指标是建筑物沉降计算的依据。为了与沉降计算的受力条件一致，强调施加的最大压力应超过土的有效自重压力与预计的附加压力之和，并取与实际工程相同的压力段计算变形参数。

考虑土的应力历史进行沉降计算的方法，注意了欠压密土在土的自重压力下的继续压密和超压密土的卸荷再压缩，比较符合实际情况，是国际上常用的方法，应通过高压固结试验测定有关参数。

5　地基计算

5.1　基础埋置深度

5.1.3 本条为强制性条文。除岩石地基外，位于天然土质地基上的高层建筑筏形或箱形基础应有适当的埋置深度，以保证筏形和箱形基础的抗倾覆和抗滑移稳定性，否则可能导致严重后果，必须严格执行。

随着我国城镇化进程，建设土地紧张，高层建筑设地下室，不仅满足埋置深度要求，还增加使用功能，对软土地基还能提高建筑物的整体稳定性，所以一般情况下高层建筑宜设地下室。

5.1.4 本条给出的抗震设防区内的高层建筑筏形和箱形基础埋深不宜小于建筑物高度的 1/15，是基于工程实践和科研成果。北京市勘察设计研究院张在明等在分析北京八度抗震设防区内高层建筑地基整体稳定性与基础埋深的关系时，以二幢分别为 15 层和 25 层的建筑，考虑了地震作用和地基的种种

不利因素，用圆弧滑动面法进行分析，其结论是：从地基稳定的角度考虑，当 25 层建筑物的基础埋深为 1.8m 时，其稳定安全系数为 1.44，如埋深为 3.8m（1/17.8）时，则安全系数达到 1.64。对位于岩石地基上的高层建筑筏形和箱形基础，其埋置深度应根据抗滑移的要求来确定。

5.1.6 在城市居住密集的地方往往新旧建筑物距离较近，当新建建筑物与原有建筑物距离较近，尤其是新建建筑物基础埋深大于原有建筑物时，新建建筑物会对原有建筑物产生影响，甚至会危及原有建筑物的安全或正常使用。为了避免新建建筑物对原有建筑物的影响，设计时应考虑与原有建筑物保持一定的安全距离，该安全距离应通过分析新旧建筑物的地基承载力、地基变形和地基稳定性来确定。通常决定建筑物相邻影响距离大小的因素，主要有新建建筑物的沉降量和原有建筑物的刚度等。新建建筑物的沉降量与地基土的压缩性、建筑物的荷载大小有关，而原有建筑物的刚度则与其结构形式、长高比以及地基土的性质有关。本规范第 7.3.3 条为相邻建筑物基础间净距的相关规定，这是根据国内 55 个工程实例的调查和分析得到的，满足该条规定的净距要求一般可不考虑对相邻建筑的影响。

当相邻建筑物较近时，应采取措施减小相互影响：1 尽量减小新建建筑物的沉降量；2 新建建筑物的基础埋深不宜大于原有建筑基础；3 选择对地基变形不敏感的结构形式；4 采取有效的施工措施，如分段施工、采取有效的支护措施以及对原有建筑物地基进行加固等措施。

5.1.7 "场地冻结深度" 在本规范 2002 版中称为"设计冻深"，其值是根据当地标准冻深，考虑建设场地所处地基条件和环境条件，经修正后采取的更接近实际的冻深值。本次修订将"设计冻深"改为"场地冻结深度"，以使概念更加清晰准确。

附录 F《中国季节性冻土标准冻深线图》是在标准条件下取得的，该标准条件即为标准冻结深度的定义：地下水位与冻结锋面之间的距离大于 2m，不冻胀黏性土，地表平坦、裸露，城市之外的空旷场地中，多年实测（不少于十年）最大冻深的平均值。由于建设场地通常不具备上述标准条件，所以标准冻结深度一般不直接用于设计中，而是要考虑场地实际条件将标准冻结深度乘以冻深影响系数，使得到的场地冻深更接近实际情况。公式 5.1.7 中主要考虑了土质系数、湿度系数、环境系数。

土质对冻深的影响是众所周知的，因岩性不同其热物理参数也不同，粗颗粒土的导热系数比细颗粒土的大。因此，当其他条件一致时，粗颗粒土比细颗粒土的冻深大，砂类土的冻深比黏性土的大。我国对这方面问题的实测数据不多，不系统，前苏联 1974 年和 1983 年《房屋及建筑物地基》设计规范中有明确

规定，本规范采纳了他们的数据。

土的含水量和地下水位对冻深也有明显的影响，因土中水在相变时要放出大量的潜热，所以含水量越多，地下水位越高（冻结时向上迁移水量越多），参与相变的水量就越多，放出的潜热也就越多，由于冻胀土冻结的过程也是放热的过程，放热在某种程度上减缓了冻深的发展速度，因此冻深相对变浅。

城市的气温高于郊外，这种现象在气象学中称为城市的"热岛效应"。城市里的辐射受热状况发生改变（深色的沥青屋顶及路面吸收大量阳光），高耸的建筑物吸收更多的阳光，各种建筑材料的热容量和传热量大于松土。据计算，城市接受的太阳辐射量比郊外高出 10%～30%，城市建筑物和路面传送热量的速度比郊外湿润的砂质土壤快 3 倍，工业排放、交通车辆排放尾气，人为活动等都放出很多热量，加之建筑群集中，风小对流差等，使周围气温升高。这些都导致了市区冻结深度小于标准冻深，为使设计时采用的冻深数据更接近实际，原规范根据国家气象局气象科学研究院气候所、中国科学院、北京地理研究所气候室提供的数据，给出了环境对冻深的影响系数，经多年使用没有问题，因此本次修订对此不作修改，但使用时应注意，此处所说的城市（市区）是指城市集中区，不包括郊区和市属县、镇。

冻结深度与冻土层厚度两个概念容易混淆，对不冻胀土二者相同，但对冻胀性土，尤其强冻胀以上的土，二者相差颇大。对于冻胀性土，冬季自然地面是随冻胀量的加大而逐渐上抬的，此时钻探（挖探）量测的冻土层厚度包含了冻胀量，设计基础埋深时所需的冻深值是自冻前自然地面算起的，它等于实测冻土层厚度减去冻胀量，为避免混淆，在公式 5.1.7 中予以明确。

关于冻深的取值，尽量应用当地的实测资料，要注意个别年份挖探一个、两个数据不能算实测数据，多年实测资料（不少于十年）的平均值才为实测数据。

5.1.8 季节冻土地区基础合理浅埋在保证建筑安全方面是可以实现的，为此冻土学界从 20 世纪 70 年代开始做了大量的研究实践工作，取得了一定的成效，并将浅埋方法编入规范中。本次规范修订保留了原规范基础浅埋方法，但缩小了应用范围，将基底允许出现冻土层应用范围控制在深厚季节冻土地区的不冻胀、弱冻胀和冻胀土场地，修订主要依据如下：

1 原规范基础浅埋方法目前实际设计中使用不普遍。从本规范 1974 版、1989 版到 2002 版，根据当时国情和低层建筑较多的情况，为降低基础工程费用，规范都给出了基础浅埋方法，但目前在实际应用中实施基础浅埋的工程比例不大。经调查了解，我国浅季节冻土地区（冻深小于 1m）除农村低层建筑外基本没有实施基础浅埋。中厚季节冻土地区（冻深在

1m～2m 之间）多层建筑和冻胀性较强的地基也很少有浅埋基础，基础埋深多数控制在场地冻深以下。在深厚季节性冻土地区（冻深大于 2m）冻胀性不强的地基上浅埋基础较多。浅埋基础应用不多的原因一是设计者对基础浅埋不放心；二是多数勘察资料对冻深范围内的土层不给地基基础设计参数；三是多数情况冻胀性土层不是适宜的持力层。

2 随着国家经济的发展，人们对基础浅埋带来的经济效益与房屋建筑的安全性、耐久性之间，更加重视房屋建筑的安全性、耐久性。

3 基础浅埋后如果使用过程中地基浸水，会造成地基土冻胀性的增强，导致房屋出现冻胀破坏。此现象在采用了浅埋基础的三层以下建筑时有发生。

4 冻胀性强的土融化时的冻融软化现象使基础出现短时的沉陷，多年累积可导致部分浅埋基础房屋使用 20 年～30 年后室内地面低于室外地面，甚至出现进屋下台阶现象。

5 目前西欧、北美、日本和俄罗斯规范规定基础埋深均不小于冻深。

鉴于上述情况，本次规范修订提出在浅季节冻土地区、中厚季节冻土地区和深厚季节冻土地区中冻胀性较强的地基不宜实施基础浅埋，在深厚季节冻土地区的不冻胀、弱冻胀、冻胀土地基可以实施基础浅埋，并给出了基底最大允许冻土层厚度表。该表是原规范表保留了弱冻胀、冻胀土数据基础上进行了取整修改。

5.1.9 防切向冻胀力的措施如下：

切向冻胀力是指地基土冻结膨胀时产生的其作用方向平行基础侧面的冻胀力。基础防切向冻胀力方法很多，采用时应根据工程特点、地方材料和经验确定。以下介绍 3 种可靠的方法。

（一）基侧填砂

用基侧填砂来减小或消除切向冻胀力，是简单易行的方法。地基土在冻结膨胀时所产生的冻胀力通过土与基础牢固冻结在一起的剪切面传递，砂类土的持水能力很小，当砂土处在地下水位之上时，不但为非饱和土而且含水量很小，其力学性能接近松散冻土，所以砂土与基础侧表面冻结在一起的冻结强度很小，可传递的切向冻胀力亦很小。在基础施工完成后回填基坑时在基侧外表（采暖建筑）或四周（非采暖建筑）填入厚度不小于 100mm 的中、粗砂，可以起到良好的防切向冻胀力破坏的效果。本次修订将换填厚度由原来的 100mm 改为 200mm，原因是 100mm 施工困难，且容易造成换填层不连续。

（二）斜面基础

截面为上小下大的斜面基础就是将独立基础或条形基础的台阶或放大脚做成连续的斜面，其防切向冻胀力作用明显，但它容易被理解为是用下部基础断面中的扩大部分来阻止切向冻胀力将基础抬起，这种理

解是错误的。现对其原理分析如下：

在冬初当第一层土冻结时，土产生冻胀，并同时出现两个方向膨胀：沿水平方向膨胀基础受一水平作用力 H_1；垂直方向上膨胀基础受一作用力 V_1。V_1 可分解成两个分力，即沿基础斜边的 τ_{12} 和沿基础斜边法线方向的 N_{12}，τ_{12} 即是由于土有向上膨胀趋势对基础施加的切向冻胀力，N_{12} 是由于土有向上膨胀的趋势对基础斜边法线方向作用的拉应力。水平冻胀力 H_1 也可分解成两个分力，其一是 τ_{11}，其二是 N_{11}，τ_{11} 是由于水平冻胀力的作用施加在基础斜边上的切向冻胀力，N_{11} 则是由于水平冻胀力作用施加在基础斜边上的正压力（见图 1 受力分布图）。此时，第一层土作用于基侧的切向冻胀力为 $\tau_1 = \tau_{11} + \tau_{12}$，正压力 $N_1 = N_{11} - N_{12}$。由于 N_{12} 为正拉力，它的存在将降低基侧受到的正压力数值。当冻结界面发展到第二层土时，除第一层的原受力不变之外又叠加了第二层土冻胀时对第一层的作用，由于第二层土冻胀时受到第一层的约束，使第一层土对基侧的切向冻胀力增加至 $\tau_1 = \tau_{11} + \tau_{12} + \tau_{22}$，而且当冻结第二层土时第一层土所处位置的土温又有所降低，土在产生水平冻胀后出现冷缩，令冻土层的冷缩拉力为 N_C，此时正压力为 $N_1 = N_{11} - N_{12} - N_C$。当冻层发展到第三层土时，第一、二层重又出现一次上述现象。

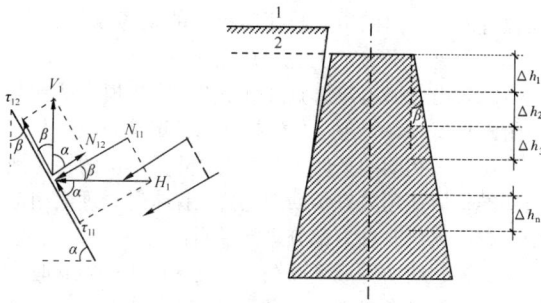

图 1　斜面基础基侧受力分布图
1—冻后地面；2—冻前地面

由以上分析可以看出，某层的切向冻胀力随冻深的发展而逐步增加，而该层位置基础斜面上受到的冻胀压应力随冻深的发展数值逐渐变小，当冻深发展到第 n 层，第一层的切向冻胀力超过基侧与土的冻结强度时，基础便与冻土产生相对位移，切向冻胀力不再增加而下滑，出现卸荷现象。N_1 由一开始冻结产生较大的压应力，随着冻深向下发展、土温的降低、下层土的冻胀等作用，拉应力分量在不断地增长，当达到一定程度，N_1 由压力变成拉力，所以当达到抗拉强度极限时，基侧与土将开裂，由于冻土的受拉呈脆性破坏，一旦开裂很快延基侧向下延伸扩展，这一开裂，使基础与基侧土之间产生空隙，切向冻胀力也就不复存在了。

应该说明的是，在冻胀土层范围之内的基础扩大部分根本起不到锚固作用，因在上层冻胀时基础下部

所出现的锚固力，等冻深发展到该层时，随着该层的冻胀而消失了，只有处在下部未冻土中基础的扩大部分才起锚固作用，但我们所说的浅埋基础根本不存在这一伸入未冻土层中的部分。

在闫家岗冻土站不同冻胀性土的场地上进行了多组方锥形（截头锥）桩基础的多年观测，观测结果表明，当 β 角大于等于 9°时，基础即是稳定的，见图 2。基础稳定的原因不是由于切向冻胀力将下部扩大部分给锚住，而是由于在倾斜表面上出现拉力分量与冷缩分量叠加之后的开裂，切向冻胀力退出工作所造成的，见图 3 的试验结果。

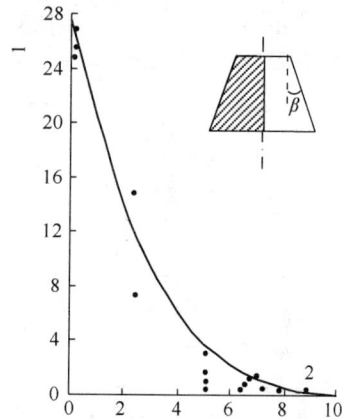

图 2　斜面基础的抗冻拔试验
1—基础冻拔量（cm）；2—β（°）

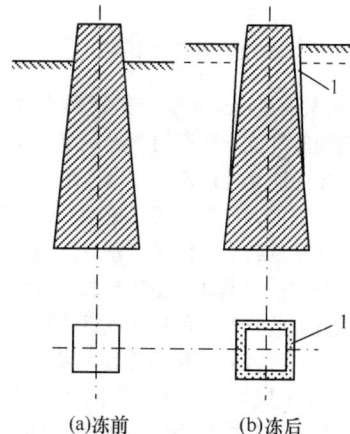

(a)冻前　　(b)冻后

图 3　斜面基础的防冻胀试验
1—空隙

用斜面基础防切向冻胀力具有如下特点：

1　在冻胀作用下基础受力明确，技术可靠。当其倾斜角 β 大于等于 9°时，将不会出现因切向冻胀力作用而导致的冻害事故发生。

2　不但可以在地下水位之上，也可在地下水位之下应用。

3　耐久性好，在反复冻融作用下防冻胀效果不变。

4　不用任何防冻胀材料就可解决切向冻胀问题。

该种基础施工时比常规基础复杂，当基础侧面较粗糙时，可用水泥砂浆将基础侧面抹平。

（三）保温基础

在基础外侧采取保温措施是消除切向冻胀力的有效方法。日本称其为"裙式保温法"，20世纪90年代开始在北海道进行研究和实践，取得了良好的效果。该方法可在冻胀性较强、地下水位较高的地基中使用，不但可以消除切向冻胀力，还可以减少地面热损耗，同时实现基础浅埋。

基础保温方法见图4。保温层厚度应根据地区气候条件确定，水平保温板上面应有不小于300mm厚土层保护，并有不小于5%的向外排水坡度，保温宽度应不小于自保温层以下算起的场地冻结深度。

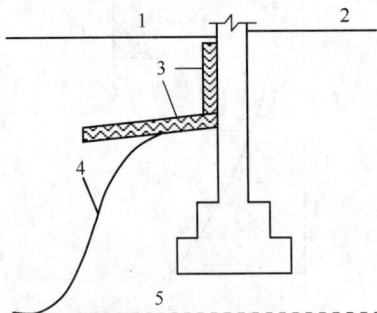

图 4 保温基础示意
1—室外地面；2—采暖室内地面；3—苯板保温层；
4—实际冻深线；5—原场地冻深线

5.2 承载力计算

5.2.4 大面积压实填土地基，是指填土宽度大于基础宽度两倍的质量控制严格的填土地基，质量控制不满足要求的填土地基深度修正系数应取1.0。

目前建筑工程大量存在着主裙楼一体的结构，对于主体结构地基承载力的深度修正，宜将基础底面以上范围内的荷载，按基础两侧的超载考虑，当超载宽度大于基础宽度两倍时，可将超载折算成土层厚度作为基础埋深，基础两侧超载不等时，取小值。

5.2.5 根据土的抗剪强度指标确定地基承载力的计算公式，条件原为均布压力。当受到较大的水平荷载而使合力的偏心距过大时，地基反力分布将很不均匀，根据规范要求 $p_{kmax} \leqslant 1.2f_a$ 的条件，将计算公式增加一个限制条件为：当偏心距 $e \leqslant 0.033b$ 时，可用该式计算。相应式中的抗剪强度指标 c、φ，要求采用附录 E 求出的标准值。

5.2.6 岩石地基的承载力一般较土高得多。本条规定："用岩石地基载荷试验确定"。但对完整、较完整和较破碎的岩体可以取样试验时，可以根据饱和单轴抗压强度标准值，乘以折减系数确定地基承载力特征值。

关键问题是如何确定折减系数。岩石饱和单轴抗

压强度与地基承载力之间的不同在于：第一，抗压强度试验时，岩石试件处于无侧限的单轴受力状态；而地基承载力则处于有围压的三轴应力状态。如果地基是完整的，则后者远远高于前者。第二，岩块强度与岩体强度是不同的，原因在于岩体中存在或多或少、或宽或窄、或显或隐的裂隙，这些裂隙不同程度地降低了地基的承载力。显然，越完整、折减越少；越破碎，折减越多。由于情况复杂，折减系数的取值原则上由地方经验确定，无经验时，按岩体的完整程度，给出了一个范围值。经试算和与已有的经验对比，条文给出的折减系数是安全的。

至于"破碎"和"极破碎"的岩石地基，因无法取样试验，故不能用该法确定地基承载力特征值。

岩样试验中，尺寸效应是一个不可忽视的因素。本规范规定试件尺寸为 $\phi50mm \times 100mm$。

5.2.7 本规范1974版中规定了矩形基础和条形基础下的地基压力扩散角（压力扩散线与垂直线的夹角），一般取 $22°$，当土层为密实的碎石土，密实的砾砂、粗砂、中砂以及坚硬和硬塑状态的黏土时，取 $30°$。当基础底面至软弱下卧层顶面以上的土层厚度小于或等于 $1/4$ 基础宽度时，可按 $0°$ 计算。

双层土的压力扩散作用有理论解，但缺乏试验证明，在1972年开始编制地基规范时主要根据理论解及仅有的一个由四川省科研所提供的现场载荷试验。为慎重起见，提出了上述的应用条件。在89版修订规范时，由天津市建研所进行了大批室内模型试验及三组野外试验，得到一批数据。由于试验局限在基宽与硬层厚度相同的条件，对于大家希望解决的较薄硬土层的扩散作用只有借助理论公式探求其合理应用范围。以下就修改补充部分进行说明：

天津建研所完成了硬层土厚度 z 等于基宽 b 时硬层的压力扩散角试验，试验共16组，其中野外载荷试验2组，室内模型试验14组，试验中进行了软层顶面处的压力测量。

试验所选用的材料，室内为粉质黏土、淤泥质黏土，用人工制备。野外用煤球灰及石屑。双层土的刚度指标用 $\alpha = E_{s1}/E_{s2}$ 控制，分别取 $\alpha = 2$、4、5、6等。模型基宽为360mm及200mm两种，现场压板宽度为1410mm。

现场试验下卧层为煤球灰，变形模量为2.2MPa，极限荷载60kPa，按 $s = 0.015b \approx 21.1mm$ 时所对应的压力仅为40kPa。（图5，曲线1）。上层硬土为振密煤球灰及振密石屑，其变形模量为10.4MPa及12.7MPa，这两组试验 $\alpha = 5$、6，从图5曲线中可明显看到：当 $z = b$ 时，$\alpha = 5$、6的硬层有明显的压力扩散作用，曲线2所反映的承载力为曲线1的3.5倍，曲线3所反映的承载力为曲线1的4.25倍。

室内模型试验：硬层为标准砂，$e = 0.66$，$E_s = 11.6MPa \sim 14.8MPa$；下卧软层分别选用流塑状粉质

黏土，变形模量在4MPa左右；淤泥质土变形模量为2.5MPa左右。从载荷试验曲线上很难找到这两类土的比例界线值，见图6，曲线1流塑状粉质黏土 $s=50mm$ 时的强度仅20kPa。作为双层地基，当 $\alpha=2$，$s=50mm$ 时的强度为56kPa（曲线2），$\alpha=4$ 时为70kPa（曲线3），$\alpha=6$ 时为96kPa（曲线4）。虽然按同一下沉量来确定强度是欠妥的，但可反映垫层的扩散作用，说明 θ 值愈大，压力扩散的效果愈显著。

关于硬层压力扩散角的确定一般有两种方法，一种是取承载力比值倒算 θ 角，另一种是采用实测压力比值，天津建研所采用后一种方法，取软层顶三个压力实测平均值作为扩散到软层上的压力值，然后按扩散角公式求 θ 值。

从图6中可以看出：p-θ 曲线上按实测压力求出的 θ 角随荷载增加迅速降低，到硬土层出现开裂后降到最低值。

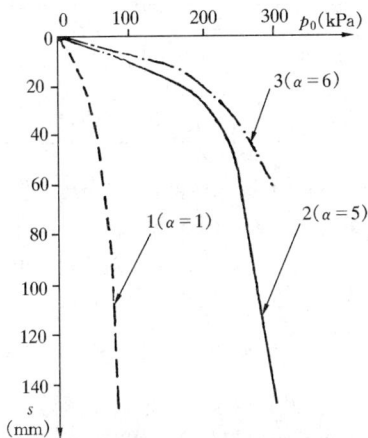

图5 现场载荷试验 p-s 曲线

1—原有煤球灰地基；2—振密煤球灰地基；3—振密土石屑地基

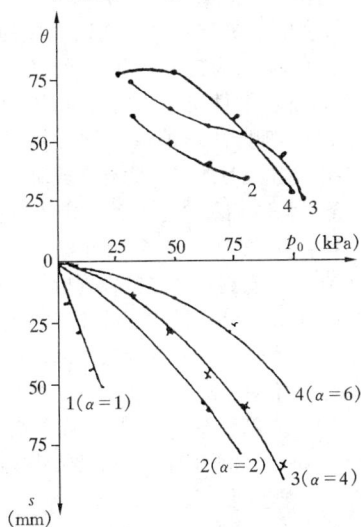

图6 室内模型试验 p-s 曲线 p-θ 曲线

注：$\alpha=2$、4时，下层土模量为4.0MPa；
$\alpha=6$ 时，下层土模量为2.9MPa。

根据平面模型实测压力计算的 θ 值分别为：$\alpha=4$ 时，$\theta=24.67°$；$\alpha=5$ 时，$\theta=26.98°$；$\alpha=6$ 时，$\theta=27.31°$；均小于30°，而直观的破裂角却为30°（图7）。

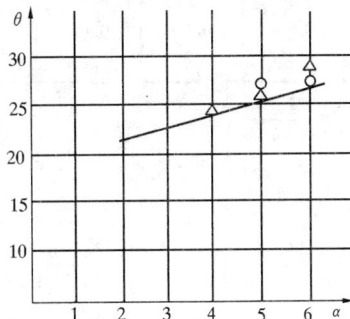

图7 双层地基试验 α-θ 曲线
△—室内试验；○—现场试验

现场载荷试验实测压力值见表3。

表3 现场实测压力

载荷板下压力 p_0 (kPa)		60	80	100	140	160	180	220	240	260	300
软弱下卧层面上平均压力 p_z (kPa)	2 ($\alpha=5$)	27.3		31.2			33.2	50.5		87.9	130.3
	3 ($\alpha=6$)		24			26.7			33.5		704

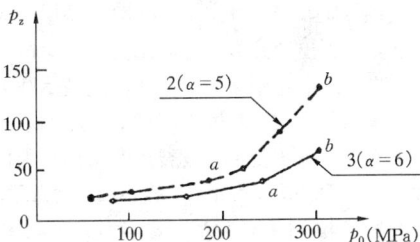

图8 载荷板压力 p_0 与界面压力 p_z 关系

按表3实测压力做图8，可以看出，当荷载增加到 a 点后，传到软土顶界面上的压力急骤增加，即压力扩散角迅速降低，到 b 点时，$\alpha=5$ 时为28.6°，$\alpha=6$ 时为28°，如果按 a 点所对应的压力分别为180kPa、240kPa，其对应的扩散角为30.34°及36.85°，换言之，在 p-s 曲线中比例界限范围内的 θ 角比破坏时略高。

为讨论这个问题，在缺乏试验论证的条件下，只能借助已有理论解进行分析。

根据叶戈罗夫的平面问题解答，条形均布荷载下双层地基中点应力 p_z 的应力系数 k_z 见表4。

表 4 条形基础中点地基应力系数

z/b	ν=1.0	ν=5.0	ν=10.0	ν=15.0
0.0	1.00	1.00	1.00	1.00
0.25	1.02	0.95	0.87	0.82
0.50	0.90	0.69	0.58	0.52
1.00	0.60	0.41	0.33	0.29

注：$\nu = \dfrac{E_{s1}}{E_{s2}} \cdot \dfrac{1-\mu_2^2}{\mu_1^2}$

E_{s1}——硬土层土的变形模量；

E_{s2}——下卧软土层的变形模量。

换算为 α 时，$\nu=5.0$　大约相当　$\alpha=4$；

$\quad\quad\quad\quad\quad\quad\nu=10.0$　大约相当　$\alpha=7\sim8$；

$\quad\quad\quad\quad\quad\quad\nu=15.0$　大约相当　$\alpha=12$。

将应力系数换算为压力扩散角可建表如下：

表 5 压力扩散角 θ

z/b	ν=1.0, α=1	ν=5.0, α≈4	ν=10.0, α≈7~8	ν=15.0, α≈12
0.00	—	—	—	—
0.25	0	5.94°	16.63°	23.7°
0.50	3.18°	24.0°	35.0°	42.0°
1.00	18.43°	35.73°	45.43°	50.75°

从计算结果分析，该值与图 6 所示试验值不同，当压力小时，试验值大于理论值，随着压力增加，试验值逐渐减小。到接近破坏时，试验值趋近于 25°，比理论值小 50% 左右，出现上述现象的原因可能是理论值只考虑土直线变形段的应力扩散，当压板下出现塑性区即载荷试验出现拐点后，土的应力应变关系已呈非线性性质，当下卧层土较差时，硬层挠曲变形不断增加，直到出现开裂。这时压力扩散角取决于上层土的刚性角逐渐达到某一定值。从地基承载力的角度出发，采用破坏时的扩散角验算下卧层的承载力比较安全可靠，并与实测土的破裂角度相当。因此，在采用理论值计算时，θ 大于 30° 的均以 30° 为限，θ 小于 30° 则以理论计算值为基础；求出 $z=0.25b$ 时的扩散角，见图 9。

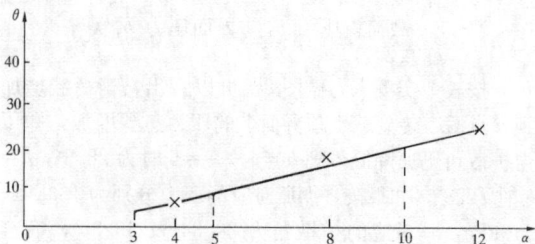

图 9　$z=0.25b$ 时 α-θ 曲线（计算值）

从表 5 可以看到 $z=0.5b$ 时，扩散角计算值均大于 $z=b$ 时图 7 所给出的试验值。同时，$z=0.5b$ 时的扩散角不宜大于 $z=b$ 时所得试验值。故 $z=0.5b$ 时的扩散角仍按 $z=b$ 时考虑，而大于 $0.5b$ 时扩散角

亦不再增加。从试验所示的破裂面的出现以及任一材料都有一个强度限值考虑，将扩散角限制在一定范围内还是合理的。综上所述，建议条形基础下硬土层地基的扩散角如表 6 所示。

表 6 条形基础压力扩散角

E_{s1}/E_{s2}	$z=0.25b$	$z=0.5b$
3	6°	23°
5	10°	25°
10	20°	30°

关于方形基础的扩散角与条形基础扩散角，可按均质土中的压力扩散系数换算，见表 7。

表 7 扩散角对照

z/b	压力扩散系数		压力扩散角	
	方形	条形	方形	条形
0.2	0.960	0.977	2.95°	3.36°
0.4	0.800	0.881	8.39°	9.58°
0.6	0.606	0.755	13.33°	15.13°
1.0	0.334	0.550	20.00°	22.24°

从表 7 可以看出，在相等的均布压力作用下，压力扩散系数差别很大，但在 z/b 在 1.0 以内时，方形基础与条形基础的扩散角相差不到 2°，该值与建表误差相比已无实际意义，故建议采用相同值。

5.3 变 形 计 算

5.3.1 本条为强制性条文。地基变形计算是地基设计中的一个重要组成部分。当建筑物地基产生过大的变形时，对于工业与民用建筑来说，都可能影响正常的生产或生活，危及人们的安全，影响人们的心理状态。

5.3.3 一般多层建筑物在施工期间完成的沉降量，对于碎石或砂土可认为其最终沉降量已完成 80% 以上，对于其他低压缩性土可认为已完成最终沉降量的 50%～80%，对于中压缩性土可认为已完成 20%～50%，对于高压缩性土可认为已完成 5%～20%。

5.3.4 本条为强制性条文。本条规定了地基变形的允许值。本规范从编制 1974 年版开始，收集了大量建筑物的沉降观测资料，加以整理分析，统计其变形特征值，从而确定各类建筑物能够允许的地基变形限制。经历 1989 年版和 2002 年版的修订、补充，本条规定的地基变形允许值已被证明是行之有效的。

对表 5.3.4 中高度在 100m 以上高耸结构物（主要为高烟囱）基础的倾斜允许值和高层建筑物基础倾斜允许值，分别说明如下：

（一）高耸构筑物部分：（增加 $H>100$m 时的允许变形值）

1 国内外规范、文献中烟囱高度 $H>100$m 时

的允许变形值的有关规定：

1） 我国《烟囱设计规范》GBJ 51—83（表 8）

表 8　基础允许倾斜值

烟囱高度 H（m）	基础允许倾斜值	烟囱高度 H（m）	基础允许倾斜值
$100<H \leqslant 150$ $150<H \leqslant 200$	$\leqslant 0.004$ $\leqslant 0.003$	$200<H$	$\leqslant 0.002$

上述规定的基础允许倾斜值，主要根据烟囱筒身的附加弯矩不致过大。

2） 前苏联地基规范 СНИП 2.02.01—83（1985年）（表 9）

表 9　地基允许倾斜值和沉降值

烟囱高度 H（m）	地基允许倾斜值	地基平均沉降量（mm）
$100<H<200$	$1/(2H)$	300
$200<H<300$	$1/(2H)$	200
$300<H$	$1/(2H)$	100

3） 基础分析与设计（美）J. E. BOWLES（1977 年）烟囱、水塔的圆环基础的允许倾斜值为 0.004。

4） 结构的允许沉降（美）M. I. ESRIG（1973年）高大的刚性建筑物明显可见的倾斜为 0.004。

2　确定高烟囱基础允许倾斜值的依据：

1） 影响高烟囱基础倾斜的因素

① 风力；

② 日照；

③ 地基土不均匀及相邻建筑物的影响；

④ 由施工误差造成的烟囱筒身基础的偏心。

上述诸因素中风、日照的最大值仅为短时间作用，而地基不均匀与施工误差的偏心则为长期作用，相对的讲后者更为重要。根据 1977 年电力系统高烟囱设计问题讨论会议纪要，从已建成的高烟囱看，烟囱筒身中心垂直偏差，当采用激光对中找直后，顶端施工偏差值均小于 $H/1000$，说明施工偏差是很小的。因此，地基土不均匀及相邻建筑物的影响是高烟囱基础产生不均匀沉降（即倾斜）的重要因素。

确定高烟囱基础的允许倾斜值，必须考虑基础倾斜对烟囱筒身强度和地基土附加压力的影响。

2） 基础倾斜产生的筒身二阶弯矩在烟囱筒身总附加弯矩中的比率

我国烟囱设计规范中的烟囱筒身由风荷载、基础倾斜和日照所产生的自重附加弯矩公式为：

$$M_f = \frac{Gh}{2}\left[\left(H - \frac{2}{3}h\right)\left(\frac{1}{\rho_w} + \frac{\alpha_{hz}\Delta_t}{2\gamma_0}\right) + m_\theta\right]$$

式中：G——由筒身顶部算起 $h/3$ 处的烟囱每米高的折算自重（kN）；

h——计算截面至筒顶高度（m）；

H——筒身总高度（m）；

$\dfrac{1}{\rho_w}$——筒身代表截面处由风荷载及附加弯矩产生的曲率；

α_{hz}——混凝土总变形系数；

Δ_t——筒身日照温差，可按 20℃采用；

m_θ——基础倾斜值；

γ_0——由筒身顶部算起 $0.6H$ 处的筒壁平均半径（m）。

从上式可看出，当筒身曲率 $\dfrac{1}{\rho_w}$ 较小时附加弯矩中基础倾斜部分才起较大作用，为了研究基础倾斜在筒身附加弯矩中的比率，有必要分析风、日照、地基倾斜对上式的影响。在 m_θ 为定值时，由基础倾斜引起的附加弯矩与总附加弯矩的比值为：

$$m_\theta\bigg/\left[\left(H - \frac{2}{3}h\right)\left(\frac{1}{\rho_w} + \frac{\alpha_{hz}\Delta_t}{2\gamma_0}\right) + m_\theta\right]$$

显然，基倾附加弯矩所占比率在强度阶段与使用阶段是不同的，后者较前者大些。

现以高度为 180m、顶部内径为 6m、风荷载为 $50kgf/m^2$ 的烟囱为例：

在标高 25m 处求得的各项弯矩值为

总风弯矩　　　　　$M_w = 13908.5t-m$

总附加弯矩　　　　$M_f = 4394.3t-m$

其中：风荷附加　　$M_{fw} = 3180.4$

日照附加　　$M_r = 395.5$

地倾附加　　$M_{fi} = 818.4$（$m_\theta = 0.003$）

可见当基础倾斜 0.003 时，由基础倾斜引起的附加弯矩仅占总弯矩（$M_w + M_f$）值的 4.6%，同样当基础倾斜 0.006 时，为 10%。综上所述，可以认为在一般情况下，筒身达到明显可见的倾斜（0.004）时，地基倾斜在高烟囱附加弯矩计算中是次要的。

但高烟囱在风、地震、温度、烟气侵蚀等诸多因素作用下工作，筒身又为环形薄壁截面，有关刚度、应力计算的因素复杂，并考虑到对邻接部分免受损害，参考了国内外规范、文献后认为，随着烟囱高度的增加，适当地递减烟囱基础允许倾斜值是合适的，因此，在修订 TJ 7 - 74 地基基础设计规范表 21 时，对高度 $h>100m$ 高耸构筑物基础的允许倾斜值可采用我国烟囱设计规范的有关数据。

（二）高层建筑部分

这部分主要参考《高层建筑箱形与筏形基础技术规范》JGJ 6 有关规定及编制说明中有关资料定出允许变形值。

1　我国箱基规定横向整体倾斜的计算值 α，在非地震区宜符合 $\alpha \leqslant \dfrac{b}{100H}$，式中，$b$ 为箱形基础宽度；

H 为建筑物高度。在箱基编制说明中提到在地震区 α 值宜用 $\frac{b}{150H} \sim \frac{b}{200H}$。

2 对刚性的高层房屋的允许倾斜值主要取决于人类感觉的敏感程度，倾斜值达到明显可见的程度大致为 1/250，结构损坏则大致在倾斜值达到 1/150 时开始。

5.3.5 该条指出：

1 压缩模量的取值，考虑到地基变形的非线性性质，一律采用固定压力段下的 E_s 值必然会引起沉降计算的误差，因此采用实际压力下的 E_s 值，即

$$E_s = \frac{1+e_0}{\alpha}$$

式中：e_0——土自重压力下的孔隙比；

α——从土自重压力至土的自重压力与附加压力之和压力段的压缩系数。

2 地基压缩层范围内压缩模量 E_s 的加权平均值提出按分层变形进行 E_s 的加权平均方法

设：$\dfrac{\sum A_i}{E_s} = \dfrac{A_1}{E_{s1}} + \dfrac{A_2}{E_{s2}} + \dfrac{A_3}{E_{s3}} + \cdots\cdots = \dfrac{\sum A_i}{E_{si}}$

则：$\qquad \bar{E}_s = \dfrac{\sum A_i}{\sum \dfrac{A_i}{E_{si}}}$

式中：$\bar{E}_s$——压缩层内加权平均的 E_s 值（MPa）；

E_{si}——压缩层内第 i 层土的 E_s 值（MPa）；

A_i——压缩层内第 i 层土的附加应力面积（m^2）。

显然，应用上式进行计算能够充分体现各分层土的 E_s 值在整个沉降计算中的作用，使在沉降计算中 E_s 完全等效于分层的 E_s。

3 根据对 132 栋建筑物的资料进行沉降计算并与资料值进行对比得出沉降计算经验系教 ψ_s 与平均 E_s 之间的关系，在编制规范表 5.3.5 时，考虑了在实际工作中有时设计压力小于地基承载力的情况，将基底压力小于 $0.75 f_{ak}$ 时另列一栏，在表 5.3.5 的数值方面采用了一个平均压缩模量值可对应给出一个 ψ_s 值，并允许采用内插方法，避免了采用压缩模量区间取一个 ψ_s 值，在区间分界处因 ψ_s 取值不同而引起的误差。

5.3.7 对于存在相邻影响情况下的地基变形计算深度，这次修订时仍以相对变形作为控制标准（以下简称为变形比法）。

在 TJ 7-74 规范之前，我国一直沿用前苏联 НИТУ127-55 规范，以地基附加应力对自重应力之比为 0.2 或 0.1 作为控制计算深度的标准（以下简称应力比法），该法沿用成习，并有相当经验。但它没有考虑到土层的构造与性质，过于强调荷载对压缩层深度的影响而对基础大小这一更为重要的因素重视不足。自 TJ 7-74 规范试行以来，采用变形比法的规定，

纠正了上述的毛病，取得了不少经验，但也存在一些问题。有的文献指出，变形比法规定向上取计算层厚为 1m 的计算变形值，对于不同的基础宽度，其计算精度不等。从与实测资料的对比分析中可以看出，用变形比法计算独立基础、条形基础时，其值偏大。但对于 $b=10m \sim 50m$ 的大基础，其值却与实测值相近。为使变形比法在计算小基础时，其计算 z_n 值也不至过于偏大，经过多次统计，反复试算，提出采用 0.3 $(1+\ln b)$ m 代替向上取计算层厚为 1m 的规定，取得较为满意的结果（以下简称为修正变形比法）。第 5.3.7 条中的表 5.3.7 就是根据 0.3 $(1+\ln b)$ m 的关系，以更粗的分格给出的向上计算层厚 Δz 值。

5.3.8 本条列入了当无相邻荷载影响时确定基础中点的变形计算深度简化公式 (5.3.8)，该公式系根据具有分层深标的 19 个载荷试验（面积 $0.5m^2 \sim 13.5m^2$）和 31 个工程实测资料统计分析而得。分析结果表明，对于一定的基础宽度，地基压缩层的深度不一定随着荷载（p）的增加而增加。对于基础形状（如矩形基础、圆形基础）与地基土类别（如软土、非软土）对压缩层深度的影响亦无显著的规律，而基础大小和压缩层深度之间却有明显的有规律性的关系。

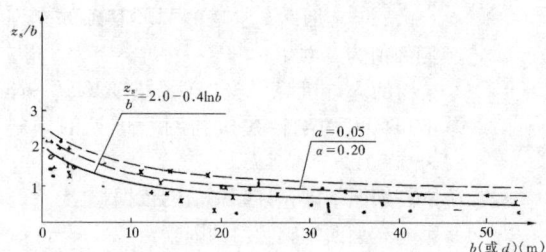

图 10 z_s/b-b 实测点和回归线

·一图形基础；+一方形基础；×一矩形基础

图 10 为以实测压缩层深度 z_s 与基础宽度 b 之比为纵坐标，而以 b 为横坐标的实测点和回归线图。实线方程 $z_s/b = 2.0 - 0.41 nb$ 为根据实测点求得的结果。为使曲线具有更高的保证率，方程式右边引入随机项 $t_a \varphi_0 S$，取置信度 $1-\alpha=95\%$ 时，该随机项偏于安全地取 0.5，故公式变为：

$$z_s = b (2.5 - 0.41 nb)$$

图 10 的实线之上有两条虚线。上层虚线为 $\alpha=0.05$，具有置信度为 95% 的方程，即式 (5.3.8)。下层虚线为 $\alpha=0.2$，具有置信度为 80% 的方程。为安全起见只推荐前者。

此外，从图 10 中可以看到绝大多数实测点分布在 $z_s/b=2$ 的线以下。即使最高的个别点，也只位于 $z_s/b=2.2$ 之处。国内外一些资料亦认为压缩层深度以取 $2b$ 或稍高一点为宜。

在计算深度范围内存在基岩或存在相对硬层时，

按第5.3.5条的原则计算地基变形时，由于下卧硬层存在，地基应力分布明显不同于 Boussinesq 应力分布。为了减少计算工作量，此次条文修订增加对于计算深度范围内存在基岩和相对硬层时的简化计算原则。

在计算深度范围内存在基岩或存在相对硬层时，地基土层中最大压应力的分布可采用 K. E. 叶戈罗夫带式基础下的结果（表10）。对于矩形基础，长短边边长之比大于或等于2时，可参考该结果。

表10 带式基础下非压缩性地基上面土层中的最大压应力系数

z/h	非压缩性土层的埋深		
	$h=b$	$h=2b$	$h=5b$
1.0	1.000	1.00	1.00
0.8	1.009	0.99	0.82
0.6	1.020	0.92	0.57
0.4	1.024	0.84	0.44
0.2	1.023	0.78	0.37
0	1.022	0.76	0.36

注：表中 h 为非压缩性地基上面土层的厚度，b 为带式荷载的半宽，z 为纵坐标。

5.3.10 应该指出高层建筑由于基础埋置较深，地基回弹再压缩变形往往在总沉降中占重要地位，甚至某些高层建筑设置3层～4层（甚至更多层）地下室时，总荷载有可能等于或小于该深度土的自重压力，这时高层建筑地基沉降变形将由地基回弹变形决定。公式（5.3.10）中，E_{ci} 应按现行国家标准《土工试验方法标准》GB/T 50123 进行试验确定，计算时应按回弹曲线上相应的压力段计算。沉降计算经验系数 ψ_c 应按地区经验采用。

地基回弹变形计算算例：

某工程采用箱形基础，基础平面尺寸 64.8m×12.8m，基础埋深 5.7m，基础底面以下各土层分别在自重压力下做回弹试验，测得回弹模量见表11。

表11 土的回弹模量

土层	层厚 (m)	回弹模量（MPa）			
		$E_{0-0.025}$	$E_{0.025-0.05}$	$E_{0.05-0.1}$	$E_{0.1-0.2}$
③粉土	1.8	28.7	30.2	49.1	570
④粉质黏土	5.1	12.8	14.1	22.3	280
⑤卵石	6.7	100（无试验资料，估算值）			

基底附加应力 108kN/m²，计算基础中点最大回弹量。回弹计算结果见表12。

表12 回弹量计算表

z_i	$\bar{a}_i$	$z_i\bar{a}_i-z_{i-1}\bar{a}_{i-1}$	p_z+p_{cz} (kPa)	E_{ci} (MPa)	$p_c(z_i\bar{a}_i-z_{i-1}\bar{a}_{i-1})/E_{ci}$
0	1.000	0	0	—	—
1.8	0.996	1.7928	41	28.7	6.75mm
4.9	0.964	2.9308	115	22.3	14.17mm
5.9	0.950	0.8814	139	280	0.34mm
6.9	0.925	0.7775	161	280	0.3mm
合计					21.56mm

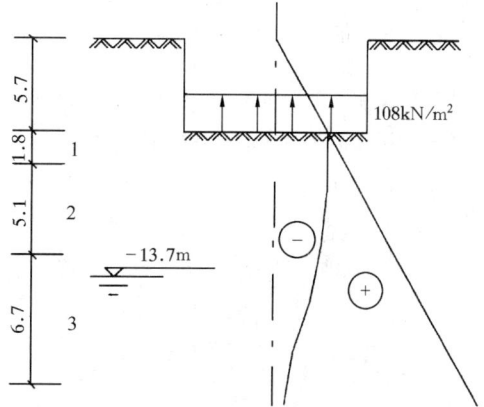

图11 回弹计算示意
1—③粉土；2—④粉质黏土；3—⑤卵石

从计算过程及土的回弹试验曲线特征可知，地基土回弹的初期，回弹模量很大，回弹量较小，所以地基土的回弹变形土层计算深度是有限的。

5.3.11 根据土的固结回弹再压缩试验或平板载荷试验卸荷再加荷试验结果，地基土回弹再压缩曲线在再压缩比率与再加荷比关系中可用两段线性关系模拟。这里再压缩比率定义为：

1) 土的固结回弹再压缩试验

$$r' = \frac{e_{max} - e_i'}{e_{max} - e_{min}}$$

式中：e_i'——再加荷过程中 P_i 级荷载施加后再压缩变形稳定时的土样孔隙比；

e_{min}——回弹变形试验中最大预压荷载或初始上覆荷载下的孔隙比；

e_{max}——回弹变形试验中土样上覆荷载全部卸载后土样回弹稳定时的孔隙比。

2) 平板载荷试验卸荷再加荷试验

$$r' = \frac{\Delta s_{rci}}{s_c}$$

式中：Δs_{rci}——载荷试验中再加荷过程中，经第 i 级加荷，土体再压缩变形稳定后产生的再压缩变形量；

s_c——载荷试验中卸荷阶段产生的回弹变

形量。

再加荷比定义为：

1）土的固结回弹再压缩试验

$$R' = \frac{P_i}{P_{max}}$$

式中：P_{max}——最大预压荷载，或初始上覆荷载；

P_i——卸荷回弹完成后，再加荷过程中经过第 i 级加荷后作用于土样上的竖向上覆荷载。

2）平板载荷试验卸荷再加荷试验

$$R' = \frac{P_i}{P_0}$$

式中：P_0——卸荷对应的最大压力；

P_i——再加荷过程中，经第 i 级加荷对应的压力。

典型试验曲线关系见图，工程设计中可按图 12 所示的试验结果按两段线性关系确定 r_0' 和 R_0'。

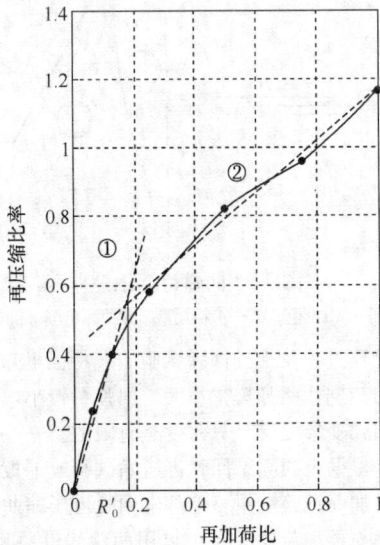

图 12　再压缩比率与再加荷比关系

中国建筑科学研究院滕延京、李建民等在室内压缩回弹试验、原位载荷试验、大比尺模型试验基础上，对回弹变形随卸荷发展规律以及再压缩变形随加荷发展规律进行了较为深入的研究。

图 13、图 14 的试验结果表明，土样卸荷回弹过程中，当卸荷比 $R<0.4$ 时，已完成的回弹变形不到总回弹变形量的 10％；当卸荷比增大至 0.8 时，已完成的回弹变形仅约占总回弹变形量的 40％；而当卸荷比介于 0.8～1.0 之间时，发生的回弹量约占总回弹变形量的 60％。

图 13、图 15 的试验结果表明，土样再压缩过程中，当再加荷量为卸荷量的 20％时，土样再压缩变形量已接近回弹变形量的 40％～60％；当再加荷量为卸荷量 40％时，土样再压缩变形量为回弹变形量的 70％左右；当再加荷量为卸荷量的 60％时，土样

产生的再压缩变形量接近回弹变形量的 90％。

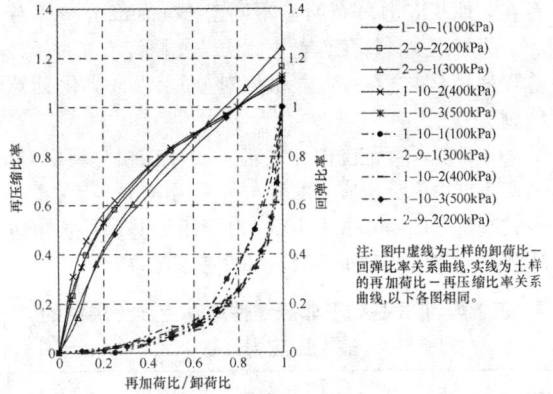

注：图中虚线为土样的卸荷比－回弹比率关系曲线，实线为土样的再加荷比－再压缩比率关系曲线，以下各图相同。

图 13　土样卸荷比-回弹比率、再加荷比-再压缩比率关系曲线（粉质黏土）

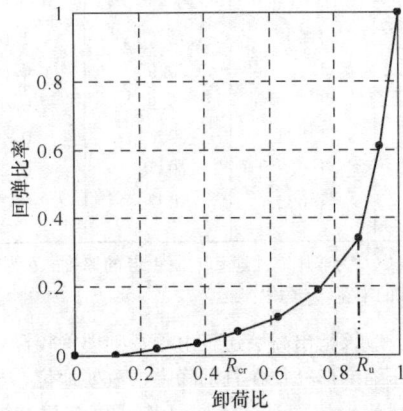

图 14　土样回弹变形发展规律曲线

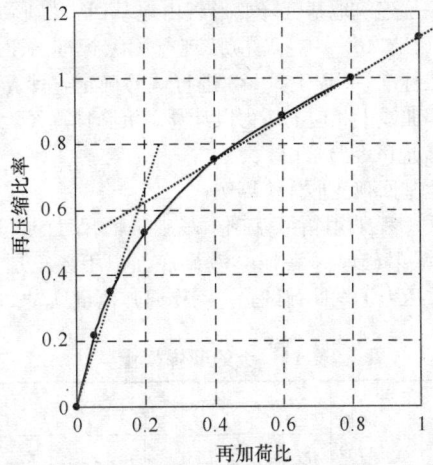

图 15　载荷试验再压缩曲线规律

回弹变形计算可按回弹变形的三个阶段分别计算：小于临界卸荷比时，其变形很小，可按线性模量关系计算；临界卸荷比至极限卸荷比段，可按 log 曲线分布的模量计算。

工程应用时，回弹变形计算的深度可取至土层的临界卸荷比深度；再压缩变形计算时初始荷载产生的变形不会产生结构内力，应在总压缩量中扣除。

工程计算的步骤和方法如下：

1 进行地基土的固结回弹再压缩试验，得到需要进行回弹再压缩计算土层的计算参数。每层土试验土样的数量不得少于 6 个，按《岩土工程勘察规范》GB 50021 的要求统计分析确定计算参数。

2 按本规范第 5.3.10 条的规定进行地基土回弹变形量计算。

3 绘制再压缩比率与再加荷比关系曲线，确定 r'_0 和 R'_0。

4 按本条计算方法计算回弹再压缩变形量。

5 如果工程在需计算回弹再压缩变形量的土层进行过平板载荷试验，并有卸荷再加荷试验数据，同样可按上述方法计算回弹再压缩变形量。

6 进行回弹再压缩变形量计算，地基内的应力分布，可采用各向同性均质线性变形体理论计算。若再压缩变形计算的最终压力小于卸载压力，$r'_{R'=1.0}$ 可取 $r'_{R'=a}$，a 为工程再压缩变形计算的最大压力对应的再加荷比，$a \leqslant 1.0$。

工程算例：

1 模型试验

模型试验在中国建筑科学研究院地基基础研究所试验室内进行，采用刚性变形深标对基坑开挖过程中基底及以下不同深度处土体回弹变形进行观测，最终取得良好结果。

变形深标点布置图 16，其中 A 轴上 5 个深标点所测深度为基底处，其余各点所测为基底下不同深度处土体回弹变形。

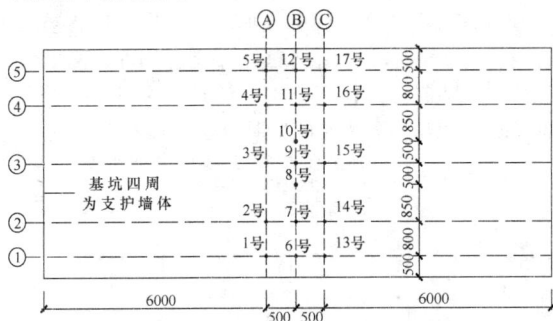

图 16　模型试验刚性变形深标点平面布置图

由图 17 可知 3 号深标点最终测得回弹变形量为 4.54mm，以 3 号深标点为例，对基地处土体再压缩变形量进行计算：

　　1）确定计算参数

根据土工试验，由再加荷比、再压缩比率进行分析，得到模型试验中基底处土体再压缩变形规律见图 18。

　　2）计算所得该深标点处回弹变形最终量为 5.14mm。

　　3）确定 r'_0 和 R'_0。

模型试验中，基底处最终卸荷压力为 72.45kPa，

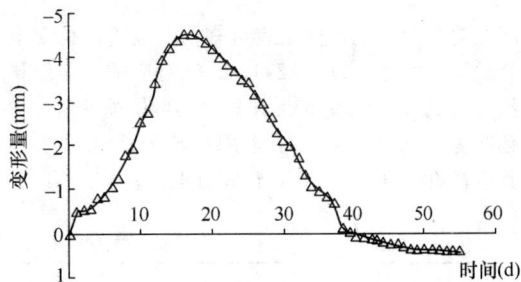

图 17　3 号刚性变形深标点变形时程曲线

土工试验结果得到再加荷比-再压缩比率关系曲线，根据土体再压缩变形两阶段线性关系，切线①与切线②的交点即为两者关系曲线的转折点，得到 $r'_0 = 0.42$，$R'_0 = 0.25$，见图 19。

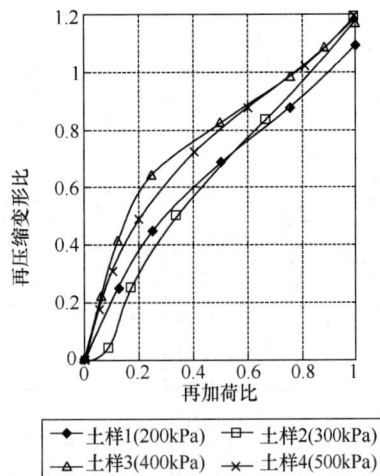

图 18　土工试验所得基底处土体再压缩变形规律

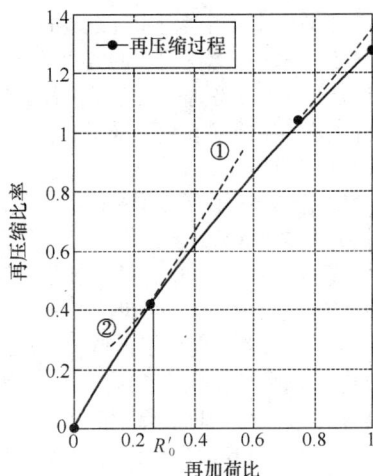

图 19　模型试验中基底处土体再压缩变形规律

　　4）再压缩变形量计算

根据模型试验过程，基坑开挖完成后，3 号深标点处最终卸荷量为 72.45kPa，根据其回填过程中各

时间点再加荷情况，由下表可知，因最终加荷完成时，最终再加荷比为 0.8293，此时对应的再压缩比率约为 1.1，故再压缩变形计算中其再压缩变形增大系数取为 $r'_{R'=0.8293} = 1.1$，采用规范公式（5.3.11）对其进行再压缩变形计算，计算过程见表 13。

回填完成时基底处土体最终再压缩变形为 4.86mm。

根据模型实测结果，试验结束后又经过一个月变形测试，得到 3 号刚性变形深标点最终再压缩变形量为 4.98mm。

表 13　再压缩变形沉降计算表

工况序号	再加荷量 p (kPa)	总卸荷量 p_c (kPa)	计算回弹变形量 s_c (mm)	再加荷比 R'	$p < R'_0 \cdot p_c$ $\dfrac{p}{p_c \cdot R'_0}$ $= \dfrac{p}{72.45 \times 0.25}$	再压缩变形量 (mm)	$R'_0 \cdot p_c \leqslant p \leqslant p_c$ $r'_0 + \dfrac{r'_{R'=0.8293} - r'_0}{1 - R'_0}$ $\left(\dfrac{p}{p_c} - R'_0\right)$ $= 0.42 + 0.9067$ $\left(\dfrac{p}{p_c} - 0.25\right)$	再压缩变形量 (mm)
1	2.97			0.0410	0.1640	0.354	—	—
2	8.94			0.1234	0.4936	1.066	—	—
3	11.80			0.1628	0.6515	1.406	—	—
4	15.62			0.2156	0.8624	1.862	—	—
5	—	72.45	5.14	0.25	—	—	0.42	2.16
6	39.41			0.5440	—	—	0.6866	3.53
7	45.95			0.6342	—	—	0.7684	3.95
8	54.41			0.7510	—	—	0.8743	4.49
9	60.08			0.8293	—	—	0.9453	4.86

需要说明的是，在上述计算过程中已同时进行了土体再压缩变形增大系数的修正，$r'_{R'=0.8293} = 1.1$ 系数的取值即根据工程最终再加荷情况而确定。

2　上海华盛路高层住宅

在 20 世纪 70 年代，针对高层建筑地基基础回弹问题，我国曾在北京、上海等地进行过系统的实测研究及计算方法分析，取得了较为可贵的实测资料。其中 1976 年建设的上海华盛路高层住宅楼工程就是其中之一，在此根据当年的研究资料，采用上述再压缩变形计算方法对其进行验证性计算。

根据《上海华盛路高层住宅箱形基础测试研究报告》，该工程概况与实测情况如下：

本工程系由南楼（13 层）和北楼（12 层）两单元组成的住宅建筑。南北楼上部女儿墙的标高分别为 +39.80m 和 +37.00m。本工程采用天然地基，两层地下室，箱形基础。底层室内地坪标高为 ±0.000m，室外地面标高为 −0.800m，基底标高为 −6.450m。

为了对本工程的地基基础进行比较全面的研究，采用一些测量手段对降水曲线、地基回弹、基础沉降、压缩层厚度、基底反力等进行了测量，测试布置见图 20。在 G_{14} 和 G_{15} 轴中间埋设一个分层标 F_2（基底标高以下 50cm），以观测井点降水对地基变形的影响和基坑开挖引起的地基回弹；在邻近建筑物埋设沉降标，以研究井点降水和南北楼对邻近建筑物的影

响。基坑开挖前，在北楼埋设 6 个回弹标，以研究基坑开挖引起的地基回弹。基坑开挖过程中，分层标 F_2 被碰坏，有 3 个回弹标被抓土斗挖掉。当北楼浇筑混凝土垫层后，在 G_{14} 和 G_{15} 轴上分别埋设两个分层标 F_1（基底标高以下 5.47m）、F_3（基底标高以下 11.2m），以研究各土层的变形和地基压缩层的厚度。

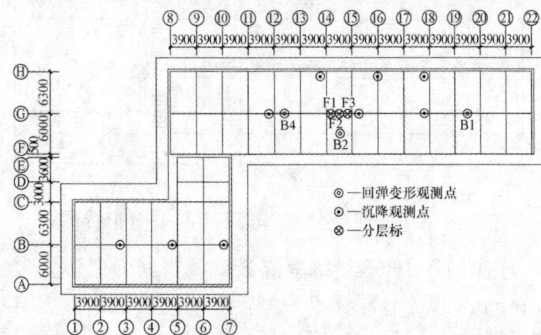

图 20　上海华盛路高层住宅工程基坑回弹点平面位置与测点成果图

1976 年 5 月 8 日南北楼开始井点降水，5 月 19 日根据埋在北楼基底标高以下 50cm 的分层标 F_2，测得由于降水引起的地基下沉 1.2cm，翌日北楼进行挖土，分层标被抓土斗碰坏。5 月 27 日当挖土到基底时，根据埋在北楼基底标高下约 30cm 的回弹标 H 和 H_4 的实测结果，并考虑降水预压下沉的影响，显

坑中部的地基回弹为 4.5cm。

　1）确定计算参数

　根据工程勘察报告，土样 9953 为基底处土体取样，固结回弹试验中其所受固结压力为 110kPa，接近基底处土体自重应力，试验成果见图 21。

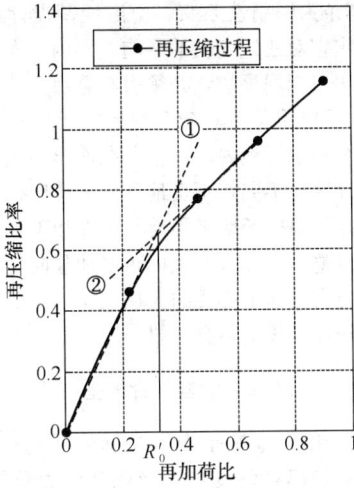

图 21　土样 9953 固结回弹试验
成果再压缩变形分析

　在土样 9953 固结回弹再压缩试验所得再加荷比-再压缩比率、卸荷比-回弹比率关系曲线上，采用相同方法得到再加荷比-在压缩比率关系曲线上的切线①与切线②。

　2）计算所得该深标点处回弹变形最终量为 49.76mm。

　3）确定确定 r'_0 和 R'_0

　根据图 22 土样 9953 再压缩变形分析曲线，切线①与切线②的交点即为再压缩变形过程中两阶段线性阶段的转折点，则由上图取 $r'_0 = 0.64$，$R'_0 = 0.32$，$r'_{R'=1.0} = 1.2$。

　4）再压缩变形量计算

　根据研究资料，结合施工进度，预估再加荷过程中几个工况条件下建筑物沉降量，见表 14。如表中 1976 年 10 月 13 日时，当前工况下基底所受压力为 113kPa，本工程中基坑开挖在基底处卸荷量为 106kPa，则可认为至此时为止对基底下土体来说是其再压缩变形过程。因沉降观测是从基础底板完成后开始的，故此表格中的实测沉降量偏小。

　根据上述资料，计算各工况下基底处土体再压缩变形量见表 15。

　由工程资料可知至工程实测结束时实际工程再加荷量为 113kPa，而由于基坑开挖基底处土体卸荷量为 106kPa，但鉴于土工试验数据原因，再加荷比取 1.0 进行计算。

　则由上述建筑物沉降表，至 1976 年 10 月 13 日，观测到的建筑物累计沉降量为 54.9mm。

　同样，根据本节所定义载荷试验再加荷比、再压缩比率概念，可依据载荷试验数据按上述步骤进行再压缩变形计算。

表 14　各施工进度下建筑物沉降表

序号	监测时间	当前工况下基底处所受压力（kPa）	实测累计沉降量（mm）
1	1976 年 6 月 14 日	12	0
2	1976 年 7 月 7 日	32	7.2
3	1976 年 7 月 21 日	59	18.9
4	1976 年 7 月 28 日	60	18.9
5	1976 年 8 月 2 日	61	22.3
6	1976 年 9 月 13 日	78	40.7
7	1976 年 10 月 13 日	113	54.9

表 15　再压缩变形沉降计算表

工况序号	再加荷量 p (kPa)	总卸荷量 p_c (kPa)	计算回弹变形量 s_c (mm)	再加荷比 R'	$p<R'_0\cdot p_c$ 再加荷比 $R'=\dfrac{p}{p_c\cdot R'_0}=\dfrac{p}{106\times0.32}$	$p<R'_0\cdot p_c$ 再压缩变形量 (mm)	$R'_0\cdot p_c\leqslant p\leqslant p_c$ 再加荷比 $R'=r'_0+\dfrac{r'_{R'=1.0}-r'_0}{1-R'_0}\left(\dfrac{p}{p_c}-R'_0\right)=0.64+0.8235\left(\dfrac{p}{p_c}-0.32\right)$	$R'_0\cdot p_c\leqslant p\leqslant p_c$ 再压缩变形量 (mm)
1	12			0.1132	0.3538	11.27	—	—
2	32			0.3018	0.9434	30.10	—	—
3	—			0.32			0.64	31.85
4	59	106	49.76	0.5566			0.8348	41.54
5	60			0.5660			0.8426	41.93
6	61			0.5754			0.8503	42.31
7	78			0.7358			0.9824	48.88
8	113			1.0			1.1999	59.71

5.3.12　中国建筑科学研究院通过十余组大比尺模型试验和三十余项工程测试，得到大底盘高层建筑地基反力、地基变形的规律，提出该类建筑地基基础设计方法。

　大底盘高层建筑由于外挑裙楼和地下结构的存在，使高层建筑地基基础变形由刚性、半刚性向柔性转化，基础挠曲度增加（见图 22），设计时应加以控制。

挠曲度(万分之一)

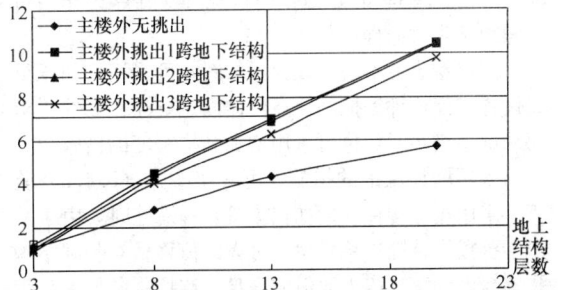

图例：
- 主楼外无挑出
- 主楼外挑出 1 跨地下结构
- 主楼外挑出 2 跨地下结构
- 主楼外挑出 3 跨地下结构

（纵轴）地上结构层数

图 22　大底盘高层建筑与单体高层建筑的整体挠曲
（框架结构，2 层地下结构）

　主楼外挑出的地下结构可以分担主楼的荷载，降低了整个基础范围内的平均基底压力，使主楼外有挑出时的平均沉降量减小。

裙房扩散主楼荷载的能力是有限的，主楼荷载的有效传递范围是主楼外 1 跨~2 跨。超过 3 跨，主楼荷载将不能通过裙房有效扩散（见图 23）。

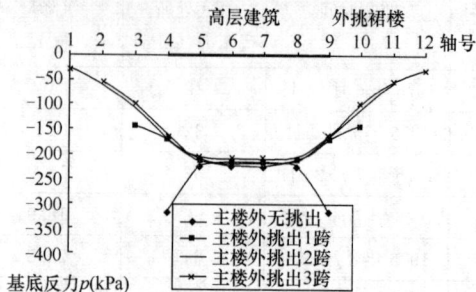

图 23 大底盘高层建筑与单体高层建筑的基底反力
（内筒外框结构 20 层，2 层地下结构）

大底盘结构基底中点反力与单体高层建筑基底中点反力大小接近，刚度较大的内筒使该部分基础沉降、反力趋于均匀分布。

单体高层建筑的地基承载力在基础刚度满足规范条件时可按平均基底压力验算，角柱、边柱构件设计可按内力计算值放大 1.2 或 1.1 倍设计；大底盘地下结构的地基反力在高层内筒部位与单体高层建筑内筒部位地基反力接近，是平均基底压力的 0.7 倍~0.8 倍，且高层部位的边缘反力无单体高层建筑的放大现象，可按此地基反力进行地基承载力验算；角柱、边柱构件设计内力计算值无需放大，但外挑一跨的框架梁、柱内力较不整体连接的情况要大，设计时应予以加强。

增加基础底板刚度、楼板厚度或地基刚度可有效减少大底盘结构基础的差异沉降。试验证明大底盘结构基础底板出现弯曲裂缝的基础挠曲度在 0.05%~0.1%之间。工程设计时，大面积整体筏形基础主楼的整体挠度不宜大于 0.05%，主楼与相邻的裙楼的差异沉降不大于其跨度 0.1%可保证基础结构安全。

5.4 稳定性计算

5.4.3 对于简单的浮力作用情况，基础浮力作用可采用阿基米德原理计算。

抗浮稳定性不满足设计要求时，可采用增加压重或设置抗浮构件等措施。在整体满足抗浮稳定性要求而局部不满足时，也可采用增加结构刚度的措施。

采用增加压重的措施，可直接按式（5.4.3）验算。采用抗浮构件（例如抗拔桩）等措施时，由于其产生抗拔力伴随位移发生，过大的位移量对基础结构是不允许的，抗拔力取值应满足位移控制条件。采用本规范附录 T 的方法确定的抗拔桩抗拔承载力特征值进行设计对大部分工程可满足要求，对变形要求严格的工程还应进行变形计算。

6 山 区 地 基

6.1 一 般 规 定

6.1.1 本条为强制性条文。山区地基设计应重视潜在的地质灾害对建筑安全的影响，国内已发生几起滑坡引起的房屋倒塌事故，必须引起重视。

6.1.2 工程地质条件复杂多变是山区地基的显著特征。在一个建筑场地内，经常存在地形高差较大，岩土工程特性明显不同，不良地质发育程度差异较大等情况。因此，根据场地工程地质条件和工程地质分区并结合场地整平情况进行平面布置和竖向设计，对避免诱发地质灾害和不必要的大挖大填，保证建筑物的安全和节约建设投资很有必要。

6.2 土岩组合地基

6.2.2 土岩组合地基是山区常见的地基形式之一，其主要特点是不均匀变形。当地基受力范围内存在刚性下卧层时，会使上覆土体中出现应力集中现象，从而引起土层变形增大。本次修订增加了考虑刚性下卧层计算地基变形的一种简便方法，即先按一般土质地基计算变形，然后按本条所列的变形增大系数进行修正。

6.3 填 土 地 基

6.3.1 本条为强制性条文。近几年城市建设高速发展，在新城区的建设过程中，形成了大量的填土场地，但多数情况是未经填方设计，直接将开山的岩屑倾倒填筑到沟谷地带的填土。当利用其作为建筑物地基时，应进行详细的工程地质勘察工作，按照设计的具体要求，选择合适的地基方法进行处理。不允许将未经检验查明的以及不符合要求的填土作为建筑工程的地基持力层。

6.3.2 为节约用地，少占或不占良田，在平原、山区和丘陵地带的建设中，已广泛利用填土作为建筑或其他工程的地基持力层。填土工程设计是一项很重要的工作，只有在精心设计、精心施工的条件下，才能获得高质量的填土地基。

6.3.5 有机质的成分很不稳定且不易压实，其土料中含量大于 5%时不能作为填土的填料。

6.3.6 利用当地的土、石或性能稳定的工业废料作为压实填土的填料，既经济，又省工、省时，符合因地制宜、就地取材和多快好省的建设原则。

利用碎石、块石及爆破开采的岩石碎屑作填料时，为保证夯压密实，应限制其最大粒径，当采用强夯方法进行处理时，其最大粒径可根据夯实能量和当地经验适当加大。

采用黏性土和黏粒含量≥10%的粉土作填料时，

填料的含水量至关重要。在一定的压实功下，填料在最优含水量时，干密度可达最大值，压实效果最好。填料的含水量太大时，应将其适当晾干处理，含水量过小时，则应将其适当增湿。压实填土施工前，应在现场选取有代表性的填料进行击实试验，测定其最优含水量，用以指导施工。

6.3.7、6.3.8 填土地基的压实系数，是填土地基的重要指标，应按建筑物的结构类型、填土部位及对变形的要求确定。压实填土的最大干密度的测定，对于以岩石碎屑为主的粗粒土填料目前存在一些不足，实验室击实试验值偏低而现场小坑灌砂法所得值偏高，导致压实系数偏高较多，应根据地区经验或现场试验确定。

6.3.9 填土地基的承载力，应根据现场静载荷试验确定。考虑到填土的不均匀性，试验数据量应较自然地层多，才能比较准确地反映出地基的性质，可配合采用其他原位测试法进行确定。

6.3.10 在填土施工过程中，应切实做好地面排水工作。对设置在填土场地的上、下水管道，为防止因管道渗漏影响邻近建筑或其他工程，应采取必要的防渗漏措施。

6.3.11 位于斜坡上的填土，其稳定性验算应包含两方面的内容：一是填土在自重及建筑物荷载作用下，沿天然坡面滑动；二是由于填土出现新边坡的稳定问题。填土新边坡的稳定性较差，应注意防护。

6.4 滑坡防治

6.4.1 本条为强制性条文。滑坡是山区建设中常见的不良地质现象，有的滑坡是在自然条件下产生的，有的是在工程活动影响下产生的。滑坡对工程建设危害极大，山区建设对滑坡问题必须重视。

6.5 岩石地基

6.5.1 在岩石地基，特别是在层状岩石中，平面和垂向持力层范围内软岩、硬岩相间出现很常见。在平面上软硬岩石相间分布或在垂向上硬岩有一定厚度、软岩有一定埋深的情况下，为安全合理地使用地基，就有必要通过验算地基的承载力和变形来确定如何对地基进行使用。岩石一般可视为不可压缩地基，上部荷载通过基础传递到岩石地基上时，基底应力以直接传递为主，应力呈柱形分布，当荷载不断增加使岩石裂缝被压密产生微弱沉降而卸荷时，部分荷载将转移到冲切锥范围以外扩散，基底压力呈钟形分布。验算岩石下卧层强度时，其基底压力扩散角可按 $30°\sim40°$ 考虑。

由于岩石地基刚度大，在岩性均匀的情况下可不考虑不均匀沉降的影响，故同一建筑物中允许使用多种基础形式，如桩基与独立基础并用，条形基础、独立基础与桩基础并用等。

基岩面起伏剧烈，高差较大并形成临空面是岩石地基的常见情况，为确保建筑物的安全，应重视临空面对地基稳定性的影响。

6.6 岩溶与土洞

6.6.2 由于岩溶发育具有严重的不均匀性，为区别对待不同岩溶发育程度场地上的地基基础设计，将岩溶场地划分为岩溶强发育、中等发育和微发育三个等级，用以指导勘察、设计、施工。

基岩面相对高差以相邻钻孔的高差确定。

钻孔见洞隙率＝（见洞隙钻孔数量/钻孔总数）×100%。线岩溶率＝（见洞隙的钻探进尺之和/钻探总进尺）×100%。

6.6.4～6.6.9 大量的工程实践证明，岩溶地基经过恰当的处理后，可以作建筑地基。现在建筑用地日趋紧张，在岩溶发育地区要避开岩溶强发育场地非常困难。采取合理可靠的措施对岩溶地基进行处理并加以利用，更加切合当前建筑地基基础设计的实际情况。

土洞的顶板强度低，稳定性差，且土洞的发育速度一般都很快，因此其对地基稳定性的危害大。故在岩溶发育地区的地基基础设计应对土洞给予高度重视。

由于影响岩溶稳定性的因素很多，现行勘探手段一般难以查明岩溶特征，目前对岩溶稳定性的评价，仍然是以定性和经验为主。

对岩溶顶板稳定性的定量评价，仍处于探索阶段。某些技术文献中曾介绍采用结构力学中的梁、板、拱理论评价，但由于计算边界条件不易明确，计算结果难免具有不确定性。

岩溶地基的地基与基础方案的选择应针对具体条件区别对待。大多数岩溶场地的岩溶都需要加以适当处理方能进行地基基础设计。而地基基础方案经济合理与否，除考虑地基自然状况外，还应考虑地基处理方案的选择。

一般情况下，岩溶洞隙侧壁由于受溶蚀风化的影响，此部分岩体强度和完整程度较内部围岩要低，为保证建筑物的安全，要求跨越岩溶洞隙的梁式结构在稳定岩石上的支承长度应大于梁高 1.5 倍。

当采用洞底支撑（穿越）方法处理时，桩的设计应考虑下列因素，并根据不同条件选择：

1 桩底以下 3 倍～5 倍桩径或不小于 5m 深度范围内无影响地基稳定性的洞隙存在，岩体稳定性良好，桩端嵌入中等风化～微风化岩体不宜小于 0.5m，并低于应力扩散范围内的不稳定洞隙底板，或经验算桩端埋置深度已可保证桩不向临空面滑移。

2 基坑涌水易于抽排、成孔条件好，宜设计人工挖孔桩。

3 基坑涌水量较大，抽排将对环境及相邻建筑物产生不良影响，或成孔条件不好，宜设计钻孔桩。

4 当采用小直径桩时，应设置承台。对地基基础设计等级为甲级、乙级的建筑物，桩的承载力特征值应由静载试验确定，对地基基础设计等级为丙级的建筑物，可借鉴类似工程确定。

当按悬臂梁设计基础时，应对悬臂梁不同受力工况进行验算。

桩身穿越溶洞顶板的岩体，由于岩溶发育的复杂性和不均匀性，顶板情况一般难以查明，通常情况下不计算顶板岩体的侧阻力。

6.7 土质边坡与重力式挡墙

6.7.1 边坡设计的一般原则：

1 边坡工程与环境之间有着密切的关系，边坡处理不当，将破坏环境，毁坏生态平衡，治理边坡必须强调环境保护。

2 在山区进行建设，切忌大挖大填，某些建设项目，不顾环境因素，大搞人造平原，最后出现大规模滑坡，大量投资毁于一旦，还酿成生态环境的破坏。应提倡依山就势。

3 工程地质勘察工作，是不可缺少的基本建设程序。边坡工程的影响面较广，处理不当就可酿成地质灾害，工程地质勘察尤为重要。勘察工作不能局限于红线范围，必须扩大勘察面，一般在坡顶的勘察范围，应达到坡高的1倍～2倍，才能获取较完整的地质资料。对于高大边坡，应进行专题研究，提出可行性方案经论证后方可实施。

4 边坡支挡结构的排水设计，是支挡结构设计很重要的一环，许多支挡结构的失效，都与排水不善有关。根据重庆市的统计，倒塌的支挡结构，由于排水不善造成的事故占80%以上。

6.7.3 重力式挡土墙上的土压力计算应注意的问题：

1 土压力的计算，目前国际上仍采用楔体试算法。根据大量的试算与实际观测结果的对比，对于高大挡土结构来说，采用古典土压力理论计算的结果偏小，土压力的分布也有较大的偏差。对于高大挡土墙，通常也不允许出现达到极限状态时的位移值，因此在土压力计算式中计入增大系数。

2 土压力计算公式是在土体达到极限平衡状态的条件下推导出来的，当边坡支挡结构不能达到极限状态时，土压力设计值应取主动土压力与静止土压力的某一中间值。

3 在山区建设中，经常遇到60°～80°陡峻的岩石自然边坡，其倾角远大于库仑破坏面的倾角，这时如果仍然采用古典土压力理论计算土压力，将会出现较大的偏差。当岩石自然边坡的倾角大于 $45°+\varphi/2$ 时，应按楔体试算法计算土压力值。

6.7.4、6.7.5 重力式挡土结构，是过去用得较多的一种挡土结构形式。在山区地盘比较狭窄，重力式挡土结构的基础宽度较大，影响土地的开发利用，对于

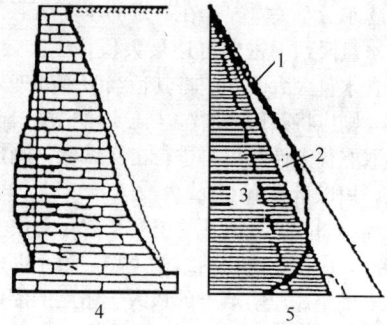

图24　墙体变形与土压力
1—测试曲线；2—静止土压力；3—主动土压力；
4—墙体变形；5—计算曲线

高大挡土墙，往往也是不经济的。石料是主要的地方材料，经多个工程测算，对于高度 8m 以上的挡土墙，采用桩锚体系挡土结构，其造价、稳定性、安全性、土地利用率等方面，都较重力式挡土结构为好。所以规范规定"重力式挡土墙宜用于高度小于 8m、地层稳定、开挖土石方时不会危及相邻建筑物安全的地段"。

对于重力式挡土墙的稳定性验算，主要由抗滑稳定性控制，而现实工程中抗倾覆稳定破坏的可能性又大于滑动破坏。说明过去抗倾覆稳定性安全系数偏低，这次稍有调整，由原来的 1.5 调整成 1.6。

6.8 岩石边坡与岩石锚杆挡墙

6.8.2 整体稳定边坡，原始地应力释放后回弹较快，在现场很难测量到横向推力。但在高切削的岩石边坡上，很容易发现边坡顶部的拉伸裂隙，其深度约为边坡高度的 0.2 倍～0.3 倍，离开边坡顶部边缘一定距离后很快消失，说明边坡顶部确实有拉应力存在。这一点从二维光弹试验中也得到了证明。从光弹试验中也证明了边坡的坡脚，存在着压应力与剪切应力，对岩石边坡来说，岩石本身具有较高的抗压与抗剪切强度，所以岩石边坡的破坏，都是从顶部垮塌开始的。因此对于整体结构边坡的支护，应注意加强顶部的支护结构。

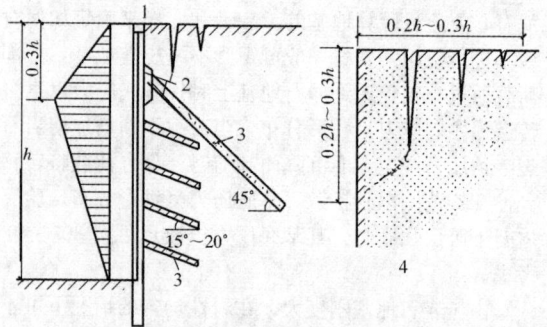

图25　整体稳定边坡顶部裂隙
1—压顶梁；2—连系梁及牛腿；3—构造锚杆；
4—坡顶裂隙分布

边坡的顶部裂隙比较发育，必须采用强有力的锚杆进行支护，在顶部 $0.2h \sim 0.3h$ 高度处，至少布置一排结构锚杆，锚杆的横向间距不应大于 3m，长度不应小于 6m。结构锚杆直径不宜小于 130mm，钢筋不宜小于 $3\Phi 22$。其余部分为防止风化剥落，可采用锚杆进行构造防护。防护锚杆的孔径宜采用 50mm ~ 100mm，锚杆长度宜采用 2m ~ 4m，锚杆的间距宜采用 1.5m ~ 2.0m。

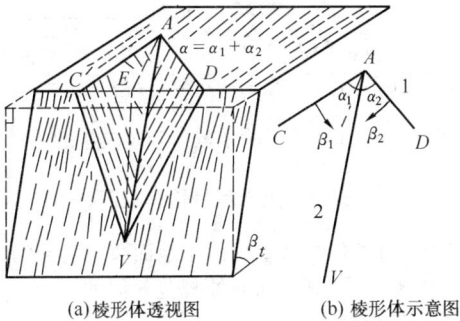

图 26　具有两组结构面的下滑棱柱体示意
1—裂隙走向；2—棱线

6.8.3　单结构面外倾边坡的横推力较大，主要原因是结构面的抗剪强度一般较低。在工程实践中，单结构面外倾边坡的横推力，通常采用楔形体平面课题进行计算。

对于具有两组或多组结构面形成的下滑棱柱体，其下滑力通常采用棱形体分割法进行计算。现举例如下：

1　已知：新开挖的岩石边坡的坡角为 80°。边坡上存在着两组结构面（如图 26 所示）：结构面 1 走向 AC，与边坡顶部边缘线 CD 的夹角为 75°，其倾角 $\beta_1 = 70°$；其结构面 2 走向 AD，与边坡顶部边缘线 DC 的夹角为 40°，其倾角 $\beta_2 = 43°$。即两结构面走向线的夹角 α 为 65°。AE 点的距离为 3m。经试验两个结构面上的内摩擦角均为 $\varphi = 15.6°$，其黏聚力近于 0。岩石的重度为 24kN/m³。

2　棱线 AV 与两结构面走向线间的平面夹角 α_1 及 α_2。可采用下列计算式进行计算：

$$\cot \alpha_1 = \frac{\tan \beta_1}{\sin \alpha \tan \beta_2} + \cot \alpha$$

$$\cot \alpha_2 = \frac{\tan \beta_2}{\sin \alpha \tan \beta_1} + \cot \alpha$$

从而通过计算得出 $\alpha_1 = 15°$，$\alpha_2 = 50°$。

3　进而计算出棱线 AV 的倾角，即沿着棱线方向上结构面的视倾角 β'。

$$\tan \beta' = \tan \beta_1 \sin \alpha_1$$

计算得：$\beta' = 35.5°$

4　用 AVE 平面将下滑棱柱体分割成两个块体。计算获得两个滑块的重力为：$w_1 = 31$kN，$w_2 = 139$kN；

棱柱体总重为 $w = w_1 + w_2 = 170$kN。

5　对两个块体的重力分解成垂直与平行于结构面的分力：

$$N_1 = w_1 \cos \beta_1 = 10.6\text{kN}$$
$$T_1 = w_1 \sin \beta_1 = 29.1\text{kN}$$
$$N_2 = w_2 \cos \beta_2 = 101.7\text{kN}$$
$$T_2 = w_2 \sin \beta_2 = 94.8\text{kN}$$

6　再将平行于结构面的下滑力分解成垂直与平行于棱线的分力：

$$\tan \theta_1 = \tan(90° - \alpha_1) \cos \beta_1 = 1.28 \quad \theta_1 = 52°$$
$$\tan \theta_2 = \tan(90 - \alpha_2) \cos \beta_2 = 0.61 \quad \theta_2 = 32°$$
$$T_{s1} = T_1 \cos \theta_1 = 18\text{kN}$$
$$T_{s2} = T_2 \cos \theta_2 = 80\text{kN}$$

7　棱柱体总的下滑力：$T_s = T_{s1} + T_{s2} = 98$kN

两结构面上的摩阻力：

$$F_t = (N_1 + N_2)\tan \varphi = (10.6 + 101.7)\tan 15.6° = 31\text{kN}$$

作用在支挡结构上推力：$T = T_s - F_t = 67$kN。

6.8.4　岩石锚杆挡土结构，是一种新型挡土结构体系，对支挡高大土质边坡很有成效。岩石锚杆挡土结构的位移很小，支挡的土体不可能达到极限状态，当按主动土压力理论计算土压力时，必须乘以一个增大系数。

岩石锚杆挡土结构是通过立柱或竖桩将土压力传递给锚杆，再由锚杆将土压力传递给稳定的岩体，达到支挡的目的。立柱间的挡板是一种维护结构，其作用是挡住两立柱间的土体，使其不掉下来。因存在着卸荷拱作用，两立柱间的土体作用在挡土板的土压力是不大的，有些支挡结构没有设置挡板也能安全支挡边坡。

岩石锚杆挡土结构的立柱必须嵌入稳定的岩体中，一般的嵌入深度为立柱断面尺寸的 3 倍。当所支挡的主体位于高度较大的陡崖边坡的顶部时，可有两种处理办法：

1　将立柱延伸到坡脚，为了增强立柱的稳定性，可在陡崖的适当部位增设一定数量的锚杆。

2　将立柱在具有一定承载能力的陡崖顶部截断，在立柱底部增设锚杆，以承受立柱底部的横推力及部分竖向力。

6.8.5　本条为锚杆的构造要求，现说明如下：

1　锚杆宜优先采用热轧带肋的钢筋作主筋，是因为在建筑工程中所用的锚杆大多不使用机械锚头，在很多情况下主筋也不允许设置弯钩，为增加主筋与混凝土的握裹力作出的规定。

2　大量的试验研究表明，岩石锚杆在 15 倍 $\sim$ 20 倍锚杆直径以深的部位已没有锚固力分布，只有锚杆顶部周围的岩体出现破坏后，锚固力才会向深部延伸。当岩石锚杆的嵌岩深度小于 3 倍锚杆的孔径时，其抗拔力较低，不能采用本规范式（6.8.6）进行抗拔承载力计算。

3 锚杆的施工质量对锚杆抗拔力的影响很大，在施工中必须将钻孔清洗干净，孔壁不允许有泥膜存在。锚杆的施工还应满足有关施工验收规范的规定。

7 软 弱 地 基

7.2 利用与处理

7.2.7 本条为强制性条文。规定了复合地基设计的基本原则，为确保地基设计的安全，在进行地基设计时必须严格执行。

复合地基是指由地基土和竖向增强体（桩）组成、共同承担荷载的人工地基。复合地基按增强体材料可分为刚性桩复合地基、粘结材料桩复合地基和无粘结材料桩复合地基。

当地基土为欠固结土、膨胀土、湿陷性黄土、可液化土等特殊土时，设计时应综合考虑土体的特殊性质，选用适当的增强体和施工工艺，以保证处理后的地基土和增强体共同承担荷载。

7.2.8 本条为强制性条文。强调复合地基的承载力特征值应通过载荷试验确定。可直接通过复合地基载荷试验确定，或通过增强体载荷试验结合土的承载力特征值和地区经验确定。

桩体强度较高的增强体，可以将荷载传递到桩端土层。当桩长较长时，由于单桩复合地基载荷试验的荷载板宽度较小，不能全面反映复合地基的承载特性。因此单纯采用单桩复合地基载荷试验的结果确定复合地基承载力特征值，可能由于试验的载荷板面积或由于褥垫层厚度对复合地基载荷试验结果产生影响。因此对复合地基承载力特征值的试验方法，当采用设计褥垫厚度进行试验时，对于独立基础或条形基础宜采用与基础宽度相等的载荷板进行试验，当基础宽度较大、试验有困难而采用较小宽度载荷板进行试验时，应考虑褥垫层厚度对试验结果的影响。必要时应通过多桩复合地基载荷试验确定。有地区经验时也可采用单桩载荷试验结果和其周边土承载力特征值结合经验确定。

7.2.9 复合地基的承载力计算应同时满足轴心荷载和偏心荷载作用的要求。

7.2.10 复合地基的地基计算变形量可采用单向压缩分层总和法按本规范第 5.3.5 条～第 5.3.8 条有关的公式计算，加固区土层的模量取桩土复合模量。

由于采用复合地基的建筑物沉降观测资料较少，一直沿用天然地基的沉降计算经验系数。各地使用对复合土层模量较低时符合性较好，对于承载力提高幅度较大的刚性桩复合地基出现计算值小于实测值的现象。本次修订通过对收集到的全国 31 个 CFG 桩复合地基工程沉降观测资料分析，得出地基的沉降计算经验系数与沉降计算深度范围内压缩模量当量值的关

系，如图 27 所示，本次修订对于当量模量大于 15MPa 的沉降计算经验系数进行了调整。

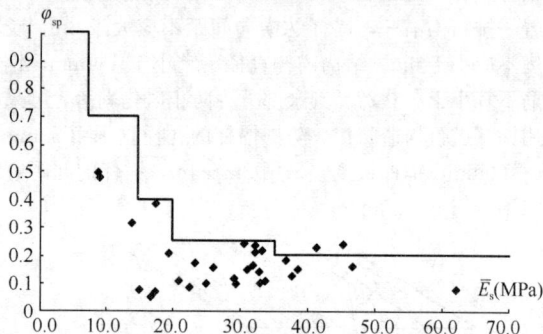

图 27 沉降计算经验系数与当量模量的关系

7.5 大面积地面荷载

7.5.5 在计算依据（基础由于地面荷载引起的倾斜值≤0.008）和计算方法与原规范相同的基础上，作了复算，结果见表 16。

表 16 中：$[q_{eq}]$——地面的均布荷载允许值（kPa）；

$[s'_g]$——中间柱基内侧边缘中点的地基附加沉降允许值（mm）；

β_0——压在基础上的地面堆载（不考虑基础外的地面堆载影响）对基础内倾值的影响系数；

β'_0——和压在基础上的地面堆载纵向方向一致的压在地基上的地面堆载对基础内倾值的影响系数；

l——车间跨度（m）；

b——车间跨度方向基础底面边长（m）；

d——基础埋深（m）；

a——地面堆载的纵向长度（m）；

z_n——从室内地坪面起算的地基变形计算深度（m）；

$\bar{E}_s$——地基变形计算深度内按应力面积法求得土的平均压缩模量（MPa）；

$\bar{\alpha}_{Az}$、$\bar{\alpha}_{Bz}$——柱基内、外侧边缘中点自室内地坪面起算至 z_n 处的平均附加应力系数；

$\bar{\alpha}_{Ad}$、$\bar{\alpha}_{Bd}$——柱基内、外侧边缘中点自室内地坪面起算至基底处的平均附加应力系数；

$\tan\theta'$——纵向方向和压在基础上的地面堆载一致的压在地基上的地面堆载引起基础的内倾值；

$\tan\theta$——地面堆载范围与基础内侧边缘线重合时，均布地面堆载引起的基础内倾值；

$\beta_1 \cdots\cdots \beta_{10}$——分别表示地面堆载离柱基内侧边缘的不同位置和堆载的纵向长度对基础内倾值的影响系数。

表 16 中：

$$[q_{eq}] = \frac{0.008 b \overline{E}_s}{z_n(\bar{\alpha}_{Az} - \bar{\alpha}_{Bz}) - d(\bar{\alpha}_{Ad} - \bar{\alpha}_{Bd})}$$

$$[S'_s] = \frac{0.008 b z_n \bar{\alpha}_{Az}}{z_n(\bar{\alpha}_{Az} - \bar{\alpha}_{Bz}) - d(\bar{\alpha}_{Ad} - \bar{\alpha}_{Bd})}$$

$$\beta_0 = \frac{0.033 b}{z_n(\bar{\alpha}_{Az} - \bar{\alpha}_{Bz}) - d(\bar{\alpha}_{Ad} - \bar{\alpha}_{Bd})}$$

$$\beta'_0 = \frac{\tan\theta'}{\tan\theta}$$

大面积地面荷载作用下地基附加沉降的计算举例：

单层工业厂房，跨度 $l=24$m，柱基底面边长 $b=3.5$m，基础埋深 1.7m，地基土的压缩模量 $E_s=4$MPa，堆载纵向长度 $a=60$m，厂房填土在基础完工后填筑，地面荷载大小和范围如图 28 所示，求由于地面荷载作用下柱基内侧边缘中点(A)的地基附加沉降值，并验算是否满足天然地基设计要求。

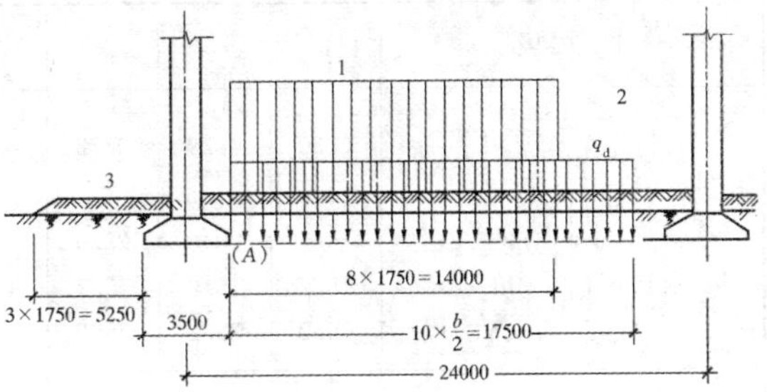

图 28　地面荷载计算示意

1—地面堆载 $q_1=20$kPa；2—填土 $q_2=15.2$kPa；
3—填土 $p_i=9.5$kPa

一、等效均布地面荷载 q_{eq}

计算步骤如表 17 所示。

二、柱基内侧边缘中点（A）的地基附加沉降值 s'_g

计算时取 $a'=30$m，$b'=17.5$m。计算步骤如表 18 所示。

表 16　均布荷载允许值 $[q_{eq}]$ 地基沉降允许值 $[s'_g]$ 和系数 β 的计算总表

l(m)	d(m)	b(m)	a(m)	z_n	$\bar{\alpha}_{Az}$	$\bar{\alpha}_{Bz}$	$\bar{\alpha}_{Ad}$	$\bar{\alpha}_{Bd}$	$[q_{eq}]$(kPa)	$[s'_g]$(m)	β_0	1	2	3	4	5	6	7	8	9	10	β'_0
12	2	1	6	13.0	0.282	0.163	0.488	0.088	$0.0107\overline{E}_s$	0.0393	0.44											
			11	16.5	0.324	0.216	0.485	0.082	$0.0082\overline{E}_s$	0.0438	0.34											
			22	21.0	0.358	0.264	0.498	0.095	$0.0068\overline{E}_s$	0.0513	0.28											
			33	23.0	0.366	0.276	0.499	0.096	$0.0063\overline{E}_s$	0.0528	0.26											
			44	24.0	0.378	0.284	0.499	0.096	$0.0055\overline{E}_s$	0.0476	0.23											
12	2	2	6	13.0	0.279	0.108	0.488	0.024	$0.0123\overline{E}_s$	0.0448	0.51	0.27	0.24	0.17	0.10	0.08	0.05	0.03	0.03	0.030	0.01	
			10	15.0	0.324	0.150	0.499	0.031	$0.0096\overline{E}_s$	0.0446	0.39											
			20	20.0	0.349	0.198	0.499	0.029	$0.0077\overline{E}_s$	0.0540	0.32	0.21	0.20	0.15	0.12	0.09	0.07	0.06	0.04	0.03	0.03	
			30	22.0	0.363	0.222	0.49	0.029	$0.0074\overline{E}_s$	0.0590	0.31	0.31	0.31	0.18	0.11	0.09						
			40	22.5	0.373	0.231	0.499	0.029	$0.0071\overline{E}_s$	0.0596	0.29											
18	2	3	6	13.5	0.282	0.082	0.488	0.010	$0.0138\overline{E}_s$	0.0526	0.57	0.64	0.24	0.08	0.04	—						
			12	18.0	0.333	0.134	0.498	0.010	$0.0092\overline{E}_s$	0.0551	0.38	0.38	0.23	0.15	0.10	0.06	0.05	0.03	0.02	0.02	0.01	
			15	19.5	0.349	0.153	0.498	0.011	$0.0084\overline{E}_s$	0.0574	0.35	0.31	0.22	0.15	0.10	0.08	0.05	0.04	0.03	0.02	0.01	0.06
			30	24.0	0.388	0.205	0.499	0.012	$0.0071\overline{E}_s$	0.0659	0.29	0.27	0.21	0.14	0.11	0.08	0.06	0.04	0.03	0.03	0.02	
			45	27.0	0.396	0.228	0.499	0.011	$0.0067\overline{E}_s$	0.0723	0.28	0.42	0.28	0.15	0.08	0.07						
			60	28.5	0.399	0.237	0.499	0.012	$0.0066\overline{E}_s$	0.0737	0.27											
24	2	4	6	14.0	0.277	0.059	0.488	0.002	$0.0154\overline{E}_s$	0.0596	0.63	0.40	0.34	0.12	0.06	0.04	0.02	0.01	0.01	—		
			12	19.0	0.332	0.110	0.497	0.005	$0.0099\overline{E}_s$	0.0625	0.41	0.40	0.25	0.13	0.08	0.06	0.03	0.02	0.01	0.01	0.01	
			20	23.0	0.370	0.154	0.499	0.006	$0.0080\overline{E}_s$	0.0683	0.33	0.35	0.23	0.14	0.09	0.07	0.04	0.03	0.02	0.01		
			40	28.0	0.408	0.206	0.499	0.006	$0.0068\overline{E}_s$	0.0780	0.28											
			60	32.0	0.413	0.229	0.499	0.006	$0.0066\overline{E}_s$	0.0866	0.27	0.21	0.26	0.16	0.10	0.06	0.50	0.08	0.02			
			80	34.0	0.415	0.236	0.499	0.006	$0.0063\overline{E}_s$	0.0884	0.26											
30	2	5	6	14.0	0.279	0.046	0.488	0.002	$0.0175\overline{E}_s$	0.0681	0.72	0.57	0.24	0.12	0.05	0.03	0.01	—	—	—		
			12	20.0	0.327	0.091	0.498	0.001	$0.0107\overline{E}_s$	0.0702	0.44	0.47	0.24	0.12	0.07	0.04	0.02	0.02	0.02	0.01	—	0.10
			25	26.0	0.384	0.151	0.499	0.003	$0.0079\overline{E}_s$	0.0785	0.32	0.61	0.23	0.29	0.05	0.01						
			50	32.5	0.419	0.204	0.499	0.003	$0.0067\overline{E}_s$	0.0910	0.28											
			75	35.0	0.430	0.226	0.499	0.003	$0.0065\overline{E}_s$	0.0978	0.27	0.60	0.21	0.15	0.09	0.06	0.05	0.04	0.03	0.03	0.02	
			100	37.5	0.430	0.234	0.499	0.003	$0.0063\overline{E}_s$	0.1012	0.26	0.31	0.21	0.14	0.10	0.09	0.06	0.05	0.03	0.02	0.03	

表 17

区　　段	0	1	2	3	4	5	6	7	8	9	10
$\beta_i\left(\dfrac{a}{5b}=\dfrac{6000}{1750}>1\right)$	0.30	0.29	0.22	0.15	0.10	0.08	0.06	0.04	0.03	0.02	0.01
q_i (kPa)　堆　载	0	20.0	20.0	20.0	20.0	20.0	20.0	20.0	20.0	0	0
填　土	15.2	15.2	15.2	15.2	15.2	15.2	15.2	15.2	15.2	15.2	15.2
合　计	15.2	35.2	35.2	35.2	35.2	35.2	35.2	35.2	35.2	15.2	15.2
p_i (kPa) 填土	9.5	9.5	9.5	4.8							
$\beta_i q_i-\beta_i p_i$ (kPa)	1.7	7.5	5.7	4.6	3.5	2.8	2.1	1.4	1.1	0.3	0.2

$$q_{eq}=0.8\sum_{i=0}^{10}(\beta_i q_i-\beta_i p_i)=0.8\times30.9=24.7\text{kPa}$$

表 18

z_i (m)	$\dfrac{a'}{b'}$	$\dfrac{z_i}{b'}$	$\bar{\alpha}_i$	$z_i\bar{\alpha}_i$ (m)	$z_i\bar{\alpha}_i-z_{i-1}\bar{\alpha}_{i-1}$	E_{si} (MPa)	$\Delta s'_{gi}=\dfrac{q_{lg}}{E_{si}}\times(z_i\bar{\alpha}_i-z_{i-1}\bar{\alpha}_{i-1})$ (mm)	$s'_g=\sum_{i=1}^{n}\Delta s'_{gi}$ (mm)	$\dfrac{\Delta s'_{gi}}{\sum_{i=1}^{n}\Delta s'_{gi}}$
0	$\dfrac{30.00}{17.50}=1.71$	0							
28.80		$\dfrac{28.80}{17.50}=1.65$	$2\times0.2069=0.4138$	11.92		4.0	73.6	73.6	
30.00		$\dfrac{30.00}{17.50}=1.71$	$2\times0.2044=0.4088$	12.26	0.34	4.0	2.1	75.7	0.028>0.025
29.80		$\dfrac{29.80}{17.50}=1.70$	$2\times0.2049=0.4098$	12.21		4.0	75.4		
31.00		$\dfrac{31.00}{17.50}=1.77$	$2\times0.2020=0.4040$	12.52	0.34	4.0	1.9	77.3	0.0246<0.025

注：地面荷载宽度 $b'=17.5$m，由地基变形计算深度 z 处向上取计算层厚度为 1.2m。从上表中得知地基变形计算深度 z_n 为 31m，所以由地面荷载引起柱基内侧边缘中点（A）的地基附加沉降值 $s'_g=77.3$mm。按 $a=60$m，$b=3.5$m。查表 16 得地基附加沉降允许值 $[s'_g]=80$mm，故满足天然地基设计的要求。

8　基　础

8.1　无筋扩展基础

8.1.1　本规范提供的各种无筋扩展基础台阶宽高比的允许值沿用了本规范 1974 版规定的允许值，这些规定都是经过长期的工程实践检验，是行之有效的。在本规范 2002 版编制时，根据现行国家标准《混凝土结构设计规范》GB 50010 以及《砌体结构设计规范》GB 50003 对混凝土和砌体结构的材料强度等级要求作了调整。计算结果表明，当基础单侧扩展范围内基础底面处的平均压力值超过 300kPa 时，应按下

式验算墙（柱）边缘或变阶处的受剪承载力：

$$V_s\leqslant0.366f_t A$$

式中：V_s——相应于作用的基本组合时的地基土平均净反力产生的沿墙（柱）边缘或变阶处的剪力设计值（kN）；

A——沿墙（柱）边缘或变阶处基础的垂直截面面积（m²）。当验算截面为阶形时其截面折算宽度按附录 U 计算。

上式是根据材料力学、素混凝土抗拉强度设计值以及基底反力为直线分布的条件下确定的，适用于除岩石以外的地基。

对基底反力集中于立柱附近的岩石地基，基础的抗剪验算条件应根据各地区具体情况确定。重庆大学

曾对置于泥岩、泥质砂岩和砂岩等变形模量较大的岩石地基上的无筋扩展基础进行了试验，试验研究结果表明，岩石地基上无筋扩展基础的基底反力曲线是一倒置的马鞍形，呈现出中间大，两边小，到了边缘又略为增大的分布形式，反力的分布曲线主要与岩体的变形模量和基础的弹性模量比值、基础的高宽比有关。由于试验数据少，且因我国岩石类别较多，目前尚不能提供有关此类基础的受剪承载力验算公式，因此有关岩石地基上无筋扩展基础的台阶宽高比应结合各地区经验确定。根据已掌握的岩石地基上的无筋扩展基础试验中出现沿柱周边直剪和劈裂破坏现象，提出设计时应对柱下混凝土基础进行局部受压承载力验算，避免柱下素混凝土基础可能因横向拉应力达到混凝土的抗拉强度后引起基础周边混凝土发生竖向劈裂破坏和压陷。

8.2 扩 展 基 础

8.2.1 扩展基础是指柱下钢筋混凝土独立基础和墙下钢筋混凝土条形基础。由于基础底板中垂直于受力钢筋的另一个方向的配筋具有分散部分荷载的作用，有利于底板内力重分布，因此各国规范中基础板的最小配筋率都小于梁的最小配筋率。美国 ACI318 规范中基础板的最小配筋率是按温度和混凝土收缩的要求规定为 0.2%（$f_{yk} = 275MPa \sim 345MPa$）和 0.18%（$f_{yk} = 415MPa$）；英国标准 BS8110 规定板的两个方向的最小配筋率：低碳钢为 0.24%，合金钢为 0.13%；英国规范 CP110 规定板的受力钢筋和次要钢筋的最小配筋率：低碳钢为 0.25% 和 0.15%，合金钢为 0.15% 和 0.12%；我国《混凝土结构设计规范》GB 50010 规定对卧置于地基上的混凝土板受拉钢筋的最小配筋率不应小于 0.15%。本规范此次修订，明确了柱下独立基础的受力钢筋最小配筋率为 0.15%，此要求低于美国规范，与我国《混凝土结构设计规范》GB 50010 对卧置于地基上的混凝土板受拉钢筋的最小配筋率以及英国规范对合金钢的最小配筋率要求相一致。

为减小混凝土收缩产生的裂缝，提高条形基础对不均匀地基土适应能力，本次修订适当加大了分布钢筋的配筋量。

8.2.5 自本规范 GBJ 7-89 版颁布后，国内高杯口基础杯壁厚度以及杯壁和短柱部分的配筋要求基本上照此执行，情况良好。本次修订，保留了本规范 2002 版增加的抗震设防烈度为 8 度和 9 度时，短柱部分的横向箍筋的配置量不宜小于 $\phi 8@150$ 的要求。

制定高杯口基础的构造依据是：

1 杯壁厚度 t

多数设计在计算有短柱基础的厂房排架时，一般都不考虑短柱的影响，将排架柱视作固定在基础杯口顶面的二阶柱（图 29b）。这种简化计算所得的弯矩

m 较考虑有短柱存在按三阶柱（图 29c）计算所得的弯矩小。

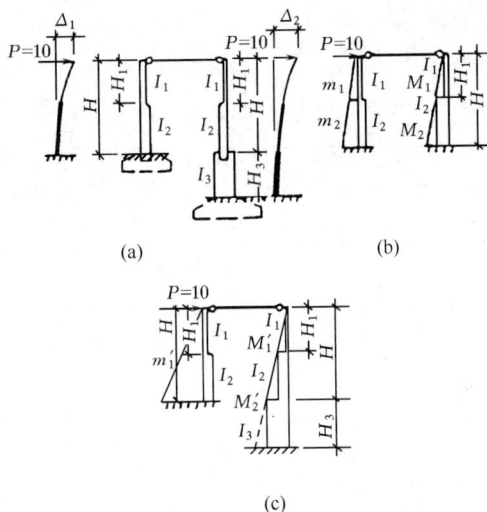

图 29 带短柱基础厂房的计算示意
（a）厂房图形；（b）简化计算；（c）精确计算

原机械工业部设计院对起重机起重量小于或等于 750kN、轨顶标高在 14m 以下的一般工业厂房做了大量分析工作，分析结果表明：短柱刚度愈小即 $\dfrac{\Delta_2}{\Delta_1}$ 的比值愈大（图 29a），则弯矩误差 $\dfrac{\Delta m}{m}$%，即 $\dfrac{m' - m}{m}$% 愈大。图 30 为二阶柱和三阶柱的弯矩误差关系，从图中可以看到，当 $\dfrac{\Delta_2}{\Delta_1} = 1.11$ 时，$\dfrac{\Delta m}{m} = 8$%，构件尚属安全使用范围之内。在相同的短柱高度和相同的柱截面条件下，短柱的刚度与杯壁的厚度 t 有关，GBJ 7-89 规范就是据此规定杯壁的厚度。通过十多年实践，按构造配筋的限制条件可适当放宽，本规范 2002 版参照《机械工厂结构设计规范》GBJ 8-97 增加了第 8.2.5 条中第 2、3 款的限制条件。

对符合本规范条文要求，且满足表 8.2.5 杯壁厚度最小要求的设计可不考虑高杯口基础短柱部分对排架的影响，否则应按三阶柱进行分析。

2 杯壁配筋

杯壁配筋的构造要求是基于横向（顶层钢筋网和横向箍筋）和纵向钢筋共同工作的计算方法，并通过试验验证。大量试算工作表明，除较小柱截面的杯口外，均能保证必需的安全度。顶层钢筋网由于抗弯力臂大，设计时应充分利用其抗弯承载力以减少杯壁其他的钢筋用量。横向箍筋 $\phi 8@150$ 的抗弯承载力随柱的插入杯口深度 h_1 而异，但当柱截面高度 h 大于 1000mm，$h_1 = 0.8h$ 时，抗弯能力有限，因此设计时横向箍筋不宜大于 $\phi 8@150$。纵向钢筋直径可为 12mm~16mm，且其设置量又与 h 成正比，h 愈大则

其抗弯承载力愈大，当 $h \geqslant 1000mm$ 时，其抗弯承载力已达到甚至超过顶层钢筋网的抗弯承载力。

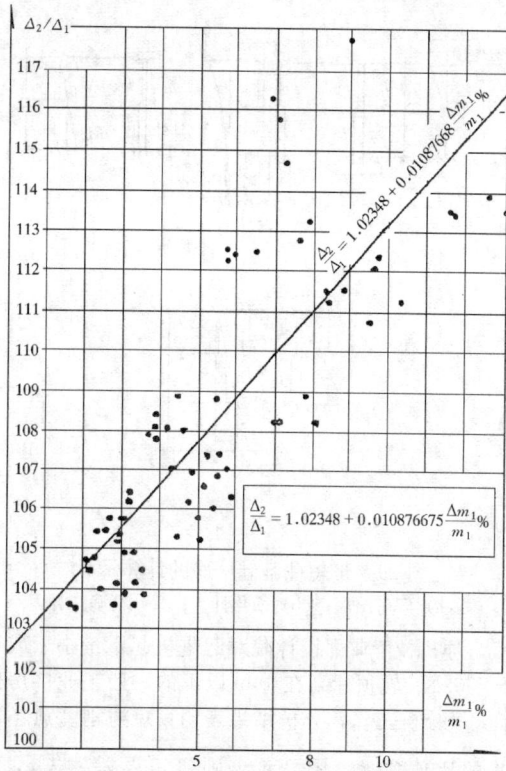

图 30　一般工业厂房 $\dfrac{\Delta_2}{\Delta_1}$ 与 $\dfrac{\Delta m}{m}\%$（上柱）关系

注：Δ_1 和 Δ_2 的相关系数 $\gamma=0.817824352$

8.2.7　本条为强制性条文。规定了扩展基础的设计内容：受冲切承载力计算、受剪切承载力计算、抗弯计算、受压承载力计算。为确保扩展基础设计的安全，在进行扩展基础设计时必须严格执行。

8.2.8、8.2.9　为保证柱下独立基础双向受力状态，基础底面两个方向的边长一般都保持在相同或相近的范围内，试验结果和大量工程实践表明，当冲切破坏锥体落在基础底面以内时，此类基础的截面高度由受冲切承载力控制。本规范编制时所作的计算分析和比较也表明，符合本规范要求的双向受力独立基础，其剪切所需的截面有效面积一般都能满足要求，无需进行受剪承载力验算。考虑到实际工作中柱下独立基础底面两个方向的边长比值有可能大于2，此时基础的受力状态接近于单向受力，柱与基础交接处不存在冲切的问题，仅需对基础进行斜截面受剪承载力验算。因此，本次规范修订时，补充了基础底面短边尺寸小于柱宽加两倍基础有效高度时，验算柱与基础交接处基础受剪承载力的条款。验算截面取柱边缘，当受剪验算截面为阶梯形及锥形时，可将其截面折算成矩形，折算截面的宽度及截面有效高度，可按照本规范附录U确定。需要说明的是：计算斜截面受剪承载力时，验算截面的位置，各国规范的规定不尽相

同。对于非预应力构件，美国规范ACI318，根据构件端部斜截面脱离体的受力条件规定了：当满足（1）支座反力（沿剪力作用方向）在构件端部产生压力时；（2）距支座边缘 h_0 范围内无集中荷载时；取距支座边缘 h_0 处作为验算受剪承载力的截面，并取距支座边缘 h_0 处的剪力作为验算的剪力设计值。当不符合上述条件时，取支座边缘处作为验算受剪承载力的截面，剪力设计值取支座边缘处的剪力。我国混凝土结构设计规范对均布荷载作用下的板类受弯构件，其斜截面受剪承载力的验算位置一律取支座边缘处，剪力设计值一律取支座边缘处的剪力。在验算单向受剪承载力时，ACI-318 规范的混凝土抗剪强度取 $\phi \sqrt{f_c'}/6$，抗剪强度为冲切承载力（双向受剪）时混凝土抗剪强度 $\phi \sqrt{f_c'}/3$ 的一半，而我国的混凝土单向受剪强度与双向受剪强度相同，设计时只是在截面高度影响系数中略有差别。对于单向受力的基础底板，按照我国混凝土设计规范的受剪承载力公式验算，计算截面从板边退出 h_0 算得的板厚小于美国 ACI318规范，而验算断面取梁或墙边时算得的板厚则大于美国 ACI318 规范。

本条文中所说的"短边尺寸"是指垂直于力矩作用方向的基础底边尺寸。

8.2.10　墙下条形基础底板为单向受力，应验算墙与基础交接处单位长度的基础受剪切承载力。

8.2.11　本条中的公式（8.2.11-1）和式（8.2.11-2）是以基础台阶宽高比小于或等于2.5，以及基础底面与地基土之间不出现零应力区（$e \leqslant b/6$）为条件推导出来的弯矩简化计算公式，适用于除岩石以外的地基。其中，基础台阶宽高比小于或等于2.5是基于试验结果，旨在保证基底反力呈直线分布。中国建筑科学研究院地基所黄熙龄、郭天强对不同宽高比的板进行了试验，试验板的面积为 $1.0m \times 1.0m$。试验结果表明：在轴向荷载作用下，当 $h/l \leqslant 0.125$ 时，基底反力呈现中部大、端部小（图31a、31b），地基承载力没有充分发挥基础板就出现井字形受弯破坏裂缝；当 $h/l=0.16$ 时，地基反力呈直线分布，加载超过地基承载力特征值后，基础板发生冲切破坏（图31c）；当 $h/l=0.20$ 时，基础边缘反力逐渐增大，中部反力逐渐减小，在加载接近冲切承载力时，底部反力向中部集中，最终基础板出现冲切破坏（图31d）。基于试验结果，对基础台阶宽高比小于或等于2.5的独立柱基可采用基底反力直线分布进行内力分析。

此外，考虑到独立基础的高度一般是由冲切或剪切承载力控制，基础板相对较厚，如果用其计算最小配筋量可能导致底板用钢量不必要的增加，因此本规范提出对阶形以及锥形独立基础，可将其截面折算成矩形，其折算截面的宽度 b_0 及截面有效高度 h_0 按本规范附录U确定，并按最小配筋率 0.15% 计算基础底板的最小配筋量。

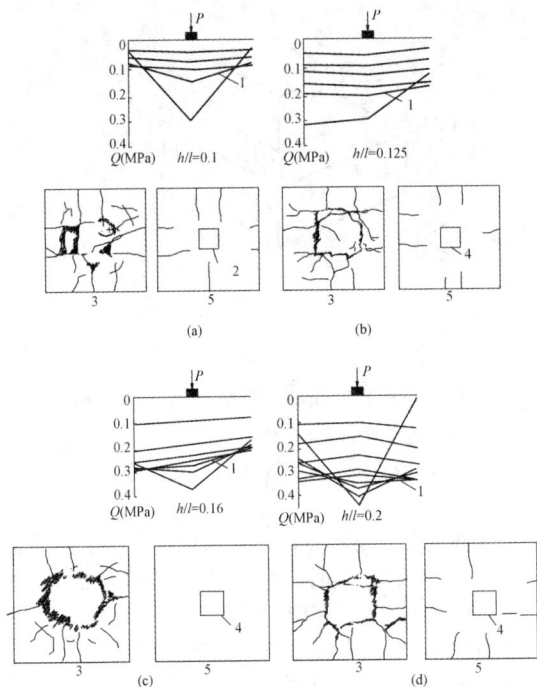

图 31 不同宽高比的基础板下反力分布

h—板厚；l—板宽

1—开裂；2—柱边整齐裂缝；3—板底面；4—裂缝；
5—板顶面

8.3 柱下条形基础

8.3.1、8.3.2 基础梁的截面高度应根据地基反力、柱荷载的大小等因素确定。大量工程实践表明，柱下条形基础梁的截面高度一般为柱距的 $1/4 \sim 1/8$。原上海工业建筑设计院对 50 项工程的统计，条形基础梁的高跨比 $1/4 \sim 1/6$ 之间的占工程数的 88%。在选择基础梁截面时，柱边缘处基础梁的受剪截面尚应满足现行《混凝土结构设计规范》GB 50010 的要求。

关于柱下条形基础梁的内力计算方法，本规范给出了按连续梁计算内力的适用条件。在比较均匀的地基上，上部结构刚度较好，荷载分布较均匀，且条形基础梁的截面高度大于或等于 1/6 柱距时，地基反力可按直线分布考虑。其中基础梁高大于或等于 1/6 柱距的条件是通过与柱距 l 和文克勒地基模型中的弹性特征系数 λ 的乘积 $\lambda l \leqslant 1.75$ 作了比较，结果表明，当高跨比大于或等于 1/6 时，对一般柱距及中等压缩性的地基都可考虑地基反力为直线分布。当不满足上述条件时，宜按弹性地基梁法计算内力，分析时采用的地基模型应结合地区经验进行选择。

8.4 高层建筑筏形基础

8.4.1 筏形基础分为平板式和梁板式两种类型，其选型应根据工程具体条件确定。与梁板式筏基相比，平板式筏基具有抗冲切及抗剪切能力强的特点，且构造简单，施工便捷，经大量工程实践和部分工程事故分析，平板式筏基具有更好的适应性。

8.4.2 对单幢建筑物，在均匀地基的条件下，基础底面的压力和基础的整体倾斜主要取决于作用的准永久组合下产生的偏心距大小。对基底平面为矩形的筏基，在偏心荷载作用下，基础抗倾覆稳定系数 K_F 可用下式表示：

$$K_F = \frac{y}{e} = \frac{\gamma B}{e} = \frac{\gamma}{\dfrac{e}{B}}$$

式中：B——与组合荷载竖向合力偏心方向平行的基础边长；

e——作用在基底平面的组合荷载全部竖向合力对基底面积形心的偏心距；

y——基底平面形心至最大受压边缘的距离，γ 为 y 与 B 的比值。

从式中可以看出 e/B 直接影响着抗倾覆稳定系数 K_F，K_F 随着 e/B 的增大而降低，因此容易引起较大的倾斜。表 19 三个典型工程的实测证实了在地基条件相同时，e/B 越大，则倾斜越大。

表 19　e/B 值与整体倾斜的关系

地基条件	工程名称	横向偏心距 e（m）	基底宽度 B（m）	e/B	实测倾斜（‰）
上海软土地基	胸科医院	0.164	17.9	1/109	2.1（有相邻建筑影响）
上海软土地基	某研究所	0.154	14.8	1/96	2.7
北京硬土地基	中医医院	0.297	12.6	1/42	1.716（唐山地震时北京烈度为6度，未发现明显变化）

高层建筑由于楼身质心高，荷载重，当筏形基础开始产生倾斜后，建筑物总重对基础底面形心将产生新的倾覆力矩增量，而倾覆力矩的增量又产生新的倾斜增量，倾斜可能随时间而增长，直至地基变形稳定为止。因此，为避免基础产生倾斜，应尽量使结构竖向荷载合力作用点与基础平面形心重合，当偏心难以避免时，则应规定竖向合力偏心距的限值。本规范根据实测资料并参考交通部（公路桥涵设计规范）对桥墩合力偏心距的限制，规定了在作用的准永久组合时，$e \leqslant 0.1W/A$。从实测结果来看，这个限制对硬土地区稍严格，当有可靠依据时可适当放松。

8.4.3 国内建筑物脉动实测试验结果表明，当地基为非密实土和岩石持力层时，由于地基的柔性改变了上部结构的动力特性，延长了上部结构的基本周期以及增大了结构体系的阻尼，同时土与结构的相互作用也改变了地基运动的特性。结构按刚性地基假定分析的水平地震作用比其实际承受的地震作用大，因此可以根据场地条件、基础埋深、基础和上部结构的刚度等因素确定是否对水平地震作用进行适当折减。

实测地震记录及理论分析表明，土中的水平地震加速度一般随深度而渐减，较大的基础埋深，可以减少来自基底的地震输入，例如日本取地表下 20m 深处的地震系数为地表的 0.5 倍；法国规定筏基或带地下室的建筑的地震荷载比一般的建筑少 20%。同时，较大的基础埋深，可以增加基础侧面的摩擦阻力和土的被动土压力，增强土对基础的嵌固作用。美国 FEMA386 及 IBC 规范采用加长结构物自振周期作为考虑地基土的柔性影响，同时采用增加结构有效阻尼来考虑地震过程中结构的能量耗散，并规定了结构的基底剪力最大可降低 30%。

本次修订，对不同土层剪切波速、不同场地类别以及不同基础埋深的钢筋混凝土剪力墙结构，框架剪力墙结构和框架核心筒结构进行分析，结合我国现阶段的地震作用条件并与美国 UBC1977 和 FEMA386、IBC 规范进行了比较，提出了对四周与土层紧密接触带地下室外墙的整体式筏基和箱基，场地类别为Ⅲ类和Ⅳ类，结构基本自振周期处于特征周期的 1.2 倍～5 倍范围时，按刚性地基假定分析的基底水平地震剪力和倾覆力矩可根据抗震设防烈度乘以折减系数，8 度时折减系数取 0.9，9 度时折减系数取 0.85，该折减系数是一个综合性的包络值，它不能与现行国家标准《建筑抗震设计规范》GB 50011 第 5.2 节中提出的折减系数同时使用。

8.4.6 本条为强制性条文。平板式筏基的板厚通常由冲切控制，包括柱下冲切和内筒冲切，因此其板厚应满足受冲切承载力的要求。

8.4.7 N. W. Hanson 和 J. M. Hanson 在他们的《混凝土板柱之间剪力和弯矩的传递》试验报告中指出：板与柱之间的不平衡弯矩传递，一部分不平衡弯矩是通过临界截面周边的弯曲应力 T 和 C 来传递，而一部分不平衡弯矩则通过临界截面上的偏心剪力对临界截面重心产生的弯矩来传递的，如图 32 所示。因此，在验算距柱边 $h_0/2$ 处的冲切临界截面剪应力时，除需考虑竖向荷载产生的剪应力外，尚应考虑作用在冲切临界截面重心上的不平衡弯矩所产生的附加剪应力。本规范公式（8.4.7-1）右侧第一项是根据现行国家标准《混凝土结构设计规范》GB 50010 在集中力作用下的冲切承载力计算公式换算而得，右侧第二项是引自美国 ACI 318 规范中有关的计算规定。

关于公式（8.4.7-1）中冲切力取值的问题，国内外大量试验结果表明，内柱的冲切破坏呈完整的锥体状，我国工程实践中一直沿用柱所承受的轴向力设计值减去冲切破坏锥体范围内相应的地基净反力作为冲切力；对边柱和角柱，中国建筑科学研究院地基所

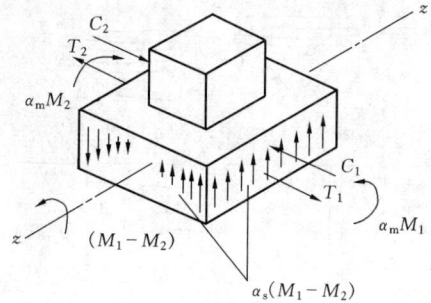

图 32　板与柱不平衡弯矩传递示意

试验结果表明，其冲切破坏锥体近似为 1/2 和 1/4 圆台体，本规范参考了国外经验，取柱轴力设计值减去冲切临界截面范围内相应的地基净反力作为冲切力设计值。

本规范中的角柱和边柱是相对于基础平面而言的。大量计算结果表明，受基础盆形挠曲的影响，基础的角柱和边柱产生了附加的压力。本次修订时将角柱和边柱的冲切力乘以了放大系数 1.2 和 1.1。

公式（8.4.7-1）中的 M_{unb} 是指作用在柱边 $h_0/2$ 处冲切临界截面重心上的弯矩，对边柱它包括由柱根处轴力 N 和该处筏板冲切临界截面范围内相应的地基反力 P 对临界截面重心产生的弯矩。由于本条中筏板和上部结构是分别计算的，因此计算 M 值时尚应包括柱子根部的弯矩设计值 M_c，如图 33 所示，M 的表达式为：

$$M_{unb} = Ne_N - Pe_p \pm M_c$$

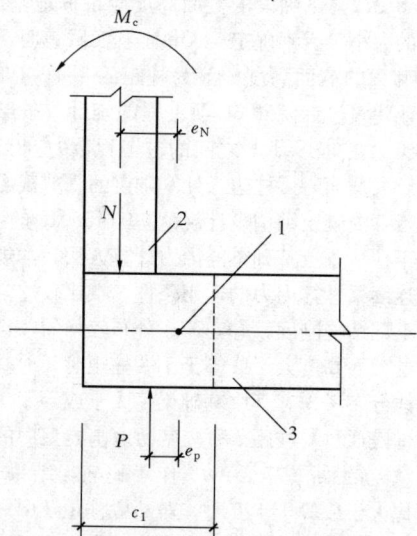

图 33　边柱 M_{unb} 计算示意
1—冲切临界截面重心；2—柱；3—筏板

对于内柱，由于对称关系，柱截面形心与冲切临界截面重心重合，$e_N = e_p = 0$，因此冲切临界截面重心上的弯矩，取柱根弯矩设计值。

国外试验结果表明，当柱截面的长边与短边的比值 β_s 大于 2 时，沿冲切临界截面的长边的受剪承载力

约为柱短边受剪承载力的一半或更低。本规范的公式（8.4.7-2）是在我国受冲切承载力公式的基础上，参考了美国 ACI 318 规范中受冲切承载力公式中有关规定，引进了柱截面长、短边比值的影响，适用于包括扁柱和单片剪力墙在内的平板式筏基。图 34 给出了本规范与美国 ACI 318 规范在不同 β_s 条件下筏板有效高度的比较，由于我国受冲切承载力取值偏低，按本规范算得的筏板有效高度稍大于美国 ACI 318 规范相关公式的结果。

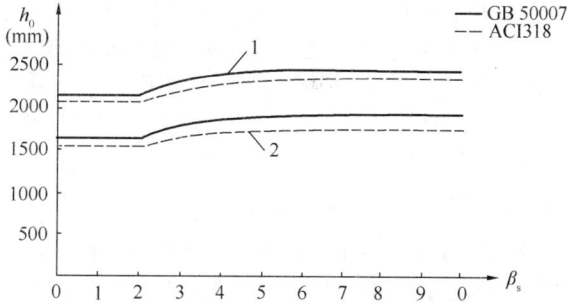

图 34　不同 β_s 条件下筏板有效高度的比较

1—实例一、筏板区格 9m×11m，作用的标准组合的地基土净反力 345.6kPa；2—实例二、筏板区格 7m×9.45m，作用的标准组合的地基土净反力 245.5kPa

对有抗震设防要求的平板式筏基，尚应验算地震作用组合的临界截面的最大剪应力 $\tau_{E,max}$，此时公式（8.4.7-1）和式（8.4.7-2）应改写为：

$$\tau_{E,max} = \frac{V_{sE}}{A_s} + \alpha_s \frac{M_E}{I_s} C_{AB}$$

$$\tau_{E,max} \leqslant \frac{0.7}{\gamma_{RE}} \left(0.4 + \frac{1.2}{\beta_s} \right) \beta_{hp} f_t$$

式中：V_{sE}——作用的地震组合的集中反力设计值（kN）；

M_E——作用的地震组合的冲切临界截面重心上的弯矩设计值（kN·m）；

A_s——距柱边 $h_0/2$ 处的冲切临界截面的筏板有效面积（m²）；

γ_{RE}——抗震调整系数，取 0.85。

8.4.8 Venderbilt 在他的《连续板的抗剪强度》试验报告中指出：混凝土抗冲切承载力随比值 u_m/h_0 的增加而降低。由于使用功能上的要求，核心筒占有相当大的面积，因而距核心筒外表面 $h_0/2$ 处的冲切临界截面周长是很大的，在 h_0 保持不变的条件下，核心筒下筏板的受冲切承载力实际上是降低了，因此设计时应验算核心筒下筏板的受冲切承载力，局部提高核心筒下筏板的厚度。此外，我国工程实践和美国休斯敦壳体大厦基础钢筋应力实测结果表明，框架-核心筒结构和框架结构下筏板底部最大应力出现在核心筒边缘处，因此局部提高核心筒下筏板的厚度，也有利于核心筒边缘处筏板应力较大部位的配筋。本规范给出的核心筒下筏板冲切截面周长影响系数 η，是通过实际工程中不同尺寸的核心筒，经分析并和美国 ACI 318 规范对比后确定的（详见表 20）。

表 20　内筒下筏板厚度比较

筒尺寸（m×m）	筏板混凝土强度等级	标准组合的内筒轴力（kN）	标准组合的基底净反力（kN/m²）	规范名称	筏板有效高度（m）	
					不考虑冲切临界截面周长影响	考虑冲切临界截面周长影响
11.3×13.0	C30	128051	383.4	GB 50007	1.22	1.39
				ACI 318	1.18	1.44
12.6×27.2	C40	424565	453.1	GB 50007	2.41	2.72
				ACI 318	2.36	2.71
24×24	C40	718848	480	GB 50007	3.2	3.58
				ACI 318	3.07	3.55
24×24	C40	442980	300	GB 50007	2.39	2.57
				ACI 318	2.12	2.67
24×24	C40	336960	225	GB 50007	1.95	2.28
				ACI 318	1.67	2.21

8.4.9 本条为强制性条文。平板式筏基内筒、柱边缘处以及筏板变厚度处剪力较大，应进行抗剪承载力验算。

8.4.10 通过对已建工程的分析，并鉴于梁板式筏基基础梁下实测土反力存在的集中效应、底板与土壤之间的摩擦力作用以及实际工程中底板的跨厚比一般都在 14～6 之间变动等有利因素，本规范明确了取距内柱和内筒边缘 h_0 处作为验算筏板受剪的部位，如图 35 所示；角柱下验算筏板受剪的部位取距柱角 h_0 处，如图 36 所示。式（8.4.10）中的 V_s 即作用在图 35 或图 36 中阴影面积上的地基平均净反力设计值除以验算截面处的板格至中的长度（内柱）、或距角柱角点 h_0 处 45°斜线的长度（角柱）。国内筏板试验报告表明：筏板的裂缝首先出现在板的角部，设计中当采用简化计算方法时，需适当考虑角点附近土反力的集中效应，乘以 1.2 的增大系数。图 37 给出了筏板模型试验中裂缝发展的过程。设计中当角柱下筏板

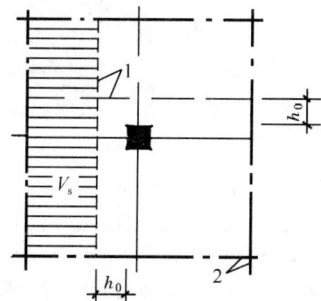

图 35　内柱（筒）下筏板验算
剪切部位示意

1—验算剪切部位；2—板格中线

受剪承载力不满足规范要求时，也可采用适当加大底层角柱横截面或局部增加筏板角隅板厚等有效措施，以期降低受剪截面处的剪力。

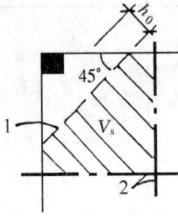

图 36　角柱（筒）下筏板验算
剪切部位示意
1—验算剪切部位；2—板格中线

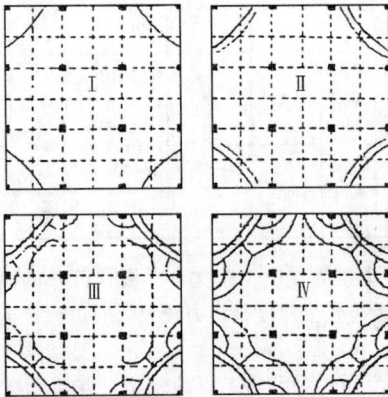

图 37　筏板模型试验裂缝发展过程

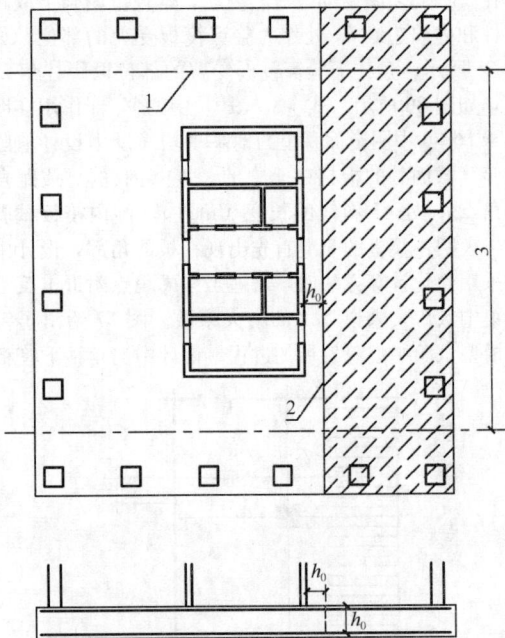

图 38　框架-核心筒下筏板受剪承载力
计算截面位置和计算
1—混凝土核心筒与柱之间的中分线；2—剪切计算截面；
3—验算单元的计算宽度 b

对于上部为框架-核心筒结构的平板式筏形基础，设计人应根据工程的具体情况采用符合实际的计算模型或根据实测确定的地基反力来验算距核心筒 h_0 处的筏板受剪承载力。当边柱与核心筒之间的距离较大时，式（8.4.10）中的 V_s 即作用在图 38 中阴影面积上的地基平均净反力设计值与边柱轴力设计值之差除以 b，b 取核心筒两侧紧邻跨的跨中分线之间的距离。当主楼核心筒外侧有两排以上框架柱或边柱与核心筒之间的距离较小时，设计人应根据工程具体情况慎重确定筏板受剪承载力验算单元的计算宽度。

关于厚筏基础板厚中部设置双向钢筋网的规定，同国家标准《混凝土结构设计规范》GB 50010 的要求。日本 Shioya 等通过对无腹筋构件的截面高度变化试验，结果表明，梁的有效高度从 200mm 变化到 3000mm 时，其名义抗剪强度 $\left(\dfrac{V}{bh_0}\right)$ 降低 64%。加拿大 M. P. Collins 等研究了配有中间纵向钢筋的无腹筋梁的抗剪承载力，试验研究表明，构件中部的纵向钢筋对限制斜裂缝的发展，改善其抗剪性能是有效的。

8.4.11 本条为强制性条文。本条规定了梁板式筏基底板的设计内容：抗弯计算、受冲切承载力计算、受剪切承载力计算。为确保梁板式筏基底板设计的安全，在进行梁板式筏基底板设计时必须严格执行。

8.4.12 板的抗冲切机理要比梁的抗剪复杂，目前各国规范的受冲切承载力计算公式都是基于试验的经验公式。本规范梁板式筏基底板受冲切承载力和受剪承载力验算方法源于《高层建筑箱形基础设计与施工规程》JGJ 6-80。验算底板受剪承载力时，规程 JGJ 6-80 规定了以距墙边 h_0（底板的有效高度）处作为验算底板受剪承载力的部位。在本规范 2002 版编制时，对北京市十余幢已建的箱形基础进行调查及复算，调查结果表明按此规定计算的底板并没有发现异常现象，情况良好。表 21 和表 22 给出了部分已建工程有关箱形基础双向底板的信息，以及箱形基础双向底板按不同规范计算剪切所需的 h_0。分析比较结果表明，取距支座边缘 h_0 处作为验算双向底板受剪承载力的部位，并将梯形受荷面积上的平均净反力摊在（$l_{n2}-2h_0$）上的计算结果与工程实际的板厚以及按 ACI 318 计算结果是十分接近的。

表 21　已建工程箱形基础双向底板信息表

序号	工程名称	板格尺寸（m×m）	地基净反力标准值（kPa）	支座宽度（m）	混凝土强度等级	底板实用厚度 h（mm）
①	海军医院门诊楼	7.2×7.5	231.2	0.60	C25	550
②	望京Ⅱ区1号楼	6.3×7.2	413.6	0.20	C25	850
③	望京Ⅱ区2号楼	6.3×7.2	290.4	0.20	C25	700

序号	工程名称	板格尺寸 (m×m)	地基净反力标准值 (kPa)	支座宽度 (m)	混凝土强度等级	底板实用厚度 h (mm)
④	望京Ⅱ区 3 号楼	6.3×7.2	384.0	0.20	C25	850
⑤	松榆花园 1 号楼	8.1×8.4	616.8	0.25	C35	1200
⑥	中鑫花园	6.15×9.0	414.4	0.30	C30	900
⑦	天创成	7.9×10.1	595.5	0.25	C30	1300
⑧	沙板庄小区	6.4×8.7	434.0	0.20	C30	1000

表 22　已建工程箱形基础双向底板剪切计算分析

序号	双向底板剪切计算的 h_0 (mm)			按 GB 50007 双向底板冲切计算的 h_0 (mm)	工程实用厚度 h (mm)
	GB 50010	ACI-318	GB 50007		
	梯形土反力摊在 l_{n2} 上	梯形土反力摊在 $(l_{n2}-2h_0)$ 上			
	支座边缘	距支座边 h_0	距支座边 h_0		
①	600	584	514	470	550
②	1200	853	820	710	850
③	760	680	620	540	700
④	1090	815	770	670	850
⑤	1880	1160	1260	1000	1200
⑥	1210	915	824	700	900
⑦	2350	1355	1440	1120	1300
⑧	1300	950	890	740	1000

8.4.14 中国建筑科学研究院地基所黄熙龄和郭天强在他们的框架柱-筏基础模型试验报告中指出，在均匀地基上，上部结构刚度较好，柱网和荷载分布较均匀，且基础梁的截面高度大于或等于 1/6 的梁板式筏基基础，可不考虑筏板的整体弯曲，只按局部弯曲计算，地基反力可按直线分布。试验是在粉质黏土和碎石土两种不同类型的土层上进行的，筏基平面尺寸为 3220mm×2200mm，厚度为 150mm（图 39），其上为三榀单层框架（图 40）。试验结果表明，土质无论是粉质黏土还是碎石土，沉降都相当均匀（图 41），筏

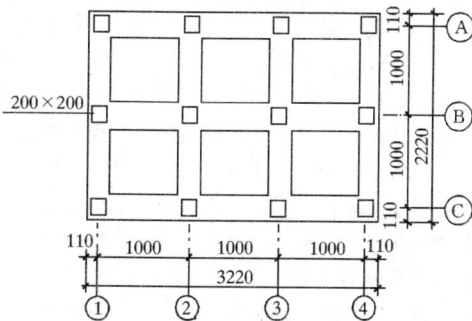

图 39　模型试验加载梁平面图

板的整体挠曲度约为万分之三。基础内力的分布规律，按整体分析法（考虑上部结构作用）与倒梁法是一致的，且倒梁板法计算出来的弯矩值还略大于整体分析法（图 42）。

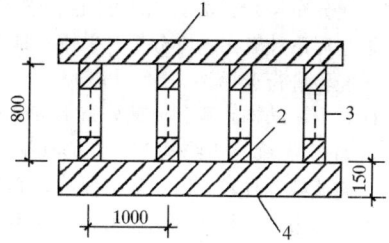

图 40　模型试验（B）轴线剖面图
1—框架梁；2—柱；3—传感器；4—筏板

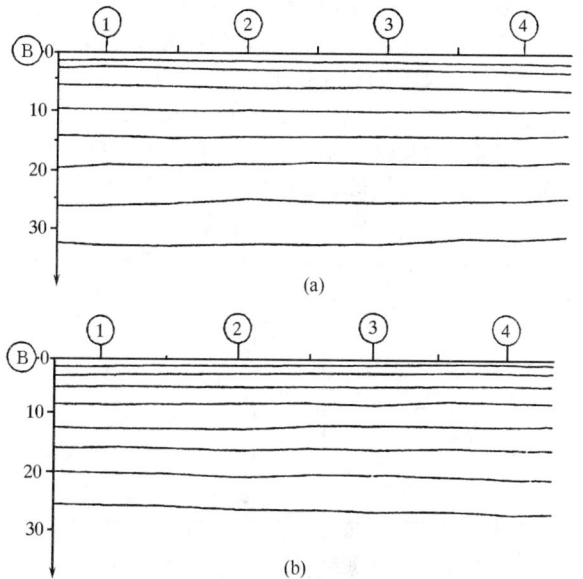

图 41　（B）轴线沉降曲线
（a）粉质黏土；（b）碎石土

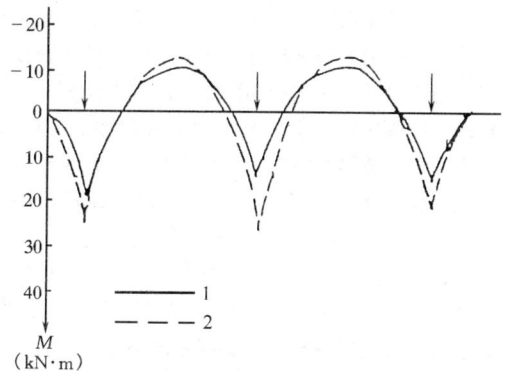

图 42　整体分析法与倒梁板法弯矩计算结果比较
1—整体（考虑上部结构刚度）；2—倒梁板法

对单幢平板式筏基，当地基土比较均匀，地基压缩层范围内无软弱土层或可液化土层、上部结构刚度

较好，柱网和荷载较均匀、相邻柱荷载及柱间距的变化不超过 20%，上部结构刚度较好，筏板厚度满足受冲切承载力要求，且筏板的厚跨比不小于 1/6 时，平板式筏基可仅考虑局部弯曲作用。筏形基础的内力，可按直线分布进行计算。当不满足上述条件时，宜按弹性地基理论计算内力，分析时采用的地基模型应结合地区经验进行选择。

对于地基土、结构布置和荷载分布不符合本条要求的结构，如框架-核心筒结构等，核心筒和周边框架柱之间竖向荷载差异较大，一般情况下核心筒下的基底反力大于周边框架柱下基底反力，因此不适用于本条提出的简化计算方法，应采用能正确反映结构实际受力情况的计算方法。

8.4.16 工程实践表明，在柱宽及其两侧一定范围的有效宽度内，其钢筋配置量不应小于柱下板带配筋量的一半，且应能承受板与柱之间部分不平衡弯矩 $\alpha_m M_{unb}$，以保证板柱之间的弯矩传递，并使筏板在地震作用过程中处于弹性状态。条款中有效宽度的范围，是根据筏板较厚的特点，以小于 1/4 板跨为原则而提出来的。有效宽度范围如图 43 所示。

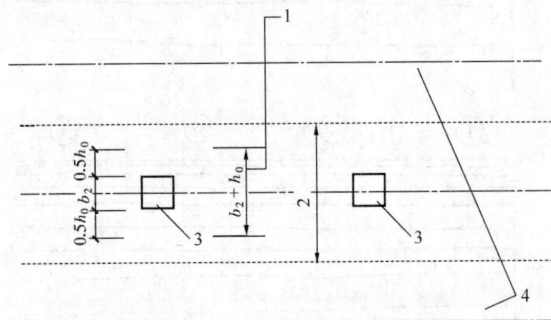

图 43 柱两侧有效宽度范围的示意
1—有效宽度范围内的钢筋应不小于柱下板带配筋量的一半，且能承担 $\alpha_m M_{unb}$；2—柱下板带；
3—柱；4—跨中板带

8.4.18 本条为强制性条文。梁板式筏基基础梁和平板式筏基的顶面处与结构柱、剪力墙交界处承受较大的竖向力，设计时应进行局部受压承载力计算。

8.4.20 中国建筑科学研究院地基所黄熙龄、袁勋、宫剑飞、朱红波等对塔裙一体大底盘平板式筏形基础进行室内模型系列试验以及实际工程的原位沉降观测，得到以下结论：

1 厚筏基础（厚跨比不小于 1/6）具备扩散主楼荷载的作用，扩散范围与相邻裙房地下室的层数、间距以及筏板的厚度有关，影响范围不超过三跨。

2 多塔楼作用下大底盘厚筏基础的变形特征为：各塔楼独立作用下产生的变形效应通过以各个塔楼下面一定范围内的区域为沉降中心，各自沿径向向外围衰减。

3 多塔楼作用下大底盘厚筏基础的基底反力的分布规律为：各塔楼荷载产出的基底反力以其塔楼下某一区域为中心，通过各自塔楼周围的裙房基础沿径向向外围扩散，并随着距离的增大而逐渐衰减。

4 大比例室内模型系列试验和工程实测结果表明，当高层建筑与相连的裙房之间不设沉降缝和后浇带时，高层建筑的荷载通过裙房基础向周围扩散并逐渐减小，因此与高层建筑紧邻的裙房基础下的地基反力相对较大，该范围内的裙房基础板厚度突然减小过多时，有可能出现基础板的截面因承载力不够而发生破坏或其因变形过大出现裂缝。因此本条提出高层建筑及与其紧邻一跨的裙房筏板应采用相同厚度，裙房筏板的厚度宜从第二跨裙房开始逐渐变化。

5 室内模型试验结果表明，平面呈 L 形的高层建筑下的大面积整体筏形基础，筏板在满足厚跨比不小于 1/6 的条件下，裂缝发生在与高层建筑相邻的裙房第一跨和第二跨交接处的柱旁。试验结果还表明，高层建筑连同紧邻一跨的裙房其变形相当均匀，呈现出接近刚性板的变形特征。因此，当需要设置后浇带时，后浇带宜设在与高层建筑相邻裙房的第二跨内（见图 44）。

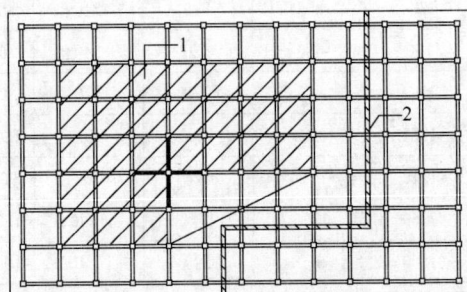

图 44 平面呈 L 形的高层建筑后浇带示意
1—L 形高层建筑；2—后浇带

8.4.21 室内模型试验和工程沉降观察以及反算结果表明，在同一大面积整体筏形基础上有多幢高层和低层建筑时，筏形基础的结构分析宜考虑上部结构、基础与地基土的共同作用，否则将得到与沉降测试结果不符的较小的基础边缘沉降值和较大的基础挠曲度。

8.4.22 高层建筑基础不但应满足强度要求，而且应有足够的刚度，方可保证上部结构的安全。本规范基础挠曲度 Δ/L 的定义为：基础两端沉降的平均值和基础中间最大沉降的差值与基础两端之间距离的比值。本条给出的基础挠曲 $\Delta/L = 0.5\text{‰}$ 限值，是基于中国建筑科学研究院地基所室内模型系列试验和大量工程实测分析得到的。试验结果表明，模型的整体挠曲变形曲线呈盆形，当 $\Delta/L > 0.7\text{‰}$ 时，筏板角部开始出现裂缝，随后底层边、角柱的根部内侧顺着基础整体挠曲方向出现裂缝。英国 Burland 曾对四幢直径为 20m 平板式筏基的地下仓库进行沉降观测，筏板厚度 1.2m，基础持力层为白垩层土。四幢地下仓库的整体挠曲变形曲线均呈反盆状（图 45），当基础挠

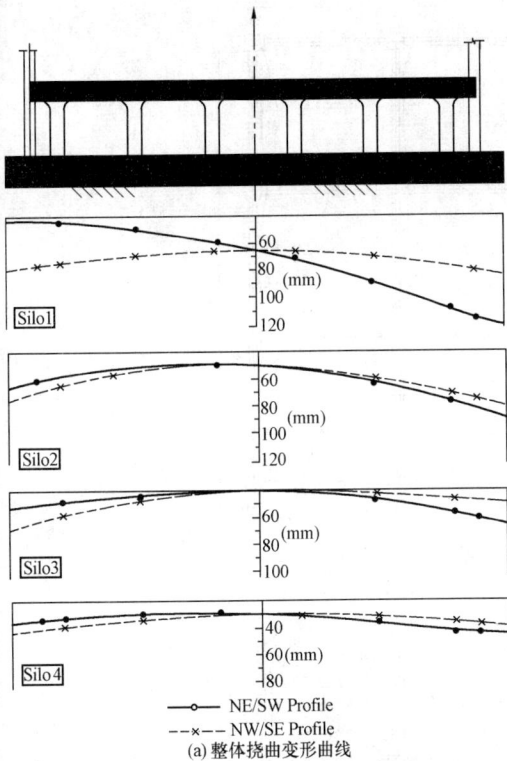

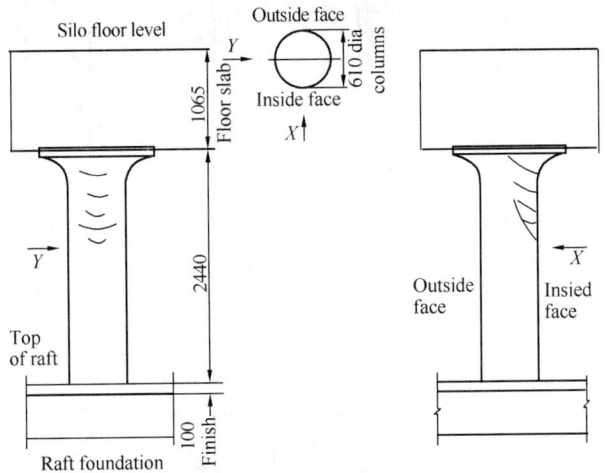

图 45　四幢地下仓库平板式筏基的整体挠曲变形曲线及柱子裂缝示意

曲度 $\Delta/L=0.45‰$ 时，混凝土柱子出现发丝裂缝，当 $\Delta/L=0.6‰$ 时，柱子开裂严重，不得不设置临时支撑。因此，控制基础挠曲度是完全必要的。

8.4.23　中国建筑科学研究院地基所滕延京和石金龙对大底盘框架-核心筒结构筏板基础进行了室内模型试验，试验基坑内为人工换填的均匀粉土，深 2.5m，其下为天然地基老土。通过载荷板试验，地基土承载力特征值为 100kPa。试验模型比例 $i=6$，上部结构为 8 层框架-核心筒结构，其左右两侧各带 1 跨 2 层裙房，筏板厚度为 220mm，楼板厚度：1 层为 35mm，2 层为 50mm，框架柱尺寸为 150mm×150mm，大底盘结构模型平面及剖面见图 46。

试验结果显示：

1　当筏板发生纵向挠曲时，在上部结构共同作用下，外扩裙房的角柱和边柱抑制了筏板纵向挠曲的发展，柱下筏板存在局部负弯矩，同时也使顺着基础整体挠曲方向的裙房底层边、角柱下端的内侧，以及底层边、角柱上端的外侧出现裂缝。

2　裙房的角柱内侧楼板出现弧形裂缝、顺着挠曲方向裙房的外柱内侧楼板以及主裙楼交界处的楼板均发生了裂缝，图 47 及图 48 为一层和二层楼板板面裂缝位置图。本条的目的旨在从构造上加强此类楼板的薄弱环节。

8.4.24　试验资料和理论分析都表明，回填土的质量影响着基础的埋置作用，如果不能保证填土和地下室外墙之间的有效接触，将减弱土对基础的约束作用，

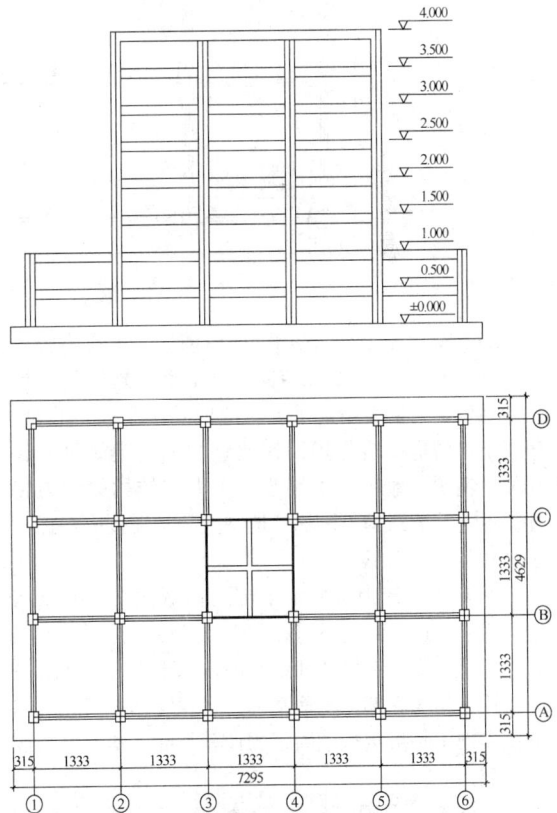

图 46　大底盘结构试验模型平面及剖面

降低基侧土对地下结构的阻抗。因此，应注意地下室四周回填土应均匀分层夯实。

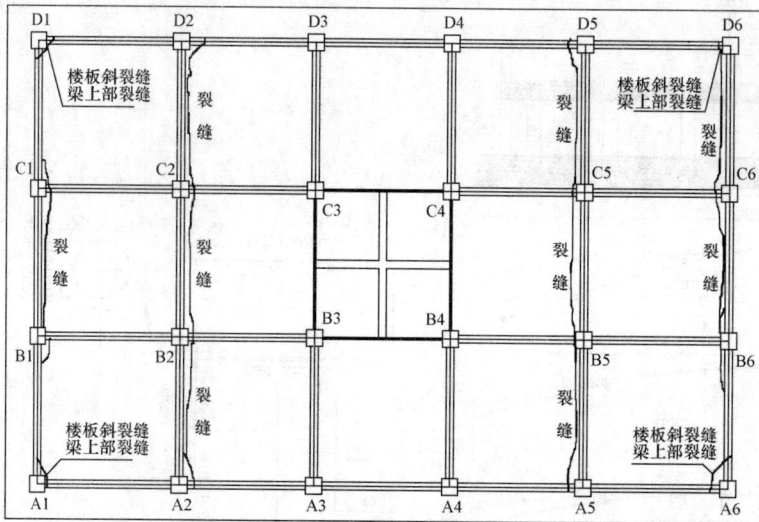

图47 一层楼板板面裂缝位置图

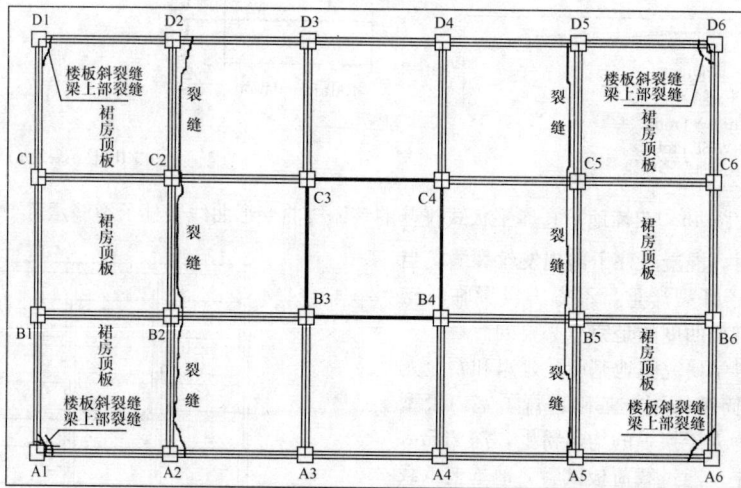

图48 二层楼板板面裂缝位置图

8.4.25 20世纪80年代，国内王前信、王有为曾对北京和上海20余栋23m～58m高的剪力墙结构进行脉动试验，结果表明由于上海的地基土质软于北京，建于上海的房屋自振周期比北京类似的建筑物要长30%，说明了地基的柔性改变了上部结构的动力特性。反之上部结构也影响了地基土的黏滞效应，提高了结构体系的阻尼。

通常在设计中都假定上部结构嵌固在基础结构上，实际上这一假定只有在刚性地基的条件下才能实现。对绝大多数都属柔性地基的地基土而言，在水平力作用下结构底部以及地基都会出现转动，因此所谓嵌固实质上是指接近于固定的计算基面。本条中的嵌固即属此意。

1989年，美国旧金山市一幢257.9m高的钢结构建筑，地下室采用钢筋混凝土剪力墙加强，其下为2.7m厚的筏板，基础持力层为黏性土和密实性砂土，基岩位于室外地面下48m～60m处。在强震作用下，

地下室除了产生52.4mm的整体水平位移外，还产生了万分之三的整体转角。实测记录反映了两个基本事实：其一是厚筏基础四周外墙与土层紧密接触，且具有一定数量纵横内墙的地下室变形呈现出与刚体变形相似的特征；其二是地下结构的转角体现了柔性地基的影响。地震作用下，既然四周与土壤接触的具有外墙的地下室变形与刚体变形基本一致，那么在抗震设计中可假设地下结构为一刚体，上部结构嵌固在地下室的顶板上，而在嵌固部位处增加一个大小与柔性地基相同的转角。

对有抗震设防要求的高层建筑基础和地下结构设计中的一个重要原则是，要求基础和地下室结构应具有足够的刚度和承载力，保证上部结构进入非弹性阶段时，基础和地下室结构始终能承受上部结构传来的荷载并将荷载安全传递到地基上。因此，当地下一层结构顶板作为上部结构的嵌固部位时，为避免塑性铰转移到地下一层结构，保证上部结构在地震作用下能

实现预期的耗能机制，本规范规定了地下一层的层间侧向刚度大于或等于与其相连的上部结构楼层刚度的1.5倍。地下室的内外墙与主楼剪力墙的间距符合条文中表8.4.25要求时，可将该范围内的地下室的内墙的刚度计入地下室层间侧向刚度内，但该范围内的侧向刚度不能重叠使用于相邻建筑，6度区和非抗震设计的建筑物可参照表8.4.25中的7度、8度区的要求适当放宽。

当上部结构嵌固地下一层结构顶板上时，为保证上部结构的地震等水平作用能有效通过楼板传递到地下室抗侧力构件中，地下一层结构顶板上开设洞口的面积不宜大于该层面积的30%；沿地下室外墙和内墙边缘的楼板不应有大洞口；地下一层结构顶板应采用梁板式楼盖；楼板的厚度、混凝土强度等级及配筋率不应小。本规范提出地下一层结构顶板的厚度不应小于180mm的要求，不仅旨在保证楼板具有一定的传递水平作用的整体刚度，还旨在充分发挥其有效减小基础整体弯曲变形和基础内力的作用，使结构受力、变形更为合理、经济。试验和沉降观察结果的反演均显示了楼板参与工作后对降低基础整体挠曲度的贡献，基础整体挠曲度随着楼板厚度的增加而减小。

当不符合本条要求时，建筑物的嵌固部位可设在筏基的顶部，此时宜考虑基侧土对地下室外墙和基底土对地下室底板的抗力。

8.4.26 国内震害调查表明，唐山地震中绝大多数地面以上的工程均遭受严重破坏，而地下人防工程基本完好。如新华旅社上部结构为8层组合框架，8度设防，实际地震烈度为10度。该建筑物的梁、柱和墙体均遭到严重破坏（未倒塌），而地下室仍然完好。天津属软土区，唐山地震波及天津时，该地区的地震烈度为7度～8度，震后已有的人防地下室基本完好，仅人防通道出现裂缝。这不仅仅由于地下室刚度和整体性一般较大，还由于土层深处的水平地震加速度一般比地面小，因此当结构嵌固在基础顶面时，剪力墙底部加强部位的高度应从地下室顶板算起，但地下部分也应作为加强部位。国内震害还表明，个别与上部结构交接处的地下室柱头出现了局部压坏及剪坏现象。这表明在强震作用下，塑性铰的范围有向地下室发展的可能。因此，与上部结构底层相邻的那一层地下室是设计中需要加强的部位。有关地下室的抗震等级、构件的截面设计以及抗震构造措施参照现行国家标准《建筑抗震设计规范》GB 50011有关条款使用。

8.5 桩 基 础

8.5.1 摩擦型桩分为端承摩擦桩和摩擦桩，端承摩擦桩的桩顶竖向荷载主要由桩侧阻力承受；摩擦桩的桩端阻力可忽略不计，桩顶竖向荷载全部由桩侧阻力承受。端承型桩分为摩擦端承桩和端承桩，摩擦端承桩的桩顶竖向荷载主要由桩端阻力承受；端承桩的桩侧阻力可忽略不计，桩顶竖向荷载全部由桩端阻力承受。

8.5.2 同一结构单元的桩基，由于采用压缩性差异较大的持力层或部分采用摩擦桩，部分采用端承桩，常引起较大不均匀沉降，导致建筑物构件开裂或建筑物倾斜；在地震荷载作用下，摩擦桩和端承桩的沉降不同，如果同一结构单元的桩基同时采用部分摩擦桩和部分端承桩，将导致结构产生较大的不均匀沉降。

岩溶地区的嵌岩桩在成孔中常发生漏浆、塌孔和埋钻现象，给施工造成困难，因此应首先考虑利用上覆土层作为桩端持力层的可行性。利用上覆土层作为桩端持力层的条件是上覆土层必须是稳定的土层，其承载力及厚度应满足要求。上覆土层的稳定性的判定至关重要，在岩溶发育区，当基岩上覆土层为饱和砂类土时，应视为地面易塌陷区，不得作为建筑场地。必须用作建筑场地时，可采用嵌岩端承桩基础，同时采取勘探孔注浆等辅助措施。基岩面以上为黏性土层，黏性土有一定厚度且无土洞存在或可溶性岩面上有砂岩、泥岩等非可溶岩层时，上覆土层可视为稳定土层。当上覆黏性土在岩溶水上下交替变化作用下可能形成土洞时，上覆土层也应视为不稳定土层。

在深厚软土中，当基坑开挖较深时，基底土的回弹可引起桩身上浮、桩身开裂，影响单桩承载力和桩身耐久性，应引起高度重视。设计时应考虑加强桩身配筋、支护结构设计时应采取防止基底隆起的措施，同时应加强坑底隆起的监测。

承台及地下室周围的回填土质量对高层建筑抗震性能的影响较大，规范均规定了填土压实系数不小于0.94。除要求施工中采取措施尽量保证填土质量外，可考虑改用灰土回填或增加一至两层混凝土水平加强条带，条带厚度不应小于0.5m。

关于桩、土、承台共同工作问题，各地区根据工程经验有不同的处理方法，如混凝土桩复合地基、复合桩基、减少沉降的桩基、桩基的变刚度调平设计等。实际操作中应根据建筑物的要求和岩土工程条件以及工程经验确定设计参数。无论采用哪种模式，承台下土层均应当是稳定土层。液化土、欠固结土、高灵敏度软土、新填土等皆属于不稳定土层，当沉桩引起承台土体明显隆起时也不宜考虑承台底土层的抗力作用。

8.5.3 本条规定了摩擦型桩的桩中心距限制条件，主要为了减少摩擦型桩侧阻叠加效应及沉桩中对邻桩的影响，对于密集群桩以及挤土型桩，应加大桩距。非挤土桩当承台下桩数少于9根，且少于3排时，桩距可不小于2.5d。对于端承型桩，特别是非挤土端承桩和嵌岩桩桩距的限制可以放宽。

扩底灌注桩的扩底直径，不应大于桩身直径的3倍，是考虑到扩底施工的难易和安全，同时需要保持桩间土的稳定。

桩端进入持力层的最小深度，主要是考虑了在各类持力层中成桩的可能性和难易程度，并保证桩端阻力的发挥。

桩端进入破碎岩石或软质岩的桩，按一般桩来计算桩端进入持力层的深度。桩端进入完整和较完整的未风化、微风化、中等风化硬质岩石时，入岩施工困难，同时硬质岩已可提供足够的端阻力。规范条文提出桩周边嵌岩最小深度为 0.5m。

桩身混凝土最低强度等级与桩身所处环境条件有关。有关岩土及地下水的腐蚀性问题，牵涉腐蚀源、腐蚀类别、性质、程度、地下水位变化、桩身材料等诸多因素。现行国家标准《岩土工程勘察规范》GB 50021、《混凝土结构设计规范》GB 50010、《工业建筑防腐蚀设计规范》GB 50046、《混凝土结构耐久性设计规范》GB/T 50476 等不同角度作了相应的表述和规定。

为了便于操作，本条将桩身环境划分为非腐蚀环境（包括微腐蚀环境）和腐蚀环境两大类，对非腐蚀环境中桩身混凝土强度作了明确规定，腐蚀环境中的桩身混凝土强度、材料、最小水泥用量、水灰比、抗渗等级等还应符合相关规范的规定。

桩身埋于地下，不能进行正常维护和维修，必须采取措施保证其使用寿命，特别是许多情况下桩顶附近位于地下水位频繁变化区，对桩身混凝土及钢筋的耐久性应引起重视。

灌注桩水下浇筑混凝土目前大多采用商品混凝土，混凝土各项性能有保障的条件下，可将水下浇筑混凝土强度等级达到 C45。

当场地位于坡地且桩端持力层和地面坡度超过10%时，除应进行场地稳定验算并考虑挤土桩对边坡稳定的不利影响外，桩身尚应通长配筋，用来增加桩身水平抗力。关于通长配筋的理解应该是钢筋长度达到设计要求的持力层需要的长度。

采用大直径长灌注桩时，宜将部分构造钢筋通长设置，用以验证孔径及孔深。

8.5.6 为保证桩基设计的可靠性，规定除设计等级为丙级的建筑物外，单桩竖向承载力特征值应采用竖向静载荷试验确定。

设计等级为丙级的建筑物可根据静力触探或标准贯入试验方法确定单桩竖向承载力特征值。用静力触探或标准贯入方法确定单桩承载力已有不少地区和单位进行过研究和总结，取得了许多宝贵经验。其他原位测试方法确定单桩竖向承载力的经验不足，规范未推荐。确定单桩竖向承载力时，应重视类似工程、邻近工程的经验。

试桩前的初步设计，规范推荐了通用的估算公式（8.5.6-1），式中侧阻、端阻采用特征值，规范特别注明侧阻、端阻特征值应由当地载荷试验结果统计分

析求得，减少全国采用同一表格所带来的误差。

嵌入完整和较完整的未风化、微风化、中等风化硬质岩石的嵌岩桩，规范给出了单桩竖向承载力特征值的估算式（8.5.6-2），只计端阻。简化计算的意义在于硬质岩强度超过桩身混凝土强度，设计以桩身强度控制，桩长较小时再计入侧阻、嵌岩阻力等已无工程意义。当然，嵌岩桩并不是不存在侧阻力，有时侧阻和嵌岩阻力占有很大的比例。对于嵌入破碎和软质岩石中的桩，单桩承载力特征值则按公式（8.5.6-1）进行估算。

为确保大直径嵌岩桩的设计可靠性，必须确定桩底一定深度内岩体状。此外，在桩底应力扩散范围内可能埋藏有相对软弱的夹层，甚至存在洞隙，应引起足够注意。岩层表面往往起伏不平，有隐伏沟槽存在，特别在碳酸盐类岩石地区，岩面石芽、溶槽密布，此时桩端可能落于岩面隆起或斜面处，有导致滑移的可能，因此，规范规定在桩底端应力扩散范围内应无岩体临空面存在，并确保基底岩体的稳定性。实践证明，作为基础施工图设计依据的详细勘察阶段的工作精度，满足不了这类桩设计施工的要求，因此，当基础方案选定之后，还应根据桩位及要求进行专门性的桩基勘察，以便针对各个桩的持力层选择入岩深度、确定承载力，并为施工处理等提供可靠依据。

8.5.7、8.5.8 单桩水平承载力与诸多因素相关，单桩水平承载力特征值应由单桩水平载荷试验确定。

规范特别写入了带承台桩的水平载荷试验。桩基抵抗水平力很大程度上依赖于承台侧面抗力，带承台桩基的水平载荷试验能反映桩基在水平力作用下的实际工作状况。

带承台桩基水平载荷试验采用慢速维持荷载法，用以确定长期荷载下的桩基水平承载力和地基土水平反力系数。加载分级及每级荷载稳定标准可按单桩竖向静载荷试验的办法。当加载至桩身破坏或位移超过 30mm～40mm（软土取大值）时停止加载。卸载按 2 倍加载等级逐级卸载，每 30min 卸一级载，并于每次卸载前测读位移。

根据试验数据绘制荷载位移 $H_0 - X_0$ 曲线及荷载位移梯度 $H_0 - (\Delta X_0 / \Delta H_0)$ 曲线，取 $H_0 - (\Delta X_0 / \Delta H_0)$ 曲线的第一拐点为临界荷载，取第二拐点或 $H_0 - X_0$ 曲线的陡降起点为极限荷载。若桩身设有应力测读装置，还可根据最大弯矩点变化特征综合判定临界荷载和极限荷载。

对于重要工程，可模拟承台顶竖向荷载的实际状况进行试验。

水平荷载作用下桩基内各单桩的抗力分配与桩数、桩距、桩身刚度、土质性状、承台形式等诸多因素有关。

水平力作用下的群桩效应的研究工作不深入，条文规定了水平力作用面的桩距较大时，桩基的水平承

载力可视为各单桩水平承载力的总和，实际上在低桩承台的前提下应注重采取措施充分发挥承台底面及侧面土的抗力作用，加强承台间的连系等。当承台周围填土质量有保证时，应考虑土的抗力作用按弹性抗力法进行计算。

用斜桩来抵抗水平力是一项有效的措施，在桥梁桩基中采用较多。但在一般工业与民用建筑中则很少采用，究其原因是依靠承台埋深大多可以解决水平力的问题。

8.5.9 单桩抗拔承载力特征值应通过单桩竖向抗拔载荷试验确定，并应加载至破坏，试验数量，同条件下的桩不应少于 3 根且不应少于总抗拔桩数的 1%。

8.5.10 本条为强制性条文。为避免基桩在受力过程中发生桩身强度破坏，桩基设计时应进行基桩的桩身强度验算，确保桩身混凝土强度满足桩的承载力要求。

8.5.11 鉴于桩身强度计算中并未考虑荷载偏心、弯矩作用、瞬时荷载的影响等因素，因此，桩身强度设计必须留有一定富裕。在确定工作条件系数时考虑了承台下的土质情况、抗震设防等级、桩长、混凝土浇筑方法、混凝土强度等级以及桩型等因素。本次修订中适当提高了灌注桩的工作条件系数，补充了预应力混凝土管桩工作条件系数。考虑到高强度离心混凝土的延性差、加之沉桩中对桩身混凝土的损坏、加工过程中已对桩身施加轴向预应力等因素，结合日本、广东省的经验，将工作条件系数规定为 0.55～0.65。

日本、美国及广东省等规定管桩允许承载力（相当于承载力特征值）应满足下式要求：

$$R_a \leqslant 0.25(f_{cu,k} - \sigma_{pc})A_G$$

式中：$f_{cu,k}$——桩身混凝土立方体抗压强度；

σ_{pc}——桩身混凝土有效预应力值（约为 4MPa～10MPa）；

A_G——桩身混凝土横截面积。

$$Q \leqslant 0.33(f_{cu,k} - \sigma_{pc})A_G$$

$$f_{cu,k} = [2.18(C60) \sim 2.23(C80)]f_c$$

PHC 桩：

$$Q \leqslant 0.33(2.23f_c - \sigma_{pc})A_G$$

当 $\sigma_{pc} = 4MPa$ 时

$$Q \leqslant 0.33(2.23f_c - 0.11f_c)A_G$$
$$Q \leqslant 0.699f_cA_G$$

当 $\sigma_{pc} = 10MPa$ 时

$$Q \leqslant 0.33(2.23f_c - 0.28f_c)A_G$$
$$Q \leqslant 0.644f_cA_G$$

PC 桩：

$$Q \leqslant 0.33(2.18f_c - \sigma_{pc})A_G$$

当 $\sigma_{pc} = 4MPa$ 时

$$Q \leqslant 0.33(2.18f_c - 0.145f_c)A_G$$
$$Q \leqslant 0.67f_cA_G$$

当 $\sigma_{pc} = 10MPa$ 时

$$Q \leqslant 0.33(2.18f_c - 0.36f_c)A_G$$
$$Q \leqslant 0.6f_cA_G$$

考虑到当前管桩生产质量、软土中的抗震要求、沉桩中桩身混凝土受损以及接头焊接时高温对桩身混凝土的损伤等因素，将工作条件系数定为 0.55～0.65 是合理的。

8.5.12 非腐蚀性环境中的抗拔桩，桩身裂缝宽度应满足设计要求。预应力混凝土管桩因增加钢筋直径有困难，考虑其钢筋直径较小，耐久性差，所以裂缝控制等级应为二级，即混凝土拉应力不应超过混凝土抗拉强度设计值。

腐蚀性环境中，考虑桩身钢筋耐久性，抗拔桩和受水平力或弯矩较大的桩不允许桩身混凝土出现裂缝。预应力混凝土管桩裂缝等级应为一级（即桩身混凝土不出现拉应力）。

预应力管桩作为抗拔桩使用时，近期出现了数起桩身抗拔破坏的事故，主要表现在主筋墩头与端板连接处拉脱，同时管桩的接头焊缝耐久性也有问题，因此，在抗拔构件中应慎用预应力混凝土管桩。必须使用时应考虑以下几点：

1 预应力筋必须锚入承台；

2 截桩后应考虑预应力损失，在预应力损失段的桩外围应包裹钢筋混凝土；

3 宜采用单节管桩；

4 多节管桩可考虑通长灌芯，另行设置通长的抗拔钢筋，或将抗拔承载力留有余地，防止墩头拔出。

5 端板与钢筋的连接强度应满足抗拔力要求。

8.5.13 本条为强制性条文。地基基础设计强调变形控制原则，桩基础也应按变形控制原则进行设计。本条规定了桩基沉降计算的适用范围以及控制原则。

8.5.15 软土中摩擦桩的桩基础沉降计算是一个非常复杂的问题。纵观许多描述桩基实际沉降和沉降发展过程的文献可知，土体中桩基沉降实质是由桩身压缩、桩端刺入变形和桩端平面以下土层受群桩荷载共同作用产生的整体压缩变形等多个主要分量组成。摩擦桩基础的沉降是历时数年、甚至更长时间才能完成的过程，加荷瞬间完成的沉降只占总沉降中的小部分。大部分沉降都是与时间发展有关的沉降，也就是由于固结或流变产生的沉降。因此，摩擦型桩基础的沉降不是用简单的弹性理论就能描述的问题，这就是为什么依据弹性理论公式的各种桩基沉降计算方法，在实际工程的应用中往往都与实测结果存在较大的出入，即使经过修正，两者也只能在某一范围内比较接近的原因。

近年来越来越多的研究人员和设计人员理解了，目前借用弹性理论的公式计算桩基沉降，实质是一种经验拟合方法。

从经验拟合这一观点出发，本规范推荐 Mindlin

方法和考虑应力扩散以及不考虑应力扩散的实体深基础方法。修订组收集了部分软土地区 62 栋房屋沉降实测资料和工程计算资料，将大量实际工程的长期沉降观测资料与各种计算方法的计算值对比，经过统计分析，最后推荐了桩基础最终沉降量计算的经验修正系数。考虑应力扩散以及不考虑应力扩散的实体深基础方法计算沉降量和沉降计算深度都有差异，从统计意义上沉降量计算的经验修正系数差异不大。

8.5.16 20 世纪 80 年代上海市开始采用为控制沉降而设置桩基的方法，取得显著的社会经济效益。目前天津、湖北、福建等省市也相继应用了上述方法。开发这种方法是考虑桩、土、承台共同工作时，基础的承载力可以满足要求，而下卧层变形过大，此时采用摩擦型桩旨在减少沉降，以满足建筑物的使用要求。以控制沉降为目的设置桩基是指直接用沉降量指标来确定用桩的数量。能否实行这种设计方法，必须要有当地的经验，特别是符合当地工程实践的桩基沉降计算方法。直接用沉降量确定用桩数量后，还必须满足本条所规定的使用条件和构造措施。上述方法的基本原则有三点：

一、设计用桩数量可以根据沉降控制条件，即允许沉降量计算确定。

二、基础总安全度不能降低，应按桩、土和承台共同作用的实际状态来验算。桩土共同工作是一个复杂的过程，随着沉降的发展，桩、土的荷载分担不断变化，作为一种最不利状态的控制，桩顶荷载可能接近或等于单桩极限承载力。为了保证桩基的安全度，规定按承载力特征值计算的桩群承载力与土承载力之和应大于或等于作用的标准组合产生的作用在桩基承台顶面的竖向力与承台及其上土自重之和。

三、为保证桩、土和承台共同工作，应采用摩擦型桩，使桩基产生可以容许的沉降，承台底不致脱空，在桩基沉降过程中充分发挥桩端持力层的抗力。同时桩端还要置于相对较好的土层中，防止沉降过大，达不到预期控制沉降的目的。为保证承台底不脱空，当承台底土为欠固结土或承载力利用价值不大的软土时，尚应对其进行处理。

8.5.18 本条是桩基承台的弯矩计算。

1 承台试件破坏过程的描述

中国石化总公司洛阳设计院和郑州工学院曾就桩台受弯问题进行专题研究。试验中发现，凡属抗弯破坏的试件均呈梁式破坏的特点。四桩承台试件采用均布方式配筋，试验时初始裂缝首先在承台两个对应边的一边或两边中部或中部附近产生，之后在两个方向交替发展，并逐渐演变成各种复杂的裂缝而向承台中部合拢，最后形成各种不同的破坏模式。三桩承台试件是采用梁式配筋，承台中部因无配筋而抗裂性能较差，初始裂缝多由承台中部开始向外发展，最后形成各种不同的破坏模式。可以得出，不论是三桩试件还

是四桩试件，它们在开裂破坏的过程中，总是在两个方向上互相交替承担上部主要荷载，而不是平均承担，也即是交替起着梁的作用。

2 推荐的抗弯计算公式

通过对众多破坏模式的理论分析，选取图 49 所示的四种典型模型式作为公式推导的依据。

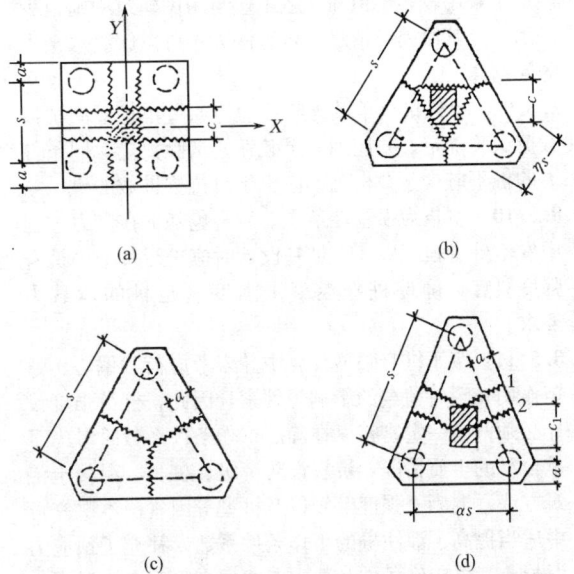

图 49　承台破坏模式
(a) 四桩承台；(b) 等边三桩承台（一）；(c) 等边三桩承台（二）；(d) 等腰三桩承台

1) 图 49a 四桩承台破坏模式系屈服线将承台分成很规则的若干块几何块体。设块体为刚性的，变形略去不计，最大弯矩产生于屈服线处，该弯矩全部由钢筋来承担，不考虑混凝土的拉力作用，则利用极限平衡方法并按悬臂梁计算。

$$M_x = \sum (N_i y_i)$$
$$M_y = \sum (N_i x_i)$$

2) 图 49b 是等边三桩承台具有代表性的破坏模式，可利用钢筋混凝土板的屈服线理论，按机动法的基本原理来推导公式得：

$$M = \frac{N_{max}}{3}\left(s - \frac{\sqrt{3}}{2}c\right) \qquad (1)$$

由图 49c 的等边三桩承台最不利破坏模式，可得另一个公式即：

$$M = \frac{N_{max}}{3}s \qquad (2)$$

式 (1) 考虑屈服线产生在柱边，过于理想化；式 (2) 未考虑柱子的约束作用，是偏于安全的。根据试件破坏的多数情况，采用 (1)、(2) 二式的平均值为规范的推荐公式（8.5.18-3）：

$$M = \frac{N_{max}}{3}\left(s - \frac{\sqrt{3}}{4}c\right)$$

3) 由图 49d，等腰三桩承台典型的屈服线基本

上都垂直于等腰三桩承台的两个腰,当试件在长跨产生开裂破坏后,才在短跨内产生裂缝。因此根据试件的破坏形态并考虑梁的约束影响作用,按梁的理论给出计算公式。

在长跨,当屈服线通过柱中心时:

$$M_1 = \frac{N_{max}}{3}s \qquad (3)$$

当屈服线通过柱边缝时:

$$M_1 = \frac{N_{max}}{3}\left(s - \frac{1.5}{\sqrt{4-a^2}}c_1\right) \qquad (4)$$

式(3)未考虑柱子的约束影响,偏于安全;而式(4)考虑屈服线通过往边缘处,又不够安全,今采用两式的平均值作为推荐公式(8.5.18-4):

$$M_1 = \frac{N_{max}}{3}\left(s - \frac{0.75}{\sqrt{4-a^2}}c_1\right)$$

上述所有三桩承台计算的 M 值均指由柱截面形心到相应承台边的板带宽度范围内的弯矩,因而可按此相应宽度采用三向配筋。

8.5.19 柱对承台的冲切计算方法,本规范在编制时曾考虑了以下两种计算方法:方法一为冲切临界截面取柱边 $0.5h_0$ 处,当冲切临界截面与桩相交时,冲切力扣除相交那部分单桩承载力,采用这种计算方法的国家有美国、新西兰,我国 20 世纪 90 年代前一些设计单位亦多采用此法;方法二为冲切锥体取柱边或承台变阶处至相应桩顶内边缘连线所构成的锥体并考虑了冲跨比的影响,原苏联及我国《建筑桩基技术规范》JGJ 94 均采用这种方法。计算结果表明,这两种方法求得的柱对承台冲切所需的有效高度是十分接近的,相差约 5% 左右。考虑到方法一在计算过程中需要扣除冲切临界截面与柱相交那部分面积的单桩承载力,为避免计算上繁琐,本规范推荐采用方法二。

本规范公式(8.5.19-1)中的冲切系数是按 $\lambda=1$ 时与我国现行《混凝土结构设计规范》GB 50010 的受冲切承载力公式相衔接,即冲切破坏锥体与承台底面的夹角为 45°时冲切系数 $\alpha=0.7$ 提出来的。

图 50 及图 51 分别给出了采用本规范和美国 ACI 318 计算的一典型九桩承台内柱对承台冲切、角桩对承台冲切所需的承台有效高度比较表,其中桩径为 800mm,桩距为 2400mm,方柱尺寸为 1550mm,承台宽度为 6400mm。按本规范算得的承台有效高度与美国 ACI 318 规范相比较略偏于安全。但是,美国钢筋混凝土学会 CRSI 手册认为由角桩荷载引起的承台角隅 45°剪切破坏较之角桩冲切破坏更为不利,因此尚需验算距柱边 h_0 承台角隅 45°处的抗剪强度。

8.5.20 本条为强制性条文。桩基承台的柱边、变阶处等部位剪力较大,应进行斜截面抗剪承载力验算。

8.5.21 桩基承台的抗剪计算,在小剪跨比的条件下具有深梁的特征。关于深梁的抗剪问题,近年来我国已发表了一系列有关的抗剪强度试验报告以及抗剪承

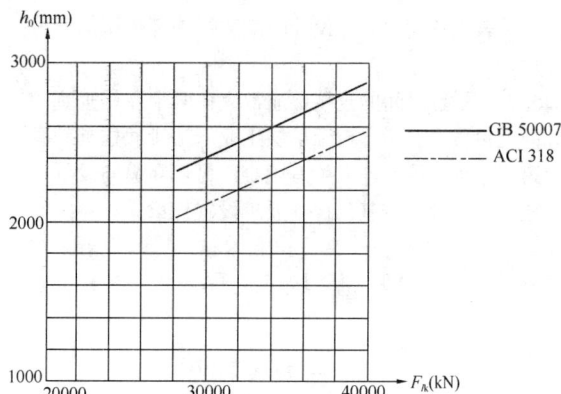

图 50　内柱对承台冲切承台有效高度比较

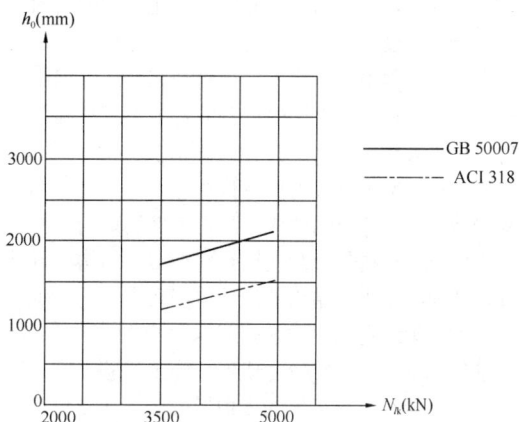

图 51　角桩对承台冲切承台有效高度比较

载力计算文章,尽管文章中给出的抗剪承载力的表达式不尽相同,但结果具有很好的一致性。本规范提出的剪切系数是通过分析和比较后确定的,它已能涵盖深梁、浅梁不同条件下的受剪承载力。图 52 给出了一典型的九桩承台的柱边剪切所需的承台有效高度比较表,按本规范求得的柱边剪切所需的承台有效高度与美国 ACI 318 规范求得的结果是相当接近的。

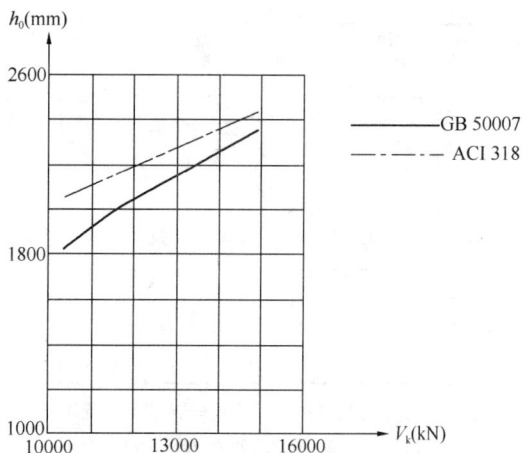

图 52　柱边剪切承台有效高度比较

8.5.22 本条为强制性条文。桩基承台与柱、桩交界

处承受较大的竖向力，设计时应进行局部受压承载力计算。

8.5.23 承台之间的连接，通常应在两个互相垂直的方向上设置连系梁。对于单层工业厂房排架柱基础横向跨度较大、设置连系梁有困难，可仅在纵向设置连系梁，在端部应按基础设计要求设置地梁。

9 基坑工程

9.1 一般规定

9.1.1 基坑支护结构是在建筑物地下工程建造时为确保土方开挖，控制周边环境影响在允许范围内的一种施工措施。设计中通常有两种情况，一种情况是在大多数基坑工程中，基坑支护结构是在地下工程施工过程中作为一种临时性结构设置的，地下工程施工完成后，即失去作用，其工程有效使用期一般不超过2年；另一种情况是基坑支护结构在地下工程施工期间起支护作用，在建筑物建成后的正常使用期间，作为建筑物的永久性构件继续使用，此类支护结构的设计计算，还应满足永久结构的设计使用要求。

基坑支护结构的类型很多，本章所介绍的桩、墙式支护结构的设计计算较为成熟，施工经验丰富，适应性强，是较为安全可靠的支护形式。其他支护形式例如水泥土墙，土钉墙等以及其他复合使用的支护结构，在工程实践中应用，应根据地区经验设计施工。

9.1.2 基坑支护结构的功能是为地下结构的施工创造条件、保证施工安全，并保证基坑周围环境得到应有的保护。图53列出了几种基坑周边典型的环境条件。

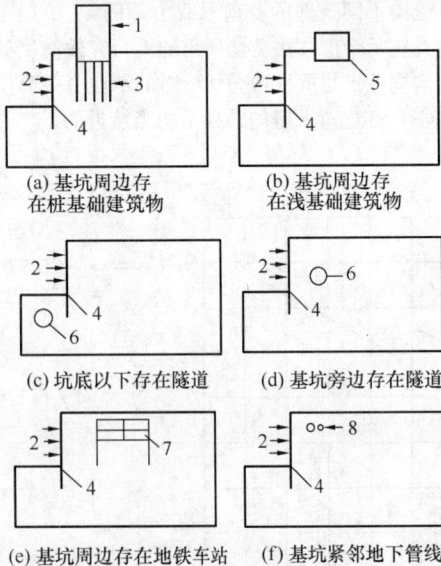

(a) 基坑周边存在桩基础建筑物　　(b) 基坑周边存在浅基础建筑物

(c) 坑底以下存在隧道　　(d) 基坑旁边存在隧道

(e) 基坑周边存在地铁车站　　(f) 基坑紧邻地下管线

图53　基坑周边典型的环境条件

1—建筑物；2—基坑；3—桩基；4—围护墙；
5—浅基础建筑物；6—隧道；7—地铁车站；
8—地下管线

件。基坑工程设计与施工时，应根据场地的地质条件及具体的环境条件，通过有效的工程措施，满足对周边环境的保护要求。

9.1.3 本条为强制性条文。本条规定了基坑支护结构设计的基本原则，为确保基坑支护结构设计的安全，在进行基坑支护结构设计时必须严格执行。

基坑支护结构设计应从稳定、强度和变形三个方面满足设计要求：

1 稳定：指基坑周围土体的稳定性，即不发生土体的滑动破坏，因渗流造成流砂、流土、管涌以及支护结构、支撑体系的失稳。

2 强度：支护结构，包括支撑体系或锚杆结构的强度应满足构件强度和稳定设计的要求。

3 变形：因基坑开挖造成的地层移动及地下水位变化引起的地面变形，不得超过基坑周围建筑物、地下设施的变形允许值，不得影响基坑工程基桩的安全或地下结构的施工。

基坑工程施工过程中的监测应包括对支护结构和对周边环境的监测，并提出各项监测要求的报警值。随基坑开挖，通过对支护结构桩、墙及其支撑系统的内力、变形的测试，掌握其工作性能和状态。通过对影响区域内的建筑物、地下管线的变形监测，了解基坑降水和开挖过程中对其影响的程度，作出在施工过程中基坑安全性的评价。

9.1.4 基坑支护结构设计时，应规定支护结构的设计使用年限。基坑工程的施工条件一般均比较复杂，且易受环境及气象因素影响，施工周期宜短不宜长。支护结构设计的有效期一般不宜超过2年。

基坑工程设计时，应根据支护结构破坏可能产生后果的严重性，确定支护结构的安全等级。基坑工程的事故和破坏，通常受设计、施工、现场管理及地下水控制条件等多种因素影响。其中对于不按设计要求施工及管理水平不高等因素，应有相应的有效措施加以控制，对支护结构设计的安全等级，可按表23的规定确定。

表23　基坑支护结构的安全等级

安全等级	破坏后果	适用范围
一级	很严重	有特殊安全要求的支护结构
二级	严重	重要的支护结构
三级	不严重	一般的支护结构

基坑支护结构施工或使用期间可能遇到设计时无法预测的不利荷载条件，所以基坑支护结构设计采用的结构重要性系数的取值不宜小于1.0。

9.1.5 不同设计等级基坑工程设计原则的区别主要体现在变形控制及地下水控制设计要求。对设计等级为甲级的基坑变形计算除基坑支护结构的变形外，尚应进行基坑周边地面沉降以及周边被保护对象的变形计算。对场地水文地质条件复杂、设计等级为甲级的基坑应作地下水控制的专项设计，主要目的是要在充分掌握场地地下水规律的基础上，减少因地下水处理不当对周边建（构）筑物以及地下管线的损坏。

9.1.6 基坑工程设计时，对土的强度指标的选用，主要应根据现场土体的排水条件及固结条件确定。

三轴试验受力明确，又可控制排水条件，因此，在基坑工程中确定土的强度指标时规定应采用三轴剪切试验方法。

软黏土灵敏度高，受扰动后强度下降明显。这种黏土矿物颗粒在一定条件下从凝聚状态迅速过渡到胶溶状态的现象，称为"触变现象"。深厚软黏土中的基坑，在扰动源作用下，随着基坑变形的发展，灵敏黏土强度降低的现象是不可忽视的。

9.1.7 基坑设计时对变形的控制主要考虑因土方开挖和降水引起的对基坑周边环境的影响。基坑施工不可避免地会对周边建（构）筑物等产生附加沉降和水平位移，设计时应控制建（构）筑物等地基的总变形值（原有变形加附加变形）不得超过地基的允许变形值。

土方开挖使坑内土体产生隆起变形和侧移，严重时将使坑内工程桩偏位、开裂甚至断裂。设计时应明确对土方开挖过程的要求，保证对工程桩的正常使用。

9.1.9 本条为强制性条文。基坑开挖是大面积的卸载过程，将引起基坑周边土体应力场变化及地面沉降。降雨或施工用水渗入土体会降低土体的强度和增加侧压力，饱和黏性土随着基坑暴露时间延长和经扰动，坑底土强度逐渐降低，从而降低支护体系的安全度。基底暴露后应及时铺筑混凝土垫层，这对保护坑底土不受施工扰动、延缓应力松弛具有重要的作用，特别是雨期施工中作用更为明显。

基坑周边荷载，会增加墙后土体的侧向压力，增大滑动力矩，降低支护体系的安全度。施工过程中，不得随意在基坑周围堆土，形成超过设计要求的地面超载。

9.2 基坑工程勘察与环境调查

9.2.1 拟建建筑物的详细勘察，大多数是沿建筑物外轮廓布置勘探工作，往往使基坑工程的设计和施工依据的地质资料不足。本条要求勘察及勘探范围应超出建筑物轮廓线，一般取基坑周围相当基坑深度的2倍，当有特殊情况时，尚需扩大范围。勘探点的深度一般不应小于基坑深度的2倍。

9.2.2 基坑工程设计时，对土的强度指标有较高要求，在勘察手段上，要求钻探取样与原位测试并重，综合确定提供设计计算用的强度指标。

9.2.3 基坑工程的水文地质勘察，应查明场地地下水类型、潜水、承压水的埋置分布特点，明确含水层及相对隔水层的成因及动态变化特征。通过室内及现场水文地质实验，提供各土层的水平向与垂直向的渗透系数。对于需进行地下水控制专项设计的基坑工程，应对场地含水层及地下水分布情况进行现场抽水试验，计算含水层水文地质参数。

抽水试验的目的：

1 评价含水层的富水性，确定含水层组单井涌水量，了解含水层组水位状况，测定承压水头；

2 获取含水层组的水文地质参数；

3 确定抽水试验影响范围。

抽水试验的成果资料应包括：在成井过程中，井管长度、成井井管、滤水管排列情况、洗井情况等的详细记录；绘制各抽水井及观测井的 s-t 曲线、s-$\lg t$ 曲线，恢复水位 s-$\lg t$ 曲线以及各组抽水试验的 Q-s 关系曲线和 q-s 关系曲线。确定土层的渗透系数、影响半径、单位涌水量等参数。

9.2.4 越冬基坑受土的冻胀影响评价需要土的相关参数，特殊性土也需其相关设计参数。

9.2.6 国外关于基坑围护墙后地表的沉降形状（Peck，1969；Clough，1990；Hsieh 和 Ou，1998等）及上海地区的工程实测资料表明，墙后地表沉降的主要影响区域为2倍基坑开挖深度，而在2倍～4倍开挖深度范围内为次影响区域，即地表沉降由较小值衰减到可以忽略不计。因此本条规定，一般情况下环境调查的范围为2倍开挖深度。但当有重要的建（构）筑物如历代优秀建筑、有精密仪器与设备的厂房、其他采用天然地基或短桩基础的重要建筑物、轨道交通设施、隧道、防汛墙、共同沟、原水管、自来水总管、燃气总管等重要建（构）筑物或设施位于2倍～4倍开挖深度范围内时，为了能全面掌握基坑可能对周围环境产生的影响，也应对这些环境情况作调查。环境调查一般包括如下内容：

1 对于建筑物应查明其用途、平面位置、层数、结构形式、材料强度、基础形式与埋深、历史沿革及现状、荷载、沉降、倾斜、裂缝情况、有关竣工资料（如平面图、立面图和剖面图等）及保护要求等；对历代优秀建筑，一般建造年代较远，保护要求较高，原设计图纸等资料也可能不齐全，有时需要通过专门的房屋结构质量检测与鉴定，对结构的安全性作出综合评价，以进一步确定其抵抗变形的能力。

2 对于隧道、防汛墙、共同沟等构筑物应查明其平面位置、埋深、材料类型、断面尺寸、受力情况及保护要求等。

3 对于管线应查明其平面位置、直径、材料类型、埋深、接头形式、压力、输送的物质（油、气、水等）、建造年代及保护要求等，当无相关资料时可进行必要的地下管线探测工作。

4 环境调查的目的是明确环境的保护要求，从而得到其变形的控制标准，并为基坑工程的环境影响分析提供依据。

9.3 土压力与水压力

9.3.2 自然状态下的土体内水平向有效应力，可认为与静止土压力相等。土体侧向变形会改变其水平应力状态。最终的水平应力，随着变形的大小和方向可呈现出两种极限状态（主动极限平衡状态和被动极限平衡状态），支护结构处于主动极限平衡状态时，受主动土压力作用，是侧向土压力的最小值。

按作用的标准组合计算土压力时，土的重度取平均值，土的强度指标取标准值。

库仑土压理论和朗肯土压理论是工程中常用的两种经典土压理论，无论用库仑或朗肯理论计算土压力，由于其理论的假设与实际工作情况有一定的出入，只能看作是近似的方法，与实测数据有一定差异。一些试验结果证明，库仑土压力理论在计算主动土压力时，与实际较为接近。在计算被动土压力时，其计算结果与实际相比，往往偏大。

静止土压力系数（k_0）宜通过试验测定。当无试验条件时，对正常固结土也可按表24估算。

表24　静止土压力系数 k_0

土类	坚硬土	硬—可塑黏性土、粉质黏土、砂土	可—软塑黏性土	软塑黏性土	流塑黏性土
k_0	0.2～0.4	0.4～0.5	0.5～0.6	0.6～0.75	0.75～0.8

对于位移要求严格的支护结构，在设计中宜按静止土压力作为侧向土压力。

9.3.3 高地下水位地区土压力计算时，常涉及水土分算与水土合算两种算法。水土分算采用浮重度计算土的竖向有效应力，如果采用有效应力强度理论，水土分算当然是合理的。但当支护结构内外土体中存在渗流现象和超静孔隙水压力时，特别是在黏性土层中，孔隙压力场的计算是比较复杂的。这时采用半经验的总应力强度理论可能更简便。本规范对饱和黏性土的土压力计算，推荐总应力强度理论水土合算法。

在基坑工程场地范围内，当会出现存在多个含水土层及相对隔水层的情况，各含水层的水头也常存在差异，从区域水文地质条件分析，也存在层间越流补给的条件。计算作用在支护结构上的侧向水压力时，可将含水层的水头近似按潜水位水头进行计算。

9.3.5 作用在支护结构上的土压力及其分布规律取决于支护体的刚度及侧向位移条件。

刚性支护结构的土压力分布可由经典的库仑和朗肯土压力理论计算得到，实测结果表明，只要支护结构的顶部的位移不小于其底部的位移，土压力沿垂直方向分布可按三角形计算。但是，如果支护结构底部位移大于顶部位移，土压力将沿高度呈曲线分布，此时，土压力的合力较上述典型条件要大10%～15%，在设计中应予注意。

相对柔性的支护结构的位移及土压力分布情况比较复杂，设计时应根据具体情况分析，选择适当的土压力值，有条件时土压力值应采用现场实测、反演分析等方法总结地区经验，使设计更加符合实际情况。

9.4 设 计 计 算

9.4.1 结构按承载能力极限状态设计中，应考虑各种作用组合，由于基坑支护结构是房屋地下结构施工过程中的一种围护结构，结构使用期短。本条规定，基坑支护结构的基本组合的效应设计值可采用简化计算原则，按下式确定：

$$S_d = \gamma_F S \left(\sum_{i \geqslant 1} G_{ik} + \sum_{j \geqslant 1} Q_{jk} \right)$$

式中：γ_F ——作用的综合分项系数；

G_{ik} ——第 i 个永久作用的标准值；

Q_{jk} ——第 j 个可变作用的标准值。

作用的综合分项系数 γ_F 可取 1.25，但对于轴向受力为主的构件，γ_F 应取 1.35。

9.4.2 支护结构的入土深度应满足基坑支护结构稳定性及变形验算的要求，并结合地区工程经验综合确定。按当上述要求确定了入土深度，但支护结构的底部位于软土或液化土层中时，支护结构的入土深度应适当加大，支护结构的底部应进入下卧较好的土层。

9.4.4 基坑工程在城市区域的环境保护问题日益突出。基坑设计的稳定性仅是必要条件，大多数情况下的主要控制条件是变形，从而使得基坑工程的设计从强度控制转向变形控制。

1 基坑工程设计时，应根据基坑周边环境的保护要求来确定基坑的变形控制指标。严格地讲，基坑工程的变形控制指标（如围护结构的侧移及地表沉降）应根据基坑周边环境对附加变形的承受能力及基坑开挖对周围环境的影响程度来确定。由于问题的复杂性，在很多情况下，确定基坑周围环境对附加变形的承受能力是一件非常困难的事情，而要较准确地预测基坑开挖对周边环境的影响程度也往往存在较大的难度，因此也就难以针对某个具体工程提出非常合理的变形控制指标。此时根据大量已成功实施的工程实践统计资料来确定基坑的变形控制指标不失为一种有效的方法。上海市《基坑工程技术规范》DG/TJ 08-61 就是采用这种方法并根据基坑周围环境的重要性程度及其与基坑的距离，提出了基坑变形设计控制指标（如表25所示），可作为变形控制设计时的参考。

表 25　基坑变形设计控制指标

环境保护对象	保护对象与基坑距离关系	支护结构最大侧移	坑外地表最大沉降
优秀历史建筑、有精密仪器与设备的厂房、其他采用天然地基或短桩基础的重要建筑物、轨道交通设施、隧道、防汛墙、原水管、自来水总管、煤气总管、共同沟等重要建（构）筑物或设施	$s \leqslant H$	0.18%H	0.15%H
	$H < s \leqslant 2H$	0.3%H	0.25%H
	$2H < s \leqslant 4H$	0.7%H	0.55%H
较重要的自来水管、燃气管、污水管等市政管线、采用天然地基或短桩基础的建筑物等	$s \leqslant H$	0.3%H	0.25%H
	$H < s \leqslant 2H$	0.7%H	0.55%H

注：1　H 为基坑开挖深度，s 为保护对象与基坑开挖边线的净距；

2　位于轨道交通设施、优秀历史建筑、重要管线等环境保护对象周边的基坑工程，应遵照政府有关文件和规定执行。

不同地区不同的土质条件，支护结构的位移对周围环境的影响程度不同，各地区应积累工程经验，确定变形控制指标。

2　目前预估基坑开挖对周边环境的附加变形主要有两种方法。一种是建立在大量基坑统计资料基础上的经验方法，该方法预测的是地表沉降，并不考虑周围建（构）筑物存在的影响，可以用来间接评估基坑开挖引起周围环境的附加变形。上海市《基坑工程技术规范》DG/TJ 08-61 提出了如图 54 所示的地表沉降曲线分布，其中最大地表沉降 δ_{vm} 可根据其与围护结构最大侧移 δ_{hm} 的经验关系来确定，一般可取 $\delta_{vm} = 0.8\delta_{hm}$。

另一种方法是有限元法，但在应用时应有可靠的

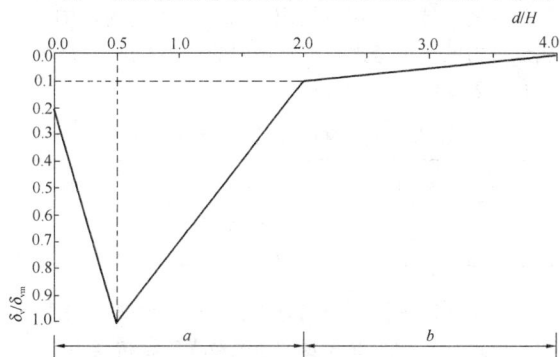

图 54　围护墙后地表沉降预估曲线

δ_v/δ_{vm}—坑外某点的沉降/最大沉降；d/H—坑外地表某点围护墙外侧的距离/基坑开挖深度；a—主影响区域；b—次影响区域

工程实测数据为依据，且该方法分析得到的结果宜与经验方法进行相互校核，以确认分析结果的合理性。采用有限元法分析时应合理地考虑分析方法、边界条件、土体本构模型的选择及计算参数、接触面的设置、初始地应力场的模拟、基坑施工的全过程模拟等因素。

关于建筑物的允许变形值，表 26 是根据国内外有关研究成果给出的建筑物在自重作用下的差异沉降与建筑物损坏程度的关系，可作为确定建筑物对基坑开挖引起的附加变形的承受能力的参考。

表 26　各类建筑物在自重作用下的差异沉降与建筑物损坏程度的关系

建筑结构类型	δ/L（L 为建筑物长度，δ 为差异沉降）	建筑物的损坏程度
1　一般砖墙承重结构，包括有内框架的结构，建筑物长高比小于10；有圈梁；天然地基（条形基础）	达 1/150	分隔墙及承重砖墙发生相当多的裂缝，可能发生结构破坏
2　一般钢筋混凝土框架结构	达 1/150	发生严重变形
	达 1/300	分隔墙或外墙产生裂缝等非结构性破坏
	达 1/500	开始出现裂缝
3　高层刚性建筑（箱形基础、桩基）	达 1/250	可观察到建筑物倾斜
4　有桥式行车的单层排架结构的厂房；天然地基或桩基	达 1/300	桥式行车运转困难，不调整轨面难运行，分割墙有裂缝
5　有斜撑的框架结构	达 1/600	处于安全极限状态
6　一般对沉降差反应敏感的机器基础	达 1/850	机器使用可能会发生困难，处于可运行的极限状态

3　基坑工程是支护结构施工、降水以及基坑开挖的系统工程，其对环境的影响主要分如下三类：支护结构施工过程中产生的挤土效应或土体损失引起的相邻地面隆起或沉降；长时间、大幅度降低地下水可能引起地面沉降，从而引起邻近建（构）筑物及地下管线的变形及开裂；基坑开挖时产生的不平衡力、软黏土发生蠕变和坑外水土流失而导致周围土体及围护墙向开挖区发生侧向移动、地面沉降及坑底隆起，从而引起紧邻建（构）筑物及地下管线的侧移、沉降或倾斜。因此除从设计方面采取有关环境保护措施外，还应从支护结构施工、地下水控制及开挖三个方面分

别采取相关措施保护周围环境。必要时可对被保护的建（构）筑物及管线采取土体加固、结构托换、架空管线等防范措施。

9.4.5 支护结构计算的侧向弹性抗力法来源于单桩水平力计算的侧向弹性地基梁法。用理论方法计算桩的变位和内力时，通常采用文克尔假定的竖向弹性地基梁的计算方法。地基水平抗力系数的分布图式常用的有：常数法、"k"法、"m"法、"c"法等。不同分布图式的计算结果，往往相差很大。国内常采用"m"法，假定地基水平抗力系数（K_x）随深度正比例增加，即 $K_x = mz$，z 为计算点的深度，m 称为地基水平抗力系数的比例系数。按弹性地基梁法求解桩的弹性曲线微分方程式，即可求得桩身各点的内力及变位值。基坑支护桩计算的侧向弹性抗力法，即相当于桩受水平力作用计算的"m"法。

1 地基水平抗力系数的比例系数 m 值

m 值不是一个定值，与现场地质条件，桩身材料与刚度，荷载水平与作用方式以及桩顶水平位移取值大小等因素有关。通过理论分析可得，作用在桩顶的水平力与桩顶位移 X 的关系如下式所示：

$$X = \frac{H}{\alpha^3 EI} A \qquad (5)$$

式中：H——作用在桩顶的水平力（kN）；

A——弹性长桩按"m"法计算的无量纲系数；

EI——桩身的抗弯刚度；

α——桩的水平变形系数，$\alpha = \sqrt[5]{\dfrac{mb_0}{EI}}$（1/m），

其中 b_0 为桩身计算宽度（m）。

无试验资料时，m 值可从表 27 中选用。

表 27　非岩石类土的比例系数 m 值表

地基土类别	预制桩、钢桩		灌注桩	
	m (MN/m⁴)	相应单桩地面处水平位移 (mm)	m (MN/m⁴)	相应单桩地面处水平位移 (mm)
淤泥、淤泥质土和湿陷性黄土	2~4.5	10	2.5~6.0	6~12
液塑（$I_L > 1$）、软塑（$0 < I_L \leqslant 1$）状黏性土、$e > 0.9$ 粉土、松散粉细砂、松散填土	4.5~6.0	10	6~14	4~8
可塑（$0.25 < I_L \leqslant 0.75$）状黏性土、$e = 0.9$ 粉土、湿陷性黄土、稍密和中密的填土、稍密细砂	6.0~10.0	10	14~35	3~6
硬塑（$0 < I_L \leqslant 0.25$）和坚硬（$I_L \leqslant 0$）的黏性土、湿陷性黄土、$e < 0.9$ 粉土、中密的中粗砂、密实老黄土	10.0~22.0	10	35~100	2~5
中密和密实的砾砂、碎石类土			100~300	1.5~3

2 基坑支护桩的侧向弹性地基抗力法，借助于单桩水平力计算的"m"法，基坑支护桩内力分析的计算简图如图 55 所示。

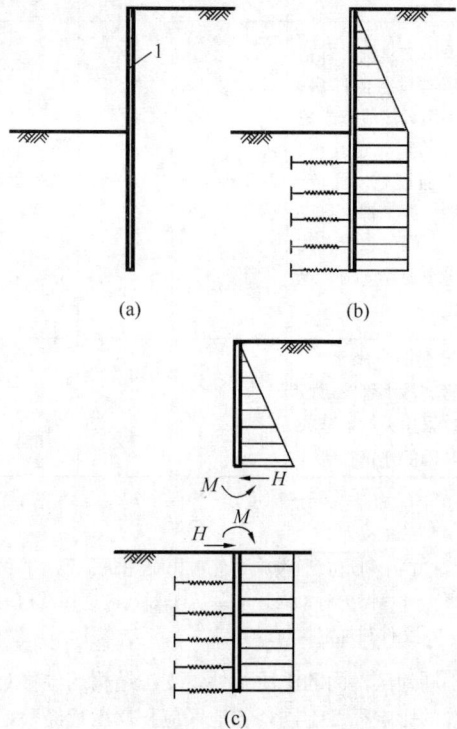

图 55　侧向弹性地基抗力法
1—支护桩

图 55 中，（a）为基坑支护桩，（b）为基坑支护桩上作用的土压力分布图，在开挖深度范围内通常取主动土压力分布图式，支护桩入土部分，为侧向受力的弹性地基梁（如 c 所示），地基反力系数取"m"法图形，内力分析时，常按杆系有限元——结构矩阵分析解法即可求得支护桩身的内力、变形解。

当采用密排桩支护时，土压力可作为平面问题计算。当桩间距比较大时，形成分离式排桩墙。桩身变形产生的土抗力不仅仅局限于桩自身宽度的范围内。从土抗力的角度考虑，桩身截面的计算宽度和桩径之间有如表 28 所示的关系。

表 28　桩身截面计算宽度 b_0（m）

截面宽度 b 或直径 d（m）	圆桩	方桩
> 1	$0.9(d+1)$	$b+1$
≤ 1	$0.9(1.5d+0.5)$	$1.5b+0.5$

由于侧向弹性地基抗力法能较好地反映基坑开挖和回填过程各种工况和复杂情况对支护结构受力的影响，是目前工程界最常用的基坑设计计算方法。

9.4.6 基坑因土体的强度不足，地下水渗流作用而造成基坑失稳，包括：支护结构倾覆失稳；基坑内外侧土体整体滑动失稳；基坑底土因承载力不足而隆

起；地层因地下水渗流作用引起流土、管涌以及承压水突涌等导致基坑工程破坏。本条将基坑稳定性归纳为：支护桩、墙的倾覆稳定；基坑底土隆起稳定；基坑边坡整体稳定；坑底土渗流、突涌稳定四个方面，基坑设计时必须满足上述四方面的验算要求。

1 基坑稳定性验算，采用单一安全系数法，应满足下式要求：

$$\frac{R}{S_d} \geqslant K \tag{6}$$

式中：K——各类稳定安全系数；

R——土体抗力极限值；

S_d——承载能力极限状态下基本组合的效应设计值，但其分项系数均为 1.0，当有地区可靠工程经验时，分项系数也可按地区经验确定。

2 基坑稳定性验算时，所选用的强度指标的类别，稳定验算方法与安全系数取值之间必须配套。当按附录 V 进行各项稳定验算时，土的抗剪强度指标的选用，应符合本规范第 9.1.6 条的规定。

3 土坡及基坑内外土体的整体稳定性计算，可按平面问题考虑，宜采用圆弧滑动面计算。有软土夹层和倾斜岩面等情况时，尚需采用非圆弧滑动面计算。

对不同情况的土坡及基坑整体稳定性验算，最危险滑动面上诸力对滑动中心所产生的滑动力矩与抗滑力矩应符合下式要求：

$$M_S \leqslant \frac{1}{K_R} M_R \tag{7}$$

式中：M_S、M_R——分别为对于危险滑弧面上滑动力矩和抗滑力矩（kN·m）；

K_R——整体稳定抗滑安全系数。

M_S 计算中，当有地下水存在时，坑外土条零压线（浸润线）以上的土条重度取天然重度，以下的土条取饱和重度。坑内土条取浮重度。

验算整体稳定时，对于开挖区，有条件时可采用卸荷条件下的抗剪强度指标进行验算。

4 基坑底隆起稳定性验算，实质上是软土地基承载力不足造成，故用 $\varphi = 0$ 的承载力公式进行验算。

当桩底土为一般黏性土时，上海市《基坑工程技术规范》DG/TJ 08-61 提出了适用于一般黏性土的抗隆起计算公式。

板式支护体系按承载能力极限状态验算绕最下道内支撑点的抗隆起稳定性时（图 56），应满足式（8）的要求：

$$M_{SLK} \leqslant \frac{M_{RLK}}{K_{RL}} \tag{8}$$

$$M_{RLK} = K_a \tan\varphi_k \left\{ \frac{D'}{2} \gamma h'_0{}^2 + q_k D' h'_0 + \frac{\pi}{4} (q_k + \gamma h'_0) D'^2 \right.$$

$$+ \gamma D'^3 \left[\frac{1}{3} + \frac{1}{3} \cos^3\alpha - \frac{1}{2} \left(\frac{\pi}{2} - \alpha \right) \sin\alpha \right.$$

$$\left. + \frac{1}{2} \sin^2\alpha\cos\alpha \right] \right\} + \tan\varphi_k \left\{ \frac{\pi}{4} (q_k + \gamma h'_0) D'^2 + \gamma D'^3 \right.$$

$$\left[\frac{2}{3} + \frac{2}{3} \cos\alpha - \frac{\sin\alpha}{2} \left(\frac{\pi}{2} - \alpha \right) - \frac{1}{6} \sin^2\alpha\cos\alpha \right] \right\}$$

$$+ c_k \left[D' h'_0 + D'^2 (\pi - \alpha) \right]$$

$$M_{SLK} = \frac{1}{3} \gamma D'^3 \sin\alpha + \frac{1}{6} \gamma D'^2 (D' - D) \cos^2\alpha$$

$$+ \frac{1}{2} (q_k + \gamma h'_0) D'^2 \tag{9}$$

$$k_a = \tan^2 \left(\frac{\pi}{4} - \frac{\varphi_k}{2} \right) \tag{10}$$

式中：M_{RLK}——抗隆起力矩值（kN·m/m）；

M_{SLK}——隆起力矩值（kN·m/m）；

α——如图 56 所示（弧度）；

γ——围护墙底以上地基土各土层天然重度的加权平均值（kN/m³）；

D——围护墙在基坑开挖面以下的入土深度（m）；

D'——最下一道支撑距墙底的深度（m）；

K_a——主动土压力系数；

c_k、φ_k——滑裂面上地基土的黏聚力标准值（kPa）和内摩擦角标准值（°）的加权平均值；

h'_0——最下一道支撑距地面的深度（m）；

q_k——坑外地面荷载标准值（kPa）；

K_{RL}——抗隆起安全系数。设计等级为甲级的基坑工程取 2.5；乙级的基坑工程取 2.0；丙级的基坑工程取 1.7。

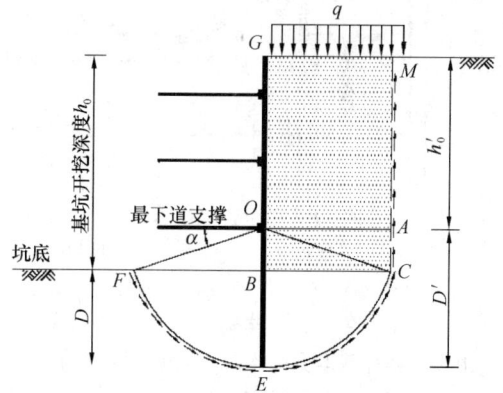

图 56 坑底抗隆起计算简图

5 桩、墙式支护结构的倾覆稳定性验算，对悬臂式支护结构，在附录 V 中采用作用在墙内外的土压力引起的力矩平衡的方法验算，抗倾覆稳定性安全系数应大于或等于 1.30。

对于带支撑的桩、墙式支护体系，支护结构的抗倾覆稳定性又称抗踢脚稳定性，踢脚破坏为作用与围护结构两侧的土压力均达到极限状态，因而使得围护结构（特别是围护结构插入坑底以下的部分）大量地向开挖区移动，导致基坑支护失效。本条取最下道支撑或锚拉点以下的围护结构作为脱离体，将作用于围护结构上的外力进行力矩平衡分析，从而求得抗倾覆分项系数。需指出的是，抗倾覆力矩项中本应包括支护结构的桩身抗力力矩，但由于其值相对而言要小得多，因此在本条的计算公式中不考虑。

9.5 支护结构内支撑

9.5.1 常用的内支撑体系有平面支撑体系和竖向斜撑体系两种。

平面支撑体系可以直接平衡支撑两端支护墙上所受到的侧压力，且构造简单，受力明确，适用范围较广。但当构件长度较大时，应考虑平面受弯及弹性压缩对基坑位移的影响。此外，当基坑两侧的水平作用力相差悬殊时，支护墙的位移通过水平支撑而相互影响，此时应调整支护结构的计算模型。

竖向斜撑体系（图57）的作用是将支护墙上侧压力通过斜撑传到基坑开挖面以下的地基上。它的施工流程是：支护墙完成后，先对基坑中部的土层采取放坡开挖，然后安装斜撑，再挖除四周留下的土坡。对于平面尺寸较大，形状不很规则，但深度较浅的基坑采用竖向斜撑体系施工比较简单，也可节省支撑材料。

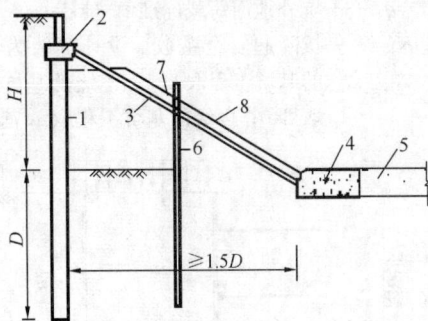

图 57　竖向斜撑体系
1—围护墙；2—墙顶梁；3—斜撑；4—斜撑基础；
5—基础压杆；6—立柱；7—系杆；
8—土堤

由以上两种基本支撑体系，也可以演变为其他支撑体系。如"中心岛"为方案，类似竖向斜撑方案，先在基坑中部放坡挖土，施工中部主体结构，然后利用完成的主体结构安装水平支撑或斜撑，再挖除四周留下的土坡。

当必须利用支撑构件兼作施工平台或栈桥时，除应满足内支撑体系计算的有关规定外，尚应满足作业平台（或栈桥）结构的承载力和变形要求，因此需另行设计。

9.5.2 基坑支护结构的内力和变形分析大多采用平面杆系模型进行计算。通常把支撑系统结构视为平面框架，承受支护桩传来的侧向力。为避免计算模型产生"漂移"现象，应在适当部位加设水平约束或采用

"弹簧"等予以约束。

当基坑周边的土层分布或土性差异大，或坑内挖深差异大，不同的支护桩其受力条件相差较大时，应考虑支撑系统节点与支撑桩支点之间的变形协调。这时应采用支撑桩与支撑系统结合在一起的空间结构计算简图进行内力分析。

支撑系统中的竖向支撑立柱，应按偏心受压构件计算。计算时除应考虑竖向荷载作用外，尚应考虑支撑横向水平力对立柱产生的弯矩，以及土方开挖时，作用在立柱上的侧向土压力引起的弯矩。

9.5.3 本条为强制性条文。当采用内支撑结构时，支撑结构的设置与拆除是支撑结构设计的重要内容之一，设计时应有针对性地对支撑结构的设置和拆除过程中的各种工况进行设计计算。如果支撑结构的施工与设计工况不一致，将可能导致基坑支护结构发生承载力、变形、稳定性破坏。因此支撑结构的施工，包括设置、拆除、土方开挖等，应严格按照设计工况进行。

9.6　土层锚杆

9.6.1 土层锚杆简称土锚，其一端与支护桩、墙连接，另一端锚固在稳定土层中，作用在支护结构上的水土压力，通过自由端传递至锚固段，对支护结构形成锚拉支承作用。因此，锚固段不宜设置在软弱或松散的土层中，锚拉式支承的基坑支护，基坑内部开敞，为挖土、结构施工创造了空间，有利于提高施工效率和工程质量。

9.6.3 锚杆有多种破坏形式，当依靠锚杆保持结构系统稳定的构件时，设计必须仔细校核各种可能的破坏形式。因此除了要求每根土锚必须能够有足够的承载力之外，还必须考虑包括土锚和地基在内的整体稳定性。通常认为锚固段所需的长度是由于承载力的需要，而土锚所需的总长度则取决于稳定的要求。

在土锚支护结构稳定分析中，往往设有许多假定，这些假定的合理程度，有一定的局限性，因此各种计算往往只能作为工程安全性判断的参考。不同的使用者根据不尽相同的计算方法，采用现场试验和现场监测来评价工程的安全度对重要工程来说是十分必要的。

稳定计算方法依建筑物形状而异。对围护系统这类承受土压力的构筑物，必须进行外部稳定和内部稳定两方面的验算。

1　外部稳定计算

所谓外部稳定是指锚杆、围护系统和土体全部合在一起的整体稳定，见图58a。整个土锚均在土体的深滑裂面范围之内，造成整体失稳。一般采用圆弧法具体试算边坡的整体稳定。土锚长度必须超过滑动面，要求稳定安全系数不小于1.30。

2　内部稳定计算

所谓内部稳定计算是指土锚与支护墙基础假想支点之间深滑动面的稳定验算，见图58b。内部稳定最常用的计算是采用 Kranz 稳定分析方法，德国 DIN4125、日本 JSFD1-77 等规范都采用此法，也有的国家如瑞典规范推荐用 Brows 对 Kranz 的修正方法。我国有些锚定式支挡工程设计中采用 Kranz 方法。

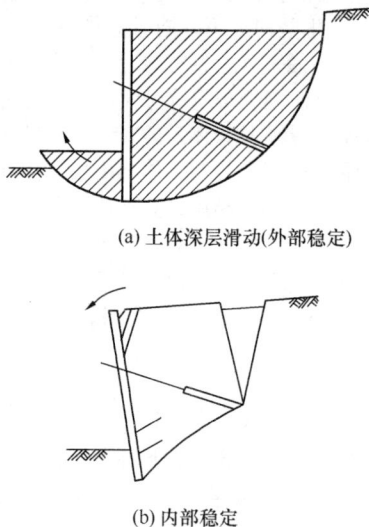

(a) 土体深层滑动(外部稳定)

(b) 内部稳定

图 58　锚杆的整体稳定

9.6.4　锚杆设计包括构件和锚固体截面、锚固段长度、自由段长度、锚固结构稳定性等计算或验算内容。

锚杆支护体系的构造如图 59 所示。

锚杆支护体系由挡土构筑物、腰梁及托架、锚杆三个部分所组成，以保证施工期间的基坑边坡稳定与安全，见图 59。

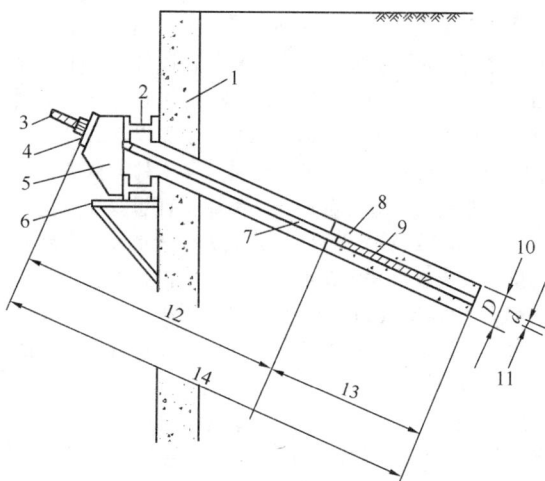

图 59　锚杆构造

1—构筑物；2—腰梁；3—螺母；4—垫板；5—台座；6—托架；7—套管；8—锚固体；9—钢拉杆；10—锚固体直径；11—拉杆直径；12—非锚固段长 L_0；13—有效锚固段长 L_a；14—锚杆全长 L

9.6.5　锚杆预应力筋张拉施工工艺控制系数，应根据锚杆张拉工艺特点确定。当锚杆钢筋或钢绞线为单根时，张拉施工工艺控制系数可取 1.0。当锚杆钢筋或钢绞线为多根时，考虑到张拉施工时锚杆钢筋或钢绞线受力的不均匀性，张拉施工工艺控制系数可取 0.9。

9.6.6　土层锚杆的锚固段长度及锚杆轴向拉力特征值应根据土层锚杆锚杆试验（附录 Y）的规定确定。

9.7　基坑工程逆作法

9.7.4　支护结构与主体结构相结合，是指在施工期间利用地下结构外墙或地下结构的梁、板、柱兼作基坑支护体系，不设置或仅设置部分临时围护支护体系的支护方法。与常规的临时支护方法相比，基坑工程采用支护结构与主体结构相结合的设计施工方法具有诸多优点，如由于可同时向地上和地下施工因而可以缩短工程的施工工期；水平梁板支撑刚度大，挡土安全性高，围护结构和土体的变形小，对周围的环境影响小；采用封闭逆作施工，施工现场文明；已完成的地面层可充分利用，地面层先行完成，无需架设栈桥，可作为材料堆置场或施工作业场；避免了采用大量临时支撑的浪费现象，工程经济效益显著。

利用地下结构兼作基坑的支护结构，基坑开挖阶段与永久使用阶段的荷载状况和结构状况有较大的差别，因此应分别进行设计和验算，同时满足各种工况下的承载力极限状态和正常使用阶段极限状态的设计要求。

支护结构作为主体地下结构的一部分时，地下结构梁板与地下连续墙、竖向支承结构之间的节点连接是需要重点考虑的内容。所谓变形协调，主要指地下结构尚未完工之前，处于支护结构承载状态时，其变形与沉降量及差异沉降均应在限值规定内，保证在地下结构完工、转换成主体工程基础承载时，与主体结构设计对变形和沉降要求一致，同时要求承载转换前后，结构的节点连接和防水构造等均应稳定可靠，满足设计要求。

9.7.5　"两墙合一"的安全性和可靠性已经得到工程界的普遍认同，并在全国得到了大量应用，已经形成了一整套比较成熟的设计方法。"两墙合一"地下连续墙具有良好的技术经济效果：（1）刚度大、防水性能好；（2）将基坑临时围护墙与永久地下室外墙合二为一，节省了常规地下室外墙的工程量；（3）不需要施工操作空间，可减少直接土方开挖量，并且无需再施工换撑板带和进行回填土工作，经济效果明显，尤其对于红线退界紧张或地下室与邻近建（构）筑物距离极近的地下工程，"两墙合一"可大大减小围护体所占空间，具有其他围护形式无可替代的优势；（4）基坑开挖到坑底后，在基础内部结构由下而上施工过程中，"两墙合一"的设计无需再施工地下室外墙，因此比常规两墙分离的工程施工工期要节省，同时也避免了长期困扰地下室外墙浇筑施工过程中混凝土的收缩裂缝问题。

9.7.6 主体地下结构的水平构件用作支撑时，其设计应符合下列规定：

1 结构水平构件与支撑相结合的设计中可用梁板结构体系作为水平支撑，该结构体系受力明确，可根据施工需要在梁间开设孔洞，并在梁周边预留止水片，在逆作法结束后再浇筑封闭；也可采用结构楼板后作的梁格体系，在开挖阶段仅浇筑框架梁作为内支撑，梁格空间均可作为出土口，基础底板浇筑后再封闭楼板结构。另外，结构水平构件与支撑相结合设计中也可采用无梁楼盖作为水平支撑，其整体性好、支撑刚度大，且便于结构模板体系的施工。在无梁楼盖上设置施工孔洞时，一般需设置边梁并附加止水构造。无梁楼板一般在梁柱节点位置设置一定长宽的柱帽，逆作阶段竖向支承钢立柱的尺寸一般占柱帽尺寸的比例较小，因此，无梁楼盖体系梁柱节点位置钢筋穿越矛盾相对梁板体系缓和、易于解决。

对用作支撑的结构水平构件，当采用梁板体系且结构开口较多时，可简化为仅考虑梁系的作用，进行在一定边界条件下及在周边水平荷载作用下的封闭框架的内力和变形计算，其计算结果是偏安全的。当梁板体系需考虑板的共同作用，或结构为无梁楼盖时，应采用有限元的方法进行整体计算分析，根据计算分析结果并结合工程概念和经验，合理确定用于结构构件设计的内力。

2 支护结构与主体结构相结合的设计方法中，作为竖向支承的立柱桩其竖向变形应严格控制。立柱桩的竖向变形主要包含两个方面：一方面为基坑开挖卸荷引起的立柱向上的回弹隆起；另一方面为已施工完成的水平结构和施工荷载等竖向荷重的加载作用下，立柱桩的沉降。立柱桩竖向变形量和立柱桩间的差异变形过大时，将引发对已施工完成结构的不利结构次应力，因此在主体地下水平结构构件设计时，应通过验算采取必要的措施以控制有害裂缝的产生。

3 主体地下水平结构作为基坑施工期的水平支撑，需承受坑外传来的水土侧向压力。因此水平结构应具有直接的、完整的传力体系。如同层楼板面标高出现较大的高差时，应通过计算采取有效的转换结构以利于水平力的传递。另外，应在结构楼板出现较大面积的缺失区域以及地下各层水平结构梁板的结构分缝以及施工后浇带等位置，通过计算设置必要的水平支撑传力体系。

9.7.7 竖向支承结构的设计应符合下列规定：

1 在支护结构与主体结构相结合的工程中，由于逆作阶段结构梁板的自重相当大，立柱较多采用承载力较高而断面小的角钢拼接格构柱或钢管混凝土柱。

2 立柱应根据其垂直度允许偏差计入竖向荷载偏心的影响，偏心距应按计算跨度乘以允许偏差，并按双向偏心考虑。支护结构与主体结构相结合的工程中，利用各层地下结构梁板作为支护结构的水平内支撑体系。水平支撑的刚度可假定为无穷大，因而钢立柱假定为无水平位移。

3 立柱桩在上部荷载及基坑开挖土体应力释放的作用下，发生竖向变形，同时立柱桩承载的不均匀，增加了立柱桩间及立柱桩与地下连续墙之间产生较大沉降的可能，若差异沉降过大，将会使支撑系统产生裂缝，甚至影响结构体系的安全。控制整个结构的不均匀沉降是支护结构与主体结构相结合施工的关键技术之一。目前事先精确计算立柱桩在底板封闭前的沉降或上抬量还有一定困难，完全消除沉降差也是不可能的，但可通过桩底后注浆等措施，增大立柱桩的承载力并减小沉降，从而达到控制立柱沉降差的目的。

9.8 岩体基坑工程

9.8.1～9.8.6 本节给出岩石基坑和岩土组合基坑的设计原则。

9.9 地下水控制

9.9.1 在高地下水位地区，深基坑工程设计施工中的关键问题之一是如何有效地实施对地下水的控制。地下水控制失效也是引发基坑工程事故的重要源头。

9.9.3 基坑降水设计时对单井降深的计算，通常采用解析法用裘布衣公式计算。使用时，应注意其适用条件，裘布衣公式假定：（1）进入井中的水流主要是径向水流和水平流；（2）在整个水流深度上流速是均匀一致的（稳定流状态）。要求含水层是均质、各向同性的无限延伸的。单井抽水经一定时间后水量和水位均趋稳定，形成漏斗，在影响半径以外，水位降落为零，才符合公式使用条件。对于潜水，公式使用时，降深不能过大。降深过大时，水流以垂直分量为主，与公式假定不符。常见的基坑降水计算资料，只是一种粗略的计算，解析法不易取得理想效果。

鉴于计算技术的发展，数值法在降水设计中已有大量研究成果，并已在水资源评价中得到了应用。在基坑降水设计中已开始在重大实际工程中应用，并已取得与实测资料相应的印证。所以在设计等级甲级的基坑降水设计，可采用有限元数值方法进行设计。

9.9.6 地下水抽降将引起大范围的地面沉降。基坑围护结构渗漏亦易发生基坑外侧土层坍陷、地面下沉，引发基坑周边的环境问题。因此，为有效控制基坑周边的地面变形，在高地下水位地区的甲级基坑或基坑周边环境保护要求严格时，应进行基坑降水和环境保护的地下水控制专项设计。

地下水控制专项设计应包括降水设计、运营管理以及风险预测及应对等内容：

1 制定基坑降水设计方案：

1）进行工程地下水风险分析，浅层潜水降水的影响，疏干降水效果的估计；

2）承压水突涌风险分析。

2 基坑抗突涌稳定性验算。

3 疏干降水设计计算，疏干井数量，深度。

4 减压设计，当对下部承压水采取减压降水时，确定减压井数量、深度以及减压运营的要求。

5 减压降水的三维数值分析，渗流数值模型的建立，减压降水结果的预测。

6 减压降水对环境影响的分析及应采取的工程措施。

7 支护桩、墙渗漏风险的预测及应对措施。

8 降水措施与管理措施：

1）现场排水系统布置；

2）深井构造、设计、降水井标准；

3）成井施工工艺的确定；

4）降水井运行管理。

深基坑降水和环境保护的专项设计，是一项比较复杂的设计工作。与基坑支护结构（或隔水帷幕）周围的地下水渗流特征及场地水文地质条件、支护结构及隔水帷幕的插入深度、降水井的位置等有关。

10 检验与监测

10.1 一般规定

10.1.1 为设计提供依据的试验为基本试验，应在设计前进行。基本试验应加载到极限或破坏，为设计人员提供足够的设计依据。

10.1.2 为验证设计结果或为工程验收提供依据的试验为验收检验。验收检验是利用工程桩、工程锚杆等进行试验，其最大加载量不应小于设计承载力特征值的 2 倍。

10.1.3 抗拔桩的验收检验应控制裂缝宽度，满足耐久性设计要求。

10.2 检 验

10.2.1 本条为强制性条文。基槽（坑）检验工作应包括下列内容：

1 应做好验槽（坑）准备工作，熟悉勘察报告，了解拟建建筑物的类型和特点，研究基础设计图纸及环境监测资料。当遇有下列情况时，应列为验槽（坑）的重点：

1）当持力土层的顶板标高有较大的起伏变化时；

2）基础范围内存在两种以上不同成因类型的地层时；

3）基础范围内存在局部异常土质或坑穴、古井、老地基或古迹遗址时；

4）基础范围内遇有断层破碎带、软弱岩脉以及古河道、湖、沟、坑等不良地质条件时；

5）在雨期或冬期等不良气候条件下施工，基底土质可能受到影响时。

2 验槽（坑）应首先核对基槽（坑）的施工位置。平面尺寸和槽（坑）底标高的容许误差，可视具体的工程情况和基础类型确定。一般情况下，槽（坑）底标高的偏差应控制在 0mm～50mm 范围内；平面尺寸，由设计中心线向两边量测，长、宽尺寸不应小于设计要求。

验槽（坑）方法宜采用轻型动力触探或袖珍贯入仪等简便易行的方法，当持力层下埋藏有下卧砂层而承压水头高于基底时，则不宜进行钎探，以免造成涌砂。当施工揭露的岩土条件与勘察报告有较大差别或者验槽（坑）人员认为必要时，可有针对性地进行补充勘察测试工作。

3 基槽（坑）检验报告是岩土工程的重要技术档案，应做到资料齐全，及时归档。

10.2.2 复合地基提高地基承载力、减少地基变形的能力主要是设置了增强体，与地基土共同作用的结果，所以复合地基应对增强体施工质量进行检验。复合地基载荷试验由于试验的压板面积有限，考虑到大面积荷载的长期作用结果与小面积短时荷载作用的试验结果有一定的差异，故需要对载荷板尺寸限制。条形基础和独立基础复合地基载荷试验的压板宽度的确定宜考虑面积置换率和褥垫层厚度，基础宽度不大时应取基础宽度，基础宽度较大，试验条件达不到时应取较薄厚度褥垫层。

对遇水软化、崩解的风化岩、膨胀性土等特殊土层，不可仅根据试验数据评价承载力等，尚应考虑由于试验条件与实际施工条件的差异带来的潜在风险，试验结果宜考虑一定的折减。

10.2.3 在压实填土的施工过程中，取样检验分层土的厚度视施工机械而定，一般情况下宜按 200mm～500mm 分层进行检验。

10.2.4 利用贯入仪检验垫层质量，通过现场对比试验确定其击数与干密度的对应关系。

垫层质量的检验可采用环刀法；在粗粒土垫层中，可采用灌水法、灌砂法进行检验。

10.2.5 预压处理的软弱地基，应在预压区内预留孔位，在预压前后堆载不同阶段进行原位十字板剪切试验和取土室内土工试验，检验地基处理效果。

10.2.6 强夯地基或强夯置换地基载荷试验的压板面积应考虑压板的尺寸效应，应采用大压板载荷试验，根据处理深度的大小，压板面积可采用 $1m^2$～$4m^2$，压板最小直径不得小于 1m。

10.2.7 砂石桩对桩体采用动力触探方法检验，对桩间土采用标准贯入、静力触探或其他原位测试方法进行检验可检测砂石桩及桩间土的挤密效果。如处理可液化地层时，可按标准贯入击数来检验砂性土的抗液化性。

10.2.8、10.2.9 水泥土搅拌桩进行标准贯入试验后对成桩质量有怀疑时可采用双管单动取样器对桩身钻芯取样，制成试块，测试桩身实际强度。钻孔直径不宜小于108mm。由于取芯和试样制作原因，桩身钻芯取样测试的桩身强度应该是较高值，评价时应给予注意。

单桩载荷试验和复合地基载荷试验是检验水泥土搅拌桩质量的最直接有效的方法，一般在龄期28d后进行。

10.2.10 本条为强制性条文。刚性桩复合地基单桩的桩身完整性检测可采用低应变法；单桩竖向承载力检测可采用静载荷试验；刚性桩复合地基承载力可采用单桩或多桩复合地基载荷试验。当施工工艺对地基土承载力影响较小、有地区经验时，可采用单桩静载荷试验和桩间土静载荷试验结果确定刚性桩复合地基承载力。

10.2.11 预制打入桩、静力压桩应提供经确认的桩顶标高、桩底标高、桩端进入持力层的深度等。其中预制桩还应提供打桩的最后三阵锤贯入度、总锤击数等，静力压桩还应提供最大压力值等。

当预制打入桩、静力压桩的入土深度与勘察资料不符或对桩端下卧层有怀疑时，可采用补勘方法，检查自桩端以上1m起至下卧层5d范围内的标准贯入击数和岩土特性。

10.2.12 混凝土灌注桩提供经确认的参数应包括桩端进入持力层的深度，对锤击沉管灌注桩，应提供最后三阵锤贯入度、总锤击数等。对钻（冲）孔桩，应提供孔底虚土或沉渣情况等。当锤击沉管灌注桩、冲（钻）孔灌注桩的入土（岩）深度与勘察资料不符或对桩端下卧层有怀疑时，可采用补勘方法，检查自桩端以上1m起至下卧层5d范围内的岩土特性。

10.2.13 本条为强制性条文。人工挖孔桩应逐孔进行终孔验收，终孔验收的重点是持力层的岩土特征。对单柱单桩的大直径嵌岩桩，承载能力主要取决嵌岩段岩性特征和下卧层的持力状况，终孔时，应用超前钻逐孔对孔底下3d或5m深度范围内持力层进行检验，查明是否存在溶洞、破碎带和软夹层等，并提供岩芯抗压强度试验报告。

终孔验收如发现与勘察报告及设计文件不一致，应由设计人提出处理意见。缺少经验时，应进行桩端持力层岩基原位荷载试验。

10.2.14 本条为强制性条文。单桩竖向静载试验应在工程桩的桩身质量检验后进行。

10.2.15 桩基工程事故，有相当部分是因桩身存在严重的质量问题而造成的。桩基施工完成后，合理地

选取工程桩进行完整性检测，评定工程桩质量是十分重要的。抽检方式必须随机、有代表性。常用桩基完整性检测方法有钻孔抽芯法、声波透射法、高应变动力检测法、低应变动力检测法等。其中低应变方法方便灵活，检测速度快，适宜用于预制桩、小直径灌注桩的检测。一般情况下低应变方法能可靠地检测到桩顶下第一个浅部缺陷的界面，但由于激振能量小，当桩身存在多个缺陷或桩周土阻力很大或桩长较大时，难以检测到桩底反射波和深部缺陷的反射波信号，影响检测结果准确度。改进方法是加大激振能量，相对地采用高应变检测方法的效果要好，但对大直径桩，特别是嵌岩桩，高、低应变均难以取得较好的检测效果。钻孔抽芯法通过钻取混凝土芯样和桩底持力层岩芯，既可直观地判别桩身混凝土的连续性，持力层岩土特征及沉渣情况，又可通过芯样试压，了解相应混凝土和岩样的强度，是大直径桩的重要检测方法。不足之处是一孔之见，存在片面性，且检测费用大，效率低。声波透射法通过预埋管逐个剖面检测桩身质量，既能可靠地发现桩身缺陷，又能合理地评定缺陷的位置、大小和形态，不足之处是需要预埋管，检测时缺乏随机性，且只能有效检测桩身质量。实际工作中，将声波透射法与钻孔抽芯法有机地结合起来进行大直径桩质量检测是科学、合理，且是切实有效的检测手段。

直径大于800mm的嵌岩桩，其承载力一般设计得较高，桩身质量是控制承载力的主要因素之一，应采用可靠的钻孔抽芯或声波透射法（或两者组合）进行检测。每个柱下承台的桩抽检数不得少于一根的规定，涵括了单柱单桩的嵌岩桩必须100%检测，但直径大于800mm非嵌岩桩检测数量不少于总桩数的10%。小直径桩其抽检数量宜为20%。

10.2.16 工程桩竖向承载力检验可根据建筑物的重要程度确定抽检数量及检验方法。对地基基础设计等级为甲级、乙级的工程，宜采用慢速静荷载加载法进行承载力检验。

对预制桩和满足高应变法适用检测范围的灌注桩，当有静载对比试验时，可采用高应变法检验单桩竖向承载力，抽检数量不得少于总桩数的5%，且不得少于5根。

超过试验能力的大直径嵌岩桩的承载力特征值检验，可根据超前钻及钻孔抽芯法检验报告提供的嵌岩深度、桩端持力层岩石的单轴抗压强度、桩底沉渣情况和桩身混凝土质量，必要时结合桩端岩基荷载试验和桩侧摩阻力试验进行核验。

10.2.18 对地下连续墙，应提交经确认的成墙记录，主要包括槽底岩性、入岩深度、槽底标高、槽宽、垂直度、清渣、钢筋笼制作和安装质量、混凝土灌注质量记录及预留试块强度检验报告等。由于高低应变检测数学模型与连续墙不符，对地下连续墙的检测，应

采用钻孔抽芯或声波透射法。对承重连续墙，检验槽段不宜少于同条件下总槽段数的20%。

10.2.19 岩石锚杆现在已普遍使用。本规范2002版规定检验数量不得少于锚杆总数的3%，为了更好地控制岩石锚杆施工质量，提高检验数量，规定检验数量不得少于锚杆总数的5%，但最少抽检数量不变。

10.3 监 测

10.3.1 监测剖面及监测点数量应满足监控到填土区的整体稳定性及边界区边坡的滑移稳定性的要求。

10.3.2 本条为强制性条文。由于设计、施工不当造成的基坑事故时有发生，人们认识到基坑工程的监测是实现信息化施工、避免事故发生的有效措施，又是完善、发展设计理论、设计方法和提高施工水平的重要手段。

根据基坑开挖深度及周边环境保护要求确定基坑的地基基础设计等级，依据地基基础设计等级对基坑的监测内容、数量、频次、报警标准及抢险措施提出明确要求，实施动态设计和信息化施工。本条列为强制性条文，使基坑开挖过程必须严格进行第三方监测，确保基坑及周边环境的安全。

10.3.3 人工挖孔桩降水、基坑开挖降水等都对环境有一定的影响，为了确保周边环境的安全和正常使用，施工降水过程中应对地下水位变化、周边地形、建筑物的变形、沉降、倾斜、裂缝和水平位移等情况进行监测。

10.3.4 预应力锚杆施加的预应力实际值因锁定工艺不同和基坑及周边条件变化而发生改变，需要监测。

当监测的锚头预应力不足设计锁定值的70%，且边坡位移超过设计警戒值时，应对预应力锚杆重新进行张拉锁定。

10.3.5 监测项目选择应根据基坑支护形式、地质条件、工程规模、施工工况与季节及环境保护的要求等因素综合而定。对设计等级为丙级的基坑也提出了监测要求，对每种等级的基坑均增加了地面沉降监测要求。

10.3.6 监测值的变化和周边建（构）筑物、管线允许的最大沉降变形是确定监控报警标准的主要因素，其中周边建（构）筑物原有的沉降与基坑开挖造成的附加沉降叠加后，不能超过允许的最大沉降变形值。

爆破对周边环境的影响程度与炸药量、引爆方式、地质条件、离爆破点距离等有关，实际影响程度需对测点的振动速度和频率进行监测确定。

10.3.7 挤土桩施工过程中造成的土体隆起等挤土效应，不但影响周边环境，也会造成邻桩的抬起，严重影响成桩质量和单桩承载力，应实施监控。监测结果反映土体隆起和位移、邻桩桩顶标高及桩位偏差超出设计要求时，应提出处理意见。

10.3.8 本条为强制性条文。本条所指的建筑物沉降观测包括从施工开始，整个施工期内和使用期间对建筑物进行的沉降观测。并以实测资料作为建筑物地基基础工程质量检查的依据之一，建筑物施工期的观测日期和次数，应根据施工进度确定，建筑物竣工后的第一年内，每隔2月～3月观测一次，以后适当延长至4月～6月，直至达到沉降变形稳定标准为止。

中华人民共和国行业标准

建筑桩基技术规范

Technical code for building pile foundations

JGJ 94—2008

J 793—2008

批准部门：中华人民共和国住房和城乡建设部
施行日期：２００８年１０月１日

中华人民共和国住房和城乡建设部
公 告

第 18 号

关于发布行业标准
《建筑桩基技术规范》的公告

现批准《建筑桩基技术规范》为行业标准，编号为 JGJ 94 - 2008，自 2008 年 10 月 1 日起实施。其中，第 3.1.3、3.1.4、5.2.1、5.4.2、5.5.1、5.5.4、5.9.6、5.9.9、5.9.15、8.1.5、8.1.9、9.4.2 条为强制性条文，必须严格执行。原行业标准《建筑桩基技术规范》JGJ 94 - 94 同时废止。

本规范由我部标准定额研究所组织中国建筑工业出版社出版发行。

中华人民共和国住房和城乡建设部
2008 年 4 月 22 日

前 言

本规范是根据建设部《关于印发〈二〇〇二～二〇〇三年度工程建设城建、建工行业标准制订、修订计划〉的通知》建标〔2003〕104 号文的要求，由中国建筑科学研究院会同有关设计、勘察、施工、研究和教学单位，对《建筑桩基技术规范》JGJ 94 -94 修订而成。

在修订过程中，开展了专题研究，进行了广泛的调查分析，总结了近年来我国桩基础设计、施工经验，吸纳了该领域新的科研成果，以多种方式广泛征求了全国有关单位的意见，并进行了试设计，对主要问题进行了反复修改，最后经审查定稿。

本规范主要技术内容有：基本设计规定、桩基构造、桩基计算、灌注桩施工、混凝土预制桩与钢桩施工、承台施工、桩基工程质量检查和验收及有关附录。

本规范修订增加的内容主要有：减少差异沉降和承台内力的变刚度调平设计；桩基耐久性规定；后注浆灌注桩承载力计算与施工工艺；软土地基减沉复合疏桩基础设计；考虑桩径因素的 Mindlin 解计算单桩、单排桩和疏桩基础沉降；抗压桩与抗拔桩桩身承载力计算；长螺旋钻孔压灌混凝土后插钢筋笼灌注桩施工方法；预应力混凝土空心桩承载力计算与沉桩等。调整的主要内容有：基桩和复合基桩承载力设计取值与计算；单桩侧阻力和端阻力经验参数；嵌岩桩

嵌岩段侧阻和端阻综合系数；等效作用分层总和法计算桩基沉降经验系数；钻孔灌注桩孔底沉渣厚度控制标准等。

本规范中以黑体字标志的条文为强制性条文，必须严格执行。

本规范由住房和城乡建设部负责管理和对强制性条文的解释，由中国建筑科学研究院负责具体技术内容的解释。

本规范主编单位：中国建筑科学研究院（地址：北京市北三环东路 30 号；邮编：100013）。

本规范参编单位：北京市勘察设计研究院有限公司
现代设计集团华东建筑设计研究院有限公司
上海岩土工程勘察设计研究院有限公司
天津大学
福建省建筑科学研究院
中冶集团建筑研究总院
机械工业勘察设计研究院
中国建筑东北设计院
广东省建筑科学研究院
北京筑都方圆建筑设计有限

公司
广州大学

本规范主要起草人：黄　强　刘金砺　高文生
　　　　　　　　刘金波　沙志国　侯伟生

邱明兵　顾晓鲁　吴春林
顾国荣　王卫东　张　炜
杨志银　唐建华　张丙吉
杨　斌　曹华先　张季超

目　　次

1 总　则

1.0.1　为了在桩基设计与施工中贯彻执行国家的技术经济政策，做到安全适用、技术先进、经济合理、确保质量、保护环境，制定本规范。

1.0.2　本规范适用于建筑（包括构筑物）桩基的设计、施工及验收。

1.0.3　桩基的设计与施工，应综合考虑工程地质与水文地质条件、上部结构类型、使用功能、荷载特征、施工技术条件与环境；应重视地方经验，因地制宜，注重概念设计，合理选择桩型、成桩工艺和承台形式，优化布桩，节约资源；应强化施工质量控制与管理。

1.0.4　在进行桩基设计、施工及验收时，除应符合本规范外，尚应符合国家现行有关标准、规范的规定。

2　术语、符号

2.1　术　　语

2.1.1　桩基　pile foundation

由设置于岩土中的桩和与桩顶连接的承台共同组成的基础或由柱与桩直接连接的单桩基础。

2.1.2　复合桩基　composite pile foundation

由基桩和承台下地基土共同承担荷载的桩基础。

2.1.3　基桩　foundation pile

桩基础中的单桩。

2.1.4　复合基桩　composite foundation pile

单桩及其对应面积的承台下地基土组成的复合承载基桩。

2.1.5　减沉复合疏桩基础　composite foundation with settlement-reducing piles

软土地基天然地基承载力基本满足要求的情况下，为减小沉降采用疏布摩擦型桩的复合桩基。

2.1.6　单桩竖向极限承载力　ultimate vertical bearing capacity of a single pile

单桩在竖向荷载作用下到达破坏状态前或出现不适于继续承载的变形时所对应的最大荷载，它取决于土对桩的支承阻力和桩身承载力。

2.1.7　极限侧阻力　ultimate shaft resistance

相应于桩顶作用极限荷载时，桩身侧表面所发生的岩土阻力。

2.1.8　极限端阻力　ultimate tip resistance

相应于桩顶作用极限荷载时，桩端所发生的岩土阻力。

2.1.9　单桩竖向承载力特征值　characteristic value of the vertical bearing capacity of a single pile

单桩竖向极限承载力标准值除以安全系数后的承载力值。

2.1.10　变刚度调平设计　optimized design of pile foundation stiffness to reduce differential settlement

考虑上部结构形式、荷载和地层分布以及相互作用效应，通过调整基桩桩径、桩长、桩距等改变基桩支承刚度分布，以使建筑物沉降趋于均匀、承台内力降低的设计方法。

2.1.11　承台效应系数　pile cap effect coefficient

竖向荷载下，承台底地基土承载力的发挥率。

2.1.12　负摩阻力　negative skin friction, negative shaft resistance

桩周土由于自重固结、湿陷、地面荷载作用等原因而产生大于基桩的沉降所引起的对桩表面的向下摩阻力。

2.1.13　下拉荷载　downdrag

作用于单桩中性点以上的负摩阻力之和。

2.1.14　土塞效应　plugging effect

敞口空心桩沉桩过程中土体涌入管内形成的土塞，对桩端阻力的发挥程度的影响效应。

2.1.15　灌注桩后注浆　post grouting for cast-in-situ pile

灌注桩成桩后一定时间，通过预设于桩身内的注浆导管及与之相连的桩端、桩侧注浆阀注入水泥浆，使桩端、桩侧土体（包括沉渣和泥皮）得到加固，从而提高单桩承载力，减小沉降。

2.1.16　桩基等效沉降系数　equivalent settlement coefficient for calculating settlement of pile foundations

弹性半无限体中群桩基础按 Mindlin（明德林）解计算沉降量 w_M 与按等代墩基 Boussinesq（布辛奈斯克）解计算沉降量 w_B 之比，用以反映 Mindlin 解应力分布对计算沉降的影响。

2.2　符　　号

2.2.1　作用和作用效应

F_k ——按荷载效应标准组合计算的作用于承台顶面的竖向力；

G_k ——桩基承台和承台上土自重标准值；

H_k ——按荷载效应标准组合计算的作用于承台底面的水平力；

H_{ik} ——按荷载效应标准组合计算的作用于第 i 基桩或复合基桩的水平力；

M_{xk}、M_{yk} ——按荷载效应标准组合计算的作用于承台底面的外力，绕通过桩群形心的 x、y 主轴的力矩；

N_{ik} ——荷载效应标准组合偏心竖向力作用下第 i 基桩或复合基桩的竖向力；

Q_g^n ——作用于群桩中某一基桩的下拉荷载；

q_f ——基桩切向冻胀力。

    E_s ——土的压缩模量;

    f_t、f_c ——混凝土抗拉、抗压强度设计值;

    f_{rk} ——岩石饱和单轴抗压强度标准值;

    f_s、q_c ——静力触探双桥探头平均侧阻力、平均端阻力;

    m ——桩侧地基土水平抗力系数的比例系数;

    p_s ——静力触探单桥探头比贯入阻力;

    q_{sik} ——单桩第 i 层土的极限侧阻力标准值;

    q_{pk} ——单桩极限端阻力标准值;

    Q_{sk}、Q_{pk} ——单桩总极限侧阻力、总极限端阻力标准值;

    Q_{uk} ——单桩竖向极限承载力标准值;

    R ——基桩或复合基桩竖向承载力特征值;

    R_a ——单桩竖向承载力特征值;

    R_{ha} ——单桩水平承载力特征值;

    R_h ——基桩水平承载力特征值;

    T_{gk} ——群桩呈整体破坏时基桩抗拔极限承载力标准值;

    T_{uk} ——群桩呈非整体破坏时基桩抗拔极限承载力标准值;

    γ、γ_e ——土的重度、有效重度。

2.2.3 几何参数

    A_p ——桩端面积;

    A_{ps} ——桩身截面面积;

    A_c ——计算基桩所对应的承台底净面积;

    B_c ——承台宽度;

    d ——桩身设计直径;

    D ——桩端扩底设计直径;

    l ——桩身长度;

    L_c ——承台长度;

    s_a ——基桩中心距;

    u ——桩身周长;

    z_n ——桩基沉降计算深度(从桩端平面算起)。

2.2.4 计算系数

    α_E ——钢筋弹性模量与混凝土弹性模量的比值;

    η_c ——承台效应系数;

    η_f ——冻胀影响系数;

    ζ_r ——桩嵌岩段侧阻和端阻综合系数;

    ψ_{si}、ψ_p ——大直径桩侧阻力、端阻力尺寸效应系数;

    λ_p ——桩端土塞效应系数;

    λ ——基桩抗拔系数;

    ψ ——桩基沉降计算经验系数;

    ψ_c ——成桩工艺系数;

    ψ_e ——桩基等效沉降系数;

    α、$\bar{\alpha}$ ——Boussinesq 解的附加应力系数、平均附加应力系数。

3 基本设计规定

3.1 一般规定

3.1.1 桩基础应按下列两类极限状态设计:

    1 承载能力极限状态:桩基达到最大承载能力、整体失稳或发生不适于继续承载的变形;

    2 正常使用极限状态:桩基达到建筑物正常使用所规定的变形限值或达到耐久性要求的某项限值。

3.1.2 根据建筑规模、功能特征、对差异变形的适应性、场地地基和建筑物体形的复杂性以及由于桩基问题可能造成建筑破坏或影响正常使用的程度,应将桩基设计分为表 3.1.2 所列的三个设计等级。桩基设计时,应根据表 3.1.2 确定设计等级。

表 3.1.2 建筑桩基设计等级

设计等级	建 筑 类 型
甲 级	(1) 重要的建筑; (2) 30 层以上或高度超过 100m 的高层建筑; (3) 体型复杂且层数相差超过 10 层的高低层(含纯地下室)连体建筑; (4) 20 层以上框架-核心筒结构及其他对差异沉降有特殊要求的建筑; (5) 场地和地基条件复杂的 7 层以上的一般建筑及坡地、岸边建筑; (6) 对相邻既有工程影响较大的建筑
乙 级	除甲级、丙级以外的建筑
丙 级	场地和地基条件简单、荷载分布均匀的 7 层及 7 层以下的一般建筑

3.1.3 桩基应根据具体条件分别进行下列承载能力计算和稳定性验算:

    1 应根据桩基的使用功能和受力特征分别进行桩基的竖向承载力计算和水平承载力计算;

    2 应对桩身和承台结构承载力进行计算;对于桩侧土不排水抗剪强度小于 10kPa 且长径比大于 50 的桩,应进行桩身压屈验算;对于混凝土预制桩,应按吊装、运输和锤击作用进行桩身承载力验算;对于钢管桩,应进行局部压屈验算;

    3 当桩端平面以下存在软弱下卧层时,应进行软弱下卧层承载力验算;

    4 对位于坡地、岸边的桩基,应进行整体稳定性验算;

    5 对于抗浮、抗拔桩基,应进行基桩和群桩的抗拔承载力计算;

6 对于抗震设防区的桩基，应进行抗震承载力验算。

3.1.4 下列建筑桩基应进行沉降计算：

1 设计等级为甲级的非嵌岩桩和非深厚坚硬持力层的建筑桩基；

2 设计等级为乙级的体形复杂、荷载分布显著不均匀或桩端平面以下存在软弱土层的建筑桩基；

3 软土地基多层建筑减沉复合疏桩基础。

3.1.5 对受水平荷载较大，或对水平位移有严格限制的建筑桩基，应计算其水平位移。

3.1.6 应根据桩基所处的环境类别和相应的裂缝控制等级，验算桩和承台正截面的抗裂和裂缝宽度。

3.1.7 桩基设计时，所采用的作用效应组合与相应的抗力应符合下列规定：

1 确定桩数和布桩时，应采用传至承台底面的荷载效应标准组合；相应的抗力应采用基桩或复合基桩承载力特征值。

2 计算荷载作用下的桩基沉降和水平位移时，应采用荷载效应准永久组合；计算水平地震作用、风载作用下的桩基水平位移时，应采用水平地震作用、风载效应标准组合。

3 验算坡地、岸边建筑桩基的整体稳定性时，应采用荷载效应标准组合；抗震设防区，应采用地震作用效应和荷载效应的标准组合。

4 在计算桩基结构承载力、确定尺寸和配筋时，应采用传至承台顶面的荷载效应基本组合。当进行承台和桩身裂缝控制验算时，应分别采用荷载效应标准组合和荷载效应准永久组合。

5 桩基结构安全等级、结构设计使用年限和结构重要性系数 γ_0 应按现行有关建筑结构规范的规定采用，除临时性建筑外，重要性系数 γ_0 应不小于 1.0。

6 对桩基结构进行抗震验算时，其承载力调整系数 γ_{RE} 应按现行国家标准《建筑抗震设计规范》GB 50011 的规定采用。

3.1.8 以减小差异沉降和承台内力为目标的变刚度调平设计，宜结合具体条件按下列规定实施：

1 对于主裙楼连体建筑，当高层主体采用桩基时，裙房（含纯地下室）的地基或桩基刚度宜相对弱化，可采用天然地基、复合地基、疏桩或短桩基础。

2 对于框架-核心筒结构高层建筑桩基，应强化核心筒区域桩基刚度（如适当增加桩长、桩径、桩数、采用后注浆等措施），相对弱化核心筒外围桩基刚度（采用复合桩基，视地层条件减小桩长）。

3 对于框架-核心筒结构高层建筑天然地基承载力满足要求的情况下，宜于核心筒区域局部设置增强刚度、减小沉降的摩擦型桩。

4 对于大体量筒仓、储罐的摩擦型桩，宜按内强外弱原则布桩。

5 对上述按变刚度调平设计的桩基，宜进行上部结构—承台—桩—土共同工作分析。

3.1.9 软土地基上的多层建筑物，当天然地基承载力基本满足要求时，可采用减沉复合疏桩基础。

3.1.10 对于本规范第 3.1.4 条规定应进行沉降计算的建筑桩基，在其施工过程及建成后使用期间，应进行系统的沉降观测直至沉降稳定。

3.2 基 本 资 料

3.2.1 桩基设计应具备以下资料：

1 岩土工程勘察文件：

1）桩基按两类极限状态进行设计所需用岩土物理力学参数及原位测试参数；

2）对建筑场地的不良地质作用，如滑坡、崩塌、泥石流、岩溶、土洞等，有明确判断、结论和防治方案；

3）地下水位埋藏情况、类型和水位变化幅度及抗浮设计水位，土、水的腐蚀性评价，地下水浮力计算的设计水位；

4）抗震设防区按设防烈度提供的液化土层资料；

5）有关地基土冻胀性、湿陷性、膨胀性评价。

2 建筑场地与环境条件的有关资料：

1）建筑场地现状，包括交通设施、高压架空线、地下管线和地下构筑物的分布；

2）相邻建筑物安全等级、基础形式及埋置深度；

3）附近类似工程地质条件场地的桩基工程试桩资料和单桩承载力设计参数；

4）周围建筑物的防振、防噪声的要求；

5）泥浆排放、弃土条件；

6）建筑物所在地区的抗震设防烈度和建筑场地类别。

3 建筑物的有关资料：

1）建筑物的总平面布置图；

2）建筑物的结构类型、荷载，建筑物的使用条件和设备对基础竖向及水平位移的要求；

3）建筑结构的安全等级。

4 施工条件的有关资料：

1）施工机械设备条件，制桩条件，动力条件，施工工艺对地质条件的适应性；

2）水、电及有关建筑材料的供应条件；

3）施工机械的进出场及现场运行条件。

5 供设计比较用的有关桩型及实施的可行性资料。

3.2.2 桩基的详细勘察除应满足现行国家标准《岩土工程勘察规范》GB 50021 的有关要求外，尚应满足下列要求：

1 勘探点间距：

　1）对于端承型桩（含嵌岩桩）：主要根据桩端持力层顶面坡度决定，宜为12～24m。当相邻两个勘察点揭露出的桩端持力层层面坡度大于10%或持力层起伏较大、地层分布复杂时，应根据具体工程条件适当加密勘探点。

　2）对于摩擦型桩：宜按20～35m布置勘探孔，但遇到土层的性质或状态在水平方向分布变化较大，或存在可能影响成桩的土层时，应适当加密勘探点。

　3）复杂地质条件下的柱下单桩基础应按柱列线布置勘探点，并宜每桩设一勘探点。

2 勘探深度：

　1）宜布置1/3～1/2的勘探孔为控制性孔。对于设计等级为甲级的建筑桩基，至少应布置3个控制性孔；设计等级为乙级的建筑桩基，至少应布置2个控制性孔。控制性孔应穿透桩端平面以下压缩层厚度；一般性勘探孔应深入预计桩端平面以下3～5倍桩身设计直径，且不得小于3m；对于大直径桩，不得小于5m。

　2）嵌岩桩的控制性钻孔应深入预计桩端平面以下不小于3～5倍桩身设计直径，一般性钻孔应深入预计桩端平面以下不小于1～3倍桩身设计直径。当持力层较薄时，应有部分钻孔钻穿持力岩层。在岩溶、断层破碎带地区，应查明溶洞、溶沟、溶槽、石笋等的分布情况，钻孔应钻穿溶洞或断层破碎带进入稳定土层，进入深度应满足上述控制性钻孔和一般性钻孔的要求。

3 在勘探深度范围内的每一地层，均应采取不扰动试样进行室内试验或根据土质情况选用有效的原位测试方法进行原位测试，提供设计所需参数。

3.3 桩的选型与布置

3.3.1 基桩可按下列规定分类：

1 按承载性状分类：

　1）摩擦型桩：

　　摩擦桩：在承载能力极限状态下，桩顶竖向荷载由桩侧阻力承受，桩端阻力小到可忽略不计；

　　端承摩擦桩：在承载能力极限状态下，桩顶竖向荷载主要由桩侧阻力承受。

　2）端承型桩：

　　端承桩：在承载能力极限状态下，桩顶竖向荷载由桩端阻力承受，桩侧阻力小

到可忽略不计；

　　摩擦端承桩：在承载能力极限状态下，桩顶竖向荷载主要由桩端阻力承受。

2 按成桩方法分类：

　1）非挤土桩：干作业法钻（挖）孔灌注桩、泥浆护壁法钻（挖）孔灌注桩、套管护壁法钻（挖）孔灌注桩；

　2）部分挤土桩：冲孔灌注桩、钻孔挤扩灌注桩、搅拌劲芯桩、预钻孔打入（静压）预制桩、打入（静压）式敞口钢管桩、敞口预应力混凝土空心桩和H型钢桩；

　3）挤土桩：沉管灌注桩、沉管夯（挤）扩灌注桩、打入（静压）预制桩、闭口预应力混凝土空心桩和闭口钢管桩。

3 按桩径（设计直径d）大小分类：

　1）小直径桩：$d \leqslant 250mm$；

　2）中等直径桩：$250mm < d < 800mm$；

　3）大直径桩：$d \geqslant 800mm$。

3.3.2 桩型与成桩工艺应根据建筑结构类型、荷载性质、桩的使用功能、穿越土层、桩端持力层、地下水位、施工设备、施工环境、施工经验、制桩材料供应条件等，按安全适用、经济合理的原则选择。选择时可按本规范附录A进行。

1 对于框架-核心筒等荷载分布很不均匀的桩筏基础，宜选择基桩尺寸和承载力可调性较大的桩型和工艺。

2 挤土沉管灌注桩用于淤泥和淤泥质土层时，应局限于多层住宅桩基。

3 抗震设防烈度为8度及以上地区，不宜采用预应力混凝土管桩（PC）和预应力混凝土空心方桩（PS）。

3.3.3 基桩的布置应符合下列条件：

1 基桩的最小中心距应符合表3.3.3的规定；当施工中采取减小挤土效应的可靠措施时，可根据当地经验适当减小。

表3.3.3　基桩的最小中心距

土类与成桩工艺		排数不少于3排且桩数不少于9根的摩擦型桩桩基	其他情况
非挤土灌注桩		3.0d	3.0d
部分挤土桩	非饱和土、饱和非黏性土	3.5d	3.0d
	饱和黏性土	4.0d	3.5d
挤土桩	非饱和土、饱和非黏性土	4.0d	3.5d
	饱和黏性土	4.5d	4.0d

续表 3.3.3

土类与成桩工艺		排数不少于 3 排且桩数不少于 9 根的摩擦型桩桩基	其他情况
钻、挖孔扩底桩		2D 或 D+2.0m（当 D>2m）	1.5D 或 D+1.5m（当 D>2m）
沉管夯扩、钻孔挤扩桩	非饱和土、饱和非黏性土	2.2D 且 4.0d	2.0D 且 3.5d
	饱和黏性土	2.5D 且 4.5d	2.2D 且 4.0d

注：1 d——圆桩设计直径或方桩设计边长，D——扩大端设计直径。

2 当纵横向桩距不相等时，其最小中心距应满足"其他情况"一栏的规定。

3 当为端承桩时，非挤土灌注桩的"其他情况"一栏可减小至 2.5d。

2 排列基桩时，宜使桩群承载力合力点与竖向永久荷载合力作用点重合，并使基桩受水平力和力矩较大方向有较大抗弯截面模量。

3 对于桩箱基础、剪力墙结构桩筏（含平板和梁板式承台）基础，宜将桩布置于墙下。

4 对于框架-核心筒结构桩筏基础应按荷载分布考虑相互影响，将桩相对集中布置于核心筒和柱下；外围框架柱宜采用复合桩基，有合适桩端持力层时，桩长宜减小。

5 应选择较硬土层作为桩端持力层。桩端全断面进入持力层的深度，对于黏性土、粉土不宜小于 2d，砂土不宜小于 1.5d，碎石类土不宜小于 1d。当存在软弱下卧层时，桩端以下硬持力层厚度不宜小于 3d。

6 对于嵌岩桩，嵌岩深度应综合荷载、上覆土层、基岩、桩径、桩长诸因素确定；对于嵌入倾斜的完整和较完整岩的全断面深度不宜小于 0.4d 且不小于 0.5m，倾斜度大于 30% 的中风化岩，宜根据倾斜度及岩石完整性适当加大嵌岩深度；对于嵌入平整、完整的坚硬岩和较硬岩的深度不宜小于 0.2d，且不应小于 0.2m。

3.4 特殊条件下的桩基

3.4.1 软土地基的桩基设计原则应符合下列规定：

1 软土中的桩基宜选择中、低压缩性土层作为桩端持力层；

2 桩周围软土因自重固结、场地填土、地面大面积堆载、降低地下水位、大面积挖土沉桩等原因而产生的沉降大于基桩的沉降时，应视具体工程情况分析计算桩侧负摩阻力对基桩的影响；

3 采用挤土桩和部分挤土桩时，应采取消减孔隙水压力和挤土效应的技术措施，并应控制沉桩速率，减小挤土效应对成桩质量、邻近建筑物、道路、地下管线和基坑边坡等产生的不利影响；

4 先成桩后开挖基坑时，必须合理安排基坑挖土顺序和控制分层开挖的深度，防止土体侧移对桩的影响。

3.4.2 湿陷性黄土地区的桩基设计原则应符合下列规定：

1 基桩应穿透湿陷性黄土层，桩端应支承在压缩性低的黏性土、粉土、中密和密实砂土以及碎石类土层中；

2 湿陷性黄土地基中，设计等级为甲、乙级建筑桩基的单桩极限承载力，宜以浸水载荷试验为主要依据；

3 自重湿陷性黄土地基中的单桩极限承载力，应根据工程具体情况分析计算桩侧负摩阻力的影响。

3.4.3 季节性冻土和膨胀土地基中的桩基设计原则应符合下列规定：

1 桩端进入冻深线或膨胀土的大气影响急剧层以下的深度，应满足抗拔稳定性验算要求，且不得小于 4 倍桩径及 1 倍扩大端直径，最小深度应大于 1.5m；

2 为减小和消除冻胀或膨胀对桩基的作用，宜采用钻（挖）孔灌注桩；

3 确定基桩竖向极限承载力时，除不计入冻胀、膨胀深度范围内桩侧阻力外，还应考虑地基土的冻胀、膨胀作用，验算桩基的抗拔稳定性和桩身受拉承载力；

4 为消除桩基受冻胀或膨胀作用的危害，可在冻胀或膨胀深度范围内，沿桩周及承台作隔冻、隔胀处理。

3.4.4 岩溶地区的桩基设计原则应符合下列规定：

1 岩溶地区的桩基，宜采用钻、冲孔桩；

2 当单桩荷载较大，岩层埋深较浅时，宜采用嵌岩桩；

3 当基岩面起伏很大且埋深较大时，宜采用摩擦型灌注桩。

3.4.5 坡地、岸边桩基的设计原则应符合下列规定：

1 对建于坡地、岸边的桩基，不得将桩支承于边坡潜在的滑动体上。桩端进入潜在滑裂面以下稳定岩土层内的深度，应能保证桩基的稳定；

2 建筑桩基与边坡应保持一定的水平距离；建筑场地内的边坡必须是完全稳定的边坡，当有崩塌、滑坡等不良地质现象存在时，应按现行国家标准《建筑边坡工程技术规范》GB 50330 的规定进行整治，确保其稳定性；

3 新建坡地、岸边建筑桩基工程应与建筑边坡工程统一规划，同步设计，合理确定施工顺序；

4 不宜采用挤土桩；

5 应验算最不利荷载效应组合下桩基的整体稳

定性和基桩水平承载力。

3.4.6 抗震设防区桩基的设计原则应符合下列规定：

   1 桩进入液化土层以下稳定土层的长度（不包括桩尖部分）应按计算确定；对于碎石土，砾、粗、中砂，密实粉土，坚硬黏性土尚不应小于$(2\sim3)d$，对其他非岩石土尚不宜小于$(4\sim5)d$；

   2 承台和地下室侧墙周围应采用灰土、级配砂石、压实性较好的素土回填，并分层夯实，也可采用素混凝土回填；

   3 当承台周围为可液化土或地基承载力特征值小于 40kPa（或不排水抗剪强度小于 15kPa）的软土，且桩基水平承载力不满足计算要求时，可将承台外每侧 1/2 承台边长范围内的土进行加固；

   4 对于存在液化扩展的地段，应验算桩基在土流动的侧向作用力下的稳定性。

3.4.7 可能出现负摩阻力的桩基设计原则应符合下列规定：

   1 对于填土建筑场地，宜先填土并保证填土的密实性；软土场地填土前应采取预设塑料排水板等措施，待填土地基沉降基本稳定后方可成桩；

   2 对于有地面大面积堆载的建筑物，应采取减小地面沉降对建筑物桩基影响的措施；

   3 对于自重湿陷性黄土地基，可采用强夯、挤密土桩等先行处理，消除上部或全部土的自重湿陷；对于欠固结土宜采取先期排水预压等措施；

   4 对于挤土沉桩，应采取消减超孔隙水压力、控制沉桩速率等措施；

   5 对于中性点以上的桩身可对表面进行处理，以减少负摩阻力。

3.4.8 抗拔桩基的设计原则应符合下列规定：

   1 应根据环境类别及水、土对钢筋的腐蚀、钢筋种类对腐蚀的敏感性和荷载作用时间等因素确定抗拔桩的裂缝控制等级；

   2 对于严格要求不出现裂缝的一级裂缝控制等级，桩身应设置预应力筋；对于一般要求不出现裂缝的二级裂缝控制等级，桩身宜设置预应力筋；

   3 对于三级裂缝控制等级，应进行桩身裂缝宽度计算；

   4 当基桩抗拔承载力要求较高时，可采用桩侧后注浆、扩底等技术措施。

3.5 耐久性规定

3.5.1 桩基结构的耐久性应根据设计使用年限、现行国家标准《混凝土结构设计规范》GB 50010 的环境类别规定以及水、土对钢、混凝土腐蚀性的评价进行设计。

3.5.2 二类和三类环境中，设计使用年限为 50 年的桩基结构混凝土耐久性应符合表 3.5.2 的规定。

表 3.5.2 二类和三类环境桩基结构混凝土耐久性的基本要求

环境类别		最大水灰比	最小水泥用量 (kg/m^3)	混凝土最低强度等级	最大氯离子含量（%）	最大碱含量 (kg/m^3)
二	a	0.60	250	C25	0.3	3.0
	b	0.55	275	C30	0.2	3.0
三		0.50	300	C30	0.1	3.0

注：1 氯离子含量系指其与水泥用量的百分率；

   2 预应力构件混凝土中最大氯离子含量为 0.06%，最小水泥用量为 300kg/m³；混凝土最低强度等级应按表中规定提高两个等级；

   3 当混凝土中加入活性掺合料或能提高耐久性的外加剂时，可适当降低最小水泥用量；

   4 当使用非碱活性骨料时，对混凝土中碱含量不作限制；

   5 当有可靠工程经验时，表中混凝土最低强度等级可降低一个等级。

3.5.3 桩身裂缝控制等级及最大裂缝宽度应根据环境类别和水、土介质腐蚀性等级按表 3.5.3 规定选用。

表 3.5.3 桩身的裂缝控制等级及最大裂缝宽度限值

环境类别		钢筋混凝土桩		预应力混凝土桩	
		裂缝控制等级	w_{lim}(mm)	裂缝控制等级	w_{lim}(mm)
二	a	三	0.2 (0.3)	二	0
	b	三	0.2		0
三		三	0.2		0

注：1 水、土为强、中腐蚀性时，抗拔桩裂缝控制等级应提高一级；

   2 二 a 类环境中，位于稳定地下水位以下的基桩，其最大裂缝宽度限值可采用括弧中的数值。

3.5.4 四类、五类环境桩基结构耐久性设计可按国家现行标准《港口工程混凝土结构设计规范》JTJ 267 和《工业建筑防腐蚀设计规范》GB 50046 等执行。

3.5.5 对三、四、五类环境桩基结构，受力钢筋宜采用环氧树脂涂层带肋钢筋。

4 桩基构造

4.1 基桩构造

Ⅰ 灌注桩

4.1.1 灌注桩应按下列规定配筋：

   1 配筋率：当桩身直径为 300～2000mm 时，正截面配筋率可取 0.65%～0.2%（小直径桩取高值）；对受荷载特别大的桩、抗拔桩和嵌岩端承桩应根据计算确定配筋率，并不应小于上述规定值；

　　2　配筋长度：

　　　1）端承型桩和位于坡地、岸边的基桩应沿桩身等截面或变截面通长配筋；

　　　2）摩擦型灌注桩配筋长度不应小于 2/3 桩长；当受水平荷载时，配筋长度尚不宜小于 4.0/α（α 为桩的水平变形系数）；

　　　3）对于受地震作用的基桩，桩身配筋长度应穿过可液化土层和软弱土层，进入稳定土层的深度不应小于本规范第 3.4.6 条的规定；

　　　4）受负摩阻力的桩、因先成桩后开挖基坑而随地基土回弹的桩，其配筋长度应穿过软弱土层并进入稳定土层，进入的深度不应小于(2～3)d；

　　　5）抗拔桩及因地震作用、冻胀或膨胀力作用而受拔力的桩，应等截面或变截面通长配筋。

　　3　对于受水平荷载的桩，主筋不应小于 8φ12；对于抗压桩和抗拔桩，主筋不应少于 6φ10；纵向主筋应沿桩身周边均匀布置，其净距不应小于 60mm；

　　4　箍筋应采用螺旋式，直径不应小于 6mm，间距宜为 200～300mm；受水平荷载较大的桩基、承受水平地震作用的桩基以及考虑主筋作用计算桩身受压承载力时，桩顶以下 5d 范围内的箍筋应加密，间距不应大于 100mm；当桩身位于液化土层范围内时箍筋应加密；当考虑箍筋受力作用时，箍筋配置应符合现行国家标准《混凝土结构设计规范》GB 50010 的有关规定；当钢筋笼长度超过 4m 时，应每隔 2m 设一道直径不小于 12mm 的焊接加劲箍筋。

4.1.2 桩身混凝土及混凝土保护层厚度应符合下列要求：

　　1　桩身混凝土强度等级不得小于 C25，混凝土预制桩尖强度等级不得小于 C30；

　　2　灌注桩主筋的混凝土保护层厚度不应小于 35mm，水下灌注桩的主筋混凝土保护层厚度不得小于 50mm；

　　3　四类、五类环境中桩身混凝土保护层厚度应符合国家现行标准《港口工程混凝土结构设计规范》JTJ 267、《工业建筑防腐蚀设计规范》GB 50046 的相关规定。

4.1.3 扩底灌注桩扩底端尺寸应符合下列规定（见图 4.1.3）：

　　1　对于持力层承载力较高、上覆土层较差的抗压桩和桩端以上有一定厚度较好土层的抗拔桩，可采用扩底；扩底端直径与桩身直径之比 D/d，应根据承载力要求及扩底端侧面和桩端持力层土性特征以及扩

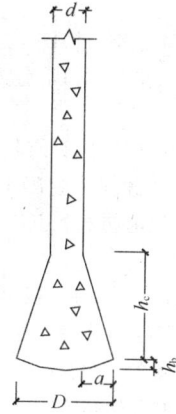

图 4.1.3　扩底灌注桩构造

底施工方法确定；挖孔桩的 D/d 不应大于 3，钻孔桩的 D/d 不应大于 2.5；

　　2　扩底端侧面的斜率应根据实际成孔及土体自立条件确定，a/h_c 可取 1/4～1/2，砂土可取 1/4，粉土、黏性土可取 1/3～1/2；

　　3　抗压桩扩底端底面宜呈锅底形，矢高 h_b 可取 (0.15～0.20) D。

Ⅱ　混凝土预制桩

4.1.4 混凝土预制桩的截面边长不应小于 200mm；预应力混凝土预制实心桩的截面边长不宜小于 350mm。

4.1.5 预制桩的混凝土强度等级不宜低于 C30；预应力混凝土实心桩的混凝土强度等级不应低于 C40；预制桩纵向钢筋的混凝土保护层厚度不宜小于 30mm。

4.1.6 预制桩的桩身配筋应按吊运、打桩及桩在使用中的受力等条件计算确定。采用锤击法沉桩时，预制桩的最小配筋率不宜小于 0.8%。静压法沉桩时，最小配筋率不宜小于 0.6%，主筋直径不宜小于 14mm，打入桩顶以下 (4～5)d 长度范围内箍筋应加密，并设置钢筋网片。

4.1.7 预制桩的分节长度应根据施工条件及运输条件确定；每根桩的接头数量不宜超过 3 个。

4.1.8 预制桩的桩尖可将主筋合拢焊在桩尖辅助钢筋上，对于持力层为密实砂和碎石类土时，宜在桩尖处包以钢钣桩靴，加强桩尖。

Ⅲ　预应力混凝土空心桩

4.1.9 预应力混凝土空心桩按截面形式分为管桩、空心方桩；按混凝土强度等级可分为预应力高强混凝土管桩（PHC）和空心方桩（PHS）、预应力混凝土管桩（PC）和空心方桩（PS）。离心成型的先张法预应力混凝土桩的截面尺寸、配筋、桩身极限弯矩、桩身竖向受压承载力设计值等参数可按本规范附录B

确定。

4.1.10 预应力混凝土空心桩桩尖形式宜根据地层性质选择闭口形或敞口形；闭口形分为平底十字形和锥形。

4.1.11 预应力混凝土空心桩质量要求，尚应符合国家现行标准《先张法预应力混凝土管桩》GB 13476 和《预应力混凝土空心方桩》JG 197 及其他的有关标准规定。

4.1.12 预应力混凝土桩的连接可采用端板焊接连接、法兰连接、机械啮合连接、螺纹连接。每根桩的接头数量不宜超过 3 个。

4.1.13 桩端嵌入遇水易软化的强风化岩、全风化岩和非饱和土的预应力混凝土空心桩，沉桩后，应对桩端以上约 2m 范围内采取有效的防渗措施，可采用微膨胀混凝土填芯或在内壁预涂柔性防水材料。

Ⅳ 钢 桩

4.1.14 钢桩可采用管型、H 型或其他异型钢材。

4.1.15 钢桩的分段长度宜为 12～15m。

4.1.16 钢桩焊接接头应采用等强度连接。

4.1.17 钢桩的端部形式，应根据桩所穿越的土层、桩端持力层性质、桩的尺寸、挤土效应等因素综合考虑确定，并可按下列规定采用：

1 钢管桩可采用下列桩端形式：
  1）敞口：
    带加强箍（带内隔板、不带内隔板）；不带加强箍（带内隔板、不带内隔板）。
  2）闭口：
    平底；锥底。

2 H 型钢桩可采用下列桩端形式：
  1）带端板；
  2）不带端板：
    锥底；
    平底（带扩大翼、不带扩大翼）。

4.1.18 钢桩的防腐处理应符合下列规定：

1 钢桩的腐蚀速率当无实测资料时可按表 4.1.18 确定；

2 钢桩防腐处理可采用外表面涂防腐层、增加腐蚀余量及阴极保护；当钢管桩内壁同外界隔绝时，可不考虑内壁防腐。

表 4.1.18 钢桩年腐蚀速率

钢桩所处环境		单面腐蚀率（mm/y）
地面以上	无腐蚀性气体或腐蚀性挥发介质	0.05～0.1
地面以下	水位以上	0.05
	水位以下	0.03
	水位波动区	0.1～0.3

4.2 承台构造

4.2.1 桩基承台的构造，除应满足抗冲切、抗剪切、抗弯承载力和上部结构要求外，尚应符合下列要求：

1 柱下独立桩基承台的最小宽度不应小于 500mm，边桩中心至承台边缘的距离不应小于桩的直径或边长，且桩的外边缘至承台边缘的距离不应小于 150mm。对于墙下条形承台梁，桩的外边缘至承台梁边缘的距离不应小于 75mm，承台的最小厚度不应小于 300mm。

2 高层建筑平板式和梁板式筏形承台的最小厚度不应小于 400mm，墙下布桩的剪力墙结构筏形承台的最小厚度不应小于 200mm。

3 高层建筑箱形承台的构造应符合《高层建筑筏形与箱形基础技术规范》JGJ 6 的规定。

4.2.2 承台混凝土材料及其强度等级应符合结构混凝土耐久性的要求和抗渗要求。

4.2.3 承台的钢筋配置应符合下列规定：

1 柱下独立桩基承台钢筋应通长配置［见图 4.2.3(a)］，对四桩以上（含四桩）承台宜按双向均匀布置，对三桩的三角形承台应按三向板带均匀布置，且最里面的三根钢筋围成的三角形应在柱截面范围内［见图 4.2.3(b)］。钢筋锚固长度自边桩内侧（当为圆桩时，应将其直径乘以 0.8 等效为方桩）算起，不应小于 $35d_g$（d_g 为钢筋直径）；当不满足时应将钢筋向上弯折，此时水平段的长度不应小于 $25d_g$，弯折段长度不应小于 $10d_g$。承台纵向受力钢筋的直径不应小于 12mm，间距不应大于 200mm。柱下独立桩基承台的最小配筋率不应小于 0.15%。

2 柱下独立两桩承台，应按现行国家标准《混凝土结构设计规范》GB 50010 中的深受弯构件配置纵向受拉钢筋、水平及竖向分布钢筋。承台纵向受力钢筋端部的锚固长度及构造应与柱下多桩承台的规定相同。

3 条形承台梁的纵向主筋应符合现行国家标准《混凝土结构设计规范》GB 50010 关于最小配筋率的规定［见图 4.2.3 (c)］，主筋直径不应小于 12mm，架立筋直径不应小于 10mm，箍筋直径不应小于 6mm。承台梁端部纵向受力钢筋的锚固长度及构造应与柱下多桩承台的规定相同。

4 筏形承台板或箱形承台板在计算中当仅考虑局部弯矩作用时，考虑到整体弯曲的影响，在纵横两个方向的下层钢筋配筋率不宜小于 0.15%；上层钢筋应按计算配筋率全部连通。当筏板的厚度大于 2000mm 时，宜在板厚中间部位设置直径不小于 12mm、间距不大于 300mm 的双向钢筋网。

5 承台底面钢筋的混凝土保护层厚度，当有混凝土垫层时，不应小于 50mm，无垫层时不应小于 70mm；此外尚应不应小于桩头嵌入承台内的长度。

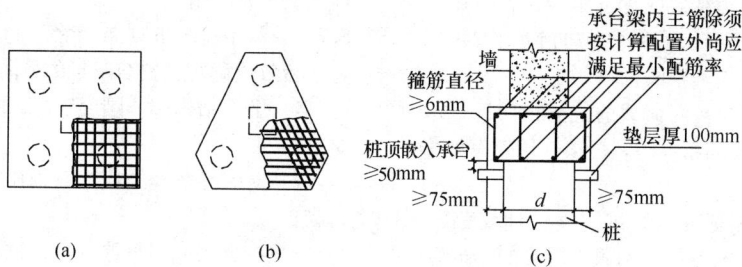

图 4.2.3 承台配筋示意

（a）矩形承台配筋；（b）三桩承台配筋；（c）墙下承台梁配筋图

4.2.4 桩与承台的连接构造应符合下列规定：

1 桩嵌入承台内的长度对中等直径桩不宜小于 50mm；对大直径桩不宜小于 100mm。

2 混凝土桩的桩顶纵向主筋应锚入承台内，其锚入长度不宜小于 35 倍纵向主筋直径。对于抗拔桩，桩顶纵向主筋的锚固长度应按现行国家标准《混凝土结构设计规范》GB 50010 确定。

3 对于大直径灌注桩，当采用一柱一桩时可设置承台或将桩与柱直接连接。

4.2.5 柱与承台的连接构造应符合下列规定：

1 对于一柱一桩基础，柱与桩直接连接时，柱纵向主筋锚入桩身内长度不应小于 35 倍纵向主筋直径。

2 对于多桩承台，柱纵向主筋应锚入承台不小于 35 倍纵向主筋直径；当承台高度不满足锚固要求时，竖向锚固长度不应小于 20 倍纵向主筋直径，并向柱轴线方向呈 90°弯折。

3 当有抗震设防要求时，对于一、二级抗震等级的柱，纵向主筋锚固长度应乘以 1.15 的系数；对于三级抗震等级的柱，纵向主筋锚固长度应乘以 1.05 的系数。

4.2.6 承台与承台之间的连接构造应符合下列规定：

1 一柱一桩时，应在桩顶两个主轴方向上设置联系梁。当桩与柱的截面直径之比大于 2 时，可不设联系梁。

2 两桩桩基的承台，应在其短向设置联系梁。

3 有抗震设防要求的柱下桩基承台，宜沿两个主轴方向设置联系梁。

4 联系梁顶面宜与承台顶面位于同一标高。联系梁宽度不宜小于 250mm，其高度可取承台中心距的 1/10～1/15，且不宜小于 400mm。

5 联系梁配筋应按计算确定，梁上下部配筋不宜小于 2 根直径 12mm 钢筋；位于同一轴线上的相邻跨联系梁纵筋应连通。

4.2.7 承台和地下室外墙与基坑侧壁间隙应灌注素混凝土或搅拌流动性水泥土，或采用灰土、级配砂石、压实性较好的素土分层夯实，其压实系数不宜小于 0.94。

5 桩基计算

5.1 桩顶作用效应计算

5.1.1 对于一般建筑物和受水平力（包括力矩与水平剪力）较小的高层建筑群桩基础，应按下列公式计算柱、墙、核心筒群桩中基桩或复合基桩的桩顶作用效应：

1 竖向力

轴心竖向力作用下

$$N_k = \frac{F_k + G_k}{n} \tag{5.1.1-1}$$

偏心竖向力作用下

$$N_{ik} = \frac{F_k + G_k}{n} \pm \frac{M_{xk} y_i}{\sum y_j^2} \pm \frac{M_{yk} x_i}{\sum x_j^2} \tag{5.1.1-2}$$

2 水平力

$$H_{ik} = \frac{H_k}{n} \tag{5.1.1-3}$$

式中 F_k ——荷载效应标准组合下，作用于承台顶面的竖向力；

G_k ——桩基承台和承台上土自重标准值，对稳定的地下水位以下部分应扣除水的浮力；

N_k ——荷载效应标准组合轴心竖向力作用下，基桩或复合基桩的平均竖向力；

N_{ik} ——荷载效应标准组合偏心竖向力作用下，第 i 基桩或复合基桩的竖向力；

M_{xk}、M_{yk} ——荷载效应标准组合下，作用于承台底面，绕通过桩群形心的 x、y 主轴的力矩；

x_i、x_j、y_i、y_j ——第 i、j 基桩或复合基桩至 y、x 轴的距离；

H_k ——荷载效应标准组合下，作用于桩基承台底面的水平力；

H_{ik} ——荷载效应标准组合下，作用于第 i 基桩或复合基桩的水平力；

n ——桩基中的桩数。

5.1.2 对于主要承受竖向荷载的抗震设防区低承台桩基，在同时满足下列条件时，桩顶作用效应计算可不考虑地震作用：

1 按现行国家标准《建筑抗震设计规范》GB 50011 规定可不进行桩基抗震承载力验算的建筑物；

2 建筑场地位于建筑抗震的有利地段。

5.1.3 属于下列情况之一的桩基，计算各基桩的作用效应、桩身内力和位移时，宜考虑承台（包括地下墙体）与基桩协同工作和土的弹性抗力作用，其计算方法可按本规范附录 C 进行：

1 位于 8 度和 8 度以上抗震设防区的建筑，当其桩基承台刚度较大或由于上部结构与承台协同作用能增强承台的刚度时；

2 其他受较大水平力的桩基。

5.2 桩基竖向承载力计算

5.2.1 桩基竖向承载力计算应符合下列要求：

1 荷载效应标准组合：

轴心竖向力作用下

$$N_k \leqslant R \qquad (5.2.1-1)$$

偏心竖向力作用下，除满足上式外，尚应满足下式的要求：

$$N_{kmax} \leqslant 1.2R \qquad (5.2.1-2)$$

2 地震作用效应和荷载效应标准组合：

轴心竖向力作用下

$$N_{Ek} \leqslant 1.25R \qquad (5.2.1-3)$$

偏心竖向力作用下，除满足上式外，尚应满足下式的要求：

$$N_{Ekmax} \leqslant 1.5R \qquad (5.2.1-4)$$

式中 N_k ——荷载效应标准组合轴心竖向力作用下，基桩或复合基桩的平均竖向力；

N_{kmax} ——荷载效应标准组合偏心竖向力作用下，桩顶最大竖向力；

N_{Ek} ——地震作用效应和荷载效应标准组合下，基桩或复合基桩的平均竖向力；

N_{Ekmax} ——地震作用效应和荷载效应标准组合下，基桩或复合基桩的最大竖向力；

R ——基桩或复合基桩竖向承载力特征值。

5.2.2 单桩竖向承载力特征值 R_a 应按下式确定：

$$R_a = \frac{1}{K} Q_{uk} \qquad (5.2.2)$$

式中 Q_{uk} ——单桩竖向极限承载力标准值；

K ——安全系数，取 $K=2$。

5.2.3 对于端承型桩基、桩数少于 4 根的摩擦型柱下独立桩基、或由于地层土性、使用条件等因素不宜考虑承台效应时，基桩竖向承载力特征值应取单桩竖向承载力特征值。

5.2.4 对于符合下列条件之一的摩擦型桩基，宜考虑承台效应确定其复合基桩的竖向承载力特征值：

1 上部结构整体刚度较好、体型简单的建（构）筑物；

2 对差异沉降适应性较强的排架结构和柔性构筑物；

3 按变刚度调平原则设计的桩基刚度相对弱化区；

4 软土地基的减沉复合疏桩基础。

5.2.5 考虑承台效应的复合基桩竖向承载力特征值可按下列公式确定：

不考虑地震作用时 $\quad R = R_a + \eta_c f_{ak} A_c$

$$(5.2.5-1)$$

考虑地震作用时 $\quad R = R_a + \dfrac{\zeta_a}{1.25} \eta_c f_{ak} A_c$

$$(5.2.5-2)$$

$$A_c = (A - nA_{ps})/n \qquad (5.2.5-3)$$

式中 η_c ——承台效应系数，可按表 5.2.5 取值；

f_{ak} ——承台下 1/2 承台宽度且不超过 5m 深度范围内各层土的地基承载力特征值按厚度加权的平均值；

A_c ——计算基桩所对应的承台底净面积；

A_{ps} ——桩身截面面积；

A ——承台计算域面积对于柱下独立桩基，A 为承台总面积；对于桩筏基础，A 为柱、墙筏板的 1/2 跨距和悬臂边 2.5 倍筏板厚度所围成的面积；桩集中布置于单片墙下的桩筏基础，取墙两边各 1/2 跨距围成的面积，按条形承台计算 η_c；

ζ_a ——地基抗震承载力调整系数，应按现行国家标准《建筑抗震设计规范》GB 50011 采用。

当承台底为可液化土、湿陷性土、高灵敏度软土、欠固结土、新填土时，沉桩引起超孔隙水压力和土体隆起时，不考虑承台效应，取 $\eta_c = 0$。

表 5.2.5 承台效应系数 η_c

B_c/l ＼ s_a/d	3	4	5	6	>6
≤0.4	0.06~0.08	0.14~0.17	0.22~0.26	0.32~0.38	
0.4~0.8	0.08~0.10	0.17~0.20	0.26~0.30	0.38~0.44	0.50~0.80
>0.8	0.10~0.12	0.20~0.22	0.30~0.34	0.44~0.50	

s_a/d / B_c/l	3	4	5	6	>6
单排桩条形承台	0.15~0.18	0.25~0.30	0.38~0.45	0.50~0.60	0.50~0.80

注：1　表中 s_a/d 为桩中心距与桩径之比；B_c/l 为承台宽度与桩长之比。当计算基桩为非正方形排列时，$s_a=\sqrt{A/n}$，A 为承台计算域面积，n 为总桩数。

　　2　对于桩布置于墙下的箱、筏承台，η_c 可按单排桩条形承台取值。

　　3　对于单排桩条形承台，当承台宽度小于 $1.5d$ 时，η_c 按非条形承台取值。

　　4　对于采用后注浆灌注桩的承台，η_c 宜取低值。

　　5　对于饱和黏性土中的挤土桩基、软土地基上的桩基承台，η_c 宜取低值的 0.8 倍。

5.3　单桩竖向极限承载力

Ⅰ　一　般　规　定

5.3.1　设计采用的单桩竖向极限承载力标准值应符合下列规定：

　　1　设计等级为甲级的建筑桩基，应通过单桩静载试验确定；

　　2　设计等级为乙级的建筑桩基，当地质条件简单时，可参照地质条件相同的试桩资料，结合静力触探等原位测试和经验参数综合确定；其余均应通过单桩静载试验确定；

　　3　设计等级为丙级的建筑桩基，可根据原位测试和经验参数确定。

5.3.2　单桩竖向极限承载力标准值、极限侧阻力标准值和极限端阻力标准值应按下列规定确定：

　　1　单桩竖向静载试验应按现行行业标准《建筑基桩检测技术规范》JGJ 106 执行；

　　2　对于大直径端承型桩，也可通过深层平板（平板直径应与孔径一致）载荷试验确定极限端阻力；

　　3　对于嵌岩桩，可通过直径为 0.3m 岩基平板载荷试验确定极限端阻力标准值，也可通过直径为 0.3m 嵌岩短墩载荷试验确定极限侧阻力标准值和极限端阻力标准值；

　　4　桩的极限侧阻力标准值和极限端阻力标准值宜通过埋设桩身轴力测试元件由静载试验确定。并通过测试结果建立极限侧阻力标准值和极限端阻力标准值与土层物理指标、岩石饱和单轴抗压强度以及与静力触探等土的原位测试指标间的经验关系，以经验参数法确定单桩竖向极限承载力。

Ⅱ　原位测试法

5.3.3　当根据单桥探头静力触探资料确定混凝土预制桩单桩竖向极限承载力标准值时，如无当地经验，可按下式计算：

$$Q_{uk}=Q_{sk}+Q_{pk}=u\sum q_{sik}l_i+\alpha p_{sk}A_p$$

（5.3.3-1）

当 $p_{sk1}\leqslant p_{sk2}$ 时

$$p_{sk}=\frac{1}{2}(p_{sk1}+\beta\cdot p_{sk2})$$　（5.3.3-2）

当 $p_{sk1}>p_{sk2}$ 时

$$p_{sk}=p_{sk2}$$　（5.3.3-3）

式中　Q_{sk}、Q_{pk}——分别为总极限侧阻力标准值和总极限端阻力标准值；

　　　　u——桩身周长；

　　　　q_{sik}——用静力触探比贯入阻力值估算的桩周第 i 层土的极限侧阻力；

　　　　l_i——桩周第 i 层土的厚度；

　　　　α——桩端阻力修正系数，可按表 5.3.3-1 取值；

　　　　p_{sk}——桩端附近的静力触探比贯入阻力标准值（平均值）；

　　　　A_p——桩端面积；

　　　　p_{sk1}——桩端全截面以上 8 倍桩径范围内的比贯入阻力平均值；

　　　　p_{sk2}——桩端全截面以下 4 倍桩径范围内的比贯入阻力平均值，如桩端持力层为密实的砂土层，其比贯入阻力平均值超过 20MPa 时，则需乘以表 5.3.3-2 中系数 C 予以折减后，再计算 p_{sk}；

　　　　β——折减系数，按表 5.3.3-3 选用。

表 5.3.3-1　桩端阻力修正系数 α 值

桩长（m）	$l<15$	$15\leqslant l\leqslant30$	$30<l\leqslant60$
α	0.75	0.75~0.90	0.90

注：桩长 $15m\leqslant l\leqslant30m$，$\alpha$ 值按 l 值直线内插；l 为桩长（不包括桩尖高度）。

表 5.3.3-2　系　数　C

p_{sk}（MPa）	20~30	35	>40
系数 C	5/6	2/3	1/2

表 5.3.3-3　折减系数 β

p_{sk2}/p_{sk1}	$\leqslant5$	7.5	12.5	$\geqslant15$
β	1	5/6	2/3	1/2

注：表 5.3.3-2、表 5.3.3-3 可内插取值。

表 5.3.3-4　系数 η_s 值

p_{sk}/p_{sl}	$\leqslant5$	7.5	$\geqslant10$
η_s	1.00	0.50	0.33

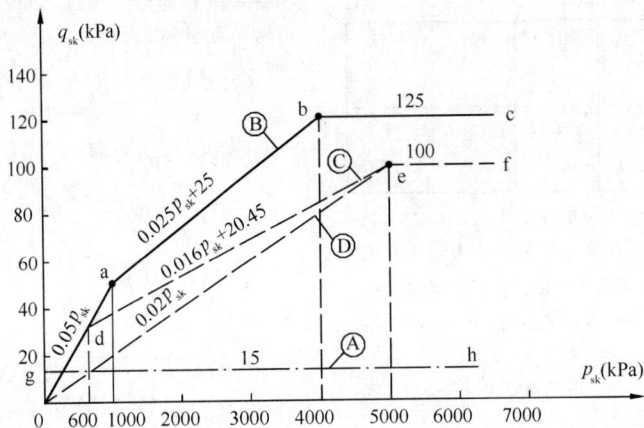

图 5.3.3　q_{sk}-p_{sk} 曲线

注：1　q_{sik} 值应结合土工试验资料，依据土的类别、埋藏深度、排列次序，按图 5.3.3 折线取值；图 5.3.3 中，直线Ⓐ（线段 gh）适用于地表下 6m 范围内的土层；折线Ⓑ（线段 oabc）适用于粉土及砂土土层以上（或无粉土及砂土土层地区）的黏性土；折线Ⓒ（线段 odef）适用于粉土及砂土土层以下的黏性土；折线Ⓓ（线段 oef）适用于粉土、粉砂、细砂及中砂。

2　p_{sk} 为桩端穿过的中密～密实砂土、粉土的比贯入阻力平均值；p_{sl} 为砂土、粉土的下卧软土层的比贯入阻力平均值。

3　采用的单桥探头，圆锥底面积为 15cm²，底部带 7cm 高滑套，锥角 60°。

4　当桩端穿过粉土、粉砂、细砂及中砂层底面时，折线Ⓓ估算的 q_{sik} 值需乘以表 5.3.3-4 中系数 η_s 值。

5.3.4　当根据双桥探头静力触探资料确定混凝土预制桩单桩竖向极限承载力标准值时，对于黏性土、粉土和砂土，如无当地经验时可按下式计算：

$$Q_{uk} = Q_{sk} + Q_{pk} = u\sum l_i \cdot \beta_i \cdot f_{si} + \alpha \cdot q_c \cdot A_p$$
(5.3.4)

式中　f_{si}——第 i 层土的探头平均侧阻力（kPa）；

q_c——桩端平面上、下探头阻力，取桩端平面以上 $4d$（d 为桩的直径或边长）范围内按土层厚度的探头阻力加权平均值（kPa），然后再和桩端平面以下 $1d$ 范围内的探头阻力进行平均；

α——桩端阻力修正系数，对于黏性土、粉土取 2/3，饱和砂土取 1/2；

β_i——第 i 层土桩侧阻力综合修正系数，黏性土、粉土：$\beta_i = 10.04\,(f_{si})^{-0.55}$；砂土：$\beta_i = 5.05\,(f_{si})^{-0.45}$。

注：双桥探头的圆锥底面积为 15cm²，锥角 60°，摩擦套筒高 21.85cm，侧面积 300cm²。

Ⅲ　经验参数法

5.3.5　当根据土的物理指标与承载力参数之间的经验关系确定单桩竖向极限承载力标准值时，宜按下式估算：

$$Q_{uk} = Q_{sk} + Q_{pk} = u\sum q_{sik}l_i + q_{pk}A_p$$
(5.3.5)

式中　q_{sik}——桩侧第 i 层土的极限侧阻力标准值，如无当地经验时，可按表 5.3.5-1 取值；

q_{pk}——极限端阻力标准值，如无当地经验时，可按表 5.3.5-2 取值。

表 5.3.5-1　桩的极限侧阻力标准值 q_{sik}（kPa）

土的名称	土的状态		混凝土预制桩	泥浆护壁钻（冲）孔桩	干作业钻孔桩
填土	—		22～30	20～28	20～28
淤泥	—		14～20	12～18	12～18
淤泥质土	—		22～30	20～28	20～28
黏性土	流塑	$I_L>1$	24～40	21～38	21～38
	软塑	$0.75<I_L\leq1$	40～55	38～53	38～53
	可塑	$0.50<I_L\leq0.75$	55～70	53～68	53～66
	硬可塑	$0.25<I_L\leq0.50$	70～86	68～84	66～82
	硬塑	$0<I_L\leq0.25$	86～98	84～96	82～94
	坚硬	$I_L\leq0$	98～105	96～102	94～104

土的名称	土的状态		混凝土预制桩	泥浆护壁钻(冲)孔桩	干作业钻孔桩
红黏土	$0.7 < a_w \leqslant 1$		13～32	12～30	12～30
	$0.5 < a_w \leqslant 0.7$		32～74	30～70	30～70
粉土	稍密	$e > 0.9$	26～46	24～42	24～42
	中密	$0.75 \leqslant e \leqslant 0.9$	46～66	42～62	42～62
	密实	$e < 0.75$	66～88	62～82	62～82
粉细砂	稍密	$10 < N \leqslant 15$	24～48	22～46	22～46
	中密	$15 < N \leqslant 30$	48～66	46～64	46～64
	密实	$N > 30$	66～88	64～86	64～86
中砂	中密	$15 < N \leqslant 30$	54～74	53～72	53～72
	密实	$N > 30$	74～95	72～94	72～94
粗砂	中密	$15 < N \leqslant 30$	74～95	74～95	76～98
	密实	$N > 30$	95～116	95～116	98～120
砾砂	稍密	$5 < N_{63.5} \leqslant 15$	70～110	50～90	60～100
	中密(密实)	$N_{63.5} > 15$	116～138	116～130	112～130
圆砾、角砾	中密、密实	$N_{63.5} > 10$	160～200	135～150	135～150
碎石、卵石	中密、密实	$N_{63.5} > 10$	200～300	140～170	150～170
全风化软质岩	—	$30 < N \leqslant 50$	100～120	80～100	80～100
全风化硬质岩	—	$30 < N \leqslant 50$	140～160	120～140	120～150
强风化软质岩	—	$N_{63.5} > 10$	160～240	140～200	140～220
强风化硬质岩	—	$N_{63.5} > 10$	220～300	160～240	160～260

注: 1 对于尚未完成自重固结的填土和以生活垃圾为主的杂填土，不计算其侧阻力；

　　2 a_w 为含水比，$a_w = w/w_l$，w 为土的天然含水量，w_l 为土的液限；

　　3 N 为标准贯入击数；$N_{63.5}$ 为重型圆锥动力触探击数；

　　4 全风化、强风化软质岩和全风化、强风化硬质岩系指其母岩分别为 $f_{rk} \leqslant 15\text{MPa}$、$f_{rk} > 30\text{MPa}$ 的岩石。

表 5.3.5-2　桩的极限端阻力标准值 q_{pk}（kPa）

土名称	桩型 土的状态		混凝土预制桩桩长 l(m)				泥浆护壁钻(冲)孔桩桩长 l(m)				干作业钻孔桩桩长 l(m)		
			$l \leqslant 9$	$9 < l \leqslant 16$	$16 < l \leqslant 30$	$l > 30$	$5 \leqslant l < 10$	$10 \leqslant l < 15$	$15 \leqslant l < 30$	$30 \leqslant l$	$5 \leqslant l < 10$	$10 \leqslant l < 15$	$15 \leqslant l$
黏性土	软塑	$0.75 < I_L \leqslant 1$	210～850	650～1400	1200～1800	1300～1900	150～250	250～300	300～450	300～450	200～400	400～700	700～950
	可塑	$0.50 < I_L \leqslant 0.75$	850～1700	1400～2200	1900～2800	2300～3600	350～450	450～600	600～750	750～800	500～700	800～1100	1000～1600
	硬可塑	$0.25 < I_L \leqslant 0.50$	1500～2300	2300～3300	2700～3600	3600～4400	800～900	900～1000	1000～1200	1200～1400	850～1100	1500～1700	1700～1900
	硬塑	$0 < I_L \leqslant 0.25$	2500～3800	3800～5500	5500～6000	6000～6800	1100～1200	1200～1400	1400～1600	1600～1800	1600～1800	2200～2400	2600～2800
粉土	中密	$0.75 < e \leqslant 0.9$	950～1700	1400～2100	1900～2700	2500～3400	300～500	500～650	650～750	750～850	800～1200	1200～1400	1400～1600
	密实	$e < 0.75$	1500～2600	2100～3000	2700～3600	3600～4400	650～900	750～950	900～1100	1100～1200	1200～1700	1400～1900	1600～2100
粉砂	稍密	$10 < N \leqslant 15$	1000～1600	1500～2300	1900～2700	2100～3000	350～500	450～600	600～700	650～750	500～950	1300～1600	1500～1700
	中密、密实	$N > 15$	1400～2200	2100～3000	3000～4500	3800～5500	600～750	750～900	900～1100	1100～1200	900～1000	1700～1900	1700～1900
细砂	中密、密实	$N > 15$	2500～4000	3600～5000	4400～6000	5300～7000	650～850	900～1200	1200～1500	1500～1800	1200～1600	2000～2400	2400～2700
中砂			4000～6000	5500～7000	6500～8000	7500～9000	850～1050	1100～1500	1500～1900	1900～2100	1800～2400	2800～3800	3600～4400
粗砂			5700～7500	7500～8500	8500～10000	9500～11000	1500～1800	2100～2400	2400～2600	2600～2800	2900～3600	4000～4600	4600～5200

续表 5.3.5-2

土名称 / 土的状态		混凝土预制桩桩长 l (m)				泥浆护壁钻(冲)孔桩桩长 l (m)				干作业钻孔桩桩长 l (m)		
		$l \leqslant 9$	$9 < l \leqslant 16$	$16 < l \leqslant 30$	$l > 30$	$5 \leqslant l < 10$	$10 \leqslant l < 15$	$15 \leqslant l < 30$	$30 \leqslant l$	$5 \leqslant l < 10$	$10 \leqslant l < 15$	$15 \leqslant l$
砾砂	$N > 15$（中密、密实）	6000~9500		9000~10500		1400~2000		2000~3200		3500~5000		
角砾、圆砾	$N_{63.5} > 10$（中密、密实）	7000~10000		9500~11500		1800~2200		2200~3600		4000~5500		
碎石、卵石	$N_{63.5} > 10$（中密、密实）	8000~11000		10500~13000		2000~3000		3000~4000		4500~6500		
全风化软质岩	$30 < N \leqslant 50$	4000~6000				1000~1600				1200~2000		
全风化硬质岩	$30 < N \leqslant 50$	5000~8000				1200~2000				1400~2400		
强风化软质岩	$N_{63.5} > 10$	6000~9000				1400~2200				1600~2600		
强风化硬质岩	$N_{63.5} > 10$	7000~11000				1800~2800				2000~3000		

注：1 砂土和碎石类土中桩的极限端阻力取值，宜综合考虑土的密实度，桩端进入持力层的深径比 h_b/d，土愈密实，h_b/d 愈大，取值愈高；

    2 预制桩的岩石极限端阻力指桩端支承于中、微风化基岩表面或进入强风化岩、软质岩一定深度条件下极限端阻力；

    3 全风化、强风化软质岩和全风化、强风化硬质岩指其母岩分别为 $f_{rk} \leqslant 15\text{MPa}$，$f_{rk} > 30\text{MPa}$ 的岩石。

5.3.6 根据土的物理指标与承载力参数之间的经验关系，确定大直径桩单桩极限承载力标准值时，可按下式计算：

$$Q_{uk} = Q_{sk} + Q_{pk} = u \sum \psi_{si} q_{sik} l_i + \psi_p q_{pk} A_p$$

(5.3.6)

式中 q_{sik} ——桩侧第 i 层土极限侧阻力标准值，如无当地经验值时，可按本规范表 5.3.5-1 取值，对于扩底桩变截面以上 $2d$ 长度范围不计侧阻力；

q_{pk} ——桩径为 800mm 的极限端阻力标准值，对于干作业挖孔（清底干净）可采用深层载荷板试验确定；当不能进行深层载荷板试验时，可按表 5.3.6-1 取值；

ψ_{si}、ψ_p ——大直径桩侧阻力、端阻力尺寸效应系数，按表 5.3.6-2 取值。

u ——桩身周长，当人工挖孔桩桩周护壁为振捣密实的混凝土时，桩身周长可按护壁外直径计算。

表 5.3.6-1　干作业挖孔桩（清底干净，$D = 800\text{mm}$）极限端阻力标准值 q_{pk}（kPa）

土名称		状　态		
黏性土		$0.25 < I_L \leqslant 0.75$	$0 < I_L \leqslant 0.25$	$I_L \leqslant 0$
		800~1800	1800~2400	2400~3000
粉土		—	$0.75 \leqslant e \leqslant 0.9$	$e < 0.75$
		—	1000~1500	1500~2000
砂土、碎石类土		稍密	中密	密实
	粉砂	500~700	800~1100	1200~2000
	细砂	700~1100	1200~1800	2000~2500
	中砂	1000~2000	2200~3200	3500~5000
	粗砂	1200~2200	2500~3500	4000~5500
	砾砂	1400~2400	2600~4000	5000~7000
	圆砾、角砾	1600~3000	3200~5000	6000~9000
	卵石、碎石	2000~3000	3300~5000	7000~11000

注：1 当桩进入持力层的深度 h_b 分别为：$h_b \leqslant D$，$D < h_b \leqslant 4D$，$h_b > 4D$ 时，q_{pk} 可相应取低、中、高值。

    2 砂土密实度可根据标贯击数判定，$N \leqslant 10$ 为松散，$10 < N \leqslant 15$ 为稍密，$15 < N \leqslant 30$ 为中密，$N > 30$ 为密实。

    3 当桩的长径比 $l/d \leqslant 8$ 时，q_{pk} 宜取较低值。

    4 当对沉降要求不严时，q_{pk} 可取高值。

**表 5.3.6-2　大直径灌注桩侧阻力尺寸效应
系数 ψ_{si}、端阻力尺寸效应系数 ψ_p**

土类型	黏性土、粉土	砂土、碎石类土
ψ_{si}	$(0.8/d)^{1/5}$	$(0.8/d)^{1/3}$
ψ_p	$(0.8/D)^{1/4}$	$(0.8/D)^{1/3}$

注：当为等直径桩时，表中 $D=d$。

Ⅳ　钢 管 桩

5.3.7　当根据土的物理指标与承载力参数之间的经验关系确定钢管桩单桩竖向极限承载力标准值时，可按下列公式计算：

$$Q_{uk} = Q_{sk} + Q_{pk} = u\sum q_{sik}l_i + \lambda_p q_{pk} A_p$$

$$(5.3.7\text{-}1)$$

当 $h_b/d < 5$ 时，　　$\lambda_p = 0.16 h_b/d$　　$(5.3.7\text{-}2)$

当 $h_b/d \geqslant 5$ 时，　　$\lambda_p = 0.8$　　$(5.3.7\text{-}3)$

式中　q_{sik}、q_{pk}——分别按本规范表 5.3.5-1、表 5.3.5-2 取与混凝土预制桩相同值；

　　　　λ_p——桩端土塞效应系数，对于闭口钢管桩 $\lambda_p = 1$，对于敞口钢管桩按式（5.3.7-2）、（5.3.7-3）取值；

　　　　h_b——桩端进入持力层深度；

　　　　d——钢管桩外径。

对于带隔板的半敞口钢管桩，应以等效直径 d_e 代替 d 确定 λ_p；$d_e = d/\sqrt{n}$；其中 n 为桩端隔板分割数（见图 5.3.7）。

图 5.3.7　隔板分割数

Ⅴ　混凝土空心桩

5.3.8　当根据土的物理指标与承载力参数之间的经验关系确定敞口预应力混凝土空心桩单桩竖向极限承载力标准值时，可按下列公式计算：

$$Q_{uk} = Q_{sk} + Q_{pk} = u\sum q_{sik}l_i + q_{pk}(A_j + \lambda_p A_{p1})$$

$$(5.3.8\text{-}1)$$

当 $h_b/d < 5$ 时，　　$\lambda_p = 0.16 h_b/d$　　$(5.3.8\text{-}2)$

当 $h_b/d \geqslant 5$ 时，　　$\lambda_p = 0.8$　　$(5.3.8\text{-}3)$

式中　q_{sik}、q_{pk}——分别按本规范表 5.3.5-1、表 5.3.5-2 取与混凝土预制桩相同值；

　　　　A_j——空心桩桩端净面积：

　　　　管桩：$A_j = \dfrac{\pi}{4}(d^2 - d_1^2)$；

　　　　空心方桩：$A_j = b^2 - \dfrac{\pi}{4}d_1^2$；

　　　　A_{p1}——空心桩敞口面积：$A_{p1} = \dfrac{\pi}{4}d_1^2$；

　　　　λ_p——桩端土塞效应系数；

　　　　d、b——空心桩外径、边长；

　　　　d_1——空心桩内径。

Ⅵ　嵌 岩 桩

5.3.9　桩端置于完整、较完整基岩的嵌岩桩单桩竖向极限承载力，由桩周土总极限侧阻力和嵌岩段总极限阻力组成。当根据岩石单轴抗压强度确定单桩竖向极限承载力标准值时，可按下列公式计算：

$$Q_{uk} = Q_{sk} + Q_{rk}$$

$$(5.3.9\text{-}1)$$

$$Q_{sk} = u\sum q_{sik}l_i$$

$$(5.3.9\text{-}2)$$

$$Q_{rk} = \zeta_r f_{rk} A_p$$

$$(5.3.9\text{-}3)$$

式中　Q_{sk}、Q_{rk}——分别为土的总极限侧阻力标准值、嵌岩段总极限阻力标准值；

　　　　q_{sik}——桩周第 i 层土的极限侧阻力，无当地经验时，可根据成桩工艺按本规范表 5.3.5-1 取值；

　　　　f_{rk}——岩石饱和单轴抗压强度标准值，黏土岩取天然湿度单轴抗压强度标准值；

　　　　ζ_r——桩嵌岩段侧阻和端阻综合系数，与嵌岩深径比 h_r/d、岩石软硬程度和成桩工艺有关，可按表5.3.9采用；表中数值适用于泥浆护壁成桩，对于干作业成桩（清底干净）和泥浆护壁成桩后注浆，ζ_r 应取表列数值的 1.2 倍。

表 5.3.9　桩嵌岩段侧阻和端阻综合系数 ζ_r

嵌岩深径比 h_r/d	0	0.5	1.0	2.0	3.0	4.0	5.0	6.0	7.0	8.0
极软岩、软岩	0.60	0.80	0.95	1.18	1.35	1.48	1.57	1.63	1.66	1.70
较硬岩、坚硬岩	0.45	0.65	0.81	0.90	1.00	1.04	—	—	—	—

注：1　极软岩、软岩指 $f_{rk} \leqslant 15\text{MPa}$，较硬岩、坚硬岩指 $f_{rk} > 30\text{MPa}$，介于二者之间可内插取值。

　　2　h_r 为桩身嵌岩深度，当岩面倾斜时，以坡下方嵌岩深度为准；当 h_r/d 为非表列值时，ζ_r 可内插取值。

Ⅶ 后注浆灌注桩

5.3.10 后注浆灌注桩的单桩极限承载力，应通过静载试验确定。在符合本规范第6.7节后注浆技术实施规定的条件下，其后注浆单桩极限承载力标准值可按下式估算：

$$Q_{uk} = Q_{sk} + Q_{gsk} + Q_{gpk}$$
$$= u\sum q_{sjk}l_j + u\sum \beta_{si}q_{sik}l_{gi} + \beta_p q_{pk}A_p$$

$$(5.3.10)$$

式中　Q_{sk}——后注浆非竖向增强段的总极限侧阻力标准值；

　　　Q_{gsk}——后注浆竖向增强段的总极限侧阻力标准值；

　　　Q_{gpk}——后注浆总极限端阻力标准值；

　　　u——桩身周长；

　　　l_j——后注浆非竖向增强段第j层土厚度；

　　　l_{gi}——后注浆竖向增强段内第i层土厚度；对于泥浆护壁成孔灌注桩，当为单一桩端后注浆时，竖向增

强段为桩端以上12m；当为桩端、桩侧复式注浆时，竖向增强段为桩端以上12m及各桩侧注浆断面以上12m，重叠部分应扣除；对于干作业灌注桩，竖向增强段为桩端以上、桩侧注浆断面上下各6m；

q_{sik}、q_{sjk}、q_{pk}——分别为后注浆竖向增强段第i土层初始极限侧阻力标准值、非竖向增强段第j土层初始极限侧阻力标准值、初始极限端阻力标准值；根据本规范第5.3.5条确定；

β_{si}、β_p——分别为后注浆侧阻力、端阻力增强系数，无当地经验时，可按表5.3.10取值。对于桩径大于800mm的桩，应按本规范表5.3.6-2进行侧阻和端阻尺寸效应修正。

表5.3.10　后注浆侧阻力增强系数 β_{si}，端阻力增强系数 β_p

土层名称	淤泥 淤泥质土	黏性土 粉土	粉砂 细砂	中砂	粗砂 砾砂	砾石 卵石	全风化岩 强风化岩
β_{si}	1.2~1.3	1.4~1.8	1.6~2.0	1.7~2.1	2.0~2.5	2.4~3.0	1.4~1.8
β_p	—	2.2~2.5	2.4~2.8	2.6~3.0	3.0~3.5	3.2~4.0	2.0~2.4

注：干作业钻、挖孔桩，β_p 按表列值乘以小于1.0的折减系数。当桩端持力层为黏性土或粉土时，折减系数取0.6；为砂土或碎石土时，取0.8。

5.3.11 后注浆钢导管注浆后可等效替代纵向主筋。

Ⅷ 液化效应

5.3.12 对于桩身周围有液化土层的低承台桩基，当承台底面上下分别有厚度不小于1.5m、1.0m的非液化土或非软弱土层时，可将液化土层极限侧阻力乘以土层液化影响折减系数计算单桩极限承载力标准值。土层液化影响折减系数 ψ_l 可按表5.3.12确定。

表5.3.12　土层液化影响折减系数 ψ_l

$\lambda_N = \dfrac{N}{N_{cr}}$	自地面算起的液化土层深度 d_L(m)	ψ_l
$\lambda_N \leqslant 0.6$	$d_L \leqslant 10$	0
	$10 < d_L \leqslant 20$	1/3
$0.6 < \lambda_N \leqslant 0.8$	$d_L \leqslant 10$	1/3
	$10 < d_L \leqslant 20$	2/3
$0.8 < \lambda_N \leqslant 1.0$	$d_L \leqslant 10$	2/3
	$10 < d_L \leqslant 20$	1.0

注：1　N 为饱和土标贯击数实测值；N_{cr} 为液化判别标贯击数临界值。

2　对于挤土桩当桩距不大于4d，且桩的排数不少于5排、总桩数不少于25根时，土层液化影响折减系数可按表列值提高一档取值；桩间土标贯击数达到 N_{cr} 时，取 $\psi_l = 1$。

当承台底面上下非液化土层厚度小于以上规定时，土层液化影响折减系数 ψ_l 取0。

5.4　特殊条件下桩基竖向承载力验算

Ⅰ　软弱下卧层验算

5.4.1 对于桩距不超过 $6d$ 的群桩基础，桩端持力层下存在承载力低于桩端持力层承载力1/3的软弱下卧层时，可按下列公式验算软弱下卧层的承载力（见图5.4.1）：

$$\sigma_z + \gamma_m z \leqslant f_{az} \qquad (5.4.1-1)$$

$$\sigma_z = \frac{(F_k + G_k) - 3/2(A_0 + B_0)\cdot\sum q_{sik}l_i}{(A_0 + 2t\cdot\tan\theta)(B_0 + 2t\cdot\tan\theta)}$$

$$(5.4.1-2)$$

式中　σ_z——作用于软弱下卧层顶面的附加应力；

　　　γ_m——软弱层顶面以上各土层重度（地下水位以下取浮重度）按厚度加权平均值；

　　　t——硬持力层厚度；

　　　f_{az}——软弱下卧层经深度 z 修正的地基承载力特征值；

　　　A_0、B_0——桩群外缘矩形底面的长、短边边长；

q_{sik}——桩周第 i 层土的极限侧阻力标准值，无当地经验时，可根据成桩工艺按本规范表 5.3.5-1 取值；

θ——桩端硬持力层压力扩散角，按表 5.4.1 取值。

表 5.4.1 桩端硬持力层压力扩散角 θ

E_{s1}/E_{s2}	$t = 0.25B_0$	$t \geqslant 0.50B_0$
1	4°	12°
3	6°	23°
5	10°	25°
10	20°	30°

注：1 E_{s1}、E_{s2} 为硬持力层、软弱下卧层的压缩模量；

    2 当 $t < 0.25B_0$ 时，取 $\theta = 0°$，必要时，宜通过试验确定；当 $0.25B_0 < t < 0.50B_0$ 时，可内插取值。

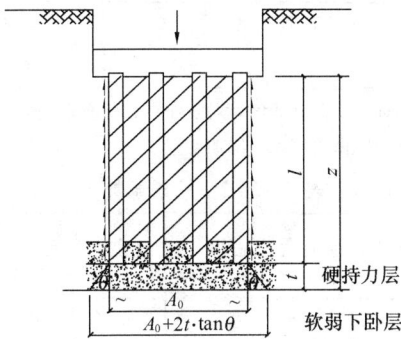

图 5.4.1 软弱下卧层承载力验算

Ⅱ 负摩阻力计算

5.4.2 符合下列条件之一的桩基，当桩周土层产生的沉降超过基桩的沉降时，在计算基桩承载力时应计入桩侧负摩阻力：

    1 桩穿越较厚松散填土、自重湿陷性黄土、欠固结土、液化土层进入相对较硬土层时；

    2 桩周存在软弱土层，邻近桩侧地面承受局部较大的长期荷载，或地面大面积堆载（包括填土）时；

    3 由于降低地下水位，使桩周土有效应力增大，并产生显著压缩沉降时。

5.4.3 桩周土沉降可能引起桩侧负摩阻力时，应根据工程具体情况考虑负摩阻力对桩基承载力和沉降的影响；当缺乏可参照的工程经验时，可按下列规定验算。

    1 对于摩擦型基桩可取桩身计算中性点以上侧阻力为零，并可按下式验算基桩承载力：

$$N_k \leqslant R_a \quad (5.4.3-1)$$

    2 对于端承型基桩除应满足上式要求外，尚应考虑负摩阻力引起基桩的下拉荷载 Q_g^n，并可按下式验算基桩承载力：

$$N_k + Q_g^n \leqslant R_a \quad (5.4.3-2)$$

    3 当土层不均匀或建筑物对不均匀沉降较敏感时，尚应将负摩阻力引起的下拉荷载计入附加荷载验算桩基沉降。

注：本条中基桩的竖向承载力特征值 R_a 只计中性点以下部分侧阻值及端阻值。

5.4.4 桩侧负摩阻力及其引起的下拉荷载，当无实测资料时可按下列规定计算：

    1 中性点以上单桩桩周第 i 层土负摩阻力标准值，可按下列公式计算：

$$q_{si}^n = \xi_{ni} \sigma_i' \quad (5.4.4-1)$$

当填土、自重湿陷性黄土湿陷、欠固结土层产生固结和地下水降低时：$\sigma_i' = \sigma_{\gamma i}'$

当地面分布大面积荷载时：$\sigma_i' = p + \sigma_{\gamma i}'$

$$\sigma_{\gamma i}' = \sum_{e=1}^{i-1} \gamma_e \Delta z_e + \frac{1}{2} \gamma_i \Delta z_i \quad (5.4.4-2)$$

式中 q_{si}^n——第 i 层土桩侧负摩阻力标准值；当按式（5.4.4-1）计算值大于正摩阻力标准值时，取正摩阻力标准值进行设计；

    ξ_{ni}——桩周第 i 层土负摩阻力系数，可按表 5.4.4-1 取值；

    $\sigma_{\gamma i}'$——由土自重引起的桩周第 i 层土平均竖向有效应力；桩群外围桩自地面算起，桩群内部桩自承台底算起；

    σ_i'——桩周第 i 层土平均竖向有效应力；

    γ_i、γ_e——分别为第 i 计算土层和其上第 e 土层的重度，地下水位以下取浮重度；

    Δz_i、Δz_e——第 i 层土、第 e 层土的厚度；

    p——地面均布荷载。

表 5.4.4-1 负摩阻力系数 ξ_n

土 类	ξ_n
饱和软土	0.15～0.25
黏性土、粉土	0.25～0.40
砂土	0.35～0.50
自重湿陷性黄土	0.20～0.35

注：1 在同一类土中，对于挤土桩，取表中较大值，对于非挤土桩，取表中较小值；

    2 填土按其组成取表中同类土的较大值。

    2 考虑群桩效应的基桩下拉荷载可按下式计算：

$$Q_g^n = \eta_n \cdot u \sum_{i=1}^{n} q_{si}^n l_i \quad (5.4.4-3)$$

$$\eta_n = s_{ax} \cdot s_{ay} \bigg/ \left[\pi d \left(\frac{q_s^n}{\gamma_m} + \frac{d}{4} \right) \right] \quad (5.4.4-4)$$

式中 n——中性点以上土层数；

    l_i——中性点以上第 i 土层的厚度；

    η_n——负摩阻力群桩效应系数；

    s_{ax}、s_{ay}——分别为纵、横向桩的中心距；

    q_s^n——中性点以上桩周土层厚度加权平均负摩

阻力标准值；

γ_m ——中性点以上桩周土层厚度加权平均重度（地下水位以下取浮重度）。

对于单桩基础或按式（5.4.4-4）计算的群桩效应系数 $\eta_n > 1$ 时，取 $\eta_n = 1$。

3 中性点深度 l_n 应按桩周土层沉降与桩沉降相等的条件计算确定，也可参照表 5.4.4-2 确定。

表 5.4.4-2 中性点深度 l_n

持力层性质	黏性土、粉土	中密以上砂	砾石、卵石	基岩
中性点深度比 l_n/l_0	0.5~0.6	0.7~0.8	0.9	1.0

注：1 l_n、l_0——分别为自桩顶算起的中性点深度和桩周软弱土层下限深度；

2 桩穿过自重湿陷性黄土层时，l_n 可按表列值增大 10%（持力层为基岩除外）；

3 当桩周土层固结与桩基固结沉降同时完成时，取 $l_n = 0$；

4 当桩周土层计算沉降量小于 20mm 时，l_n 应按表列值乘以 0.4~0.8 折减。

Ⅲ 抗拔桩基承载力验算

5.4.5 承受拔力的桩基，应按下列公式同时验算群桩基础呈整体破坏和呈非整体破坏时基桩的抗拔承载力：

$$N_k \leqslant T_{gk}/2 + G_{gp} \qquad (5.4.5-1)$$
$$N_k \leqslant T_{uk}/2 + G_p \qquad (5.4.5-2)$$

式中 N_k ——按荷载效应标准组合计算的基桩拔力；

T_{gk} ——群桩呈整体破坏时基桩的抗拔极限承载力标准值，可按本规范第 5.4.6 条确定；

T_{uk} ——群桩呈非整体破坏时基桩的抗拔极限承载力标准值，可按本规范第 5.4.6 条确定；

G_{gp} ——群桩基础所包围体积的桩土总自重除以总桩数，地下水位以下取浮重度；

G_P ——基桩自重，地下水位以下取浮重度，对于扩底桩应按本规范表 5.4.6-1 确定桩、土柱体周长，计算桩、土自重。

5.4.6 群桩基础及其基桩的抗拔极限承载力的确定应符合下列规定：

1 对于设计等级为甲级和乙级建筑桩基，基桩的抗拔极限承载力应通过现场单桩上拔静载荷试验确定。单桩上拔静载荷试验及抗拔极限承载力标准值取值可按现行行业标准《建筑基桩检测技术规范》JGJ 106 进行。

2 如无当地经验时，群桩基础及设计等级为丙级建筑桩基，基桩的抗拔极限载力取值可按下列规定计算：

1） 群桩呈非整体破坏时，基桩的抗拔极限承载力标准值可按下式计算：

$$T_{uk} = \sum \lambda_i q_{sik} u_i l_i \qquad (5.4.6-1)$$

式中 T_{uk} ——基桩抗拔极限承载力标准值；

u_i ——桩身周长，对于等直径桩取 $u = \pi d$；对于扩底桩按表 5.4.6-1 取值；

q_{sik} ——桩侧表面第 i 层土的抗压极限侧阻力标准值，可按本规范表 5.3.5-1 取值；

λ_i ——抗拔系数，可按表 5.4.6-2 取值。

表 5.4.6-1 扩底桩破坏表面周长 u_i

自桩底起算的长度 l_i	$\leqslant (4 \sim 10)d$	$> (4 \sim 10)d$
u_i	πD	πd

注：l_i 对于软土取低值，对于卵石、砾石取高值；l_i 取值按内摩擦角增大而增加。

表 5.4.6-2 抗拔系数 λ

土 类	λ 值
砂土	0.50~0.70
黏性土、粉土	0.70~0.80

注：桩长 l 与桩径 d 之比小于 20 时，λ 取小值。

2） 群桩呈整体破坏时，基桩的抗拔极限承载力标准值可按下式计算：

$$T_{gk} = \frac{1}{n} u_l \sum \lambda_i q_{sik} l_i \qquad (5.4.6-2)$$

式中 u_l ——桩群外围周长。

5.4.7 季节性冻土上轻型建筑的短桩基础，应按下列公式验算其抗冻拔稳定性：

$$\eta_f q_f u z_0 \leqslant T_{gk}/2 + N_G + G_{gp} \qquad (5.4.7-1)$$
$$\eta_f q_f u z_0 \leqslant T_{uk}/2 + N_G + G_p \qquad (5.4.7-2)$$

式中 η_f ——冻深影响系数，按表 5.4.7-1 采用；

q_f ——切向冻胀力，按表 5.4.7-2 采用；

z_0 ——季节性冻土的标准冻深；

T_{gk} ——标准冻深线以下群桩呈整体破坏时基桩抗拔极限承载力标准值，可按本规范第 5.4.6 条确定；

T_{uk} ——标准冻深线以下单桩抗拔极限承载力标准值，可按本规范第 5.4.6 条确定；

N_G ——基桩承受的桩承台底面以上建筑物自重、承台及其上土重标准值。

表 5.4.7-1 冻深影响系数 η_f 值

标准冻深（m）	$z_0 \leqslant 2.0$	$2.0 < z_0 \leqslant 3.0$	$z_0 > 3.0$
η_f	1.0	0.9	0.8

表 5.4.7-2　切向冻胀力 q_f（kPa）值

土类＼冻胀性分类	弱冻胀	冻胀	强冻胀	特强冻胀
黏性土、粉土	30～60	60～80	80～120	120～150
砂土、砾（碎）石（黏、粉粒含量＞15%）	＜10	20～30	40～80	90～200

注：1　表面粗糙的灌注桩，表中数值应乘以系数 1.1～1.3；
　　2　本表不适用于含盐量大于 0.5% 的冻土。

5.4.8　膨胀土上轻型建筑的短桩基础，应按下列公式验算群桩基础呈整体破坏和非整体破坏的抗拔稳定性：

$$u\sum q_{ei}l_{ei} \leqslant T_{gk}/2 + N_G + G_{gp} \quad (5.4.8\text{-}1)$$

$$u\sum q_{ei}l_{ei} \leqslant T_{uk}/2 + N_G + G_p \quad (5.4.8\text{-}2)$$

式中　T_{gk}——群桩呈整体破坏时，大气影响急剧层下稳定土层中基桩的抗拔极限承载力标准值，可按本规范第 5.4.6 条计算；

　　　　T_{uk}——群桩呈非整体破坏时，大气影响急剧层下稳定土层中基桩的抗拔极限承载力标准值，可按本规范第 5.4.6 条计算；

　　　　q_{ei}——大气影响急剧层中第 i 层土的极限胀切力，由现场浸水试验确定；

　　　　l_{ei}——大气影响急剧层中第 i 层土的厚度。

5.5　桩基沉降计算

5.5.1　建筑桩基沉降变形计算值不应大于桩基沉降变形允许值。

5.5.2　桩基沉降变形可用下列指标表示：

　　1　沉降量；

　　2　沉降差；

　　3　整体倾斜：建筑物桩基础倾斜方向两端点的沉降差与其距离之比值；

　　4　局部倾斜：墙下条形承台沿纵向某一长度范围内桩基础两点的沉降差与其距离之比值。

5.5.3　计算桩基沉降变形时，桩基变形指标应按下列规定选用：

　　1　由于土层厚度与性质不均匀、荷载差异、体形复杂、相互影响等因素引起的地基沉降变形，对于砌体承重结构应由局部倾斜控制；

　　2　对于多层或高层建筑和高耸结构应由整体倾斜值控制；

　　3　当其结构为框架、框架-剪力墙、框架-核心筒结构时，尚应控制柱（墙）之间的差异沉降。

5.5.4　建筑桩基沉降变形允许值，应按表 5.5.4 规定采用。

表 5.5.4　建筑桩基沉降变形允许值

变形特征		允许值
砌体承重结构基础的局部倾斜		0.002
各类建筑相邻柱（墙）基的沉降差		
（1）框架、框架—剪力墙、框架—核心筒结构		$0.002 l_0$
（2）砌体墙填充的边排柱		$0.0007 l_0$
（3）当基础不均匀沉降时不产生附加应力的结构		$0.005 l_0$
单层排架结构（柱距为 6m）桩基的沉降量（mm）		120
桥式吊车轨面的倾斜（按不调整轨道考虑） 纵向		0.004
横向		0.003
多层和高层建筑的整体倾斜	$H_g \leqslant 24$	0.004
	$24 < H_g \leqslant 60$	0.003
	$60 < H_g \leqslant 100$	0.0025
	$H_g > 100$	0.002
高耸结构桩基的整体倾斜	$H_g \leqslant 20$	0.008
	$20 < H_g \leqslant 50$	0.006
	$50 < H_g \leqslant 100$	0.005
	$100 < H_g \leqslant 150$	0.004
	$150 < H_g \leqslant 200$	0.003
	$200 < H_g \leqslant 250$	0.002
高耸结构基础的沉降量（mm）	$H_g \leqslant 100$	350
	$100 < H_g \leqslant 200$	250
	$200 < H_g \leqslant 250$	150
体型简单的剪力墙结构高层建筑桩基最大沉降量（mm）		200

注：l_0 为相邻柱（墙）二测点间距离，H_g 为自室外地面算起的建筑物高度（m）。

5.5.5　对于本规范表 5.5.4 中未包括的建筑桩基沉降变形允许值，应根据上部结构对桩基沉降变形的适应能力和使用要求确定。

Ⅰ　桩中心距不大于 6 倍桩径的桩基

5.5.6　对于桩中心距不大于 6 倍桩径的桩基，其最终沉降量计算可采用等效作用分层总和法。等效作用面位于桩端平面，等效作用面积为桩承台投影面积，等效作用附加压力近似取承台底平均附加压力。等效作用面以下的应力分布采用各向同性均质直线变形体理论。计算模式如图 5.5.6 所示，桩基任一点最终沉降量可用角点法按下式计算：

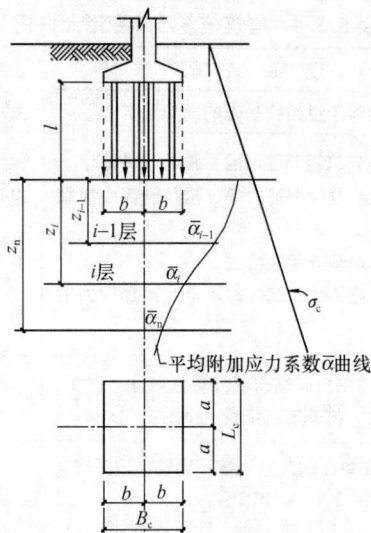

图 5.5.6　桩基沉降计算示意图

$$s = \psi \cdot \psi_e \cdot s'$$

$$= \psi \cdot \psi_e \cdot \sum_{j=1}^{m} p_{0j} \sum_{i=1}^{n} \frac{z_{ij}\bar{\alpha}_{ij} - z_{(i-1)j}\bar{\alpha}_{(i-1)j}}{E_{si}}$$

$$(5.5.6)$$

式中　　s——桩基最终沉降量（mm）；

　　s'——采用布辛奈斯克（Boussinesq）解，按实体深基础分层总和法计算出的桩基沉降量（mm）；

　　ψ——桩基沉降计算经验系数，当无当地可靠经验时可按本规范第 5.5.11 条确定；

　　ψ_e——桩基等效沉降系数，可按本规范第 5.5.9 条确定；

　　m——角点法计算点对应的矩形荷载分块数；

　　p_{0j}——第 j 块矩形底面在荷载效应准永久组合下的附加压力（kPa）；

　　n——桩基沉降计算深度范围内所划分的土层数；

　　E_{si}——等效作用面以下第 i 层土的压缩模量（MPa），采用地基土在自重压力至自重压力加附加压力作用时的压缩模量；

　　z_{ij}、$z_{(i-1)j}$——桩端平面第 j 块荷载作用面至第 i 层土、第 $i-1$ 层土底面的距离（m）；

　　$\bar{\alpha}_{ij}$、$\bar{\alpha}_{(i-1)j}$——桩端平面第 j 块荷载计算点至第 i 层土、第 $i-1$ 层土底面深度范围内平均附加应力系数，可按本规范附录 D 选用。

5.5.7　计算矩形桩基中点沉降时，桩基沉降量可按下式简化计算：

$$s = \psi \cdot \psi_e \cdot s' = 4 \cdot \psi \cdot \psi_e \cdot p_0 \sum_{i=1}^{n} \frac{z_i\bar{\alpha}_i - z_{i-1}\bar{\alpha}_{i-1}}{E_{si}}$$

$$(5.5.7)$$

式中　　p_0——在荷载效应准永久组合下承台底的平均附加压力；

　　$\bar{\alpha}_i$、$\bar{\alpha}_{i-1}$——平均附加应力系数，根据矩形长宽比 a/b 及深宽比 $\frac{z_i}{b} = \frac{2z_i}{B_c}$，$\frac{z_{i-1}}{b} = \frac{2z_{i-1}}{B_c}$，可按本规范附录 D 选用。

5.5.8　桩基沉降计算深度 z_n 应按应力比法确定，即计算深度处的附加应力 σ_z 与土的自重应力 σ_c 应符合下列公式要求：

$$\sigma_z \leqslant 0.2\sigma_c \qquad (5.5.8\text{-}1)$$

$$\sigma_z = \sum_{j=1}^{m} a_j p_{0j} \qquad (5.5.8\text{-}2)$$

式中　　a_j——附加应力系数，可根据角点法划分的矩形长宽比及深宽比按本规范附录 D 选用。

5.5.9　桩基等效沉降系数 ψ_e 可按下列公式简化计算：

$$\psi_e = C_0 + \frac{n_b - 1}{C_1(n_b - 1) + C_2} \qquad (5.5.9\text{-}1)$$

$$n_b = \sqrt{n \cdot B_c / L_c} \qquad (5.5.9\text{-}2)$$

式中　　n_b——矩形布桩时的短边布桩数，当布桩不规则时可按式（5.5.9-2）近似计算，$n_b > 1$；$n_b = 1$ 时，可按本规范式（5.5.14）计算；

　　C_0、C_1、C_2——根据群桩距径比 s_a/d、长径比 l/d 及基础长宽比 L_c/B_c，按本规范附录 E 确定；

　　L_c、B_c、n——分别为矩形承台的长、宽及总桩数。

5.5.10　当布桩不规则时，等效距径比可按下列公式近似计算：

圆形桩　$s_a/d = \sqrt{A}/(\sqrt{n} \cdot d)$　（5.5.10-1）

方形桩　$s_a/d = 0.886\sqrt{A}/(\sqrt{n} \cdot b)$　（5.5.10-2）

式中　　A——桩基承台总面积；

　　b——方形桩截面边长。

5.5.11　当无当地可靠经验时，桩基沉降计算经验系数 ψ 可按表 5.5.11 选用。对于采用后注浆施工工艺的灌注桩，桩基沉降计算经验系数应根据桩端持力土层类别，乘以 0.7（砂、砾、卵石）～0.8（黏性土、粉土）折减系数；饱和土中采用预制桩（不含复打、复压、引孔沉桩）时，应根据桩距、土质、沉桩速率和顺序等因素，乘以 1.3～1.8 挤土效应系数，土的渗透性低，桩距小，桩数多，沉降速率快时取大值。

表 5.5.11　桩基沉降计算经验系数 ψ

$\overline{E}_s$(MPa)	≤10	15	20	35	≥50
ψ	1.2	0.9	0.65	0.50	0.40

注：1　$\overline{E}_s$ 为沉降计算深度范围内压缩模量的当量值，可按下式计算：$\overline{E}_s = \sum A_i / \sum \dfrac{A_i}{E_{si}}$，式中 A_i 为第 i 层土附加压力系数沿土层厚度的积分值，可近似按分块面积计算；

2　ψ 可根据 $\overline{E}_s$ 内插取值。

5.5.12　计算桩基沉降时，应考虑相邻基础的影响，采用叠加原理计算；桩基等效沉降系数可按独立基础计算。

5.5.13　当桩基形状不规则时，可采用等效矩形面积计算桩基等效沉降系数，等效矩形的长宽比可根据承台实际尺寸和形状确定。

Ⅱ　单桩、单排桩、疏桩基础

5.5.14　对于单桩、单排桩、桩中心距大于 6 倍桩径的疏桩基础的沉降计算应符合下列规定：

1　承台底地基土不分担荷载的桩基。桩端平面以下地基中由基桩引起的附加应力，按考虑桩径影响的明德林（Mindlin）解附录 F 计算确定。将沉降计算点水平面影响范围内各基桩对应力计算点产生的附加应力叠加，采用单向压缩分层总和法计算土层的沉降，并计入桩身压缩 s_e。桩基的最终沉降量可按下列公式计算：

$$s = \psi \sum_{i=1}^{n} \frac{\sigma_{zi}}{E_{si}} \Delta z_i + s_e \qquad (5.5.14\text{-}1)$$

$$\sigma_{zi} = \sum_{j=1}^{m} \frac{Q_j}{l_j^2}\left[\alpha_j I_{p,ij} + (1-\alpha_j) I_{s,ij}\right] \qquad (5.5.14\text{-}2)$$

$$s_e = \xi_e \frac{Q_j l_j}{E_c A_{ps}} \qquad (5.5.14\text{-}3)$$

2　承台底地基土分担荷载的复合桩基。将承台底土压力对地基中某点产生的附加应力按 Boussinesq 解（附录 D）计算，与基桩产生的附加应力叠加，采用与本条第 1 款相同方法计算沉降。其最终沉降量可按下列公式计算：

$$s = \psi \sum_{i=1}^{n} \frac{\sigma_{zi} + \sigma_{zci}}{E_{si}} \Delta z_i + s_e \qquad (5.5.14\text{-}4)$$

$$\sigma_{zci} = \sum_{k=1}^{u} \alpha_{ki} \cdot p_{c,k} \qquad (5.5.14\text{-}5)$$

式中　m——以沉降计算点为圆心，0.6 倍桩长为半径的水平面影响范围内的基桩数；

n——沉降计算深度范围内土层的计算分层数；分层数应结合土层性质，分层厚度不应超过计算深度的 0.3 倍；

σ_{zi}——水平面影响范围内各基桩对应力计算点桩端平面以下第 i 层土 1/2 厚度处产生的附加竖向应力之和；应力计算点应与沉降计算点最近的桩中心点；

σ_{zci}——承台压力对应力计算点桩端平面以下第 i 计算土层 1/2 厚度处产生的应力；可将承台板划分为 u 个矩形块，可按本规范附录 D 采用角点法计算；

Δz_i——第 i 计算土层厚度（m）；

E_{si}——第 i 计算土层的压缩模量（MPa），采用土的自重压力至土的自重压力加附加压力作用时的压缩模量；

Q_j——第 j 桩在荷载效应准永久组合作用下（对于复合桩基应扣除承台底土分担荷载），桩顶的附加荷载（kN）；当地下室埋深超过 5m 时，取荷载效应准永久组合作用下的总荷载为考虑回弹再压缩的等代附加荷载；

l_j——第 j 桩桩长（m）；

A_{ps}——桩身截面面积；

α_j——第 j 桩总桩端阻力与桩顶荷载之比，近似取极限总端阻力与单桩极限承载力之比；

$I_{p,ij}$、$I_{s,ij}$——分别为第 j 桩的桩端阻力和桩侧阻力对计算轴线第 i 计算土层 1/2 厚度处的应力影响系数，可按本规范附录 F 确定；

E_c——桩身混凝土的弹性模量；

$p_{c,k}$——第 k 块承台底均布压力，可按 $p_{c,k} = \eta_{c,k} \cdot f_{ak}$ 取值，其中 $\eta_{c,k}$ 为第 k 块承台底板的承台效应系数，按本规范表 5.2.5 确定；f_{ak} 为承台底地基承载力特征值；

α_{ki}——第 k 块承台底角点处，桩端平面以下第 i 计算土层 1/2 厚度处的附加应力系数，可按本规范附录 D 确定；

s_e——计算桩身压缩；

ξ_e——桩身压缩系数。端承型桩，取 $\xi_e = 1.0$；摩擦型桩，当 $l/d \leqslant 30$ 时，取 $\xi_e = 2/3$；$l/d \geqslant 50$ 时，取 $\xi_e = 1/2$；介于两者之间可线性插值；

ψ——沉降计算经验系数，无当地经验时，可取 1.0。

5.5.15　对于单桩、单排桩、疏桩复合桩基础的最终沉降计算深度 Z_n，可按应力比法确定，即 Z_n 处由桩引起的附加应力 σ_z、由承台土压力引起的附加应力 σ_{zc} 与土的自重应力 σ_c 应符合下式要求：

$$\sigma_z + \sigma_{zc} = 0.2\sigma_c \qquad (5.5.15)$$

5.6　软土地基减沉复合疏桩基础

5.6.1　当软土地基上多层建筑，地基承载力基本满足要求（以底层平面面积计算）时，可设置穿过软土层进入相对较好土层的疏布摩擦型桩，由桩和桩间土共同分担荷载。该种减沉复合疏桩基础，可按下列公式确定承台面积和桩数：

$$A_c = \xi \frac{F_k + G_k}{f_{ak}} \qquad (5.6.1-1)$$

$$n \geqslant \frac{F_k + G_k - \eta_c f_{ak} A_c}{R_a} \qquad (5.6.1-2)$$

式中　A_c——桩基承台总净面积；
　　　f_{ak}——承台底地基承载力特征值；
　　　ξ——承台面积控制系数，$\xi \geqslant 0.60$；
　　　n——基桩数；
　　　η_c——桩基承台效应系数，可按本规范表5.2.5取值。

5.6.2　减沉复合疏桩基础中点沉降可按下列公式计算：

$$s = \psi(s_s + s_{sp}) \qquad (5.6.2-1)$$

$$s_s = 4p_0 \sum_{i=1}^{m} \frac{z_i \bar{\alpha}_i - z_{(i-1)} \bar{\alpha}_{(i-1)}}{E_{si}} \qquad (5.6.2-2)$$

$$s_{sp} = 280 \frac{\bar{q}_{su}}{E_s} \cdot \frac{d}{(s_a/d)^2} \qquad (5.6.2-3)$$

$$p_0 = \eta_p \frac{F - nR_a}{A_c} \qquad (5.6.2-4)$$

式中　s——桩基中心点沉降量；
　　　s_s——由承台底地基土附加压力作用下产生的中点沉降（见图5.6.2）；
　　　s_{sp}——由桩土相互作用产生的沉降；
　　　p_0——按荷载效应准永久值组合计算的假想天然地基平均附加压力（kPa）；
　　　E_{si}——承台底以下第i层土的压缩模量，应取自重压力至自重压力与附加压力段的模量值；
　　　m——地基沉降计算深度范围的土层数；沉降计算深度按$\sigma_z = 0.1\sigma_c$确定，σ_z可按本规范第5.5.8条确定；
　　　$\bar{q}_{su}$、$\bar{E}_s$——桩身范围内按厚度加权的平均桩侧极限摩阻力、平均压缩模量；
　　　d——桩身直径，当为方形桩时，$d = 1.27b$（b为方形桩截面边长）；
　　　s_a/d——等效距径比，可按本规范第5.5.10条执行；
　　　z_i、z_{i-1}——承台底至第i层、第$i-1$层土底面的距离；
　　　$\bar{\alpha}_i$、$\bar{\alpha}_{i-1}$——承台底至第i层、第$i-1$层土层底范围内的角点平均附加应力系数；根据承台等效面积的计算分块矩形长宽比a/b及深宽比$z_i/b = 2z_i/B_c$，由本规范附录D确定；其中承台等效宽度$B_c = B\sqrt{A_c}/L$；B、L为建筑物基础外缘平

面的宽度和长度；
　　　F——荷载效应准永久值组合下，作用于承台底的总附加荷载（kN）；
　　　η_p——基桩刺入变形影响系数；按桩端持力层土质确定，砂土为1.0，粉土为1.15，黏性土为1.30；
　　　ψ——沉降计算经验系数，无当地经验时，可取1.0。

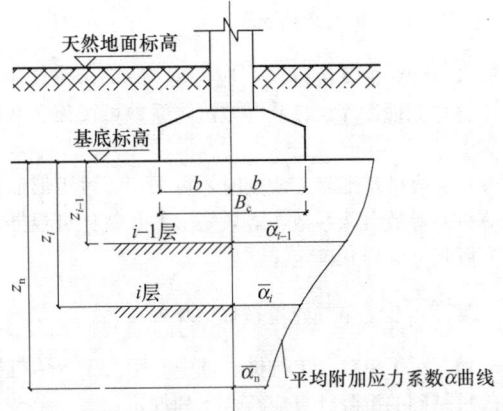

图5.6.2　复合疏桩基础沉降计算的分层示意图

5.7　桩基水平承载力与位移计算

Ⅰ　单桩基础

5.7.1　受水平荷载的一般建筑物和水平荷载较小的高大建筑物单桩基础和群桩中基桩应满足下式要求：

$$H_{ik} \leqslant R_h \qquad (5.7.1)$$

式中　H_{ik}——在荷载效应标准组合下，作用于基桩i桩顶处的水平力；
　　　R_h——单桩基础或群桩中基桩的水平承载力特征值，对于单桩基础，可取单桩的水平承载力特征值R_{ha}。

5.7.2　单桩的水平承载力特征值的确定应符合下列规定：

1　对于受水平荷载较大的设计等级为甲级、乙级的建筑桩基，单桩水平承载力特征值应通过单桩水平静载试验确定，试验方法可按现行行业标准《建筑基桩检测技术规范》JGJ 106执行。

2　对于钢筋混凝土预制桩、钢桩、桩身配筋率不小于0.65%的灌注桩，可根据静载试验结果取地面处水平位移为10mm（对于水平位移敏感的建筑物取水平位移6mm）所对应的荷载的75%为单桩水平承载力特征值。

3　对于桩身配筋率小于0.65%的灌注桩，可取单桩水平静载试验的临界荷载的75%为单桩水平承载力特征值。

4　当缺少单桩水平静载试验资料时，可按下列

公式估算桩身配筋率小于 0.65% 的灌注桩的单桩水平承载力特征值：

$$R_{ha} = \frac{0.75\alpha\gamma_m f_t W_0}{\nu_M}(1.25 + 22\rho_g)\left(1 \pm \frac{\zeta_N N_k}{\gamma_m f_t A_n}\right)$$
(5.7.2-1)

式中 α ——桩的水平变形系数，按本规范第 5.7.5 条确定；

R_{ha} ——单桩水平承载力特征值，± 号根据桩顶竖向力性质确定，压力取"+"，拉力取"−"；

γ_m ——桩截面模量塑性系数，圆形截面 γ_m = 2，矩形截面 $\gamma_m = 1.75$；

f_t ——桩身混凝土抗拉强度设计值；

W_0 ——桩身换算截面受拉边缘的截面模量，圆形截面为：

$$W_0 = \frac{\pi d}{32}\left[d^2 + 2(\alpha_E - 1)\rho_g d_0^2\right]$$

方形截面为：$W_0 = \frac{b}{6}\left[b^2 + 2(\alpha_E - 1)\rho_g b_0^2\right]$，其中 d 为桩直径，d_0 为扣除保护层厚度的桩直径；b 为方形截面边长，b_0 为扣除保护层厚度的桩截面宽度；α_E 为钢筋弹性模量与混凝土弹性模量的比值；

ν_M ——桩身最大弯距系数，按表 5.7.2 取值，当单桩基础和单排桩基纵向轴线与水平力方向相垂直时，按桩顶铰接考虑；

ρ_g ——桩身配筋率；

A_n ——桩身换算截面积，圆形截面为：$A_n = \frac{\pi d^2}{4}\left[1 + (\alpha_E - 1)\rho_g\right]$；方形截面为：$A_n = b^2\left[1 + (\alpha_E - 1)\rho_g\right]$；

ζ_N ——桩顶竖向力影响系数，竖向压力取 0.5；竖向拉力取 1.0；

N_k ——在荷载效应标准组合下桩顶的竖向力 (kN)。

表 5.7.2 桩顶（身）最大弯矩系数 ν_M 和桩顶水平位移系数 ν_x

桩顶约束情况	桩的换算埋深（αh）	ν_M	ν_x
铰接、自由	4.0	0.768	2.441
	3.5	0.750	2.502
	3.0	0.703	2.727
	2.8	0.675	2.905
	2.6	0.639	3.163
	2.4	0.601	3.526
固接	4.0	0.926	0.940
	3.5	0.934	0.970
	3.0	0.967	1.028
	2.8	0.990	1.055
	2.6	1.018	1.079
	2.4	1.045	1.095

注：1 铰接（自由）的 ν_M 系桩身的最大弯矩系数，固接的 ν_M 系桩顶的最大弯矩系数；

2 当 $\alpha h > 4$ 时取 $\alpha h = 4.0$。

5 对于混凝土护壁的挖孔桩，计算单桩水平承载力时，其设计桩径取护壁内直径。

6 当桩的水平承载力由水平位移控制，且缺少单桩水平静载试验资料时，可按下式估算预制桩、钢桩、桩身配筋率不小于 0.65% 的灌注桩单桩水平承载力特征值：

$$R_{ha} = 0.75\frac{\alpha^3 EI}{\nu_x}\chi_{0a}$$
(5.7.2-2)

式中 EI ——桩身抗弯刚度，对于钢筋混凝土桩，$EI = 0.85 E_c I_0$；其中 E_c 为混凝土弹性模量，I_0 为桩身换算截面惯性矩：圆形截面为 $I_0 = W_0 d_0/2$；矩形截面为 $I_0 = W_0 b_0/2$；

χ_{0a} ——桩顶允许水平位移；

ν_x ——桩顶水平位移系数，按表 5.7.2 取值，取值方法同 ν_M。

7 验算永久荷载控制的桩基的水平承载力时，应将上述 2～5 款方法确定的单桩水平承载力特征值乘以调整系数 0.80；验算地震作用桩基的水平承载力时，应将上述 2～5 款方法确定的单桩水平承载力特征值乘以调整系数 1.25。

Ⅱ 群桩基础

5.7.3 群桩基础（不含水平力垂直于单排桩基纵向轴线和力矩较大的情况）的基桩水平承载力特征值应考虑由承台、桩群、土相互作用产生的群桩效应，可按下列公式确定：

$$R_h = \eta_h R_{ha}$$
(5.7.3-1)

考虑地震作用且 $s_a/d \leqslant 6$ 时：

$$\eta_h = \eta_i \eta_r + \eta_l$$
(5.7.3-2)

$$\eta_i = \frac{\left(\frac{s_a}{d}\right)^{0.015n_2 + 0.45}}{0.15n_1 + 0.10n_2 + 1.9}$$
(5.7.3-3)

$$\eta_l = \frac{m\chi_{0a} B_c' h_c^2}{2n_1 n_2 R_{ha}}$$
(5.7.3-4)

$$\chi_{0a} = \frac{R_{ha}\nu_x}{\alpha^3 EI}$$
(5.7.3-5)

其他情况：
$$\eta_h = \eta_i \eta_r + \eta_l + \eta_b$$
(5.7.3-6)

$$\eta_b = \frac{\mu P_c}{n_1 n_2 R_h}$$
(5.7.3-7)

$$B_c' = B_c + 1$$
(5.7.3-8)

$$P_c = \eta_c f_{ak}(A - nA_{ps})$$
(5.7.3-9)

式中 η_h ——群桩效应综合系数；

η_i ——桩的相互影响效应系数；

η_r ——桩顶约束效应系数（桩顶嵌入承台长度 50～100mm 时），按表 5.7.3-1 取值；

η_l ——承台侧向土水平抗力效应系数（承台外围回填土为松散状态时取 $\eta_l = 0$）；

η_b——承台底摩阻效应系数；

s_a/d——沿水平荷载方向的距径比；

n_1，n_2——分别为沿水平荷载方向与垂直水平荷载方向每排桩中的桩数；

m——承台侧向土水平抗力系数的比例系数，当无试验资料时可按本规范表5.7.5取值；

χ_{0a}——桩顶（承台）的水平位移允许值，当以位移控制时，可取$\chi_{0a}=10mm$（对水平位移敏感的结构物取$\chi_{0a}=6mm$）；当以桩身强度控制（低配筋率灌注桩）时，可近似按本规范式（5.7.3-5）确定；

B'_c——承台受侧向土抗力一边的计算宽度（m）；

B_c——承台宽度（m）；

h_c——承台高度（m）；

μ——承台底与地基土间的摩擦系数，可按表5.7.3-2取值；

P_c——承台底地基土分担的竖向总荷载标准值；

η_c——按本规范第5.2.5条确定；

A——承台总面积；

A_{ps}——桩身截面面积。

表5.7.3-1　桩顶约束效应系数 η_r

换算深度 αh	2.4	2.6	2.8	3.0	3.5	≥4.0
位移控制	2.58	2.34	2.20	2.13	2.07	2.05
强度控制	1.44	1.57	1.71	1.82	2.00	2.07

注：$\alpha=\sqrt[5]{\dfrac{mb_0}{EI}}$，$h$ 为桩的入土长度。

表5.7.3-2　承台底与地基土间的摩擦系数 μ

土的类别		摩擦系数 μ
黏性土	可塑	0.25～0.30
	硬塑	0.30～0.35
	坚硬	0.35～0.45
粉土	密实、中密（稍湿）	0.30～0.40
中砂、粗砂、砾砂		0.40～0.50
碎石土		0.40～0.60
软岩、软质岩		0.40～0.60
表面粗糙的较硬岩、坚硬岩		0.65～0.75

5.7.4 计算水平荷载较大和水平地震作用、风载作用的带地下室的高大建筑物桩基的水平位移时，可考虑地下室侧墙、承台、桩群、土共同作用，按本规范附录C方法计算基桩内力和变位，与水平外力作用平面相垂直的单排桩基础可按本规范附录C中表C.0.3-1计算。

5.7.5 桩的水平变形系数和地基土水平抗力系数的比例系数 m 可按下列规定确定：

1 桩的水平变形系数 α（1/m）

$$\alpha=\sqrt[5]{\frac{mb_0}{EI}} \qquad (5.7.5)$$

式中 m——桩侧土水平抗力系数的比例系数；

b_0——桩身的计算宽度（m）；

圆形桩：当直径$d≤1m$时，$b_0=0.9(1.5d+0.5)$；

当直径$d>1m$时，$b_0=0.9(d+1)$；

方形桩：当边宽$b≤1m$时，$b_0=1.5b+0.5$；

当边宽$b>1m$时，$b_0=b+1$；

EI——桩身抗弯刚度，按本规范第5.7.2条的规定计算。

2 地基土水平抗力系数的比例系数 m，宜通过单桩水平静载试验确定，当无静载试验资料时，可按表5.7.5取值。

表5.7.5　地基土水平抗力系数的比例系数 m 值

序号	地基土类别	预制桩、钢桩 m（MN/m⁴）	相应单桩在地面处水平位移（mm）	灌注桩 m（MN/m⁴）	相应单桩在地面处水平位移（mm）
1	淤泥；淤泥质土；饱和湿陷性黄土	2～4.5	10	2.5～6	6～12
2	流塑（$I_L>1$）、软塑（$0.75<I_L≤1$）状黏性土；$e>0.9$粉土；松散粉细砂；松散、稍密填土	4.5～6.0	10	6～14	4～8
3	可塑（$0.25<I_L≤0.75$）状黏性土、湿陷性黄土；$e=0.75～0.9$粉土；中密填土；稍密细砂	6.0～10	10	14～35	3～6
4	硬塑（$0<I_L≤0.25$）、坚硬（$I_L≤0$）状黏性土、湿陷性黄土；$e<0.75$粉土；中密的中粗砂；密实老填土	10～22	10	35～100	2～5

续表 5.7.5

序号	地基土类别	预制桩、钢桩		灌注桩	
		m (MN/m⁴)	相应单桩在地面处水平位移 (mm)	m (MN/m⁴)	相应单桩在地面处水平位移 (mm)
5	中密、密实的砾砂、碎石类土	—	—	100～300	1.5～3

注： 1 当桩顶水平位移大于表列数值或灌注桩配筋率较高（≥0.65%）时，m 值应适当降低；当预制桩的水平向位移小于10mm时，m 值可适当提高；

2 当水平荷载为长期或经常出现的荷载时，应将表列数值乘以0.4降低采用；

3 当地基为可液化土层时，应将表列数值乘以本规范表5.3.12中相应的系数 ψ_l。

5.8 桩身承载力与裂缝控制计算

5.8.1 桩身应进行承载力和裂缝控制计算。计算时应考虑桩身材料强度、成桩工艺、吊运与沉桩、约束条件、环境类别等因素，除按本节有关规定执行外，尚应符合现行国家标准《混凝土结构设计规范》GB 50010、《钢结构设计规范》GB 50017 和《建筑抗震设计规范》GB 50011 的有关规定。

Ⅰ 受 压 桩

5.8.2 钢筋混凝土轴心受压桩正截面受压承载力应符合下列规定：

1 当桩顶以下 5d 范围的桩身螺旋式箍筋间距不大于100mm，且符合本规范第 4.1.1 条规定时：

$$N \leqslant \psi_c f_c A_{ps} + 0.9 f'_y A'_s \qquad (5.8.2-1)$$

2 当桩身配筋不符合上述 1 款规定时：

$$N \leqslant \psi_c f_c A_{ps} \qquad (5.8.2-2)$$

式中 N ——荷载效应基本组合下的桩顶轴向压力设计值；

ψ_c ——基桩成桩工艺系数，按本规范第 5.8.3 条规定取值；

f_c ——混凝土轴心抗压强度设计值；

f'_y ——纵向主筋抗压强度设计值；

A'_s ——纵向主筋截面面积。

5.8.3 基桩成桩工艺系数 ψ_c 应按下列规定取值：

1 混凝土预制桩、预应力混凝土空心桩：$\psi_c = 0.85$；

2 干作业非挤土灌注桩：$\psi_c = 0.90$；

3 泥浆护壁和套管护壁非挤土灌注桩、部分挤土灌注桩、挤土灌注桩：$\psi_c = 0.7 \sim 0.8$；

4 软土地区挤土灌注桩：$\psi_c = 0.6$。

5.8.4 计算轴心受压混凝土桩正截面受压承载力时，一般取稳定系数 $\varphi = 1.0$。对于高承台基桩、桩身穿越可液化土或不排水抗剪强度小于10kPa的软弱土层的基桩，应考虑压屈影响，可按本规范式（5.8.2-1）、式（5.8.2-2）计算所得桩身正截面受压承载力乘以 φ 折减。其稳定系数 φ 可根据桩身压屈计算长度 l_c 和桩的设计直径 d（或矩形桩短边尺寸 b）确定。桩身压屈计算长度可根据桩顶的约束情况、桩身露出地面的自由长度 l_0、桩的入土长度 h、桩侧和桩底的土质条件按表5.8.4-1确定。桩的稳定系数 φ 可按表5.8.4-2确定。

表 5.8.4-1 桩身压屈计算长度 l_c

注： 1 表中 $\alpha = \sqrt[5]{\dfrac{mb_0}{EI}}$；

2 l_0 为高承台基桩露出地面的长度，对于低承台桩基，$l_0 = 0$；

3 h 为桩的入土长度，当桩侧有厚度为 d_l 的液化土层时，桩露出地面长度 l_0 和桩的入土长度 h 分别调整为，$l'_0 = l_0 + \psi_l d_l$，$h' = h - \psi_l d_l$，ψ_l 按表5.3.12取值。

表 5.8.4-2 桩身稳定系数 φ

l_c/d	$\leqslant7$	8.5	10.5	12	14	15.5	17	19	21	22.5	24	26	28	29.5	31	33	34.5	36.5	38	40	41.5	43
l_c/b	$\leqslant8$	10	12	14	16	18	20	22	24	26	28	30	32	34	36	38	40	42	44	46	48	50
φ	1.00	0.98	0.95	0.92	0.87	0.81	0.75	0.70	0.65	0.60	0.56	0.52	0.48	0.44	0.40	0.36	0.32	0.29	0.26	0.23	0.21	0.19

注：b 为矩形桩短边尺寸，d 为桩直径。

5.8.5 计算偏心受压混凝土桩正截面受压承载力时，可不考虑偏心距的增大影响，但对于高承台基桩、桩身穿越可液化土或不排水抗剪强度小于 10kPa 的软弱土层的基桩，应考虑桩身在弯矩作用平面内的挠曲对轴向力偏心距的影响，应将轴向力对截面重心的初始偏心矩 e_i 乘以偏心矩增大系数 η，偏心距增大系数 η 的具体计算方法可按现行国家标准《混凝土结构设计规范》GB 50010 执行。

5.8.6 对于打入式钢管桩，可按以下规定验算桩身局部压屈：

1 当 $t/d = \dfrac{1}{50} \sim \dfrac{1}{80}$，$d \leqslant 600$mm，最大锤击压应力小于钢材强度设计值时，可不进行局部压屈验算；

2 当 $d > 600$mm，可按下式验算：

$$t/d \geqslant f'_y/0.388E \qquad (5.8.6\text{-}1)$$

3 当 $d \geqslant 900$mm，除按（5.8.6-1）式验算外，尚应按下式验算：

$$t/d \geqslant \sqrt{f'_y/14.5E} \qquad (5.8.6\text{-}2)$$

式中 t、d —— 钢管桩壁厚、外径；

E、f'_y —— 钢材弹性模量、抗压强度设计值。

Ⅱ 抗 拔 桩

5.8.7 钢筋混凝土轴心抗拔桩的正截面受拉承载力应符合下式规定：

$$N \leqslant f_y A_s + f_{py} A_{py} \qquad (5.8.7)$$

式中 N —— 荷载效应基本组合下桩顶轴向拉力设计值；

f_y、f_{py} —— 普通钢筋、预应力钢筋的抗拉强度设计值；

A_s、A_{py} —— 普通钢筋、预应力钢筋的截面面积。

5.8.8 对于抗拔桩的裂缝控制计算应符合下列规定：

1 对于严格要求不出现裂缝的一级裂缝控制等级预应力混凝土基桩，在荷载效应标准组合下混凝土不应产生拉应力，应符合下式要求：

$$\sigma_{ck} - \sigma_{pc} \leqslant 0 \qquad (5.8.8\text{-}1)$$

2 对于一般要求不出现裂缝的二级裂缝控制等级预应力混凝土基桩，在荷载效应标准组合下的拉应力不应大于混凝土轴心受拉强度标准值，应符合下列公式要求：

在荷载效应标准组合下：$\sigma_{ck} - \sigma_{pc} \leqslant f_{tk}$

$$(5.8.8\text{-}2)$$

在荷载效应准永久组合下：$\sigma_{cq} - \sigma_{pc} \leqslant 0$

$$(5.8.8\text{-}3)$$

3 对于允许出现裂缝的三级裂缝控制等级基桩，

按荷载效应标准组合计算的最大裂缝宽度应符合下列规定：

$$w_{max} \leqslant w_{lim} \qquad (5.8.8\text{-}4)$$

式中 σ_{ck}、σ_{cq} —— 荷载效应标准组合、准永久组合下正截面法向应力；

σ_{pc} —— 扣除全部应力损失后，桩身混凝土的预应力；

f_{tk} —— 混凝土轴心抗拉强度标准值；

w_{max} —— 按荷载效应标准组合计算的最大裂缝宽度，可按现行国家标准《混凝土结构设计规范》GB 50010 计算；

w_{lim} —— 最大裂缝宽度限值，按本规范表 3.5.3 取用。

5.8.9 当考虑地震作用验算桩身抗拔承载力时，应根据现行国家标准《建筑抗震设计规范》GB 50011 的规定，对作用于桩顶的地震作用效应进行调整。

Ⅲ 受水平作用桩

5.8.10 对于受水平荷载和地震作用的桩，其桩身受弯承载力和受剪承载力的验算应符合下列规定：

1 对于桩顶固端的桩，应验算桩顶正截面弯矩；对于桩顶自由或铰接的桩，应验算桩身最大弯矩截面处的正截面弯矩；

2 应验算桩顶斜截面的受剪承载力；

3 桩身所承受最大弯矩和水平剪力的计算，可按本规范附录 C 计算；

4 桩身正截面受弯承载力和斜截面受剪承载力，应按现行国家标准《混凝土结构设计规范》GB 50010 执行；

5 当考虑地震作用验算桩身正截面受弯和斜截面受剪承载力时，应根据现行国家标准《建筑抗震设计规范》GB 50011 的规定，对作用于桩顶的地震作用效应进行调整。

Ⅳ 预制桩吊运和锤击验算

5.8.11 预制桩吊运时单吊点和双吊点的设置，应按吊点（或支点）跨间正弯矩与吊点处的负弯矩相等的原则进行布置。考虑预制桩吊运时可能受到冲击和振动的影响，计算吊运弯矩和吊运拉力时，可将桩身重力乘以 1.5 的动力系数。

5.8.12 对于裂缝控制等级为一级、二级的混凝土预制桩、预应力混凝土管桩，可按下列规定验算桩身的锤击压应力和锤击拉应力：

1 最大锤击压应力 σ_p 可按下式计算：

$$\sigma_p = \dfrac{\alpha\sqrt{2eE\gamma_p H}}{\left[1+\dfrac{A_c}{A_H}\sqrt{\dfrac{E_c\cdot\gamma_c}{E_H\cdot\gamma_H}}\right]\left[1+\dfrac{A}{A_c}\sqrt{\dfrac{E\cdot\gamma_p}{E_c\cdot\gamma_c}}\right]}$$

(5.8.12)

式中 σ_p ——桩的最大锤击压应力；

      α ——锤型系数；自由落锤为 1.0；柴油锤取 1.4；

      e ——锤击效率系数；自由落锤为 0.6；柴油锤取 0.8；

  A_H、A_c、A ——锤、桩垫、桩的实际断面面积；

  E_H、E_c、E ——锤、桩垫、桩的纵向弹性模量；

  γ_H、γ_c、γ_p ——锤、桩垫、桩的重度；

      H ——锤落距。

2 当桩需穿越软土层或桩存在变截面时，可按表 5.8.12 确定桩身的最大锤击拉应力。

表 5.8.12 最大锤击拉应力 σ_t 建议值（kPa）

应力类别	桩 类	建 议 值	出现部位
桩轴向拉应力值	预应力混凝土管桩	$(0.33\sim0.5)\sigma_p$	①桩刚穿越软土层时；
	混凝土及预应力混凝土桩	$(0.25\sim0.33)\sigma_p$	②距桩尖(0.5～0.7)倍桩长处
桩截面环向拉应力或侧向拉应力	预应力混凝土管桩	$0.25\sigma_p$	最大锤击压应力相应的截面
	混凝土及预应力混凝土桩（侧向）	$(0.22\sim0.25)\sigma_p$	

3 最大锤击压应力和最大锤击拉应力分别不应超过混凝土的轴心抗压强度设计值和轴心抗拉强度设计值。

5.9 承 台 计 算

I 受 弯 计 算

5.9.1 桩基承台应进行正截面受弯承载力计算。承台弯距可按本规范第 5.9.2～5.9.5 条的规定计算，受弯承载力和配筋可按现行国家标准《混凝土结构设计规范》GB 50010 的规定进行。

5.9.2 柱下独立桩基承台的正截面弯矩设计值可按下列规定计算：

1 两桩条形承台和多桩矩形承台弯矩计算截面取在柱边和承台变阶处 [见图 5.9.2 (a)]，可按下列公式计算：

$$M_x = \sum N_i y_i \tag{5.9.2-1}$$

$$M_y = \sum N_i x_i \tag{5.9.2-2}$$

式中 M_x、M_y ——分别为绕 X 轴和绕 Y 轴方向计算截面处的弯矩设计值；

    x_i、y_i ——垂直 Y 轴和 X 轴方向自桩轴线到相应计算截面的距离；

      N_i ——不计承台及其上土重，在荷载效应基本组合下的第 i 基桩或复合基桩竖向反力设计值。

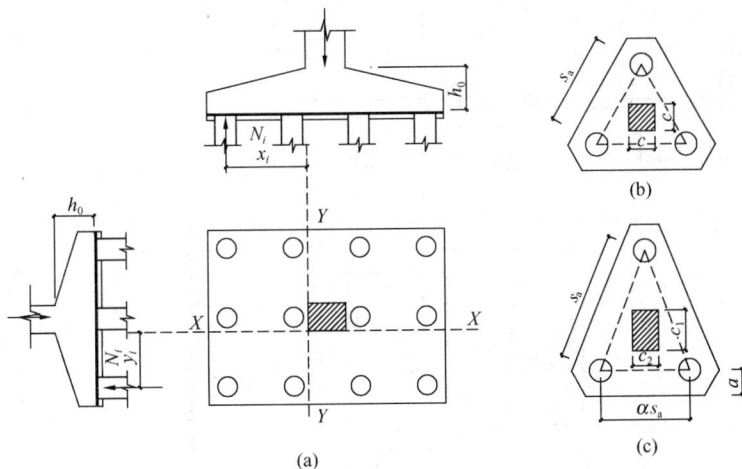

图 5.9.2 承台弯矩计算示意

(a) 矩形多桩承台；(b) 等边三桩承台；(c) 等腰三桩承台

2 三桩承台的正截面弯距值应符合下列要求：

  1）等边三桩承台 [见图 5.9.2 (b)]

$$M = \frac{N_{max}}{3}\left(s_a - \frac{\sqrt{3}}{4}c\right) \tag{5.9.2-3}$$

式中 M ——通过承台形心至各边边缘正交截面范围内板带的弯矩设计值；

    N_{max} ——不计承台及其上土重，在荷载效应基本组合下三桩中最大基桩或复合基桩竖向反力设计值；

    s_a ——桩中心距；

c——方柱边长，圆柱时 $c=0.8d$（d 为圆柱直径）。

2）等腰三桩承台［见图 5.9.2（c）］

$$M_1 = \frac{N_{\max}}{3}\left(s_a - \frac{0.75}{\sqrt{4-\alpha^2}}c_1\right) \quad (5.9.2\text{-}4)$$

$$M_2 = \frac{N_{\max}}{3}\left(\alpha s_a - \frac{0.75}{\sqrt{4-\alpha^2}}c_2\right) \quad (5.9.2\text{-}5)$$

式中 M_1、M_2——分别为通过承台形心至两腰边缘和底边边缘正交截面范围内板带的弯矩设计值；

s_a——长向桩中心距；

α——短向桩中心距与长向桩中心距之比，当 α 小于 0.5 时，应按变截面的二桩承台设计；

c_1、c_2——分别为垂直于、平行于承台底边的柱截面边长。

5.9.3 箱形承台和筏形承台的弯矩可按下列规定计算：

1 箱形承台和筏形承台的弯矩宜考虑地基土层性质、基桩分布、承台和上部结构类型和刚度，按地基—桩—承台—上部结构共同作用原理分析计算；

2 对于箱形承台，当桩端持力层为基岩、密实的碎石类土、砂土且深厚均匀时；或当上部结构为剪力墙；或当上部结构为框架-核心筒结构且按变刚度

调平原则布桩时，箱形承台底板可仅按局部弯矩作用进行计算；

3 对于筏形承台，当桩端持力层深厚坚硬、上部结构刚度较好，且柱荷载及柱间距的变化不超过 20％时；或当上部结构为框架-核心筒结构且按变刚度调平原则布桩时，可仅按局部弯矩作用进行计算。

5.9.4 柱下条形承台梁的弯矩可按下列规定计算：

1 可按弹性地基梁（地基计算模型应根据地基土层特性选取）进行分析计算；

2 当桩端持力层深厚坚硬且桩柱轴线不重合时，可视桩为不动铰支座，按连续梁计算。

5.9.5 砌体墙下条形承台梁，可按倒置弹性地基梁计算弯矩和剪力，并应符合本规范附录 G 的要求。对于承台上的砌体墙，尚应验算桩顶部位砌体的局部承压强度。

Ⅱ 受冲切计算

5.9.6 桩基承台厚度应满足柱（墙）对承台的冲切和基桩对承台的冲切承载力要求。

5.9.7 轴心竖向力作用下桩基承台受柱（墙）的冲切，可按下列规定计算：

1 冲切破坏锥体应采用自柱（墙）边或承台变阶处至相应桩顶边缘连线所构成的锥体，锥体斜面与承台底面之夹角不应小于 45°（见图 5.9.7）。

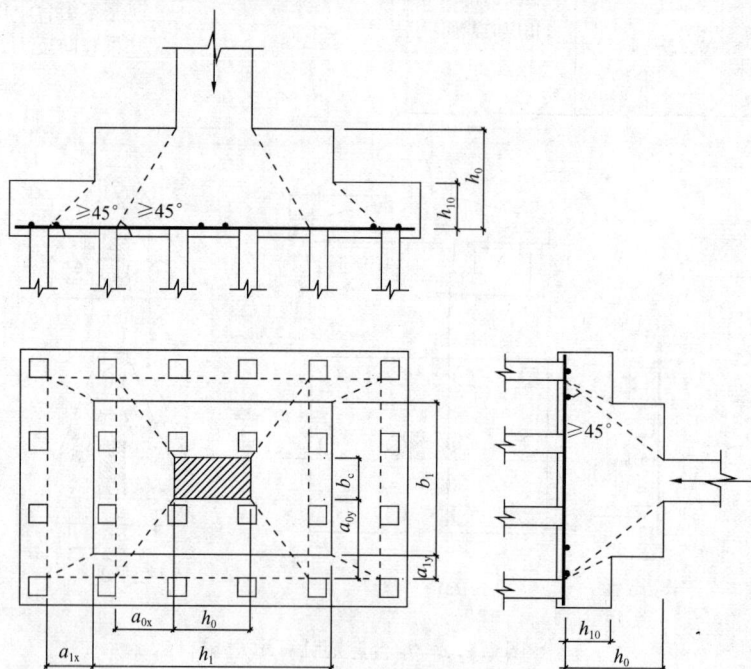

图 5.9.7 柱对承台的冲切计算示意

2 受柱（墙）冲切承载力可按下列公式计算：

$$F_l \leqslant \beta_{hp}\beta_0 u_m f_t h_0 \quad (5.9.7\text{-}1)$$

$$F_l = F - \sum Q_i \quad (5.9.7\text{-}2)$$

$$\beta_0 = \frac{0.84}{\lambda + 0.2} \quad (5.9.7\text{-}3)$$

式中 F_l——不计承台及其上土重，在荷载效应基本组合下作用于冲切破坏锥体上的冲切力设计值；

f_t——承台混凝土抗拉强度设计值；

β_{hp} ——承台受冲切承载力截面高度影响系数，当 $h \leqslant 800\text{mm}$ 时，β_{hp} 取 1.0，$h \geqslant 2000\text{mm}$ 时，β_{hp} 取 0.9，其间按线性内插法取值；

u_m ——承台冲切破坏锥体一半有效高度处的周长；

h_0 ——承台冲切破坏锥体的有效高度；

β_0 ——柱（墙）冲切系数；

λ ——冲跨比，$\lambda = a_0/h_0$，a_0 为柱（墙）边或承台变阶处到桩边水平距离；当 $\lambda < 0.25$ 时，取 $\lambda = 0.25$；当 $\lambda > 1.0$ 时，取 $\lambda = 1.0$；

F ——不计承台及其上土重，在荷载效应基本组合作用下柱（墙）底的竖向荷载设计值；

$\sum Q_i$ ——不计承台及其上土重，在荷载效应基本组合下冲切破坏锥体内各基桩或复合基桩的反力设计值之和。

3 对于柱下矩形独立承台受柱冲切的承载力可按下列公式计算（图 5.9.7）：

$$F_l \leqslant 2\left[\beta_{0x}(b_c + a_{0y}) + \beta_{0y}(h_c + a_{0x})\right]\beta_{hp}f_t h_0 \tag{5.9.7-4}$$

式中　β_{0x}、β_{0y} ——由式（5.9.7-3）求得，$\lambda_{0x} = a_{0x}/h_0$，$\lambda_{0y} = a_{0y}/h_0$；$\lambda_{0x}$、$\lambda_{0y}$ 均应满足 $0.25 \sim 1.0$ 的要求；

h_c、b_c ——分别为 x、y 方向的柱截面的边长；

a_{0x}、a_{0y} ——分别为 x、y 方向柱边至最近桩边的水平距离。

4 对于柱下矩形独立阶形承台受上阶冲切的承载力可按下列公式计算（见图 5.9.7）：

$$F_l \leqslant 2\left[\beta_{1x}(b_1 + a_{1y}) + \beta_{1y}(h_1 + a_{1x})\right]\beta_{hp}f_t h_{10} \tag{5.9.7-5}$$

式中　β_{1x}、β_{1y} ——由式（5.9.7-3）求得，$\lambda_{1x} = a_{1x}/h_{10}$，$\lambda_{1y} = a_{1y}/h_{10}$；$\lambda_{1x}$、$\lambda_{1y}$ 均应满足 $0.25 \sim 1.0$ 的要求；

h_1、b_1 ——分别为 x、y 方向承台上阶的边长；

a_{1x}、a_{1y} ——分别为 x、y 方向承台上阶边至最近桩边的水平距离。

对于圆柱及圆桩，计算时应将其截面换算成方柱及方桩，即取换算柱截面边长 $b_c = 0.8d_c$（d_c 为圆柱直径），换算桩截面边长 $b_p = 0.8d$（d 为圆桩直径）。

对于柱下两桩承台，宜按深受弯构件（$l_0/h < 5.0$，$l_0 = 1.15l_n$，l_n 为两桩净距）计算受弯、受剪承载力，不需要进行受冲切承载力计算。

5.9.8 对位于柱（墙）冲切破坏锥体以外的基桩，可按下列规定计算承台受基桩冲切的承载力：

1 四桩以上（含四桩）承台受角桩冲切的承载力可按下列公式计算（见图 5.9.8-1）：

$$N_l \leqslant \left[\beta_{1x}(c_2 + a_{1y}/2) + \beta_{1y}(c_1 + a_{1x}/2)\right]\beta_{hp}f_t h_0 \tag{5.9.8-1}$$

$$\beta_{1x} = \frac{0.56}{\lambda_{1x} + 0.2} \tag{5.9.8-2}$$

$$\beta_{1y} = \frac{0.56}{\lambda_{1y} + 0.2} \tag{5.9.8-3}$$

式中　N_l ——不计承台及其上土重，在荷载效应基本组合作用下角桩（含复合基桩）反力设计值；

β_{1x}、β_{1y} ——角桩冲切系数；

a_{1x}、a_{1y} ——从承台底角桩顶内边缘引 45° 冲切线与承台顶面相交点至角桩内边缘的水平距离；当柱（墙）边或承台变阶处位于该 45° 线以内时，则取由柱（墙）边或承台变阶处与桩内边缘连线为冲切锥体的锥线（见图 5.9.8-1）；

h_0 ——承台外边缘的有效高度；

λ_{1x}、λ_{1y} ——角桩冲跨比，$\lambda_{1x} = a_{1x}/h_0$，$\lambda_{1y} = a_{1y}/h_0$，其值均应满足 $0.25 \sim 1.0$ 的要求。

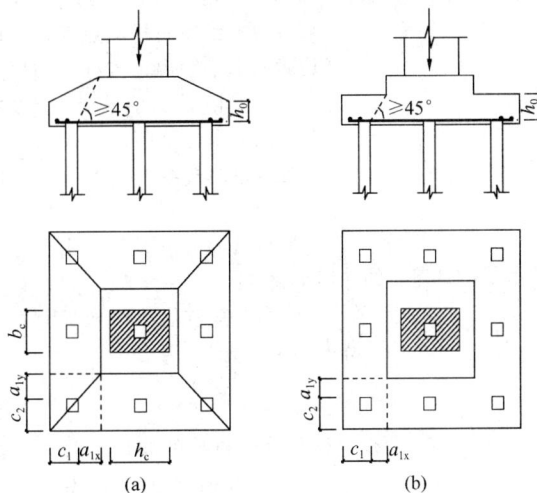

图 5.9.8-1　四桩以上（含四桩）承台
角桩冲切计算示意

（a）锥形承台；（b）阶形承台

2 对于三桩三角形承台可按下列公式计算受角桩冲切的承载力（见图 5.9.8-2）：

底部角桩：

$$N_l \leqslant \beta_{11}(2c_1 + a_{11})\beta_{hp}\tan\frac{\theta_1}{2}f_t h_0 \tag{5.9.8-4}$$

$$\beta_{11} = \frac{0.56}{\lambda_{11} + 0.2} \tag{5.9.8-5}$$

顶部角桩：

$$N_l \leqslant \beta_{12}(2c_2 + a_{12})\beta_{hp}\tan\frac{\theta_2}{2}f_t h_0 \tag{5.9.8-6}$$

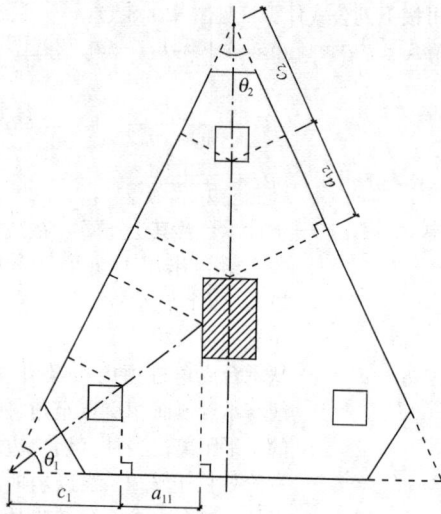

图 5.9.8-2　三桩三角形承台角桩冲切计算示意

$$\beta_{12} = \frac{0.56}{\lambda_{12} + 0.2} \quad (5.9.8\text{-}7)$$

式中　λ_{11}、λ_{12}——角桩冲跨比，$\lambda_{11} = a_{11}/h_0$，$\lambda_{12} = a_{12}/h_0$，其值均应满足 $0.25 \sim 1.0$ 的要求；

a_{11}、a_{12}——从承台底角桩顶内边缘引 45°冲切线与承台顶面相交点至角桩内边缘的水平距离；当柱（墙）边或承台变阶处位于该 45°线以内时，则取由柱（墙）边或承台变阶处与桩内边缘连线为冲切锥体的锥线。

3　对于箱形、筏形承台，可按下列公式计算承台受内部基桩的冲切承载力：

1）应按下式计算受基桩的冲切承载力，如图 5.9.8-3（a）所示：

$$N_1 \leqslant 2.8 (b_p + h_0) \beta_{hp} f_t h_0 \quad (5.9.8\text{-}8)$$

2）应按下式计算受桩群的冲切承载力，如

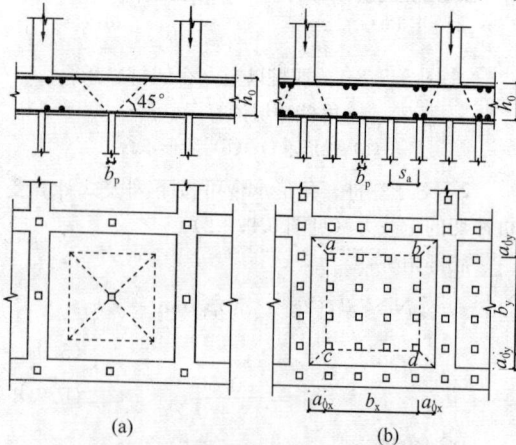

图 5.9.8-3　基桩对筏形承台的冲切和墙对筏形承台的冲切计算示意

（a）受基桩的冲切；（b）受桩群的冲切

图 5.9.8-3（b）所示：

$$\sum N_{li} \leqslant 2 \left[\beta_{0x}(b_y + a_{0y}) + \beta_{0y}(b_x + a_{0x}) \right] \beta_{hp} f_t h_0 \quad (5.9.8\text{-}9)$$

式中　β_{0x}、β_{0y}——由式（5.9.7-3）求得，其中 $\lambda_{0x} = a_{0x}/h_0$，$\lambda_{0y} = a_{0y}/h_0$，$\lambda_{0x}$、$\lambda_{0y}$ 均应满足 $0.25 \sim 1.0$ 的要求；

N_1、$\sum N_{li}$——不计承台和其上土重，在荷载效应基本组合下，基桩或复合基桩的净反力设计值、冲切锥体内各基桩或复合基桩反力设计值之和。

Ⅲ　受　剪　计　算

5.9.9　柱（墙）下桩基承台，应分别对柱（墙）边、变阶处和桩边联线形成的贯通承台的斜截面的受剪承载力进行验算。当承台悬挑边有多排基桩形成多个斜截面时，应对每个斜截面的受剪承载力进行验算。

5.9.10　柱下独立桩基承台斜截面受剪承载力应按下列规定计算：

1　承台斜截面受剪承载力可按下列公式计算（见图 5.9.10-1）：

$$V \leqslant \beta_{hs} \alpha f_t b_0 h_0 \quad (5.9.10\text{-}1)$$

$$\alpha = \frac{1.75}{\lambda + 1} \quad (5.9.10\text{-}2)$$

$$\beta_{hs} = \left(\frac{800}{h_0} \right)^{1/4} \quad (5.9.10\text{-}3)$$

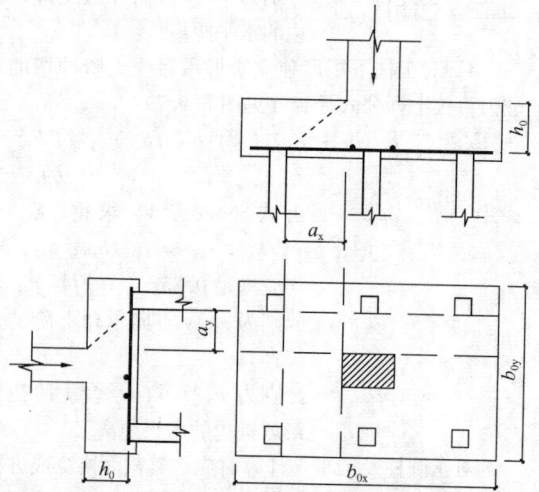

图 5.9.10-1　承台斜截面受剪计算示意

式中　V——不计承台及其上土自重，在荷载效应基本组合下，斜截面的最大剪力设计值；

f_t——混凝土轴心抗拉强度设计值；

b_0——承台计算截面处的计算宽度；

h_0——承台计算截面处的有效高度；

α ——承台剪切系数；按式（5.9.10-2）确定；

λ ——计算截面的剪跨比，$\lambda_x = a_x/h_0$，$\lambda_y = a_y/h_0$，此处，a_x，a_y 为柱边（墙边）或承台变阶处至 y、x 方向计算一排桩的桩边的水平距离，当 $\lambda < 0.25$ 时，取 $\lambda = 0.25$；当 $\lambda > 3$ 时，取 $\lambda = 3$；

β_{hs} ——受剪切承载力截面高度影响系数；当 $h_0 < 800mm$ 时，取 $h_0 = 800mm$；当 $h_0 > 2000mm$ 时，取 $h_0 = 2000mm$；其间按线性内插法取值。

2 对于阶梯形承台应分别在变阶处（$A_1 - A_1$，$B_1 - B_1$）及柱边处（$A_2 - A_2$，$B_2 - B_2$）进行斜截面受剪承载力计算（见图 5.9.10-2）。

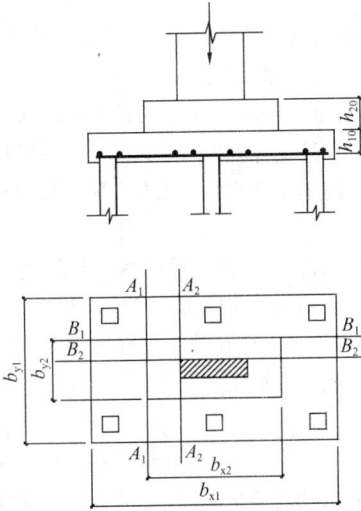

图 5.9.10-2 阶梯形承台斜截面受剪计算示意

计算变阶处截面（$A_1 - A_1$，$B_1 - B_1$）的斜截面受剪承载力时，其截面有效高度均为 h_{10}，截面计算宽度分别为 b_{y1} 和 b_{x1}。

计算柱边截面（$A_2 - A_2$，$B_2 - B_2$）的斜截面受剪承载力时，其截面有效高度均为 $h_{10} + h_{20}$，截面计算宽度分别为：

对 $A_2 - A_2$ $\quad b_{y0} = \dfrac{b_{y1} \cdot h_{10} + b_{y2} \cdot h_{20}}{h_{10} + h_{20}}$

（5.9.10-4）

对 $B_2 - B_2$ $\quad b_{x0} = \dfrac{b_{x1} \cdot h_{10} + b_{x2} \cdot h_{20}}{h_{10} + h_{20}}$

（5.9.10-5）

3 对于锥形承台应对变阶处及柱边处（$A - A$ 及 $B - B$）两个截面进行受剪承载力计算（见图 5.9.10-3），截面有效高度均为 h_0，截面的计算宽度分别为：

对 $A - A$ $\quad b_{y0} = \left[1 - 0.5 \dfrac{h_{20}}{h_0} \left(1 - \dfrac{b_{y2}}{b_{y1}} \right) \right] b_{y1}$

（5.9.10-6）

对 $B - B$ $\quad b_{x0} = \left[1 - 0.5 \dfrac{h_{20}}{h_0} \left(1 - \dfrac{b_{x2}}{b_{x1}} \right) \right] b_{x1}$

（5.9.10-7）

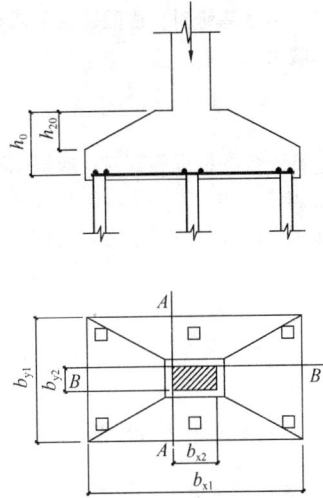

图 5.9.10-3 锥形承台斜截面受剪计算示意

5.9.11 梁板式筏形承台的梁的受剪承载力可按现行国家标准《混凝土结构设计规范》GB 50010 计算。

5.9.12 砌体墙下条形承台梁配有箍筋，但未配弯起钢筋时，斜截面的受剪承载力可按下式计算：

$$V \leqslant 0.7 f_t b h_0 + 1.25 f_{yv} \frac{A_{sv}}{s} h_0 \quad (5.9.12)$$

式中 V ——不计承台及其上土自重，在荷载效应基本组合下，计算截面处的剪力设计值；

A_{sv} ——配置在同一截面内箍筋各肢的全部截面面积；

s ——沿计算斜截面方向箍筋的间距；

f_{yv} ——箍筋抗拉强度设计值；

b ——承台梁计算截面处的计算宽度；

h_0 ——承台梁计算截面处的有效高度。

5.9.13 砌体墙下承台梁配有箍筋和弯起钢筋时，斜截面的受剪承载力可按下式计算：

$$V \leqslant 0.7 f_t b h_0 + 1.25 f_y \frac{A_{sv}}{s} h_0 + 0.8 f_y A_{sb} \sin \alpha_s$$

（5.9.13）

式中 A_{sb} ——同一截面弯起钢筋的截面面积；

f_y ——弯起钢筋的抗拉强度设计值；

α_s ——斜截面上弯起钢筋与承台底面的夹角。

5.9.14 柱下条形承台梁，当配有箍筋但未配弯起钢筋时，其斜截面的受剪承载力可按下式计算：

$$V \leqslant \frac{1.75}{\lambda + 1} f_t b h_0 + f_y \frac{A_{sv}}{s} h_0 \quad (5.9.14)$$

式中 λ ——计算截面的剪跨比，$\lambda = a/h_0$，a 为柱边至桩边的水平距离；当 $\lambda < 1.5$ 时，取 $\lambda = 1.5$；当 $\lambda > 3$ 时，取 $\lambda = 3$。

5.9.15 对于柱下桩基，当承台混凝土强度等级低于柱或桩的混凝土强度等级时，应验算柱下或桩上承台的局部受压承载力。

Ⅴ 抗 震 验 算

5.9.16 当进行承台的抗震验算时，应根据现行国家标准《建筑抗震设计规范》GB 50011 的规定对承台顶面的地震作用效应和承台的受弯、受冲切、受剪承载力进行抗震调整。

6 灌注桩施工

6.1 施 工 准 备

6.1.1 灌注桩施工应具备下列资料：

1 建筑场地岩土工程勘察报告；

2 桩基工程施工图及图纸会审纪要；

3 建筑场地和邻近区域内的地下管线、地下构筑物、危房、精密仪器车间等的调查资料；

4 主要施工机械及其配套设备的技术性能资料；

5 桩基工程的施工组织设计；

6 水泥、砂、石、钢筋等原材料及其制品的质检报告；

7 有关荷载、施工工艺的试验参考资料。

6.1.2 钻孔机具及工艺的选择，应根据桩型、钻孔深度、土层情况、泥浆排放及处理条件综合确定。

6.1.3 施工组织设计应结合工程特点，有针对性地制定相应质量管理措施，主要应包括下列内容：

1 施工平面图：标明桩位、编号、施工顺序、水电线路和临时设施的位置；采用泥浆护壁成孔时，应标明泥浆制备设施及其循环系统；

2 确定成孔机械、配套设备以及合理施工工艺的有关资料，泥浆护壁灌注桩必须有泥浆处理措施；

3 施工作业计划和劳动力组织计划；

4 机械设备、备件、工具、材料供应计划；

5 桩基施工时，对安全、劳动保护、防火、防雨、防台风、爆破作业、文物和环境保护等方面应按有关规定执行；

6 保证工程质量、安全生产和季节性施工的技术措施。

6.1.4 成桩机械必须经鉴定合格，不得使用不合格机械。

6.1.5 施工前应组织图纸会审，会审纪要连同施工图等应作为施工依据，并应列入工程档案。

6.1.6 桩基施工用的供水、供电、道路、排水、临时房屋等临时设施，必须在开工前准备就绪，施工场地应进行平整处理，保证施工机械正常作业。

6.1.7 基桩轴线的控制点和水准点应设在不受施工影响的地方。开工前，经复核后应妥善保护，施工中应经常复测。

6.1.8 用于施工质量检验的仪表、器具的性能指标，应符合现行国家相关标准的规定。

6.2 一 般 规 定

6.2.1 不同桩型的适用条件应符合下列规定：

1 泥浆护壁钻孔灌注桩宜用于地下水位以下的黏性土、粉土、砂土、填土、碎石土及风化岩层；

2 旋挖成孔灌注桩宜用于黏性土、粉土、砂土、填土、碎石土及风化岩层；

3 冲孔灌注桩除宜用于上述地质情况外，还能穿透旧基础、建筑垃圾填土或大孤石等障碍物。在岩溶发育地区应慎重使用，采用时，应适当加密勘察钻孔；

4 长螺旋钻孔压灌桩后插钢筋笼宜用于黏性土、粉土、砂土、填土、非密实的碎石类土、强风化岩；

5 干作业钻、挖孔灌注桩宜用于地下水位以上的黏性土、粉土、填土、中等密实以上的砂土、风化岩层；

6 在地下水位较高，有承压水的砂土层、滞水层、厚度较大的流塑状淤泥、淤泥质土层中不得选用人工挖孔灌注桩；

7 沉管灌注桩宜用于黏性土、粉土和砂土；夯扩桩宜用于桩端持力层为埋深不超过 20m 的中、低压缩性黏性土、粉土、砂土和碎石类土。

6.2.2 成孔设备就位后，必须平整、稳固，确保在成孔过程中不发生倾斜和偏移。应在成孔钻具上设置控制深度的标尺，并应在施工中进行观测记录。

6.2.3 成孔的控制深度应符合下列要求：

1 摩擦型桩：摩擦桩应以设计桩长控制成孔深度；端承摩擦必须保证设计桩长及桩端进入持力层深度。当采用锤击沉管法成孔时，桩管入土深度控制应以标高为主，以贯入度控制为辅。

2 端承型桩：当采用钻（冲）、挖掘成孔时，必须保证桩端进入持力层的设计深度；当采用锤击沉管法成孔时，桩管入土深度控制以贯入度为主，以控制标高为辅。

6.2.4 灌注桩成孔施工的允许偏差应满足表 6.2.4 的要求。

表 6.2.4　灌注桩成孔施工允许偏差

成　孔　方　法		桩径允许偏差（mm）	垂直度允许偏差（%）	桩位允许偏差（mm）	
				1～3 根桩、条形桩基沿垂直轴线方向和群桩基础中的边桩	条形桩基沿轴线方向和群桩基础的中间桩
泥浆护壁钻、挖、冲孔桩	$d \leqslant 1000mm$	±50	1	$d/6$ 且不大于 100	$d/4$ 且不大于 150
	$d > 1000mm$	±50		100＋0.01H	150＋0.01H
锤击（振动）沉管振动冲击沉管成孔	$d \leqslant 500mm$	−20	1	70	150
	$d > 500mm$			100	150
螺旋钻、机动洛阳铲干作业成孔		−20	1	70	150
人工挖孔桩	现浇混凝土护壁	±50	0.5	50	150
	长钢套管护壁	±20	1	100	200

注：1　桩径允许偏差的负值是指个别断面；
　　2　H 为施工现场地面标高与桩顶设计标高的距离；d 为设计桩径。

6.2.5　钢筋笼制作、安装的质量应符合下列要求：

1　钢筋笼的材质、尺寸应符合设计要求，制作允许偏差应符合表 6.2.5 的规定；

表 6.2.5　钢筋笼制作允许偏差

项　　　　　目	允许偏差（mm）
主筋间距	±10
箍筋间距	±20
钢筋笼直径	±10
钢筋笼长度	±100

2　分段制作的钢筋笼，其接头宜采用焊接或机械式接头（钢筋直径大于 20mm），并应遵守国家现行标准《钢筋机械连接通用技术规程》JGJ 107、《钢筋焊接及验收规程》JGJ 18 和《混凝土结构工程施工质量验收规范》GB 50204 的规定；

3　加劲箍宜设在主筋外侧，当因施工工艺有特殊要求时也可置于内侧；

4　导管接头处外径应比钢筋笼的内径小 100mm以上；

5　搬运和吊装钢筋笼时，应防止变形，安放应对准孔位，避免碰撞孔壁和自由落下，就位后应立即固定。

6.2.6　粗骨料可选用卵石或碎石，其粒径不得大于钢筋间最小净距的 1/3。

6.2.7　检查成孔质量合格后应尽快灌注混凝土。直径大于 1m 或单桩混凝土量超过 25m³ 的桩，每根桩桩身混凝土应留有 1 组试件；直径不大于 1m 的桩或单桩混凝土量不超过 25m³ 的桩，每个灌注台班不得少于 1 组；每组试件应留 3 件。

6.2.8　在正式施工前，宜进行试成孔。

6.2.9　灌注桩施工现场所有设备、设施、安全装置、工具配件以及个人劳保用品必须经常检查，确保完好和使用安全。

6.3　泥浆护壁成孔灌注桩

Ⅰ　泥浆的制备和处理

6.3.1　除能自行造浆的黏性土层外，均应制备泥浆。泥浆制备应选用高塑性黏土或膨润土。泥浆应根据施工机械、工艺及穿越土层情况进行配合比设计。

6.3.2　泥浆护壁应符合下列规定：

1　施工期间护筒内的泥浆面应高出地下水位1.0m 以上，在受水位涨落影响时，泥浆面应高出最高水位 1.5m 以上；

2　在清孔过程中，应不断置换泥浆，直至灌注水下混凝土；

3　灌注混凝土前，孔底 500mm 以内的泥浆相对密度应小于 1.25；含砂率不得大于 8%；黏度不得大于 28s；

4　在容易产生泥浆渗漏的土层中应采取维持孔壁稳定的措施。

6.3.3　废弃的浆、渣应进行处理，不得污染环境。

Ⅱ　正、反循环钻孔灌注桩的施工

6.3.4　对孔深较大的端承型桩和粗粒土层中的摩擦型桩，宜采用反循环工艺成孔或清孔，也可根据土层情况采用正循环钻进，反循环清孔。

6.3.5　泥浆护壁成孔时，宜采用孔口护筒，护筒设置应符合下列规定：

1　护筒埋设应准确、稳定，护筒中心与桩位中心的偏差不得大于 50mm；

2 护筒可用 4～8mm 厚钢板制作，其内径应大于钻头直径 100mm，上部宜开设 1～2 个溢浆孔；

3 护筒的埋设深度：在黏性土中不宜小于 1.0m；砂土中不宜小于 1.5m。护筒下端外侧应采用黏土填实；其高度尚应满足孔内泥浆面高度的要求；

4 受水位涨落影响或水下施工的钻孔灌注桩，护筒应加高加深，必要时应打入不透水层。

6.3.6 当在软土层中钻进时，应根据泥浆补给情况控制钻进速度；在硬层或岩层中的钻进速度应以钻机不发生跳动为准。

6.3.7 钻机设置的导向装置应符合下列规定：

1 潜水钻的钻头上应有不小于 3d 长度的导向装置；

2 利用钻杆加压的正循环回转钻机，在钻具中应加设扶正器。

6.3.8 如在钻进过程中发生斜孔、塌孔和护筒周围冒浆、失稳等现象时，应停钻，待采取相应措施后再进行钻进。

6.3.9 钻孔达到设计深度，灌注混凝土之前，孔底沉渣厚度指标应符合下列规定：

1 对端承型桩，不应大于 50mm；

2 对摩擦型桩，不应大于 100mm；

3 对抗拔、抗水平力桩，不应大于 200mm。

Ⅲ 冲击成孔灌注桩的施工

6.3.10 在钻头锥顶和提升钢丝绳之间应设置保证钻头自动转向的装置。

6.3.11 冲孔桩孔口护筒，其内径应大于钻头直径 200mm，护筒应按本规范第 6.3.5 条设置。

6.3.12 泥浆的制备、使用和处理应符合本规范第 6.3.1～6.3.3 条的规定。

6.3.13 冲击成孔质量控制应符合下列规定：

1 开孔时，应低锤密击，当表土为淤泥、细砂等软弱土层时，可加黏土块夹小片石反复冲击造壁，孔内泥浆面应保持稳定；

2 在各种不同的土层、岩层中成孔时，可按照表 6.3.13 的操作要点进行；

3 进入基岩后，应采用大冲程、低频率冲击，当发现成孔偏移时，应回填片石至偏孔上方 300～500mm 处，然后重新冲孔；

4 当遇到孤石时，可预爆或采用高低冲程交替冲击，将大孤石击碎或挤入孔壁；

5 应采取有效的技术措施防止扰动孔壁、塌孔、扩孔、卡钻和掉钻及泥浆流失等事故；

6 每钻进 4～5m 应验孔一次，在更换钻头前或容易缩孔处，均应验孔；

7 进入基岩后，非桩端持力层每钻进 300～500mm 和桩端持力层每钻进 100～300m 时，应清孔

取样一次，并应做记录。

表 6.3.13 冲击成孔操作要点

项 目	操 作 要 点
在护筒刃脚以下 2m 范围内	小冲程 1m 左右，泥浆相对密度 1.2～1.5，软弱土层投入黏土块夹小片石
黏性土层	中、小冲程 1～2m，泵入清水或稀泥浆，经常清除钻头上的泥块
粉砂或中粗砂层	中冲程 2～3m，泥浆相对密度 1.2～1.5，投入黏土块，勤冲、勤掏渣
砂卵石层	中、高冲程 3～4m，泥浆相对密度 1.3 左右，勤掏渣
软弱土层或塌孔回填重钻	小冲程反复冲击，加黏土块夹小片石，泥浆相对密度 1.3～1.5

注：1 土层不好时提高泥浆相对密度或加黏土块；
　　2 防黏钻可投入碎砖石。

6.3.14 排渣可采用泥浆循环或抽渣筒等方法，当采用抽渣筒排渣时，应及时补给泥浆。

6.3.15 冲孔中遇到斜孔、弯孔、梅花孔、塌孔及护筒周围冒浆、失稳等情况时，应停止施工，采取措施后方可继续施工。

6.3.16 大直径桩孔可分级成孔，第一级成孔直径应为设计桩径的 0.6～0.8 倍。

6.3.17 清孔宜按下列规定进行：

1 不易塌孔的桩孔，可采用空气吸泥清孔；

2 稳定性差的孔壁应采用泥浆循环或抽渣筒排渣，清孔后灌注混凝土之前的泥浆指标应按本规范第 6.3.1 条执行；

3 清孔时，孔内泥浆面应符合本规范第 6.3.2 条的规定；

4 灌注混凝土前，孔底沉渣允许厚度应符合本规范第 6.3.9 条的规定。

Ⅳ 旋挖成孔灌注桩的施工

6.3.18 旋挖钻成孔灌注桩应根据不同的地层情况及地下水位埋深，采用干作业成孔和泥浆护壁成孔工艺，干作业成孔工艺可按本规范第 6.6 节执行。

6.3.19 泥浆护壁旋挖钻机成孔应配备成孔和清孔用泥浆及泥浆池（箱），在容易产生泥浆渗漏的土层中可采取提高泥浆相对密度、掺入锯末、增黏剂提高泥浆黏度等维持孔壁稳定的措施。

6.3.20 泥浆制备的能力应大于钻孔时的泥浆需求量，每台套钻机的泥浆储备量不应少于单桩体积。

6.3.21 旋挖钻机施工时，应保证机械稳定、安全作业，必要时可在场地辅设能保证其安全行走和操作的钢板或垫层（路基板）。

6.3.22 每根桩均应安设钢护筒，护筒应满足本规范

第6.3.5条的规定。

6.3.23 成孔前和每次提出钻斗时，应检查钻斗和钻杆连接销子、钻斗门连接销子以及钢丝绳的状况，并应清除钻斗上的渣土。

6.3.24 旋挖钻机成孔应采用跳挖方式，钻斗倒出的土距桩孔口的最小距离应大于6m，并应及时清除。应根据钻进速度同步补充泥浆，保持所需的泥浆面高度不变。

6.3.25 钻孔达到设计深度时，应采用清孔钻头进行清孔，并应满足本规范第6.3.2条和第6.3.3条要求。孔底沉渣厚度控制指标应符合本规范第6.3.9条规定。

Ⅴ 水下混凝土的灌注

6.3.26 钢筋笼吊装完毕后，应安置导管或气泵管二次清孔，并应进行孔位、孔径、垂直度、孔深、沉渣厚度等检验，合格后应立即灌注混凝土。

6.3.27 水下灌注的混凝土应符合下列规定：

1 水下灌注混凝土必须具备良好的和易性，配合比应通过试验确定；坍落度宜为180～220mm；水泥用量不应少于360kg/m³（当掺入粉煤灰时水泥用量可不受此限）；

2 水下灌注混凝土的含砂率宜为40%～50%，并宜选用中粗砂；粗骨料的最大粒径应小于40mm；并应满足本规范第6.2.6条的要求；

3 水下灌注混凝土宜掺外加剂。

6.3.28 导管的构造和使用应符合下列规定：

1 导管壁厚不宜小于3mm，直径宜为200～250mm；直径制作偏差不应超过2mm，导管的分节长度可视工艺要求确定，底管长度不宜小于4m，接头宜采用双螺纹方扣快速接头；

2 导管使用前应试拼装、试压，试水压力可取为0.6～1.0MPa；

3 每次灌注后应对导管内外进行清洗。

6.3.29 使用的隔水栓应有良好的隔水性能，并应保证顺利排出；隔水栓宜采用球胆或与桩身混凝土强度等级相同的细石混凝土制作。

6.3.30 灌注水下混凝土的质量控制应满足下列要求：

1 开始灌注混凝土时，导管底部至孔底的距离宜为300～500mm；

2 应有足够的混凝土储备量，导管一次埋入混凝土灌注面以下不应少于0.8m；

3 导管埋入混凝土深度宜为2～6m。严禁将导管提出混凝土灌注面，并应控制提拔导管速度，应有专人测量导管埋深及管内外混凝土灌注面的高差，填写水下混凝土灌注记录；

4 灌注水下混凝土必须连续施工，每根桩的灌注时间应按初盘混凝土的初凝时间控制，对灌注过程

中的故障应记录备案；

5 应控制最后一次灌注量，超灌高度宜为0.8～1.0m，凿除泛浆后必须保证暴露的桩顶混凝土强度达到设计等级。

6.4 长螺旋钻孔压灌桩

6.4.1 当需要穿越老黏土、厚层砂土、碎石土以及塑性指数大于25的黏土时，应进行试钻。

6.4.2 钻机定位后，应进行复检，钻头与桩位点偏差不得大于20mm，开孔时下钻速度应缓慢；钻进过程中，不宜反转或提升钻杆。

6.4.3 钻进过程中，当遇到卡钻、钻机摇晃、偏斜或发生异常声响时，应立即停钻，查明原因，采取相应措施后方可继续作业。

6.4.4 根据桩身混凝土的设计强度等级，应通过试验确定混凝土配合比；混凝土坍落度宜为180～220mm；粗骨料可采用卵石或碎石，最大粒径不宜大于30mm；可掺加粉煤灰或外加剂。

6.4.5 混凝土泵型号应根据桩径选择，混凝土输送泵管布置宜减少弯道，混凝土泵与钻机的距离不宜超过60m。

6.4.6 桩身混凝土的泵送压灌应连续进行，当钻机移位时，混凝土泵料斗内的混凝土应连续搅拌，泵送混凝土时，料斗内混凝土的高度不得低于400mm。

6.4.7 混凝土输送泵管宜保持水平，当长距离泵送时，泵管下面应垫实。

6.4.8 当气温高于30℃时，宜在输送泵管上覆盖隔热材料，每隔一段时间应洒水降温。

6.4.9 钻至设计标高后，应先泵入混凝土并停顿10～20s，再缓慢提升钻杆。提拔速度应根据土层情况确定，且应与混凝土泵送量相匹配，保证管内有一定高度的混凝土。

6.4.10 在地下水位以下的砂土层中钻进时，钻杆底部活门应有防止进水的措施，压灌混凝土应连续进行。

6.4.11 压灌桩的充盈系数宜为1.0～1.2。桩顶混凝土超灌高度不宜小于0.3～0.5m。

6.4.12 成桩后，应及时清除钻杆及泵管内残留混凝土。长时间停置时，应采用清水将钻杆、泵管、混凝土泵清洗干净。

6.4.13 混凝土压灌结束后，应立即将钢筋笼插至设计深度。钢筋笼插设宜采用专用插筋器。

6.5 沉管灌注桩和内夯沉管灌注桩

Ⅰ 锤击沉管灌注桩施工

6.5.1 锤击沉管灌注桩施工应根据土质情况和荷载要求，分别选用单打法、复打法或反插法。

6.5.2 锤击沉管灌注桩施工应符合下列规定：

1 群桩基础的基桩施工，应根据土质、布桩情况，采取消减负面挤土效应的技术措施，确保成桩质量；

2 桩管、混凝土预制桩尖或钢桩尖的加工质量和埋设位置应与设计相符，桩管与桩尖的接触应有良好的密封性。

6.5.3 灌注混凝土和拔管的操作控制应符合下列规定：

1 沉管至设计标高后，应立即检查和处理桩管内的进泥、进水和吞桩尖等情况，并立即灌注混凝土；

2 当桩身配置局部长度钢筋笼时，第一次灌注混凝土应先灌至笼底标高，然后放置钢筋笼，再灌至桩顶标高。第一次拔管高度应以能容纳第二次灌入的混凝土量为限。在拔管过程中应采用测锤或浮标检测混凝土面的下降情况；

3 拔管速度应保持均匀，对一般土层拔管速度宜为 1m/min，在软弱土层和软硬土层交界处拔管速度宜控制在 0.3～0.8m/min；

4 采用倒打拔管的打击次数，单动汽锤不得少于 50 次/min，自由落锤小落距轻击不得少于 40 次/min；在管底未拔至桩顶设计标高之前，倒打和轻击不得中断。

6.5.4 混凝土的充盈系数不得小于 1.0；对于充盈系数小于 1.0 的桩，应全长复打，对可能断桩和缩颈桩，应进行局部复打。成桩后的桩身混凝土顶面应高于桩顶设计标高 500mm 以内。全长复打时，桩管入土深度宜接近原桩长，局部复打应超过断桩或缩颈区 1m 以上。

6.5.5 全长复打桩施工时应符合下列规定：

1 第一次灌注混凝土应达到自然地面；

2 拔管过程中应及时清除粘在管壁上和散落在地面上的混凝土；

3 初打与复打的桩轴线应重合；

4 复打施工必须在第一次灌注的混凝土初凝之前完成。

6.5.6 混凝土的坍落度宜为 80～100mm。

Ⅱ 振动、振动冲击沉管灌注桩施工

6.5.7 振动、振动冲击沉管灌注桩应根据土质情况和荷载要求，分别选用单打法、复打法、反插法等。单打法可用于含水量较小的土层，且宜采用预制桩尖；反插法及复打法可用于饱和土层。

6.5.8 振动、振动冲击沉管灌注桩单打法施工的质量控制应符合下列规定：

1 必须严格控制最后 30s 的电流、电压值，其值按设计要求或根据试桩和当地经验确定；

2 桩管内灌满混凝土后，应先振动 5～10s，再开始拔管，应边振边拔，每拔出 0.5～1.0m，停拔，

振动 5～10s；如此反复，直至桩管全部拔出；

3 在一般土层内，拔管速度宜为 1.2～1.5m/min，用活瓣桩尖时宜慢，用预制桩尖时可适当加快；在软弱土层中宜控制在 0.6～0.8m/min。

6.5.9 振动、振动冲击沉管灌注桩反插法施工的质量控制应符合下列规定：

1 桩管灌满混凝土后，先振动再拔管，每次拔管高度 0.5～1.0m，反插深度 0.3～0.5m；在拔管过程中，应分段添加混凝土，保持管内混凝土面始终不低于地表面或高于地下水位 1.0～1.5m 以上，拔管速度应小于 0.5m/min；

2 在距桩尖处 1.5m 范围内，宜多次反插以扩大桩端部断面；

3 穿过淤泥夹层时，应减慢拔管速度，并减少拔管高度和反插深度，在流动性淤泥中不宜使用反插法。

6.5.10 振动、振动冲击沉管灌注桩复打法的施工要求可按本规范第 6.5.4 条和第 6.5.5 条执行。

Ⅲ 内夯沉管灌注桩施工

6.5.11 当采用外管与内夯管结合锤击沉管进行夯压、扩底、扩径时，内夯管应比外管短 100mm，内夯管底端可采用闭口平底或闭口锥底（见图 6.5.11）。

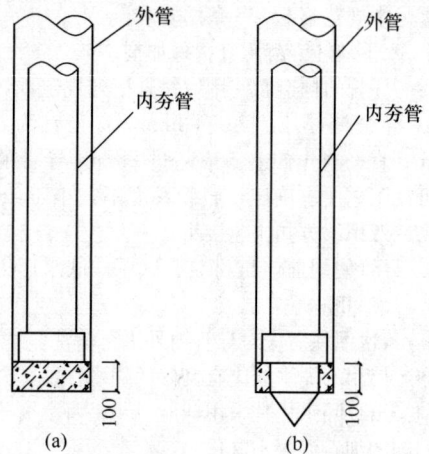

图 6.5.11 内外管及管塞
(a) 平底内夯管；(b) 锥底内夯管

6.5.12 外管封底可采用干硬性混凝土、无水混凝土配料，经夯击形成阻水、阻泥管塞，其高度可为 100mm。当内、外管间不会发生间隙涌水、涌泥时，亦可不采用上述封底措施。

6.5.13 桩端夯扩头平均直径可按下列公式估算：

一次夯扩　$D_1 = d_0 \sqrt{\dfrac{H_1 + h_1 - C_1}{h_1}}$　　(6.5.13-1)

二次夯扩　$D_2 = d_0 \sqrt{\dfrac{H_1 + H_2 + h_2 - C_1 - C_2}{h_2}}$

(6.5.13-2)

式中　D_1、D_2——第一次、第二次夯扩扩头平均直径（m）；

d_0——外管直径（m）；

H_1、H_2——第一次、第二次夯扩工序中，外管内灌注混凝土面从桩底算起的高度（m）；

h_1、h_2——第一次、第二次夯扩工序中，外管从桩底算起的上拔高度（m），分别可取 $H_1/2$、$H_2/2$；

C_1、C_2——第一次、二次夯扩工序中，内外管同步下沉至离桩底的距离，均可取为 0.2m（见图 6.5.13）。

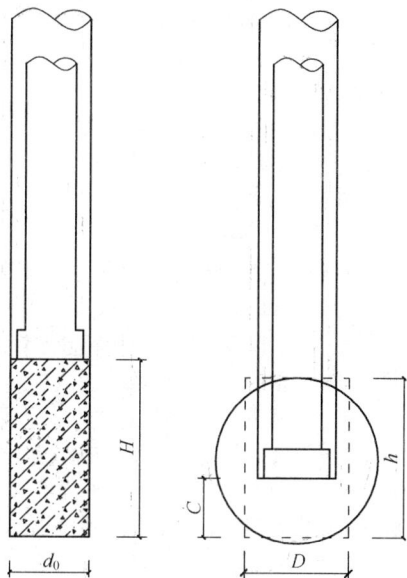

图 6.5.13　扩底端

6.5.14　桩身混凝土宜分段灌注；拔管时内夯管和桩锤应施压于外管中的混凝土顶面，边压边拔。

6.5.15　施工前宜进行试成桩，并应详细记录混凝土的分次灌注量、外管上拔高度、内管夯击次数、双管同步沉入深度，并应检查外管的封底情况，有无进水、涌泥等，经核定后可作为施工控制依据。

6.6　干作业成孔灌注桩

Ⅰ　钻孔（扩底）灌注桩施工

6.6.1　钻孔时应符合下列规定：

　1　钻杆应保持垂直稳固，位置准确，防止因钻杆晃动引起扩大孔径；

　2　钻进速度应根据电流值变化，及时调整；

　3　钻进过程中，应随时清理孔口积土，遇到地下水、塌孔、缩孔等异常情况时，应及时处理。

6.6.2　钻孔扩底桩施工，直孔部分应按本规范第 6.6.1、6.6.3、6.6.4 条规定执行，扩底部位尚应符合下列规定：

　1　应根据电流值或油压值，调节扩孔刀片削土量，防止出现超负荷现象；

　2　扩底直径和孔底的虚土厚度应符合设计要求。

6.6.3　成孔达到设计深度后，孔口应予保护，应按本规范第 6.2.4 条规定验收，并应做好记录。

6.6.4　灌注混凝土前，应在孔口安放护孔漏斗，然后放置钢筋笼，并应再次测量孔内虚土厚度。扩底桩灌注混凝土时，第一次应灌至扩底部位的顶面，随即振捣密实；浇筑桩顶以下 5m 范围内混凝土时，应随浇筑随振捣，每次浇筑高度不得大于 1.5m。

Ⅱ　人工挖孔灌注桩施工

6.6.5　人工挖孔桩的孔径（不含护壁）不得小于 0.8m，且不宜大于 2.5m；孔深不宜大于 30m。当桩净距小于 2.5m 时，应采用间隔开挖。相邻排桩跳挖的最小施工净距不得小于 4.5m。

6.6.6　人工挖孔桩混凝土护壁的厚度不应小于 100mm，混凝土强度等级不应低于桩身混凝土强度等级，并应振捣密实；护壁应配置直径不小于 8mm 的构造钢筋，竖向筋应上下搭接或拉接。

6.6.7　人工挖孔桩施工应采取下列安全措施：

　1　孔内必须设置应急软爬梯供人员上下；使用的电葫芦、吊笼等应安全可靠，并配有自动卡紧保险装置，不得使用麻绳和尼龙绳吊挂或脚踏井壁凸缘上下；电葫芦宜用按钮式开关，使用前必须检验其安全起吊能力；

　2　每日开工前必须检测井下的有毒、有害气体，并应有相应的安全防范措施；当桩孔开挖深度超过 10m 时，应有专门向井下送风的设备，风量不宜少于 25L/s；

　3　孔口四周必须设置护栏，护栏高度宜为 0.8m；

　4　挖出的土石方应及时运离孔口，不得堆放在孔口周边 1m 范围内，机动车辆的通行不得对井壁的安全造成影响；

　5　施工现场的一切电源、电路的安装和拆除必须遵守现行行业标准《施工现场临时用电安全技术规范》JGJ 46 的规定。

6.6.8　开孔前，桩位应准确定位放样，在桩位外设置定位基准桩，安装护壁模板必须用桩中心点校正模板位置，并应由专人负责。

6.6.9　第一节井圈护壁应符合下列规定：

　1　井圈中心线与设计轴线的偏差不得大于 20mm；

　2　井圈顶面应比场地高出 100～150mm，壁厚应比下面井壁厚度增加 100～150mm。

6.6.10　修筑井圈护壁应符合下列规定：

　1　护壁的厚度、拉接钢筋、配筋、混凝土强度等级均应符合设计要求；

2 上下节护壁的搭接长度不得小于50mm；

3 每节护壁均应在当日连续施工完毕；

4 护壁混凝土必须保证振捣密实，应根据土层渗水情况使用速凝剂；

5 护壁模板的拆除应在灌注混凝土24h之后；

6 发现护壁有蜂窝、漏水现象时，应及时补强；

7 同一水平面上的井圈任意直径的极差不得大于50mm。

6.6.11 当遇有局部或厚度不大于1.5m的流动性淤泥和可能出现涌土涌砂时，护壁施工可按下列方法处理：

1 将每节护壁的高度减小到300～500mm，并随挖、随验、随灌注混凝土；

2 采用钢护筒或有效的降水措施。

6.6.12 挖至设计标高后，应清除护壁上的泥土和孔底残渣、积水，并应进行隐蔽工程验收。验收合格后，应立即封底和灌注桩身混凝土。

6.6.13 灌注桩身混凝土时，混凝土必须通过溜槽；当落距超过3m时，应采用串筒，串筒末端距孔底高度不宜大于2m；也可采用导管泵送；混凝土宜采用插入式振捣器振实。

6.6.14 当渗水量过大时，应采取场地截水、降水或水下灌注混凝土等有效措施。严禁在桩孔中边抽水边开挖，同时不得灌注相邻桩。

6.7 灌注桩后注浆

6.7.1 灌注桩后注浆工法可用于各类钻、挖、冲孔灌注桩及地下连续墙的沉渣（虚土）、泥皮和桩底、桩侧一定范围土体的加固。

6.7.2 后注浆装置的设置应符合下列规定：

1 后注浆导管应采用钢管，且应与钢筋笼加劲筋绑扎固定或焊接；

2 桩端后注浆导管及注浆阀数量宜根据桩径大小设置：对于直径不大于1200mm的桩，宜沿钢筋笼圆周对称设置2根；对于直径大于1200mm而不大于2500mm的桩，宜对称设置3根；

3 对于桩长超过15m且承载力增幅要求较高者，宜采用桩端桩侧复式注浆；桩侧后注浆管阀设置数量应综合地层情况、桩长和承载力增幅要求等因素确定，可在离桩底5～15m以上、桩顶8m以下，每隔6～12m设置一道桩侧注浆阀，当有粗粒土时，宜将注浆阀设置于粗粒土层下部，对于干作业成孔灌注桩宜设于粗粒土层中部；

4 对于非通长配筋桩，下部应有不少于2根与注浆管等长的主筋组成的钢筋笼通底；

5 钢筋笼应沉放到底，不得悬吊，下笼受阻时不得撞笼、墩笼、扭笼。

6.7.3 后注浆阀应具备下列性能：

1 注浆阀应能承受1MPa以上静水压力；注浆

阀外部保护层应能抵抗砂石等硬质物的刮撞而不致使注浆阀受损；

2 注浆阀应具备逆止功能。

6.7.4 浆液配比、终止注浆压力、流量、注浆量等参数设计应符合下列规定：

1 浆液的水灰比应根据土的饱和度、渗透性确定，对于饱和土，水灰比宜为0.45～0.65；对于非饱和土，水灰比宜为0.7～0.9（松散碎石土、砂砾宜为0.5～0.6）；低水灰比浆液宜掺入减水剂；

2 桩端注浆终止注浆压力应根据土层性质及注浆点深度确定，对于风化岩、非饱和黏性土及粉土，注浆压力宜为3～10MPa；对于饱和土层注浆压力宜为1.2～4MPa，软土宜取低值，密实黏性土宜取高值；

3 注浆流量不宜超过75L/min；

4 单桩注浆量的设计应根据桩径、桩长、桩端桩侧土层性质、单桩承载力增幅及是否复式注浆等因素确定，可按下式估算：

$$G_c = \alpha_p d + \alpha_s n d \qquad (6.7.4)$$

式中 α_p、α_s——分别为桩端、桩侧注浆量经验系数，$\alpha_p = 1.5 \sim 1.8$，$\alpha_s = 0.5 \sim 0.7$；对于卵、砾石、中粗砂宜取较高值；

n——桩侧注浆断面数；

d——基桩设计直径（m）；

G_c——注浆量，以水泥质量计（t）。

对独立单桩、桩距大于$6d$的群桩和群桩初始注浆的数根基桩的注浆量应按上述估算值乘以1.2的系数；

5 后注浆作业开始前，宜进行注浆试验，优化并最终确定注浆参数。

6.7.5 后注浆作业起始时间、顺序和速率应符合下列规定：

1 注浆作业宜于成桩2d后开始；不宜迟于成桩30d后；

2 注浆作业与成孔作业点的距离不宜小于8～10m；

3 对于饱和土中的复式注浆顺序宜先桩侧后桩端；对于非饱和土宜先桩端后桩侧；多断面桩侧应先上后下；桩侧桩端注浆间隔时间不宜少于2h；

4 桩端注浆应对同一根桩的各注浆导管依次实施等量注浆；

5 对于桩群注浆宜先外围、后内部。

6.7.6 当满足下列条件之一时可终止注浆：

1 注浆总量和注浆压力均达到设计要求；

2 注浆总量已达到设计值的75%，且注浆压力超过设计值。

6.7.7 当注浆压力长时间低于正常值或地面出现冒浆或周围桩孔串浆，应改为间歇注浆，间歇时间宜为30～60min，或调低浆液水灰比。

6.7.8 后注浆施工过程中，应经常对后注浆的各项工艺参数进行检查，发现异常应采取相应处理措施。当注浆量等主要参数达不到设计值时，应根据工程具体情况采取相应措施。

6.7.9 后注浆桩基工程质量检查和验收应符合下列要求：

1 后注浆施工完成后应提供水泥材质检验报告、压力表检定证书、试注浆记录、设计工艺参数、后注浆作业记录、特殊情况处理记录等资料；

2 在桩身混凝土强度达到设计要求的条件下，承载力检验应在注浆完成 20d 后进行，浆液中掺入早强剂时可于注浆完成 15d 后进行。

7 混凝土预制桩与钢桩施工

7.1 混凝土预制桩的制作

7.1.1 混凝土预制桩可在施工现场预制，预制场地必须平整、坚实。

7.1.2 制桩模板宜采用钢模板，模板应具有足够刚度，并应平整，尺寸应准确。

7.1.3 钢筋骨架的主筋连接宜采用对焊和电弧焊，当钢筋直径不小于 20mm 时，宜采用机械接头连接。主筋接头配置在同一截面内的数量，应符合下列规定：

1 当采用对焊或电弧焊时，对于受拉钢筋，不得超过 50%；

2 相邻两根主筋接头截面的距离应大于 $35d_g$（d_g 为主筋直径），并不应小于 500mm；

3 必须符合现行行业标准《钢筋焊接及验收规程》JGJ 18 和《钢筋机械连接通用技术规程》JGJ 107 的规定。

7.1.4 预制桩钢筋骨架的允许偏差应符合表 7.1.4 的规定。

表 7.1.4 预制桩钢筋骨架的允许偏差

项次	项　　　目	允许偏差（mm）
1	主筋间距	±5
2	桩尖中心线	10
3	箍筋间距或螺旋筋的螺距	±20
4	吊环沿纵轴线方向	±20
5	吊环沿垂直于纵轴线方向	±20
6	吊环露出桩表面的高度	±10
7	主筋距桩顶距离	±5
8	桩顶钢筋网片位置	±10
9	多节桩桩顶预埋件位置	±3

7.1.5 确定桩的单节长度时应符合下列规定：

1 满足桩架的有效高度、制作场地条件、运输

与装卸能力；

2 避免在桩尖接近或处于硬持力层中时接桩。

7.1.6 浇注混凝土预制桩时，宜从桩顶开始灌筑，并应防止另一端的砂浆积聚过多。

7.1.7 锤击预制桩的骨料粒径宜为 5～40mm。

7.1.8 锤击预制桩，应在强度与龄期均达到要求后，方可锤击。

7.1.9 重叠法制作预制桩时，应符合下列规定：

1 桩与邻桩及底模之间的接触面不得粘连；

2 上层桩或邻桩的浇筑，必须在下层桩或邻桩的混凝土达到设计强度的 30% 以上时，方可进行；

3 桩的重叠层数不应超过 4 层。

7.1.10 混凝土预制桩的表面应平整、密实，制作允许偏差应符合表 7.1.10 的规定。

表 7.1.10 混凝土预制桩制作允许偏差

桩　型	项　　　　　目	允许偏差（mm）
钢筋混凝土实心桩	横截面边长	±5
	桩顶对角线之差	≤5
	保护层厚度	±5
	桩身弯曲矢高	不大于 1‰桩长且不大于 20
	桩尖偏心	≤10
	桩端面倾斜	≤0.005
	桩节长度	±20
钢筋混凝土管桩	直径	±5
	长度	±0.5%桩长
	管壁厚度	−5
	保护层厚度	+10，−5
	桩身弯曲（度）矢高	1‰桩长
	桩尖偏心	≤10
	桩头板平整度	≤2
	桩头板偏心	≤2

7.1.11 本规范未作规定的预应力混凝土桩的其他要求及离心混凝土强度等级评定方法，应符合国家现行标准《先张法预应力混凝土管桩》GB 13476 和《预应力混凝土空心方桩》JG 197 的规定。

7.2 混凝土预制桩的起吊、运输和堆放

7.2.1 混凝土实心桩的吊运应符合下列规定：

1 混凝土设计强度达到 70% 及以上方可起吊，达到 100% 方可运输；

2 桩起吊时应采取相应措施，保证安全平稳，保护桩身质量；

3 水平运输时，应做到桩身平稳放置，严禁在场地上直接拖拉桩体。

7.2.2 预应力混凝土空心桩的吊运应符合下列规定：

1 出厂前应作出厂检查，其规格、批号、制作日期应符合所属的验收批号内容；

2 在吊运过程中应轻吊轻放，避免剧烈碰撞；

3 单节桩可采用专用吊钩勾住桩两端内壁直接进行水平起吊；

4 运至施工现场时应进行检查验收，严禁使用质量不合格及在吊运过程中产生裂缝的桩。

7.2.3 预应力混凝土空心桩的堆放应符合下列规定：

1 堆放场地应平整坚实，最下层与地面接触的垫木应有足够的宽度和高度。堆放时桩应稳固，不得滚动；

2 应按不同规格、长度及施工流水顺序分别堆放；

3 当场地条件许可时，宜单层堆放；当叠层堆放时，外径为500～600mm的桩不宜超过4层，外径为300～400mm的桩不宜超过5层；

4 叠层堆放桩时，应在垂直于桩长度方向的地面上设置2道垫木，垫木应分别位于距桩端1/5桩长处；底层最外缘的桩应在垫木处用木楔塞紧；

5 垫木宜选用耐压的长木枋或枕木，不得使用有棱角的金属构件；

7.2.4 取桩应符合下列规定：

1 当桩叠层堆放超过2层时，应采用吊机取桩，严禁拖拉取桩；

2 三点支撑自行式打桩机不应拖拉取桩。

7.3 混凝土预制桩的接桩

7.3.1 桩的连接可采用焊接、法兰连接或机械快速连接（螺纹式、啮合式）。

7.3.2 接桩材料应符合下列规定：

1 焊接接桩：钢钣宜采用低碳钢，焊条宜采用E43，并应符合现行行业标准《建筑钢结构焊接技术规程》JGJ 81要求。

2 法兰接桩：钢钣和螺栓宜采用低碳钢。

7.3.3 采用焊接接桩除应符合现行行业标准《建筑钢结构焊接技术规程》JGJ 81的有关规定外，尚应符合下列规定：

1 下节桩段的桩头宜高出地面0.5m；

2 下节桩的桩头处宜设导向箍；接桩时上下节桩段应保持顺直，错位偏差不宜大于2mm；接桩就位纠偏时，不得采用大锤横向敲打；

3 桩对接前，上下端钣表面应采用铁刷子清刷干净，坡口处应刷至露出金属光泽；

4 焊接宜在桩四周对称地进行，待上下桩固定后拆除导向箍再分层施焊；焊接层数不得少于2层，第一层焊完后必须把焊渣清理干净，方可进行第二层（的）施焊，焊缝应连续、饱满；

5 焊好后的桩接头应自然冷却后方可继续锤击，自然冷却时间不宜少于8min；严禁采用水冷却或焊好即施打；

6 雨天焊接时，应采取可靠的防雨措施；

7 焊接接头的质量检查宜采用探伤检测，同一工程探伤抽样检验不得少于3个接头。

7.3.4 采用机械快速螺纹接桩的操作与质量应符合下列规定：

1 接桩前应检查桩两端制作的尺寸偏差及连接件，无受损后方可起吊施工，其下节桩端宜高出地面0.8m；

2 接桩时，卸下上下节桩两端的保护装置后，应清理接头残物，涂上润滑脂；

3 应采用专用接头锥度对中，对准上下节桩进行旋紧连接；

4 可采用专用链条式扳手进行旋紧，（臂长1m，卡紧后人工旋紧再用铁锤敲击板臂，）锁紧后两端板尚应有1～2mm的间隙。

7.3.5 采用机械啮合接头接桩的操作与质量应符合下列规定：

1 将上下接头钣清理干净，用扳手将已涂抹沥青涂料的连接销逐根旋入上节桩Ⅰ型端头钣的螺栓孔内，并用钢模板调整好连接销的方位；

2 剔除下节桩Ⅱ型端头钣连接槽内泡沫塑料保护块，在连接槽内注入沥青涂料，并在端头钣面周边抹上宽度20mm、厚度3mm的沥青涂料；当地基土、地下水含中等以上腐蚀介质时，桩端钣板面应满涂沥青涂料；

3 将上节桩吊起，使连接销与Ⅱ型端头钣上各连接口对准，随即将连接销插入连接槽内；

4 加压使上下节桩的桩头钣接触，完成接桩。

7.4 锤击沉桩

7.4.1 沉桩前必须处理空中和地下障碍物，场地应平整，排水应畅通，并应满足打桩所需的地面承载力。

7.4.2 桩锤的选用应根据地质条件、桩型、桩的密集程度、单桩竖向承载力及现有施工条件等因素确定，也可按本规范附录H选用。

7.4.3 桩打入时应符合下列规定：

1 桩帽或送桩帽与桩周围的间隙应为5～10mm；

2 锤与桩帽、桩帽与桩之间应加设硬木、麻袋、草垫等弹性衬垫；

3 桩锤、桩帽或送桩帽应和桩身在同一中心线上；

4 桩插入时的垂直度偏差不得超过0.5%。

7.4.4 打桩顺序要求应符合下列规定：

1 对于密集桩群，自中间向两个方向或四周对称施打；

2 当一侧毗邻建筑物时，由毗邻建筑物处向另一方向施打；

3 根据基础的设计标高，宜先深后浅；

4 根据桩的规格，宜先大后小，先长后短。

7.4.5 打入桩（预制混凝土方桩、预应力混凝土空心桩、钢桩）的桩位偏差，应符合表 7.4.5 的规定。斜桩倾斜度的偏差不得大于倾斜角正切值的 15%（倾斜角系桩的纵向中心线与铅垂线间夹角）。

表 7.4.5　打入桩桩位的允许偏差

项　　　目	允许偏差（mm）
带有基础梁的桩：（1）垂直基础梁的中心线 （2）沿基础梁的中心线	$100+0.01H$ $150+0.01H$
桩数为 1~3 根桩基中的桩	100
桩数为 4~16 根桩基中的桩	1/2 桩径或边长
桩数大于 16 根桩基中的桩： （1）最外边的桩 （2）中间桩	1/3 桩径或边长 1/2 桩径或边长

注：H 为施工现场地面标高与桩顶设计标高的距离。

7.4.6 桩终止锤击的控制应符合下列规定：

1 当桩端位于一般土层时，应以控制桩端设计标高为主，贯入度为辅；

2 桩端达到坚硬、硬塑的黏性土、中密以上粉土、砂土、碎石类土及风化岩时，应以贯入度控制为主，桩端标高为辅；

3 贯入度已达到设计要求而桩端标高未达到时，应继续锤击 3 阵，并按每阵 10 击的贯入度不应大于设计规定的数值确认，必要时，施工控制贯入度应通过试验确定。

7.4.7 当遇到贯入度剧变，桩身突然发生倾斜、位移或有严重回弹、桩顶或桩身出现严重裂缝、破碎等情况时，应暂停打桩，并分析原因，采取相应措施。

7.4.8 当采用射水法沉桩，应符合下列规定：

1 射水法沉桩宜用于砂土和碎石土；

2 沉桩至最后 1~2m 时，应停止射水，并采用锤击至规定标高，终锤控制标准可按本规范第 7.4.6 条有关规定执行。

7.4.9 施打大面积密集桩群时，应采取下列辅助措施：

1 对预钻孔沉桩，预钻孔孔径可比桩径（或方桩对角线）小 50~100mm，深度可根据桩距和土的密实度、渗透性确定，宜为桩长的 1/3~1/2；施工时应随钻随打；桩架宜具备钻孔锤击双重性能；

2 对饱和黏性土地基，应设置袋装砂井或塑料排水板；袋装砂井直径宜为 70~80mm，间距宜为

1.0~1.5m，深度宜为 10~12m；塑料排水板的深度、间距与袋装砂井相同；

3 应设置隔离板桩或地下连续墙；

4 可开挖地面防震沟，并可与其他措施结合使用，防震沟沟宽可取 0.5~0.8m，深度按土质情况决定；

5 应控制打桩速率和日打桩量，24 小时内休止时间不应少于 8h；

6 沉桩结束后，宜普遍实施一次复打；

7 应对不少于总桩数 10% 的桩顶上涌和水平位移进行监测；

8 沉桩过程中应加强邻近建筑物、地下管线等的观测、监护。

7.4.10 预应力混凝土管桩的总锤击数及最后 1.0m 沉桩锤击数应根据桩身强度和当地工程经验确定。

7.4.11 锤击沉桩送桩应符合下列规定：

1 送桩深度不宜大于 2.0m；

2 当桩顶打至接近地面需要送桩时，应测出桩的垂直度并检查桩顶质量，合格后应及时送桩；

3 送桩的最后贯入度应参考相同条件下不送桩时的最后贯入度并修正；

4 送桩后遗留的桩孔应立即回填或覆盖；

5 当送桩深度超过 2.0m 且不大于 6.0m 时，打桩机应为三点支撑履带自行式或步履式柴油打桩机；桩帽和桩锤之间应用竖纹硬木或盘圆层叠的钢丝绳作"锤垫"，其厚度宜取 150~200mm。

7.4.12 送桩器及衬垫设置应符合下列规定：

1 送桩器宜做成圆筒形，并应有足够的强度、刚度和耐打性。送桩器长度应满足送桩深度的要求，弯曲度不得大于 1/1000；

2 送桩器上下两端面应平整，且与送桩器中心轴线相垂直；

3 送桩器下端面应开孔，使空心桩内腔与外界连通；

4 送桩器应与桩匹配。套筒式送桩器下端的套筒深度宜取 250~350mm，套管内径应比桩外径大 20~30mm；插销式送桩器下端的插销长度宜取 200~300mm，杆销外径应比（管）桩内径小 20~30mm，对于腔内存有余浆的管桩，不宜采用插销式送桩器；

5 送桩作业时，送桩器与桩头之间应设置 1~2 层麻袋或硬纸板等衬垫。内填弹性衬垫压实后的厚度不宜小于 60mm。

7.4.13 施工现场应配备桩身垂直度观测仪器（长条水准尺或经纬仪）和观测人员，随时量测桩身的垂直度。

7.5　静压沉桩

7.5.1 采用静压沉桩时，场地地基承载力不应小于压桩机接地压强的 1.2 倍，且场地应平整。

7.5.2 静力压桩宜选择液压式和绳索式压桩工艺；宜根据单节桩的长度选用顶压式液压压桩机和抱压式液压压桩机。

7.5.3 选择压桩机的参数应包括下列内容：

1 压桩机型号、桩机质量（不含配重）、最大压桩力等；

2 压桩机的外型尺寸及拖运尺寸；

3 压桩机的最小边桩距及最大压桩力；

4 长、短船型履靴的接地压强；

5 夹持机构的型式；

6 液压油缸的数量、直径，率定后的压力表读数与压桩力的对应关系；

7 吊桩机构的性能及吊桩能力。

7.5.4 压桩机的每件配重必须用量具核实，并将其质量标记在该件配重的外露表面；液压式压桩机的最大压桩力应取压桩机的机架重量和配重之和乘以0.9。

7.5.5 当边桩空位不能满足中置式压桩机施压条件时，宜利用压边桩机构或选用前置式液压压桩机进行压桩，但此时应估计最大压桩能力减少造成的影响。

7.5.6 当设计要求或施工需要采用引孔法压桩时，应配备螺旋钻孔机，或在压桩机上配备专用的螺旋钻。当桩端需进入较坚硬的岩层时，应配备可入岩的钻孔桩机或冲孔桩机。

7.5.7 最大压桩力不宜小于设计的单桩竖向极限承载力标准值，必要时可由现场试验确定。

7.5.8 静力压桩施工的质量控制应符合下列规定：

1 第一节桩下压时垂直度偏差不应大于0.5%；

2 宜将每根桩一次性连续压到底，且最后一节有效桩长不宜小于5m；

3 抱压力不应大于桩身允许侧向压力的1.1倍；

4 对于大面积桩群，应控制日压桩量。

7.5.9 终压条件应符合下列规定：

1 应根据现场试压桩的试验结果确定终压标准；

2 终压连续复压次数应根据桩长及地质条件等因素确定。对于入土深度大于或等于8m的桩，复压次数可为2～3次；对于入土深度小于8m的桩，复压次数可为3～5次；

3 稳压压桩力不得小于终压力，稳定压桩的时间宜为5～10s。

7.5.10 压桩顺序宜根据场地工程地质条件确定，并应符合下列规定：

1 对于场地地层中局部含砂、碎石、卵石时，宜先对该区域进行压桩；

2 当持力层埋深或桩的入土深度差别较大时，宜先施压长桩后施压短桩。

7.5.11 压桩过程中应测量桩身的垂直度。当桩身垂直度偏差大于1%时，应找出原因并设法纠正；当桩尖进入较硬土层后，严禁用移动机架等方法强行纠偏。

7.5.12 出现下列情况之一时，应暂停压桩作业，并分析原因，采用相应措施：

1 压力表读数显示情况与勘察报告中的土层性质明显不符；

2 桩难以穿越硬夹层；

3 实际桩长与设计桩长相差较大；

4 出现异常响声；压桩机械工作状态出现异常；

5 桩身出现纵向裂缝和桩头混凝土出现剥落等异常现象；

6 夹持机构打滑；

7 压桩机下陷。

7.5.13 静压送桩的质量控制应符合下列规定：

1 测量桩的垂直度并检查桩头质量，合格后方可送桩，压桩、送桩作业应连续进行；

2 送桩应采用专制钢质送桩器，不得将工程桩用作送桩器；

3 当场地上多数桩的有效桩长小于或等于15m或桩端持力层为风化软质岩，需要复压时，送桩深度不宜超过1.5m；

4 除满足本条上述3款规定外，当桩的垂直度偏差小于1%，且桩的有效桩长大于15m时，静压桩送桩深度不宜超过8m；

5 送桩的最大压桩力不宜超过桩身允许抱压压桩力的1.1倍。

7.5.14 引孔压桩法质量控制应符合下列规定：

1 引孔宜采用螺旋钻干作业法；引孔的垂直度偏差不宜大于0.5%；

2 引孔作业和压桩作业应连续进行，间隔时间不宜大于12h；在软土地基中不宜大于3h；

3 引孔中有积水时，宜采用开口型桩尖。

7.5.15 当桩较密集，或地基为饱和淤泥、淤泥质土及黏性土时，应设置塑料排水板、袋装砂井消减超孔压或采取引孔等措施，并可按本规范第7.4.9条执行。在压桩施工过程中应对总桩数10%的桩设置上涌和水平偏位观测点，定时检测桩的上浮量及桩顶水平偏位值，若上涌和偏位值较大，应采取复压等措施。

7.5.16 对预制混凝土方桩、预应力混凝土空心桩、钢桩等压入桩的桩位偏差，应符合本规范表7.4.5的规定。

7.6 钢桩（钢管桩、H型桩及其他异型钢桩）施工

Ⅰ 钢桩的制作

7.6.1 制作钢桩的材料应符合设计要求，并应有出厂合格证和试验报告。

7.6.2 现场制作钢桩应有平整的场地及挡风防雨措施。

7.6.3 钢桩制作的允许偏差应符合表7.6.3的规定，钢桩的分段长度应满足本规范第7.1.5条的规定，且不宜大于15m。

表 7.6.3　钢桩制作的允许偏差

项　　目		容许偏差（mm）
外径或断面尺寸	桩端部	±0.5%外径或边长
	桩　身	±0.1%外径或边长
长　　度		＞0
矢　　高		≤1‰桩长
端部平整度		≤2（H型桩≤1）
端部平面与桩身中心线的倾斜值		≤2

7.6.4 用于地下水有侵蚀性的地区或腐蚀性土层的钢桩，应按设计要求作防腐处理。

Ⅱ　钢桩的焊接

7.6.5 钢桩的焊接应符合下列规定：

1 必须清除桩端部的浮锈、油污等脏物，保持干燥；下节桩顶经锤击后变形的部分应割除；

2 上下节桩焊接时应校正垂直度，对口的间隙宜为2~3mm；

3 焊丝（自动焊）或焊条应烘干；

4 焊接应对称进行；

5 应采用多层焊，钢管桩各层焊缝的接头应错开，焊渣应清除；

6 当气温低于0℃或雨雪天及无可靠措施确保焊接质量时，不得焊接；

7 每个接头焊接完毕，应冷却1min后方可锤击；

8 焊接质量应符合国家现行标准《钢结构工程施工质量验收规范》GB 50205和《建筑钢结构焊接技术规程》JGJ 81的规定，每个接头除应按表7.6.5规定进行外观检查外，还应按接头总数的5%进行超声或2%进行X射线拍片检查，对于同一工程，探伤抽样检验不得少于3个接头。

表 7.6.5　接桩焊缝外观允许偏差

项　　目	允许偏差（mm）
上下节桩错口：	
①钢管桩外径≥700mm	3
②钢管桩外径＜700mm	2
H型钢桩	1
咬边深度（焊缝）	0.5
加强层高度（焊缝）	2
加强层宽度（焊缝）	3

7.6.6 H型钢桩或其他异型薄壁钢桩，接头处应加连接板，可按等强度设置。

Ⅲ　钢桩的运输和堆放

7.6.7 钢桩的运输与堆放应符合下列规定：

1 堆放场地应平整、坚实、排水通畅；

2 桩的两端应有适当保护措施，钢管桩应设保护圈；

3 搬运时应防止桩体撞击而造成桩端、桩体损坏或弯曲；

4 钢桩应按规格、材质分别堆放，堆放层数：φ900mm的钢桩，不宜大于3层；φ600mm的钢桩，不宜大于4层；φ400mm的钢桩，不宜大于5层；H型钢桩不宜大于6层。支点设置应合理，钢桩的两侧应采用木楔塞住。

Ⅵ　钢桩的沉桩

7.6.8 当钢桩采用锤击沉桩时，可按本规范第7.4节有关条文实施；当采用静压沉桩时，可按本规范第7.5节有关条文实施。

7.6.9 对敞口钢管桩，当锤击沉桩有困难时，可在管内取土助沉。

7.6.10 锤击H型钢桩时，锤重不宜大于4.5t级（柴油锤），且在锤击过程中桩架前应有横向约束装置。

7.6.11 当持力层较硬时，H型钢桩不宜送桩。

7.6.12 当地表层遇有大块石、混凝土块等回填物时，应在插入H型钢桩前进行触探，并应清除桩位上的障碍物。

8　承台施工

8.1　基坑开挖和回填

8.1.1 桩基承台施工顺序宜先深后浅。

8.1.2 当承台埋置较深时，应对邻近建筑物及市政设施采取必要的保护措施，在施工期间应进行监测。

8.1.3 基坑开挖前应对边坡支护形式、降水措施、挖土方案、运土路线及堆土位置编制施工方案，若桩基施工引起超孔隙水压力，宜待超孔隙水压力大部分消散后开挖。

8.1.4 当地下水位较高需降水时，可根据周围环境情况采用内降水或外降水措施。

8.1.5 挖土应均衡分层进行，对流塑状软土的基坑开挖，高差不应超过1m。

8.1.6 挖出的土方不得堆置在基坑附近。

8.1.7 机械挖土时必须确保基坑内的桩体不受损坏。

8.1.8 基坑开挖结束后，应在基坑底做出排水盲沟及集水井，如有降水设施仍应维持运转。

8.1.9 在承台和地下室外墙与基坑侧壁间隙回填土前，应排除积水，清除虚土和建筑垃圾，填土应按设计要求选料，分层夯实，对称进行。

8.2 钢筋和混凝土施工

8.2.1 绑扎钢筋前应将灌注桩桩头浮浆部分和预制桩桩顶锤击面破碎部分去除，桩体及其主筋埋入承台的长度应符合设计要求；钢管桩尚应加焊桩顶连接件；并应按设计施作桩头和垫层防水。

8.2.2 承台混凝土应一次浇筑完成，混凝土入槽宜采用平铺法。对大体积混凝土施工，应采取有效措施防止温度应力引起裂缝。

9 桩基工程质量检查和验收

9.1 一般规定

9.1.1 桩基工程应进行桩位、桩长、桩径、桩身质量和单桩承载力的检验。

9.1.2 桩基工程的检验按时间顺序可分为三个阶段：施工前检验、施工检验和施工后检验。

9.1.3 对砂、石子、水泥、钢材等桩体原材料质量的检验项目和方法应符合国家现行有关标准的规定。

9.2 施工前检验

9.2.1 施工前应严格对桩位进行检验。

9.2.2 预制桩（混凝土预制桩、钢桩）施工前应进行下列检验：

1 成品桩应按选定的标准图或设计图制作，现场应对其外观质量及桩身混凝土强度进行检验；

2 应对接桩用焊条、压桩用压力表等材料和设备进行检验。

9.2.3 灌注桩施工前应进行下列检验：

1 混凝土拌制应对原材料质量与计量、混凝土配合比、坍落度、混凝土强度等级等进行检查；

2 钢筋笼制作应对钢筋规格、焊条规格、品种、焊口规格、焊缝长度、焊缝外观和质量、主筋和箍筋的制作偏差等进行检查，钢筋笼制作允许偏差应符合本规范表6.2.5的要求。

9.3 施工检验

9.3.1 预制桩（混凝土预制桩、钢桩）施工过程中应进行下列检验：

1 打入（静压）深度、停锤标准、静压终止压力值及桩身（架）垂直度检查；

2 接桩质量、接桩间歇时间及桩顶完整状况；

3 每米进尺锤击数、最后1.0m进尺锤击数、总锤击数、最后三阵贯入度及桩尖标高等。

9.3.2 灌注桩施工过程中应进行下列检验：

1 灌注混凝土前，应按照本规范第6章有关施工质量要求，对已成孔的中心位置、孔深、孔径、垂直度、孔底沉渣厚度进行检验；

2 应对钢筋笼安放的实际位置等进行检查，并填写相应质量检测、检查记录；

3 干作业条件下成孔后应对大直径桩桩端持力层进行检验。

9.3.3 对于沉管灌注桩施工工序的质量检查宜按本规范第9.1.1～9.3.2条有关项目进行。

9.3.4 对于挤土预制桩和挤土灌注桩，施工过程均应对桩顶和地面土体的竖向和水平位移进行系统观测；若发现异常，应采取复打、复压、引孔、设置排水措施及调整沉桩速率等措施。

9.4 施工后检验

9.4.1 根据不同桩型应按本规范表6.2.4及表7.4.5规定检查成桩桩位偏差。

9.4.2 工程桩应进行承载力和桩身质量检验。

9.4.3 有下列情况之一的桩基工程，应采用静荷载试验对工程桩单桩竖向承载力进行检测，检测数量应根据桩基设计等级、施工前取得试验数据的可靠性因素，按现行行业标准《建筑基桩检测技术规范》JGJ 106确定：

1 工程施工前已进行单桩静载试验，但施工过程变更了工艺参数或施工质量出现异常时；

2 施工前工程未按本规范第5.3.1条规定进行单桩静载试验的工程；

3 地质条件复杂、桩的施工质量可靠性低；

4 采用新桩型或新工艺。

9.4.4 有下列情况之一的桩基工程，可采用高应变动测法对工程桩单桩竖向承载力进行检测：

1 除本规范第9.4.3条规定条件外的桩基；

2 设计等级为甲、乙级的建筑桩基静载试验检测的辅助检测。

9.4.5 桩身质量除对预留混凝土试件进行强度等级检验外，尚应进行现场检测。检测方法可采用可靠的动测法，对于大直径桩还可采取钻芯法、声波透射法；检测数量可根据现行行业标准《建筑基桩检测技术规范》JGJ 106确定。

9.4.6 对专用抗拔桩和对水平承载力有特殊要求的桩基工程，应进行单桩抗拔静载试验和水平静载试验检测。

9.5 基桩及承台工程验收资料

9.5.1 当桩顶设计标高与施工场地标高相近时，基桩的验收应待基桩施工完毕后进行；当桩顶设计标高低于施工场地标高时，应待开挖到设计标高后进行验收。

9.5.2 基桩验收应包括下列资料：

1 岩土工程勘察报告、桩基施工图、图纸会审纪要、设计变更单及材料代用通知单等；

2 经审定的施工组织设计、施工方案及执行中的变更单;

3 桩位测量放线图,包括工程桩位线复核签证单;

4 原材料的质量合格和质量鉴定书;

5 半成品如预制桩、钢桩等产品的合格证;

6 施工记录及隐蔽工程验收文件;

7 成桩质量检查报告;

8 单桩承载力检测报告;

9 基坑挖至设计标高的基桩竣工平面图及桩顶标高图;

10 其他必须提供的文件和记录。

9.5.3 承台工程验收时应包括下列资料:

1 承台钢筋、混凝土的施工与检查记录;

2 桩头与承台的锚筋、边桩离承台边缘距离、承台钢筋保护层记录;

3 桩头与承台防水构造及施工质量;

4 承台厚度、长度和宽度的量测记录及外观情况描述等。

9.5.4 承台工程验收除符合本节规定外,尚应符合现行国家标准《混凝土结构工程施工质量验收规范》GB 50204 的规定。

附录 A 桩型与成桩工艺选择

A.0.1 桩型与成桩工艺应根据建筑结构类型、荷载性质、桩的使用功能、穿越土层、桩端持力层、地下水位、施工设备、施工环境、施工经验、制桩材料供应等条件选择。可按表 A.0.1 进行。

表 A.0.1 桩型与成桩工艺选择

桩类			桩身(mm)	扩底端(mm)	最大桩长(m)	一般黏性土及其填土	淤泥和淤泥质土	粉土	砂土	碎石土	季节性冻土膨胀土	非自重湿陷性黄土	自重湿陷性黄土	中间有硬夹层	中间有砂夹层	中间有砾石夹层	硬黏性土	密实砂土	碎石土	软质岩石和风化岩石	以上	以下	振动和噪声	排浆	孔底有无挤密
非挤土成桩	干作业法	长螺旋钻孔灌注桩	300~800	—	28	○	×	○	△	×	○	○	△	×	△	×	○	○	△	△	○	×	无	无	无
		短螺旋钻孔灌注桩	300~800	—	20	○	×	○	△	×	○	○	△	×	△	×	○	○	△	×	○	×	无	无	无
		钻孔扩底灌注桩	300~600	800~1200	30	○	×	○	△	×	○	○	△	×	△	×	○	○	△	△	○	×	无	无	无
		机动洛阳铲成孔灌注桩	300~500	—	20	○	×	△	△	×	○	○	△	×	△	×	○	○	△	×	○	×	无	无	无
		人工挖孔扩底灌注桩	800~2000	1600~3000	30	○	×	△	△	△	○	○	△	△	△	△	○	○	△	△	○	△	无	无	无
	泥浆护壁法	潜水钻成孔灌注桩	500~800	—	50	○	○	○	○	×	○	○	△	×	△	×	○	○	△	△	○	○	无	有	无
		反循环钻成孔灌注桩	600~1200	—	80	○	○	○	○	△	○	○	△	△	△	△	○	○	△	△	○	○	无	有	无
		正循环钻成孔灌注桩	600~1200	—	80	○	○	○	○	△	○	○	△	△	△	△	○	○	△	△	○	○	无	有	无
		旋挖成孔灌注桩	600~1200	—	60	○	○	○	○	△	○	○	△	△	△	△	○	○	△	△	○	○	无	有	无
		钻孔扩灌注桩	600~1200	1000~1600	30	○	○	○	○	△	○	○	△	△	△	△	○	○	△	△	○	○	无	有	无
	套管护壁	贝诺托灌注桩	800~1600	—	50	○	○	○	○	△	○	○	△	△	△	△	○	○	△	△	○	○	无	有	无
		短螺旋钻孔灌注桩	300~800	—	20	○	○	○	△	×	△	○	△	×	△	×	○	○	△	×	○	○	无	无	无
部分挤土成桩	灌注桩	冲击成孔灌注桩	600~1200	—	50	○	○	○	○	△	○	○	△	△	△	△	○	○	○	△	○	○	有	有	无
		长螺旋钻孔压灌桩	300~800	—	25	○	○	○	△	△	○	○	△	△	△	△	○	○	△	△	○	△	无	无	无
		钻孔挤扩多支盘桩	700~900	1200~1600	40	○	○	○	△	△	○	○	△	△	△	×	○	○	○	△	○	○	无	有	无

桩类		桩径		最大桩长(m)	穿越土层												桩端进入持力层			地下水位		对环境影响		孔底有无挤密
		桩身(mm)	扩底端(mm)		一般黏性土及其填土	淤泥和淤泥质土	粉土	砂土	碎石土	季节性冻土膨胀土	黄土 非自重湿陷性黄土	黄土 自重湿陷性黄土	中间有硬夹层	中间有砂夹层	中间有砾石夹层	硬黏性土	密实砂土	碎石土	软质岩石和风化岩石	以上	以下	振动和噪声	排浆	
部分挤土成桩 预制桩	预钻孔打入式预制桩	500	—	50	○	○	○	△	×	○	○	○	○	○	△	○	○	○	△	○	○	有	无	有
	静压混凝土(预应力混凝土)敞口管桩	800	—	60	○	○	○	△	×	○	○	○	○	○	△	○	○	○	△	○	○	无	无	有
	H型钢桩	规格	—	80	○	○	○	○	○	○	○	○	○	○	○	○	○	○	○	○	○	有	无	无
	敞口钢管桩	600~900	—	80	○	○	○	△	○	○	○	○	○	○	△	○	○	○	△	○	○	有	无	有
挤土成桩 灌注桩	内夯沉管灌注桩	325, 377	460~700	25	○	○	△	△	×	○	○	○	△	△	×	○	△	×	○	○	○	有	无	有
预制桩	打入式混凝土预制桩闭口钢管桩、混凝土管桩	500×500 1000	—	60	○	○	○	△	×	○	○	○	○	○	△	○	○	○	△	○	○	有	无	有
	静压桩	1000	—	60	○	○	○	△	×	○	○	○	○	○	△	×	○	○	×	○	○	无	无	有

注：表中符号○表示比较合适；△表示有可能采用；×表示不宜采用。

附录 B 预应力混凝土空心桩基本参数

B.0.1 离心成型的先张法预应力混凝土管桩的基本参数可按表 B.0.1 选用。

表 B.0.1 预应力混凝土管桩的配筋和力学性能

品种	外径 d (mm)	壁厚 t (mm)	单节桩长(m)	混凝土强度等级	型号	预应力钢筋	螺旋筋规格	混凝土有效预压应力(MPa)	抗裂弯矩检验值 M_{cr} (kN·m)	极限弯矩检验值 M_u (kN·m)	桩身竖向承载力设计值 R_p (kN)	理论质量 (kg/m)
预应力高强混凝土管桩（PHC）	300	70	≤11	C80	A	6Φ7.1	φb4	3.8	23	34	1410	131
					AB	6Φ9.0		5.3	28	45		
					B	8Φ9.0		7.2	33	59		
					C	8Φ10.7		9.3	38	76		
	400	95	≤12	C80	A	10Φ7.1	φb4	3.6	52	77	2550	249
					AB	10Φ9.0		4.9	63	704		
					B	12Φ9.0		6.6	75	135		
					C	12Φ10.7		8.5	87	174		
	500	100	≤15	C80	A	10Φ9.0	φb5	3.9	99	148	3570	327
					AB	10Φ10.7		5.3	121	200		
					B	13Φ10.7		7.2	144	258		
					C	13Φ12.6		9.5	166	332		
	500	125	≤15	C80	A	10Φ9.0	φb5	3.5	99	148	4190	368
					AB	10Φ10.7		4.7	121	200		
					B	13Φ10.7		6.2	144	258		
					C	13Φ12.6		8.2	166	332		

续表 B.0.1

品种	外径 d (mm)	壁厚 t (mm)	单节桩长 (m)	混凝土强度等级	型号	预应力钢筋	螺旋筋规格	混凝土有效预压应力 (MPa)	抗裂弯矩检验值 M_{cr} (kN·m)	极限弯矩检验值 M_u (kN·m)	桩身竖向承载力设计值 R_p (kN)	理论质量 (kg/m)
预应力高强混凝土管桩 (PHC)	550	100	≤15	C80	A	11φ9.0	φb5	3.9	125	188	4020	368
					AB	11φ10.7		5.3	154	254		
					B	15φ10.7		6.9	182	328		
					C	15φ12.6		9.2	211	422		
	550	125	≤15	C80	A	11φ9.0	φb5	3.4	125	188	4700	434
					AB	11φ10.7		4.7	154	254		
					B	15φ10.7		6.1	182	328		
					C	15φ12.6		7.9	211	422		
	600	110	≤15	C80	A	13φ9.0	φb5	3.9	164	246	4810	440
					AB	13φ10.7		5.5	201	332		
					B	17φ10.7		7	239	430		
					C	17φ12.6		9.1	276	552		
	600	130	≤15	C80	A	13φ9.0	φb5	3.5	164	246	5440	499
					AB	13φ10.7		4.8	201	332		
					B	17φ10.7		6.2	239	430		
					C	17φ12.6		8.2	276	552		
	800	110	≤15	C80	A	15φ10.7	φb6	4.4	367	550	6800	620
					AB	15φ12.6		6.1	451	743		
					B	22φ12.6		8.2	535	962		
					C	27φ12.6		11	619	1238		
	1000	130	≤15	C80	A	22φ10.7	φb6	4.4	689	1030	10080	924
					AB	22φ12.6		6	845	1394		
					B	30φ12.6		8.3	1003	1805		
					C	40φ12.6		10.9	1161	2322		
预应力混凝土管桩 (PC)	300	70	≤11	C60	A	6φ7.1	φb4	3.8	23	34	1070	131
					AB	6φ9.0		5.2	28	45		
					B	8φ9.0		7.1	33	59		
					C	8φ10.7		9.3	38	76		
	400	95	≤12	C60	A	10φ7.1	φb4	3.7	52	77	1980	249
					AB	10φ9.0		5.0	63	104		
					B	13φ9.0		6.7	75	135		
					C	13φ10.7		9.0	87	174		
	500	100	≤15	C60	A	10φ9.0	φb5	3.9	99	148	2720	327
					AB	10φ10.7		5.4	121	200		
					B	14φ10.7		7.2	144	258		
					C	14φ12.6		9.8	166	332		
	550	100	≤15	C60	A	11φ9.0	φb5	3.9	125	188	3060	368
					AB	11φ10.7		5.4	154	254		
					B	15φ10.7		7.2	182	328		
					C	15φ12.6		9.7	211	422		
	600	110	≤15	C60	A	13φ9.0	φb5	3.9	164	246	3680	440
					AB	13φ10.7		5.4	201	332		
					B	18φ10.7		7.2	239	430		
					C	18φ12.6		9.8	276	552		

B.0.2 离心成型的先张法预应力混凝土空心方桩的基本参数可按表 B.0.2 选用。

表 B.0.2 预应力混凝土空心方桩的配筋和力学性能

品种	边长 b (mm)	内径 d_l (mm)	单节桩长 (m)	混凝土强度等级	预应力钢筋	螺旋筋规格	混凝土有效预压应力 (MPa)	抗裂弯矩 M_{cr} (kN·m)	极限弯矩 M_u (kN·m)	桩身竖向承载力设计值 R_p (kN)	理论质量 (kg/m)
预应力高强混凝土空心方桩 (PHS)	300	160	≤12	C80	8φD7.1	φb4	3.7	37	48	1880	185
					8φD9.0	φb4	5.9	48	77		
	350	190	≤12	C80	8φD9.0	φb4	4.4	66	93	2535	245
	400	250	≤14	C80	8φD9.0	φb4	3.8	88	110	2985	290
					8φD10.7	φb4	5.3	102	155		
	450	250	≤15	C80	12φD9.0	φb5	4.1	135	185	4130	400
					12φD10.7	φb5	5.7	160	261		
					12φD12.6	φb5	7.9	190	352		
	500	300	≤15	C80	12φD9.0	φb5	3.5	170	210	4830	470
					12φD10.7	φb5	4.9	198	295		
					12φD12.6	φb5	6.8	234	406		
	550	350	≤15	C80	16φD9.0	φb5	4.1	237	310	5550	535
					16φD10.7	φb5	5.7	278	440		
					16φD12.6	φb5	7.8	331	582		
	600	380	≤15	C80	20φD9.0	φb5	4.2	315	430	6640	645
					20φD10.7	φb5	5.9	370	596		
					20φD12.6	φb5	8.1	440	782		
预应力混凝土空心方桩 (PS)	300	160	≤12	C60	8φD7.1	φb4	3.7	35	48	1440	185
					8φD9.0	φb4	5.9	46	77		
	350	190	≤12	C60	8φD9.0	φb4	4.4	63	93	1940	245
	400	250	≤14	C60	8φD9.0	φb4	3.8	85	110	2285	290
					8φD10.7	φb4	5.3	99	155		
	450	250	≤15	C60	12φD9.0	φb5	4.1	129	185	3160	400
					12φD10.7	φb5	5.7	152	256		
					12φD12.6	φb5	7.8	182	331		
	500	300	≤15	C60	12φD9.0	φb5	3.5	163	210	3700	470
					12φD10.7	φb5	4.9	189	295		
					12φD12.6	φb5	6.7	223	388		
	550	350	≤15	C60	16φD9.0	φb5	4.1	225	310	4250	535
					16φD10.7	φb5	5.6	266	426		
					16φD12.6	φb5	7.7	317	558		
	600	380	≤15	C60	20φD9.0	φb5	4.2	300	430	5085	645
					20φD10.7	φb5	5.9	355	576		
					20φD12.6	φb5	8.0	425	735		

附录 C 考虑承台（包括地下墙体）、基桩协同工作和土的弹性抗力作用计算受水平荷载的桩基

C.0.1 基本假定：

1 将土体视为弹性介质，其水平抗力系数随深度线性增加（m法），地面处为零。

对于低承台桩基，在计算桩基时，假定桩顶标高处的水平抗力系数为零并随深度增长。

2 在水平力和竖向压力作用下，基桩、承台、地下墙体表面上任一点的接触应力（法向弹性抗力）与该点的法向位移 δ 成正比。

3 忽略桩身、承台、地下墙体侧面与土之间的黏着力和摩擦力对抵抗水平力的作用。

4 按复合桩基设计时，即符合本规范第 5.2.5 条规定，可考虑承台底土的竖向抗力和水平摩阻力。

5 桩顶与承台刚性连接（固接），承台的刚度视为无穷大。因此，只有当承台的刚度较大，或由于上部结构与承台的协同作用使承台的刚度得到增强的情况下，才适于采用此种方法计算。

计算中考虑土的弹性抗力时，要注意土体的稳定性。

C.0.2 基本计算参数：

1 地基土水平抗力系数的比例系数 m，其值按本规范第 5.7.5 条规定采用。

当基桩侧面为几种土层组成时，应求得主要影响深度

$h_m = 2(d+1)$ 米范围内的 m 值作为计算值（见图 C.0.2）。

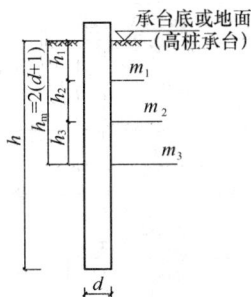

图 C.0.2

当 h_m 深度内存在两层不同土时：

$$m = \frac{m_1 h_1^2 + m_2(2h_1 + h_2)h_2}{h_m^2} \quad (C.0.2-1)$$

当 h_m 深度内存在三层不同土时：

$$m = \frac{m_1 h_1^2 + m_2(2h_1 + h_2)h_2 + m_3(2h_1 + 2h_2 + h_3)h_3}{h_m^2}$$

$$(C.0.2-2)$$

2 承台侧面地基土水平抗力系数 C_n：

$$C_n = m \cdot h_n \quad (C.0.2-3)$$

式中 m——承台埋深范围地基土的水平抗力系数的比例系数（MN/m^4）；

h_n——承台埋深（m）。

3 地基土竖向抗力系数 C_0、C_b 和地基土竖向抗力系数的比例系数 m_0：

1）桩底面地基土竖向抗力系数 C_0

$$C_0 = m_0 h \quad (C.0.2-4)$$

式中 m_0——桩底面地基土竖向抗力系数的比例系数（MN/m^4），近似取 $m_0 = m$；

h——桩的入土深度（m），当 h 小于 10m 时，按 10m 计算。

2）承台底地基土竖向抗力系数 C_b

$$C_b = m_0 h_n \eta_c \quad (C.0.2-5)$$

式中 h_n——承台埋深（m），当 h_n 小于 1m 时，按 1m 计算；

η_c——承台效应系数，按本规范第 5.2.5 条确定。

不随岩层埋深而增长，其值按表 C.0.2 采用。

表 C.0.2 岩石地基竖向抗力系数 C_R

岩石饱和单轴抗压强度标准值 $f_{rk}(kPa)$	$C_R(MN/m^3)$
1000	300
≥25000	15000

注：f_{rk} 为表列数值的中间值时，C_R 采用插入法确定。

4 岩石地基的竖向抗力系数 C_R

5 桩身抗弯刚度 EI：按本规范第 5.7.2 条第 6 款的规定计算确定。

6 桩身轴向压力传递系数 ξ_N：

$$\xi_N = 0.5 \sim 1.0$$

摩擦型桩取小值，端承型桩取大值。

7 地基土与承台底之间的摩擦系数 μ，按本规范表 5.7.3-2 取值。

C.0.3 计算公式：

1 单桩基础或垂直于外力作用平面的单排桩基础，见表 C.0.3-1。

2 位于（或平行于）外力作用平面的单排（或多排）桩低承台桩基，见表 C.0.3-2。

3 位于（或平行于）外力作用平面的单排（或多排）桩高承台桩基，见表 C.0.3-3。

C.0.4 确定地震作用下桩基计算参数和图式的几个问题：

1 当承台底面以上土层为液化层时，不考虑承台侧面土体的弹性抗力和承台底土的竖向弹性抗力与摩阻力，此时，令 $C_n = C_b = 0$，可按表 C.0.3-3 高承台公式计算。

2 当承台底面以上为非液化层，而承台底面与承台底面下土体可能发生脱离时（承台底面以下有欠固结、自重湿陷、震陷、液化土体时），不考虑承台底地基土的竖向弹性抗力和摩阻力，只考虑承台侧面土体的

弹性抗力，宜按表 C.0.3-3 高承台图式进行计算；但计算承台单位变位引起的桩顶、承台、地下墙体的反力和时，应考虑承台和地下墙体侧面土体弹性抗力的影响。可按表 C.0.3-2 的步骤 5 的公式计算（$C_b=0$）。

3 当桩顶以下 $2(d+1)$ 米深度内有液化夹层时，其水平抗力系数的比例系数综合计算值 m，系将液化层的 m 值按本规范表 5.3.12 折减后，代入式 (C.0.2-1) 或式 (C.0.2-2) 中计算确定。

表 C.0.3-1　单桩基础或垂直于外力作用平面的单排桩基础

计 算 步 骤			内　容	备　注
1	确定荷载和计算图式			桩底支撑在非岩石类土中或基岩表面
2	确定基本参数		m、EI、α	详见附录 C.0.2
3	求地面处桩身内力		弯距（$F \times L$）水平力（F） $\qquad M_0 = \dfrac{M}{n} + \dfrac{H}{n} l_0 \quad H_0 = \dfrac{H}{n}$	n——单排桩的桩数；低承台桩时，令 $l_0=0$
4	求单位力作用于桩身地面处，桩身在该处产生的变位	$H_0=1$ 作用时	水平位移（$F^{-1} \times L$）　$\delta_{HH} = \dfrac{1}{\alpha^3 EI} \times \dfrac{(B_3 D_4 - B_4 D_3) + K_h (B_2 D_4 - B_4 D_2)}{(A_3 B_4 - A_4 B_3) + K_h (A_2 B_4 - A_4 B_2)}$	桩底支承于非岩石类土中，且当 $h \geqslant 2.5/\alpha$，可令 $K_h=0$；桩底支承于基岩面上，且当 $h \geqslant 3.5/\alpha$，可令 $K_h=0$。K_h 计算见本表注③。系数 $A_1 \cdots\cdots D_4$、A_f、B_f、C_f 根据 $\bar{h} = \alpha h$ 查表 C.0.3-4 中相应 $\bar{h}$ 的值确定
			转角（F^{-1}）　$\delta_{MH} = \dfrac{1}{\alpha^2 EI} \times \dfrac{(A_3 D_4 - A_4 D_3) + K_h (A_2 D_4 - A_4 D_2)}{(A_3 B_4 - A_4 B_3) + K_h (A_2 B_4 - A_4 B_2)}$	
		$M_0=1$ 作用时	水平位移（F^{-1}）　$\delta_{HM} = \delta_{MH}$	
			转角（$F^{-1} \times L^{-1}$）　$\delta_{MM} = \dfrac{1}{\alpha EI} \times \dfrac{(A_3 C_4 - A_4 C_3) + K_h (A_2 C_4 - A_4 C_2)}{(A_3 B_4 - A_4 B_3) + K_h (A_2 B_4 - A_4 B_2)}$	
5	求地面处桩身的变位	水平位移（L）转角（弧度）	$x_0 = H_0 \delta_{HH} + M_0 \delta_{HM}$ $\varphi_0 = -(H_0 \delta_{MH} + M_0 \delta_{MM})$	
6	求地面以下任一深度的桩身内力	弯距（$F \times L$）水平力（F）	$M_y = \alpha^2 EI \left(x_0 A_3 + \dfrac{\varphi_0}{\alpha} B_3 + \dfrac{M_0}{\alpha^2 EI} C_3 + \dfrac{H_0}{\alpha^3 EI} D_3 \right)$ $H_y = \alpha^3 EI \left(x_0 A_4 + \dfrac{\varphi_0}{\alpha} B_4 + \dfrac{M_0}{\alpha^2 EI} C_4 + \dfrac{H_0}{\alpha^3 EI} D_4 \right)$	
7	求桩顶水平位移	（L）	$\Delta = x_0 - \varphi_0 l_0 + \Delta_0$ 其中 $\Delta_0 = \dfrac{H l_0^3}{3nEI} + \dfrac{M l_0^2}{2nEI}$	
8	求桩身最大弯距及其位置	最大弯距位置（L）	由 $\dfrac{\alpha M_0}{H_0} = C_1$ 查表 C.0.3-5 得相应的 αy，$y_{M\max} = \dfrac{\alpha y}{\alpha}$	C_1、D_{II} 查表 C.0.3-5
		最大弯距（$F \times L$）	$M_{\max} = H_0 / D_{II}$	

注：1　δ_{HH}、δ_{MH}、δ_{HM}、δ_{MM} 的图示意义：

2　当桩底嵌固于基岩中时，$\delta_{HH} \cdots\cdots \delta_{MM}$ 按下列公式计算：

$\delta_{HH} = \dfrac{1}{\alpha^3 EI} \times \dfrac{B_2 D_1 - B_1 D_2}{A_2 B_1 - A_1 B_2}$；　$\delta_{MH} = \dfrac{1}{\alpha^2 EI} \times \dfrac{A_2 D_1 - A_1 D_2}{A_2 B_1 - A_1 B_2}$；

$\delta_{HM} = \delta_{MH}$

$\delta_{MM} = \dfrac{1}{\alpha EI} \times \dfrac{A_2 C_1 - A_1 C_2}{A_2 B_1 - A_1 B_2}$；

(a) 桩端支承在非岩石类土中或基岩表面　　(b) 桩端嵌固于基岩中

3　系数 K_h　　$K_h = \dfrac{C_0 I_0}{\alpha EI}$

式中：C_0、α、E、I——详见附录 C.0.2；

I_0——桩底截面惯性矩；对于非扩底 $I_0 = I$。

4　表中 F、L 分别为表示力、长度的量纲。

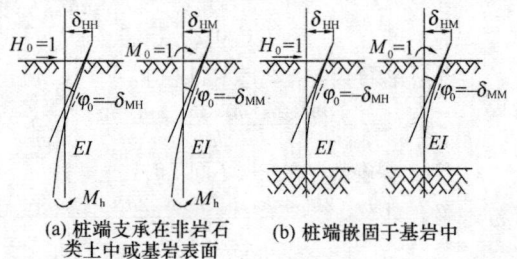

9—54

表 C. 0. 3-2　位于（或平行于）外力作用平面的单排（或多排）桩低承台桩基

计 算 步 骤			内　容	备　注
1	确定荷载和计算图式			坐标原点应选在桩群对称点上或重心上
2	确定基本计算参数		m、m_0、EI、α、ξ_N、C_0、C_b、μ	详见附录 C. 0. 2
3	求单位力作用于桩顶时，桩顶产生的变位	$H=1$ 作用时	水平位移（$F^{-1}\times L$）	δ_{HH}	公式同表 C. 0. 3-1 中步骤 4，且 $K_h=0$；当桩底嵌入基岩中时，应按表 C. 0. 3-1 注 2 计算。
			转角（F^{-1}）	δ_{MH}	
		$M=1$ 作用时	水平位移（F^{-1}）	$\delta_{HM}=\delta_{MH}$	
			转角（$F^{-1}\times L^{-1}$）	δ_{MM}	
4	求桩顶发生单位变位时，在桩顶引起的内力	发生单位竖向位移时	轴向力（$F\times L^{-1}$）	$\rho_{NN}=\dfrac{1}{\dfrac{\zeta_N h}{EA}+\dfrac{1}{C_0 A_0}}$	ξ_N、C_0、A_0——见附录 C. 0. 2 E、A——桩身弹性模量和横截面面积
		发生单位水平位移时	水平力（$F\times L^{-1}$）	$\rho_{HH}=\dfrac{\delta_{MM}}{\delta_{HH}\delta_{MM}-\delta^2_{MH}}$	
			弯距（F）	$\rho_{MH}=\dfrac{\delta_{MH}}{\delta_{HH}\delta_{MM}-\delta^2_{MH}}$	
		发生单位转角时	水平力（F）	$\rho_{HM}=\rho_{MH}$	
			弯距（$F\times L$）	$\rho_{MM}=\dfrac{\delta_{HH}}{\delta_{HH}\delta_{MM}-\delta^2_{MH}}$	
5	求承台发生单位变位时所有桩顶、承台和侧墙引起的反力和	发生单位竖向位移时	竖向反力（$F\times L^{-1}$）	$\gamma_{VV}=n\rho_{NN}+C_b A_b$	$B_0=B+1$ B——垂直于力作用面方向的承台宽； A_b、I_b、F^c、S^c 和 I^c——详见本表附注 3、4 n——基桩数 x_i——坐标原点至各桩的距离 K_i——第 i 排桩的桩数
			水平反力（$F\times L^{-1}$）	$\gamma_{UV}=\mu C_b A_b$	
		发生单位水平位移时	水平反力（$F\times L^{-1}$）	$\gamma_{UU}=n\rho_{HH}+B_0 F^c$	
			反弯距（F）	$\gamma_{\beta U}=-n\rho_{MH}+B_0 S^c$	
		发生单位转角时	水平反力（F）	$\gamma_{U\beta}=\gamma_{\beta U}$	
			反弯距（$F\times L$）	$\gamma_{\beta\beta}=n\rho_{MM}+\rho_{NN}\Sigma K_i x_i^2+B_0 I^c+C_b I^c$	
6	求承台变位		竖向位移（L）	$V=\dfrac{(N+G)}{\gamma_{VV}}$	
			水平位移（L）	$U=\dfrac{\gamma_{\beta\beta}H-\gamma_{U\beta}M}{\gamma_{UU}\gamma_{\beta\beta}-\gamma^2_{U\beta}}-\dfrac{(N+G)\gamma_{UV}\gamma_{\beta\beta}}{\gamma_{VV}(\gamma_{UU}\gamma_{\beta\beta}-\gamma^2_{U\beta})}$	
			转角（弧度）	$\beta=\dfrac{\gamma_{UU}M-\gamma_{U\beta}H}{\gamma_{UU}\gamma_{\beta\beta}-\gamma^2_{U\beta}}+\dfrac{(N+G)\gamma_{UV}\gamma_{U\beta}}{\gamma_{VV}(\gamma_{UU}\gamma_{\beta\beta}-\gamma^2_{U\beta})}$	
7	求任一基桩桩顶内力		轴向力（F）	$N_{0i}=(V+\beta\cdot x_i)\rho_{NN}$	x_i 在原点以右取正，以左取负
			水平力（F）	$H_{0i}=U\rho_{HH}-\beta\rho_{HM}$	
			弯距（$F\times L$）	$M_{0i}=\beta\rho_{MM}-U\rho_{MH}$	
8	求任一深度桩身弯距		弯距（$F\times L$）	$M_y=\alpha^2 EI$ $\times\left(UA_3+\dfrac{\beta}{\alpha}B_3+\dfrac{M_0}{\alpha^2 EI}C_3+\dfrac{H_0}{\alpha^3 EI}D_3\right)$	A_3、B_3、C_3、D_3 查表 C. 0. 3-4，当桩身变截面配筋时作该项计算

计 算 步 骤		内 容	备 注
9	求任一基桩桩身最大弯距及其位置	最大弯矩位置（L）	y_{Mmax}	计算公式同表 C.0.3-1
		最大弯距（F×L）	M_{max}	
10	求承台和侧墙的弹性抗力	水平抗力（F）	$H_E=UB_0F^c+\beta B_0S^c$	10、11、12 项为非必算内容
		反弯距（F×L）	$M_E=UB_0S^c+\beta B_0I^c$	
11	求承台底地基土的弹性抗力和摩阻力	竖向抗力（F）	$N_b=VC_bA_b$	
		水平抗力（F）	$H_b=\mu N_b$	
		反弯距（F×L）	$M_b=\beta C_bI_b$	
12	校核水平力的计算结果		$\sum H_i+H_E+H_b=H$	

注：1 ρ_{NN}、ρ_{HH}、ρ_{MH}、ρ_{HM} 和 ρ_{MM} 的图示意义：

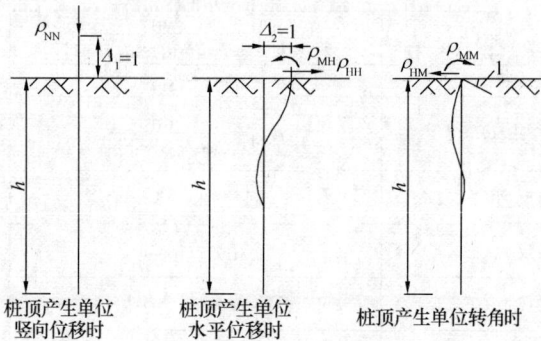

桩顶产生单位
竖向位移时　　桩顶产生单位
水平位移时　　桩顶产生单位转角时

2 A_0——单桩桩底压力分布面积，对于端承型桩，A_0 为单桩的底面积，对于摩擦型桩，取下列二公式计算值之较小者：

$$A_0=\pi\left(htg\frac{\varphi_m}{4}+\frac{d}{2}\right)^2 \qquad A_0=\frac{\pi}{4}s^2$$

式中 h——桩入土深度；

φ_m——桩周各土层内摩擦角的加权平均值；

d——桩的设计直径；

s——桩的中心距。

3 F^c、S^c、I^c——承台底面以上侧向水平抗力系数 C 图形的面积、对于底面的面积矩、惯性矩：

$$F^c=\frac{C_nh_n}{2}$$

$$S^c=\frac{C_nh_n^2}{6}$$

$$I^c=\frac{C_nh_n^3}{12}$$

4 A_b、I_b——承台底与地基土的接触面积、惯性矩：

$$A_b=F-nA$$

$$I_b=I_F-\sum AK_ix_i^2$$

式中 F——承台底面积；

nA——各基桩桩顶横截面积和。

表 C.0.3-3　位于(或平行于)外力作用平面的单排(或多排)桩高承台桩基

	计　算　步　骤			内　　容	备　　注
1	确定荷载和计算图式				坐标原点应选在桩群对称点上或重心上
2	确定基本计算参数			m、m_0、EI、α、ξ_N、C_0	详见附录 C.0.2
3	求单位力作用于桩身地面处，桩身在该处产生的变位			δ_{HH}、δ_{MH}、δ_{HM}、δ_{MM}	公式同表 C.0.3-2
4	求单位力作用于桩顶时，桩顶产生的变位	$H_i=1$ 作用时	水平位移($F^{-1}\times L$)	$\delta'_{HH}=\dfrac{l_0^3}{3EI}+\sigma_{mm}l_0^2+2\delta_{MH}l_0+\delta_{HH}$	
			转角(F^{-1})	$\delta'_{HM}=\dfrac{l_0^2}{2EI}+\delta_{MM}l_0+\delta_{MH}$	
		$M_i=1$ 作用时	水平位移(F^{-1})	$\delta'_{HM}=\delta'_{MH}$	
			转角($F^{-1}\times L^{-1}$)	$\delta'_{MM}=\dfrac{l_0}{EI}+\delta_{MM}$	
5	求桩顶发生单位变位时，桩顶引起的内力	发生单位竖向位移时	轴向力($F\times L^{-1}$)	$\rho_{NN}=\dfrac{1}{\dfrac{l_0+\zeta_N h}{EA}+\dfrac{1}{C_0A_0}}$	
		发生单位水平位移时	水平力($F\times L^{-1}$)	$\rho_{HH}=\dfrac{\delta'_{MM}}{\delta'_{HM}\delta'_{MM}-\delta'^2_{MH}}$	
			弯距(F)	$\rho_{MH}=\dfrac{\delta'_{MH}}{\delta'_{HH}\delta'_{MM}-\delta'^2_{MH}}$	
		发生单位转角时	水平力(F)	$\rho_{HM}=\rho_{MH}$	
			弯距($F\times L$)	$\rho_{MM}=\dfrac{\delta'_{HH}}{\delta'_{HH}\delta'_{MM}-\delta'^2_{MH}}$	
6	求承台发生单位变位时，所有桩顶引起的反力和	发生单位竖向位移时	竖向反力($F\times L^{-1}$)	$\gamma_{VV}=n\rho_{NN}$	n——基桩数 x_i——坐标原点至各桩的距离 K_i——第 i 排桩的根数
		发生单位水平位移时	水平反力($F\times L^{-1}$)	$\gamma_{UU}=n\rho_{HH}$	
			反弯距(F)	$\gamma_{\beta U}=-n\rho_{MH}$	
		发生单位转角时	水平反力(F)	$\gamma_{U\beta}=\gamma_{\beta U}$	
			反弯距($F\times L$)	$\gamma_{\beta\beta}=n\rho_{MM}+\rho_{NN}\Sigma K_i x_i^2$	
7	求承台变位		竖直位移(L)	$V=\dfrac{N+G}{\gamma_{VV}}$	
			水平位移(L)	$U=\dfrac{\gamma_{\beta\beta}H-\gamma_{U\beta}M}{\gamma_{UU}\gamma_{\beta\beta}-\gamma_{U\beta}^2}$	
			转角(弧度)	$\beta=\dfrac{\gamma_{UU}M-\gamma_{U\beta}H}{\gamma_{UU}\gamma_{\beta\beta}-\gamma_{U\beta}^2}$	
8	求任一基桩桩顶内力		竖向力(F)	$N_i=(V+\beta\cdot x_i)\rho_{NN}$	x_i 在原点 O 以右取正，以左取负
			水平力(F)	$H_i=u\rho_{HH}-\beta\rho_{HM}=\dfrac{H}{n}$	
			弯距($F\times L$)	$M_i=\beta\rho_{MM}-U\rho_{MH}$	

	计　算　步　骤		内　　　容	备　　注
9	求地面处任一基桩桩身截面上的内力	水平力（F）	$H_{0i}=H_i$	
		弯距（F×L）	$M_{0i}=M_i+H_i l_0$	
10	求地面处任一基桩桩身的变位	水平位移（L）	$x_{0i}=H_{0i}\delta_{HH}+M_{0i}\delta_{HM}$	
		转角（弧度）	$\varphi_{0i}=-(H_{0i}\delta_{MH}+M_{0i}\delta_{MM})$	
11	求任一基桩地面下任一深度桩身截面内力	弯距（F×L）	$M_{yi}=\alpha^2 EI\times$ $\left(x_{0i}A_3+\dfrac{\varphi_{0i}}{\alpha}B_3+\dfrac{M_{0i}}{\alpha^2 EI}C_3+\dfrac{H_{0i}}{\alpha^3 EI}D_3\right)$	$A_3\cdots\cdots D_4$ 查表 C.0.3-4，当桩身变截面配筋时作该项计算
		水平力（F）	$H_{yi}=\alpha^3 EI\times$ $\left(x_{0i}A_4+\dfrac{\varphi_{0i}}{\alpha}B_4+\dfrac{M_{0i}}{\alpha^2 EI}C_4+\dfrac{H_{0i}}{\alpha^3 EI}D_4\right)$	
12	求任一基桩桩身最大弯距及其位置	最大弯距位置（L）	y_{Mmax}	计算公式同表 C.0.3-1
		最大弯距（F×L）	M_{max}	

表 C.0.3-4　影响函数值表

换算深度 $\bar{h}=\alpha y$	A_3	B_3	C_3	D_3	A_4	B_4	C_4	D_4	$B_3 D_4$ $-B_4 D_3$	$A_3 B_4$ $-A_4 B_3$	$B_2 D_4$ $-B_4 D_2$
0	0.00000	0.00000	1.00000	0.00000	0.00000	0.0000	0.00000	1.00000	0.00000	0.00000	1.00000
0.1	−0.00017	−0.00001	1.00000	0.10000	−0.00500	−0.00033	−0.00001	1.00000	0.00002	0.00000	1.00000
0.2	−0.00133	−0.00013	0.99999	0.20000	−0.02000	−0.00267	−0.00020	0.99999	0.00040	0.00000	1.00004
0.3	−0.00450	−0.00067	0.99994	0.30000	−0.04500	−0.00900	−0.00101	0.99992	0.00203	0.00001	1.00029
0.4	−0.01067	−0.00213	0.99974	0.39998	−0.08000	−0.02133	−0.00320	0.99966	0.00640	0.00006	1.00120
0.5	−0.02083	−0.00521	0.99922	0.49991	−0.12499	−0.04167	−0.00781	0.99896	0.01563	0.00022	1.00365
0.6	−0.03600	−0.01080	0.99806	0.59974	−0.17997	−0.07199	−0.01620	0.99741	0.03240	0.00065	1.00917
0.7	−0.05716	−0.02001	0.99580	0.69935	−0.24490	−0.11433	−0.03001	0.99440	0.06006	0.00163	1.01962
0.8	−0.08532	−0.03412	0.99181	0.79854	−0.31975	−0.17060	−0.05120	0.98908	0.10248	0.00365	1.03824
0.9	−0.12144	−0.05466	0.98524	0.89705	−0.40443	−0.24284	−0.08198	0.98032	0.16426	0.00738	1.06893
1.0	−0.16652	−0.08329	0.97501	0.99445	−0.49881	−0.33298	−0.12493	0.96667	0.25062	0.01390	1.11679
1.1	−0.22152	−0.12192	0.95975	1.09016	−0.60268	−0.44292	−0.18285	0.94634	0.36747	0.02464	1.18823
1.2	−0.28737	−0.17260	0.93783	1.18342	−0.71573	−0.57450	−0.25886	0.91712	0.52158	0.04156	1.29111
1.3	−0.36496	−0.23760	0.90727	1.27320	−0.83753	−0.72950	−0.35631	0.87638	0.72057	0.06724	1.43498
1.4	−0.45515	−0.31933	0.86575	1.35821	−0.96746	−0.90954	−0.47883	0.82102	0.97317	0.10504	1.63125

续表 C.0.3-4

换算深度 $\bar{h}=\alpha y$	A_3	B_3	C_3	D_3	A_4	B_4	C_4	D_4	$B_3D_4 -B_4D_3$	$A_3B_4 -A_4B_3$	$B_2D_4 -B_4D_2$
1.5	−0.55870	−0.42039	0.81054	1.43680	−1.10468	−1.11609	−0.63027	0.74745	1.28938	0.15916	1.89349
1.6	−0.67629	−0.54348	0.73859	1.50695	−1.24808	−1.35042	−0.81466	0.65156	1.68091	0.23497	2.23776
1.7	−0.80848	−0.69144	0.64637	1.56621	−1.39623	−1.61346	−1.03616	0.52871	2.16145	0.33904	2.68296
1.8	−0.95564	−0.86715	0.52997	1.61162	−1.54728	−1.90577	−1.29909	0.37368	2.74734	0.47951	3.25143
1.9	−1.11796	−1.07357	0.38503	1.63969	−1.69889	−2.22745	−1.60770	0.18071	3.45833	0.66632	3.96945
2.0	−1.29535	−1.31361	0.20676	1.64628	−1.84818	−2.57798	−1.96620	−0.05652	4.31831	0.91158	4.86824
2.2	−1.69334	−1.90567	−0.27087	1.57538	−2.12481	−3.35952	−2.84858	−0.69158	6.61044	1.63962	7.36356
2.4	−2.14117	−2.66329	−0.94885	1.35201	−2.33901	−4.22811	−3.97323	−1.59151	9.95510	2.82366	11.13130
2.6	−2.62126	−3.59987	−1.87734	0.91679	−2.43695	−5.14023	−5.35541	−2.82106	14.86800	4.70118	16.74660
2.8	−3.10341	−4.71748	−3.10791	0.19729	−2.34558	−6.02299	−6.99007	−4.44491	22.15710	7.62658	25.06510
3.0	−3.54058	−5.99979	−4.68788	−0.89126	−1.96928	−6.76460	−8.84029	−6.51972	33.08790	12.13530	37.38070
3.5	−3.91921	−9.54367	−10.34040	−5.85402	1.07408	−6.78895	−13.69240	−13.82610	92.20900	36.85800	101.36900
4.0	−1.61428	−11.7307	−17.91860	−15.07550	9.24368	−0.35762	−15.61050	−23.14040	266.06100	109.01200	279.99600

注：表中 y 为桩身计算截面的深度；α 为桩的水平变形系数。

续表 C.0.3-4

换算深度 $\bar{h}=\alpha y$	$A_2B_4 -A_1B_2$	$A_3D_4 -A_4D_3$	$A_2D_4 -A_4D_2$	$A_3C_4 -A_4C_3$	$A_2C_4 -A_4C_2$	$A_f= \dfrac{B_3D_4-B_4D_3}{A_3B_4-A_4B_3}$	$B_f= \dfrac{A_3D_4-A_4D_3}{A_3B_4-A_4B_3}$	$C_f= \dfrac{A_3C_4-A_4C_3}{A_3B_4-A_4B_3}$	$B_2D_1-B_1D_2 \over A_2B_1-A_1B_2$	$A_2D_1-A_1D_2 \over A_2B_1-A_1B_2$	$A_2C_1-C_2A_1 \over A_2B_1-A_1B_2$
0	0.00000	0.00000	0.00000	0.00000	0.00000	∞	∞	∞	0.00000	0.00000	0.00000
0.1	0.00500	0.00033	0.00003	0.00500	0.00050	1800.00	24000.00	36000.00	0.00033	0.00500	0.10000
0.2	0.02000	0.00267	0.00033	0.02000	0.00400	450.00	3000.000	22500.10	0.00269	0.02000	0.20000
0.3	0.04500	0.00900	0.00169	0.04500	0.01350	200.00	888.898	4444.590	0.00900	0.04500	0.30000
0.4	0.07999	0.02133	0.00533	0.08001	0.03200	112.502	375.017	1406.444	0.02133	0.07999	0.39996
0.5	0.12504	0.04167	0.01302	0.12505	0.06251	72.102	192.214	576.825	0.04165	0.12495	0.49988
0.6	0.18013	0.07203	0.02701	0.18020	0.10804	50.012	111.179	278.134	0.07192	0.17893	0.59962
0.7	0.24535	0.11443	0.05004	0.24559	0.17161	36.740	70.001	150.236	0.11406	0.24448	0.69902
0.8	0.32091	0.17094	0.03539	0.32150	0.25632	28.108	46.884	88.179	0.16985	0.31867	0.79783
0.9	0.40709	0.24374	0.13685	0.40842	0.36533	22.245	33.009	55.312	0.24092	0.40199	0.89562
1.0	0.50436	0.33507	0.20873	0.50714	0.50194	18.028	24.102	36.480	0.32855	0.49374	0.99179
1.1	0.61351	0.44739	0.30600	0.61893	0.66965	14.915	18.160	25.122	0.43351	0.59294	1.08560
1.2	0.73565	0.58346	0.43412	0.74562	0.87232	12.550	14.039	17.941	0.55589	0.69811	1.17605
1.3	0.87244	0.74650	0.59910	0.88991	1.11429	10.716	11.102	13.235	0.69488	0.80737	1.26199
1.4	1.02612	0.94032	0.80887	1.05550	1.40059	9.265	8.952	10.049	0.84855	0.91831	1.34213

换算深度 $\bar{h}=\alpha y$	A_2B_4 $-A_4B_2$	A_3D_4 $-A_4D_3$	A_2D_4 $-A_4D_2$	A_3C_4 $-A_4C_3$	A_2C_4 $-A_4C_2$	$A_f=$ $\dfrac{B_3D_4-B_4D_3}{A_3B_4-A_4B_3}$	$B_f=$ $\dfrac{A_3D_4-A_4D_3}{A_3B_4-A_4B_3}$	$C_f=$ $\dfrac{A_3C_4-A_4C_3}{A_3B_4-A_4B_3}$	$\dfrac{B_2D_1-B_1D_2}{A_2B_1-A_1B_2}$	$\dfrac{A_2D_1-A_1D_2}{A_2B_1-A_1B_2}$	$\dfrac{A_2C_1-C_2A_1}{A_2B_1-A_1B_2}$
1.5	1.19981	1.16960	1.07061	1.24752	1.73720	8.101	7.349	7.838	1.01382	1.02816	1.41516
1.6	1.39771	1.44015	1.39379	1.47277	2.13135	7.154	6.129	6.268	1.18632	1.13380	1.47990
1.7	1.62522	1.75934	1.78918	1.74019	2.59200	6.375	5.189	5.133	1.36088	1.23219	1.53540
1.8	1.88946	2.13653	2.26933	2.06147	3.13039	5.730	4.456	4.300	1.53179	1.32058	1.58115
1.9	2.19944	2.58362	2.84909	2.45147	3.76049	5.190	3.878	3.680	1.69343	1.39688	1.61718
2.0	2.56664	3.11583	3.54638	2.92905	4.49999	4.737	3.418	3.213	1.84091	1.43979	1.64405
2.2	3.53366	4.51846	5.38469	4.24806	6.40196	4.032	2.756	2.591	2.08041	1.54549	1.67490
2.4	4.95288	6.57004	8.02219	6.28800	9.09220	3.526	2.327	2.227	2.23974	1.58566	1.68520
2.6	7.07178	9.62890	11.82060	9.46294	12.97190	3.161	2.048	2.013	2.32965	1.59617	1.68665
2.8	10.26420	14.25710	17.33620	14.40320	18.66360	2.905	1.869	1.889	2.37119	1.59262	1.68717
3.0	15.09220	21.32850	25.42750	22.06800	27.12570	2.727	1.758	1.818	2.38547	1.58606	1.69051
3.5	41.01820	60.47600	67.49820	64.76960	72.04850	2.502	1.641	1.757	2.38891	1.58435	1.71100
4.0	114.7220	176.7060	185.9960	190.8340	200.0470	2.441	1.625	1.751	2.40074	1.59979	1.73218

表 C.0.3-5　桩身最大弯距截面系数 C_{I}、最大弯距系数 D_{II}

换算深度 $\bar{h}=\alpha y$	C_{I}						D_{II}					
	$\alpha h=4.0$	$\alpha h=3.5$	$\alpha h=3.0$	$\alpha h=2.8$	$\alpha h=2.6$	$\alpha h=2.4$	$\alpha h=4.0$	$\alpha h=3.5$	$\alpha h=3.0$	$\alpha h=2.8$	$\alpha h=2.6$	$\alpha h=2.4$
0.0	∞	∞	∞	∞	∞	∞	∞	∞	∞	∞	∞	∞
0.1	131.252	129.489	120.507	112.954	102.805	90.196	131.250	129.551	120.515	113.017	102.839	90.226
0.2	34.186	33.699	31.158	29.090	26.326	22.939	34.315	33.818	31.282	29.218	26.451	23.065
0.3	15.544	15.282	14.013	13.003	11.671	10.064	15.738	15.476	14.206	13.197	11.864	10.258
0.4	8.781	8.605	7.799	7.176	6.368	5.409	9.039	8.862	8.057	7.434	6.625	5.667
0.5	5.539	5.403	4.821	4.385	3.829	3.183	5.855	5.720	5.138	4.702	4.147	3.502
0.6	3.710	3.597	3.141	2.811	2.400	1.931	4.086	3.973	3.519	3.189	2.778	2.310
0.7	2.566	2.465	2.089	1.826	1.506	1.150	2.999	2.899	2.525	2.263	1.943	1.587
0.8	1.791	1.699	1.377	1.160	0.902	0.623	2.282	2.191	1.871	1.655	1.398	1.119
0.9	1.238	1.151	0.867	0.683	0.471	0.248	1.784	1.698	1.417	1.235	1.024	0.800
1.0	0.824	0.740	0.484	0.327	0.149	−0.032	1.425	1.342	1.091	0.934	0.758	0.577
1.1	0.503	0.420	0.187	0.049	−0.100	−0.247	1.157	1.077	0.848	0.713	0.564	0.416
1.2	0.246	0.163	−0.052	−0.172	−0.299	−0.418	0.952	0.873	0.664	0.546	0.420	0.299
1.3	0.034	−0.049	−0.249	−0.355	−0.465	−0.557	0.792	0.714	0.522	0.418	0.311	0.212
1.4	−0.145	−0.229	−0.416	−0.508	−0.597	−0.672	0.666	0.588	0.410	0.319	0.229	0.148
1.5	−0.299	−0.384	−0.559	−0.639	−0.712	−0.769	0.563	0.486	0.321	0.241	0.166	0.101

换算深度 $\bar{h}=\alpha y$	C_{I}						D_{II}					
	$\alpha h=4.0$	$\alpha h=3.5$	$\alpha h=3.0$	$\alpha h=2.8$	$\alpha h=2.6$	$\alpha h=2.4$	$\alpha h=4.0$	$\alpha h=3.5$	$\alpha h=3.0$	$\alpha h=2.8$	$\alpha h=2.6$	$\alpha h=2.4$
1.6	−0.434	−0.521	−0.634	−0.753	−0.812	−0.853	0.480	0.402	0.250	0.181	0.118	0.067
1.7	−0.555	−0.645	−0.796	−0.854	−0.898	−0.025	0.411	0.333	0.193	0.134	0.082	0.043
1.8	−0.665	−0.756	−0.896	−0.943	−0.975	−0.987	0.353	0.276	0.147	0.097	0.055	0.026
1.9	−0.768	−0.862	−0.988	−1.024	−1.043	−1.043	0.304	0.227	0.110	0.068	0.035	0.014
2.0	−0.865	−0.961	−1.073	−1.098	−1.105	−1.092	0.263	0.186	0.081	0.046	0.022	0.007
2.2	−1.048	−1.148	−1.225	−1.227	−1.210	−1.176	0.196	0.122	0.040	0.019	0.006	0.001
2.4	−1.230	−1.328	−1.360	−1.338	−1.299	0	0.145	0.075	0.016	0.005	0.001	0
2.6	−1.420	−1.507	−1.482	−1.434	0		0.106	0.043	0.005	0.001	0	
2.8	−1.635	−1.692	−1.593	0			0.074	0.021	0.001	0		
3.0	−1.893	−1.886	0				0.049	0.008	0			
3.5	−2.994	0					0.010	0				
4.0	0						0					

注：表中 α 为桩的水平变形系数；y 为桩身计算截面的深度；h 为桩长。当 $\alpha h>4.0$ 时，按 $\alpha h=4.0$ 计算。

附录 D Boussinesq(布辛奈斯克)解的附加应力系数 α、平均附加应力系数 $\bar{\alpha}$

D.0.1 矩形面积上均布荷载作用下角点的附加应力系数 α、平均附加应力系数 $\bar{\alpha}$ 应按表 D.0.1-1、D.0.1-2 确定。

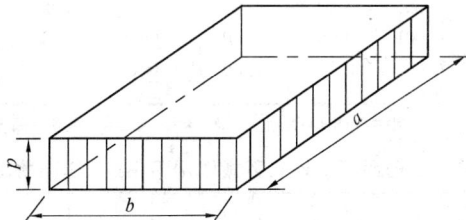

表 D.0.1-1　矩形面积上均布荷载作用下角点附加应力系数 α

z/b ＼ a/b	1.0	1.2	1.4	1.6	1.8	2.0	3.0	4.0	5.0	6.0	10.0	条形
0.0	0.250	0.250	0.250	0.250	0.250	0.250	0.250	0.250	0.250	0.250	0.250	0.250
0.2	0.249	0.249	0.249	0.249	0.249	0.249	0.249	0.249	0.249	0.249	0.249	0.249
0.4	0.240	0.242	0.243	0.243	0.244	0.244	0.244	0.244	0.244	0.244	0.244	0.244
0.6	0.223	0.228	0.230	0.232	0.232	0.233	0.234	0.234	0.234	0.234	0.234	0.234
0.8	0.200	0.207	0.212	0.215	0.216	0.218	0.220	0.220	0.220	0.220	0.220	0.220
1.0	0.175	0.185	0.191	0.195	0.198	0.200	0.203	0.204	0.204	0.204	0.205	0.205
1.2	0.152	0.163	0.171	0.176	0.179	0.182	0.187	0.188	0.189	0.189	0.189	0.189
1.4	0.131	0.142	0.151	0.157	0.161	0.164	0.171	0.173	0.174	0.174	0.174	0.174
1.6	0.112	0.124	0.133	0.140	0.145	0.148	0.157	0.159	0.160	0.160	0.160	0.160
1.8	0.097	0.108	0.117	0.124	0.129	0.133	0.143	0.146	0.147	0.148	0.148	0.148
2.0	0.084	0.095	0.103	0.110	0.116	0.120	0.131	0.135	0.136	0.137	0.137	0.137
2.2	0.073	0.083	0.092	0.098	0.104	0.108	0.121	0.125	0.126	0.127	0.128	0.128
2.4	0.064	0.073	0.081	0.088	0.093	0.098	0.111	0.116	0.118	0.118	0.119	0.119
2.6	0.057	0.065	0.072	0.079	0.084	0.089	0.102	0.107	0.110	0.111	0.112	0.112

z/b \ a/b	1.0	1.2	1.4	1.6	1.8	2.0	3.0	4.0	5.0	6.0	10.0	条形
2.8	0.050	0.058	0.065	0.071	0.076	0.080	0.094	0.100	0.102	0.104	0.105	0.105
3.0	0.045	0.052	0.058	0.064	0.069	0.073	0.087	0.093	0.096	0.097	0.099	0.099
3.2	0.040	0.047	0.053	0.058	0.063	0.067	0.081	0.087	0.090	0.092	0.093	0.094
3.4	0.036	0.042	0.048	0.053	0.057	0.061	0.075	0.081	0.085	0.086	0.088	0.089
3.6	0.033	0.038	0.043	0.048	0.052	0.056	0.069	0.076	0.080	0.082	0.084	0.084
3.8	0.030	0.035	0.040	0.044	0.048	0.052	0.065	0.072	0.075	0.077	0.080	0.080
4.0	0.027	0.032	0.036	0.040	0.044	0.048	0.060	0.067	0.071	0.073	0.076	0.076
4.2	0.025	0.029	0.033	0.037	0.041	0.044	0.056	0.063	0.067	0.070	0.072	0.073
4.4	0.023	0.027	0.031	0.034	0.038	0.041	0.053	0.060	0.064	0.066	0.069	0.070
4.6	0.021	0.025	0.028	0.032	0.035	0.038	0.049	0.056	0.061	0.063	0.066	0.067
4.8	0.019	0.023	0.026	0.029	0.032	0.035	0.046	0.053	0.058	0.060	0.064	0.064
5.0	0.018	0.021	0.024	0.027	0.030	0.033	0.043	0.050	0.055	0.057	0.061	0.062
6.0	0.013	0.015	0.017	0.020	0.022	0.024	0.033	0.039	0.043	0.046	0.051	0.052
7.0	0.009	0.011	0.013	0.015	0.016	0.018	0.025	0.031	0.035	0.038	0.043	0.045
8.0	0.007	0.009	0.010	0.011	0.013	0.014	0.020	0.025	0.028	0.031	0.037	0.039
9.0	0.006	0.007	0.008	0.009	0.010	0.011	0.016	0.020	0.024	0.026	0.032	0.035
10.0	0.005	0.006	0.007	0.007	0.008	0.009	0.013	0.017	0.020	0.022	0.028	0.032
12.0	0.003	0.004	0.005	0.005	0.006	0.006	0.009	0.012	0.014	0.017	0.022	0.026
14.0	0.002	0.003	0.003	0.004	0.004	0.005	0.007	0.009	0.011	0.013	0.018	0.023
16.0	0.002	0.002	0.003	0.003	0.003	0.004	0.005	0.007	0.009	0.010	0.014	0.020
18.0	0.001	0.002	0.002	0.002	0.003	0.003	0.004	0.006	0.007	0.008	0.012	0.018
20.0	0.001	0.001	0.002	0.002	0.002	0.002	0.004	0.005	0.006	0.007	0.010	0.016
25.0	0.001	0.001	0.001	0.001	0.001	0.002	0.002	0.003	0.004	0.004	0.007	0.013
30.0	0.001	0.001	0.001	0.001	0.001	0.001	0.002	0.002	0.003	0.003	0.005	0.011
35.0	0.000	0.000	0.001	0.001	0.001	0.001	0.001	0.002	0.002	0.002	0.004	0.009
40.0	0.000	0.000	0.000	0.000	0.001	0.001	0.001	0.001	0.001	0.002	0.003	0.008

注：a——矩形均布荷载长度(m)；b——矩形均布荷载宽度(m)；z——计算点离桩端平面垂直距离(m)。

表 D.0.1-2　矩形面积上均布荷载作用下角点平均附加应力系数 $\bar{\alpha}$

z/b \ a/b	1.0	1.2	1.4	1.6	1.8	2.0	2.4	2.8	3.2	3.6	4.0	5.0	10.0
0.0	0.2500	0.2500	0.2500	0.2500	0.2500	0.2500	0.2500	0.2500	0.2500	0.2500	0.2500	0.2500	0.2500
0.2	0.2496	0.2497	0.2497	0.2498	0.2498	0.2498	0.2498	0.2498	0.2498	0.2498	0.2498	0.2498	0.2498
0.4	0.2474	0.2479	0.2481	0.2483	0.2483	0.2484	0.2485	0.2485	0.2485	0.2485	0.2485	0.2485	0.2485
0.6	0.2423	0.2437	0.2444	0.2448	0.2451	0.2452	0.2454	0.2455	0.2455	0.2455	0.2455	0.2455	0.2456
0.8	0.2346	0.2372	0.2387	0.2395	0.2400	0.2403	0.2407	0.2408	0.2409	0.2409	0.2410	0.2410	0.2410
1.0	0.2252	0.2291	0.2313	0.2326	0.2335	0.2340	0.2346	0.2349	0.2351	0.2352	0.2352	0.2353	0.2353
1.2	0.2149	0.2199	0.2229	0.2248	0.2260	0.2268	0.2278	0.2282	0.2285	0.2286	0.2287	0.2288	0.2289
1.4	0.2043	0.2102	0.2140	0.2146	0.2180	0.2191	0.2204	0.2211	0.2215	0.2217	0.2218	0.2220	0.2221
1.6	0.1939	0.2006	0.2049	0.2079	0.2099	0.2113	0.2130	0.2138	0.2143	0.2146	0.2148	0.2150	0.2152
1.8	0.1840	0.1912	0.1960	0.1994	0.2018	0.2034	0.2055	0.2066	0.2073	0.2077	0.2079	0.2082	0.2084
2.0	0.1746	0.1822	0.1875	0.1912	0.1980	0.1958	0.1982	0.1996	0.2004	0.2009	0.2012	0.2015	0.2018
2.2	0.1659	0.1737	0.1793	0.1833	0.1862	0.1883	0.1911	0.1927	0.1937	0.1943	0.1947	0.1952	0.1955
2.4	0.1578	0.1657	0.1715	0.1757	0.1789	0.1812	0.1843	0.1862	0.1873	0.1880	0.1885	0.1890	0.1895
2.6	0.1503	0.1583	0.1642	0.1686	0.1719	0.1745	0.1779	0.1799	0.1812	0.1820	0.1825	0.1832	0.1838
2.8	0.1433	0.1514	0.1574	0.1619	0.1654	0.1680	0.1717	0.1739	0.1753	0.1763	0.1769	0.1777	0.1784

a/b z/b	1.0	1.2	1.4	1.6	1.8	2.0	2.4	2.8	3.2	3.6	4.0	5.0	10.0
3.0	0.1369	0.1449	0.1510	0.1556	0.1592	0.1619	0.1658	0.1682	0.1698	0.1708	0.1715	0.1725	0.1733
3.2	0.1310	0.1390	0.1450	0.1497	0.1533	0.1562	0.1602	0.1628	0.1645	0.1657	0.1664	0.1675	0.1685
3.4	0.1256	0.1334	0.1394	0.1441	0.1478	0.1508	0.1550	0.1577	0.1595	0.1607	0.1616	0.1628	0.1639
3.6	0.1205	0.1282	0.1342	0.1389	0.1427	0.1456	0.1500	0.1528	0.1548	0.1561	0.1570	0.1583	0.1595
3.8	0.1158	0.1234	0.1293	0.1340	0.1378	0.1408	0.1452	0.1482	0.1502	0.1516	0.1526	0.1541	0.1554
4.0	0.1114	0.1189	0.1248	0.1294	0.1332	0.1362	0.1408	0.1438	0.1459	0.1474	0.1485	0.1500	0.1516
4.2	0.1073	0.1147	0.1205	0.1251	0.1289	0.1319	0.1365	0.1396	0.1418	0.1434	0.1445	0.1462	0.1479
4.4	0.1035	0.1107	0.1164	0.1210	0.1248	0.1279	0.1325	0.1357	0.1379	0.1396	0.1407	0.1425	0.1444
4.6	0.1000	0.1070	0.1127	0.1172	0.1209	0.1240	0.1287	0.1319	0.1342	0.1359	0.1371	0.1390	0.1410
4.8	0.0967	0.1036	0.1091	0.1136	0.1173	0.1204	0.1250	0.1283	0.1307	0.1324	0.1337	0.1357	0.1379
5.0	0.0935	0.1003	0.1057	0.1102	0.1139	0.1169	0.1216	0.1249	0.1273	0.1291	0.1304	0.1325	0.1348
5.2	0.0906	0.0972	0.1026	0.1070	0.1106	0.1136	0.1183	0.1217	0.1241	0.1259	0.1273	0.1295	0.1320
5.4	0.0878	0.0943	0.0996	0.1039	0.1075	0.1105	0.1152	0.1186	0.1210	0.1229	0.1243	0.1265	0.1292
5.6	0.0852	0.0916	0.0968	0.1010	0.1046	0.1076	0.1122	0.1156	0.1181	0.1200	0.1215	0.1238	0.1266
5.8	0.0828	0.0890	0.0941	0.0983	0.1018	0.1047	0.1094	0.1128	0.1153	0.1172	0.1187	0.1211	0.1240
6.0	0.0805	0.0866	0.0916	0.0957	0.0991	0.1021	0.1067	0.1101	0.1126	0.1146	0.1161	0.1185	0.1216
6.2	0.0783	0.0842	0.0891	0.0932	0.0966	0.0995	0.1041	0.1075	0.1101	0.1120	0.1136	0.1161	0.1193
6.4	0.0762	0.0820	0.0869	0.0909	0.0942	0.0971	0.1016	0.1050	0.1076	0.1096	0.1111	0.1137	0.1171
6.6	0.0742	0.0799	0.0847	0.0886	0.0919	0.0948	0.0993	0.1027	0.1053	0.1073	0.1088	0.1114	0.1149
6.8	0.0723	0.0779	0.0826	0.0865	0.0898	0.0926	0.0970	0.1004	0.1030	0.1050	0.1066	0.1092	0.1129
7.0	0.0705	0.0761	0.0806	0.0844	0.0877	0.0904	0.0949	0.0982	0.1008	0.1028	0.1044	0.1071	0.1109
7.2	0.0688	0.0742	0.0787	0.0825	0.0857	0.0884	0.0928	0.0962	0.0987	0.1008	0.1023	0.1051	0.1090
7.4	0.0672	0.0725	0.0769	0.0806	0.0838	0.0865	0.0908	0.0942	0.0967	0.0988	0.1004	0.1031	0.1071
7.6	0.0656	0.0709	0.0752	0.0789	0.0820	0.0846	0.0889	0.0922	0.0948	0.0968	0.0984	0.1012	0.1054
7.8	0.0642	0.0693	0.0736	0.0771	0.0802	0.0828	0.0871	0.0904	0.0929	0.0950	0.0966	0.0994	0.1036
8.0	0.0627	0.0678	0.0720	0.0755	0.0785	0.0811	0.0853	0.0886	0.0912	0.0932	0.0948	0.0976	0.1020
8.2	0.0614	0.0663	0.0705	0.0739	0.0769	0.0795	0.0837	0.0869	0.0894	0.0914	0.0931	0.0959	0.1004
8.4	0.0601	0.0649	0.0690	0.0724	0.0754	0.0779	0.0820	0.0852	0.0878	0.0893	0.0914	0.0943	0.0938
8.6	0.0588	0.0636	0.0676	0.0710	0.0739	0.0764	0.0805	0.0836	0.0862	0.0882	0.0898	0.0927	0.0973
8.8	0.0576	0.0623	0.0663	0.0696	0.0724	0.0749	0.0790	0.0821	0.0846	0.0866	0.0882	0.0912	0.0959
9.2	0.0554	0.0599	0.0637	0.0670	0.0697	0.0721	0.0761	0.0792	0.0817	0.0837	0.0853	0.0882	0.0931
9.6	0.0533	0.0577	0.0614	0.0645	0.0672	0.0696	0.0734	0.0765	0.0789	0.0809	0.0825	0.0855	0.0905
10.0	0.0514	0.0556	0.0592	0.0622	0.0649	0.0672	0.0710	0.0739	0.0763	0.0783	0.0799	0.0829	0.0880
10.4	0.0496	0.0537	0.0572	0.0601	0.0627	0.0649	0.0686	0.0716	0.0739	0.0759	0.0775	0.0804	0.0857
10.8	0.0479	0.0519	0.0553	0.0581	0.0606	0.0628	0.0664	0.0693	0.0717	0.0736	0.0751	0.0781	0.0834
11.2	0.0463	0.0502	0.0535	0.0563	0.0587	0.0609	0.0664	0.0672	0.0695	0.0714	0.0730	0.0759	0.0813
11.6	0.0448	0.0486	0.0518	0.0545	0.0569	0.0590	0.0625	0.0652	0.0675	0.0694	0.0709	0.0738	0.0793
12.0	0.0435	0.0471	0.0502	0.0529	0.0552	0.0573	0.0606	0.0634	0.0656	0.0674	0.0690	0.0719	0.0774
12.8	0.0409	0.0444	0.0474	0.0499	0.0521	0.0541	0.0573	0.0599	0.0621	0.0639	0.0654	0.0682	0.0739
13.6	0.0387	0.0420	0.0448	0.0472	0.0493	0.0512	0.0543	0.0568	0.0589	0.0607	0.0621	0.0649	0.0707
14.4	0.0367	0.0398	0.0425	0.0488	0.0468	0.0486	0.0516	0.0540	0.0561	0.0577	0.0592	0.0619	0.0677
15.2	0.0349	0.0379	0.0404	0.0426	0.0446	0.0463	0.0492	0.0515	0.0535	0.0551	0.0565	0.0592	0.0650
16.0	0.0332	0.0361	0.0385	0.0407	0.0425	0.0442	0.0469	0.0492	0.0511	0.0527	0.0540	0.0567	0.0625
18.0	0.0297	0.0323	0.0345	0.0364	0.0381	0.0396	0.0422	0.0442	0.0460	0.0475	0.0487	0.0512	0.0570
20.0	0.0269	0.0292	0.0312	0.0330	0.0345	0.0359	0.0383	0.0402	0.0418	0.0432	0.0444	0.0468	0.0524

D. 0. 2 矩形面积上三角形分布荷载作用下角点的附加应力系数 α、平均附加应力系数 $\bar\alpha$ 应按表 D. 0. 2 确定。

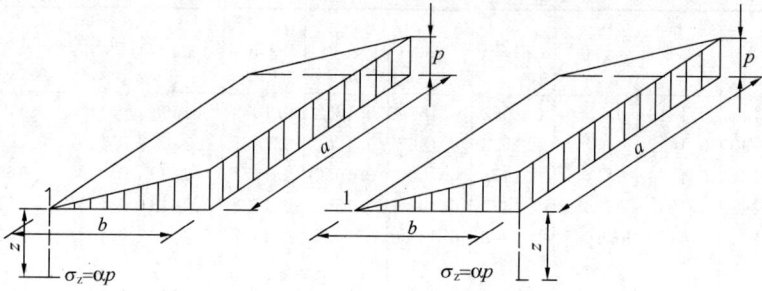

表 D. 0. 2 矩形面积上三角形分布荷载作用下的附加
应力系数 α 与平均附加应力系数 $\bar\alpha$

a/b	0.2				0.4				0.6				a/b
点	1		2		1		2		1		2		点
系数 z/b	α	$\bar\alpha$	α	$\bar\alpha$	α	$\bar\alpha$	α	$\bar\alpha$	α	$\bar\alpha$	α	$\bar\alpha$	系数 z/b
0.0	0.0000	0.0000	0.2500	0.2500	0.0000	0.0000	0.2500	0.2500	0.0000	0.0000	0.2500	0.2500	0.0
0.2	0.0223	0.0112	0.1821	0.2161	0.0280	0.0140	0.2115	0.2308	0.0296	0.0148	0.2165	0.2333	0.2
0.4	0.0269	0.0179	0.1094	0.1810	0.0420	0.0245	0.1604	0.2084	0.0487	0.0270	0.1781	0.2153	0.4
0.6	0.0259	0.0207	0.0700	0.1505	0.0448	0.0308	0.1165	0.1851	0.0560	0.0355	0.1405	0.1966	0.6
0.8	0.0232	0.0217	0.0480	0.1277	0.0421	0.0340	0.0853	0.1640	0.0553	0.0405	0.1093	0.1787	0.8
1.0	0.0201	0.0217	0.0346	0.1104	0.0375	0.0351	0.0638	0.1461	0.0508	0.0430	0.0852	0.1624	1.0
1.2	0.0171	0.0212	0.0260	0.0970	0.0324	0.0351	0.0491	0.1312	0.0450	0.0439	0.0673	0.1480	1.2
1.4	0.0145	0.0204	0.0202	0.0865	0.0278	0.0344	0.0386	0.1187	0.0392	0.0436	0.0540	0.1356	1.4
1.6	0.0123	0.0195	0.0160	0.0779	0.0238	0.0333	0.0310	0.1082	0.0339	0.0427	0.0440	0.1247	1.6
1.8	0.0105	0.0186	0.0130	0.0709	0.0204	0.0321	0.0254	0.0993	0.0294	0.0415	0.0363	0.1153	1.8
2.0	0.0090	0.0178	0.0108	0.0650	0.0176	0.0308	0.0211	0.0917	0.0255	0.0401	0.0304	0.1071	2.0
2.5	0.0063	0.0157	0.0072	0.0538	0.0125	0.0276	0.0140	0.0769	0.0183	0.0365	0.0205	0.0908	2.5
3.0	0.0046	0.0140	0.0051	0.0458	0.0092	0.0248	0.0100	0.0661	0.0135	0.0330	0.0148	0.0786	3.0
5.0	0.0018	0.0097	0.0019	0.0289	0.0036	0.0175	0.0038	0.0424	0.0054	0.0236	0.0056	0.0476	5.0
7.0	0.0009	0.0073	0.0010	0.0211	0.0019	0.0133	0.0019	0.0311	0.0028	0.0180	0.0029	0.0352	7.0
10.0	0.0005	0.0053	0.0004	0.0150	0.0009	0.0097	0.0010	0.0222	0.0014	0.0133	0.0014	0.0253	10.0

a/b	0.8				1.0				1.2				a/b
点	1		2		1		2		1		2		点
系数 z/b	α	$\bar\alpha$	α	$\bar\alpha$	α	$\bar\alpha$	α	$\bar\alpha$	α	$\bar\alpha$	α	$\bar\alpha$	系数 z/b
0.0	0.0000	0.0000	0.2500	0.2500	0.0000	0.0000	0.2500	0.2500	0.0000	0.0000	0.2500	0.2500	0.0
0.2	0.0301	0.0151	0.2178	0.2339	0.0304	0.0152	0.2182	0.2341	0.0305	0.0153	0.2184	0.2342	0.2
0.4	0.0517	0.0280	0.1844	0.2175	0.0531	0.0285	0.1870	0.2184	0.0539	0.0288	0.1881	0.2187	0.4
0.6	0.6210	0.0376	0.1520	0.2011	0.0654	0.0388	0.1575	0.2030	0.0673	0.0394	0.1602	0.2039	0.6
0.8	0.0637	0.0440	0.1232	0.1852	0.0688	0.0459	0.1311	0.1883	0.0720	0.0470	0.1355	0.1899	0.8
1.0	0.0602	0.0476	0.0996	0.1704	0.0666	0.0502	0.1086	0.1746	0.0708	0.0518	0.1143	0.1769	1.0
1.2	0.0546	0.0492	0.0807	0.1571	0.0615	0.0525	0.0901	0.1621	0.0664	0.0546	0.0962	0.1649	1.2
1.4	0.0483	0.0495	0.0661	0.1451	0.0554	0.0534	0.0751	0.1507	0.0606	0.0559	0.0817	0.1541	1.4
1.6	0.0424	0.0490	0.0547	0.1345	0.0492	0.0533	0.0628	0.1405	0.0545	0.0561	0.0696	0.1443	1.6

续表 D.0.2

a/b	0.8				1.0				1.2				a/b
点	1		2		1		2		1		2		点
系数 z/b	α	$\bar{\alpha}$	α	$\bar{\alpha}$	α	$\bar{\alpha}$	α	$\bar{\alpha}$	α	$\bar{\alpha}$	α	$\bar{\alpha}$	系数 z/b
1.8	0.0371	0.0480	0.0457	0.1252	0.0435	0.0525	0.0534	0.1313	0.0487	0.0556	0.0596	0.1354	1.8
2.0	0.0324	0.0467	0.0387	0.1169	0.0384	0.0513	0.0456	0.1232	0.0434	0.0547	0.0513	0.1274	2.0
2.5	0.0236	0.0429	0.0265	0.1000	0.0284	0.0478	0.0318	0.1063	0.0326	0.0513	0.0365	0.1107	2.5
3.0	0.0176	0.0392	0.0192	0.0871	0.0214	0.0439	0.0233	0.0931	0.0249	0.0476	0.0270	0.0976	3.0
5.0	0.0071	0.0285	0.0074	0.0576	0.0088	0.0324	0.0091	0.0624	0.0104	0.0356	0.0108	0.0661	5.0
7.0	0.0038	0.0219	0.0038	0.0427	0.0047	0.0251	0.0047	0.0465	0.0056	0.0277	0.0056	0.0496	7.0
10.0	0.0019	0.0162	0.0019	0.0308	0.0023	0.0186	0.0024	0.0336	0.0028	0.0207	0.0028	0.0359	10.0

a/b	1.4				1.6				1.8				a/b
点	1		2		1		2		1		2		点
系数 z/b	α	$\bar{\alpha}$	α	$\bar{\alpha}$	α	$\bar{\alpha}$	α	$\bar{\alpha}$	α	$\bar{\alpha}$	α	$\bar{\alpha}$	系数 z/b
0.0	0.0000	0.0000	0.2500	0.2500	0.0000	0.0000	0.2500	0.2500	0.0000	0.0000	0.2500	0.2500	0.0
0.2	0.0305	0.0153	0.2185	0.2343	0.0306	0.0153	0.2185	0.2343	0.0306	0.0153	0.2185	0.2343	0.2
0.4	0.0543	0.0289	0.1886	0.2189	0.0545	0.0290	0.1889	0.2190	0.0546	0.0290	0.1891	0.2190	0.4
0.6	0.0684	0.0397	0.1616	0.2043	0.0690	0.0399	0.1625	0.2046	0.0649	0.0400	0.1630	0.2047	0.6
0.8	0.0739	0.0476	0.1381	0.1907	0.0751	0.0480	0.1396	0.1912	0.0759	0.0482	0.1405	0.1915	0.8
1.0	0.0735	0.0528	0.1176	0.1781	0.0753	0.0534	0.1202	0.1789	0.0766	0.0538	0.1215	0.1794	1.0
1.2	0.0698	0.0560	0.1007	0.1666	0.0721	0.0568	0.1037	0.1678	0.0738	0.0574	0.1055	0.1684	1.2
1.4	0.0644	0.0575	0.0864	0.1562	0.0672	0.0586	0.0897	0.1576	0.0692	0.0594	0.0921	0.1585	1.4
1.6	0.0586	0.0580	0.0743	0.1467	0.0616	0.0594	0.0780	0.1484	0.0639	0.0603	0.0806	0.1494	1.6
1.8	0.0528	0.0578	0.0644	0.1381	0.0560	0.0593	0.0681	0.1400	0.0585	0.0604	0.0709	0.1413	1.8
2.0	0.0474	0.0570	0.0560	0.1303	0.0507	0.0587	0.0596	0.1324	0.0533	0.0599	0.0625	0.1338	2.0
2.5	0.0362	0.0540	0.0405	0.1139	0.0393	0.0560	0.0440	0.1163	0.0419	0.0575	0.0469	0.1180	2.5
3.0	0.0280	0.0503	0.0303	0.1008	0.0307	0.0525	0.0333	0.1033	0.0331	0.0541	0.0359	0.1052	3.0
5.0	0.0120	0.0382	0.0123	0.0690	0.0135	0.0403	0.0139	0.0714	0.0148	0.0421	0.0154	0.0734	5.0
7.0	0.0064	0.0299	0.0066	0.0520	0.0073	0.0318	0.0074	0.0541	0.0081	0.0333	0.0083	0.0558	7.0
10.0	0.0033	0.0224	0.0032	0.0379	0.0037	0.0239	0.0037	0.0395	0.0041	0.0252	0.0042	0.0409	10.0

z/b	2.0				3.0				4.0				z/b
	点 1		点 2		点 1		点 2		点 1		点 2		
	α	$\bar{\alpha}$	α	$\bar{\alpha}$	α	$\bar{\alpha}$	α	$\bar{\alpha}$	α	$\bar{\alpha}$	α	$\bar{\alpha}$	
0.0	0.0000	0.0000	0.2500	0.2500	0.0000	0.0000	0.2500	0.2500	0.0000	0.0000	0.2500	0.2500	0.0
0.2	0.0306	0.0153	0.2185	0.2343	0.0306	0.0153	0.2186	0.2343	0.0306	0.0153	0.2186	0.2343	0.2
0.4	0.0547	0.0290	0.1892	0.2191	0.0548	0.0290	0.1894	0.2192	0.0549	0.0291	0.1894	0.2192	0.4
0.6	0.0696	0.0401	0.1633	0.2048	0.0701	0.0402	0.1638	0.2050	0.0702	0.0402	0.1639	0.2050	0.6
0.8	0.0764	0.0483	0.1412	0.1917	0.0773	0.0486	0.1423	0.1920	0.0776	0.0487	0.1424	0.1920	0.8
1.0	0.0774	0.0540	0.1225	0.1797	0.0790	0.0545	0.1244	0.1803	0.0794	0.0546	0.1248	0.1803	1.0
1.2	0.0749	0.0577	0.1069	0.1689	0.0774	0.0584	0.1096	0.1697	0.0779	0.0586	0.1103	0.1699	1.2
1.4	0.0707	0.0599	0.0937	0.1591	0.0739	0.0609	0.0973	0.1603	0.0748	0.0612	0.0982	0.1605	1.4
1.6	0.0656	0.0609	0.0826	0.1502	0.0697	0.0623	0.0870	0.1517	0.0708	0.0626	0.0882	0.1521	1.6
1.8	0.0604	0.0611	0.0730	0.1422	0.0652	0.0628	0.0782	0.1441	0.0666	0.0633	0.0797	0.1445	1.8
2.0	0.0553	0.0608	0.0649	0.1348	0.0607	0.0629	0.0707	0.1371	0.0624	0.0634	0.0726	0.1377	2.0
2.5	0.0440	0.0586	0.0491	0.1193	0.0504	0.0614	0.0559	0.1223	0.0529	0.0623	0.0585	0.1233	2.5
3.0	0.0352	0.0554	0.0380	0.1067	0.0419	0.0589	0.0451	0.1104	0.0449	0.0600	0.0482	0.1116	3.0
5.0	0.0161	0.0435	0.0167	0.0749	0.0214	0.0480	0.0221	0.0797	0.0248	0.0500	0.0256	0.0817	5.0
7.0	0.0089	0.0347	0.0091	0.0572	0.0124	0.0391	0.0126	0.0619	0.0152	0.0414	0.0154	0.0642	7.0
10.0	0.0046	0.0263	0.0046	0.0403	0.0066	0.0302	0.0066	0.0462	0.0084	0.0325	0.0083	0.0485	10.0

z/b	6.0				8.0				10.0				z/b
	点 1		点 2		点 1		点 2		点 1		点 2		
	α	$\bar{\alpha}$	α	$\bar{\alpha}$	α	$\bar{\alpha}$	α	$\bar{\alpha}$	α	$\bar{\alpha}$	α	$\bar{\alpha}$	
0.0	0.0000	0.0000	0.2500	0.2500	0.0000	0.0000	0.2500	0.2500	0.0000	0.0000	0.2500	0.2500	0.0
0.2	0.0306	0.0153	0.2186	0.2343	0.0306	0.0153	0.2186	0.2343	0.0306	0.0153	0.2186	0.2343	0.2
0.4	0.0549	0.0291	0.1894	0.2192	0.0549	0.0291	0.1894	0.2192	0.0549	0.0291	0.1894	0.2192	0.4
0.6	0.0702	0.0402	0.1640	0.2050	0.0702	0.0402	0.1640	0.2050	0.0702	0.0402	0.1640	0.2050	0.6
0.8	0.0776	0.0487	0.1426	0.1921	0.0776	0.0487	0.1426	0.1921	0.0776	0.0487	0.1426	0.1921	0.8
1.0	0.0795	0.0546	0.1250	0.1804	0.0796	0.0546	0.1250	0.1804	0.0796	0.0546	0.1250	0.1804	1.0
1.2	0.0782	0.0587	0.1105	0.1700	0.0783	0.0587	0.1105	0.1700	0.0783	0.0587	0.1105	0.1700	1.2
1.4	0.0752	0.0613	0.0986	0.1606	0.0752	0.0613	0.0987	0.1606	0.0753	0.0613	0.0987	0.1606	1.4
1.6	0.0714	0.0628	0.0887	0.1523	0.0715	0.0628	0.0888	0.1523	0.0715	0.0628	0.0889	0.1523	1.6
1.8	0.0673	0.0635	0.0805	0.1447	0.0675	0.0635	0.0806	0.1448	0.0675	0.0635	0.0808	0.1448	1.8
2.0	0.0634	0.0637	0.0734	0.1380	0.0636	0.0638	0.0736	0.1380	0.0636	0.0638	0.0738	0.1380	2.0
2.5	0.0543	0.0627	0.0601	0.1237	0.0547	0.0628	0.0604	0.1238	0.0548	0.0628	0.0605	0.1239	2.5
3.0	0.0469	0.0607	0.0504	0.1123	0.0474	0.0609	0.0509	0.1124	0.0476	0.0609	0.0511	0.1125	3.0
5.0	0.0283	0.0515	0.0290	0.0833	0.0296	0.0519	0.0303	0.0837	0.0301	0.0521	0.0309	0.0839	5.0
7.0	0.0186	0.0435	0.0190	0.0663	0.0204	0.0442	0.0207	0.0671	0.0212	0.0445	0.0216	0.0674	7.0
10.0	0.0111	0.0349	0.0111	0.0509	0.0128	0.0359	0.0130	0.0520	0.0139	0.0364	0.0141	0.0526	10.0

D.0.3 圆形面积上均布荷载作用下中点的附加应力系数 α、平均附加应力系数 $\bar{\alpha}$ 应按表 D.0.3 确定。

表 D.0.3 (d)圆形面积上均布荷载作用下
中点的附加应力系数 α 与平均附加应力系数 $\bar{\alpha}$

z/r	圆形 α	圆形 $\bar{\alpha}$	z/r	圆形 α	圆形 $\bar{\alpha}$
0.0	1.000	1.000	2.6	0.187	0.560
0.1	0.999	1.000	2.7	0.175	0.546
0.2	0.992	0.998	2.8	0.165	0.532
0.3	0.976	0.993	2.9	0.155	0.519
0.4	0.949	0.986	3.0	0.146	0.507
0.5	0.911	0.974	3.1	0.138	0.495
0.6	0.864	0.960	3.2	0.130	0.484
0.7	0.811	0.942	3.3	0.124	0.473
0.8	0.756	0.923	3.4	0.117	0.463
0.9	0.701	0.901	3.5	0.111	0.453
1.0	0.647	0.878	3.6	0.106	0.443
1.1	0.595	0.855	3.7	0.101	0.434
1.2	0.547	0.831	3.8	0.096	0.425
1.3	0.502	0.808	3.9	0.091	0.417
1.4	0.461	0.784	4.0	0.087	0.409
1.5	0.424	0.762	4.1	0.083	0.401
1.6	0.390	0.739	4.2	0.079	0.393
1.7	0.360	0.718	4.3	0.076	0.386
1.8	0.332	0.697	4.4	0.073	0.379
1.9	0.307	0.677	4.5	0.070	0.372
2.0	0.285	0.658	4.6	0.067	0.365
2.1	0.264	0.640	4.7	0.064	0.359
2.2	0.245	0.623	4.8	0.062	0.353
2.3	0.229	0.606	4.9	0.059	0.347
2.4	0.210	0.590	5.0	0.057	0.341
2.5	0.200	0.574			

D.0.4 圆形面积上三角形分布荷载作用下边点的附加应力系数 α、平均附加应力系数 $\bar{\alpha}$ 应按表 D.0.4 确定。

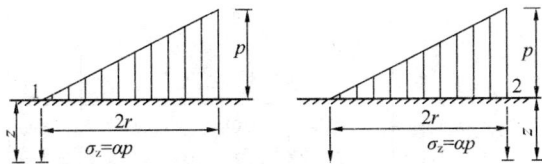

r—圆形面积的半径

表 D.0.4 圆形面积上三角形分布荷载作用下边点的
附加应力系数 α 与平均附加应力系数 $\bar{\alpha}$

点 系数 z/r	1 α	1 $\bar{\alpha}$	2 α	2 $\bar{\alpha}$
0.0	0.000	0.000	0.500	0.500
0.1	0.016	0.008	0.465	0.483
0.2	0.031	0.016	0.433	0.466
0.3	0.044	0.023	0.403	0.450
0.4	0.054	0.030	0.376	0.435
0.5	0.063	0.035	0.349	0.420
0.6	0.071	0.041	0.324	0.406
0.7	0.078	0.045	0.300	0.393
0.8	0.083	0.050	0.279	0.380
0.9	0.088	0.054	0.258	0.368
1.0	0.091	0.057	0.238	0.356
1.1	0.092	0.061	0.221	0.344
1.2	0.093	0.063	0.205	0.333
1.3	0.092	0.065	0.190	0.323
1.4	0.091	0.067	0.177	0.313
1.5	0.089	0.069	0.165	0.303
1.6	0.087	0.070	0.154	0.294
1.7	0.085	0.071	0.144	0.286
1.8	0.083	0.072	0.134	0.278
1.9	0.080	0.072	0.126	0.270
2.0	0.078	0.073	0.117	0.263
2.1	0.075	0.073	0.110	0.255
2.2	0.072	0.073	0.104	0.249
2.3	0.070	0.073	0.097	0.242
2.4	0.067	0.073	0.091	0.236
2.5	0.064	0.072	0.086	0.230
2.6	0.062	0.072	0.081	0.225
2.7	0.059	0.071	0.078	0.219
2.8	0.057	0.071	0.074	0.214
2.9	0.055	0.070	0.070	0.209
3.0	0.052	0.070	0.067	0.204
3.1	0.050	0.069	0.064	0.200
3.2	0.048	0.069	0.061	0.196
3.3	0.046	0.068	0.059	0.192
3.4	0.045	0.067	0.055	0.188
3.5	0.043	0.067	0.053	0.184
3.6	0.041	0.066	0.051	0.180
3.7	0.040	0.065	0.048	0.177
3.8	0.038	0.065	0.046	0.173
3.9	0.037	0.064	0.043	0.170
4.0	0.036	0.063	0.041	0.167
4.2	0.033	0.062	0.038	0.161
4.4	0.031	0.061	0.034	0.155
4.6	0.029	0.059	0.031	0.150
4.8	0.027	0.058	0.029	0.145
5.0	0.025	0.057	0.027	0.140

附录 E 桩基等效沉降系数 ψ_e 计算参数

E.0.1 桩基等效沉降系数应按表 E.0.1-1～表 E.0.1-5 中列出的参数，采用本规范式(5.5.9-1)和式 (5.5.9-2)计算。

表 E.0.1-1　$(s_a/d=2)$

l/d	L_c/B_c	1	2	3	4	5	6	7	8	9	10
5	C_0	0.203	0.282	0.329	0.363	0.389	0.410	0.428	0.443	0.456	0.468
	C_1	1.543	1.687	1.797	1.845	1.915	1.949	1.981	2.047	2.073	2.098
	C_2	5.563	5.356	5.086	5.020	4.878	4.843	4.817	4.704	4.690	4.681
10	C_0	0.125	0.188	0.228	0.258	0.282	0.301	0.318	0.333	0.346	0.357
	C_1	1.487	1.573	1.653	1.676	1.731	1.750	1.768	1.828	1.844	1.860
	C_2	7.000	6.260	5.737	5.535	5.292	5.191	5.114	4.949	4.903	4.865
15	C_0	0.093	0.146	0.180	0.207	0.228	0.246	0.262	0.275	0.287	0.298
	C_1	1.508	1.568	1.637	1.647	1.696	1.707	1.718	1.776	1.787	1.798
	C_2	8.413	7.252	6.520	6.208	5.878	5.722	5.604	5.393	5.320	5.259
20	C_0	0.075	0.120	0.151	0.175	0.194	0.211	0.225	0.238	0.249	0.260
	C_1	1.548	1.592	1.654	1.656	1.701	1.706	1.712	1.770	1.777	1.783
	C_2	9.783	8.236	7.310	6.897	6.486	6.280	6.123	5.870	5.771	5.689
25	C_0	0.063	0.103	0.131	0.152	0.170	0.186	0.199	0.211	0.221	0.231
	C_1	1.596	1.628	1.686	1.679	1.722	1.722	1.724	1.783	1.786	1.789
	C_2	11.118	9.205	8.094	7.583	7.095	6.841	6.647	6.353	6.230	6.128
30	C_0	0.055	0.090	0.116	0.135	0.152	0.166	0.179	0.190	0.200	0.209
	C_1	1.646	1.669	1.724	1.711	1.753	1.748	1.745	1.806	1.806	1.806
	C_2	12.426	10.159	8.868	8.264	7.700	7.400	7.170	6.836	6.689	6.568
40	C_0	0.044	0.073	0.095	0.112	0.126	0.139	0.150	0.160	0.169	0.177
	C_1	1.754	1.761	1.812	1.787	1.827	1.814	1.803	1.867	1.861	1.855
	C_2	14.984	12.036	10.396	9.610	8.900	8.509	8.211	7.797	7.605	7.446
50	C_0	0.036	0.062	0.081	0.096	0.108	0.120	0.129	0.138	0.147	0.154
	C_1	1.865	1.860	1.909	1.873	1.911	1.889	1.872	1.939	1.927	1.916
	C_2	17.492	13.885	11.905	10.945	10.090	9.613	9.247	8.755	8.519	8.323
60	C_0	0.031	0.054	0.070	0.084	0.095	0.105	0.114	0.122	0.130	0.137
	C_1	1.979	1.962	2.010	1.962	1.999	1.970	1.945	2.016	1.998	1.981
	C_2	19.967	15.719	13.406	12.274	11.278	10.715	10.284	9.713	9.433	9.200
70	C_0	0.028	0.048	0.063	0.075	0.085	0.094	0.102	0.110	0.117	0.123
	C_1	2.095	2.067	2.114	2.055	2.091	2.054	2.021	2.097	2.072	2.049
	C_2	22.423	17.546	14.901	13.602	12.465	11.818	11.322	10.672	10.349	10.080
80	C_0	0.025	0.043	0.056	0.067	0.077	0.085	0.093	0.100	0.106	0.112
	C_1	2.213	2.174	2.220	2.150	2.185	2.139	2.099	2.178	2.147	2.119
	C_2	24.868	19.370	16.398	14.933	13.655	12.925	12.364	11.635	11.270	10.964
90	C_0	0.022	0.039	0.051	0.061	0.070	0.078	0.085	0.091	0.097	0.103
	C_1	2.333	2.283	2.328	2.245	2.280	2.225	2.177	2.261	2.223	2.189
	C_2	27.307	21.195	17.897	16.267	14.849	14.036	13.411	12.603	12.194	11.853
100	C_0	0.021	0.036	0.047	0.057	0.065	0.072	0.078	0.084	0.090	0.095
	C_1	2.453	2.392	2.436	2.341	2.375	2.311	2.256	2.344	2.299	2.259
	C_2	29.744	23.024	19.400	17.608	16.049	15.153	14.464	13.575	13.123	12.745

注：L_c——群桩基础承台长度；B_c——群桩基础承台宽度；l——桩长；d——桩径。

l/d	L_c/B_c	1	2	3	4	5	6	7	8	9	10
5	C_0	0.203	0.318	0.377	0.416	0.445	0.468	0.486	0.502	0.516	0.528
	C_1	1.483	1.723	1.875	1.955	2.045	2.098	2.144	2.218	2.256	2.290
	C_2	3.679	4.036	4.006	4.053	3.995	4.007	4.014	3.938	3.944	3.948
10	C_0	0.125	0.213	0.263	0.298	0.324	0.346	0.364	0.380	0.394	0.406
	C_1	1.419	1.559	1.662	1.705	1.770	1.801	1.828	1.891	1.913	1.935
	C_2	4.861	4.723	4.460	4.384	4.237	4.193	4.158	4.038	4.017	4.000
15	C_0	0.093	0.166	0.209	0.240	0.265	0.285	0.302	0.317	0.330	0.342
	C_1	1.430	1.533	1.619	1.646	1.703	1.723	1.741	1.801	1.817	1.832
	C_2	5.900	5.435	5.010	4.855	4.641	4.559	4.496	4.340	4.300	4.267
20	C_0	0.075	0.138	0.176	0.205	0.227	0.246	0.262	0.276	0.288	0.299
	C_1	1.461	1.542	1.619	1.635	1.687	1.700	1.712	1.772	1.783	1.793
	C_2	6.879	6.137	5.570	5.346	5.073	4.958	4.869	4.679	4.623	4.577
25	C_0	0.063	0.118	0.153	0.179	0.200	0.218	0.233	0.246	0.258	0.268
	C_1	1.500	1.565	1.637	1.644	1.693	1.699	1.706	1.767	1.774	1.780
	C_2	7.822	6.826	6.127	5.839	5.511	5.364	5.252	5.030	4.958	4.899
30	C_0	0.055	0.104	0.136	0.160	0.180	0.196	0.210	0.223	0.234	0.244
	C_1	1.542	1.595	1.663	1.662	1.709	1.711	1.712	1.775	1.777	1.780
	C_2	8.741	7.506	6.680	6.331	5.949	5.772	5.638	5.383	5.297	5.226
40	C_0	0.044	0.085	0.112	0.133	0.150	0.165	0.178	0.189	0.199	0.208
	C_1	1.632	1.667	1.729	1.715	1.759	1.750	1.743	1.808	1.804	1.799
	C_2	10.535	8.845	7.774	7.309	6.822	6.588	6.410	6.093	5.978	5.883
50	C_0	0.036	0.072	0.096	0.114	0.130	0.143	0.155	0.165	0.174	0.182
	C_1	1.726	1.746	1.805	1.778	1.819	1.801	1.786	1.855	1.843	1.832
	C_2	12.292	10.168	8.860	8.284	7.694	7.405	7.185	6.805	6.662	6.543
60	C_0	0.031	0.063	0.084	0.101	0.115	0.127	0.137	0.146	0.155	0.163
	C_1	1.822	1.828	1.885	1.845	1.885	1.858	1.834	1.907	1.888	1.870
	C_2	14.029	11.486	9.944	9.259	8.568	8.224	7.962	7.520	7.348	7.206
70	C_0	0.028	0.056	0.075	0.090	0.103	0.114	0.123	0.132	0.140	0.147
	C_1	1.920	1.913	1.968	1.916	1.954	1.918	1.885	1.962	1.936	1.911
	C_2	15.756	12.801	11.029	10.237	9.444	9.047	8.742	8.238	8.038	7.871
80	C_0	0.025	0.050	0.068	0.081	0.093	0.103	0.112	0.120	0.127	0.134
	C_1	2.019	2.000	2.053	1.988	2.025	1.979	1.938	2.019	1.985	1.954
	C_2	17.478	14.120	12.117	11.220	10.325	9.874	9.527	8.959	8.731	8.540
90	C_0	0.022	0.045	0.062	0.074	0.085	0.095	0.103	0.110	0.117	0.123
	C_1	2.118	2.087	2.139	2.060	2.096	2.041	1.991	2.076	2.036	1.998
	C_2	19.200	15.442	13.210	12.208	11.211	10.705	10.316	9.684	9.427	9.211
100	C_0	0.021	0.042	0.057	0.069	0.097	0.087	0.095	0.102	0.108	0.114
	C_1	2.218	2.174	2.225	2.133	2.168	2.103	2.044	2.133	2.086	2.042
	C_2	20.925	16.770	14.307	13.201	12.101	11.541	11.110	10.413	10.127	9.886

注：L_c——群桩基础承台长度；B_c——群桩基础承台宽度；l——桩长；d——桩径。

表 E.0.1-3 （$s_a/d=4$）

l/d	L_c/B_c	1	2	3	4	5	6	7	8	9	10
5	C_0	0.203	0.354	0.422	0.464	0.495	0.519	0.538	0.555	0.568	0.580
	C_1	1.445	1.786	1.986	2.101	2.213	2.286	2.349	2.434	2.484	2.530
	C_2	2.633	3.243	3.340	3.444	3.431	3.466	3.488	3.433	3.447	3.457
10	C_0	0.125	0.237	0.294	0.332	0.361	0.384	0.403	0.419	0.433	0.445
	C_1	1.378	1.570	1.695	1.756	1.830	1.870	1.906	1.972	2.000	2.027
	C_2	3.707	3.873	3.743	3.729	3.630	3.612	3.597	3.500	3.490	3.482
15	C_0	0.093	0.185	0.234	0.269	0.296	0.317	0.335	0.351	0.364	0.376
	C_1	1.384	1.524	1.626	1.666	1.729	1.757	1.781	1.843	1.863	1.881
	C_2	4.571	4.458	4.188	4.107	3.951	3.904	3.866	3.736	3.712	3.693
20	C_0	0.075	0.153	0.198	0.230	0.254	0.275	0.291	0.306	0.319	0.331
	C_1	1.408	1.521	1.611	1.638	1.695	1.713	1.730	1.791	1.805	1.818
	C_2	5.361	5.024	4.636	4.502	4.297	4.225	4.169	4.009	3.973	3.944
25	C_0	0.063	0.132	0.173	0.202	0.225	0.244	0.260	0.274	0.286	0.297
	C_1	1.441	1.534	1.616	1.633	1.686	1.698	1.708	1.770	1.779	1.786
	C_2	6.114	5.578	5.081	4.900	4.650	4.555	4.482	4.293	4.246	4.208
30	C_0	0.055	0.117	0.154	0.181	0.203	0.221	0.236	0.249	0.261	0.271
	C_1	1.477	1.555	1.633	1.640	1.691	1.696	1.701	1.764	1.768	1.771
	C_2	6.843	6.122	5.524	5.298	5.004	4.887	4.799	4.581	4.524	4.477
40	C_0	0.044	0.095	0.127	0.151	0.170	0.186	0.200	0.212	0.223	0.233
	C_1	1.555	1.611	1.681	1.673	1.720	1.714	1.708	1.774	1.770	1.765
	C_2	8.261	7.195	6.402	6.093	5.713	5.556	5.436	5.163	5.085	5.021
50	C_0	0.036	0.081	0.109	0.130	0.148	0.162	0.175	0.186	0.196	0.205
	C_1	1.636	1.674	1.740	1.718	1.762	1.745	1.730	1.800	1.787	1.775
	C_2	9.648	8.258	7.277	6.887	6.424	6.227	6.077	5.749	5.650	5.569
60	C_0	0.031	0.071	0.096	0.115	0.131	0.144	0.156	0.166	0.175	0.183
	C_1	1.719	1.742	1.805	1.768	1.810	1.783	1.758	1.832	1.811	1.791
	C_2	11.021	9.319	8.152	7.684	7.138	6.902	6.721	6.338	6.219	6.120
70	C_0	0.028	0.063	0.086	0.103	0.117	0.130	0.140	0.150	0.158	0.166
	C_1	1.803	1.811	1.872	1.821	1.861	1.824	1.789	1.867	1.839	1.812
	C_2	12.387	10.381	9.029	8.485	7.856	7.580	7.369	6.929	6.789	6.672
80	C_0	0.025	0.057	0.077	0.093	0.107	0.118	0.128	0.137	0.145	0.152
	C_1	1.887	1.882	1.940	1.876	1.914	1.866	1.822	1.904	1.868	1.834
	C_2	13.753	11.447	9.911	9.291	8.578	8.262	8.020	7.524	7.362	7.226
90	C_0	0.022	0.051	0.071	0.085	0.098	0.108	0.117	0.126	0.133	0.140
	C_1	1.972	1.953	2.009	1.931	1.967	1.909	1.857	1.943	1.899	1.858
	C_2	15.119	12.518	10.799	10.102	9.305	8.949	8.674	8.122	7.938	7.782
100	C_0	0.021	0.047	0.065	0.079	0.090	0.100	0.109	0.117	0.123	0.130
	C_1	2.057	2.025	2.079	1.986	2.021	1.953	1.891	1.981	1.931	1.883
	C_2	16.490	13.595	11.691	10.918	10.036	9.639	9.331	8.722	8.515	8.339

注：L_c——群桩基础承台长度；B_c——群桩基础承台宽度；l——桩长；d——桩径。

表 E. 0. 1-4　($s_a/d=5$)

l/d		L_c/B_c → 1	2	3	4	5	6	7	8	9	10
5	C_0	0.203	0.389	0.464	0.510	0.543	0.567	0.587	0.603	0.617	0.628
	C_1	1.416	1.864	2.120	2.277	2.416	2.514	2.599	2.695	2.761	2.821
	C_2	1.941	2.652	2.824	2.957	2.973	3.018	3.045	3.008	3.023	3.033
10	C_0	0.125	0.260	0.323	0.364	0.394	0.417	0.437	0.453	0.467	0.480
	C_1	1.349	1.593	1.740	1.818	1.902	1.952	1.996	2.065	2.099	2.131
	C_2	2.959	3.301	3.255	3.278	3.208	3.206	3.201	3.120	3.116	3.112
15	C_0	0.093	0.202	0.257	0.295	0.323	0.345	0.364	0.379	0.393	0.405
	C_1	1.351	1.528	1.645	1.697	1.766	1.800	1.829	1.893	1.916	1.938
	C_2	3.724	3.825	3.649	3.614	3.492	3.465	3.442	3.329	3.314	3.301
20	C_0	0.075	0.168	0.218	0.252	0.278	0.299	0.317	0.332	0.345	0.357
	C_1	1.372	1.513	1.615	1.651	1.712	1.735	1.755	1.818	1.834	1.849
	C_2	4.407	4.316	4.036	3.957	3.792	3.745	3.708	3.566	3.542	3.522
25	C_0	0.063	0.145	0.190	0.222	0.246	0.267	0.283	0.298	0.310	0.322
	C_1	1.399	1.517	1.609	1.633	1.690	1.705	1.717	1.781	1.791	1.800
	C_2	5.049	4.792	4.418	4.301	4.096	4.031	3.982	3.812	3.780	3.754
30	C_0	0.055	0.128	0.170	0.199	0.222	0.241	0.257	0.271	0.283	0.294
	C_1	1.431	1.531	1.617	1.630	1.684	1.692	1.697	1.762	1.767	1.770
	C_2	5.668	5.258	4.796	4.644	4.401	4.320	4.259	4.063	4.022	3.990
40	C_0	0.044	0.105	0.141	0.167	0.188	0.205	0.219	0.232	0.243	0.253
	C_1	1.498	1.573	1.650	1.646	1.695	1.689	1.683	1.751	1.746	1.741
	C_2	6.865	6.176	5.547	5.331	5.013	4.902	4.817	4.568	4.512	4.467
50	C_0	0.036	0.089	0.121	0.144	0.163	0.179	0.192	0.204	0.214	0.224
	C_1	1.569	1.623	1.695	1.675	1.720	1.703	1.868	1.758	1.743	1.730
	C_2	8.034	7.085	6.296	6.018	5.628	5.486	5.379	5.078	5.006	4.948
60	C_0	0.031	0.078	0.106	0.128	0.145	0.159	0.171	0.182	0.192	0.201
	C_1	1.642	1.678	1.745	1.710	1.753	1.724	1.697	1.772	1.749	1.727
	C_2	9.192	7.994	7.046	6.709	6.246	6.074	5.943	5.590	5.502	5.429
70	C_0	0.028	0.069	0.095	0.114	0.130	0.143	0.155	0.165	0.174	0.182
	C_1	1.715	1.735	1.799	1.748	1.789	1.749	1.712	1.791	1.760	1.730
	C_2	10.345	8.905	7.800	7.403	6.868	6.664	6.509	6.104	5.999	5.911
80	C_0	0.025	0.063	0.086	0.104	0.118	0.131	0.141	0.151	0.159	0.167
	C_1	1.788	1.793	1.854	1.788	1.827	1.776	1.730	1.812	1.773	1.737
	C_2	11.498	9.820	8.558	8.102	7.493	7.258	7.077	6.620	6.497	6.393
90	C_0	0.022	0.057	0.079	0.095	0.109	0.120	0.130	0.139	0.147	0.154
	C_1	1.861	1.851	1.909	1.830	1.866	1.805	1.749	1.835	1.789	1.745
	C_2	12.653	10.741	9.321	8.805	8.123	7.854	7.647	7.138	6.996	6.876
100	C_0	0.021	0.052	0.072	0.088	0.100	0.111	0.120	0.129	0.136	0.143
	C_1	1.934	1.909	1.966	1.871	1.905	1.834	1.769	1.859	1.805	1.755
	C_2	13.812	11.667	10.089	9.512	8.755	8.453	8.218	7.657	7.495	7.358

注：L_c——群桩基础承台长度；B_c——群桩基础承台宽度；l——桩长；d——桩径。

l/d	L_c/B_c	1	2	3	4	5	6	7	8	9	10
5	C_0	0.203	0.423	0.506	0.555	0.588	0.613	0.633	0.649	0.663	0.674
	C_1	1.393	1.956	2.277	2.485	2.658	2.789	2.902	3.021	3.099	3.179
	C_2	1.438	2.152	2.365	2.503	2.538	2.581	2.603	2.586	2.596	2.599
10	C_0	0.125	0.281	0.350	0.393	0.424	0.449	0.468	0.485	0.499	0.511
	C_1	1.328	1.623	1.793	1.889	1.983	2.044	2.096	2.169	2.210	2.247
	C_2	2.421	2.870	2.881	2.927	2.879	2.886	2.887	2.818	2.817	2.815
15	C_0	0.093	0.219	0.279	0.318	0.348	0.371	0.390	0.406	0.419	0.423
	C_1	1.327	1.540	1.671	1.733	1.809	1.848	1.882	1.949	1.975	1.999
	C_2	3.126	3.366	3.256	3.250	3.153	3.139	3.126	3.024	3.015	3.007
20	C_0	0.075	0.182	0.236	0.272	0.300	0.322	0.340	0.355	0.369	0.380
	C_1	1.344	1.513	1.625	1.669	1.735	1.762	1.785	1.850	1.868	1.884
	C_2	3.740	3.815	3.607	3.565	3.428	3.398	3.374	3.243	3.227	3.214
25	C_0	0.063	0.157	0.207	0.024	0.266	0.287	0.304	0.319	0.332	0.343
	C_1	1.368	1.509	1.610	1.640	1.700	1.717	1.731	1.796	1.807	1.816
	C_2	4.311	4.242	3.950	3.877	3.703	3.659	3.625	3.468	3.445	3.427
30	C_0	0.055	0.139	0.184	0.216	0.240	0.260	0.276	0.291	0.303	0.314
	C_1	1.395	1.516	1.608	1.627	1.683	1.692	1.699	1.765	1.769	1.773
	C_2	4.858	4.659	4.288	4.187	3.977	3.921	3.879	3.694	3.666	3.643
40	C_0	0.044	0.114	0.153	0.181	0.203	0.221	0.236	0.249	0.261	0.271
	C_1	1.455	1.545	1.627	1.626	1.676	1.671	1.664	1.733	1.727	1.721
	C_2	5.912	5.477	4.957	4.804	4.528	4.447	4.386	4.151	4.111	4.078
50	C_0	0.036	0.097	0.132	0.157	0.177	0.193	0.207	0.219	0.230	0.240
	C_1	1.517	1.584	1.659	1.640	1.687	1.669	1.650	1.723	1.707	1.691
	C_2	6.939	6.287	5.624	5.423	5.080	4.974	4.896	4.610	4.557	4.514
60	C_0	0.031	0.085	0.116	0.139	0.157	0.172	0.185	0.196	0.207	0.216
	C_1	1.581	1.627	1.698	1.662	1.706	1.675	1.645	1.722	1.697	1.672
	C_2	7.956	7.097	6.292	6.043	5.634	5.504	5.406	5.071	5.004	4.948
70	C_0	0.028	0.076	0.104	0.125	0.141	0.156	0.168	0.178	0.188	0.196
	C_1	1.645	1.673	1.740	1.688	1.728	1.686	1.646	1.726	1.692	1.660
	C_2	8.968	7.908	6.964	6.667	6.191	6.035	5.917	5.532	5.450	5.382
80	C_0	0.025	0.068	0.094	0.113	0.129	0.142	0.153	0.163	0.172	0.180
	C_1	1.708	1.720	1.783	1.716	1.754	1.700	1.650	1.734	1.692	1.652
	C_2	9.981	8.724	7.640	7.293	6.751	6.569	6.428	5.994	5.896	5.814
90	C_0	0.022	0.062	0.086	0.104	0.118	0.131	0.141	0.150	0.159	0.167
	C_1	1.772	1.768	1.827	1.745	1.780	1.716	1.657	1.744	1.694	1.648
	C_2	10.997	9.544	8.319	7.924	7.314	7.103	6.939	6.457	6.342	6.244
100	C_0	0.021	0.057	0.079	0.096	0.110	0.121	0.131	0.140	0.148	0.155
	C_1	1.835	1.815	1.872	1.775	1.808	1.733	1.665	1.755	1.698	1.646
	C_2	12.016	10.370	9.004	8.557	7.879	7.639	7.450	6.919	6.787	6.673

注：L_c——群桩基础承台长度；B_c——群桩基础承台宽度；l——桩长；d——桩径。

附录 F　考虑桩径影响的 Mindlin(明德林) 解应力影响系数

F.0.1　本规范第 5.5.14 条规定基桩引起的附加应力应根据考虑桩径影响的明德林解按下列公式计算：

$$\sigma_z = \sigma_{zp} + \sigma_{zsr} + \sigma_{zst} \qquad (\text{F.0.1-1})$$

$$\sigma_{zp} = \frac{\alpha Q}{l^2} I_p \qquad (\text{F.0.1-2})$$

$$\sigma_{zsr} = \frac{\beta Q}{l^2} I_{sr} \qquad (\text{F.0.1-3})$$

$$\sigma_{zst} = \frac{(1-\alpha-\beta)Q}{l^2} I_{st} \qquad (\text{F.0.1-4})$$

式中　σ_{zp}——端阻力在应力计算点引起的附加应力；

σ_{zsr}——均匀分布侧阻力在应力计算点引起的附加应力；

σ_{zst}——三角形分布侧阻力在应力计算点引起的附加应力；

α——桩端阻力比；

β——均匀分布侧阻力比；

l——桩长；

I_p、I_{sr}、I_{st}——考虑桩径影响的明德林解应力影响系数，按 F.0.2 条确定。

F.0.2　考虑桩径影响的明德林解应力影响系数，将端阻力和侧阻力简化为图 F.0.2 的形式，求解明德林解应力影响系数。

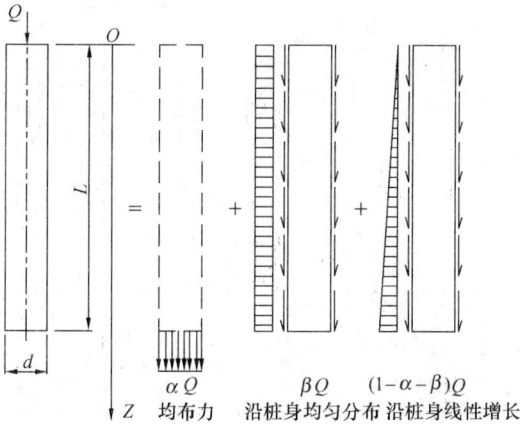

图 F.0.2　单桩荷载分担及侧阻力、端阻力分布

1　考虑桩径影响，沿桩身轴线的竖向应力系数解析式：

$$I_p = \frac{l^2}{\pi \cdot r^2} \cdot \frac{1}{4(1-\mu)}$$

$$\times \left\{ 2(1-\mu) - \frac{(1-2\mu)(z-l)}{\sqrt{r^2 + (z-l)^2}} \right.$$

$$\left. - \frac{(1-2\mu)(z-l)}{z+l} + \frac{(1-2\mu)(z-l)}{\sqrt{r^2+(z+l)^2}} \right.$$

$$- \frac{(z-l)^3}{[r^2+(z-l)^2]^{3/2}}$$

$$+ \frac{(3-4\mu)z}{z+l} - \frac{(3-4\mu)z(z+l)^2}{[r^2+(z+l)^2]^{3/2}}$$

$$- \frac{l(5z-l)}{(z+l)^2} + \frac{l(z+l)(5z-l)}{[r^2+(z+l)^2]^{3/2}}$$

$$\left. + \frac{6lz}{(z+l)^2} - \frac{6zl(z+l)^3}{[r^2+(z+l)^2]^{5/2}} \right\} \qquad (\text{F.0.2-1})$$

$$I_{sr} = \frac{l}{2\pi r} \cdot \frac{1}{4(1-\mu)} \left\{ \frac{2(2-\mu)r}{\sqrt{r^2+(z-l)^2}} \right.$$

$$- \frac{2(2-\mu)r^2 + 2(1-2\mu)z(z+l)}{r\sqrt{r^2+(z+l)^2}}$$

$$+ \frac{2(1-2\mu)z^2}{r\sqrt{r^2+z^2}} - \frac{4z^2[r^2-(1+\mu)z^2]}{r(r^2+z^2)^{3/2}}$$

$$- \frac{4(1+\mu)z(z+l)^3 - 4z^2r^2 - r^4}{r[r^2+(z+l)^2]^{3/2}}$$

$$- \frac{r^3}{[r^2+(z-l)^2]^{3/2}} - \frac{6z^2[z^4-r^4]}{r(r^2+z^2)^{5/2}}$$

$$\left. - \frac{6z[zr^4-(z+l)^5]}{r[r^2+(z+l)^2]^{5/2}} \right\} \qquad (\text{F.0.2-2})$$

$$I_{st} = \frac{l}{\pi r} \cdot \frac{1}{4(1-\mu)} \left\{ \frac{2(2-\mu)r}{\sqrt{r^2+(z-l)^2}} \right.$$

$$+ \frac{2(1-2\mu)z^2(z+l) - 2(2-\mu)(4z+l)r^2}{lr\sqrt{r^2+(z+l)^2}}$$

$$+ \frac{8(2-\mu)zr^2 - 2(1-2\mu)z^3}{lr\sqrt{r^2+z^2}}$$

$$+ \frac{12z^7 + 6zr^4(r^2-z^2)}{lr(r^2+z^2)^{5/2}}$$

$$+ \frac{15zr^4 + 2(5+2\mu)z^2(z+l)^3 - 4\mu zr^4 - 4z^2r^2 - r^2(z+l)^3}{lr[r^2+(z+l)^2]^{3/2}}$$

$$- \frac{6zr^4(r^2-z^2) + 12z^2(z+l)^5}{lr[r^2+(z+l)^2]^{5/2}}$$

$$+ \frac{6z^3r^2 - 2(5+2\mu)z^5 - 2(7-2\mu)zr^4}{lr[r^2+z^2]^{3/2}}$$

$$- \frac{zr^3 + (z-l)^3r}{l[r^2+(z-l)^2]^{3/2}} + 2(2-\mu)\frac{r}{l}$$

$$\ln \frac{(\sqrt{r^2+(z-l)^2} + z - l)(\sqrt{r^2+(z+l)^2} + z + l)}{[\sqrt{r^2+z^2} + z]^2} \left. \right\} \qquad (\text{F.0.2-3})$$

式中　μ——地基土的泊松比；

r——桩身半径；

l——桩长；

z——计算应力点离桩顶的竖向距离。

2　考虑桩径影响，明德林解竖向应力影响系数表，1)桩端以下桩身轴线上 ($n=\rho/l=0$) 各点的竖向应力影响系数，系按式(F.0.2-1)～式(F.0.2-3)计算，其值列于表 F.0.2-1～表 F.0.2-3。2)水平向有效影响范围内桩的竖向应力影响系数，系按数值积分法计算，其值列于表 F.0.2-1～表 F.0.2-3。表中：$m=z/l$；$n=\rho/l$；ρ 为相邻桩至计算桩轴线的水平距离。

表 F.0.2-1 考虑桩径影响，均布桩端阻力竖向应力影响系数 I_p

l/d	10												
n / m	0.000	0.020	0.040	0.060	0.080	0.100	0.120	0.160	0.200	0.300	0.400	0.500	0.600
0.500				−0.600	−0.581	−0.558	−0.531	−0.468	−0.400	−0.236	−0.113	−0.037	0.004
0.550				−0.779	−0.751	−0.716	−0.675	−0.585	−0.488	−0.270	−0.119	−0.034	0.010
0.600				−1.021	−0.976	−0.922	−0.860	−0.725	−0.587	−0.297	−0.119	−0.026	0.018
0.650				−1.357	−1.283	−1.196	−1.099	−0.893	−0.694	−0.314	−0.109	−0.013	0.027
0.700				−1.846	−1.717	−1.568	−1.408	−1.086	−0.797	−0.311	−0.088	0.003	0.038
0.750				−2.589	−2.349	−2.080	−1.805	−1.289	−0.873	−0.279	−0.057	0.022	0.049
0.800				−3.781	−3.289	−2.772	−2.276	−1.448	−0.875	−0.212	−0.018	0.041	0.059
0.850				−5.787	−4.666	−3.606	−2.701	−1.434	−0.737	−0.117	0.023	0.059	0.067
0.900				−9.175	−6.341	−4.137	−2.625	−1.047	−0.426	−0.015	0.057	0.072	0.072
0.950				−13.522	−6.132	−2.699	−1.262	−0.327	−0.078	0.059	0.079	0.080	0.075
1.004	62.563	62.378	60.503	1.756	0.367	0.208	0.157	0.123	0.111	0.100	0.093	0.085	0.078
1.008	61.245	60.784	55.653	4.584	0.705	0.325	0.214	0.144	0.121	0.102	0.093	0.086	0.078
1.012	59.708	58.836	50.294	7.572	1.159	0.468	0.280	0.166	0.131	0.105	0.094	0.086	0.078
1.016	57.894	56.509	45.517	9.951	1.729	0.643	0.356	0.190	0.142	0.108	0.095	0.086	0.078
1.020	55.793	53.863	41.505	11.637	2.379	0.853	0.446	0.217	0.154	0.110	0.096	0.087	0.078
1.024	53.433	51.008	38.145	12.763	3.063	1.094	0.549	0.248	0.167	0.113	0.097	0.087	0.078
1.028	50.868	48.054	35.286	13.474	3.737	1.360	0.666	0.282	0.181	0.116	0.098	0.087	0.078
1.040	42.642	39.423	28.667	14.106	5.432	2.227	1.084	0.406	0.230	0.126	0.101	0.089	0.079
1.060	30.269	27.845	21.170	13.000	6.839	3.469	1.849	0.677	0.342	0.148	0.108	0.091	0.080
1.080	21.437	19.955	16.036	11.179	6.992	4.152	2.467	0.980	0.481	0.176	0.117	0.094	0.081
1.100	15.575	14.702	12.379	9.386	6.552	4.348	2.834	1.254	0.631	0.211	0.127	0.098	0.083
1.120	11.677	11.153	9.734	7.831	5.896	4.240	2.977	1.465	0.773	0.250	0.140	0.103	0.085
1.140	9.017	8.692	7.795	6.548	5.208	3.977	2.960	1.601	0.893	0.292	0.154	0.109	0.087
1.160	7.146	6.937	6.349	5.509	4.565	3.650	2.845	1.669	0.985	0.334	0.170	0.115	0.090
1.180	5.791	5.651	5.254	4.672	3.996	3.310	2.678	1.684	1.048	0.374	0.187	0.122	0.094
1.200	4.782	4.686	4.410	3.996	3.503	2.986	2.489	1.659	1.083	0.411	0.204	0.130	0.097
1.300	2.252	2.230	2.167	2.067	1.938	1.788	1.627	1.302	1.010	0.513	0.277	0.170	0.119
1.400	1.312	1.306	1.284	1.250	1.204	1.149	1.087	0.949	0.807	0.506	0.312	0.201	0.140
1.500	0.866	0.863	0.854	0.839	0.820	0.795	0.767	0.701	0.629	0.451	0.311	0.215	0.154
1.600	0.619	0.617	0.613	0.606	0.596	0.583	0.569	0.534	0.494	0.387	0.290	0.215	0.160

l/d	15												
n / m	0.000	0.020	0.040	0.060	0.080	0.100	0.120	0.160	0.200	0.300	0.400	0.500	0.600
0.500				−0.619	−0.605	−0.585	−0.562	−0.534	−0.471	−0.402	−0.236	−0.113	−0.037	−0.004
0.550				−0.808	−0.786	−0.757	−0.721	−0.680	−0.588	−0.490	−0.269	−0.119	−0.033	0.010
0.600				−1.067	−1.032	−0.986	−0.930	−0.867	−0.729	−0.589	−0.297	−0.118	−0.025	0.018
0.650				−1.433	−1.375	−1.299	−1.208	−1.108	−0.898	−0.695	−0.312	−0.108	−0.013	0.028
0.700				−1.981	−1.876	−1.742	−1.587	−1.422	−1.091	−0.797	−0.308	−0.087	0.004	0.038
0.750				−2.850	−2.645	−2.389	−2.108	−1.820	−1.290	−0.868	−0.275	−0.056	0.023	0.049
0.800				−4.342	−3.889	−3.355	−2.805	−2.286	−1.437	−0.862	−0.207	−0.016	0.042	0.059
0.850				−7.174	−5.996	−4.747	−3.609	−2.668	−1.395	−0.713	−0.112	0.024	0.059	0.067
0.900				−13.179	−9.428	−6.231	−3.949	−2.469	−0.980	−0.401	−0.012	0.057	0.072	0.072
0.950				−25.874	−11.676	−4.925	−2.196	−1.061	−0.288	−0.067	0.060	0.079	0.080	0.076
1.004	139.202	137.028	6.771	0.657	0.288	0.189	0.151	0.122	0.111	0.100	0.093	0.085	0.078
1.008	134.212	127.885	16.907	1.416	0.502	0.283	0.201	0.141	0.120	0.102	0.093	0.086	0.078
1.012	127.849	116.582	24.338	2.473	0.771	0.392	0.256	0.161	0.130	0.105	0.094	0.086	0.078
1.016	120.095	104.985	28.589	3.784	1.109	0.522	0.320	0.184	0.140	0.107	0.095	0.086	0.078
1.020	111.316	94.178	30.723	5.224	1.516	0.677	0.394	0.209	0.152	0.110	0.096	0.087	0.078
1.024	102.035	84.503	31.544	6.655	1.981	0.858	0.478	0.236	0.164	0.113	0.097	0.087	0.078
1.028	92.751	75.959	31.545	7.976	2.487	1.062	0.575	0.267	0.177	0.116	0.098	0.087	0.078
1.040	67.984	55.962	29.127	10.814	4.040	1.776	0.927	0.379	0.223	0.126	0.101	0.089	0.079
1.060	40.837	35.291	22.966	12.108	5.919	2.983	1.625	0.627	0.328	0.147	0.108	0.091	0.080
1.080	26.159	23.586	17.507	11.187	6.586	3.808	2.255	0.914	0.460	0.174	0.116	0.094	0.081
1.100	17.897	16.610	13.391	9.640	6.442	4.160	2.679	1.187	0.605	0.208	0.127	0.098	0.083
1.120	12.923	12.226	10.406	8.106	5.921	4.162	2.881	1.406	0.746	0.246	0.139	0.103	0.085
1.140	9.737	9.332	8.241	6.781	5.281	3.962	2.911	1.555	0.868	0.288	0.153	0.108	0.087
1.160	7.588	7.339	6.652	5.693	4.648	3.666	2.827	1.637	0.963	0.329	0.169	0.115	0.090
1.180	6.075	5.915	5.463	4.813	4.073	3.340	2.678	1.663	1.030	0.369	0.185	0.122	0.093
1.200	4.973	4.866	4.558	4.104	3.570	3.019	2.499	1.647	1.070	0.406	0.202	0.130	0.097
1.300	2.291	2.269	2.202	2.097	1.962	1.807	1.640	1.307	1.010	0.511	0.276	0.170	0.118
1.400	1.325	1.318	1.296	1.261	1.214	1.157	1.094	0.953	0.809	0.505	0.311	0.201	0.139
1.500	0.871	0.868	0.859	0.844	0.824	0.799	0.770	0.704	0.630	0.451	0.310	0.215	0.154
1.600	0.621	0.620	0.615	0.608	0.598	0.586	0.571	0.536	0.496	0.388	0.290	0.215	0.160

续表 F.0.2-1

l/d = 20

m \ n	0.000	0.020	0.040	0.060	0.080	0.100	0.120	0.160	0.200	0.300	0.400	0.500	0.600
0.500			−0.621	−0.606	−0.587	−0.563	−0.535	−0.472	−0.402	−0.236	−0.113	−0.037	0.004
0.550			−0.811	−0.789	−0.759	−0.723	−0.682	−0.589	−0.491	−0.269	−0.118	−0.033	0.010
0.600			−1.071	−1.036	−0.989	−0.933	−0.869	−0.731	−0.590	−0.296	−0.117	−0.025	0.018
0.650			−1.440	−1.381	−1.304	−1.213	−1.112	−0.899	−0.696	−0.312	−0.107	−0.013	0.028
0.700			−1.993	−1.887	−1.751	−1.594	−1.426	−1.092	−0.797	−0.307	−0.086	0.004	0.038
0.750			−2.875	−2.665	−2.404	−2.117	−1.826	−1.290	−0.867	−0.273	−0.055	0.023	0.049
0.800			−4.396	−3.927	−3.378	−2.816	−2.288	−1.432	−0.857	−0.205	−0.016	0.042	0.059
0.850			−7.309	−6.069	−4.773	−3.608	−2.656	−1.382	−0.705	−0.110	0.024	0.059	0.067
0.900			−13.547	−9.494	−6.176	−3.877	−2.414	−0.957	−0.392	−0.011	0.058	0.072	0.072
0.950			−25.714	−10.848	−4.530	−2.043	−1.000	−0.275	−0.064	0.060	0.079	0.080	0.076
1.004	244.665	222.298	2.507	0.549	0.270	0.184	0.149	0.121	0.111	0.100	0.093	0.085	0.078
1.008	231.267	181.758	6.607	1.118	0.459	0.271	0.196	0.140	0.120	0.102	0.093	0.086	0.078
1.012	213.422	152.271	11.947	1.893	0.691	0.372	0.249	0.160	0.130	0.105	0.094	0.086	0.078
1.016	192.367	130.925	17.172	2.882	0.981	0.491	0.309	0.182	0.140	0.107	0.095	0.086	0.078
1.020	170.266	114.368	21.429	4.037	1.330	0.632	0.379	0.206	0.151	0.110	0.096	0.087	0.078
1.024	148.975	100.844	24.487	5.275	1.735	0.796	0.458	0.232	0.163	0.113	0.097	0.087	0.078
1.028	129.596	89.450	26.439	6.511	2.184	0.983	0.549	0.262	0.175	0.116	0.098	0.087	0.078
1.040	85.457	63.853	27.680	9.582	3.636	1.647	0.881	0.370	0.221	0.126	0.101	0.089	0.079
1.060	46.430	38.661	23.310	11.634	5.588	2.825	1.554	0.611	0.323	0.146	0.108	0.091	0.080
1.080	28.320	25.133	17.998	11.118	6.418	3.685	2.183	0.893	0.453	0.174	0.116	0.094	0.081
1.100	18.875	17.385	13.759	9.705	6.387	4.088	2.623	1.164	0.597	0.207	0.126	0.098	0.083
1.120	13.422	12.647	10.654	8.197	5.921	4.130	2.846	1.386	0.737	0.245	0.139	0.103	0.085
1.140	10.016	9.577	8.407	6.863	5.303	3.953	2.892	1.539	0.859	0.286	0.153	0.108	0.087
1.160	7.755	7.490	6.763	5.758	4.676	3.670	2.819	1.626	0.955	0.327	0.169	0.115	0.090
1.180	6.181	6.013	5.540	4.863	4.099	3.349	2.677	1.656	1.024	0.367	0.185	0.122	0.093
1.200	5.044	4.931	4.612	4.142	3.593	3.030	2.502	1.643	1.065	0.404	0.202	0.129	0.097
1.300	2.306	2.283	2.215	2.108	1.971	1.813	1.645	1.308	1.010	0.510	0.275	0.170	0.118
1.400	1.330	1.323	1.301	1.265	1.218	1.160	1.096	0.954	0.810	0.505	0.311	0.201	0.139
1.500	0.873	0.870	0.861	0.846	0.826	0.801	0.772	0.705	0.631	0.451	0.310	0.215	0.154
1.600	0.622	0.621	0.616	0.609	0.599	0.586	0.572	0.536	0.496	0.388	0.290	0.214	0.160

l/d = 25

m \ n	0.000	0.020	0.040	0.060	0.080	0.100	0.120	0.160	0.200	0.300	0.400	0.500	0.600
0.500			−0.622	−0.607	−0.588	−0.564	−0.536	−0.472	−0.402	−0.236	−0.112	−0.037	0.004
0.550			−0.812	−0.790	−0.760	−0.724	−0.683	−0.590	−0.491	−0.269	−0.118	−0.033	0.010
0.600			−1.073	−1.037	−0.991	−0.934	−0.870	−0.731	−0.590	−0.296	−0.117	−0.025	0.018
0.650			−1.444	−1.384	−1.306	−1.215	−1.113	−0.900	−0.696	−0.311	−0.107	−0.012	0.028
0.700			−1.999	−1.892	−1.755	−1.597	−1.428	−1.093	−0.796	−0.307	−0.086	0.004	0.038
0.750			−2.886	−2.674	−2.411	−2.122	−1.828	−1.290	−0.866	−0.273	−0.055	0.023	0.049
0.800			−4.422	−3.945	−3.389	−2.821	−2.290	−1.430	−0.855	−0.205	−0.016	0.042	0.059
0.850			−7.373	−6.103	−4.785	−3.607	−2.650	−1.375	−0.701	−0.109	0.024	0.059	0.067
0.900			−13.719	−9.519	−6.147	−3.843	−2.388	−0.946	−0.388	−0.011	0.058	0.072	0.072
0.950			−25.463	−10.446	−4.355	−1.975	−0.973	−0.270	−0.062	0.060	0.079	0.080	0.076
1.004	377.628	178.408	1.913	0.511	0.263	0.182	0.148	0.121	0.111	0.100	0.093	0.085	0.078
1.008	348.167	161.588	4.792	1.019	0.442	0.267	0.195	0.140	0.120	0.102	0.093	0.086	0.078
1.012	309.027	146.104	8.847	1.700	0.660	0.364	0.246	0.159	0.129	0.105	0.094	0.086	0.078
1.016	265.983	131.641	13.394	2.574	0.930	0.478	0.305	0.181	0.140	0.107	0.095	0.086	0.078
1.020	224.824	118.197	17.660	3.613	1.257	0.613	0.372	0.205	0.150	0.110	0.096	0.087	0.078
1.024	188.664	105.842	21.169	4.756	1.637	0.770	0.450	0.231	0.162	0.113	0.097	0.087	0.078
1.028	158.336	94.627	23.753	5.931	2.062	0.949	0.537	0.260	0.175	0.116	0.098	0.087	0.078
1.040	96.846	67.688	26.679	9.029	3.464	1.592	0.860	0.366	0.220	0.125	0.101	0.089	0.079
1.060	49.548	40.374	23.390	11.390	5.436	2.754	1.522	0.603	0.321	0.146	0.108	0.091	0.080
1.080	29.440	25.906	18.214	11.073	6.336	3.628	2.151	0.883	0.450	0.173	0.116	0.094	0.081
1.100	19.363	17.765	13.931	9.731	6.358	4.054	2.598	1.154	0.593	0.206	0.126	0.098	0.083
1.120	13.666	12.851	10.772	8.237	5.920	4.114	2.829	1.376	0.732	0.244	0.139	0.103	0.085
1.140	10.150	9.695	8.485	6.901	5.313	3.949	2.883	1.532	0.855	0.285	0.153	0.108	0.087
1.160	7.835	7.562	6.816	5.788	4.689	3.671	2.815	1.621	0.952	0.327	0.168	0.115	0.090
1.180	6.232	6.059	5.576	4.887	4.112	3.353	2.677	1.653	1.021	0.366	0.185	0.122	0.093
1.200	5.077	4.963	4.637	4.160	3.604	3.035	2.503	1.641	1.063	0.403	0.202	0.129	0.097
1.300	2.312	2.289	2.221	2.113	1.975	1.816	1.647	1.309	1.010	0.509	0.275	0.170	0.118
1.400	1.332	1.325	1.303	1.267	1.219	1.162	1.097	0.955	0.810	0.505	0.310	0.201	0.139
1.500	0.874	0.871	0.862	0.847	0.826	0.801	0.772	0.705	0.631	0.451	0.310	0.215	0.154
1.600	0.623	0.621	0.617	0.609	0.599	0.587	0.572	0.537	0.496	0.388	0.290	0.214	0.160

l/d	30												
n / m	0.000	0.020	0.040	0.060	0.080	0.100	0.120	0.160	0.200	0.300	0.400	0.500	0.600
0.500		−0.631	−0.622	−0.608	−0.588	−0.564	−0.536	−0.472	−0.403	−0.236	−0.112	−0.037	0.004
0.550		−0.827	−0.813	−0.791	−0.761	−0.725	−0.683	−0.590	−0.491	−0.269	−0.118	−0.033	0.010
0.600		−1.096	−1.074	−1.038	−0.991	−0.935	−0.871	−0.732	−0.590	−0.296	−0.117	−0.025	0.018
0.650		−1.483	−1.445	−1.386	−1.308	−1.216	−1.114	−0.900	−0.696	−0.311	−0.107	−0.012	0.028
0.700		−2.071	−2.002	−1.895	−1.757	−1.598	−1.429	−1.093	−0.796	−0.306	−0.086	0.004	0.038
0.750		−3.032	−2.892	−2.679	−2.414	−2.124	−1.829	−1.290	−0.865	−0.272	−0.054	0.023	0.049
0.800		−4.764	−4.436	−3.955	−3.395	−2.824	−2.290	−1.429	−0.854	−0.204	−0.015	0.042	0.059
0.850		−8.367	−7.408	−6.122	−4.791	−3.606	−2.646	−1.372	−0.699	−0.109	0.025	0.059	0.067
0.900		−17.766	−13.813	−9.532	−6.130	−3.824	−2.374	−0.941	−0.386	−0.010	0.058	0.072	0.072
0.950		−53.070	−25.276	−10.224	−4.262	−1.940	−0.959	−0.267	−0.062	0.060	0.079	0.080	0.076
1.004	536.535	67.314	1.695	0.493	0.259	0.181	0.148	0.121	0.111	0.100	0.093	0.085	0.078
1.008	480.071	114.047	4.129	0.973	0.433	0.264	0.194	0.140	0.120	0.102	0.093	0.086	0.078
1.012	407.830	125.866	7.619	1.610	0.644	0.359	0.245	0.159	0.129	0.105	0.094	0.086	0.078
1.016	335.065	123.804	11.742	2.429	0.905	0.471	0.302	0.180	0.139	0.107	0.095	0.086	0.078
1.020	271.631	116.207	15.857	3.410	1.220	0.603	0.369	0.204	0.150	0.110	0.096	0.087	0.078
1.024	220.202	106.561	19.459	4.502	1.587	0.757	0.445	0.230	0.162	0.113	0.097	0.087	0.078
1.028	179.778	96.493	22.283	5.641	1.999	0.932	0.531	0.259	0.174	0.116	0.098	0.087	0.078
1.040	104.344	69.738	26.055	8.735	3.375	1.563	0.850	0.364	0.219	0.125	0.101	0.089	0.079
1.060	51.415	41.346	23.409	11.251	5.354	2.717	1.505	0.599	0.320	0.146	0.108	0.091	0.080
1.080	30.085	26.343	18.329	11.045	6.290	3.597	2.133	0.878	0.448	0.173	0.116	0.094	0.081
1.100	19.639	17.978	14.025	9.744	6.342	4.035	2.584	1.148	0.591	0.206	0.126	0.098	0.083
1.120	13.802	12.964	10.836	8.259	5.919	4.105	2.820	1.371	0.730	0.244	0.139	0.103	0.085
1.140	10.224	9.760	8.528	6.921	5.318	3.946	2.878	1.528	0.853	0.285	0.153	0.108	0.087
1.160	7.879	7.602	6.845	5.805	4.695	3.672	2.813	1.618	0.950	0.326	0.168	0.115	0.090
1.180	6.259	6.084	5.596	4.900	4.118	3.356	2.676	1.651	1.019	0.366	0.185	0.122	0.093
1.200	5.095	4.980	4.651	4.170	3.610	3.038	2.503	1.640	1.062	0.403	0.202	0.129	0.097
1.300	2.316	2.293	2.224	2.116	1.977	1.818	1.648	1.310	1.010	0.509	0.275	0.169	0.118
1.400	1.333	1.326	1.304	1.268	1.220	1.163	1.098	0.955	0.811	0.505	0.310	0.200	0.139
1.500	0.874	0.872	0.862	0.847	0.827	0.802	0.773	0.705	0.631	0.451	0.310	0.215	0.154
1.600	0.623	0.621	0.617	0.610	0.599	0.587	0.572	0.537	0.496	0.388	0.290	0.214	0.160

l/d	40												
n / m	0.000	0.020	0.040	0.060	0.080	0.100	0.120	0.160	0.200	0.300	0.400	0.500	0.600
0.500		−0.631	−0.622	−0.608	−0.588	−0.564	−0.536	−0.472	−0.403	−0.236	−0.112	−0.036	0.004
0.550		−0.827	−0.814	−0.791	−0.762	−0.725	−0.684	−0.590	−0.491	−0.269	−0.118	−0.033	0.010
0.600		−1.097	−1.075	−1.039	−0.992	−0.936	−0.872	−0.732	−0.591	−0.296	−0.117	−0.025	0.018
0.650		−1.485	−1.447	−1.387	−1.309	−1.217	−1.115	−0.901	−0.696	−0.311	−0.107	−0.012	0.028
0.700		−2.074	−2.006	−1.898	−1.759	−1.600	−1.431	−1.094	−0.796	−0.306	−0.086	0.004	0.038
0.750		−3.039	−2.899	−2.684	−2.418	−2.126	−1.831	−1.290	−0.865	−0.272	−0.054	0.023	0.049
0.800		−4.781	−4.449	−3.965	−3.401	−2.826	−2.291	−1.428	−0.853	−0.204	−0.015	0.042	0.059
0.850		−8.418	−7.443	−6.140	−4.797	−3.606	−2.643	−1.368	−0.696	−0.108	0.025	0.059	0.067
0.900		−17.982	−13.906	−9.543	−6.114	−3.805	−2.360	−0.935	−0.384	−0.010	0.058	0.072	0.072
0.950		−54.543	−25.054	−10.003	−4.171	−1.905	−0.945	−0.264	−0.061	0.060	0.079	0.080	0.076
1.004	924.755	26.114	1.523	0.477	0.255	0.180	0.147	0.121	0.111	0.100	0.093	0.085	0.078
1.008	769.156	68.377	3.614	0.931	0.425	0.262	0.193	0.139	0.120	0.102	0.093	0.086	0.078
1.012	595.591	97.641	6.633	1.529	0.630	0.355	0.243	0.159	0.129	0.105	0.094	0.086	0.078
1.016	449.984	109.641	10.343	2.298	0.881	0.465	0.300	0.180	0.139	0.107	0.095	0.086	0.078
1.020	341.526	110.416	14.244	3.224	1.185	0.594	0.366	0.203	0.150	0.110	0.096	0.087	0.078
1.024	263.543	105.215	17.851	4.267	1.541	0.744	0.441	0.229	0.162	0.113	0.097	0.087	0.078
1.028	207.450	97.302	20.843	5.369	1.940	0.916	0.526	0.258	0.174	0.116	0.098	0.087	0.079
1.040	112.989	71.701	25.382	8.448	3.288	1.535	0.839	0.362	0.219	0.125	0.101	0.089	0.079
1.060	53.411	42.340	23.410	11.109	5.272	2.680	1.488	0.596	0.319	0.146	0.108	0.091	0.080
1.080	30.754	26.788	18.440	11.014	6.245	3.566	2.116	0.872	0.447	0.173	0.116	0.094	0.081
1.100	19.920	18.194	14.119	9.755	6.325	4.016	2.570	1.143	0.589	0.206	0.126	0.098	0.083
1.120	13.939	13.078	10.900	8.281	5.917	4.096	2.811	1.366	0.728	0.244	0.139	0.103	0.085
1.140	10.300	9.825	8.571	6.941	5.323	3.944	2.873	1.524	0.850	0.284	0.153	0.108	0.087
1.160	7.923	7.642	6.874	5.822	4.702	3.673	2.811	1.615	0.948	0.326	0.168	0.115	0.090
1.180	6.287	6.110	5.616	4.912	4.125	3.358	2.676	1.649	1.018	0.366	0.185	0.122	0.093
1.200	5.113	4.997	4.665	4.180	3.615	3.040	2.504	1.639	1.061	0.402	0.201	0.129	0.097
1.300	2.320	2.297	2.227	2.119	1.980	1.820	1.649	1.310	1.009	0.509	0.275	0.169	0.118
1.400	1.334	1.327	1.305	1.269	1.221	1.163	1.098	0.956	0.811	0.505	0.310	0.200	0.139
1.500	0.875	0.872	0.863	0.848	0.827	0.802	0.773	0.706	0.632	0.451	0.310	0.215	0.154
1.600	0.623	0.622	0.617	0.610	0.600	0.587	0.572	0.537	0.496	0.388	0.290	0.214	0.160

l/d							50						
m \ n	0.000	0.020	0.040	0.060	0.080	0.100	0.120	0.160	0.200	0.300	0.400	0.500	0.600
0.500		−0.632	−0.623	−0.608	−0.589	−0.564	−0.537	−0.473	−0.403	−0.236	−0.112	−0.036	0.004
0.550		−0.828	−0.814	−0.792	−0.762	−0.725	−0.684	−0.590	−0.491	−0.269	−0.118	−0.033	0.010
0.600		−1.097	−1.075	−1.040	−0.993	−0.936	−0.872	−0.732	−0.591	−0.296	−0.117	−0.025	0.018
0.650		−1.486	−1.448	−1.388	−1.310	−1.217	−1.115	−0.901	−0.696	−0.311	−0.107	−0.012	0.028
0.700		−2.076	−2.007	−1.899	−1.760	−1.601	−1.431	−1.094	−0.796	−0.306	−0.086	0.004	0.038
0.750		−3.042	−2.902	−2.686	−2.420	−2.127	−1.831	−1.290	−0.865	−0.272	−0.054	0.023	0.049
0.800		−4.789	−4.456	−3.969	−3.403	−2.828	−2.291	−1.428	−0.852	−0.203	−0.015	0.042	0.059
0.850		−8.441	−7.460	−6.149	−4.800	−3.605	−2.641	−1.367	−0.696	−0.108	0.025	0.059	0.067
0.900		−18.083	−13.950	−9.548	−6.106	−3.797	−2.354	−0.933	−0.383	−0.010	0.058	0.072	0.072
0.950		−55.231	−24.939	−9.900	−4.129	−1.889	−0.938	−0.263	−0.060	0.060	0.079	0.080	0.076
1.004	1392.355	18.855	1.455	0.470	0.254	0.180	0.147	0.121	0.111	0.100	0.093	0.085	0.078
1.008	1063.621	53.265	3.413	0.913	0.421	0.261	0.192	0.139	0.120	0.102	0.093	0.086	0.078
1.012	754.349	84.366	6.241	1.495	0.623	0.353	0.242	0.159	0.129	0.105	0.094	0.086	0.078
1.016	533.576	101.473	9.768	2.241	0.871	0.462	0.299	0.180	0.139	0.107	0.095	0.086	0.078
1.020	387.082	106.414	13.556	3.143	1.170	0.590	0.364	0.203	0.150	0.110	0.096	0.087	0.078
1.024	289.666	103.778	17.142	4.164	1.520	0.738	0.438	0.229	0.161	0.113	0.097	0.087	0.078
1.028	223.218	97.234	20.188	5.248	1.914	0.908	0.523	0.257	0.174	0.116	0.098	0.087	0.079
1.040	117.472	72.569	25.055	8.317	3.249	1.522	0.835	0.361	0.219	0.125	0.101	0.089	0.079
1.060	54.386	42.810	23.404	11.042	5.235	2.663	1.481	0.594	0.318	0.146	0.108	0.091	0.080
1.080	31.073	26.999	18.490	10.999	6.223	3.552	2.108	0.870	0.446	0.173	0.116	0.094	0.081
1.100	20.053	18.296	14.162	9.760	6.317	4.007	2.563	1.140	0.588	0.206	0.126	0.098	0.083
1.120	14.004	13.132	10.930	8.290	5.916	4.092	2.806	1.364	0.727	0.244	0.139	0.103	0.085
1.140	10.335	9.856	8.591	6.951	5.325	3.942	2.870	1.522	0.849	0.284	0.153	0.108	0.087
1.160	7.944	7.660	6.887	5.829	4.705	3.673	2.810	1.613	0.947	0.326	0.168	0.115	0.090
1.180	6.300	6.122	5.625	4.918	4.128	3.359	2.676	1.648	1.017	0.365	0.185	0.122	0.093
1.200	5.122	5.005	4.672	4.184	3.618	3.042	2.504	1.639	1.060	0.402	0.201	0.129	0.097
1.300	2.321	2.298	2.229	2.120	1.981	1.821	1.650	1.310	1.009	0.509	0.275	0.169	0.118
1.400	1.335	1.328	1.305	1.269	1.221	1.164	1.099	0.956	0.811	0.505	0.310	0.200	0.139
1.500	0.875	0.872	0.863	0.848	0.827	0.802	0.773	0.706	0.632	0.451	0.310	0.215	0.154
1.600	0.623	0.622	0.617	0.610	0.600	0.587	0.572	0.537	0.497	0.388	0.290	0.214	0.160

l/d							60						
m \ n	0.000	0.020	0.040	0.060	0.080	0.100	0.120	0.160	0.200	0.300	0.400	0.500	0.600
0.500		−0.632	−0.623	−0.608	−0.589	−0.565	−0.537	−0.473	−0.403	−0.236	−0.112	−0.036	0.004
0.550		−0.828	−0.814	−0.792	−0.762	−0.726	−0.684	−0.590	−0.491	−0.269	−0.118	−0.033	0.010
0.600		−1.098	−1.076	−1.040	−0.993	−0.936	−0.872	−0.732	−0.591	−0.296	−0.117	−0.025	0.018
0.650		−1.486	−1.448	−1.389	−1.310	−1.218	−1.116	−0.901	−0.696	−0.311	−0.107	−0.012	0.028
0.700		−2.077	−2.008	−1.900	−1.761	−1.601	−1.431	−1.094	−0.796	−0.306	−0.086	0.004	0.038
0.750		−3.044	−2.903	−2.688	−2.421	−2.128	−1.832	−1.290	−0.864	−0.272	−0.054	0.023	0.049
0.800		−4.793	−4.459	−3.972	−3.405	−2.828	−2.291	−1.427	−0.852	−0.203	−0.015	0.042	0.059
0.850		−8.454	−7.469	−6.153	−4.802	−3.605	−2.640	−1.366	−0.695	−0.108	0.025	0.059	0.067
0.900		−18.139	−13.973	−9.551	−6.101	−3.792	−2.350	−0.931	−0.382	−0.010	0.058	0.072	0.072
0.950		−55.606	−24.874	−9.844	−4.106	−1.881	−0.935	−0.262	−0.060	0.060	0.079	0.080	0.076
1.004	1919.968	16.202	1.420	0.466	0.253	0.179	0.147	0.121	0.111	0.100	0.093	0.085	0.078
1.008	1339.951	46.658	3.312	0.904	0.419	0.260	0.192	0.139	0.120	0.102	0.093	0.086	0.078
1.012	880.499	77.527	6.043	1.476	0.620	0.352	0.242	0.159	0.129	0.105	0.094	0.086	0.078
1.016	592.844	96.782	9.474	2.211	0.865	0.460	0.299	0.180	0.139	0.107	0.095	0.086	0.078
1.020	417.074	103.916	13.198	3.101	1.162	0.587	0.363	0.203	0.150	0.110	0.096	0.087	0.078
1.024	306.046	102.769	16.767	4.110	1.509	0.735	0.437	0.228	0.161	0.113	0.097	0.087	0.078
1.028	232.784	97.065	19.836	5.184	1.900	0.904	0.521	0.257	0.174	0.116	0.098	0.087	0.079
1.040	120.052	73.026	24.874	8.247	3.228	1.515	0.832	0.361	0.218	0.125	0.101	0.089	0.079
1.060	54.929	43.067	23.399	11.006	5.214	2.654	1.477	0.593	0.318	0.146	0.108	0.091	0.080
1.080	31.250	27.114	18.517	10.990	6.212	3.544	2.103	0.869	0.445	0.173	0.116	0.094	0.081
1.100	20.126	18.351	14.185	9.763	6.312	4.002	2.560	1.139	0.587	0.206	0.126	0.098	0.083
1.120	14.040	13.161	10.947	8.296	5.916	4.090	2.804	1.363	0.726	0.243	0.138	0.103	0.085
1.140	10.354	9.873	8.602	6.956	5.326	3.942	2.869	1.521	0.849	0.284	0.153	0.108	0.087
1.160	7.955	7.670	6.895	5.833	4.707	3.673	2.809	1.613	0.947	0.325	0.168	0.115	0.090
1.180	6.307	6.128	5.630	4.922	4.130	3.359	2.676	1.647	1.017	0.365	0.184	0.122	0.093
1.200	5.127	5.009	4.675	4.187	3.620	3.042	2.505	1.638	1.060	0.402	0.201	0.129	0.097
1.300	2.322	2.299	2.230	2.121	1.981	1.821	1.650	1.310	1.009	0.509	0.275	0.169	0.118
1.400	1.335	1.328	1.306	1.270	1.222	1.164	1.099	0.956	0.811	0.505	0.310	0.200	0.139
1.500	0.875	0.872	0.863	0.848	0.828	0.802	0.773	0.706	0.632	0.451	0.310	0.215	0.154
1.600	0.623	0.622	0.617	0.610	0.600	0.587	0.572	0.537	0.497	0.388	0.290	0.214	0.160

l/d	70												
m \ n	0.000	0.020	0.040	0.060	0.080	0.100	0.120	0.160	0.200	0.300	0.400	0.500	0.600
0.500		−0.632	−0.623	−0.608	−0.589	−0.565	−0.537	−0.473	−0.403	−0.236	−0.112	−0.036	0.004
0.550		−0.828	−0.814	−0.792	−0.762	−0.726	−0.684	−0.590	−0.492	−0.269	−0.118	−0.033	0.010
0.600		−1.098	−1.076	−1.040	−0.993	−0.936	−0.872	−0.732	−0.591	−0.296	−0.117	−0.025	0.018
0.650		−1.486	−1.449	−1.389	−1.310	−1.218	−1.116	−0.901	−0.696	−0.311	−0.107	−0.012	0.028
0.700		−2.078	−2.008	−1.900	−1.761	−1.601	−1.432	−1.094	−0.796	−0.306	−0.086	0.004	0.038
0.750		−3.045	−2.904	−2.688	−2.421	−2.128	−1.832	−1.290	−0.864	−0.272	−0.054	0.023	0.049
0.800		−4.795	−4.462	−3.973	−3.406	−2.829	−2.292	−1.427	−0.852	−0.203	−0.015	0.042	0.059
0.850		−8.462	−7.474	−6.156	−4.802	−3.605	−2.640	−1.365	−0.695	−0.108	0.025	0.060	0.067
0.900		−18.172	−13.987	−9.553	−6.099	−3.789	−2.348	−0.930	−0.382	−0.010	0.058	0.072	0.072
0.950		−55.833	−24.833	−9.810	−4.093	−1.876	−0.933	−0.261	−0.060	0.060	0.079	0.080	0.076
1.004	2487.589	14.895	1.400	0.464	0.252	0.179	0.147	0.121	0.111	0.100	0.093	0.085	0.078
1.008	1586.401	43.156	3.254	0.898	0.418	0.260	0.192	0.139	0.120	0.102	0.093	0.086	0.078
1.012	978.338	73.579	5.929	1.465	0.617	0.351	0.242	0.159	0.129	0.105	0.094	0.086	0.078
1.016	635.104	93.901	9.302	2.193	0.862	0.459	0.298	0.180	0.139	0.107	0.095	0.086	0.078
1.020	437.410	102.308	12.987	3.075	1.157	0.586	0.363	0.203	0.150	0.110	0.096	0.087	0.078
1.024	316.808	102.082	16.544	4.077	1.502	0.733	0.437	0.228	0.161	0.113	0.097	0.087	0.078
1.028	238.940	96.915	19.626	5.146	1.891	0.902	0.521	0.257	0.174	0.116	0.098	0.087	0.079
1.040	121.661	73.297	24.763	8.205	3.216	1.511	0.831	0.360	0.218	0.125	0.101	0.089	0.079
1.060	55.262	43.223	23.396	10.984	5.202	2.648	1.474	0.592	0.318	0.146	0.108	0.091	0.080
1.080	31.357	27.184	18.534	10.985	6.205	3.540	2.101	0.868	0.445	0.173	0.116	0.094	0.081
1.100	20.170	18.385	14.200	9.764	6.310	3.999	2.558	1.138	0.587	0.206	0.126	0.098	0.083
1.120	14.061	13.179	10.957	8.299	5.916	4.088	2.803	1.362	0.726	0.243	0.138	0.103	0.085
1.140	10.365	9.883	8.608	6.959	5.327	3.941	2.868	1.520	0.849	0.284	0.153	0.108	0.087
1.160	7.962	7.676	6.899	5.836	4.708	3.673	2.809	1.612	0.946	0.325	0.168	0.115	0.090
1.180	6.311	6.132	5.633	4.924	4.131	3.360	2.676	1.647	1.016	0.365	0.184	0.122	0.093
1.200	5.129	5.011	4.677	4.188	3.620	3.043	2.505	1.638	1.060	0.402	0.201	0.129	0.097
1.300	2.323	2.300	2.230	2.121	1.982	1.821	1.650	1.310	1.009	0.508	0.275	0.169	0.118
1.400	1.335	1.328	1.306	1.270	1.222	1.164	1.099	0.956	0.811	0.504	0.310	0.200	0.139
1.500	0.875	0.872	0.863	0.848	0.828	0.802	0.773	0.706	0.632	0.451	0.310	0.215	0.154
1.600	0.623	0.622	0.617	0.610	0.600	0.587	0.572	0.537	0.497	0.388	0.290	0.214	0.160

l/d	80												
m \ n	0.000	0.020	0.040	0.060	0.080	0.100	0.120	0.160	0.200	0.300	0.400	0.500	0.600
0.500		−0.632	−0.623	−0.608	−0.589	−0.565	−0.537	−0.473	−0.403	−0.236	−0.112	−0.036	0.004
0.550		−0.828	−0.814	−0.792	−0.762	−0.726	−0.684	−0.590	−0.492	−0.269	−0.118	−0.033	0.010
0.600		−1.098	−1.076	−1.040	−0.993	−0.936	−0.872	−0.732	−0.591	−0.296	−0.117	−0.025	0.018
0.650		−1.487	−1.449	−1.389	−1.310	−1.218	−1.116	−0.901	−0.696	−0.311	−0.107	−0.012	0.028
0.700		−2.078	−2.009	−1.900	−1.761	−1.602	−1.432	−1.094	−0.796	−0.306	−0.086	0.004	0.038
0.750		−3.046	−2.905	−2.689	−2.422	−2.129	−1.832	−1.290	−0.864	−0.272	−0.054	0.023	0.049
0.800		−4.797	−4.463	−3.974	−3.406	−2.829	−2.292	−1.427	−0.852	−0.203	−0.015	0.042	0.059
0.850		−8.467	−7.478	−6.158	−4.803	−3.605	−2.639	−1.365	−0.694	−0.108	0.025	0.060	0.067
0.900		−18.194	−13.997	−9.554	−6.097	−3.787	−2.347	−0.930	−0.382	−0.010	0.058	0.072	0.072
0.950		−55.980	−24.806	−9.788	−4.084	−1.872	−0.931	−0.261	−0.060	0.060	0.079	0.080	0.076
1.004	3076.311	14.141	1.388	0.462	0.252	0.179	0.147	0.121	0.111	0.100	0.093	0.085	0.078
1.008	1799.624	41.060	3.217	0.894	0.417	0.259	0.192	0.139	0.120	0.102	0.093	0.086	0.078
1.012	1053.864	71.096	5.856	1.458	0.616	0.351	0.242	0.159	0.129	0.105	0.094	0.086	0.078
1.016	665.764	92.018	9.193	2.182	0.860	0.459	0.298	0.180	0.139	0.107	0.095	0.086	0.078
1.020	451.655	101.227	12.853	3.059	1.154	0.585	0.362	0.203	0.150	0.110	0.096	0.087	0.078
1.024	324.188	101.604	16.401	4.056	1.498	0.732	0.436	0.228	0.161	0.113	0.097	0.087	0.078
1.028	243.104	96.798	19.490	5.122	1.886	0.900	0.520	0.257	0.174	0.116	0.098	0.087	0.079
1.040	122.727	73.470	24.691	8.177	3.208	1.508	0.830	0.360	0.218	0.125	0.101	0.089	0.079
1.060	55.480	43.325	23.393	10.969	5.194	2.645	1.473	0.592	0.318	0.146	0.108	0.091	0.080
1.080	31.427	27.230	18.544	10.982	6.200	3.537	2.099	0.868	0.445	0.173	0.116	0.094	0.081
1.100	20.199	18.407	14.209	9.765	6.308	3.997	2.556	1.137	0.587	0.206	0.126	0.098	0.083
1.120	14.075	13.190	10.963	8.301	5.915	4.087	2.802	1.361	0.726	0.243	0.138	0.103	0.085
1.140	10.373	9.889	8.613	6.961	5.327	3.941	2.868	1.520	0.848	0.284	0.153	0.108	0.087
1.160	7.966	7.680	6.902	5.837	4.708	3.673	2.809	1.612	0.946	0.325	0.168	0.115	0.090
1.180	6.314	6.135	5.635	4.925	4.131	3.360	2.676	1.647	1.016	0.365	0.184	0.122	0.093
1.200	5.131	5.013	4.679	4.189	3.621	3.043	2.505	1.638	1.060	0.402	0.201	0.129	0.097
1.300	2.323	2.300	2.231	2.122	1.982	1.821	1.650	1.310	1.009	0.508	0.275	0.169	0.118
1.400	1.335	1.328	1.306	1.270	1.222	1.164	1.099	0.956	0.811	0.504	0.310	0.200	0.139
1.500	0.875	0.872	0.863	0.848	0.828	0.802	0.773	0.706	0.632	0.451	0.310	0.215	0.154
1.600	0.623	0.622	0.617	0.610	0.600	0.587	0.572	0.537	0.497	0.388	0.290	0.214	0.160

l/d	90												
n m	0.000	0.020	0.040	0.060	0.080	0.100	0.120	0.160	0.200	0.300	0.400	0.500	0.600
0.500		−0.632	−0.623	−0.608	−0.589	−0.565	−0.537	−0.473	−0.403	−0.236	−0.112	−0.036	0.004
0.550		−0.828	−0.814	−0.792	−0.762	−0.726	−0.684	−0.590	−0.492	−0.269	−0.118	−0.033	0.010
0.600		−1.098	−1.076	−1.040	−0.993	−0.936	−0.872	−0.732	−0.591	−0.296	−0.117	−0.025	0.018
0.650		−1.487	−1.449	−1.389	−1.311	−1.218	−1.116	−0.901	−0.696	−0.311	−0.107	−0.012	0.028
0.700		−2.078	−2.009	−1.900	−1.761	−1.602	−1.432	−1.094	−0.796	−0.306	−0.086	0.004	0.038
0.750		−3.046	−2.905	−2.689	−2.422	−2.129	−1.832	−1.290	−0.864	−0.271	−0.054	0.023	0.049
0.800		−4.798	−4.464	−3.975	−3.407	−2.829	−2.292	−1.427	−0.851	−0.203	−0.015	0.042	0.059
0.850		−8.471	−7.480	−6.159	−4.803	−3.605	−2.639	−1.365	−0.694	−0.108	0.025	0.060	0.067
0.900		−18.209	−14.003	−9.554	−6.096	−3.786	−2.346	−0.929	−0.382	−0.010	0.058	0.072	0.072
0.950		−56.081	−24.787	−9.773	−4.078	−1.870	−0.930	−0.261	−0.060	0.060	0.079	0.080	0.076
1.004	3669.635	13.662	1.379	0.461	0.252	0.179	0.147	0.121	0.111	0.100	0.093	0.085	0.078
1.008	1980.993	39.699	3.192	0.892	0.417	0.259	0.192	0.139	0.120	0.102	0.093	0.086	0.078
1.012	1112.459	69.431	5.807	1.454	0.615	0.351	0.242	0.158	0.129	0.105	0.094	0.086	0.078
1.016	688.476	90.724	9.119	2.174	0.858	0.458	0.298	0.179	0.139	0.107	0.095	0.086	0.078
1.020	461.944	100.469	12.761	3.048	1.151	0.584	0.362	0.203	0.150	0.110	0.096	0.087	0.078
1.024	329.440	101.263	16.303	4.042	1.495	0.731	0.436	0.228	0.161	0.113	0.097	0.087	0.078
1.028	246.040	96.709	19.397	5.105	1.882	0.899	0.520	0.256	0.174	0.116	0.098	0.087	0.079
1.040	123.468	73.588	24.641	8.159	3.202	1.507	0.829	0.360	0.218	0.125	0.101	0.089	0.079
1.060	55.631	43.395	23.391	10.959	5.189	2.642	1.472	0.592	0.318	0.146	0.108	0.091	0.079
1.080	31.475	27.261	18.551	10.979	6.197	3.535	2.098	0.867	0.445	0.173	0.116	0.094	0.081
1.100	20.219	18.422	14.215	9.766	6.307	3.996	2.555	1.137	0.586	0.206	0.126	0.098	0.083
1.120	14.084	13.198	10.967	8.302	5.915	4.087	2.801	1.361	0.725	0.243	0.138	0.103	0.085
1.140	10.378	9.894	8.616	6.962	5.328	3.941	2.867	1.520	0.848	0.284	0.153	0.108	0.087
1.160	7.969	7.683	6.904	5.839	4.709	3.673	2.809	1.612	0.946	0.325	0.168	0.115	0.090
1.180	6.316	6.137	5.636	4.926	4.132	3.360	2.676	1.647	1.016	0.365	0.184	0.122	0.093
1.200	5.132	5.014	4.680	4.190	3.621	3.043	2.505	1.638	1.059	0.402	0.201	0.129	0.097
1.300	2.323	2.300	2.231	2.122	1.982	1.822	1.651	1.310	1.009	0.508	0.275	0.169	0.118
1.400	1.336	1.328	1.306	1.270	1.222	1.164	1.099	0.956	0.811	0.504	0.310	0.200	0.139
1.500	0.875	0.872	0.863	0.848	0.828	0.802	0.773	0.706	0.632	0.451	0.310	0.215	0.154
1.600	0.623	0.622	0.617	0.610	0.600	0.587	0.572	0.537	0.497	0.388	0.290	0.214	0.160

l/d	100												
n m	0.000	0.020	0.040	0.060	0.080	0.100	0.120	0.160	0.200	0.300	0.400	0.500	0.600
0.500		−0.632	−0.623	−0.608	−0.589	−0.565	−0.537	−0.473	−0.403	−0.236	−0.112	−0.036	0.004
0.550		−0.828	−0.814	−0.792	−0.762	−0.726	−0.684	−0.590	−0.492	−0.269	−0.118	−0.033	0.010
0.600		−1.098	−1.076	−1.040	−0.993	−0.936	−0.872	−0.732	−0.591	−0.296	−0.117	−0.025	0.018
0.650		−1.487	−1.449	−1.389	−1.311	−1.218	−1.116	−0.901	−0.696	−0.311	−0.107	−0.012	0.028
0.700		−2.078	−2.009	−1.901	−1.761	−1.602	−1.432	−1.094	−0.796	−0.306	−0.086	0.004	0.038
0.750		−3.047	−2.906	−2.689	−2.422	−2.129	−1.832	−1.290	−0.864	−0.271	−0.054	0.023	0.049
0.800		−4.799	−4.465	−3.975	−3.407	−2.829	−2.292	−1.427	−0.851	−0.203	−0.015	0.042	0.059
0.850		−8.473	−7.482	−6.160	−4.804	−3.605	−2.639	−1.364	−0.694	−0.108	0.025	0.060	0.067
0.900		−18.220	−14.007	−9.555	−6.095	−3.785	−2.345	−0.929	−0.381	−0.010	0.058	0.072	0.072
0.950		−56.153	−24.774	−9.762	−4.074	−1.868	−0.930	−0.261	−0.060	0.060	0.079	0.080	0.076
1.004	4254.172	13.337	1.373	0.461	0.252	0.179	0.147	0.121	0.111	0.100	0.093	0.085	0.078
1.008	2133.993	38.762	3.174	0.890	0.416	0.259	0.192	0.139	0.120	0.102	0.093	0.086	0.078
1.012	1158.357	68.260	5.773	1.450	0.615	0.351	0.241	0.158	0.129	0.105	0.094	0.086	0.078
1.016	705.653	89.797	9.066	2.169	0.857	0.458	0.298	0.179	0.139	0.107	0.095	0.086	0.078
1.020	469.584	99.919	12.696	3.040	1.150	0.584	0.362	0.203	0.150	0.110	0.096	0.086	0.078
1.024	333.298	101.011	16.233	4.032	1.493	0.731	0.436	0.228	0.161	0.113	0.097	0.087	0.078
1.028	248.182	96.640	19.330	5.093	1.880	0.898	0.519	0.256	0.174	0.116	0.098	0.087	0.079
1.040	124.004	73.672	24.605	8.145	3.198	1.505	0.828	0.360	0.218	0.125	0.101	0.089	0.079
1.060	55.739	43.445	23.390	10.952	5.185	2.640	1.471	0.592	0.318	0.146	0.108	0.091	0.080
1.080	31.509	27.283	18.556	10.978	6.195	3.533	2.097	0.867	0.445	0.173	0.116	0.094	0.081
1.100	20.233	18.432	14.220	9.766	6.306	3.995	2.555	1.137	0.586	0.206	0.126	0.098	0.083
1.120	14.091	13.204	10.971	8.303	5.915	4.086	2.801	1.361	0.725	0.243	0.138	0.103	0.085
1.140	10.382	9.897	8.618	6.963	5.328	3.941	2.867	1.519	0.848	0.284	0.153	0.108	0.087
1.160	7.971	7.685	6.905	5.839	4.709	3.674	2.809	1.612	0.946	0.325	0.168	0.115	0.090
1.180	6.317	6.138	5.637	4.926	4.132	3.360	2.675	1.647	1.016	0.365	0.184	0.122	0.093
1.200	5.133	5.015	4.680	4.190	3.622	3.043	2.505	1.638	1.059	0.402	0.201	0.129	0.097
1.300	2.324	2.300	2.231	2.122	1.982	1.822	1.651	1.310	1.009	0.508	0.275	0.169	0.118
1.400	1.336	1.328	1.306	1.270	1.222	1.164	1.099	0.956	0.811	0.504	0.310	0.200	0.139
1.500	0.875	0.872	0.863	0.848	0.828	0.802	0.773	0.706	0.632	0.451	0.310	0.215	0.154
1.600	0.623	0.622	0.617	0.610	0.600	0.587	0.572	0.537	0.497	0.388	0.290	0.214	0.160

表 F. 0. 2-2　考虑桩径影响，沿桩身均布侧阻力竖向应力影响系数 I_{sr}

l/d							10						
n m	0.000	0.020	0.040	0.060	0.080	0.100	0.120	0.160	0.200	0.300	0.400	0.500	0.600
0.500				0.498	0.490	0.480	0.469	0.441	0.409	0.322	0.241	0.175	0.125
0.550				0.517	0.509	0.499	0.488	0.460	0.428	0.340	0.257	0.189	0.137
0.600				0.550	0.541	0.530	0.517	0.487	0.452	0.358	0.271	0.201	0.147
0.650				0.600	0.589	0.575	0.559	0.523	0.482	0.376	0.284	0.211	0.156
0.700				0.672	0.656	0.638	0.617	0.569	0.518	0.395	0.296	0.220	0.163
0.750				0.773	0.750	0.723	0.692	0.626	0.559	0.413	0.305	0.226	0.169
0.800				0.921	0.883	0.839	0.791	0.694	0.604	0.428	0.312	0.231	0.173
0.850				1.140	1.071	0.994	0.916	0.769	0.647	0.440	0.316	0.235	0.177
0.900				1.483	1.342	1.196	1.060	0.838	0.680	0.446	0.318	0.237	0.179
0.950				2.066	1.721	1.415	1.183	0.879	0.695	0.447	0.319	0.238	0.181
1.004	2.801	2.925	3.549	3.062	1.969	1.496	1.214	0.885	0.696	0.446	0.318	0.238	0.183
1.008	2.797	2.918	3.484	3.010	1.966	1.495	1.213	0.885	0.695	0.445	0.318	0.238	0.183
1.012	2.789	2.905	3.371	2.917	1.959	1.493	1.212	0.884	0.695	0.445	0.318	0.238	0.183
1.016	2.776	2.882	3.236	2.807	1.948	1.490	1.211	0.884	0.695	0.445	0.318	0.238	0.183
1.020	2.756	2.850	3.098	2.696	1.932	1.485	1.209	0.883	0.694	0.445	0.318	0.238	0.183
1.024	2.730	2.808	2.966	2.589	1.912	1.480	1.207	0.882	0.694	0.445	0.317	0.238	0.183
1.028	2.696	2.757	2.843	2.489	1.887	1.473	1.204	0.881	0.693	0.444	0.317	0.238	0.183
1.040	2.555	2.569	2.525	2.232	1.797	1.442	1.190	0.877	0.691	0.444	0.317	0.238	0.183
1.060	2.247	2.223	2.121	1.907	1.627	1.365	1.154	0.865	0.685	0.442	0.316	0.238	0.184
1.080	1.940	1.910	1.817	1.661	1.467	1.273	1.102	0.847	0.677	0.440	0.315	0.238	0.184
1.100	1.676	1.652	1.579	1.465	1.325	1.179	1.043	0.823	0.666	0.437	0.314	0.237	0.184
1.120	1.462	1.443	1.389	1.304	1.200	1.089	0.981	0.794	0.652	0.433	0.313	0.237	0.184
1.140	1.289	1.275	1.234	1.171	1.092	1.006	0.920	0.762	0.635	0.428	0.311	0.236	0.184
1.160	1.148	1.138	1.107	1.059	0.998	0.931	0.861	0.729	0.616	0.423	0.309	0.235	0.184
1.180	1.032	1.024	1.001	0.964	0.917	0.863	0.806	0.695	0.596	0.417	0.307	0.235	0.183
1.200	0.936	0.930	0.911	0.882	0.845	0.802	0.756	0.662	0.575	0.410	0.304	0.233	0.183
1.300	0.628	0.626	0.619	0.609	0.595	0.578	0.559	0.517	0.472	0.367	0.286	0.225	0.180
1.400	0.465	0.464	0.461	0.456	0.450	0.442	0.432	0.411	0.386	0.321	0.262	0.213	0.174
1.500	0.364	0.364	0.362	0.360	0.356	0.352	0.347	0.334	0.320	0.278	0.236	0.198	0.165
1.600	0.297	0.296	0.295	0.294	0.292	0.289	0.286	0.278	0.269	0.241	0.211	0.182	0.155

l/d							15						
n m	0.000	0.020	0.040	0.060	0.080	0.100	0.120	0.160	0.200	0.300	0.400	0.500	0.600
0.500			0.508	0.502	0.494	0.484	0.472	0.444	0.411	0.323	0.241	0.175	0.125
0.550			0.527	0.521	0.513	0.503	0.491	0.463	0.430	0.340	0.257	0.189	0.137
0.600			0.561	0.555	0.546	0.534	0.521	0.490	0.454	0.359	0.271	0.201	0.147
0.650			0.614	0.606	0.594	0.580	0.564	0.526	0.484	0.377	0.284	0.211	0.156
0.700			0.691	0.679	0.663	0.644	0.622	0.572	0.520	0.396	0.296	0.220	0.163
0.750			0.804	0.785	0.760	0.731	0.699	0.630	0.561	0.413	0.305	0.226	0.169
0.800			0.973	0.940	0.898	0.850	0.799	0.697	0.605	0.428	0.311	0.231	0.173
0.850			1.241	1.174	1.094	1.008	0.923	0.770	0.646	0.439	0.316	0.234	0.177
0.900			1.703	1.544	1.370	1.204	1.059	0.834	0.676	0.444	0.318	0.236	0.179
0.950			2.597	2.119	1.697	1.385	1.160	0.868	0.690	0.446	0.318	0.237	0.181
1.004	4.206	4.682	4.571	2.553	1.830	1.435	1.181	0.873	0.689	0.444	0.317	0.238	0.182
1.008	4.191	4.625	4.384	2.546	1.829	1.434	1.181	0.872	0.689	0.444	0.317	0.238	0.182
1.012	4.158	4.511	4.135	2.534	1.825	1.433	1.180	0.872	0.689	0.444	0.317	0.238	0.183
1.016	4.103	4.352	3.892	2.513	1.821	1.431	1.179	0.871	0.688	0.443	0.317	0.238	0.183
1.020	4.024	4.172	3.672	2.484	1.814	1.428	1.177	0.870	0.688	0.443	0.317	0.238	0.183
1.024	3.921	3.984	3.477	2.446	1.805	1.424	1.176	0.869	0.687	0.443	0.317	0.238	0.183
1.028	3.800	3.798	3.302	2.402	1.793	1.420	1.173	0.869	0.687	0.443	0.317	0.238	0.183
1.040	3.381	3.288	2.872	2.248	1.744	1.400	1.164	0.865	0.685	0.442	0.316	0.238	0.183
1.060	2.715	2.622	2.349	1.976	1.624	1.346	1.136	0.855	0.680	0.440	0.316	0.238	0.183
1.080	2.207	2.144	1.971	1.732	1.487	1.271	1.094	0.839	0.673	0.438	0.315	0.237	0.184
1.100	1.838	1.797	1.684	1.525	1.352	1.187	1.042	0.818	0.662	0.435	0.314	0.237	0.184
1.120	1.565	1.538	1.462	1.353	1.227	1.101	0.985	0.792	0.649	0.432	0.312	0.236	0.184
1.140	1.358	1.339	1.287	1.209	1.117	1.020	0.926	0.762	0.633	0.427	0.311	0.236	0.184
1.160	1.196	1.183	1.146	1.089	1.019	0.944	0.869	0.730	0.616	0.422	0.309	0.235	0.184
1.180	1.067	1.057	1.030	0.987	0.934	0.875	0.814	0.697	0.596	0.416	0.306	0.234	0.183
1.200	0.962	0.955	0.934	0.901	0.860	0.813	0.763	0.665	0.576	0.409	0.304	0.233	0.183
1.300	0.636	0.634	0.627	0.616	0.601	0.584	0.564	0.520	0.473	0.367	0.286	0.225	0.180
1.400	0.468	0.467	0.464	0.459	0.453	0.444	0.435	0.412	0.387	0.321	0.262	0.213	0.174
1.500	0.366	0.366	0.364	0.361	0.358	0.353	0.348	0.336	0.321	0.279	0.236	0.198	0.165
1.600	0.298	0.297	0.296	0.295	0.293	0.290	0.287	0.279	0.270	0.242	0.211	0.182	0.155

续表 F.0.2-2

l/d	20												
m \ n	0.000	0.020	0.040	0.060	0.080	0.100	0.120	0.160	0.200	0.300	0.400	0.500	0.600
0.500			0.509	0.503	0.495	0.485	0.473	0.444	0.412	0.323	0.241	0.175	0.125
0.550			0.529	0.523	0.514	0.504	0.492	0.463	0.430	0.341	0.257	0.189	0.137
0.600			0.563	0.556	0.547	0.536	0.522	0.491	0.454	0.359	0.272	0.201	0.147
0.650			0.616	0.608	0.596	0.582	0.565	0.527	0.484	0.377	0.284	0.211	0.156
0.700			0.694	0.682	0.666	0.646	0.623	0.573	0.520	0.396	0.295	0.219	0.163
0.750			0.809	0.789	0.764	0.734	0.701	0.631	0.562	0.413	0.304	0.226	0.169
0.800			0.981	0.947	0.903	0.854	0.802	0.698	0.605	0.428	0.311	0.231	0.173
0.850			1.258	1.187	1.102	1.013	0.925	0.770	0.646	0.438	0.315	0.234	0.177
0.900			1.742	1.565	1.378	1.206	1.058	0.832	0.675	0.444	0.317	0.236	0.179
0.950			2.684	2.123	1.684	1.374	1.152	0.865	0.688	0.445	0.318	0.237	0.181
1.004	5.608	6.983	3.947	2.445	1.791	1.416	1.171	0.868	0.687	0.443	0.317	0.238	0.182
1.008	5.567	6.487	3.913	2.441	1.790	1.415	1.170	0.868	0.687	0.443	0.317	0.238	0.182
1.012	5.476	5.949	3.841	2.434	1.787	1.414	1.170	0.867	0.687	0.443	0.317	0.238	0.182
1.016	5.328	5.476	3.737	2.421	1.783	1.412	1.168	0.867	0.686	0.443	0.317	0.238	0.183
1.020	5.129	5.069	3.613	2.403	1.778	1.410	1.167	0.866	0.686	0.443	0.317	0.238	0.183
1.024	4.895	4.715	3.479	2.379	1.771	1.407	1.165	0.865	0.685	0.442	0.317	0.238	0.183
1.028	4.643	4.405	3.344	2.349	1.762	1.403	1.163	0.864	0.685	0.442	0.316	0.238	0.183
1.040	3.902	3.657	2.958	2.231	1.722	1.386	1.155	0.861	0.683	0.441	0.316	0.238	0.183
1.060	2.951	2.804	2.428	1.991	1.619	1.338	1.129	0.851	0.678	0.440	0.315	0.237	0.183
1.080	2.326	2.243	2.028	1.754	1.491	1.269	1.091	0.837	0.671	0.437	0.314	0.237	0.183
1.100	1.904	1.855	1.724	1.546	1.360	1.189	1.041	0.816	0.661	0.435	0.313	0.237	0.184
1.120	1.605	1.575	1.490	1.370	1.236	1.105	0.986	0.791	0.648	0.431	0.312	0.236	0.184
1.140	1.384	1.364	1.306	1.223	1.125	1.024	0.928	0.762	0.633	0.427	0.310	0.236	0.184
1.160	1.214	1.200	1.160	1.099	1.027	0.949	0.871	0.730	0.615	0.422	0.308	0.235	0.183
1.180	1.080	1.070	1.040	0.996	0.940	0.879	0.817	0.698	0.596	0.416	0.306	0.234	0.183
1.200	0.971	0.964	0.942	0.908	0.865	0.817	0.766	0.666	0.576	0.409	0.304	0.233	0.183
1.300	0.639	0.637	0.630	0.618	0.604	0.586	0.565	0.521	0.474	0.368	0.286	0.225	0.180
1.400	0.469	0.468	0.465	0.460	0.454	0.445	0.436	0.413	0.388	0.321	0.262	0.213	0.174
1.500	0.367	0.366	0.365	0.362	0.359	0.354	0.349	0.336	0.321	0.279	0.236	0.198	0.165
1.600	0.298	0.298	0.297	0.295	0.293	0.290	0.287	0.279	0.270	0.242	0.211	0.182	0.155

l/d	25												
m \ n	0.000	0.020	0.040	0.060	0.080	0.100	0.120	0.160	0.200	0.300	0.400	0.500	0.600
0.500			0.510	0.504	0.496	0.486	0.473	0.445	0.412	0.323	0.241	0.175	0.125
0.550			0.529	0.523	0.515	0.505	0.493	0.464	0.431	0.341	0.257	0.189	0.137
0.600			0.564	0.557	0.548	0.536	0.523	0.491	0.455	0.359	0.272	0.201	0.147
0.650			0.617	0.609	0.597	0.582	0.566	0.527	0.485	0.377	0.284	0.211	0.155
0.700			0.696	0.683	0.667	0.647	0.624	0.574	0.521	0.396	0.295	0.219	0.163
0.750			0.811	0.791	0.765	0.735	0.702	0.632	0.562	0.413	0.304	0.226	0.169
0.800			0.985	0.950	0.906	0.855	0.803	0.699	0.605	0.428	0.311	0.231	0.173
0.850			1.266	1.192	1.106	1.015	0.927	0.770	0.646	0.438	0.315	0.234	0.176
0.900			1.761	1.574	1.382	1.207	1.058	0.831	0.674	0.444	0.317	0.236	0.179
0.950			2.720	2.122	1.678	1.369	1.149	0.863	0.687	0.445	0.318	0.237	0.181
1.004	7.005	9.219	3.759	2.402	1.774	1.408	1.166	0.866	0.686	0.443	0.317	0.238	0.182
1.008	6.914	7.657	3.740	2.398	1.773	1.407	1.166	0.866	0.686	0.443	0.317	0.238	0.182
1.012	6.717	6.731	3.699	2.392	1.771	1.406	1.165	0.865	0.686	0.443	0.317	0.238	0.182
1.016	6.415	6.063	3.634	2.382	1.767	1.404	1.164	0.865	0.685	0.442	0.317	0.238	0.183
1.020	6.045	5.536	3.547	2.368	1.762	1.402	1.162	0.864	0.685	0.442	0.317	0.238	0.183
1.024	5.648	5.099	3.445	2.348	1.756	1.399	1.161	0.863	0.684	0.442	0.316	0.238	0.183
1.028	5.254	4.725	3.334	2.323	1.748	1.395	1.159	0.862	0.684	0.442	0.316	0.238	0.183
1.040	4.227	3.852	2.986	2.220	1.712	1.380	1.151	0.859	0.682	0.441	0.316	0.237	0.183
1.060	3.079	2.898	2.463	1.996	1.616	1.334	1.127	0.850	0.677	0.439	0.315	0.237	0.183
1.080	2.387	2.293	2.054	1.764	1.493	1.268	1.089	0.835	0.670	0.437	0.314	0.237	0.183
1.100	1.937	1.884	1.743	1.556	1.364	1.189	1.041	0.815	0.660	0.434	0.313	0.237	0.184
1.120	1.625	1.592	1.503	1.378	1.240	1.107	0.986	0.790	0.648	0.431	0.312	0.236	0.184
1.140	1.397	1.375	1.316	1.229	1.129	1.026	0.929	0.762	0.632	0.427	0.310	0.236	0.184
1.160	1.223	1.208	1.167	1.104	1.030	0.951	0.872	0.731	0.615	0.422	0.308	0.235	0.183
1.180	1.086	1.076	1.045	1.000	0.943	0.881	0.818	0.698	0.596	0.416	0.306	0.234	0.183
1.200	0.976	0.968	0.946	0.911	0.867	0.818	0.767	0.666	0.576	0.409	0.303	0.233	0.183
1.300	0.640	0.638	0.631	0.620	0.605	0.587	0.566	0.521	0.474	0.368	0.286	0.225	0.180
1.400	0.470	0.469	0.466	0.461	0.454	0.446	0.436	0.413	0.388	0.321	0.262	0.213	0.173
1.500	0.367	0.367	0.365	0.362	0.359	0.354	0.349	0.336	0.321	0.279	0.236	0.198	0.165
1.600	0.298	0.298	0.297	0.295	0.293	0.291	0.287	0.280	0.270	0.242	0.211	0.182	0.155

l/d						30							
n / m	0.000	0.020	0.040	0.060	0.080	0.100	0.120	0.160	0.200	0.300	0.400	0.500	0.600
0.500		0.514	0.510	0.504	0.496	0.486	0.474	0.445	0.412	0.323	0.241	0.175	0.125
0.550		0.533	0.530	0.524	0.515	0.505	0.493	0.464	0.431	0.341	0.257	0.189	0.137
0.600		0.568	0.564	0.557	0.548	0.537	0.523	0.491	0.455	0.359	0.272	0.201	0.147
0.650		0.623	0.618	0.609	0.597	0.583	0.566	0.528	0.485	0.378	0.284	0.211	0.155
0.700		0.704	0.696	0.684	0.667	0.647	0.625	0.574	0.521	0.396	0.295	0.219	0.163
0.750		0.824	0.812	0.792	0.766	0.736	0.703	0.632	0.562	0.413	0.304	0.226	0.168
0.800		1.010	0.987	0.952	0.907	0.856	0.803	0.699	0.605	0.428	0.311	0.231	0.173
0.850		1.321	1.270	1.195	1.108	1.016	0.927	0.770	0.645	0.438	0.315	0.234	0.176
0.900		1.919	1.772	1.579	1.384	1.207	1.058	0.831	0.674	0.444	0.317	0.236	0.179
0.950		3.402	2.738	2.120	1.674	1.366	1.147	0.862	0.686	0.445	0.318	0.237	0.181
1.004	8.395	8.783	3.673	2.380	1.765	1.403	1.164	0.865	0.686	0.443	0.317	0.237	0.182
1.008	8.222	7.799	3.658	2.377	1.764	1.402	1.163	0.865	0.685	0.443	0.317	0.238	0.182
1.012	7.859	6.970	3.627	2.371	1.762	1.401	1.162	0.864	0.685	0.443	0.317	0.238	0.182
1.016	7.350	6.307	3.577	2.362	1.759	1.400	1.161	0.864	0.685	0.442	0.317	0.238	0.183
1.020	6.781	5.761	3.507	2.349	1.754	1.397	1.160	0.863	0.684	0.442	0.316	0.238	0.183
1.024	6.216	5.299	3.420	2.331	1.748	1.395	1.158	0.862	0.684	0.442	0.316	0.237	0.183
1.028	5.692	4.899	3.322	2.309	1.741	1.391	1.157	0.861	0.683	0.442	0.316	0.237	0.183
1.040	4.436	3.964	2.997	2.214	1.707	1.376	1.148	0.858	0.681	0.441	0.316	0.237	0.183
1.060	3.156	2.951	2.482	1.998	1.614	1.332	1.125	0.849	0.677	0.439	0.315	0.237	0.183
1.080	2.422	2.321	2.069	1.769	1.494	1.267	1.088	0.835	0.670	0.437	0.314	0.237	0.183
1.100	1.956	1.900	1.753	1.561	1.366	1.190	1.040	0.815	0.660	0.434	0.313	0.237	0.184
1.120	1.636	1.602	1.510	1.382	1.243	1.108	0.986	0.790	0.647	0.431	0.312	0.236	0.184
1.140	1.404	1.382	1.321	1.233	1.131	1.027	0.929	0.762	0.632	0.427	0.310	0.236	0.184
1.160	1.227	1.213	1.170	1.107	1.032	0.952	0.873	0.731	0.615	0.422	0.308	0.235	0.183
1.180	1.089	1.079	1.048	1.002	0.945	0.882	0.819	0.699	0.596	0.416	0.306	0.234	0.183
1.200	0.978	0.970	0.948	0.913	0.869	0.819	0.768	0.666	0.576	0.409	0.303	0.233	0.183
1.300	0.641	0.639	0.632	0.620	0.605	0.587	0.566	0.521	0.474	0.368	0.285	0.225	0.180
1.400	0.470	0.469	0.466	0.461	0.455	0.446	0.436	0.414	0.388	0.322	0.262	0.213	0.173
1.500	0.367	0.367	0.365	0.363	0.359	0.354	0.349	0.336	0.321	0.279	0.236	0.198	0.165
1.600	0.298	0.298	0.297	0.295	0.293	0.291	0.287	0.280	0.270	0.242	0.211	0.182	0.155

l/d						40							
n / m	0.000	0.020	0.040	0.060	0.080	0.100	0.120	0.160	0.200	0.300	0.400	0.500	0.600
0.500		0.514	0.511	0.505	0.496	0.486	0.474	0.445	0.412	0.323	0.241	0.175	0.125
0.550		0.534	0.530	0.524	0.516	0.505	0.493	0.464	0.431	0.341	0.257	0.189	0.137
0.600		0.569	0.565	0.558	0.549	0.537	0.523	0.491	0.455	0.359	0.272	0.201	0.147
0.650		0.624	0.618	0.610	0.598	0.583	0.566	0.528	0.485	0.378	0.284	0.211	0.155
0.700		0.705	0.697	0.685	0.668	0.648	0.625	0.575	0.521	0.396	0.295	0.219	0.163
0.750		0.826	0.813	0.793	0.767	0.737	0.703	0.632	0.562	0.413	0.304	0.226	0.168
0.800		1.013	0.989	0.953	0.908	0.857	0.804	0.700	0.605	0.428	0.311	0.231	0.173
0.850		1.326	1.275	1.199	1.110	1.017	0.928	0.770	0.645	0.438	0.315	0.234	0.176
0.900		1.935	1.782	1.584	1.386	1.208	1.057	0.830	0.674	0.443	0.317	0.236	0.179
0.950		3.481	2.755	2.119	1.671	1.363	1.145	0.861	0.686	0.445	0.318	0.237	0.181
1.004	11.147	7.840	3.595	2.359	1.757	1.399	1.161	0.864	0.685	0.443	0.317	0.237	0.182
1.008	10.671	7.490	3.583	2.356	1.755	1.398	1.161	0.864	0.685	0.443	0.317	0.237	0.182
1.012	9.805	6.975	3.560	2.351	1.753	1.397	1.160	0.863	0.685	0.442	0.317	0.237	0.182
1.016	8.791	6.438	3.520	2.343	1.750	1.395	1.159	0.863	0.684	0.442	0.316	0.237	0.183
1.020	7.821	5.934	3.464	2.331	1.746	1.393	1.158	0.862	0.684	0.442	0.316	0.237	0.183
1.024	6.967	5.476	3.392	2.315	1.740	1.391	1.156	0.861	0.683	0.442	0.316	0.237	0.183
1.028	6.240	5.066	3.306	2.294	1.733	1.387	1.154	0.860	0.683	0.441	0.316	0.237	0.183
1.040	4.674	4.078	3.006	2.207	1.701	1.373	1.146	0.857	0.681	0.441	0.316	0.237	0.183
1.060	3.237	3.006	2.500	2.000	1.613	1.330	1.123	0.848	0.676	0.439	0.315	0.237	0.183
1.080	2.458	2.349	2.084	1.774	1.494	1.267	1.087	0.834	0.669	0.437	0.314	0.237	0.183
1.100	1.975	1.916	1.763	1.566	1.367	1.190	1.040	0.814	0.660	0.434	0.313	0.237	0.184
1.120	1.647	1.612	1.517	1.387	1.245	1.109	0.986	0.790	0.647	0.431	0.312	0.236	0.184
1.140	1.411	1.388	1.326	1.236	1.133	1.029	0.930	0.761	0.632	0.426	0.310	0.236	0.184
1.160	1.232	1.217	1.174	1.110	1.034	0.953	0.873	0.731	0.615	0.421	0.308	0.235	0.183
1.180	1.093	1.082	1.051	1.004	0.946	0.883	0.819	0.699	0.596	0.416	0.306	0.234	0.183
1.200	0.980	0.973	0.950	0.914	0.870	0.820	0.768	0.667	0.576	0.409	0.303	0.233	0.183
1.300	0.642	0.639	0.632	0.621	0.606	0.587	0.567	0.522	0.474	0.368	0.285	0.225	0.180
1.400	0.471	0.470	0.467	0.462	0.455	0.446	0.437	0.414	0.388	0.322	0.262	0.213	0.173
1.500	0.367	0.367	0.365	0.363	0.359	0.355	0.349	0.336	0.321	0.279	0.236	0.198	0.165
1.600	0.298	0.298	0.297	0.296	0.293	0.291	0.288	0.280	0.270	0.242	0.211	0.182	0.155

l/d							50						
m \ n	0.000	0.020	0.040	0.060	0.080	0.100	0.120	0.160	0.200	0.300	0.400	0.500	0.600
0.500		0.514	0.511	0.505	0.497	0.486	0.474	0.445	0.412	0.323	0.241	0.175	0.125
0.550		0.534	0.530	0.524	0.516	0.505	0.493	0.464	0.431	0.341	0.257	0.189	0.137
0.600		0.569	0.565	0.558	0.549	0.537	0.524	0.492	0.455	0.359	0.272	0.201	0.147
0.650		0.624	0.619	0.610	0.598	0.583	0.567	0.528	0.485	0.378	0.284	0.211	0.155
0.700		0.705	0.697	0.685	0.668	0.648	0.625	0.575	0.521	0.396	0.295	0.219	0.163
0.750		0.826	0.814	0.794	0.768	0.737	0.703	0.632	0.562	0.413	0.304	0.226	0.168
0.800		1.014	0.990	0.954	0.909	0.858	0.804	0.700	0.605	0.428	0.311	0.231	0.173
0.850		1.329	1.277	1.200	1.111	1.018	0.928	0.770	0.645	0.438	0.315	0.234	0.176
0.900		1.943	1.787	1.587	1.386	1.208	1.057	0.830	0.674	0.443	0.317	0.236	0.179
0.950		3.519	2.762	2.118	1.669	1.362	1.144	0.861	0.686	0.444	0.317	0.237	0.181
1.004	13.842	7.494	3.561	2.349	1.753	1.397	1.160	0.864	0.685	0.443	0.317	0.237	0.182
1.008	12.845	7.283	3.551	2.346	1.751	1.396	1.159	0.863	0.685	0.443	0.317	0.237	0.182
1.012	11.311	6.907	3.530	2.341	1.749	1.395	1.159	0.863	0.684	0.442	0.317	0.237	0.182
1.016	9.780	6.454	3.495	2.334	1.746	1.393	1.158	0.862	0.684	0.442	0.316	0.237	0.182
1.020	8.471	5.990	3.444	2.323	1.742	1.391	1.156	0.862	0.683	0.442	0.316	0.237	0.182
1.024	7.406	5.547	3.377	2.307	1.737	1.389	1.155	0.861	0.683	0.442	0.316	0.237	0.183
1.028	6.546	5.138	3.298	2.288	1.730	1.385	1.153	0.860	0.682	0.441	0.316	0.237	0.183
1.040	4.796	4.131	3.010	2.203	1.699	1.371	1.145	0.857	0.681	0.441	0.316	0.237	0.183
1.060	3.276	3.032	2.508	2.001	1.612	1.329	1.123	0.848	0.676	0.439	0.315	0.237	0.183
1.080	2.475	2.363	2.090	1.776	1.495	1.266	1.087	0.834	0.669	0.437	0.314	0.237	0.183
1.100	1.983	1.924	1.768	1.568	1.368	1.190	1.040	0.814	0.659	0.434	0.313	0.237	0.183
1.120	1.652	1.617	1.521	1.389	1.246	1.109	0.986	0.790	0.647	0.431	0.312	0.236	0.184
1.140	1.414	1.391	1.328	1.238	1.134	1.029	0.930	0.761	0.632	0.426	0.310	0.236	0.184
1.160	1.234	1.219	1.176	1.111	1.035	0.953	0.874	0.731	0.615	0.421	0.308	0.235	0.183
1.180	1.094	1.083	1.052	1.005	0.947	0.884	0.820	0.699	0.596	0.416	0.306	0.234	0.183
1.200	0.982	0.974	0.951	0.915	0.871	0.821	0.769	0.667	0.576	0.409	0.303	0.233	0.183
1.300	0.642	0.640	0.633	0.621	0.606	0.588	0.567	0.522	0.475	0.368	0.285	0.225	0.180
1.400	0.471	0.470	0.467	0.462	0.455	0.447	0.437	0.414	0.388	0.322	0.262	0.213	0.173
1.500	0.367	0.367	0.365	0.363	0.359	0.355	0.349	0.336	0.321	0.279	0.236	0.198	0.165
1.600	0.298	0.298	0.297	0.296	0.294	0.291	0.288	0.280	0.270	0.242	0.211	0.182	0.155

l/d							60						
m \ n	0.000	0.020	0.040	0.060	0.080	0.100	0.120	0.160	0.200	0.300	0.400	0.500	0.600
0.500		0.515	0.511	0.505	0.497	0.486	0.474	0.446	0.412	0.323	0.241	0.175	0.125
0.550		0.534	0.530	0.524	0.516	0.506	0.493	0.465	0.431	0.341	0.257	0.189	0.137
0.600		0.569	0.565	0.558	0.549	0.537	0.524	0.492	0.455	0.359	0.272	0.201	0.147
0.650		0.624	0.619	0.610	0.598	0.584	0.567	0.528	0.485	0.378	0.284	0.211	0.155
0.700		0.705	0.698	0.685	0.668	0.648	0.626	0.575	0.521	0.396	0.295	0.219	0.163
0.750		0.826	0.814	0.794	0.768	0.737	0.704	0.632	0.562	0.413	0.304	0.226	0.168
0.800		1.014	0.991	0.955	0.909	0.858	0.805	0.700	0.606	0.428	0.311	0.231	0.173
0.850		1.330	1.278	1.201	1.111	1.018	0.928	0.770	0.645	0.438	0.315	0.234	0.176
0.900		1.947	1.789	1.588	1.387	1.208	1.057	0.830	0.674	0.443	0.317	0.236	0.179
0.950		3.540	2.766	2.117	1.668	1.361	1.144	0.860	0.685	0.444	0.317	0.237	0.181
1.004	16.456	7.330	3.543	2.344	1.751	1.396	1.159	0.863	0.685	0.443	0.317	0.237	0.182
1.008	14.714	7.168	3.534	2.341	1.749	1.395	1.159	0.863	0.685	0.443	0.317	0.237	0.182
1.012	12.449	6.856	3.514	2.336	1.747	1.394	1.158	0.863	0.684	0.442	0.317	0.237	0.182
1.016	10.458	6.451	3.481	2.329	1.744	1.392	1.157	0.862	0.684	0.442	0.316	0.237	0.182
1.020	8.890	6.013	3.433	2.318	1.740	1.390	1.156	0.861	0.683	0.442	0.316	0.237	0.183
1.024	7.677	5.581	3.369	2.303	1.735	1.388	1.154	0.861	0.683	0.442	0.316	0.237	0.183
1.028	6.729	5.175	3.293	2.284	1.728	1.384	1.152	0.860	0.682	0.441	0.316	0.237	0.183
1.040	4.865	4.161	3.011	2.202	1.697	1.370	1.145	0.856	0.680	0.441	0.316	0.237	0.183
1.060	3.298	3.047	2.513	2.001	1.611	1.329	1.122	0.848	0.676	0.439	0.315	0.237	0.183
1.080	2.484	2.370	2.094	1.778	1.495	1.266	1.087	0.834	0.669	0.437	0.314	0.237	0.183
1.100	1.988	1.928	1.771	1.570	1.369	1.190	1.040	0.814	0.659	0.434	0.313	0.237	0.183
1.120	1.655	1.619	1.523	1.390	1.246	1.109	0.987	0.790	0.647	0.431	0.312	0.236	0.184
1.140	1.416	1.393	1.330	1.239	1.135	1.029	0.930	0.761	0.632	0.426	0.310	0.236	0.184
1.160	1.236	1.220	1.177	1.112	1.035	0.954	0.874	0.731	0.615	0.421	0.308	0.235	0.183
1.180	1.095	1.084	1.053	1.006	0.948	0.884	0.820	0.699	0.596	0.416	0.306	0.234	0.183
1.200	0.982	0.974	0.951	0.916	0.871	0.821	0.769	0.667	0.576	0.409	0.303	0.233	0.183
1.300	0.642	0.640	0.633	0.621	0.606	0.588	0.567	0.522	0.475	0.368	0.285	0.225	0.180
1.400	0.471	0.470	0.467	0.462	0.455	0.447	0.437	0.414	0.388	0.322	0.262	0.213	0.173
1.500	0.367	0.367	0.365	0.363	0.359	0.355	0.349	0.336	0.321	0.279	0.236	0.198	0.165
1.600	0.298	0.298	0.297	0.296	0.294	0.291	0.288	0.280	0.270	0.242	0.211	0.182	0.155

l/d						70							
m ＼ n	0.000	0.020	0.040	0.060	0.080	0.100	0.120	0.160	0.200	0.300	0.400	0.500	0.600
0.500		0.515	0.511	0.505	0.497	0.486	0.474	0.446	0.413	0.323	0.241	0.175	0.125
0.550		0.534	0.530	0.524	0.516	0.506	0.493	0.465	0.431	0.341	0.257	0.189	0.137
0.600		0.569	0.565	0.558	0.549	0.537	0.524	0.492	0.455	0.359	0.272	0.201	0.147
0.650		0.624	0.619	0.610	0.598	0.584	0.567	0.528	0.485	0.378	0.284	0.211	0.155
0.700		0.705	0.698	0.685	0.669	0.648	0.626	0.575	0.521	0.396	0.295	0.219	0.163
0.750		0.827	0.814	0.794	0.768	0.737	0.704	0.632	0.562	0.413	0.304	0.226	0.168
0.800		1.015	0.991	0.955	0.909	0.858	0.805	0.700	0.606	0.428	0.311	0.231	0.173
0.850		1.331	1.278	1.201	1.111	1.018	0.928	0.770	0.645	0.438	0.315	0.234	0.176
0.900		1.949	1.791	1.589	1.387	1.208	1.057	0.830	0.674	0.443	0.317	0.236	0.179
0.950		3.552	2.768	2.117	1.668	1.361	1.143	0.860	0.685	0.444	0.317	0.237	0.181
1.004	18.968	7.238	3.533	2.341	1.749	1.395	1.159	0.863	0.685	0.443	0.317	0.237	0.182
1.008	16.288	7.100	3.523	2.338	1.748	1.394	1.158	0.863	0.684	0.443	0.317	0.237	0.182
1.012	13.303	6.822	3.504	2.334	1.746	1.393	1.158	0.862	0.684	0.442	0.317	0.237	0.182
1.016	10.933	6.445	3.473	2.326	1.743	1.392	1.157	0.862	0.684	0.442	0.316	0.237	0.182
1.020	9.170	6.024	3.426	2.316	1.739	1.390	1.155	0.861	0.683	0.442	0.316	0.237	0.183
1.024	7.853	5.601	3.365	2.301	1.734	1.387	1.154	0.860	0.683	0.442	0.316	0.237	0.183
1.028	6.845	5.197	3.290	2.282	1.727	1.384	1.152	0.860	0.682	0.441	0.316	0.237	0.183
1.040	4.909	4.178	3.012	2.200	1.697	1.370	1.144	0.856	0.680	0.441	0.316	0.237	0.183
1.060	3.311	3.055	2.515	2.001	1.611	1.328	1.122	0.847	0.676	0.439	0.315	0.237	0.183
1.080	2.490	2.375	2.096	1.778	1.495	1.266	1.086	0.833	0.669	0.437	0.314	0.237	0.183
1.100	1.991	1.930	1.772	1.570	1.369	1.190	1.040	0.814	0.659	0.434	0.313	0.237	0.183
1.120	1.657	1.621	1.524	1.391	1.247	1.109	0.987	0.790	0.647	0.431	0.312	0.236	0.184
1.140	1.417	1.394	1.330	1.239	1.135	1.029	0.930	0.761	0.632	0.426	0.310	0.236	0.183
1.160	1.236	1.221	1.177	1.112	1.035	0.954	0.874	0.731	0.615	0.421	0.308	0.235	0.183
1.180	1.095	1.085	1.053	1.006	0.948	0.884	0.820	0.699	0.596	0.415	0.306	0.234	0.183
1.200	0.983	0.975	0.952	0.916	0.871	0.821	0.769	0.667	0.576	0.409	0.303	0.233	0.183
1.300	0.642	0.640	0.633	0.621	0.606	0.588	0.567	0.522	0.475	0.368	0.285	0.225	0.180
1.400	0.471	0.470	0.467	0.462	0.455	0.447	0.437	0.414	0.388	0.322	0.262	0.213	0.173
1.500	0.367	0.367	0.365	0.363	0.359	0.355	0.349	0.337	0.321	0.279	0.236	0.198	0.165
1.600	0.298	0.298	0.297	0.296	0.294	0.291	0.288	0.280	0.270	0.242	0.211	0.182	0.155

l/d						80							
m ＼ n	0.000	0.020	0.040	0.060	0.080	0.100	0.120	0.160	0.200	0.300	0.400	0.500	0.600
0.500		0.515	0.511	0.505	0.497	0.486	0.474	0.446	0.413	0.323	0.241	0.175	0.125
0.550		0.534	0.530	0.524	0.516	0.506	0.493	0.465	0.431	0.341	0.257	0.189	0.137
0.600		0.569	0.565	0.558	0.549	0.537	0.524	0.492	0.455	0.359	0.272	0.201	0.147
0.650		0.624	0.619	0.610	0.598	0.584	0.567	0.528	0.485	0.378	0.284	0.211	0.155
0.700		0.706	0.698	0.685	0.669	0.648	0.626	0.575	0.521	0.396	0.295	0.219	0.163
0.750		0.827	0.814	0.794	0.768	0.737	0.704	0.632	0.562	0.413	0.304	0.226	0.168
0.800		1.015	0.991	0.955	0.910	0.858	0.805	0.700	0.606	0.428	0.311	0.231	0.173
0.850		1.332	1.279	1.202	1.112	1.018	0.928	0.770	0.645	0.438	0.315	0.234	0.176
0.900		1.951	1.792	1.589	1.387	1.208	1.057	0.830	0.674	0.443	0.317	0.236	0.179
0.950		3.560	2.770	2.117	1.667	1.360	1.143	0.860	0.685	0.444	0.317	0.237	0.181
1.004	21.355	7.180	3.526	2.339	1.749	1.395	1.159	0.863	0.685	0.443	0.317	0.237	0.182
1.008	17.597	7.056	3.517	2.336	1.747	1.394	1.158	0.863	0.684	0.442	0.317	0.237	0.182
1.012	13.949	6.799	3.498	2.332	1.745	1.393	1.157	0.862	0.684	0.442	0.317	0.237	0.182
1.016	11.273	6.440	3.467	2.324	1.742	1.391	1.156	0.862	0.684	0.442	0.316	0.237	0.182
1.020	9.365	6.031	3.422	2.314	1.738	1.389	1.155	0.861	0.683	0.442	0.316	0.237	0.183
1.024	7.973	5.613	3.361	2.299	1.733	1.387	1.154	0.860	0.683	0.442	0.316	0.237	0.183
1.028	6.924	5.211	3.288	2.281	1.726	1.384	1.152	0.860	0.682	0.441	0.316	0.237	0.183
1.040	4.937	4.190	3.012	2.200	1.696	1.369	1.144	0.856	0.680	0.441	0.316	0.237	0.183
1.060	3.320	3.061	2.517	2.002	1.611	1.328	1.122	0.847	0.676	0.439	0.315	0.237	0.183
1.080	2.494	2.377	2.098	1.779	1.495	1.266	1.086	0.833	0.669	0.437	0.314	0.237	0.183
1.100	1.993	1.932	1.773	1.571	1.369	1.190	1.040	0.814	0.659	0.434	0.313	0.237	0.183
1.120	1.658	1.622	1.524	1.391	1.247	1.110	0.987	0.790	0.647	0.431	0.312	0.236	0.184
1.140	1.418	1.395	1.331	1.239	1.135	1.030	0.930	0.761	0.632	0.426	0.310	0.236	0.183
1.160	1.237	1.221	1.178	1.113	1.035	0.954	0.874	0.731	0.615	0.421	0.308	0.235	0.183
1.180	1.096	1.085	1.054	1.006	0.948	0.884	0.820	0.699	0.596	0.415	0.306	0.234	0.183
1.200	0.983	0.975	0.952	0.916	0.871	0.821	0.769	0.667	0.576	0.409	0.303	0.233	0.183
1.300	0.642	0.640	0.633	0.621	0.606	0.588	0.567	0.522	0.475	0.368	0.285	0.225	0.180
1.400	0.471	0.470	0.467	0.462	0.455	0.447	0.437	0.414	0.388	0.322	0.262	0.213	0.173
1.500	0.368	0.367	0.365	0.363	0.359	0.355	0.349	0.337	0.321	0.279	0.236	0.198	0.165
1.600	0.298	0.298	0.297	0.296	0.294	0.291	0.288	0.280	0.270	0.242	0.211	0.182	0.155

l/d = 90

m \ n	0.000	0.020	0.040	0.060	0.080	0.100	0.120	0.160	0.200	0.300	0.400	0.500	0.600
0.500		0.515	0.511	0.505	0.497	0.486	0.474	0.446	0.413	0.323	0.241	0.175	0.125
0.550		0.534	0.530	0.524	0.516	0.506	0.493	0.465	0.431	0.341	0.257	0.189	0.137
0.600		0.569	0.565	0.558	0.549	0.537	0.524	0.492	0.455	0.359	0.272	0.201	0.147
0.650		0.624	0.619	0.610	0.598	0.584	0.567	0.528	0.485	0.378	0.284	0.211	0.155
0.700		0.706	0.698	0.685	0.669	0.649	0.626	0.575	0.521	0.396	0.295	0.219	0.163
0.750		0.827	0.814	0.794	0.768	0.738	0.704	0.632	0.562	0.413	0.304	0.226	0.168
0.800		1.015	0.992	0.955	0.910	0.858	0.805	0.700	0.606	0.428	0.311	0.231	0.173
0.850		1.332	1.279	1.202	1.112	1.018	0.928	0.770	0.645	0.438	0.315	0.234	0.176
0.900		1.952	1.793	1.590	1.387	1.208	1.057	0.830	0.673	0.443	0.317	0.236	0.179
0.950		3.566	2.770	2.116	1.667	1.360	1.143	0.860	0.685	0.444	0.317	0.237	0.181
1.004	23.603	7.142	3.521	2.338	1.748	1.394	1.159	0.863	0.685	0.443	0.317	0.237	0.182
1.008	18.680	7.026	3.512	2.335	1.747	1.394	1.158	0.863	0.684	0.442	0.317	0.237	0.182
1.012	14.444	6.783	3.494	2.330	1.745	1.393	1.157	0.862	0.684	0.442	0.317	0.237	0.182
1.016	11.523	6.436	3.464	2.323	1.742	1.391	1.156	0.862	0.684	0.442	0.316	0.237	0.182
1.020	9.505	6.034	3.419	2.313	1.738	1.389	1.155	0.861	0.683	0.442	0.316	0.237	0.183
1.024	8.058	5.621	3.359	2.298	1.733	1.386	1.154	0.860	0.683	0.442	0.316	0.237	0.183
1.028	6.980	5.220	3.286	2.280	1.726	1.383	1.152	0.859	0.682	0.441	0.316	0.237	0.183
1.040	4.957	4.198	3.013	2.199	1.696	1.369	1.144	0.856	0.680	0.441	0.316	0.237	0.183
1.060	3.326	3.065	2.518	2.002	1.610	1.328	1.122	0.847	0.676	0.439	0.315	0.237	0.183
1.080	2.496	2.379	2.099	1.779	1.495	1.266	1.086	0.833	0.669	0.437	0.314	0.237	0.183
1.100	1.995	1.933	1.774	1.571	1.369	1.190	1.040	0.814	0.659	0.434	0.313	0.237	0.183
1.120	1.659	1.623	1.525	1.391	1.247	1.110	0.987	0.790	0.647	0.431	0.312	0.236	0.184
1.140	1.418	1.395	1.331	1.240	1.135	1.030	0.930	0.761	0.632	0.426	0.310	0.236	0.183
1.160	1.237	1.222	1.178	1.113	1.036	0.954	0.874	0.731	0.615	0.421	0.308	0.235	0.183
1.180	1.096	1.085	1.054	1.006	0.948	0.884	0.820	0.699	0.596	0.415	0.306	0.234	0.183
1.200	0.983	0.975	0.952	0.916	0.871	0.821	0.769	0.667	0.576	0.409	0.303	0.233	0.183
1.300	0.642	0.640	0.633	0.621	0.606	0.588	0.567	0.522	0.475	0.368	0.285	0.225	0.180
1.400	0.471	0.470	0.467	0.462	0.455	0.447	0.437	0.414	0.388	0.322	0.262	0.213	0.173
1.500	0.368	0.367	0.365	0.363	0.359	0.355	0.349	0.337	0.321	0.279	0.236	0.198	0.165
1.600	0.298	0.298	0.297	0.296	0.294	0.291	0.288	0.280	0.270	0.242	0.211	0.182	0.155

l/d = 100

m \ n	0.000	0.020	0.040	0.060	0.080	0.100	0.120	0.160	0.200	0.300	0.400	0.500	0.600
0.500		0.515	0.511	0.505	0.497	0.486	0.474	0.446	0.413	0.323	0.241	0.175	0.125
0.550		0.534	0.530	0.524	0.516	0.506	0.493	0.465	0.431	0.341	0.257	0.189	0.137
0.600		0.569	0.565	0.558	0.549	0.537	0.524	0.492	0.455	0.359	0.272	0.201	0.147
0.650		0.624	0.619	0.610	0.598	0.584	0.567	0.528	0.485	0.378	0.284	0.211	0.155
0.700		0.706	0.698	0.685	0.669	0.649	0.626	0.575	0.521	0.396	0.295	0.219	0.163
0.750		0.827	0.814	0.794	0.768	0.738	0.704	0.633	0.562	0.413	0.304	0.226	0.168
0.800		1.015	0.992	0.955	0.910	0.858	0.805	0.700	0.606	0.428	0.311	0.231	0.173
0.850		1.332	1.279	1.202	1.112	1.018	0.928	0.770	0.645	0.438	0.315	0.234	0.176
0.900		1.953	1.793	1.590	1.388	1.208	1.057	0.830	0.673	0.443	0.317	0.236	0.179
0.950		3.570	2.771	2.116	1.667	1.360	1.143	0.860	0.685	0.444	0.317	0.237	0.181
1.004	25.703	7.115	3.518	2.337	1.748	1.394	1.159	0.863	0.685	0.443	0.317	0.237	0.182
1.008	19.574	7.004	3.509	2.334	1.746	1.393	1.158	0.863	0.684	0.442	0.317	0.237	0.182
1.012	14.827	6.771	3.491	2.329	1.744	1.392	1.157	0.862	0.684	0.442	0.317	0.237	0.182
1.016	11.710	6.433	3.461	2.322	1.741	1.391	1.156	0.862	0.684	0.442	0.316	0.237	0.182
1.020	9.609	6.037	3.417	2.312	1.737	1.389	1.155	0.861	0.683	0.442	0.316	0.237	0.183
1.024	8.121	5.626	3.358	2.298	1.732	1.386	1.153	0.860	0.683	0.442	0.316	0.237	0.183
1.028	7.020	5.227	3.285	2.279	1.726	1.383	1.152	0.859	0.682	0.441	0.316	0.237	0.183
1.040	4.971	4.203	3.013	2.199	1.695	1.369	1.144	0.856	0.680	0.441	0.316	0.237	0.183
1.060	3.330	3.068	2.519	2.002	1.610	1.328	1.122	0.847	0.676	0.439	0.315	0.237	0.183
1.080	2.498	2.381	2.099	1.779	1.495	1.266	1.086	0.833	0.669	0.437	0.314	0.237	0.183
1.100	1.995	1.934	1.775	1.571	1.369	1.190	1.040	0.814	0.659	0.434	0.313	0.237	0.183
1.120	1.659	1.623	1.525	1.391	1.247	1.110	0.987	0.790	0.647	0.431	0.312	0.236	0.184
1.140	1.418	1.395	1.332	1.240	1.135	1.030	0.930	0.761	0.632	0.426	0.310	0.236	0.183
1.160	1.237	1.222	1.178	1.113	1.036	0.954	0.874	0.731	0.615	0.421	0.308	0.235	0.183
1.180	1.096	1.085	1.054	1.006	0.948	0.885	0.820	0.699	0.596	0.415	0.306	0.234	0.183
1.200	0.983	0.975	0.952	0.916	0.871	0.821	0.769	0.667	0.576	0.409	0.303	0.233	0.183
1.300	0.642	0.640	0.633	0.622	0.606	0.588	0.567	0.522	0.475	0.368	0.285	0.225	0.180
1.400	0.471	0.470	0.467	0.462	0.455	0.447	0.437	0.414	0.388	0.322	0.262	0.213	0.173
1.500	0.368	0.367	0.365	0.363	0.359	0.355	0.349	0.337	0.321	0.279	0.236	0.198	0.165
1.600	0.298	0.298	0.297	0.296	0.294	0.291	0.288	0.280	0.270	0.242	0.211	0.182	0.155

表 F.0.2-3　考虑桩径影响，沿桩身线性增长侧阻力竖向应力影响系数 I_{st}

l/d						10							
n / m	0.000	0.020	0.040	0.060	0.080	0.100	0.120	0.160	0.200	0.300	0.400	0.500	0.600
0.500				−0.899	−0.681	−0.518	−0.391	−0.209	−0.089	0.061	0.105	0.107	0.092
0.550				−0.842	−0.625	−0.464	−0.340	−0.164	−0.049	0.088	0.123	0.119	0.102
0.600				−0.753	−0.539	−0.383	−0.263	−0.097	0.007	0.122	0.143	0.132	0.111
0.650				−0.626	−0.418	−0.268	−0.156	−0.006	0.081	0.163	0.165	0.144	0.118
0.700				−0.448	−0.250	−0.111	−0.012	0.111	0.173	0.208	0.186	0.155	0.125
0.750				−0.199	−0.019	0.099	0.177	0.257	0.281	0.256	0.208	0.166	0.132
0.800				0.154	0.301	0.383	0.423	0.433	0.403	0.302	0.227	0.175	0.137
0.850				0.671	0.751	0.761	0.733	0.632	0.527	0.344	0.243	0.183	0.142
0.900				1.463	1.390	1.251	1.096	0.828	0.637	0.377	0.257	0.190	0.146
0.950				2.781	2.278	1.797	1.433	0.974	0.714	0.404	0.269	0.196	0.150
1.004	4.437	4.686	5.938	5.035	2.956	2.096	1.604	1.059	0.768	0.427	0.281	0.203	0.154
1.008	4.450	4.694	5.836	4.953	2.963	2.104	1.610	1.064	0.771	0.429	0.282	0.204	0.155
1.012	4.454	4.689	5.635	4.790	2.964	2.110	1.616	1.068	0.774	0.430	0.283	0.204	0.155
1.016	4.449	4.665	5.390	4.592	2.956	2.114	1.622	1.072	0.778	0.432	0.284	0.205	0.155
1.020	4.431	4.622	5.138	4.388	2.938	2.116	1.626	1.076	0.781	0.433	0.285	0.205	0.156
1.024	4.398	4.559	4.897	4.194	2.911	2.115	1.629	1.080	0.783	0.435	0.286	0.206	0.156
1.028	4.351	4.478	4.673	4.014	2.876	2.111	1.631	1.083	0.786	0.436	0.287	0.206	0.156
1.040	4.128	4.161	4.096	3.552	2.734	2.080	1.629	1.091	0.794	0.441	0.289	0.208	0.157
1.060	3.600	3.557	3.373	2.976	2.457	1.975	1.595	1.095	0.803	0.448	0.293	0.210	0.159
1.080	3.060	3.007	2.836	2.547	2.190	1.836	1.530	1.086	0.807	0.454	0.297	0.213	0.161
1.100	2.599	2.554	2.420	2.210	1.954	1.690	1.447	1.064	0.804	0.458	0.301	0.215	0.162
1.120	2.226	2.192	2.092	1.937	1.749	1.548	1.356	1.031	0.795	0.461	0.304	0.217	0.164
1.140	1.927	1.902	1.827	1.713	1.571	1.418	1.264	0.992	0.780	0.463	0.306	0.219	0.165
1.160	1.687	1.668	1.613	1.527	1.419	1.299	1.176	0.948	0.761	0.462	0.308	0.221	0.167
1.180	1.493	1.478	1.436	1.370	1.286	1.192	1.093	0.902	0.738	0.460	0.310	0.223	0.168
1.200	1.332	1.321	1.289	1.238	1.172	1.097	1.017	0.857	0.713	0.457	0.311	0.224	0.170
1.300	0.838	0.834	0.823	0.806	0.783	0.755	0.723	0.653	0.580	0.419	0.304	0.226	0.174
1.400	0.591	0.590	0.585	0.577	0.567	0.554	0.539	0.505	0.466	0.368	0.284	0.220	0.173
1.500	0.447	0.446	0.444	0.440	0.434	0.428	0.420	0.401	0.379	0.318	0.259	0.209	0.168
1.600	0.354	0.353	0.352	0.350	0.347	0.343	0.338	0.327	0.313	0.274	0.232	0.194	0.161

l/d						15							
n / m	0.000	0.020	0.040	0.060	0.080	0.100	0.120	0.160	0.200	0.300	0.400	0.500	0.600
0.500			−1.210	−0.892	−0.674	−0.512	−0.385	−0.204	−0.085	0.064	0.107	0.107	0.093
0.550			−1.150	−0.834	−0.617	−0.457	−0.333	−0.158	−0.045	0.091	0.125	0.120	0.102
0.600			−1.057	−0.744	−0.531	−0.374	−0.255	−0.090	0.012	0.125	0.144	0.132	0.111
0.650			−0.922	−0.614	−0.407	−0.258	−0.147	0.001	0.086	0.165	0.165	0.144	0.119
0.700			−0.731	−0.431	−0.234	−0.098	0.000	0.119	0.178	0.210	0.187	0.155	0.125
0.750			−0.459	−0.173	0.004	0.118	0.192	0.266	0.286	0.257	0.208	0.166	0.132
0.800			−0.058	0.196	0.335	0.408	0.441	0.442	0.406	0.302	0.227	0.175	0.137
0.850			0.564	0.746	0.802	0.793	0.751	0.636	0.527	0.342	0.243	0.183	0.142
0.900			1.609	1.596	1.453	1.273	1.099	0.820	0.630	0.375	0.256	0.189	0.146
0.950			3.584	2.907	2.239	1.742	1.391	0.953	0.703	0.401	0.268	0.196	0.150
1.004	7.095	8.049	7.900	4.012	2.678	1.973	1.538	1.034	0.755	0.424	0.280	0.203	0.154
1.008	7.096	7.972	7.562	4.018	2.687	1.981	1.545	1.038	0.759	0.425	0.281	0.203	0.154
1.012	7.063	7.778	7.097	4.012	2.694	1.989	1.551	1.042	0.762	0.427	0.282	0.204	0.155
1.016	6.985	7.496	6.641	3.989	2.697	1.994	1.556	1.047	0.765	0.428	0.283	0.204	0.155
1.020	6.857	7.167	6.230	3.948	2.697	1.999	1.561	1.051	0.768	0.430	0.284	0.205	0.155
1.024	6.682	6.822	5.866	3.891	2.691	2.002	1.566	1.054	0.771	0.431	0.284	0.205	0.156
1.028	6.469	6.481	5.542	3.821	2.681	2.003	1.569	1.058	0.774	0.433	0.285	0.206	0.156
1.040	5.713	5.540	4.750	3.563	2.619	1.992	1.573	1.067	0.782	0.437	0.288	0.207	0.157
1.060	4.493	4.318	3.801	3.097	2.441	1.931	1.556	1.074	0.792	0.444	0.292	0.210	0.159
1.080	3.568	3.450	3.123	2.676	2.221	1.826	1.509	1.069	0.796	0.450	0.296	0.212	0.160
1.100	2.903	2.826	2.615	2.320	2.000	1.700	1.441	1.052	0.795	0.455	0.299	0.215	0.162
1.120	2.417	2.367	2.227	2.025	1.795	1.568	1.359	1.025	0.788	0.458	0.302	0.217	0.164
1.140	2.054	2.020	1.924	1.782	1.614	1.440	1.273	0.989	0.776	0.460	0.305	0.219	0.165
1.160	1.775	1.752	1.683	1.580	1.455	1.321	1.188	0.948	0.758	0.460	0.307	0.221	0.167
1.180	1.555	1.538	1.488	1.412	1.317	1.212	1.105	0.905	0.737	0.458	0.309	0.222	0.168
1.200	1.379	1.366	1.329	1.271	1.197	1.115	1.029	0.860	0.713	0.455	0.310	0.224	0.169
1.300	0.852	0.848	0.836	0.818	0.793	0.763	0.730	0.657	0.582	0.419	0.303	0.226	0.173
1.400	0.597	0.595	0.590	0.582	0.572	0.558	0.543	0.508	0.468	0.369	0.284	0.220	0.173
1.500	0.450	0.449	0.446	0.442	0.437	0.430	0.422	0.403	0.380	0.318	0.259	0.209	0.168
1.600	0.355	0.355	0.353	0.351	0.348	0.344	0.339	0.328	0.314	0.274	0.232	0.194	0.161

l/d	20												
n / m	0.000	0.020	0.040	0.060	0.080	0.100	0.120	0.160	0.200	0.300	0.400	0.500	0.600
0.500			−1.207	−0.890	−0.672	−0.509	−0.383	−0.202	−0.084	0.065	0.107	0.107	0.093
0.550			−1.147	−0.831	−0.615	−0.455	−0.331	−0.156	−0.043	0.092	0.125	0.120	0.102
0.600			−1.054	−0.740	−0.527	−0.371	−0.253	−0.088	0.014	0.125	0.145	0.132	0.111
0.650			−0.918	−0.609	−0.402	−0.254	−0.143	0.003	0.088	0.166	0.166	0.144	0.119
0.700			−0.725	−0.425	−0.229	−0.093	0.004	0.122	0.180	0.210	0.187	0.155	0.126
0.750			−0.448	−0.164	0.012	0.125	0.197	0.269	0.288	0.257	0.208	0.166	0.132
0.800			−0.040	0.212	0.347	0.417	0.448	0.445	0.407	0.302	0.226	0.175	0.137
0.850			0.600	0.773	0.820	0.804	0.757	0.637	0.527	0.342	0.243	0.182	0.142
0.900			1.694	1.642	1.473	1.279	1.099	0.818	0.628	0.374	0.256	0.189	0.146
0.950			3.771	2.920	2.217	1.722	1.376	0.946	0.700	0.400	0.268	0.196	0.150
1.004	9.793	12.556	6.649	3.796	2.599	1.936	1.517	1.025	0.751	0.422	0.280	0.202	0.154
1.008	9.754	11.616	6.610	3.806	2.608	1.944	1.524	1.030	0.754	0.424	0.281	0.203	0.154
1.012	9.616	10.588	6.496	3.809	2.616	1.951	1.530	1.034	0.758	0.426	0.281	0.203	0.155
1.016	9.361	9.685	6.317	3.801	2.621	1.957	1.535	1.038	0.761	0.427	0.282	0.204	0.155
1.020	9.003	8.912	6.096	3.783	2.624	1.962	1.540	1.042	0.764	0.429	0.283	0.204	0.155
1.024	8.573	8.243	5.855	3.752	2.622	1.966	1.545	1.046	0.767	0.430	0.284	0.205	0.156
1.028	8.106	7.656	5.610	3.709	2.617	1.968	1.549	1.049	0.769	0.432	0.285	0.205	0.156
1.040	6.721	6.253	4.909	3.524	2.574	1.963	1.554	1.058	0.777	0.436	0.287	0.207	0.157
1.060	4.947	4.667	3.949	3.121	2.427	1.913	1.542	1.066	0.787	0.443	0.291	0.209	0.159
1.080	3.795	3.638	3.229	2.715	2.227	1.820	1.501	1.063	0.793	0.449	0.295	0.212	0.160
1.100	3.028	2.936	2.689	2.358	2.013	1.701	1.438	1.048	0.792	0.454	0.299	0.214	0.162
1.120	2.493	2.436	2.278	2.056	1.811	1.573	1.360	1.022	0.786	0.457	0.302	0.217	0.163
1.140	2.103	2.066	1.960	1.806	1.628	1.447	1.276	0.988	0.774	0.459	0.305	0.219	0.165
1.160	1.808	1.783	1.709	1.599	1.468	1.328	1.191	0.948	0.757	0.459	0.307	0.221	0.166
1.180	1.579	1.561	1.508	1.427	1.328	1.219	1.110	0.905	0.736	0.458	0.308	0.222	0.168
1.200	1.396	1.382	1.343	1.282	1.206	1.121	1.033	0.861	0.713	0.454	0.309	0.224	0.169
1.300	0.857	0.853	0.841	0.822	0.797	0.766	0.733	0.658	0.583	0.419	0.303	0.226	0.173
1.400	0.599	0.597	0.592	0.584	0.573	0.560	0.544	0.509	0.469	0.369	0.284	0.220	0.173
1.500	0.451	0.450	0.447	0.443	0.438	0.431	0.423	0.403	0.381	0.318	0.259	0.209	0.168
1.600	0.356	0.355	0.354	0.352	0.349	0.345	0.340	0.328	0.315	0.274	0.232	0.194	0.161

l/d	25												
n / m	0.000	0.020	0.040	0.060	0.080	0.100	0.120	0.160	0.200	0.300	0.400	0.500	0.600
0.500			−1.206	−0.889	−0.671	−0.508	−0.382	−0.202	−0.083	0.065	0.107	0.107	0.093
0.550			−1.146	−0.830	−0.614	−0.453	−0.330	−0.155	−0.042	0.092	0.125	0.120	0.102
0.600			−1.052	−0.739	−0.526	−0.370	−0.252	−0.087	0.015	0.126	0.145	0.132	0.111
0.650			−0.916	−0.607	−0.401	−0.252	−0.142	0.005	0.089	0.166	0.166	0.144	0.119
0.700			−0.722	−0.422	−0.226	−0.091	0.006	0.123	0.181	0.210	0.187	0.155	0.126
0.750			−0.443	−0.160	0.015	0.128	0.200	0.271	0.289	0.257	0.208	0.166	0.132
0.800			−0.031	0.219	0.353	0.422	0.450	0.446	0.408	0.302	0.226	0.175	0.137
0.850			0.617	0.786	0.829	0.809	0.760	0.638	0.526	0.342	0.242	0.182	0.141
0.900			1.734	1.663	1.482	1.281	1.098	0.816	0.627	0.374	0.256	0.189	0.146
0.950			3.849	2.920	2.206	1.712	1.369	0.943	0.698	0.399	0.268	0.196	0.150
1.004	12.508	16.972	6.271	3.709	2.565	1.919	1.508	1.021	0.749	0.422	0.280	0.202	0.154
1.008	12.381	13.914	6.261	3.720	2.575	1.927	1.514	1.026	0.752	0.424	0.280	0.203	0.154
1.012	12.039	12.117	6.208	3.725	2.583	1.934	1.520	1.030	0.756	0.425	0.281	0.203	0.155
1.016	11.487	10.831	6.105	3.722	2.588	1.940	1.526	1.034	0.759	0.427	0.282	0.204	0.155
1.020	10.795	9.822	5.959	3.710	2.592	1.946	1.531	1.038	0.762	0.428	0.283	0.204	0.155
1.024	10.046	8.988	5.781	3.688	2.592	1.950	1.535	1.042	0.765	0.430	0.284	0.205	0.156
1.028	9.301	8.278	5.584	3.655	2.588	1.952	1.539	1.046	0.768	0.431	0.285	0.205	0.156
1.040	7.355	6.630	4.959	3.500	2.553	1.949	1.546	1.055	0.775	0.436	0.287	0.207	0.157
1.060	5.196	4.846	4.015	3.129	2.420	1.905	1.535	1.063	0.786	0.443	0.291	0.209	0.159
1.080	3.912	3.732	3.279	2.733	2.228	1.817	1.497	1.060	0.791	0.449	0.295	0.212	0.160
1.100	3.091	2.990	2.724	2.375	2.019	1.702	1.436	1.046	0.791	0.453	0.299	0.214	0.162
1.120	2.530	2.469	2.302	2.071	1.818	1.576	1.360	1.021	0.785	0.457	0.302	0.216	0.163
1.140	2.127	2.087	1.977	1.818	1.635	1.450	1.277	0.987	0.773	0.459	0.305	0.219	0.165
1.160	1.824	1.797	1.721	1.608	1.474	1.332	1.193	0.948	0.756	0.459	0.307	0.220	0.166
1.180	1.590	1.571	1.517	1.434	1.333	1.223	1.112	0.906	0.736	0.457	0.308	0.222	0.168
1.200	1.404	1.390	1.350	1.288	1.211	1.124	1.035	0.862	0.713	0.454	0.309	0.223	0.169
1.300	0.859	0.855	0.843	0.824	0.798	0.768	0.734	0.659	0.583	0.419	0.303	0.226	0.173
1.400	0.600	0.598	0.593	0.585	0.574	0.561	0.545	0.509	0.469	0.369	0.284	0.220	0.173
1.500	0.451	0.450	0.448	0.444	0.438	0.431	0.423	0.404	0.381	0.319	0.259	0.209	0.168
1.600	0.356	0.356	0.354	0.352	0.349	0.345	0.340	0.329	0.315	0.274	0.232	0.194	0.161

l/d	30												
m\n	0.000	0.020	0.040	0.060	0.080	0.100	0.120	0.160	0.200	0.300	0.400	0.500	0.600
0.500		−1.759	−1.206	−0.888	−0.670	−0.508	−0.382	−0.201	−0.082	0.065	0.107	0.108	0.093
0.550		−1.698	−1.145	−0.829	−0.613	−0.453	−0.329	−0.155	−0.042	0.092	0.125	0.120	0.102
0.600		−1.603	−1.051	−0.738	−0.525	−0.369	−0.251	−0.087	0.015	0.126	0.145	0.132	0.111
0.650		−1.463	−0.915	−0.606	−0.400	−0.251	−0.141	0.005	0.089	0.166	0.166	0.144	0.119
0.700		−1.263	−0.720	−0.420	−0.225	−0.089	0.007	0.124	0.181	0.211	0.187	0.155	0.126
0.750		−0.973	−0.441	−0.157	0.017	0.129	0.201	0.272	0.289	0.257	0.208	0.166	0.132
0.800		−0.536	−0.026	0.223	0.356	0.424	0.452	0.447	0.408	0.302	0.226	0.175	0.137
0.850		0.177	0.627	0.793	0.833	0.812	0.761	0.638	0.526	0.342	0.242	0.182	0.141
0.900		1.507	1.756	1.675	1.486	1.282	1.098	0.816	0.627	0.374	0.256	0.189	0.146
0.950		4.706	3.888	2.919	2.199	1.707	1.366	0.941	0.697	0.399	0.268	0.196	0.150
1.004	15.226	16.081	6.097	3.664	2.547	1.910	1.503	1.019	0.748	0.422	0.279	0.202	0.154
1.008	14.944	14.179	6.096	3.676	2.557	1.918	1.509	1.024	0.751	0.423	0.280	0.203	0.154
1.012	14.281	12.577	6.062	3.682	2.565	1.925	1.515	1.028	0.755	0.425	0.281	0.203	0.155
1.016	13.323	11.303	5.988	3.681	2.571	1.932	1.521	1.032	0.758	0.426	0.282	0.204	0.155
1.020	12.240	10.258	5.874	3.672	2.575	1.937	1.526	1.036	0.761	0.428	0.283	0.204	0.155
1.024	11.162	9.376	5.728	3.654	2.575	1.941	1.530	1.040	0.764	0.429	0.284	0.205	0.156
1.028	10.159	8.616	5.557	3.626	2.573	1.944	1.534	1.043	0.766	0.431	0.285	0.205	0.156
1.040	7.763	6.846	4.979	3.486	2.541	1.942	1.541	1.053	0.774	0.435	0.287	0.207	0.157
1.060	5.344	4.949	4.050	3.132	2.416	1.901	1.532	1.061	0.785	0.442	0.291	0.209	0.159
1.080	3.978	3.786	3.307	2.741	2.229	1.815	1.495	1.059	0.790	0.448	0.295	0.212	0.160
1.100	3.126	3.020	2.743	2.384	2.022	1.702	1.435	1.045	0.790	0.453	0.299	0.214	0.162
1.120	2.551	2.488	2.316	2.079	1.822	1.577	1.360	1.020	0.784	0.457	0.302	0.216	0.163
1.140	2.140	2.099	1.986	1.824	1.639	1.452	1.278	0.987	0.773	0.458	0.304	0.218	0.165
1.160	1.833	1.806	1.728	1.613	1.477	1.334	1.194	0.948	0.756	0.459	0.307	0.220	0.166
1.180	1.596	1.577	1.522	1.438	1.336	1.224	1.113	0.906	0.736	0.457	0.308	0.222	0.168
1.200	1.408	1.394	1.354	1.291	1.213	1.126	1.036	0.862	0.713	0.454	0.309	0.223	0.169
1.300	0.860	0.856	0.844	0.825	0.799	0.769	0.734	0.660	0.584	0.419	0.303	0.226	0.173
1.400	0.600	0.599	0.594	0.586	0.575	0.561	0.545	0.509	0.469	0.369	0.284	0.220	0.173
1.500	0.451	0.451	0.448	0.444	0.439	0.432	0.423	0.404	0.381	0.319	0.259	0.209	0.168
1.600	0.356	0.356	0.354	0.352	0.349	0.345	0.340	0.329	0.315	0.275	0.232	0.194	0.161

l/d	40												
m\n	0.000	0.020	0.040	0.060	0.080	0.100	0.120	0.160	0.200	0.300	0.400	0.500	0.600
0.500		−1.759	−1.205	−0.888	−0.670	−0.507	−0.381	−0.201	−0.082	0.066	0.108	0.108	0.093
0.550		−1.698	−1.145	−0.829	−0.612	−0.452	−0.329	−0.154	−0.042	0.092	0.125	0.120	0.102
0.600		−1.602	−1.050	−0.737	−0.524	−0.369	−0.250	−0.086	0.015	0.126	0.145	0.132	0.111
0.650		−1.462	−0.913	−0.605	−0.399	−0.250	−0.140	0.006	0.090	0.166	0.166	0.144	0.119
0.700		−1.261	−0.718	−0.419	−0.223	−0.088	0.008	0.125	0.182	0.211	0.187	0.155	0.126
0.750		−0.970	−0.438	−0.155	0.019	0.131	0.203	0.272	0.290	0.257	0.208	0.166	0.132
0.800		−0.531	−0.022	0.227	0.359	0.426	0.454	0.448	0.408	0.302	0.226	0.175	0.137
0.850		0.188	0.636	0.799	0.838	0.814	0.763	0.638	0.526	0.341	0.242	0.182	0.141
0.900		1.542	1.778	1.686	1.491	1.284	1.098	0.815	0.626	0.373	0.256	0.189	0.146
0.950		4.869	3.924	2.917	2.193	1.702	1.362	0.940	0.696	0.399	0.268	0.196	0.150
1.004	20.636	14.185	5.940	3.622	2.530	1.901	1.498	1.017	0.747	0.421	0.279	0.202	0.154
1.008	19.770	13.545	5.945	3.634	2.539	1.909	1.504	1.021	0.750	0.423	0.280	0.203	0.154
1.012	18.119	12.571	5.925	3.641	2.548	1.916	1.510	1.026	0.754	0.425	0.281	0.203	0.155
1.016	16.165	11.550	5.873	3.642	2.554	1.923	1.516	1.030	0.757	0.426	0.282	0.204	0.155
1.020	14.288	10.589	5.786	3.635	2.558	1.928	1.521	1.034	0.760	0.428	0.283	0.204	0.155
1.024	12.638	9.718	5.667	3.621	2.559	1.933	1.526	1.038	0.763	0.429	0.284	0.205	0.156
1.028	11.236	8.937	5.522	3.597	2.557	1.936	1.530	1.041	0.765	0.431	0.284	0.205	0.156
1.040	8.228	7.066	4.993	3.470	2.530	1.935	1.537	1.051	0.773	0.435	0.287	0.207	0.157
1.060	5.500	5.055	4.083	3.134	2.411	1.896	1.528	1.059	0.784	0.442	0.291	0.209	0.159
1.080	4.047	3.840	3.334	2.750	2.230	1.814	1.493	1.057	0.789	0.448	0.295	0.212	0.160
1.100	3.162	3.051	2.762	2.393	2.025	1.702	1.434	1.044	0.789	0.453	0.298	0.214	0.162
1.120	2.572	2.506	2.329	2.086	1.825	1.578	1.360	1.019	0.784	0.456	0.302	0.216	0.163
1.140	2.153	2.111	1.996	1.830	1.642	1.454	1.278	0.987	0.772	0.458	0.304	0.218	0.165
1.160	1.842	1.814	1.735	1.618	1.480	1.335	1.195	0.948	0.756	0.458	0.306	0.220	0.166
1.180	1.602	1.583	1.526	1.442	1.338	1.226	1.114	0.906	0.736	0.457	0.308	0.222	0.168
1.200	1.413	1.399	1.357	1.294	1.215	1.127	1.037	0.863	0.713	0.454	0.309	0.223	0.169
1.300	0.862	0.858	0.845	0.826	0.800	0.769	0.735	0.660	0.584	0.419	0.303	0.226	0.173
1.400	0.601	0.599	0.594	0.586	0.575	0.562	0.546	0.510	0.469	0.369	0.284	0.220	0.173
1.500	0.452	0.451	0.448	0.444	0.439	0.432	0.424	0.404	0.381	0.319	0.259	0.209	0.168
1.600	0.356	0.356	0.355	0.352	0.349	0.345	0.340	0.329	0.315	0.275	0.232	0.194	0.161

l/d	50												
m＼n	0.000	0.020	0.040	0.060	0.080	0.100	0.120	0.160	0.200	0.300	0.400	0.500	0.600
0.500		−1.758	−1.205	−0.887	−0.669	−0.507	−0.381	−0.200	−0.082	0.066	0.108	0.108	0.093
0.550		−1.697	−1.144	−0.828	−0.612	−0.452	−0.329	−0.154	−0.041	0.093	0.125	0.120	0.102
0.600		−1.601	−1.050	−0.737	−0.524	−0.368	−0.250	−0.086	0.016	0.126	0.145	0.132	0.111
0.650		−1.461	−0.913	−0.605	−0.398	−0.250	−0.140	0.006	0.090	0.166	0.166	0.144	0.119
0.700		−1.260	−0.718	−0.418	−0.223	−0.088	0.008	0.125	0.182	0.211	0.187	0.155	0.126
0.750		−0.969	−0.437	−0.154	0.020	0.132	0.203	0.273	0.290	0.257	0.208	0.166	0.132
0.800		−0.528	−0.020	0.229	0.360	0.427	0.454	0.448	0.409	0.302	0.226	0.175	0.137
0.850		0.193	0.641	0.803	0.840	0.816	0.763	0.638	0.526	0.341	0.242	0.182	0.141
0.900		1.558	1.789	1.691	1.493	1.284	1.098	0.815	0.626	0.373	0.256	0.189	0.146
0.950		4.947	3.940	2.916	2.190	1.699	1.360	0.939	0.696	0.398	0.268	0.196	0.150
1.004	25.958	13.491	5.873	3.603	2.522	1.897	1.495	1.016	0.747	0.421	0.279	0.202	0.154
1.008	24.069	13.126	5.879	3.615	2.532	1.905	1.502	1.020	0.750	0.423	0.280	0.203	0.154
1.012	21.098	12.429	5.864	3.622	2.540	1.912	1.508	1.025	0.753	0.424	0.281	0.203	0.155
1.016	18.118	11.575	5.820	3.624	2.546	1.919	1.513	1.029	0.756	0.426	0.282	0.204	0.155
1.020	15.572	10.695	5.745	3.619	2.551	1.924	1.519	1.033	0.759	0.427	0.283	0.204	0.155
1.024	13.503	9.854	5.638	3.605	2.552	1.929	1.523	1.037	0.762	0.429	0.284	0.205	0.156
1.028	11.836	9.077	5.503	3.583	2.551	1.932	1.527	1.040	0.765	0.431	0.284	0.205	0.156
1.040	8.466	7.170	4.998	3.463	2.524	1.931	1.535	1.050	0.773	0.435	0.287	0.207	0.157
1.060	5.577	5.105	4.098	3.135	2.409	1.894	1.527	1.058	0.783	0.442	0.291	0.209	0.159
1.080	4.080	3.866	3.347	2.754	2.230	1.813	1.492	1.057	0.789	0.448	0.295	0.212	0.160
1.100	3.179	3.065	2.771	2.397	2.027	1.702	1.434	1.043	0.789	0.453	0.298	0.214	0.162
1.120	2.581	2.515	2.335	2.090	1.827	1.579	1.360	1.019	0.783	0.456	0.302	0.216	0.163
1.140	2.159	2.117	2.000	1.833	1.644	1.455	1.279	0.987	0.772	0.458	0.304	0.218	0.165
1.160	1.846	1.818	1.738	1.620	1.481	1.336	1.195	0.948	0.756	0.458	0.306	0.220	0.166
1.180	1.605	1.585	1.529	1.443	1.340	1.227	1.114	0.906	0.736	0.457	0.308	0.222	0.168
1.200	1.415	1.401	1.359	1.296	1.216	1.128	1.037	0.863	0.713	0.454	0.309	0.223	0.169
1.300	0.862	0.858	0.846	0.826	0.801	0.770	0.735	0.660	0.584	0.419	0.303	0.226	0.173
1.400	0.601	0.599	0.594	0.586	0.575	0.562	0.546	0.510	0.469	0.369	0.284	0.220	0.173
1.500	0.452	0.451	0.449	0.444	0.439	0.432	0.424	0.404	0.381	0.319	0.259	0.209	0.168
1.600	0.356	0.356	0.355	0.352	0.349	0.345	0.340	0.329	0.315	0.275	0.233	0.194	0.161

l/d	60												
m＼n	0.000	0.020	0.040	0.060	0.080	0.100	0.120	0.160	0.200	0.300	0.400	0.500	0.600
0.500		−1.758	−1.205	−0.887	−0.669	−0.507	−0.381	−0.200	−0.082	0.066	0.108	0.108	0.093
0.550		−1.697	−1.144	−0.828	−0.612	−0.452	−0.328	−0.154	−0.041	0.093	0.125	0.120	0.102
0.600		−1.601	−1.050	−0.737	−0.524	−0.368	−0.250	−0.086	0.016	0.126	0.145	0.132	0.111
0.650		−1.461	−0.913	−0.604	−0.398	−0.250	−0.140	0.006	0.090	0.166	0.166	0.144	0.119
0.700		−1.260	−0.717	−0.417	−0.222	−0.087	0.008	0.125	0.182	0.211	0.187	0.155	0.126
0.750		−0.968	−0.436	−0.153	0.021	0.132	0.203	0.273	0.290	0.257	0.208	0.166	0.132
0.800		−0.527	−0.018	0.230	0.361	0.428	0.455	0.448	0.409	0.302	0.226	0.175	0.137
0.850		0.196	0.643	0.804	0.841	0.816	0.764	0.638	0.526	0.341	0.242	0.182	0.141
0.900		1.566	1.794	1.694	1.494	1.284	1.098	0.814	0.626	0.373	0.256	0.189	0.146
0.950		4.990	3.948	2.915	2.188	1.698	1.360	0.938	0.695	0.398	0.267	0.196	0.150
1.004	31.136	13.161	5.837	3.593	2.518	1.895	1.494	1.015	0.746	0.421	0.279	0.202	0.154
1.008	27.775	12.894	5.845	3.604	2.527	1.903	1.500	1.020	0.750	0.423	0.280	0.203	0.154
1.012	23.351	12.325	5.832	3.612	2.536	1.910	1.507	1.024	0.753	0.424	0.281	0.203	0.155
1.016	19.460	11.565	5.792	3.614	2.542	1.917	1.512	1.028	0.756	0.426	0.282	0.204	0.155
1.020	16.399	10.738	5.722	3.610	2.547	1.922	1.517	1.032	0.759	0.427	0.283	0.204	0.155
1.024	14.037	9.920	5.621	3.597	2.548	1.927	1.522	1.036	0.762	0.429	0.284	0.205	0.156
1.028	12.197	9.149	5.493	3.576	2.547	1.930	1.526	1.040	0.765	0.430	0.284	0.205	0.156
1.040	8.602	7.226	5.000	3.459	2.522	1.930	1.533	1.049	0.773	0.435	0.287	0.207	0.157
1.060	5.619	5.133	4.106	3.135	2.408	1.893	1.526	1.058	0.783	0.442	0.291	0.209	0.159
1.080	4.098	3.880	3.354	2.756	2.230	1.812	1.492	1.056	0.789	0.448	0.295	0.212	0.160
1.100	3.188	3.073	2.776	2.400	2.028	1.702	1.434	1.043	0.789	0.453	0.298	0.214	0.162
1.120	2.587	2.520	2.339	2.092	1.828	1.579	1.360	1.019	0.783	0.456	0.302	0.216	0.163
1.140	2.162	2.120	2.003	1.835	1.645	1.455	1.279	0.987	0.772	0.458	0.304	0.218	0.165
1.160	1.848	1.820	1.740	1.622	1.482	1.337	1.196	0.948	0.756	0.458	0.306	0.220	0.166
1.180	1.606	1.587	1.530	1.444	1.340	1.227	1.114	0.906	0.736	0.457	0.308	0.222	0.168
1.200	1.416	1.402	1.360	1.296	1.217	1.129	1.037	0.863	0.713	0.454	0.309	0.223	0.169
1.300	0.862	0.858	0.846	0.827	0.801	0.770	0.735	0.660	0.584	0.419	0.303	0.226	0.173
1.400	0.601	0.600	0.595	0.586	0.575	0.562	0.546	0.510	0.470	0.369	0.284	0.220	0.173
1.500	0.452	0.451	0.449	0.445	0.439	0.432	0.424	0.404	0.381	0.319	0.259	0.209	0.168
1.600	0.356	0.356	0.355	0.352	0.349	0.345	0.340	0.329	0.315	0.275	0.233	0.194	0.161

l/d						70							
m \ n	0.000	0.020	0.040	0.060	0.080	0.100	0.120	0.160	0.200	0.300	0.400	0.500	0.600
0.500		−1.758	−1.204	−0.887	−0.669	−0.507	−0.381	−0.200	−0.082	0.066	0.108	0.108	0.093
0.550		−1.697	−1.144	−0.828	−0.612	−0.452	−0.328	−0.154	−0.041	0.093	0.125	0.120	0.102
0.600		−1.601	−1.050	−0.736	−0.524	−0.368	−0.250	−0.086	0.016	0.126	0.145	0.132	0.111
0.650		−1.461	−0.912	−0.604	−0.398	−0.250	−0.140	0.006	0.090	0.166	0.166	0.144	0.119
0.700		−1.260	−0.717	−0.417	−0.222	−0.087	0.009	0.125	0.182	0.211	0.187	0.155	0.126
0.750		−0.968	−0.436	−0.153	0.021	0.133	0.204	0.273	0.290	0.257	0.208	0.166	0.132
0.800		−0.526	−0.018	0.230	0.362	0.428	0.455	0.448	0.409	0.302	0.226	0.175	0.137
0.850		0.198	0.645	0.805	0.842	0.817	0.764	0.638	0.526	0.341	0.242	0.182	0.141
0.900		1.572	1.798	1.696	1.495	1.285	1.098	0.814	0.626	0.373	0.256	0.189	0.146
0.950		5.016	3.953	2.915	2.187	1.697	1.359	0.938	0.695	0.398	0.267	0.196	0.150
1.004	36.118	12.976	5.816	3.587	2.515	1.894	1.493	1.015	0.746	0.421	0.279	0.202	0.154
1.008	30.900	12.756	5.824	3.598	2.525	1.902	1.500	1.020	0.749	0.423	0.280	0.203	0.154
1.012	25.046	12.255	5.813	3.606	2.533	1.909	1.506	1.024	0.753	0.424	0.281	0.203	0.155
1.016	20.400	11.552	5.775	3.608	2.540	1.915	1.511	1.028	0.756	0.426	0.282	0.204	0.155
1.020	16.954	10.759	5.708	3.604	2.544	1.921	1.517	1.032	0.759	0.427	0.283	0.204	0.155
1.024	14.385	9.957	5.611	3.592	2.546	1.925	1.521	1.036	0.762	0.429	0.284	0.205	0.156
1.028	12.427	9.191	5.486	3.571	2.545	1.929	1.525	1.040	0.764	0.430	0.284	0.205	0.156
1.040	8.687	7.261	5.002	3.457	2.520	1.929	1.533	1.049	0.772	0.435	0.287	0.207	0.157
1.060	5.645	5.150	4.111	3.135	2.407	1.892	1.525	1.058	0.783	0.442	0.291	0.209	0.159
1.080	4.109	3.888	3.358	2.757	2.230	1.812	1.491	1.056	0.789	0.448	0.295	0.212	0.160
1.100	3.194	3.078	2.779	2.401	2.028	1.702	1.434	1.043	0.789	0.453	0.298	0.214	0.162
1.120	2.590	2.523	2.341	2.093	1.829	1.579	1.360	1.019	0.783	0.456	0.302	0.216	0.163
1.140	2.164	2.122	2.004	1.836	1.645	1.455	1.279	0.987	0.772	0.458	0.304	0.218	0.165
1.160	1.849	1.821	1.741	1.622	1.483	1.337	1.196	0.948	0.756	0.458	0.306	0.220	0.166
1.180	1.607	1.588	1.531	1.445	1.341	1.228	1.114	0.906	0.736	0.457	0.308	0.222	0.168
1.200	1.417	1.402	1.361	1.297	1.217	1.129	1.037	0.863	0.713	0.454	0.309	0.223	0.169
1.300	0.863	0.859	0.846	0.827	0.801	0.770	0.736	0.510	0.470	0.369	0.284	0.220	0.173
1.400	0.601	0.600	0.595	0.586	0.575	0.562	0.546	0.510	0.470	0.369	0.284	0.220	0.173
1.500	0.452	0.451	0.449	0.445	0.439	0.432	0.424	0.404	0.381	0.319	0.259	0.209	0.168
1.600	0.356	0.356	0.355	0.352	0.349	0.345	0.340	0.329	0.315	0.275	0.233	0.194	0.161

l/d						80							
m \ n	0.000	0.020	0.040	0.060	0.080	0.100	0.120	0.160	0.200	0.300	0.400	0.500	0.600
0.500		−1.758	−1.204	−0.887	−0.669	−0.507	−0.381	−0.200	−0.082	0.066	0.108	0.108	0.093
0.550		−1.697	−1.144	−0.828	−0.612	−0.452	−0.328	−0.154	−0.041	0.093	0.125	0.120	0.102
0.600		−1.601	−1.050	−0.736	−0.524	−0.368	−0.250	−0.086	0.016	0.126	0.145	0.132	0.111
0.650		−1.461	−0.912	−0.604	−0.398	−0.249	−0.139	0.006	0.090	0.166	0.166	0.144	0.119
0.700		−1.259	−0.717	−0.417	−0.222	−0.087	0.009	0.125	0.182	0.211	0.187	0.155	0.126
0.750		−0.968	−0.436	−0.153	0.021	0.133	0.204	0.273	0.290	0.257	0.208	0.166	0.132
0.800		−0.526	−0.017	0.230	0.362	0.428	0.455	0.448	0.409	0.302	0.226	0.175	0.137
0.850		0.199	0.646	0.806	0.842	0.817	0.764	0.638	0.526	0.341	0.242	0.182	0.141
0.900		1.575	1.800	1.697	1.495	1.285	1.098	0.814	0.625	0.373	0.256	0.189	0.146
0.950		5.032	3.956	2.914	2.186	1.697	1.359	0.938	0.695	0.398	0.267	0.196	0.150
1.004	40.860	12.861	5.803	3.583	2.513	1.893	1.493	1.015	0.746	0.421	0.279	0.202	0.154
1.008	33.500	12.667	5.811	3.594	2.523	1.901	1.499	1.019	0.749	0.423	0.280	0.203	0.154
1.012	26.328	12.207	5.800	3.602	2.532	1.908	1.505	1.024	0.753	0.424	0.281	0.203	0.155
1.016	21.074	11.541	5.765	3.605	2.538	1.915	1.511	1.028	0.756	0.426	0.282	0.204	0.155
1.020	17.339	10.770	5.699	3.601	2.543	1.920	1.516	1.032	0.759	0.427	0.283	0.204	0.155
1.024	14.622	9.979	5.604	3.589	2.544	1.925	1.521	1.036	0.762	0.429	0.284	0.205	0.156
1.028	12.582	9.218	5.482	3.568	2.543	1.928	1.525	1.039	0.764	0.430	0.284	0.205	0.156
1.040	8.743	7.283	5.002	3.455	2.519	1.928	1.532	1.049	0.772	0.435	0.287	0.207	0.157
1.060	5.662	5.161	4.114	3.136	2.407	1.892	1.525	1.058	0.783	0.442	0.291	0.209	0.159
1.080	4.116	3.894	3.360	2.758	2.230	1.812	1.491	1.056	0.788	0.448	0.295	0.212	0.160
1.100	3.197	3.081	2.781	2.402	2.028	1.702	1.433	1.043	0.789	0.453	0.298	0.214	0.162
1.120	2.592	2.524	2.342	2.094	1.829	1.580	1.360	1.019	0.783	0.456	0.301	0.216	0.163
1.140	2.166	2.123	2.005	1.836	1.646	1.455	1.279	0.986	0.772	0.458	0.304	0.218	0.165
1.160	1.850	1.822	1.741	1.623	1.483	1.337	1.196	0.948	0.756	0.458	0.306	0.220	0.166
1.180	1.608	1.588	1.531	1.445	1.341	1.228	1.115	0.906	0.736	0.457	0.308	0.222	0.168
1.200	1.417	1.403	1.361	1.297	1.217	1.129	1.038	0.863	0.713	0.454	0.309	0.223	0.169
1.300	0.863	0.859	0.847	0.827	0.801	0.770	0.736	0.660	0.584	0.419	0.303	0.226	0.173
1.400	0.601	0.600	0.595	0.587	0.575	0.562	0.546	0.510	0.470	0.369	0.284	0.220	0.173
1.500	0.452	0.451	0.449	0.445	0.439	0.432	0.424	0.404	0.381	0.319	0.259	0.209	0.168
1.600	0.356	0.356	0.355	0.352	0.349	0.345	0.340	0.329	0.315	0.275	0.233	0.194	0.161

l/d	90												
m \ n	0.000	0.020	0.040	0.060	0.080	0.100	0.120	0.160	0.200	0.300	0.400	0.500	0.600
0.500		−1.758	−1.204	−0.887	−0.669	−0.507	−0.381	−0.200	−0.082	0.066	0.108	0.108	0.093
0.550		−1.697	−1.144	−0.828	−0.612	−0.452	−0.328	−0.154	−0.041	0.093	0.125	0.120	0.102
0.600		−1.601	−1.050	−0.736	−0.524	−0.368	−0.249	−0.086	0.016	0.126	0.145	0.132	0.111
0.650		−1.460	−0.912	−0.604	−0.398	−0.249	−0.139	0.006	0.090	0.166	0.166	0.144	0.119
0.700		−1.259	−0.717	−0.417	−0.222	−0.087	0.009	0.125	0.182	0.211	0.187	0.155	0.126
0.750		−0.967	−0.435	−0.152	0.022	0.133	0.204	0.273	0.290	0.257	0.208	0.166	0.132
0.800		−0.525	−0.017	0.231	0.362	0.428	0.455	0.448	0.409	0.302	0.226	0.175	0.137
0.850		0.200	0.646	0.807	0.842	0.817	0.764	0.639	0.526	0.341	0.242	0.182	0.141
0.900		1.578	1.801	1.697	1.495	1.285	1.098	0.814	0.625	0.373	0.256	0.189	0.146
0.950		5.044	3.958	2.914	2.186	1.696	1.358	0.938	0.695	0.398	0.267	0.196	0.150
1.004	45.330	12.784	5.793	3.580	2.512	1.892	1.492	1.015	0.746	0.421	0.279	0.202	0.154
1.008	35.651	12.606	5.802	3.592	2.522	1.900	1.499	1.019	0.749	0.423	0.280	0.203	0.154
1.012	27.309	12.174	5.792	3.600	2.530	1.908	1.505	1.024	0.752	0.424	0.281	0.203	0.155
1.016	21.569	11.532	5.757	3.602	2.537	1.914	1.511	1.028	0.756	0.426	0.282	0.204	0.155
1.020	17.616	10.777	5.693	3.598	2.541	1.920	1.516	1.032	0.759	0.427	0.283	0.204	0.155
1.024	14.790	9.994	5.600	3.587	2.543	1.924	1.521	1.036	0.761	0.429	0.283	0.205	0.156
1.028	12.691	9.236	5.479	3.566	2.542	1.927	1.525	1.039	0.764	0.430	0.284	0.205	0.156
1.040	8.782	7.298	5.003	3.454	2.518	1.927	1.532	1.049	0.772	0.435	0.287	0.207	0.157
1.060	5.674	5.168	4.116	3.136	2.406	1.891	1.525	1.057	0.783	0.442	0.291	0.209	0.159
1.080	4.121	3.898	3.362	2.759	2.230	1.812	1.491	1.056	0.788	0.448	0.295	0.212	0.160
1.100	3.200	3.083	2.783	2.402	2.029	1.702	1.433	1.043	0.789	0.453	0.298	0.214	0.162
1.120	2.594	2.526	2.343	2.094	1.829	1.580	1.360	1.019	0.783	0.456	0.301	0.216	0.163
1.140	2.166	2.124	2.006	1.837	1.646	1.456	1.279	0.986	0.772	0.458	0.304	0.218	0.165
1.160	1.851	1.822	1.742	1.623	1.483	1.337	1.196	0.948	0.756	0.458	0.306	0.220	0.166
1.180	1.608	1.589	1.532	1.446	1.341	1.228	1.115	0.906	0.736	0.457	0.308	0.222	0.168
1.200	1.417	1.403	1.361	1.297	1.218	1.129	1.038	0.863	0.713	0.454	0.309	0.223	0.169
1.300	0.863	0.859	0.847	0.827	0.801	0.770	0.736	0.660	0.584	0.419	0.303	0.226	0.173
1.400	0.601	0.600	0.595	0.587	0.576	0.562	0.546	0.510	0.470	0.369	0.284	0.220	0.173
1.500	0.452	0.451	0.449	0.445	0.439	0.432	0.424	0.404	0.381	0.319	0.259	0.209	0.168
1.600	0.356	0.356	0.355	0.352	0.349	0.345	0.340	0.329	0.315	0.275	0.233	0.194	0.161

l/d	100												
m \ n	0.000	0.020	0.040	0.060	0.080	0.100	0.120	0.160	0.200	0.300	0.400	0.500	0.600
0.500		−1.758	−1.204	−0.887	−0.669	−0.507	−0.381	−0.200	−0.082	0.066	0.108	0.108	0.093
0.550		−1.697	−1.144	−0.828	−0.612	−0.452	−0.328	−0.154	−0.041	0.093	0.125	0.120	0.102
0.600		−1.601	−1.049	−0.736	−0.524	−0.368	−0.249	−0.085	0.016	0.127	0.145	0.132	0.111
0.650		−1.460	−0.912	−0.604	−0.397	−0.249	−0.139	0.007	0.090	0.166	0.166	0.144	0.119
0.700		−1.259	−0.717	−0.417	−0.222	−0.087	0.009	0.125	0.182	0.211	0.187	0.155	0.126
0.750		−0.967	−0.435	−0.152	0.022	0.133	0.204	0.273	0.290	0.257	0.208	0.166	0.132
0.800		−0.525	−0.017	0.231	0.362	0.428	0.455	0.448	0.409	0.302	0.226	0.175	0.137
0.850		0.201	0.647	0.807	0.843	0.817	0.764	0.639	0.526	0.341	0.242	0.182	0.141
0.900		1.579	1.803	1.698	1.495	1.285	1.098	0.814	0.625	0.373	0.256	0.189	0.146
0.950		5.052	3.960	2.914	2.186	1.696	1.358	0.938	0.695	0.398	0.267	0.196	0.150
1.004	49.507	12.730	5.787	3.578	2.511	1.892	1.492	1.015	0.746	0.421	0.279	0.202	0.154
1.008	37.430	12.563	5.795	3.590	2.521	1.900	1.499	1.019	0.749	0.423	0.280	0.203	0.154
1.012	28.070	12.149	5.786	3.598	2.530	1.907	1.505	1.024	0.752	0.424	0.281	0.203	0.155
1.016	21.941	11.524	5.752	3.600	2.536	1.914	1.510	1.028	0.755	0.426	0.282	0.204	0.155
1.020	17.820	10.782	5.689	3.596	2.541	1.919	1.516	1.032	0.759	0.427	0.283	0.204	0.155
1.024	14.913	10.005	5.596	3.585	2.543	1.924	1.520	1.036	0.761	0.429	0.283	0.205	0.156
1.028	12.771	9.249	5.477	3.565	2.541	1.927	1.524	1.039	0.764	0.430	0.284	0.205	0.156
1.040	8.810	7.309	5.003	3.453	2.517	1.927	1.532	1.048	0.772	0.435	0.287	0.207	0.157
1.060	5.682	5.174	4.118	3.136	2.406	1.891	1.525	1.057	0.783	0.442	0.291	0.209	0.159
1.080	4.125	3.900	3.364	2.759	2.230	1.812	1.491	1.056	0.788	0.448	0.295	0.212	0.160
1.100	3.202	3.085	2.783	2.403	2.029	1.702	1.433	1.043	0.789	0.453	0.298	0.214	0.162
1.120	2.595	2.527	2.344	2.095	1.829	1.580	1.360	1.019	0.783	0.456	0.301	0.216	0.163
1.140	2.167	2.124	2.006	1.837	1.646	1.456	1.279	0.986	0.772	0.458	0.304	0.218	0.165
1.160	1.851	1.823	1.742	1.623	1.483	1.337	1.196	0.948	0.756	0.458	0.306	0.220	0.166
1.180	1.609	1.589	1.532	1.446	1.341	1.228	1.115	0.906	0.736	0.457	0.308	0.222	0.168
1.200	1.417	1.403	1.361	1.297	1.218	1.129	1.038	0.863	0.713	0.454	0.309	0.223	0.169
1.300	0.863	0.859	0.847	0.827	0.801	0.770	0.736	0.660	0.584	0.419	0.303	0.226	0.173
1.400	0.601	0.600	0.595	0.587	0.576	0.562	0.546	0.510	0.470	0.369	0.284	0.220	0.173
1.500	0.452	0.451	0.449	0.445	0.439	0.432	0.424	0.404	0.381	0.319	0.259	0.209	0.168
1.600	0.356	0.356	0.355	0.352	0.349	0.345	0.340	0.329	0.315	0.275	0.233	0.194	0.161

F.0.3 桩侧阻力分布可采用下列模式：

基桩侧阻力分布简化为沿桩身均匀分布模式，即取 $\beta = 1 - \alpha$ [式(F.0.1-1)中 $\sigma_{zst} = 0$]。当有测试依据时，可根据测试结果分别采用沿深度线性增长的正三角形分布 [$\beta = 0$，式(F.0.1-1)中 $\sigma_{zsr} = 0$]、正梯形分布（均布+正三角形分布）或倒梯形分布（均布－正三角形分布）等。

F.0.4 长、短桩竖向应力影响系数应按下列原则计算：

1 计算长桩 l_1 对短桩 l_2 影响时，应以长桩的 $m_1 = z/l_1 = l_2/l_1$ 为起始计算点，向下计算对短桩桩端以下不同深度产生的竖向应力影响系数；

2 计算短桩 l_2 对长桩 l_1 影响时，应以短桩的 $m_2 = z/l_2 = l_1/l_2$ 为起始计算点，向下计算对长桩桩端以下不同深度产生的竖向应力影响系数；

3 当计算点下正应力叠加结果为负值时，应按零取值。

附录 G 按倒置弹性地基梁
计算砌体墙下条形桩基承台梁

G.0.1 按倒置弹性地基梁计算砌体墙下条形桩基连续承台梁时，先求得作用于梁上的荷载，然后按普通连续梁计算其弯距和剪力。弯距和剪力的计算公式可根据图 G.0.1 所示计算简图，分别按表 G.0.1 采用。

**表 G.0.1 砌体墙下条形桩基
连续承台梁内力计算公式**

内力	计算简图编号	内力计算公式
支座弯距	(a)、(b)、(c)	$M = -p_0 \dfrac{a_0^2}{12}\left(2 - \dfrac{a_0}{L_c}\right)$ (G.0.1-1)
	(d)	$M = -q \dfrac{L_c^2}{12}$ (G.0.1-2)
跨中弯距	(a)、(c)	$M = p_0 \dfrac{a_0^3}{12L_c}$ (G.0.1-3)
	(b)	$M = \dfrac{p_0}{12}\left[L_c\left(6a_0 - 3L_c + 0.5\dfrac{L_c^2}{a_0}\right) - a_0^2\left(4 - \dfrac{a_0}{L_c}\right)\right]$ (G.0.1-4)
	(d)	$M = \dfrac{qL_c^2}{24}$ (G.0.1-5)
最大剪力	(a)、(b)、(c)	$Q = \dfrac{p_0 a_0}{2}$ (G.0.1-6)
	(d)	$Q = \dfrac{qL}{2}$ (G.0.1-7)

注：当连续承台梁少于 6 跨时，其支座与跨中弯距应按实际跨数和图 G.0.1-1 求计算公式。

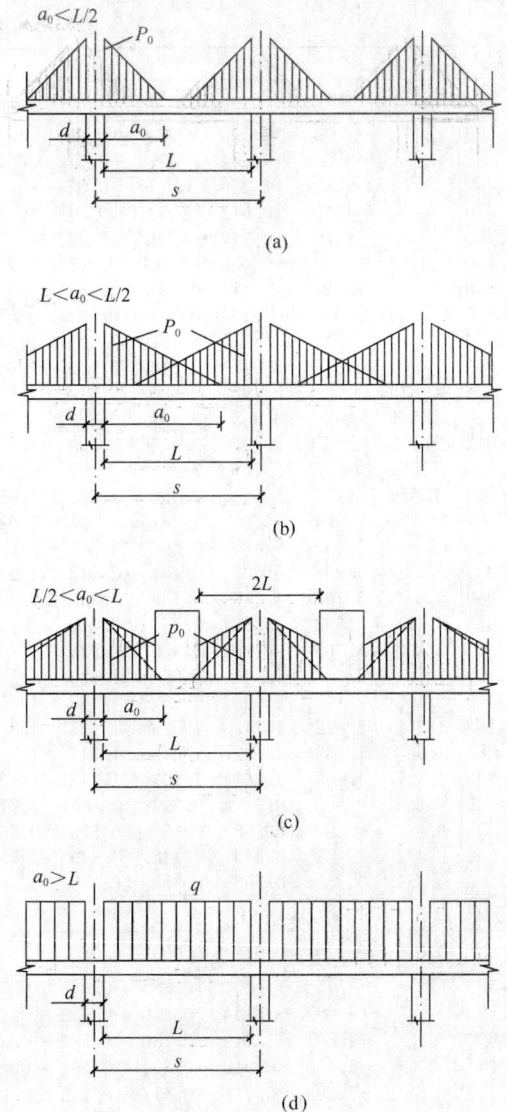

图 G.0.1 砌体墙下条形桩基
连续承台梁计算简图

式 (G.0.1-1)～式 (G.0.1-7) 中：

p_0——线荷载的最大值（kN/m），按下式确定：

$$p_0 = \frac{qL_c}{a_0} \qquad (G.0.1-8)$$

a_0——自桩边算起的三角形荷载图形的底边长度，分别按下列公式确定：

中间跨 $\quad a_0 = 3.14\sqrt[3]{\dfrac{E_n I}{E_k b_k}} \qquad (G.0.1-9)$

边跨 $\quad a_0 = 2.4\sqrt[3]{\dfrac{E_n I}{E_k b_k}} \qquad (G.0.1-10)$

式中 L_c——计算跨度，$L_c = 1.05L$；

$\quad L$——两相邻桩之间的净距；

$\quad s$——两相邻桩之间的中心距；

$\quad d$——桩身直径；

$\quad q$——承台梁底面以上的均布荷载；

$\quad E_n I$——承台梁的抗弯刚度；

E_n——承台梁混凝土弹性模量；

I——承台梁横截面的惯性矩；

E_k——墙体的弹性模量；

b_k——墙体的宽度。

当门窗口下布有桩，且承台梁顶面至门窗口的砌体高度小于门窗口的净宽时，则应按倒置的简支梁计算该段梁的弯距，即取门窗净宽的 1.05 倍为计算跨度，取门窗下桩顶荷载为计算集中荷载进行计算。

附录 H 锤击沉桩锤重的选用

H.0.1 锤击沉桩的锤重可根据表 H.0.1 选用。

表 H.0.1 锤重选择表

锤　　型		柴油锤（t）						
		D25	D35	D45	D60	D72	D80	D100
锤的动力性能	冲击部分质量（t）	2.5	3.5	4.5	6.0	7.2	8.0	10.0
	总质量（t）	6.5	7.2	9.6	15.0	18.0	17.0	20.0
	冲击力（kN）	2000～2500	2500～4000	4000～5000	5000～7000	7000～10000	＞10000	＞12000
	常用冲程（m）	1.8～2.3						
持力层	预制方桩、预应力管桩的边长或直径（mm）	350～400	400～450	450～500	500～550	550～600	600 以上	600 以上
	钢管桩直径（mm）	400		600	900	900～1000	900 以上	900 以上
黏性土粉土	一般进入深度（m）	1.5～2.5	2.0～3.0	2.5～3.5	3.0～4.0	3.0～5.0		
	静力触探比贯入阻力 P_s 平均值（MPa）	4	5	＞5	＞5	＞5		
砂土	一般进入深度（m）	0.5～1.5	1.0～2.0	1.5～2.5	2.0～3.0	2.5～3.5	4.0～5.0	5.0～6.0
	标准贯入击数 $N_{63.5}$（未修正）	20～30	30～40	40～45	45～50	50	＞50	＞50
锤的常用控制贯入度（cm/10 击）		2～3		3～5	4～8		5～10	7～12
设计单桩极限承载力（kN）		800～1600	2500～4000	3000～5000	5000～7000	7000～10000	＞10000	＞10000

注：1　本表仅供选锤用；

　　2　本表适用于桩端进入硬土层一定深度的长度为 20～60m 的钢筋混凝土预制桩及长度为 40～60m 的钢管桩。

本规范用词说明

1　为了便于在执行本规范条文时区别对待，对于要求严格程度不同的用词说明如下：

　1）表示很严格，非这样做不可的：

　　正面词采用"必须"，反面词采用"严禁"。

　2）表示严格，在正常情况下均应这样做的：

　　正面词采用"应"，反面词采用"不应"或"不得"。

　3）表示允许稍有选择，在条件允许时首先应这样做的：

　　正面词采用"宜"，反面词采用"不宜"。

　表示有选择，在一定条件下可以这样做的，采用"可"。

2　条文中指明应按其他有关标准、规范执行的，写法为："应按……执行"或"应符合……的规定（或要求）"。

中华人民共和国行业标准

建筑桩基技术规范

JGJ 94—2008

条 文 说 明

前　言

《建筑桩基技术规范》JGJ 94 - 2008，经住房和城乡建设部 2008 年 4 月 22 日以第 18 号公告批准、发布。

本规范的主编单位是中国建筑科学研究院，参编单位是北京市勘察设计研究院有限公司、现代设计集团华东建筑设计研究院有限公司、上海岩土工程勘察设计研究院有限公司、天津大学、福建省建筑科学研究院、中冶集团建筑研究总院、机械工业勘察设计研

究院、中国建筑东北设计院、广东省建筑科学研究院、北京筑都方圆建筑设计有限公司、广州大学。

为便于广大设计、施工、科研、学校等单位有关人员在使用本标准时能正确理解和执行条文规定，《建筑桩基技术规范》编制组按章、节、条顺序编制了本规范的条文说明，供使用者参考。在使用中如发现本条文说明有不妥之处，请将意见函寄中国建筑科学研究院。

目　次

1 总 则

1.0.1~1.0.3 桩基的设计与施工要实现安全适用、技术先进、经济合理、确保质量、保护环境的目标，应综合考虑下列诸因素，把握相关技术要点。

1 地质条件。建设场地的工程地质和水文地质条件，包括地层分布特征和土性、地下水赋存状态与水质等，是选择桩型、成桩工艺、桩端持力层及抗浮设计等的关键因素。因此，场地勘察做到完整可靠，设计和施工者对于勘察资料做出正确解析和应用均至关重要。

2 上部结构类型、使用功能与荷载特征。不同的上部结构类型对于抵抗或适应桩基差异沉降的性能不同，如剪力墙结构抵抗差异沉降的能力优于框架、框架-剪力墙、框架-核心筒结构；排架结构适应差异沉降的性能优于框架、框架-剪力墙、框架-核心筒结构。建筑物使用功能的特殊性和重要性是决定桩基设计等级的依据之一；荷载大小与分布是确定桩型、桩的几何参数与布桩所应考虑的主要因素。地震作用在一定条件下制约桩的设计。

3 施工技术条件与环境。桩型与成桩工艺的优选，在综合考虑地质条件、单桩承载力要求前提下，尚应考虑成桩设备与技术的既有条件，力求既先进且实际可行、质量可靠；成桩过程产生的噪声、振动、泥浆、挤土效应等对于环境的影响应作为选择成桩工艺的重要因素。

4 注重概念设计。桩基概念设计的内涵是指综合上述诸因素制定该工程桩基设计的总体构思。包括桩型、成桩工艺、桩端持力层、桩径、桩长、单桩承载力、布桩、承台形式、是否设置后浇带等，它是施工图设计的基础。概念设计应在规范框架内，考虑桩、土、承台、上部结构相互作用对于承载力和变形的影响，既满足荷载与抗力的整体平衡，又兼顾荷载与抗力的局部平衡，以优化桩型选择和布桩为重点，力求减小差异变形，降低承台内力和上部结构次内力，实现节约资源、增强可靠性和耐久性。可以说，概念设计是桩基设计的核心。

2 术语、符号

2.1 术 语

术语以《建筑桩基技术规范》JGJ94-94 为基础，根据本规范内容，作了相应的增补、修订和删节；增加了减沉复合疏桩基础、变刚度调平设计、承台效应系数、灌注桩后注浆、桩基等效沉降系数。

2.2 符 号

符号以沿用《建筑桩基技术规范》JGJ94-94 既有符号为主，根据规范条文的变化作了相应调整，主要是由于桩基竖向和水平承载力计算由原规范按荷载效应基本组合改为按标准组合。共有四条：2.2.1 作用和作用效应；2.2.2 抗力和材料性能；用单桩竖向承载力特征值、单桩水平承载力特征值取代原规范的竖向和水平承载力设计值；2.2.3 几何参数；2.2.4 计算系数。

3 基本设计规定

3.1 一 般 规 定

3.1.1 本条说明桩基设计的两类极限状态的相关内容。

1 承载能力极限状态

原《建筑桩基技术规范》JGJ 94-94 采用桩基承载能力概率极限状态分项系数的设计法，相应的荷载效应采用基本组合。本规范改为以综合安全系数 K 代替荷载分项系数和抗力分项系数，以单桩极限承载力和综合安全系数 K 为桩基抗力的基本参数。这意味着承载能力极限状态的荷载效应基本组合的荷载分项系数为 1.0，亦即为荷载效应标准组合。本规范作这种调整的原因如下：

    1) 与现行国家标准《建筑地基基础设计规范》（GB 50007）的设计原则一致，以方便使用。

    2) 关于不同桩型和成桩工艺对极限承载力的影响，实际上已反映于单桩极限承载力静载试验值或极限侧阻力与极限端阻力经验参数中，因此承载力随桩型和成桩工艺的变异特征已在单桩极限承载力取值中得到较大程度反映，采用不同的承载力分项系数意义不大。

    3) 鉴于地基土性的不确定性对基桩承载力可靠性影响目前仍处于研究探索阶段，原《建筑桩基技术规范》JGJ 94-94 的承载力概率极限状态设计模式尚属不完全的可靠性分析设计。

关于桩身、承台结构承载力极限状态的抗力仍采用现行国家标准《混凝土结构设计规范》GB 50010、《钢结构设计规范》GB 50017（钢桩）规定的材料强度设计值，作用力采用现行国家标准《建筑结构荷载规范》GB 50009 规定的荷载效应基本组合设计值计算确定。

2 正常使用极限状态

由于问题的复杂性，以桩基的变形、抗裂、裂缝宽度为控制内涵的正常使用极限状态计算，如同上部结构一样从未实现基于可靠性分析的概率极限状态设计。因此桩基正常使用极限状态设计计算维持原《建筑桩基技术规范》JGJ 94-94 规范的规定。

3.1.2 划分建筑桩基设计等级，旨在界定桩基设计的复杂程度、计算内容和应采取的相应技术措施。桩基设计等级是根据建筑物规模、体型与功能特征、场地地质与环境的复杂程度，以及由于桩基问题可能造成建筑物破坏或影响正常使用的程度划分为三个等级。

甲级建筑桩基，第一类是（1）重要的建筑；（2）30层以上或高度超过100m的高层建筑。这类建筑物的特点是荷载大、重心高、风载和地震作用水平剪力大，设计时应选择基桩承载力变幅大、布桩具有较大灵活性的桩型，基础埋置深度足够大，严格控制桩基的整体倾斜和稳定。第二类是（3）体型复杂且层数相差超过10层的高低层（含纯地下室）连体建筑物；（4）20层以上框架-核心筒结构及其他对于差异沉降有特殊要求的建筑物。这类建筑物由于荷载与刚度分布极为不均，抵抗和适应差异变形的性能较差，或使用功能上对变形有特殊要求（如冷藏库、精密生产工艺的多层厂房、液面控制严格的贮液罐体、精密机床和透平设备基础等）的建（构）筑物桩基，须严格控制差异变形乃至沉降量。桩基设计中，首先，概念设计要遵循变刚度调平设计原则；其二，在概念设计的基础上要进行上部结构——承台——桩土的共同作用分析，计算沉降等值线、承台内力和配筋。第三类是（5）场地和地基条件复杂的7层以上的一般建筑物及坡地、岸边建筑；（6）对相邻既有工程影响较大的建筑物。这类建筑物自身无特殊性，但由于场地条件、环境条件的特殊性，应按桩基设计等级甲级设计。如场地处于岸边高坡、地基为半填半挖、基底同置于岩石和土质地层、岩溶极为发育且岩面起伏很大、桩身范围有较厚自重湿陷性黄土或可液化土等等，这种情况下首先应把握好桩基的概念设计，控制差异变形和整体稳定、考虑负摩阻力等至关重要；又如在相邻既有工程的场地上建造新建筑物，包括基础跨越地铁、基础埋深大于紧邻的重要或高层建筑物等，此时如何确定桩基传递荷载和施工不致影响既有建筑物的安全成为设计施工应予控制的关键因素。

丙级建筑桩基的要素同时包含两方面，一是场地和地基条件简单，二是荷载分布较均匀、体型简单的7层及7层以下一般建筑；桩基设计较简单，计算内容可视具体情况简略。

乙级建筑桩基，为甲级、丙级以外的建筑桩基，设计较甲级简单，计算内容应根据场地与地基条件、建筑物类型酌定。

3.1.3 关于桩基承载力计算和稳定性验算，是承载能力极限状态设计的具体内容，应结合工程具体条件有针对性地进行计算或验算，条文所列6项内容中有的为必算项，有的为可算项。

3.1.4、3.1.5 桩基变形涵盖沉降和水平位移两大方面，后者包括长期水平荷载、高烈度区水平地震作用以及风荷载等引起的水平位移；桩基沉降是计算绝对沉降、差异沉降、整体倾斜和局部倾斜的基本参数。

3.1.6 根据基桩所处环境类别，参照现行《混凝土结构设计规范》GB 50010 关于结构构件正截面的裂缝控制等级分为三级：一级严格要求不出现裂缝的构件，按荷载效应标准组合计算的构件受拉边缘混凝土不应产生拉应力；二级一般要求不出现裂缝的构件，按荷载效应标准组合计算的构件受拉边缘混凝土拉应力不应大于混凝土轴心抗拉强度标准值；按荷载效应准永久组合计算构件受拉边缘混凝土不宜产生拉应力；三级允许出现裂缝的构件，应按荷载效应标准组合计算裂缝宽度。最大裂缝宽度限值见本规范表3.5.3。

3.1.7 桩基设计所采用的作用效应组合和抗力是根据计算或验算的内容相适应的原则确定。

1 确定桩数和布桩时，由于抗力是采用基桩或复合基桩极限承载力除以综合安全系数 $K=2$ 确定的特征值，故采用荷载分项系数 γ_G、$\gamma_Q=1$ 的荷载效应标准组合。

2 计算荷载作用下基桩沉降和水平位移时，考虑土体固结变形时效特点，应采用荷载效应准永久组合；计算水平地震作用、风荷载作用下桩基的水平位移时，应按水平地震作用、风载作用效应的标准组合。

3 验算坡地、岸边建筑桩基整体稳定性采用综合安全系数，故其荷载效应采用 γ_G、$\gamma_Q=1$ 的标准组合。

4 在计算承台结构和桩身结构时，应与上部混凝土结构一致，承台顶面作用效应应采用基本组合，其抗力应采用包含抗力分项系数的设计值；在进行承台和桩身的裂缝控制验算时，应与上部混凝土结构一致，采用荷载效应标准组合和荷载效应准永久组合。

5 桩基结构作为结构体系的一部分，其安全等级、结构设计使用年限，应与混凝土结构设计规范一致。考虑到桩基结构的修复难度更大，故结构重要性系数 γ_0 除临时性建筑外，不应小于1.0。

3.1.8 本条说明关于变刚度调平设计的相关内容。

变刚度调平概念设计旨在减小差异变形、降低承台内力和上部结构次内力，以节约资源，提高建筑物使用寿命，确保正常使用功能。以下就传统设计存在的问题、变刚度调平设计原理与方法、试验验证、工程应用效果进行说明。

1 天然地基箱基的变形特征

图1所示为北京中信国际大厦天然地基箱形基础竣工时和使用3.5年相应的沉降等值线。该大厦高104.1m，框架-核心筒结构；双层箱基，高11.8m；地基为砂砾与黏性土交互层；1984年建成至今20年，最大沉降由6.0cm发展至12.5cm，最大差异沉降

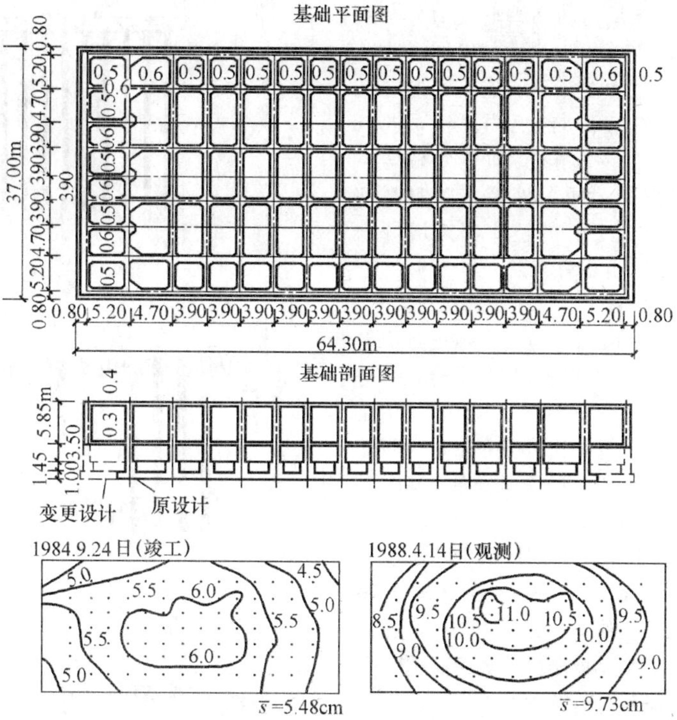

图 1 北京中信国际大厦箱基沉降等值线（s 单位：cm）

$\Delta s_{max} = 0.004L_0$，超过规范允许值 $[\Delta s_{max}] = 0.002L_0$（$L_0$ 为二测点距离）一倍，碟形沉降明显。这说明加大基础的抗弯刚度对于减小差异沉降的效果并不突出，但材料消耗相当可观。

2　均匀布桩的桩筏基础的变形特征

图 2 为北京南银大厦桩筏基础建成一年的沉降等值线。该大厦高 113m，框架-核心筒结构；采用 ϕ400PHC 管桩，桩长 $l = 11m$，均匀布桩；考虑到预制桩沉桩出现上浮，对所有桩实施了复打；筏板厚2.5m；建成一年，最大差异沉降 $[\Delta s_{max}] = 0.002L_0$。

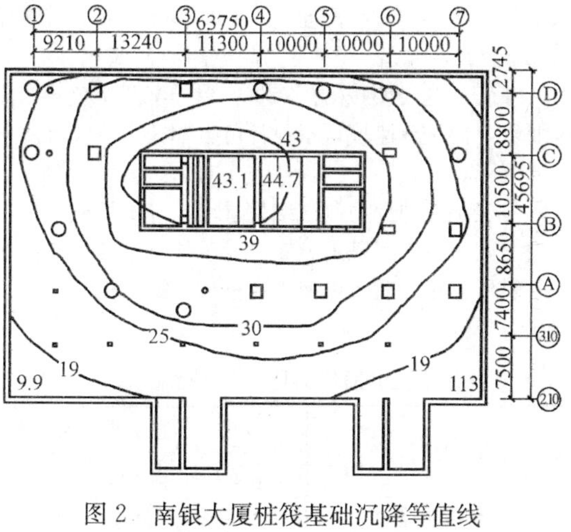

图 2　南银大厦桩筏基础沉降等值线
（建成一年，s 单位：mm）

由于桩端以下有黏性土下卧层，桩长相对较短，预计最终最大沉降量将达 7.0cm 左右，Δs_{max} 将超过允许值。沉降分布与天然地基上箱基类似，呈明显碟形。

3　均匀布桩的桩顶反力分布特征

图 3 所示为武汉某大厦桩箱基础的实测桩顶反力分布。该大厦为 22 层框架-剪力墙结构，桩基为 ϕ500PHC 管桩，桩长 22m，均匀布桩，桩距 3.3d，桩数 344 根，桩端持力层为粗中砂。由图 3 看出，随荷载和结构刚度增加，中、边桩反力差增大，最终达1∶1.9，呈马鞍形分布。

4　碟形沉降和马鞍形反力分布的负面效应

1）碟形沉降

约束状态下的非均匀变形与荷载一样也是一种作用，受作用体将产生附加应力。箱筏基础或桩承台的碟形沉降，将引起自身和上部结构的附加弯、剪内力乃至开裂。

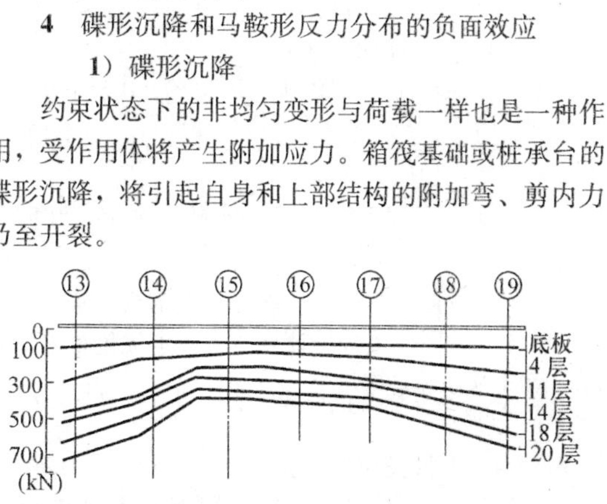

图 3　武汉某大厦桩箱基础桩
顶反力实测结果

2）马鞍形反力分布

天然地基箱筏基础土反力的马鞍形反力分布的负面效应将导致基础的整体弯矩增大。以图1北京中信国际大厦为例，土反力按《高层建筑箱形与筏形基础技术规范》JGJ 6 - 99所给反力系数，近似计算中间单位宽板带核心筒一侧的附加弯矩较均布反力增加16.2%。根据图3所示桩箱基础实测反力内外比达1∶1.9，由此引起的整体弯矩增量比中信国际大厦天然地基的箱基更大。

5 变刚度调平概念设计

天然地基和均匀布桩的初始竖向支承刚度是均匀分布的，设置于其上的刚度有限的基础（承台）受均布荷载作用时，由于土与土、桩与桩、土与桩的相互作用导致地基或桩群的竖向支承刚度分布发生内弱外强变化，沉降变形出现内大外小的碟形分布，基底反力出现内小外大的马鞍形分布。

当上部结构为荷载与刚度内大外小的框架-核心筒结构时，碟形沉降会更趋明显[见图4(a)]，上述工程实例证实了这一点。为避免上述负面效应，突破传统设计理念，通过调整地基或基桩的竖向支承刚度分布，促使差异沉降减到最小，基础或承台内力和上部结构次应力显著降低。这就是变刚度调平概念设计的内涵。

1）局部增强变刚度

在天然地基满足承载力要求的情况下，可对荷载集度高的区域如核心筒等实施局部增强处理，包括采用局部桩基与局部刚性桩复合地基[见图4(c)]。

2）桩基变刚度

对于荷载分布较均匀的大型油罐等构筑物，宜按变桩距、变桩长布桩（图5）以抵消因相互作用对中心区支承刚度的削弱效应。对于框架-核心筒和框架-剪力墙结构，应按荷载分布考虑相互作用，将桩相对集中布置于核心筒和柱下，对于外围框架区应适当弱化，按复合桩基设计，桩长宜减小（当有合适桩端持力层时），如图4(b)所示。

3）主裙连体变刚度

对于主裙连体建筑基础，应按增强主体（采用桩基）、弱化裙房（采用天然地基、疏短桩、复合地基、褥垫增沉等）的原则设计。

4）上部结构—基础—地基（桩土）共同工作分析

在概念设计的基础上，进行上部结构—基础—地基（桩土）共同作用分析计算，进一步优化布桩，并确定承台内力与配筋。

6 试验验证

1）变桩长模型试验

在石家庄某现场进行了20层框架-核心筒结构1/10现场模型试验。从图6看出，等桩长布桩（$d=150\text{mm}$，$l=2\text{m}$）与变桩长（$d=150\text{mm}$，$l=2\text{m}$、

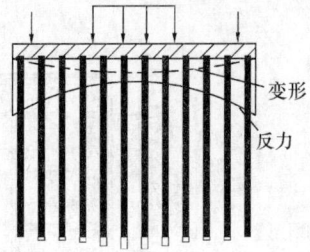

(a)

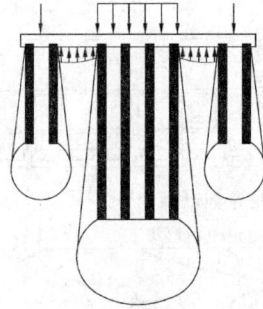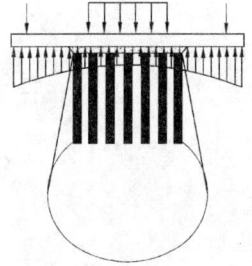

(b)　　　　　　(c)

图4　框架-核心筒结构均匀布桩与变刚度布桩
(a) 均匀布桩；(b) 桩基-复合桩基；
(c) 局部刚性桩复合地基或桩基

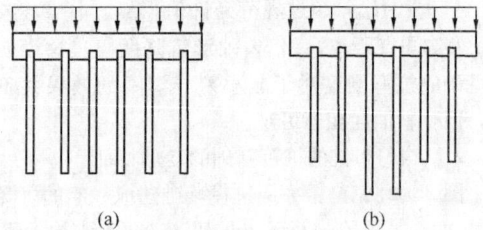

(a)　　　　　　(b)

图5　均布荷载下变刚度布桩模式
(a) 变桩距；(b) 变桩长

3m、4m) 布桩相比，在总荷载 $F=3250\text{kN}$ 下，其最大沉降由 $s_{\max}=6\text{mm}$ 减至 $s_{\max}=2.5\text{mm}$，最大沉降差由 $\Delta s_{\max}\leqslant0.012L_0$（$L_0$ 为二测点距离）减至 $\Delta s_{\max}\leqslant0.0005L_0$。这说明按常规布桩，差异沉降难免超出规范要求，而按变刚度调平设计可大幅减小最大沉降和差异沉降。

由表1桩顶反力测试结果看出，等桩长桩基桩顶反力呈内小外大马鞍形分布，变桩长桩基转变为内大外小碟形分布。后者可使承台整体弯矩、核心筒冲切力显著降低。

表1　桩顶反力比（$F=3250\text{kN}$）

试验细目	内部桩	边桩	角桩
	Q_i/Q_{av}	Q_b/Q_{bv}	Q_c/Q_{av}
等长度布桩试验C	76%	140%	115%
变长度布桩试验D	105%	93%	92%

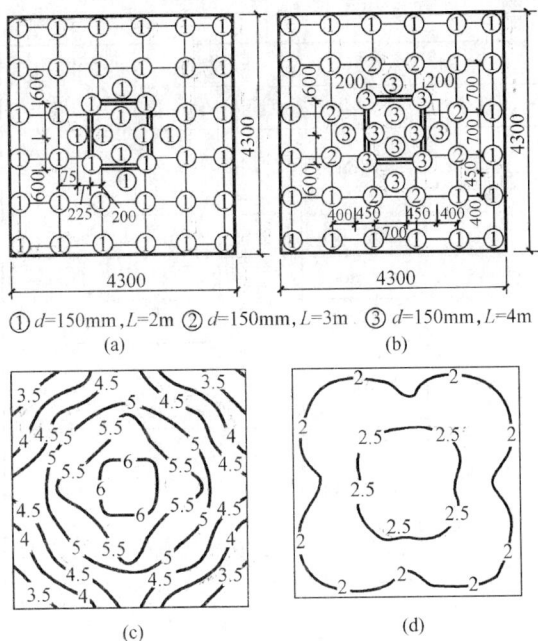

① $d=150mm$，$L=2m$ ② $d=150mm$，$L=3m$ ③ $d=150mm$，$L=4m$

图 6　等桩长与变桩长桩基模型试验

$(P=3250kN)$

(a) 等长度布桩试验 C；(b) 变长度布桩试验 D；

(c) 等长度布桩沉降等值线；

(d) 变长度布桩沉降等值线

2）核心筒局部增强模型试验

图 7 为试验场地在粉质黏土地基上的 20 层框架结构 1/10 模型试验，无桩筏板与局部增强（刚性桩复合地基）试验比较。从图 7(a)、(b)可看出，在相同荷载（$F=3250kN$）下，后者最大沉降量 $s_{max}=8mm$，外围沉降为 7.8mm，差异沉降接近于零；而前者最大沉降量 $s_{max}=20mm$，外围最大沉降量 $s_{min}=10mm$，最大相对差异沉降 $\Delta s_{max}/L_0=0.4\%>$容许值

0.2%。可见，在天然地基承载力满足设计要求的情况下，采用对荷载集度高的核心区局部增强措施，其调平效果十分显著。

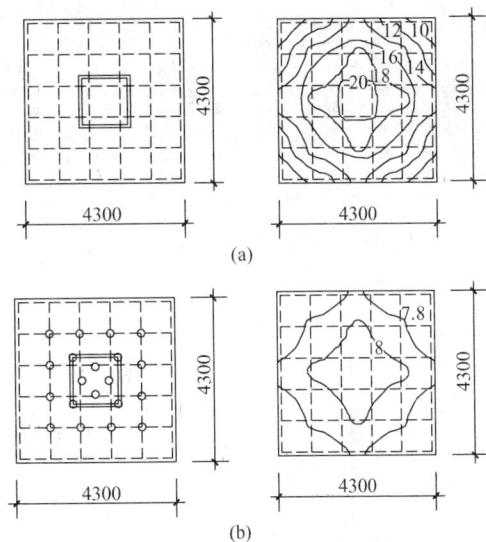

图 7　核心筒区局部增强（刚性桩复合地基）
与无桩筏板模型试验（$P=3250kN$）

(a) 无桩筏板；(b) 核心区刚性桩复合地基

（$d=150mm$，$L=2m$）

7　工程应用

采用变刚度调平设计理论与方法结合后注浆技术对北京皂君庙电信楼、山东农行大厦、北京长青大厦、北京电视台、北京呼家楼等 27 项工程的桩基设计进行了优化，取得了良好的技术经济效益（部分工程见表 2）。最大沉降 $s_{max}\leqslant38mm$，最大差异沉降 $\Delta s_{max}\leqslant0.0008L_0$，节约投资逾亿元。

表 2　变刚度调平设计工程实例

工程名称	层数（层）/高度（m）	建筑面积（m²）	结构形式	桩　数		承台板厚		节约投资（万元）
				原设计	优化	原设计	优化	
农行山东省分行大厦	44/170	80000	框架-核心筒，主裙连体	377ϕ1000	146ϕ1000	—	—	300
北京皂君庙电信大厦	18/150	66308	框架-剪力墙，主裙连体	373ϕ800 391ϕ1000	302ϕ800	—	—	400
北京盛富大厦	26/100	60000	框架-核心筒，主裙连体	365ϕ1000	120ϕ1000	—	—	150
北京机械工业经营大厦	27/99.8	41700	框架-核心筒，主裙连体	桩基	复合地基	—	—	60
北京长青大厦	26/99.6	240000	框架-核心筒，主裙连体	1251ϕ800	860ϕ800	—	1.4m	959

续表2

工程名称	层数（层）/高度（m）	建筑面积（m²）	结构形式	桩 数		承台板厚		节约投资（万元）
				原设计	优 化	原设计	优 化	
北京紫云大厦	32/113	68000	框架-核心筒，主裙连体	—	92ϕ1000	—	—	50
BTV综合业务楼	41/255	—	框架-核心筒	126ϕ1000		3m	2m	—
BTV演播楼	11/48	183000	框架-剪力墙	470ϕ800				1100
BTV生活楼	11/52	—	框架-剪力墙	504ϕ600				
万豪国际大酒店	33/128		框架-核心筒，主裙连体	162ϕ800				
北京嘉美风尚中心公寓式酒店	28/99.8	180000	框架-剪力墙，主群连体	233ϕ800，$l=38$m	ϕ800，64根$l=38$m，152根$l=18$m	1.5m	1.5m	150
北京嘉美风尚中心办公楼	24/99.8		框架-剪力墙，主群连体	194ϕ800，$l=38$m	ϕ800，65根$l=38$m，117根$l=18$m	1.5m	1.5m	200
北京财源国际中心西塔	36/156.5	220000	框架-核心筒	ϕ800桩，扩底后注浆	280ϕ1000	3.0m	2.2m	200
北京悠乐汇B区酒店、商业及写字楼（共3栋塔楼）	28/99.15	220000	框架-核心筒，主群连体	—	558ϕ800	核心下3.0m外围柱下2.2m	1.6m	685

3.1.9 软土地区多层建筑，若采用天然地基，其承载力许多情况下满足要求，但最大沉降往往超过20cm，差异变形超过允许值，引发墙体开裂者多见。20世纪90年代以来，首先在上海采用以减小沉降为目标的疏布小截面预制桩复合桩基，简称为减沉复合疏桩基础，上海称其为沉降控制复合桩基。近年来，这种减沉复合疏桩基础在温州、天津、济南等地也相继应用。

对于减沉复合疏桩基础应用中要注意把握三个关键技术，一是桩端持力层不应是坚硬岩层、密实砂、卵石层，以确保基桩受荷能产生刺入变形，承台底基土能有效分担荷载很大的荷载；二是桩距应在5～6d以上，使桩间土受桩牵连变形较小，确保桩间土较充分发挥承载作用；三是由于基桩数量少而疏，成桩质量可靠性应加严控制。

3.1.10 对于按规范第3.1.4条进行沉降计算的建筑桩基，在施工过程及建成后使用期间，必须进行系统的沉降观测直至稳定。系统的沉降观测，包含四个要点：一是桩基完工之后即应在柱、墙脚部位设置测点，以测量地基的回弹再压缩量。待地下室建造出地面后，将测点移至地坪柱、墙脚部成为长期测点，并加设保护措施；二是对于框架-核心筒、框架-剪力墙结构，应于内部柱、墙和外围柱、墙上设置测点，以

获取建筑物内、外部的沉降和差异沉降值；三是沉降观测应委托专业单位负责进行，施工单位自测自检平行作业，以资校对；四是沉降观测应事先制定观测间隔时间和全程计划，观测数据和所绘曲线应作为工程验收内容，移交建设单位存档，并按相关规范观测直至稳定。

3.2 基本资料

3.2.1、3.2.2 为满足桩基设计所需的基本资料，除建筑场地工程地质、水文地质资料外，对于场地的环境条件、新建工程的平面布置、结构类型、荷载分布、使用功能上的特殊要求、结构安全等级、抗震设防烈度、场地类别、桩的施工条件、类似地质条件的试桩资料等，都是桩基设计所需的基本资料。根据工程与场地条件，结合桩基工程特点，对勘探点间距、勘探深度、原位试验这三方面制定合理完整的勘探方案，以满足桩型、桩端持力层、单桩承载力、布桩等概念设计阶段和施工图设计阶段的资料要求。

3.3 桩的选型与布置

3.3.1、3.3.2 本条说明桩的分类与选型的相关内容。

1 应正确理解桩的分类内涵

1) 按承载力发挥性状分类

承载性状的两个大类和四个亚类是根据其在极限承载力状态下，总侧阻力和总端阻力所占份额而定。承载性状的变化不仅与桩端持力层性质有关，还与桩的长径比、桩周土层性质、成桩工艺等有关。对于设计而言，应依据基桩竖向承载性状合理配筋、计算负摩阻力引起的下拉荷载、确定沉降计算图式、制定灌注桩沉渣控制标准和预制桩锤击和静压终止标准等。

2) 按成桩方法分类

按成桩挤土效应分类，经大量工程实践证明是必要的，也是借鉴国外相关标准的规定。成桩过程中有无挤土效应，涉及设计选型、布桩和成桩过程质量控制。

成桩过程的挤土效应在饱和黏性土中是负面的，会引发灌注桩断桩、缩颈等质量事故，对于挤土预制混凝土桩和钢桩会导致桩体上浮，降低承载力，增大沉降；挤土效应还会造成周边房屋、市政设施受损；在松散土和非饱和填土中则是正面的，会起到加密、提高承载力的作用。

对于非挤土桩，由于其既不存在挤土负面效应，又具有穿越各种硬夹层、嵌岩和进入各类硬持力层的能力，桩的几何尺寸和单桩的承载力可调空间大。因此钻、挖孔灌注桩使用范围大，尤以高重建物更为合适。

3) 按桩径大小分类

桩径大小影响桩的承载力性状，大直径钻（挖、冲）孔桩成孔过程中，孔壁的松弛变形导致侧阻力降低的效应随桩径增大而增大，桩端阻力则随直径增大而减小。这种尺寸效应与土的性质有关，黏性土、粉土与砂土、碎石类土相比，尺寸效应相对较弱。另外侧阻和端阻的尺寸效应与桩身直径 d、桩底直径 D 呈双曲线函数关系，尺寸效应系数：$\psi_{si} = (0.8/d)^m$；$\psi_p = (0.8/D)^n$。

2 应避免基桩选型常见误区

1) 凡嵌岩桩必为端承桩

将嵌岩桩一律视为端承桩会导致将桩端嵌岩深度不必要地加大，施工周期延长，造价增加。

2) 挤土灌注桩也可应用于高层建筑

沉管挤土灌注桩无需排土排浆，造价低。20 世纪 80 年代曾风行于南方各省，由于设计施工对于这类桩的挤土效应认识不足，造成的事故极多，因而 21 世纪以来趋于淘汰。然而，重温这类桩使用不当的教训仍属必要。某 28 层建筑，框架-剪力墙结构；场地地层自上而下为饱和粉质黏土、粉土、黏土；采用 $\phi500$，$l = 22\text{m}$、沉管灌注桩，梁板式筏形承台，桩距 3.6d，均匀满堂布桩；成桩过程出现明显地面隆起和桩上浮；建到 12 层顶板即开裂，建成后梁板式筏形承台的主次梁及部分与核心筒相连的框架梁开裂。最后采取加固措施，将梁板式筏形承台主次梁两

侧加焊钢板，梁与梁之间充填混凝土变为平板式筏形承台。

鉴于沉管灌注桩应用不当的普遍性及其严重后果，本次规范修订中，严格控制沉管灌注桩的应用范围，在软土地区仅限于多层住宅单排桩条基使用。

3) 预制桩的质量稳定性高于灌注桩

近年来，由于沉管灌注桩事故频发，PHC 和 PC 管桩迅猛发展，取代沉管灌注桩。毋庸置疑，预应力管桩不存在缩颈、夹泥等质量问题，其质量稳定性优于沉管灌注桩，但是与钻、挖、冲孔灌注桩比较则不然。首先，沉桩过程中的挤土效应常常导致断桩（接头处）、桩端上浮、增大沉降，以及对周边建筑物和市政设施造成破坏等；其次，预制桩不能穿透硬夹层，往往使得桩长过短，持力层不理想，导致沉降过大；其三，预制桩的桩径、桩长、单桩承载力可调范围小，不能或难于按变刚度调平原则优化设计。因此，预制桩的使用要因地、因工程对象制宜。

4) 人工挖孔桩质量稳定可靠

人工挖孔桩在低水位非饱和土中成孔，可进行彻底清孔，直观检查持力层，因此质量稳定性较高。但是，设计者对于高水位条件下采用人工挖孔桩的潜在隐患认识不足。有的边挖孔边抽水，以至将桩侧细颗粒淘走，引起地面下沉，甚至导致护壁整体滑脱，造成人身事故；还有的将相邻桩新灌注混凝土的水泥颗粒带走，造成离析；在流动性淤泥中实施强制性挖孔，引起大量淤泥发生侧向流动，导致土体滑移将桩体推歪、推断。

5) 凡扩底可提高承载力

扩底桩用于持力层较好、桩较短的端承型灌注桩，可取得较好的技术经济效益。但是，若将扩底不适当应用，则可能走进误区。如：在饱和单轴抗压强度高于桩身混凝土强度的基岩中扩底，是不必要的；在桩侧土层较好、桩长较大的情况下扩底，一则损失扩底端以上部分侧阻力，二则增加扩底费用，可能得失相当或失大于得；将扩底端放置于有软弱下卧层的薄硬土层上，既无增强效应，还可能留下安全隐患。

近年来，全国各地研发的新桩型，有的已取得一定的工程应用经验，编制了推荐性专业标准或企业标准，各有其适用条件。由于选用不当，造成事故者也不少见。

3.3.3 基桩的布置是桩基概念设计的主要内涵，是合理设计、优化设计的主要环节。

1 基桩的最小中心距。 基桩最小中心距规定基于两个因素确定。第一，有效发挥桩的承载力，群桩试验表明对于非挤土桩，桩距 3～4d 时，侧阻和端阻的群桩效应系数接近或略大于 1；砂土、粉土略高于黏性土。考虑承台效应的群桩效率则均大于 1。但桩基的变形因群桩效应而增大，亦即桩基的竖向支承刚度因桩土相互作用而降低。

基桩最小中心距所考虑的第二个因素是成桩工艺。对于非挤土桩而言，无需考虑挤土效应问题；对于挤土桩，为减小挤土负面效应，在饱和黏性土和密实土层条件下，桩距应适当加大。因此最小桩距的规定，考虑了非挤土、部分挤土和挤土效应，同时考虑桩的排列与数量等因素。

2 考虑力系的最优平衡状态。桩群承载力合力点宜与竖向永久荷载合力作用点重合，以减小荷载偏心的负面效应。当桩基受水平力时，应使基桩受水平力和力矩较大方向有较大的抗弯截面模量，以增强桩基的水平承载力，减小桩基的倾斜变形。

3 桩箱、桩筏基础的布桩原则。为改善承台的受力状态，特别是降低承台的整体弯矩、冲切力和剪切力，宜将桩布置于墙下和梁下，并适当弱化外围。

4 框架-核心筒结构的优化布桩。为减小差异变形、优化反力分布、降低承台内力，应按变刚度调平原则布桩。也就是根据荷载分布，作出局部平衡，并考虑相互作用对于桩土刚度的影响，强化内部核心筒和剪力墙区，弱化外围框架区。调整基桩支承刚度的具体做法是：对于刚度强化区，采取加大桩长（有多层持力层）、或加大桩径（端承型桩）、减小桩距（满足最小桩距）；对于刚度相对弱化区，除调整桩的几何尺寸外，宜按复合桩基设计。由此改变传统设计带来的碟形沉降和马鞍形反力分布，降低冲切力、剪切力和弯矩，优化承台设计。

5 关于桩端持力层选择和进入持力层的深度要求。桩端持力层是影响基桩承载力的关键性因素，不仅制约桩端阻力而且影响侧阻力的发挥，因此选择较硬土层为桩端持力层至关重要；其次，应确保桩端进入持力层的深度，有效发挥其承载力。进入持力层的深度除考虑承载性状外尚应同成桩工艺可行性相结合。本款是综合以上二因素结合工程经验确定的。

6 关于嵌岩桩的嵌岩深度原则上应按计算确定，计算中综合反映荷载、上覆土层、基岩性质、桩径、桩长诸因素，但对于嵌入倾斜的完整和较完整岩的深度不宜小于 $0.4d$（以岩面坡下方深度计），对于倾斜度大于 30% 的中风化岩，宜根据倾斜度及岩石完整程度适当加大嵌岩深度，以确保基桩的稳定性。

3.4 特殊条件下的桩基

3.4.1 本条说明关于软土地基桩基的设计原则。

1 软土地基特别是沿海深厚软土区，一般坚硬地层埋置很深，但选择较好的中、低压缩性土层作为桩端持力层仍有可能，且十分重要。

2 软土地区桩基因负摩阻力而受损的事故不少，原因各异。一是有些地区覆盖有新近沉积的欠固结土层；二是采取开山或吹填围海造地；三是使用过程地面大面积堆载；四是邻近场地降低地下水；五是大面积挤土沉桩引起超孔隙水压和土体上涌等等。负摩阻力的发生和危害是可以预防、消减的。问题是设计和施工者的事先预测和采取应对措施。

3 挤土沉桩在软土地区造成的事故不少，一是预制桩接头被拉断、桩体侧移和上涌，沉管灌注桩发生断桩、缩颈；二是邻近建筑物、道路和管线受到破坏。设计时要因地制宜选择桩型和工艺，尽量避免采用沉管灌注桩。对于预制桩和钢桩的沉桩，应采取减小孔压和减轻挤土效应的措施，包括施打塑料排水板、应力释放孔、引孔沉桩、控制沉桩速率等。

4 关于基坑开挖对已成桩的影响问题。在软土地区，考虑到基桩施工有利的作业条件，往往采取先成桩后开挖基坑的施工程序。由于基坑开挖得不均衡，形成"坑中坑"，导致土体蠕变滑移将基桩推歪推断，有的水平位移达 1m 多，造成严重的质量事故。这类事故自 20 世纪 80 年代以来，从南到北屡见不鲜。因此，软土场地在已成桩的条件下开挖基坑，必须严格实行均衡开挖，高差不应超过 1m，不得在坑边弃土，以确保已成基桩不因土体滑移而发生水平位移和折断。

3.4.2 本条说明湿陷性黄土地区桩基的设计原则。

1 湿陷性黄土地区的桩基，由于土的自重湿陷对基桩产生负摩阻力，非自重湿陷性土由于浸水削弱桩侧阻力，承台底土抗力也随之消减，导致基桩承载力降低。为确保基桩承载力的安全可靠性，桩端持力层应选择低压缩性的黏性土、粉土、中密和密实土以及碎石类土层。

2 湿陷性黄土地基中的单桩极限承载力的不确定性较大，故设计等级为甲、乙级桩基工程的单桩极限承载力的确定，强调采用浸水载荷试验方法。

3 自重湿陷性黄土地基中的单桩极限承载力，应视浸水可能性、桩端持力层性质、建筑桩基设计等级等因素考虑负摩阻力的影响。

3.4.3 本条说明季节性冻土和膨胀土地基中的桩基的设计原则。

主要应考虑冻胀和膨胀对于基桩抗拔稳定性问题，避免冻胀或膨胀力作用下产生上拔变形，乃至因累积上拔变形而引起建筑物开裂。因此，对于荷载不大的多层建筑桩基设计应考虑以下诸因素：桩端进入冻深线或膨胀土的大气影响急剧层以下一定深度；宜采用无挤土效应的钻、挖孔桩；对桩基的抗拔稳定性和桩身受拉承载力进行验算；对承台和桩身上部采取隔冻、隔胀处理。

3.4.4 本条说明岩溶地区桩基的设计原则。

主要考虑岩溶地区的基岩表面起伏大，溶沟、溶槽、溶洞往往较发育，无风化岩层覆盖等特点，设计应把握三方面要点：一是基桩选型和工艺宜采用钻、冲孔灌注桩，以利于嵌岩；二是应控制嵌岩最小深度，以确保倾斜基岩上基桩的稳定；三是当基岩的溶蚀极为发育，溶沟、溶槽、溶洞密布，岩面起伏很大，而上覆土层厚度较大时，考虑到嵌岩桩桩长变异性过大，嵌岩施工难以实施，可采用较小桩径（φ500～φ700）密布非嵌岩桩，并后注浆，形成整体性和刚度很大的块体基础。如宜春邮电大楼即是一例，楼高80m，框架-剪力墙结构，地质条件与上述情况类似，原设计为嵌岩桩，成桩过程出现个别桩充盈系数达20以上，后改为Φ700灌注桩，利用上部20m左右较好的土层，实施桩端桩侧后注浆，筏板承台。建成后沉降均匀，最大不超过10mm。

3.4.5 本条说明坡地、岸边建筑桩基的设计原则。

坡地、岸边建筑桩基的设计，关键是确保其整体稳定性，一旦失稳既影响自身建筑物的安全也会波及相邻建筑的安全。整体稳定性涉及这样三个方面问题：一是建筑场地必须是稳定的，如果存在软弱土层或岩土界面等潜在滑移面，必须将桩支于稳定岩土层以下足够深度，并验算桩基的整体稳定性和基桩的水平承载力；二是建筑桩基外缘与坡顶的水平距离必须符合有关规范规定；边坡自身必须是稳定的或经整治后确保其稳定性；三是成桩过程不得产生挤土效应。

3.4.6 本条说明抗震设防区桩基的设计原则。

桩基较其他基础形式具有较好的抗震性能，但设计中应把握这样三点：一是基桩进入液化土层以下稳定土层的长度不应小于本条规定的最小值；二是为确保承台和地下室外墙侧抗力能分担水平地震作用，肥槽回填质量必须确保；三是当承台周围为软土和可液化土，且桩基水平承载力不满足要求时，可对外侧土体进行适当加固以提高水平抗力。

3.4.7 本条说明可能出现负摩阻力的桩基的设计原则。

1 对于填土建筑场地，宜先填土后成桩，为保证填土的密实性，应根据填料及下卧层性质，对低水位场地应分层填土分层辗压或分层强夯，压实系数不应小于0.94。为加速下卧层固结，宜采取插塑料排水板等措施。

2 室内大面积堆载常见于各类仓库、炼钢、轧钢车间，由堆载引起上部结构开裂乃至破坏的事故不少。要防止堆载对桩基产生负摩阻力，对堆载地基进行加固处理是措施之一，但造价往往偏高。对与堆载相邻的桩基采用刚性排桩进行隔离，对预制桩表面涂层处理等都是可供选用的措施。

3 对于自重湿陷性黄土，采用强夯、挤密土桩等处理，消除土层的湿陷性，属于防止负摩阻力的有效措施。

3.4.8 本条说明关于抗拔桩基的设计原则。

建筑桩基的抗拔问题主要出现于两种情况，一种是建筑物在风荷载、地震作用下的局部非永久上拔力；另一种是抵抗超补偿地下室地下水浮力的抗浮桩。对于前者，抗拔力与建筑物高度、风压强度、抗震设防等级等因素相关。当建筑物设有地下室时，由于风荷载、地震引起的桩顶拔力显著减小，一般不起控制作用。

随着近年地下空间的开发利用，抗浮成为较普遍的问题。抗浮有多种方式，包括地下室底板上配重（如素混凝土或钢渣混凝土）、设置抗浮桩。后者具有较好的灵活性、适用性和经济性。对于抗浮桩基的设计，首要问题是根据场地勘察报告关于环境类别、水、土腐蚀性，参照现行《混凝土结构设计规范》GB 50010确定桩身的裂缝控制等级，对于不同裂缝控制等级采取相应设计原则。对于抗浮荷载较大的情况宜采用桩侧后注浆、扩底灌注桩，当裂缝控制等级较高时，可采用预应力桩；以岩层为主的地基宜采用岩石锚杆抗浮。其次，对于抗浮桩承载力应按本规范进行单桩和群桩抗拔承载力计算。

3.5 耐久性规定

3.5.2 二、三类环境桩基结构耐久性设计，对于混凝土的基本要求应根据现行《混凝土结构设计规范》GB 50010规定执行，最大水灰比、最小水泥用量、混凝土最低强度等级、混凝土的最大氯离子含量、最大碱含量应符合相应的规定。

3.5.3 关于二、三类环境桩基结构的裂缝控制等级的判别，应按现行《混凝土结构设计规范》GB 50010规定的环境类别和水、土对混凝土结构的腐蚀性等级制定，对桩基结构正截面尤其是对抗拔桩的抗裂和裂缝宽度控制进行设计计算。

4 桩 基 构 造

4.1 基 桩 构 造

4.1.1 本条说明关于灌注桩的配筋率、配筋长度和箍筋的配置的相关内容。

灌注桩的配筋与预制桩不同之处是无需考虑吊装、锤击沉桩等因素。正截面最小配筋率宜根据桩径确定，如φ300mm桩，配6φ10mm，$A_g=471mm^2$，$\mu_g=A_g/A_{ps}=0.67\%$；又如φ2000mm桩，配16φ22mm，$A_g=6280mm^2$，$\mu_g=A_g/A_{ps}=0.2\%$。另外，从承受水平力的角度考虑，桩身受弯截面模量为桩径的3次方，配筋对水平抗力的贡献随桩径增大显著增大。从以上两方面考虑，规定正截面最小配筋率为0.2%～0.65%，大桩径取低值，小桩径取高值。

关于配筋长度，主要考虑轴向荷载的传递特征及荷载性质。对于端承桩应通长等截面配筋，摩擦型桩宜分段变截面配筋；当桩较长也可部分长度配筋，但不宜小于2/3桩长。当受水平力时，尚不应小于反弯点下限4.0/α；当有可液化层、软弱土层时，纵向主筋应穿越这些土层进入稳定土层一定深度。对于抗拔桩应根据桩长、裂缝控制等级、桩侧土性等因素通长等截面或变截面配筋。对于受水平荷载桩，其极限承载力受配筋率影响大，主筋不应小于 $8\phi12$，以保证受拉区主筋不小于 $3\phi12$。对于抗压桩和抗拔桩，为保证桩身钢筋笼的成型刚度以及桩身承载力的可靠性，主筋不应小于 $6\phi10$；$d\leqslant400mm$ 时，不应小于 $4\phi10$。

关于箍筋的配置，主要考虑三方面因素。一是箍筋的受剪作用，对于地震设防地区，基桩桩顶要承受较大剪力和弯矩，在风载等水平力作用下也同样如此，故规定桩顶 5d 范围箍筋应适当加密，一般间距为 100mm；二是箍筋在轴压荷载下对混凝土起到约束加强作用，可大幅提高桩身受压承载力，而桩顶部分荷载最大，故桩顶部位箍筋应适当加密；三是为控制钢筋笼的刚度，根据桩身直径不同，箍筋直径一般为 $\phi6\sim\phi12$，加劲箍为 $\phi12\sim\phi18$。

4.1.2 桩身混凝土的最低强度等级由原规定 C20 提高到 C25，这主要是根据《混凝土结构设计规范》GB 50010 规定，设计使用年限为 50 年，环境类别为二 a 时，最低强度等级为 C25；环境类别为二 b 时，最低强度等级为 C30。

4.1.13 根据广东省采用预应力管桩的经验，当桩端持力层为非饱和状态的强风化岩时，闭口桩沉桩后一定时间由于桩端构造缝隙浸水导致风化岩软化，端阻力有显著降低现象。经研究，沉桩后立刻灌入微膨胀性混凝土至桩端以上约 2m，能起到防止渗水软化现象发生。

4.2 承台构造

4.2.1 承台除满足抗冲切、抗剪切、抗弯承载力和上部结构的需要外，尚需满足如下构造要求才能保证实现上述要求。

1 承台最小宽度不应小于 500mm，桩中心至承台边缘的距离不宜小于桩直径或边长，边缘挑出部分不应小于 150mm，主要是为满足嵌固及斜截面承载力（抗冲切、抗剪切）的要求。对于墙下条形承台梁，其边缘挑出部分可减少至 75mm，主要是考虑到墙体与承台梁共同工作可增强承台梁的整体刚度，受力情况良好。

2 承台的最小厚度规定为不应小于 300mm，高层建筑平板式筏形基础承台最小厚度不应小于 400mm，是为满足承台基本刚度、桩与承台的连接等构造需要。

4.2.2 承台混凝土强度等级应满足结构混凝土耐久性要求，对设计使用年限为 50 年的承台，根据现行《混凝土结构设计规范》GB 50010 的规定，当环境类别为二 a 类别时不应低于 C25，二 b 类别时不应低于 C30。有抗渗要求时，其混凝土的抗渗等级应符合有关标准的要求。

4.2.3 承台的钢筋配置除应满足计算要求外，尚需满足构造要求。

1 柱下独立桩基承台的受力钢筋应通长配置，主要是为保证桩基承台的受力性能良好，根据工程经验及承台受弯试验对矩形承台将受力钢筋双向均匀布置；对三桩的三角形承台应按三向板带均匀布置，为提高承台中部的抗裂性能，最里面的三根钢筋围成的三角形应在柱截面范围内。承台受力钢筋的直径不宜小于 12mm，间距不宜大于 200mm。主要是为满足施工及受力要求。独立桩基承台的最小配筋率不应小于 0.15%。具体工程的实际最小配筋率宜考虑结构安全等级、基桩承载力等因素综合确定。

2 柱下独立两桩承台，当桩距与承台有效高度之比小于 5 时，其受力性能属深受弯构件范畴，因而宜按现行《混凝土结构设计规范》GB 50010 中的深受弯构件配置纵向受拉钢筋、水平及竖向分布钢筋。

3 条形承台梁纵向主筋应满足现行《混凝土结构设计规范》GB 50010 关于最小配筋率 0.2% 的要求以保证具有最小抗弯能力。关于主筋、架立筋、箍筋直径的要求是为满足施工及受力要求。

4 筏板承台在计算中仅考虑局部弯矩时，由于未考虑实际存在的整体弯距的影响，因此需要加强构造，故规定纵横两个方向的下层钢筋配筋率不宜小于 0.15%；上层钢筋按计算钢筋全部连通。当筏板厚度大于 2000mm 时，在筏板中部设置直径不小于 12mm、间距不大于 300mm 的双向钢筋网，是为减小大体积混凝土温度收缩的影响，并提高筏板的抗剪承载力。

5 承台底面钢筋的混凝土保护层厚度除应符合现行《混凝土结构设计规范》GB 50010 的要求外，尚不应小于桩头嵌入承台的长度。

4.2.4 本条说明桩与承台的连接构造要求。

1 桩嵌入承台的长度规定是根据实际工程经验确定。如果桩嵌入承台深度过大，会降低承台的有效高度，使受力不利。

2 混凝土桩的桩顶纵向主筋锚入承台内的长度一般情况下为 35 倍直径，对于专用抗拔桩，桩顶纵向主筋的锚固长度应按现行《混凝土结构设计规范》GB 50010 的受拉钢筋锚固长度确定。

3 对于大直径灌注桩，当采用一柱一桩时，连接构造通常有两种方案：一是设置承台，将桩与柱通过承台相连接；二是将桩与柱直接相连。实际工程根据具体情况选择。

关于桩与承台连接的防水构造问题：

当前工程实践中，桩与承台连接的防水构造形式繁多，有的用防水卷材将整个桩头包裹起来，致使桩与承台无连接，仅是将承台支承于桩顶；有的虽设有防水措施，但在钢筋与混凝土或底板与桩之间形成渗水通道，影响桩及底板的耐久性。本规范建议的防水构造如图 8。

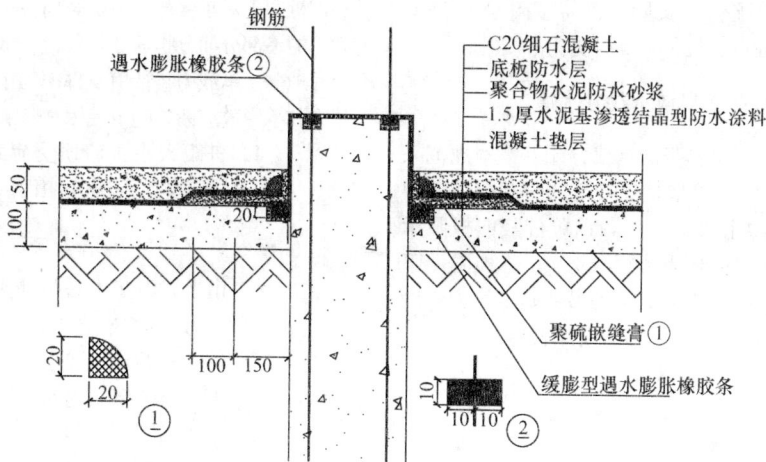

图 8　桩与承台连接的防水构造

具体操作时要注意以下几点：

1）桩头要剔凿至设计标高，并用聚合物水泥防水砂浆找平，桩侧剔凿至混凝土密实处；

2）破桩后如发现渗漏水，应采取相应堵漏措施；

3）清除基层上的混凝土、粉尘等，用清水冲洗干净；基面要求潮湿，但不得有明水；

4）沿桩头根部及桩头钢筋根部分别剔凿 $20mm \times 25mm$ 及 $10mm \times 10mm$ 的凹槽；

5）涂刷水泥基渗透结晶型防水涂料必须连续、均匀，待第二层涂料呈半干状态后开始喷水养护，养护时间不小于三天；

6）待膨胀型止水条紧密、连续、牢固地填塞于凹槽后，方可施工聚合物水泥防水砂浆层；

7）聚硫嵌缝膏嵌填时，应保护好垫层防水层，并与之搭接严密；

8）垫层防水层及聚硫嵌缝膏施工完成后，应及时做细石混凝土保护层。

4.2.6　本条说明承台与承台之间的连接构造要求。

1　一柱一桩时，应在桩顶两个相互垂直方向上设置联系梁，以保证桩基的整体刚度。当桩与柱的截面直径之比大于 2 时，在水平力作用下，承台水平变位较小，可以认为满足结构内力分析时柱底为固端的假定。

2　两桩桩基承台短向抗弯刚度较小，因此应设置承台连系梁。

3　有抗震设防要求的柱下桩基承台，由于地震作用下，建筑物的各桩基承台所受的地震剪力和弯矩是不确定的，因此在纵横两方向设置连系梁，有利于桩基的受力性能。

4　连系梁顶面与承台顶面位于同一标高，有利于直接将柱底剪力、弯矩传递至承台。

连系梁的截面尺寸及配筋一般按下述方法确定：以柱剪力作用于梁端，按轴心受压构件确定其截面尺寸，配筋则取与轴心受压相同的轴力（绝对值），按轴心受拉构件确定。在抗震设防区也可取柱轴力的 1/10 为梁端拉压力的粗略方法确定截面尺寸及配筋。连系梁最小宽度和高度尺寸的规定，是为了确保其平面外有足够的刚度。

5　连系梁配筋除按计算确定外，从施工和受力要求，其最小配筋量为上下配置不小于 $2\phi12$ 钢筋。

4.2.7　承台和地下室外墙的肥槽回填土质量至关重要。在地震和风载作用下，可利用其外侧土抗力分担相当大份额的水平荷载，从而减小桩顶剪力分担，降低上部结构反应。但工程实践中，往往忽视肥槽回填质量，以至出现浸水湿陷，导致散水破坏，给桩基结构在遭遇地震工况下留下安全隐患。设计人员应加以重视，避免这种情况发生。一般情况下，采用灰土和压实性较好的素土分层夯实；当施工中分层夯实有困难时，可采用素混凝土回填。

5　桩基计算

5.1　桩顶作用效应计算

5.1.1　关于桩顶竖向力和水平力的计算，应是在上部结构分析将荷载凝聚于柱、墙底部的基础上进行。这样，对于柱下独立桩基，按承台为刚性板和反力呈线性分布的假定，得到计算各基桩或复合基桩的桩顶竖向力和水平力公式（5.1.1-1）~（5.1.1-3）。对于桩筏、桩箱基础，则按各柱、剪力墙、核心筒底部荷载分别按上述公式进行桩顶竖向力和水平力的计算。

5.1.3　属于本条所列的第一种情况，为了考虑其在高烈度地震作用或风载作用下桩基承台和地下室侧墙的侧向土抗力，合理的计算基桩的水平承载力和位移，宜按附录 C 进行承台——桩——土协同作用分析。属于本条所列的第二种情况，高承台桩基（使用要求架空的大型储罐、上部土层液化、湿陷）和低承台桩基，在较大水平力作用下，为使基桩桩顶竖向力、剪力、弯矩分配符合实际，也需按附录C进行计算，尤其是当桩径、桩长不等时更为必要。

5.2 桩基竖向承载力计算

5.2.1、5.2.2 关于桩基竖向承载力计算，本规范采用以综合安全系数 $K=2$ 取代原规范的荷载分项系数 γ_G、γ_Q 和抗力分项系数 γ_s、γ_p，以单桩竖向极限承载力标准值 Q_{uk} 或极限侧阻力标准值 q_{sik}、极限端阻力标准值 q_{pk}、桩的几何参数 a_k 为参数确定抗力，以荷载效应标准组合 S_k 为作用力的设计表达式：

$$S_k \leqslant R(Q_{uk}, K)$$
$$或\ S_k \leqslant R(q_{sik}, q_{pk}, a_k, K)$$

采用上述承载力极限状态设计表达式，桩基安全度水准与《建筑桩基技术规范》JGJ 94-94 相比，有所提高。这是由于（1）建筑结构荷载规范的均布活载标准值较前提高了 1/4（办公楼、住宅），荷载组合系数提高了 17%；由此使以土的支承阻力制约的桩基承载力安全度有所提高；（2）基本组合的荷载分项系数由 1.25 提高至 1.35（以永久荷载控制的情况）；（3）钢筋和混凝土强度设计值略有降低。以上（2）、（3）因素使桩基结构承载力安全度有所提高。

5.2.4 对于本条规定的考虑承台竖向土抗力的四种情况：一是上部结构刚度较大、体形简单的建（构）筑物，由于其可适应较大的变形，承台分担的荷载份额往往也较大；二是对于差异变形适应性较强的排架结构和柔性构筑物桩基，采用考虑承台效应的复合桩基不致降低安全度；三是按变刚度调平原则设计的核心筒外围框架柱桩基，适当增加沉降、降低基桩支承刚度，可达到减小差异沉降、降低承台外围基桩反力、减小承台整体弯距的目标；四是软土地区减沉复合疏桩基础，考虑承台效应按复合桩基设计是该方法的核心。以上四种情况，在近年工程实践中的应用已取得成功经验。

5.2.5 本条说明关于承台效应及复合桩基承载力计算的相关内容。

1 承台效应系数

摩擦型群桩在竖向荷载作用下，由于桩土相对位移，桩间土对承台产生一定竖向抗力，成为桩基竖向承载力的一部分而分担荷载，称此种效应为承台效应。承台底地基土承载力特征值发挥率为承台效应系数。承台效应和承台效应系数随下列因素影响而变化。

1) 桩距大小。桩顶受荷载下沉时，桩周土受桩侧剪应力作用而产生竖向位移 w_r

$$w_r = \frac{1+\mu_s}{E_o} q_s d \ln \frac{nd}{r}$$

由上式看出，桩周土竖向位移随桩侧剪应力 q_s 和桩径 d 增大而线性增加，随与桩中心距离 r 增大，呈自然对数关系减小，当距离 r 达到 nd 时，位移为零；而 nd 根据实测结果约为（6~10）d，随土的变形模量减小而减小。显然，土竖向位移愈小，土反力愈大，对于群桩，桩距愈大，土反力愈大。

2) 承台土抗力随承台宽度与桩长之比 B_c/l 减小而减小。现场原型试验表明，当承台宽度与桩长之比较大时，承台土反力形成的压力泡包围整个桩群，由此导致桩侧阻力、端阻力发挥值降低，承台底土抗力随之加大。由图9看出，在相同桩数、桩距条件下，承台分担荷载比随 B_c/l 增大而增大。

3) 承台土抗力随区位和桩的排列而变化。承台内区（桩群包络线以内）由于桩土相互影响明显，土的竖向位移加大，导致内区土反力明显小于外区（承台悬挑部分），即呈马鞍形分布。从图10（a）还可看出，桩数由 2^2 增至 3^2、4^2，承台分担荷载比 P_c/P 递减，这也反映出承台内、外区面积比随桩数增多而增大导致承台土抗力随之降低。对于单排桩条基，由于承台外区面积比大，故其土抗力显著大于多排桩桩基。图10所示多排和单排桩基承台分担荷载比明显不同证实了这一点。

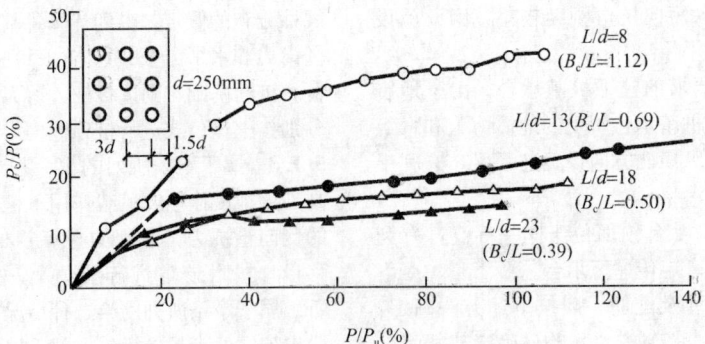

图9 粉土中承台分担荷载比 P_c/P 随承台宽度与桩长比 B_c/L 的变化

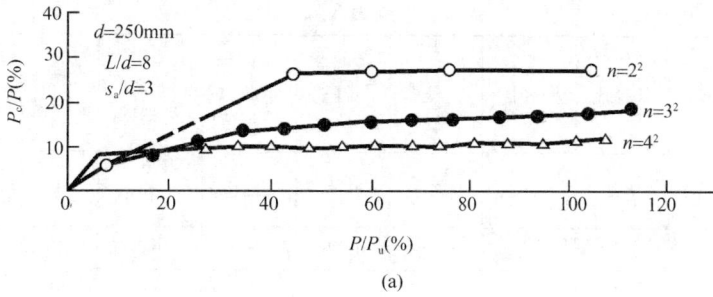

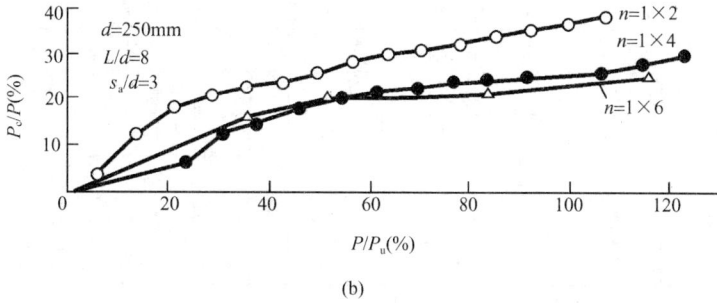

图 10 粉土中多排群桩和单排群桩承台分担荷载比

(a) 多排桩；(b) 单排桩

4) 承台土抗力随荷载的变化。由图9、图10看出，桩基受荷后承台底产生一定土抗力，随荷载增加土抗力及其荷载分担比的变化分二种模式。一种模式是，到达工作荷载（$P_u/2$）时，荷载分担比 P_c/P 趋于稳值，也就是说土抗力和荷载增速是同步的；这种变化模式出现于 $B_c/l \leqslant 1$ 和多排桩。对于 $B_c/l > 1$ 和单排桩桩基属于第二种变化模式，P_c/P 在荷载达到 $P_u/2$ 后仍随荷载水平增大而持续增长；这说明这两种类型桩基承台土抗力的增速持续大于荷载增速。

5) 承台效应系数模型试验实测、工程实测与计算比较（见表3、表4）。

表3 承台效应系数模型试验实测与计算比较

序号	土类	桩径	长径比	距径比	桩数	承台宽与桩长比	承台底土承载力特征值	桩端持力层	实测土抗力平均值	承台效应系数	
		d(mm)	l/d	s_a/d	$r \times m$	B_c/l	f_{ak}(kPa)		(kPa)	实测 η_c	计算 η_c
1		250	18	3	3×3	0.50	125		32	0.26	0.16
2		250	8	3	3×3	1.125	125		40	0.32	0.18
3		250	13	3	3×3	0.692	125		35	0.28	0.16
4		250	23	3	3×3	0.391	125		30	0.24	0.14
5		250	18	4	3×3	0.611	125		34	0.27	0.22
6		250	18	6	3×3	0.833	125		60	0.48	0.44
7	粉土	250	18	3	1×4	0.167	125	粉黏	40	0.32	0.30
8		250	18	3	2×4	0.333	125		32	0.26	0.14
9		250	18	3	3×4	0.507	125		30	0.24	0.15
10		250	18	3	4×4	0.667	125		29	0.23	0.16
11		250	18	3	2×2	0.333	125		40	0.32	0.14
12		250	18	3	1×6	0.167	125		32	0.26	0.14
13		250	18	3	3×3	0.500	125		28	0.22	0.15

序号	土类	桩径	长径比	距径比	桩数	承台宽与桩长比	承台底土承载力特征值	桩端持力层	实测土抗力平均值	承台效应系数	
										实测	计算
		d(mm)	l/d	s_a/d	$r \times m$	B_c/l	f_{ak}(kPa)		(kPa)	η_c	η_c
14	粉黏	150	11	3	6×6	1.55	75	砾砂	13.3	0.18	0.18
15		150	11	3.75	5×5	1.55	75	砾砂	21.1	0.28	0.23
16		150	11	5	4×4	1.55	75	砾砂	27.7	0.37	0.37
17		114	17.5	3.5	3×9	0.50	200	粉黏	48	0.24	0.19
18	粉土	325	12.3	4	2×2	1.55	150	粉土	51	0.34	0.24
19	淤泥质黏土	100	45	3	4×4	0.267	40	黏土	11.2		0.13
20		100	45	4	4×4	0.333	40	黏土	12.0	0.30	0.21
21		100	45	6	4×4	0.467	40	黏土	14.4	0.36	0.38
22		100	45	6	3×3	0.333	40	黏土	16.4	0.41	0.36

表4 承台效应系数工程实测与计算比较

序号	建筑结构	桩径	桩长	距径比	承台平面尺寸	承台宽与桩长比	承台底土承载力特征值	计算承台效应系数	承台土抗力		实测 p'_c / 计算 p_c
									计算 p_c	实测 p'_c	
		d (mm)	l (m)	s_a/d	(m²)	B_c/l	f_{ak}(kPa)				
1	22层框架—剪力墙	550	22.0	3.29	42.7×24.7	1.12	80	0.15	12	13.4	1.12
2	25层框架—剪力墙	450	25.8	3.94	37.0×37.0	1.44	90	0.20	18	25.3	1.40
3	独立柱基	400	24.5	3.55	5.6×4.4	0.18	60	0.21	17.1	17.7	1.04
4	20层剪力墙	400	7.5	3.75	29.7×16.7	2.95	90	0.20	18.0	20.4	1.13
5	12层剪力墙	450	25.5	3.82	25.5×12.9	0.506	80	0.80	23.2	33.8	1.46
6	16层框架—剪力墙	500	26.0	3.14	44.2×12.3	0.456	80	0.23	16.1	15	0.93
7	32层剪力墙	500	54.6	4.31	27.5×24.5	0.453	80	0.27	18.9	19	1.01
8	26层框架—核心筒	609	53.0	4.26	38.7×36.4	0.687	80	0.33	26.4	29.4	1.11
9	7层砖混	400	13.5	4.6	439	0.163	79	0.18	13.7	14.4	1.05
10	7层砖混	400	13.5	4.6	335	0.111	79	0.18	14.2	18.5	1.30
11	7层框架	380	15.5	4.15	14.7×17.7	0.98	110	0.17	19.0	19.5	1.03
12	7层框架	380	15.5	4.3	10.5×39.6	0.73	110	0.16	18.0	24.5	1.36
13	7层框架	380	15.5	4.4	9.1×36.3	0.61	110	0.16	19.3	32.1	1.66
14	7层框架	380	15.5	4.3	10.5×39.6	0.73	110	0.16	19.1	19.4	1.02
15	某油田塔基	325	4.0	5.5	$\phi=6.9$	1.4	120	0.50	60	66	1.10

2 复合基桩承载力特征值

根据粉土、粉质黏土、软土地基群桩试验取得的承台土抗力的变化特征（见表3），结合15项工程桩基承台土抗力实测结果（见表4），给出承台效应系数 η_c。承台效应系数 η_c 按距径比 s_a/d 和承台宽度与桩长比 B_c/l 确定（见本规范表5.2.5）。相应于单根

桩的承台抗力特征值为 $\eta_c f_{ak} A_c$，由此得规范式（5.2.5-1）、式（5.2.5-2）。对于单排条形桩基的 η_c，如前所述大于多排桩群桩，故单独给出其 η_c 值。但对于承台宽度小于 $1.5d$ 的条形基础，内区面积比大，故 η_c 按非条基取值。上述承台土抗力计算方法，较JGJ 94-94简化，不区分承台内外区面积比。按该法

计算，对于柱下独立桩基计算值偏小，对于大桩群筏形承台差别不大。A_c 为计算基桩对应的承台底净面积。关于承台计算域 A、基桩对应的承台面积 A_c 和承台效应系数 η_c，具体规定如下：

1）柱下独立桩基：A 为全承台面积。

2）桩筏、桩箱基础：按柱、墙侧 1/2 跨距，悬臂取 2.5 倍板厚处确定计算域，桩距、桩径、桩长不同，采用上式分区计算，或取平均 s_a、B_c/l 计算 η_c。

3）桩集中布置于墙下的剪力墙高层建筑桩筏基础：计算域自墙两边外扩各 1/2 跨距，对于悬臂板自墙边外扩 2.5 倍板厚，按条基计算 η_c。

4）对于按变刚度调平原则布桩的核心筒外围平式和梁板式筏形承台复合桩基：计算域为自柱侧 1/2 跨，悬臂板边取 2.5 倍板厚处围成。

不能考虑承台效应的特殊条件：可液化土、湿陷性土、高灵度软土、欠固结土、新填土、沉桩引起孔隙水压力和土体隆起等，这是由于这些条件下承台土抗力随时可能消失。

对于考虑地震作用时，按本规范式（5.2.5-2）计算复合基桩承载力特征值。由于地震作用下轴心竖向力作用下基桩承载力按本规范式（5.2.1-3）提高 25%，故地基土抗力乘以 $\zeta_a/1.25$ 系数，其中 ζ_a 为地基抗震承载力调整系数；除以 1.25 是与本规范式（5.2.1-3）相适应的。

3　忽略侧阻和端阻的群桩效应的说明

影响桩基的竖向承载力的因素包含三个方面，一是基桩的承载力；二是桩土相互作用对于桩侧阻力和端阻力的影响，即侧阻和端阻的群桩效应；三是承台底土抗力分担荷载效应。对于第三部分，上面已就条文的规定作了说明。对于第二部分，在《建筑桩基技术规范》JGJ 94-94 中规定了侧阻的群桩效应系数 η_s，端阻的群桩效应系数 η_p。所给出的 η_s、η_p 源自不同土质中的群桩试验结果。其总的变化规律是：对于侧阻力，在黏性土中因群桩效应而削弱，即非挤土桩在常用桩距条件下 η_s 小于 1，在非密实的粉土、砂土中因群桩效应产生沉降硬化而增强，即 η_s 大于 1；对于端阻力，在黏性土和非黏性土中，均因相邻桩桩端土互逆的侧向变形而增强，即 $\eta_p > 1$。但侧阻、端阻的综合群桩效应系数 η_{sp} 对于非单一黏性土大于 1，单一黏性土当桩距为 $3\sim4d$ 时略小于 1。计入承台土抗力的综合群桩效应系数略大于 1，非黏性土群桩较黏性土更大一些。就实际工程而言，桩所穿越的土层往往是两种以上性质土层交互出现，且水平向变化不均，由此计算群桩效应确定承载力较为繁琐。另据美国、英国规范规定，当桩距 $s_a \geqslant 3d$ 时不考虑群桩效应。本规范第 3.3.3 条所规定的最小桩距除桩数少于

3 排和 9 根的非挤土端承群桩外，其余均不小于 $3d$。鉴于此，本规范关于侧阻和端阻的群桩效应不予考虑，即取 $\eta_s = \eta_p = 1.0$。这样处理，方便设计，多数情况下可留给工程更多安全储备。对单一黏性土中的小桩距低承台桩基，不应再另行计入承台效应。

关于群桩沉降变形的群桩效应，由于桩—桩、桩—土、土—桩、土—土的相互作用导致桩群的竖向刚度降低，压缩层加深，沉降增大，则是概念设计布桩应考虑的问题。

5.3　单桩竖向极限承载力

5.3.1　本条说明不同桩基设计等级对于单桩竖向极限承载力标准值确定方法的要求。

目前对单桩竖向极限承载力计算受土强度参数、成桩工艺、计算模式不确定性影响的可靠度分析仍处于探索阶段的情况下，单桩竖向极限承载力仍以原位原型试验为最可靠的确定方法，其次是利用地质条件相同的试桩资料和原位测试及端阻力、侧阻力与土的物理指标的经验关系参数确定。对于不同桩基设计等级应采用不同可靠性水准的单桩竖向极限承载力确定的方法。单桩竖向极限承载力的确定，要把握两点，一是以单桩静载试验为主要依据，二是要重视综合判定的思想。因为静载试验一则数量少，二则在很多情况下如地下室土方尚未开挖，设计前进行完全与实际条件相符的试验不可能。因此，在设计过程中，离不开综合判定。

本规范规定采用单桩极限承载力标准值作为桩基承载力设计计算的基本参数。试验单桩极限承载力标准值指通过不少于 2 根的单桩现场静载试验确定的，反映特定地质条件、桩型与工艺、几何尺寸的单桩极限承载力代表值。计算单桩极限承载力标准值指根据特定地质条件、桩型与工艺、几何尺寸、以极限侧阻力标准值和极限端阻力标准值的统计经验值计算的单桩极限承载力标准值。

5.3.2　本条主旨是说明单桩竖向极限承载力标准值及其参数包括侧阻力、端阻力以及嵌岩桩嵌岩段的侧阻力、端阻力如何根据具体情况通过试验直接测定，并建立承载力参数与土层物性指标、静探等原位测试指标的相关关系以及岩石侧阻、端阻与饱和单轴抗压强度等的相关关系。直径为 0.3m 的嵌岩短墩试验，其嵌岩深度根据岩层软硬程度确定。

5.3.5　根据土的物理指标与承载力参数之间的经验关系计算单桩竖向极限承载力，核心问题是经验参数的收集，统计分析，力求涵盖不同桩型、地区、土质，具有一定的可靠性和较大适用性。

原《建筑桩基技术规范》JGJ 94-94 收集的试桩资料经筛选得到完整资料 229 根，涵盖 11 个省市。本次修订又共收集试桩资料 416 根，其中预制桩资料 88 根，水下钻（冲）孔灌注桩资料 184 根，干作业

钻孔灌注桩资料 144 根。前后合计总试桩数为 645 根。以原规范表列 q_{sik}、q_{pk} 为基础对新收集到的资料进行试算调整，其间还参考了上海、天津、浙江、福建、深圳等省市地方标准给出的经验值，最终得到本规范表 5.3.5-1、表 5.3.5-2 所列各桩型的 q_{sik}、q_{pk} 经验值。

对按各桩型建议的 q_{sik}、q_{pk} 经验值计算统计样本的极限承载力 Q_{uk}，各试桩的极限承载力实测值 Q'_u 与计算值 Q_{uk} 比较，$\eta = Q'_u / Q_{uk}$，将统计得到预制桩（317 根）、水下钻（冲）孔桩（184 根）、干作业钻孔桩（144 根）的 η 按 0.1 分位与其频数 N 之间的关系，Q'_u / Q_{uk} 平均值及均方差 s_n 分别表示于图 11～图 13。

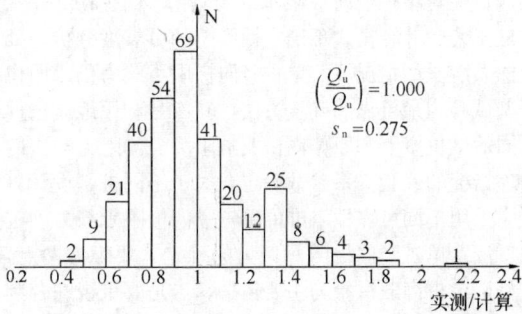

图 11　预制桩（317 根）极限承
载力实测/计算频数分布

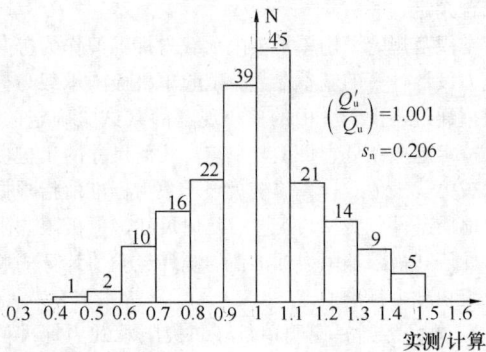

图 12　水下钻（冲）孔桩（184 根）极限
承载力实测/计算频数分布

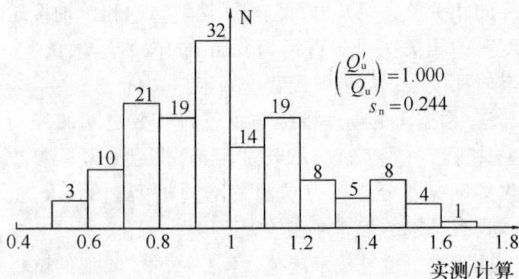

图 13　干作业钻孔桩（144 根）极限
承载力实测/计算频数分布

5.3.6　本条说明关于大直径桩（$d \geqslant 800\text{mm}$）极限侧阻力和极限端阻力的尺寸效应。

1）大直径桩端阻力的尺寸效应。大直径桩静载试验 Q-S 曲线均呈缓变型，反映出其端阻力以压剪变形为主导的渐进破坏。G. G. Meyerhof（1998）指出，砂土中大直径桩的极限端阻随桩径增大而呈双曲线减小。根据这一特性，将极限端阻的尺寸效应系数表示为：

$$\psi_p = \left(\frac{0.8}{D}\right)^n$$

式中　D——桩端直径；

n——经验指数，对于黏性土、粉土，$n = 1/4$；对于砂土、碎石土，$n = 1/3$。

图 14 为试验结果与上式计算端阻尺寸效应系数 ψ_p 的比较。

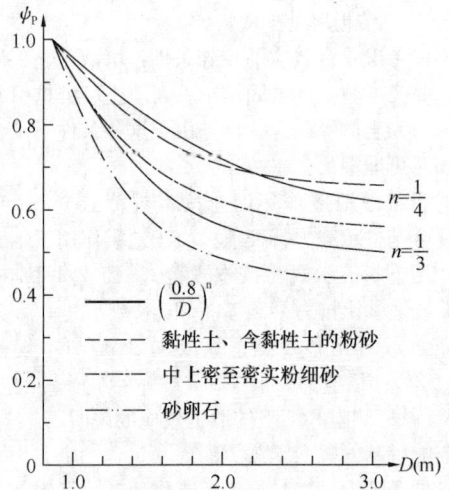

图 14　大直径桩端阻尺寸效应系数 ψ_p
与桩径 D 关系计算与试验比较

2）大直径桩侧阻尺寸效应系数

桩成孔后产生应力释放，孔壁出现松弛变形，导致侧阻力有所降低，侧阻力随桩径增大呈双曲线型减小（图 15 H. Brand1. 1988）。本规范建议采用如下表达式进行侧阻尺寸效应计算。

$$\psi_s = \left(\frac{0.8}{d}\right)^m$$

式中　d——桩身直径；

m——经验指数；黏性土、粉土 $m = 1/5$；砂土、碎石 $m = 1/3$。

5.3.7　本条说明关于钢管桩的单桩竖向极限承载力的相关内容。

1　闭口钢管桩

闭口钢管桩的承载变形机理与混凝土预制桩相同。钢管桩表面性质与混凝土桩表面虽有所不同，但大量试验表明，两者的极限侧阻力可视为相等，因为除坚硬黏性土外，侧阻剪切破坏面是发生于靠近桩表

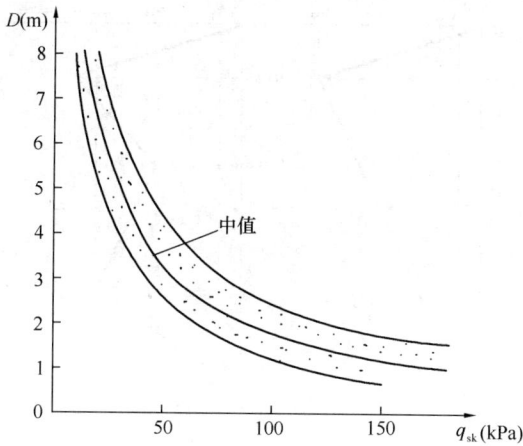

图 15 砂、砾土中极限侧阻力随桩径的变化

面的土体中，而不是发生于桩土介面。因此，闭口钢管桩承载力的计算可采用与混凝土预制桩相同的模式与承载力参数。

2 敞口钢管桩的端阻力

敞口钢管桩的承载力机理与承载力随有关因素的变化比闭口钢管桩复杂。这是由于沉桩过程，桩端部

分土将涌入管内形成"土塞"。土塞的高度及闭塞效果随土性、管径、壁厚、桩进入持力层的深度等诸多因素变化。而桩端土的闭塞程度又直接影响桩的承载力性状。称此为土塞效应。闭塞程度的不同导致端阻力以两种不同模式破坏。

一种是土塞沿管内向上挤出，或由于土塞压缩量大而导致桩端土大量涌入。这种状态称为非完全闭塞，这种非完全闭塞将导致端阻力降低。

另一种是如同闭口桩一样破坏，称其为完全闭塞。

土塞的闭塞程度主要随桩端进入持力层的相对深度 h_b/d（h_b 为桩端进入持力层的深度，d 为桩外径）而变化。

为简化计算，以桩端土塞效应系数 λ_p 表征闭塞程度对端阻力的影响。图 16 为 λ_p 与桩进入持力层相对深度 h_b/d 的关系，$\lambda_p =$ 静载试验总极限端阻/ $30NA_p$。其中 $30NA_p$ 为闭口桩总极限端阻，N 为桩端土标贯击数，A_p 为桩端投影面积。从该图看出，当 $h_b/d \leqslant 5$ 时，λ_p 随 h_b/d 线性增大；当 $h_b/d > 5$ 时，λ_p 趋于常量。由此得到本规范式（5.3.7-2）、式（5.3.7-3）。

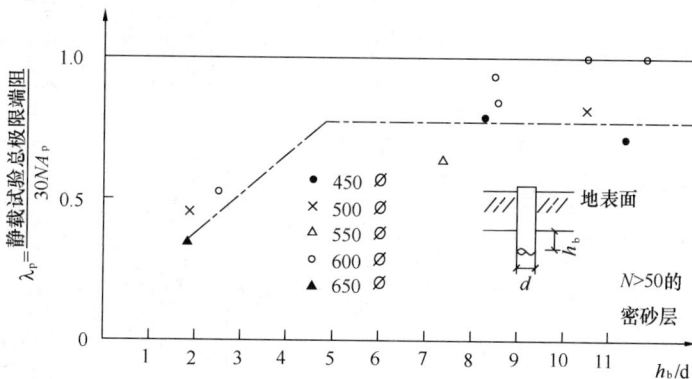

图 16 λ_p 与 h_b/d 关系（日本钢管桩协会，1986）

5.3.8 混凝土敞口管桩单桩竖向极限承载力的计算。与实心混凝土预制桩相同的是，桩端阻力由于桩端敞口，类似于钢管桩也存在桩端的土塞效应；不同的是，混凝土管桩壁厚度较钢管桩大得多，计算端阻力时，不能忽略管壁端部提供的端阻力，故分为两部分：一部分为管壁端部的端阻力，另一部分为敞口部分端阻力。对于后者类似于钢管桩的承载机理，考虑桩端土塞效应系数 λ_p，λ_p 随桩端进入持力层的相对深度 h_b/d 而变化（d 为管桩外径），按本规范式（5.3.8-2）、式（5.3.8-3）计算确定。敞口部分端阻力为 $\lambda_p q_{pk} A_{p1}$（$A_{p1} = \frac{\pi}{4} d_1^2$，$d_1$ 为空心内径），管壁端部端阻力为 $q_{pk} A_j$（A_j 为桩端净面积，圆形管桩 $A_j = \frac{\pi}{4}(d^2 - d_1^2)$，空心方桩 $A_j = b^2 - \frac{\pi}{4} d_1^2$）。故敞口混凝土空心桩总极限端阻力 $Q_{pk} = q_{pk}(A_j +$

$\lambda_p A_{p1})$。总极限侧阻力计算与闭口预应力混凝土空心桩相同。

5.3.9 嵌岩桩极限承载力由桩周土总阻力 Q_{sk}、嵌岩段总侧阻力 Q_{rk} 和总端阻力 Q_{pk} 三部分组成。

《建筑桩基技术规范》JGJ 94 - 94 是基于当时数量不多的小直径嵌岩桩试验确定嵌岩段侧阻力和端阻力系数，近十余年嵌岩桩工程和试验研究积累了更多资料，对其承载性状的认识进一步深化，这是本次修订的良好基础。

1 关于嵌岩段侧阻力发挥机理及侧阻力系数 $\zeta_s(q_{rs}/f_{rk})$

1) 嵌岩段桩岩之间的剪切模式即其剪切面可分为三种，对于软质岩（$f_{rk} \leqslant$ 15MPa），剪切面发生于岩体一侧；对于硬质岩（$f_{rk} > 30$MPa），发生于桩体一侧；对于泥浆护壁成桩，剪切面一般发

生于桩岩介面，当清孔好，泥浆相对密度小，与上述规律一致。

2）嵌岩段桩的极限侧阻力大小与岩性、桩体材料和成桩清孔情况有关。表5～表8是部分不同岩性嵌岩段极限侧阻力 q_{rs} 和侧阻系数 ζ_s。

表 5 Thorne（1997）的试验结果

q_{rs}（MPa）	0.5	2.0
f_{rk}（MPa）	5	50
$\zeta_s = q_{rs}/f_{rk}$	0.1	0.04

表 6 Shin and chung（1994）和 Lam et al（1991）的试验结果

q_{rs}（MPa）	0.5	0.7	1.2	2.0
f_{rk}（MPa）	5	10	40	100
$\zeta_s = q_{rs}/f_{rk}$	0.1	0.07	0.03	0.02

表 7 王国民论文所述试验结果

岩　类	砂砾岩	中粗砂岩	中细砂岩	黏土质粉砂岩	粉细砂岩
q_{rs}（MPa）	0.7～0.8	0.5～0.6	0.8	0.7	0.6
f_{rk}（MPa）	7.5	—	4.76	7.5	8.3
$\zeta_s = q_{rs}/f_{rk}$	0.1	—	0.168	0.09	0.072

表 8 席宁中论文所述试验结果

模拟材料	M5 砂浆		C30 混凝土	
q_{rs}（MPa）	1.3	1.7	2.2	2.7
f_{rk}（MPa）	3.34		20.1	
$\zeta_s = q_{rs}/f_{rk}$	0.39	0.51	0.11	0.13

由表5～表8看出实测 ζ_s 较为离散，但总的规律是岩石强度愈高，ζ_s 愈低。作为规范经验值，取嵌岩段极限侧阻力峰值，硬质岩 $q_{s1}=0.1f_{rk}$，软质岩 $q_{s1}=0.12f_{rk}$。

3）根据有限元分析，硬质岩（$E_r > E_p$）嵌岩段侧阻力分布呈单驼峰形分布，软质岩（$E_r < E_p$）嵌岩段呈双驼峰形分布。为计算侧阻系数 ζ_s 的平均值，将侧阻力分布概化为图17。各特征点侧阻力为：

硬质岩　$q_{s1}=0.1f_r$，$q_{s4}=\dfrac{d}{4h_r}q_{s1}$

软质岩　$q_{s1}=0.12f_r$，$q_{s2}=0.8q_{s1}$，$q_{s3}=0.6q_{s1}$，$q_{s4}=\dfrac{d}{4h_r}q_{s1}$

分别计算出硬质岩 $h_r=0.5d$，$1d$，$2d$，$3d$，$4d$；软质岩 $h_r=0.5d$，$1d$，$2d$，$3d$，$4d$，$5d$，$6d$，$7d$，$8d$ 情况下的嵌岩段侧阻力系数 ζ_s 如表9所示。

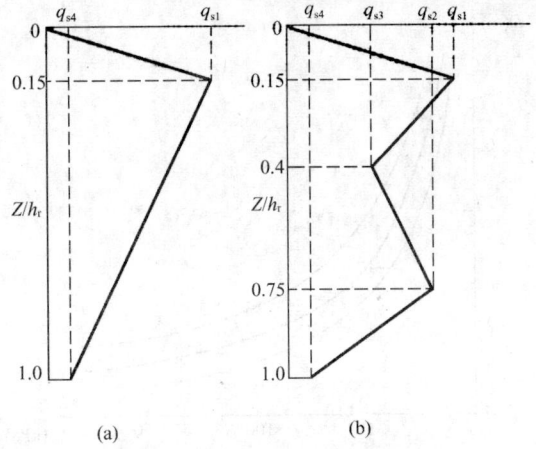

图 17　嵌岩段侧阻力分布概化
（a）硬质岩；（b）软质岩

2 嵌岩桩极限端阻力发挥机理及端阻力系数 ζ_p（$\zeta_p = q_{rp}/f_{rk}$）。

1）嵌岩桩端阻性状

图18所示不同桩、岩刚度比（E_p/E_r）干作业条件下，桩端分担荷载比 F_b/F_t（F_b——总桩端阻力；F_t——岩面桩顶荷载）随嵌岩深径比 d_r/r_0（$2h_r/d$）的变化。从图中看出，桩端总阻力 F_b 随 E_p/E_r 增大而增大，随深径比 d_r/r_0 增大而减小。

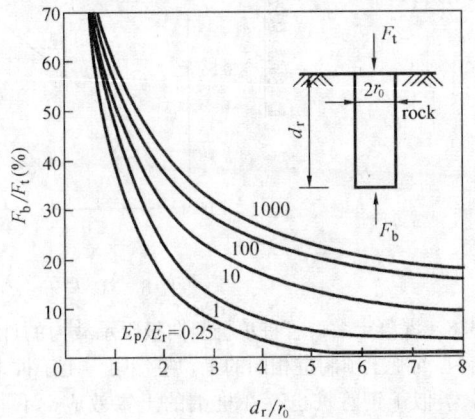

图 18　嵌岩桩端阻分担荷载比随桩岩刚度比和嵌岩深径比的变化
（引自 Pells and Turner，1979）

2）端阻系数 ζ_p

Thorne（1997）所给端阻系数 $\zeta_p=0.25～0.75$；吴其芳等通过孔底载荷板（$d=0.3m$）试验得到 $\zeta_p=1.38～4.50$，相应的岩石 $f_{rk}=1.2～5.2MPa$，载荷板在岩石中埋深 $0.5～4m$。总的说来，ζ_p 是随岩石饱和单轴抗压强度 f_{rk} 降低而增大，随嵌岩深度增加而减小，受清底情况影响较大。

基于以上端阻性状及有关试验资料，给出硬质岩和软质岩的端阻系数 ζ_p 如表9所示。

3 嵌岩段总极限阻力简化计算

嵌岩段总极限阻力由总极限侧阻力和总极限端阻力组成：

$$Q_{rk} = Q_{rs} + Q_{rp}$$

$$= \zeta_s f_{rk} \pi d h_r + \zeta_p f_{rk} \frac{\pi}{4} d^2$$

$$= \left[\zeta_s \frac{4h_r}{d} + \zeta_{rp} \right] f_{rk} \frac{\pi}{4} d^2$$

令

$$\zeta_s \frac{4h_r}{d} + \zeta_{rp} = \zeta_r$$

称 ζ_r 为嵌岩段侧阻和端阻综合系数。故嵌岩段总极限阻力标准值可按如下简化公式计算：

$$Q_{rk} = \zeta_r f_{rk} \frac{\pi}{4} d^2$$

其中 ζ_r 可按表9确定。

表9 嵌岩段侧阻力系数 ζ_s、端阻系数 ζ_p 及侧阻和端阻综合系数 ζ_r

嵌岩深径比 h_r/d		0	0.5	1.0	2.0	3.0	4.0	5.0	6.0	7.0	8.0
极软岩软岩	ζ_s	0.0	0.052	0.056	0.056	0.054	0.051	0.048	0.045	0.042	0.040
	ζ_p	0.60	0.70	0.73	0.73	0.70	0.66	0.61	0.55	0.48	0.42
	ζ_r	0.60	0.80	0.95	1.18	1.35	1.48	1.57	1.63	1.66	1.70
较硬岩坚硬岩	ζ_s	0.0	0.050	0.052	0.050	0.045	0.040	—	—	—	—
	ζ_p	0.45	0.55	0.60	0.50	0.46	0.40	—	—	—	—
	ζ_r	0.45	0.65	0.81	0.90	1.00	1.04	—	—	—	—

5.3.10 后注浆灌注桩单桩极限承载力计算模式与普通灌注桩相同，区别在于侧阻力和端阻力乘以增强系数 β_{si} 和 β_p。β_{si} 和 β_p 系通过数十根不同土层中的后注浆灌注桩与未注浆灌注桩静载对比试验求得。浆液在不同桩端和桩侧土层中的扩散与加固机理不尽相同，因此侧阻和端阻增强系数 β_{si} 和 β_p 不同，而且变幅很大。总的变化规律是：端阻的增幅高于侧阻，粗粒土的增幅高于细粒土。桩端、桩侧复式注浆高于桩端、桩侧单一注浆。这是由于端阻受沉渣影响敏感，经后注浆后沉渣得到加固且桩端有扩底效应，桩端沉渣和土的加固效应强于桩端泥皮的加固效应；粗粒土是渗透注浆，细粒土是劈裂注浆，前者的加固效应强于后者。另一点是桩侧注浆增强段对于泥浆护壁和干作业桩，由于浆液扩散特性不同，承载力计算时应有区别。

收集北京、上海、天津、河南、山东、西安、武汉、福州等城市后注浆灌注桩静载试桩资料106份，根据本规范第5.3.10条的计算公式求得 Q_{uit}，其中 q_{sik}、q_{pk} 取勘察报告提供的经验值或本规范所列经验值；增强系数 β_{si}、β_p 取本规范表5.3.10所列上限值。计算值 Q_{uit} 与实测值 $Q_{u实}$ 散点图如图19所示。该图显示，实测值均位于45°线以上，即均高于或接近于计算值。这说明后注浆灌注桩极限承载力按规范第5.3.10条计算的可靠性是较高的。

5.3.11 振动台试验和工程地震液化实际观测表明，首先土层的地震液化严重程度与土层的标贯数 N 与液化临界标贯数 N_{cr} 之比 λ_N 有关，λ_N 愈小液化愈严重；其二，土层的液化并非随地震同步出现，而显示滞后，即地震过后若干小时乃至一二天后才出现喷水冒砂。这说明，桩的极限侧阻力并非瞬间丧失，而且

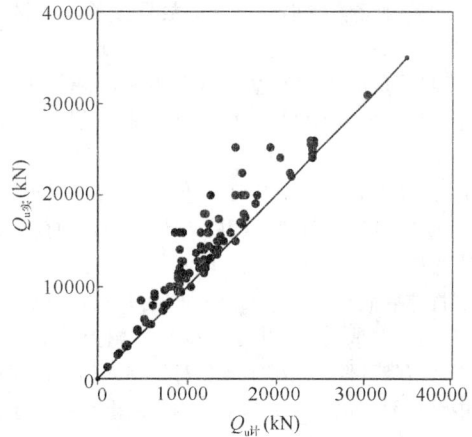

图19 后注浆灌注桩单桩极限
承载力实测值与计算值关系

并非全部损失，而上部有无一定厚度非液化覆盖层对此也有很大影响。因此，存在 3.5m 厚非液化覆盖层时，桩侧阻力根据 λ_N 值和液化土层埋深乘以不同的折减系数。

5.4 特殊条件下桩基竖向承载力验算

5.4.1 桩距不超过 $6d$ 的群桩，当桩端平面以下软弱下卧层承载力与桩端持力层相差过大（低于持力层的 1/3）且荷载引起的局部压力超出其承载力过多时，将引起软弱下卧层侧向挤出，桩基偏沉，严重者引起整体失稳。对于本条软弱下卧层承载力验算公式着重说明四点：

1） 验算范围。规定在桩端平面以下受力层范围存在低于持力层承载力 1/3 的软弱下卧层。实际工程持力层以下存在相对

软弱土层是常见现象，只有当强度相差过大时才有必要验算。因下卧层地基承载力与桩端持力层差异过小，土体的塑性挤出和失稳也不致出现。

2) 传递至桩端平面的荷载，按扣除实体基础外表面总极限侧阻力的3/4而非1/2总极限侧阻力。这是主要考虑荷载传递机理，在软弱下卧层进入临界状态前基桩侧阻平均值已接近于极限。

3) 桩端荷载扩散。持力层刚度愈大扩散角愈大，这是基本性状，这里所规定的压力扩散角与《建筑地基基础设计规范》GB 50007一致。

4) 软弱下卧层承载力只进行深度修正。这是因为下卧层受压区应力分布并非均匀，呈内大外小，不应作宽度修正；考虑到承台底面以上土已挖除且可能和土体脱空，因此修正深度从承台底部计算至软弱土层顶面。另外，既然是软弱下卧层，即多为软弱黏性土，故深度修正系数取1.0。

5.4.3 桩周负摩阻力对基桩承载力和沉降的影响，取决于桩周负摩阻力强度、桩的竖向承载类型，因此分三种情况验算。

1 对于摩擦型桩，由于受负摩阻力沉降增大，中性点随之上移，即负摩阻力、中性点与桩顶荷载处于动态平衡。作为一种简化，取假想中性点（按桩端持力层性质取值）以上摩阻力为零验算基桩承载力。

2 对于端承型桩，由于桩受负摩阻力后桩不发生沉降或沉降量很小，桩土无相对位移或相对位移很小，中性点无变化，故负摩阻力构成的下拉荷载应作为附加荷载考虑。

3 当土层分布不均匀或建筑物对不均匀沉降较敏感时，由于下拉荷载是附加荷载的一部分，故应将其计入附加荷载进行沉降验算。

5.4.4 本条说明关于负摩阻力及下拉荷载计算的相关内容。

1 负摩阻力计算

负摩阻力对基桩而言是一种主动作用。多数学者认为桩侧负摩阻力的大小与桩侧土的有效应力有关，不同负摩阻力计算式中也多反映有效应力因素。大量试验与工程实测结果表明，以负摩阻力有效应力法计算较接近于实际。因此本规范规定如下有效应力法为负摩阻力计算方法。

$$q_{ni} = k \cdot tg\varphi' \cdot \sigma'_i = \zeta_n \cdot \sigma'_i$$

式中　q_{ni}——第 i 层土桩侧负摩阻力；

k——土的侧压力系数；

φ'——土的有效内摩擦角；

σ'_i——第 i 层土的平均竖向有效应力；

ζ_n——负摩阻力系数。

ζ_n 与土的类别和状态有关，对于粗粒土，ζ_n 随土的粒度和密实度增加而增大；对于细粒土，则随土的塑性指数、孔隙比、饱和度增大而降低。综合有关文献的建议值和各类土中的测试结果，给出如本规范表5.4.4-1所列 ζ_n 值。由于竖向有效应力随上覆土层自重增大而增加，当 $q_{ni} = \zeta_n \cdot \sigma'_i$ 超过土的极限侧阻力 q_{sk} 时，负摩阻力不再增大。故当计算负摩阻力 q_{ni} 超过极限侧摩阻力时，取极限侧摩阻力值。

下面列举饱和软土中负摩阻力实测与按规范方法计算的比较（图20）。

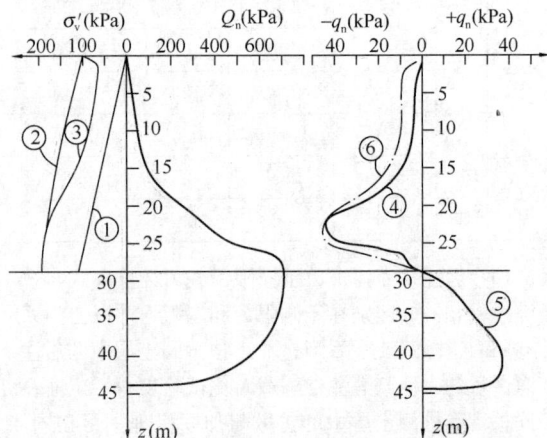

图20　采用有效应力法计算负摩阻力图

① 土的计算自重应力 $\sigma_c = \gamma_m z$，γ_m——土的浮重度加权平均值；

② 竖向应力 $\sigma_v = \sigma_z + \sigma_c$；

③ 竖向有效应力 $\sigma'_v = \sigma_v - u$，u——实测孔隙水压力；

④ 由实测桩身轴力 Q_n，求得的负摩阻力 $-q_n$；

⑤ 由实测桩身轴力 Q_n，求得的正摩阻力 $+q_n$；

⑥ 由实测孔隙水压力，按有效应力法计算的负摩阻力。

某电厂的贮煤场位于厚70～80m的第四系全新统海相地层上，上部为厚20～35m的低强度、高压缩性饱和软黏土。用底面积为35m×35m、高度为4.85m的土石堆载模拟煤堆荷载，堆载底面压力为99kPa，在堆载中心设置了一根入土44m的 ϕ610闭口钢管桩，桩端进入超固结黏土、粉质黏土和粉土层中。在钢管桩内采用应变计量测了桩身应变，从而得到桩身正、负摩阻力分布图、中性点位置；在桩周土中埋设了孔隙水压力计，测得地基中不同深度的孔隙水压力变化。

按本规范式（5.4.4-1）估算，得图20所示曲线。

由图中曲线比较可知，计算值与实测值相近。

2 关于中性点的确定

当桩穿越厚度为 l_0 的高压缩土层，桩端设置于较坚硬的持力层时，在桩的某一深度 l_n 以上，土的沉降大于桩的沉降，在该段桩长内，桩侧产生负摩阻力；l_n 深度以下的可压缩层内，土的沉降小于桩的沉降，土对桩产生正摩阻力，在 l_n 深度处，桩土相对位移为零，既没有负摩阻力，又没有正摩阻力，习惯上称该点为中性点。中性点截面桩身的轴力最大。

一般来说，中性点的位置，在初期多少是有变化的，它随着桩的沉降增加而向上移动，当沉降趋于稳定，中性点也将稳定在某一固定的深度 l_n 处。

工程实测表明，在高压缩性土层 l_0 的范围内，负摩阻力的作用长度，即中性点的稳定深度 l_n，是随桩端持力层的强度和刚度的增大而增加的，其深度比 l_n/l_0 的经验值列于本规范表 5.4.4-2 中。

3 关于负摩阻力的群桩效应的考虑

对于单桩基础，桩侧负摩阻力的总和即为下拉荷载。

对于桩距较小的群桩，其基桩的负摩阻力因群桩效应而降低。这是由于桩侧负摩阻力是由桩侧土体沉降而引起，若群桩中各桩表面单位面积所分担的土体重量小于单桩的负摩阻力极限值，将导致基桩负摩阻力降低，即显示群桩效应。计算群桩中基桩的下拉荷载时，应乘以群桩效应系数 $\eta_n < 1$。

本规范推荐按等效圆法计算其群桩效应，即独立单桩单位长度的负摩阻力由相应长度范围内半径 r_e 形成的土体重量与之等效，得

$$\pi d q_s^n = \left(\pi r_e^2 - \frac{\pi d^2}{4} \right) \gamma_m$$

解上式得

$$r_e = \sqrt{\frac{d q_s^n}{\gamma_m} + \frac{d^2}{4}}$$

式中　r_e ——等效圆半径（m）；
　　　d ——桩身直径（m）；
　　　q_s^n ——单桩平均极限负摩阻力标准值（kPa）；
　　　γ_m ——桩侧土体加权平均重度（kN/m³）；地下水位以下取浮重度。

以群桩各基桩中心为圆心，以 r_e 为半径做圆，由各圆的相交点作矩形。矩形面积 $A_r = s_{ax} \cdot s_{ay}$ 与圆

面积 $A_e = \pi r_e^2$ 之比，即为负摩阻力群桩效应系数。

$$\eta_n = A_r / A_e = \frac{s_{ax} \cdot s_{ay}}{\pi r_e^2} = s_{ax} \cdot s_{ay} / \pi d \left(\frac{q_s^n}{\gamma_m} + \frac{d}{4} \right)$$

式中　s_{ax}、s_{ay} ——分别为纵、横向桩的中心距。
　　　　$\eta_n \le 1$，当计算 $\eta_n > 1$ 时，取 $\eta_n = 1$。

5.4.5 桩基的抗拔承载力破坏可能呈单桩拔出或群桩整体拔出，即呈非整体破坏或整体破坏模式，对两种破坏的承载力均应进行验算。

5.4.6 本条说明关于群桩基础及其基桩的抗拔极限承载力的确定问题。

1 对于设计等级为甲、乙级建筑桩基应通过单桩现场上拔试验确定单桩抗拔极限承载力。群桩的抗拔极限承载力难以通过试验确定，故可通过计算确定。

2 对于设计等级为丙级建筑桩基可通过计算确定单桩抗拔极限承载力，但应进行工程桩抗拔静载试验检测。单桩抗拔极限承载力计算涉及如下三个问题：

　1) 单桩抗拔承载力计算分为两大类：一类为理论计算模式，以土的抗剪强度及侧压力系数为参数按不同破坏模式建立的计算公式；另一类是以抗拔桩试验资料为基础，采用抗压极限承载力计算模式乘以抗拔系数 λ 的经验性公式。前一类公式影响其剪切破坏面模式的因素较多，包括桩的长径比、有无扩底、成桩工艺、地层土性等，不确定因素多，计算较为复杂。为此，本规范采用后者。

　2) 关于抗拔系数 λ（抗拔极限承载力/抗压极限承载力）。

从表 10 所列部分单桩抗拔抗压极限承载力之比即抗拔系数 λ 看出，灌注桩高于预制桩，长桩高于短桩，黏性土高于砂土。本规范表 5.4.6-2 给出的 λ 是基于上述试验结果并参照有关规范给出的。

表 10　抗拔系数 λ 部分试验结果

资料来源	工艺	桩径 d（m）	桩长 l（m）	l/d	土质	λ
无锡国棉一厂	钻孔桩	0.6	20	33	黏性土	0.6～0.8
南通 200kV 泰刘线	反循环	0.45	12	26.7	粉土	0.9
南通 1979 年试验	反循环	—	9 12		黏性土 黏性土	0.79 0.98
四航局广州试验	预制桩			13～33	砂土	0.38～0.53
甘肃建研所	钻孔桩	—	—	—	天然黄土 饱和黄土	0.78 0.5
《港口工程桩基规范》（JTJ 254）	—	—			黏性土	0.8

3）对于扩底抗拔桩的抗拔承载力。扩底桩的抗拔承载力破坏模式，随土的内摩擦角大小而变，内摩擦角大，受扩底影响的破坏柱体愈长。桩底以上长度约4～10d范围内，破裂柱体直径增大至扩底直径D；超过该范围以上部分，破裂面缩小至桩土界面。按此模型给出扩底抗拔承载力计算周长u_i，如本规范表5.4.6-1。

5.5 桩基沉降计算

5.5.6～5.5.9 桩距小于和等于6倍桩径的群桩基础，在工作荷载下的沉降计算方法，目前有两大类。一类是按实体深基础计算模型，采用弹性半空间表面荷载下Boussinesq应力解计算附加应力，用分层总和法计算沉降；另一类是以半无限弹性体内部集中力作用下的Mindlin解为基础计算沉降。后者主要分为两种，一种是Poulos提出的相互作用因子法；第二种是Geddes对Mindlin公式积分而导出集中力作用于弹性半空间内部的应力解，按叠加原理，求得群桩桩端平面下各单桩附加应力和，按分层总和法计算群桩沉降。

上述方法存在如下缺陷：①实体深基础法，其附加应力按Boussinesq解计算与实际不符（计算应力偏大），且实体深基础模型不能反映桩的长径比、距径比等的影响；②相互作用因子法不能反映压缩层范围内土的成层性；③Geddes应力叠加—分层总和法对于大桩群不能手算，且要求假定侧阻力分布，并给出桩端荷载分担比。针对以上问题，本规范给出等效作用分层总和法。

1 运用弹性半无限体内作用力的Mindlin位移解，基于桩、土位移协调条件，略去桩身弹性压缩，给出匀质土中不同距径比、长径比、桩数、基础长宽比条件下刚性承台群桩的沉降数值解：

$$w_M = \frac{\overline{Q}}{E_s d} \overline{w}_M \tag{1}$$

式中 $\overline{Q}$——群桩中各桩的平均荷载；

E_s——均质土的压缩模量；

d——桩径；

$\overline{w}_M$——Mindlin解群桩沉降系数，随群桩的距径比、长径比、桩数、基础长宽比而变。

2 运用弹性半无限体表面均布荷载下的Boussinesq解，不计实体深基础侧阻力和应力扩散，求得实体深基础的沉降：

$$w_B = \frac{P}{a E_s} \overline{w}_B \tag{2}$$

式中 $\overline{w}_B = \frac{1}{4\pi}$

$$\left[\ln \frac{\sqrt{1+m^2}+m}{\sqrt{1+m^2}-m} + m\ln \frac{\sqrt{1+m^2}+1}{\sqrt{1+m^2}-1} \right] \tag{3}$$

m——矩形基础的长宽比；$m = a/b$；

P——矩形基础上的均布荷载之和。

由于数据过多，为便于分析应用，当$m \leqslant 15$时，式（3）经统计分析后简化为

$$\overline{w}_B = (m+0.6336)/(1.1951m+4.6275) \tag{4}$$

由此引起的误差在2.1%以内。

3 两种沉降解之比：

相同基础平面尺寸条件下，对于按不同几何参数刚性承台群桩Mindlin位移解沉降计算值w_M与不考虑群桩侧面剪应力和应力不扩散实体深基础Boussinesq解沉降计算值w_B二者之比为等效沉降系数ψ_e。按实体深基础Boussinesq解分层总和法计算沉降w_B，乘以等效沉降系数ψ_e，实质上纳入了按Mindlin位移解计算桩基础沉降时，附加应力及桩群几何参数的影响，称此为等效作用分层总和法。

$$\psi_e = \frac{w_M}{w_B} = \frac{\dfrac{\overline{Q}}{E_s \cdot d} \cdot \overline{w}_M}{\dfrac{n_a \cdot n_b \cdot \overline{Q} \cdot \overline{w}_B}{a \cdot E_s}}$$

$$= \frac{\overline{w}_M}{\overline{w}_B} \cdot \frac{a}{n_a \cdot n_b \cdot d} \tag{5}$$

式中 n_a、n_b——分别为矩形桩基础长边布桩数和短边布桩数。

为应用方便，将按不同距径比$s_a/d = 2、3、4、5、6$，长径比$l/d = 5、10、15 \cdots 100$，总桩数$n = 4 \cdots 600$，各种布桩形式（$n_a/n_b = 1、2、\cdots 10$），桩基承台长宽比$L_c/B_c = 1、2 \cdots 10$，对式（5）计算出的ψ_e进行回归分析，得到本规范式（5.5.9-1）。

4 等效作用分层总和法桩基最终沉降量计算式

$$s = \psi \cdot \psi_e \cdot s'$$

$$= \psi \cdot \psi_e \cdot \sum_{j=1}^{m} p_{0j} \sum_{i=1}^{n} \frac{z_{ij} \, \overline{\alpha}_{ij} - z_{(i-1)j} \, \overline{\alpha}_{(i-1)j}}{E_{si}} \tag{6}$$

沉降计算公式与习惯使用的等代实体深基础分层总和法基本相同，仅增加一个等效沉降系数ψ_e。其中要注意的是：等效作用面位于桩端平面，等效作用面积为桩基承台投影面积，等效作用附加压力取承台底附加压力，等效作用面以下（等代实体深基底以下）的应力分布按弹性半空间Boussinesq解确定，应力系数为角点下平均附加应力系数$\overline{\alpha}$。各分层沉降量$\Delta s'_i = p_0 \dfrac{z_i \, \overline{\alpha}_i - z_{(i-1)} \, \overline{\alpha}_{(i-1)}}{E_{si}}$，其中$z_i$、$z_{(i-1)}$为有效作用面至$i$、$i-1$层层底的深度；$\overline{\alpha}_i$、$\overline{\alpha}_{(i-1)}$为按计算分块长宽比$a/b$及深宽比$z_i/b$、$z_{(i-1)}/b$，由附录D确定。$p_0$为承台底面荷载效应准永久组合附加压力，将其作用于桩端等效作用面。

5.5.11 本条说明关于桩基沉降计算经验系数ψ。本次规范修编时，收集了软土地区的上海、天津，一般第四纪土地区的北京、沈阳，黄土地区的西安等共计150份已建桩基工程的沉降观测资料，得出实测沉降与计算沉降之比ψ与沉降计算深度范围内压缩模量当

量值 $\overline{E_s}$ 的关系如图 21 所示，同时给出 ψ 值列于本规范表 5.5.11。

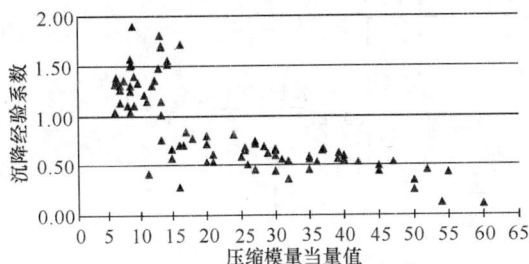

图 21　沉降经验系数 ψ 与压缩模
量当量值 $\overline{E_s}$ 的关系

关于预制桩沉桩挤土效应对桩基沉降的影响问题。根据收集到的上海、天津、温州地区预制桩和灌注桩基础沉降观测资料共计 110 份，将实测最终沉降量与桩长关系散点图分别表示于图 22（a）、（b）、（c）。图 22 反映出一个共同规律：预制桩基础的最终沉降量显著大于灌注桩基础的最终沉降量，桩长愈

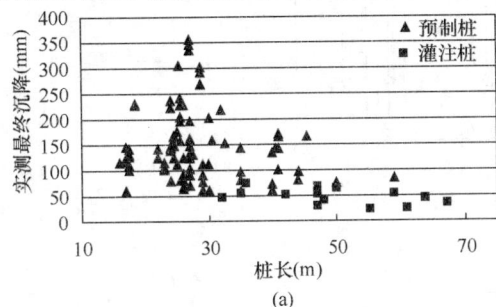

(a)

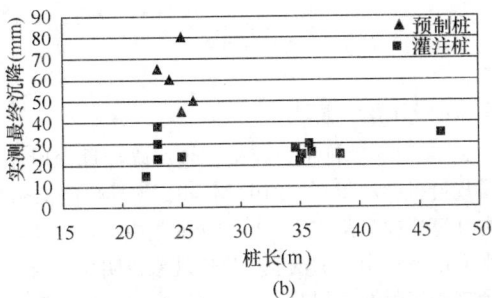

(b)

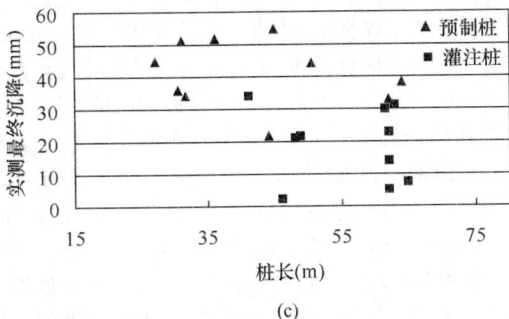

(c)

图 22　预制桩基础与灌注桩基础实测
沉降量与桩长关系

（a）上海地区；（b）天津地区；（c）温州地区

小，其差异愈大。这一现象反映出预制桩因挤土沉桩产生桩土上涌导致沉降增大的负面效应。由于三个地区地层条件存在差异，桩端持力层、桩长、桩距、沉桩工艺流程等因素变化，使得预制桩挤土效应不同。为使计算沉降更符合实际，建立以灌注桩基础实测沉降与计算沉降之比 ψ 随桩端压缩层范围内模量当量值 $\overline{E_s}$ 而变的经验值，对于饱和土中未经复打、复压、引孔沉桩的预制桩基础按本规范表 5.5.11 所列值再乘以挤土效应系数 1.3～1.8，对于桩数多、桩距小、沉桩速率快、土体渗透性低的情况，挤土效应系数取大值；对于后注浆灌注桩则乘以 0.7～0.8 折减系数。

5.5.14　本条说明关于单桩、单排桩、疏桩（桩距大于 $6d$）基础的最终沉降量计算。工程实际中，采用一柱一桩或一柱两桩、单排桩、桩距大于 $6d$ 的疏桩基础并非罕见。如：按变刚度调平设计的框架-核心筒结构工程中，刚度相对弱化的外围桩基，柱下布 1～3 桩者居多；剪力墙结构，常采取墙下布桩（单排桩）；框架和排架结构建筑桩基按一柱一桩或一柱二桩布置也不少。有的设计考虑承台分担荷载，即设计为复合桩基，此时承台多数为平板式或梁板式筏形承台；另一种情况是仅在柱、墙下单独设置承台，或即使设计为满堂筏形承台，由于承台底土层为软土、欠固结土、可液化、湿陷性土等原因，承台不分担荷载，或因使用要求，变形控制严格，只能考虑桩的承载作用。首先，就桩数、桩距等而言，这类桩基不能应用等效作用分层总和法，需要另行给出沉降计算方法。其次，对于复合桩基和普通桩基的计算模式应予区分。

单桩、单排桩、疏桩复合桩基沉降计算模式是基于新推导的 Mindlin 解计入桩径影响公式计算桩的附加应力，以 Boussinesq 解计算承台底压力引起的附加应力，将二者叠加按分层总和法计算沉降，计算式为本规范式（5.5.14-1）～式（5.5.14-5）。

计算时应注意，沉降计算点取底层柱、墙中心点，应力计算点应取与沉降计算点最近的桩中心点，见图 23。当沉降计算点与应力计算点不重合时，二者的沉降并不相等，但由于承台刚度的作用，在工程实践的意义上，近似取二者相同。本规范中，应力计算点的沉降包含桩端以下土层的压缩和桩身压缩，桩端以下土层的压缩应按桩端以下轴线处的附加应力计算（桩身以外土中附加应力远小于轴线处）。

承台底压力引起的沉降实际上包含两部分，一部分为回弹再压缩变形，另一部分为超出土自重部分的附加压力引起的变形。对于前者的计算较为复杂，一是回弹再压缩量对于整个基础而言分布是不均的，坑中央最大，坑边缘最小；二是再压缩层深度及其分布难以确定。若将此二部分压缩变形分别计算，目前尚难解决。故计算时近似将全部承台底压力等效为附加压力计算沉降。

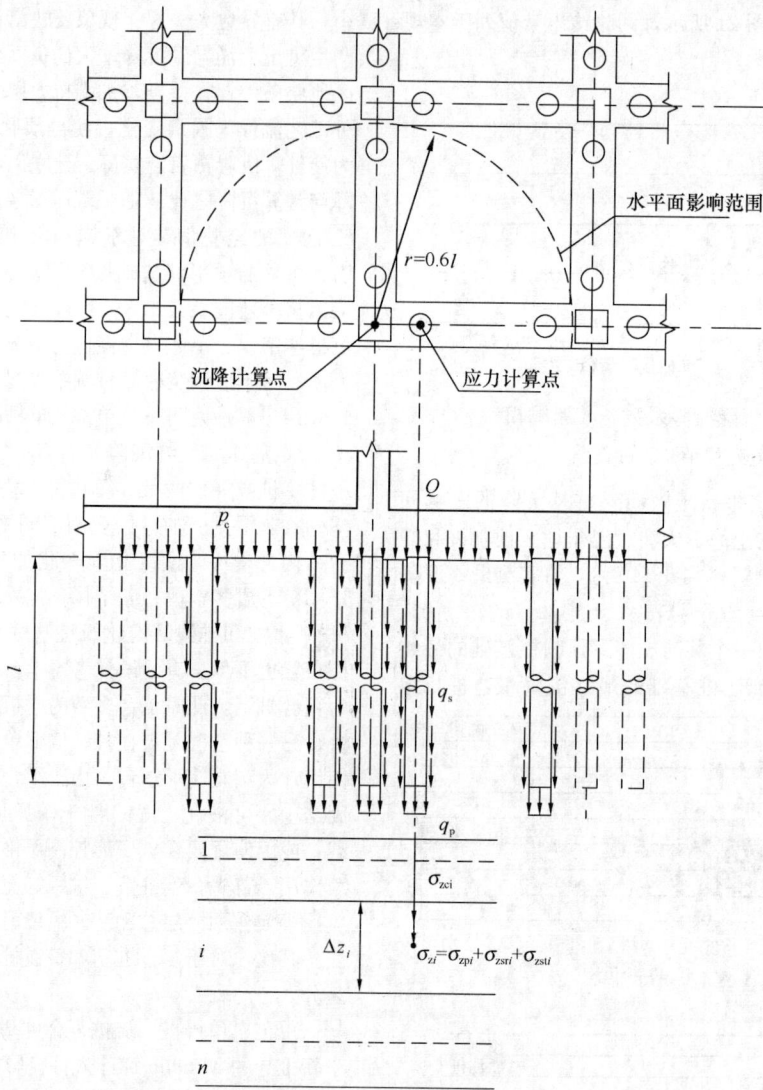

图 23 单桩、单排桩、疏桩基础沉降计算示意图

这里应着重说明三点：一是考虑单排桩、疏桩基础在基坑开挖（软土地区往往是先成桩后开挖；非软土地区，则是开挖一定深度后再成桩）时，桩对土体的回弹约束效应小，故应将回弹再压缩计入沉降量；二是当基坑深度小于 5m 时，回弹量很小，可忽略不计；三是中、小桩距桩基的桩对于土体回弹的约束效应导致回弹量减小，故其回弹再压缩可予忽略。

计算复合桩基沉降时，假定承台底附加压力为均布，$p_c = \eta_c f_{ak}$，η_c 按 $s_a > 6d$ 取值，f_{ak} 为地基承载力特征值，对全承台分块按式（5.5.14-5）计算桩端平面以下土层的应力 σ_{zci}，与基桩产生的应力 σ_{zi} 叠加，按本规范式（5.5.14-4）计算最终沉降量。若核心筒桩群在计算点 0.6 倍桩长范围以内，应考虑其影响。

单桩、单排桩、疏桩常规桩基，取承台压力 $p_c = 0$，即按本规范式（5.5.14-1）进行沉降计算。

这里应着重说明上述计算式有关的五个问题：

1 单桩、单排桩、疏桩桩基沉降计算深度相对于常规群桩要小得多，而由 Mindlin 解导出得 Geddes 应力计算式模型是作用于桩轴线的集中力，因而其桩端平面以下一定范围内应力集中现象极明显，与一定直径桩的实际性状相差甚大，远远超出土的强度，用于计算压缩层厚度很小的桩基沉降显然不妥。Geddes 应力系数与考虑桩径的 Mindlin 应力系数相比，其差异变化的特点是：愈近桩端差异愈大，桩端下 $l/10$ 处二者趋向接近；桩的长径比愈小差异愈大，如 $l/d = 10$ 时，桩端以下 $0.008\,l$ 处，Geddes 解端阻产生的竖向应力为考虑桩径的 44 倍，侧阻（按均布）产生的竖向应力为考虑桩径的 8 倍。而单桩、单排桩、疏桩的桩端以下压缩层又较小，由此带来的误差过大。故对 Mindlin 应力解考虑桩径因素求解，桩端、桩侧阻力的分布如附录 F 图 F.0.2 所示。为便于使用，求得基桩长径比 $l/d = 10,15,20,25,30,40 \sim 100$ 的应力系数 I_p、I_{sr}、I_{st} 列于附录 F。

2 关于土的泊松比 ν 的取值。土的泊松比 $\nu = 0.25 \sim 0.42$；鉴于对计算结果不敏感，故统一取 $\nu = 0.35$ 计算应力系数。

3 关于相邻基桩的水平面影响范围。对于相邻基桩荷载对计算点竖向应力的影响，以水平距离 $\rho = 0.6l$（l 为计算点桩长）范围内的桩为限，即取最大 $n = \rho/l = 0.6$。

4 沉降计算经验系数 ψ。这里仅对收集到的部分单桩、双桩、单排桩的试验资料进行计算。若无当地经验，取 $\psi = 1.0$。对部分单桩、单排桩沉降进行计算与实测的对比，列于表 11。

5 关于桩身压缩。由表 11 单桩、单排桩计算与实测沉降比较可见，桩身压缩比 s_e/s 随桩的长径比 l/d 增大和桩端持力层刚度增大而增加。如 CCTV 新

台址桩基，长径比 l/d 为 43 和 28，桩端持力层为卵砾、中粗砂层，$E_s \geqslant 100\text{MPa}$，桩身压缩分别为 22mm，$s_e/s = 88\%$；14.4mm，$s_e/s = 59\%$。因此，本规范第 5.5.14 条规定应计入桩身压缩。这是基于单桩、单排桩总沉降量较小，桩身压缩比例超过 50%，若忽略桩身压缩，则引起的误差过大。

6 桩身弹性压缩的计算。基于桩身材料的弹性假定及桩侧阻力呈矩形、三角形分布，由下式可简化计算桩身弹性压缩量：

$$s_e = \frac{1}{AE_p} \int_0^l \left[Q_0 - \pi d \int_0^z q_s(z)\mathrm{d}z \right]\mathrm{d}z = \xi_e \frac{Q_0 l}{AE_p}$$

对于端承型桩，$\xi_e = 1.0$；对于摩擦型桩，随桩侧阻力份额增加和桩长增加，ξ_e 减小；$\xi_e = 1/2 \sim 2/3$。

表 11　单桩、单排桩计算与实测沉降对比

项　　目		桩顶特征荷载（kN）	桩长/桩径（m）	压缩模量（MPa）	计算沉降（mm）			实测沉降（mm）	$S_{实测}$/$S_{计}$	备注
					桩端土压缩（mm）	桩身压缩（mm）	预估总沉降量（mm）			
长青大厦	4#	2400	17.8/0.8	100	0.8	1.4	2.2	1.76	0.80	—
	3#	5600			2.9	3.4	6.3	5.60	0.89	—
	2#	4800			2.3	2.9	5.2	5.66	1.09	—
	1#	4000			1.8	2.4	4.2	4.93	1.17	—
		2400			0.9	1.5	2.4	3.04	1.27	—
皇冠大厦	465#	6000	15/0.8	100	3.6	2.8	6.4	4.74	0.74	
	467#	5000			2.9	2.3	5.2	4.55	0.88	
北京SOHO	S1	8000	29.5/1.0	70	2.8	4.7	7.5	13.30	1.77	
	S2	6500	29.5/0.8		3.8	6.5	10.3	9.88	0.96	
	S3	8000	29.5/1.0		2.8	4.7	7.5	9.61	1.28	
洛口试桩①	D-8	316	4.5/0.25	8	16.0			20	1.25	
	G-19	280	4.5/0.25		28.7			23.9	0.83	
	G-24	201.7	4.5/0.25		28.0			30	1.07	
北京电视中心	S1	7200	27/1.0	70	2.6	3.9	6.5	7.41	1.14	—
	S2	7200	27/1.0		2.6	3.9	6.5	9.59	1.48	—
	S3	7200	27/1.0		2.6	3.9	6.5	6.48	1.00	—
	S4	5600	27/0.8		2.5	4.8	7.3	8.84	1.21	—
	S5	5600	27/0.8		2.5	4.8	7.3	7.82	1.07	—
	S6	5600	27/0.8		2.5	4.8	7.3	8.18	1.12	—
北京银泰中心	A-S1	9600	30/1.1	70	2.9	4.5	7.4	3.99	0.54	—
	A-S1-1	6800			1.6	3.2	4.8	2.59	0.54	—
	A-S1-2	6800			1.6	3.2	4.8	3.16	0.66	—
	B-S3	9600			2.9	4.5	7.4	3.87	0.52	—
	B1-14	5100			1.0	2.4	3.4	1.53	0.45	—
	B-S1-2	5100			1.0	2.4	3.4	1.96	0.58	—

项	目	桩顶特征荷载 (kN)	桩长/桩径 (m)	压缩模量 (MPa)	计算沉降（mm）			实测沉降 (mm)	$S_{实测}/S_{计}$	备注
					桩端土压缩 (mm)	桩身压缩 (mm)	预估总沉降量 (mm)			
北京银泰中心	C-S2	9600			2.9	4.5	7.4	4.28	0.58	—
	C-S1-1	5100	30/1.1	70	1.0	2.4	3.4	3.09	0.91	—
	C-S1-2	5100			1.0	2.4	3.4	2.85	0.84	—
CCTV[②]	TP-A1	33000	51.7/1.2	120	3.3	22.5	25.8	21.78	0.85	1.98
	TP-A2	30250	51.7/1.2		2.5	20.6	23.1	21.44	0.93	5.22
	TP-A3	33000	53.4/1.2		3.0	23.2	26.2	18.78	0.72	1.78
	TP-B1	33000	33.4/1.2	100	10.0	14.5	24.5	20.92	0.85	5.38
	TP-B2	33000	33.4/1.2		10.0	14.5	24.5	14.50	0.59	3.79
	TP-B3	35000	33.4/1.2		11.0	15.4	26.4	21.80	0.83	3.32

注：① 洛口试桩为单排桩（分别是单排 2 桩、4 桩、6 桩），采用桩顶极限荷载。

② CCTV 试桩备注栏为实测桩端沉降，采用桩顶极限荷载。

5.5.15 上述单桩、单排桩、疏桩基础及其复合桩基的沉降计算深度均采用应力比法，即按 $\sigma_z + \sigma_{zc} = 0.2\sigma_c$ 确定。

关于单桩、单排桩、疏桩复合桩基沉降计算方法的可靠性问题。从表 11 单桩、单排桩静载试验实测与计算比较来看，还是具有较大可靠性。采用考虑桩径因素的 Mindlin 解进行单桩应力计算，较之 Geddes 集中应力公式应该说是前进了一大步。其缺陷与其他手算方法一样，不能考虑承台整体和上部结构刚度调整沉降的作用。因此，这种手算方法主要用于初步设计阶段，最终应采用上部结构—承台—桩土共同作用

有限元方法进行分析。

为说明本规范第 3.1.8 条变刚度调平设计要点及本规范第 5.5.14 条疏桩复合桩基沉降计算过程，以某框架-核心筒结构为例，叙述如下。

1 概念设计

1）桩型、桩径、桩长、桩距、桩端持力层、单桩承载力

该办公楼由地上 36 层、地下 7 层与周围地下 7 层车库连成一体，基础埋深 26m。框架-核心筒结构。建筑标准层平面图见图 24，立面图见图 25，主体高度 156m。拟建场地地层柱状土如图 26 所示，第⑨层

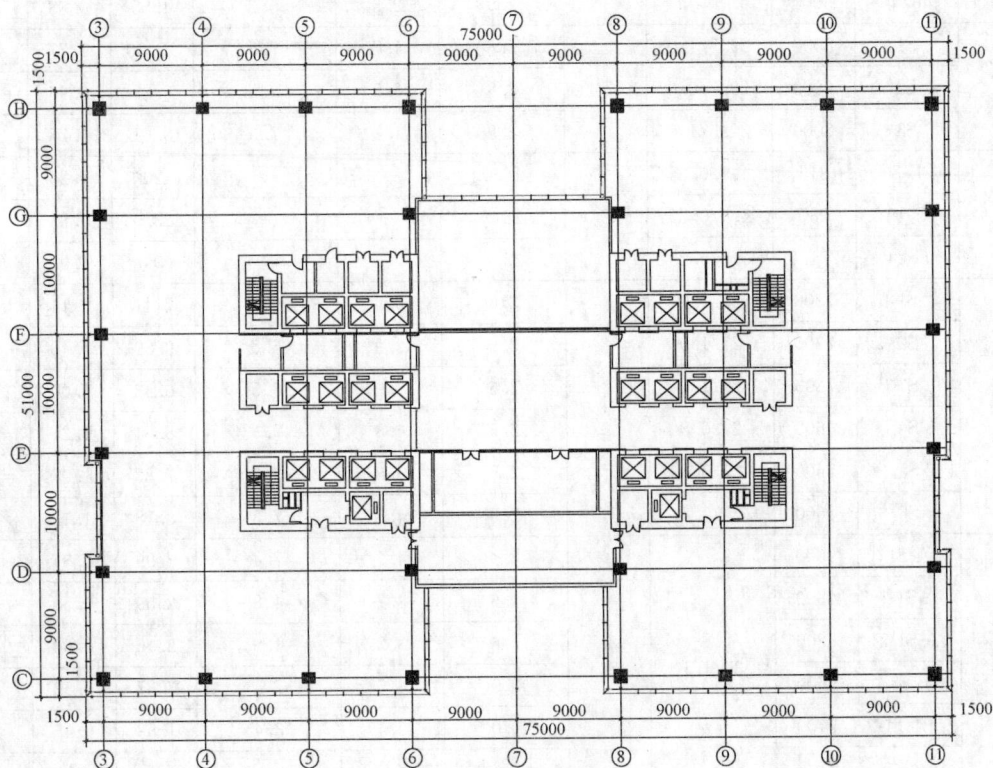

图 24 标准层平面图

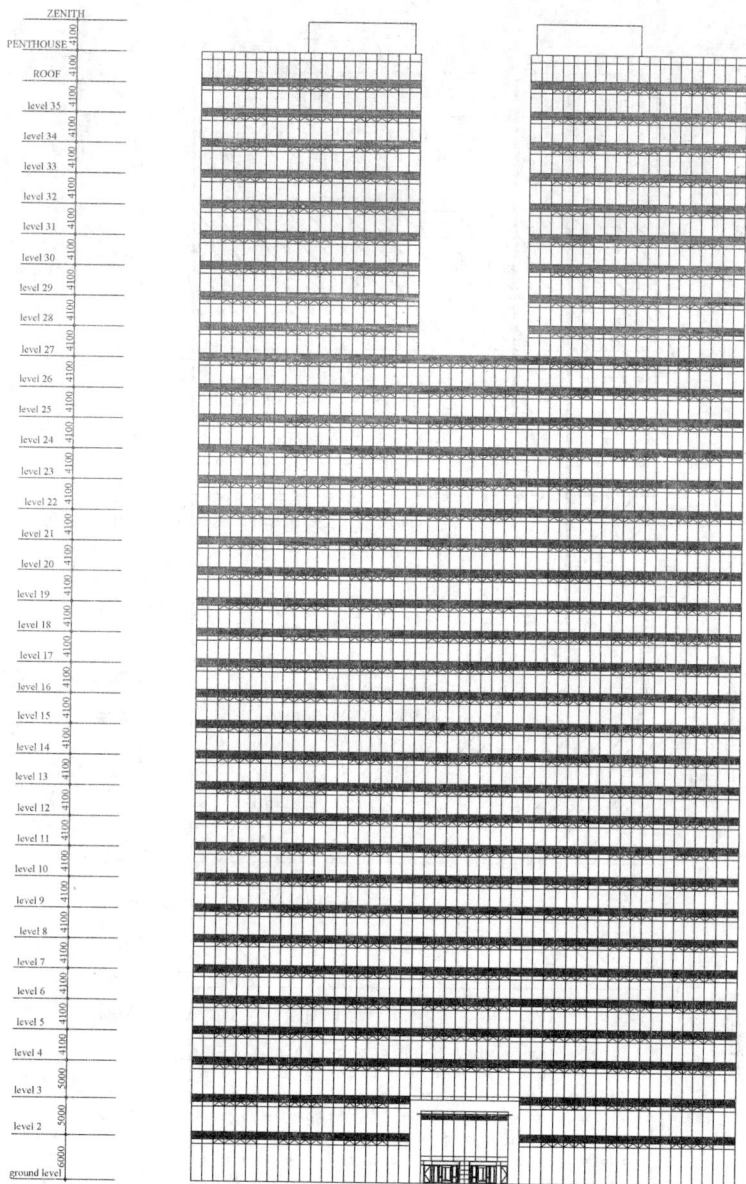

图 25 立面图

为卵石—圆砾，第⑬层为细—中砂，是桩基础良好持力层。采用后注浆灌注桩桩筏基础，设计桩径1000mm。按强化核心筒桩基的竖向支承刚度、相对弱化外围框架柱桩基竖向支承刚度的总体思路，核心筒采用常规桩基，桩长25m，外围框架采用复合桩基，桩长15m。核心筒桩端持力层选为第⑬层细—中砂，单桩承载力特征值 $R_a = 9500kN$，桩距 $s_a = 3d$；外围边框架柱采用复合桩基础，荷载由桩土共同承担，单桩承载力特征值 $R_a = 7000kN$。

2）承台结构形式

由于变刚度调平布桩起到减小承台筏板整体弯距和冲切力的作用，板厚可减少。核心筒承台采用平板式，厚度 $h_1 = 2200mm$；外围框架采用梁板式筏板承台，梁截面 $b_b \times h_b = 2000mm \times 2200mm$，板厚 $h_2 = $

1600mm。与主体相连裙房（含地下室）采用天然地基，梁板式片筏基础。

2 基桩承载力计算与布桩

1）核心筒

荷载效应标准组合（含承台自重）：$N_{ck} = 843592kN$；

基桩承载力特征值 $R_a = 9500kN$，每个核心筒布桩90根，并使桩反力合力点与荷载重心接近重合。偏心距如下：

左核心筒荷载偏心距离：$\Delta X = -0.04m$；$\Delta Y = 0.26m$

右核心筒荷载偏心距离：$\Delta X = 0.04m$；$\Delta Y = 0.15m$

$9500kN \times 90 = 855000kN > 843592kN$

2）外围边框架柱

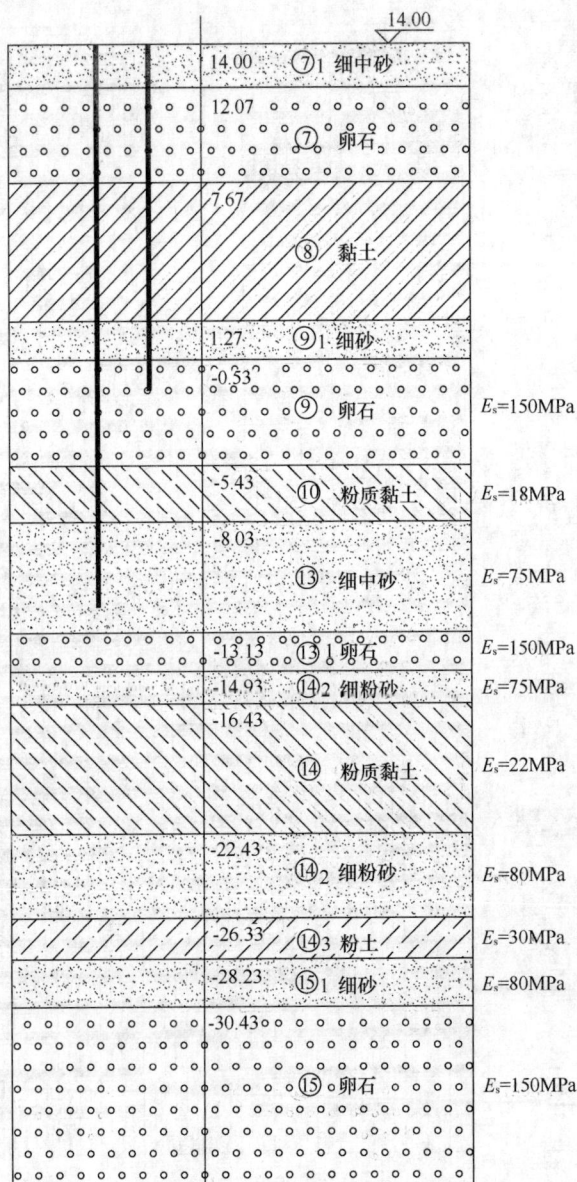

图 26　场地地层柱状土

选荷载最大的框架柱进行验算，柱下布桩 3 根。桩底荷载标准值 $F_k = 36025$kN，

单根复合基桩承台面积 $A_c = (9 \times 7.5 - 2.36)/3 = 21.7$m^2

承台梁自重　$G_{kb} = 2.0 \times 2.2 \times 14.5 \times 25 = 1595$kN

承台板自重　$G_{ks} = 5.5 \times 3.5 \times 2 \times 1.6 \times 25 = 1540$kN

承台上土重　$G = 5.5 \times 3.5 \times 2 \times 0.6 \times 18 = 415.8$kN

总重　$G_k = 1595 + 1540 + 415.8 = 3550.8$kN

承台效应系数 η_c 取 0.7，地基承载力特征值 $f_{ak} = 350$kPa

复合基桩承载力特征值

$R = R_a + \eta_c f_{ak} A_c = 7000 + 0.7 \times 350 \times 21.7 = 12317$kN

复合基桩荷载标准值

$(F_k + G_k)/3 = 13192$kN，超出承载力 6.6%。考虑到以下二个因素，一是所验算柱为荷载最大者，这种荷载与承载力的局部差异通过上部结构和承台的共同作用得到调整；二是按变刚度调平原则，外框架桩基刚度宜适当弱化。故外框架柱桩基满足设计要求。桩基础平面布置图见图 27。

3　沉降计算

1）核心筒沉降采用等效作用分层总和法计算

附加压力 $p_0 = 680$kPa，$L_c = 32$m，$B_c = 21.5$m，$n = 90$，$d = 1.0$m，$l = 25$m；

$$n_b = \sqrt{n \cdot B_c/L_c} = 7.75，\quad l/d = 25，\quad s_a/d = 3$$

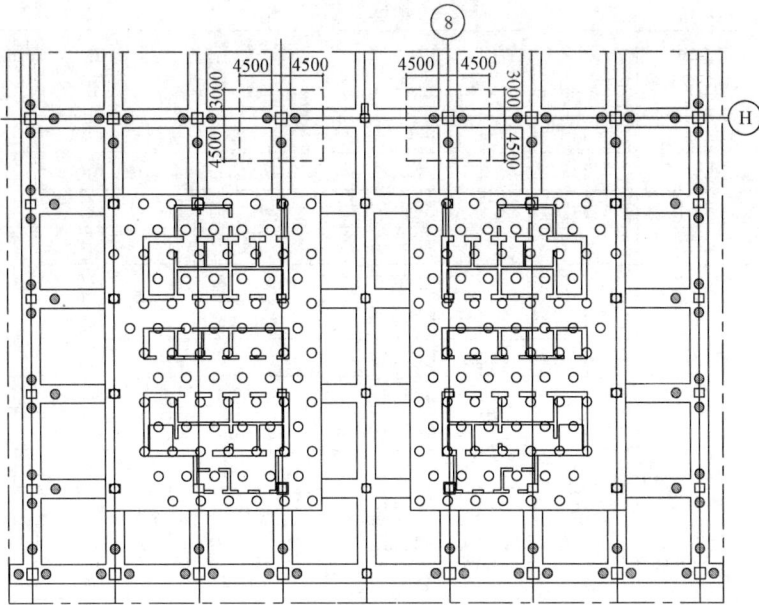

图 27 桩基础及承台布置图

由附录 E 得：

$L_c/B_c = 1$，$l/d = 25$ 时，$C_0 = 0.063$，$C_1 = 1.500$，$C_2 = 7.822$

$L_c/B_c = 2$，$l/d = 25$ 时，$C_0 = 0.118$，$C_1 = 1.565$，$C_2 = 6.826$

$$\psi_{e1} = C_0 + \frac{n_b - 1}{C_1 (n_b - 1) + C_2} = 0.44，\psi_{e2} = 0.50，$$

插值得：$\psi_e = 0.47$

外围框架柱桩基对核心筒桩端以下应力的影响，按本规范第 5.5.14 条计算其对核心筒计算点桩端平面以下的应力影响，进行叠加，按单向压缩分层总和法计算核心筒沉降。

沉降计算深度由 $\sigma_z = 0.2\sigma_c$ 得：$z_n = 20m$

压缩模量当量值：$\overline{E_s} = 35MPa$

由本规范第 5.5.11 条得：$\psi = 0.5$；采用后注浆施工工艺乘以 0.7 折减系数

由本规范第 5.5.7 条及第 5.5.12 条得：$s' = 272mm$

最终沉降量：

$$s = \psi \cdot \psi_e \cdot s' = 0.5 \times 0.7 \times 0.47 \times 272mm = 45mm$$

2） 边框架复合桩基沉降计算，采用复合应力分层总和法，即按本规范式（5.5.14-4）

计算范围见图 28，计算参数及结果列于表 12。

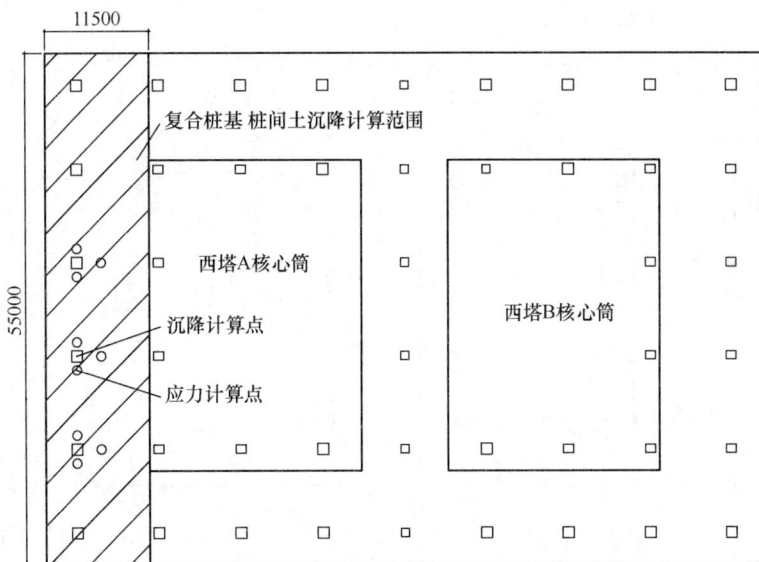

图 28 复合桩基沉降计算范围及计算点示意图

表 12 框架柱沉降

σ / z/l	σ_{zi} (kPa)	σ_{zci} (kPa)	$\sum\sigma$ (kPa)	$0.2\sigma_{ci}$ (kPa)	E_s (MPa)	分层沉降 (mm)
1.004	1319.87	118.65	1438.52	168.25	150	0.62
1.008	1279.44	118.21	1397.65	168.51	150	0.60
1.012	1227.14	117.77	1344.91	168.76	150	0.58
1.016	1162.57	117.34	1279.91	169.02	150	0.55
1.020	1088.67	116.91	1205.58	169.28	150	0.52
1.024	1009.80	116.48	1126.28	169.53	150	0.49
1.028	930.21	116.06	1046.27	169.79	150	0.46
1.040	714.80	114.80	829.60	170.56	150	1.09
1.060	473.19	112.74	585.93	171.84	150	1.30
1.080	339.68	110.73	450.41	173.12	150	1.01
1.100	263.05	108.78	371.83	174.4	150	0.85
1.120	215.47	106.87	322.34	175.68	150	0.75
1.14	183.49	105.02	288.51	176.96	150	0.68
1.16	160.24	103.21	263.45	178.24	150	0.62
1.18	142.34	101.44	243.78	179.52	150	0.58
1.2	127.88	99.72	227.60	180.80	150	0.55
1.3	82.14	91.72	173.86	187.20	18	18.30
1.4	57.63	84.61	142.24	193.60	—	—
最终沉降量（mm）					30	

注：z 为承台底至应力计算点的竖向距离。

沉降计算荷载应考虑回弹再压缩，采用准永久荷载效应组合的总荷载为等效附加荷载；桩顶荷载取 $Q=7000$kN；

承台土压力，近似取 $p_{ck}=\eta_c f_{ak}=245$kPa；

用应力比法得计算深度：$z_n=6.0$m，桩身压缩量 $s_e=2$mm。

最终沉降量，$s=\psi \cdot s' + s_e = 0.7 \times 30.0 + 2.0 = 23$mm（采用后注浆乘以 0.7 折减系数）。

上述沉降计算只计入相邻基桩对桩端平面以下应力的影响，未考虑筏板整体刚度和上部结构刚度对调整差异沉降的贡献，故实际差异沉降比上述计算值要小。

4 按上部结构刚度—承台—桩土相互作用有限元法计算沉降。按共同作用有限元分析程序计算所得沉降等值线如图 29 所示。从中看出，最大沉降为 40mm，最大差异沉降 $\Delta s_{max}=0.0005L_0$，仅为规范允许值的 1/4。

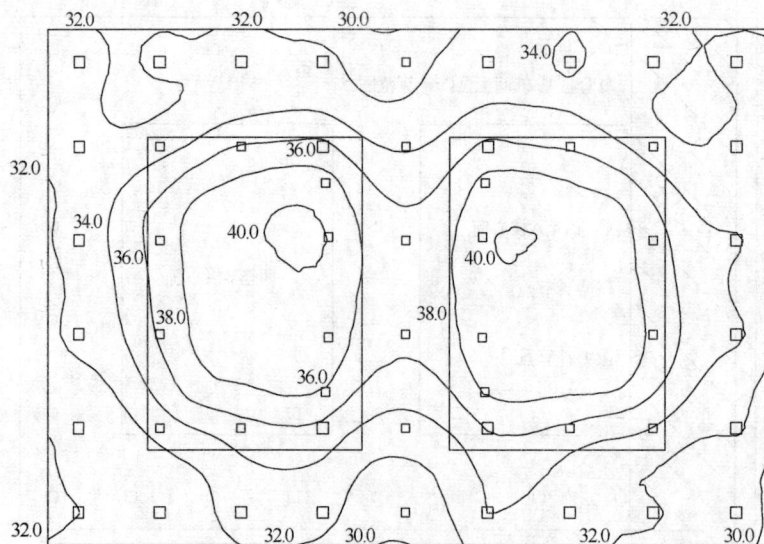

图 29 共同作用分析沉降等值线

5.6 软土地基减沉复合疏桩基础

5.6.1 软土地基减沉复合疏桩基础的设计应遵循两个原则，一是桩和桩间土在受荷变形过程中始终确保两者共同分担荷载，因此单桩承载力宜控制在较小范围，桩的横截面尺寸一般宜选择 $\phi 200 \sim \phi 400$（或 200mm×200mm～300mm×300mm），桩应穿越上部软土层，桩端支承于相对较硬土层；二是桩距 $s_a > (5 \sim 6)d$，以确保桩间土的荷载分担比足够大。

减沉复合疏桩基础承台型式可采用两种，一种是筏式承台，多用于承载力小于荷载要求和建筑物对差异沉降控制较严或带有地下室的情况；另一种是条形承台，但承台面积系数（承台与首层面积相比）较大，多用于无地下室的多层住宅。

桩数除满足承载力要求外，尚应经沉降计算最终确定。

5.6.2 本条说明减沉复合疏桩基础的沉降计算。

对于复合疏桩基础而言，与常规桩基相比其沉降性状有两个特点。一是桩的沉降发生塑性刺入的可能性大，在受荷变形过程中桩、土分担荷载比随土体固结而使其在一定范围变动，随固结变形逐渐完成而趋于稳定。二是桩间土体的压缩固结受承台压力作用为主，受桩、土相互作用影响居次。由于承台底面桩、土的沉降是相等的，桩基的沉降既可通过计算桩的沉降，也可通过计算桩间土沉降实现。桩的沉降包含桩端平面以下土的压缩和塑性刺入（忽略桩的弹性压缩），同时应考虑承台土反力对桩沉降的影响。桩间土的沉降包含承台底土的压缩和桩对土的影响。为了回避桩端塑性刺入这一难以计算的问题，本规范采取计算桩间土沉降的方法。

基础平面中点最终沉降计算式为：$s = \psi(s_s + s_{sp})$。

1 承台底地基土附加应力作用下的压缩变形沉降 s_s。按 Boussinesq 解计算土中的附加应力，按单向压缩分层总和法计算沉降，与常规浅基沉降计算模式相同。

关于承台底附加压力 p_0，考虑到桩的刺入变形导致承台分担荷载量增大，故计算 p_0 时乘以刺入变形影响系数，对于黏性土 $\eta_p = 1.30$，粉土 $\eta_p = 1.15$，砂土 $\eta_p = 1.0$。

2 关于桩对土影响的沉降增加值 s_{sp}。桩侧阻力引起桩周土的沉降，按桩侧剪切位移传递法计算，桩侧土离桩中心任一点 r 的竖向位移为：

$$w_r = \frac{\tau_0 r_0}{G_s} \int_r^{r_m} \frac{dr}{r} = \frac{\tau_0 r_0}{G_s} \ln \frac{r_m}{r} \qquad (7)$$

减沉桩桩端阻力比例较小，端阻力对承台底地基土位移的影响也较小，予以忽略。

式（7）中，τ_0 为桩侧阻力平均值；r_0 为桩半径；G_s 为土的剪切模量，$G_s = E_0 / 2(1+\nu)$，ν 为泊松比，软土取 $\nu = 0.4$；E_0 为土的变形模量，其理论关系式 $E_0 = 1 - \dfrac{2\nu^2}{(1-\nu)} E_s \approx 0.5 E_s$，$E_s$ 为土的压缩模量；软土桩侧土剪切位移最大半径 r_m，软土地区取 $r_m = 8d$。将式（7）进行积分，求得任一基桩桩周碟形位移体积，为：

$$V_{sp} = \int_0^{2\pi} \int_{r_0}^{r_m} \frac{\tau_0 r_0}{G_s} r \ln \frac{r_m}{r} dr d\theta$$

$$= \frac{2\pi \tau_0 r_0}{G_s} \left(\frac{r_0^2}{2} \ln \frac{r_0}{r_m} + \frac{r_m^2}{4} - \frac{r_0^2}{4} \right) \qquad (8)$$

桩对土的影响值 s_{sp} 为单一基桩桩周位移体积除以圆面积 $\pi(r_m^2 - r_0^2)$；另考虑桩距较小时剪切位移的重叠效应，当桩侧土剪切位移最大半径 r_m 大于平均桩距 $\overline{s_a}$ 时，引入近似重叠系数 $\pi(r_m / \overline{s_a})^2$，则

$$s_{sp} = \frac{V_{sp}}{\pi(r_m^2 - r_0^2)} \cdot \pi \frac{r_m^2}{\overline{s_a}^2}$$

$$= \frac{\dfrac{8(1+\nu)\pi \tau_0 r_0}{E_s} \left(\dfrac{r_0^2}{2} \ln \dfrac{r_0}{r_m} + \dfrac{r_m^2}{4} - \dfrac{r_0^2}{4} \right)}{\pi(r_m^2 - r_0^2)} \cdot \pi \frac{r_m^2}{\overline{s_a}^2}$$

$$= \frac{(1+\nu) 8\pi \tau_0}{4 E_s} \cdot \frac{1}{(\overline{s_a}/d)^2}$$

$$\cdot \frac{r_m^2 \left(\dfrac{r_0^2}{2} \ln \dfrac{r_0}{r_m} + \dfrac{r_m^2}{4} - \dfrac{r_0^2}{4} \right)}{(r_m^2 - r_0^2) r_0}$$

因 $r_m = 8d \gg r_0$，且 $\tau_0 = q_{su}$，$v = 0.4$，故上式简化为：

$$s_{sp} = \frac{280 q_{su}}{E_s} \cdot \frac{d}{(\overline{s_a}/d)^2}$$

因此，$s = \psi(s_s + s_{sp})$；

$$s_s = 4 p_0 \sum_{i=1}^m \frac{z_i \overline{\alpha}_i - z_{(i-1)} \overline{\alpha}_{(i-1)}}{E_{si}}$$

$$s_{sp} = 280 \frac{\overline{q_{su}}}{\overline{E_s}} \cdot \frac{d}{(\overline{s_a}/d)^2}$$

一般地，$\overline{q_{su}} = 30\text{kPa}$，$\overline{E_s} = 2\text{MPa}$，$\overline{s_a}/d = 6$，$d = 0.4\text{m}$

$$s_{sp} = \frac{280 \overline{q_{su}}}{\overline{E_s}} \cdot \frac{d}{(\overline{s_a}/d)^2} = 280 \times \frac{30 \ (\text{kPa})}{2 \ (\text{MPa})}$$

$$\times \frac{1}{36} \times 0.4 \ (\text{m})$$

$$= 47\text{mm}_\circ$$

3 条形承台减沉复合疏桩基础沉降计算

无地下室多层住宅多数将承台设计为墙下条形承台板，条基之间净距较小，若按实际平面计算相邻影响十分繁锁，为此，宜将其简化为等效平板式承台，按角点法分块计算基础中点沉降。

4 工程验证

表13 软土地基减沉复合疏桩基础计算沉降与实测沉降

名称（编号）	建筑物层数（地下）/附加压力（kN）	基础平面尺寸（m×m）	桩径 d（m）/桩长 L（m）	承台埋深（m）/桩数	桩端持力层	计算沉降（mm）	按实测推算的最终沉降（mm）
上海×××	6/61210	53×11.7	0.2×0.2/16	1.6/161	黏土	108	77
上海×××	6/52100	52.5×11	0.2×0.2/16	1.6/148	黏土	76	81
上海×××	6/49718	42×11	0.2×0.2/16	1.6/118	黏土	120	69
上海×××	6/43076	40×10	0.2×0.2/16	1.6/139	黏土	76	76
上海×××	6/45490	58×12	0.2×0.2/16	1.6/250	黏土	132	127
绍兴×××	6/49505	35×10	ϕ0.4/12	1.45/142	粉土	55	50
上海×××	6/43500	40×9	0.2×0.2/16	1.27/152	黏土夹砂	158	150
天津×××	—/56864	46×16	ϕ0.42/10	1.7/161	黏质粉土	63.7	40
天津×××	—/62507	52×15	ϕ0.42/10	1.7/176	黏质粉土	62	50
天津×××	—/74017	62×15	ϕ0.42/10	1.7/224	黏质粉土	55	50
天津×××	—/62000	52×14	0.35×0.35/17	1.5/127	粉质黏土	100	80
天津×××	—/106840	84×15	0.35×0.35/17	1.5/220	粉质黏土	100	90
天津×××	—/64200	54×14	0.35×0.35/17	1.5/135	粉质黏土	95	90
天津×××	—/82932	56×18	0.35×0.35/12.5	1.5/155	粉质黏土	161	120

5.7 桩基水平承载力与位移计算

5.7.2 本条说明单桩水平承载力特征值的确定。

影响单桩水平承载力和位移的因素包括桩身截面抗弯刚度、材料强度、桩侧土质条件、桩的入土深度、桩顶约束条件。如对于低配筋率的灌注桩，通常是桩身先出现裂缝，随后断裂破坏；此时，单桩水平承载力由桩身强度控制。对于抗弯性能强的桩，如高配筋率的混凝土预制桩和钢桩，桩身虽未断裂，但由于桩侧土体塑性隆起，或桩顶水平位移大大超过使用允许值，也认为桩的水平承载力达到极限状态。此时，单桩水平承载力由位移控制。由桩身强度控制和桩顶水平位移控制两种工况均受桩侧土水平抗力系数的比例系数 m 的影响，但是，前者受影响较小，呈 $m^{1/5}$ 的关系；后者受影响较大，呈 $m^{3/5}$ 的关系。对于受水平荷载较大的建筑桩基，应通过现场单桩水平承载力试验确定单桩水平承载力特征值。对于初设阶段可通过规范所列的按桩身承载力控制的本规范式（5.7.2-1）和按桩顶水平位移控制的本规范式（5.7.2-2）进行计算。最后对工程桩进行静载试验检测。

5.7.3 建筑物的群桩基础多数为低承台，且多数带地下室，故承台侧面和地下室外墙侧面均能分担水平荷载，对于带地下室桩基受水平荷载较大时应按本规范附录C计算基桩、承台与地下室外墙水平抗力及位移。本条适用于无地下室，作用于承台顶面的弯矩较小的情况。本条所述群桩效应综合系数法，是以单

桩水平承载力特征值 R_{ha} 为基础，考虑四种群桩效应，求得群桩综合效应系数 η_h，单桩水平承载力特征值乘以 η_h 即得群桩中基桩的水平承载力特征值 R_h。

1 桩的相互影响效应系数 η_i

桩的相互影响随桩距减小、桩数增加而增大，沿荷载方向的影响远大于垂直于荷载作用方向，根据23组双桩、25组群桩的水平荷载试验结果的统计分析，得到相互影响系数 η_i，见本规范式（5.7.3-3）。

2 桩顶约束效应系数 η_r

建筑桩基桩顶嵌入承台的深度较浅，为 5～10cm，实际约束状态介于铰接与固接之间。这种有限约束连接既能减小桩顶水平位移（相对于桩顶自由），又能降低桩顶约束弯矩（相对于桩顶固接），重新分配桩身弯矩。

根据试验结果统计分析表明，由于桩顶的非完全嵌固导致桩顶弯矩降低至完全嵌固理论值的40%左右，桩顶位移较完全嵌固增大约25%。

为确定桩顶约束效应对群桩水平承载力的影响，以桩顶自由单桩与桩顶固接单桩的桩顶位移比 R_x、最大弯矩比 R_M 基准进行比较，确定其桩顶约束效应系数为：

当以位移控制时

$$\eta_r = \frac{1}{1.25}R_x$$

$$R_x = \frac{\chi_0^c}{\chi_0^r}$$

当以强度控制时

$$\eta_r = \frac{1}{0.4} R_M$$

$$R_M = \frac{M^o_{max}}{M^r_{max}}$$

式中 χ^o_0、χ^r_0 ——分别为单位水平力作用下桩顶自由、桩顶固接的桩顶水平位移；

M^o_{max}、M^r_{max} ——分别为单位水平力作用下桩顶自由的桩，其桩身最大弯矩；桩顶固接的桩，其桩顶最大弯矩。

将 m 法对应的桩顶有限约束效应系数 η_r 列于本规范表 5.7.3-1。

3 承台侧向土抗力效应系数 η_l

桩基发生水平位移时，面向位移方向的承台侧面将受到土的弹性抗力。由于承台位移一般较小，不足以使其发挥至被动土压力，因此承台侧向土抗力应采用与桩相同的方法——线弹性地基反力系数法计算。该弹性总土抗力为：

$$\Delta R_{hl} = \chi_{0a} B'_c \int_0^{h_c} K_n(z) dz$$

按 m 法，$K_n(z) = mz$（m 法），则

$$\Delta R_{hl} = \frac{1}{2} m \chi_{0a} B'_c h_c^2$$

由此得本规范式（5.7.3-4）承台侧向土抗力效应系数 η_l。

4 承台底摩阻效应系数 η_b

本规范规定，考虑地震作用且 $s_a/d \leq 6$ 时，不计入承台底的摩阻效应，即 $\eta_b = 0$；其他情况应计入承台底摩阻效应。

5 群桩中基桩的群桩综合效应系数分别由本规范式（5.7.3-2）和式（5.7.3-6）计算。

5.7.5 按 m 法计算桩的水平承载力。桩的水平变形系数 α，由桩身计算宽度 b_0、桩身抗弯刚度 EI、以及土的水平抗力系数沿深度变化的比例系数 m 确定，$\alpha = \sqrt[5]{\dfrac{mb_0}{EI}}$。$m$ 值，当无条件进行现场试验测定时，可采用本规范表 5.7.5 的经验值。这里应指出，m 值对于同一根桩并非定值，与荷载呈非线性关系，低荷载水平下，m 值较高；随荷载增加，桩侧土的塑性区逐渐扩展而降低。因此，m 取值应与实际荷载、允许位移相适应。如根据试验结果求低配筋率的 m，应取临界荷载 H_{cr} 及对应位移 χ_{cr} 按下式计算

$$m = \frac{\left(\dfrac{H_{cr}}{\chi_{cr} v_x}\right)^{\frac{5}{3}}}{b_0 (EI)^{\frac{2}{3}}} \qquad (9)$$

对于配筋率较高的预制桩和钢桩，则应取允许位移及其对应的荷载按上式计算 m。

根据所收集到的具有完整资料参加统计的试桩，灌注桩 114 根，相应桩径 $d = 300 \sim 1000\text{mm}$，其中 $d = 300 \sim 600\text{mm}$ 占 60%；预制桩 85 根。统计前，将水平承载力主要影响深度 $[2(d+1)]$ 内的土层划分为 5 类，然后分别按上式（9）计算 m 值。对各类土层的实测 m 值采用最小二乘法统计，取 m 值置信区间按可靠度大于 95%，即 $m = \bar{m} - 1.96\sigma_m$，$\sigma_m$ 为均方差，统计经验值 m 值列于本规范表 5.7.5。表中预制桩、钢桩的 m 值系根据水平位移为 10mm 时求得，故当其位移小于 10mm 时，m 应予适当提高；对于灌注桩，当水平位移大于表列值时，则应将 m 值适当降低。

5.8 桩身承载力与裂缝控制计算

5.8.2、5.8.3 钢筋混凝土轴向受压桩正截面受压承载力计算，涉及以下三方面因素：

1 纵向主筋的作用。轴向受压桩的承载性状与上部结构柱相近，较柱的受力条件更为有利的是桩周受土的约束，侧阻力使轴向荷载随深度递减，因此，桩身受压承载力由桩顶下一定区段控制。纵向主筋的配置，对于长摩擦型桩和摩擦端承桩可随深度变断面或局部长度配置。纵向主筋的承压作用在一定条件下可计入桩身受压承载力。

2 箍筋的作用。箍筋不仅起水平抗剪作用，更重要的是对混凝土起侧向约束增强作用。图 30 是带箍筋与不带箍筋混凝土轴压应力-应变关系。由图看出，带箍筋的约束混凝土轴压强度较无约束混凝土提高 80% 左右，且其应力-应变关系改善。因此，本规范明确规定凡桩顶 $5d$ 范围箍筋间距不大于 100mm 者，均可考虑纵向主筋的作用。

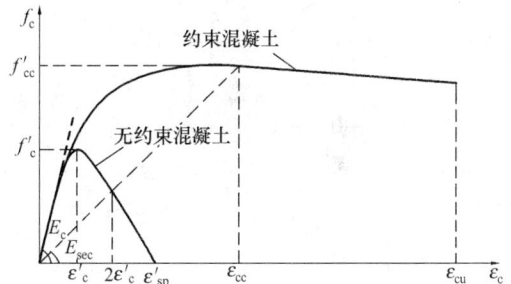

图 30 约束与无约束混凝土应力-应变关系
（引自 Mander et al 1984）

3 成桩工艺系数 ψ_c。桩身混凝土的受压承载力是桩身受压承载力的主要部分，但其强度和截面变异受成桩工艺的影响。就其成桩环境、质量可控度不同，将成桩工艺系数 ψ_c 规定如下。ψ_c 取值在原 JGJ 94-94 规范的基础上，汲取了工程试桩的经验数据，适当提高了安全度。

混凝土预制桩、预应力混凝土空心桩：$\psi_c = 0.85$；主要考虑在沉桩后桩身常出现裂缝。

干作业非挤土灌注桩（含机钻、挖、冲孔桩、人工挖孔桩）：$\psi_c = 0.90$；泥浆护壁和套管护壁非挤土灌注桩、部分挤土灌注桩、挤土灌注桩：$\psi_c = 0.7 \sim 0.8$；软土地区挤土灌注桩：$\psi_c = 0.6$。对于泥浆护壁非挤土灌注桩应视地层土质取 ψ_c 值，对于易塌孔的

流塑状软土、松散粉土、粉砂，ψ_c 宜取 0.7。

4　桩身受压承载力计算及其与静载试验比较

本规范规定，对于桩顶以下 $5d$ 范围箍筋间距不大于 100mm 者，桩身受压承载力设计值可考虑纵向主筋按本规范式（5.8.2-1）计算，否则只考虑桩身混凝土的受压承载力。对于按本规范式（5.8.2-1）计算桩身受压承载力的合理性及其安全度，从所收集到的 43 根泥浆护壁后注浆钻孔灌注桩静载试验结果与桩身极限受压承载力计算值 R_u 进行比较，以检验桩身受压承载力计算模式的合理性和安全性（列于表14）。其中 R_u 按如下关系计算：

$$R_u = \frac{2R_p}{1.35}$$

$$R_p = \psi_c f_c A_{ps} + 0.9 f'_y A'_s$$

其中 R_p 为桩身受压承载力设计值；ψ_c 为成桩工艺系数；f_c 为混凝土轴心抗压强度设计值；f'_y 为主筋受压强度设计值；A_{ps}、A'_s 为桩身和主筋截面积，其中 A'_s 包含后注浆钢管截面积；1.35 系数为单桩承载力特征值与设计值的换算系数（综合荷载分项系数）。

从表14可见，虽然后注浆桩由于土的支承阻力（侧阻、端阻）大幅提高，绝大部分试桩未能加载至破坏，但其荷载水平是相当高的。最大加载值 Q_{max} 与桩身受压承载力极限值 R_u 之比 Q_{max}/R_u 均大于 1，且无一根桩桩身被压坏。

以上计算与试验结果说明三个问题：一是影响混凝土受压承载力的成桩工艺系数，对于泥浆护壁非挤土桩一般取 $\psi_c = 0.8$ 是合理的；二是在桩顶 $5d$ 范围箍筋加密情况下计入纵向主筋承载力是合理的；三是按本规范公式计算桩身受压承载力的安全系数高于由土的支承阻力确定的单桩承载力特征值安全系数 $K = 2$，桩身承载力的安全可靠性处于合理水平。

表14　灌注桩（泥浆护壁、后注浆）桩身受压承载力计算与试验结果

工程名称	桩号	桩径 d (mm)	桩长 L (m)	桩端持力层	桩身混凝土等级	主筋	桩顶 $5d$ 箍筋	最大加载 Q_{max} (kN)	沉降 (mm)	桩身受压极限承载力 R_u (kN)	$\frac{Q_{max}}{R_u}$
银泰中心 A 座	A-S1	1100	30.0	⑨层卵砾、砾粗砂	C40	10ϕ22	ϕ8@100	24×10³	16.31	22.76×10³	>1.05
	AS1-1	1100	30.0		C40	10ϕ22	ϕ8@100	17×10³	7.65	22.76×10³	
	AS1-2	1100	30.0		C40	10ϕ22	ϕ8@100	17×10³	10.11	22.76×10³	
银泰中心 B 座	B-S3	1100	30.0	⑨层卵砾、砾粗砂	C40	10ϕ22	ϕ8@100	24×10³	16.70	22.76×10³	>1.05
	B1-14	1100	30.0		C40	10ϕ22	ϕ8@100	17×10³	10.34	22.76×10³	
	BS1-2	1100	30.0		C40	10ϕ22	ϕ8@100	17×10³	10.62	22.76×10³	
银泰中心 C 座	C-S2	1100	30.0	⑨层卵砾、砾粗砂	C40	10ϕ22	ϕ8@100	24×10³	18.71	22.76×10³	>1.05
	CS1-1	1100	30.0		C40	10ϕ22	ϕ8@100	17×10³	14.89	22.76×10³	
	S1-2	1100	30.0		C40	10ϕ22	ϕ8@100	17×10³	13.14	22.76×10³	
北京电视中心	S1	1000	27.0	⑦层卵砾、砾	C40	12ϕ20	ϕ8@100	18×10³	21.94	19.01×10³	—
	S2	1000	27.0		C40	12ϕ20	ϕ8@100	18×10³	27.38	19.01×10³	—
	S3	1000	27.0		C40	12ϕ20	ϕ8@100	18×10³	24.78	19.01×10³	—
	S4	800	27.0		C40	10ϕ20	ϕ8@100	14×10³	25.81	12.40×10³	>1.13
	S6	800	27.0		C40	10ϕ20	ϕ8@100	16.8×10³	29.86	12.40×10³	>1.35
财富中心一期公寓	22#	800	24.6	⑦层卵砾	C40	12ϕ18	ϕ8@100	13.8×10³	12.32	11.39×10³	>1.12
	21#	800	24.6		C40	12ϕ18	ϕ8@100	13.8×10³	12.17	11.39×10³	>1.12
	59#	800	24.6		C40	12ϕ18	ϕ8@100	13.8×10³	14.98	11.39×10³	>1.12
财富中心二期办公楼	64#	800	25.2	⑦层卵砾	C40	12ϕ18	ϕ8@100	13.7×10³	17.30	11.39×10³	>1.11
	1#	800	25.2		C40	12ϕ18	ϕ8@100	13.7×10³	16.12	11.39×10³	>1.11
	127#	800	25.2		C40	12ϕ18	ϕ8@100	13.7×10³	16.34	11.39×10³	>1.11
财富中心二期公寓	402#	800	21.0	⑦层卵砾	C40	12ϕ18	ϕ8@100	13.0×10³	18.60	11.39×10³	>1.05
	340#	800	21.0		C40	12ϕ18	ϕ8@100	13.0×10³	14.35	11.39×10³	>1.05
	93#	800	21.0		C40	12ϕ18	ϕ8@100	13.0×10³	12.64	11.39×10³	>1.05

工程名称	桩号	桩径 d (mm)	桩长 L (m)	桩端持力层	桩身混凝土等级	主筋	桩顶 $5d$ 箍筋	最大加载 Q_{max} (kN)	沉降 (mm)	桩身受压极限承载力 R_u (kN)	$\dfrac{Q_{max}}{R_u}$
财富中心酒店	16#	800	22.0	⑦层卵砾	C40	12ϕ18	ϕ8@100	13.0×10³	13.72	11.39×10³	>1.05
	148#	800	22.0		C40	12ϕ18	ϕ8@100	13.0×10³	14.27	11.39×10³	>1.05
	226#	800	22.0		C40	12ϕ18	ϕ8@100	13.0×10³	13.66	11.39×10³	>1.05
首都国际机场航站楼	NB-T	800	30.8	粉砂、粉土	C40	10ϕ22	ϕ8@100	16.0×10³	37.43	19.89×10³	>1.26
	NB-T	800	41.8		C40	16ϕ22	ϕ8@100	28.0×10³	53.72	19.89×10³	>1.57
	NB-T	1000	30.8		C40	16ϕ22	ϕ8@100	18.0×10³	37.65	11.70×10³	—
	NC-T	800	25.5		C40	10ϕ22	ϕ8@100	12.8×10³	43.50	18.30×10³	>1.12
	NC-T	1000	25.5		C40	12ϕ22	ϕ8@100	16.0×10³	68.44	11.70×10³	>1.13
	ND-T	800	27.65		C40	10ϕ22	ϕ8@100	14.4×10³	62.33	11.70×10³	>1.23
	ND-T	1000	38.65		C40	16ϕ22	ϕ8@100	24.5×10³	61.03	19.89×10³	>1.03
	ND-T	1000	27.65		C40	12ϕ22	ϕ8@100	20.0×10³	67.56	19.39×10³	>1.40
	ND-T	800	38.65		C40	12ϕ22	ϕ8@100	18.0×10³	69.27	12.91×10³	>1.42
中央电视台	TP-A1	1200	51.70	中粗砂、卵砾	C40	24ϕ25	ϕ10@100	33.0×10³	21.78	29.4×10³	>1.12
	TP-A2	1200	51.70		C40	24ϕ25	ϕ10@100	30.0×10³	31.44	29.4×10³	>1.03
	TP-A3	1200	53.40		C40	24ϕ25	ϕ10@100	33.0×10³	18.78	29.4×10³	>1.12
	TP-B2	1200	33.40		C40	24ϕ25	ϕ8@100	33.0×10³	14.50	29.4×10³	>1.12
	TP-B3	1200	33.40		C40	24ϕ25	ϕ8@100	35.0×10³	21.80	29.4×10³	>1.19
	TP-C1	800	22.60		C40	16ϕ20	ϕ8@100	17.6×10³	18.50	13.0×10³	>1.35
	TP-C2	800	22.60		C40	16ϕ20	ϕ8@100	17.6×10³	18.65	13.0×10³	>1.35
	TP-C3	800	22.60		C40	16ϕ20	ϕ8@100	17.6×10³	18.14	13.0×10³	>1.35

这里应强调说明一个问题，在工程实践中常见有静载试验中桩头被压坏的现象，其实这是试桩桩头处理不当所致。试桩桩头未按现行行业标准《建筑基桩检测技术规范》JGJ 106 规定进行处理，如：桩顶千斤顶接触不平整引起应力集中；桩顶混凝土再处理后强度过低；桩顶未加钢板围裹或未设箍筋等，由此导致桩头先行破坏。很明显，这种由于试验处置不当而引发无法真实评价单桩承载力的现象是应该而且完全可以杜绝的。

5.8.4 本条说明关于桩身稳定系数的相关内容。工程实践中，桩身处于土体内，一般不会出现压屈失稳问题，但下列两种情况应考虑桩身稳定系数确定桩身受压承载力，即将按本规范第 5.8.2 条计算的桩身受压承载力乘以稳定系数 φ。一是桩的自由长度较大（这种情况只见于少数构筑物桩基）、桩周围为可液化土；二是桩周围为超软弱土，即土的不排水抗剪强度小于 10kPa。当桩的计算长度与桩径比 $l_c/d > 7.0$ 时要按本规范表 5.8.4-2 确定 φ 值。而桩的压屈计算长度 l_c 与桩顶、桩端约束条件有关，l_c 的具体确定方

法按本规范表 5.8.4-1 规定执行。

5.8.7、5.8.8 对于抗拔桩桩身正截面设计应满足受拉承载力，同时应按裂缝控制等级，进行裂缝控制计算。

1 桩身承载力设计

本规范式（5.8.7）中预应力筋的受拉承载力为 $f_{py}A_{py}$，由于目前工程实践中多数为非预应力抗拔桩，故该项承载力为零。近来较多工程将预应力混凝土空心桩用于抗拔桩，此时桩顶与承台连接系通过桩顶管中埋设吊筋浇注混凝土芯，此时应确保加芯的抗拔承载力。对抗拔灌注桩施加预应力，由于构造、工艺较复杂，实践中应用不多，仅限于单桩承载力要求高的条件。从目前既有工程应用情况看，预应力灌注桩要处理好两个核心问题，一是无粘结预应力筋在桩身下部的锚固：宜于端部加锚头，并剥掉 2m 长左右塑料套管，以确保端头有效锚固。二是张拉锁定，有两种模式，一种是于桩顶预埋张拉锁定垫板，桩顶张拉锁定；另一种是在承台浇注预留张拉锁定平台，张拉锁定后，第二次浇注承台锁定锚头部分。

2 裂缝控制

首先根据本规范第3.5节耐久性规定，参考现行《混凝土结构设计规范》GB 50010，按环境类别和腐蚀性介质弱、中、强等级诸因素划分抗拔桩裂缝控制等级，对于不同裂缝控制等级桩基采取相应措施。对于严格要求不出现裂缝的一级和一般要求不出现裂缝的二级裂缝控制等级基桩，宜设预应力筋；对于允许出现裂缝的三级裂缝控制等级基桩，应按荷载效应标准组合计算裂缝最大宽度 w_{max}，使其不超过裂缝宽度限值，即 $w_{max} \leqslant w_{lim}$。

5.8.10 当桩处于成层土中且土层刚度相差大时，水平地震作用下，软硬土层界面处的剪力和弯距将出现突增，这是基桩震害的主要原因之一。因此，应采用地震反应的时程分析方法分析软硬土层界面处的地震作用效应，进而采取相应的措施。

5.9 承台计算

5.9.1 本条对桩基承台的弯矩及其正截面受弯承载力和配筋的计算原则作出规定。

5.9.2 本条对柱下独立桩基承台的正截面弯矩设计值的取值计算方法系依据承台的破坏试验资料作出规定。20世纪80年代以来，同济大学、郑州工业大学（郑州工学院）、中国石化总公司、洛阳设计院等单位进行的大量模型试验表明，柱下多桩矩形承台呈"梁式破坏"，即弯曲裂缝在平行于柱边两个方向交替出现，承台在两个方向交替呈梁式承担荷载（见图31)，最大弯矩产生在平行于柱边两个方向的屈服线处。利用极限平衡原理导得柱下多桩矩形承台两个方向的承台正截面弯矩为本规范式（5.9.2-1）、式（5.9.2-2）。

对柱下三桩三角形承台进行的模型试验，其破坏模式也为"梁式破坏"。由于三桩承台的钢筋一般均平行于承台边呈三角形配置，因而等边三桩承台具有代表性的破坏模式见图31（b)，可利用钢筋混凝土板的屈服线理论按机动法基本原理推导，得通过柱边屈服曲线的等边三桩承台正截面弯矩计算公式：

$$M = \frac{N_{max}}{3}\left(s_a - \frac{\sqrt{3}}{2}c\right) \tag{10}$$

由图31（c）的等边三桩承台最不利破坏模式，可得另一公式：

$$M = \frac{N_{max}}{3}s_a \tag{11}$$

考虑到图31（b）的屈服线产生在柱边，过于理想化，而图31（c）的屈服线未考虑柱的约束作用，其弯矩偏于安全。根据试件破坏的多数情况采用式（10）、式（11）两式的平均值作为本规范的弯矩计算公式，即得到本规范式（5.9.2-3）。

对等腰三桩承台，其典型的屈服线基本上都垂直于等腰三桩承台的两个腰，试件通常在长跨发生弯曲

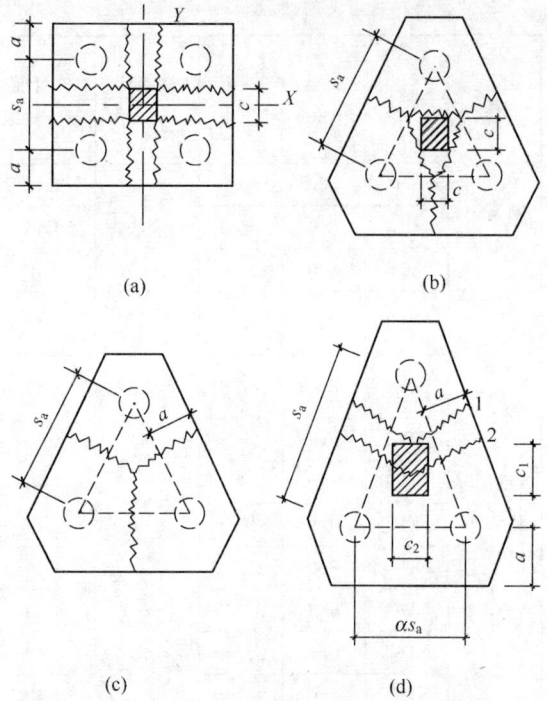

图31 承台破坏模式

(a) 四桩承台；(b) 等边三桩承台；

(c) 等边三桩承台；(d) 等腰三桩承台

破坏，其屈服线见图31（d)。按梁的理论可导出承台正截面弯矩的计算公式：

当屈服线2通过柱中心时 $\quad M_1 = \dfrac{N_{max}}{3}s_a \tag{12}$

当屈服线1通过柱边时 $\quad M_2 = \dfrac{N_{max}}{3}\left(s_a - \dfrac{1.5}{\sqrt{4-\alpha^2}}c_1\right)$

$$\tag{13}$$

式（12）未考虑柱的约束影响，偏于安全；而式（13）又不够安全，因而本规范采用该两式的平均值确定等腰三桩承台的正截面弯矩，即本规范式（5.9.2-4）、式（5.9.2-5）。

上述关于三桩承台计算的 M 值均指通过承台形心与相应承台边正交截面的弯矩设计值，因而可按此相应宽度采用三向均匀配筋。

5.9.3 本条对箱形承台和筏形承台的弯矩计算原则进行规定。

1 对箱形承台及筏形承台的弯矩宜按地基——桩——承台——上部结构共同作用的原理分析计算。这是考虑到结构的实际受力情况具有共同作用的特性，因而分析计算应反映这一特性。

2 对箱形承台，当桩端持力层为基岩、密实的碎石类土、砂土且深厚均匀时；或当上部结构为剪力墙；或当上部结构为框架—核心筒结构且按变刚度调平原则布桩时，由于基础各部分的沉降变形较均匀，桩顶反力分布较均匀，整体弯矩较小，因而箱形承台顶、底板可仅考虑局部弯矩作用进行计算、忽略基础

的整体弯矩，但需在配筋构造上采取措施承受实际上存在的一定数量的整体弯矩。

3 对筏形承台，当桩端持力层深厚坚硬、上部结构刚度较好，且柱荷载及柱间距变化不超过 20% 时；或当上部结构为框架－核心筒结构且按变刚度调平原则布桩时，由于基础各部分的沉降变形均较均匀，整体弯矩较小，因而可仅考虑局部弯矩作用进行计算，忽略基础的整体弯矩，但需在配筋构造上采取措施承受实际上存在的一定数量的整体弯矩。

5.9.4 本条对柱下条形承台梁的弯矩计算方法根据桩端持力层情况不同，规定可按下列两种方法计算。

1 按弹性地基梁（地基计算模型应根据地基土层特性选取）进行分析计算，考虑桩、柱垂直位移对承台梁内力的影响。

2 当桩端持力层深厚坚硬且桩柱轴线不重合时，可将桩视为不动铰支座，采用结构力学方法，按连续梁计算。

5.9.5 本条对砌体墙下条形承台梁的弯矩和剪力计算方法规定可按倒置弹性地基梁计算。将承台上的砌体墙视为弹性半无限体，根据弹性理论求解承台梁上的荷载，进而求得承台梁的弯矩和剪力。为方便设计，附录 G 已列出承台梁不同位置处的弯矩和剪力计算公式。对于承台上的砌体墙，尚应验算桩顶以上部分砌体的局部承压强度，防止砌体发生压坏。

5.9.7 本条对桩基承台受柱（墙）冲切承载力的计算方法作出规定。

1 根据冲切破坏的试验结果进行简化计算，取冲切破坏锥体为自柱（墙）边或承台变阶处至相应桩顶边缘连线所构成的锥体。锥体斜面与承台底面之夹角不小于 45°。

2 对承台受柱的冲切承载力按本规范式（5.9.7-1）～式（5.9.7-3）计算。依据现行国家标准《混凝土结构设计规范》GB 50010，对冲切系数作了调整。对混凝土冲切破坏承载力由 $0.6f_t u_m h_o$ 提高至 $0.7f_t u_m h_o$，即冲切系数 β_0 提高了 16.7%，故本规范将其表达式 $\beta_0 = 0.72/(\lambda + 0.2)$ 调整为 $\beta_0 = 0.84/(\lambda + 0.2)$。

3 关于最小冲跨比取值，由原 $\lambda = 0.2$ 调整为 $\lambda = 0.25$，λ 满足 0.25～1.0。

根据现行《混凝土结构设计规范》GB 50010 的规定，需考虑承台受冲切承载力截面高度影响系数 β_{hp}。

必须强调对圆柱及圆桩计算时应将其截面换算成方柱或方桩，即取换算柱截面边长 $b_c = 0.8d_c$（d_c 为圆柱直径），换算桩截面边长 $b_p = 0.8d$，以确定冲切破坏锥体。

5.9.8 本条对承台受柱冲切破坏锥体以外基桩的冲切承载力的计算方法作出规定，这些规定与《建筑桩基技术规范》JGJ 94-94 的计算模式相同。同时按现行《混凝土结构设计规范》GB 50010 规定，对冲切系数 β_0 进行调整，并增加受冲切承载力截面高度影

响系数 β_{hp}。

5.9.9 本条对柱（墙）下桩基承台斜截面的受剪承载力计算作出规定。由于剪切破坏面通常发生在柱边（墙边）与桩边连线形成的贯通承台的斜截面处，因而受剪计算斜截面取在柱边处。当柱（墙）承台悬挑边有多排基桩时，应对多个斜截面的受剪承载力进行计算。

5.9.10 本条说明柱下独立桩基承台的斜截面受剪承载力的计算。

1 斜截面受剪承载力的计算公式是以《建筑桩基技术规范》JGJ 94-94 计算模式为基础，根据现行《混凝土结构设计规范》GB 50010 规定，斜截面受剪承载力由按混凝土受压强度设计值改为按受拉强度设计值进行计算，作了相应调整。即由原承台剪切系数 $\alpha = 0.12/(\lambda + 0.3)$（$0.3 \leqslant \lambda < 1.4$）、$\alpha = 0.20/(\lambda + 1.5)$（$1.4 \leqslant \lambda < 3.0$）调整为 $\alpha = 1.75/(\lambda + 1)$（$0.25 \leqslant \lambda \leqslant 3.0$）。最小剪跨比取值由 $\lambda = 0.3$ 调整为 $\lambda = 0.25$。

2 对柱下阶梯形和锥形、矩形承台斜截面受剪承载力计算时的截面计算有效高度和宽度的确定作出相应规定，与《建筑桩基技术规范》JGJ 94-94 规定相同。

5.9.11 本条对梁板式筏形承台的梁的受剪承载力计算作出规定，求得各计算斜截面的剪力设计值后，其受剪承载力可按现行《混凝土结构设计规范》GB 50010 的有关公式进行计算。

5.9.12 本条对配有箍筋但未配弯起钢筋的砌体墙下条形承台梁，规定其斜截面的受剪承载力可按本规范式（5.9.12）计算。该公式来源于《混凝土结构设计规范》GB 50010-2002。

5.9.13 本条对配有箍筋和弯起钢筋的砌体墙下条形承台梁，规定其斜截面的受剪承载力可按本规范式（5.9.13）计算，该公式来源同上。

5.9.14 本条对配有箍筋但未配弯起钢筋的柱下条形承台梁，由于梁受集中荷载，故规定其斜截面的受剪承载力可按本规范式（5.9.14）计算，该公式来源同上。

5.9.15 承台混凝土强度等级低于柱或桩的混凝土强度等级时，应按现行《混凝土结构设计规范》GB 50010 的规定验算柱下或桩顶承台的局部受压承载力，避免承台发生局部受压破坏。

5.9.16 对处于抗震设防区的承台受弯、受剪、受冲切承载力进行抗震验算时，应根据现行《建筑抗震设计规范》GB 50011，将上部结构传至承台顶面的地震作用效应乘以相应的调整系数；同时将承载力除以相应的抗震调整系数 γ_{RE}，予以提高。

6 灌注桩施工

6.2 一般规定

6.2.1 在岩溶发育地区采用冲、钻孔桩应适当加密

勘察钻孔。在较复杂的岩溶地段施工时经常会发生偏孔、掉钻、卡钻及泥浆流失等情况，所以应在施工前制定出相应的处理方案。

人工挖孔桩在地质、施工条件较差时，难以保证施工人员的安全工作条件，特别是遇有承压水、流动性淤泥层、流砂层时，易引发安全和质量事故，因此不得选用此种工艺。

6.2.3 当很大深度范围内无良好持力层时的摩擦桩，应按设计桩长控制成孔深度。当桩较长且桩端置于较好持力层时，应以确保桩端置于较好持力层作主控标准。

6.3 泥浆护壁成孔灌注桩

6.3.2 清孔后要求测定的泥浆指标有三项，即相对密度、含砂率和黏度。它们是影响混凝土灌注质量的主要指标。

6.3.9 灌注混凝土之前，孔底沉渣厚度指标规定，对端承型桩不应大于 50mm；对摩擦型桩不应大于 100mm。首先这是多年灌注桩的施工经验；其二，近年对于桩底不同沉渣厚度的试桩结果表明，沉渣厚度大小不仅影响端阻力的发挥，而且也影响侧阻力的发挥值。这是近年来灌注桩承载性状的重要发现之一，故对原规范关于摩擦桩沉渣厚度≤300mm 作修订。

6.3.18~6.3.24 旋挖钻机重量较大、机架较高、设备较昂贵，保证其安全作业很重要。强调其作业的注意事项，这是总结近几年的施工经验后得出的。

6.3.25 旋挖钻机成孔，孔底沉渣（虚土）厚度较难控制，目前积累的工程经验表明，采用旋挖钻机成孔时，应采用清孔钻头进行清渣清孔，并采用桩端后注浆工艺保证桩端承载力。

6.3.27 细骨料宜选用中粗砂，是根据全国多数地区的使用经验和条件制订，少数地区若无中粗砂而选用其他砂，可通过试验进行选定，也可用合格的石屑代替。

6.3.30 条文中规定了最小的埋管深度宜为 2~6m，是为了防止导管拔出混凝土面造成断桩事故，但埋管也不宜太深，以免造成埋管事故。

6.4 长螺旋钻孔压灌桩

6.4.1~6.4.13 长螺旋钻孔压灌桩成桩工艺是国内近年开发且使用较广的一种新工艺，适用于地下水位以上的黏性土、粉土、素填土、中等密实以上的砂土，属非挤土成桩工艺，该工艺有穿透力强、低噪声、无振动、无泥浆污染、施工效率高、质量稳定等特点。

长螺旋钻孔压灌桩成桩施工时，为提高混凝土的流动性，一般宜掺入粉煤灰。每方混凝土的粉煤灰掺量宜为 70~90kg，坍落度应控制在 160~200mm，这主要是考虑保证施工中混合料的顺利输送。坍落度过

大，易产生泌水、离析等现象，在泵压作用下，骨料与砂浆分离，导致堵管。坍落度过小，混合料流动性差，也容易造成堵管。另外所用粗骨料石子粒径不宜大于 30mm。

长螺旋钻孔压灌桩成桩，应准确掌握提拔钻杆时间，钻至预定标高后，开始泵送混凝土，管内空气从排气阀排出，待钻杆内管及输送软、硬管内混凝土达到连续时提钻。若提钻时间较晚，在泵送压力下钻头处的水泥浆液被挤出，容易造成管路堵塞。应杜绝在泵送混凝土前提拔钻杆，以免造成桩端处存在虚土或桩端混合料离析、端阻力减小。提拔钻杆中应连续泵料，特别是在饱和砂土、饱和粉土层中不得停泵待料，避免造成混凝土离析、桩身缩径和断桩，目前施工多采用商品混凝土或现场用两台 0.5m³ 的强制式搅拌机拌制。

灌注桩后插钢筋笼工艺近年有较大发展，插笼深度提高到目前 20~30m，较好地解决了地下水位以下压灌桩的配筋问题。但后插钢筋笼的导向问题没有得到很好的解决，施工时应注意根据具体条件采取综合措施控制钢筋笼的垂直度和保护层有效厚度。

6.5 沉管灌注桩和内夯沉管灌注桩

振动沉管灌注成桩若混凝土坍落度过大，将导致桩顶浮浆过多，桩体强度降低。

6.6 干作业成孔灌注桩

人工挖孔桩在地下水疏干状态不佳时，对桩端及时采用低水混凝土封底是保证桩基础承载力的关键之一。

6.7 灌注桩后注浆

灌注桩桩底后注浆和桩侧后注浆技术具有以下特点：一是桩底注浆采用管式单向注浆阀，有别于构造复杂的注浆预载箱、注浆囊、U 形注浆管，实施开敞式注浆，其竖向导管可与桩身完整性声速检测兼用，注浆后可代替纵向主筋；二是桩侧注浆是外置于桩土界面的弹性注浆管阀，不同于设置于桩身内的袖阀式注浆管，可实现桩身无损注浆。注浆装置安装简便、成本较低、可靠性高，适用于不同钻具成孔的锥形和平底孔型。

6.7.1 灌注桩后注浆（Cast-in-place pile post grouting，简写 PPG）是灌注桩的辅助工法。该技术旨在通过桩底桩侧后注浆固化沉渣（虚土）和泥皮，并加固桩底和桩周一定范围的土体，以大幅提高桩的承载力，增强桩的质量稳定性，减小桩基沉降。对于干作业的钻、挖孔灌注桩，经实践表明均取得良好成效。故本规定适用于除沉管灌注桩外的各类钻、挖、冲孔灌注桩。该技术目前已应用于全国二十多个省市的数以千计的桩基工程中。

6.7.2 桩底后注浆管阀的设置数量应根据桩径大小确定，最少不少于 2 根，对于 $d>1200mm$ 桩应增至 3 根。目的在于确保后注浆浆液扩散的均匀对称及后注浆的可靠性。桩侧注浆断面间距视土层性质、桩长、承载力增幅要求而定，宜为 6～12m。

6.7.4～6.7.5 浆液水灰比是根据大量工程实践经验提出的。水灰比过大容易造成浆液流失，降低后注浆的有效性，水灰比过小会增大注浆阻力，降低可注性，乃至转化为压密注浆。因此，水灰比的大小应根据土层类别、土的密实度、土是否饱和诸因素确定。当浆液水灰比不超过 0.5 时，加入减水、微膨胀等外加剂在于增加浆液的流动性和对土体的增强效应。确保最佳注浆量是确保桩的承载力增幅达到要求的重要因素，过量注浆会增加不必要的消耗，应通过试注浆确定。这里推荐的用于预估注浆量公式是以大量工程经验确定有关参数推导提出的。关于注浆作业起始时间和顺序的规定是大量工程实践经验的总结，对于提高后注浆的可靠性和有效性至关重要。

6.7.6～6.7.9 规定终止注浆的条件是为了保证后注浆的预期效果及避免无效过量注浆。采用间歇注浆的目的是通过一定时间的休止使已压入浆提高抗浆液流失阻力，并通过调整水灰比消除规定中所述的两种不正常现象。实践过程曾发生过高压输浆管接口松脱或爆管而伤人的事故，因此，操作人员应采取相应的安全防护措施。

7 混凝土预制桩与钢桩施工

7.1 混凝土预制桩的制作

7.1.3 预制桩在锤击沉桩过程中要出现拉应力，对于受水平、上拔荷载桩桩身拉应力是不可避免的，故按现行《混凝土结构工程施工质量验收规范》GB 50204 的规定，同一截面的主筋接头数量不得超过主筋数量的 50%，相邻主筋接头截面的距离应大于 $35d_g$。

7.1.4 本规范表 7.1.4 中 7 和 8 项次应予以强调。按以往经验，如制作时质量控制不严，造成主筋距桩顶面过近，甚至与桩顶齐平，在锤击时桩身容易产生纵向裂缝，被迫停锤。网片位置不准，往往也会造成桩顶被击碎事故。

7.1.5 桩尖停在硬层内接桩，如电焊连接耗时较长，桩周摩阻得到恢复，使进一步锤击发生困难。对于静力压桩，则沉桩更困难，甚至压不下去。若采用机械式快速接头，则可避免这种情况。

7.1.8 根据实践经验，凡达到强度与龄期的预制桩大都能顺利打入土中，很少打裂；而仅满足强度不满足龄期的预制桩打裂或打断的比例较大。为使沉桩顺利进行，应做到强度与龄期双控。

7.3 混凝土预制桩的接桩

管桩接桩有焊接、法兰连接和机械快速连接三种方式。本规范对不同连接方式的技术要点和质量控制环节作出相应规定，以避免以往工程实践中常见的由于接桩质量问题导致沉桩过程由于锤击拉应力和土体上涌接头被拉断的事故。

7.4 锤击沉桩

7.4.3 桩帽或送桩帽的规格应与桩的断面相适应，太小会将桩顶打碎，太大易造成偏心锤击。插桩应控制其垂直度，才能确保沉桩的垂直度，重要工程插桩均应采用二台经纬仪从两个方向控制垂直度。

7.4.4 沉桩顺序是沉桩施工方案的一项重要内容。以往施工单位不注意合理安排沉桩顺序造成事故的事例很多，如桩位偏移、桩体上涌、地面隆起过多、建筑物破坏等。

7.4.6 本条所规定的停止锤击的控制原则适用于一般情况，实践中也存在某些特例。如软土中的密集桩群，由于大量桩沉入土中产生挤土效应，对后续桩的沉桩带来困难，如坚持按设计标高控制很难实现。按贯入度控制的桩，有时也会出现满足不了设计要求的情况。对于重要建筑，强调贯入度和桩端标高均达到设计要求，即实行双控是必要的。因此确定停锤标准是较复杂的，宜借鉴经验与通过静载试验综合确定停锤标准。

7.4.9 本条列出的一些减少打桩对邻近建筑物影响的措施是对多年实践经验的总结。如某工程，未采取任何措施沉桩地面隆起达 15～50cm，采用预钻孔措施后地面隆起则降为 2～10cm。控制打桩速率减少挤土隆起也是有效措施之一。对于经检测，确有桩体上涌的情况，应实施复打。具体用哪一种措施要根据工程实际条件，综合分析确定，有时可同时采用几种措施。即使采取了措施，也应加强监测。

7.6 钢桩（钢管桩、H 型桩及其他异型钢桩）施工

7.6.3 钢桩制作偏差不仅要在制作过程中控制，运到工地后在施打前还应检查，否则沉桩时会发生困难，甚至成桩失败。这是因为出厂后在运输或堆放过程中会因措施不当而造成桩身局部变形。此外，出厂成品均为定尺钢桩，而实际施工时都是由数根焊接而成，但不会正好是定尺桩的组合，多数情况下，最后一节为非定尺桩，这就要进行切割。因此要对切割后的节段及拼接后的桩进行外形尺寸检验。

7.6.5 焊接是钢桩施工中的关键工序，必须严格控制质量。如焊丝不烘干，会引起烧焊时含氢量高，使焊缝容易产生气孔而降低其强度和韧性，因而焊丝必须在 200～300℃温度下烘干 2h。据有关资料，未烘干的焊丝其含氢量为 12mL/100gm，经过 300℃温度

烘干 2h 后，减少到 9.5mL/100gm。

现场焊接受气候的影响较大，雨天烧焊时，由于水分蒸发会有大量氢气混入焊缝内形成气孔。大于 10m/s 的风速会使自保护气体和电弧火焰不稳定。雨天或刮风条件下施工，必须采取防风避雨措施，否则质量不能保证。

焊缝温度未冷却到一定温度就锤击，易导致焊缝出现裂缝。浇水骤冷更易使之发生脆裂。因此，必须对冷却时间予以限定且要自然冷却。有资料介绍，1min 停歇，母材温度即降至 300℃，此时焊缝强度可以经受锤击压力。

外观检查和无破损检验是确保焊接质量的重要环节。超声或拍片的数量应视工程的重要程度和焊接人员的技术水平而定，这里提供的数量，仅是一般工程的要求。还应注意，检验应实行随机抽样。

7.6.6 H 型钢桩或其他薄壁钢桩不同于钢管桩，其断面与刚度本来很小，为保证原有的刚度和强度不致因焊接而削弱，一般应加连接板。

7.6.7 钢管桩出厂时，两端应有防护圈，以防坡口受损；对 H 型桩，因其刚度不大，若支点不合理，堆放层数过多，均会造成桩体弯曲，影响施工。

7.6.9 钢管桩内取土，需配以专用抓斗，若要穿透砂层或硬土层，可在桩下端焊一圈钢箍以增强穿透力，厚度为 8～12mm，但需先试沉桩，方可确定采用。

7.6.10 H 型钢桩，其刚度不如钢管桩，且两个方向的刚度不一，很容易在刚度小的方向发生失稳，因而要对锤重予以限制。如在刚度小的方向设约束装置有利于顺利沉桩。

7.6.11 H 型钢桩送桩时，锤的能量损失约 1/3～4/5，故桩端持力层较好时，一般不送桩。

7.6.12 大块石或混凝土块容易嵌入 H 钢桩的槽口内，随桩一起沉入下层土内，如遇硬土层则使沉桩困难，甚至继续锤击导致桩体失稳，故应事先清除桩位上的障碍物。

8 承 台 施 工

8.1 基坑开挖和回填

8.1.3 目前大型基坑越来越多，且许多工程位于建筑群中或闹市区。完善的基坑开挖方案，对确保邻近建筑物和公用设施（煤气管线、上下水道、电缆等）的安全至关重要。本条中所列的各项工作均应慎重研究以定出最佳方案。

8.1.4 外降水可降低主动土压力，增加边坡的稳定；内降水可增加被动土压，减少支护结构的变形，且利于机具在基坑内作业。

8.1.5 软土地区基坑开挖分层均衡进行极其重要。某电厂厂房基础，桩截面尺寸为 450mm×450mm，基坑开挖深度 4.5m。由于没有分层挖土，由基坑的一边挖至另一边，先挖部分的桩体发生很大水平位移，有些桩由于位移过大而断裂。类似的由于基坑开挖失当而引起的事故在软土地区屡见不鲜。因此对挖土顺序必须合理适当，严格均衡开挖，高差不应超过 1m；不得于坑边弃土；对已成桩须妥善保护，不得让挖土设备撞击；对支护结构和已成桩应进行严密监测。

8.2 钢筋和混凝土施工

8.2.2 大体积承台日益增多，钢厂、电厂、大型桥墩的承台一次浇注混凝土量近万方，厚达 3～4m。对这种桩基承台的浇注，事先应作充分研究。当浇注设备适应时，可用平铺法；如不适应，则应从一端开始采用滚浇法，以减少混凝土的浇注面。对水泥用量，减少温差措施均需慎重研究；措施得当，可实现一次浇注。

9 桩基工程质量检查和验收

9.1.1～9.1.3 现行国家标准《建筑地基基础工程施工质量验收规范》GB 50202 和行业标准《建筑基桩检测技术规范》JGJ 106 以强制性条文规定必须对基桩承载力和桩身完整性进行检验。桩身质量与基桩承载力密切相关，桩身质量有时会严重影响基桩承载力，桩身质量检测抽样率较高，费用较低，通过检测可减少桩基安全隐患，并可为判定基桩承载力提供参考。

9.2.1～9.4.5 对于具体的检测项目，应根据检测目的、内容和要求，结合各检测方法的适用范围和检测能力，考虑工程重要性、设计要求、地质条件、施工因素等情况选择检测方法和检测数量。影响桩基承载力和桩身质量的因素存在于桩基施工的全过程中，仅有施工后的试验和施工后的验收是不全面、不完整的。桩基施工过程中出现的局部地质条件与勘察报告不符、工程桩施工参数与施工前的试验参数不同、原材料发生变化、设计变更、施工单位变更等情况，都可能产生质量隐患，因此，加强施工过程中的检验是有必要的。不同阶段的检验要求可参照现行《建筑地基基础工程施工质量验收规范》GB 50202 和现行《建筑基桩检测技术规范》JGJ 106 执行。

中华人民共和国国家标准

建筑抗震设计规范

Code for seismic design of buildings

GB 50011—2010

（2016 年版）

主编部门：中华人民共和国住房和城乡建设部
批准部门：中华人民共和国住房和城乡建设部
施行日期：２０１０ 年 １２ 月 １ 日

中华人民共和国住房和城乡建设部

公 告

第 1199 号

住房城乡建设部关于发布国家标准
《建筑抗震设计规范》局部修订的公告

现批准《建筑抗震设计规范》GB 50011－2010 局部修订的条文，自 2016 年 8 月 1 日起实施。经此次修改的原条文同时废止。

局部修订的条文及具体内容，将刊登在我部有关网站和近期出版的《工程建设标准化》刊物上。

中华人民共和国住房和城乡建设部
2016 年 7 月 7 日

修 订 说 明

本次局部修订系根据住房和城乡建设部《关于印发 2014 年工程建设标准规范制订、修订计划的通知》（建标〔2013〕169 号）的要求，由中国建筑科学研究院会同有关的设计、勘察、研究和教学单位对《建筑抗震设计规范》GB 50011－2010 进行局部修订而成。

此次局部修订的主要内容包括两个方面，即，(1) 根据《中国地震动参数区划图》GB 18306－2015 和《中华人民共和国行政区划简册 2015》以及民政部发布 2015 年行政区划变更公报，修订《建筑抗震设计规范》GB 50011－2010 附录 A：我国主要城镇抗震设防烈度、设计基本地震加速度和设计地震分组；(2) 根据《建筑抗震设计规范》GB 50011－2010 实施以来各方反馈的意见和建议，对部分条款进行文字性调整。修订过程中广泛征求了各方面的意见，对具体修订内容进行了反复的讨论和修改，与相关标准进行协调，最后经审查定稿。

此次局部修订，共涉及一个附录和 10 条条文的修改，分别为附录 A 和第 3.4.3 条、第 3.4.4 条、第 4.4.1 条、第 6.4.5 条、第 7.1.7 条、第 8.2.7 条、第 8.2.8 条、第 9.2.16 条、第 14.3.1 条、第 14.3.2 条。

本规范条文下划线部分为修改的内容；用黑体字标志的条文为强制性条文，必须严格执行。

本次局部修订的主编单位：中国建筑科学研究院
本次局部修订的参编单位：中国地震局地球物理研究所
中国建筑标准设计研究院
北京市建筑设计研究院
中国电子工程设计院
本规范主要起草人员：黄世敏　王亚勇　戴国莹　符圣聪　罗开海　李小军　柯长华　郁银泉　娄　宇　薛慧立
本规范主要审查人员：徐培福　齐五辉　范　重　吴　健　郭明田　吴汉福　马东辉　宋　波　潘　鹏

中华人民共和国住房和城乡建设部
公 告

第 609 号

关于发布国家标准
《建筑抗震设计规范》的公告

现批准《建筑抗震设计规范》为国家标准，编号为GB 50011-2010，自2010年12月1日起实施。其中，第 1.0.2、1.0.4、3.1.1、3.3.1、3.3.2、3.4.1、3.5.2、3.7.1、3.7.4、3.9.1、3.9.2、3.9.4、3.9.6、4.1.6、4.1.8、4.1.9、4.2.2、4.3.2、4.4.5、5.1.1、5.1.3、5.1.4、5.1.6、5.2.5、5.4.1、5.4.2、5.4.3、6.1.2、6.3.3、6.3.7、6.4.3、7.1.2、7.1.5、7.1.8、7.2.4、7.2.6、7.3.1、7.3.3、7.3.5、7.3.6、7.3.8、7.4.1、7.4.4、7.5.7、7.5.8、8.1.3、8.3.1、8.3.6、8.4.1、8.5.1、10.1.3、10.1.12、10.1.15、12.1.5、12.2.1、12.2.9 条为强制性条文，必须严格执行。原《建筑抗震设计规范》GB 50011-2001同时废止。

本规范由我部标准定额研究所组织中国建筑工业出版社出版发行。

中华人民共和国住房和城乡建设部

2010 年 5 月 31 日

前 言

本规范系根据原建设部《关于印发〈2006 年工程建设标准规范制订、修订计划（第一批）〉的通知》（建标〔2006〕77 号）的要求，由中国建筑科学研究院会同有关的设计、勘察、研究和教学单位对《建筑抗震设计规范》GB 50011-2001 进行修订而成。

修订过程中，编制组总结了 2008 年汶川地震震害经验，对灾区设防烈度进行了调整，增加了有关山区场地、框架结构填充墙设置、砌体结构楼梯间、抗震结构施工要求的强制性条文，提高了装配式楼板构造和钢筋伸长率的要求。此后，继续开展了专题研究和部分试验研究，调查总结了近年来国内外大地震（包括汶川地震）的经验教训，采纳了地震工程的新科研成果，考虑了我国的经济条件和工程实践，并在全国范围内广泛征求了有关设计、勘察、科研、教学单位及抗震管理部门的意见，经反复讨论、修改、充实和试设计，最后经审查定稿。

本次修订后共有 14 章 12 个附录。除了保持 2008 年局部修订的规定外，主要修订内容是：补充了关于 7 度（0.15g）和 8 度（0.30g）设防的抗震措施规定，按《中国地震动参数区划图》调整了设计地震分组；改进了土壤液化判别公式；调整了地震影响系数曲线的阻尼调整参数、钢结构的阻尼比和承载力抗震调整系数、隔震结构的水平向减震系数的计算，并补充了大跨屋盖建筑水平和竖向地震作用的计算方法；提高了对混凝土框架结构房屋、底部框架砌体房屋的抗震设计要求；提出了钢结构房屋抗震等级并相应调整了抗震措施的规定；改进了多层砌体房屋、混凝土抗震墙房屋、配筋砌体房屋的抗震措施；扩大了隔震和消能减震房屋的适用范围；新增建筑抗震性能化设计原则以及有关大跨屋盖建筑、地下建筑、框排架厂房、钢支撑-混凝土框架和钢框架-钢筋混凝土核心筒结构的抗震设计规定。取消了内框架砖房的内容。

本规范中以黑体字标志的条文为强制性条文，必须严格执行。

本规范由住房和城乡建设部负责管理和对强制性条文的解释，中国建筑科学研究院负责具体技术内容的解释。在执行过程中，请各单位结合工程实践，认真总结经验，并将意见和建议寄交北京市北三环东路 30 号中国建筑科学研究院国家标准《建筑抗震设计规范》管理组（邮编：100013，E-mail：GB 50011-cabr@163.com）。

主 编 单 位：中国建筑科学研究院

参 编 单 位：中国地震局工程力学研究所、中国建筑设计研究院、中国建筑标准设计研究院、北京市建筑设计研究院、中国电子工程设计院、中国建筑西南设计研究院、中国建筑西北设计研究院、中国建筑东北设计研究院、华东建筑设计研究院、中南建筑设计院、广东省建筑设计研究院、上海建筑设计研究院、新疆维吾尔自治区建筑设计研究院、云南省设计院、四川省建筑设计院、深圳市建筑设计研究总院、北京市勘察设计研究院、上海市隧道工程轨道交通设计研究院、中建国际（深圳）设计顾问有限公司、中冶集团建筑研究总院、中国机械工业集团公司、中国中元国际工程公司、清华大学、同济大学、哈尔滨工业大学、浙江大学、重庆大学、云南大学、广州大学、大连理工大学、北京工业大学

主要起草人：黄世敏　王亚勇（以下按姓氏笔画排列）

丁洁民　方泰生　邓　华　叶燎原
冯　远　吕西林　刘琼祥　李　亮
李　惠　李　霆　李小军　李亚明
李英民　李国强　杨林德　苏经宇

肖　伟　吴明舜　辛鸿博　张瑞龙
陈　炯　陈富生　欧进萍　郁银泉
易方民　罗开海　周正华　周炳章
周福霖　周锡元　柯长华　娄　宇
姜文伟　袁金西　钱基宏　钱稼茹
徐　建　徐永基　唐曹明　容柏生
曹文宏　符圣聪　章一萍　葛学礼
董津城　程才渊　傅学怡　曾德民
窦南华　蔡益燕　薛彦涛　薛慧立
戴国莹

主要审查人：徐培福　吴学敏　刘志刚（以下按姓氏笔画排列）

刘树屯　李　黎　李学兰　陈国义
侯忠良　莫　庸　顾宝和　高孟谭
黄小坤　程懋堃

目　　次

Contents

1 总　　则

1.0.1 为贯彻执行国家有关建筑工程、防震减灾的法律法规并实行以预防为主的方针，使建筑经抗震设防后，减轻建筑的地震破坏，避免人员伤亡，减少经济损失，制定本规范。

按本规范进行抗震设计的建筑，其基本的抗震设防目标是：当遭受低于本地区抗震设防烈度的多遇地震影响时，主体结构不受损坏或不需修理可继续使用；当遭受相当于本地区抗震设防烈度的设防地震影响时，可能发生损坏，但经一般性修理仍可继续使用；当遭受高于本地区抗震设防烈度的罕遇地震影响时，不致倒塌或发生危及生命的严重破坏。使用功能或其他方面有专门要求的建筑，当采用抗震性能化设计时，具有更具体或更高的抗震设防目标。

1.0.2 抗震设防烈度为6度及以上地区的建筑，必须进行抗震设计。

1.0.3 本规范适用于抗震设防烈度为6、7、8和9度地区建筑工程的抗震设计以及隔震、消能减震设计。建筑的抗震性能化设计，可采用本规范规定的基本方法。

抗震设防烈度大于9度地区的建筑及行业有特殊要求的工业建筑，其抗震设计应按有关专门规定执行。

> 注：本规范"6度、7度、8度、9度"即"抗震设防烈度为6度、7度、8度、9度"的简称。

1.0.4 抗震设防烈度必须按国家规定的权限审批、颁发的文件（图件）确定。

1.0.5 一般情况下，建筑的抗震设防烈度应采用根据中国地震动参数区划图确定的地震基本烈度（本规范设计基本地震加速度值所对应的烈度值）。

1.0.6 建筑的抗震设计，除应符合本规范要求外，尚应符合国家现行有关标准的规定。

2　术语和符号

2.1　术　　语

2.1.1 抗震设防烈度　seismic precautionary intensity

按国家规定的权限批准作为一个地区抗震设防依据的地震烈度。一般情况，取50年内超越概率10%的地震烈度。

2.1.2 抗震设防标准　seismic precautionary criterion

衡量抗震设防要求高低的尺度，由抗震设防烈度或设计地震动参数及建筑抗震设防类别确定。

2.1.3 地震动参数区划图　seismic ground motion parameter zonation map

以地震动参数（以加速度表示地震作用强弱程度）为指标，将全国划分为不同抗震设防要求区域的图件。

2.1.4 地震作用　earthquake action

由地震动引起的结构动态作用，包括水平地震作用和竖向地震作用。

2.1.5 设计地震动参数　design parameters of ground motion

抗震设计用的地震加速度（速度、位移）时程曲线、加速度反应谱和峰值加速度。

2.1.6 设计基本地震加速度　design basic acceleration of ground motion

50年设计基准期超越概率10%的地震加速度的设计取值。

2.1.7 设计特征周期　design characteristic period of ground motion

抗震设计用的地震影响系数曲线中，反映地震震级、震中距和场地类别等因素的下降段起始点对应的周期值，简称特征周期。

2.1.8 场地　site

工程群体所在地，具有相似的反应谱特征。其范围相当于厂区、居民小区和自然村或不小于1.0km² 的平面面积。

2.1.9 建筑抗震概念设计　seismic concept design of buildings

根据地震灾害和工程经验等所形成的基本设计原则和设计思想，进行建筑和结构总体布置并确定细部构造的过程。

2.1.10 抗震措施　seismic measures

除地震作用计算和抗力计算以外的抗震设计内容，包括抗震构造措施。

2.1.11 抗震构造措施　details of seismic design

根据抗震概念设计原则，一般不需计算而对结构和非结构各部分必须采取的各种细部要求。

2.2　主　要　符　号

2.2.1 作用和作用效应

F_{Ek}、F_{Evk} ——结构总水平、竖向地震作用标准值；

G_E、G_{eq} ——地震时结构（构件）的重力荷载代表值、等效总重力荷载代表值；

w_k ——风荷载标准值；

S_E ——地震作用效应（弯矩、轴向力、剪力、应力和变形）；

S ——地震作用效应与其他荷载效应的基本组合；

S_k ——作用、荷载标准值的效应；

M ——弯矩；

N ——轴向压力；

V——剪力；

p——基础底面压力；

u——侧移；

θ——楼层位移角。

2.2.2 材料性能和抗力

K——结构（构件）的刚度；

R——结构构件承载力；

f、f_k、f_E——各种材料强度（含地基承载力）设计值、标准值和抗震设计值；

$[\theta]$——楼层位移角限值。

2.2.3 几何参数

A——构件截面面积；

A_s——钢筋截面面积；

B——结构总宽度；

H——结构总高度、柱高度；

L——结构（单元）总长度；

a——距离；

a_s、a'_s——纵向受拉、受压钢筋合力点至截面边缘的最小距离；

b——构件截面宽度；

d——土层深度或厚度，钢筋直径；

h——构件截面高度；

l——构件长度或跨度；

t——抗震墙厚度、楼板厚度。

2.2.4 计算系数

α——水平地震影响系数；

α_{max}——水平地震影响系数最大值；

α_{vmax}——竖向地震影响系数最大值；

γ_G、γ_E、γ_w——作用分项系数；

γ_{RE}——承载力抗震调整系数；

ζ——计算系数；

η——地震作用效应（内力和变形）的增大或调整系数；

λ——构件长细比，比例系数；

ξ_y——结构（构件）屈服强度系数；

ρ——配筋率，比率；

ϕ——构件受压稳定系数；

ψ——组合值系数，影响系数。

2.2.5 其他

T——结构自振周期；

N——贯入锤击数；

I_{lE}——地震时地基的液化指数；

X_{ji}——位移振型坐标（j 振型 i 质点的 x 方向相对位移）；

Y_{ji}——位移振型坐标（j 振型 i 质点的 y 方向相对位移）；

n——总数，如楼层数、质点数、钢筋根数、跨数等；

v_{se}——土层等效剪切波速；

Φ_{ji}——转角振型坐标（j 振型 i 质点的转角方向相对位移）。

3 基 本 规 定

3.1 建筑抗震设防分类和设防标准

3.1.1 抗震设防的所有建筑应按现行国家标准《建筑工程抗震设防分类标准》GB 50223 确定其抗震设防类别及其抗震设防标准。

3.1.2 抗震设防烈度为 6 度时，除本规范有具体规定外，对乙、丙、丁类的建筑可不进行地震作用计算。

3.2 地 震 影 响

3.2.1 建筑所在地区遭受的地震影响，应采用相应于抗震设防烈度的设计基本地震加速度和特征周期表征。

3.2.2 抗震设防烈度和设计基本地震加速度取值的对应关系，应符合表 3.2.2 的规定。设计基本地震加速度为 0.15g 和 0.30g 地区内的建筑，除本规范另有规定外，应分别按抗震设防烈度 7 度和 8 度的要求进行抗震设计。

表 3.2.2 抗震设防烈度和设计基本地震加速度值的对应关系

抗震设防烈度	6	7	8	9
设计基本地震加速度值	0.05g	0.10(0.15)g	0.20(0.30)g	0.40g

注：g 为重力加速度。

3.2.3 地震影响的特征周期应根据建筑所在地的设计地震分组和场地类别确定。本规范的设计地震共分为三组，其特征周期应按本规范第 5 章的有关规定采用。

3.2.4 我国主要城镇（县级及县级以上城镇）中心地区的抗震设防烈度、设计基本地震加速度值和所属的设计地震分组，可按本规范附录 A 采用。

3.3 场 地 和 地 基

3.3.1 选择建筑场地时，应根据工程需要和地震活动情况、工程地质和地震地质的有关资料，对抗震有利、一般、不利和危险地段做出综合评价。对不利地段，应提出避开要求；当无法避开时应采取有效的措施。对危险地段，严禁建造甲、乙类的建筑，不应建造丙类的建筑。

3.3.2 建筑场地为 I 类时，对甲、乙类的建筑应允许仍按本地区抗震设防烈度的要求采取抗震构造措施；对丙类的建筑应允许按本地区抗震设防烈度降低一度的要求采取抗震构造措施，但抗震设防烈度为6度时仍应按本地区抗震设防烈度的要求采取抗震构造措施。

3.3.3 建筑场地为Ⅲ、Ⅳ类时，对设计基本地震加速度为0.15g和0.30g的地区，除本规范另有规定外，宜分别按抗震设防烈度8度（0.20g）和9度（0.40g）时各抗震设防类别建筑的要求采取抗震构造措施。

3.3.4 地基和基础设计应符合下列要求：

1 同一结构单元的基础不宜设置在性质截然不同的地基上。

2 同一结构单元不宜部分采用天然地基部分采用桩基；当采用不同基础类型或基础埋深显著不同时，应根据地震时两部分地基基础的沉降差异，在基础、上部结构的相关部位采取相应措施。

3 地基为软弱黏性土、液化土、新近填土或严重不均匀土时，应根据地震时地基不均匀沉降和其他不利影响，采取相应的措施。

3.3.5 山区建筑的场地和地基基础应符合下列要求：

1 山区建筑场地勘察应有边坡稳定性评价和防治方案建议；应根据地质、地形条件和使用要求，因地制宜设置符合抗震设防要求的边坡工程。

2 边坡设计应符合现行国家标准《建筑边坡工程技术规范》GB 50330的要求；其稳定性验算时，有关的摩擦角应按设防烈度的高低相应修正。

3 边坡附近的建筑基础应进行抗震稳定性设计。建筑基础与土质、强风化岩质边坡的边缘应留有足够的距离，其值应根据设防烈度的高低确定，并采取措施避免地震时地基基础破坏。

3.4 建筑形体及其构件布置的规则性

3.4.1 建筑设计应根据抗震概念设计的要求明确建筑形体的规则性。不规则的建筑应按规定采取加强措施；特别不规则的建筑应进行专门研究和论证，采取特别的加强措施；严重不规则的建筑不应采用。

注：形体指建筑平面形状和立面、竖向剖面的变化。

3.4.2 建筑设计应重视其平面、立面和竖向剖面的规则性对抗震性能及经济合理性的影响，宜择优选用规则的形体，其抗侧力构件的平面布置宜规则对称、侧向刚度沿竖向宜均匀变化、竖向抗侧力构件的截面尺寸和材料强度宜自下而上逐渐减小、避免侧向刚度和承载力突变。

不规则建筑的抗震设计应符合本规范第3.4.4条的有关规定。

3.4.3 建筑形体及其构件布置的平面、竖向不规则性，应按下列要求划分：

1 混凝土房屋、钢结构房屋和钢-混凝土混合结构房屋存在表3.4.3-1所列举的某项平面不规则类型或表3.4.3-2所列举的某项竖向不规则类型以及类似

的不规则类型，应属于不规则的建筑。

表3.4.3-1 平面不规则的主要类型

不规则类型	定义和参考指标
扭转不规则	在具有偶然偏心的规定水平力作用下，楼层两端抗侧力构件弹性水平位移（或层间位移）的最大值与平均值的比值大于1.2
凹凸不规则	平面凹进的尺寸，大于相应投影方向总尺寸的30%
楼板局部不连续	楼板的尺寸和平面刚度急剧变化，例如，有效楼板宽度小于该层楼板典型宽度的50%，或开洞面积大于该层楼面面积的30%，或较大的楼层错层

表3.4.3-2 竖向不规则的主要类型

不规则类型	定义和参考指标
侧向刚度不规则	该层的侧向刚度小于相邻上一层的70%，或小于其上相邻三个楼层侧向刚度平均值的80%；除顶层或出屋面小建筑外，局部收进的水平向尺寸大于相邻下一层的25%
竖向抗侧力构件不连续	竖向抗侧力构件（柱、抗震墙、抗震支撑）的内力由水平转换构件（梁、桁架等）向下传递
楼层承载力突变	抗侧力结构的层间受剪承载力小于相邻上一楼层的80%

2 砌体房屋、单层工业厂房、单层空旷房屋、大跨屋盖建筑和地下建筑的平面和竖向不规则性的划分，应符合本规范有关章节的规定。

3 当存在多项不规则或某项不规则超过规定的参考指标较多时，应属于特别不规则的建筑。

3.4.4 建筑形体及其构件布置不规则时，应按下列要求进行地震作用计算和内力调整，并应对薄弱部位采取有效的抗震构造措施：

1 平面不规则而竖向规则的建筑，应采用空间结构计算模型，并应符合下列要求：

1）扭转不规则时，应计入扭转影响，且在具有偶然偏心的规定水平力作用下，楼层两端抗侧力构件弹性水平位移或层间位移的最大值与平均值的比值不宜大于1.5，当最大层间位移远小于规范限值时，可适当放宽；

2）凹凸不规则或楼板局部不连续时，应采用
符合楼板平面内实际刚度变化的计算模型；
高烈度或不规则程度较大时，宜计入楼板
局部变形的影响；

3）平面不对称且凹凸不规则或局部不连续，
可根据实际情况分块计算扭转位移比，对
扭转较大的部位应采用局部的内力增大
系数。

2 平面规则而竖向不规则的建筑，应采用空间
结构计算模型，刚度小的楼层的地震剪力应乘以不小
于1.15的增大系数，其薄弱层应按本规范有关规定
进行弹塑性变形分析，并应符合下列要求：

1）竖向抗侧力构件不连续时，该构件传递给
水平转换构件的地震内力应根据烈度高低
和水平转换构件的类型、受力情况、几何
尺寸等，乘以1.25～2.0的增大系数；

2）侧向刚度不规则时，相邻层的侧向刚度比
应依据其结构类型符合本规范相关章节的
规定；

3）楼层承载力突变时，薄弱层抗侧力结构的
受剪承载力不应小于相邻上一楼层
的65％。

3 平面不规则且竖向不规则的建筑，应根据不
规则类型的数量和程度，有针对性地采取不低于本条
1、2款要求的各项抗震措施。特别不规则的建筑，
应经专门研究，采取更有效的加强措施或对薄弱部位
采用相应的抗震性能化设计方法。

3.4.5 体型复杂、平立面不规则的建筑，应根据不
规则程度、地基基础条件和技术经济等因素的比较分
析，确定是否设置防震缝，并分别符合下列要求：

1 当不设置防震缝时，应采用符合实际的计算
模型，分析判明其应力集中、变形集中或地震扭转效
应等导致的易损部位，采取相应的加强措施。

2 当在适当部位设置防震缝时，宜形成多个较
规则的抗侧力结构单元。防震缝应根据抗震设防烈
度、结构材料种类、结构类型、结构单元的高度和高
差以及可能的地震扭转效应的情况，留有足够的宽
度，其两侧的上部结构应完全分开。

3 当设置伸缩缝和沉降缝时，其宽度应符合防
震缝的要求。

3.5 结 构 体 系

3.5.1 结构体系应根据建筑的抗震设防类别、抗震
设防烈度、建筑高度、场地条件、地基、结构材料和
施工等因素，经技术、经济和使用条件综合比较
确定。

3.5.2 结构体系应符合下列各项要求：

1 应具有明确的计算简图和合理的地震作用传
递途径。

2 应避免因部分结构或构件破坏而导致整个结
构丧失抗震能力或对重力荷载的承载能力。

3 应具备必要的抗震承载力，良好的变形能力
和消耗地震能量的能力。

4 对可能出现的薄弱部位，应采取措施提高其
抗震能力。

3.5.3 结构体系尚宜符合下列各项要求：

1 宜有多道抗震防线。

2 宜具有合理的刚度和承载力分布，避免因局
部削弱或突变形成薄弱部位，产生过大的应力集中或
塑性变形集中。

3 结构在两个主轴方向的动力特性宜相近。

3.5.4 结构构件应符合下列要求：

1 砌体结构应按规定设置钢筋混凝土圈梁和构
造柱、芯柱，或采用约束砌体、配筋砌体等。

2 混凝土结构构件应控制截面尺寸和受力钢筋、
箍筋的设置，防止剪切破坏先于弯曲破坏、混凝土的
压溃先于钢筋的屈服、钢筋的锚固粘结破坏先于钢筋
破坏。

3 预应力混凝土的构件，应配有足够的非预应
力钢筋。

4 钢结构构件的尺寸应合理控制，避免局部失
稳或整个构件失稳。

5 多、高层的混凝土楼、屋盖宜优先采用现浇
混凝土板。当采用预制装配式混凝土楼、屋盖时，应
从楼盖体系和构造上采取措施确保各预制板之间连接
的整体性。

3.5.5 结构各构件之间的连接，应符合下列要求：

1 构件节点的破坏，不应先于其连接的构件。

2 预埋件的锚固破坏，不应先于连接件。

3 装配式结构构件的连接，应能保证结构的整
体性。

4 预应力混凝土构件的预应力钢筋，宜在节点
核心区以外锚固。

3.5.6 装配式单层厂房的各种抗震支撑系统，应保
证地震时厂房的整体性和稳定性。

3.6 结 构 分 析

3.6.1 除本规范特别规定者外，建筑结构应进行多
遇地震作用下的内力和变形分析，此时，可假定结构
与构件处于弹性工作状态，内力和变形分析可采
用线性静力方法或线性动力方法。

3.6.2 不规则且具有明显薄弱部位可能导致重大地
震破坏的建筑结构，应按本规范有关规定进行罕遇地
震作用下的弹塑性变形分析。此时，可根据结构特点
采用静力弹塑性分析或弹塑性时程分析方法。

当本规范有具体规定时，尚可采用简化方法计算
结构的弹塑性变形。

3.6.3 当结构在地震作用下的重力附加弯矩大于初

始弯矩的 10% 时，应计入重力二阶效应的影响。

注：重力附加弯矩指任一楼层以上全部重力荷载与该楼层地震平均层间位移的乘积；初始弯矩指该楼层地震剪力与楼层层高的乘积。

3.6.4 结构抗震分析时，应按照楼、屋盖的平面形状和平面内变形情况确定为刚性、分块刚性、半刚性、局部弹性和柔性等的横隔板，再按抗侧力系统的布置确定抗侧力构件间的共同工作并进行各构件间的地震内力分析。

3.6.5 质量和侧向刚度分布接近对称且楼、屋盖可视为刚性横隔板的结构，以及本规范有关章节有具体规定的结构，可采用平面结构模型进行抗震分析。其他情况，应采用空间结构模型进行抗震分析。

3.6.6 利用计算机进行结构抗震分析，应符合下列要求：

1 计算模型的建立、必要的简化计算与处理，应符合结构的实际工作状况，计算中应考虑楼梯构件的影响。

2 计算软件的技术条件应符合本规范及有关标准的规定，并应阐明其特殊处理的内容和依据。

3 复杂结构在多遇地震作用下的内力和变形分析时，应采用不少于两个合适的不同力学模型，并对其计算结果进行分析比较。

4 所有计算机计算结果，应经分析判断确认其合理、有效后方可用于工程设计。

3.7 非结构构件

3.7.1 非结构构件，包括建筑非结构构件和建筑附属机电设备，自身及其与结构主体的连接，应进行抗震设计。

3.7.2 非结构构件的抗震设计，应由相关专业人员分别负责进行。

3.7.3 附着于楼、屋面结构上的非结构构件，以及楼梯间的非承重墙体，应与主体结构有可靠的连接或锚固，避免地震时倒塌伤人或砸坏重要设备。

3.7.4 框架结构的围护墙和隔墙，应估计其设置对结构抗震的不利影响，避免不合理设置而导致主体结构的破坏。

3.7.5 幕墙、装饰贴面与主体结构应有可靠连接，避免地震时脱落伤人。

3.7.6 安装在建筑上的附属机械、电气设备系统的支座和连接，应符合地震时使用功能的要求，且不应导致相关部件的损坏。

3.8 隔震与消能减震设计

3.8.1 隔震与消能减震设计，可用于对抗震安全性和使用功能有较高要求或专门要求的建筑。

3.8.2 采用隔震或消能减震设计的建筑，当遭遇到本地区的多遇地震影响、设防地震影响和罕遇地震影响时，可按高于本规范第 1.0.1 条的基本设防目标进行设计。

3.9 结构材料与施工

3.9.1 抗震结构对材料和施工质量的特别要求，应在设计文件上注明。

3.9.2 结构材料性能指标，应符合下列最低要求：

1 砌体结构材料应符合下列规定：

1）普通砖和多孔砖的强度等级不应低于 MU10，其砌筑砂浆强度等级不应低于 M5；

2）混凝土小型空心砌块的强度等级不应低于 MU7.5，其砌筑砂浆强度等级不应低于 Mb7.5。

2 混凝土结构材料应符合下列规定：

1）混凝土的强度等级，框支梁、框支柱及抗震等级为一级的框架梁、柱、节点核芯区，不应低于 C30；构造柱、芯柱、圈梁及其他各类构件不应低于 C20；

2）抗震等级为一、二、三级的框架和斜撑构件（含梯段），其纵向受力钢筋采用普通钢筋时，钢筋的抗拉强度实测值与屈服强度实测值的比值不应小于 1.25；钢筋的屈服强度实测值与屈服强度标准值的比值不应大于 1.3，且钢筋在最大拉力下的总伸长率实测值不应小于 9%。

3 钢结构的钢材应符合下列规定：

1）钢材的屈服强度实测值与抗拉强度实测值的比值不应大于 0.85；

2）钢材应有明显的屈服台阶，且伸长率不应小于 20%；

3）钢材应有良好的焊接性和合格的冲击韧性。

3.9.3 结构材料性能指标，尚宜符合下列要求：

1 普通钢筋宜优先采用延性、韧性和焊接性较好的钢筋；普通钢筋的强度等级，纵向受力钢筋宜选用符合抗震性能指标的不低于 HRB400 级的热轧钢筋，也可采用符合抗震性能指标的 HRB335 级热轧钢筋；箍筋宜选用符合抗震性能指标的不低于 HRB335 级的热轧钢筋，也可选用 HPB300 级热轧钢筋。

注：钢筋的检验方法应符合现行国家标准《混凝土结构工程施工质量验收规范》GB 50204 的规定。

2 混凝土结构的混凝土强度等级，抗震墙不宜超过 C60，其他构件，9 度时不宜超过 C60，8 度时不宜超过 C70。

3 钢结构的钢材宜采用 Q235 等级 B、C、D 的碳素结构钢及 Q345 等级 B、C、D、E 的低合金高强度结构钢；当有可靠依据时，尚可采用其他钢种和钢号。

3.9.4 在施工中，当需要以强度等级较高的钢筋替代原设计中的纵向受力钢筋时，应按照钢筋受拉承载力设计值相等的原则换算，并应满足最小配筋率要求。

3.9.5 采用焊接连接的钢结构，当接头的焊接拘束度较大、钢板厚度不小于40mm且承受沿板厚方向的拉力时，钢板厚度方向截面收缩率不应小于国家标准《厚度方向性能钢板》GB/T 5313关于Z15级规定的容许值。

3.9.6 钢筋混凝土构造柱和底部框架-抗震墙房屋中的砌体抗震墙，其施工应先砌墙后浇构造柱和框架梁柱。

3.9.7 混凝土墙体、框架柱的水平施工缝，应采取措施加强混凝土的结合性能。对于抗震等级一级的墙体和转换层楼板与落地混凝土墙体的交接处，宜验算水平施工缝截面的受剪承载力。

3.10 建筑抗震性能化设计

3.10.1 当建筑结构采用抗震性能化设计时，应根据其抗震设防类别、设防烈度、场地条件、结构类型和不规则性，建筑使用功能和附属设施功能的要求、投资大小、震后损失和修复难易程度等，对选定的抗震性能目标提出技术和经济可行性综合分析和论证。

3.10.2 建筑结构的抗震性能化设计，应根据实际需要和可能，具有针对性：可分别选定针对整个结构、结构的局部部位或关键部位、结构的关键部件、重要构件、次要构件以及建筑构件和机电设备支座的性能目标。

3.10.3 建筑结构的抗震性能化设计应符合下列要求：

1 选定地震动水准。对设计使用年限50年的结构，可选用本规范的多遇地震、设防地震和罕遇地震的地震作用，其中，设防地震的加速度应按本规范表3.2.2的设计基本地震加速度采用，设防地震的地震影响系数最大值，6度、7度（0.10g）、7度（0.15g）、8度（0.20g）、8度（0.30g）、9度可分别采用0.12、0.23、0.34、0.45、0.68和0.90。对设计使用年限超过50年的结构，宜考虑实际需要和可能，经专门研究后对地震作用作适当调整。对处于发震断裂两侧10km以内的结构，地震动参数应计入近场影响，5km以内宜乘以增大系数1.5，5km以外宜乘以不小于1.25的增大系数。

2 选定性能目标，即对应于不同地震动水准的预期损坏状态或使用功能，应不低于本规范第1.0.1条对基本设防目标的规定。

3 选定性能设计指标。设计应选定分别提高结构或其关键部位的抗震承载力、变形能力或同时提高抗震承载力和变形能力的具体指标，尚应计及不同水准地震作用取值的不确定性而留有余地。设计宜确定在不同地震动水准下结构不同部位的水平和竖向构件承载力的要求（含不发生脆性剪切破坏、形成塑性铰、达到屈服值或保持弹性等）；宜选择在不同地震

动水准下结构不同部位的预期弹性或弹塑性变形状态，以及相应的构件延性构造的高、中或低要求。当构件的承载力明显提高时，相应的延性构造可适当降低。

3.10.4 建筑结构的抗震性能化设计的计算应符合下列要求：

1 分析模型应正确、合理地反映地震作用的传递途径和楼盖在不同地震动水准下是否整体或分块处于弹性工作状态。

2 弹性分析可采用线性方法，弹塑性分析可根据性能目标所预期的结构弹塑性状态，分别采用增加阻尼的等效线性化方法以及静力或动力非线性分析方法。

3 结构非线性分析模型相对于弹性分析模型可有所简化，但二者在多遇地震下的线性分析结果应基本一致；应计入重力二阶效应、合理确定弹塑性参数，应依据构件的实际截面、配筋等计算承载力，可通过与理想弹性假定计算结果的对比分析，着重发现构件可能破坏的部位及其弹塑性变形程度。

3.10.5 结构及其构件抗震性能化设计的参考目标和计算方法，可按本规范附录M第M.1节的规定采用。

3.11 建筑物地震反应观测系统

3.11.1 抗震设防烈度为7、8、9度时，高度分别超过160m、120m、80m的大型公共建筑，应按规定设置建筑结构的地震反应观测系统，建筑设计应留有观测仪器和线路的位置。

4 场地、地基和基础

4.1 场　　地

4.1.1 选择建筑场地时，应按表4.1.1划分对建筑抗震有利、一般、不利和危险的地段。

表4.1.1 有利、一般、不利和危险地段的划分

地段类别	地质、地形、地貌
有利地段	稳定基岩，坚硬土，开阔、平坦、密实、均匀的中硬土等
一般地段	不属于有利、不利和危险的地段
不利地段	软弱土，液化土，条状突出的山嘴，高耸孤立的山丘，陡坡，陡坎，河岸和边坡的边缘，平面分布上成因、岩性、状态明显不均匀的土层（含故河道、疏松的断层破碎带、暗埋的塘浜沟谷和半填半挖地基），高含水量的可塑黄土，地表存在结构性裂缝等
危险地段	地震时可能发生滑坡、崩塌、地陷、地裂、泥石流等及发震断裂带上可能发生地表位错的部位

4.1.2 建筑场地的类别划分，应以土层等效剪切波速和场地覆盖层厚度为准。

4.1.3 土层剪切波速的测量，应符合下列要求：

1 在场地初步勘察阶段，对大面积的同一地质单元，测试土层剪切波速的钻孔数量不宜少于3个。

2 在场地详细勘察阶段，对单幢建筑，测试土层剪切波速的钻孔数量不宜少于2个，测试数据变化较大时，可适量增加；对小区中处于同一地质单元内的密集建筑群，测试土层剪切波速的钻孔数量可适量减少，但每幢高层建筑和大跨空间结构的钻孔数量均不得少于1个。

3 对丁类建筑及丙类建筑中层数不超过10层、高度不超过24m的多层建筑，当无实测剪切波速时，可根据岩土名称和性状，按表4.1.3划分土的类型，再利用当地经验在表4.1.3的剪切波速范围内估算各土层的剪切波速。

表4.1.3 土的类型划分和剪切波速范围

土的类型	岩土名称和性状	土层剪切波速范围（m/s）
岩石	坚硬、较硬且完整的岩石	$v_s > 800$
坚硬土或软质岩石	破碎和较破碎的岩石或软和较软的岩石，密实的碎石土	$800 \geqslant v_s > 500$
中硬土	中密、稍密的碎石土，密实、中密的砾、粗、中砂，$f_{ak} > 150$ 的黏性土和粉土，坚硬黄土	$500 \geqslant v_s > 250$
中软土	稍密的砾、粗、中砂，除松散外的细、粉砂，$f_{ak} \leqslant 150$ 的黏性土和粉土，$f_{ak} > 130$ 的填土，可塑新黄土	$250 \geqslant v_s > 150$
软弱土	淤泥和淤泥质土，松散的砂，新近沉积的黏性土和粉土，$f_{ak} \leqslant 130$ 的填土，流塑黄土	$v_s \leqslant 150$

注：f_{ak} 为由载荷试验等方法得到的地基承载力特征值（kPa）；v_s 为岩土剪切波速。

4.1.4 建筑场地覆盖层厚度的确定，应符合下列要求：

1 一般情况下，应按地面至剪切波速大于500m/s且其下卧各层岩土的剪切波速均不小于500m/s的土层顶面的距离确定。

2 当地面5m以下存在剪切波速大于其上部各土层剪切波速2.5倍的土层，且该土层及其下卧各层岩土的剪切波速均不小于400m/s时，可按地面至该土层顶面的距离确定。

3 剪切波速大于500m/s的孤石、透镜体，应视同周围土层。

4 土层中的火山岩硬夹层，应视为刚体，其厚度应从覆盖土层中扣除。

4.1.5 土层的等效剪切波速，应按下列公式计算：

$$v_{se} = d_0/t \qquad (4.1.5-1)$$

$$t = \sum_{i=1}^{n} (d_i/v_{si}) \qquad (4.1.5-2)$$

式中：v_{se}——土层等效剪切波速（m/s）；

d_0——计算深度（m），取覆盖层厚度和20m两者的较小值；

t——剪切波在地面至计算深度之间的传播时间；

d_i——计算深度范围内第 i 土层的厚度（m）；

v_{si}——计算深度范围内第 i 土层的剪切波速（m/s）；

n——计算深度范围内土层的分层数。

4.1.6 建筑的场地类别，应根据土层等效剪切波速和场地覆盖层厚度按表4.1.6划分为四类，其中 Ⅰ 类分为 Ⅰ₀、Ⅰ₁ 两个亚类。当有可靠的剪切波速和覆盖层厚度且其值处于表4.1.6所列场地类别的分界线附近时，应允许按插值方法确定地震作用计算所用的特征周期。

表4.1.6 各类建筑场地的覆盖层厚度（m）

岩石的剪切波速或土的等效剪切波速（m/s）	场 地 类 别				
	I_0	I_1	Ⅱ	Ⅲ	Ⅳ
$v_s > 800$	0				
$800 \geqslant v_s > 500$		0			
$500 \geqslant v_{se} > 250$		<5	$\geqslant$5		
$250 \geqslant v_{se} > 150$		<3	3~50	>50	
$v_{se} \leqslant 150$		<3	3~15	15~80	>80

注：表中v_s系岩石的剪切波速。

4.1.7 场地内存在发震断裂时，应对断裂的工程影响进行评价，并应符合下列要求：

1 对符合下列规定之一的情况，可忽略发震断裂错动对地面建筑的影响：

1）抗震设防烈度小于8度；

2）非全新世活动断裂；

3）抗震设防烈度为8度和9度时，隐伏断裂的土层覆盖厚度分别大于60m和90m。

2 对不符合本条1款规定的情况，应避开主断裂带。其避让距离不宜小于表4.1.7对发震断裂最小避让距离的规定。在避让距离的范围内确有需要建造分散的、低于三层的丙、丁类建筑时，应按提高一度采取抗震措施，并提高基础和上部结构的整体性，且不得跨越断层线。

表 4.1.7　发震断裂的最小避让距离（m）

烈　度	建筑抗震设防类别			
	甲	乙	丙	丁
8	专门研究	200m	100m	—
9	专门研究	400m	200m	—

4.1.8 当需要在条状突出的山嘴、高耸孤立的山丘、非岩石和强风化岩石的陡坡、河岸和边坡边缘等不利地段建造丙类及丙类以上建筑时，除保证其在地震作用下的稳定性外，尚应估计不利地段对设计地震动参数可能产生的放大作用，其水平地震影响系数最大值应乘以增大系数。其值应根据不利地段的具体情况确定，在 1.1~1.6 范围内采用。

4.1.9 场地岩土工程勘察，应根据实际需要划分的对建筑有利、一般、不利和危险的地段，提供建筑的场地类别和岩土地震稳定性（含滑坡、崩塌、液化和震陷特性）评价，对需要采用时程分析法补充计算的建筑，尚应根据设计要求提供土层剖面、场地覆盖层厚度和有关的动力参数。

4.2　天然地基和基础

4.2.1 下列建筑可不进行天然地基及基础的抗震承载力验算：

　　1 本规范规定可不进行上部结构抗震验算的建筑。

　　2 地基主要受力层范围内不存在软弱黏性土层的下列建筑：

　　　　1）一般的单层厂房和单层空旷房屋；

　　　　2）砌体房屋；

　　　　3）不超过 8 层且高度在 24m 以下的一般民用框架和框架-抗震墙房屋；

　　　　4）基础荷载与 3）项相当的多层框架厂房和多层混凝土抗震墙房屋。

　　注：软弱黏性土层指7度、8度和9度时，地基承载力特征值分别小于 80、100 和120kPa 的土层。

4.2.2 天然地基基础抗震验算时，应采用地震作用效应标准组合，且地基抗震承载力应取地基承载力特征值乘以地基抗震承载力调整系数计算。

4.2.3 地基抗震承载力应按下式计算：

$$f_{aE} = \zeta_a f_a \qquad (4.2.3)$$

式中：f_{aE}——调整后的地基抗震承载力；

　　　　ζ_a——地基抗震承载力调整系数，应按表 4.2.3采用；

　　　　f_a——深宽修正后的地基承载力特征值，应按现行国家标准《建筑地基基础设计规范》GB 50007采用。

表 4.2.3　地基抗震承载力调整系数

岩土名称和性状	ζ_a
岩石，密实的碎石土，密实的砾、粗、中砂，$f_{ak} \geqslant 300$ 的黏性土和粉土	1.5
中密、稍密的碎石土，中密和稍密的砾、粗、中砂，密实和中密的细、粉砂，150kPa$\leqslant f_{ak} <$ 300kPa 的黏性土和粉土，坚硬黄土	1.3
稍密的细、粉砂，100kPa$\leqslant f_{ak} <$150kPa 的黏性土和粉土，可塑黄土	1.1
淤泥，淤泥质土，松散的砂，杂填土，新近堆积黄土及流塑黄土	1.0

4.2.4 验算天然地基地震作用下的竖向承载力时，按地震作用效应标准组合的基础底面平均压力和边缘最大压力应符合下列各式要求：

$$p \leqslant f_{aE} \qquad (4.2.4-1)$$
$$p_{max} \leqslant 1.2 f_{aE} \qquad (4.2.4-2)$$

式中：p——地震作用效应标准组合的基础底面平均压力；

　　　　p_{max}——地震作用效应标准组合的基础边缘的最大压力。

　　高宽比大于 4 的高层建筑，在地震作用下基础底面不宜出现脱离区（零应力区）；其他建筑，基础底面与地基土之间脱离区（零应力区）面积不应超过基础底面面积的 15%。

4.3　液化土和软土地基

4.3.1 饱和砂土和饱和粉土（不含黄土）的液化判别和地基处理，6 度时，一般情况下可不进行判别和处理，但对液化沉陷敏感的乙类建筑可按 7 度的要求进行判别和处理，7~9 度时，乙类建筑可按本地区抗震设防烈度的要求进行判别和处理。

4.3.2 地面下存在饱和砂土和饱和粉土时，除 6 度外，应进行液化判别；存在液化土层的地基，应根据建筑的抗震设防类别、地基的液化等级，结合具体情况采取相应的措施。

　　注：本条饱和土液化判别要求不含黄土、粉质黏土。

4.3.3 饱和的砂土或粉土（不含黄土），当符合下列条件之一时，可初步判别为不液化或可不考虑液化影响：

　　1 地质年代为第四纪晚更新世（Q_3）及其以前时，7、8 度时可判为不液化。

　　2 粉土的黏粒（粒径小于 0.005mm 的颗粒）含量百分率，7 度、8 度和 9 度分别不小于 10、13 和 16 时，可判为不液化土。

　　注：用于液化判别的黏粒含量系采用六偏磷酸钠作分散剂测定，采用其他方法时应按有关规定换算。

3 浅埋天然地基的建筑，当上覆非液化土层厚度和地下水位深度符合下列条件之一时，可不考虑液化影响：

$$d_u > d_0 + d_b - 2 \quad (4.3.3-1)$$
$$d_w > d_0 + d_b - 3 \quad (4.3.3-2)$$
$$d_u + d_w > 1.5d_0 + 2d_b - 4.5 \quad (4.3.3-3)$$

式中：d_w——地下水位深度（m），宜按设计基准期内年平均最高水位采用，也可按近期内年最高水位采用；

d_u——上覆盖非液化土层厚度（m），计算时宜将淤泥和淤泥质土层扣除；

d_b——基础埋置深度（m），不超过2m时应采用2m；

d_0——液化土特征深度（m），可按表4.3.3采用。

表 4.3.3　液化土特征深度（m）

饱和土类别	7度	8度	9度
粉土	6	7	8
砂土	7	8	9

注：当区域的地下水位处于变动状态时，应按不利的情况考虑。

4.3.4 当饱和砂土、粉土的初步判别认为需进一步进行液化判别时，应采用标准贯入试验判别法判别地面下20m范围内土的液化；但对本规范第4.2.1条规定可不进行天然地基及基础的抗震承载力验算的各类建筑，可只判别地面下15m范围内土的液化。当饱和土标准贯入锤击数（未经杆长修正）小于或等于液化判别标准贯入锤击数临界值时，应判为液化土。当有成熟经验时，尚可采用其他判别方法。

在地面下20m深度范围内，液化判别标准贯入锤击数临界值可按下式计算：

$$N_{cr} = N_0 \beta [\ln(0.6d_s + 1.5) - 0.1d_w] \sqrt{3/\rho_c}$$
$$(4.3.4)$$

式中：N_{cr}——液化判别标准贯入锤击数临界值；

N_0——液化判别标准贯入锤击数基准值，可按表4.3.4采用；

d_s——饱和土标准贯入点深度（m）；

d_w——地下水位（m）；

ρ_c——黏粒含量百分率，当小于3或为砂土时，应采用3；

β——调整系数，设计地震第一组取0.80，第二组取0.95，第三组取1.05。

表 4.3.4　液化判别标准贯入锤击数基准值 N_0

设计基本地震加速度（g）	0.10	0.15	0.20	0.30	0.40
液化判别标准贯入锤击数基准值	7	10	12	16	19

4.3.5 对存在液化砂土层、粉土层的地基，应探明各液化土层的深度和厚度，按下式计算每个钻孔的液化指数，并按表4.3.5综合划分地基的液化等级：

$$I_{lE} = \sum_{i=1}^{n} \left[1 - \frac{N_i}{N_{cri}}\right] d_i W_i \quad (4.3.5)$$

式中：I_{lE}——液化指数；

n——在判别深度范围内每一个钻孔标准贯入试验点的总数；

N_i、N_{cri}——分别为i点标准贯入锤击数的实测值和临界值，当实测值大于临界值时应取临界值；当只需要判别15m范围以内的液化时，15m以下的实测值可按临界值采用；

d_i——i点所代表的土层厚度（m），可采用与该标准贯入试验点相邻的上、下两标准贯入试验点深度差的一半，但上界不高于地下水位深度，下界不深于液化深度；

W_i——i土层单位土层厚度的层位影响权函数值（单位为m^{-1}）。当该层中点深度不大于5m时应采用10，等于20m时应采用零值，5～20m时应按线性内插法取值。

表 4.3.5　液化等级与液化指数的对应关系

液化等级	轻微	中等	严重
液化指数 I_{lE}	$0 < I_{lE} \leq 6$	$6 < I_{lE} \leq 18$	$I_{lE} > 18$

4.3.6 当液化砂土层、粉土层较平坦且均匀时，宜按表4.3.6选用地基抗液化措施；尚可计入上部结构重力荷载对液化危害的影响，根据液化震陷量的估计适当调整抗液化措施。

不宜将未经处理的液化土层作为天然地基持力层。

表 4.3.6　抗液化措施

建筑抗震设防类别	地基的液化等级		
	轻微	中等	严重
乙类	部分消除液化沉陷，或对基础和上部结构处理	全部消除液化沉陷，或部分消除液化沉陷且对基础和上部结构处理	全部消除液化沉陷
丙类	基础和上部结构处理，亦可不采取措施	基础和上部结构处理，或更高要求的措施	全部消除液化沉陷，或部分消除液化沉陷且对基础和上部结构处理

续表 4.3.6

建筑抗震设防类别	地基的液化等级		
	轻微	中等	严重
丁类	可不采取措施	可不采取措施	基础和上部结构处理，或其他经济的措施

注：甲类建筑的地基抗液化措施应进行专门研究，但不宜低于乙类的相应要求。

4.3.7 全部消除地基液化沉陷的措施，应符合下列要求：

1 采用桩基时，桩端伸入液化深度以下稳定土层中的长度（不包括桩尖部分），应按计算确定，且对碎石土，砾、粗、中砂，坚硬黏性土和密实粉土尚不应小于 0.8m，对其他非岩石土尚不宜小于 1.5m。

2 采用深基础时，基础底面应埋入液化深度以下的稳定土层中，其深度不应小于 0.5m。

3 采用加密法（如振冲、振动加密、挤密碎石桩、强夯等）加固时，应处理至液化深度下界；振冲或挤密碎石桩加固后，桩间土的标准贯入锤击数不宜小于本规范第 4.3.4 条规定的液化判别标准贯入锤击数临界值。

4 用非液化土替换全部液化土层，或增加上覆非液化土层的厚度。

5 采用加密法或换土法处理时，在基础边缘以外的处理宽度，应超过基础底面下处理深度的 1/2 且不小于基础宽度的 1/5。

4.3.8 部分消除地基液化沉陷的措施，应符合下列要求：

1 处理深度应使处理后的地基液化指数减少，其值不宜大于 5；大面积筏基、箱基的中心区域，处理后的液化指数可比上述规定降低 1；对独立基础和条形基础，尚不应小于基础底面下液化土特征深度和基础宽度的较大值。

注：中心区域指位于基础外边界以内沿长宽方向距外边界大于相应方向 1/4 长度的区域。

2 采用振冲或挤密碎石桩加固后，桩间土的标准贯入锤击数不宜小于按本规范第 4.3.4 条规定的液化判别标准贯入锤击数临界值。

3 基础边缘以外的处理宽度，应符合本规范第 4.3.7 条 5 款的要求。

4 采取减小液化震陷的其他方法，如增厚上覆非液化土层的厚度和改善周边的排水条件等。

4.3.9 减轻液化影响的基础和上部结构处理，可综合采用下列各项措施：

1 选择合适的基础埋置深度。

2 调整基础底面积，减少基础偏心。

3 加强基础的整体性和刚度，如采用箱基、筏基或钢筋混凝土交叉条形基础，加设基础圈梁等。

4 减轻荷载，增强上部结构的整体刚度和均匀对称性，合理设置沉降缝，避免采用对不均匀沉降敏感的结构形式等。

5 管道穿过建筑处应预留足够尺寸或采用柔性接头等。

4.3.10 在故河道以及临近河岸、海岸和边坡等有液化侧向扩展或流滑可能的地段内不宜修建永久性建筑，否则应进行抗滑动验算、采取防土体滑动措施或结构抗裂措施。

4.3.11 地基中软弱黏性土层的震陷判别，可采用下列方法。饱和粉质黏土震陷的危害性和抗震陷措施应根据沉降和横向变形大小等因素综合研究确定，8 度（0.30g）和 9 度时，当塑性指数小于 15 且符合下式规定的饱和粉质黏土可判为震陷性软土。

$$W_s \geq 0.9 W_L \qquad (4.3.11-1)$$
$$I_L \geq 0.75 \qquad (4.3.11-2)$$

式中：W_s——天然含水量；

W_L——液限含水量，采用液、塑限联合测定法测定；

I_L——液性指数。

4.3.12 地基主要受力层范围内存在软弱黏性土层和高含水量的可塑性黄土时，应结合具体情况综合考虑，采用桩基、地基加固处理或本规范第 4.3.9 条的各项措施，也可根据软土震陷量的估计，采取相应措施。

4.4 桩 基

4.4.1 承受竖向荷载为主的低承台桩基，当地面下无液化土层，且桩承台周围无淤泥、淤泥质土和地基承载力特征值不大于 100kPa 的填土时，下列建筑可不进行桩基抗震承载力验算：

1 6 度～8 度时的下列建筑：

1）一般的单层厂房和单层空旷房屋；

2）不超过 8 层且高度在 24m 以下的一般民用框架房屋和框架-抗震墙房屋；

3）基础荷载与 2）项相当的多层框架厂房和多层混凝土抗震墙房屋。

2 本规范第 4.2.1 条之 1 款规定的建筑及砌体房屋。

4.4.2 非液化土中低承台桩基的抗震验算，应符合下列规定：

1 单桩的竖向和水平向抗震承载力特征值，可均比非抗震设计时提高 25%。

2 当承台周围的回填土夯实至干密度不小于现行国家标准《建筑地基基础设计规范》GB 50007 对填土的要求时，可由承台正面填土与桩共同承担水平地震作用；但不应计入承台底面与地基土间的摩擦力。

4.4.3 存在液化土层的低承台桩基抗震验算，应符合下列规定：

1 承台埋深较浅时，不宜计入承台周围土的抗力或刚性地坪对水平地震作用的分担作用。

2 当桩承台底面上、下分别有厚度不小于1.5m、1.0m的非液化土层或非软弱土层时，可按下列二种情况进行桩的抗震验算，并按不利情况设计：

1）桩承受全部地震作用，桩承载力按本规范第4.4.2条取用，液化土的桩周摩阻力及桩水平抗力均应乘以表4.4.3的折减系数。

表 4.4.3　土层液化影响折减系数

实际标贯锤击数/临界标贯锤击数	深度 d_s（m）	折减系数
≤0.6	$d_s \leq 10$	0
	$10 < d_s \leq 20$	1/3
>0.6～0.8	$d_s \leq 10$	1/3
	$10 < d_s \leq 20$	2/3
>0.8～1.0	$d_s \leq 10$	2/3
	$10 < d_s \leq 20$	1

2）地震作用按水平地震影响系数最大值的10%采用，桩承载力仍按本规范第4.4.2条1款取用，但应扣除液化土层的全部摩阻力及桩承台下2m深度范围内非液化土的桩周摩阻力。

3 打入式预制桩及其他挤土桩，当平均桩距为2.5～4倍桩径且桩数不少于5×5时，可计入打桩对土的加密作用及桩身对液化土变形限制的有利影响。当打桩后桩间土的标准贯入锤击数值达到不液化的要求时，单桩承载力可不折减，但对桩尖持力层作强度校核时，桩群外侧的应力扩散角应取为零。打桩后桩间土的标准贯入锤击数宜由试验确定，也可按下式计算：

$$N_1 = N_p + 100\rho(1 - e^{-0.3N_p}) \qquad (4.4.3)$$

式中：N_1——打桩后的标准贯入锤击数；

ρ——打入式预制桩的面积置换率；

N_p——打桩前的标准贯入锤击数。

4.4.4 处于液化土中的桩基承台周围，宜用密实干土填筑夯实，若用砂土或粉土则应使土层的标准贯入锤击数不小于本规范第4.3.4条规定的液化判别标准贯入锤击数临界值。

4.4.5 液化土和震陷软土中桩的配筋范围，应自桩顶至液化深度以下符合全部消除液化沉陷所要求的深度，其纵向钢筋应与桩顶部相同，箍筋应加粗和加密。

4.4.6 在有液化侧向扩展的地段，桩基除应满足本节中的其他规定外，尚应考虑土流动时的侧向作用力，且承受侧向推力的面积应按边桩外缘间的宽度计算。

5　地震作用和结构抗震验算

5.1　一　般　规　定

5.1.1 各类建筑结构的地震作用，应符合下列规定：

1 一般情况下，应至少在建筑结构的两个主轴方向分别计算水平地震作用，各方向的水平地震作用应由该方向抗侧力构件承担。

2 有斜交抗侧力构件的结构，当相交角度大于15°时，应分别计算各抗侧力构件方向的水平地震作用。

3 质量和刚度分布明显不对称的结构，应计入双向水平地震作用下的扭转影响；其他情况，应允许采用调整地震作用效应的方法计入扭转影响。

4 8、9度时的大跨度和长悬臂结构及9度时的高层建筑，应计算竖向地震作用。

注：8、9度时采用隔震设计的建筑结构，应按有关规定计算竖向地震作用。

5.1.2 各类建筑结构的抗震计算，应采用下列方法：

1 高度不超过40m、以剪切变形为主且质量和刚度沿高度分布比较均匀的结构，以及近似于单质点体系的结构，可采用底部剪力法等简化方法。

2 除1款外的建筑结构，宜采用振型分解反应谱法。

3 特别不规则的建筑、甲类建筑和表5.1.2-1所列高度范围的高层建筑，应采用时程分析法进行多遇地震下的补充计算；当取三组加速度时程曲线输入时，计算结果宜取时程法的包络值和振型分解反应谱法的较大值；当取七组及七组以上的时程曲线时，计算结果可取时程法的平均值和振型分解反应谱法的较大值。

采用时程分析法时，应按建筑场地类别和设计地震分组选用实际强震记录和人工模拟的加速度时程曲线，其中实际强震记录的数量不应少于总数的2/3，多组时程曲线的平均地震影响系数曲线应与振型分解反应谱法所采用的地震影响系数曲线在统计意义上相符，其加速度时程的最大值可按表5.1.2-2采用。弹性时程分析时，每条时程曲线计算所得结构底部剪力不应小于振型分解反应谱法计算结果的65%，多条时程曲线计算所得结构底部剪力的平均值不应小于振型分解反应谱法计算结果的80%。

表 5.1.2-1　采用时程分析的房屋高度范围

烈度、场地类别	房屋高度范围（m）
8度Ⅰ、Ⅱ类场地和7度	>100
8度Ⅲ、Ⅳ类场地	>80
9度	>60

表 5.1.2-2　时程分析所用地震加速度
时程的最大值（cm/s²）

地震影响	6 度	7 度	8 度	9 度
多遇地震	18	35(55)	70(110)	140
罕遇地震	125	220(310)	400(510)	620

注：括号内数值分别用于设计基本地震加速度为 0.15g 和 0.30g 的地区。

4 计算罕遇地震下结构的变形，应按本规范第 5.5 节规定，采用简化的弹塑性分析方法或弹塑性时程分析法。

5 平面投影尺度很大的空间结构，应根据结构形式和支承条件，分别按单点一致、多点、多向单点或多向多点输入进行抗震计算。按多点输入计算时，应考虑地震行波效应和局部场地效应。6 度和 7 度 Ⅰ、Ⅱ 类场地的支承结构、上部结构和基础的抗震验算可采用简化方法，根据结构跨度、长度不同，其短边构件可乘以附加地震作用效应系数 1.15～1.30；7 度 Ⅲ、Ⅳ 类场地和 8、9 度时，应采用时程分析方法进行抗震验算。

6 建筑结构的隔震和消能减震设计，应采用本规范第 12 章规定的计算方法。

7 地下建筑结构应采用本规范第 14 章规定的计算方法。

5.1.3 计算地震作用时，建筑的重力荷载代表值应取结构和构配件自重标准值和各可变荷载组合值之和。各可变荷载的组合值系数，应按表 5.1.3 采用。

表 5.1.3　组合值系数

可变荷载种类		组合值系数
雪荷载		0.5
屋面积灰荷载		0.5
屋面活荷载		不计入
按实际情况计算的楼面活荷载		1.0
按等效均布荷载计算的楼面活荷载	藏书库、档案库	0.8
	其他民用建筑	0.5
起重机悬吊物重力	硬钩吊车	0.3
	软钩吊车	不计入

注：硬钩吊车的吊重较大时，组合值系数应按实际情况采用。

5.1.4 建筑结构的地震影响系数应根据烈度、场地类别、设计地震分组和结构自振周期以及阻尼比确定。其水平地震影响系数最大值应按表 5.1.4-1 采用；特征周期应根据场地类别和设计地震分组按表 5.1.4-2 采用，计算罕遇地震作用时，特征周期应增加 0.05s。

注：周期大于 6.0s 的建筑结构所采用的地震影响系数应专门研究。

表 5.1.4-1　水平地震影响系数最大值

地震影响	6 度	7 度	8 度	9 度
多遇地震	0.04	0.08(0.12)	0.16(0.24)	0.32
罕遇地震	0.28	0.50(0.72)	0.90(1.20)	1.40

注：括号中数值分别用于设计基本地震加速度为 0.15g 和 0.30g 的地区。

表 5.1.4-2　特征周期值(s)

设计地震分组	场 地 类 别				
	Ⅰ₀	Ⅰ₁	Ⅱ	Ⅲ	Ⅳ
第一组	0.20	0.25	0.35	0.45	0.65
第二组	0.25	0.30	0.40	0.55	0.75
第三组	0.30	0.35	0.45	0.65	0.90

5.1.5 建筑结构地震影响系数曲线（图 5.1.5）的阻尼调整和形状参数应符合下列要求：

1 除有专门规定外，建筑结构的阻尼比应取 0.05，地震影响系数曲线的阻尼调整系数应按 1.0 采用，形状参数应符合下列规定：

1）直线上升段，周期小于 0.1s 的区段。

2）水平段，自 0.1s 至特征周期区段，应取最大值（α_max）。

3）曲线下降段，自特征周期至 5 倍特征周期区段，衰减指数应取 0.9。

4）直线下降段，自 5 倍特征周期至 6s 区段，下降斜率调整系数应取 0.02。

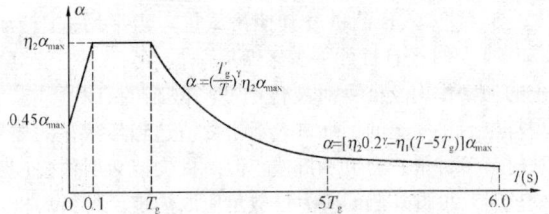

图 5.1.5　地震影响系数曲线
α—地震影响系数；α_max—地震影响系数最大值；η₁—直线下降段的下降斜率调整系数；γ—衰减指数；T_g—特征周期；η₂—阻尼调整系数；T—结构自振周期

2 当建筑结构的阻尼比按有关规定不等于 0.05 时，地震影响系数曲线的阻尼调整系数和形状参数应符合下列规定：

1）曲线下降段的衰减指数应按下式确定：

$$\gamma = 0.9 + \frac{0.05 - \zeta}{0.3 + 6\zeta} \quad (5.1.5\text{-}1)$$

式中：γ——曲线下降段的衰减指数；
　　　ζ——阻尼比。

2）直线下降段的下降斜率调整系数应按下式确定：

$$\eta_1 = 0.02 + \frac{0.05 - \zeta}{4 + 32\zeta} \quad (5.1.5\text{-}2)$$

式中：η₁——直线下降段的下降斜率调整系数，小于 0 时取 0。

3）阻尼调整系数应按下式确定：

$$\eta_2 = 1 + \frac{0.05 - \zeta}{0.08 + 1.6\zeta} \quad (5.1.5\text{-}3)$$

式中：η_2——阻尼调整系数，当小于 0.55 时，应取 0.55。

5.1.6 结构的截面抗震验算，应符合下列规定：

1 6 度时的建筑（不规则建筑及建造于Ⅳ类场地上较高的高层建筑除外），以及生土房屋和木结构房屋等，应符合有关的抗震措施要求，但应允许不进行截面抗震验算。

2 6 度时不规则建筑、建造于Ⅳ类场地上较高的高层建筑，7 度和 7 度以上的建筑结构（生土房屋和木结构房屋等除外），应进行多遇地震作用下的截面抗震验算。

注：采用隔震设计的建筑结构，其抗震验算应符合有关规定。

5.1.7 符合本规范第 5.5 节规定的结构，除按规定进行多遇地震作用下的截面抗震验算外，尚应进行相应的变形验算。

5.2 水平地震作用计算

5.2.1 采用底部剪力法时，各楼层可仅取一个自由度，结构的水平地震作用标准值，应按下列公式确定（图 5.2.1）：

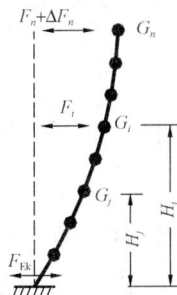

图 5.2.1 结构水平
地震作用计算简图

$$F_{Ek} = \alpha_1 G_{eq} \quad (5.2.1\text{-}1)$$

$$F_i = \frac{G_i H_i}{\sum\limits_{j=1}^{n} G_j H_j} F_{Ek}(1 - \delta_n) \quad (i = 1, 2, \cdots n)$$

$$(5.2.1\text{-}2)$$

$$\Delta F_n = \delta_n F_{Ek} \quad (5.2.1\text{-}3)$$

式中：F_{Ek}——结构总水平地震作用标准值；

α_1——相应于结构基本自振周期的水平地震影响系数值，应按本规范第 5.1.4、第 5.1.5 条确定，多层砌体房屋、底部框架砌体房屋，宜取水平地震影响系数最大值；

G_{eq}——结构等效总重力荷载，单质点应取总重力荷载代表值，多质点可取总重力

荷载代表值的 85%；

F_i——质点 i 的水平地震作用标准值；

G_i、G_j——分别为集中于质点 i、j 的重力荷载代表值，应按本规范第 5.1.3 条确定；

H_i、H_j——分别为质点 i、j 的计算高度；

δ_n——顶部附加地震作用系数，多层钢筋混凝土和钢结构房屋可按表 5.2.1 采用，其他房屋可采用 0.0；

ΔF_n——顶部附加水平地震作用。

表 5.2.1 顶部附加地震作用系数

T_g（s）	$T_1 > 1.4T_g$	$T_1 \leqslant 1.4T_g$
$T_g \leqslant 0.35$	$0.08T_1 + 0.07$	
$0.35 < T_g \leqslant 0.55$	$0.08T_1 + 0.01$	0.0
$T_g > 0.55$	$0.08T_1 - 0.02$	

注：T_1 为结构基本自振周期。

5.2.2 采用振型分解反应谱法时，不进行扭转耦联计算的结构，应按下列规定计算其地震作用和作用效应：

1 结构 j 振型 i 质点的水平地震作用标准值，应按下列公式确定：

$$F_{ji} = \alpha_j \gamma_j X_{ji} G_i \quad (i = 1, 2, \cdots n, j = 1, 2, \cdots m)$$

$$(5.2.2\text{-}1)$$

$$\gamma_j = \sum_{i=1}^{n} X_{ji} G_i \Big/ \sum_{i=1}^{n} X_{ji}^2 G_i \quad (5.2.2\text{-}2)$$

式中：F_{ji}——j 振型 i 质点的水平地震作用标准值；

α_j——相应于 j 振型自振周期的地震影响系数，应按本规范第 5.1.4、第 5.1.5 条确定；

X_{ji}——j 振型 i 质点的水平相对位移；

γ_j——j 振型的参与系数。

2 水平地震作用效应（弯矩、剪力、轴向力和变形），当相邻振型的周期比小于 0.85 时，可按下式确定：

$$S_{Ek} = \sqrt{\sum S_j^2} \quad (5.2.2\text{-}3)$$

式中：S_{Ek}——水平地震作用标准值的效应；

S_j——j 振型水平地震作用标准值的效应，可只取前 2～3 个振型，当基本自振周期大于 1.5s 或房屋高宽比大于 5 时，振型个数应适当增加。

5.2.3 水平地震作用下，建筑结构的扭转耦联地震效应应符合下列要求：

1 规则结构不进行扭转耦联计算时，平行于地震作用方向的两个边榀各构件，其地震作用效应应乘以增大系数。一般情况下，短边可按 1.15 采用，长边可按 1.05 采用；当扭转刚度较小时，周边各构件宜按不小于 1.3 采用。角部构件宜同时乘以两个方向各自的增大系数。

2 按扭转耦联振型分解法计算时，各楼层可取两个正交的水平位移和一个转角共三个自由度，并应按下列公式计算结构的地震作用和作用效应。确有依据时，尚可采用简化计算方法确定地震作用效应。

1) j 振型 i 层的水平地震作用标准值，应按下列公式确定：

$$F_{xji} = \alpha_j \gamma_{tj} X_{ji} G_i$$
$$F_{yji} = \alpha_j \gamma_{tj} Y_{ji} G_i \quad (i=1,2,\cdots n, j=1,2,\cdots m)$$
$$F_{tji} = \alpha_j \gamma_{tj} r_i^2 \varphi_{ji} G_i \quad (5.2.3-1)$$

式中：F_{xji}、F_{yji}、F_{tji}——分别为 j 振型 i 层的 x 方向、y 方向和转角方向的地震作用标准值；

X_{ji}、Y_{ji}——分别为 j 振型 i 层质心在 x、y 方向的水平相对位移；

φ_{ji}——j 振型 i 层的相对扭转角；

r_i——i 层转动半径，可取 i 层绕质心的转动惯量除以该层质量的商的正二次方根；

γ_{tj}——计入扭转的 j 振型的参与系数，可按下列公式确定：

当仅取 x 方向地震作用时

$$\gamma_{tj} = \sum_{i=1}^{n} X_{ji} G_i / \sum_{i=1}^{n} (X_{ji}^2 + Y_{ji}^2 + \varphi_{ji}^2 r_i^2) G_i$$
(5.2.3-2)

当仅取 y 方向地震作用时

$$\gamma_{tj} = \sum_{i=1}^{n} Y_{ji} G_i / \sum_{i=1}^{n} (X_{ji}^2 + Y_{ji}^2 + \varphi_{ji}^2 r_i^2) G_i$$
(5.2.3-3)

当取与 x 方向斜交的地震作用时，

$$\gamma_{tj} = \gamma_{xj} \cos\theta + \gamma_{yj} \sin\theta \quad (5.2.3-4)$$

式中：γ_{xj}、γ_{yj}——分别由式 (5.2.3-2)、式 (5.2.3-3) 求得的参与系数；

θ——地震作用方向与 x 方向的夹角。

2) 单向水平地震作用下的扭转耦联效应，可按下列公式确定：

$$S_{Ek} = \sqrt{\sum_{j=1}^{m} \sum_{k=1}^{m} \rho_{jk} S_j S_k} \quad (5.2.3-5)$$

$$\rho_{jk} = \frac{8\sqrt{\zeta_j \zeta_k}(\zeta_j + \lambda_T \zeta_k)\lambda_T^{1.5}}{(1-\lambda_T^2)^2 + 4\zeta_j \zeta_k (1+\lambda_T^2)\lambda_T + 4(\zeta_j^2 + \zeta_k^2)\lambda_T^2}$$
(5.2.3-6)

式中：S_{Ek}——地震作用标准值的扭转效应；

S_j、S_k——分别为 j、k 振型地震作用标准值的效应，可取前 9~15 个振型；

ζ_j、ζ_k——分别为 j、k 振型的阻尼比；

ρ_{jk}——j 振型与 k 振型的耦联系数；

λ_T——k 振型与 j 振型的自振周期比。

3) 双向水平地震作用下的扭转耦联效应，可按下列公式中的较大值确定：

$$S_{Ek} = \sqrt{S_x^2 + (0.85 S_y)^2} \quad (5.2.3-7)$$

或
$$S_{Ek} = \sqrt{S_y^2 + (0.85 S_x)^2} \quad (5.2.3-8)$$

式中，S_x、S_y 分别为 x 向、y 向单向水平地震作用按式(5.2.3-5)计算的扭转效应。

5.2.4 采用底部剪力法时，突出屋面的屋顶间、女儿墙、烟囱等的地震作用效应，宜乘以增大系数 3，此增大部分不应往下传递，但与该突出部分相连的构件应予计入；采用振型分解法时，突出屋面部分可作为一个质点；单层厂房突出屋面天窗架的地震作用效应的增大系数，应按本规范第 9 章的有关规定采用。

5.2.5 抗震验算时，结构任一楼层的水平地震剪力应符合下式要求：

$$V_{EKi} > \lambda \sum_{j=i}^{n} G_j \quad (5.2.5)$$

式中：V_{EKi}——第 i 层对应于水平地震作用标准值的楼层剪力；

λ——剪力系数，不应小于表 5.2.5 规定的楼层最小地震剪力系数值，对竖向不规则结构的薄弱层，尚应乘以 1.15 的增大系数；

G_j——第 j 层的重力荷载代表值。

表 5.2.5　楼层最小地震剪力系数值

类　别	6 度	7 度	8 度	9 度
扭转效应明显或基本周期小于 3.5s 的结构	0.008	0.016(0.024)	0.032(0.048)	0.064
基本周期大于 5.0s 的结构	0.006	0.012(0.018)	0.024(0.036)	0.048

注：1　基本周期介于 3.5s 和 5s 之间的结构，按插入法取值；

　　2　括号内数值分别用于设计基本地震加速度为 0.15g 和 0.30g 的地区。

5.2.6 结构的楼层水平地震剪力，应按下列原则分配：

1 现浇和装配整体式混凝土楼、屋盖等刚性楼、屋盖建筑，宜按抗侧力构件等效刚度的比例分配。

2 木楼盖、木屋盖等柔性楼、屋盖建筑，宜按抗侧力构件从属面积上重力荷载代表值的比例分配。

3 普通的预制装配式混凝土楼、屋盖等半刚性楼、屋盖的建筑，可取上述两种分配结果的平均值。

4 计入空间作用、楼盖变形、墙体弹塑性变形和扭转的影响时，可按本规范各有关规定对上述分配结果作适当调整。

5.2.7 结构抗震计算，一般情况下可不计入地基与结构相互作用的影响；8 度和 9 度时建造于Ⅲ、Ⅳ类场地，采用箱基、刚性较好的筏基和桩箱联合基础的钢筋混凝土高层建筑，当结构基本自振周期处于特征周期的 1.2 倍至 5 倍范围时，若计入地基与结构动力相互作用的影响，对刚性地基假定计算的水平地震剪力可按下列规定折减，其层间变形可按折减后的楼层剪力计算。

1 高宽比小于 3 的结构，各楼层水平地震剪力的折减系数，可按下式计算：

$$\psi = \left(\frac{T_1}{T_1 + \Delta T} \right)^{0.9} \qquad (5.2.7)$$

式中：ψ——计入地基与结构动力相互作用后的地震剪力折减系数；

T_1——按刚性地基假定确定的结构基本自振周期（s）；

ΔT——计入地基与结构动力相互作用的附加周期（s），可按表 5.2.7 采用。

表 5.2.7 附加周期（s）

烈 度	场 地 类 别	
	Ⅲ类	Ⅳ类
8	0.08	0.20
9	0.10	0.25

2 高宽比不小于 3 的结构，底部的地震剪力按第 1 款规定折减，顶部不折减，中间各层按线性插入值折减。

3 折减后各楼层的水平地震剪力，应符合本规范第 5.2.5 条的规定。

5.3 竖向地震作用计算

5.3.1 9 度时的高层建筑，其竖向地震作用标准值应按下列公式确定（图 5.3.1）；楼层的竖向地震作用效应可按各构件承受的重力荷载代表值的比例分配，并宜乘以增大系数 1.5。

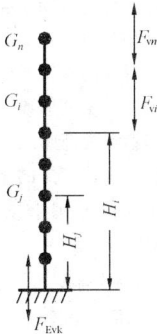

图 5.3.1 结构竖向地震
作用计算简图

$$F_{Evk} = \alpha_{vmax} G_{eq} \qquad (5.3.1-1)$$

$$F_{vi} = \frac{G_i H_i}{\sum G_j H_j} F_{Evk} \qquad (5.3.1-2)$$

式中：F_{Evk}——结构总竖向地震作用标准值；

F_{vi}——质点 i 的竖向地震作用标准值；

α_{vmax}——竖向地震影响系数的最大值，可取水平地震影响系数最大值的 65%；

G_{eq}——结构等效总重力荷载，可取其重力荷载代表值的 75%。

5.3.2 跨度、长度小于本规范第 5.1.2 条第 5 款规定且规则的平板型网架屋盖和跨度大于 24m 的屋架、屋盖横梁及托架的竖向地震作用标准值，宜取其重力荷载代表值和竖向地震作用系数的乘积；竖向地震作用系数可按表 5.3.2 采用。

表 5.3.2 竖向地震作用系数

结构类型	烈度	场 地 类 别		
		Ⅰ	Ⅱ	Ⅲ、Ⅳ
平板型网架、钢屋架	8	可不计算（0.10）	0.08(0.12)	0.10(0.15)
	9	0.15	0.15	0.20
钢筋混凝土屋架	8	0.10(0.15)	0.13(0.19)	0.13(0.19)
	9	0.20	0.25	0.25

注：括号中数值用于设计基本地震加速度为 0.30g 的地区。

5.3.3 长悬臂构件和不属于本规范第 5.3.2 条的大跨结构的竖向地震作用标准值，8 度和 9 度可分别取该结构、构件重力荷载代表值的 10% 和 20%，设计基本地震加速度为 0.30g 时，可取该结构、构件重力荷载代表值的 15%。

5.3.4 大跨度空间结构的竖向地震作用，尚可按竖向振型分解反应谱方法计算。其竖向地震影响系数可采用本规范第 5.1.4、第 5.1.5 条规定的水平地震影响系数的 65%，但特征周期可均按设计第一组采用。

5.4 截面抗震验算

5.4.1 结构构件的地震作用效应和其他荷载效应的基本组合，应按下式计算：

$$S = \gamma_G S_{GE} + \gamma_{Eh} S_{Ehk} + \gamma_{Ev} S_{Evk} + \psi_w \gamma_w S_{wk} \qquad (5.4.1)$$

式中：S——结构构件内力组合的设计值，包括组合的弯矩、轴向力和剪力设计值等；

γ_G——重力荷载分项系数，一般情况应采用 1.2，当重力荷载效应对构件承载能力有利时，不应大于 1.0；

γ_{Eh}、γ_{Ev}——分别为水平、竖向地震作用分项系数，应按表 5.4.1 采用；

γ_w——风荷载分项系数，应采用 1.4；

S_{GE}——重力荷载代表值的效应，可按本规范第 5.1.3 条采用，但有吊车时，尚应包括悬吊物重力标准值的效应；

S_{Ehk}——水平地震作用标准值的效应，尚应乘以相应的增大系数或调整系数；

S_{Evk}——竖向地震作用标准值的效应，尚应乘以相应的增大系数或调整系数；

S_{wk}——风荷载标准值的效应；

ψ_w——风荷载组合值系数，一般结构取 0.0，风荷载起控制作用的建筑应采用 0.2。

注：本规范一般略去表示水平方向的下标。

表 5.4.1　地震作用分项系数

地　震　作　用	γ_{Eh}	γ_{Ev}
仅计算水平地震作用	1.3	0.0
仅计算竖向地震作用	0.0	1.3
同时计算水平与竖向地震作用（水平地震为主）	1.3	0.5
同时计算水平与竖向地震作用（竖向地震为主）	0.5	1.3

5.4.2　结构构件的截面抗震验算，应采用下列设计表达式：

$$S \leqslant R/\gamma_{RE} \tag{5.4.2}$$

式中：γ_{RE}——承载力抗震调整系数，除另有规定外，应按表 5.4.2 采用；

R——结构构件承载力设计值。

表 5.4.2　承载力抗震调整系数

材料	结构构件	受力状态	γ_{RE}
钢	柱，梁，支撑，节点板件，螺栓，焊缝柱，支撑	强度	0.75
		稳定	0.80
砌体	两端均有构造柱、芯柱的抗震墙其他抗震墙	受剪	0.9
		受剪	1.0
混凝土	梁	受弯	0.75
	轴压比小于 0.15 的柱	偏压	0.75
	轴压比不小于 0.15 的柱	偏压	0.80
	抗震墙	偏压	0.85
	各类构件	受剪、偏拉	0.85

5.4.3　当仅计算竖向地震作用时，各类结构构件承载力抗震调整系数均应采用 1.0。

5.5　抗震变形验算

5.5.1　表 5.5.1 所列各类结构应进行多遇地震作用下的抗震变形验算，其楼层内最大的弹性层间位移应符合下式要求：

$$\Delta u_e \leqslant [\theta_e]h \tag{5.5.1}$$

式中：Δu_e——多遇地震作用标准值产生的楼层内最大的弹性层间位移；计算时，除以弯曲变形为主的高层建筑外，可不扣除结构整体弯曲变形；应计入扭转变形，各作用分项系数均应采用 1.0；钢筋混凝土结构构件的截面刚度可采用弹性刚度；

$[\theta_e]$——弹性层间位移角限值，宜按表 5.5.1 采用；

采用；

h——计算楼层层高。

表 5.5.1　弹性层间位移角限值

结　构　类　型	$[\theta_e]$
钢筋混凝土框架	1/550
钢筋混凝土框架-抗震墙、板柱-抗震墙、框架-核心筒	1/800
钢筋混凝土抗震墙、筒中筒	1/1000
钢筋混凝土框支层	1/1000
多、高层钢结构	1/250

5.5.2　结构在罕遇地震作用下薄弱层的弹塑性变形验算，应符合下列要求：

1　下列结构应进行弹塑性变形验算：

1）8 度 Ⅲ、Ⅳ 类场地和 9 度时，高大的单层钢筋混凝土柱厂房的横向排架；

2）7～9 度时楼层屈服强度系数小于 0.5 的钢筋混凝土框架结构和框排架结构；

3）高度大于 150m 的结构；

4）甲类建筑和 9 度时乙类建筑中的钢筋混凝土结构和钢结构；

5）采用隔震和消能减震设计的结构。

2　下列结构宜进行弹塑性变形验算：

1）本规范表 5.1.2-1 所列高度范围且属于本规范表 3.4.3-2 所列竖向不规则类型的高层建筑结构；

2）7 度 Ⅲ、Ⅳ 类场地和 8 度时乙类建筑中的钢筋混凝土结构和钢结构；

3）板柱-抗震墙结构和底部框架砌体房屋；

4）高度不大于 150m 的其他高层钢结构；

5）不规则的地下建筑结构及地下空间综合体。

注：楼层屈服强度系数为按钢筋混凝土构件实际配筋和材料强度标准值计算的楼层受剪承载力和按罕遇地震作用标准值计算的楼层弹性地震剪力的比值；对排架柱，指按实际配筋面积、材料强度标准值和轴向力计算的正截面受弯承载力与按罕遇地震作用标准值计算的弹性地震弯矩的比值。

5.5.3　结构在罕遇地震作用下薄弱层（部位）弹塑性变形计算，可采用下列方法：

1　不超过 12 层且层刚度无突变的钢筋混凝土框架和框排架结构、单层钢筋混凝土柱厂房可采用本规范第 5.5.4 条的简化计算法；

2　除 1 款以外的建筑结构，可采用静力弹塑性分析方法或弹塑性时程分析法等；

3　规则结构可采用弯剪层模型或平面杆系模型，属于本规范第 3.4 节规定的不规则结构应采用空间结构模型。

5.5.4　结构薄弱层（部位）弹塑性层间位移的简化

计算，宜符合下列要求：

1 结构薄弱层（部位）的位置可按下列情况确定：

 1）楼层屈服强度系数沿高度分布均匀的结构，可取底层；

 2）楼层屈服强度系数沿高度分布不均匀的结构，可取该系数最小的楼层（部位）和相对较小的楼层，一般不超过2~3处；

 3）单层厂房，可取上柱。

2 弹塑性层间位移可按下列公式计算：

$$\Delta u_p = \eta_p \Delta u_e \tag{5.5.4-1}$$

或

$$\Delta u_p = \mu \Delta u_y = \frac{\eta_p}{\xi_y} \Delta u_y \tag{5.5.4-2}$$

式中：Δu_p——弹塑性层间位移；

  Δu_y——层间屈服位移；

  μ——楼层延性系数；

  Δu_e——罕遇地震作用下按弹性分析的层间位移；

  η_p——弹塑性层间位移增大系数，当薄弱层（部位）的屈服强度系数不小于相邻层（部位）该系数平均值的0.8时，可按表5.5.4采用。当不大于该平均值的0.5时，可按表内相应数值的1.5倍采用；其他情况可采用内插法取值；

  ξ_y——楼层屈服强度系数。

表5.5.4　弹塑性层间位移增大系数

结构类型	总层数 n 或部位	ξ_y		
		0.5	0.4	0.3
多层均匀框架结构	2~4	1.30	1.40	1.60
	5~7	1.50	1.65	1.80
	8~12	1.80	2.00	2.20
单层厂房	上柱	1.30	1.60	2.00

5.5.5 结构薄弱层（部位）弹塑性层间位移应符合下式要求：

$$\Delta u_p \leqslant [\theta_p] h \tag{5.5.5}$$

式中：$[\theta_p]$——弹塑性层间位移角限值，可按表5.5.5采用；对钢筋混凝土框架结构，当轴压比小于0.40时，可提高10%；当柱子全高的箍筋构造比本规范第6.3.9条规定的体积配箍率大30%时，可提高20%，但累计不超过25%；

  h——薄弱层楼层高度或单层厂房上柱高度。

表5.5.5　弹塑性层间位移角限值

结构类型	$[\theta_p]$
单层钢筋混凝土柱排架	1/30
钢筋混凝土框架	1/50
底部框架砌体房屋中的框架-抗震墙	1/100
钢筋混凝土框架-抗震墙、板柱-抗震墙、框架-核心筒	1/100
钢筋混凝土抗震墙、筒中筒	1/120
多、高层钢结构	1/50

6　多层和高层钢筋混凝土房屋

6.1　一　般　规　定

6.1.1 本章适用的现浇钢筋混凝土房屋的结构类型和最大高度应符合表6.1.1的要求。平面和竖向均不规则的结构，适用的最大高度宜适当降低。

 注：本章"抗震墙"指结构抗侧力体系中的钢筋混凝土剪力墙，不包括只承担重力荷载的混凝土墙。

表6.1.1　现浇钢筋混凝土房屋适用的最大高度（m）

结构类型		烈　度				
		6	7	8(0.2g)	8(0.3g)	9
框架		60	50	40	35	24
框架-抗震墙		130	120	100	80	50
抗震墙		140	120	100	80	60
部分框支抗震墙		120	100	80	50	不应采用
筒体	框架-核心筒	150	130	100	90	70
	筒中筒	180	150	120	100	80
板柱-抗震墙		80	70	55	40	不应采用

 注：1　房屋高度指室外地面到主要屋面板板顶的高度（不包括局部突出屋顶部分）；

  2　框架-核心筒结构指周边稀柱框架与核心筒组成的结构；

  3　部分框支抗震墙结构指首层或底部两层为框支层的结构，不包括仅个别框支墙的情况；

  4　表中框架，不包括异形柱框架；

  5　板柱-抗震墙结构指板柱、框架和抗震墙组成抗侧力体系的结构；

  6　乙类建筑可按本地区抗震设防烈度确定其适用的最大高度；

  7　超过表内高度的房屋，应进行专门研究和论证，采取有效的加强措施。

6.1.2 钢筋混凝土房屋应根据设防类别、烈度、结构类型和房屋高度采用不同的抗震等级，并应符合相应的计算和构造措施要求。丙类建筑的抗震等级应按表6.1.2确定。

表 6.1.2　现浇钢筋混凝土房屋的抗震等级

结构类型		设防烈度			
		6	7	8	9
框架结构	高度(m)	≤24 / >24	≤24 / >24	≤24 / >24	≤24
	框架	四 / 三	三 / 二	二 / 一	一
	大跨度框架	三	二	一	一
框架-抗震墙结构	高度(m)	≤60 / >60	≤24 / 25~60 / >60	≤24 / 25~60 / >60	≤24 / 25~50
	框架	四 / 三	四 / 三 / 二	三 / 二 / 一	二 / 一
	抗震墙	三	三 / 二	二 / 一	一
抗震墙结构	高度(m)	≤80 / >80	≤24 / 25~80 / >80	≤24 / 25~80 / >80	≤24 / 25~60
	抗震墙	四 / 三	四 / 三 / 二	三 / 二 / 一	二 / 一
部分框支抗震墙结构	高度(m)	≤80 / >80	≤24 / 25~80 / >80	≤24 / 25~80 / >80	
	抗震墙 一般部位	四 / 三	四 / 三 / 二	三 / 二	
	抗震墙 加强部位	三 / 二	三 / 二 / 一	二 / 一	
	框支层框架	二 / 二	二 / 一	一	
框架-核心筒结构	框架	三	二	一	
	核心筒	二	二	一	
筒中筒结构	外筒	三	二	一	
	内筒	三	二	一	
板柱-抗震墙结构	高度(m)	≤35 / >35	≤35 / >35	≤35 / >35	
	框架、板柱的柱	三 / 三	二 / 二	一	
	抗震墙	二	二	二	

注：1　建筑场地为 I 类时，除 6 度外应允许按表内降低一度所对应的抗震等级采取抗震构造措施，但相应的计算要求不应降低；

2　接近或等于高度分界时，应允许结合房屋不规则程度及场地、地基条件确定抗震等级；

3　大跨度框架指跨度不小于 18m 的框架；

4　高度不超过 60m 的框架-核心筒结构按框架-抗震墙的要求设计时，应按表中框架-抗震墙结构的规定确定抗震等级。

6.1.3　钢筋混凝土房屋抗震等级的确定，尚应符合下列要求：

1　设置少量抗震墙的框架结构，在规定的水平力作用下，底层框架部分所承担的地震倾覆力矩大于结构总地震倾覆力矩的 50% 时，其框架的抗震等级应按框架结构确定，抗震墙的抗震等级可与其框架的抗震等级相同。

注：底层指计算嵌固端所在的层。

2　裙房与主楼相连，除应按裙房本身确定抗震等级外，相关范围不应低于主楼的抗震等级；主楼结构在裙房顶板对应的相邻上下各一层应适当加强抗震构造措施。裙房与主楼分离时，应按裙房本身确定抗震等级。

3　当地下室顶板作为上部结构的嵌固部位时，地下一层的抗震等级应与上部结构相同，地下一层以下抗震构造措施的抗震等级可逐层降低一级，但不应低于四级。地下室中无上部结构的部分，抗震构造措施的抗震等级可根据具体情况采用三级或四级。

4　当甲乙类建筑按规定提高一度确定其抗震等级而房屋的高度超过本规范表 6.1.2 相应规定的上界时，应采取比一级更有效的抗震构造措施。

注：本章"一、二、三、四级"即"抗震等级为一、二、三、四级"的简称。

6.1.4　钢筋混凝土房屋需要设置防震缝时，应符合下列规定：

1　防震缝宽度应分别符合下列要求：

1) 框架结构（包括设置少量抗震墙的框架结构）房屋的防震缝宽度，当高度不超过 15m 时不应小于 100mm；高度超过 15m 时，6 度、7 度、8 度和 9 度分别每增加高度 5m、4m、3m 和 2m，宜加宽 20mm；

2) 框架-抗震墙结构房屋的防震缝宽度不应小于本款 1) 项规定数值的 70%，抗震墙结构房屋的防震缝宽度不应小于本款 1) 项规定数值的 50%；且均不宜小于 100mm；

3) 防震缝两侧结构类型不同时，宜按需要较宽防震缝的结构类型和较低房屋高度确定缝宽。

2　8、9 度框架结构房屋防震缝两侧结构层高相差较大时，防震缝两侧框架柱的箍筋应沿房屋全高加密，并可根据需要在缝两侧沿房屋全高各设置不少于两道垂直于防震缝的抗撞墙。抗撞墙的布置宜避免加大扭转效应，其长度可不大于 1/2 层高，抗震等级可同框架结构；框架构件的内力应按设置和不设置抗撞墙两种计算模型的不利情况取值。

6.1.5　框架结构和框架-抗震墙结构中，框架和抗震墙均应双向设置，柱中线与抗震墙中线、梁中线与柱中线之间偏心距大于柱宽的 1/4 时，应计入偏心的影响。

甲、乙类建筑以及高度大于 24m 的丙类建筑，不应采用单跨框架结构；高度不大于 24m 的丙类建筑不宜采用单跨框架结构。

6.1.6　框架-抗震墙、板柱-抗震墙结构以及框支层中，抗震墙之间无大洞口的楼、屋盖的长宽比，不宜超过表 6.1.6 的规定；超过时，应计入楼盖平面内变形的影响。

表 6.1.6　抗震墙之间楼屋盖的长宽比

楼、屋盖类型		设防烈度			
		6	7	8	9
框架-抗震墙结构	现浇或叠合楼、屋盖	4	4	3	2
	装配整体式楼、屋盖	3	3	2	不宜采用

续表 6.1.6

楼、屋盖类型	设防烈度			
	6	7	8	9
板柱-抗震墙结构的现浇楼、屋盖	3	3	2	—
框支层的现浇楼、屋盖	2.5	2.5	2	—

6.1.7 采用装配整体式楼、屋盖时，应采取措施保证楼、屋盖的整体性及其与抗震墙的可靠连接。装配整体式楼、屋盖采用配筋现浇面层加强时，其厚度不应小于 50mm。

6.1.8 框架-抗震墙结构和板柱-抗震墙结构中的抗震墙设置，宜符合下列要求：

1　抗震墙宜贯通房屋全高。

2　楼梯间宜设置抗震墙，但不宜造成较大的扭转效应。

3　抗震墙的两端（不包括洞口两侧）宜设置端柱或与另一方向的抗震墙相连。

4　房屋较长时，刚度较大的纵向抗震墙不宜设置在房屋的端开间。

5　抗震墙洞口宜上下对齐；洞边距端柱不宜小于 300mm。

6.1.9 抗震墙结构和部分框支抗震墙结构中的抗震墙设置，应符合下列要求：

1　抗震墙的两端（不包括洞口两侧）宜设置端柱或与另一方向的抗震墙相连；框支部分落地墙的两端（不包括洞口两侧）应设置端柱或与另一方向的抗震墙相连。

2　较长的抗震墙宜设置跨高比大于 6 的连梁形成洞口，将一道抗震墙分成长度较均匀的若干墙段，各墙段的高宽比不宜小于 3。

3　墙肢的长度沿结构全高不宜有突变；抗震墙有较大洞口时，以及一、二级抗震墙的底部加强部位，洞口宜上下对齐。

4　矩形平面的部分框支抗震墙结构，其框支层的楼层侧向刚度不应小于相邻非框支层楼层侧向刚度的 50%；框支层落地抗震墙间距不宜大于 24m，框支层的平面布置宜对称，且宜设抗震筒体；底层框架部分承担的地震倾覆力矩，不应大于结构总地震倾覆力矩的 50%。

6.1.10 抗震墙底部加强部位的范围，应符合下列规定：

1　底部加强部位的高度，应从地下室顶板算起。

2　部分框支抗震墙结构的抗震墙，其底部加强部位的高度，可取框支层加框支层以上两层的高度及落地抗震墙总高度的 1/10 二者的较大值。其他结构的抗震墙，房屋高度大于 24m 时，底部加强部位的高度可取底部两层和墙体总高度的 1/10 二者的较大值；房屋高度不大于 24m 时，底部加强部位可取底部一层。

3　当结构计算嵌固端位于地下一层的底板或以下时，底部加强部位尚宜向下延伸到计算嵌固端。

6.1.11 框架单独柱基有下列情况之一时，宜沿两个主轴方向设置基础系梁：

1　一级框架和 IV 类场地的二级框架；

2　各柱基础底面在重力荷载代表值作用下的压应力差别较大；

3　基础埋置较深，或各基础埋置深度差别较大；

4　地基主要受力层范围内存在软弱黏性土层、液化土层或严重不均匀土层；

5　桩基承台之间。

6.1.12 框架-抗震墙结构、板柱-抗震墙结构中的抗震墙基础和部分框支抗震墙结构的落地抗震墙基础，应有良好的整体性和抗转动的能力。

6.1.13 主楼与裙房相连且采用天然地基，除应符合本规范第 4.2.4 条的规定外，在多遇地震作用下主楼基础底面不宜出现零应力区。

6.1.14 地下室顶板作为上部结构的嵌固部位时，应符合下列要求：

1　地下室顶板应避免开设大洞口；地下室在地上结构相关范围的顶板应采用现浇梁板结构，相关范围以外的地下室顶板宜采用现浇梁板结构；其楼板厚度不宜小于 180mm，混凝土强度等级不宜小于 C30，应采用双层双向配筋，且每层每个方向的配筋率不宜小于 0.25%。

2　结构地上一层的侧向刚度，不宜大于相关范围地下一层侧向刚度的 0.5 倍；地下室周边宜有与其顶板相连的抗震墙。

3　地下室顶板对应于地上框架柱的梁柱节点除应满足抗震计算要求外，尚应符合下列规定之一：

　1）地下一层柱截面每侧纵向钢筋不应小于地上一层柱对应纵向钢筋的 1.1 倍，且地下一层柱上端和节点左右梁端实配的抗震受弯承载力之和应大于地上一层柱下端实配的抗震受弯承载力的 1.3 倍。

　2）地下一层梁刚度较大时，柱截面每侧的纵向钢筋面积应大于地上一层对应柱每侧纵向钢筋面积的 1.1 倍；同时梁端顶面和底面的纵向钢筋面积均应比计算增大 10% 以上。

4　地下一层抗震墙墙肢端部边缘构件纵向钢筋的截面面积，不应少于地上一层对应墙肢端部边缘构件纵向钢筋的截面面积。

6.1.15 楼梯间应符合下列要求：

1　宜采用现浇钢筋混凝土楼梯。

2　对于框架结构，楼梯间的布置不应导致结构平面特别不规则；楼梯构件与主体结构整浇时，应计入楼梯构件对地震作用及其效应的影响，应进行楼梯构件的抗震承载力验算；宜采取构造措施，减少楼梯构件对主体结构刚度的影响。

3 楼梯间两侧填充墙与柱之间应加强拉结。

6.1.16 框架的填充墙应符合本规范第 13 章的规定。

6.1.17 高强混凝土结构抗震设计应符合本规范附录 B 的规定。

6.1.18 预应力混凝土结构抗震设计应符合本规范附录 C 的规定。

6.2 计 算 要 点

6.2.1 钢筋混凝土结构应按本节规定调整构件的组合内力设计值，其层间变形应符合本规范第 5.5 节的有关规定。构件截面抗震验算时，非抗震的承载力设计值应除以本规范规定的承载力抗震调整系数；凡本章和本规范附录未作规定者，应符合现行有关结构设计规范的要求。

6.2.2 一、二、三、四级框架的梁柱节点处，除框架顶层和柱轴压比小于 0.15 者及框支梁与框支柱的节点外，柱端组合的弯矩设计值应符合下式要求：

$$\sum M_c = \eta_c \sum M_b \qquad (6.2.2\text{-}1)$$

一级的框架结构和 9 度的一级框架可不符合上式要求，但应符合下式要求：

$$\sum M_c = 1.2 \sum M_{bua} \qquad (6.2.2\text{-}2)$$

式中：$\sum M_c$ —— 节点上下柱端截面顺时针或反时针方向组合的弯矩设计值之和，上下柱端的弯矩设计值，可按弹性分析分配；

$\sum M_b$ —— 节点左右梁端截面反时针或顺时针方向组合的弯矩设计值之和，一级框架节点左右梁端均为负弯矩时，绝对值较小的弯矩应取零；

$\sum M_{bua}$ —— 节点左右梁端截面反时针或顺时针方向实配的正截面抗震受弯承载力所对应的弯矩值之和，根据实配钢筋面积（计入梁受压筋和相关楼板钢筋）和材料强度标准值确定；

η_c —— 框架柱端弯矩增大系数；对框架结构，一、二、三、四级可分别取 1.7、1.5、1.3、1.2；其他结构类型中的框架，一级可取 1.4，二级可取 1.2，三、四级可取 1.1。

当反弯点不在柱的层高范围内时，柱端截面组合的弯矩设计值可乘以上述柱端弯矩增大系数。

6.2.3 一、二、三、四级框架结构的底层，柱下端截面组合的弯矩设计值，应分别乘以增大系数 1.7、1.5、1.3 和 1.2。底层柱纵向钢筋应按上下端的不利情况配置。

6.2.4 一、二、三级的框架梁和抗震墙的连梁，其梁端截面组合的剪力设计值应按下式调整：

$$V = \eta_{vb}(M_b^l + M_b^r)/l_n + V_{Gb} \qquad (6.2.4\text{-}1)$$

一级的框架结构和 9 度的一级框架梁、连梁可不按上式调整，但应符合下式要求：

$$V = 1.1(M_{bua}^l + M_{bua}^r)/l_n + V_{Gb} \qquad (6.2.4\text{-}2)$$

式中： V —— 梁端截面组合的剪力设计值；

l_n —— 梁的净跨；

V_{Gb} —— 梁在重力荷载代表值（9 度时高层建筑还应包括竖向地震作用标准值）作用下，按简支梁分析的梁端截面剪力设计值；

M_b^l、M_b^r —— 分别为梁左右端反时针或顺时针方向组合的弯矩设计值，一级框架两端弯矩均为负弯矩时，绝对值较小的弯矩应取零；

M_{bua}^l、M_{bua}^r —— 分别为梁左右端反时针或顺时针方向实配的正截面抗震受弯承载力所对应的弯矩值，根据实配钢筋面积（计入受压筋和相关楼板钢筋）和材料强度标准值确定；

η_{vb} —— 梁端剪力增大系数，一级可取 1.3，二级可取 1.2，三级可取 1.1。

6.2.5 一、二、三、四级的框架柱和框支柱组合的剪力设计值应按下式调整：

$$V = \eta_{vc}(M_c^b + M_c^t)/H_n \qquad (6.2.5\text{-}1)$$

一级的框架结构和 9 度的一级框架可不按上式调整，但应符合下式要求：

$$V = 1.2(M_{cua}^t + M_{cua}^b)/H_n \qquad (6.2.5\text{-}2)$$

式中：V —— 柱端截面组合的剪力设计值；框支柱的剪力设计值尚应符合本规范第 6.2.10 条的规定；

H_n —— 柱的净高；

M_c^t、M_c^b —— 分别为柱的上下端顺时针或反时针方向截面组合的弯矩设计值，应符合本规范第 6.2.2、6.2.3 条的规定；框支柱的弯矩设计值尚应符合本规范第 6.2.10 条的规定；

M_{cua}^t、M_{cua}^b —— 分别为偏心受压柱的上下端顺时针或反时针方向实配的正截面抗震受弯承载力所对应的弯矩值，根据实配钢筋面积、材料强度标准值和轴压力等确定；

η_{vc} —— 柱剪力增大系数；对框架结构，一、二、三、四级可分别取 1.5、1.3、1.2、1.1；对其他结构类型的框架，一级可取 1.4，二级可取 1.2，三、四级可取 1.1。

6.2.6 一、二、三、四级框架的角柱，经本规范第 6.2.2、6.2.3、6.2.5、6.2.10 条调整后的组合弯矩设计值、剪力设计值尚应乘以不小于1.10的增大系数。

6.2.7 抗震墙各墙肢截面组合的内力设计值，应按下列规定采用：

1 一级抗震墙的底部加强部位以上部位，墙肢的组合弯矩设计值应乘以增大系数，其值可采用1.2；剪力相应调整。

2 部分框支抗震墙结构的落地抗震墙墙肢不应出现小偏心受拉。

3 双肢抗震墙中，墙肢不宜出现小偏心受拉；当任一墙肢为偏心受拉时，另一墙肢的剪力设计值、弯矩设计值应乘以增大系数1.25。

6.2.8 一、二、三级的抗震墙底部加强部位，其截面组合的剪力设计值应按下式调整：

$$V = \eta_{vw} V_w \qquad (6.2.8-1)$$

9度的一级可不按上式调整，但应符合下式要求：

$$V = 1.1 \frac{M_{wua}}{M_w} V_w \qquad (6.2.8-2)$$

式中：V——抗震墙底部加强部位截面组合的剪力设计值；

V_w——抗震墙底部加强部位的剪力计算值；

M_{wua}——抗震墙底部截面按实配纵向钢筋面积、材料强度标准值和轴力等计算的抗震受弯承载力所对应的弯矩值；有翼墙时应计入墙两侧各一倍翼墙厚度范围内的纵向钢筋；

M_w——抗震墙底部截面组合的弯矩设计值；

η_{vw}——抗震墙剪力增大系数，一级可取1.6，二级可取1.4，三级可取1.2。

6.2.9 钢筋混凝土结构的梁、柱、抗震墙和连梁，其截面组合的剪力设计值应符合下列要求：

跨高比大于2.5的梁和连梁及剪跨比大于2的柱和抗震墙：

$$V \leqslant \frac{1}{\gamma_{RE}} (0.20 f_c b h_0) \qquad (6.2.9-1)$$

跨高比不大于2.5的连梁、剪跨比不大于2的柱和抗震墙、部分框支抗震墙结构的框支柱和框支梁、以及落地抗震墙的底部加强部位：

$$V \leqslant \frac{1}{\gamma_{RE}} (0.15 f_c b h_0) \qquad (6.2.9-2)$$

剪跨比应按下式计算：

$$\lambda = M^c / (V^c h_0) \qquad (6.2.9-3)$$

式中：λ——剪跨比，应按柱端或墙端截面组合的弯矩计算值 M^c、对应的截面组合剪力计算值 V^c 及截面有效高度 h_0 确定，并取上下端计算结果的较大值；反弯点位于柱高中部的框架柱可按柱净高与2倍柱截面高度之比计算；

V——按本规范第6.2.4、6.2.5、6.2.6、6.2.8、6.2.10条等规定调整后的梁端、柱端或墙端截面组合的剪力设计值；

f_c——混凝土轴心抗压强度设计值；

b——梁、柱截面宽度或抗震墙墙肢截面宽度；圆形截面柱可按面积相等的方形截面柱计算；

h_0——截面有效高度，抗震墙可取墙肢长度。

6.2.10 部分框支抗震墙结构的框支柱尚应满足下列要求：

1 框支柱承受的最小地震剪力，当框支柱的数量不少于10根时，柱承受地震剪力之和不应小于结构底部总地震剪力的20%；当框支柱的数量少于10根时，每根柱承受的地震剪力不应小于结构底部总地震剪力的2%。框支柱的地震弯矩应相应调整。

2 一、二级框支柱由地震作用引起的附加轴力应分别乘以增大系数1.5、1.2；计算轴压比时，该附加轴力可不乘以增大系数。

3 一、二级框支柱的顶层柱上端和底层柱下端，其组合的弯矩设计值应分别乘以增大系数1.5和1.25，框支柱的中间节点应满足本规范第6.2.2条的要求。

4 框支梁中线宜与框支柱中线重合。

6.2.11 部分框支抗震墙结构的一级落地抗震墙底部加强部位尚应满足下列要求：

1 当墙肢在边缘构件以外的部位在两排钢筋间设置直径不小于8mm、间距不大于400mm的拉结筋时，抗震墙受剪承载力验算可计入混凝土的受剪作用。

2 墙肢底部截面出现大偏心受拉时，宜在墙肢的底截面处另设交叉防滑斜筋，防滑斜筋承担的地震剪力可按墙肢底截面处剪力设计值的30%采用。

6.2.12 部分框支抗震墙结构的框支柱顶层楼盖应符合本规范附录E第E.1节的规定。

6.2.13 钢筋混凝土结构抗震计算时，尚应符合下列要求：

1 侧向刚度沿竖向分布基本均匀的框架-抗震墙结构和框架-核心筒结构，任一层框架部分承担的剪力值，不应小于结构底部总地震剪力的20%和按框架-抗震墙结构、框架-核心筒结构计算的框架部分各楼层地震剪力中最大值1.5倍二者的较小值。

2 抗震墙地震内力计算时，连梁的刚度可折减，折减系数不宜小于0.50。

3 抗震墙结构、部分框支抗震墙结构、框架-抗震墙结构、框架-核心筒结构、筒中筒结构、板柱-抗震墙结构计算内力和变形时，其抗震墙应计入端部翼墙的共同工作。

4 设置少量抗震墙的框架结构，其框架部分的地震剪力值，宜采用框架结构模型和框架-抗震墙结构模型二者计算结果的较大值。

6.2.14 框架节点核芯区的抗震验算应符合下列要求：

　　1 一、二、三级框架的节点核芯区应进行抗震验算；四级框架节点核芯区可不进行抗震验算，但应符合抗震构造措施的要求。

　　2 核芯区截面抗震验算方法应符合本规范附录D的规定。

6.3 框架的基本抗震构造措施

6.3.1 梁的截面尺寸，宜符合下列各项要求：

　　1 截面宽度不宜小于200mm；

　　2 截面高宽比不宜大于4；

　　3 净跨与截面高度之比不宜小于4。

6.3.2 梁宽大于柱宽的扁梁应符合下列要求：

　　1 采用扁梁的楼、屋盖应现浇，梁中线宜与柱中线重合，扁梁应双向布置。扁梁的截面尺寸应符合下列要求，并应满足现行有关规范对挠度和裂缝宽度的规定：

$$b_b \leq 2b_c \qquad (6.3.2\text{-}1)$$
$$b_b \leq b_c + h_b \qquad (6.3.2\text{-}2)$$
$$h_b \geq 16d \qquad (6.3.2\text{-}3)$$

式中：b_c——柱截面宽度，圆形截面取柱直径的0.8倍；

　　b_b、h_b——分别为梁截面宽度和高度；

　　d——柱纵筋直径。

　　2 扁梁不宜用于一级框架结构。

6.3.3 梁的钢筋配置，应符合下列各项要求：

　　1 梁端计入受压钢筋的混凝土受压区高度和有效高度之比，一级不应大于0.25，二、三级不应大于0.35。

　　2 梁端截面的底面和顶面纵向钢筋配筋量的比值，除按计算确定外，一级不应小于0.5，二、三级不应小于0.3。

　　3 梁端箍筋加密区的长度、箍筋最大间距和最小直径应按表6.3.3采用，当梁端纵向受拉钢筋配筋率大于2%时，表中箍筋最小直径数值应增大2mm。

表6.3.3　梁端箍筋加密区的长度、箍筋的最大间距和最小直径

抗震等级	加密区长度 （采用较大值） （mm）	箍筋最大间距 （采用最小值） （mm）	箍筋最小直径 （mm）
一	$2h_b$，500	$h_b/4$，$6d$，100	10
二	$1.5h_b$，500	$h_b/4$，$8d$，100	8
三	$1.5h_b$，500	$h_b/4$，$8d$，150	8
四	$1.5h_b$，500	$h_b/4$，$8d$，150	6

注：1　d为纵向钢筋直径，h_b为梁截面高度；
　　2　箍筋直径大于12mm、数量不少于4肢且肢距不大于150mm时，一、二级的最大间距应允许适当放宽，但不得大于150mm。

6.3.4 梁的钢筋配置，尚应符合下列规定：

　　1 梁端纵向受拉钢筋的配筋率不宜大于2.5%。沿梁全长顶面、底面的配筋，一、二级不应少于2φ14，且分别不应少于梁顶面、底面两端纵向配筋中较大截面面积的1/4；三、四级不应少于2φ12。

　　2 一、二、三级框架梁内贯通中柱的每根纵向钢筋直径，对框架结构不应大于矩形截面柱在该方向截面尺寸的1/20，或纵向钢筋所在位置圆形截面柱弦长的1/20；对其他结构类型的框架不宜大于矩形截面柱在该方向截面尺寸的1/20，或纵向钢筋所在位置圆形截面柱弦长的1/20。

　　3 梁端加密区的箍筋肢距，一级不宜大于200mm和20倍箍筋直径的较大值，二、三级不宜大于250mm和20倍箍筋直径的较大值，四级不宜大于300mm。

6.3.5 柱的截面尺寸，宜符合下列各项要求：

　　1 截面的宽度和高度，四级或不超过2层时不宜小于300mm，一、二、三级且超过2层时不宜小于400mm；圆柱的直径，四级或不超过2层时不宜小于350mm，一、二、三级且超过2层时不宜小于450mm。

　　2 剪跨比宜大于2。

　　3 截面长边与短边的边长比不宜大于3。

6.3.6 柱轴压比不宜超过表6.3.6的规定；建造于Ⅳ类场地且较高的高层建筑，柱轴压比限值应适当减小。

表6.3.6　柱轴压比限值

结　构　类　型	抗　震　等　级			
	一	二	三	四
框架结构	0.65	0.75	0.85	0.90
框架-抗震墙，板柱-抗震墙、框架-核心筒及筒中筒	0.75	0.85	0.90	0.95
部分框支抗震墙	0.6	0.7	—	—

注：1　轴压比指柱组合的轴压力设计值与柱的全截面面积和混凝土轴心抗压强度设计值乘积之比值；对本规范规定不进行地震作用计算的结构，可取无地震作用组合的轴力设计值计算；
　　2　表内限值适用于剪跨比大于2、混凝土强度等级不高于C60的柱；剪跨比不大于2的柱，轴压比限值应降低0.05；剪跨比小于1.5的柱，轴压比限值应专门研究并采取特殊构造措施；
　　3　沿柱全高采用井字复合箍且箍筋肢距不大于200mm、间距不大于100mm、直径不小于12mm，或沿柱全高采用复合螺旋箍、螺旋间距不大于100mm、箍筋肢距不大于200mm、直径不小于12mm，或沿柱全高采用连续复合矩形螺旋箍、螺旋净距不大于80mm、箍筋肢距不大于200mm、直径不小于10mm，轴压比限值均可增加0.10；上述三种箍筋的最小配箍特征值应按增大的轴压比由本规范表6.3.9确定；
　　4　在柱的截面中附加芯柱，其中另加的纵向钢筋的总面积不少于柱截面面积的0.8%，轴压比限值可增加0.05；此项措施与注3的措施共同采用时，轴压比限值可增加0.15，但箍筋的体积配箍率仍可按轴压比增加0.10的要求确定；
　　5　柱轴压比不应大于1.05。

6.3.7 柱的钢筋配置，应符合下列各项要求：

1 柱纵向受力钢筋的最小总配筋率应按表 6.3.7-1 采用，同时每一侧配筋率不应小于 0.2%；对建造于Ⅳ类场地且较高的高层建筑，最小总配筋率应增加 0.1%。

表 6.3.7-1 柱截面纵向钢筋的最小总配筋率（百分率）

类 别	抗 震 等 级			
	一	二	三	四
中柱和边柱	0.9(1.0)	0.7(0.8)	0.6(0.7)	0.5(0.6)
角柱、框支柱	1.1	0.9	0.8	0.7

注：1 表中括号内数值用于框架结构的柱；
2 钢筋强度标准值小于 400MPa 时，表中数值应增加 0.1，钢筋强度标准值为 400MPa 时，表中数值应增加 0.05；
3 混凝土强度等级高于 C60 时，上述数值应相应增加 0.1。

2 柱箍筋在规定的范围内应加密，加密区的箍筋间距和直径，应符合下列要求：

1）一般情况下，箍筋的最大间距和最小直径，应按表 6.3.7-2 采用。

表 6.3.7-2 柱箍筋加密区的箍筋最大间距和最小直径

抗震等级	箍筋最大间距（采用较小值，mm）	箍筋最小直径（mm）
一	6d，100	10
二	8d，100	8
三	8d，150（柱根 100）	8
四	8d，150（柱根 100）	6（柱根 8）

注：1 d 为柱纵筋最小直径；
2 柱根指底层柱下端箍筋加密区。

2）一级框架柱的箍筋直径大于 12mm 且箍筋肢距不大于 150mm 及二级框架柱的箍筋直径不小于 10mm 且箍筋肢距不大于 200mm 时，除底层柱下端外，最大间距应允许采用 150mm；三级框架柱的截面尺寸不大于 400mm 时，箍筋最小直径应允许采用 6mm；四级框架柱剪跨比不大于 2 时，箍筋直径不应小于 8mm。

3）框支柱和剪跨比不大于 2 的框架柱，箍筋间距不应大于 100mm。

6.3.8 柱的纵向钢筋配置，尚应符合下列规定：

1 柱的纵向钢筋宜对称配置。

2 截面边长大于 400mm 的柱，纵向钢筋间距不宜大于 200mm。

3 柱总配筋率不应大于 5%；剪跨比不大于 2 的一级框架的柱，每侧纵向钢筋配筋率不宜大于 1.2%。

4 边柱、角柱及抗震墙端柱在小偏心受拉时，柱内纵筋总截面面积应比计算值增加 25%。

5 柱纵向钢筋的绑扎接头应避开柱端的箍筋加密区。

6.3.9 柱的箍筋配置，尚应符合下列要求：

1 柱的箍筋加密范围，应按下列规定采用：

1）柱端，取截面高度（圆柱直径）、柱净高的 1/6 和 500mm 三者的最大值；

2）底层柱的下端不小于柱净高的 1/3；

3）刚性地面上下各 500mm；

4）剪跨比不大于 2 的柱、因设置填充墙等形成的柱净高与柱截面高度之比不大于 4 的柱、框支柱、一级和二级框架的角柱，取全高。

2 柱箍筋加密区的箍筋肢距，一级不宜大于 200mm，二、三级不宜大于 250mm，四级不宜大于 300mm。至少每隔一根纵向钢筋宜在两个方向有箍筋或拉筋约束；采用拉筋复合箍时，拉筋宜紧靠纵向钢筋并钩住箍筋。

3 柱箍筋加密区的体积配箍率，应按下列规定采用：

1）柱箍筋加密区的体积配箍率应符合下式要求：

$$\rho_v \geqslant \lambda_v f_c / f_{yv} \qquad (6.3.9)$$

式中：ρ_v——柱箍筋加密区的体积配箍率，一级不应小于 0.8%，二级不应小于 0.6%，三、四级不应小于 0.4%；计算复合螺旋箍的体积配箍率时，其非螺旋箍的箍筋体积应乘以折减系数 0.80；

f_c——混凝土轴心抗压强度设计值，强度等级低于 C35 时，应按 C35 计算；

f_{yv}——箍筋或拉筋抗拉强度设计值；

λ_v——最小配箍特征值，宜按表 6.3.9 采用。

表 6.3.9 柱箍筋加密区的箍筋最小配箍特征值

抗震等级	箍筋形式	柱轴压比								
		≤0.3	0.4	0.5	0.6	0.7	0.8	0.9	1.0	1.05
一	普通箍、复合箍	0.10	0.11	0.13	0.15	0.17	0.20	0.23	—	—
	螺旋箍、复合或连续复合矩形螺旋箍	0.08	0.09	0.11	0.13	0.15	0.18	0.21	—	—
二	普通箍、复合箍	0.08	0.09	0.11	0.13	0.15	0.17	0.19	0.22	0.24
	螺旋箍、复合或连续复合矩形螺旋箍	0.06	0.07	0.09	0.11	0.13	0.15	0.17	0.20	0.22
三、四	普通箍、复合箍	0.06	0.07	0.09	0.11	0.13	0.15	0.17	0.20	0.22
	螺旋箍、复合或连续复合矩形螺旋箍	0.05	0.06	0.07	0.09	0.11	0.13	0.15	0.18	0.20

注：普通箍指单个矩形箍和单个圆形箍，复合箍指由矩形、多边形、圆形箍或拉筋组成的箍筋；复合螺旋箍指由螺旋箍与矩形、多边形、圆形箍或拉筋组成的箍筋；连续复合矩形螺旋箍指用一根通长钢筋加工而成的箍筋。

2）框支柱宜采用复合螺旋箍或井字复合箍，其最小配箍特征值应比表6.3.9内数值增加0.02，且体积配箍率不应小于1.5%。

3）剪跨比不大于2的柱宜采用复合螺旋箍或井字复合箍，其体积配箍率不应小于1.2%，9度一级时不应小于1.5%。

4 柱箍筋非加密区的箍筋配置，应符合下列要求：

1）柱箍筋非加密区的体积配箍率不宜小于加密区的50%。

2）箍筋间距，一、二级框架柱不应大于10倍纵向钢筋直径，三、四级框架柱不应大于15倍纵向钢筋直径。

6.3.10 框架节点核芯区箍筋的最大间距和最小直径宜按本规范第6.3.7条采用；一、二、三级框架节点核芯区配箍特征值分别不宜小于0.12、0.10和0.08，且体积配箍率分别不宜小于0.6%、0.5%和0.4%。柱剪跨比不大于2的框架节点核芯区，体积配箍率不宜小于核芯区上、下柱端的较大体积配箍率。

6.4 抗震墙结构的基本抗震构造措施

6.4.1 抗震墙的厚度，一、二级不应小于160mm且不宜小于层高或无支长度的1/20，三、四级不应小于140mm且不宜小于层高或无支长度的1/25；无端柱或翼墙时，一、二级不应小于层高或无支长度的1/16，三、四级不宜小于层高或无支长度的1/20。

底部加强部位的墙厚，一、二级不应小于200mm且不宜小于层高或无支长度的1/16，三、四级不应小于160mm且不宜小于层高或无支长度的1/20；无端柱或翼墙时，一、二级不宜小于层高或无支长度的1/12，三、四级不宜小于层高或无支长度的1/16。

6.4.2 一、二、三级抗震墙在重力荷载代表值作用下墙肢的轴压比，一级时，9度不宜大于0.4，7、8度不宜大于0.5；二、三级时不宜大于0.6。

注：墙肢轴压比指墙的轴压力设计值与墙的全截面面积和混凝土轴心抗压强度设计值乘积之比值。

6.4.3 抗震墙竖向、横向分布钢筋的配筋，应符合下列要求：

1 一、二、三级抗震墙的竖向和横向分布钢筋最小配筋率均不应小于0.25%，四级抗震墙分布钢筋最小配筋率不应小于0.20%。

注：高度小于24m且剪压比很小的四级抗震墙，其竖向分布筋的最小配筋率允许按0.15%采用。

2 部分框支抗震墙结构的落地抗震墙底部加强部位，竖向和横向分布钢筋配筋率均不应小于0.3%。

6.4.4 抗震墙竖向和横向分布钢筋的配置，尚应符合下列规定：

1 抗震墙的竖向和横向分布钢筋的间距不宜大

于300mm，部分框支抗震墙结构的落地抗震墙底部加强部位，竖向和横向分布钢筋的间距不宜大于200mm。

2 抗震墙厚度大于140mm时，其竖向和横向分布钢筋应双排布置，双排分布钢筋间拉筋的间距不宜大于600mm，直径不应小于6mm。

3 抗震墙竖向和横向分布钢筋的直径，均不宜大于墙厚的1/10且不应小于8mm；竖向钢筋直径不宜小于10mm。

6.4.5 抗震墙两端和洞口两侧应设置边缘构件，边缘构件包括暗柱、端柱和翼墙，并应符合下列要求：

1 对于抗震墙结构，底层墙肢底截面的轴压比不大于表6.4.5-1规定的一、二、三级抗震墙及四级抗震墙，墙肢两端可设置构造边缘构件，构造边缘构件的范围可按图6.4.5-1采用，构造边缘构件的配筋除应满足受弯承载力要求外，并宜符合表6.4.5-2的要求。

表6.4.5-1 抗震墙设置构造边缘
构件的最大轴压比

抗震等级或烈度	一级（9度）	一级（7、8度）	二、三级
轴压比	0.1	0.2	0.3

表6.4.5-2 抗震墙构造边缘构件的配筋要求

抗震等级	底部加强部位			其他部位		
	纵向钢筋最小量（取较大值）	箍筋		纵向钢筋最小量（取较大值）	拉筋	
		最小直径（mm）	沿竖向最大间距（mm）		最小直径（mm）	沿竖向最大间距（mm）
一	$0.010A_c$，6ϕ16	8	100	$0.008A_c$，6ϕ14	8	150
二	$0.008A_c$，6ϕ14	8	150	$0.006A_c$，6ϕ12	8	200
三	$0.006A_c$，6ϕ12	6	150	$0.005A_c$，4ϕ12	6	200
四	$0.005A_c$，4ϕ12	6	200	$0.004A_c$，4ϕ12	6	250

注：1 A_c为边缘构件的截面面积；

2 其他部位的拉筋，水平间距不应大于纵筋间距的2倍；转角处宜采用箍筋；

3 当端柱承受集中荷载时，其纵向钢筋、箍筋直径和间距应满足柱的相应要求。

2 底层墙肢底截面的轴压比大于表6.4.5-1规定的一、二、三级抗震墙，以及部分框支抗震墙结构的抗震墙，应在底部加强部位及相邻的上一层设置约束边缘构件，在以上的其他部位可设置构造边缘构件。约束边缘构件沿墙肢的长度、配箍特征值、箍筋和纵向钢筋宜符合表6.4.5-3的要求（图6.4.5-2）。

(a) 暗柱

(b) 翼柱　　　　　(c) 端柱

图 6.4.5-1　抗震墙的构造边缘构件范围

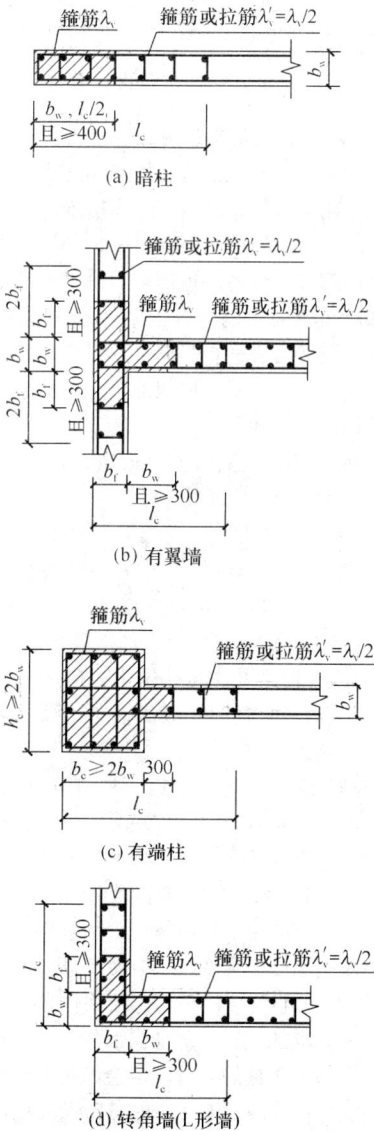

(a) 暗柱

(b) 有翼墙

(c) 有端柱

(d) 转角墙(L形墙)

图 6.4.5-2　抗震墙的约束边缘构件

表 6.4.5-3　抗震墙约束边缘构件的范围及配筋要求

项　目	一级 (9度)		一级 (7、8度)		二、三级	
	$\lambda \leqslant 0.2$	$\lambda > 0.2$	$\lambda \leqslant 0.3$	$\lambda > 0.3$	$\lambda \leqslant 0.4$	$\lambda > 0.4$
l_c (暗柱)	$0.20h_w$	$0.25h_w$	$0.15h_w$	$0.20h_w$	$0.15h_w$	$0.20h_w$
l_c (翼墙或端柱)	$0.15h_w$	$0.20h_w$	$0.10h_w$	$0.15h_w$	$0.10h_w$	$0.15h_w$
λ_v	0.12	0.20	0.12	0.20	0.12	0.20
纵向钢筋 (取较大值)	$0.012A_c$, $8\phi16$		$0.012A_c$, $8\phi16$		$0.010A_c$, $6\phi16$ (三级 $6\phi14$)	
箍筋或拉筋沿竖向间距	100mm		100mm		150mm	

注：1　抗震墙的翼墙长度小于其 3 倍厚度或端柱截面边长小于 2 倍墙厚时，按无翼墙、无端柱查表；端柱有集中荷载时，配筋构造尚应满足与墙相同抗震等级框架柱的要求；

　　2　l_c 为约束边缘构件沿墙肢长度，且不小于墙厚和 400mm；有翼墙或端柱时不应小于翼墙厚度或端柱沿墙肢方向截面高度加 300mm；

　　3　λ_v 为约束边缘构件的配箍特征值，体积配箍率可按本规范式 (6.3.9) 计算，并可适当计入满足构造要求且在墙端有可靠锚固的水平分布钢筋的截面面积；

　　4　h_w 为抗震墙墙肢长度；

　　5　λ 为墙肢轴压比；

　　6　A_c 为图 6.4.5-2 中约束边缘构件阴影部分的截面面积。

6.4.6　抗震墙的墙肢长度不大于墙厚的 3 倍时，应按柱的有关要求进行设计；矩形墙肢的厚度不大于 300mm 时，尚宜全高加密箍筋。

6.4.7　跨高比较小的高连梁，可设水平缝形成双连梁、多连梁或采取其他加强受剪承载力的构造。顶层连梁的纵向钢筋伸入墙体的锚固长度范围内，应设置箍筋。

6.5　框架-抗震墙结构的基本抗震构造措施

6.5.1　框架-抗震墙结构的抗震墙厚度和边框设置，应符合下列要求：

　　1　抗震墙的厚度不应小于 160mm 且不宜小于层高或无支长度的 1/20，底部加强部位的抗震墙厚度不应小于 200mm 且不宜小于层高或无支长度的 1/16。

　　2　有端柱时，墙体在楼盖处宜设置暗梁，暗梁的截面高度不宜小于墙厚和 400mm 的较大值；端柱截面宜与同层框架柱相同，并应满足本规范第 6.3 节对框架柱的要求；抗震墙底部加强部位的端柱和紧靠抗震墙洞口的端柱宜按柱箍筋加密区的要求沿全高加密箍筋。

6.5.2　抗震墙的竖向和横向分布钢筋，配筋率均不应小于 0.25%，钢筋直径不宜小于 10mm，间距不宜大于 300mm，并应双排布置，双排分布钢筋间应设

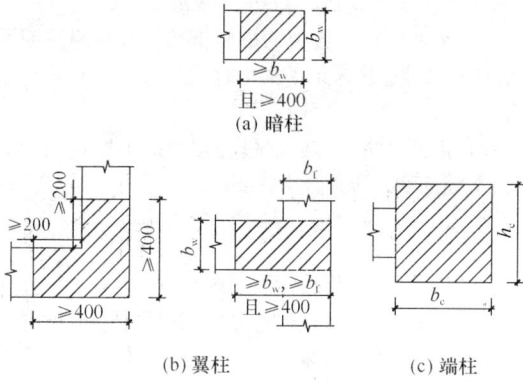

置拉筋。

6.5.3 楼面梁与抗震墙平面外连接时，不宜支承在洞口连梁上；沿梁轴线方向宜设置与梁连接的抗震墙，梁的纵筋应锚固在墙内；也可在支承梁的位置设置扶壁柱或暗柱，并应按计算确定其截面尺寸和配筋。

6.5.4 框架-抗震墙结构的其他抗震构造措施，应符合本规范第 6.3 节、6.4 节的有关要求。

> 注：设置少量抗震墙的框架结构，其抗震墙的抗震构造措施，可仍按本规范第 6.4 节对抗震墙的规定执行。

6.6 板柱-抗震墙结构抗震设计要求

6.6.1 板柱-抗震墙结构的抗震墙，其抗震构造措施应符合本节规定，尚应符合本规范第 6.5 节的有关规定；柱（包括抗震墙端柱）和梁的抗震构造措施应符合本规范第 6.3 节的有关规定。

6.6.2 板柱-抗震墙的结构布置，尚应符合下列要求：

　1 抗震墙厚度不应小于 180mm，且不宜小于层高或无支长度的 1/20；房屋高度大于 12m 时，墙厚不应小于 200mm。

　2 房屋的周边采用有梁框架，楼、电梯洞口周边宜设置边框梁。

　3 8 度时宜采用有托板或柱帽的板柱节点，托板或柱帽根部的厚度（包括板厚）不宜小于柱纵筋直径的 16 倍，托板或柱帽的边长不应小于 4 倍板厚和柱截面对应边长之和。

　4 房屋的地下一层顶板，宜采用梁板结构。

6.6.3 板柱-抗震墙结构的抗震计算，应符合下列要求：

　1 房屋高度大于 12m 时，抗震墙应承担结构的全部地震作用；房屋高度不大于 12m 时，抗震墙宜承担结构的全部地震作用。各层板柱和框架部分应能承担不少于本层地震剪力的 20%。

　2 板柱结构在地震作用下按等代平面框架分析时，其等代梁的宽度宜采用垂直于等代平面框架方向两侧柱距各 1/4。

　3 板柱节点应进行冲切承载力的抗震验算，应计入不平衡弯矩引起的冲切，节点处地震作用组合的不平衡弯矩引起的冲切反力设计值应乘以增大系数，一、二、三级板柱的增大系数可分别取 1.7、1.5、1.3。

6.6.4 板柱-抗震墙结构的板柱节点构造应符合下列要求：

　1 无柱帽平板应在柱上板带中设构造暗梁，暗梁宽度可取柱宽及柱两侧各不大于 1.5 倍板厚。暗梁支座上部钢筋面积不应小于柱上板带钢筋面积的 50%，暗梁下部钢筋不宜少于上部钢筋的 1/2；箍筋

直径不应小于 8mm，间距不宜大于 3/4 倍板厚，肢距不宜大于 2 倍板厚，在暗梁两端应加密。

　2 无柱帽柱上板带的板底钢筋，宜在距柱面为 2 倍板厚以外连接，采用搭接时钢筋端部宜有垂直于板面的弯钩。

　3 沿两个主轴方向通过柱截面的板底连续钢筋的总截面面积，应符合下式要求：

$$A_s \geqslant N_G / f_y \tag{6.6.4}$$

式中：A_s——板底连续钢筋总截面面积；

　　　N_G——在本层楼板重力荷载代表值（8 度时尚宜计入竖向地震）作用下的柱轴压力设计值；

　　　f_y——楼板钢筋的抗拉强度设计值。

　4 板柱节点应根据抗冲切承载力要求，配置抗剪栓钉或抗冲切钢筋。

6.7 筒体结构抗震设计要求

6.7.1 框架-核心筒结构应符合下列要求：

　1 核心筒与框架之间的楼盖宜采用梁板体系；部分楼层采用平板体系时应有加强措施。

　2 除加强层及其相邻上下层外，按框架-核心筒计算分析的框架部分各层地震剪力的最大值不宜小于结构底部总地震剪力的 10%。当小于 10% 时，核心筒墙体的地震剪力应适当提高，边缘构件的抗震构造措施应适当加强；任一层框架部分承担的地震剪力不应小于结构底部总地震剪力的 15%。

　3 加强层设置应符合下列规定：

　　1）9 度时不应采用加强层；

　　2）加强层的大梁或桁架应与核心筒内的墙肢贯通；大梁或桁架与周边框架柱的连接宜采用铰接或半刚性连接；

　　3）结构整体分析应计入加强层变形的影响；

　　4）施工程序及连接构造上，应采取措施减小结构竖向温度变形及轴向压缩对加强层的影响。

6.7.2 框架-核心筒结构的核心筒、筒中筒结构的内筒，其抗震墙除应符合本规范第 6.4 节的有关规定外，尚应符合下列要求：

　1 抗震墙的厚度、竖向和横向分布钢筋应符合本规范第 6.5 节的规定；筒体底部加强部位及相邻上一层，当侧向刚度无突变时不宜改变墙体厚度。

　2 框架-核心筒结构一、二级筒体角部的边缘构件宜按下列要求加强：底部加强部位，约束边缘构件范围内宜全部采用箍筋，且约束边缘构件沿墙肢的长度宜取墙肢截面高度的 1/4，底部加强部位以上的全高范围内宜按转角墙的要求设置约束边缘构件。

　3 内筒的门洞不宜靠近转角。

6.7.3 楼面大梁不宜支承在内筒连梁上。楼面大梁

与内筒或核心筒墙体平面外连接时，应符合本规范第6.5.3条的规定。

6.7.4 一、二级核心筒和内筒中跨高比不大于2的连梁，当梁截面宽度不小于400mm时，可采用交叉暗柱配筋，并应设置普通箍筋；截面宽度小于400mm但不小于200mm时，除配置普通箍筋外，可另增设斜向交叉构造钢筋。

6.7.5 筒体结构转换层的抗震设计应符合本规范附录E第E.2节的规定。

7 多层砌体房屋和底部框架砌体房屋

7.1 一般规定

7.1.1 本章适用于普通砖（包括烧结、蒸压、混凝土普通砖）、多孔砖（包括烧结、混凝土多孔砖）和混凝土小型空心砌块等砌体承重的多层房屋，底层或底部两层框架-抗震墙砌体房屋。

配筋混凝土小型空心砌块房屋的抗震设计，应符合本规范附录F的规定。

> 注：1 采用非黏土的烧结砖、蒸压砖、混凝土砖的砌体房屋，块体的材料性能应有可靠的试验数据；当本章未作具体规定时，可按本章普通砖、多孔砖房屋的相应规定执行；
> 2 本章中"小砌块"为"混凝土小型空心砌块"的简称；
> 3 非空旷的单层砌体房屋，可按本章规定的原则进行抗震设计。

7.1.2 多层房屋的层数和高度应符合下列要求：

1 一般情况下，房屋的层数和总高度不应超过表7.1.2的规定。

表7.1.2 房屋的层数和总高度限值（m）

房屋类别		最小抗震墙厚度(mm)	6度 0.05g		7度 0.10g		7度 0.15g		8度 0.20g		8度 0.30g		9度 0.40g	
			高度	层数	高度	层数	高度	层数	高度	层数	高度	层数	高度	层数
多层砌体房屋	普通砖	240	21	7	21	7	21	7	18	6	15	5	12	4
	多孔砖	240	21	7	21	7	18	6	18	6	15	5	9	3
	多孔砖	190	21	7	21	7	18	6	15	5	15	5	—	—
	小砌块	190	21	7	21	7	18	6	15	5	15	5	9	3

续表7.1.2

房屋类别		最小抗震墙厚度(mm)	6度 0.05g		7度 0.10g		7度 0.15g		8度 0.20g		8度 0.30g		9度 0.40g	
			高度	层数	高度	层数	高度	层数	高度	层数	高度	层数	高度	层数
底部框架-抗震墙砌体房屋	普通砖多孔砖	240	22	7	22	7	19	6	16	5	—	—	—	—
	多孔砖	190	22	7	19	6	16	5	13	4	—	—	—	—
	小砌块	190	22	7	22	7	19	6	16	5	—	—	—	—

> 注：1 房屋的总高度指室外地面到主要屋面板板顶或檐口的高度，半地下室从地下室室内地面算起，全地下室和嵌固条件好的半地下室应允许从室外地面算起；对带阁楼的坡屋面应算到山尖墙的1/2高度处；
> 2 室内外高差大于0.6m时，房屋总高度应允许比表中的数据适当增加，但增加量应少于1.0m；
> 3 乙类的多层砌体房屋仍按本地区设防烈度查表，其层数应减少一层且总高度应降低3m；不应采用底部框架-抗震墙砌体房屋；
> 4 本表小砌块砌体房屋不包括配筋混凝土小型空心砌块房屋。

2 横墙较少的多层砌体房屋，总高度应比表7.1.2的规定降低3m，层数相应减少一层；各层横墙很少的多层砌体房屋，还应再减少一层。

> 注：横墙较少是指同一楼层内开间大于4.2m的房间占该层总面积的40%以上；其中，开间不大于4.2m的房间占该层总面积不到20%且开间大于4.8m的房间占该层总面积的50%以上为横墙很少。

3 6、7时，横墙较少的丙类多层砌体房屋，当按规定采取加强措施并满足抗震承载力要求时，其高度和层数应允许仍按表7.1.2的规定采用。

4 采用蒸压灰砂砖和蒸压粉煤灰砖的砌体的房屋，当砌体的抗剪强度仅达到普通黏土砖砌体的70%时，房屋的层数应比普通砖房减少一层，总高度应减少3m；当砌体的抗剪强度达到普通黏土砖砌体的取值时，房屋层数和总高度的要求同普通砖房屋。

7.1.3 多层砌体承重房屋的层高，不应超过3.6m。

底部框架-抗震墙砌体房屋的底部，层高不应超过4.5m；当底层采用约束砌体抗震墙时，底层的层高不应超过4.2m。

> 注：当使用功能确有需要时，采用约束砌体等加强措施的普通砖房屋，层高不应超过3.9m。

7.1.4 多层砌体房屋总高度与总宽度的最大比值，宜符合表7.1.4的要求。

表 7.1.4 房屋最大高宽比

烈　度	6	7	8	9
最大高宽比	2.5	2.5	2.0	1.5

注：1　单面走廊房屋的总宽度不包括走廊宽度；
　　2　建筑平面接近正方形时，其高宽比宜适当减小。

7.1.5　房屋抗震横墙的间距，不应超过表 7.1.5 的要求：

表 7.1.5　房屋抗震横墙的间距（m）

房屋类别		烈　度			
		6	7	8	9
多层砌体房屋	现浇或装配整体式钢筋混凝土楼、屋盖	15	15	11	7
	装配式钢筋混凝土楼、屋盖	11	11	9	4
	木屋盖	9	9	4	—
底部框架-抗震墙砌体房屋	上部各层	同多层砌体房屋			
	底层或底部两层	18	15	11	

注：1　多层砌体房屋的顶层，除木屋盖外的最大横墙间距应允许适当放宽，但应采取相应加强措施；
　　2　多孔砖抗震横墙厚度为 190mm 时，最大横墙间距应比表中数值减少 3m。

7.1.6　多层砌体房屋中砌体墙段的局部尺寸限值，宜符合表 7.1.6 的要求：

表 7.1.6　房屋的局部尺寸限值（m）

部　位	6 度	7 度	8 度	9 度
承重窗间墙最小宽度	1.0	1.0	1.2	1.5
承重外墙尽端至门窗洞边的最小距离	1.0	1.0	1.2	1.5
非承重外墙尽端至门窗洞边的最小距离	1.0	1.0	1.0	1.0
内墙阳角至门窗洞边的最小距离	1.0	1.0	1.5	2.0
无锚固女儿墙（非出入口处）的最大高度	0.5	0.5	0.5	0.0

注：1　局部尺寸不足时，应采取局部加强措施弥补，且最小宽度不宜小于 1/4 层高和表列数据的 80%；
　　2　出入口处的女儿墙应有锚固。

7.1.7　多层砌体房屋的建筑布置和结构体系，应符合下列要求：

1　应优先采用横墙承重或纵横墙共同承重的结构体系。不应采用砌体墙和混凝土墙混合承重的结构体系。

2　纵横向砌体抗震墙的布置应符合下列要求：

1）宜均匀对称，沿平面内宜对齐，沿竖向应上下连续；且纵横向墙体的数量不宜相差过大；

2）平面轮廓凹凸尺寸，不应超过典型尺寸的 50%；当超过典型尺寸的 25% 时，房屋转角处应采取加强措施；

3）楼板局部大洞口的尺寸不宜超过楼板宽度

的 30%，且不应在墙体两侧同时开洞；

4）房屋错层的楼板高差超过 500mm 时，应按两层计算；错层部位的墙体应采取加强措施；

5）同一轴线上的窗间墙宽度宜均匀；在满足本规范第 7.1.6 条要求的前提下，墙面洞口的立面面积，6、7 度时不宜大于墙面总面积的 55%，8、9 度时不宜大于 50%；

6）在房屋宽度方向的中部应设置内纵墙，其累计长度不宜小于房屋总长度的 60%（高宽比大于 4 的墙段不计入）。

3　房屋有下列情况之一时宜设置防震缝，缝两侧均应设置墙体，缝宽应根据烈度和房屋高度确定，可采用 70mm～100mm：

1）房屋立面高差在 6m 以上；

2）房屋有错层，且楼板高差大于层高的 1/4；

3）各部分结构刚度、质量截然不同。

4　楼梯间不宜设置在房屋的尽端或转角处。

5　不应在房屋转角处设置转角窗。

6　横墙较少、跨度较大的房屋，宜采用现浇钢筋混凝土楼、屋盖。

7.1.8　底部框架-抗震墙砌体房屋的结构布置，应符合下列要求：

1　上部的砌体墙体与底部的框架梁或抗震墙，除楼梯间附近的个别墙段外均应对齐。

2　房屋的底部，应沿纵横两方向设置一定数量的抗震墙，并应均匀对称布置。6 度且总层数不超过四层的底层框架-抗震墙砌体房屋，应允许采用嵌砌于框架之间的约束普通砖砌体或小砌块砌体的砌体抗震墙，但应计入砌体墙对框架的附加轴力和附加剪力并进行底层的抗震验算，且同一方向不应同时采用钢筋混凝土抗震墙和约束砌体抗震墙；其余情况，8 度时应采用钢筋混凝土抗震墙，6、7 度时应采用钢筋混凝土抗震墙或配筋小砌块砌体抗震墙。

3　底层框架-抗震墙砌体房屋的纵横两个方向，第二层计入构造柱影响的侧向刚度与底层侧向刚度的比值，6、7 度时不应大于 2.5，8 度时不应大于 2.0，且均不应小于 1.0。

4　底部两层框架-抗震墙砌体房屋纵横两个方向，底层与底部第二层侧向刚度应接近，第三层计入构造柱影响的侧向刚度与底部第二层侧向刚度的比值，6、7 度时不应大于 2.0，8 度时不应大于 1.5，且均不应小于 1.0。

5　底部框架-抗震墙砌体房屋的抗震墙应设置条形基础、筏形基础等整体性好的基础。

7.1.9　底部框架-抗震墙砌体房屋的钢筋混凝土结构部分，除应符合本章规定外，尚应符合本规范第 6 章的有关要求；此时，底部混凝土框架的抗震等级，6、7、8 度应分别按三、二、一级采用，混凝土墙体的抗震等级，6、7、8 度应分别按三、三、二级采用。

7.2 计 算 要 点

7.2.1 多层砌体房屋、底部框架-抗震墙砌体房屋的抗震计算，可采用底部剪力法，并应按本节规定调整地震作用效应。

7.2.2 对砌体房屋，可只选从属面积较大或竖向应力较小的墙段进行截面抗震承载力验算。

7.2.3 进行地震剪力分配和截面验算时，砌体墙段的层间等效侧向刚度应按下列原则确定：

1 刚度的计算应计及高宽比的影响。高宽比小于 1 时，可只计算剪切变形；高宽比不大于 4 且不小于 1 时，应同时计算弯曲和剪切变形；高宽比大于 4 时，等效侧向刚度可取 0.0。

注：墙段的高宽比指层高与墙长之比，对门窗洞边的小墙段指洞净高与洞侧墙宽之比。

2 墙段宜按门窗洞口划分；对设置构造柱的小开口墙段按毛墙面计算的刚度，可根据开洞率乘以表 7.2.3 的墙段洞口影响系数：

表 7.2.3 墙段洞口影响系数

开洞率	0.10	0.20	0.30
影响系数	0.98	0.94	0.88

注：1 开洞率为洞口水平截面积与墙段水平毛截面积之比，相邻洞口之间净宽小于 500mm 的墙段视为洞口；

2 洞口中线偏离墙段中线大于墙段长度的 1/4 时，表中影响系数值折减 0.9；门洞的洞顶高度大于层高 80% 时，表中数据不适用；窗洞高度大于 50% 层高时，按门洞对待。

7.2.4 底部框架-抗震墙砌体房屋的地震作用效应，应按下列规定调整：

1 对底层框架-抗震墙砌体房屋，底层的纵向和横向地震剪力设计值均应乘以增大系数；其值应允许在 1.2～1.5 范围内选用，第二层与底层侧向刚度比大者应取大值。

2 对底部两层框架-抗震墙砌体房屋，底层和第二层的纵向和横向地震剪力设计值亦均应乘以增大系数；其值应允许在 1.2～1.5 范围内选用，第三层与第二层侧向刚度比大者应取大值。

3 底层或底部两层的纵向和横向地震剪力设计值应全部由该方向的抗震墙承担，并按各墙体的侧向刚度比例分配。

7.2.5 底部框架-抗震墙砌体房屋中，底部框架的地震作用效应宜采用下列方法确定：

1 底部框架柱的地震剪力和轴向力，宜按下列规定调整：

1）框架柱承担的地震剪力设计值，可按各抗侧力构件有效侧向刚度比例分配确定；有

效侧向刚度的取值，框架不折减；混凝土墙或配筋混凝土小砌块砌体墙可乘以折减系数 0.30；约束普通砖砌体或小砌块砌体抗震墙可乘以折减系数 0.20；

2）框架柱的轴力应计入地震倾覆力矩引起的附加轴力，上部砖房可视为刚体，底部各轴线承受的地震倾覆力矩，可近似按底部抗震墙和框架的有效侧向刚度的比例分配确定；

3）当抗震墙之间楼盖长宽比大于 2.5 时，框架柱各轴线承担的地震剪力和轴向力，尚应计入楼盖平面内变形的影响。

2 底部框架-抗震墙砌体房屋的钢筋混凝土托墙梁计算地震组合内力时，应采用合适的计算简图。若考虑上部墙体与托墙梁的组合作用，应计入地震时墙体开裂对组合作用的不利影响，可调整有关的弯矩系数、轴力系数等计算参数。

7.2.6 各类砌体沿阶梯形截面破坏的抗震抗剪强度设计值，应按下式确定：

$$f_{vE} = \zeta_N f_v \qquad (7.2.6)$$

式中：f_{vE}——砌体沿阶梯形截面破坏的抗震抗剪强度设计值；

f_v——非抗震设计的砌体抗剪强度设计值；

ζ_N——砌体抗震抗剪强度的正应力影响系数，应按表 7.2.6 采用。

表 7.2.6 砌体强度的正应力影响系数

砌体类别	σ_0/f_v							
	0.0	1.0	3.0	5.0	7.0	10.0	12.0	≥16.0
普通砖，多孔砖	0.80	0.99	1.25	1.47	1.65	1.90	2.05	—
小砌块	—	1.23	1.69	2.15	2.57	3.02	3.32	3.92

注：σ_0 为对应于重力荷载代表值的砌体截面平均压应力。

7.2.7 普通砖、多孔砖墙体的截面抗震受剪承载力，应按下列规定验算：

1 一般情况下，应按下式验算：

$$V \leqslant f_{vE} A / \gamma_{RE} \qquad (7.2.7-1)$$

式中：V——墙体剪力设计值；

f_{vE}——砖砌体沿阶梯形截面破坏的抗震抗剪强度设计值；

A——墙体横截面面积，多孔砖取毛截面面积；

γ_{RE}——承载力抗震调整系数，承重墙按本规范表 5.4.2 采用，自承重墙按 0.75 采用。

2 采用水平配筋的墙体，应按下式验算：

$$V \leqslant \frac{1}{\gamma_{RE}}(f_{vE} A + \zeta_s f_{yh} A_{sh}) \qquad (7.2.7-2)$$

式中：f_{yh}——水平钢筋抗拉强度设计值；

A_{sh}——层间墙体竖向截面的总水平钢筋面积，

其配筋率应不小于 0.07% 且不大于 0.17%；

ζ_s——钢筋参与工作系数，可按表 7.2.7 采用。

表 7.2.7　钢筋参与工作系数

墙体高宽比	0.4	0.6	0.8	1.0	1.2
ζ_s	0.10	0.12	0.14	0.15	0.12

3　当按式（7.2.7-1）、式（7.2.7-2）验算不满足要求时，可计入基本均匀设置于墙段中部、截面不小于 240mm×240mm（墙厚 190mm 时为 240mm×190mm）且间距不大于 4m 的构造柱对受剪承载力的提高作用，按下列简化方法验算：

$$V \leqslant \frac{1}{\gamma_{RE}}[\eta_c f_{vE}(A - A_c) + \zeta_c f_t A_c + 0.08 f_{yc} A_{sc} + \zeta_s f_{yh} A_{sh}]$$

(7.2.7-3)

式中：A_c——中部构造柱的横截面总面积（对横墙和内纵墙，$A_c > 0.15A$ 时，取 $0.15A$；对外纵墙，$A_c > 0.25A$ 时，取 $0.25A$）；

f_t——中部构造柱的混凝土轴心抗拉强度设计值；

A_{sc}——中部构造柱的纵向钢筋截面总面积（配筋率不小于 0.6%，大于 1.4% 时取 1.4%）；

f_{yh}、f_{yc}——分别为墙体水平钢筋、构造柱钢筋抗拉强度设计值；

ζ_c——中部构造柱参与工作系数；居中设一根时取 0.5，多于一根时取 0.4；

η_c——墙体约束修正系数；一般情况取 1.0，构造柱间距不大于 3.0m 时取 1.1；

A_{sh}——层间墙体竖向截面的总水平钢筋面积，无水平钢筋时取 0.0。

7.2.8　小砌块墙体的截面抗震受剪承载力，应按下式验算：

$$V \leqslant \frac{1}{\gamma_{RE}}[f_{vE}A + (0.3 f_t A_c + 0.05 f_y A_s)\zeta_c]$$

(7.2.8)

式中：f_t——芯柱混凝土轴心抗拉强度设计值；

A_c——芯柱截面总面积；

A_s——芯柱钢筋截面总面积；

f_y——芯柱钢筋抗拉强度设计值；

ζ_c——芯柱参与工作系数，可按表 7.2.8 采用。

注：当同时设置芯柱和构造柱时，构造柱截面可作为芯柱截面，构造柱钢筋可作为芯柱钢筋。

表 7.2.8　芯柱参与工作系数

填孔率 ρ	$\rho < 0.15$	$0.15 \leqslant \rho < 0.25$	$0.25 \leqslant \rho < 0.5$	$\rho \geqslant 0.5$
ζ_c	0.0	1.0	1.10	1.15

注：填孔率指芯柱根数（含构造柱和填实孔洞数量）与孔洞总数之比。

7.2.9　底层框架-抗震墙砌体房屋中嵌砌于框架之间的普通砖或小砌块的砌体墙，当符合本规范第 7.5.4 条、第 7.5.5 条的构造要求时，其抗震验算应符合下列规定：

1　底层框架柱的轴向力和剪力，应计入砖墙或小砌块墙引起的附加轴向力和附加剪力，其值可按下列公式确定：

$$N_f = V_w H_f / l$$ (7.2.9-1)

$$V_f = V_w$$ (7.2.9-2)

式中：V_w——墙体承担的剪力设计值，柱两侧有墙时可取二者的较大值；

N_f——框架柱的附加轴压力设计值；

V_f——框架柱的附加剪力设计值；

H_f、l——分别为框架的层高和跨度。

2　嵌砌于框架之间的普通砖墙或小砌块墙及两端框架柱，其抗震受剪承载力应按下式验算：

$$V \leqslant \frac{1}{\gamma_{REc}}\sum(M_{yc}^u + M_{yc}^l)/H_0 + \frac{1}{\gamma_{REw}}\sum f_{vE}A_{w0}$$

(7.2.9-3)

式中：V——嵌砌普通砖墙或小砌块墙及两端框架柱剪力设计值；

A_{w0}——砖墙或小砌块墙水平截面的计算面积，无洞口时取实际截面的 1.25 倍，有洞口时取截面净面积，但不计入宽度小于洞口高度 1/4 的墙肢截面面积；

M_{yc}^u、M_{yc}^l——分别为底层框架柱上下端的正截面受弯承载力设计值，可按现行国家标准《混凝土结构设计规范》GB 50010 非抗震设计的有关公式取等号计算；

H_0——底层框架柱的计算高度，两侧均有砌体墙时取柱净高的 2/3，其余情况取柱净高；

γ_{REc}——底层框架柱承载力抗震调整系数，可采用 0.8；

γ_{REw}——嵌砌普通砖墙或小砌块墙承载力抗震调整系数，可采用 0.9。

7.3　多层砖砌体房屋抗震构造措施

7.3.1　各类多层砖砌体房屋，应按下列要求设置现浇钢筋混凝土构造柱（以下简称构造柱）：

1　构造柱设置部位，一般情况下应符合表 7.3.1 的要求。

2　外廊式和单面走廊式的多层房屋，应根据房屋增加一层的层数，按表 7.3.1 的要求设置构造柱，且单面走廊两侧的纵墙均应按外墙处理。

3　横墙较少的房屋，应根据房屋增加一层的层数，按表 7.3.1 的要求设置构造柱。当横墙较少的房屋为外廊式或单面走廊式时，应按本条 2 款要求设置构造柱；但 6 度不超过四层、7 度不超过三层和 8 度不超过二层时，应按增加二层的层数对待。

4 各层横墙很少的房屋，应按增加二层的层数设置构造柱。

5 采用蒸压灰砂砖和蒸压粉煤灰砖的砌体房屋，当砌体的抗剪强度仅达到普通黏土砖砌体的**70%**时，应根据增加一层的层数按本条1～4款要求设置构造柱；但6度不超过四层、7度不超过三层和8度不超过二层时，应按增加二层的层数对待。

表7.3.1　多层砖砌体房屋构造柱设置要求

房屋层数				设　置　部　位	
6度	7度	8度	9度		
四、五	三、四	二、三		楼、电梯间四角，楼梯斜梯段上下端对应的墙体处；外墙四角和对应转角；错层部位横墙与外纵墙交接处；大房间内外墙交接处；较大洞口两侧	隔12m或单元横墙与外纵墙交接处；楼梯间对应的另一侧内横墙与外纵墙交接处
六	五	四	二		隔开间横墙（轴线）与外墙交接处；山墙与内纵墙交接处
七	≥六	≥五	≥三		内墙（轴线）与外墙交接处；内墙的局部较小墙垛处；内纵墙与横墙（轴线）交接处

注：较大洞口，内墙指不小于2.1m的洞口；外墙在内外墙交接处已设置构造柱时应允许适当放宽，但洞侧墙体应加强。

7.3.2 多层砖砌体房屋的构造柱应符合下列构造要求：

1 构造柱最小截面可采用180mm×240mm（墙厚190mm时为180mm×190mm），纵向钢筋宜采用4φ12，箍筋间距不宜大于250mm，且在柱上下端应适当加密；6、7度时超过六层、8度时超过五层和9度时，构造柱纵向钢筋宜采用4φ14，箍筋间距不应大于200mm；房屋四角的构造柱应适当加大截面及配筋。

2 构造柱与墙连接处应砌成马牙槎，沿墙高每隔500mm设2φ6水平钢筋和φ4分布短筋平面内点焊组成的拉结网片或φ4点焊钢筋网片，每边伸入墙内不宜小于1m。6、7度时底部1/3楼层，8度时底部1/2楼层，9度时全部楼层，上述拉结钢筋网片应沿墙体水平通长设置。

3 构造柱与圈梁连接处，构造柱的纵筋应在圈梁纵筋内侧穿过，保证构造柱纵筋上下贯通。

4 构造柱可不单独设置基础，但应伸入室外地

面下500mm，或与埋深小于500mm的基础圈梁相连。

5 房屋高度和层数接近本规范表7.1.2的限值时，纵、横墙内构造柱间距尚应符合下列要求：

　　1）横墙内的构造柱间距不宜大于层高的二倍；下部1/3楼层的构造柱间距适当减小；

　　2）当外纵墙开间大于3.9m时，应另设加强措施。内纵墙的构造柱间距不宜大于4.2m。

7.3.3 多层砖砌体房屋的现浇钢筋混凝土圈梁设置应符合下列要求：

1 装配式钢筋混凝土楼、屋盖或木屋盖的砖房，应按表7.3.3的要求设置圈梁；纵墙承重时，抗震横墙上的圈梁间距应比表内要求适当加密。

2 现浇或装配整体式钢筋混凝土楼、屋盖与墙体有可靠连接的房屋，应允许不另设圈梁，但楼板沿抗震墙体周边均应加强配筋并应与相应的构造柱钢筋可靠连接。

表7.3.3　多层砖砌体房屋现浇钢筋
混凝土圈梁设置要求

墙　类	烈　　　　度		
	6、7	8	9
外墙和内纵墙	屋盖处及每层楼盖处	屋盖处及每层楼盖处	屋盖处及每层楼盖处
内横墙	同上；屋盖处间距不应大于4.5m；楼盖处间距不应大于7.2m；构造柱对应部位	同上；各层所有横墙，且间距不应大于4.5m；构造柱对应部位	同上；各层所有横墙

7.3.4 多层砖砌体房屋现浇混凝土圈梁的构造应符合下列要求：

1 圈梁应闭合，遇有洞口圈梁应上下搭接。圈梁宜与预制板设在同一标高处或紧靠板底；

2 圈梁在本规范第7.3.3条要求的间距内无横墙时，应利用梁或板缝中配筋替代圈梁；

3 圈梁的截面高度不应小于120mm，配筋应符合表7.3.4的要求；按本规范第3.3.4条3款要求增设的基础圈梁，截面高度不应小于180mm，配筋不应少于4φ12。

表7.3.4　多层砖砌体房屋圈梁配筋要求

配　筋	烈　　　度		
	6、7	8	9
最小纵筋	4φ10	4φ12	4φ14
箍筋最大间距（mm）	250	200	150

7.3.5 多层砖砌体房屋的楼、屋盖应符合下列要求：

1 现浇钢筋混凝土楼板或屋面板伸进纵、横墙内的长度，均不应小于**120mm**。

2 装配式钢筋混凝土楼板或屋面板，当圈梁未设在板的同一标高时，板端伸进外墙的长度不应小于**120mm**，伸进内墙的长度不应小于**100mm**或采用硬架支模连接，在梁上不应小于**80mm**或采用硬架支模连接。

3 当板的跨度大于**4.8m**并与外墙平行时，靠外墙的预制板侧边应与墙或圈梁拉结。

4 房屋端部大房间的楼盖，6度时房屋的屋盖和7～9度时房屋的楼、屋盖，当圈梁设在板底时，钢筋混凝土预制板应相互拉结，并应与梁、墙或圈梁拉结。

7.3.6 楼、屋盖的钢筋混凝土梁或屋架应与墙、柱（包括构造柱）或圈梁可靠连接；不得采用独立砖柱。跨度不小于**6m**大梁的支承构件应采用组合砌体等加强措施，并满足承载力要求。

7.3.7 6、7度时长度大于**7.2m**的大房间，以及8、9度时外墙转角及内外墙交接处，应沿墙高每隔**500mm**配置2φ6的通长钢筋和φ4分布短筋平面内点焊组成的拉结网片或φ4点焊网片。

7.3.8 楼梯间尚应符合下列要求：

1 顶层楼梯间墙体应沿墙高每隔**500mm**设2φ6通长钢筋和φ4分布短钢筋平面内点焊组成的拉结网片或φ4点焊网片；7～9度时其他各层楼梯间墙体应在休息平台或楼层半高处设置**60mm**厚、纵向钢筋不应少于2φ10的钢筋混凝土带或配筋砖带，配筋砖带不少于3皮，每皮的配筋不少于2φ6，砂浆强度等级不应低于**M7.5**且不低于同层墙体的砂浆强度等级。

2 楼梯间及门厅内墙阳角处的大梁支承长度不应小于**500mm**，并应与圈梁连接。

3 装配式楼梯段应与平台板的梁可靠连接，8、9度时不应采用装配式楼梯段；不应采用墙中悬挑式踏步或踏步竖肋插入墙体的楼梯，不应采用无筋砖砌栏板。

4 突出屋顶的楼、电梯间，构造柱应伸到顶部，并与顶部圈梁连接，所有墙体应沿墙高每隔**500mm**设2φ6通长钢筋和φ4分布短筋平面内点焊组成的拉结网片或φ4点焊网片。

7.3.9 坡屋顶房屋的屋架应与顶层圈梁可靠连接，檩条或屋面板应与墙、屋架可靠连接，房屋出入口处的檐口瓦应与屋面构件锚固。采用硬山搁檩时，顶层内纵墙顶宜增砌支承山墙的踏步式墙垛，并设置构造柱。

7.3.10 门窗洞处不应采用砖过梁；过梁支承长度，6～8度时不应小于**240mm**，9度时不应小于**360mm**。

7.3.11 预制阳台，6、7度时应与圈梁和楼板的现浇板带可靠连接，8、9度时不应采用预制阳台。

7.3.12 后砌的非承重砌体隔墙、烟道、风道、垃圾道等应符合本规范第13.3节的有关规定。

7.3.13 同一结构单元的基础（或桩承台），宜采用同一类型的基础，底面宜埋置在同一标高上，否则应增设基础圈梁并应按1：2的台阶逐步放坡。

7.3.14 丙类的多层砖砌体房屋，当横墙较少且总高度和层数接近或达到本规范表7.1.2规定限值时，应采取下列加强措施：

1 房屋的最大开间尺寸不宜大于**6.6m**。

2 同一结构单元内横墙错位数量不宜超过横墙总数的1/3，且连续错位不宜多于两道；错位的墙体交接处均应增设构造柱，且楼、屋面板应采用现浇钢筋混凝土板。

3 横墙和内纵墙上洞口的宽度不宜大于**1.5m**；外纵墙上洞口的宽度不宜大于**2.1m**或开间尺寸的一半；且内外墙上洞口位置不应影响内外纵墙与横墙的整体连接。

4 所有纵横墙均应在楼、屋盖标高处设置加强的现浇钢筋混凝土圈梁：圈梁的截面高度不宜小于**150mm**，上下纵筋各不应少于3φ10，箍筋不小于φ6，间距不大于**300mm**。

5 所有纵横墙交接处及横墙的中部，均应增设满足下列要求的构造柱：在纵、横墙内的柱距不宜大于**3.0m**，最小截面尺寸不宜小于240mm×240mm（墙厚190mm时为240mm×190mm），配筋宜符合表7.3.14的要求。

表7.3.14 增设构造柱的纵筋和箍筋设置要求

位置	纵 向 钢 筋			箍 筋		
	最大配筋率（%）	最小配筋率（%）	最小直径（mm）	加密区范围（mm）	加密区间距（mm）	最小直径（mm）
角柱	1.8	0.8	14	全高	100	6
边柱			14	上端700 下端500		
中柱	1.4	0.6	12			

6 同一结构单元的楼、屋面板应设置在同一标高处。

7 房屋底层和顶层的窗台标高处，宜设置沿纵横墙通长的水平现浇钢筋混凝土带；其截面高度不小于**60mm**，宽度不小于墙厚，纵向钢筋不少于2φ10，横向分布筋的直径不小于φ6且其间距不大于**200mm**。

7.4 多层砌块房屋抗震构造措施

7.4.1 多层小砌块房屋应按表7.4.1的要求设置钢筋混凝土芯柱。对外廊式和单面走廊式的多层房屋、横墙较少的房屋、各层横墙很少的房屋，尚应分别按本规范第7.3.1条第2、3、4款关于增加层数的对应要求，按表7.4.1的要求设置芯柱。

表 7.4.1　多层小砌块房屋芯柱设置要求

房屋层数				设置部位	设置数量
6 度	7 度	8 度	9 度		
四、五	三、四	二、三		外墙转角，楼、电梯间四角，楼梯斜梯段上下端对应的墙体处；大房间内外墙交接处；错层部位横墙与外纵墙交接处；隔 12m 或单元横墙与外纵墙交接处	外墙转角，灌实 3 个孔；内外墙交接处，灌实 4 个孔；楼梯斜段上下端对应的墙体处，灌实 2 个孔
六	五	四		同上；隔开间横墙（轴线）与外纵墙交接处	
七	六	五	二	同上；各内墙（轴线）与外纵墙交接处；内纵墙与横墙（轴线）交接处和洞口两侧	外墙转角，灌实 5 个孔；内外墙交接处，灌实 4 个孔；内墙交接处，灌实 4～5 个孔；洞口两侧各灌实 1 个孔
七	≥六	≥三		同上；横墙内芯柱间距不大于 2m	外墙转角，灌实 7 个孔；内外墙交接处，灌实 5 个孔；内墙交接处，灌实 4～5 个孔；洞口两侧各灌实 1 个孔

注：外墙转角、内外墙交接处、楼电梯间四角等部位，应允许采用钢筋混凝土构造柱替代部分芯柱。

7.4.2 多层小砌块房屋的芯柱，应符合下列构造要求：

1 小砌块房屋芯柱截面不宜小于 120mm×120mm。

2 芯柱混凝土强度等级，不应低于 Cb20。

3 芯柱的竖向插筋应贯通墙身且与圈梁连接；插筋不应小于 1ϕ12，6、7 度时超过五层、8 度时超过四层和 9 度时，插筋不应小于 1ϕ14。

4 芯柱应伸入室外地面下 500mm 或与埋深小于 500mm 的基础圈梁相连。

5 为提高墙体抗震受剪承载力而设置的芯柱，宜在墙体内均匀布置，最大净距不宜大于 2.0m。

6 多层小砌块房屋墙体交接处或芯柱与墙体连接处应设置拉结钢筋网片，网片可采用直径 4mm 的钢筋点焊而成，沿墙高间距不大于 600mm，并应沿墙体水平通长设置。6、7 度时底部 1/3 楼层，8 度时底部 1/2 楼层，9 度时全部楼层，上述拉结钢筋网片沿墙高间距不大于 400mm。

7.4.3 小砌块房屋中替代芯柱的钢筋混凝土构造柱，应符合下列构造要求：

1 构造柱截面不宜小于 190mm×190mm，纵向钢筋宜采用 4ϕ12，箍筋间距不宜大于 250mm，且在柱上下端应适当加密；6、7 度时超过五层、8 度时超过四层和 9 度时，构造柱纵向钢筋宜采用 4ϕ14，箍筋间距不应大于 200mm；外墙转角的构造柱可适当加大截面及配筋。

2 构造柱与砌块墙连接处应砌成马牙槎，与构造柱相邻的砌块孔洞，6 度时宜填实，7 度时应填实，8、9 度时应填实并插筋。构造柱与砌块墙之间沿墙高每隔 600mm 设置 ϕ4 点焊拉结钢筋网片，并应沿墙体水平通长设置。6、7 度时底部 1/3 楼层，8 度时底部 1/2 楼层，9 度全部楼层，上述拉结钢筋网片沿墙高间距不大于 400mm。

3 构造柱与圈梁连接处，构造柱的纵筋应在圈梁纵筋内侧穿过，保证构造柱纵筋上下贯通。

4 构造柱可不单独设置基础，但应伸入室外地面下 500mm，或与埋深小于 500mm 的基础圈梁相连。

7.4.4 多层小砌块房屋的现浇钢筋混凝土圈梁的设置位置应按本规范第 7.3.3 条多层砖砌体房屋圈梁的要求执行，圈梁宽度不应小于 190mm，配筋不应少于 4ϕ12，箍筋间距不应大于 200mm。

7.4.5 多层小砌块房屋的层数，6 度时超过五层、7 度时超过四层、8 度时超过三层和 9 度时，在底层和顶层的窗台标高处，沿纵横墙应设置通长的水平现浇钢筋混凝土带；其截面高度不小于 60mm，纵筋不少于 2ϕ10，并应有分布拉结钢筋；其混凝土强度等级不应低于 C20。

水平现浇混凝土带亦可采用槽形砌块替代模板，其纵筋和拉结钢筋不变。

7.4.6 丙类的多层小砌块房屋，当横墙较少且总高度和层数接近或达到本规范表 7.1.2 规定限值时，应符合本规范第 7.3.14 条的相关要求；其中，墙体中部的构造柱可采用芯柱替代，芯柱的灌孔数量不应少于 2 孔，每孔插筋的直径不应小于 18mm。

7.4.7 小砌块房屋的其他抗震构造措施，尚应符合本规范第 7.3.5 条至第 7.3.13 条有关要求。其中，墙体的拉结钢筋网片间距应符合本节的相应规定，分别取 600mm 和 400mm。

7.5　底部框架-抗震墙砌体房屋抗震构造措施

7.5.1 底部框架-抗震墙砌体房屋的上部墙体应设置钢筋混凝土构造柱或芯柱，并应符合下列要求：

1 钢筋混凝土构造柱、芯柱的设置部位，应根据房屋的总层数分别按本规范第 7.3.1 条、7.4.1 条的规定设置。

2 构造柱、芯柱的构造，除应符合下列要求外，尚应符合本规范第 7.3.2、7.4.2、7.4.3 条的规定：

　　1） 砖砌体墙中构造柱截面不宜小于 240mm×

240mm（墙厚190mm时为240mm×190mm）；

    2）构造柱的纵向钢筋不宜少于4φ14，箍筋间距不宜大于200mm；芯柱每孔插筋不应小于1φ14，芯柱之间沿墙高应每隔400mm设φ4焊接钢筋网片。

  3 构造柱、芯柱应与每层圈梁连接，或与现浇楼板可靠拉接。

7.5.2 过渡层墙体的构造，应符合下列要求：

  1 上部砌体墙的中心线宜与底部的框架梁、抗震墙的中心线相重合；构造柱或芯柱宜与框架柱上下贯通。

  2 过渡层应在底部框架柱、混凝土墙或约束砌体墙的构造柱所对应处设置构造柱或芯柱；墙体内的构造柱间距不宜大于层高；芯柱除按本规范表7.4.1设置外，最大间距不宜大于1m。

  3 过渡层构造柱的纵向钢筋，6、7度时不宜少于4φ16，8度时不宜少于4φ18。过渡层芯柱的纵向钢筋，6、7度时不宜少于每孔1φ16，8度时不宜少于每孔1φ18。一般情况下，纵向钢筋应锚入下部的框架柱或混凝土墙内；当纵向钢筋锚固在托墙梁内时，托墙梁的相应位置应加强。

  4 过渡层的砌体墙在窗台标高处，应设置沿纵横墙通长的水平现浇钢筋混凝土带；其截面高度不小于60mm，宽度不小于墙厚，纵向钢筋不少于2φ10，横向分布筋的直径不小于6mm且其间距不大于200mm。此外，砖砌体墙在相邻构造柱间的墙体，应沿墙高每隔360mm设置2φ6通长水平钢筋和φ4分布短筋平面内点焊组成的拉结网片或φ4点焊钢筋网片，并锚入构造柱内；小砌块砌体墙芯柱之间沿墙高应每隔400mm设置φ4通长水平点焊钢筋网片。

  5 过渡层的砌体墙，凡宽度不小于1.2m的门洞和2.1m的窗洞，洞口两侧宜增设截面不小于120mm×240mm（墙厚190mm时为120mm×190mm）的构造柱或单孔芯柱。

  6 当过渡层的砌体抗震墙与底部框架梁、墙体不对齐时，应在底部框架内设置托墙转换梁，并且过渡层砖墙或砌块墙应采取比本条4款更高的加强措施。

7.5.3 底部框架-抗震墙砌体房屋的底部采用钢筋混凝土墙时，其截面和构造应符合下列要求：

  1 墙体周边应设置梁（或暗梁）和边框柱（或框架柱）组成的边框；边框梁的截面宽度不宜小于墙板厚度的1.5倍，截面高度不宜小于墙板厚度的2.5倍；边框柱的截面高度不宜小于墙板厚度的2倍。

  2 墙板的厚度不宜小于160mm，且不应小于墙板净高的1/20；墙体宜开设洞口形成若干墙段，各墙段的高宽比不宜小于2。

  3 墙体的竖向和横向分布钢筋配筋率均不应小于0.30%，并应采用双排布置；双排分布钢筋间拉筋的间距不应大于600mm，直径不应小于6mm。

  4 墙体的边缘构件可按本规范第6.4节关于一般部位的规定设置。

7.5.4 当6度设防的底层框架-抗震墙砖房的底层采用约束砖砌体墙时，其构造应符合下列要求：

  1 砖墙厚不应小于240mm，砌筑砂浆强度等级不应低于M10，应先砌墙后浇框架。

  2 沿框架柱每隔300mm配置2φ8水平钢筋和φ4分布短筋平面内点焊组成的拉结网片，并沿砖墙水平通长设置；在墙体半高处尚应设置与框架柱相连的钢筋混凝土水平系梁。

  3 墙长大于4m时和洞口两侧，应在墙内增设钢筋混凝土构造柱。

7.5.5 当6度设防的底层框架-抗震墙砌块房屋的底层采用约束小砌块砌体墙时，其构造应符合下列要求：

  1 墙厚不应小于190mm，砌筑砂浆强度等级不应低于Mb10，应先砌墙后浇框架。

  2 沿框架柱每隔400mm配置2φ8水平钢筋和φ4分布短筋平面内点焊组成的拉结网片，并沿砌块墙水平通长设置；在墙体半高处尚应设置与框架柱相连的钢筋混凝土水平系梁，系梁截面不应小于190mm×190mm，纵筋不应小于4φ12，箍筋直径不应小于φ6，间距不应大于200mm。

  3 墙体在门、窗洞口两侧应设置芯柱，墙长大于4m时，应在墙内增设芯柱，芯柱应符合本规范第7.4.2条的有关规定；其余位置，宜采用钢筋混凝土构造柱替代芯柱，钢筋混凝土构造柱应符合本规范第7.4.3条的有关规定。

7.5.6 底部框架-抗震墙砌体房屋的框架柱应符合下列要求：

  1 柱的截面不应小于400mm×400mm，圆柱直径不应小于450mm。

  2 柱的轴压比，6度时不宜大于0.85，7度时不宜大于0.75，8度时不宜大于0.65。

  3 柱的纵向钢筋最小总配筋率，当钢筋的强度标准值低于400MPa时，中柱在6、7度时不应小于0.9%，8度时不应小于1.1%；边柱、角柱和混凝土抗震墙端柱在6、7度时不应小于1.0%，8度时不应小于1.2%。

  4 柱的箍筋直径，6、7度时不应小于8mm，8度时不应小于10mm，并应全高加密箍筋，间距不大于100mm。

  5 柱的最上端和最下端组合的弯矩设计值应乘以增大系数，一、二、三级的增大系数应分别按1.5、1.25和1.15采用。

7.5.7 底部框架-抗震墙砌体房屋的楼盖应符合下列要求：

  1 过渡层的底板应采用现浇钢筋混凝土板，板厚不应小于120mm；并应少开洞、开小洞，当洞口尺寸大于800mm时，洞口周边应设置边梁。

  2 其他楼层，采用装配式钢筋混凝土楼板时均应设现浇圈梁；采用现浇钢筋混凝土楼板时应允许不另设圈梁，但楼板沿抗震墙体周边均应加强配筋并应与相应的构造柱可靠连接。

7.5.8 底部框架-抗震墙砌体房屋的钢筋混凝土托墙梁，其截面和构造应符合下列要求：

1 梁的截面宽度不应小于 300mm，梁的截面高度不应小于跨度的 1/10。

2 箍筋的直径不应小于 8mm，间距不应大于 200mm；梁端在 1.5 倍梁高且不小于 1/5 梁净跨范围内，以及上部墙体的洞口处和洞口两侧各 500mm 且不小于梁高的范围内，箍筋间距不应大于 100mm。

3 沿梁高应设腰筋，数量不应少于 2φ14，间距不应大于 200mm。

4 梁的纵向受力钢筋和腰筋应按受拉钢筋的要求锚固在柱内，且支座上部的纵向钢筋在柱内的锚固长度应符合钢筋混凝土框支梁的有关要求。

7.5.9 底部框架-抗震墙砌体房屋的材料强度等级，应符合下列要求：

1 框架柱、混凝土墙和托墙梁的混凝土强度等级，不应低于 C30。

2 过渡层砌体块材的强度等级不应低于 MU10，砖砌体砌筑砂浆强度的等级不应低于 M10，砌块砌体砌筑砂浆强度的等级不应低于 Mb10。

7.5.10 底部框架-抗震墙砌体房屋的其他抗震构造措施，应符合本规范第 7.3 节、第 7.4 节和第 6 章的有关要求。

8 多层和高层钢结构房屋

8.1 一般规定

8.1.1 本章适用的钢结构民用房屋的结构类型和最大高度应符合表 8.1.1 的规定。平面和竖向均不规则的钢结构，适用的最大高度宜适当降低。

注：1 钢支撑-混凝土框架和钢框架-混凝土筒体结构的抗震设计，应符合本规范附录 G 的规定；

2 多层钢结构厂房的抗震设计，应符合本规范附录 H 第 H.2 节的规定。

表 8.1.1 钢结构房屋适用的最大高度（m）

结构类型	6、7度 (0.10g)	7度 (0.15g)	8度 (0.20g)	8度 (0.30g)	9度 (0.40g)
框架	110	90	90	70	50
框架-中心支撑	220	200	180	150	120
框架-偏心支撑（延性墙板）	240	220	200	180	160
筒体（框筒、筒中筒、桁架筒、束筒）和巨型框架	300	280	260	240	180

注：1 房屋高度指室外地面到主要屋面板板顶的高度（不包括局部突出屋顶部分）；

2 超过表内高度的房屋，应进行专门研究和论证，采取有效的加强措施；

3 表内的筒体不包括混凝土筒。

8.1.2 本章适用的钢结构民用房屋的最大高宽比不宜超过表 8.1.2 的规定。

表 8.1.2 钢结构民用房屋适用的最大高宽比

烈 度	6、7	8	9
最大高宽比	6.5	6.0	5.5

注：塔形建筑的底部有大底盘时，高宽比可按大底盘以上计算。

8.1.3 钢结构房屋应根据设防分类、烈度和房屋高度采用不同的抗震等级，并应符合相应的计算和构造措施要求。丙类建筑的抗震等级应按表 8.1.3 确定。

表 8.1.3 钢结构房屋的抗震等级

房屋高度	烈 度			
	6	7	8	9
≤50m		四	三	二
>50m	四	三	二	一

注：1 高度接近或等于高度分界时，应允许结合房屋不规则程度和场地、地基条件确定抗震等级；

2 一般情况，构件的抗震等级应与结构相同；当某个部位各构件的承载力均满足 2 倍地震作用组合下的内力要求时，7～9 度的构件抗震等级应允许按降低一度确定。

8.1.4 钢结构房屋需要设置防震缝时，缝宽应不小于相应钢筋混凝土结构房屋的 1.5 倍。

8.1.5 一、二级的钢结构房屋，宜设置偏心支撑、带竖缝钢筋混凝土抗震墙板、内藏钢支撑钢筋混凝土墙板、屈曲约束支撑等消能支撑或筒体。

采用框架结构时，甲、乙类建筑和高层的丙类建筑不应采用单跨框架，多层的丙类建筑不宜采用单跨框架。

注：本章"一、二、三、四级"即"抗震等级为一、二、三、四级"的简称。

8.1.6 采用框架-支撑结构的钢结构房屋应符合下列规定：

1 支撑框架在两个方向的布置均宜基本对称，支撑框架之间楼盖的长宽比不宜大于 3。

2 三、四级且高度不大于 50m 的钢结构宜采用中心支撑，也可采用偏心支撑、屈曲约束支撑等消能支撑。

3 中心支撑框架宜采用交叉支撑，也可采用人字支撑或单斜杆支撑，不宜采用 K 形支撑；支撑的轴线宜交汇于梁柱构件轴线的交点，偏离交点时的偏心距不应超过支撑杆件宽度，并应计入由此产生的附加弯矩。当中心支撑采用只能受拉的单斜杆体系时，应同时设置不同倾斜方向的两组斜杆，且每组中不同方向单斜杆的截面面积在水平方向的投影面积之差不应大于 10%。

4 偏心支撑框架的每根支撑应至少有一端与框

架梁连接，并在支撑与梁交点和柱之间或同一跨内另一支撑与梁交点之间形成消能梁段。

5 采用屈曲约束支撑时，宜采用人字支撑、成对布置的单斜杆支撑等形式，不应采用 K 形或 X 形，支撑与柱的夹角宜在 35°～55° 之间。屈曲约束支撑受压时，其设计参数、性能检验和作为一种消能部件的计算方法可按相关要求设计。

8.1.7 钢框架-筒体结构，必要时可设置由筒体外伸臂或外伸臂和周边桁架组成的加强层。

8.1.8 钢结构房屋的楼盖应符合下列要求：

1 宜采用压型钢板现浇钢筋混凝土组合楼板或钢筋混凝土楼板，并应与钢梁有可靠连接。

2 对 6、7 度时不超过 50m 的钢结构，尚可采用装配整体式钢筋混凝土楼板，也可采用装配式楼板或其他轻型楼盖；但应将楼板预埋件与钢梁焊接，或采取其他保证楼盖整体性的措施。

3 对转换层楼盖或楼板有大洞口等情况，必要时可设置水平支撑。

8.1.9 钢结构房屋的地下室设置，应符合下列要求：

1 设置地下室时，框架-支撑（抗震墙板）结构中竖向连续布置的支撑（抗震墙板）应延伸至基础；钢框架柱应至少延伸至地下一层，其竖向荷载应直接传至基础。

2 超过 50m 的钢结构房屋应设置地下室。其基础埋置深度，当采用天然地基时不宜小于房屋总高度的 1/15；当采用桩基时，桩承台埋深不宜小于房屋总高度的 1/20。

8.2 计 算 要 点

8.2.1 钢结构应按本节规定调整地震作用效应，其层间变形应符合本规范第 5.5 节的有关规定。构件截面和连接抗震验算时，非抗震的承载力设计值应除以本规范规定的承载力抗震调整系数；凡本章未作规定者，应符合现行有关设计规范、规程的要求。

8.2.2 钢结构抗震计算的阻尼比宜符合下列规定：

1 多遇地震下的计算，高度不大于 50m 时可取 0.04；高度大于 50m 且小于 200m 时，可取 0.03；高度不小于 200m 时，宜取 0.02。

2 当偏心支撑框架部分承担的地震倾覆力矩大于结构总地震倾覆力矩的 50% 时，其阻尼比可比本条 1 款相应增加 0.005。

3 在罕遇地震下的弹塑性分析，阻尼比可取 0.05。

8.2.3 钢结构在地震作用下的内力和变形分析，应符合下列规定：

1 钢结构应按本规范第 3.6.3 条规定计入重力二阶效应。进行二阶效应的弹性分析时，应按现行国家标准《钢结构设计规范》GB 50017 的有关规定，在每层柱顶附加假想水平力。

2 框架梁可按梁端截面的内力设计。对工字形截面柱，宜计入梁柱节点域剪切变形对结构侧移的影响；对箱形柱框架、中心支撑框架和不超过 50m 的钢结构，其层间位移计算可不计入梁柱节点域剪切变形的影响，近似按框架轴线进行分析。

3 钢框架-支撑结构的斜杆可按端部铰接杆计算；其框架部分按刚度分配计算得到的地震层剪力应乘以调整系数，达到不小于结构底部总地震剪力的 25% 和框架部分计算最大层剪力 1.8 倍二者的较小值。

4 中心支撑框架的斜杆轴线偏离梁柱轴线交点不超过支撑杆件的宽度时，仍可按中心支撑框架分析，但应计及由此产生的附加弯矩。

5 偏心支撑框架中，与消能梁段相连构件的内力设计值，应按下列要求调整：

  1） 支撑斜杆的轴力设计值，应取与支撑斜杆相连接的消能梁段达到受剪承载力时支撑斜杆轴力与增大系数的乘积；其增大系数，一级不应小于 1.4，二级不应小于 1.3，三级不应小于 1.2；

  2） 位于消能梁段同一跨的框架梁内力设计值，应取消能梁段达到受剪承载力时框架梁内力与增大系数的乘积；其增大系数，一级不应小于 1.3，二级不应小于 1.2，三级不应小于 1.1；

  3） 框架柱的内力设计值，应取消能梁段达到受剪承载力时柱内力与增大系数的乘积；其增大系数，一级不应小于 1.3，二级不应小于 1.2，三级不应小于 1.1。

6 内藏钢支撑钢筋混凝土墙板和带竖缝钢筋混凝土墙板应按有关规定计算，带竖缝钢筋混凝土墙板可仅承受水平荷载产生的剪力，不承受竖向荷载产生的压力。

7 钢结构转换构件下的钢框架柱，地震内力应乘以增大系数，其值可采用 1.5。

8.2.4 钢框架梁的上翼缘采用抗剪连接件与组合楼板连接时，可不验算地震作用下的整体稳定。

8.2.5 钢框架节点处的抗震承载力验算，应符合下列规定：

1 节点左右梁端和上下柱端的全塑性承载力，除下列情况之一外，应符合下式要求：

  1） 柱所在楼层的受剪承载力比相邻上一层的受剪承载力高出 25%；

  2） 柱轴压比不超过 0.4，或 $N_2 \leqslant \varphi A_c f$（$N_2$ 为 2 倍地震作用下的组合轴力设计值）；

  3） 与支撑斜杆相连的节点。

等截面梁

$$\sum W_{pc}(f_{yc} - N/A_c) \geqslant \eta \sum W_{pb} f_{yb}$$

(8.2.5-1)

端部翼缘变截面的梁

$$\sum W_{pc}(f_{yc} - N/A_c) \geqslant \sum(\eta W_{pb1}f_{yb} + V_{pb}s) \tag{8.2.5-2}$$

式中：W_{pc}、W_{pb}——分别为交汇于节点的柱和梁的塑性截面模量；

$\qquad\quad W_{pb1}$——梁塑性铰所在截面的梁塑性截面模量；

$\qquad f_{yc}$、f_{yb}——分别为柱和梁的钢材屈服强度；

$\qquad\qquad N$——地震组合的柱轴力；

$\qquad\qquad A_c$——框架柱的截面面积；

$\qquad\qquad \eta$——强柱系数，一级取 1.15，二级取 1.10，三级取 1.05；

$\qquad\qquad V_{pb}$——梁塑性铰剪力；

$\qquad\qquad s$——塑性铰至柱面的距离，塑性铰可取梁端部变截面翼缘的最小处。

2 节点域的屈服承载力应符合下列要求：

$$\psi(M_{pb1} + M_{pb2})/V_p \leqslant (4/3)f_{yv} \tag{8.2.5-3}$$

工字形截面柱

$$V_p = h_{b1}h_{c1}t_w \tag{8.2.5-4}$$

箱形截面柱

$$V_p = 1.8h_{b1}h_{c1}t_w \tag{8.2.5-5}$$

圆管截面柱

$$V_p = (\pi/2)h_{b1}h_{c1}t_w \tag{8.2.5-6}$$

3 工字形截面柱和箱形截面柱的节点域应按下列公式验算：

$$t_w \geqslant (h_{b1} + h_{c1})/90 \tag{8.2.5-7}$$

$$(M_{b1} + M_{b2})/V_p \leqslant (4/3)f_v/\gamma_{RE} \tag{8.2.5-8}$$

式中：M_{pb1}、M_{pb2}——分别为节点域两侧梁的全塑性受弯承载力；

$\qquad\qquad V_p$——节点域的体积；

$\qquad\qquad f_v$——钢材的抗剪强度设计值；

$\qquad\qquad f_{yv}$——钢材的屈服抗剪强度，取钢材屈服强度的 0.58 倍；

$\qquad\qquad \psi$——折减系数；三、四级取 0.6，一、二级取 0.7；

$\quad h_{b1}$、h_{c1}——分别为梁翼缘厚度中点间的距离和柱翼缘（或钢管直径线上管壁）厚度中点间的距离；

$\qquad\qquad t_w$——柱在节点域的腹板厚度；

$\quad M_{b1}$、M_{b2}——分别为节点域两侧梁的弯矩设计值；

$\qquad\qquad \gamma_{RE}$——节点域承载力抗震调整系数，取 0.75。

8.2.6 中心支撑框架构件的抗震承载力验算，应符合下列规定：

1 支撑斜杆的受压承载力应按下式验算：

$$N/(\varphi A_{br}) \leqslant \psi f/\gamma_{RE} \tag{8.2.6-1}$$

$$\psi = 1/(1 + 0.35\lambda_n) \tag{8.2.6-2}$$

$$\lambda_n = (\lambda/\pi)\sqrt{f_{ay}/E} \tag{8.2.6-3}$$

式中：N——支撑斜杆的轴向力设计值；

$\qquad A_{br}$——支撑斜杆的截面面积；

$\qquad\varphi$——轴心受压构件的稳定系数；

$\qquad\psi$——受循环荷载时的强度降低系数；

λ、λ_n——支撑斜杆的长细比和正则化长细比；

$\qquad E$——支撑斜杆钢材的弹性模量；

f、f_{ay}——分别为钢材强度设计值和屈服强度；

$\qquad\gamma_{RE}$——支撑稳定破坏承载力抗震调整系数。

2 人字支撑和 V 形支撑的框架梁在支撑连接处应保持连续，并按不计入支撑支点作用的梁验算重力荷载和支撑屈曲时不平衡力作用下的承载力；不平衡力应按受拉支撑的最小屈服承载力和受压支撑最大屈曲承载力的 0.3 倍计算。必要时，人字支撑和 V 形支撑可沿竖向交替设置或采用拉链柱。

注：顶层和出屋面房间的梁可不执行本款。

8.2.7 偏心支撑框架构件的抗震承载力验算，应符合下列规定：

1 消能梁段的受剪承载力应符合下列要求：

当 $N \leqslant 0.15Af$ 时

$$V \leqslant \phi V_l/\gamma_{RE} \tag{8.2.7-1}$$

$V_l = 0.58A_wf_{ay}$ 或 $V_l = 2M_{lp}/a$，取较小值

$$A_w = (h - 2t_f)t_w$$

$$M_{lp} = fW_p$$

当 $N > 0.15Af$ 时

$$V \leqslant \phi V_{lc}/\gamma_{RE} \tag{8.2.7-2}$$

$$V_{lc} = 0.58A_wf_{ay}\sqrt{1 - [N/(Af)]^2}$$

或 $V_{lc} = 2.4M_{lp}[1 - N/(Af)]/a$，取较小值

式中：N、V——分别为消能梁段的轴力设计值和剪力设计值；

V_l、V_{lc}——分别为消能梁段受剪承载力和计入轴力影响的受剪承载力；

$\qquad M_{lp}$——消能梁段的全塑性受弯承载力；

A、A_w——分别为消能梁段的截面面积和腹板截面面积；

$\qquad W_p$——消能梁段的塑性截面模量；

a、h——分别为消能梁段的净长和截面高度；

t_w、t_f——分别为消能梁段的腹板厚度和翼缘厚度；

f、f_{ay}——消能梁段钢材的抗压强度设计值和屈服强度；

$\qquad\phi$——系数，可取 0.9；

$\qquad\gamma_{RE}$——消能梁段承载力抗震调整系数，取 0.75。

2 支撑斜杆与消能梁段连接的承载力不得小于支撑的承载力。若支撑需抵抗弯矩，支撑与梁的连接应按抗压弯连接设计。

8.2.8 钢结构抗侧力构件的连接计算，应符合下列要求：

1 钢结构抗侧力构件连接的承载力设计值，不应小于相连构件的承载力设计值；高强度螺栓连接不得滑移。

2 钢结构抗侧力构件连接的极限承载力应大于相连构件的屈服承载力。

3 梁与柱刚性连接的极限承载力，应按下列公式验算：

$$M_u^j \geqslant \eta_j M_p \qquad (8.2.8-1)$$
$$V_u^j \geqslant 1.2(\textstyle\sum M_p/l_n) + V_{Gb} \qquad (8.2.8-2)$$

4 支撑与框架连接和梁、柱、支撑的拼接极限承载力，应按下列公式验算：

支撑连接和拼接 $\quad N_{ubr}^j \geqslant \eta_j A_{br} f_y \qquad (8.2.8-3)$

梁的拼接 $\quad M_{ub,sp}^j \geqslant \eta_j M_p \qquad (8.2.8-4)$

柱的拼接 $\quad M_{uc,sp}^j \geqslant \eta_j M_{pc} \qquad (8.2.8-5)$

5 柱脚与基础的连接极限承载力，应按下列公式验算：

$$M_{u,base}^j \geqslant \eta_j M_{pc} \qquad (8.2.8-6)$$

式中： M_p、M_{pc} ——分别为梁的塑性受弯承载力和考虑轴力影响时柱的塑性受弯承载力；

$\quad V_{Gb}$ ——梁在重力荷载代表值（9度时高层建筑尚应包括竖向地震作用标准值）作用下，按简支梁分析的梁端截面剪力设计值；

$\quad l_n$ ——梁的净跨；

$\quad A_{br}$ ——支撑杆件的截面面积；

$\quad M_u^j$、V_u^j ——分别为连接的极限受弯、受剪承载力；

N_{ubr}^j、$M_{ub,sp}^j$、$M_{uc,sp}^j$ ——分别为支撑连接和拼接、梁、柱拼接的极限受压（拉）、受弯承载力；

$\quad M_{u,base}^j$ ——柱脚的极限受弯承载力。

$\quad \eta_j$ ——连接系数，可按表 8.2.8 采用。

表 8.2.8 钢结构抗震设计的连接系数

母材牌号	梁柱连接		支撑连接，构件拼接		柱 脚	
	焊接	螺栓连接	焊接	螺栓连接		
Q235	1.40	1.45	1.25	1.30	埋入式	1.2
Q345	1.30	1.35	1.20	1.25	外包式	1.2
Q345GJ	1.25	1.30	1.15	1.20	外露式	1.1

注：1 屈服强度高于 Q345 的钢材，按 Q345 的规定采用；
    2 屈服强度高于 Q345GJ 的 GJ 钢材，按 Q345GJ 的规定采用；
    3 翼缘焊接腹板栓接时，连接系数分别按表中连接形式取用。

8.3 钢框架结构的抗震构造措施

8.3.1 框架柱的长细比，一级不应大于 60 $\sqrt{235/f_{ay}}$，二级不应大于 80 $\sqrt{235/f_{ay}}$，三级不应大于 100 $\sqrt{235/f_{ay}}$，四级时不应大于 120 $\sqrt{235/f_{ay}}$。

8.3.2 框架梁、柱板件宽厚比，应符合表 8.3.2 的规定：

表 8.3.2 框架梁、柱板件宽厚比限值

	板件名称	一级	二级	三级	四级
柱	工字形截面翼缘外伸部分	10	11	12	13
	工字形截面腹板	43	45	48	52
	箱形截面壁板	33	36	38	40
梁	工字形截面和箱形截面翼缘外伸部分	9	9	10	11
	箱形截面翼缘在两腹板之间部分	30	30	32	36
	工字形截面和箱形截面腹板	$72-120N_b$ $/(Af)$ $\leqslant 60$	$72-100N_b$ $/(Af)$ $\leqslant 65$	$80-110N_b$ $/(Af)$ $\leqslant 70$	$85-120N_b$ $/(Af)$ $\leqslant 75$

注：1 表列数值适用于 Q235 钢，采用其他牌号钢材时，应乘以 $\sqrt{235/f_{ay}}$。
    2 $N_b/(Af)$ 为梁轴压比。

8.3.3 梁柱构件的侧向支承应符合下列要求：

1 梁柱构件受压翼缘应根据需要设置侧向支承。

2 梁柱构件在出现塑性铰的截面，上下翼缘均应设置侧向支承。

3 相邻两侧向支承点间的构件长细比，应符合现行国家标准《钢结构设计规范》GB 50017 的有关规定。

8.3.4 梁与柱的连接构造应符合下列要求：

1 梁与柱的连接宜采用柱贯通型。

2 柱在两个互相垂直的方向都与梁刚接时宜采用箱形截面，并在梁翼缘连接处设置隔板；隔板采用电渣焊时，柱壁板厚度不宜小于 16mm，小于 16mm 时可改用工字形柱或采用贯通式隔板。当柱仅在一个方向与梁刚接时，宜采用工字形截面，并将柱腹板置于刚接框架平面内。

3 工字形柱（绕强轴）和箱形柱与梁刚接时（图8.3.4-1），应符合下列要求：

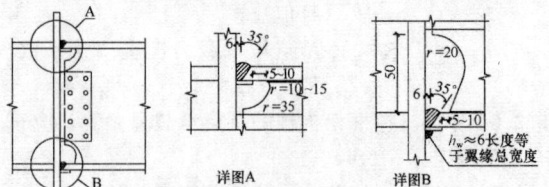

图 8.3.4-1 框架梁与柱的现场连接

1）梁翼缘与柱翼缘间应采用全熔透坡口焊缝；一、二级时，应检验焊缝的 V 形切口冲击韧性，其夏比冲击韧性在 −20℃ 时不低于 27J；

2）柱在梁翼缘对应位置应设置横向加劲肋（隔板），加劲肋（隔板）厚度不应小于梁翼缘厚度，强度与梁翼缘相同；

3）梁腹板宜采用摩擦型高强度螺栓与柱连接板连接（经工艺试验合格能确保现场焊接质量时，可用气体保护焊进行焊接）；腹板角部应设置焊接孔，孔形应使其端部与梁翼缘和柱翼缘间的全熔透坡口焊缝完全隔开；

4）腹板连接板与柱的焊接，当板厚不大于 16mm 时应采用双面角焊缝，焊缝有效厚度应满足等强度要求，且不小于 5mm；板厚大于 16mm 时采用 K 形坡口对接焊缝。该焊缝宜采用气体保护焊，且板端应绕焊。

5）一级和二级时，宜采用能将塑性铰自梁端外移的端部扩大形连接、梁端加盖板或骨形连接。

4 框架梁采用悬臂梁段与柱刚性连接时（图 8.3.4-2），悬臂梁段与柱应采用全焊接连接，此时上下翼缘焊接孔的形式宜相同；梁的现场拼接可采用翼缘焊接腹板螺栓连接或全部螺栓连接。

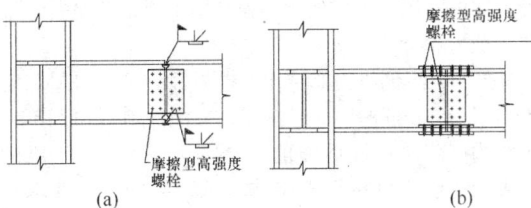

图 8.3.4-2 框架柱与梁悬臂段的连接

5 箱形柱在与梁翼缘对应位置设置的隔板，应采用全熔透对接焊缝与壁板相连。工字形柱的横向加劲肋与柱翼缘，应采用全熔透对接焊缝连接，与腹板可采用角焊缝连接。

8.3.5 当节点域的腹板厚度不满足本规范第 8.2.5 条第 2、3 款的规定时，应采取加厚柱腹板或采取贴焊补强板的措施。补强板的厚度及其焊缝应按传递补强板所分担剪力的要求设计。

8.3.6 梁与柱刚性连接时，柱在梁翼缘上下各 500mm 的范围内，柱翼缘与柱腹板间或箱形柱壁板间的连接焊缝应采用全熔透坡口焊缝。

8.3.7 框架柱的接头距框架梁上方的距离，可取 1.3m 和柱净高一半二者的较小值。

上下柱的对接接头应采用全熔透焊缝，柱拼接接头上下各 100mm 范围内，工字形柱翼缘与腹板间及箱形柱角部壁板间的焊缝，应采用全熔透焊缝。

8.3.8 钢结构的刚接柱脚宜采用埋入式，也可采用外包式；6、7 度且高度不超过 50m 时也可采用外露式。

8.4 钢框架-中心支撑结构的抗震构造措施

8.4.1 中心支撑的杆件长细比和板件宽厚比限值应符合下列规定：

1 支撑杆件的长细比，按压杆设计时，不应大于 $120\sqrt{235/f_{ay}}$；一、二、三级中心支撑不得采用拉杆设计，四级采用拉杆设计时，其长细比不应大于 180。

2 支撑杆件的板件宽厚比，不应大于表 8.4.1 规定的限值。采用节点板连接时，应注意节点板的强度和稳定。

表 8.4.1　钢结构中心支撑板件宽厚比限值

板件名称	一级	二级	三级	四级
翼缘外伸部分	8	9	10	13
工字形截面腹板	25	26	27	33
箱形截面壁板	18	20	25	30
圆管外径与壁厚比	38	40	40	42

注：表列数值适用于 Q235 钢，采用其他牌号钢材应乘以 $\sqrt{235/f_{ay}}$，圆管应乘以 $235/f_{ay}$。

8.4.2 中心支撑节点的构造应符合下列要求：

1 一、二、三级，支撑宜采用 H 形钢制作，两端与框架可采用刚接构造，梁柱与支撑连接处应设置加劲肋；一级和二级采用焊接工字形截面的支撑时，其翼缘与腹板的连接宜采用全熔透连续焊缝。

2 支撑与框架连接处，支撑杆端宜做成圆弧。

3 梁在其与 V 形支撑或人字支撑相交处，应设置侧向支承；该支承点与梁端支承点间的侧向长细比（λ_y）以及支承力，应符合现行国家标准《钢结构设计规范》GB 50017 关于塑性设计的规定。

4 若支撑和框架采用节点板连接，应符合现行国家标准《钢结构设计规范》GB 50017 关于节点板在连接杆件每侧有不小于 30°夹角的规定；一、二级时，支撑端部至节点板最近嵌固点（节点板与框架构件连接焊缝的端部）在沿支撑杆件轴线方向的距离，不应小于节点板厚度的 2 倍。

8.4.3 框架-中心支撑结构的框架部分，当房屋高度不高于 100m 且框架部分按计算分配的地震剪力不大于结构底部总地震剪力的 25% 时，一、二、三级的抗震构造措施可按框架结构降低一级的相应要求采用。其他抗震构造措施，应符合本规范第 8.3 节对框架结构抗震构造措施的规定。

8.5 钢框架-偏心支撑结构的抗震构造措施

8.5.1 偏心支撑框架消能梁段的钢材屈服强度不应大于 345MPa。消能梁段及与消能梁段同一跨内的非消能梁段，其板件的宽厚比不应大于表 8.5.1 规定的限值。

表 8.5.1　偏心支撑框架梁的板件宽厚比限值

板件名称		宽厚比限值
翼缘外伸部分		8
腹板	当 $N/(Af) \leqslant 0.14$ 时	$90[1-1.65N/(Af)]$
	当 $N/(Af) > 0.14$ 时	$33[2.3-N/(Af)]$

注：表列数值适用于 Q235 钢，当材料为其他钢号时应乘以 $\sqrt{235/f_{ay}}$，$N/(Af)$ 为梁轴压比。

8.5.2 偏心支撑框架的支撑杆件长细比不应大于 $120\sqrt{235/f_{ay}}$，支撑杆件的板件宽厚比不应超过现行国家标准《钢结构设计规范》GB 50017 规定的轴心受压构件在弹性设计时的宽度比限值。

8.5.3 消能梁段的构造应符合下列要求：

1 当 $N > 0.16Af$ 时，消能梁段的长度应符合下列规定：

当 $\rho(A_w/A) < 0.3$ 时

$$a < 1.6M_{lp}/V_l \qquad (8.5.3-1)$$

当 $\rho(A_w/A) \geqslant 0.3$ 时

$$a \leqslant [1.15-0.5\rho(A_w/A)]1.6M_{lp}/V_l \qquad (8.5.3-2)$$

$$\rho = N/V \qquad (8.5.3-3)$$

式中：a——消能梁段的长度；

ρ——消能梁段轴向力设计值与剪力设计值之比。

2 消能梁段的腹板不得贴焊补强板，也不得开洞。

3 消能梁段与支撑连接处，应在其腹板两侧配置加劲肋，加劲肋的高度应为梁腹板高度，一侧的加劲肋宽度不应小于 $(b_f/2 - t_w)$，厚度不应小于 $0.75t_w$ 和 10mm 的较大值。

4 消能梁段应按下列要求在其腹板上设置中间加劲肋：

1）当 $a \leqslant 1.6M_{lp}/V_l$ 时，加劲肋间距不大于 $(30t_w - h/5)$；

2）当 $2.6M_{lp}/V_l < a \leqslant 5M_{lp}/V_l$ 时，应在距消能梁段端部 $1.5b_f$ 处配置中间加劲肋，且中间加劲肋间距不应大于 $(52t_w - h/5)$；

3）当 $1.6M_{lp}/V_l < a \leqslant 2.6M_{lp}/V_l$ 时，中间加

劲肋的间距宜在上述二者间线性插入；

4）当 $a > 5M_{lp}/V_l$ 时，可不配置中间加劲肋；

5）中间加劲肋应与消能梁段的腹板等高，当消能梁段截面高度不大于 640mm 时，可配置单侧加劲肋，消能梁段截面高度大于640mm 时，应在两侧配置加劲肋，一侧加劲肋的宽度不应小于 $(b_f/2 - t_w)$，厚度不应小于 t_w 和 10mm。

8.5.4 消能梁段与柱的连接应符合下列要求：

1 消能梁段与柱连接时，其长度不得大于 $1.6M_{lp}/V_l$，且应满足相关标准的规定。

2 消能梁段翼缘与柱翼缘之间应采用坡口全熔透对接焊缝连接，消能梁段腹板与柱之间应采用角焊缝（气体保护焊）连接；角焊缝的承载力不得小于消能梁段腹板的轴力、剪力和弯矩同时作用时的承载力。

3 消能梁段与柱腹板连接时，消能梁段翼缘与横向加劲板间应采用坡口全熔透焊缝，其腹板与柱连接板间应采用角焊缝（气体保护焊）连接；角焊缝的承载力不得小于消能梁段腹板的轴力、剪力和弯矩同时作用时的承载力。

8.5.5 消能梁段两端上下翼缘应设置侧向支撑，支撑的轴力设计值不得小于消能梁段翼缘轴向承载力设计值的 6%，即 $0.06b_f t_f f$。

8.5.6 偏心支撑框架梁的非消能梁段上下翼缘，应设置侧向支撑，支撑的轴力设计值不得小于梁翼缘轴向承载力设计值的 2%，即 $0.02b_f t_f f$。

8.5.7 框架-偏心支撑结构的框架部分，当房屋高度不高于 100m 且框架部分按计算分配的地震作用不大于结构底部总地震剪力的 25% 时，一、二、三级的抗震构造措施可按框架结构降低一级的相应要求采用。其他抗震构造措施，应符合本规范第 8.3 节对框架结构抗震构造措施的规定。

9 单层工业厂房

9.1 单层钢筋混凝土柱厂房

（Ⅰ） 一 般 规 定

9.1.1 本节主要适用于装配式单层钢筋混凝土柱厂房，其结构布置应符合下列要求：

1 多跨厂房宜等高和等长，高低跨厂房不宜采用一端开口的结构布置。

2 厂房的贴建房屋和构筑物，不宜布置在厂房角部和紧邻防震缝处。

3 厂房体型复杂或有贴建的房屋和构筑物时，宜设防震缝；在厂房纵横跨交接处、大柱网厂房或不设柱间支撑的厂房，防震缝宽度可采用 100mm～

150mm，其他情况可采用50mm～90mm。

4 两个主厂房之间的过渡跨至少应有一侧采用防震缝与主厂房脱开。

5 厂房内上起重机的铁梯不应靠近防震缝设置；多跨厂房各跨上起重机的铁梯不宜设置在同一横向轴线附近。

6 厂房内的工作平台、刚性工作间宜与厂房主体结构脱开。

7 厂房的同一结构单元内，不应采用不同的结构形式；厂房端部应设屋架，不应采用山墙承重；厂房单元内不应采用横墙和排架混合承重。

8 厂房柱距宜相等，各柱列的侧移刚度宜均匀，当有抽柱时，应采取抗震加强措施。

注：钢筋混凝土框排架厂房的抗震设计，应符合本规范附录H第H.1节的规定。

9.1.2 厂房天窗架的设置，应符合下列要求：

1 天窗宜采用突出屋面较小的避风型天窗，有条件或9度时宜采用下沉式天窗。

2 突出屋面的天窗宜采用钢天窗架；6～8度时，可采用矩形截面杆件的钢筋混凝土天窗架。

3 天窗架不宜从厂房结构单元第一开间开始设置；8度和9度时，天窗架宜从厂房单元端部第三柱间开始设置。

4 天窗屋盖、端壁板和侧板，宜采用轻型板材；不应采用端壁板代替端天窗架。

9.1.3 厂房屋架的设置，应符合下列要求：

1 厂房宜采用钢屋架或重心较低的预应力混凝土、钢筋混凝土屋架。

2 跨度不大于15m时，可采用钢筋混凝土屋面梁。

3 跨度大于24m，或8度Ⅲ、Ⅳ类场地和9度时，应优先采用钢屋架。

4 柱距为12m时，可采用预应力混凝土托架（梁）；当采用钢屋架时，亦可采用钢托架（梁）。

5 有突出屋面天窗架的屋盖不宜采用预应力混凝土或钢筋混凝土空腹屋架。

6 8度（0.30g）和9度时，跨度大于24m的厂房不宜采用大型屋面板。

9.1.4 厂房柱的设置，应符合下列要求：

1 8度和9度时，宜采用矩形、工字形截面柱或斜腹杆双肢柱，不宜采用薄壁工字形柱、腹板开孔工字形柱、预制腹板的工字形柱和管柱。

2 柱底至室内地坪以上500mm范围内和阶形柱的上柱宜采用矩形截面。

9.1.5 厂房围护墙、砌体女儿墙的布置、材料选型和抗震构造措施，应符合本规范第13.3节的有关规定。

（Ⅱ）计 算 要 点

9.1.6 单层厂房按本规范的规定采取抗震构造措施并符合下列条件之一时，可不进行横向和纵向抗震验算：

1 7度Ⅰ、Ⅱ类场地、柱高不超过10m且结构单元两端均有山墙的单跨和等高多跨厂房（锯齿形厂房除外）。

2 7度时和8度（0.20g）Ⅰ、Ⅱ类场地的露天吊车栈桥。

9.1.7 厂房的横向抗震计算，应采用下列方法：

1 混凝土无檩和有檩屋盖厂房，一般情况下，宜计及屋盖的横向弹性变形，按多质点空间结构分析；当符合本规范附录J的条件时，可按平面排架计算，并按附录J的规定对排架柱的地震剪力和弯矩进行调整。

2 轻型屋盖厂房，柱距相等时，可按平面排架计算。

注：本节轻型屋盖指屋面为压型钢板、瓦楞铁等有檩屋盖。

9.1.8 厂房的纵向抗震计算，应采用下列方法：

1 混凝土无檩和有檩屋盖及有较完整支撑系统的轻型屋盖厂房，可采用下列方法：

　1）一般情况下，宜计及屋盖的纵向弹性变形，围护墙与隔墙的有效刚度，不对称时尚宜计及扭转的影响，按多质点进行空间结构分析；

　2）柱顶标高不大于15m且平均跨度不大于30m的单跨或等高多跨的钢筋混凝土柱厂房，宜采用本规范附录K第K.1节规定的修正刚度法计算。

2 纵墙对称布置的单跨厂房和轻型屋盖的多跨厂房，可按柱列分片独立计算。

9.1.9 突出屋面天窗架的横向抗震计算，可采用下列方法：

1 有斜撑杆的三铰拱式钢筋混凝土和钢天窗架的横向抗震计算可采用底部剪力法；跨度大于9m或9度时，混凝土天窗架的地震作用效应应乘以增大系数，其值可采用1.5。

2 其他情况下天窗架的横向水平地震作用可采用振型分解反应谱法。

9.1.10 突出屋面天窗架的纵向抗震计算，可采用下列方法：

1 天窗架的纵向抗震计算，可采用空间结构分析法，并计及屋盖平面弹性变形和纵墙的有效刚度。

2 柱高不超过15m的单跨和等高多跨混凝土无檩屋盖厂房的天窗架纵向地震作用计算，可采用底部剪力法，但天窗架的地震作用效应应乘以效应增大系数，其值可按下列规定采用：

　1）单跨、边跨屋盖或有纵向内隔墙的中跨屋盖：

$$\eta = 1 + 0.5n \qquad (9.1.10\text{-}1)$$

2）其他中跨屋盖：

$$\eta = 0.5n \qquad (9.1.10\text{-}2)$$

式中：η——效应增大系数；

　　　　n——厂房跨数，超过四跨时取四跨。

9.1.11　两个主轴方向柱距均不小于 12m、无桥式起重机且无柱间支撑的大柱网厂房，柱截面抗震验算应同时计算两个主轴方向的水平地震作用，并应计入位移引起的附加弯矩。

9.1.12　不等高厂房中，支承低跨屋盖的柱牛腿（柱肩）的纵向受拉钢筋截面面积，应按下式确定：

$$A_s \geqslant \left(\frac{N_G a}{0.85 h_0 f_y} + 1.2 \frac{N_E}{f_y} \right) \gamma_{RE} \qquad (9.1.12)$$

式中：A_s——纵向水平受拉钢筋的截面面积；

　　　　N_G——柱牛腿面上重力荷载代表值产生的压力设计值；

　　　　a——重力作用点至下柱近侧边缘的距离，当小于 $0.3 h_0$ 时采用 $0.3 h_0$；

　　　　h_0——牛腿最大竖向截面的有效高度；

　　　　N_E——柱牛腿面上地震组合的水平拉力设计值；

　　　　f_y——钢筋抗拉强度设计值；

　　　　γ_{RE}——承载力抗震调整系数，可采用 1.0。

9.1.13　柱间交叉支撑斜杆的地震作用效应及其与柱连接节点的抗震验算，可按本规范附录 K 第 K.2 节的规定进行。下柱柱间支撑的下节点位置按本规范第 9.1.23 条规定设置于基础顶面以上时，宜进行纵向柱列柱根的斜截面受剪承载力验算。

9.1.14　厂房的抗风柱、屋架小立柱和计及工作平台影响的抗震计算，应符合下列规定：

　　1　高大山墙的抗风柱，在 8 度和 9 度时应进行平面外的截面抗震承载力验算。

　　2　当抗风柱与屋架下弦相连接时，连接点应设在下弦横向支撑节点处，下弦横向支撑杆件的截面和连接节点应进行抗震承载力验算。

　　3　当工作平台和刚性内隔墙与厂房主体结构连接时，应采用与厂房实际受力相适应的计算简图，并计入工作平台和刚性内隔墙对厂房的附加地震作用影响。变位受约束且剪跨比不大于 2 的排架柱，其斜截面受剪承载力应按现行国家标准《混凝土结构设计规范》GB 50010 的规定计算，并按本规范第 9.1.25 条采取相应的抗震构造措施。

　　4　8 度Ⅲ、Ⅳ类场地和 9 度时，带有小立柱的拱形和折线型屋架或上弦节间较长且矢高较大的屋架，其上弦宜进行抗扭验算。

（Ⅲ）抗震构造措施

9.1.15　有檩屋盖构件的连接及支撑布置，应符合下列要求：

　　1　檩条应与混凝土屋架（屋面梁）焊牢，并应有足够的支承长度。

　　2　双脊檩应在跨度 1/3 处相互拉结。

　　3　压型钢板应与檩条可靠连接，瓦楞铁、石棉瓦等应与檩条拉结。

　　4　支撑布置宜符合表 9.1.15 的要求。

表 9.1.15　有檩屋盖的支撑布置

<table>
<tr><td rowspan="2">支撑名称</td><td colspan="3">烈　度</td></tr>
<tr><td>6、7</td><td>8</td><td>9</td></tr>
<tr><td rowspan="4">屋架支撑</td><td>上弦横向支撑</td><td>单元端开间各设一道</td><td>单元端开间及单元长度大于 66m 的柱间支撑开间各设一道；天窗开洞范围的两端各增设局部的支撑一道</td><td>单元端开间及单元长度大于 42m 的柱间支撑开间各设一道；天窗开洞范围的两端各增设局部的上弦横向支撑一道</td></tr>
</table>

<table>
<tr><td rowspan="3"></td><td>下弦横向支撑</td><td colspan="2">同非抗震设计</td></tr>
<tr><td>跨中竖向支撑</td><td colspan="2"></td></tr>
<tr><td>端部竖向支撑</td><td colspan="2">屋架端部高度大于 900mm 时，单元端开间及柱间支撑开间各设一道</td></tr>
<tr><td rowspan="2">天窗架支撑</td><td>上弦横向支撑</td><td>单元天窗端开间各设一道</td><td>单元天窗端开间及每隔 30m 各设一道</td><td>单元天窗端开间及每隔 18m 各设一道</td></tr>
<tr><td>两侧竖向支撑</td><td>单元天窗端开间及每隔 36m 各设一道</td><td></td><td></td></tr>
</table>

9.1.16　无檩屋盖构件的连接及支撑布置，应符合下列要求：

　　1　大型屋面板应与屋架（屋面梁）焊牢，靠柱列的屋面板与屋架（屋面梁）的连接焊缝长度不宜小于 80mm。

　　2　6 度和 7 度时有天窗厂房单元的端开间，或 8 度和 9 度时各开间，宜将垂直屋架方向两侧相邻的大型屋面板的顶面彼此焊牢。

　　3　8 度和 9 度时，大型屋面板端头底面的预埋件宜采用角钢并与主筋焊牢。

　　4　非标准屋面板宜采用装配整体式接头，或将板四角切掉后与屋架（屋面梁）焊牢。

　　5　屋架（屋面梁）端部顶面预埋件的锚筋，8 度时不宜少于 4ϕ10，9 度时不宜少于 4ϕ12。

　　6　支撑的布置宜符合表 9.1.16-1 的要求，有中间井式天窗时宜符合表 9.1.16-2 的要求；8 度和 9 度跨度不大于 15m 的厂房屋盖采用屋面梁时，可仅在厂房单元两端各设竖向支撑一道；单坡屋面梁的屋盖支撑布置，宜按屋架端部高度大于 900mm 的屋盖支撑布置执行。

表 9.1.16-1　无檩屋盖的支撑布置

支撑名称		烈度		
		6、7	8	9
屋架支撑	上弦横向支撑	屋架跨度小于18m时同非抗震设计，跨度不小于18m时在厂房单元端开间各设一道	单元端开间及柱间支撑开间各设一道，天窗开洞范围的两端各增设局部的支撑一道	
	上弦通长水平系杆	同非抗震设计	沿屋架跨度不大于15m设一道，但装配整体式屋面可仅在天窗开洞范围内设置；围护墙在屋架上弦高度有现浇圈梁时，其端部处可不另设	沿屋架跨度不大于12m设一道，但装配整体式屋面可仅在天窗开洞范围内设置；围护墙在屋架上弦高度有现浇圈梁时，其端部可不另设
	下弦横向支撑	同非抗震设计	同非抗震设计	同上弦横向支撑
	跨中竖向支撑			
	两端竖向支撑 屋架端部高度≤900mm	同非抗震设计	单元端开间各设一道	单元端开间及每隔48m各设一道
	两端竖向支撑 屋架端部高度>900mm	单元端开间各设一道	单元端开间及柱间支撑开间各设一道	单元端开间、柱间支撑开间及每隔30m各设一道
天窗架支撑	天窗两侧竖向支撑	厂房单元天窗端开间及每隔30m设一道	厂房单元天窗端开间及每隔24m设一道	厂房单元天窗端开间及每隔18m各设一道
	上弦横向支撑	同非抗震设计	天窗跨度≥9m时，单元天窗端开间及柱间支撑开间各设一道	单元端开间及柱间支撑开间各设一道

表 9.1.16-2　中间井式天窗无檩屋盖支撑布置

支撑名称		6、7度	8度	9度
上弦横向支撑 下弦横向支撑		厂房单元端开间各设一道	厂房单元端开间及柱间支撑开间各设一道	
上弦通长水平系杆		天窗范围内屋架跨中上弦节点处设置		
下弦通长水平系杆		天窗两侧及天窗范围内屋架下弦节点处设置		
跨中竖向支撑		有上弦横向支撑开间设置，位置与下弦通长系杆相对应		
两端竖向支撑	屋架端部高度≤900mm	同非抗震设计	有上弦横向支撑开间，且间距不大于48m	有上弦横向支撑开间，且间距不大于48m
	屋架端部高度>900mm	厂房单元端开间各设一道	有上弦横向支撑开间，且间距不大于48m	有上弦横向支撑开间，且间距不大于30m

9.1.17 屋盖支撑尚应符合下列要求：

1 天窗开洞范围内，在屋架脊点处应设上弦通长水平压杆；8度Ⅲ、Ⅳ类场地和9度时，梯形屋架端部上节点应沿厂房纵向设置通长水平压杆。

2 屋架跨中竖向支撑在跨度方向的间距，6～8度时不大于15m，9度时不大于12m；当仅在跨中设一道时，应设在跨中屋架屋脊处；当设二道时，应在跨度方向均匀布置。

3 屋架上、下弦通长水平系杆与竖向支撑宜配合设置。

4 柱距不小于12m且屋架间距6m的厂房，托架（梁）区段及其相邻开间应设下弦纵向水平支撑。

5 屋盖支撑杆件宜用型钢。

9.1.18 突出屋面的混凝土天窗架，其两侧墙板与天窗立柱宜采用螺栓连接。

9.1.19 混凝土屋架的截面和配筋，应符合下列要求：

1 屋架上弦第一节间和梯形屋架端竖杆的配筋，6度和7度时不宜少于$4\phi12$，8度和9度时不宜少于$4\phi14$。

2 梯形屋架的端竖杆截面宽度宜与上弦宽度相同。

3 拱形和折线形屋架上弦端部支撑屋面板的小立柱，截面不宜小于200mm×200mm，高度不宜大于500mm，主筋宜采用Π形，6度和7度时不宜少于$4\phi12$，8度和9度时不宜少于$4\phi14$，箍筋可采用$\phi6$，间距不宜大于100mm。

9.1.20 厂房柱子的箍筋，应符合下列要求：

1 下列范围内柱的箍筋应加密：

　　1）柱头，取柱顶以下500mm并不小于柱截面长边尺寸；

　　2）上柱，取阶形柱自牛腿面至起重机梁顶面以上300mm高度范围内；

　　3）牛腿（柱肩），取全高；

　　4）柱根，取下柱柱底至室内地坪以上500mm；

　　5）柱间支撑与柱连接节点和柱变位受平台等约束的部位，取节点上、下各300mm。

2 加密区箍筋间距不应大于100mm，箍筋肢距和最小直径应符合表9.1.20的规定。

表 9.1.20　柱加密区箍筋最大肢距和最小箍筋直径

烈度和场地类别		6度和7度Ⅰ、Ⅱ类场地	7度Ⅲ、Ⅳ类场地和8度Ⅰ、Ⅱ类场地	8度Ⅲ、Ⅳ类场地和9度
箍筋最大肢距（mm）		300	250	200
箍筋最小直径	一般柱头和柱根	$\phi6$	$\phi8$	$\phi8(\phi10)$
	角柱柱头	$\phi8$	$\phi10$	$\phi10$
	上柱牛腿和有支撑的柱根	$\phi8$	$\phi8$	$\phi10$
	有支撑的柱头和柱变位受约束部位	$\phi8$	$\phi10$	$\phi12$

注：括号内数值用于柱根。

3 厂房柱侧向受约束且剪跨比不大于2的排架柱，柱顶预埋钢板和柱箍筋加密区的构造尚应符合下列要求：

　　1）柱顶预埋钢板沿排架平面方向的长度，宜取柱顶的截面高度，且不得小于截面高度的1/2及300mm；

　　2）屋架的安装位置，宜减小在柱顶的偏心，其柱顶轴向力的偏心距不应大于截面高度的1/4；

　　3）柱顶轴向力排架平面内的偏心距在截面高度的1/6～1/4范围内时，柱顶箍筋加密区的箍筋体积配筋率：9度不宜小于1.2%；8度不宜小于1.0%；6、7度不宜小于0.8%；

　　4）加密区箍筋宜配置四肢箍，肢距不大于200mm。

9.1.21 大柱网厂房柱的截面和配筋构造，应符合下列要求：

1 柱截面宜采用正方形或接近正方形的矩形，边长不宜小于柱全高的1/18～1/16。

2 重屋盖厂房地震组合的柱轴压比，6、7度时不宜大于0.8，8度时不宜大于0.7，9度时不应大于0.6。

3 纵向钢筋宜沿柱截面周边对称配置，间距不宜大于200mm，角部宜配置直径较大的钢筋。

4 柱头和柱根的箍筋应加密，并应符合下列要求：

　　1）加密范围，柱根取基础顶面至室内地坪以上1m，且不小于柱全高的1/6；柱头取柱顶以下500mm，且不小于柱截面长边尺寸；

　　2）箍筋直径、间距和肢距，应符合本规范第9.1.20条的规定。

9.1.22 山墙抗风柱的配筋，应符合下列要求：

1 抗风柱柱顶以下300mm和牛腿（柱肩）面以上300mm范围内的箍筋，直径不宜小于6mm，间距不应大于100mm，肢距不宜大于250mm。

2 抗风柱的变截面牛腿（柱肩）处，宜设置纵向受拉钢筋。

9.1.23 厂房柱间支撑的设置和构造，应符合下列要求：

1 厂房柱间支撑的布置，应符合下列规定：

　　1）一般情况下，应在厂房单元中部设置上、下柱支撑，且下柱支撑应与上柱支撑配套设置；

　　2）有起重机或8度和9度时，宜在厂房单元两端增设上柱支撑；

　　3）厂房单元较长或8度Ⅲ、Ⅳ类场地和9度时，可在厂房单元中部1/3区段内设置两

道柱间支撑。

2 柱间支撑应采用型钢，支撑形式宜采用交叉式，其斜杆与水平面的交角不宜大于55度。

3 支撑杆件的长细比，不宜超过表9.1.23的规定。

表 9.1.23　交叉支撑斜杆的最大长细比

位置	烈　　度			
	6度和7度Ⅰ、Ⅱ类场地	7度Ⅲ、Ⅳ类场地和8度Ⅰ、Ⅱ类场地	8度Ⅲ、Ⅳ类场地和9度Ⅰ、Ⅱ类场地	9度Ⅲ、Ⅳ类场地
上柱支撑	250	250	200	150
下柱支撑	200	150	120	120

4 下柱支撑的下节点位置和构造措施，应保证将地震作用直接传给基础；当6度和7度（0.10g）不能直接传给基础时，应计及支撑对柱和基础的不利影响采取加强措施。

5 交叉支撑在交叉点应设置节点板，其厚度不应小于10mm，斜杆与交叉节点板应焊接，与端节点板宜焊接。

9.1.24 8度时跨度不小于18m的多跨厂房中柱和9度时多跨厂房各柱，柱顶宜设置通长水平压杆，此压杆可与梯形屋架支座处通长水平系杆合并设置，钢筋混凝土系杆端头与屋架间的空隙应采用混凝土填实。

9.1.25 厂房结构构件的连接节点，应符合下列要求：

1 屋架（屋面梁）与柱顶的连接，8度时宜采用螺栓，9度时宜采用钢板铰，亦可采用螺栓；屋架（屋面梁）端部支承垫板的厚度不宜小于16mm。

2 柱顶预埋件的锚筋，8度时不宜少于4φ14，9度时不宜少于4φ16；有柱间支撑的柱子，柱顶预埋件尚应增设抗剪钢板。

3 山墙抗风柱的柱顶，应设置预埋板，使柱顶与端屋架的上弦（屋面梁上翼缘）可靠连接。连接部位应位于上弦横向支撑与屋架的连接点处，不符合时可在支撑中增设次腹杆或设置型钢横梁，将水平地震作用传至节点部位。

4 支承低跨屋盖的中柱牛腿（柱肩）的预埋件，应与牛腿（柱肩）中按计算承受水平拉力部分的纵向钢筋焊接，且焊接的钢筋，6度和7度时不应少于2φ12，8度时不应少于2φ14，9度时不应少于2φ16。

5 柱间支撑与柱连接节点预埋件的锚件，8度Ⅲ、Ⅳ类场地和9度时，宜采用角钢加端板，其他情况可采用不低于HRB335级的热轧钢筋，但锚固长度不应小于30倍锚筋直径或增设端板。

6 厂房中的起重机走道板、端屋架与山墙间的

填充小屋面板、天沟板、天窗端壁板和天窗侧板下的填充砌体等构件应与支承结构有可靠的连接。

9.2 单层钢结构厂房

（Ⅰ）一般规定

9.2.1 本节主要适用于钢柱、钢屋架或钢屋面梁承重的单层厂房。

单层的轻型钢结构厂房的抗震设计，应符合专门的规定。

9.2.2 厂房的结构体系应符合下列要求：

1 厂房的横向抗侧力体系，可采用刚接框架、铰接框架、门式刚架或其他结构体系。厂房的纵向抗侧力体系，8、9度应采用柱间支撑；6、7度宜采用柱间支撑，也可采用刚接框架。

2 厂房内设有桥式起重机时，起重机梁系统的构件与厂房框架柱的连接应能可靠地传递纵向水平地震作用。

3 屋盖应设置完整的屋盖支撑系统。屋盖横梁与柱顶铰接时，宜采用螺栓连接。

9.2.3 厂房的平面布置、钢筋混凝土屋面板和天窗架的设置要求等，可参照本规范第9.1节单层钢筋混凝土柱厂房的有关规定。当设置防震缝时，其缝宽不宜小于单层混凝土柱厂房防震缝宽度的1.5倍。

9.2.4 厂房的围护墙板应符合本规范第13.3节的有关规定。

（Ⅱ）抗震验算

9.2.5 厂房抗震计算时，应根据屋盖高差、起重机设置情况，采用与厂房结构的实际工作状况相适应的计算模型计算地震作用。

单层厂房的阻尼比，可依据屋盖和围护墙的类型，取0.045～0.05。

9.2.6 厂房地震作用计算时，围护墙体的自重和刚度，应按下列规定取值：

1 轻型墙板或与柱柔性连接的预制混凝土墙板，应计入其全部自重，但不应计入其刚度；

2 柱边贴砌且与柱有拉结的砌体围护墙，应计入其全部自重；当沿墙体纵向进行地震作用计算时，尚可计入普通砖砌体墙的折算刚度，折算系数，7、8和9度可分别取0.6、0.4和0.2。

9.2.7 厂房的横向抗震计算，可采用下列方法：

1 一般情况下，宜采用考虑屋盖弹性变形的空间分析方法；

2 平面规则、抗侧刚度均匀的轻型屋盖厂房，可按平面框架进行计算。等高厂房可采用底部剪力法，高低跨厂房应采用振型分解反应谱法。

9.2.8 厂房的纵向抗震计算，可采用下列方法：

1 采用轻型板材围护墙或与柱柔性连接的大型墙板的厂房，可采用底部剪力法计算，各纵向柱列的地震作用可按下列原则分配：

　　1）轻型屋盖可按纵向柱列承受的重力荷载代表值的比例分配；

　　2）钢筋混凝土无檩屋盖可按纵向柱列刚度比例分配；

　　3）钢筋混凝土有檩屋盖可取上述两种分配结果的平均值。

2 采用柱边贴砌且与柱拉结的普通砖砌体围护墙厂房，可参照本规范第9.1节的规定计算。

3 设置柱间支撑的柱列应计入支撑杆件屈曲后的地震作用效应。

9.2.9 厂房屋盖构件的抗震计算，应符合下列要求：

1 竖向支撑桁架的腹杆应能承受和传递屋盖的水平地震作用，其连接的承载力应大于腹杆的承载力，并满足构造要求。

2 屋盖横向水平支撑、纵向水平支撑的交叉斜杆均可按拉杆设计，并取相同的截面面积。

3 8、9度时，支承跨度大于24m的屋盖横梁的托架以及设备荷重较大的屋盖横梁，均应按本规范第5.3节计算其竖向地震作用。

9.2.10 柱间X形支撑、V形或Λ形支撑应考虑拉压杆共同作用，其地震作用及验算可按本规范附录K第K.2节的规定按拉杆计算，并计及相交受压杆的影响，但压杆卸载系数宜改取0.30。

交叉支撑端部的连接，对单角钢支撑应计入强度折减，8、9度时不得采用单面偏心连接；交叉支撑有一杆中断时，交叉节点板应予以加强，其承载力不小于1.1倍杆件承载力。

支撑杆件的截面应力比，不宜大于0.75。

9.2.11 厂房结构构件连接的承载力计算，应符合下列规定：

1 框架上柱的拼接位置应选择弯矩较小区域，其承载力不应小于按上柱两端呈全截面塑性屈服状态计算的拼接处的内力，且不得小于柱全截面受拉屈服承载力的0.5倍。

2 刚接框架屋盖横梁的拼接，当位于横梁最大应力区以外时，宜按与被拼接截面等强度设计。

3 实腹屋面梁与柱的刚性连接、梁端梁与梁的拼接，应采用地震组合内力进行弹性阶段设计。梁柱刚性连接、梁与梁拼接的极限受弯承载力应符合下列要求：

　　1）一般情况，可按本规范第8.2.8条钢结构梁柱刚接、梁与梁拼接的规定考虑连接系数进行验算。其中，当最大应力区在上柱时，全塑性受弯承载力应取实腹梁、上柱二者的较小值；

　　2）当屋面梁采用钢结构弹性设计阶段的板件宽厚比时，梁柱刚性连接和梁与梁拼接，应能可靠传递设防烈度地震组合内力或按本款1项验算。

刚接框架的屋架上弦与柱相连的连接板，在设防地震下不宜出现塑性变形。

4 柱间支撑与构件的连接，不应小于支撑杆件塑性承载力的1.2倍。

（Ⅲ）抗震构造措施

9.2.12 厂房的屋盖支撑，应符合下列要求：

1 无檩屋盖的支撑布置，宜符合表9.2.12-1的要求。

2 有檩屋盖的支撑布置，宜符合表9.2.12-2的要求。

3 当轻型屋盖采用实腹屋面梁、柱刚性连接的刚架体系时，屋盖水平支撑可布置在屋面梁的上翼缘平面。屋面梁下翼缘应设置隔撑侧向支承，隔撑的另一端可与屋面檩条连接。屋盖横向支撑、纵向天窗架支撑的布置可参照表9.2.12的要求。

4 屋盖纵向水平支撑的布置，尚应符合下列规定：

1）当采用托架支承屋盖横梁的屋盖结构时，应沿厂房单元全长设置纵向水平支撑；

2）对于高低跨厂房，在低跨屋盖横梁端部支承处，应沿屋盖全长设置纵向水平支撑；

3）纵向柱列局部柱间采用托架支承屋盖横梁时，应沿托架的柱间及向其两侧至少各延伸一个柱间设置屋盖纵向水平支撑；

4）当设置沿结构单元全长的纵向水平支撑时，应与横向水平支撑形成封闭的水平支撑体系。多跨厂房屋盖纵向水平支撑的间距不宜超过两跨，不得超过三跨；高跨和低跨宜按各自的标高组成相对独立的封闭支撑体系。

5 支撑杆宜采用型钢；设置交叉支撑时，支撑杆的长细比限值可取350。

表9.2.12-1 无檩屋盖的支撑系统布置

支撑名称			烈度		
			6、7	8	9
屋架支撑	上、下弦横向支撑		屋架跨度小于18m时同非抗震设计；屋架跨度不小于18m时，在厂房单元端开间各设一道	厂房单元端间及上柱支撑开间各设一道；天窗开洞范围的两端各增设局部上弦支撑一道；当屋架端部支承在屋架上弦时，其下弦横向支撑同非抗震设计	
	上弦通长水平系杆			在屋脊处、天窗架竖向支撑处、横向支撑节点处和屋架两端处设置	
	下弦通长水平系杆			屋架竖向支撑节点处设置；当屋架与柱刚接时，在屋架端节间处按控制下弦平面外长细比不大于150设置	
	竖向支撑	屋架跨度小于30m	同非抗震设计	厂房单元两端开间及上柱支撑各开间屋架端部各设一道	同8度，且每隔42m在屋架端部设置
		屋架跨度大于等于30m		厂房单元的端开间，屋架1/3跨度处和上柱支撑开间内的屋架端部设置，并与上、下弦横向支撑相对应	同8度，且每隔36m在屋架端部设置
纵向天窗架支撑	上弦横向支撑		天窗架单元两端各设一道	天窗架单元端开间及柱间支撑开间各一道	
	竖向支撑	跨中	跨度不小于12m时设置，其道数与两侧相同	跨度不小于9m时设置，其道数与两侧相同	
		两侧	天窗架单元端开间及每隔36m设置	天窗架单元端开间及每隔30m设置	天窗架单元端开间及每隔24m设置

表9.2.12-2 有檩屋盖的支撑系统布置

支撑名称		烈度		
		6、7	8	9
屋架支撑	上弦横向支撑	厂房单元端开间及每隔60m各设一道	厂房单元端开间及上柱柱间支撑开间各设一道	同8度，且天窗开洞范围的两端各增设局部上弦横向支撑一道
	下弦横向支撑	同非抗震设计；当屋架端部支承在屋架下弦时，同上弦横向支撑		
	跨中竖向支撑	同非抗震设计		屋架跨度大于等于30m时，跨中增设一道
	两侧竖向支撑	屋架端部高度大于900mm时，厂房单元端开间及柱间支撑开间各一道		
	下弦通长水平系杆	屋架两端和屋架竖向支撑处设置；与柱刚接时，屋架端间处按控制下弦平面外长细比不大于150设置		
纵向天窗架支撑	上弦横向支撑	天窗架单元两端开间各设一道	天窗架单元两端开间及每隔54m设一道	天窗架单元两端开间及每隔48m设一道
	两侧竖向支撑	天窗架单元端开间及每隔42m各设一道	天窗架单元端开间及每隔36m各设一道	天窗架单元端开间及每隔24m各设一道

9.2.13 厂房框架柱的长细比，轴压比小于 0.2 时不宜大于 150；轴压比不小于 0.2 时，不宜大于 120 $\sqrt{235/f_{ay}}$。

9.2.14 厂房框架柱、梁的板件宽厚比，应符合下列要求：

1 重屋盖厂房，板件宽厚比限值可按本规范第 8.3.2 条的规定采用，7、8、9 度的抗震等级可分别按四、三、二级采用。

2 轻屋盖厂房，塑性耗能区板件宽厚比限值可根据其承载力的高低按性能目标确定。塑性耗能区外的板件宽厚比限值，可采用现行《钢结构设计规范》GB 50017 弹性设计阶段的板件宽厚比限值。

注：腹板的宽厚比，可通过设置纵向加劲肋减小。

9.2.15 柱间支撑应符合下列要求：

1 厂房单元的各纵向柱列，应在厂房单元中部布置一道下柱柱间支撑；当 7 度厂房单元长度大于 120m（采用轻型围护材料时为 150m）、8 度和 9 度厂房单元大于 90m（采用轻型围护材料时为 120m）时，应在厂房单元 1/3 区段内各布置一道下柱支撑；当柱距数不超过 5 个且厂房长度小于 60m 时，亦可在厂房单元的两端布置下柱支撑。上柱柱间支撑应布置在厂房单元两端和具有下柱支撑的柱间。

2 柱间支撑宜采用 X 形支撑，条件限制时也可采用 V 形、Λ 形及其他形式的支撑。X 形支撑斜杆与水平面的夹角、支撑斜杆交叉点的节点板厚度，应符合本规范第 9.1 节的规定。

3 柱间支撑杆件的长细比限值，应符合现行国家标准《钢结构设计规范》GB 50017 的规定。

4 柱间支撑宜采用整根型钢，当热轧型钢超过材料最大长度规格时，可采用拼接等强接长。

5 有条件时，可采用消能支撑。

9.2.16 柱脚应能可靠传递柱身载力，宜采用埋入式、插入式或外包式柱脚，6、7 度时也可采用外露式柱脚。柱脚设计应符合下列要求：

1 实腹式钢柱采用埋入式、插入式柱脚的埋入深度，应由计算确定，且不得小于钢柱截面高度的 2.5 倍。

2 格构式柱采用插入式柱脚的埋入深度，应由计算确定，其最小插入深度不得小于单肢截面高度（或外径）的 2.5 倍，且不得小于柱总宽度的 0.5 倍。

3 采用外包式柱脚时，实腹 H 形截面柱的钢筋混凝土外包高度不宜小于 2.5 倍的钢结构截面高度，箱型截面柱或圆管截面柱的钢筋混凝土外包高度不宜小于 3.0 倍的钢结构截面高度或圆管截面直径。

4 当采用外露式柱脚时，柱脚极限承载力不宜小于柱截面塑性屈服承载力的 1.2 倍。柱脚锚栓不宜用以承受柱底水平剪力，柱底剪力应由钢底板与基础间的摩擦力或设置抗剪键及其他措施承担。柱脚锚栓应可靠锚固。

9.3 单层砖柱厂房

（Ⅰ）一 般 规 定

9.3.1 本节适用于 6～8 度（0.20g）的烧结普通砖（黏土砖、页岩砖）、混凝土普通砖砌筑的砖柱（墙垛）承重的下列中小型单层工业厂房：

1 单跨和等高多跨且无桥式起重机。

2 跨度不大于 15m 且柱顶标高不大于 6.6m。

9.3.2 厂房的结构布置应符合下列要求，并宜符合本规范第 9.1.1 条的有关规定：

1 厂房两端均应设置砖承重山墙。

2 与柱等高并相连的纵横内隔墙宜采用砖抗震墙。

3 防震缝设置应符合下列规定：

1）轻型屋盖厂房，可不设防震缝；

2）钢筋混凝土屋盖厂房与贴建的建（构）筑物间宜设防震缝，防震缝的宽度可采用 50mm～70mm，防震缝处应设置双柱或双墙。

4 天窗不应通至厂房单元的端开间，天窗不应采用端砖壁承重。

注：本章轻型屋盖指木屋盖和轻钢屋架、压型钢板、瓦楞铁等屋面的屋盖。

9.3.3 厂房的结构体系，尚应符合下列要求：

1 厂房屋盖宜采用轻型屋盖。

2 6 度和 7 度时，可采用十字形截面的无筋砖柱；8 度时不应采用无筋砖柱。

3 厂房纵向的独立砖柱柱列，可在柱间设置与柱等高的抗震墙承受纵向地震作用；不设置抗震墙的独立砖柱柱顶，应设通长水平压杆。

4 纵、横向内隔墙宜采用抗震墙，非承重横隔墙和非整体砌筑且不到顶的纵向隔墙宜采用轻质墙；当采用非轻质墙时，应计及隔墙对柱及其与屋架（屋面梁）连接节点的附加地震剪力。独立的纵向和横向内隔墙应采取措施保证其平面外的稳定性，且顶部应设置现浇钢筋混凝土压顶梁。

（Ⅱ）计 算 要 点

9.3.4 按本节规定采取抗震构造措施的单层砖柱厂房，当符合下列条件之一时，可不进行横向或纵向截面抗震验算：

1 7 度（0.10g）Ⅰ、Ⅱ类场地，柱顶标高不超过 4.5m，且结构单元两端均有山墙的单跨及等高多跨砖柱厂房，可不进行横向和纵向抗震验算。

2 7 度（0.10g）Ⅰ、Ⅱ类场地，柱顶标高不超过 6.6m，两侧设有厚度不小于 240mm 且开洞截面面积不超过 50% 的外纵墙，结构单元两端均有山墙的单跨厂房，可不进行纵向抗震验算。

9.3.5 厂房的横向抗震计算，可采用下列方法：

1 轻型屋盖厂房可按平面排架进行计算。

2 钢筋混凝土屋盖厂房和密铺望板的瓦木屋盖厂房可按平面排架进行计算并计及空间工作，按本规范附录J调整地震作用效应。

9.3.6 厂房的纵向抗震计算，可采用下列方法：

1 钢筋混凝土屋盖厂房宜采用振型分解反应谱法进行计算。

2 钢筋混凝土屋盖的等高多跨砖柱厂房，可按本规范附录K规定的修正刚度法进行计算。

3 纵墙对称布置的单跨厂房和轻型屋盖的多跨厂房，可采用柱列分片独立进行计算。

9.3.7 突出屋面天窗架的横向和纵向抗震计算应符合本规范第9.1.9条和第9.1.10条的规定。

9.3.8 偏心受压砖柱的抗震验算，应符合下列要求：

1 无筋砖柱地震组合轴向力设计值的偏心距，不宜超过0.9倍截面形心到轴向力所在方向截面边缘的距离；承载力抗震调整系数可采用0.9。

2 组合砖柱的配筋应按计算确定，承载力抗震调整系数可采用0.85。

（Ⅲ）抗震构造措施

9.3.9 钢屋架、压型钢板、瓦楞铁等轻型屋盖的支撑，可按本规范表9.2.12-2的规定设置，上、下弦横向支撑应布置在两端第二间；木屋盖的支撑布置，宜符合表9.3.9的要求，支撑与屋架或天窗架应采用螺栓连接；木天窗架的边柱，宜采用通长木夹板或铁板并通过螺栓加强边柱与屋架上弦的连接。

表9.3.9　木屋盖的支撑布置

支撑名称		烈　　度		
		6、7	8	
		各类屋盖	满铺望板	稀铺望板或无望板
屋架支撑	上弦横向支撑	同非抗震设计		屋架跨度大于6m时，房屋单元两端第二开间及每隔20m设一道
屋架支撑	下弦横向支撑	同非抗震设计		
	跨中竖向支撑	同非抗震设计		
天窗架支撑	天窗两侧竖向支撑	同非抗震设计		不宜设置天窗
	上弦横向支撑			

9.3.10 檩条与山墙卧梁应可靠连接，搁置长度不应小于120mm，有条件时可采用檩条伸出山墙的屋面结构。

9.3.11 钢筋混凝土屋盖的构造措施，应符合本规范第9.1节的有关规定。

9.3.12 厂房柱顶标高处应沿房屋外墙及承重内墙设置现浇闭合圈梁，8度时还应沿墙高每隔3m～4m增设一道圈梁，圈梁的截面高度不应小于180mm，配筋不应少于4φ12；当地基为软弱黏性土、液化土、新近填土或严重不均匀土层时，尚应设置基础圈梁。当圈梁兼作门窗过梁或抵抗不均匀沉降影响时，其截面和配筋除满足抗震要求外，尚应根据实际受力计算确定。

9.3.13 山墙应沿屋面设置现浇钢筋混凝土卧梁，并应与屋盖构件锚拉；山墙壁柱的截面与配筋，不宜小于排架柱，壁柱应通到墙顶并与卧梁或屋盖构件连接。

9.3.14 屋架（屋面梁）与墙顶圈梁或柱顶垫块，应采用螺栓或焊接连接；柱顶垫块厚度不应小于240mm，并应配置两层直径不小于8mm间距不大于100mm的钢筋网；墙顶圈梁应与柱顶垫块整浇。

9.3.15 砖柱的构造应符合下列要求：

1 砖的强度等级不应低于MU10，砂浆的强度等级不应低于M5；组合砖柱中的混凝土强度等级不应低于C20。

2 砖柱的防潮层应采用防水砂浆。

9.3.16 钢筋混凝土屋盖的砖柱厂房，山墙开洞的水平截面面积不宜超过总截面面积的50%；8度时，应在山墙、横墙两端设置钢筋混凝土构造柱，构造柱的截面尺寸可采用240mm×240mm，竖向钢筋不应少于4φ12，箍筋可采用φ6，间距宜为250mm～300mm。

9.3.17 砖砌体墙的构造应符合下列要求：

1 8度时，钢筋混凝土无檩屋盖砖柱厂房，砖围护墙顶部宜沿墙长每隔1m埋入1φ8竖向钢筋，并插入顶部圈梁内。

2 7度且墙顶高度大于4.8m或8度时，不设置构造柱的外墙转角及承重内横墙与外纵墙交接处，应沿墙高每500mm配置2φ6钢筋，每边伸入墙内不小于1m。

3 出屋面女儿墙的抗震构造措施，应符合本规范第13.3节的有关规定。

10 空旷房屋和大跨屋盖建筑

10.1 单层空旷房屋

（Ⅰ）一般规定

10.1.1 本节适用于较空旷的单层大厅和附属房屋组成的公共建筑。

10.1.2 大厅、前厅、舞台之间，不宜设防震缝分开；大厅与两侧附属房屋之间可不设防震缝。但不设缝时应加强连接。

10.1.3 单层空旷房屋大厅屋盖的承重结构，在下列情况下不应采用砖柱：

1 7度（0.15g）、8度、9度时的大厅。

2 大厅内设有挑台。

3 7度（0.10g）时，大厅跨度大于12m或柱顶高度大于6m。

4 6度时，大厅跨度大于15m或柱顶高度大于8m。

10.1.4 单层空旷房屋大厅屋盖的承重结构，除本规范第10.1.3条规定者外，可在大厅纵墙屋架支点下增设钢筋混凝土-砖组合壁柱，不得采用无筋砖壁柱。

10.1.5 前厅结构布置应加强横向的侧向刚度，大门处壁柱和前厅内独立柱应采用钢筋混凝土柱。

10.1.6 前厅与大厅、大厅与舞台连接处的横墙，应加强侧向刚度，设置一定数量的钢筋混凝土抗震墙。

10.1.7 大厅部分其他要求可参照本规范第9章，附属房屋应符合本规范的有关规定。

（Ⅱ）计 算 要 点

10.1.8 单层空旷房屋的抗震计算，可将房屋划分为前厅、舞台、大厅和附属房屋等若干独立结构，按本规范有关规定执行，但应计及相互影响。

10.1.9 单层空旷房屋的抗震计算，可采用底部剪力法，地震影响系数可取最大值。

10.1.10 大厅的纵向水平地震作用标准值，可按下式计算：

$$F_{Ek} = \alpha_{max} G_{eq} \qquad (10.1.10)$$

式中：F_{Ek}——大厅一侧纵墙或柱列的纵向水平地震作用标准值；

G_{eq}——等效重力荷载代表值。包括大厅屋盖和毗连附属房屋屋盖各一半的自重和50%雪荷载标准值，及一侧纵墙或柱列的折算自重。

10.1.11 大厅的横向抗震计算，宜符合下列原则：

1 两侧无附属房屋的大厅，有挑台部分和无挑台部分可各取一个典型开间计算；符合本规范第9章规定时，尚可计及空间工作。

2 两侧有附属房屋时，应根据附属房屋的结构类型，选择适当的计算方法。

10.1.12 8度和9度时，高大山墙的壁柱应进行平面外的截面抗震验算。

（Ⅲ）抗 震 构 造 措 施

10.1.13 大厅的屋盖构造，应符合本规范第9章的规定。

10.1.14 大厅的钢筋混凝土柱和组合砖柱应符合下列要求：

1 组合砖柱纵向钢筋的上端应锚入屋架底部的钢筋混凝土圈梁内。组合砖柱的纵向钢筋，除按计算

确定外，6度Ⅲ、Ⅳ类场地和7度（0.10g）Ⅰ、Ⅱ类场地每侧不应少于4φ14；7度（0.10g）Ⅲ、Ⅳ类场地每侧不应少于4φ16。

2 钢筋混凝土柱应按抗震等级不低于二级的框架柱设计，其配筋量应按计算确定。

10.1.15 前厅与大厅，大厅与舞台间轴线上横墙，应符合下列要求：

1 应在横墙两端，纵向梁支点及大洞口两侧设置钢筋混凝土框架柱或构造柱。

2 嵌砌在框架柱间的横墙应有部分设计成抗震等级不低于二级的钢筋混凝土抗震墙。

3 舞台口的柱和梁应采用钢筋混凝土结构，舞台口大梁上承重砌体墙应设置间距不大于4m的立柱和间距不大于3m的圈梁，立柱、圈梁的截面尺寸、配筋及与周围砌体的拉结应符合多层砌体房屋的要求。

4 9度时，舞台口大梁上的墙体应采用轻质隔墙。

10.1.16 大厅柱（墙）顶标高处应设置现浇圈梁，并宜沿墙高每隔3m左右增设一道圈梁。梯形屋架端部高度大于900mm时还应在上弦标高处增设一道圈梁。圈梁的截面高度不宜小于180mm，宽度宜与墙厚相同，纵筋不应少于4φ12，箍筋间距不宜大于200mm。

10.1.17 大厅与两侧附属房屋间不设防震缝时，应在同一标高处设置封闭圈梁并在交接处拉通，墙体交接处应沿墙高每隔400mm在水平灰缝内设置拉结钢筋网片，且每边伸入墙内不宜小于1m。

10.1.18 悬挑式挑台应有可靠的锚固和防止倾覆的措施。

10.1.19 山墙应沿屋面设置钢筋混凝土卧梁，并应与屋盖构件锚拉；山墙应设置钢筋混凝土柱或组合柱，其截面和配筋分别不宜小于排架柱或纵墙组合柱，并应通到山墙的顶端与卧梁连接。

10.1.20 舞台后墙，大厅与前厅交接处的高大山墙，应利用工作平台或楼层作为水平支撑。

10.2 大跨屋盖建筑

（Ⅰ）一 般 规 定

10.2.1 本节适用于采用拱、平面桁架、立体桁架、网架、网壳、张弦梁、弦支穹顶等基本形式及其组合而成的大跨度钢屋盖建筑。

采用非常用形式以及跨度大于120m、结构单元长度大于300m或悬挑长度大于40m的大跨钢屋盖建筑的抗震设计，应进行专门研究和论证，采取有效的加强措施。

10.2.2 屋盖及其支承结构的选型和布置，应符合下列各项要求：

1 应能将屋盖的地震作用有效地传递到下部支承结构。

2 应具有合理的刚度和承载力分布，屋盖及其支承的布置宜均匀对称。

3 宜优先采用两个水平方向刚度均衡的空间传力体系。

4 结构布置宜避免因局部削弱或突变形成薄弱部位，产生过大的内力、变形集中。对于可能出现的薄弱部位，应采取措施提高其抗震能力。

5 宜采用轻型屋面系统。

6 下部支承结构应合理布置，避免使屋盖产生过大的地震扭转效应。

10.2.3 屋盖体系的结构布置，尚应分别符合下列要求：

1 单向传力体系的结构布置，应符合下列规定：
　　1）主结构（桁架、拱、张弦梁）间应设置可靠的支撑，保证垂直于主结构方向的水平地震作用的有效传递；
　　2）当桁架支座采用下弦节点支承时，应在支座间设置纵向桁架或采取其他可靠措施，防止桁架在支座处发生平面外扭转。

2 空间传力体系的结构布置，应符合下列规定：
　　1）平面形状为矩形且三边支承一边开口的结构，其开口边应加强，保证足够的刚度；
　　2）两向正交正放网架、双向张弦梁，应沿周边支座设置封闭的水平支撑；
　　3）单层网壳应采用刚接节点。

注：单向传力体系指平面拱、单向平面桁架、单向立体桁架、单向张弦梁等结构形式；空间传力体系指网架、网壳、双向立体桁架、双向张弦梁和弦支穹顶等结构形式。

10.2.4 当屋盖分区域采用不同的结构形式时，交界区域的杆件和节点应加强；也可设置防震缝，缝宽不宜小于 150mm。

10.2.5 屋面围护系统、吊顶及悬吊物等非结构构件应与结构可靠连接，其抗震措施应符合本规范第 13 章的有关规定。

（Ⅱ）计算要点

10.2.6 下列屋盖结构可不进行地震作用计算，但应符合本节有关的抗震措施要求：

1 7 度时，矢跨比小于 1/5 的单向平面桁架和单向立体桁架结构可不进行沿桁架的水平向以及竖向地震作用计算。

2 7 度时，网架结构可不进行地震作用计算。

10.2.7 屋盖结构抗震分析的计算模型，应符合下列要求：

1 应合理确定计算模型，屋盖与主要支承部位的连接假定应与构造相符。

2 计算模型应计入屋盖结构与下部结构的协同作用。

3 单向传力体系支撑构件的地震作用，宜按屋盖结构整体模型计算。

4 张弦梁和弦支穹顶的地震作用计算模型，宜计入几何刚度的影响。

10.2.8 屋盖钢结构和下部支承结构协同分析时，阻尼比应符合下列规定：

1 当下部支承结构为钢结构或屋盖直接支承在地面时，阻尼比可取 0.02。

2 当下部支承结构为混凝土结构时，阻尼比可取 0.025～0.035。

10.2.9 屋盖结构的水平地震作用计算，应符合下列要求：

1 对于单向传力体系，可取主结构方向和垂直主结构方向分别计算水平地震作用。

2 对于空间传力体系，应至少取两个主轴方向同时计算水平地震作用；对于有两个以上主轴或质量、刚度明显不对称的屋盖结构，应增加水平地震作用的计算方向。

10.2.10 一般情况，屋盖结构的多遇地震作用计算可采用振型分解反应谱法；体型复杂或跨度较大的结构，也可采用多向地震反应谱法或时程分析法进行补充计算。对于周边支承或周边支承和多点支承相结合、且规则的网架、平面桁架和立体桁架结构，其竖向地震作用可按本规范第 5.3.2 条规定进行简化计算。

10.2.11 屋盖结构构件的地震作用效应的组合应符合下列要求：

1 单向传力体系，主结构构件的验算可取主结构方向的水平地震效应和竖向地震效应的组合、主结构间支撑构件的验算可仅计入垂直于主结构方向的水平地震效应。

2 一般结构，应进行三向地震作用效应的组合。

10.2.12 大跨屋盖结构在重力荷载代表值和多遇竖向地震作用标准值下的组合挠度值不宜超过表 10.2.12 的限值。

表 10.2.12　大跨屋盖结构的挠度限值

结 构 体 系	屋盖结构 （短向跨度 l_1）	悬挑结构 （悬挑跨度 l_2）
平面桁架、立体桁架、 网架、张弦梁	$l_1/250$	$l_2/125$
拱、单层网壳	$l_1/400$	—
双层网壳、弦支穹顶	$l_1/300$	$l_2/150$

10.2.13 屋盖构件截面抗震验算除应符合本规范第 5.4 节的有关规定外，尚应符合下列要求：

1 关键杆件的地震组合内力设计值应乘以增大

系数；其取值，7、8、9度宜分别按1.1、1.15、1.2采用。

2 关键节点的地震作用效应组合设计值应乘以增大系数；其取值，7、8、9度宜分别按1.15、1.2、1.25采用。

3 预张拉结构中的拉索，在多遇地震作用下应不出现松弛。

注：对于空间传力体系，关键杆件指临支座杆件，即：临支座2个区（网）格内的弦、腹杆；临支座1/10跨度范围内的弦、腹杆，两者取较小的范围。对于单向传力体系，关键杆件指与支座直接相临节间的弦杆和腹杆。关键节点为与关键杆件连接的节点。

（Ⅲ）抗震构造措施

10.2.14 屋盖钢杆件的长细比，宜符合表10.2.14的规定：

表10.2.14 钢杆件的长细比限值

杆件类型	受 拉	受 压	压 弯	拉 弯
一般杆件	250	180	150	250
关键杆件	200	150(120)	150(120)	200

注：1 括号内数值用于8、9度；
2 表列数据不适用于拉索等柔性构件。

10.2.15 屋盖构件节点的抗震构造，应符合下列要求：

1 采用节点板连接各杆件时，节点板的厚度不宜小于连接杆件最大壁厚的1.2倍。

2 采用相贯节点时，应将内力较大方向的杆件直通。直通杆件的壁厚不应小于焊于其上各杆件的壁厚。

3 采用焊接球节点时，球体的壁厚不应小于相连杆件最大壁厚的1.3倍。

4 杆件宜相交于节点中心。

10.2.16 支座的抗震构造应符合下列要求：

1 应具有足够的强度和刚度，在荷载作用下不应先于杆件和其他节点破坏，也不得产生不可忽略的变形。支座节点构造形式应传力可靠、连接简单，并符合计算假定。

2 对于水平可滑动的支座，应保证屋盖在罕遇地震下的滑移不超出支承面，并应采取限位措施。

3 8、9度时，多遇地震下只承受竖向压力的支座，宜采用拉压型构造。

10.2.17 屋盖结构采用隔震及减震支座时，其性能参数、耐久性及相关构造应符合本规范第12章的有关规定。

11 土、木、石结构房屋

11.1 一 般 规 定

11.1.1 土、木、石结构房屋的建筑、结构布置应符合下列要求：

1 房屋的平面布置应避免拐角或突出。

2 纵横向承重墙的布置宜均匀对称，在平面内宜对齐，沿竖向应上下连续；在同一轴线上，窗间墙的宽度宜均匀。

3 多层房屋的楼层不应错层，不应采用板式单边悬挑楼梯。

4 不应在同一高度内采用不同材料的承重构件。

5 屋檐外挑梁上不得砌筑砌体。

11.1.2 木楼、屋盖房屋应在下列部位采取拉结措施：

1 两端开间屋架和中间隔开间屋架应设置竖向剪刀撑；

2 在屋檐高度处应设置纵向通长水平系杆，系杆应采用墙揽与各道横墙连接或与木梁、屋架下弦连接牢固；纵向水平系杆端部宜采用木夹板对接，墙揽可采用方木、角铁等材料；

3 山墙、山尖墙采用墙揽与木屋架、木构架或檩条拉结；

4 内隔墙墙顶应与梁或屋架下弦拉结。

11.1.3 木楼、屋盖构件的支承长度应不小于表11.1.3的规定：

表11.1.3 木楼、屋盖构件的最小支承长度（mm）

构件名称	木屋架、木梁	对接木龙骨、木檩条		搭接木龙骨、木檩条
位置	墙上	屋架上	墙上	屋架上、墙上
支承长度与连接方式	240（木垫板）	60（木夹板与螺栓）	120（木夹板与螺栓）	满搭

11.1.4 门窗洞口过梁的支承长度，6～8度时不应小于240mm，9度时不应小于360mm。

11.1.5 当采用冷摊瓦屋面时，底瓦的弧边两角宜设置钉孔，可采用铁钉与椽条钉牢；盖瓦与底瓦宜采用石灰或水泥砂浆压垄等做法与底瓦粘结牢固。

11.1.6 土木石房屋突出屋面的烟囱、女儿墙等易倒塌构件的出屋面高度，6、7度时不应大于600mm；8度（0.20g）时不应大于500mm；8度（0.30g）和9度时不应大于400mm。并应采取拉结措施。

注：坡屋面上的烟囱高度由烟囱的根部上沿算起。

11.1.7 土木石房屋的结构材料应符合下列要求：

1 木构件应选用干燥、纹理直、节疤少、无腐朽的木材。

2 生土墙体土料应选用杂质少的黏性土。

3 石材应质地坚实，无风化、剥落和裂纹。

11.1.8 土木石房屋的施工应符合下列要求：

1 HPB300 钢筋端头应设置 180°弯钩。

2 外露铁件应做防锈处理。

11.2 生土房屋

11.2.1 本节适用于 6 度、7 度（0.10g）未经焙烧的土坯、灰土和夯土承重墙体的房屋及土窑洞、土拱房。

注：1 灰土墙指掺石灰（或其他粘结材料）的土筑墙和掺石灰土坯墙；

2 土窑洞指未经扰动的原土中开挖而成的崖窑。

11.2.2 生土房屋的高度和承重横墙墙间距应符合下列要求：

1 生土房屋宜建单层，灰土墙房屋可建二层，但总高度不应超过 6m。

2 单层生土房屋的檐口高度不宜大于 2.5m。

3 单层生土房屋的承重横墙间距不宜大于 3.2m。

4 窑洞净跨不宜大于 2.5m。

11.2.3 生土房屋的屋盖应符合下列要求：

1 应采用轻屋面材料。

2 硬山搁檩房屋宜采用双坡屋面或弧形屋面，檩条支承处应设垫木；端檩应出檐，内墙上檩条应满搭或采用夹板对接和燕尾榫加扒钉连接。

3 木屋盖各构件应采用圆钉、扒钉、钢丝等相互连接。

4 木屋架、木梁在外墙上宜满搭，支承处应设置木圈梁或木垫板；木垫板的长度、宽度和厚度分别不宜小于 500mm、370mm 和 60mm；木垫板下应铺设砂浆垫层或黏土石灰浆垫层。

11.2.4 生土房屋的承重墙体应符合下列要求：

1 承重墙体门窗洞口的宽度，6、7 度时不应大于 1.5m。

2 门窗洞口宜采用木过梁；当过梁由多根木杆组成时，宜采用木板、扒钉、铅丝等将各根木杆连接成整体。

3 内外墙体应同时分层交错夯筑或咬砌。外墙四角和内外墙交接处，应沿墙高每隔 500mm 左右放置一层竹筋、木条、荆条等编织的拉结网片，每边伸入墙体应不于 1000mm 或至门窗洞边，拉结网片在相交处应绑扎；或采取其他加强整体性的措施。

11.2.5 各类生土房屋的地基应夯实，应采用毛石、片石、凿开的卵石或普通砖基础，基础墙应采用混合砂浆或水泥砂浆砌筑。外墙宜做墙裙防潮处理（墙脚宜设防潮层）。

11.2.6 土坯宜采用黏性土湿法成型并宜掺入草筋等拉结材料；土坯应卧砌并宜采用黏土浆或黏土石灰浆砌筑。

11.2.7 灰土墙房屋应每层设置圈梁，并在横墙上拉通；内纵墙顶面宜在山尖墙两侧增砌踏步式墙垛。

11.2.8 土拱房应多跨连接布置，各拱脚均应支承在稳固的崖体上或支承在人工土墙上；拱圈厚度宜为 300mm～400mm，应支模砌筑，不应后倾贴砌；外侧支承墙和拱圈上不应布置门窗。

11.2.9 土窑洞应避开易产生滑坡、山崩的地段；开挖窑洞的崖体应土质密实、土体稳定、坡度较平缓、无明显的竖向节理；崖窑前不宜接砌土坯或其他材料的前脸；不宜开挖层窑，否则应保持足够的间距，且上、下不宜对齐。

11.3 木结构房屋

11.3.1 本节适用于 6～9 度的穿斗木构架、木柱木屋架和木柱木梁等房屋。

11.3.2 木结构房屋不应采用木柱与砖柱或砖墙等混合承重；山墙应设置端屋架（木梁），不得采用硬山搁檩。

11.3.3 木结构房屋的高度应符合下列要求：

1 木柱木屋架和穿斗木构架房屋，6～8 度时不宜超过二层，总高度不宜超过 6m；9 度时宜建单层，高度不应超过 3.3m。

2 木柱木梁房屋宜建单层，高度不宜超过 3m。

11.3.4 礼堂、剧院、粮仓等较大跨度的空旷房屋，宜采用四柱落地的三跨木排架。

11.3.5 木屋架屋盖的支撑布置，应符合本规范第 9.3 节有关规定的要求，但房屋两端的屋架支撑，应设置在端开间。

11.3.6 木柱木屋架和木柱木梁房屋应在木柱与屋架（或梁）间设置斜撑；横隔墙较多的居住房屋应在非抗震隔墙内设斜撑；斜撑宜采用木夹板，并应通到屋架的上弦。

11.3.7 穿斗木构架房屋的横向和纵向均应在木柱的上、下柱端和楼层下部设置穿枋，并应在每一纵向柱列间设置 1～2 道剪刀撑或斜撑。

11.3.8 木结构房屋的构件连接，应符合下列要求：

1 柱顶应有暗榫插入屋架下弦，并用 U 形铁件连接；8、9 度时，柱脚应采用铁件或其他措施与基础锚固。柱础埋入地面以下的深度不应小于 200mm。

2 斜撑和屋盖支撑结构，均应采用螺栓与主体构件相连接；除穿斗木构件外，其他木构件宜采用螺栓连接。

3 椽与檩的搭接处应满钉，以增强屋盖的整体性。木构架中，宜在柱檐口以上沿房屋纵向设置竖向剪刀撑等措施，以增强纵向稳定性。

11.3.9 木构件应符合下列要求：

1 木柱的梢径不宜小于 150mm；应避免在柱的同一高度处纵横向同时开槽，且在柱的同一截面开槽面积不应超过截面总面积的 1/2。

2 柱子不能有接头。

3 穿枋应贯通木构架各柱。

11.3.10 围护墙应符合下列要求：

1 围护墙与木柱的拉结应符合下列要求：

1）沿墙高每隔 500mm 左右，应采用 8 号钢丝将墙体内的水平拉结筋或拉结网片与木柱拉结；

2）配筋砖圈梁、配筋砂浆带与木柱应采用 $\phi6$ 钢筋或 8 号钢丝拉结。

2 土坯砌筑的围护墙，洞口宽度应符合本规范第 11.2 节的要求。砖等砌筑的围护墙，横墙和内纵墙上的洞口宽度不宜大于 1.5m，外纵墙上的洞口宽度不宜大于 1.8m 或开间尺寸的一半。

3 土坯、砖等砌筑的围护墙不应将木柱完全包裹，应贴砌在木柱外侧。

11.4 石结构房屋

11.4.1 本节适用于 6～8 度，砂浆砌筑的料石砌体（包括有垫片或无垫片）承重的房屋。

11.4.2 多层石砌体房屋的总高度和层数不应超过表 11.4.2 的规定。

表 11.4.2 多层石砌体房屋总高度（m）和层数限值

墙体类别	烈　度					
	6		7		8	
	高度	层数	高度	层数	高度	层数
细、半细料石砌体（无垫片）	16	五	13	四	10	三
粗料石及毛料石砌体（有垫片）	13	四	10	三	7	二

注：1 房屋总高度的计算同本规范表 7.1.2 注。

　　2 横墙较少的房屋，总高度应降低 3m，层数相应减少一层。

11.4.3 多层石砌体房屋的层高不宜超过 3m。

11.4.4 多层石砌体房屋的抗震横墙间距，不应超过表 11.4.4 的规定。

表 11.4.4 多层石砌体房屋的抗震横墙间距（m）

楼、屋盖类型	烈　度		
	6	7	8
现浇及装配整体式钢筋混凝土	10	10	7
装配式钢筋混凝土	7	7	4

11.4.5 多层石砌体房屋，宜采用现浇或装配整体式钢筋混凝土楼、屋盖。

11.4.6 石墙的截面抗震验算，可参照本规范第 7.2 节；其抗剪强度应根据试验数据确定。

11.4.7 多层石砌体房屋应在外墙四角、楼梯间四角和每开间的内外墙交接处设置钢筋混凝土构造柱。

11.4.8 抗震横墙洞口的水平截面面积，不应大于全截面面积的 1/3。

11.4.9 每层的纵横墙均应设置圈梁，其截面高度不应小于 120mm，宽度宜与墙厚相同，纵向钢筋不应小于 $4\phi10$，箍筋间距不宜大于 200mm。

11.4.10 无构造柱的纵横墙交接处，应采用条石无垫片砌筑，且应沿墙高每隔 500mm 设置拉结钢筋网片，每边一侧伸入墙内不宜小于 1m。

11.4.11 不应采用石板作为承重构件。

11.4.12 其他有关抗震构造措施要求，参照本规范第 7 章的相关规定。

12 隔震和消能减震设计

12.1 一般规定

12.1.1 本章适用于设置隔震层以隔离水平地震动的房屋隔震设计，以及设置消能部件吸收与消耗地震能量的房屋消能减震设计。

采用隔震和消能减震设计的建筑结构，应符合本规范第 3.8.1 条的规定，其抗震设防目标应符合本规范第 3.8.2 条的规定。

注：1 本章隔震设计指在房屋基础、底部或下部结构与上部结构之间设置由橡胶隔震支座和阻尼装置等部件组成具有整体复位功能的隔震层，以延长整个结构体系的自振周期，减少输入上部结构的水平地震作用，达到预期防震要求。

　　2 消能减震设计指在房屋结构中设置消能器，通过消能器的相对变形和相对速度提供附加阻尼，以消耗输入结构的地震能量，达到预期防震减震要求。

12.1.2 建筑结构隔震设计和消能减震设计确定设计方案时，除应符合本规范第 3.5.1 条的规定外，尚应与采用抗震设计的方案进行对比分析。

12.1.3 建筑结构采用隔震设计时应符合下列各项要求：

1 结构高宽比宜小于 4，且不应大于相关规范规程对非隔震结构的具体规定，其变形特征接近剪切变形，最大高度应满足本规范非隔震结构的要求；高宽比大于 4 或非隔震结构相关规定的结构采用隔震设计时，应进行专门研究。

2 建筑场地宜为 Ⅰ、Ⅱ、Ⅲ 类，并应选用稳定性较好的基础类型。

3 风荷载和其他非地震作用的水平荷载标准值产生的总水平力不宜超过结构总重力的 10%。

4 隔震层应提供必要的竖向承载力、侧向刚度和阻尼；穿过隔震层的设备配管、配线，应采用柔性连接或其他有效措施以适应隔震层的罕遇地震水平位移。

12.1.4 消能减震设计可用于钢、钢筋混凝土、钢-混凝土混合等结构类型的房屋。

消能部件应对结构提供足够的附加阻尼，尚应根据其结构类型分别符合本规范相应章节的设计要求。

12.1.5 隔震和消能减震设计时，隔震装置和消能部件应符合下列要求：

1 隔震装置和消能部件的性能参数应经试验确定。

2 隔震装置和消能部件的设置部位，应采取便于检查和替换的措施。

3 设计文件上应注明对隔震装置和消能部件的性能要求，安装前应按规定进行检测，确保性能符合要求。

12.1.6 建筑结构的隔震设计和消能减震设计，尚应符合相关专门标准的规定；也可按抗震性能目标的要求进行性能化设计。

12.2 房屋隔震设计要点

12.2.1 隔震设计应根据预期的竖向承载力、水平向减震系数和位移控制要求，选择适当的隔震装置及抗风装置组成结构的隔震层。

隔震支座应进行竖向承载力的验算和罕遇地震下水平位移的验算。

隔震层以上结构的水平地震作用应根据水平向减震系数确定；其竖向地震作用标准值，8 度 (0.20g)、8 度 (0.30g) 和 9 度时分别不应小于隔震层以上结构总重力荷载代表值的 20%、30%和 40%。

12.2.2 建筑结构隔震设计的计算分析，应符合下列规定：

1 隔震体系的计算简图，应增加由隔震支座及其顶部梁板组成的质点；对变形特征为剪切型的结构可采用剪切模型（图 12.2.2）；当隔震层以上结构的质心与隔震层刚度中心不重合时，应计入扭转效应的影响。隔震层顶部的梁板结构，应作为其上部结构的一部分进行计算和设计。

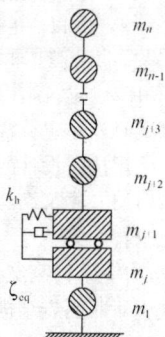
图 12.2.2 隔震结构计算简图

2 一般情况下，宜采用时程分析法进行计算；输入地震波的反应谱特性和数量，应符合本规范第 5.1.2 条的规定，计算结果宜取其包络值；当处于发震断层 10km 以内时，输入地震波应考虑近场影响系数，5km 以内宜取 1.5，5km 以外可取不小于 1.25。

3 砌体结构及基本周期与其相当的结构可按本规范附录 L 简化计算。

12.2.3 隔震层的橡胶隔震支座应符合下列要求：

1 隔震支座在表 12.2.3 所列的压应力下的极限水平变位，应大于其有效直径的 0.55 倍和支座内部橡胶总厚度 3 倍二者的较大值。

2 在经历相应设计基准期的耐久试验后，隔震支座刚度、阻尼特性变化不超过初期值的±20%；徐变量不超过支座内部橡胶总厚度的 5%。

3 橡胶隔震支座在重力荷载代表值的竖向压应力不应超过表 12.2.3 的规定。

表 12.2.3 橡胶隔震支座压应力限值

建筑类别	甲类建筑	乙类建筑	丙类建筑
压应力限值（MPa）	10	12	15

注：1 压应力设计值应按永久荷载和可变荷载的组合计算；其中，楼面活荷载应按现行国家标准《建筑结构荷载规范》GB 50009 的规定乘以折减系数；

2 结构倾覆验算时应包括水平地震作用效应组合；对需进行竖向地震作用计算的结构，尚应包括竖向地震作用效应组合；

3 当橡胶支座的第二形状系数（有效直径与橡胶层总厚度之比）小于 5.0 时应降低压应力限值：小于 5 不小于 4 时降低 20%，小于 4 不小于 3 时降低 40%；

4 外径小于 300mm 的橡胶支座，丙类建筑的压应力限值为 10MPa。

12.2.4 隔震层的布置、竖向承载力、侧向刚度和阻尼应符合下列规定：

1 隔震层宜设置在结构的底部或下部，其橡胶隔震支座应设置在受力较大的位置，间距不宜过大，其规格、数量和分布应根据竖向承载力、侧向刚度和阻尼的要求通过计算确定。隔震层在罕遇地震下应保持稳定，不宜出现不可恢复的变形；其橡胶支座在罕遇地震的水平和竖向地震同时作用下，拉应力不应大于 1MPa。

2 隔震层的水平等效刚度和等效黏滞阻尼比可按下列公式计算：

$$K_h = \sum K_j \qquad (12.2.4\text{-}1)$$

$$\zeta_{eq} = \sum K_j \zeta_j / K_h \qquad (12.2.4\text{-}2)$$

式中：ζ_{eq}——隔震层等效黏滞阻尼比；

K_h——隔震层水平等效刚度；

ζ_j——j 隔震支座由试验确定的等效黏滞阻尼比，设置阻尼装置时，应包括相应阻尼比；

K_j——j 隔震支座（含消能器）由试验确定的水平等效刚度。

3 隔震支座由试验确定设计参数时，竖向荷载应保持本规范表 12.2.3 的压应力限值；对水平向减震系数计算，应取剪切变形 100%的等效刚度和等效黏滞阻尼比；对罕遇地震验算，宜采用剪切变形 250%时的等效刚度和等效黏滞阻尼比，当隔震支座直径较大时可采用剪切变形 100%时的等效刚度和等效黏滞阻尼比。当采用时程分析时，应以试验所得滞回曲线作为计算依据。

12.2.5 隔震层以上结构的地震作用计算，应符合下列规定：

1 对多层结构，水平地震作用沿高度可按重力荷载代表值分布。

2 隔震后水平地震作用计算的水平地震影响系数可按本规范第5.1.4、第5.1.5条确定。其中，水平地震影响系数最大值可按下式计算：

$$\alpha_{max1} = \beta\alpha_{max}/\psi \qquad (12.2.5)$$

式中：α_{max1}——隔震后的水平地震影响系数最大值；

α_{max}——非隔震的水平地震影响系数最大值，按本规范第5.1.4条采用；

β——水平向减震系数；对于多层建筑，为按弹性计算所得的隔震与非隔震各层层间剪力的最大比值。对高层建筑结构，尚应计算隔震与非隔震各层倾覆力矩的最大比值，并与层间剪力的最大比值相比较，取二者的较大值；

ψ——调整系数；一般橡胶支座，取0.80；支座剪切性能偏差为S-A类，取0.85；隔震装置带有阻尼器时，相应减少0.05。

注：1 弹性计算时，简化计算和反应谱分析时宜按隔震支座水平剪切应变为100%时的性能参数进行计算；当采用时程分析法时按设计基本地震加速度输入进行计算；

2 支座剪切性能偏差现行国家产品标准《橡胶支座 第3部分：建筑隔震橡胶支座》GB 20688.3确定。

3 隔震层以上结构的总水平地震作用不得低于非隔震结构在6度设防时的总水平地震作用，并应进行抗震验算；各楼层的水平地震剪力尚应符合本规范第5.2.5条对本地区设防烈度的最小地震剪力系数的规定。

4 9度时和8度且水平向减震系数不大于0.3时，隔震层以上的结构应进行竖向地震作用的计算。隔震层以上结构竖向地震作用标准值计算时，各楼层可视为质点，并按本规范式（5.3.1-2）计算竖向地震作用标准值沿高度的分布。

12.2.6 隔震支座的水平剪力应根据隔震层在罕遇地震下的水平剪力按各隔震支座的水平等效刚度分配；当按扭转耦联计算时，尚应计及隔震层的扭转刚度。

隔震支座对应于罕遇地震水平剪力的水平位移，应符合下列要求：

$$u_i \leqslant [u_i] \qquad (12.2.6-1)$$
$$u_i = \eta_i u_c \qquad (12.2.6-2)$$

式中：u_i——罕遇地震作用下，第i个隔震支座考虑扭转的水平位移；

$[u_i]$——第i个隔震支座的水平位移限值；对橡胶隔震支座，不应超过该支座有效直径的0.55倍和支座内部橡胶总厚度3.0倍二者的较小值；

u_c——罕遇地震下隔震层质心处或不考虑扭转的水平位移；

η_i——第i个隔震支座的扭转影响系数，应取考虑扭转和不考虑扭转时i支座计算位移的比值；当隔震层以上结构的质心与隔震层刚度中心在两个主轴方向均无偏心时，边支座的扭转影响系数不应小于1.15。

12.2.7 隔震结构的隔震措施，应符合下列规定：

1 隔震结构应采取不阻碍隔震层在罕遇地震下发生大变形的下列措施：

1）上部结构的周边应设置竖向隔离缝，缝宽不宜小于各隔震支座在罕遇地震下的最大水平位移值的1.2倍且不小于200mm。对两相邻隔震结构，其缝宽取最大水平位移值之和，且不小于400mm。

2）上部结构与下部结构之间，应设置完全贯通的水平隔离缝，缝高可取20mm，并用柔性材料填充；当设置水平隔离缝确有困难时，应设置可靠的水平滑移垫层。

3）穿越隔震层的门廊、楼梯、电梯、车道等部位，应防止可能的碰撞。

2 隔震层以上结构的抗震措施，当水平向减震系数大于0.40时（设置阻尼器时为0.38）不应降低非隔震时的有关要求；水平向减震系数不大于0.40时（设置阻尼器时为0.38），可适当降低本规范有关章节对非隔震建筑的要求，但烈度降低不得超过1度，与抵抗竖向地震作用有关的抗震构造措施不应降低。此时，对砌体结构，可按本规范附录L采取抗震构造措施。

注：与抵抗竖向地震作用有关的抗震措施，对钢筋混凝土结构，指墙、柱的轴压比规定；对砌体结构，指外墙尽端墙体的最小尺寸和圈梁的有关规定。

12.2.8 隔震层与上部结构的连接，应符合下列规定：

1 隔震层顶部应设置梁板式楼盖，且应符合下列要求：

1）隔震支座的相关部位应采用现浇混凝土梁板结构，现浇板厚度不应小于160mm；

2）隔震层顶部梁、板的刚度和承载力，宜大于一般楼盖梁板的刚度和承载力；

3）隔震支座附近的梁、柱应计算冲切和局部承压，加密箍筋并根据需要配置网状钢筋。

2 隔震支座和阻尼装置的连接构造，应符合下列要求：

1）隔震支座和阻尼装置应安装在便于维护人

2）隔震支座与上部结构、下部结构之间的连接件，应能传递罕遇地震下支座的最大水平剪力和弯矩；

3）外露的预埋件应有可靠的防锈措施。预埋件的锚固钢筋应与钢板牢固连接，锚固钢筋的锚固长度宜大于 20 倍锚固钢筋直径，且不应小于 250mm。

12.2.9 隔震层以下的结构和基础应符合下列要求：

1 隔震层支墩、支柱及相连构件，应采用隔震结构罕遇地震下隔震支座底部的竖向力、水平力和力矩进行承载力验算。

2 隔震层以下的结构（包括地下室和隔震塔楼下的底盘）中直接支承隔震层以上结构的相关构件，应满足嵌固的刚度比和隔震后设防地震的抗震承载力要求，并按罕遇地震进行抗剪承载力验算。隔震层以下地面以上的结构在罕遇地震下的层间位移角限值应满足表 12.2.9 要求。

3 隔震建筑地基基础的抗震验算和地基处理仍应按本地区抗震设防烈度进行，甲、乙类建筑的抗液化措施应按提高一个液化等级确定，直至全部消除液化沉陷。

表 12.2.9 隔震层以下地面以上结构罕遇地震作用下层间弹塑性位移角限值

下部结构类型	$[\theta_p]$
钢筋混凝土框架结构和钢结构	1/100
钢筋混凝土框架-抗震墙	1/200
钢筋混凝土抗震墙	1/250

12.3 房屋消能减震设计要点

12.3.1 消能减震设计时，应根据多遇地震下的预期减震要求及罕遇地震下的预期结构位移控制要求，设置适当的消能部件。消能部件可由消能器及斜撑、墙体、梁等支承构件组成。消能器可采用速度相关型、位移相关型或其他类型。

注：1 速度相关型消能器指黏滞消能器和黏弹性消能器等；

2 位移相关型消能器指金属屈服消能器和摩擦消能器等。

12.3.2 消能部件可根据需要沿结构的两个主轴方向分别设置。消能部件宜设置在变形较大的位置，其数量和分布应通过综合分析合理确定，并有利于提高整个结构的消能减震能力，形成均匀合理的受力体系。

12.3.3 消能减震设计的计算分析，应符合下列规定：

1 当主体结构基本处于弹性工作阶段时，可采用线性分析方法作简化估算，并根据结构的变形特征和高度等，按本规范第 5.1 节的规定分别采用底部剪力法、振型分解反应谱法和时程分析法。消能减震结构的地震影响系数可根据消能减震结构的总阻尼比按本规范第 5.1.5 条的规定采用。

消能减震结构的自振周期应根据消能减震结构的总刚度确定，总刚度应为结构刚度和消能部件有效刚度的总和。

消能减震结构的总阻尼比应为结构阻尼比和消能部件附加给结构的有效阻尼比的总和；多遇地震和罕遇地震下的总阻尼比应分别计算。

2 对主体结构进入弹塑性阶段的情况，应根据主体结构体系特征，采用静力非线性分析方法或非线性时程分析方法。

在非线性分析中，消能减震结构的恢复力模型应包括结构恢复力模型和消能部件的恢复力模型。

3 消能减震结构的层间弹塑性位移角限值，应符合预期的变形控制要求，宜比非消能减震结构适当减小。

12.3.4 消能部件附加给结构的有效阻尼比和有效刚度，可按下列方法确定：

1 位移相关型消能部件和非线性速度相关型消能部件附加给结构的有效刚度应采用等效线性化方法确定。

2 消能部件附加给结构的有效阻尼比可按下式估算：

$$\xi_a = \sum_j W_{cj} / (4\pi W_s) \qquad (12.3.4-1)$$

式中：ξ_a —— 消能减震结构的附加有效阻尼比；

W_{cj} —— 第 j 个消能部件在结构预期层间位移 Δu_j 下往复循环一周所消耗的能量；

W_s —— 设置消能部件的结构在预期位移下的总应变能。

注：当消能部件在结构上分布较均匀，且附加给结构的有效阻尼比小于 20% 时，消能部件附加给结构的有效阻尼比也可采用强行解耦方法确定。

3 不计及扭转影响时，消能减震结构在水平地震作用下的总应变能，可按下式估算：

$$W_s = (1/2) \sum F_i u_i \qquad (12.3.4-2)$$

式中：F_i —— 质点 i 的水平地震作用标准值；

u_i —— 质点 i 对应于水平地震作用标准值的位移。

4 速度线性相关型消能器在水平地震作用下往复循环一周所消耗的能量，可按下式估算：

$$W_{cj} = (2\pi^2 / T_1) C_j \cos^2 \theta_j \Delta u_j^2 \qquad (12.3.4-3)$$

式中：T_1 —— 消能减震结构的基本自振周期；

C_j —— 第 j 个消能器的线性阻尼系数；

θ_j —— 第 j 个消能器的消能方向与水平面的

夹角；

Δu_j ——第 j 个消能器两端的相对水平位移。

当消能器的阻尼系数和有效刚度与结构振动周期有关时，可取相应于消能减震结构基本自振周期的值。

5 位移相关型和速度非线性相关型消能器在水平地震作用下往复循环一周所消耗的能量，可按下式估算：

$$W_{cj} = A_j \qquad (12.3.4\text{-}4)$$

式中：A_j ——第 j 个消能器的恢复力滞回环在相对水平位移 Δu_j 时的面积。

消能器的有效刚度可取消能器的恢复力滞回环在相对水平位移 Δu_j 时的割线刚度。

6 消能部件附加给结构的有效阻尼比超过 25% 时，宜按 25% 计算。

12.3.5 消能部件的设计参数，应符合下列规定：

1 速度线性相关型消能器与斜撑、墙体或梁等支承构件组成消能部件时，支承构件沿消能器消能方向的刚度应满足下式：

$$K_b \geqslant (6\pi/T_1)C_D \qquad (12.3.5\text{-}1)$$

式中：K_b ——支承构件沿消能器方向的刚度；

C_D ——消能器的线性阻尼系数；

T_1 ——消能减震结构的基本自振周期。

2 黏弹性消能器的黏弹性材料总厚度应满足下式：

$$t \geqslant \Delta u/[\gamma] \qquad (12.3.5\text{-}2)$$

式中：t ——黏弹性消能器的黏弹性材料的总厚度；

Δu ——沿消能器方向的最大可能的位移；

$[\gamma]$ ——黏弹性材料允许的最大剪切应变。

3 位移相关型消能器与斜撑、墙体或梁等支承构件组成消能部件时，消能部件的恢复力模型参数宜符合下列要求：

$$\Delta u_{py}/\Delta u_{sy} \leqslant 2/3 \qquad (12.3.5\text{-}3)$$

式中：Δu_{py} ——消能部件在水平方向的屈服位移或起滑位移；

Δu_{sy} ——设置消能部件的结构层间屈服位移。

4 消能器的极限位移应不小于罕遇地震下消能器最大位移的 1.2 倍；对速度相关型消能器，消能器的极限速度应不小于地震作用下消能器最大速度的 1.2 倍，且消能器应满足在此极限速度下的承载力要求。

12.3.6 消能器的性能检验，应符合下列规定：

1 对黏滞流体消能器，由第三方进行抽样检验，其数量为同一工程同一类型同一规格数量的 20%，但不少于 2 个，检测合格率为 100%，检测后的消能器可用于主体结构；对其他类型消能器，抽检数量为同一类型同一规格数量的 3%，当同一类型同一规格的消能器数量较少时，可以在同一类型消能器中抽检总数量的 3%，但不应少于 2 个，检测合格率为

100%，检测后的消能器不能用于主体结构。

2 对速度相关型消能器，在消能器设计位移和设计速度幅值下，以结构基本频率往复循环 30 圈后，消能器的主要设计指标误差和衰减量不应超过 15%；对位移相关型消能器，在消能器设计位移幅值下往复循环 30 圈后，消能器的主要设计指标误差和衰减量不应超过 15%，且不应有明显的低周疲劳现象。

12.3.7 结构采用消能减震设计时，消能部件的相关部位应符合下列要求：

1 消能器与支承构件的连接，应符合本规范和有关规程对相关构件连接的构造要求。

2 在消能器施加给主结构最大阻尼力作用下，消能器与主结构之间的连接部件应在弹性范围内工作。

3 与消能部件相连的结构构件设计时，应计入消能部件传递的附加内力。

12.3.8 当消能减震结构的抗震性能明显提高时，主体结构的抗震构造要求可适当降低。降低程度可根据消能减震结构地震影响系数与不设置消能减震装置结构的地震影响系数之比确定，最大降低程度应控制在 1 度以内。

13 非结构构件

13.1 一般规定

13.1.1 本章主要适用于非结构构件与建筑结构的连接。非结构构件包括持久性的建筑非结构构件和支承于建筑结构的附属机电设备。

注：1 建筑非结构构件指建筑中除承重骨架体系以外的固定构件和部件，主要包括非承重墙体，附着于楼面和屋面结构的构件、装饰构件和部件、固定于楼面的大型储物架等。

2 建筑附属机电设备指为现代建筑使用功能服务的附属机械、电气构件、部件和系统，主要包括电梯、照明和应急电源、通信设备，管道系统，采暖和空气调节系统，烟火监测和消防系统，公用天线等。

13.1.2 非结构构件应根据所属建筑的抗震设防类别和非结构地震破坏的后果及其对整个建筑结构影响的范围，采取不同的抗震措施，达到相应的性能化设计目标。

建筑非结构构件和建筑附属机电设备实现抗震性能化设计目标的某些方法可按本规范附录 M 第 M.2 节执行。

13.1.3 当抗震要求不同的两个非结构构件连接在一起时，应按较高的要求进行抗震设计。其中一个非结构构件连接损坏时，应不致引起与之相连接的有较高要求的非结构构件失效。

13.2 基本计算要求

13.2.1 建筑结构抗震计算时，应按下列规定计入非结构构件的影响：

1 地震作用计算时，应计入支承于结构构件的建筑构件和建筑附属机电设备的重力。

2 对柔性连接的建筑构件，可不计入刚度；对嵌入抗侧力构件平面内的刚性建筑非结构构件，应计入其刚度影响，可采用周期调整等简化方法；一般情况下不应计入其抗震承载力，当有专门的构造措施时，尚可按有关规定计入其抗震承载力。

3 支承非结构构件的结构构件，应将非结构构件地震作用效应作为附加作用对待，并满足连接件的锚固要求。

13.2.2 非结构构件的地震作用计算方法，应符合下列要求：

1 各构件和部件的地震力应施加于其重心，水平地震力应沿任一水平方向。

2 一般情况下，非结构构件自身重力产生的地震作用可采用等效侧力法计算；对支承于不同楼层或防震缝两侧的非结构构件，除自身重力产生的地震作用外，尚应同时计及地震时支承点之间相对位移产生的作用效应。

3 建筑附属设备（含支架）的体系自振周期大于0.1s且其重力超过所在楼层重力的1%，或建筑附属设备的重力超过所在楼层重力的10%时，宜进入整体结构模型的抗震设计，也可采用本规范附录M第M.3节的楼面谱方法计算。其中，与楼盖非弹性连接的设备，可直接将设备与楼盖作为一个质点计入整个结构的分析中得到设备所受的地震作用。

13.2.3 采用等效侧力法时，水平地震作用标准值宜按下列公式计算：

$$F = \gamma \eta \zeta_1 \zeta_2 \alpha_{max} G \qquad (13.2.3)$$

式中：F——沿最不利方向施加于非结构构件重心处的水平地震作用标准值；

γ——非结构构件功能系数，由相关标准确定或按本规范附录M第M.2节执行；

η——非结构构件类别系数，由相关标准确定或按本规范附录M第M.2节执行；

ζ_1——状态系数；对预制建筑构件、悬臂类构件、支承点低于质心的任何设备和柔性体系宜取2.0，其余情况可取1.0；

ζ_2——位置系数，建筑的顶点宜取2.0，底部宜取1.0，沿高度线性分布；对本规范第5章要求采用时程分析法补充计算的结构，应按其计算结果调整；

α_{max}——水平地震影响系数最大值；可按本规范

第5.1.4条关于多遇地震的规定采用；

G——非结构构件的重力，应包括运行时有关的人员、容器和管道中的介质及储物柜中物品的重力。

13.2.4 非结构构件因支承点相对水平位移产生的内力，可按该构件在位移方向的刚度乘以规定的支承点相对水平位移计算。

非结构构件在位移方向的刚度，应根据其端部的实际连接状态，分别采用刚接、铰接、弹性连接或滑动连接等简化的力学模型。

相邻楼层的相对水平位移，可按本规范规定的限值采用。

13.2.5 非结构构件的地震作用效应（包括自身重力产生的效应和支座相对位移产生的效应）和其他荷载效应的基本组合，按本规范结构构件的有关规定计算；幕墙需计算地震作用效应与风荷载效应的组合；容器类尚应计及设备运转时的温度、工作压力等产生的作用效应。

非结构构件抗震验算时，摩擦力不得作为抵抗地震作用的抗力；承载力抗震调整系数可采用1.0。

13.3 建筑非结构构件的基本抗震措施

13.3.1 建筑结构中，设置连接幕墙、围护墙、隔墙、女儿墙、雨篷、商标、广告牌、顶篷支架、大型储物架等建筑非结构构件的预埋件、锚固件的部位，应采取加强措施，以承受建筑非结构构件传给主体结构的地震作用。

13.3.2 非承重墙体的材料、选型和布置，应根据烈度、房屋高度、建筑体型、结构层间变形、墙体自身抗侧力性能的利用等因素，经综合分析后确定，并应符合下列要求：

1 非承重墙体宜优先采用轻质墙体材料；采用砌体墙时，应采取措施减少对主体结构的不利影响，并应设置拉结筋、水平系梁、圈梁、构造柱等与主体结构可靠拉结。

2 刚性非承重墙体的布置，应避免使结构形成刚度和强度分布上的突变；当围护墙非对称均匀布置时，应考虑质量和刚度的差异对主体结构抗震不利的影响。

3 墙体与主体结构应有可靠的拉结，应能适应主体结构不同方向的层间位移；8、9度时应具有满足层间变位的变形能力，与悬挑构件相连接时，尚应具有满足节点转动引起的竖向变形的能力。

4 外墙板的连接件应具有足够的延性和适当的转动能力，宜满足在设防地震下主体结构层间变形的要求。

5 砌体女儿墙在人流出入口和通道处应与主体结构锚固；非出入口无锚固的女儿墙高度，6～8度时不宜超过0.5m，9度时应有锚固。防震缝处女儿墙应留有足够的宽度，缝两侧的自由端应予以加强。

13.3.3 多层砌体结构中，非承重墙体等建筑非结构构件应符合下列要求：

1 后砌的非承重砌墙应沿墙高每隔 500mm～600mm 配置 2φ6 拉结钢筋与承重墙或柱拉结，每边伸入墙内不应少于 500mm；8 度和 9 度时，长度大于 5m 的后砌隔墙，墙顶尚应与楼板或梁拉结，独立墙肢端部及大门洞边宜设钢筋混凝土构造柱。

2 烟道、风道、垃圾道等不应削弱墙体；当墙体被削弱时，应对墙体采取加强措施；不宜采用无竖向配筋的附墙烟囱或出屋面的烟囱。

3 不应采用无锚固的钢筋混凝土预制挑檐。

13.3.4 钢筋混凝土结构中的砌体填充墙，尚应符合下列要求：

1 填充墙在平面和竖向的布置，宜均匀对称，宜避免形成薄弱层或短柱。

2 砌体的砂浆强度等级不应低于 M5；实心块体的强度等级不宜低于 MU2.5，空心块体的强度等级不宜低于 MU3.5；墙顶应与框架梁密切结合。

3 填充墙应沿框架柱全高每隔 500mm～600mm 设 2φ6 拉筋，拉筋伸入墙内的长度，6、7 度时宜沿墙全长贯通，8、9 度时应全长贯通。

4 墙长大于 5m 时，墙顶与梁宜有拉结；墙长超过 8m 或层高 2 倍时，宜设置钢筋混凝土构造柱；墙高超过 4m 时，墙体半高宜设置与柱连接且沿墙全长贯通的钢筋混凝土水平系梁。

5 楼梯间和人流通道的填充墙，尚应采用钢丝网砂浆面层加强。

13.3.5 单层钢筋混凝土柱厂房的围护墙和隔墙，尚应符合下列要求：

1 厂房的围护墙宜采用轻质墙板或钢筋混凝土大型墙板，砌体围护墙应采用外贴式并与柱可靠拉结；外侧柱距为 12m 时应采用轻质墙板或钢筋混凝土大型墙板。

2 刚性围护墙沿纵向宜均匀对称布置，不宜一侧为外贴式，另一侧为嵌砌式或开敞式；不宜一侧采用砌体墙一侧采用轻质墙板。

3 不等高厂房的高跨封墙和纵横向厂房交接处的悬墙宜采用轻质墙板，6、7 度采用砌体时不应直接砌在低跨屋面上。

4 砌体围护墙在下列部位应设置现浇钢筋混凝土圈梁：

1）梯形屋架端部上弦和柱顶的标高处应各设一道，但屋架端部高度不大于 900mm 时可合并设置；

2）应按上密下稀的原则每隔 4m 左右在窗顶增设一道圈梁，不等高厂房的高低跨封墙和纵墙跨交接处的悬墙，圈梁的竖向间距不应大于 3m；

3）山墙沿屋面应设钢筋混凝土卧梁，并应与屋架端部上弦标高处的圈梁连接。

5 圈梁的构造应符合下列规定：

1）圈梁宜闭合，圈梁截面宽度宜与墙厚相同，截面高度不应小于 180mm；圈梁的纵筋，6～8 度时不应少于 4φ12，9 度时不应少于 4φ14；

2）厂房转角处柱顶圈梁在端开间范围内的纵筋，6～8 度时不宜少于 4φ14，9 度时不宜少于 4φ16，转角两侧各 1m 范围内的箍筋直径不宜小于 φ8，间距不宜大于 100mm；圈梁转角处应增设不少于 3 根且直径与纵筋相同的水平斜筋；

3）圈梁应与柱或屋架牢固连接，山墙卧梁应与屋面板拉结；顶部圈梁与柱或屋架连接的锚拉钢筋不宜少于 4φ12，且锚固长度不宜少于 35 倍钢筋直径，防震缝处圈梁与柱或屋架的拉结宜加强。

6 墙梁宜采用现浇，当采用预制墙梁时，梁底应与砖墙顶面牢固结合并应与柱锚拉；厂房转角处相邻的墙梁，应相互可靠连接。

7 砌体隔墙与柱宜脱开或柔性连接，并应采取措施使墙体稳定，隔墙顶部应设现浇钢筋混凝土压顶梁。

8 砖墙的基础，8 度Ⅲ、Ⅳ类场地和 9 度时，预制基础梁应采用现浇接头；当另设条形基础时，在柱基础顶面标高处应设置连续的现浇钢筋混凝土圈梁，其配筋不应少于 4φ12。

9 砌体女儿墙高度不宜大于 1m，且应采取措施防止地震时倾倒。

13.3.6 钢结构厂房的围护墙，应符合下列要求：

1 厂房的围护墙，应优先采用轻型板材，预制钢筋混凝土墙板宜与柱柔性连接；9 度时宜采用轻型板材。

2 单层厂房的砌体围护墙应贴砌并与柱拉结，尚应采取措施使墙体不妨碍厂房柱列沿纵向的水平位移；8、9 度时不应采用嵌砌式。

13.3.7 各类顶棚的构件与楼板的连接件，应能承受顶棚、悬挂重物和有关机电设施的自重和地震附加作用；其锚固的承载力应大于连接件的承载力。

13.3.8 悬挑雨篷或一端由柱支承的雨篷，应与主体结构可靠连接。

13.3.9 玻璃幕墙、预制墙板、附属于楼屋面的悬臂构件和大型储物架的抗震构造，应符合相关专门标准的规定。

13.4 建筑附属机电设备支架的基本抗震措施

13.4.1 附属于建筑的电梯、照明和应急电源系统、烟火监测和消防系统、采暖和空气调节系统、通信系统、公用天线等与建筑结构的连接构件和部件的抗震措施，应根据设防烈度、建筑使用功能、房屋高度、结构类型和变形特征、附属设备所处的位置和运转要求等综合分析后确定。

13.4.2 下列附属机电设备的支架可不考虑抗震设防要求：

1 重力不超过 1.8kN 的设备。

2 内径小于 25mm 的燃气管道和内径小于 60mm 的电气配管。

3 矩形截面面积小于 0.38 m^2 和圆形直径小于 0.70m 的风管。

4 吊杆计算长度不超过 300mm 的吊杆悬挂管道。

13.4.3 建筑附属机电设备不应设置在可能导致其使用功能发生障碍等二次灾害的部位；对于有隔振装置的设备，应注意其强烈振动对连接件的影响，并防止设备和建筑结构发生谐振现象。

建筑附属机电设备的支架应具有足够的刚度和强度；其与建筑结构应有可靠的连接和锚固，应使设备在遭遇设防烈度地震影响后能迅速恢复运转。

13.4.4 管道、电缆、通风管和设备的洞口设置，应减少对主要承重结构构件的削弱；洞口边缘应有补强措施。

管道和设备与建筑结构的连接，应能允许二者间有一定的相对变位。

13.4.5 建筑附属机电设备的基座或连接件应能将设备承受的地震作用全部传递到建筑结构上。建筑结构中，用以固定建筑附属机电设备预埋件、锚固件的部位，应采取加强措施，以承受附属机电设备传给主体结构的地震作用。

13.4.6 建筑内的高位水箱应与所在的结构构件可靠连接；且应计及水箱及所含水重对建筑结构产生的地震作用效应。

13.4.7 在设防地震下需要连续工作的附属设备，宜设置在建筑结构地震反应较小的部位；相关部位的结构构件应采取相应的加强措施。

14 地 下 建 筑

14.1 一 般 规 定

14.1.1 本章主要适用于地下车库、过街通道、地下变电站和地下空间综合体等单建式地下建筑。不包括地下铁道、城市公路隧道等。

14.1.2 地下建筑宜建造在密实、均匀、稳定的地基上。当处于软弱土、液化土或断层破碎带等不利地段时，应分析其对结构抗震稳定性的影响，采取相应措施。

14.1.3 地下建筑的建筑布置应力求简单、对称、规则、平顺；横剖面的形状和构造不宜沿纵向突变。

14.1.4 地下建筑的结构体系应根据使用要求、场地工程地质条件和施工方法等确定，并应具有良好的整体性，避免抗侧力结构的侧向刚度和承载力突变。

丙类钢筋混凝土地下结构的抗震等级，6、7 度时不应低于四级，8、9 度时不宜低于三级。乙类钢筋混凝土地下结构的抗震等级，6、7 度时不宜低于三级，8、9 度时不宜低于二级。

14.1.5 位于岩石中的地下建筑，其出入口通道两侧的边坡和洞口仰坡，应依据地形、地质条件选用合理的口部结构类型，提高其抗震稳定性。

14.2 计 算 要 点

14.2.1 按本章要求采取抗震措施的下列地下建筑，可不进行地震作用计算：

1 7 度 Ⅰ、Ⅱ 类场地的丙类地下建筑。

2 8 度（0.20g）Ⅰ、Ⅱ 类场地时，不超过二层、体型规则的中小跨度丙类地下建筑。

14.2.2 地下建筑的抗震计算模型，应根据结构实际情况确定并符合下列要求：

1 应能较准确地反映周围挡土结构和内部各构件的实际受力状况；与周围挡土结构分离的内部结构，可采用与地上建筑同样的计算模型。

2 周围地层分布均匀、规则且具有对称轴的纵向较长的地下建筑，结构分析可选择平面应变分析模型并采用反应位移法或等效水平地震加速度法、等效侧力法计算。

3 长宽比和高宽比均小于 3 及本条第 2 款以外的地下建筑，宜采用空间结构分析计算模型并采用土层-结构时程分析法计算。

14.2.3 地下建筑抗震计算的设计参数，应符合下列要求：

1 地震作用的方向应符合下列规定：

1） 按平面应变模型分析的地下结构，可仅计算横向的水平地震作用；

2） 不规则的地下结构，宜同时计算结构横向和纵向的水平地震作用；

3） 地下空间综合体等体型复杂的地下结构，8、9 度时尚宜计及竖向地震作用。

2 地震作用的取值，应随地下的深度比地面相应减少；基岩处的地震作用可取地面的一半，地面至基岩的不同深度处可按插入法确定；地表、土层界面和基岩面较平坦时，也可采用一维波动法确定；土层界面、基岩面或地表起伏较大时，宜采用二维或三维有限元法确定。

3 结构的重力荷载代表值应取结构、构件自重和水、土压力的标准值及各可变荷载的组合值之和。

4 采用土层-结构时程分析法或等效水平地震加

速度法时，土、岩石的动力特性参数可由试验确定。

14.2.4 地下建筑的抗震验算，除应符合本规范第 5 章的要求外，尚应符合下列规定：

1 应进行多遇地震作用下截面承载力和构件变形的抗震验算。

2 对于不规则的地下建筑以及地下变电站和地下空间综合体等，尚应进行罕遇地震作用下的抗震变形验算。计算可采用本规范第 5.5 节的简化方法，混凝土结构弹塑性层间位移角限值 $[\theta_p]$ 宜取 1/250。

3 液化地基中的地下建筑，应验算液化时的抗浮稳定性。液化土层对地下连续墙和抗拔桩等的摩阻力，宜根据实测的标准贯入锤击数与临界标准贯入锤击数的比值确定其液化折减系数。

14.3 抗震构造措施和抗液化措施

14.3.1 钢筋混凝土地下建筑的抗震构造，应符合下列要求：

1 宜采用现浇结构。需要设置部分装配式构件时，应使其与周围构件有可靠的连接。

2 地下钢筋混凝土框架结构构件的最小尺寸应不低于同类地面结构构件的规定。

3 中柱的纵向钢筋最小总配筋率，应比本规范表 6.3.7-1 的规定增加 0.2%。中柱与梁或顶板、中间楼板及底板连接处的箍筋应加密，其范围和构造与地面框架结构的柱相同。

14.3.2 地下建筑的顶板、底板和楼板，应符合下列要求：

1 宜采用梁板结构。当采用板柱-抗震墙结构时，无柱帽的平板应在柱上板带中设构造暗梁，其构造措施按本规范第 6.6.4 条第 1 款的规定采用。

2 对地下连续墙的复合墙体，顶板、底板及各层楼板的负弯矩钢筋至少应有 50% 锚入地下连续墙，锚入长度按受力计算确定；正弯矩钢筋需锚入内衬，并均不小于规定的锚固长度。

3 楼板开孔时，孔洞宽度应不大于该层楼板宽度的 30%；洞口的布置宜使结构质量和刚度的分布仍较均匀、对称，避免局部突变。孔洞周围应设置满足构造要求的边梁或暗梁。

14.3.3 地下建筑周围土体和地基存在液化土层时，应采取下列措施：

1 对液化土层采取注浆加固和换土等消除或减轻液化影响的措施。

2 进行地下结构液化上浮验算，必要时采取增设抗拔桩、配置压重等相应的抗浮措施。

3 存在液化土薄夹层，或施工中深度大于 20m 的地下连续墙围护结构遇到液化土层时，可不做地基抗液化处理，但其承载力及抗浮稳定性验算应计入土层液化引起的土压力增加及摩阻力降低等因素的影响。

14.3.4 地下建筑穿越地震时岸坡可能滑动的古河道或可能发生明显不均匀沉陷的软土地带时，应采取更换软弱土或设置桩基础等措施。

14.3.5 位于岩石中的地下建筑，应采取下列抗震措施：

1 口部通道和未经注浆加固处理的断层破碎带区段采用复合式支护结构时，内衬结构应采用钢筋混凝土衬砌，不得采用素混凝土衬砌。

2 采用离壁式衬砌时，内衬结构应在拱墙相交处设置水平撑抵紧围岩。

3 采用钻爆法施工时，初期支护和围岩地层间应密实回填。干砌块石回填时应注浆加强。

附录 A 我国主要城镇抗震设防烈度、设计基本地震加速度和设计地震分组

本附录仅提供我国各县级及县级以上城镇地区建筑工程抗震设计时所采用的抗震设防烈度（以下简称"烈度"）、设计基本地震加速度值（以下简称"加速度"）和所属的设计地震分组（以下简称"分组"）。

A.0.1 北京市

烈度	加速度	分组	县级及县级以上城镇
8 度	0.20g	第二组	东城区、西城区、朝阳区、丰台区、石景山区、海淀区、门头沟区、房山区、通州区、顺义区、昌平区、大兴区、怀柔区、平谷区、密云区、延庆区

A.0.2 天津市

烈度	加速度	分组	县级及县级以上城镇
8 度	0.20g	第二组	和平区、河东区、河西区、南开区、河北区、红桥区、东丽区、津南区、北辰区、武清区、宝坻区、滨海新区、宁河区
7 度	0.15g	第二组	西青区、静海区、蓟县

A.0.3 河北省

	烈度	加速度	分组	县级及县级以上城镇
石家庄市	7度	0.15g	第一组	辛集市
	7度	0.10g	第一组	赵县
	7度	0.10g	第二组	长安区、桥西区、新华区、井陉矿区、裕华区、栾城区、藁城区、鹿泉区、井陉县、正定县、高邑县、深泽县、无极县、平山县、元氏县、晋州市
	7度	0.10g	第三组	灵寿县
	6度	0.05g	第三组	行唐县、赞皇县、新乐市
唐山市	8度	0.30g	第二组	路南区、丰南区
	8度	0.20g	第二组	路北区、古冶区、开平区、丰润区、滦县
	7度	0.15g	第三组	曹妃甸区（唐海）、乐亭县、玉田县
	7度	0.15g	第二组	滦南县、迁安市
	7度	0.10g	第三组	迁西县、遵化市
秦皇岛市	7度	0.15g	第二组	卢龙县
	7度	0.10g	第三组	青龙满族自治县、海港区
	7度	0.10g	第二组	抚宁区、北戴河区、昌黎县
	6度	0.05g	第三组	山海关区
邯郸市	8度	0.20g	第二组	峰峰矿区、临漳县、磁县
	7度	0.15g	第二组	邯山区、丛台区、复兴区、邯郸县、成安县、大名县、魏县、武安市
	7度	0.15g	第一组	永年县
	7度	0.10g	第三组	邱县、馆陶县
	7度	0.10g	第二组	涉县、肥乡县、鸡泽县、广平县、曲周县
邢台市	7度	0.15g	第一组	桥东区、桥西区、邢台县[1]、内丘县、柏乡县、隆尧县、任县、南和县、宁晋县、巨鹿县、新河县、沙河市
	7度	0.10g	第二组	临城县、广宗县、平乡县、南宫市
	6度	0.05g	第三组	威县、清河县、临西县
保定市	7度	0.15g	第二组	涞水县、定兴县、涿州市、高碑店市
	7度	0.10g	第二组	竞秀区、莲池区、徐水区、高阳县、容城县、安新县、易县、蠡县、博野县、雄县
	7度	0.10g	第三组	清苑区、涞源县、安国市
	6度	0.05g	第三组	满城区、阜平县、唐县、望都县、曲阳县、顺平县、定州市
张家口市	8度	0.20g	第二组	下花园区、怀来县、涿鹿县
	7度	0.15g	第二组	桥东区、桥西区、宣化区、宣化县[2]、蔚县、阳原县、怀安县、万全县
	7度	0.10g	第三组	赤城县
	7度	0.10g	第二组	张北县、尚义县、崇礼县
	6度	0.05g	第三组	沽源县
	6度	0.05g	第二组	康保县
承德市	7度	0.10g	第三组	鹰手营子矿区、兴隆县
	6度	0.05g	第三组	双桥区、双滦区、承德县、平泉县、滦平县、隆化县、丰宁满族自治县、宽城满族自治县
	6度	0.05g	第一组	围场满族蒙古族自治县

	烈度	加速度	分组	县级及县级以上城镇
沧州市	7度	0.15g	第二组	青县
	7度	0.15g	第一组	肃宁县、献县、任丘市、河间市
	7度	0.10g	第三组	黄骅市
	7度	0.10g	第二组	新华区、运河区、沧县³、东光县、南皮县、吴桥县、泊头市
	6度	0.05g	第三组	海兴县、盐山县、孟村回族自治县
廊坊市	8度	0.20g	第二组	安次区、广阳区、香河县、大厂回族自治县、三河市
	7度	0.15g	第二组	固安县、永清县、文安县
	7度	0.15g	第一组	大城县
	7度	0.10g	第二组	霸州市
衡水市	7度	0.15g	第一组	饶阳县、深州市
	7度	0.10g	第二组	桃城区、武强县、冀州市
	7度	0.10g	第一组	安平县
	6度	0.05g	第三组	枣强县、武邑县、故城县、阜城县
	6度	0.05g	第二组	景县

注：1 邢台县政府驻邢台市桥东区；
 2 宣化县政府驻张家口市宣化区；
 3 沧县政府驻沧州市新华区。

A.0.4 山西省

	烈度	加速度	分组	县级及县级以上城镇
太原市	8度	0.20g	第二组	小店区、迎泽区、杏花岭区、尖草坪区、万柏林区、晋源区、清徐县、阳曲县
	7度	0.15g	第二组	古交市
	7度	0.10g	第三组	娄烦县
大同市	8度	0.20g	第二组	城区、矿区、南郊区、大同县
	7度	0.15g	第三组	浑源县
	7度	0.15g	第二组	新荣区、阳高县、天镇县、广灵县、灵丘县、左云县
阳泉市	7度	0.10g	第三组	盂县
	7度	0.10g	第二组	城区、矿区、郊区、平定县
长治市	7度	0.10g	第三组	平顺县、武乡县、沁县、沁源县
	7度	0.10g	第二组	城区、郊区、长治县、黎城县、壶关县、潞城市
	6度	0.05g	第三组	襄垣县、屯留县、长子县
晋城市	7度	0.10g	第三组	沁水县、陵川县
	6度	0.05g	第三组	城区、阳城县、泽州县、高平市
朔州市	8度	0.20g	第二组	山阴县、应县、怀仁县
	7度	0.15g	第二组	朔城区、平鲁区、右玉县
晋中市	8度	0.20g	第二组	榆次区、太谷县、祁县、平遥县、灵石县、介休市
	7度	0.10g	第三组	榆社县、和顺县、寿阳县
	7度	0.10g	第二组	昔阳县
	6度	0.05g	第三组	左权县
运城市	8度	0.20g	第三组	永济市
	7度	0.15g	第三组	临猗县、万荣县、闻喜县、稷山县、绛县

	烈度	加速度	分组	县级及县级以上城镇
运城市	7度	0.15g	第二组	盐湖区、新绛县、夏县、平陆县、芮城县、河津市
	7度	0.10g	第二组	垣曲县
忻州市	8度	0.20g	第二组	忻府区、定襄县、五台县、代县、原平市
	7度	0.15g	第三组	宁武县
	7度	0.15g	第二组	繁峙县
	7度	0.10g	第三组	静乐县、神池县、五寨县
	6度	0.05g	第三组	岢岚县、河曲县、保德县、偏关县
临汾市	8度	0.30g	第二组	洪洞县
	8度	0.20g	第二组	尧都区、襄汾县、古县、浮山县、汾西县、霍州市
	7度	0.15g	第二组	曲沃县、翼城县、蒲县、侯马市
	7度	0.10g	第三组	安泽县、吉县、乡宁县、隰县
	6度	0.05g	第三组	大宁县、永和县
吕梁市	8度	0.20g	第二组	文水县、交城县、孝义市、汾阳市
	7度	0.10g	第三组	离石区、岚县、中阳县、交口县
	6度	0.05g	第三组	兴县、临县、柳林县、石楼县、方山县

A.0.5 内蒙古自治区

	烈度	加速度	分组	县级及县级以上城镇
呼和浩特市	8度	0.20g	第二组	新城区、回民区、玉泉区、赛罕区、土默特左旗
	7度	0.15g	第二组	托克托县、和林格尔县、武川县
	7度	0.10g	第二组	清水河县
包头市	8度	0.30g	第二组	土默特右旗
	8度	0.20g	第二组	东河区、石拐区、九原区、昆都仑区、青山区
	7度	0.15g	第二组	固阳县
	6度	0.05g	第三组	白云鄂博矿区、达尔罕茂明安联合旗
乌海市	8度	0.20g	第二组	海勃湾区、海南区、乌达区
赤峰市	8度	0.20g	第一组	元宝山区、宁城县
	7度	0.15g	第一组	红山区、喀喇沁旗
	7度	0.10g	第一组	松山区、阿鲁科尔沁旗、敖汉旗
	6度	0.05g	第一组	巴林左旗、巴林右旗、林西县、克什克腾旗、翁牛特旗
通辽市	7度	0.10g	第一组	科尔沁区、开鲁县
	6度	0.05g	第一组	科尔沁左翼中旗、科尔沁左翼后旗、库伦旗、奈曼旗、扎鲁特旗、霍林郭勒市
鄂尔多斯市	8度	0.20g	第二组	达拉特旗
	7度	0.10g	第三组	东胜区、准格尔旗
	6度	0.05g	第三组	鄂托克前旗、鄂托克旗、杭锦旗、伊金霍洛旗
	6度	0.05g	第一组	乌审旗
呼伦贝尔市	7度	0.10g	第一组	扎赉诺尔区、新巴尔虎右旗、扎兰屯市
	6度	0.05g	第一组	海拉尔区、阿荣旗、莫力达瓦达斡尔族自治旗、鄂伦春自治旗、鄂温克族自治旗、陈巴尔虎旗、新巴尔虎左旗、满洲里市、牙克石市、额尔古纳市、根河市

续表

	烈度	加速度	分组	县级及县级以上城镇
巴彦淖尔市	8度	0.20g	第二组	杭锦后旗
	8度	0.20g	第一组	磴口县、乌拉特前旗、乌拉特后旗
	7度	0.15g	第二组	临河区、五原县
	7度	0.10g	第二组	乌拉特中旗
乌兰察布市	7度	0.15g	第二组	凉城县、察哈尔右翼前旗、丰镇市
	7度	0.10g	第三组	察哈尔右翼中旗
	7度	0.10g	第二组	集宁区、卓资县、兴和县
	6度	0.05g	第三组	四子王旗
	6度	0.05g	第二组	化德县、商都县、察哈尔右翼后旗
兴安盟	6度	0.05g	第一组	乌兰浩特市、阿尔山市、科尔沁右翼前旗、科尔沁右翼中旗、扎赉特旗、突泉县
锡林郭勒盟	6度	0.05g	第三组	太仆寺旗
	6度	0.05g	第二组	正蓝旗
	6度	0.05g	第一组	二连浩特市、锡林浩特市、阿巴嘎旗、苏尼特左旗、苏尼特右旗、东乌珠穆沁旗、西乌珠穆沁旗、镶黄旗、正镶白旗、多伦县
阿拉善盟	8度	0.20g	第二组	阿拉善左旗、阿拉善右旗
	6度	0.05g	第一组	额济纳旗

A.0.6 辽宁省

	烈度	加速度	分组	县级及县级以上城镇
沈阳市	7度	0.10g	第一组	和平区、沈河区、大东区、皇姑区、铁西区、苏家屯区、浑南区（原东陵区）、沈北新区、于洪区、辽中县
	6度	0.05g	第一组	康平县、法库县、新民市
大连市	8度	0.20g	第一组	瓦房店市、普兰店市
	7度	0.15g	第一组	金州区
	7度	0.10g	第二组	中山区、西岗区、沙河口区、甘井子区、旅顺口区
	6度	0.05g	第二组	长海县
	6度	0.05g	第一组	庄河市
鞍山市	8度	0.20g	第二组	海城市
	7度	0.10g	第二组	铁东区、铁西区、立山区、千山区、岫岩满族自治县
	7度	0.10g	第一组	台安县
抚顺市	7度	0.10g	第一组	新抚区、东洲区、望花区、顺城区、抚顺县[1]
	6度	0.05g	第一组	新宾满族自治县、清原满族自治县
本溪市	7度	0.10g	第二组	南芬区
	7度	0.10g	第一组	平山区、溪湖区、明山区
	6度	0.05g	第一组	本溪满族自治县、桓仁满族自治县
丹东市	8度	0.20g	第一组	东港市
	7度	0.15g	第一组	元宝区、振兴区、振安区
	6度	0.05g	第二组	凤城市
	6度	0.05g	第一组	宽甸满族自治县

续表

	烈度	加速度	分组	县级及县级以上城镇
锦州市	6度	0.05g	第二组	古塔区、凌河区、太和区、凌海市
	6度	0.05g	第一组	黑山县、义县、北镇市
营口市	8度	0.20g	第二组	老边区、盖州市、大石桥市
	7度	0.15g	第二组	站前区、西市区、鲅鱼圈区
阜新市	6度	0.05g	第一组	海州区、新邱区、太平区、清河门区、细河区、阜新蒙古族自治县、彰武县
辽阳市	7度	0.10g	第二组	弓长岭区、宏伟区、辽阳县
	7度	0.10g	第一组	白塔区、文圣区、太子河区、灯塔市
盘锦市	7度	0.10g	第二组	双台子区、兴隆台区、大洼县、盘山县
铁岭市	7度	0.10g	第一组	银州区、清河区、铁岭县[2]、昌图县、开原市
	6度	0.05g	第一组	西丰县、调兵山市
朝阳市	7度	0.10g	第二组	凌源市
	7度	0.10g	第一组	双塔区、龙城区、朝阳县[3]、建平县、北票市
	6度	0.05g	第二组	喀喇沁左翼蒙古族自治县
葫芦岛市	6度	0.05g	第二组	连山区、龙港区、南票区
	6度	0.05g	第三组	绥中县、建昌县、兴城市

注：1 抚顺县政府驻抚顺市顺城区新城路中段；
　　2 铁岭县政府驻铁岭市银州区工人街道；
　　3 朝阳县政府驻朝阳市双塔区前进街道。

A.0.7 吉林省

	烈度	加速度	分组	县级及县级以上城镇
长春市	7度	0.10g	第一组	南关区、宽城区、朝阳区、二道区、绿园区、双阳区、九台区
	6度	0.05g	第一组	农安县、榆树市、德惠市
吉林市	8度	0.20g	第一组	舒兰市
	7度	0.10g	第一组	昌邑区、龙潭区、船营区、丰满区、永吉县
	6度	0.05g	第一组	蛟河市、桦甸市、磐石市
四平市	7度	0.10g	第一组	伊通满族自治县
	6度	0.05g	第一组	铁西区、铁东区、梨树县、公主岭市、双辽市
辽源市	6度	0.05g	第一组	龙山区、西安区、东丰县、东辽县
通化市	6度	0.05g	第一组	东昌区、二道江区、通化县、辉南县、柳河县、梅河口市、集安市
白山市	6度	0.05g	第一组	浑江区、江源区、抚松县、靖宇县、长白朝鲜族自治县、临江市
松原市	8度	0.20g	第一组	宁江区、前郭尔罗斯蒙古族自治县
	7度	0.10g	第一组	乾安县
	6度	0.05g	第一组	长岭县、扶余市
白城市	7度	0.15g	第一组	大安市
	7度	0.10g	第一组	洮北区
	6度	0.05g	第一组	镇赉县、通榆县、洮南市
延边朝鲜族自治州	7度	0.15g	第一组	安图县
	6度	0.05g	第一组	延吉市、图们市、敦化市、珲春市、龙井市、和龙市、汪清县

A. 0. 8 黑龙江省

	烈度	加速度	分组	县级及县级以上城镇
哈尔滨市	8度	0.20g	第一组	方正县
	7度	0.15g	第一组	依兰县、通河县、延寿县
	7度	0.10g	第一组	道里区、南岗区、道外区、松北区、香坊区、呼兰区、尚志市、五常市
	6度	0.05g	第一组	平房区、阿城区、宾县、巴彦县、木兰县、双城区
齐齐哈尔市	7度	0.10g	第一组	昂昂溪区、富拉尔基区、泰来县
	6度	0.05g	第一组	龙沙区、建华区、铁锋区、碾子山区、梅里斯达斡尔族区、龙江县、依安县、甘南县、富裕县、克山县、克东县、拜泉县、讷河市
鸡西市	6度	0.05g	第一组	鸡冠区、恒山区、滴道区、梨树区、城子河区、麻山区、鸡东县、虎林市、密山市
鹤岗市	7度	0.10g	第一组	向阳区、工农区、南山区、兴安区、东山区、兴山区、萝北县
	6度	0.05g	第一组	绥滨县
双鸭山市	6度	0.05g	第一组	尖山区、岭东区、四方台区、宝山区、集贤县、友谊县、宝清县、饶河县
大庆市	7度	0.10g	第一组	肇源县
	6度	0.05g	第一组	萨尔图区、龙凤区、让胡路区、红岗区、大同区、肇州县、林甸县、杜尔伯特蒙古族自治县
伊春市	6度	0.05g	第一组	伊春区、南岔区、友好区、西林区、翠峦区、新青区、美溪区、金山屯区、五营区、乌马河区、汤旺河区、带岭区、乌伊岭区、红星区、上甘岭区、嘉荫县、铁力市
佳木斯市	7度	0.10g	第一组	向阳区、前进区、东风区、郊区、汤原县
	6度	0.05g	第一组	桦南县、桦川县、抚远县、同江市、富锦市
七台河市	6度	0.05g	第一组	新兴区、桃山区、茄子河区、勃利县
牡丹江市	6度	0.05g	第一组	东安区、阳明区、爱民区、西安区、东宁县、林口县、绥芬河市、海林市、宁安市、穆棱市
黑河市	6度	0.05g	第一组	爱辉区、嫩江县、逊克县、孙吴县、北安市、五大连池市
绥化市	7度	0.10g	第一组	北林区、庆安县
	6度	0.05g	第一组	望奎县、兰西县、青冈县、明水县、绥棱县、安达市、肇东市、海伦市
大兴安岭地区	6度	0.05g	第一组	加格达奇区、呼玛县、塔河县、漠河县

A. 0. 9 上海市

烈度	加速度	分组	县级及县级以上城镇
7度	0.10g	第二组	黄浦区、徐汇区、长宁区、静安区、普陀区、闸北区、虹口区、杨浦区、闵行区、宝山区、嘉定区、浦东新区、金山区、松江区、青浦区、奉贤区、崇明县

A. 0. 10 江苏省

	烈度	加速度	分组	县级及县级以上城镇
南京市	7度	0.10g	第二组	六合区
	7度	0.10g	第一组	玄武区、秦淮区、建邺区、鼓楼区、浦口区、栖霞区、雨花台区、江宁区、溧水区
	6度	0.05g	第一组	高淳区

	烈度	加速度	分组	县级及县级以上城镇
无锡市	7度	0.10g	第一组	崇安区、南长区、北塘区、锡山区、滨湖区、惠山区、宜兴市
	6度	0.05g	第二组	江阴市
徐州市	8度	0.20g	第二组	睢宁县、新沂市、邳州市
	7度	0.10g	第三组	鼓楼区、云龙区、贾汪区、泉山区、铜山区
	7度	0.10g	第二组	沛县
	6度	0.05g	第二组	丰县
常州市	7度	0.10g	第一组	天宁区、钟楼区、新北区、武进区、金坛区、溧阳市
苏州市	7度	0.10g	第一组	虎丘区、吴中区、相城区、姑苏区、吴江区、常熟市、昆山市、太仓市
	6度	0.05g	第二组	张家港市
南通市	7度	0.10g	第二组	崇川区、港闸区、海安县、如东县、如皋市
	6度	0.05g	第二组	通州区、启东市、海门市
连云港市	7度	0.15g	第三组	东海县
	7度	0.10g	第三组	连云区、海州区、赣榆区、灌云县
	6度	0.05g	第三组	灌南县
淮安市	7度	0.10g	第三组	清河区、淮阴区、清浦区
	7度	0.10g	第二组	盱眙县
	6度	0.05g	第三组	淮安区、涟水县、洪泽县、金湖县
盐城市	7度	0.15g	第三组	大丰区
	7度	0.10g	第三组	盐都区
	7度	0.10g	第二组	亭湖区、射阳县、东台市
	6度	0.05g	第三组	响水县、滨海县、阜宁县、建湖县
扬州市	7度	0.15g	第二组	广陵区、江都区
	7度	0.15g	第一组	邗江区、仪征市
	7度	0.10g	第二组	高邮市
	6度	0.05g	第三组	宝应县
镇江市	7度	0.15g	第一组	京口区、润州区
	7度	0.10g	第一组	丹徒区、丹阳市、扬中市、句容市
泰州市	7度	0.10g	第二组	海陵区、高港区、姜堰区、兴化市
	6度	0.05g	第二组	靖江市
	6度	0.05g	第一组	泰兴市
宿迁市	8度	0.30g	第二组	宿城区、宿豫区
	8度	0.20g	第二组	泗洪县
	7度	0.15g	第三组	沭阳县
	7度	0.10g	第三组	泗阳县

A.0.11 浙江省

	烈度	加速度	分组	县级及县级以上城镇
杭州市	7度	0.10g	第一组	上城区、下城区、江干区、拱墅区、西湖区、余杭区
	6度	0.05g	第一组	滨江区、萧山区、富阳区、桐庐县、淳安县、建德市、临安市

	烈度	加速度	分组	县级及县级以上城镇
宁波市	7度	0.10g	第一组	海曙区、江东区、江北区、北仑区、镇海区、鄞州区
	6度	0.05g	第一组	象山县、宁海县、余姚市、慈溪市、奉化市
温州市	6度	0.05g	第二组	洞头区、平阳县、苍南县、瑞安市
	6度	0.05g	第一组	鹿城区、龙湾区、瓯海区、永嘉县、文成县、泰顺县、乐清市
嘉兴市	7度	0.10g	第一组	南湖区、秀洲区、嘉善县、海宁市、平湖市、桐乡市
	6度	0.05g	第一组	海盐县
湖州市	6度	0.05g	第一组	吴兴区、南浔区、德清县、长兴县、安吉县
绍兴市	6度	0.05g	第一组	越城区、柯桥区、上虞区、新昌县、诸暨市、嵊州市
金华市	6度	0.05g	第一组	婺城区、金东区、武义县、浦江县、磐安县、兰溪市、义乌市、东阳市、永康市
衢州市	6度	0.05g	第一组	柯城区、衢江区、常山县、开化县、龙游县、江山市
舟山市	7度	0.10g	第一组	定海区、普陀区、岱山县、嵊泗县
台州市	6度	0.05g	第二组	玉环县
	6度	0.05g	第一组	椒江区、黄岩区、路桥区、三门县、天台县、仙居县、温岭市、临海市
丽水市	6度	0.05g	第二组	庆元县
	6度	0.05g	第一组	莲都区、青田县、缙云县、遂昌县、松阳县、云和县、景宁畲族自治县、龙泉市

A.0.12 安徽省

	烈度	加速度	分组	县级及县级以上城镇
合肥市	7度	0.10g	第一组	瑶海区、庐阳区、蜀山区、包河区、长丰县、肥东县、肥西县、庐江县、巢湖市
芜湖市	6度	0.05g	第一组	镜湖区、弋江区、鸠江区、三山区、芜湖县、繁昌县、南陵县、无为县
蚌埠市	7度	0.15g	第二组	五河县
	7度	0.10g	第二组	固镇县
	7度	0.10g	第一组	龙子湖区、蚌山区、禹会区、淮上区、怀远县
淮南市	7度	0.10g	第一组	大通区、田家庵区、谢家集区、八公山区、潘集区、凤台县
马鞍山市	6度	0.05g	第一组	花山区、雨山区、博望区、当涂县、含山县、和县
淮北市	6度	0.05g	第三组	杜集区、相山区、烈山区、濉溪县
铜陵市	7度	0.10g	第一组	铜官山区、狮子山区、郊区、铜陵县
安庆市	7度	0.10g	第一组	迎江区、大观区、宜秀区、枞阳县、桐城市
	6度	0.05g	第一组	怀宁县、潜山县、太湖县、宿松县、望江县、岳西县
黄山市	6度	0.05g	第一组	屯溪区、黄山区、徽州区、歙县、休宁县、黟县、祁门县
滁州市	7度	0.10g	第二组	天长市、明光市
	7度	0.10g	第一组	定远县、凤阳县
	6度	0.05g	第二组	琅琊区、南谯区、来安县、全椒县
阜阳市	7度	0.10g	第一组	颍州区、颍东区、颍泉区
	6度	0.05g	第一组	临泉县、太和县、阜南县、颍上县、界首市

	烈度	加速度	分组	县级及县级以上城镇
宿州市	7度	0.15g	第二组	泗县
	7度	0.10g	第三组	萧县
	7度	0.10g	第二组	灵璧县
	6度	0.05g	第三组	埇桥区
	6度	0.05g	第二组	砀山县
六安市	7度	0.15g	第一组	霍山县
	7度	0.10g	第一组	金安区、裕安区、寿县、舒城县
	6度	0.05g	第一组	霍邱县、金寨县
亳州市	7度	0.10g	第二组	谯城区、涡阳县
	6度	0.05g	第二组	蒙城县
	6度	0.05g	第一组	利辛县
池州市	7度	0.10g	第一组	贵池区
	6度	0.05g	第一组	东至县、石台县、青阳县
宣城市	7度	0.10g	第一组	郎溪县
	6度	0.05g	第一组	宣州区、广德县、泾县、绩溪县、旌德县、宁国市

A.0.13 福建省

	烈度	加速度	分组	县级及县级以上城镇
福州市	7度	0.10g	第三组	鼓楼区、台江区、仓山区、马尾区、晋安区、平潭县、福清市、长乐市
	6度	0.05g	第三组	连江县、永泰县
	6度	0.05g	第二组	闽侯县、罗源县、闽清县
厦门市	7度	0.15g	第三组	思明区、湖里区、集美区、翔安区
	7度	0.15g	第二组	海沧区
	7度	0.10g	第三组	同安区
莆田市	7度	0.10g	第三组	城厢区、涵江区、荔城区、秀屿区、仙游县
三明市	6度	0.05g	第一组	梅列区、三元区、明溪县、清流县、宁化县、大田县、尤溪县、沙县、将乐县、泰宁县、建宁县、永安市
泉州市	7度	0.15g	第三组	鲤城区、丰泽区、洛江区、石狮市、晋江市
	7度	0.10g	第三组	泉港区、惠安县、安溪县、永春县、南安市
	6度	0.05g	第三组	德化县
漳州市	7度	0.15g	第三组	漳浦县
	7度	0.15g	第二组	芗城区、龙文区、诏安县、长泰县、东山县、南靖县、龙海市
	7度	0.10g	第三组	云霄县
	7度	0.10g	第二组	平和县、华安县
南平市	6度	0.05g	第二组	政和县
	6度	0.05g	第一组	延平区、建阳区、顺昌县、浦城县、光泽县、松溪县、邵武市、武夷山市、建瓯市
龙岩市	6度	0.05g	第二组	新罗区、永定区、漳平市
	6度	0.05g	第一组	长汀县、上杭县、武平县、连城县
宁德市	6度	0.05g	第二组	蕉城区、霞浦县、周宁县、柘荣县、福安市、福鼎市
	6度	0.05g	第一组	古田县、屏南县、寿宁县

A. 0. 14 江西省

	烈度	加速度	分组	县级及县级以上城镇
南昌市	6度	0.05g	第一组	东湖区、西湖区、青云谱区、湾里区、青山湖区、新建区、南昌县、安义县、进贤县
景德镇市	6度	0.05g	第一组	昌江区、珠山区、浮梁县、乐平市
萍乡市	6度	0.05g	第一组	安源区、湘东区、莲花县、上栗县、芦溪县
九江市	6度	0.05g	第一组	庐山区、浔阳区、九江县、武宁县、修水县、永修县、德安县、星子县、都昌县、湖口县、彭泽县、瑞昌市、共青城市
新余市	6度	0.05g	第一组	渝水区、分宜县
鹰潭市	6度	0.05g	第一组	月湖区、余江县、贵溪市
赣州市	7度	0.10g	第一组	安远县、会昌县、寻乌县、瑞金市
	6度	0.05g	第一组	章贡区、南康区、赣县、信丰县、大余县、上犹县、崇义县、龙南县、定南县、全南县、宁都县、于都县、兴国县、石城县
吉安市	6度	0.05g	第一组	吉州区、青原区、吉安县、吉水县、峡江县、新干县、永丰县、泰和县、遂川县、万安县、安福县、永新县、井冈山市
宜春市	6度	0.05g	第一组	袁州区、奉新县、万载县、上高县、宜丰县、靖安县、铜鼓县、丰城市、樟树市、高安市
抚州市	6度	0.05g	第一组	临川区、南城县、黎川县、南丰县、崇仁县、乐安县、宜黄县、金溪县、资溪县、东乡县、广昌县
上饶市	6度	0.05g	第一组	信州区、广丰区、上饶县、玉山县、铅山县、横峰县、弋阳县、余干县、鄱阳县、万年县、婺源县、德兴市

A. 0. 15 山东省

	烈度	加速度	分组	县级及县级以上城镇
济南市	7度	0.10g	第三组	长清区
	7度	0.10g	第二组	平阴县
	6度	0.05g	第三组	历下区、市中区、槐荫区、天桥区、历城区、济阳县、商河县、章丘市
青岛市	7度	0.10g	第三组	黄岛区、平度市、胶州市、即墨市
	7度	0.10g	第二组	市南区、市北区、崂山区、李沧区、城阳区
	6度	0.05g	第三组	莱西市
淄博市	7度	0.15g	第二组	临淄区
	7度	0.10g	第三组	张店区、周村区、桓台县、高青县、沂源县
	7度	0.10g	第二组	淄川、博山区
枣庄市	7度	0.15g	第三组	山亭区
	7度	0.15g	第二组	台儿庄区
	7度	0.10g	第三组	市中区、薛城区、峄城区
	7度	0.10g	第二组	滕州市
东营市	7度	0.10g	第三组	东营区、河口区、垦利县、广饶县
	6度	0.05g	第三组	利津县
烟台市	7度	0.15g	第三组	龙口市
	7度	0.15g	第二组	长岛县、蓬莱市

续表

	烈度	加速度	分组	县级及县级以上城镇
烟台市	7度	0.10g	第三组	莱州市、招远市、栖霞市
	7度	0.10g	第二组	芝罘区、福山区、莱山区
	7度	0.10g	第一组	牟平区
	6度	0.05g	第三组	莱阳市、海阳市
潍坊市	8度	0.20g	第二组	潍城区、坊子区、奎文区、安丘市
	7度	0.15g	第三组	诸城市
	7度	0.15g	第二组	寒亭区、临朐县、昌乐县、青州市、寿光市、昌邑市
	7度	0.10g	第三组	高密市
济宁市	7度	0.10g	第三组	微山县、梁山县
	7度	0.10g	第二组	兖州区、汶上县、泗水县、曲阜市、邹城市
	6度	0.05g	第三组	任城区、金乡县、嘉祥县
	6度	0.05g	第二组	鱼台县
泰安市	7度	0.10g	第三组	新泰市
	7度	0.10g	第二组	泰山区、岱岳区、宁阳县
	6度	0.05g	第三组	东平县、肥城市
威海市	7度	0.10g	第一组	环翠区、文登区、荣成市
	6度	0.05g	第二组	乳山市
日照市	8度	0.20g	第二组	莒县
	7度	0.15g	第三组	五莲县
	7度	0.10g	第三组	东港区、岚山区
莱芜市	7度	0.10g	第三组	钢城区
	7度	0.10g	第二组	莱城区
临沂市	8度	0.20g	第二组	兰山区、罗庄区、河东区、郯城县、沂水县、莒南县、临沭县
	7度	0.15g	第二组	沂南县、兰陵县、费县
	7度	0.10g	第三组	平邑县、蒙阴县
德州市	7度	0.15g	第二组	平原县、禹城市
	7度	0.10g	第三组	临邑县、齐河县
	7度	0.10g	第二组	德城区、陵城区、夏津县
	6度	0.05g	第三组	宁津县、庆云县、武城县、乐陵市
聊城市	8度	0.20g	第二组	阳谷县、莘县
	7度	0.15g	第二组	东昌府区、茌平县、高唐县
	7度	0.10g	第三组	冠县、临清市
	7度	0.10g	第二组	东阿县
滨州市	7度	0.10g	第三组	滨城区、博兴县、邹平县
	6度	0.05g	第三组	沾化区、惠民县、阳信县、无棣县
菏泽市	8度	0.20g	第二组	鄄城县、东明县
	7度	0.15g	第二组	牡丹区、郓城县、定陶县
	7度	0.10g	第三组	巨野县
	7度	0.10g	第二组	曹县、单县、成武县

A.0.16 河南省

	烈度	加速度	分组	县级及县级以上城镇
郑州市	7度	0.15g	第二组	中原区、二七区、管城回族区、金水区、惠济区
	7度	0.10g	第二组	上街区、中牟县、巩义市、荥阳市、新密市、新郑市、登封市
开封市	7度	0.15g	第二组	兰考县
	7度	0.10g	第二组	龙亭区、顺河回族区、鼓楼区、禹王台区、祥符区、通许县、尉氏县
	6度	0.05g	第二组	杞县
洛阳市	7度	0.10g	第二组	老城区、西工区、瀍河回族区、涧西区、吉利区、洛龙区、孟津县、新安县、宜阳县、偃师市
	6度	0.05g	第三组	洛宁县
	6度	0.05g	第二组	嵩县、伊川县
	6度	0.05g	第一组	栾川县、汝阳县
平顶山市	6度	0.05g	第一组	新华区、卫东区、石龙区、湛河区[1]、宝丰县、叶县、鲁山县、舞钢市
	6度	0.05g	第二组	郏县、汝州市
安阳市	8度	0.20g	第二组	文峰区、殷都区、龙安区、北关区、安阳县[2]、汤阴县
	7度	0.15g	第二组	滑县、内黄县
	7度	0.10g	第二组	林州市
鹤壁市	8度	0.20g	第二组	山城区、淇滨区、淇县
	7度	0.15g	第二组	鹤山区、浚县
新乡市	8度	0.20g	第二组	红旗区、卫滨区、凤泉区、牧野区、新乡县、获嘉县、原阳县、延津县、卫辉市、辉县市
	7度	0.15g	第二组	封丘县、长垣县
焦作市	7度	0.15g	第二组	修武县、武陟县
	7度	0.10g	第二组	解放区、中站区、马村区、山阳区、博爱县、温县、沁阳市、孟州市
濮阳市	8度	0.20g	第二组	范县
	7度	0.15g	第二组	华龙区、清丰县、南乐县、台前县、濮阳县
许昌市	7度	0.10g	第一组	魏都区、许昌县、鄢陵县、禹州市、长葛市
	6度	0.05g	第二组	襄城县
漯河市	7度	0.10g	第一组	舞阳县
	6度	0.05g	第一组	召陵区、源汇区、郾城区、临颍县
三门峡市	7度	0.15g	第二组	湖滨区、陕州区、灵宝市
	6度	0.05g	第三组	渑池县、卢氏县
	6度	0.05g	第二组	义马市
南阳市	7度	0.10g	第一组	宛城区、卧龙区、西峡县、镇平县、内乡县、唐河县
	6度	0.05g	第一组	南召县、方城县、淅川县、社旗县、新野县、桐柏县、邓州市
商丘市	7度	0.10g	第二组	梁园区、睢阳区、民权县、虞城县
	6度	0.05g	第三组	睢县、永城市
	6度	0.05g	第二组	宁陵县、柘城县、夏邑县
信阳市	7度	0.10g	第一组	罗山县、潢川县、息县
	6度	0.05g	第一组	浉河区、平桥区、光山县、新县、商城县、固始县、淮滨县

续表

	烈度	加速度	分组	县级及县级以上城镇
周口市	7度	0.10g	第一组	扶沟县、太康县
	6度	0.05g	第一组	川汇区、西华县、商水县、沈丘县、郸城县、淮阳县、鹿邑县、项城市
驻马店市	7度	0.10g	第一组	西平县
	6度	0.05g	第一组	驿城区、上蔡县、平舆县、正阳县、确山县、泌阳县、汝南县、遂平县、新蔡县
省直辖县级行政单位	7度	0.10g	第二组	济源市

注：1 湛河区政府驻平顶山市新华区曙光街街道；
    2 安阳县政府驻安阳市北关区灯塔路街道。

A.0.17 湖北省

	烈度	加速度	分组	县级及县级以上城镇
武汉市	7度	0.10g	第一组	新洲区
	6度	0.05g	第一组	江岸区、江汉区、硚口区、汉阳区、武昌区、青山区、洪山区、东西湖区、汉南区、蔡甸区、江夏区、黄陂区
黄石市	6度	0.05g	第一组	黄石港区、西塞山区、下陆区、铁山区、阳新县、大冶市
十堰市	7度	0.15g	第一组	竹山县、竹溪县
	7度	0.10g	第一组	郧阳区、房县
	6度	0.05g	第一组	茅箭区、张湾区、郧西县、丹江口市
宜昌市	6度	0.05g	第一组	西陵区、伍家岗区、点军区、猇亭区、夷陵区、远安县、兴山县、秭归县、长阳土家族自治县、五峰土家族自治县、宜都市、当阳市、枝江市
襄阳市	6度	0.05g	第一组	襄城区、樊城区、襄州区、南漳县、谷城县、保康县、老河口市、枣阳市、宜城市
鄂州市	6度	0.05g	第一组	梁子湖区、华容区、鄂城区
荆门市	6度	0.05g	第一组	东宝区、掇刀区、京山县、沙洋县、钟祥市
孝感市	6度	0.05g	第一组	孝南区、孝昌县、大悟县、云梦县、应城市、安陆市、汉川市
荆州市	6度	0.05g	第一组	沙市区、荆州区、公安县、监利县、江陵县、石首市、洪湖市、松滋市
黄冈市	7度	0.10g	第一组	团风县、罗田县、英山县、麻城市
	6度	0.05g	第一组	黄州区、红安县、浠水县、蕲春县、黄梅县、武穴市
咸宁市	6度	0.05g	第一组	咸安区、嘉鱼县、通城县、崇阳县、通山县、赤壁市
随州市	6度	0.05g	第一组	曾都区、随县、广水市
恩施土家族苗族自治州	6度	0.05g	第一组	恩施市、利川市、建始县、巴东县、宣恩县、咸丰县、来凤县、鹤峰县
省直辖县级行政单位	6度	0.05g	第一组	仙桃市、潜江市、天门市、神农架林区

A.0.18 湖南省

	烈度	加速度	分组	县级及县级以上城镇
长沙市	6度	0.05g	第一组	芙蓉区、天心区、岳麓区、开福区、雨花区、望城区、长沙县、宁乡县、浏阳市

	烈度	加速度	分组	县级及县级以上城镇
株洲市	6度	0.05g	第一组	荷塘区、芦淞区、石峰区、天元区、株洲县、攸县、茶陵县、炎陵县、醴陵市
湘潭市	6度	0.05g	第一组	雨湖区、岳塘区、湘潭县、湘乡市、韶山市
衡阳市	6度	0.05g	第一组	珠晖区、雁峰区、石鼓区、蒸湘区、南岳区、衡阳县、衡南县、衡山县、衡东县、祁东县、耒阳市、常宁市
邵阳市	6度	0.05g	第一组	双清区、大祥区、北塔区、邵东县、新邵县、邵阳县、隆回县、洞口县、绥宁县、新宁县、城步苗族自治县、武冈市
岳阳市	7度	0.10g	第二组	湘阴县、汨罗市
	7度	0.10g	第一组	岳阳楼区、岳阳县
	6度	0.05g	第一组	云溪区、君山区、华容县、平江县、临湘市
常德市	7度	0.15g	第一组	武陵区、鼎城区
	7度	0.10g	第一组	安乡县、汉寿县、澧县、临澧县、桃源县、津市市
	6度	0.05g	第一组	石门县
张家界市	6度	0.05g	第一组	永定区、武陵源区、慈利县、桑植县
益阳市	6度	0.05g	第一组	资阳区、赫山区、南县、桃江县、安化县、沅江市
郴州市	6度	0.05g	第一组	北湖区、苏仙区、桂阳县、宜章县、永兴县、嘉禾县、临武县、汝城县、桂东县、安仁县、资兴市
永州市	6度	0.05g	第一组	零陵区、冷水滩区、祁阳县、东安县、双牌县、道县、江永县、宁远县、蓝山县、新田县、江华瑶族自治县
怀化市	6度	0.05g	第一组	鹤城区、中方县、沅陵县、辰溪县、溆浦县、会同县、麻阳苗族自治县、新晃侗族自治县、芷江侗族自治县、靖州苗族侗族自治县、通道侗族自治县、洪江市
娄底市	6度	0.05g	第一组	娄星区、双峰县、新化县、冷水江市、涟源市
湘西土家族苗族自治州	6度	0.05g	第一组	吉首市、泸溪县、凤凰县、花垣县、保靖县、古丈县、永顺县、龙山县

A.0.19 广东省

	烈度	加速度	分组	县级及县级以上城镇
广州市	7度	0.10g	第一组	荔湾区、越秀区、海珠区、天河区、白云区、黄埔区、番禺区、南沙区
	6度	0.05g	第一组	花都区、增城区、从化区
韶关市	6度	0.05g	第一组	武江区、浈江区、曲江区、始兴县、仁化县、翁源县、乳源瑶族自治县、新丰县、乐昌市、南雄市
深圳市	7度	0.10g	第一组	罗湖区、福田区、南山区、宝安区、龙岗区、盐田区
珠海市	7度	0.10g	第二组	香洲区、金湾区
	7度	0.10g	第一组	斗门区
汕头市	8度	0.20g	第二组	龙湖区、金平区、濠江区、潮阳区、澄海区、南澳县
	7度	0.15g	第二组	潮南区
佛山市	7度	0.10g	第一组	禅城区、南海区、顺德区、三水区、高明区
江门市	7度	0.10g	第一组	蓬江区、江海区、新会区、鹤山市
	6度	0.05g	第一组	台山市、开平市、恩平市
湛江市	8度	0.20g	第二组	徐闻县
	7度	0.10g	第一组	赤坎区、霞山区、坡头区、麻章区、遂溪县、廉江市、雷州市、吴川市

	烈度	加速度	分组	县级及县级以上城镇
茂名市	7度	0.10g	第一组	茂南区、电白区、化州市
	6度	0.05g	第一组	高州市、信宜市
肇庆市	7度	0.10g	第一组	端州区、鼎湖区、高要区
	6度	0.05g	第一组	广宁县、怀集县、封开县、德庆县、四会市
惠州市	6度	0.05g	第一组	惠城区、惠阳区、博罗县、惠东县、龙门县
梅州市	7度	0.10g	第二组	大埔县
	7度	0.10g	第一组	梅江区、梅县区、丰顺县
	6度	0.05g	第一组	五华县、平远县、蕉岭县、兴宁市
汕尾市	7度	0.10g	第一组	城区、海丰县、陆丰市
	6度	0.05g	第一组	陆河县
河源市	7度	0.10g	第一组	源城区、东源县
	6度	0.05g	第一组	紫金县、龙川县、连平县、和平县
阳江市	7度	0.15g	第一组	江城区
	7度	0.10g	第一组	阳东区、阳西县
	6度	0.05g	第一组	阳春市
清远市	6度	0.05g	第一组	清城区、清新区、佛冈县、阳山县、连山壮族自治县、连南瑶族自治县、英德市、连州市
东莞市	6度	0.05g	第一组	东莞市
中山市	7度	0.10g	第一组	中山市
潮州市	8度	0.20g	第二组	湘桥区、潮安区
	7度	0.15g	第二组	饶平县
揭阳市	7度	0.15g	第二组	榕城区、揭东区
	7度	0.10g	第二组	惠来县、普宁市
	6度	0.05g	第一组	揭西县
云浮市	6度	0.05g	第一组	云城区、云安区、新兴县、郁南县、罗定市

A.0.20 广西壮族自治区

	烈度	加速度	分组	县级及县级以上城镇
南宁市	7度	0.15g	第一组	隆安县
	7度	0.10g	第一组	兴宁区、青秀区、江南区、西乡塘区、良庆区、邕宁区、横县
	6度	0.05g	第一组	武鸣区、马山县、上林县、宾阳县
柳州市	6度	0.05g	第一组	城中区、鱼峰区、柳南区、柳北区、柳江县、柳城县、鹿寨县、融安县、融水苗族自治县、三江侗族自治县
桂林市	6度	0.05g	第一组	秀峰区、叠彩区、象山区、七星区、雁山区、临桂区、阳朔县、灵川县、全州县、兴安县、永福县、灌阳县、龙胜各族自治县、资源县、平乐县、荔浦县、恭城瑶族自治县
梧州市	6度	0.05g	第一组	万秀区、长洲区、龙圩区、苍梧县、藤县、蒙山县、岑溪市
北海市	7度	0.10g	第一组	合浦县
	6度	0.05g	第一组	海城区、银海区、铁山港区

	烈度	加速度	分组	县级及县级以上城镇
防城港市	6 度	0.05g	第一组	港口区、防城区、上思县、东兴市
钦州市	7 度	0.15g	第一组	灵山县
	7 度	0.10g	第一组	钦南区、钦北区、浦北县
贵港市	6 度	0.05g	第一组	港北区、港南区、覃塘区、平南县、桂平市
玉林市	7 度	0.10g	第一组	玉州区、福绵区、陆川县、博白县、兴业县、北流市
	6 度	0.05g	第一组	容县
百色市	7 度	0.15g	第一组	田东县、平果县、乐业县
	7 度	0.10g	第一组	右江区、田阳县、田林县
	6 度	0.05g	第二组	西林县、隆林各族自治县
	6 度	0.05g	第一组	德保县、那坡县、凌云县
贺州市	6 度	0.05g	第一组	八步区、昭平县、钟山县、富川瑶族自治县
河池市	6 度	0.05g	第一组	金城江区、南丹县、天峨县、凤山县、东兰县、罗城仫佬族自治县、环江毛南族自治县、巴马瑶族自治县、都安瑶族自治县、大化瑶族自治县、宜州市
来宾市	6 度	0.05g	第一组	兴宾区、忻城县、象州县、武宣县、金秀瑶族自治县、合山市
崇左市	7 度	0.10g	第一组	扶绥县
	6 度	0.05g	第一组	江州区、宁明县、龙州县、大新县、天等县、凭祥市
自治区直辖县级行政单位	6 度	0.05g	第一组	靖西市

A.0.21 海南省

	烈度	加速度	分组	县级及县级以上城镇
海口市	8 度	0.30g	第二组	秀英区、龙华区、琼山区、美兰区
三亚市	6 度	0.05g	第一组	海棠区、吉阳区、天涯区、崖州区
三沙市	7 度	0.10g	第一组	三沙市[1]
儋州市	7 度	0.10g	第二组	儋州市
省直辖县级行政单位	8 度	0.20g	第二组	文昌市、定安县
	7 度	0.15g	第二组	澄迈县
	7 度	0.15g	第一组	临高县
	7 度	0.10g	第二组	琼海市、屯昌县
	6 度	0.05g	第二组	白沙黎族自治县、琼中黎族苗族自治县
	6 度	0.05g	第一组	五指山市、万宁市、东方市、昌江黎族自治县、乐东黎族自治县、陵水黎族自治县、保亭黎族苗族自治县

注：1 三沙市政府驻地西沙永兴岛。

A.0.22 重庆市

烈度	加速度	分组	县级及县级以上城镇
7 度	0.10g	第一组	黔江区、荣昌区
6 度	0.05g	第一组	万州区、涪陵区、渝中区、大渡口区、江北区、沙坪坝区、九龙坡区、南岸区、北碚区、綦江区、大足区、渝北区、巴南区、长寿区、江津区、合川区、永川区、南川区、铜梁区、璧山区、潼南区、梁平县、城口县、丰都县、垫江县、武隆县、忠县、开县、云阳县、奉节县、巫山县、巫溪县、石柱土家族自治县、秀山土家族苗族自治县、酉阳土家族苗族自治县、彭水苗族土家族自治县

A.0.23 四川省

	烈度	加速度	分组	县级及县级以上城镇
成都市	8度	0.20g	第二组	都江堰市
	7度	0.15g	第二组	彭州市
	7度	0.10g	第三组	锦江区、青羊区、金牛区、武侯区、成华区、龙泉驿区、青白江区、新都区、温江区、金堂县、双流县、郫县、大邑县、蒲江县、新津县、邛崃市、崇州市
自贡市	7度	0.10g	第二组	富顺县
	7度	0.10g	第一组	自流井区、贡井区、大安区、沿滩区
	6度	0.05g	第三组	荣县
攀枝花市	7度	0.15g	第三组	东区、西区、仁和区、米易县、盐边县
泸州市	6度	0.05g	第二组	泸县
	6度	0.05g	第一组	江阳区、纳溪区、龙马潭区、合江县、叙永县、古蔺县
德阳市	7度	0.15g	第二组	什邡市、绵竹市
	7度	0.10g	第三组	广汉市
	7度	0.10g	第二组	旌阳区、中江县、罗江县
绵阳市	8度	0.20g	第二组	平武县
	7度	0.15g	第二组	北川羌族自治县（新）、江油市
	7度	0.10g	第二组	涪城区、游仙区、安县
	6度	0.05g	第二组	三台县、盐亭县、梓潼县
广元市	7度	0.15g	第二组	朝天区、青川县
	7度	0.10g	第二组	利州区、昭化区、剑阁县
	6度	0.05g	第二组	旺苍县、苍溪县
遂宁市	6度	0.05g	第一组	船山区、安居区、蓬溪县、射洪县、大英县
内江市	7度	0.10g	第一组	隆昌县
	6度	0.05g	第二组	威远县
	6度	0.05g	第一组	市中区、东兴区、资中县
乐山市	7度	0.15g	第三组	金口河区
	7度	0.15g	第二组	沙湾区、沐川县、峨边彝族自治县、马边彝族自治县
	7度	0.10g	第三组	五通桥区、犍为县、夹江县
	7度	0.10g	第二组	市中区、峨眉山市
	6度	0.05g	第三组	井研县
南充市	6度	0.05g	第二组	阆中市
	6度	0.05g	第一组	顺庆区、高坪区、嘉陵区、南部县、营山县、蓬安县、仪陇县、西充县
眉山市	7度	0.10g	第三组	东坡区、彭山县、洪雅县、丹棱县、青神县
	6度	0.05g	第二组	仁寿县
宜宾市	7度	0.10g	第三组	高县
	7度	0.10g	第二组	翠屏区、宜宾县、屏山县
	6度	0.05g	第三组	珙县、筠连县
	6度	0.05g	第二组	南溪区、江安县、长宁县
	6度	0.05g	第一组	兴文县
广安市	6度	0.05g	第一组	广安区、前锋区、岳池县、武胜县、邻水县、华蓥市

续表

	烈度	加速度	分组	县级及县级以上城镇
达州市	6度	0.05g	第一组	通川区、达川区、宣汉县、开江县、大竹县、渠县、万源市
雅安市	8度	0.20g	第三组	石棉县
	8度	0.20g	第一组	宝兴县
	7度	0.15g	第三组	荥经、汉源县
	7度	0.15g	第二组	天全县、芦山县
	7度	0.10g	第三组	名山区
	7度	0.10g	第二组	雨城区
巴中市	6度	0.05g	第一组	巴州区、恩阳区、通江县、平昌县
	6度	0.05g	第二组	南江县
资阳市	6度	0.05g	第一组	雁江区、安岳县、乐至县
	6度	0.05g	第二组	简阳市
阿坝藏族羌族自治州	8度	0.20g	第三组	九寨沟县
	8度	0.20g	第二组	松潘县
	8度	0.20g	第一组	汶川县、茂县
	7度	0.15g	第二组	理县、阿坝县
	7度	0.10g	第三组	金川县、小金县、黑水县、壤塘县、若尔盖县、红原县
	7度	0.10g	第二组	马尔康县
甘孜藏族自治州	9度	0.40g	第二组	康定市
	8度	0.30g	第二组	道孚县、炉霍县
	8度	0.20g	第三组	理塘县、甘孜县
	8度	0.20g	第二组	泸定县、德格县、白玉县、巴塘县、得荣县
	7度	0.15g	第三组	九龙县、雅江县、新龙县
	7度	0.15g	第二组	丹巴县
	7度	0.10g	第三组	石渠县、色达县、稻城县
	7度	0.10g	第二组	乡城县
凉山彝族自治州	9度	0.40g	第三组	西昌市
	8度	0.30g	第三组	宁南县、普格县、冕宁县
	8度	0.20g	第三组	盐源县、德昌县、布拖县、昭觉县、喜德县、越西县、雷波县
	7度	0.15g	第三组	木里藏族自治县、会东县、金阳县、甘洛县、美姑县
	7度	0.10g	第三组	会理县

A. 0. 24 贵州省

	烈度	加速度	分组	县级及县级以上城镇
贵阳市	6度	0.05g	第一组	南明区、云岩区、花溪区、乌当区、白云区、观山湖区、开阳县、息烽县、修文县、清镇市
六盘水市	7度	0.10g	第二组	钟山区
	6度	0.05g	第三组	盘县
	6度	0.05g	第二组	水城县
	6度	0.05g	第一组	六枝特区

续表

	烈度	加速度	分组	县级及县级以上城镇
遵义市	6度	0.05g	第一组	红花岗区、汇川区、遵义县、桐梓县、绥阳县、正安县、道真仡佬族苗族自治县、务川仡佬族苗族自治县凤、冈县、湄潭县、余庆县、习水县、赤水市、仁怀市
安顺市	6度	0.05g	第一组	西秀区、平坝区、普定县、镇宁布依族苗族自治县、关岭布依族苗族自治县、紫云苗族布依族自治县
铜仁市	6度	0.05g	第一组	碧江区、万山区、江口县、玉屏侗族自治县、石阡县、思南县、印江土家族苗族自治县、德江县、沿河土家族自治县、松桃苗族自治县
黔西南布依族苗族自治州	7度	0.15g	第一组	望谟县
	7度	0.10g	第二组	普安县、晴隆县
	6度	0.05g	第三组	兴义市
	6度	0.05g	第二组	兴仁县、贞丰县、册亨县、安龙县
毕节市	7度	0.10g	第三组	威宁彝族回族苗族自治县
	6度	0.05g	第三组	赫章县
	6度	0.05g	第二组	七星关区、大方县、纳雍县
	6度	0.05g	第一组	金沙县、黔西县、织金县
黔东南苗族侗族自治州	6度	0.05g	第一组	凯里市、黄平县、施秉县、三穗县、镇远县、岑巩县、天柱县、锦屏县、剑河县、台江县、黎平县、榕江县、从江县、雷山县、麻江县、丹寨县
黔南布依族苗族自治州	7度	0.10g	第一组	福泉市、贵定县、龙里县
	6度	0.05g	第一组	都匀市、荔波县、瓮安县、独山县、平塘县、罗甸县、长顺县、惠水县、三都水族自治县

A.0.25 云南省

	烈度	加速度	分组	县级及县级以上城镇
昆明市	9度	0.40g	第三组	东川区、寻甸回族彝族自治县
	8度	0.30g	第三组	宜良县、嵩明县
	8度	0.20g	第三组	五华区、盘龙区、官渡区、西山区、呈贡区、晋宁县、石林彝族自治县、安宁市
	7度	0.15g	第三组	富民县、禄劝彝族苗族自治县
曲靖市	8度	0.20g	第三组	马龙县、会泽县
	7度	0.15g	第三组	麒麟区、陆良县、沾益县
	7度	0.10g	第三组	师宗县、富源县、罗平县、宣威市
玉溪市	8度	0.30g	第三组	江川县、澄江县、通海县、华宁县、峨山彝族自治县
	8度	0.20g	第三组	红塔区、易门县
	7度	0.15g	第三组	新平彝族傣族自治县、元江哈尼族彝族傣族自治县
保山市	8度	0.30g	第三组	龙陵县
	8度	0.20g	第三组	隆阳区、施甸县
	7度	0.15g	第三组	昌宁县
昭通市	8度	0.20g	第三组	巧家县、永善县
	7度	0.15g	第三组	大关县、彝良县、鲁甸县
	7度	0.15g	第二组	绥江县

续表

	烈度	加速度	分组	县级及县级以上城镇
昭通市	7度	0.10g	第三组	昭阳区、盐津县
	7度	0.10g	第二组	水富县
	6度	0.05g	第二组	镇雄县、威信县
丽江市	8度	0.30g	第三组	古城区、玉龙纳西族自治县、永胜县
	8度	0.20g	第三组	宁蒗彝族自治县
	7度	0.15g	第三组	华坪县
普洱市	9度	0.40g	第三组	澜沧拉祜族自治县
	8度	0.30g	第三组	孟连傣族拉祜族佤族自治县、西盟佤族自治县
	8度	0.20g	第三组	思茅区、宁洱哈尼族彝族自县
	7度	0.15g	第三组	景东彝族自治县、景谷傣族彝族自治县
	7度	0.10g	第三组	墨江哈尼族自治县、镇沅彝族哈尼族拉祜族自治县、江城哈尼族彝族自治县
临沧市	8度	0.30g	第三组	双江拉祜族佤族布朗族傣族自治县、耿马傣族佤族自治县、沧源佤族自治县
	8度	0.20g	第三组	临翔区、凤庆县、云县、永德县、镇康县
楚雄彝族自治州	8度	0.20g	第三组	楚雄市、南华县
	7度	0.15g	第三组	双柏县、牟定县、姚安县、大姚县、元谋县、武定县、禄丰县
	7度	0.10g	第三组	永仁县
红河哈尼族彝族自治州	8度	0.30g	第三组	建水县、石屏县
	7度	0.15g	第三组	个旧市、开远市、弥勒市、元阳县、红河县
	7度	0.10g	第三组	蒙自市、泸西县、金平苗族瑶族傣族自治县、绿春县
	7度	0.10g	第一组	河口瑶族自治县
	6度	0.05g	第三组	屏边苗族自治县
文山壮族苗族自治州	7度	0.10g	第三组	文山市
	6度	0.05g	第三组	砚山县、丘北县
	6度	0.05g	第二组	广南县
	6度	0.05g	第一组	西畴县、麻栗坡县、马关县、富宁县
西双版纳傣族自治州	8度	0.30g	第三组	勐海县
	8度	0.20g	第三组	景洪市
	7度	0.15g	第三组	勐腊县
大理白族自治州	8度	0.30g	第三组	洱源县、剑川县、鹤庆县
	8度	0.20g	第三组	大理市、漾濞彝族自治县、祥云县、宾川县、弥渡县、南涧彝族自治县、巍山彝族回族自治县
	7度	0.15g	第三组	永平县、云龙县
德宏傣族景颇族自治州	8度	0.30g	第三组	瑞丽市、芒市
	8度	0.20g	第三组	梁河县、盈江县、陇川县
怒江傈僳族自治州	8度	0.20g	第三组	泸水县
	8度	0.20g	第二组	福贡县、贡山独龙族怒族自治县
	7度	0.15g	第三组	兰坪白族普米族自治县
迪庆藏族自治州	8度	0.20g	第二组	香格里拉市、德钦县、维西傈僳族自治县
省直辖县级行政单位	8度	0.20g	第三组	腾冲市

A.0.26 西藏自治区

	烈度	加速度	分组	县级及县级以上城镇
拉萨市	9度	0.40g	第三组	当雄县
	8度	0.20g	第三组	城关区、林周县、尼木县、堆龙德庆县
	7度	0.15g	第三组	曲水县、达孜县、墨竹工卡县
昌都市	8度	0.20g	第三组	卡若区、边坝县、洛隆县
	7度	0.15g	第三组	类乌齐县、丁青县、察雅县、八宿县、左贡县
	7度	0.15g	第二组	江达县、芒康县
	7度	0.10g	第三组	贡觉县
山南地区	8度	0.30g	第三组	错那县
	8度	0.20g	第三组	桑日县、曲松县、隆子县
	7度	0.15g	第三组	乃东县、扎囊县、贡嘎县、琼结县、措美县、洛扎县、加查县、浪卡子县
日喀则市	8度	0.20g	第三组	仁布县、康马县、聂拉木县
	8度	0.20g	第二组	拉孜县、定结县、亚东县
	7度	0.15g	第三组	桑珠孜区（原日喀则市）、南木林县、江孜县、定日县、萨迦县、白朗县、吉隆县、萨嘎县、岗巴县
	7度	0.15g	第二组	昂仁县、谢通门县、仲巴县
那曲地区	8度	0.30g	第三组	申扎县
	8度	0.20g	第三组	那曲县、安多县、尼玛县
	8度	0.20g	第二组	嘉黎县
	7度	0.15g	第三组	聂荣县、班戈县
	7度	0.15g	第二组	索县、巴青县、双湖县
	7度	0.10g	第三组	比如县
阿里地区	8度	0.20g	第三组	普兰县
	7度	0.15g	第三组	噶尔县、日土县
	7度	0.15g	第二组	札达县、改则县
	7度	0.10g	第三组	革吉县
	7度	0.10g	第二组	措勤县
林芝市	9度	0.40g	第三组	墨脱县
	8度	0.30g	第三组	米林县、波密县
	8度	0.20g	第三组	巴宜区（原林芝县）
	7度	0.15g	第三组	察隅县、朗县
	7度	0.10g	第三组	工布江达县

A.0.27 陕西省

	烈度	加速度	分组	县级及县级以上城镇
西安市	8度	0.20g	第二组	新城区、碑林区、莲湖区、灞桥区、未央区、雁塔区、阎良区、临潼区、长安区、高陵区、蓝田县、周至县、户县
铜川市	7度	0.10g	第三组	王益区、印台区、耀州区
	6度	0.05g	第三组	宜君县

	烈度	加速度	分组	县级及县级以上城镇
宝鸡市	8度	0.20g	第三组	凤翔县、岐山县、陇县、千阳县
	8度	0.20g	第二组	渭滨区、金台区、陈仓区、扶风县、眉县
	7度	0.15g	第三组	凤县
	7度	0.10g	第三组	麟游县、太白县
咸阳市	8度	0.20g	第二组	秦都区、杨陵区、渭城区、泾阳县、武功县、兴平市
	7度	0.15g	第三组	乾县
	7度	0.15g	第二组	三原县、礼泉县
	7度	0.10g	第三组	永寿县、淳化县
	6度	0.05g	第三组	彬县、长武县、旬邑县
渭南市	8度	0.30g	第二组	华县
	8度	0.20g	第二组	临渭区、潼关县、大荔县、华阴市
	7度	0.15g	第三组	澄城县、富平县
	7度	0.15g	第二组	合阳县、蒲城县、韩城市
	7度	0.10g	第三组	白水县
延安市	6度	0.05g	第三组	吴起县、富县、洛川县、宜川县、黄龙县、黄陵县
	6度	0.05g	第二组	延长县、延川县
	6度	0.05g	第一组	宝塔区、子长县、安塞县、志丹县、甘泉县
汉中市	7度	0.15g	第二组	略阳县
	7度	0.10g	第三组	留坝县
	7度	0.10g	第二组	汉台区、南郑县、勉县、宁强县
	6度	0.05g	第三组	城固县、洋县、西乡县、佛坪县
	6度	0.05g	第一组	镇巴县
榆林市	6度	0.05g	第三组	府谷县、定边县、吴堡县
	6度	0.05g	第一组	榆阳区、神木县、横山县、靖边县、绥德县、米脂县、佳县、清涧县、子洲县
安康市	7度	0.10g	第一组	汉滨区、平利县
	6度	0.05g	第三组	汉阴县、石泉县、宁陕县
	6度	0.05g	第二组	紫阳县、岚皋县、旬阳县、白河县
	6度	0.05g	第一组	镇坪县
商洛市	7度	0.15g	第二组	洛南县
	7度	0.10g	第三组	商州区、柞水县
	7度	0.10g	第一组	商南县
	6度	0.05g	第三组	丹凤县、山阳县、镇安县

A. 0. 28　甘肃省

	烈度	加速度	分组	县级及县级以上城镇
兰州市	8度	0.20g	第三组	城关区、七里河区、西固区、安宁区、永登县
	7度	0.15g	第三组	红古区、皋兰县、榆中县
嘉峪关市	8度	0.20g	第二组	嘉峪关市
金昌市	7度	0.15g	第三组	金川区、永昌县

	烈度	加速度	分组	县级及县级以上城镇
白银市	8度	0.30g	第三组	平川区
	8度	0.20g	第三组	靖远县、会宁县、景泰县
	7度	0.15g	第三组	白银区
天水市	8度	0.30g	第二组	秦州区、麦积区
	8度	0.20g	第三组	清水县、秦安县、武山县、张家川回族自治县
	8度	0.20g	第二组	甘谷县
武威市	8度	0.30g	第三组	古浪县
	8度	0.20g	第三组	凉州区、天祝藏族自治县
	7度	0.10g	第三组	民勤县
张掖市	8度	0.20g	第三组	临泽县
	8度	0.20g	第二组	肃南裕固族自治县、高台县
	7度	0.15g	第三组	甘州区
	7度	0.15g	第二组	民乐县、山丹县
平凉市	8度	0.20g	第三组	华亭县、庄浪县、静宁县
	7度	0.15g	第三组	崆峒区、崇信县
	7度	0.10g	第三组	泾川县、灵台县
酒泉市	8度	0.20g	第二组	肃北蒙古族自治县
	7度	0.15g	第三组	肃州区、玉门市
	7度	0.15g	第二组	金塔县、阿克塞哈萨克族自治县
	7度	0.10g	第三组	瓜州县、敦煌市
庆阳市	7度	0.10g	第三组	西峰区、环县、镇原县
	6度	0.05g	第三组	庆城县、华池县、合水县、正宁县、宁县
定西市	8度	0.20g	第三组	通渭县、陇西县、漳县
	7度	0.15g	第三组	安定区、渭源县、临洮县、岷县
陇南市	8度	0.30g	第二组	西和县、礼县
	8度	0.20g	第三组	两当县
	8度	0.20g	第二组	武都区、成县、文县、宕昌县、康县、徽县
临夏回族自治州	8度	0.20g	第三组	永靖县
	7度	0.15g	第三组	临夏市、康乐县、广河县、和政县、东乡族自治县、
	7度	0.15g	第二组	临夏县
	7度	0.10g	第三组	积石山保安族东乡族撒拉族自治县
甘南藏族自治州	8度	0.20g	第三组	舟曲县
	8度	0.20g	第二组	玛曲县
	7度	0.15g	第三组	临潭县、卓尼县、迭部县
	7度	0.15g	第二组	合作市、夏河县
	7度	0.10g	第三组	碌曲县

A.0.29 青海省

	烈度	加速度	分组	县级及县级以上城镇
西宁市	7度	0.10g	第三组	城中区、城东区、城西区、城北区、大通回族土族自治县、湟中县、湟源县
海东市	7度	0.10g	第三组	乐都区、平安区、民和回族土族自治县、互助土族自治县、化隆回族自治县、循化撒拉族自治县
海北藏族自治州	8度	0.20g	第二组	祁连县
	7度	0.15g	第三组	门源回族自治县
	7度	0.15g	第二组	海晏县
	7度	0.10g	第三组	刚察县
黄南藏族自治州	7度	0.15g	第二组	同仁县
	7度	0.10g	第三组	尖扎县、河南蒙古族自治县
	7度	0.10g	第二组	泽库县
海南藏族自治州	7度	0.15g	第二组	贵德县
	7度	0.10g	第三组	共和县、同德县、兴海县、贵南县
果洛藏族自治州	8度	0.30g	第三组	玛沁县
	8度	0.20g	第三组	甘德县、达日县
	7度	0.15g	第三组	玛多县
	7度	0.10g	第三组	班玛县、久治县
玉树藏族自治州	8度	0.20g	第三组	曲麻莱县
	7度	0.15g	第三组	玉树市、治多县
	7度	0.10g	第三组	称多县
	7度	0.10g	第二组	杂多县、囊谦县
海西蒙古族藏族自治州	7度	0.15g	第三组	德令哈市
	7度	0.15g	第二组	乌兰县
	7度	0.10g	第三组	格尔木市、都兰县、天峻县

A.0.30 宁夏回族自治区

	烈度	加速度	分组	县级及县级以上城镇
银川市	8度	0.20g	第三组	灵武市
	8度	0.20g	第二组	兴庆区、西夏区、金凤区、永宁县、贺兰县
石嘴山市	8度	0.20g	第二组	大武口区、惠农区、平罗县
吴忠市	8度	0.20g	第三组	利通区、红寺堡区、同心县、青铜峡市
	6度	0.05g	第三组	盐池县
固原市	8度	0.20g	第三组	原州区、西吉县、隆德县、泾源县
	7度	0.15g	第三组	彭阳县
中卫市	8度	0.30g	第三组	海原县
	8度	0.20g	第三组	沙坡头区、中宁县

A.0.31 新疆维吾尔自治区

	烈度	加速度	分组	县级及县级以上城镇
乌鲁木齐市	8度	0.20g	第二组	天山区、沙依巴克区、新市区、水磨沟区、头屯河区、达阪城区、米东区、乌鲁木齐县[1]

	烈度	加速度	分组	县级及县级以上城镇
克拉玛依市	8 度	0.20g	第三组	独山子区
	7 度	0.10g	第三组	克拉玛依区、白碱滩区
	7 度	0.10g	第一组	乌尔禾区
吐鲁番市	7 度	0.15g	第二组	高昌区（原吐鲁番市）
	7 度	0.10g	第二组	鄯善县、托克逊县
哈密地区	8 度	0.20g	第二组	巴里坤哈萨克自治县
	7 度	0.15g	第二组	伊吾县
	7 度	0.10g	第二组	哈密市
昌吉回族自治州	8 度	0.20g	第三组	昌吉市、玛纳斯县
	8 度	0.20g	第二组	木垒哈萨克自治县
	7 度	0.15g	第三组	呼图壁县
	7 度	0.15g	第二组	阜康市、吉木萨尔县
	7 度	0.10g	第二组	奇台县
博尔塔拉蒙古自治州	8 度	0.20g	第三组	精河县
	8 度	0.20g	第二组	阿拉山口市
	7 度	0.15g	第三组	博乐市、温泉县
巴音郭楞蒙古自治州	8 度	0.20g	第二组	库尔勒市、焉耆回族自治县、和静镇、和硕县、博湖县
	7 度	0.15g	第二组	轮台县
	7 度	0.10g	第三组	且末县
	7 度	0.10g	第二组	尉犁县、若羌县
阿克苏地区	8 度	0.20g	第二组	阿克苏市、温宿县、库车县、拜城县、乌什县、柯坪县
	7 度	0.15g	第二组	新和
	7 度	0.10g	第三组	沙雅县、阿瓦提县、阿瓦提镇
克孜勒苏柯尔克孜自治州	9 度	0.40g	第三组	乌恰县
	8 度	0.30g	第三组	阿图什市
	8 度	0.20g	第三组	阿克陶县
	8 度	0.20g	第二组	阿合奇县
喀什地区	9 度	0.40g	第三组	塔什库尔干塔吉克自治县
	8 度	0.30g	第三组	喀什市、疏附县、英吉沙县
	8 度	0.20g	第三组	疏勒县、岳普湖县、伽师县、巴楚县
	7 度	0.15g	第三组	泽普县、叶城县
	7 度	0.10g	第三组	莎车县、麦盖提县
和田地区	7 度	0.15g	第二组	和田市、和田县[2]、墨玉县、洛浦县、策勒县
	7 度	0.10g	第三组	皮山县
	7 度	0.10g	第二组	于田县、民丰县
伊犁哈萨克自治州	8 度	0.30g	第三组	昭苏县、特克斯县、尼勒克县
	8 度	0.20g	第三组	伊宁市、奎屯市、霍尔果斯市、伊宁县、霍城县、巩留县、新源县
	7 度	0.15g	第三组	察布查尔锡伯自治县

	烈度	加速度	分组	县级及县级以上城镇
	8度	0.20g	第三组	乌苏市、沙湾县
塔城地区	7度	0.15g	第二组	托里县
	7度	0.15g	第一组	和布克赛尔蒙古自治县
	7度	0.10g	第二组	裕民县
	7度	0.10g	第一组	塔城市、额敏县
阿勒泰地区	8度	0.20g	第三组	富蕴县、青河县
	7度	0.15g	第二组	阿勒泰市、哈巴河县
	7度	0.10g	第二组	布尔津县
	6度	0.05g	第三组	福海县、吉木乃县
自治区直辖县级行政单位	8度	0.20g	第三组	石河子市、可克达拉市
	8度	0.20g	第二组	铁门关市
	7度	0.15g	第三组	图木舒克市、五家渠市、双河市
	7度	0.10g	第二组	北屯市、阿拉尔市

注：1 乌鲁木齐县政府驻乌鲁木齐市水磨沟区南湖南路街道；
　　2 和田县政府驻和田市古江巴格街道。

A.0.32 港澳特区和台湾省

	烈度	加速度	分组	县级及县级以上城镇
香港特别行政区	7度	0.15g	第二组	香港
澳门特别行政区	7度	0.10g	第二组	澳门
台湾省	9度	0.40g	第三组	嘉义县、嘉义市、云林县、南投县、彰化县、台中市、苗栗县、花莲县
	9度	0.40g	第二组	台南县、台中县
	8度	0.30g	第三组	台北市、台北县、基隆市、桃园县、新竹县、新竹市、宜兰县、台东县、屏东县
	8度	0.20g	第三组	高雄市、高雄县、金门县
	8度	0.20g	第二组	澎湖县
	6度	0.05g	第三组	妈祖县

附录 B　高强混凝土结构抗震设计要求

B.0.1 高强混凝土结构所采用的混凝土强度等级应符合本规范第 3.9.3 条的规定；其抗震设计，除应符合普通混凝土结构抗震设计要求外，尚应符合本附录的规定。

B.0.2 结构构件截面剪力设计值的限值中含有混凝土轴心抗压强度设计值（f_c）的项应乘以混凝土强度影响系数（β_c）。其值，混凝土强度等级为 C50 时取 1.0，C80 时取 0.8，介于 C50 和 C80 之间时取其内插值。

结构构件受压区高度计算和承载力验算时，公式中含有混凝土轴心抗压强度设计值（f_c）的项也应按国家标准《混凝土结构设计规范》GB 50010 的有关规定乘以相应的混凝土强度影响系数。

B.0.3 高强混凝土框架的抗震构造措施，应符合下列要求：

1 梁端纵向受拉钢筋的配筋率不宜大于 3％（HRB335 级钢筋）和 2.6％（HRB400 级钢筋）。梁端箍筋加密区的箍筋最小直径应比普通混凝土梁箍筋的最小直径增大 2mm。

2 柱的轴压比限值宜按下列规定采用：不超过 C60 混凝土的柱可与普通混凝土柱相同，C65～C70 混凝土的柱宜比普通混凝土柱减小 0.05，C75～C80

混凝土的柱宜比普通混凝土柱减小0.1。

　　3　当混凝土强度等级大于C60时，柱纵向钢筋的最小总配筋率应比普通混凝土柱增大0.1%。

　　4　柱加密区的最小配箍特征值宜按下列规定采用；混凝土强度等级高于C60时，箍筋宜采用复合箍、复合螺旋箍或连续复合矩形螺旋箍。

　　　　1）　轴压比不大于0.6时，宜比普通混凝土柱大0.02；

　　　　2）　轴压比大于0.6时，宜比普通混凝土柱大0.03。

B.0.4　当抗震墙的混凝土强度等级大于C60时，应经过专门研究，采取加强措施。

附录C　预应力混凝土结构抗震设计要求

C.0.1　本附录适用于6、7、8度时先张法和后张有粘结预应力混凝土结构的抗震设计，9度时应进行专门研究。

　　无粘结预应力混凝土结构的抗震设计，应采取措施防止罕遇地震下结构构件塑性铰区以外有效预加力松弛，并符合专门的规定。

C.0.2　抗震设计的预应力混凝土结构，应采取措施使其具有良好的变形和消耗地震能量的能力，达到延性结构的基本要求；应避免构件剪切破坏先于弯曲破坏、节点先于被连接构件破坏、预应力筋的锚固粘结先于构件破坏。

C.0.3　抗震设计时，后张预应力框架、门架、转换层的转换大梁，宜采用有粘结预应力筋。承重结构的受拉杆件和抗震等级为一级的框架，不得采用无粘结预应力筋。

C.0.4　抗震设计时，预应力混凝土结构的抗震等级及相应的地震组合内力调整，应按本规范第6章对钢筋混凝土结构的要求执行。

C.0.5　预应力混凝土结构的混凝土强度等级，框架和转换层的转换构件不宜低于C40。其他抗侧力的预应力混凝土构件，不应低于C30。

C.0.6　预应力混凝土结构的抗震计算，除应符合本规范第5章的规定外，尚应符合下列规定：

　　1　预应力混凝土结构自身的阻尼比可采用0.03，并可按钢筋混凝土结构部分和预应力混凝土结构部分在整个结构总变形能所占的比例折算为等效阻尼比。

　　2　预应力混凝土结构构件截面抗震验算时，本规范第5.4.1条地震作用效应基本组合中，应增加预应力作用效应项，其分项系数，一般情况应采用1.0，当预应力作用效应对构件承载力不利时，应采用1.2。

　　3　预应力筋穿过框架节点核芯区时，节点核芯区的截面抗震验算，应计入总有效预加力以及预应力孔道削弱核芯区有效验算宽度的影响。

C.0.7　预应力混凝土结构的抗震构造，除下列规定外，应符合本规范第6章对钢筋混凝土结构的要求：

　　1　抗侧力的预应力混凝土构件，应采用预应力筋和非预应力筋混合配筋方式。二者的比例应依据抗震等级按有关规定控制，其预应力强度比不宜大于0.75。

　　2　预应力混凝土框架梁端纵向受拉钢筋的最大配筋率、底面和顶面非预应力钢筋配筋量的比值，应按预应力强度比相应换算后符合钢筋混凝土框架梁的要求。

　　3　预应力混凝土框架柱可采用非对称配筋方式；其轴压比计算，应计入预应力筋的总有效预加力形成的轴向压力设计值，并符合钢筋混凝土结构中对应框架柱的要求；箍筋宜全高加密。

　　4　板柱-抗震墙结构中，在柱截面范围内通过板底连续钢筋的要求，应计入预应力钢筋截面面积。

C.0.8　后张预应力筋的锚具不宜设置在梁柱节点核芯区。预应力筋-锚具组装件的锚固性能，应符合专门的规定。

附录D　框架梁柱节点核芯区截面抗震验算

D.1　一般框架梁柱节点

D.1.1　一、二、三级框架梁柱节点核芯区组合的剪力设计值，应按下列公式确定：

$$V_j = \frac{\eta_{jb}\sum M_b}{h_{b0}-a'_s}\left(1-\frac{h_{b0}-a'_s}{H_c-h_b}\right) \quad (D.1.1\text{-}1)$$

　　一级框架结构和9度的一级框架可不按上式确定，但应符合下式：

$$V_j = \frac{1.15\sum M_{bua}}{h_{b0}-a'_s}\left(1-\frac{h_{b0}-a'_s}{H_c-h_b}\right)$$

$$(D.1.1\text{-}2)$$

式中：V_j——梁柱节点核芯区组合的剪力设计值；

　　　h_{b0}——梁截面的有效高度，节点两侧梁截面高度不等时可采用平均值；

　　　a'_s——梁受压钢筋合力点至受压边缘的距离；

　　　H_c——柱的计算高度，可采用节点上、下柱反弯点之间的距离；

　　　h_b——梁的截面高度，节点两侧梁截面高度不等时可采用平均值；

　　　η_{jb}——强节点系数，对于框架结构，一级宜取1.5，二级宜取1.35，三级宜取1.2；对于其他结构中的框架，一级宜取1.35，二级宜取1.2，三级宜取1.1；

$\sum M_b$ ——节点左右梁端反时针或顺时针方向组合弯矩设计值之和,一级框架节点左右梁端均为负弯矩时,绝对值较小的弯矩应取零;

$\sum M_{bua}$ ——节点左右梁端反时针或顺时针方向实配的正截面抗震受弯承载力所对应的弯矩值之和,可根据实配钢筋面积(计入受压筋)和材料强度标准值确定。

D.1.2 核芯区截面有效验算宽度,应按下列规定采用:

1 核芯区截面有效验算宽度,当验算方向的梁截面宽度不小于该侧柱截面宽度的1/2时,可采用该侧柱截面宽度,当小于柱截面宽度的1/2时可采用下列二者的较小值:

$$b_j = b_b + 0.5h_c \qquad (D.1.2-1)$$
$$b_j = b_c \qquad (D.1.2-2)$$

式中:b_j ——节点核芯区的截面有效验算宽度;

b_b ——梁截面宽度;

h_c ——验算方向的柱截面高度;

b_c ——验算方向的柱截面宽度。

2 当梁、柱的中线不重合且偏心距不大于柱宽的1/4时,核芯区的截面有效验算宽度可采用上款和下式计算结果的较小值。

$$b_j = 0.5(b_b + b_c) + 0.25h_c - e \qquad (D.1.2-3)$$

式中:e ——梁与柱中线偏心距。

D.1.3 节点核芯区组合的剪力设计值,应符合下列要求:

$$V_j \leqslant \frac{1}{\gamma_{RE}}(0.30\eta_j f_c b_j h_j) \qquad (D.1.3)$$

式中:η_j ——正交梁的约束影响系数;楼板为现浇、梁柱中线重合、四侧各梁截面宽度不小于该侧柱截面宽度的1/2,且正交方向梁高度不小于框架梁高度的3/4时,可采用1.5,9度的一级宜采用1.25;其他情况均采用1.0;

h_j ——节点核芯区的截面高度,可采用验算方向的柱截面高度;

γ_{RE} ——承载力抗震调整系数,可采用0.85。

D.1.4 节点核芯区截面抗震受剪承载力,应采用下列公式验算:

$$V_j \leqslant \frac{1}{\gamma_{RE}}\left(1.1\eta_j f_t b_j h_j + 0.05\eta_j N \frac{b_j}{b_c} + f_{yv} A_{svj} \frac{h_{b0} - a_s'}{s}\right)$$
$$(D.1.4-1)$$

9度的一级

$$V_j \leqslant \frac{1}{\gamma_{RE}}\left(0.9\eta_j f_t b_j h_j + f_{yv} A_{svj} \frac{h_{b0} - a_s'}{s}\right)$$
$$(D.1.4-2)$$

式中:N ——对应于组合剪力设计值的上柱组合轴向压力较小值,其取值不应大于柱的截面

面积和混凝土轴心抗压强度设计值的乘积的50%,当N为拉力时,取$N=0$;

f_{yv} ——箍筋的抗拉强度设计值;

f_t ——混凝土轴心抗拉强度设计值;

A_{svj} ——核芯区有效验算宽度范围内同一截面验算方向箍筋的总截面面积;

s ——箍筋间距。

D.2 扁梁框架的梁柱节点

D.2.1 扁梁框架的梁宽大于柱宽时,梁柱节点应符合本段的规定。

D.2.2 扁梁框架的梁柱节点核芯区应根据梁纵筋在柱宽范围内、外的截面面积比例,对柱宽以内和柱宽以外的范围分别验算受剪承载力。

D.2.3 核芯区验算方法除应符合一般框架梁柱节点的要求外,尚应符合下列要求:

1 按本规范式(D.1.3)验算核芯区剪力限值时,核芯区有效宽度可取梁宽与柱宽之和的平均值;

2 四边有梁的约束影响系数,验算柱宽范围内核芯区的受剪承载力时可取1.5;验算柱宽范围以外核芯区的受剪承载力时宜取1.0;

3 验算核芯区受剪承载力时,在柱宽范围内的核芯区,轴向力的取值可与一般梁柱节点相同;柱宽以外的核芯区,可不考虑轴力对受剪承载力的有利作用;

4 锚入柱内的梁上部钢筋宜大于其全部截面面积的60%。

D.3 圆柱框架的梁柱节点

D.3.1 梁中线与柱中线重合时,圆柱框架梁柱节点核芯区组合的剪力设计值应符合下列要求:

$$V_j \leqslant \frac{1}{\gamma_{RE}}(0.30\eta_j f_c A_j) \qquad (D.3.1)$$

式中:η_j ——正交梁的约束影响系数,按本规范第D.1.3条确定,其中柱截面宽度按柱直径采用;

A_j ——节点核芯区有效截面面积,梁宽(b_b)不小于柱直径(D)之半时,取$A_j = 0.8D^2$;梁宽(b_b)小于柱直径(D)之半且不小于$0.4D$时,取$A_j = 0.8D(b_b + D/2)$。

D.3.2 梁中线与柱中线重合时,圆柱框架梁柱节点核芯区截面抗震受剪承载力应采用下列公式验算:

$$V_j \leqslant \frac{1}{\gamma_{RE}}\left(1.5\eta_j f_t A_j + 0.05\eta_j \frac{N}{D^2} A_j\right.$$
$$+ 1.57 f_{yv} A_{sh} \frac{h_{b0} - a_s'}{s}$$
$$\left. + f_{yv} A_{svj} \frac{h_{b0} - a_s'}{s}\right) \qquad (D.3.2-1)$$

9度的一级

$$V_j \leqslant \frac{1}{\gamma_{RE}} \left(1.2\eta_j f_t A_j + 1.57 f_{yv} A_{sh} \frac{h_{b0} - a'_s}{s} \right.$$
$$\left. + f_{yv} A_{hvj} \frac{h_{b0} - a'_s}{s} \right) \qquad (D.3.2-2)$$

式中：A_{sh} —— 单根圆形箍筋的截面积；

A_{svj} —— 同一截面验算方向的拉筋和非圆形箍筋的总截面面积；

D —— 圆柱截面直径；

N —— 轴向力设计值，按一般梁柱节点的规定取值。

附录 E 转换层结构的抗震设计要求

E.1 矩形平面抗震墙结构框支层楼板设计要求

E.1.1 框支层应采用现浇楼板，厚度不宜小于180mm，混凝土强度等级不宜低于 C30，应采用双层双向配筋，且每层每个方向的配筋率不应小于 0.25%。

E.1.2 部分框支抗震墙结构的框支层楼板剪力设计值，应符合下列要求：

$$V_f \leqslant \frac{1}{\gamma_{RE}} (0.1 f_c b_f t_f) \qquad (E.1.2)$$

式中：V_f —— 由不落地抗震墙传到落地抗震墙处按刚性楼板计算的框支层楼板组合的剪力设计值，8度时应乘以增大系数 2，7度时应乘以增大系数 1.5；验算落地抗震墙时不考虑此项增大系数；

b_f、t_f —— 分别为框支层楼板的宽度和厚度；

γ_{RE} —— 承载力抗震调整系数，可采用 0.85。

E.1.3 部分框支抗震墙结构的框支层楼板与落地抗震墙交接截面的受剪承载力，应按下列公式验算：

$$V_f \leqslant \frac{1}{\gamma_{RE}} (f_y A_s) \qquad (E.1.3)$$

式中：A_s —— 穿过落地抗震墙的框支层楼盖（包括梁和板）的全部钢筋的截面面积。

E.1.4 框支层楼板的边缘和较大洞口周边应设置边梁，其宽度不宜小于板厚的 2 倍，纵向钢筋配筋率不应小于 1%，钢筋接头宜采用机械连接或焊接，楼板的钢筋应锚固在边梁内。

E.1.5 对建筑平面较长或不规则及各抗震墙内力相差较大的框支层，必要时可采用简化方法验算楼板平面内的受弯、受剪承载力。

E.2 筒体结构转换层抗震设计要求

E.2.1 转换层上下的结构质量中心宜接近重合（不包括裙房），转换层上下层的侧向刚度比不宜大于2。

E.2.2 转换层上部的竖向抗侧力构件（墙、柱）宜直接落在转换层的主结构上。

E.2.3 厚板转换层结构不宜用于 7 度及 7 度以上的高层建筑。

E.2.4 转换层楼盖不应有大洞口，在平面内宜接近刚性。

E.2.5 转换层楼盖与筒体、抗震墙应有可靠的连接，转换层楼板的抗震验算和构造宜符合本附录第 E.1 节对框支层楼板的有关规定。

E.2.6 8 度时转换层结构应考虑竖向地震作用。

E.2.7 9 度时不应采用转换层结构。

附录 F 配筋混凝土小型空心砌块抗震墙房屋抗震设计要求

F.1 一般规定

F.1.1 本附录适用的配筋混凝土小型空心砌块抗震墙房屋的最大高度应符合表 F.1.1-1 的规定，且房屋总高度与总宽度的比值不宜超过表 F.1.1-2 的规定。

表 F.1.1-1 配筋混凝土小型空心砌块抗震墙房屋适用的最大高度（m）

最小墙厚 （mm）	6 度	7 度		8 度		9 度
	0.05g	0.10g	0.15g	0.20g	0.30g	0.40g
190	60	55	45	40	30	24

注：1 房屋高度超过表内高度时，应进行专门研究和论证，采取有效的加强措施；

2 某层或几层开间大于 6.0m 以上的房间建筑面积占相应层建筑面积 40%以上时，表中数据相应减少 6m；

3 房屋高度指室外地面到主要屋面板板顶的高度（不包括局部突出屋顶部分）。

表 F.1.1-2 配筋混凝土小型空心砌块抗震墙房屋的最大高宽比

烈 度	6 度	7 度	8 度	9 度
最大高宽比	4.5	4.0	3.0	2.0

注：房屋的平面布置和竖向布置不规则时应适当减小最大高宽比。

F.1.2 配筋混凝土小型空心砌块抗震墙房屋应根据抗震设防类别、烈度和房屋高度采用不同的抗震等级，并应符合相应的计算和构造措施要求。丙类建筑的抗震等级宜按表 F.1.2 确定。

表 F.1.2 配筋混凝土小型空心砌块抗震墙房屋的抗震等级

烈 度	6 度		7 度		8 度		9 度
高度（m）	≤24	>24	≤24	>24	≤24	>24	≤24
抗震等级	四	三	三	二	二	一	一

注：接近或等于高度分界时，可结合房屋不规则程度及场地、地基条件确定抗震等级。

F.1.3 配筋混凝土小型空心砌块抗震墙房屋应避免采用本规范第 3.4 节规定的不规则建筑结构方案，并应符合下列要求：

1 平面形状宜简单、规则，凹凸不宜过大；竖向布置宜规则、均匀，避免过大的外挑和内收。

2 纵横向抗震墙宜拉通对直；每个独立墙段长度不宜大于 8m，且不宜小于墙厚的 5 倍；墙段的总高度与墙段长度之比不宜小于 2；门洞口宜上下对齐，成列布置。

3 采用现浇钢筋混凝土楼、屋盖时，抗震横墙的最大间距，应符合表 F.1.3 的要求。

表 F.1.3 配筋混凝土小型空心砌块抗震横墙的最大间距

烈 度	6 度	7 度	8 度	9 度
最大间距（m）	15	15	11	7

4 房屋需要设置防震缝时，其最小宽度应符合下列要求：

当房屋高度不超过 24m 时，可采用 100mm；当超过 24m 时，6 度、7 度、8 度和 9 度相应每增加 6m、5m、4m 和 3m，宜加宽 20mm。

F.1.4 配筋混凝土小型空心砌块抗震墙房屋的层高应符合下列要求：

1 底部加强部位的层高，一、二级不宜大于 3.2m，三、四级不应大于 3.9m。

2 其他部位的层高，一、二级不应大于 3.9m，三、四级不应大于 4.8m。

注：底部加强部位指不小于房屋高度的 1/6 且不小于底部二层的高度范围，房屋总高度小于 21m 时取一层。

F.1.5 配筋混凝土小型空心砌块抗震墙的短肢墙应符合下列要求：

1 不应采用全部为短肢墙的配筋小砌块抗震墙结构，应形成短肢抗震墙与一般抗震墙共同抵抗水平地震作用的抗震墙结构。9 度时不宜采用短肢墙。

2 在规定的水平力作用下，一般抗震墙承受的底部地震倾覆力矩不应小于结构总倾覆力矩的 50%，且短肢抗震墙截面面积与同层抗震墙总截面面积比例，两个主轴方向均不宜大于 20%。

3 短肢墙宜设置翼墙；不应在一字形短肢墙平面外布置与之单侧相交的楼、屋面梁。

4 短肢墙的抗震等级应比表 F.1.2 的规定提高一级采用；已为一级时，配筋应按 9 度的要求提高。

注：短肢抗震墙指墙肢截面高度与宽度之比为 5～8 的抗震墙，一般抗震墙指墙肢截面高度与宽度之比大于 8 的抗震墙。"L"形、"T"形、"+"形等多肢墙截面的长短肢性质应由较长一肢确定。

F.2　计 算 要 点

F.2.1 配筋混凝土小型空心砌块抗震墙房屋抗震计算时，应按本节规定调整地震作用效应；6 度时可不进行截面抗震验算，但应按本附录的有关要求采取抗震构造措施。配筋混凝土小砌块抗震墙房屋应进行多遇地震作用下的抗震变形验算，其楼层内最大的弹性层间位移角，底层不宜超过 1/1200，其他楼层不宜超过 1/800。

F.2.2 配筋混凝土小砌块抗震墙承载力计算时，底部加强部位截面的组合剪力设计值应按下列规定调整：

$$V = \eta_{vw} V_w \qquad (\text{F.2.2})$$

式中：V——抗震墙底部加强部位截面组合的剪力设计值；

V_w——抗震墙底部加强部位截面组合的剪力计算值；

η_{vw}——剪力增大系数，一级取 1.6，二级取 1.4，三级取 1.2，四级取 1.0。

F.2.3 配筋混凝土小型空心砌块抗震墙截面组合的剪力设计值，应符合下列要求：

剪跨比大于 2

$$V \leqslant \frac{1}{\gamma_{RE}}(0.2 f_g bh) \qquad (\text{F.2.3-1})$$

剪跨比不大于 2

$$V \leqslant \frac{1}{\gamma_{RE}}(0.15 f_g bh) \qquad (\text{F.2.3-2})$$

式中：f_g——灌孔小砌块砌体抗压强度设计值；

b——抗震墙截面宽度；

h——抗震墙截面高度；

γ_{RE}——承载力抗震调整系数，取 0.85。

注：剪跨比按本规范式 (6.2.9-3) 计算。

F.2.4 偏心受压配筋混凝土小型空心砌块抗震墙截面受剪承载力，应按下列公式验算：

$$V \leqslant \frac{1}{\gamma_{RE}}\left[\frac{1}{\lambda - 0.5}(0.48 f_{gv} bh_0 + 0.1N) + 0.72 f_{yh} \frac{A_{sh}}{s} h_0\right]$$
$$(\text{F.2.4-1})$$

$$0.5V \leqslant \frac{1}{\gamma_{RE}}\left(0.72 f_{yh} \frac{A_{sh}}{s} h_0\right) \qquad (\text{F.2.4-2})$$

式中：N——抗震墙组合的轴向压力设计值；当 $N>0.2 f_g bh$ 时，取 $N=0.2 f_g bh$；

λ——计算截面处的剪跨比，取 $\lambda = M/Vh_0$；小于 1.5 时取 1.5，大于 2.2 时取 2.2；

f_{gv}——灌孔小砌块砌体抗剪强度设计值；f_{gv}

$0.2f_\mathrm{g}^{0.55}$ ；

A_{sh} ——同一截面的水平钢筋截面面积；

s ——水平分布筋间距；

f_{yh} ——水平分布筋抗拉强度设计值；

h_0 ——抗震墙截面有效高度。

F. 2.5 在多遇地震作用组合下，配筋混凝土小型空心砌块抗震墙的墙肢不应出现小偏心受拉。大偏心受拉配筋混凝土小型空心砌块抗震墙，其斜截面受剪承载力应按下列公式计算：

$$V \leqslant \frac{1}{\gamma_{RE}}\left[\frac{1}{\lambda - 0.5}(0.48f_{gv}bh_0 - 0.17N)\right.$$

$$\left. + 0.72f_{yh}\frac{A_{sh}}{s}h_0\right] \qquad (F.2.5\text{-}1)$$

$$0.5V \leqslant \frac{1}{\gamma_{RE}}\left(0.72f_{yh}\frac{A_{sh}}{s}h_0\right) \qquad (F.2.5\text{-}2)$$

当 $0.48f_{gv}bh_0 - 0.17N \leqslant 0$ 时，取 $0.48f_{gv}bh_0 - 0.17N = 0$

式中：N ——抗震墙组合的轴向拉力设计值。

F. 2.6 配筋小型空心砌块抗震墙跨高比大于 2.5 的连梁宜采用钢筋混凝土连梁，其截面组合的剪力设计值和斜截面受剪承载力，应符合现行国家标准《混凝土结构设计规范》GB 50010 对连梁的有关规定。

F. 2.7 抗震墙采用配筋混凝土小型空心砌块砌体连梁时，应符合下列要求：

1 连梁的截面应满足下式的要求：

$$V \leqslant \frac{1}{\gamma_{RE}}(0.15f_gbh_0) \qquad (F.2.7\text{-}1)$$

2 连梁的斜截面受剪承载力应按下式计算：

$$V \leqslant \frac{1}{\gamma_{RE}}\left(0.56f_{gv}bh_0 + 0.7f_{yv}\frac{A_{sv}}{s}h_0\right)$$

$$(F.2.7\text{-}2)$$

式中：A_{sv} ——配置在同一截面内的箍筋各肢的全部截面面积；

f_{yv} ——箍筋的抗拉强度设计值。

F.3 抗震构造措施

F. 3.1 配筋混凝土小型空心砌块抗震墙房屋的灌孔混凝土应采用坍落度大、流动性及和易性好，并与砌块结合良好的混凝土，灌孔混凝土的强度等级不应低于 Cb20。

F. 3.2 配筋混凝土小型空心砌块抗震墙房屋的抗震墙，应全部用灌孔混凝土灌实。

F. 3.3 配筋混凝土小型空心砌块抗震墙的横向和竖向分布钢筋应符合表 F.3.3-1 和表 F.3.3-2 的要求；横向分布钢筋宜双排布置，双排分布钢筋之间拉结筋的间距不应大于 400mm，直径不应小于 6mm；竖向分布钢筋宜采用单排布置，直径不应大于 25mm。

表 F. 3.3-1 配筋混凝土小型空心砌块抗震墙横向分布钢筋构造要求

抗震等级	最小配筋率（%）		最大间距（mm）	最小直径（mm）
	一般部位	加强部位		
一级	0.13	0.15	400	$\phi8$
二级	0.13	0.13	600	$\phi8$
三级	0.11	0.13	600	$\phi8$
四级	0.10	0.10	600	$\phi6$

注：9 度时配筋率不应小于 0.2%；在顶层和底部加强部位，最大间距不应大于 400mm。

表 F. 3.3-2 配筋混凝土小型空心砌块抗震墙竖向分布钢筋构造要求

抗震等级	最小配筋率（%）		最大间距（mm）	最小直径（mm）
	一般部位	加强部位		
一级	0.15	0.15	400	$\phi12$
二级	0.13	0.13	600	$\phi12$
三级	0.11	0.13	600	$\phi12$
四级	0.10	0.10	600	$\phi12$

注：9 度时配筋率不应小于 0.2%；在顶层和底部加强部位，最大间距应适当减小。

F. 3.4 配筋混凝土小型空心砌块抗震墙在重力荷载代表值作用下的轴压比，应符合下列要求：

1 一般墙体的底部加强部位，一级（9 度）不宜大于 0.4，一级（8 度）不宜大于 0.5，二、三级不宜大于 0.6；一般部位，均不宜大于 0.6。

2 短肢墙体全高范围，一级不宜大于 0.50，二、三级不宜大于 0.60；对于无翼缘的一字形短肢墙，其轴压比限值应相应降低 0.1。

3 各向墙肢截面均为 $3b < h < 5b$ 的独立小墙肢，一级不宜大于 0.4，二、三级不宜大于 0.5；对于无翼缘的一字形独立小墙肢，其轴压比限值应相应降低 0.1。

F. 3.5 配筋混凝土小型空心砌块抗震墙墙肢端部应设置边缘构件；底部加强部位的轴压比，一级大于 0.2 和二级大于 0.3 时，应设置约束边缘构件。构造边缘构件的配筋范围：无翼墙端部为 3 孔配筋；"L"形转角节点为 3 孔配筋；"T"形转角节点为 4 孔配筋；边缘构件范围内应设置水平箍筋，最小配筋应符合表 F.3.5 的要求。约束边缘构件的范围应沿受力方向比构造边缘构件增加 1 孔，水平箍筋应相应加强，也可采用混凝土边框柱加强。

表 F.3.5 抗震墙边缘构件的配筋要求

抗震等级	每孔竖向钢筋最小配筋量		水平箍筋最小直径	水平箍筋最大间距
	底部加强部位	一般部位		
一级	1φ20	1φ18	φ8	200mm
二级	1φ18	1φ16	φ6	200mm
三级	1φ16	1φ14	φ6	200mm
四级	1φ14	1φ12	φ6	200mm

注：1 边缘构件水平箍筋宜采用搭接点焊网片形式；

2 一、二、三级时，边缘构件箍筋应采用不低于 HRB335 级的热轧钢筋；

3 二级轴压比大于 0.3 时，底部加强部位水平箍筋的最小直径不应小于 8mm。

F.3.6 配筋混凝土小型空心砌块抗震墙内竖向和横向分布钢筋的搭接长度不应小于 48 倍钢筋直径，锚固长度不应小于 42 倍钢筋直径。

F.3.7 配筋混凝土小型空心砌块抗震墙的横向分布钢筋，沿墙长应连续设置，两端的锚固应符合下列规定：

1 一、二级的抗震墙，横向分布钢筋可绕竖向主筋弯 180 度弯钩，弯钩端部直段长度不宜小于 12 倍钢筋直径；横向分布钢筋亦可弯入端部灌孔混凝土中，锚固长度不应小于 30 倍钢筋直径且不应小于 250mm。

2 三、四级的抗震墙，横向分布钢筋可弯入端部灌孔混凝土中，锚固长度不应小于 25 倍钢筋直径且不应小于 200mm。

F.3.8 配筋混凝土小型空心砌块抗震墙中，跨高比小于 2.5 的连梁可采用砌体连梁；其构造应符合下列要求：

1 连梁的上下纵向钢筋锚入墙内的长度，一、二级不应小于 1.15 倍锚固长度，三级不应小于 1.05 倍锚固长度，四级不应小于锚固长度；且均不应小于 600mm。

2 连梁的箍筋应沿梁全长设置；箍筋直径，一级不小于 10mm，二、三、四级不小于 8mm；箍筋间距，一级不大于 75mm，二级不大于 100mm，三级不大于 120mm。

3 顶层连梁在伸入墙体的纵向钢筋长度范围内应设置间距不大于 200mm 的构造箍筋，其直径应与该连梁的箍筋直径相同。

4 自梁顶面下 200mm 至梁底面上 200mm 范围内应增设腰筋，其间距不大于 200mm；每层腰筋的数量，一级不少于 2φ12，二～四级不少于 2φ10；腰筋伸入墙内的长度不应小于 30 倍的钢筋直径且不应小于 300mm。

5 连梁内不宜开洞，需要开洞时应符合下列要求：

　　1）在跨中梁高 1/3 处预埋外径不大于 200mm

的钢套管；

　　2）洞口上下的有效高度不应小于 1/3 梁高，且不应小于 200mm；

　　3）洞口处应配补强钢筋，被洞口削弱的截面应进行受剪承载力验算。

F.3.9 配筋混凝土小型空心砌块抗震墙的圈梁构造，应符合下列要求：

1 墙体在基础和各楼层标高处均应设置现浇钢筋混凝土圈梁，圈梁的宽度应同墙厚，其截面高度不宜小于 200mm。

2 圈梁混凝土抗压强度不应小于相应灌孔小砌块砌体的强度，且不应小于 C20。

3 圈梁纵向钢筋直径不应小于墙中横向分布钢筋的直径，且不应小于 4φ12；基础圈梁纵筋不应小于 4φ12；圈梁及基础圈梁箍筋直径不应小于 8mm，间距不应大于 200mm；当圈梁高度大于 300mm 时，应沿圈梁截面高度方向设置腰筋，其间距不应大于 200mm，直径不应小于 10mm。

4 圈梁底部嵌入墙顶小砌块孔洞内，深度不宜小于 30mm；圈梁顶部应是毛面。

F.3.10 配筋混凝土小型空心砌块抗震墙房屋的楼、屋盖，高层建筑和 9 度时应采用现浇钢筋混凝土板，多层建筑宜采用现浇钢筋混凝土板；抗震等级为四级时，也可采用装配整体式钢筋混凝土楼盖。

附录 G 钢支撑-混凝土框架和钢框架-钢筋混凝土核心筒结构房屋抗震设计要求

G.1 钢支撑-钢筋混凝土框架

G.1.1 抗震设防烈度为 6～8 度且房屋高度超过本规范第 6.1.1 条规定的钢筋混凝土框架结构最大适用高度时，可采用钢支撑-混凝土框架组成抗侧力体系的结构。

　　按本节要求进行抗震设计时，其适用的最大高度不宜超过本规范第 6.1.1 条钢筋混凝土框架结构和框架-抗震墙结构二者最大适用高度的平均值。超过最大适用高度的房屋，应进行专门研究和论证，采取有效的加强措施。

G.1.2 钢支撑-混凝土框架结构房屋应根据设防类别、烈度和房屋高度采用不同的抗震等级，并应符合相应的计算和构造措施要求。丙类建筑的抗震等级，钢支撑框架部分应比本规范第 8.1.3 条和第 6.1.2 条框架结构的规定提高一个等级，钢筋混凝土框架部分仍按本规范第 6.1.2 条框架结构确定。

G.1.3 钢支撑-混凝土框架结构的结构布置，应符合下列要求：

1 钢支撑框架应在结构的两个主轴方向同时设置。

2 钢支撑宜上下连续布置，当受建筑方案影响无法连续布置时，宜在邻跨延续布置。

3 钢支撑宜采用交叉支撑，也可采用人字支撑或 V 形支撑；采用单支撑时，两方向的斜杆应基本对称布置。

4 钢支撑在平面内的布置应避免导致扭转效应；钢支撑之间无大洞口的楼、屋盖的长宽比，宜符合本规范 6.1.6 条对抗震墙间距的要求；楼梯间宜布置钢支撑。

5 底层的钢支撑框架按刚度分配的地震倾覆力矩应大于结构总地震倾覆力矩的 50%。

G.1.4 钢支撑-混凝土框架结构的抗震计算，尚应符合下列要求：

1 结构的阻尼比不应大于 0.045，也可按混凝土框架部分和钢支撑部分在结构总变形能所占的比例折算为等效阻尼比。

2 钢支撑框架部分的斜杆，可按端部铰接杆计算。当支撑斜杆的轴线偏离混凝土柱轴线超过柱宽 1/4 时，应考虑附加弯矩。

3 混凝土框架部分承担的地震作用，应按框架结构和支撑框架结构两种模型计算，并宜取二者的较大值。

4 钢支撑-混凝土框架的层间位移限值，宜按框架和框架-抗震墙结构内插。

G.1.5 钢支撑与混凝土柱的连接构造，应符合本规范第 9.1 节关于单层钢筋混凝土柱厂房支撑与柱连接的相关要求。钢支撑与混凝土梁的连接构造，应符合连接不先于支撑破坏的要求。

G.1.6 钢支撑-混凝土框架结构中，钢支撑部分尚应按本规范第 8 章、现行国家标准《钢结构设计规范》GB 50017 的规定进行设计；钢筋混凝土框架部分尚应按本规范第 6 章的规定进行设计。

G.2 钢框架-钢筋混凝土核心筒结构

G.2.1 抗震设防烈度为 6~8 度且房屋高度超过本规范第 6.1.1 条规定的混凝土框架-核心筒结构最大适用高度时，可采用钢框架-混凝土核心筒组成抗侧力体系的结构。

按本节要求进行抗震设计时，其适用的最大高度不宜超过本规范第 6.1.1 条钢筋混凝土框架-核心筒结构最大适用高度和本规范第 8.1.1 条钢框架-中心支撑结构最大适用高度二者的平均值。超过最大适用高度的房屋，应进行专门研究和论证，采取有效的加强措施。

G.2.2 钢框架-混凝土核心筒结构房屋应根据设防类别、烈度和房屋高度采用不同的抗震等级，并应符合相应的计算和构造措施要求。丙类建筑的抗震等级，

钢框架部分仍按本规范第 8.1.3 条确定，混凝土部分应比本规范第 6.1.2 条的规定提高一个等级（8 度时应高于一级）。

G.2.3 钢框架-钢筋混凝土核心筒结构房屋的结构布置，尚应符合下列要求：

1 钢框架-核心筒结构的钢外框架梁、柱的连接应采用刚接；楼面梁宜采用钢梁。混凝土墙体与钢梁刚接的部位宜设置连接用的构造型钢。

2 钢框架部分按刚度计算分配的最大楼层地震剪力，不宜小于结构总地震剪力的 10%。当小于 10% 时，核心筒的墙体承担的地震作用应适当增大；墙体构造的抗震等级宜提高一级，一级时应适当提高。

3 钢框架-核心筒结构的楼盖应具有良好的刚度并确保罕遇地震作用下的整体性。楼盖应采用压型钢板组合楼盖或现浇钢筋混凝土楼板，并采取措施加强楼盖与钢梁的连接。当楼面有较大开口或属于转换层楼面时，应采用现浇实心楼板等措施加强。

4 当钢框架柱下部采用型钢混凝土柱时，不同材料的框架柱连接处应设置过渡层，避免刚度和承载力突变。过渡层钢柱计入外包混凝土后，其截面刚度可按过渡层下部型钢混凝土柱和过渡层上部钢柱二者截面刚度的平均值设计。

G.2.4 钢框架-钢筋混凝土核心筒结构的抗震计算，尚应符合下列要求：

1 结构的阻尼比不应大于 0.045，也可按钢筋混凝土筒体部分和钢框架部分在结构总变形能所占的比例折算为等效阻尼比。

2 钢框架部分除伸臂加强层及相邻楼层外的任一楼层按计算分配的地震剪力应乘以增大系数，达到不小于结构底部总地震剪力的 20% 和框架部分计算最大楼层地震剪力 1.5 倍二者的较小值，且不少于结构底部地震剪力的 15%。由地震作用产生的该楼层框架各构件的剪力、弯矩、轴力计算值均应进行相应调整。

3 结构计算宜考虑钢框架柱和钢筋混凝土墙体轴向变形差异的影响。

4 结构层间位移限值，可采用钢筋混凝土结构的限值。

G.2.5 钢框架-钢筋混凝土核心筒结构房屋中的钢结构、混凝土结构部分尚应按本规范第 6 章、第 8 章和现行国家标准《钢结构设计规范》GB 50017 及现行有关行业标准的规定进行设计。

附录 H 多层工业厂房抗震设计要求

H.1 钢筋混凝土框排架结构厂房

H.1.1 本节适用于由钢筋混凝土框架与排架侧向连

接组成的侧向框排架结构厂房、下部为钢筋混凝土框架上部顶层为排架的竖向框排架结构厂房的抗震设计。当本节未作规定时，其抗震设计应按本规范第6章和第9.1节的有关规定执行。

H.1.2 框排架结构厂房的框架部分应根据烈度、结构类型和高度采用不同的抗震等级，并应符合相应的计算和构造措施要求。

不设置贮仓时，抗震等级可按本规范第6章确定；设置贮仓时，侧向框排架的抗震等级可按现行国家标准《构筑物抗震设计规范》GB 50191的规定采用，竖向框排架的抗震等级应按本规范第6章框架的高度分界降低4m确定。

注：框架设置贮仓，但竖壁的跨高比大于2.5，仍按不设置贮仓的框架确定抗震等级。

H.1.3 厂房的结构布置，应符合下列要求：

1 厂房的平面宜为矩形，立面宜简单、对称。

2 在结构单元平面内，框架、柱间支撑等抗侧力构件宜对称均匀布置，避免抗侧力结构的侧向刚度和承载力产生突变。

3 质量大的设备不宜布置在结构单元的边缘楼层上，宜设置在距刚度中心较近的部位；当不可避免时宜将设备平台与主体结构分开，或在满足工艺要求的条件下尽量低位布置。

H.1.4 竖向框排架厂房的结构布置，尚应符合下列要求：

1 屋盖宜采用无檩屋盖体系；当采用其他屋盖体系时，应加强屋盖支撑设置和构件之间的连接，保证屋盖具有足够的水平刚度。

2 纵向端部应设置屋架、屋面梁或采用框架结构承重，不应采用山墙承重；排架跨内不应采用横墙和排架混合承重。

3 顶层的排架跨，尚应满足下列要求：

1）排架重心宜与下部结构刚度中心接近或重合，多跨排架宜等高等长；

2）楼盖应现浇，顶层排架嵌固楼层应避免开设大洞口，其楼板厚度不宜小于150mm；

3）排架柱应竖向连续延伸至底部；

4）顶层排架设置纵向柱间支撑处，楼盖不应设有楼梯间或开洞；柱间支撑斜杆中心线应与连接处的梁柱中心线汇交于一点。

H.1.5 竖向框排架厂房的地震作用计算，尚应符合下列要求：

1 地震作用的计算宜采用空间结构模型，质点宜设置在梁柱轴线交点、牛腿、柱顶、柱变截面处和柱上集中荷载处。

2 确定重力荷载代表值时，可变荷载应根据行业特点，对楼面活荷载取相应的组合值系数。贮料的荷载组合值系数可采用0.9。

3 楼层有贮仓和支承重心较高的设备时，支承构件和连接应计及料仓、贮仓和设备水平地震作用产生的附加弯矩。该水平地震作用可按下式计算：

$$F_s = \alpha_{max}(1.0 + H_x/H_n)G_{eq} \qquad (H.1.5)$$

式中：F_s —— 设备或料斗重心处的水平地震作用标准值；

α_{max} —— 水平地震影响系数最大值；

G_{eq} —— 设备或料斗的重力荷载代表值；

H_x —— 设备或料斗重心至室外地坪的距离；

H_n —— 厂房高度。

H.1.6 竖向框排架厂房的地震作用效应调整和抗震验算，应符合下列规定：

1 一、二、三、四级支承贮仓竖壁的框架柱，按本规范第6.2.2、6.2.3、6.2.5条调整后的组合弯矩设计值、剪力设计值尚应乘以增大系数，增大系数不应小于1.1。

2 竖向框排架结构与排架柱相连的顶层框架节点处，柱端组合的弯矩设计值应按第6.2.2条进行调整，其他顶层框架节点处的梁端、柱端弯矩设计值可不调整。

3 顶层排架设置纵向柱间支撑时，与柱间支撑相连排架柱的下部框架柱，一、二级框架柱由地震引起的附加轴力应分别乘以调整系数1.5、1.2；计算轴压比时，附加轴力可不乘以调整系数。

4 框排架厂房的抗震验算，尚应符合下列要求：

1）8度Ⅲ、Ⅳ类场地和9度时，框排架结构的排架柱及伸出框架跨屋顶支承排架跨屋盖的单柱，应进行弹塑性变形验算，弹塑性位移角限值可取1/30。

2）当一、二级框架梁柱节点两侧梁截面高度差大于较高梁截面高度的25%或500mm时，尚应按下式验算节点下柱抗震受剪承载力：

$$\frac{\eta_{jb}M_{b1}}{h_{01} - a_s'} - V_{col} \leqslant V_{RE} \qquad (H.1.6\text{-}1)$$

9度及一级时可不符合上式，但应符合：

$$\frac{1.15M_{b1ua}}{h_{01} - a_s'} - V_{col} \leqslant V_{RE} \qquad (H.1.6\text{-}2)$$

式中：η_{jb} —— 节点剪力增大系数，一级取1.35，二级取1.2；

M_{b1} —— 较高梁端梁底组合弯矩设计值；

M_{b1ua} —— 较高梁端实配梁底正截面抗震受弯承载力所对应的弯矩值，根据实配钢筋面积（计入受压钢筋）和材料强度标准值确定；

h_{01} —— 较高梁截面的有效高度；

a_s' —— 较高梁端梁底受拉时，受压钢筋合力点至受压边缘的距离；

V_{col} ——节点下柱计算剪力设计值；

V_{RE} ——节点下柱抗震受剪承载力设计值。

H.1.7 竖向框排架厂房的基本抗震构造措施尚应符合下列要求：

1 支承贮仓的框架柱轴压比不宜超过本规范表6.3.6中框架结构的规定数值减少0.05。

2 支承贮仓的框架柱纵向钢筋最小总配筋率应不小于本规范表6.3.7中对角柱的要求。

3 竖向框排架结构的顶层排架设置纵向柱间支撑时，与柱间支撑相连排架柱的下部框架柱，纵向钢筋配筋率、箍筋的配置应满足本规范第6.3.7条中对于框支柱的要求；箍筋加密区取柱全高。

4 框架柱的剪跨比不大于1.5时，应符合下列规定：

1）箍筋应按提高一级抗震等级配置，一级时应适当提高箍筋的要求；

2）框架柱每个方向应配置两根对角斜筋（图H.1.7），对角斜筋的直径，一、二级框架不应小于20mm和18mm，三、四级框架不应小于16mm；对角斜筋的锚固长度，不应小于40倍斜筋直径。

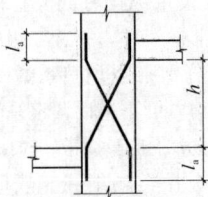

h—短柱净高；

l_a—斜筋锚固长度

图 H.1.7

5 框架柱段内设置牛腿时，牛腿及上下各500mm范围内的框架柱箍筋应加密；牛腿的上下柱段净高与柱截面高度之比不大于4时，柱箍筋应全高加密。

H.1.8 侧向框排架结构的结构布置、地震作用效应调整和抗震验算，以及无檩屋盖和有檩屋盖的支撑布置，应分别符合现行国家标准《构筑物抗震设计规范》GB 50191的有关规定。

H.2 多层钢结构厂房

H.2.1 本节适用于钢结构的框架、支撑框架、框排架等结构体系的多层厂房。本节未作规定时，多层部分可按本规范第8章的有关规定执行，其抗震等级的高度分界应比本规范第8.1节规定降低10m；单层部分可按本规范第9.2节的规定执行。

H.2.2 多层钢结构厂房的布置，除应符合本规范第8章的有关要求外，尚应符合下列规定：

1 平面形状复杂、各部分结构架高度差异大或楼层荷载相差悬殊时，应设防震缝或采取其他措施。当设置防震缝时，缝宽不应小于相应混凝土结构房屋的1.5倍。

2 重型设备宜低位布置。

3 当设备重量直接由基础承受，且设备竖向需要穿过楼层时，厂房楼层应与设备分开。设备与楼层之间的缝宽，不得小于防震缝的宽度。

4 楼层上的设备不应跨越防震缝布置；当运输机、管线等长条设备必须穿越防震缝布置时，设备应具有适应地震时结构变形的能力或防止断裂的措施。

5 厂房内的工作平台结构与厂房框架结构宜采用防震缝脱开布置。当与厂房结构连接成整体时，平台结构的标高宜与厂房框架的相应楼层标高一致。

H.2.3 多层钢结构厂房的支撑布置，应符合下列要求：

1 柱间支撑宜布置在荷载较大的柱间，且在同一柱间上下贯通；当条件限制必须错开布置时，应在紧邻柱间连续布置，并宜适当增加相近楼层或屋面的水平支撑或柱间支撑搭接一层，确保支撑承担的水平地震作用可靠传递至基础。

2 有抽柱的结构，应适当增加相近楼层、屋面的水平支撑，并在相邻柱间设置竖向支撑。

3 当各榀框架侧向刚度相差较大、柱间支撑布置又不规则时，采用钢铺板的楼盖，应设置楼盖水平支撑。

4 各柱列的纵向刚度宜相等或接近。

H.2.4 厂房楼盖宜采用现浇混凝土的组合楼板，亦可采用装配整体式楼盖或钢铺板，尚应符合下列要求：

1 混凝土楼盖应与钢梁有可靠的连接。

2 当楼板开设孔洞时，应有可靠的措施保证楼板传递地震作用。

H.2.5 框排架结构应设置完整的屋盖支撑，尚应符合下列要求：

1 排架的屋盖横梁与多层框架的连接支座的标高，宜与多层框架相应楼层标高一致，并应沿单层与多层相连柱列全长设置屋盖纵向水平支撑。

2 高跨和低跨宜按各自的标高组成相对独立的封闭支撑体系。

H.2.6 多层钢结构厂房的地震作用计算，尚应符合下列规定：

1 一般情况下，宜采用空间结构模型分析；当结构布置规则，质量分布均匀时，亦可分别沿结构横向和纵向进行验算。现浇钢筋混凝土楼板，当板面开孔较小且用抗剪连接件与钢梁连接成为整体时，可视为刚性楼盖。

2 在多遇地震下，结构阻尼比可采用0.03～0.04；在罕遇地震下，阻尼比可采用0.05。

3 确定重力荷载代表值时，可变荷载应根据行业的特点，对楼面检修荷载、成品或原料堆积楼面荷载、设备和料斗及管道内的物料等，采用相应的组合值系数。

4 直接支承设备、料斗的构件及其连接，应计入设备等产生的地震作用。一般的设备对支承构件及其连接产生的水平地震作用，可按本附录第H.1.5条的规定计算；该水平地震作用对支承构件产生的弯矩、扭矩，取设备重心至支承构件形心距离计算。

H.2.7 多层钢结构厂房构件和节点的抗震承载力验算，尚应符合下列规定：

1 按本规范式（8.2.5）验算节点左右梁端和上下柱端的全塑性承载力时，框架柱的强柱系数，一级和地震作用控制时，取1.25；二级和1.5倍地震作用控制时，取1.20；三级和2倍地震作用控制时，取1.10。

2 下列情况可不满足本规范式（8.2.5）的要求：

1）单层框架的柱顶或多层框架顶层的柱顶；

2）不满足本规范式（8.2.5）的框架柱沿验算方向的受剪承载力总和小于该楼层框架受剪承载力的20%，且该楼层每一柱列不满足本规范式（8.2.5）的框架柱的受剪承载力总和小于本柱列全部框架柱受剪承载力总和的33%。

3 柱间支撑杆件设计内力与其承载力设计值之比不宜大于0.8；当柱间支撑承担不小于70%的楼层剪力时，不宜大于0.65。

H.2.8 多层钢结构厂房的基本抗震构造措施，尚应符合下列规定：

1 框架柱的长细比不宜大于150；当轴压比大于0.2时，不宜大于$125(1-0.8N/Af)\sqrt{235/f_y}$。

2 厂房框架柱、梁的板件宽厚比，应符合下列要求：

1）单层部分和总高度不大于40m的多层部分，可按本规范第9.2节规定执行；

2）多层部分总高度大于40m时，可按本规范第8.3节规定执行。

3 框架梁、柱的最大应力区，不得突然改变翼缘截面，其上下翼缘均应设置侧向支承，此支承点与相邻支承点之间距应符合现行《钢结构设计规范》GB 50017中塑性设计的有关要求。

4 柱间支撑构件宜符合下列要求：

1）多层框架部分的柱间支撑，宜与框架横梁组成X形或其他有利于抗震的形式，其长细比不宜大于150；

2）支撑杆件的板件宽厚比应符合本规范第9.2节的要求。

5 框架梁采用高强度螺栓摩擦型拼接时，其位置宜避开最大应力区（1/10梁净跨和1.5倍梁高的较大值）。梁翼缘拼接时，在平行于内力方向的高强度螺栓不宜少于3排，拼接板的截面模量应大于被拼接截面模量的1.1倍。

6 厂房柱脚应能保证传递柱的承载力，宜采用埋入式、插入式或外包式柱脚，并按本规范第9.2节的规定执行。

附录 J 单层厂房横向平面排架地震作用效应调整

J.1 基本自振周期的调整

J.1.1 按平面排架计算厂房的横向地震作用时，排架的基本自振周期应考虑纵墙及屋架与柱连接的固结作用，可按下列规定进行调整：

1 由钢筋混凝土屋架或钢屋架与钢筋混凝土柱组成的排架，有纵墙时取周期计算值的80%，无纵墙时取90%；

2 由钢筋混凝土屋架或钢屋架与砖柱组成的排架，取周期计算值的90%；

3 由木屋架、钢木屋架或轻钢屋架与砖柱组成排架，取周期计算值。

J.2 排架柱地震剪力和弯矩的调整系数

J.2.1 钢筋混凝土屋盖的单层钢筋混凝柱厂房，按本规范第J.1.1条确定基本自振周期且按平面排架计算的排架柱地震剪力和弯矩，当符合下列要求时，可考虑空间工作和扭转影响，并按本规范第J.2.3条的规定调整：

1 7度和8度；

2 厂房单元屋盖长度与总跨度之比小于8或厂房总跨度大于12m；

3 山墙的厚度不小于240mm，开洞所占的水平截面积不超过总面积50%，并与屋盖系统有良好的连接；

4 柱顶高度不大于15m。

注：1 屋盖长度指山墙到山墙的间距，仅一端有山墙时，应取所考虑排架至山墙的距离；

2 高低跨相差较大的不等高厂房，总跨度可不包括低跨。

J.2.2 钢筋混凝土屋盖和密铺望板瓦木屋盖的单层砖柱厂房，按本规范第J.1.1条确定基本自振周期且按平面排架计算的排架柱地震剪力和弯矩，当符合下列要求时，可考虑空间工作，并按本规范第J.2.3条的规定调整：

1 7度和8度；

2 两端均有承重山墙；

3 山墙或承重（抗震）横墙的厚度不小于240mm，开洞所占的水平截面积不超过总面积50%，并与屋盖系统有良好的连接；

　4　山墙或承重（抗震）横墙的长度不宜小于其高度；

　5　单元屋盖长度与总跨度之比小于 8 或厂房总跨度大于 12m。

　注：屋盖长度指山墙到山墙或承重（抗震）横墙的间距。

J.2.3　排架柱的剪力和弯矩应分别乘以相应的调整系数，除高低跨度交接处上柱以外的钢筋混凝土柱，其值可按表 J.2.3-1 采用，两端均有山墙的砖柱，其值可按表 J.2.3-2 采用。

表 J.2.3-1　钢筋混凝土柱（除高低跨交接处上柱外）考虑空间工作和扭转影响的效应调整系数

屋盖	山墙		屋盖长度（m）											
			≤30	36	42	48	54	60	66	72	78	84	90	96
钢筋混凝土无檩屋盖	两端山墙	等高厂房	—	—	0.75	0.75	0.75	0.80	0.80	0.80	0.85	0.85	0.85	0.90
		不等高厂房	—	0.85	0.85	0.85	0.85	0.90	0.90	0.90	0.95	0.95	0.95	1.00
	一端山墙		1.05	1.15	1.20	1.25	1.30	1.30	1.30	1.30	1.35	1.35	1.35	1.35
钢筋混凝土有檩屋盖	两端山墙	等高厂房	—	—	0.80	0.85	0.90	0.95	0.95	1.00	1.00	1.05	1.05	1.10
		不等高厂房	—	0.85	0.85	0.90	0.95	0.95	1.00	1.00	1.05	1.05	1.10	1.15
	一端山墙		1.00	1.05	1.10	1.10	1.15	1.15	1.20	1.20	1.20	1.20	1.25	1.25

表 J.2.3-2　砖柱考虑空间作用的效应调整系数

屋盖类型	山墙或承重（抗震）横墙间距（m）										
	≤12	18	24	30	36	42	48	54	60	66	72
钢筋混凝土无檩屋盖	0.60	0.65	0.70	0.75	0.80	0.85	0.85	0.90	0.95	0.95	1.00
钢筋混凝土有檩屋盖或密铺望板瓦木屋盖	0.65	0.70	0.75	0.80	0.90	0.90	0.95	1.00	1.05	1.05	1.10

J.2.4　高低跨交接处的钢筋混凝土柱的支承低跨屋盖牛腿以上各截面，按底部剪力法求得的地震剪力和弯矩应乘以增大系数，其值可按下式采用：

$$\eta = \zeta\left(1 + 1.7\,\frac{n_{\mathrm{h}}}{n_0}\cdot\frac{G_{\mathrm{EL}}}{G_{\mathrm{Eh}}}\right) \qquad (\mathrm{J.2.4})$$

式中：η——地震剪力和弯矩的增大系数；

　　　ζ——不等高厂房低跨交接处的空间工作影响系数，可按表 J.2.4 采用；

　　　n_{h}——高跨的跨数；

　　　n_0——计算跨数，仅一侧有低跨时应取总跨数，两侧均有低跨时应取总跨数与高跨跨数之和；

　　　G_{EL}——集中于交接处一侧各低跨屋盖标高处的总重力荷载代表值；

　　　G_{Eh}——集中于高跨柱顶标高处的总重力荷载代表值。

表 J.2.4　高低跨交接处钢筋混凝土上柱空间工作影响系数

屋盖	山墙	屋盖长度（m）											
		≤36	42	48	54	60	66	72	78	84	90	96
钢筋混凝土无檩屋盖	两端山墙	—	0.70	0.76	0.82	0.88	0.94	1.00	1.06	1.06	1.06	1.06
	一端山墙	1.25										
钢筋混凝土有檩屋盖	两端山墙	—	0.90	1.00	1.05	1.10	1.10	1.15	1.15	1.15	1.20	1.20
	一端山墙	1.05										

J.2.5　钢筋混凝土柱单层厂房的吊车梁顶标高处的上柱截面，由起重机桥架引起的地震剪力和弯矩应乘以增大系数，当按底部剪力法等简化计算方法计算时，其值可按表 J.2.5 采用。

表 J.2.5　桥架引起的地震剪力和弯矩增大系数

屋盖类型	山墙	边柱	高低跨柱	其他中柱
钢筋混凝土无檩屋盖	两端山墙	2.0	2.5	3.0
	一端山墙	1.5		2.5
钢筋混凝土有檩屋盖	两端山墙	1.5	2.5	2.5
	一端山墙	1.5	2.0	2.0

附录K　单层厂房纵向抗震验算

K.1　单层钢筋混凝土柱厂房纵向抗震计算的修正刚度法

K.1.1　纵向基本自振周期的计算。

按本附录计算单跨或等高多跨的钢筋混凝土柱厂房纵向地震作用时，在柱顶标高不大于 15m 且平均跨度不大于 30m 时，纵向基本周期可按下列公式确定：

　1　砖围护墙厂房，可按下式计算：

$$T_1 = 0.23 + 0.00025\psi_1 l\sqrt{H^3} \qquad (\mathrm{K.1.1\text{-}1})$$

式中：ψ_1——屋盖类型系数，大型屋面板钢筋混凝土屋架可采用 1.0，钢屋架采用 0.85；

　　　l——厂房跨度（m），多跨厂房可取各跨的平均值；

　　　H——基础顶面至柱顶的高度（m）。

　2　敞开、半敞开或墙板与柱子柔性连接的厂房，可按式（K.1.1-1）进行计算并乘以下列围护墙影响系数：

$$\psi_2 = 2.6 - 0.002l\sqrt{H^3} \qquad (K.1.1-2)$$

式中：ψ_2——围护墙影响系数，小于 1.0 时应采用 1.0。

K.1.2 柱列地震作用的计算。

1 等高多跨钢筋混凝土屋盖的厂房，各纵向柱列的柱顶标高处的地震作用标准值，可按下列公式确定：

$$F_i = \alpha_1 G_{eq}\frac{K_{ai}}{\sum K_{ai}} \qquad (K.1.2-1)$$

$$K_{ai} = \psi_3\psi_4 K_i \qquad (K.1.2-2)$$

式中：F_i——i 柱列柱顶标高处的纵向地震作用标准值；

α_1——相应于厂房纵向基本自振周期的水平地震影响系数，应按本规范第 5.1.5 条确定；

G_{eq}——厂房单元柱列总等效重力荷载代表值，应包括按本规范第 5.1.3 确定的屋盖重力荷载代表值、70%纵墙自重、50%横墙与山墙自重及折算的柱自重（有吊车时采用 10%柱自重，无吊车时采用 50%柱自重）；

K_i——i 柱列柱顶的总侧移刚度，应包括 i 柱列内柱子和上、下柱间支撑的侧移刚度及纵墙的折减侧移刚度的总和，贴砌的砖围护墙侧移刚度的折减系数，可根据柱列侧移值的大小，采用 0.2~0.6；

K_{ai}——i 柱列柱顶的调整侧移刚度；

ψ_3——柱列侧移刚度的围护墙影响系数，可按表 K.1.2-1 采用；有纵向围护墙的四跨或五跨厂房，由边柱列数起的第三柱列，可按表内相应数值的 1.15 倍采用；

ψ_4——柱列侧移刚度的柱间支撑影响系数，纵向为砖围护墙时，边柱列可采用 1.0，中柱列可按表 K.1.2-2 采用。

表 K.1.2-1　围护墙影响系数

围护墙类别和烈度		柱列和屋盖类别				
		边柱列	中柱列			
			无檩屋盖		有檩屋盖	
240砖墙	370砖墙		边跨无天窗	边跨有天窗	边跨无天窗	边跨有天窗
	7度	0.85	1.7	1.8	1.8	1.9
7度	8度	0.85	1.5	1.6	1.6	1.7
8度	9度	0.85	1.3	1.4	1.4	1.5
9度		0.85	1.2	1.3	1.3	1.4
无墙、石棉瓦或挂板		0.90	1.1	1.1	1.2	1.2

表 K.1.2-2　纵向采用砖围护墙的中柱列柱间支撑影响系数

厂房单元内设置下柱支撑的柱间数	中柱列下柱支撑斜杆的长细比					中柱列无支撑
	≤40	41~80	81~120	121~150	>150	
一柱间	0.9	0.95	1.0	1.1	1.25	1.4
二柱间	—	—	0.9	0.95	1.0	

2 等高多跨钢筋混凝土屋盖厂房，柱列各吊车梁顶标高处的纵向地震作用标准值，可按下式确定：

$$F_{ci} = \alpha_1 G_{ci}\frac{H_{ci}}{H_i} \qquad (K.1.2-3)$$

式中：F_{ci}——i 柱列在吊车梁顶标高处的纵向地震作用标准值；

G_{ci}——集中于 i 柱列吊车梁顶标高处的等效重力荷载代表值，应包括按本规范第 5.1.3 条确定的吊车梁与悬吊物的重力荷载代表值和40%柱子自重；

H_{ci}——i 柱列吊车梁顶高度；

H_i——i 柱列柱顶高度。

K.2 单层钢筋混凝土柱厂房柱间支撑地震作用效应及验算

K.2.1 斜杆长细比不大于 200 的柱间支撑在单位侧力作用下的水平位移，可按下式确定：

$$u = \sum\frac{1}{1+\varphi_i}u_{ti} \qquad (K.2.1)$$

式中：u——单位侧力作用点的位移；

φ_i——i 节间斜杆轴心受压稳定系数，应按现行国家标准《钢结构设计规范》GB 50017 采用；

u_{ti}——单位侧力作用下 i 节间仅考虑拉杆受力的相对位移。

K.2.2 长细比不大于 200 的斜杆截面可仅按抗拉验算，但应考虑压杆的卸载影响，其拉力可按下式确定：

$$N_t = \frac{l_i}{(1+\psi_c\varphi_i)s_c}V_{bi} \qquad (K.2.2)$$

式中：N_t——i 节间支撑斜杆抗拉验算时的轴向拉力设计值；

l_i——i 节间斜杆的全长；

ψ_c——压杆卸载系数，压杆长细比为 60、100 和 200 时，可分别采用 0.7、0.6 和 0.5；

V_{bi}——i 节间支撑承受的地震剪力设计值；

s_c——支撑所在柱间的净距。

K.2.3 无贴砌墙的纵向柱列，上柱支撑与同列下柱支撑宜等强设计。

K.3 单层钢筋混凝土柱厂房柱间支撑端节点预埋件的截面抗震验算

K.3.1 柱间支撑与柱连接节点预埋件的锚件采用锚筋时,其截面抗震承载力宜按下列公式验算:

$$N \leqslant \frac{0.8 f_y A_s}{\gamma_{RE} \left(\dfrac{\cos\theta}{0.8 \zeta_m \psi} + \dfrac{\sin\theta}{\zeta_r \zeta_v} \right)} \qquad (K.3.1\text{-}1)$$

$$\psi = \frac{1}{1 + \dfrac{0.6 e_0}{\zeta_r s}} \qquad (K.3.1\text{-}2)$$

$$\zeta_m = 0.6 + 0.25 t/d \qquad (K.3.1\text{-}3)$$

$$\zeta_v = (4 - 0.08 d) \sqrt{f_c / f_y} \qquad (K.3.1\text{-}4)$$

式中:A_s ——锚筋总截面面积;
γ_{RE} ——承载力抗震调整系数,可采用 1.0;
N ——预埋板的斜向拉力,可采用全截面屈服点强度计算的支撑斜杆轴向力的 1.05 倍;
e_0 ——斜向拉力对锚筋合力作用线的偏心距,应小于外排锚筋之间距离的 20%(mm);
θ ——斜向拉力与其水平投影的夹角;
ψ ——偏心影响系数;
s ——外排锚筋之间的距离(mm);
ζ_m ——预埋板弯曲变形影响系数;
t ——预埋板厚度(mm);
d ——锚筋直径(mm);
ζ_r ——验算方向锚筋排数的影响系数,二、三和四排可分别采用 1.0、0.9 和 0.85;
ζ_v ——锚筋的受剪影响系数,大于 0.7 时应采用 0.7。

K.3.2 柱间支撑与柱连接节点预埋件的锚件采用角钢加端板时,其截面抗震承载力宜按下列公式验算:

$$N \leqslant \frac{0.7}{\gamma_{RE} \left(\dfrac{\cos\theta}{\psi N_{u0}} + \dfrac{\sin\theta}{V_{u0}} \right)} \qquad (K.3.2\text{-}1)$$

$$V_{uo} = 3 n \zeta_r \sqrt{W_{min} b f_a f_c} \qquad (K.3.2\text{-}2)$$

$$N_{uo} = 0.8 n f_a A_s \qquad (K.3.2\text{-}3)$$

式中:n ——角钢根数;
b ——角钢肢宽;
W_{min} ——与剪力方向垂直的角钢最小截面模量;
A_s ——根角钢的截面面积;
f_a ——角钢抗拉强度设计值。

K.4 单层砖柱厂房纵向抗震计算的修正刚度法

K.4.1 本节适用于钢筋混凝土无檩或有檩屋盖等高多跨单层砖柱厂房的纵向抗震验算。

K.4.2 单层砖柱厂房的纵向基本自振周期可按下式计算:

$$T_1 = 2 \psi_T \sqrt{\frac{\sum G_s}{\sum K_s}} \qquad (K.4.2)$$

式中:ψ_T ——周期修正系数,按表 K.4.2 采用;
G_s ——第 s 列的集中重力荷载,包括柱列左右各半跨的屋盖和山墙重力荷载,及按动能等效原则换算集中到柱顶或墙顶处的墙、柱重力荷载;
K_s ——第 s 柱列的侧移刚度。

表 K.4.2 厂房纵向基本自振周期修正系数

屋盖类型	钢筋混凝土无檩屋盖		钢筋混凝土有檩屋盖	
	边跨无天窗	边跨有天窗	边跨无天窗	边跨有天窗
周期修正系数	1.3	1.35	1.4	1.45

K.4.3 单层砖柱厂房纵向总水平地震作用标准值可按下式计算:

$$F_{Ek} = \alpha_1 \sum G_s \qquad (K.4.3)$$

式中:α_1 ——相应于单层砖柱厂房纵向基本自振周期 T_1 的地震影响系数;
G_s ——按照柱列底部剪力相等原则,第 s 柱列换算集中到墙顶处的重力荷载代表值。

K.4.4 沿厂房纵向第 s 柱列上端的水平地震作用可按下式计算:

$$F_s = \frac{\psi_s K_s}{\sum \psi_s K_s} F_{Ek} \qquad (K.4.4)$$

式中:ψ_s ——反映屋盖水平变形影响的柱列刚度调整系数,根据屋盖类型和各柱列的纵墙设置情况,按表 K.4.4 采用。

表 K.4.4 柱列刚度调整系数

纵墙设置情况		屋盖类型			
		钢筋混凝土无檩屋盖		钢筋混凝土有檩屋盖	
		边柱列	中柱列	边柱列	中柱列
砖柱敞棚		0.95	1.1	0.9	1.6
各柱列均为带壁柱砖墙		0.95	1.1	0.9	1.2
边柱列为带壁柱砖墙	中柱列的纵墙不少于 4 开间	0.7	1.4	0.75	1.5
	中柱列的纵墙少于 4 开间	0.6	1.8	0.65	1.9

附录 L 隔震设计简化计算和砌体结构隔震措施

L.1 隔震设计的简化计算

L.1.1 多层砌体结构及与砌体结构周期相当的结构

采用隔震设计时，上部结构的总水平地震作用可按本规范式（5.2.1-1）简化计算，但应符合下列规定：

1 水平向减震系数，宜根据隔震后整个体系的基本周期，按下式确定：

$$\beta = 1.2\eta_2 \, (T_{gm}/T_1)^{\gamma} \qquad \text{(L.1.1-1)}$$

式中：β——水平向减震系数；

η_2——地震影响系数的阻尼调整系数，根据隔震层等效阻尼按本规范第5.1.5条确定；

γ——地震影响系数的曲线下降段衰减指数，根据隔震层等效阻尼按本规范第5.1.5条确定；

T_{gm}——砌体结构采用隔震方案时的特征周期，根据本地区所属的设计地震分组按本规范第5.1.4条确定，但小于0.4s时应按0.4s采用；

T_1——隔震后体系的基本周期，不应大于2.0s和5倍特征周期的较大值。

2 与砌体结构周期相当的结构，其水平向减震系数宜根据隔震后整个体系的基本周期，按下式确定：

$$\beta = 1.2\eta_2 \, (T_g/T_1)^{\gamma} \, (T_0/T_g)^{0.9} \quad \text{(L.1.1-2)}$$

式中：T_0——非隔震结构的计算周期，当小于特征周期时应采用特征周期的数值；

T_1——隔震后体系的基本周期，不应大于5倍特征周期值；

T_g——特征周期；其余符号同上。

3 砌体结构及与其基本周期相当的结构，隔震后体系的基本周期可按下式计算：

$$T_1 = 2\pi \, \sqrt{G/K_h g} \qquad \text{(L.1.1-3)}$$

式中：T_1——隔震体系的基本周期；

G——隔震层以上结构的重力荷载代表值；

K_h——隔震层的水平等效刚度，可按本规范第12.2.4条的规定计算；

g——重力加速度。

L.1.2 砌体结构及与其基本周期相当的结构，隔震层在罕遇地震下的水平剪力可按下式计算：

$$V_c = \lambda_s \alpha_1 (\zeta_{eq}) G \qquad \text{(L.1.2)}$$

式中：V_c——隔震层在罕遇地震下的水平剪力。

L.1.3 砌体结构及与其基本周期相当的结构，隔震层质心处在罕遇地震下的水平位移可按下式计算：

$$u_e = \lambda_s \alpha_1 (\zeta_{eq}) G/K_h \qquad \text{(L.1.3)}$$

式中：λ_s——近场系数；距发震断层5km以内取1.5；（5～10）km取不小于1.25；

$\alpha_1 (\zeta_{eq})$——罕遇地震下的地震影响系数值，可根据隔震层参数，按本规范第5.1.5条的规

定进行计算；

K_h——罕遇地震下隔震层的水平等效刚度，应按本规范第12.2.4条的有关规定采用。

L.1.4 当隔震支座的平面布置为矩形或接近于矩形，但上部结构的质心与隔震层刚度中心不重合时，隔震支座扭转影响系数可按下列方法确定：

1 仅考虑单向地震作用的扭转时（图L.1.4），扭转影响系数可按下列公式估计：

$$\eta = 1 + 12 e s_i/(a^2 + b^2) \qquad \text{(L.1.4-1)}$$

式中：e——上部结构质心与隔震层刚度中心在垂直于地震作用方向的偏心距；

s_i——第i个隔震支座与隔震层刚度中心在垂直于地震作用方向的距离；

a、b——隔震层平面的两个边长。

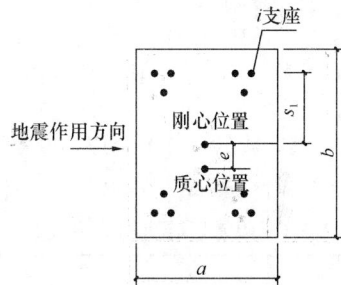

图 L.1.4　扭转计算示意图

对边支座，其扭转影响系数不宜小于1.15；当隔震层和上部结构采取有效的抗扭措施后或扭转周期小于平动周期的70%，扭转影响系数可取1.15。

2 同时考虑双向地震作用的扭转时，扭转影响系数可仍按式（L.1.4-1）计算，但其中的偏心距值（e）应采用下列公式中的较大值替代：

$$e = \sqrt{e_x^2 + (0.85 e_y)^2} \qquad \text{(L.1.4-2)}$$

$$e = \sqrt{e_y^2 + (0.85 e_x)^2} \qquad \text{(L.1.4-3)}$$

式中：e_x——y方向地震作用时的偏心距；

e_y——x方向地震作用时的偏心距。

对边支座，其扭转影响系数不宜小于1.2。

L.1.5 砌体结构按本规范第12.2.5条规定进行竖向地震作用下的抗震验算时，砌体抗震抗剪强度的正应力影响系数，宜按减去竖向地震作用效应后的平均压应力取值。

L.1.6 砌体结构的隔震层顶部各纵、横梁均可按承受均布荷载的单跨简支梁或多跨连续梁计算。均布荷载可按本规范第7.2.5条关于底部框架砖房的钢筋混凝土托墙梁的规定取值；当按连续梁算出的正弯矩小于单跨简支梁跨中弯矩的0.8倍时，应按0.8倍单跨简支梁跨中弯矩配筋。

L.2　砌体结构的隔震措施

L.2.1 当水平向减震系数不大于0.40时（设置阻

尼器时为 0.38），丙类建筑的多层砌体结构，房屋的层数、总高度和高宽比限值，可按本规范第 7.1 节中降低一度的有关规定采用。

L.2.2 砌体结构隔震层的构造应符合下列规定：

1 多层砌体房屋的隔震层位于地下室顶部时，隔震支座不宜直接放置在砌体墙上，并应验算砌体的局部承压。

2 隔震层顶部纵、横梁的构造均应符合本规范第 7.5.8 条关于底部框架砖房的钢筋混凝土托墙梁的要求。

L.2.3 丙类建筑隔震后上部砌体结构的抗震构造措施应符合下列要求：

1 承重外墙尽端至门窗洞边的最小距离及圈梁的截面和配筋构造，仍应符合本规范第 7.1 节和第 7.3、7.4 节的有关规定。

2 多层砖砌体房屋的钢筋混凝土构造柱设置，水平向减震系数大于 0.40 时（设置阻尼器时为 0.38），仍应符合本规范表 7.3.1 的规定；（7～9）度，水平向减震系数不大于 0.40 时（设置阻尼器时为 0.38），应符合表 L.2.3-1 的规定。

表 L.2.3-1　隔震后砖房构造柱设置要求

房屋层数			设置部位
7度	8度	9度	
三、四	二、三		每隔 12m 或单元横墙与外墙交接处
五	四	二	楼、电梯间四角，楼梯斜段上下端对应的墙体处；外墙四角和对应转角；错层部位横墙与外纵墙交接处，较大洞口两侧，大房间内外墙交接处 / 每隔三开间的横墙与外墙交接处
六、	五	三、四	隔开间横墙（轴线）与外墙交接处，山墙与内纵墙交接处；9度四层，外纵墙与内墙（轴线）交接处
七	六、七	五	内墙（轴线）与外墙交接处，内墙局部较小墙垛处；内纵墙与横墙（轴线）交接处

3 混凝土小砌块房屋芯柱的设置，水平向减震系数大于 0.40 时（设置阻尼器时为 0.38），仍应符合本规范表 7.4.1 的规定；（7～9）度，当水平向减震系数不大于 0.40 时（设置阻尼器时为 0.38），应符合表 L.2.3-2 的规定。

表 L.2.3-2　隔震后混凝土小砌块房屋构造柱设置要求

房屋层数			设置部位	设置数量
7度	8度	9度		
三、四	二、三		外墙转角，楼梯间四角，楼梯斜段上下端对应的墙体处；大房间内外墙交接处；每隔 12m 或单元横墙与外墙交接处	外墙转角，灌实 3 个孔 内外墙交接处，灌实 4 个孔
五	四	二	外墙转角，楼梯间四角，楼梯斜段上下端对应的墙体处；大房间内外墙交接处，山墙与内纵墙交接处，隔三开间横墙（轴线）与外纵墙交接处	外墙转角，灌实 5 个孔 内外墙交接处，灌实 5 个孔 洞口两侧各灌实 1 个孔
六	五	三	外墙转角，楼梯间四角，楼梯斜段上下端对应的墙体处；大房间内外墙交接处，隔开间横墙（轴线）与外纵墙交接处，山墙与内纵墙交接处；8、9 度时，外纵墙与横墙（轴线）交接处，大洞口两侧	
七	六	四	外墙转角，楼梯间四角，楼梯斜段上下端对应的墙体处；各内外墙（轴线）与外墙交接处，内纵墙与横墙（轴线）交接处；洞口两侧	外墙转角，灌实 7 个孔 内外墙交接处，灌实 4 个孔 内墙交接处，灌实 4～5 个孔 洞口两侧各灌实 1 个孔

4 上部结构的其他抗震构造措施，水平向减系数大于 0.40 时（设置阻尼器时为 0.38）仍按本规范第 7 章的相应规定采用；（7～9）度，水平向减震系数不大于 0.40 时（设置阻尼器时为 0.38），可按本规范第 7 章降低一度的相应规定采用。

附录 M　实现抗震性能设计目标的参考方法

M.1　结构构件抗震性能设计方法

M.1.1 结构构件可按下列规定选择实现抗震性能要求的抗震承载力、变形能力和构造的抗震等级；整个结构不同部位的构件、竖向构件和水平构件，可选用相同或不同的抗震性能要求：

1 当以提高抗震安全性为主时，结构构件对应于不同性能要求的承载力参考指标，可按表 M.1.1-1 的示例选用。

表 M.1.1-1 结构构件实现抗震性能要求的承载力参考指标示例

性能要求	多遇地震	设防地震	罕遇地震
性能 1	完好，按常规设计	完好，承载力按抗震等级调整地震效应的设计值复核	基本完好，承载力按不计抗震等级调整地震效应的设计值复核
性能 2	完好，按常规设计	基本完好，承载力按不计抗震等级调整地震效应的设计值复核	轻～中等破坏，承载力按极限值复核
性能 3	完好，按常规设计	轻微损坏，承载力按标准值复核	中等破坏，承载力达到极限值后能维持稳定，降低少于 5%
性能 4	完好，按常规设计	轻～中等破坏，承载力按极限值复核	不严重破坏，承载力达到极限值后基本维持稳定，降低少于 10%

2 当需要按地震残余变形确定使用性能时，结构构件除满足提高抗震安全性的性能要求外，不同性能要求的层间位移参考指标，可按表 M.1.1-2 的示例选用。

表 M.1.1-2 结构构件实现抗震性能要求的层间位移参考指标示例

性能要求	多遇地震	设防地震	罕遇地震
性能 1	完好，变形远小于弹性位移限值	完好，变形小于弹性位移限值	基本完好，变形略大于弹性位移限值
性能 2	完好，变形远小于弹性位移限值	基本完好，变形略大于弹性位移限值	有轻微塑性变形，变形小于 2 倍弹性位移限值
性能 3	完好，变形明显小于弹性位移限值	轻微损坏，变形小于 2 倍弹性位移限值	有明显塑性变形，变形约 4 倍弹性位移限值
性能 4	完好，变形小于弹性位移限值	轻～中等破坏，变形小于 3 倍弹性位移限值	不严重破坏，变形不大于 0.9 倍塑性变形限值

注：设防烈度和罕遇地震下的变形计算，应考虑重力二阶效应，可扣除整体弯曲变形。

3 结构构件细部构造对应于不同性能要求的抗震等级，可按表 M.1.1-3 的示例选用；结构中同一部位的不同构件，可区分竖向构件和水平构件，按各自最低的性能要求所对应的抗震构造等级选用。

表 M.1.1-3 结构构件对应于不同性能要求的构造抗震等级示例

性能要求	构造的抗震等级
性能 1	基本抗震构造。可按常规设计的有关规定降低二度采用，但不得低于 6 度，且不发生脆性破坏
性能 2	低延性构造。可按常规设计的有关规定降低一度采用，当构件的承载力高于多遇地震提高二度的要求时，可按降低二度采用；均不得低于 6 度，且不发生脆性破坏
性能 3	中等延性构造。当构件的承载力高于多遇地震提高一度的要求时，可按常规设计的有关规定降低一度且不低于 6 度采用，否则仍按常规设计的规定采用
性能 4	高延性构造。仍按常规设计的有关规定采用

M.1.2 结构构件承载力按不同要求进行复核时，地震内力计算和调整、地震作用效应组合、材料强度取值和验算方法，应符合下列要求：

1 设防烈度下结构构件承载力，包括混凝土构件压弯、拉弯、受剪、受弯承载力，钢构件受拉、受压、受弯、稳定承载力等，按考虑地震效应调整的设计值复核时，应采用对应于抗震等级而不计入风荷载效应的地震作用效应基本组合，并按下式验算：

$$\gamma_G S_{GE} + \gamma_E S_{Ek}(I_2, \lambda, \zeta) \leqslant R/\gamma_{RE}$$

(M.1.2-1)

式中：I_2——表示设防地震动，隔震结构包含水平向减震影响；

　　　λ——按非抗震性能设计考虑抗震等级的地震效应调整系数；

　　　ζ——考虑部分次要构件进入塑性的刚度降低或消能减震结构附加的阻尼影响。

其他符号同非抗震性能设计。

2 结构构件承载力按不考虑地震作用效应调整的设计值复核时，应采用不计入风荷载效应的基本组合，并按下式验算：

$$\gamma_G S_{GE} + \gamma_E S_{Ek}(I, \zeta) \leqslant R/\gamma_{RE}$$ (M.1.2-2)

式中：I——表示设防烈度地震动或罕遇地震动，隔震结构包含水平向减震影响；

　　　ζ——考虑部分次要构件进入塑性的刚度降低或消能减震结构附加的阻尼影响。

3 结构构件承载力按标准值复核时，应采用不计入风荷载效应的地震作用效应标准组合，并按下式验算：

$$S_{GE} + S_{Ek}(I, \zeta) \leqslant R_k \qquad (M.1.2-3)$$

式中：I——表示设防地震动或罕遇地震动，隔震结构包含水平向减震影响；

ζ——考虑部分次要构件进入塑性的刚度降低或消能减震结构附加的阻尼影响；

R_k——按材料强度标准值计算的承载力。

4 结构构件按极限承载力复核时，应采用不计入风荷载效应的地震作用效应标准组合，并按下式验算：

$$S_{GE} + S_{Ek}(I, \zeta) < R_u \qquad (M.1.2-4)$$

式中：I——表示设防地震动或罕遇地震动，隔震结构包含水平向减震影响；

ζ——考虑部分次要构件进入塑性的刚度降低或消能减震结构附加的阻尼影响；

R_u——按材料最小极限强度值计算的承载力。钢材强度可取最小极限值，钢筋强度可取屈服强度的 1.25 倍，混凝土强度可取立方强度的 0.88 倍。

M.1.3 结构竖向构件在设防地震、罕遇地震作用下的层间弹塑性变形按不同控制目标进行复核时，地震层间剪力计算、地震作用效应调整、构件层间位移计算和验算方法，应符合下列要求：

1 地震层间剪力和地震作用效应调整，应根据整个结构不同部位进入弹塑性阶段程度的不同，采用不同的方法。构件总体上处于开裂阶段或刚刚进入屈服阶段，可取等效刚度和等效阻尼，按等效线性方法估算；构件总体上处于承载力屈服至极限阶段，宜采用静力或动力弹塑性分析方法估算；构件总体上处于承载力下降阶段，应采用计入下降段参数的动力弹塑性分析方法估算。

2 在设防地震下，混凝土构件的初始刚度，宜采用长期刚度。

3 构件层间弹塑性变形计算时，应依据其实际的承载力，并应按本规范的规定计入重力二阶效应；风荷载和重力作用下的变形不参与地震组合。

4 构件层间弹塑性变形的验算，可采用下列公式：

$$\triangle u_p (I, \zeta, \xi_y, G_E) < [\triangle u] \qquad (M.1.3)$$

式中：$\triangle u_p (\cdots)$——竖向构件在设防地震或罕遇地震下计入重力二阶效应和阻尼影响取决于其实际承载力的弹塑性层间位移角；对高宽比大于 3 的结构，可扣除整体转动的影响；

$[\triangle u]$——弹塑性位移角限值，应根据性能控制目标确定；整个结构中变形最大部位的竖向构件，轻

微损坏可取中等破坏的一半，中等破坏可取本规范表 5.5.1 和表 5.5.5 规定值的平均值，不严重破坏按小于本规范表 5.5.5 规定值的 0.9 倍控制。

M.2 建筑构件和建筑附属设备支座抗震性能设计方法

M.2.1 当非结构的建筑构件和附属机电设备按使用功能的专门要求进行性能设计时，在遭遇设防烈度地震影响下的性能要求可按表 M.2.1 选用。

表 M.2.1 建筑构件和附属机电设备的参考性能水准

性能水准	功能描述	变形指标
性能 1	外观可能损坏，不影响使用和防火能力，安全玻璃开裂；使用、应急系统可照常运行	可经受相连结构构件出现 1.4 倍的建筑构件、设备支架设计挠度
性能 2	可基本正常使用或很快恢复，耐火时间减少 1/4，强化玻璃破碎；使用系统检修后运行，应急系统可照常运行	可经受相连结构构件出现 1.0 倍的建筑构件、设备支架设计挠度
性能 3	耐火时间明显减少，玻璃掉落，出口受碎片阻碍；使用系统明显损坏，需修理才能恢复功能，应急系统受损仍可基本运行	只能经受相连结构构件出现 0.6 倍的建筑构件、设备支架设计挠度

M.2.2 建筑围护墙、附属构件及固定储物柜等进行抗震性能设计时，其地震作用的构件类别系数和功能系数可参考表 M.2.2 确定。

表 M.2.2 建筑非结构构件的类别系数和功能系数

构件、部件名称	构件类别系数	功能系数	
		乙类	丙类
非承重外墙：			
围护墙	0.9	1.4	1.0
玻璃幕墙等	0.9	1.4	1.4
连接：			
墙体连接件	1.0	1.4	1.0
饰面连接件	1.0	1.0	0.6
防火顶棚连接件	0.9	1.0	1.0
非防火顶棚连接件	0.6	1.0	0.6
附属构件：			
标志或广告牌等	1.2	1.0	1.0
高于 2.4m 储物柜支架：			
货架（柜）文件柜	0.6	1.0	0.6
文物柜	1.0	1.4	1.0

M. 2. 3 建筑附属设备的支座及连接件进行抗震性能设计时，其地震作用的构件类别系数和功能系数可参考表 M. 2. 3 确定。

表 M. 2. 3　建筑附属设备构件的类别系数和功能系数

构件、部件所属系统	构件类别系数	功能系数	
		乙类	丙类
应急电源的主控系统、发电机、冷冻机等	1.0	1.4	1.4
电梯的支承结构、导轨、支架、轿箱导向构件等	1.0	1.0	1.0
悬挂式或摇摆式灯具	0.9	1.0	0.6
其他灯具	0.6	1.0	0.6
柜式设备支座	0.6	1.0	0.6
水箱、冷却塔支座	1.2	1.0	1.0
锅炉、压力容器支座	1.0	1.0	1.0
公用天线支座	1.2	1.0	1.0

M. 3　建筑构件和建筑附属设备抗震计算的楼面谱方法

M. 3. 1　非结构构件的楼面谱，应反映支承非结构构件的具体结构自身动力特性、非结构构件所在楼层位置，以及结构和非结构阻尼特性对结构所在地点的地面地震运动的放大作用。

计算楼面谱时，一般情况，非结构构件可采用单质点模型；对支座间有相对位移的非结构构件，宜采用多支点体系计算。

M. 3. 2　采用楼面反应谱法时，非结构构件的水平地震作用标准值可按下列公式计算：

$$F = \gamma \eta \beta_s G \tag{M.3.2}$$

式中：β_s——非结构构件的楼面反应谱值，取决于设防烈度、场地条件、非结构构件与结构体系之间的周期比、质量比和阻尼，以及非结构构件在结构的支承位置、数量和连接性质；

γ——非结构构件功能系数，取决于建筑抗震设防类别和使用要求，一般分为 1.4、1.0、0.6 三档；

η——非结构构件类别系数，取决于构件材料性能等因素，一般在 0.6～1.2 范围内取值。

本规范用词说明

1　为了便于在执行本规范条文时区别对待，对要求严格程度不同的用词说明如下：

　　1）表示很严格，非这样做不可的：
　　　正面词采用"必须"；反面词采用"严禁"；

　　2）表示严格，在正常情况下均应这样做的：
　　　正面词采用"应"；反面词采用"不应"或"不得"；

　　3）表示允许稍有选择，在条件许可时首先这样做的：
　　　正面词采用"宜"；反面词采用"不宜"；

　　4）表示有选择，在一定条件下可以这样做的，采用"可"。

2　条文中指明应按其他有关标准、规范执行的写法为："应符合……的规定"或"应按……执行"。

引用标准名录

1　《建筑地基基础设计规范》GB 50007

2　《建筑结构荷载规范》GB 50009

3　《混凝土结构设计规范》GB 50010

4　《钢结构设计规范》GB 50017

5　《构筑物抗震设计规范》GB 50191

6　《混凝土结构工程施工质量验收规范》GB 50204

7　《建筑工程抗震设防分类标准》GB 50223

8　《建筑边坡工程技术规范》GB 50330

9　《橡胶支座　第 3 部分：建筑隔震橡胶支座》GB 20688.3

10　《厚度方向性能钢板》GB/T 5313

中华人民共和国国家标准

建筑抗震设计规范

GB 50011—2010

（2016 年版）

条 文 说 明

修 订 说 明

本次修订系根据原建设部《关于印发〈2006 年工程建设标准规范制订、修订计划（第一批）的通知〉》（建标［2006］77 号）的要求，由中国建筑科学研究院会同有关的设计、勘察、研究和教学单位，于 2007 年 1 月开始对《建筑抗震设计规范》GB 50011-2001（以下简称 2001 规范）进行全面修订。

本次修订过程中，发生了 2008 年"5·12"汶川大地震，其震害经验表明，严格按照 2001 规范进行设计、施工和使用的建筑，在遭遇比当地设防烈度高一度的地震作用下，可以达到在预估的罕遇地震下保障生命安全的抗震设防目标。汶川地震建筑震害经验对我国建筑抗震设计规范的修订具有重要启示，地震后，根据住房和城乡建设部落实国务院《汶川地震灾后恢复重建条例》的要求，对 2001 规范进行了应急局部修订，形成了《建筑抗震设计规范》GB 50011-2001（2008 年版），此次修订共涉及 31 条规定，主要包括灾区设防烈度的调整，增加了有关山区场地、框架结构填充墙设置、砌体结构楼梯间、抗震结构施工要求的强制性条文，提高了装配式楼板构造和钢筋伸长率的要求。

在完成 2008 年版局部修订之后，《建筑抗震设计规范》的全面修订工作继续进行，于 2009 年 5 月形成了"征求意见稿"并发至全国勘察、设计、教学单位和抗震管理部门征求意见，其方式有三种：设计单位或抗震管理部门召开讨论会，形成书面意见；设计、勘察及研究人员直接用书面或电子邮件提出意见；以及有关刊物上发表论文。累计共收集到千余条次意见。同年 8 月，对所收集的意见进行分析、整理，修改了条文，开展了试设计工作。

与 2001 版规范相比，《建筑抗震设计规范》GB 50011-2010 的条文数量有下列变动：

2001 版规范共有 13 章 54 节 11 附录，共 554 条；其中，正文 447 条，附录 107 条。

《建筑抗震设计规范》GB 50011-2010 共有 14 章 59 节 12 附录，共 630 条。其中，正文增加 39 条，占原条文的 9%；附录增加 37 条，占 36%。

原有各章修改的主要内容见前言。新增的内容是：大跨屋盖建筑、地下建筑、框排架厂房、钢支撑-混凝土框架和钢框架-混凝土筒体房屋，以及抗震性能化设计原则，并删去内框架房屋的有关内容。

2001 规范 2008 年局部修订后共有 58 条强制性条文，本次修订减少了 2 条：设防标准直接引用《建筑工程抗震设防分类标准》GB 50223；对隔震设计的可行性论证，不再作为强制性要求。

2009 年 11 月，由住房和城乡建设部标准定额司主持，召开了《建筑抗震设计规范》修订送审稿审查会。会议认为，修订送审稿继续保持 2001 版规范的基本规定是合适的，所增加的新内容总体上符合汶川地震后的要求和设计需要，反映了我国抗震科研的新成果和工程实践的经验，吸取了一些国外的先进经验，更加全面、更加细致、更加科学。新规范的颁布和实施将使我国的建筑抗震设计提高到新的水平。

本次修订，附录 A 依据《中国地震动参数区划图》GB 18306-2001 及其第 1、2 号修改单进行了设计地震分组。目前，《中国地震动参数区划图》正在修订，今后，随着《中国地震动参数区划图》的修订和施行，该附录将及时与之协调，进行修改。

2001 规范的主编单位：中国建筑科学研究院

2001 规范的参编单位：中国地震局工程力学研究所、中国建筑技术研究院、冶金工业部建筑研究总院、建设部建筑设计院、机械工业部设计研究院、中国轻工国际工程设计院（中国轻工业北京设计院）、北京市建筑设计研究院、上海建筑设计研究院、中南建筑设计院、中国建筑西北设计研究院、新疆建筑设计研究院、广东省建筑设计研究院、云南省设计院、辽宁省建筑设计研究院、深圳市建筑设计研究总院、北京勘察设计研究院、深圳大学建筑设计研究院、清华大学、同济大学、哈尔滨建筑大学、华中理工大学、重庆建筑大学、云南工业大学、华南建设学院（西院）。

2001 规范的主要起草人：徐正忠　王亚勇（以下按姓氏笔画排列）

王迪民　王彦深　王骏孙　韦承基　叶燎原

刘惠珊　吕西林　孙平善　李国强　吴明舜　苏经宇　张前国　陈健　陈富生　沙安　欧进萍

周炳章　周锡元　周雍年　周福霖　胡庆昌

袁金西　秦权　高小旺　容柏生　唐家祥

徐建　徐永基　钱稼茹　龚思礼　董津城　赖明　傅学怡　蔡益燕　樊小卿　潘凯云　戴国莹

本次修订过程中，2001 规范的一些主要起草人如胡庆昌、徐正忠、龚思礼、张前国等作为此次修订的顾问专家，对规范修订的原则、指导思想及具体条文的技术规定等提出了中肯的意见和建议。

目　次

1 总　则

1.0.1　国家有关建筑的防震减灾法律法规，主要指《中华人民共和国建筑法》、《中华人民共和国防震减灾法》及相关的条例等。

本规范对于建筑抗震设防的基本思想和原则继续同《建筑抗震设计规范》GBJ 11-89（以下简称 89 规范）、《建筑抗震设计规范》GB 50011-2001（以下简称 2001 规范）保持一致，仍以"三个水准"为抗震设防目标。

抗震设防是以现有的科学水平和经济条件为前提。规范的科学依据只能是现有的经验和资料。目前对地震规律性的认识还很不足，随着科学水平的提高，规范的规定会有相应的突破；而且规范的编制要根据国家的经济条件的发展，适当地考虑抗震设防水平，制定相应的设防标准。

本次修订，继续保持 89 规范提出的并在 2001 规范延续的抗震设防三个水准目标，即"小震不坏、中震可修、大震不倒"的某种具体化。根据我国华北、西北和西南地区对建筑工程有影响的地震发生概率的统计分析，50 年内超越概率约为 63%的地震烈度为对应于统计"众值"的烈度，比基本烈度约低一度半，本规范取为第一水准烈度，称为"多遇地震"；50 年超越概率约 10%的地震烈度，即 1990 中国地震区划图规定的"地震基本烈度"或中国地震动参数区划图规定的峰值加速度所对应的烈度，规范取为第二水准烈度，称为"设防地震"；50 年超越概率 2%～3%的地震烈度，规范取为第三水准烈度，称为"罕遇地震"，当基本烈度 6 度时为 7 度强，7 度时为 8 度强，8 度时为 9 度弱，9 度时为 9 度强。

与三个地震烈度水准相应的抗震设防目标是：一般情况下（不是所有情况下），遭遇第一水准烈度——众值烈度（多遇地震）影响时，建筑处于正常使用状态，从结构抗震分析角度，可以视为弹性体系，采用弹性反应谱进行弹性分析；遭遇第二水准烈度——基本烈度（设防地震）影响时，结构进入非弹性工作阶段，但非弹性变形或结构体系的损坏控制在可修复的范围［与 89 规范、2001 规范相同，其承载力的可靠性与《工业与民用建筑抗震设计规范》TJ 11-78（以下简称 78 规范）相当并略有提高］；遭遇第三水准烈度——最大预估烈度（罕遇地震）影响时，结构有较大的非弹性变形，但应控制在规定的范围内，以免倒塌。

还需说明的是：

1　抗震设防烈度为 6 度时，建筑按本规范采取相应的抗震措施之后，抗震能力比不设防时有实质性的提高，但其抗震能力仍是较低的。

2　不同抗震设防类别的建筑按本规范规定采取抗震措施之后，相应的抗震设防目标在程度上有所提高或降低。例如，丁类建筑在设防地震下的损坏程度可能会重些，且其倒塌不危及人们的生命安全，在罕遇地震下的表现会比一般的情况要差；甲类建筑在设防地震下的损坏是轻微甚至是基本完好的，在罕遇地震下的表现将会比一般的情况好些。

3　本次修订继续采用二阶段设计实现上述三个水准的设防目标：第一阶段设计是承载力验算，取第一水准的地震动参数计算结构的弹性地震作用标准值和相应的地震作用效应，继续采用《建筑结构可靠度设计统一标准》GB 50068 规定的分项系数设计表达式进行结构构件的截面承载力抗震验算，这样，其可靠度水平同 78 规范相当，并由于非抗震构件设计可靠性水准的提高而有所提高，既满足了在第一水准下具有必要的承载力可靠度，又满足第二水准的损坏可修的目标。对大多数的结构，可只进行第一阶段设计，而通过概念设计和抗震构造措施来满足第三水准的设计要求。

第二阶段设计是弹塑性变形验算，对地震时易倒塌的结构、有明显薄弱层的不规则结构以及有专门要求的建筑，除进行第一阶段设计外，还要进行结构薄弱部位的弹塑性层间变形验算并采取相应的抗震构造措施，实现第三水准的设防要求。

4　在 89 规范和 2001 规范所提出的以结构安全性为主的"小震不坏、中震可修、大震不倒"三水准目标，就是一种抗震性能目标——小震、中震、大震有明确的概率指标；房屋建筑不坏、可修、不倒的破坏程度，在《建筑地震破坏等级划分标准》（建设部 90 建抗字 377 号）中提出了定性的划分。本次修订，对某些有专门要求的建筑结构，在本规范第 3.10 节和附录 M 增加了关于中震、大震的进一步定量的抗震性能化设计原则和设计指标。

1.0.2　本条是强制性条文，要求处于抗震设防地区的所有新建建筑工程均必须进行抗震设计。以下，凡用粗体表示的条文，均为建筑工程房屋建筑部分的强制性条文。

1.0.3　本规范的适用范围，继续保持 89 规范、2001 规范的规定，适用于 6～9 一般的建筑工程。多年来，很多位于区划图 6 度的地区发生了较大的地震，6 度地震区的建筑要适当考虑一些抗震要求，以减轻地震灾害。

工业建筑中，一些因生产工艺要求而造成的特殊问题的抗震设计，与一般的建筑工程不同，需由有关的专业标准予以规定。

因缺乏可靠的近场地震的资料和数据，抗震设防烈度大于 9 度地区的建筑抗震设计，仍没有条件列入规范。因此，在没有新的专门规定前，可仍按 1989 年建设部印发（89）建抗字第 426 号《地震基本烈度

X度区建筑抗震设防暂行规定》的通知执行。

2001规范比89规范增加了隔震、消能减震的设计规定，本次修订，还增加了抗震性能化设计的原则性规定。

1.0.4 为适应强制性条文的要求，采用最严的规范用语"必须"。

作为抗震设防依据的文件和图件，如地震烈度区划图和地震动参数区划图，其审批权限，由国家有关主管部门依法规定。

1.0.5 在89规范和2001规范中，均规定了抗震设防依据的"双轨制"，即一般情况采用抗震设防烈度（作为一个地区抗震设防依据的地震烈度），在一定条件下，可采用经国家有关主管部门规定的权限批准发布的供设计采用的抗震设防区划的地震动参数（如地面运动加速度峰值、反应谱值、地震影响系数曲线和地震加速度时程曲线）。

本次修订，按2009年发布的《中华人民共和国防震减灾法》对"地震小区划"的规定，删去2001规范对城市设防区划的相关规定，保留"一般情况"这几个字。

新一代的地震区划图正在编制中，本次修订的有关条文和附录将依据新的区划图进行相应的协调性修改。

2 术语和符号

抗震设防烈度是一个地区的设防依据，不能随意提高或降低。

抗震设防标准，是一种衡量对建筑抗震能力要求高低的综合尺度，既取决于建设地点预期地震影响强弱的不同，又取决于建筑抗震设防分类的不同。本规范规定的设防标准是最低的要求，具体工程的设防标准可按业主要求提高。

结构上地震作用的涵义，强调了其动态作用的性质，不仅包括多个方向地震加速度的作用，还包括地震动的速度和动位移的作用。

2001规范明确了抗震措施和抗震构造措施的区别。抗震构造措施只是抗震措施的一个组成部分。在本规范的目录中，可以看到一般规定、计算要点、抗震构造措施、设计要求等。其中的一般规定及计算要点中的地震作用效应（内力和变形）调整的规定均属于抗震措施，而设计要求中的规定，可能包含有抗震措施和抗震构造措施，需按术语的定义加以区分。

本次修订，按《中华人民共和国防震减灾法》的规定，补充了"地震动参数区划图"这个术语。明确在国家法律中，"地震动参数"是"以加速度表示地震作用强弱程度"，"区划图"是将国土"划分为不同抗震设防要求区域的图件"。

3 基 本 规 定

3.1 建筑抗震设防分类和设防标准

3.1.1 根据我国的实际情况——经济实力有了较大的提高，但仍属于发展中国家的水平，提出适当的抗震设防标准，既能合理使用建设投资，又能达到抗震安全的要求。

89规范、2001规范关于建筑抗震设防分类和设防标准的规定，已被国家标准《建筑工程抗震设防分类标准》GB 50223所替代。按照国家标准编写的规定，本次修订的条文直接引用而不重复该国家标准的规定。

按照《建筑工程抗震设防分类标准》GB 50223-2008，各个设防分类建筑的名称有所变更，但明确甲类、乙类、丙类、丁类是分别作为特殊设防类、重点设防类、标准设防类、适度设防类的简称。因此，在本规范以及建筑结构设计文件中，继续采用简称。

《建筑工程抗震设防分类标准》GB 50223-2008进一步突出了设防类别划分是侧重于使用功能和灾害后果的区分，并更强调体现对人员安全的保障。

自1989年《建筑抗震设计规范》GBJ 11-89发布以来，按技术标准设计的所有房屋建筑，均应达到"多遇地震不坏、设防地震可修和罕遇地震不倒"的设防目标。这里，多遇地震、设防地震和罕遇地震，一般按地震基本烈度区划或地震动参数区划对当地的规定采用，分别为50年超越概率63%、10%和2%~3%的地震，或重现期分别为50年、475年和1600年~2400年的地震。

针对我国地震区划图所规定的烈度有很大不确定性的事实，在建设行政主管部门领导下，89规范明确规定了"小震不坏、中震可修、大震不倒"的抗震设防目标。这个目标可保障"房屋建筑在遭遇设防地震影响时不致有灾难性后果，在遭遇罕遇地震影响时不致倒塌"。2008年汶川地震表明，严格按照现行抗震规范进行设计、施工和使用的房屋建筑，达到了规范规定的设防目标，在遭遇到高于地震区划图一度的地震作用下，没有出现倒塌破坏——实现了生命安全的目标。因此，《建筑工程抗震设防分类标准》GB 50223-2008继续规定，绝大部分建筑均可划为标准设防类（简称丙类），将使用上需要提高防震减灾能力的房屋建筑控制在很小的范围。

在需要提高设防标准的建筑中，乙类需按提高一度的要求加强其抗震措施——增加关键部位的投资即可达到提高安全性的目标；甲类在提高一度的要求加强其抗震措施的基础上，"地震作用应按高于本地区设防烈度计算，其值应按批准的地震安全性评价结果确定"。地震安全性评价通常包括给定年限内不同超越概率的地震动参数，应由具备资质的单位按相关标准执行并对其评价报告的质量负责。这意味着，地震作用计算提高的幅度应经专门研究，并需要按规定的权限审批。条件许可时，专门研究还可包括基于建筑地震破坏损失和投资关系的优化原则确定的方法。

《建筑结构可靠度设计统一标准》GB 50068，提出了设计使用年限的原则规定。显然，抗震设防的甲、乙、丙、丁分类，也可体现设计使用年限的不同。

还需说明，《建筑工程抗震设防分类标准》GB 50223 规定乙类提高抗震措施而不要求提高地震作用，同一些国家的规范只提高地震作用（10%～30%）而不提高抗震措施，在设防概念上有所不同：提高抗震措施，着眼于把财力、物力用在增加结构薄弱部位的抗震能力上，是经济而有效的方法，适合于我国经济有较大发展而人均经济水平仍属于发展中国家的情况；只提高地震作用，则结构的各构件均全面增加材料，投资增加的效果不如前者。

3.1.2 鉴于 6 度设防的房屋建筑，其地震作用往往不属于结构设计的控制作用，为减少设计计算的工作量，本规范明确，6 度设防时，除有明确规定的情况，其抗震设计可仅进行抗震措施的设计而不进行地震作用计算。

3.2 地 震 影 响

多年来地震经验表明，在宏观烈度相似的情况下，处在大震级、远震中距下的柔性建筑，其震害要比中、小震级近震中距的情况重得多；理论分析也发现，震中距不同反应谱频谱特性并不相同。抗震设计时，对同样场地条件、同样烈度的地震，按震源机制、震级大小和震中距远近区别对待是必要的，建筑所受到的地震影响，需要采用设计地震动的强度及设计反应谱的特征周期来表征。

作为一种简化，89 规范主要藉助于当时的地震烈度区划，引入了设计近震和设计远震，后者可能遭遇近、远两种地震影响，设防烈度为 9 度时只考虑近震的地震影响；在水平地震作用计算时，设计近、远震用两组地震影响系数 α 曲线表达，按远震的曲线设计就已包含两种地震用不利情况。

2001 规范明确引入了"设计基本地震加速度"和"设计特征周期"，与当时的中国地震动参数区划（中国地震动峰值加速度区划图 A1 和中国地震动反应谱特征周期区划图 B1）相匹配。

"设计基本地震加速度"是根据建设部 1992 年 7 月 3 日颁发的建标［1992］419 号《关于统一抗震设计规范地面运动加速度设计取值的通知》而作出的。通知中有如下规定：

术语名称：设计基本地震加速度值

定义：50 年设计基准期超越概率 10% 的地震加速度的设计取值。

取值：7 度 0.10g，8 度 0.20g，9 度 0.40g。

本规范表 3.2.2 所列的设计基本地震加速度与抗震设防烈度的对应关系即来源于上述文件。其取值与《中国地震动参数区划图》GB 18306 - 2015 附录 A 所规定的"地震动峰值加速度"相当：即在 0.10g 和 0.20g 之间有一个 0.15g 的区域，0.20g 和 0.40g 之间有一个 0.30g 的区域，在这二个区域内建筑的抗震设计要求，除另有具体规定外，分别同 7 度和 8 度，在本规范表 3.2.2 中用括号内数值表示。本规范表 3.2.2 中还引入了与 6 度相当的设计基本地震加速度值 0.05g。

"设计特征周期"即设计所用的地震影响系数的特征周期（T_g），简称特征周期。89 规范规定，其取值根据设计近、远震和场地类别来确定，我国绝大多数地区只考虑设计近震，需要考虑设计远震的地区很少（约占县级城镇的 5%）。2001 规范将 89 规范的设计近震、远震改称设计地震分组，可更好体现震级和震中距的影响，建筑工程的设计地震分为三组。根据规范编制保持其规定延续性的要求和房屋建筑抗震设防决策，2001 规范的设计地震的分组在《中国地震动参数区划图》GB 18306 - 2001 附录 B 的基础上略作调整。2010 年修订对各地的设计地震分组作了较大的调整，使之与《中国地震动参数区划图》GB 18306 - 2001 一致。此次局部修订继续保持这一原则，按照《中国地震动参数区划图》GB 18306 - 2015 附录 B 的规定确定设计地震分组。

为便于设计单位使用，本规范在附录 A 给出了县级及县级以上城镇（按民政部编 2015 行政区划简册，包括地级市的市辖区）的中心地区（如城关地区）的抗震设防烈度、设计基本地震加速度和所属的设计地震分组。

3.3 场地和地基

3.3.1 在抗震设计中，场地指具有相似的反应谱特征的房屋群体所在地，不仅仅是房屋基础下的地基土，其范围相当于厂区、居民点和自然村，在平坦地区面积一般不小于 1km×1km。

地震造成建筑的破坏，除地震动直接引起结构破坏外，还有场地条件的原因，诸如：地震引起的地表错动与地裂，地基土的不均匀沉陷、滑坡和粉、砂土液化等。因此，选择有利于抗震的建筑场地，是减轻场地引起的地震灾害的第一道工序，抗震设防区的建筑工程宜选择有利的地段，应避开不利的地段并不在危险的地段建设。针对汶川地震的教训，2008 年局部修订强调：严禁在危险地段建造甲、乙类建筑。还需要注意，按全文强制的《住宅设计规范》GB 50096，严禁在危险地段建造住宅，必须严格执行。

场地地段的划分，是在选择建筑场地的勘察阶段进行的，要根据地震活动情况和工程地质资料进行综合评价。本规范第4.1.1条给出划分建筑场地有利、一般、不利和危险地段的依据。

3.3.2、3.3.3 抗震构造措施不同于抗震措施，二者的区别见本规范第2.1.10条和第2.1.11条。历次大地震的经验表明，同样或相近的建筑，建造于Ⅰ类场地时震害较轻，建造于Ⅲ、Ⅳ类场地震害较重。

本规范对Ⅰ类场地，仅降低抗震构造措施，不降低抗震措施中的其他要求，如按概念设计要求的内力调整措施。对于丁类建筑，其抗震措施已降低，不再重复降低。

对Ⅲ、Ⅳ类场地，除各章有具体规定外，仅提高抗震构造措施，不提高抗震措施中的其他要求，如按概念设计要求的内力调整措施。

3.3.4 对同一结构单元不宜部分采用天然地基部分采用桩基的要求，一般情况执行没有困难。在高层建筑中，当主楼和裙房不分缝的情况下难以满足时，需仔细分析不同地基在地震下变形的差异及上部结构各部分地震反应差异的影响，采取相应措施。

本次修订，对不同地基基础类型的要求，提出了较为明确的对策。

3.3.5 本条系在2008年局部修订时增加的，针对山区房屋选址和地基基础设计，提出明确的抗震要求。需注意：

1 有关山区建筑距边坡边缘的距离，参照《建筑地基基础设计规范》GB 50007-2002第5.4.1、第5.4.2条计算时，其边坡坡角需按地震烈度的高低修正——减去地震角，滑动力矩需计入水平地震和竖向地震产生的效应。

2 挡土结构抗震设计稳定验算时有关摩擦角的修正，指地震主动土压力按库伦理论计算时：土的重度除以地震角的余弦，填土的内摩擦角减去地震角，土对墙背的摩擦角增加地震角。

地震角的范围取1.5°～10°，取决于地下水位以上和以下，以及设防烈度的高低。可参见《建筑抗震鉴定标准》GB 50023-2009第4.2.9条。

3.4 建筑形体及其构件布置的规则性

3.4.1 合理的建筑形体和布置（configuration）在抗震设计中是头等重要的。提倡平、立面简单对称。因为震害表明，简单、对称的建筑在地震时较不容易破坏。而且道理也很清楚，简单、对称的结构容易估计其地震时的反应，容易采取抗震构造措施和进行细部处理。"规则"包含了对建筑的平、立面外形尺寸，抗侧力构件布置、质量分布，直至承载力分布等诸多因素的综合要求。"规则"的具体界限，随着结构类型的不同而异，需要建筑师和结构工程师互相配合，才能设计出抗震性能良好的建筑。

本条主要对建筑师设计的建筑方案的规则性提出了强制性要求。在2008年局部修订时，为提高建筑设计和结构设计的协调性，明确规定：首先，建筑形体和布置应依据抗震概念设计原则划分为规则与不规则两大类；对于具有不规则的建筑，针对其不规程的具体情况，明确提出不同的要求；强调应避免采用严重不规则的设计方案。

概念设计的定义见本规范第2.1.9条。规则性是其中的一个重要概念。

规则的建筑方案体现在体型（平面和立面的形状）简单，抗侧力体系的刚度和承载力上下变化连续、均匀，平面布置基本对称。即在平立面、竖向剖面或抗侧力体系上，没有明显的、实质的不连续（突变）。

规则与不规则的区分，本规范在第3.4.3条规定了一些定量的参考界限，但实际上引起建筑不规则的因素还有很多，特别是复杂的建筑体型，很难一一用若干简化的定量指标来划分不规则程度并规定限制范围，但是，有经验的、有抗震知识素养的建筑设计人员，应该对所设计的建筑的抗震性能有所估计，要区分不规则、特别不规则和严重不规则等不规则程度，避免采用抗震性能差的严重不规则的设计方案。

三种不规则程度的主要划分方法如下：

不规则，指的是超过表3.4.3-1和表3.4.3-2中一项及以上的不规则指标；

特别不规则，指具有较明显的抗震薄弱部位，可能引起不良后果者，其参考界限可参见《超限高层建筑工程抗震设防专项审查技术要点》，通常有三类：其一，同时具有本规范表3.4.3所列六个主要不规则类型的三个或三个以上；其二，具有表1所列的一项不规则；其三，具有本规范表3.4.3所列两个方面的基本不规则且其中有一项接近表1的不规则指标。

表1 特别不规则的项目举例

序	不规则类型	简要涵义
1	扭转偏大	裙房以上有较多楼层考虑偶然偏心的扭转位移比大于1.4
2	抗扭刚度弱	扭转周期比大于0.9，混合结构扭转周期比大于0.85
3	层刚度偏小	本层侧向刚度小于相邻上层的50%
4	高位转换	框支墙体的转换构件位置：7度超过5层，8度超过3层
5	厚板转换	7～9度设防的厚板转换结构
6	塔楼偏置	单塔或多塔合质心与大底盘的质心偏心距大于底盘相应边长20%
7	复杂连接	各部分层数、刚度、布置不同的错层或连体两端塔楼显著不规则的结构
8	多重复杂	同时具有转换层、加强层、错层、连体和多塔类型中的2种以上

对于特别不规则的建筑方案，只要不属于严重不规则，结构设计应采取比本规范第3.4.4条等的要求更加有效的措施。

严重不规则，指的是形体复杂，多项不规则指标超过本规范3.4.4条上限值或某一项大大超过规定值，具有现有技术和经济条件不能克服的严重的抗震薄弱环节，可能导致地震破坏的严重后果者。

3.4.2 本条要求建筑设计需特别重视其平、立、剖面及构件布置不规则对抗震性能的影响。

3.4.3、3.4.4 2001规范考虑了当时89规范和《钢筋混凝土高层建筑结构设计与施工规范》JGJ 3-91的相应规定，并参考了美国UBC（1997）日本BSL（1987年版）和欧洲规范8。上述五本规范对不规则结构的条文规定有以下三种方式：

1 规定了规则结构的准则，不规定不规则结构的相应设计规定，如89规范和《钢筋混凝土高层建筑结构设计与施工规范》JGJ 3-91。

2 对结构的不规则性作出限制，如日本BSL。

3 对规则与不规则结构作出了定量的划分，并规定了相应的设计计算要求，如美国UBC及欧洲规范8。

本规范基本上采用了第3种方式，但对容易避免或危害性较小的不规则问题未作规定。

对于结构扭转不规则，按刚性楼盖计算，当最大层间位移与其平均值的比值为1.2时，相当于一端为1.0，另一端为1.45；当比值1.5时，相当于一端为1.0，另一端为3。美国FEMA的NEHRP规定，限1.4。

对于较大错层，如超过梁高的错层，需按楼板开洞对待；当错层面积大于该层总面积30%时，则属于楼板局部不连续。楼板典型宽度按楼板外形的基本宽度计算。

上层缩进尺寸超过相邻下层对应尺寸的1/4，属于用尺寸衡量的刚度不规则的范畴。侧向刚度可取地震作用下的层剪力与层间位移之比值计算，刚度突变上限（如框支层）在有关章节规定。

除了表3.4.3所列的不规则，UBC的规定中，对平面不规则尚有抗侧力构件上下错位、与主轴斜交或不对称布置，对竖向不规则尚有相邻楼层质量比大于150%或竖向抗侧力构件在平面内收进的尺寸大于构件的长度（如棋盘式布置）等。

图1~图6为典型示例，以便理解本规范表3.4.3-1和表3.4.3-2中所列的不规则类型。

本规范3.4.3条1款的规定，主要针对钢筋混凝土和钢结构的多层和高层建筑所作的不规则性的限制，对砌体结构多层房屋和单层工业厂房的不规则性应符合本规范有关章节的专门规定。

2010年修订的变化如下：

1 明确规定表3.4.3所列的不规则类型是主要

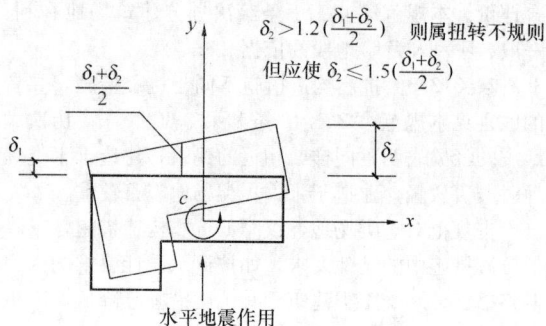

图1 建筑结构平面的扭转不规则示例

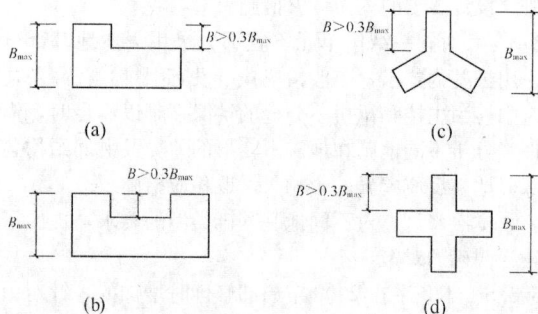

图2 建筑结构平面的凸角或凹角不规则示例

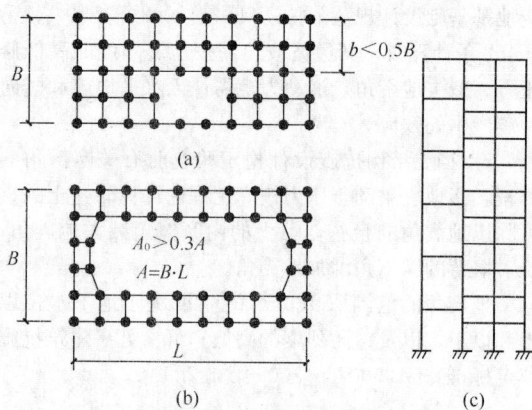

图3 建筑结构平面的局部不连续示例（大开洞及错层）

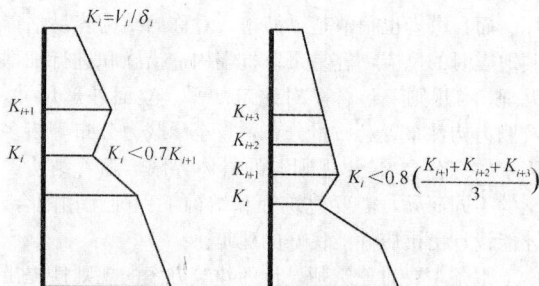

图4 沿竖向的侧向刚度不规则（有软弱层）

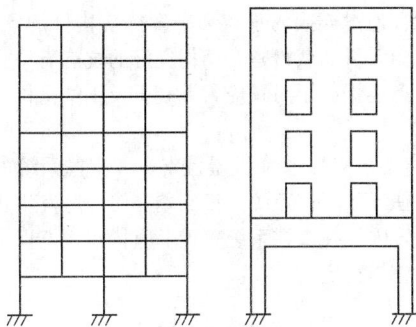

图 5 竖向抗侧力构件不连续示例

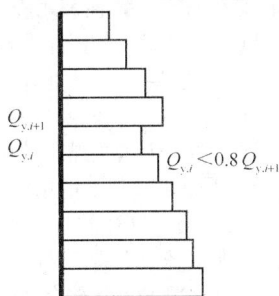

图 6　竖向抗侧力结构屈服抗
剪强度非均匀化（有薄弱层）

的而不是全部不规则，所列的指标是概念设计的参考性数值而不是严格的数值，使用时需要综合判断。明确规定按不规则类型的数量和程度，采取不同的抗震措施。不规则的程度和设计的上限控制，可根据设防烈度的高低适当调整。对于特别不规则的建筑结构要求专门研究和论证。

2　对于扭转不规则计算，需注意以下几点：

1）按国外的有关规定，楼层周边两端位移不超过平均位移2倍的情况称为刚性楼盖，超过2倍则属于柔性楼盖。因此，这种"刚性楼盖"，并不是刚度无限大。计算扭转位移比时，楼盖刚度可按实际情况确定而不限于刚度无限大假定。

2）扭转位移比计算时，楼层的位移不采用各振型位移的CQC组合计算，按国外的规定明确改为取"给定水平力"计算，可避免有时CQC计算的最大位移出现在楼盖边缘的中部而不在角部，而且对无限刚楼盖、分块无限刚楼盖和弹性楼盖均可采用相同的计算方法处理；该水平力一般采用振型组合后的楼层地震剪力换算的水平作用力，并考虑偶然偏心；结构楼层位移和层间位移控制值验算时，仍采用CQC的效应组合。

3）偶然偏心大小的取值，除采用该方向最大尺寸的5%外，也可考虑具体的平面形状和抗侧力构件的布置调整。

4）扭转不规则的判断，还可依据楼层质量中心和刚度中心的距离用偏心率的大小作为参考方法。

3　对于侧向刚度的不规则，建议根据结构特点采用合适的方法，包括楼层标高处产生单位位移所需要的水平力、结构层间位移角的变化等进行综合分析。

4　为避免水平转换构件在大震下失效，不连续的竖向构件传递到转换构件的小震地震内力应加大，借鉴美国 IBC 规定取 2.5 倍（分项系数为 1.0），对增大系数作了调整。

<u>本次局部修订，主要进行文字性修改，以进一步明确扭转位移比的含义。</u>

3.4.5　体型复杂的建筑并不一概提倡设置防震缝。由于是否设置防震缝各有利弊，历来有不同的观点，总体倾向是：

1　可设缝、可不设缝时，不设缝。设置防震缝可使结构抗震分析模型较为简单，容易估计其地震作用和采取抗震措施，但需考虑扭转地震效应，并按本规范各章的规定确定缝宽，使防震缝两侧在预期的地震（如中震）下不发生碰撞或减轻碰撞引起的局部损坏。

2　当不设置防震缝时，结构分析模型复杂，连接处局部应力集中需要加强，而且需仔细估计地震扭转效应等可能导致的不利影响。

3.5　结　构　体　系

3.5.1　抗震结构体系要通过综合分析，采用合理而经济的结构类型。结构的地震反应同场地的频谱特性有密切关系，场地的地面运动特性又同地震震源机制、震级大小、震中的远近有关；建筑的重要性、装修的水准对结构的侧向变形大小有所限制，从而对结构选型提出要求；结构的选型又受结构材料和施工条件的制约以及经济条件的许可等。这是一个综合的技术经济问题，应周密加以考虑。

3.5.2、3.5.3　抗震结构体系要求受力明确、传力途径合理且传力路线不间断，使结构的抗震分析更符合结构在地震时的实际表现，对提高结构的抗震性能十分有利，是结构选型与布置结构抗侧力体系时首先考虑的因素之一。2001规范将结构体系的要求分为强制性和非强制性两类。第3.5.2条是属于强制性要求的内容。

多道防线对于结构在强震下的安全是很重要的。所谓多道防线的概念，通常指的是：

第一，整个抗震结构体系由若干个延性较好的分体系组成，并由延性较好的结构构件连接起来协同工作。如框架-抗震墙体系是由延性框架和抗震墙二个系统组成；双肢或多肢抗震墙体系由若干个单肢墙分系统组成；框架-支撑框架体系由延性框架和支撑框架二个系统组成；框架-筒体体系由延性框架和筒体二个系统组成。

第二，抗震结构体系具有最大可能数量的内部、外部赘余度，有意识地建立起一系列分布的塑性屈服区，以使结构能吸收和耗散大量的地震能量，一旦破坏也易于修复。设计计算时，需考虑部分构件出现塑性变形后的内力重分布，使各个分体系所承担的地震作用的总和大于不考虑塑性内力重分布时的数值。

本次修订，按征求意见的结果，多道防线仍作为非强制性要求保留在第3.5.3条，但能够设置多道防线的结构类型，在相关章节中予以明确规定。

抗震薄弱层（部位）的概念，也是抗震设计中的重要概念，包括：

1 结构在强烈地震下不存在强度安全储备，构件的实际承载力分析（而不是承载力设计值的分析）是判断薄弱层（部位）的基础；

2 要使楼层（部位）的实际承载力和设计计算的弹性受力之比在总体上保持一个相对均匀的变化，一旦楼层（或部位）的这个比例有突变时，会由于塑性内力重分布导致塑性变形的集中；

3 要防止在局部上加强而忽视整个结构各部位刚度、强度的协调；

4 在抗震设计中有意识、有目的地控制薄弱层（部位），使之有足够的变形能力又不使薄弱层发生转移，这是提高结构总体抗震性能的有效手段。

考虑到有些建筑结构，横向抗侧力构件（如墙体）很多而纵向很少，在强烈地震中往往由于纵向的破坏导致整体倒塌，2001规范增加了结构两个主轴方向的动力特性（周期和振型）相近的抗震概念。

3.5.4 本条对各种不同材料的结构构件提出了改善其变形能力的原则和途径：

1 无筋砌体本身是脆性材料，只能利用约束条件（圈梁、构造柱、组合柱等来分割、包围）使砌体发生裂缝后不致崩塌和散落，地震时不致丧失对重力荷载的承载能力。

2 钢筋混凝土构件抗震性能与砌体相比是比较好的，但若处理不当，也会造成不可修复的脆性破坏。这种破坏包括：混凝土压碎、构件剪切破坏、钢筋锚固部分拉脱（粘结破坏），应力求避免；混凝土结构构件的尺寸控制，包括轴压比、截面长宽比、墙体高厚比、宽厚比等，当墙厚偏薄时，也有自身稳定问题。

3 提出了对预应力混凝土结构构件的要求。

4 钢结构杆件的压屈破坏（杆件失去稳定）或局部失稳也是一种脆性破坏，应予以防止。

5 针对预制混凝土板在强烈地震中容易脱落导致人员伤亡的震害，2008年局部修订增加了推荐采用现浇楼、屋盖，特别强调装配式楼、屋盖需加强整体性的基本要求。

3.5.5 本条指出了主体结构构件之间的连接应遵守

的原则：通过连接的承载力来发挥各构件的承载力、变形能力，从而获得整个结构良好的抗震能力。

本条还提出了对预应力混凝土及钢结构构件的连接要求。

3.5.6 本条支撑系统指屋盖支撑。支撑系统的不完善，往往导致屋盖系统失稳倒塌，使厂房发生灾难性的震害，因此在支撑系统布置上应特别注意保证屋盖系统的整体稳定性。

3.6 结 构 分 析

3.6.1 由于地震动的不确定性、地震的破坏作用、结构地震破坏机理的复杂性，以及结构计算模型的各种假定与实际情况的差异，迄今为止，依据所规定的地震作用进行结构抗震验算，不论计算理论和工具如何发展，计算怎样严格，计算的结果总还是一种比较粗略的估计，过分地追求数值上的精确是不必要的；然而，从工程的震害看，这样的抗震验算是有成效的，不可轻视。因此，本规范自1974年第一版以来，对抗震计算着重于把方法放在比较合理的基础上，不拘泥于细节，不追求过高的计算精度，力求简单易行，以线性的计算分析方法为基本方法，并反复强调按概念设计进行各种调整。本节列出一些原则性规定，继续保持和体现上述精神。

多遇地震作用下的内力和变形分析是本规范对结构地震反应、截面承载力验算和变形验算最基本的要求。按本规范第1.0.1条的规定，建筑物当遭受低于本地区抗震设防烈度的多遇地震影响时，主体结构不受损坏或不需修理可继续使用，与此相应，结构在多遇地震作用下的反应分析的方法，截面抗震验算（按照现行国家标准《建筑结构可靠度设计统一标准》GB 50068的基本要求），以及层间弹性位移的验算，都是以线弹性理论为基础，因此，本条规定，当建筑结构进行多遇地震作用下的内力和变形分析时，可假定结构与构件处于弹性工作状态。

3.6.2 按本规范第1.0.1条的规定：当建筑物遭受高于本地区抗震设防烈度的罕遇地震影响时，不致倒塌或发生危及生命的严重破坏，这也是本规范的基本要求。特别是建筑物的体型和抗侧力系统复杂时，将在结构的薄弱部位发生应力集中和弹塑性变形集中，严重时会导致重大的破坏甚至有倒塌的危险。因此本规范提出了检验结构抗震薄弱部位采用弹塑性（即非线性）分析方法的要求。

考虑到非线性分析的难度较大，规范只限于对不规则并具有明显薄弱部位可能导致重大地震破坏，特别是有严重的变形集中可能导致地震倒塌的结构，应按本规范第5章具体规定进行罕遇地震作用下的弹塑性变形分析。

本规范推荐了两种非线性分析方法：静力的非线性分析（推覆分析）和动力的非线性分析（弹塑性时

程分析）。

静力的非线性分析是：沿结构高度施加按一定形式分布的模拟地震作用的等效侧力，并从小到大逐步增加侧力的强度，使结构由弹性工作状态逐步进入弹塑性工作状态，最终达到并超过规定的弹塑性位移。这是目前较为实用的简化的弹塑性分析技术，比动力非线性分析节省计算工作量，但需要注意，静力非线性分析有一定的局限性和适用性，其计算结果需要工程经验判断。

动力非线性分析，即弹塑性时程分析，是较为严格的分析方法，需要较好的计算机软件和很好的工程经验判断才能得到有用的结果，是难度较大的一种方法。规范还允许采用简化的弹塑性分析技术，如本规范第 5 章规定的钢筋混凝土框架等的弹塑性分析简化方法。

3.6.3 本条规定，框架结构和框架-抗震墙（支撑）结构在重力附加弯矩 M_a 与初始弯矩 M_0 之比符合下式条件下，应考虑几何非线性，即重力二阶效应的影响。

$$\theta_i = \frac{M_a}{M_0} = \frac{\sum G_i \cdot \triangle u_i}{V_i \cdot h_i} > 0.1 \qquad (1)$$

式中：θ_i——稳定系数；

　　$\sum G_i$——i 层以上全部重力荷载计算值；

　　$\triangle u_i$——第 i 层楼层质心处的弹性或弹塑性层间位移；

　　V_i——第 i 层地震剪力计算值；

　　h_i——第 i 层层间高度。

上式规定是考虑重力二阶效应影响的下限，其上限则受弹性层间位移角限值控制。对混凝土结构，弹性位移角限值较小，上述稳定系数一般均在 0.1 以下，可不考虑弹性阶段重力二阶效应影响。

当在弹性分析时，作为简化方法，二阶效应的内力增大系数可取 $1/(1-\theta)$。

当在弹塑性分析时，宜采用考虑所有受轴向力的结构和构件的几何刚度的计算机程序进行重力二阶效应分析，亦可采用其他简化分析方法。

混凝土柱考虑多遇地震作用产生的重力二阶效应的内力时，不应与混凝土规范承载力计算时考虑的重力二阶效应重复。

砌体结构和混凝土墙结构，通常不需要考虑重力二阶效应。

3.6.4 刚性、半刚性、柔性横隔板分别指在平面内不考虑变形、考虑变形、不考虑刚度的楼、屋盖。

3.6.6 本条规定主要依据《建筑工程设计文件编制深度规定》，要求使用计算机进行结构抗震分析时，应对软件的功能有切实的了解，计算模型的选取必须符合结构的实际工作情况，计算软件的技术条件应符合本规范及有关标准的规定，设计时对所有计算结果

应进行判别，确认其合理有效后方可在设计中应用。

2008 年局部修订，注意到地震中楼梯的梯板具有斜撑的受力状态，增加了楼梯构件的计算要求：针对具体结构的不同，"考虑"的结果，楼梯构件的可能影响很大或不大，然后区别对待，楼梯构件自身应计算抗震，但并不要求一律参与整体结构的计算。

复杂结构指计算的力学模型十分复杂、难以找到完全符合实际工作状态的理想模型，只能依据各个软件自身的特点在力学模型上分别作某些程度不同的简化后才能运用该软件进行计算的结构。例如，多塔类结构，其计算模型可以是底部一个塔通过水平刚臂分成上部若干个不落地分塔的分叉结构，也可以用多个落地塔通过底部的低塔连成整个结构，还可以将底部按高塔分区分别归入相应的高塔中再按多个高塔进行联合计算，等等。因此本规范对这类复杂结构要求用多个相对恰当、合适的力学模型而不是截然不同不合理的模型进行比较计算。复杂结构应是计算模型复杂的结构，不同的力学模型还应属于不同的计算机程序。

3.7 非结构构件

非结构构件包括建筑非结构构件和建筑附属机电设备的支架等。建筑非结构构件在地震中的破坏允许大于结构构件，其抗震设防目标要低于本规范第1.0.1 条的规定。非结构构件的地震破坏会影响安全和使用功能，需引起重视，应进行抗震设计。

建筑非结构构件一般指下列三类：①附属结构构件，如：女儿墙、高低跨封墙、雨篷等；②装饰物，如：贴面、顶棚、悬吊重物等；③围护墙和隔墙。处理好非结构构件和主体结构的关系，可防止附加灾害，减少损失。在第 3.7.3 条所列的非结构构件主要指在人流出入口、通道及重要设备附近的附属结构构件，其破坏往往伤人或砸坏设备，因此要求加强与主体结构的可靠锚固，在其他位置可以放宽要求。2008年局部修订时，明确增加作为疏散通道的楼梯间墙体的抗震安全性要求，提高对生命的保护。

砌体填充墙与框架或单层厂房柱的连接，影响整个结构的动力性能和抗震能力。两者之间的连接处理不同时，影响也不同。建议两者之间采用柔性连接或彼此脱开，可只考虑填充墙的重量而不计其刚度和强度的影响。砌体填充墙的不合理设置，例如：框架或厂房，柱间的填充墙不到顶，或房屋外墙在混凝土柱间局部高度砌墙，使这些柱子处于短柱状态，许多震害表明，这些短柱破坏很多，应予注意。

2008 年局部修订时，第 3.7.4 条新增为强制性条文。强调围护墙、隔墙等非结构构件是否合理设置对主体结构的影响，以加强围护墙、隔墙等建筑非结构构件的抗震安全性，提高对生命的保护。

第 3.7.6 条提出了对幕墙、附属机械、电气设备

系统支座和连接等需符合地震时对使用功能的要求。这里的使用要求，一般指设防地震。

3.8 隔震与消能减震设计

3.8.1 建筑结构采用隔震与消能减震设计是一种有效地减轻地震灾害的技术。

本次修订，取消了2001规范"主要用于高烈度设防"的规定。强调了这种技术在提高结构抗震性能上具有优势，可适用于对使用功能有较高或专门要求的建筑，即用于投资方愿意通过适当增加投资来提高抗震安全要求的建筑。

3.8.2 本条对建筑结构隔震设计和消能减震设计的设防目标提出了原则要求。采用隔震和消能减震设计方案，具有可能满足提高抗震性能要求的优势，故推荐其按较高的设防目标进行设计。

按本规范12章规定进行隔震设计，还不能做到在设防烈度下上部结构不受损坏或主体结构处于弹性工作阶段的要求，但与非隔震或非消能减震建筑相比，设防目标会有所提高，大体上是：当遭受多遇地震影响时，将基本不受损坏和影响使用功能；当遭受设防地震影响时，不需修理仍可继续使用；当遭受罕遇地震影响时，将不发生危及生命安全和丧失使用价值的破坏。

3.9 结构材料与施工

3.9.1 抗震结构在材料选用、施工程序特别是材料代用上有其特殊的要求，主要是指减少材料的脆性和贯彻原设计意图。

3.9.2、3.9.3 本规范对结构材料的要求分为强制性和非强制性两种。

1 本次修订，将烧结黏土砖改为各种砖，适用范围更宽些。

2 对钢筋混凝土结构中的混凝土强度等级有所限制，这是因为高强度混凝土具有脆性性质，且随强度等级提高而增加，在抗震设计中应考虑此因素，根据现有的试验研究和工程经验，现阶段混凝土墙体的强度等级不宜超过C60；其他构件，9度时不宜超过C60，8度时不宜超过C70。当耐久性有要求时，混凝土的最低强度等级，应遵守有关的规定。

3 本次修订，对一、二、三级抗震等级的框架，规定其普通纵向受力钢筋的抗拉强度实测值与屈服强度实测值的比值不应小于1.25，这是为了保证当构件某个部位出现塑性铰以后，塑性铰处有足够的转动能力与耗能能力；同时还规定了屈服强度实测值与标准值的比值，否则本规范为实现强柱弱梁、强剪弱弯所规定的内力调整将难以奏效。在2008年局部修订的基础上，要求框架梁、框架柱、框支梁、框支柱、板柱-抗震墙的柱，以及伸臂桁架的斜撑、楼梯的梯段等，纵向钢筋均应有足够的延性及钢筋伸长率的要

求，是控制钢筋延性的重要性能指标。其取值依据产品标准《钢筋混凝土用钢 第2部分：热轧带肋钢筋》GB 1499.2-2007规定的钢筋抗震性能指标提出，凡钢筋产品标准中带E编号的钢筋，均属于符合抗震性能指标。本条的规定，是正规建筑用钢生产厂家的一般热轧钢筋均能达到的性能指标。从发展趋势考虑，不再推荐箍筋采用HPB235级钢筋；当然，现有生产的HPB235级钢筋仍可继续作为箍筋使用。

4 钢结构中所用的钢材，应保证抗拉强度、屈服强度、冲击韧性合格及硫、磷和碳含量的限制值。对高层钢结构，按黑色冶金工业标准《高层建筑结构用钢板》YB 4104-2000的规定选用。抗拉强度是实际上决定结构安全储备的关键，伸长率反映钢材能承受残余变形量的程度及塑性变形能力，钢材的屈服强度不宜过高，同时要求有明显的屈服台阶，伸长率应大于20%，以保证构件具有足够的塑性变形能力，冲击韧性是抗震结构的要求。当采用国外钢材时，亦应符合我国国家标准的要求。结构钢材的性能指标，按钢材产品标准《建筑结构用钢板》GB/T 19879-2005规定的性能指标，将分子、分母对换，改为屈服强度与抗拉强度的比值。

5 国家产品标准《碳素结构钢》GB/T 700中，Q235钢分为A、B、C、D四个等级，其中A级钢不要求任何冲击试验值，并只在用户要求时才进行冷弯试验，且不保证焊接要求的含碳量，故不建议采用。国家产品标准《低合金高强度结构钢》GB/T 1591中，Q345钢分为A、B、C、D、E五个等级，其中A级钢不保证冲击韧性要求和延性性能的基本要求，故亦不建议采用。

3.9.4 混凝土结构施工中，往往因缺乏设计规定的钢筋型号（规格）而采用另外型号（规格）的钢筋代替，此时应注意替代后的纵向钢筋的总承载力设计值不应高于原设计的纵向钢筋总承载力设计值，以免造成薄弱部位的转移，以及构件在有影响的部位发生混凝土的脆性破坏（混凝土压碎、剪切破坏等）。

除按照上述等承载力原则换算外，还应满足最小配筋率和钢筋间距等构造要求，并应注意由于钢筋的强度和直径改变会影响正常使用阶段的挠度和裂缝宽度。

本条在2008年局部修订时提升为强制性条文，以加强对施工质量的监督和控制，实现预期的抗震设防目标。

3.9.5 厚度较大的钢板在轧制过程中存在各向异性，由于在焊缝附近常形成约束，焊接时容易引起层状撕裂。国家产品标准《厚度方向性能钢板》GB/T 5313将厚度方向的断面收缩率分为Z15、Z25、Z35三个等级，并规定了试件取材方法和试件尺寸等要求。本条规定钢结构采用的钢材，当钢材板厚大于或等于40mm时，至少应符合Z15级规定的受拉试件截面收

缩率。

3.9.6 为确保砌体抗震墙与构造柱、底层框架柱的连接，以提高抗侧力砌体墙的变形能力，要求施工时先砌墙后浇筑。

本条在 2008 年局部修订提升为强制性条文。以加强对施工质量的监督和控制，实现预期的抗震设防目标。

3.9.7 本条是新增的，将 2001 规范第 6.2.14 条对施工的要求移此。抗震墙的水平施工缝处，由于混凝土结合不良，可能形成抗震薄弱部位。故规定一级抗震墙要进行水平施工缝处的受剪承载力验算。验算依据试验资料，考虑穿过施工缝处的钢筋处于复合受力状态，其强度采用 0.6 的折减系数，并考虑轴向压力的摩擦作用和轴向拉力的不利影响，计算公式如下：

$$V_{wj} \leq \frac{1}{\gamma_{RE}}(0.6f_y A_s + 0.8N)$$

式中：V_{wj}——抗震墙施工缝处组合的剪力设计值；

f_y——竖向钢筋抗拉强度设计值；

A_s——施工缝处抗震墙的竖向分布钢筋、竖向插筋和边缘构件（不包括边缘构件以外的两侧翼墙）纵向钢筋的总截面面积；

N——施工缝处不利组合的轴向力设计值，压力取正值，拉力取负值。其中，重力荷载的分项系数，受压时为有利，取 1.0；受拉时取 1.2。

3.10 建筑抗震性能化设计

3.10.1 考虑当前技术和经济条件，慎重发展性能化目标设计方法，本条明确规定需要进行可行性论证。

性能化设计仍然是以现有的抗震科学水平和经济条件为前提的，一般需要综合考虑使用功能、设防烈度、结构的不规则程度和类型、结构发挥延性变形的能力、造价、震后的各种损失及修复难度等等因素。不同的抗震设防类别，其性能设计要求也有所不同。

鉴于目前强烈地震下结构非线性分析方法的计算模型及参数的选用尚存在不少经验因素，缺少从强震记录、设计施工资料到实际震害的验证，对结构性能的判断难以十分准确，因此在性能目标选用中宜偏于安全一些。

确有需要在处于发震断裂避让区域建造房屋，抗震性能化设计是可供选择的设计手段之一。

3.10.2 建筑的抗震性能化设计，立足于承载力和变形能力的综合考虑，具有很强的针对性和灵活性。针对具体工程的需要和可能，可以对整个结构，也可以对某些部位或关键构件，灵活运用各种措施达到预期的性能目标——着重提高抗震安全性或满足使用功能的专门要求。

例如，可以根据楼梯间作为"抗震安全岛"的要

求，提出确保大震下能具有安全避难通道的具体目标和性能要求；可以针对特别不规则、复杂建筑结构的具体情况，对抗侧力结构的水平构件和竖向构件提出相应的性能目标，提高其整体或关键部位的抗震安全性；也可针对水平转换构件，为确保大震下自身及相关构件的安全而提出大震下的性能目标；地震时需要连续工作的机电设施，其相关部位的层间位移需满足规定层间位移限值的专门要求；其他情况，可对震后的残余变形提出满足设施检修后运行的位移要求，也可提出大震后可修复运行的位移要求。建筑构件采用与结构构件柔性连接，只要可靠拉结并留有足够的间隙，如玻璃幕墙与钢框之间预留变形缝隙，震害经验表明，幕墙在结构总体安全时可以满足大震后继续使用的要求。

3.10.3 我国的 89 规范提出了"小震不坏、中震可修和大震不倒"，明确要求大震下不发生危及生命的严重破坏即达到"生命安全"，就是属于一般情况的性能设计目标。本次修订所提出的性能化设计，要比本规范的一般情况较为明确，尽可能达到可操作性。

1 鉴于地震具有很大的不确定性，性能化设计需要估计各种水准的地震影响，包括考虑近场地震的影响。规范的地震水准是按 50 年设计基准期确定的。结构设计使用年限是国务院《建设工程质量管理条例》规定的在设计时考虑施工完成后正常使用、正常维护情况下不需要大修仍可完成预定功能的保修年限，国内外的一般建筑结构取 50 年。结构抗震设计的基准期是抗震规范确定地震作用取值时选用的统计时间参数，也取为 50 年，即地震发生的超越概率是按 50 年统计的，多遇地震的理论重现期 50 年，设防地震是 475 年，罕遇地震随烈度高度而有所区别，7 度约 1600 年，9 度约 2400 年。其地震加速度值，设防地震取本规范表 3.2.2 的"设计基本地震加速度值"，多遇地震、罕遇地震取本规范表 5.1.2-2 的"加速度时程最大值"。其水平地震影响系数最大值，多遇地震、罕遇地震按本规范表 5.1.4-1 取值，设防地震按本条规定取值，7 度（0.15g）和 8 度（0.30g）分别在 7、8 度和 8、9 度之间内插取值。

对于设计使用年限不同于 50 年的结构，其地震作用需要作适当调整，取值经专门研究提出并按规定的权限批准后确定。当缺乏当地的相关资料时，可参考《建筑工程抗震性态设计通则（试用）》CECS 160：2004 的附录 A，其调整系数的范围大体是：设计使用年限 70 年，取 1.15～1.2；100 年取 1.3～1.4。

2 建筑结构遭遇各种水准的地震影响时，其可能的损坏状态和继续使用的可能，与 89 规范配套的《建筑地震破坏等级划分标准》（建设部 90 建抗字 377 号）已经明确划分了各类房屋（砖房、混凝土框架、底层框架砖房、单层工业厂房、单层空旷房屋等）的地震破坏分

级和地震直接经济损失估计方法，总体上可分为下列五级，与此后国外标准的相关描述不完全相同：

名称	破坏描述	继续使用的可能性	变形参考值
基本完好（含完好）	承重构件完好；个别非承重构件轻微损坏；附属构件有不同程度破坏	一般不需修理即可继续使用	$<[\triangle u_e]$
轻微损坏	个别承重构件轻微裂缝（对钢结构构件指残余变形），个别非承重构件明显破坏；附属构件有不同程度破坏	不需修理或需稍加修理，仍可继续使用	$(1.5\sim2)$ $[\triangle u_e]$
中等破坏	多数承重构件轻微裂缝（或残余变形），部分明显裂缝（或残余变形）；个别非承重构件严重破坏	需一般修理，采取安全措施后可适当使用	$(3\sim4)$ $[\triangle u_e]$
严重破坏	多数承重构件严重破坏或部分倒塌	应排险大修，局部拆除	<0.9 $[\triangle u_p]$
倒 塌	多数承重构件倒塌	需拆除	$>[\triangle u_p]$

注：1 个别指5%以下，部分指30%以下，多数指50%以上。
　　2 中等破坏的变形参考值，大致取规范弹性和弹塑性位移角限值的平均值，轻微损坏取1/2平均值。

参照上述等级划分，地震下可供选定的高于一般情况的预期性能目标可大致归纳如下：

地震水准	性能1	性能2	性能3	性能4
多遇地震	完好	完好	完好	完好
设防地震	完好，正常使用	基本完好，检修后继续使用	轻微损坏，简单修理后继续使用	轻微至接近中等损坏，变形<3$[\triangle u_e]$
罕遇地震	基本完好，检修后继续使用	轻微至中等破坏，修复后继续使用	其破坏需加固后继续使用	接近严重破坏，大修后继续使用

3 实现上述性能目标，需要落实到具体设计指标，即各个地震水准下构件的承载力、变形和细部构造的指标。仅提高承载力时，安全性有相应提高，但使用上的变形要求不一定满足；仅提高变形能力，则结构在小震、中震下的损坏情况大致没有改变，但抗御大震倒塌的能力提高。因此，性能设计目标往往侧重于通过提高承载力推迟结构进入塑性工作阶段并减少塑性变形，必要时还需同时提高刚度以满足使用功能的变形要求，而变形能力的要求可根据结构及其构

件在中震、大震下进入弹塑性的程度加以调整。

完好，即所有构件保持弹性状态：各种承载力设计值（拉、压、弯、剪、压弯、拉弯、稳定等）满足规范对抗震承载力的要求 $S<R/\gamma_{RE}$，层间变形（以弯曲变形为主的结构宜扣除整体弯曲变形）满足规范多遇地震下的位移角限值 $[\triangle u_e]$。这是各种预期性能目标在多遇地震下的基本要求——多遇地震下必须满足规范规定的承载力和弹性变形的要求。

基本完好，即构件基本保持弹性状态：各种承载力设计值基本满足规范对抗震承载力的要求 $S\leqslant R/\gamma_{RE}$（其中的效应 S 不含抗震等级的调整系数），层间变形可能略微超过弹性变形限值。

轻微损坏，即结构构件可能出现轻微的塑性变形，但不达到屈服状态，按材料标准值计算的承载力大于作用标准组合的效应。

中等破坏，结构构件出现明显的塑性变形，但控制在一般加固即恢复使用的范围。

接近严重破坏，结构关键的竖向构件出现明显的塑性变形，部分水平构件可能失效需要更换，经过大修加固后可恢复使用。

对性能1，结构构件在预期大震下仍基本处于弹性状态，则其细部构造仅需要满足最基本的构造要求，工程实例表明，采用隔震、减震技术或低烈度设防且风力很大时有可能实现；条件许可时，也可对某些关键构件提出这个性能目标。

对性能2，结构构件在中震下完好，在预期大震下可能屈服，其细部构造需满足低延性的要求。例如，某6度设防的核心筒-外框结构，其风力是小震的2.4倍，风载层间位移是小震的2.5倍。结构所有构件的承载力和层间位移均可满足中震（不计入风载效应组合）的设计要求；考虑水平构件在大震下损坏使刚度降低和阻尼加大，按等效线性化方法估算，竖向构件的最小极限承载力仍可满足大震下的验算要求。于是，结构总体上可达到性能2的要求。

对性能3，在中震下已有轻微塑性变形，大震下有明显的塑性变形，因而，其细部构造需要满足中等延性的构造要求。

对性能4，在中震下的损坏已大于性能3，结构总体的抗震承载力仅略高于一般情况，因而，其细部构造仍需满足高延性的要求。

3.10.4 本条规定了性能化设计时计算的注意事项。一般情况，应考虑构件在强烈地震下进入弹塑性工作阶段和重力二阶效应。鉴于目前的弹塑性参数、分析软件对构件裂缝的闭合状态和残余变形、结构自身阻尼系数、施工图中构件实际截面、配筋与计算书取值的差异等等的处理，还需要进一步研究和改进，当预期的弹塑性变形不大时，可用等效阻尼等模型简化估算。为了判断弹塑性计算结果的可靠程度，可借助于理想弹性假定的计算结果，从下列几方面进行综合

分析：

1 结构弹塑性模型一般要比多遇地震下反应谱计算时的分析模型有所简化，但在弹性阶段的主要计算结果应与多遇地震分析模型的计算结果基本相同，两种模型的嵌固端、主要振动周期、振型和总地震作用应一致。弹塑性阶段，结构构件和整个结构实际具有的抵抗地震作用的承载力是客观存在的，在计算模型合理时，不因计算方法、输入地震波形的不同而改变。若计算得到的承载力明显异常，则计算方法或参数存在问题，需仔细复核、排除。

2 整个结构客观存在的、实际具有的最大受剪承载力（底部总剪力）应控制在合理的、经济上可接受的范围，不需要接近更不可能超过按同样阻尼比的理想弹性假定计算的大震剪力，如果弹塑性计算的结果超过，则该计算的承载力数据需认真检查、复核，判断其合理性。

3 进入弹塑性变形阶段的薄弱部位会出现一定程度的塑性变形集中，该楼层的层间位移（以弯曲变形为主的结构宜扣除整体弯曲变形）应大于按同样阻尼比的理想弹性假定计算的该部位大震的层间位移；如果明显小于此值，则该位移数据需认真检查、复核，判断其合理性。

4 薄弱部位可借助于上下相邻楼层或主要竖向构件的屈服强度系数（其计算方法参见本规范第5.5.2条的说明）的比较予以复核，不同的方法、不同的波形，尽管彼此计算的承载力、位移、进入塑性变形的程度差别较大，但发现的薄弱部位一般相同。

5 影响弹塑性位移计算结果的因素很多，现阶段，其计算值的离散性，与承载力计算的离散性相比较大。注意到常规设计中，考虑到小震弹性时程分析的波形数量较少，而且计算的位移多数明显小于反应谱法的计算结果，需以反应谱法为基础进行对比分析；大震弹塑性时程分析时，由于阻尼的处理方法不够完善，波形数量也较少（建议尽可能增加数量，如不少于7条；数量较少时宜取包络），不宜直接把计算的弹塑性位移值视为结构实际弹塑性位移，同样需要借助小震的反应谱法计算结果进行分析。建议按下列方法确定其层间位移参考数值：用同一软件、同一波形进行弹性和弹塑性计算，得到同一波形、同一部位弹塑性位移（层间位移）与小震弹性位移（层间位移）的比值，然后将此值取平均或包络值，再乘以反应谱法计算的该部位小震位移（层间位移），从而得到大震下该部位的弹塑性位移（层间位移）的参考值。

3.10.5 本条属于原则规定，其具体化，如结构、构件在中震下的性能化设计要求等，列于附录 M 中第 M.1 节。

3.11 建筑物地震反应观测系统

3.11.1 2001 规范提出了在建筑物内设置建筑物地震反应观测系统的要求。建筑物地震反应观测是发展地震工程和工程抗震科学的必要手段，我国过去限于基建资金，发展不快，这次在规范中予以规定，以促进其发展。

附录 A　我国主要城镇抗震设防烈度、设计基本地震加速度和设计地震分组

本附录系根据《中国地震动参数区划图》GB 18306－2015 和《中华人民共和国行政区划简册2015》以及中华人民共和国民政部发布的《2015年县级以上行政区划变更情况（截至 2015 年 9 月 12 日）》编制。

本附录仅给出了我国各县级及县级以上城镇的中心地区（如城关地区）的抗震设防烈度、设计基本地震加速度和所属的设计地震分组。当在各县级及县级以上城镇中心地区以外的行政区域从事建筑工程建设活动时，应根据工程场址的地理坐标查询《中国地震动参数区划图》GB 18306－2015 的"附录 A（规范性附录）中国地震动峰值加速度区划图"和"附录 B（规范性附录）中国地震动加速度反应谱特征周期区划图"，以确定工程场址的地震动峰值加速度和地震加速度反应谱特征周期，并根据下述原则确定工程场址所在地的抗震设防烈度、设计基本地震加速度和所属的设计地震分组：

抗震设防烈度、设计基本地震加速度和 GB 18306 地震动峰值加速度的对应关系

抗震设防烈度	6	7		8		9
设计基本地震加速度值	0.05g	0.10g	0.15g	0.20g	0.30g	0.40g
GB 18306：地震动峰值加速度	0.05g	0.10g	0.15g	0.20g	0.30g	0.40g

注：g 为重力加速度。

设计地震分组与 GB 18306 地震动加速度反应谱特征周期的对应关系

设计地震分组	第一组	第二组	第三组
GB 18306：地震加速度反应谱特征周期	0.35s	0.40s	0.45s

4　场地、地基和基础

4.1　场　　地

4.1.1 有利、不利和危险地段的划分，基本沿用历次规范的规定。本条中地形、地貌和岩土特性的影响

是综合在一起加以评价的，这是因为由不同岩土构成的同样地形条件的地震影响是不同的。2001 规范只列出了有利、不利和危险地段的划分，本次修订，明确其他地段划为可进行建设的一般场地。考虑到高含水量的可塑黄土在地震作用下会产生震陷，历次地震的震害也比较重，当地表存在结构性裂缝时对建筑物抗震也是不利的，因此将其列入不利地段。

关于局部地形条件的影响，从国内几次大地震的宏观调查资料来看，岩质地形与非岩质地形有所不同。1970 年云南通海地震和 2008 年汶川大地震的宏观调查表明，非岩质地形对烈度的影响比岩质地形的影响更为明显。如通海和东川的许多岩石地基上很陡的山坡，震害也未见有明显的加重。因此对于岩石地基的陡坡、陡坎等，本规范未列为不利的地段。但对于岩石地基的高度达数十米的条状突出的山脊和高耸孤立的山丘，由于鞭鞘效应明显，振动有所加大，烈度仍有增高的趋势。因此本规范均将其列为不利的地形条件。

应该指出：有些资料中曾提出过有利和不利于抗震的地貌部位。本规范在编制过程中曾对抗震不利的地貌部位实例进行了分析，认为：地貌是研究不同地表形态形成的原因，其中包括组成不同地形的物质（即岩性）。也就是说地貌部位的影响意味着地表形态和岩性二者共同作用的结果，将场地土的影响包括进去了。但通过一些震害实例说明：当处于平坦的冲积平原和古河道不同地貌部位时，地表形态是基本相同的，造成古河道上房屋震害加重的原因主要因地基土质条件很差所致。因此本规范将地貌条件分别在地形条件与场地土中加以考虑，不再提出地貌部位这个概念。

4.1.2～4.1.6 89 规范中的场地分类，是在尽量保持抗震规范延续性的基础上，进一步考虑了覆盖层厚度的影响，从而形成了以平均剪切波速和覆盖层厚度作为评定指标的双参数分类方法。为了在保障安全的条件下尽可能减少设防投资，在保持技术上合理的前提下适当扩大了 II 类场地的范围。另外，由于我国规范中 I、II 类场地的 T_g 值与国外抗震规范相比是偏小的，因此有意识地将 I 类场地的范围划得比较小。

在场地划分时，需要注意以下几点：

1 关于场地覆盖层厚度的定义。要求其下部所有土层的波速均大于 500m/s，在 89 规范的说明中已有所阐述。执行中常出现一见到大于 500m/s 的土层就确定覆盖厚度而忽略对以下各土层的要求，这种错误应予以避免。2001 规范补充了当地面下某一下卧土层的剪切波速大于或等于 400m/s 且不小于相邻的上层土的剪切波速的 2.5 倍时，覆盖层厚度可按地面至该下卧层顶面的距离取值的规定。需要注意的是，只有当波速不小于 400m/s 且该土层以上的各土层的波速（不包括孤石和硬透镜体）都满足不大于该土层

波速的 40% 时才可按该土层确定覆盖层厚度；而且这一规定只适用于当下卧层硬土层顶面的埋深大于 5m 时的情况。

2 关于土层剪切波速的测试。2001 规范的波速平均采用更富有物理意义的等效剪切波速的公式计算，即：

$$v_{se} = d_0/t$$

式中，d_0 为场地评定用的计算深度，取覆盖层厚度和 20m 两者中的较小值，t 为剪切波在地表与计算深度之间传播的时间。

本次修订，初勘阶段的波速测试孔数量改为不宜小于 3 个。多层与高层建筑的分界，参照《民用建筑设计通则》改为 24m。

3 关于不同场地的分界。

为了保持与 89 规范的延续性并与其他有关规范的协调，2001 规范对 89 规范的规定作了调整，II 类、III 类场地的范围稍有扩大，并避免了 89 规范 II 类至 IV 类的跳跃。作为一种补充手段，当有充分依据时，允许使用插入方法确定边界线附近（指相差±15% 的范围）的 T_g 值。图 7 给出了一种连续化插入方案。该图在场地覆盖层厚度 d_{ov} 和等效剪切波速 v_{se} 平面上用等步长和按线性规则改变步长的方案进行连续化插入，相邻等值线的 T_g 值均相差 0.01s。

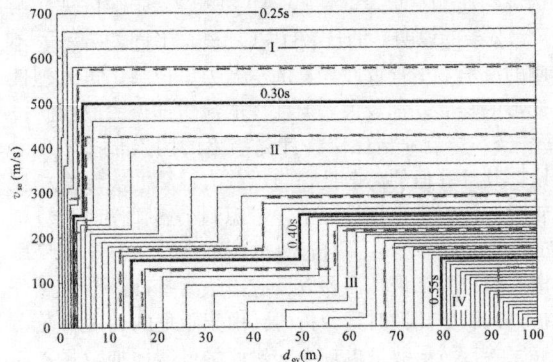

图 7　在 d_{ov}-v_{se} 平面上的 T_g 等值线图
（用于设计特征周期一组，图中相邻
T_g 等值线的差值均为 0.01s）

本次修订，考虑到 $f_{ak}<200$ 的黏性土和粉土的实测波速可能大于 250m/s，将 2001 规范的中硬土与中软土地基承载力的分界改为 $f_{ak}≥150$。考虑到软弱土的指标 140m/s 与国际标准相比略偏低，将其改为 150m/s。场地类别的分界也改为 150m/s。

考虑到波速为 (500～800) m/s 的场地还不是很坚硬，将原场地类别 I 类场地（坚硬土或岩石场地）中的硬质岩石场地明确为 I_0 类场地。因此，土的类型划分也相应区分。硬质岩石的波速，我国核电站抗震设计为 700m，美国抗震设计规范为 760m，欧洲抗震规范为 800m，从偏于安全方面考虑，调整为 800m/s。

4 高层建筑的场地类别问题是工程界关心的问题。按理论及实测，一般土层中的地震加速度随距地面深度而渐减。我国亦有对高层建筑修正场地类别（由高层建筑基底起算）或折减地震力建议。因高层建筑埋深常达 10m 以上，与浅基础相比，有利之处是：基底地震输入小了；但深基础的地震动输入机制很复杂，涉及地基土和结构相互作用，目前尚无公认的理论分析模型更未能总结出实用规律，因此暂不列入规范。深基础的高层建筑的场地类别仍按浅基础考虑。

5 本条中规定的场地分类方法主要适用于剪切波速随深度呈递增趋势的一般场地，对于有较厚软夹层的场地，由于其对短周期地震动具有抑制作用，可以根据分析结果适当调整场地类别和设计地震动参数。

6 新黄土是指 Q_3 以来的黄土。

4.1.7 断裂对工程影响的评价问题，长期以来，不同学科之间存在着不同看法，经过近些年来的不断研究与交流，认为需要考虑断裂影响，这主要是指地震时老断裂重新错动直通地表，在地面产生位错，对建在位错带上的建筑，其破坏是不易用工程措施加以避免的。因此规范中划为危险地段应予避开。至于地震强度，一般在确定抗震设防烈度时已给予考虑。

在活动断裂时间下限方面已取得了一致意见：即对一般的建筑工程只考虑 1.0 万年（全新世）以来活动过的断裂，在此地质时期以前的活动断裂可不予考虑。对于核电、水电等工程则应考虑 10 万年以来（晚更新世）活动过的断裂，晚更新世以前活动过的断裂亦可不予考虑。

另外一个较为一致的看法是，在地震烈度小于 8 度的地区，可不考虑断裂对工程的错动影响，因为多次国内外地震中的破坏现象均说明，在小于 8 度的地震区，地面一般不产生断裂错动。

目前尚有看法分歧的是关于隐伏断裂的评价问题，在基岩以上覆盖土层多厚，是什么土层，地面建筑就可以不考虑下部断裂的错动影响。根据我国近年来的地震宏观地表位错考察，学者们看法不够一致。有人认为 30m 厚土层就可以不考虑，有些学者认为是 50m，还有人提出用基岩位错量大小来衡量，如土层厚度是基岩位错量的（25～30）倍以上就可不考虑等等。唐山地震震中区的地裂缝，经有关单位详细工作证明，不是沿地下岩石错动直通地表的构造断裂形成的，而是由于地面振动，表面应力形成的表层地裂。这种裂缝仅分布在地面以下 3m 左右，下部土层并未断开（挖探井证实），在采煤巷道中也未发现错动，对有一定深度基础的建筑物影响不大。

为了对问题更深入的研究，由北京市勘察设计研究院在建设部抗震办公室申请立项，开展了发震断裂上覆土层厚度对工程影响的专项研究。此项研究主要采用大型离心机模拟实验，可将缩小的模型通过提高加速度的办法达到与原型应力状况相同的状态；为了模拟断裂错动，专门加工了模拟断裂突然错动的装置，可实现垂直与水平二种错动，其位错量大小是根据国内外历次地震不同震级条件下位错量统计分析结果确定的；上覆土层则按不同岩性、不同厚度分为数种情况。实验时的位错量为 1.0m～4.0m，基本上包括了 8 度、9 度情况下的位错量；当离心机提高加速度达到与原型应力条件相同时，下部基岩突然错动，观察上部土层破裂高度，以便确定安全厚度。根据实验结果，考虑一定的安全储备和模拟实验与地震时震动特性的差异，安全系数取为 3，据此提出了 8 度、9 度地区上覆土层安全厚度的界限值。应当说这是初步的，可能有些因素尚未考虑。但毕竟是第一次以模拟实验为基础的定量提法，跟以往的分析和宏观经验是相近的，有一定的可信度。2001 规范根据搜集到的国内外地震断裂破裂宽度的资料提出了避让距离，这是宏观的分析结果，随着地震资料的不断积累将会得到补充与完善。

近年来，北京市地震局在上述离心机试验基础上进行了基底断裂错动在覆盖土层中向上传播过程的更精细的离心机模拟，认为以前试验的结论偏于保守，可放宽对破裂带的避让要求。本次修订，考虑到原条文中"前第四纪基岩隐伏断裂"的含义不够明确，容易引起误解；这里的"断裂"只能是"全新世活动断裂"或其活动性不明的其他断裂。因此删除了原条文中"前第四纪基岩"这几个字。还需要说明的是，这里所说的避让距离是断层面在地面上的投影或到断层破裂线的距离，不是指到断裂带的距离。

综合考虑历次大地震的断裂震害，离心机试验结果和我国地震区、特别是山区民居建造的实际情况，本次修订适度减少了避让距离，并规定当确实需要在避让范围内建造房屋时，仅限于建造分散的、不超过三层的丙、丁类建筑，同时应按提高一度采取抗震措施，并提高基础和上部结构的整体性，且不得跨越断层。严格禁止在避让范围内建造甲、乙类建筑。对于山区中可能发生滑坡的地带，属于特别危险的地段，严禁建造民居。

4.1.8 本条考虑局部突出地形对地震动参数的放大作用，主要依据宏观震害调查的结果和对不同地形条件和岩土构成的形体所进行的二维地震反应分析结果。所谓局部突出地形主要是指山包、山梁和悬崖、陡坎等，情况比较复杂，对各种可能出现的情况的地震动参数的放大作用都作出具体的规定是很困难的。从宏观震害经验和地震反应分析结果所反映的总趋势，大致可以归纳为以下几点：①高突地形距离基准面的高度愈大，高处的反应愈强烈；②离陡坎和边坡顶部边缘的距离愈大，反应相对减小；③从岩土构成方面看，在同样地形条件下，土质结构的反应比岩质结构大；④高突地形顶面愈开阔，远离边缘的中心部位的反应是明显减小的；⑤边坡愈陡，其顶部的放大效应相应加大。

基于以上变化趋势，以突出地形的高差 H、坡降角度的正切 H/L 以及场址距突出地形边缘的相对距离 L_1/H 为参数，归纳出各种地形的地震力放大作用如下：

$$\lambda = 1 + \xi\alpha \qquad (2)$$

式中：λ——局部突出地形顶部的地震影响系数的放大系数；

α——局部突出地形地震动参数的增大幅度，按表 2 采用；

ξ——附加调整系数，与建筑场地离突出台地边缘的距离 L_1 与相对高差 H 的比值有关。当 $L_1/H < 2.5$ 时，ξ 可取为 1.0；当 $2.5 \leqslant L_1/H < 5$ 时，ξ 可取为 0.6；当 $L_1/H \geqslant 5$ 时，ξ 可取为 0.3。L、L_1 均应按距离场地的最近点考虑。

表 2 局部突出地形地震影响系数的增大幅度

突出地形的高度 H(m)	非岩质地层	$H < 5$	$5 \leqslant H < 15$	$15 \leqslant H < 25$	$H \geqslant 25$
	岩质地层	$H < 20$	$20 \leqslant H < 40$	$40 \leqslant H < 60$	$H \geqslant 60$
局部突出台地边缘的侧向平均坡降 (H/L)	$H/L < 0.3$	0	0.1	0.2	0.3
	$0.3 \leqslant H/L < 0.6$	0.1	0.2	0.3	0.4
	$0.6 \leqslant H/L < 1.0$	0.2	0.3	0.4	0.5
	$H/L \geqslant 1.0$	0.3	0.4	0.5	0.6

条文中规定的最大增大幅度 0.6 是根据分析结果和综合判断给出的。本条的规定对各种地形，包括山包、山梁、悬崖、陡坡都可以应用。

本条在 2008 年局部修订时提升为强制性条文。

4.1.9 本条属于强制性条文。

勘察内容应根据实际的土层情况确定：有些地段，既不属于有利地段也不属于不利地段，而属于一般地段；不存在饱和砂土和饱和粉土时，不判别液化，若判别结果为不考虑液化，也不属于不利地段；无法避开的不利地段，要在详细查明地质、地貌、地形条件的基础上，提供岩土稳定性评价报告和相应的抗震措施。

场地地段的划分，是在选择建筑场地的勘察阶段进行的，要根据地震活动情况和工程地质资料进行综合评价。对软弱土、液化土等不利地段，要按规范的相关规定提出相应的措施。

场地类别划分，不要误为"场地土类别"划分，要依据场地覆盖层厚度和场地土层软硬程度这两个因素。其中，土层软硬程度不再采用 89 规范的"场地土类型"这个提法，一律采用"土层的等效剪切波速"值予以反映。

4.2 天然地基和基础

4.2.1 我国多次强烈地震的震害经验表明，在遭受破坏的建筑中，因地基失效导致的破坏较上部结构惯性力的破坏为少，这些地基主要由饱和松砂、软弱黏性土和成因岩性状态严重不均匀的土层组成。大量的一般的天然地基都具有较好的抗震性能。因此 89 规范规定了天然地基可以不验算的范围。

本次修订的内容如下：

1 将可不进行天然地基和基础抗震验算的框架房屋的层数和高度作了更明确的规定。考虑到砌体结构也应该满足 2001 规范条文第二款中的前提条件，故也将其列入本条文的第二款中。

2 限制使用黏土砖以来，有些地区改为建造多层的混凝土抗震墙房屋，当其基础荷载与一般民用框架相当时，由于其地基基础情况与砌体结构类同，故也可不进行抗震承载力验算。

条文中主要受力层包括地基中的所有压缩层。

4.2.2、4.2.3 在天然地基抗震验算中，对地基土承载力特征值调整系数的规定，主要参考国内外资料和相关规范的规定，考虑了地基土在有限次循环动力作用下强度一般较静强度提高和在地震作用下结构可靠度容许有一定程度降低这两个因素。

在 2001 规范中，增加了对黄土地基的承载力调整系数的规定，此规定主要根据国内动、静强度对比试验结果。静强度是在预湿与固结不排水条件下进行的。破坏标准是：对软化型土取峰值强度，对硬化型土应变为 15% 的对应强度，由此求得黄土静抗剪强度指标 C_s、φ_s 值。

动强度试验参数是：均压固结取双幅应变 5%，偏压固结取总应变为 10%；等效循环数按 7、7.5 及 8 级地震分别对应 12、20 及 30 次循环。取等价循环数所对应的动动力 σ_d，绘制强度包线，得到动抗剪强度指标 C_d 及 φ_d。

动静强度比为：

$$\frac{\tau_d}{\tau_s} = \frac{C_d + \sigma_d tg\varphi_d}{C_s + \sigma_s tg\varphi_s}$$

近似认为动静强度比等于动、静承载力之比，则可求得承载力调整系数：

$$\zeta_a = \frac{R_d}{R_s} \approx \left(\frac{\tau_d}{K_d}\right) / \left(\frac{\tau_s}{K_s}\right) = \frac{\tau_d}{\tau_s} \cdot \frac{K_s}{K_d} = \zeta$$

式中：K_d、K_s——分别为动、静承载力安全系数；

R_d、R_s——分别为动、静极限承载力。

试验结果见表 3，此试验大多考虑地基处于偏压固结状态，实际的应力水平也不太大，故采用偏压固结、正应力 100kPa～300kPa、震级（7～8）级条件下的调整系数平均值为宜。本条据上述试验，对坚硬黄土取 $\zeta = 1.3$，对可塑黄土取 1.1，对流塑黄土取 1.0。

表3 ζ_a 的平均值

名称	西安黄土				兰州黄土	洛川黄土		
含水量 W	饱和状态		20%		饱和	饱和状态		
固结比 K_c	1.0	2.0	1.0	1.5	1.0	1.0	1.5	2.0
ζ_a 的平均值	0.608	1.271	0.607	1.415	0.378	0.721	1.14	1.438

注：固结比为轴压力 σ_1 与压力 σ_3 的比值。

4.2.4 地基基础的抗震验算，一般采用所谓"拟静力法"，此法假定地震作用如同静力，然后在这种条件下验算地基和基础的承载力和稳定性。所列的公式主要是参考相关规范的规定提出的，压力的计算应采用地震作用效应标准组合，即各作用分项系数均取1.0的组合。

4.3 液化土和软土地基

4.3.1 本条规定主要依据液化场地的震害调查结果。许多资料表明在6度区液化对房屋结构所造成的震害是比较轻的，因此本条规定除对液化沉陷敏感的乙类建筑外，6度区的一般建筑可不考虑液化影响。当然，6度的甲类建筑的液化问题也需要专门研究。

关于黄土的液化可能性及其危害在我国的历史地震中虽不乏报导，但缺乏较详细的评价资料，在20世纪50年代以来的多次地震中，黄土液化现象很少见到，对黄土的液化判别尚缺乏经验，但值得重视。近年来的国内外震害与研究还表明，砾石在一定条件下也会液化，但是由于黄土与砾石液化研究资料还不够充分，暂不列入规范，有待进一步研究。

4.3.2 本条是有关液化判别和处理的强制性条文。

本条较全面地规定了减少地基液化危害的对策：首先，液化判别的范围为，除6度设防外存在饱和砂土和饱和粉土的土层；其次，一旦属于液化土，应确定地基的液化等级；最后，根据液化等级和建筑抗震设防分类，选择合适的处理措施，包括地基处理和对上部结构采取加强整体性的相应措施等。

4.3.3 89规范初判的提法是根据20世纪50年代以来历次地震对液化与非液化场地的实际考察、测试分析结果得出来的。从地貌单元来讲这些地震现场主要为河流冲洪积形成的地层，没有包括黄土分布区及其他沉积类型。如唐山地震震中区（路北区）为滦河二级阶地，地层年代为晚更新世（Q_3）地层，对地震烈度10度区考察，钻探测试表明，地下水位为3m～4m，表层为3m左右的黏性土，其下即为饱和砂层，在10度情况下没有发生液化，而在一级阶地及高河漫滩等地分布的地质年代较新的地层，地震烈度虽然只有7度和8度却也发生了大面积液化，其他震区的河流冲积地层在地质年代较老的地层中也未发现液化实例。国外学者 T. L. Youd 和 Perkins 的研究结果表明：饱和松散的水力冲填土差不多总会液化，而且全

新世的无黏性土沉积层对液化也是很敏感的，更新世沉积层发生液化的情况很罕见，前更新世沉积层发生液化则更是罕见。这些结论是根据1975年以前世界范围内的地震液化资料给出的，并已被1978年日本的两次大地震以及1977年罗马尼亚地震液化现象所证实。

89规范颁发后，在执行中不断有些单位和学者提出液化初步判别中第1款在有些地区不适合。从举出的实例来看，多为高烈度区（10度以上）黄土高原的黄土状土，很多是古地震从描述等方面判定为液化的，没有现代地震液化与否的实际数据。有些例子是用现行公式判别的结果。

根据诸多现代地震液化资料分析认为，89规范中有关地质年代的判断条文除高烈度区中的黄土液化外都能适用。为慎重起见，2001规范将此款的适用范围改为局限于7、8度区。

4.3.4 89规范关于地基液化判别方法，在地震区工程项目地基勘察中已广泛应用。2001规范的砂土液化判别公式，在地面下15m范围内与89规范完全相同，是对78版液化判别公式加以改进得到的：保持了15m内随深度直线变化的简化，但减少了随深度变化的斜率（由0.125改为0.10），增加了随水位变化的斜率（由0.05改为0.10），使液化判别的成功率比78规范有所增加。

随着高层及超高层建筑的不断发展，基础埋深越来越大。高大的建筑采用桩基和深基础，要求判别液化的深度也相应加大，判别深度为15m，已不能满足这些工程的需要。由于15m以下深层液化资料较少，从实际液化与非液化资料中进行统计分析尚不具备条件。在20世纪50年代以来的历次地震中，尤其是唐山地震，液化资料均在15m以内，图8中15m下的曲线是根据统计得到的经验公式外推得到的结果。国外虽有零星深层液化资料，但也不太确切。根据唐山地震资料及美国 H. B. Seed 教授资料进行分析的结果，其液化临界值沿深度变化均为非线性变化。为了解决15m以下液化判别，2001规范对唐山地震砂土液化研究资料、美国 H. B. Seed 教授研究资料和我国铁路工程抗震设计规范中的远震液化判别方法与89建筑规范判别方法的液化临界值（N_{cr}）沿深度的变化情况，以8度区为例做了对比，见图8。

从图8可以明显看出：在设计地震一组（或89规范的近震情况，$N_0 = 10$），深度为12m以上时，各种方法的临界锤击数较接近，相差不大；深度15m～20m范围内，铁路抗震规范方法比 H. B. Seed 资料要大1.2击～1.5击，89规范由于是线性延伸，比铁路抗震规范方法要大1.8击～8.4击，是偏于保守的。经过比较分析，2001规范考虑到判别方法的延续性及广大工程技术人员熟悉程度，仍采用线性判别方法。15m～20m深度范围内取15m深度处的 N_{cr} 值进

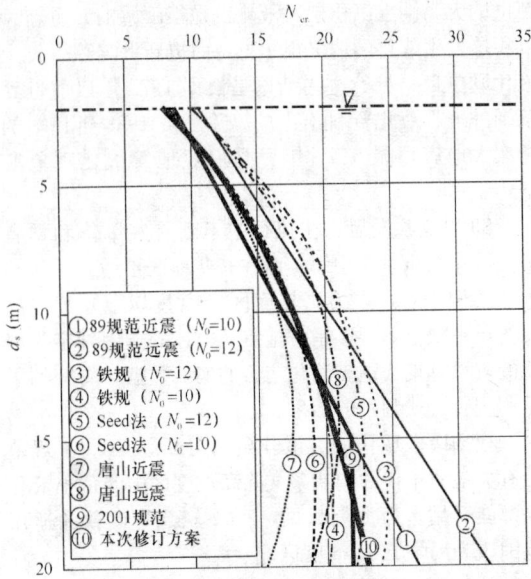

图 8　不同方法液化临界值随深度
变化比较（以 8 度区为例）

行判别，这样处理与非线性判别方法也较为接近。铁路抗震规范 N_0 值，如 8 度取 10，则 N_{cr} 值在 15m～20m 范围内比 2001 规范小 1.4 击～1.8 击。经过全面分析对比后，认为这样调整方案既简便又与其他方法接近。

本次修订的变化如下：

1　液化判别深度。一般要求将液化判别深度加深到 20m，对于本规范第 4.2.1 条规定可不进行天然地基及基础的抗震承载力验算的各类建筑，可只判别地面下 15m 范围内土的液化。

2　液化判别公式。自 1994 年美国 Northridge 地震和 1995 年日本 Kobe 地震以来，北美和日本都对其使用的地震液化简化判别方法进行了改进与完善，1996、1997 年美国举行了专题研讨会，2000 年左右，日本的几本规范皆对液化判别方法进行了修订。考虑到影响土壤液化的因素很多，而且它们具有显著的不确定性，采用概率方法进行液化判别是一种合理的选择。自 1988 年以来，特别是 20 世纪末和 21 世纪初，国内外在砂土液化判别概率方法的研究都有了长足的进展。我国学者在 H. B. Seed 的简化液化判别方法的框架下，根据人工神经网络模型与我国大量的液化和未液化现场观测数据，可得到极限状态时的液化强度比函数，建立安全裕量方程，利用结构系统的可靠度理论可得到液化概率与安全系数的映射函数，并可给出任一震级不同概率水平、不同地面加速度以及不同地下水位和埋深的液化临界锤击数。式（4.3.4）是基于以上研究结果并考虑规范延续性修改而成的。选用对数曲线的形式来表示液化临界锤击数随深度的变化，比 2001 规范折线形式更为合理。

考虑一般结构可接受的液化风险水平以及国际惯

例，选用震级 $M=7.5$，液化概率 $P_L=0.32$，水位为 2m，埋深为 3m 处的液化临界锤击数作为液化判别标准贯入锤击数基准值，见正文表 4.3.4。不同地震分组乘以调整系数。研究表明，理想的调整系数 β 与震级大小有关，可近似用式 $\beta=0.25M-0.89$ 表示。鉴于本规范规定按设计地震分组进行抗震设计，而各地震分组之间又没有明确的震级关系，因此本条依据 2001 规范两个地震组的液化判别标准以及 β 值所对应的震级大小的代表性，规定了三个地震组的 β 数值。

以 8 度第一组地下水位 2m 为例，本次修订后的液化临界值随深度变化也在图 8 中给出。可以看到，其临界锤击数与 2001 规范相差不大。

4.3.5　本条提供了一个简化的预估液化危害的方法，可对场地的喷水冒砂程度、一般浅基础建筑的可能损坏，作粗略的预估，以便为采取工程措施提供依据。

1　液化指数表达式的特点是：为使液化指数为无量纲参数，权函数 W 具有量纲 m^{-1}；权函数沿深度分布为梯形，其图形面积判别深度 20m 时为 125。

2　液化等级的名称为轻微、中等、严重三级；各级的液化指数、地面喷水冒砂情况以及对建筑危害程度的描述见表 4，系根据我国百余个液化震害资料得出的。

表 4　液化等级和对建筑物的相应危害程度

液化等级	液化指数（20m）	地面喷水冒砂情况	对建筑的危害情况
轻微	<6	地面无喷水冒砂，或仅在洼地、河边有零星的喷水冒砂点	危害性小，一般不至引起明显的震害
中等	6～18	喷水冒砂可能性大，从轻微到严重均有，多数属中等	危害性较大，可造成不均匀沉陷和开裂，有时不均匀沉陷可能达到 200mm
严重	>18	一般喷水冒砂都很严重，地面变形很明显	危害性大，不均匀沉陷可能大于 200mm，高重心结构可能产生不容许的倾斜

2001 规范中，层位影响权函数值 W_i 的确定考虑了判别深度为 15m 和 20m 两种情况。本次修订明确采用 20m 判别深度。因此，只保留原条文中的判别深度为 20m 情况的 W_i 确定方案和液化等级与液化指数的对应关系。对本规范第 4.2.1 条规定可不进行天然地基及基础的抗震承载力验算的各类建筑，计算液化指数时 15m 地面下的土层均视为不液化。

4.3.6　抗液化措施是对液化地基的综合治理，89 规范已说明要注意以下几点：

1 倾斜场地的土层液化往往带来大面积土体滑动，造成严重后果，而水平场地土层液化的后果一般只造成建筑的不均匀下沉和倾斜，本条的规定不适用于坡度大于 10° 的倾斜场地和液化土层严重不均的情况；

2 液化等级属于轻微者，除甲、乙类建筑由于其重要性需确保安全外，一般不作特殊处理，因为这类场地可能不发生喷水冒砂，即使发生也不致造成建筑的严重震害；

3 对于液化等级属于中等的场地，尽量多考虑采用较易实施的基础与上部结构处理的构造措施，不一定要加固处理液化土层；

4 在液化层深厚的情况下，消除部分液化沉陷的措施，即处理深度不一定达到液化下界而残留部分未经处理的液化层。

本次修订继续保持 2001 规范针对 89 规范的修改内容：

1 89 规范中不允许液化地基作持力层的规定有些偏严，改为不宜将未加处理的液化土层作为天然地基的持力层。因为：理论分析与振动台试验均已证明液化的主要危害来自基础外侧，液化持力层范围内位于基础直下方的部位其实最难液化，由于最先液化区域对基础直下方未液化部分的影响，使之失去侧边土压力支持。在外侧易液化区的影响得到控制的情况下，轻微液化的土层是可以作为基础的持力层的，例如：

例 1，1975 年海城地震中营口宾馆筏基以液化土层为持力层，震后无震害，基础下液化层厚度为 4.2m，为筏基宽度的 1/3 左右，液化土层的标贯锤击数 $N=2\sim5$，烈度为 7 度。在此情况下基础外侧液化对地基中间部分的影响很小。

例 2，1995 年日本阪神地震中有数座建筑位于液化严重的六甲人工岛上，地基未加处理而未遭液化危害的工程实录（见松尾雅夫等人论文，载"基础工" 96 年 11 期，P54）：

①仓库二栋，平面均为 36m×24m，设计中采用了补偿式基础，即使仓库满载时的基底压力也只是与移去的土自重相当。地基为欠固结的可液化砂砾，震后有震陷，但建筑物无损，据认为无震害的原因是：液化后的减震效果使输入基底的地震作用削弱；补偿式筏式基础防止了表层土喷砂冒水；良好的基础刚度可使不均匀沉降减小；采用了吊车轨道调平，地脚螺栓加长等构造措施以减少不均匀沉降的影响。

②平面为 116.8m×54.5m 的仓库建在六甲人工岛厚 15m 的可液化土上，设计时预期建成后欠固结的黏土下卧层尚可能产生 1.1m～1.4m 的沉降。为防止不均匀沉降及液化，设计中采用了三方面的措施：补偿式基础＋基础下 2m 深度内以水泥土加固液化层＋防止不均匀沉降的构造措施。地震使该房屋产生震

陷，但情况良好。

例 3，震害调查与有限元分析显示，当基础宽度与液化层厚之比大于 3 时，则液化震陷不超过液化层厚的 1‰，不致引起结构严重破坏。

因此，将轻微和中等液化的土层作为持力层不是绝对不允许，但应经过严密的论证。

2 液化的危害主要来自震陷，特别是不均匀震陷。震陷量主要决定于土层的液化程度和上部结构的荷载。由于液化指数不能反映上部结构的荷载影响，因此有趋势直接采用震陷量来评价液化的危害程度。例如，对 4 层以下的民用建筑，当精细计算的平均震陷值 $S_E<5$cm 时，可不采取抗液化措施，当 $S_E=5$cm～15cm 时，可优先考虑采取结构和基础的构造措施，当 $S_E>15$cm 时需要进行地基处理，基本消除液化震陷；在同样震陷量下，乙类建筑应该采取较丙类建筑更高的抗液化措施。

依据实测震陷、振动台试验以及有限元法对一系列典型液化地基计算得出的震陷变化规律，发现震陷量取决于液化土的密度（或承载力）、基底压力、基底宽度、液化层底面和顶面的位置和地震震级等因素，曾提出估计砂土与粉土液化平均震陷量的经验方法如下：

砂土

$$S_E = \frac{0.44}{B}\xi S_0(d_1^2 - d_2^2)(0.01p)^{0.6}\left(\frac{1-D_r}{0.5}\right)^{1.5}$$

$$(3)$$

粉土 $\quad S_E = \dfrac{0.44}{B}\xi k S_0(d_1^2 - d_2^2)(0.01p)^{0.6}$ (4)

式中：S_E——液化震陷量平均值；液化层为多层时，先按各层次分别计算后再相加；

B——基础宽度（m）；对住房等密集型基础取建筑平面宽度；当 $B\leqslant0.44d_1$ 时，取 $B=0.44d_1$；

S_0——经验系数，对第一组，7、8、9 度分别取 0.05、0.15 及 0.3；

d_1——由地面算起的液化深度（m）；

d_2——由地面算起的上覆非液化土层深度（m）；液化层为持力层取 $d_2=0$；

p——宽度为 B 的基础底面地震作用效应标准组合的压力（kPa）；

D_r——砂土相对密实度（%），可依据标贯锤击数 N 取 $D_r=\left(\dfrac{N}{0.23\sigma'_v+16}\right)^{0.5}$；

k——与粉土承载力有关的经验系数，当承载力特征值不大于 80kPa 时，取 0.30，当不小于 300kPa 时取 0.08，其余可内插取值；

ξ——修正系数，直接位于基础下的非液化厚度满足本规范第 4.3.3 条第 3 款对上覆非液化土层厚度 d_u 的要求，$\xi=0$；无非

液化层，$\xi=1$；中间情况内插确定。

采用以上经验方法计算得到的震陷值，与日本的实测震陷基本符合；但与国内资料的符合程度较差，主要的原因可能是：国内资料中实测震陷值常常是相对值，如相对于车间某个柱子或相对于室外地面的震陷；地质剖面则往往是附近的，而不是针对所考察的基础的；有的震陷值（如天津上古林的场地）含有震前沉降及软土震陷；不明确沉降值是最大沉降或平均沉降。

鉴于震陷量的评价方法目前还不够成熟，因此本条只是给出了必要时可以根据液化震陷量的评价结果适当调整抗液化措施的原则规定。

4.3.7～4.3.9 在这几条中规定了消除液化震陷和减轻液化影响的具体措施，这些措施都是在震害调查和分析判断的基础上提出来的。

采用振冲加固或挤密碎石桩加固后构成了复合地基。此时，如桩间土的实测标贯值仍低于本规范4.3.4 条规定的临界值，不能简单判为液化。许多文献或工程实践均已指出振冲桩或挤密碎石桩有挤密、排水和增大桩身刚度等多重作用，而实测的桩间土标贯值不能反映排水的作用。因此，89 规范要求加固后的桩间土的标贯值应大于临界标贯值是偏保守的。

新的研究成果与工程实践中，已提出了一些考虑桩身强度与排水效应的方法，以及根据桩的面积置换率和桩土应力比适当降低复合地基桩间土液化判别的临界标贯值的经验方法，2001 规范将"桩间土的实测标贯值不应小于临界标贯锤击数"的要求，改为"不宜"。本次修订继续保持。

注意到历次地震的震害经验表明，筏基、箱基等整体性好的基础对抗液化十分有利。例如 1975 年海城地震中，营口市营口饭店直接坐落在 4.2m 厚的液化土层上，震后仅沉降缝（筏基与裙房间）有错位；1976 年唐山地震中，天津医院 12.8m 宽的筏基下有2.3m 的液化粉土，液化层距基底 3.5m，未做抗液化处理，震后室外有喷水冒砂，但房屋基本不受影响。1995 年日本神户地震中也有许多类似的实例。实验和理论分析结果也表明，液化往往最先发生在房屋基础下外侧的地方，基础中部以下是最不容易液化的。因此对大面积箱形基础中部区域的抗液化措施可以适当放宽要求。

4.3.10 本条规定了有可能发生侧扩或流动时滑动土体的最危险范围并要求采取土体抗滑和结构抗裂措施。

1 液化侧扩地段的宽度来自 1975 年海城地震、1976 年唐山地震及 1995 年日本阪神地震对液化侧扩区的大量调查。根据对阪神地震的调查，在距水线50m 范围内，水平位移及竖向位移均很大；在 50m～150m 范围内，水平地面位移仍较显著；大于 150m以后水平位移趋于减小，基本不构成震害。上述调查结果与我国海城、唐山地震后的调查结果基本一致：

海河故道、滦运河、新滦河、陡河岸波滑坍范围约距水线 100m～150m，辽河、黄河等则可达 500m。

2 侧向流动土体对结构的侧向推力，根据阪神地震后对受害结构的反算结果得到的：1) 非液化上覆土层施加于结构的侧压相当于被动土压力，破坏土楔的运动方向是土楔向上滑而楔后土体向下，与被动土压发生时的运动方向一致；2) 液化层中的侧压相当于竖向总压的 1/3；3) 桩基承受侧压的面积相当于垂直于流动方向桩排的宽度。

3 减小地裂对结构影响的措施包括：1) 将建筑的主轴沿平行河流放置；2) 使建筑的长高比小于 3；3) 采用筏基或箱基，基础板内应根据需要加配抗拉裂钢筋，筏基内的抗弯钢筋可兼作抗拉裂钢筋，抗拉裂钢筋可由中部向基础边缘逐段减少。当土体产生引张裂缝并流向河心或海岸线时，基础底面的极限摩阻力形成对基础的撕拉力，理论上，其最大值等于建筑物重力荷载之半乘以土与基础间的摩擦系数，实际上常因基础底面与土有部分脱离接触而减少。

4.3.11、4.3.12 从 1976 年唐山地震、1999 年我国台湾和土耳其地震中的破坏实例分析，软土震陷确是造成震害的重要原因，实有明确判别标准和抗御措施之必要。

我国《构筑物抗震设计规范》GB 50191 的 1993年版根据唐山地震经验，规定 7 度区不考虑软土震陷；8 度区 f_{ak} 大于 100kPa，9 度区 f_{ak} 大于 120kPa的土亦可不考虑。但上述规定有以下不足：

(1) 缺少系统的震陷试验研究资料。

(2) 震陷实录局限于津塘 8、9 度地区，7 度区是未知的空白；不少 7 度区的软土比津塘地区（唐山地震时为 8、9 度区）要差，津塘地区的多层建筑在 8、9 度地震时产生了 15cm～30cm 的震陷，比它们差的土在 7 度时是否会产生大于 5cm 的震陷？初步认为对 7 度区 $f_k<70$kPa 的软土还是应该考虑震陷的可能性并宜采用室内动三轴试验和 H. B. Seed 简化方法加以判定。

(3) 对 8、9 度规定的 f_{ak} 值偏于保守。根据天津实际震陷资料并考虑地震的偶发性及所需的设防费用，暂时规定软土震陷量小于 5cm 者可不采取措施，则 8 度区 $f_{ak}>90$kPa 及 9 度区 $f_{ak}>100$kPa 的软土均可不考虑震陷的影响。

对少黏性土的液化判别，我国学者最早给出了判别方法。1980 年汪闻韶院士提出根据液限、塑限判别少黏性土的地震液化，此方法在国内已获得普遍认可，在国际上也有一定影响。我国水利和电力部门的地质勘察规范已将此写入条文。虽然近几年国外学者[Bray et al. (2004)、Seed et al. (2003)、Martin et al. (2000) 等] 对此判别方法进行了改进，但基本思路和框架没变。本次修订，借鉴和考虑了国内外学者对该判别法的修改意见，及《水利水电工程地质勘察规范》GB 50478 和《水工建筑物抗震设计规范》DL 5073 的有关规定，增加了软弱粉质土震陷的判别法。

对自重湿陷性黄土或黄土状土，研究表明具有震陷性。若孔隙比大于 0.8，当含水量在缩限（指固体与半固体的界限）与 25% 之间时，应该根据需要评估其震陷量。对含水量在 25% 以上的黄土或黄土状土的震陷量可按一般软土评估。关于软土及黄土的可能震陷目前已有了一些研究成果可以参考。例如，当建筑基础底面以下非软土层厚度符合表 5 中的要求时，可不采取消除软土地基的震陷影响措施。

表 5　基础底面以下非软土层厚度

烈　　度	基础底面以下非软土层厚度（m）
7	$\geqslant 0.5b$ 且 $\geqslant 3$
8	$\geqslant b$ 且 $\geqslant 5$
9	$\geqslant 1.5b$ 且 $\geqslant 8$

注：b 为基础底面宽度（m）。

4.4　桩　　基

4.4.1 根据桩基抗震性能一般比同类结构的天然地基要好的宏观经验，继续保留 89 规范关于桩基不验算范围的规定。

本次修订，进一步明确了本条的适用范围。限制使用黏土砖以来，有些地区改为多层的混凝土抗震墙房屋和框架-抗震墙房屋，当其基础荷载与一般民用框架相当时，也可不进行桩基的抗震承载力验算。

4.4.2 桩基抗震验算方法已与《构筑物抗震设计规范》GB 50191 和《建筑桩基技术规范》JGJ 94 等协调。

关于地下室外墙侧的被动土压与桩共同承担地震水平力问题，大致有以下做法：假定由桩承担全部地震水平力；假定由地下室外的土承担全部水平力；由桩、土分担水平力（或由经验公式求出分担比，或用 m 法求土抗力或由有限元法计算）。目前看来，桩完全不承担地震水平力的假定偏于不安全，因为从日本的资料来看，桩基的震害是相当多的，因此这种做法不宜采用；由桩承受全部地震力的假定又过于保守。日本 1984 年发布的"建筑基础抗震设计规程"提出下列估算桩所承担的地震剪力的公式：

$$V = 0.2V_0 \sqrt{H} / \sqrt[4]{d_f}$$

上述公式主要根据是对地上（3～10）层、地下（1～4）层、平面 14m×14m 的塔楼所作的一系列试算结果。在这些计算中假定抗地震水平的因素有桩、前方的被动土抗力，侧面土的摩擦力三部分。土性质为标贯值 $N=10～20$，q（单轴压强）为 0.5kg/cm^2～1.0kg/cm^2（黏土）。土的摩擦抗力与水平位移成以下弹塑性关系：位移≤1cm 时抗力呈线性变化，当位移>1cm 时抗力保持不变。被动土抗力最大值取朗背被动土压，达到最大值之前土抗力与水平位移呈线

性关系。由于背景材料只包括高度 45m 以下的建筑，对 45m 以上的建筑没有相应的计算资料。但从计算结果的发展趋势推断，对更高的建筑其值估计不超过 0.9，因而桩负担的地震力宜在（0.3～0.9）V_0 之间取值。

关于不计桩基承台底面与土的摩阻力为抗地震水平力的组成部分问题：主要是因为这部分摩阻力不可靠：软弱黏性土有震陷问题，一般黏性土也可能因桩身摩擦力产生的桩间土在附加应力下的压缩使土与承台脱空；欠固结土有固结下沉问题；非液化的砂砾则有震密问题等。实践中不乏有静载下桩台与土脱空的报导，地震情况下震后桩台与土脱空的报导也屡见不鲜。此外，计算摩阻力亦很困难，因为解答此问题须明确桩基在竖向荷载作用下的桩、土荷载分担比。出于上述考虑，为安全计，本条规定不应考虑承台与土的摩擦阻抗。

对于疏桩基础，如果桩的设计承载力按桩极限荷载取用则可以考虑承台与土间的摩阻力。因为此时承台与土不会脱空，且桩、土的竖向荷载分担比也比较明确。

4.4.3 本条中规定的液化土中桩的抗震验算原则和方法主要考虑以下情况：

1 不计承台旁的土抗力或地坪的分担作用是出于安全考虑，拟将此作为安全储备，主要是目前对液化土中桩的地震作用与土中液化进程的关系尚未弄清。

2 根据地震反应分析与振动台试验，地面加速度最大时刻出现在液化土的孔压比为小于 1（常为 0.5～0.6）时，此时土尚未充分液化，只是刚度比未液化时下降很多，因之对液化土的刚度作折减。折减系数的取值与构筑物抗震设计规范基本一致。

3 液化土中孔隙水压力的消散往往需要较长的时间。地震时土中孔压不会排泄消散，往往于震后才出现喷砂冒水，这一过程通常持续几小时甚至一二天，其间常有沿桩与基础四周排水现象，这说明此时桩身摩阻力已大减，从而出现竖向承载力不足和缓慢的沉降，因此应按静力荷载组合校核桩身的强度与承载力。

式（4.4.3）主要根据由工程实践中总结出来的打桩前后土性变化规律，并已在许多工程实例中得到验证。

4.4.5 本条在保证桩基安全方面是相当关键的。桩基理论分析已经证明，地震作用下的桩基在软、硬土层交界面处最易受到剪、弯损害。日本 1995 年阪神地震后对许多桩基的实际考查也证实了这一点，但在采用 m 法的桩身内力计算方法中却无法反映，目前除考虑桩土相互作用的地震反应分析可以较好地反映桩身受力情况外，还没有简便实用的计算方法保证桩在地震作用下的安全，因此必须采取有效的构造措

施。本条的要点在于保证软土或液化土层附近桩身的抗弯和抗剪能力。

5 地震作用和结构抗震验算

5.1 一般规定

5.1.1 抗震设计时，结构所承受的"地震力"实际上是由于地震地面运动引起的动态作用，包括地震加速度、速度和动位移的作用，按照国家标准《建筑结构设计术语和符号标准》GB/T 50083 的规定，属于间接作用，不可称为"荷载"，应称"地震作用"。

结构应考虑的地震作用方向有以下规定：

1 某一方向水平地震作用主要由该方向抗侧力构件承担，如该构件带有翼缘、翼墙等，尚应包括翼缘、翼墙的抗侧力作用。

2 考虑到地震可能来自任意方向，为此要求有斜交抗侧力构件的结构，应考虑对各构件的最不利方向的水平地震作用，一般即与该构件平行的方向。明确交角大于15°时，应考虑斜向地震作用。

3 不对称不均匀的结构是"不规则结构"的一种，同一建筑单元同一平面内质量、刚度分布不对称，或虽在本层平面内对称，但沿高度分布不对称的结构。需考虑扭转影响的结构，具有明显的不规则性。扭转计算应同时"考虑双向水平地震作用下的扭转影响"。

4 研究表明，对于较高的高层建筑，其竖向地震作用产生的轴力在结构上部是不可忽略的，故要求9度区高层建筑需考虑竖向地震作用。

5 关于大跨度和长悬臂结构，根据我国大陆和台湾地震的经验，9度和9度以上时，跨度大于18m的屋架、1.5m以上的悬挑阳台和走廊等震害严重甚至倒塌；8度时，跨度大于24m的屋架、2m以上的悬挑阳台和走廊等震害严重。

5.1.2 不同的结构采用不同的分析方法在各国抗震规范中均有体现，底部剪力法和振型分解反应谱法仍是基本方法，时程分析法作为补充计算方法，对特别不规则（参照本规范表3.4.3的规定）、特别重要的和较高的高层建筑才要求采用。所谓"补充"，主要指对计算结果的底部剪力、楼层剪力和层间位移进行比较，当时程分析法大于振型分解反应谱法时，相关部位的构件内力和配筋作相应的调整。

进行时程分析时，鉴于不同地震波输入进行时程分析的结果不同，本条规定一般可以根据小样本容量下的计算结果来估计地震作用效应值。通过大量地震加速度记录输入不同结构类型进行时程分析结果的统计分析，若选用不少于二组实际记录和一组人工模拟的加速度时程曲线作为输入，计算的平均地震效应值不小于大样本容量平均值的保证率在85%以上，而

且一般也不会偏大很多。当选用数量较多的地震波，如5组实际记录和2组人工模拟时程曲线，则保证率更高。所谓"在统计意义上相符"指的是，多组时程波的平均地震影响系数曲线与振型分解反应谱法所用的地震影响系数曲线相比，在对应于结构主要振型的周期点上相差不大于20%。计算结果在结构主方向的平均底部剪力一般不会小于振型分解反应谱法计算结果的80%，每条地震波输入的计算结果不会小于65%。从工程角度考虑，这样可以保证时程分析结果满足最低安全要求。但计算结果也不能太大，每条地震波输入计算不大于135%，平均不大于120%。

正确选择输入的地震加速度时程曲线，要满足地震动三要素的要求，即频谱特性、有效峰值和持续时间均要符合规定。

频谱特性可用地震影响系数曲线表征，依据所处的场地类别和设计地震分组确定。

加速度的有效峰值按规范表 5.1.2-2 中所列地震加速度最大值采用，即以地震影响系数最大值除以放大系数（约2.25）得到。计算输入的加速度曲线的峰值，必要时可比上述有效峰值适当加大。当结构采用三维空间模型等需要双向（二个水平向）或三向（二个水平和一个竖向）地震波输入时，其加速度最大值通常按1（水平1）∶0.85（水平2）∶0.65（竖向）的比例调整。人工模拟的加速度时程曲线，也应按上述要求生成。

输入的地震加速度时程曲线的有效持续时间，一般从首次达到该时程曲线最大峰值的10%那一点算起，到最后一点达到最大峰值的10%为止；不论是实际的强震记录还是人工模拟波形，有效持续时间一般为结构基本周期的（5~10）倍，即结构顶点的位移可按基本周期往复（5~10）次。

抗震性能设计所需要对应于设防地震（中震）的加速度最大峰值，即本规范表 3.2.2 的设计基本地震加速度值，对应的地震影响系数最大值，见本规范3.10节。

本次修订，增加了平面投影尺度很大的大跨空间结构地震作用的下列计算要求：

1 平面投影尺度很大的空间结构，指跨度大于120m、或长度大于300m、或悬臂大于40m的结构。

2 关于结构形式和支承条件

对周边支承空间结构，如：网架，单、双层网壳，索穹顶，弦支穹顶屋盖和下部圈梁-框架结构，当下部支承结构为一个整体、且与上部空间结构侧向刚度比大于等于2时，可采用三向（水平两向加竖向）单点一致输入计算地震作用；当下部支承结构由结构缝分开、且每个独立的支承结构单元与上部空间结构侧向刚度比小于2时，应采用三向多点输入计算地震作用；

对两线边支承空间结构，如：拱，拱桁架；门式

刚架，门式桁架；圆柱面网壳等结构，当支承于独立基础时，应采用三向多点输入计算地震作用；

对长悬臂空间结构，应视其支承结构特点，采用多向单点一致输入、或多向多点输入计算地震作用。

3 关于单点一致输入、多向单点输入、多点输入和多向多点输入

单点一致输入，即仅对基础底部输入一致的加速度反应谱或加速度时程进行结构计算。

多向单点输入，即沿空间结构基础底部，三向同时输入，其地震动参数（加速度峰值或反应谱最大值）比例取：水平主向：水平次向：竖向＝1.00：0.85：0.65。

多点输入，即考虑地震行波效应和局部场地效应，对各独立基础或支承结构输入不同的设计反应谱或加速度时程进行计算，估计可能造成的地震效应。对于6度和7度Ⅰ、Ⅱ类场地上的大跨空间结构，多点输入下的地震效应不太明显，可以采用简化计算方法，乘附加地震作用效应系数，跨度越大、场地条件越差，附加地震作用系数越大；对于7度Ⅲ、Ⅳ场地和8、9度区，多点输入下的地震效应比较明显，应考虑行波和局部场地效应对输入加速度时程进行修正，采用结构时程分析方法进行多点输入下的抗震验算。

多向多点输入，即同时考虑多向和多点输入进行计算。

4 关于行波效应

研究证明，地震传播过程的行波效应、相干效应和局部场地效应对于大跨空间结构的地震效应有不同程度的影响，其中，以行波效应和场地效应的影响较为显著，一般情况下，可不考虑相干效应。对于周边支承空间结构，行波效应影响表现在对大跨屋盖系统和下部支承结构；对于两线边支承空间结构，行波效应通过支座影响到上部结构。

行波效应将使不同点支承结构或支座处的加速度峰值不同，相位也不同，从而使不同点的设计反应谱或加速度时程不同，计算分析应考虑这些差异。由于地震动是一种随机过程，多点输入时，应考虑最不利的组合情况。行波效应与潜在震源、传播路径、场地的地震地质特性有关，当需要进行多点输入计算分析时，应对此作专门研究。

5 关于局部场地效应

当独立基础或支承结构下卧土层剖面地质条件相差较大时，可采用一维或二维模型计算求得基础底部的土层地震反应谱或加速度时程、或按土层等效剪切波速对基岩地震反应谱或加速度时程进行修正后，作为多点输入的地震反应谱或加速度时程。当下卧土层剖面地质条件比较均匀时，可不考虑局部场地效应，不需要对地震反应谱或加速度时程进行修正。

5.1.3 按现行国家标准《建筑结构可靠度设计统一标准》GB 50068的原则规定，地震发生时恒荷载与其他重力荷载可能的遇合结果总称为"抗震设计的重力荷载代表值G_E"，即永久荷载标准值与有关可变荷载组合值之和。组合值系数基本上沿用78规范的取值，考虑到藏书库等活荷载在地震时遇合的概率较大，故按等效楼面均布荷载计算活荷载时，其组合值系数为0.8。

表中硬钩吊车的组合值系数，只适用于一般情况，吊重较大时需按实际情况取值。

5.1.4 本次修订，表5.1.4-1增加6度区罕遇地震的水平地震影响系数最大值。与第4章场地类别相对应，表5.1.4-2增加Ⅰ₀类场地的特征周期。

5.1.5 弹性反应谱理论仍是现阶段抗震设计的最基本理论，规范所采用的设计反应谱以地震影响系数曲线的形式给出。

本规范的地震影响系数的特点是：

1 同样烈度、同样场地条件的反应谱形状，随着震源机制、震级大小、震中距远近等的变化，有较大的差别，影响因素很多。在继续保留烈度概念的基础上，用设计地震分组的特征周期T_g予以反映。其中，Ⅰ、Ⅱ、Ⅲ类场地的特征周期值，2001规范较89规范的取值增大了0.05s；本次修订，计算罕遇地震作用时，特征周期T_g值又增大0.05s。这些改进，适当提高了结构的抗震安全性，也比较符合近年来得到的大量地震加速度资料的统计结果。

2 在$T \leqslant 0.1s$的范围内，各类场地的地震影响系数一律采用同样的斜线，使之符合$T = 0$时（刚体）动力不放大的规律；在$T \geqslant T_g$时，设计反应谱在理论上存在二个下降段，即速度控制段和位移控制段，在加速度反应谱中，前者衰减指数为1，后者衰减指数为2。设计反应谱是用来预估建筑结构在其设计基准期内可能经受的地震作用，通常根据大量实际地震记录的反应谱进行统计并结合工程经验判断加以规定。为保持规范的延续性，地震影响系数在$T \leqslant 5T_g$范围内与2001规范维持一致，各曲线的衰减指数为非整数；在$T > 5T_g$的范围为倾斜下降段，不同场地类别的最小值不同，较符合实际反应谱的统计规律。对于周期大于6s的结构，地震影响系数仍专门研究。

3 按二阶段设计要求，在截面承载力验算时的设计地震作用，取众值烈度下结构按完全弹性分析的数值，据此调整了本规范相应的地震影响系数最大值，其取值继续与按78规范各结构影响系数C折减的平均值大致相当。在罕遇地震的变形验算时，按超越概率2%～3%提供了对应的地震影响系数最大值。

4 考虑到不同结构类型建筑的抗震设计需要，提供了不同阻尼比（0.02～0.30）地震影响系数曲线相对于标准的地震影响系数（阻尼比为0.05）的修正方法。根据实际强震记录的统计分析结果，这种修

正可分二段进行：在反应谱平台段（$\alpha = \alpha_{\max}$），修正幅度最大；在反应谱上升段（$T < T_g$）和下降段（$T > T_g$），修正幅度变小；在曲线两端（0s 和 6s），不同阻尼比下的 α 系数趋向接近。

本次修订，保持 2001 规范地震影响系数曲线的计算表达式不变，只对其参数进行调整，达到以下效果：

1 阻尼比为 5％的地震影响系数与 2001 规范相同，维持不变。

2 基本解决了 2001 规范在长周期段，不同阻尼比地震影响系数曲线交叉、大阻尼曲线值高于小阻尼曲线值的不合理现象。Ⅰ、Ⅱ、Ⅲ类场地的地震影响系数曲线在周期接近 6s 时，基本交汇在一点上，符合理论和统计规律。

3 降低了小阻尼（2％～3.5％）的地震影响系数值，最大降低幅度达 18％。略微提高了阻尼比 6％～10％的地震影响系数值，长周期部分最大增幅约 5％。

4 适当降低了大阻尼（20％～30％）的地震影响系数值，在 $5T_g$ 周期以内，基本不变，长周期部分最大降幅约 10％，有利于消能减震技术的推广应用。

对应于不同特征周期 T_g 的地震影响系数曲线如图 9 所示：

5.1.6 在强烈地震下，结构和构件并不存在最大承载力极限状态的可靠度。从根本上说，抗震验算应该是弹塑性变形能力极限状态的验算。研究表明，地震作用下结构和构件的变形和其最大承载能力有密切的联系，但因结构的不同而异。本条继续保持 89 规范和 2001 规范关于不同的结构应采取不同验算方法的规定。

1 当地震作用在结构设计中基本上不起控制作用时，例如 6 度区的大多数建筑，以及被地震经验所证明者，可不做抗震验算，只需满足有关抗震构造要求。但"较高的高层建筑（以后各章同）"，诸如高于 40m 的钢筋混凝土框架、高于 60m 的其他钢筋混凝土民用房屋和类似的工业厂房，以及高层钢结构房屋，其基本周期可能大于Ⅳ类场地的特征周期 T_g，则 6 度的地震作用值可能相当于同一建筑在 7 度Ⅱ类场地下的取值，此时仍须进行抗震验算。本次修订增加了 6 度设防的不规则建筑应进行抗震验算的要求。

2 对于大部分结构，包括 6 度设防的上述较高的高层建筑和不规则建筑，可以将设防地震下的变形验算，转换为以多遇地震下按弹性分析获得的地震作用效应（内力）作为额定统计指标，进行承载力极限状态的验算，即只需满足第一阶段的设计要求，就可具有比 78 规范适当提高的抗震承载力的可靠度，保持了规范的延续性。

3 我国历次大地震的经验表明，发生高于基本烈度的地震是可能的，设计时考虑"大震不倒"是必要的，规范要求对薄弱层进行罕遇地震下变形验算，

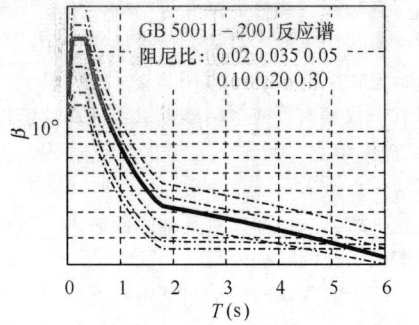

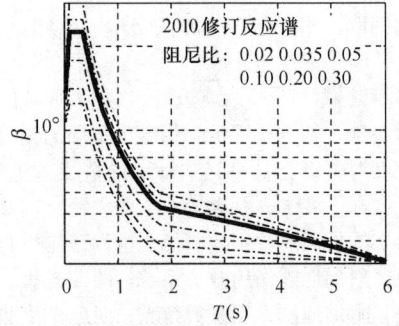

(a) $T_g = 0.35s$

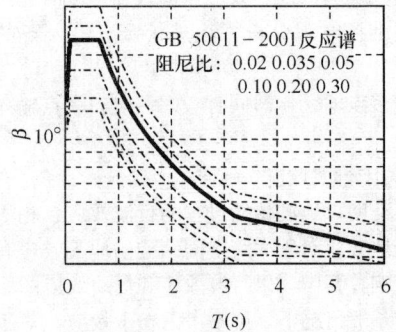

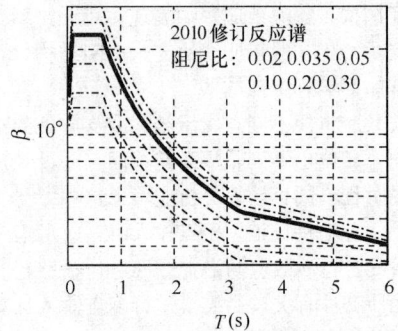

(b) $T_g = 0.65s$

图 9　调整后不同特征周期 T_g
的地震影响系数曲线

即满足第二阶段设计的要求。89 规范仅对框架、填充墙框架、高大单层厂房等（这些结构，由于存在明显的薄弱层，在唐山地震中倒塌较多）及特殊要求的建筑做了要求，2001 规范对其他结构，如各类钢筋混凝土结构、钢结构、采用隔震和消能减震技术的结构，也需要进行第二阶段设计。

5.2 水平地震作用计算

5.2.1 底部剪力法视多质点体系为等效单质点系。根据大量的计算分析，本条继续保持 89 规范的如下规定：

1 引入等效质量系数 0.85，它反映了多质点系底部剪力值与对应单质点系（质量等于多质点系总质量，周期等于多质点系基本周期）剪力值的差异。

2 地震作用沿高度倒三角形分布，在周期较长时顶部误差可达 25%，故引入依赖于结构周期和场地类别的顶点附加集中地震力予以调整。单层厂房沿高度分布在 9 章中已另有规定，故本条不重复调整（取 $\delta_n = 0$）。

5.2.2 对于振型分解法，由于时程分析法亦可利用振型分解法进行计算，故加上"反应谱"以示区别。为使高柔建筑的分析精度有所改进，其组合的振型个数适当增加。振型个数一般可以取振型参与质量达到总质量 90% 所需的振型数。

随机振动理论分析表明，当结构体系的振型密集、两个振型的周期接近时，振型之间的耦联明显。在阻尼比均为 5% 的情况下，由本规范式（5.2.3-6）可以得出（如图 10 所示）：当相邻振型的周期比为 0.85 时，耦联系数大约为 0.27，采用平方和开方 SRSS 方法进行振型组合的误差不大；而当周期比为 0.90 时，耦联系数增大一倍，约为 0.50，两个振型之间的互相影响不可忽略。这时，计算地震作用效应不能采用 SRSS 组合方法，而应采用完全方根组合 CQC 方法，如本规范式（5.2.3-5）和式（5.2.3-6）所示。

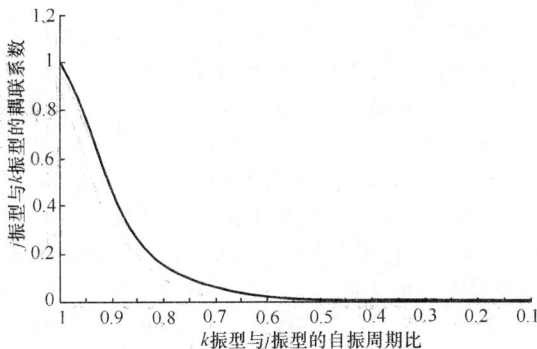

图 10 不同振型周期比对应的耦联系数

5.2.3 地震扭转效应是一个极其复杂的问题，一般情况，宜采用较规则的结构体型，以避免扭转效应。体型复杂的建筑结构，即使楼层"计算刚心"和质心重合，往往仍然存在明显的扭转效应。因此，89 规范规定，考虑结构扭转效应时，一般只能取各楼层质心为相对坐标原点，按多维振型分解法计算，其振型效应彼此耦联，用完全二次型方根法组合，可以由计算机运算。

89 规范修订过程中，提出了许多简化计算方法，例如，扭转效应系数法，表示扭转时楱抗侧力构件按平动分析的层剪力效应的增大，物理概念明确，而数值依赖于各类结构大量算例的统计。对低于 40m 的框架结构，当各层的质心和"计算刚心"接近于两串轴线时，根据上千个算例的分析，若偏心参数 ε 满足 $0.1 < \varepsilon < 0.3$，则边楱框架的扭转效应增大系数 $\eta = 0.65 + 4.5\varepsilon$。偏心参数的计算公式是 $\varepsilon = e_y s_y / (K_\varphi / K_x)$，其中，$e_y$、$s_y$ 分别为 i 层刚心和 i 层边楱框架距 i 层以上总质心的距离（y 方向），K_x、K_φ 分别为 i 层平动刚度和绕质心的扭转刚度。其他类型结构，如单层厂房也有相应的扭转效应系数。对单层结构，多采用基于刚心和质心概念的动力偏心距法估算。这些简化方法各有一定的适用范围，故规范要求在确有依据时才可用来近似估计。

本次修订，保持了 2001 规范的如下改进：

1 即使对于平面规则的建筑结构，国外的多数抗震设计规范也考虑由于施工、使用等原因所产生的偶然偏心引起的地震扭转效应及地震地面运动扭转分量的影响。故要求规则结构不考虑扭转耦联计算时，应采用增大边楱构件地震内力的简化处理方法。

2 增加考虑双向水平地震作用下的地震效应组合。根据强震观测记录的统计分析，二个水平方向地震加速度的最大值不相等，二者之比约为 1：0.85；而且两个方向的最大值不一定发生在同一时刻，因此采用平方和开方计算二个方向地震作用效应的组合。条文中的地震作用效应，系指两个正交方向地震作用在每个构件的同一局部坐标方向的地震作用效应，如 x 方向地震作用下在局部坐标 x_i 向的弯矩 M_{xx} 和 y 方向地震作用下在局部坐标 x_i 方向的弯矩 M_{xy}；按不利情况考虑时，则取上述组合的最大弯矩与对应的剪力，或上述组合的最大剪力与对应的弯矩，或上述组合的最大轴力与对应的弯矩等等。

3 扭转刚度较小的结构，例如某些核心筒-外稀柱框架结构或类似的结构，第一振型周期为 T_θ，或满足 $T_\theta > 0.75T_{x1}$，或 $T_\theta > 0.75T_{y1}$，对较高的高层建筑，$0.75T_\theta > T_{x2}$，或 $0.75T_\theta > T_{y2}$，均需考虑地震扭转效应。但如果考虑扭转影响的地震作用效应小于考虑偶然偏心引起的地震效应时，应取后者以策安全。但现阶段，偶然偏心与扭转二者不需要同时参与计算。

4 增加了不同阻尼比时耦联系数的计算方法，以供高层钢结构等使用。

5.2.4 突出屋面的小建筑，一般按其重力荷载小于标准层 1/3 控制。

对于顶层带有空旷大房间或轻钢结构的房屋，不宜视为突出屋面的小屋并采用底部剪力法乘以增大系数的办法计算地震作用效应，而应视为结构体系一部分，用振型分解法等计算。

5.2.5 由于地震影响系数在长周期段下降较快，对于基本周期大于 3.5s 的结构，由此计算所得的水平地震作用下的结构效应可能太小。而对于长周期结构，地震动态作用中的地面运动速度和位移可能对结构的破坏具有更大影响，但是规范所采用的振型分解反应谱法尚无法对此作出估计。出于结构安全的考虑，提出了对结构总水平地震剪力及各楼层水平地震剪力最小值的要求，规定了不同烈度下的剪力系数，当不满足时，需改变结构布置或调整结构总剪力和各楼层的水平地震剪力使之满足要求。例如，当结构底部的总地震剪力略小于本条规定而中、上部楼层均满足最小值时，可采用下列方法调整：若结构基本周期位于设计反应谱的加速度控制段时，则各楼层均需乘以同样大小的增大系数；若结构基本周期位于反应谱的位移控制段时，则各楼层 i 均需按底部的剪力系数的差值 $\triangle\lambda_0$ 增加该层的地震剪力——$\triangle F_{Eki} = \triangle\lambda_0 G_{Ei}$；若结构基本周期位于反应谱的速度控制段时，则增加值应大于 $\triangle\lambda_0 G_{Ei}$，顶部增加值可取动位移作用和加速度作用二者的平均值，中间各层的增加值可近似按线性分布。

需要注意：①当底部总剪力相差较多时，结构的选型和总体布置需重新调整，不能仅采用乘以增大系数方法处理。②只要底部总剪力不满足要求，则结构各楼层的剪力均需要调整，不能仅调整不满足的楼层。③满足最小地震剪力是结构后续抗震计算的前提，只有调整到符合最小剪力要求才能进行相应的地震倾覆力矩、构件内力、位移等等的计算分析；即意味着，当各层的地震剪力需要调整时，原先计算的倾覆力矩、内力和位移均需要相应调整。④采用时程分析法时，其计算的总剪力也需符合最小地震剪力的要求。⑤本条规定不考虑阻尼比的不同，是最低要求，各类结构，包括钢结构、隔震和消能减震结构均需一律遵守。

扭转效应明显与否一般可由考虑耦联的振型分解反应谱法分析结果判断，例如前三个振型中，二个水平方向的振型参与系数为同一个量级，即存在明显的扭转效应。对于扭转效应明显或基本周期小于 3.5s 的结构，剪力系数取 $0.2\alpha_{max}$，保证足够的抗震安全度。对于存在竖向不规则的结构，突变部位的薄弱楼层，尚应按本规范 3.4.4 条的规定，再乘以不小于 1.15 的系数。

本次修订增加了 6 度区楼层最小地震剪力系数值。

5.2.7 由于地基和结构动力相互作用的影响，按刚性地基分析的水平地震作用在一定范围内有明显的折减。考虑到我国的地震作用取值与国外相比还较小，故仅在必要时才利用这一折减。研究表明，水平地震作用的折减系数主要与场地条件、结构自振周期、上部结构和地基的阻尼特性等因素有关，柔性地基上的

建筑结构的折减系数随结构周期的增大而减小，结构越刚，水平地震作用的折减量越大。89 规范在统计分析基础上建议，框架结构折减 10%，抗震墙结构折减 15%～20%。研究表明，折减量与上部结构的刚度有关，同样高度的框架结构，其刚度明显小于抗震墙结构，水平地震作用的折减量也减小，当地震作用很小时不宜再考虑水平地震作用的折减。据此规定了可考虑地基与结构动力相互作用的结构自振周期的范围和折减量。

研究表明，对于高宽比较大的高层建筑，考虑地基与结构动力相互作用后水平地震作用的折减系数并非各楼层均为同一常数，由于高振型的影响，结构上部几层的水平地震作用一般不宜折减。大量计算分析表明，折减系数沿楼层高度的变化较符合抛物线型分布，2001 规范提供了建筑顶部和底部的折减系数的计算公式。对于中间楼层，为了简化，采用按高度线性插值方法计算折减系数。本次修订保留了这一规定。

5.3 竖向地震作用计算

5.3.1 高层建筑的竖向地震作用计算，是 89 规范增加的规定。输入竖向地震加速度波的时程反应分析发现，高层建筑由竖向地震引起的轴向力在结构的上部明显大于底部，是不可忽视的。作为简化方法，原则上与水平地震作用的底部剪力法类似：结构竖向振动的基本周期较短，总竖向地震作用可表示为竖向地震影响系数最大值和等效总重力荷载代表值的乘积；沿高度分布按第一振型考虑，也采用倒三角形分布；在楼层平面内的分布，则按构件所承受的重力荷载代表值分配。只是等效质量系数取 0.75。

根据台湾 921 大地震的经验，2001 规范要求高层建筑楼层的竖向地震作用效应应乘以增大系数 1.5，使结构总竖向地震作用标准值，8、9 度分别略大于重力荷载代表值的 10%和 20%。

隔震设计时，由于隔震垫不仅不隔离竖向地震作用反而有所放大，与隔震后结构的水平地震作用相比，竖向地震作用往往不可忽视，计算方法在本规范 12 章具体规定。

5.3.2 用反应谱法、时程分析法等进行结构竖向地震反应的计算分析研究表明，对一般尺度的平板型网架和大跨度屋架各主要杆件，竖向地震内力和重力荷载下的内力之比值，彼此相差一般不太大，此比值随烈度和场地条件而异，且当结构周期大于特征周期时，随跨度的增大，比值反而有所下降。由于在常用的跨度范围内，这个下降还不很大，为了简化，本规范略去跨度的影响。

5.3.3 对长悬臂等大跨度结构的竖向地震作用计算，本次修订未修改，仍采用 78 规范的静力法。

5.3.4 空间结构的竖向地震作用，除了第 5.3.2、

第5.3.3条的简化方法外，还可采用竖向振型的振型分解反应谱方法。对于竖向反应谱，各国学者有一些研究，但研究成果纳入规范的不多。现阶段，多数规范仍采用水平反应谱的65%，包括最大值和形状参数。但认为竖向反应谱的特征周期与水平反应谱相比，尤其在远震中距时，明显小于水平反应谱。故本条规定，特征周期均按第一组采用。对处于发震断裂10km以内的场地，竖向反应谱的最大值可能接近于水平谱，但特征周期小于水平谱。

5.4 截面抗震验算

本节基本同89规范，仅按《建筑结构可靠度设计统一标准》GB 50068（以下简称《统一标准》）的修订，对符号表达做了修改，并修改了钢结构的 γ_{RE}。

5.4.1 在设防烈度的地震作用下，结构构件承载力按《统一标准》计算的可靠指标 β 是负值，难于按《统一标准》的要求进行设计表达式的分析。因此，89规范以来，在第一阶段的抗震设计时取相当于众值烈度下的弹性地震作用作为额定设计指标，使此时的设计表达式可按《统一标准》的要求导出。

1 地震作用分项系数的确定

在众值烈度下的地震作用，应视为可变作用而不是偶然作用。这样，根据《统一标准》中确定直接作用（荷载）分项系数的方法，通过综合比较，本规范对水平地震作用，确定 $\gamma_{Eh}=1.3$，至于竖向地震作用分项系数，则参照水平地震作用，也取 $\gamma_{Ev}=1.3$。当竖向与水平地震作用同时考虑时，根据加速度峰值记录和反应谱的分析，二者的组合比为1：0.4，故 $\gamma_{Eh}=1.3$，$\gamma_{Ev}=0.4 \times 1.3 \approx 0.5$。

此次修订，考虑大跨、大悬臂结构的竖向地震作用效应比较显著，表5.4.1增加了同时计算水平与竖向地震作用（竖向地震为主）的组合。

此外，按《统一标准》的规定，当重力荷载对结构构件承载力有利时，取 $\gamma_G=1.0$。

2 抗震验算中作用组合值系数的确定

本规范在计算地震作用时，已经考虑了地震作用与各种重力荷载（恒荷载与活荷载、雪荷载等）的组合问题，在本规范5.1.3条中规定了一组组合值系数，形成了抗震设计的重力荷载代表值，本规范继续沿用78规范在验算和计算地震作用时（除吊车悬吊重力外）对重力荷载均采用相同的组合值系数的规定，可简化计算，并避免有两种不同的组合值系数。因此，本条中仅出现风荷载的组合值系数，并按《统一标准》的方法，将78规范的取值予以转换得到。这里，所谓风荷载起控制作用，指风荷载和地震作用产生的总剪力和倾覆力矩相当的情况。

3 地震作用标准值的效应

规范的作用效应组合是建立在弹性分析叠加原理基础上的，考虑到抗震计算模型的简化和塑性内力分布与弹性内力分布的差异等因素，本条中还规定，对地震作用效应，当本规范各章有规定时尚应乘以相应的效应调整系数 η，如突出屋面小建筑、天窗架、高低跨厂房交接处的柱子、框架柱、底层框架-抗震墙结构的柱子、梁端和抗震墙底部加强部位的剪力等的增大系数。

4 关于重要性系数

根据地震作用的特点、抗震设计的现状，以及抗震设防分类与《统一标准》中安全等级的差异，重要性系数对抗震设计的实际意义不大，本规范对建筑重要性的处理仍采用抗震措施的改变来实现，不考虑此项系数。

5.4.2 结构在设防烈度下的抗震验算根本上应该是弹塑性变形验算，但为减少验算工作量和符合设计习惯，对大部分结构，将变形验算转换为众值烈度地震作用下构件承载力验算的形式来表现。按照《统一标准》的原则，89规范与78规范在众值烈度下有基本相同的可靠指标，研究发现，78规范钢结构构件的可靠指标比混凝土结构构件明显偏小，故89规范予以适当提高，使之与砌体、混凝土构件有相近的可靠指标；而且随着非抗震设计材料指标的提高，2001规范各类材料结构的抗震可靠性也略有提高。基于此前提，在确定地震作用分项系数取1.3的同时，则可得到与抗力标准值 R_k 相应的最优抗力分项系数，并进一步转换为抗震的抗力函数（即抗震承载力设计值 R_{dE}），使抗力分项系数取1.0或不出现。本规范砌体结构的截面抗震验算，就是这样处理的。

现阶段大部分结构构件截面抗震验算时，采用了各有关规范的承载力设计值 R_d，因此，抗震设计的抗力分项系数，就相应地变为非抗震设计的构件承载力设计值的抗震调整系数 γ_{RE}，即 $\gamma_{RE}=R_d/R_{dE}$ 或 $R_{dE}=R_d/\gamma_{RE}$。还需注意，地震作用下结构的弹塑性变形直接依赖于结构实际的屈服强度（承载力），本节的承载力是设计值，不可误作为标准值来进行本章5.5节要求的弹塑性变形验算。

本次修订，配合钢结构构件、连接的内力调整系数的变化，调整了其承载力抗震调整系数的取值。

5.4.3 本条在2008年局部修订时，提升为强制性条文。

5.5 抗震变形验算

5.5.1 根据本规范所提出的抗震设防三个水准的要求，采用二阶段设计方法来实现，即：在多遇地震作用下，建筑主体结构不受损坏，非结构构件（包括围护墙、隔墙、幕墙、内外装修等）没有过重破坏并导致人员伤亡，保证建筑的正常使用功能；在罕遇地震作用下，建筑主体结构遭受破坏或严重破坏但不倒塌。根据各国规范的规定、震害经验和实验研究结果及工程实例分析，采用层间位移角作为衡量结构变形能力从而判别是否满足建筑功能要求的指标是合理的。

对各类钢筋混凝土结构和钢结构要求进行多遇地震作用下的弹性变形验算，实现第一水准下的设防要求。弹性变形验算属于正常使用极限状态的验算，各作用分项系数均取 1.0。钢筋混凝土结构构件的刚度，国外规范规定需考虑一定的非线性而取有效刚度，本规范规定与位移限值相配套，一般可取弹性刚度；当计算的变形较大时，宜适当考虑构件开裂时的刚度退化，可取 $0.85E_cI_0$。

第一阶段设计，变形验算以弹性层间位移角表示。不同结构类型给出弹性层间位移角限值范围，主要依据国内外大量的试验研究和有限元分析的结果，以钢筋混凝土构件（框架柱、抗震墙等）开裂时的层间位移角作为多遇地震下结构弹性层间位移角限值。

计算时，一般不扣除由于结构重力 P-Δ 效应所产生的水平相对位移；高度超过 150m 或 $H/B>6$ 的高层建筑，可以扣除结构整体弯曲所产生的楼层水平绝对位移值，因为以弯曲变形为主的高层建筑结构，这部分位移在计算的层间位移中占有相当的比例，加以扣除比较合理。如未扣除，位移角限值可有所放宽。

框架结构试验结果表明，对于开裂层间位移角，不开洞填充墙框架为 1/2500，开洞填充墙框架为 1/926；有限元分析结果表明，不带填充墙时为 1/800，不开洞填充墙时为 1/2000。本规范不再区分有填充墙和无填充墙，均按 89 规范的 1/550 采用，并仍按构件截面弹性刚度计算。

对于框架-抗震墙结构的抗震墙，其开裂层间位移角：试验结果为 1/3300～1/1100，有限元分析结果为 1/4000～1/2500，取二者的平均值约为 1/3000～1/1600。2001 规范统计了我国当时建成的 124 幢钢筋混凝土框-墙、框-筒、抗震墙、筒结构高层建筑的结构抗震计算结果，在多遇地震作用下的最大弹性层间位移均小于 1/800，其中 85% 小于 1/1200。因此对框-墙、板柱-墙、框-筒结构的弹性位移限值范围为 1/800；对抗震墙和筒中筒结构层间弹性位移角限值范围为 1/1000，与现行的混凝土高层规程相当；对框支层要求较框-墙结构加严，取 1/1000。

钢结构在弹性阶段的层间位移限值，日本建筑法施行令定为层高的 1/200。参照美国加州规范（1988）对基本自振周期大于 0.7s 的结构的规定，本规范取 1/250。

单层工业厂房的弹性层间位移角需根据吊车使用要求加以限制，严于抗震要求，因此不必再对地震作用下的弹性位移加以限制；弹塑性层间位移的计算和限值在本规范第 5.5.4 和第 5.5.5 条有规定，单层钢筋混凝土柱排架为 1/30。因此本条不再单列对于单层工业厂房的弹性位移限值。

多层工业厂房应区分结构材料（钢和混凝土）和结构类型（框、排架），分别采用相应的弹性及弹塑性层间位移角限值，框排架结构中的排架柱的弹塑性层间位移角限值，在本规范附录 H 第 H.1 节中规定为 1/30。

5.5.2 震害经验表明，如果建筑结构中存在薄弱层或薄弱部位，在强烈地震作用下，由于结构薄弱部位产生了弹塑性变形，结构构件严重破坏甚至引起结构倒塌；属于乙类建筑的生命线工程中的关键部位在强烈地震作用下一旦遭受破坏将带来严重后果，或产生次生灾害或对救灾、恢复重建及生产、生活造成很大影响。除了 89 规范所规定的高大的单层工业厂房的横向排架、楼层屈服强度系数小于 0.5 的框架结构、底部框架砖房等之外，板柱-抗震墙及结构体系不规则的某些高层建筑结构和乙类建筑也要求进行罕遇地震作用下的抗震变形验算。采用隔震和消能减震技术的建筑结构，对隔震和消能减震部件应有位移限制要求，在罕遇地震作用下隔震和消能减震部件应能起到降低地震效应和保护主体结构的作用，因此要求进行抗震变形验算。

考虑到弹塑性变形计算的复杂性，对不同的建筑结构提出不同的要求。随着弹塑性分析模型和软件的发展和改进，本次修订进一步增加了弹塑性变形验算的范围。

5.5.3 对建筑结构在罕遇地震作用下薄弱层（部位）弹塑性变形计算，12 层以下且层刚度无突变的框架结构及单层钢筋混凝土柱厂房可采用规范的简化方法计算；较为精确的结构弹塑性分析方法，可以是三维的静力弹塑性（如 push-over 方法）或弹塑性时程分析方法；有时尚可采用塑性内力重分布的分析方法等。

5.5.4 钢筋混凝土框架结构及高大单层钢筋混凝土柱厂房等结构，在大地震中往往受到严重破坏甚至倒塌。实际震害分析及实验研究表明，除了这些结构刚度相对较小而变形较大外，更主要的是存在承载力验算所没有发现的薄弱部位——其承载力本身虽满足设计地震作用下抗震承载力的要求，却比相邻部位要弱得多。对于单层厂房，这种破坏多发生在 8 度Ⅲ、Ⅳ类场地和 9 度区，破坏部位是上柱，因为上柱的承载力一般相对较小且其下端的支承条件不如下柱。对于底部框架-抗震墙结构，则底部和过渡层是明显的薄弱部位。

迄今，各国规范的变形估计公式有三种；一是按假想的完全弹性体计算；二是将额定的地震作用下的弹性变形乘以放大系数，即 $\triangle u_p = \eta_p \triangle u_e$；三是按时程分析法等专门程序计算。其中采用第二种的最多，本条继续保持 89 规范所采用的方法。

1 根据数千个（1～15）层剪切型结构采用理想弹塑性恢复力模型进行弹塑性时程分析的计算结果，

获得如下统计规律：

    1) 多层结构存在"塑性变形集中"的薄弱层是一种普遍现象，其位置，对屈服强度系数 ξ_y 分布均匀的结构多在底层，分布不均匀结构则在 ξ_y 最小处和相对较小处，单层厂房往往在上柱。

    2) 多层剪切型结构薄弱层的弹塑性变形与弹性变形之间有相对稳定的关系。

对于屈服强度系数 ξ_y 均匀的多层结构，其最大的层间弹塑性变形增大系数 η_p 可按层数和 ξ_y 的差异用表格形式给出；对于 ξ_y 不均匀的结构，其情况复杂，在弹性刚度沿高度变化较平缓时，可近似用均匀结构的 η_p 适当放大取值；对其他情况，一般需要用静力弹塑性分析、弹塑性时程分析法或内力重分布法等予以估计。

2 本规范的设计反应谱是在大量单质点系的弹性反应分析基础上统计得到的"平均值"，弹塑性变形增大系数也在统计平均意义下有一定的可靠性。当然，还应注意简化方法都有其适用范围。

此外，如采用延性系数来表示多层结构的层间变形，可用 $\mu = \eta_p / \xi_y$ 计算。

3 计算结构楼层或构件的屈服强度系数时，实际承载力应取截面的实际配筋和材料强度标准值计算，钢筋混凝土梁柱的正截面受弯实际承载力公式如下：

梁：$\qquad M_{byk}^a = f_{yk} A_{sb}^a (h_{b0} - a_s')$

柱：轴向力满足 $N_G / (f_{ck} b_c h_c) \leqslant 0.5$ 时，

$M_{cyk}^a = f_{yk} A_{sc}^a (h_0 - a_s') + 0.5 N_G h_c (1 - N_G / f_{ck} b_c h_c)$

式中，N_G 为对应于重力荷载代表值的柱轴压力（分项系数取 1.0）。

    注：上角 a 表示"实际的"。

4 2001规范修订过程中，对不超过 20 层的钢框架和框架-支撑结构的薄弱层层间弹塑性位移的简化计算公式开展了研究。利用 DRAIN-2D 程序对三跨的平面钢框架和中跨为交叉支撑的三跨钢结构进行了不同层数钢结构的弹塑性地震反应分析。主要计算参数如下：结构周期，框架取 $0.1n$（层数），支撑框架取 $0.09n$；恢复力模型，框架取屈服后刚度为弹性刚度 0.02 的不退化双线性模型，支撑框架的恢复力模型同时考虑了压屈后的强度退化和刚度退化；楼层屈服剪力，框架的一般层约为底层的 0.7，支撑框架的一般层约为底层的 0.9；底层的屈服强度系数为 0.7～0.3；在支撑框架中，支撑承担的地震剪力为总地震剪力的 75%，框架部分承担 25%；地震波取 80 条天然波。

根据计算结果的统计分析发现：①纯框架结构的弹塑性位移反应与弹性位移反应差不多，弹塑性位移增大系数接近 1；②随着屈服强度系数的减小，弹塑性位移增大系数增大；③楼层屈服强度系数较小时，

由于支撑的屈曲失效效应，支撑框架的弹塑性位移增大系数大于框架结构。

以下是 15 层和 20 层钢结构的弹塑性增大系数的统计数值（平均值加一倍方差）：

屈服强度系数	15 层框架	20 层框架	15 层支撑框架	20 层支撑框架
0.50	1.15	1.20	1.05	1.15
0.40	1.20	1.30	1.15	1.25
0.30	1.30	1.50	1.65	1.90

上述统计值与 89 规范对剪切型结构的统计值有一定的差异，可能与钢结构基本周期较长、弯曲变形所占比重较大，采用杆系模型时楼层屈服强度系数计算，以及钢结构恢复力模型的屈服后刚度取为初始刚度的 0.02 而不是理想弹塑性恢复力模型等有关。

5.5.5 在罕遇地震作用下，结构要进入弹塑性变形状态。根据震害经验、试验研究和计算分析结果，提出以构件（梁、柱、墙）和节点达到极限变形时的层间极限位移角作为罕遇地震作用下结构弹塑性层间位移角限值的依据。

国内外许多研究结果表明，不同结构类型的不同结构构件的弹塑性变形能力是不同的，钢筋混凝土结构的弹塑性变形主要由构件关键受力区的弯曲变形、剪切变形和节点区受拉钢筋的滑移变形等三部分非线性变形组成。影响结构层间极限位移角的因素很多，包括：梁柱的相对强弱关系、配箍率、轴压比、剪跨比、混凝土强度等级、配筋率等，其中轴压比和配箍率是最主要的因素。

钢筋混凝土框架结构的层间位移是楼层梁、柱、节点弹塑性变形的综合结果，美国对 36 个梁-柱组合试件试验结果表明，极限侧角的分布为 1/27～1/8，我国学者对数十榀填充墙框架的试验结果表明，不开洞填充墙和开洞填充墙框架的极限侧角平均值分别为 1/30 和 1/38。本条规定框架和板柱-框架的位移角限值为 1/50 是留有安全储备的。

由于底部框架砌体房屋沿竖向存在刚度突变，因此对其混凝土框架部分适当从严；同时，考虑到底部框架一般均带一定数量的抗震墙，故类比框架-抗震墙结构，取位移角限值为 1/100。

钢筋混凝土结构在罕遇地震作用下，抗震墙要比框架柱先进入弹塑性状态，而且最终破坏也相对集中在抗震墙单元。日本对 176 个带边框柱抗震墙的试验研究表明，抗震墙的极限位移角的分布为 1/333～1/125，国内对 11 个带边框低矮抗震墙试验所得到的极限位移角分布为 1/192～1/112。在上述试验研究结果的基础上，取 1/120 作为抗震墙和筒中筒结构的弹塑性层间位移角限值。考虑到框架-抗震墙结构、板柱-抗震墙和框架-核心筒结构中大部分水平地震作

用由抗震墙承担，弹塑性层间位移角限值可比框架结构的框架柱严，但比抗震墙和筒中筒结构要松，故取1/100。高层钢结构，美国ATC3-06规定，Ⅱ类危险性的建筑（容纳人数较多），层间最大位移角限值为1/67；美国AISC《房屋钢结构抗震规定》（1997）中规定，与小震相比，大震时的位移角放大系数，对双重抗侧力体系中的框架-中心支撑结构取5，对框架-偏心支撑结构，取4。如果弹性位移角限值为1/300，则对应的弹塑性位移角限值分别大于1/60和1/75。考虑到钢结构在构件稳定有保证时具有较好的延性，弹塑性层间位移角限值适当放宽至1/50。

鉴于甲类建筑在抗震安全性上的特殊要求，其层间变位角限值应专门研究确定。

6 多层和高层钢筋混凝土房屋

6.1 一般规定

6.1.1 本章适用于现浇钢筋混凝土多层和高层房屋，包括采用符合本章第6.1.7条要求的装配整体式楼屋盖的房屋。

对采用钢筋混凝土材料的高层建筑，从安全和经济诸方面综合考虑，其适用最大高度应有限制。当钢筋混凝土结构的房屋高度超过最大适用高度时，应通过专门研究，采取有效加强措施，如采用型钢混凝土构件、钢管混凝土构件等，并按建设部部长令的有关规定进行专项审查。

与2001规范相比，本章对适用最大高度的修改如下：

1 补充了8度（0.3g）时的最大适用高度，按8度和9度之间内插且偏于8度。

2 框架结构的适用最大高度，除6度外有所降低。

3 板柱-抗震墙结构的适用最大高度，有所增加。

4 删除了在Ⅳ类场地适用的最大高度应适当降低的规定。

5 对于平面和竖向均不规则的结构，适用的最大高度适当降低的规范用词，由"应"改为"宜"，一般减少10%左右。对于部分框支结构，表6.1.1的适用高度已经考虑框支的不规则而比全落地抗震墙结构降低，故对于框支结构的"竖向和平面均不规则"，指框支层以上的结构同时存在竖向和平面不规则的情况。

还需说明：

仅有个别墙体不落地，例如不落地墙的截面面积不大于总截面面积的10%，只要框支部分的设计合理且不致加大扭转不规则，仍可视为抗震墙结构，其适用最大高度仍可按全部落地的抗震墙结构确定。

框架-核心筒结构存在抗扭不利和加强层刚度突变问题，其适用最大高度略低于筒中筒结构。框架-核心筒结构中，带有部分仅承受竖向荷载的无梁楼盖时，不作为表6.1.1的板柱-抗震墙结构对待。

6.1.2 钢筋混凝土房屋的抗震等级是重要的设计参数，89规范就明确规定应根据设防类别、结构类型、烈度和房屋高度四个因素确定。抗震等级的划分，体现了对不同抗震设防类别、不同结构类型、不同烈度、同一烈度但不同高度的钢筋混凝土房屋结构延性要求的不同，以及同一种构件在不同结构类型中的延性要求的不同。

钢筋混凝土房屋结构应根据抗震等级采取相应的抗震措施。这里，抗震措施包括抗震计算时的内力调整措施和各种抗震构造措施。因此，乙类建筑应提高一度查表6.1.2确定其抗震等级。

本章条文中，"×级框架"包括框架结构、框架-抗震墙结构、框支层和框架-核心筒结构、板柱-抗震墙结构中的框架，"×级框架结构"仅指框架结构的框架，"×级抗震墙"包括抗震墙结构、框架-抗震墙结构、筒体结构和板柱-抗震墙结构中的抗震墙。

本次修订的主要变化如下：

1 注意到《民用建筑设计通则》GB 50362规定，住宅10层及以上为高层建筑，多层公共建筑高度24m以上为高层建筑。本次修订，将框架结构的30m高度分界改为24m；对于7、8、9度时的框架-抗震墙结构，抗震墙结构以及部分框支抗震墙结构，增加24m作为一个高度分界，其抗震等级比2001规范降低一级，但四级不再降低，框支层框架不降低，总体上与89规范对"低层较规则结构"的要求相近。

2 明确了框架-核心筒结构的高度不超过60m时，当按框架-抗震墙结构的要求设计时，其抗震等级按框架-抗震墙结构的规定采用。

3 将"大跨度公共建筑"改为"大跨度框架"，并明确其跨度按18m划分。

6.1.3 本条是关于混凝土结构抗震等级的进一步补充规定。

1 关于框架和抗震墙组成的结构的抗震等级。设计中有三种情况：其一，个别或少量框架，此时结构属于抗震墙体系的范畴，其抗震墙的抗震等级，仍按抗震墙结构确定；框架的抗震等级可参照框架-抗震墙结构的框架确定。其二，当框架-抗震墙结构有足够的抗震墙时，其框架部分是次要抗侧力构件，按本规范表6.1.2框架-抗震墙结构确定抗震等级；89规范要求其抗震墙底部承受的地震倾覆力矩不小于结构底部总地震倾覆力矩的50%。其三，墙体很少，即2001规范规定"在基本振型地震作用下，框架部分承受的地震倾覆力矩大于结构总地震倾覆力矩的50%"，其框架部分的抗震等级应按框架结构确定。对于这类结构，本次修订进一步明确以下几点：一是将"在基本振型地震作用下"改为"在规定的水平力作用下"，"规定的水平力"的含义见本规范第3.4节；二是明确底层框架部分所承担的地震倾覆力矩大于结构总地震倾覆力矩的50%时仍属于框架结构范畴；三是删除了"最大适用高度可比框架结构适当增加"的规定；四是补充规定了其抗震墙的抗震等级。

框架部分按刚度分配的地震倾覆力矩的计算公式，保持2001规范的规定不变：

$$M_c = \sum_{i=1}^{n} \sum_{j=1}^{m} V_{ij} h_i$$

式中：M_c——框架-抗震墙结构在规定的侧向力作用下框架部分分配的地震倾覆力矩；

   n——结构层数；

   m——框架i层的柱根数；

   V_{ij}——第i层第j根框架柱的计算地震剪力；

   h_i——第i层层高。

在框架结构中设置少量抗震墙，往往是为了增大框架结构的刚度、满足层间位移角限值的要求，仍然属于框架结构范畴，但层间位移角限值需按底层框架部分承担倾覆力矩的大小，在框架结构和框架-抗震墙结构两者的层间位移角限值之间偏于安全内插。

2 关于裙房的抗震等级。裙房与主楼相连，主楼结构在裙房顶板对应的上下各一层受刚度与承载力突变影响较大，抗震构造措施需要适当加强。裙房与主楼之间设防震缝，在大震作用下可能发生碰撞，该部位也需要采取加强措施。

裙房与主楼相连的相关范围，一般可从主楼周边外延3跨且不小于20m，相关范围以外的区域可按裙房自身的结构类型确定其抗震等级。裙房偏置时，其端部有较大扭转效应，也需要加强。

3 关于地下室的抗震等级。带地下室的多层和高层建筑，当地下室结构的刚度和受剪承载力比上部楼层相对较大时（参见本规范第6.1.14条），地下室顶板可视作嵌固部位，在地震作用下的屈服部位将发生在地上楼层，同时将影响到地下一层。地面以下地震响应逐渐减小，规定地下一层的抗震等级不能降低；而地下一层以下不要求计算地震作用，规定其抗震构造措施的抗震等级可逐层降低（图11）。

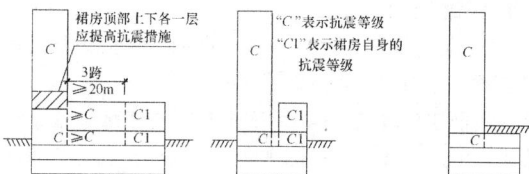

图11 裙房和地下室的抗震等级

4 关于乙类建筑的抗震等级。根据《建筑工程抗震设防分类标准》GB 50223的规定，乙类建筑应按提高一度查本规范表6.1.2确定抗震等级（内力调整和构造措施）。本规范第6.1.1条规定，乙类建筑的钢筋混凝土房屋可按本地区抗震设防烈度确定其适用的最大高度，于是可能出现7度乙类的框支结构房屋和8度乙类的框架结构、框架-抗震墙结构、部分框支抗震墙结构、板柱-抗震墙结构的房屋提高一度后，其高度超过本规范表6.1.2中抗震等级为一级的高度上界。此时，内力调整不提高，只要求抗震构造措施"高于一级"，大体与《高层建筑混凝土结构技术规程》JGJ 3中特一级的构造要求相当。

6.1.4 震害表明，本条规定的防震缝宽度的最小值，在强烈地震下相邻结构仍可能局部碰撞而损坏，但宽度过大会给立面处理造成困难。因此，是否设置防震缝应按本规范第3.4.5条的要求判断。

防震缝可以结合沉降缝要求贯通到地基，当无沉降问题时也可以从基础或地下室以上贯通。当有多层地下室，上部结构为带裙房的单塔或多塔结构时，可将裙房用防震缝自地下室以上分隔，地下室顶板应有良好的整体性和刚度，能将地震剪力分布到整个地下室结构。

8、9度框架结构房屋防震缝两侧层高相差较大时，可在防震缝两侧房屋的尽端沿全高设置垂直于防震缝的抗撞墙，通过抗撞墙的损坏减少防震缝两侧碰撞时框架的破坏。本次修订，抗撞墙的长度由2001规范的可不大于一个柱距，修改为"可不大于层高的1/2"。结构单元较长时，抗撞墙可能引起较大温度内力，也可能有较大扭转效应，故设置时应综合分析（图12）。

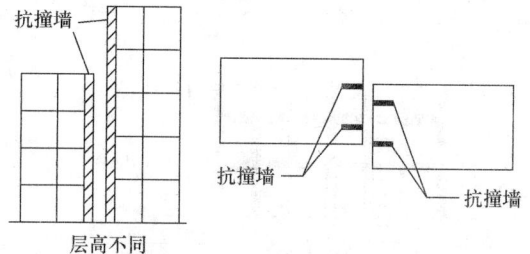

图12 抗撞墙示意图

6.1.5 梁中线与柱中线之间、柱中线与抗震墙中线之间有较大偏心距时，在地震作用下可能导致核芯区受剪面积不足，对柱带来不利的扭转效应。当偏心距超过1/4柱宽时，需进行具体分析并采取有效措施，如采用水平加腋梁及加强柱的箍筋等。

2008年局部修订，本条增加了控制单跨框架结构适用范围的要求。框架结构中某个主轴方向均为单跨，也属于单跨框架结构；某个主轴方向有局部的单跨框架，可不作为单跨框架结构对待。一、二层的连廊采用单跨框架时，需要注意加强。框-墙结构中的框架，可以是单跨。

6.1.6 楼、屋盖平面内的变形，将影响楼层水平地震剪力在各抗侧力构件之间的分配。为使楼、屋盖具有传递水平地震剪力的刚度，从78规范起，就提出了不同烈度下抗震墙之间不同类型楼、屋盖的长宽比限值。超过该限值时，需考虑楼、屋盖平面内变形对楼层水平地震剪力分配的影响。本次修订，8度框架-抗震墙结构装配整体式楼、屋盖的长宽比由2.5调整为2；适当放宽板柱-抗震墙结构现浇楼、屋盖的长宽比。

6.1.7 预制板的连接不足时，地震中将造成严重的震害。需要特别加强。在混凝土结构中，本规范仅适用于采用符合要求的装配整体式混凝土楼、屋盖。

6.1.8 在框架-抗震墙结构和板柱-抗震墙结构中，抗震墙是主要抗侧力构件，竖向布置应连续，防止刚度和承载力突变。本次修订，增加结合楼梯间布置抗震墙形成安全通道的要求；将2001规范"横向与纵向的抗震墙宜相连"改为"抗震墙的两端（不包括洞口两侧）宜设置端柱，或与另一方向的抗震墙相连"，明确要求两端设置端柱或翼墙；取消抗震墙设置在不需要开洞部位的规定，以及连梁最大跨高比和最小高度的规定。

6.1.9 本次修订，增加纵横向墙体互为翼墙或设置端柱的要求。

部分框支抗震墙属于抗震不利的结构体系，本规范的抗震措施只限于框支层不超过两层的情况。本次修订，明确部分框支抗震墙结构的底层框架应满足框架-抗震墙结构对框架部分承担地震倾覆力矩的限值——框支层不应设计为少墙框架体系（图13）。

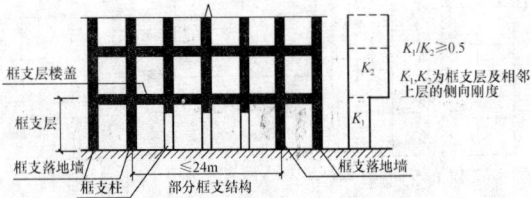

图13 框支结构示意图

为提高较长抗震墙的延性，分段后各墙段的总高度与墙宽之比，由不应小于2改为不宜小于3（图14）。

6.1.10 延性抗震墙一般控制在其底部即计算嵌固端以上一定高度范围内屈服、出现塑性铰。设计时，将墙体底部可能出现塑性铰的高度范围作为底部加强部位，提高其受剪承载力，加强其抗震构造措施，使其具有大的弹塑性变形能力，从而提高整个结构的抗地震倒塌能力。

89规范的底部加强部位与墙肢高度和长度有

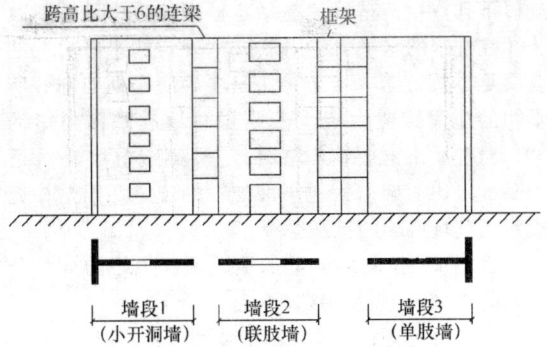

图14 较长抗震墙的组成示意图

关，不同长度墙肢的加强部位高度不同。为了简化设计，2001规范改为底部加强部位的高度仅与墙肢总高度相关。本次修订，将"墙体总高度的1/8"改为"墙体总高度的1/10"；明确加强部位的高度一律从地下室顶板算起；当计算嵌固端位于地面以下时，还需向下延伸，但加强部位的高度仍从地下室顶板算起。

此外，还补充了高度不超过24m的多层建筑的底部加强部位高度的规定。

有裙房时，按本规范第6.1.3条的要求，主楼与裙房顶对应的相邻上下层需要加强。此时，加强部位的高度也可以延伸至裙房以上一层。

6.1.12 当地基土较弱，基础刚度和整体性较差，在地震作用下抗震墙基础将产生较大的转动，从而降低了抗震墙的抗侧力刚度，对内力和位移都将产生不利影响。

6.1.13 配合本规范第4.2.4条的规定，针对主楼与裙房相连的情况，明确其天然地基底部不宜出现零应力区。

6.1.14 为了能使地下室顶板作为上部结构的嵌固部位，本条规定了地下室顶板和地下一层的设计要求：

地下室顶板必须具有足够的平面内刚度，以有效传递地震基底剪力。地下室顶板的厚度不宜小于180mm，若柱网内设置多个次梁时，板厚可适当减小。这里所指地下室应为完整的地下室，在山（坡）地建筑中出现地下室各边填埋深度差异较大时，宜单独设置支挡结构。

框架柱嵌固端屈服时，或抗震墙墙肢的嵌固端屈服时，地下一层对应的框架柱或抗震墙墙肢不应屈服。据此规定了地下一层框架柱纵筋面积和墙肢端部纵筋面积的要求。

"相关范围"一般可从地上结构（主楼、有裙房时含裙房）周边外延不大于20m。

当框架柱嵌固在地下室顶板时，位于地下室顶板的梁柱节点应按首层柱的下端为"弱柱"设计，即地震时首层柱底屈服、出现塑性铰。为实现首层柱底先屈服的设计概念，本规范提供了两种方法：

其一，按下式复核：

$$\sum M_{bua} + M_{cua}^t \geq 1.3 M_{cua}^t$$

式中：$\sum M_{bua}$——节点左右梁端截面反时针或顺时针方向实配的正截面抗震受弯承载力所对应的弯矩值之和，根据实配钢筋面积（计入梁受压筋和相关楼板钢筋）和材料强度标准值确定；

$\sum M_{cua}^t$——地下室柱上端与梁端受弯承载力同一方向实配的正截面抗震受弯承载力所对应的弯矩值，应根据轴力设计值、实配钢筋面积和材料强度标准值等确定；

$\sum M_{cua}^b$——地上一层柱下端与梁端受弯承载力不同方向实配的正截面抗震受弯承载力所对应弯矩值，应根据轴力设计值、实配钢筋面积和材料强度标准值等确定。

设计时，梁柱纵向钢筋增加的比例也可不同，但柱的纵向钢筋至少比地上结构柱下端的钢筋增加10%。

其二，作为简化，当梁按计算分配的弯矩接近柱的弯矩时，地下室顶板的柱上端、梁顶面和梁底面的纵向钢筋均增加10%以上。可满足上式的要求。

6.1.15 本条是新增的。发生强烈地震时，楼梯间是重要的紧急逃生竖向通道，楼梯间（包括楼梯板）的破坏会延误人员撤离及救援工作，从而造成严重伤亡。本次修订增加了楼梯间的抗震设计要求。对于框架结构，楼梯构件与主体结构整浇时，梯板起到斜支撑的作用，对结构刚度、承载力、规则性的影响比较大，应参与抗震计算；当采取措施，如梯板滑动支承于平台板，楼梯构件对结构刚度等的影响较小，是否参与整体抗震计算差别不大。对于楼梯间设置刚度足够大的抗震墙的结构，楼梯构件对结构刚度的影响较小，也可不参与整体抗震计算。

6.2 计 算 要 点

6.2.2 框架结构的抗地震倒塌能力与其破坏机制密切相关。试验研究表明，梁端屈服型框架有较大的内力重分布和能量消耗能力，极限层间位移大，抗震性能较好；柱端屈服型框架容易形成倒塌机制。

在强震作用下结构构件不存在承载力储备，梁端受弯承载力即为实际可能达到的最大弯矩，柱端实际可能达到的最大弯矩也与其偏压下的受弯承载力相等。这是地震作用效应的一个特点。因此，所谓"强柱弱梁"指的是：节点处梁端实际受弯承载力 M_{cy}^a 和柱端实际受弯承载力 M_{by}^c 之间满足下列不等式：

$$\sum M_{cy}^a > \sum M_{by}^c$$

这种概念设计，由于地震的复杂性、楼板的影响和钢筋屈服强度的超强，难以通过精确的承载力计算真正实现。

本规范自89规范以来，在梁端实配钢筋不超过计算配筋10%的前提下，将梁、柱之间的承载力不等式转为梁、柱的地震组合内力设计值的关系式，并使不同抗震等级的柱端弯矩设计值有不同程度的差异。采用增大柱端弯矩设计值的方法，只在一定程度上推迟柱端出现塑性铰；研究表明，当计入楼板和钢筋超强影响时，要实现承载力不等式，内力增大系数的取值往往需要大于2。由于地震是往复作用，两个方向的柱端弯矩设计值均应满足要求：当梁端截面为反时针方向弯矩之和时，柱截面应为顺时针方向弯矩之和；反之亦然。

对于一级框架，89规范除了用增大系数的方法外，还提出了采用梁端实配钢筋面积和材料强度标准值计算的抗震受弯承载力所对应的弯矩值的调整、验算方法。这里，抗震承载力即本规范5章的 $R_E = R/\gamma_{RE} = R/0.75$，此时必须将抗震承载力验算公式取等号转换为对应的内力，即 $S = R/\gamma_{RE}$。当计算梁端抗震受弯承载力时，若计入楼板的钢筋，且材料强度标准值考虑一定的超强系数，则可提高框架"强柱弱梁"的程度。89规范规定，一级的增大系数可根据工程经验估计节点左右梁端顺时针或反时针方向受拉钢筋的实际截面面积与计算面积的比值 $\lambda_s = A_s^a/A_s^c$，取 $1.1\lambda_s$ 作为实配增大系数的近似估计，其中的1.1来自钢筋材料标准值与设计值的比值 f_{yk}/f_y。柱弯矩增大系数值可参考 λ_s 的可能变化范围确定：例如，当梁顶面为计算配筋而梁底面为构造配筋时，一级的 λ_s 不小于1.5，于是，柱弯矩增大系数不小于 $1.1 \times 1.5 = 1.65$；二级 λ_s 不小于1.3，柱弯矩增大系数不小于1.43。

2001规范比89规范提高了强柱弱梁的弯矩增大系数 η_c，弯矩增大系数 η_c 考虑了一定的超配钢筋（包括楼板的配筋）和钢筋超强。一级的框架结构及9度时，仍应采用框架梁的实际抗震受弯承载力确定柱端组合的弯矩设计值，取二者的较大值。

本次修订，提高了框架结构的柱端弯矩增大系数，而其他结构中框架的柱端弯矩增大系数仍与2001规范相同；并补充了四级框架的柱端弯矩增大系数。对于一级框架结构和9度时的一级框架，明确只需按梁端实配抗震受弯承载力确定柱端弯矩设计值；即使按增大系数的方法比实配方法保守，也可不采用增大系数的方法。对于二、三级框架结构，也可按式（6.2.2-2）的梁端实配抗震受弯承载力确定柱端弯矩设计值，但式中的系数1.2可适当降低，如取1.1即可；这样，有可能比按内力增大系数，即按式（6.2.2-1）调整的方法更经济、合理。计算梁端实配抗震受弯承载力时，还应计入梁两侧有效翼缘范围的楼板。因此，在框架刚度和承载力计算时，所计入的梁两侧有效翼缘范围应相互协调。

即使按"强柱弱梁"设计的框架，在强震作用下，柱端仍有可能出现塑性铰，保证柱的抗地震倒塌能力是框架抗震设计的关键。本规范通过柱的抗震构造措施，使柱具有大的弹塑性变形能力和耗能能力，达到在大震作用下，即使柱端出铰，也不会引起框架倒塌的目标。

当框架底部若干层的柱反弯点不在楼层内时，说明这些层的框架梁相对较弱。为避免在竖向荷载和地震共同作用下变形集中，压屈失稳，柱端弯矩也应乘以增大系数。

对于轴压比小于 0.15 的柱，包括顶层柱在内，因其具有比较大的变形能力，可不满足上述要求；对框支柱，在本规范第 6.2.10 条另有规定。

6.2.3 框架结构计算嵌固部位所在层即底层的柱下端过早出现塑性屈服，将影响整个结构的抗地震倒塌能力。嵌固端截面乘以弯矩增大系数是为了避免框架结构柱下端过早屈服。对其他结构中的框架，其主要抗侧力构件为抗震墙，对其框架部分的嵌固端截面，可不作要求。

当仅用插筋满足柱嵌固端截面弯矩增大的要求时，可能造成塑性铰向底层柱的上部转移，对抗震不利。规范提出按柱上下端不利情况配置纵向钢筋的要求。

6.2.4、6.2.5、6.2.8 防止梁、柱和抗震墙底部在弯曲屈服前出现剪切破坏是抗震概念设计的要求，它意味着构件的受剪承载力要大于构件弯曲时实际达到的剪力，即按实际配筋面积和材料强度标准值计算的承载力之间满足下列不等式：

$$V_{bu} > (M_{bu}^l + M_{bu}^r)/l_{bo} + V_{Gb}$$
$$V_{cu} > (M_{cu}^t + M_{cu}^b)/H_{cn}$$
$$V_{wu} > (M_{wu}^b - M_{wu}^t)/H_{wn}$$

规范在纵向受力钢筋不超过计算配筋 10% 的前提下，将承载力不等式转为内力设计值表达式，不同抗震等级采用不同的剪力增大系数，使"强剪弱弯"的程度有所差别。该系数同样考虑了材料实际强度和钢筋实际面积这两个因素的影响，对柱和墙还考虑了轴向力的影响，并简化计算。

一级的剪力增大系数，需从上述不等式中导出。直接取实配钢筋面积 A_s^s 与计算实配筋面积 A_s^c 之比 λ_s 的 1.1 倍，是 η_v 最简单的近似，对梁和节点的"强剪"能满足工程的要求，对柱和墙偏于保守。89 规范在条文说明中给出较为复杂的近似计算公式如下：

$$\eta_{vc} \approx \frac{1.1\lambda_s + 0.58\lambda_N(1 - 0.56\lambda_N)(f_c/f_y\rho_t)}{1.1 + 0.58\lambda_N(1 - 0.75\lambda_N)(f_c/f_y\rho_t)}$$

$$\eta_{vw} \approx \frac{1.1\lambda_{sw} + 0.58\lambda_N(1 - 0.56\lambda_N)\zeta(f_c/f_y\rho_{tw})}{1.1 + 0.58\lambda_N(1 - 0.75\lambda_N)\zeta(f_c/f_y\rho_{tw})}$$

式中，λ_N 为轴压比，λ_{sw} 为墙体实际受拉钢筋（分布筋和集中筋）截面面积与计算面积之比，ζ 为考虑墙体边缘构件影响的系数，ρ_{tw} 为墙体受拉钢筋配筋率。

当柱 $\lambda_s \leq 1.8$、$\lambda_N \geq 0.2$ 且 $\rho_t = 0.5\% \sim 2.5\%$，墙 $\lambda_{sw} \leq 1.8$、$\lambda_N \leq 0.3$ 且 $\rho_{tw} = 0.4\% \sim 1.2\%$ 时，通过数百个算例的统计分析，能满足工程要求的剪力增大系数 η_v 的进一步简化计算公式如下：

$$\eta_{vc} \approx 0.15 + 0.7[\lambda_s + 1/(2.5 - \lambda_N)]$$
$$\eta_{vw} \approx 1.2 + (\lambda_{sw} - 1)(0.6 + 0.02/\lambda_N)$$

2001 规范的框架柱、抗震墙的剪力增大系数 η_{vc}、η_{vw}，即参考上述近似公式确定。此次修订，框架梁、框架结构以外框架的柱、连梁和抗震墙的剪力增大系数与 2001 规范相同，框架结构的柱的剪力增大系数随柱端弯矩增大系数的提高而提高；同时，明确一级的框架结构及 9 度的一级框架，只需满足实配要求，而即使增大系数为偏保守也可不满足。同样，二、三、四级框架结构的框架柱，也可采用实配方法而不采用增大系数的方法，使之较为经济又合理。

注意：柱和抗震墙的弯矩设计值系经本节有关规定调整后的取值；梁端、柱端弯矩设计值之和须取顺时针方向之和以及反时针方向之和两者的较大值；梁端纵向受拉钢筋也按顺时针及反时针方向考虑。

6.2.6 地震时角柱处于复杂的受力状态，其弯矩和剪力设计值的增大系数，比其他柱略有增加，以提高抗震能力。

6.2.7 对一级抗震墙规定调整截面的组合弯矩设计值，目的是通过配筋方式迫使塑性铰区位于墙肢的底部加强部位。89 规范要求底部加强部位的组合弯矩设计值均按墙底截面的设计值采用，以上一般部位的组合弯矩设计值按线性变化，对于较高的房屋，会导致与加强部位相邻一般部位的弯矩取值过大。2001 规范改为：底部加强部位的弯矩设计值均取墙底部截面的组合弯矩设计值，底部加强部位以上，均采用各墙肢截面的组合弯矩设计值乘以增大系数，但增大后与加强部位紧邻一般部位的弯矩有可能小于相邻加强部位的组合弯矩。本次修订，改为仅加强部位以上乘以增大系数。主要有两个目的：一是使墙肢的塑性铰在底部加强部位的范围内得到发展，不是将塑性铰集中在底层，甚至集中在底截面以上不大的范围内，从而减轻墙肢底截面附近的破坏程度，使墙肢有较大的塑性变形能力；二是避免底部加强部位紧邻的上层墙肢屈服而底部加强部位不屈服。

当抗震墙的墙肢在多遇地震下出现小偏心受拉时，在设防地震、罕遇地震下的抗震能力可能大大丧失；而且，即使多遇地震下为偏压的墙肢而设防地震下转为偏拉，则其抗震能力有实质性的改变，也需要采取相应的加强措施。

双肢抗震墙的某个墙肢为偏心受拉时，一旦出现全截面受拉开裂，则其刚度退化严重，大部分地震作用将转移到受压墙肢，因此，受压肢需适当增大弯矩和剪力设计值以提高承载能力。注意到地震是往复的作用，实际上双肢墙的两个墙肢，都可能要按增大后的内力配筋。

6.2.9 框架柱和抗震墙的剪跨比可按图15及公式进行计算。

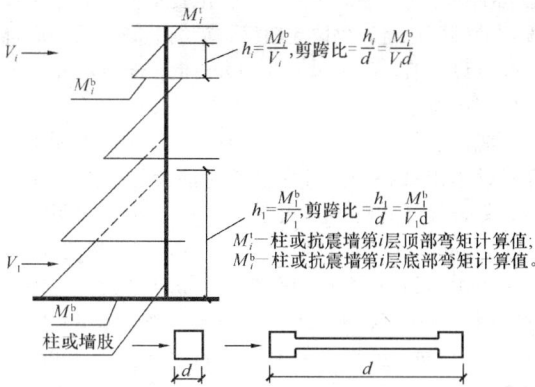

图 15　剪跨比计算简图

M_i^t——柱或抗震墙第 i 层顶部弯矩计算值；
M_i^b——柱或抗震墙第 i 层底部弯矩计算值。

6.2.10～6.2.12 这几条规定了部分框支结构设计计算的注意事项。

第 6.2.10 条 1 款的规定，适用于本章 6.1.1 条所指的框支层不超过 2 层的情况。本次修订，将本层地震剪力改为底层地震剪力即基底剪力，但主楼与裙房相连时，不含裙房部分的地震剪力，框支柱也不含裙房的框架柱。

框支结构的落地墙，在转换层以下的部位是保证框支结构抗震性能的关键部位，这部位的剪力传递还可能存在矮墙效应。为了保证抗震墙在大震时的受剪承载力，只考虑有拉筋约束部分的混凝土受剪承载力。

无地下室的部分框支抗震墙结构的落地墙，特别是联肢或双肢墙，当考虑不利荷载组合出现偏心受拉时，为了防止墙与基础交接处产生滑移，宜按总剪力的 30% 设置 45°交叉防滑斜筋，斜筋可按单排设在墙截面中部并应满足锚固要求。

6.2.13 本条规定了在结构整体分析中的内力调整：

1 按照框墙结构（不包括少墙框架体系和少框架的抗震墙体系）中框架和墙体协同工作的分析结果，在一定高度以上，框架按侧向刚度分配的剪力与墙体的剪力反号，二者相减等于楼层的地震剪力，此时，框架承担的剪力与底部总地震剪力的比值基本保持某个比例；按多道防线的概念设计要求，墙体是第一道防线，在设防地震、罕遇地震下先于框架破坏，由于塑性内力重分布，框架部分按侧向刚度分配的剪力会比多遇地震下加大。

我国 20 世纪 80 年代 1/3 比例的空间框墙结构模型反复荷载试验及该试验模型的弹塑性分析表明：保持楼层侧向位移协调的情况下，弹性阶段底部的框架仅承担不到 5% 的总剪力；随着墙体开裂，框架承担

的剪力逐步增大；当墙体端部的纵向钢筋开始受拉屈服时，框架承担大于 20% 总剪力；墙体压坏时框架承担大于 33% 的总剪力。本规范规定的取值，既体现了多道抗震设防的原则，又考虑了当前的经济条件。对于框架-核心筒结构，尚应符合本规范 6.7.1 条 1 款的规定。

此项规定适用于竖向结构布置基本均匀的情况；对塔类结构出现分段规则的情况，可分段调整；对有加强层的结构，不含加强层及相邻上下层的调整。此项规定不适用于部分框架柱不到顶，使上部框架柱数量较少的楼层。

2 计算地震内力时，抗震墙连梁刚度可折减；计算位移时，连梁刚度可不折减。抗震墙的连梁刚度折减后，如部分连梁尚不能满足剪压比限值，可采用双连梁、多连梁的布置，还可按剪压比要求降低连梁剪力设计值及弯矩，并相应调整抗震墙的墙肢内力。

3 抗震墙应计入腹板与翼墙共同工作。对于翼墙的有效长度，89 规范和 2001 规范有不同的具体规定，本次修订不再给出具体规定。2001 规范规定："每侧由墙面算起可取相邻抗震墙净间距的一半、至门窗洞口的墙长度及抗震墙总高度的 15% 三者的最小值"，可供参考。

4 对于少墙框架结构，框架部分的地震剪力取两种计算模型的较大值较为妥当。

6.2.14 节点核芯区是保证框架承载力和抗倒塌能力的关键部位。本次修订，增加了三级框架的节点核芯区进行抗震验算的规定。

2001 规范提供了梁宽大于柱宽的框架和圆柱框架的节点核芯区验算方法。梁宽大于柱宽时，按柱宽范围内和范围外分别计算。圆柱的计算公式依据国外资料和国内试验结果提出：

$$V_j \leqslant \frac{1}{\gamma_{RE}}\left(1.5\eta_j f_t A_j + 0.05\eta_j \frac{N}{D^2}A_j + 1.57 f_{yv} A_{sh} \frac{h_{b0}-a_s'}{s}\right)$$

上式中，A_j 为圆柱截面面积，A_{sh} 为核芯区环形箍筋的单根截面面积。去掉 γ_{RE} 及 η_j 附加系数，上式可写为：

$$V_j \leqslant 1.5 f_t A_j + 0.05 \frac{N}{D^2}A_j + 1.57 f_{yv} A_{sh}\frac{h_{b0}-a_s'}{s}$$

上式中系数 1.57 来自 ACI Structural Journal, Jan-Feb. 1989, Priestley 和 Paulay 的文章：Seismic strength of circular reinforced concrete columns.

圆形截面柱受剪，环形箍筋所承受的剪力可用下式表达：

$$V_s = \frac{\pi A_{sh} f_{yv} D'}{2s} = 1.57 f_{yv} A_{sh}\frac{D'}{s} \approx 1.57 f_{yv} A_{sh}\frac{h_{b0}-a_s'}{s}$$

式中：A_{sh}——环形箍单肢截面面积；
　　　D'——纵向钢筋所在圆周的直径；
　　　h_{b0}——框架梁截面有效高度；
　　　s——环形箍筋间距。

根据重庆建筑大学 2000 年完成的 4 个圆柱梁柱节点试验，对比了计算和试验的节点核芯区受剪承载力，计算值与试验之比约为 85%，说明此计算公式的可靠性有一定保证。

6.3 框架的基本抗震构造措施

6.3.1、6.3.2 合理控制混凝土结构构件的尺寸，是本规范第 3.5.4 条的基本要求之一。梁的截面尺寸，应从整个框架结构中梁、柱的相互关系，如在强柱弱梁基础上提高梁变形能力的要求等来处理。

为了避免或减小扭转的不利影响，宽扁梁框架的梁柱中线宜重合，并应采用整体现浇楼盖。为了使宽扁梁端部在柱外的纵向钢筋有足够的锚固，应在两个主轴方向都设置宽扁梁。

6.3.3、6.3.4 梁的变形能力主要取决于梁端的塑性转动量，而梁的塑性转动量与截面混凝土相对受压区高度有关。当相对受压区高度为 0.25 至 0.35 范围时，梁的位移延性系数可到达 3～4。计算梁端截面纵向受拉钢筋时，应采用与柱交界面的组合弯矩设计值，并应计入受压钢筋。计算梁端相对受压区高度时，宜按梁端截面实际受拉和受压钢筋面积进行计算。

梁端底面和顶面纵向钢筋的比值，同样对梁的变形能力有较大影响。梁端底面的钢筋可增加负弯矩时的塑性转动能力，还能防止在地震中梁底出现正弯矩时过早屈服或破坏过重，从而影响承载力和变形能力的正常发挥。

根据试验和震害经验，梁端的破坏主要集中于（1.5～2.0）倍梁高的长度范围内；当箍筋间距小于 6d～8d（d 为纵向钢筋直径）时，混凝土压溃前受压钢筋一般不致压屈，延性较好。因此规定了箍筋加密区的最小长度，限制了箍筋最大肢距；当纵向受拉钢筋的配筋率超过 2% 时，箍筋的最小直径相应增大。

本次修订，将梁端纵向受拉钢筋的配筋率不大于 2.5% 的要求，由强制性改为非强制性，移到 6.3.4 条。还提高了框架结构梁的纵向受力钢筋伸入节点的握裹要求。

6.3.5 本次修订，根据汶川地震的经验，对一、二、三级且层数超过 2 层的房屋，增大了柱截面最小尺寸的要求，以有利于实现"强柱弱梁"。

6.3.6 限制框架柱的轴压比主要是为了保证柱的塑性变形能力和保证框架的抗倒塌能力。抗震设计时，除了预计不可能进入屈服的柱外，通常希望框架柱最终为大偏心受压破坏。由于轴压比直接影响柱的截面设计，2001 规范仍以 89 规范的限值为依据，根据不同情况进行适当调整，同时控制轴压比最大值。在框架-抗震墙、板柱-抗震墙及筒体结构中，框架属于第二道防线，其中框架的柱与框架结构的柱相比，其重要性相对较低，为此可以适当增大轴压比限值。本次

修订，将框架结构的轴压比限值减小了 0.05，框架-抗震墙、板柱-抗震墙及筒体中三级框架的柱的轴压比限值也减小了 0.05，增加了四级框架的柱的轴压比限值。

利用箍筋对混凝土进行约束，可以提高混凝土的轴心抗压强度和混凝土的受压极限变形能力。但在计算柱的轴压比时，仍取无箍筋约束的混凝土的轴心抗压强度设计值，不考虑箍筋约束对混凝土轴心抗压强度的提高作用。

我国清华大学研究成果和日本 AIJ 钢筋混凝土房屋设计指南都提出，考虑箍筋对混凝土的约束作用时，复合箍筋肢距不宜大于 200mm，箍筋间距不宜大于 100mm，箍筋直径不宜小于 10mm 的构造要求。参考美国 ACI 资料，考虑螺旋箍筋对混凝土的约束作用时，箍筋直径不宜小于 10mm，净螺距不宜大于 75mm。为便于施工，采用螺旋间距不大于 100mm，箍筋直径不小于 12mm。矩形截面柱采用连续矩形复合螺旋箍是一种非常有效的提高延性的措施，这已被西安建筑科技大学的试验研究所证实。根据日本川铁株式会社 1998 年发表的试验报告，相同柱截面、相同配筋、配筋率、箍距及箍筋肢距，采用连续复合螺旋箍比一般复合箍筋可提高柱的极限变形角 25%。采用连续复合矩形螺旋箍可按圆形复合螺旋箍对待。用上述方法提高柱的轴压比后，应按增大的轴压比由本规范表 6.3.9 确定配箍量，且沿柱全高采用相同的配箍特征值。

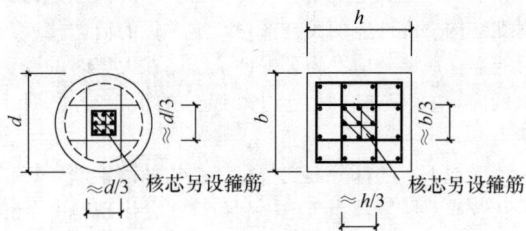

图 16　芯柱尺寸示意图

试验研究和工程经验都证明，在矩形或圆形截面柱内设置矩形核芯柱，不但可以提高柱的受压承载力，还可以提高柱的变形能力。在压、弯、剪作用下，当柱出现弯、剪裂缝，在大变形情况下芯柱可以有效地减小柱的压缩，保持柱的外形和截面承载力，特别对于承受高轴压的短柱，更有利于提高变形能力，延缓倒塌。为了便于梁筋通过，芯柱边长不宜小于柱边长或直径的 1/3，且不宜小于 250mm（图 16）。

6.3.7、6.3.8 柱纵向钢筋的最小总配筋率，89 规范的比 78 规范有所提高，但仍偏低，很多情况小于非抗震配筋率，2001 规范适当调整。本次修订，提高了框架结构中柱和边柱纵向钢筋的最小总配筋率的要求。随着高强钢筋和高强混凝土的使用，最小纵向钢筋的配筋率要求，将随混凝土强度和钢筋的强度而有所变化，但表中的数据是最低的要求，必须满足。

当框架柱在地震作用组合下处于小偏心受拉状态时，柱的纵筋总截面面积应比计算值增加25%，是为了避免柱的受拉纵筋屈服后再受压时，由于包兴格效应导致纵筋压屈。

6.3.9 框架柱的弹塑性变形能力，主要与柱的轴压比和箍筋对混凝土的约束程度有关。为了具有大体上相同的变形能力，轴压比大的柱，要求的箍筋约束程度高。箍筋对混凝土的约束程度，主要与箍筋形式、体积配箍率、箍筋抗拉强度以及混凝土轴心抗压强度等因素有关，而体积配箍率、箍筋强度及混凝土强度三者又可以用配箍特征值表示，配箍特征值相同时，螺旋箍、复合螺旋箍及连续复合螺旋箍的约束程度，比普通箍和复合箍对混凝土的约束更好。因此，规范规定，轴压比大的柱，其配箍特征值大于轴压比低的柱；轴压比相同的柱，采用普通箍或复合箍时的配箍特征值，大于采用螺旋箍、复合螺旋箍或连续复合螺旋箍时的配箍特征值。

89规范的体积配箍率，是在配箍特征值基础上，对箍筋抗拉强度和混凝土轴心抗压强度的关系做了一定简化得到的，仅适用于混凝土强度在C35以下和HPB235级钢箍筋。2001规范直接给出配箍特征值，能够经济合理地反映箍筋对混凝土的约束作用。为了避免配箍率过小，2001规范还规定了最小体积配箍率。普通箍筋的体积配箍率随轴压比增大而增加的对应关系举例如下：采用符合抗震性能要求的HRB335级钢筋且混凝土强度等级大于C35时，一、二、三级轴压比分别小于0.6、0.5和0.4时，体积配箍率取正文中的最小值——分别为0.8%、0.6%和0.4%，轴压比分别超过0.6、0.5和0.4但在最大轴压比范围内，轴压比每增加0.1，体积配箍率增加 $0.02(f_c/f_y) \approx 0.0011(f_c/16.7)$；超过最大轴压比范围，轴压比每增加0.1，体积配箍率增加 $0.03(f_c/f_y) = 0.0001f_c$。

本次修订，删除了89规范和2001规范关于复合箍应扣除重叠部分箍筋体积的规定，因重叠部分对混凝土的约束情况比较复杂，如何换算有待进一步研究；箍筋的强度也不限制在标准值400MPa以内。四级框架柱的箍筋加密区的最小体积配箍特征值，与三级框架柱相同。

对于封闭箍筋与两端为135°弯钩的拉筋组成的复合箍，约束效果最好的是拉筋同时钩住主筋和箍筋，其次是拉筋紧靠纵向钢筋并钩住箍筋；当拉筋间距符合箍筋肢距的要求，纵筋与箍筋有可靠拉结时，拉筋也可紧靠箍筋并钩住纵筋。

考虑到框架柱在层高范围内剪力不变及可能的扭转影响，为避免箍筋非加密区的受剪能力突然降低很多，导致柱的中段破坏，对非加密区的最小箍筋量也作了规定。

箍筋类别参见图17。

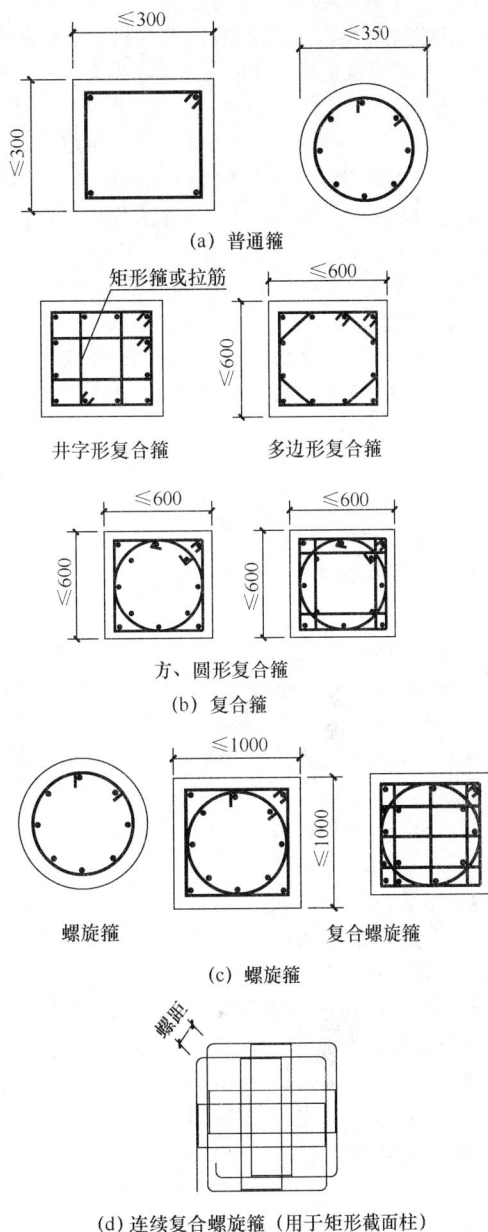

(a) 普通箍

井字形复合箍　　多边形复合箍

(b) 复合箍

螺旋箍　　复合螺旋箍

(c) 螺旋箍

(d) 连续复合螺旋箍（用于矩形截面柱）

图17　各类箍筋示意图

6.3.10 为使框架的梁柱纵向钢筋有可靠的锚固条件，框架梁柱节点核芯区的混凝土要具有良好的约束。考虑到核芯区内箍筋的作用与柱端有所不同，其构造要求与柱端有所区别。

6.4　抗震墙结构的基本抗震构造措施

6.4.1 本次修订，将墙厚与层高之比的要求，由"应"改为"宜"，并增加无支长度的相应规定。无端柱或翼墙是指墙的两端（不包括洞口两侧）为一字形的矩形截面。

试验表明，有边缘构件约束的矩形截面抗震墙与无边缘构件约束的矩形截面抗震墙相比，极限承载力约提高 40%，极限层间位移角约增加一倍，对地震能量的消耗能力增大 20% 左右，且有利于墙板的稳定。对一、二级抗震墙底部加强部位，当无端柱或翼墙时，墙厚需适当增加。

6.4.2 本次修订，将抗震墙的轴压比控制范围，由一、二级扩大到三级，由底部加强部位扩大到全高。计算墙肢轴压力设计值时，不计入地震作用组合，但应取分项系数 1.2。

6.4.3 抗震墙，包括抗震墙结构、框架-抗震墙结构、板柱-抗震墙结构及筒体结构中的抗震墙，是这些结构体系的主要抗侧力构件。在强制性条文中，纳入了关于墙体分布钢筋数量控制的最低要求。

美国 ACI 318 规定，当抗震结构墙的设计剪力小于 $A_{cv}\sqrt{f_c'}$（A_{cv} 为腹板截面面积，该设计剪力对应的剪压比小于 0.02）时，腹板的竖向分布钢筋允许降到同非抗震的要求。因此，本次修订，四级抗震墙的剪压比低于上述数值时，竖向分布筋允许按不小于 0.15% 控制。

对框支结构，抗震墙的底部加强部位受力很大，其分布钢筋应高于一般抗震墙的要求。通过在这些部位增加竖向钢筋和横向的分布钢筋，提高墙体开裂后的变形能力，以避免脆性剪切破坏，改善整个结构的抗震性能。

本次修订，将钢筋最大间距和最小直径的规定，移至本规范第 6.4.4 条。

6.4.4 本条包括 2001 规范第 6.4.2 条、6.4.4 条的内容和部分 6.4.3 条的内容，对抗震墙分布钢筋的最大间距和最小直径作了调整。

6.4.5 对于开洞的抗震墙即联肢墙，强震作用下合理的破坏过程应当是连梁首先屈服，然后墙肢的底部钢筋屈服、形成塑性铰。抗震墙墙肢的塑性变形能力和抗地震倒塌能力，除了与纵向配筋有关外，还与截面形状、截面相对受压区高度或轴压比、墙两端的约束范围、约束范围内的箍筋配箍特征值有关。当截面相对受压区高度或轴压比较小时，即使不设约束边缘构件，抗震墙也具有较好的延性和耗能能力。当截面相对受压区高度或轴压比大到一定值时，就需设置约束边缘构件，使墙肢端部成为箍筋约束混凝土，具有较大的受压变形能力。当轴压比更大时，即使设置约束边缘构件，在强烈地震作用下，抗震墙有可能压溃、丧失承担竖向荷载的能力。因此，2001 规范规定了一、二级抗震墙在重力荷载代表值作用下的轴压比限值；当墙底截面的轴压比超过一定值时，底部加强部位墙的两端及洞口两侧应设置约束边缘构件，使底部加强部位有良好的延性和耗能能力；考虑到底部加强部位以上相邻层的抗震墙，其轴压比可能仍较大，将约束边缘构件向上延伸一层；还规定了构造边缘构件和约束边缘构件的具体构造要求。

2010 年修订的主要内容是：

10—154

1 将设置约束边缘构件的要求扩大至三级抗震墙。

2 约束边缘构件的尺寸及其配箍特征值，根据轴压比的大小确定。当墙体的水平分布钢筋满足锚固要求且水平分布钢筋之间设置足够的拉筋形成复合箍时，约束边缘构件的体积配箍率可计入分布筋，考虑水平筋同时为抗剪受力钢筋，且竖向间距往往大于约束边缘构件的箍筋间距，需要另增一道封闭箍筋，故计入的水平分布钢筋的配箍特征值不宜大于 0.3 倍总配箍特征值。

3 对于底部加强区以上的一般部位，带翼墙时构造边缘构件的总长度改为与矩形端相同，即不小于墙厚和 400mm；转角墙在内侧改为不小于 200mm。在加强部位与一般部位的过渡区（可大体取加强部位以上与加强部位的高度相同的范围），边缘构件的长度需逐步过渡。

此次局部修订，补充约束边缘构件的端柱有集中荷载时的设计要求。

6.4.6 当抗震墙的墙肢长度不大于墙厚的 3 倍时，要求应按柱的有关要求进行设计。本次修订，降低了小墙肢的箍筋全高加密的要求。

6.4.7 高连梁设置水平缝，使一根连梁成为大跨高比的两根或多根连梁，其破坏形态从剪切破坏变为弯曲破坏。

6.5 框架-抗震墙结构的基本抗震构造措施

6.5.1 框架-抗震墙结构中的抗震墙，是作为该结构体系第一道防线的主要的抗侧力构件，需要比一般的抗震墙有所加强。

其抗震墙通常有两种布置方式：一种是抗震墙与框架分开，抗震墙围成筒，墙的两端没有柱；另一种是抗震墙嵌入框架内，有端柱、有边框梁，成为带边框抗震墙。第一种情况的抗震墙，与抗震墙结构中的抗震墙、筒体结构中的核心筒或内筒墙体区别不大。对于第二种情况的抗震墙，如果梁的宽度大于墙的厚度，则每一层的抗震墙有可能成为高宽比小的矮墙，强震作用下发生剪切破坏，同时，抗震墙给柱端施加很大的剪力，使柱端剪坏，这对抗地震倒塌是非常不利的。2005 年，日本完成了一个 1/3 比例的 6 层 2 跨、3 开间的框架-抗震墙结构模型的振动台试验，抗震墙嵌入框架内。最后，首层抗震墙剪切破坏，抗震墙的端柱剪坏，首层其他柱的两端出塑性铰，首层倒塌。2006 年，日本完成了一个足尺的 6 层 2 跨、3 开间的框架-抗震墙结构模型的振动台试验。与 1/3 比例的模型相比，除了模型比例不同外，嵌入框架内的抗震墙采用开缝墙。最后，首层开缝墙出现弯曲破坏和剪切斜裂缝，没有出现首层倒塌的破坏现象。

本次修订，对墙厚与层高之比的要求，由"应"

改为"宜";对于有端柱的情况,不要求一定设置边框梁。

6.5.2 本次修订,增加了抗震墙分布钢筋的最小直径和最大间距的规定,拉筋具体配置方式的规定可参照本规范第6.4.4条。

6.5.3 楼面梁与抗震墙平面外连接,主要出现在抗震墙与框架分开布置的情况。试验表明,在往复荷载作用下,锚固在墙内的梁的纵筋有可能产生滑移,与梁连接的墙面混凝土有可能拉脱。

6.5.4 少墙框架结构中抗震墙的地位不同于框架-抗震墙,不需要按本节的规定设计其抗震墙。

6.6 板柱-抗震墙结构抗震设计要求

6.6.2 规定了板柱-抗震墙结构中抗震墙的最小厚度;放松了楼、电梯洞口周边设置边框梁的要求。按柱纵筋直径16倍控制托板或柱帽根部的厚度是为了保证板柱节点的抗弯刚度。

6.6.3 本次修订,对高度不超过12m的板柱-抗震墙结构,放松抗震墙所承担的地震剪力的要求;新增板柱节点冲切承载力的抗震验算要求。

无柱帽平板在柱上板带中按本规范要求设置构造暗梁时,不可把平板作为有边梁的双向板进行设计。

6.6.4 为了防止强震作用下楼板脱落,穿过柱截面的板底两个方向钢筋的受拉承载力应满足该层楼板重力荷载代表值作用下的柱轴压力设计值。试验研究表明,抗剪栓钉的抗冲切效果优于抗冲切钢筋。

6.7 筒体结构抗震设计要求

6.7.1 本条新增框架-核心筒结构框架部分地震剪力的要求,以避免外框太弱。框架-核心筒结构框架部分的地震剪力应同时满足本条与第6.2.13条的规定。

框架-核心筒结构的核心筒与周边框架之间采用梁板结构时,各层梁对核心筒有一定的约束,可不设加强层,梁与核心筒连接应避开核心筒的连梁。当楼层采用平板结构且核心筒较柔,在地震作用下不能满足变形要求,或筒体由于受弯产生拉力时,宜设置加强层,其部位应结合建筑功能设置。为了避免加强层周边框架柱在地震作用下由于强梁带来的不利影响,加强层的大梁与桁架与周边框架不宜刚性连接。9度时不应采用加强层。核心筒的轴向压缩及外框架的竖向温度变形对加强层产生附加内力,在加强层与周边框架柱之间采取后浇连接及有效的外保温措施是必要的。

筒中筒结构的外筒可采取下列措施提高延性:

1 采用非结构幕墙。当采用钢筋混凝土裙墙时,可在裙墙与柱连接处设置受剪控制缝。

2 外筒为壁式筒体时,在裙墙与窗间墙连接处设置受剪控制缝,外筒按联肢抗震墙设计;三级的壁式筒体可按壁式框架设计,但壁式框架柱除满足计算

要求外,尚需满足本章第6.4.5条的构造要求;支承大梁的壁式筒体在大梁支座宜设置壁柱,一级时,由壁柱承担大梁传来的全部轴力,但验算轴压比时仍取全部截面。

3 受剪控制缝的构造如图18所示。

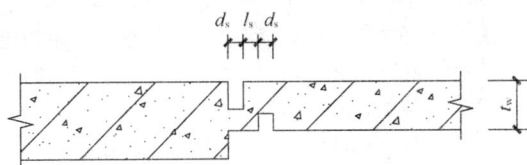

缝宽 d_s 大于 5mm;两缝间距 l_s 大于 50mm

图18 外筒裙墙受剪控制缝构造

6.7.2 框架-核心筒结构的核心筒、筒中筒结构的内筒,都是由抗震墙组成的,也都是结构的主要抗侧力竖向构件,其抗震构造措施应符合本章第6.4节和第6.5节的规定,包括墙的最小厚度、分布钢筋的配置、轴压比限值、边缘构件的要求等,以使筒体具有足够大的抗震能力。

框架-核心筒结构的框架较弱,宜加强核心筒的抗震能力;核心筒连梁的跨高比一般较小,墙的整体作用较强。因此,核心筒角部的抗震构造措施予以加强。

6.7.4 试验表明,跨高比小的连梁配置斜向交叉暗柱,可以改善其抗剪性能,但施工比较困难,本次修订,将2001规范设置交叉暗柱、交叉构造钢筋的要求,由"宜"改为"可"。

7 多层砌体房屋和底部框架砌体房屋

7.1 一般规定

7.1.1 考虑到黏土砖被限用,本章的适用范围由黏土砖砌体改为各类砖砌体,包括非黏土烧结砖、蒸压砖砌体,并增加混凝土类砖,该类砖已有产品国标。对非黏土烧结砖和蒸压砖,仍按2001规范的规定依据其抗剪强度区别对待。

对于配筋混凝土小砌块承重房屋的抗震设计,仍然在本规范的附录F中予以规定。

本次修订,明确本章的规定,原则上也可用于单层非空旷砌体房屋的抗震设计。

砌体结构房屋抗震设计的适用范围,随国家经济的发展而不断改变。89规范删去了"底部内框架砖房"的结构形式;2001规范删去了混凝土中型砌块和粉煤灰中型砌块的规定,并将"内框架砖房"限制于多排柱内框架;本次修订,考虑到"内框架砖房"已很少使用且抗震性能较低,取消了相关内容。

7.1.2 砌体房屋的高度限制,是十分敏感且深受关注的规定。基于砌体材料的脆性性质和震害经验,限

制其层数和高度是主要的抗震措施。

多层砖房的抗震能力，除依赖于横墙间距、砖和砂浆强度等级、结构的整体性和施工质量等因素外，还与房屋的总高度有直接的联系。

历次地震的宏观调查资料说明：二、三层砖房在不同烈度区的震害，比四、五层的震害轻得多，六层及六层以上的砖房在地震时震害明显加重。海城和唐山地震中，相邻的砖房，四、五层的比二、三层的破坏严重，倒塌的百分比亦高得多。

国外在地震区对砖结构房屋的高度限制较严。不少国家在7度及以上地震区不允许采用无筋砖结构，前苏联等国对配筋和无筋砖结构的高度和层数作了相应的限制。结合我国具体情况，砌体房屋的高度限制是指设置了构造柱的房屋高度。

多层砌块房屋的总高度限制，主要是依据计算分析、部分震害调查和足尺模型试验，并参照多层砖房确定的。

2008局部修订时，补充了属于乙类的多层砌体结构房屋按当地设防烈度查表7.1.2的高度和层数控制要求。本条在2008年局部修订基础上作下列变动：

1 偏于安全，6度的普通砖砌体房屋的高度和层数适当降低。

2 明确补充规定了7度（0.15g）和8度（0.30g）的高度和层数限值。

3 底部框架-抗震墙砌体房屋，不允许用于乙类建筑和8度（0.3g）的丙类建筑。表7.1.2中底部框架-抗震墙砌体房屋的最小砌体墙厚系指上部砌体房屋部分。

4 横墙较少的房屋，按规定的措施加强后，总层数和总高度不变的适用范围，比2001规范有所调整：扩大到丙类建筑；根据横墙较少砖砌体房屋的试设计结果，当砖墙厚度为240mm时，7度（0.1g和0.15g）纵横墙计算承载力基本满足；8度（0.2g）六层时纵墙承载力大多不能满足，五层时部分纵墙承载力不满足；8度（0.3g）五层时纵横墙承载力均不能满足要求。故本次修订，规定仅6、7度时允许总层数和总高度不降低。

5 补充了横墙很少的多层砌体房屋的定义。对各层横墙很少的多层砌体房屋，其总层数应比横墙较少时再减少一层，由于层高的限值，总高度也有所降低。

需要注意：

表7.1.2的注2表明，房屋高度按有效数字控制。当室内外高差不大于0.6m时，房屋总高度限值按表中数据的有效数字控制，则意味着可比表中数据增加0.4m；当室内外高差大于0.6m时，虽然房屋总高度允许比表中的数据增加不多于1.0m，实际上其增加量只能少于0.4m。

坡屋面阁楼层一般仍需计入房屋总高度和层数；

但属于本规范第5.2.4条规定的出屋面小建筑范围时，不计入层数和高度的控制范围。斜屋面下的"小建筑"通常按实际有效使用面积或重力荷载代表值小于顶层30%控制。

对于半地下室和全地下室的嵌固条件，仍与2001规范相同。

7.1.3 本条在2008局部修订中作了修改，以适应教学楼等需要层高3.9m的使用要求。约束砌体，大体上指间距接近层高的构造柱与圈梁组成的砌体、同时拉结网片符合相应的构造要求，可参见本规范第7.3.14、7.5.4、7.5.5条等。

对于采用约束砌体抗震墙的底框房屋，根据试设计结果，底层的层高也比2001规范有所减少。

7.1.4 若砌体房屋考虑整体弯曲进行验算，目前的方法即使在7度时，超过三层就不满足要求，与大量的地震宏观调查结果不符。实际上，多层砌体房屋一般可以不做整体弯曲验算，但为了保证房屋的稳定性，限制了其宽高比。

7.1.5 多层砌体房屋的横向地震力主要由横墙承担，地震中横墙间距大小对房屋倒塌影响很大，不仅横墙需具有足够的承载力，而且楼盖须具有传递地震力给横墙的水平刚度，本条规定是为了满足楼盖对传递水平地震力所需的刚度要求。

对于多层砖房，历来均沿用78规范的规定；对砌块房屋则参照多层砖房给出，且不宜采用木楼、屋盖。

纵墙承重的房屋，横墙间距同样应满足本条规定。

地震中，横墙间距大小对房屋倒塌影响很大，本次修订，考虑到原规定的抗震横墙最大间距在实际工程中一般也不需要这么大，故减小（2～3）m。

鉴于基本不采用木楼盖，将"木楼、屋盖"改为"木屋盖"。

多层砌体房屋顶层的横墙最大间距，在采用钢筋混凝土屋盖时允许适当放宽，大致指大房间平面长宽比不大于2.5，最大抗震横墙间距不超过表7.1.5中数值的1.4倍及18m。此时，抗震横墙除应满足抗震承载力计算要求外，相应的构造柱需要加强并至少向下延伸一层。

7.1.6 砌体房屋局部尺寸的限制，在于防止因这些部位的失效，而造成整栋结构的破坏甚至倒塌，本条系根据地震区的宏观调查资料分析规定的，如采用另增设构造柱等措施，可适当放宽。本次修订进一步明确了尺寸不足的小墙段的最小值限制。

外墙尽端指，建筑物平面凸角处（不包括外墙总长的中部局部凸折处）的外墙端头，以及建筑物平面凹角处（不包括外墙总长的中部局部凹折处）未与内墙相连的外墙端头。

7.1.7 本条对多层砌体房屋的建筑布置和结构体系

作了较详细的规定，是对本规范第3章关于建筑结构规则布置的补充。

根据历次地震调查统计，纵墙承重的结构布置方案，因横向支承较少，纵墙较易受弯曲破坏而导致倒塌，为此，要优先采用横墙承重的结构布置方案。

纵横墙均匀对称布置，可使各墙垛受力基本相同，避免薄弱部位的破坏。

震害调查表明，不设防震缝造成的房屋破坏，一般多只是局部的，在7度和8度地区，一些平面较复杂的一、二层房屋，其震害与平面规则的同类房屋相比，并无明显的差别，同时，考虑到设置防震缝所耗的投资较多，所以89规范以来，对设置防震缝的要求比78规范有所放宽。

楼梯间墙体缺少各层楼板的侧向支承，有时还因为楼梯踏步削弱楼梯间的墙体，尤其是楼梯间顶层，墙体有一层半楼层的高度，震害加重。因此，在建筑布置时尽量不设尽端，或对尽端开间采取专门的加强措施。

本次修订，除按2008年局部修订外，有关烟道、预制挑檐板移入第13章。对建筑结构体系的规则性增加了下列要求：

1 为保证房屋纵向的抗震能力，并根据本规范第3.5.3条两个主轴方向振动特性不宜相差过大的要求，规定多层砌体的纵横向墙体数量不宜相差过大，在房屋宽度的中部（约1/3宽度范围）应有内纵墙，且多道内纵墙开洞后累计长度不宜小于房屋纵向长度的60%。"宜"表示，当房屋层数很少时，还可比60%适当放宽。

2 避免采用混凝土墙与砌体墙混合承重的体系，防止不同材料性能的墙体被各个击破。

3 房屋转角处不应设窗，避免局部破坏严重。

4 根据汶川地震的经验，外纵墙体开洞率不应过大，宜按55%左右控制。

5 明确砌体结构的楼板外轮廓、开大洞、较大错层等不规则的划分，以及设计要求。考虑到砌体墙的抗震性能不及混凝土墙，相应的不规则界限比混凝土结构有所加严。

6 本条规定同一轴线（直线或弧线）上的窗间墙宽度宜均匀，包括与同一直线或弧线上墙段平行错位净距离不超过2倍墙厚的墙段上的窗间墙（此时错位处两墙段之间连接墙的厚度不应小于外墙厚度），在满足本规范第7.1.6条的局部尺寸要求的情况下，墙体的立面开洞率亦应进行控制。

7.1.8 本次修订，将2001规范"基本对齐"明确为"除楼梯间附近的个别墙段外"，并明确上部砌体侧向刚度应计入构造柱影响的要求。

底层采用砌体抗震墙的情况，仅允许用于6度设防时，且明确应采用约束砌体加强，但不应采用约束多孔砖砌体，有关的构造要求见本章第7.5节；6、7

度时，也允许采用配筋小砌块墙体。还需注意，砌体抗震墙应对称布置，避免或减少扭转效应，不作为抗震墙的砌体墙，应按填充墙处理，施工时后砌。

底部抗震墙的基础，不限定具体的基础形式，明确为"整体性好的基础"。

7.1.9 底部框架-抗震墙房屋的钢筋混凝土结构部分，其抗震要求原则上均应符合本规范第6章的要求，抗震等级与钢筋混凝土结构的框支层相当。但考虑到底部框架-抗震墙房屋高度较低，底部的钢筋混凝土抗震墙应按低矮墙或开竖缝设计，构造上有所区别。

7.2 计 算 要 点

7.2.1 砌体房屋层数不多，刚度沿高度分布一般比较均匀，并以剪切变形为主，因此可采用底部剪力法计算。底部框架-抗震墙房屋属于竖向不规则结构，层数不多，仍可采用底部剪力法简化计算，但应考虑一系列的地震作用效应调整，使之较符合实际。

自承重墙体（如横墙承重方案中的纵墙等），如按常规方法进行抗震验算，往往比承重墙还要厚，但抗震安全性的要求可以考虑降低，为此，利用γ_{RE}适当调整。

7.2.2 根据一般的设计经验，抗震验算时，只需对纵、横向的不利墙段进行截面验算，不利墙段为：①承担地震作用较大的；②竖向压应力较小的；③局部截面较小的墙段。

7.2.3 在楼层各墙段间进行地震剪力的分配和截面验算时，根据层间墙段的不同高宽比（一般墙段和门窗洞边的小墙段，高宽比按本条"注"的方法分别计算），分别按剪切或弯剪变形同时考虑，较符合实际情况。

砌体的墙段按门窗洞口划分、小开口墙等效刚度的计算方法等内容同2001规范。

本次修订明确，关于开洞率的定义及适用范围，系参照原行业标准《设置钢筋混凝土构造柱多层砖房抗震技术规程》JGJ/T 13的相关内容得到的，该表仅适用于带构造柱的小开口墙段。当本层门窗过梁及以上墙体的合计高度小于层高的20%时，洞口两侧应分为不同的墙段。

7.2.4、7.2.5 底部框架-抗震墙砌体房屋是我国现阶段经济条件下特有的一种结构。强烈地震的震害表明，这类房屋设计不合理时，其底部可能发生变形集中，出现较大的侧移而破坏，甚至坍塌。近十多年来，各地进行了许多试验研究和分析计算，对这类结构有进一步的认识。但总体上仍保持谨慎的态度。其抗震计算上需注意：

1 继续保持2001规范对底层框架-抗震墙砌体房屋地震作用效应调整的要求。按第二层与底层侧移刚度的比例相应地增大底层的地震剪力，比例越大，增加越多，以减少底层的薄弱程度。通常，增大系数可依据刚度比用线性插值法近似确定。

底层框架-抗震墙砌体房屋，二层以上全部为砌体墙承重结构，仅底层为框架-抗震墙结构，水平地震剪力要根据对应的单层的框架-抗震墙结构中各构件的侧移刚度比例，并考虑塑性内力重分布来分配。

作用于房屋二层以上的各楼层水平地震力对底层引起的倾覆力矩，将使底层抗震墙产生附加弯矩，并使底层框架柱产生附加轴力。倾覆力矩引起构件变形的性质与水平剪力不同，本次修订，考虑实际运算的可操作性，近似地将倾覆力矩在底层框架和抗震墙之间按它们的有效侧移刚度比例分配。需注意，框架部分的倾覆力矩近似按有效侧向刚度分配计算，所承担的倾覆力矩略偏少。

2 底部两层框架-抗震墙砌体房屋的地震作用效应调整原则，同底层框架-抗震墙砌体房屋。

3 该类房屋底部托墙梁在抗震设计中的组合弯矩计算方法：

考虑到大震时墙体严重开裂，托墙梁与非抗震的墙梁受力状态有所差异，当按静力的方法考虑两端框架柱落地的托梁与上部墙体组合作用时，若计算系数不变会导致不安全，应调整计算参数。作为简化计算，偏于安全，在托墙梁上部各层墙体不开洞和跨中1/3范围内开一个洞口的情况，也可采用折减荷载的方法：托墙梁弯矩计算时，由重力荷载代表值产生的弯矩，四层以下全部计入组合，四层以上可有所折减，取不小于四层的数值计入组合；对托墙梁剪力计算时，由重力荷载产生的剪力不折减。

4 本次修订，增加考虑楼盖平面内变形影响的要求。

7.2.6 砌体材料抗震强度设计值的计算，继续保持89规范的规定：

地震作用下砌体材料的强度指标，因不同于静力，宜单独给出。其中砖砌体强度是按震害调查资料综合估算并参照部分试验给出的，砌块砌体强度则依据试验。为了方便，当前仍继续沿用静力指标。但是，强度设计值和标准值的关系则是针对抗震设计的特点按《统一标准》可靠度分析得到的，并采用调整静强度设计值的形式。

关于砌体结构抗剪承载力的计算，有两种半理论半经验的方法——主拉和剪摩。在砂浆等级＞M2.5且在$1<\sigma_0/f_v\leqslant4$时，两种方法结果相近。本规范采用正应力影响系数的形式，将两种方法用同样的表达方式给出。

对砖砌体，此系数与89规范相同，继续沿用78规范的方法，采用在震害统计基础上的主拉公式得到，以保持规范的延续性：

$$\zeta_N = \frac{1}{1.2}\sqrt{1+0.45\sigma_0/f_v} \qquad (5)$$

对于混凝土小砌块砌体，其f_v较低，σ_0/f_v相对较大，两种方法差异也大，震害经验又较少，根据试验资料，正应力影响系数由剪摩公式得到：

$$\zeta_N = 1+0.23\sigma_0/f_v \qquad (\sigma_0/f_v\leqslant6.5) \qquad (6)$$

$$\zeta_N = 1.52+0.15\sigma_0/f_v \qquad (6.5<\sigma_0/f_v\leqslant16) \quad (7)$$

本次修订，根据砌体规范f_v取值的变化，对表内数据作了调整，使f_{vE}与σ_0的函数关系基本不变。根据有关试验资料，当$\sigma_0/f_v\geqslant16$时，小砌块砌体的正应力影响系数如仍按剪摩公式线性增加，则其值偏高，偏于不安全。因此当σ_0/f_v大于16时，小砌块砌体的正应力影响系数都按$\sigma_0/f_v=16$时取3.92。

7.2.7 继续沿用了2001规范关于设置构造柱墙段抗震承载力验算方法：

一般情况下，构造柱仍不以显式计入受剪承载力计算中，抗震承载力验算的公式与89规范完全相同。

当构造柱的截面和配筋满足一定要求后，必要时可采用显式计入墙段中部位置处构造柱对抗震承载力的提高作用。有关构造柱规程、地方规程和有关的资料，对计入构造柱承载力的计算方法有三种：其一，换算截面法，根据混凝土和砌体的弹性模量比折算，刚度和承载力均按同一比例换算，并忽略钢筋的作用；其二，并联叠加法，构造柱和砌体分别计算刚度和承载力，再将二者相加，构造柱的受剪承载力分别考虑了混凝土和钢筋的承载力，砌体的受剪承载力还考虑了小间距构造柱的约束提高作用；其三，混合法，构造柱混凝土的承载力以换算截面并入砌体截面计算受剪承载力，钢筋的作用单独计算后再叠加。在三种方法中，对承载力抗震调整系数γ_{RE}的取值各有不同。由于不同的方法均根据试验成果引入不同的经验修正系数，使计算结果彼此相差不大，但计算基本假定和概念在理论上不够理想。

收集了国内许多单位所进行的一系列两端设置、中间设置1～3根构造柱及开洞砖墙体，并有不同截面、不同配筋、不同材料强度的试验成果，通过累计百余个试验结果的统计分析，结合混凝土构件剪切计算方法，提出了抗震承载力简化计算公式。此简化公式的主要特点是：

（1）墙段两端的构造柱对承载力的影响，仍按89规范仅采用承载力抗震调整系数γ_{RE}反映其约束作用，忽略构造柱对墙段刚度的影响，仍按门窗洞口划分墙段，使之与现行国家标准的方法有延续性。

（2）引入中部构造柱参与工作系数及构造柱对墙体的约束修正系数，本次修订时该系数取1.1时的构造柱间距由2001规范的不大于2.8m调整为3.0m，以和7.3.14条的构造措施相对应。

（3）构造柱的承载力分别考虑了混凝土和钢筋的抗剪作用，但不能随意加大混凝土的截面和钢筋的用量。

（4）该公式是简化方法，计算的结果与试验结果相比偏于保守，供必要时利用。

横墙较少房屋及外纵墙的墙段计入其中部构造柱参与工作，抗震承载力可有所提高。

砖砌体横向配筋的抗剪验算公式是根据试验资料得到的。钢筋的效应系数随墙段高宽比在 0.07～0.15 之间变化，水平配筋的适用范围是 0.07%～0.17%。

本次修订，增加了同时考虑水平钢筋和中部构造柱对墙体受剪承载力贡献的简化计算方法。

7.2.8 混凝土小砌块的验算公式，系根据混凝土小砌块技术规程的基础资料，无芯柱时取 $\gamma_{RE} = 1.0$ 和 $\zeta_c = 0.0$，有芯柱时取 $\gamma_{RE} = 0.9$，按《统一标准》的原则要求分析得到的。

2001 规范修订时进行了同时设置芯柱和构造柱的墙片试验。结果发现，只要把式（7.2.8）的芯柱截面（120mm×120mm）用构造柱截面（如 180mm×240mm）替代，芯柱钢筋截面（如 1φ12）用构造柱钢筋（如 4φ12）替代，则计算结果与试验结果基本一致。于是，2001 规范对式（7.2.8）的适用范围作了调整，也适用于同时设置芯柱和构造柱的情况。

7.2.9 底层框架-抗震墙房屋中采用砖砌体作为抗震墙时，砖墙和框架成为组合的抗侧力构件，直接引用89 规范在试验和震害调查基础上提出的抗侧力砖填充墙的承载力计算方法。由砖抗震墙-周边框架所承担的地震作用，将通过周边框架向下传递，故底层砖抗震墙周边的框架柱还需考虑砖墙的附加轴向力和附加剪力。

本次修订，比 2001 版增加了底框房屋采用混凝土小砌块的约束砌体抗震墙承载力验算的内容。这类由混凝土边框与约束砌体墙组成的抗震构件，在满足上下层刚度比 2.5 的前提下，数量较少而需承担全楼层 100% 的地震剪力（6 度时约为全楼总重力的 4%）。因此，虽然仅适用于 6 度设防，为判断其安全性，仍应进行抗震验算。

7.3　多层砖砌体房屋抗震构造措施

7.3.1、7.3.2 钢筋混凝土构造柱在多层砖砌体结构中的应用，根据历次大地震的经验和大量试验研究，得到了比较一致的结论，即：①构造柱能够提高砌体的受剪承载力 10%～30% 左右，提高幅度与墙体高宽比、竖向压力和开洞情况有关；②构造柱主要是对砌体起约束作用，使之有较高的变形能力；③构造柱应当设置在震害较重、连接构造比较薄弱和易于应力集中的部位。

本次修订继续保持 2001 规范的规定，根据房屋的用途、结构部位、烈度和承担地震作用的大小来设置构造柱。当房屋高度接近本规范表 7.1.2 的总高度

和层数限值时，纵、横墙中构造柱间距的要求不变。对较长的纵、横墙需有构造柱来加强墙体的约束和抗倒塌能力。

由于钢筋混凝土构造柱的作用主要在于对墙体的约束，构造上截面不必很大，但需与各层纵横墙的圈梁或现浇楼板连接，才能发挥约束作用。

为保证钢筋混凝土构造柱的施工质量，构造柱须有外露面。一般利用马牙槎外露即可。

当 6、7 度房屋的层数少于本规范表 7.2.1 规定时，如 6 度二、三层和 7 度二层且横墙较多的丙类房屋，只要合理设计、施工质量好，在地震时可到达预期的设防目标，本规范对其构造柱设置未作强制性要求。注意到构造柱有利于提高砌体房屋抗地震倒塌能力，这些低层、小规模且设防烈度低的房屋，可根据具体条件和可能适当设置构造柱。

2008 年局部修订时，增加了不规则平面的外墙对应转角（凸角）处设置构造柱的要求；楼梯斜段上下端对应墙体处增加四根构造柱，与在楼梯间四角设置的构造柱合计有八根构造柱，再与本规范 7.3.8 条规定的楼层半高的钢筋混凝土带等可组成应急疏散安全岛。

本次修订，在 2008 年局部修订的基础上作下列修改：

① 文字修改，明确适用于各类砖砌体，包括蒸压砖、烧结砖和混凝土砖。

② 对横墙很少的多层砌体房屋，明确按增加二层的层数设置构造柱。

③ 调整了 6 度设防时 7 层砖房的构造柱设置要求。

④ 提高了隔 15m 内横墙与外纵墙交接处设置构造柱的要求，调整至 12m；同时增加了楼梯间对应的另一侧内横墙与外纵墙交接处设置构造柱的要求。间隔 12m 和楼梯间相对的内外墙交接处的要求二者取一。

⑤ 增加了较大洞口的说明。对于内外墙交接处的外墙小墙段，其两端存在较大洞口时，在内外墙交接处按规定设置构造柱，考虑到施工时难以在一个不大的墙段内设置三根构造柱，墙段两端可不再设置构造柱，但小墙段的墙体需要加强，如拉结钢筋网片通长设置，间距加密。

⑥ 原规定拉结筋每边伸入墙内不小于 1m，构造柱间距 4m，中间只剩下 2m 无拉结筋。为加强下部楼层墙体的抗震性能，本次修订将下部楼层构造柱间的拉结筋贯通，拉结筋与 φ4 钢筋在平面内点焊组成拉结网片，提高抗倒塌能力。

7.3.3、7.3.4 圈梁能增强房屋的整体性，提高房屋的抗震能力，是抗震的有效措施，本次修订，提高了对楼层内横墙圈梁间距的要求，以增强房屋的整体性能。

74、78规范根据震害调查结果，明确现浇钢筋混凝土楼盖不需要设置圈梁。89规范和2001规范均规定，现浇或装配整体式钢筋混凝土楼、屋盖与墙体有可靠连接的房屋，允许不另设圈梁，但为加强砌体房屋的整体性，楼板沿抗震墙体周边均应加强配筋并应与相应的构造柱钢筋可靠连接。

圈梁的截面和配筋等构造要求，与2001规范保持一致。

7.3.5、7.3.6 砌体房屋楼、屋盖的抗震构造要求，包括楼板搁置长度，楼板与圈梁、墙体的拉结，屋架（梁）与墙、柱的锚固、拉结等等，是保证楼、屋盖与墙体整体性的重要措施。

本次修订，在2008年局部修订的基础上，提高了6～8度时预制板相互拉结的要求，同时取消了独立砖柱的做法。在装配式楼板伸入墙（梁）内长度的规定中，明确了硬架支模的做法（硬架支模的施工方法是：先架设梁或圈梁的模板，再将预制楼板支承在具有一定刚度的硬支架上，然后浇筑梁或圈梁、现浇叠合层等的混凝土）。

组合砌体的定义见砌体设计规范。

7.3.7 由于砌体材料的特性，较大的房间在地震中会加重破坏程度，需要局部加强墙体的连接构造要求。本次修订，将拉结筋的长度改为通长，并明确为拉结网片。

7.3.8 历次地震震害表明，楼梯间由于比较空旷常常破坏严重，必须采取一系列有效措施。本条在2008年局部修订时改为强制性条文。本次修订增加8、9度时不应采用装配式楼梯段的要求。

突出屋顶的楼、电梯间，地震中受到较大的地震作用，因此在构造措施上也需要特别加强。

7.3.9 坡屋顶与平屋顶相比，震害有明显差别。硬山搁檩的做法不利于抗震，2001规范修订提高了硬山搁檩的构造要求。屋架的支撑应保证屋架的纵向稳定。出入口处要加强屋盖构件的连接和锚固，以防脱落伤人。

7.3.10 砌体结构中的过梁应采用钢筋混凝土过梁，本次修订，明确不能采用砖过梁，不论是配筋还是无筋。

7.3.11 预制的悬挑构件，特别是较大跨度时，需要加强与现浇构件的连接，以增强稳定性。本次修订，对预制阳台的限制有所加严。

7.3.12 本次修订，将2001规范第7.1.7条有关风道等非结构构件的规定移入第13章。

7.3.13 房屋的同一独立单元中，基础底面最好处于同一标高，否则易因地面运动传递到基础不同标高处而造成震害。如有困难时，则应设基础圈梁并放坡逐步过渡，不宜有高差上的过大突变。

对于软弱地基上的房屋，按本规范第3章的原则，应在外墙及所有承重墙下设置基础圈梁，以增强抵抗不均匀沉陷和加强房屋基础部分的整体性。

7.3.14 本条对应于本规范第7.1.2条第3款，2001规范规定为住宅类房屋，本次修订扩大为所有丙类建筑中横墙较少的多层砌体房屋（6、7度时）。对于横墙间距大于4.2m的房间超过楼层总面积40％且房屋总高度和层数接近本章表7.1.2规定限值的砌体房屋，其抗震设计方法大致包括以下方面：

（1）墙体的布置和开洞大小不妨碍纵横墙的整体连接的要求；

（2）楼、屋盖结构采用现浇钢筋混凝土板等加强整体性的构造要求；

（3）增设满足截面和配筋要求的钢筋混凝土构造柱并控制其间距、在房屋底层和顶层沿楼层半高处设置现浇钢筋混凝土带，并增大配筋数量，以形成约束砌体墙段的要求；

（4）按本规范7.2.7条第3款计入墙段中部钢筋混凝土构造柱的承载力。

本次修订，根据试设计结果，要求横墙较少时构造柱的间距，纵横墙均不大于3m。

7.4 多层砌块房屋抗震构造措施

7.4.1、7.4.2 为了增加混凝土小型空心砌块砌体房屋的整体性和延性，提高其抗震能力，结合空心砌块的特点，规定了在墙体的适当部位设置钢筋混凝土芯柱的构造措施。这些芯柱设置要求均比砖房构造柱设置严格，且芯柱与墙体的连接要采用钢筋网片。

芯柱伸入室外地面下500mm，地下部分为砖砌体时，可采用类似于构造柱的方法。

本次修订，按多层砖房的本规范表7.3.1的要求，增加了楼、电梯间的芯柱或构造柱的布置要求；并补充9度的设置要求。

砌块房屋墙体交接处、墙体与构造柱、芯柱的连接，均要设钢筋网片，保证连接的有效性。本次修订，将原7.4.5条有关拉结钢筋网片设置要求调整至本规范第7.4.2、7.4.3条中。要求拉结钢筋网片沿墙体水平通长设置。为加强下部楼层墙体的抗震性能，将下部楼层墙体的拉结钢筋网片沿墙高的间距加密，提高抗倒塌能力。

7.4.3 本条规定了替代芯柱的构造柱的基本要求，与砖房的构造柱规定大致相同。小砌块墙体在马牙槎部位浇灌混凝土后，需形成无插筋的芯柱。

试验表明。在墙体交接处用构造柱代替芯柱，可较大程度地提高对砌块砌体的约束能力，也为施工带来方便。

7.4.4 本次修订，小砌块房屋的圈梁设置位置的要求同砖砌体房屋，直接引用而不重复。

7.4.5 根据振动台模拟试验的结果，作为砌块房屋的层数和高度达到与普通砖房屋相同的加强措施之一，在房屋的底层和顶层，沿楼层半高处增设一道通长的现浇钢筋混凝土带，以增强结构抗震的整体性。

本次修订，补充了可采用槽形砌块作为模板的做法，便于施工。

7.4.6 本条为新增条文。与多层砖砌体横墙较少的房屋一样，当房屋高度和层数接近或达到本规范表7.1.2的规定限值，丙类建筑中横墙较少的多层小砌块房屋应满足本章第7.3.14条的相关要求。本条对墙体中部替代增设构造柱的芯柱给出了具体规定。

7.4.7 砌块砌体房屋楼盖、屋盖、楼梯间、门窗过梁和基础等的抗震构造要求，则基本上与多层砖房相同。其中，墙体的拉结构造，沿墙体竖向间距按砌块模数修改。

7.5 底部框架-抗震墙砌体房屋抗震构造措施

7.5.1 总体上看，底部框架-抗震墙砌体房屋比多层砌体房屋抗震性能稍弱，因此构造柱的设置要求更严格。本次修订，增加了上部为混凝土小砌块砌体墙的相关要求。上部小砌块墙体内代替芯柱的构造柱，考虑到模数的原因，构造柱截面不再加大。

7.5.2 本条为新增条文。过渡层即与底部框架-抗震墙相邻的上一砌体楼层，其在地震时破坏较重，因此，本次修订将关于过渡层的要求集中在一条内叙述并予以特别加强。

1 增加了过渡层墙体为混凝土小砌块砌体墙时芯柱设置及插筋的要求。

2 加强了过渡层构造柱或芯柱的设置间距要求。

3 过渡层构造柱纵向钢筋配置的最小要求，增加了6度时的加强要求，8度时考虑到构造柱纵筋根数与其截面的匹配性，统一取为4根。

4 增加了过渡层墙体在窗台标高处设置通长水平现浇钢筋混凝土带的要求；加强了墙体与构造柱或芯柱拉结措施。

5 过渡层墙体开洞较大时，要求在洞口两侧增设构造柱或单孔芯柱。

6 对于底部次梁转换的情况，过渡层墙体应另外采取加强措施。

7.5.3 底框房屋中的钢筋混凝土抗震墙，是底部的主要抗侧力构件，而且往往为低矮抗震墙。对其构造上提出了更为严格的要求，以加强抗震能力。

由于底框中的混凝土抗震墙为带边框的抗震墙且总高度不超过二层，其边缘构件只需要满足构造边缘构件的要求。

7.5.4 对6度底层采用砌体抗震墙的底框房屋，补充了约束砖砌体抗震墙的构造要求，切实加强砖抗震墙的抗震能力，并在使用中不致随意拆除更换。

7.5.5 本条是新增的，主要适用于6度设防时上部为小砌块墙体的底层框架-抗震墙砌体房屋。

7.5.6 本条是新增的。规定底框房屋的框架柱不同于一般框架-抗震结构中的框架柱的要求，大体上接近框支柱的有关要求。柱的轴压比、纵向钢筋和箍筋要求，参照本规范第6章对框架结构柱的要求，同时箍筋全高加密。

7.5.7 底部框架-抗震墙房屋的底部与上部各层的抗侧力结构体系不同，为使楼盖具有传递水平地震力的刚度，要求过渡层的底板为现浇钢筋混凝土板。

底部框架-抗震墙砌体房屋上部各层对楼盖的要求，同多层砖房。

7.5.8 底部框架的托墙梁是极其重要的受力构件，根据有关试验资料和工程经验，对其构造作了较多的规定。

7.5.9 针对底框房屋在结构上的特殊性，提出了有别于一般多层房屋的材料强度等级要求。本次修订，提高了过渡层砌筑砂浆强度等级的要求。

附录 F　配筋混凝土小型空心砌块
抗震墙房屋抗震设计要求

F.1　一般规定

F.1.1 国内外有关试验研究结果表明，配筋混凝土小砌块抗震墙的最小分布钢筋仅为混凝土抗震墙的一半，但承载力明显高于普通砌体，而竖向和水平灰缝使其具有较大的耗能能力，结构的设计计算方法与钢筋混凝土抗震墙结构基本相似。从安全、经济诸方面综合考虑，对于满灌的配筋混凝土小砌块抗震墙房屋，本附录所适用高度可比2001规范适当增加，同时补充了7度（0.15g）、8度（0.30g）和9度的有关规定。当横墙较少时，类似多层砌体房屋，也要求其适用高度有所降低。

当经过专门研究，有可靠技术依据，采取必要的加强措施，按住房和城乡建设部的有关规定进行专项审查，房屋高度可以适当增加。

配筋混凝土小砌块房屋高宽比限制在一定范围内时，有利于房屋的稳定性，减少房屋发生整体弯曲破坏的可能性。配筋砌块砌体抗震墙拉相对不利，限制房屋高宽比，可使墙肢在多遇地震下不致出现小偏心受拉状况，本次修订对6度时的高宽比限制适当加严。根据试验研究和计算分析，当房屋的平面布置和竖向布置不规则时，会增大房屋的地震反应，应适当减小房屋高宽比以保证在地震作用下结构不会发生整体弯曲破坏。

F.1.2 配筋小砌块砌体抗震墙房屋的抗震等级是确定其抗震措施的重要设计参数，依据抗震设防分类、烈度和房屋高度等划分抗震等级。本次修订，参照现浇钢筋混凝土房屋以24m为界划分抗震等级的规定，对2001规范的规定作了调整，并增加了9度的有关规定。

F.1.3 根据本规范第3.4节的规则性要求，提出配筋混凝土小砌块房屋平面和竖向布置简单、规则、抗震墙拉通对直的要求，从结构体型的设计上保证房屋具有较好的抗震性能。

本次修订，对墙肢长度提出了具体的要求。考虑到抗震墙结构应具有延性，高宽比大于2的延性抗震墙，可避免脆性的剪切破坏，要求墙段的长度（即墙段截面高度）不宜大于8m。当墙很长时，可通过开设洞口将长墙分成长度较小、较均匀的超静定次数较高的联肢墙，洞口连梁宜采用约束弯矩较小的弱连梁（其跨高比宜大于6）。由于配筋小砌块砌体抗震墙的竖向钢筋设置在砌块孔洞内（距墙端约100mm），墙肢长度很短时很难充分发挥作用，因此设计时墙肢长度也不宜过短。

楼、屋盖平面内的变形，将影响楼层水平地震作用在各抗侧力构件之间的分配，为了保证配筋小砌块砌体抗震墙结构房屋的整体性，楼、屋盖宜采用现浇钢筋混凝土楼、屋盖，横墙间距也不应过大，使楼盖具备传递地震力给横墙所需的水平刚度。

根据试验研究结果，由于配筋小砌块砌体抗震墙存在水平灰缝和垂直灰缝，其结构整体刚度小于钢筋混凝土抗震墙，因此防震缝的宽度要大于钢筋混凝土抗震墙房屋。

F.1.4 本条是新增条文。试验研究表明，抗震墙的高度对抗震墙出平面偏心受压强度和变形有直接关系，控制层高主要是为了保证抗震墙出平面的强度、刚度和稳定性。由于小砌块墙体的厚度是190mm，当房屋的层高为3.2m～4.8m时，与现浇钢筋混凝土抗震墙的要求基本相当。

F.1.5 本条是新增条文，对配筋小砌块砌体抗震墙房屋中的短肢墙布置作了规定。虽然短肢抗震墙有利于建筑布置，能扩大使用空间，减轻结构自重，但是其抗震性能较差，因此在整个结构中应设置足够数量的一般抗震墙，形成以一般抗震墙为主、短肢抗震墙与一般抗震墙相结合共同抵抗水平力的结构体系，保证房屋的抗震能力。本条参照有关规定，对短肢抗震墙截面面积与同一层内所有抗震墙截面面积的比例作了规定。

一字形短肢抗震墙的延性及平面外稳定均相对较差，因此规定不宜布置单侧楼、屋面梁与之平面外垂直或斜交，同时要求短肢抗震墙应尽可能设置翼缘，保证短肢抗震墙具有适当的抗震能力。

F.2　计算要点

F.2.1 本条是新增条文。配筋小砌块砌体抗震墙存在水平灰缝和垂直灰缝，在地震作用下具有较好的耗能能力，而且灌孔砌体的强度和弹性模量也要低于相对应的混凝土，其变形比普通钢筋混凝土抗震墙大。根据同济大学、哈尔滨工业大学、湖南大学等有关单位的试验研究结果，综合参考了钢筋混凝土抗震墙弹性层间位移角限值，规定了配筋小砌块砌体抗震墙结

构在多遇地震作用下的弹性层间位移角限值为1/800，底层承受的剪力最大且主要是剪切变形，其弹性层间位移角限值要求相对较高，取1/1200。

F.2.2～F.2.7 配筋小砌块砌体抗震墙房屋的抗震计算分析，包括内力调整和截面应力计算方法，大多参照钢筋混凝土结构的有关规定，并针对配筋小砌块砌体结构的特点做了修改。

在配筋小砌块砌体抗震墙房屋抗震设计计算中，抗震墙底部的荷载作用效应最大，因此应根据计算分析结果，对底部截面的组合剪力设计值采用按不同抗震等级确定剪力放大系数的形式进行调整，以使房屋的最不利截面得到加强。

条文中规定配筋小砌块砌体抗震墙的截面抗剪能力限制条件，是为了规定抗震墙截面尺寸的最小值，或者说是限制了抗震墙截面的最大名义剪应力值。试验研究结果表明，抗震墙的名义剪应力过高，灌孔砌体会在早期出现斜裂缝，水平抗剪钢筋不能充分发挥作用，即使配置很多水平抗剪钢筋，也不能有效地提高抗震墙的抗剪能力。

配筋小砌块砌体抗震墙截面应力控制值，类似于混凝土抗压强度设计值，采用"灌孔小砌块砌体"的抗压强度，它不同于砌体抗压强度，也不同于混凝土抗压强度。

配筋小砌块砌体抗震墙截面受剪承载力由砌体、竖向和水平分布筋三者共同承担，为使水平分布钢筋不致过小，要求水平分布筋应承担一半以上的水平剪力。

配筋小砌块砌体由于受其块型、砌筑方法和配筋方式的影响，不适宜做跨高比较大的梁构件。而在配筋小砌块砌体抗震墙结构中，连梁是保证房屋整体性的重要构件，为了保证连梁与抗震墙节点处在弯曲屈服前不会出现剪切破坏和具有适当的刚度和承载能力，对于跨高比大于2.5的连梁宜采用受力性能更好的钢筋混凝土连梁，以确保连梁构件的"强剪弱弯"。对于跨高比小于2.5的连梁（主要指窗下墙部分），新增了允许采用配筋小砌块砌体连梁的规定。

F.3　抗震构造措施

F.3.1 灌孔混凝土是指由水泥、砂、石等主要原材料配制的大流动性细石混凝土，石子粒径控制在(5～16)mm之间，坍落度控制在（230～250）mm。过高的灌孔混凝土强度与混凝土小砌块块材的强度不匹配，由此组成的灌孔砌体的性能不能充分发挥，而且低强度的灌孔混凝土其和易性也较差，施工质量无法保证。

F.3.2 本条是新增条文。配筋小砌块砌体抗震墙是一个整体，必须全部灌孔。在配筋小砌块砌体抗震墙结构的房屋中，允许有部分墙体不灌孔，但不灌孔的墙体只能按填充墙对待并后砌。

F.3.3 本条根据有关的试验研究结果、配筋小砌块砌体的特点和试点工程的经验，并参照了国内外相应的规范等资料，规定了配筋小砌块砌体抗震墙中配筋的最低构造要求。本次修改把原条文规定改为表格形式，同时对抗震等级为一、二级的配筋要求略有提高，并新增加了 9 度的配筋率不应小于 0.2％ 的规定。

F.3.4 配筋小砌块砌体抗震墙在重力荷载代表值作用下的轴压比控制是为了保证配筋小砌块砌体在水平荷载作用下的延性和强度的发挥，同时也是为了防止墙片截面过小、配筋率过高，保证抗震墙结构延性。本次修订对一般墙、短肢墙、一字形短肢墙的轴压比限值做了区别对待；由于短肢墙和无翼缘的一字形短肢墙的抗震性能较差，因此其轴压比限值更为严格。

F.3.5 在配筋小砌块砌体抗震墙结构中，边缘构件在提高墙体承载力方面和变形能力方面的作用都非常明显，因此参照混凝土抗震墙结构边缘构件设置的要求，结合配筋小砌块砌体抗震墙的特点，规定了边缘构件的配筋要求。

配筋小砌块砌体抗震墙的水平筋放置于砌块横肋的凹槽和灰缝中，直径不小于 6mm 且不大于 8mm 比较合适。因此一级的水平筋最小直径为 $\phi 8$，二～四级为 $\phi 6$，为了适当弥补钢筋直径小的影响，抗震等级为一、二、三级时，应采用不低于 HRB335 级的热轧钢筋。

本次修订，还增加了一、二级抗震墙的底部加强部位设置约束边缘构件的要求。当房屋高度接近本附录表 F.1.1-1 的限值时，也可以采用钢筋混凝土框柱作为约束边缘构件来加强对墙体的约束，边框柱截面沿墙体方向的长度可取 400mm。在设计时还应注意，过于强大的边框柱可能会造成墙体与边框柱的受力和变形不协调，使边框柱和配筋小砌块墙体的连接处开裂，影响整片墙体的抗震性能。

F.3.6 根据配筋小砌块砌体抗震墙的施工特点，墙内的竖向钢筋布置无法绑扎搭接，钢筋的搭接长度应比普通混凝土构件的搭接长度长些。

F.3.7 本条是新增条文，规定了水平分布钢筋的锚固要求。根据国内外有关试验研究成果，砌块砌体抗震墙的水平钢筋，当采用围绕墙端竖向钢筋 180° 加 12d 延长段锚固时，施工难度较大，而一般做法可将该水平钢筋末端弯钩锚于灌孔混凝土中，弯入长度不小于 200mm，在试验中发现这样的弯折锚固长度已能保证该水平钢筋能达到屈服。因此，考虑不同的抗震等级和施工因素，分别规定相应的锚固长度。

F.3.8 本条是根据国内外试验研究成果和经验、以及配筋砌块砌体连梁的特点而制定的。

F.3.9 本次修订，进一步细化了对圈梁的构造要求。在配筋小砌块砌体抗震墙和楼、屋盖的结合处设置钢筋混凝土圈梁，可进一步增加结构的整体性，同时该

圈梁也可作为建筑竖向尺寸调整的手段。钢筋混凝土圈梁作为配筋小砌块砌体抗震墙的一部分，其强度应和灌孔小砌块砌体强度基本一致，相互匹配，其纵筋配筋量不应小于配筋小砌块砌体抗震墙水平筋的数量，其腰筋间距不应大于配筋小砌块砌体抗震墙水平筋间距，并宜适当加密。

F.3.10 对于预制板的楼盖，配筋混凝土小型空心砌块砌体抗震墙房屋与其他结构类型房屋一样，均要求楼、屋盖有足够的刚度和整体性。

8 多层和高层钢结构房屋

8.1 一 般 规 定

8.1.1 本章主要适用于民用建筑，多层工业建筑不同于民用建筑的部分，由附录 H 予以规定。用冷弯薄壁型钢作为主要承重结构的房屋，构件截面较小，自重较轻，可不执行本章的规定。

本章不适用于上层为钢结构下层为钢筋混凝土结构的混合型结构。对于混凝土核心筒-钢框架混合结构，在美国主要用于非抗震设防区，且认为不宜大于 150m。在日本，1992 年建了两幢，其高度分别为 78m 和 107m，结合这两项工程开展了一些研究，但并未推广。据报道，日本规定采用这类体系要经建筑中心评定和建设大臣批准。

我国自 20 世纪 80 年代在当时不设防的上海希尔顿酒店采用混合结构以来，应用较多，除大量应用于 7 度和 6 度地区外，也用于 8 度地区。由于这种体系主要由混凝土核心筒承担地震作用，钢框架和混凝土筒的侧向刚度差异较大，国内对其抗震性能虽有一些研究，尚不够完善。本次修订，将混凝土核心筒-钢框架结构做了一些原则性的规定，列入附录 G 第 G.2 节中。

本次修订，将框架-偏心支撑（延性墙板）单列，有利于促进它的推广应用。筒体和巨型框架以及框架-偏心支撑的适用最大高度，与国内现有建筑已达到的高度相比是保守的，需结合超限审查要求确定。AISC 抗震规程对 B、C 等级（大致相当于我国 0.10g 及以下）的结构，不要求执行规定的抗震构造措施，明显放宽。据此，对 7 度按设计基本地震加速度划分。对 8 度也按设计基本地震加速度作了划分。

8.1.2 国外 20 世纪 70 年代及以前建造的高层钢结构，高宽比较大的，如纽约世界贸易中心双塔，为 6.6，其他建筑很少超过此值。注意到美国东部的地震烈度很小，《高层民用建筑钢结构技术规程》JGJ 99 据此对高宽比作了规定。本规范考虑到市场经济发展的现实，在合理的前提下比高层钢结构规程适当放宽高宽比要求。

本次修订，按《高层民用建筑钢结构技术规程》

JGJ 99 增加了表注，规定了底部有大底盘的房屋高度的取法。

8.1.3 将 2001 规范对不同烈度、不同层数所规定的"作用效应调整系数"和"抗震构造措施"共 7 种，调整、归纳、整理为四个不同的要求，称之为抗震等级。2001 规范以 12 层为界区分改为 50m 为界。对 6 度高度不超过 50m 的钢结构，与 2001 规范相同，其"作用效应调整系数"和"抗震构造措施"可按非抗震设计执行。

不同的抗震等级，体现不同的延性要求。可借鉴国外相应的抗震规范，如欧洲 Eurocode8、美国 AISC、日本 BCJ 的高、中、低等延性要求的规定。而且，按抗震设计等能量的概念，当构件的承载力明显提高，能满足烈度高一度的地震作用的要求时，延性要求可适当降低，故允许降低其抗震等级。

甲、乙类设防的建筑结构，其抗震设防标准的确定，按现行国家标准《建筑工程抗震设防分类标准》GB 50223 的规定处理，不再重复。

8.1.5 本次修订，将 2001 规范的 12 层和烈度的划分方法改为抗震等级划分。所以本章对钢结构房屋的抗震措施，一般以抗震等级区分。凡未注明的规定，则各种高度、各种烈度的钢结构房屋均要遵守。

本次修订，补充了控制单跨框架结构适用范围的要求。

8.1.6 三、四级且高度不大于 50m 的钢结构房屋宜优先采用交叉支撑，它可按拉杆设计，较经济。若采用受压支撑，其长细比及板件宽厚比应符合有关规定。

大量研究表明，偏心支撑具有弹性阶段刚度接近中心支撑框架，弹塑性阶段的延性和消能能力接近延性框架的特点，是一种良好的抗震结构。常用的偏心支撑形式如图 19 所示。

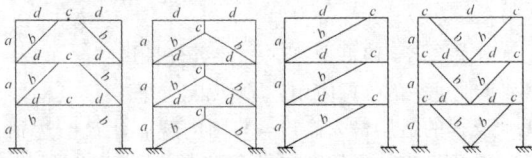

图 19　偏心支撑示意图

a—柱；*b*—支撑；*c*—消能梁段；*d*—其他梁段

偏心支撑框架的设计原则是强柱、强支撑和弱消能梁段，即在大震时消能梁段屈服形成塑性铰，且具有稳定的滞回性能，即使消能梁段进入应变硬化阶段，支撑斜杆、柱和其余梁段仍保持弹性。因此，每根斜杆只能在一端与消能梁段连接，若两端均与消能梁段相连，则可能一端的消能梁段屈服，另一端消能梁段不屈服，使偏心支撑的承载力和消能能力降低。

本次修订，考虑了设置屈曲约束支撑框架的情况。屈曲约束支撑是由芯材、约束芯材屈曲的套管

和位于芯材和套管间的无粘结材料及填充材料组成的一种支撑构件。这是一种受拉时同普通支撑而受压时承载力与受拉时相当且具有某种消能机制的支撑，采用单斜杆布置时宜成对设置。屈曲约束支撑在多遇地震下不发生屈曲，可按中心支撑设计；与 V 形、Λ 形支撑相连的框架梁可不考虑支撑屈曲引起的竖向不平衡力。此时，需要控制屈曲约束支撑轴力设计值：

$$N \leqslant 0.9 N_{ysc} / \eta_y$$

$$N_{ysc} = \eta_y f_{ay} A_1$$

式中：N——屈曲约束支撑轴力设计值；

N_{ysc}——芯板的受拉或受压屈服承载力，根据芯材约束屈服段的截面面积来计算；

A_1——约束屈服段的钢材截面面积；

f_{ay}——芯板钢材的屈服强度标准值；

η_y——芯板钢材的超强系数，Q235 取 1.25，Q195 取 1.15，低屈服点钢材（$f_{ay} < 160$）取 1.1，其实测值不应大于上述数值的 15%。

作为消能构件时，其设计参数、性能检验、计算方法的具体要求需按专门的规定执行，主要内容如下：

1 屈曲约束支撑的性能要求：

1）芯材钢材应有明显的屈服台阶，屈服强度不宜大于 235kN/mm²，伸长率不应小于 25%；

2）钢套管的弹性屈曲承载力不宜小于屈曲约束支撑极限承载力计算值的 1.2 倍；

3）屈曲约束支撑应能在 2 倍设计层间位移角的情况下，限制芯材的局部和整体屈曲。

2 屈曲约束支撑应按照同一工程中支撑的构造形式、约束屈服段材料和屈服承载力分类进行抽样试验检验，构造形式和约束屈服段材料相同且屈服承载力在 50% 至 150% 范围内的屈曲约束支撑划分为同一类别。每种类别抽样比例为 2%，且不少于一根。试验时，依次在 1/300，1/200，1/150，1/100 支撑长度的拉伸和压缩往复各 3 次变形。试验得到的滞回曲线应稳定、饱满，具有正的增量刚度，且最后一级变形第 3 次循环的承载力不低于历经最大承载力的 85%，历经最大承载力不高于屈曲约束支撑极限承载力计算值的 1.1 倍。

3 计算方法可按照位移型阻尼器的相关规定执行。

8.1.9 支撑桁架沿竖向连续布置，可使层间刚度变化较均匀。支撑桁架需延伸到地下室，不可因建筑方面的要求而在地下室移动位置。支撑在地下室是否改为混凝土抗震墙形式，与是否设置钢骨混凝土结构层有关，设置钢骨混凝土结构层时采用混凝土墙较协

调。该抗震墙是否由钢支撑外包混凝土构成还是采用混凝土墙，由设计确定。

日本在高层钢结构的下部（地下室）设钢骨混凝土结构层，目的是使内力传递平稳，保证柱脚的嵌固性，增加建筑底部刚性、整体性和抗倾覆稳定性；而美国无此要求。本规范对此不作规定。

多层钢结构与高层钢结构不同，根据工程情况可设置或不设置地下室。当设置地下室时，房屋一般较高，钢框架柱宜伸至地下一层。

钢结构的基础埋置深度，参照高层混凝土结构的规定和上海的工程经验确定。

8.2 计 算 要 点

8.2.1 钢结构构件按地震组合内力设计值进行抗震验算时，钢材的各种强度设计值需除以本规范规定的承载力抗震调整系数 γ_{RE}，以体现钢材动静强度和抗震设计与非抗震设计可靠指标的不同。国外采用许用应力设计的规范中，考虑地震组合时钢材的强度通常规定提高 1/3 或 30%，与本规范 γ_{RE} 的作用类似。

8.2.2 2001规范的钢结构阻尼比偏严，本次修订依据试验结果适当放宽。采用屈曲约束支撑的钢结构，阻尼比按本规范第 12 章消能减震结构的规定采用。

采用该阻尼比后，地震影响系数均按本规范第 5 章的规定采用。

8.2.3 本条规定了钢结构内力和变形分析的一些原则要求。

1 钢结构考虑二阶效应的计算，《钢结构设计规范》GB 50017－2003 第 3.2.8 条的规定，应计入构件初始缺陷（初倾斜、初弯曲、残余应力等）对内力的影响，其影响程度可通过在框架每层柱顶作用有附加的假想水平力来体现。

2 对工字形截面柱，美国 NEHRP 抗震设计手册（第二版）2000 年节点域考虑剪切变形的方法如下，可供参考：

考虑节点域剪切变形对层间位移角的影响，可近似将所得层间位移角与由节点域在相应楼层设计弯矩下的剪切变形角平均值相加求得。节点域剪切变形角的楼层平均值可按下式计算。

$$\Delta\gamma_i = \frac{1}{n}\sum\frac{M_{j,i}}{GV_{pe,ji}}, \quad (j=1,2,\cdots n)$$

式中：$\Delta\gamma_i$ —— 第 i 层钢框架在所考虑的受弯平面内节点域剪切变形引起的变形角平均值；

$M_{j,i}$ —— 第 i 层框架的第 j 个节点域在所考虑的受弯平面内的不平衡弯矩，由框架分析得出，即 $M_{ji}=M_{b1}+M_{b2}$；

$V_{pe,ji}$ —— 第 i 层框架的第 j 个节点域的有效体积；

M_{b1}、M_{b2} —— 分别为受弯平面内第 i 层第 j 个节点域左、右梁端同方向地震作用组合下的弯矩设计值。

对箱形截面柱节点域变形较小，其对框架位移的影响可略去不计。

3 本款修订依据多道防线的概念设计，框架-支撑体系中，支撑框架是第一道防线，在强烈地震中支撑先屈服，内力重分布使框架部分承担的地震剪力必需增大，二者之和应大于弹性计算的总剪力；如果调整的结果框架部分承担的地震剪力不适当增大，则不是"双重体系"而是按刚度分配的结构体系。美国 IBC 规范中，这两种体系的延性折减系数是不同的，适用高度也不同。日本在钢支撑-框架结构设计中，去掉支撑的纯框架按总剪力的 40% 设计，远大于 25% 总剪力。这一规定体现了多道设防的原则，抗震分析时可通过框架部分的楼层剪力调整系数来实现，也可采用删去支撑框架进行计算来实现。

4 为使偏心支撑框架仅在耗能梁段屈服，支撑斜杆、柱和非耗能梁段的内力设计值应根据耗能梁段屈服时的内力确定并考虑耗能梁段的实际有效超强系数，再根据各构件的承载力抗震调整系数，确定斜杆、柱和非耗能梁段保持弹性所需的承载力。2005 AISC 抗震规程规定，位于消能梁段同一跨的框架梁和框架柱的内力设计值增大系数不小于 1.1，支撑斜杆的内力增大系数不小于 1.25。据此，对 2001 规范的规定适当调整，梁和柱由原来的 8 度不小于 1.5 和 9 度不小于 1.6 调整为二级不小于 1.2 和一级不小于 1.3，支撑斜杆由原来的 8 度不小于 1.4 和 9 度不小于 1.5 调整为二级不小于 1.3 和一级不小于 1.4。

8.2.5 本条是实现"强柱弱梁"抗震概念设计的基本要求。

1 轴压比较小时可不验算强柱弱梁。条文所要求的是按 2 倍的小震地震作用的地震组合得出的内力设计值，而不是取小震地震组合轴向力的 2 倍。

参考美国规定增加了梁端塑性铰外移的强柱弱梁验算公式。骨形连接（RBS）连接的塑性铰至柱面距离，参考 FEMA350 的规定，取 $(0.5\sim0.75)b_f + (0.65\sim0.85)h_b/2$（其中，$b_f$ 和 h_b 分别为梁翼缘宽度和梁截面高度）；梁端扩大型和加盖板的连接按日本规定，取净跨的 1/10 和梁高二者的较大值。强柱系数建议以 7 度（0.10g）作为低烈度区分界，大致相当于 AISC 的等级 C，按 AISC 抗震规程，等级 B、C 是低烈度区，可不执行该标准规定的抗震构造措施。强柱系数实际上已隐含系数 1.15。本次修订，只是将强柱系数，按抗震等级作了相应的划分，基本维持了 2001 规范的数值。

2 关于节点域。日本规定节点板域尺寸自梁柱翼缘中心线算起，AISC 的节点域稳定公式规定自翼缘内侧算起。本次修订，拟取自翼缘中心线算起。

美国节点板域稳定公式为高度和宽度之和除以 90，历次修订此式未变；我国同济大学和哈尔滨工业大学做过试验，结果都是 1/70，考虑到试件板厚有一定限制，过去对高层用 1/90，对多层用 1/70。板的初始缺陷对平面内稳定影响较大，特别是板厚有限时，一次试验也难以得出可靠结果。考虑到该式一般不控制，本次修订拟统一采用美国的参数 1/90。

研究表明，节点域既不能太厚，也不能太薄，太厚了使节点域不能发挥其耗能作用，太薄了将使框架侧向位移太大，规范使用折减系数来设计。取 0.7 是参考日本研究结果采用。《高层民用建筑钢结构技术规程》JGJ 99-98 规定在 7 度时改用 0.6，是考虑到我国 7 度地区较大，可减少节点域加厚。日本第一阶段设计相当于我国 8 度；考虑 7 度可适当降低要求，所以按抗震等级划分拟就了系数。

当两侧梁不等高时，节点域剪应力计算公式可参阅《钢结构设计规范》管理组编著的《钢结构设计计算示例》p582 页，中国计划出版社，2007 年 3 月。

8.2.6 本条规定了支撑框架的验算。

1 考虑循环荷载时的强度降低系数，是高钢规编制时陈绍蕃教授提出的。考虑中心支撑长细比限值改动较大，拟保留此系数。

2 当人字支撑的腹杆在大震下受压屈曲后，其承载力将下降，导致横梁在支撑处出现向下的不平衡集中力，可能引起横梁破坏和楼板下陷，并在横梁两端出现塑性铰；此不平衡集中力取受拉支撑的竖向分量减去受压支撑屈曲压力竖向分量的 30%。V 形支撑情况类似，仅当斜杆失稳时楼板不是下陷而是向上隆起，不平衡力与前种情况相反。设计单位反映，考虑不平衡力后梁截面过大。条文中的建议是 AISC 抗震规程中针对此情况提出的，具有实用性，参见图 20。

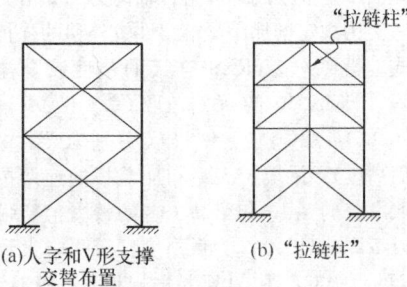

(a)人字和V形支撑交替布置　　(b)"拉链柱"

图 20　人字支撑的布置

8.2.7 偏心支撑框架的设计计算，主要参考 AISC 于 1997 年颁布的《钢结构房屋抗震规程》并根据我国情况作了适当调整。

当消能梁段的轴力设计值不超过 0.15Af 时，按 AISC 规定，忽略轴力影响，消能梁段的受剪承载力取腹板屈服时的剪力和梁段两端形成塑性铰时的剪力两者的较小值。本规范根据我国钢结构设计规范关于钢材拉、压、弯强度设计值与屈服强度的关系，取承载力抗震调整系数为 1.0，计算结果与 AISC 相当；当轴力设计值超过 0.15Af 时，则降低梁段的受剪承载力，以保证该梁段具有稳定的滞回性能。

为使支撑斜杆能承受消能梁段的梁端弯矩，支撑与梁段的连接应设计成刚接（图 21）。

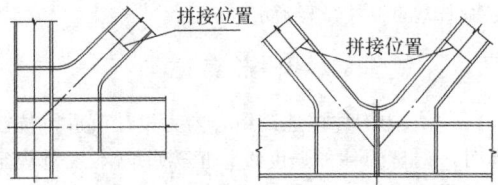

图 21　支撑端部刚接构造示意图

8.2.8 构件的连接，需符合强连接弱构件的原则。

1 需要对连接作二阶段设计。第一阶段，要求按构件承载力而不是设计内力进行连接计算，是考虑设计内力较小时将导致连接件型号和数量偏少，或焊缝的有效截面尺寸偏小，给第二阶段连接（极限承载力）设计带来困难。另外，高强度螺栓滑移对钢结构连接的弹性设计是不允许的。

2 框架梁一般为弯矩控制，剪力控制的情况很少，其设计剪力应采用与梁屈服弯矩相应的剪力，2001 规范规定采用腹板全截面屈服时的剪力，过于保守。另一方面，2001 规范用 1.3 代替 1.2 考虑竖向荷载往往偏小，故作了相应修改。采用系数 1.2，是考虑梁腹板的塑性变形小于翼缘的变形要求较多，当梁截面受剪力控制时，该系数宜适当加大。

3 钢结构连接系数修订，系参考日本建筑学会《钢结构连接设计指南》（2001/2006）的下列规定拟定。

母材牌号	梁端连接时		支撑连接/构件拼接		柱　脚	
	母材破断	螺栓破断	母材破断	螺栓破断		
SS400	1.40	1.45	1.25	1.30	埋入式	1.2
SM490	1.35	1.40	1.20	1.25	外包式	1.2
SN400	1.30	1.35	1.15	1.20	外露式	1.0
SN490	1.25	1.30	1.10	1.15	—	—

注：螺栓是指高强度螺栓，极限承载力计算时按承压型连接考虑。

表中的连接系数包括了超强系数和应变硬化系数；SS是碳素结构钢，SM是焊接结构钢，SN是抗震结构钢，其性能是逐步提高的。连接系数随钢种的性能提高而递减，也随钢材的强度等级递增而递减，是以钢材超强系数统计数据为依据的，而应变硬化系数各国普遍取1.1。该文献说明，梁端连接的塑性变形要求最高，连接系数也最高，而支撑连接和构件拼接的塑性变形相对较小，故连接系数可取较低值。螺栓连接受滑移的影响，且钉孔使截面减弱，影响了承载力。美国和欧盟规范中，连接系数都没有这样细致的划分和规定。我国目前对建筑钢材的超强系数还没有作过统计，本规范表8.2.8是按上述文献2006版列出的，它比2001规范对螺栓破断的规定降低了0.05。借鉴日本上述规定，将构件承载力抗震调整系数中的焊接连接和螺栓连接都取0.75，连接系数在连接承载力计算表达式中统一考虑，有利于按不同情况区别对待，也有利于提高连接系数的直观性。对于Q345钢材，连接系数 $1.30 < f_u/f_y = 470/345 = 1.36$，解决了2001规范所规定综合连接系数偏高、材料强度不能充分利用的问题。另外，对于外露式柱脚，考虑在我国应用较多，适当提高抗震设计时的承载力是必要的，采用了1.1系数。本规范表8.2.8与日本规定相当接近。

8.3 钢框架结构的抗震构造措施

8.3.1 框架柱的长细比关系到钢结构的整体稳定。研究表明，钢结构高度加大时，轴力加大，竖向地震对框架柱的影响很大。本条规定与2001规范相比，高于50m时，7、8度有所放松；低于50m时，8、9度有所加严。

8.3.2 框架梁、柱板件宽厚比的规定，是以结构符合强柱弱梁为前提，考虑柱仅在后期出现少量塑性不需要很高的转动能力，综合美国和日本规定制定的。陈绍蕃教授指出，以轴压比0.37为界的12层以下梁腹板宽厚比限值的计算公式，适用于采用塑性内力重分布的连续组合梁负弯矩区，如果不考虑出现塑性铰后的内力重分布，宽厚比限值可以放宽。据此，将2001规范对梁宽厚比限值中的 $(N_b/Af < 0.37)$ 和 $(N_b/Af \geq 0.37)$ 两个限值条件取消。考虑到按刚性楼盖分析时，得不出梁的轴力，但在进入弹塑性阶段时，上翼缘的负弯矩区楼板将退出工作，迫使钢梁翼缘承受一定轴力，不考虑是不安全的。注意到日本对梁腹板宽厚比限值的规定为60（65），括号内为缓和值，不考虑轴力影响；AISC 341-05规定，当梁腹板轴压比为0.125时其宽厚比限值为75。据此，梁腹板宽厚比限值对一、二、三、四抗震等级分别取上限值（60、65、70、75）$\sqrt{235/f_{ay}}$。

本次修订按抗震等级划分后，12层以下柱的板

件宽厚比几乎不变，12层以上有所放松：8度由10、43、35放松为11、45、36；7度由11、43、37放松为12、48、38；6度由13、43、39放松为13、52、40。

注意，从抗震设计的角度，对于板件宽厚比的要求，主要是地震下构件端部可能的塑性铰范围，非塑性铰范围的构件宽厚比可有所放宽。

8.3.3 当梁上翼缘与楼板有可靠连接时，简支梁可不设置侧向支承，固端梁下翼缘在梁端0.15倍梁跨附近宜设置隔撑。梁端采用梁端扩大、加盖板或骨形连接时，应在塑性区外设置竖向加劲肋，隔撑与偏置的竖向加劲肋相连。梁端翼缘宽度较大，对梁下翼缘侧向约束较大时，也可不设隔撑。朱聘儒著《钢-混凝土组合梁设计原理》（第二版）一书，对负弯矩区段组合梁钢部件的稳定性作了计算分析，指出负弯矩区段内的梁部件名义上虽是压弯构件，由于其截面轴压比较小，稳定问题不突出。李国强著《多高层建筑钢结构设计》第203页介绍了提供侧向约束的几种方法，也可供参考。首先验算钢梁受压区长细比 λ_y 是否满足：

$$\lambda_y \leqslant 60 \sqrt{235/f_y}$$

若不满足可按图22所示方法设置侧向约束。

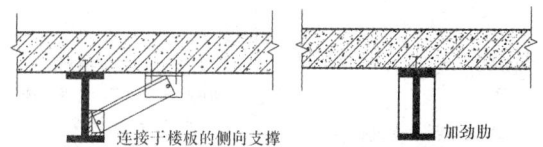

图22 钢梁受压翼缘侧向约束

8.3.4 本条规定了梁柱连接构造要求。

1 电渣焊时壁板最小厚度16mm，是征求日本焊接专家意见并得到国内钢结构制作专家的认同。贯通式隔板是和冷成形箱形柱配套使用的，柱边缘受拉时要求对其采用Z向钢制作，限于设备条件，目前我国应用不多，其构造要求可参见现行行业标准《高层民用建筑钢结构技术规程》JGJ 99。隔板厚度一般不宜小于翼缘厚度。

2 现场连接时焊接孔如规范条文图8.3.4-1所示，应严格按规定形状和尺寸用刀具加工。FEMA中推荐的孔形如下（图23），美国规定为必须采用之孔形。其最大应力不出现在腹板与翼缘连接处，香港学者做过有限元分析比较，认为是当前国际上最佳孔形，且与梁腹板连接方便。有条件时也可采用该焊接孔形。

3 日本规定腹板连接板 $t_w \leqslant 16m$ 时采用双面角焊缝，焊缝计算厚度取5mm；t_w 大于16mm时用K形坡口对接焊缝，端部均要求绕焊。美国将梁腹板连接板连接焊缝列为重要焊缝，要求符合与翼缘焊缝同

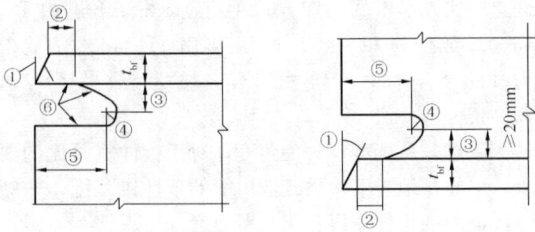

说明：
①坡口角度符合有关规定；②翼缘厚度或12mm，取小者；
③(1~0.75)倍翼缘厚度；④最小半径19mm；⑤3倍翼缘厚度(±12mm)；⑥表面平整。圆弧开口不大于25°。

图 23　FEMA 推荐的焊接孔形

等的低温冲击韧性指标。本条不要求符合较高冲击韧性指标，但要求用气保焊和板端绕焊。

4　日本普遍采用梁端扩大形，不采用 RBS 形；美国主要采用 RBS 形。RBS 形加工要求较高，且需在关键截面削减部分钢材，国内技术人员表示难以接受。现将二者都列出供选用。此外，还有梁端用矩形加强板、加腋等形式加强的方案，这里列入常用的四种形式（图 24）。梁端扩大部分的直角边长比可取 1：2 至 1：3。AISC 将 7 度（0.15g）及以上列入强震区，宜按此要求对梁端采用塑性铰外移构造。

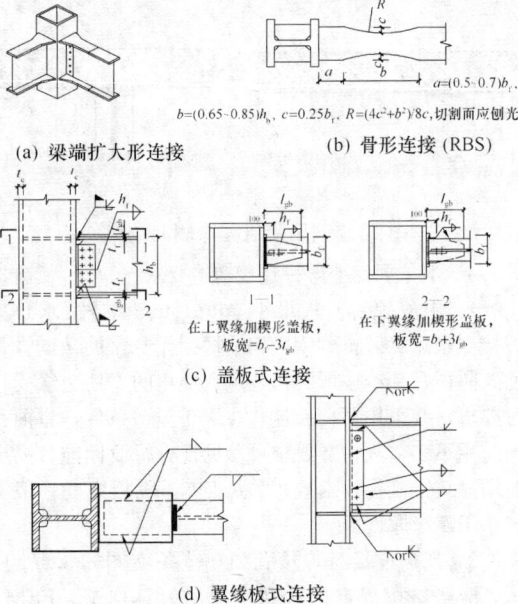

$$b=(0.65\sim0.85)h_b, c=0.25b_f, R=(4c^2+b^2)/8c, 切割面应刨光$$

(a) 梁端扩大形连接　　(b) 骨形连接 (RBS)

在上翼缘加楔形盖板，板宽=b_f+3l_{gb}

在下翼缘加楔形盖板，板宽=b_f+3l_{gb}

(c) 盖板式连接

(d) 翼缘板式连接

图 24　梁端扩大形连接、骨形连接、盖板式连接和翼缘板式连接

5　日本在梁高小于 700mm 时，采用本规范图 8.3.4-2 的悬臂梁段式连接。

6　AISC 规定，隔板与柱壁板的连接，也可用角焊缝加强的双面部分熔透焊缝连接，但焊缝的承载力不应小于隔板与柱翼缘全截面连接时的承载力。

8.3.5　当节点域的体积不满足第 8.2.5 条有关规定

时，参考日本规定和美国 AISC 钢结构抗震规程 1997 年版的规定，提出了加厚节点域和贴焊补强板的加强措施：

（1）对焊接组合柱，宜加厚节点板，将柱腹板在节点域范围更换为较厚板件。加厚板件应伸出柱横向加劲肋之外各 150mm，并采用对接焊缝与柱腹板相连；

（2）对轧制 H 形柱，可贴焊补强板加强。补强板上下边缘可不伸过横向加劲肋或伸过柱横向加劲肋之外各 150mm。当补强板不伸过横向加劲肋时，加劲肋应与柱腹板焊接，补强板与加劲肋之间的角焊缝应能传递补强板所分担的剪力，且厚度不小于 5mm；当补强板伸过加劲肋时，加劲肋仅与补强板焊接，此焊缝应能将加劲肋传来的力传给补强板，补强板的厚度及其焊缝应按传递该力的要求设计。补强板侧边可采用角焊缝与柱翼缘相连，其板面尚应采用塞焊与柱腹板连成整体。塞焊点之间的距离，不应大于相连板件中较薄板件厚度的 $21\sqrt{235/f_y}$ 倍。

8.3.6　罕遇地震作用下，框架节点将进入塑性区，保证结构在塑性区的整体性是很必要的。参考国外关于高层钢结构的设计要求，提出相应规定。

8.3.7　本条规定主要考虑柱连接接头放在柱受力小的位置。本次修订增加了对净高小于 2.6m 柱的接头位置要求。

8.3.8　本条要求，对 8、9 度有所放松。外露式只能用于 6、7 度高度不超过 50m 的情况。

8.4　钢框架-中心支撑结构的抗震构造措施

8.4.1　本节规定了中心支撑框架的构造要求，主要用于高度 50m 以上的钢结构房屋。

AISC 341-05 抗震规程，特殊中心支撑框架和普通中心支撑框架的支撑长细比限值均规定不大于 $120\sqrt{235/f_y}$。本次修订作了相应修改。

本次修订，按抗震等级划分后，支撑板件宽厚限值也作了适当修改和补充。对 50m 以上房屋的工字形截面构件有所放松：9 度由 7，21 放松为 8，25；8 度时由 8，23 放松为 9，26；7 度时由 8，23 放松为 10，27；6 度时由 9，25 放松为 13，33。

8.4.2　美国规定，加速度 0.15g 以上的地区，支撑框架结构的梁与柱连接不应采用铰接。考虑到双重抗侧力体系对高层建筑抗震很重要，且梁与柱铰接将使结构位移增大，故规定一、二、三级不应铰接。

支撑与节点板嵌固点保留一个小距离，可使节点板在大震时产生平面外屈曲，从而减轻对支撑的破坏，这是 AISC-97（补充）的规定，如图 25 所示。

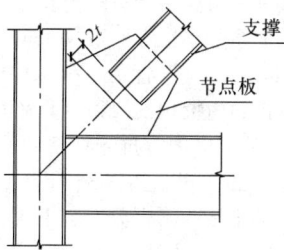

图 25 支撑端部节点板
的构造示意图

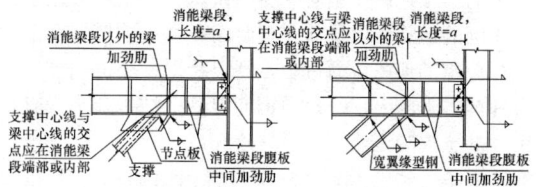

图 26 偏心支撑构造

8.5 钢框架-偏心支撑结构的抗震构造措施

8.5.1 本节规定了保证消能梁段发挥作用的一系列构造要求。

为使消能梁段有良好的延性和消能能力，其钢材应采用 Q235、Q345 或 Q345GJ。

板件宽厚比参照 AISC 的规定作了适当调整。当梁上翼缘与楼板固定但不能表明其下翼缘侧向固定时，仍需设置侧向支撑。

8.5.3 为使消能梁段在反复荷载作用下具有良好的滞回性能，需采取合适的构造并加强对腹板的约束：

1 支撑斜杆轴力的水平分量成为消能梁段的轴向力，当此轴向力较大时，除降低此梁段的受剪承载力外，还需减少该梁段的长度，以保证它具有良好的滞回性能。

2 由于腹板上贴焊的补强板不能进入弹塑性变形，因此不能采用补强板；腹板上开洞也会影响其弹塑性变形能力。

3 消能梁段与支撑斜杆的连接处，需设置与腹板等高的加劲肋，以传递梁段的剪力并防止梁腹板屈曲。

4 消能梁段腹板的中间加劲肋，需按梁段的长度区别对待，较短时为剪切屈服型，加劲肋间距小些；较长时为弯曲屈服型，需在距端部 1.5 倍的翼缘宽度处配置加劲肋；中等长度时需同时满足剪切屈服型和弯曲屈服型的要求。

偏心支撑的斜杆中心线与梁中心线的交点，一般在消能梁段的端部，也允许在消能梁段内，此时将产生与消能梁段端部弯矩方向相反的附加弯矩，从而减少消能梁段和支撑杆的弯矩，对抗震有利；但交点不应在消能梁段以外，因此时将增大支撑和消能梁段的弯矩，于抗震不利（图26）。

8.5.5 消能梁段两端设置翼缘的侧向隅撑，是为了承受平面外扭转。

8.5.6 与消能梁段处于同一跨内的框架梁，同样承受轴力和弯矩，为保持其稳定，也需设置翼缘的侧向隅撑。

附录 G 钢支撑-混凝土框架和钢框架-钢筋混凝土核心筒结构房屋抗震设计要求

G.1 钢支撑-钢筋混凝土框架

G.1.1 我国的钢支撑-混凝土框架结构，钢支撑承担较大的水平力，但不及抗震墙，其适用高度不宜超过框架结构和框剪结构二者最大适用高度的平均值。

本节的规定，除抗震等级外也可适用于房屋高度在混凝土框架结构最大适用高度内的情况。

G.1.2 由于房屋高度超过本规范第 6.1.1 条混凝土框架结构的最大适用高度，故参照框剪结构提高抗震等级。

G.1.3 本条规定了钢支撑-混凝土框架结构不同于钢支撑结构、混凝土框架结构的设计要求，主要参照混凝土框架-抗震墙结构的要求，将钢支撑框架在整个结构中的地位类比于混凝土框架-抗震墙结构中的抗震墙。

G.1.4 混合结构的阻尼比，取决于混凝土结构和钢结构在总变形能中所占比例的大小。采用振型分解反应谱法时，不同振型的阻尼比可能不同。当简化估算时，可取 0.045。

按照多道防线的概念设计，支撑是第一道防线，混凝土框架需适当增大按刚度分配的地震作用，可取两种模型计算的较大值。

G.2 钢框架-钢筋混凝土核心筒结构

G.2.1 我国的钢框架-钢筋混凝土核心筒，由钢筋混凝土筒体承担主要水平力，其适用高度应低于高层钢结构而高于钢筋混凝土结构，参考《高层建筑混凝土结构技术规程》JGJ 3-2002 第11章的规定，其最大适用高度不大于二者的平均值。

G.2.2 本条抗震等级的划分，基本参照《高层建筑混凝土结构技术规程》JGJ 3-2002 的第11章和本规范第 6.1.2、8.1.3 条的规定。

G.2.3 本条规定了钢框架-钢筋混凝土核心筒结构体系设计中不同于混凝土结构、钢结构的一些基本要求：

1 近年来的试验和计算分析，对钢框架部分应承担的最小地震作用有些新的认识：框架部分承担一定比例的地震作用是非常重要的，如果钢框架部分按计算分配的地震剪力过少，则混凝土、筒体的受力状态和地震下的表现与普通钢筋混凝土结构几乎没有差别，甚至混凝土墙体更容易破坏。

清华大学土木系选择了一幢国内的钢框架-混凝土核心筒结构，变换其钢框架部分和混凝土核心筒的截面尺寸，并将它们进行不同组合，分析了共 20 个截面尺寸互不相同的结构方案，进行了在地震作用下的受力性能研究和比较，提出了钢框架部分剪力分担率的设计建议。

考虑钢框架-钢筋混凝土核心筒的总高度大于普通的钢筋混凝土框架-核心筒房屋，为给混凝土墙体留有一定的安全储备，规定钢框架按刚度分配的最小地震作用。当小于规定时，混凝土筒承担的地震作用和抗震构造均应适当提高。

2 钢框架柱的应力一般较高，而混凝土墙体大多由位移控制，墙的应力较低，而且两种材料弹性模量不等，此外，混凝土存在徐变和收缩，因此会使钢框架和混凝土筒体间存在较大变形。为了其差异变形不致使结构产生过大的附加内力，国外这类结构的楼盖梁大多两端都做成铰接。我国的习惯做法是，楼盖梁与周边框架刚接，但与钢筋混凝土墙体做成铰接，当墙体内设置连接用的构造型钢时，也可采用刚接。

3 试验表明，混凝土墙体与钢梁连接处存在局部弯矩及轴向力，但墙体平面外刚度较小，很容易出现裂缝；设置构造型钢有助于提高墙体的局部性能，也便于钢结构的安装。

4 底部或下部楼层用型钢混凝土柱，上部楼层用钢柱，可提高结构刚度和节约钢材，是常见的做法。阪神地震表明，此时应避免刚度突变引起的破坏，设置过渡层使结构刚度逐渐变化，可以减缓此种效应。

5 要使钢框架与混凝土核心筒能协同工作，其楼板的刚度和大震作用下的整体性是十分重要的，本条要求其楼板应采用现浇实心板。

G.2.4 本条规定了抗震计算中，不同于钢筋混凝土结构的要求：

1 混合结构的阻尼比，取决于混凝土结构和钢结构在总变形中所占比例的大小。采用振型分解反应谱法时，不同振型的阻尼比可能不同。必要时，可参照本规范第 10 章关于大跨空间钢结构与混凝土支座综合阻尼比的换算方法确定，当简化估算时，可取 0.045。

2 根据多道抗震防线的要求，钢框架部分应按其刚度承担一定比例的楼层地震力。

按美国 IBC 2006 规定，凡在设计时考虑提供所需要的抵抗地震力的结构部件所组成的体系均为抗震

结构体系。其中，由剪力墙和框架组成的结构有以下三类：①双重体系是"抗弯框架（moment frame）具有至少提供抵抗 25% 设计力（design forces）的能力，而总地震抗力由抗弯框架和剪力墙按其相对刚度的比例共同提供"；由中等抗弯框架和普通剪力墙组成的双重体系，其折减系数 $R=5.5$，不许用于加速度大于 0.20g 的地区。②在剪力墙-框架协同体系中，"每个楼层的地震力均由墙体和框架按其相对刚度的比例并考虑协同工作共同承担"；其折减系数也是 $R=5.5$，但不许用于加速度大于 0.13g 的地区。③当设计中不考虑框架部分承受地震力时，称为房屋框架（building frame）体系；对于普通剪力墙和建筑框架的体系，其折减系数 $R=5$，不许用于加速度大于 0.20g 的地区。

关于双重体系中钢框架部分的剪力分担率要求，美国 UBC85 已经明确为"不少于所需侧向力的 25%"，在 UBC97 是"应能独立承受至少 25% 的设计基底剪力"。我国在 2001 抗震规范修订时，第 8 章多高层钢结构房屋的设计规定是"不小于钢框架部分最大楼层地震剪力的 1.8 倍和 25% 结构总地震剪力二者的较小值"。考虑到混凝土核心筒的刚度远大于支撑钢框架或钢筒体，参考混凝土核心筒结构的相关要求，本条规定调整后钢框架承担的剪力至少达到底部总剪力的 15%。

9 单层工业厂房

9.1 单层钢筋混凝土柱厂房

（Ⅰ）一般规定

9.1.1 本规范关于单层钢筋混凝土柱厂房的规定，系根据 20 世纪 60 年代以来装配式单层工业厂房的震害和工程经验总结得到的。因此，对于现浇的单层钢筋混凝土柱厂房，需注意本节针对装配式结构的某些规定不适用。

根据震害经验，厂房结构布置应注意的问题是：

1 历次地震的震害表明，不等高多跨厂房有高振型反应，不等长多跨厂房有扭转效应，破坏较重；均对抗震不利，故多跨厂房宜采用等高和等长。

2 地震的震害表明，单层厂房的毗邻建筑任意布置是不利的，在厂房纵墙与山墙交汇的角部是不允许布置的。在地震作用下，防震缝处排架柱的侧移量大，当有毗邻建筑时，相互碰撞或变位受约束的情况严重；地震中有不少倒塌、严重破坏等加重震害的震例，因此，在防震缝附近不宜布置毗邻建筑。

3 大柱网厂房和其他不设柱间支撑的厂房，在地震作用下侧移量较设置柱间支撑的厂房大，防震缝

的宽度需适当加大。

4 地震作用下，相邻两个独立的主厂房的振动变形可能不同步协调，与之相连接的过渡跨的屋盖常倒塌破坏；为此过渡跨至少应有一侧采用防震缝与主厂房脱开。

5 上吊车的铁梯，晚间停放吊车时，增大该处排架侧移刚度，加大地震反应，特别是多跨厂房各跨上吊车的铁梯集中在同一横向轴线时，会导致震害破坏，应避免。

6 工作平台或刚性内隔墙与厂房主体结构连接时，改变了主体结构的工作性状，加大地震反应；导致应力集中，可能造成短柱效应，不仅影响排架柱，还可能涉及柱顶的连接和相邻的屋盖结构，计算和加强措施均较困难，故以脱开为佳。

7 不同形式的结构，振动特性不同，材料强度不同，侧移刚度不同。在地震作用下，往往由于荷载、位移、强度的不均衡，而造成结构破坏。山墙承重和中间有横墙承重的单层钢筋混凝土柱厂房和端砖壁承重的天窗架，在地震中均有较重破坏，为此，厂房的一个结构单元内，不宜采用不同的结构形式。

8 两侧为嵌砌墙，中柱列设柱间支撑；一侧为外贴墙或嵌砌墙，另一侧为开敞；一侧为嵌砌墙，另一侧为外贴墙等各柱列纵向刚度严重不均匀的厂房，由于各柱列的地震作用分配不均匀，变形不协调，常导致柱列和屋盖的纵向破坏，在7度区就有这种震害反映，在8度和大于8度区，破坏就更普遍且严重，不少厂房柱倒屋塌，在设计中应予以避免。

9.1.2 根据震害经验，天窗架的设置应注意下列问题：

1 突出屋面的天窗架对厂房的抗震带来很不利的影响，因此，宜采用突出屋面较小的避风型天窗。采用下沉式天窗的屋盖有良好的抗震性能，唐山地震中甚至经受了10度地震的考验，不仅是8度区，有条件时均可采用。

2 第二开间起开设天窗，将使端开间每块屋面板与屋架无法焊接或焊连的可靠性大大降低而导致地震时掉落，同时也大大降低屋面纵向水平刚度。所以，如果山墙能够开窗，或者采光要求不太高时，天窗从第三开间起设置。

天窗架从厂房单元端第三柱间开始设置，虽增强屋面纵向水平刚度，但对建筑通风、采光不利，考虑到6度和7度区的地震作用效应较小，且很少有屋盖破坏的震例，本次修订改为对6度和7度区不做此要求。

3 历次地震经验表明，不仅是天窗屋盖和端壁板，就是天窗侧板也宜采用轻型板材。

9.1.3 根据震害经验，厂房屋盖结构的设置应注意下列问题：

1 轻型大型屋面板无檩屋盖和钢筋混凝土有檩屋盖的抗震性能好，经过8～10度强烈地震考验，有条件时可采用。

2 唐山地震震害统计分析表明，屋盖的震害破坏程度与屋盖承重结构的形式密切相关，根据8～11度地震的震害调查统计发现：梯形屋架屋盖共调查91跨，全部或大部倒塌41跨，部分或局部倒塌11跨，共计52跨，占56.7％；拱形屋架屋盖共调查151跨，全部或大部倒塌13跨，部分或局部倒塌16跨，共计29跨，占19.2％；屋面梁屋盖共调查168跨，全部或大部倒塌11跨，部分或局部倒塌17跨，共计28跨，占16.7％。

另外，采用下沉式屋架的屋盖，经8～10度强烈地震的考验，没有破坏的震例。为此，提出厂房宜采用低重心的屋盖承重结构。

3 拼块式的预应力混凝土和钢筋混凝土屋架（屋面梁）的结构整体性差，在唐山地震中其破坏率和破坏程度均较整榀式重得多。因此，在地震区不宜采用。

4 预应力混凝土和钢筋混凝土空腹桁架的腹杆及其上弦节点均较薄弱，在天窗两侧竖向支撑的附加地震作用下，容易产生节点破坏、腹杆折断的严重破坏，因此，不宜采用有突出屋面天窗架的空腹桁架屋盖。

5 随着经济的发展，组合屋架已很少采用，本次修订继续保持89规范、2001规范的规定，不列入这种屋架的规定。

本次修订，根据震害经验，建议在高烈度（8度0.30g和9度）且跨度大于24m的厂房，不采用重量大的大型屋面板。

9.1.4 不开孔的薄壁工字形柱、腹板开孔的普通工字形柱以及管柱，均存在抗震薄弱环节，故规定不宜采用。

（Ⅱ）计 算 要 点

9.1.7、9.1.8 对厂房的纵横向抗震分析，本规范明确规定，一般情况下，采用多质点空间结构分析方法。

关于横向计算：

当符合本规范附录J的条件时可采用平面排架简化方法，但计算所得的排架地震内力应考虑各种效应调整。本规范附录J的调整系数有以下特点：

1 适用于7～8度柱顶标高不超过15m且砖墙刚度较大等情况的厂房，9度时砖墙开裂严重，空间工作影响明显减弱，一般不考虑调整。

2 计算地震作用时，采用经过调整的排架计算周期。

3 调整系数采用了考虑屋盖平面内剪切刚度、扭转和砖墙开裂后刚度下降影响的空间模型，用振型分解法进行分析，取不同屋盖类型、各种山墙间距、各种厂房跨度、高度和单元长度，得出了统计规律，给出了较为合理的调整系数。因排架计算周期偏长，地震作用偏小，当山墙间距较大或仅一端有山墙时，按排架分析的地震内力需要增大而不是减小。对一端山墙的厂房，所考虑的排架一般指无山墙端的第二榀，而不是端榀。

4 研究发现，对不等高厂房高低跨交接处支承低跨屋盖牛腿以上的中柱截面，其地震作用效应的调整系数随高、低跨屋盖重力的比值是线性下降，要由公式计算。公式中的空间工作影响系数与其他各截面（包括上述中柱的下柱截面）的作用效应调整系数含义不同，分别列于不同的表格，要避免混淆。

5 地震中，吊车桥架造成了厂房局部的严重破坏。为此，把吊车桥架作为移动质点，进行了大量的多质点空间结构分析，并与平面排架简化分析比较，得出其放大系数。使用时，只乘以吊车桥架重力荷载在吊车梁顶标高处产生的地震作用，而不乘以截面的总地震作用。

关于纵向计算：

历次地震，特别是海城、唐山地震，厂房沿纵向发生破坏的例子很多，而且中柱列的破坏普遍比边柱列严重得多。在计算分析和震害总结的基础上，规范提出了厂房纵向抗震计算原则和简化方法。

钢筋混凝土屋盖厂房的纵向抗震计算，要考虑围护墙有效刚度、强度和屋盖的变形，采用空间分析模型。本规范附录 K 第 K.1 节的实用计算方法，仅适用于柱顶标高不超过 15m 且有纵向砖围护墙的等高厂房，是选取多种简化方法与空间分析计算结果比较而得到的。其中，要用经验公式计算基本周期。考虑到随着烈度的提高，厂房纵向侧移加大，围护墙开裂加重，刚度降低明显，故一般情况，围护墙的有效刚度折减系数，在 7、8、9 度时可近似取 0.6、0.4 和 0.2。不等高和纵向不对称厂房，还需考虑厂房扭转的影响，尚无合适的简化方法。

9.1.9、9.1.10 地震震害表明，没有考虑抗震设防的一般钢筋混凝土天窗架，其横向受损并不明显，而纵向破坏却相当普遍。计算分析表明，常用的钢筋混凝土带斜腹杆的天窗架，横向刚度很大，基本上随屋盖平移，可以直接采用底部剪力法的计算结果，但纵向则要按跨数和位置调整。

有斜撑杆的三铰拱式钢天窗架的横向刚度也较厂房屋盖的横向刚度大很多，也是基本上随屋盖平移，故其横向抗震计算方法可与混凝土天窗架一样采用底部剪力法。由于钢天窗架的强度和延性优于混凝土天窗架，且可靠度高，故当跨度大于 9m 或 9 度时，钢天窗架的地震作用效应不必乘以增大系数 1.5。

本规范明确关于突出屋面天窗架简化计算的适用

范围为有斜杆的三铰拱式天窗架，避免与其他桁架式天窗架混淆。

对于天窗架的纵向抗震分析，继续保持 89 规范的相关规定。

9.1.11 关于大柱网厂房的双向水平地震作用，89 规范规定取一个主轴方向 100% 加上相应垂直方向的 30% 的不利组合，相当于两个方向的地震作用效应完全相同时按本规范 5.2 节规定计算的结果，因此是一种略偏安全的简化方法。为避免与本规范 5.2 节的规定不协调，保持 2001 规范的规定，不再专门列出。

位移引起的附加弯矩，即"P-Δ"效应，按本规范 3.6 节的规定计算。

9.1.12 不等高厂房支承低跨屋盖的柱牛腿在地震作用下开裂较多，甚至牛腿面预埋板向外位移破坏。在重力荷载和水平地震作用下的柱牛腿纵向水平受拉钢筋的计算公式，第一项为承受重力荷载纵向钢筋的计算，第二项为承受水平拉力纵向钢筋的计算。

9.1.13 震害和试验研究表明：交叉支撑杆件的最大长细比小于 200 时，斜拉杆和斜压杆在支撑桁架中是共同工作的。支撑中的最大作用相当于单压杆的临界状态值。据此，在本规范的附录 K 第 K.2 节中规定了柱间支撑的设计原则和简化方法：

1 支撑侧移的计算：按剪切构件考虑，支撑任一点的侧移等于该点以下各节间相对侧移值的叠加。它可用以确定厂房纵向柱列的侧移刚度及上、下支撑地震作用的分配。

2 支撑斜杆抗震验算：试验结果发现，支撑的水平承载力，相当于拉杆承载力与压杆承载力乘以折减系数之和的水平分量。此折减系数即本规范附录 K 中的"压杆卸载系数"，可以线性内插；亦可直接用下列公式确定斜拉杆的净截面 A_n：

$$A_n \geqslant \gamma_{RE} l_i V_{bi} / [(1 + \psi_c \phi_i) s_c f_{at}]$$

3 震害表明，单层钢筋混凝土柱厂房的柱间支撑虽有一定数量的破坏，但这些厂房大多数未考虑抗震设防。据计算分析，抗震验算的柱间支撑斜杆内力大于非抗震设计时的内力几倍。

4 柱间支撑与柱的连接节点在地震反复荷载作用下承受拉弯剪和压弯剪，试验表明其承载力比单调荷载作用下有所降低；在抗震安全性综合分析基础上，提出了确定预埋板钢筋截面面积的计算公式，适用于符合本规范第 9.1.25 条 5 款构造规定的情况。

5 提出了柱间支撑节点预埋件采用角钢时的验算方法。

本规范第 9.1.23 条对下柱柱间支撑的下节点位置有明确的规定，一般将节点位置置于基础顶标高处。6、7 度时地震力较小，采取加强措施后可设在基础顶面以上；本次修订明确，必要时也可沿纵向柱列进行柱根的斜截面受剪承载力验算来确定加强措施。

9.1.14 本条规定了与厂房次要构件有关的计算。

1 地震震害表明：8度和9度区，不少抗风柱的上柱和下柱根部开裂、折断，导致山尖墙倒塌，严重的抗风柱连同山墙全部向外倾倒、抗风柱虽非单层厂房的主要承重构件，但它却是厂房纵向抗震中的重要构件，对保证厂房的纵向抗震安全，具有不可忽视的作用，补充规定8、9度时需进行平面外的截面抗震验算。

2 当抗风柱与屋架下弦相连接时，虽然此类厂房均在厂房两端第一开间设置下弦横向支撑，但当厂房遭到地震作用时，高大山墙引起的纵向水平地震作用具有较大的数值，由于阶形抗风柱的下柱刚度远大于上柱刚度，大部分水平地震作用将通过下柱的上端连接传至屋架下弦，但屋架下弦支撑的强度和刚度往往不能满足要求，从而导致屋架下弦支撑杆件压曲。1966年邢台地震6度区、1975年海城地震8度区均出现过这种震害。故要求进行相应的抗震验算。

3 当工作平台、刚性内隔墙与厂房主体结构相连时，将提高排架的侧移刚度，改变其动力特性，加大地震作用，还可能造成应力和变形集中，加重厂房的震害。地震中由此造成排架柱折断或屋盖倒塌，其严重程度因具体条件而异，很难作出统一规定。因此抗震计算时，需采用符合实际的结构计算简图，并采取相应的措施。

4 震害表明，上弦有小立柱的拱形和折线形屋架及上弦节间长和节间矢高较大的屋架，在地震作用下屋架上弦将产生附加扭矩，导致屋架上弦破坏。为此，8、9度在这种情况下需进行截面抗扭验算。

（Ⅲ）抗震构造措施

9.1.15 本节所指有檩屋盖，主要是波形瓦（包括石棉瓦及槽瓦）屋盖。这类屋盖只要设置保证整体刚度的支撑体系，屋面瓦与檩条间以及檩条与屋架间有牢固的拉结，一般均具有一定的抗震能力，甚至在唐山10度地震区也基本完好地保存下来。但是，如果屋面瓦与檩条或檩条与屋架拉结不牢，在7度地震区也会出现严重震害，海城地震和唐山地震中均有这种例子。

89规范对有檩屋盖的规定，系针对钢筋混凝土体系而言。2001规范增加了对钢结构有檩体系的要求。本次修订，未作修改。

9.1.16 无檩屋盖指的是各类不用檩条的钢筋混凝土屋面板与屋架（梁）组成的屋盖。屋盖的各构件相互间联成整体是厂房抗震的重要保证，这是根据唐山、海城震害经验提出的总要求。鉴于我国目前仍大量采用钢筋混凝土大型屋面板，故重点对大型屋面板与屋架（梁）焊连的屋盖体系作了具体规定。

这些规定中，屋面板和屋架（梁）可靠焊连是第

一道防线，为保证焊连强度，要求屋面板端头底面预埋板和屋架端部顶面预埋件均应加强锚固；相邻屋面板吊钩或四角顶面预埋铁件间的焊连是第二道防线；当制作非标准屋面板时，也应采取相应的措施。

设置屋盖支撑是保证屋盖整体性的重要抗震措施，基本沿用了89规范的规定。

根据震害经验，8度区天窗跨度等于或大于9m和9度区天窗架宜设置上弦横向支撑。

9.1.17 本规范在进一步总结地震经验的基础上，对有檩和无檩屋盖支撑布置的规定作适当的补充。

9.1.18 唐山地震震害表明，采用刚性焊连构造时，天窗立柱普遍在下挡和侧板连接处出现开裂和破坏，甚至倒塌，刚性连接仅在支撑很强的情况下才是可行的措施，故规定一般单层厂房宜用螺栓连接。

9.1.19 屋架端竖杆和第一间上弦杆，静力分析中常作为非受力杆件而采用构造配筋，截面受弯、受剪承载力不足，需适当加强。对折线形屋架为调整屋面坡度而在端节间上弦顶面设置的小立柱，也要适当增大配筋和加密箍筋。以提高其拉弯剪能力。

9.1.20 根据震害经验，排架柱的抗震构造，增加了箍筋肢距的要求，并提高了角柱柱头的箍筋构造要求。

1 柱子在变位受约束的部位容易出现剪切破坏，要增加箍筋。变位受约束的部位包括：设有柱间支撑的部位、嵌砌内隔墙、侧边贴建披屋、靠山墙的角柱、平台连接处等。

2 唐山地震震害表明：当排架柱的变位受平台，刚性横隔墙等约束，其影响的严重程度和部位，因约束条件而异，有的仅在约束部位的柱身出现裂缝；有的造成屋架上弦折断、屋盖坍落（如天津拖拉机厂冲压车间）；有的导致柱头和连接破坏屋盖倒塌（如天津第一机床厂铸工车间配砂间）。必须区别情况从设计计算和构造上采取相应的有效措施，不能统一采用局部加强排架柱的箍筋，如高低跨柱的上柱的剪跨比较小时就应全高加密箍筋，并加强柱头与屋架的连接。

3 为了保证排架柱箍筋加密区的延性和抗剪强度，除箍施的最小直径和最大间距外，增加对箍筋最大肢距的要求。

4 在地震作用下，排架柱的柱头由于构造上的原因，不是完全的铰接；而是处于压弯剪的复杂受力状态，在高烈度地区，这种情况更为严重，排架柱头破坏较重，加密区的箍筋直径需适当加大。

5 厂房角柱的柱头处于双向地震作用，侧向变形受约束和压弯剪的复杂受力状态，其抗震强度和延性较中间排架柱头弱得多，地震中，6度区就有角柱顶开裂的破坏；8度和大于8度时，震害就更多，严重的柱头折断，端屋架塌落，为此，厂房角柱的柱头加密箍筋宜提高一度配置。

6 本次修订，增加了柱侧向受约束且剪跨比不大于2的排架柱柱顶的构造要求。

9.1.21 大柱网厂房的抗震性能是唐山地震中发现的新问题，其震害特征是：①柱根出现对角破坏，混凝土酥碎剥落，纵筋压曲，说明主要是纵、横两个方向或斜向地震作用的影响，柱根的强度和延性不足；②中柱的破坏率和破坏程度均大于边柱，说明与柱的轴压比有关。

本次修订，保持了2001规范对大柱网厂房的抗震验算规定，包括轴压比和相应的箍筋构造要求。其中的轴压比限值，考虑到柱子承受双向压弯剪和 P-Δ 效应的影响，受力复杂，参照了钢筋混凝土框支柱的要求，以保证延性；大柱网厂房柱仅承受屋盖（包括屋面、屋架、托架、悬挂吊车）和柱的自重，尚不致因控制轴压比而给设计带来困难。

9.1.22 对抗风柱，除了提出验算要求外，还提出纵筋和箍筋的构造规定。

地震中，抗风柱的柱头和上、下柱的根部都有产生裂缝、甚至折断的震害，另外，柱肩产生劈裂的情况也不少。为此，柱头和上、下柱根部需加强箍筋的配置，并在柱肩处设置纵向受拉钢筋，以提高其抗震能力。

9.1.23 柱间支撑的抗震构造，本次修订基本保持2001规范对89规范的改进：

①支撑杆件的长细比限值随烈度和场地类别而变化；本次修订，调整了8、9度下柱支撑的长细比要求；②进一步明确了支撑柱子连接节点的位置和相应的构造；③增加了关于交叉支撑节点板及其连接的构造要求。

柱间支撑是单层钢筋混凝土柱厂房的纵向主要抗侧力构件，当厂房单元较长或8度Ⅲ、Ⅳ类场地和9度时，纵向地震作用效应较大，设置一道下柱支撑不能满足要求时，可设置两道下柱支撑，但应注意：两道下柱支撑宜设置在厂房单元中间三分之一区段内，不宜设置在厂房单元的两端，以避免温度应力过大；在满足工艺条件的前提下，两者靠近设置时，温度应力小；在厂房单元中部三分之一区段内，适当拉开设置则有利于缩短地震作用的传递路线，设计中可根据具体情况确定。

交叉式柱间支撑的侧移刚度大，对保证单层钢筋混凝土柱厂房在纵向地震作用下的稳定性有良好的效果，但在与下柱连接的节点处理时，会遇到一些困难。

9.1.25 本条规定厂房各构件连接节点的要求，具体贯彻了本规范第3.5节的原则规定，包括屋架与柱的连接，柱顶锚件；抗风柱、牛腿（柱肩）、柱与柱间支撑连接处的预埋件：

1 柱顶与屋架采用钢板铰，在原苏联的地震中经受了考验，效果较好，建议在9度时采用。

2 为加强柱牛腿（柱肩）预埋板的锚固，要把相当于承受水平拉力的纵向钢筋（即本节第9.1.12公式中的第2项）与预埋板焊连。

3 在设置柱间支撑的截面处（包括柱顶、柱底等），为加强锚固，发挥支撑的作用，提出了节点预埋件采用角钢加端板锚固的要求，埋板与锚件的焊接，通常用埋弧焊或开锥形孔塞焊。

4 抗风柱的柱顶与屋架上弦的连接节点，要具有传递纵向水平地震力的承载力和延性。抗风柱顶与屋架（屋面梁）上弦可靠连接，不仅保证抗风柱的强度和稳定，同时也保证山墙产生的纵向地震作用的可靠传递，但连接点必须在上弦横向支撑与屋架的连接点，否则将使屋架上弦产生附加的节间平面外弯矩。由于现在的预应力混凝土和钢筋混凝土屋架，一般均不符合抗风柱布置间距的要求，故补充规定以引起注意，当遇到这种情况时，可以采用在屋架横向支撑中加设次腹杆或型钢横梁，使抗风柱顶的水平力传递至上弦横向支撑的节点。

9.2 单层钢结构厂房

（Ⅰ）一般规定

9.2.1 国内外的多次地震经验表明，钢结构的抗震性能一般比其他结构的要好。总体上说，单层钢结构厂房在地震中破坏较轻，但也有损坏或坍塌的。因此，单层钢结构厂房进行抗震设防是必要的。

本次修订，仍不包括轻型钢结构厂房。

9.2.2 从单层钢结构厂房的震害实例分析，在7～9度的地震作用下，其主要震害是柱间支撑的失稳变形和连接节点的断裂或拉脱，柱脚锚栓剪断和拉断，以及锚栓锚固过短所致的拔出破坏。亦有少量厂房的屋盖支撑杆件失稳变形或连接节点板开裂破坏。

9.2.3 原则上，单层钢结构厂房的平面、竖向布置的抗震设计要求，是使结构的质量和刚度分布均匀，厂房受力合理、变形协调。

钢结构厂房的侧向刚度小于混凝土柱厂房，其防震缝缝宽要大于混凝土柱厂房。当设防烈度高或厂房较高时，或当厂房坐落在较软弱场地土或有明显扭转效应时，尚需适当增加。

（Ⅱ）抗震验算

9.2.5 通常设计时，单层钢结构厂房的阻尼比与混凝土柱厂房相同。本次修订，考虑到轻型围护的单层钢结构厂房，在弹性状态工作的阻尼比较小，根据单层、多层到高层钢结构房屋的阻尼比由大到小变化的规律，建议阻尼比按屋盖和围护墙的类型区别对待。

9.2.6 本条保持2001规范的规定。单层钢结构厂房的围护墙类型较多。围护墙的自重和刚度主要由其类型、与厂房柱的连接所决定。因此，为使厂房的抗震计算更符合实际情况、更合理，其自重和刚度取值应结合所采用的围护墙类型、与厂房柱的连接方式来决定。对于与柱贴砌的普通砖墙围护厂房，除需考虑墙体的侧移刚度外，尚应考虑墙体开裂而对其侧移刚度退化的影响。当为外贴式砖墙纵墙，7、8、9 度设防时，其等效系数分别可取 0.6、0.4、0.2。

9.2.7、9.2.8 单层钢结构厂房的地震作用计算，应根据厂房的竖向布置（等高或不等高）、起重机设置、屋盖类别等情况，采用能反映出厂房地震反应特点的单质点、两质点和多质点的计算模型。总体上，单层钢结构厂房地震作用计算的单元划分、质量集中等，可参照钢筋混凝土柱厂房的执行。但对于不等高单层钢结构厂房，不能采用底部剪力法计算，而应采用多质点模型振型分解反应谱法计算。

轻型墙板通过墙架构件与厂房框架柱连接，预制混凝土大型墙板可与厂房框架柱柔性连接。这些围护墙类型和连接方式对框架柱纵向侧移的影响较小。亦即，当各柱列的刚度基本相同时，其纵向柱列的变位亦基本相同。因此，等高单跨或多跨厂房的纵向抗震计算时，对无檩屋盖可按柱列刚度分配；对有檩屋盖可按柱列所承受的重力荷载代表值比例分配和按单柱列计算，并取两者之较大值。而当采用与柱贴砌的砖围护墙时，其纵向抗震计算与混凝土柱厂房的基本相同。

按底部剪力法计算纵向柱列的水平地震作用时，所得的中间柱列纵向基本周期偏长，可利用周期折减系数予以修正。

单层钢结构厂房纵向主要由柱间支撑抵抗水平地震作用，是震害多发部位。在地震作用下，柱间支撑可能屈曲，也可能不屈曲。柱间支撑处于屈曲状态或者不屈曲状态，对与支撑相连的框架柱的受力差异较大，因此需针对支撑杆件是否屈曲的两种状态，分别验算设置支撑的纵向柱列的受力。当然，目前采用轻型围护结构的单层钢结构厂房，在风荷载较大时，7、8 度的柱间支撑杆件在 7、8 度也可处于不屈曲状态。这种情况可不进行支撑屈曲后状态的验算。

9.2.9 屋盖的竖向支承桁架可包括支承天窗架的竖向桁架、竖向支撑桁架等。屋盖竖向支承桁架承受的作用力包括屋盖自重产生的地震力，尚需将其传递给主框架，故其杆件截面需由计算确定。

屋盖水平支撑交叉斜杆，在地震作用下，考虑受压斜杆失稳而需按拉杆设计，故其连接的承载力不应小于支撑杆的全塑性承载力。条文参考上海市的规定给出。

参照冶金部门的规定，支承跨度大于 24m 屋面横梁的托架系直接传递地震竖向作用的构件，应考虑屋架传来的竖向地震作用。

对于厂房屋面设置荷重较大的设备等情况，不论厂房跨度大小，都应对屋盖横梁进行竖向地震作用验算。

9.2.10 单层钢结构厂房的柱间支撑一般采用中心支撑。X 形柱间支撑用料省，抗震性能好，应首先考虑采用。但单层钢结构厂房的柱距，往往比单层混凝土柱厂房的基本柱距（6m）要大几倍，V 或 Λ 形也是常用的几种柱间支撑形式，下柱柱间支撑也有用单斜杆的。

支撑杆件屈曲后状态支撑框架按本规范第 5 章的规定进行抗震验算。本条卸载系数主要依据日本、美国的资料导出，与附录 K 第 K.2 节对我国混凝土柱厂房柱间支撑规定的卸载系数有所不同。但同样适用于支撑杆件长细比大于 $60\sqrt{235/f_\mathrm{y}}$ 的情况，长细比大于 200 时不考虑压杆卸载影响。

与 V 或 Λ 形支撑相连的横梁，除了轻型围护结构的厂房满足设防地震下不屈曲的支撑外，通常需要按本规范第 8.2.6 条计入支撑屈曲后的不平衡力的影响。即横梁截面 A_br 满足：

$$M_\mathrm{bp,N} \geqslant \frac{1}{4}S_\mathrm{c}\sin\theta(1-0.3\varphi_i)A_\mathrm{br}f/\gamma_\mathrm{RE}$$

式中：$M_\mathrm{bp,N}$——考虑轴力作用的横梁全截面塑性抗弯承载力；

$\qquad S_\mathrm{c}$——支撑所在柱间的净距。

9.2.11 设计经验表明，跨度不很大的轻型屋盖钢结构厂房，如仅从新建的一次投资比较，采用实腹屋面梁的造价略比采用屋架的高些。但实腹屋面梁制作简便，厂房施工期和使用期的涂装、维护量小而方便，且质量好、进度快。如按厂房全寿命的支出比较，这些跨度不很大的厂房采用实腹屋面梁比采用屋架要合理一些。实腹屋面梁一般与柱刚性连接。这种刚架结构应用日益广泛。

1 受运输条件限制，较高厂房柱有时需在上柱拼接接长。条文给出的拼接承载力要求是最小要求，有条件时可采用等强度拼接接长。

2 梁柱刚性连接、拼接的极限承载力验算及相应的构造措施（如潜在塑性铰位置的侧向支承），应针对单层刚架厂房的受力特征和遭遇强震时可能形成的极限机构进行。一般情况下，单跨横向刚架的最大应力区在梁底上柱截面，多跨横向刚架在中间柱列处也可出现在梁端截面。这是钢结构单层刚架厂房的特征。柱顶和柱底出现塑性铰是单层刚架厂房的极限承载力状态之一，故可放弃"强柱弱梁"的抗震概念。

条文中的刚架梁端的最大应力区，可按距梁端 1/10 梁净跨和 1.5 倍梁高中的较大值确定。实际工程中，受构件运输条件限制，梁的现场拼接往往在梁端附近，即最大应力区，此时，其极限承载力验算应与梁柱刚性连接的相同。

（Ⅲ）抗震构造措施

9.2.12 屋盖支撑系统（包括系杆）的布置和构造

应满足的主要功能是：保证屋盖的整体性（主要指屋盖各构件之间不错位）和屋盖横梁平面外的稳定性，保证屋盖和山墙水平地震作用传递路线的合理、简捷，且不中断。本次修订，针对钢结构厂房的特点规定了不同于钢筋混凝土柱厂房的屋盖支撑布置要求：

1 一般情况下，屋盖横向支撑应对应于上柱柱间支撑布置，故其间距取决于柱间支撑间距。表9.2.12屋盖横向支撑间距限值可按本节第9.2.15条的柱间支撑间距限值执行。

2 无檩屋盖（重型屋盖）是指通用的1.5m×6.0m预制大型屋面板。大型屋面板与屋架的连接需保证三个角点牢固焊接，才能起到上弦水平支撑的作用。

屋架的主要横向支撑应设置在传递厂房框架支座反力的平面内。即，当屋架为端斜杆上承式时，应以上弦横向支撑为主；当屋架为端斜杆下承式时，以下弦横向支撑为主。当主要横向支撑设置在屋架的下弦平面区间内时，宜对应地设置上弦横向支撑；当采用以上弦横向支撑为主的屋架区间内时，一般可不设置对应的下弦横向支撑。

3 有檩屋盖（轻型屋盖）主要是指彩色涂层压形钢板、硬质金属面夹芯板等轻型板材和高频焊接薄壁型钢檩条组成的屋盖。在轻型屋盖中，高频焊接薄壁型钢等型钢檩条一般都可兼作上弦系杆，故在表9.2.12中未列入。

对于有檩屋盖，宜将主要横向支撑设置在上弦平面，水平地震作用通过上弦平面传递，相应的，屋架亦应采用端斜杆上承式。在设置横向支撑开间的柱顶刚性系杆或竖向支撑、屋面檩条应加强，使屋盖横向支撑能通过屋面檩条、柱顶刚性系杆或竖向支撑等构件可靠地传递水平地震作用。但当采用下沉式横向天窗时，应在屋架下弦平面设置封闭的屋盖水平支撑系统。

4 8、9度时，屋盖支撑体系（上、下弦横向支撑）与柱间支撑应布置在同一开间，以便加强结构单元的整体性。

5 支撑设置还需注意：当厂房跨度不很大时，压型钢板轻型屋盖比较适合于采用与柱刚接的屋面梁。压型钢板屋面的坡度较平缓，跨变效应可略去不计。

对轻型有檩屋盖，亦可采用屋架端斜杆为上承式的铰接框架，柱顶水平力通过屋架上弦平面传递。屋盖支撑布置也可参照实腹屋面梁的，隔撑间距宜按屋架下弦的平面外长细比小于240确定，但横向支撑开间的屋架两端应设置竖向支撑。

檩条隔撑系统布置时，需考虑合理的传力路径，檩条及其两端连接应足以承受隔撑传至的作用力。

屋盖纵向水平支撑的布置比较灵活。设计时，应据具体情况综合分析，以达到合理布置的目的。

9.2.13 单层钢结构厂房的最大柱顶位移值、吊车梁顶面标高处的位移限值，一般已可控制出现长细比过大的柔韧厂房。

本次修订，参考美国、欧洲、日本钢结构规范和抗震规范，结合我国现行钢结构设计规范的规定和设计习惯，按轴压比大小对厂房框架柱的长细比限值适当调整。

9.2.14 板件的宽厚比，是保证厂房框架延性的关键指标，也是影响单位面积耗钢量的关键指标。本次修订，对重屋盖和轻屋盖予以区别对待。重屋盖参照多层钢结构低于50m的抗震等级采用，柱的宽厚比要求比2001规范有所放松。

对于采用压型钢板轻型屋盖的单层钢结构厂房，对于设防烈度8度（0.20g）及以下的情况，即使按设防烈度的地震动参数进行弹性计算，也经常出现由非地震组合控制厂房框架受力的情况。因此，根据实际工程的计算分析，发现如果采用性能化设计的方法，可以分别按"高延性，低弹性承载力"或"低延性，高弹性承载力"的抗震设计思路来确定板件宽厚比。即通过厂房框架承受的地震内力与其具有的弹性抗力进行比较来选择板件宽厚比：

当构件的强度和稳定的承载力均满足高承载力——2倍多遇地震作用下的要求（$\gamma_G S_{GE} + \gamma_{Eh} 2S_E \leq R/\gamma_{RE}$）时，可采用现行《钢结构设计规范》GB 50017弹性设计阶段的板件宽厚比限值，即C类；当强度和稳定的承载力均满足中等承载力——1.5倍多遇地震作用下的要求（$\gamma_G S_{GE} + \gamma_{Eh} 1.5S_E \leq R/\gamma_{RE}$）时，可按表6中B类采用；其他情况，则按表6中A类采用。

表6 柱、梁构件的板件宽厚比限值

构件		板件名称	A类	B类
柱	I形截面	翼缘 b/t	10	12
		腹板 h_0/t_w	44	50
	箱形截面	壁板、腹板间翼缘 b/t	33	37
		腹板 h_0/t_w	44	48
	圆形截面	外径壁厚比 D/t	50	70
梁	I形截面	翼缘 b/t	9	11
		腹板 h_0/t_w	65	72
	箱形截面	腹板间翼缘 b/t	30	36
		腹板 h_0/t_w	65	72

注：表列数值适用于Q235钢。当材料为其他钢号时，除圆管的外径壁厚比应乘以$235/f_y$外，其余应乘以$\sqrt{235/f_y}$。

A、B、C三类宽厚比的数值，系参照欧、日、美等国家的抗震规范选定。大体上，A 类可达全截面塑性且塑性铰在转动过程中承载力不降低；B 类可达全截面塑性，在应力强化开始前足以抵抗局部屈曲发生，但由于局部屈曲使塑性铰的转动能力有限。C 类是指现行《钢结构设计规范》GB 50017 按弹性准则设计时翼板不发生局部屈曲的情况，如双轴对称 H 形截面翼缘需满足 $b/t \leqslant 15\sqrt{235/f_y}$，受弯构件腹板需满足 $72\sqrt{235/f_y} < h_0/t_w \leqslant 130\sqrt{235/f_y}$，压弯构件腹板应符合《钢结构设计规范》GB 50017-2003 式 (5.4.2) 的要求。

上述板件宽厚比与地震作用的对应关系，系根据底部剪力相当的条件，与欧洲 EC8 规范、日本 BCJ 规范给出的板件宽厚比限值与地震作用的对应关系大致持平。

鉴于单跨单层厂房横向刚架的耗能区（潜在塑性铰区），一般在上柱梁底截面附近，因此，即使遭遇强烈地震在上柱梁底区域形成塑性铰，并考虑塑性铰区钢材应变硬化，屋面梁仍可能处于弹性状态工作。所以框架塑性耗能区外的构件区段（即使遭遇强烈地震，截面应力始终在弹性范围内波动的构件区段），可采用 C 类截面。

设计经验表明，就目前广泛采用轻型围护材料的情况，采用上述方法确定宽厚比，虽然增加了一些计算工作量，但充分利用了构件自身所具有的承载力，在 6、7 度设防时可以较大地降低耗钢量。

9.2.15 柱间支撑对整个厂房的纵向刚度、自振特性、塑性铰产生部位都有影响。柱间支撑的布置应合理确定其间距，合理选择和配置其刚度以减小厂房整体扭转。

1 柱间支撑长细比限值，大于细柔长细比下限值 $130\sqrt{235/f_y}$（考虑 $0.5f_y$ 的残余应力）时，不需作钢号修正。

2 采用焊接型钢时，应采用整根型钢制作支撑杆件；但当采用热轧型钢时，采用拼接板加强才能达到等强接长。

3 对于大型屋面板无檩屋盖，柱顶的集中质量往往要大于各层吊车梁处的集中质量，其地震作用对各层柱间支撑大体相同，因此，上层柱间支撑的刚度、强度宜接近下层柱间支撑的。

4 压型钢板等轻型墙屋面围护，其波形垂直厂房纵向，对结构的约束较小，故可放宽厂房柱间支撑的间距。条文参考冶金部门的规定，对轻型围护厂房的柱间支撑间距作出规定。

9.2.16 震害表明，外露式柱脚破坏的特征是锚栓剪断、拉断或拔出。由于柱脚锚栓破坏，使钢结构倾斜，严重者导致厂房坍塌。外包式柱脚表现为顶部箍筋不足的破坏。

1 埋入式柱脚，在钢柱根部截面容易满足塑性

铰的要求。当埋入深度达到钢柱截面高度 2 倍的深度，可认为其柱脚部位的恢复力特性基本呈纺锤形。插入式柱脚引用冶金部门的有关规定。埋入式、插入式柱脚应确保钢柱的埋入深度和钢柱埋入部分的周边混凝土厚度。

2 外包式柱脚的力学性能主要取决于外包钢筋混凝土的力学性能。所以，外包短柱的钢筋应加强，特别是顶部箍筋，并确保外包混凝土的厚度。

3 一般的外露式柱脚，从力学的角度看，作为半刚性考虑更加合适。与钢柱根部截面的全截面屈服承载力相比，柱脚在多数情况下由锚栓屈服所决定的塑性弯矩较小。这种柱脚受弯时的力学性能，主要由锚栓的性能决定。如锚栓受拉屈服后能充分发展塑性，则承受反复荷载作用时，外露式柱脚的恢复力特性呈典型的滑移型滞回特性。但实际的柱脚，往往在锚栓截面未削弱部分屈服前，螺纹部分就发生断裂，难以有充分的塑性发展。并且，当钢柱截面大到一定程度时，设计大于柱截面受弯承载力的外露式柱脚往往是困难的。因此，当柱脚承受的地震作用大时，采用外露式不经济，也不合适。采用外露式柱脚时，与柱间支撑连接的柱脚，不论计算是否需要，都必须设置剪力键，以可靠抵抗水平地震作用。

<u>此次局部修订，进一步补充说明外露式柱脚的承载力验算要求，明确为"极限承载力不宜小于柱截面塑性屈服承载力的 1.2 倍"。</u>

9.3 单层砖柱厂房

（Ⅰ）一 般 规 定

9.3.1 本次修订明确本节适用范围为 6～8 度（0.20g）的烧结普通砖（黏土砖、页岩砖）、混凝土普通砖砌体。

在历次大地震中，变截面砖柱的上柱震害严重又不易修复，故规定砖柱厂房的适用范围为等高的中小型工业厂房。超出此范围的砖柱厂房，要采取比本节规定更有效的措施。

9.3.2 针对中小型工业厂房的特点，对钢筋混凝土无檩屋盖的砖柱厂房，要求设置防震缝。对钢、木等有檩屋盖的砖柱厂房，则明确可不设防震缝。

防震缝处需设置双柱或双墙，以保证结构的整体稳定性和刚性。

本次修订规定，屋盖设置天窗时，天窗不应通到端开间，以免过多削弱屋盖的整体性。天窗采用端砖壁时，地震中较多严重破坏，甚至倒塌，不应采用。

9.3.3 厂房的结构选型应注意：

1 历次大地震中，均有相当数量不配筋的无阶形柱的单层砖柱厂房，经受 8 度地震仍基本完好或轻微损坏。分析认为，当砖柱厂房山墙的间距、开洞率和高宽比均符合砌体结构静力计算的"刚性方案"条

件且山墙的厚度不小于 240mm 时，即：

①厂房两端均设有承重山墙且山墙和横墙间距，对钢筋混凝土无檩屋盖不大于 32m，对钢筋混凝土有檩屋盖、轻型屋盖和有密铺望板的木屋盖不大于 20m；

②山墙或横墙上洞口的水平截面面积不应超过山墙或横墙截面面积的 50%；

③山墙和横墙的长度不小于其高度。

不配筋的砖排架柱仍可满足 8 度的抗震承载力要求。仅从承载力方面，8 度地震时可不配筋；但历次的震害表明，当遭遇 9 度地震时，不配筋的砖柱大多数倒塌，按照"大震不倒"的设计原则，本次修订强调，8 度（0.20g）时不应采用无筋砖柱。即仍保留 78 规范、89 规范关于 8 度设防时至少应设置"组合砖柱"的规定，且多跨厂房在 8 度Ⅲ、Ⅳ类场地时，中柱宜采用钢筋混凝土柱，仅边柱可略放宽为采用组合砖柱。

2 震害表明，单层砖柱厂房的纵向也要有足够的强度和刚度，单靠独立砖柱是不够的，像钢筋混凝土柱厂房那样设置交叉支撑也不妥，因为支撑吸引来的地震剪力很大，将会剪断砖柱。比较经济有效的办法是，在柱间砌筑与柱整体连接的纵向砖墙并设置砖墙基础，以代替柱间支撑加强厂房的纵向抗震能力。

采用钢筋混凝土屋盖时，由于纵向水平地震作用较大，不能单靠屋盖中的一般纵向构件传递，所以要求在无上述抗震墙的砖柱顶部处设压杆（或用满足压杆构造的圈梁、天沟或檩条等代替）。

3 强调隔墙与抗震墙合并设置，目的在于充分利用墙体的功能，并避免非承重墙对柱及屋架与柱连接点的不利影响。当不能合并设置时，隔墙要采用轻质材料。

单层砖柱厂房的纵向隔墙与横向内隔墙一样，也宜做成抗震墙，否则会导致主体结构的破坏，独立的纵向、横向内隔墙，受震后容易倒塌，需采取保证其平面外稳定性的措施。

（Ⅱ）计 算 要 点

9.3.4 本次修订基本保持了 2001 规范可不进行纵向抗震验算的条件。明确为 7 度（0.10g）的情况，不适用于 7 度（0.15g）的情况。

9.3.5、9.3.6 在本节适用范围内的砖柱厂房，纵、横向抗震计算原则与钢筋混凝土柱厂房基本相同，故可参照本章第 9.1 节所提供的方法进行计算。其中，纵向简化计算的附录 K 不适用，而屋盖为钢筋混凝土或密铺望板的瓦木屋盖时，2001 规范规定，横向平面排架计算同样考虑厂房的空间作用影响。理由如下：

① 根据国家标准《砌体结构设计规范》GB 50003 的规定：密铺望板瓦木屋盖与钢筋混凝土有檩屋盖属于同一种屋盖类型，静力计算中，符合刚弹性方案的条件时（20～48）m 均可考虑空间工作，但 89 抗震规范规定：钢筋混凝土有檩屋盖可以考虑空间工作，而密铺望板的瓦木屋盖不可以考虑空间工作，二者不协调。

② 历次地震，特别是辽南地震和唐山地震中，不少密铺望板瓦木屋盖单层砖柱厂房反映了明显的空间工作特性。

③ 根据王光远教授《建筑结构的振动》的分析结论，不仅仅钢筋混凝土无檩屋盖和有檩屋盖（大波瓦、槽瓦）厂房；就是石棉瓦和黏土瓦屋盖厂房在地震作用下，也有明显的空间工作。

④ 从具有木望板的瓦木屋盖单层砖柱厂房的实测可以看出：实测厂房的基本周期均比按排架计算周期为短，同时其横向振型与钢筋混凝土屋盖的振型基本一致。

⑤ 山楼墙间距小于 24m 时，其空间工作更明显，且排架柱的剪力和弯矩的折减有更大的趋势，而单层砖柱厂房山、楼墙间距小于 24m 的情况，在工程建设中也是常见的。

根据以上分析，本次修订继续保持 2001 规范对单层砖柱厂房的空间工作的如下修订：

1）7 度和 8 度时，符合砌体结构刚弹性方案（20～48）m 的密铺望板瓦木屋盖单层砖柱厂房与钢筋混凝土有檩屋盖单层砖柱厂房一样，也可考虑地震作用下的空间工作。

2）附录 J"砖柱考虑空间工作的调整系数"中的"两端山墙间距"改为"山墙、承重（抗震）横墙的间距"；并将小于 24m 分为 24m、18m、12m。

3）单层砖柱厂房考虑空间工作的条件与单层钢筋混凝土柱厂房不同，在附录 K 中加以区别和修正。

9.3.8 砖柱的抗震验算，在现行国家标准《砌体结构设计规范》GB 50003 的基础上，按可靠度分析，同样引入承载力调整系数后进行验算。

（Ⅲ）抗 震 构 造 措 施

9.3.9 砖柱厂房一般多采用瓦木屋盖，89 规范关于木屋盖的规定基本上是合理的，本次修订，保持 89 规范、2001 规范的规定；并依据木结构设计规范的规定，明确 8 度时的木屋盖不宜设置天窗。

木屋盖的支撑布置中，如端开间下弦水平系杆与山墙连接，地震后容易将山墙顶掉，故不宜采用。木天窗架需加强与屋架的连接，防止受震后倾倒。

当采用钢筋混凝土和钢屋盖时，可参照第 9.1、9.2 节的规定。

9.3.10 檩条与山墙连接不好，地震时将使支承处的砌体错动，甚至造成山尖墙倒塌，檩条伸出山墙的出山屋面有利于加强檩条与山墙的连接，对抗震有利，可以采用。

9.3.12 震害调查发现，预制圈梁的抗震性能较差，故规定在屋架底标高处设置现浇钢筋混凝土圈梁。为加强圈梁的功能，规定圈梁的截面高度不应小于180mm；宽度习惯上与砖墙同宽。

9.3.13 震害还表明，山墙是排柱厂房抗震的薄弱部位之一，外倾、局部倒塌较多；甚至有全部倒塌的。为此，要求采用卧梁并加强锚拉的措施。

9.3.14 屋架（屋面梁）与柱顶或墙顶的圈梁锚固的修订如下：

　　1 震害表明：屋架（屋面梁）和柱子可用螺栓连接，也可采用焊接连接。

　　2 对垫块的厚度和配筋作了具体规定。垫块厚度太薄或配筋太少时，本身可能局部承压破坏，且埋件锚固不足。

9.3.15 根据设计需要，本次修订规定了砖柱的抗震要求。

9.3.16 钢筋混凝土屋盖单层砖柱厂房，在横向水平地震作用下，由于空间工作的因素，山墙、横墙将负担较大的水平地震剪力，为了减轻山墙、横墙的剪切破坏，保证房屋的空间工作，对山墙、横墙的开洞面积加以限制，8度时宜在山墙、横墙的两端设置构造柱。

9.3.17 采用钢筋混凝土无檩屋盖等刚性屋盖的单层砖柱厂房，地震时砖墙往往在屋盖处圈梁底面下一至四皮砖范围内出现周围水平裂缝。为此，对于高烈度地区刚性屋盖的单层砖柱厂房，在砖墙顶部沿墙长每隔1m左右埋设一根$\phi 8$竖向钢筋，并插入顶部圈梁内，以防止柱周围水平裂缝，甚至墙体错动破坏的产生。

附录 H　多层工业厂房抗震设计要求

H.1　钢筋混凝土框排架结构厂房

H.1.1 多层钢筋混凝土厂房结构特点：柱网为（6～12）m，跨度大，层高高（4～8）m，楼层荷载大（10～20）kN/m²，可能会有错层，有设备振动扰力、吊车荷载，隔墙少，竖向质量、刚度不均匀，平面扭转。框排架结构是多、高层工业厂房的一种特殊结构，其特点是平面、竖向布置不规则、不对称，纵向、横向和竖向的质量分布很不均匀，结构的薄弱环节较多；地震反应特征和震害要比框架结构和排架结构复杂，表现出更显著的空间作用效应，抗震设计有特殊要求。

H.1.2 为减少与国家标准《构筑物抗震设计规范》GB 50191重复，本附录主要针对上下排列的框排架

的特点予以规定。

针对框排架厂房的特点，其抗震措施要求更高。震害表明，同等高度设有贮仓的比不设贮仓的框架在地震中破坏的严重。钢筋混凝土贮仓竖壁与纵横向框架柱相连，以竖壁的跨高比来确定贮仓的影响，当竖壁的跨高比大于2.5时，竖壁为浅梁，可按不设贮仓的框架考虑。

H.1.3 对于框排架结构厂房，如在排架跨采用有檩或其他轻屋盖体系，与结构的整体刚度不协调，会产生过大的位移和扭转，为了提高抗扭刚度，保证变形尽量趋于协调，使排架柱列与框架柱列能较好地共同工作，本条规定目的是保证排架跨屋盖的水平刚度；山墙承重属结构单元内有不同的结构形式，造成刚度、荷载、材料强度不均衡，本条规定借鉴单层厂房的规定和震害调查制订。

H.1.5 在地震时，成品或原料堆积楼面荷载、设备和料斗及管道内的物料等可变荷载的遇合概率较大，应根据行业特点和使用条件，取用不同的组合值系数；厂房除外墙外，一般内隔墙较少，结构自振周期调整系数建议取0.8～0.9；框排架结构的排架柱，是厂房的薄弱部位或薄弱层，应进行弹塑性变形验算；高大设备、料斗、贮仓的地震作用对结构构件和连接的影响不容忽视，其重力荷载除参与结构整体分析外，还应考虑水平地震作用下产生的附加弯矩。式（H.1.5）为设备水平地震作用的简化计算公式。

H.1.6 支承贮仓竖壁的框架柱的上端截面，在地震作用下如果过早屈服，将影响整体结构的变形能力。对于上述部位的组合弯矩设计值，在第6章规定基础上再增大1.1倍。

与排架柱相连的顶层框架节点处，框架梁端、柱端组合的弯矩设计值乘以增大系数，是为了提高节点承载力。排架纵向地震作用将通过纵向柱间支撑传至下部框架柱，本条参照框支柱要求调整构件内力。

竖向框排架结构的排架柱，是厂房的薄弱部位，需进行弹塑性变形验算。

针对框排架厂房节点两侧梁高通常不等的特点，为防止柱端和小核芯区剪切破坏，提出了高差大于大梁25％或500mm时的承载力验算公式。

H.1.7 框架柱的剪跨比不大于1.5时，为超短柱，破坏为剪切脆性型破坏。抗震设计应尽量避免采用超短柱，但由于工艺使用要求，有时不可避免（如有错层等情况），应采取特殊构造措施。在短柱内配置斜钢筋，可以改善其延性，控制斜裂缝发展。

H.2　多层钢结构厂房

H.2.1 考虑多层厂房受力复杂，其抗震等级的高度分界比民用建筑有所降低。

H.2.2 当设备、料斗等设备穿过楼层时，由于各楼层梁的竖向挠度难以同步，如采用分层支承，则各楼

层结构的受力不明确。同时，在水平地震作用下，各层的层间位移对设备、料斗产生附加作用效应，严重时可损坏设备。

细而高的设备必须借助厂房楼层侧向支承才能稳定，楼层与设备之间应采用能适应层间位移差异的柔性连接。

装料后的设备、料斗总重心接近楼层的支承点处，是为了降低设备或料斗的地震作用对支承结构所产生的附加效应。

H.2.3 结构布置合理的支撑位置，往往与工艺布置冲突，支撑布置难以上下贯通，支撑平面布置错位。在保证支撑能把水平地震作用通过适当的途径，可靠地传递至基础前提下，支撑位置也可不设置在同一柱间。

H.2.6 本条与 2001 规范相比，主要增加关于阻尼比的规定：

在众值烈度的地震作用下，结构处于弹性阶段。根据 33 个冶金钢结构厂房用脉动法和吊车刹车进行大位移自由衰减阻尼比测试结果，钢结构厂房小位移阻尼比为 0.012～0.029 之间，平均阻尼比 0.018；大位移阻尼比为 0.0188～0.0363 之间，平均阻尼比 0.026。与本规范第 8.2.2 条协调，规定多遇地震作用计算的阻尼比取 0.03～0.04。板件宽厚比限值的选择计算的阻尼比也取此值。当结构经受强烈地震作用（如中震、大震等）时，考虑到结构已可能进入非弹性阶段，结构以延性耗能为主。因此，罕遇地震分析的阻尼比可适当取大一些。

H.2.7 "强柱弱梁"抗震概念，考虑的不仅是单独的梁柱连接部位，在更大程度上是反映结构的整体性能。多层工业厂房中，由于工艺设备布置的要求，有时较难做到"强柱弱梁"要求，因此，应着眼于结构整体的角度全面考虑和计算分析。

对梁柱节点左右梁端和上下柱端的全塑性承载力的验算要求，比本规范第 8.2.5 条增加两种例外情况：

①单层或多层结构顶层的低轴力柱，弹塑性软弱层的影响不明显，不需要满足要求。

②柱列中允许占一定比例的柱，当轴力较小而足以限制其在地震下出现不利反应且仍有可接受的刚度时，可不必满足强柱弱梁要求（如在厂房钢结构的一些大跨梁处、民用建筑转换大梁处）。条文中的柱列，指一个单线柱列或垂直于该柱列方向平面尺寸 10% 范围内的几列平行的柱列。

H.2.8 框架柱长细比限值大小对钢结构耗钢量有较大影响。构件长细比增加，往往误解为承载力退化严重。其实，这时的比较对象是构件的强度承载力，而不是稳定承载力。构件长细比属于稳定设计的范畴（实质上是位移问题）。构件长细比愈大，设计可使用的稳定承载力则愈小。在此基础上的比较表明，长细

比增加，并不表示出稳定承载力退化趋势加重的迹象。

显然，框架柱的长细比增大，结构层间刚度减小，整体稳定性降低。但这些概念上已由结构的最大位移限值、层间位移限值、二阶效应验算以及限制软弱层、薄弱层、平面和竖向布置的抗震概念措施等所控制。美国 AISC 钢结构规范在提示中述及受压构件的长细比不应超过 200，钢结构抗震规范未作规定；日本 BCJ 抗震规范规定柱的长细比不得超过 200。条文参考美国、欧洲、日本钢结构规范和抗震规范，结合我国钢结构设计习惯，对框架柱的长细比限值作出规定。

当构件长细比不大于 $125\sqrt{235/f_{ay}}$（弹塑性屈曲范围）时，长细比的钢号修正项才起作用。

抗侧力结构构件的截面板件宽厚比，是抗震钢结构构件局部延性要求的关键指标。板件宽厚比对工程设计的耗钢量影响很大。考虑多层钢结构厂房的特点，其板件宽厚比的抗震等级分界，比民用建筑降低 10m。

多层钢结构厂房的支撑布置往往受工艺要求制约，故增大其地震组合设计值。为避免出现过度刚强的支撑而吸引过多的地震作用，其长细比宜在弹性屈曲范围内选用。条文给出的柱间支撑长细比限值，下限值与欧洲规范的 X 形支撑、美国规范特殊中心支撑框架（SCBF）、日本规范的 BB 级支撑相当，上限值要稍严些。条文限定支撑长细比下限值的原因是，长细比在部分弹塑性屈曲范围（$60\sqrt{235/f_{ay}} \leqslant \lambda \leqslant 125\sqrt{235/f_{ay}}$）中心受压构件，表现为承载力值不稳定，滞回环波动大。

10 空旷房屋和大跨屋盖建筑

10.1 单层空旷房屋

（Ⅰ）一般规定

单层空旷房屋是一组不同类型的结构组成的建筑，包含有单层的观众厅和多层的前后左右的附属用房。无侧厅的食堂，可参照本规范第 9 章设计。

观众厅与前后厅之间、观众厅与两侧厅之间一般不设缝，震害较轻；个别房屋在观众厅与侧厅处留缝，反而破坏较重。因此，在单层空旷房屋中的观众厅与侧厅、前后厅之间可不设防震缝，但根据本规范第 3 章的要求，布置要对称，避免扭转，并按本章采取措施，使整组建筑形成相互支持和有良好联系的空间结构体系。

本节主要规定了单层空旷房屋大厅抗震设计中有别于单层厂房的要求，对屋盖选型、构造、非承重隔

墙及各种结构类型的附属房屋的要求，见其他各有关章节。

大厅人员密集，抗震要求较高，故观众厅有挑台，或房屋高、跨度大，或烈度高，需要采用钢筋混凝土框架或门式刚架结构等。根据震害调查及分析，为进一步提高其抗震安全性，本次修订对第10.1.3条进行了修改，对砖柱承重的情况作了更为严格的限制：

① 增加了7度（0.15g）时不应采用砖柱的规定；

② 鉴于现阶段各地区经济发展不平衡，对于设防烈度6度、7度（0.10g），经济条件不足的地区，还不宜全部取消砖柱承重，只是在跨度和柱顶高度方面较2001规范限制更加严格。

（Ⅱ）计 算 要 点

本次修订对计算要点的规定未作修改，同2001规范。

单层空旷房屋的平面和体型均较复杂，尚难以采用符合实际工作状态的假定和合理的模型进行整体计算分析。为了简化，从工程设计的角度考虑，可将整个房屋划为若干个部分，分别进行计算，然后从构造上和荷载的局部影响上加以考虑，互相协调。例如，通过周期的经验修正，使各部分的计算周期趋于一致；横向抗震分析时，考虑附属房屋的结构类型及其与大厅的连接方式，选用排架、框排架或排架-抗震墙的计算简图，条件合适时亦可考虑空间工作的影响，交接处的柱子要考虑高振型的影响；纵向抗震分析时，考虑屋盖的类型和前后厅等影响，选用单柱列或空间协同分析模型。

根据宏观震害调查分析，单层空旷房屋中，舞台后山墙等高大山墙的壁柱，地震中容易破坏。为减少其破坏，特别强调，高烈度时高大山墙应进行出平面的抗震验算。验算要求可参考本规范第9章，即壁柱在水平地震力作用下的偏心距超过规定值时，应设置组合壁柱，并验算其偏心受压的承载力。

（Ⅲ）抗震构造措施

单层空旷房屋的主要抗震构造措施如下：

1 6、7度时，中、小型单层空旷房屋的大厅，无筋的纵墙壁柱虽可满足承载力的设计要求，但考虑到大厅使用上的重要性，仍要求采用配筋砖柱或组合砖柱。

本次修订，在第10.1.3条不允许8度Ⅰ、Ⅱ类场地和7度（0.15g）采用砖柱承重，故在第10.1.14条删去了2001规范的有关规定。

当大厅采用钢筋混凝土柱时，其抗震等级不应低于二级。当附属房屋低于大厅柱顶标高时，大厅柱成为短柱，则其箍筋应全高加密。

2 前厅与大厅、大厅与舞台之间的墙体是单层空旷房屋的主要抗侧力构件，承担横向地震作用。因此，应根据抗震设防烈度及房屋的跨度、高度等因素，设置一定数量的抗震墙。采用钢筋混凝土抗震墙时，其抗震等级不应低于二级。与此同时，还应加强墙上的大梁及其连接的构造措施。

舞台口梁为悬梁，上部支承有舞台上的屋架，受力复杂，而且舞台口两侧墙体为一端自由的高大悬墙，在舞台口处不能形成一个门架式的抗震横墙，在地震作用下破坏较多。因此，舞台口墙要加强与大厅屋盖体系的拉结，用钢筋混凝土墙体、立柱和水平圈梁来加强自身的整体性和稳定性。9度时不应采用舞台口砌体悬墙承重。本次修订，进一步明确9度时舞台口悬墙应采用轻质墙体。

3 大厅四周的墙体一般较高，需增设多道水平圈梁来加强整体性和稳定性。特别是墙顶标高处的圈梁更为重要。

4 大厅与两侧的附属房屋之间一般不设防震缝，其交接处受力较大，故要加强相互间的连接，以增强房屋的整体性。本次修订，与本规范第7章对砌体结构的规定相协调，进一步提高了拉结措施——间距不大于400mm，且采用由拉结钢筋与分布短筋在平面内焊接而成的钢筋网片。

5 二层悬挑式挑台不但荷载大，而且悬挑跨度也较大，需要进行专门的抗震设计计算分析。

10.2 大跨屋盖建筑

（Ⅰ）一 般 规 定

10.2.1 近年来，大跨屋盖的建筑工程越来越广泛。为适应该类结构抗震设计的要求，本次修订增加了大跨屋盖建筑结构抗震设计的相关规定，并形成单独一节。

本条规定了本规范适用的屋盖结构范围及主要结构形式。本规范的大跨屋盖建筑是指与传统板式、梁板式屋盖结构相区别，具有更大跨越能力的屋盖体系，不应单从跨度大小的角度来理解大跨屋盖建筑结构。

大跨屋盖的结构形式多样，新形式也不断出现，本规范适用于一些常用结构形式，包括：拱、平面桁架、立体桁架、网架、网壳、张弦梁和弦支穹顶等七类基本形式以及由这些基本形式组合而成的结构。相应的，针对于这些屋盖结构形式的抗震研究开展较多，也积累了一定的抗震设计经验。

对于悬索结构、膜结构、索杆张力结构等柔性屋盖体系，由于几何非线性效应，其地震作用计算方法和抗震设计理论目前尚不成熟，本次修订暂不纳入。此外，大跨屋盖结构基本以钢结构为主，故本节也未对混凝土薄壳、组合网架、组合网壳等屋盖结构形式作出具体规定。

还需指出的是，对于存在拉索的预张拉屋盖结构，总体可分为三类：预应力结构，如预应力桁架、网架或网壳等；悬挂（斜拉）结构，如悬挂（斜拉）桁架、网架或网壳等；张弦结构，主要指张弦梁结构和弦支穹顶结构。本节中，预应力结构、悬挂（斜拉）结构归类在其依托的基本形式中。考虑到张弦结构的受力性能与常规预应力结构、悬挂（斜拉）结构有较大的区别，且是近些年发展起来的一类大跨屋盖结构新体系，因此将其作为基本形式列入。

大跨屋盖的结构新形式不断出现、体型复杂化、跨度极限不断突破，为保证结构的安全性、避免抗震性能差、受力很不合理的结构形式被采用，有必要对超出适用范围的大型建筑屋盖结构进行专门的抗震性能研究和论证，这也是国际上通常采用的技术保障措施。根据当前工程实践经验，对于跨度大于120m、结构单元长度大于300m或悬挑长度大于40m的屋盖结构，需要进行专门的抗震性能研究和论证。同时由于抗震设计经验的缺乏，新出现的屋盖结构形式也需要进行专门的研究和论证。

对于可开启屋盖，也属于非常用形式之一，其抗震设计除满足本节的规定外，与开闭功能有关的设计也需要另行研究和论证。

10.2.2 本条规定为抗震概念设计的主要原则，是本规范第3.4节和第3.5节规定的补充。

大跨屋盖结构的选型和布置首先应保证屋盖的地震效应能够有效地通过支座节点传递给下部结构或基础，且传递途径合理。

屋盖结构的地震作用不仅与屋盖自身结构相关，而且还与支承条件以及下部结构的动力性能密切相关，是整体结构的反应。根据抗震概念设计的基本原则，屋盖结构及其支承点的布置宜均匀对称，具有合理的刚度和承载力分布。同时下部结构设计也应充分考虑屋盖结构地震响应的特点，避免采用很不规则的结构布置而造成屋盖结构产生过大的地震扭转效应。

屋盖自身的结构形式宜优先采用两个水平方向刚度均衡、整体刚度良好的网架、网壳、双向立体桁架、双向张弦梁或弦支穹顶等空间传力体系。同时宜避免局部削弱或突变的薄弱部位。对于可能出现的薄弱部位，应采取措施提高抗震能力。

10.2.3 本条针对屋盖体系自身传递地震作用的主要特点，对两类结构的布置要求作了规定。

1 单向传力体系的抗震薄弱环节是垂直于主结构（桁架、拱、张弦梁）方向的水平地震力传递以及主结构的平面外稳定性，设置可靠的屋盖支撑是重要的抗震措施。在单榀立体桁架中，与屋面支撑同层的两（多）根主弦杆间也应设置斜杆。这一方面可提高桁架的平面外刚度，同时也使得纵向水平地震内力在同层主弦杆中分布均匀，避免薄弱区域的出现。

当桁架支座采用下弦节点支承时，必须采取有效措施确保支座处桁架不发生平面外扭转，设置纵向桁架是一种有效的做法，同时还可保证纵向水平地震力的有效传递。

2 空间传力结构体系具有良好的整体性和空间受力特点，抗震性能优于单向传力体系。对于平面形状为矩形且三边支承一边开口的屋盖结构，可以通过在开口边局部增加层数来形成边桁架，以提高开口边的刚度和加强结构整体性。对于两向正交正放网架和双向张弦梁，屋盖平面内的水平刚度较弱。为保证结构的整体性及水平地震作用的有效传递与分配，应沿上弦周边网格设置封闭的水平支撑。当结构跨度较大或下弦周边支承时，下弦周边网格也应设置封闭的水平支撑。

10.2.4 当屋盖分区域采用不同抗震性能的结构形式时，在结构交界区域通常会产生复杂的地震响应，一般避免采用此类结构。如确要采用，应对交界区域的杆件和节点采用加强措施。如果建筑设计和下部支承条件允许，设置防震缝也是可采用的有效措施。此时，由于实际工程情况复杂，为避免其两侧结构在强烈地震中碰撞，条文规定的防震缝宽度可能不足，最好按设防烈度下两侧独立结构在交界线上的相对位移最大值来复核。对于规则结构，缝宽也可将多遇地震下的最大相对变形值乘以不小于3的放大系数近似估计。

（Ⅱ） 计 算 要 点

10.2.6 本条规定屋盖结构可不进行地震作用计算的范围。

1 研究表明，单向平面桁架和单向立体桁架是否受沿桁架方向的水平地震效应控制主要取决于矢跨比的大小。对于矢跨比小于1/5的该类结构，水平地震效应较小，7度时可不进行沿桁架的水平和竖向地震作用计算。但是由于垂直桁架方向的水平地震作用主要由屋盖支撑承担，本节并没有对支撑的布置进行详细规定，因此对于7度及7度以上的该类体系，均应进行垂直于桁架方向的水平地震作用计算并对支撑构件进行验算。

2 网架属于平板形屋盖结构。大量计算分析结果表明，当支承结构刚度较大时，网架结构以竖向振动为主。7度时，网架结构的设计往往由非地震作用工况控制，因此可不进行地震作用计算，但应满足相应的抗震措施的要求。

10.2.7 本条规定抗震计算模型。

1 屋盖结构自身的地震效应是与下部结构协同工作的结果。由于下部结构的竖向刚度一般较大，以往在屋盖结构的竖向地震作用计算时通常习惯于仅单独以屋盖结构作为分析模型。但研究表明，不考虑屋盖结构与下部结构的协同工作，会对屋盖结构的地震作用，特别是水平地震作用计算产生显著影响，甚至得出错误结果。即便在竖向地震作用计算时，当下部结构给屋盖提供的竖向刚度较弱或分布不均匀时，仅按屋盖结构模型所计算的结果也会产生较大的误差。因此，考虑上下部结构的协同作用是屋盖结构地震作用计算的基本原则。

考虑上下部结构协同工作的最合理方法是按整体结构模型进行地震作用计算。因此对于不规则的结构，抗震计算应采用整体结构模型。当下部结构比较规则时，也可以采用一些简化方法（譬如等效为支座弹性约束）来计入下部结构的影响。但是，这种简化必须依据可靠且符合动力学原理。

2 研究表明，对于跨度较大的张弦梁和弦支穹顶结构，由预张力引起的非线性几何刚度对结构动力特性有一定的影响。此外，对于某些布索方案（譬如肋环型布索）的弦支穹顶结构，撑杆和下弦拉索系统实际上是需要依靠预张力来保证体系稳定性的几何可变体系，且不计入几何刚度也将导致结构总刚矩阵奇异。因此，这些形式的张弦结构计算模型就必须计入几何刚度。几何刚度一般可取重力荷载代表值作用下的结构平衡态的内力（包括预张力）贡献。

10.2.8 本条规定了整体、协同计算时的阻尼比取值。

屋盖钢结构和下部混凝土支承结构的阻尼比不同，协同分析时阻尼比取值方面的研究较少。工程设计中阻尼比取值大多在 0.025～0.035 间，具体数值一般认为与屋盖钢结构和下部混凝土支承结构的组成比例有关。下面根据位能等效原则提供两种计算整体结构阻尼比的方法，供设计中采用。

方法一：振型阻尼比法。振型阻尼比是指针对于各阶振型所定义的阻尼比。组合结构中，不同材料的能量耗散机理不同，因此相应构件的阻尼比也不相同，一般钢构件取 0.02，混凝土构件取 0.05。对于每一阶振型，不同构件单元对于振型阻尼比的贡献认为与单元变形能有关，变形能大的单元对该振型阻尼比的贡献较大，反之则较小。所以，可根据该阶振型下的单元变形能，采用加权平均的方法计算出振型阻尼比 ζ_i：

$$\zeta_i = \sum_{s=1}^{n} \zeta_s W_{si} / \sum_{s=1}^{n} W_{si}$$

式中：ζ_i——结构第 i 阶振型的阻尼比；

ζ_s——第 s 个单元阻尼比，对钢构件取 0.02；对混凝土构件取 0.05；

n——结构的单元总数；

W_{si}——第 s 个单元对应于第 i 阶振型的单元变形能。

方法二：统一阻尼比法。依然采用方法一的公式，但并不针对各振型 i 分别计算单元变形能 W_{si}，而是取各单元在重力荷载代表值作用下的变形能 W_{si}，这样便得对应于整体结构的一个阻尼比。

在罕遇地震作用下，一些实际工程的计算结果表明，屋盖钢结构也仅有少量构件能进入塑性屈服状态，所以阻尼比仍建议与多遇地震下的结构阻尼比取值相同。

10.2.9 本条规定水平地震作用的计算方向和宜考虑水平多向地震作用计算的范围。

不同于单向传力体系，空间传力体系的屋盖结构通常难以明确划分为沿某个方向的抗侧力构件，通常需要沿两个水平主轴方向同时计算水平地震作用。对于平面为圆形、正多边形的屋盖结构，可能存在两个以上的主轴方向，此时需要根据实际情况增加地震作用的计算方向。另外，当屋盖结构、支承条件或下部结构的布置明显不对称时，也应增加水平地震作用的计算方向。

10.2.10 本条规定了屋盖结构地震作用计算的方法。

本节适用的大跨屋盖结构形式属于线性结构范畴，因此振型分解反应谱法依然可作为是结构弹性地震效应计算的基本方法。随着近年来结构动力学理论和计算技术的发展，一些更为精确的动力学计算方法逐步被接受和应用，包括多向地震反应谱法、时程分析法、甚至多向随机振动分析方法。对于结构动力响应复杂和跨度较大的结构，应该鼓励采用这些方法进行地震作用计算，以作为振型分解反应谱法的补充。

自振周期分布密集是大跨屋盖结构区别于多高层结构的重要特点。在采用振型分解反应谱法时，一般应考虑更多阶振型的组合。研究表明，在不按上下部结构整体模型进行计算时，网架结构的组合振型数宜至少取前（10～15）阶，网壳结构宜至少取前（25～30）阶。对于体型复杂的屋盖结构或按上下部结构整体模型计算时，应取更多阶组合振型。对于存在明显扭转效应的屋盖结构，组合应采用完全二次型方根（CQC）法。

10.2.11 对于单向传力体系，结构的抗侧力构件通常是明确的。桁架构件抵抗其面内的水平地震作用和竖向地震作用，垂直桁架方向的水平地震作用则由屋盖支撑承担。因此，可针对各向抗侧力构件分别进行地震作用计算。

除单向传力体系外，一般屋盖结构的构件难以明确划分为沿某个方向的抗侧力构件，即构件的地震效应往往包含三向地震作用的结果，因此其构件验算应考虑三向（两个水平向和竖向）地震作用效应的组合，其组合值系数可按本规范第 5 章的规定采用。这也是基本原则。

10.2.12 多遇地震作用下的屋盖结构变形限值部分参考了《空间网格结构技术规程》的相关规定。

10.2.13 本条规定屋盖构件及其连接的抗震验算。

大跨屋盖结构由于其自重轻、刚度好，所受震害一般要小于其他类型的结构。但震害情况也表明，支座及其邻近构件发生破坏的情况较多，因此通过放大地震作用效应来提高该区域杆件和节点的承载力，是重要的抗震措施。由于通常该区域的节点和杆件数量不多，对于总工程造价的增加是有限的。

拉索是预张拉结构的重要构件。在多遇地震作用下，应保证拉索不发生松弛而退出工作。在设防烈度下，也宜保证拉索在各地震作用参与的工况组合下不出现松弛。

（Ⅲ）抗震构造措施

10.2.14 本条规定了杆件的长细比值。

杆件长细比限值参考了国家现行标准《钢结构设计规范》GB 50017 和《空间网格结构技术规程》JGJ 7 的相关规定，并作了适当加强。

10.2.15 本条规定了节点的构造要求。

节点选型要与屋盖结构的类型及整体刚度等因素结合起来，采用的节点要便于加工、制作、焊接。设计中，结构杆件内力的正确计算，必须用有效的构造措施来保证，其中节点构造应符合计算假定。

在地震作用下，节点应不先于杆件破坏，也不产生不可恢复的变形，所以要求节点具有足够的强度和刚度。杆件相交于节点中心将不产生附加弯矩，也使模型计算假定更加符合实际情况。

10.2.16 本条规定了屋盖支座的抗震构造。

支座节点是屋盖地震作用传递给下部结构的关键部件，其构造应与结构分析所取的边界条件相符，否则将使结构实际内力与计算内力出现较大差异，并可能危及结构的整体安全。

支座节点往往是地震破坏的部位，属于前面定义的关键节点的范畴，应予加强。在节点验算方面，对地震作用效应进行了必要的提高（第 10.2.13 条）。此外根据延性设计的要求，支座节点在超过设防烈度的地震作用下，应有一定的抗变形能力。但对于水平可滑动的支座节点，较难得到保证。因此建议按设防烈度计算值作为可滑动支座的位移限值（确定支承面的大小），在罕遇地震作用下采用限位措施确保不致滑移出支承面。

对于 8、9 度时多遇地震下竖向仅受压的支座节点，考虑到在强烈地震作用（如中震、大震）下可能出现受拉，因此建议采用构造上也能承受拉力的拉压型支座形式，且预埋锚筋、锚栓也按受拉情况进行构造配置。

11 土、木、石结构房屋

11.1 一般规定

本节是在 2001 规范基础上增加的内容。主要依据云南丽江、普洱、大姚地震，新疆巴楚、伽师地震，河北张北地震，内蒙古西乌旗地震，江西九江-瑞昌地震，浙江文成地震，四川道孚、汶川等地震灾区房屋震害调查资料，对土木石房屋具有共性的震害问题进行了总结，在此基础上提出了本节的有关规定。本章其他条款也据此做了部分改动与细化。

11.1.1 形状比较简单、规则的房屋，在地震作用下受力明确、简洁，同时便于进行结构分析，在设计上易于处理。震害经验也充分表明，简单、规整的房屋在遭遇地震时破坏也相对较轻。

墙体均匀、对称布置，在平面内对齐、竖向连续是传递地震作用的要求，这样沿主轴方向的地震作用能够均匀对称地分配到各个抗侧力墙段，避免出现应力集中或因扭转造成部分墙段受力过大而破坏、倒塌。我国不少地区的二、三层房屋，外纵墙在一、二层上下不连续，即二层外纵墙外挑，在 7 度地震影响下二层墙体开裂严重。

板式单边悬挑楼梯在墙体开裂后会因嵌固端破坏而失去承载能力，容易造成人员跌落伤亡。

震害调查发现，有的房屋纵横墙采用不同材料砌筑，如纵墙用砖砌筑、横墙和山墙用土坯砌筑，这类房屋由于两种材料砌块的规格不同，砖与土坯之间不能咬槎砌筑，不同材料墙体之间为通缝，导致房屋整体性差，在地震中破坏严重；又如有些地区采用的外砖里坯（亦称里生外熟）承重墙，地震中墙体倒塌现象较为普遍。这里所说的不同墙体混合承重，是指同一高度左右相邻不同材料的墙体，对于下部采用砖（石）墙，上部采用土坯墙，或下部采用石墙，上部采用砖或土坯墙的做法则不受此限制，但这类房屋的抗震承载力应按上部相对较弱的墙体考虑。

调查发现，一些村镇房屋设有较宽的外挑檐，在屋檐外挑梁的上面砌筑用于搁置檩条的小段墙体，甚至砌成花格状，没有任何拉结措施，地震时中容易破坏掉落伤人，因此明确规定不得采用。该位置可采用三角形小屋架或设瓜柱解决外挑部位檩条的支承问题。

11.1.2 木楼、屋盖房屋刚性较弱，加强木楼、屋盖的整体性可以有效地提高房屋的抗震性能，各构件之间的拉结是加强整体性的重要措施。试验研究表明，木屋盖加设竖向剪刀撑可增强木屋架纵向稳定性。

纵向通长水平系杆主要用于竖向剪刀撑、横墙、山墙的拉结。

采用墙揽将山墙与屋盖构件拉结牢固，可防止山墙外闪破坏；内隔墙稳定性差，墙顶与梁或屋架下弦拉结是防止其平面外失稳倒塌的有效措施。

11.1.3 本条规定了木楼、屋盖构件在屋架和墙上的最小支承长度和对应的连接方式。

11.1.4 本条规定了门窗洞口过梁的支承长度。

11.1.5 地震中坡屋面溜瓦是瓦屋面常见的破坏现

象，冷摊瓦屋面的底瓦浮搁在椽条上时更容易发生溜瓦、掉落伤人。因此，本条要求冷摊瓦屋面的底瓦与椽条应有锚固措施。根据地震现场调查情况，建议在底瓦的弧边两角设置钉孔，采用铁钉与椽条钉牢。盖瓦可用石灰或水泥砂浆压垄等做法与底瓦粘结牢固。该项措施还可以防止暴风对冷摊瓦屋面造成的破坏。四川汶川地震灾区恢复重建中已有平瓦预留了锚固钉孔。

11.1.6 本条对突出屋面的烟囱、女儿墙等易倒塌构件的出屋面高度提出了限值。

11.1.7 本条对土木石房屋的结构材料提出了基本要求。

11.1.8 本条对土木石房屋施工中钢筋端头弯钩和外露铁件防锈处理提出要求。

11.2 生 土 房 屋

11.2.1 本次修订，根据生土房屋在不同地震烈度下的震害情况，将本节生土房屋的适用范围较2001规范降低一度。

11.2.2 生土房屋的层数，因其抗震能力有限，一般仅限于单层；本次修订，生土房屋的高度和开间尺寸限制保持不变。

灰土墙指掺有石灰的土坯砌筑或灰土夯筑而成的墙体，其承载力明显高于土墙。1970年云南通海地震，7、8度区两层及两层以下的土墙房屋仅轻微损坏。1918年广东南澳大地震，汕头为8度，一些由贝壳煅烧的白灰夯筑的2、3层灰土承重房屋，包括医院和办公楼，受到轻微损坏，修复后继续使用。因此，灰土墙承重房屋采取适当的措施后，7度设防时可建二层房屋。

11.2.3 生土房屋的屋面采用轻质材料，可减轻地震作用；提倡用双坡和弧形屋面，可降低山墙高度，增加其稳定性；单坡屋面的后纵墙过高，稳定性差，平屋面防水有问题，不宜采用。

由于土墙抗压强度低，支承屋面构件部位均应有垫板或圈梁。檩要满搭在墙上或椽子上，端檩要出檐，以使外墙受荷均匀，增加接触面积。

11.2.4 抗震墙上开洞过大会削弱墙体抗震能力，因此对门窗洞口宽度进行限制。

当一个洞口采用多根木杆组成过梁时，在木杆上表面采用木板、扒钉、钢丝等将各根木杆连接成整体可避免地震时局部破坏塌落。

生土墙在纵横墙交接处沿高度每隔500mm左右设一层荆条、竹片、树条等拉结网片，可以加强转角处和内外墙交接处墙体的连接，约束该部位墙体，提高墙体的整体性，减轻地震时的破坏。震害表明，较细的多根荆条、竹片编制的网片，比较粗的几根竹竿或木杆的拉结效果好。原因是网片与墙体的接触面积

大，握裹好。

11.2.5 调查表明，村镇房屋墙体非地震作用开裂现象普遍，主要原因是不重视地基处理和基础的砌筑质量，导致地基不均匀沉降使墙体开裂。因此，本条要求对房屋的地基应夯实，并对基础的材料和砌筑砂浆提出了相应要求。设置防潮层以防止生土墙体酥落。

11.2.6 土坯的土质和成型方法，决定了土坯质量的好坏并最终决定土墙的强度，应予以重视。

11.2.7 为加强灰土墙房屋的整体性，要求设置圈梁。圈梁可用配筋砖带或木圈梁。

11.2.8 提高土拱房的抗震性能，主要是拱脚的稳定、拱圈的牢固和整体性。若一侧为崖体一侧为人工土墙，会因软硬不同导致破坏。

11.2.9 土窑洞有一定的抗震能力，在宏观震害调查时看到，土体稳定、土质密实、坡度较平缓的土窑洞在7度区有较好的例子。因此，对土窑洞来说，首先要选择良好的建筑场地，应避开易产生滑坡、崩塌的地段。

崖窑前不要接砌土坯或其他材料的前脸，否则前脸部分将极易遭到破坏。

有些地区习惯开挖层窑，一般来说比较危险，如需要时应注意间隔足够的距离，避免一旦土体破坏时发生连锁反应，造成大面积坍塌。

11.3 木结构房屋

11.3.1 本节所规定的木结构房屋，不适用于木柱与屋架（梁）铰接的房屋。因其柱子上、下端均为铰接，是不稳定的结构体系。

11.3.2 木柱与砖柱或砖墙在力学性能上是完全不同的材料，木柱属于柔性材料，变形能力强，砖柱或砖墙属于脆性材料，变形能力差。若两者混用，在水平地震作用下变形不协调，将使房屋产生严重破坏。

震害表明，无端屋架山墙往往容易在地震中破坏，导致端开间塌落，故要求设置端屋架（木梁），不得采用硬山搁檩做法。

11.3.3 由于结构构造的不同，各种木结构房屋的抗震性能也有一定的差异。其中穿斗木构架和木柱木屋架房屋结构性能较好，通常采用重量较轻的瓦屋面，具有结构重量轻、延性与整体性较好的优点，其抗震性能比木柱木梁房屋要好，6～8度可建造两层房屋。

木柱木梁房屋一般为重量较大的平屋盖泥被屋顶，通常为粗梁细柱，梁、柱之间连接简单，从震害调查结果看，其抗震性能低于穿斗木构架和木柱木屋架房屋，一般仅建单层房屋。

11.3.4 四柱三跨木排架指的是中间有一个较大的主跨，两侧各有一个较小边跨的结构，是大跨空旷木柱房屋较为经济合理的方案。

震害表明，15m～18m宽的木柱房屋，若仅用单跨，破坏严重，甚至倒塌；而采用四柱三跨的结构形

式，甚至出现地裂缝，主跨也安然无恙。

11.3.5 木结构房屋无承重山墙，故本规范第9.3节规定的房屋两端第二开间设置屋盖支撑的要求需向外移到端开间。

11.3.6～11.3.8 木柱与屋架（梁）设置斜撑，目的是控制横向侧移和加强整体性，穿斗木构架房屋整体性较好，有相当的抗倾倒和变形能力，故可不必采用斜撑来限制侧移，但平面外的稳定性还需采用纵向支撑来加强。

震害表明，木柱与木屋架的斜撑若用夹板形式，通过螺栓与屋架下弦节点和上弦处紧密连接，则基本完好，而斜撑连接于下弦任意部位时，往往倒塌或严重破坏。

为保证排架的稳定性，加强柱脚和基础的锚固是十分必要的，可采用拉结铁件和螺栓连接的方式，或有石销键的柱础，也可对柱脚采取防腐处理后埋入地面以下。

11.3.9 本条对木构件截面尺寸、开榫、接头等的构造提出了要求。

11.3.10 震害表明，木结构围护墙是非常容易破坏和倒塌的构件。木构架与砌体围护墙的质量、刚度有明显差异，自振特性不同，在地震作用下变形性能和产生的位移不一致，木构件的变形能力大于砌体围护墙，连接不牢时两者不能共同工作，甚至会相互碰撞，引起墙体开裂、错位，严重时倒塌。本条的目的是尽可能使围护墙在采取适当措施后不倒塌，以减轻人员伤亡和地震损失。

 1 沿墙高每隔500mm采用8号钢丝将墙体内的水平拉结筋或拉结网片与木柱拉结，配筋砖圈梁、配筋砂浆带等与木柱采用φ6钢筋或8号钢丝拉结，可以使木构架与围护墙协同工作，避免两者相互碰撞破坏。振动台试验表明，在较强地震作用下即使墙体因抗剪承载力不足而开裂，在与木柱有可靠拉结的情况下也不致倒塌。

 2 对土坯、砖等砌筑的围护墙洞口的宽度提出了限制。

 3 完全包裹在土坯、砖等砌筑的围护墙中的木柱不通风，较易腐蚀，且难于检查木柱的变质情况。

11.4 石结构房屋

11.4.1、11.4.2 多层石房震害经验不多，唐山地区多数是二层，少数三、四层，而昭通地区大部分是二、三层，仅泉州石结构古塔高达48.24m，经过1604年8级地震（泉州烈度为8度）的考验至今犹存。

多层石房高度限值相对于砖房是较小的，这是考虑到石块加工不平整，性能差别很大，且目前石结构的地震经验还不足。2008年局部修订将总高度和层数限值由"不宜"，改为"不应"，要求更加严格了。

11.4.6 从宏观震害和试验情况来看，石墙体的破坏特征和砖结构相近，石墙体的抗剪承载力验算可以与多层砌体结构采用同样的方法。但其承载力设计值应由试验确定。

11.4.7 石结构房屋的构造柱设置要求，系参照89规范混凝土中型砌块房屋对芯柱的设置要求规定的，而构造柱的配筋构造等要求，需参照多层黏土砖房的规定。

11.4.8 洞口是石墙体的薄弱环节，因此需对其洞口的面积加以限制。

11.4.9 多层石房每层设置钢筋混凝土圈梁，能够提高其抗震能力，减轻震害，例如，唐山地震中，10度区有5栋设置了圈梁的二层石房，震后基本完好，或仅轻微破坏。

与多层砖房相比，石墙体房屋圈梁的截面加大，配筋略有增加，因为石墙材料重量较大。在每开间及每道墙上，均设置现浇圈梁是为了加强墙体间的连接和整体性。

11.4.10 石墙在交接处用条石无垫片砌筑，并设置拉结钢筋网片，是根据石墙材料的特点，为加强房屋整体性而采取的措施。

11.4.11 本条为新增条文。石板多有节理缺陷，在建房过程中常因堆载断裂造成人员伤亡事故。因此，明确不得采用对抗震不利的料石作为承重构件。

12 隔震和消能减震设计

12.1 一 般 规 定

12.1.1 隔震和消能减震是建筑结构减轻地震灾害的有效技术。

隔震体系通过延长结构的自振周期能够减少结构的水平地震作用，已被国外强震记录所证实。国内外的大量试验和工程经验表明：隔震一般可使结构的水平地震加速度反应降低60%左右，从而消除或有效地减轻结构和非结构的地震损坏，提高建筑物及其内部设施和人员的地震安全性，增加了震后建筑物继续使用的功能。

采用消能减震的方案，通过消能器增加结构阻尼来减少结构在风作用下的位移是公认的事实，对减少结构水平和竖向的地震反应也是有效的。

适应我国经济发展的需要，有条件地利用隔震和消能减震来减轻建筑结构的地震灾害，是完全可能的。本章主要吸收国内外研究成果中较成熟的内容，目前仅列入橡胶隔震支座的隔震技术和关于消能减震设计的基本要求。

2001规范隔震层位置仅限于基础与上部结构之间，本次修订，隔震设计的适用范围有所扩大，考虑国内外已有隔震建筑的隔震层不仅是设置在基础上，而且设置在一层柱顶等下部结构或多塔楼的底盘上。

12.1.2 隔震技术和消能减震技术的主要使用范围，是可增加投资来提高抗震安全的建筑。进行方案比较时，需对建筑的抗震设防分类、抗震设防烈度、场地条件、使用功能及建筑、结构的方案，从安全和经济两方面进行综合分析对比。

考虑到随着技术的发展，隔震和消能减震设计的方案分析不需要特别的论证，本次修订不作为强制性条文，只保留其与本规范第 3.5.1 条关于抗震设计的规定不同的特点——与抗震设计方案进行对比，这是确定隔震设计的水平向减震系数和减震设计的阻尼比所需要的，也能显示出隔震和减震设计比抗震设计在提高结构抗震能力上的优势。

12.1.3 本次修订，对隔震设计的结构类型不作限制，修改 2001 版规定的基本周期小于 1s 和采用底部剪力法进行非隔震设计的结构。在隔震设计的方案比较和选择时仍应注意：

1 隔震技术对低层和多层建筑比较合适，日本和美国的经验表明，不隔震时基本周期小于 1.0s 的建筑结构效果最佳；建筑结构基本周期的估计，普通的砌体房屋可取 0.4s，钢筋混凝土框架取 $T_1 = 0.075H^{3/4}$，钢筋混凝土抗震墙结构取 $T_1 = 0.05H^{3/4}$。但是，不应仅限于基本自振周期在 1s 内的结构，因为超过 1s 的结构采用隔震技术有可能同样有效，国外大量隔震建筑也验证了此点，故取消了 2001 规范要求结构周期小于 1s 的限制。

2 根据橡胶隔震支座抗拉屈服强度低的特点，需限制非地震作用的水平荷载，结构的变形特点需符合剪切变形为主且房屋高宽比小于 4 或有关规范、规程对非隔震结构的高宽比限制要求。现行规范、规程有关非隔震结构高宽比的规定如下：

高宽比大于 4 的结构小震下基础不应出现拉力；砌体结构，6、7 度不大于 2.5，8 度不大于 2.0，9 度不大于 1.5；混凝土框架结构，6、7 度不大于 4，8 度不大于 3，9 度不大于 2；混凝土抗震墙结构，6、7 度不大于 6，8 度不大于 5，9 度不大于 4。

对高宽比大的结构，需进行整体倾覆验算，防止支座压屈或出现拉应力超过 1MPa。

3 国外对隔震工程的许多考察发现：硬土场地较适合于隔震房屋；软弱场地滤掉了地震波的中高频分量，延长结构的周期将增大而不是减小其地震反应，墨西哥地震就是一个典型的例子。2001 规范的要求仍然保留，当在 IV 类场地建造隔震房屋时，应进行专门研究和专项审查。

4 隔震层防火措施和穿越隔震层的配管、配线，有与隔震要求相关的专门要求。2008 年汶川地震中，位于 7、8 度区的隔震建筑，上部结构完好，但隔震层的管线受损，故需要特别注意改进。

12.1.4 消能减震房屋最基本的特点是：

1 消能装置可同时减少结构的水平和竖向的地震作用，适用范围较广，结构类型和高度均不受限制；

2 消能装置使结构具有足够的附加阻尼，可满足罕遇地震下预期的结构位移要求；

3 由于消能装置不改变结构的基本形式，除消能部件和相关部件外的结构设计仍可按本规范各章对相应结构类型的要求执行。这样，消能减震房屋的抗震构造，与普通房屋相比不降低，其抗震安全性可有明显的提高。

12.1.5 隔震支座、阻尼器和消能减震部件在长期使用过程中需要检查和维护。因此，其安装位置应便于维护人员接近和操作。

为了确保隔震和消能减震的效果，隔震支座、阻尼器和消能减震部件的性能参数应严格检验。

按照国家产品标准《橡胶支座 第 3 部分：建筑隔震橡胶支座》GB 20688.3 - 2006 的规定，橡胶支座产品在安装前应对工程中所用的各种类型和规格的原型部件进行抽样检验，其要求是：

采用随机抽样方式确定检测试件。若有一件抽样的一项性能不合格，则该次抽样检验不合格。

对一般建筑，每种规格的产品抽样数量应不少于总数的 20%；若有不合格，应重新抽取总数的 50%，若仍有不合格，则应 100% 检测。

一般情况下，每项工程抽样总数不少于 20 件，每种规格的产品抽样数量不少于 4 件。

尚没有国家标准和行业标准的消能部件中的消能器，应采用本章第 12.3 节规定的方法进行检验。对黏滞流体消能器等可重复利用的消能器，抽检数量适当增多，抽检的消能器可用于主体结构；对金属屈服位移相关型消能器等不可重复利用的消能器，在同一类型中抽检数量不少于 2 个，抽检合格率为 100%，抽检后不能用于主体结构。

型式检验和出厂检验应由第三方完成。

12.1.6 本条明确提出，可采用隔震、减震技术进行结构的抗震性能化设计。此时，本章的规定应依据性能化目标加以调整。

12.2 房屋隔震设计要点

12.2.1 本规范对隔震的基本要求是：通过隔震层的大变形来减少其上部结构的地震作用，从而减少地震破坏。隔震设计需解决的主要问题是：隔震层位置的确定，隔震垫的数量、规格和布置，隔震层在罕遇地震下的承载力和变形控制，隔震层不隔离竖向地震作用的影响，上部结构的水平向减震系数及其与隔震层的连接构造等。

隔震层的位置通常位于第一层以下。当位于第一层及以上时，隔震体系的特点与普通隔震结构可有较大差异，隔震层以下的结构设计计算也更复杂。

为便于我国设计人员掌握隔震设计方法，本规范提出了"水平向减震系数"的概念。按减震系数进行设计，隔震层以上结构的水平地震作用和抗震验算，构件承载力留有一定的安全储备。对于丙类建筑，相应的构造要求也可有所降低。但必须注意，结构所受的地震作用，既有水平向也有竖向，目前的橡胶隔震支座只具有隔离水平地震的功能，对竖向地震没有隔震效果，隔震后结构的竖向地震力可能大于水平地震力，应予以重视并做相应的验算，采取适当的措施。

12.2.2 本条规定了隔震体系的计算模型，且一般要求采用时程分析法进行设计计算。在附录 L 中提供了简化计算方法。

图 12.2.2 是对应于底部剪力法的等效剪切型结构的示意图；其他情况，质点 j 可有多个自由度，隔震装置也有相应的多个自由度。

本次修订，当隔震结构位于发震断裂主断裂带 10km 以内时，要求各个设防类别的房屋均应计及地震近场效应。

12.2.3、12.2.4 规定了隔震层设计的基本要求。

1 关于橡胶隔震支座的压应力和最大拉应力限值。

1）根据 Haringx 弹性理论，按稳定要求，以压缩荷载下叠层橡胶水平刚度为零的压应力作为屈曲应力 σ_{cr}，该屈曲应力取决于橡胶的硬度、钢板厚度与橡胶厚度的比值、第一形状参数 s_1（有效直径与中央孔洞直径之差 $D-D_0$ 与橡胶层 4 倍厚度 $4t_r$ 之比）和第二形状参数 s_2（有效直径 D 与橡胶层总厚度 nt_r 之比）等。

通常，隔震支座中间钢板厚度是单层橡胶厚度的一半，取比值为 0.5。对硬度为 30~60 共七种橡胶，以及 $s_1=11$、13、15、17、19、20 和 $s_2=3$、4、5、6、7，累计 210 种组合进行了计算。结果表明：满足 $s_1 \geqslant 15$ 和 $s_2 \geqslant 5$ 且橡胶硬度不小于 40 时，最小的屈曲应力值为 34.0MPa。

将橡胶支座在地震下发生剪切变形后上下钢板投影的重叠部分作为有效受压面积，以该有效受压面积得到的平均应力达到最小屈曲应力作为控制橡胶支座稳定的条件，取容许剪切变形为 $0.55D$（D 为支座有效直径），则可得本条规定的丙类建筑的压应力限值

$$\sigma_{max} = 0.45\sigma_{cr} = 15.0\text{MPa}$$

对 $s_2<5$ 且橡胶硬度不小于 40 的支座，当 $s_2=4$，$\sigma_{max}=12.0\text{MPa}$；当 $s_2=3$，$\sigma_{max}=9.0\text{MPa}$。因此规定，当 $s_2<5$ 时，平均压应力限值需予以降低。

2）规定隔震支座控制拉应力，主要考虑下列三个因素：

①橡胶受拉后内部有损伤，降低了支座的弹性性能；

②隔震支座出现拉应力，意味着上部结构存在倾覆危险；

③规定隔震支座拉应力 $\sigma_t<1\text{MPa}$ 理由是：1）广州大学工程抗震研究中心所做的橡胶垫的抗拉试验中，其极限抗拉强度为（2.0~2.5）MPa；2）美国 UBC 规范采用的容许抗拉强度为 1.5MPa。

2 关于隔震层水平刚度和等效黏滞阻尼比的计算方法，系根据振动方程的复阻尼理论得到的。其实部为水平刚度，虚部为等效黏滞阻尼比。

本次修订，考虑到随着橡胶隔震支座的制作工艺越来越成熟，隔震支座的直径越来越大，建议在隔震支座选型时尽量选用大直径的支座，对 300mm 直径的支座，由于其直径小，稳定性差，故将其设计承载力由 12MPa 降低到 10MPa。

橡胶支座随着水平剪切变形的增大，其容许竖向承载能力将逐渐减小，为防止隔震支座在大变形的情况下失去承载能力，故要求支座的剪切变形应满足 $\sigma \leqslant \sigma_{cr}(1-\gamma/s_2)$，式中，$\gamma$ 为水平剪切变形，s_2 为支座第二形状系数，σ 为支座竖向面压，σ_{cr} 为支座极限抗压强度。同时支座的竖向压应力不大于 30MPa，水平变形不大于 0.55D 和 300% 的较小值。

隔震支座直径较大时，如直径不小于 600mm，考虑实际工程隔震后的位移和现有试验设备的条件，对于罕遇地震位移验算时的支座设计参数，可取水平剪切变形 100% 的刚度和阻尼。

还需注意，橡胶材料是非线性弹性体，橡胶隔震支座的有效刚度与振动周期有关，动静刚度的差别很大。因此，为了保证隔震的有效性，最好取相应于隔震体系基本周期的刚度进行计算。本次修订，将 2001 规范隐含加载频率影响的"动刚度"改为"等效刚度"，用语更明确，方便同国家标准《橡胶支座》接轨；之所以去掉有关频率对刚度影响的语句，因相关的产品标准已有明确的规定。

12.2.5 隔震后，隔震层以上结构的水平地震作用可根据水平向减震系数确定。对于多层结构，层间地震剪力代表了水平地震作用取值及其分布，可用来识别结构的水平向减震系数。

考虑到隔震层不能隔离结构的竖向地震作用，隔震结构的竖向地震力可能大于其水平地震力，竖向地震的影响不可忽略，故至少要求 9 度时和 8 度水平减震系数为 0.30 时应进行竖向地震作用验算。

本次修订，拟对水平向减震系数的概念作某些调整：直接将"隔震结构与非隔震结构最大水平剪力的比值"改称为"水平向减震系数"，采用该概念力图使其意义更明确，以方便设计人员理解和操作（美

国、日本等国也同样采用此方法）。

隔震后上部结构按本规范相关结构的规定进行设计时，地震作用可以降低，降低后的地震影响系数曲线形式参见本规范5.1.5条，仅地震影响系数最大值α_{max1}减小。

2001规范确定隔震后水平地震作用时所考虑的安全系数1.4，对于当时隔震支座的性能是合适的。当前，在国家产品标准《橡胶支座　第3部分：建筑隔震橡胶支座》GB 20688.3－2006中，橡胶支座按剪切性能允许偏差分为S-A和S-B两类，其中S-A类的允许偏差为±15%，S-B类的允许偏差为±25%。因此，随着隔震支座产品性能的提高，该系数可适当减少。本次修订，按照《建筑结构可靠度设计统一标准》GB 50068的要求，确定设计用的水平地震作用的降低程度，需根据概率可靠度分析提供一定的概率保证，一般考虑1.645倍变异系数。于是，依据支座剪变刚度与隔震后体系周期及对应地震总剪力的关系，由支座刚度的变异导出地震总剪力的变异，再乘以1.645，则大致得到不同支座的ψ值，S-A类为0.85，S-B类为0.80。当设置阻尼器时还需要附加与阻尼器有关的变异系数，ψ值相应减少，对于S-A类，取0.80，对于S-B类，取0.75。

隔震后的上部结构用软件计算时，直接取α_{max1}进行结构计算分析。从宏观的角度，可以将隔震后结构的水平地震作用大致归纳为比非隔震时降低半度、一度和一度半三个档次，如表7所示（对于一般橡胶支座）；而上部结构的抗震构造，只能按降低一度分档，即以$\beta=0.40$分档。

表7　水平向减震系数与隔震后结构水平地震作用所对应烈度的分档

本地区设防烈度（设计基本地震加速度）	水平向减震系数β		
	$0.53\geqslant\beta\geqslant0.40$	$0.40>\beta>0.27$	$\beta\leqslant0.27$
9 (0.40g)	8 (0.30g)	8 (0.20g)	7 (0.15g)
8 (0.30g)	8 (0.20g)	7 (0.15g)	7 (0.10g)
8 (0.20g)	7 (0.15g)	7 (0.10g)	7 (0.10g)
7 (0.15g)	7 (0.10g)	7 (0.10g)	6 (0.05g)
7 (0.10g)	7 (0.10g)	6 (0.05g)	6 (0.05g)

本次修订对2001规范的规定，还有下列变化：

1　计算水平减震系数的隔震支座参数，橡胶支座的水平剪切应变由50%改为100%，大致接近设防地震的变形状态，支座的等效刚度比2001规范减少，计算的隔震效果更明显。

2　多层隔震结构的水平地震作用沿高度矩形分布改为按重力荷载代表值分布。还补充了高层隔震建筑确定水平向减震系数的方法。

3　对8度设防考虑竖向地震的要求有所加严，由"宜"改为"应"。

12.2.7　隔震后上部结构的抗震措施可以适当降低，一般的橡胶支座以水平向减震系数0.40为界划分，并明确降低的要求不得超过一度，对于不同的设防烈度如表8所示：

表8　水平向减震系数与隔震后上部结构抗震措施所对应烈度的分档

本地区设防烈度（设计基本地震加速度）	水平向减震系数	
	$\beta\geqslant0.40$	$\beta<0.40$
9 (0.40g)	8 (0.30g)	8 (0.20g)
8 (0.30g)	8 (0.20g)	7 (0.15g)
8 (0.20g)	7 (0.15g)	7 (0.10g)
7 (0.15g)	7 (0.10g)	7 (0.10g)
7 (0.10g)	7 (0.10g)	6 (0.05g)

需注意，本规范的抗震措施，一般没有8度（0.30g）和7度（0.15g）的具体规定。因此，当$\beta\geqslant0.40$时抗震措施不降低，对于7度（0.15g）设防时，即使$\beta<0.40$，隔震后的抗震措施基本上不降低。

砌体结构隔震后的抗震措施，在附录L中有较为具体的规定。对混凝土结构的具体要求，可直接按降低后的烈度确定，本次修订不再给出具体要求。

考虑到隔震层对竖向地震作用没有隔振效果，隔震层以上结构的抗震构造措施应保留与竖向抗力有关的要求。本次修订，与抵抗竖向地震有关的措施用条注的方式予以明确。

12.2.8　本次修订，删去2001规范关于墙体下隔震支座的间距不宜大于2m的规定，使大直径的隔震支座布置更为合理。

为了保证隔震层能够整体协调工作，隔震层顶部应设置平面内刚度足够大的梁板体系。当采用装配整体式钢筋混凝土楼盖时，为使纵横梁体系能传递竖向荷载并协调横向剪力在每个隔震支座的分配，支座上方的纵横梁体系应为现浇。为增大隔震层顶部梁板的平面内刚度，需加大梁的截面尺寸和配筋。

隔震支座附近的梁、柱受力状态复杂，地震时还会受到冲切，应加密箍筋，必要时配置网状钢筋。

上部结构的底部剪力通过隔震支座传给基础结构。因此，上部结构与隔震支座的连接件、隔震支座与基础的连接件应具有传递上部结构最大底部剪力的能力。

12.2.9　对隔震层以下的结构部分，主要设计要求是：保证隔震设计能在罕遇地震下发挥隔震效果。因此，需进行与设防地震、罕遇地震有关的验算，并适当提高抗液化措施。

本次修订，增加了隔震层位于下部或大底盘顶部时对隔震层以下结构的规定，进一步明确了按隔震后而不是隔震前的受力和变形状态进行抗震承载力和变形验算的要求。

12.3 房屋消能减震设计要点

12.3.1 本规范对消能减震的基本要求是：通过消能器的设置来控制预期的结构变形，从而使主体结构构件在罕遇地震下不发生严重破坏。消能减震设计需解决的主要问题是：消能器和消能部件的选型，消能部件在结构中的分布和数量，消能器附加给结构的阻尼比估算，消能减震体系在罕遇地震下的位移计算，以及消能部件与主体结构的连接构造和其附加的作用等等。

罕遇地震下预期结构位移的控制值，取决于使用要求，本规范第5.5节的限值是针对非消能减震结构"大震不倒"的规定。采用消能减震技术后，结构位移的控制可明显小于第5.5节的规定。

消能器的类型甚多，按ATC-33.03的划分，主要分为位移相关型、速度相关型和其他类型。金属屈服型和摩擦型属于位移相关型，当位移达到预定的启动限才能发挥消能作用，有些摩擦型消能器的性能有时不够稳定。黏滞型和黏弹性型属于速度相关型。消能器的性能主要用恢复力模型表示，应通过试验确定，并需根据结构预期位移控制等因素合理选用。位移要求愈严，附加阻尼愈大，消能部件的要求愈高。

12.3.2 消能部件的布置需经分析确定。设置在结构的两个主轴方向，可使两方向均有附加阻尼和刚度；设置于结构变形较大的部位，可更好发挥消耗地震能量的作用。

本次修订，将2001规范规定框架结构的层间弹塑性位移角不应大于1/80改为符合预期的变形控制要求，宜比不设置消能器的结构适当减小，设计上较为合理，仍体现消能减震提高结构抗震能力的优势。

12.3.3 消能减震设计计算的基本内容是：预估结构的位移，并与未采用消能减震结构的位移相比，求出所需的附加阻尼，选择消能部件的数量、布置和所能提供的阻尼大小，设计相应的消能部件，然后对消能减震体系进行整体分析，确认其是否满足位移控制要求。

消能减震结构的计算方法，与消能部件的类型、数量、布置及所提供的阻尼大小有关。理论上，大阻尼比的阻尼矩阵不满足振型分解的正交性条件，需直接采用恢复力模型进行非线性静力分析或非线性时程分析计算。从实用的角度，ATC-33建议适当简化；特别是主体结构基本控制在弹性工作范围内时，可采

用线性计算方法估计。

12.3.4 采用底部剪力法或振型分解反应谱法计算消能减震结构时，需要通过强行解耦，然后计算消能减震结构的自振周期、振型和阻尼比。此时，消能部件附加给结构的阻尼，参照ATC-33，用消能部件本身在地震下变形所吸收的能量与设置消能器后结构总地震变形能的比值来表征。

消能减震结构的总刚度取为结构刚度和消能部件刚度之和，消能减震结构的阻尼比按下列公式近似估算：

$$\zeta_j = \zeta_{sj} + \zeta_{cj}$$

$$\zeta_{cj} = \frac{T_j}{4\pi M_j} \Phi_j^T C_c \Phi_j$$

式中：ζ_j、ζ_{sj}、ζ_{cj}——分别为消能减震结构的j振型阻尼比、原结构的j振型阻尼比和消能器附加的j振型阻尼比；

　　T_j、Φ_j、M_j——消能减震结构第j自振周期、振型和广义质量；

　　　　C_c——消能器产生的结构附加阻尼矩阵。

国内外的一些研究表明，当消能部件较均匀分布且阻尼比不大于0.20时，强行解耦与精确解的误差，大多数可控制在5%以内。

12.3.5 本次修订，增加了对黏弹性材料总厚度以及极限位移、极限速度的规定。

12.3.6 本次修订，根据实际工程经验，细化了2001版的检测要求，试验的循环次数，由60圈改为30圈。性能的衰减程度，由10%降低为15%。

12.3.7 本次修订，进一步明确消能器与主结构连接部件应在弹性范围内工作。

12.3.8 本条是新增的。当消能减震的地震影响系数不到非消能减震的50%时，可降低一度。

附录L 隔震设计简化计算和
砌体结构隔震措施

1 对于剪切型结构，可根据基本周期和规范的地震影响系数曲线估计其隔震和不隔震的水平地震作用。此时，分别考虑结构基本周期不大于特征周期和大于特征周期两种情况，在每一种情况中又以5倍特征周期为界加以区分。

1) 不隔震结构的基本周期不大于特征周期 T_g 的情况：

设隔震结构的地震影响系数为 α，不隔震结构的地震影响系数为 α'，则对隔震结构，整个体系的基本周期为 T_1，当不大于 $5T_g$ 时地震影响系数

$$\alpha = \eta_2 (T_g/T_1)^\gamma \alpha_{max} \qquad (8)$$

由于不隔震结构的基本周期小于或等于特征周期，其地震影响系数

$$\alpha' = \alpha_{max} \qquad (9)$$

式中：α_{max}——阻尼比 0.05 的不隔震结构的水平地震影响系数最大值；

η_2、γ——分别为与阻尼比有关的最大值调整系数和曲线下降段衰减指数，见本规范第 5.1 节条文说明。

按照减震系数的定义，若水平向减震系数为 β，则隔震后结构的总水平地震作用为不隔震结构总水平地震作用的 β 倍，即

$$\alpha \le \beta \alpha'$$

于是 $\qquad \beta \ge \eta_2 (T_g/T_1)^\gamma$

根据 2001 规范试设计的结果，简化法的减震系数小于时程法，采用 1.2 的系数可接近时程法，故规定：

$$\beta = 1.2\eta_2 (T_g/T_1)^\gamma \qquad (10)$$

当隔震后结构基本周期 $T_1 > 5T_g$ 时，地震影响系数为倾斜下降段且要求不小于 $0.2\alpha_{max}$，确定水平向减震系数需专门研究，往往不易实现。例如要使水平向减震系数为 0.25，需有：

$$T_1/T_g = 5 + (\eta_2 0.2^\gamma - 0.175)/(\eta_1 T_g)$$

对 Ⅱ 类场地 $T_g = 0.35s$，阻尼比 0.05，相应的 T_1 为 4.7s

但此时 $\alpha = 0.175\alpha_{max}$，不满足 $\alpha \ge 0.2\alpha_{max}$ 的要求。

2）结构基本周期大于特征周期的情况：

不隔震结构的基本周期 T_0 大于特征周期 T_g 时，地震影响系数为

$$\alpha' = (T_g/T_0)^{0.9} \alpha_{max} \qquad (11)$$

为使隔震结构的水平向减震系数达到 β，同样考虑 1.2 的调整系数，需有

$$\beta = 1.2\eta_2 (T_g/T_1)^\gamma (T_0/T_g)^{0.9} \qquad (12)$$

当隔震后结构基本周期 $T_1 > 5T_g$ 时，也需专门研究。

注意，若在 $T_0 \le T_g$ 时，取 $T_0 = T_g$，则式（12）可转化为式（10），意味着也适用于结构基本周期不大于特征周期的情况。

多层砌体结构的自振周期较短，对多层砌体结构及与其基本周期相当的结构，本规范按不隔震时基本周期不大于 0.4s 考虑。于是，在上述公式中引入"不隔震结构的计算周期 T_0"表示不隔震的基本周期，并规定多层砌体取 0.4s 和特征周期二者的较大值，其他结构取计算基本周期和特征周期的较大值，即得到规范条文中的公式：砌体结构用式（L.1.1-1）表达；与砌体周期相当的结构用式（L.1.1-2）表达。

2 本条提出的隔震层扭转影响系数是简化计算

（图 27）。在隔震层顶板为刚性的假定下，由几何关系，第 i 支座的水平位移可写为：

$$u_i = \sqrt{(u_c + u_{ti}\sin\alpha_i)^2 + (u_{ti}\cos\alpha_i)^2}$$
$$= \sqrt{u_c^2 + 2u_c u_{ti}\sin\alpha_i + u_{ti}^2}$$

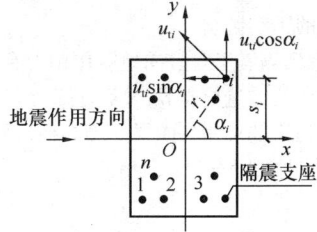

图 27 隔震层扭转计算简图

略去高阶量，可得：

$$u_i = \eta_i u_c$$

$$\eta_i = 1 + (u_{ti}/u_c)\sin\alpha_i$$

另一方面，在水平地震下 i 支座的附加位移可根据楼层的扭转角与支座至隔震层刚度中心的距离得到

$$\frac{u_{ti}}{u_c} = \frac{k_h}{\sum k_j r_j^2} r_i e$$

$$\eta_i = 1 + \frac{k_h}{\sum k_j r_j^2} r_i e \sin\alpha_i$$

如果将隔震层平移刚度和扭转刚度用隔震层平面的几何尺寸表述，并设隔震层平面为矩形且隔震支座均匀布置，可得

$$k_h \propto ab$$

$$\sum k_j r_j^2 \propto ab(a^2 + b^2)/12$$

于是 $\qquad \eta_i = 1 + 12es_i/(a^2 + b^2)$

对于同时考虑双向水平地震作用的扭转影响的情况，由于隔震层在两个水平方向的刚度和阻尼特性相同，若两方向隔震层顶部的水平力近似认为相等，均取为 F_{Ek}，可有地震扭矩

$$M_{tx} = F_{EK} e_y, \qquad M_{ty} = F_{EK} e_x$$

同时作用的地震扭矩取下列二者的较大：

$$M_t = \sqrt{M_{tx}^2 + (0.85 M_{ty})^2} \text{ 和 } M_t = \sqrt{M_{ty}^2 + (0.85 M_{tx})^2}$$

记为 $\qquad M_{tx} = F_{EK} e$

其中，偏心距 e 为下列二式的较大值：

$$e = \sqrt{e_x^2 + (0.85 e_y)^2} \text{ 和 } e = \sqrt{e_y^2 + (0.85 e_x)^2}$$

考虑到施工的误差，地震剪力的偏心距 e 宜计入偶然偏心距的影响，与本规范第 5.2 节的规定相同，隔震层也采用限制扭转影响系数最小值的方法处理。由于

隔震结构设计有助于减轻结构扭转反应，建议偶然偏心距可根据隔震层的情况取值，不一定取垂直于地震作用方向边长的 5%。

3 对于砌体结构，其竖向抗震验算可简化为墙体抗震承载力验算时在墙体的平均正应力 σ_0 计入竖向地震应力的不利影响。

4 考虑到隔震层对竖向地震作用没有隔震效果，上部砌体结构的构造应保留与竖向抗力有关的要求。对砌体结构的局部尺寸、圈梁配筋和构造柱、芯柱的最大间距作了原则规定。

13 非结构构件

13.1 一般规定

13.1.1 非结构的抗震设计所涉及的设计领域较多，本章主要涉及与主体结构设计有关的内容，即非结构构件与主体结构的连接件及其锚固的设计。

非结构构件（如墙板、幕墙、广告牌、机电设备等）自身的抗震，系以其不受损坏为前提的，本章不直接涉及这方面的内容。

本章所列的建筑附属设备，不包括工业建筑中的生产设备和相关设施。

13.1.2 非结构构件的抗震设防目标列于本规范第3.7节。与主体结构三水准设防目标相协调，容许建筑非结构构件的损坏程度略大于主体结构，但不得危及生命。

建筑非结构构件和建筑附属机电设备支架的抗震设防分类，各国的抗震规范、标准有不同的规定，本规范大致分为高、中、低三个层次：

高要求时，外观可能损坏而不影响使用功能和防火能力，安全玻璃可能裂缝，可经受相连结构构件出现 1.4 倍以上设计挠度的变形，即功能系数取≥1.4；

中等要求时，使用功能基本正常或可很快恢复，耐火时间减少 1/4，强化玻璃破碎，其他玻璃无下落，可经受相连结构构件出现设计挠度的变形，功能系数取 1.0；

一般要求，多数构件基本处于原位，但系统可能损坏，需修理才能恢复功能，耐火时间明显降低，容许玻璃破碎下落，只能经受相连结构构件出现 0.6 倍设计挠度的变形，功能系数取 0.6。

世界各国的抗震规范、规定中，要求对非结构的地震作用进行计算的有 60%，而仅有 28% 对非结构的构造作出规定。考虑到我国设计人员的习惯，首先要求采取抗震措施，对于抗震计算的范围由相关标准规定，一般情况下，除本规范第 5 章有明确规定的非结构构件，如出屋面女儿墙、长悬臂构件（雨篷等）外，尽量减少非结构构件地震作用计算和构件抗震验算的范围。例如，需要进行抗震验算的非结构构件大致如下：

1 7～9 度时，基本上为脆性材料制作的幕墙及各类幕墙的连接；

2 8、9 度时，悬挂重物的支座及其连接、出屋面广告牌和类似构件的锚固；

3 附着于高层建筑的重型商标、标志、信号等的支架；

4 8、9 度时，乙类建筑的文物陈列柜的支座及其连接；

5 7～9 度时，电梯提升设备的锚固件、高层建筑的电梯构件及其锚固；

6 7～9 度时，建筑附属设备自重超过 1.8kN 或其体系自振周期大于 0.1s 的设备支架、基座及其锚固。

13.1.3 很多情况下，同一部位有多个非结构构件，如出入口通道可包括非承重墙体、悬吊顶棚、应急照明和出入信号四个非结构构件；电气转换开关可能安装在非承重隔墙上等。当抗震设防要求不同的非结构构件连接在一起时，要求低的构件也需按较高的要求设计，以确保较高设防要求的构件能满足规定。

13.2 基本计算要求

13.2.1 本条明确了结构专业所需考虑的非结构构件的影响，包括如何在结构设计中计入相关的重力、刚度、承载力和必要的相互作用。结构构件设计时仅计入支承非结构部位的集中作用并验算连接件的锚固。

13.2.2 非结构构件的地震作用，除了自身质量产生的惯性力外，还有支座间相对位移产生的附加作用；二者需同时组合计算。

非结构构件的地震作用，除了本规范第 5 章规定的长悬臂构件外，只考虑水平方向。其基本的计算方法是对应于"地面反应谱"的"楼面谱"，即反映支承非结构构件的主体结构体系自身动力特性、非结构构件所在楼层位置和支点数量、结构和非结构阻尼特性对地面地震运动的放大作用；当非结构构件的质量较大时或非结构体系的自振特性与主结构体系的某一振型的振动特性相近时，非结构体系还将与主结构体系的地震反应产生相互影响。一般情况下，可采用简化方法，即等效侧力法计算；同时计入支座间相对位移产生的附加内力。对刚性连接于楼盖上的设备，当与楼层并为一个质点参与整个结构的计算分析时，也不必另外用楼面谱进行其地震作用计算。

要求进行楼面谱计算的非结构构件，主要是建筑附属设备，如巨大的高位水箱、出屋面的大型塔架等。采用第二代楼面谱计算可反映非结构构件对所在建筑结构的反作用，不仅导致结构本身地震反应的变化，固定在其上的非结构的地震反应也明显不同。

计算楼面谱的基本方法是随机振动法和时程分析法，当非结构构件的材料与结构体系相同时，可直接利用一般的时程分析软件得到；当非结构构件的质量较大，或材料阻尼特性明显不同，或在不同楼层上有支点，需采用第二代楼面谱的方法进行验算。此时，可考虑非结构与主体结构的相互作用，包括"吸振效应"，计算结果更加可靠。采用时程分析法和随机振动法计算楼面谱需有专门的计算软件。

13.2.3 非结构构件的抗震计算，最早见于ACT-3，采用了静力法。

等效侧力法在第一代楼面谱（以建筑的楼面运动作为地震输入，将非结构构件作为单自由度系统，将其最大反应的均值作为楼面谱，不考虑非结构构件对楼层的反作用）基础上做了简化。各国抗震规范的非结构构件的等效侧力法，一般由设计加速度、功能（或重要）系数、构件类别系数、位置系数、动力放大系数和构件重力六个因素所决定。

设计加速度一般取相当于设防烈度的地面运动加速度；与本规范各章协调，这里仍取多遇地震对应的加速度。

部分非结构构件的功能系数和类别系数参见本规范附录M第M.2节。

位置系数，一般沿高度为线性分布，顶点的取值，UBC97为4.0，欧洲规范为2.0，日本取3.3。根据强震观测记录的分析，对多层和一般的高层建筑，顶部的加速度约为底层的二倍；当结构有明显的扭转效应或高宽比较大时，房屋顶部和底部的加速度比例大于2.0。因此，凡采用时程分析法补充计算的建筑结构，此比值应依据时程分析法相应调整。

状态系数，取决于非结构体系的自振周期，UBC97在不同场地条件下，以周期1s时的动力放大系数为基础再乘以2.5和1.0两档，欧洲规范要求计算非结构体系的自振周期T_a，取值为$3/[1+(1-T_a/T_1)^2]$，日本取1.0、1.5和2.0三档。本规范不要求计算体系的周期，简化为两种极端情况，1.0适用于非结构的体系自振周期不大于0.06s等体系刚度较大的情况，其余按T_a接近于T_1的情况取值。当计算非结构体系的自振周期时，则可按$2/[1+(1-T_a/T_1)^2]$采用。

由此得到的地震作用系数（取位置、状态和构件类别三个系数的乘积）的取值范围，与主体结构体系相比，UBC97按场地不同为(0.7~4.0)倍[若以硬土条件下结构周期1.0s为1.0，则为(0.5~5.6)倍]，欧洲规范为0.75~6.0倍[若以硬土条件下结构周期1.0s为1.0，则为(1.2~10)倍]。我国一般为(0.6~4.8)倍[若以$T_g=0.4s$，结构周期1.0s为1.0，则为(1.3~11)倍]。

13.2.4 非结构构件支座间相对位移的取值，凡需验算层间位移者，除有关标准的规定外，一般按本规范规定的位移限值采用。

对建筑非结构构件，其变形能力相差较大。砌体材料构成的非结构构件，由于变形能力较差而限制在要求高的场所使用，国外的规范也只有构造要求而不要求进行抗震计算；金属幕墙和高级装修材料具有较大的变形能力，国外通常由生产厂家按主体结构设计的变形要求提供相应的材料，而不是由材料决定结构的变形要求；对玻璃幕墙，《建筑幕墙》标准中已规定其平面内变形分为五个等级，最大1/100，最小1/400。

对设备支架，支座间相对位移的取值与使用要求有直接联系。例如，要求在设防烈度地震下保持使用功能（如管道不破碎等），取设防烈度下的变形，即功能系数可取2~3，相应的变形限值取多遇地震的（3~4）倍；要求在罕遇地震下不造成次生灾害，则取罕遇地震下的变形限值。

13.2.5 本条规定非结构构件地震作用效应组合和承载力验算的原则。强调不得将摩擦力作为抗震设计的抗力。

13.3 建筑非结构构件的基本抗震措施

89规范各章中有关建筑非结构构件的构造要求如下：

1 砌体房屋中，后砌隔墙、楼梯间砖砌栏板的规定；

2 多层钢筋混凝土房屋中，围护墙和隔墙材料、砖填充墙布置和连接的规定；

3 单层钢筋混凝土柱厂房中，天窗端壁板、围护墙、高低跨封墙和纵横跨悬墙的材料和布置的规定，砌体隔墙和围护墙、墙梁、大型墙板等与排架柱、抗风柱的连接构造要求；

4 单层砖柱厂房中，隔墙的选型和连接构造规定；

5 单层钢结构厂房中，围护墙选型和连接要求。

2001规范将上述规定加以合并整理，形成建筑非结构构件材料、选型、布置和锚固的基本抗震要求。还补充了吊车走道板、天沟板、端屋架与山墙间的填充小屋面板，天窗端壁板和天窗侧板下的填充砌体等非结构件与支承结构可靠连接的规定。

玻璃幕墙已有专门的规程，预制墙板、顶棚及女儿墙、雨篷等附属构件的规定，也由专门的非结构抗震设计规程加以规定。

本次修订的主要内容如下：

13.3.3 将砌体房屋中关于烟道、垃圾道的规定移入本节。

13.3.4 增加了框架楼梯间等处填充墙设置钢丝网面层加强的要求。

13.3.5 进一步明确厂房围护墙的设置应注意下列问题：

1 唐山地震震害经验表明：嵌砌墙的墙体破坏较外贴墙轻得多，但对厂房的整体抗震性能极为不利，在多跨厂房和外纵墙不对称布置的厂房中，由于各柱列的纵向侧移刚度差别悬殊，导致厂房纵向破坏、倒塌的震例不少，即使两侧均为嵌砌墙的单跨厂房，也会由于纵向侧移刚度的增加而加大厂房的纵向地震作用效应，特别是柱顶地震作用的集中对柱顶节点的抗震很不利，容易造成柱顶节点破坏，危及屋盖的安全，同时由于门窗洞口处刚度的削弱和突变，还会导致门窗洞口处柱子的破坏，因此，单跨厂房也不宜在两侧采用嵌砌墙。

2 砖砌体的高低跨封墙和纵横向厂房交接处的悬墙，由于质量大、位置高，在水平地震作用特别是高振型影响下，外甩力大，容易发生外倾、倒塌，造成高砸低的震害，不仅砸坏低屋盖，还可能破坏低跨设备或伤人，危害严重，唐山地震中，这种震害的发生率很高，因此，宜采用轻质墙板，当必须采用砖砌体时，应加强与主体结构的锚拉。

3 高低跨封墙直接砌在低跨屋面板上时，由于高振型和上、下变形不协调的影响，容易发生倒塌破坏，并砸坏低跨屋盖，邢台地震 7 度区就有这种震例。

4 砌体女儿墙的震害较普遍，故规定需设置时，应控制其高度，并采取防地震时倾倒的构造措施。

5 不同墙体材料的质量、刚度不同，对主体结构的地震影响不同，对抗震不利，故不宜采用。必要时，宜采用相应的措施。

13.3.6 本条文字表达略有修改。轻型板材是指彩色涂层压型钢板、硬质金属面夹芯板，以及铝合金板等轻型板材。

降低厂房屋盖和围护结构的重量，对抗震十分有利。震害调查表明，轻型墙板的抗震效果很好。大型墙板围护厂房的抗震性能明显优于砌体围护墙厂房。大型墙板与厂房柱刚性连接，对厂房的抗震不利，并对厂房的纵向温度变形、厂房柱不均匀沉降以及各种振动也都不利。因此，大型墙板与厂房柱间应优先采用柔性连接。

嵌砌砌体墙对厂房的纵向抗震不利，故一般不应采用。

13.4 建筑附属机电设备支架的基本抗震措施

本规范仅规定对附属机电设备支架的基本要求。并参照美国 UBC 规范的规定，给出了可不作抗震设防要求的一些小型设备和小直径的管道。

建筑附属机电设备的种类繁多，参照美国 UBC97 规范，要求自重超过 1.8kN（400 磅）或自振周期大于 0.1s 时，要进行抗震计算。计算自振周期时，一般采用单质点模型。对于支承条件复杂的机电设备，其计算模型应符合相关设备标准的要求。

附录 M 实现抗震性能设计目标的参考方法

M.1 结构构件抗震性能设计方法

M.1.1 本条依据震害，尽可能将结构构件在地震中的破坏程度，用构件的承载力和变形的状态做适当的定量描述，以作为性能设计的参考指标。

关于中等破坏时构件变形的参考值，大致取规范弹性限值和弹塑性限值的平均值；构件接近极限承载力时，其变形比中等破坏小些；轻微损坏，构件处于开裂状态，大致取中等破坏的一半。不严重破坏，大致取规范不倒塌的弹塑性变形限值的 90%。

不同性能要求的位移及其延性要求，参见图 28。从中可见，对于非隔震、减震结构，性能 1，在罕遇地震时层间位移可按线性弹性计算，约为 $[\Delta u_e]$，震后基本不存在残余变形；性能 2，震时位移小于 2 $[\Delta u_e]$，震后残余变形小于 $0.5[\Delta u_e]$；性能 3，考虑阻尼有所增加，震时位移约为 $(4\sim5)[\Delta u_e]$，按退化刚度估计震后残余变形约 $[\Delta u_e]$；性能 4，考虑等效阻尼加大和刚度退化，震时位移约为 $(7\sim8)[\Delta u_e]$，震后残余变形约 $2[\Delta u_e]$。

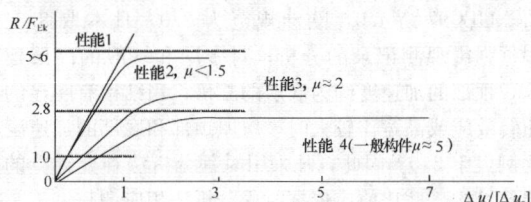

图 28 不同性能要求的位移和延性需求示意图

从抗震能力的等能量原理，当承载力提高一倍时，延性要求减少一半，故构造所对应的抗震等级大致可按降低一度的规定采用。延性的细部构造，对混凝土构件主要指箍筋、边缘构件和轴压比等构造，不包括影响正截面承载力的纵向受力钢筋的构造要求；对钢结构构件主要指长细比、板件宽厚比、加劲肋等构造。

M.1.2 本条列出了实现不同性能要求的构件承载力验算表达式，中震和大震均不考虑地震效应与风荷载效应的组合。

设计值复核，需计入作用分项系数、抗力的材料分项系数、承载力抗震调整系数，但计入和不计入不同抗震等级的内力调整系数时，其安全性的高低略有区别。

标准值和极限值复核，不计入作用分项系数、承载力抗震调整系数和内力调整系数，但材料强度分别取标准值和最小极限值。其中，钢材强度的最小极限值 f_u 按《高层民用建筑钢结构技术规程》JGJ 99 采用，约为钢材屈服强度的（1.35～1.5）倍；钢筋最小极限强度参照本规范第3.9.2条，取钢筋屈服强度f_y的1.25倍；混凝土最小极限强度参照《混凝土结构设计规范》GB 50011-2002第4.1.3条的说明，考虑实际结构混凝土强度与试件混凝土强度的差异，取立方强度的0.88倍。

M.1.3 本条给出竖向构件弹塑性变形验算的注意事项。

对于不同的破坏状态，弹塑性分析的地震作用和变形计算的方法也不同，需分别处理。

地震作用下构件弹塑性变形计算时，必须依据其实际的承载力——取材料强度标准值、实际截面尺寸（含钢筋截面）、轴向力等计算，考虑地震强度的不确定性、构件材料动静强度的差异等等因素的影响，从工程的角度，构件弹塑性参数可仍按杆件模型适当简化，参照IBC的规定，建议混凝土构件的初始刚度取短期或长期刚度，至少按$0.85E_cI$简化计算。

结构的竖向构件在不同破坏状态下层间位移角的参考控制目标，若依据试验结果并扣除整体转动影响，墙体的控制值要远小于框架柱。从工程应用的角度，参照常规设计时各楼层最大层间位移角的限值，若干结构类型按本条正文规定得到的变形最大的楼层中竖向构件最大位移角限值，如表9所示。

表9 结构竖向构件对应于不同破坏状态的最大层间位移角参考控制目标

结构类型	完 好	轻微损坏	中等破坏	不严重破坏
钢筋混凝土框架	1/550	1/250	1/120	1/60
钢筋混凝土抗震墙、筒中筒	1/1000	1/500	1/250	1/135
钢筋混凝土框架-抗震墙、板柱-抗震墙、框架-核心筒	1/800	1/400	1/200	1/110
钢筋混凝土框支层	1/1000	1/500	1/250	1/135
钢结构	1/300	1/200	1/100	1/55
钢框架-钢筋混凝土内筒、型钢混凝土框架-钢筋混凝土内筒	1/800	1/400	1/200	1/110

M.2 建筑构件和建筑附属设备支座抗震性能设计方法

各类建筑构件在强烈地震下的性能，一般允许其损坏大于结构构件，在大震下损坏不对生命造成危害。固定于结构的各类机电设备，则需考虑使用功能保持的程度，如检修后照常使用、一般性修理后恢复使用、更换部分构件的大修后恢复使用等。

本附录的表M.2.2和表M.2.3来自2001规范第13.2.3条的条文说明，主要参考国外的相关规定。

关于功能系数，UBC97分1.5和1.0两档，欧洲规范分1.5、1.4、1.2、1.0和0.8五档，日本取1.0、2/3、1/2三档。本附录按设防类别和使用要求确定，一般分为三档，取≥1.4、1.0和0.6。

关于构件类别系数，美国早期的ATC-3分0.6、0.9、1.5、2.0、3.0五档，UBC97称反应修正系数，无延性材料或采用胶粘剂的锚固为1.0，其余分为2/3、1/3、1/4三档，欧洲规范分1.0和1/2两档。本附录分0.6、0.9、1.0和1.2四档。

M.3 建筑构件和建筑附属设备抗震计算的楼面谱方法

非结构抗震设计的楼面谱，即从具体的结构及非结构所在的楼层在地震下的运动（如实际加速度记录或模拟加速度时程）得到具体的加速度谱，体现非结构动力特性对所处环境（场地条件、结构特性、非结构位置等）地震反应的再次放大效果。对不同的结构或同一结构的不同楼层，其楼面谱均不相同，在与结构体系主要振动周期相近的若干周期段，均有明显的放大效果。下面给出北京长富宫的楼面谱，可以看到上述特点。

北京长富宫为地上25层的钢结构，前六个自振周期为3.45s、1.15s、0.66s、0.48s、0.46s、0.35s。采用随机振动法计算的顶层楼面反应谱如图29所示，说明非结构的支承条件不同时，与主体结构的某个振型发生共振的机会是较多的。

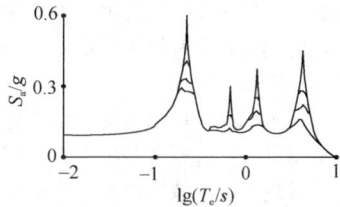

图 29 长富宫顶层的楼面反应谱

14 地 下 建 筑

14.1 一 般 规 定

14.1.1 本章是新增加的，主要规定地下建筑不同于地面建筑的抗震设计要求。

地下建筑种类较多，有的抗震能力强，有的使用要求高，有的服务于人流、车流，有的服务于物资储藏，抗震设防应有不同的要求。本章的适用范围为单建式地下建筑，且不包括地下铁道和城市公路隧道，因为地下铁道和城市公路隧道等属于交通运输类工程。

高层建筑的地下室（包括设置防震缝与主楼对应范围分开的地下室）属于附建式地下建筑，其性能要求通常与地面建筑一致，可按本规范有关章节所提出的要求设计。

随着城市建设的快速发展，单建式地下建筑的规模正在增大，类型正在增多，其抗震能力和抗震设防要求也有差异，需要在工程设计中进一步研究，逐步解决。

14.1.2 建设场地的地形、地质条件对地下建筑结构的抗震性能均有直接或间接的影响。选择在密实、均匀、稳定的地基上建造，有利于结构在经受地震作用时保持稳定。

14.1.3、14.1.4 对称、规则并具有良好的整体性，及结构的侧向刚度宜自下而上逐渐减小等是抗震结构建筑布置的常见要求。地下建筑与地面建筑的区别是，地下建筑结构尤应力求体型简单，纵向、横向外形平顺，剖面形状、构件组成和尺寸不沿纵向经常变化，使其抗震能力提高。

关于钢筋混凝土结构的地下建筑的抗震等级，其要求略高于高层建筑的地下室，这是由于：

① 高层建筑地下室，在楼房倒塌后一般即弃之不用，单建式地下建筑则在附近房屋倒塌后仍常有继续服役的必要，其使用功能的重要性常高于高层建筑地下室；

② 地下结构一般不宜带缝工作，尤其是在地下水位较高的场合，其整体性要求高于地面建筑；

③ 地下空间通常是不可再生的资源，损坏后一般不能推倒重来，需原地修复，而难度较大。

本条的具体规定主要针对乙类、丙类设防的地下建筑，其他设防类别，除有具体规定外，可按本规范相关规定提高或降低。

14.1.5 岩石地下建筑的口部结构往往是抗震能力薄弱的部位，洞口的地形、地质条件则对口部结构的抗震稳定性有直接的影响，故应特别注意洞口位置和口部结构类型的选择的合理性。

14.2 计 算 要 点

14.2.1 本条根据当前的工程经验，确定抗震设计中可不进行计算分析的地下建筑的范围。

设防烈度为 7 度时Ⅰ、Ⅱ类场地中的丙类建筑可不计算，主要是参考唐山地震中天津市人防工程震害调查的资料。

设防烈度为 8 度（0.20g）Ⅰ、Ⅱ类场地中层数不多于 2 层、体型简单、跨度不大、构件连结整体性好的丙类建筑，其结构刚度相对较大，抗震能力相对

较强，具有设计经验时也可不进行地震作用计算。

14.2.2 本条规定地下建筑抗震计算的模型和相应的计算方法。

1 地下建筑结构抗震计算模型的最大特点是，除了结构自身受力、传力途径的模拟外，还需要正确模拟周围土层的影响。

长条形地下结构按横截面的平面应变问题进行抗震计算的方法，一般适用于离端部或接头的距离达1.5 倍结构跨度以上的地下建筑结构。端部和接头部位等的结构受力变形情况较复杂，进行抗震计算时原则上应按空间结构模型进行分析。

结构形式、土层和荷载分布的规则性对结构的地震反应都有影响，差异较大时地下结构的地震反应也将有明显的空间效应。此时，即使是外形相仿的长条形结构，也宜按空间结构模型进行抗震计算和分析。

2 对地下建筑结构，反应位移法、等效水平地震加速度法或等效侧力法，作为简便方法，仅适用于平面应变问题的地震反应分析；其余情况，需要采用具有普遍适用性的时程分析法。

3 反应位移法。采用反应位移法计算时，将土层动力反应位移的最大值作为强制位移施加于结构上，然后按静力原理计算内力。土层动力反应位移的最大值可通过输入地震波的动力有限元计算确定。

以长条形地下结构为例，其横截面的等效侧向荷载为由两侧土层变形形成的侧向力 $p(z)$、结构自重产生的惯性力及结构与周围土层间的剪切力 τ 三者的总和（图 30）。地下结构本身的惯性力，可取结构的质量乘以最大加速度，并施加在结构重心上。$p(z)$ 和 τ

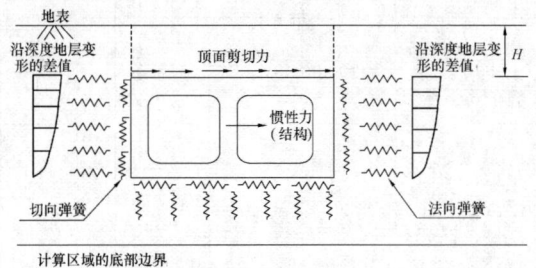

图 30 反应位移法的等效荷载

可按下列公式计算：

$$\tau = \frac{G}{\pi H} S_v T_s \tag{13}$$

$$p(z) = k_h [u(z) - u(z_b)] \tag{14}$$

式中，τ 为地下结构顶板上表面与土层接触处的剪切力；G 为土层的动剪变模量，可采用结构周围地层在应变水平为 10^{-4} 量级的地层的剪切刚度，其值约为初始值的 $70\% \sim 80\%$；H 为顶板以上土层的厚度，S_v 为基底上的速度反应谱，可由地面加速度反应谱得到；T_s 为顶板以上土层的固有周期；$p(z)$ 为土层变形形成的侧向力，$u(z)$ 为距地表深度 z 处的地震土

层变形；z_b 为地下结构底面距地表面的深度；k_h 为地震时单位面积的水平向土层弹簧系数，可采用不包含地下结构的土层有限元网格，在地下结构处施加单位水平力然后求出对应的水平变形得到。

4 等效水平地震加速度法。此法将地下结构的地震反应简化为沿垂直向线性分布的等效水平地震加速度的作用效应，计算采用的数值方法常为有限元法；等效侧力法将地下结构的地震反应简化为作用在节点上的等效水平地震惯性力的作用效应，从而可采用结构力学方法计算结构的动内力。两种方法都较简单，尤其是等效侧力法。但二者需分别得出等效水平地震加速度荷载系数和等效侧力系数等的取值，普遍适用性较差。

5 时程分析法。根据软土地区的研究成果，平面应变问题时程分析法网格划分时，侧向边界宜取至离相邻结构边墙至少 3 倍结构宽度处，底部边界取至基岩表面，或经时程分析试算结果趋于稳定的深度处，上部边界取至地表。计算的边界条件，侧向边界可采用自由场边界，底部边界离结构底面较远时可取为可输入地震加速度时程的固定边界，地表为自由变形边界。

采用空间结构模型计算时，在横截面上的计算范围和边界条件可与平面应变问题的计算相同，纵向边界可取为离结构端部距离为 2 倍结构横断面面积当量宽度处的横剖面，边界条件均宜为自由场边界。

14.2.3 本条规定地下结构抗震计算的主要设计参数：

1 地下结构的地震作用方向与地面建筑的区别。首先是对于长条形地下结构，作用方向与其纵轴方向斜交的水平地震作用，可分解为横断面上和沿纵轴方向作用的水平地震作用，二者强度均将降低，一般不可能单独起控制作用。因而对其按平面应变问题分析时，一般可仅考虑沿结构横向的水平地震作用；对地下空间综合体等体型复杂的地下建筑结构，宜同时计算结构横向和纵向的水平地震作用。其次是对竖向地震作用的要求，体型复杂的地下空间结构或地基地质条件复杂的长条形地下结构，都易产生不均匀沉降并导致结构裂损，因而即使设防烈度为 7 度，必要时也需考虑竖向地震作用效应的综合作用。

2 地面以下地震作用的大小。地面下设计基本地震加速度值随深度逐渐减小是公认的，但取值各国有不同的规定；一般在基岩面取地表的 1/2，基岩至地表按深度线性内插。我国《水工建筑物抗震设计规范》DL 5073 第 9.1.2 条规定地表为基岩面时，基岩面下 50m 及以下部位的设计地震加速度代表值可取为地表规定值的 1/2，不足 50m 处可按深度由线性插值确定。对于进行地震安全性评价的场地，则可根据具体情况按一维或多维的模型进行分析后确定其减小的规律。

3 地下结构的重力荷载代表值。地下建筑结构静力设计时，水、土压力是主要荷载，故在确定地下建筑结构的重力荷载的代表值时，应包含水、土压力的标准值。

4 土层的计算参数。软土的动力特性采用 Davidenkov 模型表述时，动剪变模量 G、阻尼比 λ 与动剪应变 γ_d 之间满足关系式：

$$\frac{G}{G_{max}} = 1 - \left[\frac{(\gamma_d/\gamma_0)^{2B}}{1+(\gamma_d/\gamma_0)^{2B}} \right]^A \tag{15}$$

$$\frac{\lambda}{\lambda_{max}} = \left[1 - \frac{G}{G_{max}} \right]^\beta \tag{16}$$

式中，G_{max} 为最大动剪变模量，γ_0 为参考应变，λ_{max} 为最大阻尼比，A、B、β 为拟合参数。

以上参数可由土的动力特性试验确定，缺乏资料时也可按下列经验公式估算。

$$G_{max} = \rho c_s^2 \tag{17}$$

$$\lambda_{max} = \alpha_2 - \alpha_3 (\sigma_v')^{\frac{1}{2}} \tag{18}$$

$$\sigma_v' = \sum_{i=1}^n \gamma_i' h_i \tag{19}$$

式中，ρ 为质量密度，c_s 为剪切波速，σ_v' 为有效上覆压力，γ_i' 为第 i 层土的有效重度，h_i 为第 i 层土的厚度，α_2、α_3 为经验常数，可由当地试验数据拟合分析确定。

14.2.4 地下建筑不同于地面建筑的抗震验算内容如下：

1 一般应进行多遇地震下承载力和变形的验算。

2 考虑地下建筑修复的难度较大，将罕遇地震作用下混凝土结构弹塑性层间位移角的限值取为 $[\theta_p] = 1/250$。由于多遇地震作用下按结构弹性状态计算得到的结果可能不满足罕遇地震作用下的弹塑性变形要求，建议进行设防地震下构件承载力和结构变形验算，使其在设防地震下可安全使用，在罕遇地震下能满足抗震变形验算的要求。

3 在有可能液化的地基中建造地下建筑结构时，应注意检验其抗浮稳定性，并在必要时采取措施加固地基，以防地震时结构周围的场地液化。鉴于经采取措施加固后地基的动力特性将有变化，本条要求根据实测标准贯入锤击数与临界锤击数的比值确定液化折减系数，并进而计算地下连续墙和抗拔桩等的摩阻力。

14.3 抗震构造措施和抗液化措施

14.3.1 地下钢筋混凝土框架结构构件的尺寸常大于同类地面结构的构件，但因使用功能不同的框架结构要求不一致，因而本条仅提构件最小尺寸应至少符合同类地面建筑结构构件的规定，而未对其规定具体尺寸。

地下钢筋混凝土结构按抗震等级提出的构造要求，第 3 款为根据"强柱弱梁"的设计概念适当加强框架柱的措施。

此次局部修订进行文字调整，以明确最小总配筋率取值规定。

14.3.2 本条规定比地上板柱结构有所加强，旨在便于协调安全受力和方便施工的需要。为加快施工进度，减少基坑暴露时间，地下建筑结构的底板、顶板和楼板常采用无梁肋结构，由此使底板、顶板和楼板等的受力体系不再是板梁体系，故在必要时宜通过在柱上板带中设置暗梁对其加强。

为加强楼盖结构的整体性，第 2 款提出加强周边墙体与楼板的连接构造的措施。

水平地震作用下，地下建筑侧墙、顶板和楼板开孔都将影响结构体系的抗震承载能力，故有必要适当限制开孔面积，并辅以必要的措施加强孔口周围的构件。

此次局部修订进行文字调整，明确暗梁的设置范围。

14.3.3 根据单建式地下建筑结构的特点，提出遇到液化地基时可采用的处理技术和要求。

对周围土体和地基中存在的液化土层，注浆加固和换土等技术措施可有效地消除或减轻液化危害。

对液化土层未采取措施时，应考虑其上浮的可能性，验算方法及要求见本章第 14.2 节，必要时应采取抗浮措施。

地基中包含薄的液化土夹层时，以加强地下结构而不是加固地基为好。当基坑开挖中采用深度大于 20m 的地下连续墙作为围护结构时，坑内土体将因受到地下连续墙的挟持包围而形成较好的场地条件，地震时一般不可能液化。这两种情况，周围土体都存在液化土，在承载力及抗浮稳定性验算中，仍应计入周围土层液化引起的土压力增加和摩阻力降低等因素的影响。

14.3.4 当地下建筑不可避免地必须通过滑坡和地质条件剧烈变化的地段时，本条给出了减轻地下建筑结构地震作用效应的构造措施。

14.3.5 汶川地震中公路隧道的震害调查表明，当断层破碎带的复合式支护采用素混凝土内衬时，地震下内衬结构严重裂损并大量坍塌，而采用钢筋混凝土内衬结构的隧道口部地段，复合式支护的内衬结构仅出现裂缝。因此，要求在断层破碎带中采用钢筋混凝土内衬结构。

中华人民共和国行业标准

建筑地基处理技术规范

Technical code for ground treatment of buildings

JGJ 79—2012

批准部门：中华人民共和国住房和城乡建设部
施行日期：２０１３ 年 ６ 月 １ 日

中华人民共和国住房和城乡建设部
公　告

第 1448 号

住房城乡建设部关于发布行业标准
《建筑地基处理技术规范》的公告

现批准《建筑地基处理技术规范》为行业标准，编号为 JGJ 79‐2012，自 2013 年 6 月 1 日起实施。其中，第 3.0.5、4.4.2、5.4.2、6.2.5、6.3.2、6.3.10、6.3.13、7.1.2、7.1.3、7.3.2、7.3.6、8.4.4、10.2.7 条为强制性条文，必须严格执行。原行业标准《建筑地基处理技术规范》JGJ 79‐2002 同时废止。

本规范由我部标准定额研究所组织中国建筑工业出版社出版发行。

中华人民共和国住房和城乡建设部

2012 年 8 月 23 日

前　言

根据住房和城乡建设部《关于印发〈2009 年工程建设标准规范制订、修订计划〉的通知》（建标〔2009〕88 号）的要求，规范编制组经广泛调查研究，认真总结实践经验，参考有关国际标准和国外先进标准，与国内相关规范协调，并在广泛征求意见的基础上，修订了《建筑地基处理技术规范》JGJ 79‐2002。

本规范主要技术内容是：1. 总则；2. 术语和符号；3. 基本规定；4. 换填垫层；5. 预压地基；6. 压实地基和夯实地基；7. 复合地基；8. 注浆加固；9. 微型桩加固；10. 检验与监测。

本规范修订的主要技术内容是：1. 增加处理后的地基应满足建筑物承载力、变形和稳定性要求的规定；2. 增加采用多种地基处理方法综合使用的地基处理工程验收检验的综合安全系数的检验要求；3. 增加地基处理采用的材料，应根据场地环境类别符合耐久性设计的要求；4. 增加处理后的地基整体稳定分析方法；5. 增加加筋垫层设计验算方法；6. 增加真空和堆载联合预压处理的设计、施工要求；7. 增加高夯击能的设计参数；8. 增加复合地基承载力考虑基础深度修正的有粘结强度增强体桩身强度验算方法；9. 增加多桩型复合地基设计施工要求；10. 增加注浆加固；11. 增加微型桩加固；12. 增加检验与监测；13. 增加复合地基增强体单桩静载荷试验要点；14. 增加处理后地基静载荷试验要点。

本规范中以黑体字标志的条文为强制性条文，必须严格执行。

本规范由住房和城乡建设部负责管理和对强制性条文的解释，由中国建筑科学研究院负责具体技术内容的解释。执行过程中如有意见或建议，请寄送中国建筑科学研究院（地址：北京市北三环东路 30 号 邮政编码：100013）。

本 规 范 主 编 单 位：中国建筑科学研究院

本 规 范 参 编 单 位：机械工业勘察设计研究院
湖北省建筑科学研究设计院
福建省建筑科学研究院
现代建筑设计集团上海申元岩土工程有限公司
中化岩土工程股份有限公司
中国航空规划建设发展有限公司
天津大学
同济大学
太原理工大学
郑州大学综合设计研究院

本规范主要起草人员：滕延京　张永钧　闫明礼
张　峰　张东刚　袁内镇
侯伟生　叶观宝　白晓红
郑　刚　王亚凌　水伟厚
郑建国　周同和　杨俊峰

本规范主要审查人员：顾国荣　周国钧　顾晓鲁
徐张建　张丙吉　康景文
梅全亭　滕文川　肖自强
潘凯云　黄　新

目　次

Contents

1 总 则

1.0.1 为了在地基处理的设计和施工中贯彻执行国家的技术经济政策，做到安全适用、技术先进、经济合理、确保质量、保护环境，制定本规范。

1.0.2 本规范适用于建筑工程地基处理的设计、施工和质量检验。

1.0.3 地基处理除应满足工程设计要求外，尚应做到因地制宜、就地取材、保护环境和节约资源等。

1.0.4 建筑工程地基处理除应符合本规范外，尚应符合国家现行有关标准的规定。

2 术语和符号

2.1 术 语

2.1.1 地基处理 ground treatment, ground improvement

提高地基承载力，改善其变形性能或渗透性能而采取的技术措施。

2.1.2 复合地基 composite ground, composite foundation

部分土体被增强或被置换，形成由地基土和竖向增强体共同承担荷载的人工地基。

2.1.3 地基承载力特征值 characteristic value of subsoil bearing capacity

由载荷试验测定的地基土压力变形曲线线性变形段内规定的变形所对应的压力值，其最大值为比例界限值。

2.1.4 换填垫层 replacement layer of compacted fill

挖除基础底面下一定范围内的软弱土层或不均匀土层，回填其他性能稳定、无侵蚀性、强度较高的材料，并夯压密实形成的垫层。

2.1.5 加筋垫层 replacement layer of tensile reinforcement

在垫层材料内铺设单层或多层水平向加筋材料形成的垫层。

2.1.6 预压地基 preloaded ground, preloaded foundation

在地基上进行堆载预压或真空预压，或联合使用堆载和真空预压，形成固结压密后的地基。

2.1.7 堆载预压 preloading with surcharge of fill

地基上堆加荷载使地基土固结压密的地基处理方法。

2.1.8 真空预压 vacuum preloading

通过对覆盖于竖井地基表面的封闭薄膜内抽真空排水使地基土固结压密的地基处理方法。

2.1.9 压实地基 compacted ground, compacted fill

利用平碾、振动碾、冲击碾或其他碾压设备将填土分层密实处理的地基。

2.1.10 夯实地基 rammed ground, rammed earth

反复将夯锤提到高处使其自由落下，给地基以冲击和振动能量，将地基土密实处理或置换形成密实墩体的地基。

2.1.11 砂石桩复合地基 composite foundation with sand-gravel columns

将碎石、砂或砂石混合料挤压入已成的孔中，形成密实砂石竖向增强体的复合地基。

2.1.12 水泥粉煤灰碎石桩复合地基 composite foundation with cement-fly ash-gravel piles

由水泥、粉煤灰、碎石等混合料加水拌合在土中灌注形成竖向增强体的复合地基。

2.1.13 夯实水泥土桩复合地基 composite foundation with rammed soil-cement columns

将水泥和土按设计比例拌合均匀，在孔内分层夯实形成竖向增强体的复合地基。

2.1.14 水泥土搅拌桩复合地基 composite foundation with cement deep mixed columns

以水泥作为固化剂的主要材料，通过深层搅拌机械，将固化剂和地基土强制搅拌形成竖向增强体的复合地基。

2.1.15 旋喷桩复合地基 composite foundation with jet grouting

通过钻杆的旋转、提升，高压水泥浆由水平方向的喷嘴喷出，形成喷射流，以此切割土体并与土拌合形成水泥土竖向增强体的复合地基。

2.1.16 灰土桩复合地基 composite foundation with compacted soil-lime columns

用灰土填入孔内分层夯实形成竖向增强体的复合地基。

2.1.17 柱锤冲扩桩复合地基 composite foundation with impact displacement columns

用柱锤冲击方法成孔并分层夯扩填料形成竖向增强体的复合地基。

2.1.18 多桩型复合地基 composite foundation with multiple reinforcement of different materials or lengths

采用两种及两种以上不同材料增强体，或采用同一材料、不同长度增强体加固形成的复合地基。

2.1.19 注浆加固 ground improvement by permeation and high hydrofracture grouting

将水泥浆或其他化学浆液注入地基土层中，增强土颗粒间的联结，使土体强度提高、变形减少、渗透性降低的地基处理方法。

2.1.20 微型桩 micropile

用桩工机械或其他小型设备在土中形成直径不大于300mm的树根桩、预制混凝土桩或钢管桩。

2.2 符　号

2.2.1 作用和作用效应

E——强夯或强夯置换夯击能；

p_c——基础底面处土的自重压力值；

p_{cz}——垫层底面处土的自重压力值；

p_k——相应于作用的标准组合时，基础底面处的平均压力值；

p_z——相应于作用的标准组合时，垫层底面处的附加压力值。

2.2.2 抗力和材料性能

D_r——砂土相对密实度；

D_{r1}——地基挤密后要求砂土达到的相对密实度；

d_s——土粒相对密度（比重）；

e——孔隙比；

e_0——地基处理前的孔隙比；

e_1——地基挤密后要求达到的孔隙比；

e_{max}、e_{min}——砂土的最大、最小孔隙比；

f_{ak}——天然地基承载力特征值；

f_{az}——垫层底面处经深度修正后的地基承载力特征值；

f_{cu}——桩体试块（边长 150mm 立方体）标准养护 28d 的立方体抗压强度平均值，对水泥土可取桩体试块（边长 70.7mm 立方体）标准养护 90d 的立方体抗压强度平均值；

f_{sk}——处理后桩间土的承载力特征值；

f_{spa}——深度修正后的复合地基承载力特征值；

f_{spk}——复合地基的承载力特征值；

k_h——天然土层水平向渗透系数；

k_s——涂抹区的水平向渗透系数；

q_p——桩端端阻力特征值；

q_s——桩周土的侧阻力特征值；

q_w——竖井纵向通水量，为单位水力梯度下单位时间的排水量；

R_a——单桩竖向承载力特征值；

T_a——土工合成材料在允许延伸率下的抗拉强度；

T_p——相应于作用的标准组合时单位宽度土工合成材料的最大拉力；

U——固结度；

$\overline{U}_t$——t 时间地基的平均固结度；

w_{op}——最优含水量；

α_p——桩端端阻力发挥系数；

β——桩间土承载力发挥系数；

θ——压力扩散角；

λ——单桩承载力发挥系数；

λ_c——压实系数；

ρ_d——干密度；

ρ_{dmax}——最大干密度；

ρ_c——黏粒含量；

ρ_w——水的密度；

τ_{ft}——t 时刻，该点土的抗剪强度；

τ_{f0}——地基土的天然抗剪强度；

$\Delta\sigma_z$——预压荷载引起的该点的附加竖向应力；

φ_{cu}——三轴固结不排水压缩试验求得的土的内摩擦角；

$\overline{\eta}_c$——桩间土经成孔挤密后的平均挤密系数。

2.2.3 几何参数

A——基础底面积；

A_e——一根桩承担的处理地基面积；

A_p——桩的截面积；

b——基础底面宽度、塑料排水带宽度；

d——桩的直径；

d_e——一根桩分担的处理地基面积的等效圆直径、竖井的有效排水直径；

d_p——塑料排水带当量换算直径；

l——基础底面长度；

l_p——桩长；

m——面积置换率；

s——桩间距；

z——基础底面下换填垫层的厚度；

δ——塑料排水带厚度。

3　基　本　规　定

3.0.1 在选择地基处理方案前，应完成下列工作：

1　搜集详细的岩土工程勘察资料、上部结构及基础设计资料等；

2　结合工程情况，了解当地地基处理经验和施工条件，对于有特殊要求的工程，尚应了解其他地区相似场地上同类工程的地基处理经验和使用情况等；

3　根据工程的要求和采用天然地基存在的主要问题，确定地基处理的目的和处理后要求达到的各项技术经济指标等；

4　调查邻近建筑、地下工程、周边道路及有关管线等情况；

5　了解施工场地的周边环境情况。

3.0.2 在选择地基处理方案时，应考虑上部结构、基础和地基的共同作用，进行多种方案的技术经济比较，选用地基处理或加强上部结构与地基处理相结合的方案。

3.0.3 地基处理方法的确定宜按下列步骤进行：

1　根据结构类型、荷载大小及使用要求，结合地形地貌、地层结构、土质条件、地下水特征、环境情况和对邻近建筑的影响等因素进行综合分析，初步选出几种可供考虑的地基处理方案，包括选择两种或多种地基处理措施组成的综合处理方案；

2 对初步选出的各种地基处理方案，分别从加固原理、适用范围、预期处理效果、耗用材料、施工机械、工期要求和对环境的影响等方面进行技术经济分析和对比，选择最佳的地基处理方法；

3 对已选定的地基处理方法，应按建筑物地基基础设计等级和场地复杂程度以及该种地基处理方法在本地区使用的成熟程度，在场地有代表性的区域进行相应的现场试验或试验性施工，并进行必要的测试，以检验设计参数和处理效果。如达不到设计要求时，应查明原因，修改设计参数或调整地基处理方案。

3.0.4 经处理后的地基，当按地基承载力确定基础底面积及埋深而需要对本规范确定的地基承载力特征值进行修正时，应符合下列规定：

1 大面积压实填土地基，基础宽度的地基承载力修正系数应取零；基础埋深的地基承载力修正系数，对于压实系数大于 0.95、黏粒含量 $\rho_c \geqslant 10\%$ 的粉土，可取 1.5，对于干密度大于 2.1t/m³ 的级配砂石可取 2.0；

2 其他处理地基，基础宽度的地基承载力修正系数应取零，基础埋深的地基承载力修正系数应取 1.0。

3.0.5 处理后的地基应满足建筑物地基承载力、变形和稳定性要求，地基处理的设计尚应符合下列规定：

1 经处理后的地基，当在受力层范围内仍存在软弱下卧层时，应进行软弱下卧层地基承载力验算；

2 按地基变形设计或应作变形验算且需进行地基处理的建筑物或构筑物，应对处理后的地基进行变形验算；

3 对建造在处理后的地基上受较大水平荷载或位于斜坡上的建筑物及构筑物，应进行地基稳定性验算。

3.0.6 处理后地基的承载力验算，应同时满足轴心荷载作用和偏心荷载作用的要求。

3.0.7 处理后地基的整体稳定分析可采用圆弧滑动法，其稳定安全系数不应小于 1.30。散体加固材料的抗剪强度指标，可按加固体材料的密实度通过试验确定；胶结材料的抗剪强度指标，可按桩体断裂后滑动面材料的摩擦性能确定。

3.0.8 刚度差异较大的整体大面积基础的地基处理，宜考虑上部结构、基础和地基共同作用进行地基承载力和变形验算。

3.0.9 处理后的地基应进行地基承载力和变形评价、处理范围和有效加固深度内地基均匀性评价，以及复合地基增强体的成桩质量和承载力评价。

3.0.10 采用多种地基处理方法综合使用的地基处理工程验收检验时，应采用大尺寸承压板进行载荷试

验，其安全系数不应小于 2.0。

3.0.11 地基处理所采用的材料，应根据场地类别符合有关标准对耐久性设计与使用的要求。

3.0.12 地基处理施工中应有专人负责质量控制和监测，并做好施工记录；当出现异常情况时，必须及时会同有关部门妥善解决。施工结束后应按国家有关规定进行工程质量检验和验收。

4 换填垫层

4.1 一般规定

4.1.1 换填垫层适用于浅层软弱土层或不均匀土层的地基处理。

4.1.2 应根据建筑体型、结构特点、荷载性质、场地土质条件、施工机械设备及填料性质和来源等综合分析后，进行换填垫层的设计，并选择施工方法。

4.1.3 对于工程量较大的换填垫层，应按所选用的施工机械、换填材料及场地的土质条件进行现场试验，确定换填垫层压实效果和施工质量控制标准。

4.1.4 换填垫层的厚度应根据置换软弱土的深度以及下卧土层的承载力确定，厚度宜为 0.5m～3.0m。

4.2 设 计

4.2.1 垫层材料的选用应符合下列要求：

1 砂石。宜选用碎石、卵石、角砾、圆砾、砾砂、粗砂、中砂或石屑，并应级配良好，不含植物残体、垃圾等杂质。当使用粉细砂或石粉时，应掺入不少于总重量 30% 的碎石或卵石。砂石的最大粒径不宜大于 50mm。对湿陷性黄土或膨胀土地基，不得选用砂石等透水性材料。

2 粉质黏土。土料中有机质含量不得超过 5%，且不得含有冻土或膨胀土。当含有碎石时，其最大粒径不宜大于 50mm。用于湿陷性黄土或膨胀土地基的粉质黏土垫层，土料中不得夹有砖、瓦和石块等。

3 灰土。体积配合比宜为 2:8 或 3:7。石灰宜选用新鲜的消石灰，其最大粒径不得大于 5mm。土料宜选用粉质黏土，不宜使用块状黏土，且不得含有松软杂质，土料应过筛且最大粒径不得大于 15mm。

4 粉煤灰。选用的粉煤灰应满足相关标准对腐蚀性和放射性的要求。粉煤灰垫层上宜覆土 0.3m～0.5m。粉煤灰垫层中采用掺加剂时，应通过试验确定其性能及适用条件。粉煤灰垫层中的金属构件、管网应采取防腐措施。大量填筑粉煤灰时，应经场地地下水和土壤环境的不良影响评价合格后，方可使用。

5 矿渣。宜选用分级矿渣、混合矿渣及原状矿渣等高炉重矿渣。矿渣的松散重度不应小于 11kN/m³，有机质及含泥总量不得超过 5%。垫层设计、施工前应对所选用的矿渣进行试验，确认性能稳定并满足腐

蚀性和放射性安全的要求。对易受酸、碱影响的基础或地下管网不得采用矿渣垫层。大量填筑矿渣时，应经场地地下水和土壤环境的不良影响评价合格后，方可使用。

6 其他工业废渣。在有充分依据或成功经验时，可采用质地坚硬、性能稳定、透水性强、无腐蚀性和无放射性危害的其他工业废渣材料，但应经过现场试验证明其经济技术效果良好且施工措施完善后方可使用。

7 土工合成材料加筋垫层所选用土工合成材料的品种与性能及填料，应根据工程特性和地基土质条件，按照现行国家标准《土工合成材料应用技术规范》GB 50290 的要求，通过设计计算并进行现场试验后确定。土工合成材料应采用抗拉强度较高、耐久性好、抗腐蚀的土工带、土工格栅、土工格室、土工垫或土工织物等土工合成材料。垫层填料宜用碎石、角砾、砾砂、粗砂、中砂等材料，且不宜含氯化钙、碳酸钠、硫化物等化学物质。当工程要求垫层具有排水功能时，垫层材料应具有良好的透水性。在软土地基上使用加筋垫层时，应保证建筑物稳定并满足允许变形的要求。

4.2.2 垫层厚度的确定应符合下列规定：

1 应根据需置换软弱土（层）的深度或下卧土层的承载力确定，并应符合下式要求：

$$p_z + p_{cz} \leqslant f_{az} \quad (4.2.2\text{-}1)$$

式中：p_z——相应于作用的标准组合时，垫层底面处的附加压力值（kPa）；

p_{cz}——垫层底面处土的自重压力值（kPa）；

f_{az}——垫层底面处经深度修正后的地基承载力特征值（kPa）。

2 垫层底面处的附加压力值 p_z 可分别按式（4.2.2-2）和式（4.2.2-3）计算：

1) 条形基础

$$p_z = \frac{b(p_k - p_c)}{b + 2z\tan\theta} \quad (4.2.2\text{-}2)$$

2) 矩形基础

$$p_z = \frac{bl(p_k - p_c)}{(b + 2z\tan\theta)(l + 2z\tan\theta)} \quad (4.2.2\text{-}3)$$

式中：b——矩形基础或条形基础底面的宽度（m）；

l——矩形基础底面的长度（m）；

p_k——相应于作用的标准组合时，基础底面处的平均压力值（kPa）；

p_c——基础底面处土的自重压力值（kPa）；

z——基础底面下垫层的厚度（m）；

θ——垫层（材料）的压力扩散角（°），宜通过试验确定。无试验资料时，可按表4.2.2采用。

表 4.2.2 土和砂石材料压力扩散角 θ（°）

换填材料 z/b	中砂、粗砂、砾砂、圆砾、角砾、石屑、卵石、碎石、矿渣	粉质黏土、粉煤灰	灰土
0.25	20	6	28
≥0.50	30	23	

注：1 当 $z/b < 0.25$ 时，除灰土取 $\theta = 28°$ 外，其他材料均取 $\theta = 0°$，必要时宜由试验确定；

2 当 $0.25 < z/b < 0.5$ 时，θ 值可以内插；

3 土工合成材料加筋垫层其压力扩散角宜由现场静载荷试验确定。

4.2.3 垫层底面的宽度应符合下列规定：

1 垫层底面宽度应满足基础底面应力扩散的要求，可按下式确定：

$$b' \geqslant b + 2z\tan\theta \quad (4.2.3)$$

式中：b'——垫层底面宽度（m）；

θ——压力扩散角，按本规范表4.2.2取值；当 $z/b < 0.25$ 时，按表4.2.2中 $z/b = 0.25$ 取值。

2 垫层顶面每边超出基础底边缘不应小于300mm，且从垫层底面两侧向上，按当地基坑开挖的经验及要求放坡。

3 整片垫层底面的宽度可根据施工的要求适当加宽。

4.2.4 垫层的压实标准可按表4.2.4选用。矿渣垫层的压实系数可根据满足承载力设计要求的试验结果，按最后两遍压实的压陷差确定。

表 4.2.4 各种垫层的压实标准

施工方法	换填材料类别	压实系数 λ_c
碾压振密或夯实	碎石、卵石	≥0.97
	砂夹石（其中碎石、卵石占全重的 30%～50%）	
	土夹石（其中碎石、卵石占全重的 30%～50%）	
	中砂、粗砂、砾砂、角砾、圆砾、石屑	
	粉质黏土	≥0.97
	灰土	≥0.95
	粉煤灰	≥0.95

注：1 压实系数 λ_c 为土的控制干密度 ρ_d 与最大干密度 ρ_{dmax} 的比值；土的最大干密度宜采用击实试验确定；碎石或卵石的最大干密度可取 2.1t/m³～2.2t/m³；

2 表中压实系数 λ_c 系使用轻型击实试验测定土的最大干密度 ρ_{dmax} 时给出的压实控制标准，采用重型击实试验时，对粉质黏土、灰土、粉煤灰及其他材料压实标准应为压实系数 $\lambda_c \geqslant 0.94$。

4.2.5 换填垫层的承载力宜通过现场静载荷试验确定。

4.2.6 对于垫层下存在软弱下卧层的建筑，在进行地基变形计算时应考虑邻近建筑物基础荷载对软弱下卧层顶面应力叠加的影响。当超出原地面标高的垫层或换填材料的重度高于天然土层重度时，宜及时换填，并应考虑其附加荷载的不利影响。

4.2.7 垫层地基的变形由垫层自身变形和下卧层变形组成。换填垫层在满足本规范第4.2.2条～4.2.4条的条件下，垫层地基的变形可仅考虑其下卧层的变形。对地基沉降有严格限制的建筑，应计算垫层自身的变形。垫层下卧层的变形量可按现行国家标准《建筑地基基础设计规范》GB 50007 的规定进行计算。

4.2.8 加筋土垫层所选用的土工合成材料尚应进行材料强度验算：

$$T_p \leqslant T_a \qquad (4.2.8)$$

式中：T_a——土工合成材料在允许延伸率下的抗拉强度（kN/m）；

T_p——相应于作用的标准组合时，单位宽度的土工合成材料的最大拉力（kN/m）。

4.2.9 加筋土垫层的加筋体设置应符合下列规定：

1 一层加筋时，可设置在垫层的中部；

2 多层加筋时，首层筋材距垫层顶面的距离宜取30%垫层厚度，筋材层间距宜取30%～50%的垫层厚度，且不应小于200mm；

3 加筋线密度宜为0.15～0.35。无经验时，单层加筋宜取高值，多层加筋宜取低值。垫层的边缘应有足够的锚固长度。

4.3 施 工

4.3.1 垫层施工应根据不同的换填材料选择施工机械。粉质黏土、灰土垫层宜采用平碾、振动碾或羊足碾，以及蛙式夯、柴油夯。砂石垫层等宜用振动碾。粉煤灰垫层宜采用平碾、振动碾、平板振动器、蛙式夯。矿渣垫层宜采用平板振动器或平碾，也可采用振动碾。

4.3.2 垫层的施工方法、分层铺填厚度、每层压实遍数宜通过现场试验确定。除接触下卧软土层的垫层底部应根据施工机械设备及下卧层土质条件确定厚度外，其他垫层的分层铺填厚度宜为200mm～300mm。为保证分层压实质量，应控制机械碾压速度。

4.3.3 粉质黏土和灰土垫层土料的施工含水量宜控制在$w_{op} \pm 2\%$的范围内，粉煤灰垫层的施工含水量宜控制在$w_{op} \pm 4\%$的范围内。最优含水量w_{op}可通过击实试验确定，也可按当地经验选取。

4.3.4 当垫层底部存在古井、古墓、洞穴、旧基础、暗塘时，应根据建筑物对不均匀沉降的控制要求予以处理，并经检验合格后，方可铺填垫层。

4.3.5 基坑开挖时应避免坑底土层受扰动，可保留

180mm～220mm厚的土层暂不挖去，待铺填垫层前再由人工挖至设计标高。严禁扰动垫层下的软弱土层，应防止软弱垫层被践踏、受冻或受水浸泡。在碎石或卵石垫层底部宜设置厚度为150mm～300mm的砂垫层或铺一层土工织物，并应防止基坑边坡塌土混入垫层中。

4.3.6 换填垫层施工时，应采取基坑排水措施。除砂垫层宜采用水撼法施工外，其余垫层施工均不得在浸水条件下进行。工程需要时应采取降低地下水位的措施。

4.3.7 垫层底面宜设在同一标高上，如深度不同，坑底土层应挖成阶梯或斜坡搭接，并按先深后浅的顺序进行垫层施工，搭接处应夯压密实。

4.3.8 粉质黏土、灰土垫层及粉煤灰垫层施工，应符合下列规定：

1 粉质黏土及灰土垫层分段施工时，不得在柱基、墙角及承重窗间墙下接缝；

2 垫层上下两层的缝距不得小于500mm，且接缝处应夯压密实；

3 灰土拌合均匀后，应当日铺填夯压；灰土夯压密实后，3d内不得受水浸泡；

4 粉煤灰垫层铺填后，宜当日压实，每层验收后应及时铺填上层或封层，并应禁止车辆碾压通行；

5 垫层施工竣工验收合格后，应及时进行基础施工与基坑回填。

4.3.9 土工合成材料施工，应符合下列要求：

1 下铺地基土层顶面应平整；

2 土工合成材料铺设顺序应先纵向后横向，且应把土工合成材料张拉平整、绷紧，严禁有皱折；

3 土工合成材料的连接宜采用搭接法、缝接法或胶接法，接缝强度不应低于原材料抗拉强度，端部应采用有效方法固定，防止筋材拉出；

4 应避免土工合成材料暴晒或裸露，阳光暴晒时间不应大于8h。

4.4 质 量 检 验

4.4.1 对粉质黏土、灰土、砂石、粉煤灰垫层的施工质量可选用环刀取样、静力触探、轻型动力触探或标准贯入试验等方法进行检验；对碎石、矿渣垫层的施工质量可采用重型动力触探试验等进行检验。压实系数可采用灌砂法、灌水法或其他方法进行检验。

4.4.2 换填垫层的施工质量检验应分层进行，并应在每层的压实系数符合设计要求后铺填上层。

4.4.3 采用环刀法检验垫层的施工质量时，取样点应选择位于每层垫层厚度的2/3深度处。检验点数量，条形基础下垫层每10m～20m不应少于1个点，独立柱基、单个基础下垫层不应少于1个点，其他基础下垫层每50m²～100m²不应少于1个点。采用标准贯入试验或动力触探法检验垫层的施工质量时，每

分层平面上检验点的间距不应大于 4m。

4.4.4 竣工验收应采用静载荷试验检验垫层承载力，且每个单体工程不宜少于 3 个点；对于大型工程应按单体工程的数量或工程划分的面积确定检验点数。

4.4.5 加筋垫层中土工合成材料的检验应符合下列要求：

　　1 土工合成材料质量应符合设计要求，外观无破损、无老化、无污染；

　　2 土工合成材料应可张拉、无皱折、紧贴下承层，锚固端应锚固牢靠；

　　3 上下层土工合成材料搭接缝应交替错开，搭接强度应满足设计要求。

5 预压地基

5.1 一般规定

5.1.1 预压地基适用于处理淤泥质土、淤泥、冲填土等饱和黏性土地基。预压地基按处理工艺可分为堆载预压、真空预压、真空和堆载联合预压。

5.1.2 真空预压适用于处理以黏性土为主的软弱地基。当存在粉土、砂土等透水、透气层时，加固区周边应采取确保膜下真空压力满足设计要求的密封措施。对塑性指数大于 25 且含水量大于 85% 的淤泥，应通过现场试验确定其适用性。加固土层上覆盖有厚度大于 5m 以上的回填土或承载力较高的黏性土层时，不宜采用真空预压处理。

5.1.3 预压地基应预先通过勘察查明土层在水平和竖直方向的分布、层理变化，查明透水层的位置、地下水类型及水源补给情况等。并应通过土工试验确定土层的先期固结压力、孔隙比与固结压力的关系、渗透系数、固结系数、三轴试验抗剪强度指标，通过原位十字板试验确定土的抗剪强度。

5.1.4 对重要工程，应在现场选择试验区进行预压试验，在预压过程中应进行地基竖向变形、侧向位移、孔隙水压力、地下水位等项目的监测并进行原位十字板剪切试验和室内土工试验。根据试验区获得的监测资料确定加载速率控制指标，推算土的固结系数、固结度及最终竖向变形等，分析地基处理效果，对原设计进行修正，指导整个场区的设计与施工。

5.1.5 对堆载预压工程，预压荷载应分级施加，并确保每级荷载下地基的稳定性；对真空预压工程，可采用一次连续抽真空至最大压力的加载方式。

5.1.6 对主要以变形控制设计的建筑物，当地基土经预压所完成的变形量和平均固结度满足设计要求时，方可卸载。对以地基承载力或抗滑稳定性控制设计的建筑物，当地基土经预压后其强度满足建筑物地基承载力或稳定性要求时，方可卸载。

5.1.7 当建筑物的荷载超过真空预压的压力，或建

筑物对地基变形有严格要求时，可采用真空和堆载联合预压，其总压力宜超过建筑物的竖向荷载。

5.1.8 预压地基加固应考虑预压施工对相邻建筑物、地下管线等产生附加沉降的影响。真空预压地基加固区边线与相邻建筑物、地下管线等的距离不宜小于 20m，当距离较近时，应对相邻建筑物、地下管线等采取保护措施。

5.1.9 当受预压时间限制，残余沉降或工程投入使用后的沉降不满足工程要求时，在保证整体稳定条件下可采用超载预压。

5.2 设　计

Ⅰ　堆载预压

5.2.1 对深厚软黏土地基，应设置塑料排水带或砂井等排水竖井。当软土层厚度较小或软土层中含较多薄粉砂夹层，且固结速率能满足工期要求时，可不设置排水竖井。

5.2.2 堆载预压地基处理的设计应包括下列内容：

　　1 选择塑料排水带或砂井，确定其断面尺寸、间距、排列方式和深度；

　　2 确定预压区范围、预压荷载大小、荷载分级、加载速率和预压时间；

　　3 计算堆载荷载作用下地基土的固结度、强度增长、稳定性和变形。

5.2.3 排水竖井分普通砂井、袋装砂井和塑料排水带。普通砂井直径宜为 300mm～500mm，袋装砂井直径宜为 70mm～120mm。塑料排水带的当量换算直径可按下式计算：

$$d_p = \frac{2(b+\delta)}{\pi} \qquad (5.2.3)$$

式中：d_p——塑料排水带当量换算直径（mm）；

　　　　b——塑料排水带宽度（mm）；

　　　　δ——塑料排水带厚度（mm）。

5.2.4 排水竖井可采用等边三角形或正方形排列的平面布置，并应符合下列规定：

　　1 当等边三角形排列时，

$$d_e = 1.05l \qquad (5.2.4-1)$$

　　2 当正方形排列时，

$$d_e = 1.13l \qquad (5.2.4-2)$$

式中：d_e——竖井的有效排水直径；

　　　　l——竖井的间距。

5.2.5 排水竖井的间距可根据地基土的固结特性和预定时间内所要求达到的固结度确定。设计时，竖井的间距可按井径比 n 选用（$n = d_e/d_w$，d_w 为竖井直径，对塑料排水带可取 $d_w = d_p$）。塑料排水带或袋装砂井的间距可按 $n = 15～22$ 选用，普通砂井的间距可按 $n = 6～8$ 选用。

5.2.6 排水竖井的深度应符合下列规定：

1 根据建筑物对地基的稳定性、变形要求和工期确定；

2 对以地基抗滑稳定性控制的工程，竖井深度应大于最危险滑动面以下 2.0m；

3 对以变形控制的建筑工程，竖井深度应根据在限定的预压时间内需完成的变形量确定；竖井宜穿透受压土层。

5.2.7 一级或多级等速加载条件下，当固结时间为 t 时，对应总荷载的地基平均固结度可按下式计算：

$$\bar{U}_t = \sum_{i=1}^{n} \frac{\dot{q}_i}{\Sigma \Delta p} \left[(T_i - T_{i-1}) - \frac{\alpha}{\beta} e^{-\beta t} (e^{\beta T_i} - e^{\beta T_{i-1}}) \right]$$

$$(5.2.7)$$

式中：$\bar{U}_t$——t 时间地基的平均固结度；

$\dot{q}_i$——第 i 级荷载的加载速率（kPa/d）；

$\Sigma \Delta p$——各级荷载的累加值（kPa）；

T_{i-1}，T_i——分别为第 i 级荷载加载的起始和终止时间（从零点起算）（d），当计算第 i 级荷载加载过程中某时间 t 的固结度时，T_i 改为 t；

α、β——参数，根据地基土排水固结条件按表 5.2.7 采用。对竖井地基，表中所列 β 为不考虑涂抹和井阻影响的参数值。

表 5.2.7 α 和 β 值

排水固结条件 \ 参数	竖向排水固结 $\bar{U}_z > 30\%$	向内径向排水固结	竖向和向内径向排水固结（竖井穿透受压土层）	说　明
α	$\frac{8}{\pi^2}$	1	$\frac{8}{\pi^2}$	$F_n = \frac{n^2}{n^2-1} \ln(n) - \frac{3n^2-1}{4n^2}$ c_h——土的径向排水固结系数（cm²/s）；c_v——土的竖向排水固结系数（cm²/s）；H——土层竖向排水距离（cm）；$\bar{U}_z$——双面排水土层或固结应力均匀分布的单面排水土层平均固结度
β	$\frac{\pi^2 c_v}{4H^2}$	$\frac{8c_h}{F_n d_e^2}$	$\frac{8c_h}{F_n d_e^2} + \frac{\pi^2 c_v}{4H^2}$	

5.2.8 当排水竖井采用挤土方式施工时，应考虑涂抹对土体固结的影响。当竖井的纵向通水量 q_w 与天然土层水平向渗透系数 k_h 的比值较小，且长度较长时，尚应考虑井阻影响。瞬时加载条件下，考虑涂抹和井阻影响时，竖井地基径向排水平均固结度可按下列公式计算：

$$\bar{U}_r = 1 - e^{-\frac{8c_h}{F d_e^2} t}$$

$$(5.2.8-1)$$

$$F = F_n + F_s + F_r \qquad (5.2.8-2)$$

$$F_n = \ln(n) - \frac{3}{4} \quad n \geqslant 15 \qquad (5.2.8-3)$$

$$F_s = \left[\frac{k_h}{k_s} - 1 \right] \ln s \qquad (5.2.8-4)$$

$$F_r = \frac{\pi^2 L^2}{4} \frac{k_h}{q_w} \qquad (5.2.8-5)$$

式中：$\bar{U}_r$——固结时间 t 时竖井地基径向排水平均固结度；

k_h——天然土层水平向渗透系数（cm/s）；

k_s——涂抹区土的水平向渗透系数，可取 $k_s = (1/5 \sim 1/3) k_h$（cm/s）；

s——涂抹区直径 d_s 竖井直径 d_w 的比值，可取 $s = 2.0 \sim 3.0$，对中等灵敏黏性土取低值，对高灵敏黏性土取高值；

L——竖井深度（cm）；

q_w——竖井纵向通水量，为单位水力梯度下单位时间的排水量（cm³/s）。

一级或多级等速加荷条件下，考虑涂抹和井阻影响时竖井穿透受压土层地基的平均固结度可按式（5.2.7）计算，其中，$\alpha = \frac{8}{\pi^2}$，$\beta = \frac{8c_h}{F d_e^2} + \frac{\pi^2 c_v}{4H^2}$。

5.2.9 对排水竖井未穿透受压土层的情况，竖井范围内土层的平均固结度和竖井底面以下受压土层的平均固结度，以及通过预压完成的变形量均应满足设计要求。

5.2.10 预压荷载大小、范围、加载速率应符合下列规定：

1 预压荷载大小应根据设计要求确定；对于沉降有严格限制的建筑，可采用超载预压法处理，超载量大小应根据预压时间内要求完成的变形量通过计算确定，并宜使预压荷载下受压土层各点的有效竖向应力大于建筑物荷载引起的相应点的附加应力；

2 预压荷载顶面的范围应不小于建筑物基础外缘的范围；

3 加载速率应根据地基土的强度确定；当天然地基土的强度满足预压荷载下地基的稳定性要求时，可一次加载；如不满足应分级逐渐加载，待前期预压荷载下地基土的强度增长满足下一级荷载下地基的稳定性要求时，方可加载。

5.2.11 计算预压荷载下饱和黏性土地基中某点的抗剪强度时，应考虑土体原来的固结状态。对正常固结饱和黏性土地基，某点某一时间的抗剪强度可按下式计算：

$$\tau_{ft} = \tau_{f0} + \Delta\sigma_z \cdot U_t \tan\varphi_{cu} \qquad (5.2.11)$$

式中：τ_{ft}——t 时刻，该点土的抗剪强度（kPa）；

τ_{f0}——地基土的天然抗剪强度（kPa）；

$\Delta\sigma_z$——预压荷载引起的该点的附加竖向应力

（kPa）；

　　U_t——该点土的固结度；

　　φ_{cu}——三轴固结不排水压缩试验求得的土的内摩擦角（°）。

5.2.12　预压荷载下地基最终竖向变形量的计算可取附加应力与土自重应力的比值为 0.1 的深度作为压缩层的计算深度，可按式（5.2.12）计算：

$$s_f = \xi \sum_{i=1}^{n} \frac{e_{0i} - e_{1i}}{1 + e_{0i}} h_i \qquad (5.2.12)$$

式中：s_f——最终竖向变形量（m）；

　　e_{0i}——第 i 层中点土自重应力所对应的孔隙比，由室内固结试验 e-p 曲线查得；

　　e_{1i}——第 i 层中点土自重应力与附加应力之和所对应的孔隙比，由室内固结试验 e-p 曲线查得；

　　h_i——第 i 层土层厚度（m）；

　　ξ——经验系数，可按地区经验确定。无经验时对正常固结饱和黏性土地基可取 $\xi=1.1\sim1.4$；荷载较大或地基软弱土层厚度大时应取较大值。

5.2.13　预压处理地基应在地表铺设与排水竖井相连的砂垫层，砂垫层应符合下列规定：

　　1　厚度不应小于 500mm；

　　2　砂垫层砂料宜用中粗砂，黏粒含量不应大于 3%，砂料中可含有少量粒径不大于 50mm 的砾石；砂垫层的干密度应大于 1.5t/m³，渗透系数应大于 1×10^{-2}cm/s。

5.2.14　在预压区边缘应设置排水沟，在预压区内宜设置与砂垫层相连的排水盲沟，排水盲沟的间距不宜大于 20m。

5.2.15　砂井的砂料应选用中粗砂，其黏粒含量不应大于 3%。

5.2.16　堆载预压处理地基设计的平均固结度不宜低于 90%，且应在现场监测的变形速率明显变缓时方可卸载。

Ⅱ　真空预压

5.2.17　真空预压处理地基应设置排水竖井，其设计应包括下列内容：

　　1　竖井断面尺寸、间距、排列方式和深度；

　　2　预压区面积和分块大小；

　　3　真空预压施工工艺；

　　4　要求达到的真空度和土层的固结度；

　　5　真空预压和建筑物荷载下地基的变形计算；

　　6　真空预压后的地基承载力增长计算。

5.2.18　排水竖井的间距可按本规范第 5.2.5 条确定。

5.2.19　砂井的砂料应选用中粗砂，其渗透系数应大于 1×10^{-2}cm/s。

5.2.20　真空预压竖向排水通道宜穿透软土层，但不应进入下卧透水层。当软土层较厚、且以地基抗滑稳定性控制的工程，竖向排水通道的深度不应小于最危险滑动面下 2.0m。对以变形控制的工程，竖井深度应根据在限定的预压时间内需完成的变形量确定，且宜穿透主要受压土层。

5.2.21　真空预压区边缘应大于建筑物基础轮廓线，每边增加量不得小于 3.0m。

5.2.22　真空预压的膜下真空度应稳定地保持在 86.7kPa（650mmHg）以上，且应均匀分布，排水竖井深度范围内土层的平均固结度应大于 90%。

5.2.23　对于表层存在良好的透气层或在处理范围内有充足水源补给的透水层，应采取有效措施隔断透气层或透水层。

5.2.24　真空预压固结度和地基强度增长的计算可按本规范第 5.2.7 条、第 5.2.8 条和第 5.2.11 条计算。

5.2.25　真空预压地基最终竖向变形可按本规范第 5.2.12 条计算。ξ 可按当地经验取值，无当地经验时，ξ 可取 $1.0\sim1.3$。

5.2.26　真空预压地基加固面积较大时，宜采用分区加固，每块预压面积应尽可能大且呈方形，分区面积宜为 20000m²～40000m²。

5.2.27　真空预压地基加固可根据加固面积的大小、形状和土层结构特点，按每套设备可加固地基 1000m²～1500m² 确定设备数量。

5.2.28　真空预压的膜下真空度应符合设计要求，且预压时间不宜低于 90d。

Ⅲ　真空和堆载联合预压

5.2.29　当设计地基预压荷载大于 80kPa，且进行真空预压处理地基不能满足设计要求时可采用真空和堆载联合预压地基处理。

5.2.30　堆载体的坡肩线宜与真空预压边线一致。

5.2.31　对于一般软黏土，上部堆载施工宜在真空预压膜下真空度稳定地达到 86.7kPa（650mmHg）且抽真空时间不少于 10d 后进行。对于高含水量的淤泥类土，上部堆载施工宜在真空预压膜下真空度稳定地达到 86.7kPa（650mmHg）且抽真空 20d～30d 后可进行。

5.2.32　当堆载较大时，真空和堆载联合预压应采用分级加载，分级数应根据地基土稳定计算确定。分级加载时，应待前期预压荷载下地基的承载力增长满足下一级荷载下地基的稳定性要求时，方可增加堆载。

5.2.33　真空和堆载联合预压时地基固结度和地基承载力增长可按本规范第 5.2.7 条、第 5.2.8 条和第 5.2.11 条计算。

5.2.34　真空和堆载联合预压最终竖向变形可按本规范第 5.2.12 条计算，ξ 可按当地经验取值，无当地经验时，ξ 可取 $1.0\sim1.3$。

5.3 施 工

Ⅰ 堆载预压

5.3.1 塑料排水带的性能指标应符合设计要求，并应在现场妥善保护，防止阳光照射、破损或污染。破损或污染的塑料排水带不得在工程中使用。

5.3.2 砂井的灌砂量，应按井孔的体积和砂在中密状态时的干密度计算，实际灌砂量不得小于计算值的95%。

5.3.3 灌入砂袋中的砂宜用干砂，并应灌制密实。

5.3.4 塑料排水带和袋装砂井施工时，宜配置深度检测设备。

5.3.5 塑料排水带需接长时，应采用滤膜内芯带平搭接的连接方法，搭接长度宜大于200mm。

5.3.6 塑料排水带施工所用套管应保证插入地基中的带子不扭曲。袋装砂井施工所用套管内径应大于砂井直径。

5.3.7 塑料排水带和袋装砂井施工时，平面井距偏差不应大于井径，垂直度允许偏差应为±1.5%，深度应满足设计要求。

5.3.8 塑料排水带和袋装砂井砂袋埋入砂垫层中的长度不应小于500mm。

5.3.9 堆载预压加载过程中，应满足地基承载力和稳定控制要求，并应进行竖向变形、水平位移及孔隙水压力的监测，堆载预压加载速率应满足下列要求：

1 竖井地基最大竖向变形量不应超过15mm/d；

2 天然地基最大竖向变形量不应超过10mm/d；

3 堆载预压边缘处水平位移不应超过5mm/d；

4 根据上述观测资料综合分析、判断地基的承载力和稳定性。

Ⅱ 真空预压

5.3.10 真空预压的抽气设备宜采用射流真空泵，真空泵空抽吸力不应低于95kPa。真空泵的设置应根据地基预压面积、形状、真空泵效率和工程经验确定，每块预压区设置的真空泵不应少于两台。

5.3.11 真空管路设置应符合下列规定：

1 真空管路的连接应密封，真空管路中应设置止回阀和截门；

2 水平向分布滤水管可采用条状、梳齿状及羽毛状等形式，滤水管布置宜形成回路；

3 滤水管应设在砂垫层中，上覆砂层厚度宜为100mm～200mm；

4 滤水管可采用钢管或塑料管，应外包尼龙纱或土工织物等滤水材料。

5.3.12 密封膜应符合下列规定：

1 密封膜应采用抗老化性能好、韧性好、抗穿刺性能强的不透气材料；

2 密封膜热合时，宜采用双热合缝的平搭接，搭接宽度应大于15mm；

3 密封膜宜铺设三层，膜周边可采用挖沟埋膜、平铺并用黏土覆盖压边、围堰沟内及膜上覆水等方法进行密封。

5.3.13 地基土渗透性强时，应设置黏土密封墙。黏土密封墙宜采用双排搅拌桩，搅拌桩直径不宜小于700mm；当搅拌桩深度小于15m时，搭接宽度不宜小于200mm；当搅拌桩深度大于15m时，搭接宽度不宜小于300mm；搅拌桩成桩搅拌应均匀，黏土密封墙的渗透系数应满足设计要求。

Ⅲ 真空和堆载联合预压

5.3.14 采用真空和堆载联合预压时，应先抽真空，当真空压力达到设计要求并稳定后，再进行堆载，并继续抽真空。

5.3.15 堆载前，应在膜上铺设编织布或无纺布等土工编织布保护层。保护层上铺设100mm～300mm厚砂垫层。

5.3.16 堆载施工时可采用轻型运输工具，不得损坏密封膜。

5.3.17 上部堆载施工时，应监测膜下真空度的变化，发现漏气应及时处理。

5.3.18 堆载加载过程中，应满足地基稳定性设计要求，对竖向变形、边缘水平位移及孔隙水压力的监测应满足下列要求：

1 地基向加固区外的侧移速率不应大于5mm/d；

2 地基竖向变形速率不应大于10mm/d；

3 根据上述观察资料综合分析、判断地基的稳定性。

5.3.19 真空和堆载联合预压除满足本规范第5.3.14条～第5.3.18条规定外，尚应符合本规范第5.3节"Ⅰ堆载预压"和"Ⅱ真空预压"的规定。

5.4 质量检验

5.4.1 施工过程中，质量检验和监测应包括下列内容：

1 对塑料排水带应进行纵向通水量、复合体抗拉强度、滤膜抗拉强度、滤膜渗透系数和等效孔径等性能指标现场随机抽样测试；

2 对不同来源的砂井和砂垫层砂料，应取样进行颗粒分析和渗透性试验；

3 对以地基抗滑稳定性控制的工程，应在预压区内预留孔位，在加载不同阶段进行原位十字板剪切试验和取土进行室内土工试验；加固前的地基土检测，应在打设塑料排水带之前进行；

4 对预压工程，应进行地基竖向变形、侧向位移和孔隙水压力等监测；

5 真空预压、真空和堆载联合预压工程，除应进行地基变形、孔隙水压力监测外，尚应进行膜下真空度和地下水位监测。

5.4.2 预压地基竣工验收检验应符合下列规定：

1 排水竖井处理深度范围内和竖井底面以下受压土层，经预压所完成的竖向变形和平均固结度应满足设计要求；

2 应对预压的地基土进行原位试验和室内土工试验。

5.4.3 原位试验可采用十字板剪切试验或静力触探，检验深度不应小于设计处理深度。原位试验和室内土工试验，应在卸载 3d～5d 后进行。检验数量按每个处理分区不少于 6 点进行检测，对于堆载斜坡处应增加检验数量。

5.4.4 预压处理后的地基承载力应按本规范附录 A 确定。检验数量按每个处理分区不应少于 3 点进行检测。

6 压实地基和夯实地基

6.1 一般规定

6.1.1 压实地基适用于处理大面积填土地基。浅层软弱地基以及局部不均匀地基的换填处理应符合本规范第 4 章的有关规定。

6.1.2 夯实地基可分为强夯和强夯置换处理地基。强夯处理地基适用于碎石土、砂土、低饱和度的粉土与黏性土、湿陷性黄土、素填土和杂填土等地基；强夯置换适用于高饱和度的粉土与软塑～流塑的黏性土地基上对变形要求不严格的工程。

6.1.3 压实和夯实处理后的地基承载力应按本规范附录 A 确定。

6.2 压实地基

6.2.1 压实地基处理应符合下列规定：

1 地下水位以上填土，可采用碾压法和振动压实法，非黏性土或黏粒含量少、透水性较好的松散填土地基宜采用振动压实法。

2 压实地基的设计和施工方法的选择，应根据建筑物体型、结构与荷载特点、场地土层条件、变形要求及填料等因素确定。对大型、重要或场地地层条件复杂的工程，在正式施工前，应通过现场试验确定地基处理效果。

3 以压实填土作为建筑地基持力层时，应根据建筑结构类型、填料性能和现场条件等，对拟压实的填土提出质量要求。未经检验，且不符合质量要求的压实填土，不得作为建筑地基持力层。

4 对大面积填土的设计和施工，应验算并采取有效措施确保大面积填土自身稳定性、填土下原地基的稳定性、承载力和变形满足设计要求；应评估对邻近建筑物及重要市政设施、地下管线等的变形和稳定的影响；施工过程中，应对大面积填土和邻近建筑物、重要市政设施、地下管线等进行变形监测。

6.2.2 压实填土地基的设计应符合下列规定：

1 压实填土的填料可选用粉质黏土、灰土、粉煤灰、级配良好的砂土或碎石土，以及质地坚硬、性能稳定、无腐蚀性和无放射性危害的工业废料等，并应满足下列要求：

　　1） 以碎石土作填料时，其最大粒径不宜大于 100mm；

　　2） 以粉质黏土、粉土作填料时，其含水量宜为最优含水量，可采用击实试验确定；

　　3） 不得使用淤泥、耕土、冻土、膨胀土以及有机质含量大于 5% 的土料；

　　4） 采用振动压实法时，宜降低地下水位到振实面下 600mm。

2 碾压法和振动压实法施工时，应根据压实机械的压实性能，地基土性质、密实度、压实系数和施工含水量等，并结合现场试验确定碾压分层厚度、碾压遍数、碾压范围和有效加固深度等施工参数。初步设计可按表 6.2.2-1 选用。

表 6.2.2-1　填土每层铺填厚度及压实遍数

施工设备	每层铺填厚度 （mm）	每层压实遍数
平碾（8t～12t）	200～300	6～8
羊足碾（5t～16t）	200～350	8～16
振动碾（8t～15t）	500～1200	6～8
冲击碾压（冲击势能 15 kJ～25kJ）	600～1500	20～40

3 对已经回填完成且回填厚度超过表 6.2.2-1 中的铺填厚度，或粒径超过 100mm 的填料含量超过 50% 的填土地基，应采用较高性能的压实设备或采用夯实法进行加固。

4 压实填土的质量以压实系数 λ_c 控制，并应根据结构类型和压实填土所在部位按表 6.2.2-2 的要求确定。

表 6.2.2-2　压实填土的质量控制

结构类型	填土部位	压实系数 λ_c	控制含水量（%）
砌体承重结构和框架结构	在地基主要受力层范围以内	≥0.97	$w_{op}\pm2$
	在地基主要受力层范围以下	≥0.95	
排架结构	在地基主要受力层范围以内	≥0.96	
	在地基主要受力层范围以下	≥0.94	

注：地坪垫层以下及基础底面标高以上的压实填土，压实系数不应小于 0.94。

5 压实填土的最大干密度和最优含水量，宜采用击实试验确定，当无试验资料时，最大干密度可按下式计算：

$$\rho_{dmax} = \eta \frac{\rho_w d_s}{1 + 0.01 w_{op} d_s} \qquad (6.2.2)$$

式中：ρ_{dmax}——分层压实填土的最大干密度（t/m^3）；

η——经验系数，粉质黏土取 0.96，粉土取 0.97；

ρ_w——水的密度（t/m^3）；

d_s——土粒相对密度（比重）（t/m^3）；

w_{op}——填料的最优含水量（%）。

当填料为碎石或卵石时，其最大干密度可取 $2.1t/m^3 \sim 2.2t/m^3$。

6 设置在斜坡上的压实填土，应验算其稳定性。当天然地面坡度大于 20% 时，应采取防止压实填土可能沿坡面滑动的措施，并应避免雨水沿斜坡排泄。当压实填土阻碍原地表水畅通排泄时，应根据地形修筑雨水截水沟，或设置其他排水设施。设置在压实填土区的上、下水管道，应采取严格防渗、防漏措施。

7 压实填土的边坡坡度允许值，应根据其厚度、填料性质等因素，按照填土自身稳定性、填土下原地基的稳定性的验算结果确定，初步设计时可按表 6.2.2-3 的数值确定。

8 冲击碾压法可用于地基冲击碾压、土石混填或填石路基分层碾压、路基冲击增强补压、旧砂石（沥青）路面冲压和旧水泥混凝土路面冲压等处理；其冲击设备、分层填料的虚铺厚度、分层压实的遍数等的设计应根据土质条件、工期要求等因素综合确定，其有效加固深度宜为 $3.0m \sim 4.0m$，施工前应进行试验段施工，确定施工参数。

表 6.2.2-3 压实填土的边坡坡度允许值

填 土 类 型	边坡坡度允许值（高宽比）		压实系数（λ_c）
	坡高在 8m 以内	坡高为 8m～15m	
碎石、卵石	1:1.50～1:1.25	1:1.75～1:1.50	
砂夹石（碎石卵石占全重 30%～50%）	1:1.50～1:1.25	1:1.75～1:1.50	0.94～0.97
土夹石（碎石卵石占全重 30%～50%）	1:1.50～1:1.25	1:2.00～1:1.50	
粉质黏土，黏粒含量 $\rho_c \geqslant 10\%$ 的粉土	1:1.75～1:1.50	1:2.25～1:1.75	

注：当压实填土厚度 H 大于 15m 时，可设计成台阶或者采用土工格栅加筋等措施，验算满足稳定性要求后进行压实填土的施工。

9 压实填土地基承载力特征值，应根据现场静载荷试验确定，或可通过动力触探、静力触探等试验，并结合静载荷试验结果确定；其下卧层顶面的承载力应满足本规范式（4.2.2-1）、式（4.2.2-2）和式（4.2.2-3）的要求。

10 压实填土地基的变形，可按现行国家标准《建筑地基基础设计规范》GB 50007 的有关规定计算，压缩模量应通过处理后地基的原位测试或土工试验确定。

6.2.3 压实填土地基的施工应符合下列规定：

1 应根据使用要求、邻近结构类型和地质条件确定允许加载量和范围，并按设计要求均衡分步施加，避免大量快速集中填土。

2 填料前，应清除填土层底面以下的耕土、植被或软弱土层等。

3 压实填土施工过程中，应采取防雨、防冻措施，防止填料（粉质黏土、粉土）受雨水淋湿或冻结。

4 基槽内压实时，应先压实基槽两边，再压实中间。

5 冲击碾压法施工的冲击碾压宽度不宜小于 6m，工作面较窄时，需设置转弯车道，冲压最短直线距离不宜少于 100m，冲压边角及转弯区域应采用其他措施压实；施工时，地下水位应降低到碾压面以下 1.5m。

6 性质不同的填料，应采取水平分层、分段填筑，并分层压实；同一水平层，应采用同一填料，不得混合填筑；填方分段施工时，接头部位如不能交替填筑，应按 1:1 坡度分层留台阶；如能交替填筑，则应分层相互交替搭接，搭接长度不小于 2m；压实填土的施工缝，各层应错开搭接，在施工缝的搭接处，应适当增加压实遍数；边角及转弯区域应采取其他措施压实，以达到设计标准。

7 压实地基施工场地附近有对振动和噪声环境控制要求时，应合理安排施工工序和时间，减少噪声与振动对环境的影响，或采取挖减振沟等减振和隔振措施，并进行振动和噪声监测。

8 施工过程中，应避免扰动填土下卧的淤泥或淤泥质土层。压实填土施工结束检验合格后，应及时进行基础施工。

6.2.4 压实填土地基的质量检验应符合下列规定：

1 在施工过程中，应分层取样检验土的干密度和含水量；每 $50m^2 \sim 100m^2$ 面积内应设不少于 1 个检测点，每一个独立基础下，检测点不少于 1 个点，条形基础每 20 延米设检测点不少于 1 个点，压实系数不得低于本规范表 6.2.2-2 的规定；采用灌水法或灌砂法检测的碎石土干密度不得低于 $2.0t/m^3$。

2 有地区经验时，可采用动力触探、静力触探、标准贯入等原位试验，并结合干密度试验的对比结果进行质量检验。

3 冲击碾压法施工宜分层进行变形量、压实系数等土的物理力学指标监测和检测。

4 地基承载力验收检验，可通过静载荷试验并结合动力触探、静力触探、标准贯入等试验结果综合判定。每个单体工程静载荷试验不应少于3点，大型工程可按单体工程的数量或面积确定检验点数。

6.2.5 压实地基的施工质量检验应分层进行。每完成一道工序，应按设计要求进行验收，未经验收或验收不合格时，不得进行下一道工序施工。

6.3 夯实地基

6.3.1 夯实地基处理应符合下列规定：

1 强夯和强夯置换施工前，应在施工现场有代表性的场地选取一个或几个试验区，进行试夯或试验性施工。每个试验区面积不宜小于20m×20m，试验区数量应根据建筑场地复杂程度、建筑规模及建筑类型确定。

2 场地地下水位高，影响施工或夯实效果时，应采取降水或其他技术措施进行处理。

6.3.2 强夯置换处理地基，必须通过现场试验确定其适用性和处理效果。

6.3.3 强夯处理地基的设计应符合下列规定：

1 强夯的有效加固深度，应根据现场试夯或地区经验确定。在缺少试验资料或经验时，可按表6.3.3-1进行预估。

表 6.3.3-1 强夯的有效加固深度（m）

单击夯击能 E （kN·m）	碎石土、砂土等 粗颗粒土	粉土、粉质黏土、 湿陷性黄土等 细颗粒土
1000	4.0～5.0	3.0～4.0
2000	5.0～6.0	4.0～5.0
3000	6.0～7.0	5.0～6.0
4000	7.0～8.0	6.0～7.0
5000	8.0～8.5	7.0～7.5
6000	8.5～9.0	7.5～8.0
8000	9.0～9.5	8.0～8.5
10000	9.5～10.0	8.5～9.0
12000	10.0～11.0	9.0～10.0

注：强夯法的有效加固深度应从最初起夯面算起；单击夯击能 E 大于12000kN·m时，强夯的有效加固深度应通过试验确定。

2 夯点的夯击次数，应根据现场试夯的夯击次数和夯沉量关系曲线确定，并应同时满足下列条件：

　1）最后两击的平均夯沉量，宜满足表6.3.3-2的要求，当单击夯击能 E 大于12000kN·m时，应通过试验确定；

表 6.3.3-2 强夯法最后两击平均夯沉量（mm）

单击夯击能 E （kN·m）	最后两击平均夯沉量不大于 （mm）
E＜4000	50
4000≤E＜6000	100
6000≤E＜8000	150
8000≤E＜12000	200

　2）夯坑周围地面不应发生过大的隆起；

　3）不因夯坑过深而发生提锤困难。

3 夯击遍数应根据地基土的性质确定，可采用点夯（2～4）遍，对于渗透性较差的细颗粒土，应适当增加夯击遍数；最后以低能量满夯2遍，满夯可采用轻锤或低落距锤多次夯击，锤印搭接。

4 两遍夯击之间，应有一定的时间间隔，间隔时间取决于土中超静孔隙水压力的消散时间。当缺少实测资料时，可根据地基土的渗透性确定，对于渗透性较差的黏性土地基，间隔时间不应少于（2～3）周；对于渗透性好的地基可连续夯击。

5 夯击点位置可根据基础底面形状，采用等边三角形、等腰三角形或正方形布置。第一遍夯击点间距可取夯锤直径的（2.5～3.5）倍，第二遍夯击点应位于第一遍夯击点之间。以后各遍夯击点间距可适当减小。对处理深度较深或单击夯击能较大的工程，第一遍夯击点间距宜适当增大。

6 强夯处理范围应大于建筑物基础范围，每边超出基础外缘的宽度宜为基底下设计处理深度的1/2～2/3，且不应小于3m；对可液化地基，基础边缘的处理宽度，不应小于5m；对湿陷性黄土地基，应符合现行国家标准《湿陷性黄土地区建筑规范》GB 50025的有关规定。

7 根据初步确定的强夯参数，提出强夯试验方案，进行现场试夯。应根据不同土质条件，待试夯结束一周至数周后，对试夯场地进行检测，并与夯前测试数据进行对比，检验强夯效果，确定工程采用的各项强夯参数。

8 根据基础埋深和试夯时所测得的夯沉量，确定起夯面标高、夯坑回填方式和夯后标高。

9 强夯地基承载力特征值应通过现场静载荷试验确定。

10 强夯地基变形计算，应符合现行国家标准《建筑地基基础设计规范》GB 50007有关规定。夯后有效加固深度内土的压缩模量，应通过原位测试或土工试验确定。

6.3.4 强夯处理地基的施工，应符合下列规定：

1 强夯夯锤质量宜为10t～60t，其底面形式宜采用圆形，锤底面积宜按土的性质确定，锤底静接地压力值宜为25kPa～80kPa，单击夯击能高时，取高值，单击夯击能低时，取低值，对于细颗粒土宜取低值。锤的底面宜对称设置若干个上下贯通的排气孔，孔径宜为300mm～400mm。

2 强夯法施工，应按下列步骤进行：

1）清理并平整施工场地；

2）标出第一遍夯点位置，并测量场地高程；

3）起重机就位，夯锤置于夯点位置；

4）测量夯前锤顶高程；

5）将夯锤起吊到预定高度，开启脱钩装置，夯锤脱钩自由下落，放下吊钩，测量锤顶高程；若发现因坑底倾斜而造成夯锤歪斜时，应及时将坑底整平；

6）重复步骤5），按设计规定的夯击次数及控制标准，完成一个夯点的夯击；当夯坑过深，出现提锤困难，但无明显隆起，而尚未达到控制标准时，宜将夯坑回填至与坑顶齐平后，继续夯击；

7）换夯点，重复步骤3）～6），完成第一遍全部夯点的夯击；

8）用推土机将夯坑填平，并测量场地高程；

9）在规定的间隔时间后，按上述步骤逐次完成全部夯击遍数；最后，采用低能量满夯，将场地表层松土夯实，并测量夯后场地高程。

6.3.5 强夯置换处理地基的设计，应符合下列规定：

1 强夯置换墩的深度应由土质条件决定。除厚层饱和粉土外，应穿透软土层，到达较硬土层上，深度不宜超过10m。

2 强夯置换的单击夯击能应根据现场试验确定。

3 墩体材料可采用级配良好的块石、碎石、矿渣、工业废渣、建筑垃圾等坚硬粗颗粒材料，且粒径大于300mm的颗粒含量不宜超过30%。

4 夯点的夯击次数应通过现场试夯确定，并应满足下列条件：

1）墩底穿透软弱土层，且达到设计墩长；

2）累计夯沉量为设计墩长的（1.5～2.0）倍；

3）最后两击的平均夯沉量可按表6.3.3-2确定。

5 墩位布置宜采用等边三角形或正方形。对独立基础或条形基础可根据基础形状与宽度作相应布置。

6 墩间距应根据荷载大小和原状土的承载力选定，当满堂布置时，可取夯锤直径的（2～3）倍。对独立基础或条形基础可取夯锤直径的（1.5～2.0）倍。墩的计算直径可取夯锤直径的（1.1～1.2）倍。

7 强夯置换处理范围应符合本规范第6.3.3条第6款的规定。

8 墩顶应铺设一层厚度不小于500mm的压实垫层，垫层材料宜与墩体材料相同，粒径不宜大

于100mm。

9 强夯置换设计时，应预估地面抬高值，并在试夯时校正。

10 强夯置换地基处理试验方案的确定，应符合本规范第6.3.3条第7款的规定。除应进行现场静载荷试验和变形模量检测外，尚应采用超重型或重型动力触探等方法，检查置换墩着底情况，以及地基土的承载力与密度随深度的变化。

11 软黏性土中强夯置换地基承载力特征值应通过现场单墩静载荷试验确定；对于饱和粉土地基，当处理后形成2.0m以上厚度的硬层时，其承载力可通过现场单墩复合地基静载荷试验确定。

12 强夯置换地基的变形宜按单墩静载荷试验确定的变形模量计算加固区的地基变形，对墩下地基土的变形可按置换墩材料的压力扩散角计算传至墩下土层的附加应力，按现行国家标准《建筑地基基础设计规范》GB 50007的有关规定计算确定；对饱和粉土地基，当处理后形成2.0m以上厚度的硬层时，可按本规范第7.1.7条的规定确定。

6.3.6 强夯置换处理地基的施工应符合下列规定：

1 强夯置换夯锤底面宜采用圆形，夯锤底静接地压力值宜大于80 kPa。

2 强夯置换施工应按下列步骤进行：

1）清理并平整施工场地，当表层土松软时，可铺设1.0m～2.0m厚的砂石垫层；

2）标出夯点位置，并测量场地高程；

3）起重机就位，夯锤置于夯点位置；

4）测量夯前锤顶高程；

5）夯击并逐击记录夯坑深度；当夯坑过深，起锤困难时，应停夯，向夯坑内填料直至与坑顶齐平，记录填料数量；工序重复，直至满足设计的夯击次数及质量控制标准，完成一个墩体的夯击；当夯点周围软土挤出，影响施工时，应随时清理，并宜在夯点周围铺垫碎石后，继续施工；

6）按照"由内而外、隔行跳打"的原则，完成全部夯点的施工；

7）推平场地，采用低能量满夯，将场地表层松土夯实，并测量夯后场地高程；

8）铺设垫层，分层碾压密实。

6.3.7 夯实地基宜采用带有自动脱钩装置的履带式起重机，夯锤的质量不应超过起重机械额定起重质量。履带式起重机应在臂杆端部设置辅助门架或采取其他安全措施，防止起落锤时，机架倾覆。

6.3.8 当场地表层土软弱或地下水位较高，宜采用人工降低地下水位或铺填一定厚度的砂石材料的施工措施。施工前，宜将地下水位降低至坑底面以下2m。施工时，坑内或场地积水应及时排除。对细颗粒土，尚应采取晾晒等措施降低含水量。当地基土的含水量

低，影响处理效果时，宜采取增湿措施。

6.3.9 施工前，应查明施工影响范围内地下构筑物和地下管线的位置，并采取必要的保护措施。

6.3.10 当强夯施工所引起的振动和侧向挤压对邻近建构筑物产生不利影响时，应设置监测点，并采取挖隔振沟等隔振或防振措施。

6.3.11 施工过程中的监测应符合下列规定：

1　开夯前，应检查夯锤质量和落距，以确保单击夯击能量符合设计要求。

2　在每一遍夯击前，应对夯点放线进行复核，夯完后检查夯坑位置，发现偏差或漏夯应及时纠正。

3　按设计要求，检查每个夯点的夯击次数、每击的夯沉量、最后两击的平均夯沉量和总夯沉量、夯点施工起止时间。对强夯置换施工，尚应检查置换深度。

4　施工过程中，应对各项施工参数及施工情况进行详细记录。

6.3.12 夯实地基施工结束后，应根据地基土的性质及所采用的施工工艺，待土层休止期结束后，方可进行基础施工。

6.3.13 强夯处理后的地基竣工验收，承载力检验应根据静载荷试验、其他原位测试和室内土工试验等方法综合确定。强夯置换后的地基竣工验收，除应采用单墩静载荷试验进行承载力检验外，尚应采用动力触探等查明置换墩着底情况及密度随深度的变化情况。

6.3.14 夯实地基的质量检验应符合下列规定：

1　检查施工过程中的各项测试数据和施工记录，不符合设计要求时应补夯或采取其他有效措施。

2　强夯处理后的地基承载力检验，应在施工结束后间隔一定时间进行，对于碎石土和砂土地基，间隔时间宜为(7～14)d；粉土和黏性土地基，间隔时间宜为(14～28)d；强夯置换地基，间隔时间宜为28d。

3　强夯地基均匀性检验，可采用动力触探试验或标准贯入试验、静力触探试验等原位测试，以及室内土工试验。检验点的数量，可根据场地复杂程度和建筑物的重要性确定，对于简单场地上的一般建筑物，按每 $400m^2$ 不少于1个检测点，且不少于3点；对于复杂场地或重要建筑地基，每 $300m^2$ 不少于1个检验点，且不少于3点。强夯置换地基，可采用超重型或重型动力触探试验等方法，检查置换墩着底情况及承载力与密度随深度的变化，检验数量不应少于墩点数的3％，且不少于3点。

4　强夯地基承载力检验的数量，应根据场地复杂程度和建筑物的重要性确定，对于简单场地上的一般建筑，每个建筑地基载荷试验检验点不应少于3点；对于复杂场地或重要建筑地基应增加检验点数。检测结果的评价，应考虑夯点和夯间位置的差异。强夯置换地基单墩载荷试验数量不应少于墩点数的1％，且不少于3点；对饱和粉土地基，当处理后墩间土能形成2.0m以上厚度的硬层时，其地基承载力可通过现场单墩复合地基静载荷试验确定，检验数量不应少于墩点数的1％，且每个建筑载荷试验检验点不应少于3点。

7 复合地基

7.1 一般规定

7.1.1 复合地基设计前，应在有代表性的场地上进行现场试验或试验性施工，以确定设计参数和处理效果。

7.1.2 对散体材料复合地基增强体应进行密实度检验；对有粘结强度复合地基增强体应进行强度及桩身完整性检验。

7.1.3 复合地基承载力的验收检验应采用复合地基静载荷试验，对有粘结强度的复合地基增强体尚应进行单桩静载荷试验。

7.1.4 复合地基增强体单桩的桩位施工允许偏差：对条形基础的边桩沿轴线方向应为桩径的 $\pm 1/4$，沿垂直轴线方向应为桩径的 $\pm 1/6$，其他情况桩位的施工允许偏差应为桩径的 $\pm 40\%$；桩身的垂直度允许偏差应为 $\pm 1\%$。

7.1.5 复合地基承载力特征值应通过复合地基静载荷试验或采用增强体静载荷试验结果和其周边土的承载力特征值结合经验确定，初步设计时，可按下列公式估算：

1　对散体材料增强体复合地基应按下式计算：

$$f_{spk} = [1 + m(n-1)]f_{sk} \quad (7.1.5-1)$$

式中：f_{spk}——复合地基承载力特征值（kPa）；

$\quad f_{sk}$——处理后桩间土承载力特征值（kPa），可按地区经验确定；

$\quad n$——复合地基桩土应力比，可按地区经验确定；

$\quad m$——面积置换率，$m = d^2/d_e^2$；d 为桩身平均直径（m），d_e 为一根桩分担的处理地基面积的等效圆直径（m）；等边三角形布桩 $d_e = 1.05s$，正方形布桩 $d_e = 1.13s$，矩形布桩 $d_e = 1.13\sqrt{s_1 s_2}$，s、s_1、s_2 分别为桩间距、纵向桩间距和横向桩间距。

2　对有粘结强度增强体复合地基应按下式计算：

$$f_{spk} = \lambda m \frac{R_a}{A_p} + \beta(1-m)f_{sk} \quad (7.1.5-2)$$

式中：λ——单桩承载力发挥系数，可按地区经验取值；

$\quad R_a$——单桩竖向承载力特征值（kN）；

$\quad A_p$——桩的截面积（m^2）；

$\quad \beta$——桩间土承载力发挥系数，可按地区经验取值。

3 增强体单桩竖向承载力特征值可按下式估算：

$$R_a = u_p \sum_{i=1}^{n} q_{si} l_{pi} + \alpha_p q_p A_p \quad (7.1.5\text{-}3)$$

式中：u_p——桩的周长（m）；

q_{si}——桩周第 i 层土的侧阻力特征值（kPa），可按地区经验确定；

l_{pi}——桩长范围内第 i 层土的厚度（m）；

α_p——桩端端阻力发挥系数，应按地区经验确定；

q_p——桩端端阻力特征值（kPa），可按地区经验确定；对于水泥搅拌桩、旋喷桩应取未经修正的桩端地基土承载力特征值。

7.1.6 有粘结强度复合地基增强体桩身强度应满足式（7.1.6-1）的要求。当复合地基承载力进行基础埋深的深度修正时，增强体桩身强度应满足式（7.1.6-2）的要求。

$$f_{cu} \geqslant 4 \frac{\lambda R_a}{A_p} \quad (7.1.6\text{-}1)$$

$$f_{cu} \geqslant 4 \frac{\lambda R_a}{A_p} \left[1 + \frac{\gamma_m (d - 0.5)}{f_{spa}} \right] \quad (7.1.6\text{-}2)$$

式中：f_{cu}——桩体试块（边长 150mm 立方体）标准养护 28d 的立方体抗压强度平均值（kPa），对水泥土搅拌桩应符合本规范第 7.3.3 条的规定；

γ_m——基础底面以上土的加权平均重度（kN/m³），地下水位以下取有效重度；

d——基础埋置深度（m）；

f_{spa}——深度修正后的复合地基承载力特征值（kPa）。

7.1.7 复合地基变形计算应符合现行国家标准《建筑地基基础设计规范》GB 50007 的有关规定，地基变形计算深度应大于复合土层的深度。复合土层的分层与天然地基相同，各复合土层的压缩模量等于该层天然地基压缩模量的 ζ 倍，ζ 值可按下式确定：

$$\zeta = \frac{f_{spk}}{f_{ak}} \quad (7.1.7)$$

式中：f_{ak}——基础底面下天然地基承载力特征值（kPa）。

7.1.8 复合地基的沉降计算经验系数 ψ_s 可根据地区沉降观测资料统计值确定，无经验取值时，可采用表 7.1.8 的数值。

表 7.1.8　沉降计算经验系数 ψ_s

$\overline{E_s}$ （MPa）	4.0	7.0	15.0	20.0	35.0
ψ_s	1.0	0.7	0.4	0.25	0.2

注：$\overline{E_s}$ 为变形计算深度范围内压缩模量的当量值，应按下式计算：

$$\overline{E_s} = \frac{\sum_{i=1}^{n} A_i + \sum_{j=1}^{m} A_j}{\sum_{i=1}^{n} \dfrac{A_i}{E_{spi}} + \sum_{j=1}^{m} \dfrac{A_j}{E_{sj}}} \quad (7.1.8)$$

式中：A_i——加固土层第 i 层土附加应力系数沿土层厚度的积分值；

A_j——加固土层下第 j 层土附加应力系数沿土层厚度的积分值。

7.1.9 处理后的复合地基承载力，应按本规范附录 B 的方法确定；复合地基增强体的单桩承载力，应按本规范附录 C 的方法确定。

7.2　振冲碎石桩和沉管砂石桩复合地基

7.2.1 振冲碎石桩、沉管砂石桩复合地基处理应符合下列规定：

1 适用于挤密处理松散砂土、粉土、粉质黏土、素填土、杂填土等地基，以及用于处理可液化地基。饱和黏土地基，如对变形控制不严格，可采用砂石桩置换处理。

2 对大型的、重要的或场地地层复杂的工程，以及对于处理不排水抗剪强度不小于 20kPa 的饱和黏性土和饱和黄土地基，应在施工前通过现场试验确定其适用性。

3 不加填料振冲挤密法适用于处理黏粒含量不大于 10% 的中砂、粗砂地基，在初步设计阶段宜进行现场工艺试验，确定不加填料振密的可行性，确定孔距、振密电流值、振冲水压力、振后砂层的物理力学指标等施工参数；30kW 振冲器振密深度不宜超过 7m，75kW 振冲器振密深度不宜超过 15m。

7.2.2 振冲碎石桩、沉管砂石桩复合地基设计应符合下列规定：

1 地基处理范围应根据建筑物的重要性和场地条件确定，宜在基础外缘扩大（1~3）排桩。对可液化地基，在基础外缘扩大宽度不应小于基底下可液化土层厚度的 1/2，且不应小于 5m。

2 桩位布置，对大面积满堂基础和独立基础，可采用三角形、正方形、矩形布桩；对条形基础，可沿基础轴线采用单排布桩或对称轴线多排布桩。

3 桩径可根据地基土质情况、成桩方式和成桩设备等因素确定，桩的平均直径可按每根桩所用填料量计算。振冲碎石桩桩径宜为 800mm~1200mm；沉管砂石桩桩径宜为 300mm~800mm。

4 桩间距应通过现场试验确定，并应符合下列规定：

1）振冲碎石桩的桩间距应根据上部结构荷载大小和场地土层情况，并结合所采用的振冲器功率大小综合考虑；30kW 振冲器布桩间距可采用 1.3m~2.0m；55kW 振冲器布桩间距可采用 1.4m~2.5m；75kW 振冲器布桩间距可采用 1.5m～3.0m；不加填料振冲挤密孔距可为 2m～3m；

　　2）沉管砂石桩的桩间距，不宜大于砂石桩直径的 4.5 倍；初步设计时，对松散粉土和砂土地基，应根据挤密后要求达到的孔隙比确定，可按下列公式估算：

等边三角形布置

$$s = 0.95 \xi d \sqrt{\frac{1+e_0}{e_0 - e_1}} \qquad (7.2.2-1)$$

正方形布置

$$s = 0.89 \xi d \sqrt{\frac{1+e_0}{e_0 - e_1}} \qquad (7.2.2-2)$$

$$e_1 = e_{max} - D_{r1}(e_{max} - e_{min}) \qquad (7.2.2-3)$$

式中：s——砂石桩间距（m）；

　　　　d——砂石桩直径（m）；

　　　　ξ——修正系数，当考虑振动下沉密实作用时，可取1.1～1.2；不考虑振动下沉密实作用时，可取 1.0；

　　　　e_0——地基处理前砂土的孔隙比，可按原状土样试验确定，也可根据动力或静力触探等对比试验确定；

　　　　e_1——地基挤密后要求达到的孔隙比；

e_{max}、e_{min}——砂土的最大、最小孔隙比，可按现行国家标准《土工试验方法标准》GB/T 50123 的有关规定确定；

　　　　D_{r1}——地基挤密后要求砂土达到的相对密实度，可取0.70～0.85。

　　5　桩长可根据工程要求和工程地质条件，通过计算确定并应符合下列规定：

　　1）当相对硬土层埋深较浅时，可按相对硬层埋深确定；

　　2）当相对硬土层埋深较大时，应按建筑物地基变形允许值确定；

　　3）对按稳定性控制的工程，桩长应不小于最危险滑动面以下 2.0m 的深度；

　　4）对可液化的地基，桩长应按要求处理液化的深度确定；

　　5）桩长不宜小于4m。

　　6　振冲桩桩体材料可采用含泥量不大于 5% 的碎石、卵石、矿渣或其他性能稳定的硬质材料，不宜使用风化易碎的石料。对 30kW 振冲器，填料粒径宜为 20mm～80mm；对 55kW 振冲器，填料粒径宜为 30mm～100mm；对 75kW 振冲器，填料粒径宜为 40mm～150mm。沉管桩桩体材料可用含泥量不大于 5% 的碎石、卵石、角砾、圆砾、砾砂、粗砂、中砂或石屑等硬质材料，最大粒径不宜大于 50mm。

　　7　桩顶和基础之间宜铺设厚度为 300mm～500mm 的垫层，垫层材料宜用中砂、粗砂、级配砂石和碎石等，最大粒径不宜大于 30mm，其夯填度（夯实后的厚度与虚铺厚度的比值）不应大于 0.9。

　　8　复合地基的承载力初步设计可按本规范（7.1.5-1）式估算，处理后桩间土承载力特征值，可按地区经验确定，如无经验时，对于一般黏性土地基，可取天然地基承载力特征值，松散的砂土、粉土可取原天然地基承载力特征值的（1.2～1.5）倍；复合地基桩土应力比 n，宜采用实测值确定，如无实测资料时，对于黏性土可取 2.0～4.0，对于砂土、粉土可取 1.5～3.0。

　　9　复合地基变形计算应符合本规范第 7.1.7 条和第 7.1.8 条的规定。

　　10　对处理堆载场地地基，应进行稳定性验算。

7.2.3　振冲碎石桩施工应符合下列规定：

　　1　振冲施工可根据设计荷载的大小、原土强度的高低、设计桩长等条件选用不同功率的振冲器。施工前应在现场进行试验，以确定水压、振密电流和留振时间等各种施工参数。

　　2　升降振冲器的机械可用起重机、自行井架式施工平车或其他合适的设备。施工设备应配有电流、电压和留振时间自动信号仪表。

　　3　振冲施工可按下列步骤进行：

　　1）清理平整施工场地，布置桩位；

　　2）施工机具就位，使振冲器对准桩位；

　　3）启动供水泵和振冲器，水压宜为 200kPa～600kPa，水量宜为 200L/min～400L/min，将振冲器徐徐沉入土中，造孔速度宜为 0.5m/min～2.0m/min，直至达到设计深度，记录振冲器经各深度的水压、电流和留振时间；

　　4）造孔后边提升振冲器，边冲水直至孔口，再放至孔底，重复（2～3）次扩大孔径并使孔内泥浆变稀，开始填料制桩；

　　5）大功率振冲器投料可不提出孔口，小功率振冲器下料困难时，可将振冲器提出孔口填料，每次填料厚度不宜大于 500mm；将振冲器沉入填料中进行振密制桩，当电流达到规定的密实电流值和规定的留振时间后，将振冲器提升 300mm～500mm；

　　6）重复以上步骤，自下而上逐段制作桩体直至孔口，记录各段深度的填料量、最终电流值和留振时间；

　　7）关闭振冲器和水泵。

　　4　施工现场应事先开设泥水排放系统，或组织好运浆车辆将泥浆运至预先安排的存放地点，应设置沉淀池，重复使用上部清水。

　　5　桩体施工完毕后，应将顶部预留的松散桩体挖除，铺设垫层并压实。

6 不加填料振冲加密宜采用大功率振冲器，造孔速度宜为 8m/min～10m/min，到达设计深度后，宜将射水量减至最小，留振至密实电流达到规定时，上提 0.5m，逐段振密直至孔口，每米振密时间约 1min。在粗砂中施工，如遇下沉困难，可在振冲器两侧增焊辅助水管，加大造孔水量，降低造孔水压。

7 振密孔施工顺序，宜沿直线逐点逐行进行。

7.2.4 沉管砂石桩施工应符合下列规定：

1 砂石桩施工可采用振动沉管、锤击沉管或冲击成孔等成桩法。当用于消除粉细砂及粉土液化时，宜用振动沉管成桩法。

2 施工前应进行成桩工艺和成桩挤密试验。当成桩质量不能满足设计要求时，应调整施工参数后，重新进行试验或设计。

3 振动沉管成桩法施工，应根据沉管和挤密情况，控制填砂石量、提升高度和速度、挤压次数和时间、电机的工作电流等。

4 施工中应选用能顺利出料和有效挤压桩孔内砂石料的桩尖结构。当采用活瓣桩靴时，对砂土和粉土地基宜选用尖锥形；一次性桩尖可采用混凝土锥形桩尖。

5 锤击沉管成桩法施工可采用单管法或双管法。锤击法挤密应根据锤击能量，控制分段的填砂石量和成桩的长度。

6 砂石桩桩孔内材料填料量，应通过现场试验确定，估算时，可按设计桩孔体积乘以充盈系数确定，充盈系数可取1.2～1.4。

7 砂石桩的施工顺序：对砂土地基宜从外围或两侧向中间进行。

8 施工时桩位偏差不应大于套管外径的 30%，套管垂直度允许偏差应为 ±1%。

9 砂石桩施工后，应将表层的松散层挖除或夯压密实，随后铺设并压实砂石垫层。

7.2.5 振冲碎石桩、沉管砂石桩复合地基的质量检验应符合下列规定：

1 检查各项施工记录，如有遗漏或不符合要求的桩，应补桩或采取其他有效的补救措施。

2 施工后，应间隔一定时间方可进行质量检验。对粉质黏土地基不宜少于 21d，对粉土地基不宜少于 14d，对砂土和杂填土地基不宜少于 7d。

3 施工质量的检验，对桩体可采用重型动力触探试验；对桩间土可采用标准贯入、静力触探、动力触探或其他原位测试等方法；对消除液化的地基检验应采用标准贯入试验。桩间土质量的检测位置应在等边三角形或正方形的中心。检验深度不应小于处理地基深度，检测数量不应少于桩孔总数的 2%。

7.2.6 竣工验收时，地基承载力检验应采用复合地基静载荷试验，试验数量不应少于总桩数的 1%，且每个单体建筑不应少于 3 点。

7.3 水泥土搅拌桩复合地基

7.3.1 水泥土搅拌桩复合地基处理应符合下列规定：

1 适用于处理正常固结的淤泥、淤泥质土、素填土、黏性土（软塑、可塑）、粉土（稍密、中密）、粉细砂（松散、中密）、中粗砂（松散、稍密）、饱和黄土等土层。不适用于含大孤石或障碍物较多且不易清除的杂填土、欠固结的淤泥和淤泥质土、硬塑及坚硬的黏性土、密实的砂类土，以及地下水渗流影响成桩质量的土层。当地基土的天然含水量小于 30%（黄土含水量小于 25%）时不宜采用粉体搅拌法。冬期施工时，应考虑负温对处理地基效果的影响。

2 水泥土搅拌桩的施工工艺分为浆液搅拌法（以下简称湿法）和粉体搅拌法（以下简称干法）。可采用单轴、双轴、多轴搅拌或连续成槽搅拌形成柱状、壁状、格栅状或块状水泥土加固体。

3 对采用水泥土搅拌桩处理地基，除应按现行国家标准《岩土工程勘察规范》GB 50021 要求进行岩土工程详细勘察外，尚应查明拟处理地基土层的 pH 值、塑性指数、有机质含量、地下障碍物及软土分布情况、地下水位及其运动规律等。

4 设计前，应进行处理地基土的室内配比试验。针对现场拟处理地基土层的性质，选择合适的固化剂、外掺剂及其掺量，为设计提供不同龄期、不同配比的强度参数。对竖向承载的水泥土强度宜取 90d 龄期试块的立方体抗压强度平均值。

5 增强体的水泥掺量不应小于 12%，块状加固时水泥掺量不应小于加固天然土质量的 7%；湿法的水泥浆水灰比可取 0.5～0.6。

6 水泥土搅拌桩复合地基宜在基础和桩之间设置褥垫层，厚度可取 200mm～300mm。褥垫层材料可选用中砂、粗砂、级配砂石等，最大粒径不宜大于 20mm。褥垫层的夯填度不应大于 0.9。

7.3.2 **水泥土搅拌桩用于处理泥炭土、有机质土、pH 值小于 4 的酸性土、塑性指数大于 25 的黏土，或在腐蚀性环境中以及无工程经验的地区使用时，必须通过现场和室内试验确定其适用性。**

7.3.3 水泥土搅拌桩复合地基设计应符合下列规定：

1 搅拌桩的长度，应根据上部结构对地基承载力和变形的要求确定，并应穿透软弱土层到达地基承载力相对较高的土层；当设置的搅拌桩同时为提高地基稳定性时，其桩长应超过危险滑弧以下不少于 2.0m；干法的加固深度不宜大于 15m，湿法加固深度不宜大于 20m。

2 复合地基的承载力特征值，应通过现场单桩或多桩复合地基静载荷试验确定。初步设计时可按本规范式（7.1.5-2）估算，处理后桩间土承载力特征值 f_{sk}（kPa）可取天然地基承载力特征值；桩间土承载力发挥系数 β，对淤泥、淤泥质土和流塑状软土等处理土层，可取 0.1～0.4，对其他土层可取 0.4～0.8；单桩承载力发挥系数 λ 可取 1.0。

  3 单桩承载力特征值，应通过现场静载荷试验确定。初步设计时可按本规范式（7.1.5-3）估算，桩端端阻力发挥系数可取 0.4～0.6；桩端端阻力特征值，可取桩端土未修正的地基承载力特征值，并应满足式（7.3.3）的要求，应使由桩身材料强度确定的单桩承载力不小于由桩周土和桩端土的抗力所提供的单桩承载力。

$$R_{\mathrm{a}} = \eta f_{\mathrm{cu}} A_{\mathrm{p}} \tag{7.3.3}$$

式中：f_{cu}——与搅拌桩桩身水泥土配比相同的室内加固土试块，边长为 70.7mm 的立方体在标准养护条件下 90d 龄期的立方体抗压强度平均值（kPa）；

  η——桩身强度折减系数，干法可取 0.20～0.25；湿法可取 0.25。

  4 桩长超过 10m 时，可采用固化剂变掺量设计。在全长桩身水泥总掺量不变的前提下，桩身上部 1/3 桩长范围内，可适当增加水泥掺量及搅拌次数。

  5 桩的平面布置可根据上部结构特点及对地基承载力和变形的要求，采用柱状、壁状、格栅状或块状等加固形式。独立基础下的桩数不宜少于 4 根。

  6 当搅拌桩处理范围以下存在软弱下卧层时，应按现行国家标准《建筑地基基础设计规范》GB 50007 的有关规定进行软弱下卧层地基承载力验算。

  7 复合地基的变形计算应符合本规范第 7.1.7 条和第 7.1.8 条的规定。

7.3.4 用于建筑物地基处理的水泥土搅拌桩施工设备，其湿法施工配备注浆泵的额定压力不宜小于 5.0MPa；干法施工的最大送粉压力不应小于 0.5MPa。

7.3.5 水泥土搅拌桩施工应符合下列规定：

  1 水泥土搅拌桩施工现场施工前应予以平整，清除地上和地下的障碍物。

  2 水泥土搅拌桩施工前，应根据设计进行工艺性试桩，数量不得少于 3 根，多轴搅拌施工不得少于 3 组。应对工艺试桩的质量进行检验，确定施工参数。

  3 搅拌头翼片的枚数、宽度、与搅拌轴的垂直夹角、搅拌头的回转数、提升速度应相互匹配，干法搅拌时钻头每转一圈的提升（或下沉）量宜为 10mm～15mm，确保加固深度范围内土体的任何一点均能经过 20 次以上的搅拌。

  4 搅拌桩施工时，停浆（灰）面应高于桩顶设计标高 500mm。在开挖基坑时，应将桩顶以上土层及桩顶施工质量较差的桩段，采用人工挖除。

  5 施工中，应保持搅拌桩机底盘的水平和导向架的竖直，搅拌桩的垂直度允许偏差和桩位偏差应满足本规范第 7.1.4 条的规定；成桩直径和桩长不得小

于设计值。

  6 水泥土搅拌桩施工应包括下列主要步骤：

   1）搅拌机械就位、调平；

   2）预搅下沉至设计加固深度；

   3）边喷浆（或粉），边搅拌提升直至预定的停浆（或灰）面；

   4）重复搅拌下沉至设计加固深度；

   5）根据设计要求，喷浆（或粉）或仅搅拌提升直至预定的停浆（或灰）面；

   6）关闭搅拌机械。

  在预（复）搅下沉时，也可采用喷浆（粉）的施工工艺，确保全桩长上下至少再重复搅拌一次。

  对地基土进行干法咬合加固时，如复搅困难，可采用慢速搅拌，保证搅拌的均匀性。

  7 水泥土搅拌湿法施工应符合下列规定：

   1）施工前，应确定灰浆泵输浆量、灰浆经输浆管到达搅拌机喷浆口的时间和起吊设备提升速度等施工参数，并应根据设计要求，通过工艺性成桩试验确定施工工艺；

   2）施工中所使用的水泥应过筛，制备好的浆液不得离析，泵送浆应连续进行。拌制水泥浆液的罐数、水泥和外掺剂用量以及泵送浆液的时间应记录；喷浆量及搅拌深度应采用经国家计量部门认证的监测仪器进行自动记录；

   3）搅拌机喷浆提升的速度和次数应符合施工工艺要求，并设专人进行记录；

   4）当水泥浆液到达出浆口后，应喷浆搅拌 30s，在水泥浆与桩端土充分搅拌后，再开始提升搅拌头；

   5）搅拌机预搅下沉时，不宜冲水，当遇到硬土层下沉太慢时，可适量冲水；

   6）施工过程中，如因故停浆，应将搅拌头下沉至停浆点以下 0.5m 处，待恢复供浆时，再喷浆搅拌提升；若停机超过 3h，宜先拆卸输浆管路，并妥加清洗；

   7）壁状加固时，相邻桩的施工时间间隔不宜超过 12h。

  8 水泥土搅拌干法施工应符合下列规定：

   1）喷粉施工前，应检查搅拌机械、供粉泵、送气（粉）管路、接头和阀门的密封性、可靠性，送气（粉）管路的长度不宜大于 60m；

   2）搅拌头每旋转一周，提升高度不得超过 15mm；

   3）搅拌头的直径应定期复核检查，其磨耗量不得大于 10mm；

   4）当搅拌头到达设计桩底以上 1.5m 时，应开启喷粉机提前进行喷粉作业；当搅拌头提

升至地面下 500mm 时，喷粉机应停止喷粉；

    5）成桩过程中，因故停止喷粉，应将搅拌头下沉至停灰面以下 1m 处，待恢复喷粉时，再喷粉搅拌提升。

7.3.6 水泥土搅拌桩干法施工机械必须配置经国家计量部门确认的具有能瞬时检测并记录出粉体计量装置及搅拌深度自动记录仪。

7.3.7 水泥土搅拌桩复合地基质量检验应符合下列规定：

1 施工过程中应随时检查施工记录和计量记录。

2 水泥土搅拌桩的施工质量检验可采用下列方法：

    1）成桩 3d 内，采用轻型动力触探（N_{10}）检查上部桩身的均匀性，检验数量为施工总桩数的 1%，且不少于 3 根；

    2）成桩 7d 后，采用浅部开挖桩头进行检查，开挖深度宜超过停浆（灰）面下 0.5m，检查搅拌的均匀性，量测成桩直径，检查数量不少于总桩数的 5%。

3 静载荷试验宜在成桩 28d 后进行。水泥土搅拌桩复合地基承载力检验应采用复合地基静载荷试验和单桩静载荷试验，验收检验数量不少于总桩数的 1%，复合地基静载荷试验数量不少于 3 台（多轴搅拌为 3 组）。

4 对变形有严格要求的工程，应在成桩 28d 后，采用双管单动取样器钻取芯样作水泥土抗压强度检验，检验数量为施工总桩数的 0.5%，且不少于 6 点。

7.3.8 基槽开挖后，应检验桩位、桩数与桩顶桩身质量，如不符合设计要求，应采取有效补强措施。

7.4 旋喷桩复合地基

7.4.1 旋喷桩复合地基处理应符合下列规定：

1 适用于处理淤泥、淤泥质土、黏性土（流塑、软塑和可塑）、粉土、砂土、黄土、素填土和碎石土等地基。对土中含有较多的大直径块石、大量植物根茎和高含量的有机质，以及地下水流速较大的工程，应根据现场试验结果确定其适应性。

2 旋喷桩施工，应根据工程需要和土质条件选用单管法、双管法和三管法；旋喷桩加固体形状可分为柱状、壁状、条状或块状。

3 在制定旋喷桩方案时，应搜集邻近建筑物和周边地下埋设物等资料。

4 旋喷桩方案确定后，应结合工程情况进行现场试验，确定施工参数及工艺。

7.4.2 旋喷桩加固体强度和直径，应通过现场试验确定。

7.4.3 旋喷桩复合地基承载力特征值和单桩竖向承载力特征值应通过现场静载荷试验确定。初步设计

时，可按本规范式（7.1.5-2）和式（7.1.5-3）估算，其桩身材料强度尚应满足式（7.1.6-1）和式（7.1.6-2）要求。

7.4.4 旋喷桩复合地基的地基变形计算应符合本规范第 7.1.7 条和第 7.1.8 条的规定。

7.4.5 当旋喷桩处理地基范围以下存在软弱下卧层时，应按现行国家标准《建筑地基基础设计规范》GB 50007 的有关规定进行软弱下卧层地基承载力验算。

7.4.6 旋喷桩复合地基宜在基础和桩顶之间设置褥垫层。褥垫层厚度宜为 150mm～300mm，褥垫层材料可选用中砂、粗砂和级配砂石等，褥垫层最大粒径不宜大于 20mm。褥垫层的夯填度不应大于 0.9。

7.4.7 旋喷桩的平面布置可根据上部结构和基础特点确定，独立基础下的桩数不应少于 4 根。

7.4.8 旋喷桩施工应符合下列规定：

1 施工前，应根据现场环境和地下埋设物的位置等情况，复核旋喷桩的设计孔位。

2 旋喷桩的施工工艺及参数应根据土质条件、加固要求，通过试验或根据工程经验确定。单管法、双管法高压水泥浆和三管法高压水的压力应大于 20MPa，流量应大于 30L/min，气流压力宜大于 0.7MPa，提升速度宜为 0.1 m/min～0.2m/min。

3 旋喷注浆，宜采用强度等级为 42.5 级的普通硅酸盐水泥，可根据需要加入适量的外加剂及掺合料。外加剂和掺合料的用量，应通过试验确定。

4 水泥浆液的水灰比宜为 0.8～1.2。

5 旋喷桩的施工工序为：机具就位、贯入喷射管、喷射注浆、拔管和冲洗等。

6 喷射孔与高压注浆泵的距离不宜大于 50m。钻孔位置的允许偏差应为 ±50mm。垂直度允许偏差应为 ±1%。

7 当喷射注浆管贯入土中，喷嘴达到设计标高时，即可喷射注浆。在喷射注浆参数达到规定值后，随即按旋喷的工艺要求，提升喷射管，由下而上旋转喷射注浆。喷射管分段提升的搭接长度不得小于 100mm。

8 对需要局部扩大加固范围或提高强度的部位，可采用复喷措施。

9 在旋喷注浆过程中出现压力骤然下降、上升或冒浆异常时，应查明原因并及时采取措施。

10 旋喷注浆完毕，应迅速拔出喷射管。为防止浆液凝固收缩影响桩顶高程，可在原孔位采用冒浆回灌或第二次注浆等措施。

11 施工中应做好废泥浆处理，及时将废泥浆运出或在现场短期堆放后作土方运出。

12 施工中应严格按照施工参数和材料用量施工，用浆量和提升速度应采用自动记录装置，并做好各项施工记录。

7.4.9 旋喷桩质量检验应符合下列规定：

1 旋喷桩可根据工程要求和当地经验采用开挖检查、钻孔取芯、标准贯入试验、动力触探和静载荷试验等方法进行检验；

2 检验点布置应符合下列规定：

　　1）有代表性的桩位；

　　2）施工中出现异常情况的部位；

　　3）地基情况复杂，可能对旋喷桩质量产生影响的部位。

3 成桩质量检验点的数量不少于施工孔数的2%，并不应少于6点；

4 承载力检验宜在成桩28d后进行。

7.4.10 竣工验收时，旋喷桩复合地基承载力检验应采用复合地基静载荷试验和单桩静载荷试验。检验数量不得少于总桩数的1%，且每个单体工程复合地基静载荷试验的数量不得少于3台。

7.5 灰土挤密桩和土挤密桩复合地基

7.5.1 灰土挤密桩、土挤密桩复合地基处理应符合下列规定：

1 适用于处理地下水位以上的粉土、黏性土、素填土、杂填土和湿陷性黄土等地基，可处理地基的厚度宜为3m～15m；

2 当以消除地基土的湿陷性为主要目的时，可选用土挤密桩；当以提高地基土的承载力或增强其水稳性为主要目的时，宜选用灰土挤密桩；

3 当地基土的含水量大于24%、饱和度大于65%时，应通过试验确定其适用性；

4 对重要工程或在缺乏经验的地区，施工前应按设计要求，在有代表性的地段进行现场试验。

7.5.2 灰土挤密桩、土挤密桩复合地基设计应符合下列规定：

1 地基处理的面积：当采用整片处理时，应大于基础或建筑物底层平面的面积，超出建筑物外墙基础底面外缘的宽度，每边不宜小于处理土层厚度的1/2，且不小于2m；当采用局部处理时，对非自重湿陷性黄土、素填土和杂填土等地基，每边不应小于基础底面宽度的25%，且不应小于0.5m；对自重湿陷性黄土地基，每边不应小于基础底面宽度的75%，且不应小于1.0m。

2 处理地基的深度，应根据建筑场地的土质情况、工程要求和成孔及夯实设备等综合因素确定。对湿陷性黄土地基，应符合现行国家标准《湿陷性黄土地区建筑规范》GB 50025 的有关规定。

3 桩孔直径宜为300mm～600mm。桩孔宜按等边三角形布置，桩孔之间的中心距离，可为桩孔直径的（2.0～3.0）倍，也可按下式估算：

$$s = 0.95d \sqrt{\frac{\bar{\eta}_c \rho_{dmax}}{\bar{\eta}_c \rho_{dmax} - \bar{\rho}_d}} \qquad (7.5.2\text{-}1)$$

式中：s ——桩孔之间的中心距离（m）；

d ——桩孔直径（m）；

ρ_{dmax} ——桩间土的最大干密度（t/m³）；

$\bar{\rho}_d$ ——地基处理前土的平均干密度（t/m³）；

$\bar{\eta}_c$ ——桩间土经成孔挤密后的平均挤密系数，不宜小于0.93。

4 桩间土的平均挤密系数 $\bar{\eta}_c$，应按下式计算：

$$\bar{\eta}_c = \frac{\bar{\rho}_{d1}}{\rho_{dmax}} \qquad (7.5.2\text{-}2)$$

式中：$\bar{\rho}_{d1}$ ——在成孔挤密深度内，桩间土的平均干密度（t/m³），平均试样数不应少于6组。

5 桩孔的数量可按下式估算：

$$n = \frac{A}{A_e} \qquad (7.5.2\text{-}3)$$

式中：n ——桩孔的数量；

A ——拟处理地基的面积（m²）；

A_e ——单根土或灰土挤密桩所承担的处理地基面积（m²），即：

$$A_e = \frac{\pi d_e^2}{4} \qquad (7.5.2\text{-}4)$$

式中：d_e ——单根桩分担的处理地基面积的等效圆直径（m）。

6 桩孔内的灰土填料，其消石灰与土的体积配合比，宜为2：8或3：7。土料宜选用粉质黏土，土料中的有机质含量不应超过5%，且不得含有冻土，渣土垃圾粒径不应超过15mm。石灰可选用新鲜的消石灰或生石灰粉，粒径不应大于5mm。消石灰的质量应合格，有效 $CaO + MgO$ 含量不得低于60%。

7 孔内填料应分层回填夯实，填料的平均压实系数 $\bar{\lambda}_c$ 不应低于0.97，其中压实系数最小值不应低于0.93。

8 桩顶标高以上应设置300mm～600mm厚的褥垫层。垫层材料可根据工程要求采用2：8或3：7灰土、水泥土等。其压实系数均不应低于0.95。

9 复合地基承载力特征值，应按本规范第7.1.5条确定。初步设计时，可按本规范式（7.1.5-1）进行估算。桩土应力比应按试验或地区经验确定。灰土挤密桩复合地基承载力特征值，不宜大于处理前天然地基承载力特征值的2.0倍，且不宜大于250kPa；对土挤密桩复合地基承载力特征值，不宜大于处理前天然地基承载力特征值的1.4倍，且不宜大于180kPa。

10 复合地基的变形计算应符合本规范第7.1.7条和第7.1.8条的规定。

7.5.3 灰土挤密桩、土挤密桩施工应符合下列规定：

1 成孔应按设计要求、成孔设备、现场土质和周围环境等情况，选用振动沉管、锤击沉管、冲击或钻孔等方法；

2 桩顶设计标高以上的预留覆盖土层厚度，宜符合下列规定：

1）沉管成孔不宜小于 0.5m；

2）冲击成孔或钻孔夯扩法成孔不宜小于 1.2m。

3 成孔时，地基土宜接近最优（或塑限）含水量，当土的含水量低于 12% 时，宜对拟处理范围内的土层进行增湿，应在地基处理前（4～6）d，将需增湿的水通过一定数量和一定深度的渗水孔，均匀地浸入拟处理范围内的土层中，增湿土的加水量可按下式估算：

$$Q = v \bar{\rho}_d (w_{op} - \bar{w}) k \qquad (7.5.3)$$

式中：Q——计算加水量（t）；

v——拟加固土的总体积（m³）；

$\bar{\rho}_d$——地基处理前土的平均干密度（t/m³）；

w_{op}——土的最优含水量（%），通过室内击实试验求得；

$\bar{w}$——地基处理前土的平均含水量（%）；

k——损耗系数，可取 1.05～1.10。

4 土料有机质含量不应大于 5%，且不得含有冻土和膨胀土，使用时应过 10mm～20mm 的筛，混合料含水量应满足最优含水量要求，允许偏差应为 ±2%，土料和水泥应拌合均匀；

5 成孔和孔内回填夯实应符合下列规定：

1）成孔和孔内回填夯实的施工顺序，当整片处理地基时，宜从里（或中间）向外间隔（1～2）孔依次进行，对大型工程，可采取分段施工；当局部处理地基时，宜从外向里间隔（1～2）孔依次进行；

2）向孔内填料前，孔底应夯实，并应检查桩孔的直径、深度和垂直度；

3）桩孔的垂直度允许偏差应为 ±1%；

4）孔中心距允许偏差应为桩距的 ±5%；

5）经检验合格后，应按设计要求，向孔内分层填入筛好的素土、灰土或其他填料，并应分层夯实至设计标高。

6 铺设灰土垫层前，应按设计要求将桩顶标高以上的预留松动土层挖除或夯（压）密实；

7 施工过程中，应有专人监督成孔及回填夯实的质量，并应做好施工记录；如发现地基土质与勘察资料不符，应立即停止施工，待查明情况或采取有效措施处理后，方可继续施工；

8 雨期或冬期施工，应采取防雨或防冻措施，防止填料受雨水淋湿或冻结。

7.5.4 灰土挤密桩、土挤密桩复合地基质量检验应符合下列规定：

1 桩孔质量检验应在成孔后及时进行，所有桩孔均需检验并作出记录，检验合格或经处理后方可进行夯填施工。

2 应随机抽样检测夯后桩长范围内灰土或土填料的平均压实系数 $\bar{\lambda}_c$，抽检的数量不应少于桩总数

的 1%，且不得少于 9 根。对灰土桩桩身强度有怀疑时，尚应检验消石灰与土的体积配合比。

3 应抽样检验处理深度内桩间土的平均挤密系数 $\bar{\eta}_c$，检测探井数不应少于总桩数的 0.3%，且每项单体工程不得少于 3 个。

4 对消除湿陷性的工程，除应检测上述内容外，尚应进行现场浸水静载荷试验，试验方法应符合现行国家标准《湿陷性黄土地区建筑规范》GB 50025 的规定。

5 承载力检验应在成桩后 14d～28d 后进行，检测数量不应少于总桩数的 1%，且每项单体工程复合地基静载荷试验不应少于 3 点。

7.5.5 竣工验收时，灰土挤密桩、土挤密桩复合地基的承载力检验应采用复合地基静载荷试验。

7.6 夯实水泥土桩复合地基

7.6.1 夯实水泥土桩复合地基处理应符合下列规定：

1 适用于处理地下水位以上的粉土、黏性土、素填土和杂填土等地基，处理地基的深度不宜大于 15m；

2 岩土工程勘察应查明土层厚度、含水量、有机质含量等；

3 对重要工程或在缺乏经验的地区，施工前应按设计要求，选择地质条件有代表性的地段进行试验性施工。

7.6.2 夯实水泥土桩复合地基设计应符合下列规定：

1 夯实水泥土桩宜在建筑物基础范围内布置；基础边缘距离最外一排桩中心的距离不宜小于 1.0 倍桩径；

2 桩长的确定：当相对硬土层埋藏较浅时，应按相对硬土层的埋藏深度确定；当相对硬土层的埋藏较深时，可按建筑物地基的变形允许值确定；

3 桩孔直径宜为 300mm～600mm；桩孔宜按等边三角形或方形布置，桩间距可为桩孔直径的（2～4）倍；

4 桩孔内的填料，应根据工程要求进行配比试验，并应符合本规范第 7.1.6 条的规定；水泥与土的体积配合比宜为 1:5～1:8；

5 孔内填料应分层回填夯实，填料的平均压实系数 $\bar{\lambda}_c$ 不应低于 0.97，压实系数最小值不应低于 0.93；

6 桩顶标高以上应设置厚度为 100mm～300mm 的褥垫层；垫层材料可采用粗砂、中砂或碎石等，垫层材料最大粒径不宜大于 20mm；褥垫层的夯填度不应大于 0.9；

7 复合地基承载力特征值应按本规范第 7.1.5 条规定确定；初步设计时可按公式（7.1.5-2）进行估算；桩间土承载力发挥系数 β 可取 0.9～1.0；单桩承载力发挥系数 λ 可取 1.0；

8 复合地基的变形计算应符合本规范第7.1.7条和第7.1.8条的有关规定。

7.6.3 夯实水泥土桩施工应符合下列规定：

1 成孔应根据设计要求、成孔设备、现场土质和周围环境等，选用钻孔、洛阳铲成孔等方法。当采用人工洛阳铲成孔工艺时，处理深度不宜大于6.0m。

2 桩顶设计标高以上的预留覆盖土层厚度不宜小于0.3m。

3 成孔和孔内回填夯实应符合下列规定：

1）宜选用机械成孔和夯实；

2）向孔内填料前，孔底应夯实；分层夯填时，夯锤落距和填料厚度应满足夯填密实度的要求；

3）土料有机质含量不应大于5%，且不得含有冻土和膨胀土，混合料含水量应满足最优含水量要求，允许偏差应为±2%，土料和水泥应拌合均匀；

4）成孔经检验合格后，按设计要求，向孔内分层填入拌合好的水泥土，并应分层夯实至设计标高。

4 铺设垫层前，应按设计要求将桩顶标高以上的预留土层挖除。垫层施工应避免扰动基底土层。

5 施工过程中，应有专人监理成孔及回填夯实的质量，并应做好施工记录。如发现地基土质与勘察资料不符，应立即停止施工，待查明情况或采取有效措施处理后，方可继续施工。

6 雨期或冬期施工，应采取防雨或防冻措施，防止填料受雨水淋湿或冻结。

7.6.4 夯实水泥土桩复合地基质量检验应符合下列规定：

1 成桩后，应及时抽样检验水泥土桩的质量；

2 夯填桩体的干密度质量检验应随机抽样检测，抽检的数量不应少于总桩数的2%；

3 复合地基静载荷试验和单桩静载荷试验检验数量不应少于桩总数的1%，且每项单体工程复合地基静载荷试验检验数量不应少于3点。

7.6.5 竣工验收时，夯实水泥土桩复合地基承载力检验应采用单桩复合地基静载荷试验和单桩静载荷试验；对重要或大型工程，尚应进行多桩复合地基静载荷试验。

7.7 水泥粉煤灰碎石桩复合地基

7.7.1 水泥粉煤灰碎石桩复合地基适用于处理黏性土、粉土、砂土和自重固结已完成的素填土地基。对淤泥质土应按地区经验或通过现场试验确定其适用性。

7.7.2 水泥粉煤灰碎石桩复合地基设计应符合下列规定：

1 水泥粉煤灰碎石桩，应选择承载力和压缩模量相对较高的土层作为桩端持力层。

2 桩径：长螺旋钻中心压灌、干成孔和振动沉管成桩宜为350mm～600mm；泥浆护壁钻孔成桩宜为600mm～800mm；钢筋混凝土预制桩宜为300mm～600mm。

3 桩间距应根据基础形式、设计要求的复合地基承载力和变形、土性及施工工艺确定：

1）采用非挤土成桩工艺和部分挤土成桩工艺，桩间距宜为（3～5）倍桩径；

2）采用挤土成桩工艺和墙下条形基础单排布桩的桩间距宜为（3～6）倍桩径；

3）桩长范围内有饱和粉土、粉细砂、淤泥、淤泥质土层，采用长螺旋钻中心压灌成桩施工中可能发生窜孔时宜采用较大桩距。

4 桩顶和基础之间应设置褥垫层，褥垫层厚度宜为桩径的40%～60%。褥垫材料宜采用中砂、粗砂、级配砂石和碎石等，最大粒径不宜大于30mm。

5 水泥粉煤灰碎石桩可只在基础范围内布桩，并可根据建筑物荷载分布、基础形式和地基土性状，合理确定布桩参数：

1）内筒外框结构内筒部位可采用减小桩距、增大桩长或桩径布桩；

2）对相邻柱荷载水平相差较大的独立基础，应变形控制确定桩长和桩距；

3）筏板厚度与跨距之比小于1/6的平板式筏基、梁的高跨比大于1/6且板的厚跨比（筏板厚度与梁的中心距之比）小于1/6的梁板式筏基，应在柱（平板式筏基）和梁（梁板式筏基）边缘每边外扩2.5倍板厚的面积范围内布桩；

4）对荷载水平不高的墙下条形基础可采用墙下单排布桩。

6 复合地基承载力特征值应按本规范第7.1.5条规定确定。初步设计时，可按式（7.1.5-2）估算，其中单桩承载力发挥系数λ和桩间土承载力发挥系数β应按地区经验取值，无经验时λ可取0.8～0.9；β可取0.9～1.0；处理后桩间土的承载力特征值f_{sk}，对非挤土成桩工艺，可取天然地基承载力特征值；对挤土成桩工艺，一般黏性土可取天然地基承载力特征值；松散砂土、粉土可取天然地基承载力特征值的（1.2～1.5）倍，原土强度低的取大值。按式（7.1.5-3）估算单桩承载力时，桩端端阻力发挥系数α_p可取1.0；桩身强度应满足本规范第7.1.6条的规定。

7 处理后的地基变形计算应符合本规范第7.1.7条和第7.1.8条的规定。

7.7.3 水泥粉煤灰碎石桩施工应符合下列规定：

1 可选用下列施工工艺：

1）长螺旋钻孔灌注成桩：适用于地下水位以上的黏性土、粉土、素填土、中等密实以上的砂土地基；

2）长螺旋钻中心压灌成桩；适用于黏性土、粉土、砂土和素填土地基，对噪声或泥浆污染要求严格的场地可优先选用；穿越卵石夹层时应通过试验确定适用性；

3）振动沉管灌注成桩：适用于粉土、黏性土及素填土地基；挤土造成地面隆起量大时，应采用较大桩距施工；

4）泥浆护壁成孔灌注成桩，适用于地下水位以下的黏性土、粉土、砂土、填土、碎石土及风化岩层等地基；桩长范围和桩端有承压水的土层应通过试验确定其适应性。

2　长螺旋钻中心压灌成桩施工和振动沉管灌注成桩施工应符合下列规定：

1）施工前，应按设计要求在试验室进行配合比试验；施工时，按配合比配制混合料；长螺旋钻中心压灌成桩施工的坍落度宜为160mm～200mm，振动沉管灌注成桩施工的坍落度宜为30mm～50mm；振动沉管灌注成桩后桩顶浮浆厚度不宜超过200mm；

2）长螺旋钻中心压灌成桩施工钻至设计深度后，应控制提拔钻杆时间，混合料泵送量应与拔管速度相配合，不得在饱和砂土或饱和粉土层内停泵待料；沉管灌注成桩施工拔管速度宜为1.2m/min～1.5m/min，如遇淤泥质土，拔管速度应适当减慢；当遇有松散饱和粉土、粉细砂或淤泥质土，当桩距较小时，宜采用隔桩跳打措施；

3）施工桩顶标高宜高出设计桩顶标高不少于0.5m；当施工作业面高出桩顶设计标高较大时，宜增加混凝土灌注量；

4）成桩过程中，应抽样做混合料试块，每台机械每台班不应少于一组。

3　冬期施工时，混合料入孔温度不得低于5℃，对桩头和桩间土应采取保温措施；

4　清土和截桩时，应采用小型机械或人工剔除等措施，不得造成桩顶标高以下桩身断裂或桩间土扰动；

5　褥垫层铺设宜采用静力压实法，当基础底面下桩间土的含水量较低时，也可采用动力夯实法，夯填度不应大于0.9；

6　泥浆护壁成孔灌注成桩和锤击、静压预制桩施工，应符合现行行业标准《建筑桩基技术规范》JGJ 94的规定。

7.7.4　水泥粉煤灰碎石桩复合地基质量检验应符合下列规定：

1　施工质量检验应检查施工记录、混合料坍落度、桩数、桩位偏差、褥垫层厚度、夯填度和桩体试块抗压强度等；

2　竣工验收时，水泥粉煤灰碎石桩复合地基承载力检验应采用复合地基静载荷试验和单桩静载荷试验；

3　承载力检验宜在施工结束28d后进行，其桩身强度应满足试验荷载条件；复合地基静载荷试验和单桩静载荷试验的数量不应少于总桩数的1%，且每个单体工程的复合地基静载荷试验的试验数量不应少于3点；

4　采用低应变动力试验检测桩身完整性，检查数量不低于总桩数的10%。

7.8　柱锤冲扩桩复合地基

7.8.1　柱锤冲扩桩复合地基适用于处理地下水位以上的杂填土、粉土、黏性土、素填土和黄土等地基；对地下水位以下饱和土层处理，应通过现场试验确定其适用性。

7.8.2　柱锤冲扩桩处理地基的深度不宜超过10m。

7.8.3　对大型的、重要的或场地复杂的工程，在正式施工前，应在有代表性的场地进行试验。

7.8.4　柱锤冲扩桩复合地基设计应符合下列规定：

1　处理范围应大于基底面积。对一般地基，在基础外缘应扩大（1～3）排桩，且不应小于基底下处理土层厚度的1/2；对可液化地基，在基础外缘扩大的宽度，不应小于基底下可液化土层厚度的1/2，且不应小于5m；

2　桩位布置宜为正方形和等边三角形，桩距宜为1.2m～2.5m或取桩径的（2～3）倍；

3　桩径宜为500mm～800mm，桩孔内填料量应通过现场试验确定；

4　地基处理深度：对相对硬土层埋藏较浅地基，应达到相对硬土层深度；对相对硬土层埋藏较深地基，应按下卧层地基承载力及建筑物地基的变形允许值确定；对可液化地基，应按现行国家标准《建筑抗震设计规范》GB 50011的有关规定确定；

5　桩顶部应铺设200mm～300mm厚砂石垫层，垫层的夯填度不应大于0.9；对湿陷性黄土，垫层材料应采用灰土，满足本规范第7.5.2条第8款的规定。

6　桩体材料可采用碎砖三合土、级配砂石、矿渣、灰土、水泥混合土等，当采用碎砖三合土时，其体积比可采用生石灰：碎砖：黏性土为1:2:4，当采用其他材料时，应通过试验确定其适用性和配合比；

7　承载力特征值应通过现场复合地基静载荷试验确定；初步设计时，可按式（7.1.5-1）估算，置换率 m 宜取0.2～0.5；桩土应力比 n 应通过试验确定或按地区经验确定；无经验值时，可取2～4；

8　处理后地基变形计算应符合本规范第7.1.7条和第7.1.8条的规定；

9 当柱锤冲扩桩处理深度以下存在软弱下卧层时，应按现行国家标准《建筑地基基础设计规范》GB 50007 的有关规定进行软弱下卧层地基承载力验算。

7.8.5 柱锤冲扩桩施工应符合下列规定：

1 宜采用直径 300mm～500mm、长度 2m～6m、质量 2t～10t 的柱状锤进行施工。

2 起重机具可用起重机、多功能冲扩桩机或其他专用机具设备。

3 柱锤冲扩桩复合地基施工可按下列步骤进行：

1）清理平整施工场地，布置桩位。

2）施工机具就位，使柱锤对准桩位。

3）柱锤冲孔：根据土质及地下水情况可分别采用下列三种成孔方式：

①冲击成孔：将柱锤提升一定高度，自由下落冲击土层，如此反复冲击，接近设计成孔深度时，可在孔内填少量粗骨料继续冲击，直到孔底被夯密实；

②填料冲击成孔：成孔时出现缩颈或塌孔时，可分次填入碎砖和生石灰块，边冲击边将填料挤入孔壁及孔底，当孔底接近设计成孔深度时，夯入部分碎砖挤密桩端土；

③复打成孔：当塌孔严重难以成孔时，可提锤反复冲击至设计孔深，然后分次填入碎砖和生石灰块，待孔内生石灰吸水膨胀、桩间土性质有所改善后，再进行二次冲击复打成孔。

当采用上述方法仍难以成孔时，也可以采用套管成孔，即用柱锤边冲孔边将套管压入土中，直至桩底设计标高。

4）成桩：用料斗或运料车将拌合好的填料分层填入桩孔夯实。当采用套管成孔时，边分层填料夯实，边将套管拔出。锤的质量、锤长、落距、分层填料量、分层夯填度、夯击次数和总填料量等，应根据试验或按当地经验确定。每个桩孔应夯填至桩顶设计标高以上至少 0.5m，其上部桩孔宜用原地基土夯封。

5）施工机具移位，重复上述步骤进行下一根桩施工。

4 成孔和填料夯实的施工顺序，宜间隔跳打。

7.8.6 基槽开挖后，应晾槽拍底或振动压路机碾压后，再铺设垫层并压实。

7.8.7 柱锤冲扩桩复合地基的质量检验应符合下列规定：

1 施工过程中应随时检查施工记录及现场施工情况，并对照预定的施工工艺标准，对每根桩进行质量评定；

2 施工结束后 7d～14d，可采用重型动力触探或标准贯入试验对桩身及桩间土进行抽样检验，检验数量不应少于冲扩桩总数的 2%，每个单体工程桩身及桩间土总检验点数均不应少于 6 点；

3 竣工验收时，柱锤冲扩桩复合地基承载力检验应采用复合地基静载荷试验；

4 承载力检验数量不应少于总桩数的 1%，且每个单体工程复合地基静载荷试验不应少于 3 点；

5 静载荷试验应在成桩 14d 后进行；

6 基槽开挖后，应检查桩位、桩径、桩数、桩顶密实度及槽底土质情况。如发现漏桩、桩位偏差过大、桩头及槽底土质松软等质量问题，应采取补救措施。

7.9 多桩型复合地基

7.9.1 多桩型复合地基适用于处理不同深度存在相对硬层的正常固结土，或浅层存在欠固结土、湿陷性黄土、可液化土等特殊土，以及地基承载力和变形要求较高的地基。

7.9.2 多桩型复合地基的设计应符合下列原则：

1 桩型及施工工艺的确定，应考虑土层情况、承载力与变形控制要求、经济性和环境要求等综合因素；

2 对复合地基承载力贡献较大或用于控制复合土层变形的长桩，应选择相对较好的持力层；对处理欠固结土的增强体，其桩长应穿越欠固结土层；对消除湿陷性土的增强体，其桩长宜穿过湿陷性土层；对处理液化土的增强体，其桩长宜穿过可液化土层；

3 如浅部存在有较好持力层的正常固结土，可采用长桩与短桩的组合方案；

4 对浅部存在软土或欠固结土，宜先采用预压、压实、夯实、挤密方法或低强度桩复合地基等处理浅层地基，再采用桩身强度相对较高的长桩进行地基处理；

5 对湿陷性黄土应按现行国家标准《湿陷性黄土地区建筑规范》GB 50025 的规定，采用压实、夯实或土桩、灰土桩等处理湿陷性，再采用桩身强度相对较高的长桩进行地基处理；

6 对可液化地基，可采用碎石桩等方法处理液化土层，再采用有粘结强度桩进行地基处理。

7.9.3 多桩型复合地基单桩承载力应由静载荷试验确定，初步设计可按本规范第 7.1.6 条规定估算；对施工扰动敏感的土层，应考虑后施工桩对已施工桩的影响，单桩承载力予以折减。

7.9.4 多桩型复合地基的布桩宜采用正方形或三角形间隔布置，刚性桩宜在基础范围内布桩，其他增强体布桩应满足液化土地基和湿陷性黄土地基对不同性质土质处理范围的要求。

7.9.5 多桩型复合地基垫层设置，对刚性长、短桩复合地基宜选择砂石垫层，垫层厚度宜取对复合地基承载力贡献大的增强体直径的1/2；对刚性桩与其他材料增强体组合的复合地基，垫层厚度宜取刚性桩直径的1/2；对湿陷性的黄土地基，垫层材料应采用灰土，垫层厚度宜为300mm。

7.9.6 多桩型复合地基承载力特征值，应采用多桩复合地基静载荷试验确定，初步设计时，可采用下列公式估算：

1 对具有粘结强度的两种桩组合形成的多桩型复合地基承载力特征值：

$$f_{spk} = m_1 \frac{\lambda_1 R_{a1}}{A_{p1}} + m_2 \frac{\lambda_2 R_{a2}}{A_{p2}} + \beta(1 - m_1 - m_2)f_{sk}$$

(7.9.6-1)

式中：m_1、m_2——分别为桩1、桩2的面积置换率；

λ_1、λ_2——分别为桩1、桩2的单桩承载力发挥系数；应由单桩复合地基试验按等变形准则或多桩复合地基静载荷试验确定，有地区经验时也可按地区经验确定；

R_{a1}、R_{a2}——分别为桩1、桩2的单桩承载力特征值（kN）；

A_{p1}、A_{p2}——分别为桩1、桩2的截面面积（m^2）；

β——桩间土承载力发挥系数；无经验时可取0.9~1.0；

f_{sk}——处理后复合地基桩间土承载力特征值（kPa）。

2 对具有粘结强度的桩与散体材料桩组合形成的复合地基承载力特征值：

$$f_{spk} = m_1 \frac{\lambda_1 R_{a1}}{A_{p1}} + \beta[1 - m_1 + m_2(n-1)]f_{sk}$$

(7.9.6-2)

式中：β——仅由散体材料桩加固处理形成的复合地基承载力发挥系数；

n——仅由散体材料桩加固处理形成复合地基的桩土应力比；

f_{sk}——仅由散体材料桩加固处理后桩间土承载力特征值（kPa）。

7.9.7 多桩型复合地基面积置换率，应根据基础面积与该面积范围内实际的布桩数量进行计算，当基础面积较大或条形基础较长时，可用单元面积置换率替代。

1 当按图7.9.7（a）矩形布桩时，$m_1 = \dfrac{A_{p1}}{2s_1 s_2}$，$m_2 = \dfrac{A_{p2}}{2s_1 s_2}$；

2 当按图7.9.7（b）三角形布桩且$s_1 = s_2$时，$m_1 = \dfrac{A_{p1}}{2s_1^2}$，$m_2 = \dfrac{A_{p2}}{2s_1^2}$。

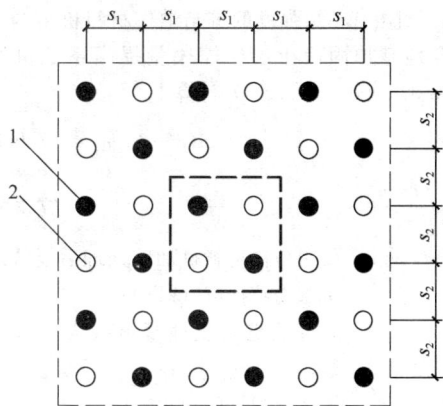

图7.9.7（a） 多桩型复合地基矩形布桩单元面积计算模型

1—桩1；2—桩2

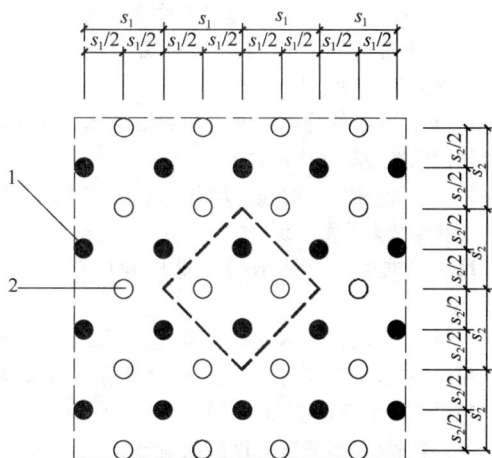

图7.9.7（b） 多桩型复合地基三角形布桩单元面积计算模型

1—桩1；2—桩2

7.9.8 多桩型复合地基变形计算可按本规范第7.1.7条和第7.1.8条的规定，复合土层的压缩模量可按下列公式计算：

1 有粘结强度增强体的长短桩复合加固区、仅长桩加固区土层压缩模量提高系数分别按下列公式计算：

$$\zeta_1 = \frac{f_{spk}}{f_{ak}}$$

(7.9.8-1)

$$\zeta_2 = \frac{f_{spk1}}{f_{ak}}$$

(7.9.8-2)

式中：f_{spk1}、f_{spk}——分别为仅由长桩处理形成复合地基承载力特征值和长短桩复合地基承载力特征值（kPa）；

ζ_1、ζ_2——分别为长短桩复合地基加固土层压缩模量提高系数和仅由长桩处理形成复合地基加固土层压缩模量提高系数。

2 对由有粘结强度的桩与散体材料桩组合形成的复合地基加固区土层压缩模量提高系数可按式（7.9.8-3）或式（7.9.8-4）计算：

$$\zeta_1 = \frac{f_{spk}}{f_{spk2}}[1+m(n-1)]\alpha \quad (7.9.8\text{-}3)$$

$$\zeta_1 = \frac{f_{spk}}{f_{ak}} \quad (7.9.8\text{-}4)$$

式中：f_{spk2}——仅由散体材料桩加固处理后复合地基承载力特征值（kPa）；

α——处理后桩间土地基承载力的调整系数，$\alpha = f_{sk}/f_{ak}$；

m——散体材料桩的面积置换率。

7.9.9 复合地基变形计算深度应大于复合地基土层的厚度，且应满足现行国家标准《建筑地基基础设计规范》GB 50007 的有关规定。

7.9.10 多桩型复合地基的施工应符合下列规定：

1 对处理可液化土层的多桩型复合地基，应先施工处理液化的增强体；

2 对消除或部分消除湿陷性黄土地基，应先施工处理湿陷性的增强体；

3 应降低或减小后施工增强体对已施工增强体的质量和承载力的影响。

7.9.11 多桩型复合地基的质量检验应符合下列规定：

1 竣工验收时，多桩型复合地基承载力检验，应采用多桩复合地基静载荷试验和单桩静载荷试验，检验数量不得少于总桩数的 1%；

2 多桩复合地基载荷板静载荷试验，对每个单体工程检验数量不得少于 3 点；

3 增强体施工质量检验，对散体材料增强体的检验数量不应少于其总桩数的 2%，对具有粘结强度的增强体，完整性检验数量不应少于其总桩数的 10%。

8 注 浆 加 固

8.1 一 般 规 定

8.1.1 注浆加固适用于建筑地基的局部加固处理，适用于砂土、粉土、黏性土和人工填土等地基加固。加固材料可选用水泥浆液、硅化浆液和碱液等固化剂。

8.1.2 注浆加固设计前，应进行室内浆液配比试验和现场注浆试验，确定设计参数，检验施工方法和设备。

8.1.3 注浆加固应保证加固地基在平面和深度连成一体，满足土体渗透性、地基土的强度和变形的设计要求。

8.1.4 注浆加固后的地基变形计算应按现行国家标准《建筑地基基础设计规范》GB 50007 的有关规定进行。

8.1.5 对地基承载力和变形有特殊要求的建筑地基，注浆加固宜与其他地基处理方法联合使用。

8.2 设 计

8.2.1 水泥为主剂的注浆加固设计应符合下列规定：

1 对软弱地基土处理，可选用以水泥为主剂的浆液及水泥和水玻璃的双液型混合浆液；对有地下水流动的软弱地基，不应采用单液水泥浆液。

2 注浆孔间距宜取 1.0m～2.0m。

3 在砂土地基中，浆液的初凝时间宜为 5min～20min；在黏性土地基中，浆液的初凝时间宜为（1～2）h。

4 注浆量和注浆有效范围，应通过现场注浆试验确定；在黏性土地基中，浆液注入率宜为 15%～20%；注浆点上覆土层厚度应大于 2m。

5 对劈裂注浆的注浆压力，在砂土中，宜为 0.2MPa～0.5MPa；在黏性土中，宜为 0.2MPa～0.3MPa。对压密注浆，当采用水泥砂浆浆液时，坍落度宜为 25mm～75mm，注浆压力宜为 1.0MPa～7.0MPa。当采用水泥水玻璃双液快凝浆液时，注浆压力不应大于 1.0MPa。

6 对人工填土地基，应采用多次注浆，间隔时间应按浆液的初凝试验结果确定，且不应大于 4h。

8.2.2 硅化浆液注浆加固设计应符合下列规定：

1 砂土、黏性土宜采用压力双液硅化注浆；渗透系数为（0.1～2.0）m/d 的地下水位以上的湿陷性黄土，可采用无压或压力单液硅化注浆；自重湿陷性黄土宜采用无压单液硅化注浆；

2 防渗注浆加固用的水玻璃模数不宜小于 2.2，用于地基加固的水玻璃模数宜为 2.5～3.3，且不溶于水的杂质含量不应超过 2%；

3 双液硅化注浆用的氧化钙溶液中的杂质含量不得超过 0.06%，悬浮颗粒含量不得超过 1%，溶液的 pH 值不得小于 5.5；

4 硅化注浆的加固半径应根据孔隙比、浆液黏度、凝固时间、灌浆速度、灌浆压力和灌浆量等试验确定；无试验资料时，对粗砂、中砂、细砂、粉砂和黄土可按表 8.2.2 确定；

表 8.2.2 硅化法注浆加固半径

土的类型及加固方法	渗透系数（m/d）	加固半径（m）
粗砂、中砂、细砂（双液硅化法）	2～10	0.3～0.4
	10～20	0.4～0.6
	20～50	0.6～0.8
	50～80	0.8～1.0

土的类型及加固方法	渗透系数 （m/d）	加固半径 （m）
粉砂（单液硅化法）	0.3～0.5 0.5～1.0 1.0～2.0 2.0～5.0	0.3～0.4 0.4～0.6 0.6～0.8 0.8～1.0
黄土（单液硅化法）	0.1～0.3 0.3～0.5 0.5～1.0 1.0～2.0	0.3～0.4 0.4～0.6 0.6～0.8 0.8～1.0

5 注浆孔的排间距可取加固半径的1.5倍；注浆孔的间距可取加固半径的（1.5～1.7）倍；最外侧注浆孔位超出基础底面宽度不得小于0.5m；分层注浆时，加固层厚度可按注浆管带孔部分的长度上下各25%加固半径计算；

6 单液硅化法应采用浓度为10%～15%的硅酸钠，并掺入2.5%氯化钠溶液；加固湿陷性黄土的溶液用量，可按下式估算：

$$Q = V\bar{n}d_{N1}\alpha \qquad (8.2.2-1)$$

式中：Q——硅酸钠溶液的用量（m^3）；

V——拟加固湿陷性黄土的体积（m^3）；

$\bar{n}$——地基加固前，土的平均孔隙率；

d_{N1}——灌注时，硅酸钠溶液的相对密度；

α——溶液填充孔隙的系数，可取0.60～0.80。

7 当硅酸钠溶液浓度大于加固湿陷性黄土所要求的浓度时，应进行稀释，稀释加水量可按下式估算：

$$Q' = \frac{d_N - d_{N1}}{d_{N1} - 1} \times q \qquad (8.2.2-2)$$

式中：Q'——稀释硅酸钠溶液的加水量（t）；

d_N——稀释前，硅酸钠溶液的相对密度；

q——拟稀释硅酸钠溶液的质量（t）。

8 采用单液硅化法加固湿陷性黄土地基，灌注孔的布置应符合下列规定：

1）灌注孔间距：压力灌注宜为0.8m～1.2m；溶液无压力自渗宜为0.4m～0.6m；

2）对新建建（构）筑物和设备基础的地基，应在基础底面下按等边三角形满堂布孔，超出基础底面外缘的宽度，每边不得小于1.0m；

3）对既有建（构）筑物和设备基础的地基，应沿基础侧向布孔，每侧不宜少于2排；

4）当基础底面宽度大于3m时，除应在基础下每侧布置2排灌注孔外，可在基础两侧布置斜向基础底面中心以下的灌注孔或其台阶上布置穿透基础的灌注孔。

8.2.3 碱液注浆加固设计应符合下列规定：

1 碱液注浆加固适用于处理地下水位以上渗透系数为（0.1～2.0）m/d的湿陷性黄土地基，对自重湿陷性黄土地基的适应性应通过试验确定；

2 当100g干土中可溶性和交换性钙镁离子含量大于10mg·eq时，可采用灌注氢氧化钠一种溶液的单液法；其他情况可采用灌注氢氧化钠和氯化钙双液灌注加固；

3 碱液加固地基的深度应根据地基的湿陷类型、地基湿陷等级和湿陷性黄土层厚度，并结合建筑物类别与湿陷事故的严重程度等综合因素确定；加固深度宜为2m～5m：

1）对非自重湿陷性黄土地基，加固深度可为基础宽度的（1.5～2.0）倍；

2）对Ⅱ级自重湿陷性黄土地基，加固深度可为基础宽度的（2.0～3.0）倍。

4 碱液加固土层的厚度h，可按下式估算：

$$h = l + r \qquad (8.2.3-1)$$

式中：l——灌注孔长度，从注液管底部到灌注孔底部的距离（m）；

r——有效加固半径（m）。

5 碱液加固地基的半径r，宜通过现场试验确定。当碱液浓度和温度符合本规范第8.3.3条规定时，有效加固半径与碱液灌注量之间，可按下式估算：

$$r = 0.6\sqrt{\frac{V}{nl \times 10^3}} \qquad (8.2.3-2)$$

式中：V——每孔碱液灌注量（L），试验前可根据加固要求达到的有效加固半径按式（8.2.3-3）进行估算；

n——拟加固土的天然孔隙率。

r——有效加固半径（m），当无试验条件或工程量较小时，可取0.4m～0.5m。

6 当采用碱液加固既有建（构）筑物的地基时，灌注孔的平面布置，可沿条形基础两侧或单独基础周边各布置一排。当地基湿陷性较严重时，孔距宜为0.7m～0.9m；当地基湿陷较轻时，孔距宜为1.2m～2.5m；

7 每孔碱液灌注量可按下式估算：

$$V = \alpha\beta\pi r^2(l+r)n \qquad (8.2.3-3)$$

式中：α——碱液充填系数，可取0.6～0.8；

β——工作条件系数，考虑碱液流失影响，可取1.1。

8.3 施 工

8.3.1 水泥为主剂的注浆施工应符合下列规定：

1 施工场地应预先平整，并沿钻孔位置开挖沟槽和集水坑。

2 注浆施工时，宜采用自动流量和压力记录仪，并应及时进行数据整理分析。

3 注浆孔的孔径宜为 70mm～110mm，垂直度允许偏差应为±1%。

4 花管注浆法施工可按下列步骤进行：

  1）钻机与注浆设备就位；

  2）钻孔或采用振动法将花管置入土层；

  3）当采用钻孔法时，应从钻杆内注入封闭泥浆，然后插入孔径为 50mm 的金属花管；

  4）待封闭泥浆凝固后，移动花管自下而上或自上而下进行注浆。

5 压密注浆施工可按下列步骤进行：

  1）钻机与注浆设备就位；

  2）钻孔或采用振动法将金属注浆管压入土层；

  3）当采用钻孔法时，应从钻杆内注入封闭泥浆，然后插入孔径为 50mm 的金属注浆管；

  4）待封闭泥浆凝固后，捅去注浆管的活络堵头，提升注浆管自下而上或自上而下进行注浆。

6 浆液黏度应为 80s～90s，封闭泥浆 7d 后 70.7mm×70.7mm×70.7mm 立方体试块的抗压强度应为0.3MPa～0.5MPa。

7 浆液宜用普通硅酸盐水泥。注浆时可部分掺用粉煤灰，掺入量可为水泥重量的 20%～50%。根据工程需要，可在浆液拌制时加入速凝剂、减水剂和防析水剂。

8 注浆用水 pH 值不得小于 4。

9 水泥浆的水灰比可取 0.6～2.0，常用的水灰比为 1.0。

10 注浆的流量可取(7～10)L/min，对充填型注浆，流量不宜大于 20L/min。

11 当用花管注浆和带有活堵头的金属管注浆时，每次上拔或下钻高度宜为 0.5m。

12 浆体应经过搅拌机充分搅拌均匀后，方可压注，注浆过程中应不停缓慢搅拌，搅拌时间应小于浆液初凝时间。浆液在泵送前应经过筛网过滤。

13 水温不得超过 30℃～35℃，盛浆桶和注浆管路在注浆体静止状态不得暴露于阳光下，防止浆液凝固；当日平均温度低于 5℃或最低温度低于－3℃的条件下注浆时，应采取措施防止浆液冻结。

14 应采用跳孔间隔注浆，且先外围后中间的注浆顺序。当地下水流速较大时，应从水头高的一端开始注浆。

15 对渗透系数相同的土层，应先注浆封顶，后由下而上进行注浆，防止浆液上冒。如土层的渗透系数随深度而增大，则应自下而上注浆。对互层地层，应先对渗透性或孔隙率大的地层进行注浆。

16 当既有建筑地基进行注浆加固时，应对既有建筑及其邻近建筑、地下管线和地面的沉降、倾斜、位移和裂缝进行监测。并应采用多孔间隔注浆和缩短浆液凝固时间等措施，减少既有建筑基础因注浆而产生的附加沉降。

8.3.2 硅化浆液注浆施工应符合下列规定：

1 压力灌浆溶液的施工步骤应符合下列规定：

  1）向土中打入灌注管和灌注溶液，应自基础底面标高起向下分层进行，达到设计深度后，应将管拔出，清洗干净方可继续使用；

  2）加固既有建筑物地基时，应采用沿基础侧向先外排，后内排的施工顺序；

  3）灌注溶液的压力值由小逐渐增大，最大压力不宜超过 200kPa。

2 溶液自渗的施工步骤，应符合下列规定：

  1）在基础侧向，将设计布置的灌注孔分批或全部打入或钻至设计深度；

  2）将配好的硅酸钠溶液满注灌注孔，溶液面宜高出基础底面标高 0.50m，使溶液自行渗入土中；

  3）在溶液自渗过程中，每隔 2h～3h，向孔内添加一次溶液，防止孔内溶液渗干。

3 待溶液量全部注入土中后，注浆孔宜用体积比为 2∶8 灰土分层回填夯实。

8.3.3 碱液注浆施工应符合下列规定：

1 灌注孔可用洛阳铲、螺旋钻成孔或用带有尖端的钢管打入土中成孔，孔径宜为 60mm～100mm，孔中应填入粒径为 20mm～40mm 的石子到注液管下端标高处，再将内径 20mm 的注液管插入孔中，管底以上 300mm 高度内应填入粒径为 2mm～5mm 的石子，上部宜用体积比为 2∶8 灰土填入夯实。

2 碱液可用固体烧碱或液体烧碱配制，每加固 1m³ 黄土宜用氢氧化钠溶液 35kg～45kg。碱液浓度不应低于 90g/L；双液加固时，氯化钙溶液的浓度为 50 g/L～80g/L。

3 配溶液时，应先放水，而后徐徐放入碱块或浓碱液。溶液加碱量可按下列公式计算：

  1）采用固体烧碱配制每 1m³ 浓度为 M 的碱液时，每 1m³ 水中的加碱量应符合下式规定：

$$G_s = \frac{1000M}{P} \qquad (8.3.3-1)$$

式中：G_s——每 1m³ 碱液中投入的固体烧碱量（g）；

    M——配制碱液的浓度（g/L）；

    P——固体烧碱中，NaOH 含量的百分数（%）。

  2）采用液体烧碱配制每 1m³ 浓度为 M 的碱液时，投入的液体烧碱体积 V_1 和加水量 V_2 应符合下列公式规定：

$$V_1 = 1000 \frac{M}{d_N N} \qquad (8.3.3-2)$$

$$V_2 = 1000 \left(1 - \frac{M}{d_N N}\right) \qquad (8.3.3-3)$$

式中：V_1 ——液体烧碱体积（L）；

　　　　V_2 ——加水的体积（L）；

　　　　d_N ——液体烧碱的相对密度；

　　　　N ——液体烧碱的质量分数。

4 应将桶内碱液加热到 90℃ 以上方能进行灌注，灌注过程中，桶内溶液温度不应低于 80℃。

5 灌注碱液的速度，宜为（2~5）L/min。

6 碱液加固施工，应合理安排灌注顺序和控制灌注速率。宜采用隔（1~2）孔灌注，分段施工，相邻两孔灌注的间隔时间不宜少于 3d。同时灌注的两孔间距不应小于 3m。

7 当采用双液加固时，应先灌注氢氧化钠溶液，待间隔8h~12h后，再灌注氯化钙溶液，氯化钙溶液用量宜为氢氧化钠溶液用量的 1/2~1/4。

8.4 质量检验

8.4.1 水泥为主剂的注浆加固质量检验应符合下列规定：

1 注浆检验应在注浆结束 28d 后进行。可选用标准贯入、轻型动力触探、静力触探或面波等方法进行加固地层均匀性检测。

2 按加固土体深度范围每间隔 1m 取样进行室内试验，测定土体压缩性、强度或渗透性。

3 注浆检验点不应少于注浆孔数的 2%~5%。检验点合格率小于 80% 时，应对不合格的注浆区实施重复注浆。

8.4.2 硅化注浆加固质量检验应符合下列规定：

1 硅酸钠溶液灌注完毕，应在 7d~10d 后，对加固的地基土进行检验；

2 应采用动力触探或其他原位测试检验加固地基的均匀性；

3 工程设计对土的压缩性和湿陷性有要求时，尚应在加固土的全部深度内，每隔 1m 取土样进行室内试验，测定其压缩性和湿陷性；

4 检验数量不应少于注浆孔数的 2%~5%。

8.4.3 碱液加固质量检验应符合下列规定：

1 碱液加固施工应做好施工记录，检查碱液浓度及每孔注入量是否符合设计要求。

2 开挖或钻孔取样，对加固土体进行无侧限抗压强度试验和水稳性试验。取样部位应在加固土体中部，试块数不少于 3 个，28d 龄期的无侧限抗压强度平均值不得低于设计值的 90%。将试块浸泡在自来水中，无崩解。当需要查明加固土体的外形和整体性时，可对有代表性加固土体进行开挖，量测其有效加固半径和加固深度。

3 检验数量不应少于注浆孔数的 2%~5%。

8.4.4 注浆加固处理后地基的承载力应进行静载荷试验检验。

8.4.5 静载荷试验应按附录 A 的规定进行，每个单体建筑的检验数量不应少于 3 点。

9 微型桩加固

9.1 一般规定

9.1.1 微型桩加固适用于既有建筑地基加固或新建建筑的地基处理。微型桩按桩型和施工工艺，可分为树根桩、预制桩和注浆钢管桩等。

9.1.2 微型桩加固后的地基，当桩与承台整体连接时，可按桩基础设计；桩与基础不整体连接时，可按复合地基设计。按桩基设计时，桩顶与基础的连接应符合现行行业标准《建筑桩基技术规范》JGJ 94 的有关规定；按复合地基设计时，应符合本规范第 7 章的有关规定，褥垫层厚度宜为 100mm~150mm。

9.1.3 既有建筑地基基础采用微型桩加固补强，应符合现行行业标准《既有建筑地基基础加固技术规范》JGJ 123 的有关规定。

9.1.4 根据环境的腐蚀性、微型桩的类型、荷载类型（受拉或受压）、钢材的品种及设计使用年限，微型桩中钢构件或钢筋的防腐构造应符合耐久性设计的要求。钢构件或预制桩钢筋保护层厚度不应小于 25mm，钢管砂浆保护层厚度不应小于 35mm，混凝土灌注桩钢筋保护层厚度不应小于 50mm；

9.1.5 软土地基微型桩的设计施工应符合下列规定：

1 应选择较好的土层作为桩端持力层，进入持力层深度不宜小于 5 倍的桩径或边长；

2 对不排水抗剪强度小于 10kPa 的土层，应进行试验性施工；并应采用护筒或永久套管包裹水泥浆、砂浆或混凝土；

3 应采取间隔施工、控制注浆压力和速度等措施，减小微型桩施工期间的地基附加变形，控制基础不均匀沉降及总沉降量；

4 在成孔、注浆或压桩施工过程中，应监测相邻建筑和边坡的变形。

9.2 树根桩

9.2.1 树根桩适用于淤泥、淤泥质土、黏性土、粉土、砂土、碎石土及人工填土等地基处理。

9.2.2 树根桩加固设计应符合下列规定：

1 树根桩的直径宜为 150mm~300mm，桩长不宜超过 30m，对新建建筑宜采用直桩型或斜桩网状布置。

2 树根桩的单桩竖向承载力应通过单桩静载荷试验确定。当无试验资料时，可按本规范式（7.1.5-3）估算。当采用水泥浆二次注浆工艺时，桩侧阻力可乘 1.2~1.4 的系数。

3 桩身材料混凝土强度不应小于 C25，灌注材料可用水泥浆、水泥砂浆、细石混凝土或其他灌浆料，也可用碎石或细石充填再灌注水泥浆或水泥砂浆。

4 树根桩主筋不应少于 3 根，钢筋直径不应小于 12mm，且宜通长配筋。

5 对高渗透性土体或存在地下洞室可能导致的胶凝材料流失，以及施工和使用过程中可能出现桩孔变形与移位，造成微型桩的失稳与扭曲时，应采取土层加固等技术措施。

9.2.3 树根桩施工应符合下列规定：

1 桩位允许偏差宜为±20mm；桩身垂直度允许偏差应为±1%。

2 钻机成孔可采用天然泥浆护壁，遇粉细砂层易塌孔时应加套管。

3 树根桩钢筋笼宜整根吊放。分节吊放时，钢筋搭接焊缝长度双面焊不得小于 5 倍钢筋直径，单面焊不得小于 10 倍钢筋直径，施工时，应缩短吊放和焊接时间；钢筋笼应采用悬挂或支撑的方法，确保灌浆或浇注混凝土时的位置和高度。在斜桩中组装钢筋笼时，应采用可靠的支撑和定位方法。

4 灌注施工时，应采用间隔施工、间歇施工或添加速凝剂等措施，以防止相邻桩孔移位和窜孔。

5 当地下水流速较大可能导致水泥浆、砂浆或混凝土流失影响灌注质量时，应采用永久套管、护筒或其他保护措施。

6 在风化或有裂隙发育的岩层中灌注水泥浆时，为避免水泥浆向周围岩体的流失，应进行桩孔测试和预灌浆。

7 当通过水下浇注管或带孔钻杆或管状承重构件进行浇注混凝土或水泥砂浆时，水下浇注管或带孔钻杆的末端应埋入泥浆中。浇注过程应连续进行，直到顶端溢出浆体的黏稠度与注入浆体一致时为止。

8 通过临时套管灌注水泥浆时，钢筋的放置应在临时套管拔出之前完成，套管拔出过程中应每隔 2m 施加灌浆压力。采用管材作为承重构件时，可通过其底部进行灌浆。

9 当采用碎石或细石充填再注浆工艺时，填料应经清洗，投入量不应小于计算桩孔体积的 0.9 倍，填灌时应同时用注浆管注水清孔。一次注浆时，注浆压力宜为 0.3MPa～1.0MPa，由孔底使浆液逐渐上升，直至浆液溢出孔口再停止注浆。第一次注浆浆液初凝时，方可进行二次及多次注浆，二次注浆水泥浆压力宜为 2MPa～4MPa。灌浆过程结束后，灌浆管中应充满水泥浆并维持灌浆压力一定时间。拔除注浆管后应立即在桩顶填充碎石，并在 1m～2m 范围内补充注浆。

9.2.4 树根桩采用的灌注材料应符合下列规定：

1 具有较好的和易性、可塑性、黏聚性、流动性和自密实性；

2 当采用管送或泵送混凝土或砂浆时，应选用

圆形骨料；骨料的最大粒径不应大于纵向钢筋净距的 1/4，且不应大于 15mm；

3 对水下浇注混凝土配合比，水泥含量不应小于 375kg/m³，水灰比宜小于 0.6；

4 水泥浆的制配，应符合本规范第 9.4.4 条的规定，水泥宜采用普通硅酸盐水泥，水灰比不宜大于 0.55。

9.3 预 制 桩

9.3.1 预制桩适用于淤泥、淤泥质土、黏性土、粉土、砂土和人工填土等地基处理。

9.3.2 预制桩桩体可采用边长为 150mm～300mm 的预制混凝土方桩，直径 300mm 的预应力混凝土管桩，断面尺寸为 100mm～300mm 的钢管桩和型钢等，施工除应满足现行行业标准《建筑桩基技术规范》JGJ 94 的规定外，尚应符合下列规定：

1 对型钢微型桩应保证压桩过程中计算桩体材料最大应力不超过材料抗压强度标准值的 90%；

2 对预制混凝土方桩或预应力混凝土管桩，所用材料及预制过程（包括连接件）、压桩力、接桩和截桩等，应符合现行行业标准《建筑桩基技术规范》JGJ 94 的有关规定；

3 除用于减小桩身阻力的涂层外，桩身材料以及连接件的耐久性应符合现行国家标准《工业建筑防腐蚀设计规范》GB 50046 的有关规定。

9.3.3 预制桩的单桩竖向承载力应通过单桩静载荷试验确定；无试验资料时，初步设计可按本规范式 (7.1.5-3) 估算。

9.4 注浆钢管桩

9.4.1 注浆钢管桩适用于淤泥质土、黏性土、粉土、砂土和人工填土等地基处理。

9.4.2 注浆钢管桩单桩承载力的设计计算，应符合现行行业标准《建筑桩基技术规范》JGJ 94 的有关规定；当采用二次注浆工艺时，桩侧摩阻力特征值取值可乘以 1.3 的系数。

9.4.3 钢管桩可采用静压或植入等方法施工。

9.4.4 水泥浆的制备应符合下列规定：

1 水泥浆的配合比应采用经认证的计量装置计量，材料掺量符合设计要求；

2 选用的搅拌机应能够保证搅拌水泥浆的均匀性；在搅拌槽和注浆泵之间应设置存储池，注浆前应进行搅拌以防止浆液离析和凝固。

9.4.5 水泥浆灌注应符合下列规定：

1 应缩短桩孔成孔和灌注水泥浆之间的时间间隔；

2 注浆时，应采取措施保证桩长范围内完全灌满水泥浆；

3 灌注方法应根据注浆泵和注浆系统合理选用，

注浆泵与注浆孔口距离不宜大于30m；

4 当采用桩身钢管进行注浆时，可通过底部一次或多次灌浆；也可将桩身钢管加工成花管进行多次灌浆；

5 采用花管灌浆时，可通过花管进行全长多次灌浆，也可通过花管及阀门进行分段灌浆，或通过互相交错的后注浆管进行分步灌浆。

9.4.6 注浆钢管桩钢管的连接应采用套管焊接，焊接强度与质量应满足现行国家标准《建筑地基基础工程施工质量验收规范》GB 50202 的要求。

9.5 质 量 检 验

9.5.1 微型桩的施工验收，应提供施工过程有关参数，原材料的力学性能检验报告，试件留置数量及制作养护方法，混凝土和砂浆等抗压强度试验报告，型钢、钢管和钢筋笼制作质量检查报告。施工完成后尚应进行桩顶标高和桩位偏差等检验。

9.5.2 微型桩的桩位施工允许偏差，对独立基础、条形基础的边桩沿垂直轴线方向应为±1/6桩径，沿轴线方向应为±1/4桩径，其他位置的桩应为±1/2桩径；桩身的垂直度允许偏差应为±1%。

9.5.3 桩身完整性检验宜采用低应变动力试验进行检测。检测桩数不得少于总桩数的 10%，且不得少于 10 根。每个柱下承台的抽检桩数不应少于 1 根。

9.5.4 微型桩的竖向承载力检验应采用静载荷试验，检验桩数不得少于总桩数的 1%，且不得少于 3 根。

10 检验与监测

10.1 检 验

10.1.1 地基处理工程的验收检验应在分析工程的岩土工程勘察报告、地基基础设计及地基处理设计资料，了解施工工艺和施工中出现的异常情况等后，根据地基处理的目的，制定检验方案，选择检验方法。当采用一种检验方法的检测结果具有不确定性时，应采用其他检验方法进行验证。

10.1.2 检验数量应根据场地复杂程度、建筑物的重要性以及地基处理施工技术的可靠性确定，并满足处理地基的评价要求。在满足本规范各种处理地基的检验数量，检验结果不满足设计要求时，应分析原因，提出处理措施。对重要的部位，应增加检验数量。

10.1.3 验收检验的抽检位置应按下列要求综合确定：

1 抽检点宜随机、均匀和有代表性分布；

2 设计人员认为的重要部位；

3 局部岩土特性复杂可能影响施工质量的部位；

4 施工出现异常情况的部位。

10.1.4 工程验收承载力检验时，静载荷试验最大加载量不应小于设计要求的承载力特征值的 2 倍。

10.1.5 换填垫层和压实地基的静载荷试验的压板面积不应小于 1.0m²；强夯地基或强夯置换地基静载荷试验的压板面积不宜小于 2.0m²。

10.2 监 测

10.2.1 地基处理工程应进行施工全过程的监测。施工中，应有专人或专门机构负责监测工作，随时检查施工记录和计量记录，并按照规定的施工工艺对工序进行质量评定。

10.2.2 堆载预压工程，在加载过程中应进行竖向变形量、水平位移及孔隙水压力等项目的监测。真空预压应进行膜下真空度、地下水位、地面变形、深层竖向变形和孔隙水压力等监测。真空预压加固区周边有建筑物时，还应进行深层侧向位移和地表边桩位移监测。

10.2.3 强夯施工应进行夯击次数、夯沉量、隆起量、孔隙水压力等项目的监测；强夯置换施工尚应进行置换深度的监测。

10.2.4 当夯实、挤密、旋喷桩、水泥粉煤灰碎石桩、柱锤冲扩桩、注浆等方法施工可能对周边环境及建筑物产生不良影响时，应对施工过程的振动、噪声、孔隙水压力、地下管线和建筑物变形进行监测。

10.2.5 大面积填土、填海等地基处理工程，应对地面变形进行长期监测；施工过程中还应对土体位移和孔隙水压力等进行监测。

10.2.6 地基处理工程施工对周边环境有影响时，应进行邻近建（构）筑物竖向及水平位移监测、邻近地下管线监测以及周围地面变形监测。

10.2.7 处理地基上的建筑物应在施工期间及使用期间进行沉降观测，直至沉降达到稳定为止。

附录 A 处理后地基静载荷试验要点

A.0.1 本试验要点适用于确定换填垫层、预压地基、压实地基、夯实地基和注浆加固等处理后地基承压板应力主要影响范围内土层的承载力和变形参数。

A.0.2 平板静载荷试验采用的压板面积应按需检验土层的厚度确定，且不应小于 1.0m²，对夯实地基，不宜小于 2.0m²。

A.0.3 试验基坑宽度不应小于承压板宽度或直径的 3 倍。应保持试验土层的原状结构和天然湿度。宜在拟试压表面用粗砂或中砂层找平，其厚度不超过20mm。基准梁及加荷平台支点（或锚桩）宜设在试坑以外，且与承压板边的净距不应小于2m。

A.0.4 加荷分级不应少于 8 级。最大加载量不应小于设计要求的 2 倍。

A.0.5 每级加载后，按间隔 10min、10min、10min、

15min、15min，以后为每隔 0.5h 测读一次沉降量，当在连续 2h 内，每小时的沉降量小于 0.1mm 时，则认为已趋稳定，可加下一级荷载。

A.0.6 当出现下列情况之一时，即可终止加载，当满足前三种情况之一时，其对应的前一级荷载定为极限荷载：

　　1 承压板周围的土明显地侧向挤出；

　　2 沉降 s 急骤增大，压力-沉降曲线出现陡降段；

　　3 在某一级荷载下，24h 内沉降速率不能达到稳定标准；

　　4 承压板的累计沉降已大于其宽度或直径的 6%。

A.0.7 处理后的地基承载力特征值确定应符合下列规定：

　　1 当压力-沉降曲线上有比例界限时，取该比例界限所对应的荷载值；

　　2 当极限荷载小于对应比例界限的荷载值的 2 倍时，取极限荷载值的一半；

　　3 当不能按上述两款要求确定时，可取 $s/b = 0.01$ 所对应的荷载，但其值不应大于最大加载量的一半。承压板的宽度或直径大于 2m 时，按 2m 计算。

　　注：s 为静载荷试验承压板的沉降量；b 为承压板宽度。

A.0.8 同一土层参加统计的试验点不应少于 3 点，各试验实测值的极差不超过其平均值的 30% 时，取该平均值作为处理地基的承载力特征值。当极差超过平均值的 30% 时，应分析极差过大的原因，需要时应增加试验数量并结合工程具体情况确定处理后地基的承载力特征值。

附录 B　复合地基静载荷试验要点

B.0.1 本试验要点适用于单桩复合地基静载荷试验和多桩复合地基静载荷试验。

B.0.2 复合地基静载荷试验用于测定承压板下应力主要影响范围内复合土层的承载力。复合地基静载荷试验承压板应具有足够刚度。单桩复合地基静载荷试验的承压板可用圆形或方形，面积为一根桩承担的处理面积；多桩复合地基静载荷试验的承压板可用方形或矩形，其尺寸按实际桩数所承担的处理面积确定。单桩复合地基静载荷试验桩的中心（或形心）应与承压板中心保持一致，并与荷载作用点相重合。

B.0.3 试验应在桩顶设计标高进行。承压板底面以下宜铺设粗砂或中砂垫层，垫层厚度可取 100mm～150mm。如采用设计的垫层厚度进行试验，试验承压板的宽度对独立基础和条形基础应采用基础的设计宽度，对大型基础试验有困难时应考虑承压板尺寸和垫层厚度对试验结果的影响。垫层施工的夯填度应满足设计要求。

B.0.4 试验标高处的试坑宽度和长度不应小于承压板尺寸的 3 倍。基准梁及加荷平台支点（或锚桩）宜设在试坑以外，且与承压板边的净距不应小于 2m。

B.0.5 试验前应采取防水和排水措施，防止试验场地地基土含水量变化或地基土扰动，影响试验结果。

B.0.6 加载等级可分为（8～12）级。测试前为校核试验系统整体工作性能，预压荷载不得大于总加载量的 5%。最大加载压力不应小于设计要求承载力特征值的 2 倍。

B.0.7 每加一级荷载前后均应各读记承压板沉降量一次，以后每 0.5h 读记一次。当 1h 内沉降量小于 0.1mm 时，即可加下一级荷载。

B.0.8 当出现下列现象之一时可终止试验：

　　1 沉降急剧增大，土被挤出或承压板周围出现明显的隆起；

　　2 承压板的累计沉降已大于其宽度或直径的 6%；

　　3 当达不到极限荷载，而最大加载压力已大于设计要求压力值的 2 倍。

B.0.9 卸载级数可为加载级数的一半，等量进行，每卸一级，间隔 0.5h，读记回弹量，待卸完全部荷载后间隔 3h 读记总回弹量。

B.0.10 复合地基承载力特征值的确定应符合下列规定：

　　1 当压力-沉降曲线上极限荷载能确定，而其值不小于对应比例界限的 2 倍时，可取比例界限；当其值小于对应比例界限的 2 倍时，可取极限荷载的一半；

　　2 当压力-沉降曲线是平缓的光滑曲线时，可按相对变形值确定，并应符合下列规定：

　　　1）对沉管砂石桩、振冲碎石桩和柱锤冲扩桩复合地基，可取 s/b 或 s/d 等于 0.01 所对应的压力；

　　　2）对灰土挤密桩、土挤密桩复合地基，可取 s/b 或 s/d 等于 0.008 所对应的压力；

　　　3）对水泥粉煤灰碎石桩或夯实水泥土桩复合地基，对以卵石、圆砾、密实粗中砂为主的地基，可取 s/b 或 s/d 等于 0.008 所对应的压力；对以黏性土、粉土为主的地基，可取 s/b 或 s/d 等于 0.01 所对应的压力；

　　　4）对水泥土搅拌桩或旋喷桩复合地基，可取 s/b 或 s/d 等于 0.006～0.008 所对应的压力，桩身强度大于 1.0MPa 且桩身质量均匀时可取高值；

　　　5）对有经验的地区，可按当地经验确定相对变形值，但原地基土为高压缩性土层时，相对变形值的最大值不应大于 0.015；

6) 复合地基荷载试验，当采用边长或直径大于 2m 的承压板进行试验时，b 或 d 按 2m 计；

7) 按相对变形值确定的承载力特征值不应大于最大加载压力的一半。

注：s 为静载荷试验承压板的沉降量；b 和 d 分别为承压板宽度和直径。

B. 0. 11 试验点的数量不应少于 3 点，当满足其极差不超过平均值的 30% 时，可取其平均值为复合地基承载力特征值。当极差超过平均值的 30% 时，应分析离差过大的原因，需要时应增加试验数量，并结合工程具体情况确定复合地基承载力特征值。工程验收时应视建筑物结构、基础形式综合评价，对于桩数少于 5 根的独立基础或桩数少于 3 排的条形基础，复合地基承载力特征值应取最低值。

附录 C 复合地基增强体单桩
静载荷试验要点

C. 0. 1 本试验要点适用于复合地基增强体单桩竖向抗压静载荷试验。

C. 0. 2 试验应采用慢速维持荷载法。

C. 0. 3 试验提供的反力装置可采用锚桩法或堆载法。当采用堆载法加载时应符合下列规定：

1 堆载支点施加于地基的压应力不宜超过地基承载力特征值；

2 堆载的支墩位置以不对试桩和基准桩的测试产生较大影响确定，无法避开时应采取有效措施；

3 堆载量大时，可利用工程桩作为堆载支点；

4 试验反力装置的承重能力应满足试验加载要求。

C. 0. 4 堆载支点以及试桩、锚桩、基准桩之间的中心距离应符合现行国家标准《建筑地基基础设计规范》GB 50007 的规定。

C. 0. 5 试压前应对桩头进行加固处理，水泥粉煤灰碎石桩等强度高的桩，桩顶宜设置带水平钢筋网片的混凝土桩帽或采用钢护筒桩帽，其混凝土宜提高强度等级和采用早强剂。桩帽高度不宜小于 1 倍桩的直径。

C. 0. 6 桩帽下复合地基增强体单桩的桩顶标高及地基土标高应与设计标高一致，加固桩头前应凿成平面。

C. 0. 7 百分表架设位置宜在桩顶标高位置。

C. 0. 8 开始试验的时间、加载分级、测读沉降量的时间、稳定标准及卸载观测等应符合现行国家标准《建筑地基基础设计规范》GB 50007 的有关规定。

C. 0. 9 当出现下列条件之一时可终止加载：

1 当荷载-沉降（Q-s）曲线上有可判定极限承载

力的陡降段，且桩顶总沉降量超过 40mm；

2 $\dfrac{\Delta s_{n+1}}{\Delta s_n} \geqslant 2$，且经 24h 沉降尚未稳定；

3 桩身破坏，桩顶变形急剧增大；

4 当桩长超过 25m，Q-s 曲线呈缓变形时，桩顶总沉降量大于 60mm～80mm；

5 验收检验时，最大加载量不应小于设计单桩承载力特征值的 2 倍。

注：Δs_n——第 n 级荷载的沉降增量；Δs_{n+1}——第 $n+1$ 级荷载的沉降增量。

C. 0. 10 单桩竖向抗压极限承载力的确定应符合下列规定：

1 作荷载-沉降（Q-s）曲线和其他辅助分析所需的曲线；

2 曲线陡降段明显时，取相应于陡降段起点的荷载值；

3 当出现本规范第 C.0.9 条第 2 款的情况时，取前一级荷载值；

4 Q-s 曲线呈缓变型时，取桩顶总沉降量 s 为 40mm 所对应的荷载值；

5 按上述方法判断有困难时，可结合其他辅助分析方法综合判定；

6 参加统计的试桩，当满足其极差不超过平均值的 30% 时，设计可取其平均值为单桩极限承载力；极差超过平均值的 30% 时，应分析离差过大的原因，结合工程具体情况确定单桩极限承载力；需要时应增加试桩数量。工程验收时应视建筑物结构、基础形式综合评价，对于桩数少于 5 根的独立基础或桩数少于 3 排的条形基础，应取最低值。

C. 0. 11 将单桩极限承载力除以安全系数 2，为单桩承载力特征值。

本规范用词说明

1 为便于在执行本规范条文时区别对待，对要求严格程度不同的用词如下：

1) 表示很严格，非这样做不可的：
正面词采用"必须"；反面词采用"严禁"；

2) 表示严格，在正常情况下均应这样做的：
正面词采用"应"；反面词采用"不应"或"不得"；

3) 表示允许稍有选择，在条件许可时首先应这样做的：
正面词采用"宜"；反面词采用"不宜"；

4) 表示有选择，在一定条件下可以这样做的，采用"可"。

2 条文中指明应按其他有关标准执行时的写法为："应符合……的规定"或"应按……执行"。

引用标准名录

1 《建筑地基基础设计规范》GB 50007
2 《建筑抗震设计规范》GB 50011
3 《岩土工程勘察规范》GB 50021
4 《湿陷性黄土地区建筑规范》GB 50025
5 《工业建筑防腐蚀设计规范》GB 50046
6 《土工试验方法标准》GB/T 50123
7 《建筑地基基础工程施工质量验收规范》GB 50202
8 《土工合成材料应用技术规范》GB 50290
9 《建筑桩基技术规范》JGJ 94
10 《既有建筑地基基础加固技术规范》JGJ 123

中华人民共和国行业标准

建筑地基处理技术规范

JGJ 79—2012

条 文 说 明

修 订 说 明

《建筑地基处理技术规范》JGJ 79 - 2012，经住房和城乡建设部 2012 年 8 月 23 日以第 1448 号公告批准、发布。

本规范是在《建筑地基处理技术规范》JGJ 79 - 2002 的基础上修订而成，上一版的主编单位是中国建筑科学研究院，参编单位是冶金建筑研究总院、陕西省建筑科学研究设计院、浙江大学、同济大学、湖北省建筑科学研究设计院、福建省建筑科学研究院、铁道部第四勘测设计院（上海）、河北工业大学、西安建筑科技大学、铁道部科学研究院，主要起草人员是张永钧、（以下按姓氏笔画为序）王仁兴、王吉望、王恩远、平湧潮、叶观宝、刘毅、刘惠珊、张峰、杨灿文、罗宇生、周国钧、侯伟生、袁勋、袁内镇、涂光祉、闫明礼、康景俊、滕延京、潘秋元。本次修订的主要技术内容是：1. 处理后的地基承载力、变形和稳定性的计算原则；2. 多种地基处理方法综合处理的工程检验方法；3. 地基处理材料的耐久性设计；4. 处理后的地基整体稳定性分析方法；5. 加筋垫层下卧层承载力验算方法；6. 真空和堆载联合预压处理的设计和施工要求；7. 高能级强夯的设计参数；8. 有粘结强度复合地基增强体桩身强度验算；9. 多桩型复合地基设计施工要求；10. 注浆加固；11. 微型桩加固；12. 检验与监测；13. 复合地基增强体单桩静载荷试验要点；14. 处理后地基静载荷试验要点。

本规范修订过程中，编制组进行了广泛深入的调查研究，总结了我国工程建设建筑地基处理工程的实践经验，同时参考了国外先进标准，与国内相关标准协调，通过调研、征求意见及工程试算，对增加和修订内容的讨论、分析、论证，取得了重要技术参数。

为便于广大设计、施工、科研和学校等单位有关人员在使用本规范时能正确理解和执行条文规定，《建筑地基处理技术规范》编制组按章、节、条顺序编制了本规范的条文说明，对条文规定的目的、依据以及执行中需注意的有关事项进行了说明，还着重对强制性条文的强制性理由做了解释。但是，本条文说明不具备与规范正文同等的法律效力，仅供使用者作为理解和把握规范规定的参考。

目　次

1 总 则

1.0.1 我国大规模的基本建设以及可用于建设的土地减少，需要进行地基处理的工程大量增加。随着地基处理设计水平的提高、施工工艺的改进和施工设备的更新，我国地基处理技术有了很大发展。但由于工程建设的需要，建筑使用功能的要求不断提高，需要地基处理的场地范围进一步扩大，用于地基处理的费用在工程建设投资中所占比重不断增大。因此，地基处理的设计和施工必须认真贯彻执行国家的技术经济政策，做到安全适用、技术先进、经济合理、确保质量和保护环境。

1.0.2 本规范适用于建筑工程地基处理的设计、施工和质量检验，铁路、交通、水利、市政工程的建（构）筑物地基可根据工程的特点采用本规范的处理方法。

1.0.3 因地制宜、就地取材、保护环境和节约资源是地基处理工程应该遵循的原则，符合国家的技术经济政策。

2 术语和符号

2.1 术 语

2.1.2 本规范所指复合地基是指建筑工程中由地基土和竖向增强体形成的复合地基。

3 基 本 规 定

3.0.1 本条规定是在选择地基处理方案前应完成的工作，其中强调要进行现场调查研究，了解当地地基处理经验和施工条件，调查邻近建筑、地下工程、管线和环境情况等。

3.0.2 大量工程实例证明，采用加强建筑物上部结构刚度和承载能力的方法，能减少地基的不均匀变形，取得较好的技术经济效果。因此，本条规定对于需要进行地基处理的工程，在选择地基处理方案时，应同时考虑上部结构、基础和地基的共同作用，尽量选用加强上部结构和处理地基相结合的方案，这样既可降低地基处理费用，又可收到满意的效果。

3.0.3 本条规定了在确定地基处理方法时宜遵循的步骤。着重指出在选择地基处理方案时，宜根据各种因素进行综合分析，初步选出几种可供考虑的地基处理方案，其中强调包括选择两种或多种地基处理措施组成的综合处理方案。工程实践证明，当岩土工程条件较为复杂或建筑物对地基要求较高时，采用单一的地基处理方法，往往满足不了设计要求或造价较高，而由两种或多种地基处理措施组成的综合处理方法可

能是最佳选择。

地基处理是经验性很强的技术工作。相同的地基处理工艺，相同的设备，在不同成因的场地上处理效果不尽相同；在一个地区成功的地基处理方法，在另一个地区使用，也需根据场地的特点对施工工艺进行调整，才能取得满意的效果。因此，地基处理方法和施工参数确定时，应进行相应的现场试验或试验性施工，进行必要的测试，以检验设计参数和处理效果。

3.0.4 建筑地基承载力的基础宽度、基础埋深修正是建立在浅基础承载力理论上，对基础宽度和基础埋深所能提高的地基承载力设计取值的经验方法。经处理的地基由于其处理范围有限，处理后增强的地基性状与自然环境下形成的地基性状有所不同，处理后的地基，当按地基承载力确定基础底面积及埋深而需要对本规范确定的地基承载力特征值进行修正时，应分析工程具体情况，采用安全的设计方法。

1 压实填土地基，当其处理的面积较大（一般应视处理宽度大于基础宽度的 2 倍），可按现行国家标准《建筑地基基础设计规范》GB 50007 规定的土性要求进行修正。

这里有两个问题需要注意：首先，需修正的地基承载力应是基础底面经检验确定的承载力，许多工程进行修正的地基承载力与基础底面确定的承载力并不一致；其次，这些处理后的地基表层及以下土层的承载力并不一致，可能存在表层高以下土层低的情况。所以如果地基承载力验算考虑了深度修正，应在地基主要持力层满足要求条件下才能进行。

2 对于不满足大面积处理的压实地基、夯实地基以及其他处理地基，基础宽度的地基承载力修正系数取零，基础埋深的地基承载力修正系数取 1.0。

复合地基由于其处理范围有限，增强体的设置改变了基底压力的传递路径，其破坏模式与天然地基不同。复合地基承载力的修正的研究成果还很少，为安全起见，基础宽度的地基承载力修正系数取零，基础埋深的地基承载力修正系数取 1.0。

3.0.5 本条为强制性条文。对处理后的地基应进行的设计计算内容给出规定。

处理地基的软弱下卧层验算，对压实、夯实、注浆加固地基及散体材料增强体复合地基等应按压力扩散角，按现行国家标准《建筑地基基础设计规范》GB 50007 的方法验算，对有粘结强度的增强体复合地基，按其荷载传递特性，可按实体深基础法验算。

处理后的地基应满足建筑物承载力、变形和稳定性要求。稳定性计算可按本规范第 3.0.7 条的规定进行，变形计算应符合现行国家标准《建筑地基基础设计规范》GB 50007 的有关规定。

3.0.6 偏心荷载作用下，对于换填垫层、预压地基、压实地基、夯实地基、散体桩复合地基、注浆加固等处理后地基可按现行国家标准《建筑地基基础设计规

范》GB 50007 的要求进行验算，即满足：

当轴心荷载作用时

$$P_k \leqslant f_a \tag{1}$$

当偏心荷载作用时

$$P_{kmax} \leqslant 1.2 f_a \tag{2}$$

式中：f_a 为处理后地基的承载力特征值。

对于有一定粘结强度增强体复合地基，由于增强体布置不同，分担偏心荷载时增强体上的荷载不同，应同时对桩、土作用的力加以控制，满足建筑物在长期荷载作用下的正常使用要求。

3.0.7 受较大水平荷载或位于斜坡上的建筑物及构筑物，当建造在处理后的地基上时，或由于建筑物及构筑物建造在处理后的地基上，而邻近地下工程施工改变了原建筑物地基的设计条件，建筑物地基存在稳定问题时，应进行建筑物整体稳定分析。

采用散体材料进行地基处理，其地基的稳定可采用圆弧滑动法分析，已得到工程界的共识；对于采用具有胶结强度的材料进行地基处理，其地基的稳定性分析方法还有不同的认识。同时，不同的稳定分析的方法其保证工程安全的最小稳定安全系数的取值不同。采用具有胶结强度的材料进行地基处理，其地基整体失稳是增强体断裂，并逐渐形成连续滑动面的破坏现象，已得到工程的验证。

本次修订规范组对处理地基的稳定分析方法进行了专题研究。在《软土地基上复合地基整体稳定计算方法》专题报告中，对同一工程算例采用传统的复合地基稳定计算方法、英国加筋土及加筋填土规范计算方法、考虑桩体弯曲破坏的可使用抗剪强度计算方法、桩在滑动面发挥摩擦力的计算方法、扣除桩分担荷载的等效荷载法等进行了对比分析，提出了可采用考虑桩体弯曲破坏的等效抗剪强度计算方法、扣除桩分担荷载的等效荷载法和英国 BS8006 方法综合评估软土地基上复合地基的整体稳定性的建议。并提出了不同计算方法对应不同最小安全系数取值的建议。

采用 geoslope 计算软件的有限元强度折减法对某一实际工程采用砂桩复合地基加固以及采用刚性桩加固进行了稳定性分析对比。砂桩的抗剪强度指标由砂桩的密实度确定，刚性桩的抗剪强度指标由桩折断后的材料摩擦系数确定。对比分析结果说明，采用刚性桩加固计算的稳定安全系数与采用考虑桩体弯曲破坏的等效抗剪强度计算方法的结果较接近；同时其结果说明，如果考虑刚性桩折断，采用材料摩擦性质确定抗剪强度指标，刚性桩加固后的稳定安全系数与砂桩复合地基加固接近（不考虑砂桩排水固结作用）。计算中刚性桩加固的桩土应力比在不同位置分别为堆载平台面处 7.3～8.4，坡面处 5.8～6.4。砂桩复合地基加固，当砂桩的内摩擦角取 30°，不考虑砂桩排水固结作用的稳定安全系数为 1.06；考虑砂桩排水固

结作用的稳定安全系数为 1.29。采用 CFG 桩复合地基加固，CFG 桩断裂后，材料间摩擦系数取 0.55，折算内摩擦角取 29°，计算的稳定安全系数为 1.05。

本次修订规定处理后的地基上建筑物稳定分析可采用圆弧滑动法，其稳定安全系数不应小于 1.30。散体加固材料的抗剪强度指标，可按加固体的密实度通过试验确定，这是常用的方法。胶结材料抵抗水平荷载和弯矩的能力较弱，其对整体稳定的作用（这里主要指具有胶结强度的竖向增强体），假定其桩体完全断裂，按滑动面材料的摩擦性能确定抗剪强度指标，对工程验算是安全的。

规范修订组的验算结果表明，采用无配筋的竖向增强体地基处理，其提高稳定安全性的能力是有限的。工程需要时应配置钢筋，增加增强体的抗剪强度；或采用设置抗滑构件的方法满足稳定安全性要求。

3.0.8 刚度差异较大的整体大面积基础其地基反力分布不均匀，且结构对地基变形有较高要求，所以其地基处理设计，宜根据结构、基础和地基共同作用结果进行地基承载力和变形验算。

3.0.9 本条是地基处理工程的验收检验的基本要求。

换填垫层、预压地基、压实地基、夯实地基和注浆加固地基的检测，主要通过静载荷试验、静力和动力触探、标准贯入或土工试验等检验处理地基的均匀性和承载力。对于复合地基，不仅要做上述检验，还应对增强体的质量进行检验，需要时采用钻芯取样进行增强体强度复核。

3.0.10 本条是对采用多种地基处理方法综合使用的地基处理工程验收检验方法的要求。采用多种地基处理方法综合使用的地基处理工程，每一种方法处理后的检验由于其检验方法的局限性，不能代表整个处理效果的检验，地基处理工程完成后应进行整体处理效果的检验（例如进行大尺寸承压板载试验）。

3.0.11 地基处理采用的材料，一方面要考虑地下土、水环境对其处理效果的影响，另一方面应符合环境保护要求，不应对地基土和地下水造成污染。地基处理采用材料的耐久性要求，应符合有关规范的规定。现行国家标准《工业建筑防腐蚀设计规范》GB 50046 对工业建筑材料的防腐蚀问题进行了规定，现行国家标准《混凝土结构设计规范》GB 50010 对混凝土的防腐蚀和耐久性提出了要求，应遵照执行。对水泥粉煤灰碎石桩复合地基的增强体以及微型桩材料，应根据表 1 规定的混凝土结构暴露的环境类别，满足表 2 的要求。

表 1　混凝土结构的环境类别

环境类别	条　件
一	室内干燥环境； 无侵蚀性静水浸没环境

续表1

环境类别	条件
二 a	室内潮湿环境； 非严寒和非寒冷地区的露天环境； 非严寒和非寒冷地区的与无侵蚀性的水或土壤直接接触的环境； 严寒和寒冷地区的冰冻线以下与无侵蚀性的水或土壤直接接触的环境
二 b	干湿交替环境； 水位频繁变动环境； 严寒和寒冷地区的露天环境； 严寒和寒冷地区冰冻线以上与无侵蚀性的水或土壤直接接触的环境
三 a	严寒和寒冷地区冬季水位变动区环境； 受除冰盐影响环境； 海风环境
三 b	盐渍土环境； 受除冰盐作用环境； 海岸环境
四	海水环境
五	受人为或自然的侵蚀性物质影响的环境

注：1 室内潮湿环境是指构件表面经常处于结露或湿润状态的环境；
2 严寒和寒冷地区的划分应符合现行国家标准《民用建筑热工设计规范》GB 50176 的有关规定；
3 海岸环境和海风环境宜根据当地情况，考虑主导风向及结构所处迎风、背风部位等因素的影响，由调查研究和工程经验确定；
4 受除冰盐影响环境是指受到除冰盐盐雾影响的环境；受除冰盐作用环境是指被除冰盐溶液溅射的环境以及使用除冰盐地区的洗车房、停车楼等建筑；
5 暴露的环境是指混凝土结构表面所处的环境。

表2 结构混凝土材料的耐久性基本要求

环境等级	最大水胶比	最低强度等级	最大氯离子含量（%）	最大碱含量（kg/m³）
一	0.60	C20	0.30	不限制
二 a	0.55	C25	0.20	3.0
二 b	0.50 (0.55)	C30 (C25)	0.15	3.0
三 a	0.45 (0.50)	C35 (C30)	0.15	3.0
三 b	0.40	C40	0.10	

注：1 氯离子含量系指其占胶凝材料总量的百分比；
2 预应力构件混凝土中的最大氯离子含量为 0.06%；其最低混凝土强度等级宜按表中的规定提高两个等级；
3 素混凝土构件的水胶比及最低强度等级的要求可以适当放松；
4 有可靠工程经验时，二类环境中的最低强度等级可降低一个等级；
5 处于严寒和寒冷地区二 b、三 a 类环境中的混凝土应使用引气剂，并可采用括号中的有关参数；
6 当使用非碱活性骨料时，对混凝土中的碱含量可不作限制。

3.0.12 地基处理工程是隐蔽工程。施工技术人员应掌握所承担工程的地基处理目的、加固原理、技术要求和质量标准等，才能根据场地情况和施工情况及时调整施工工艺和施工参数，实现设计要求。地基处理工程同时又是经验性很强的技术工作，根据场地勘测资料以及建筑物的地基要求进行设计，在现场实施中仍有许多与场地条件和设计要求不符合的情况，要求及时解决。地基处理工程施工结束后，必须按国家有关规定进行质量检验和验收。

4 换填垫层

4.1 一般规定

4.1.1 软弱土层系指主要由淤泥、淤泥质土、冲填土、杂填土或其他高压缩性土层构成的地基。在建筑地基的局部范围内有高压缩性土层时，应按局部软弱土层处理。

换填垫层适用于处理各类浅层软弱地基。当在建筑范围内上层软弱土较薄时，则可采用全部置换处理。对于较深厚的软弱土层，当仅用垫层局部置换上层软弱土层时，下卧软弱土层在荷载作用下的长期变形可能依然很大。例如，对较深厚的淤泥或淤泥质土类软弱地基，采用垫层仅置换上层软土后，通常可提高持力层的承载力，但不能解决由于深层土质软弱而造成地基变形量大对上部建筑物产生的有害影响；或者对于体型复杂、整体刚度差、或对差异变形敏感的建筑，均不应采用浅层局部换填的处理方法。

对于建筑范围内局部存在松填土、暗沟、暗塘、古井、古墓或拆除旧基础后的坑穴，可采用换填垫层进行地基处理。在这种局部的换填处理中，保持建筑地基整体变形均匀是换填应遵循的最基本的原则。

4.1.3 大面积换填处理，一般采用大型机械设备，场地条件应满足大型机械对下卧土层的施工要求，地下水位高时应采取降水措施，对分层土的厚度、压实效果及施工质量控制标准等均应通过试验确定。

4.1.4 开挖基坑后，利用分层回填夯压，也可处理较深的软弱土层。但换填基坑开挖过深，常因地下水位高，需要采用降水措施；坑壁放坡占地面积大或边坡需要支护及因此易引起邻近地面、管网、道路与建筑的沉降变形破坏；再则施工土方量大、弃土多等因素，常使处理工程费用增高、工期拖长、对环境的影响增大等。因此，换填法的处理深度通常控制在 3m 以内较为经济合理。

大面积填土产生的大范围地面负荷影响深度较深，地基压缩变形量大，变形延续时间长，与换填垫层浅层处理地基的特点不同，因而大面积填土地基的设计施工按照本规范第 6 章有关规定执行。

4.2 设　　计

4.2.1 砂石是良好的换填材料，但对具有排水要求的砂垫层宜控制含泥量不大于 3%；采用粉细砂作为换填材料时，应改善材料的级配状况，在掺加碎石或卵石使其颗粒不均匀系数不小于 5 并拌合均匀后，方可用于铺填垫层。

石屑是采石场筛选碎石后的细粒废弃物，其性质接近于砂，在各地使用作为换填材料时，均取得了很好的成效。但应控制好含泥量及含粉量，才能保证垫层的质量。

黏土难以夯压密实，故换填时应避免采用作为换填材料，在不得已选用上述土料回填时，也应掺入不少于 30% 的砂石并拌合均匀后，方可使用。当采用粉质黏土大面积换填并使用大型机械夯压时，土料中的碎石粒径可稍大于 50mm，但不宜大于 100mm，否则将影响垫层的夯压效果。

灰土强度随土料中黏粒含量增高而加大，塑性指数小于 4 的粉土中黏粒含量太少，不能达到提高灰土强度的目的，因而不能用于拌合灰土。灰土所用的消石灰应符合优等品标准，储存期不超过 3 个月，所含活性 CaO 和 MgO 越高则胶结力越强。通常灰土的最佳含灰率约为 CaO＋MgO 总量的 8%。石灰应消解（3～4）d 并筛除生石灰块后使用。

粉煤灰可分为湿排灰和调湿灰。按其燃烧后形成玻璃体的粒径分析，应属粉土的范畴。但由于含有 CaO、SO_3 等成分，具有一定的活性，当与水作用时，因具有胶凝作用的火山灰反应，使粉煤灰垫层逐渐获得一定的强度与刚度，有效地改善了垫层地基的承载能力与减小变形的能力。不同于抗地震液化能力较低的粉土或粉砂，由于粉煤灰具有一定的胶凝作用，在压实系数大于 0.9 时，即可以抵抗 7 度地震液化。用于发电的燃煤常伴生有微量放射性同位素，因而粉煤灰亦有时有弱放射性。作为建筑物垫层的粉煤灰应按照现行国家标准《建筑材料放射性核素限量》GB 6566 的有关规定作为安全使用的标准，粉煤灰含碱性物质，回填后碱性成分在地下水中溶出，使地下水具弱碱性，因此应考虑其对地下水的影响并应对粉煤灰垫层中的金属构件、管网采取一定的防腐措施。粉煤灰垫层上宜覆盖 0.3m～0.5m 厚的黏性土，以防干灰飞扬，同时减少碱对植物生长的不利影响，有利于环境绿化。

矿渣的稳定性是其是否适用于作换填垫层材料的最主要性能指标，原冶金部试验结果证明，当矿渣中 CaO 的含量小于 45% 及 FeS 与 MnS 的含量约为 1% 时，矿渣不会产生硅酸盐分解和铁锰分解，排渣时不浇石灰水，矿渣也就不会产生石灰分解，则该类矿渣性能稳定，可用于换填。对中、小型垫层可选用 8mm～40mm 与 40mm～60mm 的分级矿渣或 0mm～

60mm 的混合矿渣；较大面积换填时，矿渣最大粒径不宜大于 200mm 或大于分层铺填厚度的 2/3。与粉煤灰相同，对用于换填垫层的矿渣，同样要考虑放射性、对地下水和环境的影响及对金属管网、构件的影响。

土工合成材料（Geosynthetics）是近年来随着化学合成工业的发展而迅速发展起来的一种新型土工材料，主要由涤纶、尼龙、腈纶、丙纶等高分子化合物，根据工程的需要，加工成具有弹性、柔性、高抗拉强度、低延伸率、透水、隔水、反滤性、抗腐蚀性、抗老化性和耐久性的各种类型的产品。如土工格栅、土工格室、土工垫、土工带、土工网、土工膜、土工织物、塑料排水带及其他土合成材料等。由于这些材料的优异性能及广泛的适用性，受到工程界的重视，被迅速推广应用于河、海岸护坡、堤坝、公路、铁路、港口、堆场、建筑、矿山、电力等领域的岩土工程中，取得了良好的工程效果和经济效益。

用于换填垫层的土工合成材料，在垫层中主要起加筋作用，以提高地基土的抗拉和抗剪强度、防止垫层被拉断裂和剪切破坏、保持垫层的完整性、提高垫层的抗弯刚度。因此利用土工合成材料加筋的垫层有效地改变了天然地基的性状，增大了压力扩散角，降低了下卧土层的压力，约束了地基侧向变形，调整了地基不均匀变形，增大地基的稳定性并提高地基的承载力。由于土工合成材料的上述特点，将其用于软弱黏性土、泥炭、沼泽地区修建道路、堆场等取得了较好的成效，同时在部分建筑、构筑物的加筋垫层中应用，也取得了一定的效果。根据理论分析、室内试验以及工程实测的结果证明采用土工合成材料加筋垫层的作用机理为：（1）扩散应力，加筋垫层刚度较大，增大了压力扩散角，有利于上部荷载扩散，降低垫层底面压力；（2）调整不均匀沉降，由于加筋垫层的作用，加大了压缩层范围内地基的整体刚度，有利于调整基础的不均匀沉降；（3）增大地基稳定性，由于加筋垫层的约束，整体上限制了地基土的剪切、侧向挤出及隆起。

采用土工合成材料加筋垫层时，应根据工程荷载的特点、对变形、稳定性的要求和地基土的工程性质、地下水性质及土工合成材料的工作环境等，选择土工合成材料的类型、布置形式及填料品种，主要包括：（1）确定所需土工合成材料的类型、物理性质和主要的力学性质如允许抗拉强度及相应的伸长率、耐久性与抗腐蚀性等；（2）确定土工合成材料在垫层中的布置形式、间距及端部的固定方式；（3）选择适用的填料与施工方法等。此外，要通过验证、保证土工合成材料在垫层中不被拉断和拔出失效。同时还要检验垫层地基的强度和变形以确保满足设计的要求。最后通过静载荷试验确定垫层地基的承载能力。

土工合成材料的耐久性与老化问题，在工程界均有较多的关注。由于土工合成材料引入我国为时不久，目前未见在工程中老化而影响耐久性。英国已有近一百年的使用历史，效果较好。合成材料老化的主要因素：紫外线照射、60℃～80℃的高温或氧化等。在岩土工程中，由于土工合成材料是埋在地下的土层中，上述三个影响因素皆极微弱，故土工合成材料能满足常规建筑工程中的耐久性需要。

在加筋土垫层中，主要由土工合成材料承受拉应力，所以要求选用高强度、低徐变性、延伸率适宜的材料，以保证垫层及下卧层土体的稳定性。在软弱土层采用土工合成材料加筋垫层，由合成材料承受上部荷载产生的应力远高于软弱土中的应力，因此一旦由于合成材料超过极限强度产生破坏，随之荷载转移而由软弱土承受全部外荷，势将大大超过软弱土的极限强度，而导致地基的整体破坏；进而地基的失稳将会引起上部建筑产生较大的沉降，并使建筑结构造成严重的破坏。因此用于加筋垫层中的土工合成材料必须留有足够的安全系数，而绝不能使其受力后的强度等参数处于临界状态，以免导致严重的后果。

4.2.2 垫层设计应满足建筑地基的承载力和变形要求。首先垫层能换除基础下直接承受建筑荷载的软弱土层，代之以能满足承载力要求的垫层；其次荷载通过垫层的应力扩散，使下卧层顶面受到的压力满足小于或等于下卧层承载能力的条件；再者基础持力层被低压缩性的垫层代换，能大大减少基础的沉降量。因此，合理确定垫层厚度是垫层设计的主要内容。通常根据土层的情况确定需要换填的深度，对于浅层软土厚度不大的工程，应置换掉全部软弱土。对需换填的软弱土层，首先应根据垫层的承载力确定基础的宽度和基底压力，再根据垫层下卧层的承载力，设置垫层的厚度，经本规范式（4.2.2-1）复核，最后确定垫层厚度。

下卧层顶面的附加压力值可以根据双层地基理论进行计算，但这种方法仅限于条形基础均布荷载的计算条件。也可以将双层地基视作均质地基，按均质连续各向同性半无限直线变形体的弹性理论计算。第一种方法计算比较复杂，第二种方法的假定又与实际双层地基的状态有一定误差。最常用的是扩散角法，按本规范式（4.2.2-2）或式（4.2.2-3）计算的垫层厚度虽比按弹性理论计算的结果略偏安全，但由于计算方法比较简便，易于理解又便于接受，故而在工程设计中得到了广泛的认可和使用。

压力扩散角应随垫层材料及下卧土层的力学特性差异而定，可按双层地基的条件来考虑。四川及天津曾先后对上硬下软的双层地基进行了现场静载荷试验及大量模型试验，通过实测软弱下卧层顶面的压力反算上部垫层的压力扩散角，根据模型试验实测压力，在垫层厚度等于基础宽度时，计算的压力扩散角均小于30°，而直观破裂角为30°。同时，对照耶戈洛夫双

层地基应力理论计算值，在较安全的条件下，验算下卧层承载力的垫层破坏的扩散角与实测土的破裂角相当。因此，采用理论计算值时，扩散角最大取30°。对小于30°的情况，以理论计算值为基础，求出不同垫层厚度时的扩散角θ。根据陕西、上海、北京、辽宁、广东、湖北等地的垫层试验，对于中砂、粗砂、砾砂、石屑的变形模量均在30MPa～45MPa的范围，卵石、碎石的变形模量可达35MPa～80MPa，而矿渣则可达到35MPa～70MPa。这类粗颗粒垫层材料与下卧的较软土层相比，其变形模量比值均接近或大于10，扩散角最大取30°；而对于其他常作换填材料的细粒土或粉煤灰垫层，碾压后变形模量可达到13MPa～20MPa，与粉质黏土垫层类似，该类垫层材料的变形模量与下卧较软土层的变形模量比值显著小于粗粒土垫层的比值，则可比较安全地按3来考虑，同时按理论值计算出扩散角θ。灰土垫层则根据北京的试验及北京、天津、西北等地经验，按一定压实要求的3:7或2:8灰土28d强度考虑，取θ为28°。因此，参照现行国家标准《建筑地基基础设计规范》GB 50007给出不同垫层材料的压力扩散角。

土夹石、砂夹石垫层的压力扩散角宜依据土与石、砂与石的配比，按静载荷试验结果确定，有经验时也可按地区经验选取。

土工合成材料加筋垫层一般用于z/b较小的薄垫层。对土工带加筋垫层，设置一层土工筋带时，θ宜取26°；设置两层及以上土工筋带时，θ宜取35°。

利用太原某现场工程加筋垫层原位静载荷试验，对土工带加筋垫层的压力扩散角进行验算。试验中加筋垫层土为碎石，粒径10mm～30mm，垫层尺寸为2.3m×2.3m×0.3m，基础底面尺寸为1.5m×1.5m。土工带加筋采用两种土工筋带：TG玻塑复合筋带（A型，极限抗拉强度$\sigma_b=94.3$MPa）和CPE钢塑复合筋带（B型，极限抗拉强度$\sigma_b=139.4$MPa）。根据不同的加筋参数和加筋材料，将此工程分为10种工况进行计算。具体工况参数如表3所示。以沉降为1.5%基础宽度处的荷载值作为基础底面处的平均压力值，垫层底面处的附加压力值为58.3kPa。基础底面处垫层土的自重压力值忽略不计。由式（4.2.2-3）分别计算加筋碎石垫层的压力扩散角值，结果列于表3。

表3 工况参数及压力扩散角

试验编号	A1	A2	A3	A4	A5	A6	A7	B6	B7	B8
加筋层数	1	1	1	1	1	2	2	2	2	2
首层间距(cm)	5	10	10	10	20	5	5	5	5	5

续表3

试验编号	A1	A2	A3	A4	A5	A6	A7	B6	B7	B8
层间距 (cm)	—	—	—	—	—	10	15	10	15	20
LDR (%)	33.3	50.0	33.3	25.0	33.3	33.3	33.3	33.3	33.3	33.3
$q_{0.015B}$ (kPa)	87.5	86.3	84.7	83.2	84.0	100.9	97.6	90.6	88.3	85.6
θ (°)	29.3	28.4	27.1	25.9	26.5	38.2	36.3	31.6	29.9	27.8

注：LDR—加筋线密度；$q_{0.015B}$—沉降为 1.5% 基础宽度处的荷载值；θ—压力扩散角。

收集了太原地区 7 项土工带加筋垫层工程，按照表 4.2.2 给出的压力扩散角取值验算是否满足式（4.2.2-1）要求。7 项工程概况描述如下，工程基本参数和压力扩散角取值列于表 4。验算时，太原地区从地面到基础底面土的重度加权平均值取 $\gamma_m = 19$kN/m³，加筋垫层重度碎石取 21kN/m³，砂石取 19.5kN/m³，灰土取 16.5kN/m³，所用土工筋带均为 TG 玻塑复合筋带（A 型），η_d 取 1.5。验算结果列于表 5。

表4　土工带加筋工程基本参数

工程编号	$L \times B$ (m)	d (m)	z (m)	N	$B \times h$ (mm)	U (m)	H (m)	LDR (%)	θ (°)
1	46.0×17.9	2.83	2.5	2	25×2.5	0.5	0.5	0.20	35
2	93.5×17.5	2.80	1.2	2	25×2.5	0.4	0.4	0.17	35
3	40.5×22.5	2.70	1.5	2	25×2.5	0.5	0.5	0.20	35
4	78.4×16.7	2.78	1.8	2	25×2.5	0.5	0.5	0.17	35
5	60.8×14.9	2.73	1.5	2	25×2.5	0.6	0.6	0.17	35
6	40.0×17.5	5.43	2.5	2	25×2.5	1.7	0.4	0.33	35
7	71.1×13.6	2.50	1.0	1	25×2.5	0.5	—	0.17	26

注：L—基础长度；B—基础宽度；d—基础埋深；z—垫层厚度；N—加筋层数；h—加筋带厚度；U—首层加筋间距；H—加筋间距；其他同表 3。

表5　加筋垫层下卧层承载力计算

工程编号	p_k (kPa)	p_c (kPa)	p_z (kPa)	p_{cz} (kPa)	$p_z + p_{cz}$ (kPa)	f_{azk} (kPa)	深度修正部分的承载力 (kPa)	f_{az} (kPa)	实测沉降		
									最大沉降 (mm)	最小沉降 (mm)	平均沉降 (mm)
1	140	53.8	67.0	102.5	169.5	70	137.6	207.6	10.0	7.0	8.3
2	140	53.2	77.8	73.0	150.8	80	99.75	179.75			
3	220	51.3	146.7	82.8	229.5	150	105.5	255.5	72	63	67.5
4	150	52.8	81.8	87.9	169.7	80	116.25	196.25	8.7	7.0	7.9
5	130	51.9	66.2	81.1	147.3	80	106.25	186.25	4.2	3.5	3.9
6	260	103.2	120.2	151.9	272.1	120	211.75	331.75			
7	140	47.5	85.1	67.0	152.1	90	85.5	175.5			

1—山西省机电设计研究院 13 号住宅楼（6 层砖混，砂石加筋）；

2—山西省体委职工住宅楼（6 层砖混，灰土加筋）；

3—迎泽房管所住宅楼（9 层底框，碎石加筋）；

4—文化苑 E-4 号住宅楼（7 层砖混，砂石加筋）；

5—文化苑 E-5 号住宅楼（6 层砖混，砂石加筋）；

6—山西省交通干部学校综合教学楼（13 层框剪，砂石加筋）；

7—某机关职工住宅楼（6 层砖混，砂石加筋）。

4.2.3 确定垫层宽度时，除应满足应力扩散的要求外，还应考虑侧面土的强度条件，保证垫层应有足够的宽度，防止垫层材料向侧边挤出而增大垫层的竖向变形量。当基础荷载较大，或对沉降要求较高，或垫层侧边土的承载力较差时，垫层宽度应适当加大。

垫层顶面每边超出基础底边应大于 $z\tan\theta$，且不得小于 300mm，如图 1 所示。

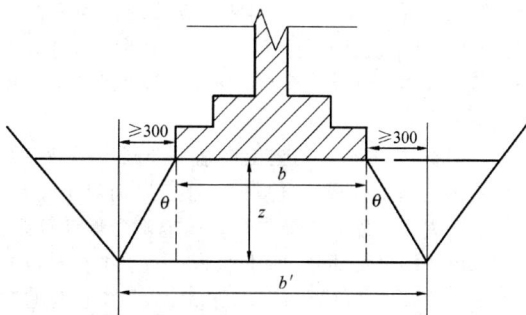

图1　垫层宽度取值示意

4.2.4 矿渣垫层的压实指标，由于干密度试验难于操作，误差较大。所以其施工的控制标准按目前的经验，在采用8t以上的平碾或振动碾施工时可按最后两遍压实的压陷差小于2mm控制。

4.2.5 经换填处理后的地基，由于理论计算方法尚不够完善，或由于较难选取有代表性的计算参数等原因，而难于通过计算准确确定地基承载力，所以，本条强调经换填垫层处理的地基其承载力宜通过试验、尤其是通过现场原位试验确定。对于按现行国家标准《建筑地基基础设计规范》GB 50007 设计等级为丙级的建筑物及一般的小型、轻型或对沉降要求不高的工程，在无试验资料或经验时，当施工达到本规范要求的压实标准后，初步设计时可以参考表6所列的承载力特征值取用。

表6 垫层的承载力

换填材料	承载力特征值 f_{ak} (kPa)
碎石、卵石	200～300
砂夹石（其中碎石、卵石占全重的30%～50%）	200～250
土夹石（其中碎石、卵石占全重的30%～50%）	150～200
中砂、粗砂、砾砂、圆砾、角砾	150～200
粉质黏土	130～180
石屑	120～150
灰土	200～250
粉煤灰	120～150
矿渣	200～300

注：压实系数小的垫层，承载力特征值取低值，反之取高值。原状矿渣垫层取低值，分级矿渣或混合矿渣垫层取高值。

4.2.6 我国软黏土分布地区的大量建筑物沉降观测及工程经验表明，采用换填垫层进行局部处理后，往往由于软弱下卧层的变形，建筑物地基仍将产生过大的沉降量及差异沉降量。因此，应按现行国家标准《建筑地基基础设计规范》GB 50007 中的变形计算方法进行建筑物的沉降计算，以保证地基处理效果及建筑物的安全使用。

4.2.7 粗粒换填材料的垫层在施工期间垫层自身的压缩变形已基本完成，且量值很小。因而对于碎石、卵石、砂夹石、砂和矿渣垫层，在地基变形计算中，可以忽略垫层自身部分的变形值；但对于细粒材料的尤其是厚度较大的换填垫层，则应计入垫层自身的变形，有关垫层的模量应根据试验或当地经验确定。在无试验资料或经验时，可参照表7选用。

表7 垫层模量（MPa）

模量 垫层材料	压缩模量 E_s	变形模量 E_0
粉煤灰	8～20	—
砂	20～30	—
碎石、卵石	30～50	—
矿渣	—	35～70

注：压实矿渣的 E_0/E_s 比值可按 1.5～3.0 取用。

下卧层顶面承受换填材料本身的压力超过原天然土层压力较多的工程，地基下卧层将产生较大的变形。如工程条件许可，宜尽早换填，以使由此引起的大部分地基变形在上部结构施工之前完成。

4.2.9 加筋线密度为加筋带宽度与加筋带水平间距的比值。

对于土工加筋带端部可采用图2说明的胞腔式固定方法。

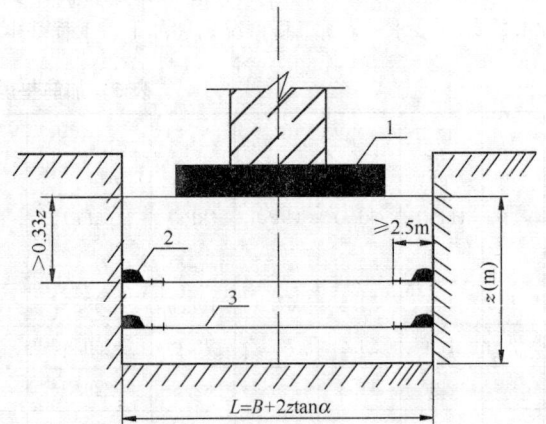

图2 胞腔式固定方法
1—基础；2—胞腔式砂石袋；3—筋带；z—加筋垫层厚度

工程案例分析：

场地条件：场地土层第一层为杂填土，厚度0.7m～0.8m，在试验时已挖去；第二层为饱和粉土，作为主要受力层，其天然重度为 18.9kN/m³，土粒相对密度2.69，含水量31.8%，干重度 14.5kN/m³，孔隙比 0.881，饱和度 96%，液限 32.9%，塑限 23.7%，塑性指数 9.2，液性指数 0.88，压缩模量 3.93MPa。根据现场原土的静力触探和静载荷试验，结合本地区经验综合确定饱和粉土层的承载力特征值为80kPa。

工程概况：矩形基础，建筑物基础平面尺寸为60.8m×14.9m，基础埋深2.73m。基础底面处的平均压力 p_k 取 130kPa。基础底部为软弱土层，需进行处理。

处理方法一：采用砂石进行换填，从地面到基础底面土的重度加权平均值取 19kN/m³，砂石重度取 19.5kN/m³。基础埋深的地基承载力修正系数取

1.0。假定 $z/B=0.25$，如垫层厚度 z 取 3.73m，按本规范 4.2.2 条取压力扩散角 20°。计算得基础底面处的自重应力 p_c 为 51.9kPa，垫层底面处的自重应力 p_{cz} 为 124.6kPa，则垫层底面处的附加压力值 p_z 为 63.3kPa，垫层底面处的自重应力与附加压力之和为 187.9kPa，承载力深度修正值为 115.0kPa，垫层底面处土经深度修正后的承载力特征值为 195.0kPa，满足式（4.2.2-1）要求。

处理方法二：采用加筋砂石垫层。加筋材料采用 TG 玻塑复合筋带（极限抗拉强度 $\sigma_b=94.3$MPa），筋带宽、厚分别为 25mm 和 2.5mm。两层加筋，首层加筋间距拟采用 0.6m，加筋带层间距拟采用 0.4m，加筋线密度拟采用 17%。压力扩散角取 35°。砂石垫层参数同上。基础底面处的自重应力 p_c 为 51.9kPa，假定垫层厚度为 1.5m，按式（4.2.2-3）计算加筋垫层底面处的附加压力值 p_z 为 66.6kPa，垫层底面处的自重应力 p_{cz} 为 81.2kPa，垫层底面处的自重应力与附加压力之和为 147.8kPa，计算得承载力深度修正值为 72.7kPa，垫层底面处土经深度修正后的承载力特征值为 152.7kPa＞147.8kPa，满足式（4.2.2-1）要求。由式（4.2.3）计算可得垫层底面最小宽度为 16.9m，取 17m。该工程竣工验收后，观测到的最终沉降量为 3.9mm，满足变形要求。

两种处理方法进行对比，可知，使用加筋垫层，可使垫层厚度比仅采用砂石换填时减少 60%。采用加筋垫层可以降低工程造价，施工更方便。

4.3 施 工

4.3.1 换填垫层的施工参数应根据垫层材料、施工机械设备及设计要求等通过现场试验确定，以求获得最佳密实效果。对于存在软弱下卧层的垫层，应针对不同施工机械设备的重量、碾压强度、振动力等因素，确定垫层底层的铺填厚度，使既能满足该层的压密条件，又能防止扰动下卧软弱土的结构。

4.3.3 为获得最佳密实效果，宜采用垫层材料的最优含水量 w_{op} 作为施工控制含水量。对于粉质黏土和灰土，现场可控制在最优含水量 w_{op} $\pm2\%$ 的范围内；当使用振动碾压时，可适当放宽下限范围值，即控制在最优含水量 w_{op} 的 $-6\%\sim+2\%$ 范围内。最优含水量可按现行国家标准《土工试验方法标准》GB/T 50123 中轻型击实试验的要求求得。在缺乏试验资料时，也可近似取液限值的 60%；或按照经验采用塑限 $w_p\pm2\%$ 的范围值作为施工含水量的控制值，粉煤灰垫层不应采用浸水饱和施工法，其施工含水量应控制在最优含水量 w_{op} $\pm4\%$ 的范围内。若土料湿度过大或过小，应分别予以晾晒、翻松、掺加吸水材料或洒水湿润以调整土料的含水量。对于砂石料则可根据施工方法不同按经验控制适宜的施工含水量，即当用平板式振动器时可取 15%～20%；当用平碾或蛙式

夯时可取 8%～12%；当用插入式振动器时宜为饱和。对于碎石及卵石应充分浇水湿透后夯压。

4.3.4 对垫层底部的下卧层中存在的软硬不均匀点，要根据其对垫层稳定及建筑物安全的影响确定处理方法。对不均匀沉降要求不高的一般性建筑，当下卧层中不均匀点范围小，埋藏很深，处于地基压缩层范围以外，且四周土层稳定时，对该不均匀点可不做处理。否则，应予挖除并根据与周围土质及密实度均匀一致的原则分层回填并夯压密实，以防止下卧层的不均匀变形对垫层及上部建筑产生危害。

4.3.5 垫层下卧层为软弱土层时，因其具有一定的结构强度，一旦被扰动则强度大大降低，变形大量增加，将影响到垫层及建筑的安全使用。通常的做法是，开挖基坑时应预留厚约 200mm 的保护层，待做好铺填垫层的准备后，对保护层挖一段随即用换填材料铺填一段，直到完成全部垫层，以保护下卧土层的结构不被破坏。按浙江、江苏、天津等地的习惯做法，在软弱下卧层顶面设置厚 150mm～300mm 的砂垫层，防止粗粒换填材料挤入下卧层时破坏其结构。

4.3.7 在同一栋建筑下，应尽量保持垫层厚度相同；对于厚度不同的垫层，应防止垫层厚度突变；在垫层较深部位施工时，应注意控制该部位的压实系数，以防止或减少由于地基处理厚度不同所引起的差异变形。

为保证灰土施工控制的含水量不致变化，拌合均匀后的灰土应当日使用，灰土夯实后，在短时间内水稳性及硬化均较差，易受水浸而膨胀疏松，影响灰土的夯压质量。

粉煤灰分层碾压验收后，应及时铺填上层或封层，防止干燥或扰动使碾压层松胀密实度下降及扬起粉尘污染。

4.3.9 在地基土层表面铺设土工合成材料时，保证地基土层顶面平整，防止土工合成材料被刺穿、顶破。

4.4 质量检验

4.4.1 垫层的施工质量检验可利用轻型动力触探或标准贯入试验法检验。必须首先通过现场试验，在达到设计要求压实系数的垫层试验区内，测得标准的贯入深度或击数，然后再以此作为控制施工压实系数的标准，进行施工质量检验。利用传统的贯入试验进行施工质量检验必须在有经验的地区通过对比试验确定检验标准，再在工程中实施。检验砂垫层使用的环刀容积不应小于 200cm³，以减少其偶然误差。在粗粒土垫层中的施工质量检验，可设置纯砂检验点，按环刀取样法检验，或采用灌水法、灌砂法进行检验。

4.4.2 换填垫层的施工必须在每层密实度检验合格后再进行下一工序施工。

4.4.3 垫层施工质量检验点的数量因各地土质条件

和经验不同而不同。本条按天津、北京、河南、西北等大部分地区多数单位的做法规定了条基、独立基础和其他基础面积的检验点数量。

4.4.4 竣工验收应采用静载荷试验检验垫层质量，为保证静载荷试验的有效影响深度不小于换填垫层处理的厚度，静载荷试验压板的面积不应小于 1.0m²。

5 预压地基

5.1 一般规定

5.1.1 预压处理地基一般分为堆载预压、真空预压和真空～堆载联合预压三类。降水预压和电渗排水预压在工程上应用甚少，暂未列入。堆载预压分塑料排水带或砂井地基堆载预压和天然地基堆载预压。通常，当软土层厚度小于 4.0m 时，可采用天然地基堆载预压处理，当软土层厚度超过 4.0m 时，为加速预压过程，应采用塑料排水带、砂井等竖井排水预压处理地基。对真空预压工程，必须在地基内设置排水竖井。

本条提出适用于预压地基处理的土类。对于在持续荷载作用下体积会发生很大压缩、强度会明显增长的土，这种方法特别适用。对超固结土，只有当土层的有效上覆压力与预压荷载所产生的应力水平明显大于土的先期固结压力时，土层才会发生明显的压缩。竖井排水预压对处理泥炭土、有机质土和其他次固结变形占很大比例的土处理后仍有较大的次固结变形，应考虑对工程的影响。当主固结变形与次固结变形相比所占比例较大时效果明显。

5.1.2 当需加固的土层有粉土、粉细砂或中粗砂等透水、透气层时，对加固区采取的密封措施一般有打设黏性土密封墙、开挖换填和垂直铺设密封膜穿过透水透气层等方法。对塑性指数大于 25 且含水量大于 85% 的淤泥，采用真空预压处理后的地基土强度有时仍然较低，因此，对具体的场地，需通过现场试验确定真空预压加固的适用性。

5.1.3 通过勘察查明土层的分布、透水层的位置及水源补给等，这对预压工程很重要，如对于黏土夹粉砂薄层的"千层糕"状土层，它本身具有良好的透水性，不必设置排水竖井，仅进行堆载预压即可取得良好的效果。对真空预压工程，查明处理范围内有无透水层（或透气层）及水源补给情况，关系到真空预压的成败和处理费用。

5.1.4 对重要工程，应预先选择代表性地段进行预压试验，通过试验区获得的竖向变形与时间关系曲线、孔隙水压力与时间关系曲线等推算土的固结系数。固结系数是预压工程地基固结计算的主要参数，可根据前期荷载所推算的固结系数预计后期荷载下地基不同时间的变形并根据实测值进行修正，这样就可

以得到更符合实际的固结系数。此外，由变形与时间曲线可推算出预压荷载下地基的最终变形、预压阶段不同时间的固结度等，为卸载时间的确定、预压效果的评价以及指导全场的设计与施工提供主要依据。

5.1.6 对预压工程，什么情况下可以卸载，这是工程上关心的问题，特别是对变形控制严格的工程，更加重要。设计时应根据所计算的建筑物最终沉降量并对照建筑物使用期间的允许变形值，确定预压期间应完成的变形量，然后按照工期要求，选择排水竖井直径、间距、深度和排列方式、确定预压荷载大小和加载历时，使在预定工期内通过预压完成设计所要求的变形量，使卸载后的残余变形满足建筑物允许变形要求。对排水井穿透受压土层的情况，通过不太长时间的预压可满足设计要求，土层的平均固结度一般可达90%以上。对排水竖井未穿透受压土层的情况，应分别使竖井深度范围土层和竖井底面以下受压土层的平均固结度和所完成的变形量满足设计要求。这样要求的原因是，竖井底面以下受压土层属单向排水，如土层厚度较大，则固结较慢，预压期间所完成的变形较小，难以满足设计要求，为提高预压效果，应尽可能加深竖井深度，使竖井底面以下受压土层厚度减小。

5.1.7 当建筑物的荷载超过真空压力且建筑物对地基的承载力和变形有严格要求时，应采用真空-堆载联合预压法。工程实践证明，真空预压和堆载预压效果可以叠加，条件是两种预压必须同时进行，如某工程 47m×54m 面积真空和堆载联合预压试验，实测的平均沉降结果如表 8 所示。某工程预压前后十字板强度的变化如表 9 所示。

表 8　实测沉降值

项　目	真空预压	加 30kPa 堆载	加 50kPa 堆载
沉降（mm）	480	680	840

表 9　预压前后十字板强度（kPa）

深度（m）	土　质	预压前	真空预压	真空-堆载预压
2.0～5.8	淤泥夹淤泥质粉质黏土	12	28	40
5.8～10.0	淤泥质黏土夹粉质黏土	15	27	36
10.0～15.0	淤泥	23	28	33

5.1.8 由于预压加固地基的范围一般较大，其沉降对周边有一定影响，应有一定安全距离；距离较近时应采取保护措施。

5.1.9 超载预压可减少处理工期，减少工后沉降量。工程应用时应进行试验性施工，在保证整体稳定条件下实施。

5.2 设　计

I　堆载预压

5.2.1　本条中提出对含较多薄粉砂夹层的软土层，可不设置排水竖井。这种土层通常具有良好的透水性。表 10 为上海石化总厂天然地基上 10000m³ 试验油罐经 148d 充水预压的实测和推算结果。

该罐区的土层分布为：地表约 4m 的粉质黏土（"硬壳层"）其下为含粉砂薄层的淤泥质黏土，呈"千层糕"状构造。预计固结较快，地基未作处理，经 148d 充水预压后，固结度达 90% 左右。

表 10　从实测 s-t 曲线推算的 β、s_f 等值

测点	2 号	5 号	10 号	13 号	16 个测点平均值	罐中心
实测沉降 s_t (cm)	87.0	87.5	79.5	79.4	84.2	131.9
β (1/d)	0.0166	0.0174	0.0174	0.0151	0.0159	0.0188
最终沉降 s_f (cm)	93.4	93.6	84.9	85.1	91.0	138.9
瞬时沉降 s_d (cm)	26.4	22.4	23.5	23.7	25.2	38.4
固结度 $\overline{U}$ (%)	90.4	91.4	91.5	88.6	89.7	93.0

土层的平均固结度普遍表达式 $\overline{U}$ 如下：

$$\overline{U} = 1 - \alpha e^{-\beta t} \tag{3}$$

式中 α、β 为和排水条件有关的参数，β 值与土的固结系数、排水距离等有关，它综合反映了土层的固结速率。从表 10 可看出罐区土层的 β 值较大。对照砂井地基，如台州电厂煤场砂井地基 β 值为 0.0207 (1/d)，而上海炼油厂油罐天然地基 β 值为 0.0248 (1/d)。它们的值相近。

5.2.3　对于塑料排水带的当量换算直径 d_p，虽然许多文献都提供了不同的建议值，但至今还没有结论性的研究成果，式（5.2.3）是著名学者 Hansbo 提出的，国内工程上也普遍采用，故在规范中推荐使用。

5.2.5　竖井间距的选择，应根据地基土的固结特性，预定时间内所要求达到的固结度以及施工影响等通过计算、分析确定。根据我国的工程实践，普通砂井之井径比 6~8，塑料排水带或袋装砂井之井径比取

15~22，均取得良好的处理效果。

5.2.6　排水竖井的深度，应根据建筑物对地基的稳定性、变形要求和工期确定。对以变形控制的建筑，竖井宜穿透受压土层。对受压土层深厚，竖井很长的情况，虽然考虑井阻影响后，土层径向排水平均固结度随深度而减小，但井阻影响程度取决于竖井的纵向通水量 q_w 与天然土层水平向渗透系数 k_h 的比值大小和竖井深度等。对于竖井深度 $L = 30$m，井径比 $n = 20$，径向排水固结时间因子 $T_h = 0.86$，不同比值 q_w/k_h 时，土层在深度 $z = 1$m 和 30m 处根据 Hansbo（1981）公式计算之径向排水平均固结度 $\overline{U}_r$，如表 11 所示。

表 11　Hansbo（1981）公式计算之径向排水平均固结度 $\overline{U}_r$

q_w/k_h (m²) \ z (m)	300	600	1500
1	0.91	0.93	0.95
30	0.45	0.63	0.81

由表可见，在深度 30m 处，土层之径向排水平均固结度仍较大，特别是当 q_w/k_h 较大时。因此，对深厚受压土层，在施工能力可能时，应尽可能加深竖井深度，这对加速土层固结，缩短工期是很有利的。

5.2.7　对逐渐加载条件下竖井地基平均固结度的计算，本规范采用的是改进的高木俊介法，该公式理论上是精确解，而且无需先计算瞬时加载条件下的固结度，再根据逐渐加载条件进行修正，而是两者合并计算出修正后的平均固结度，而且公式适用于多种排水条件，可应用于考虑井阻及涂抹作用的径向平均固结度计算。

算例：

已知：地基为淤泥质黏土层，固结系数 $c_h = c_v = 1.8 \times 10^{-3}$ cm²/s，受压土层厚 20m，袋装砂井直径 $d_w = 70$mm，袋装砂井为等边三角形排列，间距 $l = 1.4$m，深度 $H = 20$m，砂井底部为不透水层，砂井打穿受压土层。预压荷载总压力 $p = 100$kPa，分两级等速加载，如图 3 所示。

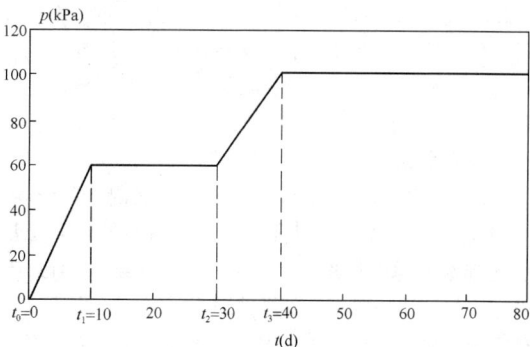

图 3　加载过程

求：加荷开始后 120d 受压土层之平均固结度（不考虑竖井井阻和涂抹影响）。

计算：

受压土层平均固结度包括两部分：径向排水平均固结度和向上竖向排水平均固结度。按公式（5.2.7）计算，其中 α、β 由表 5.2.7 知：

$$\alpha = \frac{8}{\pi^2} = 0.81$$

$$\beta = \frac{8c_h}{F_n d_e^2} + \frac{\pi^2 c_v}{4H^2}$$

根据砂井的有效排水圆柱体直径 $d_e = 1.05l = 1.05 \times 1.4 = 1.47$m

径井比 $n = d_e/d_w = 1.47/0.07 = 21$，则

$$F_n = \frac{n^2}{n^2-1}\ln(n) - \frac{3n^2-1}{4n^2}$$
$$= \frac{21^2}{21^2-1}\ln(21) - \frac{3 \times 21^2 - 1}{4 \times 21^2}$$
$$= 2.3$$

$$\beta = \frac{8 \times 1.8 \times 10^{-3}}{2.3 \times 147^2} + \frac{3.14^2 \times 1.8 \times 10^{-3}}{4 \times 2000^2}$$
$$= 2.908 \times 10^{-7}(\text{l/s})$$
$$= 0.0251(\text{l/d})$$

第一级荷载的加荷速率 $\dot{q}_1 = 60/10 = 6$kPa/d

第二级荷载的加荷速率 $\dot{q}_2 = 40/10 = 4$kPa/d

固结度计算：

$$\overline{U}_t = \sum \frac{\dot{q}_i}{\sum \Delta p}\left[(T_i - T_{i-1}) - \frac{\alpha}{\beta}e^{-\beta t}(e^{\beta T_i} - e^{\beta T_{i-1}})\right]$$
$$= \frac{\dot{q}_1}{\sum \Delta p}\left[(t_1 - t_0) - \frac{\alpha}{\beta}e^{-\beta t}(e^{\beta t_1} - e^{\beta t_0})\right]$$
$$+ \frac{\dot{q}_2}{\sum \Delta p}\left[(t_3 - t_2) - \frac{\alpha}{\beta}e^{-\beta t}(e^{\beta t_3} - e^{\beta t_2})\right]$$
$$= \frac{6}{100}\left[(10-0) - \frac{0.81}{0.0251}\right.$$
$$\left. e^{-0.0251 \times 120}(e^{0.0251 \times 10} - e^0)\right]$$
$$+ \frac{4}{100}\left[(40-30) - \frac{0.81}{0.0251}\right.$$
$$\left. e^{-0.0251 \times 120}(e^{0.0251 \times 40} - e^{0.0251 \times 30})\right]$$
$$= 0.93$$

5.2.8 竖井采用挤土方式施工时，由于井壁涂抹及对周围土的扰动而使土的渗透系数降低，因而影响土层的固结速率，此即为涂抹影响。涂抹对土层固结速率的影响大小取决于涂抹区直径 d_s 和涂抹区土的水平向渗透系数 k_s 与天然土层水平渗透系数 k_h 的比值。图 4 反映了这两个因素对土层固结时间因子的影响，图中 $T_{h90}(s)$ 为不考虑井阻仅考虑涂抹影响时，土层径向排水平均固结度 $\overline{U}_r = 0.9$ 时之固结时间因子。由图可见，涂抹对土层固结速率影响显著，在固结度计算中，涂抹影响应予考虑。对涂抹区直径 d_s，有的文献取 $d_s = (2 \sim 3)d_m$，其中，d_m 为竖井施工套管横

截面积当量直径。对涂抹区土的渗透系数，由于土被扰动的程度不同，愈靠近竖井，k_s 愈小。关于 d_s 和 k_s 大小还有待进一步积累资料。

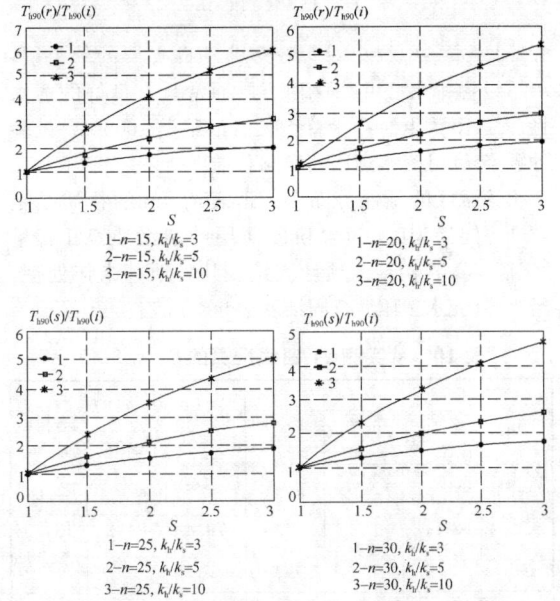

图 4　涂抹对土层固结速率的影响

如不考虑涂抹仅考虑井阻影响，即 $F = F_n + F_r$，由反映井阻影响的参数 F_r 的计算式可见，井阻大小取决于竖井深度和竖井纵向通水量 q_w 与天然土层水平向渗透系数 k_h 的比值。如以竖井地基径向平均固结度达到 $\overline{U}_r = 0.9$ 为标准，则可求得不同竖井深度，不同井径比和不同 q_w/k_h 比值时，考虑井阻影响（$F = F_n + F_r$）和理想井条件（$F = F_n$）之固结时间因子 $T_{h90}(r)$ 和 $T_{h90}(i)$。比值 $T_{h90}(r)/T_{h90}(i)$ 与 q_w/k_h 的关系曲线见图 5。

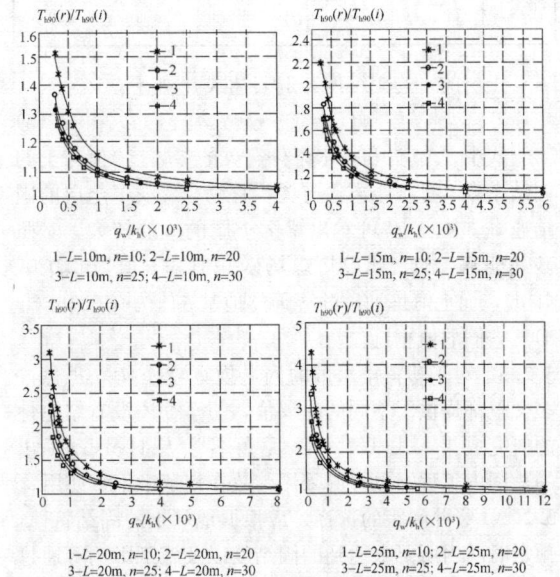

图 5　井阻对土层固结速率的影响

由图可知，对不同深度的竖井地基，如以 $T_{h90}(r)/T_{h90}(i) \leqslant 1.1$ 作为可不考虑井阻影响的标准，则可得到相应的 q_w/k_h 值，因而可得到竖井所需要的通水量 q_w 理论值，即竖井在实际工作状态下应具有的纵向通水量值。对塑料排水带来说，它不同于实验室按一定实验标准测定的通水量值。工程上所选用的通过实验测定的产品通水量应比理论通水量高。设计中如何选用产品的纵向通水量是工程上所关心而又很复杂的问题，它与排水带深度、天然土层和涂抹后土渗透系数、排水带实际工作状态和工期要求等很多因素有关。同时，在预压过程中，土层的固结速率也是不同的，预压初期土层固结较快，需通过塑料排水带排出的水量较大，而塑料排水带的工作状态相对较好。关于塑料排水带的通水量问题还有待进一步研究和在实际工程中积累更多的经验。

对砂井，其纵向通水量可按下式计算：

$$q_w = k_w \cdot A_w = k_w \cdot \pi d_w^2/4 \tag{4}$$

式中，k_w 为砂料渗透系数。作为具体算例，取井径比 $n = 20$；袋装砂井直径 $d_w = 70\text{mm}$ 和 100mm 两种；土层渗透系数 $k_h = 1 \times 10^{-6}\text{cm/s}$、$5 \times 10^{-7}\text{cm/s}$、$1 \times 10^{-7}\text{cm/s}$ 和 $1 \times 10^{-8}\text{cm/s}$，考虑井阻影响时的时间因子 $T_{h90}(r)$ 与理想井时间因子 $T_{h90}(i)$ 的比值列于表12，相应的 q_w/k_h 列于表13中。从表的计算结果看，对袋装砂井，宜选用较大的直径和较高的砂料渗透系数。

表12　井阻时间因子 T_{h90}（r）与理想井时间因子 T_{h90}（i）的比值

砂井砂料渗透系数（cm/s）	土层渗透系数（cm/s）	袋装砂井直径（mm） 70		100	
		砂井深度（m） 10	20	10	20
1×10^{-2}	1×10^{-6}	3.85	12.41	2.40	6.60
	5×10^{-7}	2.43	6.71	1.70	3.80
	1×10^{-7}	1.29	2.14	1.14	1.56
	1×10^{-8}	1.03	1.11	1.01	1.06
5×10^{-2}	1×10^{-6}	1.57	3.29	1.28	2.12
	5×10^{-7}	1.29	2.14	1.14	1.56
	1×10^{-7}	1.06	1.23	1.03	1.11
	1×10^{-8}	1.01	1.02	1.00	1.01

表13　q_w/k_h（m^2）

砂井砂料渗透系数（cm/s）	土层渗透系数（cm/s）	袋装砂井直径（mm） 70	100
1×10^{-2}	1×10^{-6}	38.5	78.5
	5×10^{-7}	77.0	157.0
	1×10^{-7}	385.0	785.0
	1×10^{-8}	3850.0	7850.0
5×10^{-2}	1×10^{-6}	192.3	392.5
	5×10^{-7}	384.6	785.0
	1×10^{-7}	1923.0	3925.0
	1×10^{-8}	19230.0	39250.0

算例：

已知：地基为淤泥质黏土层，水平向渗透系数 $k_h = 1 \times 10^{-7}\text{cm/s}$，$c_v = c_h = 1.8 \times 10^{-3}\text{cm}^2/\text{s}$，袋装砂井直径 $d_w = 70\text{mm}$，砂料渗透系数 $k_w = 2 \times 10^{-2}\text{cm/s}$，涂抹区土的渗透系数 $k_s = 1/5 \times k_h = 0.2 \times 10^{-7}\text{cm/s}$。取 $s = 2$，袋装砂井为等边三角形排列，间距 $l = 1.4\text{m}$，深度 $H = 20\text{m}$，砂井底部为不透水层，砂井打穿受压土层。预压荷载总压力 $p = 100\text{kPa}$，分两级等速加载，如图3所示。

求：加载开始后120d受压土层之平均固结度。

计算：

袋装砂井纵向通水量

$$q_w = k_w \times \pi d_w^2/4$$

$$= 2 \times 10^{-2} \times 3.14 \times 7^2/4 = 0.769\ \text{cm}^3/\text{s}$$

$$F_n = \ln(n) - 3/4 = \ln(21) - 3/4 = 2.29$$

$$F_r = \frac{\pi^2 L^2}{4} \frac{k_h}{q_w} = \frac{3.14^2 \times 2000^2}{4} \times \frac{1 \times 10^{-7}}{0.769} = 1.28$$

$$F_s = \left(\frac{k_h}{k_s} - 1\right)\ln s = \left(\frac{1 \times 10^{-7}}{0.2 \times 10^{-7}} - 1\right)\ln 2 = 2.77$$

$$F = F_n + F_r + F_s = 2.29 + 1.28 + 2.77 = 6.34$$

$$\alpha = \frac{8}{\pi^2} = 0.81$$

$$\beta = \frac{8c_h}{Fd_e^2} + \frac{\pi^2 c_v}{4H^2}$$

$$= \frac{8 \times 1.8 \times 10^{-3}}{6.34 \times 147^2} + \frac{3.14^2 \times 1.8 \times 10^{-3}}{4 \times 2000^2}$$

$$= 1.06 \times 10^{-7}\ (\text{l/s}) = 0.0092\ (\text{l/d})$$

$$\overline{U}_t = \frac{\dot{q}_1}{\sum \Delta p}\left[(t_1 - t_0) - \frac{\alpha}{\beta}e^{-\beta t}(e^{\beta t_1} - e^{\beta t_0})\right]$$

$$+ \frac{\dot{q}_2}{\sum \Delta p}\left[(t_3 - t_2) - \frac{\alpha}{\beta}e^{-\beta t}(e^{\beta t_3} - e^{\beta t_2})\right]$$

$$= \frac{6}{100}\left[(10-0) - \frac{0.81}{0.0092}\right.$$

$$\left. e^{-0.0092\times120}(e^{0.0092\times10} - e^0)\right]$$

$$+ \frac{4}{100}\left[(40-30) - \frac{0.81}{0.0092}\right.$$

$$\left. e^{-0.0092\times120}(e^{0.0092\times40} - e^{0.0092\times30})\right]$$

$$= 0.68$$

5.2.9 对竖井未穿透受压土层的地基，当竖井底面以下受压土层较厚时，竖井范围土层平均固结度与竖井底面以下土层的平均固结度相差较大，预压期间所完成的固结变形量也因之相差较大，如若将固结度按整个受压土层平均，则与实际固结度沿深度的分布不符，且掩盖了竖井底面以下土层固结缓慢，预压期间完成的固结变形量小，建筑物使用以后剩余沉降持续时间长等实际情况。同时，按整个受压土层平均，使竖井范围土层固结度比实际降低而影响稳定分析结果。因此，竖井范围与竖井底面以下土层的固结度和相应的固结变形应分别计算，不宜按整个受压土层平均计算。

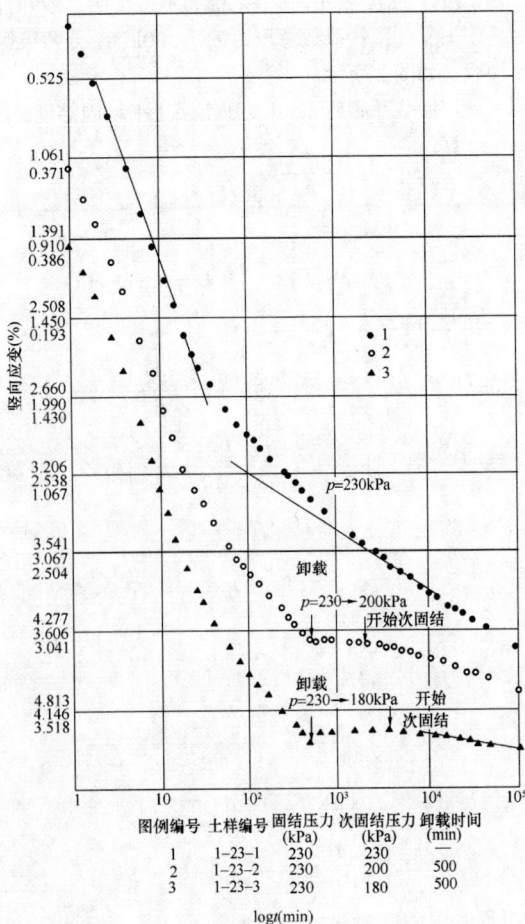

图例编号 土样编号 固结压力 次固结压力 卸载时间
　　　　　　　　　　(kPa)　　(kPa)　　(min)
　1　　　1-23-1　　230　　230　　　—
　2　　　1-23-2　　230　　200　　500
　3　　　1-23-3　　230　　180　　500

log*t*(min)

图 6 某工程淤泥质黏土的室内试验结果

5.2.11 饱和软黏土根据其天然固结状态可分成正常固结土、超固结土和欠固结土。显然，对不同固结状态的土，在预压荷载下其强度增长是不同的，由于超固结土和欠固结土强度增长缺乏实测资料，本规范暂未能提出具体预计方法。

对正常固结饱和黏性土，本规范所采用的强度计算公式已在工程上得到广泛的应用。该法模拟了压应力作用下土体排水固结引起的强度增长，而不模拟剪缩作用引起的强度增长，它可直接用十字板剪切试验结果来检验计算值的准确性。该式可用于竖井地基有效固结压力法稳定分析。

$$\tau_{ft} = \tau_{f0} + \Delta\sigma_z \cdot U_t \tan\varphi_{cu} \tag{5}$$

式中 τ_{f0} 为地基土的天然抗剪强度，由计算点土的自重应力和三轴固结不排水试验指标 φ_{cu} 计算或由原位十字板剪切试验测定。

5.2.12 预压荷载下地基的变形包括瞬时变形、主固结变形和次固结变形三部分。次固结变形大小和土的性质有关。泥炭土、有机质土或高塑性黏性土土层，次固结变形较显著，而其他土则所占比例不大，如忽略次固结变形，则受压土层的总变形由瞬时变形和土固结变形两部分组成。主固结变形工程上通常采用单向压缩分层总和法计算，这只有当荷载面积的宽度或直径大于受压土层的厚度时才较符合计算条件，否则应对变形计算值进行修正以考虑三向压缩的效应。但研究结果表明，对于正常固结或稍超固结土地基，三向修正是不重要的。因此，仍可按单向压缩计算。经验系数 ξ 考虑了瞬时变形和其他影响因素，根据多项工程实测资料推算，正常固结黏性土地基的 ξ 值列于表 14。

表 14 正常固结黏性土地基的 ξ 值

序号	工程名称	固结变形量 s_c (cm)	最终竖向变形量 s_f (cm)	经验系数 $\xi = s_f/s_c$	备注
1	宁波试验路堤	150.2	209.2	1.38	砂井地基，s_f 由实测曲线推算
2	舟山冷库	104.8	132.0	1.32	砂井预压，压力 $p = 110kPa$
3	广东某铁路路堤	97.5	113.0	1.16	—
4	宁波栎社机场	102.9	111.0	1.08	袋装砂井预压，此为场道中心点 ξ 值，道边点 $\xi = 1.11$
5	温州机场	110.8	123.6	1.12	袋装砂井预压，此为场道中心点 ξ 值，道边点 $\xi = 1.07$

续表14

序号	工程名称		固结变形量 s_c (cm)	最终竖向变形量 s_f (cm)	经验系数 $\xi = s_f/s_c$	备注
6	上海金山油罐	罐中心	100.5	138.9	1.38	10000m³ 油罐 $p = 164.3$kPa，天然地基充水预压。罐边缘沉降为 16 个测点平均值，s_f 由实测曲线推算
		罐边缘	65.8	91.0	1.38	
7	上海油罐	罐中心	76.2	111.1	1.46	20000m³ 油罐，$p = 210$kPa，罐边缘沉降为 12 个测点平均值，s_f 由实测曲线推算
		罐边缘	63.0	76.3	1.21	
8	帕斯科克拉炼油厂油罐		18.3	24.4	1.33	$p = 210$kPa，s_f 为实测值
9	格兰岛油罐		48.3	53.4	1.10	s_c、s_f 均为实测值
			47.0	53.4	1.13	

5.2.16 预压地基大部分为软土地基，地基变形计算仅考虑固结变形，没有考虑荷载施加后的次固结变形。对于堆载预压工程的卸载时间应从安全性考虑，其固结度不宜少于 90%，现场检测的变形速率应有明显变缓趋势才能卸载。

Ⅱ 真空预压

5.2.17 真空预压处理地基必须设置塑料排水带或砂井，否则难以奏效。交通部第一航务工程局曾在现场做过试验，不设置砂井，抽气两个月，变形仅几个毫米，达不到处理目的。

5.2.19 真空度在砂井内的传递与井料的颗粒组成和渗透性有关。根据天津的资料，当井料的渗透系数 $k = 1 \times 10^{-2}$ cm/s 时，10m 长的袋装砂井真空度降低约 10%，当砂井深度超过 10m 时，为了减小真空度沿深度的损失，对砂井砂料应有更高的要求。

5.2.21 真空预压效果与预压区面积大小及长宽比等有关。表 15 为天津新港现场预压试验的实测结果。

表 15 预压区面积大小影响

预压区面积（m²）	264	1250	3000
中心点沉降量（mm）	500	570	740~800

此外，在真空预压区边缘，由于真空度会向外部扩散，其加固效果不如中部，为了使预压区加固效果比较均匀，预压区应大于建筑物基础轮廓线，并不小

于 3.0m。

5.2.22 真空预压的效果和膜内真空度大小关系很大，真空度越大，预压效果越好。如真空度不高，加上砂井井阻影响，处理效果将受到较大影响。根据国内许多工程经验，膜内真空度一般都能达到 86.7kPa（650mmHg）以上。这也是真空预压应达到的基本真空度。

5.2.25 对堆载预压工程，由于地基将产生体积不变的向外的侧向变形而引起相应的竖向变形，所以，按单向压缩分层总和法计算固结变形后尚应乘 1.1～1.4 的经验系数 ξ 以反映地基向外侧向变形的影响。对真空预压工程，在抽真空过程中将产生向内的侧向变形，这是因为抽真空时，孔隙水压力降低，水平方向增加了一个向负压源的压力 $\Delta\sigma_3 = -\Delta u$，考虑到其对变形的减少作用，将堆载预压的经验系数适当减小。根据《真空预压加固软土地基技术规程》JTS 147-2-2009 推荐的 ξ 的经验值，取 1.0～1.3。

5.2.28 真空预压加固软土地基应进行施工监控和加固效果检测，满足卸载标准时方可卸载。真空预压加固卸载标准可按下列要求确定：

1 沉降-时间曲线达到收敛，实测地面沉降速率连续 5d～10d 平均沉降量小于或等于 2mm/d；

2 真空预压所需的固结度宜大于 85%～90%，沉降要求严格时取高值；

3 加固时间不少于 90d；

4 对工后沉降有特殊要求时，卸载时间除需满足以上标准外，还需通过计算剩余沉降量来确定卸载时间。

Ⅲ 真空和堆载联合预压

5.2.29 真空和堆载联合预压加固，二者的加固效果可以叠加，符合有效应力原理，并经工程试验验证。真空预压是逐渐降低土体的孔隙水压力，不增加总应力条件下增加土体有效应力；而堆载预压是增加土体总应力和孔隙水压力，并随着孔隙水压力的逐渐消散而使有效应力逐渐增加。当采用真空-堆载联合预压时，既抽真空降低孔隙水压力，又通过堆载增加总应力。开始时抽真空使土中孔隙水压力降低有效应力增大，经不长时间（7d～10d）在土体保持稳定的情况下堆载，使土体产生正孔隙水压力，并与抽真空产生的负孔隙水压力叠加。正负孔隙水压力的叠加，转化的有效应力为消散的正、负孔隙水压力绝对值之和。现以瞬间加荷为例，对土中任一点 m 的应力转化加以说明。m 点的深度为地面下 h_m，地下水位假定与地面齐平，堆载引起 m 点的总应力增量为 $\Delta\sigma_1$，土的有效重度 γ'，水重度 γ_w，大气压力 p_a，抽真空土中 m 点大气压力逐渐降低至 p_n，t 时间的固结度为 U_1，不同时间土中 m 点总应力和有效应力如表 16 所示。

表 16　土中任意点（m）有效应力-孔隙
水压力随时间转换关系

情况	总应力 σ	有效应力 σ'	孔隙水压力 u
$t=0$ （未抽真空 未堆载）	σ_0	$\sigma'_0 = \gamma' h_m$	$u_0 = \gamma_w h_m + p_a$
$0 \leqslant t \leqslant \infty$ （既抽真空 又堆载）	$\sigma_t =$ $\sigma_0 + \Delta\sigma_1$	$\sigma'_t = \gamma' h_m +$ $[(p_a - p_n)$ $+\Delta\sigma_1] U_1$	$u_t = \gamma' h_m + p_n +$ $[(p_a - p_n)$ $+\Delta\sigma_1](1-U_1)$
$t \to \infty$ （既抽真空 又堆载）	$\sigma_t =$ $\sigma_0 + \Delta\sigma_1$	$\sigma'_t = \gamma' h_m +$ $(p_a - p_n) + \Delta\sigma_1$	$u = \gamma_w h_m + p_a$

5.2.34　目前真空-堆载联合预压的工程，经验系数 ξ 尚缺少资料，故仍按真空预压的参数推算。

5.3　施　工

Ⅰ　堆　载　预　压

5.3.6　塑料排水带施工所用套管应保证插入地基中的带子平直、不扭曲。塑料排水带的纵向通水量除与侧压力大小有关外，还与排水带的平直、扭曲程度有关。扭曲的排水带将使纵向通水量减小。因此施工所用套管应采用菱形断面或出口段扁矩形断面，不应全长都采用圆形断面。

袋装砂井施工所用套管直径宜略大于砂井直径，主要是为了减小对周围土的扰动范围。

5.3.9　对堆载预压工程，当荷载较大时，应严格控制加载速率，防止地基发生剪切破坏或产生过大的塑性变形。工程上一般根据竖向变形、边桩水平位移和孔隙水压力等监测资料按一定标准控制。最大竖向变形控制每天不超过 10mm～15mm，对竖向地基取高值，天然地基取低值；边桩水平位移每天不超过 5mm。孔隙水压力的控制，目前尚缺少经验。对分级加载的工程（如油罐充水预压），可将测点的观测资料整理成每级荷载下孔隙水压力增量累加值 $\Sigma\Delta u$ 与相应荷载增量累加值 $\Sigma\Delta p$ 关系曲线（$\Sigma\Delta u$-$\Sigma\Delta p$ 关系曲线）。对连续逐渐加载工程，可将测点孔压 u 与观测时间相应的荷载 p 整理成 u-p 曲线。当以上曲线斜率出现陡增时，认为该点已发生剪切破坏。

应当指出，按观测资料进行地基稳定性控制是一项复杂的工作，控制指标取决于多种因素，如地基土的性质、地基处理方法、荷载大小以及加载速率等。软土地基的失稳通常经历从局部剪切破坏到整体剪切破坏的过程，这个过程要有数天时间。因此，应对孔隙水压力、竖向变形、边桩水平位移等观测资料进行综合分析，密切注意它们的发展趋势，这是十分重要

的。对铺设有土工织物的堆载工程，要注意突发性的破坏。

Ⅱ　真　空　预　压

5.3.11　由于各种原因射流真空泵全部停止工作，膜内真空度随之全部卸除，这将直接影响地基预压效果，并延长预压时间，为避免膜内真空度在停泵后很快降低，在真空管路中应设置止回阀和截门。当预计停泵时间超过 24h 时，则应关闭截门。所用止回阀及截门都应符合密封要求。

5.3.12　密封膜铺三层的理由是，最下一层和砂垫层相接触，膜容易被刺破，最上一层膜易受环境影响，如老化、刺破等，而中间一层膜是最安全最起作用的一层膜。膜的密封有多种方法，就效果来说，以膜上全面覆水最好。

Ⅲ　真空和堆载联合预压

5.3.15～5.3.17　堆载施工应保护真空密封膜，采取必要的保护措施。

5.3.18　堆载施工应在整体稳定的基础上分级进行，控制标准暂按堆载预压的标准控制。

5.4　质　量　检　验

5.4.1　对于以抗滑稳定性控制的重要工程，应在预压区内预留孔位，在堆载不同阶段进行原位十字板剪切试验和取土进行室内土工试验，根据试验结果验算下一级荷载地基的抗滑稳定性，同时也检验地基处理效果。

在预压期间应及时整理竖向变形与时间、孔隙水压力与时间等关系曲线，并推算地基的最终竖向变形、不同时间的固结度以分析地基处理效果，并为确定卸载时间提供依据。工程上往往利用实测变形与时间关系曲线按以下公式推算最终竖向变形量 s_f 和参数 β 值：

$$s_f = \frac{s_3(s_2 - s_1) - s_2(s_3 - s_2)}{(s_2 - s_1) - (s_3 - s_2)} \qquad (6)$$

$$\beta = \frac{1}{t_2 - t_1} \ln \frac{s_2 - s_1}{s_3 - s_2} \qquad (7)$$

式中 s_1、s_2、s_3 为加荷停止后时间 t_1、t_2、t_3 相应的竖向变形量，并取 $t_2 - t_1 = t_3 - t_2$。停荷后预压时间延续越长，推算的结果越可靠。有了 β 值即可计算出受压土层的平均固结系数，也可计算出任意时间的固结度。

利用加载停歇时间的孔隙水压力 u 与时间 t 的关系曲线按下式可计算出参数 β：

$$\frac{u_1}{u_2} = e^{\beta(t_2 - t_1)} \qquad (8)$$

式中 u_1、u_2 为相应时间 t_1、t_2 的实测孔隙水压力值。β 值反映了孔隙水压力测点附近土体的固结速率，而按式（7）计算的 β 值则反映了受压土层的平均固结

速率。

5.4.2 本条是预压地基的竣工验收要求。检验预压所完成的竖向变形和平均固结度是否满足设计要求；原位试验检验和室内土工试验预压后的地基强度是否满足设计要求。

6 压实地基和夯实地基

6.1 一般规定

6.1.1 本条对压实地基的适用范围作出规定，浅层软弱地基以及局部不均匀地基换填处理应按照本规范第4章的有关规定执行。

6.1.2 夯实地基包括强夯和强夯置换地基，本条对强夯和强夯置换法的适用范围作出规定。

6.1.3 压实、夯实地基的承载力确定应符合本规范附录A的要求。

6.2 压实地基

6.2.1 压实填土地基包括压实填土及其下部天然土层两部分，压实填土地基的变形也包括压实填土及其下部天然土层的变形。压实填土需通过设计，按设计要求进行分层压实，对其填料性质和施工质量有严格控制，其承载力和变形需满足地基设计要求。

压实机械包括静力碾压，冲击碾压，振动碾压等。静力碾压压实机械是利用碾轮的重力作用；振动式压路机是通过振动作用使被压土层产生永久变形而密实。碾压和冲击作用的冲击式压路机其碾轮分为：光碾、槽碾、羊足碾和轮胎碾等。光碾压路机压实的表面平整光滑，使用最广，适用于各种路面、垫层、飞机场道面和广场等工程的压实。槽碾、羊足碾单位压力较大，压实层厚，适用于路基、堤坝的压实。轮胎式压路机轮胎气压可调节，可增减压重，单位压力可变，压实过程有揉搓作用，使压实土层均匀密实，且不伤路面，适用于道路、广场等垫层的压实。

近年来，开山填谷、炸山填海、围海造田、人造景观等大面积填土工程越来越多，填土边坡最大高度已经达到100多米，大面积方压实地基的工程案例很多，但工程事故也不少，应引起足够的重视。包括填方下的原天然地基的承载力、变形和稳定性要经过验算并满足设计要求后才可以进行填土的填筑和压实。一般情况下应进行基底处理。同时，应重视大面积填方工程的排水设计和半挖半填地基上建筑物的不均匀变形问题。

6.2.2 本条为压实填土地基的设计要求。

1 利用当地的土、石或性能稳定的工业废渣作为压实填土的填料，既经济，又省工省时，符合因地制宜、就地取材和保护环境、节约资源的建设原则。

工业废渣粘结力小，易于流失，露天填筑时宜采用黏性土包边护坡，填筑顶面宜用0.3m～0.5m厚的粗粒土封闭。以粉质黏土、粉土作填料时，其含水量宜为最优含水量，最优含水量的经验参数值为20%～22%，可通过击实试验确定。

2 对于一般的黏性土，可用8t～10t的平碾或12t的羊足碾，每层铺土厚度300mm左右，碾压8遍～12遍。对饱和黏土进行表面压实，可考虑适当的排水措施以加快土体固结。对于淤泥及淤泥质土，一般应予挖除或者结合碾压进行挤淤充填，先堆土、块石和片石等，然后用机械压入置换和挤出淤泥，堆积碾压分层进行，直到把淤泥挤出、置换完毕为止。

采用粉质黏土和黏粒含量 $\rho_c \geqslant 10\%$ 的粉土作填料时，填料的含水量至关重要。在一定的压实功下，填料在最优含水量时，干密度可达最大值，压实效果最好。填料的含水量太大，容易压成"橡皮土"，应将其适当晾干后再分层夯实；填料的含水量太小，土颗粒之间的阻力大，则不易压实。当填料含水量小于12%时，应将其适当增湿。压实填土施工前，应在现场选取有代表性的填料进行击实试验，测定其最优含水量，用以指导施工。

粗颗粒的砂、石等材料具透水性，而湿陷性黄土和膨胀土遇水反应敏感，前者引起湿陷，后者引起膨胀，二者对建筑物都会产生有害变形。为此，在湿陷性黄土场地和膨胀土场地进行压实填土的施工，不得使用粗颗粒的透水性材料作填料。对主要由炉渣、碎砖、瓦块组成的建筑垃圾，每层的压实遍数一般不少于8遍。对含炉灰等细颗粒的填土，每层的压实遍数一般不少于10遍。

3 填土粗骨料含量高时，如果其不均匀系数小（例如小于5）时，压实效果较差，应选用压实功大的压实设备。

4 有些中小型工程或偏远地区，由于缺乏击实试验设备，或由于工期和其他原因，确无条件进行击实试验，在这种情况下，允许按本条公式（6.2.2-1）计算压实填土的最大干密度，计算结果与击实试验数值不一定完全一致，但可按当地经验作比较。

土的最大干密度试验有室内试验和现场试验两种，室内试验应严格按照现行国家标准《土工试验方法标准》GB/T 50123 的有关规定，轻型和重型击实设备应严格限定其使用范围。以细颗粒土作填料的压实填土，一般采用环刀取样检验其质量。而以粗颗粒砂石作填料的压实填土，当室内试验结果不能正确评价现场土料的最大干密度时，不能按照检验细颗粒土的方法采用环刀取样，应在现场对土料作不同击实功下的击实试验（根据土料性质用不同含水量），采用灌水法和灌砂法测定其密度，并按其最大干密度作为控制干密度。

6 压实填土边坡设计应控制坡高和坡比，而边坡的坡比与其高度密切相关，如土性指标相同，边坡越高，坡角越大，坡体的滑动势就越大。为了提高其稳定性，通常将坡比放缓，但坡比太缓，压实的土方量则大，不一定经济合理。因此，坡比不宜太缓，也不宜太陡，坡高和坡比应有一合适的关系。本条表6.2.2-3的规定吸收了铁路、公路等部门的有关资料和经验，是比较成熟的。

7　压实填土由于其填料性质及其厚度不同，它们的边坡坡度允许值也有所不同。以碎石等为填料的压实填土，在抗剪强度和变形方面要好于以粉质黏土为填料的压实填土，前者，颗粒表面粗糙，阻力较大，变形稳定快，且不易产生滑移，边坡坡度允许值相对较大；后者，阻力较小，变形稳定慢，边坡坡度允许值相对较小。

8　冲击碾压技术源于20世纪中期，我国于1995年由南非引入。目前我国国产的冲击压路机数量已达数百台。由曲线为边构成的正多边形冲击轮在位能落差与行驶动能相结合下对工作面进行静压、揉搓、冲击，其高振幅、低频率冲击碾压使工作面下深层土石的密实度不断增加，受冲压土体逐渐接近于弹性状态，是大面积土石方工程压实技术的新发展。与一般压路机相比，考虑上料、摊铺、平整的工序等因素其压实土石的效率提高（3～4）倍。

9　压实填土的承载力是设计的重要参数，也是检验压实填土质量的主要指标之一。在现场通常采用静载荷试验或其他原位测试进行评价。

10　压实填土的变形包括压实填土层变形和下卧土层变形。

6.2.3　本条为压实填土的施工要求。

1　大面积压实填土的施工，在有条件的场地或工程，应首先考虑采用一次施工，即将基础底面以下和以上的压实填土一次施工完毕后，再开挖基坑及基槽。对无条件一次施工的场地或工程，当基础超出±0.00标高后，也宜将基础底面以上的压实填土施工完毕，避免在主体工程完工后，再施工基础底面以上的压实填土。

2　压实填土层底面下卧层的土质，对压实填土地基的变形有直接影响，为消除隐患，铺填料前，首先应查明并清除场地内耕土层底面以下耕土和软弱土层。压实设备选定后，应在现场通过试验确定分层填料的虚铺厚度和分层压实的遍数，取得必要的施工参数后，再进行压实填土的施工，以确保压实填土的施工质量。压实设备施工对下卧层的饱和土体易产生扰动时可在填土底部设置碎石盲沟。

冲击碾压施工应考虑对居民、建（构）筑物等周围环境可能带来的影响。可采取以下两种减振隔振措施：①开挖宽0.5m、深1.5m左右的隔振沟进行隔振；②降低冲击压路机的行驶速度，增加冲压遍数。

在斜坡上进行压实填土，应考虑压实填土沿斜坡滑动的可能，并应根据天然地面的实际坡度验算其稳定性。当天然地面坡度大于20%时，填料前，宜将斜坡的坡面挖出若干台阶，使压实填土与斜坡坡面紧密接触，形成整体，防止压实填土向下滑动。此外，还应将斜坡顶面以上的雨水有组织地引向远处，防止雨水流向压实的填土内。

3　在建设期间，压实填土场地阻碍原地表水的畅通排泄往往很难避免，但遇到此种情况时，应根据当地地形及时修筑雨水截水沟、排水盲沟等，疏通排水系统，使雨水或地下水顺利排走。对填土高度较大的边坡应重视排水对边坡稳定性的影响。

设置在压实填土场地的上、下水管道，由于材料及施工等原因，管道渗漏的可能性很大，应采取必要的防渗漏措施。

6　压实填土的施工缝各层应错开搭接，不宜在相同部位留施工缝。在施工缝处应适当增加压实遍数。此外，还应避免在工程的主要部位或主要承重部位留施工缝。

7　振动监测：当场地周围有对振动敏感的精密仪器、设备、建筑物等或有其他需要时宜进行振动监测。测点布置应根据监测目的和现场情况确定，一般可在振动强度较大区域内的建筑物基础或地面上布设观测点，并对其振动速度峰值和主振频率进行监测，具体控制标准及监测方法可参照现行国家标准《爆破安全规程》GB 6722执行。对于居民区、工业集中区等受振动可能影响人居环境时可参照现行国家标准《城市区域环境振动标准》GB 10070和《城市区域环境振动测量方法》GB/T 10071要求执行。

噪声监测：在噪声保护要求较高区域内可进行噪声监测。噪声的控制标准和监测方法可按现行国家标准《建筑施工场界环境噪声排放标准》GB 12523执行。

8　压实填土施工结束后，当不能及时施工基础和主体工程时，应采取必要的保护措施，防止压实填土表层直接日晒或受雨水浸泡。

6.2.4　压实填土地基竣工验收应采用静载荷试验检验填土地基承载力，静载荷试验点宜选择通过静力触探试验或轻便触探等原位试验确定的薄弱点。当采用静载荷试验检验压实填土的承载力时，应考虑压板尺寸与压实填土厚度的关系。压实填土厚度大，承压板尺寸也要相应增大，或采取分层检验。否则，检验结果只能反映上层或某一深度范围内压实填土的承载力。为保证静载荷试验的有效性，静载荷试验承压板的边长或直径不应小于压实地基检验厚度的1/3，且不应小于1.0m。当需要检验压实填土的湿陷性时，应采用现场浸水载荷试验。

6.2.5　压实填土的施工必须在上道工序满足设计要求后再进行下道工序施工。

6.3　夯　实　地　基

6.3.1　强夯法是反复将夯锤（质量一般为10t～60t）

提到一定高度使其自由落下（落距一般为 10m～40m），给地基以冲击和振动能量，从而提高地基的承载力并降低其压缩性，改善地基性能。强夯置换法是采用在夯坑内回填块石、碎石等粗颗粒材料，用夯锤连续夯击形成强夯置换墩。

由于强夯法具有加固效果显著、适用土类广、设备简单、施工方便、节省劳力、施工期短、节约材料、施工文明和施工费用低等优点，我国自 20 世纪 70 年代引进此法后迅速在全国推广应用。大量工程实例证明，强夯法用于处理碎石土、砂土、低饱和度的粉土与黏性土、湿陷性黄土、素填土和杂填土等地基，一般均能取得较好的效果。对于软土地基，如果未采取辅助措施，一般来说处理效果不好。强夯置换法是 20 世纪 80 年代后期开发的方法，适用于高饱和度的粉土与软塑～流塑的黏性土等地基上对变形控制要求不严的工程。

强夯法已在工程中得到广泛的应用，有关强夯机理的研究也在不断深入，并取得了一批研究成果。目前，国内强夯工程应用夯击能已经达到 18000kN·m，在软土地区开发的降水低能级强夯和在湿陷性黄土地区普遍采用的增湿强夯，解决了工程中地基处理问题，同时拓宽了强夯法应用范围，但还没有一套成熟的设计计算方法。因此，规定强夯施工前，应在施工现场有代表性的场地上进行试夯或试验性施工。

6.3.2 强夯置换法具有加固效果显著、施工期短、施工费用低等优点，目前已用于堆场、公路、机场、房屋建筑和油罐等工程，一般效果良好。但个别工程因设计、施工不当，加固后出现下沉较大或墩体与墩间土下沉不等的情况。因此，特别强调采用强夯置换法前，必须通过现场试验确定其适用性和处理效果，否则不得采用。

6.3.3 强夯地基处理设计应符合下列规定：

1 强夯法的有效加固深度既是反映处理效果的重要参数，又是选择地基处理方案的重要依据。强夯法创始人梅那（Menard）曾提出下式来估算影响深度 H(m)：

$$H \approx \sqrt{Mh} \qquad (9)$$

式中：M——夯锤质量（t）；

　　　h——落距（m）。

国内外大量试验研究和工程实测资料表明，采用上述梅那公式估算有效加固深度将会得出偏大的结果。从梅那公式中可以看出，其影响深度仅与夯锤重和落距有关。而实际上影响有效加固深度的因素很多，除了夯锤重和落距以外，夯击次数、锤底单位压力、地基土性质、不同土层的厚度和埋藏顺序以及地下水位等都与加固深度有着密切的关系。鉴于有效加固深度问题的复杂性，以及目前尚无适用的计算式，所以本款规定有效加固深度应根据现场试夯或当地经验确定。

考虑到设计人员选择地基处理方法的需要，有必要提出有效加固深度的预估方法。由于梅那公式估算值较实测值大，国内外相继发表了一些文章，建议对梅那公式进行修正，修正系数范围值大致为 0.34～0.80，根据不同土类选用不同修正系数。虽然经过修正的梅那公式与未修正的梅那公式相比较有了改进，但是大量工程实践表明，对于同一类土，采用不同能量夯击时，其修正系数并不相同。单击夯击能越大时，修正系数越小。对于同一类土，采用一个修正系数，并不能得到满意的结果。因此，本规范不采用修正后的梅那公式，继续保持列表的形式。表 6.3.3-1 中将土类分成碎石土、砂土等粗颗粒土和粉土、黏性土、湿陷性黄土等细颗粒土两类，便于使用。上版规范单击夯击能范围为 1000kN·m～8000kN·m，近年来，沿海和内陆高填土场地地基采用 10000kN·m 以上能级强夯法的工程越来越多，积累了一定实测资料，本次修订，将单击夯击能范围扩展为 1000kN·m～12000kN·m，可满足当前绝大多数工程的需要。8000kN·m 以上各能级对应的有效加固深度，是在工程实测资料的基础上，结合工程经验制定。单击夯击能大于 12000kN·m 的有效加固深度，工程实测资料较少，待积累一定数据后，再总结推荐。

2 夯击次数是强夯设计中的一个重要参数，对于不同地基来说夯击次数也不同。夯击次数应通过现场试夯确定，常以夯坑的压缩量最大、夯坑周围隆起量最小为确定的原则。可从现场试夯得到的夯击次数和有效夯击沉量关系曲线确定，有效夯击沉量是指夯沉量与隆起量的差值，其与夯沉量的比值为有效夯实系数。通常有效夯实系数不宜小于 0.75。但要满足最后两击的平均夯沉量不大于本款的有关规定。同时夯坑周围地面不发生过大的隆起。因为隆起量太大，有效夯实系数变小，说明夯击效率降低，则夯击次数要适当减少，不能为了达到最后两击平均夯沉量控制值，而在夯坑周围 1/2 夯点间距内出现太大隆起量的情况下，继续夯击。此外，还要考虑施工方便，不能因夯坑过深而发生起锤困难的情况。

3 夯击遍数应根据地基土的性质确定。一般来说，由粗颗粒土组成的渗透性强的地基，夯击遍数可少些。反之，由细颗粒土组成的渗透性弱的地基，夯击遍数要求多些。根据我国工程实践，对于大多数工程采用夯击遍数 2 遍～4 遍，最后再以低能量满夯 2 遍，一般均能取得较好的夯击效果。对于渗透性弱的细颗粒土地基，可适当增加夯击遍数。

必须指出，由于表层土是基础的主要持力层，如处理不好，将会增加建筑物的沉降和不均匀沉降。因此，必须重视满夯的夯实效果，除了采用 2 遍满夯、每遍（2～3）击外，还可采用轻锤或低落距锤多次夯击，锤印搭接等措施。

4 两遍夯击之间应有一定的时间间隔，以利于土中超静孔隙水压力的消散。所以间隔时间取决于超静孔隙水压力的消散时间。但土中超静孔隙水压力的消散速率与土的类别、夯点间距等因素有关。有条件时在试夯前埋设孔隙水压力传感器，通过试夯确定超静孔隙水压力的消散时间，从而决定两遍夯击之间的间隔时间。当缺少实测资料时，间隔时间可根据地基土的渗透性按本条规定采用。

5 夯击点布置是否合理与夯实效果有直接的关系。夯击点位置可根据基底平面形状进行布置。对于某些基础面积较大的建筑物或构筑物，为便于施工，可按等边三角形或正方形布置夯点；对于办公楼、住宅建筑等，可根据承重墙位置布置夯点，一般可采用等腰三角形布点，这样保证了横向承重墙以及纵墙和横墙交接处墙基下均有夯击点；对于工业厂房来说也可按柱网来设置夯点。

夯击点间距的确定，一般根据地基土的性质和要求处理的深度而定。对于细颗粒土，为便于超静孔隙水压力的消散，夯点间距不宜过小。当要求处理深度较大时，第一遍的夯点间距更不宜过小，以免夯击时在浅层形成密实层而影响夯击能往深层传递。此外，若各夯点之间的距离太小，在夯击时上部土体易向侧向已夯成的夯坑中挤出，从而造成坑壁坍塌，夯锤歪斜或倾倒，而影响夯实效果。

6 由于基础的应力扩散作用和抗震设防需要，强夯处理范围应大于建筑物基础范围，具体放大范围可根据建筑结构类型和重要性等因素考虑确定。对于一般建筑物，每边超出基础外缘的宽度宜为基底下设计处理深度的1/2~2/3，并不宜小于3m。对可液化地基，根据现行国家标准《建筑抗震设计规范》GB 50011 的规定，扩大范围应超过基础底面下处理深度的1/2，并不应小于5m；对湿陷性黄土地基，尚应符合现行国家标准《湿陷性黄土地区建筑规范》GB 50025 有关规定。

7 根据上述初步确定的强夯参数，提出强夯试验方案，进行现场试夯，并通过测试，与夯前测试数据进行对比，检验强夯效果，并确定工程采用的各项强夯参数，若不符合使用要求，则应改变设计参数。在进行试夯时也可采用不同设计参数的方案进行比较，择优选用。

8 在确定工程采用的各项强夯参数后，还应根据试夯所测得的夯沉量、夯坑回填方式、夯前夯后场地标高变化，结合基础埋深，确定起夯标高。夯前场地标高宜高出基础底标高0.3m~1.0m。

9 强夯地基承载力特征值的检测除了现场静载试验外，也可根据地基土性质，选择静力触探、动力触探、标准贯入试验等原位测试方法和室内土工试验结果结合静载试验结果综合确定。

6.3.4 本条是强夯处理地基的施工要求：

1 根据要求处理的深度和起重机的起重能力选择强夯锤质量。我国至今采用的最大夯锤质量已超过60t，常用的夯锤质量为15t~40t。夯锤底面形式是否合理，在一定程度上也会影响夯击效果。正方形锤具有制作简单的优点，但在使用时也存在一些缺点，主要是起吊时由于夯锤旋转，不能保证前后几次夯击的夯坑重合，故常出现锤角与夯坑侧壁相接触的现象，因而使一部分夯击能消耗在坑壁上，影响了夯击效果。根据工程实践，圆形锤或多边形锤不存在此缺点，效果较好。锤底面积可按土的性质确定，锤底静接地压力值可取 25kPa~80kPa，锤底静接地压力值应与夯击能相匹配，单击夯击能高时取大值，单击夯击能低时取小值。对粗颗粒土和饱和度低的细颗粒土，锤底静接地压力取值大时，有利于提高有效加固深度；对于饱和细颗粒土宜取较小值。为了提高夯击效果，锤底应对称设置不少于 4 个与其顶面贯通的排气孔，以利于夯锤着地时坑底空气迅速排出和起锤时减小坑底的吸力。排气孔的孔径一般为 300mm~400mm。

2 当最后两击夯沉量尚未达到控制标准，地面无明显隆起，而因为夯坑过深出现起夯困难时，说明地基土的压缩性仍较高，还可以继续夯击。但由于夯锤与夯坑壁的摩擦阻力加大和锤底接触面出现负压的原因，继续夯击，需要频繁挖锤，施工效率降低，处理不当会引起安全事故。遇到此种情况时，应将夯坑回填后继续夯击，直至达到控制标准。

6.3.5 强夯置换处理地基设计应符合下列规定：

1 将上版规范规定的置换深度不宜超过 7m，修改为不宜超过 10m，是根据国内置换夯击能从 5000kN·m 以下，提高到 10000kN·m，甚至更高，在工程实测基础上确定的。国外置换深度有达到 12m，锤的质量超过 40t 的工程实例。

对淤泥、泥炭等黏性软弱土层，置换墩应穿透软土层，着底在较好土层上，因墩底竖向应力较墩间土高，如果墩底仍在软弱土中，墩底较高竖向应力而产生较多下沉。

对深厚饱和粉土、粉砂，墩身可不穿透该层，因墩下土在施工中密度变大，强度提高有保证，故可允许不穿透该层。

强夯置换的加固原理为下列三者之和：

强夯置换＝强夯（加密）＋碎石墩＋特大直径排水井

因此，墩间和墩下的粉土或黏性土通过排水与加密，其密度及状态可以改善。由此可知，强夯置换的加固深度由两部分组成，即置换墩长度和墩下加密范围。墩下加密范围，因资料有限目前尚难确定，应通过现场试验逐步积累资料。

2 单击夯击能应根据现场试验决定，但在可行性研究或初步设计时可按图 7 中的实线（平均值）与虚线（下限）所代表的公式估计。

较适宜的夯击能 $\bar{E} = 940(H_1 - 2.1)$ （10）

夯击能最低值 $E_w = 940(H_1 - 3.3)$ （11）

式中：H_1——置换墩深度（m）。

初选夯击能宜在 $\bar{E}$ 与 E_w 之间选取，高于 $\bar{E}$ 则可能浪费，低于 E_w 则可能达不到所需的置换深度。图7是国内外18个工程的实际置换墩深度汇总而来，由图中看不出土性的明显影响，估计是因强夯置换的土类多限于粉土与淤泥质土，而这类土在施工中因液化或触变，抗剪强度都很低之故。

强夯置换宜选取同一夯击能中锤底静压力较高的锤施工，图7中两根虚线间的水平距离反映出在同一夯击能下，置换深度却有不同，这一点可能多少反映了锤底静压力的影响。

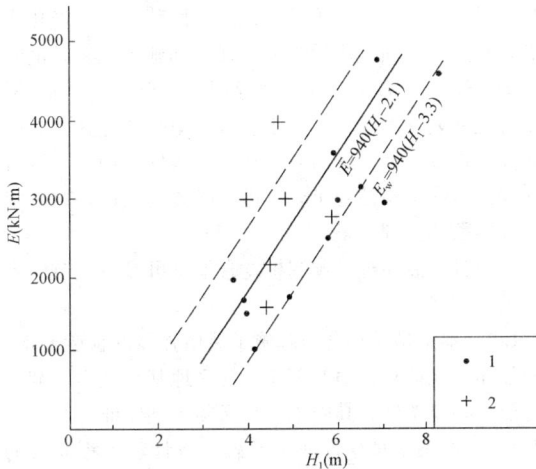

图7 夯击能与实测置换深度的关系
1—软土；2—黏土、砂

3 墩体材料级配不良或块石过多过大，均易在墩中留下大孔，在后续墩施工或建筑物使用过程中使墩间土挤入孔隙，下沉增加，因此本条强调了级配和大于300mm的块石总量不超出填料总重的30%。

4 累计夯沉量指单个夯点在每一击下夯沉量的总和，累计夯沉量为设计墩长的（1.5~2）倍以上，主要是保证夯墩的密实度与着底，实际是充盈系数的概念，此处以长度比代替体积比。

9 强夯置换时地面不可避免要抬高，特别在饱和黏性土中，根据现有资料，隆起的体积可达填入体积的大半，这主要是因为黏性土在强夯置换中密度改变较粉土少，虽有部分软土挤入置换墩孔隙中，或因填料吸水而降低一些含水量，但隆起的体积还是可观的，应在试夯时仔细记录，做出合理的估计。

11 规定强夯置换后的地基承载力对粉土中的置换地基按复合地基考虑，对淤泥或流塑的黏性土中的置换墩则不考虑墩间土的承载力，按单墩静载荷试验的承载力除以单墩加固面积取为加固后的地基承载力，主要是考虑：

1）淤泥或流塑软土中强夯置换国内有个别不成功的先例，为安全起见，须等有足够工程经验后再行修正，以利于此法的推广应用。

2）某些国内工程因单墩承载力已够，而不再考虑墩间土的承载力。

3）强夯置换法在国外亦称为"动力置换与混合"法（Dynamic replacement and mixing method），因为墩体填料为碎石或砂砾时，置换墩形成过程中大量填料与墩间土混合，越浅处混合的越多，因而墩间土已非原来的土而是一种混合土，含水量与密实度改善很多，可与墩体共同组成复合地基，但目前由于对填料要求与施工操作尚未规范化，填料中块石过多，混合作用不强，墩间的淤泥等软土性质改善不够，因此不考虑墩间土的承载力较为稳妥。

12 强夯置换处理后的地基情况比较复杂。不考虑墩间土作用地基变形计算时，如果采用的单墩静载荷试验的载荷板尺寸与夯锤直径相同时，其地基的主要变形发生在加固区，下卧土层的变形较小，但墩的长度较小时应计算下卧土层的变形。强夯置换处理地基的建筑物沉降观测资料较少，各地应根据地区经验确定变形计算参数。

6.3.6 本条是强夯置换处理地基的施工要求：

1 强夯置换夯锤可选用圆柱形，锤底静接地压力值可取 80kPa~200kPa。

2 当表土松软时应铺设一层厚为 1.0m~2.0m 的砂石施工垫层以利施工机具运转。随着置换墩的加深，被挤出的软土渐多，夯点周围地面渐高，先铺的施工垫层在向夯坑中填料时往往被推入坑中成了填料，施工层越来越薄，因此，施工中须不断地在夯点周围加厚施工垫层，避免地面松软。

6.3.7 本条是对夯实法施工所用起重设备的要求。国内用于夯实法地基处理施工的起重机械以改装后的履带式起重机为主，施工时一般在臂杆端部设置门字形或三角形支架，提高起重能力和稳定性，降低起落夯锤时机架倾覆的安全事故发生的风险，实践证明，这是一种行之有效的办法。但同时也出现改装后的起重机实际起重量超过设备出厂额定最大起重量的情况，这种情况不利于施工安全，因此，应予以限制。

6.3.8 当场地表土软弱或地下水位高的情况，宜采用人工降低地下水位，或在表层铺填一定厚度的松散性材料。这样做的目的是在地表形成硬层，确保机械设备通行和施工，又可加大地下水和地表面的距离，防止夯击时夯坑积水。当砂土、湿陷性黄土的含水量低，夯击时，表层松散层较厚，形成的夯坑很浅，以致影响有效加固深度时，可采取表面洒水、钻孔注水等人工增湿措施。对回填地基，当可采用夯实法处理时，如果具备分层回填条件，应该选用分层回填方式进行回填，回填厚度尽可能控制在强夯法相应能级所对应的有效加固深度范围之内。

6.3.10 对振动有特殊要求的建筑物，或精密仪器设备等，当强夯产生的振动和挤压有可能对其产生有害影响时，应采取隔振或防振措施。施工时，在作业区一定范围设置安全警戒，防止非作业人员、车辆误入作业区而受到伤害。

6.3.11 施工过程中应有专人负责监测工作。首先，应检查夯锤质量和落距，因为若夯锤使用过久，往往因底面磨损而使质量减少，落距未达设计要求，也将影响单击夯击能；其次，夯点放线错误情况常有发生，因此，在每遍夯击前，均应对夯点放线进行认真复核；此外，在施工过程中还必须认真检查每个夯点的夯击次数，量测每击的夯沉量，检查每个夯点的夯击起止时间，防止出现少夯或漏夯，对强夯置换尚应检查置换墩长度。

由于强夯施工的特殊性，施工中所采用的各项参数和施工步骤是否符合设计要求，在施工结束后往往很难进行检查，所以要求在施工过程中对各项参数和施工情况进行详细记录。

6.3.12 基础施工必须在土层休止期满后才能进行，对黏性土地基和新近人工填土地基，休止期更显重要。

6.3.13 强夯处理后的地基竣工验收时，承载力的检验除了静载试验外，对细颗粒土尚应选择标准贯入试验、静力触探试验等原位检测方法和室内土工试验进行综合检测评价；对粗颗粒土尚应选择标准贯入试验、动力触探试验等原位检测方法进行综合检测评价。

强夯置换处理后的地基竣工验收时，承载力的检验除了单墩静载试验或单墩复合地基静载试验外，尚应采用重型或超重型动力触探、钻探检测置换墩的墩长、着底情况、密度随深度的变化情况，达到综合评价目的。对饱和粉土地基，尚应检测墩间土的物理力学指标。

6.3.14 本条是夯实地基竣工验收检验的要求。

1 夯实地基的质量检验，包括施工过程中的质量监测及夯后地基的质量检验，其中前者尤为重要。所以必须认真检查施工过程中的各项测试数据和施工记录，若不符合设计要求时，应补夯或采取其他有效措施。

2 经强夯和强夯置换处理的地基，其强度是随着时间增长而逐步恢复和提高的，因此，竣工验收质量检验应在施工结束间隔一定时间后方能进行。其间隔时间可根据土的性质而定。

3、4 夯实地基静载试验和其他原位测试、室内土工试验检验点的数量，主要根据场地复杂程度和建筑物的重要性确定。考虑到场地土的不均匀性和测试方法可能出现的误差，本条规定了最少检验点数。

对强夯地基，应考虑夯间土和夯击点土的差异。当需要检验夯实地基的湿陷性时，应采用现场浸水载荷试验。

国内夯实地基采用波速法检测，评价夯后地基土的均匀性，积累了许多工程资料。作为一种辅助检测评价手段，应进一步总结，与动力触探试验或标准贯入试验、静力触探试验等原位测试结果验证后使用。

7 复合地基

7.1 一般规定

7.1.1 复合地基强调由地基土和增强体共同承担荷载，对于地基土为欠固结土、湿陷性黄土、可液化土等特殊土，必须选用适当的增强体和施工工艺，消除欠固结性、湿陷性、液化性等，才能形成复合地基。复合地基处理的设计、施工参数有很强的地区性，因此强调在没有地区经验时应在有代表性的场地上进行现场试验或试验性施工，并进行必要的测试，以确定设计参数和处理效果。

混凝土灌注桩、预制桩复合地基可参照本节内容使用。

7.1.2 本条是对复合地基施工后增强体的检验要求。增强体是保证复合地基工作、提高地基承载力、减少变形的必要条件，其施工质量必须得到保证。

7.1.3 本条是对复合地基承载力设计和工程验收的检验要求。

复合地基承载力的确定方法，应采用复合地基静载荷试验的方法。桩体强度较高的增强体，可以将荷载传递到桩端土层。当桩长较长时，由于静载荷试验的载荷板宽度较小，不能全面反映复合地基的承载特性。因此单纯采用单桩复合地基静载荷试验的结果确定复合地基承载力特征值，可能会由于试验的载荷板面积或由于褥垫层厚度对复合地基静载荷试验结果产生影响。对有粘结强度增强体复合地基的增强体进行单桩静载荷试验，保证增强体桩身质量和承载力，是保证复合地基满足建筑物地基承载力要求的必要条件。

7.1.4 本条是复合地基增强体施工桩位允许偏差和垂直度的要求。

7.1.5 复合地基承载力的计算表达式对不同的增强体大致可分为两种：散体材料桩复合地基和有粘结强度增强体复合地基。本次修订分别给出其估算时的设计表达式。对散体材料桩复合地基计算时桩土应力比 n 应按试验取值或按地区经验取值。但应指出，由于地基土的固结条件不同，在长期荷载作用下的桩土应力比与试验条件时的结果有一定差异，设计时应充分考虑。处理后的桩间土承载力特征值与原土强度、类型、施工工艺密切相关，对于可挤密的松散砂土、粉土，处理后的桩间土承载力会比原土承载力有一定幅度的提高；而对于黏性土特别是饱和黏性土，施工后有一定时间的休止恢复期，过后桩间土承载力特征值可达到原土承载力；对于高灵敏性的土，由于休止期较长，设计时桩间土承载力特征值宜采用小于原土承载力特征值的设计参数。对有粘结强度增强体复合地基，本次修订根据试验结果增加了增强体单桩承载力发挥系数和桩间土承载力发挥系数，其基本依据是，在复合地基静载荷试验中取 s/b 或 s/d 等于 0.01 确定复合地基承载力时，地基土和单桩承载力发挥系数的试验结果。一般情况下，复合地基设计有褥垫层时，地基土承载力的发挥是比较充分的。

应该指出，复合地基承载力设计时取得的设计参数可靠性对设计的安全度有很大影响。当有充分试验资料作依据时，可直接按试验的综合分析结果进行设计。对刚度较大的增强体，在复合地基静载荷试验取 s/b 或 s/d 等于 0.01 确定复合地基承载力以及增强体单桩静载荷试验确定单桩承载力特征值的情况下，增强体单桩承载力发挥系数为 0.7～0.9，而地基土承载力发挥系数为 1.0～1.1。对于工程设计的大部分情况，采用初步设计的估算值进行施工，并要求施工结束后达到设计要求，设计人员的地区工程经验非常重要。首先，复合地基承载力设计中增强体单桩承载力发挥和桩间土承载力发挥与桩、土相对刚度有关，相同褥垫层厚度条件下，相对刚度差值越大，刚度大的增强体在加荷初始发挥较小，后期发挥较大；其次，由于采用勘察报告提供的参数，其对单桩承载力和天然地基承载力在相同变形条件下的富余程度不同，使得复合地基工作时增强体单桩承载力发挥和桩间土承载力发挥存在不同的情况，当提供的单桩承载力和天然地基承载力存在较大的富余值，增强体单桩承载力发挥系数和桩间土承载力发挥系数均可达到 1.0，复合地基承载力载荷试验检验结果也能满足设计要求。同时复合地基承载力载荷试验是短期荷载作用，应考虑长期荷载作用的影响。总之，复合地基设计要根据工程的具体情况，采用相对安全的设计。初步设计时，增强体单桩承载力发挥系数和桩间土承载力发挥系数的取值范围在 0.8～1.0 之间，增强体单桩承载力发挥系数取高值时桩间土承载力发挥系数应取低值，反之，增强体单桩承载力发挥系数取低值时桩间土承载力发挥系数应取高值。所以，没有充分的地区经验时应通过试验确定设计参数。

桩端端阻力发挥系数 α_p 与增强体的荷载传递性质、增强体长度以及桩土相对刚度密切相关。桩长过长影响桩端承载力发挥时应取较低值；水泥土搅拌桩其荷载传递受搅拌土的性质影响应取 0.4～0.6；其他情况可取 1.0。

7.1.6 复合地基增强体的强度是保证复合地基工作的必要条件，必须保证其安全度。在有关标准材料的

可靠度设计理论基础上，本次修订适当提高了增强体材料强度的设计要求。对具有粘结强度的复合地基增强体应按建筑物基础底面作用在增强体上的压力进行验算，当复合地基承载力验算需要进行基础埋深的深度修正时，增强体桩身强度验算应按基底压力验算。本次修订给出了验算方法。

7.1.7 复合地基沉降计算目前仍以经验方法为主。本次修订综合各种复合地基的工程经验，提出以分层总和法为基础的计算方法。各地可根据地区土的工程特性、工法试验结果以及工程经验，采用适宜的方法，以积累工程经验。

7.1.8 由于采用复合地基的建筑物沉降观测资料较少，一直沿用天然地基的沉降计算经验系数。各地使用对复合土层模量较低时符合性较好，对于承载力提高幅度较大的刚性桩复合地基出现计算值小于实测值的现象。现行国家标准《建筑地基基础设计规范》GB 50007 修订组通过对收集到的全国 31 个 CFG 桩复合地基工程沉降观测资料分析，得出地基的沉降计算经验系数与沉降计算深度范围内压缩模量当量值的关系。

7.2 振冲碎石桩和沉管砂石桩复合地基

7.2.1 振冲碎石桩对不同性质的土层分别具有置换、挤密和振动密实等作用。对黏性土主要起到置换作用，对砂土和粉土除置换作用外还有振实挤密作用。在以上各种土中都要在振冲孔内加填碎石回填料，制成密实的振冲桩，而桩间土则受到不同程度的挤密和振实。桩和桩间土构成复合地基，使地基承载力提高，变形减少，并可消除土层的液化。在中、粗砂层中振冲，由于周围砂能自行塌入孔内，也可以采用不加填料进行原地振冲加密的方法。这种方法适用于较纯净的中、粗砂层，施工简便，加密效果好。

沉管砂石桩是指采用振动或锤击沉管等方式在软弱地基中成孔后，再将砂、碎石或砂石混合料通过桩管挤压入已成的孔中，在成桩过程中逐层挤密、振密，形成大直径的砂石体所构成的密实桩体。沉管砂石桩用于处理松散砂土、粉土、可挤密的素填土及杂填土地基，主要靠桩的挤密和施工中的振动作用使桩周围土的密度增大，从而使地基的承载能力提高，压缩性降低。

国内外的实际工程经验证明，不管是采用振冲碎石桩、还是沉管砂石桩，其处理砂土及填土地基的挤密、振密效果都比较显著，均已得到广泛应用。

振冲碎石桩和沉管砂石桩用于处理软土地基，国内外也有较多的工程实例。但由于软黏土含水量高、透水性差，碎（砂）石桩很难发挥挤密效用，其主要作用是通过置换与黏性土形成复合地基，同时形成排水通道加速软土的排水固结。碎（砂）石桩单桩承载力主要取决于桩周土的侧限压力。由于软黏土抗剪强

度低，且在成桩过程土中桩周体产生的超孔隙水压力不能迅速消散，天然结构受到扰动将导致其抗剪强度进一步降低，造成桩周土对碎（砂）石桩产生的侧限压力较小，碎（砂）石桩的单桩承载力较低，如置换率不高，其提高承载力的幅度较小，很难获得可靠的处理效果。此外，如不经过预压，处理后地基仍将发生较大的沉降，难以满足建（构）筑物的沉降允许值。工程中常用预压措施（如油罐充水）解决部分工后沉降。所以，用碎（砂）石桩处理饱和软黏土地基，应按建筑结构的具体条件区别对待，宜通过现场试验后再确定是否采用。据此本条指出，在饱和黏土地基上对变形控制要求不严的工程才可采用砂石桩置换处理。

对于塑性指数较高的硬黏性土、密实砂土不宜采用碎（砂）石桩复合地基。如北京某电厂工程，天然地基承载力 $f_{ak}=200kPa$，基底土层为粉质黏土，采用振冲碎石桩，加固后桩土应力比 $n=0.9$，承载力没有提高（见图8）。

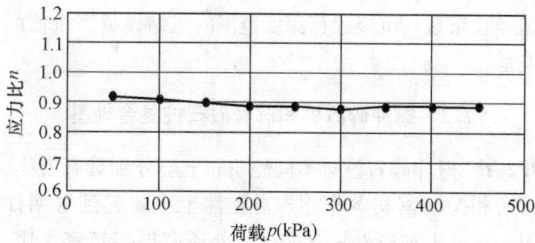

图8　北京某工程桩土应力比随荷载的变化

对大型的、重要的或场地地层复杂的工程以及采用振冲法处理不排水强度不小于20kPa的饱和黏性土和饱和黄土地基，在正式施工前应通过现场试验确定其适用性是必要的。不加填料振冲挤密处理砂土地基的方法应进行现场试验确定其适用性，可参照本节规定进行施工和检验。

振冲碎石桩、沉管砂石桩广泛应用于处理可液化地基，其承载力和变形计算采用复合地基计算方法，可按本节内容设计和施工。

7.2.2　本条是振冲碎石桩、沉管砂石桩复合地基设计的规定。

1　本款规定振冲碎石桩、沉管砂石桩处理地基要超出基础一定宽度，这是基于基础的压力向基础外扩散，需要侧向约束条件保证。另外，考虑到基础下靠外边的（2~3）排桩挤密效果较差，应加宽（1~3）排桩。重要的建筑以及要求荷载较大的情况应加宽更多。

振冲碎石桩、沉管砂石桩法用于处理液化地基，必须确保建筑物的安全使用。基础外的处理宽度目前尚无统一的标准。美国经验取等于处理的深度，但根据日本和我国有关单位的模型试验得到结果为应处理深度的2/3。另由于基础压力的影响，使地基土的有

效压力增加，抗液化能力增大。根据日本用挤密桩处理的地基经过地震检验的结果，说明需处理的宽度也比处理深度的2/3小，据此定出每边放宽不宜小于处理深度的1/2。同时不应小于5m。

2　振冲碎石桩、沉管砂石桩的平面布置多采用等边三角形或正方形。对于砂土地基，因靠挤密桩周土提高密度，所以采用等边三角形更有利，它使地基挤密较为均匀。考虑基础形式和上部结构的荷载分布等因素，工程中还可根据建筑物承载力和变形要求采用矩形、等腰三角形等布桩形式。

3　采用振冲法施工的碎石桩直径通常为0.8m~1.2m，与振冲器的功率和地基土条件有关，一般振冲器功率大、地基土松散时，成桩直径大，砂石桩直径可按每根桩所用填料量计算。

振动沉管法成桩直径的大小取决于施工设备桩管的大小和地基土的条件。目前使用的桩管直径一般为300mm~800mm，但也有小于300mm或大于800mm的。小直径桩管挤密质量较均匀但施工效率低；大直径桩管需要较大的机械能力，工效高，采用过大的桩径，一根桩要承担的挤密面积大，通过一个孔要填入的砂石料多，不易使桩周土挤密均匀。沉管法施工时，设计成桩直径与套管直径比不宜大于1.5。另外，成桩时间长，效率低给施工也会带来困难。

4　振冲碎石桩、沉管砂石桩的间距应根据复合地基承载力和变形要求以及对原地基土要达到的挤密要求确定。

5　关于振冲碎石桩、沉管砂石桩的长度，通常根据地基的稳定和变形验算确定，为保证稳定，桩长应达到滑动弧面之下，当软土层厚度不大时，桩长宜超过整个松软土层。标准贯入和静力触探沿深度的变化特性也是提供确定桩长的重要资料。

对可液化的砂层，为保证处理效果，一般桩长应穿透液化层，如可液化层过深，则应按现行国家标准《建筑抗震设计规范》GB 50011有关规定确定。

由于振冲碎石桩、沉管砂石桩在地面下1m~2m深度的土层处理效果较差，碎（砂）石桩的设计长度应大于主要受荷深度且不宜小于4m。

当建筑物荷载不均匀或地基主要压缩层不均匀，建筑物的沉降存在一个沉降差，当差异沉降过大，则会使建筑物受到损坏。为了减少其差异沉降，可分区采用不同桩长进行加固，用以调整差异沉降。

7　振冲碎石桩、沉管砂石桩桩身材料是散体材料，由于施工的影响，施工后的表层土需挖除或密实处理，所以碎（砂）石桩复合地基设置垫层是有益的。同时垫层起水平排水的作用，有利于施工后加快土层固结；对独立基础等小基础碎石垫层还可以起到明显的应力扩散作用，降低碎（砂）石桩和桩周围土的附加应力，减少桩体的侧向变形，从而提高复合地基承载力，减少地基变形量。

垫层铺设后需压实，可分层进行，夯填度（夯实后的垫层厚度与虚铺厚度的比值）不得大于0.9。

8 对砂土和粉土采用碎（砂）石桩复合地基，由于成桩过程对桩间土的振密或挤密，使桩间土承载力比天然地基承载力有较大幅度的提高，为此可用桩间土承载力调整系数来表达。对国内采用振冲碎石桩44个工程桩间土承载力调整系数进行统计见图9。从图中可以看出，桩间土承载力调整系数在1.07～3.60，有两个工程小于1.2。桩间土承载力调整系数与原土天然地基承载力相关，天然地基承载力低时桩间土承载力调整系数大。在初步设计估算松散粉土、砂土复合地基承载力时，桩间土承载力调整系数可取1.2～1.5，原土强度低取大值，原土强度高取小值。

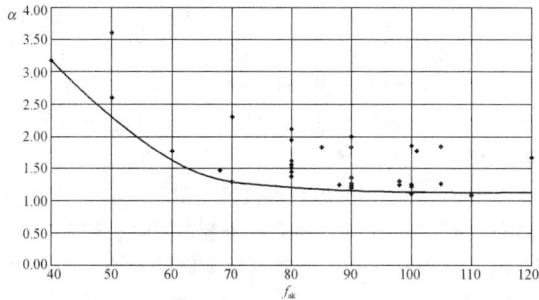

图9 桩间土承载力调整系数 α 与原土承载力 f_{ak} 关系统计图

9 由于碎（砂）石桩向深层传递荷载的能力有限，当桩长较大时，复合地基的变形计算，不宜全桩长范围加固土层压缩模量采用统一的放大系数。桩长超过12d以上的加固土层压缩模量的提高，对于砂土粉土宜按挤密后桩间土的模量取值；对于黏性土不宜考虑挤密效果，但有经验时可按排水固结后经检验的桩间土的模量取值。

7.2.3 本条为振冲碎石桩施工的要求。

1 振冲施工选用振冲器要考虑设计荷载、工期、工地电源容量及地基土天然强度等因素。30kW功率的振冲器每台机组约需电源容量75kW，其制成的碎石桩径约0.8m，桩长不宜超过8m，因其振动力小，桩长超过8m加密效果明显降低；75kW振冲器每台机组需要电源电量100kW，桩径可达0.9m～1.5m，振冲深度可达20m。

在邻近有已建建筑物时，为减小振动对建筑物的影响，宜用功率较小的振冲器。

为保证施工质量，电压、加密电流、留振时间要符合要求。如电源电压低于350V则应停止施工。使用30kW振冲器密实电流一般为45A～55A；55kW振冲器密实电流一般为75A～85A；75kW振冲器密实电流为80A～95A。

2 升降振冲器的机具一般常用8t～25t汽车吊，

可振冲5m～20m桩长。

3 要保证振冲桩的质量，必须控制好密实电流、填料量和留振时间三方面的指标。

首先，要控制加料振密过程中的密实电流。在成桩时，不能把振冲器刚接触填料的一瞬间的电流值作为密实电流。瞬时电流值有时可高达100A以上，但只要把振冲器停住不下降，电流值立即变小。可见瞬时电流并不真正反映填料的密实程度。只有让振冲器在固定深度上振动一定时间（称为留振时间）而电流稳定在某一数值，这一稳定电流才能代表填料的密实程度。要求稳定电流值超过规定的密实电流值，该段桩体才算制作完毕。

其次，要控制好填料量。施工中加填料不宜过猛，原则上要"少吃多餐"，即要勤加料，但每批不宜加得太多。值得注意的是在制作最深处桩体时，为达到规定密实电流所需的填料远比制作其他部分桩体多。有时这段桩体的填料可占整根桩总填料量的1/4～1/3。这是因为开始阶段加的料有相当一部分从孔口向孔底下落过程中被黏留在某些深度的孔壁上，只有少量能落到孔底。另一个原因是如果控制不当，压力水有可能造成超深，从而使孔底填料量剧增。第三个原因是孔底遇到了事先不知的局部软弱土层，这也能使填料数量超过正常用量。

4 振冲施工有泥水从孔内返出。砂石类土返泥水较少，黏土层返泥水量大，这些泥水不能漫流在基坑内，也不能直接排入到地下排污管和河道中，以免引起对环境的有害影响，为此在场地上必须事先开设排泥水沟系统和做好沉淀池。施工时用泥浆泵将返出的泥水集中抽入池内，在城市施工，当泥水量不大时可外运。

5 为了保证桩顶部的密实，振冲前开挖基坑时应在桩顶高程以上预留一定厚度的土层。一般30kW振冲器应留0.7m～1.0m，75kW应留1.0m～1.5m。当基槽不深时可振冲后开挖。

6 在有些砂层中施工，常要连续快速提升振冲器，电流始终可保持加密电流值。如广东新沙港水中吹填的中砂，振前标贯击数为（3～7）击，设计要求振冲后不小于15击，采用正三角形布孔，桩距2.54m，加密电流100A，经振冲后达到大于20击，14m厚的砂层完成一孔约需20min。又如拉各都坝基，水中回填中、粗砂，振前 N_{10} 为10击，相对密实度 D_r 为0.11，振后 N_{10} 大于80击，$D_r=0.9$，孔距2.0m，孔深7m，全孔振冲时间4min～6min。

7.2.4 本条为沉管砂石桩施工的要求。

1 沉管法施工，应选用与处理深度相适应的机械。可用的施工机械类型很多，除专用机械外还可利用一般的打桩机改装。目前所用机械主要分为两类，即振动沉管桩机和锤击沉管桩机。

用垂直上下振动的机械施工的称为振动沉管成桩

法，用锤击式机械施工成桩的称为锤击沉管成桩法，锤击沉管成桩法的处理深度可达10m。桩机通常包括桩机架、桩管及桩尖、提升装置、挤密装置（振动锤或冲击锤）、上料设备及检测装置等部分。为了使桩管容易打入，高能量的振动沉管桩机配有高压空气或水的喷射装置，同时配有自动记录桩管贯入深度、提升量、压入量、管内砂石位置及变化（灌砂石及排砂石量），以及电机电流变化等检测装置。有的设备还装有计算机，根据地层阻力的变化自动控制灌砂石量并保证沿深度均匀挤密并达到设计标准。

2 不同的施工机具及施工工艺用于处理不同的地层会有不同的处理效果。常遇到设计与实际情况不符或者处理质量不能达到设计要求的情况，因此施工前在现场的成桩试验具有重要的意义。

通过现场成桩试验，检验设计要求和确定施工工艺及施工控制标准，包括填砂石量、提升高度、挤压时间等。为了满足试验及检测要求，试验桩的数量应不少于（7~9）个。正三角形布置至少要7个（即中间1个周围6个）；正方形布置至少要9个（3排3列每排每列各3个）。如发现问题，则应及时会同设计人员调整设计或改进施工。

3 振动沉管法施工，成桩步骤如下：

1）移动桩机及导向架，把桩管及桩尖对准桩位；

2）启动振动锤，把桩管下到预定的深度；

3）向桩管内投入规定数量的砂石料（根据施工试验的经验，为了提高施工效率，装砂石也可在桩管下到便于装料的位置时进行）；

4）把桩管提升一定的高度（下砂石顺利时提升高度不超过1m~2m），提升时桩尖自动打开，桩管内的砂石料流入孔内；

5）降落桩管，利用振动及桩尖的挤压作用使砂石密实；

6）重复4）、5）两工序，桩管上下运动，砂石料不断补充，砂石桩不断增高；

7）桩管提至地面，砂石桩完成。

施工中，电机工作电流的变化反映挤密程度及效率。电流达到一定不变值，继续挤压将不会产生挤密效果。施工中不可能及时进行效果检测，因此按成桩过程的各项参数对施工进行控制是重要的环节，必须予以重视，有关记录是质量检验的重要资料。

4 对于黏性土地基，当采用活瓣桩靴时宜选用平底型，以便于施工时顺利出料。

5 锤击沉管法施工有单管法和双管法两种，但单管法难以发挥挤密作用，故一般宜用双管法。

双管法的施工根据具体条件选定施工设备，其施工成桩过程如下：

1）将内外管安放在预定的桩位上，将用作桩塞的砂石投入外管底部；

2）以内管做锤冲击砂石塞，靠摩擦力将外管打入预定深度；

3）固定外管将砂石塞压入土中；

4）提升内管并向外管内投入砂石料；

5）边提外管边用内管将管内砂石冲出挤压土层；

6）重复4）、5）步骤；

7）待外管拔出地面，砂石桩完成。

此法优点是砂石的压入量可随意调节，施工灵活。

其他施工控制和检测记录参照振动沉管法施工的有关规定。

6 砂石桩桩孔内的填料量应通过现场试验确定。考虑到挤密砂石桩沿深度不会完全均匀，实践证明砂石桩施工挤密程度较高时地面要隆起，另外施工中还有损耗等，因而实际设计灌砂石量要比计算砂石量增加一些。根据地层及施工条件的不同增加量约为计算量的20%~40%。

当设计或施工的砂石桩投砂石量不足时，地面会下沉；当投料过多时，地面会隆起，同时表层0.5m~1.0m常呈松软状态。如遇到地面隆起过高，也说明填砂石量不适当。实际观测资料证明，砂石在达到密实状态后进一步承受挤压又会变松，从而降低处理效果。遇到这种情况应注意适当减少填砂石量。

施工场地土层可能不均匀，土质多变，处理效果不能直接看到，也不能立即测出。为了保证施工质量，使在土层变化的条件下施工质量也能达到标准，应在施工中进行详细的观测和记录。观测内容包括桩管下沉随时间的变化；灌砂石量预定数量与实际数量；桩管提升和挤压的全过程（提升、挤压、砂桩高度的形成随时间的变化）等。有自动检测记录仪器的砂石桩机施工中可以直接获得有关的资料，无此设备时须由专人测读记录。根据桩管下沉时间曲线可以估计土层的松软变化随时掌握投料数量。

7 以挤密为主的砂石桩施工时，应间隔（跳打）进行，并宜由外侧向中间推进；对黏性土地基，砂石桩主要起置换作用，为了保证设计的置换率，宜从中间向外围或隔排施工；在既有建（构）筑物邻近施工时，为了减少对邻近既有建（构）筑物的振动影响，应背离建（构）筑物方向进行。

9 砂石桩桩顶部施工时，由于上覆压力较小，因而对桩体的约束力较小，桩顶形成一个松散层，施工后应加以处理（挖除或碾压）。

7.2.5 本条为碎石桩、砂石桩复合地基的检验要求。

1 检查振冲施工各项施工记录，如有遗漏或不符合规定要求的桩或振冲点，应补做或采取有效的补救措施。

振动沉管砂石桩应在施工期间及施工结束后，检查砂石桩的施工记录，包括检查套管往复挤压振动次数与时间、套管升降幅度和速度、每次填砂石料量等项施工记录。砂石桩施工的沉管时间、各深度段的填砂石量、提升及挤压时间等是施工控制的重要手段，这些资料可以作为评估施工质量的重要依据，再结合抽检便可以较好地作出质量评价。

2 由于在制桩过程中原状土的结构受到不同程度的扰动，强度会有所降低，饱和土地基在桩周围一定范围内，土的孔隙水压力上升。待休置一段时间后，孔隙水压力会消散，强度会逐渐恢复，恢复期的长短是根据土的性质而定。原则上应待孔压消散后进行检验。黏性土孔隙水压力的消散需要的时间较长，砂土则很快。根据实际工程经验规定对饱和黏土不宜小于28d，粉质黏土不宜小于21d，粉土、砂土和杂填土可适当减少。

3 碎（砂）石桩处理地基最终是要满足承载力、变形或抗液化的要求，标准贯入、静力触探以及动力触探可直接反映施工质量并提供检测资料，所以本条规定可用这些测试方法检测碎（砂）石桩及其周围土的挤密效果。

应在桩位布置的等边三角形或正方形中心进行碎（砂）石桩处理效果检测，因为该处挤密效果较差。只要该处挤密达到要求，其他位置就一定会满足要求。此外，由该处检测的结果还可判明桩间距是否合理。

如处理可液化地层时，可按标准贯入击数来衡量砂性土的抗液化性，使碎（砂）石桩处理后的地基实测标准贯入击数大于临界贯入击数。这种液化判别方法只考虑了桩间土的抗液化能力，而未考虑碎（砂）石桩的作用，因而在设计上是偏于安全的。碎（砂）石桩处理后的地基液化评价方法应进一步研究。

7.3 水泥土搅拌桩复合地基

7.3.1 水泥土搅拌法是利用水泥等材料作为固化剂通过特制的搅拌机械，就地将软土和固化剂（浆液或粉体）强制搅拌，使软土硬结成具有整体性、水稳性和一定强度的水泥加固土，从而提高地基土强度和增大变形模量。根据固化剂掺入状态的不同，它可分为浆液搅拌和粉体喷射搅拌两种。前者是用浆液和地基土搅拌，后者是用粉体和地基土搅拌。

水泥土搅拌法加固软土技术具有其独特优点：1) 最大限度地利用了原土；2) 搅拌时无振动、无噪声和无污染，对周围原有建筑物及地下沟管影响很小；3) 根据上部结构的需要，可灵活地采用柱状、壁状、格栅和块状等加固形式。

水泥固化剂一般适用于正常固结的淤泥与淤泥质土、黏性土、粉土、素填土（包括冲填土）、饱和黄土、粉砂以及中粗砂、砂砾（当加固粗粒土时，应注意有无明显的流动地下水）等地基加固。

根据室内试验，一般认为用水泥作加固料，对含有高岭石、多水高岭石、蒙脱石等黏土矿物的软土加固效果较好；而对含有伊利石、氯化物和水铝石英等矿物的黏性土以及有机质含量高，pH值较低的酸性土加固效果较差。

掺合料可以添加粉煤灰等。当黏土的塑性指数 I_p 大于25时，容易在搅拌头叶片上形成泥团，无法完成水泥土的拌和。当地基土的天然含水量小于30%时，由于不能保证水泥充分水化，故不宜采用干法。

在某些地区的地下水中含有大量硫酸盐（海水渗入地区），因硫酸盐与水泥发生反应时，对水泥土具有结晶性侵蚀，会出现开裂、崩解而丧失强度。为此应选用抗硫酸盐水泥，使水泥土中产生的结晶膨胀物质控制在一定的数量范围内，以提高水泥土的抗侵蚀性能。

在我国北纬40°以南的冬季负温条件下，冰冻对水泥土的结构损害甚微。在负温时，由于水泥与黏土矿物的各种反应减弱，水泥土的强度增长缓慢（甚至停止）；但正温后，随着水泥水化等反应的继续深入，水泥土的强度可接近标准养护强度。

随着水泥土搅拌机械的研发与进步，水泥土搅拌法的应用范围不断扩展。特别是20世纪80年代末期引进日本SMW法以来，多头搅拌工艺推广迅速，大功率的多头搅拌机可以穿透中密粉土及粉细砂、稍密中粗砂和砾砂，加固深度可达35m。大量用于基坑截水帷幕、被动区加固、格栅状帷幕解决液化、插芯形成新的增强体等。对于硬塑、坚硬的黏性土，含孤石及大块建筑垃圾的土层，机械能力仍然受到限制，不能使用水泥土搅拌法。

当拟加固的软弱地基为成层土时，应选择最弱的一层土进行室内配比试验。

采用水泥作为固化剂材料，在其他条件相同时，在同一土层中水泥掺入比不同时，水泥土强度将不同。由于块状加固对于水泥土的强度要求不高，因此为了节约水泥，降低成本，根据工程需要可选用32.5级水泥，7%~12%的水泥掺量。水泥掺入比大于10%时，水泥土强度可达0.3MPa~2MPa以上。一般水泥掺入比 α_w 采用12%~20%，对于型钢水泥土搅拌桩（墙），由于其水灰比较大（1.5~2.0）为保证水泥土的强度，应选用不低于42.5级的水泥，且掺量不少于20%。水泥土的抗压强度随其相应的水泥掺入比的增加而增大，但因场地地质与施工条件的差异，掺入比的提高与水泥土增加的百分比是不完全一致的。

水泥强度直接影响水泥土的强度，水泥强度等级提高10MPa，水泥土强度 f_{cu} 约增大20%~30%。

外掺剂对水泥土强度有着不同的影响。木质素磺酸钙对水泥土强度的增长影响不大，主要起减水作用；三乙醇胺、氯化钙、碳酸钠、水玻璃和石膏等材料对水泥土强度有增强作用，其效果对不同土质和不同水泥掺入比又有所不同。当掺入与水泥等量的粉煤灰后，水泥土强度可提高 10％左右。故在加固软土时掺入粉煤灰不仅可消耗工业废料，水泥土强度还可有所提高。

水泥土搅拌桩用于竖向承载时，很多工程未设置褥垫层，考虑到褥垫层有利于发挥桩间土的作用，在有条件时仍以设置褥垫层为好。

水泥土搅拌形成水泥土加固体，用于基坑工程围护挡墙、被动区加固、防渗帷幕等的设计、施工和检测等可参照本节规定。

7.3.2 对于泥炭土、有机质含量大于 5％或 pH 值小于 4 的酸性土，如前述水泥在上述土层有可能不凝固或发生后期崩解。因此，必须进行现场和室内试验确定其适用性。

7.3.3 本条是对水泥土搅拌桩复合地基设计的规定。

1 对软土地区，地基处理的任务主要是解决地基的变形问题，即地基设计是在满足强度的基础上以变形控制的，因此，水泥土搅拌桩的桩长应通过变形计算来确定。实践证明，若水泥土搅拌桩能穿透软弱土层到达强度相对较高的持力层，则沉降量是很小的。

对某一场地的水泥土桩，其桩身强度是有一定限制的，也就是说，水泥土桩从承载力角度，存在有效桩长，单桩承载力在一定程度上并不随桩长的增加而增大。但当软弱土层较厚，从减少地基的变形量方面考虑，桩长应穿透软弱土层到达下卧强度较高之土层，在深厚淤泥及淤泥质土层中应避免采用"悬浮"桩型。

2 在采用式 (7.1.5-2) 估算水泥土搅拌桩复合地基承载力时，桩间土承载力折减系数 β 的取值，本次修订中作了一些改动，当基础下加固土层为淤泥、淤泥质和流塑状软土时，考虑到上述土层固结程度差，桩间土难以发挥承载作用，所以 β 取 0.1～0.4，固结程度好或设置褥垫层时可取高值。其他土层可取 0.4～0.8，加固土层强度高或设置褥垫层时取高值，桩端持力层土层强度高时取低值。确定 β 值时还应考虑建筑物对沉降的要求以及桩端持力层土层性质，当桩端持力层强度高或建筑物对沉降要求严时，β 应取低值。

桩周第 i 层土的侧阻力特征值 q_{si}(kPa)，对淤泥可取 4kPa～7kPa；对淤泥质土可取 6kPa～12kPa；对软塑状态的黏性土可取 10kPa～15kPa；对可塑状态的黏性土可以取 12kPa～18kPa；对稍密砂类土可取 15kPa～20kPa；对中密砂类土可取 20kPa～25kPa。

桩端地基土未经修正的承载力特征值 q_p (kPa)，可按现行国家标准《建筑地基基础设计规范》GB 50007 的有关规定确定。

桩端天然地基土的承载力折减系数 α_p，可取 0.4～

0.6，天然地基承载力高时取低值。

3 式 (7.3.3-1) 中，桩身强度折减系数 η 是一个与工程经验以及拟建工程的性质密切相关的参数。工程经验包括对施工队伍素质、施工质量、室内强度试验与实际加固强度比值以及对实际工程加固效果等情况的掌握。拟建工程性质包括工程地质条件、上部结构对地基的要求以及工程的重要性等。参考日本的取值情况以及我国的经验，干法施工时 η 取 0.2～0.25，湿法施工时 η 取 0.25。

由于水泥土强度有限，当水泥土强度为 2MPa 时，一根直径 500mm 的搅拌桩，其单桩承载力特征值仅为 120kN 左右，因此复合地基承载力受水泥土强度的控制，当桩中心距为 1m 时，其特征值不宜超过 200kPa，否则需要加大置换率，不一定经济合理。

水泥土的强度随龄期的增长而增大，在龄期超过 28d 后，强度仍有明显增长，为了降低造价，对承重搅拌桩试块国内外都取 90d 龄期为标准龄期。对起支挡作用承受水平荷载的搅拌桩，考虑开挖工期影响，水泥土强度标准可取 28d 龄期为标准龄期。从抗压强度试验得知，在其他条件相同时，不同龄期的水泥土抗压强度间关系大致呈线性关系，其经验关系式如下：

$$f_{cu7} = (0.47 \sim 0.63)f_{cu28}$$
$$f_{cu14} = (0.62 \sim 0.80)f_{cu28}$$
$$f_{cu60} = (1.15 \sim 1.46)f_{cu28}$$
$$f_{cu90} = (1.43 \sim 1.80)f_{cu28}$$
$$f_{cu90} = (2.37 \sim 3.73)f_{cu7}$$
$$f_{cu90} = (1.73 \sim 2.82)f_{cu14}$$

上式中 f_{cu7}、f_{cu14}、f_{cu28}、f_{cu60}、f_{cu90} 分别为 7d、14d、28d、60d、90d 龄期的水泥土抗压强度。

当龄期超过三个月后，水泥土强度增长缓慢。180d 的水泥土强度为 90d 的 1.25 倍，而 180d 后水泥土强度增长仍未终止。

4 采用桩上部或全长复搅以及桩上部增加水泥用量的变掺量设计，有益于提高单桩承载力，也可节省造价。

5 路基、堆场下应通过验算在需要的范围内布桩。柱状加固可采用正方形、等边三角形等形式布桩。

7 水泥土搅拌桩复合地基的变形计算，本次修订作了较大修改，采用了第 7.1.7 条规定的计算方法，计算结果与实测值符合较好。

7.3.4 国产水泥土搅拌机配备的泥浆泵工作压力一般小于 2.0MPa，上海生产的三轴搅拌设备配备的泥浆泵的额定压力为 5.0MPa，其成桩质量较好。用于建筑物地基处理，在某些地层条件下，深层土的处理效果不好（例如深度大于 10.0m），处理后地基变形较大，限制了水泥土搅拌桩在建筑工程地基处理中的应用。从设备能力评价水泥土成桩质量，主要有三个因素决定：搅拌次数、喷浆压力、喷浆量。国产水泥土搅拌机的转速低，搅拌次数靠降低提升速度或复搅解决，而对于喷浆压力、喷浆量两个因素对成桩质量的影响有相关性，当喷浆压力一定时，喷浆量大的成桩质量好；当喷浆量一定时，喷浆压力大的成桩质量好。所以提高国产水泥土搅拌机配备能力，是保证水泥土搅拌桩成桩质量的重要条件。本次修订对建筑工程地基处理采用的水泥土搅拌机配备能力提出了最低要求。为了满足这个条件，水泥土搅拌机配备的泥浆泵工作压力不宜小于 5.0MPa。

干法施工，日本生产的 DJM 粉体喷射搅拌机械，空气压缩机容量为 10.5m³/min，喷粉空压机工作压力一般为 0.7MPa。我国自行生产的粉喷桩施工机械，空气压缩机容量较小，喷粉空压机工作压力均小于等于 0.5MPa。

所以，适当提高国产水泥土搅拌机械的设备能力，保证搅拌桩的施工质量，对于建筑地基处理非常重要。

7.3.5 国产水泥土搅拌机的搅拌头大都采用双层（多层）十字杆形或叶片螺旋形。这类搅拌头切削和搅拌加固软土十分合适，但对块径大于 100mm 的石块、树根和生活垃圾等大块物的切割能力较差，即使将搅拌头作了加强处理后已能穿过块石层，但施工效率较低，机械磨损严重。因此，施工时应予以挖除后再填素土为宜，增加的工程量不大，但施工效率却可大大提高。如遇有明浜、池塘及洼地时应抽水和清淤，回填土料予以压实，不得回填生活垃圾。

搅拌桩施工时，搅拌次数越多，则拌和越为均匀，水泥土强度也越高，但施工效率就降低。试验证明，当加固范围内土体任一点的水泥土每遍经过 20 次的拌合，其强度即可达到较高值。每遍搅拌次数 N 由下式计算：

$$N = \frac{h\cos\beta\Sigma Z}{V}n \qquad (12)$$

式中：h——搅拌叶片的宽度（m）；

β——搅拌叶片与搅拌轴的垂直夹角（°）；

ΣZ——搅拌叶片的总枚数；

n——搅拌头的回转数（rev/min）；

V——搅拌头的提升速度（m/min）。

根据实际施工经验，搅拌法在施工到顶端 0.3m～0.5m 范围时，因上覆土压力较小，搅拌质量较差。因此，其场地整平标高应比设计确定的桩顶标高再高出 0.3m～0.5m，桩制作时仍施工到地面。待开挖基坑时，再将上部 0.3m～0.5m 的桩身质量较差的桩段挖去。根据现场实践表明，当搅拌桩作为承重桩进行基坑开挖时，桩身水泥土已有一定的强度，若用机械开挖基坑，往往容易碰撞损坏桩顶，因此基底标高以上 0.3m 宜采用人工开挖，以保护桩头质量。

水泥土搅拌桩施工前应进行工艺性试成桩，提供

提钻速度、喷灰（浆）量等参数，验证搅拌均匀程度及成桩直径，同时了解下钻及提升的阻力情况、工作效率等。

湿法施工应注意以下事项：

1）每个水泥土搅拌桩的施工现场，由于土质有差异、水泥的品种和标号不同、因而搅拌加固质量有较大的差别。所以在正式搅拌桩施工前，均应按施工组织设计确定的搅拌施工工艺制作数根试桩，再最后确定水泥浆的水灰比、泵送时间、搅拌机提升速度和复搅深度等参数。

制桩质量的优劣直接关系到地基处理的效果。其中的关键是注浆量、水泥浆与软土搅拌的均匀程度。因此，施工中应严格控制喷浆提升速度 V，可按下式计算：

$$V = \frac{\gamma_d Q}{F\gamma\alpha_w(1+\alpha_c)} \qquad (13)$$

式中：V——搅拌头喷浆提升速度（m/min）；

γ_d、γ——分别为水泥浆和土的重度（kN/m³）；

Q——灰浆泵的排量（m³/min）；

α_w——水泥掺入比；

α_c——水泥浆水灰比；

F——搅拌桩截面积（m²）。

2）由于搅拌机械通常采用定量泵输送水泥浆，转速大多又是恒定的，因此灌入地基中的水泥量完全取决于搅拌机的提升速度和复搅次数，施工过程中不能随意变更，并应保证水泥浆能定量不间断供应。采用自动记录是为了降低人为干扰施工质量，目前市售的记录仪必须有国家计量部门的认证。严禁采用由施工单位自制的记录仪。

由于固化剂从灰浆泵到达搅拌机出浆口需通过较长的输浆管，必须考虑水泥浆到达桩端的泵送时间。一般可通过试打桩确定其输送时间。

3）凡成桩过程中，由于电压过低或其他原因造成停机使成桩工艺中断时，应将搅拌机下沉至停浆点以下 0.5m，等恢复供浆时再喷浆提升继续制桩；凡中途停止输浆 3h 以上者，将会使水泥浆在整个输浆管路中凝固，因此必须排清全部水泥浆，清洗管路。

4）壁状或块状加固宜采用湿法，水泥土的终凝时间约为 24h，所以需要相邻单桩搭接施工的时间间隔不宜超过 12h。

5）搅拌机预搅下沉时不宜冲水，当遇到硬土层下沉太慢时，方可适量冲水，但应考虑冲水对桩身强度的影响。

6）壁状加固时，相邻桩的施工时间间隔不宜超过 12h。如间隔时间太长，与相邻桩无法搭接时，应采取局部补桩或注浆等补强

措施。

干法施工应注意以下事项：

1）每个场地开工前的成桩工艺试验必不可少，由于制桩喷灰量与土性、孔深、气流量等多种因素有关，故应根据设计要求逐步调试，确定施工有关参数（如土层的可钻性、提升速度等），以便正式施工时能顺利进行。施工经验表明送粉管路长度超过 60m 后，送粉阻力明显增大，送粉量也不易稳定。

2）由于干法喷粉搅拌不易严格控制，所以要认真操作粉体自动计量装置，严格控制固化剂的喷入量，满足设计要求。

3）合格的粉喷桩机一般均已考虑提升速度与搅拌头转速的匹配，钻头均约每搅拌一圈提升 15mm，从而保证成桩搅拌的均匀性。但每次搅拌时，桩体将出现极薄软弱结构面，这对承受水平剪力是不利的。一般可通过复搅的方法来提高桩体的均匀性，消除软弱结构面，提高桩体抗剪强度。

4）定时检查成桩直径及搅拌的均匀程度。粉喷桩桩长大于 10m 时，其底部喷粉阻力较大，应适当减慢钻机提升速度，以确保固化剂的设计喷入量。

5）固化剂从料罐到喷灰口有一定的时间延迟，严禁在没有喷粉的情况进行钻机提升作业。

7.3.6 喷粉量是保证成桩质量的重要因素，必须进行有效测量。

7.3.7 本条是对水泥土搅拌桩施工质量检验的要求。

1 国内的水泥土搅拌桩大多采用国产的轻型机械施工，这些机械的质量控制装置较为简陋，施工质量的保证很大程度上取决于机组人员的素质和责任心。因此，加强全过程的施工监理，严格检查施工记录和计量记录是控制施工质量的重要手段，检查重点为水泥用量、桩长、搅拌头转数和提升速度、复搅次数和复搅深度、停浆处理方法等。

3 水泥土搅拌桩复合地基承载力的检验应进行单桩或多桩复合地基静载荷试验和单桩静载荷试验。检测分两个阶段，第一阶段为施工前为设计提供依据的承载力检测，试验数量每单项工程不少于 3 根，如单项工程中地质情况不均匀，应加大试验数量。第二阶段为施工完成后的验收检验，数量为总桩数的 1％，每单项工程不少于 3 根。上述两个阶段的检验均不可少，应严格执行。对重要的工程，对变形要求严格时宜进行多桩复合地基静载荷试验。

4 对重要的、变形要求严格的工程或经触探和静载荷试验检验后对桩身质量有怀疑时，应在成桩 28d 后，采用双管单动取样器钻芯取样作水泥土抗压强度检验。水泥搅拌桩的桩身质量检验目前尚无成熟

的方法，特别是对常用的直径 500mm 干法桩遇到的困难更大，采用钻芯法检测时应采用双管单动取样器，避免过大扰动芯样使检验失真。当钻芯困难时，可采用单桩竖向抗压静载荷试验的方法检测桩身质量，加载量宜为（2.5～3.0）倍单桩承载力特征值，卸载后挖开桩头，检查桩头是否破坏。

7.4 旋喷桩复合地基

7.4.1 由于旋喷注浆使用的压力大，因而喷射流的能量大、速度快。当它连续和集中地作用在土体上，压应力和冲蚀等多种因素便在很小的区域内产生效应，对从粒径很小的细粒土到含有颗粒直径较大的卵石、碎石土，均有很大的冲击和搅动作用，使注入的浆液和土拌合凝固为新的固结体。实践表明，该法对淤泥、淤泥质土、流塑或软塑黏性土、粉土、砂土、黄土、素填土和碎石土等地基都有良好的处理效果。但对于硬黏性土，含有较多的块石或大量植物根茎的地基，因喷射流可能受到阻挡或削弱，冲击破碎力急剧下降，切削范围小或影响处理效果。而对于含有过多有机质的土层，则其处理效果取决于固结体的化学稳定性。鉴于上述几种土的组成复杂、差异悬殊，旋喷桩处理的效果差别较大，不能一概而论，故应根据现场试验结果确定其适用程度。对于湿陷性黄土地基，因当前试验资料和施工实例较少，亦应预先进行现场试验。旋喷注浆处理深度较大，我国建筑地基旋喷注浆处理深度目前已达 30m 以上。

高压喷射有旋喷（固结体为圆柱状）、定喷（固结体为壁状）、和摆喷（固结体为扇状）等 3 种基本形状，它们均可用下列方法实现。

1）单管法：喷射高压水泥浆液一种介质；

2）双管法：喷射高压水泥浆液和压缩空气两种介质；

3）三管法：喷射高压水流、压缩空气及水泥浆液等三种介质。

由于上述 3 种喷射流的结构和喷射的介质不同，有效处理范围也不同，以三管法最大，双管法次之，单管法最小。定喷和摆喷注浆常用双管法和三管法。

在制定旋喷注浆方案时，应搜集和掌握各种基本资料。主要是：岩土工程勘察（土层和基岩的性状，标准贯入击数，土的物理力学性质，地下水的埋藏条件、渗透性和水质成分等）资料；建筑物结构受力特性资料；施工现场和邻近建筑的四周环境资料；地下管道和其他埋设物资料及类似土层条件下使用的工程经验等。

旋喷注浆有强化地基和防漏的作用，可用于既有建筑和新建工程的地基处理、地下工程及堤坝的截水、基坑封底、被动区加固、基坑侧壁防止漏水或减小基坑位移等。对地下水流速过大或已涌水的防水工程，由于工艺、机具和瞬时速凝材料等方面的原因，

应慎重使用，并应通过现场试验确定其适用性。

7.4.2 旋喷桩直径的确定是一个复杂的问题，尤其是深部的直径，无法用准确的方法确定。因此，除了浅层可以用开挖的方法验证之外，只能用半经验的方法加以判断、确定。根据国内外的施工经验，初步设计时，其设计直径可参考表17选用。当无现场试验资料时，可参照相似土质条件的工程经验进行初步设计。

表17 旋喷桩的设计直径 （m）

土质	方法	单管法	双管法	三管法
黏性土	$0<N<5$	0.5～0.8	0.8～1.2	1.2～1.8
	$6<N<10$	0.4～0.7	0.7～1.1	1.0～1.6
砂土	$0<N<10$	0.6～1.0	1.0～1.4	1.5～2.0
	$11<N<20$	0.5～0.9	0.9～1.3	1.2～1.8
	$21<N<30$	0.4～0.8	0.8～1.2	0.9～1.5

注：表中 N 为标准贯入击数。

7.4.3 旋喷桩复合地基承载力应通过现场静载荷试验确定。通过公式计算时，在确定折减系数 β 和单桩承载力方面均可能有较大的变化幅度，因此只能用作估算。对于承载力较低时 β 取低值，是出于减小变形的考虑。

7.4.8 本条为旋喷桩的施工要求。

1 施工前，应对照设计图纸核实设计孔位处有无妨碍施工和影响安全的障碍物。如遇有上水管、下水管、电缆线、煤气管、人防工程、旧建筑基础和其他地下埋设物等障碍物影响施工时，则应与有关单位协商清除或搬移障碍物或更改设计孔位。

2 旋喷桩的施工参数应根据土质条件、加固要求通过试验或根据工程经验确定，加固土体每立方的水泥掺入量不宜少于 300kg。旋喷注浆的压力大，处理地基的效果好。根据国内实际工程中应用实例，单管法、双管法及三管法的高压水泥浆液流或高压水射流的压力应大于 20MPa，流量大于 30L/min，气流的压力以空气压缩机的最大压力为限，通常在 0.7MPa 左右，提升速度可取 0.1m/min～0.2m/min，旋转速度宜取 20r/min。表18列出建议的旋喷桩的施工参数，供参考。

表18 旋喷桩的施工参数一览表

续表18

旋喷施工方法		单管法	双管法	三管法
旋喷施工方法		单管法	双管法	三管法
适用土质		砂土、黏性土、黄土、杂填土、小粒径砂砾		
浆液材料及配方		以水泥为主材，加入不同的外加剂后具有速凝、早强、抗腐蚀、防冻等特性，常用水灰比1:1，也可适用化学材料		
旋喷施工参数	水 压力（MPa）	—	—	25
	水 流量（L/min）	—	—	80～120
	水 喷嘴孔径（mm）及个数	—	—	2～3（1～2）
	空气 压力（MPa）	—	0.7	0.7
	空气 流量（m³/min）	—	1～2	1～2
	空气 喷嘴间隙（mm）及个数	—	1～2（1～2）	1～2（1～2）
	浆液 压力（MPa）	25	25	25
	浆液 流量（L/min）	80～120	80～120	80～150
	浆液 喷嘴孔径（mm）及个数	2～3（2）	2～3（1～2）	10～2（1～2）
	灌浆管外径（mm）	$\phi42$ 或 $\phi45$	$\phi42$、$\phi50$、$\phi75$	$\phi75$ 或 $\phi90$
	提升速度（cm/min）	15～25	7～20	5～20
	旋转速度（r/min）	16～20	5～16	5～16

近年来旋喷注浆技术得到了很大的发展，利用超高压水泵（泵压大于 50MPa）和超高压水泥浆泵（水泥浆压力大于 35MPa），辅以低压空气，大大提高了旋喷桩的处理能力。在软土中的切割直径可超过 2.0m，注浆体的强度可达 5.0MPa，有效加固深度可达 60m。所以对于重要的工程以及对变形要求严格的工程，应选择较强设备能力进行施工，以保证工程质量。

3 旋喷注浆的主要材料为水泥，对于无特殊要求的工程宜采用强度等级为 42.5 级及以上普通硅酸盐水泥。根据需要，可在水泥浆中分别加入适量的外加剂和掺合料，以改善水泥浆液的性能，如早强剂、悬浮剂等。所用外加剂或掺合剂的数量，应根据水泥土的特点通过室内配比试验或现场试验确定。当有足够实践经验时，亦可按经验确定。旋喷注浆的材料还可选用化学浆液。因费用昂贵，只有少数工程应用。

4 水泥浆液的水灰比越小，旋喷注浆处理地基的承载力越高。在施工中因注浆设备的原因，水灰比太小时，喷射有困难，故水灰比通常取 0.8～1.2，生产实践中常用 0.9。由于生产、运输和保存等原因，有些水泥厂的水泥成分不够稳定，质量波动较大，可导致水泥浆液凝固时间过长，固结强度降低。因此事先应对各批水泥进行检验，合格后才能使用。对拌制水泥浆的用水，只要符合混凝土拌合标准即可使用。

6 高压泵通过高压橡胶软管输送高压浆液至钻机上的注浆管，进行喷射注浆。若钻机和高压水泵的距离过远，势必要增加高压橡胶软管的长度，使高压喷射流的沿程损失增大，造成实际喷射压力降低的后果。因此钻机与高压泵的距离不宜过远，在大面积场地施工时，为了减少沿程损失，则应搬动高压泵保持与钻机的距离。

实际施工孔位与设计孔位偏差过大时，会影响加固效果。故规定孔位偏差值应小于50mm，并且必须保持钻孔的垂直度。实际孔位、孔深和每个钻孔内的地下障碍物、洞穴、涌水、漏水及与岩土工程勘察报告不符等情况均应详细记录。土层的结构和土质种类对加固质量关系更为密切，只有通过钻孔过程详细记录地质情况并了解地下情况后，施工时才能因地制宜及时调整工艺和变更喷射参数，达到良好的处理效果。

7 旋喷注浆均自下而上进行。当注浆管不能一次提升完成而需分数次卸管时，卸管后喷射的搭接长度不得小于100mm，以保证固结体的整体性。

8 在不改变喷射参数的条件下，对同一标高的土层作重复喷射时，能加大有效加固范围和提高固结体强度。复喷的方法根据工程要求决定。在实际工作中，旋喷桩通常在底部和顶部进行复喷，以增大承载力和确保处理质量。

9 当旋喷注浆过程中出现下列异常情况时，需查明原因并采取相应措施：

1）流量不变而压力突然下降时，应检查各部位的泄漏情况，并应拔出注浆管，检查密封性能。

2）出现不冒浆或断续冒浆时，若系土质松软则视为正常现象，可适当进行复喷；若系附近有空洞、通道，则应不提升注浆管继续注浆直至冒浆为止或拔出注浆管待浆液凝固后重新注浆。

3）压力稍有下降时，可能系注浆管被击穿或有孔洞，使喷射能力降低。此时应拔出注浆管进行检查。

4）压力陡增超过最高限值、流量为零、停机后压力仍不变动时，则可能系喷嘴堵塞。应拔管疏通喷嘴。

10 当旋喷注浆完毕后，或在喷射注浆过程中因故中断，短时间（小于或等于浆液初凝时间）内不能继续喷浆时，均应立即拔出注浆管清洗备用，以防浆液凝固后拔不出管来。为防止因浆液凝固回收缩，产生加固地基与建筑基础不密贴或脱空现象，可采用超高喷射（旋喷处理地基的顶面超过建筑基础底面，其超高量大于收缩高度）、冒浆回灌或第二次注浆等措施。

11 在城市施工中泥浆管理直接影响文明施工，必须在开工前做好规划，做到有计划地堆放或废浆及时排出现场，保持场地文明。

12 应在专门的记录表格上做好自检，如实记录施工的各项参数和详细描述喷射注浆时的各种现象，以便判断加固效果并为质量检验提供资料。

7.4.9 应在严格控制施工参数的基础上，根据具体情况选定质量检验方法。开挖检查法简单易行，通常在浅层进行，但难以对整个固结体的质量作全面检查。钻孔取芯是检验单孔固结体质量的常用方法，选用时需以不破坏固结体和有代表性为前提，可以在28d后取芯。标准贯入和静力触探在有经验的情况下也可以应用。静载荷试验是建筑地基处理后检验地基承载力的方法。压水试验通常在工程有防渗漏要求时采用。

检验点的位置应重点布置在有代表性的加固区，对旋喷注浆时出现异常现象和地质复杂的地段亦应进行检验。

每个建筑工程旋喷注浆处理后，不论其大小，均应进行检验。检验量为施工孔数的2%，并且不应少于6点。

旋喷注浆处理地基的强度离散性大，在软弱黏性土中，强度增长速度较慢。检验时间应在喷射注浆后28d进行，以防由于固结体强度不高时，因检验而受到破坏，影响检验的可靠性。

7.5 灰土挤密桩和土挤密桩复合地基

7.5.1 灰土挤密桩、土挤密桩复合地基在黄土地区广泛采用。用灰土或土分层夯实的桩体，形成增强体，与挤密的桩间土一起组成复合地基，共同承受基础的上部荷载。当以消除地基土的湿陷性为主要目的时，桩孔填料可选用素土；当以提高地基土的承载力为主要目的时，桩孔填料应采用灰土。

大量的试验研究资料和工程实践表明，灰土挤密桩、土挤密桩复合地基用于处理地下水位以上的粉土、黏性土、素填土、杂填土等地基，不论是消除土的湿陷性还是提高承载力都是有效的。

基底下3m内的素填土、杂填土，通常采用土（或灰土）垫层或强夯等方法处理；大于15m的土层，由于成孔设备限制，一般采用其他方法处理，本条规定可处理地基的厚度为3m～15m，基本上符合目前陕西、甘肃和山西等省的情况。

当地基土的含水量大于24%、饱和度大于65%时，在成孔和拔管过程中，桩孔及其周边土容易缩颈和隆起，挤密效果差，应通过试验确定其适用性。

7.5.2 本条是灰土挤密桩、土挤密桩复合地基的设计要求。

1 局部处理地基的宽度超出基础底面边缘一定范围，主要在于保证应力扩散，增强地基的稳定性，防止基底下被处理的土层在基础荷载作用下受水浸湿时产生侧向挤出，并使处理与未处理接触面的土体保持稳定。

整片处理的范围大，既可以保证应力扩散，又可防止水从侧向渗入未处理的下部土层引起湿陷，故整片处理兼有防渗隔水作用。

2 处理的厚度应根据现场土质情况、工程要求和成孔设备等因素综合确定。当以降低土的压缩性、提高地基承载力为主要目的时，宜对基底下压缩层范围内压缩系数 α_{1-2} 大于 $0.40MPa^{-1}$ 或压缩模量小于 6MPa 的土层进行处理。

3 根据我国湿陷性黄土地区的现有成孔设备和成孔方法，成孔的桩孔直径可为 300mm～600mm。桩孔之间的中心距离通常为桩孔直径的 2.0 倍～3.0 倍，保证对土体挤密和消除湿陷性的要求。

4 湿陷性黄土为天然结构，处理湿陷性黄土与处理填土有所不同，故检验桩间土的质量用平均挤密系数 $\bar{\eta}_c$ 控制，而不用压实系数控制。平均挤密系数是在成孔挤密深度内，通过取土样测定桩间土的平均干密度与其最大干密度的比值而获得，平均干密度的取样自桩顶向下 0.5m 起，每 1m 不应少于 2 点（1组），即：桩孔外 100mm 处 1 点，桩孔之间的中心距（1/2 处）1 点。当桩长大于 6m 时，全部深度内取样点不应少于 12 点（6组）；当桩长小于 6m 时，全部深度内的取样点不应少于 10 点（5组）。

6 为防止填入桩孔内的灰土吸水后产生膨胀，不得使用生石灰与土拌合，而应用消解后的石灰与黄土或其他黏性土拌合，石灰富含钙离子，与土混合后产生离子交换作用，在较短时间内便成为凝硬材料，因此拌合后的灰土放置时间不可太长，并宜于当日使用完毕。

7 由于桩体是用松散状态的素土（黏性土或黏质粉土）、灰土经夯实而成，桩体的夯实质量可用土的干密度表示，土的干密度大，说明夯实质量好，反之，则差。桩体的夯实质量一般通过测定全部深度内土的干密度确定，然后将其换算为平均压实系数进行评定。桩体土的干密度取样：自桩顶向下 0.5m 起，每 1m 不应少于 2 点（1组），即桩孔内距桩孔边缘 50mm 处 1 点，桩孔中心（即 1/2）处 1 点，当桩长大于 6m 时，全部深度内的取样点不应少于 12 点（6组），当桩长不足 6m 时，全部深度内的取样点不应少于 10 点（5组）。桩体土的平均压实系数 $\bar{\lambda}_c$ 是根据桩孔全部深度内的平均干密度与室内击实试验求得填料（素土或灰土）在最优含水量状态下的最大干密度的比值，即 $\bar{\lambda}_c = \bar{\rho}_{d0}/\rho_{dmax}$，式中 $\bar{\rho}_{d0}$ 为桩孔全部深度内的填料（素土或灰土），经分层夯实的平均干密度（t/m^3）；ρ_{dmax} 为桩孔内的填料（素土或灰土），通过击实试验求得最优含水量状态下的最大干密度（t/m^3）。

原规范规定桩孔内填料的平均压实系数 $\bar{\lambda}_c$ 均不应小于 0.96，本次修订改为填料的平均压实系数 $\bar{\lambda}_c$ 均

不应小于 0.97，与现行国家标准《湿陷性黄土地区建筑规范》GB 50025 的要求一致。工程实践表明只要填料的含水量和夯锤锤重合适，是完全可以达到这个要求的。

8 桩孔回填夯实结束后，在桩顶标高以上应设置 300mm～600mm 厚的垫层，一方面可使桩顶和桩间土找平，另一方面保证应力扩散，调整桩土的应力比，并对减小桩身应力集中也有良好作用。

9 为确定灰土挤密桩、土挤密桩复合地基承载力特征值应通过现场复合地基静载荷试验确定，或通过灰土桩或土桩的静载荷试验结果和桩周土的承载力特征值根据经验确定。

7.5.3 本条是灰土挤密桩、土挤密桩复合地基的施工要求。

1 现有成孔方法包括沉管（锤击、振动）和冲击等方法，但都有一定的局限性，在城市或居民较集中的地区往往限制使用，如锤击沉管成孔，通常允许在新建场地使用，故选用上述方法时，应综合考虑设计要求、成孔设备或成孔方法、现场土质和对周围环境的影响等因素。

2 施工灰土挤密桩时，在成孔或拔管过程中，对桩孔（或桩顶）上部土层有一定的松动作用，因此施工前应根据选用的成孔设备和施工方法，在基底标高以上预留一定厚度的土层，待成孔和桩孔回填夯实结束后，将其挖除或按设计规定进行处理。

3 拟处理地基土的含水量对成孔施工与桩间土的挤密至关重要。工程实践表明，当天然土的含水量小于 12% 时，土呈坚硬状态、成孔挤密困难，且设备容易损坏；当天然土的含水量等于或大于 24%，饱和度大于 65% 时，桩孔可能缩颈，桩孔周围的土容易隆起，挤密效果差；当天然土的含水量接近最优（或塑限）含水量时，成孔施工速度快，桩间土的挤密效果好。因此，在成孔过程中，应掌握好拟处理地基土的含水量。最优含水量是成孔挤密施工的理想含水量，而现场土质往往并非恰好是最优含水量，如只允许在最优含水量状态下进行成孔施工，小于最优含水量的土便需要加水增湿，大于最优含水量的土则要采取晾干等措施，这样施工很麻烦，而且不易掌握准确和加水均匀。因此，当拟处理地基土的含水量低于 12% 时，宜按公式（7.5.3）计算的加水量进行增湿。对含水量介于 12%～24% 的土，只要成孔施工顺利、桩孔不出现缩颈，桩间土的挤密效果符合设计要求，不一定要采取增湿或晾干措施。

5 成孔和孔内回填夯实的施工顺序，习惯做法是从外向里间隔（1～2）孔进行，但施工到中间部位，桩孔往往打不下去或桩孔周围地面明显隆起。为此本条定为对整片处理，宜从里（或中间）向外间隔（1～2）孔进行。对大型工程可采取分段施工，对局部处理，宜从外向里间隔（1～2）孔进行。局部处理

的范围小，且多为独立基础及条形基础，从外向里对桩间土的挤密有好处，也不致出现类似整片处理桩孔打不下去的情况。

6 施工过程的振动会引起地表土层的松动，基础施工后应对松动土层进行处理。

7 施工记录是验收的原始依据。必须强调施工记录的真实性和准确性，且不得任意涂改。为此应选择有一定业务素质的相关人员担任施工记录，这样才能确保做好施工记录。桩孔的直径与成孔设备或成孔方法有关，成孔设备或成孔方法如已选定，桩孔直径基本上固定不变，桩孔深度按设计规定，为防止施工出现偏差，在施工过程中应加强监督，采取随机抽样的方法进行检查。

8 土料和灰土受雨水淋湿或冻结，容易出现"橡皮土"，且不易夯实。当雨期或冬期选择灰土挤密桩处理地基时，应采取防雨或防冻措施，保护灰土不受雨水淋湿或冻结，以确保施工质量。

7.5.4 本条为灰土挤密桩、土挤密桩复合地基的施工质量检验要求：

1 为保证灰土桩复合地基的质量，在施工过程中应抽样检验施工质量，对检验结果应进行综合分析或综合评价。

2、3 桩孔夯填质量检验，是灰土挤密桩、土挤密桩复合地基质量检验的主要项目。宜采用开挖探井取样法检测。规范对抽样检验的数量作了规定。由于挖探井取土样对桩体和桩间土均有一定程度的扰动及破坏，因此选点应具有代表性，并保证检验数据的可靠性。对灰土桩桩身强度有疑义时，可对灰土取样进行含灰比的检测。取样结束后，其探井应分层回填夯实，压实系数不应小于0.94。

4 对需消除湿陷性的重要工程，应按现行国家标准《湿陷性黄土地区建筑规范》GB 50025 的方法进行现场浸水静载荷试验。

5 关于检测灰土桩复合地基承载力静载荷试验的时间，本规范规定应在成桩后（14～28）d，主要考虑桩体强度的恢复与发展需要一定的时间。

7.6 夯实水泥土桩复合地基

7.6.1 由于场地条件的限制，需要一种施工周期短、造价低、施工文明、质量容易控制的地基处理方法。中国建筑科学研究院地基所在北京等地旧城区危改小区工程中开发的夯实水泥土桩地基处理技术，经过大量室内、原位试验和工程实践，已在北京、河北等地多层房屋地基处理工程中广泛应用，产生了巨大的社会经济效益，节省了大量建筑资金。

目前，由于施工机械的限制，夯实水泥土桩适用于地下水位以上的粉土、素填土、杂填土和黏性土等地基。采用人工洛阳铲成孔时，处理深度宜小于6m，主要是由于施工工艺决定。

7.6.2 本条是夯实水泥土桩复合地基设计的要求。

1 夯实水泥土桩复合地基主要用于多层房屋地基处理，一般情况可仅在基础内布桩，地质条件较差或工程有特殊要求时，可在基础外设置护桩。

2 对相对硬土层埋藏较深地基，桩的长度应按建筑物地基的变形允许值确定，主要是强调采用夯实水泥土桩法处理的地基，如存在软弱下卧层时，应验算其变形，按允许变形控制设计。

3 常用的桩径为 300mm～600mm。可根据所选用的成孔设备或成孔方法确定。选用的夯锤应与桩径相适应。

4 夯实水泥土强度主要由土的性质、水泥品种、水泥强度等级、龄期、养护条件等控制。特别规定夯实水泥土设计强度应采用现场土料和施工采用的水泥品种、标号进行混合料配比设计使桩体强度满足本规范第7.1.6条的要求。

夯实水泥土配比强度试验应符合下列规定：

1）试验采用的击实试模和击锤如图 10 所示，尺寸应符合表 19 规定。

表 19 击实试验主要部件规格

锤质量（kg）	锤底直径（mm）	落高（mm）	击实试模（mm）
4.5	51	457	150×150×150

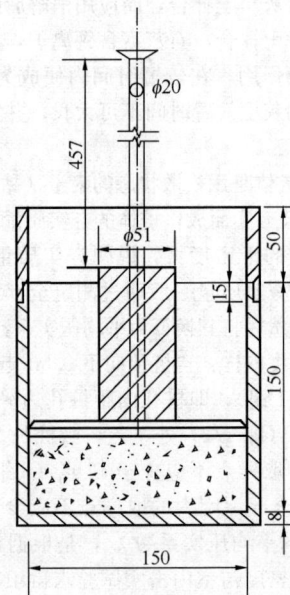

图 10 击实试验主要部件示意

2）试样的制备应符合现行国家标准《土工试验方法标准》GB/T 50123 的有关规定。水泥和过筛土料应按土料最优含水量拌合均匀。

3）击实试验应按下列步骤进行：

在击实试模内壁均匀涂一薄层润滑油，

称量一定量的试样，倒入试模内，分四层击实，每层击数由击实密度控制。每层高度相等，两层交界处的土面应刨毛。击实完成时，超出击实试模顶的试样用刮刀削平。称重并计算试样成型后的干密度。

　　4）试块脱模时间为 24h，脱模后必须在标准养护条件下养护 28d，按标准试验方法作立方体强度试验。

　　6　夯实水泥土的变形模量远大于土的变形模量。设置褥垫层，主要是为了调整基底压力分布，使荷载通过垫层传到桩和桩间土上，保证桩间土承载力的发挥。

　　7　采用夯实水泥土桩法处理地基的复合地基承载力应按现场复合地基静载荷试验确定，强调现场试验对复合地基设计的重要性。

　　8　本条提出的计算方法已有数幢建筑的沉降观测资料验证是可靠的。

7.6.3　本条是夯实水泥土桩施工的要求：

　　1　在旧城危改工程中，由于场地环境条件的限制，多采用人工洛阳铲、螺旋钻机成孔方法，当土质较松软时采用沉管、冲击等方法挤土成孔，可收到良好的效果。

　　2　混合料含水量是决定桩体夯实密度的重要因素，在现场实施时应严格控制。用机械夯实时，因锤重，夯实功大，宜采用土料最佳含水量 $w_{op}-(1\%\sim 2\%)$，人工夯实时宜采用土料最佳含水量 $w_{op}+(1\%\sim 2\%)$，均应由现场试验确定。各种成孔工艺均可能使孔底存在部分扰动和虚土，因此夯填混合料前应将孔底土夯实，有利于发挥桩端阻力，提高复合地基承载力。为保证桩顶的桩体强度，现场施工时均要求桩体夯填高度大于桩顶设计标高 200mm～300mm。

　　4　褥垫层铺设要求夯填度小于 0.90，主要是为了减少施工期地基的变形量。

　　5　夯实水泥土桩处理地基的优点之一是在成孔时可以逐孔检验土层情况是否与勘察资料相符合，不符合时可及时调整设计，保证地基处理的质量。

7.6.4　对一般工程，主要应检查施工记录、检测处理深度内桩体的干密度。目前检验干密度的手段一般采用取土和轻便触探等手段。如检验不合格，应视工程情况处理并采取有效的补救措施。

7.6.5　本条强调工程的竣工验收检验。

7.7　水泥粉煤灰碎石桩复合地基

7.7.1　水泥粉煤灰碎石桩是由水泥、粉煤灰、碎石、石屑或砂加水拌和形成的高粘结强度桩（简称CFG桩），桩、桩间土和褥垫层一起构成复合地基。

　　水泥粉煤灰碎石桩复合地基具有承载力提高幅度大，地基变形小等特点，适用范围较大。就基础形式而言，既可适用于条形基础、独立基础，也可适用于箱基、筏基；在工业厂房、民用建筑中均有大量应用。就土性而言，适用于处理黏性土、粉土、砂土和正常固结的素填土等地基。对淤泥质土应通过现场试验确定其适用性。

　　水泥粉煤灰碎石桩不仅用于承载力较低的地基，对承载力较高（如承载力 $f_{ak}=200kPa$）但变形不能满足要求的地基，也可采用水泥粉煤灰碎石桩处理，以减少地基变形。

　　目前已积累的工程实例，用水泥粉煤灰碎石桩处理承载力较低的地基多用于多层住宅和工业厂房。比如南京浦镇车辆厂厂南生活区 24 幢 6 层住宅楼，原地基土承载力特征值为 60kPa 的淤泥质土，经处理后复合地基承载力特征值达 240kPa，基础形式为条基，建筑物最终沉降多在 40mm 左右。

　　对一般黏性土、粉土或砂土，桩端具有好的持力层，经水泥粉煤灰碎石桩处理后可作为高层建筑地基，如北京华亭嘉园 35 层住宅楼，天然地基承载力特征值 f_{ak} 为 200kPa，采用水泥粉煤灰碎石桩处理后建筑物沉降在 50mm 以内。成都某建筑 40 层、41 层，高度为 119.90m，强风化泥岩的承载力特征值 f_{ak} 为 320kPa，采用水泥粉煤灰碎石桩处理后，承载力和变形均满足设计和规范要求，并且经受住了汶川"5·12"大地震的考验。

　　近些年来，随着其在高层建筑地基处理广泛应用，桩体材料组成和早期相比有所变化，主要由水泥、碎石、砂、粉煤灰和水组成，其中粉煤灰为 Ⅱ～Ⅲ 级细灰，在桩体混合料中主要提高混合料的可泵性。

　　混凝土灌注桩、预制桩作为复合地基增强体，其工作性状与水泥粉煤灰碎石桩复合地基接近，可参照本节规定进行设计、施工和检测。对预应力管桩桩顶可采取设置混凝土桩帽或采用高于增强体强度等级的混凝土灌芯的技术措施，减少桩顶的刺入变形。

7.7.2　水泥粉煤灰碎石桩复合地基设计应符合下列规定：

　　1　桩端持力层的选择

　　水泥粉煤灰碎石桩应选择承载力和压缩模量相对较高的土层作为桩端持力层。水泥粉煤灰碎石桩具有较强的置换作用，其他参数相同，桩越长、桩的荷载分担比（桩承担的荷载占总荷载的百分比）越高。设计时须将桩端落在承载力和压缩模量相对高的土层上，这样可以很好地发挥桩的端阻力，也可避免场地岩性变化大可能造成建筑物的不均匀沉降。桩端持力层承载力和压缩模量越高，建筑物沉降稳定也越快。

　　2　桩径

　　桩径与选用施工工艺有关，长螺旋钻中心压灌、干成孔和振动沉管成桩宜取 350mm～600mm；泥浆护壁钻孔灌注素混凝土成桩宜取 600mm～800mm；钢筋混凝土预制桩宜取 300mm～600mm。

其他条件相同，桩径越小桩的比表面积越大，单方混合料提供的承载力高。

3 桩距

桩距应根据设计要求的复合地基承载力、建筑物控制沉降量、土性、施工工艺等综合考虑确定。

设计的桩距首要满足承载力和变形量的要求。从施工角度考虑，尽量选用较大的桩距，以防止新打桩对已打桩的不良影响。

就土的挤（振）密性而言，可将土分为：

1）挤（振）密效果好的土，如松散粉细砂、粉土、人工填土等；

2）可挤（振）密土，如不太密实的粉质黏土；

3）不可挤（振）密土，如饱和软黏土或密实度很高的黏性土、砂土等。

施工工艺可分为两大类：一是对桩间土产生扰动或挤密的施工工艺，如振动沉管打桩机成孔制桩，属挤土成桩工艺。二是对桩间土不产生扰动或挤密的施工工艺，如长螺旋钻灌注成桩，属非挤土（或部分挤土）成桩工艺。

对不可挤密土和挤土成桩工艺宜采用较大的桩距。

在满足承载力和变形要求的前提下，可以通过改变桩长来调整桩距。采用非挤土、部分挤土成桩工艺施工（如泥浆护壁钻孔灌注桩、长螺旋钻灌注桩），桩距宜取（3～5）倍桩径；采用挤土成桩工艺施工（如预制桩和振动沉管打桩机施工）和墙下条基单排布桩桩距可适当加大，宜取（3～6）倍桩径。桩长范围内有饱和粉土、粉细砂、淤泥、淤泥质土层，为防止施工发生窜孔、缩颈、断桩，减少新打桩对已打桩的不良影响，宜采用较大桩距。

4 褥垫层

桩顶和基础之间应设置褥垫层，褥垫层在复合地基中具有如下的作用：

1）保证桩、土共同承担荷载，它是水泥粉煤灰碎石桩形成复合地基的重要条件。

2）通过改变褥垫厚度，调整桩垂直荷载的分担，通常褥垫越薄桩承担的荷载占总荷载的百分比越高。

3）减少基础底面的应力集中。

4）调整桩、土水平荷载的分担，褥垫层越厚，土分担的水平荷载占总荷载的百分比越大，桩分担的水平荷载占总荷载的百分比越小。对抗震设防区，不宜采用厚度过薄的褥垫层设计。

5）褥垫层的设置，可使桩间土承载力充分发挥，作用在桩间土表面的荷载在桩侧的土单元体产生竖向和水平向附加应力，水平向附加应力作用在桩表面具有增大侧阻的作用，在桩端产生的竖向附加应力对提高单桩承载力是有益的。

5 水泥粉煤灰碎石桩可只在基础内布桩，应根据建筑物荷载分布、基础形式、地基土性状，合理确定布桩参数：

1）对框架核心筒结构形式，核心筒和外框柱宜采用不同布桩参数，核心筒部位荷载水平高，宜强化核心筒荷载影响部位布桩，相对弱化外框柱荷载影响部位布桩；通常核心筒外扩一倍板厚范围，为防止筏板发生冲切破坏需足够的净反力，宜减小桩距或增大桩径，当桩端持力层较厚时最好加大桩长，提高复合地基承载力和复合土层模量；对设有沉降缝或防震缝的建筑物，宜在沉降缝或防震缝部位，采用减小桩距、增加桩长或加大桩径布桩，以防止建筑物发生较大相向变形。

2）对于独立基础地基处理，可按变形控制进行复合地基设计。比如，天然地基承载力100kPa，设计要求经处理后复合地基承载力特征值不小于300kPa。每个独立基础下的承载力相同，都是300kPa。当两个相邻柱荷载水平相差较大的独立基础，复合地基承载力相等时，荷载水平高的基础面积大，影响深度深，基础沉降大；荷载水平低的基础面积小，影响深度浅，基础沉降小；柱间沉降差有可能不满足设计要求。柱荷载水平差异很大时应按变形控制进行复合地基设计。由于水泥粉煤灰碎石桩复合地基承载力提高幅度大，柱荷载水平高的宜采用较高承载力要求确定布桩参数；可以有效地减少基础面积、降低造价，更重要的是基础间沉降差容易控制在规范限值之内。

3）国家标准《建筑地基基础设计规范》GB 50007中对于地基反力计算，当满足下列条件时可按线性分布：

① 当地基土比较均匀；

② 上部结构刚度比较好；

③ 梁板式筏基梁的高跨比或平板式筏基板的厚跨比不小于1/6；

④ 相邻柱荷载及柱间距的变化不超过20%。

地基反力满足线性分布假定时，可在整个基础范围均匀布桩。

若筏板厚度与跨距之比小于1/6，梁板式基础，梁的高跨比大于1/6且板的厚跨比（筏板厚度与梁的中心距之比）小于1/6时，基底压力不满足线性分布假定，不宜采用均匀布桩，应主要在柱边（平板式筏基）和梁边（梁板式筏基）外扩2.5倍板厚的面积范围布桩。

需要注意的是，此时的设计基底压力应按布桩区的面积重新计算。

4）与散体桩和水泥土搅拌桩不同，水泥粉煤灰碎石桩复合地基承载力提高幅度大，条形基础下复合地基设计，当荷载水平不高时，可采用墙下单排布桩。此时，水泥粉煤灰碎石桩施工对桩位在垂直于轴线方向的偏差应严格控制，防止过大的基础偏心受力状态。

6 水泥粉煤灰碎石桩复合地基承载力特征值，应按第7.1.5条规定确定。初步设计时也可按本规范式（7.1.5-2）、式（7.1.5-3）估算。桩身强度应符合第7.1.6条的规定。

《建筑地基处理技术规范》JGJ 79-2002规定，初步设计时复合地基承载力按下式估算：

$$f_{spk} = m\frac{R_a}{A_p} + \beta(1-m)f_{sk} \qquad (14)$$

即假定单桩承载力发挥系数为1.0。根据中国建筑科学研究院地基所多年研究，采用本规范式（7.1.5-2）更为符合实际情况，式中λ按当地经验取值，无经验时可取0.8～0.9，褥垫层的厚径比小时取大值；β按当地经验取值，无经验时可取0.9～1.0，厚径比大时取大值。

单桩竖向承载力特征值应通过现场静载荷试验确定。初步设计时也可按本规范式（7.1.5-3）估算，q_{si}应按地区经验确定；q_p可按现行国家标准《建筑地基基础设计规范》GB 50007的有关规定确定；桩端阻力发挥系数α_p可取1.0。

当承载力考虑基础埋深的深度修正时，增强体桩身强度还应满足本规范式（7.1.6-2）的规定。这次修订考虑了如下几个因素：

1）与桩基不同，复合地基承载力可以作深度修正，基础两侧的超载越大（基础埋深越大），深度修正的数量也越大，桩承受的竖向荷载越大，设计的桩体强度应越高。

2）刚性桩复合地基，由于设置了褥垫层，从加荷一开始，就存在一个负摩擦区，因此，桩的最大轴力作用点不在桩顶，而是在中性点处，即中性点处的轴力大于桩顶的受力。

综合以上因素，对《建筑地基处理技术规范》JGJ 79-2002中桩体试块（边长15cm立方体）标准养护28d抗压强度平均值不小于$3R_a/A_p$（R_a为单桩承载力特征值，A_p为桩的截面面积）的规定进行了调整，桩身强度适当提高，保证桩体不发生破坏。

7 水泥粉煤灰碎石桩复合地基的变形计算应按现行国家标准《建筑地基基础设计规范》GB 50007

的有关规定执行。但有两点需作说明：

1）复合地基的分层与天然地基分层相同，当荷载接近或达到复合地基承载力时，各复合土层的压缩模量可按该层天然地基压缩模量的ζ倍计算。工程中应由现场试验测定的f_{spk}和基础底面下天然地基承载力f_{ak}确定。若无试验资料时，初步设计可由地质报告提供的地基承载力特征值f_{ak}，以及计算得到的满足设计承载力和变形要求的复合地基承载力特征值f_{spk}，按式（7.1.7-1）计算ζ。

2）变形计算经验系数ψ_s，对不同地区可根据沉降观测资料统计确定，无地区经验时可按表7.1.8取值，表7.1.8根据工程实测沉降资料统计进行了调整，调整了当量模量大于15.0MPa的变形计算经验系数。

3）复合地基变形计算过程中，在复合土层范围内，压缩模量很高时，满足下式要求后：

$$\Delta s'_n \leqslant 0.025 \sum_{i=1}^{n} \Delta s'_i \qquad (15)$$

若计算到此为止，桩端以下土层的变形量没有考虑，因此，计算深度必须大于复合土层厚度，才能满足现行国家标准《建筑地基基础设计规范》GB 50007的有关规定。

7.7.3 本条是对施工的要求：

1 水泥粉煤灰碎石桩的施工，应根据设计要求和现场地基土的性质、地下水埋深、场地周边是否有居民、有无对振动反应敏感的设备等多种因素选择施工工艺。这里给出了四种常用的施工工艺：

1）长螺旋钻干成孔灌注成桩，适用于地下水位以上的黏性土、粉土、素填土、中等密实以上的砂土以及对噪声或泥浆污染要求严格的场地。

2）长螺旋钻中心压灌灌注成桩，适用于黏性土、粉土、砂土；对含有卵石夹层场地，宜通过现场试验确定其适用性。北京某工程卵石粒径不大于60mm，卵石层厚度不大于4m，卵石含量不大于30%，采用长螺旋施工工艺取得了成功。目前城区施工对噪声或泥浆污染要求严格，可优先选用该工法。

3）振动沉管灌注成桩，适用于粉土、黏性土及素填土地基及对振动和噪声污染要求不严格的场地。

4）泥浆护壁成孔灌注成桩，适用于地下水位以下的黏性土、粉土、砂土、填土、碎石土及风化岩层。

若地基土是松散的饱和粉土、粉细砂，以消除液化和提高地基承载力为目的，此时应选择振动沉管桩机施工；振动沉管灌注成桩属挤土成桩工艺，对桩间土具有挤（振）密效应。但振动沉管灌注成桩工艺难以穿透厚的硬土层、砂层和卵石层等。在饱和黏性土中成桩，会造成地表隆起，已打桩被挤断，且振动和噪声污染严重，在城市居民区施工受到限制。在夹有硬的黏性土时，可采用长螺旋钻机引孔，再用振动沉管打桩机制桩。

长螺旋钻干成孔灌注成桩适用于地下水位以上的黏性土、粉土、素填土、中等密实以上的砂土，属非挤土（或部分挤土）成桩工艺，该工艺具有穿透能力强、无振动、低噪声、无泥浆污染等特点，但要求桩长范围内无地下水，以保证成孔时不塌孔。

长螺旋钻中心压灌成桩工艺，是国内近几年来使用比较广泛的一种工艺，属非挤土（或部分挤土）成桩工艺，具有穿透能力强、无泥皮、无沉渣、低噪声、无振动、无泥浆污染、施工效率高及质量容易控制等特点。

长螺旋钻孔灌注成桩和长螺旋钻中心压灌成桩工艺，在城市居民区施工，对周围居民和环境的影响较小。

对桩长范围和桩端有承压水的土层，应选用泥浆护壁成孔灌注成桩工艺。当桩端具有高水头承压水采用长螺旋钻中心压灌成桩或振动沉管灌注成桩，承压水沿着桩体渗流，把水泥和细骨料带走，桩体强度严重降低，导致发生施工质量事故。泥浆护壁成孔灌注成桩，成孔过程消除了发生渗流的水力条件，成桩质量容易保障。

2 振动沉管灌注成桩和长螺旋钻中心压灌成桩施工除应执行国家现行有关规定外，尚应符合下列要求：

1）振动沉管施工应控制拔管速度，拔管速度太快易造成桩径偏小或缩颈断桩。

为考察拔管速度对成桩桩径的影响，在南京浦镇车辆厂工地做了三种拔管速度的试验：拔管速度为1.2m/min时，成桩后开挖测桩径为380mm（沉管为ϕ377管）；拔管速度为2.5m/min，沉管拔出地面后，约0.2m³的混合料被带到地表，开挖后测桩径为360mm；拔管速度为0.8m/min时，成桩后发现桩顶浮浆较多。经大量工程实践认为，拔管速率控制在1.2m/min～1.5m/min是适宜的。

2）长螺旋钻中心压灌成桩施工

长螺旋钻中心压灌成桩施工，选用的钻机钻杆顶部必须有排气装置，当桩端土为饱和粉土、砂土、卵石且水头较高时宜选用下开式钻头。基础埋深较大时，宜在基坑开挖后的工作面上施工，工作面宜高出设计桩顶标高300mm～500mm，工作面土较软时应采取相应施工措施（铺碎石、垫钢板等），保证桩机正常施工。基坑较浅在地表打桩或部分开挖空孔打桩

时，应加大保护桩长，并严格控制桩位偏差和垂直度；每方混合料中粉煤灰掺量宜为70kg～90kg，坍落度应控制在160mm～200mm，保证施工中混合料的顺利输送。如坍落度太大，易产生泌水、离析，泵压作用下，骨料与砂浆分离，导致堵管。坍落度太小，混合料流动性差，也容易造成堵管。

应杜绝在泵送混合料前提拔钻杆，以免造成桩端处存在虚土或桩端混合料离析、端阻力减小。提拔钻杆中应连续泵料，特别是在饱和砂土、饱和粉土层中不得停泵待料，避免造成混合料离析、桩身缩径和断桩。

桩长范围有饱和粉土、粉细砂和淤泥、淤泥质土，当桩距较小时，新打桩钻进时长螺旋叶片对已打桩周边土剪切扰动，使土结构强度破坏，桩周土侧向约束力降低，处于流动状态的桩体侧向溢出、桩顶下沉，亦即发生所谓窜孔现象。施工时须对已打桩桩顶标高进行监控，发现已打桩桩顶下沉时，正在施工的桩提钻至窜孔土部位停止提钻继续压料，待已打桩混合料上升至桩顶时，在施桩继续泵料提钻至设计标高。为防止窜孔发生，除设计采用大桩长大桩距外，可采用隔桩跳打措施。

3）施工中桩顶标高应高出设计桩顶标高，留有保护桩长。

4）成桩过程中，抽样做混合料试块，每台机械一天应做一组（3块）试块（边长为150mm的立方体），标准养护，测定其28d立方体抗压强度。

3 冬期施工时，应采取措施避免混合料在初凝前受冻，保证混合料入孔温度大于5℃，根据材料加热难易程度，一般优先加热拌合水，其次是加热砂和石混合料，但温度不宜过高，以免造成混合料假凝无法正常泵送，泵送管路也应采取保温措施。施工完清除保护土层和桩头后，应立即对桩间土和桩头采用草帘等保温材料进行覆盖，防止桩间土冻胀而造成桩体拉断。

4 长螺旋钻中心压灌成桩施工中存在钻孔弃土。对弃土和保护土层采用机械、人工联合清运时，应避免机械设备超挖，并应预留至少200mm用人工清除，防止造成桩头断裂和扰动桩间土层。对软土地区，为防止发生断桩，也可根据地区经验在桩顶一定范围配置适量钢筋。

5 褥垫层材料可为粗砂、中砂、级配砂石或碎石，碎石粒径宜为5mm～16mm，不宜选用卵石。当基础底面桩间土含水量较大时，应避免采用动力夯实法，以防扰动桩间土。对基底土为较干燥的砂石时，虚铺后可适当洒水再行碾压或夯实。

电梯井和集水坑斜面部位的桩，桩顶须设置褥垫层，不得直接和基础的混凝土相连，防止桩顶承受较大水平荷载。工程中一般做法见图11。

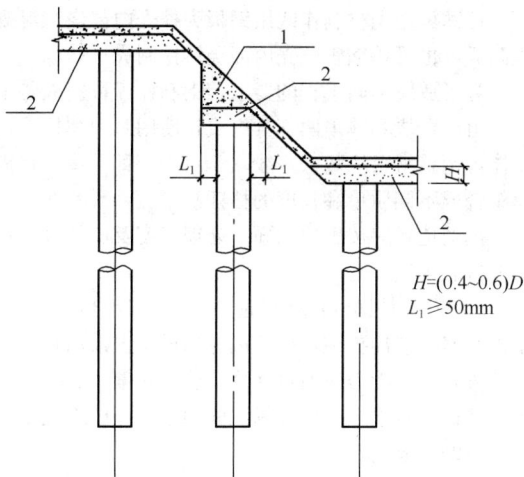

图 11　井坑斜面部位褥垫层做法示意图
1—素混凝土垫层；2—褥垫层

7.7.4　本条是对水泥粉煤灰碎石桩复合地基质量检验的规定。

7.8　柱锤冲扩桩复合地基

7.8.1　柱锤冲扩桩复合地基的加固机理主要有以下四点：

1　成孔及成桩过程中对原土的动力挤密作用；

2　对原地基土的动力固结作用；

3　冲扩桩充填置换作用（包括桩身及挤入桩间土的骨料）；

4　碎砖三合土填料生石灰的水化和胶凝作用（化学置换）。

上述作用依不同土类而有明显区别。对地下水位以上杂填土、素填土、粉土及可塑状态黏性土、黄土等，在冲孔过程中成孔质量较好，无塌孔及缩颈现象，孔内无积水，成桩过程中地面不隆起甚至下沉，经检测孔底及桩间土在成孔及成桩过程中得到挤密，试验表明挤密土影响范围约为（2～3）倍桩径。而对地下水位以下饱和土层冲孔时塌孔严重，有时甚至无法成孔，在成桩过程中地面隆起严重，经检测桩底及桩间土挤密效果不明显，桩身质量也较难保证，因此对上述土层应慎用。

7.8.2　近年来，随着施工设备能力的提高，处理深度已超过6m，但不宜大于10m，否则处理效果不理想。对于湿陷性黄土地区，其地基处理深度及复合地基承载力特征值，可按当地经验确定。

7.8.3　柱锤冲扩桩复合地基，多用于中、低层房屋或工业厂房。因此对大型、重要的工程以及场地条件复杂的工程，在正式施工前应进行成桩试验及试验性施工。根据现场试验取得的资料进行设计，制定施工方案。

7.8.4　本条是柱锤冲扩桩复合地基的设计要求：

1　地基处理的宽度应超过基础边缘一定范围，主要作用在于增强地基的稳定性，防止基底下被处理土层在附加应力作用下产生侧向变形，因此原天然土层越软，加宽的范围应越大。通常按压力扩散角 $\theta=30°$ 来确定加固范围的宽度，并不少于（1～3）排桩。

用柱锤冲扩桩法处理可液化地基应适当加大处理宽度。对于上部荷载较小的室内非承重墙及单层砖房可仅在基础范围内布桩。

2　对于可塑状态黏性土、黄土等，因靠冲扩桩的挤密来提高桩间土的密实度，所以采用等边三角形布桩有利，可使地基挤密均匀。对于软黏土地基，主要靠置换。考虑到施工方便，以正方形或等边三角形的布桩形式最为常用。

桩间距与设计要求的复合地基承载力、原地基土的性质有关，根据经验，桩距一般可取 1.2m～2.5m或取桩径的（2～3）倍。

3　柱锤冲扩桩桩径设计应考虑下列因素：

1)　柱锤直径：现已经形成系列，常用直径为300mm～500mm，如 $\phi 377$ 公称锤，就是377mm 直径的柱锤。

2)　冲孔直径：它是冲孔达到设计深度时，地基被冲击成孔的直径，对于可塑状态黏性土其成孔直径往往比桩径要大。

3)　桩径：它是桩身填料夯实后的平均直径，比冲孔直径大，如 $\phi 377$ 柱锤夯实后形成的桩径可达 600mm～800mm。因此，桩径不是一个常数，当土层松软时，桩径就大，当土层较密时，桩径就小。

设计时一般先根据经验假设桩径，假设时应考虑柱锤规格、土质情况及复合地基的设计要求，一般常用 $d=500mm～800mm$，经试成桩后再确定设计桩径。

4　地基处理深度的确定应考虑：1）软弱土层厚度；2）可液化土层厚度；3）地基变形等因素。限于设备条件，柱锤冲扩桩法适用于 10m 以内的地基处理，因此当软弱土层较厚时应进行地基变形和下卧层地基承载力验算。

5　柱锤冲扩桩法是从地下向地表进行加固，由于地表侧向约束小，加之成桩过程中桩间土隆起造成桩顶及槽底土质松动，因此为保证地基处理效果及扩散基底压力，对低于槽底的松散桩头及松软桩间土应予以清除，换填砂石垫层，采用振动压路机或其他设备压实。

6　桩体材料推荐采用以拆房为主组成的碎砖三合土，主要是为了降低工程造价，减少杂土丢弃对环境的污染。有条件时也可以采用级配砂石、矿渣、灰土、水泥混合土等。当采用其他材料缺少足够的工程经验时，应经试验确定其适用性和配合比等有关参数。

碎砖三合土的配合比（体积比）除设计有特殊要求外，一般可采用 1：2：4（生石灰：碎砖：黏性土）对地下水位以下流塑状态松软土层，宜适当加大碎砖及生石灰用量。碎砖三合土中的石灰宜采用块状生石灰，CaO含量应在80%以上。碎砖三合土中的土料，尽量选用就地坑开挖出的黏性土料，不应含有机物料（如油毡、苇草、木片等），不应使用淤泥质土、盐渍土和冻土。土料含水量对桩身密实度影响较大，因此应采用最佳含水量进行施工，考虑实际施工时土料来源及成分复杂，根据大量工程实践经验，采用目力鉴别即手握成团、落地开花即可。

为了保证桩身均匀及触探试验的可靠性，碎砖粒径不宜大于120mm，如条件容许碎砖粒径控制在60mm左右最佳，成桩过程中严禁使用粒径大于240mm砖料及混凝土块。

7　柱锤冲扩三合土，桩身密实度及承载力因受桩间土影响而较离散，因此规范规定应按复合地基静载荷试验确定其承载力。初步设计时也可按本规范式（7.1.5-1）进行估算，该式是根据桩和桩间土通过刚性基础共同承担上部荷载而推导出来的。式中桩土应力比 n 是根据部分静载荷试验资料而实测出来的，在无实测资料时可取2～4，桩间土承载力低时取大值。加固后桩间土承载力 f_{sk} 应根据土质条件及设计要求确定，当天然地基承载力特征值 $f_{ak} \geqslant 80kPa$ 时，可取加固前天然地基承载力进行估算；对于新填沟坑、杂填土等松软土层，可按当地经验或经现场试验根据重型动力触探平均击数 $\overline{N}_{63.5}$ 参考表20确定。

表20　桩间土 $\overline{N}_{63.5}$ 和 f_{sk} 关系表

$\overline{N}_{63.5}$	2	3	4	5	6	7
f_{sk}（kPa）	80	110	130	140	150	160

注：1　计算 $\overline{N}_{63.5}$ 时应去掉10%的极大值和极小值，当触探深度大于4m时，$N_{63.5}$ 应乘以0.9折减系数；
　　2　杂填土及饱和松软土层，表中 f_{sk} 应乘以0.9折减系数。

8　加固后桩间土压缩模量可按当地经验或根据加固后桩间土重型动力触探平均击数 $\overline{N}_{63.5}$ 参考表21选用。

表21　桩间土 E_s 和 $\overline{N}_{63.5}$ 关系表

$\overline{N}_{63.5}$	2	3	4	5	6
E_s（kPa）	4.0	6.0	7.0	7.5	8.0

7.8.5　本条是柱锤冲扩桩复合地基的施工要求：

1　目前采用的系列柱锤如表22所示：

表22　柱锤明细表

序号	规　格			锤底形状
	直径（mm）	长度（m）	质量（t）	
1	325	2～6	1.0～4.0	凹形底
2	377	2～6	1.5～5.0	凹形底
3	500	2～6	3.0～9.0	凹形底

注：封顶或拍底时，可采用质量2t～10t的扁平重锤进行。

柱锤可用钢材制作或用钢板为外壳内部浇筑混凝土制成，也可用钢管外壳内部浇铸铁制成。

为了适应不同工程的要求，钢制柱锤可制成装配式，由组合块和锤顶两部分组成，使用时用螺栓连成整体，调整组合块数（一般0.5t/块），即可按工程需要组合成不同质量和长度的柱锤。

锤型选择应按土质软硬、处理深度及成桩直径经试成桩后确定。

2　升降柱锤的设备可选用10t～30t自行杆式起重机和多功能冲扩桩机或其他专用设备，采用自动脱钩装置，起重能力应通过计算（按锤质量及成孔时土层对柱锤的吸附力）或现场试验确定，一般不应小于锤质量的（3～5）倍。

3　场地平整、清除障碍物是机械作业的基本条件。当加固深度较深，柱锤长度不够时，也可采取先挖出一部分土，然后再进行冲扩施工。

柱锤冲扩桩法成孔方式有如下三种：

1）冲击成孔：最基本的成孔工艺，条件是冲孔时孔内无明水、孔壁直立、不塌孔、不缩颈。

2）填料冲击成孔：当冲击成孔出现塌孔或缩颈时，采用本法。这时的填料与成桩填料不同，主要目的是吸收孔壁附近地基中的水分，密实孔壁，使孔壁直立、不塌孔、不缩颈。碎砖及生石灰能够显著降低土壤中的水分，提高桩间土承载力，因此填料冲击成孔时应采用碎砖及生石灰块。

3）二次复打成孔：当采用填料冲击成孔施工工艺也不能保证孔壁直立、不塌孔、不缩颈时，应采用本方案。在每一次冲扩时，填料以碎砖、生石灰为主，根据土质不同采用不同配比，其目的是吸收土壤中水分，改善原土性状，第二次复打成孔后要求孔壁直立、不塌孔，然后边填料边夯实形成桩体。

套管成孔可解决塌孔及缩颈问题，但其施工工艺较复杂，因此只在特殊情况下使用。

桩体施工的关键是分层填料量、分层夯实厚度及总填料量。

施工前应根据试成桩及设计要求的桩径和桩长进行确定。填料充盈系数不宜小于1.5。

每根桩的施工记录是工程质量管理的重要环节，所以必须设专门技术人员负责记录工作。

要求夯填至桩顶设计标高以上，主要是为了保证桩顶密实度。当不能满足上述要求时，应进行面层夯实或采用局部换填处理。

7.8.6　柱锤冲扩桩法夯击能量较大，易发生地面隆起，造成表层桩和桩间土出现松动，从而降低处理效果，因此成孔及填料夯实的施工顺序宜间隔进行。

7.8.7 本条是柱锤冲扩桩复合地基的质量检验要求：

1 柱锤冲扩桩质量检验程序：施工中自检、竣工后质检部门抽检、基槽开挖后验槽三个环节。对质量有怀疑的工程桩，应采用重型动力触探进行自检。实践证明这是行之有效的，其中施工单位自检尤为重要。

2 采用柱锤冲扩桩处理的地基，其承载力是随着时间增长而逐步提高的，因此要求在施工结束后休止 14d 再进行检验，实践证明这样方便施工也是偏于安全的，对非饱和土和粉土休止时间可适当缩短。

桩身及桩间土密实度检验宜采用重型动力触探进行。检验点应随机抽样并经设计或监理认定，检测点不少于总桩数的 2% 且不少于 6 组（即同一检测点桩身及桩间土分别进行检验）。当土质条件复杂时，应加大检验数量。

柱锤冲扩桩复合地基质量评定主要包括地基承载力及均匀程度。复合地基承载力与桩身及桩间土动力触探击数的相关关系应经对比试验按当地经验确定。

6 基槽开挖检验的重点是桩顶密实度及槽底土质情况。由于柱锤冲扩桩施工工艺的特点是冲孔后自下而上成桩，即由下往上对地基进行加固处理，由于顶部上覆压力小，容易造成桩顶及槽底土质松动，而这部分又是直接持力层，因此应加强对桩顶特别是槽底以下 1m 厚范围内土质的检验，检验方法根据土质情况可采用轻便触探或动力触探进行。桩位偏差不宜大于 1/2 桩径。

7.9 多桩型复合地基

7.9.1 本节涉及的多桩型复合地基内容仅对由两种桩型处理形成的复合地基进行了规定，两种以上桩型的复合地基设计、施工与检测应通过试验确定其适用性和设计、施工参数。

7.9.2 本条为多桩型复合地基的设计原则。采用多桩型复合地基处理，一般情况下场地土具有特殊性，采用一种增强体处理后达不到设计要求的承载力或变形要求，而采用一种增强体处理特殊性土，减少其特殊性的工程危害，再采用另一种增强体处理使之达到设计要求。

多桩型复合地基的工作特性，是在等变形条件下的增强体和地基土共同承担荷载，必须通过现场试验确定设计参数和施工工艺。

7.9.3 工程中曾出现采用水泥粉煤灰碎石桩和静压高强预应力管桩组合的多桩型复合地基，采用了先施工挤土的静压高强预应力管桩，后施工排土的水泥粉煤灰碎石桩的施工方案，但通过检测发现预制桩单桩承载力与理论计算值存在较大差异，分析原因，系桩端阻力与同场地高强预应力管桩相比有明显下降所

致，水泥粉煤灰碎石桩的施工对已施工的高强预应力管桩桩端上下一定范围灵敏度相对较高的粉土及桩端粉砂产生了扰动。因此，对类似情况，应充分考虑后施工桩对已施工增强体或桩体承载力的影响。无地区经验时，应通过试验确定方案的适用性。

7.9.4 本条为建筑工程采用多桩型复合地基处理的布桩原则。处理特殊土，原则上应扩大处理面积，保证处理地基的长期稳定性。

7.9.5 根据近年来复合地基理论研究的成果，复合地基的垫层厚度与增强体直径、间距、桩间土承载力发挥度和复合地基变形控制等有关，褥垫层过厚会形成较深的负摩阻区，影响复合地基增强体承载力的发挥；褥垫层过薄复合地基增强体水平受力过大，容易损坏，同时影响复合地基桩间土承载力的发挥。

7.9.6 多桩型复合地基承载力特征值应采用多桩复合地基承载力静载荷试验确定，初步设计时的设计参数应根据地区经验取用，无地区经验时，应通过试验确定。

7.9.7 面积置换率的计算，当基础面积较大时，实际的布置桩距对理论计算采用的置换率的影响很小，因此当基础面积较大或条形基础较长时，可以单元面积置换率替代。

7.9.8 多桩型复合地基变形计算在理论上可将复合地基的变形分为复合土层变形与下卧土层变形，分别计算后相加得到，其中复合土层的变形计算采用的方法有假想实体法、桩身压缩法、应力扩散法、有限元法等，下卧土层的变形计算一般采用分层总和法。理论研究与实测表明，大多数复合地基的变形计算的精度取决于下卧土层的变形计算精度，在沉降计算经验系数确定后，复合土层底面附加应力的计算取值是关键。该附加应力随上述复合地基沉降计算的方法不同而存在较大的差异，即使采用应力扩散一种方法，也因应力扩散角的取值不同计算结果不同。对多桩型复合地基，复合土层变形及下卧土层顶面附加应力的计算将更加复杂。

工程实践中，本条涉及的多桩复合地基承载力特征值 f_{spk} 可由多桩复合地基静载荷试验确定，但由其中的一种桩处理形成的复合地基承载力特征值 f_{spk1} 的试验，对已施工完成的多桩型复合地基而言，具有一定的难度，有经验时可采用单桩载荷试验结果结合桩间土的承载力特征值计算确定。

多桩型复合地基承载力、变形计算工程实例：

1 工程概况

某工程高层住宅 22 栋，地下车库与主楼地下室基本连通。2 号住宅楼为地下 2 层地上 33 层的剪力墙结构，裙房采用框架结构，筏形基础，主楼地基采用多桩型复合地基。

2 地质情况

基底地基土层分层情况及设计参数如表 23。

表 23　地基土层分布及其参数

层号	类别	层底深度（m）	平均厚度（m）	承载力特征值（kPa）	压缩模量（MPa）	压缩性评价
6	粉土	−9.3	2.1	180	13.3	中
7	粉质黏土	−10.9	1.5	120	4.6	高
7−1	粉土	−11.9	1.2	120	7.1	中
8	粉土	−13.8	2.5	230	16.0	低
9	粉砂	−16.1	3.2	280	24.0	低
10	粉砂	−19.4	3.3	300	26.0	低
11	粉土	−24.0	4.5	280	20.0	低
12	细砂	−29.6	5.6	310	28.0	低
13	粉质黏土	−39.5	9.9	310	12.4	中
14	粉质黏土	−48.4	8.9	320	12.7	中
15	粉质黏土	−53.5	5.1	340	13.5	中
16	粉质黏土	−60.5	6.9	330	13.1	中
17	粉质黏土	−67.7	7.0	350	13.9	中

考虑到工程经济性及水泥粉煤灰碎石桩施工可能造成对周边建筑物的影响，采用多桩型长短桩复合地基。长桩选择第 12 层细砂为持力层，采用直径 400mm 的水泥粉煤灰碎石桩，混合料强度等级 C25，桩长 16.5m，设计单桩竖向受压承载力特征值为 R_a =690kN；短桩选择第 10 层细砂为持力层，采用直径 500mm 泥浆护壁素凝土钻孔灌注桩，桩身混凝土强度等级 C25，桩长 12m，设计单桩竖向承载力特征值为 R_a =600kN；采用正方形布桩，桩间距 1.25m。

要求处理后的复合地基承载力特征值 $f_{ak} \geqslant$ 480kPa，复合地基桩平面布置如图 12。

3　复合地基承载力计算

1）单桩承载力

水泥粉煤灰碎石桩、素混凝土灌注桩单桩承载力计算参数见表 24。

表 24　水泥粉煤灰碎石桩钻孔灌注桩侧阻力和端阻力特征值一览表

层号	3	4	5	6	7	7−1	8	9	10	11	12	13
q_{sia} (kPa)	30	18	28	23	18	28	27	32	36	32	38	33
q_{pa} (kPa)									450	450	500	480

水泥粉煤灰碎石桩单桩承载力特征值计算结果 R_1 =690kN，钻孔灌注桩单桩承载力计算结果 R_2 =600kN。

2）复合地基承载力

$$f_{spk} = m_1 \frac{\lambda_1 R_{a1}}{A_{p1}} + m_2 \frac{\lambda_2 R_{a2}}{A_{p2}} + \beta(1 - m_1 - m_2) f_{sk}$$

(16)

式中：$m_1 = 0.04$；$m_2 = 0.064$；

$\lambda_1 = \lambda_2 = 0.9$；

$R_{a1} = 690\text{kN}$，$R_{a2} = 600\text{kN}$；

$A_{p1} = 0.1256$、$A_{p2} = 0.20$；

$\beta = 1.0$；

$f_{sk} = f_{ak} = 180\text{kPa}$（第 6 层粉土）。

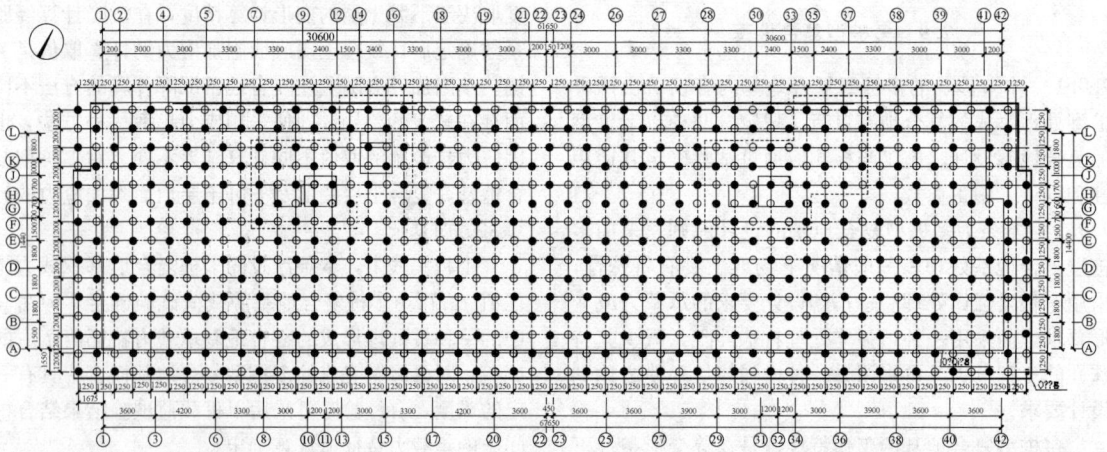

图 12　多桩型复合地基平面布置

复合地基承载力特征值计算结果为 f_{spk} =536.17kPa，复合地基承载力满足设计要求。

4　复合地基变形计算

已知，复合地基承载力特征值 f_{spk} =536.17kPa，计算复合土层模量系数还需计算单由水泥粉煤灰碎石桩（长桩）加固形成的复合地基承载力特征值。

$$f_{spk1} = 0.04 \times 0.9 \times 690/0.1256$$
$$+ 1.0 \times (1 - 0.04) \times 180$$
$$= 371\text{kN}$$

(17)

复合土层上部由长、短桩与桩间土层组成，土层模量提高系数为：

$$\zeta_1 = \frac{f_{spk}}{f_{ak}} = 536.17/180 = 2.98 \quad (18)$$

复合土层下部由长桩（CFG 桩）与桩间土层组成，土层模量提高系数为：

$$\zeta_2 = \frac{f_{spk1}}{f_{ak}} = 371/180 = 2.07 \quad (19)$$

复合地基沉降计算深度，按建筑地基基础设计规范方法确定，本工程计算深度：自然地面以下67.0m，计算参数如表25。

表25 复合地基沉降计算参数

计算层号	土类名称	层底标高（m）	层厚（m）	压缩模量（MPa）	计算压缩模量值（MPa）	模量提高系数（ζ_i）
6	粉土	−9.3	2.1	13.3	35.9	2.98
7	粉质黏土	−10.9	1.5	4.6	12.4	2.98
7−1	粉土	−11.9	1.2	7.1	19.2	2.98
8	粉土	−13.8	2.5	16.0	43.2	2.98
9	粉砂	−16.1	3.2	24.0	64.8	2.98
10	粉砂	−19.4	3.3	26.0	70.2	2.98
11	粉土	−24.0	4.5	20.0	54.0	2.07
12	细砂	−29.6	5.6	28.0	58.8	2.07
13	粉质黏土	−39.5	9.9	12.4	12.4	1.0
14	粉质黏土	−48.4	9.0	12.7	12.7	1.0
15	粉质黏土	−53.5	5.1	13.5	13.5	1.0
16	粉质黏土	−60.5	6.9	13.1	13.1	1.0
17	粉质黏土	−67.7	7.0	13.9	13.9	1.0

按本规范复合地基沉降计算方法计算的总沉降量值：$s = 185.54$mm

取地区经验系数 $\psi_s = 0.2$

沉降量预测值：$s = 37.08$mm

5 复合地基承载力检验

1）四桩复合地基静载荷试验

采用 2.5m×2.5m 方形钢制承压板，压板下铺中砂找平层，试验结果见表26。

表26 四桩复合地基静载荷试验结果汇总表

编号	最大加载量（kPa）	对应沉降量（mm）	承载力特征值（kPa）	对应沉降量（mm）
第1组（f1）	960	28.12	480	8.15
第2组（f2）	960	18.54	480	6.35
第3组（f3）	960	27.75	480	9.46

2）单桩静载荷试验

采用堆载配重方法进行，结果见表27。

表27 单桩静载荷试验结果汇总表

桩型	编号	最大加载量（kN）	对应沉降量（mm）	极限承载力（kN）	特征值对应的沉降量（mm）
CFG 桩	d1	1380	5.72	1380	5.05
	d2	1380	10.20	1380	2.45
	d3	1380	14.37	1380	3.70
素混凝土灌注桩	d4	1200	8.31	1200	3.05
	d5	1200	9.95	1200	2.41
	d6	1200	9.39	1200	3.28

三根水泥粉煤灰碎石桩的桩竖向极限承载力统计值为1380kN，单桩竖向承载力特征值为690kN。三根素混凝土灌注桩的单桩竖向承载力统计值为1200kN，单桩竖向承载力特征值为600kN。

表26中复合地基试验承载力特征值对应的沉降量均较小，平均仅为8mm，远小于本规范按相对变形法对应的沉降量 0.008×2000＝16mm，表明复合地基承载力尚没有得到充分发挥。这一结果将导致沉降计算时，复合土层模量系数被低估，实测结果小于预测结果。

表27中可知，单桩承载力达到承载力特征值2倍时，沉降量一般小于10mm，说明桩承载力尚有较大的富裕，单桩承载力特征值并未得到准确体现，这与复合地基上述结果相对应。

6 地基沉降量监测结果

图13为采用分层沉降标监测方法测得的复合地

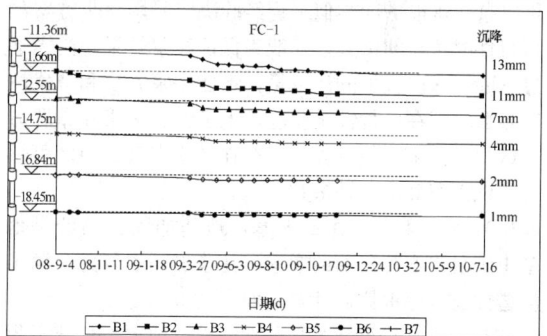

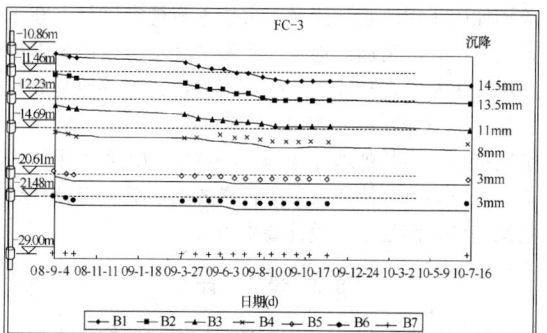

图13 分层沉降变形曲线

基沉降结果，基准沉降标位于自然地面以下 40m。由于结构封顶后停止降水，水位回升导致沉降标失灵，未能继续进行分层沉降监测。

"沉降-时间曲线"显示沉降发展平稳，结构主体封顶时的复合土层沉降量约为 12mm～15mm，假定此时已完成最终沉降量的 50％～60％，按此结果推算最终沉降量应为 20mm～30mm，小于沉降量预测值 37.08mm。

7.9.11 多桩型复合地基的载荷板尺寸原则上应与计算单元的几何尺寸相等。

8 注 浆 加 固

8.1 一 般 规 定

8.1.1 注浆加固包括静压注浆加固、水泥搅拌注浆加固和高压旋喷注浆加固等。水泥搅拌注浆加固和高压旋喷注浆加固可参照本规范第 7.3 节、第 7.4 节。

对建筑地基，选用的浆液主要为水泥浆液、硅化浆液和碱液。注浆加固过程中，流动的浆液具有一定的压力，对地基土有一定的渗透力和劈裂作用，其适用的土层较广。

8.1.2 由于地质条件的复杂性，要针对注浆加固目的，在注浆加固设计前进行室内浆液配比试验和现场注浆试验是十分必要的。浆液配比的选择也应结合现场注浆试验，试验阶段可选择不同浆液配比。现场注浆试验包括注浆方案的可行性试验、注浆孔布置方式试验和注浆工艺试验三方面。可行性试验是当地基条件复杂，难以借助类似工程经验决定采用注浆方案的可行性时进行的试验。一般为保证注浆效果，尚需通过试验寻求以较少的注浆量，最佳注浆方法和最优注浆参数，即在可行性试验基础上进行、注浆孔布置方式试验和注浆工艺试验。只有在经验丰富的地区可参考类似工程确定设计参数。

8.1.3、8.1.4 对建筑地基，地基加固目的就是地基土满足强度和变形的要求，注浆加固也如此，满足渗透性要求应根据设计要求而定。

对于既有建筑地基基础加固以及地下工程施工超前预加固采用注浆加固时，可按本节规定进行。在工程实践中，注浆加固地基的实例虽然很多，但大多数应用在坝基工程和地下开挖工程中，在建筑地基处理工程中注浆加固主要作为一种辅助措施和既有建筑物加固措施，当其他地基处理方法难以实施时才予以考虑。所以，工程使用时应进行必要的试验，保证注浆的均匀性，满足工程设计要求。

8.2 设 计

8.2.1 水泥为主剂的浆液主要包括水泥浆、水泥砂浆和水泥水玻璃浆。

水泥浆液是地基治理、基础加固工程中常用的一种胶结性好、结石强度高的注浆材料，一般施工要求水泥浆的初凝时间既能满足浆液设计的扩散要求，又不至于被地下水冲走，对渗透系数大的地基还需尽可能缩短初、终凝时间。

地层中有较大裂隙、溶洞，耗浆量很大或有地下水活动时，宜采用水泥砂浆，水泥砂浆由水灰比不大于 1.0 的水泥浆掺砂配成，与水泥浆相比有稳定性好、抗渗能力强和析水率低的优点，但流动性小，对设备要求较高。

水泥水玻璃浆广泛用于地基、大坝、隧道、桥墩、矿井等建筑工程，其性能取决于水泥浆水灰比、水玻璃浓度和加入量、浆液养护条件。

对填土地基，由于其各向异性，对注浆量和方向不好控制，应采用多次注浆施工，才能保证工程质量。

8.2.2 硅化注浆加固的设计要求如下：

1 硅化加固法适用于各类砂土、黄土及一般黏性土。通常将水玻璃及氯化钙先后用下部具有细孔的钢管压入土中，两种溶液在土中相遇后起化学反应，形成硅酸胶填充在孔隙中，并胶结土粒。对渗透系数 $k=(0.10～2.00)m/d$ 的湿陷性黄土，因土中含有硫酸钙或碳酸钙，只需用单液硅法，但通常加氯化钠溶液作为催化剂。

单液硅化法加固湿陷性黄土地基的灌注工艺有两种。一是压力灌注，二是溶液自渗（无压）。压力灌注溶液的速度快，扩散范围大，灌注溶液过程中，溶液与土接触初期，尚未产生化学反应，在自重湿陷性严重的场地，采用此法加固既有建筑物地基，附加沉降可达 300mm 以上，对既有建筑物显然是不允许的。故本条规定，压力灌注可用于加固自重湿陷性场地上拟建的设备基础和构筑物的地基，也可用于加固非自重湿陷性黄土场地上既有建筑物和设备基础的地基。因为非自重湿陷性黄土有一定的湿陷起始压力，基底附加应力不大于湿陷起始压力或虽大于湿陷起始压力但数值不大时，不致出现附加沉降，并已为大量工程实践和试验研究资料所证明。

压力灌注需要用加压设备（如空压机）和金属灌注管等，成本相对较高，其优点是加固范围较大，不只是可加固基础侧向，而且可加固既有建筑物基础底面以下的部分土层。

溶液自渗的速度慢，扩散范围小，溶液与土接触初期，对既有建筑物和设备基础的附加沉降很小（10mm～20mm），不超过建筑物地基的允许变形值。

此工艺是在 20 世纪 80 年代初发展起来的，在现场通过大量的试验研究，采用溶液自渗加固了大厚度自重湿陷性黄土场地上既有建筑物和设备基础的地基，控制了建筑物的不均匀沉降及裂缝继续发展，并恢复了建筑物的使用功能。

溶液自渗的灌注孔可用钻机或洛阳铲成孔，不需要用灌注管和加压等设备，成本相对较低，含水量不大于 20%、饱和度不大于 60% 的地基土，采用溶液自渗较合适。

2 水玻璃的模数值是二氧化硅与氧化钠（百分率）之比，水玻璃的模数值愈大，意味着水玻璃中含 SiO_2 的成分愈多。因为硅化加固主要是由 SiO_2 对土的胶结作用，所以水玻璃模数值的大小直接影响加固土的强度。试验研究表明，模数值 $\frac{SiO_2 \%}{Na_2O \%}$ 小时，偏硅酸钠溶液加固土的强度很小，完全不适合加固土的要求，模数值在 2.5～3.0 范围内的水玻璃溶液，加固土的强度可达最大值，模数值超过 3.3 以上时，随着模数值的增大，加固土的强度反而降低，说明 SiO_2 过多对土的强度有不良影响，因此本条规定采用单液硅化加固湿陷性黄土地基，水玻璃的模数值宜为 2.5～3.3。湿陷性黄土的天然含水量较小，孔隙中一般无自由水，采用浓度（10%～15%）低的硅酸钠（俗称水玻璃）溶液注入土中，不致被孔隙中的水稀释，此外，溶液的浓度低，黏滞度小，可灌性好，渗透范围较大，加固土的无侧限抗压强度可达 300kPa 以上，并对降低加固土的成本有利。

3 单液硅化加固湿陷性黄土的主要材料为液体水玻璃（即硅酸钠溶液），其颜色多为透明或稍许混浊，不溶于水的杂质含量不得超过规定值。

6 加固湿陷性黄土的溶液用量，按公式（8.2.2-1）进行估算，并可控制工程总预算及硅酸钠溶液的总消耗量，溶液填充孔隙的系数是根据已加固的工程经验得出的。

7 从工厂购进的水玻璃溶液，其浓度通常大于加固湿陷性黄土所要求的浓度，相对密度多为 1.45 或大于 1.45，注入土中时的浓度宜为 10%～15%，相对密度为 1.13～1.15，故需要按式（8.2.2-2）计算加水量，对浓度高的水玻璃溶液进行稀释。

8 加固既有建（构）筑物和设备基础的地基，不可能直接在基础底面下布置灌注孔，而只能在基础侧向（或周边）布置灌注孔，因此基础底面下的土层难以达到加固要求，对基础侧向地基土进行加固，可以防止侧向挤出，减小地基的竖向变形，每侧布置一排灌注孔加固土体很难连成整体，故本条规定每侧布置灌注孔不宜少于 2 排。

当基础底面宽度大于 3m 时，除在基础每侧布置 2 排灌注孔外，是否需要布置斜向基础底面的灌注孔，可根据工程具体情况确定。

8.2.3 碱液注浆加固的设计要求如下：

1 为提高地基承载力在自重湿陷性黄土地区单独采用注浆加固的较少，而且加固深度不足 5m。为防止采用碱液加固施工期间既有建筑物地基产生附加沉降，本条规定，在自重湿陷性黄土场地，当采用碱液法加固时，应通过试验确定其可行性，待取得经验后再逐步扩大其应用范围。

2 室内外试验表明，当 100g 干土中可溶性和交换性钙镁离子含量不少于 10mg·eq 时，灌入氢氧化钠溶液都可得到较好的加固效果。

氢氧化钠溶液注入土中后，土粒表层会逐渐发生膨胀和软化，进而发生表面的相互溶合和胶结（钠铝硅酸盐类胶结），但这种溶合胶结是非水稳性的，只有在土粒周围存在有 $Ca(OH)_2$ 和 $Mg(OH)_2$ 的条件下，才能使这种胶结构成为强度高且具有水硬性的钙铝硅酸盐络合物。这些络合物的生成将使土粒牢固胶结，强度大大提高，并且具有充分的水稳性。

由于黄土中钙、镁离子含量一般都较高（属于钙、镁离子饱和土），故采用单液加固已足够。如钙、镁离子含量较低，则需考虑采用碱液与氯化钙溶液的双液法加固。为了提高碱液加固黄土的早期强度，也可适当注入一定量的氯化钙溶液。

3 碱液加固深度的确定，关系到加固效果和工程造价，要保证加固效果良好而造价又低，就需要确定一个合理的加固深度。碱液加固法适宜于浅层加固，加固深度不宜超过 4m～5m。过深除增加施工难度外，造价也较高。当加固深度超过 5m 时，应与其他加固方法进行技术经济比较后，再行决定。

位于湿陷性黄土地基上的基础，浸水后产生的湿陷量可分为由附加压力引起的湿陷以及由饱和自重压力引起的湿陷，前者一般称为外荷湿陷，后者称为自重湿陷。

有关浸水载荷试验资料表明，外荷湿陷与自重湿陷影响深度是不同的。对非自重湿陷性黄土地基只存在外荷湿陷。当其基底压力不超过 200kPa 时，外荷湿陷影响深度约为基础宽度的（1.0～2.4）倍，但 80%～90% 的外荷湿陷量集中在基底下 $1.0b$～$1.5b$ 的深度范围内，其下所占的比例很小。对自重湿陷性黄土地基，外荷湿陷影响深度则为 $2.0b$～$2.5b$，在湿陷影响深度下限处土的附加压力与饱和自重压力的比值为 0.25～0.36，其值较一般确定压缩层下限标准 0.2（对一般土）或 0.1（对软土）要大得多，故外荷湿陷影响深度小于压缩层深度。

位于黄土地基上的中小型工业与民用建筑物，其基础宽度多为 1m～2m。当基础宽度为 2m 或 2m 以上时，其外荷湿陷影响深度将超过 4m，为避免加固深度过大，当基础较宽，也即外荷湿陷影响深度较大时，加固深度可减少到 $1.5b$～$2.0b$，这时可消除 80%～90% 的外荷湿陷量，从而大大减轻湿陷的危害。

对自重湿陷性黄土地基，试验研究表明，当地基属于自重湿陷不敏感或不很敏感类型时，如浸水范围小，外荷湿陷将占到总湿陷的 87%～100%，自重湿陷将不产生或产生的不充分。当基底压力不超过

200kPa 时，其外荷湿陷影响深度为 2.0b～2.5b，故本规范建议，对于这类地基，加固深度为 2.0b～3.0b，这样可基本消除地基的全部外荷湿陷。

4 试验表明，碱液灌注过程中，溶液除向四周渗透外，还向灌注孔上下各外渗一部分，其范围约相当于有效加固半径 r。但灌注孔以上的渗出范围，由于溶液温度高，浓度也相对较大，故土体硬化快，强度高；而灌注孔以下部分，则因溶液温度和浓度都已降低，故强度较低。因此，在加固厚度计算时，可将孔下部渗出范围略去，而取 h＝l＋r，偏于安全。

5 每一灌注孔加固后形成的加固土体可近似看做一圆柱体，这圆柱体的平均半径即为有效加固半径。灌液过程中，水分渗透距离远较加固范围大。在灌注孔四周，溶液温度高，浓度也相对较大；溶液往四周渗透中，溶液的浓度和温度都会逐渐降低，故加固体强度也相应由高到低。试验结果表明，无侧限抗压强度－距离关系曲线近似为一抛物线，在加固柱体外缘，由于土的含水量增高，其强度比未加固的天然土还低。灌液试验中一般可取加固后无侧限抗压强度高于天然土无侧限抗压强度平均值 50% 以上的土体为有效加固体，其值大约在 100kPa～150kPa 之间。有效加固体的平均半径即为有效加固半径。

从理论上讲，有效加固半径随溶液灌注量的增大而增大，但实际上，当溶液灌注超过某一定数量后，加固体积并不与灌注量成正比，这是因为外渗范围过大时，外围碱液浓度大大降低，起不到加固作用。因此存在一个较经济合理的加固半径。试验表明，这一合理半径一般为 0.40m～0.50m。

6 碱液加固一般采用直孔，很少采用斜孔。如灌注孔紧贴基础边缘，则有一半加固体位于基底以下，已起到承托基础的作用，故一般只需沿条形基础两侧或单独基础周边各布置一排孔即可。如孔距为 1.8r～2.0r，则加固连成一体，相当于在原基础两侧或四周设置了桩与周围未加固土体组成复合地基。

7 湿陷性黄土的饱和度一般在 15%～77% 范围内变化，多数在 40%～50% 左右，故溶液充填土的孔隙时不可能全部取代原有水分，因此充填系数取 0.6～0.8。举例如下，如加固 1.0m³ 黄土，设其天然孔隙率为 50%，饱和度为 40%，则原有水分体积为 0.2m³。当碱液充填系数为 0.6 时，则 1.0m³ 土中注入碱液为 (0.3×0.6×0.5) m³，孔隙将被溶液全部充满，饱和度达 100%。考虑到溶液注入过程中可能将取代原土粒周围的部分弱结合水，这时可取充填系数为 0.8，则注入碱液量为 (0.4×0.8×0.5) m³，将有 0.1m³ 原有水分被挤出。

考虑到黄土的大孔隙性质，将有少量碱液顺大孔隙流失，不一定能均匀地向四周渗透，故实际施工时，应使碱液灌注量适当加大，本条建议取工作条件系数为 1.1。

8.3 施 工

8.3.1 本条为水泥为主剂的注浆施工的基本要求。在实际施工过程中，常出现如下现象：

1 冒浆：其原因有多种，主要有注浆压力大、注浆段位置埋深浅、有孔隙通道等，首先应查明原因，再采用控制性措施：如降低注浆压力，或采用自流式加压；提高浆液浓度或掺砂，加入速凝剂；限制注浆量，控制单位吸浆量不超过 30L/min～40L/min；堵塞冒浆部位，对严重冒浆部位先灌混凝土盖板，后注浆。

2 窜浆：主要由于横向裂隙发育或孔距小；可采用跳孔间隔注浆方式；适当延长相邻两序孔间施工时间间隔；如窜浆孔为待注孔，可同时并联注浆。

3 绕塞返浆：主要有注浆段孔壁不完整、橡胶塞压缩量不足、上段注浆时裂隙未封闭或注浆后待凝时间不够，水泥强度过低等原因。实际注浆过程中严格按要求尽量增加待时间。另外还有漏浆、地面抬升、埋塞等现象。

8.3.2 本条为硅化注浆施工的基本要求。

1 压力灌注溶液的施工步骤除配溶液等准备工作外，主要分为打灌注管和灌注溶液。通常自基础底面标高起向下分层进行，先施工第一加固层，完成后再施工第二加固层，在灌注溶液过程中，应注意观察溶液有无上冒（即冒出地面）现象，发现溶液上冒应立即停止灌注，分析原因，采取措施，堵塞溶液不出现上冒后，再继续灌注。打灌注管及连接胶皮管时，应精心施工，不得摇动灌注管，以免灌注管壁与土接触不严，形成缝隙，此外，胶皮管与灌注管连接完毕后，还应将灌注管上部及其周围 0.5m 厚的土层进行夯实，其干密度不得小于 1.60g/cm³。

加固既有建筑物地基，在基础侧向应先施工外排，后施工内排，间隔 1 孔～3 孔进行打灌注管和灌注溶液。

2 溶液自渗的施工步骤除配溶液与压力灌注相同外，打灌注孔及灌注溶液与压力灌注有所不同，灌注孔直接钻（或打）至设计深度，不需分层施工，可用钻机或洛阳铲成孔，采用打管成孔时，孔成后应管拔出，孔径一般为 60mm～80mm。

溶液自渗不需要灌注管及加压设备，而是通过灌注孔直接渗入欲加固的土层中，在自渗过程中，溶液无上冒现象，每隔一定时间向孔内添加一次溶液，防止溶液渗干。硅酸钠溶液配好后，如不立即使用或停放一定时间后，溶液会产生沉淀现象，灌注时，应再将其搅拌均匀。

3 不论是压力灌注还是溶液自渗，计算溶液量全部注入土中后，加固土体中的灌注孔均宜用 2∶8 灰土分层回填夯实。

硅化注浆施工时对既有建筑物或设备基础进行沉

降观测，可及时发现在灌注硅酸钠溶液过程中是否会引起附加沉降以及附加沉降的大小，便于查明原因，停止灌注或采取其他处理措施。

8.3.3 本条为碱液注浆施工的基本要求。

1 灌注孔直径的大小主要与溶液的渗透量有关。如土质疏松，由于溶液渗透快，则孔径宜小。如孔径过大，在加固过程中，大量溶液将渗入灌注孔下部，形成上小下大的蒜头形加固体。如土的渗透性弱，而孔径较小，就将使溶液渗入缓慢，灌注时间延长，溶液由于在输液管中停留时间长，热量散失，将使加固体早期强度偏低，影响加固效果。

2 固体烧碱质量一般均能满足加固要求，液体烧碱及氯化钙在使用前均应进行化学成分定量分析，以便确定稀释到设计浓度时所需的加水量。

室内试验结果表明，用风干黄土加入相当于干土质量1.12%的氢氧化钠并拌合均匀制取试块，在常温下养护28d或在40℃～100℃高温下养护2h，然后浸水20h，测定其无侧限抗压强度可达166kPa～446kPa。当拌合用的氢氧化钠含量低于干土质量1.12%时，试块浸水后即崩解。考虑到碱液在实际灌注过程中不可能分布均匀，因此一般按干土质量3%比例配料，湿陷性黄土干密度一般为1200kg/m³～1500kg/m³，故加固每1m³黄土约需NaOH量为35kg～45kg。

碱液浓度对加固土强度有一定影响，试验表明，当碱液浓度较低时加固强度增长不明显，较合理的碱液浓度宜为90g/L～100g/L。

3 由于固体烧碱中仍含有少量其他成分杂质，故配置碱液时应按纯NaOH含量来考虑。式（8.3.3-1）中忽略了由于固体烧碱投入后引起的溶液体积的少许变化。现将该式应用举例如下：

设固体烧碱中含纯NaOH为85%，要求配置碱液浓度为120g/L，则配置每立方米碱液所需固体烧碱量为：

$$G_s = 1000 \times \frac{M}{P} = 1000 \times \frac{0.12}{85\%} \quad (20)$$
$$= 141.2\text{kg}$$

采用液体烧碱配置每立方米浓度为M的碱液时，液体烧碱体积与所加的水的体积之和为1000L，在1000L溶液中，NaOH溶质的量为1000M，一般化工厂生产的液体烧碱浓度以质量分数（即质量百分浓度）表示者居多，故施工中用比重计测出液体碱烧相对密度d_N，并已知其质量分数为N后，则每升液体烧碱中NaOH溶质含量即为$G_s = d_N V_1 N$，故$V_1 = \frac{G_s}{d_N N} = \frac{1000M}{d_N N}$，相应水的体积为$V_2 = 1000 - V_1 = 1000\left(1 - \frac{M}{d_N N}\right)$。

举例如下：设液体烧碱的质量分数为30%，相对密度为1.328，配制浓度为100g/L碱液时，每立方米溶液中所加的液体烧碱量为：

$$V_1 = 1000 \times \frac{M}{d_N N}$$
$$= 1000 \times \frac{0.1}{1.328 \times 30\%} = 251\text{L} \quad (21)$$

4 碱液灌注前加温主要是为了提高加固土体的早期强度。在常温下，加固强度增长很慢，加固3d后，强度才略有增长。温度超过40℃以上时，反应过程可大大加快，连续加温2h即可获得较高强度。温度愈高，强度愈大。试验表明，在40℃条件下养护2h，比常温下养护3d的强度提高2.87倍，比28d常温养护提高1.32倍。因此，施工时应将溶液加热到沸腾。加热可用煤、炭、木柴、煤气或通入锅炉蒸气，因地制宜。

5 碱液加固与硅化加固的施工工艺不同之处在于后者是加压灌注（一般情况下），而前者是无压自流灌注，因此一般渗透速度比硅化法慢。其平均灌注速度在1L/min～10L/min之间，以2L/min～5L/min速度效果最好。灌注速度超过10L/min，意味着土中存在有孔洞和裂隙，造成溶液流失；当灌注速度小于1L/min时，意味着溶液灌不进，如排除灌注管被杂质堵塞的因素，则表明土的可灌性差。当土中含水量超过28%或饱和度超过75%时，溶液就很难注入，一般应减少灌注量或另行采取其他加固措施以进行补救。

6 在灌液过程中，由于土体被溶液中携带的大量水分浸湿，立即变软，而加固强度的形成尚需一定时间。在加固土强度形成以前，土体在基础荷载作用下由于浸湿软化将使基础产生一定的附加下沉，为减少施工中产生过大的附加下沉，避免建筑物产生新的危害，应采取跳孔灌液并分段施工，以防止浸湿区连成一片。由于3d龄期强度可达到28d龄期强度的50%左右，故规定相邻两孔灌注时间间隔不少于3d。

7 采用$CaCl_2$与NaOH的双液法加固地基时，两种溶液在土中相遇即反应生成$Ca(OH)_2$与NaCl。前者将沉淀在土粒周围而起到胶结与填充的双重作用。由于黄土是钙、镁离子饱和土，故一般只采用单液法加固。但如要提高加固土强度，也可考虑用双液法。施工时如两种溶液先后采用同一容器，则在碱液灌注完成后应将容器中的残留碱液清洗干净，否则，后注入的$CaCl_2$溶液将在容器中立即生成白色的$Ca(OH)_2$沉淀物，从而使注液管堵塞，不利于溶液的渗入，为避免$CaCl_2$溶液在土中置换过多的碱液中的钠离子，规定两种溶液间隔灌注时间不应少于8h～12h，以便使先注入的碱液与被加固土体有较充分的反应时间。

施工中应注意安全操作，并备工作服、胶皮手套、风镜、围裙、鞋罩等。皮肤如沾上碱液，应立即用5%浓度的硼酸溶液冲洗。

8.4 质 量 检 验

8.4.1 对注浆加固效果的检验要针对不同地层条件采用相适应的检测方法，并注重注浆前后对比。对水泥为主剂的注浆加固的检测时间有明确的规定，土体强度有一个增长的过程，故验收工作应在施工完毕28d以后进行。对注浆加固效果的检验，加固地层的均匀性检测十分重要。

8.4.2 硅化注浆加固应在施工结束7d后进行，重点检测均匀性。对压缩性和湿陷性有要求的工程应取土试验，判定是否满足设计要求。

8.4.3 碱液加固后，土体强度有一个增长的过程，故验收工作应在施工完毕28d以后进行。

碱液加固工程质量的判定除以沉降观测为主要依据外，还应对加固土体的强度、有效加固半径和加固深度进行测定。有效加固半径和加固深度目前只能实地开挖测定。强度则可通过钻孔或开挖取样测定。由于碱液加固土的早期强度是不均匀的，一般应在有代表性的加固土体中部取样，试样的直径和高度均为50mm，试块数应不少于3个，取其强度平均值。考虑到后期强度还将继续增长，故允许加固土28d龄期的无侧限抗压强度的平均值可不低于设计值的90%。

如采用触探法检验加固质量，宜采用标准贯入试验；如采用轻便触探易导致钻杆损坏。

8.4.4 本条为注浆加固地基承载力的检验要求。注浆加固处理后的地基进行静载荷试验检验承载力，是保证建筑物安全的承载力确定方法。

9 微型桩加固

9.1 一 般 规 定

9.1.1 微型桩（Micropiles）或迷你桩（Minipiles），是小直径的桩，桩体主要由压力灌注的水泥浆、水泥砂浆或细石混凝土与加筋材料组成，依据其受力要求加筋材可为钢筋、钢棒、钢管或型钢等。微型桩可以是竖直或倾斜，或排或交叉网状配置，交叉网状配置之微型桩由于其桩群形如树根状，故亦被称为树根桩（Root pile）或网状树根桩（Reticulated roots pile），日本简称为RRP工法。

行业标准《建筑桩基技术规范》JGJ 94把直径或边长小于250mm的灌注桩、预制混凝土桩、预应力混凝土桩，钢管桩、型钢桩等称为小直径桩，本规范将桩身截面尺寸小于300mm的压入（打入、植入）小直径桩纳入微型桩的范围。

本次修订纳入了目前我国工程界应用较多的树根桩、小直径预制混凝土方桩与预应力混凝土管桩、注浆钢管桩，用于狭窄场地的地基处理工程。

微型桩加固后的承载力和变形计算一般情况采用桩基础的设计原则；由于微型桩断面尺寸小，在共同变形条件下地基土参与工作，在有充分试验依据条件下可按刚性桩复合地基进行设计。微型桩的桩身配筋率较高，桩身承载力可考虑筋材的作用；对注浆钢管桩、型钢微型桩等计算桩身承载力时，可以仅考虑筋材的作用。

9.1.2 微型桩加固工程目前主要应用在场地狭小，大型设备不能施工的情况，对大量的改扩建工程具有其适用性。设计时应按桩与基础的连接方式分别按桩基础或复合地基设计，在工程中应按地基变形的控制条件采用。

9.1.4 水泥浆、水泥砂浆和混凝土保护层的厚度的规定，参照了国内外其他技术标准对水下钢材设置保护层的相关规定。增加一定腐蚀厚度的做法已成为与设置保护层方法并行选择的方法，可根据设计施工条件、经济性等综合确定。

欧洲标准（BS EN14199：2005）对微型桩用型钢（钢管）由于腐蚀造成的损失厚度，见表28。

表 28　土中微型桩用钢材的损失厚度（mm）

设计使用年限	5 年	25 年	50 年	75 年	100 年
原状土（砂土、淤泥、黏土、片岩）	0.00	0.30	0.60	0.90	1.20
受污染的土体和工业地基	0.15	0.75	1.50	2.25	3.00
有腐蚀性的土体（沼泽、湿地、泥炭）	0.20	1.00	1.75	2.50	3.25
非挤压无腐蚀性土体（黏土、片岩、砂土、淤泥）	0.18	0.70	1.20	1.70	2.20
非挤压有腐蚀性土体（灰、矿渣）	0.50	2.00	3.25	4.50	5.75

9.1.5 本条对软土地基条件下施工的规定，主要是为了保证成桩质量和在进行既有建筑地基加固工程的注浆过程中，对既有建筑的沉降控制及地基稳定性控制。

9.2 树 根 桩

9.2.1 树根桩作为微型桩的一种，一般指具有钢筋笼，采用压力灌注混凝土、水泥浆或水泥砂浆形成的直径小于300mm的灌注桩，也可采用投石压浆方法形成的直径小于300mm的钢管混凝土灌注桩。近年来，树根桩复合地基应用于特殊土地区建筑工程的地基处理已经获得了较好的处理效果。

9.2.2 工程实践表明，二次注浆对桩侧阻力的提高系数与桩直径、桩侧土质情况、注浆材料、注浆量和注浆压力、方式等密切相关，提高系数一般可达1.2～2.0，本规范建议取1.2～1.4。

9.2.4 本条对骨料粒径的规定主要考虑可灌性要求，对混凝土水泥用量及水灰比的要求，主要考虑水下灌注混凝土的强度、质量和可泵送性等。

9.3 预 制 桩

9.3.1～9.3.3 本节预制桩包括预制混凝土方桩、预应力混凝土管桩、钢管桩和型钢等，施工方法包括静压法、打入法和植入法等，也包含了传统的锚杆静压法和坑式静压法。近年来的工程实践中，有许多采用静压桩形成复合地基应用于高层建筑的成功实例。鉴于静压桩施工质量容易保证，且经济性较好，静压微型桩复合地基加固方法得到了较快的推广应用。微型预制桩的施工质量应重点注意保证打桩、开挖过程中桩身不产生开裂、破坏和倾斜。对型钢、钢管作为桩身材料的微型桩，还应考虑其耐久性。

9.4 注浆钢管桩

9.4.1 注浆钢管桩是在静压钢管桩技术基础上发展起来的一种新的加固方法，近年来注浆钢管桩常用于新建工程的桩基或复合地基施工质量事故的处理，具有施工灵活、质量可靠的特点。基坑工程中，注浆钢管桩大量应用于复合土钉的超前支护，本节条文可作为其设计施工的参考。

9.4.2 二次注浆对桩侧阻力的提高系数除与桩侧土体类型、注浆材料、注浆量和注浆压力、方式等密切相关外，桩直径是影响因素之一。一般来说，相同压力形成的桩周压密区厚度相等，小直径桩侧阻力增加幅度大于同材料相对直径较大的桩，因此，本条桩侧阻力增加系数与树根桩的规定有所不同，提高系数1.3为最小值，具体取值可根据试验结果或经验确定。

9.4.3 施工方法包含了传统的锚杆静压法和坑式静压法，对新建工程，注浆钢管桩一般采用钻机或洛阳铲成孔，然后植入钢管再封孔注浆的工艺，采用封孔注浆施工时，应具有足够的封孔长度，保证注浆压力的形成。

9.4.4 本条与第9.4.5条关于水泥浆的条款适用于其他的微型桩施工。

9.5 质量检验

9.5.1～9.5.4 微型桩的质量检验应按桩基础的检验要求进行。

10 检验与监测

10.1 检 验

10.1.1 本条强调了地基处理工程的验收检验方法的确定，必须通过对岩土工程勘察报告、地基基础设计及地基处理设计资料的分析，了解施工工艺和施工中出现的异常情况等后确定。同时，对检验方法的适用性以及该方法对地基处理的处理效果评价的局限性应有足够认识，当采用一种检验方法的检验结果具有不确定性时，应采用另一种检验方法进行验证。

处理后地基的检验内容和检验方法选择可参见表29。

表29 处理后地基的检验内容和检验方法

处理地基类型	承载力			处理后地基的施工质量和均匀性							复合地基增强体或微型桩的成桩质量						
	复合地基静载荷试验	增强体单桩静载荷试验	处理后地基承载力静载荷试验	干密度	轻型动力触探	标准贯入	动力触探	静力触探	土工试验	十字板剪切试验	桩身强度或干密度	静力触探	标准贯入	动力触探	低应变试验	钻芯法	探井取样法
换填垫层			√	√	△	△	△	△									
预压地基			√				△	√	√	√							
压实地基			√	√		△	△	△									
强夯地基			√		△	√	△		√								
强夯置换地基			√		△	√	△		√								
复合地基 振冲碎石桩	√		○			√	√	△					√	√			
复合地基 沉管砂石桩	√		○			√	√	△					√	√			
复合地基 水泥搅拌桩	√	√				△	△	△			√		△	√		○	○
复合地基 旋喷桩	√	√				△	△	△			√		△	√		○	○
复合地基 灰土挤密桩	√		√		△	△	△		√		√		△	△			
复合地基 土挤密桩	√		√		△	△	△		√		√		△	△			○
复合地基 夯实水泥土桩	√	√	○		○	○	○	○			√		△			○	

处理地基类型		承载力			处理后地基的施工质量和均匀性							复合地基增强体或微型桩的成桩质量						
检测内容 / 检测方法		复合地基静载荷试验	增强体单桩静载荷试验	处理后地基承载力静载荷试验	干密度	轻型动力触探	标准贯入	动力触探	静力触探	土工试验	十字板剪切试验	桩身强度或干密度	静力触探	标准贯入	动力触探	低应变试验	钻芯法	探井取样法
复合地基	水泥粉煤灰碎石桩	√	√	○		○	○	○	○			√				√	○	
	柱锤冲扩桩		○				√	√		△		√		√	√		○	
	多桩型	√	√	○			√	√	△			√		√		√	○	
注浆加固				√				○	○	○							√	○
微型桩加固			√				○	○	○			√					√	○

注：1 处理后地基的施工质量包括预压地基的抗剪强度、夯实地基的夯间土质量、强夯置换地基墩体着底情况消除液化或消除湿陷性的处理效果、复合地基桩间土处理后的工程性质等。

2 处理后地基的施工质量和均匀性检验应涵盖整个地基处理面积和处理深度。

3 √为应测项目，是指该检验项目应该进行检验；
△为可选测项目，是指该检验项目为应测项目在大面积检验使用的补充，应在对比试验结果基础上使用；
○为该检验内容仅在其需要时进行的检验项目。

4 消除液化或消除湿陷性的处理效果、复合地基桩间土处理后的工程性质等检验仅在存在这种情况时进行。

5 应测项目、可选测项目以及需要时进行的检验项目中两种或多种检验方法检验内容相同时，可根据地区经验选择其中一种方法。

现场检验的操作和数据处理应按国家有关标准的要求进行。对钻芯取样检验和触探试验的补充说明如下：

1 钻芯取样检验：

1）应采用双管单动钻具，并配备相应的孔口管、扩孔器、卡簧、扶正器及可捞取松软渣样的钻具。混凝土桩应采用金刚石钻头，水泥土桩可采用硬质合金钻头。钻头外径不宜小于101mm。混凝土芯样直径不宜小于80mm。

2）钻芯孔垂直度允许偏差应为±0.5%，应使用扶正器等确保钻芯孔的垂直度。

3）水泥土桩钻芯孔宜位于桩半径中心附近，应采用低转速，采用较小的钻头压力。

4）对桩底持力层的钻探深度应满足设计要求，且不宜小于3倍桩径。

5）每回次进尺宜控制在1.2m内。

6）抗压芯样试件每孔不应少于6个，抗压芯样应采用保鲜袋等进行密封，避免晾晒。

2 触探试验检验：

1）圆锥动力触探和标准贯入试验，可用于散体材料桩、柔性桩、桩间土检验，重型动力触探、超重型动力触探可以评价强夯置换墩着底情况。

2）触探杆应顺直，每节触探杆相对弯曲宜小于0.5%。

3）试验时，应采用自由落锤，避免锤击偏心和晃动，触探孔倾斜度允许偏差应为±2%，每贯入1m，应将触探杆转动一圈半。

4）采用触探试验结果评价复合地基竖向增强体的施工质量时，宜对单个增强体的试验结果进行统计评价；评价竖向增强体间土体加固效果时，应对触探试验结果按照单位工程进行统计；需要进行深度修正时，修正后再统计；对单位工程，宜采用平均值作为单孔土层的代表值，再用单孔土层的代表值计算该土层的标准值。

10.1.2 本条规定地基处理工程的检验数量应满足本规范各种处理地基的检验数量的要求，检验结果不满足设计要求时，应分析原因，提出处理措施。对重要的部位，应增加检验数量。

不同基础形式，对检验数量和检验位置的要求应有不同。每个独立基础、条形基础应有检验点；满堂基础一般应均匀布置检验点。对检验结果的评价也应视不同基础部位，以及其不满足设计要求时的后果给予不同的评价。

10.1.3 验收检验的抽检点宜随机分布，是指对地基处理工程整体处理效果评价的要求。设计人员认为重要部位、局部岩土特性复杂可能影响施工质量的部位、施工出现异常情况的部位的检验，是对处理工程是否满足设计要求的补充检验。两者应结合，缺一不可。

10.1.4 工程验收承载力检验静载荷试验最大加载量不应小于设计承载力特征值的2倍，是处理工程承载力设计的最小安全度要求。

10.1.5 静载荷试验的压板面积对处理地基检验的深度有一定影响，本条提出对换填垫层和压实地基、强夯地基或强夯置换地基静载荷试验的压板面积的最低要求。工程应用时应根据具体情况确定。

10.2 监　测

10.2.1 地基处理是隐蔽工程，施工时必须重视施工质量监测和质量检验方法。只有通过施工全过程的监督管理才能保证质量，及时发现问题采取措施。

10.2.2 对堆载预压工程，当荷载较大时，应严格控制堆载速率，防止地基发生整体剪切破坏或产生过大塑性变形。工程上一般通过竖向变形、边桩位移及孔隙水压力等观测资料按一定标准进行控制。控制值的大小与地基土的性能、工程类型和加荷方式有关。

应当指出，按照控制指标进行现场观测来判定地基稳定性是综合性的工作，地基稳定性取决于多种因素，如地基土的性质、地基处理方法、荷载大小以及加荷速率等。软土地基的失稳通常从局部剪切破坏发展到整体剪切破坏，期间需要有数天时间。因此，应对竖向变形、边桩位移和孔隙水压力等观测资料进行综合分析，研究它们的发展趋势，这是十分重要的。

10.2.3 强夯施工时的振动对周围建筑物的影响程度与土质条件、夯击能量和建筑物的特性等因素有关。为此，在强夯时有时需要沿不同距离测试地表面的水平振动加速度，绘成加速度与距离的关系曲线。工程中应通过检测的建筑物反应加速度以及对建筑物的振动反应对人的适应能力综合确定安全距离。

根据国内目前的强夯采用的能量级，强夯振动引起建筑物损伤影响距离由速度、振动幅度和地面加速度确定，但对人的适应能力则不然，因人而异，与地质条件密切相关。影响范围内的建（构）筑物采取防振或隔振措施，通常在夯区周围设置隔振沟。

10.2.4 在软土地基中采用夯实、挤密桩、旋喷桩、水泥粉煤灰碎石桩、柱锤冲扩桩和注浆等方法进行施工时，会产生挤土效应，对周边建筑物或地下管线产生影响，应按要求进行监测。

在渗透性弱，强度低的饱和软黏土地基中，挤土效应会使周围地基土体受到明显的挤压并产生较高的超静孔隙水压力，使桩周土体的侧向挤出、向上隆起现象比较明显，对邻近的建（构）筑物、地下管线等将产生有害的影响。为了保护周围建筑物和地下管线，应在施工期间有针对性地采取监测措施，并有效

合理地控制施工进度和施工顺序，使施工带来的种种不利影响减小到最低程度。

挤土效应中孔隙水压力增长是引起土体位移的主要原因。通过孔隙水压力监测可掌握场地地质条件下孔隙水压力增长及消散的规律，为调整施工速率、设置释放孔、设置隔离措施、开挖地面防震沟、设置袋装砂井和塑料排水板等提供施工参数。

施工时的振动对周围建筑物的影响程度与土质条件、需保护的建筑物、地下设施和管线等的特性有关。振动强度主要有三个参数：位移、速度和加速度，而在评价施工振动的危害性时，建议以速度为主，结合位移和加速度值参照现行国家标准《爆破安全规程》GB 6722的进行综合分析比较，然后作出判断。通过监测不同距离的振动速度和振动主频，根据建筑（构）物类型来判断施工振动对建（构）筑物是否安全。

10.2.5 为保证大面积填方、填海等地基处理工程地基的长期稳定性应对地面变形进行长期监测。

10.2.6 本条是对处理施工有影响的周边环境监测的要求。

1 邻近建（构）筑物竖向及水平位移监测点应布置在基础类型、埋深和荷载有明显不同处及沉降缝、伸缩缝、新老建（构）筑物连接处的两侧、建（构）筑物的角点、中点；圆形、多边形的建（构）筑物宜沿纵横轴线对称布置；工业厂房监测点宜布置在独立柱基上。倾斜监测点宜布置在建（构）筑物角点或伸缩缝两侧承重柱（墙）上。

2 邻近地下管线监测点宜布置在上水、煤气管处、窨井、阀门、抽气孔以及检查井等管线设备处、地下电缆接头处、管线端点、转弯处；影响范围内有多条管线时，宜根据管线年份、类型、材质、管径等情况，综合确定监测点，且宜在内侧和外侧的管线上布置监测点；地铁、雨污水管线等重要市政设施、管线监测点布置方案应征求等有关管理部门的意见；当无法在地下管线上布置直接监测点时，管线上地表监测点的布置间距宜为15m～25m。

3 周边地表监测点宜按剖面布置，剖面间距宜为30m～50m，宜设置在场地每侧边中部；每条剖面线上的监测点宜由内向外先密后疏布置，且不宜少于5个。

10.2.7 本条规定建筑物和构筑物地基进行地基处理，应对地基处理后的建筑物和构筑物在施工期间和使用期间进行沉降观测。沉降观测终止时间应符合设计要求，或按国家现行标准《工程测量规范》GB 50026和《建筑变形测量规范》JGJ 8的有关规定执行。

中华人民共和国国家标准

湿陷性黄土地区建筑标准

Standard for building construction in collapsible loess regions

GB 50025—2018

主编部门：中华人民共和国住房和城乡建设部
批准部门：中华人民共和国住房和城乡建设部
施行日期：２０１９年８月１日

中华人民共和国住房和城乡建设部
公　告

2018年　第340号

住房和城乡建设部关于发布国家标准
《湿陷性黄土地区建筑标准》的公告

现批准《湿陷性黄土地区建筑标准》为国家标准，编号为 GB 50025-2018，自 2019 年 8 月 1 日起实施。其中，第 4.1.1、4.1.8、5.7.3、6.1.1、7.1.1、7.4.5 条为强制性条文，必须严格执行。原《湿陷性黄土地区建筑规范》GB 50025-2004 同时废止。

本标准在住房和城乡建设部门户网站（www.mohurd.gov.cn）公开，并由住房和城乡建设部标准定额研究所组织中国建筑工业出版社出版发行。

中华人民共和国住房和城乡建设部
2018 年 12 月 26 日

前　　言

根据住房和城乡建设部《关于印发〈2012 年工程建设标准规范制订、修订计划〉的通知》（建标〔2012〕5 号）的要求，标准编制组经广泛调查研究，认真总结实践经验，参考有关国际标准和国外先进标准，并在广泛征求意见的基础上，修订了本标准。

本标准的主要技术内容是：1. 总则；2. 术语和符号；3. 基本规定；4. 勘察；5. 设计；6. 地基处理；7. 施工；8. 地基及桩基验收检验；9. 既有建筑物地基加固和纠倾；10. 使用与维护。

本标准修订的主要技术内容是：增加了将建筑类别和地貌单元作为确定勘探深度、间距、探井深度和各勘察阶段工作内容时的条件；调整了基底 10m 以下湿陷系数的试验压力，增加了压力-湿陷系数（p-δ_s）曲线试验要求；调整了湿陷量计算中 β 的取值，增加了浸水概率系数 α；增加了大厚度湿陷性黄土地基上建筑物的建筑、结构、给水排水与通风设计措施；对各类建筑的地基处理深度作了调整，增加了大厚度湿陷性黄土地基上建筑物地基处理深度及外放的规定；增加了地基及桩基的验收检验规定；对中国湿陷性黄土工程地质分区略图做了修订，对湿陷性黄土的物理力学指标表进行了补充；增加了复合地基浸水载荷试验要点、桩基负摩阻力和中性点测试规定。

本标准中以黑体字标志的条文为强制性条文，必须严格执行。

本标准由住房和城乡建设部负责管理和对强制性条文的解释，由陕西省建筑科学研究院有限公司负责具体技术内容的解释。执行过程中如有意见或建议，请寄送陕西省建筑科学研究院有限公司（地址：陕西省西安市环城西路 272 号，邮政编码：710082）。

本 标 准 主 编 单 位：陕西省建筑科学研究院有限公司
陕西建工第三建设集团有限公司

本 标 准 参 编 单 位：机械工业勘察设计研究院有限公司
西北综合勘察设计研究院
中国建筑西北设计研究院有限公司
甘肃省土木建筑学会
中国电力工程顾问集团西北电力设计院有限公司
山西省勘察设计研究院
甘肃土木工程科学研究院
陕西省建设工程质量安全监督总站
西安建筑科技大学
中国人民解放军陆军勤务学院
北京航空航天大学
兰州大学
西安理工大学土木建筑工程学院

宁夏建筑设计研究院有限公司

陕西省建筑设计研究院有限责任公司

新疆维吾尔自治区建筑设计研究院

甘肃众联建设工程科技有限公司

中冶地集团西北岩土工程有限公司

西安长庆科技工程有限责任公司

青海省建设工程勘察设计咨询中心

中铁西北科学研究院有限公司

甘肃省建筑设计研究院

本标准主要起草人员：朱武卫　罗宇生　王奇维　郑建国　徐张建　郑永强　刘厚健　汪国烈　张炜　韩晓雷　朱沈阳　黄雪峰　滕文川　张豫川　文君　刘西宝　任会明　戚明军　马安刚　张拥军　谢蕴华　胡再强　姚仰平　丁冰　李康　刘存利　严军　刘以藻　刘小平　毛明强　屈耀辉　李静

本标准主要审查人员：白晓红　曾凡生　高文生　刘明生　沈励操　王长科　董忠级　沈家文　郭汝艳　杨鸿贵　张长城　李存良

目　次

Contents

1 总　　则

1.0.1 为确保湿陷性黄土地区建筑物（包括构筑物）的安全与正常使用，做到技术先进、经济合理、保护环境、节约能源，制定本标准。

1.0.2 本标准适用于湿陷性黄土地区建筑工程勘察、设计、施工、检验、使用与维护。

1.0.3 在湿陷性黄土地区进行建筑，应根据湿陷性黄土的特点、工程要求和工程所处水环境，因地制宜，采取以地基处理为主的综合措施，防止地基湿陷对建筑物产生危害。

1.0.4 湿陷性黄土地区的建筑工程的建设与维护，除应符合本标准外，尚应符合国家现行有关标准的规定。

2　术语和符号

2.1　术　　语

2.1.1 湿陷性黄土　collapsible loess
在一定压力下受水浸湿，土的结构迅速破坏，并产生显著附加下沉的黄土。

2.1.2 非湿陷性黄土　noncollapsible loess
在一定压力下受水浸湿，无显著附加下沉的黄土。

2.1.3 自重湿陷性黄土　loess collapsible under overburden pressure
在上覆土的饱和自重压力作用下受水浸湿，产生显著附加下沉的湿陷性黄土。

2.1.4 非自重湿陷性黄土　loess noncollapsible under overburden pressure
在上覆土的饱和自重压力作用下受水浸湿，不产生显著附加下沉的湿陷性黄土。

2.1.5 新近堆积黄土　recently deposited loess
沉积年代短，具高压缩性，承载力低，均匀性差，在 50kPa～150kPa 压力下变形较大的全新世（Q_4^2）黄土。

2.1.6 湿陷变形　collapse deformation
湿陷性黄土或具有湿陷性的其他土在一定压力作用下，下沉稳定后，受水浸湿产生的附加下沉。

2.1.7 湿陷起始压力　Initial collapse pressure
湿陷性黄土浸水饱和，开始出现湿陷时的压力。

2.1.8 湿陷系数　coefficient of collapsibility
单位厚度的环刀试样，在一定压力下，下沉稳定后，浸水饱和产生的附加下沉。

2.1.9 自重湿陷系数　coefficient of collapsibility under overburden pressure
单位厚度的环刀试样，在上覆土的饱和自重压力作用下，下沉稳定后，浸水饱和产生的附加下沉。

2.1.10 湿陷量　collapse value
湿陷性黄土在一定压力作用下，下沉稳定后，浸水饱和产生的附加下沉量。可通过计算或实测取得。

2.1.11 湿陷性黄土场地　collapsible loess site
天然地面或挖、填方场地的设计地面以下以湿陷性黄土为主要地层的场地。分为自重湿陷性黄土场地和非自重湿陷性黄土场地。

2.1.12 湿陷性黄土地基　collapsible loess foundation
含有湿陷性黄土的建筑物地基。基底下湿陷性黄土层下限深度小于 20m 定为一般湿陷性黄土地基，大于等于 20m 定为大厚度湿陷性黄土地基。

2.1.13 剩余湿陷量　remnant collapse
拟处理土层底面下未处理湿陷性黄土的湿陷量。

2.1.14 组合处理　combined treatment
对湿陷性黄土地基采用两种或两种以上方法处理，或地基处理和桩基结合使用的综合措施。

2.1.15 防护距离　protection distance
防止建筑物地基受管道、水池等渗漏影响的最小距离。

2.1.16 防护范围　area of protection
建筑物周围防护距离以内的区域。

2.2　符　　号

2.2.1 抗力和材料性能
a——压缩系数；
E_s——压缩模量；
e——孔隙比；
f_a——修正后的地基承载力特征值；
f_{ak}——地基承载力特征值；
I_p——塑性指数；
p_{sh}——湿陷起始压力值；
q_{pa}——桩端土的承载力特征值；
q_{sa}——桩周土的摩擦力特征值；
R_a——单桩竖向承载力特征值；
S_r——饱和度；
w——含水量；
w_L——液限；
w_p——塑限；
w_{op}——最优含水量；
γ——土的重力密度，简称重度；
γ_m——基础底面以上土的加权平均重度，地下水位以下取有效重度；
θ——地基的压力扩散角；
δ_s——湿陷系数；
δ_{zs}——自重湿陷系数。

2.2.2 作用和作用效应
p_k——相对于荷载效应标准组合基础底面的平均

压力值;

p_0——基础底面的平均附加压力值;

S_s——浸水下沉量;

Δ_{zs}——自重湿陷量计算值;

Δ'_{zs}——自重湿陷量实测值;

Δ_s——湿陷量计算值。

2.2.3 几何参数

A——基础底面积;

b——基础底面的宽度、承压板宽度;

d——基础埋置深度、桩身(或桩孔)直径、承压板直径;

l——基础底面的长度,桩身长度。

2.2.4 计算系数

α——浸水机率系数;

β——考虑基底下地基土的受力状态及地区等因素的修正系数;

β_0——因地区土质而异的修正系数;

η_b——基础宽度的承载力修正系数;

η_d——基础埋深的承载力修正系数;

ψ_s——沉降计算经验系数。

3 基 本 规 定

3.0.1 湿陷性黄土场地上的建筑物分类,应符合下列规定:

1 拟建建筑物应根据重要性、高度、体形、地基受水浸湿可能性大小和对不均匀沉降限制的严格程度等分为四类,并应符合表 3.0.1 的规定。

表 3.0.1 建筑物分类

建筑物类别	划分标准
甲类	高度大于 60m 和 14 层及 14 层以上体形复杂的建筑 高度大于 50m 且地基受水浸湿可能性大或较大的构筑物 高度大于 100m 的高耸结构 特别重要的建筑 地基受水浸湿可能性大的重要建筑 对不均匀沉降有严格限制的建筑
乙类	高度为 24m～60m 建筑 高度为 30m～50m,且地基受水浸湿可能性大或较大的构筑物 高度为 50m～100m 的高耸结构 地基受水浸湿可能性较大的重要建筑 地基受水浸湿可能性大的一般建筑
丙类	除甲类、乙类、丁类以外的一般建筑和构筑物
丁类	长高比不大于 2.5 且总高度不大于 5m,地基受水浸湿可能性小的单层辅助建筑,次要建筑

2 根据基础结构形式、变形刚度、连接方式及重要性等,建筑物各单元可划分为不同类别,也可划分为同一类别。建筑物类别的划分可结合本标准附录 A 确定。

3.0.2 防止或减小建筑物地基浸水湿陷的设计措施,应根据建筑物类别和岩土工程勘察对场地和地基的湿陷性评价结果综合确定。设计措施可分为下列三种:

1 地基基础措施

1)消除地基的全部或部分湿陷量;

2)将基础设置在非湿陷性土层上;

3)采用桩基础穿透全部湿陷性黄土层。

2 防水措施

1)基本防水措施:在总平面设计、场地排水、地面防水、排水沟、管道敷设、建筑物散水、屋面排水、管道材料和连接等方面采取措施,防止雨水或生产、生活用水的渗漏;

2)检漏防水措施:在基本防水措施的基础上,对防护范围内的地下管道,增设检漏管沟和检漏井;

3)严格防水措施:在检漏防水措施的基础上,提高防水地面、排水沟、检漏管沟和检漏井等设施的材料标准,如增设可靠的防水层、采用钢筋混凝土排水沟等;

4)侧向防水措施:在建筑物周围采取防止水从建筑物外侧渗入地基中的措施,如设置防水帷幕、增大地基处理外放尺寸等。

3 结构措施

减小或调整建筑物的不均匀沉降,或使结构适应地基的变形。

3.0.3 地基处理及桩基础施工应进行质量检验。质量检验应分为施工自检和验收检验。检验结果应作为地基基础分项或分部工程验收资料的组成部分。

3.0.4 对甲类建筑,以及设计单位认为有必要的乙类建筑,应在设计文件中注明沉降观测点的位置,并提出施工和使用期间的沉降观测要求。

3.0.5 湿陷性黄土场地上建筑物的设计文件中应附有建筑物和管道的使用与维护要求。建筑物交付使用后,管理单位应按本标准第 10 章的规定进行维护和检修。

3.0.6 湿陷性黄土地区的非湿陷性场地,建筑地基基础设计应按现行国家标准《建筑地基基础设计规范》GB 50007 的规定执行。

4 勘 察

4.1 一 般 规 定

4.1.1 湿陷性黄土场地的岩土工程勘察应查明或试

验确定下列岩土参数，应对场地、地基作出岩土工程评价，并应对地基处理措施提出建议。

1 建筑类别为甲类、乙类时，场地湿陷性黄土层的厚度、下限深度；

2 自重湿陷系数、湿陷系数及湿陷起始压力随深度的变化；

3 不同湿陷类型场地、不同湿陷等级地基的平面分布。

4.1.2 湿陷性黄土场地的岩土工程勘察，除应符合本标准第 4.1.1 条及现行国家标准《岩土工程勘察规范》GB 50021 的规定外，尚应符合下列规定：

1 查明工程场地及其周边的地形地貌等工程地质条件；

2 查明地下水及河、沟、湖、库、雨水等地面水的汇聚与排泄；

3 查明黄土地层的时代、成因；

4 查明地基土垂直向和水平向的渗透性；

5 场地存在大面积挖填方时，应查清挖填方的范围、厚度、原始地面高程和初始的地形地貌等，评估填挖方对水环境的影响、湿陷性的变化和形成的边坡及隐形边坡等；

6 评估地下水上升、侧向水渗入和地面水汇聚、排泄、下渗对建筑物的影响，并应提出工程建议。

4.1.3 中国湿陷性黄土工程地质分区，可按本标准附录 B 划分。

4.1.4 勘察阶段可划分为场址选择或可行性研究、初步勘察、详细勘察三个阶段，并应符合下列规定：

1 各阶段的勘察成果应符合各相应设计阶段的要求；

2 对场地面积较小、地质条件简单或有建筑经验的地区，可简化勘察阶段，但应符合初步勘察和详细勘察两个阶段的要求；

3 对工程地质条件复杂或有特殊要求的建筑物，可进行施工勘察或专门勘察。

4.1.5 勘察工作纲要的编制应按下列条件和要求进行：

1 不同的勘察阶段；

2 场地及其附近已有的工程地质资料和地区建筑经验；

3 场地工程地质条件的复杂程度，黄土层的分布和湿陷性变化特点；

4 水文地质条件，包括对地下水上升、侧向水侵入和地面水汇聚排泄的评估；

5 工程规模，建筑物的类别、特点，设计和施工要求。

4.1.6 场地工程地质条件的复杂程度，可分为下列三类：

1 简单场地：地形平缓，地貌、地层简单，场地湿陷类型单一、地基湿陷等级变化不大；

2 中等复杂场地：地形起伏较大，地貌、地层较复杂，局部有不良地质现象发育，场地湿陷类型、地基湿陷等级变化较大；

3 复杂场地：地形起伏很大，地貌、地层复杂，不良地质现象广泛发育，场地湿陷类型、地基湿陷等级分布复杂，地下水位变化幅度大或变化趋势不利。

4.1.7 工程地质测绘，除应符合现行国家标准《岩土工程勘察规范》GB 50021 的规定外，尚应符合下列规定：

1 研究地形的起伏和地面水的积聚、排泄条件，调查洪水淹没范围及其发生规律；

2 划分不同的地貌单元，确定其与黄土分布的关系，查明湿陷凹地、黄土溶洞、滑坡、崩塌、冲沟、泥石流及地裂缝等不良地质现象的分布、规模、发展趋势及其对建设的影响；

3 划分黄土地层或判别新近堆积黄土，应分别符合本标准附录 C 或附录 D 的规定；

4 调查地下水位的深度、季节性变化幅度、升降趋势及其与地表水体、灌溉情况和开采地下水强度的关系，查明上层滞水、潜水、承压水等地下水类型和来源，评估地下水上升的可能性和程度；

5 调查既有建筑物的现状；

6 了解场地内有无地下坑穴，如古墓、井、坑穴、地道、砂井（巷）等；

7 调查活动断裂的时代、位置、方向、性质及地震效应。

4.1.8 评价湿陷性用的不扰动土样应为Ⅰ级土样，且必须保持其天然的结构、密度和湿度。

4.1.9 不扰动土样的采取应符合下列规定：

1 取土勘探点中，应有足够数量的探井，其数量应为取土勘探点总数的 1/3～1/2，并不宜少于 3 个；

2 探井的深度，宜穿透湿陷性黄土层；

3 探井中取样，竖向间距宜为 1m，土样直径不宜小于 120mm；

4 钻孔中取样，应按本标准附录 E 的规定执行。钻孔取样的土工试验数据宜在与探井取样对比分析的基础上使用，土层的密度、湿陷性和力学指标宜以探井取样土工试验为准。

4.1.10 勘探点使用完毕后，应及时用原土分层夯实回填，且密实度不应小于该场地天然黄土的密度。

4.1.11 黄土工程性质评价，宜采用室内土工试验和现场原位试验成果相结合的方法。

4.1.12 对地下水位变化幅度较大或变化趋势不利的地段，应从初步勘察阶段开始进行地下水位动态的长期观测。

4.2 各勘察阶段工作要求

4.2.1 场址选择或可行性研究勘察阶段，应包括下列工作内容：

1 搜集并分析与建设场地相关的工程地质、水文地质资料及地区建筑经验；

2 调查了解拟建场地的地形地貌和黄土层的地质时代、成因、厚度、地下水位以及分布特点；

3 调查影响场地稳定性的不良地质作用和地质环境问题；

4 初步分析黄土湿陷类型、湿陷等级和湿陷下限、评估可能的地基基础类型及优缺点；当已有资料不足时，应开展满足本勘察阶段要求的工程地质测绘、勘探、测试工作；

5 评价场地的稳定性和适宜性，对各拟选场址提出明确比选意见。

4.2.2 初步勘察阶段应包括下列工作内容：

1 初步查明场地地层结构、各土层的物理力学性质、场地湿陷类型、地基湿陷等级、湿陷下限及其在不同区段内的差异；

2 初步查明场地地下水的类型与埋深、场地及周边范围内地表水汇集和排泄情况，分析地下水与地表自然水体（系）的联系特点，预估地下水位季节性变化幅度和升降可能性；

3 查明场地内不良地质作用的类型、成因、分布范围和危害程度；

4 结合岩土工程条件分析建筑总平面布置的合理性，对不同类型建筑的地基基础方案和地质环境防治做出分析建议，提出岩土设计参数初步取值意见。

4.2.3 初步勘察应符合下列规定：

1 场地工程地质条件复杂时应进行工程地质测绘，其比例尺可采用 1:1000～1:5000；

2 勘探点应沿地貌单元的纵、横剖面线方向或分界线及其垂直线方向布置，且每个地貌单元上均应有勘探点；取样和原位测试勘探点在平面布局上应具控制性，其数量不得少于全部勘探点的 1/2；

3 勘探点的间距和深度宜分别按表 4.2.3-1、表 4.2.3-2 确定；

表 4.2.3-1　初步勘察勘探点间距（m）

建筑类别 地貌单元	甲类	乙类	丙类	丁类
黄土塬、黄土阶地	80～120	120～160	160～200	200～250
黄土梁、峁，黄土斜坡	50～80	80～120	120～160	160～200
黄土沟谷	20～50	50～80	80～110	110～150

注：1 地貌单元分界地带应加密勘探点；
　　2 黄土沟谷谷底应有勘探线或勘探点。

表 4.2.3-2　初步勘察勘探点深度

建筑类别 勘探点类型	甲类	乙类	丙类	丁类
一般性勘探点（m）	25～30	20～25	15～20	12～15
控制性勘探点	穿透湿陷性黄土层并不宜小于40m	穿透湿陷性黄土层并不宜小于30m	穿透自重湿陷性土层或不宜小于25m	穿透自重湿陷性土层或不宜小于20m

注：表中勘探深度内遇稳定地下水位或非湿陷性坚实地层时，部分勘探点可终孔。

4 每主要土层取不扰动土样进行湿陷性试验不应少于 6 组；

5 当根据地区建筑经验难以确定湿陷类型时，甲类建筑和乙类中的重要建筑应按本标准第 4.3.7 条的规定进行现场试坑浸水试验。

4.2.4 详细勘察阶段应包括下列工作内容：

1 详细查明各建筑地段的地层结构、场地湿陷类型、地基湿陷等级，甲类和乙类建筑地段尚应查明湿陷下限；

2 查明各建筑地段土层的物理力学性质指标，对每层湿陷性土层选取典型土样测试不同压力下的湿陷系数，绘制该层的压力-湿陷系数（$p-\delta_s$）曲线；分析湿陷起始压力、强度与变形指标沿深度的变化特点；

3 根据地下水类型、埋深，结合上部结构物特性和周边环境条件，分析地基浸水湿陷的可能性和程度；

4 提出适宜的地基处理或基础方案并进行分析，对处理深度和主要技术参数提出建议；

5 进一步查明场地内不良地质作用类型、成因、分布范围和危害程度，提出防治措施建议；

6 有深基坑和降水施工时，尚应分析评估坑壁稳定性以及对邻近建筑物的影响，并提供相关计算参数；场地条件复杂时，应进行专项研究。

4.2.5 详细勘察应符合下列规定：

1 勘探点应沿建筑轮廓或基础中心位置布设；

2 建筑群勘探点间距宜按表 4.2.5 确定；

表 4.2.5　建筑群勘探点间距（m）

建筑类别 场地类别	甲类	乙类	丙类	丁类
简单场地	30～40	40～50	50～80	80～100
中等复杂场地	20～30	30～40	40～50	50～80
复杂场地	10～20	20～30	30～40	40～50

3 单体建筑勘探点数量，甲类、乙类建筑不宜少于5个，丙类建筑不应少于3个，丁类建筑不应少于2个，杆塔式构筑物不应少于1个；

4 勘探点深度应大于地基压缩层深度且满足评价湿陷等级的深度需要，甲类、乙类建筑尚应穿透湿陷性土层，对桩基工程尚应满足验算沉降的要求；

5 采取不扰动土样和原位测试的勘探点不应少于全部勘探点的2/3，且取样勘探点不宜少于全部勘探点的1/2。

4.3 测定黄土湿陷性的试验

Ⅰ 室内压缩试验

4.3.1 测定黄土湿陷系数 δ_s、自重湿陷系数 δ_{zs}、湿陷起始压力 p_{sh} 和绘制压力-湿陷系数（$p-\delta_s$）曲线的室内压缩试验应符合下列规定：

1 土样的质量等级应为Ⅰ级不扰动土样；

2 环刀面积不应小于5000mm²；使用前应将环刀洗净风干，透水石应烘干冷却；

3 加荷前，环刀试样应保持天然湿度；

4 试样浸水宜用蒸馏水；

5 试样浸水前和浸水后的稳定标准，应为下沉量不大于0.01mm/h。

4.3.2 测定湿陷系数除应符合本标准第4.3.1条的规定外，尚应符合下列规定：

1 分级加荷至试样的规定压力，下沉稳定后，试样浸水饱和至附加下沉稳定，试验终止。

2 压力在（0～200）kPa范围内，每级增量宜为50kPa；压力大于200kPa时，每级增量宜为100kPa。

3 湿陷系数 δ_s 值，应按下式计算：

$$\delta_s = \frac{h_p - h'_p}{h_0} \qquad (4.3.2)$$

式中：h_p——保持天然湿度和结构的试样，加至一定压力时，下沉稳定后的高度（mm）；

h'_p——加压下沉稳定后的试样，在浸水饱和条件下，附加下沉稳定后的高度（mm）；

h_0——试样的原始高度（mm）。

4 测定湿陷系数 δ_s 的试验压力，应按土样深度和基底压力确定。土样深度自基础底面算起，基底标高不确定时，自地面下1.5m算起；试验压力应按下列条件取值：

1）基底压力小于300kPa时，基底下10m以内的土层应用200kPa，10m以下至非湿陷性黄土层顶面，应用其上覆土的饱和自重压力；

2）基底压力不小于300kPa时，宜用实际基底压力，当上覆土的饱和自重压力大于实际基底压力时，应用其上覆土的饱和自重压力；

3）对压缩性较高的新近堆积黄土，基底下5m以内的土层宜用（100～150）kPa压力，5m～10m和10m以下至非湿陷性黄土层顶面，应分别用200kPa和上覆土的饱和自重压力。

4.3.3 测定自重湿陷系数除应符合本标准第4.3.1条的规定外，尚应符合下列规定：

1 分级加荷，加至试样上覆土的饱和自重压力，下沉稳定后，试样浸水饱和，附加下沉稳定，试验终止。上覆土的饱和自重压力应自天然地面算起，挖、填方场地应自设计地面算起。

2 试样上覆土的饱和密度，可按下式计算：

$$\rho_s = \rho_d \left(1 + \frac{S_r e}{d_s}\right) \qquad (4.3.3-1)$$

式中：ρ_s——土的饱和密度（g/cm³）；

ρ_d——土的干密度（g/cm³）；

S_r——土的饱和度，可取 $S_r = 85\%$；

e——土的孔隙比；

d_s——土粒相对密度（比重）。

3 自重湿陷系数 δ_{zs} 值，可按下式计算：

$$\delta_{zs} = \frac{h_z - h'_z}{h_0} \qquad (4.3.3-2)$$

式中：h_z——保持天然湿度和结构的试样，加压至该试样上覆土的饱和自重压力时，下沉稳定后的高度（mm）；

h'_z——加压稳定后的试样，在浸水饱和条件下，附加下沉稳定后的高度（mm）。

4.3.4 测定压力-湿陷系数（$p-\delta_s$）曲线和湿陷起始压力除应符合本标准第4.3.1条的规定外，尚应符合下列规定：

1 可选用单线法压缩试验或双线法压缩试验；

2 从同一土样中所取环刀试样，其密度差值不得大于0.03g/cm³；

3 压力在（0～150）kPa范围内，每级增量宜为25kPa～50kPa，压力大于150kPa时，每级增量宜为50kPa～100kPa；

4 测定压力-湿陷系数（$p-\delta_s$）曲线时，试验最大压力应大于土样所处位置处附加压力与上覆土的饱和自重压力之和；

5 单线法压缩试验不应少于5个环刀试样，且均应在天然湿度下分级加荷，分别加至不同的规定压力，下沉稳定后，各试样浸水饱和，附加下沉稳定，试验终止；

6 双线法压缩试验，应按下列步骤进行：

1）应取2个环刀试样，分别对其施加相同的第一级压力，下沉稳定后应将2个环刀试样的百分表读数调整一致，调整时应考虑各仪器变形量的差值；

2） 应将 2 个环刀试样中的一个试样保持在天然湿度下分级加荷，加至最后一级压力，下沉稳定后，试样浸水饱和，附加下沉稳定，试验终止；

3） 应将环刀试样中的另一个试样浸水饱和，附加下沉稳定后，在浸水饱和状态下分级加荷，每级荷载下沉稳定后继续加荷，加至最后一级压力，下沉稳定，试验终止；

4） 当天然湿度的试样在最后一级压力下浸水饱和，附加下沉稳定后的高度与浸水饱和试样在最后一级压力下下沉稳定后的高度不一致且相对差值不大于 20% 时，应以前者的结果为准，对浸水饱和试样的试验结果进行修正；相对差值大于 20% 时，应重新试验。

Ⅱ 现场静载荷试验

4.3.5 现场测定湿陷性黄土的湿陷起始压力，可采用单线法静载荷试验或双线法静载荷试验，并应符合下列规定：

1 单线法静载荷试验：应在同一场地相邻地段和相同标高的天然湿度土层上设 3 个或 3 个以上静载荷试验，分级加压，分别加至各自的规定压力，下沉稳定后，向试坑内浸水至饱和，附加下沉稳定后，试验终止。

2 双线法静载荷试验：在同一场地的相邻地段和相同标高，应设 2 个静载荷试验。其中 1 个应设在天然湿度的土层上分级加压，加至规定压力，下沉稳定后，试验终止；另 1 个应设在浸水饱和的土层上分级加压，加至规定压力，下沉稳定或确认土体已破坏后，试验终止。

4.3.6 在现场采用静载荷试验测定湿陷性黄土的湿陷起始压力，尚应符合下列规定：

1 承压板的底面积宜为 $0.50m^2$，试坑边长或直径应为承压板边长或直径的 3 倍，安装载荷试验设备时，应保持试验土层的天然湿度和原状结构，压板底面下宜用 10mm～15mm 厚的粗、中砂找平；

2 每级加压增量不宜大于 25kPa，试验终止压力不应小于 200kPa；

3 每级加压后，按间隔 15min、15min、15min、15min 各测读 1 次下沉量，以后每隔 30min 观测 1 次，当连续 2h 内，每 1h 的下沉量小于 0.10mm 时，认为压板下沉已稳定，即可加下一级压力；

4 试验结束后，应根据试验记录，绘制判定湿陷起始压力的 $p-S_s$ 曲线图。

Ⅲ 现场试坑浸水试验

4.3.7 现场采用试坑浸水试验测定自重湿陷量的实测值和自重湿陷下限深度时应符合下列规定：

1 试坑宜挖成圆形或方形，其直径或边长不应小于湿陷性黄土层的底面深度，并不应小于 10m；试坑深度宜为 0.5m，最深不应大于 0.8m。坑底宜铺 100mm 厚的砂砾石。

2 试坑内应对称设置观测自重湿陷的深标点，最大埋设深度应大于室内试验确定的自重湿陷下限深度，各湿陷性黄土层分界深度位置宜布设有深标点。在试坑底部，由中心向坑边以不少于 3 个方向，均匀设置观测自重湿陷的浅标点。在试坑外沿浅标点方向 10m 或 20m 内设置地面观测标点。观测精度宜为 ±0.5mm。

3 试坑内的水头高度不宜小于 300mm。在浸水过程中，应观测湿陷量、耗水量、浸湿范围和地面裂缝。湿陷稳定后可停止浸水，稳定标准为最后 5d 的平均湿陷量小于 1mm/d。

4 设置观测标点前，可在坑底面打一定数量及深度的渗水孔，孔内应填满砂砾。

5 应在试坑内停止浸水前，测试自重湿陷性土层的饱和度。

6 试坑内停止浸水后，应继续观测不少于 10d，且最后连续 5d 的平均下沉量不大于 1mm/d，试验终止。

4.4 黄土湿陷性评价

4.4.1 黄土的湿陷性和湿陷程度，应按室内浸水（饱和）压缩试验，在一定压力下测定的湿陷系数 δ_s 判定，并应符合下列规定：

1 当 $\delta_s \geqslant 0.015$ 时，应定为湿陷性黄土；当 $\delta_s < 0.015$ 时，应定为非湿陷性黄土。

2 湿陷性黄土的湿陷程度划分，应符合下列规定：

1） 当 $0.015 \leqslant \delta_s \leqslant 0.030$ 时，湿陷性轻微；

2） 当 $0.030 < \delta_s \leqslant 0.070$ 时，湿陷性中等；

3） 当 $\delta_s > 0.070$ 时，湿陷性强烈。

4.4.2 湿陷性黄土场地的湿陷类型，应按自重湿陷量实测值 Δ'_{zs} 或自重湿陷量计算值 Δ_{zs} 判定，并应符合下列规定：

1 自重湿陷量实测值 Δ'_{zs} 或自重湿陷量计算值 Δ_{zs} 小于或等于 70mm 时，应定为非自重湿陷性黄土场地；

2 自重湿陷量实测值 Δ'_{zs} 或自重湿陷量计算值 Δ_{zs} 大于 70mm 时，应定为自重湿陷性黄土场地；

3 按自重湿陷量实测值和自重湿陷量计算值判定出现矛盾时，应按自重湿陷量实测值判定。

4.4.3 湿陷性黄土场地自重湿陷量计算值应按下式计算：

$$\Delta_{zs} = \beta_0 \sum_{i=1}^{n} \delta_{zsi} h_i \qquad (4.4.3)$$

式中：Δ_{zs}——自重湿陷量计算值（mm）；应自天然地

面（挖、填方场地应自设计地面）算起，计算至其下非湿陷性黄土层的顶面止；勘探点未穿透湿陷性黄土层时，应计算至控制性勘探点深度止，其中自重湿陷系数 δ_{zs} 值小于 0.015 的土层不累计；

δ_{zsi}——第 i 层土的自重湿陷系数；

h_i——第 i 层土的厚度（mm）；

β_0——因地区土质而异的修正系数，缺乏实测资料时，可按表 4.4.3 取值。

表 4.4.3 因地区土质而异的修正系数

湿陷性黄土工程地质分区	β_0
① 区（陇西地区）	1.5
② 区（陇东—陕北—晋西地区）	1.2
③ 区（关中地区）	0.9
其他地区	0.5

4.4.4 湿陷性黄土地基受水浸湿饱和，其湿陷量计算值应按下式计算：

$$\Delta_s = \sum_{i=1}^{n} \alpha\beta\delta_{si}h_i \qquad (4.4.4)$$

式中：Δ_s——湿陷量计算值（mm）；应自基础底面（基底标高不确定时，自地面下 1.5m）算起。在非自重湿陷性黄土场地，累计至基底下 10m 深度止，当地基压缩层深度大于 10m 时累计至压缩层深度。在自重湿陷性黄土场地，累计至非湿陷性黄土层的顶面止，控制性勘探点未穿透湿陷性黄土层时，累计至控制性勘探点深度止。其中湿陷系数值小于 0.015 的土层不累计。

δ_{si}——第 i 层土的湿陷系数，按本标准第 4.3 节的规定取值；基础尺寸和基底压力已知时，可采用 $p-\delta_s$ 曲线上按基础附加压力和上覆土饱和自重压力之和对应的 δ_s 值。

h_i——第 i 层土的厚度（mm）。

β——考虑基底下地基土的受力状态及地区等因素的修正系数，缺乏实测资料时，可按表 4.4.4-1 的规定取值。

α——不同深度地基土浸水机率系数，按地区经验取值。无地区经验时可按表 4.4.4-2 取值。对地下水有可能上升至湿陷性土层内，或侧向浸水影响不可避免的区段，取 $\alpha=1.0$。

表 4.4.4-1 修正系数 β

位置及深度		β
基底下 0~5m		1.5
基底下 5m~10m	非自重湿陷性黄土场地	1.0
	自重湿陷性黄土场地	所在地区的 β_0 值且不小于 1.0
基底下 10m 以下至非湿陷性黄土层顶面或控制性勘探孔深度	非自重湿陷性黄土场地	①区、②区取 1.0，其余地区取工程所在地区的 β_0 值
	自重湿陷性黄土场地	取工程所在地区的 β_0 值

表 4.4.4-2 浸水机率系数 α

基础底面下深度 z（m）	α
$0 \leq z \leq 10$	1.0
$10 < z \leq 20$	0.9
$20 < z \leq 25$	0.6
$z > 25$	0.5

4.4.5 湿陷性黄土的湿陷起始压力 p_{sh} 值可按下列方法确定：

1 当按现场静载荷试验结果确定时，应在压力与浸水下沉量（$p-S_s$）曲线上，取转折点所对应的压力作为湿陷起始压力值。曲线上的转折点不明显时，可取浸水下沉量（S_s）与承压板直径（d）或宽度（b）之比等于 0.017 所对应的压力作为湿陷起始压力值。

2 当按室内压缩试验结果确定时，宜在 $p-\delta_s$ 曲线上取 $\delta_s=0.015$ 所对应的压力作为湿陷起始压力值。

4.4.6 湿陷性黄土地基的湿陷等级，应根据自重湿陷量计算值或实测值和湿陷量计算值，按表 4.4.6 判定。

表 4.4.6 湿陷性黄土地基的湿陷等级

场地湿陷类型 Δ_{zs}（mm） / Δ_s（mm）	非自重湿陷性场地 $\Delta_{zs} \leq 70$	自重湿陷性场地 $70 < \Delta_{zs} \leq 350$	$\Delta_{zs} > 350$
$50 < \Delta_s \leq 100$	I（轻微）	I（轻微）	II（中等）
$100 < \Delta_s \leq 300$		II（中等）	
$300 < \Delta_s \leq 700$	II（中等）	II（中等）或 III（严重）	III（严重）
$\Delta_s > 700$	II（中等）	III（严重）	IV（很严重）

注：对 $70 < \Delta_{zs} \leq 350$、$300 < \Delta_s \leq 700$ 一档的划分，当湿陷量的计算值 $\Delta_s > 600$mm、自重湿陷量的计算值 $\Delta_{zs} > 300$mm 时，可判为 III 级，其他情况可判为 II 级。

5 设 计

5.1 一 般 规 定

5.1.1 湿陷性黄土场地上的建筑物工程设计，应根据场地湿陷类型、地基湿陷等级和地基处理后下部未处理湿陷性黄土层的湿陷起始压力值或剩余湿陷量，结合当地建筑经验和施工条件等因素，综合确定采取的地基基础措施、结构措施、防水措施，并应符合下列规定：

1 湿陷性黄土地基上的甲类建筑，按本标准第 6.1.1 条或第 6.1.2 条第 1 款的规定处理地基时，应采取基本防水措施，结构措施可按一般地区的规定设计；当按本标准第 6.1.2 条第 2 款的规定处理时，应采取检漏防水措施或严格防水措施，并宜加强上部结构刚度。

2 湿陷性黄土地基上的乙类建筑，按本标准第 6.1.4 条第 1 款、第 2 款处理地基时，应采取结构措施和检漏防水措施。地基为大厚度湿陷性黄土地基时，地基处理应符合本标准第 6.1.4 条第 3 款规定，并应采取严格的防水措施，加强上部结构刚度，基础采取刚度好的形式，并宜按防水要求处理。

3 湿陷性黄土地基上的丙类建筑，地基湿陷等级为Ⅰ级时，应采取结构措施和基本防水措施；地基湿陷等级为Ⅱ、Ⅲ、Ⅳ级时，应采取结构措施和检漏防水措施。地基为大厚度湿陷性黄土地基时，应采取严格防水措施，加强上部结构刚度，并宜采用刚度较好的基础形式。

4 湿陷性黄土地基上的丁类建筑，地基可不处理，但应采取其他措施。地基湿陷等级为Ⅰ级时，应采取基本防水措施；地基湿陷等级为Ⅱ级时，应采取结构措施和基本防水措施；地基湿陷等级为Ⅲ、Ⅳ级时，应采取结构措施和检漏防水措施。

5 室内设备基础地基处理措施应根据其重要性和使用要求、场地的湿陷类型和湿陷程度、地基湿陷等级及受水浸湿可能性大小等因素综合确定。

6 在自重湿陷性黄土场地，室内地面有严格要求时，应有一定的地基处理厚度，并应采取检漏防水措施或严格防水措施。

5.1.2 符合下列条件之一时，地基基础可按一般地区的规定设计：

1 在非自重湿陷性黄土场地，地基内各层土的湿陷起始压力值，均大于其附加压力与上覆土的饱和自重压力之和；

2 基底下湿陷性黄土层已经全部挖除或已全部处理；

3 丙类、丁类建筑地基湿陷量计算值小于或等于 50mm。

5.1.3 在新近堆积黄土场地上，乙类、丙类建筑的地基处理厚度小于新近堆积黄土层的厚度时，应按本标准第 6.1.8 条的规定验算下卧层的承载力，并应按本标准第 5.6.2 条的规定计算地基的压缩变形。

5.1.4 建筑场地内道路、给水排水管线、供热管线等，应根据场地湿陷类型和自重湿陷量大小、与建筑物的距离以及建筑物地基剩余湿陷量等综合确定地基处理措施和防水措施。

5.1.5 建筑物使用期间，当湿陷性黄土场地的地下水位有可能上升至地基压缩层的深度以内时，建筑的设计措施除应符合本章规定外，尚应符合本标准附录 F 的规定。

5.2 场址选择与总平面设计

5.2.1 场址选择应符合下列规定：

1 具有排水畅通或利于组织场地排水的地形条件；

2 避开洪水威胁的地段；

3 避开不良地质环境发育和地下坑穴集中的地段；

4 避开新建水库、人工湖等可能引起地下水位上升的地段；

5 避免将重要建设项目布置在自重湿陷性很严重的黄土场地或厚度大的新近堆积黄土和高压缩性的饱和黄土等地段；

6 避开由于建设可能引起工程地质环境恶化的地段。

5.2.2 总平面设计应符合下列规定：

1 合理规划场地，做好竖向设计，保证场地、道路和铁路等地表排水畅通；

2 在同一建筑范围内，地基土的压缩性和湿陷性变化不宜过大；

3 主要建筑物宜布置在地基湿陷等级低的地段；

4 在山前斜坡地带，建筑物宜沿等高线布置，填方厚度不宜过大；

5 储水构筑物和有湿润生产工艺的厂房等，宜布置在地下水流向的下游地段或地形较低处；

6 在挖填方厚度较大场区，宜避免在挖填交界处规划布局单体建筑。

5.2.3 山前地带的建筑场地，应整平成若干单独的台地，并应符合下列规定：

1 台地应稳定；

2 雨水不应沿斜坡无组织排泄；

3 边坡宜做护坡或采取支护措施；

4 用陡槽沿边坡排泄雨水时，应使雨水由边坡底部沿排水沟平缓流动，陡槽的结构应使土在暴雨时不受冲刷。

5.2.4 埋地管道、排水沟、雨水明沟和水池等与建筑物之间的防护距离，不宜小于表 5.2.4 的规定。当不能满足要求时，应采取与建筑物类别相应的防水措施。

表5.2.4 埋地管道、排水沟、雨水明沟和水池等与建筑物之间的防护距离（m）

建筑类别	地基湿陷等级			
	Ⅰ	Ⅱ	Ⅲ	Ⅳ
甲	—	—	8～9	11～12
乙	5	6～7	8～9	10～12
丙	4	5	6～7	8～9
丁	—	5	6	7

注：1 陇西地区（Ⅰ区）和陇东—陕北—晋西地区（Ⅱ区），当湿陷性黄土层的厚度大于12m时，压力管道与各类建筑的防护距离不宜小于湿陷性黄土层的厚度；

2 当湿陷性黄土层内有碎石土、砂土夹层时，防护距离宜大于表中数值；

3 采用基本防水措施的建筑，防护距离不得小于一般地区的规定。

5.2.5 防护距离的计算，建筑物应自外墙墙皮算起；高耸结构应自基础外缘算起；水池应自池壁边缘（喷水池等应自回水坡边缘）算起；管道和排水沟应自其外壁算起。

5.2.6 各类建筑与新建水渠之间的防护距离，在非自重湿陷性黄土场地不得小于12m，在自重湿陷性黄土场地不得小于湿陷性黄土层厚度的3倍，并不应小于25m。

5.2.7 建筑场地平整后的坡度，在建筑物周围6m内不宜小于2%，当为不透水地面时，可适当减小；建筑物周围6m外不宜小于0.5%。

当采用雨水明沟或路面排水时，其纵向坡度不应小于0.5%。

5.2.8 建筑物周围6m内应平整场地，当为填方时，应分层夯（或压）实，压实系数不得小于0.95；当为挖方时，在自重湿陷性黄土场地，表面夯（或压）实后宜设置150mm～300mm厚的灰土面层，压实系数不得小于0.95。

5.2.9 防护范围内的雨水明沟不应漏水。自重湿陷性黄土场地宜设混凝土雨水明沟，防护范围外的雨水明沟，宜做防水处理，沟底下应设灰土或土垫层。

5.2.10 有下列情况之一时，应采取有组织排除建筑物周边雨水的措施。

1 临近有构筑物（包括露天装置）、露天吊车、堆场或其他露天作业场等；

2 临近有铁路通过；

3 建筑物的平面为E、U、H、L、□等形状构成封闭或半封闭的场地。

5.2.11 山前斜坡上的建筑场地，应根据地形修筑雨水截水沟。

5.2.12 防洪设施的设计重现期宜略高于一般地区。

5.2.13 冲沟发育的山区，宜利用现有排水沟排走山洪，建筑场地位于山洪威胁的地段，应设置排洪沟。排洪沟和冲沟应平缓连接，宜采用较大的坡度，并应减少弯道。在转弯及跌水处应采取防护措施。

5.2.14 建筑场地内的铁路路基应有良好的排水系统，不得利用道砟排水。路基顶面的排水应引向远离建筑物的一侧。在暗道床处，应将基床表面翻松夯（或压）实，也可采用优质防水材料处理。道床内应设防止积水的排水措施。

5.3 建 筑 设 计

5.3.1 建筑设计应符合下列规定：

1 建筑物的体形和纵横墙布置，应有利于加强其空间刚度，并具有适应或抵抗湿陷变形的能力。多层砌体承重结构的建筑，体形应简单，长高比不宜大于3。

2 合理设计建筑物的雨水排水系统，多层建筑的室内地坪应高出室外地坪，且高差不宜小于450mm。

3 用水设施宜集中设置，缩短地下管线并远离主要承重基础，其管道宜明装。

4 在防护范围内设置绿化带，应采取措施防止地基土受水浸湿。

5.3.2 单层和多层建筑物的屋面宜采用外排水；当采用有组织外排水时，宜选用耐用材料的水落管，其末端距离散水面不应大于300mm，并不应设置在沉降缝处；集水面积大的外落水管，应接入专设的雨水明沟或管道。

5.3.3 建筑物的周围应设置散水，其坡度不得小于5%。散水外缘应略高于平整后的场地，散水的宽度应符合下列规定：

1 当屋面为无组织排水时，檐口高度在8m以内宜为1.50m；檐口高度超过8m，每增高4m宜增宽0.25m，但最宽不宜大于2.50m；

2 当屋面为有组织排水时，非自重湿陷性黄土场地不得小于1.00m，自重湿陷性黄土场地不得小于1.50m；

3 水池的散水宽度宜为1.00m～3.00m，散水外缘超出水池基底边缘不应小于0.20m，喷水池等的回水坡或散水的宽度宜为3.00m～5.00m；

4 高耸结构的散水宜超出基础底边缘1.00m，且宽度不得小于5.00m。

5.3.4 散水应用现浇混凝土浇筑，并应符合下列规定：

1 其下应设置150mm厚的灰土垫层或300mm厚的土垫层，垫层应超出散水或建筑物外墙基础底外缘500mm；

2 散水宜每隔 6m～10m 设置一条伸缩缝。散水与外墙交接处和散水的伸缩缝，应用柔性防水材料封填，沿散水外缘不宜设置排水明沟。

5.3.5 经常受水浸湿或可能积水的地面，应按防水地面设计，并应符合下列规定：

1 采用严格防水措施的建筑，其防水地面应设防水层；

2 地面坡向集水点的坡度不得小于 1‰；

3 地面与墙、柱、设备基础等交接处应做翻边，地面下应做 300mm～500mm 厚的灰土或土垫层；

4 管道穿过地坪处应做好防水处理；排水沟与地面混凝土宜一次浇筑。

5.3.6 排水沟的材料和做法，应根据场地湿陷类型、建筑物类别和使用要求选定，并应符合下列规定：

1 排水沟下应设灰土或土垫层；

2 防护范围内宜采用钢筋混凝土排水沟；

3 在非自重湿陷性黄土场地，室内小型排水沟可采用素混凝土浇筑，但应做防水地面；

4 采用严格防水措施的建筑，排水沟应增设防水层。

5.3.7 基础梁底下应预留空隙，并应采取有效措施防止地面水渗入地基。地下室内的采光井应做好防、排水措施。

5.3.8 防护范围内的各种地沟和管沟的做法，均应符合本标准第 5.5.10 条～第 5.5.17 条的规定。

5.4 结 构 设 计

5.4.1 当地基不处理或仅消除地基的部分湿陷量时，结构设计应根据建筑物类别、地基湿陷等级或地基处理后下部未处理湿陷性黄土层的湿陷起始压力值或剩余湿陷量，以及建筑物对不均匀沉降的敏感度等确定采取的结构措施，并应符合下列规定：

1 选择适宜的结构体系和基础形式；

2 墙体宜选用轻质材料；

3 加强结构的整体性和空间刚度；

4 预留适应沉降的净空。

5.4.2 建筑物的平面、立面布置复杂时，宜采用沉降缝将建筑物分成若干个简单、规则，并应具有较大空间刚度的独立单元。沉降缝两侧，各单元应设置独立的承重结构体系。

5.4.3 高层建筑的设计，宜选用轻质高强材料，应加强上部结构刚度和基础刚度，并宜采取下列措施：

1 调整上部结构荷载合力作用点与基础形心的位置，减小偏心；

2 采用桩基础或采用减小沉降的其他有效措施，控制建筑物的不均匀沉降或倾斜；

3 主楼与裙房采用不同的基础形式时，应考虑高低不同部位沉降差的影响，并采取相应的措施。

5.4.4 大厚度湿陷性黄土地基上的建筑，宜采取下列措施：

1 建筑物平、立面布置宜简单、规则，并应控制建筑物的长度和长高比。

2 加强建筑物的整体性和空间刚度，采用适宜的基础形式和结构体系，增强建筑物抵抗不均匀沉降的能力。基础应采用钢筋混凝土箱基、筏基、交叉梁条基等形式；结构宜采用现浇钢筋混凝土框架、框架-剪力墙、剪力墙等体系，多层建筑也可采用砌体结构体系，但各楼层均应设置封闭交叉圈梁和构造柱。

3 建筑物宜利用沉降缝分成若干个简单、规则，并具有较大空间刚度的独立单元，并宜加大沉降缝宽度。

5.4.5 地下管道或管沟穿过建筑物的基础或墙时，应预留洞孔，并应符合下列规定：

1 洞顶与管道及管沟顶间的净空高度：消除地基全部湿陷量的建筑物，不宜小于 200mm；消除地基部分湿陷量和未处理地基的建筑物，不宜小于 300mm。洞边与管沟外壁应脱离。

2 洞边与承重外墙转角处外缘的距离不宜小于 1m；当不能满足要求时，可采用钢筋混凝土框加强。

3 洞底距基础底不应小于洞宽的 1/2，且不宜小于 400mm，当不能满足要求时，应局部加深基础或在洞底设置钢筋混凝土梁。

5.4.6 砌体承重结构建筑的现浇钢筋混凝土圈梁、构造柱或芯柱设置，应符合下列规定：

1 乙类、丙类建筑的基础内和屋面檐口处，均应设置钢筋混凝土圈梁。乙类、丙类中的多层建筑，应每层设置钢筋混凝土圈梁。单层厂房和单层空旷房屋，当檐口高度大于 6m 时，宜增设钢筋混凝土圈梁。

2 丁类建筑地基湿陷等级为Ⅱ级时，应在基础内和屋面檐口处设置配筋砂浆带；地基湿陷等级为Ⅲ级、Ⅳ级时，应在基础内和屋面檐口处设置钢筋混凝土圈梁。

3 采用严格防水措施的多层建筑，应每层设置钢筋混凝土圈梁。

4 各层圈梁均应设在外墙、内纵墙和对整体刚度起重要作用的内横墙上，横向圈梁的水平间距不宜大于 16m。圈梁应在同一标高处闭合，遇有洞口时应上下搭接，搭接长度不应小于其竖向间距的 2 倍，且不得小于 1m。

5 在纵横圈梁交界处的墙体内，宜设置钢筋混凝土构造柱或芯柱。

5.4.7 多层砌体承重结构建筑，不得采用空斗墙和无筋过梁。砌体承重结构建筑的窗间墙宽度，在承受主梁处或开间轴线处，不应小于主梁或开间轴线间距的 1/3，并不应小于 1.0m；在其他承重墙处，不应小于 0.6m。门窗洞孔边缘至建筑物转角处（或变形缝）的间距不应小于 1.0m。当不能满足要求时，应在孔洞周边采用钢筋混凝土框加强，或在转角及轴线处加设构造柱或芯柱。

5.4.8 当砌体承重结构建筑的门窗洞或其他洞孔的宽度大于1m，且地基未处理或未消除地基的全部湿陷量时，应采用钢筋混凝土过梁。

5.4.9 厂房内吊车上的净空高度，对消除地基全部湿陷量的建筑不宜小于200mm，对消除地基部分湿陷量或地基未处理的建筑不宜小于300mm。吊车梁应设计为简支。吊车梁和吊车轨之间应采用能调整的连接方式。

5.4.10 预制钢筋混凝土梁在砖墙、砖柱上的支承长度不宜小于240mm；预制钢筋混凝土板在砖墙上的支承长度不宜小于100mm，在梁上不应小于80mm。

5.5 给水排水、供热与通风设计

Ⅰ 储水构筑物

5.5.1 储水构筑物应根据其重要性、刚度、容积、地基湿陷等级，结合当地建筑经验采取设计措施。

5.5.2 埋地管道与储水构筑物之间或储水构筑物相互之间的防护距离应符合下列规定：

　　1 自重湿陷性黄土场地，应与建筑物之间的防护距离的规定相同，当不能满足要求时，应加强储水构筑物的防渗漏处理；

　　2 非自重湿陷性黄土场地，可按一般地区的规定设计。

5.5.3 建筑物防护范围内的储水构筑物，当技术经济合理时，宜架空明设于地面或地下室地面以上。

5.5.4 储水构筑物应采用防渗浇钢筋混凝土结构。预埋件和穿壁处的套管，应在现浇混凝土前埋设，不得事后钻孔、凿洞。

5.5.5 储水构筑物的地基处理，应采用整片灰土或土垫层，并应符合下列规定：

　　1 非自重湿陷性黄土场地，灰土垫层的厚度不宜小于0.30m，土垫层的厚度不应小于0.50m；自重湿陷性黄土场地，一般水池的垫层的厚度应为1.00m～2.50m，特别重要的水池，宜消除地基的全部湿陷量；

　　2 垫层外放尺寸不宜小于垫层厚度，且不得小于0.50m；

　　3 垫层的压实系数不得小于0.97。

5.5.6 基槽侧向宜采用灰土回填，压实系数不应小于0.94。

Ⅱ 给水、排水管道

5.5.7 给水、排水管道设计，应符合下列规定：

　　1 室内管道宜明装；暗设管道应设置便于检修的设施；

　　2 室外管道宜布置在防护范围外；布置在防护

范围内的地下管道，应采取防水措施；

　　3 管道接口应严密不漏水，并应具有柔性；管道接口法兰、卡扣、卡箍等应安装在检查井或地沟内，不应埋在土层中；

　　4 设置在地下的管道检漏管沟和检漏井，应便于检查和排水。

5.5.8 地下管道管材的选用，应符合下列规定：

　　1 管沟及管井内的压力管道宜采用球墨给水铸铁管、给水塑料管、钢管、不锈钢管、钢塑复合管、双金属复合管等；

　　2 埋地压力管道宜采用球墨给水铸铁管、给水塑料管、焊接不锈钢管、丝接钢管、熔接钢塑复合管、预应力钢筒混凝土或预应力钢筋混凝土管等；

　　3 自流管道宜采用排水铸铁管、塑料排水管、钢塑复合排水管、玻璃钢夹砂排水管、离心成型钢筋混凝土排水管等；

　　4 对埋地给水铸铁管、不锈钢管及熔接钢塑复合管应做防腐处理，对埋地钢管及钢配件应做加强防腐层；

　　5 管材、管件均应符合国家及行业现行相关产品标准的规定。

5.5.9 屋面雨水引出外墙后，应接入室外雨水明沟、管道或检查井。

5.5.10 检漏管沟应作防水处理，其材料与做法应符合下列规定：

　　1 对检漏防水措施，应采用砖壁混凝土槽形底检漏管沟或砖壁钢筋混凝土槽形底检漏管沟；管沟高度大于1.6m时应采用钢筋混凝土检漏管沟。

　　2 对严格防水措施，应采用钢筋混凝土检漏管沟。在自重湿陷性黄土场地，地基受水浸湿可能性大的建筑，宜增设防水层，防水层应做保护层。

　　3 对高层建筑或重要建筑，当有成熟经验时，也可采用其他形式的检漏管沟或具备检漏报警功能的直埋管中管。

　　4 直径较小、长度较短的管道，采用检漏管沟确有困难时，可采用金属套管或钢筋混凝土套管代替管沟。

5.5.11 检漏管沟设计，除应符合本标准第5.5.10条的规定外，尚应符合下列规定：

　　1 检漏管沟的盖板不宜明设。当明设时或在人孔处，应采取防止地面水流入沟内的措施。

　　2 检漏管沟的沟底应设坡度，并应坡向检漏井。进、出户管的检漏管沟，沟底坡度宜大于2%。

　　3 检漏管沟的截面，应根据管道管径、数量和安装与检修的要求确定。在使用和构造上需保持地面完整或当地下管道较多并需集中设置时，宜采用半通行或通行管沟（管廊）。

　　4 不得利用建筑物和设备基础作为沟壁或井壁。

　　5 检漏管沟在穿过建筑物基础或墙处不得断开，

并应加强其刚度。检漏管沟穿出外墙的施工缝，宜设在室外检漏井处或超出基础3m处。

5.5.12 甲类建筑和自重湿陷性黄土场地上乙类中的重要建筑，室内地下管线宜敷设在地下室或半地下室的设备层内。穿出外墙的进、出户管段，应设置在管沟内，且宜集中设置在半通行管沟内。

5.5.13 穿基础或穿墙的地下管道、管沟，在基础或墙内预留洞的尺寸，应符合本标准第5.4.5条的规定。

5.5.14 检漏井设计，应符合下列规定：

1 检漏井应设置在管沟末端和管沟沿线分段的每段下游检漏处；

2 检漏井内宜设集水坑，其深度不应小于300mm；

3 当检漏井与排水系统接通时，应防止倒灌。

5.5.15 检漏井、阀门井、消火栓井、消防水泵接合器井、洒水栓井、雨水篦井和检查井等，应做内壁防水处理，并应符合下列规定：

1 应采取防止地面水、雨水流入井内的措施；

2 防护范围内的各种井，宜采用与检漏管沟相应的材料；

3 不得利用检查井、消火栓井、消防水泵接合器井、洒水栓井和阀门井等兼做检漏井；但检漏井可与检查井或阀门井共壁合建；

4 不宜采用闸阀套筒代替阀门井。

5.5.16 在湿陷性黄土场地，地下管道及其附属构筑物，如检漏井、阀门井、检查井、管沟、消火栓井、消防水泵接合器井等的地基设计，应符合下列规定：

1 应设150mm～300mm厚的土垫层；对埋地的重要管道或大型压力管道及其附属构筑物，尚应在土垫层上设300mm厚的灰土垫层；

2 对埋地的非金属自流管道，应符合本条第1款地基处理要求，且应设置混凝土条形基础。

5.5.17 管道穿过井（或沟）时，应在井（或沟）壁处预留洞孔或预埋防水套管。管道与洞孔、套管间的缝隙，应采用不透水的柔性材料填塞。

5.5.18 管道穿过地下室外墙、屋面、水池的池壁处，宜设柔性防水套管或直接预埋翼环套管，且应在连接设备穿水池的池壁处设柔性防水套管并在管道上加设柔性接头或软管。水池的溢水管和泄水管，应接入能满足排水量的排水系统或明沟、集水坑。

Ⅲ 供热管道与风道

5.5.19 采用直埋敷设的供热管道，管材选用应符合国家现行有关标准的规定。对重点监测管段，宜设置泄漏报警系统。

5.5.20 采用管沟敷设的供热管道，在防护距离内的管沟材料及做法应符合本标准第5.5.10条和第5.5.11条的规定；各种地下井、室应采用与管沟相应的材料及做法。在防护距离外的管沟可采取基本防水措施。阀门不宜设在沟内。

5.5.21 供热管沟的沟底坡度宜大于2%，并应坡向室外检查井。检查井内应设集水坑，其深度不应小于300mm。检查井可与检漏井合并设置。在过门地沟的末端应设检漏孔，地沟内的管道应采取防冻措施。

5.5.22 直埋敷设的供热管道、管沟和各种地下井、室及固定墩等的地基处理，应符合本标准第5.5.16条的规定。

5.5.23 直埋敷设管道的补偿器、阀门、疏水装置等宜布置在检查井内。

5.5.24 地下风道和地下烟道的人孔或检查孔等，不应设在有可能积水的位置。确有困难时，应采取措施防止地面水流入。

5.5.25 架空管道和室内外管网的泄水、冷凝水，不得任意排放。

5.6 地基计算

5.6.1 湿陷性黄土场地自重湿陷量的计算值和湿陷性黄土地基湿陷量的计算值，应按本标准第4.4.3条和第4.4.4条的规定分别进行计算。

5.6.2 湿陷性黄土地基需要变形验算时，其变形计算和变形允许值，应符合现行国家标准《建筑地基基础设计规范》GB 50007的有关规定。但其中沉降计算经验系数 φ_s 可按表5.6.2取值。

表5.6.2 沉降计算经验系数

$\bar{E}_s$ (MPa)	3.30	5.00	7.50	10.00	12.50	15.00	17.50	20.00
φ_s	1.80	1.22	0.82	0.62	0.50	0.40	0.35	0.30

$\bar{E}_s$ 为变形计算深度范围内压缩模量的当量值，应按下式计算：

$$\bar{E}_s = \frac{\sum A_i}{\sum \dfrac{A_i}{E_{si}}} \qquad (5.6.2)$$

式中：A_i——第 i 层土附加应力系数曲线沿土层厚度的积分值；

E_{si}——第 i 层土的压缩模量值（MPa）。

5.6.3 湿陷性黄土地基承载力的确定，应符合下列规定：

1 地基承载力特征值，在地基稳定的条件下，应使建筑物的沉降量不超过允许值；

2 甲类、乙类建筑的地基承载力特征值，宜根据静载荷试验或其他原位测试结果，结合土性指标及工程实践经验综合确定；

3 当有充分依据时，对丙类、丁类建筑，可根据当地经验确定；

4 对天然含水量小于塑限含水量的土，可按塑限含水量确定土的承载力。

5.6.4 基础底面积应按正常使用极限状态下荷载效

应的标准组合，并应按修正后的地基承载力特征值确定。偏心荷载作用下，相应于荷载效应标准组合，基础底面边缘的最大压力值，不应超过修正后地基承载力特征值的1.20倍。

5.6.5 当基础宽度大于3m或埋置深度大于1.50m时，地基承载力特征值应按下式修正：

$$f_a = f_{ak} + \eta_b \gamma (b-3) + \eta_d \gamma_m (d-1.50)$$

(5.6.5)

式中：f_a——修正后的地基承载力特征值（kPa）；

f_{ak}——相应于$b=3$m和$d=1.50$m的地基承载力特征值（kPa），可按本标准第5.6.3条的原则确定；

η_b、η_d——分别为基础宽度和基础埋深的承载力修正系数，可根据基底下土的类别按表5.6.5采用；

γ——基础底面以下土的重度（kN/m³），地下水位以下取浮重度；

γ_m——基础底面以上土的加权平均重度（kN/m³），地下水位以下取浮重度；

b——基础底面宽度（m），当基础宽度小于3m或大于6m时，分别按3m或6m取值；

d——基础埋置深度（m），宜自室外地面标高算起；当为填方时，可自填土地面标高算起，但填方在上部结构施工后完成时，应自天然地面标高算起；对于地下室，采用箱形基础或筏形基础时，基础埋置深度可自室外地面标高算起；在其他情况下，应自室内地面标高算起。

表5.6.5 基础宽度和基础埋深的承载力修正系数

土的类别	有关物理指标	承载力修正系数	
		η_b	η_d
晚更新世（Q₃）、全新世（Q₄¹）湿陷性黄土	$w \leqslant 24\%$	0.20	1.25
	$w > 24\%$	0	1.10
新近堆积（Q₄²）黄土		0	1.00
饱和黄土	e 及 I_L 都小于0.85	0.20	1.25
	e 或 I_L 大于等于0.85	0	1.10
	e 及 I_L 都不小于1.00	0	1.00

注：饱和黄土是指 $I_p > 10$、饱和度 $S_r \geqslant 80\%$ 的晚更新世（Q₃）、全新世（Q₄¹）黄土。

5.6.6 湿陷性黄土地基的稳定性计算，除应符合现行国家标准《建筑地基基础设计规范》GB 50007的有关规定外，尚应符合下列规定：

1 确定滑动面时，应考虑湿陷性黄土地基中可能存在的竖向节理和裂隙；

2 对有可能受水浸湿的湿陷性黄土地基，土的强度指标应按饱和状态的试验结果确定。

5.7 桩 基

5.7.1 湿陷性黄土场地上的建筑物，符合下列条件之一时，宜采用桩基：

1 采用地基处理措施不能满足设计要求的建筑；

2 对整体倾斜有严格限制的高耸结构；

3 对不均匀沉降有严格限制的建筑和设备基础；

4 主要承受水平荷载和上拔力的建筑或基础；

5 经技术经济综合分析比较，采用地基处理不合理的建筑。

5.7.2 在湿陷性黄土场地选用桩基类型时，应根据工程要求、场地湿陷类型、湿陷性黄土层厚度、桩端持力层的土质情况、施工条件和场地周围环境等因素综合确定。可选用钻、挖孔（扩底）灌注桩，挤土成孔灌注桩，静压或打入的预制钢筋混凝土桩等桩型。

5.7.3 湿陷性黄土场地的甲类、乙类建筑物桩基，其桩端必须穿透湿陷性黄土层，并应选择压缩性较低的岩土层作为桩端持力层。

5.7.4 湿陷性黄土场地的桩基，其单桩竖向承载力特征值的确定应符合下列规定：

1 基底下湿陷性黄土层厚度不小于10m时，单桩竖向承载力特征值应通过单桩竖向静载荷浸水试验确定。单桩竖向静载荷浸水试验应符合本标准附录G的规定。

2 基底下湿陷性黄土层厚度小于10m或单桩竖向静载荷试验进行浸水试验确有困难时，单桩竖向承载力特征值可按有关经验公式和本标准第5.7.5条、第5.7.6条的规定进行估算。

5.7.5 在非自重湿陷性黄土场地，计算单桩竖向承载力时，湿陷性黄土层内的桩长部分可取桩周土在饱和状态下的正侧阻力。

5.7.6 在自重湿陷性黄土场地，单桩竖向承载力的计算除不应计中性点深度以上黄土层的正侧阻力外，尚应扣除桩侧的负摩阻力，并应符合下列规定：

1 负摩阻力值宜通过现场浸水试验测定，无场地负摩阻力实测资料时，可按表5.7.6中的数值估算。

表5.7.6 桩侧平均负摩阻力特征值（kPa）

自重湿陷量的计算值或实测值（mm）	钻、挖孔灌注桩	打（压）入式预制桩
70～200	10	15
≥200	15	20

2 中性点深度可通过下列方式确定：

1）单桩竖向静载荷浸水试验实测；

2）浸水饱和条件下，取桩周黄土沉降与桩身沉降相等的深度；

3）取自重湿陷性黄土层底面深度；

4）根据建筑使用年限内场地水环境变化研究结果结合场地黄土湿陷性条件综合确定；

5）有经验的地区，可根据当地经验结合场地黄土湿陷性条件综合确定。

5.7.7 将负摩阻力引起的下拉荷载计入附加荷载验算桩基沉降时，考虑群桩效应的单桩下拉荷载可按下列公式计算：

$$Q_g^n = 2\eta_n \cdot u \bar{q}_{sa} z \quad (5.7.7\text{-}1)$$

$$\eta_n = s_{ax} \cdot s_{ay} / \left[\pi d \left(\frac{2\bar{q}_{sa}}{\gamma_s} + \frac{d}{4} \right) \right] \quad (5.7.7\text{-}2)$$

式中：Q_g^n——考虑群桩效应的单桩下拉荷载（kN）；

η_n——负摩阻力群桩效应系数，对于单桩基础或按式（5.7.7-2）计算得群桩效应系数 $\eta_n > 1$ 时，取 $\eta_n = 1$；

u——桩身周长（m）；

$\bar{q}_{sa}$——中性点深度以上黄土层平均负摩阻力特征值（kPa）；

z——中性点深度（m）；

s_{ax}、s_{ay}——分别为纵、横向桩的中心距（m）；

d——桩身直径（m）；

γ_s——中性点深度以上按土层厚度加权的平均饱和重度（kN/m³）。

5.7.8 单桩水平承载力特征值，宜通过现场水平静载荷浸水试验结果确定。

5.7.9 在 Ⅰ、Ⅱ 区的自重湿陷性黄土场地，桩的纵向钢筋长度应沿桩身通长配置。其他地区的自重湿陷性黄土场地，桩的纵向钢筋长度，不应小于自重湿陷性黄土层的厚度。

5.7.10 自重湿陷性黄土场地，可采取减小桩侧负摩阻力的措施提高桩基的竖向承载力。

5.8 基 坑 设 计

5.8.1 湿陷性黄土场地的基坑开挖与支护应进行专项设计，勘察资料不满足专项设计要求时应进行专项勘察。专项设计宜具备下列资料：

1 岩土工程勘察报告；

2 建筑总平面图，地下管线图，地下结构的平面图和剖面图；

3 邻近建筑物和地下设施的类型及分布情况、基础形式、基础埋深、地基处理方法及深度等，并宜对结构质量进行检测评价；

4 周边道路和各种管线的分布及其允许变形标准。有给水排水管线在基坑附近通过时，宜对其渗漏现象进行调查。

5.8.2 湿陷性黄土场地的基坑支护设计，宜符合下列规定：

1 作用于支护结构的土压力和水压力宜按水土合算的原则计算。当按变形控制原则设计支护结构时，作用在支护结构的土压力宜考虑支护结构与土体的相互作用，也可按地区经验确定。

2 当基坑壁受水浸湿可能性较大时，宜采用饱和状态下黄土的强度参数进行校核，校核采用的安全系数宜根据基坑重要性及浸水可能性大小确定，但不宜小于1.05。

3 对基坑周边外宽度为（1~2）倍的开挖深度范围内土体的垂直节理和裂缝对坑壁稳定性的影响进行分析。

5.8.3 湿陷性黄土层中预应力土层锚杆设计应符合下列规定：

1 土层锚杆锚固段不宜设置在未经处理的软弱土层、填土、不稳定土层和不良地质地段，上覆土层厚度不宜小于4.0m，在最危险滑动面以外的有效计算长度应满足稳定计算要求。预应力锚杆自由段长度不应小于5.0m。

2 锚杆锚固体上、下排间距不宜小于2.0m，水平方向间距不宜小于1.5m，倾角不宜小于15°。

3 锚杆张拉锁定应在锚固体和外锚头强度达到设计强度以后逐根进行，张拉荷载宜为设计值的（1.05~1.10）倍，并应在稳定5min~10min后，退至锁定荷载锁定。锚杆锁定荷载可取锚杆设计值的（0.70~0.85）倍。

6 地 基 处 理

6.1 一 般 规 定

6.1.1 甲类建筑地基的湿陷变形和压缩变形不能满足设计要求时，应采取地基处理措施或将基础设置在非湿陷性土层或岩层上，或采用桩基础穿透全部湿陷性黄土层。采取地基处理措施时应符合下列规定：

1 非自重湿陷性黄土场地，应将基础底面以下附加压力与上覆土的饱和自重压力之和大于湿陷起始压力的所有土层进行处理，或处理至地基压缩层的深度；

2 自重湿陷性黄土场地，对一般湿陷性黄土地基，应将基础底面以下湿陷性黄土层全部处理。

6.1.2 大厚度湿陷性黄土地基上的甲类建筑，采取地基处理措施时应符合下列规定：

1 基础底面以下具自重湿陷性的黄土层应全部处理，且应将附加压力与上覆土饱和自重压力之和大于湿陷起始压力的非自重湿陷性黄土层一并处理；

2 地下水位无上升可能，或上升对建筑物不产生有害影响，且按本条第1款规定计算的地基处理厚度大于25m时，处理厚度可适当减小，但不得小于25m，且应在原防水措施基础上提高等级或采取加强措施。

6.1.3 乙类、丙类建筑应采取地基处理措施消除地基的部分湿陷量。当基础下湿陷性黄土层厚度较薄，经技术经济比较合理时，也可消除地基的全部湿陷量或将基础设置在非湿陷性土层或岩层上，或采用桩基础穿透全部湿陷性黄土层。

6.1.4 乙类建筑采用消除地基部分湿陷量的措施时，应符合下列规定：

1 非自重湿陷性黄土场地，处理深度不应小于地基压缩层深度的2/3，且下部未处理湿陷性黄土层的湿陷起始压力值不应小于100kPa；

2 自重湿陷性黄土场地，处理深度不应小于基底下湿陷性土层的2/3，且下部未处理湿陷性黄土层

的剩余湿陷量不应大于150mm；

3 大厚度湿陷性黄土地基，基础底面以下具自重湿陷性的黄土层应全部处理，且应将附加压力与上覆土饱和自重压力之和大于湿陷起始压力的非自重湿陷性黄土层的2/3一并处理；处理厚度大于20m时，可适当减小，但不得小于20m，并应在原防水措施基础上提高等级或采取加强措施。

6.1.5 丙类建筑消除地基部分湿陷量的最小处理厚度，应符合表6.1.5的规定。当按剩余湿陷量计算的地基处理厚度较大，采用表6.1.5中的最小处理厚度时，应在原防水措施基础上提高等级或采取加强措施。

表6.1.5 丙类建筑消除地基部分湿陷量的最小处理厚度

地基湿陷等级 \ 建筑层数	Ⅰ级	Ⅱ级	Ⅲ级	Ⅳ级
总高度小于6.0m且长高比小于2.5的单层建筑	可不处理地基	非自重湿陷性场地：处理厚度≥1.0m 自重湿陷性场地：处理厚度≥2.0m	处理厚度≥2.5m，对地基浸水可能性小的建筑不宜小于2.0m	处理厚度≥3.5m，对地基浸水可能性小的建筑不宜小于3.0m
其他单层建筑、多层建筑	处理厚度≥1.0m，且下部未处理湿陷性黄土层的湿陷起始压力不宜小于100kPa	非自重湿陷性场地：处理厚度≥2.0m，且下部未处理湿陷性黄土层的湿陷起始压力不宜小于100.0kPa	处理厚度≥3.0m，且下部未处理湿陷性黄土层的剩余湿陷量不应大于200mm。按剩余湿陷量计算的处理厚度大于7.0m时，处理厚度可适当减小，但不应小于7.0m	处理厚度≥4.0m，且下部未处理湿陷性黄土层的剩余湿陷量不应大于200mm。按剩余湿陷量计算的处理厚度大于8.0m时，处理厚度可适当减小，但不应小于8.0m
		自重湿陷性场地：处理厚度≥2.5m，且下部未处理湿陷性黄土层的剩余湿陷量不应大于200.0mm。按剩余湿陷量计算的处理厚度大于6.0m时，处理厚度可适当减小，但不应小于6.0m	大厚度湿陷性黄土地基：处理厚度≥4.0m，且下部未处理湿陷性黄土层的剩余湿陷量不应大于300mm。按剩余湿陷量计算的处理厚度大于10.0m时，处理厚度可适当减小，但不应小于10.0m	大厚度湿陷性黄土地基：处理厚度≥5.0m，且下部未处理湿陷性黄土层的剩余湿陷量不应大于300mm。按剩余湿陷量计算的处理厚度大于12.0m时，处理厚度可适当减小，但不应小于12.0m

6.1.6 采用地基处理措施时，平面处理范围应符合下列规定：

1 非自重湿陷性黄土场地可采用整片或局部处理地基，自重湿陷性黄土场地应采用整片处理。

2 局部处理时，平面处理范围应大于基础底面，且每边应超出基础底面宽度的1/4，并不应小于0.5m。

3 整片处理时，平面处理范围应大于建筑物外墙基础底面。超出建筑物外墙基础外缘的宽度，不宜

小于处理土层厚度的1/2，并不应小于2.0m。确有困难时，按处理土层厚度的1/2计算外放宽度，非自重湿陷性黄土场地大于4.0m时，可采用4.0m；自重湿陷性黄土场地，大于5.0m时可采用5.0m，大厚度湿陷性黄土地基大于6.0m时可采用6.0m，但应在原防水措施基础上提高等级或采取加强措施。

6.1.7 地基压缩层厚度宜按下列方法确定，取其中较大值，且不宜小于5m。

1 对条形基础，取其宽度的3.0倍；对独立基

础，取其宽度的 2.0 倍；对筏形基础和宽度大于 10m 的基础取其宽度的 (0.8～1.2) 倍，基础宽度大者取小值，反之取大值。

2 按下式计算：

$$p_z = \lambda p_{cz} \tag{6.1.7}$$

式中：p_z——相应于荷载效应标准组合下，在基础底面下 z 深度处土的附加压力值（kPa）；

p_{cz}——在基础底面下 z 深度处的自重压力值（kPa）；

λ——系数，z 深度下无高压缩性土时取 0.2，有高压缩性土时取 0.1。

6.1.8 地基处理后的承载力，应根据静载荷试验结果结合当地经验综合确定。其下卧层顶面的承载力特征值，应满足下式要求：

$$p_z + p_{cz} \leqslant f_{az} \tag{6.1.8}$$

式中：p_z——相应于荷载效应标准组合下，下卧层顶面的附加压力值（kPa）；

p_{cz}——地基处理后，下卧层顶面上覆土的自重压力值（kPa）；

f_{az}——地基处理后，下卧层顶面经深度修正后的承载力特征值（kPa）。

6.1.9 处理土层底面处下卧土层的附加压力 p_z，对条形基础和矩形基础，可分别按下列公式计算：

1 条形基础

$$p_z = \frac{b(p_k - p_c)}{b + 2z\tan\theta} \tag{6.1.9-1}$$

2 矩形基础

$$p_z = \frac{lb(p_k - p_c)}{(b + 2z\tan\theta)(l + 2z\tan\theta)} \tag{6.1.9-2}$$

式中：b——条形或矩形基础底面的宽度（m）；

l——矩形基础底面的长度（m）；

p_k——相应于荷载效应标准组合，基础底面的平均压力值（kPa）；

p_c——基础底面处土的自重压力值（kPa）；

z——基础底面至处理土层底面的距离（m）；

θ——处理层地基压力扩散线与垂直线的夹角（°），灰土、水泥土垫层可取 $28°\sim30°$；素土垫层当 $z/b < 0.25$ 时取 $0°$，$z/b = 0.25$ 时取 $6°$，$z/b \geqslant 0.50$ 取 $23°$，$0.25 < z/b < 0.5$ 时可内插确定。

6.1.10 当按处理后的地基承载力确定基础底面积及埋深时，宜对现场原位测试确定的地基承载力特征值进行修正。基础宽度的地基承载力修正系数宜取 0，基础埋深的地基承载力修正系数宜取 1。

6.1.11 地基处理方法应根据建筑类别和场地工程地质条件，结合施工设备、进度要求、材料来源和施工环境等因素，经技术经济比较后综合确定。可选用表 6.1.11 中的一种或多种方法组合。

表 6.1.11　湿陷性黄土地基处理方法

方法名称	适用范围	可处理的湿陷性黄土层厚度（m）
垫层法	地下水位以上	1～3
强夯法	$S_r \leqslant 60\%$ 的湿陷性黄土	3～12
挤密法	$S_r \leqslant 65\%$，$w \leqslant 22\%$ 的湿陷性黄土	5～25
预浸水法	湿陷程度中等～强烈的自重湿陷性黄土场地	地表下 6m 以下的湿陷性土层
注浆法	可灌性较好的湿陷性黄土（需经试验验证注浆效果）	现场试验确定
其他方法	经试验研究或工程实践证明行之有效	现场试验确定

6.2　垫　层　法

6.2.1 垫层材料可选用土、灰土和水泥土等，不应采用砂石、建筑垃圾、矿渣等透水性强的材料。当仅要求消除基底下 1m～3m 湿陷性黄土的湿陷量时，可采用土垫层，当同时要求提高垫层的承载力及增强水稳性时，宜采用灰土垫层或水泥土垫层。

6.2.2 灰土垫层中的消石灰与土的体积配合比，宜为 2∶8 或 3∶7，回填料含水量较大时宜采用较高的消石灰配合比。水泥土垫层中水泥与土的配合比宜通过试验确定，无经验时，水泥掺量可采用土重量的 7%～12%。

6.2.3 垫层的压实质量，应用压实系数 λ_c 控制，并应符合下列规定：

1 厚度不大于 3m 的垫层，λ_c 不应小于 0.97；

2 厚度大于 3m 的垫层，基底下 3m 以内 λ_c 不应小于 0.97，3m 以下不应小于 0.95；

3 压实系数 λ_c 应按下式计算：

$$\lambda_c = \frac{\rho_d}{\rho_{dmax}} \tag{6.2.3}$$

式中　λ_c——压实系数；

ρ_d——垫层的控制（或设计）干密度（g/cm³）；

ρ_{dmax}——最大干密度（g/cm³）。

6.2.4 土或灰土、水泥土的最大干密度和最优含水量，应在工程现场拟施工垫层的材料中选取有代表性的土样采用击实试验确定。

6.2.5 垫层的承载力特征值，应根据现场原位试验结果结合下卧土层湿陷量综合确定。无承载力直接试验结果时，土垫层承载力特征值取值不宜超过 180kPa，灰土垫层承载力特征值取值不宜超过 250kPa。

6.3 强 夯 法

6.3.1 强夯法适用于处理地下水位以上、含水量 10%～22%且平均含水量低于塑限含水量1%～3% 的湿陷性黄土地基。当强夯施工产生的振动和噪声对周边环境可能产生有害影响时，应评估采用强夯法的适宜性。

6.3.2 强夯法处理湿陷性黄土地基的设计内容应包括夯实厚度、强夯能级、处理平面范围及夯点排布、起夯标高、夯击遍数和夯点击数等参数。

6.3.3 夯实厚度应根据本标准第6.1节的规定，结合建筑物对地基的物理力学指标要求或地基处理目的及岩土工程资料等综合确定。

6.3.4 强夯能级应根据湿陷性黄土地层时代、夯实厚度、处理深度内地层含水率、饱和度等因素综合确定。初步设计时强夯能级宜根据当地试验资料或工程经验确定，无试验资料或工程经验时，可按表6.3.4 选用。

表6.3.4 强夯能级与夯实厚度对应关系

强夯能级 (kN·m)	夯实厚度 (m)	
	全新世（Q₄）黄土或晚更新世（Q₃）黄土	中更新世（Q₂）黄土
1000	3.0～4.0	—
2000	4.0～5.0	—
3000	5.0～6.0	—
4000	6.0～6.5	—
5000	6.5～7.0	—
6000	7.0～7.5	6.0～6.5
8000	7.5～8.5	6.5～7.5

注：强夯处理深度内土层含水量介于13%～18%且中上部无坚硬土层时，夯实厚度取高值，其他情况取低值。

6.3.5 强夯法处理湿陷性黄土地基宜采用整片处理，其平面处理范围超出建筑物基础外缘的宽度，不应小于设计夯实厚度的1/2，且不应小于3.0m。

6.3.6 夯点排布宜按正三角形网格布置，也可按正方形网格布置。初步设计时夯点中心距可取夯锤直径的（1.2～2.0）倍。夯实厚度小、强夯能级低时夯点中心距取小值；夯实厚度大、强夯能级高时夯点中心距取大值。

6.3.7 起夯标高应根据终夯面标高，考虑地基夯沉量及垫层厚度确定。地基夯沉量宜通过试夯测定，初步设计时可根据当地工程经验结合岩土工程勘察资料确定。

6.3.8 全部夯点宜分（2～3）遍夯击，各遍夯击间隔时间可根据夯实土层孔隙水压力消散时间确定。各

遍夯击的夯点应互相错开，最末一遍完推平后，应采用低能级满夯拍平。满夯拍平锤印宜搭叠夯锤直径的1/3，每印痕连夯（2～3）击。

6.3.9 每个夯点的连续夯击次数，应根据试夯或试验性施工夯击数与夯沉量关系曲线、最后两击平均夯沉量、夯坑周围地面隆起程度等因素综合确定。

6.3.10 强夯地基宜在基底下设置灰土垫层。垫层厚度可取300mm～500mm或根据计算确定。

6.3.11 强夯法处理湿陷性黄土地基应根据初步设计要求选择有代表性的场地试夯或试验性施工，并应根据试夯测试结果调整设计参数，或修改地基处理方案。

6.4 挤 密 法

6.4.1 挤密法根据成孔工艺，可分为挤土成孔挤密法和预钻孔夯扩挤密法。宜选择振动沉管法、锤击沉管法、静压沉管法、旋挤沉管法、冲击夯扩法等挤土成孔挤密法。

6.4.2 甲类、乙类建筑或缺乏建筑经验的地区采用挤密法时，应在工程现场选择有代表性的地段进行试验或试验性施工，取得需要的设计参数后，再进行地基处理设计和施工。

6.4.3 挤密孔的孔位，宜按正三角形布置。孔心距可按下式计算：

$$s = 0.95\sqrt{\frac{\bar{\eta_c}\rho_{dmax}D^2 - \rho_{d0}d^2}{\bar{\eta_c}\rho_{dmax} - \rho_{d0}}} \quad (6.4.3)$$

式中：s——孔心距（m）；

D——成桩直径（m）；

d——预钻孔直径（m），无预钻孔时取0；

ρ_{d0}——地基挤密前孔深范围内各土层的平均干密度（g/cm³）；

ρ_{dmax}——击实试验确定的桩间土最大干密度（g/cm³）；

$\bar{\eta_c}$——挤密填孔（达到D后），3个孔之间土的平均挤密系数，不宜小于0.93。

6.4.4 挤密法处理湿陷性黄土地基，挤密孔直径宜为0.35m～0.45m；当挤密处理深度较深，采用挤土成孔挤密法有困难，或需要较大面积置换率时，可采用预钻孔挤密法，预钻孔直径宜为0.30m～0.60m，挤密后成桩直径宜为0.40m～0.80m。

6.4.5 挤密填孔后，3个孔之间土的最小挤密系数 η_{dmin}，可按下式计算：

$$\eta_{dmin} = \frac{\rho_{dc}}{\rho_{dmax}} \quad (6.4.5)$$

式中 η_{dmin}——土的最小挤密系数：甲类、乙类建筑不宜小于0.88；丙类建筑不宜小于0.84；

ρ_{dc}——挤密填孔后，相邻3个孔之间形心点部位土的干密度（g/cm³）。

6.4.6 孔内填料宜用素土、灰土或水泥土，也可采用混凝土或水泥粉煤灰碎石水拌制料等强度高的填料，不应使用粗颗粒填料。当防（隔）水或消除湿陷性预处理时，宜用素土；当提高承载力或减小基础宽度和地基沉降量时，宜用灰土或水泥土等。填料应分层回填夯实，压实系数不宜小于 0.97。

6.4.7 填料中的土料宜选用粉质黏土，土料中的有机质含量不应超过 5%，且不得含有冻土、渣土和垃圾，土粒径不应大于 15mm；石灰应选用新鲜消石灰，粒径不应大于 5mm。

6.4.8 挤密地基宜在基底下设置 0.30m～0.60m 厚的垫层，垫层材料可为灰土、素土及其他与孔填料相适应的材料。垫层施工前，应对挖去松动层的地面进行夯实或压实。

6.5 预浸水法

6.5.1 预浸水法宜用于处理自重湿陷性黄土层厚度大于 10m、自重湿陷量的计算值不小于 500mm 的场地。浸水前宜通过现场试坑浸水试验确定浸水时间、耗水量和湿陷量等。

6.5.2 预浸水法处理地基应符合下列规定：

1 浸水坑边缘至既有建筑物的距离不宜小于 50m，并应评估浸水对附近建筑物、市政设施及场地边坡稳定性的影响，根据评估结果确定应采取的预防措施。

2 浸水坑的边长不得小于湿陷性黄土层的厚度，当浸水坑的面积较大时，可分段浸水。

3 当需要加快自重湿陷发生速度时，宜在浸水坑内打渗水孔，孔间距不宜大于 3m，深浅孔宜相间布置。

4 浸水坑内的水头高度不宜小于 300mm，浸水应连续，停止浸水时间应以湿陷变形稳定为准。湿陷变形稳定标准为最后 5 天的平均湿陷量小于 1mm/d，当处理湿陷性黄土层的厚度大于 20m 时，沉降稳定标准为最后 5 天的平均湿陷量小于 2mm/d。

5 停止浸水后还应进行排水固结沉降观测，沉降稳定标准为最后 5d 的平均湿陷量小于 1mm/d。

6.5.3 地基预浸水结束后，基础施工前应进行补充勘察，重新评定地基土的湿陷性，并应采用垫层或其他处理方法处理上部未消除湿陷性的黄土层。

6.6 组 合 处 理

6.6.1 地基采用组合处理时，应综合考虑地基湿陷等级、处理土层的厚度、基础类型、上部结构对地基承载力和变形的要求及环境条件等因素，选择处理方法组合。

6.6.2 处理土层以下的下卧层强度验算应按本标准第 6.1.8 条规定执行。其中下卧层顶面上覆土的自重压力 p_{cz} 应采用处理后复合土层或垫层的指标计算。

复合土层的重度应按下列公式计算：

$$\rho = (1+\overline{w}_s)(1-m)\overline{\eta}_c\rho_{dmax-s} + \sum_{i=1}^{n} m_i \overline{\rho}_{pi}$$

$$(6.6.2-1)$$

$$\overline{\rho}_{pi} = \overline{\lambda}_{ci}\rho_{dmax-pi}(1+\overline{w}_{pi}) \qquad (6.6.2-2)$$

式中： 　ρ ——复合土层的重度（kN/m³）；

m ——所有桩型面积置换率之和；

m_i ——一种桩型的面积置换率；

n ——桩型数量；

$\overline{\eta}_c$ ——桩间土平均挤密系数，宜采用实测值，初步设计时可按本标准第 6.4 节的规定采用；

ρ_{dmax-s}、$\rho_{dmax-pi}$ ——分别为桩间土、桩体填料的最大干密度（kN/m³），按击实试验确定；

$\overline{\rho}_{pi}$ ——桩体填料重度（kN/m³），填料为土、灰土及水泥土时按式（6.6.2-2）计算；

$\overline{\lambda}_{ci}$ ——桩体平均压实系数，宜采用实测值，初步设计时可按本标准第 6.4 节的规定采用；

$\overline{w}_s$ ——桩间土平均含水量；

$\overline{w}_{pi}$ ——桩体填料含水量。

6.6.3 组合处理中采用素土挤密桩消除湿陷性时，桩间土平均挤密系数不宜小于 0.93，桩体压实系数不宜小于 0.97。

6.6.4 采用预浸水法与其他方法组合，应先对预浸水法处理效果进行检验，根据预浸水处理后地基土的实际物理力学指标选择后续处理方法。

6.6.5 挤密法和其他方法组合，应先对挤密法处理效果进行检测，对挤密后复合土层的湿陷性等工程参数做出评价。根据测试结果调整后续处理方法参数。

6.6.6 消除土层湿陷性后再采用刚性桩复合地基或桩基时，不再计算已消除湿陷的土层中桩的负摩阻力，桩侧正摩阻力宜通过试验确定。

6.7 黄土高填方地基

6.7.1 黄土填方地基应包括人工填筑形成的黄土填筑地基和其下原场地地基。填筑地基厚度大于 20m 时应定为黄土高填方地基。

6.7.2 黄土高填方地基设计，应符合下列规定：

1 边坡坡比应由稳定性分析确定；

2 边坡宜采用上陡下缓加平台的形式，坡顶及平台应设置截水沟；

3 边坡坡脚外应采取拦截及排除地表水的措施；

4 应根据渗流水位置及流量设置集水井、盲沟等降低地下水位或将地下水排出，排水的排出口应与坡脚、坡面的排水沟合理结合，不得破坏边坡坡脚；

5 排水构造设施应采取防渗、防漏措施；

附录 B 中国湿陷性黄土工程地质分区

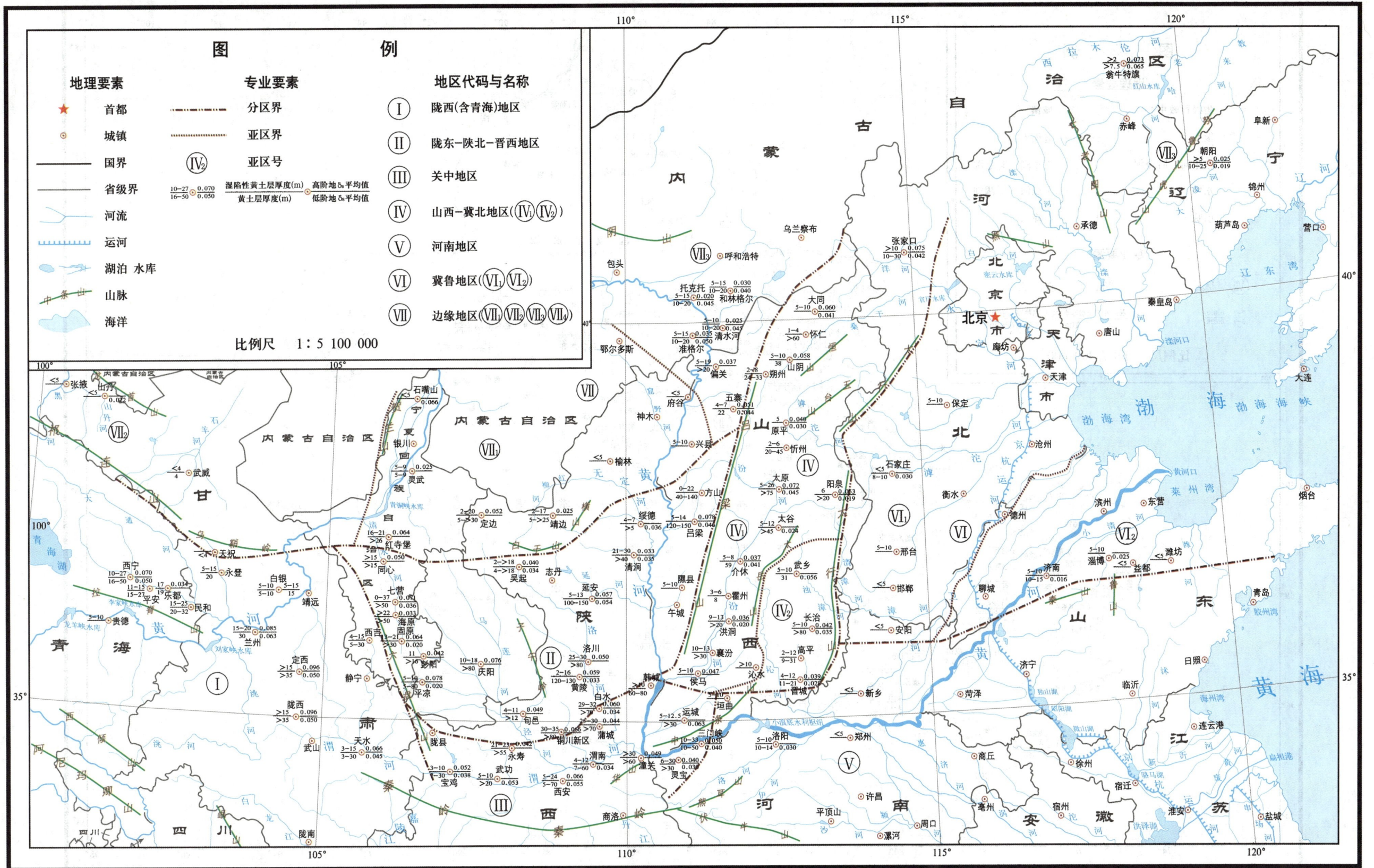

图 B.1 中国湿陷性黄土工程地质分区略图-1

图例

地理要素

◎ 省级行政中心　　⊙ 城镇

—— 未定 国界　　—— 省级界

常年河、时令河　　常年湖、时令湖

水库　　干涸河、干涸湖

天山甫峰 山脉　　▲ × 山峰 山口

专业要素

Ⅶ 区号　　Ⅶ₁ 亚区号

$\dfrac{2-7}{2-9} \dfrac{0.050}{0.028}$

$\dfrac{\text{湿陷性黄土层厚度(m)}}{\text{黄土层厚度(m)}}$ $\dfrac{\text{高阶地}\delta_s\text{平均值}}{\text{低阶地}\delta_s\text{平均值}}$

比例尺　1：7 300 000

准噶尔盆地

古尔班通古特沙漠

新 疆 维 吾 尔 自 治 区

塔 里 木 盆 地

塔 克 拉 玛 干 沙 漠

西 藏 自 治 区

图 B.2 中国湿陷性黄土工程地质分区略图-2

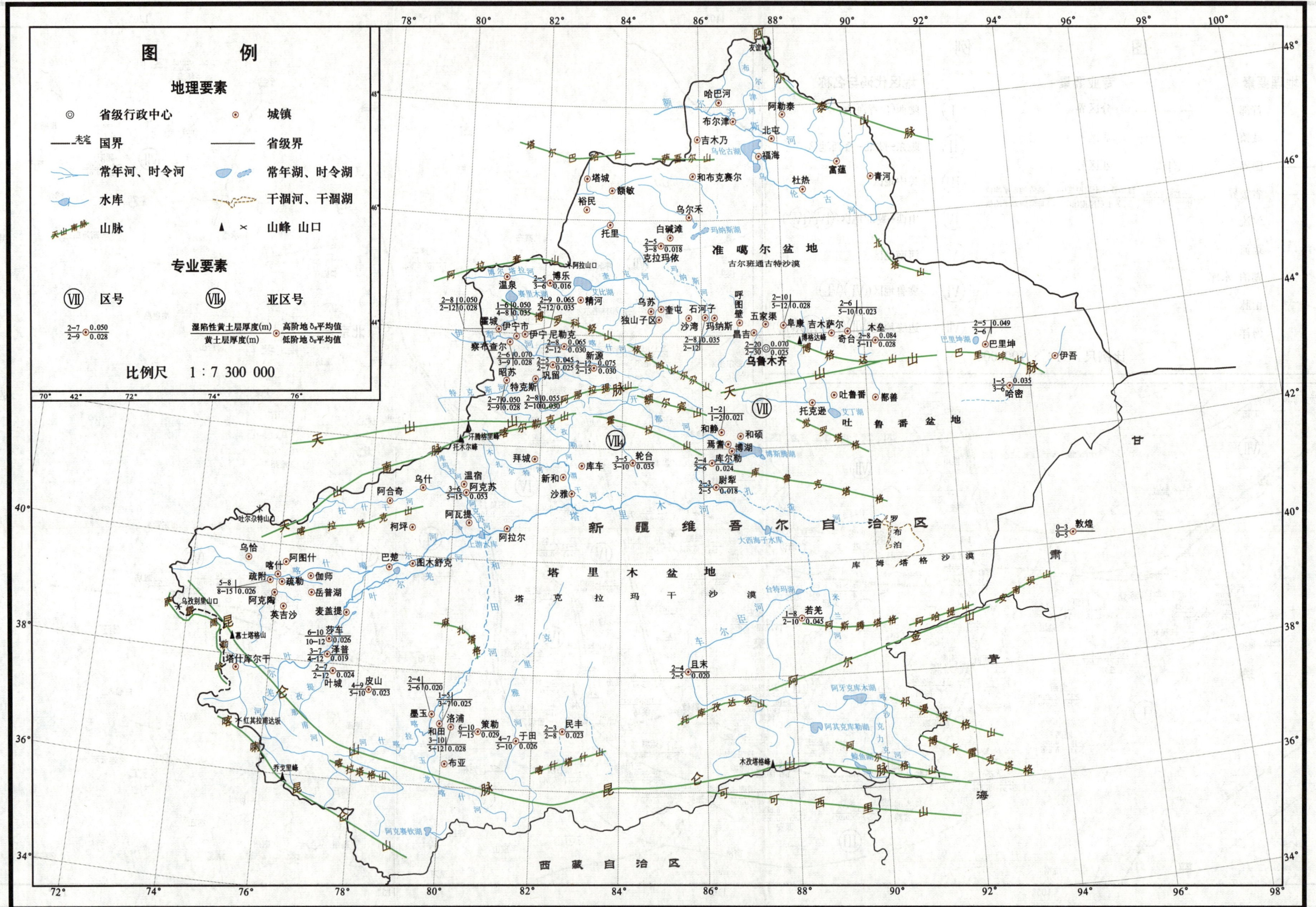

表B 湿陷性黄土的物理力学性质指标

分区	亚区	地貌	黄土层厚度 (m)	湿陷性黄土层厚度 (m)	地下水埋藏深度 (m)	含水量 W (%)	天然密度 ρ (g/cm³)	液限 W_L (%)	塑性指数 I_P	孔隙比 e	压缩系数 $\alpha_{0.1-0.2}$ (MPa⁻¹)	湿陷系数 δ_S	自重湿陷系数 δ_{ZS}	特征简述
陇西含青海地区（Ⅰ）		低阶地	4~25	3~16	4~18	6~25	1.2~1.8	21~30	4~12	0.70~1.20	0.10~0.90	0.020~0.200	0.010~0.200	自重湿陷性黄土分布很广，湿陷性黄土层厚度通常大于10m，地基湿陷等级多为Ⅲ级~Ⅳ级，湿陷性敏感
		高阶地及台塬	15~100	8~35	20~80	3~20	1.2~1.8	21~30	5~12	0.80~1.30	0.10~0.70	0.020~0.220	0.010~0.200	
陇东—陕北—晋西地区（Ⅱ）		低阶地	3~30	4~11	4~14	10~24	1.4~1.7	20~30	7~13	0.97~1.18	0.26~0.67	0.019~0.079	0.005~0.041	自重湿陷性黄土分布广泛，湿陷性黄土层厚度通常大于10m，地基湿陷等级一般为Ⅲ级~Ⅳ级，湿陷性较敏感
		高阶地及台塬	50~150	10~39	40~60	9~22	1.4~1.6	26~31	8~12	0.80~1.20	0.17~0.63	0.023~0.088	0.006~0.048	
关中地区（Ⅲ）		低阶地	5~20	4~10	6~18	14~28	1.5~1.8	22~32	9~12	0.94~1.13	0.24~0.64	0.029~0.076	0.003~0.039	低阶地多属非自重湿陷性黄土，高阶地和黄土塬多属自重湿陷性黄土，湿陷性黄土层厚度：在渭北黄土塬一般大于20m；在渭河流域两岸低阶地多为4m~10m，秦岭北麓地带一般小于4m（局部可达12m）。在陕西与河南交界的黄土台塬区湿陷性厚度可达20m~50m。地基湿陷等级一般为Ⅱ级~Ⅲ级，自重湿陷性黄土层一般埋藏较深，湿陷发生较迟缓
		高阶地及台塬	50~100	8~32	14~40	11~21	1.4~1.7	27~32	10~13	0.95~1.21	0.17~0.63	0.030~0.080	0.005~0.042	
山西—冀北地区（Ⅳ）	汾河流域区—冀北区（Ⅳ₁）	低阶地	5~15	2~10	4~8	6~19	1.4~1.7	25~29	8~12	0.58~1.10	0.24~0.87	0.030~0.070	—	低阶地多属非自重湿陷性黄土，高阶地（包括山麓堆积）多属自重湿陷性黄土。湿陷性黄土层厚度多为5m~10m，个别地段小于5m或大于10m，地基湿陷等级一般为Ⅱ级~Ⅲ级。在低阶地新近堆积黄土分布较普遍，土的结构松散，压缩性较高。冀北部分地区黄土含砂量大
		高阶地及台塬	30~140	5~22	50~70	11~24	1.5~1.6	27~31	10~13	0.97~1.31	0.12~0.62	0.015~0.089	0.007~0.040	
	晋东南区（Ⅳ₂）		30~80	2~12	4~7	18~23	1.5~1.6	27~33	10~13	0.85~1.02	0.29~1.00	0.030~0.070	0.015~0.052	
河南地区（Ⅴ）			6~25	4~8	5~25	16~21	1.6~1.8	26~32	10~13	0.86~1.07	0.18~0.33	0.023~0.045	—	一般为非自重湿陷性黄土，湿陷性黄土层厚度一般为5m，土的结构较密实，压缩性较低。该区浅部分布新近堆积黄土，压缩性较高
冀鲁地区（Ⅵ）	河北区（Ⅵ₁）		3~30	2~6	5~12	14~18	1.6~1.7	25~29	9~13	0.85~1.00	0.18~0.60	0.024~0.048	—	一般为非自重湿陷性黄土，湿陷性黄土层厚度一般小于5m，局部地段为5m~10m，地基湿陷等级一般为Ⅱ级，土的结构较密实，压缩性较低。在黄土边缘地带及鲁山北麓的局部地段，湿陷性黄土层薄，含水量高，湿陷系数小，地基湿陷等级为Ⅰ级或不具湿陷性
	山东区（Ⅵ₂）		3~20	2~6	5~8	15~23	1.6~1.7	28~31	10~13	0.85~0.90	0.19~0.51	0.020~0.041	—	
边缘地区（Ⅶ）	宁—陕区（Ⅶ₁）		5~30	1~20	5~25	7~13	1.4~1.6	22~27	7~10	1.02~1.14	0.22~0.57	0.032~0.059	0.021~0.039	大多为非自重湿陷性黄土，湿陷性黄土层厚度一般小于5m，地基湿陷等级一般为Ⅰ级~Ⅱ级。土的压缩性低，土中含砂量较多，湿陷性黄土分布不连续。定边及靖边台塬区、宁东等部分地区湿陷性土层厚度可达20m，为自重湿陷性黄土，湿陷等级Ⅱ级~Ⅲ级
	河西走廊区（Ⅶ₂）		5~10	2~5	5~10	14~18	1.6~1.7	23~32	8~12	—	0.17~0.36	0.029~0.050	—	
	内蒙中部—辽西区（Ⅶ₃）	低阶地	5~15	5~11	5~10	6~20	1.5~1.7	19~27	8~10	0.87~1.05	0.11~0.77	0.026~0.048	0.040	靠近山西、陕西的黄土地区，一般为非自重湿陷性黄土，地基湿陷等级一般为Ⅰ级，湿陷性黄土层厚度一般为5m~10m。低阶地新近堆积黄土分布较广，土的结构松散，压缩性较高；高阶地土的结构较密实；压缩性较低
		高阶地	10~20	8~15	12	12~18	1.5~1.9	—	9~11	0.85~0.99	0.10~0.40	0.020~0.041	0.069	
	新疆（Ⅶ₄）		3~30	2~20	1~20	3~27	1.3~1.8	19~34	6~13	0.69~1.20	0.10~1.05	0.015~0.199	—	一般为非自重湿陷性黄土场地，地基湿陷等级一般为Ⅰ级~Ⅱ级，局部为自重湿陷性黄土，湿陷等级为Ⅲ级，湿陷性黄土层厚度一般小于8m（最厚可达20m）。天然含水量较低，黄土层厚度及湿陷性变化大。主要分布于沙漠边缘，冲、洪积扇中上部，河流阶地及山麓斜坡，北疆呈连续条状分布，南疆呈零星分布

6 原地表高差较大或原地形呈 V 形深沟，致使填筑体厚度相差较大时，应对填筑后的沉降均匀性进行分析，根据分析结果确定是否采取平衡沉降的措施；

7 应设置高填方地基变形长期监测系统，并应从填筑开始进行观测。

6.7.3 勘察阶段应对因填筑引起的原场地地基土含水量的改变做出分析评估。原场地地基土湿陷性和力学指标应采用填筑后所受实际压力进行试验和评价。

6.7.4 黄土高填方地基的变形应包括原场地地基的变形和填筑地基的变形。变形中的压缩变形或湿陷变形计算应符合本标准第 5.6.1 条、第 5.6.2 条的有关规定。

6.7.5 黄土高填方地基的稳定性验算，应符合下列规定：

1 应分别进行填筑地基的稳定性、填筑地基和原场地地基的整体稳定性、填筑地基沿原场地地基接触面的稳定性验算；

2 当原场地地基中含有软弱夹层时，应进行沿软弱夹层的整体稳定性验算，并应结合场地条件通过试验获得软弱夹层的强度参数。

6.7.6 黄土高填方地基的原场地地基处理方法，应根据场地工程地质条件，结合建筑设计要求的地基变形允许值和场地施工的可行性等因素确定。可采用冲击碾压、强夯或挤密等方法处理；当原场地地面坡度大于 1:5 时，原场地地面应挖成台阶状并夯实，然后分层填筑填筑体。

6.7.7 黄土高填方地基的填筑地基施工，应符合下列规定：

1 应分层填筑、分层压实；当填方的两段交接处不在同一时间填筑时，应在先填筑段分层留设台阶，再分层填筑后填筑段；

2 应在接近土的最优含水量下进行碾压；

3 压实宽度应大于边坡设计宽度，最后削坡；

4 黄土填料中可加入碎石料以形成土石混合料，碎石料含量应通过室内大型试验或现场试验确定；

5 采用机械压实时，虚铺厚度应根据压实机具、土质类别和碾压遍数等通过现场试验确定。

6.7.8 黄土高填方地基上的建筑施工，宜在黄土高填方地基沉降稳定后进行。

7 施 工

7.1 一般规定

7.1.1 湿陷性黄土场地上建筑物及附属工程施工，应采取防止施工用水、场地雨水和邻近管道渗漏水渗入建筑物地基的措施。

7.1.2 湿陷性黄土场地上建筑施工应符合下列规定：

1 施工准备应统筹安排。应先进行场地平整、施工道路和防排水设施、施工用电设施等施工工作，并应处置场地内影响施工的地上和地下管线及其他障碍物。

2 宜先施工地下工程，后施工地上工程。对体形复杂的建筑物，先施工深、重、高的部分，后施工浅、轻、低的部分。

3 基础及地下室内外应及时回填。

4 敷设管道时，宜先施工排水管道，并保证其畅通。

7.1.3 建筑场地的防洪工程应提前施工，并应在汛期前完成。

7.1.4 在建筑物邻近修建地下工程时，应采取有效措施，保证原有建筑物和管道系统的安全使用，并应保持场地排水畅通。

7.1.5 施工现场平面布置应符合下列规定：

1 临时施工设施与建筑物外墙的距离宜符合表 7.1.5 规定。

表 7.1.5 临时施工设施与建筑物外墙的距离（m）

场地类型 临时设施	场地湿陷类型	
	非自重湿陷性黄土场地	自重湿陷性黄土场地
取土坑、临时防洪沟、水池、洗料场和淋灰池等	≥12	≥25
临时给水排水管道	≥7	≥10
临时搅拌站	≥6	≥10

2 临时搅拌站应做好排水设施。临时防洪沟、水池、洗料场和淋灰池等，遇有碎石土、砂土等夹层时应采取防止水渗入建筑物地基的有效措施。

3 需要浇水的材料宜堆放在硬化场地内，与基坑或基槽边缘的距离不应小于 5m。浇水时应有专人管理，严禁水流入基坑或基槽内。

4 临时给水排水管道宜敷设在场地冻结深度以下，并应通水试压检查，不漏水后方可使用。给水支管应装有阀门。在水龙头处应设排水设施，将废水引至排水系统。临时给水排水管线均应绘在施工总平面图上，有专人负责管理，并经常进行检修和维护，施工完毕应及时拆除。

5 制作和堆放预制构件、现场堆放材料和设备、重型吊车行走的场地等，应整平夯实，并应保持场地排水畅通。

7.1.6 基坑或基槽开挖前，应对建筑物及其周围 3m～5m 内的地下坑穴进行探查与处理，并应绘图和详细记录其位置、大小、形状及填充情况等。在重要管道、行驶重型车辆和施工机械的通道下，应对空虚的地下坑穴进行处理。

7.1.7 基坑或基槽开挖到设计标高后，应进行验槽。验槽可采用井探、触探或其他有效方法；当发现地质条件与勘察报告和设计文件不一致或遇到异常情况时，应结合地质条件和工程条件提出处理意见，或进行施工勘察。

7.1.8 在雨期、冬期施工基坑或基槽时，应制定季节性施工专项方案；垫层法、强夯法、挤密法等施工时，应采取防止土料淋湿或冻结的措施。严寒地区冬期不宜进行基坑或基槽的施工，确需施工时，应采取预防地基或基槽土层受冻的措施。

7.1.9 垫层地基和挤密地基不得使用盐渍土、膨胀土、冻土或有机质含量大于 5% 的材料。

7.1.10 隐蔽工程完工时，应进行质量检验和验收，并应将有关资料及记录存入工程技术档案。

7.2 地基处理和桩基施工

Ⅰ 垫层施工

7.2.1 施工垫层前，宜先进行试碾压试验，根据初步选定的施工机械确定每层虚铺厚度、碾压遍数等施工参数。

7.2.2 施工土、灰土或水泥土垫层前，应先将基底下拟处理的湿陷性黄土挖除，宜利用就地挖出的黄土或其他黏性土作材料，根据所选用的夯实或压实设备及试压确定的施工参数，在最优或接近最优含水量下分层回填、分层夯实或压实至设计标高。

7.2.3 土或灰土应过筛，灰土应拌合均匀。土料中不得含有冻土块、建筑垃圾或生活垃圾等。

7.2.4 无击实试验资料时，素土的最优含水量，可取该场地天然土的塑限含水量为其填料的最优含水量。

7.2.5 垫层施工进程中应对压实质量进行施工自检，自检合格后才能进行下一层的施工。施工自检参数宜为压实系数，取样点应在每层表面下的 2/3 分层厚度处。取样数量及位置应符合下列规定：

1 整片垫层，每 $100m^2$ 面积不应少于 1 处，且每层不应少于 3 处；

2 独立基础下局部处理的垫层，每基础每层不应少于 3 处；

3 条形基础下局部处理的垫层，每 10 延米每层 1 处，且每层不应少于 3 处；

4 取样点应均匀随机布置，并应具有良好的代表性。存在压实质量缺陷可能性大的局部区域应单独布点。取样点与垫层边缘距离不宜小于 300mm。

Ⅱ 强夯施工

7.2.6 强夯法处理湿陷性黄土地基施工前，应选择有代表性的地段进行试夯或试验性施工，并应符合下列规定：

1 试夯点的数量，应根据建筑场地的复杂程度、土质均匀性和建筑物类别等因素综合确定。同一场地内如土性基本相同，试夯或试验性施工可在一处进行；否则，应在土质差异明显的地段分别进行。

2 试夯过程中，应测量每个夯点每夯击 1 次的下沉量。

3 试夯结束后，应从夯击终止时的夯面起至设计处理深度以下 1m，每隔 0.5m～1.0m 取土样进行室内试验，测定土的干密度、压缩系数和湿陷系数等指标，并可进行静载荷试验或其他原位测试。

4 测试结果不满足设计要求时，可调整夯锤质量、落距、夯击次数等参数，重新试夯。

7.2.7 拟夯实的土层内，土的天然含水量大于塑限含水量 3% 以上时，宜采用晾干、换土或其他措施降低含水量。土的天然含水量低于 10% 时，宜对其增湿至接近最优含水量。增湿注水量可按下式计算：

$$Q = k(w_{op} - \overline{w})\overline{\rho}_d Ah \qquad (7.2.7)$$

式中：Q——估算注水量（t）；

w_{op}——土的最优含水量，宜采用重型击实试验结果；

$\overline{w}$——拟增湿土层内土的天然含水量按厚度的加权平均值；

$\overline{\rho}_d$——拟增湿土层地基处理前土的平均干密度（t/m^3）；

A——拟增湿土面积（m^2）；

h——拟增湿土层厚度（m）；

k——系数，可取 0.95～1.00。

7.2.8 夯锤底面宜为圆形，并应按夯锤底面积大小均匀设置（4～6）个直径 250mm～300mm 上下贯通的排气孔。锤重宜为 80kN～400kN，锤底静压力宜为 20kPa～80kPa。

7.2.9 强夯正式施工采用的夯锤质量、落距、夯点布置、夯击次数和夯击遍数等参数，应与试夯选定的相同。施工中应有专人监测和记录。

7.2.10 强夯施工过程中或施工结束后应进行施工自检，并应符合下列规定：

1 检查强夯施工记录，每个夯点的累计夯沉量不得小于试夯时各夯点平均夯沉量的 95%；最后 2 击平均夯沉量应满足设计要求；

2 在已完工的区域每 $500m^2$～$1000m^2$ 选取 1 处分层检测土的干密度、压缩系数和湿陷系数。

7.2.11 施工场地周围对环境保护有要求时，应对强夯施工产生的振动、噪声及扬尘等污染采取改善措施。

Ⅲ 挤密施工

7.2.12 挤密法处理地基施工前，对甲类、乙类建筑或缺乏建筑经验的地区，应在现场选择有代表性的地段进行试验或试验性施工。预钻孔夯扩挤密工艺施工前应进行试验性施工。试验结果应满足设计要求，并应符合下列规定：

1 试验数量不宜少于 3 组。每组桩数三角形布桩时不应少于 7 根，矩形布桩时不应少于 9 根。

2 在桩间土开挖探井，分层检测桩体压实系数、桩间土平均挤密系数、相邻桩形心处桩间土湿陷性及常规物理力学指标。取样间距不应大于 1m。

3 对预钻孔夯扩工艺，应根据试验结果确定施工采用的机械、锤型、锤重、落距、夯击次数和填料量等施工参数，并应分段检测桩径。

7.2.13 挤密施工前，宜对处理范围内的地基土含水量进行普查，并应取样进行击实试验。当地基土含水量偏低时，宜提前 7d～14d 将拟处理范围内的土层增湿至接近最优含水量或塑限。增湿注水量可按本标准式（7.2.7）估算，式中 w_{op} 宜采用轻型击实试验结果，系数 k 可取 0.90～1.05。

7.2.14 挤密施工应间隔、分批进行，孔成后应及时夯填。局部处理时，应由外向里施工。

7.2.15 孔底填料前应夯实。填料时，应分层回填分层夯实，压实系数和夯扩桩径达到设计要求后才能填下一层土料。

7.2.16 施工预留松动层的厚度宜为 0.60m～0.90m。冬期施工可增大预留松动层的厚度。

7.2.17 挤密施工过程中应进行施工自检，并应符合下列规定：

1 成孔质量检查，包括成孔直径、深度、垂直度、孔底塌落土厚度及缩孔情况等，应及时抽样检查，数量不得少于总孔数的 2%，且每台班不应少于 1 孔。

2 孔内填料的夯实质量，应随机及时抽样检查，数量不得少于总孔数的 2%，且每台班不应少于 1 孔。

3 对预钻孔夯扩桩，除本条第 1 款、第 2 款检查内容外，尚应抽样检查单桩填料量，数量不得少于总孔数的 4%，且每台班不应少于 3 孔。

Ⅳ 桩 基 施 工

7.2.18 湿陷性黄土场地上灌注桩施工应符合下列规定：

1 宜采用干作业机械旋挖或长螺旋钻中心压灌混凝土等干作业工艺，不宜采用泥浆护壁钻孔工艺，确需采用时，应采取降低泥浆水对地基土产生不利影响的措施。

2 钻孔、挖孔、扩底及护壁施工过程中，不得让雨水和地表水流入桩孔内。

3 应合理安排工序，减少各工序之间的间歇时间。非干孔作业时，成孔应连续进行。成孔后应尽快浇筑混凝土，浇筑过程不应中断。

4 浇筑混凝土时返上的泥浆应集中收集并及时清理。泥浆池应有防渗措施。

7.2.19 沉管灌注桩、长螺旋钻中心压灌灌注桩施工应符合下列规定：

1 成桩施工拔管速度应均匀，并控制拔管速度和拔管高度；

2 在饱和黄土层中宜采用反插法，必要时尚应复打。

7.2.20 静压与锤击预制桩施工应符合下列规定：

1 桩长范围内有饱和软弱黄土层或土体含水量偏大土层时，应采取防止地面隆起使桩上浮的措施。

2 锤击预制桩施工过程中，宜根据土层结构合理调整施工参数，将地面振动控制在安全范围内。振源较深时，宜在邻近建筑物附近开挖减振沟。

3 桩长范围内有钙质结核层的黄土场地，打或压入预制桩施工前应进行工艺性试桩，检验施工工艺可行性。

7.3 基坑和基槽施工

7.3.1 湿陷性黄土场地的基坑支护施工，应符合下列规定：

1 基坑开挖前和施工期间，应对周围建筑物、地下管线、地下构筑物等状况进行监测；并应对基坑周边外宽度为（1～2）倍坑深范围内的土体垂直节理和裂缝采取防止地面水流入裂缝内的防护措施。

2 开挖前宜先完成基坑周边防排水设施的施工。

3 土方开挖完成后应及时对基坑坡面进行封闭，并应及时进行地下结构施工。基坑土方开挖应严格按设计要求进行，不得超挖；基坑周边荷载，不得超过设计限制荷载。

4 在地下水位以上黄土层中施工锚杆时，不应采用用水量大的成孔工艺。

5 土方开挖施工过程留置的临时坡道应根据计算确定支护措施。

6 当大型基坑内的土挖至接近设计标高，而下一工序不能连续进行时，宜在设计标高以上保留 300mm～500mm 厚的土层，待继续施工时挖除。开挖施工过程中的积水应及时排除。

7 地下结构施工至地面时，应及时清除杂物并进行回填。

7.3.2 基槽的开挖与回填，应符合下列规定：

1 基槽开挖前应对各种工况下槽壁的稳定性进行验算和判定。支撑及围护构件几何尺寸、强度等参数应通过计算确定。

2 开挖应分层、分段并及时支撑；当基槽挖至设计深度或标高时，应及时验槽。

3 从基槽内挖出的土堆放在基槽附近时，堆放高度、与基槽壁边缘的距离应通过稳定性验算确定。

4 基槽两侧宜设置防排水设施，防止雨水流入基槽。

5 垫层或基础施工前，应在基槽底面打底夯，同一夯点不宜少于 3 遍。当表层土的含水量过大或局部地段有松软土层时，应采取晾干或换土等措施。

6 基础施工完毕，其周围的灰、砂、砖等杂物应及时清除，并应用素土或灰土在基础周围分层回填夯实至散水垫层底面或室内地坪垫层底面，回填压实系数不宜小于 0.94。

7.4 上部结构施工

7.4.1 建筑结构施工过程中对作业层用水、雨雪水应有组织排放，不得流入建筑底层室内回填土、变形缝、混凝土后浇带、管沟或管井、基坑或基槽内。

7.4.2 水暖管沟穿过建筑物基础时，不得留施工缝。穿过外墙时，应一次施工至室外的第一个检查井，或距基础 3m 以外。沟底应有向外排水的坡度。施工中应防止雨水或地面水流入地基，施工完毕后应及时清理、验收、加盖和回填。

7.4.3 地下工程施工至超出设计地面后，应按设计要求及时进行室内外土方回填。设计无要求时，回填土应分层夯实或压实，压实系数不得小于 0.94。

7.4.4 屋面施工完毕，应及时安装天沟、水落管和雨水管道等，并直接将雨水引至室外排水系统。散水的伸缩缝不得设在水落管处。

7.4.5 当发现地基浸水湿陷或建筑物产生沉降裂缝时，应立即停止施工，切断有关水源，对建筑物的沉降和裂缝加强观测，并应查明原因。应经处理满足设计要求后，方可继续施工。

7.5 管道和储水构筑物施工

7.5.1 各种管材及其配件进场时应进行复检，复检合格后方可使用。

7.5.2 管道及其附属构筑物的基础与地基施工时，应将基槽底夯实，并应采取分段流水作业，迅速完成各分段的全部工序。管道敷设完毕，应及时回填。

7.5.3 敷设管道时，管道应与管基或支架密合，管道接口应严密不漏水。金属管道的接口焊缝不得低于Ⅲ级。新、旧管道连接时，应先做好排水设施。当昼夜温差大或在负温度条件下施工时，管道敷设后，宜及时保温。

7.5.4 施工水池、化粪池、检漏管沟、检漏井和检查井等，应确保砌体砂浆饱满、混凝土浇捣密实、防水层严密不漏水。穿过池、井或沟壁的管道和预埋件，应预先设置，不得打洞。铺设盖板前，应将池、井或沟底清理干净。池、井或沟壁与基槽间，应用素土或灰土分层回填夯实，压实系数不应小于 0.95。

7.5.5 成品化粪池施工时，应根据黄土场地的湿陷类型采取相应的防护措施。自重湿陷性黄土场地宜将成品化粪池设在钢筋混凝土基槽内；非自重湿陷性黄土场地成品化粪池施工应按本标准第 7.5.4 条执行。

7.5.6 管道和水池、化粪池等施工完毕，应进行水压及满水试验。不合格的应返修或加固，重做试验，直至合格为止。清洗管道、池的用水和试验用水，应将其引至排水系统，不得任意排放。

7.5.7 埋地压力管道的水压试验，应符合下列规定：

1 管道试压应逐段进行，每段长度在场地内不宜超过 400m，在场地外不应超过 1000m。分段试压合格后，两段之间管道连接处的接口，应通水检查，不漏水后方可回填。

2 在非自重湿陷性场地，管基经检查合格，沟槽间填至管顶上方 0.50m 后（接口处暂不回填），应进行 1 次强度和严密性试验。

3 在自重湿陷性黄土场地，非金属管道的管基经检查合格后，应进行 2 次强度和严密性试验：沟槽回填前，应分段进行强度和严密性的预先试验；沟槽回填后，应进行强度和严密性的最后试验。对金属管道，应进行 1 次强度和严密性试验。

7.5.8 建筑物防护距离外的城镇、建筑群及小区的室外埋地压力管道试验应符合现行国家标准《给水排水管道工程施工及验收规范》GB 50268 的有关规定。

7.5.9 建筑物防护距离内的室外及建筑物内埋地压力管道的试验除应符合现行国家标准《建筑给水排水及采暖工程施工质量验收规范》GB 50242 的规定外，尚应符合下列规定：

1 建筑物内埋地压力管道的试验压力，不应小于 0.60MPa；生活饮用水和生产、消防合用管道的试验压力应为工作压力的 1.50 倍；

2 强度试验，应先加压至试验压力，保持恒压 10min，接口、管道和管道附件无破损及无漏水现象时，管道强度试验为合格；

3 严密性试验，应在强度试验合格后进行；试验时，宜将试验压力降至工作压力加 0.10MPa，金属管道恒压 2h 不漏水、非金属管道恒压 4h 不漏水即为合格，并应记录为保持试验压力所补充的水量；

4 在严密性的最后试验中，为保持试验压力所补充的水量不应超过预先试验时各分段补充水量及阀件等渗水量的总和；

5 工业厂房内埋地压力管道的试验压力，尚应符合有关工业标准的规定。

7.5.10 埋地无压管道、检查井、雨水管的水压试验，应符合下列规定：

1 水压试验应采用闭水法。

2 试验应分段进行，宜以相邻两段检查井间的管段为一分段。对每一分段应进行 2 次严密性试验：沟槽回填前进行预先试验；沟槽回填至管顶上方 0.50m 以后，进行复查试验。

7.5.11 室外埋地无压管道闭水试验，应符合现行国家标准《给水排水管道工程施工及验收规范》GB 50268 的有关规定。

7.5.12 室内埋地无压管道闭水试验水头应为一层楼的高度，并不应超过 8m；室内雨水管道闭水试验水头，应为注满立管上部雨水斗的水位高度。闭水试验经 24h 不漏水即为合格，并记录在试验时间内为保持试验水头所补充的水量。复查试验时，为保持试验水头所补充的水量不应超过预先试验的数值。

7.5.13 对水池、化粪池应按设计水位进行满水试验，并应符合现行国家标准《给水排水构筑物工程施工及验收规范》GB 50141 的有关规定。

7.5.14 埋地管道的沟槽应分层回填夯实。在管道外缘的上方 0.50m 范围内压实系数不得小于 0.90，其他部位回填土的压实系数不得小于 0.94。

8 地基及桩基验收检验

8.1 一般规定

8.1.1 验收检验的项目和参数应根据地基或桩基类型、地基处理目的、国家现行标准规定及设计要求综合确定。

8.1.2 承载力应通过静载荷试验确定。采用其他方法检测承载力应有本场地同条件下静载试验对比结果。

8.1.3 挤密、强夯等地基应采用取土室内试验或现场浸水载荷试验等方法，对处理后设计处理深度内地基湿陷性作出评价。当取土室内试验不能判断地基的湿陷性是否消除时，宜通过现场浸水载荷试验判定。浸水载荷试验应符合本标准附录 H 或附录 J 的规定。

8.1.4 组合处理的地基，应对不同地基处理方法的处理质量、湿陷性消除情况、桩身质量分别检测评价。地基处理消除湿陷性后采用桩基的，应对地基处理质量和桩基分别检测并应作出评价。

8.1.5 当检验结果或合格率不满足设计或现行国家标准《建筑地基基础工程施工质量验收标准》GB 50202 的规定时，宜查明原因，或扩大检测。应根据扩大检测结果和原检测结果对地基进行综合评价。

8.2 地基验收检验

8.2.1 垫层地基应检验承载力和压实系数等参数，并应符合下列规定：

1 承载力检测数量每单体工程不应少于 3 点，单体垫层面积超过 1500m² 的，超出部分每 500m² 增加 1 点，不足 500m² 按 500m² 计。

2 压实系数应分层取样检测。检测点数量，对整片垫层，每层每 200m² 面积内应有一个检测点，且每层不应少于 3 点；对宽度小于 6m 的基槽，每层每 30 延米不应少于 1 点，且每层不应少于 3 点；对局部处理的独立柱基，每柱基每层不应少于 1 点。

3 压实系数检测点位置应在每层表面下 2/3 厚度处。

4 对实际施工的灰土配合比有怀疑时，可检测灰土配合比，根据实际灰土配合比击实试验结果计算压实系数。

5 采用标准贯入或动力触探检验时，检验点的间距不宜大于 4m。

8.2.2 强夯地基应检验承载力和夯实土的物理力学指标，并应符合下列规定：

1 承载力检测数量每单体工程不得少于 3 点，单体地基处理面积超过 1500m² 的，超出部分每 500m² 增加 1 点，不足 500m² 按 500m² 计；超出 10000m² 部分每 1000m² 增加 1 点，不足 1000m² 按 1000m² 计。

2 取样检测地基土的物理力学及湿陷性指标，检测点数量不宜小于按本条第 1 款计算的数量。宜采用探井取样，取样位置宜在相邻夯点中间空隙处；取样深度应至设计夯实厚度下 1m，竖向取样间距不应大于 1m。

3 采用标准贯入或动力触探检验时，每 400m² 内应有一个检验点，且每单体不应少于 3 点。

4 强夯地基的承载力检测宜在地基强夯结束 28d 后进行，并应符合本标准附录 J 的规定。取样检测宜在地基强夯结束 14d 后进行。

8.2.3 挤密地基应检验承载力、桩身质量及桩间土的物理力学指标，并应符合下列规定：

1 承载力检测应采用单桩或多桩复合地基静载荷试验，检测数量不应小于桩数的 0.5%，且每单体建筑不应少于 3 点；桩数大于 3000 根时，超出 3000 根部分可取超出桩数的 0.4%。对桩距超过 3m 的挤密地基，采用复合地基静载荷试验确有困难时，也可采用单桩静载荷试验和桩间土平板载荷试验相结合的试验方法。

2 桩身质量检测数量不应小于总桩数的 0.6%，且每单体工程不少于 6 根。桩身压实系数应分层检测，取样间距不应超过 1m，取样位置应在距桩心 2/3 桩半径处。采用标准贯入、静力触探、动力触探或其他原位测试方法检测桩身压实质量时，应有同条件土工试验进行对比。

3 桩间土检测数量不应小于总桩数的 0.2%，且每单体工程不少于 3 处。应分层检测桩间土平均挤密系数、物理力学指标和湿陷系数，竖向取样间距不宜超过 1m。平均挤密系数取样位置应分别位于两桩心连线的中点及净间距（桩间距减去桩直径）的 1/10 处，取二者的平均值；湿陷系数取样位置应位于相邻 3 桩（三角形布桩）或 4 桩（正方形布桩）形心位置。采用标准贯入、静力触探、动力触探或其他原位测试方法检测桩间土挤密效果时，应有同条件土工试验进行对比。

4 静载荷试验应在成桩 14d 后进行。

5 对预钻孔夯扩桩，宜检测成桩桩径。

8.2.4 预浸水法处理的地基，应检验地基土物理力学指标和湿陷系数，并应评价场地和地基湿陷性。检测点数为每 500m² ~ 1000m² 一点，且不应少于 3 点。

8.2.5 组合法处理地基的验收检验应符合下列规定：

1 强夯地基后采用刚性桩或桩基础时，应先对夯实质量进行检验，检验合格后才能进行下步工序施工。检验应按本标准第 8.2.2 条第 2 款、第 3 款的规定执行。

2 挤密地基后采用刚性桩复合地基或桩基础时，设计无要求时可不检验挤密地基承载力，但应检验挤密质量，检验合格后才能进行下步工序施工。检验应按本标准第 8.2.3 条第 2 款、第 3 款、第 5 款执行。

3 强夯或挤密地基后采用刚性桩复合地基时，承载力应按刚性桩置换率采用复合地基静载荷及单桩静载荷试验确定，检测数量之和不应少于刚性桩桩数的 1%，且每单体工程各不应少于 3 点；桩身完整性采用低应变法检测时，数量不应少于桩数的 10%。

4 挤密或强夯后采用桩基时，桩基检验应符合本标准第 8.3 节的规定。

8.3 桩基验收检验

8.3.1 甲类、乙类建筑物，或地质条件复杂、成孔质量可靠性低的工程，当混凝土灌注桩设计桩长不小于 20m 时，施工过程中应进行成孔质量检测。同类型桩检测数量不应少于总桩数的 20%，且不应少于 10 根。

8.3.2 桩施工完成后应对桩身质量进行检验，宜选用低应变法、声波透射法或钻芯法，并应符合下列规定：

1 采用低应变法时，检测数量应符合下列规定：

1）对灌注桩，满堂布置时抽检数量不应少于总桩数的 30%，且不得少于 20 根；墙下或柱下承台布桩时全部检测；

2）其他桩基工程的抽检数量不应少于总桩数的 20%，且不少于 10 根。

2 采用声波透射法或钻芯法时，抽检数量不应少于总桩数的 10%，且每个承台下的抽检数量不应少于 1 根；钻芯法岩芯采取率不应低于 90%。

8.3.3 桩基承载力检验可采用单桩静载试验或高应变法，并应符合下列规定：

1 单位工程内同一条件下的工程桩，当符合下列条件之一时，应采用单桩竖向抗压静载试验进行验收检验，抽检数量不应少于总桩数的 1%，且不应少于 3 根；当总桩数在 50 根以内时，不应少于 2 根：

1）设计等级为甲级的桩基；

2）挤土群桩施工产生挤土效应；

3）桩侧或桩端采用后注浆的桩；

4）载体桩、扩底桩、支盘桩等异型桩；

5）地质条件复杂、桩施工质量可靠性低；

6）施工过程中工艺变更或施工质量出现异常；

7）本地区采用的新桩型或新工艺。

2 除本条第 1 款规定外的预制桩和满足高应变法适用检测条件的灌注桩，在正式施工前进行过试桩承载力静载荷试验的，可采用高应变法进行单桩竖向抗压承载力验收检验。抽检数量在同一条件下不应少于总桩数的 5%，且不得少于 5 根。

8.3.4 端承型大直径灌注桩，当受设备或现场条件限制无法采用静载荷试验检测单桩竖向抗压承载力时，可采用钻芯法测定桩底沉渣厚度并钻取桩端持力层岩土芯样检验桩端持力层，抽检数量不应少于总桩数的 10%，且不应少于 10 根。

8.3.5 桩长范围内土层有湿陷性时，基桩承载力宜通过浸水载荷试验判定。在桩侧土天然含水量状态下进行载荷试验时，应按本标准第 5.7.5 条、第 5.7.6 条的规定对承载力试验结果进行折减。桩基浸水载荷试验应符合本标准附录 G 的规定。

8.3.6 承受上拔力和水平力较大的桩基，应进行单桩竖向抗拔和水平承载力检测。抽检数量不应少于总桩数的 1%，且不应少于 3 根。

9 既有建筑物地基加固和纠倾

9.1 一般规定

9.1.1 湿陷性黄土地区的既有建筑物或设备基础，出现下列情况时宜进行地基加固：

1 地基土的承载力或沉降变形不能满足使用要求；

2 地基浸水湿陷变形，继续发展可能导致基础变形或破坏，需要阻止湿陷继续发展；

3 不均匀沉降超过现行国家标准《建筑地基基础设计规范》GB 50007 规定的允许值。

9.1.2 湿陷性黄土地区的既有建筑物或设备基础，出现下列情况时宜进行纠倾：

1 倾斜已造成建筑物结构损害或明显影响建筑物或设备的功能；

2 倾斜超过现行国家标准《建筑地基基础设计规范》GB 50007 规定的允许值，已影响建筑物的安全和正常使用；

3 倾斜已对人的心理和情绪产生明显影响。

9.1.3 地基加固或纠倾前应收集下列资料：

1 既有建筑物或设备基础原设计图及施工验收资料、改造或改建资料；

2 原岩土勘察资料；

3 地下管网设施布置图。

9.1.4 地基加固或纠倾前应进行专项鉴定，并应符合下列规定：

1 查明上部建筑结构形式及受损破坏情况，基础类型、埋置深度及受损破坏情况；

2 查明原地基处理方法、参数及施工质量；

3 对基础不均匀沉降或倾斜值、建筑的整体倾斜进行观测；

4 检测现状下基础强度等参数，必要时检测上部结构承重构件强度；

5 查明现状下地基土的物理力学指标；

6 对产生不均匀沉降的原因进行分析。

9.1.5 加固或纠倾设计方案应根据建筑物及基础特点、地基现状、加固或纠倾方法的适用性、施工引起的附加沉降、周边环境等因素综合确定。施工参数宜通过现场试验验证。

9.1.6 加固或纠倾应采用信息法施工。施工过程应进行沉降和变形观测，根据沉降和倾斜观测结果调整施工参数。

9.1.7 加固或纠倾施工完成后，应对施工质量和加固效果进行检验及评估。

9.1.8 加固或纠倾工程竣工后，应对建筑物继续进行沉降观测至沉降稳定，且时间不宜少于半年。

9.2 单液硅化法和碱液加固法

9.2.1 单液硅化法和碱液加固法可用于加固地下水位以上、渗透性较好的湿陷性黄土地基，酸性土和已渗入沥青、油脂及石油化合物的黄土地基不宜采用。在自重湿陷性黄土场地，采用碱液加固法应通过现场试验确定其可行性。

9.2.2 采用单液硅化法或碱液法加固湿陷性黄土地基，施工前应在拟加固建筑场地或附近同类地层中进行单孔或多孔灌注试验，以确定该方法的适用性及灌注溶液的速度、时间、数量和压力等参数。

9.2.3 溶液灌注试验结束 10d 后，应在试验范围加固深度内量测灌注孔的加固土半径，取土样进行室内试验，多孔试验场地宜结合动力触探或载荷试验等原位测试，测定加固土的压缩性和湿陷性等指标是否满足加固或设计要求。

9.2.4 加固设计应根据灌注试验所获参数进行，并应对加固地层之下的土层进行下卧层验算。

9.2.5 单液硅化法或碱液法加固地基施工结束 10d 后，应对已加固的地基土进行检查、检验，并应符合下列规定：

1 检查施工记录，各灌注孔的加固深度应符合设计要求，注入土中的溶液量与设计计算量应相同或接近；

2 宜采用动力触探、钻探取样、现场载荷试验等原位测试方法或其他有效检测方法对已加固地基进行全深度加固效果检验，对加固效果进行评价。

Ⅰ 单液硅化法

9.2.6 选择单液硅化法灌注工艺应符合下列规定：

1 压力灌注宜用于加固非自重湿陷性黄土场地上的建筑物地基和设备基础，用于自重湿陷性黄土场地上加固时应通过试验验证可行性；

2 溶液自渗宜用于加固自重湿陷性黄土场地上既有建筑物和设备基础的地基。

9.2.7 单液硅化法溶液应由浓度为 10%～15%的硅酸钠溶液掺入 2.5%的氯化钠组成，相对密度宜为 1.13～1.15，且不应小于 1.10；模数值宜为 2.50～3.30，且杂质含量不应大于 2%。

9.2.8 初步设计时加固湿陷性黄土的单孔溶液用量，可按下式计算：

$$Q = \pi r^2 h \bar{n} d_n \alpha \qquad (9.2.8)$$

式中：Q——单孔硅酸钠溶液的设计注入量（t）；

r——溶液的设计扩散半径（m）；

h——自基础底面起算的加固深度（m）；

$\bar{n}$——拟加固地基土的平均孔隙率；

d_n——硅酸钠溶液的密度（t/m³）；

α——溶液灌注系数，由单孔或多孔灌注试验确定。无经验时，可取 0.6～0.8。

9.2.9 单液硅化法加固湿陷性黄土地基时，灌注孔的布置应符合下列规定：

1 灌注孔间距应根据设计加固要求、灌注孔的设计扩散半径和灌注工艺以及试验结果等综合确定，压力灌注时宜为 0.8m～1.2m；溶液自渗时宜为 0.4m～0.6m；

2 灌注孔宜沿基础侧边布置，且每侧不宜少于 2 排。

9.2.10 压力灌注溶液施工应符合下列规定：

1 应先灌注外排孔，再依次灌注内排孔；

2 灌注溶液的压力大小应通过试验确定，灌注压力宜由小逐渐增大，但最大压力不宜超过 200kPa；

3 拟加固地层深度范围内各层土性质差别较大时，宜分层灌注。

9.2.11 溶液自渗施工应符合下列规定：

1 灌注溶液过程中溶液面宜高出基础底面 0.50m 以上；

2 灌注施工过程中应及时观测溶液面高度变化，注入溶液速度宜和溶液自渗速度一致；

3 除建筑物或设备基础沉降突然增大或发生其他异常情况外，施工过程中应避免孔内溶液渗干，宜每隔 2h～3h 向孔内添加一次溶液。

9.2.12 加固施工应进行沉降观测，当发现基础的沉降突然增大或出现异常情况时，应立即停止溶液灌注，待查明原因并确认安全后，方可继续灌注。

Ⅱ 碱液加固法

9.2.13 碱液加固法分单液法和双液法两种，单液法为氢氧化钠一种溶液注入，双液法为氢氧化钠和氯化钙两种溶液轮流注入。当土中可溶性和交换性的钙、镁离子含量大于 10mg·eq/100g 干土时，可采用单液法。

9.2.14 碱液法加固地基的深度，不宜大于既有建筑物或设备基础底面下 5m。当湿陷性黄土层深度和基础宽度较大、基底压力较高且地基湿陷等级为 II 级以上时，加固深度应通过试验确定。初步设计时，加固地基的厚度可按下式估算：

$$h = l + r - \Delta \qquad (9.2.14)$$

式中：h——碱液法加固地基的厚度（m）；

l——灌注孔的长度（m）；

r——溶液的设计扩散半径（m），初步设计时可取 0.4m～0.5m；

Δ——灌浆孔顶部不能形成满足设计扩散半径部分的长度，可取 0.4m～0.6m。

9.2.15 碱液可用固体烧碱或液体烧碱配制，并应符合下列规定：

1 碱液浓度宜为 100g/L，采用双液加固时，氯化钙溶液的浓度宜为 50 g/L～80g/L；

2 灌注液中氢氧化钠含量不宜小于 85%，碳酸钠含量不得超过 5%，不溶于水的杂质含量不应超过 2%。

9.2.16 加固需要的氢氧化钠量宜通过试验确定。无试验资料时，可取干土重量的 3%；初步设计时，单孔碱溶液用量可按下式计算：

$$Q = \pi r^2 (l + r) \bar{n} \alpha \qquad (9.2.16)$$

式中：Q——单孔氢氧化钠溶液的设计注入量（m³）；

r——溶液的设计扩散半径（m）；

l——灌注孔的长度（m）；

$\bar{n}$——拟加固地基土的平均孔隙率；

α——溶液灌注系数，由单孔或多孔灌注试验确定。进行试验孔计算时可取 0.7～0.9。

9.2.17 碱液法加固湿陷性黄土地基时，灌注孔的布置应符合下列规定：

1 灌注孔间距应根据设计加固要求及灌注试验结果等综合确定。加固土体连片时孔间距不应大于 1.8d，最大孔间距不宜大于 3d（d 为灌注孔直径）。

2 灌注孔宜沿基础周围或条形基础两侧成排布置。

9.2.18 碱液法加固湿陷性黄土地基施工，应符合下列规定：

1 宜将碱液加热至 80℃～100℃再注入土中；

2 灌注溶液过程中溶液面宜高出基础底面 0.40m 以上；

3 溶液灌注速度宜为 0.4L/min～0.5L/min，灌注速度过大或过小时均应停止灌注，查明原因并应采取应对措施后方可继续施工。

9.3 旋喷加固法

9.3.1 旋喷加固法宜用于非自重湿陷性黄土场地上

的建筑物和设备基础的加固，在自重湿陷性黄土场地上应用时应通过试验验证其适用性。

9.3.2 旋喷加固法设计时，设计参数、初步施工工艺参数、检测及变形监测要求等应根据勘察成果、现场测试、试验性施工的结果并应结合当地工程经验确定。

9.3.3 旋喷加固设计应符合下列规定：

1 场地为非自重湿陷性黄土场地时，宜按复合地基设计，也可按桩基设计。为自重湿陷性黄土场地时，宜按桩基设计。

2 旋喷桩的桩长应根据地层结构确定，桩端持力层宜选择承载力较高的非湿陷性地层。

3 旋喷桩的平面布置应根据既有建筑的结构特点和基础形式确定，宜布置在基础下，确有困难时，可布置在承重墙基础两侧或独立基础周边。纵横墙交接处等应力集中区域应优先布置。

4 旋喷桩复合地基承载力特征值应通过现场复合地基浸水载荷试验确定，初步设计时可按下列公式估算：

$$f_{spk} = \lambda m \frac{R_a}{A_p} + \beta(1 - m) f_{sk} \qquad (9.3.3-1)$$

$$m = \frac{\sum A_p}{\sum A} \qquad (9.3.3-2)$$

式中：f_{spk}——复合地基承载力特征值（kPa）；

λ——单桩承载力发挥系数；

m——面积置换率；

R_a——单桩竖向承载力特征值（kN）；

A_p——桩的截面积（m²）；

β——桩间土承载力折减系数，宜按地区经验取值，无经验时可取 0.75～0.95，天然地基湿陷起始压力较大、承载力较高时取大值；

f_{sk}——桩间土承载力特征值（kPa），宜按当地经验取值，无经验时可取饱和状态下地基承载力特征值；

$\sum A_p$——基础下旋喷桩截面积之和（m²）；

$\sum A$——需加固的基础总面积（m²）。

5 初步设计时，旋喷桩单桩竖向承载力特征值可按下列公式估算，并应取其中较小值：

$$R_a = \eta f_{cu} A_p \qquad (9.3.3-3)$$

$$R_a = \mu_p \sum_{i=1}^{n} q_{si} l_i + \alpha_p q_p A_p \qquad (9.3.3-4)$$

式中：R_a——单桩竖向承载力特征值（kN）；

f_{cu}——桩体试块（边长为 150mm 立方体）标准养护 28d 的立方体抗压强度平均值（kPa）；

η——桩身强度折减系数，宜按地区经验取值。初步设计时可取 0.20～0.25；

n——桩身长度范围内的土层层数；

μ_p ——桩身周长（m）；

l_i ——桩长范围内第 i 层土的厚度（m）；

q_{si} ——桩周第 i 层土的侧阻力特征值（kPa）；非自重湿陷土层中宜按饱和状态下取值，自重湿陷性黄土层内宜按本标准第5.7.6条取值；

α_p ——桩端端阻力发挥系数，可取 0.4～0.6，桩侧土自重湿陷量大时取大值；

q_p ——桩端地基土承载力特征值（kPa）。

9.3.4 旋喷加固采用的水泥浆液配合比应根据试验确定，宜采用强度等级为 42.5 级的普通硅酸盐水泥，外加剂和掺合料的用量应通过试验确定。

9.3.5 旋喷加固施工应符合下列规定：

1 施工前应依据设计要求通过试验性施工确定施工工艺参数、施工批次、施工顺序、间隔时间等。施工顺序在平面上应均匀、对称，不应在一个区域集中施工。

2 水泥浆液的水灰比不宜大于 1.0。单管旋喷注浆压力宜为 20MPa～25MPa，提升速度宜为 0.1m/min～0.2m/min。施工过程中应观察返浆情况；出现压力骤然上升、下降或冒浆等异常时，应查明原因并采取措施。

3 单桩施工完成后，根据桩头浆液沉降情况及时回灌比施工浆液强度高一级的浆液，至浆液不再下沉，用同级的水泥砂浆封孔。

4 应严格按照施工参数和材料用量进行施工，并应做好取样和施工记录。

5 施工中应按设计要求对建筑物的变形进行监测。

6 每完成一批次的桩体施工，均应结合变形监测结果和施工情况评估加固效果，未满足设计要求时不得进行后续施工。

9.3.6 旋喷加固后的质量检验应根据设计要求进行，并应符合下列规定：

1 旋喷桩检验宜在成桩 28d 后进行，可采用开挖检查、低应变桩身检测、载荷试验等方法对承载力、桩身强度、成桩直径和桩长等进行检验；

2 检验点应布置在有代表性的桩位或施工中出现异常情况的部位；

3 成桩质量检验点的数量不宜少于施工桩数的 2%，并不应少于 6 点；旋喷桩单桩静载荷试验的抽检数量不宜少于总桩数的 1% 且不得少于 3 根。

9.4 坑式静压桩托换法

9.4.1 坑式静压桩的桩位布置，应符合下列规定：

1 纵横墙基础交接处、基础沉降较大处、承重墙基础的中间、独立基础的中心或四角，地基受水浸湿可能性大的承重部位应优先布置；

2 宜避开门窗洞口等薄弱部位；

3 地梁或圈梁较弱时，应加大或加固地梁或圈梁。

9.4.2 坑式静压桩宜采用预制钢筋混凝土方桩或钢管桩。方桩边长宜为 150mm～250mm，混凝土强度等级不宜低于 C30；钢管桩应经过防腐处理，直径不宜小于 159mm，壁厚不得小于 6mm。

9.4.3 坑式静压桩的桩尖应穿透湿陷性黄土层，并应支承在压缩性低或较低的非湿陷性黄土、砂石层或岩石中，桩尖进入非湿陷性黄土中的深度不宜小于 0.30m。终止压桩力应大于或等于 2 倍的设计承载力特征值。

9.4.4 托换时宜在桩顶两侧安放活动牛腿，用托换千斤顶使中间千斤顶压力释放为零，然后撤去中间千斤顶进行托换。

9.4.5 托换钢管安放结束后，托换坑应及时回填，并应符合下列规定：

1 托换坑底面以上至桩顶面 0.20m 以下，桩的周围可用灰土分层回填夯实，压实系数不宜小于 0.93，或用素混凝土回填；

2 基础底面以下至灰土层顶面，桩及托换管的周围宜用 C20 混凝土浇筑密实，并应使其与基础连成整体。

9.4.6 坑式静压桩的质量检验，应符合下列规定：

1 桩材试块强度应符合设计要求。现场制桩时，应符合现行行业标准《建筑桩基技术规范》JGJ 94 的相关规定。

2 检查压桩施工记录，最终压桩力应符合设计要求。

9.5 纠 倾

9.5.1 建筑物实施纠倾前应对纠倾的可行性、适宜性进行评价。

9.5.2 建筑物纠倾方案应根据建筑物倾斜程度及原因、上部结构及基础类型、整体刚度、荷载特征、土质情况、施工条件和周围环境等因素综合确定。

9.5.3 湿陷性黄土场地上建筑物的纠倾方法可分为湿法纠倾和干法纠倾。湿法纠倾主要为浸水法，干法纠倾应包括横向或竖向掏土法、加压法和顶升法等。

9.5.4 既有建筑物地基压缩层内土的湿陷性较强、平均含水量小于塑限含水量时，可采用浸水法或横向掏土法进行纠倾，并应符合下列规定：

1 纠倾施工前，应在现场进行渗水试验，测定土的渗透速率、渗透半径、渗水量等参数，确定土的渗透系数；

2 浸水法的注水孔（槽）至邻近建筑物的距离不宜小于 20m；

3 根据拟纠倾建筑物的基础类型和地基土湿陷性，预留浸水滞后的预估沉降量。

9.5.5 既有建筑物地基压缩层土的平均含水量大于

塑限含水量时，可采用竖向掏土法或加压法纠倾。

9.5.6 上部结构的自重较小或局部变形大，且需要使既有建筑物恢复到正常或接近正常位置时，宜采用顶升法纠倾。

9.5.7 既有建筑物的倾斜较大，采用一种纠倾方法不易达到要求时，可将几种纠倾方法结合使用。

9.5.8 下列情况不得采用浸水法纠倾：

1 距离拟纠倾建筑物 20m 内有建筑物或地下构筑物和管道；

2 靠近边坡地段；

3 靠近滑坡地段。

9.5.9 建筑物纠倾前应做好下列准备工作：

1 地基需要加固时，应先完成加固再实施纠倾，或与地基加固同时进行；

2 被纠倾建筑物整体刚度不足时，应在施工前先行加固；

3 进行现场试验性施工，确定施工参数，检验纠倾方案的可行性，并应根据试验结果对方案进行调整与补充。

9.5.10 纠倾过程中应控制纠倾速率。根据建筑物的整体刚度和结构构件的强度，宜控制在 4mm/d～10mm/d，纠倾初期可取大值，后期应取小值。对于刚度较好的建筑物可适当提高，对变形敏感的建筑物或重要建筑物，宜小于 4mm/d。

9.5.11 应评估纠倾后的回倾可能性并预留滞后回倾量，预留滞后回倾量可取建筑物目标纠倾量的 1/10～1/12。

9.5.12 纠倾全过程中应进行现场监测。并应根据监测结果，及时调整方案、程序及施工进度，并采取相应的安全技术措施。

9.5.13 纠倾过程中应做好防护工作，除预定区域外，其他工作区域不得受水浸湿。

10 使用与维护

10.1 一般规定

10.1.1 建筑物及管道设施使用期间应定期检查和维护，并应做好记录。

10.1.2 管理单位应存留完整的建设技术资料档案，包括岩土勘察报告、设计及变更文件、检验检测报告及其他竣工资料等。使用期间建筑物、附属设施和管道的改建、加固、维修等资料应一并归档。

10.1.3 管理单位应制定维护管理制度和实施细则，并负责实施。

10.1.4 既有建筑物的防护范围内增添或改变用水设施时，应按本标准第 5 章的规定采取相应的防水措施或其他措施。

10.1.5 建筑物周边水环境发生改变，可能引起建筑物地基浸水或地下水位变化时，管理单位应收集有关资料，并宜会同原设计单位对建筑物的影响做出评估，根据评估结果采取相应措施。

10.2 维护与检修

10.2.1 使用期间，给水、排水和供热管道系统应定期进行维护，保持其畅通。并应符合下列规定：

1 发现漏水或故障，应及时断绝水源、汽源，故障排除后方可继续使用。

2 每隔（3～5）年，宜对埋地压力管道进行工作压力下的泄压检查，对埋地自流管道进行常压泄漏检查。发现泄漏，应及时检修。

10.2.2 检漏设施和防水套管应定期检查。采用严格防水措施的建筑，宜每周检查 1 次，其他建筑宜每半个月检查 1 次。发现有积水或堵塞物，应及时修复和清除，并作记录。

10.2.3 防护范围内的防水措施应经常检查，并应符合下列规定：

1 防水地面、排水沟和雨水明沟应经常检查，发现裂缝及时修补。每年应全面检修 1 次。

2 散水的伸缩缝和散水与外墙交接处的填塞材料应经常检查和填补。散水发生倒坡时，应及时修补并应调整至原设计坡度。

3 建筑场地应保持原设计的排水坡度，发现积水地段，应及时填平夯实。

4 建筑物周围 6m 以内的地面应保持排水畅通，不得堆放阻碍排水的物品和垃圾，严禁绿化过量浇水。

10.2.4 每年雨季前和每次暴雨后，对防洪沟、缓洪调节池、排水沟、雨水明沟及雨水收集口等，应进行详细检查，清除淤积物，整理沟堤，保持排水畅通。

10.2.5 每年入冬以前，应对可能冻裂的水管采取保温措施。并应对所有管道进行系统检查，管沟或管道的过缝、过门处应重点检查。

10.2.6 当发现建筑物突然下沉，墙、梁、柱或楼板、地面出现裂缝时，应立即检查附近的供热管道、水管和水池、化粪池等。有漏水（汽）时，应迅速断绝水（汽）源，观测建筑物的沉降和裂缝发展情况，记录部位和时间，并应会同有关部门研究处理。

10.3 沉降观测和地下水位观测

10.3.1 管理单位在接管沉降观测和地下水位观测工作时，应根据设计文件、施工资料及移交清单，对水准基点、观测点、观测井及观测资料和记录，逐项检查、清点和验收。有水准基点或观测点损坏、不全或观测井填塞等情况时，应由移交单位补齐或清理。

10.3.2 水准基点、沉降观测点及水位观测井应妥善保护。并应定期根据地区水准控制网对水准基点进行校核。

10.3.3 建筑物的沉降观测应按现行行业标准《建筑变形测量规范》JGJ 8 的规定执行；地下水位观测应按设计要求进行。观测记录应及时整理，并存入工程技术档案。

10.3.4 发现建筑物沉降和地下水位变化出现异常时，应及时反馈给有关单位研究处理。

附录 A 各类建筑举例

表 A 各类建筑举例

建筑类别	举 例
甲类	高度大于 60m 的建筑；14 层及 14 层以上的体形复杂的建筑；高度大于 50m 的筒仓；高度大于 100m 的电视塔；大型展览馆、博物馆；一级火车站主楼；6000 人以上的体育馆；标准游泳馆；跨度不小于 36m 或吊车额定起重量不小于 100t 的机加工车间；不小于 10000t 的水压机车间；大型热处理车间；大型电镀车间；大型炼钢车间；大型轧钢压延车间；大型电解车间；大型煤气发生站；大、中型火力发电站主体建筑；大型选矿、选煤车间；煤矿主井多绳提升井塔；大型水厂；大型污水处理厂；大型游泳池；大型漂、染车间；大型屠宰车间；10000t 以上的冷库；净化工房；有剧毒、强传染性病毒或有放射污染的建筑
乙类	高度为 24m～60m 的建筑，高度为 30m～50m 的筒仓；高度为 50m～100m 的烟囱；省（市）级影剧院、图书馆、文化馆、展览馆、档案馆；省级会展中心；大型多层商业建筑；民航机场指挥及候机楼；铁路信号、通讯楼、铁路机务洗修库；省级电子信息中心；多层试验楼；跨度等于或大于 24m、小于 36m 或吊车额定起重量等于或大于 30t、小于 100t 的机加工车间；小于 10000t 的水压机车间；中型轧钢车间；中型选矿车间、小型火力发电厂主体建筑；中型水厂；中型污水处理厂；中型漂、染车间；大中型浴室；中型屠宰车间；特高压输电铁塔
丙类	7 层及 7 层以下的多层建筑；高度不超过 30m 的筒仓、高度不超过 50m 的烟囱；浸水可能性小的风电机组基础；跨度小于 24m 且吊车额定起重量小于 30t 的机加工车间；单台小于 10t 的锅炉房；一般浴室、食堂、县（区）影剧院、理化试验室；一般的工具、机修、木工车间、成品库；浸水可能性小的超高压、高压输电杆塔

续表 A

建筑类别	举 例
丁类	1 层～2 层的简易房屋、小型车间、小型库房；无给水排水设施的单层且长高比小于 2.5、总高度小于 5m 的门房；浸水可能性小的光伏电站光伏阵列区

附录 C 黄土地层的划分

表 C 黄土地层的划分

时代		地层划分	说明
全新世（Q_4）黄土	晚期（Q_4^2）	黄土状土	一般具湿陷性
	早期（Q_4^1）	新黄土	
晚更新世（Q_3）黄土		马兰黄土	
中更新世（Q_2）黄土		离石黄土	上部部分土层具湿陷性
早更新世（Q_1）黄土		午城黄土	不具湿陷性

（注：老黄土对应离石黄土与午城黄土）

附录 D 新近堆积黄土的判别

D.0.1 现场鉴定新近堆积黄土，应符合下列规定：

1 堆积环境：黄土塬、梁、峁的坡脚和斜坡后缘；冲沟两侧及沟口处的洪积扇和山前坡积地带；河道拐弯处的内侧，河漫滩及低阶地；山间或黄土梁、峁之间凹地的表层；平原上被淹埋的池沼洼地。

2 颜色：灰黄、黄褐、棕褐，常相杂或相间。

3 结构：土质不均、松散、大孔排列杂乱。常混有岩性不一的土块，多虫孔和植物根孔。铣挖容易。

4 包含物：常含有机质；斑状或条状氧化铁；有的混砂、砾或岩石碎屑；有的混有砖瓦陶瓷碎片或朽木片等人类活动的遗物；有时混钙质结核，呈零星分布。在大孔壁上常有白色钙质粉末，在深色土中，白色物呈现菌丝状或条纹状分布，在浅色土中，白色物呈星点状分布。

D.0.2 现场鉴别不明确时，可按下列试验指标判定：

1 在（50～150）kPa 压力段变形较大，小压力下具高压缩性。

2 利用下列判别式判定

$$R = -68.45e + 10.98a - 7.16\gamma + 1.18w$$
(D.0.2-1)

$$R_0 = -154.80$$
(D.0.2-2)

当 $R > R_0$ 时，可将该土判定为新近堆积黄土。

式中：e——土的孔隙比；

a——压缩系数（MPa^{-1}），宜取（$50 \sim 150$）kPa 或（$0 \sim 100$）kPa 压力下的大值；

γ——土的重度（kN/m^3）；

w——土的天然含水量（%）。

附录 E 钻孔内采取不扰动土样的操作要点

E.0.1 在钻孔内采取不扰动土样，应熟练掌握钻进和取样方法，使用合适的清孔器，并应符合下列操作要点：

1 宜采用回转钻进和使用螺旋（纹）钻头，控制回次进尺的深度，并应根据土质情况，控制钻头的垂直进入速度和旋转速度。取土间距为 1m 时，第一钻进尺应为 50mm～60mm，第二钻清孔进尺 20mm～30mm，第三钻取原状土试样。当取土间距大于 1m 时，其下部 1m 深度内仍应按取土间距为 1m 时的方法操作。

对坚硬黄土，冲击钻进时，应使用专用的薄壁钻头（其规格为：直径不小于 140mm，壁厚不大于 3mm，刃口角度不大于 10°～12°）。并应采取分段进尺、逐次缩减、最后清孔的钻进程序，每段进尺应小于回转钻进要求的进尺深度。

2 清孔时，不应加压或少许加压，慢速钻进，应使用薄壁取样器压入清孔，不得用小钻头钻进，大钻头清孔。

对坚硬黄土，冲击钻进清孔时，应使用薄壁钻头或薄壁取土器一次击入，击入深度为 120mm～150mm，严禁多次击入。

E.0.2 取样应采用"压入法"。取样前应将取土器轻轻吊放至孔内预定深度处，然后以匀速连续压入，中途不得停顿。在压入过程中，钻杆应保持垂直不摇摆，压入深度以土样超过盛土段 30mm～50mm 为宜。当使用有内衬的取样器时，其内衬应与取样器内壁紧贴（塑料或酚醛压管）。

对坚硬黄土，有经验时也可采用击入法取样，击入时应根据击入阻力大小，预估击入能量，使整个取样过程在一击下完成，不得进行二次锤击。击入深度以超过盛土段 30mm～50mm 为宜。

E.0.3 取样器宜使用带内衬的黄土薄壁取样器，对结构较松散的黄土，不应使用无内衬的黄土薄壁取样器。黄土薄壁取样器内径不宜小于 120mm，刃口壁的厚度不宜大于 3mm，刃口角度为 10°～12°，控制面积比为 12%～15%。其尺寸规格可按表 E.0.3 采用，构造可按图 E.0.3 采用。

表 E.0.3 黄土薄壁取样器的尺寸

外径 (mm)	刃口内径 (mm)	放置内衬后内径 (mm)	盛土筒长 (mm)	盛土筒厚 (mm)	余(废)土筒长 (mm)	面积比 (%)	切削刃口角度 (°)
<129	120	122	150, 200	2.00～2.50	200	<15	12

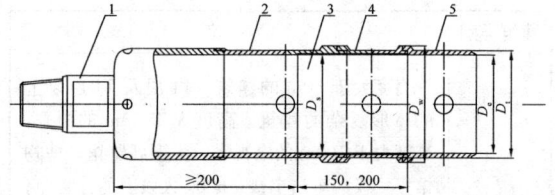

图 E.0.3 黄土薄壁取样器示意
1—导径接头；2—废土筒；
3—衬管；4—取样管；5—刃口
D_s—衬管内径；D_w—取样管外径；
D_e—刃口内径；D_t—刃口外径

E.0.4 钻进和取土样应符合下列规定：

1 严禁向钻孔内注水；

2 在卸土过程中，不得敲打取土器；

3 土样取出后，应检查土样质量，土样有受压、扰动、碎裂和变形等情况时，应将其废弃并重新采取土样；

4 应经常检查钻头、取土器的完好情况，当发现钻头、取土器有变形、刃口缺损时，应及时校正或更换；

5 冬期施工时土样取出后应采取防冻融措施；

6 对探井内和钻孔内的取样结果，应进行对比、检查，发现问题及时改进；

7 土样在运输的过程中应采取防止振动破坏措施，结构敏感、含粉土颗粒较大的黄土宜就地进行土工试验。

附录 F 未消除全部湿陷量的地基地下水位上升时的设计措施

F.0.1 对未消除全部湿陷量的地基，应根据地下水位可能上升的幅度，采取防止不均匀沉降的有效措施。

F.0.2 建筑物的平面、立面布置，应力求简单、规则。体形复杂时，宜将建筑物分成若干简单、规则的单元。单元之间宜拉开一定距离，设置能适应沉降的连接体或采取其他措施。

F.0.3 多层砌体承重结构房屋，应有较大的刚度，房屋的单元长高比不宜大于 3。

F.0.4 在同一单元内，各基础的荷载、形式、尺寸和埋深应尽量接近。当门廊等附属建筑与主体建筑的荷载相差悬殊时，应采取有效措施，减少主体建筑下沉对门廊等附属建筑的影响。

F.0.5 在建筑物的同一单元内，不宜设置局部地下室。对有地下室的单元，应用沉降缝将其与相邻单元分开。

F.0.6 宜通过加大建筑物沉降缝两侧基础面积、调整上部结构布置等措施减小沉降缝处的基底压力。

F.0.7 建筑物基础附近有重物或重型设备时，应采取隔离、对设备基础地基进行处理、加固建筑物基础等措施，减小附加沉降对建筑物的影响。

F.0.8 对地下室和地下管沟，应根据地下水位上升的可能幅度采取防水措施。水位可能上升至基础底面标高以上时，地下管沟材料宜采用抗渗混凝土并应增设柔性防水层。

F.0.9 在非自重湿陷性黄土场地，有大面积填方时，应根据填方厚度、地下水位可能上升的幅度，判断场地转化为自重湿陷性黄土场地的可能性。可能性大时，应按自重湿陷性黄土场地进行设计。

附录 G 单桩竖向静载荷浸水试验要点

G.0.1 本试验要点适用于测试浸水条件下桩侧负摩阻力、中性点深度及桩周土饱和状态下单桩承载力。

G.0.2 试验浸水坑应符合下列规定：

1 浸水坑的平面尺寸（边长或直径）：仅测定桩周土饱和状态下的单桩竖向承载力时，不宜小于 5m；测定桩侧负摩阻力和中性点深度时，不宜小于自重湿陷性黄土层的深度，并不应小于 10m；

2 试坑深度不宜小于 500mm，坑底面应铺100mm～150mm 厚度的砂、石，在浸水期间，坑内水头高度不宜小于 300mm；

3 可在试坑底面布置一定数量及深度的渗水孔，孔内应填满砂砾。

G.0.3 单桩竖向承载力静载荷浸水试验方法，可选择先湿法或后湿法。

G.0.4 先湿法进行单桩竖向承载力静载荷浸水试验，应符合下列规定：

1 加载前向试坑内浸水，连续浸水时间不宜少于 10d。过程中应记录桩顶沉降量，记录间隔时间不宜大于 6h。

2 桩周湿陷性黄土层达到饱和，且桩顶沉降稳定后，在继续浸水条件下对桩顶分级加载至极限荷载或设计荷载的 2 倍。

G.0.5 后湿法进行单桩竖向承载力静载荷浸水试验，应符合下列规定：

1 应在试坑浸水前，对桩分级加压至设计荷载。

2 在设计荷载下沉降稳定后，维持桩顶荷载不变，向试坑内浸水，连续浸水时间不宜少于 10d。过程中应记录桩顶附加沉降量，记录间隔时间不宜大于 6h。

3 桩周湿陷性黄土层达到饱和，且桩顶附加沉降稳定后，在继续浸水条件下对桩顶分级加载至极限荷载或设计荷载的 2 倍。

G.0.6 桩侧负摩阻力和中性点深度测试，应符合下列规定：

1 宜在浸水试坑内设置观测自重湿陷的浅标点和深标点，实测自重湿陷下限深度；

2 预估的中性点深度附近应埋设有桩身内力测试元件，当中性点深度难以预测时，桩身内力测试元件宜加密埋设，或采用线测法进行内力测试；

3 先湿法桩顶无荷载或后湿法桩顶维持设计荷载，试坑浸水期间，在桩侧负摩阻力值和中性点深度稳定后应暂时停止注水，继续测试负摩阻力和中性点深度不少于 10d，负摩阻力和中性点深度不再变化后，重新注水，继续对桩分级加载；

4 取试验过程中下拉荷载最大时对应的负摩阻力值和中性点深度作为实测值。

G.0.7 基准桩或沉降观测基准点应设在浸水影响范围外。试桩和锚桩设置、开始试验时间、试验装置、量测沉降用的仪表，分级加载额定量，加、卸载的沉降观测和单桩竖向承载力的确定等要求，应符合现行国家标准《建筑地基基础设计规范》GB 50007 的有关规定。桩顶附加沉降量的观测精度不应低于 0.1mm。

附录 H 复合地基浸水载荷试验要点

H.0.1 本试验要点适用于采用单桩和多桩复合地基浸水载荷试验确定复合地基在饱和状态下的承载力及湿陷变形参数。

H.0.2 承压板的选择应符合下列规定：

1 承压板应具有足够刚度。

2 单桩复合地基载荷试验的承压板可用圆形或方形，面积为一根桩承担的处理面积。桩孔按正三角形布置时，圆形承压板直径（d）应为桩距的 1.05倍；桩孔按正方形布置时，承压板直径应为桩距的 1.13 倍。

3 多桩复合地基的承压板宜为方形或矩形，尺寸应按承压板下的实际桩数确定。

H.0.3 浸水试坑开挖和载荷试验设备安装，应符合下列规定：

1 浸水试坑底面的直径或边长，不应小于处理厚度的一半及承压板直径或边长的3倍，且不应小于5m。

2 试坑底面标高宜与拟建的建筑物基底标高相同或接近。

3 应保持试验土层的原状结构。

4 试坑内桩间土宜打设浸水孔，最大深度应根据剩余湿陷量及未处理土层厚度确定，且不应小于增强体底端深度。孔内用砾砂或粗砂填充。承压板底面下应铺100mm～150mm厚度的中、粗砂找平。

5 基准梁的支点，应设在浸水影响及承压板应力影响范围之外，并不应小于压板直径或边长的3倍。

6 承压板的形心与荷载作用点应重合。

H.0.4 宜在土层天然含水量下加至1倍设计荷载，下沉稳定后向试坑内连续浸水，连续浸水时间在桩间土达到饱和后不宜少于5d。坑内水头不应小于200mm。仅需判定复合地基湿陷性时，可不再增加荷载。需要判定承载力时，宜再加1倍设计荷载。

H.0.5 加荷等级不宜少于10级，每加一级荷载的前、后，应分别测记1次压板的下沉量，以后每0.5h测记1次，当连续2.0h内，每1.0h的下沉量小于0.10mm时，即可加下一级荷载。每级荷载的维持时间不应少于2.0h。

H.0.6 出现下列情况之一时，可终止加载：

1 沉降急剧增大，承压板周围的土出现明显的侧向挤出；

2 浸水条件下附加下沉稳定后继续加载，在某一级荷载下，24h内沉降速率不能达到稳定标准，或沉降 s 急骤增大，压力-沉降（p-s）曲线出现陡降段；

3 s/b（或 s/d）$\geqslant 0.06$；

4 仅需判定复合地基湿陷性时，设计荷载下浸水后，附加下沉达到稳定标准或连续5d不到稳定标准（从浸水开始计算）；

5 已加载至设计荷载的2倍。

当满足前2种情况之一时，其对应的前一级荷载可定为极限荷载。

H.0.7 卸荷可分为3级～4级，每卸一级荷载测记回弹量，直至变形稳定。

H.0.8 复合地基湿陷性判定和承载力特征值，应根据压力（p）与承压板沉降量（s）的 p-s 曲线形态确定：

1 复合地基浸水相对沉降应按下式计算：

$$\xi = \frac{s_2 - s_1}{d} \tag{H.0.8}$$

式中：ξ——复合地基浸水相对沉降；

s_1——加至1倍设计荷载沉降稳定，浸水前承压板沉降量（mm）；

s_2——维持1倍设计荷载浸水，沉降稳定后承压板沉降量（mm）；

d——承压板直径（mm），承压板为矩形时取短边长度 b（mm）。

当 $\xi < 0.017$ 时，判定复合地基不具湿陷性。

2 复合地基承载力特征值判定应符合下列规定：

1）当极限荷载能确定，取极限荷载的一半；

2）按相对变形确定：土挤密桩复合地基，可取 s/d 或 $s/b = 0.010$ 所对应的压力；灰土挤密桩、夯实水泥土桩、水泥土搅拌桩复合地基可取 s/d 或 $s/b = 0.008$ 所对应的压力；水泥粉煤灰碎石桩、素混凝土桩复合地基，可取 s/d 或 $s/b = 0.010$ 所对应的压力；

3）压板边长或直径大于2000mm时，b 或 d 按2000mm计算；

4）按相对变形确定的地基承载力特征值，不应大于最大加载压力的一半。

附录 J 垫层、强夯和挤密地基载荷试验要点

J.0.1 现场采用静载荷试验检测垫层、强夯和挤密等方法处理地基的承载力及变形参数，应符合下列规定：

1 承压板应为刚性，底面宜为圆形或方形。

2 对土或灰土垫层，承压板的面积应按需检验土层的厚度确定，且不应小于1.0m²；对强夯地基承压板，承压板的面积不应小于2.0m²，当处理土层厚度较大时，宜分层进行试验。

3 对挤密桩复合地基：

1）单桩复合地基的承压板面积，应为1根挤密桩承担的处理地基面积。桩孔按正三角形布置时，承压板直径（d）应为桩距的1.05倍，桩孔按正方形布置时，承压板直径应为桩距的1.13倍。

2）多桩复合地基的承压板，宜为方形或矩形，其尺寸应按承压板下的实际桩数确定。

3）对于桩距大于2.5m的大直径挤密桩复合地基，承载力检验宜采用单桩复合地基静载荷试验；有经验或对比资料时，也可分别进行单桩竖向抗压静载荷试验和桩间土静载荷试验计算复合地基承载力特征值。单桩静载试验承压板直径应与设计桩直径相同，桩间土的承压板直径不宜小于0.6m。

J.0.2 试坑开挖和安装载荷试验设备应符合下列规定：

1 试坑底面的直径或边长，不应小于承压板直径或边长的3倍；

2 试坑底面标高，宜与拟建的建筑物基底标高相同或接近；

3 应保持试验土层的天然湿度和原状结构；

4 承压板底面下应铺 10mm～20mm 厚度的中、粗砂找平；

5 基准梁的支点，应设在承压板直径或边长的 3 倍范围以外；

6 承压板的形心与荷载作用点应重合。

J.0.3 加荷等级不宜少于 10 级，总加载量不应小于设计荷载值的 2 倍。

J.0.4 每加一级荷载的前、后，应分别测记 1 次压板的下沉量，以后每 0.5h 测记 1 次，当连续 2.0h 内，每 1.0h 的下沉量小于 0.10mm，即可加下一级荷载。每级荷载的维持时间不应少于 2.0h。

J.0.5 需要测定处理后的地基是否消除湿陷性时，应进行浸水载荷试验。浸水前，宜加至 1 倍设计荷载，下沉稳定后向试坑内连续浸水，连续浸水时间不宜少于 10d，坑内水头不应小于 200mm，附加下沉稳定，试验终止。需判定地基承载力时，可继续浸水，再加 1 倍设计荷载后，试验终止。

J.0.6 出现下列情况之一时，可终止加载：

1 承压板周围的土出现明显的侧向挤出；

2 沉降 s 急骤增大，压力-沉降（p-s）曲线出现陡降段；

3 在某一级荷载下，24h 内沉降速率不能达到稳定标准；

4 s/b（或 s/d）$\geqslant 0.06$。

当满足前 3 种情况之一时，其对应的前一级荷载可定为极限荷载。

J.0.7 卸荷可分为 3 级～4 级，每卸一级荷载测记回弹量，直至变形稳定。

J.0.8 处理后的地基承载力特征值，应根据压力（p）与承压板沉降量（s）的 p-s 曲线形态确定：

1 当 p-s 曲线上的比例界限明显时，可取比例界限所对应的压力；

2 当 p-s 曲线上的极限荷载小于比例界限的 2 倍时，可取极限荷载的一半；

3 当 p-s 曲线上的比例界限不明显时，可按压板沉降（s）与压板直径（d）或宽度（b）之比值即相对变形确定：

　1）土垫层地基、强夯地基和桩间土，可取 s/d（或 s/b）$=0.010$ 所对应的压力；

　2）灰土垫层地基，可取 s/d（或 s/b）$=0.006$ 所对应的压力；

　3）土挤密桩复合地基，可取 s/d（或 s/b）$=0.010$ 所对应的压力；灰土挤密桩或水泥土挤密桩复合地基，可取 s/d（或 s/b）$=0.008$ 所对应的压力；

　4）桩、土分别试验的，桩体材料为灰土时，

桩间土承载力可取 s/d（或 s/b）$=0.008$ 所对应的压力；桩体材料为素土时，桩间土承载力可取 s/d（或 s/b）$=0.010$ 所对应的压力；

　5）复合地基载荷试验当压板边长或直径大于 2000mm 时，b 或 d 按 2000mm 计算。

按相对变形确定的地基承载力特征值，不应大于最大加载压力的一半；桩、土分别试验时，桩间土承载力取值不宜大于天然地基承载力的 1.5 倍。

J.0.9 试验点的数量不应少于 3 点，当极差不超过平均值的 30% 时，可取其平均值作为地基承载力特征值。当极差超过平均值的 30% 时，应分析原因，并结合工程具体情况综合确定地基承载力特征值，或增加试验点数量。

本标准用词说明

1 为便于在执行本标准条文时区别对待，对要求严格程度不同的用词说明如下：

　1）表示很严格，非这样做不可的：

　　正面词采用"必须"，反面词采用"严禁"；

　2）表示严格，在正常情况下均应这样做的：

　　正面词采用"应"，反面词采用"不应"或"不得"；

　3）表示允许稍有选择，在条件许可时首先应这样做的：

　　正面词采用"宜"，反面词采用"不宜"；

　4）表示有选择，在一定条件下可以这样做的，采用"可"。

2 条文中指明应按其他有关标准执行时的写法为："应符合……的规定"或"应按……执行"。

引用标准名录

1 《建筑地基基础设计规范》GB 50007

2 《岩土工程勘察规范》GB 50021

3 《给水排水构筑物工程施工及验收规范》GB 50141

4 《建筑地基基础工程施工质量验收标准》GB 50202

5 《建筑给水排水及采暖工程施工质量验收规范》GB 50242

6 《给水排水管道工程施工及验收规范》GB 50268

7 《建筑变形测量规范》JGJ 8

8 《建筑桩基技术规范》JGJ 94

中华人民共和国国家标准

湿陷性黄土地区建筑标准

GB 50025—2018

条 文 说 明

编 制 说 明

《湿陷性黄土地区建筑标准》GB 50025－2018，经住房和城乡建设部 2018 年 12 月 26 日以第 340 号公告批准、发布。

本标准是在《湿陷性黄土地区建筑规范》GB 50025－2004（后简称"原规范"）的基础上修订而成，上一版的主编单位是陕西省建筑科学研究设计院，参编单位是机械工业部勘察研究院、西北综合勘察设计研究院、甘肃省建筑科学研究院、山西省建筑设计研究院、国家电力公司西北勘测设计研究院、中国建筑西北设计研究院、西安建筑科技大学、山西省勘察设计研究院、甘肃省建筑设计研究院、山西省电力勘察设计研究院、兰州有色金属建筑研究院、中国电力工程顾问集团西北电力设计院有限公司、新疆建筑设计研究院、陕西省建筑设计研究院、中国石化集团公司兰州设计院，主要起草人员是罗宇生、文君、田春显、刘厚健、朱武卫、任会明、汪国烈、张敷、张苏民、沈励操、杨静玲、邵平、张豫川、张炜、李建春、林在贯、郑永强、武力、赵祖禄、郭志勇、高永贵、高凤熙、程万平、滕文川、罗金林。

本标准修订的主要技术内容是：1. 对原规范强制条文进行了修订，从 12 条减为 6 条；2. 增加了 4 个术语，取消了 4 个术语；3. 对建筑物分类标准进行了调整，在建筑类别划分中强调了浸水可能性，降低了浸水机率小的建筑物（如干旱区的风电机组、输电杆塔等）的类别，相应地对附录 A 的各类建筑物举例做了补充和调整；4. 各勘察阶段勘探孔间距、深度调整为在不同的勘察阶段分别按地貌单元和建筑类别、场地复杂程度等确定；5. 调整了基底 10m 以下湿陷系数的试验压力，增加了压力-湿陷系数（p-δ_s）曲线试验要求；6. 调整了湿陷量计算中系数 β 的取值，增加了浸水机率系数 α；7. 对地基的湿陷等级划分作了调整，对湿陷量小于 300mm 时做了细分；8. 增加了大厚度湿陷性黄土地基上建筑物的建筑、结构、给水排水与通风设计措施；9. 将自重湿陷性场地桩侧负摩阻力的计算深度从整个自重湿陷土层调整为中性点以上；10. 对各类建筑的地基处理深度作了调整，增加了大厚度湿陷性黄土地基上建筑物地基处理深度的规定；11. 增加了组合处理的设计原则和检测等规定；12. 增加了黄土高填方地基的设计施工原则；13. 区分了施工自检和验收检验，对地基及桩基础的自检和验收检验分别作了规定；14. 在既有建筑物的地基加固方法中增加了旋喷加固法；15. 对中国湿陷性黄土工程地质分区略图中 29 个点做了修改，新增代表城镇点 14 个，对湿陷性黄土的物理力学指标表进行了补充、调整；16. 增加了复合地基浸水载荷试验要点；17. 增加了桩基础负摩阻力和中性点测试规定。

本标准修订过程中，编制组总结了原规范实施以来我国湿陷性黄土地区建设工程的实践经验，参考国外标准，与国内相关标准协调，通过调研、征求意见及试验资料研究，对增加和修订内容的反复讨论、分析、论证，取得了重要技术参数。

为便于广大设计、施工、科研、学校等单位有关人员在使用本标准时能正确理解和执行条文规定，《湿陷性黄土地区建筑标准》编制组按章、节、条顺序编制了本标准的条文说明，对条文规定的目的、依据以及执行中需注意的有关事项进行了说明，还着重对强制性条文的强制性理由做了解释。但是，本条文说明不具备与标准正文同等的法律效力，仅供使用者作为理解和把握标准规定的参考。

目　次

1 总　　则

1.0.1 在湿陷性黄土地区进行建设，防止地基湿陷，保证建筑工程质量和建筑物（包括构筑物，本标准条文中的建筑物均包括构筑物）的安全使用，做到技术先进、经济合理、保护环境、节约能源，是制定本标准的宗旨和指导思想。

节能是我国的大政方针，建筑能耗在我国总能耗中占据比例较高。在建设的各环节除考虑技术、经济、安全等因素外，同时还应考虑节能要求和对环境的影响。

1.0.2 我国湿陷性黄土主要分布在山西、陕西、甘肃等大部分地区，河南西部和宁夏、青海、河北的部分地区，新疆、内蒙古和山东、辽宁、黑龙江等省、自治区的局部地区亦有分布。

湿陷性黄土地区的建筑工程，包括交通、电力、能源、水利等行业建设工程中的建筑物的勘察、设计、施工、检验、使用与维护，均应按本标准的规定执行。

1.0.3 湿陷性黄土是一种非饱和的欠压密土，具有大孔和垂直节理。在天然湿度下，其压缩性较低、强度较高，但遇水浸湿时，土的强度显著降低，在附加压力或附加压力和土的自重压力作用下产生的湿陷变形，是一种下沉量大、下沉速度快的失稳性变形，对建筑物危害性大。本条强调了在湿陷性黄土地区进行工程建设，应根据湿陷性黄土的特点（场地湿陷类型、地基湿陷等级、湿陷土层分布特点等）、工程要求（对沉降量和不均匀沉降的敏感程度等）及工程所处的水环境（浸水可能性、地面渗入还是侧向渗入、地下水上升至湿陷土层内可能性）等因素，结合当地建设经验，采取以地基处理为主的综合措施，防止地基湿陷对建筑物产生危害。

防止地基湿陷的措施有地基处理及基础措施、防水措施和结构措施，三种措施的作用和功能各不相同。本标准强调地基处理为主的综合措施，即以治本为主，治标为辅，标本兼治，突出重点，消除隐患。对大厚度湿陷性黄土地基，地基处理难度较大，与一般湿陷性黄土地基处理标准相比有所放宽，防水措施、结构措施更显重要。

1.0.4 本标准是根据黄土的湿陷性特征编制的，对本标准未规定的有关内容，应按有关现行国家标准执行。

2　术语和符号

本次修订增加了湿陷性黄土场地、湿陷性黄土地基、湿陷量和组合处理 4 个术语，去掉了压缩变形、自重湿陷量的实测值、自重湿陷量的计算值、湿陷量的计算值 4 个术语。近十年来，随着建设地域逐渐扩大，我国在黄土层厚度很大的源区等建设了许多高、重建筑物，对基底下黄土层很厚的情况，其处理措施与一般厚度地基的处理标准应有区别，本次修订对其处理标准和配套方法增加了专门规定，因此在术语中将湿陷性黄土地基分为一般湿陷性黄土地基和大厚度湿陷性黄土地基，并相应对术语做了增减。

2.1.10 湿陷量可通过计算或现场试验获得。根据室内压缩试验得出的不同深度湿陷性黄土试样的自重湿陷系数或湿陷系数，考虑现场条件计算得到的湿陷量分别为自重湿陷量计算值或湿陷量计算值；采用现场试坑浸水试验，全部湿陷性黄土层浸水饱和，无外加荷载（仅有土的自重应力）作用下产生的湿陷量为自重湿陷量实测值，在外加荷载和土自重应力共同作用下产生的湿陷量为湿陷量实测值。

3　基　本　规　定

3.0.1 建筑物种类很多，使用功能各不相同，对建筑物分类是为了设计采取措施时区别对待，防止不论工程情况采取"一刀切"的措施。

建筑物分类的主要考虑因素是建筑物高度、重要性、体形复杂程度、基础结构形式、各单元之间的连接方式、地基受水浸湿可能性，也要考虑基底荷载大小、对沉降量的要求和对不均匀沉降的限制等因素。地基受水浸湿可能性分为以下三种：

1 地基受水浸湿可能性大，是指建筑物内的地面经常有水或积水可能性大，排水沟较多或地下管道很多；建筑物附近正在或将来计划修建人工湖或其他大型蓄水设施，或其他因素致地下水位可能上升幅度较大；

2 地基受水浸湿可能性较大，是指建筑物内局部有一般给水、排水或暖气管道；建筑物周边附近有需要经常浇水的绿化带；

3 地基受水浸湿可能性小，是指建筑物内无给排水设施和暖气管道，室外给排水设施距离建筑物较远，地下水位变动幅度小；建于突出高地上的建筑物或构筑物，地下水位很深，周围无用水设施，无汇水条件，雨水可迅速排走。

本次修订对划归甲类和乙类的构筑物附加了地基浸水可能性的限制，降低了某些地基浸水可能小的构筑物地基处理标准。将地基浸水可能性小且总高度低的单层辅助建筑物划入丁类。

3.0.2 原"规范"提出的三种设计措施，在湿陷性黄土地区的工程建设中已广泛使用。实践证明这些措施行之有效，对防止地基湿陷事故，确保建筑物安全使用具有重要意义，本次修订继续沿用。本次修订根据工程实践增加了侧向防水措施，对水从侧向渗入地基可能性大的情况可采用。侧向防水措施不能代替竖向防水措施，应作为其他措施的补充。

防水措施和结构措施宜根据场地湿陷类型和采取的地基基础措施选择使用。对场地自重湿陷量较小、已消除地基全部湿陷量和采用桩基情况，可选较低标准防水措施；对场地自重湿陷量较大、建筑物地基尚有剩余湿陷量的情况，应选择较高级别防水措施和结构措施。

3.0.3 施工自检宜由施工单位在施工过程中实施，验收检验应由第三方检测单位完成。地基处理和桩基施工的环节较多，影响工程质量的因素也多。作为过程控制，有些参数在施工中需要检测（施工单位自检），操作也比较容易，施工结束后检测则比较困难，一旦产生质量问题事后也不易补救，因此应加强自检工作。验收检验是验证性检验，一般在施工完成后由有资质的第三方单位进行，检测抽样一般低于自检抽样量，检验项目侧重点也不相同。

3.0.4 沉降观测可及时发现沉降异常，掌握实测值和计算值的关系，对发现事故起到预警作用，也可为事故处理提供依据和信息。在设计文件中提出沉降观测要求是提醒有关单位此项工作的重要性。甲类建筑外的其他类别建筑可根据实际情况决定是否观测。

4 勘 察

4.1 一般规定

4.1.1 本条为强制性条文。湿陷性黄土场地的岩土工程勘察，首先应符合现行国家标准《岩土工程勘察规范》GB 50021 的规定。针对湿陷性黄土特点，本条规定了对勘察的特殊要求，主要是查清湿陷特征及空间分布特点，并要求对地基进行评价，对地基处理、防水措施等提出工程措施建议，本条所提要求均对保证建筑物设计使用年限内的工程安全有重大影响，因此必须强制执行。

因垂直方向上湿陷性土层分布有可能不连续，本次修订增加了查明湿陷性土层下限深度的要求。考虑到有些场地湿陷性土层厚度大、下限深度很深，丙类、丁类建筑全部按此规定执行有不合理之处，故仅要求甲、乙类建筑严格执行。

4.1.2 除本标准第 4.1.1 条须强制执行的内容外，针对湿陷性黄土场地特点还有一些特殊要求。因近十年建筑环境更加复杂、建筑规模更大，除强调地基处理外，有必要强调防水等工程措施；而防水首先应查清情况，其次对可能的水源和渗入影响进行较为准确的评估，才能提出有针对性的工程措施。

4.1.4 勘察阶段，除选址或可研、初勘、详勘三个阶段外，对工程规模大的重要工程，还可增加早期阶段的预可研。

一个工程建设项目的确定和批准立项，须有可行性研究为依据。可行性研究报告中要求有必要的关于

工程地质条件的内容，当工程项目的规模较大或地质情况复杂时，往往需要进行少量必要的勘察工作，以掌握场地湿陷性情况及有无影响场址安全的不良地质现象等基本情况。有时可行性研究阶段会有不止一个场址方案，就有必要对它们分别作一定的勘察工作，以利场址的科学比选。

4.1.5 工程建设的迅猛发展，削山、填沟、造地引起的水环境变化，成为岩土科技界、工程界的新课题，勘察工作纲要中应增加工程地质、水文地质条件变化的资料收集与分析，特别是地下水上升、侧向水浸入、地面水汇聚排泄及边坡稳定性的评估。因此本次修订补充了对水文地质条件的要求。

4.1.8 本条为强制性条文。土试样按扰动程度分为四个质量等级，其中只有Ⅰ级土试样可用于土类定名、含水量、密度、力学性质等试验，所以用于测试黄土密实度和力学性质的土试样首先必须是Ⅰ级土试样。湿陷性黄土的结构性、含水量、密度等对湿陷指标影响很大，在土样采取、包装、运输、储存等环节均应采取保护措施。

4.1.9 国内外正反两个方面的经验一再证明，探井中人工取样是保证取得Ⅰ级质量湿陷性黄土土样的重要手段，基于这一认识，本标准对探井数量和人工取样要求作了明确规定，应有足够数量的探井，且对探井深度提出要求。

小直径钻孔和各种改进的取土器，较难保证所取土样的原状结构。钻取质量高的土样，首先要保证钻井不对土样产生有害扰动，所以钻井工艺必须合理，其次有好的取土器，将取土过程对土样的扰动降至最低。鼓励研究取得接近Ⅰ级土样的钻进取样方法、设备和工艺，但它必须以探井中人工取样为标准，对所取土样进行对比。

4.1.11 各种原位测试技术，在湿陷性黄土地区有不同程度的使用。但针对湿陷性黄土的土性特点，仍应以探井人工取样土工试验为常规试验方法，浸水载荷试验和试坑浸水试验也是非常重要的试验方法。

4.2 各勘察阶段工作要求

4.2.1 场址选择或可行性勘察是为建设项目的立项决策提供技术支持，也就是要对建设项目的场地的稳定性和适宜性做出结论，宏观条件交代清楚、主要问题定性准确是该阶段勘察成果的基本要求。条款中提出的不良地质作用和环境地质问题、地基湿陷性问题等是本阶段基本的同时也是重要的工作内容；在勘察方法方面，搜资调查是该阶段的主要方法，在对场址环境有了全面了解的基础上，结合已有的勘探测试资料，就可以对建设项目的工程地质条件和岩土工程问题做出基本判定和评价。如果已有资料不足或存疑，就需要根据项目特点，开展一定的测绘、勘探、测试

等勘察工作。

4.2.2、4.2.3 初步勘察工作为设计专业确定总平面布置方案、地基基础方案和环境治理方案提供依据，因此勘察工作既要有对设计预案的针对性，还要有适应设计方案调整的预见性和包容性。

一个场地的地层结构分布通常和地貌类型有直接的关联，本次修订根据地貌单元和建筑类别的不同来规定勘探点的间距以及深度，容易把握，其中勘探点深度通过考虑压缩层深度、湿陷性评价深度和一些典型工程的经验综合确定。一个场地如有多类建筑或几种地貌形态，勘察工作就需要统筹兼顾突出重点来安排。

4.2.4、4.2.5 详细勘察是为施工图设计提供相关岩土资料，通常该阶段设计方案已经明朗，所以勘察工作就是围绕具体建筑的个性条件进行，因而详细勘察具有强烈的针对性，勘察内容不漏项、技术深度到位是基本的工作方针。

本次对勘探点的深度进行了调整，按同时满足地基压缩层评价和湿陷等级评价的深度双控原则作出规定，不再采用原来一刀切的数字式规定，以更适应各种地基条件的差异化情况。

近些年来，深基坑和降水工程越来越多，坑壁稳定性以及邻近建筑物的安全性需要得到恰当的勘察评估。场地环境复杂时，往往需要专门勘察设计或专项研究，常规勘察报告中可以给出建议。

4.3　测定黄土湿陷性的试验

测定黄土湿陷性的试验分为室内压缩试验、现场静载荷试验和现场试坑浸水试验。室内压缩试验主要用于测定黄土的湿陷系数、自重湿陷系数、湿陷起始压力和绘制压力-湿陷系数曲线；现场静载荷试验可测定黄土的湿陷性和湿陷起始压力，由于室内压缩试验测定黄土的湿陷性比较简便，而且可同时测定不同深度的黄土湿陷性，所以仅规定在现场测定湿陷起始压力；现场试坑浸水试验主要用于确定自重湿陷量的实测值，以判定场地湿陷类型和自重湿陷下限深度。现场试坑浸水试验地点的确定应考虑浸水对建筑地基的影响，有条件时尽量选择在场地外。

Ⅰ　室内压缩试验

4.3.1 采用室内压缩试验测定黄土的湿陷性应遵守有关统一的要求，以保证试验方法和过程的统一性及试验结果的可比性。这些要求包括试验土样、试验仪器、浸水水质，试验变形稳定标准等方面。

湿陷系数和土的含水量存在相关关系，根据试验对比结果，透水石的干湿程度对湿陷系数试验结果有一定影响，使用前应将环刀洗净风干，透水石应烘干冷却。

4.3.2 本条规定了室内压缩试验测定湿陷系数的试验程序，并列出了湿陷系数的计算式。

关于测定湿陷系数的压力，采用取土样位置将受到的实际压力（附加压力与上覆土的饱和自重压力之和）最为合适，但在勘察阶段，由于基础设计未最终确定，实际压力往往不能计算或计算过程较为复杂，后期变数较多，采用实际压力试验难度很大。

如基础设计变更，地基进行处理，或采用桩基础，实际压力将相应发生变化，这些因素在勘察阶段要一一确定也不现实。本次修订增加了测定、绘制黄土的压力-湿陷系数（p-δ_s）曲线的规定，为解决以后的评价提供了数据依据，后期可根据实际压力对湿陷性重新评定。而勘察阶段采用统一的与实际压力接近的试验压力既能保证评价的准确度，又为勘察工作提供了便利，也有利于不同场地湿陷性的比较。若实际压力能确定，鼓励有条件的单位和工程，使用实际压力进行湿陷系数试验（新近堆积黄土除外）。

4.3.4 在室内测定土样的压力-湿陷系数（p-δ_s）曲线和湿陷起始压力有单线法和双线法两种。单线法试验较为复杂，双线法试验相对简单，已有的研究资料表明，只要对试样及试验过程控制得当，两种方法得到的湿陷起始压力试验结果基本一致。

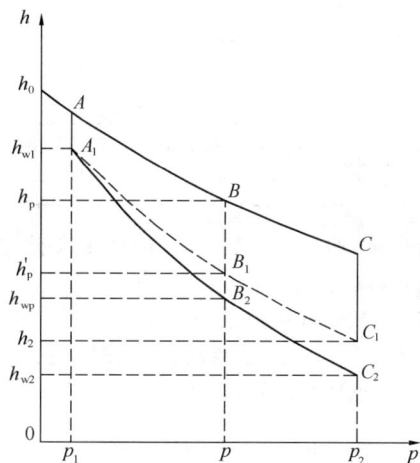

图 1　双线法压缩试验

但在双线法试验中，天然湿度试样在最后一级压力下浸水饱和附加下沉稳定高度与浸水饱和试样在最后一级压力下的下沉稳定高度通常不一致，如图 1 所示，h_0ABCC_1 曲线与 $h_0AA_1B_2C_2$ 曲线不闭合，因此在计算各级压力下的湿陷系数时，需要对试验结果进行修正。研究表明，单线法试验的物理意义更为明确，其结果更符合实际，对试验结果进行修正时以单线法为准来修正浸水饱和试样各级压力下的稳定高度，即将 $A_1B_2C_2$ 曲线修正至 $A_1B_1C_1$ 曲线，使饱和试样的终点 C_2 与单线法试验的终点 C_1 重合，以此来计算各级压力下的湿陷系数。

在实际计算中，如需计算压力 p 下的湿陷系数

δ_s，则假定：

$$\frac{h_{w1} - h_2}{h_{w1} - h_{w2}} = \frac{h_{w1} - h'_p}{h_{w1} - h_{wp}} = k \qquad (1)$$

有，

$$h'_p = h_{w1} - k(h_{w1} - h_{wp}) \qquad (2)$$

得：

$$\delta_s = \frac{h_p - h'_p}{h_0} = \frac{h_p - [h_{w1} - k(h_{w1} - h_{wp})]}{h_0} \qquad (3)$$

其中，$k = \dfrac{h_{w1} - h_2}{h_{w1} - h_{w2}}$，可作为判别试验结果是否可以采用的参考指标，其范围宜为 1.0 ± 0.2，如超出此限，则应重新试验或舍弃试验结果。

计算实例：某一土样双线法试验结果及对试验结果的修正与计算见表1。

表 1 某一土样双线法试验结果及对试验结果的修正与计算

p (kPa)	25	50	75	100	150	200	浸水
h_p (mm)	19.940	19.870	19.778	19.685	19.494	19.160	17.280
h_{wp} (mm)	19.855	19.548	19.006	18.440	17.605	17.075	
$k = (19.855 - 17.280)/(19.855 - 17.075) = 0.926$							
h'_p	19.855	19.571	19.069	18.544	17.771	17.280	
δ_s	0.004	0.015	0.035	0.057	0.086	0.094	

绘制 p-δ_s 曲线，得 $\delta_s = 0.015$ 对应的湿陷起始压力 p_{sh} 为 50kPa。

双线法试验第一级压力下 2 个环刀下沉稳定后的百分表读数不一致时，宜将浸水饱和试样的百分表读数调整至天然环刀试样的读数。

Ⅱ 现场静载荷试验

4.3.5 现场静载荷试验主要用于测定非自重湿陷性黄土场地的湿陷起始压力，自重湿陷性黄土场地的湿陷起始压力值小，无使用意义，一般不在现场测定。

在现场测定湿陷起始压力与室内试验相同，也分为单线法和双线法。二者试验结果有的相同或接近，有的互有大小。一般认为，单线法试验结果较符合实际，但单线法的试验工作量较大，在同一场地的相同标高及相同土层，单线法需做 3 台及以上静载荷试验，而双线法只需做 2 台静载荷试验（一个为天然湿度，一个为浸水饱和）。

本条对现场测定湿陷起始压力的方法与要求作了规定，可选择其中任一方法进行试验。

4.3.6 本条对现场静载荷试验的承压板面积、试坑尺寸、分级加压增量和加压后的观测时间及稳定标准等进行了规定。

通过大量实验研究比较，测定黄土湿陷和湿陷起始压力，承压板面积宜为 $0.50m^2$，压板底面宜为方形或圆形，试坑深度宜与基础底面标高相同或接近。

Ⅲ 现场试坑浸水试验

4.3.7 现场试坑浸水试验可确定自重湿陷量的实测值，用以判定场地湿陷类型比较准确可靠，但浸水试验时间较长，一般需要 1 个月~2 个月，并且需要较多的用水。本标准规定，在缺乏经验的新建地区，对甲类和乙类中的重要建筑，应采用试坑浸水试验，乙类中的一般建筑和丙类建筑以及有建筑经验的地区，均可按自重湿陷量的计算值判定场地湿陷类型。进行现场试坑浸水试验的场地应选择具有良好代表性的地段，不宜选择对后续地基处理设计和施工造成不利影响的地段。

本条规定了浸水试坑尺寸采用"双指标"控制，此外，还规定了观测自重湿陷量的深、浅标点埋设方法和观测要求以及停止浸水的稳定标准等。上述规定对确保实验数据的完整性和可靠性具有实际意义。

4.4 黄土湿陷性评价

4.4.1 黄土的湿陷性室内试验是在现场采取不扰动土样，送至试验室用完全侧限固结仪测定，也可用三轴压缩仪测定。前者试验操作较简便，我国自 20 世纪 50 年代至今，生产单位一直广泛使用；后者试样制作较为复杂，多为教学和科研使用。根据试验结果，以湿陷系数 0.015 作为湿陷性土和非湿陷性土的分界线。

多年来的试验研究资料和工程实践表明，湿陷系数 $\delta_s \leqslant 0.030$ 的湿陷性黄土，湿陷起始压力较大，地基受水浸湿时，湿陷性轻微，对建筑物危害性较小；$0.030 < \delta_s \leqslant 0.070$ 的湿陷性黄土，湿陷性中等或较强烈，湿陷起始压力小的具有自重湿陷性，地基受水浸湿时，下沉速度较快，附加下沉量较大，对建筑物有一定危害性；$\delta_s > 0.070$ 的湿陷性黄土，湿陷起始压力小的具有自重湿陷性，地基受水浸湿时，下沉速度快，附加下沉量大，对建筑物危害性大。勘察、设计，尤其是地基处理，应根据湿陷程度及特点区别对待。

4.4.2 自重湿陷量实测值是在现场采用试坑浸水试验测定的，自重湿陷量计算值是在现场采取不同深度的不扰动土样，通过室内浸水压缩试验测定的自重湿陷系数考虑地区因素后计算得出的。

由于土样在采取、运输、制作等环节不可避免的扰动，试样制作和试验过程的人为因素，土样取出后应力状态的改变，试验时完全侧限的应力状态和实际状态的差别，土样的代表性强弱，以及现场浸水试验时天然状态下地层结构的影响等，自重湿陷量计算值和实测值很难完全吻合。当有现场浸水试验数据时，应以现场试验的结果作为评价标准。

4.4.3 自重湿陷量的计算值与起算地面有关。起算地面标高不同，场地湿陷类型就可能不同，以往出现过在建设中平整场地，由于挖、填方的厚度和面积较大，致使场地湿陷类型发生变化的实例。例如，山西某矿生活区，在勘察期间被判定为非自重湿陷性黄土场地，后来平整场地，部分地段填方厚度达 3m～4m，下部土层的压力增大到 50kPa～80kPa，超过了该场地的湿陷起始压力值而成为自重湿陷性黄土场地。建筑物在使用期间，管道漏水浸湿地基引起湿陷事故，室外地面亦出现裂缝，后经补充勘察查明，上述事故是由于场地整平，填方后产生自重湿陷所致。因此，当挖、填方的厚度和面积较大时，测定自重湿陷系数的试验压力和自重湿陷量的计算值，均应自整平后（或设计）的地面算起，否则，计算和判定结果不符合现场实际情况。

自重湿陷量计算值应计算至非湿陷性土层顶面。如场地上建筑物全部为丙类、丁类建筑，按本标准第

4.2.3 条的规定，勘探孔有可能未穿透湿陷性土层，此种情况下可只计算至控制性勘探点深度止，但如果本场地有勘探孔穿透湿陷土层，仍应计算至非湿陷性土层顶面。

根据室内浸水压缩试验所得的自重湿陷系数计算的自重湿陷量的计算值和现场试坑浸水试验得到的自重湿陷量的实测值存在差异，造成差异的原因很多，其中与场地所在地区有较明显相关关系。例如：陇西地区和陇东—陕北—晋西地区，自重湿陷量的实测值大于计算值，其比值大于 1；关中地区自重湿陷量的实测值与计算值互有大小，但总体上相差较小，其比值接近 1；山西、河南、河北等地区，自重湿陷量的实测值通常小于计算值，其比值小于 1。

为使同一场地自重湿陷量的计算值和实测值接近或相同，在自重湿陷量计算时引入因地区土质而异的修正系数 β_0，以反映地区土质差异。条文中给出的 β_0 值是根据各地区已有浸水试验资料宏观上的统计值，近年也发现局部区域因特殊原因造成 β_0 值和本地区差异较大，对此种情况，若有当地浸水试验实测资料，可采用当地实测数据。表 2 为同一场地自重湿陷量的实测值与计算值统计。

表 2 同一场地自重湿陷量的实测值与计算值统计

地区名称	试验地点	浸水坑尺寸 (m×m)	自重湿陷量		实测值/计算值
			实测值 (mm)	计算值 (mm)	
陇西	兰州沙井驿	10×10	185	104	1.78
		14×14	155	91.2	1.70
	兰州龚家湾	11.75×12.10	567	360	1.57
		12.70×13.00	635		1.77
	兰州连城铝厂	34×55	1151.5	540	2.13
		34×17	1075		1.99
	兰州西固棉纺厂	15×15	860	231.5*	δ_{zs} 为天然湿度的土自重压力下求得
		*5×5	360		
	兰州东岗钢厂	φ10	959	501	1.91
		10×10	870		1.74
	甘肃天水	16×28	586	405	1.45
	青海西宁	15×15	395	250	1.58
	兰州和平镇	φ40	2667	1695	1.57（自然渗透）
陇东—陕北—晋西	宁夏七营	φ15	1288	935	1.38
		20×5	1172	855	1.37
	延安丝绸厂	9×9	357	229	1.56
	陕西合阳糖厂	10×10	477	365	1.31
		*5×5	182		
	河北张家口	φ11	105	88.75	1.10

地区名称	试验地点	浸水坑尺寸 (m×m)	自重湿陷量		实测值 计算值
			实测值 (mm)	计算值 (mm)	
关中地区	陕西富平张桥	10×10	207	212	0.97
	陕西三原	10×10	338	292	1.16
	西安韩森寨	12×12 *6×6	364 25	308	1.19
	西安北郊 524 厂	φ12*	90	142	0.64
	陕西宝鸡二电厂	20×20	344	281.5	1.22
	潼关高桥	48×42（椭圆）	314	633	0.47
	河南灵宝故县	φ35	456	566	0.81
	河南灵宝豫灵	φ20	549	422	1.30
山西、河北	山西榆次	φ10	86	126 202	0.68 0.43
	山西潞城化肥厂	φ15	66	120	0.55
	山西河津铝厂	15×15	92	171	0.53
	河北矾山	φ20	213.5	480	0.45

4.4.4 本条提出了湿陷量计算公式：

1 公式（4.4.4）计算湿陷量采用饱和状态下的湿陷系数，但并不意味着地基土只在饱和状态下才产生湿陷。主要是考虑在实际应用中统一标准，便于比较，故按最不利情况进行计算。

2 计算 Δ_s 时所用的 δ_{si}，以最接近地基的实际应力状态为好，因此首选采用 p-δ_s 曲线上按基础附加压力和上覆土饱和自重压力之和对应的 δ_s 值。压力不能确定时取本标准第 4.3 节规定的试验值。

3 根据试验研究资料，基底下地基土在发生竖向压缩的同时会产生侧向挤出，侧向挤出与地基土本身性质、基底压力大小、基础宽度及侧向约束强度等因素有关。为使计算湿陷量更接近实际，引入修正系数 β 以反映侧向挤出以及地区因素等各种因素的影响。本次修订对 β 在 5m～10m 范围的取值做了调整，陇西地区和陇东-陕北-晋西地区的自重湿陷性场地 β 有所增大，其余地区未变。

4 根据未打浸水孔的自然浸水试验资料，平面范围有限的地表水自然向下渗透时，地基土达到饱和的时间和深度是非线性关系，即地基土所处位置越深越难以达到饱和，而且似乎存在一个渗透下限，说明土层浸水概率随深度的增加而减小。本次修订引入地基浸水机率系数 α 以反映这一规律，仅是对于建成后水只有自上而下渗入地基这一种可能性时可采用修正系数，对于地下水有上升至湿陷土层内可能性时，修正系数取 1。

5 非自重湿陷性黄土场地，在地基附加应力影响范围以下的地基土不会产生湿陷，因此湿陷量计算累计深度不得小于压缩层深度，且不得小于 10m。在自重湿陷性黄土场地，累计至非湿陷性黄土层的顶面止；如场地上建筑物全部为丙类、丁类建筑，按本标准第 4.2.3 条的规定，勘探孔有可能未穿透湿陷性土层，此种情况下可只计算至控制性勘探点深度止，但如果本场地有勘探孔（其他建筑下也可）穿透湿陷土层，仍应计算至非湿陷性土层顶面。

4.4.5 湿陷起始压力是反映非自重湿陷性黄土特性的重要指标，具有实用价值。本条规定了按现场静载荷试验结果和室内压缩试验结果确定湿陷起始压力的方法。前者根据 20 组静载荷试验资料，按湿陷系数 δ_s ＝0.015 所对应的压力，相当于在 p-δ_s 曲线上的 s_s/b（或 s_s/d）＝0.017。为此规定，如 p-s_s 曲线转折点不明显时，取浸水下沉量（s_s）与承压板直径（d）或宽度（b）之比等于 0.017 所对应的压力为湿陷起始压力。

4.4.6 场地的湿陷性质是其本质的、自然的属性，自重湿陷量是在上覆土的饱和自重压力下发生的湿陷量，从地面开始评价。湿陷量计算值则是在接近基底下地基土实际应力下发生的可能湿陷量，评价从基底开始，两者代表不同意义。湿陷系数是压力的函数，所谓"自重湿陷"和"非自重湿陷"，实际上是在特定压力（上覆土饱和自重压力）下是否湿陷，本质上还是压力问题。建筑基础下地基土是否湿陷，和其实际应力状态相关性最大，场地湿陷类型某种程度上代表了湿陷敏感性。原规范在评价地基湿陷等级时和场地湿陷类型挂钩主要是考虑到自重湿陷性场地上湿陷敏感度高，且危害相对严重。但在目前多数建筑基底压力较大、基础埋深较深的实际情况下，评价中会出现不合理之处，如只要场地评价为自重湿陷性场地，则不论基础下地基土是否湿陷，地基湿陷等级均在Ⅱ级以上，有的建筑基础埋深较深，大多数甚至全部湿陷土层被挖除，剩余湿陷土层不多时地基湿陷等级仍被评为高等级，需要采取和湿陷等级配套的地基处理措施。因此本次修订对湿陷量计算值小于300mm一档作了细分，以避免上述不合理处。

另外同为自重湿陷场地，但自重湿陷量大小差别很大，设计人员对场地道路、管道等应根据自重湿陷量大小区别对待，分别采取措施。

5 设 计

5.1 一 般 规 定

5.1.1 设计措施的选取关系到建筑物的安全与技术经济的合理性，本条根据湿陷性黄土地区的建筑经验，对一般湿陷性黄土地基的甲、乙、丙三类建筑采取的措施以地基处理措施为主；对大厚度湿陷性黄土地基上的甲类建筑，原则上应消除地基的全部湿陷量，但当湿陷性土层厚度特别大时，全部处理确有困难，采用本标准第6.1.2条第2款规定的最小处理厚度时，应进行充分论证，采取加强防水措施、结构措施等其他措施补偿，确保安全可靠；大厚度湿陷性黄土地基上的乙、丙类建筑，应采取以地基处理为主，更加严格的防水措施，加强建筑物的基础及上部刚度，宜采取能调整建筑物沉降变形的基础形式，如钢筋混凝土条形或筏板基础等，尽可能避免独立基础；对丁类建筑采取以防水措施为主的指导思想。

1 大量工程实践表明，在Ⅲ级～Ⅳ级自重湿陷性黄土地基上，地基未经处理，建筑物在使用期间地基受水浸湿，湿陷事故难以避免，例如：

　1）兰州白塔山上有一座古塔建筑，系木结构，距今约600余年，20世纪70年代前未发现该塔有任何破裂或倾斜，80年代为搞绿化引水上山，在塔周围种植了一些花草树木，浇水过程中水渗入地基引起湿陷，导致塔身倾斜，墙体裂缝。

　2）兰州西固棉纺厂的染色车间，建筑面积超过10000m²，湿陷性黄土层的厚度约15m，按《湿陷性黄土地区建筑规范》BJG20-66（下简称66规范）评定为Ⅲ级自重湿陷性黄土地基，基础下设置500mm厚度的灰土垫层，采取严格防水措施。投产十多年，维护管理工作搞得较好，防水措施发挥了有效作用，地基未受水浸湿，1974年～

1976年修订66规范，在兰州召开征求意见会时，曾邀请该厂负责维护管理工作的同志在会上介绍经验。但后来由于人员变动，忽视维护管理工作，地下管道年久失修，过去采取的防水措施都失去作用，1987年在该厂调查时，由于地基受水浸湿引起严重湿陷事故的无梁上浆房已被拆除，而染色车间也丧失使用价值，所有梁、柱和承重部位均已设置临时支撑，后来该车间也拆除。

类似上述情况的工程实例，其他地区也有不少，这里不一一列举。由这些实例不难看出，未处理或未彻底消除湿陷性的地基，所采取的防水措施一旦失效，地基就有可能浸水湿陷，影响建筑物的安全与正常使用。

2 近些年来，我国基本建设项目越来越多的遇到大厚度湿陷性黄土，根据研究和实际工程经验，本次修订补充增加了大厚度湿陷性黄土的有关内容。

3 本次修订保留了原规范对各类建筑采取的设计措施和防水措施。多年来大量工程应用证明，原"规范"所采取的措施是行之有效的，对保证工程质量，减少湿陷事故，节约投资都是有益的。有关地基处理的要求均应按本标准第6章地基处理的规定执行。

4 工程应用中，丁类建筑越来越少，使用年限不多，在本次修订时继续沿用对丁类建筑地基可不处理的原则。

5 近年来，室内用水越来越多，建筑装修档次越来越高，自重湿陷引起装修地面沉陷造成修复费用高，因此，室内为自重湿陷性黄土时，装修层以下应根据使用情况决定处理厚度。

5.1.2 本条所列3种情况，前2种地基浸水后不发生湿陷；第3种情况，仅针对丙类和丁类建筑，计算总湿陷量小于50mm时可按非湿陷性地基对待。按一般地区的规定设计地基基础、防排水措施和结构措施，可降低工程造价，节约投资。

5.1.4 本条为本次修订新增条款。近年来对建筑物地基的处理和防水比较受重视，而相对忽视了地基防护范围外的道路和给排水管线的防护，因此出现了不少事故。道路和给排水管线的设计措施主要应根据场地的湿陷类型和湿陷程度采用，自重湿陷性场地湿陷程度越严重，采取的措施应越严格。

5.1.5 建筑物建成后，由于受环境用水、生产生活用水等因素影响，地下水位有可能上升至地基压缩层内，对建筑物产生危害，因此必须预先加以防范。除地基基础措施外，还可采用结构措施，可按本章规定和附录F的规定执行。

5.2 场址选择与总平面设计

5.2.1 近年来我国城乡建设发展较快，过去建设量少、建筑类别低的地区现在都有许多项目上马，呈现出建设量增大、高建筑类别建筑物增多的趋势，这些地区此类建设经验不多，场址选择一旦失误，后果将难以设想，不是给工程建设造成浪费，就是不安全，为此本条将场址选择需要考虑的岩土因素列出供参考。

此外，地基湿陷等级高或厚度大的新近堆积黄土、高压缩性的饱和黄土等地段，地基处理的难度大，工程造价高，应尽量避免将重要建设项目布置在上述地段，在场址选择和总平面设计时应引起重视。

5.2.2 山前斜坡地带，下伏基岩起伏变化大，土层厚薄不一，新近堆积黄土往往分布在这些地段，地基湿陷等级较复杂，填方厚度过大时，下部土层的压力明显增大，土的湿陷类型就会发生变化，即由非自重湿陷性黄土场地变为自重湿陷性黄土场地。

挖方区下部土层一般处于卸荷状态，但挖方容易破坏或改变原有的地形、地貌和排水线路，有的引起边坡失稳，甚至影响建筑物的安全使用，故对挖方也应慎重对待，不可任意开挖。

考虑到储水构筑物和有湿润生产过程的厂房，其地基容易受水浸湿，并容易影响邻近建筑物。因此，宜将上述建筑物布置在地下水流向的下游地段或地形较低处。

由于建设用地紧张，湿陷性黄土地区挖山填沟造地的工程不断增多。挖填厚度较大，尤其是填土厚度大时，挖填交界处常设计成台阶状的斜坡，形成隐性边坡。在隐性边坡上建造单幢建筑物时，往往由于隐性边坡沉降不均匀及两侧湿陷等级不同而影响上部建筑的安全。应明确挖方区与填方区的边界范围。

5.2.3 随着基本建设事业的发展和尽量少占耕地的原则，山前斜坡地带的利用矛盾比较突出，尤其在 I 区和 II 区，自重湿陷性黄土分布较广泛，山前坡地地质情况复杂，应采取措施处理后方可使用。设计应根据山前斜坡地带的黄土特性和地层构造、地形、地貌、地下水位等情况，因地制宜地将斜坡地带划分成单独的台地，以保证边坡的稳定性。

边坡容易受地表水流的冲刷，在整平单独台地时，必须有组织地引导雨水排泄，此外，对边坡宜做护坡或在坡面种植草皮，防止坡面直接受雨水的冲刷，导致边坡失稳或产生滑移。

5.2.4 本条中表 5.2.4 规定的防护距离的数值，主要是针对消除部分湿陷量的乙、丙类建筑和不处理地基的丁类建筑所作的规定。

本标准中有关防护距离，系根据编制《湿陷性黄土地区建筑规范》BJG 20 - 66 规范时，在西安、兰州等地区模拟的自渗管道试验结果，并结合建筑物调查资料而制定的。几十年的工程实践表明，原有表中规定的这些数值，基本上符合实际情况。通过在兰州、太原、西安等地区的进一步调查，原规范对 66

规范防护距离的数值作了适当调整和修改，经十余年来使用证明是合理的，本次修订沿用原规定数值。

5.2.6 水渠渗漏可能性较大，新建水渠渗漏情况难以预知，建筑与水渠保持一定距离是必要的。《湿陷性黄土地区建筑规范》TJ 25 - 78 规定距离不得小于 25m。编制《湿陷性黄土地区建筑规范》GBJ 25 - 90（下简称 90 规范）时调查发现，当自重湿陷性黄土层厚度较大时，新建水渠与建筑物之间的防护距离仅用 25m 控制不够安全。例如：

1 青海有一新建工程，湿陷性黄土层厚度约 17m，采用预浸水法处理地基，浸水坑边缘距既有建筑物 37m，浸水过程中水渗透至既有建筑物地基引起湿陷，导致墙体开裂。

2 兰州东岗有一水渠远离既有建筑物 30m，由于水渠漏水，该建筑物发生裂缝。

上述实例说明，新建水渠距既有建筑物的距离 30m 仍偏小，本条规定自 GBJ 25 - 90 规范调整为在自重湿陷性黄土场地，新建水渠距既有建筑物的距离不得小于湿陷性黄土层厚度的 3 倍，并不应小于 25m，用"双指标"控制。经 90 规范、原规范至今的经验证明此规定是合理的，本次修订继续沿用。

5.2.14 新型优质的防水材料日益增多，本条未作具体规定，设计时可结合工程的实际情况或使用功能等特点选用。

5.3 建 筑 设 计

5.3.1 多层砌体承重结构的建筑，体形应简单，长高比不宜大于 3。室内地坪应高出室外地坪不小于 450mm。上述规定的目的是：前者在于加强建筑物的整体刚度，增强其抵抗不均匀沉降的能力；后者为建筑物周围排水通畅创造有利条件，减少地基浸水湿陷的概率。

工程实践表明，长高比大于 3 的多层砌体房屋，地基不均匀下沉往往会导致严重破坏，例如：

1 西安某厂有一栋四层宿舍楼，砌体结构，横墙承重，尽管基础和每层都设有钢筋混凝土圈梁，但由于房屋长高比大于 3.5，整体刚度较差，地基不均匀下沉，墙体普遍裂缝，严重影响使用。

2 兰州化学公司一栋三层试验楼，砌体结构，外墙厚 370mm，楼板和屋面均为现浇钢筋混凝土，条形基础埋深 1.5m，地基湿陷等级 III 级，自重湿陷性场地，未采取处理措施，建筑物使用期间曾两次受水浸湿，沉降最大值达 551mm，倾斜率最大值 0.018，被迫停止使用。后对其采取纠倾措施，使建筑物恢复原位才重新使用。

上述实例说明，长高比大于 3 的建筑物，其整体刚度和抵抗不均匀沉降的能力差，破坏后果严重，加固难度大且效果不一定好。长高比小于 3 的建筑物，虽倾斜严重，但整体刚度好，破坏相对轻微，易于修复和恢复使用功能。

第 3 款规定目的是即使管道漏水，漏水限制在有限范围内，也能便于发现和检修。

5.3.3 沿建筑物外墙设置散水，有利于屋面水、地面水顺利地排入雨水明沟或其他排水系统，以远离建筑物，避免雨水直接从外墙基础侧面渗入地基。

5.3.4 基础施工后，其侧向一般比较狭窄，回填质量较差，为防止屋面水、周围地面水从侧向渗入地基，增加散水及其下垫层宽度较为有利，借以覆盖基础侧向的回填土。

一般地区的散水伸缩缝间距为 6m～12m，湿陷性黄土地区大部分昼夜温差大，气候寒冷，散水容易产生冻胀和开裂，成为渗水隐患，因此规定间距较小。

5.3.5 经常受水浸湿或可能积水的地面，建筑物地基容易受水浸湿，应按防水地面设计。

近年来出现了不少新的优质可靠防水材料。使用效果良好，对采用严格防水措施的建筑地面推荐采用优质可靠卷材防水层或其他行之有效的防水层。

5.3.6 排水沟的材料和做法选择原则，主要是考虑一旦产生渗漏造成的后果严重程度。同样的渗漏量，高湿陷程度场地湿陷变形量大，危害也必然严重。同样道理，建筑类别高对沉降的要求相应更严格，排水沟的材料应更好，措施也应更可靠。

5.3.7 为适应地基变形，在基础梁底下往往需要预留一定高度的净空。但对此若不采取措施，地面水便可从梁底下的空间渗入地基，应采取措施防止出现上述情况。基于同样的理由，采光井也应作好防排水措施。

5.4 结 构 设 计

5.4.1 本条强调了采取结构措施时要根据建筑物类别和地基处理的具体情况等因素区别对待。建筑物类别高、剩余湿陷量大、对不均匀沉降敏感时，宜采取多种组合措施。反之可采取较少组合措施。

对多层砌体房屋，墙体材料提倡采用轻质材料，以减轻结构自重，降低基底附加压力，对在非自重湿陷性黄土场地上，按湿陷起始压力设计时具有重要意义。

5.4.2 建筑物平面、立面布置复杂时，上部结构传至基础的荷载在平面上不易均匀，且结构上应力集中点较多，基础产生不均匀沉降时结构更易产生裂缝和其他损害。划分成简单规则的单元有利于避免或减轻危害程度。就考虑湿陷变形对建筑物平、立面布置的要求而言，尚难提出量化标准，只能从概念设计角度出发提出原则性要求。

我国湿陷性黄土地区大多属于抗震设防区。在具体工程设计中，应根据抗震设防要求、地基条件和温度区段长度等因素，综合考虑沉降缝的设置问题。

沉降缝处不宜采用牛腿搭梁的做法。一是结构单元要保证足够的空间刚度，不应形成三面围合，靠缝一侧开敞的形式；二是采用牛腿搭梁的"铰接"做法，构造上很难实现理想铰，一旦出现较大沉降差时，由于沉降缝两侧的结构单元未能彻底脱开而互相牵扯、互相制约，将会导致沉降缝处局部损坏较严重的不良后果。

5.4.3 本条强调了高层建筑减轻结构自重的重要性。高层建筑属于甲类和乙类建筑，一般采用桩基础或采取地基处理措施。如不设沉降缝，在设计地基基础方案时，除考虑地基的承载力和变形等因素外，还需根据上部结构的荷载分布特点考虑不均匀沉降的调整。

5.4.4 本条修订的主要内容包括：1) 增加了大厚度湿陷性黄土地基上建筑的结构措施。结构措施主要用于减小和调整建筑物的不均匀沉降，或使上部结构适应地基的变形。建筑物应尽可能避免采用独立基础；控制长高比小于 3.0；合理设置沉降缝，其宽度可根据地基的压缩变形、湿陷变形、震陷变形综合确定。2) 取消原"规范"中"丙类建筑基础的埋置深度"的条文，丙类建筑基础的埋置深度按现行国家标准《建筑地基基础设计规范》GB 50007 的有关规定执行。

5.4.6 原"规范"第 1 款在执行过程中，出现了乙类、丙类多层建筑在采取每层设置钢筋混凝土圈梁的结构措施之后，不再遵守剩余湿陷量要求的工程个例，违反了"以地基处理为主的综合措施"的原则。为确保工程质量，防止和减少地基湿陷事故，本次修订改为"乙类、丙类中的多层建筑应每层设置钢筋混凝土圈梁"，有关地基处理的要求按本标准第 6 章地基处理的规定执行。

纵、横向圈梁在平面内互相拉结才能有效发挥作用（特别是楼、屋盖采用预制板时）。规定横向圈梁间距不大于 16m，主要是考虑增强砌体结构房屋的整体性和刚度，是按照现行国家标准《砌体结构设计规范》GB 50003 中房屋静力计算方案为刚性时对横墙间距的最严格要求而规定的。对于多层砌体房屋，实际上规定了横墙的最大间距；对于单层厂房或单层空旷砖房，则要求将屋面承重构件与纵向圈梁可靠拉结。

5.5 给水排水、供热与通风设计

I 储水构筑物

5.5.1 储水构筑物包括蓄水池、消防水池、化粪池等储水设施，其他位于建筑物附近经常储存液体的构筑物可视具体情况确定是否归入储水构筑物类。

5.5.2、5.5.3 储水构筑物因存在渗漏可能，因此条件许可时宜明设，以便渗漏时能及时发现。埋设于地下时渗漏不易发现，和建筑物保持一定距离可降低建筑物地基浸水风险。

5.5.5、5.5.6 作为为建筑物服务的储水构筑物一般高度不大，设于地面上的构筑物对地基产生的附加压力较小，埋设于地面下的储水构筑物产生的附加压力甚至小于原空间土的自重。因此储水构筑物地基处理着重于防止渗漏水渗入构筑物地基。由于自重湿陷性黄土场地湿陷的敏感性强，地基处理厚度和外放宽度相对非自重湿陷性黄土场地要求大一些。压实系数要求较高也是出于防渗考虑。

Ⅱ 给水、排水管道

5.5.7 在建筑物内布置给排水管道时，从方便维护和管理考虑，有条件的宜采取明设方式。但现在建筑物的装修标准都较高，需要暗设管道，尤其在住宅和公用建筑物内的管道布置已趋隐蔽，再强调应尽量明装已不符合工程实际需要。所以本条改为"室内管道宜明装；暗设管道应设置便于检修的设施"。这样规定，便于发现管道漏水及便于检修管道。

为了保证建筑物内、外合理设置给排水设施，对建筑物防护范围外和防护范围内的管道布置应有所区别。"室外管道宜布置在防护范围外"，这主要指建筑物内无用水设施，仅是户外有外网管道或是其他建筑物的配水管道，此时就可以将管道远离该建筑物布置在防护距离外，该建筑物内的防水措施即可从简；若室内有用水设施，在防护范围内有管道敷设时，此情况下，则要求"应采取防水措施"，再按本标准第5.1.1条和第5.1.2条的规定，采取综合设计措施。

无论是明装还是暗装，管道本身的强度及接口的严密性均是防止建筑物湿陷事故的第一道防线。所以，本条规定"管道接口应严密不漏水，并具有柔性"。过去，在压力管道中，接口使用石棉水泥材料较多，此类接口仅能承受微量不均匀变形，实际仍属刚性接口，如果出现漏水不易修复。近年来，国内外管道柔性接口连接技术已很成熟，这种接口有利于消除温差、施工误差或不均匀沉降引起的应力转移，增强管道系统及其与设备连接的安全性，降低漏水概率。这种接口主要有柔性接口管、柔性接口阀门、柔性管接头、密封胶圈等。目前，在压力管道工程中，逐渐采用的柔性接口形式有：卡箍式、松套式、避震喉、不锈钢波纹管、专用承插柔性接口管及管件等，这对由于各种原因引起的不均匀沉降都有很好的抵御能力。

考虑到湿陷性黄土地区的地震烈度大都在7度以上，就是说，湿陷性黄土地区兼有湿陷、震陷双重危害，基于此情况，应提高管材材质标准，且在适当部位和有条件的地方，均应做柔性接口，同时加强对管基的处理。对管道与构筑物（如井、沟、池壁）连接部位，因属受力不均匀的薄弱部位，也应加强管道接口的严密和柔韧性。在湿陷性黄土地区，在防护范围

内的地上、地下敷设的管道须加强设防标准，以柔性接口连接为主，无论架设和埋地的管道，包括管沟内架设，均应考虑采用柔性接口。

法兰、卡扣、卡箍等是管道可拆卸的连接件，埋在土壤中，这些管件必然要锈蚀，挖出后再拆卸已不可能，即就不挖出不做拆卸，这些管件的所在部位也是管道的易损部位，从而影响管道的寿命；第3款内容在现行国家标准《建筑给水排水及采暖工程施工质量验收规范》GB 50242中也有同样的要求。

5.5.8 本条对管材选用作出了规定。压力管道的材质中球墨铸铁管的柔韧性好，管径适应幅度大（在$DN200\sim DN2200$之间），而且具有胶圈承插柔性接口、防腐内衬，便于安装等优点，在湿陷性黄土地区应为首选管材。但在建筑小区内或建筑物内的进户管，因受管径限制，没有小口径球墨铸铁管，则在此部位只能采用给水塑料管、给水铸铁管、不锈钢管、钢塑复合管或者双金属复合管等。

镀锌钢管内壁易锈蚀，会对饮用水产生二次污染。建设部在2000年颁发通知"在住宅建设中禁止使用镀锌钢管"，即在生活饮用水系统彻底淘汰了镀锌钢管。

塑料管与传统管材相比，具有重量轻，耐腐蚀，水流阻力小，节约能源，安装简便、迅速，综合造价较低等优点，受到工程界的青睐。随着科学技术的不断提高，原材料品质的改进，塑料管的质量已大幅度提高。近年来，开发的管材种类有硬质聚氯乙烯（UPVC）管、氯化聚氯乙烯（CPVC）管、聚乙烯（PE）管、聚丙烯（PP-R）管、铝塑复合（PAP）管、钢塑复合（SP）管、双金属复合管、不锈钢钢管等，其中不同品种分别适用于不同的建筑给排水管材，及管件和城市供水、排水管材及管件。工程中无论采用何种管材，必须按有关现行国家标准进行检验，凡符合国家标准并具有相应管道工程的施工及验收规范（规程）的才可选用。

预应力钢筋混凝土管是20世纪60年代～70年代发展起来的管材。近年来发现，大量地下钢筋混凝土管的保护层脱落，管身露筋引起锈蚀，管壁冒汗、渗水，管道承压降低，有的甚至发生爆管，造成地面发生大面积塌方，并且自身有难以修复的致命缺点，故本次修订，将其排序列后。

预应力钢筒混凝土管在国内也属常用管材，制管工艺由美国引进，管道缩写为"PCCP"，管径大多在$\phi600mm\sim\phi3000mm$。管材结构特点：混凝土结构层夹钢管，外缠绕预应力钢丝并喷涂水泥砂浆层，连接用橡胶圈承插口，该管同时生产有转换接口、弯头、三通、双橡胶圈承接口，极大地方便了管线的施工，故本条此管材继续保留。

自流管道的管材，据调查反映：人工成型或人工机械成型的钢筋混凝土管，基本属于土法振捣的钢筋

混凝土管，因其质量不过关，故本标准不推荐采用，保留离心成形钢筋混凝土管。

5.5.10 以往在严格防水措施的检漏管沟中，仅采用油毡防水层。近年来，工程实践表明，新型的复合防水材料及高分子卷材均具有防水可靠、耐热、耐寒、耐久、施工方便，价格适中等优点，是防水卷材的优质品种。涂膜防水层、水泥聚合物涂膜防水层、氰凝防水材料等，都是高效、优质防水材料。为此，在本标准规定的严格防水措施中，对管沟的防水材料，将卷材防水层或塑料油膏防水改为可靠防水层。并应做防水层保护层。

自 20 世纪 60 年代起，检漏设施主要是检漏管沟和检漏井。这种设施占地多，显得陈旧落后，并且试用期间，须经常维护和检修才能有效。近年来，由国外引进的高密度聚乙烯外护套管聚氨酯泡沫塑料预制直埋保温管，具有较好的保温、防水、防潮作用，此管简称为"直埋管中管"。某些工程中，在管道上还装有渗漏水检测报警系统，增加了直埋管道的安全可靠性，可以代替管沟敷设，经技术经济分析，"直埋管中管"的造价低于管沟。该技术在国内已大面积采用，取得丰富经验。"具备检漏报警功能的直埋管中管设施"是指直埋管中设有检漏报警装置，尤其在热力管道和高寒地带的输配水管道中用的多一些。原国家质监总局颁布了国家标准《高密度聚乙烯外护管硬质聚氨酯泡沫塑料预制直埋保温管及管件》GB/T 29047，这对采用此类直埋管中管提供了可靠保证。

5.5.11 排水出户管道一般具有 1.5%～2.0% 的坡度，而给水进户管道管径小，坡度也小。在进、出户管沟的沟底，往往忽略了排水方向，沟底多见积水长期聚集，对建筑物地基造成浸水隐患。本条除强调检漏管沟的沟底坡向外，增加了进、出户管的管沟沟底坡度宜大于 2% 的规定。

考虑到高层建筑或重大建筑大都设有地下室或半地下室，为方便检修，保护地基不受水浸湿，管道设计应充分利用地下部分的空间，设计管道设备层。为此，本条特别规定对甲类建筑和自重湿陷性黄土场地上乙类中的重要建筑，室内地下室管线宜敷设在地下室或半地下室的设备层内，穿出外墙的进、出户管段，宜集中设置在半通行管沟内，这样有利于加强维护和检修，并便于排除积水。

5.5.16 非自重湿陷性黄土场地管道工程，虽然管道、构筑物的基底压力小，一般不会超过湿陷起始压力，但管道是个线形工程，管道与附属构筑物连接部位是受力不均匀的薄弱部位。受这些因素影响，易造成管道损坏，接口开裂。据非自重湿陷性黄土场地的工程经验，在一些输配水管道及其附属构筑物基底做土垫层和灰土垫层，效果很好，故本条扩大了使用范围，凡是湿陷性黄土场地的管基和基底均这样做管基。

5.5.18 原"规范"要求管道穿水池池壁处设柔性防水套管，管道从套管伸出，环形壁缝用柔性填料封堵。据调查反映，多数施工难以保证质量，普遍有渗水现象。工程实践中，多改为在池壁处直接埋设带有止水环的管道，在管道外加设柔性接口，效果很好，故本条也增加了此种做法。

Ⅲ 供热管道与风道

5.5.19 本条强调了在湿陷性黄土地区应重视选择质量可靠的直埋敷设供热管道的管材。现行行业标准《城镇供热直埋热水管道技术规程》CJJ/T 81、国标《高密度聚乙烯外护管硬质聚氨酯泡沫塑料预制直埋保温管及管件》GB/T 29047 中对直埋供热管道的结构、技术要求、试验方法和检验规则等作出了具体规定。为保证湿陷性黄土地区直埋敷设供热管道的总体质量，本标准不推荐采用玻璃钢保护壳，因其在现场施工条件下，质量难以保证。

5.5.20、5.5.21 热力管道的管沟遍布室内和室外，甚至防护范围外。室内暖气管沟较长，沟内一般有检漏井，检漏井可与检查井合并设置。所以本条规定，管沟的沟底应设坡向室外检漏井的坡度，以便将水引向室外。

据调查，暖气管沟的过门沟，渗漏水引起地基湿陷的机率较高。尤其在自重湿陷性敏感的Ⅰ、Ⅱ区，冬期较长，过门沟及其沟内装置一旦有渗漏水，如未及时发现和检修，管道往往被冻裂，为此增加在过门管沟的末端应采取防冻措施的规定，防止湿陷事故的发生和恶化。

5.5.22 直埋敷设供热管道在运行时承受较大的轴向应力，为细长不稳定压杆，管道是依靠覆土而保持稳定的，当管道地基发生湿陷时，有可能产生管道失稳，故应对"直埋供热管道"的管基进行处理，防止产生湿陷。

5.5.23 直埋敷设供热管道的补偿器布置在检查井内，便于及时发现故障，便于检修。因此有条件时宜将补偿器设置在检查井内。如采用直埋式补偿器，应尽量选用密封性好、质量可靠的产品。

5.5.25 据调查，目前室内外管网的泄水、空调冷凝水等任意引接和排放的现象较严重，为此，本条规定对室内外管网的泄水、冷凝水不得任意排放，防止地基浸水湿陷。

5.6 地基计算

5.6.1 计算黄土地基的湿陷变形，主要目的在于：

1 根据自重湿陷量的计算值判定建筑场地的湿陷类型；

2 根据基底下各土层累计的湿陷量和自重湿陷量的计算值等因素，判定湿陷性黄土地基的湿陷等级；

3 对于湿陷性黄土地基上的乙、丙类建筑，根据地基处理后的剩余湿陷量并结合其他综合因素，确定设计措施的采取。

对于甲类建筑、乙类建筑或有特殊要求的建筑，由于荷载和压缩层深度比一般建筑物相对较大，所以在计算地基湿陷量或地基处理后的剩余湿陷量时，可考虑按实际压力相应的湿陷系数和压缩层深度的下限进行计算。

5.6.2 变形计算在地基计算中的重要性日益显著，对于湿陷性黄土地基，有以下几个特点需要考虑：

1 本标准明确规定在湿陷性黄土地区的建设中，采取以地基处理为主的综合措施，所以在计算地基的压缩变形时，应考虑地基处理后压缩层范围内土的压缩性的变化，采用地基处理后的压缩模量作为计算依据。

2 湿陷性黄土在近期浸水饱和后，土的湿陷性消失并转化为高压缩性，对于这类饱和黄土地基，一般应进行地基变形计算。

3 对需要进行变形验算的黄土地基，其变形计算和变形允许值，应符合现行国家标准《建筑地基基础设计规范》GB 50007 的规定。考虑到黄土地区的特点，根据原机械工业部勘察研究院等单位多年来在黄土地区积累的建（构）筑物沉降观测资料，经分析整理后得到沉降计算经验系数（即沉降实测值与按分层总和法所得沉降计算值之比）与变形计算深度范围内压缩模量的当量值之间存在着一定的相关关系，如条文中的表 5.6.2。

4 计算地基变形时，传至基础底面上的荷载效应，应按正常使用极限状态标准永久组合，不应计入风荷载和地震作用。

5.6.3 本条对黄土地基承载力明确了以下几点：

1）与现行国家标准《建筑地基基础设计规范》GB 50007 相适应，以地基承载力特征值作为地基计算的代表数值。其定义为在保证地基稳定的条件下，使建筑物或构筑物的沉降量不超过容许值的地基承载能力。

2）本条所指承载力是湿陷性黄土地基在天然含水量状态下的承载力。使用此承载力有一定的条件限制，就是按照本标准采取了规定的地基处理、防水措施或结构措施。根据本标准第 6 章的规定，建筑地基的湿陷性需要按规定进行处理，如湿陷性土层未处理完，下部未处理湿陷性土层的承载力的确定适用于本条规定。或采用天然地基（如丙类、丁类建筑符合某些条件时可不处理地基，或非自重场地上湿陷起始压力大于基底压力等情况）时，如出现本条第 4 款规定情形，承载力按塑限含水量确定的规定更符合建筑物使用后的实际情况，

安全度更高一些。

3）本条第 2 款主要突出了两个重点：一是强调了载荷试验及其他原位测试的重要作用；二是强调了系统总结工程实践经验和当地经验（包括地区性标准）的重要性。

5.6.4 本条规定了确定基础底面积时计算荷载和抗力的相应规定。荷载效应应根据正常使用极限状态标准组合计算；相应的抗力应采用地基承载力特征值。当偏心作用时，基础底面边缘的最大压力值，不应超过修正后的地基承载力特征值的 1.20 倍。

5.6.5 本标准对地基承载力特征值的深、宽修正作如下规定：

1 深、宽修正计算公式及其符号意义与现行国家标准《建筑地基基础设计规范》GB 50007 相同；

2 深、宽修正系数取值与原规范相同，未作修改；

3 对饱和黄土的有关物理性质指标分档作了一些修订，将 e 或 I_L（其中只要有一个指标）大于 0.85 改为 e 或 I_L 大于等于 0.85，补充原规范在 e 或 I_L 等于 0.85 时的空档。

4 原"规范"深度修正深度自 1.5m 起，主要是考虑黄土的表层一般沉积年代较短，密度较低，比较松软。本次修订沿用原规范的规定。

5.6.6 对于黄土地基的稳定性计算，除满足一般要求外，针对黄土地区的特点，增加了两条要求。一条是在确定滑动面（或破裂面）时，应考虑到黄土地基（包括斜坡）的滑动面（或破裂面）与饱和软黏土和一般黏性土是不相同的；另一条是在可能被水浸湿的黄土地基，强度指标应根据饱和状态的试验结果求得。这是因为对于湿陷性黄土来说，含水量增加会使强度显著降低。

5.7 桩 基

5.7.1 湿陷性黄土场地，地基一旦浸水，便会引起湿陷给建筑物带来危害，特别是对于上部结构荷载大且集中的甲、乙类建筑；对整体倾斜有严格限制的高耸结构；对不均匀沉降有严格限制的甲类建筑和设备基础以及主要承受水平荷载和上拔力的建筑或基础等，均应从消除湿陷性危害的角度出发，针对建筑物的具体情况和场地条件，首先从经济技术条件上考虑采取可靠的地基处理措施，当采用地基处理措施不能满足设计要求或经济技术分析比较，采用地基处理不适宜的建筑，可采用桩基础。自 20 世纪 70 年代以来，陕西、甘肃、山西等湿陷性黄土地区，大量采用了桩基础，均取得了良好的经济技术效果。

5.7.2 在湿陷性黄土地区，采用的桩型主要有：钻、挖孔（扩底）灌注桩，沉管灌注桩、静压桩和打入式钢筋混凝土预制桩等。选用桩型时，应根据工程要求、场地湿陷类型、地基湿陷等级、岩土工程地质条

件、施工条件及场地周围环境等综合因素确定。如在非自重湿陷性黄土场地，可采用钻、挖孔（扩底）灌注桩；在地基湿陷性等级较高的自重湿陷性黄土场地，宜采用干作业成孔（扩底）灌注桩；还可充分利用黄土直立性好的特性，采用人工挖孔（扩底）灌注桩；在可能条件下，可采用混凝土预制桩，沉桩工艺有静力压入法和打入法两种。但打入法因噪声大和污染严重，不宜在城市中采用。

5.7.3 在湿陷性黄土场地采用桩基础，桩周黄土在浸水后会发生软化导致桩侧极限摩阻力减小，在自重湿陷性黄土场地，还可能产生负摩阻力，使桩的轴向力加大而产生较大沉降。天然黄土的强度较高，当桩的长度和直径较大时，桩身的正摩阻力相当大。在这种情况下，即使桩端支撑在湿陷性黄土层上，在桩周土天然含水量状态下试验，桩的下沉量也往往不大。例如，20世纪70年代建成投产的甘肃刘家峡化肥厂碱洗塔工程，采用的井桩基础未穿透湿陷性黄土层，但由于载荷试验未进行浸水，荷载加至3000kN，下沉量仅6mm。井桩按单桩竖向承载力特征值为1500kN进行设计，当时认为安全系数取2已足够安全，但建成投产后不久，地基浸水产生了严重的湿陷事故，桩周土体的自重湿陷量达600mm，桩周土的正摩阻力完全丧失，并产生负摩阻力，使桩基产生了大量的下沉。

甲类、乙类建筑物，其工程重要性或浸水可能性较高，应按较不利的浸水条件进行设计，桩端必须穿透湿陷性黄土层，已有研究资料表明，桩端持力层的性质明显影响着桩基浸水附加沉降，桩端持力层的压缩性越低，浸水附加沉降越小，因而宜选择压缩性较低的岩土层作为桩端持力层。

近年来，在湿陷性黄土地区修建了一些浸水可能性低的构筑物，在这种场地按原"规范"饱和条件进行桩基设计，其经济技术效果较差，因此在本次修订中取消了丙、丁类建筑桩基础必须穿透湿陷性黄土层的强制性规定，但在条件许可（如湿陷性黄土层较薄）时应首先考虑按不利的浸水条件进行设计，桩端穿透湿陷性黄土层确有困难时应评估浸水的概率及其对桩基础的影响，并采取相应的防排水措施、地基处理措施和结构措施。

5.7.4 基底下湿陷性黄土层的厚度越大，湿陷性可能越严重，由此产生的危害也可能越大。鉴于目前根据有关经验公式和室内试验评价湿陷性的结果估算单桩竖向承载力还往往与实际存在较大差别，规定基底下湿陷性黄土层厚度较大时，单桩竖向承载力特征值应通过单桩竖向静载荷浸水试验确定，以便为更合理的桩基础设计提供更为丰富的基础资料。甲类建筑和乙类建筑中的重要建筑，是高、重建筑或地基受水浸湿可能性较大，发生湿陷灾害的影响较大，其单桩承载力的确定更应慎重。

按本标准附录G试验要点仅测定桩周土饱和状态下单桩竖向承载力时，由于浸水坑面积较小，对自重湿陷性黄土场地，在试验过程中，桩周土体不一定产生自重湿陷，因此应从试验结果中扣除中性点深度以上的桩侧正、负摩阻力。

对于采用桩基础的其他建筑，其单桩竖向承载特征值，可按有关标准的经验公式估算，即：

$$R_a = q_{pa} \cdot A_p + uq_{sa}(l-z) - u\bar{q}_{sa}z \qquad (4)$$

式中：q_{pa} —— 桩端阻力特征值（kPa）；

A_p —— 桩端横截面的面积（m^2）；

u —— 桩身周长（m）；

q_{sa} —— 中性点深度以下土层（加权平均）桩侧摩阻力特征值（kPa）；

$\bar{q}_{sa}$ —— 中性点深度以上黄土层平均负摩阻力特征值（kPa）；

l —— 桩身长度（m）；

z —— 中性点深度（m），可按本标准第5.7.6条的规定确定。

对于上式中的q_{pa}和q_{sa}值，对湿陷性黄土土层一般应按饱和状态下的土性指标确定，但对有可靠地区经验或研究表明建筑寿命期内无浸水可能性的湿陷性黄土土层，可取天然状态下的土性指标。饱和状态下的液性指数，可按下式计算：

$$I_L = \frac{S_r e/d_s - w_p}{w_L - w_p} \qquad (5)$$

式中　S_r —— 土的饱和度，可取85%；

e —— 土的孔隙比；

d_s —— 土粒相对密度（比重）；

w_L,w_p —— 分别为土的液限和塑限含水量，以小数计。

对于自重湿陷性土层中的桩侧负摩阻力，特征值的概念对负摩阻力而言不甚确切，但考虑到工程人员的习惯，仍采用负摩阻力"特征值"说法。

5.7.5 对于非自重湿陷性黄土场地的桩基，虽然理论分析和现场实测均表明在浸水饱和条件下也可能产生负摩阻力作用，但90规范和原规范规定非自重湿陷性黄土场地可计入湿陷性黄土层范围内饱和状态下桩侧正侧阻力以来，在按"规范"设计前提下，工程实践中还未见有桩基础事故的案例，因此本次修订仍维持非自重湿陷性黄土场地可考虑饱和状态下桩侧正摩阻力的规定。

5.7.6 对自重湿陷性黄土场地，桩周的自重湿陷性黄土层浸水后发生自重湿陷时，将产生土层对桩的向下位移，对桩将产生一个向下的作用力，即负摩阻力。因此在确定单桩竖向承载力特征值时，除不计中性点深度以上黄土层的桩侧正摩阻力外，尚应考虑桩侧的负摩阻力。

桩侧负摩阻力应通过现场桩基竖向载荷浸水试验确定，但一般情况下不容易做到。因此，许多单位提出希望本标准能给出具体数据或参考值。自 20 世纪 70 年代开始，我国有关单位采用悬吊法实测桩侧负摩阻力；随着测试技术的进步，20 世纪 90 年代开始，有关单位在桩身中埋设测试元件，进行黄土桩基浸水载荷试验，实测桩侧负摩阻力和中性点深度。本次修订收集了在陕西、甘肃、宁夏、河南、山西等省 26 根桩的负摩阻力测试资料，资料显示浸水试验过程中桩顶无荷载的桩实测的负摩阻力要比有荷载桩大。鉴于先湿法和后湿法得到的负摩阻力大小不同，且后湿法被认为更符合桩的工作实际，剔除先湿法和不确定的试验数据，绘制 14 根灌注桩（4 根采用悬吊法测试，10 根采用后湿法埋设测试元件测试）实测负摩阻力大小频数分布直方图见图 2。

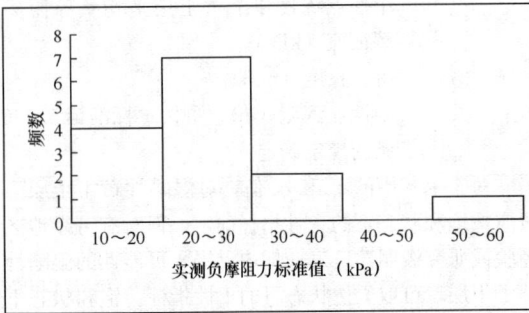

图 2　灌注桩实测负摩阻力频数分布直方图

从图 2 中可以看出，目前的负摩阻力测试结果较为离散，但大多数桩（占 79%）实测负摩阻力不大于 30kPa，表明原规范负摩阻力的取值总体上是较合适的，因此本次修订仍维持原规范负摩阻力取值大小不变。

关于桩的类型对负摩擦力的影响：试验结果表明，预制桩的侧表面虽比灌注桩平滑，但其单位面积上的负摩擦力却比灌注桩为大。这主要是由于预制桩在打桩过程中，将桩周土挤密，挤密土在桩周形成一层硬壳，牢固地黏附在桩侧表面上。桩周土体发生自重湿陷时不是沿桩身而是沿硬壳层滑移，增加了桩的侧表面面积，负摩擦力也随之增大。因此，对于具有挤密作用的预制桩与无挤密作用的钻、挖孔灌注桩，其桩侧负摩擦力应分别给出不同的数值。但近年在自重湿陷性黄土场地进行的 PHC 管桩浸水试验结果表明，当桩由多节管桩连接而成时，沉桩后有时在上部桩体与桩周土之间会存在明显缝隙，导致浸水后桩侧负摩阻力较小；该现象是个别现象还是普遍现象还需要进一步积累资料。

关于自重湿陷量的大小对负摩擦力的影响：兰州钢厂两次负摩擦力的测试结果表明，经过 8 年之后，由于地下水位上升，地基土的含水量提高以及地面堆载的影响，场地的湿陷性降低，负摩擦力值也明显减小，钻孔灌注桩两次的测试结果见表 3。

表 3　兰州钢厂钻孔灌注桩负摩擦力的测试结果

时间	自重湿陷量的实测值（mm）	桩身平均负摩擦力（kPa）
1975 年	754	16.30
1988 年	100	10.80

试验结果表明，桩侧负摩擦力与自重湿陷量的大小有关，土的自重湿陷性愈强，地面的沉降速度愈大，桩侧负摩擦力值也愈大。因此，对自重湿陷量 Δ_{zs} < 200mm 的弱自重湿陷性黄土与 Δ_{zs} ≥ 200mm 较强的自重湿陷性黄土，桩侧负摩擦力的数值差异较大。

大多数学者认为按原规范进行湿陷性黄土地区的桩基设计总体是偏于安全的，特别是在大厚度自重湿陷性黄土场地尤为如此，其主要原因一是基坑开挖的卸荷导致自重湿陷量减小，自重湿陷土层的下限深度上移；二是已有桩基竖向静载荷浸水试验结果表明实测的中性点深度往往要比室内试验确定的自重湿陷土层下限深度小；三是对大厚度自重湿陷性黄土层，在建筑物生命期内，下部自重湿陷土层受到浸水作用的概率较小。上述三个原因均与桩中性点深度的选取相关，但目前相关的试验和研究开展得并不多，还难以形成比较具体的条文，本次修订仅对中性点深度的确定作出原则性规定：

1　通过单桩竖向静载荷浸水试验实测中性点深度。在大厚度自重湿陷性黄土场地，相对于将室内试验确定的自重湿陷土层下限深度作为中性点深度，采取该方法在不少地区能优化（减小）中性点深度。

2　按桩周黄土沉降与桩沉降相等的条件实测或计算中性点深度。在较细致的竖向应力计算和包括湿陷性试验在内更细致的室内外试验基础上，分别计算桩周土沉降和桩沉降，从负摩阻力最基本的理论出发计算中性点深度，可解决深基坑及其他竖向应力减小情况下原规范确定的中性点深度过大的问题。

3　取自重湿陷性黄土层底面对应的深度作为中性点深度。包括两层含义：一是取室内试验确定的自重湿陷性黄土层底面深度（自重湿陷性黄土层下限深度）作为中性点深度，该方法是传统的湿陷性黄土场地桩基中性点深度确定方法，在没有更多的地区经验、现场试验或研究的情况下一般按该法确定中性点深度；二是取现场试坑浸水试验确定的自重湿陷黄土层底面深度作为中性点深度，该法虽不如单桩竖向静载荷浸水试验实测中性点直接，但对中性点深度的取值也是重要参考，在大厚度湿陷性黄土地区采用该法往往也可以优化（减小）中性点深度，如在郑西高速铁路沿线进行的 7 组现场试坑浸水试验，室内试验确定的自重湿陷下限深度为 19m～32m，而实测自重湿陷下限深度为 10m～22m，后者是前者的 0.40 倍～0.96 倍。

4 通过开展水环境变化研究确定中性点深度。在地下水无上升至自重湿陷性土层可能的情况下，可将研究得到的建筑使用期内可能达到的最大浸水深度作为中性点深度（最大浸水深度小于自重湿陷下限深度时）。

5 根据地区经验确定中性点深度。鼓励有条件的大厚度湿陷性黄土地区开展研究，根据浸水水源、地基土渗透性、地层结构、黄土性质、建设规划等条件，总结地区不同防水措施，不同类型建筑使用期内浸水深度的经验；在不同地质单元选择代表性的场地进行现场浸水试验，总结地区实测自重湿陷下限深度与室内试验确定的自重湿陷下限深度关系的经验。综合确定地区可靠的中性点深度取值经验方法。

鉴于目前自重湿陷黄土场地桩侧负摩阻力的试验资料不多，关于黄土浸水可能性的研究还不够深入，本标准有关桩侧负摩阻力和中性点深度的规定，有待于今后通过不断积累资料逐步完善。

5.7.7 将负摩阻力引起的下拉荷载计入附加荷载验算桩基沉降时，对于单桩基础，桩侧负摩阻力的总和即为下拉荷载；对于桩距较小的群桩，其单桩的负摩阻力因群桩效应而降低，本条考虑群桩效应下拉荷载的算法取自现行国家标准《建筑桩基技术规范》JGJ 94。

5.7.8 在水平荷载和弯矩作用下，桩身将产生挠曲变形，并挤压桩侧土体，土体则对桩产生水平抗力，其大小和分布与桩的变形以及土质条件、桩的入土深度等因素有关。设在湿陷性黄土层中的桩，在天然含水量条件下，桩侧土对桩往往可以提供较大的水平抗力；一旦浸水桩周土变软，强度显著降低，桩周土体对桩侧的水平抗力就会降低。

5.7.9 对于混凝土灌注桩纵向受力钢筋的配置长度，在设计中应有所考虑。对于在非自重湿陷性黄土层中的桩，一经浸水桩周土可能变软或产生一定量的负摩擦力，对桩产生不利影响。因此，建议桩的纵向钢筋除应自桩顶按 1/3 桩长配置之外，配筋长度尚应超过湿陷性黄土层的厚度；对于在自重湿陷性黄土层中的桩，由于桩侧可能承受较大的负摩擦力，中性点界面处的轴向压力往往大于桩顶，全桩长的轴向压力均较大。因此，建议在湿陷性相对较强的①、Ⅱ区自重湿陷性黄土场地，桩身纵向钢筋应通长配置。

5.7.10 在自重湿陷性黄土层中的桩基，一经浸水桩侧产生负摩阻力，将使桩基竖向承载力不同程度的降低。为了提高桩基的竖向承载力，设在自重湿陷性黄土场地的桩基，可采取减小桩侧负摩阻力的措施，如：

1 在自重湿陷性黄土层，桩的负摩阻力试验资料表明，在同一类土中，挤土桩的负摩阻力大于非挤土桩的负摩阻力。因此，应尽量采用非挤土桩（如钻、挖孔灌注桩），以减小桩侧负摩阻力（挤土桩已

完全消除地基土湿陷性的情况除外）。

2 对位于中性点以上的桩侧表面进行处理，以减小负摩阻力的产生。

3 在桩基施工前，可采用强夯、挤密法等进行地基处理，消除中性点深度以上土层的自重湿陷性。

4 采取其他有效而合理的措施。

5.8 基 坑 设 计

5.8.1 基坑开挖和支护结构通常有两种情况，一种是属于地下工程施工过程中作为一种临时性结构，地下工程施工完成后，即失去作用，其支护工程施工完成后有效使用期一般为 12 个月。当超过有效使用期限时，应由原设计单位进行安全性复核，确认安全并采取相应处置措施后方可延长一定的使用期限。另一种情况作为建筑物的永久性构件继续使用，此类支护结构的设计计算，还应满足永久结构的设计使用要求。不论哪种情况，均应进行专门设计，本条列出的资料均是设计输入资料或需要考虑的问题。

5.8.2 随着建设的发展，湿陷性黄土地区的基坑开挖深度越来越大，许多已超过 20m，黄土地区基坑事故也屡有发生。湿陷性黄土地区的基坑开挖与支护除了应符合现行国家标准《岩土工程勘察规范》GB 50021、《建筑地基基础设计规范》GB 50007 和《建筑基坑支护技术规程》JGJ 120 的有关规定外，还有其特殊的要求，其中最为突出的有：

1 要对基坑周边外宽度为（1～2）倍开挖深度的范围内进行土体裂隙调查，并分析其对坑壁稳定性的影响。一些工程实例表明，黄土坑壁的失稳或破坏，常常呈现坍落或坍滑的形式，滑动面或破坏面的后壁常呈现直立或近似直立，与土体中的垂直节理或裂隙有关。

2 湿陷性黄土遇水增湿后，其强度将显著降低导致坑壁失稳。不少工程实例都表明，黄土地区的基坑事故大都与黄土坑壁浸水增湿软化有关。所以对黄土基坑来说，严格的防水措施是至关重要的。当基坑壁受水浸湿可能性较大时，应采用饱和状态下黄土的物理力学性质指标进行校核。

6 地 基 处 理

6.1 一 般 规 定

6.1.1 本条为强制性条文。湿陷变形是作用于地基上的荷载不改变，仅由于地基浸水引起的附加变形。由于浸水范围的不确定性，此附加变形经常是局部和突然发生的，并且很不均匀。在地基浸水初期，往往一昼夜就可产生 150mm～250mm 的湿陷量，上部结构很难适应和抵抗这种量大、速率快、不均匀的地基变形，对建筑物的破坏性大，危害严重。如地基湿陷

性不消除，仅采用防水措施和结构措施，实践证明是不能保证建筑物的安全和正常使用的。

鉴于甲类建筑的重要性和使用上对不均匀沉降的严格限制等与乙、丙建筑有所不同，地基一旦发生湿陷，在政治、经济等方面会造成不良影响或重大损失，后果严重，因此不允许甲类建筑出现任何破坏性变形，也不允许因地基变形影响建筑物正常使用，故对其要求从严。

针对地基湿陷性的处置措施：一是地基处理，使地基变为非湿陷性地基（地基措施）；在湿陷性土层较薄，持力层深度不深时可将基础直接放置于持力层（基础措施）；二是采用桩基础穿透全部湿陷性黄土层（基础措施），使上部荷载通过桩基础传递至压缩性低或较低的非湿陷性土（岩）层上。从而将地基浸水引起的附加沉降控制在允许范围内。

试验研究结果表明，在非自重湿陷性黄土场地，在附加压力和上覆土饱和自重压力共同作用下，建筑物地基受水浸湿后的变形范围，通常发生在地基压缩层内。压缩层下限深度以下的湿陷性黄土层，由于附加压力很小，即使地基浸水，产生的湿陷变形也很小，且发生在深部，因此将附加压力和上覆土饱和自重压力之和大于湿陷起始压力的土层处理后，可保证建筑物安全。

在自重湿陷性黄土场地，建筑物地基充分浸水时，基底下具有自重湿陷性的黄土层会产生湿陷。本次修订按基底下湿陷性黄土的下限深度（最下层湿陷性黄土层底深度）对地基进行了划分，小于20m划分为一般湿陷性黄土地基，大于20m为大厚度湿陷性黄土地基（术语中已做了区分），理由如下：1 原"规范"规定甲类建筑应将湿陷性黄土全部处理，实践中发现对厚度大的湿陷性黄土地基实施起来有困难；2 根据浸水试验结果，深层黄土湿陷发生的量和概率均较低；3 上部黄土处理后形成较好的隔水层，深部黄土浸水的概率大幅降低。因此按湿陷性黄土层深度对地基进行区分，分别采取措施是必要的。

甲类建筑基底压力大，压缩层深度较深，一般湿陷性黄土地基为基底下黄土深度小于20m，考虑到此范围内土层被水渗入的可能性较大，应将全部湿陷性黄土层进行处理。

6.1.2 基底下湿陷性黄土层厚度不小于20m时定义为大厚度湿陷性黄土地基。本条规定对甲类建筑除将自重湿陷性黄土层全部处理外，对附加压力和上覆土饱和自重压力之和大于湿陷起始压力的非自重湿陷土层也应处理，按此规定建筑物安全是有保障的。

但由于地域或场地不同，有些场地湿陷性黄土厚达40m以上，要完全处理完，施工难度大、成本高，尚缺成熟的机具和可靠工法。根据几十年来的浸水试验成果总结出以下规律：①不打浸水孔使水自然向下渗透（地面浸水范围有限）时，渗水面25m以

下的土层含水量变化很小，且需要较长时间；②水在黄土中垂直渗透速度远远大于水平渗透速度；③湿陷变形量大部分产生于上部土层，深层湿陷量占总湿陷量比例较小。为保证安全，本条还规定应加强防水措施，减少或杜绝渗漏，在后续条文中规定了对大厚度湿陷性黄土地基的最小处理外放宽度，加长地面水渗入地基持力层的长度，改变渗入路径和方向。综合以上措施，地基处理至某一深度是可行的，本条规定在计算处理厚度大于25m时最小处理厚度可取25m，是考虑安全和施工成本的合理平衡。

6.1.3 按本标准第4章的规定，可以计算出地基的"湿陷量"，地基处理时，若将对"湿陷量"有贡献的土层全部进行处理，消除其湿陷性，就是消除地基的"全部湿陷量"。与此对应，仅处理基底下部分土层，消除其湿陷性，就是消除地基的"部分湿陷量"。

乙、丙类建筑量大面广，重要性较甲类建筑低，地基处理的思想是在建筑物浸水条件下，确保建筑物整体稳定和主体结构安全，非承重部位允许出现裂缝。也是在建筑物安全和节约建设投资之间达成合理平衡。因此规定可消除地基部分湿陷量，同时根据地基处理程度及下部未处理湿陷土层的剩余湿陷量或湿陷起始压力，采取防水措施和结构措施以弥补地基处理的不足。但湿陷性黄土地基比较复杂，在某些特殊情况下，如按一般规定选取设计措施，技术、经济上不一定合理。若经济上合理，又能达到更高的地基处理标准，应为首选。

6.1.4 相较于甲类建筑，乙类建筑高度和重要性稍低，允许地基残留部分湿陷量。处理的重点集中在基底下湿陷性较强的土层，因这部分土层贴近基底，附加应力大，受水浸湿可能性大，对建筑物安全影响最大。

大量工程实践表明，消除建筑物地基部分湿陷量的处理厚度太小时，一是地基处理后下部未处理湿陷性土层的剩余湿陷量大。调查资料表明，地基处理后剩余湿陷量大于220mm时，建筑物在使用期间受水浸湿，可产生严重或较严重裂缝；剩余湿陷量在130mm～200mm时，受水浸湿一般产生的裂缝轻微。二是防水效果不理想，难以阻止生产、生活用水及大气降水，自上而下浸入未处理土层，潜在危害大。因此处理厚度应有限制，本条对于剩余湿陷量的规定也保证了有足够的地基处理厚度。

本次修订增加了大厚度湿陷性黄土地基的规定。对湿陷性黄土厚度很大的地基，处理厚度过大在实际工程中难以实施，如计算出的处理厚度过大时，可采用最小地基处理厚度，但应加强防水措施弥补。

6.1.5 丙类建筑主要是单层和多层建筑以及构筑物。同为丙类建筑，有内部有上下水设施的多层建筑，也有内部无用水设施的单层建筑，单层建筑中有总高度低、基底压力小的门房、单层教室、宿舍等，也有基

底压力较大、总高度较高的单层工业厂房等，其基底压力和浸水可能性都有很大差别，地基处理也应区别对待。本条对单层和多层建筑的地基处理分别进行了规定，并增加了对浸水可能小的单层丙类建筑的地基处理规定。本条规定是处理厚度的下限，对湿陷土层厚度不大的情况，也可全部处理。

本次修订增加了多层丙类建筑地基处理厚度的最小厚度规定和大厚度湿陷性黄土地基上丙类建筑的地基处理规定。随着湿陷性黄土层厚度较大地区工程建设项目的增多，原规范在实施中遇到了按剩余湿陷量控制处理厚度时，处理厚度很大的情况，例如在西安北部的渭北黄土塬区及河南西部黄土塬，地下水位很深，湿陷土层厚度超过30m，按剩余湿陷量计算的处理厚度可达20余米，对丙类建筑来说不尽合理。根据近年工程经验，对地基处理厚度最小值给出了规定，采用最小值时，应加强防排水措施作为补偿。

6.1.6 湿陷性黄土地基的处理，在平面上分为局部处理和整片处理。

局部处理是将大于基础底面下一定范围内的湿陷性黄土层进行处理，通过处理消除拟处理土层的湿陷性，改善地基应力扩散，增强地基稳定性。由于局部处理平面范围较小，上部水源仍可自其侧向渗入下部未处理湿陷土层，本次修订将局部处理的应用范围限定在非自重湿陷性黄土场地。

整片处理是将大于建筑物底层平面范围内的湿陷性土层全部进行处理，消除其湿陷性，减小渗透性，增强拟处理土层的防水作用。要求地基处理有一定外放宽度，就是要增大上部水源从侧向渗入地基的路径长度，减少渗入量，减轻危害。原规范规定外放宽度是地基处理厚度的1/2，在处理厚度大时较难实施，本次修订参考了自然渗透浸水试验的结果，对地基处理厚度较大时的外放宽度给出了最小外放值。具体实施时，如有条件按地基处理厚度的1/2进行外放，还应按此规定执行，确有困难时，可采用地基处理的最小外放值，但要加强防水措施作为弥补。

6.1.7 地基压缩层厚度与基础尺寸、基础形状、基底压力、基底下土层结构等诸多因素有关。其厚度是确定地基处理厚度的依据之一，对建筑物最终沉降量影响较大。本次修订对其厚度确定的原则做了调整，规定取按宽度和附加应力计算两者结果的大值。

6.1.8 通过静载试验检验地基处理后的承载力是目前最可靠的方法之一。但由于静载试的压板一般尺寸较小，影响深度有限，其结果只能反映一定范围内的地基情况。对仍存在剩余湿陷量的地基，下部未处理湿陷性黄土层仍有发生湿陷的可能，因此地基承载力不宜用的过大。

6.1.11 比较常用的处理湿陷性黄土地基的方法有垫层法、强夯法、挤密法。黄土具有干密度小、含水量较低及欠压密等特点，适于用夯压和挤密方法处理，

且成本相对较低。含水量低于12%时土的强度较高，挤密效果较差，宜增湿后再施工挤密桩。预浸水法适用于自重湿陷量大的自重湿陷性场地，一般工期较长，在环境等条件适宜时可以采用。注浆法包括化学材料注浆和水泥浆液注浆等，在新建工程中较少使用，主要用于既有建筑物的地基加固，使用时应通过试验确定其适用性。

通过在湿陷土层中设置强度较高的竖向增强体（水泥土桩、低标号混凝土桩等），而对桩间土不挤密或部分挤密（平均挤密系数较低），也可达到使复合土层不具湿陷性的目的，设计时桩间土的承载力可按低于湿陷起始压力取值。近年也有成功工程实例，主要应用于湿陷土层较薄、湿陷性弱的非自重湿陷性黄土，使用时应通过试验验证其适用性。

表6.1.11中所列处理方法可组合使用，如预浸水法和垫层法、强夯法等结合使用。

6.2 垫 层 法

6.2.1 垫层法是一种浅层处理湿陷性黄土的传统方法，具有因地制宜、就地取材、施工简便等优点，在湿陷性黄土地区应用广泛。处理厚度超过3m时，挖填方量较大，施工质量不易保证，选用时应进行技术经济比较。

湿陷性黄土层未处理完，垫层下仍有未处理的湿陷性黄土层时，垫层不应采用透水材料。如垫层下已无湿陷性土层，或是浸水无影响的地层（如砂石层等），可采用透水材料。

6.2.4 击实试验分轻型击实和重型击实，采用何种击实试验由设计单位决定。设计无明确要求时，对垫层而言，一般采用轻型击实试验，或根据压实机械确定击实试验类型。本标准第6.2.3条规定的压实系数是对应轻型击实试验的要求。

6.2.5 设置土（或灰土）垫层主要在于消除拟处理土层的湿陷性，其承载力可通过现场静载荷试验或动、静触探试验确定，取值超过本条建议值时应验算下卧土层的承载力。当无试验资料时，按本条取值可满足工程要求，并有一定的安全储备。总之，消除部分湿陷量的地基，其承载力不宜用得太高，否则，对减小湿陷不利。

6.3 强 夯 法

6.3.1 本条规定强夯法处理湿陷性黄土地基的适用范围主要是基于以下两方面考虑：

1 地基土含水量范围。湿陷性黄土地基在一定的夯击能级下强力夯实，消除湿陷性，属于地基土机械加密方法，同压实法一样存在最优含水量问题。当地基土的含水量接近最优含水量（强夯法一般采用重型击实试验测得）时，强夯效果好，偏离最优含水量越大，效果越差。本条规定的含水量范围总结了黄土

强夯工程实测统计资料，当地基土含水量在 10%～22%范围内时，达到设计效果需要的总夯击能较少，夯击能效较高，经济性较好。超过 22%时，将地基土夯击成"橡皮土"的风险很大，适用性应通过实验验证。

2 拟建场地环境因素。强夯法处理地基时地基会产生弹性波（振动），周围空气产生噪声。强夯能级越大，振动幅度和噪声波及的范围也就越大。设计人员在选择地基处理方法时应考虑强夯法处理地基对本场地及周围环境的影响，包括对地下建筑物、地下管线和科研实验仪器等的破坏与不利影响；在人口居住密集区对居民生产、生活产生的不良影响。这类场地地基处理一般不宜选用强夯法。

6.3.2 本条是强夯法处理地基设计单位要设计的内容，其顺序也是强夯法处理地基设计的步骤：夯实厚度、强夯能级、处理平面范围及夯点排布、起夯标高、夯击遍数和夯点击数。

6.3.3 本次修订引入"夯实厚度"的概念，即依据拟建场地工程地质资料和拟建工程对地基土承载力、强度、变形的要求，结合本标准第 6.1 节对消除湿陷性方面的要求，由设计单位确定基础底面以下必须夯实的厚度，此厚度由终止夯面（一般为基础底面或垫层底面）向下算起。夯实厚度内地基土的物理力学性质指标经强夯法处理后应达到拟建工程对地基的要求。夯实厚度以下的土层指标也可能改善，但不能全部达到夯实厚度内土层指标的标准。

用夯实厚度代替原"规范"中的地基处理厚度（起夯面向下），工程使用意义更明确。由于强夯后的地基可直接砌筑基础，强夯后处理效果表现为两方面，一方面是夯实厚度满足设计要求，这是保证建筑物上部安全使用的前提；另一方面是终夯面标高与基础底面（或垫层底面）标高一致，这能够最大限度发挥强夯法处理地基减少土方的挖填、节约工期及造价的优点。夯实厚度既表明了基础下已处理的厚度，又可以控制终夯面标高，减少夯后的挖填方量，从而保证强夯施工质量，节省劳力，缩短工期，降低工程费用。一般湿陷性黄土地基夯实厚度下限深度处最低控制标准为：湿陷性消除且物理力学性质指标达到设计要求。

6.3.4 当湿陷性黄土地基的含水量满足强夯法处理湿陷性黄土地基的适用条件时，强夯能级就是达到夯实厚度、保证强夯法处理效果的关键指标。

本标准表 6.3.4 是根据湿陷性黄土地区近十年来大量的工程实测资料统计得来。一方面，夯实厚度越大，强夯能级即单位夯击能也就要求越大，但其两者关系并不成正比例关系，一般随着强夯能级的加大，夯实厚度增加的幅度越来越小。在工程实践中常用的强夯能级多为（1000～4000）kN·m，消除湿陷性黄土层的夯实厚度多为（3.0～6.5）m，以发挥强夯法

快捷、经济的特点。高能级强夯机械移位、夯锤提升均较慢，造价增幅较大，经济性变差，对于大厚度湿陷性黄土经经济、工期比较后也可以对夯实厚度内湿陷性黄土进行分层强夯。另一方面，根据工程实践经验，当拟处理地基土中上部含坚硬土层时，中上部坚硬土层消耗能量较大，相应强夯能级也须增大，故同一强夯能级下当地基处理深度内含水率介于 13%～18%且中上部无坚硬土层时，夯实厚度取高值，其他情况下取低值。

对含水量低，不具备增湿条件或增湿成本很大时，若经济上可行，也可考虑采用大能级强夯，表 4 是新疆地区含水量低于 10%的黄土采用强夯法时强夯能级和夯实厚度的经验数值。土层含水量低于 7%时夯实厚度取低值。

表 4 新疆地区含水量低于 10%的黄土强夯能级与夯实厚度

强夯能级（kN·m）	夯实厚度（m）[全新世（Q_4）或晚更新世（Q_3）黄土]
4000	2.5～3.0
5000	3.0～3.5
6000	3.5～4.5
8000	4.5～5.0

6.3.5 根据国内经验，在工程设计中，考虑到强夯土为夯压素土，且终止夯面以下土层的力学指标随深度逐渐变差，下层强夯土水稳性较差，因此对强夯地基的平面处理范围的要求高于其他处理方法，以减小地基土层浸水的可能性，降低地基土由于浸水产生的变形。

6.3.6 夯点排布包括夯点平面布置形式和夯点中心距。排布原则是既要充分发挥每一夯点的强夯效益，又要保证整个强夯地基的强夯质量和均匀性。夯点的平面布置形式以三角形较优，根据工程具体情况及方便施工，也可采用正方形布置。夯点排布的原则是同一遍夯点应尽量远离，以利于土中孔隙水、气有足够的时间排逸，利于强夯土固结增密。

6.3.8 强夯遍数多少及各遍强夯之间应留的间歇时间长短，应由孔隙水压力消散时间来确定。而孔隙水压力消散时间与夯实厚度内地基土颗粒粗细、土层含水率、夯点间距、夯实厚度的大小等因素密切相关。一般情况下土颗粒细、含水率高、夯点间距小、夯实厚度大时，强夯遍数宜多，且每遍强夯之间的间歇时间宜长。

强夯法主夯（所排夯点的夯击）主要是将夯坑底面以下夯实厚度内的地基土层夯实，而满夯拍平主要解决夯坑底面以上的填土和表层松动土层的夯实。

6.3.9 夯点的夯击次数以达到最佳次数为宜。强夯试验及工程实践资料表明，夯点（坑）单击夯沉量随

击数的增加逐渐减小，夯击效应逐渐降低，经济性也相应降低，因此存在一个"最佳夯击次数"，即夯击效果和经济性之间的一个平衡点。超过最佳夯击次数继续夯击，消除湿陷性黄土层的厚度增加很小甚至不增加，夯击能效大幅降低。

一般取夯击次数与夯沉量关系曲线平缓段开始的拐点（同时应考虑夯坑周围地面隆起程度等因素）且最后两击平均夯沉量为 3cm～5cm 时的击数定为"最佳夯击次数"，强夯能级高于 3000kN·m 的最后两击平均夯沉量可适当放大到 5cm～8cm。

6.3.11 本条主要强调试夯或试验性施工的重要性。强夯法设计属半经验设计，初步设计参数需要经现场试夯检验和修正。试夯主要作用是确定不同强夯能级、夯点排布下的实测夯实厚度和夯沉量，以验证强夯设计参数和施工参数的合理性、经济性，并确定强夯法处理地基的可行性，以确保地基处理效果达到设计要求。

6.4 挤 密 法

6.4.1 经挤密法处理后的地基称为"挤密地基"或"挤密复合地基"，有些标准称为"灰土挤密桩、土挤密桩地基"，它是一种复合地基。挤土成孔挤密法是指将填料孔位的土体完全挤压到填料孔周围，适用于地基土含水量略低于最优含水量或塑限的土层，或地基土含水量偏低经增湿后达到最优含水量或接近最优含水量的土层；预钻孔夯扩挤密法是将填料孔位的土体取（钻、掏或挖）出，然后分层填入规定的填料，利用 1500kg～3000kg 重锤进行夯击，将填料挤压到填料孔周围，形成大于钻孔孔径的桩体。适用于含水量偏高的土层，或处理深度较大的土层。

6.4.2 对一般地区的建筑，特别是有一些经验的地区，只要掌握了建筑物的使用情况、要求和建筑物场地的岩土工程地质情况以及某些必要的土性参数（包括击实试验资料等），就可以按照本节的条文规定进行挤密地基的设计计算。工程实践及检验测试结果表明，设计计算的准确性能够满足一般地区和建筑的使用要求。

对某些比较重要的建筑和缺乏工程经验的地区，为慎重起见，可在地基处理施工前，在工程现场选择有代表性的地段进行试验或试验性施工，应按实际的试验检测结果对设计参数和施工要求进行调整。

6.4.3 本条规定了挤密地基的布孔原则和孔心距的计算方法。本条的孔心距计算公式涵盖了正三角布孔时挤土成孔、预钻孔挤密法的计算。无预钻孔时，计算式中的预钻孔直径取 0。公式（6.4.3）中 D 指最终的成桩直径，包括了沉管成孔后又夯扩的情况。

挤密地基属复合地基，由填料形成的桩体和挤密后的桩间土组成。挤密地基的面积置换率一般不超过 0.3，桩间土在复合地基中面积占比较大，提高桩间土的强度是提高复合地基强度的一条简单而经济的途径，因此规定桩间土平均挤密系数不宜小于 0.93。根据挤密地基浸水试验结果，桩间土平均挤密系数不小于 0.93 时，挤密地基的湿陷起始压力均在 200kPa 以上。

6.4.4 挤土成孔挤密法和预钻孔挤密法相比，在处理效果相同的条件下，前者孔心距将大于后者（指与挤密填料孔径的相对比值），后者需要增加孔内的取土量和填料量，而前者没有取土量，孔内填料量比后者少。在孔心距相同的情况下，预钻孔挤密比沉管挤密，多了预钻孔体积的取土量和相当于预钻孔体积的夯填量，且其桩间土的挤密效果取决于夯扩量，人为因素大，因此条件许可时应优先采用挤土成孔挤密法。

在同样的设计参数情况下，预钻孔挤密法的置换率较挤土挤密法高，前者对施工工艺、质量的要求也高于后者。预钻孔挤密法在施工前，应根据填料的密度、填料孔直径和夯后设计要求填料干密度、夯后孔直径等参数，计算填料体积，确保夯实质量。

6.4.5 对于正三角形布置挤密孔的挤密地基，其 3 个孔圆心构成的三角形形心处的地基土是挤密最薄弱处，其挤密系数理论上最小（最小挤密系数）。最小挤密系数的大小，直接反映挤密地基的挤密效果。但 3 孔间形心点桩间土存在湿陷性，与复合地基湿陷性没有必然因果关系，并不能代表整个挤密地基一定存在湿陷性，关键是这些点竖向不要连贯，水平不要成片，且平均挤密系数应达到设计要求。

6.4.6 有试验研究资料表明，相同压实系数下，夯实灰土的防水、隔水性不如素土，如消除湿陷性是地基处理主要目的，填料采用素土即可。孔内填夯实灰土及其他强度高的材料，有提高复合地基承载力或减小基础宽度的作用。

湿陷性黄土地区挤密地基使用粗颗粒填料，会增加地基的渗透性，形成渗水通道，不利于防水，不应采用。

6.4.7 灰土填料中的消石灰粉应符合现行行业标准《建筑消石灰》JC/T 481 中合格品以上标准，储存期不超过 3 个月，所含活性 CaO 或 MgO 不低于 60% 或 55%。

6.4.8 在挤密地基上设置垫层，有调节桩土应力和防水双重作用。

6.5 预 浸 水 法

6.5.1 本条规定了预浸水法的适用范围。工程经验表明，采用预浸水法处理湿陷性黄土层厚度大于 10m 和自重湿陷量的计算值大于 500mm 的自重湿陷性黄土场地，可消除地面下 6m 以下土层的全部湿陷性，地面下 6m 以上土层的湿陷性也可大幅度减小。

6.5.2 本条规定说明如下：

1 采用预浸水法处理自重湿陷性黄土地基，为防止在浸水过程中影响周边邻近建筑物或其他工程的安全使用以及场地边坡的稳定性，要求浸水坑边缘至邻近建筑物的距离不宜小于50m，主要是根据浸水试验和工程实践中对浸水影响范围的经验总结出的。

    1）青海省地质局物探队的拟建工程，位于西宁市西郊西川河南岸Ⅲ级阶地，该场地的湿陷性黄土层厚度为13m～17m。青海省建筑勘察设计院于1977年在该场地进行勘察，为确定场地的湿陷类型，曾在现场采用15m×15m的试坑进行浸水试验。

    2）为消除拟建住宅楼地基土的湿陷性，该院于1979年又在同一场地采用预浸法进行处理，浸水坑的尺寸为53m×33m。

试坑浸水试验和预浸水法的实测结果以及地表开裂范围等，详见表5。

表5 青海省物探队拟建场地试坑浸水试验和预浸水法的实测结果

时间	浸水		自重湿陷量的实测值（mm）		地表开裂范围（m）	
	试坑尺寸（m×m）	时间（昼夜）	一般	最大	一般	最大
1977年	15×15	64	300	400	14	18
1979年	53×33	120	650	904	30	37

从表5的实测结果可以看出，试坑浸水试验和预浸水法，二者除试坑尺寸（或面积）及浸水时间有所不同外，其他条件基本相同，但自重湿陷量的实测值与地表开裂范围相差较大。说明浸水影响范围与浸水试坑面积的大小有关，设计时应对浸水影响范围进行评估。

2 处理湿陷性黄土层的厚度大于20m时，后期沉降速率变慢，达到最后5d的平均湿陷量小于1mm/d的标准耗时较长，本次修订将其沉降稳定标准放宽至最后5d的平均湿陷量小于2mm/d，主要是出于缩短工期的考虑。依据多项浸水试验经验，停止浸水后排水固结所产生的沉降量相当可观，因此还需进行排水固结沉降观测。

    1）2012年山西省勘察设计研究院在太原东山黄土丘陵区进行浸水试验，试验场地为自重湿陷性黄土地，湿陷性黄土厚度24m，试坑为直径30m圆柱形，为了加快地基土层的浸水饱和速度，渗水孔分为两圈布设，分别位于以坑心为圆心半径为5m以及10m的圆上。内圈布置了3个，分别位于以浅标主轴两两围成的扇形的中线上；外圈布置了12个，渗水孔深度24m，直

径400mm。

裂缝逐渐向远处发展，整体空间展布逐渐均匀，与试坑呈同心圆状发展，至稳定后，最远处的一圈裂缝距坑边10m，裂缝两侧错落高度已达33cm。浸水70d后，坑内沉降速率仍在（2～3）mm/d。停止注水3d内，坑内有明显的一个固结沉降过程，10d后趋于稳定。

    2）国家重点工程建设项目——宁夏扶贫扬黄灌溉工程11号泵站地基的预浸水处理资料反映，在自重湿陷性黄土厚度大于35m的场地上做了尺寸为110m×70m的浸水试验，试验历时251d。地面裂缝范围一般为坑边外24m～36m，平均30m左右，最大距离约42m，位于浸水坑的西南角。坑外地面下沉范围一般为坑边外30m～40m，平均35m左右。

浸水约95d后沉降逐渐减小，平均为2.72mm/d，浸水约110d后沉降平均为2.5mm/d；此后至停水的这段时间，坑内各点的沉降量基本在2.0mm/d左右，缓慢减小，随浸水时间的增加，沉降量有微小的减小趋势，但不十分明显。停水后10d左右，沉降速率出现停水后的峰值，一般为（30～40）mm/d，最大可达50mm/d以上，此后又逐渐平缓、趋向稳定。

6.5.3 采用预浸水法处理地基，土的湿陷性及其他物理力学性质指标有很大变化和改善，因此在基础施工前应进行补充勘察，重新评定场地或地基土的湿陷性，并根据本标准相关规定进行地基处理。

6.6 组 合 处 理

6.6.1 组合处理为本次修订新增内容。所谓组合处理，就是将两种或两种以上的地基处理方法联合使用，或地基处理和桩基础联合使用。湿陷性黄土一般在自然含水量状态下强度较高，遇水后则大幅降低，甚至对桩产生负摩阻力。建筑物承载力要求高时，一般需采用增强体强度高的刚性桩复合地基或桩基础，如桩间土有湿陷性，则会大幅降低复合地基或桩基的承载力，经济上不合理。如先通过地基处理方法消除湿陷性土层的湿陷性，则复合地基或桩基础可按一般土设计，且经处理后的桩间土承载力和摩阻力均有提高，还可起到防水作用，技术、经济都是优选。近年来在工程实践中得到了大量应用，取得了很好的效果。常用的组合处理方式有：

    1 预浸水法消除深层黄土湿陷性，采用垫层法、强夯法或挤密法处理浅层土；

    2 强夯法处理部分土层，上部采用垫层；

    3 挤密法或强夯法先消除土层湿陷性，再采用水泥粉煤灰碎石桩等素混凝土桩等复合地基处理；

4 强夯法或挤密法消除土层湿陷性，再采用桩基础。

6.6.2 对上部土层使用挤密等方法处理后，在强度等参数提高的同时，土体的重度也得到提高，对下部土层来说是增加了荷载，故在进行下卧层验算时应将提高部分一并予以计算。

6.6.4、6.6.5 组合处理施工中，第一种方法处理结束后，应对地基处理的效果进行检测，如未达到预期效果，还可根据检测结果及时调整后续的处理方法或施工参数。

6.7 黄土高填方地基

6.7.2 黄土高填方多用于黄土梁洼地貌，目的以造地为主，主要方式是削峰填谷。地貌的变化必然引起水环境的变化，本条规定的目的是对渗流水设置排泄通道，防止原场地地基或填筑地基内因地下水渗流而引起破坏。

高填方地基变形机理复杂，持续时间长，对其变形进行实测既可对工程起到预警作用，又可积累资料，为进一步研究打下基础。在设计阶段提出监测要求有利于保证监测资料完整，并能有效降低监测成本。

6.7.4 黄土高填方地基的变形机理复杂，仅考虑压缩变形不能完全反映其变形规律。有学者认为除压缩变形外，蠕变变形也是高填方地基变形的重要组成部分，蠕变变形应按当地工程经验或实测资料确定，如缺乏工程经验和实测数据，可依据设计所要求的时间参考以下蠕变变形的计算方法进行估算：

按分层总和法对黄土高填方地基的蠕变进行计算，在有效应力 σ_v' 作用下，从蠕变计算开始经历时间 t 之后，土的孔隙比从 e_0 减小至 e 的计算公式为：

$$e = (N - C_c \lg\sigma_v') - C_a \lg\left(t + 10^{\frac{N - C_s \lg\sigma_v' e_0}{C_a}}\right) \quad (6)$$

其中，

$$N = N_{\delta t} + C_a \lg\left(1.44\frac{C_a \delta_t}{C_c - C_s}\right) \quad (7)$$

式中：C_c——土的压缩指数（见图3）；

C_s——土的回弹指数（见图3）；

C_a——土的次固结系数，由恒定荷载下的压缩试验确定（见图4）；

σ_v'——竖向有效应力，为有效自重应力与有效附加应力之和（kPa）；

t——设计要求的蠕变时间（min）；

δ_t——室内等比荷载下的压缩试验中相邻两级荷载施加的时间间隔（min）；

e_0——应力为 σ_v' 下，蠕变计算时的起始孔隙比；

e——应力为 σ_v' 下，从蠕变计算开始经历时间 t 之后土的孔隙比；

$N_{\delta t}$——室内等比荷载下的压缩试验线上应力 σ_v' 为1kPa时土的孔隙比，与试验速率有关，加载速率越快其值越高；

N——参考线上应力 σ_v' 为1kPa时的孔隙比，对于给定的土为一常数，按公式（7）计算。

以上参数的意义详见图3和图4。

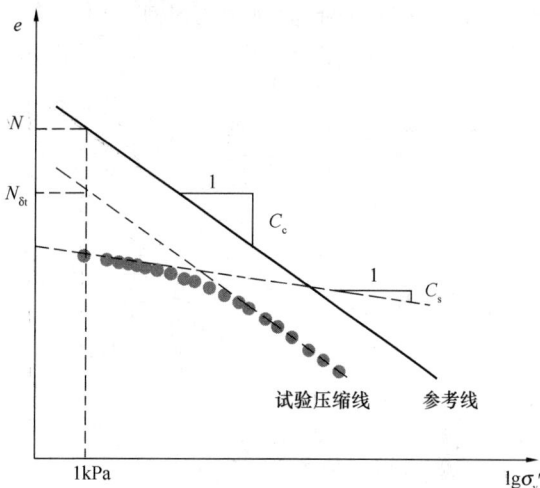

图3 等比荷载下的压缩试验曲线

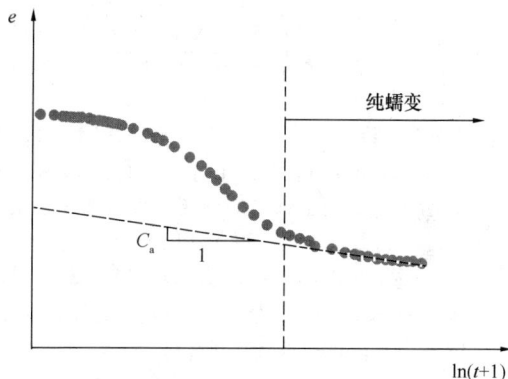

图4 恒定荷载下的压缩试验曲线

黄土高填方地基蠕变计算深度选取：填筑地基蠕变计算深度取填筑体厚度；原场地地基蠕变计算深度下限取原场地地基附加应力等于自重应力的20%处，即 $\sigma_z' = 0.2\sigma_c'$ 处。

黄土高填方地基蠕变计算深度范围内的分层厚度可参照分层总和法计算地基变形的分层方法来取，其中原场地地基成层土的层面和地下水位面都是自然的分层面。

黄土高填方地基蠕变计算的自重应力和附加应力分别取分层的顶、底面各点的自重应力平均值和附加应力平均值。

从蠕变计算开始经历时间 t 之后，第 i 分层土的蠕变计算公式：

$$S_i = \frac{e_{0i} - e_i}{1 + e_{0i}} H_i \qquad (8)$$

式中：S_i——从蠕变计算开始经历时间 t 之后，第 i 分层土在有效应力为 σ'_{vi}（有效自重应力与有效附加应力之和）下的蠕变；

e_{0i}——蠕变计算中第 i 分层土在应力为 σ'_{vi} 下的起始孔隙比；

e_i——从蠕变计算开始经历时间 t 之后，第 i 分层土在有效应力为 σ'_{vi} 下的孔隙比，按式（6）计算；

H_i——第 i 分层土的厚度。

从蠕变计算开始经历时间 t 之后，黄土高填方地基的总蠕变 S_t 的计算公式：

$$S_t = \sum_{i=1}^{n} S_i \qquad (9)$$

式中：n——黄土高填方地基分层总数。

7 施 工

7.1 一般规定

7.1.1 施工中难以避免施工用水、场地雨水和邻近管道渗漏水流入基坑，尤其是在地基基础施工阶段。关键是要采取措施，减少流入量并及时排除流入积水，防止积水侵入建筑地基引起湿陷或产生其他有害作用。

7.1.2 本着预防为主的原则，在湿陷性黄土地区建筑施工前期策划及施工组织设计中，进行科学、统筹策划，应合理布置用水较多的现场临设、加工场地、材料堆场、搅拌站、水池、淋灰池以及给水、排水设施等。应先施工防排水设施，降低地基浸水概率，同时，合理安排施工顺序，及时回填基坑，将建筑地基受水侵入引起湿陷的可能性尽量降低。

7.1.3 湿陷性黄土地区气候比较干燥，年降雨量较少，一般为 300mm～500mm，降雨多集中在 7 月～9 月，且暴雨较多，危害性较大。建筑场地的防洪工程应在雨季到来之前完成，以防止洪水淹没现场引起地基湿陷等灾害。

7.1.4 在既有建筑物的临近修建地下工程时，不仅要保证地下工程自身的安全，而且还必须采取有效措施，确保既有建筑物和管道系统的安全使用。

7.1.5 湿陷性黄土场地渗漏点水的横向浸湿范围：在非自重湿陷性黄土场地约为 10m～12m，在自重湿陷性黄土场地约为 20m。施工期间应尽可能将现场临时设施布置在地形较低或地下水流向的下游地段，使其远离主要建筑物，以防止临时设施渗漏水侵入建筑地基造成湿陷。要求临时给排水管道敷设在场地冻结深度以下，以防止管道冻裂或压坏。

7.1.6 地下坑穴，包括古墓、古井和砂井、砂巷等，是影响地基并危害建筑物安全使用的隐患。在地基处理或基础施工前，应将地下坑穴探查清楚，处理妥善，并应绘图、记录。

7.1.7 本条规定了基槽（坑）开挖时应进行验槽及验槽采用的方法，以及地质情况出现异常时需要进行施工勘察工作的情况。

7.1.8 湿陷性黄土地区，雨期、冬期约占全年时间 1/3 以上，可能会影响工程进度和施工质量。因此，需要采取防雨、防冻等专项措施，适当增加工程预算，提前进行专项准备，及时落实并做好过程控制。

7.2 地基处理和桩基施工

Ⅰ 垫层施工

7.2.1～7.2.4 施工应按试压试验确定的垫层施工参数分层碾压至设计标高。垫层质量的好坏与多个因素有关，诸如土料或灰土的含水量、灰与土的配合比、灰土拌和的均匀程度、虚铺土（或灰土）的厚度、夯（或压）实次数等是否符合设计规定等。

要求施工时将土料过筛，目的是筛除大土块，保证压实均匀性。要求在最优或接近最优含水量下分层夯（或压）实是保证密实度的必要条件。

7.2.5 垫层的施工质量，应采用压实系数或干密度控制。压实系数是实测干密度 ρ_d 与室内击实试验测定的土（或灰土）最大干密度 ρ_{dmax} 的比值。室内击实试验分轻型和重型，对同一种土，轻型和重型击实试验得出的最大干密度和最优含水量是不同的，采用何种标准由设计单位确定，如设计无明确要求，一般采用轻型击实试验结果。

施工单位在施工进程中应分层取样自检，检验点位置应每层错开，中间、边缘、四角等部位均应设置检验点。避免只集中检验中间，而不检验或少检验边缘或四角的情况。根据试验研究结果，每层表面下 2/3 厚度处的压实系数最小，该处检验合格可保证其他部位的压实系数满足要求。

Ⅱ 强夯施工

7.2.6 采用强夯法处理湿陷性黄土地基，在现场选点进行试夯是必不可少的程序，这是由强夯法的特点决定的。试夯数量根据场地内土质均匀程度确定，差别较大时应分段试夯。试夯可在施工场地内，也可在场外，在场外试夯时试夯位置的岩土性质应和施工区域尽量接近。

7.2.7 含水量是影响强夯法处理效果的关键因素之一。天然含水量接近最优含水量的土，夯击时土粒阻力较小，颗粒易于互相挤密，夯击能量向纵深方向传递深度较深，在相应的夯击次数下，总夯沉量和消除湿陷性黄土的有效深度均较大。天然含水量大于塑限含水量 3% 以上的土，夯击时呈软塑状态，容易出现"橡皮土";为方便施工,在工地可采用塑限含水量 $w_p-(1\%\sim3\%)$ 或 $0.6w_L$(液限含水量)作为最优含水量。天然含水量低于10%的土,呈坚硬状态,夯击时表层土容易松动,夯击能量消耗在表层土上,深部土层不易夯实,消除湿陷性黄土的有效深度小,因此宜对拟夯实的土层加水增湿。可在强夯施工前 $5d\sim10d$,将计算加水量均匀的浸入拟增湿的土层内。

7.2.10 为确保采用强夯法处理地基的质量符合设计要求,在强夯施工进程中和施工结束后,对强夯施工质量进行动态监督和检验至关重要。强夯施工过程中主要检查强夯施工记录,各夯点的累计夯沉量一定程度上反映了强夯影响深度的大小,应达到试夯或设计规定的数值,出现异常时应及时查明原因,采取处理措施。

强夯施工结束后,主要是在已夯实的场地内挖探井取土样进行室内试验,测定土的干密度、压缩系数和湿陷系数等指标。当需要在现场采用静载荷试验检验强夯土的承载力时,宜于强夯施工结束一个月左右进行。否则,由于时效因素,土的结构和强度尚未恢复,测试结果可能偏低。

Ⅲ 挤密法施工

7.2.12 本条规定了采用挤密法时,对甲、乙类建筑或缺乏建筑经验的地区,应在地基处理施工前,在工程现场选择有代表性的地段进行试验或试验性施工,以获取合理的施工参数,指导正式施工。

对预钻孔夯扩工艺,挤密效果取决于夯扩后的桩径,施工中随夯实深度、提锤高度等的变化夯击能量也在变化,因此桩身不同深度处的施工参数可能不同,施工前应认真做好试验性施工,根据场地处理土体性质和设计要求,以预钻孔直径(d)、成桩直径(D)为依据,通过试验确定施工采用的机械、锤型、锤重、落距、夯击规定和下料量、填料规定等以保证达到设计桩径的施工参数。

采用预钻孔夯扩挤密,必须杜绝人为随意性,施工中应有效控制填料质量和夯扩工艺,加强夯扩直径监测,及时调整下料和夯扩要求,确保填料夯扩直径达到设计要求。

7.2.13 当地基土的含水量略低于最优含水量(指击实试验结果)时,挤密的效果最好;当含水量过大或过小时,挤密效果较差。

当地基土的含水量 $w\geqslant22\%$、饱和度 $S_r>65\%$ 时,一般不宜直接选用挤密法。但当工程需要时,在采取了必要的有效措施后,如对孔周围的土采取有效"吸湿"和提高填料强度,也可采用挤密法处理地基,但应通过试验性施工验证可行性。

对含水量 $w<10\%$ 的地基土,特别是在整个处理深度范围内的含水量普遍偏低的情况,一般宜采取增湿措施,以提高挤密法的处理效果。增湿一般有两种方法,一是用洛阳铲或其他钻孔机械成孔,填砂卵石后注水;二是筑埂后漫灌。前一种方法用于增湿深度较大的土层,后一种方法用于增湿深度较浅的土层,一般应使用第一种方法。注水孔正三角形布置效果最佳,孔径为 $100mm\sim150mm$,孔心距应考虑后期挤密孔的孔心距,两者最好重合,在挤密孔成孔时将注水孔破坏,不形成直接过水通道。孔深较拟消除湿陷性土层厚度小 $1m\sim3m$,可根据增湿土层厚度,设置 2 种~ 3 种不同孔深。

7.2.14 为提高地基的挤密效果,要求成孔挤密应间隔分批、及时夯实,这样可以使地基达到挤密有效、均匀,处理效果好。在局部处理时,必须强调由外向里施工,否则挤密不好,影响到地基处理效果。而在整片处理时,应首先从边缘开始,分行、分点、分批,在整个处理场地平面范围内均匀分布,逐步加密进行施工,不宜像局部处理时那样,过分强调由外向里的施工原则,整片处理应强调"从边缘开始、均匀分布、逐步加密、及时夯实"的施工顺序和施工要求。

为保证填料的压实效果,应分层回填,定量填料、规定夯锤落距和夯击次数。

7.2.15 此条强调了孔内填料前的要求,特别是预钻孔,孔底可能残留虚土,填料前必须夯实。施工孔内填料应遵守分层填料、分层夯实的规定,严格控制每次填料量,不允许多填。对预钻孔夯扩桩,每层夯击标准不仅压实系数要达到设计要求,而且夯扩桩径也必须达到设计要求,才能保证桩间土挤密效果。

7.2.16 挤密施工时,由于近地表部分侧限压力小,挤密效果较差,桩体也不易夯实,采取预留松动层来解决这一问题是行之有效的措施。

7.2.17 为确保工程质量,及时发现施工中出现的问题,针对挤密地基施工的特点,对施工质量自检作出规定。此规定是针对施工过程中的自检,不是第三方验收检验。自检项目主要是根据施工的环节而设,检查为主,检测为辅。只要将成孔、夯实、预钻孔夯扩环节质量把握住,整体挤密质量就不会出现大的问题。

Ⅳ 桩基础施工

7.2.18 桩基施工过程中,应尽量减少影响承载力的不利因素,如地表水或雨水进入桩孔中造成桩孔坍塌,或长时间浸泡桩周土,桩孔周围土产生软化,致使侧摩阻力降低;泥浆护壁钻孔法的泥浆循环液,渗入附近自重湿陷性黄土地基引起自重湿陷等。浇筑混凝土时不应中断,防止断桩、离析等桩身缺陷发生;废弃的泥浆、渣土应及时处理,做到文明施工,尽量减小对环境的影响。

7.2.19 沉管灌注桩、长螺旋钻中心压灌灌注桩施工应均匀拔管或提钻,忽快忽慢易造成缩颈或断桩情况。

拔管或提钻速度在饱和黄土中应控制在 1.2m/min～1.5m/min，如遇淤泥或淤泥质土层，拔管速度应适当放慢。

复打主要针对沉管灌注桩，是为保证桩顶部位不缩径、不离析、不断桩而采取的一种施工措施，复打可按现行行业标准《建筑桩基技术规范》JGJ 94 及其他专门规范的规定执行。

7.2.20 湿陷性黄土地区，当桩身范围内存在饱和黄土或含水量较大的土层，大面积预制桩施工过程中在这部分土层中会产生超孔隙水压力，可能使桩上浮悬空，造成承载力减小。可通过选择合理的打桩顺序、控制打桩速率和日总打桩量，采用消除超孔隙水压力的措施，对桩进行复压等方法预防或减轻桩的上浮情况。

在古土壤中往往存在呈鸡窝状的钙质结核比较富集的地带，预制桩常常不能穿透此范围达到设计的桩底标高，遇见此类情况应停止施工，查清原因后采取适当的处理措施。

7.3　基坑和基槽施工

7.3.1 黄土基坑工程施工过程中的监测应包括对支护结构和对周边环境的监测，掌握基坑降水和开挖过程中对其影响的程度，为施工过程中基坑安全性的评价提供依据。对周边供排水管道和用水设施应经常检查，防止漏水引起事故。

黄土中锚杆宜优先采用热轧带肋的钢筋作主筋，数量一般采用 1 根～3 根。锚杆的施工质量对锚杆抗拔力的影响很大，在施工中必须将钻孔清理干净，孔壁不允许有泥膜存在，最好采用二次补浆，以保证锚杆的抗拔力。

7.3.2 基槽一般深度不大，工程实践中常不受重视，但因一般是垂直开挖，有一定的危险性，表层有杂填土时危险性更大，工程中发生过坍塌事故，应引起足够重视，对坑壁稳定性应该验算和判定。在基槽开挖时，应严格遵循分段、分层开挖、边开挖边支撑的原则，严格控制一次开挖深度，每次开挖深度宜为 1m～2m，开挖深度大于此要求时应验算工况及坑壁稳定性，当稳定性不能满足安全需要时，需支撑稳定后方可继续进行下一步基坑开挖。

基础施工完毕，基坑或基槽回填一般采用素土，在有特殊需要时也可采用灰土或水泥土。

7.4　上部结构施工

7.4.2 通常施工缝处易产生渗漏，通过严格控制水暖管沟的施工缝位置，可有效降低建筑物基础部位管沟出现开裂及渗漏的概率。

7.4.3 由于工程中对室内外回填土不够重视，近些年由于回填土质量差造成的问题不在少数。主要表现为：使用含建筑垃圾较多甚至含生活垃圾的材料进行回填，回填压实度差甚至虚填，压实不均匀等，在回填区域形成渗水通道。在使用一段时间后，由于回填土下沉造成散水、管道或管沟开裂，各种水很容易下渗至地基引起事故。

7.4.4 施工中出现长期持续性降雨的情况时，如果雨水不能及时排离建筑物，会增加地基浸湿的风险。

7.4.5 本条为强制性条文。采取暂停施工，查明原因，切断水源并加强观测等措施，是减少地基湿陷影响，防止造成质量事故和扩大经济损失的重要措施。通常查明原因后，会同设计单位采取处理措施，处理结果符合设计要求后方可进行后续施工。

7.5　管道和储水构筑物施工

7.5.1 管材质量的优劣，不仅影响其使用寿命，更重要的是关系到是否漏水渗入地基。近些年，由于市场不规范，产品鉴定不严格，一些不符合国家标准的劣质产品流入施工现场，给工程带来了危害。为把好质量关，本条规定，对各种管材及其配件进场时，应按设计要求和有关现行国家标准进行检查。检查不合格的不得使用。

7.5.2 根据工程实践经验，基槽底夯实一般不少于 3 遍，要根据具体工程把握。另外，从管道基槽开挖至回填结束，施工时间越长，问题越多。本条规定，施工管道及其附属构筑物的地基与基础时，应采取分段、流水作业，或分段进行基槽开挖、检验和回填。即：完成一段，再施工另一段，以便缩短管道和沟槽的暴露时间，防止雨水和其他水流入基槽内。

7.5.7 本条是对埋地压力管道试压次数作出了规定。据调查，在非自重湿陷性黄土场地（如西安地区），大量埋地压力管道安装后，仅进行 1 次强度和严密性试验，在沟槽回填过程中，对管道基础和管道接口的质量影响不大。进行 1 次试压，基本上能反映出管道的施工质量。所以，在非自重湿陷性黄土场地，仍按原规范规定应进行 1 次强度和严密性试验。

在自重湿陷性黄土场地，普遍反映，非金属管道进行 2 次强度和严密性试验是必要的。因为非金属管道各品种的加工、制作工艺不稳定，施工过程中易损易坏。从工程实例分析，管道接口处的事故发生率较高，接口处易产生环向裂缝，尤其在管基垫层质量较差的情况下，回填土时易造成隐患。管口在回填土后一旦产生裂缝，稍有渗漏，自重湿陷性黄土的湿陷很敏感，极易影响前、后管基下沉，管口拉裂，扩大破坏程度，甚至造成返工。所以，本标准要求做 2 次强度和严密性试验，而且是在沟槽回填前、后分别进行。

金属管道，因其管材质量相对稳定；大口径管道接口已普遍采用橡胶止水环的柔性材料；小口径管道接口施工质量有所提高；直埋管中管，管材材质好，接口质量严密。从金属管道整体而言，均有一定的抗不均匀沉陷的能力。调查中，普遍认为没有必要做2次试压。所以金属管道进行1次强度和严密性试验即可。

7.5.8 从压力管道的功能而言，有两种状况：在建筑物基础内外，基本是防护距离以内，为其建筑物的生产、生活直接服务的附属配水管道。这些管道的管径较小，但数量较多，很复杂，可归为建筑物内的压力管道；还有的是穿越城镇或建筑群区域内（远离建筑物）的主体输水管道；此类管道虽然不在建筑物防护距离之内，但从管道自身的重要性和管道直接埋地的敷设环境看，对建筑区域的安全存在不可忽视的威胁。这些压力管道在本标准中基本属于构筑物的范畴，是建筑物的室外压力管道。

现行国家标准《给水排水管道工程施工及验收规范》GB 50268（以下简称"管道规范"）解决了室外压力管道试压问题。该"管道规范"明确规定适用于城镇和工业区的室外给排水管道工程的施工及验收；在严密性试验中，"管道规范"的要求明显高于原"规范"，其试验方法与质量检测标准也较高。考虑到湿陷性黄土对防水有特殊要求，所以，室外压力管道的试压标准应符合"管道规范"的要求。

7.5.9 本条对室内管道，包括防护范围内的压力管道进行水压试验，基本上仍按原规范规定，高于一般地区的要求。其中规定室内管道强度试验的试验压力值，在严密性试验时，沿用原规范规定的工作压力加0.10MPa。测试时间：金属管道仍为2h，非金属管道为4h，并尽量使试验工作在一个工作日内完成。

建筑物内的工业埋地压力给水管，因随工艺要求不同，其压力要求也不同，所以试验压力本次改写为应按有关标准执行。

塑料管品种繁多，又不断更新，国家标准陆续制定，尚未系列化，所以，本标准对塑料管的试压要求未作规定。在塑料管道工程中，对塑料管的试压要求，只有参照非金属管的要求试压或者按已颁布实施的相应现行国家标准执行。

7.5.10 据调查，雨水管道漏水引起的湿陷事故率仅次于污水管。雨水汇集在管道内的时间虽短暂，但量大，来的猛，管道又易受外界因素影响。如：小区内雨水管距建筑物基础近；有的屋面水落管入地后直埋于柱基附近，再与地下雨水管相接，本身就处于不均匀沉降敏感部位；小区和市政雨水管防渗漏效果的好坏将直接影响交通和环境，所以，提高了在湿陷性黄土地区对雨水管施工和试验检验的标准，与污水管同等对待，当作埋地无压管道进行水压试验，同时明确要求采用闭水法试验。

7.5.11 本条对室外埋地无压管道作了单独规定，采用闭水试验方法，具体实施应按"管道规范"规定。

7.5.12 本条与本标准第7.5.11条相对应，将室内埋地无压管道的水压试验作了单独规定。至于采用闭水法试验，注水水头、室内雨水管道闭水试验水头的取值都与原规范一致。因合理、适用，未作修改。

7.5.13 现行国家标准《给水排水构筑物施工及验收规范》GB 50141，对水池满水试验的充水水位观测，蒸发量测定，渗水量计算等都有详细规定和严格要求。本次修订，仅将原条文改写为对水池应按设计水位进行满水试验。其方法与质量标准应符合现行国家标准《给水排水构筑物工程施工及验收规范》GB 50141的规定和要求。

7.5.14 工程实例说明，埋地管道沟槽回填质量不规范，有的甚至凹陷，埋下隐患。为此，本次修订，明确在0.50m范围内，压实系数按0.90控制，其他部位按0.94控制。基本等同于池（沟）壁与基槽间的标准，保护管道，也便于定量检验。

8 地基及桩基验收检验

8.1 一般规定

8.1.1 确定验收检测的检验项目和参数的原则是，对地基安全有重大影响的项目或参数，即承载力和变形以及对承载力和变形有重要影响的相关参数，如桩身强度、压实系数、完整性、湿陷性等。验收检测的项目一般有承载力、桩身强度或压实质量、桩间土湿陷系数和平均挤密系数、垫层压实系数、桩身完整性等参数。

8.1.2 静载荷试验是检测承载力最可靠的方法，但费时、费工，成本也高，因此检测数量不宜过多。工程实践中，可采用和承载力有密切相关关系的参数和承载力建立对应关系，如针对特定工程建立土垫层压实系数和承载力之间的对应关系，可通过压实系数来间接判断承载力，减少载荷试验数量。

8.1.3 挤密桩处理后，不同位置桩间土挤密程度是不同的，对桩间土的湿陷性检测就存在取样代表性的问题。工程实践中都是取相邻三桩（三角形布桩）或四桩（矩形布桩）形心位置处的土样检测其湿陷系数，因形心处是挤密效果最差处，如果此处桩间土的湿陷性已消除，则其他位置的湿陷性也应消除，结合其他参数应能判断复合土层湿陷性已消除。但如果此处的湿陷性未消除或未完全消除，复合土层是否存在湿陷性则不易判断，部分桩间土存在湿陷性对复合地基湿陷变形的影响也无法定量，可通过浸水载荷试验进行实测。

强夯地基沿深度方向是不均匀的，由于土质差异或其他因素，平面范围内也可能出现不均匀情况，即检测到部分土样的湿陷性未消除，如根据检测结果无法判断加固土层湿陷性是否消除时，也应通过浸水载荷试验进行实测。

8.1.5 检测结果或合格率不满足设计或相关规范要

求时，宜查明原因，如果原因明确，例如因原地基土局部异常等导致部分检测点承载力偏低，可采取局部处理措施，不必扩大检测。如原因不明，则需扩大检测，最终评价应以全部检测结果为基础。

扩大检测数量可根据抽样原则，按能判定结果的最少数量确定，或由检测单位会同设计、监理、建设及施工等有关单位共同确定。

8.2 地基验收检验

8.2.1 本条规定了垫层的质量检验项目和数量。

1 在工程实践中发现，如果施工中偷工减料，灰比不够，试验得出的压实系数反而大（按设计灰比试验得出的最大干密度计算），所以，规定了对灰土配合比有怀疑时检验灰土配合比，评价应以实际的灰土配合比计算压实系数。

2 验收检验是验证性检验，是在施工自检合格的基础上进行，抽样数量以能真实评定质量状况即可，数量不宜太多，以尽量减小检测给地基带来的损伤。

3 垫层面积较大时，干密度试验工作量大，对地基破坏也大。如在同一场地建立了压实系数和标准贯入、触探击数的对比相关关系后，可采用击数确定压实系数；对于不同材料的垫层，可按有关现行国家及行业标准采用相应的方法进行压实系数的检测。

8.2.2 本条规定了强夯地基验收检验的项目及数量，采取了分级降低抽样率的方式，在地基处理面积较大时适当减少了抽样数量。

1 单体承载力检测的荷载试验数量计算举例如下：如强夯面积为 12400m² 时，1500m² 取 3 个点，超出的 8500m²，每 500m² 为一个点，取 17 个点，超出 10000m² 部分共 2400m² 按每 1000m² 一个点，取 3 个点，共计 23 个荷载试验点。

2 对于以黄土为主的工程，应取土样评价其物理力学指标和湿陷性；对于粗颗粒土及不能取原状样的，应采用标准贯入、动力触探等方法评价其夯实质量。

8.2.3 本条规定了挤密地基的验收检验项目、方法和抽样数量。挤密桩是分层回填夯实起来的，各层夯实质量和施工过程控制有很大关系，验收检验一般在施工完成后进行，采取全桩段开挖取样方式检测，取样过程比较困难，对挤密地基也会产生破坏，而黄土场地上挤密桩间距较小（一般在 0.9m 左右），桩数量较大，即使按本条第 3 款规定的 0.2% 计算探井数量，也达到约不足 20m 见方范围就有一个探井，因此抽检比例不宜过高。验收检测抽检比例可适当减少，但应加强施工过程中的质量自检，如桩身压实系数是施工过程中质量控制的主要参数，施工中应该经常抽测，检测时取样难度也不大，抽检比例宜大一些，抽检比例在本标准第 7.2.17 条中已作规定。

桩间土的挤密程度与距桩边的距离密切相关，在平面上各处桩间土的挤密系数是不同的，因此检测桩间土平均挤密系数时，取样的位置至关重要，位置不同会得出完全不同的检测结果。本条第 3 款规定了取样位置，应该严格执行。

对预钻孔夯扩桩，桩间土的挤密完全取决于夯扩程度，即成桩桩径，必要时宜增加检测成桩桩径，作为评价挤密效果的参考。

8.2.4 采用预浸水法处理的地基，大多是湿陷性严重的场地，这时的检测是对地基湿陷性的二次评价，应注意取样质量。

8.2.5 采用组合法处理的地基第一次处理不管是挤密法、强夯法还是预浸水法，均应先进行湿陷性、均匀性等处理质量的评价，根据评价结果决定是否调整后续处理方法的设计、施工参数。

8.3 桩基验收检验

8.3.1 混凝土灌注桩的质量检测应较其他桩型严格，这是施工工艺本身决定的。在黄土地区灌注桩施工过程中随机抽检一定比例的桩孔进行成孔质量（含孔径、孔深、垂直度及孔底沉渣厚度等）检测，或者对在施工过程中出现异常的桩孔进行检测，能及时发现并解决施工过程中存在的问题，对提高整体桩基施工质量是有利的。

孔底沉渣厚度应在钢筋笼放入后，混凝土浇筑前测定。成孔结束后，放钢筋笼和灌注导管都会造成孔壁岩土体的跌落，增加孔底沉渣厚度，因此沉渣厚度应是清孔后的结果。

8.3.2 低应变法进行桩身完整性检测较为便捷，抽检比例大些有利于控制桩的质量，也易于操作；而声波透射法或钻芯法操作较为复杂，抽检比例可适当减小。

低应变法、声波透射法以及钻芯法各有其的适用范围，对桩径不大的中短桩，宜采用低应变法检测桩身质量；随着桩径的增大，尺寸效应对低应变法的影响加剧，而声波透射法或钻芯法恰好适用于大直径桩的检测（对于嵌岩桩，采用钻芯法可同时检测桩长、钻取桩端持力层岩芯和检测沉渣厚度），同时对大直径桩采用联合检测方式，两种或多种方法并用，可以实现上述方法之间相互补充或验证，提高桩身质量检测的可靠性。

8.3.3 桩基承载力检验不仅是检测施工的质量，而且也能检测设计是否达到工程的要求。承载力检测常规方法为单桩静载试验和高应变法。检测点的选择应征求设计单位、监理单位和建设单位的意见和建议，能代表现场施工的真实情况和普遍情况。

桩基工程属于单位工程中的重要分项工程，一般以分项工程单独验收。工程桩验收时的承载力检测对整个项目至关重要，本条结合多年来工程实践，规定了工程桩应进行单桩竖向抗压静载试验的条件，并规定了抽检数量。其中的设计等级按现行国家标准《建筑地基基础设计规范》GB 50007确定。对有条件或有地区经验的大直径灌注桩，也可采用自平衡检测技术检测基桩承载力。

高应变法作为一种以检测承载力为主的试验方法，目前仍处于发展和完善阶段，还不能完全取代静载试验。本条结合工程实践，规定了其抽检数量。此外高应变法有其自身的应用范围，如大直径扩底桩和嵌岩灌注桩是不适宜采用高应变法检测其承载力的。

8.3.4 黄土地区部分工程，由于受交通、设备或场地限制，有时很难、甚至无法进行单桩竖向抗压承载力静载检测，本条提供了另外一种桩基验收方法。钻芯法是检测成桩质量的一种有效手段，适用于检测灌注桩的桩长、桩身混凝土强度、桩底沉渣厚度和桩身完整性，判定或鉴别桩端持力层岩土性状，当其他手段无法检测桩的承载力时，可通过钻芯法检测结合其他条件综合判断桩的可靠性。

8.3.5 黄土地区部分工程产生较大不均匀沉降，是因工程投入使用后基础下土层遇水湿陷造成的。湿陷性黄土场地的桩基承载力，应充分考虑桩侧湿陷土层遇水承载力降低的情况。目前湿陷性黄土场地的桩基设计，多数采用挤密法或强夯法等方法先消除上部土层的湿陷性，再进行桩基的设计与施工，当桩侧土湿陷性被完全消除后，可不考虑承载力的折减。

8.3.6 对于一些建筑物或者构筑物，荷载最不利组合为上拔力和推力，因此承载力检测应进行单桩抗拔静载试验和单桩水平静载试验。

9 既有建筑物地基加固和纠倾

9.1 一般规定

9.1.1、9.1.2 某些已经建成并投入使用的建筑物和设备基础，甚至有些正在建造中的建筑物，由于地基土的湿陷性及压缩性较高，雨水、场地水、管网水、施工用水、环境水管理不好等原因，使地基土发生湿陷变形及压缩变形，造成倾斜和其他形式的不均匀下沉、建筑物裂缝和构件断裂等，影响建筑物和设备的使用和安全。解决问题的方法之一就是采取地基加固措施，阻止地基进一步沉降，使其承载力和变形符合标准规范和使用要求。如不均匀沉降较大，需要使不均匀变形减小到符合建筑物和设备的允许值，满足建筑物的使用要求，消除人们的心理和情绪的不适，可采取消除沉降差的措施，本标准称为纠倾。

9.1.3、9.1.4 地基加固或纠倾方案的选择至关重要，某种程度上决定了加固或纠倾的成败。正确选择加固方案，必须全面掌握各种资料，包括原设计与施工的情况、场地的岩土工程地质情况，以及产

生事故的原因及建筑物现状、现状下地基的各种指标、使用上的要求、周围环境等各方面的资料。以上资料，有些可通过收集获得，收集不到的，应进行专门检测。

9.1.6 地基加固或纠倾虽有设计，但因事故本身的复杂性和许多不确定因素，设计事实上更接近"方案"，施工中需要根据沉降速率、倾斜值的变化随时调整施工参数，调整后也需要尽快得到效果反馈，以便决定是否需要再做调整。整个过程需要施工和设计的及时互动和配合。

9.2 单液硅化法和碱液加固法

9.2.1 单液硅化法和碱液加固法均可用于湿陷性黄土的加固。但在地下水位以下，该方法无法在土体中形成有效的加固强度，不宜采用；黏粒含量高、渗透性小的黄土地基，硅化液或其他碱液的渗透扩散范围难达预期效果，应慎用。自重湿陷性黄土场地，碱液加固法在加固施工过程中可能产生较大的附加沉降，施工前应进行试验，根据试验结果和数据决定加固方案是否可行。

试验结果表明单液硅化法和碱液加固法对渗入沥青、油脂及石油化合物的地基土土体无法形成有效的加固强度，不宜采用。

9.2.2 单液硅化法或碱液法加固地基受拟加固土性质影响较大，由于土的变异性，加固效果也常常有明显差异。不同场地施工的单液硅化法和碱液加固法注浆参数变化很大，因此渗透范围、深度、加固体强度等加固效果以及灌注速度、压力等施工参数均需要通过试验确定。根据注浆理论，假定注浆浆液的黏度是一定的、土层为均质各向同性体、浆源形状规整沿径向向外扩散、扩散体为标准的圆柱体、浆液为牛顿体、浆液的渗透符合层流状态下的达西定律、浆液的渗透速度与浆液的黏度成反比且注浆为孔式注浆时，注浆时间、注浆压力、浆液扩散半径和土的参数之间的关系符合下列公式：

$$t = \alpha \frac{n(r_1^2 - r_0^2)\beta \cdot \gamma_w}{200k \cdot p} \ln \frac{r_1}{r_0} \quad (10)$$

$$\beta = \mu / \mu_j \quad (11)$$

$$\alpha = V_{vj} / V_v \quad (12)$$

式中：t——所需的注浆时间（s）；

α——灌注系数；

β——浆液与水的黏度比；

r_1——浆液的设计扩散半径（cm）；

r_0——注浆管（孔）半径（cm）；

γ_w——水的重度，取 $10kN/m^3$；

p——注浆压力（kPa）；

k——水在砂土中的渗透系数（cm/s）；

n——土的孔隙率（无量纲量）；

μ、μ_j——分别为水和浆液在同温下的黏度（m·Pa·s）；

V_{vj}、V_v——实际注入的浆体体积、土的孔隙体积。

9.2.3、9.2.4 现场试验与测试的目的其一是为了验证单液硅化法和碱液加固法的加固效果，其二是为了确定加固注浆参数。施工过程也是一个动态过程，应结合施工情况变化调整设计参数。

9.2.5 加固地基的施工记录和检验结果，是验收和评定地基加固质量好坏的重要依据。通过精心施工，才能确保地基的加固质量。

硅化加固土的承载力较高，检验时，采用静力触探或开挖取样有一定难度，以检查施工记录为主，抽样检验为辅。

Ⅰ 单液硅化法

9.2.6 单液硅化加固湿陷性黄土地基的灌注工艺，分为压力灌注和溶液自渗两种。

组分相同的黄土其渗透性和湿陷性具有较好的关联性，黄土的湿陷性越大其渗透性往往越强。

压力灌注溶液的速度快，渗透范围大。试验研究资料表明，在灌注溶液过程中，溶液与土接触初期，尚未产生化学反应，被浸湿的土体强度不但未提高，反而有所降低，在自重湿陷严重的场地，采用此法加固既有建筑物地基时，其附加沉降可达 300mm 以上，这对既有建筑物显然是不允许的。故本条规定，压力单液硅化宜用于加固非自重湿陷性黄土场地上的地基，用于加固自重湿陷性黄土场地上的既有建筑物地基时宜慎重。非自重湿陷性黄土的湿陷起始压力值较大，当基底压力不大于湿陷起始压力时，不致出现附加沉降，并已为工程实践和试验研究资料所证明。

压力灌注需要加压设备（如空压机）和金属灌注管等，加固费用较高，其优点是水平向的加固范围较大，基础底面以下的部分土层也能得到加固。

溶液自渗的速度慢，扩散范围小，溶液与土接触初期，被浸湿的土体小，既有建筑物和设备基础的附加沉降很小（一般约 10mm），对建筑物不良影响较小。

溶液自渗的灌注孔可用钻机或洛阳铲完成，不需要用灌注管和加压等设备，加固费用比压力灌注的费用低，饱和度不大于 60% 的湿陷性黄土，采用溶液自渗，技术上可行，经济上较合理。

9.2.7 湿陷性黄土的天然含水量较小，孔隙中不出现自由水，采用低浓度（10%～15%）的硅酸钠（$NaO_2·nSiO_2$）溶液注入土中，不致被孔隙中的水稀释。

此外，低浓度的硅酸钠溶液，黏滞度小，与水相近，溶液自渗较畅通。

硅酸钠（也称水玻璃）的模数值是二氧化硅与氧化钠（百分率）之比，模数值越大，表明 SiO_2 的成

分越多。因为硅化加固主要是由 SiO_2 对土的胶结作用，水玻璃模数值的大小对加固土的强度有明显关系。试验研究资料表明，模数值为 $\frac{SiO_2\%}{Na_2O\%}=1$ 的纯偏硅酸钠溶液，加固土的强度很小，完全不适合加固土的要求，模数值在 2.50～3.30 范围内的水玻璃溶液，加固土的强度可达最大值。当模数值超过 3.30 时，随着模数值的增大，加固土的强度反而降低。说明 SiO_2 过多，对加固土的强度有不良影响，因此，本条规定采用单液硅化加固湿陷性黄土地基，水玻璃的模数值宜为 2.50～3.30。

9.2.8 加固湿陷性黄土的溶液用量与土的孔隙率、渗透性、土颗粒表面等因素有关，计算溶液量可作为采购材料（水玻璃）和控制工程总预算的主要因素。注入土中的溶液量与计算溶液量相近，可作为评价加固土质量的指标之一。

9.2.9 设计灌注孔间距应按现场灌注溶液试验确定的扩散距离确定。

加固既有建筑和设备基础的地基，只能在基础侧向（或周边）布置灌注孔，以加固基础侧向土层，防止地基产生侧向挤出。但对宽度大的基础，仅加固基础侧向土层，有时难以满足工程要求，此时，可结合工程具体情况在基础侧向布置斜向基础底面中心以下的灌注孔，或在其台阶布置穿透基础的灌注孔，使基础底面下的土层得到加固。

9.2.10 采用压力灌注，溶液有可能冒出地面。为防止在灌注溶液过程中，溶液出现上冒，灌注管打入土中后，在连接胶皮管时，不得摇动灌注管，以免灌注管外壁与土脱离产生缝隙，灌注溶液前，应将灌注管周围的表层土夯实或采取其他措施进行处理。灌注压力由小逐渐增大，剩余溶液不多时，可适当提高其压力，但最大压力不宜超过 200kPa。

9.2.11 溶液自渗，不需要分层打灌注管和分层灌注溶液。设计布置的灌注孔，可用钻机或洛阳铲一次钻（或打）至设计深度。成孔后，将配好的溶液注满灌注孔，溶液面宜高出基础底面标高 0.50m，借助孔内水头高度使溶液自行渗入土中。

灌注孔数量不多时，钻（或打）孔和灌溶液，可全部一次施工，否则，可采取分批施工。

9.2.12 灌注溶液前，应对拟加固地基的建筑物进行沉降和裂缝观测，获得初始观测数据。在灌注溶液过程中，自始至终应进行沉降观测，并可同加固结束后的观测情况进行比较。

单液硅化法在施工过程中可能会引起地基产生附加变形。沉降观测是指导施工、防止意外安全问题发生的基本保障。有利于及时发现问题并及时采取措施进行处理。

Ⅱ 碱液加固法

9.2.13 碱液加固法分为单液和双液两种。当土中可

溶性和交换性的钙、镁离子含量大于本条规定值时，以氢氧化钠（NaOH）一种溶液注入土中可获得较好的加固效果。如土中的钙、镁离子含量较低，采用氢氧化钠和氯化钙（无水氯化钙 $CaCl_2$ 和二水氯化钙 $CaCl_2 \cdot 2H_2O$）两种溶液轮流注入土中，也可获得较好的加固效果。

9.2.14 在非自重湿陷性黄土场地，碱液加固地基的深度可为基础宽度的 2 倍～3 倍，或根据基底压力和湿陷性黄土层深度等因素确定。已有工程采用碱液加固地基的深度大都为 2m～5m。施工中可根据条件变化和试验测试效果进行适当调整。

9.2.18 将碱液加热至（80～100）℃再注入土中，可提高碱液加固地基的早期强度，并对减小拟加固建筑物的附加沉降有利。

9.3 旋喷加固法

9.3.2 采用旋喷加固法应充分考虑其加固原理及有效性，还应预估旋喷桩施工过程中浆液和用水对地基可能造成的不良影响，要求设计时应有充分的依据。同时设计应当明确对检测和变形监测的要求。检测要求应包含检测对象、检测位置和数量、检测指标、检测方法、合格标准等。

9.3.3 本条旋喷桩加固设计针对的是既有建筑地基还存在湿陷性的情况。当既有建筑地基土具有非自重湿陷性时，一般湿陷起始压力较高，在浸水条件下桩间土仍有承载力，宜按复合地基设计。当既有建筑地基土具有自重湿陷性时，浸水条件下桩间土即便不产生负摩阻力，其承载力和摩阻力也可忽略不计，宜按桩基础设计。

采用旋喷加固法时，应强调重视概念设计，单桩承载力是通过试验方法确定还是采用估算方法确定，需要分析加固机理、考虑旋喷桩体发挥的作用并结合现场试验的可行性来确定，设计时还需要考虑布桩的位置、桩体与上部基础的接触形式、桩体承载作用的发挥程度等因素综合确定其承载力取值和相关设计参数。和新建工程不同，加固时桩布置受很多限制，一般沿基础周边布置，桩距不可能整齐划一。置换率也无法按固定桩距计算，本条提供了置换率计算公式。对只有部分桩顶位于基础下的桩，如沿条形基础两侧布置的桩，只有一半面积在基础下，计算置换率时也可只计算基础下部分桩截面积，也可计算全部桩面积，计算多少应根据桩体强度及基础施加在桩顶的应力水平综合确定。

9.3.4、9.3.5 水泥水化需要的水数量并不多，旋喷加固时实际采用的水灰比要比水泥水化需要的水数量大得多，主要是施工工艺要求。水灰比越大，多余的水分越多，浸入地基土的水量就越大，对地基加固不利。因此在能保证喷出压力等施工参数情况下应尽量选择较低的水灰比。

施工过程中，水泥土凝固过程会产生附加沉降，因此施工顺序尤为重要，不应在一个区域内连续施工，这可能会造成施工中建筑物局部沉降较大。应均匀对称施工，并应有足够的时间和距离间隔。

9.4 坑式静压桩托换法

9.4.1 坑式静压桩托换法是对既有建筑物的基础地基进行加固补强的一种方法，通过托换桩将原有基础的部分荷载传给较好的下部土层中，阻止该建筑物的沉降、裂缝或倾斜继续发展。本条主要是坑式静压桩托换法布桩的基本原则，通常沿纵、横墙的基础交接处、承重墙基础的中间、独立基础的四角等部位、地基受水浸湿可能性大或较大的承重部位布置，以减小基底压力，阻止建筑物沉降不再继续发展。门窗洞口等上部结构薄弱部位的基础下尽量不布置桩，地梁（或圈梁）较弱时，经验算后应加大或加固地梁（或圈梁）。

9.4.2 坑式静压桩主要是在基础底面以下进行施工，施工空间小，预制桩或金属管桩的尺寸过大，沉桩、搬运及操作都很困难。

9.4.3 在湿陷性黄土地基中采用坑式静压桩，要求桩尖穿透湿陷性黄土层，支承在压缩性低或较低的非湿陷性黄土层中是为有效保障桩的承载力。计算承载力时，应扣去桩身在自重湿陷性黄土层中桩侧的负摩擦力。

9.4.4 坑式静压桩沉桩完成后，静压桩顶托换作业的关键是托换钢管和桩顶及基础之间应接触紧密，保证荷载及时、有效传递，有利于减小沉降。

9.4.5 托换管的两端，应分别与基础底面及桩顶面牢固连接，当有缝隙时，应用铁片塞严实，基础的上部荷载通过托换管传给桩及桩端下部土层。为防止托换管腐蚀生锈，宜在托换管外壁涂刷防锈油漆，托换管安放结束后，宜在其周围浇筑 C20 混凝土，并可在混凝土内加适量膨胀剂，也可采用膨胀水泥，使混凝土与原基础接触紧密，连成整体。

9.4.6 坑式静压桩属于隐蔽工程，将其压入土中后，不便进行检验，桩的质量与砂、石、水泥、钢材等原材料以及施工因素有关，现场制桩时应检验。施工验收，应侧重检验制桩的原材料化验结果以及钢材、水泥出厂合格证、混凝土试块的试验报告和压桩记录等内容。

9.5 纠 倾

9.5.1、9.5.2 在湿陷性黄土场地对既有建筑物进行纠倾时，必须全面掌握原设计与施工的情况、场地的岩土工程地质情况、事故的现状、产生事故的原因及影响因素、地基的变形性质与规律、下沉的数量与特点、建筑物本身的重要性和使用上的要求、邻近建筑物及地下构筑物的情况、周围环境等各方面的资料，当某些重要资料缺少时，应先进行必要的补充工作，精心做好纠倾前的准备。纠倾方案应充分考虑到实施过程中可能出现的不利情况，做到有对策、留余地、安全可靠、经济合理。

9.5.3 湿陷性黄土浸水湿陷，这是湿陷性黄土地区有别于其他地区的一个特点。由此出发，本条将纠倾法分为湿法和干法两种。

浸水湿陷是一种有害的特性，但可以变有害为有利，利用湿陷性黄土浸水湿陷这一特性，对建筑物地基相对下沉较小的部位进行浸水（包括竖向注水孔注水和横向或斜向辐射冲水等），强迫其下沉，使既有建筑物的倾斜得以纠正，本法称为湿法纠倾。兰化有机厂生产楼地基下沉停产事故、窑街水泥厂烟囱倾斜事故等工程中，均采用了湿法纠倾，使生产楼恢复生产、烟囱扶正，恢复了它们的使用功能，节省了大量资金。

对某些建筑物，由于邻近范围内有建筑物或有大量的地下构筑物等，采用湿法纠倾，将会威胁到邻近地上或地下建、构筑物的安全，在这种情况下，对地基应选择不浸水或少浸水的方法，对不浸水的方法，称为干法纠倾，如掏土法、加压法、顶升法等，包括使未下沉或下沉较小部位的迫降下沉，和使下沉较大部位的抬升。早在20世纪70年代，甘肃省建筑科学研究院用加压法处理了当时影响很大的天水军民两用机场跑道下沉全工程停工的特大事故，使整个工程复工，经过40多年的使用考验，证明处理效果很好。又如兰化烟囱的纠倾，采用了小切口竖向调整和局部横向扇形掏土法；西北铁科院对兰州白塔山公园白塔的纠倾，采用了横向掏土和竖向顶升法，都取得了明显的技术、经济和社会效益。

9.5.4～9.5.7 规定了纠倾法的适用范围和有关要求。

在既有建筑物地基的压缩层内，当土的湿陷系数大于0.05、平均含水量小于16％时，可以采用湿法进行纠倾；当土的平均含水量大于23％，而湿陷系数小于0.03时，可采用干法进行纠倾；当土的含水量或湿陷性介于上述二者之间，或建筑物倾斜率较大时，采用湿法纠倾难于达到目的时，可将两种或两种以上的方法因地、因工程制宜地结合使用，或将几种干法纠倾结合使用，也可以将干、湿两种方法合用，比如浸水和加压相结合，浸水和横向掏土法相结合，等等。

采用湿法时，一定要注意控制浸水范围、浸水量和浸水速率。地基下沉的速率以5mm/d～10mm/d为宜，当达到预估的浸水滞后沉降量时，应及时停水，防止产生相反方向的新的不均匀变形，并防止建筑物产生新的损坏。

采用浸水法对既有建筑物进行纠倾，必须考虑到对邻近建筑物的不利影响，应有一定的安全防护距离。一般情况下，浸水点与邻近建筑物的距离，不宜小于1.5倍湿陷性黄土层的下限深度，并不宜小于20m；当土层中有碎石类土和砂土夹层时，还应考虑到这些夹层的水平向串水的不利影响，此时防护距离宜取大值；在土体水平向渗透性小于垂直向和湿陷性黄土层深度较小（如小于10m）的情况下，防护距离可适当减小。

9.5.8 本条从安全角度出发，规定了不得采用浸水法的有关情况。靠近边坡地段，如果采用浸水法，可能会使本来稳定的边坡成为不稳定的边坡，或使原来不太稳定的边坡进一步恶化。靠近滑坡地段，如果采用浸水法，可能会使土体含水量增大，滑坡体的重量加大，土的抗剪强度减小，滑动面的阻滑作用减小，滑坡体的滑动作用增大，甚至会触发滑坡体的滑动。所以在这些地段，不得采用浸水法纠倾。

附近有建筑物和地下管网时，采用浸水法，可能顾此失彼，不但会损害附近地面、地下的建筑物及管网，还可能由于管道断裂，建筑物本身有可能产生新的次生灾害，所以在这种情况下，不宜采用浸水法。

9.5.9 如果建筑物的变形在持续发展，则需要同时考虑地基加固，阻止建筑物的继续沉降。一般情况下，应先进行地基加固，特别是对由于浸水等原因造成地基软弱而下沉的情况，应先对软弱地基进行加固后再进行纠倾；再者，对采用湿法进行纠倾的一侧地基，如果湿法造成地基承载力的不足，也应在纠倾完成后立即进行地基加固。如山西化肥厂水泥分厂100m烟囱的纠倾，浸水湿陷使烟囱向北侧倾斜，由于北侧地基含水量已达28％，故先采用双灰桩对烟囱北侧地基土进行加固，再对烟囱南侧采用辐射冲水法纠倾，最后对南侧地基土采用双灰桩进行加固。

9.5.11 应预估纠倾后的回倾可能性，防止建筑物回倾，特别是浸水法，滞后变形还会大一些，一般在注水停止后需要15d～30d沉降才会稳定，其滞后变形约占建筑物的实际沉降量的10％～20％，在确定停止注水时间时应考虑到这一点。

9.5.12 在纠倾过程中，必须对拟纠倾的建筑物和周围情况进行监控，并采取有效的安全措施，这是确保工程质量和施工安全的关键。一旦出现异常，应及时处理，不得拖延时间。纠倾过程中，监测工作一般包括下列内容：

   1 建筑物沉降、倾斜和裂缝的观测；
   2 地面沉降和裂缝的观测；
   3 地下水位的观测；
   4 附近建筑物、道路和管道的监测。

监测频率应根据不同纠倾方法和不同纠倾速率而定，纠倾速率增大时，监测频率相应增大，一般情况下，每天应进行两次沉降观测。

纠倾过程中还应采取一定安全措施，除通过上述监测方法，严格控制纠倾速率外，特别是对于高耸构筑物，必要时还需设置钢丝缆绳，以防矫枉过正。缆绳可设置在构筑物顶部或 2/3 高度处，与地面成 25°～30°夹角，采用花篮螺丝连接，根据纠倾情况随时调整松紧。

10 使用与维护

10.1 一般规定

10.1.1 本条规定的目的是确保防水措施发挥有效作用，防止建筑物和附属设施地基浸水湿陷。根据调查，建筑物使用期间发生地基湿陷事故的原因有管道漏水、地面水（雨水、绿化浇水、集水明沟渗漏等）局部大量下渗、地下水上升等。其中管道漏水占绝大多数，且多为长期渗漏。管道大多埋设于地下，不主动检查很难发现初期渗漏，一般是由于已出现建筑物沉降或裂缝，或地面沉陷等明显现象时才发现，但此时为时已晚。由于建筑物使用期间环境的变化、管道材料的老化、腐蚀、堵塞等因素，渗漏很难避免，只有通过定期检查，及时发现问题，及时维修，才是避免湿陷事故的最佳办法。

10.1.2 在事故调查中，常发现很多资料不全，尤其是使用期间进行的改建和扩建资料缺失，这给分析事故原因带来不便，增加了许多调查工作量，延长了处理时间。因此管理单位应存留完整的建设档案，以备需要时使用。

10.1.4 建筑物使用期间，如需在防护范围内增加用水设施，如水房、淋浴室、锅炉房等，应根据原设计检查防水设施是否符合本标准相关要求，如不符合应按本标准要求采取地基处理或防水措施等。并对新建用水设施可能的渗漏对邻近建筑物的影响进行评估，有影响时应采取防范措施。

10.1.5 建筑物建成后，周边如有新建的水库、人工湖、喷泉水景等设施，均可能引起水环境变化。管理单位应及时收集相关资料和信息，会同原设计、勘察等单位，共同对可能的影响作出评估，采取相应对策，防止对建筑物产生危害。

10.2 维护与检修

10.2.1～10.2.6 本节各条都是维护和检修的一些要求和做法，其规定比较具体，故未作逐条说明，管理单位只要认真按本标准规定执行，建筑物的湿陷事故就有可能杜绝或减少到最少。

埋地管道未设检漏设施，其渗漏水无法检查和发现。尽管埋地管道大都是设在防护范围外，但如果长期漏水，不仅使大量水浪费，而且还可能引起场地地下水位上升，甚至影响建筑物安全，为此，本标准第 10.2.1 条规定，每隔（3～5）年，对埋地压力管道进行工作压力下的泄漏检查，以便发现问题及时采取

措施进行检修。

10.3 沉降观测和地下水位观测

10.3.3、10.3.4 在使用期间，对建筑物进行沉降观测和地下水位观测的目的是：

1 通过沉降观测可及时发现建筑物地基的湿陷变形。因为地基浸水湿陷往往需要一定的时间，只要按标准规定坚持经常对建筑物和地下水位进行观测，即可为发现建筑物的不正常沉降情况提供信息，从而可以采取措施，切断水源，制止湿陷变形的发展。

2 根据沉降观测和地下水位观测的资料，可以分析判断地基变形的原因和发展趋势，为是否需要加固地基提供依据。

附录 B 中国湿陷性黄土工程地质分区

本次修订对附录 B（原"规范"附录 A）内容做了补充。近年随着城市建设（特别是高层建筑）的迅速发展，岩土工程勘探的广度及深度也在不断加深，人们对黄土的认识进一步深入，因此，本次修订过程中，主要收集和整理了山西、青海、陕西、宁夏、甘肃和新疆等地区有关单位近年来的勘察资料。对原图中的湿陷性黄土层厚度、湿陷系数等数据进行了部分修改和补充，共修改了 29 个城镇点，新增代表性城镇点 14 个，涉及陕西、甘肃、山西、青海、宁夏等省市。另外本次修订根据地形地貌将陕西的永寿、白水及韩城由原"规范"北山以北的 II 区调整为北山以南的 III 区。受现有收集到的资料所限，略图中未涉及的地区还有待于进一步补充和完善。

湿陷性黄土在我国分布很广，主要分布在山西、陕西、宁夏、甘肃大部分地区以及河南的西部。此外，新疆、山东、辽宁、青海、河北以及内蒙古的部分地区也有分布，但不连续。《中国湿陷性黄土工程地质分区略图》可使人们对全国范围内的湿陷性黄土性质和分布有一个概括的认识和了解，图中所标明的湿陷性黄土层厚度和高、低阶地湿陷系数平均值，大多数资料的收集和整理源于建筑物集中的城镇区（一级～三级阶地），而对于该区的黄土台塬、大的冲积扇、河漫滩等地貌单元的湿陷性黄土层厚度与湿陷系数值，则应查阅当地的工程地质资料或分区详图。

鉴于我国湿陷性黄土分布区自南向北及从东往西黄土湿陷性质的复杂性及差异性较大的特点，分区略图中不能完全反映各地区所有细部湿陷性黄土的分布特性，因此本标准第 4.4.3 条规定，因土质而异的修正系数 β_0 值，可按现场试坑浸水试验实测值与室内试验计算值之比取值。

附录 C 黄土地层的划分

黄土地层的划分，国内外很多学者如刘东生、王永焱、闫永定、张宗祜、孙建中等都提出了划分方案，各位学者提出的划分方案存在一定差别。早期黄土地层的划分，地层名称代表地质年代，如 Q_2、Q_1 黄土分别和离石、午城黄土对应，离石黄土的范围为 $L_2 \sim S_{14}$（或 L_{15}），其下为午城黄土。后来随着国际上对 Q_2 与 Q_1 分界地质年代的认识逐渐明确，结合古地磁测年成果，地层的划分更加精细，把 Q_2 与 Q_1 的界限确定到 S_7 层底附近，离石黄土被划分为上部、下部，也有分为上、中、下三部，$L_2 \sim S_7$ 确定为 Q_2 黄土，其下为 Q_1 黄土，因此在地层学中 Q_2、Q_1 黄土已不分别和离石、午城黄土对应。本次修订考虑到黄土地层的划分目前尚未达成较高的共识和工程人员的使用习惯，另从工程角度考虑，地层划分的精细化对工程使用影响不大，故对地层划分未做调整，仅将原"规范"表的注解内容细化到表格中。

近十年，高层建筑发展很快。在离石黄土天然地基上建高层建筑不断出现，对离石黄土在 400kPa～600kPa 压力下的地基承载力和湿陷性评价问题，甘肃省土木建筑学会和甘肃众联建设工程科技有限公司，结合兰州恒大工程等高层建筑群做了规模较大、较系统的载荷试验和浸水试验，并取得了湿陷起始压力 600kPa 的试验结果。

从实践中发现了上覆压力较大部位的离石黄土湿陷起始压力较大、接近临空面或上覆压力较小部位的离石黄土湿陷起始压力较小等规律，为高层建筑根据高度、层数的不同等调整具体建筑物的布置、合理利用不同地段离石黄土天然地基承载力、节省高层建筑地基基础费用提供了借鉴。

附录 D 新近堆积黄土的判别

D.0.1 新近堆积黄土的鉴别方法，可分为现场鉴别和按室内试验的指标鉴别。现场鉴别是根据场地所处地貌部位、土的外观特征进行。通过现场鉴别可以知道哪些地段和地层，有可能属于新近堆积黄土，在现场鉴别把握性不大时，可以根据土的物理力学性质指标作出判别分析，也可按两者综合分析判定。

新近堆积黄土的主要特点是，土的固结成岩作用差，在小压力下变形较大，其所反映的压缩曲线与晚更新世（Q_3）黄土有明显差别。新近堆积黄土是在小压力下（0～100kPa 或 50kPa～150kPa）呈现高压缩性，而晚更新世（Q_3）黄土是在 100kPa～200kPa 压力段压缩性的变化增大，在小压力下变形不大。

D.0.2 为对新近堆积黄土进行定量判别，并利用土的物理力学性质指标进行了判别函数计算分析，将新近堆积黄土和晚更新世（Q_3）黄土的两组样品作判别分析，可以得到以下四组判别式：

$$R = -6.82e + 9.72a \tag{13}$$

$R_0 = -2.59$，判别成功率为 79.90%。

$$R = -10.86e + 9.77a - 0.48\gamma \tag{14}$$

$R_0 = -12.27$，判别成功率为 80.50%。

$$R = -68.45e + 10.98a - 7.16\gamma + 1.18w \tag{15}$$

$R_0 = -154.80$，判别成功率为 81.80%。

$$R = -65.19e + 10.67a - 6.91\gamma + 1.18w + 1.79w_L \tag{16}$$

$R_0 = -152.80$，判别成功率为 81.80%。

当有一半土样的 $R > R_0$ 时，所提供指标的土层为新近堆积黄土。式中 e 为土的孔隙比；a 为 0～100kPa 及 50kPa～150kPa 压力段的压缩系数之大者，单位为 MPa^{-1}；γ 为土的重度，单位为 kN/m^3；w 为土的天然含水量（%）；w_L 为土的液限（%）。

类别实例：

陕北某场地新近堆积黄土，判别情况如下：

1 现场鉴定

拟建场地位于延河 I 级阶地，部分地段位于河漫滩，在场地表面分布有 3m～7m 厚黄褐～褐黄色的粉土，土质结构松散，孔隙发育，见较多虫孔及植物根孔，常混有粉质黏土土块及砂、砾或岩石碎屑，偶尔见陶瓷及朽木片。从现场土层分布及土性特征看，可初步定为新近堆积黄土。

2 按试验指标判定

根据该场地对应地层的土样室内试验结果，$w = 16.80\%$，$\gamma = 14.90 kN/m^3$，$e = 1.070$，$a_{50\sim150} = 0.68 MPa^{-1}$，代入式（15），得 $R = -152.64 > R_0 = -154.80$，通过计算有一半以上土样的土性指标达到了上述标准。由此可以判定该场地上部的黄土为新近堆积黄土。

附录 E 钻孔内采取不扰动土样的操作要点

E.0.1、E.0.2 为了使土样不受扰动，要注意的因素很多，但主要有钻进方法，取样方法和取样器三个方面。

采用适合的钻进方法和清孔器是保证取得不扰动土样的第一个前提。钻进方法与清孔器的选用，首先着眼于防止或减少孔底拟取土样的扰动，这对结构敏感的黄土显得更为重要。选择适当的取样器，是保证采取不扰动土样的关键。经过多年来的工程实践，以及西北综合勘察设计研究院、中国电力工程顾问集团西北电力设计院有限公司、信息产业部电子综合勘察院等单位，通过对探井与钻孔取样的直接对比，其结果表 7 证明：按附录 E 中的操作要点，使用回转钻进、薄壁清孔器清孔、压入法取样，能够保证取得不扰动土样。对坚硬黄土，有成熟经验时可采用冲击钻进和清孔取样。

目前使用的黄土薄壁取样器中，内衬大多使用镀锌薄钢板。由于薄钢板重复使用容易变形，且有内外壁易黏附残留的蜡和土等弊病，影响土样的质量，因此将逐步予以淘汰，并以塑料或酚醛层压纸管代替。

E.0.3 近年来，在湿陷性黄土地区勘察中，使用的黄土薄壁取样器的类型有：无内衬和有内衬两种。为了说明按操作要点以及使用两种取样器的取样效果，在同一勘探点处，对探井与两种类型三种不同规格、

尺寸的取样器（表 6）的取土质量进行对比，其结果（表 8）说明：应根据土质结构、当地经验选择合适的取样器。

当采用有内衬的黄土薄壁取样器取样时，内衬必须是完好、干净、无变形，且与取样器的内壁紧贴。当采用无内衬的取样器取样时，内壁必须均匀涂抹润滑油，取样时，应使用专门的工具将取样器中的土样缓缓推出。但在结构松散的黄土层中，不宜使用无内衬的取样器。以免土样从取样器另装入盛土筒过程中，受到扰动。

西安咸阳机场试验点，在探井内与钻孔内的取样质量对比，见表 8。

表 6 黄土薄壁取土器的尺寸、规格

取土器类型	最大外径（mm）	刃口内径（mm）	样筒内径（mm） 无衬	样筒内径（mm） 有衬	盛土筒长（mm）	盛土筒厚（mm）	余(废)土筒长（mm）	面积比（%）	切削刃口角度（°）	生产单位
TU-127-1	127	118.5	—	120	150	3.00	200	14.86	10	西北综合勘察设计研究院
TU-127-2	127	120	121	—	200	2.25	200	12.01	10	西北综合勘察设计研究院
TU-127-3	127	116	118	—	185	2.00	264	19.86	12.5	信息产业部电子综勘院

表 7 同一勘探点在探井内与钻孔内的取样质量对比

对比指标 / 取样方法 / 试验场地	孔隙比（e） 探井	孔隙比（e） TU127-1	孔隙比（e） TU127-2	孔隙比（e） TU127-3	湿陷系数（δ_s） 探井	湿陷系数（δ_s） TU127-1	湿陷系数（δ_s） TU127-2	湿陷系数（δ_s） TU127-3	备注
咸阳机场	1.084	1.116	1.103	1.146	0.065	0.055	0.069	0.063	
平均差	—	0.032	0.019	0.062		0.001	0.004	0.002	
西安等驾坡	1.040	1.042	1.069	1.024	0.032	0.027	0.035	0.030	
平均差	—	0.002	0.029	0.016		0.005	0.003	0.002	Q_3 黄土
陕西蒲城	1.081	1.070	—	—	0.050	0.044	—	—	
平均差	—	0.011				0.006			
陕西永寿	0.942	—	—	0.964	0.056	—	—	0.073	
平均差	—		0.022				0.017		
湿陷等级	钻孔与探井试验结果评定的湿陷等级完全吻合								

表 8 西安咸阳机场在探井内与钻孔内的取土质量对比

对比指标 / 取样方法 / 取土深度(m)	孔隙比（e） 探井	孔隙比（e） 钻孔1	孔隙比（e） 钻孔2	孔隙比（e） 钻孔3	湿陷系数（δ_s） 探井	湿陷系数（δ_s） 钻孔1	湿陷系数（δ_s） 钻孔2	湿陷系数（δ_s） 钻孔3
1.00～1.15	1.097	—	1.060	—	0.103	—	—	—
2.00～2.15	1.035	1.045	1.010	1.167	0.086	0.070	0.066	0.081
3.00～3.15	1.152	1.118	0.991	1.184	0.067	0.058	0.039	0.087
4.00～4.15	1.222	1.336	1.316	1.106	0.069	0.075	0.077	0.050
5.00～5.15	1.174	1.251	1.249	1.323	0.071	0.060	0.061	0.080

取样方法 对比指标 取土深度(m)	孔隙比（e）				湿陷系数（δ_s）			
	探井	钻孔1	钻孔2	钻孔3	探井	钻孔1	钻孔2	钻孔3
6.00～6.15	1.173	1.264	1.256	1.192	0.083	0.089	0.085	0.068
7.00～7.15	1.258	1.209	1.238	1.194	0.083	0.079	0.084	0.065
8.00～8.15	1.770	1.202	1.217	1.205	0.102	0.091	0.079	0.079
9.00～9.15	1.103	1.057	1.117	1.152	0.046	0.029	0.057	0.066
10.00～10.15	1.018	1.040	1.121	1.131	0.026	0.016	0.036	0.038
11.00～11.15	0.776	0.926	0.888	0.993	0.002	0.018	0.006	0.010
12.00～12.15	0.824	0.830	0.770	0.963	0.040	0.020	0.009	0.016
说明	钻孔1采用TU127-1型取土器；钻孔2采用TU127-2型取土器；钻孔3采用T127-3型取土器							

附录 F 未消除全部湿陷量的地基地下水位上升时的设计措施

F.0.1 未消除全部湿陷量的地基，残留有湿陷性的土层均在下部，地下水位上升至其中时，会产生湿陷，湿陷量的大小和土的湿陷性质及应力状态有关。为尽量减小湿陷对建筑物的影响，应根据可能产生的湿陷量大小和深度、地基处理情况、上部建筑的特点等采取有针对性的设计措施，目的是尽量减小不均匀沉降。

附录 G 单桩竖向静载荷浸水试验要点

G.0.2 单桩竖向承载力静载荷浸水试验包括两种：一种仅测定桩周土饱和状态下的单桩竖向极限承载力；另一种除测定桩周土饱和状态下的单桩竖向极限承载力外，还可通过桩身内力测试测定桩侧负摩阻力和中性点深度。前者相对简单，可在工程中广泛实施，不要求桩周土发挥或完全发挥自重湿陷量，因此试坑面积可相对小些；后者测试的内容较为全面，要求浸水条件下自重湿陷量充分发挥才能测得相对准确的桩侧负摩阻力和中性点深度，依据现场试坑浸水试验经验，试坑平面尺寸需大于自重湿陷性黄土层深度且大于10m才能使得自重湿陷量充分发挥。

G.0.3～G.0.5 先湿法和后湿法单桩竖向承载力静载荷浸水试验均可测定桩周土饱和条件下的单桩竖向极限承载力，其区别主要在于先浸水还是先加载。浸水过程中，由于桩周土发生自重湿陷或软化，会导致桩身内力重新分布，可能会产生桩顶浸水附加沉降，该部分沉降应记录并表现在试验成果荷载-沉降曲线当中。

G.0.6 对桩侧负摩阻力和中性点深度测试提出了明确的试验要求，其理由如下：

1 已有试验表明，特别对大厚度自重湿陷性黄土和Q_2自重湿陷性黄土，现场浸水试验得到的自重湿陷土层厚度往往和根据室内试验结果确定的不一致，试验中实测自重湿陷下限深度，有助于验证试验成果可靠性，综合确定桩基设计时的中性点深度，积累相关经验。

2 所谓线测法桩身内力测试，是相对于采用传统点式传感器而言，能较为连续地获得桩身轴力的内力测试方法，采用该测试方法有助于较准确确定中性点深度。

3 已有试验表明，由于试坑浸水过程中在土体内往往存在有孔隙水压力，土中的有效应力在浸水过程中往往并不是最大的，因而桩侧最大负摩阻力以及自重湿陷沉降往往也并不是发生在浸水期末，而是在停水后一定时间。

4 单桩竖向承载力静载荷浸水试验中，负摩阻力和中性点都有一个发生发展的过程，一般下拉荷载最大时对应的桩侧负摩阻力和中性点深度均为最大。

附录 J 垫层、强夯和挤密地基载荷试验要点

J.0.1 荷载的影响深度和荷载的作用面积密切相关。压板的直径越大，影响深度越深。所以本条对垫层地基和强夯地基上的载荷试验压板的最小尺寸作了规定，但当地基处理厚度大或较大时，宜分层进行试验。

对于大桩距的挤密桩复合地基静载荷试验，宜采用单桩或多桩复合地基静载荷试验。如因故不能采用复合地基静载荷试验，且在当地有经验时，也可在桩

顶和桩间土上分别进行试验。主要是因为桩距太大要求的承压板直径大，压板刚度难以满足要求，如陕西地区采用的大直径冲扩桩，桩径在1.8m以上，桩距在3.0m左右，检测过程中承压板刚度不易满足刚性要求，检测结果易失真。

J.0.5 处理后的地基土密实度较高，水不易下渗，可预先在试坑底部打适量的浸水孔，再进行浸水载荷试验。

J.0.6 对本条规定的试验终止条件说明如下：

    1 为地基处理设计（或方案）提供参数，宜加至极限荷载终止；

    2 为检验处理地基的承载力，宜加至设计荷载值的2倍终止。

J.0.8 本条提供了三种地基承载力特征值的判定方法。大量资料表明，垫层的压力-沉降曲线一般呈直线或平滑的曲线，复合地基载荷试验的压力-沉降曲线大多是一条平滑的曲线，均不易找到明显的拐点。因此承载力按控制相对变形的原则确定较为适宜。本条对土（或灰土）垫层及桩、土分别试验的相对变形值作了规定。

中华人民共和国国家标准

膨胀土地区建筑技术规范

Technical code for buildings in expansive soil regions

GB 50112—2013

主编部门：中华人民共和国住房和城乡建设部
批准部门：中华人民共和国住房和城乡建设部
施行日期：２０１３年５月１日

中华人民共和国住房和城乡建设部
公　告

第 1587 号

住房城乡建设部关于发布国家标准
《膨胀土地区建筑技术规范》的公告

现批准《膨胀土地区建筑技术规范》为国家标准，编号为 GB 50112-2013，自 2013 年 5 月 1 日起实施。其中，第 3.0.3、5.2.2、5.2.16 条为强制性条文，必须严格执行。原国家标准《膨胀土地区建筑技术规范》GBJ 112-87 同时废止。

本规范由我部标准定额研究所组织中国建筑工业出版社出版发行。

中华人民共和国住房和城乡建设部

2012 年 12 月 25 日

前　言

本规范是根据住房和城乡建设部《关于印发〈2009 年工程建设标准规范制订、修订计划〉的通知》（建标〔2009〕88 号）的要求，由中国建筑科学研究院会同有关设计、勘察、施工、研究与教学单位，对原国家标准《膨胀土地区建筑技术规范》GBJ 112-87 修订而成。

本规范在修订过程中，修订组经广泛调查研究，认真总结实践经验，并广泛征求意见，最后经审查定稿。

本规范共分 7 章和 9 个附录。主要技术内容有：总则、术语和符号、基本规定、勘察、设计、施工、维护管理等。

本次修订主要技术内容有：

1. 增加了术语、基本规定、膨胀土自由膨胀率与蒙脱石含量、阳离子交换量的关系（附录 A）等。

2. "岩土的工程特性指标"计算表达式。

3. 坡地上基础埋深的计算公式。

本规范中以黑体字标志的条文为强制性条文，必须严格执行。

本规范由住房和城乡建设部负责管理和对强制性条文的解释，由中国建筑科学研究院负责日常管理和具体技术内容的解释。执行本规范过程中如有意见或建议，请寄送中国建筑科学研究院国家标准《膨胀土地区建筑技术规范》管理组（地址：北京市北三环东路 30 号；邮编：100013），以供今后修订时参考。

本 规 范 主 编 单 位：中国建筑科学研究院

本 规 范 参 编 单 位：中国建筑技术集团有限公司

中国有色金属工业昆明勘察设计研究院

中国航空规划建设发展有限公司

中国建筑西南勘察设计研究院有限公司

广西华蓝岩土工程有限公司

中国人民解放军总后勤部建筑设计研究院

云南省设计院

中航勘察设计研究院有限公司

中南建筑设计院股份有限公司

中南勘察设计院有限公司

广西大学

云南锡业设计院

中铁二院工程集团有限责任公司建筑工程设计研究院

本规范主要起草人员：陈希泉　黄熙龄　朱玉明
　　　　　　　　　　陆忠伟　刘文连　汤小军
　　　　　　　　　　康景文　卢玉南　孙国卫
　　　　　　　　　　林　闽　王笃礼　徐厚军
　　　　　　　　　　张晓玉　欧孝夺　陆家宝
　　　　　　　　　　龚宪伟　陈修礼　何友其
　　　　　　　　　　陈冠尧

本规范主要审查人员：袁内镇　张　雁　陈祥福
　　　　　　　　　　顾宝和　宋二祥　汪德果
　　　　　　　　　　邓　江　杨俊峰　杨旭东
　　　　　　　　　　殷建春　王惠昌　滕延京

目　次

Contents

1 总　　则

1.0.1 为了在膨胀土地区建筑工程中贯彻执行国家的技术经济政策，做到安全适用、技术先进、经济合理、保护环境，制定本规范。

1.0.2 本规范适用于膨胀土地区建筑工程的勘察、设计、施工和维护管理。

1.0.3 膨胀土地区的工程建设，应根据膨胀土的特性和工程要求，综合考虑地形地貌条件、气候特点和土中水分的变化情况等因素，注重地方经验，因地制宜，采取防治措施。

1.0.4 膨胀土地区建筑工程勘察、设计、施工和维护管理，除应符合本规范外，尚应符合有关现行国家标准的规定。

2　术语和符号

2.1　术　　语

2.1.1 膨胀土　expansive soil

土中黏粒成分主要由亲水性矿物组成，同时具有显著的吸水膨胀和失水收缩两种变形特性的黏性土。

2.1.2 自由膨胀率　free swelling ratio

人工制备的烘干松散土样在水中膨胀稳定后，其体积增加值与原体积之比的百分率。

2.1.3 膨胀潜势　swelling potentiality

膨胀土在环境条件变化时可能产生胀缩变形或膨胀力的量度。

2.1.4 膨胀率　swelling ratio

固结仪中的环刀土样，在一定压力下浸水膨胀稳定后，其高度增加值与原高度之比的百分率。

2.1.5 膨胀力　swelling force

固结仪中的环刀土样，在体积不变时浸水膨胀产生的最大内应力。

2.1.6 膨胀变形量　value of swelling deformation

在一定压力下膨胀土吸水膨胀稳定后的变形量。

2.1.7 线缩率　linear shrinkage ratio

天然湿度下的环刀土样烘干或风干后，其高度减少值与原高度之比的百分率。

2.1.8 收缩系数　coefficient of shrinkage

环刀土样在直线收缩阶段含水量每减少1%时的竖向线缩率。

2.1.9 收缩变形量　value of shrinkage deformation

膨胀土失水收缩稳定后的变形量。

2.1.10 胀缩变形量　value of swelling-shrinkage deformation

膨胀土吸水膨胀与失水收缩稳定后的总变形量。

2.1.11 胀缩等级　grade of swelling-shrinkage

膨胀土地基胀缩变形对低层房屋影响程度的地基评价指标。

2.1.12 大气影响深度　climate influenced layer

在自然气候影响下，由降水、蒸发和温度等因素引起地基土胀缩变形的有效深度。

2.1.13 大气影响急剧层深度　climate influenced markedly layer

大气影响特别显著的深度。

2.2　符　　号

2.2.1 作用和作用效应

P_e——土的膨胀力；

p_k——相应于荷载效应标准组合时，基础底面处的平均压力值；

p_{kmax}——相应于荷载效应标准组合时，基础底面边缘的最大压力值；

Q_k——对应于荷载效应标准组合，最不利工况下作用于桩顶的竖向力；

s_c——地基分级变形量；

s_e——地基土的膨胀变形量；

s_{es}——地基土的胀缩变形量；

s_s——地基土的收缩变形量；

v_e——在大气影响急剧层内桩侧土的最大胀拔力标准值。

2.2.2 材料性能和抗力

f_a——修正后的地基承载力特征值；

f_{ak}——地基承载力特征值；

q_{sa}——桩的侧阻力特征值；

q_{pa}——桩的端阻力特征值；

w_1——地表下 1m 处土的天然含水量；

w_p——土的塑限含水量；

γ_m——基础底面以上土的加权平均重度；

δ_{ef}——土的自由膨胀率；

δ_{ep}——某级荷载下膨胀土的膨胀率；

δ_s——土的竖向线缩率；

λ_s——土的收缩系数；

ψ_w——土的湿度系数。

2.2.3 几何参数

A_P——桩端截面积；

d——基础埋置深度；

d_a——大气影响深度；

h_i——第 i 层土的计算厚度；

h_0——土样的原始高度；

h_w——某级荷载下土样浸水膨胀稳定后的高度；

l——建筑物相邻柱基的中心距离；

l_a——桩端进入大气影响急剧层以下或非膨胀土层中的长度；

l_p——基础外边缘至坡肩的水平距离；

u_p——桩身周长；

v_0 ——土样原始体积；

v_w ——土样在水中膨胀稳定后的体积；

z_i ——第 i 层土的计算深度；

z_{en} ——膨胀变形计算深度；

z_{sn} ——收缩变形计算深度；

β ——设计斜坡的角度。

2.2.4 设计参数和计算系数

ψ_e ——膨胀变形量计算经验系数；

ψ_{es} ——胀缩变形量计算经验系数；

ψ_s ——收缩变形量计算经验系数；

λ ——桩侧土的抗拔系数。

3 基 本 规 定

3.0.1 膨胀土应根据土的自由膨胀率、场地的工程地质特征和建筑物破坏形态综合判定。必要时，尚应根据土的矿物成分、阳离子交换量等试验验证。进行矿物分析和化学分析时，应注重测定蒙脱石含量和阳离子交换量，蒙脱石含量和阳离子交换量与土的自由膨胀率的相关性可按本规范表 A 采用。

3.0.2 膨胀土场地上的建筑物，可根据其重要性、规模、功能要求和工程地质特征以及土中水分变化可能造成建筑物破坏或影响正常使用的程度，将地基基础分为甲、乙、丙三个设计等级。设计时，应根据具体情况按表 3.0.2 选用。

表 3.0.2 膨胀土场地地基基础设计等级

设计等级	建筑物和地基类型
甲级	1）覆盖面积大、重要的工业与民用建筑物； 2）使用期间用水量较大的湿润车间、长期承受高温的烟囱、炉、窑以及负温的冷库等建筑物； 3）对地基变形要求严格或对地基往复升降变形敏感的高温、高压、易燃、易爆的建筑物； 4）位于坡地上的重要建筑物； 5）胀缩等级为Ⅲ级的膨胀土地基上的低层建筑物； 6）高度大于 3m 的挡土结构、深度大于 5m 的深基坑工程
乙级	除甲级、丙级以外的工业与民用建筑物
丙级	1）次要的建筑物； 2）场地平坦、地基条件简单且荷载均匀的胀缩等级为Ⅰ级的膨胀土地基上的建筑物

3.0.3 地基基础设计应符合下列规定：

1 建筑物的地基计算应满足承载力计算的有关

规定；

2 地基基础设计等级为甲级、乙级的建筑物，均应按地基变形设计；

3 建造在坡地或斜坡附近的建筑物以及受水平荷载作用的高层建筑、高耸构筑物和挡土结构、基坑支护等工程，尚应进行稳定性验算。验算时应计及水平膨胀力的作用。

3.0.4 地基基础设计时，所采用的作用效应设计值应符合现行国家标准《建筑地基基础设计规范》GB 50007 的有关规定。

3.0.5 膨胀土地区建筑物设计使用年限及耐久性设计，应符合现行国家标准《工程结构可靠性设计统一标准》GB 50153 的规定。

3.0.6 地基基础设计等级为甲级的建筑物，应按本规范附录 B 的要求进行长期的升降和水平位移观测。地下室侧墙和高度大于 3m 的挡土结构，宜对侧墙和挡土结构进行土压力观测。

4 勘 察

4.1 一 般 规 定

4.1.1 膨胀土地区的岩土工程勘察可分为可行性研究勘察、初步勘察和详细勘察阶段。对场地面积较小、地质条件简单或有建设经验的地区，可直接进行详细勘察。对地形、地质条件复杂或有大量建筑物破坏的地区，应进行施工勘察等专门性的勘察工作。各阶段勘察除应符合现行国家标准《岩土工程勘察规范》GB 50021 的规定外，尚应符合本规范第 4.1.2 条~第 4.1.6 条的规定。

4.1.2 可行性研究勘察应对拟建场址的稳定性和适宜性作出初步评价。可行性研究勘察应包括下列内容：

1 搜集区域地质资料，包括土的地质时代、成因类型、地形形态、地层和构造。了解原始地貌条件，划分地貌单元；

2 采取适量原状土样和扰动土样，分别进行自由膨胀率试验，初步判定场地内有无膨胀土及其膨胀潜势；

3 调查场地内不良地质作用的类型、成因和分布范围；

4 调查地表水集聚、排泄情况，以及地下水类型、水位及其变化幅度；

5 收集当地不少于 10 年的气象资料，包括降水量、蒸发力、干旱和降水持续时间以及气温、地温等，了解其变化特点；

6 调查当地建筑经验，对已开裂破坏的建筑物进行研究分析。

4.1.3 初步勘察应确定膨胀土的胀缩等级，应对场地的稳定性和地质条件作出评价，并应为确定建筑总平面布置、主要建筑物地基基础方案和预防措施，以及不良地质作用的防治提供资料和建议，同时应包括下列内容：

1 当工程地质条件复杂且已有资料不满足设计要求时，应进行工程地质测绘，所用比例尺宜采用 1/1000～1/5000；

2 查明场地内滑坡、地裂等不良地质作用，并评价其危害程度；

3 预估地下水位季节性变化幅度和对地基土胀缩性、强度等性能的影响；

4 采取原状土样进行室内基本物理力学性质试验、收缩试验、膨胀力试验和 50kPa 压力下的膨胀率试验，判定有无膨胀土及其膨胀潜势，查明场地膨胀土的物理力学性质及地基胀缩等级。

4.1.4 详细勘察应查明各建筑物地基土层分布及其物理力学性质和胀缩性能，并应为地基基础设计、防治措施和边坡防护，以及不良地质作用的治理提供详细的工程地质资料和建议，同时应包括下列内容：

1 采取原状土样进行室内 50kPa 压力下的膨胀率试验、收缩试验及其资料的统计分析，确定建筑物地基的胀缩等级；

2 进行室内膨胀力、收缩和不同压力下的膨胀率试验；

3 对于地基基础设计等级为甲级和乙级中有特殊要求的建筑物，应按本规范附录 C 的规定进行现场浸水载荷试验；

4 对地基基础设计和施工方案、不良地质作用的防治措施等提出建议。

4.1.5 勘探点的布置、孔深和土样采取，应符合下列要求：

1 勘探点的布置及控制性钻孔深度应根据地形地貌条件和地基基础设计等级确定，钻孔深度不应小于大气影响深度，且控制性勘探孔不应小于 8m，一般性勘探孔不应小于 5m；

2 取原状土样的勘探点应根据地基基础设计等级、地貌单元和地基土胀缩等级布置，其数量不应少于勘探点总数的 1/2；详细勘察阶段，地基基础设计等级为甲级的建筑物，不应少于勘探点总数的 2/3，且不得少于 3 个勘探点；

3 采取原状土样应从地表下 1m 处开始，在地表下 1m 至大气影响深度内，每 1m 取土样 1 件；土层有明显变化处，宜增加取土数量；大气影响深度以下，取土间距可为 1.5m～2.0m。

4.1.6 钻探时，不得向孔内注水。

4.2 工程特性指标

4.2.1 自由膨胀率试验应按本规范附录 D 的规定进行。膨胀土的自由膨胀率应按下式计算：

$$\delta_{ef} = \frac{\nu_w - \nu_0}{\nu_0} \times 100 \qquad (4.2.1)$$

式中：δ_{ef}——膨胀土的自由膨胀率（%）；

ν_w——土样在水中膨胀稳定后的体积（mL）；

ν_0——土样原始体积（mL）。

4.2.2 膨胀率试验应按本规范附录 E 和附录 F 的规定执行。某级荷载下膨胀土的膨胀率应按下式计算：

$$\delta_{ep} = \frac{h_w - h_0}{h_0} \times 100 \qquad (4.2.2)$$

式中：δ_{ep}——某级荷载下膨胀土的膨胀率（%）；

h_w——某级荷载下土样在水中膨胀稳定后的高度（mm）；

h_0——土样原始高度（mm）。

4.2.3 膨胀力试验应按本规范附录 F 的规定执行。

4.2.4 收缩系数试验应按本规范附录 G 的规定执行。膨胀土的收缩系数应按下式计算：

$$\lambda_s = \frac{\Delta\delta_s}{\Delta w} \qquad (4.2.4)$$

式中：λ_s——膨胀土的收缩系数；

$\Delta\delta_s$——收缩过程中直线变化阶段与两点含水量之差对应的竖向线缩率之差（%）；

Δw——收缩过程中直线变化阶段两点含水量之差（%）。

4.3 场地与地基评价

4.3.1 场地评价应查明膨胀土的分布及地形地貌条件，并应根据工程地质特征及土的膨胀潜势和地基胀缩等级等指标，对建筑场地进行综合评价，对工程地质及土的膨胀潜势和地基胀缩等级进行分区。

4.3.2 建筑场地的分类应符合下列要求：

1 地形坡度小于 5°，或地形坡度为 5°～14°且距坡肩水平距离大于 10m 的坡顶地带，应为平坦场地；

2 地形坡度大于等于 5°，或地形坡度小于 5°且同一建筑物范围内局部地形高差大于 1m 的场地，应为坡地场地。

4.3.3 场地具有下列工程地质特征及建筑物破坏形态，且土的自由膨胀率大于等于 40% 的黏性土，应判定为膨胀土：

1 土的裂隙发育，常有光滑面和擦痕，有的裂隙中充填有灰白、灰绿等杂色黏土。自然条件下呈坚硬或硬塑状态；

2 多出露于二级或二级以上的阶地、山前和盆地边缘的丘陵地带。地形较平缓，无明显自然陡坎；

3 常见有浅层滑坡、地裂。新开挖坑（槽）壁易发生坍塌等现象；

4 建筑物多呈"倒八字"、"X"或水平裂缝，裂缝随气候变化而张开和闭合。

4.3.4 膨胀土的膨胀潜势应按表 4.3.4 分类。

表 4.3.4　膨胀土的膨胀潜势分类

自由膨胀率 δ_{ef}（%）	膨胀潜势
$40 \leqslant \delta_{ef} < 65$	弱
$65 \leqslant \delta_{ef} < 90$	中
$\delta_{ef} \geqslant 90$	强

4.3.5　膨胀土地基应根据地基胀缩变形对低层砌体房屋的影响程度进行评价，地基的胀缩等级可根据地基分级变形量按表 4.3.5 分级。

表 4.3.5　膨胀土地基的胀缩等级

地基分级变形量 s_c（mm）	等级
$15 \leqslant s_c < 35$	Ⅰ
$35 \leqslant s_c < 70$	Ⅱ
$s_c \geqslant 70$	Ⅲ

4.3.6　地基分级变形量应根据膨胀土地基的变形特征确定，可分别按本规范式（5.2.8）、式（5.2.9）和式（5.2.14）进行计算，其中土的膨胀率应按本规范附录 E 试验确定。

4.3.7　地基承载力特征值可由载荷试验或其他原位测试、结合工程实践经验等方法综合确定，并应符合下列要求：

　　1　荷载较大的重要建筑物宜采用本规范附录 C 现场浸水载荷试验确定；

　　2　已有大量试验资料和工程经验的地区，可按当地经验确定。

4.3.8　膨胀土的水平膨胀力可根据试验资料或当地经验确定。

5　设　　计

5.1　一　般　规　定

5.1.1　膨胀土地基上建筑物的设计应遵循预防为主、综合治理的原则。设计时，应根据场地的工程地质特征和水文气象条件以及地基基础的设计等级，结合当地经验，注重总平面和竖向布置，采取消除或减小地基胀缩变形量以及适应地基不均匀变形能力的建筑和结构措施；并应在设计文件中明确施工和维护管理要求。

5.1.2　建筑物地基设计应根据建筑结构对地基不均匀变形的适应能力，采取相应的措施。地基分级变形量小于 15mm 以及建造在常年地下水位较高的低洼场地上的建筑物，可按一般地基设计。

5.1.3　地下室外墙的土压力应同时计及水平膨胀力的作用。

5.1.4　对烟囱、炉、窑等高温构筑物和冷库等低温建筑物，应根据可能产生的变形危害程度，采取隔热保温措施。

5.1.5　在抗震设防地区，建筑和结构防治措施应同时满足抗震构造要求。

5.2　地　基　计　算

Ⅰ　基础埋置深度

5.2.1　膨胀土地基上建筑物的基础埋置深度，应综合下列条件确定：

　　1　场地类型；

　　2　膨胀土地基胀缩等级；

　　3　大气影响急剧层深度；

　　4　建筑物的结构类型；

　　5　作用在地基上的荷载大小和性质；

　　6　建筑物的用途，有无地下室、设备基础和地下设施，基础形式和构造；

　　7　相邻建筑物的基础埋深；

　　8　地下水位的影响；

　　9　地基稳定性。

5.2.2　膨胀土地基上建筑物的基础埋置深度不应小于 1m。

5.2.3　平坦场地上的多层建筑物，以基础埋深为主要防治措施时，基础最小埋深不应小于大气影响急剧层深度；对于坡地，可按本规范第 5.2.4 条确定；建筑物对变形有特殊要求时，应通过地基胀缩变形计算确定，必要时，尚应采取其他措施。

5.2.4　当坡地坡角为 5°～14°，基础外边缘至坡肩的水平距离为 5m～10m 时，基础埋深（图 5.2.4）可按下式确定：

$$d = 0.45d_a + (10 - l_p)\tan\beta + 0.30 \quad (5.2.4)$$

式中：d ——基础埋置深度（m）；

　　　　d_a ——大气影响深度（m）；

　　　　β ——设计斜坡坡角（°）；

　　　　l_p ——基础外边缘至坡肩的水平距离（m）。

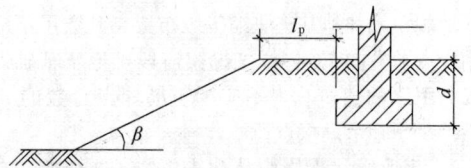

图 5.2.4　坡地上基础埋深计算示意

Ⅱ　承载力计算

5.2.5　基础底面压力应符合下列规定：

　　1　当轴心荷载作用时，基础底面压力应符合下式要求：

$$p_k \leqslant f_a \quad (5.2.5-1)$$

式中：p_k ——相应于荷载效应标准组合时，基础底面
处的平均压力值（kPa）；

　　f_a ——修正后的地基承载力特征值（kPa）。

　　2 当偏心荷载作用时，基础底面压力除应符合式
(5.2.5-1) 要求外，尚应符合下式要求：

$$p_{kmax} \leqslant 1.2 f_a \qquad (5.2.5-2)$$

式中：p_{kmax} ——相应于荷载效应标准组合时，基础底
面边缘的最大压力值（kPa）。

5.2.6 修正后的地基承载力特征值应按下式计算：

$$f_a = f_{ak} + \gamma_m(d-1.0) \qquad (5.2.6)$$

式中：f_{ak} ——地基承载力特征值（kPa），按本规范
第 4.3.7 条的规定确定；

　　γ_m ——基础底面以上土的加权平均重度，地
下水位以下取浮重度。

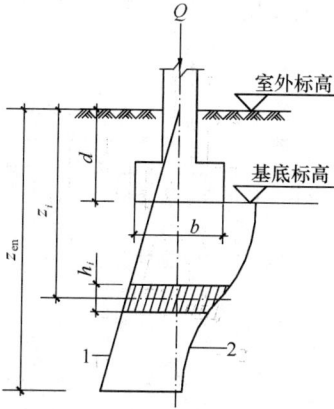

图 5.2.8 地基土的膨胀变形计算示意
1—自重压力曲线；2—附加压力曲线

Ⅲ 变 形 计 算

5.2.7 膨胀土地基变形量，可按下列变形特征分别
计算：

　　1 场地天然地表下 1m 处土的含水量等于或接
近最小值或地面有覆盖且无蒸发可能，以及建筑物在
使用期间，经常有水浸湿的地基，可按膨胀变形量
计算；

　　2 场地天然地表下 1m 处土的含水量大于 1.2
倍塑限含水量或直接受高温作用的地基，可按收缩变
形量计算；

　　3 其他情况下可按胀缩变形量计算。

5.2.8 地基土的膨胀变形量应按下式计算：

$$s_e = \psi_e \sum_{i=1}^{n} \delta_{epi} \cdot h_i \qquad (5.2.8)$$

式中：s_e ——地基土的膨胀变形量（mm）；

　　ψ_e ——计算膨胀变形量的经验系数，宜根据当
地经验确定，无可依据经验时，三层及
三层以下建筑物可采用 0.6；

　　δ_{epi} ——基础底面下第 i 层土在平均自重压力与
对应于荷载效应准永久组合时的平均附

加压力之和作用下的膨胀率（用小数
计），由室内试验确定；

　　h_i ——第 i 层土的计算厚度（mm）；

　　n ——基础底面至计算深度内所划分的土层
数，膨胀变形计算深度 z_{en}（图 5.2.8），
应根据大气影响深度确定，有浸水可能
时可按浸水影响深度确定；

5.2.9 地基土的收缩变形量应按下式计算：

$$s_s = \psi_s \sum_{i=1}^{n} \lambda_{si} \cdot \Delta w_i \cdot h_i \qquad (5.2.9)$$

式中：s_s ——地基土的收缩变形量（mm）；

　　ψ_s ——计算收缩变形量的经验系数，宜根据当
地经验确定，无可依据经验时，三层及
三层以下建筑物可采用 0.8；

　　λ_{si} ——基础底面下第 i 层土的收缩系数，由室
内试验确定；

　　Δw_i ——地基土收缩过程中，第 i 层土可能发生
的含水量变化平均值（以小数表示），
按本规范式 (5.2.10-1) 计算；

　　n ——基础底面至计算深度内所划分的土层
数，收缩变形计算深度 z_{sn}（图 5.2.9），
应根据大气影响深度确定；当有热源影
响时，可按热源影响深度确定；在计算
深度内有稳定地下水位时，可计算至水
位以上 3m。

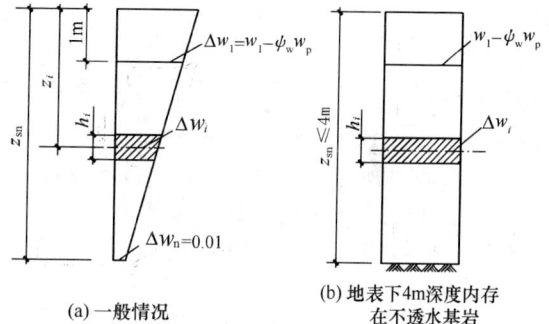

(a) 一般情况　　(b) 地表下4m深度内存
在不透水基岩

图 5.2.9 地基土收缩变形计算含水量变化示意

5.2.10 收缩变形计算深度内各土层的含水量变化值
（图 5.2.9），应按下列公式计算。地表下 4m 深度内
存在不透水基岩时，可假定含水量变化值为常数 [图
5.2.9 (b)]：

$$\Delta w_i = \Delta w_1 - (\Delta w_1 - 0.01)\frac{z_i - 1}{z_{sn} - 1}$$

$$(5.2.10-1)$$

$$\Delta w_1 = w_1 - \psi_w w_p \qquad (5.2.10-2)$$

式中：Δw_i ——第 i 层土的含水量变化值（以小数表
示）；

　　Δw_1 ——地表下 1m 处的含水量变化值（以
小数表示）；

w_1、w_p ——地表下 1m 处土的天然含水量和塑限（以小数表示）；

ψ_w ——土的湿度系数，在自然气候影响下，地表下 1m 处土层含水量可能达到的最小值与其塑限之比。

5.2.11 土的湿度系数应根据当地 10 年以上土的含水量变化确定，无资料时，可根据当地有关气象资料按下式计算：

$$\psi_w = 1.152 - 0.726\alpha - 0.00107c \quad (5.2.11)$$

式中：α ——当地 9 月至次年 2 月的月份蒸发力之和与全年蒸发力之比值（月平均气温小于 0℃ 的月份不统计在内）。我国部分地区蒸发力及降水量的参考值可按本规范附录 H 取值；

c ——全年中干燥度大于 1.0 且月平均气温大于 0℃ 月份的蒸发力与降水量差值之总和（mm），干燥度为蒸发力与降水量之比值。

5.2.12 大气影响深度应由各气候区土的深层变形观测或含水量观测及地温观测资料确定；无资料时，可按表 5.2.12 采用。

表 5.2.12 大气影响深度（m）

土的湿度系数 ψ_w	大气影响深度 d_a
0.6	5.0
0.7	4.0
0.8	3.5
0.9	3.0

5.2.13 大气影响急剧层深度，可按本规范表 5.2.12 中的大气影响深度值乘以 0.45 采用。

5.2.14 地基土的胀缩变形量应按下式计算：

$$s_{es} = \psi_{es} \sum_{i=1}^{n} (\delta_{epi} + \lambda_{si} \cdot \Delta w_i) h_i \quad (5.2.14)$$

式中：s_{es} ——地基土的胀缩变形量（mm）；

ψ_{es} ——计算胀缩变形量的经验系数，宜根据当地经验确定，无可依据经验时，三层及三层以下可取 0.7。

5.2.15 膨胀土地基变形量取值，应符合下列规定：

1 膨胀变形量应取基础的最大膨胀上升量；
2 收缩变形量应取基础的最大收缩下沉量；
3 胀缩变形量应取基础的最大胀缩变形量；
4 变形差应取相邻两基础的变形量之差；
5 局部倾斜应取砌体承重结构沿纵墙 6m～10m 内基础两点的变形量之差与其距离的比值。

5.2.16 膨胀土地基上建筑物的地基变形计算值，不应大于地基变形允许值。地基变形允许值应符合表 5.2.16 的规定。表 5.2.16 中未包括的建筑物，其地基变形允许值应根据上部结构对地基变形的适应能力及功能要求确定。

表 5.2.16 膨胀土地基上建筑物地基变形允许值

结构类型	相对变形		变形量（mm）
	种类	数值	
砌体结构	局部倾斜	0.001	15
房屋长度三到四开间及四角有构造柱或配筋砌体承重结构	局部倾斜	0.0015	30
工业与民用建筑相邻柱基	框架结构无填充墙时（变形差）	0.001l	30
	框架结构有填充墙时（变形差）	0.0005l	20
	当基础不均匀升降时不产生附加应力的结构（变形差）	0.003l	40

注：l 为相邻柱基的中心距离（m）。

Ⅳ 稳定性计算

5.2.17 位于坡地场地上的建筑物地基稳定性，应按下列规定进行验算：

1 土质较均匀时，可按圆弧滑动法验算；
2 土层较薄，土层与岩层间存在软弱层时，应取软弱层面为滑动面进行验算；
3 层状构造的膨胀土，层面与坡面斜交，且交角小于 45° 时，应验算层面的稳定性。

5.2.18 地基稳定性安全系数可取 1.2。验算时，应计算建筑物和堆料的荷载、水平膨胀力，并应根据试验数据或当地经验及削坡卸荷应力释放、土体吸水膨胀后强度衰减的影响。

5.3 场址选择与总平面设计

5.3.1 场址选择宜符合下列要求：

1 宜选择地形条件比较简单，且土质比较均匀、胀缩性较弱的地段；
2 宜具有排水畅通或易于进行排水处理的地形条件；
3 宜避开地裂、冲沟发育和可能发生浅层滑坡等地段；
4 坡度宜小于 14° 有可能采用分级低挡土结构治理的地段；
5 宜避开地下溶沟、溶槽发育、地下水变化剧烈的地段。

5.3.2 总平面设计应符合下列要求：

1 同一建筑物地基土的分级变形量之差，不宜大于 35mm；

2 竖向设计宜保持自然地形和植被，并宜避免大挖大填；

3 挖方和填方地基上的建筑物，应防止挖填部分地基的不均匀性和土中水分变化所造成的危害；

4 应避免场地内排水系统管道渗水对建筑物升降变形的影响；

5 地基基础设计等级为甲级的建筑物，应布置在膨胀土埋藏较深、胀缩等级较低或地形较平坦的地段；

6 建筑物周围应有良好的排水条件，距建筑物外墙基础外缘5m范围内不得积水。

5.3.3 场地内的排洪沟、截水沟和雨水明沟，其沟底应采取防渗处理。排洪沟、截水沟的沟边土坡应设支挡。

5.3.4 地下给、排水管道接口部位应采取防渗漏措施，管道距建筑物外墙基础外缘的净距不应小于3m。

5.3.5 场地内应进行环境绿化，并应根据气候条件、膨胀土地基胀缩等级，结合当地经验采取下列措施：

1 建筑物周围散水以外的空地，宜多种植草皮和绿篱；

2 距建筑物外墙基础外缘4m以外的空地，宜选用低矮、耐修剪和蒸腾量小的树木；

3 在湿度系数小于0.75或孔隙比大于0.9的膨胀土地区，种植桉树、木麻黄、滇杨等速生树种时，应设置隔离沟，沟与建筑物距离不应小于5m。

5.4 坡地和挡土结构

5.4.1 建筑场地条件符合本规范第4.3.2条第2款规定时，建筑物应按坡地场地进行设计，并应符合下列规定：

1 应按本规范第5.2.17条和第5.2.18条的规定验算坡体的稳定性；

2 应采取防止坡体水平位移和坡体内土的水分变化对建筑物影响的措施；

3 对不稳定或潜在不稳定的斜坡，应先进行滑坡治理。

5.4.2 防治滑坡应综合工程地质、水文地质和工程施工影响等因素，分析可能产生滑坡的主要因素，并应结合当地建设经验，采取下列措施：

1 应根据计算的滑体推力和滑动面或软弱结合面的位置，设置一级或多级抗滑支挡，或采取其他措施；

2 挡土结构基础埋深应由稳定性验算确定，并应埋置在滑动面以下，且不应小于1.5m；

3 应设置场地截水、排水及防渗系统，对坡体裂缝应进行封闭处理；

4 应根据当地经验在坡面干砌或浆砌片石，设置支撑盲沟，种植草皮等。

5.4.3 挡土墙设计应符合下列构造要求（图5.4.3）：

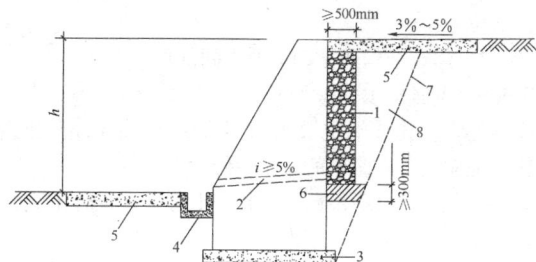

图5.4.3 挡土墙构造示意
1—滤水层；2—泄水孔；3—垫层；4—防渗排水沟；
5—封闭地面；6—隔水层；7—开挖面；8—非膨胀土

1 墙背碎石或砂卵石滤水层的宽度不应小于500mm。滤水层以外宜选用非膨胀性土回填，并应分层压实；

2 墙顶和墙脚地面应设封闭面层，宽度不宜小于2m；

3 挡土墙每隔6m～10m和转角部位应设变形缝；

4 挡土墙墙身应设泄水孔，间距不应大于3m，坡度不应小于5%，墙背泄水孔口下方应设置隔水层，厚度不应小于300mm。

5.4.4 高度不大于3m的挡土墙，主动土压力宜采用楔体试算法确定。当构造符合本规范第5.4.3条规定时，土压力的计算可不计水平膨胀力的作用。破裂面上的抗剪强度指标应采用饱和快剪强度指标。当土体中有明显通过墙址的裂隙面或层面时，尚应以该面作为破裂面验算其稳定性。

5.4.5 高度大于3m的挡土结构土压力计算时，应根据试验数据或当地经验确定土体膨胀后抗剪强度衰减的影响，并应计算水平膨胀力的作用。

5.4.6 坡地上建筑物的地基设计，符合下列条件时，可按平坦场地上建筑物的地基进行设计：

1 布置在坡顶的建筑物，按本规范第5.4.3条设置挡土墙且基础外边缘距挡土墙距离大于5m；

2 布置在挖方地段的建筑物，基础外边缘至坡脚支挡结构的净距大于3m。

5.5 建 筑 措 施

5.5.1 在满足使用功能的前提下，建筑物的体型应力求简单，并应符合下列要求：

1 建筑物选址宜位于膨胀土层厚度均匀，地形坡度小的地段；

2 建筑物宜避让胀缩性相差较大的土层，应避开地裂带，不宜建在地下水位升降变化大的地段。当无法避免时，应采取设置沉降缝或提高建筑结构整体抗变形能力等措施。

5.5.2 建筑物的下列部位，宜设置沉降缝：

1 挖方与填方交界处或地基土显著不均匀处；

2 建筑物平面转折部位、高度或荷重有显著差异部位；

3 建筑结构或基础类型不同部位。

5.5.3 屋面排水宜采用外排水，水落管不得设在沉降缝处，且其下端距散水面不应大于 300mm。建筑物场地应设置有组织的排水系统。

5.5.4 建筑物四周应设散水，其构造宜符合下列规定（图 5.5.4）：

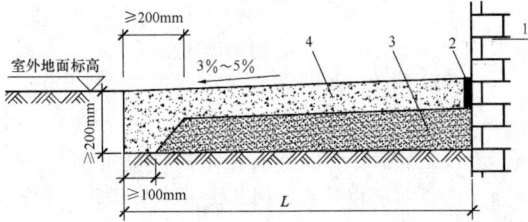

图 5.5.4 散水构造示意

1—外墙；2—交接缝；3—垫层；4—面层

1 散水面层宜采用 C15 混凝土或沥青混凝土，散水垫层宜采用 2：8 灰土或三合土，面层和垫层厚度宜按表 5.5.4 选用；

2 散水面层的伸缩缝间距不应大于 3m；

3 散水最小宽度应按表 5.5.4 选用。散水外缘距基槽不应小于 300mm，坡度应为 3%～5%；

4 散水与外墙的交接缝和散水之间的伸缩缝，应填嵌柔性防水材料。

表 5.5.4 散水构造尺寸

地基胀缩等级	散水最小宽度 L（m）	面层厚度（mm）	垫层厚度（mm）
Ⅰ	1.2	≥100	≥100
Ⅱ	1.5	≥100	≥150
Ⅲ	2.0	≥120	≥200

5.5.5 平坦场地胀缩等级为Ⅰ级、Ⅱ级的膨胀土地基，当采用宽散水作为主要防治措施时，其构造应符合下列规定（图 5.5.5）：

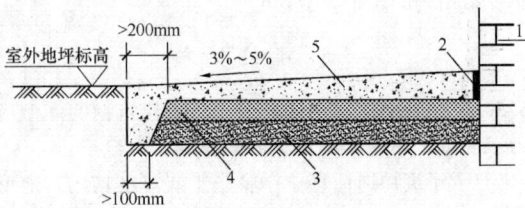

图 5.5.5 宽散水构造示意

1—外墙；2—交接缝；3—垫层；4—隔热保温层；5—面层

1 面层可采用强度等级 C15 的素混凝土或沥青混凝土，厚度不应小于 100mm；

2 隔热保温层可采用 1：3 石灰焦渣，厚度宜为

100mm～200mm；

3 垫层可采用 2：8 灰土或三合土，厚度宜为 100mm～200mm；

4 胀缩等级为Ⅰ级的膨胀土地基散水宽度不应小于 2m，胀缩等级为Ⅱ级的膨胀土地基散水宽度不应小于 3m，坡度宜为 3%～5%。

5.5.6 建筑物的室内地面设计应符合下列要求：

1 对使用要求严格的地面，可根据地基土的胀缩等级按本规范附录 J 要求，采取相应的设计措施。胀缩等级为Ⅲ级的膨胀土地基和使用要求特别严格的地面，可采取地面配筋或地面架空等措施。经常用水房间的地面应设防水层，并应保持排水通畅；

2 大面积地面应设置分格变形缝。地面、墙体、地沟、地坑和设备基础之间宜用变形缝隔开。变形缝内应填嵌柔性防水材料；

3 对使用要求没有严格限制的工业与民用建筑地面，可按普通地面进行设计。

5.5.7 建筑物周围的广场、场区道路和人行便道设计，应符合下列要求：

1 建筑物周围的广场、场区道路和人行便道的标高应低于散水外缘；

2 广场应设置有组织的截水、排水系统，地面做法可按本规范第 5.5.6 条第 2 款的规定进行设计；

3 场区道路宜采用 2：8 灰土上铺砌大块石及砂卵石垫层、沥青混凝土或沥青表面处置面层。路肩宽度不应小于 0.8m；

4 人行便道宜采用预制块铺设，并宜与房屋散水相连接。

5.6 结 构 措 施

5.6.1 建筑物结构设计应符合下列规定：

1 应选择适宜的结构体系和基础形式；

2 应加强基础和上部结构的整体强度和刚度。

5.6.2 砌体结构设计应符合下列规定：

1 承重墙体应采用实心墙，墙厚不应小于 240mm，砌体强度等级不应低于 MU10，砌筑砂浆强度等级不应低于 M5，不应采用空斗墙、砖拱、无砂大孔混凝土和无筋中型砌块；

2 建筑平面拐角部位不应设置门窗洞口，墙尽端至门窗洞口边的有效宽度不宜小于 1m；

3 楼梯间不宜设在建筑物的端部。

5.6.3 砌体结构的圈梁设置应符合下列要求：

1 砌体结构除应在基础顶部和屋盖处各设置一道钢筋混凝土圈梁外，对于Ⅰ级、Ⅱ级膨胀土地基上的多层房屋，其他楼层可隔层设置圈梁；对于Ⅲ级膨胀土地基上的多层房屋，应每层设置圈梁；

2 单层工业厂房的围护墙体除应在基础顶部和屋盖处各设置一道钢筋混凝土圈梁外，对于Ⅰ级、Ⅱ级膨胀土地基，应沿墙高每隔 4m 增设一道圈梁；对

于Ⅲ级膨胀土地基，应沿墙高每隔 3m 增设一道圈梁；

3 圈梁应在同一平面内闭合；

4 基础顶面和屋盖处的圈梁高度不应小于 240mm，其他位置的圈梁不应小于 180mm。圈梁的纵向配筋不应小于 4φ12，箍筋不应小于 φ6@200。基础圈梁混凝土强度等级不应低于 C25，其他位置圈梁混凝土强度等级不应低于 C20。

5.6.4 砌体结构应设置构造柱，并应符合下列要求：

1 构造柱应设置在房屋的外墙拐角、楼（电）梯间、内、外墙交接处、开间大于 4.2m 的房间纵、横墙交接处或隔开间横墙与内纵墙交接处；

2 构造柱的截面不应小于 240mm×240mm，纵向钢筋不应小于 4φ12，箍筋不应小于 φ6@200，混凝土强度等级不应低于 C20；

3 构造柱与圈梁连接处，构造柱的纵筋应上下贯通穿过圈梁，或锚入圈梁不小于 35d；

4 构造柱可不单独设置基础，但纵筋应伸入基础圈梁或基础梁内不小于 35d。

5.6.5 门窗洞口或其他洞孔宽度大于等于 600mm 时，应采用钢筋混凝土过梁，不得采用砖拱过梁。在底层窗台处宜设置 60mm 厚的钢筋混凝土带，并应与构造柱拉接。

5.6.6 预制钢筋混凝土梁支承在墙体上的长度不应小于 240mm；预制钢筋混凝土板支承在墙体上的长度不应小于 100mm、支承在梁上的长度不应小于 80mm。预制钢筋混凝土梁、板与支承部位应可靠拉接。

5.6.7 框、排架结构的围护墙体与柱应采取可靠拉接，且宜砌置在基础梁上，基础梁下宜预留 100mm 空隙，并应做防水处理。

5.6.8 吊车梁应采用简支梁，吊车梁与吊车轨道之间应采用便于调整的连接方式。吊车顶面与屋架下弦的净空不宜小于 200mm。

5.7 地基基础措施

5.7.1 膨胀土地基处理可采用换土、土性改良、砂石或灰土垫层等方法。

5.7.2 膨胀土地基换土可采用非膨胀性土、灰土或改良土，换土厚度应通过变形计算确定。膨胀土土性改良可采用掺和水泥、石灰等材料，掺和比和施工工艺应通过试验确定。

5.7.3 平坦场地上胀缩等级为Ⅰ级、Ⅱ级的膨胀土地基宜采用砂、碎石垫层。垫层厚度不应小于 300mm。垫层宽度应大于基底宽度，两侧宜采用与垫层相同的材料回填，并应做好防、隔水处理。

5.7.4 对较均匀且胀缩等级为Ⅰ级的膨胀土地基，可采用条形基础，基础埋深较大或基底压力较小时，宜采用墩基础；对胀缩等级为Ⅲ级或设计等级为甲级

的膨胀土地基，宜采用桩基础。

5.7.5 桩基础设计时，基桩和承台的构造和设计计算，除应符合现行国家标准《建筑地基基础设计规范》GB 50007 的规定外，尚应符合本规范第 5.7.6 条～第 5.7.9 条的规定。

5.7.6 桩顶标高低于大气影响急剧层深度的高、重建筑物，可按一般桩基础进行设计。

5.7.7 桩顶标高位于大气影响急剧层深度内的三层及三层以下的轻型建筑物，桩基础设计应符合下列要求：

1 按承载力计算时，单桩承载力特征值可根据当地经验确定。无资料时，应通过现场载荷试验确定；

2 按变形计算时，桩基础升降位移应符合本规范第 5.2.16 条的要求。桩端进入大气影响急剧层深度以下或非膨胀土层中的长度应符合下列规定：

1）按膨胀变形计算时，应符合下式要求：

$$l_a \geqslant \frac{v_e - Q_k}{u_p \cdot \lambda \cdot q_{sa}} \quad (5.7.7-1)$$

2）按收缩变形计算时，应符合下式要求：

$$l_a \geqslant \frac{Q_k - A_p \cdot q_{pa}}{u_p \cdot q_{sa}} \quad (5.7.7-2)$$

3）按胀缩变形计算时，计算长度应取式（5.7.7-1）和式（5.7.7-2）中的较大值，且不得小于 4 倍桩径及 1 倍扩大端的直径，最小长度应大于 1.5m。

式中：l_a ——桩端进入大气影响急剧层以下或非膨胀土层中的长度（m）；

v_e ——在大气影响急剧层内桩侧土的最大胀拔力标准值，应由当地经验或试验确定（kN）；

Q_k ——对应于荷载效应标准组合，最不利工况下作用于桩顶的竖向力，包括承台和承台上土的自重（kN）；

u_p ——桩身周长（m）；

λ ——桩侧土的抗拔系数，应由试验或当地经验确定；当无此资料时，可按现行行业标准《建筑桩基技术规范》JGJ 94 的相关规定取值；

A_p ——桩端截面积（m²）；

q_{pa} ——桩的端阻力特征值（kPa）；

q_{sa} ——桩的侧阻力特征值（kPa）。

5.7.8 当桩身承受胀拔力时，应进行桩身抗拉强度和裂缝宽度控制验算，并应采取通长配筋，最小配筋率应符合现行国家标准《建筑地基基础设计规范》GB 50007 的规定。

5.7.9 桩承台梁下应留有空隙，其值应大于土层浸水后的最大膨胀量，且不应小于 100mm。承台梁两侧应采取防止空隙堵塞的措施。

5.8 管　道

5.8.1 给水管和排水管宜敷设在防渗管沟中，并应设置便于检修的检查井等设施；管道接口应严密不漏水，并宜采用柔性接头。

5.8.2 地下管道及其附属构筑物的基础，宜设置防渗垫层。

5.8.3 检漏井应设置在管沟末端和管沟沿线分段检查处，井内应设置集水坑。

5.8.4 地下管道或管沟穿过建筑物的基础或墙时，应设预留孔洞。洞与管沟或管道间的上下净空不宜小于100mm。洞边与管沟外壁应脱开，其缝隙应采用不透水的柔性材料封堵。

5.8.5 对高压、易燃、易爆管道及其支架基础的设计，应采取防止地基土不均匀胀缩变形可能造成危害的地基处理措施。

6　施　工

6.1　一　般　规　定

6.1.1 膨胀土地区的建筑施工，应根据设计要求、场地条件和施工季节，针对膨胀土的特性编制施工组织设计。

6.1.2 地基基础施工前应完成场地平整、挡土墙、护坡、截洪沟、排水沟、管沟等工程，并应保持场地排水通畅、边坡稳定。

6.1.3 施工用水应妥善管理，并应防止管网漏水。临时水池、洗料场、淋灰池、截洪沟及搅拌站等设施距建筑物外墙的距离，不应小于10m。临时生活设施距建筑物外墙的距离，不应小于15m，并应做好排（隔）水设施。

6.1.4 堆放材料和设备的施工现场，应采取保持场地排水畅通的措施。排水流向应背离基坑（槽）。需大量浇水的材料，堆放在距基坑（槽）边缘的距离不应小于10m。

6.1.5 回填土应分层回填夯实，不得采用灌（注）水作业。

6.2　地基和基础施工

6.2.1 开挖基坑（槽）发现地裂、局部上层滞水或土层地质情况等与勘察文件不符合时，应及时会同勘察、设计等单位协商处理措施。

6.2.2 地基基础施工宜采取分段作业，施工过程中基坑（槽）不得暴晒或泡水。地基基础工程宜避开雨天施工；雨期施工时，应采取防水措施。

6.2.3 基坑（槽）开挖时，应及时采取封闭措施。土方开挖应在基底设计标高以上预留150mm～300mm土层，并应待下一工序开始前继续挖除，验槽后，应及时浇筑混凝土垫层或采取其他封闭措施。

6.2.4 坡地土方施工时，挖方作业应由坡上方自上而下开挖；填方作业应自下而上分层压实。坡面形成后，应及时封闭。

开挖土方时应保护坡脚。坡顶弃土至开挖线的距离应通过稳定性计算确定，且不应小于5m。

6.2.5 灌注桩施工时，成孔过程中严禁向孔内注水。孔底虚土经清理后，应及时灌注混凝土成桩。

6.2.6 基础施工出地面后，基坑（槽）应及时分层回填，填料宜选用非膨胀土或经改良后的膨胀土，回填压实系数不应小于0.94。

6.3　建筑物施工

6.3.1 底层现浇钢筋混凝土楼板（梁），宜采用架空或桁架支模的方法，并应避免直接支撑在膨胀土上。浇筑和养护混凝土过程中应注意养护水的管理，并应防止水流（渗）入地基内。

6.3.2 散水应在室内地面做好后立即施工。施工前应先夯实基土，基土为回填土时，应检查回填土质量，不符合要求时，应重新处理。伸缩缝内的防水材料应充填密实，并应略高于散水，或做成脊背形状。

6.3.3 管道及其附属建筑物的施工，宜采用分段快速作业法。管道和电缆沟穿过建筑物基础时，应做好接头。室内管沟敷设时，应做好管沟底的防渗漏及倾向室外的坡度。管道敷设完成后，应及时回填、加盖或封面。

6.3.4 水池、水沟等水工构筑物应符合防漏、防渗要求，混凝土浇筑时不宜留施工缝，必须留缝时应加止水带，也可在池壁及底板增设柔性防水层。

6.3.5 屋面施工完毕，应及时安装天沟、落水管，并应与排水系统及时连通。散水的伸缩缝应避开水落管。

6.3.6 水池、水塔等溢水装置应与排水管沟连通。

7　维　护　管　理

7.1　一　般　规　定

7.1.1 膨胀土场地内的建筑物、管道、地面排水、环境绿化、边坡、挡土墙等使用期间，应按设计要求进行维护管理。

7.1.2 管理部门应对既有建筑物及其附属设施制定维护管理制度，并应对维护管理工作进行监督检查。

7.1.3 使用单位应妥善保管勘察、设计和施工中的相关技术资料，并应实施维护管理工作，建立维护管理档案。

7.2　维护和检修

7.2.1 给水、排水和供热管道系统遇有漏水或其他故障时，应及时进行检修和处理。

7.2.2 排水沟、雨水明沟、防水地面、散水等应定期检查，发现开裂、渗漏、堵塞等现象时，应及时修复。

7.2.3 除按本规范第3.0.6条的规定进行升降观测的建筑物外，其他建筑物也应定期观察使用状况。当发现墙柱裂缝、地面隆起开裂、吊车轨道变形、烟囱倾斜、窑体下沉等异常现象时，应做好记录，并应及时采取处理措施。

7.2.4 坡脚地带不得任意挖土，坡肩地带不应大面积堆载，建筑物周围不得任意开挖和堆土。不能避免时，应采取必要的保护措施。

7.2.5 坡体位移情况应定期观察，当出现裂缝时，应及时采取治理措施。

7.2.6 场区内的绿化，应按设计要求的品种和距离种植，并应定期修剪。绿化地带浇水应控制水量。

7.3 损坏建筑物的治理

7.3.1 建筑物及其附属设施，出现危及安全或影响使用功能的开裂等损坏情况时，应及时会同勘察、设计部门调查分析、查明损坏原因。

7.3.2 建筑物的损坏等级应按现行国家标准《民用建筑可靠性鉴定标准》GB 50292 的有关规定鉴定；应根据损坏程度确定治理方案，并应及时付诸实施。

附录 A 膨胀土自由膨胀率与蒙脱石含量、阳离子交换量的关系

表 A 膨胀土的自由膨胀率与蒙脱石含量、阳离子交换量的关系

自由膨胀率 δ_{ef}（%）	蒙脱石含量（%）	阳离子交换量 CEC（NH_4^+）（mmol/kg 土）	膨胀潜势
$40 \leqslant \delta_{ef} < 65$	7～14	170～260	弱
$65 \leqslant \delta_{ef} < 90$	14～22	260～340	中
$\delta_{ef} \geqslant 90$	>22	>340	强

注：1 表中蒙脱石含量为干土全重含量的百分数，采用次甲基蓝吸附法测定；
  2 对不含碳酸盐的土样，采用醋酸铵法测定其阳离子交换量；对含碳酸盐的土样，采用氯化铵—醋酸铵法测定其阳离子交换量。

附录 B 建筑物变形观测方法

B.0.1 变形观测可包括建筑物的升降、水平位移、基础转动、墙体倾斜和裂缝变化等项目。

B.0.2 变形观测方法、所用仪器和精度，应符合现行行业标准《建筑变形测量规范》JGJ 8 的规定。

B.0.3 水准基点设置应符合下列要求：

1 水准基点的埋设应以不受膨胀土胀缩变形影响为原则，宜埋设在邻近的基岩露头或非膨胀土层内。基点应按现行国家标准《工程测量规范》GB 50026规定的二等水准要求布置。邻近没有非膨胀土土层时，可在多年的深水井壁上或在常年潮湿、保水条件良好的地段设置深埋式水准基点。深埋式水准基点应加设套管，并应加强保湿措施；

2 深埋式水准基点（图B.0.3）不宜少于3个。每次变形观测时，应进行水准基点校核。水准基点离建筑物较远时，可在建筑物附近设置观测水准基点，其深度不得小于该地区的大气影响深度。

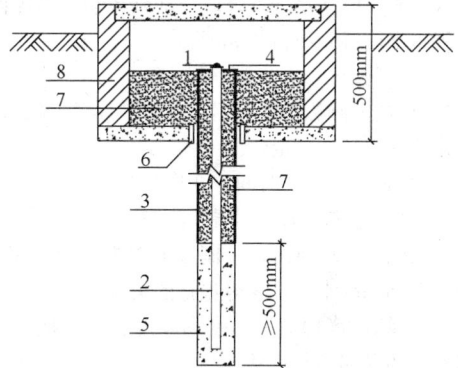

图 B.0.3　深埋式水准基点示意

1—焊接在钢管上的水准标芯；2—ϕ30mm～50mm 钢管；3—ϕ60mm～110mm 套管；4—导向环；5—底部现浇混凝土；6—油毡二层；7—木屑；8—保护井

B.0.4 观测点设置应符合下列要求：

1 观测点的布置应全面反映建筑物的变形情况，在砌体承重的房屋转角处、纵横墙交接处以及横墙中部，应设置观测点；在房屋转角附近宜加密至每隔2m设1个观测点；承重内隔墙中部应设置内墙观测点，室内地面中心及四周应设置地面观测点。框架结构的房屋沿柱基或纵横轴线应设置观测点。烟囱、水塔、油罐等构筑物的观测点应沿周边对称设置。每栋建筑物可选择最敏感的（1～2）个剖面设置观测点；

2 建筑物墙体和地面裂缝观测应选择重点剖面设置观测点（图B.0.4）。每条裂缝应在不同位置上

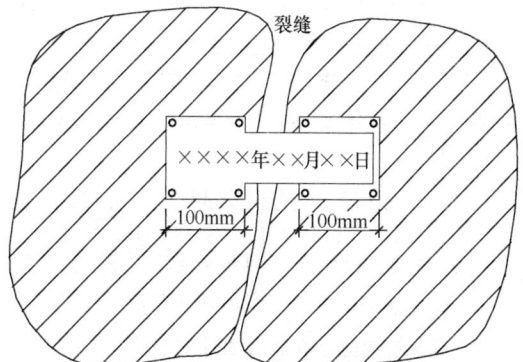

图 B.0.4　裂缝观测片

设置两组以上的观测标志；

3 观测点的埋设可按建筑物的特点采用不同的类型，观测点的埋设应符合现行行业标准《建筑变形测量规范》JGJ 8 的规定。

B.0.5 对新建建筑物，应自施工开始即进行升降观测，并应在施工过程的不同荷载阶段进行定期观测。竣工后，应每月进行一次。观测工作宜连续进行 5 年以上。在掌握房屋季节性变形特点的基础上，应选择收缩下降的最低点和膨胀上升的最高点，以及变形交替的季节，每年观测 4 次。在久旱和连续降雨后应增加观测次数。

必要时，应同期进行裂缝、基础转动、墙体倾斜及基础水平位移等项目的观测。

B.0.6 资料整理，应包括下列内容：

1 校核观测数据，计算每个观测点的高程、逐次变化值和累计变化值；

2 绘制观测点的时间—变形曲线；

3 绘制建筑物的变形展开曲线；

4 选择典型剖面，绘制基础升降、裂缝张闭、基础转动和基础水平位移等项目的关系曲线；

5 计算建筑物的平均变形幅度、相对挠曲以及易损部分的局部倾斜；

6 编写观测报告。

附录 C 现场浸水载荷试验要点

C.0.1 现场浸水载荷试验可用于以确定膨胀土地基的承载力和浸水时的膨胀变形量。

C.0.2 现场浸水载荷试验（图 C.0.2）的方法与步骤，应符合下列规定：

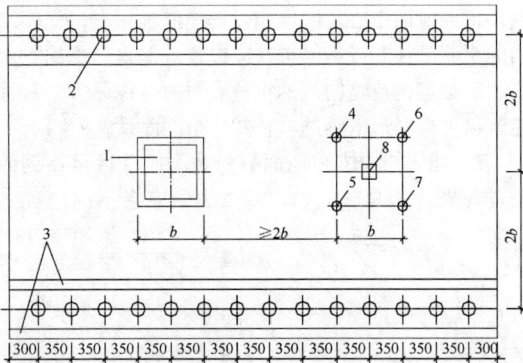

注：图中单位mm

图 C.0.2 现场浸水载荷试验试坑及设备布置示意
1—方形压板；2—ϕ127砂井；3—砖砌砂槽；4—$1b$深测标；5—$2b$深测标；6—$3b$深测标；7—大气影响深度测标；8—深度为零的测标

1 试验场地应选在有代表性的地段；

2 试验坑深度不应小于1.0m，承压板面积不应

小于0.5m²，采用方形承压板时，其宽度 b 不应小于707mm；

3 承压板外宜设置一组深度为零、$1b$、$2b$、$3b$和等于当地大气影响深度的分层测标，或采用一孔多层测标方法，以观测各层土的膨胀变形量；

4 可采用砂井和砂槽双面浸水。砂槽和砂井内应填满中、粗砂，砂井的深度不应小于当地的大气影响深度，且不应小于 $4b$；

5 应采用重物分级加荷和高精度水准仪观测变形量；

6 应分级加荷至设计荷载。当土的天然含水量大于或等于塑限含水量时，每级荷载可按 25kPa 增加；当土的天然含水量小于塑限含水量时，每级荷载可按 50kPa 增加；每级荷载施加后，应按 0.5h、1h 各观测沉降一次，以后可每隔 1h 或更长一些时间观测一次，直至沉降达到相对稳定后再加下一级荷载；

7 连续 2h 的沉降量不大于 0.1mm/h 时可认为沉降稳定；

8 当施加最后一级荷载（总荷载达到设计荷载）沉降达到稳定标准后，应在砂槽和砂井内浸水，浸水水面不应高于承压板底面；浸水期间应每 3d 观测一次膨胀变形；膨胀变形相对稳定的标准为连续两个观测周期内，其变形量不应大于 0.1mm/3d。浸水时间不应少于两周；

9 浸水膨胀变形达到相对稳定后，应停止浸水并按本规范第 C.0.2 条第 6、7 款要求继续加荷直至达到极限荷载；

10 试验前和试验后应分层取原状土样在室内进行物理力学试验和膨胀试验。

C.0.3 现场浸水载荷试验资料整理及计算，应符合下列规定：

1 应绘制各级荷载下的变形和压力曲线（图 C.0.3）以及分层测标变形与时间关系曲线，确定土的承载力和可能的膨胀量；

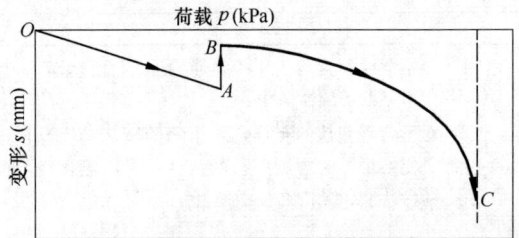

图 C.0.3 现场浸水载荷试验 p-s 关系曲线示意
OA—分级加载至设计荷载；AB—浸水膨胀稳定；
BC—分级加载至极限荷载

2 同一土层的试验点数不应少于 3 点，当实测值的极差不大于其平均值的 30%时，可取平均值为其承载力极限值，应取极限荷载的 1/2 作为地基土承载力的特征值；

3 必要时可用试验指标按承载力公式计算其承载力，并应与现场载荷试验所确定的承载力值进行对比。在特殊情况下，可按地基设计要求的变形值在 p-s 曲线上选取所对应的荷载作为地基土承载力的特征值。

附录 D 自由膨胀率试验

D.0.1 自由膨胀率试验可用于判定黏性土在无结构力影响下的膨胀潜势。

D.0.2 试验仪器设备应符合下列规定：

1 玻璃量筒容积应为 50mL，最小分度值应为 1mL。容积和刻度应经过校准；

2 量土杯容积应为 10mL，内径应为 20mm；

3 无颈漏斗上口直径应为 50mm～60mm，下口直径应为 4mm～5mm；

4 搅拌器应由直杆和带孔圆盘构成，圆盘直径应小于量筒直径 2mm，盘上孔径宜为 2mm（图 D.0.2）；

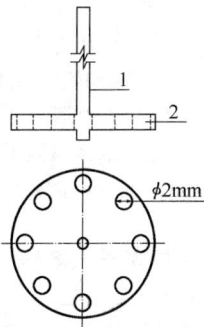

图 D.0.2 搅拌器示意
1—直杆；2—圆盘

5 天平最大称量应为 200g，最小分度值应为 0.01g；

6 应选取的其他试验仪器设备包括平口刮刀、漏斗支架、取土匙和孔径 0.5mm 的筛等。

D.0.3 试验方法与步骤应符合下列规定：

1 应用四分对角法取代表性风干土 100g，应碾细并全部过 0.5mm 筛，石子、姜石、结核等应去除；

2 应将过筛的试样拌匀，并应在 105℃～110℃下烘至恒重，同时应在干燥器内冷却至室温；

3 应将无颈漏斗放在支架上，漏斗下口应对准量土杯中心并保持 10mm 距离（图 D.0.3）；

4 应用取土匙取适量试样倒入漏斗中，倒土时匙应与漏斗壁接触，且应靠近漏斗底部，应边倒边用细铁丝轻轻搅动，并应避免漏斗堵塞。当试样装满量土杯并开始溢出时，应停止向漏斗倒土，应移开漏斗刮去杯口多余的土。应将量土杯中试样倒入匙中，再次将量土杯（图 D.0.3）置于漏斗下方，应将匙中土

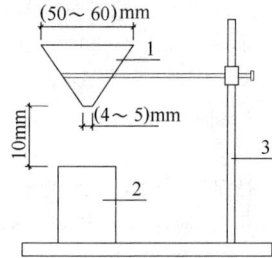

图 D.0.3 漏斗与量土杯示意
1—无颈漏斗；2—量土杯；3—支架

按上述方法倒入漏斗，使其全部落入量土杯中，刮去多余土后称量量土杯中试样质量。本步骤应进行两次重复测定，两次测定的差值不得大于 0.1g；

5 应在量筒内注入 30mL 纯水，并加入 5mL 浓度为 5%的分析纯氯化钠溶液。应将量土杯中试样倒入量筒内，用搅拌器搅拌悬液，上近液面，下至筒底，上下搅拌各 10 次，用纯水清洗搅拌器及量筒壁，使悬液达 50mL；

6 待悬液澄清后，应每隔 2h 测读一次土面高度（估读 0.1mL）。直至两次读数差值不大于 0.2mL，可认为膨胀稳定，土面倾斜时，读数可取其中值；

7 应按本规范式（4.2.1）计算自由膨胀率。

附录 E 50kPa 压力下的膨胀率试验

E.0.1 50kPa 压力下的膨胀率试验可用于 50kPa 压力和有侧限条件下原状土或扰动土样的膨胀率测定。

E.0.2 膨胀率试验仪器设备应符合下列规定：

1 压缩仪试验前应校准在 50kPa 压力下的仪器压缩量；

2 试样面积应为 3000mm² 或 5000mm²，高应为 20mm；

3 百分表最大量程应为 5mm～10mm，最小分度值应为 0.01mm；

4 环刀面积应为 3000mm² 或 5000mm²，高应为 25mm；

5 天平最大称量应为 200g，最小分度值应为 0.01g；

6 推土器直径应略小于环刀内径，高度应为 5mm。

E.0.3 膨胀率试验方法与步骤应符合下列规定：

1 应用内壁涂有薄层润滑油带护环的环刀切取代表性试样，用推土器将试样推出 5mm，削去多余的土，称其重量准确至 0.01g，测定试前含水量；

2 应按压缩试验要求，将试样装入容器内，放入透水石和薄型滤纸，加压盖板，调整杠杆使之水平。加 1kPa～2kPa 压力（保持该压力至试验结束，不计算在加荷压力之内），并加 50kPa 的瞬时压力，

使加荷支架、压板、土样、透水石等紧密接触，调整百分表，记下初读数；

3 应加 50kPa 压力，每隔 1h 记录一次百分表读数。当两次读数差值不超过 0.01mm 时，即为下沉稳定；

4 应向容器内自下而上注入纯水，使水面超过试样顶面约 5mm，并应保持该水位至试验结束；

5 浸水后，应每隔 2h 测记一次百分表读数，当连续两次读数不超过 0.01mm 时，可以为膨胀稳定，随即卸荷至零，膨胀稳定后，记录读数；

6 试验结束，应吸去容器中的水，取出试样称其重量，准确至 0.01g。应将试样烘至恒重，在干燥器内冷却至室温，称量并计算试样的试后含水量、密度和孔隙比。

E.0.4 试验资料整理和校核应符合下列规定：

1 50kPa 压力下的膨胀率应按下式计算：

$$\delta_{e50} = \frac{z_{50} + z_{e50} - z_0}{h_0} \times 100 \qquad (E.0.4)$$

式中：δ_{e50} ——在 50kPa 压力下的膨胀率（%）；

z_{50} ——压力为 50kPa 时试样膨胀稳定后百分表的读数（mm）；

z_{e50} ——压力为 50kPa 时仪器的变形值（mm）；

z_0 ——压力为零时百分表的初读数（mm）；

h_0 ——试样加荷前的原始高度（mm）。

2 试后孔隙比应按本规范式（F.0.4-2）计算，计算值与实测值之差不应大于 0.01。

附录 F　不同压力下的膨胀率及膨胀力试验

F.0.1 不同压力下的膨胀率及膨胀力试验可用于测定有侧限条件下原状土或扰动土样的膨胀率与压力之间的关系，以及土样在体积不变时由于膨胀产生的最大内应力。

F.0.2 不同压力下的膨胀率及膨胀力试验仪器设备应符合下列规定：

1 压缩仪试验前应校准仪器在不同压力下的压缩量和卸荷回弹量；

2 试样面积应为 3000mm² 或 5000mm²，高应为 20mm；

3 百分表最大量程应为 5mm～10mm，最小分度值应为 0.01mm；

4 环刀面积应为 3000mm² 或 5000mm²，高应为 25mm；

5 天平最大称量应为 200g，最小分度值应为 0.01g；

6 推土器直径应略小于环刀内径，高度应为 5mm。

F.0.3 不同压力下的膨胀率及膨胀力试验方法与步骤，应符合下列规定：

1 应用内壁涂有薄层润滑油带有护环的环刀切取代表性试样，由推土器将试样推出 5mm，削去多余的土，称其重量准确至 0.01g，测定试前含水量；

2 应按压缩试验要求，将试样装入容器内，放入干透水石和薄型滤纸。调整杠杆使之水平，加 1kPa～2kPa 的压力（保持该压力至试验结束，不计算在加荷压力之内）并加 50kPa 瞬时压力，使加荷支架、压板、试样和透水石等紧密接触。调整百分表，并记录初读数；

3 应对试样分级连续在 1min～2min 内施加所要求的压力。所要求的压力可根据工程的要求确定，但应略大于试样的膨胀力。压力分级，当要求的压力大于或等于 150kPa 时，可按 50kPa 分级；当压力小于 150kPa 时，可按 25kPa 分级；压缩稳定的标准应为连续两次读数差值不超过 0.01mm；

4 应向容器内自下而上注入纯水，使水面超过试样上端面约 5mm，并应保持至试验终止。待试样浸水膨胀稳定后，应按加荷等级分级卸荷至零；

5 试验过程中每退一级荷重，应相隔 2h 测记一次百分表读数。当连续两次读数的差值不超过 0.01mm 时，可认为在该级压力下膨胀达到稳定，但每级荷重下膨胀试验时间不应少于 12h；

6 试验结束，应吸去容器中的水，取出试样称量，准确至 0.01g。应将试样烘至恒重，在干燥器内冷却至室温，称量并计算试样的试后含水量、密度和孔隙比。

F.0.4 不同压力下的膨胀率及膨胀力试验资料的整理和校核，应符合下列规定：

1 各级压力下的膨胀率应按下式计算：

$$\delta_{epi} = \frac{z_p + z_{cp} - z_0}{h_0} \times 100 \qquad (F.0.4-1)$$

式中：δ_{epi} ——某级荷载下膨胀土的膨胀率（%）；

z_p ——在一定压力作用下试样浸水膨胀稳定后百分表的读数（mm）；

z_{cp} ——在一定压力作用下，压缩仪卸荷回弹的校准值（mm）；

z_0 ——试样压力为零时百分表的初读数（mm）；

h_0 ——试样加荷前的原始高度（mm）。

2 试样的试后孔隙比应按下式计算：

$$e = \frac{\Delta h_0}{h_0}(1 + e_0) + e_0 \qquad (F.0.4-2)$$

$$\Delta h_0 = z_{p0} + z_{c0} - z_0 \qquad (F.0.4-3)$$

式中：e ——试样的试后孔隙比；

Δh_0 ——卸荷至零时试样浸水膨胀稳定后的变形量（mm）；

z_{p0} ——试样卸荷至零时浸水膨胀稳定后百分表

读数（mm）；

z_{c0}——为压缩仪卸荷至零时的回弹校准值（mm）（图 F.0.4-1）；

e_0——试样的初始孔隙比。

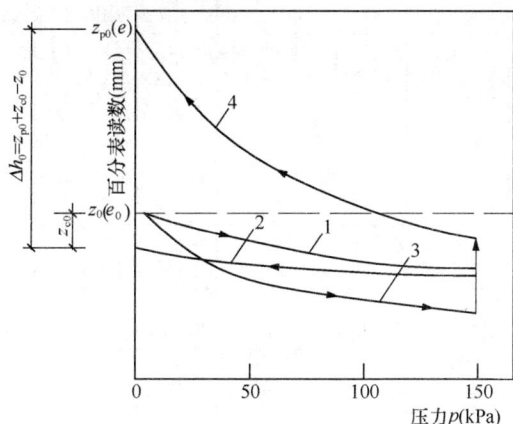

图 F.0.4-1 Δh_0 计算示意

1—仪器压缩校准曲线；2—仪器回弹校准曲线；
3—土样加荷压缩曲线；4—土样浸水卸荷膨胀曲线

3 计算的试后孔隙比与实测值之差不应大于 0.01。

4 应以各级压力下的膨胀率为纵坐标，压力为横坐标，绘制膨胀率与压力的关系曲线，该曲线与横坐标的交点为试样的膨胀力（图 F.0.4-2）。

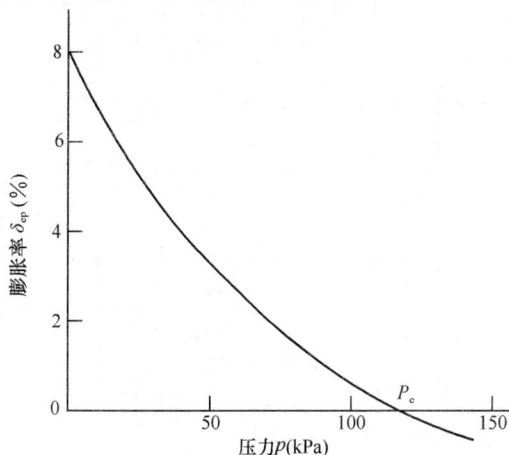

图 F.0.4-2 膨胀率-压力曲线示意

附录 G 收 缩 试 验

G.0.1 收缩试验可用于测定黏性土样的线收缩率、收缩系数等指标。

G.0.2 收缩试验的仪器设备应符合下列规定：

1 收缩试验装置（图 G.0.2）的测板直径应为 10mm，多孔垫板直径应为 70mm，板上小孔面积应占整个面积的 50% 以上；

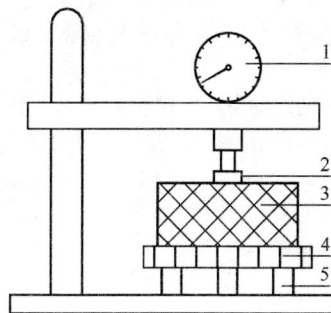

图 G.0.2 收缩试验装置示意图

1—百分表；2—测板；3—土样；
4—多孔垫板；5—垫块

2 环刀面积应为 3000mm²，高应为 20mm；

3 推土器直径应为 60mm，推进量应为 21mm；

4 天平最大称量应为 200g，最小分度值应为 0.01g；

5 百分表最大量程应为 5mm～10mm，最小分度值应为 0.01mm。

G.0.3 收缩试验的方法与步骤应符合下列规定：

1 应用内壁涂有薄层润滑油的环刀切取试样，用推土器从环刀内推出试样（若试样较松散应采用风干脱环法），立即把试样放入收缩装置，使测板位于试样上表面中心处（图 G.0.2）；称取试样重量，准确至 0.01g；调整百分表，记下初读数。在室温下自然风干，室温超过 30℃时，宜在恒温（20℃）条件下进行；

2 试验初期，应根据试样的初始含水量及收缩速度，每隔 1h～4h 测记一次读数，先读百分表读数，后称试样的重量；称量后，应将百分表调回至称重前的读数处。因故停止试验时，应采取措施保湿；

3 两日后，应根据试样收缩速度，每隔 6h～24h 测读一次，直至百分表读数小于 0.01mm；

4 试验结束，应取下试样，称量，在 105℃～110℃ 下烘至恒重，称干土重量。

G.0.4 收缩试验资料整理及计算应符合下列规定：

1 试样含水量应按下式计算：

$$w_i = \left(\frac{m_i}{m_d} - 1\right) \times 100 \qquad (G.0.4-1)$$

式中：w_i——与 m_i 对应的试样含水量（%）；

m_i——某次称得的试样重量（g）；

m_d——试样烘干后的重量（g）。

2 竖向线缩率应按下式计算：

$$\delta_{si} = \frac{z_i - z_0}{h_0} \times 100 \qquad (G.0.4-2)$$

式中：δ_{si}——与 z_i 对应的竖向线缩率（%）；

z_i——某次百分表读数（mm）；

z_0——百分表初始读数（mm）；

h_0——试样原始高度（mm）。

3 应以含水量为横坐标、竖向线缩率为纵坐标，绘制收缩曲线图（图 G.0.4）；应根据收缩曲线确定下列各指标值：

　1）竖向线缩率，按式（G.0.4-2）计算；

　2）收缩系数，按本规范式（4.2.4）计算。

其中：$\Delta w = w_1 - w_2$，$\Delta \delta_s = \delta_{s2} - \delta_{s1}$。

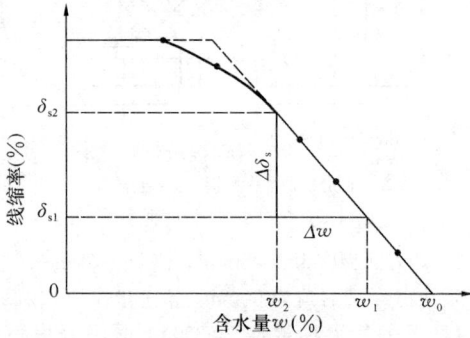

图 G.0.4　收缩曲线示意

4 收缩曲线的直线收缩段不应少于三个试验点数据，不符合要求时，应在试验资料中注明该试验曲线无明显直线段。

附录 H　中国部分地区的蒸发力及降水量表

表 H　中国部分地区的蒸发力及降水量（mm）

站名	项别	1	2	3	4	5	6	7	8	9	10	11	12
汉中	蒸发力	14.2	20.6	43.6	60.3	94.1	114.8	121.5	118.1	57.4	39.0	17.6	11.9
	降水量	7.5	10.7	32.2	68.1	86.6	110.2	158.0	141.7	146.9	80.3	38.0	9.3
安康	蒸发力	18.5	27.0	51.0	67.3	98.3	122.8	132.6	131.9	67.2	43.9	20.6	16.3
	降水量	4.4	11.1	33.2	80.8	88.5	78.6	120.7	118.7	133.7	70.2	32.8	7.0
通州	蒸发力	15.6	21.5	51.0	87.3	136.9	144.0	130.5	111.2	74.4	44.6	20.1	12.3
	降水量	2.7	7.7	9.2	22.7	70.0	197.1	243.5	64.0	21.0	1.6		
唐山	蒸发力	14.3	20.3	49.8	83.0	138.8	140.8	126.2	112.4	75.5	45.5	20.4	19.1
	降水量	2.1	6.2	6.5	27.2	24.3	64.4	224.8	196.5	46.2	22.5	6.9	4.0
泰安	蒸发力	16.8	24.9	56.8	85.6	132.5	158.5	140.3	123.6	78.5	54.6	23.8	14.2
	降水量	5.5	8.7	16.5	36.8	42.4	87.4	228.8	163.2	70.7	32.2	26.4	8.1
兖州	蒸发力	16.0	24.9	58.2	87.7	137.9	158.5	140.3	129.5	81.0	56.6	24.8	14.7
	降水量	8.2	11.2	20.4	42.1	40.0	90.4	237.1	156.7	60.8	30.0	27.0	11.3
临沂	蒸发力	17.2	24.3	53.1	78.9	123.7	137.2	123.3	77.5	56.2	25.6	15.5	
	降水量	11.5	15.1	24.4	52.1	48.2	111.1	284.8	183.1	160.4	33.7	32.3	13.3
文登	蒸发力	13.2	20.2	47.7	71.5	120.4	121.1	110.4	112.3	73.4	48.0	21.4	12.0
	降水量	15.7	12.5	22.4	44.3	43.3	82.4	234.1	194.3	107.9	36.0	35.3	16.3
南京	蒸发力	19.5	24.9	50.1	70.5	103.5	120.6	140.9	139.1	80.7	59.0	27.3	17.8
	降水量	31.8	53.0	78.7	98.7	97.3	139.9	182.0	121.0	100.9	44.3	53.2	21.2
蚌埠	蒸发力	19.0	25.9	52.0	74.4	114.3	136.9	137.2	130.0	79.1	57.8	28.2	18.5
	降水量	26.6	32.6	60.8	62.5	74.3	106.8	205.8	153.7	87.0	38.0	40.3	22.0
合肥	蒸发力	19.0	25.6	51.3	71.7	111.5	131.9	150.0	146.3	80.8	59.2	27.9	18.5
	降水量	33.6	50.2	75.4	106.1	105.9	96.3	181.5	111.1	80.0	43.2	52.5	31.5

续表 H

站名	项别	1	2	3	4	5	6	7	8	9	10	11	12
巢湖	蒸发力	22.8	27.6	54.2	72.6	111.3	134.8	159.7	149.9	84.2	64.7	31.2	21.6
	降水量	27.4	45.5	73.7	111.1	110.2	89.0	158.1	98.9	76.6	40.1	59.6	26.1
许昌	蒸发力	20.3	26.8	33.0	75.7	122.3	153.0	140.7	125.2	76.8	54.6	27.5	19.0
	降水量	13.0	15.0	19.8	53.0	53.8	70.4	185.7	156.4	72.2	39.9	37.9	10.7
南阳	蒸发力	19.2	29.9	53.3	74.4	113.8	144.8	137.6	132.6	78.8	55.6	26.5	18.6
	降水量	14.2	16.1	36.2	69.9	66.0	84.0	196.8	163.1	93.8	47.3	31.5	10.2
郧阳	蒸发力	17.5	23.3	46.5	65.7	105.3	131.0	135.7	127.0	69.4	49.0	23.3	16.2
	降水量	14.5	20.3	43.7	84.1	74.8	74.7	145.2	134.6	109.7	61.7	38.9	12.3
钟祥	蒸发力	23.4	29.1	52.2	70.5	108.6	131.2	151.3	146.2	89.9	62.5	31.9	21.7
	降水量	26.4	30.3	55.9	99.4	119.5	136.5	184.6	114.0	73.7	53.1	47.2	22.8
江陵荆州	蒸发力	20.1	24.8	45.6	61.7	96.5	120.2	146.8	136.9	82.3	54.4	27.0	18.8
	降水量	30.0	40.7	77.1	132.7	160.2	165.9	177.6	124.6	70.0	74.0	53.5	31.2
全州	蒸发力	29.1	27.9	47.1	59.4	90.6	105.8	151.5	137.7	98.6	68.5	35.7	27.5
	降水量	55.0	89.0	131.9	250.1	231.0	198.9	110.6	130.8	48.3	69.9	86.0	58.6
桂林	蒸发力	32.5	31.2	44.7	61.6	91.5	106.7	138.4	133.5	106.9	78.5	42.9	33.5
	降水量	55.6	76.1	134.0	279.7	318.4	315.8	224.2	166.9	65.2	97.3	83.2	56.6
百色	蒸发力	31.6	36.9	67.6	90.5	123.1	117.9	134.1	128.6	96.8	68.3	40.0	26.4
	降水量	19.9	17.3	31.1	66.1	168.1	195.7	170.3	189.0	109.4	81.3	39.6	17.7
田东	蒸发力	37.1	41.2	70.1	92.3	125.7	122.0	138.5	132.1	101.1	73.9	42.7	35.5
	降水量	17.4	22.3	37.2	66.0	159.4	213.5	153.7	211.2	134.5	67.3	37.2	22.4
贵港	蒸发力	41.8	36.7	52.7	67.6	110.6	109.2	135.0	133.1	111.4	91.2	52.1	42.1
	降水量	33.3	48.4	63.2	144.0	183.6	302.5	221.4	244.9	101.4	66.6	38.0	27.4
南宁	蒸发力	25.1	33.4	52.1	71.3	116.0	115.7	136.3	130.5	90.1	81.7	46.1	35.3
	降水量	40.2	41.8	63.0	84.1	183.3	241.8	179.9	203.6	110.1	67.0	43.3	25.1
上思	蒸发力	45.0	34.7	54.0	74.3	120.3	108.5	127.2	119.0	91.4	73.4	42.5	34.6
	降水量	23.4	26.0	23.1	62.4	126.7	144.3	201.0	235.6	141.7	74.1	40.4	18.0
来宾	蒸发力	36.0	34.2	51.3	76.4	107.1	112.6	140.9	135.7	107.0	79.9	43.4	34.2
	降水量	28.8	52.7	67.2	116.9	182.8	296.1	195.9	209.0	68.5	78.3	57.3	36.3
韶关（曲江）	蒸发力	32.2	31.8	51.4	65.0	103.4	111.4	155.6	141.2	109.7	79.5	44.4	32.2
	降水量	52.4	83.2	149.7	226.2	239.9	264.1	127.6	138.4	90.8	57.3	49.3	43.5
广州	蒸发力	40.1	35.9	53.1	66.2	105.9	122.5	137.5	131.1	99.5	88.4	54.5	41.8
	降水量	39.3	62.5	91.3	158.2	266.7	299.2	220.0	225.5	204.0	52.2	42.0	19.7
湛江	蒸发力	43.0	37.1	55.9	26.9	123.8	122.3	144.9	132.0	105.1	87.8	58.9	46.2
	降水量	25.2	38.7	63.5	46.0	163.2	209.2	163.5	251.2	254.4	90.9	44.7	19.5
绵阳	蒸发力	16.8	21.4	43.8	61.2	92.8	97.0	109.4	104.0	56.7	38.2	21.9	15.2
	降水量	6.1	10.9	20.2	54.5	83.5	152.0	244.0	224.6	143.5	43.9	19.7	6.1
成都	蒸发力	15.1	21.4	43.6	59.7	91.0	94.3	107.7	102.1	56.0	37.5	21.7	15.7
	降水量	5.1	11.3	21.8	51.3	88.3	119.8	229.4	365.5	113.7	48.0	16.5	6.4
昭通	蒸发力	23.1	31.4	66.1	83.0	97.7	81.9	91.0	92.8	61.7	40.1	27.2	21.2
	降水量	5.6	6.6	12.6	26.6	74.3	144.1	162.0	124.4	101.2	62.2	15.2	7.0
昆明	蒸发力	35.6	47.2	85.1	110.3	122.6	91.9	90.2	90.3	67.0	53.0	36.9	30.1
	降水量	10.0	9.9	19.7	28.5	182.0	216.5	195.1	123.0	94.9	33.6	16.0	
开远	蒸发力	44.4	56.9	99.6	116.7	140.2	105.4	107.5	100.8	81.6	66.5	44.2	39.2
	降水量	14.2	14.2	25.9	40.9	75.7	131.8	166.6	131.5	83.2	55.2	33.2	20.0
元江	蒸发力	54.2	69.4	114.3	123.3	148.7	118.8	121.2	116.9	95.3	76.4	52.2	44.8
	降水量	12.5	11.1	17.2	41.9	80.3	142.6	132.1	133.3	72.4	74.1	37.1	26.9
文山	蒸发力	36.1	45.8	84.3	104.4	120.8	94.5	99.3	90.5	70.5	59.5	40.4	34.3
	降水量	13.7	12.4	24.5	61.6	103.5	154.0	194.6	175.0	103.6	64.9	31.1	23.0
蒙自	蒸发力	40.4	58.4	100.8	117.6	134.5	102.3	102.6	97.7	78.7	66.0	47.8	41.3
	降水量	12.9	16.4	26.2	45.9	90.1	131.8	150.8	150.5	81.1	52.8	27.7	19.8
贵阳	蒸发力	21.0	25.0	51.8	70.3	90.9	92.7	116.9	110.1	74.4	46.7	28.1	21.1
	降水量	19.7	21.8	32.1	108.3	191.8	213.2	178.9	142.0	82.6	89.2	55.9	25.7

注：表中"站名"为气象站所在地。

附录 J　使用要求严格的地面构造

表 J　混凝土地面构造要求

设计要求 　　　$\delta_{ep0}(\%)$	$2\leqslant\delta_{ep0}<4$	$\delta_{ep0}\geqslant4$
混凝土垫层厚度(mm)	100	120
换土层总厚度 h(mm)	300	$300+(\delta_{ep0}-4)\times100$
变形缓冲层材料最小粒径(mm)	$\geqslant150$	$\geqslant200$

注：1　表中 δ_{ep0} 取膨胀试验卸荷到零时的膨胀率；
　　2　变形缓冲层材料可采用立砌漂石、块石，要求小头朝下；
　　3　换土层总厚度 h 为室外地面标高至变形缓冲层底标高的距离。

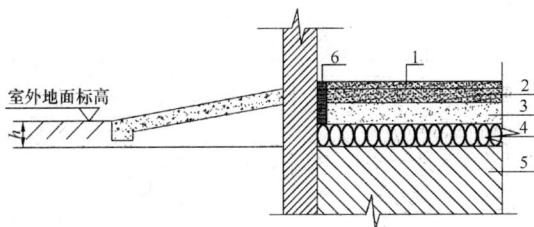

图 J　混凝土地面构造示意
1—面层；2—混凝土垫层；3—非膨胀土填充层；
4—变形缓冲层；5—膨胀土地基；6—变形缝

本规范用词说明

1　为便于在执行本规范条文时区别对待，对要求严格程度不同的用词说明如下：
　　1)　表示很严格，非这样做不可的：
　　　　正面词采用"必须"，反面词采用"严禁"；
　　2)　表示严格，在正常情况下均应这样做的：
　　　　正面词采用"应"，反面词采用"不应"或"不得"；
　　3)　表示允许稍有选择，在条件许可时首先应这样做的：
　　　　正面词采用"宜"，反面词采用"不宜"；
　　4)　表示有选择，在一定条件下可以这样做的，采用"可"。
2　条文中指明应按其他有关标准执行的写法为："应按……执行"或"应符合……的规定"。

引用标准名录

1　《建筑地基基础设计规范》GB 50007
2　《岩土工程勘察规范》GB 50021
3　《工程测量规范》GB 50026
4　《工程结构可靠性设计统一标准》GB 50153
5　《民用建筑可靠性鉴定标准》GB 50292
6　《建筑变形测量规范》JGJ 8
7　《建筑桩基技术规范》JGJ 94

中华人民共和国国家标准

膨胀土地区建筑技术规范

GB 50112—2013

条 文 说 明

修 订 说 明

《膨胀土地区建筑技术规范》GB 50112 - 2013，经住房和城乡建设部 2012 年 12 月 25 日以第 1587 号公告批准、发布。

本规范是在《膨胀土地区建筑技术规范》GBJ 112 - 87 的基础上修订而成的。《膨胀土地区建筑技术规范》GBJ 112 - 87 的主编单位是中国建筑科学研究院，参编单位是中国有色金属总公司昆明勘察院、航空航天部第四规划设计研究院、云南省设计院、个旧市建委设计室、湖北省综合勘察设计研究院、陕西省综合勘察院、中国人民解放军总后勤部营房设计院、平顶山市建委、航空航天部勘察公司、平顶山矿务局科研所、云南省云锡公司、广西区建委综合设计院、湖北省工业建筑设计院、广州军区营房设计所。主要起草人为黄熙龄、陆忠伟、何信芳、穆伟贤、 徐祖森 、陈希泉、陈林、汪德果、 陈开山 、 王思义 。

本规范修订过程中，修订组进行了广泛的调查研究，总结了我国工程建设的实践经验，同时参考了国外先进技术法规、技术标准。

为便于广大设计、施工、科研、学校等单位有关人员在使用本规范时能正确理解和执行条文规定，《膨胀土地区建筑技术规范》修订组按章、节、条顺序编制了本规范的条文说明，对条文规定的目的、依据以及执行中需注意的有关事项进行了说明。但是，本条文说明不具备与规范正文同等的法律效力，仅供使用者作为理解和把握规范规定的参考。在使用中若发现本条文说明有不妥之处，请将意见函寄中国建筑科学研究院。

目 次

1 总　　则

1.0.1 本条明确了制定本规范的目的和指导思想：在膨胀土地区的工程建设过程中，针对膨胀土的特性，结合当地的工程经验，认真执行国家的经济技术政策。保护环境，特别是保持地质环境中的原始地形地貌、天然泄排水系统和植被不遭到破坏以及合理的环境绿化也是预防膨胀土危害的重要措施，应予以高度重视。

1.0.2 本规范定义的膨胀土不包括膨胀类岩石、膨胀性含盐岩土以及受酸和电解液等污染的土。当建设工程遇有该情况时，应进行专门研究。

1.0.3 为实现膨胀土地区建筑工程的安全和正常使用，遵照《工程结构可靠性设计统一标准》GB 50153的有关规定，在岩土工程勘察、工程设计和施工以及维护管理等方面提出下列要求：

1）我国膨胀土分布广泛，成因类型和矿物组成复杂，应根据土的自由膨胀率、工程地质特征和房屋开裂破坏形态综合判定膨胀土；

2）建筑场地的地形地貌条件和气候特点以及土的膨胀潜势决定着膨胀土对建筑工程的危害程度。场地条件应考虑上述因素的影响，以地基的分级变形量为指示性指标综合评价；

3）膨胀土上的房屋受环境诸因素变化的影响，经常承受反复不均匀升降位移的作用，特别是坡地上的房屋还伴随有水平位移，较小的位移幅度往往导致低层砌体结构房屋的破坏，且难于修复。因此，对膨胀土的危害应遵循"预防为主，综合治理"的原则。

上述要求是根据膨胀土的特性以及当前国内外对膨胀土科学研究的现状和经验总结提出的。一般地基只有在极少数情况下才考虑气候条件与土中水分变化的影响，但对膨胀土地基，大量降雨、严重干旱就足以导致房屋大幅度位移而破坏。土中水分变化不仅与气候有关，还受覆盖、植被和热源等影响，这些都是在设计中必须考虑的因素。

1.0.4 本规范各章节的技术要求和措施是针对膨胀土地基的特性制定的，按照工程建设程序，在岩土工程勘察、荷载效应和地震设防以及结构设计等方面还应符合有关现行国家标准的规定。

2 术语和符号

2.1 术　　语

根据《工程建设标准编写规定》（建标〔2008〕

182号）的要求，新增了本规范相关术语的定义及其英文术语。主要包括膨胀土及其特性参数、指标的术语。

2.1.1 本规范对膨胀土的定义包括三个内容：

1）控制膨胀土胀缩势能大小的物质成分主要是土中蒙脱石的含量、离子交换量以及小于 $2\mu m$ 黏粒含量。这些物质成分本身具有较强的亲水特性，是膨胀土具有较大胀缩变形的物质基础；

2）除亲水特性外，物质本身的结构也很重要，电镜试验证明，膨胀土的微观结构属于面—面叠聚体，它比团粒结构有更大的吸水膨胀和失水收缩的能力；

3）任何黏性土都具有胀缩性，问题在于这种特性对房屋安全的危害程度。本规范以未经处理的一层砌体结构房屋的极限变形幅度 15mm 作为划分标准，当计算建筑物地基土的胀缩变形量超过此值时，即应按本规范进行勘察、设计、施工和维护管理。

2.2 符　　号

符号以沿用《膨胀土地区建筑技术规范》GBJ 112-87既有符号为主，按属性分为四类：作用和作用效应、材料性能和抗力、几何参数、设计参数和计算系数。并根据现行标准体系对以下参数符号进行了修改：

1）"地基承载力标准值（f_k）"改为"地基承载力特征值（f_{ak}）"；

2）"桩侧与土的容许摩擦力（$[f_s]$）"改为"桩的侧阻力特征值（q_{sa}）"；

3）"桩端单位面积的容许承载力（$[f_p]$）"改为"桩的端阻力特征值（q_{pa}）"。

3 基 本 规 定

3.0.1 膨胀土一般为黏性土，就其黏土矿物学来说，黏土矿物的硅氧四面体和铝氧八面体的表面都富存负电荷，并吸附着极性水分子形成不同厚度的结合水膜，这是所有黏土吸水膨胀的共性。而蒙脱石 $[(Mg \cdot Al)_2(Si_4O_{10})(OH)_2 \cdot nH_2O]$ 是在富镁的微碱性环境中生成的含镁和水的硅铝酸盐矿物，它的比表面积高达 $810m^2/g$，约为伊利石的 10 倍。蒙脱石不但具有结合水膜增厚的膨胀（俗称粒间膨胀），而且具有伊利石、高岭石、绿泥石等矿物所没有的极为显著的晶格间膨胀。国外的研究表明：蒙脱石的含水量在 10%、29.5% 和 59% 的 d（001）晶面间距分别为 11.2Å、15.1Å 和 17.8Å。当蒙脱石加水到呈胶体时，其晶面间距可达 20Å 左右，而钠蒙脱石在淡水中的晶面间距可达 120Å，体积增大 10 倍。因此，蒙脱石的含量决定着黏土膨胀潜势的强弱。这与 Na_2SO_4 在一定温度下能吸附 10 个水分子形成 $Na_2SO_4 \cdot 10H_2O$ 的盐酸性有着本质的区别。黏土的膨胀不仅与蒙脱石含量关系密切，而且与其表面吸附的可交换阳离子种类有关。钠蒙脱石比钙蒙脱石具有更大的膨胀潜势就是一个例证。

20 世纪 80 年代"膨胀土地基设计"课题组以及近期曲永新研究员等人的研究表明：我国膨胀土的分布广，矿物成分复杂多变，土中小于 $2\mu m$ 的黏粒含量一般大于 30%。作为膨胀性矿物的蒙脱石常以混层的形式出现，如伊利石/蒙脱石、高岭石/蒙脱石和绿泥石/蒙脱石等。而混层比（即蒙脱石占混层矿物总数的百分数）的大小决定着膨胀潜势的强弱。

所谓综合判定并非多指标判定，而是根据自由膨胀率并综合工程地质特征和房屋开裂破坏形态作多因素判定。膨胀土地区的工程地质特征和房屋开裂破坏形态是地基土长期胀缩往复循环变形的表征，是膨胀土固有的属性，在一般地基上罕见。

自由膨胀率是干土颗粒在无结构力影响时的膨胀特性指标，且较为直观，试验方法简单易行。大量试验研究表明：自由膨胀率与土的蒙脱石含量和阳离子交换量有较好的相关关系，见图 1 和图 2。图中的试验数据是全国有代表性膨胀土的试验资料的统计分析结果。试验用土样都是在不同开裂破坏程度房屋的附近取得，其中尚有一般黏土和红黏土。

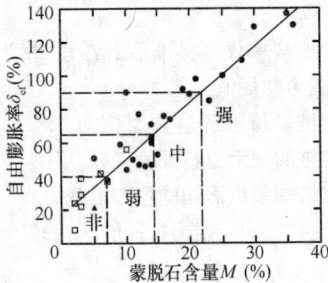

图 1　蒙脱石含量与自由膨胀率关系
●膨胀土；△一般黏土；□红黏土
$\delta_{ef} = 3.3459M + 16.894$　$R^2 = 0.8114$

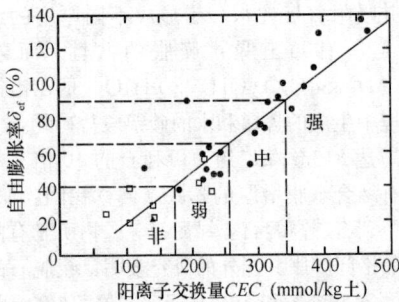

图 2　阳离子交换量与自由膨胀率关系
●膨胀土；△一般黏土；□红黏土
$\delta_{ef} = 0.2949CEC - 10.867$　$R^2 = 0.7384$

当自由膨胀率小于 40%、蒙脱石含量小于 7%、阳离子交换小于 170 时，地基的分级变形量小于 15mm，低层砌体结构房屋完好或有少量微小裂缝，可判为非膨胀土；当土的自由膨胀率大于 90%、蒙脱石含量大于 22%、阳离子交换量大于 340 时，地基的分级变形量可能大于 70mm，房屋会严重开裂破坏，裂缝宽度可达 100mm 以上。本规范附录 A 和表 A.0.1 以及第 4.3.3 条和第 4.3.4 条就是根据上述资料制定的。

我国幅员辽阔，膨胀土的成因类型和矿物组成复杂，对膨胀土胀缩机理的研究和认识尚处于逐步提高、统一认识的阶段。本规范对膨胀土的判定及其指标的选取着重于建筑工程的工程意义，而非拘泥于土质学和矿物学的理论分析。矿物和化学分析费用高、时间长，一般试验室难于承担。当工程的规模大、功能要求严格且对土的膨胀性能有疑问时，可按本规范附录 A 的规定，通过矿物和化学分析进一步验证确认。

3.0.2 膨胀土上建筑物的地基基础设计等级是根据下列因素确定的：

1) 建筑物的建筑规模和使用要求；
2) 场地工程地质特征；
3) 诸多环境因素影响下地基产生往复胀缩变形对建筑物所造成的危害程度等。

本规范表 3.0.2 的甲级建筑物中，覆盖面积大的重要工业与民用建筑物系指规模面积大的生产车间和大型民用公共建筑（如展览馆、体育场馆、火车站、机场候机楼和跑道等）。由于占地面积大，膨胀土中的水分变化受"覆盖效应"影响较大。大面积的建筑覆盖，基本上隔绝了大气降水和地面蒸发对土中水分变化的影响。在室内外和土中上下温度和湿度梯度的驱动下，水分向建筑物中部区域迁移并集聚而导致结构物的隆起；而在建筑物四周，受气候变化的影响较大，结构会产生较大幅度的升降位移。上述中部区域的隆起和四周升降位移是不均匀的，幅度达到一定的程度将导致建筑结构产生难于承受的次应力而破坏。再者，大型结构跨度大，结构形式往往是新型的网架或壳体屋盖和组合柱，对基础差异升降位移要求严格且适应能力较差，容易遭到破坏或影响正常使用。

用水量较大的湿润车间，如自来水厂、污水处理厂和造纸、纺织印染车间等大型的储水构筑物须采取严格的防水措施，以防止长时间的跑冒滴漏导致土中水分增加而产生过大的膨胀变形；而烟囱、炉、窑由于长期的高温烘烤会导致基础下部和周围的土体失水收缩。如有一炼焦炉三面环绕的烟道长期经受 200℃ 的高温烘烤，引起地基土大量失水，产生了 53mm 的附加沉降，使总沉降量达到 106mm，差异沉降 79mm，基础底板出现多条裂缝。长期工作在低温或负温条件下的冷藏、冷冻库房等建筑物，与环境温度差异较大，在温度梯度驱动下，水分向建筑物下的土体转移，引起幅度较大的不均匀膨胀变形，使房屋开裂而影响使用。设计时必须采取保温隔热措施。

精密仪器仪表制造和使用车间、测绘用房以及高温、高压和易燃、易爆的化工厂、核电站等的生产装置和管道等设施，或鉴于生产工艺和使用精度需要，或因为安全防护，对建筑地基的总变形和差异变形要求极为严格，地基基础设计必须采取相应的对策。

位于坡地上的房屋，其临坡面的墙体变形与平坦场地有很大差异。由于坡地临空面大，土中水分的变化对大气降水和蒸发的影响敏感，房屋平均变形和差异变形的幅度大于平坦场地。地基的变形特点除有竖向位移外，还兼有较大的水平位移，当土中水分变化较大时，这种水平位移是不可逆的。因此，坡地上房屋开裂破坏程度比平坦场地严重，将建于坡地上的重要建筑物（如纪念性建筑、高档民用房屋等）的地基基础设计等级列为甲级。

胀缩等级为Ⅲ级的地基，其低层房屋的变形量可能大于 70mm，设计的技术难度和处理费用较高，有时需采取多种措施综合治理，必要时还需要在加强上部结构刚度的同时采用桩基础。膨胀土地区的挡土结构，当高度不大于 3m 时，只要符合本规范第 5.4.3 条的构造要求，一般都是安全的，这是总结建筑经验的结果。对于高度大于 3m 的挡土结构，在设计计算时要考虑土中裂隙发育程度和土体遇水膨胀后抗剪强度的降低，并考虑水平膨胀力的影响。因此，在计算参数和滑裂面选取以及水平膨胀力取值等方面的技术难度高，需进行专门研究。对于膨胀土地区深基坑的支护设计，存在同样的问题需要认真应对。

本规范表 3.0.2 中地基基础设计等级为丙级的建筑物，由于场地平坦、地基条件简单均匀，且地基土的胀缩等级为Ⅰ级，其最大变形幅度一般小于 35mm，只要采取一些简单的预防措施就能保证其安全和正常使用。

建筑物规模和结构形式繁多，影响膨胀土地基变形的因素复杂，技术难度高，设计时应根据建筑物和地基的具体情况确定其设计等级。本规范表 3.0.2 中未包含的内容，应参考现行国家标准《建筑地基基础设计规范》GB 50007 中有关的规定执行。

3.0.3 根据建筑物地基基础设计等级及长期荷载作用下地基胀缩变形和压缩变形对上部结构的影响程度，本条规定了膨胀土地基的设计原则：

    1）所有建筑物的地基计算和其他地基一样必须满足承载力的要求，这是保证建筑物稳定的基本要求。

    2）膨胀土上的建筑物遭受开裂破坏多为砌体结构的低层房屋，四层以上的建筑物很少有危害产生。低层砌体结构的房屋一般整体刚度和强度较差，基础埋深较浅，土中

水分变化容易受环境因素的影响，长期往复的不均匀胀缩变形使结构遭受正反两个方向的挠曲变形作用。即使在较小的位移幅度下，也常可导致建筑物的破坏，且难于修复。因此，膨胀土地基的设计必须按变形计算控制，严格控制地基的变形量不超过建筑物地基允许的变形值。这对下列设计等级为甲、乙级的建筑物尤为重要：

    （1）建筑规模大的建筑物；

    （2）使用要求严格的建筑物；

    （3）建筑场地为坡地和地基条件复杂的建筑物。

对于高重建筑物作用于地基主要受力层中的压力大于土的膨胀力时，地基变形主要受土的压缩变形和可能的失水收缩变形控制，应对其压缩变形和收缩变形进行设计计算。

    3）对于设计等级为丙级的建筑物，当其地基条件简单，荷载差异不大，且采取有效的预防胀缩措施时，可不做变形验算。

    4）建造于斜坡及其邻近的建筑物和经常受水平荷载作用的高层建筑以及挡土结构的失稳是灾难性的。建筑地基和挡土结构的失稳，一方面是由于荷载过大，土中应力超过土体的抗剪强度引起的，必须通过设计计算予以保证；另一方面，土中水的作用是主要的外因，所谓"十滑九水"对于膨胀土地基来说更为贴切。水不但导致土体膨胀而使其抗剪强度降低，同时也产生附加的水平膨胀力，设计时应考虑其影响，并采取防水保湿措施，保持土中水分的相对平衡。

3.0.6 本条规定地基基础设计等级为甲级的建筑物应进行长期的升降和水平位移观测，其目的是为建筑物后期的维护管理提供指导，同时，也为地区的膨胀土研究积累经验与数据。

4 勘 察

4.1 一 般 规 定

4.1.1 根据膨胀土的特点，在现行国家标准《岩土工程勘察规范》GB 50021 的基础上，增加了一些膨胀土地区岩土工程勘察的特殊要求：

    1）各勘察阶段应增加的工作；

    2）勘探布点及取土数量与深度；

    3）试验项目，如膨胀试验、收缩试验等。

4.1.2 明确可行性研究勘察阶段以工程地质调查为主，主要内容为初步查明有无膨胀土。工程地质调查的内容是按综合判定膨胀土的要求提出的，即土的自由膨胀率、工程地质特征、建筑物损坏情况等。

4.1.3 初步勘察除要求查明不良地质作用、地貌、地下水等情况外，还要求进行原状土基本物理力学性质、膨胀、收缩、膨胀力试验，以确定膨胀土的膨胀潜势和地基胀缩等级，为建筑总平面布置、主要建筑物地基基础方案和预防措施以及不良地质作用的防治提供资料和建议。

4.1.4 详细勘察除一般要求外，应确定各单体建筑物地基土层分布及其物理力学性质和胀缩性能，为地基基础的设计、防治措施和边坡防护以及不良地质作用的治理，提供详细的工程地质资料和建议。

4.1.5 结合膨胀土地基的特殊情况，对勘探点的布置、孔深和土样采取提出要求。根据大气影响深度及胀缩性评价所需的最少土样数量，规定膨胀土地面下 8m 以内必须采取土样，地基基础设计等级为甲级的建筑物，取原状土样的勘探点不得少于 3 个。大气影响深度范围内是膨胀土的活动带，故要求增加取样数量。经多年现场观测，我国膨胀土地区平坦场地的大气影响深度一般在 5m 以内，地面 5m 以下由于土的含水量受大气影响较小，故采取土样进行胀缩性试验的数量可适当减少。但如果地下水位波动很大，或有溶沟溶槽水时，则应根据具体情况确定勘探孔的深度和取原状土样的数量。

对于膨胀土地区的高层建筑，其岩土工程勘察尚应符合现行国家标准《岩土工程勘察规范》GB 50021 的相关规定。

4.2 工程特性指标

4.2.1~4.2.4 膨胀土的工程特性指标包括自由膨胀率、不同压力下的膨胀率、膨胀力和收缩系数等四项，本规范附录 D~附录 G 对试验方法的技术要求作了具体的规定。

自由膨胀率是判定膨胀土时采用的指标，不能反映原状土的胀缩变形，也不能用来定量评价地基土的胀缩幅度。不同压力下的膨胀率和收缩系数是膨胀土地区设计计算变形的两项主要指标。膨胀力较大的膨胀土，地基计算压力也可相应增大，在选择基础形式及基底压力时，膨胀力是很有用的指标。

4.3 场地与地基评价

4.3.1 膨胀土场地的综合评价是工程实践经验的总结，包括工程地质特征、自由膨胀率及场地复杂程度三个方面。工程地质特征与自由膨胀率是判别膨胀土的主要依据，但都不是唯一的，最终的决定因素是地基的分级变形量及胀缩的循环变形特性。

在使用本规范时，应特别注意收缩性强的土与膨胀土的区分。膨胀土的处理措施有些不适于收缩性强的土，如地面处理、基础埋深、防水处理等方面两者有很大的差别。对膨胀土而言，既要防止收缩，又要防止膨胀。

此外，膨胀土分布的规律和均匀性较差，在一栋建筑物场地内，有的属膨胀土，有的不属膨胀土。有些地层上层是非膨胀土，而下层是膨胀土。在一个场区内，这种例子更多。因此，对工程地质及土的膨胀潜势和地基的胀缩等级进行分区具有重要意义。

4.3.2 在场地类别划分上没有采用现行国家标准《岩土工程勘察规范》GB 50021 规定的三个场地等级：一级场地（复杂场地）、二级场地（中等复杂场地）和三级场地（简单场地），而采用平坦场地和坡地场地。膨胀土地区自然坡很缓，超过 14°就有蠕动和滑坡的现象，同时，大于 5°坡上的建筑物变形受坡的影响而沉降量也较大。房屋损坏严重，处理费用较高。为使设计施工人员明确膨胀土坡地的危害及治理方法的特别要求，将三级场地（简单场地）划为平坦场地，将二级场地（中等复杂场地）和一级场地（复杂场地）划为坡地场地。膨胀土地区坡地的坡度大于 14°已属于不良地形，处理费用太高，一般应避开。建议在一般情况下，不要将建筑物布置在大于 14°的坡地上。

场地类别划分的依据：膨胀土固有的特性是胀缩变形，土的含水量变化是胀缩变形的重要条件。自然环境不同，对土的含水量影响也随之而异，必然导致胀缩变形的显著区别。平坦场地和坡地场地处于不同的地形地貌单元上，具有各自的自然环境，便形成了独自的工程地质条件。根据对我国膨胀土分布地区的 8 个省、9 个研究点的调查，从坡地场地上房屋的损坏程度、边坡变形和斜坡上的房屋变形特点等来说明将其划分为两类场地的必要性。

1）坡地场地

（1）建筑物损坏普遍而严重，两次调查统计见表 1。

表 1　坡地上建筑物损坏情况调查统计

序号	建筑物位置	调查统计
1	坡顶建筑物	调查了 324 栋建筑物，损坏的占 64.0%，其中严重损坏的占 24.8%
2	坡腰建筑物	调查了 291 栋建筑物，损坏的占 77.4%，其中严重损坏的占 30.6%
3	坡脚建筑物	调查了 36 栋建筑物，损坏的占 6.8%，其损坏程度仅为轻微～中等
4	阶地及盆地中部建筑物	由于地形地貌简单、场地平坦，除少量建筑物遭受破坏外，大多数完好

（2）边坡变形特点

湖北郧县人民法院附近的斜坡上，曾布置了2个剖面的变形观测点，测点布置见图3，观测结果列于表2。从观测结果来看，在边坡上的各测点不但有升降变形，而且有水平位移；升降变形幅度和水平位移量都以坡面上的点最大，随着离坡面距离的增大而逐渐减小；当其离坡面15m时，尚有9mm的水平位移，也就是说，边坡的影响距离至少在15m左右；水平位移的发展导致坡肩地裂的产生。

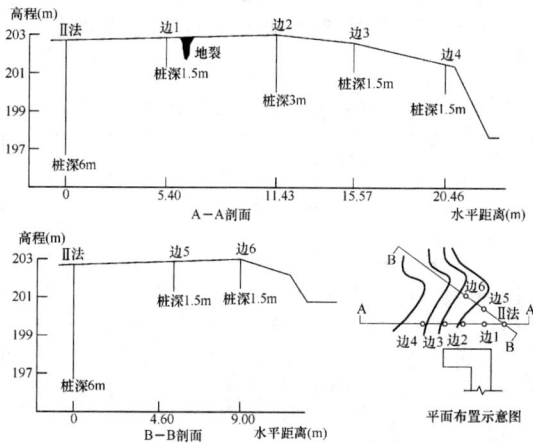

图3　湖北郧县人民法院边坡变形
观测测点布置示意

表2　湖北郧县人民法院边坡观测结果

剖面长度（m）	点号	间距（m）	水平位移（mm）		点号	升降变形幅度（mm）
			"＋"	"－"		
20.46（Ⅱ法~测点边4）	Ⅱ法~边1	5.40	4.00	3.10	Ⅱ法	10.29
	~边2	11.43		9.90	边1	49.29
	~边3	15.57	20.60	10.70	边2	34.66
	~边4	20.46	34.20		边3	47.45
					边4	47.07
9.00（Ⅱ法~测点边6）	Ⅱ法~边5	4.60	3.00	6.10	边5	45.01
	~边6	9.00	24.40		边6	51.96

注：1. "＋"表示位移量增大，"－"表示位移量减小；
　　2. 测点"边1"~"边2"间有一条地裂。

（3）坡地场地上建筑物变形特征

云南个旧东方红农场小学教室及个旧冶炼厂5栋家属宿舍，均处于5°~12°的边坡上，7年的升降观测，发现临坡面的变形与时间关系曲线是逐年渐次下降的，非临坡面基本上是波状升降。观测结果列于表3。从观测结果来看，临坡面观测点的变形幅度是非临坡面的1.35倍，边坡的影响加剧了建筑物临坡面的变形，从而导致建筑物的损坏。

表3　云南个旧东方红农场等处 5°~12°
边坡上建筑物升降变形观测结果

建筑物名称	至坡边距离（m）	坎高（m）	临坡面（前排）的变形幅度（mm）			非临坡面（后排）的变形幅度（mm）		
			点号	最大	平均	点号	最大	平均
东方红农场小学教室（Ⅰ₁）	4.0	3.2	Ⅰ₁~1	88.10	118.60	Ⅰ₁~7	103.30	90.00
			~2	119.70		~8	100.10	
			~3	146.80		~9	114.40	
			~4	112.80		~10	48.10	
			~5	125.50				
个旧冶炼厂家属宿舍（Ⅱ₂）	4.4	2.13~2.60	Ⅱ₂~1	25.20	16.60	Ⅱ₂~4	8.10	14.10
			~2	12.20		~5	20.10	
			~3	12.30				
个旧冶炼厂家属宿舍（Ⅱ₃）	4.0	1.00~1.16	Ⅱ₃~1	28.70	24.40	Ⅱ₃~4	8.70	10.25
			~2	11.50		~5	11.80	
			~3	25.10				
			~4	32.30				
个旧冶炼厂家属宿舍（Ⅱ₄）	4.6	1.75~2.61	Ⅱ₄~1	36.50	25.18	Ⅱ₄~5	12.90	15.37
			~2	11.00		~6	22.60	
			~3	20.80		~7	10.60	
			~4	30.60				
			~5	27.00				
个旧冶炼厂家属宿舍（Ⅱ₅）	2.0	0.75~1.09	Ⅱ₅~1	50.30	49.40	Ⅱ₅~6	44.20	44.20
			~2	23.50				
			~3	34.70				
			~4	24.30				
			~7	62.30				
			~8	42.10				
总体比较					46.84			34.78

表3中Ⅰ₁栋建筑物：地形坡度为5°，一面临坡，无挡土墙；Ⅱ₂~Ⅱ₅栋建筑物：地形坡度为12°，Ⅱ₃~Ⅱ₅栋两面临坡。Ⅱ₂栋一面临坡，有挡土墙。

（4）上述调查结果揭示了坡地场地的复杂性，说明坡地场地有其独特的工程地质条件：

①地形地貌与地质组成结构密切相关。一般情况下地质组成的成层性基本与山坡一致，建筑物场地选择在斜坡时，场地平整挖填后，地基往往不均匀，见图4。由于地基土的不均匀，土的含水量也就有差

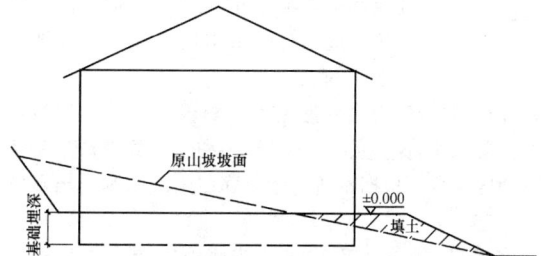

图4　坡地场地上的建筑物地质剖面示意

异。在这种情况下，建筑物建成后，地基土的含水量与起始状态不一致，在新的环境下重新平衡，从而产生土的不均匀胀缩变形，对建筑物产生不利的影响。

②坡地场地切坡平整后，在场地的前缘形成陡坡或土坎。土中水的蒸发既有坡肩蒸发，也有临空的坡面蒸发。鉴于两面蒸发和随距蒸发面的距离增加而蒸发逐渐减弱的状况，边坡楔形干燥区呈近似三角形（坡脚至坡肩上一点的连线与坡肩与坡面形成的三角形）。若山坡上冲沟发育而遭受切割时，就可能形成二向坡或三向坡，楔形干燥区也相应地增加。蒸发作用是如此，雨水浸润作用同样如此。两者比较，以蒸发作用最为显著，边坡的影响使坡地场地楔形干燥区内土的含水量急剧变化。东方红农场小学教室边坡地带土的含水量观测结果表明：楔形干燥区内土的含水量变化幅度为 $4.7\%\sim8.4\%$，楔形干燥区外土的含水量变化幅度为 $1.7\%\sim3.4\%$，前者是后者的 $(2.21\sim3.36)$ 倍。由于楔形干燥区内土的含水量变化急剧，导致建筑物临坡面的变形是非临坡面的 1.35 倍（表3）。这说明边坡对建筑物影响的复杂性。

③场地开挖边坡形成后，由于土的自重应力和土的回弹效应，坡体内土的应力要重新分布：坡肩处产生张力，形成张力带；坡脚处最大主应力方向产生旋转，临空面附近，最小主应力急剧降低，在坡面上降为"0"，有时甚至转变为拉应力。最大最小主应力差相应而增，形成坡体内最大的剪力区。

膨胀土边坡，当其土因受雨水浸润而膨胀时，土的自重压力对竖向变形有一定的制约作用。但坡体内的侧向应力有愈靠近坡面而显著降低和在临空面上降至"0"的特点，在此种应力状态下，加上膨胀引起的侧向膨胀力作用，坡体变形便向坡外发展，形成较大的水平位移。同时，坡体内土体受水浸润，抗剪强度大为衰减，坡顶处的张力带必将扩展，坡脚处剪应力区的应力更加集中，更加促使边坡的变形，甚至演变成蠕动和塑性滑坡。

2）平坦场地

平坦场地的地形地貌简单，地基土相对较为均匀，地基水分蒸发是单向的。形成与坡地场地工程地质条件大不相同的特点。

3）综上所述，平坦场地与坡地场地具有不同的工程地质条件，为便于有针对地对坡地场地地基采取相应可靠、经济的处理措施，把建筑场地划分为平坦场地和坡地场地两类是必要的。

4.3.3 当土的自由膨胀率大于等于 40% 时，应按本规范要求进行勘察、设计、施工和维护管理。某些特殊地区，也可根据本规范划分膨胀土的原则作出具体的规定。

规范还重申，不应单纯按成因区分是否为膨胀土。例如下蜀纪黏土，在武昌青山地区属非膨胀土，

而合肥地区则属膨胀土；红黏土有的属于膨胀土，有的则不属于膨胀土。因此，划分场区地基土的胀缩等级具有重要的工程意义。

4.3.7 为研究膨胀土地基的承载力问题，在全国不同自然地质条件的有代表性的试验点进行了 65 台载荷试验、85 台旁压试验、64 孔标准贯入试验以及 87 组室内抗剪强度试验，试图经过统计分析找出其规律。但因我国膨胀土的成因类型多，土质复杂且不均，所得结果离散性大。因此，很难给出一个较为统一的承载力表。对于一般中低层房屋，由于其荷载较轻，在进行初步设计的地基计算时，可参考表4中的数值。

表4　膨胀土地基承载力特征值 f_{ak}（kPa）

含水比 ＼ 孔隙比	0.6	0.9	1.1
<0.5	350	280	200
0.5～0.6	300	220	170
0.6～0.7	250	200	150

表4中含水比为天然含水量与液限的比值；表4适用于基坑开挖时的天然含水量小于等于勘察取土试验时土的天然含水量。

鉴于不少地区已有较多的载荷试验资料及实测建筑物变形资料，可以建立地区性的承载力表。

对于高重或重要的建筑物应采用本规范规定的承载力试验方法并结合当地经验综合确定地基承载力。试验表明，土吸水愈多，膨胀量愈大，其强度降低愈多，俗称"天晴一把刀，下雨一团糟"。因此，如果先浸水后做试验，必将得到较小的承载力，这显然不符合实际情况。正确的方法是，先加载至设计压力，然后浸水，再加荷载至极限值。

采用抗剪强度指标计算地基承载力时，必须注意裂隙的发育及方向。在三轴饱和不固结不排水剪试验中，常常发生浸水后试件立即沿裂隙面破坏的情况，所得抗剪强度太低，也不符合半无限体的集中受压条件。此情况不应直接用该指标进行承载力计算。

4.3.8 膨胀土地基的水平膨胀力可采用室内试验或现场试验测定，但现场的试验数据更接近实际，其试验方法和步骤、试验资料整理和计算方法建议如下，该试验可测定场地原状土和填土的水平膨胀力。实施时可根据不同需要予以简化。

1 试验方法和步骤

1）选择有代表性的地段作为试验场地，试坑和试验设备的布置如图5所示；

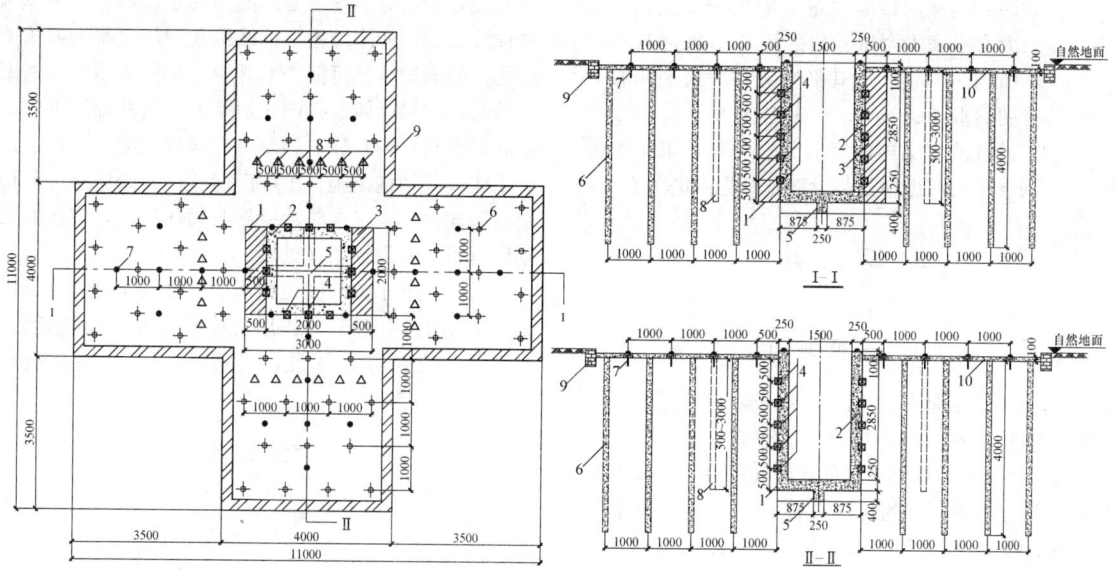

图 5 现场水平膨胀力试验试坑和试验设备布置示意（图中单位：mm）

1—试验坑；2—钢筋混凝土井；3—非膨胀土；4—压力盒；5—抗滑梁；6—φ127砂井；7—地表观测点；
8—深层观测点（深度分别为 0.5m、1.0m、1.5m、2.0m、2.5m、3.0m）；9—砖砌墙；10—砂层

2）挖除试验区表层土，并开挖 2m×3m 深 3m 的试验坑；

3）试验坑内现场浇筑 2m×2m 高 3.2m 的钢筋混凝土井，相对的一组井壁与坑壁浇灌在一起，另一组井壁与坑壁之间留 0.5m 的间隙，间隙采用非膨胀土分层回填，人工压实，压实系数不小于 0.94。钢筋混凝土井底部设置抗水平移动的抗滑梁；

4）钢筋混凝土井浇筑前，在井壁外侧地表下 0.5m、1.0m、1.5m、2.0m、2.5m 处设置 5 层土压力盒，每层布置 12 个土压力盒（每侧布置 3 个）；

5）试验坑四周均匀布置 φ127 的浸水砂井，砂井内填满中、粗砂，深度不小于当地大气影响急剧层深度，且不小于 4m；

6）浸水砂井设置区域的四周采用砖砌墙形成砂槽，槽内满铺厚 100mm 的中、粗砂；

7）布置地表和深层观测点（图 5），以测定地面及深层土体的竖向变形。观测水准基点及观测精度要求符合本规范附录 B 的有关规定；

8）土压力盒、地表观测点和深层观测点在浸水前测定其初测值；

9）在砂槽和砂井内浸水，浸水初期至少每 8h 观测一次，以捕捉最大水平膨胀力。后期可延长观测间隔时间，但每周不少于一次，直至膨胀稳定。观测包括压力盒读数、地表观测点和深层观测点测量等。测点某一时刻的水平膨胀力值等于压力盒测试值与其初测值之差；

10）试验前和试验后，分层取原状土样在室内进行物理力学试验和竖向不同压力下的膨胀率及膨胀力试验。

2 试验资料整理及计算

1）绘制不同深度水平膨胀力随时间的变化曲线（图 6），以确定不同深度的最大水平膨胀力；

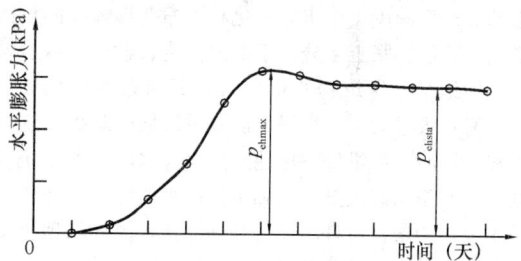

图 6 深度 h 处水平膨胀压力随时间变化曲线示意

2）绘制水平膨胀力随深度的分布曲线（图 7）；

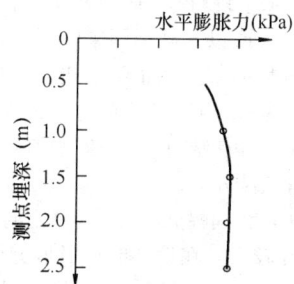

图 7 水平膨胀力随深度分布曲线示意

3）同一场地的试验数量不应少于3点,当最大水平膨胀力试验值的极差不超过其平均值的30%时,取其平均值为水平膨胀力的标准值;

4）通过测定土层的竖向分层位移,求得土的水平膨胀力与其相对膨胀量之间的关系。

5 设 计

5.1 一般规定

5.1.1 本条规定是在总结国内外经验基础上提出的。膨胀土的活动性很强,对环境变化的影响极为敏感,土中含水量变化、胀缩变形的产生和幅度大小受多种外界因素的制约。有的房屋建成一年后就会开裂破坏,有的则在20年后才出现裂缝。膨胀土地基问题十分复杂,虽然国内外科技工作者在膨胀土特性、评价和设计处理方面进行了大量的研究和实测工作,但目前尚未形成一门系统的学科。特别是在膨胀土危害防治方面尚需进一步研究和实践。

建造在膨胀土地基上的低层房屋,若不采取预防措施时,10mm~20mm的胀缩变形幅度就能导致砌体结构的破坏,比一般地基上的允许变形值要小得多。之前,在国内和外事工程中由于对膨胀土的特性缺乏认识,造成新建房屋成片开裂破坏,损失极大。因此,在膨胀土上进行工程建设时,必须树立预防为主的理念,有时在可行性研究阶段应予"避让"。

所谓"综合治理"就是在设计、施工和维护管理上都要采取减少土中水分变化和胀缩变形幅度的预防措施。我国膨胀土多分布在山前丘陵、盆地边缘、缓丘坡地地带。建筑物的总平面和竖向布置应顺坡就势,避免大挖大填,做好房前屋后边坡的防护和支挡工程。同时,尽量保持场地天然地表水的排泄系统和植被,并组织好大气降水和生活用水的疏导,防止地面水大量积聚。对环境进行合理绿化,涵养场地土的水分等都是宏观的预防措施。

单体工程设计时,应根据建筑物规模和重要性综合考虑地基基础设计等级和工程地质条件,采取本规范规定的单一措施或以一种措施为主辅以其他措施预防。例如:地基土较均匀,胀缩等级为Ⅰ、Ⅱ级膨胀土上的房屋可采取以基础埋深来降低其胀缩变形幅度,保证建筑物的安全和正常使用;而场地条件复杂,胀缩等级为Ⅲ级膨胀土上的重要建筑物,以桩基为主要预防措施,在结构上配以圈梁和构造柱等辅助措施,确保建筑物安全。

应当指出,我国幅员辽阔,膨胀土的成因类型和气候条件差异较大,在设计时应吸取并注重地方经验,做到因地制宜、技术可行、经济合理。

5.1.2 根据膨胀土地区的调查材料,膨胀土地基上

具有较好的适应不均匀变形能力的建筑物,其主体结构损坏极少,如木结构、钢结构及钢筋混凝土框排架结构。但围护墙体可能产生开裂。例如采用砌体做围护墙时,如果墙体直接砌在地基上,或基础梁下未留空间时,常出现开裂。因此,在本规范第5.6.7条规定了相应的结构措施;工业厂房往往有砌体承重的低层附属建筑,未采取防治措施时损坏较多,应按有关砌体承重结构设计条文处理。

常年地下水位较高是指水位一般在基础埋深标高下3m以内,由于毛细作用土中水分基本是稳定的,胀缩可能性极小。因此,可按一般天然地基进行设计。

5.2 地基计算

Ⅰ 基础埋置深度

5.2.1 膨胀土上建筑物的基础埋深除满足建筑的结构类型、基础形式和用途以及设备设施等要求外,尚应考虑膨胀土的地质特征和胀缩等级对结构安全的影响。

5.2.2 膨胀土场地大量的分层测标、含水量和地温等多年观测结果表明:在大气应力的作用下,近地表土层长期受到湿胀干缩循环变形的影响,土中裂隙发育,土的强度指标特别是凝聚力严重降低,坡地上的大量浅层滑动也往往发生在地表下1.0m的范围内。该层是活动性极为强烈的地带,因此,本规范规定建筑物基础埋置深度不应小于1.0m。

5.2.3 当以基础埋深为主要预防措施时,对于平坦场地,基础埋深不应小于当地的大气影响急剧层。例如:安徽合肥基础埋深大于1.6m时,地基的胀缩变形量已能满足要求,可不再采取其他防治措施;云南鸡街地区有6栋平房基础埋深1.5m~2.0m,经过多年的位移观测,房屋的变形幅度仅为1.4mm~4.7mm,房屋完好无损。而另一栋房屋基础埋深为0.6m,房屋的位移幅度达到49.6mm,房屋严重破坏。但是,对于胀缩等级为Ⅰ级的膨胀土地基上的(1~2)层房屋,过大的基础埋深可能使得造价偏高。因此,可采用墩式基础、柔性结构以及宽散水、砂垫层等措施减小基础埋深。如在某地损坏房屋地基上建造的试验房屋,采用墩式基础加砂垫层后,基础埋深为0.5m,也未发现房屋开裂。但是离地表1m深度内地基土含水量变化幅度及上升、下降变形都较大,对Ⅱ、Ⅲ级膨胀土上的建筑物容易引起开裂。

由于各种结构的允许变形值不同,通过变形计算确定合适的基础埋深,是比较有效而经济的方法。

5.2.4 式(5.2.4)是基于坡度小于14°边坡为稳定边坡的概念以及本规范第4.3.2条第1款平坦场地的条件而定的。当场地的坡度为5°~14°、基础外边缘距坡肩距离大于10m时,按平坦场地考虑;小于等

于 10m 时，基础埋深的增加深度按 $(10-l_p)\tan\beta+0.30$ 取用，以降低因坡地临空面增大而引起的环境变化对土中水分的影响。

Ⅱ 承载力计算

5.2.6 鉴于膨胀土中发育着不同方向的众多裂隙，有时还存在薄的软弱夹层，特别是吸水膨胀后土的抗剪强度指标 C、ϕ 值呈较大幅度降低的特性，膨胀土地基承载力的修正不考虑基础宽度的影响，而深度修正系数取 1.0。如原苏联学者索洛昌用天然含水量为 32%～37% 的膨胀土在无荷条件下浸水膨胀稳定后进行快剪试验，ϕ 值由 14° 降为 7°，降低了 50%；C 值由 67kPa 降为 15kPa，降低了 78%。我国学者廖济川用天然含水量为 28% 的滑坡后土样进行先干缩后浸水的快剪及固结快剪试验，其 C、ϕ 值都减少了 50% 以上。

Ⅲ 变形计算

5.2.7 对全国膨胀土地区 7 个省中 167 栋不同场地条件有代表性的房屋和构筑物（其中包括 23 栋新建试验房）进行了（4～10）年的竖向和水平位移、墙体裂缝、室内外不同深度的土体变形和含水量、地温以及树木影响的观测工作，对 158 栋较完整的资料进行统计分析表明，由于各地场地、气候和覆盖等条件的不同，膨胀土地基的竖向变形特征可分为上升型、下降型和升降循环波动型三种，如图 8 所示。

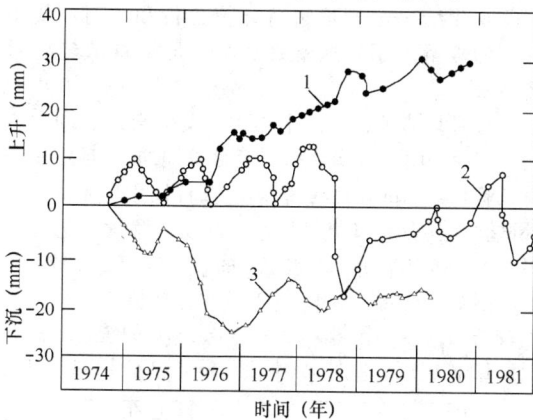

图 8　膨胀土上房屋的变形形态
1—上升型变形；2—升降循环型变形；3—下降型变形

表 5 是我国膨胀土地区 155 栋有代表性的房屋长期竖向位移观测结果的统计。

表 5　膨胀土上房屋位移统计

地区	位移形态	上升型（栋数）	下降型（栋数）	升降循环型（栋数）
云　南	蒙　自	1	10	5
	江水地	1	4	2
	鸡　街	4	14	6

续表 5

地区	位移形态	上升型（栋数）	下降型（栋数）	升降循环型（栋数）
广　西	南　宁	1	5	5
	宁　明		10	5
	贵　县	1	2	1
	柳　州	2		1
广　东	湛　江	2		4
河　北	邯　郸	1		5
河　南	平顶山	12	9	
安　徽	合　肥		3	14
湖　北	荆　门	3		3
	郧　县		5	8
	枝　江		1	2
	卫家店			3
小计（占%）		28（18.1%）	63（40.6%）	64（41.3%）

上升型位移是由于房屋建成后地基土吸水膨胀产生变形，导致房屋持续多年的上升，如图 8 中的曲线 1。例如：河南平顶山市一栋平房建于 1975 年的旱季，房屋各点均持续上升，到 1979 年上升量达到 45mm。应当指出，房屋各处的上升是不均匀的，且随季节波动，这种不均匀变形达到一定程度，就会导致房屋开裂破坏。产生上升型位移的主要原因如下：

1）建房时气候干旱，土中含水量偏低；

2）基坑长期曝晒；

3）建筑物使用期间长期受水浸润。

波动型的特点是房屋位移随季节性降雨、干旱等气候变化而周期性的上升或下降，一个水文年基本为一循环周期，如图 8 曲线 2。我国膨胀土多分布于亚干旱和亚湿润气候区，土的天然含水量接近塑限，房屋位移随气候变化的特征比较明显。表 6 是各地气候与房屋位移状况的对照。可以看出，在广西、云南地区，房屋一般在二、三季度的雨季因土中含水量增加而膨胀上升；在四、一季度的旱季随土中水分大量蒸发而收缩下沉。但长江以北的中原、江淮和华北地区，情况却与之相反。这是因为该地区雨季集中在（7～8）月份，并常以暴雨形式出现，地面径流量大，向土中渗入量少。房屋的位移主要受地温梯度的变化影响而上升或下降。在冬、春季节，地表温度远低于下部恒温带。根据土中水分由高温向低温转移的规律，水分由下部向上部转移，使上部土中的含水量增大而导致地基土上升；在夏、秋季节，水分向下转移并有大量的地面蒸发，使地基土失水而收缩下沉。

表6 各地气候与房屋位移

项目 地区	年蒸发量 (mm) 年降雨量 (mm)	雨季		旱季		地温(℃)
		起止日期 降雨占总数(%)	位移	起止日期 降雨占总数(%)	位移	深度(m)
云南 (蒙自、鸡街)	2369.3 852.4	5～8月 75%	上升	10～4月 25%	下降	0.2	25.8(8月) 14.0(1月)
广西 (南宁、宁明)	1681.1 1356.6	4～9月 69%	上升	10～3月 31%	下降	0.5	28.0(9月) 15.6(1月)
湖北 (郧县、荆门)	1600.0 100.0	4～10月 89%	下降	11～3月 11%	上升	0.5	26.5(8月) 5.5(1月)
河南平顶山	2154.6 759.1	6～9月 64%	下降	10～3月 36%	上升	0.4	27.6(8月) 5.2(1月)
安徽合肥	1538.9 969.5	4～9月 62%	下降	10～3月 38%	上升	0.2	32.1(8月) 4.9(1月)
河北邯郸	1901.7 603.1	7～8月 70%	下降	11～5月 30%	上升	0.5	25.2(7月) 2.5(1月)

下降型常出现在土的天然含水量较高（例如大于$1.2w_p$）或建筑物靠近边坡地带，如图8中的曲线3。在平坦场地，房屋下降位移主要是土中水分减少，地基产生收缩变形的结果。土中水分减少，可能是气候干旱，水分大量蒸发的结果，也可能是局部热源或蒸腾量大的种木（如桉树）大量吸取土中水分的结果。至于临坡建筑物，位移持续下降，一方面是坡体临空面大于平地，土中水分更容易蒸发而导致较平坦场地更大的收缩变形。另一方面，坡体向外侧移而产生的竖向变形（即剪应变引起），这种在三向应力条件下侧向位移引起的竖向变形是不可逆的。湖北郧县膨胀土边坡观测中就发现了上述状况，它的发展必然导致坡体滑动。上述下降收缩变形量的计算是指土体失水收缩而引起的竖向下沉，在设计中应避免后一种情况的发生。

本条给出的天然地表下1.0m深度处的含水量值，是经统计分析得出的一般规律，未包括荷载、覆盖、地温之差等作用的影响。当土中的应力大于其膨胀力时，土体就不会发生膨胀变形，由收缩变形控制。对于高重的建筑物，当基础埋于大气影响急剧层以下时，主要受地基土的压缩变形控制，应按相关技术标准进行建筑物的沉降计算。

5.2.8 式（5.2.8）实际上是地基土在不同压力下各层土膨胀量的分层总和。计算图式和参数的选择是根据膨胀土两个重要性质确定的：

1）当土的初始含水量一定时，上覆压力小膨胀量大，压力大时膨胀量小。当压力超过土的膨胀力时就不膨胀，并出现压缩，膨胀力与膨胀量呈非线性关系。在计算过程中，如某压力下的膨胀率为负值时，即不发生膨胀变形，该层土的膨胀量为零。

2）当土的上覆压力一定时，初始含水量高的土膨胀量小，初始含水量低的土膨胀量大。含水量与膨胀量之间也为非线性关系。地基土的膨胀变形过程是其含水量不断增加的过程，膨胀量随其含水量的增加而持续增大，最终到达某一定值。因此，膨胀量的计算值是预估的最终膨胀变形量，而不是某一时段的变形量。

3）关于膨胀变形计算的经验系数

室内和原位的膨胀试验以及房屋的变形观测资料，都能反映地基土的膨胀变形随土中含水量和上覆压力的不同而变化的特征，为我们提供了用室内试验指标来计算地基膨胀变形量的可能性。但是，由室内试验指标提供的计算参数，是用厚度和面积都较小的试件，在有侧限的环刀内经充分浸水而取得的。而地基土在膨胀变形过程中，受力情况及浸水和边界条件都与室内试验有着较大的差别。上述因素综合影响的结果给计算膨胀变形量和实测变形量之间带来较大的差别。为使计算膨胀变形量较为接近实际，必须对室内外的试验观测结果全面地进行计算分析和比对，找出其间的数量关系，这就是膨胀变形计算的经验系数ψ_e。

对河北邯郸、河南平顶山、安徽合肥、湖北荆门、广西宁明、云南鸡街和蒙自等地的40项浸水载荷试验和6栋试验性房屋以及12栋民用房屋的室内外试验资料分别计算膨胀量，与实测最大值进行比对。根据统计分析，浸水部分的$\psi_e=0.47\pm0.12$。

图9是按$\psi_e=0.47$修正后的计算值与实测值的比较结果。表7和图10为浸水部分ψ_e的统计分布状况。12栋民用房屋的ψ_e中值与浸水部分相同，只有

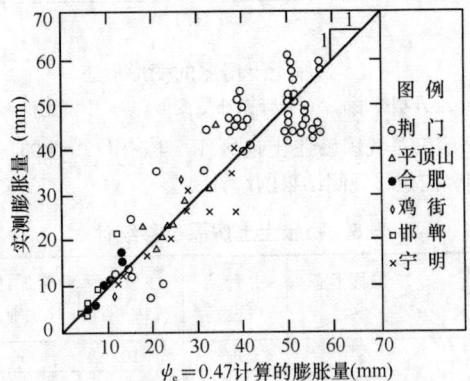

图9 计算膨胀量与实测膨胀量的比较

平顶山地区的 ψ_e 偏大且离散性也较大，这是由于室内试验资料较少且欠完整的缘故。考虑到实际应用，取 $\psi_e=0.6$ 时，对 80% 的房屋是偏于安全的。

表7 膨胀量（浸水部分）计算的经验系数 ψ_e 统计分布

ψ_e	0.1~0.2	0.2~0.3	0.3~0.4	0.4~0.5	0.5~0.6	0.6~0.7	0.7~0.8	0.8~0.9	总数
频数	1	0	31	41	28	8	1	3	
频率	0.89	0.00	27.43	36.28	24.78	7.08	0.89	2.65	113
累计频率	0.89	0.89	28.32	64.60	89.38	96.46	97.35	100.00	

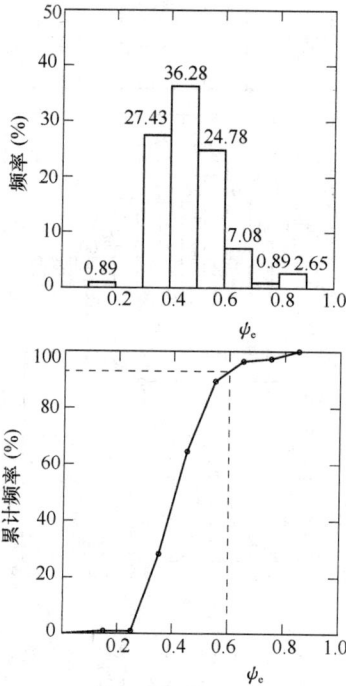

图10 膨胀变形量计算经验系数 ψ_e 的统计分布状况

5.2.9 失水收缩是膨胀土的另一属性。收缩变形量的大小取决于土的成分、密度和初始含水量。

1）就同一性质的膨胀土而言，在相同条件下，其初始含水量 w_0 越高（饱和度越高，孔隙比越大），在收缩过程中失水量就越多，收缩变形量也就越大。表8和图11是广西南宁原状土样室内收缩试验所测得的收缩量与含水量之间的关系。图中的三条曲线表明，当土样的起始含水量分别为 36.0% ～ 44.7%，并同样干燥到缩限 w_s 时，其线缩率 δ_s 从 3.7% 增大到 7.3%。所谓缩限，是土体在收缩变形过程中，由半固态转入固态时的界限含水量。从每条曲线的斜率变化可以看出：当土的含水量达到缩限之后，

土体虽然仍在失水，但其变形量已经很小，从对建筑工程的影响来说，已失去其实际的意义。

表8 同质土的线缩率 δ_s 与含水量 w 关系

土号	γ (g/m³)	w_0 (%)	e_0	δ_s (%)	w_s (%)	收缩系数 λ_s
I-1	1.76	44.7	1.22	7.3	25.5	0.38
I-2	1.80	41.9	1.13	5.7	26.0	0.37
I-3	1.89	36.0	0.94	3.7	26.0	0.37

2）收缩变形量主要取决于土体本身的收缩性能以及含水量变化幅度，表9和图12为不同质土的线缩率 δ_s 与含水量 w 关系。由图11和图12可知：当土体在收缩过程中其含水量在某一起始值与缩限之间变化时，收缩变形量与含水量间的变化呈直线关系，其斜率因土质不同而异。取直线段的斜率作为收缩变形量的计算参数，即土的收缩系数 λ_s。$\lambda_s=\dfrac{\Delta\delta_s}{\Delta w}$，其中，$\Delta w$ 为图12中直线段两点含水量之差值（%），$\Delta\delta_s$ 为与 Δw 对应的线缩率的变化值。

表9 不同质土的线缩率 δ_s 与含水量 w 关系

土号	γ (g/m³)	w_0 (%)	e_0	收缩系数 λ_s
2A-1	2.02	22.0	0.63	0.55
9-1	2.04	20.6	0.59	0.28

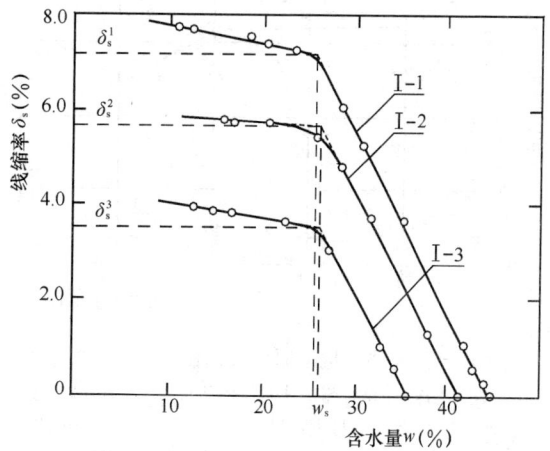

图11 同质土的线缩率 δ_s 与含水量 w 关系

3）土失水收缩与外部荷载作用下的固结压密变形是同向的变形，都是孔隙比减少、密度增大的结果。但两者有根本性的区别：失水收缩主要是土的黏粒周围薄膜水或晶

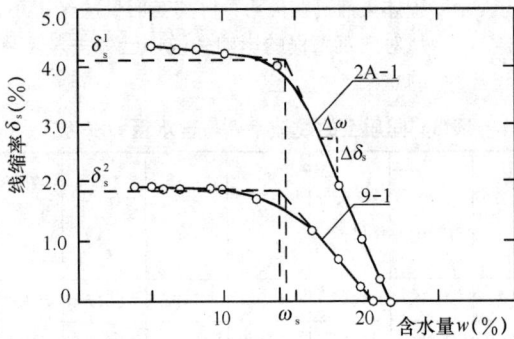

图 12 不同质土的线缩率 δ_s 与含水量 w 关系

格水大量散失的结果；固结压密变形是在荷重的作用下土颗粒移动重新排列的结果（特别是非饱和土，在一般压力下并无固结排水现象）。由收缩产生的内应力要比固结压密产生的内应力大得多。虽然实际工程中膨胀土的失水收缩和荷载作用下的压缩沉降变形难于分开，但在试验室内可有意识地将两种性质不同的变形区别开来。

4）膨胀土多呈坚硬和半坚硬状态，其压缩模量大。在一般低层房屋所能产生的压力范围内，土的密度改变较小。所以，土在收缩前所处的压力大小对收缩量的影响较小；至于收缩过程中，土样一旦收缩便处于超压密状态，压力改变土密度的影响更可以忽略不计。图 13 为云南鸡街地区，膨胀土在自然风干条件下，不同荷载的压板试验沉降稳定后，在干旱季节所测得的收缩变形量，可说明上述问题。

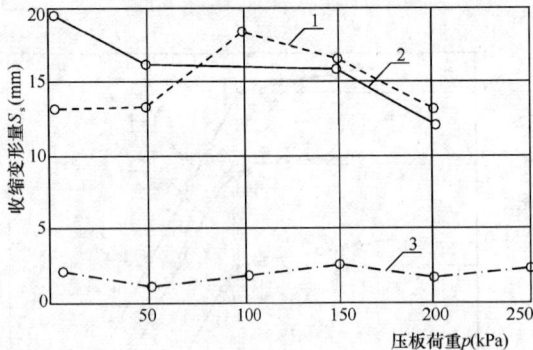

图 13 云南鸡街地区原位收缩试验 s_s-p 关系
1—基础埋深 0.7m，测试日期：1975 年 4～5 月；2—基础埋深 0.7m，测试日期：1977 年 3～5 月；3—基础埋深 2.0m，测试日期：1977 年 10～12 月

5）关于收缩变形计算的经验系数

与膨胀变形量计算的道理一样，小土样的室内试验提供的计算指标与原位地基土在收缩变形过程中的工作条件存在一定的差别。为使计算的收缩变形量与实测的变形量较为接近，在全国几个膨胀土地区结合

实际工程，进行了室内外的试验观测工作，并按收缩变形计算公式进行计算与统计分析，以确定收缩变形量计算值与实测值之间的关系。对四个地区 15 栋民用房屋室内外试验资料进行计算并与实测值比对，其结果为收缩变形量计算经验系数 $\psi_s=0.58\pm0.23$。取 $\psi_s=0.8$，对实际工程而言，80% 是偏于安全的，ψ_s 的统计分布见表 10 和图 14。

表 10 收缩量计算的经验系数 ψ_s 统计分布

ψ_s	0.2～0.3	0.3～0.4	0.4～0.5	0.5～0.6	0.6～0.7	0.7～0.8	0.8～0.9	0.9～1.0	1.0～1.1	1.1～1.2	1.2～1.3	总数
频数	8	15	22	12	13	13	7	5	1	2	2	
频率	8	15	22	12	13	13	7	5	1	2	2	100
累计频率	8	23	45	57	70	83	90	95	96	98	100	

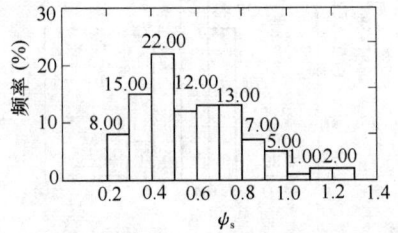

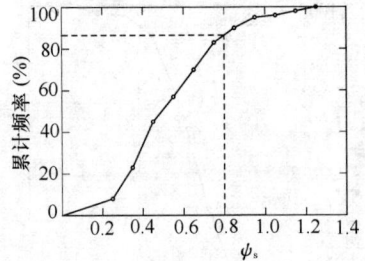

图 14 收缩变形量计算经验系数 ψ_s 的统计分布状况

6）计算收缩变形量的公式是一个通式，其中最困难的是含水量变化值，应根据引起水分减少的主要因素确定。局部热源及树木蒸腾很难采用计算来确定其收缩变形量。

5.2.10、5.2.11 87 规范编制时的研究证明，我国膨胀土在自然气候影响下，土的最小含水量与塑限之间有密切关系。同时，在地下水位深的情况下，土中含水量的变化主要受气候因素的降水和蒸发之间的湿度平衡所控制。由此，可根据长期（10 年以上）含水量的实测资料，预估土的湿度系数值。从地区看，某一地区的气候条件比较稳定，可以用上述方法统计解决，这样可能更准确。从全国看，特别是一些没有观测资料的地区，最小含水量仍无法预测，因此，原规范组建立了气候条件与湿度系数的关系。从此关系中，还可预测某些地区膨胀土的胀缩势能可能产生的影响，及其对建筑物的危害程度。例如，在湿度系数为 0.9 的地区，即使为强亲水性的膨胀土，其地基上的胀缩等级可能为弱的Ⅰ级，而在 0.7、0.6 的地区可能是Ⅱ、Ⅲ级。即土质完全相同的情况下，在湿度系数较高的地区，其分级变形量将低于湿度系数较低的地区；在湿度系数较低的地区，其分级变形量将高于湿度系数较高的地区。

湿度系数计算举例：

1）某膨胀土地区，中国气象局（1951～1970）年蒸发力和降水量月平均值资料如表 11，干燥度大于 1 的月份的蒸发力和降水量月平均值资料如表 12。

表 11　某地 20 年蒸发力和降水量月平均值

月份 项目	蒸发力 (mm)	降水量 (mm)
1	21.0	19.7
2	25.0	21.8
3	51.8	33.2
4	70.3	108.3
5	90.9	191.8
6	92.7	213.2
7	116.9	178.9
8	110.1	142.0
9	74.7	82.5
10	46.7	89.2
11	28.1	55.9
12	21.1	25.7

表 11 中由于实际蒸发量尚难全面科学测定，中国气象局按彭曼（H. L. Penman）公式换算出蒸发力。经证实，实用效果较好。公式包括日照、气温、辐射平衡、相对湿度、风速等气象要素。

表 12　干燥度大于 1 的月份的蒸发力和降水量

月份	蒸发力 (mm)	降水量 (mm)
1	21.0	19.7
2	25.0	21.8
3	51.8	33.2

2）计算过程见表 13。

表 13　湿度系数 ψ_w 计算过程表

序号	计算参数	计算值
①	全年蒸发力之和	749.0
②	九月至次年二月蒸发力之和	216.3
③	$\alpha=$②/①	0.289
④	$c=$全年中干燥度>1 的月份的蒸发力减降水量差值的总和	23.1
⑤	0.726α	0.210
⑥	$0.00107c$	0.025
⑦	湿度系数 $\psi_w = 1.152 - 0.726\alpha - 0.00107c$	0.917

由表 13 可知，算例湿度系数 $\psi_w \approx 0.9$。

5.2.12　实测资料表明，环境因素的变化对胀缩变形及土中水分变化的影响是有一定深度范围的。该深度除与当地的气象条件（如降雨量、蒸发量、气温和湿度以及地温等）有关外，还与地形地貌、地下水和土层分布有关。图 15 是云南鸡街在两年内对三个工程场地四个剖面的含水量沿深度变化的统计结果。在地表下 0.5m 处含水量变化幅度为 7%；而在 4.5m 处，变化幅度为 2%，其环境影响已很微弱。图 16 由深层测标测得土体变形幅度沿其深度衰减的状况，表明平坦场地与坡地地形差别的影响较为显著。本规范表 5.2.12 给出的数值是根据平坦场地上多个实测资料，结合当地气象条件综合分析的结果，它不包括局部热源、长期浸水以及树木蒸腾吸水等特殊状况。

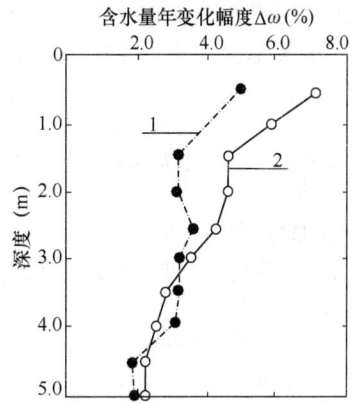

图 15　土中含水量沿深度的变化
1—室内；2—室外

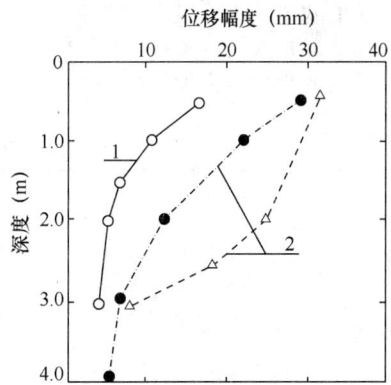

图 16　不同地形条件下的分层位移量
1—湖北荆门（平坦场地）；
2—湖北郧县（山地坡肩）

5.2.14　室内土样在一定压力下的干湿循环试验与实际建筑的胀缩波动变形的观测资料表明：膨胀土吸水膨胀和失水收缩变形的可逆性是其一种重要的属性。其胀缩变形的幅度同样取决于压力和初始含水量的大小。因此，膨胀土胀缩变形量的大小也完全可通过室内试验获得的特性指标 δ_{epi} 和 λ_{si} 以及上覆压力的大小和水分变化的幅度估算。本规范式（5.2.14）实质上是式（5.2.8）和式（5.2.9）的叠加综合。

大量现场调查以及沉降观测证明，膨胀土地基上的房屋损坏，在建筑场地稳定的条件下，均系长期的往复地基胀缩变形所引起。同时，轻型房屋比重型房屋变形大，且不均匀，损坏也重。因此，设计的指导思想是控制建筑物地基的最大变形幅度使其不大于建筑物地基所允许的变形值。

引起变形的因素很多，有些问题目前尚不清楚，有些问题要通过复杂的试验和计算才能取得。例如有边坡时房屋变形值要比平坦地形大，其增大的部分决定于在旱、雨循环条件下坡体的水平位移。在这方面虽然可以定性地说明一些问题，但从计算上还没有找到合适而简化的方法。土力学中类似这样的问题很多，解决的出路在于找到影响事物的主要因素，通过技术措施使其不起作用或少起作用。膨胀土地基变形计算，指在半无限体平面条件下，房屋的胀缩变形计算。对边坡蠕动所引起的房屋下沉则通过挡土墙、护坡、保湿等措施使其减少到最小程度，再按变形控制的原则进行设计。

胀缩变形量算例：

1）某单层住宅位于平坦场地，基础形式为墩基加地梁，基础底面积为 800mm×800mm，基础埋深 $d=1m$，基础底面处的平均附加压力 $p_0=100kPa$。基底下各层土的室内试验指标见表14。根据该地区10年以上有关气象资料统计并按本规范式（5.2.11）计算结果，地表下1m处膨胀土的湿度系数 $\psi_w=0.8$，查本规范表5.2.12，该地区的大气影响深度 $d_a=3.5m$。因而取地基胀缩变形计算深度 $z_n=3.5m$。

表14　土的室内试验指标

土号	取土深度（m）	天然含水量 w	塑限 w_p	不同压力下的膨胀率 δ_{epi}				收缩系数 λ_s
				0（kPa）	25（kPa）	50（kPa）	100（kPa）	
1#	0.85～1.00	0.205	0.219	0.0592	0.0158	0.0084	0.0008	0.28
2#	1.85～2.00	0.204	0.225	0.0718	0.0357	0.0290	0.0187	0.48
3#	2.65～2.80	0.232	0.232	0.0435	0.0205	0.0156	0.0083	0.31
4#	3.25～3.40	0.242	0.242	0.0597	0.0303	0.0249	0.0157	0.37

2）将基础埋深 d 至计算深度 z_n 范围的土按 0.4 倍基础宽度分成 8 层，并分别计算出各分层顶面处的自重压力 p_{ci} 和附加压力 p_{0i}（图17）。

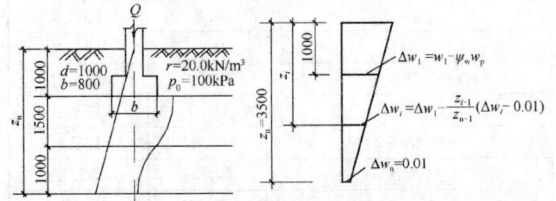

图17　地基胀缩变形量计算分层示意

3）求出各分层的平均总压力 p_i，在各相应的 $\delta_{ep}-p$ 曲线上查出 δ_{epi}，并计算 $\sum\limits_{i=1}^{n}\delta_{epi}\cdot h_i$（表15）：

$$s_e = \sum_{i=1}^{n}\delta_{epi}\cdot h_i = 43.3mm$$

表15　膨胀变形量计算表

点号	深度 z_i（m）	分层厚度 h_i（mm）	自重压力 p_{ci}（kPa）	$\dfrac{l}{b}$	$\dfrac{z_i-d}{b}$	附加压力系数 α	附加压力 p_{zi}（kPa）	平均值（kPa）自重压力 p_{0i}	平均值（kPa）附加压力 p_z	平均值（kPa）总压力 p_i	膨胀率 δ_{epi}	膨胀量 $\delta_{epi}\cdot h_i$（mm）	累计膨胀量 $\sum\limits_{i=1}^{n}\delta_{epi}\cdot h_i$（mm）
0	1.00		20.0		0	1.000	100.0	23.2	90.00	113.20	0	0	0
1	1.32	320	26.4		0.400	0.800	80.0	29.6	62.45	92.05	0.0015	0.5	0.5
2	1.64	320	32.8		0.800	0.449	44.9	36.0	35.30	71.30	0.0240	7.7	8.2
3	1.96	320	39.2		1.200	0.257	25.7	42.4	20.85	63.25	0.0250	8.0	16.2
4	2.28	320	45.6	1.0	1.600	0.160	16.0	47.8	14.05	61.85	0.0260	8.3	24.5
5	2.50	320	50.0		1.875	0.121	12.1	53.2	10.30	63.50	0.0130	4.2	28.7
6	2.82	320	56.4		2.275	0.085	8.5	59.6	7.50	67.10	0.0220	7.0	35.7
7	3.14	320	62.8		2.675	0.065	6.5	66.4	5.65	72.05	0.0210	7.6	43.3
8	3.50	360	70.0		3.125	0.048	4.8						

表15中基础长度为L(mm)，基础宽度为b(mm)。

4）表14查出地表下1m处的天然含水量为w_1=0.205，塑限w_p=0.219；

则 $\Delta w_1 = w_1 - \psi_w w_p = 0.205 - 0.8\times0.219 = 0.0298$

按本规范公式（5.2.10-1），$\Delta w_i = \Delta w_1 -$ $(w_1 - 0.01)\dfrac{z_i-1}{z_n-1}$，分别计算出各分层土的含水量变化值，并计算 $\sum\limits_{i=1}^{n}\lambda_{si}\cdot\Delta w_i\cdot h_i$（表16）：

$$s_s = \sum_{i=1}^{n}\lambda_{si}\cdot\Delta w_i\cdot h_i = 19.4\text{mm}$$

表16　收缩变形量计算表

点号	深度 z_i（m）	分层厚度 h_i（mm）	计算深度 z_n（m）	$\Delta w_1 = w_1 - \psi_w w_p$	$\dfrac{z_i-1}{z_n-1}$	Δw_i	平均值 Δw_i	收缩系数 λ_{si}	收缩量 $\lambda_{si}\cdot\Delta w_i\cdot h_i$（mm）	累计收缩量（mm）
0	1.00	320			0	0.0298	0.0285	0.28	2.6	2.6
1	1.32	320			0.13	0.0272	0.0260	0.28	2.3	4.9
2	1.64	320			0.26	0.0247	0.0235	0.48	3.6	8.5
3	1.96	320			0.38	0.0223	0.0210	0.48	3.2	11.7
4	2.28	320	3.50	0.0298	0.51	0.0197	0.0188	0.48	2.9	14.6
5	2.50	320			0.60	0.0179	0.0166	0.31	1.6	16.2
6	2.82	320			0.73	0.0153	0.0141	0.37	1.7	17.9
7	3.14	320			0.86	0.0127	0.0114	0.37	1.5	19.4
8	3.50	360			1.00	0.0100				

5）由本规范式（5.2.14），求得地基胀缩变形总量为：

$$s_{es} = \psi_{es}(s_e + s_s) = 0.7\times（43.3+19.4）=43.9\text{mm}$$

5.2.16 通过对55栋新建房屋位移观测资料的统计，并结合国外有关资料的分析，得出表5.2.16有关膨胀土上建筑物地基变形值的允许值。上述55栋房屋有的在结构上采取了诸如设置钢筋混凝土圈梁（或配筋砌体）、构造柱等加强措施，其结果按不同状况分述如下：

1）砌体结构

表17和表18为砌体结构的实测变形量与其开裂破坏的状况。

表17　砖石承重结构的变形量

变形量(mm)		<10	10~20	20~30	30~40	40~50	50~60
完好 29栋	栋数	17	6	1	3	1	1
	%	58.62	20.69	3.45	10.34	3.45	3.45
墙体开裂 17栋	栋数	2	7	5	2	1	0
	%	11.76	41.18	29.41	11.76	5.88	0

表18　砖石承重结构的局部倾斜值

局部倾斜（‰）		<1	1~2	2~3	3~4
完好 18栋	栋数	7	8	2	1
	%	38.89	44.44	11.11	5.56
墙体开裂 14栋	栋数	0	8	5	1
	%	0	57.14	35.72	7.14

从46栋砖石承重结构的变形量可以看出：29栋完好房屋中，变形量小于10mm的占其总数的58.62%；小于20mm的占其总数的79.31%。17栋损坏房屋中，88.24%的房屋变形量大于10mm。

从32栋砖石承重结构的局部倾斜值可以看出：18栋完好房屋中，局部倾斜值小于1‰的占其总数的38.89%；小于2‰的占其总数的83.33%。14栋墙体开裂房屋的局部倾斜值均大于1‰，在1‰~2‰时其损坏率达到57.14%。

综上所述，对于砖石承重结构，当其变形量小于等于15mm，局部倾斜值小于等于1‰时，房屋一般不会开裂破坏。

2）墙体设置钢筋混凝土圈梁或配筋的砌体结构

表19列出了7栋墙体设置钢筋混凝土圈梁或配筋砌体的房屋，其中完好的房屋有5栋，其变形量为4.9mm~26.3mm；局部倾斜为0.83‰~1.55‰。两栋开裂损坏的房屋变形量为19.2mm~40.2mm；局部倾斜为1.33‰~1.83‰。其中办公楼（三层）上部结构的处理措施为：在房屋的转角处设置钢筋混凝土构造柱，三道圈梁，墙体配筋。建筑场地地质条件复杂且有局部浸水和树木影响。房屋竣工后不到一年就开裂破坏。招待所（二层）墙体设置两道圈梁，内外墙交接处及墙端配筋。房屋的平面为"凸"形，三个单元由沉降缝隔开。场地的地质条件单一。房屋两端破坏较重，中间单元整体倾斜，损坏较轻。因此，设置圈梁或配筋的砌体结构，房屋的允许变形量取小于等于30mm；局部倾斜值取小于等于1.5‰。

表 19　承重墙设圈梁或配筋的砖砌体

工程名称	变形量 （mm）	局部倾斜 （‰）	房屋状况
宿舍（Ⅰ-4）	26.3	1.52	完好
宿舍（Ⅰ-5）	21.4	1.03	完好
塑胶车间	19.7	0.83	完好
试验房（Ⅰ-5）	4.9	1.55	完好
试验房（2）	6.3	0.94	完好
办公楼	19.2	1.33	损坏
招待所	40.2	1.83	损坏

3）钢筋混凝土排架结构

钢筋混凝土排架结构的工业厂房，只观测了两栋。其中一栋仅墙体开裂，主要承重结构完好无损。见表 20。

表 20　钢筋混凝土排架结构

工程名称	变形量 （mm）	变形差	房屋状况
机修车间	27.5	0.0025l	墙体开裂
反射炉车间	4.3	0.0003l	完好

机修车间 1979 年 6 月外纵墙开裂时的最大变形量为 27.5mm，相邻两柱间的变形差为 0.0025l。到 1981 年 12 月最大变形量达 41.3mm，变形差达 0.003l。究其原因，归咎于附近一棵大桉树的吸水蒸腾作用，引起地基土收缩下沉。从而导致墙体开裂。但主体结构并未损坏。

单层排架结构的允许变形值，主要由相邻柱基的升降差控制。对有桥式吊车的厂房，应保证其纵向和横向吊车轨道面倾斜不超过 3‰，以保证吊车的正常运行。

我国现行的地基基础设计规范规定：单层排架结构基础的允许沉降量在中低压缩性土上为 120mm；吊车轨面允许倾斜：纵向 0.004，横向 0.003。原苏联 1978 年出版的《建筑物地基设计指南》中规定：由于不均匀沉降在结构中不产生附加应力的房屋，其沉降差为 0.006l，最大或平均沉降量不大于 150mm。对膨胀土地基，将上述数值分别乘以 0.5 和 0.25 的系数。即升降差取 0.003l，最大变形量为 37.5mm。结合现有有限的资料，可取最大变形为 40mm，升降差取 0.003l 为单层排架结构（6m 柱距）的允许变形量。

4）从全国调查研究的结果表明：膨胀土上损坏较多的房屋是砌体结构；钢筋混凝土排架和框架结构房屋的破坏较少。砖砌烟囱有因倾斜过大被拆除的实例，但无完整的观测资料。对于浸湿房屋和高温构筑物主要应做好防水和隔热措施。对于表中未包括的其他房屋和构筑物地基的允许变形量，可根据上部结构对膨胀土特殊变形状况的适应能力以及使用要求，参考有关规定确定。

5）上述变形量的允许值与国外一些报道的资料基本相符，如原苏联的索洛昌认为：膨胀土上的单层房屋不设置任何预防措施，当变形量达到 10mm～20mm 时，墙体将出现约为 10mm 宽的裂缝。对于钢筋混凝土框架结构，允许变形量为 20mm；对于未配筋加强的砌体结构，允许变形量为 20mm，配筋加强时可加大到 35mm。根据南非大量膨胀土上房屋的观测资料，J·E·詹宁格斯等建议当房屋的变形量大于 12mm～15mm 时，必须采取专门措施预先加固。

6）膨胀土上房屋的允许变形量之所以小于一般地基土，原因在于膨胀土变形的特殊性。在各种外界因素（如土质的不均匀性、季节气候、地下水、局部水源和热源、树木和房屋覆盖的作用等）影响下，房屋随着地基持续的不均匀变形，常常呈现正反两个方向的挠曲。房屋所承受的附加应力随着升降变形的循环往复而变化，使墙体的强度逐渐衰减。在竖向位移的同时，往往伴随有水平位移及基础转动，几种位移共同作用的结果，使结构处于更为复杂的应力状态。从膨胀土的特征来看，土质一般情况下较坚硬，调整上部结构不均匀变形的作用也较差。鉴于上述种种因素，膨胀土上低层砌体结构往往在较小的位移幅度时就产生开裂破坏。

Ⅳ　稳定性计算

5.2.17　根据目前获得的大量工程实践资料，虽然膨胀土具有自身的工程特性，但在比较均匀或其他条件无明显差异的情况下，其滑面形态基本上属于圆弧形，可以按一般均质土体的圆弧滑动法验算其稳定性。当膨胀土中存在相对软弱的夹层时，地基的失稳往往沿此面首先滑动，因此将此面作为控制性验算面。层状构造土系指两类不同土层相间成韵律的沉积物、具有明显层状构造特征的土。由于层状构造土的层状特性，表现在其空间分布上的不均匀性、物理指标的差异性、力学性指标的离散性、设计参数的不确定性等方面使土的各向异性特征更加突出。因此，其特性基本控制了场地的稳定性。当层面与坡面斜交的交角大于 45°时，稳定性由层状构造土的自身特性所控制，小于 45°时，由土层间特性差异形成相对软弱带所控制。

5.3 场址选择与总平面设计

5.3.1 本条第 4 款"坡度小于 14°并有可能采用分级低挡土墙治理的地段",这里所指的坡度是指自然坡,它是根据近百个坡体的调查后得出的斜坡稳定坡度值。但应说明,地形坡度小于 14°,大于或等于 5°坡角时,还有滑动可能,应按坡地地基有关规定进行设计。

本条第 5 款要求是针对深层膨胀土的变形提出的。一般情况下,膨胀土场地(或地区)地下水埋藏较深,膨胀土的变形主要受气候、温差、覆盖等影响。但是在岩溶发育地区,地下水活动在岩土界面处,有可能出现下层土的胀缩变形,而这种变形往往局限在一个狭长的范围内,同时,也有可能出现土洞。在这种地段建设问题较多,治理费用高,故应尽量避开。

5.3.2 本条规定同一建筑物地基土的分级胀缩变形量之差不宜大于 35mm,膨胀土地基上房屋的允许变形量比一般土低。在表 5.2.16 中允许变形值均小于 40mm。如果同一建筑物地基土的分级胀缩变形量之差大于 35mm,则该建筑物处于两个不同地基等级的土层上,其结果将造成处理上的困难,费用大量增加。因此,最好避免这种情况,如不可能时,可用沉降缝将建筑物分成独立的单元体,或采用不同基础形式或不同基础埋深,将变形调整到允许变形值。

5.3.5 绿化环境不仅对人类的生存和身心健康有着重要的社会效益,对膨胀土地区的建筑物安危也有着举足轻重的作用。合理植被具有涵养土中水分并保持相对平稳的积极效应,在建筑物近旁单独种植吸水和蒸腾量大的树木(如桉树),往往使房屋遭到较严重的破坏。特别是在土的湿度系数小于 0.75 和孔隙比大于 0.9 的地区更为突出。调查和实测资料表明,一棵高 16m 的桉树一天耗水可达 457kg。云南蒙自某 6 号楼在其四周零星种植树杆直径 0.4m～0.6m 的桉树,由于大量吸取土中水分,该建筑地基最大下沉量达 96mm,房屋严重开裂。同样在云南鸡街的一栋房屋,其近旁有一棵矮小桉树,从 1975 年至 1977 年房屋因桉树吸水下沉量为 4mm;但从 1977 年底到 1979 年 5 月的一年半时间,随着桉树长大吸水量的增加,房屋下沉量达 46.4mm,房屋严重开裂破坏。上述情形国外也曾大量报道,如在澳大利亚墨尔本东区,膨胀土上房屋开裂破坏原因有 75% 是不合理种植蒸腾量大的树木引起的。所以,本条规定房屋周围绿化植被宜选种蒸腾量小的女贞、落叶果树和针叶树种或灌木,且宜成林,并离开建筑物不小于 4m 的距离。种植高大乔木时,应在距建筑物外墙不小于 5m 处设置灰土隔离沟,确保人居和自然的和谐共存。

5.4 坡地和挡土结构

5.4.1、5.4.2 非膨胀土坡地只需验算坡体稳定性,但对膨胀土坡地上的建筑,仅满足坡体稳定要求还不足以保证房屋的正常使用。为此,提出了考虑坡体水平移动和坡体内土的含水量变化对建筑物的影响,这种影响主要来自下列方面:

1) 挖填方过大时,土体原来的含水量状态会发生变化,需经过一段时间后,地基土中的水分才能达到新的平衡;

2) 由于平整场地破坏了原有地貌、自然排水系统及植被,土的含水量将因蒸发而大量减少,如果降雨,局部土质又会发生膨胀;

3) 坡面附近土层受多向蒸发的作用,大气影响深度将大于坡肩较远的土层;

4) 坡比较陡时,旱季会出现裂缝、崩坍。遇雨后,雨水顺裂隙渗入坡体,又可能出现浅层滑动。久旱之后的降雨,往往造成坡体滑动,这是坡地建筑设计中至关重要的问题。

防治滑坡包括排水措施、设置支挡和设置护坡三个方面。护坡对膨胀土边坡的作用不仅是防止冲刷,更重要的是保持坡体内含水量的稳定。采用全封闭的面层只能防止蒸发,但将造成土体水分增加而有胀裂的可能,因此采用支撑盲沟间植草的办法可以收到调节坡内水分的作用。

5.4.3～5.4.5 建造在膨胀土中的挡土结构(包括挡土墙、地下室外墙以及基坑支护结构等)都要承受水平膨胀力的作用。水平膨胀变形和膨胀压力是土体三向膨胀的问题,它比单纯的竖向膨胀要复杂得多。"膨胀土地基设计"专题组曾在 20 世纪 80 年代在三轴仪上对原状膨胀土样进行试验研究工作,其结果是:在三轴仪测得的竖向膨胀率比固结仪上测得的数值小,有的竖向膨胀比横向膨胀大;有的却相反。土的成因类型和矿物组成不同是导致上述结果的主要原因。广西大学柯尊敬教授通过试验研究也得出了土中矿物颗粒片状水平排列时土的竖向膨胀潜势要大于横向的结论。中国建筑科学研究院研究人员在黄熙龄院士指导下,在改进的三轴仪上对黑棉土(非洲)和粉色膨胀土(安徽淮南)重塑土样的侧向变形性质进行试验研究表明:膨胀土的三向膨胀性能在土性和压力等条件不变时,线膨胀率和体膨胀率随土的密度增大和初始含水量减小而增大;压力是抑制膨胀变形的主要因素,图 18 是非洲黑棉土($w = 35.0\%$,$\gamma_d = 12.4kN/m^3$)的试验结果。由图中曲线可知:保持径向变形为定值时,竖向压力 σ_1 小时侧向压力 σ_3 也小;竖向压力 σ_1 大时侧向压力 σ_3 亦大。当径向变形为零时,所需的侧向压力即为水平膨胀力。同样,竖向压力大时,其水平膨胀力亦大。这与现场在土自重压力

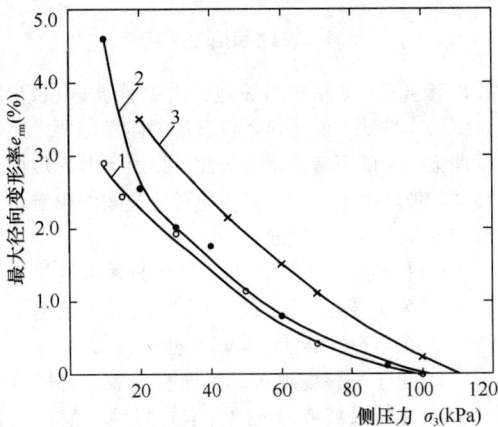

图 18 最大径向膨胀率与侧压力关系

1—$\sigma_1=30$kPa；2—$\sigma_1=50$kPa；3—$\sigma_1=80$kPa

下通过浸水试验测得的结果是一致的，即当土性和土的初始含水量一定时，土的水平膨胀力在一定深度范围内随深度（自重压力）的增加而增大。

膨胀土水平膨胀力的大小与竖向膨胀力一样，都应通过室内和现场的测试获得。湖北荆门在地表下2m深度范围内经过四年的浸水试验，观测到的水平膨胀力为（10～16）kPa。原铁道部科学研究院西北研究所张颖钧采用安康、成都狮子山、云南蒙自等地的土样，在自制的三向膨胀仪上用边长40mm的立方体试样测得的原状土水平膨胀力为7.3kPa～21.6kPa，约为其竖向膨胀力的一半；而其击实土样的水平膨胀力15.1kPa～50.4kPa，约为其竖向膨胀力的0.65倍；在初始含水量基本一致的前提下，重塑土样的水平膨胀力约为原状土样的2倍。

前苏联的索洛昌曾对萨尔马特黏土在现场通过浸水试验测试水平膨胀力，天然含水量为31.1%、干密度为13.8kN/m^{3}的侧壁填土在1.0m～3.0m深度内的水平膨胀力是随深度增加而增大，最大值分别为49kPa、51kPa和53kPa，相应的稳定值分别为41kPa、41kPa和43kPa。土在浸水过程的初期水平膨胀力达到一峰值后，随着土体的膨胀其密度和强度降低，压力逐渐减小至稳定值。在工程应用时，索洛昌建议可不考虑水平膨胀力沿深度的变化，取0.8倍的最大值进行设计计算。

上述试验结果表明：作用于挡土结构上的水平膨胀力相当大，是导致膨胀土上挡土墙破坏失效的主要原因，设计时应考虑水平膨胀力的作用。在总结国内成功经验的基础上，本规范第5.4.3条对于高度小于3m的挡土墙提出构造要求。当墙背设置砂卵石等散体材料时，一方面可起到滤水的作用，另一方面还可起到一定的缓冲膨胀变形、减小膨胀力的作用。

因此，墙后最好选用非膨胀土作填料。无非膨胀土时，可在一定范围内填膨胀土与石灰的混合料，离墙顶1m范围内，可填膨胀土，但砂石滤水层不得

取消。高度小于等于3m的挡土墙，在满足本条构造要求的情况下，才可不考虑土的水平膨胀力。应当说明，挡土墙设计考虑膨胀土水平压力后，造价将成倍增加，从经济上看，填膨胀性材料是不合适的。

虽然在膨胀土地区的挡土结构中进行过一些水平力测试试验，但因膨胀土成因复杂、土质不均，所得结果离散性大。鉴于缺少试验及实测资料，对高度大于3m的挡土墙的膨胀土水平压力取值，设计者应根据地方经验或试验资料确定。

5.4.6 在膨胀土地基的坡地上建造房屋，除了与非膨胀土坡地建筑一样必须采取抗滑、排水等措施外，本条目的是为了减少房屋地基变形的不均匀程度，使房屋的损坏尽可能降到最低程度，指明设有挡土墙的建筑物的位置。如符合本条两条件时，坡地上建筑物的地基设计，实际上可转变为平坦场地上建筑物的地基设计，这样，本规范有关平坦场地上建筑物地基设计原则皆可按照执行了。除此之外，本规范第5.2.4条还规定了坡地上建筑物的基础埋深。

需要说明，87规范编制时，调查了坡上一百余栋设有挡土墙与未设挡土墙的房屋，两者相比，前者损坏较后者轻微。从理论上可以说明这个结论的合理性，前面已经介绍了影响坡上房屋地基变形很不均匀的因素，其中长期影响变形的因素是气候，靠近坡肩部因受多面蒸发影响，大气影响深度最深，随着距坡肩距离的增加，影响深度逐渐接近于平坦地形条件下的影响深度。因此，建在坡地上的建筑物若不设挡土墙时最好将建筑物布置在离坡肩较远的地方。设挡土墙后蒸发条件改变为垂直向，与平坦地形条件下相近，变形的不均匀性将会减少，建筑物的损坏也将减轻。所以采用分级低挡土墙是坡地建筑的一个很有效的措施，它有节约用地、围护费用少的经济效益。

除设低挡土墙的措施外，还要考虑挖填方所造成的不均匀性，所以在本规范第5章第5、6节建筑措施和结构措施中还有相应的要求。

5.5 建 筑 措 施

5.5.2 沉降缝的设置系根据膨胀土地基上房屋损坏情况的调查提出的。在设计时应注意，同一类型的膨胀土，扰动后重新夯实与未经扰动的相比，其膨胀或收缩特性都不相同。如果基础分别埋在挖方和填方上时，在挖填方交界处的墙体及地面常常出现断裂。因此，一般都采用沉降缝分离的方法。

5.5.4、5.5.5 房屋四周受季节性气候和其他人为活动的影响大，因而，外墙部位土的含水量变化和结构的位移幅度都较室内大，容易遭到破坏。当房屋四周辅以混凝土等宽散水时（宽度大于2m），能起到防水和保湿的作用，使外墙的位移量减小。例如，广西宁明某相邻办公楼间有一混凝土球场，尽管办公楼的另两端均在急剧下沉，邻近球场一端的位移幅度却很

小。再如四川成都某仓库，两相邻库房间由三合土覆盖，此端房屋的位移幅度仅为未覆盖端的1/5。同样在湖北郧县种子站仓库前有一大混凝土晒场，房屋四周也有宽散水，整栋房屋的位移幅度仅为3mm左右。而同一地区房屋的位移幅度都远大于这一数值，致使其严重开裂。

图19是成都军区后勤部营房设计所在某试验房散水下不同部位的升降位移试验资料。从图中曲线可以看出，房屋四周一定宽度的散水对减小膨胀土上基础的位移起到了明显的作用。应当指出，大量的实际调查资料证明，作为主要预防措施来说，散水对于地势平坦、胀缩等级为Ⅰ、Ⅱ级的膨胀土其效果较好；对于地形复杂和胀缩等级为Ⅲ级的膨胀土上的房屋，散水应配合其他措施使用。

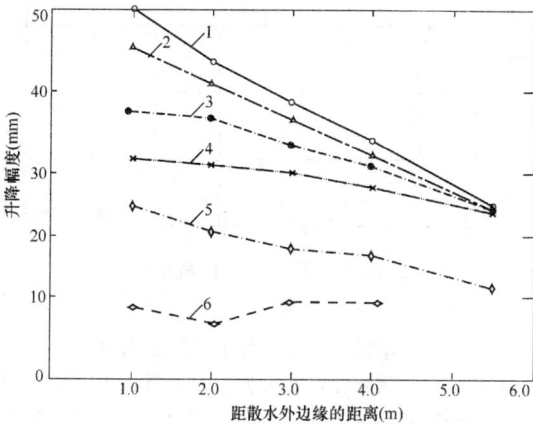

图 19　散水下不同部位的位移

1—0.5m 深标；2—1.0m 深标；3—1.5m 深标；
4—2.0m 深标；5—3.0m 深标；6—4.0m 深标

5.5.6 膨胀土上房屋室内地面的开裂、隆起比较常见，大面积处理费用太高。因此，处理的原则分为两种，一是要求严格的地面，如精密加工车间、大型民用公共建筑等，地面的不均匀变形会降低产品的质量或正常使用，后果严重。二是如食堂、住宅的地面，开裂后可修理使用。前者可根据膨胀量大小换土处理，后者宜将大面积浇筑面层改为分段浇筑嵌缝处理方法，或采用铺砌的办法。对于某些使用要求特别严格的地面，还可采用架空楼板方法。

5.6　结构措施

5.6.1 根据调查材料，膨胀土地基上的木结构、钢结构及钢筋混凝土框排架结构具有较好的适应不均匀变形能力，主体结构损坏极少，膨胀土地区房屋应优先采用这些结构体系。

5.6.3 圈梁设置有助于提高房屋的整体性并控制裂缝的发展。根据房屋沉降观测资料得知，膨胀土上建筑物地基的变形有的是反向挠曲，也有的是正向挠曲，有时在同一栋建筑内同时出现反向挠曲和正向挠

曲，特别在房屋的端部，反向挠曲变形较多，因此在本条中特别强调设置顶部圈梁的作用，并将其高度增加至240mm。

5.6.4 砌体结构中设置构造柱的作用主要在于对墙体的约束，有助于提高房屋的整体性并增加房屋的刚度。构造柱须与各层圈梁或梁板连接才能发挥约束作用。

5.6.7 钢和钢筋混凝土框、排架结构本身具有足够的适应变形的能力，但围护墙体仍易开裂。当以砌体作围护结构时，应将砌体放在基础梁上，基础梁与土表面脱空以防土的膨胀引起梁的过大变形。

5.6.8 有吊车的厂房，由于不均匀变形会引起吊车卡轨，影响使用，故要求连接方法便于调整并预留一定空隙。

5.7　地基基础措施

5.7.1、5.7.2 膨胀土的改良一般是在土中掺入一定比例的石灰、水泥或粉煤灰等材料，较适用于换土。采用上述材料的浆液向原状土地基中压力灌浆的效果不佳，应慎用。

大量室内外试验和工程实践表明：土中掺入2%～8%的石灰粉并拌和均匀是简单、经济的方法。表21是王新征用河南南阳膨胀土进行室内试验的结果。

表 21　掺入石灰粉后膨胀土胀缩性试验结果表

掺灰量（%）	龄期（d）	膨胀试验			收缩试验	
		无压膨胀率（%）	50kPa膨胀率（%）	膨胀力（kPa）	缩限（%）	线缩率（%）
0		36.0	9.3	284.0	16.20	3.10
6	7	0.5	0.0	9.6	5.20	1.90
	28	0.2	0.0	0.7	4.30	1.07

膨胀土中掺入一定比例的石灰后，通过 Ca^+ 离子交换、水化和碳化以及孔隙充填和粘结作用，可以降低甚至消除土的膨胀性，并能提高扰动土的强度。使用时应根据土的膨胀潜势通过试验确定石灰的掺量。石灰宜用熟石灰粉，施工时土料最大粒径不应大于15mm，并控制其含水量，拌和均匀，分层压实。

5.7.5～5.7.9 桩在膨胀土中的工作性状相当复杂，上部土层因水分变化而产生的胀缩变形对桩有不同的效应。桩的承载力与土性、桩长、土中水分变化幅度和桩顶作用的荷载大小关系密切。土体膨胀时，因含水量增加和密度减小导致桩侧阻和端阻降低；土体收缩时，可能导致该部分土体产生大量裂缝，甚至与桩体脱离而丧失桩侧阻力（图20）。因此，在桩基设计时应考虑桩周土的胀缩变形对其承载力的不利影响。

对于低层房屋的短桩来说，土体膨胀隆起时，胀拔力将导致桩的上拔。国内外的现场试验资料表明：

图 20　膨胀土收缩时桩周土体与桩体
脱离情况现场实测

土层的膨胀隆起量决定桩的上拔量，上部土层隆起量较大，且随深度增加而减小，对桩产生上拔作用；下部土层隆起量小甚至不膨胀，将抑制桩的上拔，起到"锚固作用"，如图 21 所示。

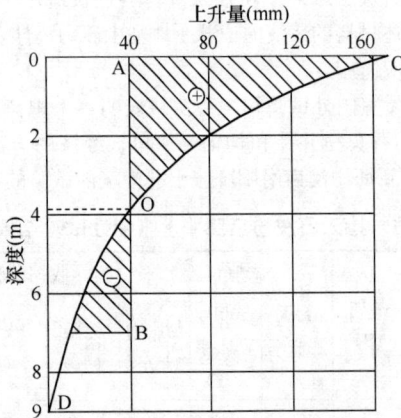

图 21　土层隆起量与桩的上升量关系

图中 CD 表示 9m 深度内土的膨胀隆起量随深度的变化曲线，AB 则为 7m 桩长的单桩上拔量为40mm。CD 和 AB 线交点 O 处土的隆起量与桩的上拔量相等，即称为"中性点"。O 点以上桩承受胀拔力，以下则为"锚固力"。当由胀拔力产生的上拔力大于"锚固力"时，桩就会被上拔。为抑制上拔量，在桩基设计时，桩顶荷载应等于或略大于上拔力。

上述中性点的位置和胀拔力的大小与土的膨胀潜势和土中水分变化幅度及深度有关。目前国内外关于胀拔力大小的资料很少，只能通过现场试验或地方经验确定。至于膨胀土中桩基的设计，只能提出计算原则。在所提出原则中分别考虑了膨胀和收缩两种情况。在膨胀时考虑了桩周胀拔力，该值宜通过现场试验确定。在收缩时因裂缝出现，不考虑收缩时所产生的负摩擦力，同样也不考虑在大气影响急剧层内的侧阻力。云南锡业公司与原冶金部昆明勘察公司曾在此进行试验：桩径 230mm，桩长分别为 3m、4m，桩尖脱空，3m 桩长荷载为 42.0kN，4m 桩长为 57.6kN；

经过两年观察，3m 桩下沉达 60mm 以上，4m 桩仅为6mm 左右，与深标观测值接近（图 22）。当地实测大气影响急剧层为 3.3m，可以看出 3.3m 长度内还有一定的摩阻力来抵抗由于收缩后桩上承受的荷载。因此，假定全部荷重由大气影响急剧层以下的桩长来承受是偏于安全的。

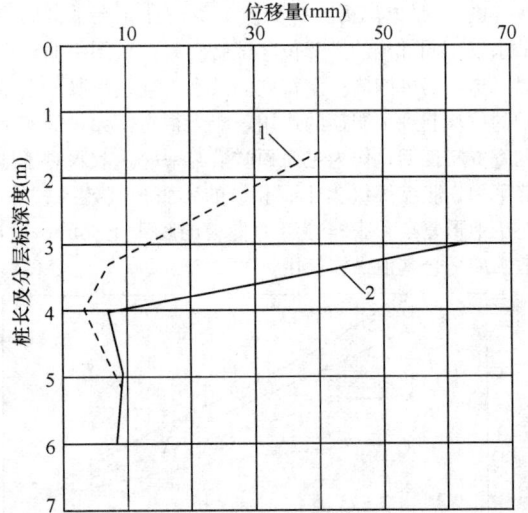

图 22　桩基与分层标位移量
1—分层标；2—桩基

对于土层膨胀、收缩过程中桩的受力状态，尚有待深入研究。例如在膨胀过程或收缩过程中，沿桩周各点土的变形状态、变形速率、变形大小是否一致就是一个问题。本规范在考虑桩的设计原则时，假定在大气影响急剧层深度内桩的胀拔力存在，及土层收缩时桩周出现裂缝情况。今后还需进一步研究，验证假定的合理性并找出简便的计算模型。

膨胀土中单桩承载力及其在大气影响层内桩侧土的最大胀拔力可通过室内试验或现场浸水胀拔力和承载力试验确定，但现场的试验数据更接近实际，其试验方法和步骤、试验资料整理和计算建议如下。实施时可根据不同需要予以简化。

1　试验的方法和步骤

1）选择有代表性的地段作为试验场地，试验桩和试验设备的布置如图 23 的所示；

2）胀拔力试验桩桩径宜为 $\phi400$，工程桩试验桩按设计桩长和桩径设置。试验桩间距不小于 3 倍桩径，试验桩与锚桩间距不小于4 倍桩径；

3）每组试验可布置三根试验桩，桩长分别为大气影响急剧层深度、大气影响深度和设计桩长深度；

4）桩长为大气影响急剧层深度和大气影响深度的胀拔力试验桩，其桩端脱空不小于 100mm；

5）采用砂井和砂槽双面浸水。砂槽和砂井内填满中、粗砂，砂井的深度不小于当地的

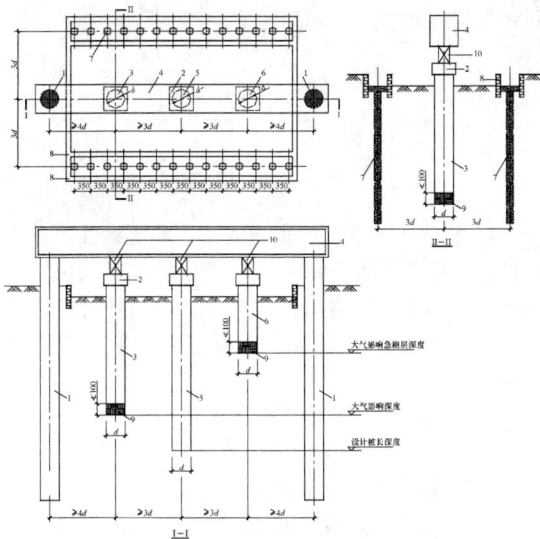

图 23 桩的现场浸水胀拔力和承载力试验
布置示意（图中单位：mm）

1—锚桩；2—桩帽；3—胀拔力试验桩（大气影响深度）；
4—支承梁；5—工程桩试验桩；6—胀拔力试验桩（大气
影响急剧层深度）；7—φ127 砂井；8—砖砌砂槽；9—桩
端空隙；10—测力计（千斤顶）

大气影响深度；

6）试验宜采用锚桩反力梁装置，其最大抗拔
能力除满足试验荷载的要求外，应严格控
制锚桩和反力梁的变形量；

7）试验桩桩顶设置测力计，现场浸水初期至
少每 8h 进行一次桩的胀拔力观测，以捕捉
最大的胀拔力，后期可加大观测时间间隔，
直至浸水膨胀稳定；

8）浸水膨胀稳定后，停止浸水并将桩顶测力
计更换为千斤顶，采用慢速加载维持法进
行单桩承载力试验，测定浸水条件下的单
桩承载力；

9）试验前和试验后，分层取原状土样在室内
进行物理力学试验和膨胀试验。

2 试验资料整理及计算

1）绘制桩的现场浸水胀拔力随时间发展变化
曲线（图 24）；

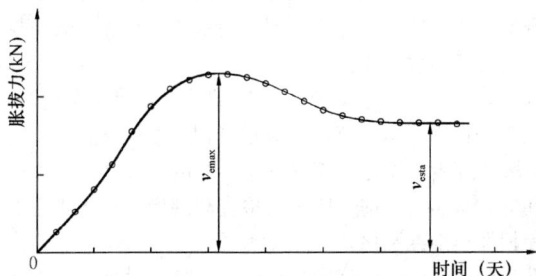

图 24 桩的现场浸水胀拔力随时间发
展变化曲线示意

2）根据桩长为大气影响急剧层深度或大气影
响深度试验桩的现场实测单桩最大胀拔力，
可按下式计算大气影响急剧层深度或大气
影响深度内桩侧土的最大胀切力平均值：

$$\bar{q}_{esk} = \frac{v_{emax}}{\pi \cdot d \cdot l}$$

式中：$\bar{q}_{esk}$——大气影响急剧层深度或大气影响深度
内桩侧土的最大胀切力平均值（kPa）；

v_{emax}——单桩最大胀拔力实测值（kN）；

d——试验桩桩径（m）；

l——试验桩桩长（m）。

3）浸水条件下，根据桩长为大气影响急剧层
深度或大气影响深度试验桩测定的单桩极
限承载力，可按下式计算浸水条件下大气
影响急剧层深度或大气影响深度内桩侧阻
力特征值的平均值：

$$\bar{q}_{sa} = \frac{Q_u}{2 \cdot \pi \cdot d \cdot l}$$

式中：$\bar{q}_{sa}$——浸水条件下，大气影响急剧层深度或大
气影响深度内桩侧阻力特征值的平均值
（kPa）；

Q_u——浸水条件下，单桩极限承载力实测值
（kN）。

4）浸水条件下，工程桩试验桩单桩极限承载
力的测定，应符合现行国家标准《建筑地
基基础设计规范》GB 50007 的有关规定；

5）同一场地的试验数量不应少于 3 点，当基
桩最大胀拔力或极限承载力试验值的极差
不超过其平均值的 30% 时，取其平均值作
为该场地基桩最大胀拔力或极限承载力的
标准值。

5.8 管 道

5.8.1～5.8.3 地下管道的附属构筑物系指管沟、检
查井、检漏井等。管道接头的防渗漏措施仅仅是技术
保证，重要的是保持长期的定时检查和维修。因此，
检漏井等的设置对于检查管道是否漏水是一项关键措
施。对于要求很高的建筑物，有必要采用地下管道集
中排水的方法，才可能做到及时发现、及时维修。

5.8.4 管道在基础下通过时易因局部承受地基胀缩
往复变形和应力，容易遭到损坏而发生渗漏，故应尽
量避免。必须穿越时，应采取措施。

6 施 工

6.1 一般规定

6.1.1 膨胀土地区的建筑施工，是落实设计措施、
保证建筑物的安全和正常使用的重要环节。因此，

要求施工人员应掌握膨胀土工程特性，在施工前作好施工准备工作，进行技术交底，落实技术责任制。

6.1.2 本条规定旨在说明膨胀土地区的工程建设必须遵循"先治理，后建设"的原则，也是落实"预防为主，综合治理"要求的重要环节。由于膨胀土含有大量的亲水矿物，伴随土体湿度的变化产生较大体积胀缩变化。因此，在地基基础施工前，应首先完成对场地的治理，减少施工时地基土含水量的变化幅度，从而防止场地失稳或后期地基胀缩变形量的增大。先期治理措施包括：

    1）场地平整；

    2）挡土墙、护坡等确保场地稳定的挡土结构施工；

    3）截洪沟、排水沟等确保场地排水畅通的排水系统施工；

    4）后期施工可能会增加主体结构地基胀缩变形量的工程应先于主体进行施工，如管沟等。

6.2 地基和基础施工

6.2.1～6.2.4 地基和基础施工，要确保地基土的含水量变化幅度减少到最低。施工方案和施工措施都应围绕这一目的实施。因此，膨胀土场地上进行开挖工程时，应采取严格保护措施，防止地基土体遭到长时间的曝露、风干、浸湿或充水。分段开挖、及时封闭，是减少地基土的含水量变化幅度的主要措施；预留部分土层厚度，到下一道工序开始前再清除，能同时达到防止持力层土的扰动和减少水分较大变化的目的。

对开挖深度超过5m（含5m）的基坑（槽）的土方开挖、支护工程，以及开挖深度虽未超过5m，但地质条件、周围环境和地下管线复杂，或影响毗邻建筑（构筑）物安全的基坑（槽）的土方开挖、支护工程，应对其安全施工方案进行专项审查。

6.2.6 基坑（槽）回填土，填料可选用非膨胀土、弱膨胀土及掺有石灰或其他材料的膨胀土，并保证一定的压实度。对于地下室外墙处的肥槽，宜采用非膨胀土或经改良的弱膨胀土及级配砂石作填料，可减少水平膨胀力的不利影响。

6.3 建筑物施工

6.3.1 为防止现浇钢筋混凝土养护水渗入地基，不应多次或大量浇水养护，宜用润湿法养护。

现浇混凝土时，其模板不宜支在地面上，采用架空法支模较好；构造柱应采用相邻砖墙做模板以保证相互结合。

6.3.6 工程竣工使用后，防止建（构）筑物给排水渗入地基，其给排水系统应有效连通，溢水装置应与排水管沟连通。

7 维护管理

7.1 一般规定

7.1.1 膨胀土是活动性很强的土，环境条件的变化会打破土中原有水分的相对平衡，加剧建筑场地的胀缩变形幅度，对房屋造成危害。国内外的经验证明，建筑物在使用期间开裂破坏有以下几个主要原因：

    1）地面水集聚和管道水渗漏；

    2）挡土墙失效；

    3）保湿散水变形破坏；

    4）建筑物周边树木快速生长或砍伐；

    5）建筑物周边绿化带过多浇灌等。

例如：湖北某厂仓库结构施工期间，外墙中部留有一大坑未填埋，坑中长期积水而使土体膨胀，导致该处墙体开裂，室内地坪大面积开裂。再如：广西宁明一使用不到一年的房屋，因大量生活水集聚浸泡地基土，房屋最大上升量达65mm而造成墙体开裂。

因此，膨胀土地区的建筑物，不仅在设计时要求采取有效的预防措施，施工质量合格，在使用期间做好长期有效的维护管理工作也至关重要，维护管理工作是膨胀土地区建筑技术不可或缺的环节。只有做好维护管理工作，才能保证建筑物的安全和正常使用。

7.1.2、7.1.3 维护管理工作应根据设计要求，由业主单位的管理部门制定制度和详细的实施计划，并负责监督检查。使用单位应建立建设工程档案，设计图纸、竣工图、设计变更通知、隐蔽工程施工验收记录和勘察报告及维护管理记录应及时归档，妥善保管。管理人员更换时，应认真办理上述档案的交接手续。

7.2 维护和检修

7.2.1 给水、排水和供热管道系统，主要包括有水或有汽的所有管道、检查井、检漏井、阀门井等。发现漏水或其他故障，应立即断绝水（汽）源，故障排除后方可继续使用。

7.2.2、7.2.3 除日常检查维护外，每年旱季前后，尤其是特别干旱季节，应对建筑物进行认真普查。对开裂损坏者，要记录裂缝形态、宽度、长度和开裂时间等。每年雨季前，应重点检查截洪沟、排水干道有无损坏、渗漏和堵塞。

7.2.6 植被对建筑物的影响与气候、树种、土性等因素有关。为防止绿化不当对建筑物造成危害，绿化方案（植物种类、间距及防治措施等）不得随意更改。提倡采用喷灌、滴灌等现代节水灌溉技术。

7.3 损坏建筑物的治理

7.3.1 为了避免对损坏建筑物盲目拆除并就地重建，建了又坏，造成严重浪费，要求发现建筑物损坏，应及时会同有关单位全面调查，分析原因。必要时应进行维护勘察。

7.3.2 应按有关标准的规定，鉴定建筑物的损坏程度。区别不同情况，采取相应的治理措施。做到对症下药，标本兼治。

中华人民共和国行业标准

建筑基坑支护技术规程

Technical specification for retaining and protection of
building foundation excavations

JGJ 120—2012

批准部门：中华人民共和国住房和城乡建设部
施行日期：２０１２年１０月１日

中华人民共和国住房和城乡建设部
公　告

第 1350 号

关于发布行业标准《建筑基坑支护技术规程》的公告

现批准《建筑基坑支护技术规程》为行业标准，编号为 JGJ 120 - 2012，自 2012 年 10 月 1 日起实施。其中，第 3.1.2、8.1.3、8.1.4、8.1.5、8.2.2 条为强制性条文，必须严格执行。原行业标准《建筑基坑支护技术规程》JGJ 120 - 99 同时废止。

本规程由我部标准定额研究所组织中国建筑工业出版社出版发行。

中华人民共和国住房和城乡建设部
2012 年 4 月 5 日

前　言

根据原建设部《〈关于印发二○○四年度工程建设城建、建工行业标准制订、修订计划〉的通知》（建标〔2004〕66 号）的要求，规程编制组经广泛调查研究，认真总结实践经验，参考有关国际标准和国外先进标准，并在广泛征求意见的基础上，修订了《建筑基坑支护技术规程》JGJ 120 - 99。

本规程主要技术内容是：基本规定、支挡式结构、土钉墙、重力式水泥土墙、地下水控制、基坑开挖与监测。

本次修订的主要技术内容是：1. 调整和补充了支护结构的几种稳定性验算；2. 调整了部分稳定性验算表达式；3. 强调了变形控制设计原则；4. 调整了选用土的抗剪强度指标的规定；5. 新增了双排桩结构；6. 改进了不同施工工艺下锚杆粘结强度取值的有关规定；7. 充实了内支撑结构设计的有关规定；8. 新增了支护与主体结构结合及逆作法；9. 新增了复合土钉墙；10. 引入了土钉墙土压力调整系数；11. 充实了各种类型支护结构构造与施工的有关规定；12. 强调了地下水资源的保护；13. 改进了降水设计方法；14. 充实了截水设计与施工的有关规定；15. 充实了地下水渗透稳定性验算的有关规定；16. 充实了基坑开挖的有关规定；17. 新增了应急措施；18. 取消了逆作拱墙。

本规程中以黑体字标志的条文为强制性条文，必须严格执行。

本规程由住房和城乡建设部负责管理和对强制性条文的解释，由中国建筑科学研究院负责具体技术内容的解释。执行过程中如有意见或建议，请寄送中国建筑科学研究院地基基础研究所（地址：北京市北三环东路 30 号，邮编：100013）。

本规程主要编单位：中国建筑科学研究院
本规程参编单位：中冶建筑研究总院有限公司
　　　　　　　　华东建筑设计研究院有限公司
　　　　　　　　同济大学
　　　　　　　　深圳市勘察研究院有限公司
　　　　　　　　福建省建筑科学研究院
　　　　　　　　机械工业勘察设计研究院
　　　　　　　　广东省建筑科学研究院
　　　　　　　　深圳市住房和建设局
　　　　　　　　广州市城乡建设委员会
　　　　　　　　中国岩土工程研究中心
本规程主要起草人员：杨　斌　黄　强　杨志银
　　　　　　　　　王卫东　杨生贵　杨　敏
　　　　　　　　　左怀西　刘小敏　侯伟生
　　　　　　　　　白生翔　朱玉明　张　炜
　　　　　　　　　冯　禄　徐其功　李荣强
　　　　　　　　　陈如桂　魏章和
本规程主要审查人员：顾晓鲁　顾宝和　张旷成
　　　　　　　　　丁金粟　程良奎　袁内镇
　　　　　　　　　桂业琨　钱力航　刘国楠
　　　　　　　　　秦四清

目 次

Contents

1 总　则

1.0.1 为了在建筑基坑支护设计、施工中做到安全适用、保护环境、技术先进、经济合理、确保质量，制定本规程。

1.0.2 本规程适用于一般地质条件下临时性建筑基坑支护的勘察、设计、施工、检测、基坑开挖与监测。对湿陷性土、多年冻土、膨胀土、盐渍土等特殊土或岩石基坑，应结合当地工程经验应用本规程。

1.0.3 基坑支护设计、施工与基坑开挖，应综合考虑地质条件、基坑周边环境要求、主体地下结构要求、施工季节变化及支护结构使用期等因素，因地制宜、合理选型、优化设计、精心施工、严格监控。

1.0.4 基坑支护工程除应符合本规程的规定外，尚应符合国家现行有关标准的规定。

2　术语和符号

2.1　术　语

2.1.1 基坑　excavations

为进行建（构）筑物地下部分的施工由地面向下开挖出的空间。

2.1.2 基坑周边环境　surroundings around excavations

与基坑开挖相互影响的周边建（构）筑物、地下管线、道路、岩土体与地下水体的统称。

2.1.3 基坑支护　retaining and protection for excavations

为保护地下主体结构施工和基坑周边环境的安全，对基坑采用的临时性支挡、加固、保护与地下水控制的措施。

2.1.4 支护结构　retaining and protection structure

支挡或加固基坑侧壁的结构。

2.1.5 设计使用期限　design workable life

设计规定的从基坑开挖到预定深度至完成基坑支护使用功能的时段。

2.1.6 支挡式结构　retaining structure

以挡土构件和锚杆或支撑为主的，或仅以挡土构件为主的支护结构。

2.1.7 锚拉式支挡结构　anchored retaining structure

以挡土构件和锚杆为主的支挡式结构。

2.1.8 支撑式支挡结构　strutted retaining structure

以挡土构件和支撑为主的支挡式结构。

2.1.9 悬臂式支挡结构　cantilever retaining structure

仅以挡土构件为主的支挡式结构。

2.1.10 挡土构件　structural member for earth retaining

设置在基坑侧壁并嵌入基坑底面的支挡式结构竖向构件。例如，支护桩、地下连续墙。

2.1.11 排桩　soldier pile wall

沿基坑侧壁排列设置的支护桩及冠梁组成的支挡式结构部件或悬臂式支挡结构。

2.1.12 双排桩　double-row-piles wall

沿基坑侧壁排列设置的由前、后两排支护桩和梁连接成的刚架及冠梁组成的支挡式结构。

2.1.13 地下连续墙　diaphragm wall

分槽段用专用机械成槽、浇筑钢筋混凝土所形成的连续地下墙体。亦可称为现浇地下连续墙。

2.1.14 锚杆　anchor

由杆体（钢绞线、预应力螺纹钢筋、普通钢筋或钢管）、注浆固结体、锚具、套管所组成的一端与支护结构构件连接，另一端锚固在稳定岩土体内的受拉杆件。杆体采用钢绞线时，亦可称为锚索。

2.1.15 内支撑　strut

设置在基坑内的由钢筋混凝土或钢构件组成的用以支撑挡土构件的结构部件。支撑构件采用钢材、混凝土时，分别称为钢内支撑、混凝土内支撑。

2.1.16 冠梁　capping beam

设置在挡土构件顶部的将挡土构件连为整体的钢筋混凝土梁。

2.1.17 腰梁　waling

设置在挡土构件侧面的连接锚杆或内支撑杆件的钢筋混凝土梁或钢梁。

2.1.18 土钉　soil nail

植入土中并注浆形成的承受拉力与剪力的杆件。例如，钢筋杆体与注浆固结体组成的钢筋土钉，击入土中的钢管土钉。

2.1.19 土钉墙　soil nailing wall

由随基坑开挖分层设置的、纵横向密布的土钉群、喷射混凝土面层及原位土体所组成的支护结构。

2.1.20 复合土钉墙　composite soil nailing wall

土钉墙与预应力锚杆、微型桩、旋喷桩、搅拌桩中的一种或多种组成的复合型支护结构。

2.1.21 重力式水泥土墙　gravity cement-soil wall

水泥土桩相互搭接成格栅或实体的重力式支护结构。

2.1.22 地下水控制　groundwater control

为保证支护结构、基坑开挖、地下结构的正常施工，防止地下水变化对基坑周边环境产生影响所采用的截水、降水、排水、回灌等措施。

2.1.23 截水帷幕　curtain for cutting off drains

用以阻隔或减少地下水通过基坑侧壁与坑底流入基坑和控制基坑外地下水位下降的幕墙状竖向截水体。

2.1.24 落底式帷幕　closed curtain for cutting off drains

底端穿透含水层并进入下部隔水层一定深度的截水帷幕。

2.1.25 悬挂式帷幕 unclosed curtain for cutting off drains

底端未穿透含水层的截水帷幕。

2.1.26 降水 dewatering

为防止地下水通过基坑侧壁与坑底流入基坑，用抽水井或渗水井降低基坑内外地下水位的方法。

2.1.27 集水明排 open pumping

用排水沟、集水井、泄水管、输水管等组成的排水系统将地表水、渗漏水排泄至基坑外的方法。

2.2 符　号

2.2.1 作用和作用效应

E_{ak}、E_{pk}——主动土压力、被动土压力标准值；

G——支护结构和土的自重；

J——渗透力；

M——弯矩设计值；

M_k——作用标准组合的弯矩值；

N——轴向拉力或轴向压力设计值；

N_k——作用标准组合的轴向拉力值或轴向压力值；

p_{ak}、p_{pk}——主动土压力强度、被动土压力强度标准值；

p_0——基础底面附加压力的标准值；

p_s——分布土反力；

p_{s0}——分布土反力初始值；

P——预加轴向力；

q——降水井的单井流量；

q_0——均布附加荷载标准值；

s——降水引起的建筑物基础或地面的固结沉降量；

s_d——基坑地下水位的设计降深；

S_d——作用组合的效应设计值；

S_k——作用标准组合的效应或作用标准值的效应；

u——孔隙水压力；

V——剪力设计值；

V_k——作用标准组合的剪力值；

v——挡土构件的水平位移。

2.2.2 材料性能和抗力

C——正常使用极限状态下支护结构位移或建筑物基础、地面沉降的限值；

c——土的黏聚力；

E_c——锚杆的复合弹性模量；

E_m——锚杆固结体的弹性模量；

E_s——锚杆杆体或支撑的弹性模量或土的压缩模量；

f_{cs}——水泥土开挖龄期时的轴心抗压强度设计值；

f_{py}——预应力筋的抗拉强度设计值；

f_y——普通钢筋的抗拉强度设计值；

k——土的渗透系数；

R_k——锚杆或土钉的极限抗拔承载力标准值；

q_{sk}——土与锚杆或土钉的极限粘结强度标准值；

q_0——单井出水能力；

R_d——结构构件的抗力设计值；

R——影响半径；

γ——土的天然重度；

γ_{cs}——水泥土墙的重度；

γ_w——地下水的重度；

φ——土的内摩擦角。

2.2.3 几何参数

A——构件的截面面积；

A_p——预应力筋的截面面积；

A_s——普通钢筋的截面面积；

b——截面宽度；

d——桩、锚杆、土钉的直径或基础埋置深度；

h——基坑深度或构件截面高度；

H——潜水含水层厚度；

l_d——挡土构件的嵌固深度；

l_0——受压支撑构件的长度；

M——承压水含水层厚度；

r_w——降水井半径；

β——土钉墙坡面与水平面的夹角；

α——锚杆、土钉的倾角或支撑轴线与水平面的夹角。

2.2.4 设计参数和计算系数

k_s——土的水平反力系数；

k_R——弹性支点轴向刚度系数；

K——安全系数；

K_a——主动土压力系数；

K_p——被动土压力系数；

m——土的水平反力系数的比例系数；

α——支撑松弛系数；

γ_F——作用基本组合的综合分项系数；

γ_0——支护结构重要性系数；

ζ——坡面倾斜时的主动土压力折减系数；

λ——支撑不动点调整系数；

μ——墙体材料的抗剪断系数；

ψ_w——沉降计算经验系数。

3 基 本 规 定

3.1 设 计 原 则

3.1.1 基坑支护设计应规定其设计使用期限。基坑支护的设计使用期限不应小于一年。

3.1.2 基坑支护应满足下列功能要求：

1 保证基坑周边建（构）筑物、地下管线、道路的安全和正常使用；

2 保证主体地下结构的施工空间。

3.1.3 基坑支护设计时，应综合考虑基坑周边环境和地质条件的复杂程度、基坑深度等因素，按表3.1.3采用支护结构的安全等级。对同一基坑的不同部位，可采用不同的安全等级。

表 3.1.3 支护结构的安全等级

安全等级	破 坏 后 果
一级	支护结构失效、土体过大变形对基坑周边环境或主体结构施工安全的影响很严重
二级	支护结构失效、土体过大变形对基坑周边环境或主体结构施工安全的影响严重
三级	支护结构失效、土体过大变形对基坑周边环境或主体结构施工安全的影响不严重

3.1.4 支护结构设计时应采用下列极限状态：

1 承载能力极限状态

　1）支护结构构件或连接因超过材料强度而破坏，或因过度变形而不适于继续承受荷载，或出现压屈、局部失稳；

　2）支护结构和土体整体滑动；

　3）坑底因隆起而丧失稳定；

　4）对支挡式结构，挡土构件因坑底土体丧失嵌固能力而推移或倾覆；

　5）对锚拉式支挡结构或土钉墙，锚杆或土钉因土体丧失锚固能力而拔动；

　6）对重力式水泥土墙，墙体倾覆或滑移；

　7）对重力式水泥土墙、支挡式结构，其持力土层因丧失承载能力而破坏；

　8）地下水渗流引起的土体渗透破坏。

2 正常使用极限状态

　1）造成基坑周边建（构）筑物、地下管线、道路等损坏或影响其正常使用的支护结构位移；

　2）因地下水位下降、地下水渗流或施工因素而造成基坑周边建（构）筑物、地下管线、道路等损坏或影响其正常使用的土体变形；

　3）影响主体地下结构正常施工的支护结构位移；

　4）影响主体地下结构正常施工的地下水渗流。

3.1.5 支护结构、基坑周边建筑物和地面沉降、地下水控制的计算和验算应采用下列设计表达式：

1 承载能力极限状态

　1）支护结构构件或连接因超过材料强度或过度变形的承载能力极限状态设计，应符合下式要求：

$$\gamma_0 S_d \leqslant R_d \quad (3.1.5-1)$$

式中：γ_0——支护结构重要性系数，应按本规程第

3.1.6 条的规定采用；

S_d——作用基本组合的效应（轴力、弯矩等）设计值；

R_d——结构构件的抗力设计值。

对临时性支护结构，作用基本组合的效应设计值应按下式确定：

$$S_d = \gamma_F S_k \quad (3.1.5-2)$$

式中：γ_F——作用基本组合的综合分项系数，应按本规程第 3.1.6 条的规定采用；

S_k——作用标准组合的效应。

　2）整体滑动、坑底隆起失稳、挡土构件嵌固段推移、锚杆与土钉拔动、支护结构倾覆与滑移、土体渗透破坏等稳定性计算和验算，均应符合下式要求：

$$\frac{R_k}{S_k} \geqslant K \quad (3.1.5-3)$$

式中：R_k——抗滑力、抗滑力矩、抗倾覆力矩、锚杆和土钉的极限抗拔承载力等土的抗力标准值；

S_k——滑动力、滑动力矩、倾覆力矩、锚杆和土钉的拉力等作用标准值的效应；

K——安全系数。

2 正常使用极限状态

由支护结构水平位移、基坑周边建筑物和地面沉降等控制的正常使用极限状态设计，应符合下式要求：

$$S_d \leqslant C \quad (3.1.5-4)$$

式中：S_d——作用标准组合的效应（位移、沉降等）设计值；

C——支护结构水平位移、基坑周边建筑物和地面沉降的限值。

3.1.6 支护结构构件按承载能力极限状态设计时，作用基本组合的综合分项系数不应小于 1.25。对安全等级为一级、二级、三级的支护结构，其结构重要性系数分别不应小于 1.1、1.0、0.9。各类稳定性安全系数应按本规程各章的规定取值。

3.1.7 支护结构重要性系数与作用基本组合的效应设计值的乘积（$\gamma_0 S_d$）可采用下列内力设计值表示：

弯矩设计值

$$M = \gamma_0 \gamma_F M_k \quad (3.1.7-1)$$

剪力设计值

$$V = \gamma_0 \gamma_F V_k \quad (3.1.7-2)$$

轴向力设计值

$$N = \gamma_0 \gamma_F N_k \quad (3.1.7-3)$$

式中：M——弯矩设计值（kN·m）；

M_k——作用标准组合的弯矩值（kN·m）；

V——剪力设计值（kN）；

V_k——作用标准组合的剪力值（kN）；

N——轴向拉力设计值或轴向压力设计值（kN）；

N_k——作用标准组合的轴向拉力或轴向压力值（kN）。

3.1.8 基坑支护设计应按下列要求设定支护结构的水平位移控制值和基坑周边环境的沉降控制值：

1 当基坑开挖影响范围内有建筑物时，支护结构水平位移控制值、建筑物的沉降控制值应按不影响其正常使用的要求确定，并应符合现行国家标准《建筑地基基础设计规范》GB 50007中对地基变形允许值的规定；当基坑开挖影响范围内有地下管线、地下构筑物、道路时，支护结构水平位移控制值、地面沉降控制值应按不影响其正常使用的要求确定，并应符合现行相关标准对其允许变形的规定；

2 当支护结构构件同时用作主体地下结构构件时，支护结构水平位移控制值不应大于主体结构设计对其变形的限值；

3 当无本条第1款、第2款情况时，支护结构水平位移控制值应根据地区经验按工程的具体条件确定。

3.1.9 基坑支护应按实际的基坑周边建筑物、地下管线、道路和施工荷载等条件进行设计。设计中应提出明确的基坑周边荷载限值、地下水和地表水控制等基坑使用要求。

3.1.10 基坑支护设计应满足下列主体地下结构的施工要求：

1 基坑侧壁与主体地下结构的净空间和地下水控制应满足主体地下结构及其防水的施工要求；

2 采用锚杆时，锚杆的锚头和腰梁不应妨碍地下结构外墙的施工；

3 采用内支撑时，内支撑及腰梁的设置应便于地下结构及其防水的施工。

3.1.11 支护结构按平面结构分析时，应按基坑各部位的开挖深度、周边环境条件、地质条件等因素划分设计计算剖面。对每一计算剖面，应按其最不利条件进行计算。对电梯井、集水坑等特殊部位，宜单独划分计算剖面。

3.1.12 基坑支护设计应规定支护结构各构件施工顺序及相应的基坑开挖深度。基坑开挖各阶段和支护结构使用阶段，均应符合本规程第3.1.4条、第3.1.5条的规定。

3.1.13 在季节性冻土地区，支护结构设计应根据冻胀、冻融对支护结构受力和基坑侧壁的影响采取相应的措施。

3.1.14 土压力及水压力计算、土的各类稳定性验算时，土、水压力的分、合算方法及相应的土的抗剪强度指标类别应符合下列规定：

1 对地下水位以上的黏性土、黏质粉土，土的抗剪强度指标应采用三轴固结不排水抗剪强度指标 c_{cu}、φ_{cu} 或直剪固结快剪强度指标 c_{cq}、φ_{cq}，对地下水位以上的砂质粉土、砂土、碎石土，土的抗剪强度指标应采用有效应力强度指标 c'、φ'；

2 对地下水位以下的黏性土、黏质粉土，可采用土压力、水压力合算方法；此时，对正常固结和超固结土，土的抗剪强度指标应采用三轴固结不排水抗剪强度指标 c_{cu}、φ_{cu} 或直剪固结快剪强度指标 c_{cq}、φ_{cq}，对欠固结土，宜采用有效自重压力下预固结的三轴不固结不排水抗剪强度指标 c_{uu}、φ_{uu}；

3 对地下水位以下的砂质粉土、砂土和碎石土，应采用土压力、水压力分算方法；此时，土的抗剪强度指标应采用有效应力强度指标 c'、φ'，对砂质粉土，缺少有效应力强度指标时，也可采用三轴固结不排水抗剪强度指标 c_{cu}、φ_{cu} 或直剪固结快剪强度指标 c_{cq}、φ_{cq} 代替，对砂土和碎石土，有效应力强度指标 φ' 可根据标准贯入试验实测击数和水下休止角等物理力学指标取值；土压力、水压力采用分算方法时，水压力可按静水压力计算；当地下水渗流时，宜按渗流理论计算水压力和土的竖向有效应力；当存在多个含水层时，应分别计算各含水层的水压力；

4 有可靠的地方经验时，土的抗剪强度指标尚可根据室内、原位试验得到的其他物理力学指标，按经验方法确定。

3.1.15 支护结构设计时，应根据工程经验分析判断计算参数取值和计算分析结果的合理性。

3.2 勘察要求与环境调查

3.2.1 基坑工程的岩土勘察应符合下列规定：

1 勘探点范围应根据基坑开挖深度及场地的岩土工程条件确定；基坑外宜布置勘探点，其范围不宜小于基坑深度的1倍；当需要采用锚杆时，基坑外勘探点的范围不宜小于基坑深度的2倍；当基坑外无法布置勘探点时，应通过调查取得相关勘察资料并结合场地内的勘察资料进行综合分析；

2 勘探点宜沿基坑边布置，其间距宜取 15m～25m；当场地存在软弱土层、暗沟或岩溶等复杂地质条件时，应加密勘探点并查明其分布和工程特性；

3 基坑周边勘探孔的深度不宜小于基坑深度的2倍；基坑面以下存在软弱土层或承压水含水层时，勘探孔深度应穿过软弱土层或承压水含水层；

4 应按现行国家标准《岩土工程勘察规范》GB 50021的规定进行原位测试和室内试验并提出各层土的物理性质指标和力学指标；对主要土层和厚度大于3m的素填土，应按本规程第3.1.14条的规定进行抗剪强度试验并提出相应的抗剪强度指标；

5 当有地下水时，应查明各含水层的埋深、厚度和分布，判断地下水类型、补给和排泄条件；有承压水时，应分层测量其水头高度；

6 应对基坑开挖与支护结构使用期内地下水位的变化幅度进行分析；

7 当基坑需要降水时，宜采用抽水试验测定各含水层的渗透系数与影响半径；勘察报告中应提出各含水层的渗透系数；

8 当建筑地基勘察资料不能满足基坑支护设计与施工要求时，应进行补充勘察。

3.2.2 基坑支护设计前，应查明下列基坑周边环境条件：

1 既有建筑物的结构类型、层数、位置、基础形式和尺寸、埋深、使用年限、用途等；

2 各种既有地下管线、地下构筑物的类型、位置、尺寸、埋深等；对既有供水、污水、雨水等地下输水管线，尚应包括其使用状况及渗漏状况；

3 道路的类型、位置、宽度、道路行驶情况、最大车辆荷载等；

4 基坑开挖与支护结构使用期内施工材料、施工设备等临时荷载的要求；

5 雨期时的场地周围地表水汇流和排泄条件。

3.3 支护结构选型

3.3.1 支护结构选型时，应综合考虑下列因素：

1 基坑深度；

2 土的性状及地下水条件；

3 基坑周边环境对基坑变形的承受能力及支护结构失效的后果；

4 主体地下结构和基础形式及其施工方法、基坑平面尺寸及形状；

5 支护结构施工工艺的可行性；

6 施工场地条件及施工季节；

7 经济指标、环保性能和施工工期。

3.3.2 支护结构应按表3.3.2选型。

表3.3.2 各类支护结构的适用条件

结构类型		安全等级	适用条件	
			基坑深度、环境条件、土类和地下水条件	
支挡式结构	锚拉式结构	一级 二级 三级	适用于较深的基坑	1 排桩适用于可采用降水或截水帷幕的基坑 2 地下连续墙宜同时用作主体地下结构外墙，可同时用于截水 3 锚杆不宜用在软土层和高水位的碎石土、砂土层中 4 当邻近基坑有建筑物地下室、地下构筑物等，锚杆的有效锚固长度不足时，不应采用锚杆 5 当锚杆施工会造成基坑周边建（构）筑物的损害或违反城市地下空间规划等规定时，不应采用锚杆
	支撑式结构		适用于较深的基坑	
	悬臂式结构		适用于较浅的基坑	
	双排桩		当锚拉式、支撑式和悬臂式结构不适用时，可考虑采用双排桩	
	支护结构与主体结构结合的逆作法		适用于基坑周边环境条件很复杂的深基坑	

续表3.3.2

结构类型		安全等级	适用条件	
			基坑深度、环境条件、土类和地下水条件	
土钉墙	单一土钉墙	二级 三级	适用于地下水位以上或降水的非软土基坑，且基坑深度不宜大于12m	当基坑潜在滑动面内有建筑物、重要地下管线时，不宜采用土钉墙
	预应力锚杆复合土钉墙		适用于地下水位以上或降水的非软土基坑，且基坑深度不宜大于15m	
	水泥土桩复合土钉墙		用于非软土基坑时，基坑深度不宜大于12m；用于淤泥质土基坑时，基坑深度不宜大于6m；不宜用在高水位的碎石土、砂土层中	
	微型桩复合土钉墙		适用于地下水位以上或降水的基坑，用于非软土基坑时，基坑深度不宜大于12m；用于淤泥质土基坑时，基坑深度不宜大于6m	
重力式水泥土墙		二级 三级	适用于淤泥质土、淤泥基坑，且基坑深度不宜大于7m	
放坡		三级	1 施工场地满足放坡条件 2 放坡与上述支护结构形式结合	

注：1 当基坑不同部位的周边环境条件、土层性状、基坑深度等不同时，可在不同部位分别采用不同的支护形式。

2 支护结构可采用上、下部以不同结构类型组合的形式。

3.3.3 采用两种或两种以上支护结构形式时，其结合处应考虑相邻支护结构的相互影响，且应有可靠的过渡连接措施。

3.3.4 支护结构上部采用土钉墙或放坡、下部采用支挡式结构时，上部土钉墙应符合本规程第5章的规定，支挡式结构应考虑上部土钉墙或放坡的作用。

3.3.5 当坑底以下为软土时，可采用水泥土搅拌桩、高压喷射注浆等方法对坑底土体进行局部或整体加固。水泥土搅拌桩、高压喷射注浆加固体可采用格栅或实体形式。

3.3.6 基坑开挖采用放坡或支护结构上部采用放坡时，应按本规程第5.1.1条的规定验算边坡的滑动稳定性，边坡的圆弧滑动稳定安全系数（K_s）不应小于1.2。放坡坡面应设置防护层。

3.4 水平荷载

3.4.1 计算作用在支护结构上的水平荷载时，应考虑下列因素：

1 基坑内外土的自重（包括地下水）；

2 基坑周边既有和在建的建（构）筑物荷载；

3 基坑周边施工材料和设备荷载；

4 基坑周边道路车辆荷载；

5 冻胀、温度变化及其他因素产生的作用。

3.4.2 作用在支护结构上的土压力应按下列规定确

定：

1 支护结构外侧的主动土压力强度标准值、支护结构内侧的被动土压力强度标准值宜按下列公式计算（图3.4.2）：

1）对地下水位以上或水土合算的土层

$$p_{ak} = \sigma_{ak} K_{a,i} - 2c_i \sqrt{K_{a,i}} \quad (3.4.2\text{-}1)$$

$$K_{a,i} = \tan^2\left(45° - \frac{\varphi_i}{2}\right) \quad (3.4.2\text{-}2)$$

$$p_{pk} = \sigma_{pk} K_{p,i} + 2c_i \sqrt{K_{p,i}} \quad (3.4.2\text{-}3)$$

$$K_{p,i} = \tan^2\left(45° + \frac{\varphi_i}{2}\right) \quad (3.4.2\text{-}4)$$

式中：p_{ak}——支护结构外侧，第 i 层土中计算点的主动土压力强度标准值（kPa）；当 $p_{ak} < 0$ 时，应取 $p_{ak} = 0$；

σ_{ak}、σ_{pk}——分别为支护结构外侧、内侧计算点的土中竖向应力标准值（kPa），按本规程第3.4.5条的规定计算；

$K_{a,i}$、$K_{p,i}$——分别为第 i 层土的主动土压力系数、被动土压力系数；

c_i、φ_i——分别为第 i 层土的黏聚力（kPa）、内摩擦角（°）；按本规程第3.1.14条的规定取值；

p_{pk}——支护结构内侧，第 i 层土中计算点的被动土压力强度标准值（kPa）。

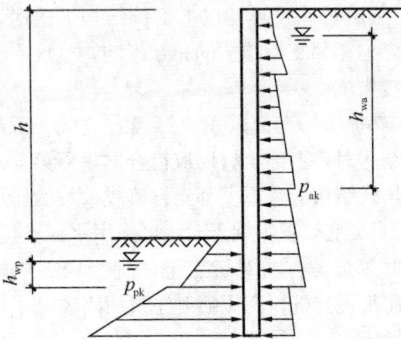

图3.4.2 土压力计算

2）对于水土分算的土层

$$p_{ak} = (\sigma_{ak} - u_a) K_{a,i} - 2c_i \sqrt{K_{a,i}} + u_a$$
$$(3.4.2\text{-}5)$$

$$p_{pk} = (\sigma_{pk} - u_p) K_{p,i} + 2c_i \sqrt{K_{p,i}} + u_p$$
$$(3.4.2\text{-}6)$$

式中：u_a、u_p——分别为支护结构外侧、内侧计算点的水压力（kPa）；对静止地下水，按本规程第3.4.4条的规定取值；当采用悬挂式截水帷幕时，应考虑地下水从帷幕底向基坑内的渗流对水压力的影响；

2 在土压力影响范围内，存在相邻建筑物地下

墙体等稳定界面时，可采用库仑土压力理论计算界面内有限滑动楔体产生的主动土压力，此时，同一土层的土压力可采用沿深度线性分布形式，支护结构与土之间的摩擦角宜取零。

3 需要严格限制支护结构的水平位移时，支护结构外侧的土压力宜取静止土压力。

4 有可靠经验时，可采用支护结构与土相互作用的方法计算土压力。

3.4.3 对成层土，土压力计算时的各土层计算厚度应符合下列规定：

1 当土层厚度较均匀、层面坡度较平缓时，宜取邻近勘察孔的各土层厚度，或同一计算剖面内各土层厚度的平均值；

2 当同一计算剖面内各勘察孔的土层厚度分布不均时，应取最不利勘察孔的各土层厚度；

3 对复杂地层且距勘探孔较远时，应通过综合分析土层变化趋势后确定土层的计算厚度；

4 当相邻土层的土性接近，且对土压力的影响可以忽略不计或有利时，可归并为同一计算土层。

3.4.4 静止地下水的水压力可按下列公式计算：

$$u_a = \gamma_w h_{wa} \quad (3.4.4\text{-}1)$$

$$u_p = \gamma_w h_{wp} \quad (3.4.4\text{-}2)$$

式中：γ_w——地下水重度（kN/m³），取 $\gamma_w = 10$kN/m³；

h_{wa}——基坑外侧地下水位至主动土压力强度计算点的垂直距离（m）；对承压水，地下水位取测压管水位；当有多个含水层时，应取计算点所在含水层的地下水位；

h_{wp}——基坑内侧地下水位至被动土压力强度计算点的垂直距离（m）；对承压水，地下水位取测压管水位。

3.4.5 土中竖向应力标准值应按下式计算：

$$\sigma_{ak} = \sigma_{ac} + \sum \Delta\sigma_{k,j} \quad (3.4.5\text{-}1)$$

$$\sigma_{pk} = \sigma_{pc} \quad (3.4.5\text{-}2)$$

式中：σ_{ac}——支护结构外侧计算点，由土的自重产生的竖向总应力（kPa）；

σ_{pc}——支护结构内侧计算点，由土的自重产生的竖向总应力（kPa）；

$\Delta\sigma_{k,j}$——支护结构外侧第 j 个附加荷载作用下计算点的土中附加竖向应力标准值（kPa），应根据附加荷载类型，按本规程第3.4.6条～第3.4.8条计算。

3.4.6 均布附加荷载作用下的土中附加竖向应力标准值应按下式计算（图3.4.6）：

$$\Delta\sigma_k = q_0 \quad (3.4.6)$$

式中：q_0——均布附加荷载标准值（kPa）。

3.4.7 局部附加荷载作用下的土中附加竖向应力标准值可按下列规定计算：

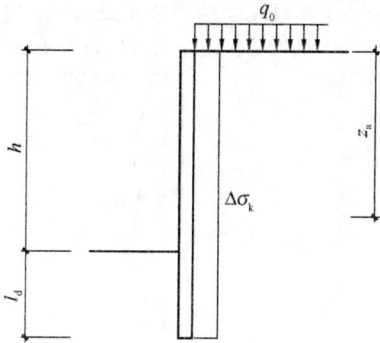

图 3.4.6 均布竖向附加荷载作用下的
土中附加竖向应力计算

1 对条形基础下的附加荷载（图 3.4.7a）：

当 $d + a/\tan\theta \leqslant z_a \leqslant d + (3a + b)/\tan\theta$ 时

$$\Delta\sigma_k = \frac{p_0 b}{b + 2a} \qquad (3.4.7\text{-}1)$$

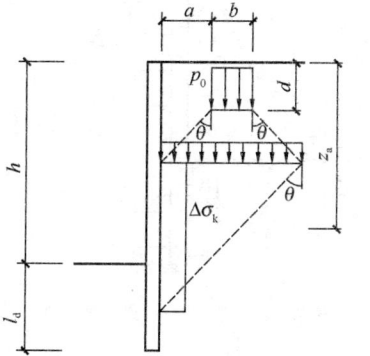

(a) 条形或矩形基础

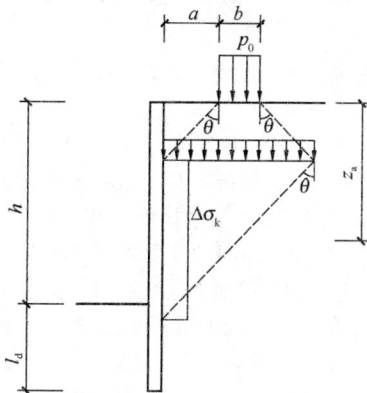

(b) 作用在地面的条形或矩形附加荷载

图 3.4.7 局部附加荷载作用下的土中
附加竖向应力计算

式中：p_0——基础底面附加压力标准值（kPa）；

d——基础埋置深度（m）；

b——基础宽度（m）；

a——支护结构外边缘至基础的水平距离
（m）；

θ——附加荷载的扩散角（°），宜取 $\theta = 45°$；

z_a——支护结构顶面至土中附加竖向应力计算
点的竖向距离。

当 $z_a < d + a/\tan\theta$ 或 $z_a > d + (3a + b)/\tan\theta$ 时，
取 $\Delta\sigma_k = 0$。

2 对矩形基础下的附加荷载（图 3.4.7a）：

当 $d + a/\tan\theta \leqslant z_a \leqslant d + (3a + b)/\tan\theta$ 时

$$\Delta\sigma_k = \frac{p_0 bl}{(b + 2a)(l + 2a)} \qquad (3.4.7\text{-}2)$$

式中：b——与基坑边垂直方向上的基础尺寸（m）；

l——与基坑边平行方向上的基础尺寸（m）。

当 $z_a < d + a/\tan\theta$ 或 $z_a > d + (3a + b)/\tan\theta$ 时，取
$\Delta\sigma_k = 0$。

3 对作用在地面的条形、矩形附加荷载，按本
条第 1、2 款计算土中附加竖向应力标准值 $\Delta\sigma_k$ 时，
应取 $d = 0$（图 3.4.7b）。

3.4.8 当支护结构顶部低于地面，其上方采用放坡
或土钉墙时，支护结构顶面以上土体对支护结构的作
用宜按库仑土压力理论计算，也可将其视作附加荷载
并按下列公式计算土中附加竖向应力标准值（图
3.4.8）：

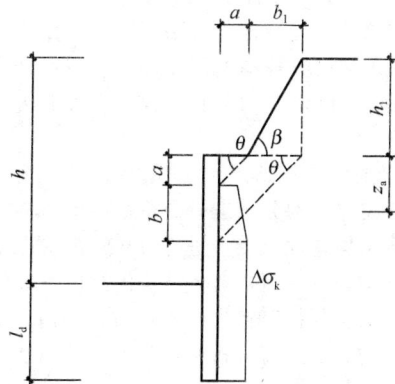

图 3.4.8 支护结构顶部以上采用放坡或
土钉墙时土中附加竖向应力计算

1 当 $a/\tan\theta \leqslant z_a \leqslant (a + b_1)/\tan\theta$ 时

$$\Delta\sigma_k = \frac{\gamma h_1}{b_1}(z_a - a) + \frac{E_{ak1}(a + b_1 - z_a)}{K_a b_1^2}$$
$$(3.4.8\text{-}1)$$

$$E_{ak1} = \frac{1}{2}\gamma h_1^2 K_a - 2ch_1 \sqrt{K_a} + \frac{2c^2}{\gamma}$$
$$(3.4.8\text{-}2)$$

2 当 $z_a > (a + b_1)/\tan\theta$ 时

$$\Delta\sigma_k = \gamma h_1 \qquad (3.4.8\text{-}3)$$

3 当 $z_a < a/\tan\theta$ 时

$$\Delta\sigma_k = 0 \qquad (3.4.8\text{-}4)$$

式中：z_a——支护结构顶面至土中附加竖向应力计算
点的竖向距离（m）；

a——支护结构外边缘至放坡坡脚的水平距离（m）；

b_1——放坡坡面的水平尺寸（m）；

θ——扩散角（°），宜取 $\theta=45°$；

h_1——地面至支护结构顶面的竖向距离（m）；

γ——支护结构顶面以上土的天然重度（kN/m³）；对多层土取各层土按厚度加权的平均值；

c——支护结构顶面以上土的黏聚力（kPa）；按本规程第3.1.14条的规定取值；

K_a——支护结构顶面以上土的主动土压力系数；对多层土取各层土按厚度加权的平均值；

E_{ak1}——支护结构顶面以上土体的自重所产生的单位宽度主动土压力标准值（kN/m）。

4 支挡式结构

4.1 结构分析

4.1.1 支挡式结构应根据结构的具体形式与受力、变形特性等采用下列分析方法：

1 锚拉式支挡结构，可将整个结构分解为挡土结构、锚拉结构（锚杆及腰梁、冠梁）分别进行分析；挡土结构宜采用平面杆系结构弹性支点法进行分析；作用在锚拉结构上的荷载应取挡土结构分析时得出的支点力；

2 支撑式支挡结构，可将整个结构分解为挡土结构、内支撑结构分别进行分析；挡土结构宜采用平面杆系结构弹性支点法进行分析；内支撑结构可按平面结构进行分析，挡土结构传至内支撑的荷载应取挡土结构分析时得出的支点力；对挡土结构和内支撑结构分别进行分析时，应考虑其相互之间的变形协调；

3 悬臂式支挡结构、双排桩，宜采用平面杆系结构弹性支点法进行分析；

4 当有可靠经验时，可采用空间结构分析方法对支挡式结构进行整体分析或采用结构与土相互作用的分析方法对支挡式结构与基坑土体进行整体分析。

4.1.2 支挡式结构应对下列设计工况进行结构分析，并应按其中最不利作用效应进行支护结构设计：

1 基坑开挖至坑底时的状况；

2 对锚拉式和支撑式支挡结构，基坑开挖至各层锚杆或支撑施工面时的状况；

3 在主体地下结构施工过程中需要以主体结构构件替换支撑或锚杆的状况；此时，主体结构构件应满足替换后各设计工况下的承载力、变形及稳定性要求；

4 对水平内支撑式支挡结构，基坑各边水平荷载不对等的各种状况。

4.1.3 采用平面杆系结构弹性支点法时，宜采用图4.1.3-1所示的结构分析模型，且应符合下列规定：

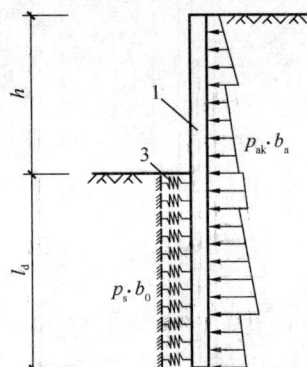

(a)悬臂式支挡结构

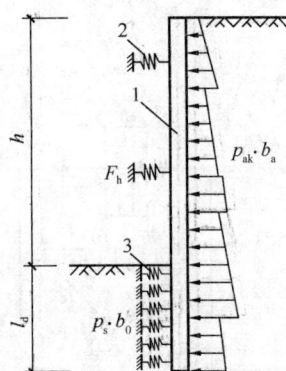

(b)锚拉式支挡结构或支撑式支挡结构

图4.1.3-1　弹性支点法计算

1—挡土结构；2—由锚杆或支撑简化而成的弹性支座；
3—计算土反力的弹性支座

1 主动土压力强度标准值可按本规程第3.4节的有关规定确定；

2 土反力可按本规程第4.1.4条确定；

3 挡土结构采用排桩时，作用在单根支护桩上的主动土压力计算宽度应取排桩间距，土反力计算宽度（b_0）应按本规程第4.1.7条确定（图4.1.3-2）；

4 挡土结构采用地下连续墙时，作用在单幅地下连续墙上的主动土压力计算宽度和土反力计算宽度（b_0）应取包括接头的单幅墙宽度；

5 锚杆和内支撑对挡土结构的约束作用应按弹性支座考虑，并应按本规程第4.1.8条确定。

4.1.4 作用在挡土构件上的分布土反力应符合下列规定：

1 分布土反力可按下式计算：

$$p_s = k_s v + p_{s0} \qquad (4.1.4-1)$$

2 挡土构件嵌固段上的基坑内侧土反力应符合下列条件，当不符合时，应增加挡土构件的嵌固长度或取 $P_{sk}=E_{pk}$ 时的分布土反力。

$$P_{sk} \leqslant E_{pk} \qquad (4.1.4-2)$$

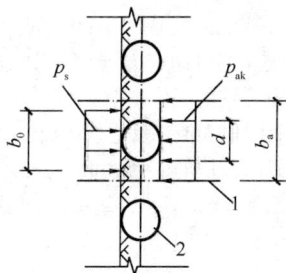

(a) 圆形截面排桩计算宽度

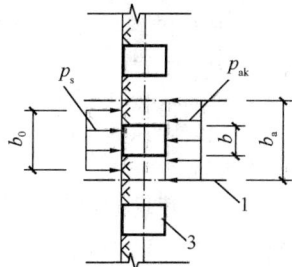

(b) 矩形或工字形截面排桩计算宽度

图 4.1.3-2 排桩计算宽度

1—排桩对称中心线；2—圆形桩；3—矩形桩或工字形桩

式中：p_s——分布土反力（kPa）；

k_s——土的水平反力系数（kN/m³），按本规程第 4.1.5 条的规定取值；

v——挡土构件在分布土反力计算点使土体压缩的水平位移值（m）；

p_{s0}——初始分布土反力（kPa）；挡土构件嵌固段上的基坑内侧初始分布土反力可按本规程公式（3.4.2-1）或公式（3.4.2-5）计算，但应将公式中的 p_{ak} 用 p_{s0} 代替、σ_{ak} 用 σ_{pk} 代替、u_a 用 u_p 代替，且不计（$2c_i\sqrt{K_{a,i}}$）项；

P_{sk}——挡土构件嵌固段上的基坑内侧土反力标准值（kN），通过按公式（4.1.4-1）计算的分布土反力得出；

E_{pk}——挡土构件嵌固段上的被动土压力标准值（kN），通过按本规程公式（3.4.2-3）或公式（3.4.2-6）计算的被动土压力强度标准值得出。

4.1.5 基坑内侧土的水平反力系数可按下式计算：

$$k_s = m(z - h) \qquad (4.1.5)$$

式中：m——土的水平反力系数的比例系数（kN/m⁴），按本规程第 4.1.6 条确定；

z——计算点距地面的深度（m）；

h——计算工况下的基坑开挖深度（m）。

4.1.6 土的水平反力系数的比例系数宜按桩的水平荷载试验及地区经验取值，缺少试验和经验时，可按下列经验公式计算：

$$m = \frac{0.2\varphi^2 - \varphi + c}{v_b} \qquad (4.1.6)$$

式中：m——土的水平反力系数的比例系数（MN/m⁴）；

c、φ——分别为土的黏聚力（kPa）、内摩擦角（°），按本规程第 3.1.14 条的规定确定；对多层土，按不同土层分别取值；

v_b——挡土构件在坑底处的水平位移量（mm），当此处的水平位移不大于 10mm 时，可取 $v_b = 10$mm。

4.1.7 排桩的土反力计算宽度应按下列公式计算（图 4.1.3-2）：

对圆形桩

$$b_0 = 0.9(1.5d + 0.5) \qquad (d \leqslant 1\text{m})$$
$$(4.1.7-1)$$

$$b_0 = 0.9(d + 1) \qquad (d > 1\text{m})$$
$$(4.1.7-2)$$

对矩形桩或工字形桩

$$b_0 = 1.5b + 0.5 \qquad (b \leqslant 1\text{m}) \quad (4.1.7-3)$$
$$b_0 = b + 1 \qquad (b > 1\text{m}) \quad (4.1.7-4)$$

式中：b_0——单根支护桩上的土反力计算宽度（m）；当按公式（4.1.7-1）～公式（4.1.7-4）计算的 b_0 大于排桩间距时，b_0 取排桩间距；

d——桩的直径（m）；

b——矩形桩或工字形桩的宽度（m）。

4.1.8 锚杆和内支撑对挡土结构的作用力应按下式确定：

$$F_h = k_R(v_R - v_{R0}) + P_h \qquad (4.1.8)$$

式中：F_h——挡土结构计算宽度内的弹性支点水平力（kN）；

k_R——挡土结构计算宽度内弹性支点刚度系数（kN/m）；采用锚杆时可按本规程第 4.1.9 条的规定确定，采用内支撑时可按本规程第 4.1.10 条的规定确定；

v_R——挡土构件在支点处的水平位移值（m）；

v_{R0}——设置锚杆或支撑时，支点的初始水平位移值（m）；

P_h——挡土结构计算宽度内的法向预加力（kN）；采用锚杆或竖向斜撑时，取 $P_h = P \cdot \cos\alpha \cdot b_a/s$；采用水平对撑时，取 $P_h = P \cdot b_a/s$；对不预加轴向压力的支撑，取 $P_h = 0$；采用锚杆时，宜取 $P = 0.75N_k \sim 0.9N_k$；采用支撑时，宜取 $P = 0.5N_k \sim 0.8N_k$；

P——锚杆的预加轴向拉力值或支撑的预加轴向压力值（kN）；

α——锚杆倾角或支撑仰角（°）；

b_a——挡土结构计算宽度（m），对单根支护桩，取排桩间距，对单幅地下连续墙，取包括接头的单幅墙宽度；

s——锚杆或支撑的水平间距（m）；

N_k——锚杆轴向拉力标准值或支撑轴向压力标准值（kN）。

4.1.9 锚拉式支挡结构的弹性支点刚度系数应按下列规定确定：

1 锚拉式支挡结构的弹性支点刚度系数宜通过本规程附录 A 规定的基本试验按下式计算：

$$k_R = \frac{(Q_2 - Q_1)b_a}{(s_2 - s_1)s} \quad (4.1.9-1)$$

式中：Q_1、Q_2——锚杆循环加荷或逐级加荷试验中 $(Q \cdot s)$ 曲线上对应锚杆锁定值与轴向拉力标准值的荷载值（kN）；对锁定前进行预张拉的锚杆，应取循环加荷试验中在相当于预张拉荷载的加载量下卸载后的再加载曲线上的荷载值；

s_1、s_2——$(Q \cdot s)$ 曲线上对应于荷载为 Q_1、Q_2 的锚头位移值（m）；

s——锚杆水平间距（m）。

2 缺少试验时，弹性支点刚度系数也可按下式计算：

$$k_R = \frac{3E_s E_c A_p A b_a}{[3E_c A l_f + E_s A_p (l - l_f)]s} \quad (4.1.9-2)$$

$$E_c = \frac{E_s A_p + E_m (A - A_p)}{A} \quad (4.1.9-3)$$

式中：E_s——锚杆杆体的弹性模量（kPa）；

E_c——锚杆的复合弹性模量（kPa）；

A_p——锚杆杆体的截面面积（m²）；

A——注浆固结体的截面面积（m²）；

l_f——锚杆的自由段长度（m）；

l——锚杆长度（m）；

E_m——注浆固结体的弹性模量（kPa）。

3 当锚杆腰梁或冠梁的挠度不可忽略不计时，应考虑梁的挠度对弹性支点刚度系数的影响。

4.1.10 支撑式支挡结构的弹性支点刚度系数宜通过对内支撑结构整体进行线弹性结构分析得出的支点力与水平位移的关系确定。对水平对撑，当支撑腰梁或冠梁的挠度可忽略不计时，计算宽度内弹性支点刚度系数可按下式计算：

$$k_R = \frac{\alpha_R E A b_a}{\lambda l_0 s} \quad (4.1.10)$$

式中：λ——支撑不动点调整系数；支撑两对边基坑的土性、深度、周边荷载等条件相近，且分层对称开挖时，取 $\lambda = 0.5$；支撑两

对边基坑的土性、深度、周边荷载等条件或开挖时间有差异时，对土压力较大或先开挖的一侧，取 $\lambda = 0.5 \sim 1.0$，且差异大时取大值，反之取小值；对土压力较小或后开挖的一侧，取 $(1 - \lambda)$；当基坑一侧取 $\lambda = 1$ 时，基坑另一侧应按固定支座考虑；对竖向斜撑构件，取 $\lambda = 1$；

α_R——支撑松弛系数，对混凝土支撑和预加轴向压力的钢支撑，取 $\alpha_R = 1.0$，对不预加轴向压力的钢支撑，取 $\alpha_R = 0.8 \sim 1.0$；

E——支撑材料的弹性模量（kPa）；

A——支撑截面面积（m²）；

l_0——受压支撑构件的长度（m）；

s——支撑水平间距（m）。

4.1.11 结构分析时，按荷载标准组合计算的变形值不应大于按本规程第 3.1.8 条确定的变形控制值。

4.2 稳定性验算

4.2.1 悬臂式支挡结构的嵌固深度（l_d）应符合下式嵌固稳定性的要求（图 4.2.1）：

$$\frac{E_{pk} a_{p1}}{E_{ak} a_{a1}} \geq K_e \quad (4.2.1)$$

式中：K_e——嵌固稳定安全系数；安全等级为一级、二级、三级的悬臂式支挡结构，K_e 分别不应小于 1.25、1.2、1.15；

E_{ak}、E_{pk}——分别为基坑外侧主动土压力、基坑内侧被动土压力标准值（kN）；

a_{a1}、a_{p1}——分别为基坑外侧主动土压力、基坑内侧被动土压力合力作用点至挡土构件底端的距离（m）。

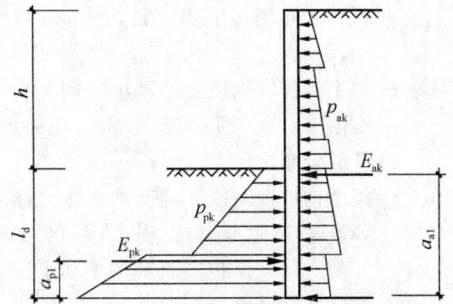

图 4.2.1 悬臂式结构嵌固稳定性验算

4.2.2 单层锚杆和单层支撑的支挡式结构的嵌固深度（l_d）应符合下式嵌固稳定性的要求（图 4.2.2）：

$$\frac{E_{pk} a_{p2}}{E_{ak} a_{a2}} \geq K_e \quad (4.2.2)$$

式中：K_e——嵌固稳定安全系数；安全等级为一级、二级、三级的锚拉式支挡结构和支撑式支挡结构，K_e 分别不应小于 1.25、1.2、1.15；

a_{a2}、a_{p2}——基坑外侧主动土压力、基坑内侧被动土

压力合力作用点至支点的距离（m）。

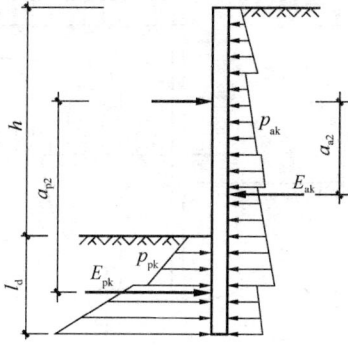

图 4.2.2　单支点锚拉式支挡结构和支撑式支挡结构的
嵌固稳定性验算

4.2.3　锚拉式、悬臂式支挡结构和双排桩应按下列
规定进行整体滑动稳定性验算：

　　1　整体滑动稳定性可采用圆弧滑动条分法进行
验算；

　　2　采用圆弧滑动条分法时，其整体滑动稳定性
应符合下列规定（图 4.2.3）：

$$\min \{K_{s,1}, K_{s,2}, \cdots, K_{s,i}, \cdots \} \geqslant K_s$$

$$(4.2.3-1)$$

$$K_{s,i} = \frac{\sum \{c_j l_j + [(q_j b_j + \Delta G_j) \cos\theta_j - u_j l_j] \tan\varphi_j\} + \sum R'_{k,k} [\cos(\theta_k + \alpha_k) + \psi_v]/s_{x,k}}{\sum (q_j b_j + \Delta G_j) \sin\theta_j}$$

$$(4.2.3-2)$$

式中：K_s——圆弧滑动稳定安全系数；安全等级为一
　　　　　级、二级、三级的支挡式结构，K_s 分
　　　　　别不应小于 1.35、1.3、1.25；

　　　$K_{s,i}$——第 i 个圆弧滑动体的抗滑力矩与滑动力
　　　　　矩的比值；抗滑力矩与滑动力矩之比的
　　　　　最小值宜通过搜索不同圆心及半径的所
　　　　　有潜在滑动圆弧确定；

　　c_j、φ_j——分别为第 j 土条滑弧面处土的黏聚力
　　　　　（kPa）、内摩擦角（°），按本规程第
　　　　　3.1.14 条的规定取值；

　　　b_j——第 j 土条的宽度（m）；

　　　θ_j——第 j 土条滑弧面中点处的法线与垂直面
　　　　　的夹角（°）；

　　　l_j——第 j 土条的滑弧长度（m），取 $l_j = b_j / \cos\theta_j$；

　　　q_j——第 j 土条上的附加分布荷载标准值
　　　　　（kPa）；

　　ΔG_j——第 j 土条的自重（kN），按天然重度计
　　　　　算；

　　　u_j——第 j 土条滑弧面上的水压力（kPa）；采
　　　　　用落底式截水帷幕时，对地下水位以下
　　　　　的砂土、碎石土、砂质粉土，在基坑外
　　　　　侧，可取 $u_j = \gamma_w h_{wa,j}$，在基坑内侧，可

取 $u_j = \gamma_w h_{wp,j}$；滑弧面在地下水位以上
或对地下水位以下的黏性土，取 $u_j = 0$；

　　　γ_w——地下水重度（kN/m³）；

　$h_{wa,j}$——基坑外侧第 j 土条滑弧面中点的压力水
　　　　　头（m）；

　$h_{wp,j}$——基坑内侧第 j 土条滑弧面中点的压力水
　　　　　头（m）；

　　$R'_{k,k}$——第 k 层锚杆在滑动面以外的锚固段的极
　　　　　限抗拔承载力标准值与锚杆杆体受拉承
　　　　　载力标准值（$f_{ptk} A_p$）的较小值（kN）；
　　　　　锚固段的极限抗拔承载力应按本规程第
　　　　　4.7.4 条的规定计算，但锚固段应取滑
　　　　　动面以外的长度；对悬臂式、双排桩支
　　　　　挡结构，不考虑 $\sum R'_{k,k} [\cos(\theta_k + \alpha_k) + \psi_v]/s_{x,k}$ 项；

　　　α_k——第 k 层锚杆的倾角（°）；

　　　θ_k——滑弧面在第 k 层锚杆处的法线与垂直面
　　　　　的夹角（°）；

　　$s_{x,k}$——第 k 层锚杆的水平间距（m）；

　　　ψ_v——计算系数；可按 $\psi_v = 0.5 \sin(\theta_k + \alpha_k) \tan\varphi$ 取值；

　　　φ——第 k 层锚杆与滑弧交点处土的内摩擦角
　　　　　（°）。

　　3　当挡土构件底端以下存在软弱下卧土层时，
整体稳定性验算滑动面中应包括由圆弧与软弱土层层
面组成的复合滑动面。

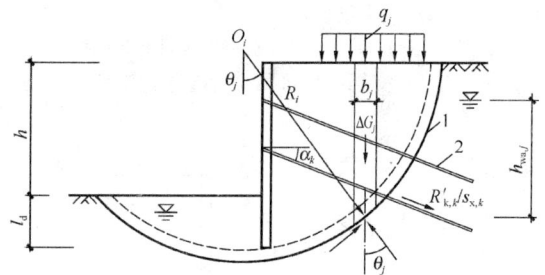

图 4.2.3　圆弧滑动条分法整体稳定性验算
1—任意圆弧滑动面；2—锚杆

4.2.4　支挡式结构的嵌固深度应符合下列坑底隆起
稳定性要求：

　　1　锚拉式支挡结构和支撑式支挡结构的嵌固深
度应符合下列规定（图 4.2.4-1）：

$$\frac{\gamma_{m2} l_d N_q + c N_c}{\gamma_{m1}(h + l_d) + q_0} \geqslant K_b \qquad (4.2.4-1)$$

$$N_q = \tan^2 \left(45° + \frac{\varphi}{2}\right) e^{\pi \tan\varphi} \qquad (4.2.4-2)$$

$$N_c = (N_q - 1)/\tan\varphi \qquad (4.2.4-3)$$

式中：K_b——抗隆起安全系数；安全等级为一级、
　　　　　二级、三级的支护结构，K_b 分别不应

小于 1.8、1.6、1.4；

γ_{m1}、γ_{m2}——分别为基坑外、基坑内挡土构件底面以上土的天然重度（kN/m^3）；对多层土，取各层土按厚度加权的平均重度；

l_d——挡土构件的嵌固深度（m）；

h——基坑深度（m）；

q_0——地面均布荷载（kPa）；

N_c、N_q——承载力系数；

c、φ——分别为挡土构件底面以下土的黏聚力（kPa）、内摩擦角（°），按本规程第3.1.14条的规定取值。

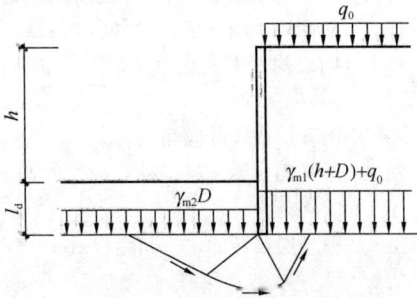

图 4.2.4-1 挡土构件底端平面下土的隆起稳定性验算

2 当挡土构件底面以下有软弱下卧层时，坑底隆起稳定性的验算部位尚应包括软弱下卧层。软弱下卧层的隆起稳定性可按公式（4.2.4-1）验算，但式中的 γ_{m1}、γ_{m2} 应取软弱下卧层顶面以上土的重度（图4.2.4-2），l_d 应以 D 代替。

注：D 为基坑底面至软弱下卧层顶面的土层厚度（m）。

3 悬臂式支挡结构可不进行隆起稳定性验算。

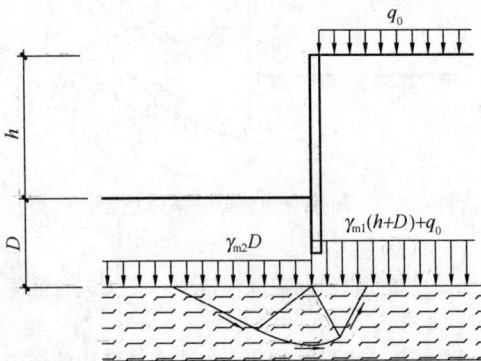

图 4.2.4-2 软弱下卧层的隆起稳定性验算

4.2.5 锚拉式支挡结构和支撑式支挡结构，当坑底以下为软土时，其嵌固深度应符合下列以最下层支点为轴心的圆弧滑动稳定性要求（图4.2.5）：

$$\frac{\sum \left[c_j l_j + (q_j b_j + \Delta G_j) \cos \theta_j \tan \varphi_j \right]}{\sum (q_j b_j + \Delta G_j) \sin \theta_j} \geqslant K_r$$

（4.2.5）

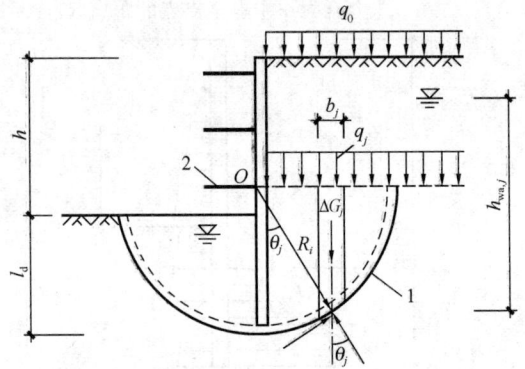

图 4.2.5 以最下层支点为轴心的圆弧滑动稳定性验算
1—任意圆弧滑动面；2—最下层支点

式中：K_r——以最下层支点为轴心的圆弧滑动稳定安全系数；安全等级为一级、二级、三级的支挡式结构，K_r 分别不应小于2.2、1.9、1.7；

c_j、φ_j——分别为第 j 土条在滑弧面处土的黏聚力（kPa）、内摩擦角（°），按本规程第3.1.14条的规定取值；

l_j——第 j 土条的滑弧长度（m），取 $l_j = b_j / \cos \theta_j$；

q_j——第 j 土条顶面上的竖向压力标准值（kPa）；

b_j——第 j 土条的宽度（m）；

θ_j——第 j 土条滑弧面中点处的法线与垂直面的夹角（°）；

ΔG_j——第 j 土条的自重（kN），按天然重度计算。

4.2.6 采用悬挂式截水帷幕或坑底以下存在水头高于坑底的承压水含水层时，应按本规程附录C的规定进行地下水渗透稳定性验算。

4.2.7 挡土构件的嵌固深度除应满足本规程第4.2.1条～第4.2.6条的规定外，对悬臂式结构，尚不宜小于 0.8h；对单支点支挡式结构，尚不宜小于 0.3h；对多支点支挡式结构，尚不宜小于 0.2h。

注：h 为基坑深度。

4.3 排桩设计

4.3.1 排桩的桩型与成桩工艺应符合下列要求：

1 应根据土层的性质、地下水条件及基坑周边环境要求等选择混凝土灌注桩、型钢桩、钢管桩、钢板桩、型钢水泥土搅拌桩等桩型；

2 当支护桩施工影响范围内存在对地基变形敏感、结构性能差的建筑物或地下管线时，不应采用挤土效应严重、易塌孔、易缩径或有较大振动的桩型和施工工艺；

3 采用挖孔桩且成孔需要降水时，降水引起的地层变形应满足周边建筑物和地下管线的要求，否则应采取截水措施。

4.3.2 混凝土支护桩的正截面和斜截面承载力应符合下列规定：

1 沿周边均匀配置纵向钢筋的圆形截面支护桩，其正截面受弯承载力宜按本规程第 B.0.1 条的规定进行计算；

2 沿受拉区和受压区周边局部均匀配置纵向钢筋的圆形截面支护桩，其正截面受弯承载力宜按本规程第 B.0.2 条～第 B.0.4 条的规定进行计算；

3 圆形截面支护桩的斜截面承载力，可用截面宽度为 1.76r 和截面有效高度为 1.6r 的矩形截面代替圆形截面后，按现行国家标准《混凝土结构设计规范》GB 50010 对矩形截面斜截面承载力的规定进行计算，但其剪力设计值应按本规程第 3.1.7 条确定，计算所得的箍筋截面面积应作为支护桩圆形箍筋的截面面积；

4 矩形截面支护桩的正截面受弯承载力和斜截面受剪承载力，应按现行国家标准《混凝土结构设计规范》GB 50010 的有关规定进行计算，但其弯矩设计值和剪力设计值应按本规程第 3.1.7 条确定。

注：r 为圆形截面半径。

4.3.3 型钢、钢管、钢板支护桩的受弯、受剪承载力应按现行国家标准《钢结构设计规范》GB 50017 的有关规定进行计算，但其弯矩设计值和剪力设计值应按本规程第 3.1.7 条确定。

4.3.4 采用混凝土灌注桩时，对悬臂式排桩，支护桩的桩径宜大于或等于 600mm；对锚拉式排桩或支撑式排桩，支护桩的桩径宜大于或等于 400mm；排桩的中心距不宜大于桩直径的 2.0 倍。

4.3.5 采用混凝土灌注桩时，支护桩的桩身混凝土强度等级、钢筋配置和混凝土保护层厚度应符合下列规定：

1 桩身混凝土强度等级不宜低于 C25；

2 纵向受力钢筋宜选用 HRB400、HRB500 钢筋，单桩的纵向受力钢筋不宜少于 8 根，其净间距不应小于 60mm；支护桩顶部设置钢筋混凝土构造冠梁时，纵向钢筋伸入冠梁的长度宜取冠梁厚度；冠梁按结构受力构件设置时，桩身纵向受力钢筋伸入冠梁的锚固长度应符合现行国家标准《混凝土结构设计规范》GB 50010 对钢筋锚固的有关规定；当不能满足锚固长度的要求时，其钢筋末端可采取机械锚固措施；

3 箍筋可采用螺旋式箍筋；箍筋直径不应小于纵向受力钢筋最大直径的 1/4，且不应小于 6mm；箍筋间距宜取 100mm～200mm，且不应大于 400mm 及桩的直径；

4 沿桩身配置的加强箍筋应满足钢筋笼起吊安装要求，宜选用 HPB300、HRB400 钢筋，其间距宜取 1000mm～2000mm；

5 纵向受力钢筋的保护层厚度不应小于 35mm；采用水下灌注混凝土工艺时，不应小于 50mm；

6 当采用沿截面周边非均匀配置纵向钢筋时，受压区的纵向钢筋根数不应少于 5 根；当施工方法不能保证钢筋的方向时，不应采用沿截面周边非均匀配置纵向钢筋的形式；

7 当沿桩身分段配置纵向受力主筋时，纵向受力钢筋的搭接应符合现行国家标准《混凝土结构设计规范》GB 50010 的相关规定。

4.3.6 支护桩顶部应设置混凝土冠梁。冠梁的宽度不宜小于桩径，高度不宜小于桩径的 0.6 倍。冠梁钢筋应符合现行国家标准《混凝土结构设计规范》GB 50010 对梁的构造配筋要求。冠梁用作支撑或锚杆的传力构件或按空间结构设计时，尚应按受力构件进行截面设计。

4.3.7 在有主体建筑地下管线的部位，冠梁宜低于地下管线。

4.3.8 排桩桩间土应采取防护措施。桩间土防护措施宜采用内置钢筋网或钢丝网的喷射混凝土面层。喷射混凝土面层的厚度不宜小于 50mm，混凝土强度等级不宜低于 C20，混凝土面层内配置的钢筋网的纵横向间距不宜大于 200mm。钢筋网或钢丝网宜采用横向拉筋与两侧桩体连接，拉筋直径不宜小于 12mm，拉筋锚固在桩内的长度不宜小于 100mm。钢筋网宜采用桩间土内打入直径不小于 12mm 的钢筋钉固定，钢筋钉打入桩间土中的长度不宜小于排桩净间距的 1.5 倍且不应小于 500mm。

4.3.9 采用降水的基坑，在有可能出现渗水的部位应设置泄水管，泄水管应采取防止土颗粒流失的反滤措施。

4.3.10 排桩采用素混凝土桩与钢筋混凝土桩间隔布置的钻孔咬合桩形式时，支护桩的桩径可取 800mm～1500mm，相邻桩咬合长度不宜小于 200mm。素混凝土桩应采用塑性混凝土或强度等级不低于 C15 的超缓凝混凝土，其初凝时间宜控制在 40h～70h 之间，坍落度宜取 12mm～14mm。

4.4 排桩施工与检测

4.4.1 排桩的施工应符合现行行业标准《建筑桩基技术规范》JGJ 94 对相应桩型的有关规定。

4.4.2 当排桩桩位邻近的既有建筑物、地下管线、地下构筑物对地基变形敏感时，应根据其位置、类型、材料特性、使用状况等相应采取下列控制地基变形的防护措施：

1 宜采取间隔成桩的施工顺序；对混凝土灌注桩，应在混凝土终凝后，再进行相邻桩的成孔施工；

2 对松散或稍密的砂土、稍密的粉土、软土等易坍塌或流动的软弱土层，对钻孔灌注桩宜采取改善泥浆性能等措施，对人工挖孔桩宜采取减小每节挖孔和护壁的长度、加固孔壁等措施；

3 支护桩成孔过程出现流砂、涌泥、塌孔、缩径等异常情况时，应暂停成孔并及时采取有针对性的措施进行处理，防止继续塌孔；

4 当成孔过程中遇到不明障碍物时，应查明其性质，且在不会危害既有建筑物、地下管线、地下构筑物的情况下方可继续施工。

4.4.3 对混凝土灌注桩，其纵向受力钢筋的接头不宜设置在内力较大处。同一连接区段内，纵向受力钢筋的连接方式和连接接头面积百分率应符合现行国家标准《混凝土结构设计规范》GB 50010 对梁类构件的规定。

4.4.4 混凝土灌注桩采用分段配置不同数量的纵向钢筋时，钢筋笼制作和安放时应采取控制非通长钢筋竖向定位的措施。

4.4.5 混凝土灌注桩采用沿桩截面周边非均匀配置纵向受力钢筋，应按设计的钢筋配置方向进行安放，其偏转角度不得大于 10°。

4.4.6 混凝土灌注桩设有预埋件时，应根据预埋件用途和受力特点的要求，控制其安装位置及方向。

4.4.7 钻孔咬合桩的施工可采用液压钢套管全长护壁、机械冲抓成孔工艺，其施工应符合下列要求：

1 桩顶应设置导墙，导墙宽度宜取 3m～4m，导墙厚度宜取 0.3m～0.5m；

2 相邻咬合桩应按先施工素混凝土桩、后施工钢筋混凝土桩的顺序进行；钢筋混凝土桩应在素混凝土桩初凝前，通过成孔时切割部分素混凝土桩身形成与素混凝土桩的互相咬合，但应避免过早切割；

3 钻机就位及吊设第一节钢套管时，应采用两个测斜仪贴附在套管外壁并用经纬仪复核套管垂直度，其垂直度允许偏差应为 0.3%；液压套管应正反扭动加压下切；抓斗在套管内取土时，套管底部应始终位于抓土面下方，且抓土面与套管底的距离应大于 1.0m；

4 孔内虚土和沉渣应清除干净，并用抓斗夯实孔底；灌注混凝土时，套管应随混凝土浇筑逐段提拔；套管应垂直提拔，阻力过大时应转动套管同时缓慢提拔。

4.4.8 除有特殊要求外，排桩的施工偏差应符合下列规定：

1 桩位的允许偏差应为 50mm；

2 桩垂直度的允许偏差应为 0.5%；

3 预埋件位置的允许偏差应为 20mm；

4 桩的其他施工允许偏差应符合现行行业标准《建筑桩基技术规范》JGJ 94 的规定。

4.4.9 冠梁施工时，应将桩顶浮浆、低强度混凝土及破碎部分清除。冠梁混凝土浇筑采用土模时，土面应修理整平。

4.4.10 采用混凝土灌注桩时，其质量检测应符合下列规定：

1 应采用低应变动测法检测桩身完整性，检测桩数不宜少于总桩数的 20%，且不得少于 5 根；

2 当根据低应变动测法判定的桩身完整性为Ⅲ类或Ⅳ类时，应采用钻芯法进行验证，并应扩大低应变动测法检测的数量。

4.5 地下连续墙设计

4.5.1 地下连续墙的正截面受弯承载力、斜截面受剪承载力应按现行国家标准《混凝土结构设计规范》GB 50010 的有关规定进行计算，但其弯矩、剪力设计值应按本规程第 3.1.7 条确定。

4.5.2 地下连续墙的墙体厚度宜根据成槽机的规格，选取 600mm、800mm、1000mm 或 1200mm。

4.5.3 一字形槽段长度宜取 4m～6m。当成槽施工可能对周边环境产生不利影响或槽壁稳定性较差时，应取较小的槽段长度。必要时，宜采用搅拌桩对槽壁进行加固。

4.5.4 地下连续墙的转角处或有特殊要求时，单元槽段的平面形状可采用 L 形、T 形等。

4.5.5 地下连续墙的混凝土设计强度等级宜取 C30～C40。地下连续墙用于截水时，墙体混凝土抗渗等级不宜小于 P6。当地下连续墙同时作为主体地下结构构件时，墙体混凝土抗渗等级应满足现行国家标准《地下工程防水技术规范》GB 50108 等相关标准的要求。

4.5.6 地下连续墙的纵向受力钢筋应沿墙身两侧均匀配置，可按内力大小沿墙体纵向分段配置，但通长配置的纵向钢筋不应小于总数的 50%；纵向受力钢筋宜选用 HRB400、HRB500 钢筋，直径不宜小于 16mm，净间距不宜小于 75mm。水平钢筋及构造钢筋宜选用 HPB300 或 HRB400 钢筋，直径不宜小于 12mm，水平钢筋间距宜取 200mm～400mm。冠梁按构造设置时，纵向钢筋伸入冠梁的长度宜取冠梁厚度。冠梁按结构受力构件设置时，墙身纵向受力钢筋伸入冠梁的锚固长度应符合现行国家标准《混凝土结构设计规范》GB 50010 对钢筋锚固的有关规定。当不能满足锚固长度的要求时，其钢筋末端可采取机械锚固措施。

4.5.7 地下连续墙纵向受力钢筋的保护层厚度，在基坑内侧不宜小于 50mm，在基坑外侧不宜小于 70mm。

4.5.8 钢筋笼端部与槽段接头之间、钢筋笼端部与相邻墙段混凝土面之间的间隙不应大于 150mm，纵向钢筋下端 500mm 长度范围内宜按 1∶10 的斜度向内收口。

4.5.9 地下连续墙的槽段接头应按下列原则选用：

1 地下连续墙宜采用圆形锁口管接头、波纹管接头、楔形接头、工字形钢接头或混凝土预制接头等柔性接头；

2 当地下连续墙作为主体地下结构外墙，且需要形成整体墙体时，宜采用刚性接头；刚性接头可采用一字形或十字形穿孔钢板接头、钢筋承插式接头等；当采取地下连续墙顶设置通长冠梁、墙壁内侧槽段接缝位置设置结构壁柱、基础底板与地下连续墙刚性连接等措施时，也可采用柔性接头。

4.5.10 地下连续墙顶应设置混凝土冠梁。冠梁宽度不宜小于墙厚，高度不宜小于墙厚的 0.6 倍。冠梁钢筋应符合现行国家标准《混凝土结构设计规范》GB 50010 对梁的构造配筋要求。冠梁用作支撑或锚杆的传力构件或按空间结构设计时，尚应按受力构件进行截面设计。

4.6 地下连续墙施工与检测

4.6.1 地下连续墙的施工应根据地质条件的适应性等因素选择成槽设备。成槽施工前应进行成槽试验，并应通过试验确定施工工艺及施工参数。

4.6.2 当地下连续墙邻近的既有建筑物、地下管线、地下构筑物对地基变形敏感时，地下连续墙的施工应采取有效措施控制槽壁变形。

4.6.3 成槽施工前，应沿地下连续墙两侧设置导墙，导墙宜采用混凝土结构，且混凝土强度等级不宜低于C20。导墙底面不宜设置在新近填土上，且埋深不宜小于 1.5m。导墙的强度和稳定性应满足成槽设备和顶拔接头管施工的要求。

4.6.4 成槽前，应根据地质条件进行护壁泥浆材料的试配及室内性能试验，泥浆配比应按试验确定。泥浆拌制后应贮放 24h，待泥浆材料充分水化后方可使用。成槽时，泥浆的供应及处理设备应满足泥浆使用量的要求，泥浆的性能应符合相关技术指标的要求。

4.6.5 单元槽段宜采用间隔一个或多个槽段的跳幅施工顺序。每个单元槽段，挖槽分段不宜超过 3 个。成槽时，护壁泥浆液面应高于导墙底面 500mm。

4.6.6 槽段接头应满足混凝土浇筑压力对其强度和刚度的要求。安放槽段接头时，应紧贴槽段垂直缓慢沉放至槽底。遇到阻碍时，槽段接头应在清除障碍后入槽。混凝土浇灌过程中应采取防止混凝土产生绕流的措施。

4.6.7 地下连续墙有防渗要求时，应在吊放钢筋笼前，对槽段接头和相邻墙段混凝土面用刷槽器等方法进行清刷，清刷后的槽段接头和混凝土面不得夹泥。

4.6.8 钢筋笼制作时，纵向受力钢筋的接头不宜设置在受力较大处。同一连接区段内，纵向受力钢筋的连接方式和连接接头面积百分率应符合现行国家标准《混凝土结构设计规范》GB 50010 对板类构件的规定。

4.6.9 钢筋笼应设置定位垫块，垫块在垂直方向上的间距宜取 3m～5m，在水平方向上宜每层设置 2 块～3 块。

4.6.10 单元槽段的钢筋笼宜整体装配和沉放。需要分段装配时，宜采用焊接或机械连接，钢筋接头的位置宜选在受力较小处，并应符合现行国家标准《混凝土结构设计规范》GB 50010 对钢筋连接的有关规定。

4.6.11 钢筋笼应根据吊装的要求，设置纵横向起吊桁架；桁架主筋宜采用 HRB400 级钢筋，钢筋直径不宜小于 20mm，且应满足吊装和沉放过程中钢筋笼的整体性及钢筋笼骨架不产生塑性变形的要求。钢筋连接点出现位移、松动或开焊时，钢筋笼不得入槽，应重新制作或修整完好。

4.6.12 地下连续墙应采用导管法浇筑混凝土。导管拼接时，其接缝应密闭。混凝土浇筑时，导管内应预先设置隔水栓。

4.6.13 槽段长度不大于 6m 时，混凝土宜采用两根导管同时浇筑；槽段长度大于 6m 时，混凝土宜采用三根导管同时浇筑。每根导管分担的浇筑面积应基本均等。钢筋笼就位后应及时浇筑混凝土。混凝土浇筑过程中，导管埋入混凝土面的深度宜在 2.0m～4.0m 之间，浇筑液面的上升速度不宜小于 3m/h。混凝土浇筑面宜高于地下连续墙设计顶面 500mm。

4.6.14 除有特殊要求外，地下连续墙的施工偏差应符合现行国家标准《建筑地基基础工程施工质量验收规范》GB 50202 的规定。

4.6.15 冠梁的施工应符合本规程第 4.4.9 条的规定。

4.6.16 地下连续墙的质量检测应符合下列规定：

1 应进行槽壁垂直度检测，检测数量不得小于同条件下总槽段数的 20%，且不应少于 10 幅；当地下连续墙作为主体地下结构构件时，应对每个槽段进行槽壁垂直度检测；

2 应进行槽底沉渣厚度检测；当地下连续墙作为主体地下结构构件时，应对每个槽段进行槽底沉渣厚度检测；

3 应采用声波透射法对墙体混凝土质量进行检测，检测墙段数量不宜少于同条件下总墙段数的 20%，且不得少于 3 幅，每个检测墙段的预埋超声波管数不应少于 4 个，且宜布置在墙身截面的四边中点处；

4 当根据声波透射法判定的墙身质量不合格时，应采用钻芯法进行验证；

5 地下连续墙作为主体地下结构构件时，其质量检测尚应符合相关标准的要求。

4.7 锚杆设计

4.7.1 锚杆的应用应符合下列规定：

1 锚拉结构宜采用钢绞线锚杆；承载力要求较低时，也可采用钢筋锚杆；当环境保护不允许在支护结构使用功能完成后锚杆杆体滞留在地层内时，应采用可拆芯钢绞线锚杆；

2 在易塌孔的松散或稍密的砂土、碎石土、粉土、填土层，高液性指数的饱和黏性土层，高水压力的各类土层中，钢绞线锚杆、钢筋锚杆宜采用套管护壁成孔工艺；

3 锚杆注浆宜采用二次压力注浆工艺；

4 锚杆锚固段不宜设置在淤泥、淤泥质土、泥炭、泥炭质土及松散填土层内；

5 在复杂地质条件下，应通过现场试验确定锚杆的适用性。

4.7.2 锚杆的极限抗拔承载力应符合下式要求：

$$\frac{R_k}{N_k} \geqslant K_t \qquad (4.7.2)$$

式中：K_t——锚杆抗拔安全系数；安全等级为一级、二级、三级的支护结构，K_t 分别不应小于 1.8、1.6、1.4；

N_k——锚杆轴向拉力标准值（kN），按本规程第 4.7.3 条的规定计算；

R_k——锚杆极限抗拔承载力标准值（kN），按本规程第 4.7.4 条的规定确定。

4.7.3 锚杆的轴向拉力标准值应按下式计算：

$$N_k = \frac{F_h s}{b_a \cos \alpha} \qquad (4.7.3)$$

式中：N_k——锚杆轴向拉力标准值（kN）；

F_h——挡土构件计算宽度内的弹性支点水平反力（kN），按本规程第 4.1 节的规定确定；

s——锚杆水平间距（m）；

b_a——挡土结构计算宽度（m）；

α——锚杆倾角（°）。

4.7.4 锚杆极限抗拔承载力应按下列规定确定：

1 锚杆极限抗拔承载力应通过抗拔试验确定，试验方法应符合本规程附录 A 的规定。

2 锚杆极限抗拔承载力标准值也可按下式估算，但应通过本规程附录 A 规定的抗拔试验进行验证：

$$R_k = \pi d \sum q_{sk,i} l_i \qquad (4.7.4)$$

式中：d——锚杆的锚固体直径（m）；

l_i——锚杆的锚固段在第 i 土层中的长度（m）；锚固段长度为锚杆在理论直线滑动面以外的长度，理论直线滑动面按本规程第 4.7.5 条的规定确定；

$q_{sk,i}$——锚固体与第 i 土层的极限粘结强度标准值（kPa），应根据工程经验并结合表 4.7.4 取值。

表 4.7.4 锚杆的极限粘结强度标准值

土的名称	土的状态或密实度	q_{sk}（kPa）	
		一次常压注浆	二次压力注浆
填土		16~30	30~45
淤泥质土		16~20	20~30

续表 4.7.4

土的名称	土的状态或密实度	q_{sk}（kPa）	
		一次常压注浆	二次压力注浆
黏性土	$I_L > 1$	18~30	25~45
	$0.75 < I_L \leqslant 1$	30~40	45~60
	$0.50 < I_L \leqslant 0.75$	40~53	60~70
	$0.25 < I_L \leqslant 0.50$	53~65	70~85
	$0 < I_L \leqslant 0.25$	65~73	85~100
	$I_L \leqslant 0$	73~90	100~130
粉土	$e > 0.90$	22~44	40~60
	$0.75 < e \leqslant 0.90$	44~64	60~90
	$e < 0.75$	64~100	80~130
粉细砂	稍密	22~42	40~70
	中密	42~63	75~110
	密实	63~85	90~130
中砂	稍密	54~74	70~100
	中密	74~90	100~130
	密实	90~120	130~170
粗砂	稍密	80~130	100~140
	中密	130~170	170~220
	密实	170~220	220~250
砾砂	中密、密实	190~260	240~290
风化岩	全风化	80~100	120~150
	强风化	150~200	200~260

注：1 采用泥浆护壁成孔工艺时，应按表取低值后再根据具体情况适当折减；

2 采用套管护壁成孔工艺时，可取表中的高值；

3 采用扩孔工艺时，可在表中数值基础上适当提高；

4 采用二次压力分段劈裂注浆工艺时，可在表中二次压力注浆数值基础上适当提高；

5 当砂土中的细粒含量超过总质量的 30% 时，表中数值应乘以 0.75；

6 对有机质含量为 5%~10% 的有机质土，应按表取值后适当折减；

7 当锚杆锚固段长度大于 16m 时，应对表中数值适当折减。

3 当锚杆锚固段主要位于黏土层、淤泥质土层、填土层时，应考虑土的蠕变对锚杆预应力损失的影响，并应根据蠕变试验确定锚杆的极限抗拔承载力。锚杆的蠕变试验应符合本规程附录 A 的规定。

4.7.5 锚杆的非锚固段长度应按下式确定，且不应小于 5.0m（图 4.7.5）：

$$l_f \geqslant \frac{(a_1 + a_2 - d\tan\alpha)\sin\left(45° - \dfrac{\varphi_m}{2}\right)}{\sin\left(45° + \dfrac{\varphi_m}{2} + \alpha\right)} + \frac{d}{\cos\alpha} + 1.5$$

$$(4.7.5)$$

式中：l_f——锚杆非锚固段长度（m）；

     α——锚杆倾角（°）；

     a_1——锚杆的锚头中点至基坑底面的距离（m）；

     a_2——基坑底面至基坑外侧主动土压力强度与基坑内侧被动土压力强度等值点 O 的距离（m）；对成层土，当存在多个等值点时应按其中最深的等值点计算；

     d——挡土构件的水平尺寸（m）；

     φ_m——O 点以上各土层按厚度加权的等效内摩擦角（°）。

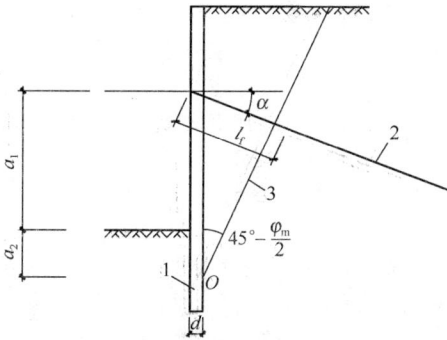

图 4.7.5 理论直线滑动面
1—挡土构件；2—锚杆；3—理论直线滑动面

4.7.6 锚杆杆体的受拉承载力应符合下式规定：

$$N \leqslant f_{py}A_p \tag{4.7.6}$$

式中：N——锚杆轴向拉力设计值（kN），按本规程第 3.1.7 条的规定计算；

     f_{py}——预应力筋抗拉强度设计值（kPa）；当锚杆杆体采用普通钢筋时，取普通钢筋的抗拉强度设计值；

     A_p——预应力筋的截面面积（m²）。

4.7.7 锚杆锁定值宜取锚杆轴向拉力标准值的（0.75～0.9）倍，且应与本规程第 4.1.8 条中的锚杆预加轴向拉力值一致。

4.7.8 锚杆的布置应符合下列规定：

1 锚杆的水平间距不宜小于 1.5m；对多层锚杆，其竖向间距不宜小于 2.0m；当锚杆的间距小于 1.5m 时，应根据群锚效应对锚杆抗拔承载力进行折减或改变相邻锚杆的倾角；

2 锚杆锚固段的上覆土层厚度不宜小于 4.0m；

3 锚杆倾角宜取 15°～25°，不应大于 45°，不应小于 10°；锚杆的锚固段宜设置在强度较高的土层内；

4 当锚杆上方存在天然地基的建筑物或地下构筑物时，宜避开易塌孔、变形的土层。

4.7.9 钢绞线锚杆、钢筋锚杆的构造应符合下列规定：

1 锚杆成孔直径宜取 100mm～150mm；

2 锚杆自由段的长度不应小于 5m，且应穿过潜在滑动面并进入稳定土层不小于 1.5m；钢绞线、钢筋杆体在自由段应设置隔离套管；

3 土层中的锚杆锚固段长度不宜小于 6m；

4 锚杆杆体的外露长度应满足腰梁、台座尺寸及张拉锁定的要求；

5 锚杆杆体用钢绞线应符合现行国家标准《预应力混凝土用钢绞线》GB/T 5224 的有关规定；

6 钢筋锚杆的杆体宜选用预应力螺纹钢筋、HRB400、HRB500 螺纹钢筋；

7 应沿锚杆杆体全长设置定位支架；定位支架应能使相邻定位支架中点处锚杆杆体的注浆固结体保护层厚度不小于 10mm，定位支架的间距宜根据锚杆杆体的组装刚度确定，对自由段宜取 1.5m～2.0m；对锚固段宜取 1.0m～1.5m；定位支架应能使各根钢绞线相互分离；

8 锚具应符合现行国家标准《预应力筋用锚具、夹具和连接器》GB/T 14370 的规定；

9 锚杆注浆应采用水泥浆或水泥砂浆，注浆固结体强度不宜低于 20MPa。

4.7.10 锚杆腰梁可采用型钢组合梁或混凝土梁。锚杆腰梁应按受弯构件设计。锚杆腰梁的正截面、斜截面承载力，对混凝土腰梁，应符合现行国家标准《混凝土结构设计规范》GB 50010 的规定；对型钢组合腰梁，应符合现行国家标准《钢结构设计规范》GB 50017 的规定。当锚杆锚固在混凝土冠梁上时，冠梁应按受弯构件设计。

4.7.11 锚杆腰梁应根据实际约束条件按连续梁或简支梁计算。计算腰梁内力时，腰梁的荷载应取结构分析时得出的支点力设计值。

4.7.12 型钢组合腰梁可选用双槽钢或双工字钢，槽钢之间或工字钢之间应用缀板焊接为整体构件，焊缝连接应采用贴角焊。双槽钢或双工字钢之间的净间距应满足锚杆杆体平直穿过的要求。

4.7.13 采用型钢组合腰梁时，腰梁应满足在锚杆集中荷载作用下的局部受压稳定与受扭稳定的构造要求。当需要增加局部受压和受扭稳定性时，可在型钢翼缘端口处配置加劲肋板。

4.7.14 混凝土腰梁、冠梁宜采用斜面与锚杆轴线垂直的梯形截面；腰梁、冠梁的混凝土强度等级不宜低于 C25。采用梯形截面时，截面的上边水平尺寸不宜小于 250mm。

4.7.15 采用楔形钢垫块时，楔形钢垫块与挡土构件、腰梁的连接应满足受压稳定性和锚杆垂直分力作用下的受剪承载力要求。采用楔形现浇混凝土垫块时，混凝土垫块应满足抗压强度和锚杆垂直分力作用下的受剪承载力要求，且其强度等级不宜低于 C25。

4.8 锚杆施工与检测

4.8.1 当锚杆穿过的地层附近存在既有地下管线、地下构筑物时，应在调查或探明其位置、尺寸、走向、类型、使用状况等情况后再进行锚杆施工。

4.8.2 锚杆的成孔应符合下列规定：

1 应根据土层性状和地下水条件选择套管护壁、干成孔或泥浆护壁成孔工艺，成孔工艺应满足孔壁稳定性要求；

2 对松散和稍密的砂土、粉土、碎石土，填土，有机质土，高液性指数的饱和黏性土宜采用套管护壁成孔工艺；

3 在地下水位以下时，不宜采用干成孔工艺；

4 在高塑性指数的饱和黏性土层成孔时，不宜采用泥浆护壁成孔工艺；

5 当成孔过程中遇不明障碍物时，在查明其性质前不得钻进。

4.8.3 钢绞线锚杆和钢筋锚杆杆体的制作安装应符合下列规定：

1 钢绞线锚杆杆体绑扎时，钢绞线应平行、间距均匀；杆体插入孔内时，应避免钢绞线在孔内弯曲或扭转；

2 当锚杆杆体选用 HRB400、HRB500 钢筋时，其连接宜采用机械连接、双面搭接焊、双面帮条焊；采用双面焊时，焊缝长度不应小于杆体钢筋直径的5倍；

3 杆体制作和安放时应除锈、除油污、避免杆体弯曲；

4 采用套管护壁工艺成孔时，应在拔出套管前将杆体插入孔内；采用非套管护壁成孔时，杆体应匀速推送至孔内；

5 成孔后应及时插入杆体及注浆。

4.8.4 钢绞线锚杆和钢筋锚杆的注浆应符合下列规定：

1 注浆液采用水泥浆时，水灰比宜取 0.5～0.55；采用水泥砂浆时，水灰比宜取 0.4～0.45，灰砂比宜取 0.5～1.0，拌合用砂宜选用中粗砂；

2 水泥浆或水泥砂浆内可掺入提高注浆固结体早期强度或微膨胀的外加剂，其掺入量宜按室内试验确定；

3 注浆管端部至孔底的距离不宜大于 200mm；注浆及拔管过程中，注浆管口应始终埋入注浆液面内，应在水泥浆液从孔口溢出后停止注浆；注浆后浆液面下降时，应进行孔口补浆；

4 采用二次压力注浆工艺时，注浆管应在锚杆末端 $l_a/4 \sim l_a/3$ 范围内设置注浆孔，孔间距宜取 500mm～800mm，每个注浆截面的注浆孔宜取2个；二次压力注浆液宜采用水灰比 0.5～0.55 的水泥浆；二次注浆管应固定在杆体上，注浆管的出浆口应有逆止构造；二次压力注浆应在水泥浆初凝后、终凝前进行，终止注浆的压力不应小于 1.5MPa；

注：l_a 为锚杆的锚固段长度。

5 采用二次压力分段劈裂注浆工艺时，注浆宜在固结体强度达到 5MPa 后进行，注浆管的出浆孔宜沿锚固段全长设置，注浆应由内向外分段依次进行；

6 基坑采用截水帷幕时，地下水位以下的锚杆注浆应采取孔口封堵措施；

7 寒冷地区在冬期施工时，应对注浆液采取保温措施，浆液温度应保持在5℃以上。

4.8.5 锚杆的施工偏差应符合下列要求：

1 钻孔孔位的允许偏差应为 50mm；

2 钻孔倾角的允许偏差应为 3°；

3 杆体长度不应小于设计长度；

4 自由段的套管长度允许偏差应为 ±50mm。

4.8.6 组合型钢锚杆腰梁、钢台座的施工应符合现行国家标准《钢结构工程施工质量验收规范》GB 50205 的有关规定；混凝土锚杆腰梁、混凝土台座的施工应符合现行国家标准《混凝土结构工程施工质量验收规范》GB 50204 的有关规定。

4.8.7 预应力锚杆的张拉锁定应符合下列要求：

1 当锚杆固结体的强度达到 15MPa 或设计强度的 75% 后，方可进行锚杆的张拉锁定；

2 拉力型钢绞线锚杆宜采用钢绞线束整体张拉锁定的方法；

3 锚杆锁定前，应按本规程表 4.8.8 的检测值进行锚杆预张拉；锚杆张拉应平缓加载，加载速率不宜大于 $0.1N_k/min$；在张拉值下的锚杆位移和压力表压力应能保持稳定，当锚头位移不稳定时，应判定此根锚杆不合格；

4 锁定时的锚杆拉力应考虑锁定过程的预应力损失量；预应力损失量宜通过对锁定前、后锚杆拉力的测试确定；缺少测试数据时，锁定时的锚杆拉力可取锁定值的 1.1 倍～1.15 倍；

5 锚杆锁定应考虑相邻锚杆张拉锁定引起的预应力损失，当锚杆预应力损失严重时，应进行再次锁定；锚杆出现锚头松弛、脱落、锚具失效等情况时，应及时进行修复并对其进行再次锁定；

6 当锚杆需要再次张拉锁定时，锚具外杆体长度和完好程度应满足张拉要求。

4.8.8 锚杆抗拔承载力的检测应符合下列规定：

1 检测数量不应少于锚杆总数的 5%，且同一土层中的锚杆检测数量不应少于3根；

2 检测试验应在锚固段注浆固结体强度达到 15MPa 或达到设计强度的 75% 后进行；

3 检测锚杆应采用随机抽样的方法选取；

4 抗拔承载力检测值应按表 4.8.8 确定；

5 检测试验应按本规程附录 A 的验收试验方法进行；

6 当检测的锚杆不合格时，应扩大检测数量。

表 4.8.8　锚杆的抗拔承载力检测值

支护结构的安全等级	抗拔承载力检测值与轴向拉力标准值的比值
一级	≥1.4
二级	≥1.3
三级	≥1.2

4.9 内支撑结构设计

4.9.1 内支撑结构可选用钢支撑、混凝土支撑、钢与混凝土的混合支撑。

4.9.2 内支撑结构选型应符合下列原则：

1 宜采用受力明确、连接可靠、施工方便的结构形式；

2 宜采用对称平衡性、整体性强的结构形式；

3 应与主体地下结构的结构形式、施工顺序协调，应便于主体结构施工；

4 应利于基坑土方开挖和运输；

5 需要时，可考虑内支撑结构作为施工平台。

4.9.3 内支撑结构应综合考虑基坑平面形状及尺寸、开挖深度、周边环境条件、主体结构形式等因素，选用有立柱或无立柱的下列内支撑形式：

1 水平对撑或斜撑，可采用单杆、桁架、八字形支撑；

2 正交或斜交的平面杆系支撑；

3 环形杆系或环形板系支撑；

4 竖向斜撑。

4.9.4 内支撑结构宜采用超静定结构。对个别次要构件失效会引起结构整体破坏的部位宜设置冗余约束。内支撑结构的设计应考虑地质和环境条件的复杂性、基坑开挖步序的偶然变化的影响。

4.9.5 内支撑结构分析应符合下列原则：

1 水平对撑与水平斜撑，应按偏心受压构件进行计算；支撑的轴向压力应取支撑间内挡土构件的支点力之和；腰梁或冠梁应按以支撑为支座的多跨连续梁计算，计算跨度可取相邻支撑点的中心距；

2 矩形基坑的正交平面杆系支撑，可分解为纵横两个方向的结构单元，并分别按偏心受压构件进行计算；

3 平面杆系支撑、环形杆系支撑，可按平面杆系结构采用平面有限元法进行计算；计算时应考虑基坑不同方向上的荷载不均匀性；建立的计算模型中，约束支座的设置应与支护结构实际位移状态相符，内支撑结构边界向基坑外位移处应设置弹性约束支座，向基坑内位移处不应设置支座，与边界平行方向应根据支护结构实际位移状态设置支座；

4 内支撑结构应进行竖向荷载作用下的结构分析；设有立柱时，在竖向荷载作用下内支撑结构宜按空间框架计算，当作用在内支撑结构上的竖向荷载较小时，内支撑结构的水平构件可按连续梁计算，计算跨度可取相邻立柱的中心距；

5 竖向斜撑应按偏心受压杆件进行计算；

6 当有可靠经验时，宜采用三维结构分析方法，对支撑、腰梁与冠梁、挡土构件进行整体分析。

4.9.6 内支撑结构分析时，应同时考虑下列作用：

1 由挡土构件传至内支撑结构的水平荷载；

2 支撑结构自重；当支撑作为施工平台时，尚应考虑施工荷载；

3 当温度改变引起的支撑结构内力不可忽略不计时，应考虑温度应力；

4 当支撑立柱下沉或隆起量较大时，应考虑支撑立柱与挡土构件之间差异沉降产生的作用。

4.9.7 混凝土支撑构件及其连接的受压、受弯、受剪承载力计算应符合现行国家标准《混凝土结构设计规范》GB 50010 的规定；钢支撑结构构件及其连接的受压、受弯、受剪承载力及各类稳定性计算应符合现行国家标准《钢结构设计规范》GB 50017 的规定。支撑的承载力计算应考虑施工偏心误差的影响，偏心距取值不宜小于支撑计算长度的 1/1000，且对混凝土支撑不宜小于 20mm，对钢支撑不宜小于 40mm。

4.9.8 支撑构件的受压计算长度应按下列规定确定：

1 水平支撑在竖向平面内的受压计算长度，不设置立柱时，应取支撑的实际长度；设置立柱时，应取相邻立柱的中心间距；

2 水平支撑在水平平面内的受压计算长度，对无水平支撑杆件交汇的支撑，应取支撑的实际长度；对有水平支撑杆件交汇的支撑，应取与支撑相交的相邻水平支撑杆件的中心间距；当水平支撑杆件的交汇点不在同一水平面内时，水平平面内的受压计算长度宜取与支撑相交的相邻水平支撑杆件中心间距的 1.5 倍；

3 对竖向斜撑，应按本条第 1、2 款的规定确定受压计算长度。

4.9.9 预加轴向压力的支撑，预加力值宜取支撑轴向压力标准值的（0.5～0.8）倍，且应与本规程第 4.1.8 条中的支撑预加轴向压力一致。

4.9.10 立柱的受压承载力可按下列规定计算：

1 在竖向荷载作用下，内支撑结构按框架计算时，立柱应按偏心受压构件计算；内支撑结构的水平构件按连续梁计算时，立柱可按轴心受压构件计算；

2 立柱的受压计算长度应按下列规定确定：

1）单层支撑的立柱、多层支撑底层立柱的受压计算长度应取底层支撑至基坑底面的净高度与立柱直径或边长的 5 倍之和；

2）相邻两层水平支撑间的立柱受压计算长度应取此两层水平支撑的中心间距；

3 立柱的基础应满足抗压和抗拔的要求。

4.9.11 内支撑的平面布置应符合下列规定：

1 内支撑的布置应满足主体结构的施工要求，宜避开地下主体结构的墙、柱；

2 相邻支撑的水平间距应满足土方开挖的施工要求；采用机械挖土时，应满足挖土机械作业的空间要求，且不宜小于 4m；

3 基坑形状有阳角时，阳角处的支撑应在两边

4 当采用环形支撑时，环梁宜采用圆形、椭圆形等封闭曲线形式，并应按使环梁弯矩、剪力最小的原则布置辐射支撑；环形支撑宜采用与腰梁或冠梁相切的布置形式；

5 水平支撑与挡土构件之间应设置连接腰梁；当支撑设置在挡土构件顶部时，水平支撑应与冠梁连接；在腰梁或冠梁上支撑点的间距，对钢腰梁不宜大于 4m，对混凝土梁不宜大于 9m；

6 当需要采用较大水平间距的支撑时，宜根据支撑冠梁、腰梁的受力和承载力要求，在支撑端部两侧设置八字斜撑杆与冠梁、腰梁连接，八字斜撑杆宜在主撑两侧对称布置，且斜撑杆的长度不宜大于 9m，斜撑杆与冠梁、腰梁之间的夹角宜取 45°～60°；

7 当设置支撑立柱时，临时立柱应避开主体结构的梁、柱及承重墙；对纵横双向交叉的支撑结构，立柱宜设置在支撑的交汇点处；对用作主体结构柱的立柱，立柱在基坑支护阶段的负荷不得超过主体结构的设计要求；立柱与支撑端部及立柱之间的间距应根据支撑构件的稳定要求和竖向荷载的大小确定，且对混凝土支撑不宜大于 15m，对钢支撑不宜大于 20m；

8 当采用竖向斜撑时，应设置斜撑基础，且应考虑与主体结构底板施工的关系。

4.9.12 支撑的竖向布置应符合下列规定：

1 支撑与挡土构件连接处不应出现拉力；

2 支撑应避开主体地下结构底板和楼板的位置，并应满足主体地下结构施工对墙、柱钢筋连接长度的要求；当支撑下方的主体结构楼板在支撑拆除前施工时，支撑底面与下方主体结构楼板间的净距不宜小于 700mm；

3 支撑至坑底的净高不宜小于 3m；

4 采用多层水平支撑时，各层水平支撑宜布置在同一竖向平面内，层间净高不宜小于 3m。

4.9.13 混凝土支撑的构造应符合下列规定：

1 混凝土的强度等级不应低于 C25；

2 支撑构件的截面高度不宜小于其竖向平面内计算长度的 1/20；腰梁的截面高度（水平尺寸）不宜小于其水平方向计算跨度的 1/10，截面宽度（竖向尺寸）不应小于支撑的截面高度；

3 支撑构件的纵向钢筋直径不宜小于 16mm，沿截面周边的间距不宜大于 200mm；箍筋的直径不宜小于 8mm，间距不宜大于 250mm。

4.9.14 钢支撑的构造应符合下列规定：

1 钢支撑构件可采用钢管、型钢及其组合截面；

2 钢支撑受压杆件的长细比不应大于 150，受拉杆件长细比不应大于 200；

3 钢支撑连接宜采用螺栓连接，必要时可采用焊接连接；

4 当水平支撑与腰梁斜交时，腰梁上应设置牛腿或采用其他能够承受剪力的连接措施；

5 采用竖向斜撑时，腰梁和支撑基础上应设置牛腿或采用其他能够承受剪力的连接措施；腰梁与挡土构件之间应采用能够承受剪力的连接措施；斜撑基础应满足竖向承载力和水平承载力要求。

4.9.15 立柱的构造应符合下列规定：

1 立柱可采用钢格构、钢管、型钢或钢管混凝土等形式；

2 当采用灌注桩作为立柱基础时，钢立柱锚入桩内的长度不宜小于立柱长边或直径的 4 倍；

3 立柱长细比不宜大于 25；

4 立柱与水平支撑的连接可采用铰接；

5 立柱穿过主体结构底板的部位，应有效的止水措施。

4.9.16 混凝土支撑构件的构造，应符合现行国家标准《混凝土结构设计规范》GB 50010 的有关规定。钢支撑构件的构造，应符合现行国家标准《钢结构设计规范》GB 50017 的有关规定。

4.10 内支撑结构施工与检测

4.10.1 内支撑结构的施工与拆除顺序，应与设计工况一致，必须遵循先支撑后开挖的原则。

4.10.2 混凝土支撑的施工应符合现行国家标准《混凝土结构工程施工质量验收规范》GB 50204 的规定。

4.10.3 混凝土腰梁施工前将排桩、地下连续墙等挡土构件的连接表面清理干净，混凝土腰梁应与挡土构件紧密接触，不得留有缝隙。

4.10.4 钢支撑的安装应符合现行国家标准《钢结构工程施工质量验收规范》GB 50205 的规定。

4.10.5 钢腰梁与排桩、地下连续墙等挡土构件间隙的宽度宜小于 100mm，并应在钢腰梁安装定位后，用强度等级不低于 C30 的细石混凝土填充密实或采用其他可靠连接措施。

4.10.6 对预加轴向压力的钢支撑，施加预压力时应符合下列要求：

1 对支撑施加压力的千斤顶应有可靠、准确的计量装置；

2 千斤顶压力的合力点应与支撑轴线重合，千斤顶应在支撑轴线两侧对称、等距放置，且应同步施加压力；

3 千斤顶的压力应分级施加，施加每级压力后应保持压力稳定 10min 后方可施加下一级压力；预压力加至设计规定值后，应在压力稳定 10min 后，方可按设计预压力值进行锁定；

4 支撑施加压力过程中，当出现焊点开裂、局部压曲等异常情况时应卸除压力，在对支撑的薄弱处进行加固后，方可继续施加压力；

5 当监测的支撑压力出现损失时，应再次施加预压力。

4.10.7 对钢支撑，当夏期施工产生较大温度应力时，应及时对支撑采取降温措施。当冬期施工降温产生的收缩使支撑端头出现空隙时，应及时用铁楔将空隙楔紧或采用其他可靠连接措施。

4.10.8 支撑拆除应在替换支撑的结构构件达到换撑要求的承载力后进行。当主体结构底板和楼板分块浇筑或设置后浇带时，应在分块部位或后浇带处设置可靠的传力构件。支撑的拆除应根据支撑材料、形式、尺寸等具体情况采用人工、机械和爆破等方法。

4.10.9 立柱的施工应符合下列要求：

　　1　立柱桩混凝土的浇筑面宜高于设计桩顶500mm；

　　2　采用钢立柱时，立柱周围的空隙应用碎石回填密实，并宜辅以注浆措施；

　　3　立柱的定位和垂直度宜采用专门措施进行控制，对格构柱、H型钢柱，尚应同时控制转向偏差。

4.10.10 内支撑的施工偏差应符合下列要求：

　　1　支撑标高的允许偏差应为30mm；

　　2　支撑水平位置的允许偏差应为30mm；

　　3　临时立柱平面位置的允许偏差应为50mm，垂直度的允许偏差应为1/150。

4.11　支护结构与主体结构的结合及逆作法

4.11.1 支护结构与主体结构可采用下列结合方式：

　　1　支护结构的地下连续墙与主体结构外墙相结合；

　　2　支护结构的水平支撑与主体结构水平构件相结合；

　　3　支护结构的竖向支承立柱与主体结构竖向构件相结合。

4.11.2 支护结构与主体结构相结合时，应分别按基坑支护各设计状况与主体结构各设计状况进行设计。与主体结构相关的构件之间的结点连接、变形协调与防水构造应满足主体结构的设计要求。按支护结构设计时，作用在支护结构上的荷载除应符合本规程第3.4节、第4.9节的规定外，尚应同时考虑施工时的主体结构自重及施工荷载；按主体结构设计时，作用在主体结构外墙上的土压力宜采用静止土压力。

4.11.3 地下连续墙与主体结构外墙相结合时，可采用单一墙、复合墙或叠合墙结构形式，其结合应符合下列要求（图4.11.3）：

　　1　对于单一墙，永久使用阶段应按地下连续墙承担全部外墙荷载进行设计；

　　2　对于复合墙，地下连续墙内侧应设置混凝土衬墙；地下连续墙与衬墙之间的结合面应按不承受剪力进行构造设计，永久使用阶段水平荷载作用下的墙体内力宜按地下连续墙与衬墙的刚度比例进行分配；

　　3　对于叠合墙，地下连续墙内侧应设置混凝土衬墙；地下连续墙与衬墙之间的结合面应按承受剪力

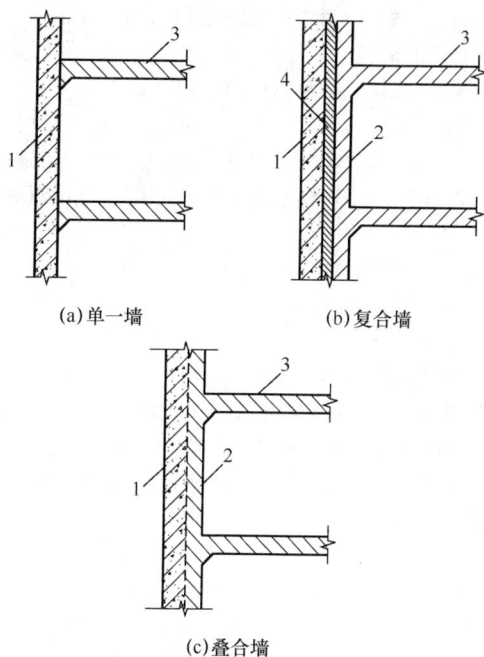

(a)单一墙　　　　(b)复合墙

(c)叠合墙

图4.11.3　地下连续墙与主体结构外墙结合的形式
1—地下连续墙；2—衬墙；3—楼盖；4—衬垫材料

进行连接构造设计，永久使用阶段地下连续墙与衬墙应按整体考虑，外墙厚度应取地下连续墙与衬墙厚度之和。

4.11.4 地下连续墙与主体结构外墙相结合时，主体结构各设计状况下地下连续墙的计算分析应符合下列规定：

　　1　水平荷载作用下，地下连续墙应按以楼盖结构为支承的连续板或连续梁进行计算，结构分析尚应考虑与支护阶段地下连续墙内力、变形叠加的工况；

　　2　地下连续墙应进行裂缝宽度验算；除特殊要求外，应按现行国家标准《混凝土结构设计规范》GB 50010的规定，按环境类别选用不同的裂缝控制等级及最大裂缝宽度限值；

　　3　地下连续墙作为主要竖向承重构件时，应分别按承载能力极限状态和正常使用极限状态验算地下连续墙的竖向承载力和沉降量；地下连续墙的竖向承载力宜通过现场静载荷试验确定；无试验条件时，可按钻孔灌注桩的竖向承载力计算公式进行估算，墙身截面有效周长应取与周边土体接触部分的长度，计算侧阻力时的墙体长度应取坑底以下的嵌固深度；地下连续墙采用刚性接头时，应对刚性接头进行抗剪验算；

　　4　地下连续墙承受竖向荷载时，应按偏心受压构件计算正截面承载力；

　　5　墙顶冠梁与地下连续墙及上部结构的连接处应验算截面受剪承载力。

4.11.5 当地下连续墙作为主体结构的主要竖向承重

构件时，可采取下列协调地下连续墙与内部结构之间差异沉降的措施：

1 宜选择压缩性较低的土层作为地下连续墙的持力层；

2 宜采取对地下连续墙墙底注浆加固的措施；

3 宜在地下连续墙附近的基础底板下设置基础桩。

4.11.6 用作主体结构的地下连续墙与内部结构的连接及防水构造应符合下列规定：

1 地下连续墙与主体结构的连接可采用墙内预埋弯起钢筋、钢筋接驳器、钢板等，预埋钢筋直径不宜大于 20mm，并应采用 HPB300 钢筋；连接钢筋直径大于 20mm 时，宜采用钢筋接驳器连接；无法预埋钢筋或埋设精度无法满足设计要求时，可采用预埋钢板的方式；

2 地下连续墙墙段间的竖向接缝宜设置防渗和止水构造；有条件时，可在墙体内侧接缝处设扶壁式构造柱或框架柱；当地下连续墙内侧设有构造衬墙时，应在地下连续墙与衬墙间设置排水通道；

3 地下连续墙与结构顶板、底板的连接接缝处，应按地下结构的防水等级要求，设置刚性止水片、遇水膨胀橡胶止水条或预埋注浆管注浆止水等构造措施。

4.11.7 水平支撑与主体结构水平构件相结合时，支护阶段用作支撑的楼盖的计算分析应符合下列规定：

1 应符合本规程第 4.9 节的有关规定；

2 当楼盖结构兼作为施工平台时，应按水平和竖向荷载同时作用进行计算；

3 同层楼板面存在高差的部位，应验算该部位构件的受弯、受剪、受扭承载能力；必要时，应设置可靠的水平向转换结构或临时支撑等措施；

4 结构楼板的洞口及车道开口部位，当洞口两侧的梁板不能满足传力要求时，应采用设置临时支撑等措施；

5 各层楼盖设结构分缝或后浇带处，应设置水平传力构件，其承载力应通过计算确定。

4.11.8 水平支撑与主体结构水平构件相结合时，主体结构各设计状况下主体结构楼盖的计算分析应考虑与支护阶段楼盖内力、变形叠加的工况。

4.11.9 当楼盖采用梁板结构体系时，框架梁截面的宽度，应根据梁柱节点位置框架梁主筋穿过的要求，适当大于竖向支承立柱的截面宽度。当框架梁宽度在梁柱节点位置不能满足主筋穿过的要求时，在梁柱节点位置应采取梁的宽度方向加腋、环梁节点、连接环板等措施。

4.11.10 竖向支承立柱与主体结构竖向构件相结合时，支护阶段立柱和立柱桩的计算分析除应符合本规程第 4.9.10 条的规定外，尚应符合下列规定：

1 立柱及立柱桩的承载力与沉降计算时，立柱及立柱桩的荷载应包括支护阶段施工的主体结构自重及其所承受的施工荷载，并应按其安装的垂直度允许偏差考虑竖向荷载偏心的影响；

2 在主体结构底板施工前，立柱基础之间及立柱与地下连续墙之间的差异沉降不宜大于 20mm，且不宜大于柱距的 1/400。

4.11.11 在主体结构的短暂与持久设计状况下，宜考虑立柱基础之间的差异沉降及立柱与地下连续墙之间的差异沉降引起的结构次应力，并应采取防止裂缝产生的措施。立柱桩采用钻孔灌注桩时，可采用后注浆措施减小立柱桩的沉降。

4.11.12 竖向支承立柱与主体结构竖向构件相结合时，一根结构柱位置宜布置一根立柱及立柱桩。当一根立柱无法满足逆作施工阶段的承载力与沉降要求时，也可采用一根结构柱位置布置多根立柱和立柱桩的形式。

4.11.13 与主体结构竖向构件结合的立柱的构造应符合下列规定：

1 立柱应根据支护阶段承受的荷载要求及主体结构设计要求，采用格构式钢立柱、H 型钢立柱或钢管混凝土立柱等形式；立柱桩宜采用灌注桩，并应尽量利用主体结构的基础桩；

2 立柱采用角钢格构柱时，其边长不宜小于 420mm；采用钢管混凝土柱时，钢管直径不宜小于 500mm；

3 外包混凝土形成主体结构框架柱的立柱，其形式与截面应与地下结构梁板和柱的截面与钢筋配置相协调，其节点构造应保证结构整体受力与节点连接的可靠性；立柱应在地下结构底板混凝土浇筑完后，逐层在立柱外侧浇筑混凝土形成地下结构框架柱；

4 立柱与水平构件连接节点的抗剪钢筋、栓钉或钢牛腿等抗剪构造应根据计算确定；

5 采用钢管混凝土立柱时，插入立柱桩的钢管的混凝土保护层厚度不应小于 100mm。

4.11.14 地下连续墙与主体结构外墙相结合时，地下连续墙的施工应符合下列规定：

1 地下连续墙成槽施工应采用具有自动纠偏功能的设备；

2 地下连续墙采用墙底后注浆时，可将墙段折算成截面面积相等的桩后，按现行行业标准《建筑桩基技术规范》JGJ 94 的有关规定确定后注浆参数，后注浆的施工应符合该规范的有关规定。

4.11.15 竖向支承立柱与主体结构竖向构件相结合时，立柱及立柱桩的施工除应符合本规程第 4.10.9 条规定外，尚应符合下列要求：

1 立柱采用钢管混凝土柱时，宜通过现场试充填试验确定钢管混凝土柱的施工工艺与施工参数；

2 立柱桩采用后注浆时，后注浆的施工应符合现行行业标准《建筑桩基技术规范》JGJ 94 有关灌注桩后注浆施工的规定。

4.11.16 主体结构采用逆作法施工时，应在地下各层楼板上设置用于垂直运输的孔洞。楼板的孔洞应符合下列规定：

1 同层楼板上需要设置多个孔洞时，孔洞的位置应考虑楼板作为内支撑的受力和变形要求，并应满足合理布置施工运输的要求；

2 孔洞宜尽量利用主体结构的楼梯间、电梯井或无楼板处等结构开口；孔洞的尺寸应满足土方、设备、材料等垂直运输的施工要求；

3 结构楼板上的运输预留孔洞、立柱预留孔洞部位，应验算水平支撑力和施工荷载作用下的应力和变形，并应采取设置边梁或增强钢筋配置等加强措施；

4 对主体结构逆作施工后需要封闭的临时孔洞，应根据主体结构对孔洞处二次浇筑混凝土的结构连接要求，预先在洞口周边设置连接钢筋或抗剪预埋件等结构连接措施；有防水要求的洞口应设置刚性止水片、遇水膨胀橡胶止水条或预埋注浆管注浆止水等构造措施。

4.11.17 逆作的主体结构的梁、板、柱，其混凝土浇筑应采用下列措施：

1 主体结构的梁板等构件宜采用支模法浇筑混凝土；

2 由上向下逐层逆作主体结构的墙、柱时，墙、柱的纵向钢筋预先埋入下方土层内的钢筋连接段应采取防止钢筋污染的措施，与下层墙、柱钢筋的连接应符合现行国家标准《混凝土结构设计规范》GB 50010 对钢筋连接的规定；浇筑下层墙、柱混凝土前，应将已浇筑的上层墙、柱混凝土的结合面及预留连接钢筋、钢板表面的泥土清除干净；

3 逆作浇筑各层墙、柱混凝土时，墙、柱的模板顶部宜做成向上开口的喇叭形，且上层梁板在柱、墙节点处宜预留墙、柱的混凝土浇捣孔；墙、柱混凝土与上层墙、柱的结合面应浇筑密实、无收缩裂缝；

4 当前后两次浇筑的墙、柱混凝土结合面可能出现裂缝时，宜在结合面处的模板上预留充填裂缝的压力注浆孔。

4.11.18 与主体结构结合的地下连续墙、立柱及立柱桩，其施工偏差应符合下列规定：

1 除有特殊要求外，地下连续墙的施工偏差应符合现行国家标准《建筑地基基础工程施工质量验收规范》GB 50202 的规定；

2 立柱及立柱桩的平面位置允许偏差应为 10mm；

3 立柱的垂直度允许偏差应为 1/300；

4 立柱桩的垂直度允许偏差应为 1/200。

4.11.19 竖向支承立柱与主体结构竖向构件相结合时，立柱及立柱桩的检测应符合下列规定：

1 应对全部立柱进行垂直度与柱位进行检测；

2 应采用敲击法对钢管混凝土立柱进行检验，检测数量应大于立柱总数的 20%；当发现立柱缺陷时，应采用声波透射法或钻芯法进行验证，并扩大敲击法检测数量。

4.11.20 与支护结构结合的主体结构构件的设计、施工、检测，应符合本规程第 4.5 节、第 4.6 节、第 4.9 节、第 4.10 节的有关规定。

4.12 双排桩设计

4.12.1 双排桩可采用图 4.12.1 所示的平面刚架结构模型进行计算。

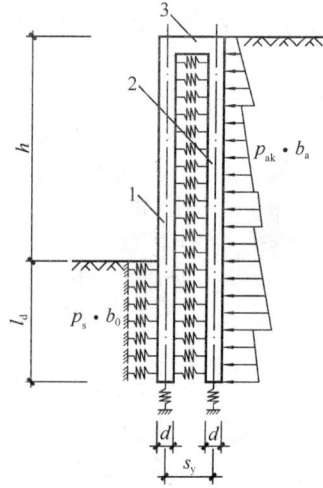

图 4.12.1 双排桩计算
1—前排桩；2—后排桩；3—刚架梁

4.12.2 采用图 4.12.1 的结构模型时，作用在后排桩上的主动土压力应按本规程第 3.4 节的规定计算，前排桩嵌固段上的土反力应按本规程第 4.1.4 条确定，作用在单根后排支护桩上的主动土压力计算宽度应取排桩间距，土反力计算宽度应按本规程第 4.1.7 条的规定取值（图 4.12.2）。前、后排桩间土对桩侧的压力可按下式计算：

$$p_c = k_c \Delta v + p_{c0} \qquad (4.12.2)$$

式中：p_c——前、后排桩间土对桩侧的压力（kPa）；可按作用在前、后排桩上的压力相等考虑；

k_c——桩间土的水平刚度系数（kN/m³）；

Δv——前、后排桩水平位移的差值（m）；当其相对位移减小时为正值；当其相对位移增加时，取 $\Delta v = 0$；

p_{c0}——前、后排桩间土对桩侧的初始压力（kPa），按本规程第 4.12.4 条计算。

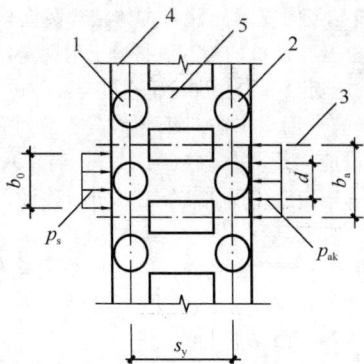

图 4.12.2 双排桩桩顶连梁及计算宽度
1—前排桩；2—后排桩；3—排桩对称
中心线；4—桩顶冠梁；5—刚架梁

4.12.3 桩间土的水平刚度系数可按下式计算：

$$k_c = \frac{E_s}{s_y - d} \qquad (4.12.3)$$

式中：E_s——计算深度处，前、后排桩间土的压缩模量（kPa）；当为成层土时，应按计算点的深度分别取相应土层的压缩模量；

s_y——双排桩的排距（m）；

d——桩的直径（m）。

4.12.4 前、后排桩间土对桩侧的初始压力可按下列公式计算：

$$p_{c0} = (2\alpha - \alpha^2) p_{ak} \qquad (4.12.4-1)$$

$$\alpha = \frac{s_y - d}{h \tan(45 - \varphi_m/2)} \qquad (4.12.4-2)$$

式中：p_{ak}——支护结构外侧，第 i 层土中计算点的主动土压力强度标准值（kPa），按本规程第 3.4.2 条的规定计算；

h——基坑深度（m）；

φ_m——基坑底面以上各土层按厚度加权的等效内摩擦角平均值（°）；

α——计算系数，当计算的 α 大于 1 时，取 $\alpha = 1$。

4.12.5 双排桩的嵌固深度（l_d）应符合下式嵌固稳定性的要求（图 4.12.5）：

$$\frac{E_{pk} a_p + G a_G}{E_{ak} a_a} \geqslant K_e \qquad (4.12.5)$$

式中：K_e——嵌固稳定安全系数；安全等级为一级、二级、三级的双排桩，K_e 分别不应小于 1.25、1.2、1.15；

E_{ak}、E_{pk}——分别为基坑外侧主动土压力、基坑内侧被动土压力标准值（kN）；

a_a、a_p——分别为基坑外侧主动土压力、基坑内侧被动土压力合力作用点至双排桩底端的距离（m）；

G——双排桩、刚架梁和桩间土的自重之和（kN）；

a_G——双排桩、刚架梁和桩间土的重心至前排桩边缘的水平距离（m）。

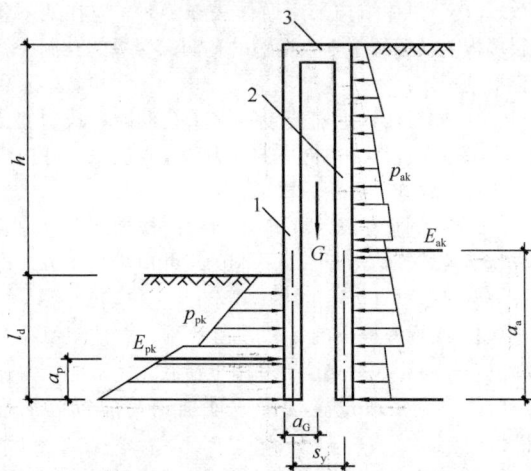

图 4.12.5 双排桩抗倾覆稳定性验算
1—前排桩；2—后排桩；3—刚架梁

4.12.6 双排桩排距宜取 $2d \sim 5d$。刚架梁的宽度不应小于 d，高度不宜小于 $0.8d$，刚架梁高度与双排桩排距的比值宜取 $1/6 \sim 1/3$。

4.12.7 双排桩结构的嵌固深度，对淤泥质土，不宜小于 $1.0h$；对淤泥，不宜小于 $1.2h$；对一般黏性土、砂土，不宜小于 $0.6h$。前排桩端宜置于桩端阻力较高的土层。采用泥浆护壁灌注桩时，施工时的孔底沉渣厚度不应大于 50mm，或应采用桩底后注浆加固沉渣。

4.12.8 双排桩应按偏心受压、偏心受拉构件进行支护桩的截面承载力计算，刚架梁应根据其跨高比按普通受弯构件或深受弯构件进行截面承载力计算。双排桩结构的截面承载力和构造应符合现行国家标准《混凝土结构设计规范》GB 50010 的有关规定。

4.12.9 前、后排桩与刚架梁节点处，桩的受拉钢筋与刚架梁受拉钢筋的搭接长度不应小于受拉钢筋锚固长度的 1.5 倍，其节点构造尚应符合现行国家标准《混凝土结构设计规范》GB 50010 对框架顶层端节点的有关规定。

5 土钉墙

5.1 稳定性验算

5.1.1 土钉墙应按下列规定对基坑开挖的各工况进行整体滑动稳定性验算：

　　1 整体滑动稳定性可采用圆弧滑动条分法进行验算。

　　2 采用圆弧滑动条分法时，其整体滑动稳定性应符合下列规定（图 5.1.1）：

$$\min \{ K_{s,1}, K_{s,2} \cdots, K_{s,i}, \cdots \} \geqslant K_s$$
$$(5.1.1-1)$$

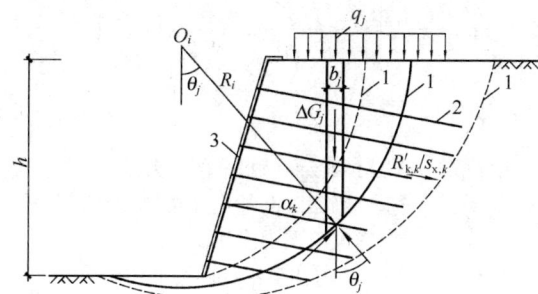

(a)土钉墙在地下水位以上

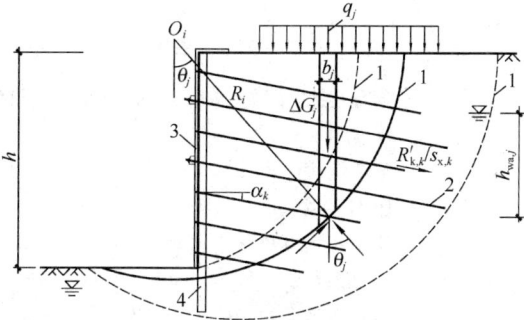

(b)水泥土桩或微型桩复合土钉墙

图 5.1.1　土钉墙整体滑动稳定性验算
1—滑动面；2—土钉或锚杆；3—喷射混凝土面层；
4—水泥土桩或微型桩

$$K_{s,i} = \frac{\sum[c_j l_j + (q_j b_j + \Delta G_j)\cos\theta_j \tan\varphi_j] + \sum R'_{k,k}[\cos(\theta_k + \alpha_k) + \psi_v]/s_{x,k}}{\sum(q_j b_j + \Delta G_j)\sin\theta_j}$$

(5.1.1-2)

式中：K_s——圆弧滑动稳定安全系数；安全等级为
二级、三级的土钉墙，K_s 分别不应小
于 1.3、1.25；

$K_{s,i}$——第 i 个圆弧滑动体的抗滑力矩与滑动力
矩的比值；抗滑力矩与滑动力矩之比
的最小值宜通过搜索不同圆心及半径
的所有潜在滑动圆弧确定；

c_j、φ_j——分别为第 j 土条滑弧面处土的黏聚力
（kPa）、内摩擦角（°），按本规程第
3.1.14 条的规定取值；

b_j——第 j 土条的宽度（m）；

θ_j——第 j 土条滑弧面中点处的法线与垂直面
的夹角（°）；

l_j——第 j 土条的滑弧长度（m），取 $l_j = b_j/\cos\theta_j$；

q_j——第 j 土条上的附加分布荷载标准值
（kPa）；

ΔG_j——第 j 土条的自重（kN），按天然重度
计算；

$R'_{k,k}$——第 k 层土钉或锚杆在滑动面以外的锚固
段的极限抗拔承载力标准值与杆体受

拉承载力标准值（$f_{yk}A_s$ 或 $f_{ptk}A_p$）的
较小值（kN）；锚固段的极限抗拔承载
力应按本规程第 5.2.5 条和第 4.7.4 条
的规定计算，但锚固段应取圆弧滑动
面以外的长度；

α_k——第 k 层土钉或锚杆的倾角（°）；

θ_k——滑弧面在第 k 层土钉或锚杆处的法线与
垂直面的夹角（°）；

$s_{x,k}$——第 k 层土钉或锚杆的水平间距（m）；

ψ_v——计算系数；可取 $\psi_v = 0.5\sin(\theta_k + \alpha_k)\tan\varphi$；

φ——第 k 层土钉或锚杆与滑弧交点处土的内
摩擦角（°）。

3 水泥土桩复合土钉墙，在需要考虑地下水压
力的作用时，其整体稳定性应按本规程公式（4.2.3-
1）、公式（4.2.3-2）验算，但 $R'_{k,k}$ 应按本条的规定
取值。

4 当基坑面以下存在软弱下卧土层时，整体稳
定性验算滑动面中应包括由圆弧与软弱土层层面组成
的复合滑动面。

5 微型桩、水泥土桩复合土钉墙，滑弧穿过其
嵌固段的土条可适当考虑桩的抗滑作用。

5.1.2 基坑底面下有软土层的土钉墙结构应进行坑
底隆起稳定性验算，验算可采用下列公式（图
5.1.2）。

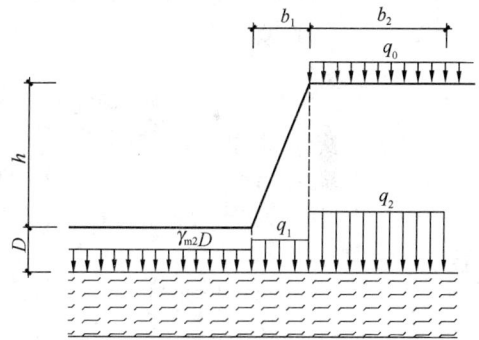

图 5.1.2　基坑底面下有软土层的土钉
墙隆起稳定性验算

$$\frac{\gamma_{m2}D N_q + c N_c}{(q_1 b_1 + q_2 b_2)/(b_1 + b_2)} \geqslant K_b \quad (5.1.2-1)$$

$$N_q = \tan^2\left(45° + \frac{\varphi}{2}\right) e^{\pi\tan\varphi} \quad (5.1.2-2)$$

$$N_c = (N_q - 1)/\tan\varphi \quad (5.1.2-3)$$

$$q_1 = 0.5\gamma_{m1}h + \gamma_{m2}D \quad (5.1.2-4)$$

$$q_2 = \gamma_{m1}h + \gamma_{m2}D + q_0 \quad (5.1.2-5)$$

式中：K_b——抗隆起安全系数；安全等级为二级、
三级的土钉墙，K_b 分别不应小于
1.6、1.4；

q_0——地面均布荷载（kPa）；

γ_{m1}——基坑底面以上土的天然重度（kN/

m^3）；对多层土取各层土按厚度加权的平均重度；

h——基坑深度（m）；

γ_{m2}——基坑底面至抗隆起计算平面之间土层的天然重度（kN/m^3）；对多层土取各层土按厚度加权的平均重度；

D——基坑底面至抗隆起计算平面之间土层的厚度（m）；当抗隆起计算平面为基坑底平面时，取 $D=0$；

N_c、N_q——承载力系数；

c、φ——分别为抗隆起计算平面以下土的黏聚力（kPa）、内摩擦角（°），按本规程第3.1.14条的规定取值；

b_1——土钉墙坡面的宽度（m）；当土钉墙坡面垂直时取 $b_1=0$；

b_2——地面均布荷载的计算宽度（m），可取 $b_2=h$。

5.1.3 土钉墙与截水帷幕结合时，应按本规程附录C的规定进行地下水渗透稳定性验算。

5.2 土钉承载力计算

5.2.1 单根土钉的极限抗拔承载力应符合下式规定：

$$\frac{R_{k,j}}{N_{k,j}} \geqslant K_t \qquad (5.2.1)$$

式中：K_t——土钉抗拔安全系数；安全等级为二级、三级的土钉墙，K_t 分别不应小于 1.6、1.4；

$N_{k,j}$——第 j 层土钉的轴向拉力标准值（kN），应按本规程第5.2.2条的规定计算；

$R_{k,j}$——第 j 层土钉的极限抗拔承载力标准值（kN），应按本规程第5.2.5条的规定确定。

5.2.2 单根土钉的轴向拉力标准值可按下式计算：

$$N_{k,j} = \frac{1}{\cos \alpha_j} \zeta \eta_j p_{ak,j} s_{x,j} s_{z,j} \qquad (5.2.2)$$

式中：$N_{k,j}$——第 j 层土钉的轴向拉力标准值（kN）；

α_j——第 j 层土钉的倾角（°）；

ζ——墙面倾斜时的主动土压力折减系数，可按本规程第5.2.3条确定；

η_j——第 j 层土钉轴向拉力调整系数，可按本规程公式（5.2.4-1）计算；

$p_{ak,j}$——第 j 层土钉处的主动土压力强度标准值（kPa），应按本规程第3.4.2条确定；

$s_{x,j}$——土钉的水平间距（m）；

$s_{z,j}$——土钉的垂直间距（m）。

5.2.3 坡面倾斜时的主动土压力折减系数可按下式计算：

$$\zeta = \tan\frac{\beta - \varphi_m}{2} \left(\frac{1}{\tan\dfrac{\beta + \varphi_m}{2}} - \frac{1}{\tan\beta} \right) / \tan^2\left(45° - \frac{\varphi_m}{2}\right)$$

$$(5.2.3)$$

式中：β——土钉墙坡面与水平面的夹角（°）；

φ_m——基坑底面以上各土层按厚度加权的等效内摩擦角平均值（°）。

5.2.4 土钉轴向拉力调整系数可按下列公式计算：

$$\eta_j = \eta_a - (\eta_a - \eta_b)\frac{z_j}{h} \qquad (5.2.4\text{-}1)$$

$$\eta_a = \frac{\sum (h - \eta_b z_j)\Delta E_{aj}}{\sum (h - z_j)\Delta E_{aj}} \qquad (5.2.4\text{-}2)$$

式中：z_j——第 j 层土钉至基坑顶面的垂直距离（m）；

h——基坑深度（m）；

ΔE_{aj}——作用在以 $s_{x,j}$、$s_{z,j}$ 为边长的面积内的主动土压力标准值（kN）；

η_a——计算系数；

η_b——经验系数，可取 0.6～1.0；

n——土钉层数。

5.2.5 单根土钉的极限抗拔承载力应按下列规定确定：

1 单根土钉的极限抗拔承载力应通过抗拔试验确定，试验方法应符合本规程附录D的规定。

2 单根土钉的极限抗拔承载力标准值也可按下式估算，但应通过本规程附录D规定的土钉抗拔试验进行验证：

$$R_{k,j} = \pi d_j \sum q_{sk,i} l_i \qquad (5.2.5)$$

式中：d_j——第 j 层土钉的锚固体直径（m）；对成孔注浆土钉，按成孔直径计算，对打入钢管土钉，按钢管直径计算；

$q_{sk,i}$——第 j 层土钉与第 i 土层的极限粘结强度标准值（kPa）；应根据工程经验并结合表5.2.5取值；

l_i——第 j 层土钉滑动面以外的部分在第 i 土层中的长度（m），直线滑动面与水平面的夹角取 $\dfrac{\beta + \varphi_m}{2}$。

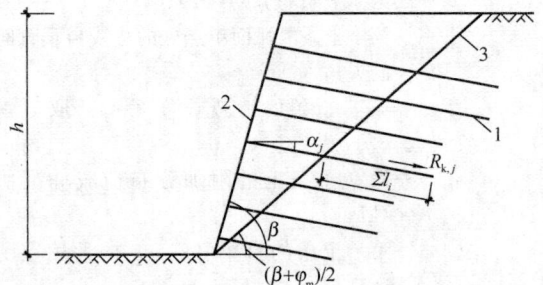

图 5.2.5　土钉抗拔承载力计算
1—土钉；2—喷射混凝土面层；3—滑动面

3 对安全等级为三级的土钉墙，可按公式（5.2.5）确定单根土钉的极限抗拔承载力。

4 当按本条第（1～3）款确定的土钉极限抗拔承载力标准值大于 $f_{yk}A_s$ 时，应取 $R_{k,j} = f_{yk}A_s$。

表 5.2.5 土钉的极限粘结强度标准值

土的名称	土的状态	q_{sk}（kPa）	
		成孔注浆土钉	打入钢管土钉
素填土		15～30	20～35
淤泥质土		10～20	15～25
黏性土	$0.75 < I_L \leqslant 1$	20～30	20～40
	$0.25 < I_L \leqslant 0.75$	30～45	40～55
	$0 < I_L \leqslant 0.25$	45～60	55～70
	$I_L \leqslant 0$	60～70	70～80
粉土		40～80	50～90
砂土	松散	35～50	50～65
	稍密	50～65	65～80
	中密	65～80	80～100
	密实	80～100	100～120

5.2.6 土钉杆体的受拉承载力应符合下列规定：

$$N_j \leqslant f_y A_s \qquad (5.2.6)$$

式中：N_j——第 j 层土钉的轴向拉力设计值（kN），按本规程第 3.1.7 的规定计算；

f_y——土钉杆体的抗拉强度设计值（kPa）；

A_s——土钉杆体的截面面积（m²）。

5.3 构 造

5.3.1 土钉墙、预应力锚杆复合土钉墙的坡比不宜大于 1∶0.2；当基坑较深、土的抗剪强度较低时，宜取较小坡比。对砂土、碎石土、松散填土，确定土钉墙坡度时应考虑开挖时坡面的局部自稳能力。微型桩、水泥土桩复合土钉墙，应采用微型桩、水泥土桩与土钉墙面层贴合的垂直墙面。

注：土钉墙坡比指其墙面垂直高度与水平宽度的比值。

5.3.2 土钉墙宜采用洛阳铲成孔的钢筋土钉。对易塌孔的松散或稍密的砂土、稍密的粉土、填土，或易缩径的软土宜采用打入式钢管土钉。对洛阳铲成孔或钢管土钉打入困难的土层，宜采用机械成孔的钢筋土钉。

5.3.3 土钉水平间距和竖向间距宜为 1m～2m；当基坑较深、土的抗剪强度较低时，土钉间距应取小值。土钉倾角宜为 5°～20°。土钉长度应按各层土钉受力均匀、各土钉拉力与相应土钉极限承载力的比值相近的原则确定。

5.3.4 成孔注浆型钢筋土钉的构造应符合下列要求：

1 成孔直径宜取 70mm～120mm；

2 土钉钢筋宜选用 HRB400、HRB500 钢筋，钢筋直径宜取 16mm～32mm；

3 应沿土钉全长设置对中定位支架，其间距宜取 1.5m～2.5m，土钉钢筋保护层厚度不宜小于 20mm；

4 土钉孔注浆材料可采用水泥浆或水泥砂浆，其强度不宜低于 20MPa。

5.3.5 钢管土钉的构造应符合下列要求：

1 钢管的外径不宜小于 48mm，壁厚不宜小于 3mm；钢管的注浆孔应设置在钢管末端 $l/2～2l/3$ 范围内；每个注浆截面的注浆孔宜取 2 个，且应对称布置，注浆孔的孔径宜取 5mm～8mm，注浆孔外应设置保护倒刺；

2 钢管的连接采用焊接时，接头强度不应低于钢管强度；钢管焊接可采用数量不少于 3 根、直径不小于 16mm 的钢筋沿截面均匀分布拼焊，双面焊接时钢筋长度不应小于钢管直径的 2 倍。

注：l 为钢管土钉的总长度。

5.3.6 土钉墙高度不大于 12m 时，喷射混凝土面层的构造应符合下列要求：

1 喷射混凝土面层厚度宜取 80mm～100mm；

2 喷射混凝土设计强度等级不宜低于 C20；

3 喷射混凝土面层中应配置钢筋网和通长的加强钢筋，钢筋网宜采用 HPB300 级钢筋，钢筋直径宜取 6mm～10mm，钢筋间距宜取 150mm～250mm；钢筋网间的搭接长度应大于 300mm；加强钢筋的直径宜取 14mm～20mm；当充分利用土钉杆体的抗拉强度时，加强钢筋的截面面积不应小于土钉杆体截面面积的 1/2。

5.3.7 土钉与加强钢筋宜采用焊接连接，其连接应满足承受土钉拉力的要求；当在土钉拉力作用下喷射混凝土面层的局部受冲切承载力不足时，应采用设置承压钢板等加强措施。

5.3.8 当土钉墙后存在滞水时，应在含水层部位的墙面设置泄水孔或采取其他疏水措施。

5.3.9 采用预应力锚杆复合土钉墙时，预应力锚杆应符合下列要求：

1 宜采用钢绞线锚杆；

2 用于减小地面变形时，锚杆宜布置在土钉墙的较上部位；用于增强面层抵抗土压力的作用时，锚杆应布置在土压力较大及墙背土层较软弱的部位；

3 锚杆的拉力设计值不应大于土钉墙墙面的局部受压承载力；

4 预应力锚杆应设置自由段，自由段长度应超过土钉墙坡体的潜在滑动面；

5 锚杆与喷射混凝土面层之间应设置腰梁连接，腰梁可采用槽钢腰梁或混凝土腰梁，腰梁与喷射混凝土面层应紧密接触，腰梁规格应根据锚杆拉力设计值确定；

6 除应符合上述规定外，锚杆的构造尚应符合本规程第 4.7 节有关构造的规定。

5.3.10 采用微型桩垂直复合土钉墙时，微型桩应符合下列要求：

1 应根据微型桩施工工艺对土层特性和基坑周边环境条件的适用性选用微型钢管桩、型钢桩或灌注桩等桩型；

2 采用微型桩时，宜同时采用预应力锚杆；

3 微型桩的直径、规格应根据对复合墙面的强度要求确定；采用成孔后插入微型钢管桩、型钢桩的工艺时，成孔直径宜取 130mm～300mm，对钢管，其直径宜取 48mm～250mm，对工字钢，其型号宜取 I10～I22，孔内应灌注水泥浆或水泥砂浆并充填密实；采用微型混凝土灌注桩时，其直径宜取 200mm～300mm；

4 微型桩的间距应满足土钉墙施工时桩间土的稳定性要求；

5 微型桩伸入坑底的长度宜大于桩径的 5 倍，且不应小于 1m；

6 微型桩应与喷射混凝土面层贴合。

5.3.11 采用水泥土桩复合土钉墙时，水泥土桩应符合下列要求：

1 应根据水泥土桩施工工艺对土层特性和基坑周边环境条件的适用性选用搅拌桩、旋喷桩等桩型；

2 水泥土桩伸入坑底的长度宜大于桩径的 2 倍，且不应小于 1m；

3 水泥土桩应与喷射混凝土面层贴合；

4 桩身 28d 无侧限抗压强度不宜小于 1MPa；

5 水泥土桩用作截水帷幕时，应符合本规程第 7.2 节对截水的要求。

5.4 施工与检测

5.4.1 土钉墙应按土钉层数分层设置土钉、喷射混凝土面层、开挖基坑。

5.4.2 当有地下水时，对易产生流砂或塌孔的砂土、粉土、碎石土等土层，应通过试验确定土钉施工工艺及其参数。

5.4.3 钢筋土钉的成孔应符合下列要求：

1 土钉成孔范围内存在地下管线等设施时，应在查明其位置并避开后，再进行成孔作业；

2 应根据土层的性状选用洛阳铲、螺旋钻、冲击钻、地质钻等成孔方法，采用的成孔方法应能保证孔壁的稳定性、减小对孔壁的扰动；

3 当成孔遇不明障碍物时，应停止成孔作业，在查明障碍物的情况并采取针对性措施后方可继续成孔；

4 对易塌孔的松散土层宜采用机械成孔工艺，成孔困难时，可采用注入水泥浆等方法进行护壁。

5.4.4 钢筋土钉杆体的制作安装应符合下列要求：

1 钢筋使用前，应调直并清除污锈；

2 当钢筋需要连接时，宜采用搭接焊、帮条焊连接；焊接应采用双面焊，双面焊的搭接长度或帮条

长度不应小于主筋直径的 5 倍，焊缝高度不应小于主筋直径的 0.3 倍；

3 对中支架的截面尺寸应符合对土钉杆体保护层厚度的要求，对中支架可选用直径 6mm～8mm 的钢筋焊制；

4 土钉成孔后应及时插入土钉杆体，遇塌孔、缩径时，应在处理后再插入土钉杆体。

5.4.5 钢筋土钉的注浆应符合下列要求：

1 注浆材料可选用水泥浆或水泥砂浆；水泥浆的水灰比宜取 0.5～0.55；水泥砂浆的水灰比宜取 0.4～0.45，同时，灰砂比宜取 0.5～1.0，拌合用砂宜选用中粗砂，按重量计的含泥量不得大于 3%；

2 水泥浆或水泥砂浆应拌合均匀，一次拌合的水泥浆或水泥砂浆应在初凝前使用；

3 注浆前应将孔内残留的虚土清除干净；

4 注浆应采用将注浆管插至孔底、由孔底注浆的方式，且注浆管端部至孔底的距离不宜大于 200mm；注浆及拔管时，注浆管出浆口应始终埋入注浆液面内，应在新鲜浆液从孔口溢出后停止注浆；注浆后，当浆液液面下降时，应进行补浆。

5.4.6 打入式钢管土钉的施工应符合下列要求：

1 钢管端部应制成尖锥状；钢管顶部宜设置防止施打变形的加强构造；

2 注浆材料应采用水泥浆；水泥浆的水灰比宜取 0.5～0.6；

3 注浆压力不宜小于 0.6MPa；应在注浆至钢管周围出现返浆后停止注浆；当不出现返浆时，可采用间歇注浆的方法。

5.4.7 喷射混凝土面层的施工应符合下列要求：

1 细骨料宜选用中粗砂，含泥量应小于 3%；

2 粗骨料宜选用粒径不大于 20mm 的级配砾石；

3 水泥与砂石的重量比宜取 1：4～1：4.5，砂率宜取 45%～55%，水灰比宜取 0.4～0.45；

4 使用速凝剂等外加剂时，应通过试验确定外加剂掺量；

5 喷射作业应分段依次进行，同一分段内应自下而上均匀喷射，一次喷射厚度宜为 30mm～80mm；

6 喷射作业时，喷头应与土钉墙面保持垂直，其距离宜为 0.6m～1.0m；

7 喷射混凝土终凝 2h 后应及时喷水养护；

8 钢筋与坡面的间隙应大于 20mm；

9 钢筋网可采用绑扎固定；钢筋连接宜采用搭接焊，焊缝长度不应小于钢筋直径的 10 倍；

10 采用双层钢筋网时，第二层钢筋网应在第一层钢筋网被喷射混凝土覆盖后铺设。

5.4.8 土钉墙的施工偏差应符合下列要求：

1 土钉位置的允许偏差应为 100mm；

2 土钉倾角的允许偏差应为 3°；

3 土钉杆体长度不应小于设计长度；

4 钢筋网间距的允许偏差应为±30mm；

5 微型桩桩位的允许偏差应为50mm；

6 微型桩垂直度的允许偏差应为0.5%。

5.4.9 复合土钉墙中预应力锚杆的施工应符合本规程第4.8节的有关规定。微型桩的施工应符合现行行业标准《建筑桩基技术规范》JGJ 94的有关规定。水泥土桩的施工应符合本规程第7.2节的有关规定。

5.4.10 土钉墙的质量检测应符合下列规定：

1 应对土钉的抗拔承载力进行检测，土钉检测数量不宜少于土钉总数的1%，且同一土层中的土钉检测数量不应少于3根；对安全等级为二级、三级的土钉墙，抗拔承载力检测值分别不应小于土钉轴向拉力标准值的1.3倍、1.2倍；检测土钉应采用随机抽样的方法选取；检测试验应在注浆固结体强度达到10MPa或达到设计强度的70%后进行，应按本规程附录D的试验方法进行；当检测的土钉不合格时，应扩大检测数量；

2 应进行土钉墙面层喷射混凝土的现场试块强度试验，每500m²喷射混凝土面积的试验数量不应少于一组，每组试块不应少于3个；

3 应对土钉墙的喷射混凝土面层厚度进行检测，每500m²喷射混凝土面积的检测数量不应少于一组，每组的检测点不应少于3个；全部检测点的面层厚度平均值不应小于厚度设计值，最小厚度不应小于厚度设计值的80%；

4 复合土钉墙中的预应力锚杆，应按本规程第4.8.8条的规定进行抗拔承载力检测；

5 复合土钉墙中的水泥土搅拌桩或旋喷桩用作截水帷幕时，应按本规程第7.2.14条的规定进行质量检测。

6 重力式水泥土墙

6.1 稳定性与承载力验算

6.1.1 重力式水泥土墙的滑移稳定性应符合下式规定（图6.1.1）：

$$\frac{E_{pk} + (G - u_m B)\tan\varphi + cB}{E_{ak}} \geqslant K_{sl} \quad (6.1.1)$$

式中：K_{sl}——抗滑移安全系数，其值不应小于1.2；

E_{ak}、E_{pk}——分别为水泥土墙上的主动土压力、被动土压力标准值（kN/m），按本规程第3.4.2条的规定确定；

G——水泥土墙的自重（kN/m）；

u_m——水泥土墙底面上的水压力（kPa）；水泥土墙底位于含水层时，可取$u_m = \gamma_w (h_{wa} + h_{wp})/2$，在地下水位以上时，取$u_m = 0$；

c、φ——分别为水泥土墙底面下土层的黏聚力（kPa）、内摩擦角（°），按本规程第3.1.14条的规定取值；

B——水泥土墙的底面宽度（m）；

h_{wa}——基坑外侧水泥土墙底处的压力水头（m）；

h_{wp}——基坑内侧水泥土墙底处的压力水头（m）。

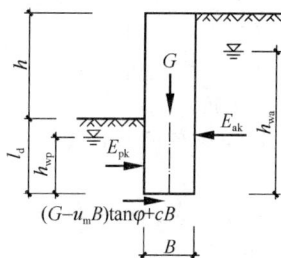

图6.1.1 滑移稳定性验算

6.1.2 重力式水泥土墙的倾覆稳定性应符合下式规定（图6.1.2）：

$$\frac{E_{pk}a_p + (G - u_m B)a_G}{E_{ak}a_a} \geqslant K_{ov} \quad (6.1.2)$$

式中：K_{ov}——抗倾覆安全系数，其值不应小于1.3；

a_a——水泥土墙外侧主动土压力合力作用点至墙趾的竖向距离（m）；

a_p——水泥土墙内侧被动土压力合力作用点至墙趾的竖向距离（m）；

a_G——水泥土墙自重与墙底水压力合力作用点至墙趾的水平距离（m）。

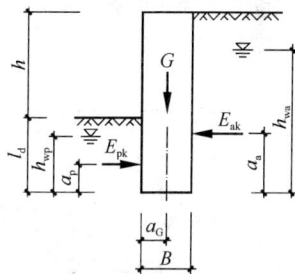

图6.1.2 倾覆稳定性验算

6.1.3 重力式水泥土墙应按下列规定进行圆弧滑动稳定性验算：

1 可采用圆弧滑动条分法进行验算；

2 采用圆弧滑动条分法时，其稳定性应符合下列规定（图6.1.3）：

$$\min\{K_{s,1}, K_{s,2}, \cdots, K_{s,i} \cdots\} \geqslant K_s$$
$$(6.1.3-1)$$

$$K_{s,i} = \frac{\sum \{c_j l_j + [(q_j b_j + \Delta G_j)\cos\theta_j - u_j l_j]\tan\varphi_j\}}{\sum (q_j b_j + \Delta G_j)\sin\theta_j}$$
$$(6.1.3-2)$$

式中：K_s——圆弧滑动稳定安全系数，其值不应小于 1.3；

$K_{s,i}$——第 i 个圆弧滑动体的抗滑力矩与滑动力矩的比值；抗滑力矩与滑动力矩之比的最小值宜通过搜索不同圆心及半径的所有潜在滑动圆弧确定；

c_j、φ_j——分别为第 j 土条滑弧面处土的黏聚力（kPa）、内摩擦角（°）；按本规程第 3.1.14 条的规定取值；

b_j——第 j 土条的宽度（m）；

θ_j——第 j 土条滑弧面中点处的法线与垂直面的夹角（°）；

l_j——第 j 土条的滑弧长度（m）；取 $l_j = b_j/\cos\theta_j$；

q_j——第 j 土条上的附加分布荷载标准值（kPa）；

ΔG_j——第 j 土条的自重（kN），按天然重度计算；分条时，水泥土墙可按土体考虑；

u_j——第 j 土条滑弧面上的孔隙水压力（kPa）；对地下水位以下的砂土、碎石土、砂质粉土，当地下水是静止的或渗流水力梯度可忽略不计时，在基坑外侧，可取 $u_j = \gamma_w h_{wa,j}$，在基坑内侧，可取 $u_j = \gamma_w h_{wp,j}$；滑弧面在地下水位以上或对地下水位以下的黏性土，取 $u_j = 0$；

γ_w——地下水重度（kN/m³）；

$h_{wa,j}$——基坑外侧第 j 土条滑弧面中点的压力水头（m）；

$h_{wp,j}$——基坑内侧第 j 土条滑弧面中点的压力水头（m）。

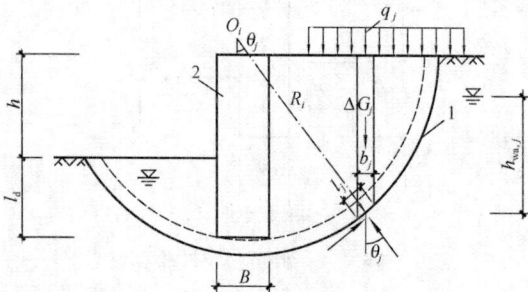

图 6.1.3 整体滑动稳定性验算

3 当墙底以下存在软弱下卧土层时，稳定性算算的滑动面中应包括由圆弧与软弱土层层面组成的复合滑动面。

6.1.4 重力式水泥土墙，其嵌固深度应符合下列坑底隆起稳定性要求：

1 隆起稳定性可按本规程公式（4.2.4-1）～公式（4.2.4-3）验算，但公式中 γ_{m1} 应取基坑外墙底面以上土的重度，γ_{m2} 应取基坑内墙底面以上土的重度，

l_d 应取水泥土墙的嵌固深度，c、φ 应取水泥土墙底面以下土的黏聚力、内摩擦角；

2 当重力式水泥土墙底面以下有软弱下卧层时，隆起稳定性验算的部位应包括软弱下卧层，此时，公式（4.2.4-1）～公式（4.2.4-3）中的 γ_{m1}、γ_{m2} 应取软弱下卧层顶面以上土的重度，l_d 应以 D 代替。

注：D 为坑底至软弱下卧层顶面的土层厚度（m）。

6.1.5 重力式水泥土墙墙体的正截面应力应符合下列规定：

1 拉应力：

$$\frac{6M_i}{B^2} - \gamma_{cs} z \leqslant 0.15 f_{cs} \qquad (6.1.5\text{-}1)$$

2 压应力：

$$\gamma_0 \gamma_F \gamma_{cs} z + \frac{6M_i}{B^2} \leqslant f_{cs} \qquad (6.1.5\text{-}2)$$

3 剪应力：

$$\frac{E_{aki} - \mu G_i - E_{pki}}{B} \leqslant \frac{1}{6} f_{cs} \qquad (6.1.5\text{-}3)$$

式中：M_i——水泥土墙验算截面的弯矩设计值（kN·m/m）；

B——验算截面处水泥土墙的宽度（m）；

γ_{cs}——水泥土墙的重度（kN/m³）；

z——验算截面至水泥土墙顶的垂直距离（m）；

f_{cs}——水泥土开挖龄期时的轴心抗压强度设计值（kPa），应根据现场试验或工程经验确定；

γ_F——荷载综合分项系数，按本规程第 3.1.6 条取用；

E_{aki}、E_{pki}——分别为验算截面以上的主动土压力标准值、被动土压力标准值（kN/m），可按本规程第 3.4.2 条的规定计算；验算截面在坑底以上时，取 $E_{pk,i} = 0$；

G_i——验算截面以上的墙体自重（kN/m）；

μ——墙体材料的抗剪断系数，取 0.4～0.5。

6.1.6 重力式水泥土墙的正截面应力验算应包括下列部位：

1 基坑面以下主动、被动土压力强度相等处；

2 基坑底面处；

3 水泥土墙的截面突变处。

6.1.7 当地下水位高于坑底时，应按本规程附录 C 的规定进行地下水渗透稳定性验算。

6.2 构　造

6.2.1 重力式水泥土墙宜采用水泥土搅拌桩相互搭接成格栅状的结构形式，也可采用水泥土搅拌桩相互搭接成实体的结构形式。搅拌桩的施工工艺宜采用喷浆搅拌法。

6.2.2 重力式水泥土墙的嵌固深度，对淤泥质土，不宜小于 $1.2h$，对淤泥，不宜小于 $1.3h$；重力式水泥土墙的宽度，对淤泥质土，不宜小于 $0.7h$，对淤泥，不宜小于 $0.8h$。

注：h 为基坑深度。

6.2.3 重力式水泥土墙采用格栅形式时，格栅的面积置换率，对淤泥质土，不宜小于 0.7；对淤泥，不宜小于 0.8；对一般黏性土、砂土，不宜小于 0.6。格栅内侧的长宽比不宜大于 2。每个格栅内的土体面积应符合下式要求：

$$A \leqslant \delta \frac{cu}{\gamma_m} \qquad (6.2.3)$$

式中：A——格栅内的土体面积（m²）；

δ——计算系数；对黏性土，取 $\delta=0.5$；对砂土、粉土，取 $\delta=0.7$；

c——格栅内土的黏聚力（kPa），按本规程第 3.1.14 条的规定确定；

u——计算周长（m），按图 6.2.3 计算；

γ_m——格栅内土的天然重度（kN/m³）；对多层土，取水泥土墙深度范围内各层土按厚度加权的平均天然重度。

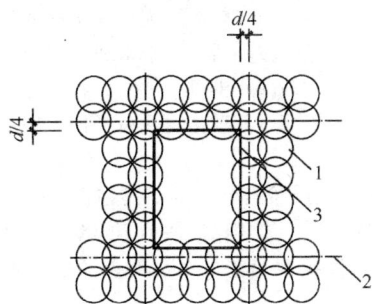

图 6.2.3　格栅式水泥土墙
1—水泥土桩；2—水泥土桩中心线；3—计算周长

6.2.4 水泥土搅拌桩的搭接宽度不宜小于 150mm。

6.2.5 当水泥土墙兼作截水帷幕时，应符合本规程第 7.2 节对截水的要求。

6.2.6 水泥土墙体的 28d 无侧限抗压强度不宜小于 0.8MPa。当需要增强墙体的抗拉性能时，可在水泥土桩内插入杆筋。杆筋可采用钢筋、钢管或毛竹。杆筋的插入深度宜大于基坑深度。杆筋应锚入面板内。

6.2.7 水泥土墙顶面宜设置混凝土连接面板，面板厚度不宜小于 150mm，混凝土强度等级不宜低于 C15。

6.3　施工与检测

6.3.1 水泥土搅拌桩的施工应符合现行行业标准《建筑地基处理技术规范》JGJ 79 的规定。

6.3.2 重力式水泥土墙的质量检测应符合下列规定：

1 应采用开挖方法检测水泥土搅拌桩的直径、搭接宽度、位置偏差；

2 应采用钻芯法检测水泥土搅拌桩的单轴抗压强度、完整性、深度。单轴抗压强度试验的芯样直径不应小于 80mm。检测桩数不应少于总桩数的 1%，且不应少于 6 根。

7　地下水控制

7.1　一　般　规　定

7.1.1 地下水控制应根据工程地质和水文地质条件、基坑周边环境要求及支护结构形式选用截水、降水、集水明排方法或其组合。

7.1.2 当降水会对基坑周边建（构）筑物、地下管线、道路等造成危害或对环境造成长期不利影响时，应采用截水方法控制地下水。采用悬挂式帷幕时，应同时采用坑内降水，并宜根据水文地质条件结合坑外回灌措施。

7.1.3 地下水控制设计应符合本规程第 3.1.8 条对基坑周边建（构）筑物、地下管线、道路等沉降控制值的要求。

7.1.4 当坑底以下有水头高于坑底的承压水时，各类支护结构均应按本规程第 C.0.1 条的规定进行承压水作用下的坑底突涌稳定性验算。当不满足突涌稳定性要求时，应对该承压水含水层采取截水、减压措施。

7.2　截　　水

7.2.1 基坑截水应根据工程地质条件、水文地质条件及施工条件等，选用水泥土搅拌桩帷幕、高压旋喷或摆喷注浆帷幕、地下连续墙或咬合式排桩。支护结构采用排桩时，可采用高压旋喷或摆喷注浆与排桩相互咬合的组合帷幕。对碎石土、杂填土、泥炭质土、泥炭、pH 值较低的土或地下水流速较大时，水泥土搅拌桩帷幕、高压喷射注浆帷幕宜通过试验确定其适用性或外加剂品种及掺量。

7.2.2 当坑底以下存在连续分布、埋深较浅的隔水层时，应采用落底式帷幕。落底式帷幕进入下卧隔水层的深度应满足下式要求，且不宜小于 1.5m：

$$l \geqslant 0.2\Delta h - 0.5b \qquad (7.2.2)$$

式中：l——帷幕进入隔水层的深度（m）；

Δh——基坑内外的水头差值（m）；

b——帷幕的厚度（m）。

7.2.3 当坑底以下含水层厚度大而需采用悬挂式帷幕时，帷幕进入透水层的深度应满足本规程第 C.0.2 条、第 C.0.3 条对地下水从帷幕底绕流的渗透稳定性要求，并应对帷幕外地下水位下降引起的基坑周边建（构）筑物、地下管线沉降进行分析。

7.2.4 截水帷幕在平面布置上应沿基坑周边闭合。当采用沿基坑周边非闭合的平面布置形式时，应对地下水沿帷幕两端绕流引起的渗流破坏和地下水位下降进行分析。

7.2.5 采用水泥土搅拌桩帷幕时，搅拌桩直径宜取450mm～800mm，搅拌桩的搭接宽度应符合下列规定：

1 单排搅拌桩帷幕的搭接宽度，当搅拌深度不大于10m时，不应小于150mm；当搅拌深度为10m～15m时，不应小于200mm；当搅拌深度大于15m时，不应小于250mm；

2 对地下水位较高、渗透性较强的地层，宜采用双排搅拌桩截水帷幕；搅拌桩的搭接宽度，当搅拌深度不大于10m时，不应小于100mm；当搅拌深度为10m～15m时，不应小于150mm；当搅拌深度大于15m时，不应小于200mm。

7.2.6 搅拌桩水泥浆液的水灰比宜取0.6～0.8。搅拌桩的水泥掺量宜取土的天然质量的15%～20%。

7.2.7 水泥土搅拌桩帷幕的施工应符合现行行业标准《建筑地基处理技术规范》JGJ 79的有关规定。

7.2.8 搅拌桩的施工偏差应符合下列要求：

1 桩位的允许偏差为50mm；

2 垂直度的允许偏差应为1%。

7.2.9 采用高压旋喷、摆喷注浆帷幕时，注浆固结体的有效半径宜通过试验确定；缺少试验时，可根据土的类别及其密实程度、高压喷射注浆工艺，按工程经验采用。摆喷注浆的喷射方向与摆喷点连线的夹角宜取10°～25°，摆动角度宜取20°～30°。水泥土固结体的搭接宽度，当注浆孔深度不大于10m时，不应小于150mm；当注浆孔深度为10m～20m时，不应小于250mm；当注浆孔深度为20m～30m时，不应小于350mm。对地下水位较高、渗透性较强的地层，可采用双排高压喷射注浆帷幕。

7.2.10 高压喷射注浆水泥浆液的水灰比宜取0.9～1.1，水泥掺量宜取土的天然质量的25%～40%。

7.2.11 高压喷射注浆应按水泥土固结体的设计有效半径与土的性状确定喷射压力、注浆流量、提升速度、旋转速度等工艺参数，对较硬的黏性土、密实的砂土和碎石土宜取较小提升速度、较大喷射压力。当缺少类似土层条件下的施工经验时，应通过现场试验确定施工工艺参数。

7.2.12 高压喷射注浆帷幕的施工应符合下列要求：

1 采用与排桩咬合的高压喷射注浆帷幕时，应先进行排桩施工，后进行高压喷射注浆施工；

2 高压喷射注浆的施工作业顺序应采用隔孔分序方式，相邻孔喷射注浆的间隔时间不宜小于24h；

3 喷射注浆时，应由下而上均匀喷射，停止喷射的位置宜高于帷幕设计顶面1m；

4 可采用复喷工艺增大固结体半径、提高固结体强度；

5 喷射注浆时，当孔口的返浆量大于注浆量的20%时，可采用提高喷射压力等措施；

6 当因浆液渗漏而出现孔口不返浆的情况时，应将注浆管停置在不返浆处持续喷射注浆，并宜同时采用从孔口填入中粗砂、注浆液掺入速凝剂等措施，直至出现孔口返浆；

7 喷射注浆后，当浆液析水、液面下降时，应进行补浆；

8 当喷射注浆因故中途停喷后，继续注浆时应与停喷前的注浆体搭接，其搭接长度不应小于500mm；

9 当注浆孔邻近既有建筑物时，宜采用速凝浆液进行喷射注浆；

10 高压旋喷、摆喷注浆帷幕的施工尚应符合现行行业标准《建筑地基处理技术规范》JGJ 79的有关规定。

7.2.13 高压喷射注浆的施工偏差应符合下列要求：

1 孔位的允许偏差为50mm；

2 注浆孔垂直度的允许偏差应为1%。

7.2.14 截水帷幕的质量检测应符合下列规定：

1 与排桩咬合的高压喷射注浆、水泥土搅拌桩帷幕，与土钉墙面层贴合的水泥土搅拌桩帷幕，应在基坑开挖前或开挖时，检测水泥土固结体的尺寸、搭接宽度；检测点应按随机方法选取或选取施工中出现异常、开挖中出现漏水的部位；对设置在支护结构外侧单独的截水帷幕，其质量可通过开挖后的截水效果判断；

2 对施工质量有怀疑时，可在搅拌桩、高压喷射注浆液固结后，采用钻芯法检测帷幕固结体的单轴抗压强度、连续性及深度；检测点的数量不应少于3处。

7.3 降　水

7.3.1 基坑降水可采用管井、真空井点、喷射井点等方法，并宜按表7.3.1的适用条件选用。

表7.3.1　各种降水方法的适用条件

方法	土类	渗透系数(m/d)	降水深度(m)
管井	粉土、砂土、碎石土	0.1～200.0	不限
真空井点	黏性土、粉土、砂土	0.005～20.0	单级井点<6 多级井点<20
喷射井点	黏性土、粉土、砂土	0.005～20.0	<20

7.3.2 降水后基坑内的水位应低于坑底0.5m。当主体结构有加深的电梯井、集水井时，坑底应按电梯井、集水井底面考虑或对其另行采取局部地下水控制措施。基坑采用截水结合坑外减压降水的地下水控制

方法时，尚应规定降水井水位的最大降深值和最小降深值。

7.3.3 降水井在平面布置上应沿基坑周边形成闭合状。当地下水流速较小时，降水井宜等间距布置；当地下水流速较大时，在地下水补给方向宜适当减小降水井间距。对宽度较小的狭长形基坑，降水井也可在基坑一侧布置。

7.3.4 基坑地下水位降深应符合下式规定：

$$s_i \geqslant s_d \qquad (7.3.4)$$

式中：s_i——基坑内任一点的地下水位降深（m）；

s_d——基坑地下水位的设计降深（m）。

7.3.5 当含水层为粉土、砂土或碎石土时，潜水完整井的地下水位降深可按下式计算（图7.3.5-1、图7.3.5-2）：

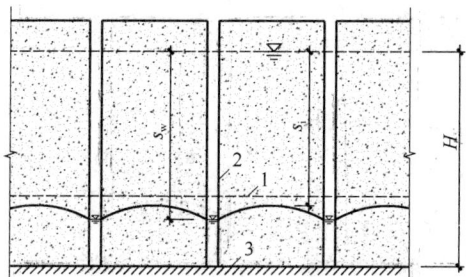

图 7.3.5-1 潜水完整井地下水位降深计算

1—基坑面；2—降水井；3—潜水含水层底板

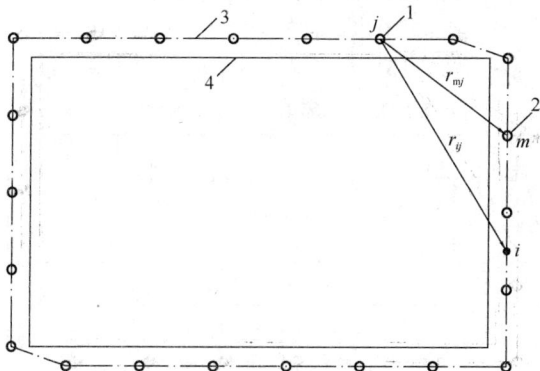

图 7.3.5-2 计算点与降水井的关系

1—第 j 口井；2—第 m 口井；3—降水井所围面积的边线；4—基坑边线

$$s_i = H - \sqrt{H^2 - \sum_{j=1}^{n} \frac{q_j}{\pi k} \ln \frac{R}{r_{ij}}} \qquad (7.3.5)$$

式中：s_i——基坑内任一点的地下水位降深（m）；基坑内各点中最小的地下水位降深可取各个相邻降水井连线上地下水位降深的最小值，当各降水井的间距和降深相同时，可取任一相邻降水井连线中点的地下水位降深；

H——潜水含水层厚度（m）；

q_j——按干扰井群计算的第 j 口降水井的单井流

量（m³/d）；

k——含水层的渗透系数（m/d）；

R——影响半径（m），应按现场抽水试验确定；缺少试验时，也可按本规程公式（7.3.7-1）、公式（7.3.7-2）计算并结合当地工程经验确定；

r_{ij}——第 j 口井中心至地下水位降深计算点的距离（m）；当 $r_{ij} > R$ 时，应取 $r_{ij} = R$；

n——降水井数量。

7.3.6 对潜水完整井，按干扰井群计算的第 j 个降水井的单井流量可通过求解下列 n 维线性方程组计算：

$$s_{w,m} = H - \sqrt{H^2 - \sum_{j=1}^{n} \frac{q_j}{\pi k} \ln \frac{R}{r_{jm}}} \ (m = 1, \cdots, n)$$

$$(7.3.6)$$

式中：$s_{w,m}$——第 m 口井的井水位设计降深（m）；

r_{jm}——第 j 口井中心至第 m 口井中心的距离（m）；当 $j = m$ 时，应取降水井半径 r_w；当 $r_{jm} > R$ 时，应取 $r_{jm} = R$。

7.3.7 当含水层为粉土、砂土或碎石土，各降水井所围平面形状近似圆形或正方形且各降水井的间距、降深相同时，潜水完整井的地下水位降深也可按下列公式计算：

$$s_i = H - \sqrt{H^2 - \frac{q}{\pi k} \sum_{j=1}^{n} \ln \frac{R}{2r_0 \sin \frac{(2j-1)\pi}{2n}}}$$

$$(7.3.7-1)$$

$$q = \frac{\pi k (2H - s_w) s_w}{\ln \frac{R}{r_w} + \sum_{j=1}^{n-1} \ln \frac{R}{2r_0 \sin \frac{j\pi}{n}}} \quad (7.3.7-2)$$

式中：q——按干扰井群计算的降水井单井流量（m³/d）；

r_0——井群的等效半径（m）；井群的等效半径应按各降水井所围多边形与等效圆的周长相等确定，取 $r_0 = u/(2\pi)$；当 $r_0 > R/(2\sin((2j-1)\pi/2n))$ 时，公式（7.3.7-1）中应取 $r_0 = R/(2\sin((2j-1)\pi/2n))$；当 $r_0 > R/(2\sin(j\pi/n))$ 时，公式（7.3.7-2）中应取 $r_0 = R/(2\sin(j\pi/n))$；

j——第 j 口降水井；

s_w——井水位的设计降深（m）；

r_w——降水井半径（m）；

u——各降水井所围多边形的周长（m）。

7.3.8 当含水层为粉土、砂土或碎石土时，承压完整井的地下水位降深可按下式计算（图7.3.8）：

$$s_i = \sum_{j=1}^{n} \frac{q_j}{2\pi M k} \ln \frac{R}{r_{ij}} \qquad (7.3.8)$$

M——承压水含水层厚度（m）。

H——潜水含水层厚度（m）。

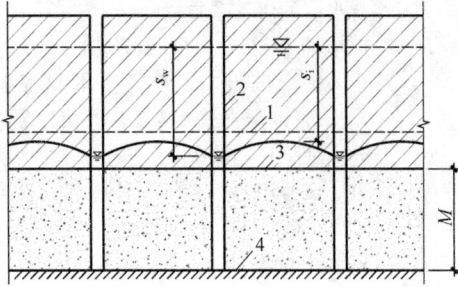

图 7.3.8 承压水完整井地下水位降深计算
1—基坑面；2—降水井；3—承压水含水层顶板；
4—承压水含水层底板

7.3.9 对承压完整井，按干扰井群计算的第 j 个降水井的单井流量可通过求解下列 n 维线性方程组计算：

$$s_{w,m} = \sum_{j=1}^{n} \frac{q_j}{2\pi Mk} \ln \frac{R}{r_{jm}} \quad (m = 1, \cdots, n)$$

$$(7.3.9)$$

7.3.10 当含水层为粉土、砂土或碎石土，各降水井所围平面形状近似圆形或正方形且各降水井的间距、降深相同时，承压完整井的地下水位降深也可按下列公式计算：

$$s_i = \frac{q}{2\pi Mk} \sum_{j=1}^{n} \ln \frac{R}{2r_0 \sin \dfrac{(2j-1)\pi}{2n}}$$

$$(7.3.10\text{-}1)$$

$$q = \frac{2\pi Mks_w}{\ln \dfrac{R}{r_w} + \sum_{j=1}^{n-1} \ln \dfrac{R}{2r_0 \sin \dfrac{j\pi}{n}}} \quad (7.3.10\text{-}2)$$

式中：r_0——井群的等效半径（m）；井群的等效半径应按各降水井所围多边形与等效圆的周长相等确定，取 $r_0 = u/(2\pi)$；当 $r_0 > R/(2\sin((2j-1)\pi/2n))$ 时，公式（7.3.10-1）中应取 $r_0 = R/(2\sin((2j-1)\pi/2n))$；当 $r_0 > R/(2\sin(j\pi/n))$ 时，公式（7.3.10-2）中应取 $r_0 = R/(2\sin(j\pi/n))$。

7.3.11 含水层的影响半径宜通过试验确定。缺少试验时，可按下列公式计算并结合当地经验取值：

1 潜水含水层

$$R = 2s_w \sqrt{kH} \quad (7.3.11\text{-}1)$$

2 承压水含水层

$$R = 10s_w \sqrt{k} \quad (7.3.11\text{-}2)$$

式中：R——影响半径（m）；

s_w——井水位降深（m）；当井水位降深小于10m时，取 $s_w = 10$m；

k——含水层的渗透系数（m/d）；

7.3.12 当基坑降水影响范围内存在隔水边界、地表水体或水文地质条件变化较大时，可根据具体情况，对按本规程第7.3.5条～第7.3.10条计算的单井流量和地下水位降深进行适当修正或采用非稳定流方法、数值法计算。

7.3.13 降水井间距和井水位设计降深，除应符合公式（7.3.4）的要求外，尚应根据单井流量和单井出水能力并结合当地经验确定。

7.3.14 真空井点降水的井间距宜取 0.8mm～2.0m；喷射井点降水的井间距宜取 1.5m～3.0m；当真空井点、喷射井点的井口至设计降水水位的深度大于6m时，可采用多级井点降水，多级井点上级的高差宜取4m～5m。

7.3.15 降水井的单井设计流量可按下式计算：

$$q = 1.1 \frac{Q}{n} \quad (7.3.15)$$

式中：q——单井设计流量；

Q——基坑降水总涌水量（m³/d），可按本规程附录 E 中相应条件的公式计算；

n——降水井数量。

7.3.16 降水井的单井出水能力应大于按本规程公式（7.3.15）计算的设计单井流量。当单井出水能力小于单井设计流量时，应增加井的数量、直径或深度。各类井的单井出水能力可按下列规定取值：

1 真空井点出水能力可取 36 m³/d～60m³/d；

2 喷射井点出水能力可按表 7.3.16 取值；

表 7.3.16 喷射井点的出水能力

外管直径（mm）	喷射管		工作水压力（MPa）	工作水流量（m³/d）	设计单井出水流量（m³/d）	适用含水层渗透系数（m/d）
	喷嘴直径（mm）	混合室直径（mm）				
38	7	14	0.6～0.8	112.8～163.2	100.8～138.2	0.1～5.0
68	7	14	0.6～0.8	110.4～148.8	103.2～138.2	0.1～5.0
100	10	20	0.6～0.8	230.4	259.2～388.8	5.0～10.0
162	19	40	0.6～0.8	720.0	600.0～720.0	10.0～20.0

3 管井的单井出水能力可按下式计算：

$$q_0 = 120\pi r_s l \sqrt[3]{k} \quad (7.3.16)$$

式中：q_0——单井出水能力（m³/d）；

r_s——过滤器半径（m）；

l——过滤器进水部分的长度（m）；

k——含水层渗透系数（m/d）。

7.3.17 含水层的渗透系数应按下列规定确定：

1 宜按现场抽水试验确定；

2 对粉土和黏性土，也可通过原状土样的室内渗透试验并结合经验确定；

3 当缺少试验数据时，可根据土的其他物理指标按工程经验确定。

7.3.18 管井的构造应符合下列要求：

1 管井的滤管可采用无砂混凝土滤管、钢筋笼、钢管或铸铁管。

2 滤管内径应按满足单井设计流量要求而配置的水泵规格确定，宜大于水泵外径 50mm。滤管外径不宜小于 200mm。管井成孔直径应满足填充滤料的要求。

3 井管与孔壁之间填充的滤料宜选用磨圆度好的硬质岩石成分的圆砾，不宜采用棱角形石渣、风化料或其他黏质岩石成分的砾石。滤料规格宜满足下列要求：

1）砂土含水层

$$D_{50} = 6d_{50} \sim 8d_{50} \qquad (7.3.18-1)$$

式中：D_{50}——小于该粒径的填料质量占总填粒质量 50% 所对应的填料粒径（mm）；

d_{50}——含水层中小于该粒径的土颗粒质量占总土颗粒质量 50% 所对应的土颗粒粒径（mm）。

2）d_{20} 小于 2mm 的碎石土含水层

$$D_{50} = 6d_{20} \sim 8d_{20} \qquad (7.3.18-2)$$

式中：d_{20}——含水层中小于该粒径的土颗粒质量占总土颗粒质量 20% 所对应的土颗粒粒径（mm）。

3）对 d_{20} 大于或等于 2mm 的碎石土含水层，宜充填粒径为 10mm～20mm 的滤料。

4）滤料的不均匀系数应小于 2。

4 采用深井泵或深井潜水泵抽水时，水泵的出水量应根据单井出水能力确定，水泵的出水量应大于单井出水能力的 1.2 倍。

5 井管的底部应设置沉砂段，井管沉砂段长度不宜小于 3m。

7.3.19 真空井点的构造应符合下列要求：

1 井管宜采用金属管，管壁上渗水孔宜按梅花状布置，渗水孔直径宜取 12mm～18mm，渗水孔的孔隙率应大于 15%，渗水段长度应大于 1.0m；管壁外应根据土层的粒径设置滤网；

2 真空井管的直径应根据单井设计流量确定，井管直径宜取 38mm～110mm；井的成孔直径应满足填充滤料的要求，且不宜大于 300mm；

3 孔壁与井管之间的滤料宜采用中粗砂，滤料上方应使用黏土封堵，封堵至地面的厚度应大于 1m。

7.3.20 喷射井点的构造应符合下列要求：

1 喷射井点过滤器的构造应符合本规程第 7.3.19 条第 1 款的规定；喷射器混合室直径可取 14mm，喷嘴直径可取 6.5mm；

2 井的成孔直径宜取 400mm～600mm，井孔应比滤管底部深 1m 以上；

3 孔壁与井管之间填充滤料的要求应符合本规程第 7.3.19 条第 3 款的规定；

4 工作水泵可采用多级泵，水泵压力宜大于 2MPa。

7.3.21 管井的施工应符合下列要求：

1 管井的成孔施工工艺应适合地层特点，对不易塌孔、缩颈的地层宜采用清水钻进；钻孔深度宜大于降水井设计深度 0.3m～0.5m；

2 采用泥浆护壁时，应在钻进到孔底后清除孔底沉渣并立即置入井管、注入清水，当泥浆比重不大于 1.05 时，方可投入滤料；遇塌孔时不得置入井管，滤料填充体积不应小于计算量的 95%；

3 填充滤料后，应及时洗井，洗井应直至过滤器及滤料滤水畅通，并应抽水检验井的滤水效果。

7.3.22 真空井点和喷射井点的施工应符合下列要求：

1 真空井点和喷射井点的成孔工艺可选用清水或泥浆钻进、高压水套管冲击工艺（钻孔法、冲孔法或射水法），对不易塌孔、缩颈的地层也可选用长螺旋钻机成孔；成孔深度宜大于降水井设计深度 0.5m～1.0m；

2 钻进到设计深度后，应注水冲洗钻孔、稀释孔内泥浆；滤料填充应密实均匀，滤料宜采用粒径为 0.4mm～0.6mm 的纯净中粗砂；

3 成井后应及时洗孔，并应抽水检验井的滤水效果；抽水系统不应漏水、漏气；

4 抽水时的真空度应保持在 55kPa 以上，且抽水不应间断。

7.3.23 抽水系统在使用期的维护应符合下列要求：

1 降水期间应对井水位和抽水量进行监测，当基坑侧壁出现渗水时，应检查井的抽水效果，并采取有效措施；

2 采用管井时，应对井口采取防护措施，井口宜高于地面 200mm 以上，应防止物体坠入井内；

3 冬季负温环境下，应对抽排水系统采取防冻措施。

7.3.24 抽水系统的使用期应满足主体结构的施工要求。当主体结构有抗浮要求时，停止降水的时间应满足主体结构施工期的抗浮要求。

7.3.25 当基坑降水引起的地层变形对基坑周边环境产生不利影响时，宜采用回灌方法减少地层变形量。回灌方法宜采用管井回灌，回灌应符合下列要求：

1 回灌井应布置在降水井外侧，回灌井与降水井的距离不宜小于 6m；回灌井的间距应根据回灌水量的要求和降水井的间距确定；

2 回灌井宜进入稳定水面不小于 1m，回灌井过滤器应置于渗透性强的土层中，且宜在透水层全长设置过滤器；

3 回灌水量应根据水位观测孔中的水位变化进行控制和调节，回灌后的地下水位不应高于降水前的水位。采用回灌水箱时，箱内水位应根据回灌水量的要求确定；

4 回灌用水应采用清水，宜用降水井抽水进行回灌；回灌水质应符合环境保护要求。

7.3.26 当基坑面积较大时，可在基坑内设置一定数量的疏干井。

7.3.27 基坑排水系统的输水能力应满足基坑降水的总涌水量要求。

7.4 集水明排

7.4.1 对坑底汇水、基坑周边地表汇水及降水井抽出的地下水，可采用明沟排水；对坑底渗出的地下水，可采用盲沟排水；当地下室底板与支护结构间不能设置明沟时，也可采用盲沟排水。

7.4.2 排水沟的截面应根据设计流量确定，排水沟的设计流量应符合下式规定：

$$Q \leqslant V/1.5 \tag{7.4.2}$$

式中：Q——排水沟的设计流量（m^3/d）；
V——排水沟的排水能力（m^3/d）。

7.4.3 明沟和盲沟的坡度不宜小于 0.3%。采用明沟排水时，沟底应采取防渗措施。采用盲沟排出坑底渗出的地下水时，其构造、填充料及其密实度应满足主体结构的要求。

7.4.4 沿排水沟宜每隔 30m~50m 设置一口集水井；集水井的净截面尺寸应根据排水流量确定。集水井应采取防渗措施。

7.4.5 基坑坡面渗水宜采用渗水部位插入导水管排出。导水管的间距、直径及长度应根据渗水量及渗水土层的特性确定。

7.4.6 采用管道排水时，排水管道的直径应根据排水量确定。排水管的坡度不宜小于 0.5%。排水管道材料可选用钢管、PVC 管。排水管道上宜设置清淤孔，清淤孔的间距不宜大于 10m。

7.4.7 基坑排水设施与市政管网连接口之间应设置沉淀池。明沟、集水井、沉淀池使用时应排水畅通并应随时清理淤积物。

7.5 降水引起的地层变形计算

7.5.1 降水引起的地层压缩变形量可按下式计算：

$$s = \psi_w \sum \frac{\Delta\sigma'_{zi}\Delta h_i}{E_{si}} \tag{7.5.1}$$

式中：s——计算剖面的地层压缩变形量（m）；
ψ_w——沉降计算经验系数，应根据地区工程经验取值，无经验时，宜取 $\psi_w = 1$；
$\Delta\sigma'_{zi}$——降水引起的地面下第 i 土层的平均附加有效应力（kPa）；对黏性土，应取降水结束时土的固结度下的附加有效应力；
Δh_i——第 i 层土的厚度（m）；土层的总计算厚度应按渗流分析或实际土层分布情况确定；

E_{si}——第 i 层土的压缩模量（kPa）；应取土的自重应力至自重应力与附加有效应力之和的压力段的压缩模量。

7.5.2 基坑外土中各点降水引起的附加有效应力宜按地下水稳定渗流分析方法计算；当符合非稳定渗流条件时，可按地下水非稳定渗流计算。附加有效应力也可根据本规程第 7.3.5 条、第 7.3.6 条计算的地下水位降深，按下列公式计算（图 7.5.2）：

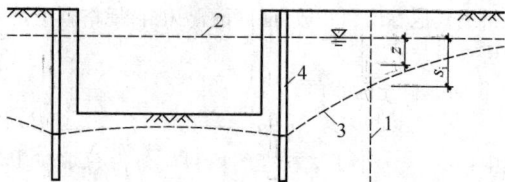

图 7.5.2 降水引起的附加有效应力计算
1—计算剖面 1；2—初始地下水位；
3—降水后的水位；4—降水井

1 第 i 土层位于初始地下水位以上时

$$\Delta\sigma'_{zi} = 0 \tag{7.5.2-1}$$

2 第 i 土层位于降水后水位与初始地下水位之间时

$$\Delta\sigma'_{zi} = \gamma_w z \tag{7.5.2-2}$$

3 第 i 土层位于降水后水位以下时

$$\Delta\sigma'_{zi} = \lambda_i \gamma_w s_i \tag{7.5.2-3}$$

式中：γ_w——水的重度（kN/m^3）；
z——第 i 层土中点至初始地下水位的垂直距离（m）；
λ_i——计算系数，应按地下水渗流分析确定，缺少分析数据时，也可根据当地工程经验取值；
s_i——计算剖面对应的地下水位降深（m）。

7.5.3 确定土的压缩模量时，应考虑土的超固结比对压缩模量的影响。

8 基坑开挖与监测

8.1 基坑开挖

8.1.1 基坑开挖应符合下列规定：

1 当支护结构构件强度达到开挖阶段的设计强度时，方可下挖基坑；对采用预应力锚杆的支护结构，应在锚杆施加预加力后，方可下挖基坑；对土钉墙，应在土钉、喷射混凝土面层的养护时间大于 2d 后，方可下挖基坑；

2 应按支护结构设计规定的施工顺序和开挖深度分层开挖；

3 锚杆、土钉的施工作业面与锚杆、土钉的高差不宜大于 500mm；

4 开挖时，挖土机械不得碰撞或损害锚杆、腰梁、土钉墙面、内支撑及其连接件等构件，不得损害已施工的基础桩；

5 当基坑采用降水时，应在降水后开挖地下水位以下的土方；

6 当开挖揭露的实际土层性状或地下水情况与设计依据的勘察资料明显不符，或出现异常现象、不明物体时，应停止开挖，在采取相应处理措施后方可继续开挖；

7 挖至坑底时，应避免扰动基底持力土层的原状结构。

8.1.2 软土基坑开挖除应符合本规程第8.1.1条的规定外，尚应符合下列规定：

1 应按分层、分段、对称、均衡、适时的原则开挖；

2 当主体结构采用桩基础且基础桩已施工完成时，应根据开挖面下软土的性状，限制每层开挖厚度，不得造成基础桩偏位；

3 对采用内支撑的支护结构，宜采用局部开槽方法浇筑混凝土支撑或安装钢支撑；开挖到支撑作业面后，应及时进行支撑的施工；

4 对重力式水泥土墙，沿水泥土墙方向应分区段开挖，每一开挖区段的长度不宜大于40m。

8.1.3 当基坑开挖面上方的锚杆、土钉、支撑未达到设计要求时，严禁向下超挖土方。

8.1.4 采用锚杆或支撑的支护结构，在未达到设计规定的拆除条件时，严禁拆除锚杆或支撑。

8.1.5 基坑周边施工材料、设施或车辆荷载严禁超过设计要求的地面荷载限值。

8.1.6 基坑开挖和支护结构使用期内，应按下列要求对基坑进行维护：

1 雨期施工时，应在坑顶、坑底采取有效的截排水措施；对地势低洼的基坑，应考虑周边汇水区域地面径流向基坑汇水的影响；排水沟、集水井应采取防渗措施；

2 基坑周边地面宜作硬化或防渗处理；

3 基坑周边的施工用水应有排放措施，不得渗入土体内；

4 当坑体渗水、积水或有渗流时，应及时进行疏导、排泄、截断水源；

5 开挖至坑底后，应及时进行混凝土垫层和主体地下结构施工；

6 主体地下结构施工时，结构外墙与基坑侧壁之间应及时回填。

8.1.7 支护结构或基坑周边环境出现本规程第8.2.23条规定的报警情况或其他险情时，应立即停止开挖，并应根据危险产生的原因和可能进一步发展的破坏形式，采取控制或加固措施。危险消除后，方可继续开挖。必要时，应对危险部位采取基坑回

填、地面卸土、临时支撑等应急措施。当危险由地下水管道渗漏、坑体渗水造成时，应及时采取截断渗漏水源、疏排渗水等措施。

8.2 基坑监测

8.2.1 基坑支护设计应根据支护结构类型和地下水控制方法，按表8.2.1选择基坑监测项目，并应根据支护结构的具体形式、基坑周边环境的重要性及地质条件的复杂性确定监测点部位及数量。选用的监测项目及其监测部位应能够反映支护结构的安全状态和基坑周边环境受影响的程度。

表8.2.1　基坑监测项目选择

监测项目	支护结构的安全等级		
	一级	二级	三级
支护结构顶部水平位移	应测	应测	应测
基坑周边建（构）筑物、地下管线、道路沉降	应测	应测	应测
坑边地面沉降	应测	应测	宜测
支护结构深部水平位移	应测	应测	选测
锚杆拉力	应测	应测	选测
支撑轴力	应测	应测	选测
挡土构件内力	应测	宜测	选测
支撑立柱沉降	应测	宜测	选测
挡土构件、水泥土墙沉降	应测	宜测	选测
地下水位	应测	应测	选测
土压力	宜测	选测	选测
孔隙水压力	宜测	选测	选测

注：表内各监测项目中，仅选择实际基坑支护形式所含有的内容。

8.2.2 安全等级为一级、二级的支护结构，在基坑开挖过程与支护结构使用期内，必须进行支护结构的水平位移监测和基坑开挖影响范围内建（构）筑物、地面的沉降监测。

8.2.3 支挡式结构顶部水平位移监测点的间距不宜大于20m，土钉墙、重力式挡墙顶部水平位移监测点的间距不宜大于15m，且基坑各边的监测点不应少于3个。基坑周边有建筑物的部位、基坑各边中部及地质条件较差的部位应设置监测点。

8.2.4 基坑周边建筑物沉降监测点应设置在建筑物的结构墙、柱上，并应分别沿平行、垂直于坑边的方向上布设。在建筑物邻基坑一侧，平行于坑边方向上的测点间距不宜大于15m。垂直于坑边方向上的测点，宜设置在柱、隔墙与结构缝部位。垂直于坑边方向上的布点范围应能反映建筑物基础的沉降差。必要时，可在建筑物内部布设测点。

8.2.5 地下管线沉降监测，当采用测量地面沉降的间接方法时，其测点应布设在管线正上方。当管线上方为刚性路面时，宜将测点设置于刚性路面下。对直埋的刚性管线，应在管线节点、竖井及其两侧等易破裂处设置测点。测点水平间距不宜大于20m。

8.2.6 道路沉降监测点的间距不宜大于30m，且每条道路的监测点不应少于3个。必要时，沿道路宽度方向可布设多个测点。

8.2.7 对坑边地面沉降、支护结构深部水平位移、锚杆拉力、支撑轴力、立柱沉降、挡土构件沉降、水泥土墙沉降、挡土构件内力、地下水位、土压力、孔隙水压力进行监测时，监测点应布设在邻近建筑物、基坑各边中部及地质条件较差的部位，监测点或监测面不宜少于3个。

8.2.8 坑边地面沉降监测点应设置在支护结构外侧的土层表面或柔性地面上。与支护结构的水平距离宜在基坑深度的0.2倍范围以内。有条件时，宜沿坑边垂直方向在基坑深度的（1～2）倍范围内设置多个测点，每个监测面的测点不宜少于5个。

8.2.9 采用测斜管监测支护结构深部水平位移时，对现浇混凝土挡土构件，测斜管应设置在挡土构件内，测斜管深度不应小于挡土构件的深度；对土钉墙、重力式挡墙，测斜管应设置在紧邻支护结构的土体内，测斜管深度不宜小于基坑深度的1.5倍。测斜管顶部应设置水平位移监测点。

8.2.10 锚杆拉力监测宜采用测量锚杆杆体总拉力的锚头压力传感器。对多层锚杆支挡式结构，宜在同一剖面的每层锚杆上设置测点。

8.2.11 支撑轴力监测点宜设置在主要支撑构件、受力复杂和影响支撑结构整体稳定性的支撑构件上。对多层支撑支挡式结构，宜在同一剖面的每层支撑上设置测点。

8.2.12 挡土构件内力监测点应设置在最大弯矩截面处的纵向受拉钢筋上。当挡土构件采用沿竖向分段配置钢筋时，应在钢筋截面面积减小且弯矩较大部位的纵向受拉钢筋上设置测点。

8.2.13 支撑立柱沉降监测点宜设置在基坑中部、支撑交汇处及地质条件较差的立柱上。

8.2.14 当挡土构件下部为软弱持力土层，或采用大倾角锚杆时，宜在挡土构件顶部设置沉降监测点。

8.2.15 当监测地下水位下降对基坑周边建筑物、道路、地面等沉降的影响时，地下水位监测点应设置在降水井或截水帷幕外侧且宜尽量靠近被保护对象。基坑内地下水位的监测点可设置在基坑内或相邻降水井之间。当有回灌井时，地下水位监测点应设置在回灌井外侧。水位观测管的滤管应设置在所测含水层内。

8.2.16 各类水平位移观测、沉降观测的基准点应设置在变形影响范围外，且基准点数量不应少于两个。

8.2.17 基坑各监测项目采用的监测仪器的精度、分辨率及测量精度应能反映监测对象的实际状况。

8.2.18 各监测项目应在基坑开挖前或测点安装后测得稳定的初始值，且次数不应少于两次。

8.2.19 支护结构顶部水平位移的监测频次应符合下列要求：

　　1 基坑向下开挖期间，监测不应少于每天一次，直至开挖停止后连续三天的监测数值稳定；

　　2 当地面、支护结构或周边建筑物出现裂缝、沉降，遇到降雨、降雪、气温骤变，基坑出现异常的渗水或漏水，坑外地面荷载增加等各种环境条件变化或异常情况时，应立即进行连续监测，直至连续三天的监测数值稳定；

　　3 当位移速率大于前次监测的位移速率时，则应进行连续监测；

　　4 在监测数值稳定期间，应根据水平位移稳定值的大小及工程实际情况定期进行监测。

8.2.20 支护结构顶部水平位移之外的其他监测项目，除应根据支护结构施工和基坑开挖情况进行定期监测外，尚应在出现下列情况时进行监测，直至连续三天的监测数值稳定。

　　1 出现本规程第8.2.19条第2、3款的情况时；

　　2 锚杆、土钉或挡土构件施工时，或降水井抽水等引起地下水位下降时，应进行相邻建筑物、地下管线、道路的沉降观测。

8.2.21 对基坑监测有特殊要求时，各监测项目的测点布置、量测精度、监测频度等应根据实际情况确定。

8.2.22 在支护结构施工、基坑开挖期间以及支护结构使用期内，应对支护结构和周边环境的状况随时进行巡查，现场巡查时应检查有无下列现象及其发展情况：

　　1 基坑外地面和道路开裂、沉陷；

　　2 基坑周边建（构）筑物、围墙开裂、倾斜；

　　3 基坑周边水管漏水、破裂，燃气管漏气；

　　4 挡土构件表面开裂；

　　5 锚杆锚头松动，锚具夹片滑动，腰梁及支座变形，连接破损等；

　　6 支撑构件变形、开裂；

　　7 土钉墙土钉滑脱，土钉墙面层开裂和错动；

　　8 基坑侧壁和截水帷幕渗水、漏水、流砂等；

　　9 降水井抽水异常，基坑排水不通畅。

8.2.23 基坑监测数据、现场巡查结果应及时整理和反馈。当出现下列危险征兆时应立即报警：

　　1 支护结构位移达到设计规定的位移限值；

　　2 支护结构位移速率增长且不收敛；

　　3 支护结构构件的内力超过其设计值；

　　4 基坑周边建（构）筑物、道路、地面的沉降达到设计规定的沉降、倾斜限值；基坑周边建（构）筑物、道路、地面开裂；

5 支护结构构件出现影响整体结构安全性的损坏;

6 基坑出现局部坍塌;

7 开挖面出现隆起现象;

8 基坑出现流土、管涌现象。

附录 A 锚杆抗拔试验要点

A.1 一般规定

A.1.1 试验锚杆的参数、材料、施工工艺及其所处的地质条件应与工程锚杆相同。

A.1.2 锚杆抗拔试验应在锚固段注浆固结体强度达到 15MPa 或达到设计强度的 75% 后进行。

A.1.3 加载装置(千斤顶、油压系统)的额定压力必须大于最大试验压力,且试验前应进行标定。

A.1.4 加载反力装置的承载力和刚度应满足最大试验荷载的要求,加载时千斤顶应与锚杆同轴。

A.1.5 计量仪表(位移计、压力表)的精度应满足试验要求。

A.1.6 试验锚杆宜在自由段与锚固段之间设置消除自由段摩阻力的装置。

A.1.7 最大试验荷载下的锚杆杆体应力,不应超过其极限强度标准值的 0.85 倍。

A.2 基本试验

A.2.1 同一条件下的极限抗拔承载力试验的锚杆数量不应少于 3 根。

A.2.2 确定锚杆极限抗拔承载力的试验,最大试验荷载不应小于预估破坏荷载,且试验锚杆的杆体截面面积应符合本规程第 A.1.7 条对锚杆杆体应力的规定。必要时,可增加试验锚杆的杆体截面面积。

A.2.3 锚杆极限抗拔承载力试验宜采用多循环加载法,其加载分级和锚头位移观测时间应按表 A.2.3 确定。

表 A.2.3 多循环加载试验的加载分级与锚头位移观测时间

循环次数	分级荷载与最大试验荷载的百分比(%)						
	初始荷载	加载过程			卸载过程		
第一循环	10	20	40	50	40	20	10
第二循环	10	30	50	60	50	30	10
第三循环	10	40	60	70	60	40	10
第四循环	10	50	70	80	70	50	10
第五循环	10	60	80	90	80	60	10
第六循环	10	70	90	100	90	70	10
观测时间(min)	5	5	10	10	5	5	5

A.2.4 当锚杆极限抗拔承载力试验采用单循环加载法时,其加载分级和锚头位移观测时间应按本规程表 A.2.3 中每一循环的最大荷载及相应的观测时间逐级加载和卸载。

A.2.5 锚杆极限抗拔承载力试验,其锚头位移测读和加卸载应符合下列规定:

1 初始荷载下,应测读锚头位移基准值 3 次,当每间隔 5min 的读数相同时,方可作为锚头位移基准值;

2 每级加、卸载稳定后,在观测时间内测读锚头位移不应少于 3 次;

3 在每级荷载的观测时间内,当锚头位移增量不大于 0.1mm 时,可施加下一级荷载;否则应延长观测时间,并应每隔 30min 测读锚头位移 1 次,当连续两次出现 1h 内的锚头位移增量小于 0.1mm 时,可施加下一级荷载;

4 加至最大试验荷载后,当未出现本规程第 A.2.6 条规定的终止加载情况,且继续加载后满足本规程第 A.1.7 条对锚杆杆体应力的要求时,宜继续进行下一循环加载,加卸载的各分级荷载增量宜取最大试验荷载的 10%。

A.2.6 锚杆试验中遇下列情况之一时,应终止继续加载:

1 从第二级加载开始,后一级荷载产生的单位荷载下的锚头位移增量大于前一级荷载产生的单位荷载下的锚杆位移增量的 5 倍;

2 锚头位移不收敛;

3 锚杆杆体破坏。

A.2.7 多循环加载试验应绘制锚杆的荷载-位移(Q-s)曲线、荷载-弹性位移(Q-s_e)曲线和荷载-塑性位移(Q-s_p)曲线。锚杆的位移不应包括试验反力装置的变形。

A.2.8 锚杆极限抗拔承载力标准值应按下列方法确定:

1 锚杆的极限抗拔承载力,在某级试验荷载下出现本规程第 A.2.6 条规定的终止继续加载情况时,应取终止加载时的前一级荷载值;未出现时,应取终止加载时的荷载值;

2 参加统计的试验锚杆,当极限抗拔承载力的极差不超过其平均值的 30% 时,锚杆极限抗拔承载力标准值可取平均值;当级差超过平均值的 30% 时,宜增加试验锚杆数量,并应根据级差过大的原因,按实际情况重新进行统计后确定锚杆极限抗拔承载力标准值。

A.3 蠕变试验

A.3.1 蠕变试验的锚杆数量不应少于三根。

A.3.2 蠕变试验的加载分级和锚头位移观测时间应按表 A.3.2 确定。在观测时间内荷载必须保持恒定。

加载分级	$0.50\,N_k$	$0.75\,N_k$	$1.00\,N_k$	$1.20\,N_k$	$1.50\,N_k$
观测时间 t_2（min）	10	30	60	90	120
观测时间 t_1（min）	5	15	30	45	60

注：表中 N_k 为锚杆轴向拉力标准值。

A.3.3　每级荷载按时间间隔 1min、5min、10min、15min、30min、45min、60min、90min、120min 记录蠕变量。

A.3.4　试验时应绘制每级荷载下锚杆的蠕变量-时间对数（s-$\lg t$）曲线。蠕变率应按下式计算：

$$k_c = \frac{s_2 - s_1}{\lg t_2 - \lg t_1} \qquad (A.3.4)$$

式中：k_c——锚杆蠕变率；

s_1——t_1 时间测得的蠕变量（mm）；

s_2——t_2 时间测得的蠕变量（mm）。

A.3.5　锚杆的蠕变率不应大于 2.0mm。

A.4　验　收　试　验

A.4.1　锚杆抗拔承载力检测试验，最大试验荷载不应小于本规程第 4.8.8 条规定的抗拔承载力检测值。

A.4.2　锚杆抗拔承载力检测试验可采用单循环加载法，其加载分级和锚头位移观测时间应按表 A.4.2 确定。

表 A.4.2　单循环加载试验的加载分级与锚头位移观测时间

最大试验荷载	分级荷载与锚杆轴向拉力标准值 N_k 的百分比（%）						
$1.4N_k$ 加载	10	40	60	80	100	120	140
$1.4N_k$ 卸载	10	30	50	80	100	120	—
$1.3N_k$ 加载	10	40	60	80	100	120	130
$1.3N_k$ 卸载	10	30	50	80	100	120	—
$1.2N_k$ 加载	10	40	60	80	100	—	120
$1.2N_k$ 卸载	10	30	50	80	100	—	—
观测时间（min）	5						10

A.4.3　锚杆抗拔承载力检测试验，其锚头位移测读和加、卸载应符合下列规定：

　　1　初始荷载下，应测读锚头位移基准值 3 次，当每间隔 5min 的读数相同时，方可作为锚头位移基准值；

　　2　每级加、卸载稳定后，在观测时间内测读锚头位移不应少于 3 次；

　　3　当观测时间内锚头位移增量不大于 1.0mm

时，可视为位移收敛；否则，观测时间应延长至 60min，并应每隔 10min 测读锚头位移 1 次；当该 60min 内锚头位移增量小于 2.0mm 时，可视为锚头位移收敛，否则视为不收敛。

A.4.4　锚杆试验中遇本规程第 A.2.6 条规定的终止继续加载情况时，应终止继续加载。

A.4.5　单循环加载试验应绘制锚杆的荷载-位移（Q-s）曲线。锚杆的位移不应包括试验反力装置的变形。

A.4.6　检测试验中，符合下列要求的锚杆应判定合格：

　　1　在抗拔承载力检测值下，锚杆位移稳定或收敛；

　　2　在抗拔承载力检测值下测得的弹性位移量应大于杆体自由段长度理论弹性伸长量的 80%。

附录 B　圆形截面混凝土支护桩的正截面受弯承载力计算

B.0.1　沿周边均匀配置纵向钢筋的圆形截面钢筋混凝土支护桩，其正截面受弯承载力应符合下列规定（图 B.0.1）：

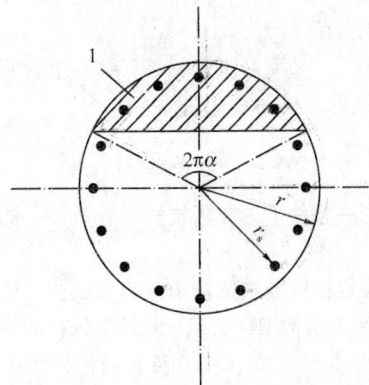

图 B.0.1　沿周边均匀配置纵向钢筋的圆形截面
1—混凝土受压区

$$M \leqslant \frac{2}{3} f_c A r \frac{\sin^3 \pi\alpha}{\pi} + f_y A_s r_s \frac{\sin \pi\alpha + \sin \pi\alpha_t}{\pi}$$
$$(B.0.1-1)$$

$$\alpha f_c A \left(1 - \frac{\sin 2\pi\alpha}{2\pi\alpha}\right) + (\alpha - \alpha_t) f_y A_s = 0$$
$$(B.0.1-2)$$

$$\alpha_t = 1.25 - 2\alpha \qquad (B.0.1-3)$$

式中：M——桩的弯矩设计值（kN·m），按本规程第 3.1.7 的规定计算；

f_c——混凝土轴心抗压强度设计值（kN/m²）；当混凝土强度等级超过 C50 时，f_c 应以 $\alpha_1 f_c$ 代替，当混凝土强度等级为 C50 时，取 $\alpha_1 = 1.0$，当混凝土强度等级为 C80 时，取 $\alpha_1 = 0.94$，其间按线性内插法确定；

A——支护桩截面面积（m^2）；

r——支护桩的半径（m）；

α——对应于受压区混凝土截面面积的圆心角（rad）与 2π 的比值；

f_y——纵向钢筋的抗拉强度设计值（kN/m^2）；

A_s——全部纵向钢筋的截面面积（m^2）；

r_s——纵向钢筋重心所在圆周的半径（m）；

α_t——纵向受拉钢筋截面面积与全部纵向钢筋截面面积的比值，当 $\alpha > 0.625$ 时，取 $\alpha_t = 0$。

注：本条适用于截面内纵向钢筋数量不少于 6 根的情况。

B.0.2 沿受拉区和受压区周边局部均匀配置纵向钢筋的圆形截面钢筋混凝土支护桩，其正截面受弯承载力应符合下列规定（图 B.0.2）：

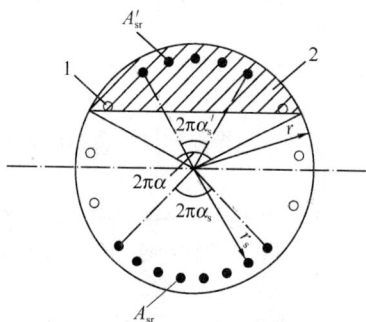

图 B.0.2 沿受拉区和受压区周边局部均匀配置纵向钢筋的圆形截面

1—构造钢筋；2—混凝土受压区

$$M \leqslant \frac{2}{3} f_c A r \frac{\sin^3 \pi\alpha}{\pi} + f_y A_{sr} r_s \frac{\sin \pi\alpha_s}{\pi\alpha_s} + f_y A'_{sr} r_s \frac{\sin \pi\alpha'_s}{\pi\alpha'_s} \quad (B.0.2-1)$$

$$\alpha f_c A \left(1 - \frac{\sin 2\pi\alpha}{2\pi\alpha}\right) + f_y(A'_{sr} - A_{sr}) = 0 \quad (B.0.2-2)$$

$$\cos \pi\alpha \geqslant 1 - \left(1 + \frac{r_s}{r} \cos \pi\alpha_s\right)\xi_b \quad (B.0.2-3)$$

$$\alpha \geqslant \frac{1}{3.5} \quad (B.0.2-4)$$

式中：α——对应于混凝土受压区截面面积的圆心角（rad）与 2π 的比值；

α_s——对应于受拉钢筋的圆心角（rad）与 2π 的比值；α_s 宜取 $1/6 \sim 1/3$，通常可取 0.25；

α'_s——对应于受压钢筋的圆心角（rad）与 2π 的比值，宜取 $\alpha'_s \leqslant 0.5\alpha$；

A_{sr}、A'_{sr}——分别为沿周边均匀配置在圆心角 $2\pi\alpha_s$、$2\pi\alpha'_s$ 内的纵向受拉、受压钢筋的截面面积（m^2）；

ξ_b——矩形截面的相对界限受压区高度，应

按现行国家标准《混凝土结构设计规范》GB 50010 的规定取值。

注：本条适用于截面受拉区内纵向钢筋数量不少于 3 根的情况。

B.0.3 沿受拉区和受压区周边局部均匀配置的纵向钢筋数量，宜使按本规程公式（B.0.2-2）计算的 α 大于 $1/3.5$，当 $\alpha < 1/3.5$ 时，其正截面受弯承载力应符合下列规定：

$$M \leqslant f_y A_{sr} \left(0.78r + r_s \frac{\sin \pi\alpha_s}{\pi\alpha_s}\right) \quad (B.0.3)$$

B.0.4 沿圆形截面受拉区和受压区周边实际配置的均匀纵向钢筋的圆心角应分别取为 $2\frac{n-1}{n}\pi\alpha_s$ 和 $2\frac{m-1}{m}\pi\alpha'_s$。配置在圆形截面受拉区的纵向钢筋，其按全截面面积计算的配筋率不宜小于 0.2% 和 $0.45f_t/f_y$ 的较大值。在不配置纵向受力钢筋的圆周范围内应设置周边纵向构造钢筋，纵向构造钢筋直径不应小于纵向受力钢筋直径的 1/2，且不应小于 10mm；纵向构造钢筋的环向间距不应大于圆截面的半径和 250mm 的较小值。

注：1 n、m 为受拉区、受压区配置均匀纵向钢筋的根数；

2 f_t 为混凝土抗拉强度设计值。

附录 C 渗透稳定性验算

C.0.1 坑底以下有水头高于坑底的承压水含水层，且未用截水帷幕隔断其基坑内外的水力联系时，承压水作用下的坑底突涌稳定性应符合下式规定（图 C.0.1）：

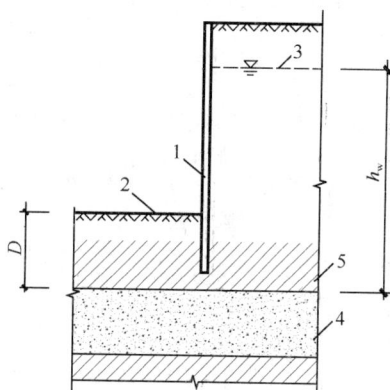

图 C.0.1 坑底土体的突涌稳定性验算

1—截水帷幕；2—基底；3—承压水测管水位；4—承压水含水层；5—隔水层

$$\frac{D\gamma}{h_w \gamma_w} \geqslant K_h \quad (C.0.1)$$

式中：K_h——突涌稳定安全系数；K_h 不应小于 1.1；

D——承压水含水层顶面至坑底的土层厚度（m）；

γ——承压水含水层顶面至坑底土层的天然重度（kN/m^3）；对多层土，取按土层厚度加权的平均天然重度；

h_w——承压水含水层顶面的压力水头高度（m）；

γ_w——水的重度（kN/m^3）。

C.0.2 悬挂式截水帷幕底端位于碎石土、砂土或粉土含水层时，对均质含水层，地下水渗流的流土稳定性应符合下式规定（图C.0.2），对渗透系数不同的非均质含水层，宜采用数值方法进行渗流稳定性分析。

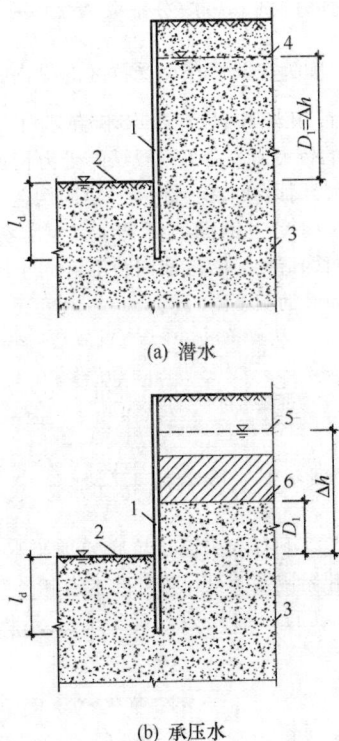

(a) 潜水

(b) 承压水

图 C.0.2 采用悬挂式帷幕截水时的流土稳定性验算

1—截水帷幕；2—基坑底面；3—含水层；

4—潜水水位；5—承压水测管水位；

6—承压水含水层顶面

$$\frac{(2l_d + 0.8D_1)\gamma'}{\Delta h \gamma_w} \geqslant K_f \qquad (C.0.2)$$

式中：K_f——流土稳定性安全系数；安全等级为一、二、三级的支护结构，K_f 分别不应小于 1.6、1.5、1.4；

l_d——截水帷幕在坑底以下的插入深度（m）；

D_1——潜水面或承压水含水层顶面至基坑底面的土层厚度（m）；

γ'——土的浮重度（kN/m^3）；

Δh——基坑内外的水头差（m）；

γ_w——水的重度（kN/m^3）。

C.0.3 坑底以下为级配不连续的砂土、碎石土含水

层时，应进行土的管涌可能性判别。

附录 D 土钉抗拔试验要点

D.0.1 试验土钉的参数、材料、施工工艺及所处的地质条件应与工程土钉相同。

D.0.2 土钉抗拔试验应在注浆固结体强度达到10MPa或达到设计强度的70%后进行。

D.0.3 加载装置（千斤顶、油压系统）的额定压力必须大于最大试验压力，且试验前应进行标定。

D.0.4 加荷反力装置的承力和刚度应满足最大试验荷载的要求，加载时千斤顶应与土钉同轴。

D.0.5 计量仪表（位移计、压力表）的精度应满足试验要求。

D.0.6 在土钉墙面层上进行试验时，试验土钉应与喷射混凝土面层分离。

D.0.7 最大试验荷载下的土钉杆体应力不应超过其屈服强度标准值。

D.0.8 同一条件下的极限抗拔承载力试验的土钉数量不应少于 3 根。

D.0.9 确定土钉极限抗拔承载力的试验，最大试验荷载不应小于预估破坏荷载，且试验土钉的杆体截面面积应符合本规程第 D.0.7 条对土钉杆体应力的规定。必要时，可增加试验土钉的杆体截面面积。

D.0.10 土钉抗拔承载力检测试验，最大试验荷载不应小于本规程第 5.4.10 条规定的抗拔承载力检测值。

D.0.11 确定土钉极限抗拔承载力的试验和土钉抗拔承载力检测试验可采用单循环加载法，其加载分级和土钉位移观测时间应按表 D.0.11 确定。

表 D.0.11 单循环加载试验的加载分级与土钉位移观测时间

观测时间（min）		5	5	5	5	5	10
加载量与最大试验荷载的百分比（%）	初始荷载	—	—	—	—	—	10
	加载	10	50	70	80	90	100
	卸载	10	20	50	80	90	—

注：单循环加载试验用于土钉抗拔承载力检测时，加至最大试验荷载后，可一次卸载至最大试验荷载的10%。

D.0.12 土钉极限抗拔承载力试验，其土钉位移测读和加卸载应符合下列规定：

1 初始荷载下，应测读土钉位移基准值 3 次，当每间隔5min的读数相同时，方可作为土钉位移基准值；

2 每级加、卸载稳定后，在观测时间内测读土钉位移不应少于 3 次；

3 在每级荷载的观测时间内，当土钉位移增量不大于 0.1mm 时，可施加下一级荷载；否则应延长

观测时间，并应每隔 30min 测读土钉位移 1 次；当连续两次出现 1h 内的土钉位移增量小于 0.1mm 时，可施加下一级荷载。

D.0.13 土钉抗拔承载力检测试验，其土钉位移测读和加、卸载应符合下列规定：

1 初始荷载下，应测读土钉位移基准值 3 次，当每间隔 5min 的读数相同时，方可作为土钉位移基准值；

2 每级加、卸载稳定后，在观测时间内测读土钉位移不应少于 3 次；

3 当观测时间内土钉位移增量不大于 1.0mm 时，可视为位移收敛；否则，观测时间应延长至 60min，并应每隔 10min 测读土钉位移 1 次；当该 60min 内土钉位移增量小于 2.0mm 时，可视为土钉位移收敛，否则视为不收敛。

D.0.14 土钉试验中遇下列情况之一时，应终止继续加载：

1 从第二级加载开始，后一级荷载产生的单位荷载下的土钉位移增量大于前一级荷载产生的单位荷载下的土钉位移增量的 5 倍；

2 土钉位移不收敛；

3 土钉杆体破坏。

D.0.15 试验应绘制土钉的荷载-位移（Q-s）曲线。土钉的位移不应包括试验反力装置的变形。

D.0.16 土钉极限抗拔承载力标准值应按下列方法确定：

1 土钉的极限抗拔承载力，在某级试验荷载下出现本规程 D.0.14 条规定的终止继续加载情况时，应取终止加载时的前一级荷载值；未出现时，应取终止加载时的荷载值；

2 参加统计的试验土钉，当满足其级差不超过平均值的 30% 时，土钉极限抗拔承载力标准值可取平均值；当级差超过平均值的 30% 时，宜增加试验土钉数量，并应根据级差过大的原因，按实际情况重新进行统计后确定土钉极限抗拔承载力标准值。

D.0.17 检测试验中，在抗拔承载力检测值下，土钉位移稳定或收敛应判定土钉合格。

附录 E 基坑涌水量计算

E.0.1 群井按大井简化时，均质含水层潜水完整井的基坑降水总涌水量可按下式计算（图 E.0.1）：

$$Q = \pi k \frac{(2H - s_d)s_d}{\ln\left(1 + \frac{R}{r_0}\right)} \qquad (E.0.1)$$

式中：Q——基坑降水总涌水量（m³/d）；
k——渗透系数（m/d）；
H——潜水含水层厚度（m）；

s_d——基坑地下水位的设计降深（m）；
R——降水影响半径（m）；
r_0——基坑等效半径（m）；可按 $r_0 = \sqrt{A/\pi}$ 计算；
A——基坑面积（m²）。

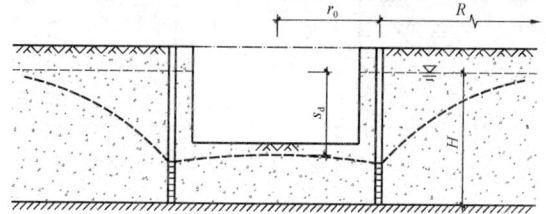

图 E.0.1 均质含水层潜水完整井的基坑涌水量计算

E.0.2 群井按大井简化时，均质含水层潜水非完整井的基坑降水总涌水量可按下列公式计算（图 E.0.2）：

$$Q = \pi k \frac{H^2 - h^2}{\ln\left(1 + \frac{R}{r_0}\right) + \frac{h_m - l}{l}\ln\left(1 + 0.2\frac{h_m}{r_0}\right)}$$

$$(E.0.2-1)$$

$$h_m = \frac{H + h}{2} \qquad (E.0.2-2)$$

式中：h——降水后基坑内的水位高度（m）；
l——过滤器进水部分的长度（m）。

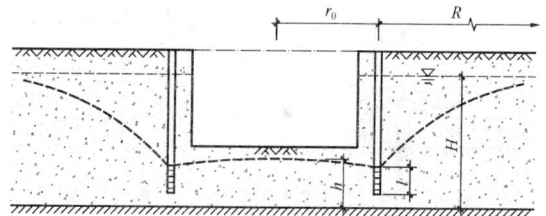

图 E.0.2 均质含水层潜水非完整井的基坑涌水量计算

E.0.3 群井按大井简化时，均质含水层承压水完整井的基坑降水总涌水量可按下式计算（图 E.0.3）：

$$Q = 2\pi k \frac{M s_d}{\ln\left(1 + \frac{R}{r_0}\right)} \qquad (E.0.3)$$

式中：M——承压水含水层厚度（m）。

E.0.4 群井按大井简化时，均质含水层承压水非完整井的基坑降水总涌水量可按下式计算（图 E.0.4）：

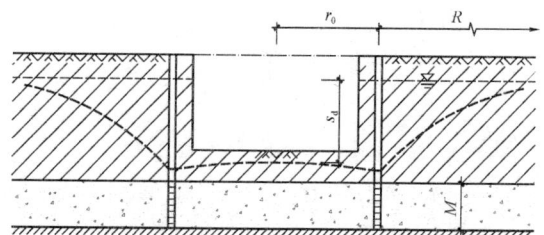

图 E.0.3 均质含水层承压水完整井的基坑涌水量计算

$$Q = 2\pi k \frac{Ms_d}{\ln\left(1 + \dfrac{R}{r_0}\right) + \dfrac{M-l}{l}\ln\left(1 + 0.2\dfrac{M}{r_0}\right)}$$
$$(E.0.4)$$

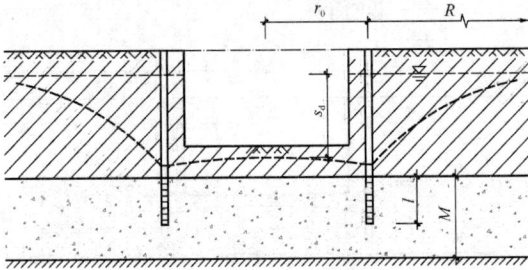

图 E.0.4 均质含水层承压水
非完整井的基坑涌水量计算

E.0.5 群井按大井简化时，均质含水层承压水—潜水完整井的基坑降水总涌水量可按下式计算（图 E.0.5）：

$$Q = \pi k \frac{(2H_0 - M)M - h^2}{\ln\left(1 + \dfrac{R}{r_0}\right)} \qquad (E.0.5)$$

式中：H_0——承压水含水层的初始水头。

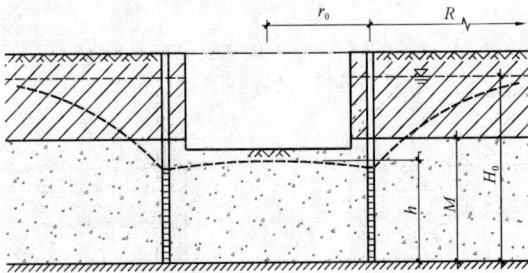

图 E.0.5 均质含水层承压水—潜水完整
井的基坑涌水量计算

本规程用词说明

1 为便于在执行本规程条文时区别对待，对要求严格程度不同的用词说明如下：

1）表示很严格，非这样做不可的：
　　正面词采用"必须"，反面词采用"严禁"；
2）表示严格，在正常情况下均应这样做的：
　　正面词采用"应"，反面词采用"不应"或"不得"；
3）表示允许稍有选择，在条件许可时首先应这样做的：
　　正面词采用"宜"，反面词采用"不宜"；
4）表示有选择，在一定条件下可以这样做的，采用"可"。

2 条文中指明应按其他有关标准执行的写法为："应符合……的规定"或"应按……执行"。

引用标准名录

1 《建筑地基基础设计规范》GB 50007
2 《混凝土结构设计规范》GB 50010
3 《钢结构设计规范》GB 50017
4 《岩土工程勘察规范》GB 50021
5 《地下工程防水技术规范》GB 50108
6 《建筑地基基础工程施工质量验收规范》GB 50202
7 《混凝土结构工程施工质量验收规范》GB 50204
8 《钢结构工程施工质量验收规范》GB 50205
9 《预应力混凝土用钢绞线》GB/T 5224
10 《预应力筋用锚具、夹具和连接器》GB/T 14370
11 《建筑地基处理技术规范》JGJ 79
12 《建筑桩基技术规范》JGJ 94

中华人民共和国行业标准

建筑基坑支护技术规程

JGJ 120 - 2012

条 文 说 明

修 订 说 明

《建筑基坑支护技术规程》JGJ 120－2012，经住房和城乡建设部 2012 年 4 月 5 日以第 1350 号公告批准、发布。

本规程是在《建筑基坑支护技术规程》JGJ 120—99 基础上修订而成，上一版的主编单位是中国建筑科学研究院，参编单位是深圳市勘察研究院、福建省建筑科学研究院、同济大学、冶金部建筑研究总院、广州市建筑科学研究院、江西省新大地建设监理公司、北京市勘察设计研究院、机械部第三勘察研究院、深圳市工程质量监督检验总站、重庆市建筑设计研究院、肇庆市建设工程质量监督站，主要起草人是黄强、杨斌、李荣强、侯伟生、杨敏、杨志银、陈新余、陈如桂、刘小敏、胡建林、白生翔、张在明、刘金砺、魏章和、李子新、李瑞茹、王铁宏、郑生庆、张昌定。本次修订的主要技术内容是：1. 调整和补充了支护结构的几种稳定性验算；2. 调整了部分稳定性验算表达式；3. 强调了变形控制设计原则；4. 调整了选用土的抗剪强度指标的规定；5. 新增了双排桩结构；6. 改进了不同施工工艺下锚杆粘结强度取值的有关规定；7. 充实了内支撑结构设计的有关规定；8. 新增了支护与主体结构结合及逆作法；9.

新增了复合土钉墙；10. 引入了土钉墙土压力调整系数；11. 充实了各种类型支护结构构造与施工的有关规定；12. 强调了地下水资源的保护；13. 改进了降水设计方法；14. 充实了截水设计与施工的有关规定；15. 充实了地下水渗透稳定性验算的有关规定；16. 充实了基坑开挖的有关规定；17. 新增了应急措施；18. 取消了逆作拱墙。

本规程修订过程中，编制组进行了国内基坑支护应用情况的调查研究，总结了我国工程建设中基坑支护领域的实践经验，同时参考了国外先进技术法规、技术标准，通过试验、工程验证及征求意见取得了本规程修订技术内容的有关重要技术参数。

为便于广大设计、施工、科研、学校等单位有关人员在使用本规程时能正确理解和执行条文规定，《建筑基坑支护技术规程》编制组按章、节、条顺序编制了本规程的条文说明，对条文规定的目的、依据以及执行中需注意的有关事项进行了说明，还着重对强制性条文的强制性理由作了解释。但是，本条文说明不具备与规程正文同等的法律效力，仅供使用者作为理解和把握规程规定的参考。

目　次

1 总　则

1.0.1 本规程在《建筑基坑支护技术规程》JGJ 120－99（以下简称原规程）基础上修订，原规程是我国第一本建筑基坑支护技术标准，自 1999 年 9 月 1 日施行以来，对促进我国各地区在基坑支护设计方法与施工技术上的规范化，提高基坑工程的设计施工质量起到了积极作用。基坑工程在建筑行业内是属于高风险的技术领域，全国各地基坑工程事故的发生率虽然逐年减少，但仍不断地出现。不合理的设计与低劣的施工质量是造成这些基坑事故的主要原因。基坑工程中保证环境安全与工程安全，提高支护技术水平，控制施工质量，同时合理地降低工程造价，是从事基坑工程工作的技术与管理人员应遵守的基本原则。

　　基坑支护在功能上的一个显著特点是，它不仅用于为主体地下结构的施工创造条件和保证施工安全，更为重要的是要保护周边环境不受到危害。基坑支护在保护环境方面的要求，对城镇地域尤为突出。对此，工程建设及监理单位、基坑支护设计施工单位乃至工程建设监督管理部门应该引起高度关注。

1.0.2 本条明确了本规程的适用范围。本规程的规定限于临时性基坑支护，支护结构是按临时性结构考虑的，因此，规程中有关结构和构造的规定未考虑耐久性问题，荷载及其分项系数按临时作用考虑。地下水控制的一些方法也是仅按适合临时性措施考虑的。一般土质地层是指全国范围内第四纪全新世 Q_4 与晚更新世 Q_3 沉积土中，除去某些具有特殊物理力学及工程特性的特殊土类之外的各种土类地层。现行国家标准《岩土工程勘察规范》GB 50021 中定义的有些特殊土是属于适用范围以内的，如软土、混合土、填土、残积土，但是对湿陷性土、多年冻土、膨胀土等特殊土，本规程中采用的土压力计算与稳定分析方法等尚不能考虑这些土固有的特殊性质的影响。对这些特殊土地层，应根据地区经验在充分考虑其特殊性质对基坑支护的影响后，再按本规程的相关内容进行设计与施工。对岩质地层，因岩石压力的形成机理与土质地层不同，本规程未涉及岩石压力的计算，但有关支护结构的内容，岩石地层的基坑支护可以参照。本规程未涵盖的其他内容，应通过专门试验、分析并结合实际经验加以解决。

1.0.4 基坑支护技术涉及岩土与结构的多门学科及技术，对结构工程领域的混凝土结构、钢结构等，对岩土工程领域的桩、地基处理方法、岩土锚固、地下水渗流等，对湿陷性黄土、多年冻土、膨胀土、盐渍土、岩石基坑等及按抗震要求设计时，需要同时采用相应规范。因此，在应用本规程时，尚应根据具体的问题，遵守其他相关规范的要求。

3 基本规定

3.1 设计原则

3.1.1 基坑支护是为主体结构地下部分施工而采取的临时措施，地下结构施工完成后，基坑支护也就随之完成其用途。由于支护结构的使用期短（一般情况在一年之内），因此，设计时采用的荷载一般不需考虑长期作用。如果基坑开挖后支护结构的使用持续时间较长，荷载可能会随时间发生改变，材料性能和基坑周边环境也可能会发生变化。所以，为了防止人们忽略由于延长支护结构使用期而带来的荷载、材料性能、基坑周边环境等条件的变化，避免超越设计状况，设计时应确定支护结构的使用期限，并应在设计文件中给出明确规定。

　　支护结构的支护期限规定不小于一年，除考虑主体地下结构施工工期的因素外，也是考虑到施工季节对支护结构的影响。一年中的不同季节，地下水位、气候、温度等外界环境的变化会使土的性状及支护结构的性能随之改变，而且有时影响较大。受各种因素的影响，设计预期的施工季节并不一定与实际施工的季节相同，即使对支护结构使用期不足一年的工程，也应使支护结构一年四季都能适用。因而，本规程规定支护结构使用期限应不小于一年。

　　对大多数建筑工程，一年的支护期能满足主体地下结构的施工周期要求，对有特殊施工周期要求工程，应该根据实际情况延长支护期限并应对荷载、结构构件的耐久性等设计条件作相应考虑。

3.1.2 基坑支护工程是为主体结构地下部分的施工而采取的临时性措施。因基坑开挖涉及基坑周边环境安全，支护结构除满足主体结构施工要求外，还需满足基坑周边环境要求。支护结构的设计和施工应把保护基坑周边环境安全放在重要位置。本条规定了基坑支护应具有的两种功能。首先基坑支护应具有防止基坑的开挖危害周边环境的功能，这是支护结构的首要的功能。其次，应具有保证工程自身主体结构施工安全的功能，应为主体地下结构施工提供正常施工的作业空间及环境，提供施工材料、设备堆放和运输的场地、道路条件，隔断基坑内外地下水、地表水以保证地下结构和防水工程的正常施工。该条规定的目的，是明确基坑支护工程不能为了考虑本工程项目的要求和利益，而损害环境和相邻建（构）筑物所有权人的利益。

3.1.3 安全等级表 3.1.3 仍维持了原规程对支护结构安全等级的原则性划分方法。本规程依据国家标准《工程结构可靠性设计统一标准》GB 50153－2008 对结构安全等级确定的原则，以破坏后果严重程度，将支护结构划分为三个安全等级。对基坑支护而言，破坏后果具体表现为支护结构破坏、土体过大变形对基坑周边环境及主体结构施工安全的影响。支护结构的安全等级，主要反映在设计时支护结构及其构件的重要性系数和各种稳定性安全系数的取值上。

本规程对支护结构安全等级采用原则性划分方法而未采用定量划分方法，是考虑到基坑深度、周边建筑物距离及埋深、结构及基础形式、土的性状等因素对破坏后果的影响程度难以用统一标准界定，不能保证普遍适用，定量化的方法对具体工程可能会出现不合理的情况。

设计者及发包商在按本规程表 3.1.3 的原则选用支护结构安全等级时应掌握的原则是：基坑周边存在受影响的重要既有住宅、公共建筑、道路或地下管线等时，或因场地的地质条件复杂、缺少同类地质条件下相近基坑深度的经验时，支护结构破坏、基坑失稳或过大变形对人的生命、经济、社会或环境影响很大，安全等级应定为一级。当支护结构破坏、基坑过大变形不会危及人的生命、经济损失轻微、对社会或环境的影响不大时，安全等级可定为三级。对大多数基坑，安全等级应该定为二级。

对内支撑结构，当基坑一侧支撑失稳破坏会殃及基坑另一侧支护结构因受力改变而使支护结构形成连续倒塌时，相互影响的基坑各边支护结构应取相同的安全等级。

3.1.4 依据国家标准《工程结构可靠性设计统一标准》GB 50153-2008 的规定并结合基坑工程自身的特殊性，本条对承载能力极限状态与正常使用极限状态这两类极限状态在基坑支护中的具体表现形式进行了归类，目的是使工程技术人员能够对基坑支护各类结构的各种破坏形式有一个总体认识，设计时对各种破坏模式和影响正常使用的状态进行控制。

3.1.5 本条的极限状态设计方法的通用表达式依据国家标准《工程结构可靠性设计统一标准》GB 50153-2008 而定，是本规程各章各种支护结构统一的设计表达式。

对承载能力极限状态，由材料强度控制的结构构件的破坏类型采用极限状态设计法，按公式（3.1.5-1）给出的表达式进行设计计算和验算，荷载效应采用荷载基本组合的设计值，抗力采用结构构件的承载力设计值并考虑结构构件的重要性系数。涉及岩土稳定性的承载能力极限状态，采用单一安全系数法，按公式（3.1.5-3）给出的表达式进行计算和验算。本规程的修订，对岩土稳定性的承载能力极限状态问题恢复了传统的单一安全系数法，一是由于新制定的国家标准《工程结构可靠性设计统一标准》GB 50153-2008 中明确提出了可以采用单一安全系数法，不会造成与基本规范不协调统一的问题；二是由于国内岩土工程界目前仍普遍认可单一安全系数法，单一安全系数法适于岩土工程问题。

以支护结构水平位移限值等为控制指标的正常使用极限状态的设计表达式也与有关结构设计规范保持一致。

3.1.6 原规程的荷载综合分项系数取 1.25，是依据原国家标准《建筑结构荷载规范》GBJ 9-87 而定的。但随着我国建筑结构可靠度设计标准的提高，国家标准《建筑结构荷载规范》GB 50009-2001 已将永久荷载、可变荷载的分项系数调高，对由永久荷载效应控制的永久荷载分项系数取 $\gamma_G = 1.35$。各结构规范也均相应对此进行了调整。由于本规程对象是临时性支护结构，在修订时，也研究讨论了荷载分项系数如何取值问题。如荷载综合分项系数由 1.25 调为 1.35，这样将会大大增加支护结构的工程造价。在征求了国内一些专家、学者的意见后，认为还是维持原规程的规定为好，支护结构构件按承载能力极限状态设计时的作用基本组合综合分项系数 γ_F 仍取 1.25。其理由如下：其一，支护结构是临时性结构，一般来说，支护结构使用时间不会超过一年，正常施工条件下最长的工程也小于两年，在安全储备上与主体建筑结构应有所区别。其二，荷载综合分项系数的调高只影响支护结构构件的承载力设计，如增加挡土构件的截面配筋、锚杆的钢绞线数量等，并未提高有关岩土的稳定性安全系数，如圆弧滑动稳定性、隆起稳定性、锚杆抗拔力、倾覆稳定性等，而大部分基坑工程事故主要还是岩土类型的破坏形式。为避免与《工程结构可靠性设计统一标准》GB 50153 及《建筑结构荷载规范》GB 50009-2001 的荷载分项系数取值不一致带来的不统一问题，其系数称为荷载综合分项系数，荷载综合分项系数中包括了临时性结构对荷载基本组合下的调整。

支护结构的重要性系数，遵循《工程结构可靠性设计统一标准》GB 50153 的规定，对安全等级为一级、二级、三级的支护结构可分别取 1.1、1.0 及 0.9。当需要提高安全标准时，支护结构的重要性系数可以根据具体工程的实际情况取大于上述数值。

3.1.7 本规程的结构构件极限状态设计表达式（3.1.5-1）在具体应用到各种结构构件的承载力计算时，将公式中的荷载基本组合的效应设计值 S_d 与结构构件的重要性系数 γ_0 相乘后，用内力设计值代替。这样在各章的结构构件承载力计算时，各具体表达式或公式中就不再出现重要性系数 γ_0，因为 γ_0 已含在内力设计值中了。根据内力的具体意义，其设计值可为弯矩设计值 M、剪力设计值 V 或轴向拉力、压力设计值 N 等。公式（3.1.7-1）～公式（3.1.7-3）中，弯矩值 M_k、剪力值 V_k 及轴向拉力、压力值 N_k 按荷载标准组合计算。对于作用在支护结构上的土压力荷载的标准值，当按朗肯或库仑方法计算时，土性参数黏聚力 c、摩擦角 φ 及土的重度 γ 按本规程第 3.1.15 条的规定取值，朗肯土压力荷载的标准值按本规程第

3.3.4 条的有关公式计算。

3.1.8 支护结构的水平位移是反映支护结构工作状况的直观数据，对监测基坑与基坑周边环境安全能起到相当重要的作用，是进行基坑工程信息化施工的主要监测内容。因此，本规程规定应在设计文件中提出明确的水平位移控制值，作为支护结构设计的一个重要指标。本条对支护结构水平位移控制值的取值提出了三点要求：第一，是支护结构正常使用的要求，应根据本条第 1 款的要求，按基坑周边建筑、地下管线、道路等环境对象对基坑变形的适应能力及主体结构设计施工的要求确定，保护基坑周边环境的安全与正常使用。由于基坑周边环境条件的多样性和复杂性，不同环境对象对基坑变形的适应能力及要求不同，所以，目前还很难定出统一的、定量的限值以适合各种情况。如支护结构位移和周边建筑物沉降限值按统一标准考虑，可能会出现有些情况偏严、有些情况偏松的不合理地方。目前还是由设计人员根据工程的实际条件，具体问题具体分析确定较好。所以，本规程未给出正常使用要求下具体的支护结构水平位移控制值和建筑物沉降控制值。支护结构水平位移控制值和建筑物沉降控制值如何定的合理是个难题，今后应对此问题开展深入具体的研究工作，积累试验、实测数据，进行理论分析研究，为合理确定支护结构水平位移控制值打下基础。同时，本款提出支护结构水平位移控制值和环境保护对象沉降控制值应符合现行国家标准《建筑地基基础设计规范》GB 50007 中对地基变形允许值的要求及相关规范对地下管线、地下构筑物、道路变形的要求，在执行时会存在沉降值是从建筑物等建设时还是基坑支护施工前开始度量的问题，按这些规范要求应从建筑物等建设时算起，但基坑周边建筑物等从建设到基坑支护施工前这段时间又可能缺少地基变形的数据，存在操作上的困难，需要工程相关人员斟酌掌握。第二，当支护结构构件同时用作主体地下结构构件时，支护结构水平位移控制值不应大于主体结构设计对其变形的限值的规定，是主体结构设计对支护结构构件的要求。这种情况有时在采用地下连续墙和内支撑结构时会作为一个控制指标。第三，当基坑周边无需要保护的建筑物等时，设计文件中也要设定支护结构水平位移控制值，这是出于控制支护结构承载力和稳定性等达到极限状态的要求。实测位移是检验支护结构受力和稳定状态的一种直观方法，岩土失稳或结构破坏前一般会产生一定的位移量，通常变形速率增长且不收敛，而在出现位移速率增长前，会有较大的累积位移量。因此，通过支护结构位移从某种程度上能反映支护结构的稳定状况。由于基坑支护破坏形式和土的性质的多样性，难以建立稳定极限状态与位移的定量关系，本规程没有规定此情况下的支护结构水平位移控制值，而应根据地区经验确定。国内一些地方基坑支护技术标准根据

当地经验提出了支护结构水平位移的量化要求，如：北京市地方标准《建筑基坑支护技术规程》DB 11/489-2007 中规定，"当无明确要求时，最大水平变形限值：一级基坑为 0.002h，二级基坑为 0.004h，三级基坑为 0.006h。"深圳市标准《深圳地区建筑深基坑支护技术规范》SJG 05-96 中规定，当无特殊要求时的支护结构最大水平位移允许值见表 1：

表 1 支护结构最大水平位移允许值

安全等级	支护结构最大水平位移允许值（mm）	
	排桩、地下连续墙、坡率法、土钉墙	钢板桩、深层搅拌
一级	0.0025h	—
二级	0.0050h	0.0100h
三级	0.0100h	0.0200h

注：表中 h 为基坑深度（mm）。

新修订的深圳市标准《深圳地区建筑深基坑支护技术规范》对支护结构水平位移控制值又作了一定调整，如表 2 所示：

表 2 支护结构顶部最大水平位移允许值（mm）

安全等级	排桩、地下连续墙加内支撑支护	排桩、地下连续墙加锚杆支护，双排桩，复合土钉墙	坡率法，土钉墙或复合土钉墙，水泥土挡墙，悬臂式排桩，钢板桩等
一级	0.002h 与 30mm 的较小值	0.003h 与 40mm 的较小值	—
二级	0.004h 与 50mm 的较小值	0.006h 与 60mm 的较小值	0.01h 与 80mm 的较小值
三级	0.01h 与 80mm 的较小值	0.02h 与 100mm 的较小值	

注：表中 h 为基坑深度（mm）。

湖北省地方标准《基坑工程技术规程》DB 42/159-2004 中规定，"基坑监测项目的监控报警值，如设计有要求时，以设计要求为依据，如设计无具体要求时，可按如下变形量控制：

重要性等级为一级的基坑，边坡土体、支护结构水平位移（最大值）监控报警值为 30mm；重要性等级为二级的基坑，边坡土体、支护结构水平位移（最大值）监控报警值为 60mm。"

3.1.9 本条有两个含义：第一，防止设计的盲目性。基坑支护的首要功能是保护周边环境（建筑物、地下管线、道路等）的安全和正常使用，同时基坑周边建筑物、地下管线、道路又对支护结构产生附加荷载、对支护结构施工造成障碍，管线中地下水的渗漏会降低土的强度。因此，支护结构设计必须要针对情况选择合理的方案，支护结构变形和地下水控制方法要按

基坑周边建筑物、地下管线、道路的变形要求进行控制，基坑周边建筑物、地下管线、道路、施工荷载对支护结构产生的附加荷载、对施工的不利影响等因素要在设计时仔细地加以考虑。第二，设计中应提出明确的基坑周边荷载限值、地下水和地表水控制等基坑使用要求，这些设计条件和基坑使用要求应作为重要内容在设计文件中明确体现，支护结构设计总平面图、剖面图上应准确标出，设计说明中应写明施工注意事项，以防止在支护结构施工和使用期间的实际状况超过这些设计条件，从而酿成安全事故和恶果。

3.1.10 基坑支护的另一个功能是提供安全的主体地下结构施工环境。支护结构的设计与施工除应保护基坑周边环境安全外，还应满足主体结构施工及使用对基坑的要求。

3.1.11 支护结构简化为平面结构模型计算时，沿基坑周边的各个竖向平面的设计条件常常是不同的。除了各部位基坑深度、周边环境条件及附加荷载可能不同外，地质条件的变异性是支护结构不同于上部结构的一个很重要的特性。自然形成的成层土，各土层的分布及厚度往往在基坑尺度的范围内就存在较大的差异。因而，当基坑深度、周边环境及地质条件存在差异时，这些差异对支护结构的土压力荷载的影响不可忽略。本条强调了按基坑周边的实际条件划分设计与计算剖面的原则和要求，具体划分为多少个剖面根据工程的实际情况来确定，每一个剖面也应按剖面内的最不利情况取设计计算参数。

3.1.12 由于基坑支护工程具有基坑开挖与支护结构施工交替进行的特点，所以，支护结构的计算应按基坑开挖与支护结构的实际过程分工况计算，且设计计算的工况应与实际施工的工况相一致。大多数情况下，基坑开挖到坑底时内力与变形最大，但少数情况下，支护结构某构件的受力状况不一定随开挖进程是递增的，也会出现开挖过程某个中间工况的内力最大。设计文件中应指明支护结构各构件施工顺序及相应的基坑开挖深度，以防止在基坑开挖过程中，未按设计工况完成某项施工内容就开挖到下一步基坑深度，从而造成基坑超挖。由于基坑超挖使支护结构实际受力状态大大超过设计要求而使基坑垮塌的实际工程事故，其教训是十分惨痛的。

3.1.14 本条对各章土压力、土的各种稳定性验算公式中涉及的土的抗剪强度指标的试验方法进行了归纳并作出统一规定。因为土的抗剪强度指标随排水、固结条件及试验方法的不同有多种类型的参数，不同试验方法做出的抗剪强度指标的结果差异很大，计算和验算时不能任意取用，应采用与基坑开挖过程土中孔隙水的排水和应力路径基本一致的试验方法得到的指标。由于各章有关公式很多，在各个公式中一一指明其试验方法和指标类型难免重复累赘，因此，在这里作出统一说明，应用具体章节的公式计算时，应与此

对照，防止误用。

根据土的有效应力原理，理论上对各种土均采用水土分算方法计算土压力更合理，但实际工程应用时，黏性土的孔隙水压力计算问题难以解决，因此对黏性土采用总应力法更为实用，可以通过将土与水作为一体的总应力强度指标反映孔隙水压力的作用。砂土采用水土分算计算土压力是可以做到的，因此本规程对砂土采用水土分算方法。原规程对粉土是按水土合算方法，本规程修订改为黏质粉土用水土合算，砂质粉土用水土分算。

根据土力学中有效应力原理，土的抗剪强度与有效应力存在相关关系，也就是说只有有效抗剪强度指标才能真实地反映土的抗剪强度。但在实际工程中，黏性土无法通过计算得到孔隙水压力随基坑开挖过程的变化情况，从而也就难以采用有效应力法计算支护结构的土压力、水压力和进行基坑稳定性分析。从实际情况出发，本条规定在计算土压力与进行土的稳定分析时，黏性土应采用总应力法。采用总应力法时，土的强度指标按排水条件是采用不排水强度指标还是固结不排水强度指标应根据基坑开挖过程的应力路径和实际排水情况确定。由于基坑开挖过程是卸载过程，基坑外侧的土中总应力是小主应力减小，大主应力不增加，基坑内侧的土中竖向总应力减小，同时，黏性土在剪切过程可看作是不排水的。因此认为，土压力计算与稳定性分析时，均采用固结快剪较符合实际情况。

对于地下水位以下的砂土，可认为剪切过程水能排出而不出现超静水压力。对静止地下水，孔隙水压力可按水头高度计算。所以，采用有效应力方法并取相应的有效强度指标较为符合实际情况，但砂土难以用三轴剪切试验与直接剪切试验得到原状土的抗剪强度指标，要通过其他方法测得。

土的抗剪强度指标试验方法有三轴剪切试验与直接剪切试验。理论上讲，用三轴试验更科学合理，但目前大量工程勘察仅提供了直接剪切试验的抗剪强度指标，致使采用直接剪切试验强度指标设计计算的基坑工程为数不少，在支护结构设计上积累了丰富的工程经验。从目前的岩土工程试验技术的实际发展状况看，直接剪切试验尚会与三轴剪切试验并存，不会被三轴剪切试验完全取代。同时，相关的勘察规范也未对采用哪种抗剪强度试验方法作出明确规定。因此，为适应目前的现实状况，本规程采用了上述两种试验方法均可选用的处理办法。但从发展的角度，应提倡用三轴剪切试验强度指标，但应与已有成熟工程应用经验的直接剪切试验指标进行对比。目前，在缺少三轴剪切试验强度指标的情况下，用直接剪切试验强度指标计算土压力和验算土的稳定性是符合我国现实情况的。

为避免个别工程勘察项目抗剪强度试验数据粗糙

对直接取用抗剪强度试验参数所带来的设计不安全或不合理，选取土的抗剪强度指标时，尚需将剪切试验的抗剪强度指标与土的其他室内与原位试验的物理力学参数进行对比分析，判断其试验指标的可靠性，防止误用。当抗剪强度指标与其他物理力学参数的相关性较差，或岩土勘察资料中缺少符合实际基坑开挖条件的试验方法的抗剪强度指标时，在有经验时应结合类似工程经验和相邻、相近场地的岩土勘察试验数据并通过可靠的综合分析判断后合理取值。缺少经验时，则应取偏于安全的试验方法得出的抗剪强度指标。

3.2　勘察要求与环境调查

3.2.1　本条提出的是除常规建筑物勘察之外，针对基坑工程的特殊勘察要求。建筑基坑支护的岩土工程勘察通常在建筑物岩土工程勘察过程中一并进行，但基坑支护设计和施工对岩土勘察的要求有别于主体建筑的要求，勘察的重点部位是基坑外对支护结构和周边环境有影响的范围，而主体建筑的勘察孔通常只需布置在基坑范围以内。目前，大多数基坑工程使用的勘察报告，其勘察钻孔均在基坑内，只能根据这些钻孔的地质剖面代替基坑外的地层分布情况。当场地土层分布较均匀时，采用基坑内的勘察孔是可以的，但土层分布起伏大或某些软弱土层仅局部存在时，会使基坑支护设计的岩土依据与实际情况偏离，从而造成基坑工程风险。因此，有条件的场地应按本条要求增设勘察孔，当建筑物岩土工程勘察不能满足基坑支护设计施工要求时应进行补充勘察。

当基坑面以下有承压含水层时，由于在基坑开挖后坑内土自重压力的减少，如承压水头高于基坑底面应考虑是否会产生含水层水压力作用下顶破上覆土层的突涌破坏。因此，基坑面以下存在承压含水层时，勘探孔深度应能满足测出承压含水层水头的需要。

3.2.2　基坑周边环境条件是支护结构设计的重要依据之一。城市内的新建建筑物周围通常存在既有建筑物、各种市政地下管线、道路等，而基坑支护的作用主要是保护其周边环境不受损害。同时，基坑周边即有建筑物荷载会增加作用在支护结构上的荷载，支护结构的施工也需要考虑周边建筑物地下室、地下管线、地下构筑物等的影响。实际工程中因对基坑周边环境因素缺乏准确了解或忽视而造成的工程事故经常发生，为了使基坑支护设计具有针对性，应查明基坑周边环境条件，并按这些环境条件进行设计，施工时应防止对其造成损坏。

3.3　支护结构选型

3.3.1、3.3.2　在本规程中，支挡式结构是由挡土构件和锚杆或支撑组成的一类支护结构体系的统称，其结构类型包括：排桩－锚杆结构、排桩－支撑结构、

地下连续墙－锚杆结构、地下连续墙－支撑结构、悬臂式排桩或地下连续墙、双排桩等，这类支护结构都可用弹性支点法的计算简图进行结构分析。支挡式结构受力明确，计算方法和工程实践相对成熟，是目前应用最多也较为可靠的支护结构形式。支挡式结构的具体形式应根据本规程第3.3.1条、第3.3.2条中的选型因素和适用条件选择。锚拉式支挡结构（排桩－锚杆结构、地下连续墙－锚杆结构）和支撑式支挡结构（排桩－支撑结构、地下连续墙－支撑结构）易于控制水平变形，挡土构件内力分布均匀，当基坑较深或基坑周边环境对支护结构位移的要求严格时，常采用这种结构形式。悬臂式支挡结构顶部位移较大，内力分布不理想，但可省去锚杆和支撑，当基坑较浅且基坑周边环境对支护结构位移的限制不严格时，可采用悬臂式支挡结构。双排桩支挡结构是一种刚架结构形式，其内力分布特性明显优于悬臂式结构，水平变形也比悬臂式结构小得多，适用的基坑深度比悬臂式结构略大，但占用的场地较大，当不适合采用其他支护结构形式且在场地条件及基坑深度均满足要求的情况下，可采用双排桩支挡结构。

仅从技术角度讲，支撑式支挡结构比锚拉式支挡结构适用范围更宽，但内支撑的设置给后期主体结构施工造成很大障碍，所以，当能用其他支护结构形式时，人们一般不愿意首选内支撑结构。锚拉式支挡结构可以给后期主体结构施工提供很大的便利，但有些条件下是不适合使用锚杆的，本条列举了不适合采用锚拉式结构的几种情况。另外，锚杆长期留在地下，给相邻地域的使用和地下空间开发造成障碍，不符合保护环境和可持续发展的要求。一些国家在法律上禁止锚杆侵入红线之外的地下区域，但我国绝大部分地方目前还没有这方面的限制。

土钉墙是一种经济、简便、施工快速、不需大型施工设备的基坑支护形式。曾经一段时期，在我国部分省市，不管环境条件如何、基坑多深，几乎不受限制的应用土钉墙，甚至有人说用土钉墙支护的基坑深度能达到18m～20m。即使基坑周边既有浅基础建筑物很近时，也贸然采用土钉墙。一段时间内，土钉墙支护的基坑工程险情不断、事故频繁。土钉墙支护的基坑之所以在基坑坍塌事故中所占比例大，除去施工质量因素外，主要原因之一是在土钉墙的设计理论不完善的现状下，将常规的经验设计参数用于基坑深度或土质条件超限的基坑工程中。目前的土钉墙设计方法，主要按土钉墙整体滑动稳定性控制，同时对单根土钉抗拔力控制，而土钉墙面层及连接按构造设计。土钉墙设计与支挡式结构相比，一些问题尚未解决或没有成熟、统一的认识。如：①土钉墙作为一种结构形式，没有完整的实用结构分析方法，工作状况下土钉拉力、面层受力问题没有得到解决。面层设计只能通过构造要求解决，本规程规定了面层构造要

求，但限定在深度 12m 以内的非软土、无地下水条件下的基坑。②土钉墙位移计算问题没有得到根本解决。由于国内土钉墙的通常作法是土钉不施加预应力，只有在基坑有一定变形后土钉才会达到工作状态下的受力水平，因此，理论上土钉墙位移和沉降较大。当基坑周边变形影响范围内有建筑物等时，是不适合采用土钉墙支护的。

土钉墙与水泥土桩、微型桩及预应力锚杆组合形成的复合土钉墙，主要有下列几种形式：①土钉墙＋预应力锚杆；②土钉墙＋水泥土桩；③土钉墙＋水泥土桩＋预应力锚杆；④土钉墙＋微型桩＋预应力锚杆。不同的组合形式作用不同，应根据实际工程需要选择。

水泥土墙是一种非主流的支护结构形式，适用的土质条件较窄，实际工程应用也不广泛。水泥土墙一般用在深度不大的软土基坑。这种条件下，锚杆没有合适的锚固土层，不能提供足够的锚固力，内支撑又会增加主体地下结构施工的难度。这时，当经济、工期、技术可行性等的综合比较较优时，一般才会选择水泥土墙这种支护方式。水泥土墙一般采用搅拌桩，墙体材料是水泥土，其抗拉、抗剪强度较低。按梁式结构设计时性能很差，与混凝土材料无法相比。因此，只有按重力式结构设计时，才会具有一定优势。本规程对水泥土墙的规定，均指重力式结构。

水泥土墙用于淤泥质土、淤泥基坑时，基坑深度不宜大于 7m。由于按重力式设计，需要较大的墙宽。当基坑深度大于 7m 时，随基坑深度增加，墙的宽度、深度都太大，经济上、施工成本和工期都不合适，墙的深度不足会使墙位移、沉降，宽度不足，会使墙开裂甚至倾覆。

搅拌桩水泥土墙虽然也可用于黏性土、粉土、砂土等土类的基坑，但一般不如选择其他支护形式更优。特殊情况下，搅拌桩水泥土墙对这些土类还是可以用的。由于目前国内搅拌桩成桩设备的动力有限，土的密实度、强度较低时才能钻进和搅拌。不同成桩设备的最大钻进搅拌深度不同，新生产、引进的搅拌设备的能力也在不断提高。

3.4 水平荷载

3.4.1 支护结构作为分析对象时，作用在支护结构上的力或间接作用为荷载。除土体直接作用在支护结构上形成土压力之外，周边建筑物、施工材料、设备、车辆等荷载虽未直接作用在支护结构上，但其作用通过土体传递到支护结构上，也对支护结构上土压力的大小产生影响。土的冻胀、温度变化也会使土压力发生改变。本条列出影响土压力的常见因素，其目的是为了在土压力计算时，要把各种影响因素考虑全。基坑周边建筑物、施工材料、设备、车辆等附加荷载传递到支护结构上的附加竖向应力的计算，本规程第 3.4.6 条、第 3.4.7 条给出了简化的具体计算公式。

3.4.2 挡土结构上的土压力计算是个比较复杂的问题，从土力学这门学科的土压力理论上讲，根据不同的计算理论和假定，得出了多种土压力计算方法，其中有代表性的经典理论如朗肯土压力、库仑土压力。由于每种土压力计算方法都有各自的适用条件与局限性，也就没有一种统一的且普遍适用的土压力计算方法。

由于朗肯土压力方法的假定概念明确，与库仑土压力理论相比具有能直接得出土压力的分布，从而适合结构计算的优点，受到工程设计人员的普遍接受。因此，原规程采用的是朗肯土压力。原规程施行后，经过十多年国内基坑工程应用的考验，实践证明是可行的，本规程将继续采用。但是，由于朗肯土压力是建立在半无限土体的假定之上，在实际基坑工程中基坑的边界条件有时不符合这一假定，如基坑邻近有建筑物的地下室时，支护结构与地下室之间是有限宽度的土体；再如，对排桩顶面低于自然地面的支护结构，是将桩顶以上土的自重化作均布荷载作用在桩顶平面上，然后再按朗肯公式计算土压力。但是当桩顶位置较低时，将桩顶以上土层的自重折算成荷载后计算的土压力会明显小于这部分土重实际产生的土压力。对于这类基坑边界条件，按朗肯土压力计算会有较大误差。所以，当朗肯土压力方法不能适用时，应考虑采用其他计算方法解决土压力的计算精度问题。

库仑土压力理论（滑动楔体法）的假定适用范围较广，对上面提到的两种情况，库仑方法能够计算出土压力的合力。但其缺点是如何解决成层土的土压力分布问题。为此，本规程规定在不符合按朗肯土压力计算条件下，可采用库仑方法计算土压力。但库仑方法在考虑墙背摩擦角时计算的被动土压力偏大，不应用于被动土压力的计算。

考虑结构与土相互作用的土压力计算方法，理论上更科学，从长远考虑该方法应是岩土工程中支挡结构计算技术的一个发展方向。从促进技术发展角度，对先进的计算方法不应加以限制。但是，目前考虑结构与土相互作用的土压力计算方法在工程应用上尚不够成熟，现阶段只有在有经验时才能采用，如方法使用不当反而会弄巧成拙。

总之，本规程考虑到适应实际工程特殊情况及土压力计算技术发展的需要，对土压力计算方法适当放宽，但同时对几种计算方法的适用条件也作了原则规定。本规程未采纳一些土力学书中的经验土压力方法。

本条各公式是朗肯土压力理论的主动、被动土压力计算公式。水土合算与水土分算时，其公式采用不同的形式。

3.4.3 天然形成的成层土，各土层的分布和厚度是不均匀的。为尽量使土压力的计算准确，应按土层分布和厚度的变化情况将土层沿基坑划分为不同的剖面分别计算土压力。但场地任意位置的土层标高及厚度是由岩土勘察相邻钻探孔的各土层层面实测标高及通过分析土层分布趋势，在相邻勘察孔之间连线而成。即使土层计算剖面划分的再细，各土层的计算厚度还是会与实际地层存在一定差异，本条规定的划分土层厚度的原则，其目的是要求做到计算的土压力不小于实际的土压力。

4 支挡式结构

4.1 结 构 分 析

4.1.1 支挡式结构应根据具体形式与受力、变形特性等采用下列分析方法：

第1～3款方法的分析对象为支护结构本身，不包括土体。土体对支护结构的作用视作荷载或约束。这种分析方法将支护结构看作杆系结构，一般都按线弹性考虑，是目前最常用和成熟的支护结构分析方法，适用于大部分支挡式结构。

本条第1款针对锚拉式支挡结构，是对如何将空间结构分解为两类平面结构的规定。首先将结构的挡土构件部分（如：排桩、地下连续墙）取作分析对象，按梁计算。挡土结构宜采用平面杆系结构弹性支点法进行分析。

由于挡土结构端部嵌入土中，土对结构变形的约束作用与通常结构支承不同，土的变形影响不可忽略，不能看作固支端。锚杆作为梁的支承，其变形的影响同样不可忽略，也不能作为铰支座或滚轴支座。因此，挡土结构按梁计算时，土和锚杆对挡土结构的支承应简化为弹性支座，应采用本节规定的弹性支点计算简图。经计算分析比较，分别用弹性支点法和非弹性支座计算的挡土结构内力和位移相差较大，说明按非弹性支座进行简化是不合适的。

腰梁、冠梁的计算较为简单，只需以挡土结构分析时得出的支点力作为荷载，根据腰梁、冠梁的实际约束情况，按简支梁或连续梁算出其内力，将支点力转换为锚杆轴力。

本条第2款针对支撑式支挡结构，其结构的分解简化原则与锚拉式支挡结构相同。同样，首先将结构的挡土构件部分（如：排桩、地下连续墙）取作分析对象，按梁计算。挡土结构宜采用平面杆系结构弹性支点法进行分析。分解出的内支撑结构按平面结构进行分析，将挡土结构分析时得出的支点力作为荷载反向加至内支撑上，内支撑计算分析的具体要求见本规程第4.9节。值得注意的是，将支撑式支挡结构分解为挡土结构和内支撑结构并分别独立计算时，在其连接处是应满足变形协调条件的。当计算的变形不协调时，应调整在其连接处简化的弹性支座的弹簧刚度等约束条件，直至满足变形协调。

本条第3款悬臂式支挡结构是支撑式和锚拉式支挡结构的特例，对挡土结构而言，只是将锚杆或支撑所简化的弹性支座取消即可。双排桩支挡结构按平面刚架简化，具体计算模型见本规程第4.12节。

本条第4款针对空间结构体系和针对支护结构与土为一体进行整体分析的两种方法。

实际的支护结构一般都是空间结构。空间结构的分析方法复杂，当有条件时，希望根据受力状态的特点和结构构造，将实际结构分解为简单的平面结构进行分析。本规程有关支挡式结构计算分析的内容主要是针对平面结构的。但会遇到一些特殊情况，按平面结构简化难以反映实际结构的工作状态。此时，需要按空间结构模型分析。但空间结构的分析方法复杂，不同问题要不同对待，难以作出细化的规定。通常，需要在有经验时，才能建立出合理的空间结构模型。按空间结构分析时，应使结构的边界条件与实际情况足够接近，这需要设计人员有较强的结构设计经验和水平。

考虑结构与土相互作用的分析方法是岩土工程中先进的计算方法，是岩土工程计算理论和计算方法的发展方向，但需要可靠的理论依据和试验参数。目前，将该类方法对支护结构计算分析的结果直接用于工程设计中尚不成熟，仅能在已有成熟方法计算分析结果的基础上用于分析比较，不能滥用。采用该方法的前提是要有足够把握和经验。

传统和经典的极限平衡法可以手算，在许多教科书和技术手册中都有介绍。由于该方法的一些假定与实际受力状况有一定差别，且不能计算支护结构位移，目前已很少采用了。经与弹性支点法的计算对比，在有些情况下，特别是对多支点结构，两者的计算弯矩与剪力差别较大。本规程取消了极限平衡法计算支护结构的方法。

4.1.2 基坑支护结构的有些构件，如锚杆与支撑，是随基坑开挖过程逐步设置的，基坑需按锚杆或支撑的位置逐层开挖。支护结构设计状况，是指设计时就要拟定锚杆和支撑与基坑开挖的关系，设计好开挖与锚杆或支撑设置的步骤，对每一开挖过程支护结构的受力与变形状态进行分析。因此，支护结构施工和基坑开挖时，只有按设计的开挖步骤才能满足符合设计受力状况的要求。一般情况下，基坑开挖到基底时受力与变形最大，但有时也会出现开挖中间过程支护结构内力最大，支护结构构件的截面或锚杆抗拔力按开挖中间过程确定的情况。特别是，当用结构楼板作为支撑替代锚杆或支护结构的支撑时，此时支护结构构件的内力可能会是最大的。

4.1.3~4.1.10 这几条是对弹性支点法计算方法的规定。弹性支点法的计算要求，总体上保持了原规程的模式，主要在以下方面做了变动：

1 土的反力项由 $p_s = k_s v_s$ 改为 $p_s = k_s v_s + p_{s0}$，即增加了常数项 p_{s0}，同时，基坑面以下的土压力分布由不考虑该处的自重作用的矩形分布改为考虑土的自重作用的随深度线性增长的三角形分布。修改后，挡土结构嵌固段两侧的土压力之和没有变化，但按郎肯土压力计算时，基坑外侧基坑面上方和下方均采用主动土压力荷载，形式上直观、与其他章节表达统一、计算简化。

2 增加了挡土构件嵌固段的土反力上限值控制条件 $P_{sk} \leq E_{pk}$。由于土反力与土的水平反力系数的关系采用线弹性模型，计算出的土反力将随位移 v 增加线性增长。但实际上土的抗力是有限的，如采用摩尔一库仑强度准则，则不应超过被动土压力，即以 $P_{sk} = E_{pk}$ 作为土反力的上限。

3 计算土的水平反力系数的比例 m 值的经验公式（4.1.6），是根据大量实际工程的单桩水平载荷试验，按公式 $m = \left[\dfrac{H_{cr}}{x_{cr}} \right]^{\frac{5}{3}} / b_0 \cdot (EI)^{\frac{2}{3}}$，经与土层的 c、φ 值进行统计建立的。本次修订取消了按原规程公式（C.3.1）的计算方法，该公式引自《建筑桩基技术规范》JGJ 94，需要通过单桩水平荷载试验得到单桩水平临界荷载，实际应用中很难实现，因此取消。

4 排桩嵌固段土反力的计算宽度，将原规程的方形桩公式改为矩形桩公式，同时适用于工字形桩，比原规程的适用范围扩大。同时，对桩径或桩的宽度大于 1m 的情况，改用公式（4.1.7-2）和公式（4.1.7-4）计算。

5 在水平对撑的弹性支点刚度系数的计算公式中，增加了基坑两对边荷载不对称时的考虑方法。

4.2 稳定性验算

4.2.1、4.2.2 原规程对支挡式结构弹性支点法的计算过程的规定是：先计算挡土构件的嵌固深度，然后再进行结构计算。这样的计算方法使计算过程简化，省去了某些验算内容。因为按原规程规定的方法确定挡土构件嵌固深度后，一些原本需要验算的稳定性问题自然满足要求了。但这样带来了一个问题，嵌固深度必须按原规程的计算方法确定，假如设计需要嵌固深度短一些，可能按此设计的支护结构会不能满足原规程未作规定的某种稳定性要求。另外对有些缺少经验的设计者，可能会误以为不需考虑这些稳定性问题，而忽视必要的土力学概念。从以上思路考虑，本规程将嵌固深度计算改为验算，可供设计选择的嵌固深度范围增大了，但同时也就需要增加各种稳定性验算的内容，使计算过程相对繁琐了。第4.2.1条是对悬臂结构嵌固深度验算的规定，是绕挡土构件底部转

动的整体极限平衡，控制的是挡土构件的倾覆稳定性。第4.2.2条对单支点结构嵌固深度验算的规定，是绕支点转动的整体极限平衡，控制的是挡土构件嵌固段的踢脚稳定性。悬臂结构绕挡土构件底部转动的力矩平衡和单支点结构绕支点转动的力矩平衡都是嵌固段土的抗力对转动点的抵抗力矩起稳定性控制作用，因此，其安全系数称为嵌固稳定安全系数。重力式水泥土墙绕墙底转动的力矩平衡，抵抗力矩中墙体重力占一定比例，因此其安全系数称为抗倾覆安全系数。双排桩绕挡土构件底部转动的力矩平衡，抵抗力矩包括嵌固段土的抗力对转动点的力矩和重力对转动点的力矩两部分，但由于嵌固段土的抗力作用在总的抵抗力矩中占主要部分，因此其安全系数也称为嵌固稳定安全系数 K_{em}。

4.2.3 锚拉式支挡结构的整体滑动稳定性验算公式（4.2.3-2）以瑞典条分法边坡稳定性计算公式为基础，在力的极限平衡关系上，增加了锚杆拉力对圆弧滑动体圆心的抗滑力矩项。极限平衡状态分析时，仍以圆弧滑动土体为分析对象，假定滑动面上土的剪力达到极限强度的同时，滑动面外锚杆拉力也达到极限拉力（正常设计情况下，锚杆极限拉力由锚杆与土之间的粘结力达到极限强度控制，但有时由锚杆杆体强度或锚杆注浆固结体对杆体的握裹力控制）。

滑弧稳定性验算应采用搜索的方法寻找最危险滑弧。由于目前程序计算已能满足在很短时间对圆心及圆弧半径以微小步长变化的所有滑动体完成搜索，所以不提倡采用经典教科书中先设定辅助线，然后在辅助线上寻找最危险滑弧圆心的简易方法。最危险滑弧的搜索范围限于通过挡土构件底端和在挡土构件下方的各个滑弧。因支护结构的平衡性和结构强度已通过结构分析解决，在截面抗剪强度满足剪应力作用下的抗剪要求后，挡土构件不会被剪断。因此，穿过挡土构件的各滑弧不需验算。

为了适用于地下水位以下的圆弧滑动体，并考虑到滑弧同时穿过砂土、黏性土的计算问题，对原规程整体滑动稳定性验算公式作了修改。此种情况下，在滑弧面上，黏性土的抗剪强度指标需要采用总应力强度指标，砂土的抗剪强度指标需要采用有效应力强度指标，并应考虑水压力的作用。公式（4.2.3-2）是通过将土骨架与孔隙水一起取为隔离体进行静力平衡分析的方法，可用于滑弧同时穿过砂土、黏性土的整体稳定性验算公式，与原规程公式相比增加了孔隙水压力一项。

4.2.4 对深度较大的基坑，当嵌固深度较小、土的强度较低时，土体从挡土构件底端以下向基坑内隆起挤出是锚拉式支挡结构和支撑式支挡结构的一种破坏模式。这是一种土体丧失竖向平衡状态的破坏模式，由于锚杆和支撑只能对支护结构提供水平方向的平衡力，对隆起破坏不起作用，对特定基坑深度和土性，

只能通过增加挡土构件嵌固深度来提高抗隆起稳定性。

本规程抗隆起稳定性的验算方法，采用目前常用的地基极限承载力的 Prandtl（普朗德尔）极限平衡理论公式，但 Prandtl 理论公式的有些假定与实际情况存在差异，具体应用有一定局限性。如：对无黏性土，当嵌固深度为零时，计算的抗隆起安全系数 K_{he} ＝0，而实际上在一定基坑深度内是不会出现隆起的。因此，当挡土构件嵌固深度很小时，不能采用该公式验算坑底隆起稳定性。

抗隆起稳定性计算是一个复杂的问题。需要说明的是，当按本规程抗隆起稳定性验算公式计算的安全系数不满足要求时，虽然不一定发生隆起破坏，但可能会带来其他不利后果。由于 Prandtl 理论公式忽略了支护结构底以下滑动区内土的重力对隆起的抵抗作用，抗隆起安全系数与滑移线深度无关，对浅部滑移体和深部滑移体得出的安全系数是一样的，与实际情况有一定偏差。基坑外挡土构件底部以上的土体重量简化为作用在该平面上的柔性均布荷载，并忽略了该部分土中剪应力对隆起的抵抗作用。对浅部滑移体，如果考虑挡土构件底端平面以上土中剪应力，抗隆起安全系数会有明显提高；当滑移体逐步向深层扩展时，虽然该剪应力抵抗隆起的作用在总抗力中所占比例随之逐渐减小，但滑动区内土的重力抵抗隆起的作用则会逐渐增加。如在抗隆起验算公式中考虑土中剪力对隆起的抵抗作用，挡土构件底端平面土中竖向应力会减小。这样，作用在挡土构件上的土压力也会相应增大，会降低支护结构的安全性。因此，本规程抗隆起稳定性验算公式，未考虑该剪应力的有利作用。

4.2.5 本条以最下层支点为转动轴心的圆弧滑动模式的稳定性验算方法是我国软土地区习惯采用的方法。特别是上海地区，在这方面积累了大量工程经验，实际工程中常常以这种方法作为挡土构件嵌固深度的控制条件。该方法假定破坏面为通过桩、墙底的圆弧形，以力矩平衡条件进行分析。现有资料中，力矩平衡的转动点有的取在最下道支撑或锚拉点处，有的取在开挖面处。本规程验算公式取转动点在最下道支撑或锚拉点处。在平衡力系中，桩、墙在转动点截面处的抗弯力矩在嵌固深度近于零时，会使计算结果出现反常情况，在正常设计的嵌固深度下，与总的抵抗力矩相比所占比例很小，因此在公式（4.2.5）中被忽略不计。

上海市标准《基坑工程设计规程》DBJ 08-61-97 中抗隆起分项系数的取值，对安全等级为一级、二级、三级的基坑分别取 2.5、2.0 和 1.7，工程实践表明，这些抗隆起分项系数偏大，很多工程都难以达到。新编制的上海基坑工程技术规范，根据几十个实际基坑工程抗隆起验算结果，拟将安全等级为一级、二级、三级的支护结构抗隆起分项系数分别调整为2.2、1.9 和 1.7。因此本规程参照上海规范，对安全等级为一级、二级、三级的支挡结构，其安全系数分别取 2.2、1.9 和 1.7。

4.2.6 地下水渗透稳定性的验算方法和规定，对本章支挡式结构和本规程其他章的复合土钉墙、重力式水泥土墙是相同的，故统一放在本规程附录。

4.3 排 桩 设 计

4.3.1 国内实际基坑工程中，排桩的桩型采用混凝土灌注桩的占绝大多数，但有些情况下，适合采用型钢桩、钢管桩、钢板桩或预制桩等，有时也可以采用 SMW 工法施工的内置型钢水泥土搅拌桩。这些桩型用作挡土构件时，与混凝土灌注桩的结构受力类型是相同的，可按本章支挡式支护结构进行设计计算。但采用这些桩型时，应考虑其刚度、构造及施工工艺上的不同特点，不能盲目使用。

4.3.2 圆形截面支护桩，沿受拉区和受压区周边局部均匀配置纵向钢筋的正截面受弯承载力计算公式中，因纵向受拉、受压钢筋集中配置在圆心角 $2\pi\alpha_s$、$2\pi\alpha_s'$ 内的做法很少采用，本次修订将原规程公式中集中配置钢筋有关项取消。同时，增加了圆形截面支护桩的斜截面承载力计算要求。由于现行国家标准《混凝土结构设计规范》GB 50010 中没有圆形截面的斜截面承载力计算公式，所以采用了将圆形截面等代成矩形截面，然后再按上述规范中矩形截面的斜截面承载力公式计算的方法，即"可用截面宽度 b 为 $1.76r$ 和截面有效高度 h_0 为 $1.6r$ 的矩形截面代替圆形截面后，按现行国家标准《混凝土结构设计规范》GB 50010 对矩形截面斜截面承载力的规定进行计算，此处，r 为圆形截面半径。等效成矩形截面的混凝土支护桩，应将计算所得的箍筋截面面积作为圆形箍筋的截面面积，且应满足该规范对梁的箍筋配置的要求。"

4.3.4 本条规定悬臂桩桩径不宜小于 600mm、锚拉式排桩与支撑式排桩桩径不宜小于 400mm，是通常情况下桩径的下限，桩径的选取主要还是应按弯矩大小与变形要求确定，以达到受力与桩承载力匹配，同时还要满足经济合理和施工条件的要求。特殊情况下，排桩间距的确定还要考虑桩间土的稳定性要求。根据工程经验，对大桩径或黏性土，排桩的净间距在 900mm 以内，对小桩径或砂土，排桩的净间距在 600mm 以内较常见。

4.3.5 该条对混凝土灌注桩的构造规定，以保证排桩作为混凝土构件的基本受力性能。有些情况下支护桩不宜采用非均匀配置纵向钢筋，如，采用泥浆护壁水下灌注混凝土成桩工艺而钢筋笼顶端低于泥浆面、钢筋笼顶与桩的孔口高差较大等难以控制钢筋笼方向的情况。

4.3.6 排桩冠梁低于地下管线是从后期主体结构施工上考虑的。因为，当排桩及冠梁高于后期主体结构各种地下管线的标高时，会给后续的施工造成障碍，需将其凿除。所以，排桩桩顶的设计标高，在不影响支护桩顶以上部分基坑的稳定与基坑外环境对变形的要求时，宜避开主体建筑地下管线通过的位置。一般情况，主体建筑各种管线引出接口的埋深不大，是容易做到的，但如果将桩顶降至管线以下，影响了支护结构的稳定或变形要求，则应首先按基坑稳定或变形要求确定桩顶设计标高。

4.3.7 冠梁是排桩结构的组成部分，应符合梁的构造要求。当冠梁上不设置锚杆或支撑时，冠梁可以仅按构造要求设计，按构造配筋。此时，冠梁的作用是将排桩连成整体，调整各个桩受力的不均匀性，不需对冠梁进行受力计算。当冠梁上设置锚杆或支撑时，冠梁起到传力作用，除需满足构造要求外，应按梁的内力进行截面设计。

4.3.9 泄水管的构造与规格应根据土的性状及地下水特点确定。一些实际工程中，泄水管采用长度不小于300mm，内径不小于40mm的塑料或竹制管，泄水管外壁包裹土工布并按含水土层的粒径大小设置反滤层。

4.4 排桩施工与检测

4.4.1 基坑支护中支护桩的常用桩型与建筑桩基相同，主要桩型的施工要求在现行国家行业标准《建筑桩基技术规范》JGJ 94 中已作规定。因此，本规程仅对桩用于基坑支护时的一些特殊施工要求进行了规定，对桩的常规施工要求不再重复。

4.4.2 本条是对当桩的附近存在既有建筑物、地下管线等环境且需要保护时，应注意的一些桩的施工问题。这些问题处理不当，经常会造成基坑周边建筑物、地下管线等被损害的工程事故。因具体工程的条件不同，应具体问题具体分析，结合实际情况采取相应的有效保护措施。

4.4.3 支护桩的截面配筋一般由受弯或受剪承载力控制，为保证内力较大截面的纵向受拉钢筋的强度要求，接头不宜设置在该处。同一连接区段内，纵向受力钢筋的连接方式和连接接头面积百分率应符合现行国家标准《混凝土结构设计规范》GB 50010 对梁类构件的规定。

4.4.7 相互咬合形成竖向连续体的排桩是一种新型的排桩结构，是本次规程修订新增的内容。排桩采用咬合的形式，其目的是使排桩既能作为挡土构件，又能起到截水作用，从而不用另设截水帷幕。由于需要达到截水的效果，对咬合排桩的施工垂直度就有严格的要求，否则，当桩与桩之间产生间隙，将会影响截水效果。通常咬合排桩是采用钢筋混凝土桩与素混凝土桩相互搭接，由配有钢筋的桩承受土压力荷载，素混凝土桩只用于截水。目前，这种兼作截水的支护结构形式已在一些工程上采用，施工质量能够得到保证时，其截水效果是良好的。

液压钢套管护壁、机械冲抓成孔工艺是咬合排桩的一种形式，其施工要点如下：

1 在桩顶预先设置导墙，导墙宽度取(3～4)m，厚度取(0.3～0.5)m；

2 先施作素混凝土桩，并在混凝土接近初凝时施作与其相交的钢筋混凝土桩；

3 压入第一节钢套管时，在钢套管相互垂直的两个竖向平面上进行垂直度控制，其垂直度偏差不得大于3‰；

4 抓土过程中，套管内抓斗取土与套管压入同步进行，抓土面在套管底面以上的高度应始终大于1.0m；

5 成孔后，夯实孔底；混凝土浇筑过程中，浇筑混凝土与提拔套管同步进行，混凝土面应始终高于套管底面；套管应垂直提拔；提拔阻力大时，可转动套管并缓慢提拔。

4.4.9 冠梁通过传递剪力调整桩与桩之间力的分配，当锚杆或支撑设置在冠梁上时，通过冠梁将排桩上的土压力传递到锚杆与支撑上。由于冠梁与桩的连接处是混凝土两次浇筑的结合面，如该结合面薄弱或钢筋锚固不够时，会剪切破坏不能传递剪力。因此，应保证冠梁与桩结合面的施工质量。

4.5 地下连续墙设计

4.5.1 地下连续墙作为混凝土受弯构件，可直接按现行国家标准《混凝土结构设计规范》GB 50010 的有关规定进行截面与配筋设计，但因为支护结构与永久性结构的内力设计值取值规定不同，荷载分项系数不同，按上述规范的有关公式计算截面承载力时，内力应按本规程的有关规定取值。

4.5.2 目前地下连续墙在基坑工程中已有广泛的应用，尤其在深大基坑和环境条件要求严格的基坑工程，以及支护结构与主体结构相结合的工程。按现有施工设备能力，现浇地下连续墙最大墙厚可达1500mm，采用特制挖槽机械的薄层地下连续墙，最小墙厚仅 450mm。常用成槽机的规格为 600mm、800mm、1000mm 或 1200mm 墙厚。

4.5.3 对环境条件要求高、槽段深度较深，以及槽段形状复杂的基坑工程，应通过槽壁稳定性验算，合理划分槽段的长度。

4.5.9 槽段接头是地下连续墙的重要部件，工程中常用的施工接头如图1、图2所示。

4.5.10 地下连续墙采用分幅施工，墙顶设置通长的冠梁将地下连续墙连成结构整体。冠梁宜与地下连续墙迎土面平齐，以避免凿除导墙，用导墙对墙顶以上挡土护坡。

(a) 圆形锁口管接头

(b) 波形管接头

(c) 楔形接头

(d) 工字形型钢接头

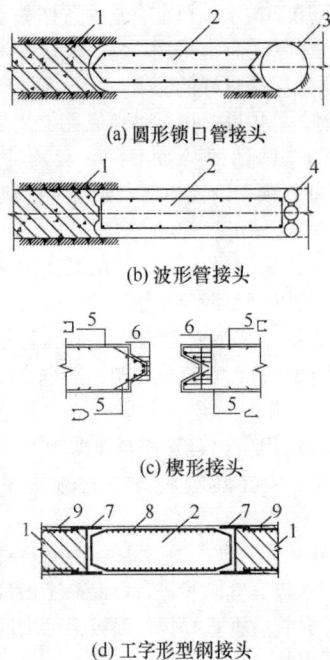

图 1　地下连续墙柔性接头

1—先行槽段；2—后续槽段；3—圆形锁扣管；4—波形管；
5—水平钢筋；6—端头纵筋；7—工字钢接头；
8—地下连续墙钢筋；9—止浆板

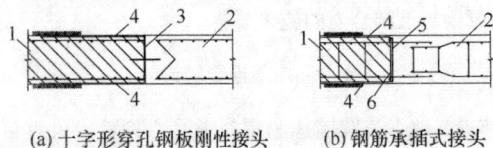

(a) 十字形穿孔钢板刚性接头　(b) 钢筋承插式接头

图 2　地下连续墙刚性接头

1—先行槽段；2—后续槽段；3—十字钢板；
4—止浆片；5—加强筋；6—隔板

4.6　地下连续墙施工与检测

4.6.1　为了确保地下连续墙成槽的质量，应根据不同的深度情况、地质条件选择合适的成槽设备。在软土中成槽可采用常规的抓斗式成槽设备，当在硬土层或岩层中成槽施工时，可选用钻抓、抓铣结合的成槽工艺。成槽机宜配备有垂直度显示仪表和自动纠偏装置，成槽过程中利用成槽机上的垂直度仪表及自动纠偏装置来保证成槽垂直度。

4.6.2　当地下连续墙邻近既有建（构）筑物或对变形敏感的地下管线时，应根据相邻建筑物的结构和基础形式、相邻地下管线的类型、位置、走向和埋藏深度及场地的工程地质和水文地质特性等因素，按其允许变形要求采取相应的防护措施。如：

　　1　采取间隔成槽的施工顺序，并在浇筑的混凝土终凝后，进行相邻槽段的成槽施工；

　　2　对松散或稍密的砂土和碎土石、稍密的粉土、

软土等易坍塌的软弱土层，地下连续墙成槽时，可采取改善泥浆性质、槽壁预加固、控制单幅槽段宽度和挖槽速度等措施增强槽壁稳定性。

4.6.3　导墙是控制地下连续墙轴线位置及成槽质量的关键环节。导墙的形式有预制和现浇钢筋混凝土两种，现浇导墙较常用，质量易保证。现浇导墙形状有"L"、倒"L"、"〔"等形状，可根据地质条件选用。当土质较好时，可选用倒"L"形；采用"L"形导墙时，导墙背后应注意回填夯实。导墙上部宜与道路连成整体。当浅层土质较差时，可预先加固导墙两侧土体，并将导墙底部加深至原状土上。两侧导墙净距通常大于设计槽宽 40mm～50mm，以便于成槽施工。

　　导墙顶部可高出地面 100mm～200mm 以防止地表水流入导墙沟，同时为了减少地表水的渗透，墙侧应用密实的黏性土回填，不应使用垃圾及其他透水材料。导墙拆模后，应在导墙间加设支撑，可采用上下两道槽钢或木撑，支撑水平间距一般 2m 左右，并禁止重型机械在尚未达到强度的导墙附近作业，以防止导墙位移或开裂。

4.6.4　护壁泥浆的配比试验、室内性能试验、现场成槽试验对保证槽壁稳定性是很有必要的，尤其在松散或渗透系数较大的土层中成槽，更应注意适当增大泥浆黏度，调整好泥浆配合比。对槽底稠泥浆和沉淀渣土的清除可以采用底部抽吸同时上部补浆的方法，使底部泥浆比重降至 1.2，减少槽底沉渣厚度。当泥浆配比不合适时，可能会出现槽壁较严重的坍塌，这时应将槽段回填，调整施工参数后再重新成槽。有时，调整泥浆配比能解决槽壁坍塌问题。

4.6.5　每幅槽段的长度，决定挖槽的幅数和次序。常用作法是：对三抓成槽的槽段，采用先抓两边后抓中间的顺序；相邻两幅地下连续墙槽段深度不一致时，先施工深的槽段，后施工浅的槽段。

4.6.6　地下连续墙水下浇筑混凝土时，因成槽时槽壁坍塌或槽段接头安放不到位等原因都会导致混凝土绕流，混凝土一旦形成绕流会对相邻幅槽段的成槽和墙体质量产生不良影响，因此在工程中要重视混凝土绕流问题。

4.6.10　当单元槽段的钢筋笼必须分段装配沉放时，上下段钢筋笼的连接在保证质量的情况下应尽量采用连接快速的方式。

4.6.14　因《建筑地基基础工程施工质量验收规范》GB 50202 已对地下连续墙施工偏差有详细、全面的规定，本规程不再对此进行规定。

4.7　锚杆设计

4.7.1　锚杆有多种类型，基坑工程中主要采用钢绞线锚杆，当设计的锚杆承载力较低时，有时也采用钢筋锚杆。有些地区也采用过自钻式锚杆，将钻杆留在孔内作为锚杆杆体。自钻式锚杆不需要预先成孔，与

先成孔再置入杆体的钢绞线、钢筋锚杆相比，施工对地层变形影响小，但其承载力较低，目前很少采用。从锚杆杆体材料上讲，钢绞线锚杆杆体为预应力钢绞线，具有强度高、性能好、运输安装方便等优点，由于其抗拉强度设计值是普通热轧钢筋的4倍左右，是性价比最好的杆体材料。预应力钢绞线锚杆在张拉锁定的可操作性、施加预应力的稳定性方面均优于钢筋。因此，预应力钢绞线锚杆应用最多、也最有发展前景。随着锚杆技术的发展，钢绞线锚杆又可细分为多种类型，最常用的是拉力型预应力锚杆，还有拉力分散型锚杆、压力型预应力锚杆、压力分散型锚杆，压力型锚杆可应用钢绞线回收技术，适应愈来愈引起人们关注的环境保护的要求。这些内容可参见中国工程建设标准化协会标准《岩土锚杆（索）技术规程》CECS 22：2005。

锚杆成孔工艺主要有套管护壁成孔、螺旋钻杆干成孔、浆液护壁成孔等。套管护壁成孔工艺下的锚杆孔壁松弛小、对土体扰动小、对周边环境的影响最小。工程实践中，螺旋钻杆成孔、浆液护壁成孔工艺锚杆承载力低、成孔施工导致周边建筑物地基沉降的情况时有发生。设计和施工时应根据锚杆所处的土质、承载力大小等因素，选定锚杆的成孔工艺。

目前常用的锚杆注浆工艺有一次常压注浆和二次压力注浆。一次常压注浆是浆液在自重压力作用下充填锚杆孔。二次压力注浆需满足两个指标，一是第二次注浆时的注浆压力，一般需不小于1.5MPa，二是第二次注浆时的注浆量。满足这两个指标的关键是控制浆液不从孔口流失。一般的做法是：在一次注浆液初凝后一定时间，开始进行二次注浆，或者在锚杆锚固段起点处设置止浆装置。可重复分段劈裂注浆工艺（袖阀管注浆工艺）是一种较好的注浆方法，可增加二次压力注浆量和沿锚固段的注浆均匀性，并可对锚杆实施多次注浆，但这种方法目前在工程中的应用还不普遍。

4.7.2 本次修订，锚杆长度设计采用了传统的安全系数法，锚杆杆体截面设计仍采用原规程的分项系数法。原规程中，锚杆承载力极限状态的设计表达式是采用分项系数法，其荷载分项系数、抗力分项系数和重要性系数三者的乘积在数值上相当于安全系数。其乘积，对于安全等级为一级、二级、三级的支护结构分别为1.7875、1.625、1.4625。实践证明，该安全储备是合适的。本次修订规定临时支护结构中的锚杆抗拔安全系数对于安全等级为一级、二级、三级的支护结构分别取1.8、1.6、1.4，与原规程取值相当。需要注意的是，当锚杆为永久结构构件时，其安全系数取值不能按照本规程的规定，需符合其他有关技术标准的规定。

4.7.4 本条强调了锚杆极限抗拔力应通过现场抗拔试验确定的取值原则。由于锚杆抗拔试验的目的是确定或验证在特定土层条件、施工工艺下锚固体与土体之间的粘结强度、锚杆长度等设计参数是否正确，因而试验时应使锚杆在极限承载力下，其破坏形式是锚杆摩阻力达到极限粘结强度时的拔出破坏，而不应是锚杆杆体被拉断。为防止锚杆杆体应力达到极限抗拉强度先于锚杆摩阻力达到极限粘结强度，必要时，试验锚杆可适当增加预应力筋的截面面积。

本次规程修订，从20多个地区共收集到500多根锚杆试验资料，对所收集资料进行了统计分析，并进行了不同成孔工艺、不同注浆工艺条件下锚杆抗拔承载力的专题研究。根据上述资料，对原规程表4.4.3进行了修订和扩充，形成本规程表4.7.4。需要注意的是，由于我国各地区相同土类的土性亦存在差异，施工水平也参差不齐，因此，使用该表数值时应根据当地经验和不同的施工工艺合理使用。二次高压注浆的注浆压力、注浆量、注浆方法（普通二次压力注浆和可重复分段压力注浆）的不同，均会影响土体与锚固体的实际极限粘结强度的数值。

4.7.5 锚杆自由段长度是锚杆杆体不受注浆固结体约束可自由伸长的部分，也就是杆体用套管与注浆固结体隔离的部分。锚杆的非锚杆段是理论滑动面以内的部分，与锚杆自由段有所区别。锚杆自由段应超过理论滑动面（大于非锚固段长度）。锚杆总长度为非锚固段长度加上锚固段长度。

锚杆的自由段长度越长，预应力损失越小，锚杆拉力越稳定。自由段长度过小，锚杆张拉锁定后的弹性伸长较小，锚具变形、预应力筋回缩等因素引起的预应力损失较大，同时，受支护结构位移的影响也越敏感，锚杆拉力会随支护结构位移有较大幅度增加，严重时锚杆会因杆体应力超过其强度发生脆性破坏。因此，锚杆的自由段长度除了满足本条规定外，尚需满足不小于5m的规定。自由段越长，锚杆拉力对锚头位移越不敏感。在实际基坑工程设计时，如计算的自由段较短，宜适当增加自由段长度。

4.7.8 锚杆布置是以排和列的群体形式出现的，如果其间距太小，会引起锚杆周围的高应力区叠加，从而影响锚杆抗拔力和增加锚杆位移，即产生"群锚效应"，所以本条规定了锚杆的最小水平间距和竖向间距。

为了使锚杆与周围土层有足够的接触应力，本条规定锚固体上覆土层厚度不宜小于4.0m，上覆土层厚度太小，其接触应力也小，锚杆与土的粘结强度会较低。当锚杆采用二次高压注浆时，上覆土层有一定厚度才能保证在较高注浆压力作用下注浆不会从地表溢出或流入地下管线内。

理论上讲，锚杆水平倾角越小，锚杆拉力的水平分力所占比例越大。但是锚杆水平倾角太小，会降低浆液向锚杆周围土层内渗透，影响注浆效果。锚杆水平倾角越大，锚杆拉力的水平分力所占比例越小，锚杆拉力的有效部分减小或需要更长的锚杆长度，也就越不经济。同时锚杆的竖向分力较大，对锚头连接要求更高并使挡土构件有向下变形的趋势。本条规定了适宜的水平倾角的范围值，设计时，应按尽量使锚杆锚固段进入粘结强度较高土层的原则确定锚杆倾角。

锚杆施工时的塌孔、对地层的扰动，会引起锚杆上部土体的下沉，若锚杆之上存在建筑物、构筑物等，锚杆成孔造成的地基变形可能使其发生沉降甚至损坏，此类事故在实际工程中时有发生。因此，设置锚杆需避开易塌孔、变形的地层。

根据有关参考资料，当土层锚杆间距为 1.0m 时，考虑群锚效应的锚杆抗拔力折减系数可取 0.8，锚杆间距在 1.0m～1.5m 之间时，锚杆抗拔力折减系数可按此内插。

4.7.11 腰梁是锚杆与挡土结构之间的传力构件。钢筋混凝土腰梁一般是整体现浇，梁的长度较长，应按连续梁设计。组合型钢腰梁需在现场安装拼接，每节一般按简支梁设计，腰梁较长时，则可按连续梁设计。

4.7.12 根据工程经验，在常用的锚杆拉力、锚杆间距条件下，槽钢的规格常在 [18～[36 之间选用，工字钢的规格常在 I16～I32 之间选用。具体工程中锚杆腰梁规格取值与锚杆的设计拉力和锚杆间距有关，应根据按第 4.7.11 条规定计算的腰梁内力确定。锚杆的设计拉力或锚杆间距越大，内力越大，腰梁型钢的规格也就会越大。组合型钢腰梁的双型钢焊接为整体，可增加腰梁的整体稳定性，保证双型钢共同受力。

4.7.13 对于组合型钢腰梁，锚杆拉力通过锚具、垫板以集中力的形式作用在型钢上。当垫板厚度不够大时，在较大的局部压力作用下，型钢腹板会出现局部失稳，型钢翼缘会出现局部弯曲，从而导致腰梁失效，进而引起整个支护结构的破坏。因此，设计需考虑腰梁的局部受压稳定性。加强型钢腰梁的受扭承载力及局部受压稳定性有多种措施和方法，如：可在型钢翼缘端口、锚杆锚具位置处配置加劲肋（图 3），肋板厚度一般不小于 8mm。

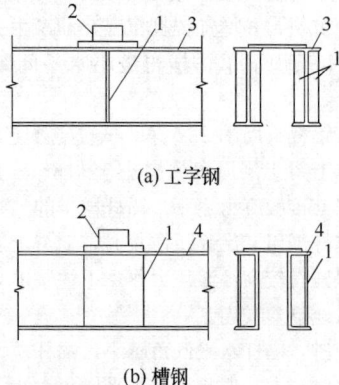

(a) 工字钢

(b) 槽钢

图 3 钢腰梁的局部加强构造形式

1—加强肋板；2—锚头；3—工字钢；4—槽钢

4.7.14 混凝土腰梁截面的上边水平尺寸不宜小于 250mm，是考虑到混凝土浇筑、振捣的施工要求而定。

4.7.15 组合型钢腰梁与挡土构件之间的连接构造，需有足够的承载力和刚度。连接构造一般不能有变形，或者变形相对于腰梁的变形可忽略不计。

4.8 锚杆施工与检测

4.8.2 锚杆成孔是锚杆施工的一个关键环节，主要应注意以下问题：①塌孔。造成锚杆杆体不能插入，使注浆液掺入杂物而影响固结体完整性和强度、影响握裹力和粘结强度，使钻孔周围土体塌落、建筑物基础下沉等。②遇障碍物。使锚杆达不到设计长度，如果碰到电力、通信、煤气管线等地下管线会使其损坏并酿成严重后果。③孔壁形成泥皮。在高塑性指数的饱和黏性土层及采用螺旋钻杆成孔时易出现这种情况，使粘结强度和锚杆抗拔力大幅度降低。④涌水涌砂。当采用帷幕截水时，在地下水位以下特别是承压水土层成孔会出现孔内向外涌水冒砂，造成无法成孔、钻孔周围土体坍塌、地面或建筑物基础下沉、注浆液被水稀释不能形成固结体、锚头部位长期漏水等。

4.8.7 锚杆张拉锁定时，张拉值大于锚杆轴向拉力标准值，然后将拉力在锁定值的（1.1～1.15）倍进行锁定。第一，是为了在锚杆锁定时对每根锚杆进行过程检验，当锚杆抗拔力不足时可事先发现，减少锚杆的质量隐患。第二，通过张拉可检验在设计荷载下锚杆各连接节点的可靠性。第三，可减小锁定后锚杆的预应力损失。

工程实测表明，锚杆张拉锁定后一般预应力损失较大，造成预应力损失的主要因素有土体蠕变、锚头及连接的变形、相邻锚杆影响等。锚杆锁定时的预应力损失约为 10%～15%。当采用的张拉千斤顶在锁定时不会产生预应力损失，则锁定时的拉力不需提高 10%～15%。

钢绞线多余部分宜采用冷切割方法切除，采用热切割时，钢绞线过热会使锚具夹片表面硬度降低，造成钢绞线滑动，降低锚杆预应力。当锚杆需要再次张拉锁定时，锚具外的杆体预留长度应满足张拉要求。确保锚杆不用再张拉时，冷切割的锚具外的杆体保留长度一般不小于 50mm，热切割时，一般不小于 80mm。

4.9 内支撑结构设计

4.9.1 钢支撑，不仅具有自重轻、安装和拆除方便、施工速度快、可以重复利用等优点，而且安装后能立即发挥支撑作用，对减小由于时间效应而产生的支护结构位移十分有效，因此，对形状规则的基坑常采用钢支撑。但钢支撑节点构造和安装相对复杂，需要具有一定的施工技术水平。

混凝土支撑是在基坑内现浇而成的结构体系，布置形式和方式基本不受基坑平面形状的限制，具有刚度大、整体性好、施工技术相对简单等优点，所以，应用范围较广。但混凝土支撑需要较长的制作和养护时间，制作后不能立即发挥支撑作用，需要达到一定的材料强度后，才能进行其下的土方开挖。此外，拆除混凝土支撑工作量大，一般需要采用爆破方法拆除，支撑材料不能重复使用，从而产生大量的废弃混凝土垃圾需要处理。

4.9.3 内支撑结构形式很多，从结构受力形式划分，可主要归纳为以下几类（图4）：①水平对撑或斜撑，包括单杆、桁架、八字形支撑。②正交或斜交的平面杆系支撑。③环形杆系或板系支撑。④竖向斜撑。每类内支撑形式又可根据具体情况有多种布置形式。一般来说，对面积不大、形状规则的基坑常采用水平对撑或斜撑；对面积较大或形状不规则的基坑有时需采用正交或斜交的平面杆系支撑；对圆形、方形及近似圆形的多边形的基坑，为形成较大开挖空间，可采用环形杆系或环形板系支撑；对深度较浅、面积较大基坑，可采用竖向斜撑，但需注意，在设置斜撑基础、安装竖向斜撑前，无撑支护结构应能够满足承载力、变形和整体稳定要求。对各类支撑形式，支撑结构的布置要重视支撑体系总体刚度的分布，避免突变，尽可能使水平力作用中心与支撑刚度中心保持一致。

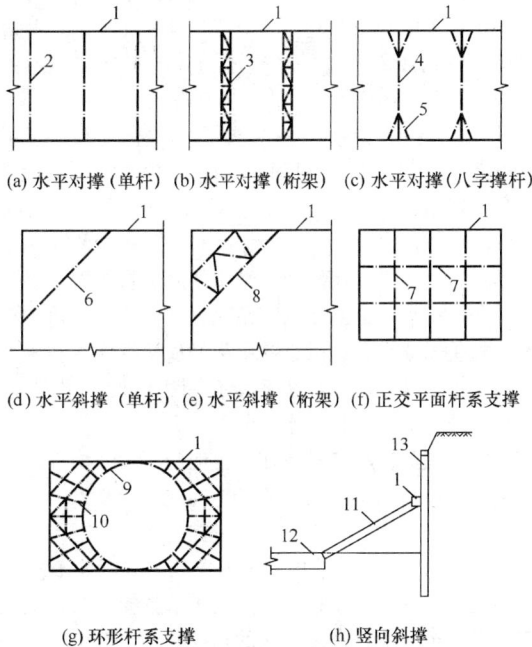

(a) 水平对撑（单杆） (b) 水平对撑（桁架） (c) 水平对撑（八字撑杆）

(d) 水平斜撑（单杆） (e) 水平斜撑（桁架） (f) 正交平面杆系支撑

(g) 环形杆系支撑 (h) 竖向斜撑

图4 内支撑结构常用类型

1—腰梁或冠梁；2—水平单杆支撑；3—水平桁架支撑；4—水平支撑主杆；5—八字撑杆；6—水平角撑；7—水平正交支撑；8—水平斜交支撑；9—环形支撑；10—支撑杆；11—竖向斜撑；12—竖向斜撑基础；13—挡土构件

4.9.5 实际工程中支撑和冠梁及腰梁、排桩或地下连续墙以及立柱等连接成一体并形成空间结构。因此，在一般情况下应考虑支撑体系在平面上各点的不同变形与排桩、地下连续墙的变形协调作用而优先采用整体分析的空间分析方法。但是，支护结构的空间分析方法由于建立模型相对复杂，部分模型参数的确定也没有积累足够的经验，因此，目前将空间支护结构简化为平面结构的分析方法和平面有限元法应用较为广泛。

4.9.6 温度变化会引起钢支撑轴力改变，但由于对钢支撑温度应力的研究较少，目前对此尚无成熟的计算方法。温度变化对钢支撑的影响程度与支撑构件的长度有较大的关系，根据经验，对长度超过40m的支撑，认为可考虑10%～20%的支撑内力变化。

目前，内支撑的计算一般不考虑支撑立柱与挡土构件之间、各支撑立柱之间的差异沉降，但支撑立柱下沉或隆起，会使支撑立柱与排桩、地下连续墙之间，立柱与立柱之间产生一定的差异沉降。当差异沉降较大时，在支撑构件上增加的偏心距，会使水平支撑产生次应力。因此，当预估或实测差异沉降较大时，应按此差异沉降量对内支撑进行计算分析并采取相应措施。

4.9.9 预加轴向压力可减小基坑开挖后支护结构的水平位移、检验支撑连接结点的可靠性。但如果预加轴向力过大，可能会使支挡结构产生反向变形、增大基坑开挖后的支撑轴力。根据以往的设计和施工经验，预加轴向力取支撑轴向压力标准值的（0.5～0.8）倍较合适。但特殊条件下，不一定受此限制。

4.9.14 钢支撑的整体刚度依赖于构件之间的合理连接，其构件的拼接尚应满足截面等强度的要求。常用的连接方法有螺栓连接和焊接。螺栓连接施工方便，速度快，但整体性不如焊接好。焊接一般在现场拼接，由于焊接条件差，对焊接技术水平要求较高。

4.11 支护结构与主体结构的结合及逆作法

4.11.1 主体工程与支护结构相结合，是指在施工期利用地下结构外墙或地下结构的梁、板、柱兼作基坑支护体系，不设置或仅设置部分临时基坑支护体系。它在变形控制、降低工程造价等方面具有诸多优点，是建设高层建筑多层地下室和其他多层地下结构的有效方法。将主体地下结构与支护结构相结合，其中蕴含巨大的社会、经济效益。支护结构与主体结构相结合的工程类型可采用以下几类：①地下连续墙"两墙合一"结合坑内临时支撑系统；②临时支护墙结合水平梁板体系取代临时内支撑；③支护结构与主体结构全面相结合。

4.11.2 利用地下结构兼作基坑支护结构时，施工期和使用期的荷载状况和结构状态均有较大的差别，因此需要分别进行设计和计算，同时满足各种情况下承载能力极限状态和正常使用极限状态的设计要求。

4.11.3 与主体结构相结合的地下连续墙在较深的基坑工程中较为普遍。通常情况下，采用单一墙时，基坑内部槽段接缝位置需设置钢筋混凝土壁柱，并留设隔潮层、设置砖衬墙。采用叠合墙时，地下连续墙墙体内表面需进行凿毛处理，并留设剪力槽和插筋等预埋措施，确保与内衬结构墙之间剪力的可靠传递。复合墙和叠合墙结构形式，在基坑开挖阶段，仅考虑地下连续墙作为基坑支护结构进行受力和变形计算；在正常使用阶段，考虑内衬钢筋混凝土墙体的复合或叠合作用。

4.11.5 地下连续墙多为矩形，与圆形的钻孔灌注桩相比，成槽过程中的槽底沉渣更加难以控制，因此对地下连续墙进行注浆加固是必要的。当地下连续墙承受较大的竖向荷载时，槽底注浆有利于地下连续墙与主体结构之间的变形协调。

4.11.6 地下连续墙的防水薄弱点在槽段接缝和地下连续墙与基础底板的连接位置，因此应设置必要的构造措施确保其连接和防水可靠性。

4.11.7、4.11.8 当采用梁板体系且结构开口较多时，可简化为仅考虑梁系的作用，进行在一定边界条件下，在周边水平荷载作用下的封闭框架的内力和变形计算，其计算结果是偏安全的。当梁板体系需考虑板的共同作用，或结构为无梁楼盖时，应采用平面有限元的方法进行整体计算分析，根据计算分析结果并结合工程概念和经验，合理确定结构构件的内力。

当主体地下水平结构需作为施工期的施工作业面，供挖土机、土方车以及吊车等重载施工机械进行施工作业时，此时水平构件不仅需承受坑外水土的侧向水平压力，同时还承受施工机械的竖向荷载。因此其构件的设计在满足正常使用阶段的结构受力及变形要求之外，尚需满足施工期水平向和竖向两种荷载共同作用下的受力和变形要求。

主体地下水平结构作为基坑施工期的水平支撑，需承受坑外传来的水土侧向压力。因此水平结构应具有直接的、完整的传力体系。如同层楼板面标高出现较大的高差时，应通过计算设置有效的转换结构以利于水平力的传递。另外，应在结构楼板出现较大面积的缺失区域以及地下各层水平结构梁板的结构分缝以及施工后浇带等位置，通过计算设置必要的水平支撑传力构件。

4.11.9 在主体地下水平结构与支护结构相结合的工程中，梁柱节点位置由于竖向支承钢立柱的存在，使得该位置框架梁钢筋穿越与钢立柱的矛盾十分突出，将框架梁截面宽度适当加大，以缓解梁柱节点位置钢筋穿越的难题。当钢立柱采用钢管混凝土柱，且框架梁截面宽度较小，框架梁钢筋无法满足穿越要求时，可采取环梁节点、加强连接环板或双梁节点等措施，以满足梁柱节点位置各个阶段的受力要求。

4.11.10～4.11.12 支护结构与主体结构相结合工程中的竖向支承钢立柱和立柱桩一般尽量设置于主体结构柱位置，并利用结构柱下工程桩作为立柱桩，钢立柱则在基坑逆作阶段结束后外包混凝土形成主体结构劲性柱。

竖向支承立柱和立柱桩的位置和数量，要根据地下室的结构布置和制定的施工方案经计算确定，其承受的最大荷载，是地下室已修建至最下一层，而地面上已修建至规定的最高层数时的结构构件重量与施工超载的总和。除承载能力必须满足荷载要求外，钢立柱底部桩基础的主要设计控制参数是沉降量，目标是使相邻立柱以及立柱与地下连续墙之间的沉降差控制在允许范围内，以免结构梁板中产生过大附加应力，导致裂缝的发生。

型钢格构立柱是最常采用的钢立柱形式；在逆作阶段荷载较大并且主体结构允许的情况下也可采用钢管混凝土立柱。

立柱桩浇筑过程中，混凝土导管需要穿过钢立柱，如果角钢格构柱柱边长过小，导管上拔过程中容易被卡住；如果钢管立柱内径过小，则钢管内混凝土的浇捣质量难以保证，因此需要对角钢格构柱的最小边长和钢管混凝土立柱的钢管最小直径进行规定。

竖向支承钢立柱由于柱中心的定位误差、柱身倾斜、基坑开挖或浇筑柱身混凝土时产生位移等原因，会产生立柱中心偏离设计位置的情况，过大偏心不仅造成立柱承载能力的下降，而且也会给正常使用带来问题。施工中必须对立柱的定位精度严加控制，并应根据立柱允许偏差按偏心受压构件验算施工偏心的影响。

4.11.15 为保证钢立柱在土体未开挖前的稳定性，要求在立柱桩施工完毕后必须对桩孔内钢立柱周边进行密实回填。

4.11.16 施工阶段用作材料和土方运输的留孔一般应尽量结合正常使用阶段的结构留洞进行布置。对于逆作施工结束后需封闭的预留孔，预留孔的周边需根据结构受力要求预留后续封梁板的连接钢筋或施工缝位置的抗剪件，同时应沿预留孔周边留设止水措施，以解决施工缝位置的止水问题。

施工孔洞应尽量设置在正常使用阶段结构开口的部位，以避免结构二次浇筑带来的施工缝止水、抗剪等后续难度较大、且不利于质量控制的处理工作。

4.11.17 地下水平结构施工的支模方式通常有土模法和支模法两种。土模法优点在于节省模板量，且无需考虑模板的支撑高度带来的超挖问题，但土模法由于直接利用土作为梁板的模板，结构梁板混凝土自重的作用下，土模易发生变形进而影响梁板的平整度，不利于结构梁板施工质量的控制。因此，从保证永久结构的质量角度上，地下水平结构构件宜采用支模法施工，支护结构设计计算时，应计入采用支模法而带来的超挖量等因素。

逆作法的工艺特点决定地下部分的柱、墙等竖向结构均待逆作结束之后再施工，地下各层水平结构施工时必须预先留设好柱、墙竖向结构的连接钢筋以及浇捣孔。预留连接钢筋在整个逆作施工过程中须采取措施加以保护，避免潮气、施工车辆碰撞等因素作用下预留钢筋出现锈蚀、弯折。另外柱、墙施工时，应对二次浇筑的结合面进行清洗处理，对于受力大、质量要求高的结合面，可预留消除裂缝的压力注浆孔。

4.11.19 钢管混凝土立柱承受荷载水平高，但由于混凝土水下浇筑、桩与柱混凝土标号不统一等原因，施工质量控制的难度较高。为了确保施工质量满足设计要求，必须根据本条规定对钢管混凝土立柱进行严格检测。

4.12 双排桩设计

4.12.1～4.12.4 双排桩结构是本规程的新增内容。实际的基坑工程中，在某些特殊条件下，锚杆、土钉、支撑受到实际条件的限制而无法实施，而采用单排悬臂桩又难以满足承载力、基坑变形等要求或者采用单排悬臂桩造价明显不合理的情况下，双排桩刚架结构是一种可供选择的基坑支护结构形式。与常用的支挡式支护结构如单排悬臂桩结构、锚拉式结构、支撑式结构相比，双排桩刚架支护结构有以下特点：

1 与单排悬臂桩相比，双排桩为刚架结构，其抗侧移刚度远大于单排悬臂桩结构，其内力分布明显优于悬臂结构，在相同的材料消耗条件下，双排桩刚架结构的桩顶位移明显小于单排悬臂桩，其安全可靠性、经济合理性优于单排悬臂桩。

2 与支撑式支挡结构相比，由于基坑内不设支撑，不影响基坑开挖、地下结构施工，同时省去设置、拆除内支撑的工序，大大缩短了工期。在基坑面积很大、基坑深度不很大的情况下，双排桩刚架支护结构的造价常低于支撑式支挡结构。

3 与锚拉式支挡结构相比，在某些情况下，双排桩刚架结构可避免锚拉式支挡结构难以克服的缺点。如：①在拟设置锚杆的部位有已建地下结构、障碍物，锚杆无法实施；②拟设置锚杆的土层为高水头的砂层（有隔水帷幕），锚杆无法实施或实施难度、风险大；③拟设置锚杆的土层无法提供要求的锚固力；④拟设置锚杆的工程，地方法律、法规规定支护结构不得超出用地红线。此外，由于双排桩具有施工工艺简单、不与土方开挖交叉作业、工期短等优势，在可以采用悬臂桩、支撑式支挡结构、锚拉式支挡结构条件下，也应在考虑技术、经济、工期等因素并进行综合分析对比后，合理选用支护方案。

双排桩结构虽然已在少数实际工程中应用，但目前基坑支护规范中尚没有提出双排桩结构计算方法，使得一些设计者对如何设计双排桩还处于一种模糊状态。本规程根据以往的双排桩工程实例总结及通过模型试验与工程测试的研究，提出了一种双排桩的设计计算的简化实用方法。本结构分析模型，作用在结构两侧的荷载与单排桩相同，不同的是如何确定夹在前后排桩之间土体的反力与变形关系，这是解决双排桩计算模式的关键。本模型采用土的侧限约束假定，认为桩间土对前后排桩的土反力与桩间土的压缩变形有关，将桩间土看作水平向单向压缩体，按土的压缩模量确定水平刚度系数。同时，考虑基坑开挖后桩间土应力释放后仍存在一定的初始压力，计算土反力时应反映其影响，本模型初始压力按桩间土自重占滑动体自重的比值关系确定。按上述假定和结构模型，经计算分析的内力与位移随各种计算参数变化的规律较好，与工程实测的结果也较吻合。由于双排桩首次编入规程，为慎重起见，本规程只给出了前后排桩矩形布置的计算方法。

4.12.5 双排桩的嵌固稳定性验算问题与单排悬臂桩类似，应满足作用在后排桩上的主动土压力与作用在前排桩嵌固段上的被动土压力的力矩平衡条件。与单排桩不同的是，在双排桩的抗倾覆稳定性验算公式（4.12.4）中，是将双排桩与桩间土整体作为力的平衡分析对象，考虑了土与桩自重的抗倾覆作用。

4.12.6 双排桩的排距、刚架梁高度是双排桩设计的重要参数。根据本规程修订组的专项研究及相关文献的报道，排距过小受力不合理，排距过大刚架效果减弱，排距合理的范围为 $2d～5d$。双排桩顶部水平位移随刚架梁高度的增大而减小，但当梁高大于 $1d$ 时，再增大梁高桩顶水平位移基本不变了。因此，规定刚架梁高度不宜小于 $0.8d$，且刚架梁高度与双排桩排距的比值取 $1/6～1/3$ 为宜。

4.12.7 根据结构力学的基本原理及计算分析结果，双排桩刚架结构中的桩与单排桩的受力特点有较大的区别。锚拉式、支撑式、悬臂式排桩，在水平荷载作用下只产生弯矩和剪力。而双排桩刚架结构在水平荷载作用下，桩的内力除弯矩、剪力外，轴力不容忽视。前排桩的轴力为压力，后排桩的轴力为拉力。在其他参数不变的条件下，桩身轴力随着双排桩排距的减小而增大。桩身轴力的存在，使得前排桩发生向下的竖向位移，后排桩发生相对向上的竖向位移。前后排桩出现不同方向的竖向位移，正如普通刚架结构对相邻柱间的沉降差非常敏感一样，双排桩刚架前、后排桩沉降差对结构的内力、变形影响很大。通过对某一实例的计算分析表明，在其他条件不变的情况下，桩顶水平位移、桩身最大弯矩随着前、后排桩沉降差的增大基本呈线性增加。与前后排桩桩底沉降差为零相比，当前后排桩桩底沉降差与排距之比等于 0.002 时，计算的桩顶位移增加 24%，桩身最大弯矩增加 10%。后排桩由于全桩长范围有土的约束，向上的竖向位移很小。减小前排桩沉降的有效的措施有：桩端选择强度较高的土层、泥浆护壁钻孔桩需控制沉渣厚度、采用桩底后注浆技术等。

4.12.8 双排桩的桩身内力有弯矩、剪力、轴力，因此需按偏心受压、偏心受拉构件进行设计。双排桩刚架梁两端均有弯矩，在根据《混凝土结构设计规范》GB 50010 判别刚架梁是否属于深受弯构件时，按照连续梁考虑。

4.12.9 本规程的双排桩结构是指由相隔一定间距的前、后排桩及桩顶梁构成的刚架结构，桩顶与刚架梁的连接按完全刚接考虑，其受力特点类似于混凝土结构中的框架顶层，因此，该处的连接构造需符合框架顶层端节点的有关规定。

5 土 钉 墙

5.1 稳定性验算

5.1.1 土钉墙是分层开挖、分层设置土钉及面层形成的。每一开挖状况都可能是不利工况，也就需要对每一开挖工况进行土钉墙整体滑动稳定性验算。本条的圆弧滑动条分法保持原规程的方法，该方法在原规程颁布以来，一直广泛采用，大量工程应用证明是符合实际情况的，本次修订继续采用。由于本规程在设计方法上，对土的稳定性一类极限状态由分项系数表示法改为单一安全系数法，公式（5.1.1-2）在具体形式上与原规程公式不同，但公式的实质没变。

由于本章增加了复合土钉墙的内容，考虑到圆弧滑动条分法需要适用于复合土钉墙这一要求，公式（5.1.1-2）增加了锚杆作用下的抗滑力矩项，因锚杆和土钉对滑动稳定性的作用是一样的，公式中将锚杆和土钉的极限拉力用同一符号 $R'_{k,k}$ 表示。由于土钉墙整体稳定性验算采用的是极限平衡法，假定锚杆和土钉同时达到极限状态，与锚杆预加力无关，因而，验算公式中不含锚杆预应力项。

复合土钉墙中锚杆施加预应力，预应力的大小应考虑土钉与锚杆的变形协调，土钉在基坑有一定变形发生后才受力，预应力锚杆随基坑变形拉力也会增长。土钉和锚杆同时达到极限状态是最理想的，选取锚杆长度和确定锚杆预加力时，应按此原则考虑。

在复合土钉墙中，微型桩、搅拌桩或旋喷桩对总抗滑力矩是有贡献的，但难以定量。对水泥土桩，其截面的抗剪强度不能按全部考虑。因为水泥土桩比土的刚度大的多，当水泥土桩达到强度极限时，土的抗剪强度还未充分发挥，而土达到极限强度时，水泥土桩在此之前已被剪断，即两者不能同时达到极限。对微型钢管桩，当土达到极限强度时，微型钢管桩是有上拔趋势的，而不是剪切强度控制。因此，尚不能定量给出水泥土桩、微型桩的抵抗力矩，需要考虑其作用时，只能根据经验和水泥土桩、微型桩的设计参数，适当考虑其抗滑作用。当无经验时，最好不考虑其抗滑作用，当作安全储备来处理。

5.2 土钉承载力计算

5.2.1～5.2.4 按本规程公式（5.2.1）的要求确定土钉抗拔承载力，目的是控制单根土钉拔出或土钉杆体拉断所造成的土钉墙局部破坏。单根土钉拉力取分配到每根土钉的土钉墙墙面面积上的土压力，单根土钉抗拔承载力为图 5.2.5 所示的假定直线滑动面外土钉的抗拔承载力。由于土钉墙结构具有土与土钉共同工作的特性，受力状态复杂，目前尚没有研究清楚土钉的受力机理，土钉拉力计算方法也不成熟。因此，本节的土钉抗拔承载力计算方法只是近似的。

由于土钉墙墙面可以是倾斜的，倾斜墙面上的土压力比同样高度的垂直墙面上的土压力小。用朗肯方法计算时，需要按墙面倾斜情况对土压力进行修正。本规程采用的是对按垂直墙面计算的土压力乘以折减系数的修正方法。折减系数计算公式与原规程相同。

土压力沿墙面的分布形式，原规程直接采用朗肯土压力线性分布。原规程施行后，根据一些实际工程设计情况，人们发现按朗肯土压力线性分布计算土钉承载力时，往往土钉墙底部的土钉需要长度很长才能满足承载力要求。土钉墙底部的土钉过长，其承载力不一定能充分发挥，使土钉墙面层强度或土钉端部的连接强度成为控制条件，土钉墙面层或土钉端部连接会在土钉达到设计拉力前破坏。因此，一些实际工程设计中土钉墙底部土钉长度往往会做些折减。工程实际表明，适当减短土钉墙底部土钉长度后，并没有出现土钉被拔出破坏的现象。土钉长度计算不合理的问题主要原因在于所采用的朗肯土压力按线性分布是否合理。由于土钉墙墙面是柔性的，且分层开挖裸露上土压力是零，建立新的力平衡使土压力向周围转移，墙面上的土压力则重新分布。为解决土钉计算长度不合理的问题，本次修订考虑了墙面上土压力会存在重分布的规律，对按朗肯公式计算的土压力线性分布进行了修正，即在计算每根土钉轴向拉力时，分别乘以由公式（5.2.4-1）和公式（5.2.4-2）给出的调整系数 η_i。每根土钉的轴向拉力调整系数 η_i 值是不同的，每根土钉乘以轴向拉力调整系数 η_i 后，各土钉轴向拉力之和与调整前的各土钉轴向拉力之和相等。该调整方法在概念上虽然可行，但存在一定近似性，还需要做进一步研究和试验工作，以使通过计算得到的土压力分布规律和数值与实际情况更接近。

5.2.5 本次修订对表 5.2.5 中土钉的极限粘结强度标准值在数值上作了一定调整，调整后的数值是根据原规程施行以来对大量实际工程土钉抗拔试验数据统计并结合已有的资料作出的。同时，表 5.2.5 中增加了打入式钢管土钉的极限粘结强度标准值。锚固体与土层之间的粘结强度大小与很多因素有关，主要包括土层条件、注浆工艺及注浆量、成孔工艺等，在采用表 5.2.5 数值时，还应根据这些因素及施工经验合理选择。

5.2.6 土钉的承载力由以土的粘结强度控制的抗拔承载力和以杆体强度控制的受拉承载力两者的较小值决定。当土钉注浆固结体强度不足时，可能还会由固结体对杆体的握裹力控制。一般在确定了按土的粘结强度控制的土钉抗拔承载力后，再按本规程公式（5.2.6）配置杆体截面。

5.3 构 造

5.3.1～5.3.11 土钉墙和复合土钉墙的构造要求，是实际工程中总结的经验数据，应根据具体工程的土质、基坑深度、土钉拉力和间距等因素选用。

土钉采用洛阳铲成孔比较经济，同时施工速度快，对一般土层宜优先使用。打入式钢管土钉可以克服洛阳铲成孔时塌孔、缩径的问题，避免因塌孔、缩径带来的土体扰动和沉陷，对保护基坑周边环境有利，此时可以用打入式钢管土钉。机械成孔的钢筋土钉成本高，且土钉数量一般都很多，需要配备一定数量的钻机，只有在其他方法无法实施的情况下才适合采用。

5.4 施工与检测

5.4.1 土钉墙是分层分段施工形成的，每完成一层土钉和土钉位置以上的喷射混凝土面层后，基坑才能挖至下一层土钉施工标高。设计和施工都必须重视土钉墙这一形成特点。设计时，应验算每形成一层土钉并开挖至下一层土钉面标高时土钉墙的稳定性和土钉拉力是否满足要求。施工时，应在每层土钉及相应混凝土面层完成并达到设计要求的强度后才能开挖下一层土钉施工面以上的土方，挖土严禁超过下一层土钉施工面。超挖会造成土钉墙的受力状况超过设计状态。因超挖引起的基坑坍塌和位移过大的工程事故屡见不鲜。

5.4.3～5.4.6 本节钢筋土钉的成孔、制作和注浆要求，打入式钢管土钉的制作和注浆要求是多年来施工经验的总结，是保证施工质量的关键环节。

5.4.7 混凝土面层是土钉墙结构的重要组成部分之一，喷射混凝土的施工方法与现场浇筑混凝土不同，也是一项专门的施工技术，在隧道、井巷和洞室等地下工程应用普遍且技术成熟。土钉墙用于基坑支护工程，也采用了这一施工技术。本条规定了喷射混凝土施工的基本要求。按现有施工技术水平和常用操作程序，一般采用以下做法和要求：

　　1 混凝土喷射机设备能力的允许输送粒径一般需大于 25mm，允许输送水平距离一般不小于 100m，允许垂直距离一般不小于 30m；

　　2 根据喷射机工作风压和耗风量的要求，空压机耗风量一般需达到 9m³/min；

　　3 输料管的承受压力不小于 0.8MPa；

　　4 供水设施需满足喷头水压不小于 0.2MPa 的要求；

　　5 喷射混凝土的回弹率不大于 15％；

　　6 喷射混凝土的养护时间根据环境的气温条件确定，一般为 3d～7d；

　　7 上层混凝土终凝超过 1h 后，再进行下层混凝土喷射，下层混凝土喷射时应先对上层喷射混凝土表面喷水。

5.4.10 土钉墙中，土钉群是共同受力、以整体作用考虑的。对单根土钉的要求不像锚杆那样受力明确，各自承担荷载。但土钉仍有必要进行抗拔力检测，只是对其离散性要求可比锚杆略放松。土钉抗拔检测是工程质量竣工验收依据，本条规定了试验数量和要求，试验方法见本规程附录 D。

抗压强度是喷射混凝土的主要指标，一般能反映施工质量的优劣。喷射混凝土试块最好采用在喷射混凝土板件上切取制作，它与实际比较接近。但由于在目前实际工程中受切割加工条件限制，因此，也就允许使用 150mm 的立方体无底试模，喷射混凝土制作试块。喷射混凝土厚度是质量控制的主要内容，喷射混凝土厚度的检测最好在施工中随时进行，也可喷射混凝土施工完成后统一检查。

6 重力式水泥土墙

6.1 稳定性与承载力验算

6.1.1～6.1.3 按重力式设计的水泥土墙，其破坏形式包括以下几类：①墙整体倾覆；②墙整体滑移；③沿墙体以外土中某一滑动面的土体整体滑动；④墙下地基承载力不足而使墙体下沉并伴随基坑隆起；⑤墙身材料的应力超过抗拉、抗压或抗剪强度而使墙体断裂；⑥地下水渗流造成的土体渗透破坏。重力式水泥土墙的设计，墙的嵌固深度和墙的宽度是两个主要设计参数，土体整体滑动稳定性、基坑隆起稳定性与嵌固深度密切相关，而基本与墙宽无关。墙的倾覆稳定性、墙的滑移稳定性不仅与嵌固深度有关，而且与墙宽有关。有关资料的分析研究结果表明，一般情况下，当墙的嵌固深度满足整体稳定条件时，抗隆起条件也会满足。因此，常常是整体稳定性条件决定嵌固深度下限。采用按整体稳定条件确定的嵌固深度，再按墙的抗倾覆条件计算墙宽，此墙宽一般自然能够同时满足抗滑移条件。

6.1.5 水泥土墙的上述各种稳定性验算基于重力式结构的假定，应保证墙为整体。墙体满足抗拉、抗压和抗剪要求是保证墙为整体条件。

6.1.6 在验算截面的选择上，需选择内力最不利的截面、墙身水泥土强度较低的截面，本条规定的计算截面，是应力较大处和墙体截面薄弱处，作为验算的重点部位。

6.2 构 造

6.2.3 水泥土墙常布置成格栅形，以降低成本、工期。格栅形布置的水泥土墙应保证墙体的整体性，设计时一般按土的置换率控制，即水泥土面积与水泥土墙的总面积的比值。淤泥土的强度指标差，呈流塑状，要求的置换率也较大，淤泥质土次之。同时要求格栅的格子长宽比不宜大于2。

格栅形水泥土墙，应限制格栅内土体所占面积。格栅内土体对四周格栅的压力可按谷仓压力的原理计算，通过公式（6.2.3）使其压力控制在水泥土墙承受范围内。

6.2.4 搅拌桩重力式水泥土墙靠桩与桩的搭接形成整体，桩施工应保证垂直度偏差要求，以满足搭接宽度要求。桩的搭接宽度不小于150mm，是最低要求。当搅拌桩较长时，应考虑施工时垂直度偏差问题，增加设计搭接宽度。

6.2.6 水泥土标准养护龄期为90d，基坑工程一般不可能等到90d养护期后再开挖，故设计时以龄期28d的无侧限抗压强度为标准。一些试验资料表明，一般情况下，水泥土强度随龄期的增长规律为，7d的强度可达标准强度的30%～50%，30d的强度可达标准强度的60%～75%，90d的强度为180d强度的80%左右，180d以后水泥土强度仍在增长。水泥强度等级也影响水泥土强度，一般水泥强度等级提高10后，水泥土的标准强度可提高20%～30%。

6.2.7 为加强整体性，减少变形，水泥土墙顶需设置钢筋混凝土面板，设置面板不但可便利后期施工，同时可防止因雨水从墙顶渗入水泥土格栅。

6.3 施工与检测

6.3.1、6.3.2 重力式水泥土墙由搅拌桩搭接组成格栅形式或实体式墙体，控制施工质量的关键是水泥土的强度、桩体的相互搭接、水泥土桩的完整性和深度。所以，主要检测水泥土固结体的直径、搭接宽度、位置偏差、单轴抗压强度、完整性及水泥土墙的深度。

7 地下水控制

7.1 一般规定

7.1.1 地下水控制方法包括：截水、降水、集水明排，地下水回灌不作为独立的地下水控制方法，但可作为一种补充措施与其他方法一同使用。仅从支护结构安全性、经济性的角度，降水可消除水压力从而降低作用在支护结构上的荷载，减少地下水渗透破坏的

风险，降低支护结构施工难度等。但降水后，随之带来对周边环境的影响问题。在有些地质条件下，降水会造成基坑周边建筑物、市政设施等的沉降而影响其正常使用甚至损坏。降水引起的基坑周边建筑物、市政设施等沉降、开裂、不能正常使用的工程事故时有发生。另外，有些城市地下水资源紧缺，降水造成地下水大量流失、浪费，从环境保护的角度，在这些地方采用基坑降水不利于城市的综合发展。为此，有的城市的地方政府已实施限制基坑降水的地方行政法规。

根据具体工程的特点，基坑工程可采用单一地下水控制方法，也可采用多种地下水控制方法相结合的形式。如悬挂式截水帷幕＋坑内降水，基坑周边控制降深的降水＋截水帷幕，截水或降水＋回灌，部分基坑边截水＋部分基坑边降水等。一般情况，降水或截水都要结合集水明排。

7.1.2～7.1.4 采用哪种地下水控制的方式是基坑周边环境条件的客观要求，基坑支护设计时应首先确定地下水控制方法，然后再根据选定的地下水控制方法，选择支护结构形式。地下水控制应符合国家和地方法规对地下水资源、区域环境的保护要求，符合基坑周边建筑物、市政设施保护的要求。当降水不会对基坑周边环境造成损害且国家和地方法规允许时，可优先考虑采用降水，否则应采用基坑截水。采用截水时，对支护结构的要求更高，增加排桩、地下连续墙、锚杆等的受力，需采取防止土的流砂、管涌、渗透破坏的措施。当坑底以下有承压水时，还要考虑坑底突涌问题。

7.2 截 水

7.2.1 水泥土搅拌桩、高压喷射注浆常用普通硅酸盐水泥，也可采用矿渣硅酸盐水泥、火山灰质硅酸盐水泥。需要注意的是，当地下水流速高时，需在水泥浆液中掺入适量的外加剂，如氯化钙、水玻璃、三乙醇胺或氯化钠等。由于不同地区，即使土的基本性状相同，但成分也会有所差异，对水泥的固结性产生不同影响。因此，当缺少实际经验时，水泥掺量和外加剂品种及掺量应通过试验确定。

7.2.2 落底式截水帷幕进入下卧隔水层一定长度，是为了满足地下水绕过帷幕底部的渗透稳定性要求。公式（7.2.2）是验算帷幕进入隔水层的长度能否满足渗透稳定性的经验公式。隔水层是相对的，相对所隔含水层而言其渗透系数较小。在有水头差时，隔水层内也会有水的渗流，也应满足渗流和渗透稳定性要求。

7.2.5、7.2.9 搅拌桩、旋喷桩帷幕一般采用单排或双排布置形式（图5），理论上，单排搅拌桩、旋喷桩帷幕只要桩体能够相互搭接、桩体连续、渗透系数小于 10^{-6} cm/s 是可以起到截水效果的，但受施工偏

差制约，很难达到理想的搭接宽度要求。假设桩长15m，设计搭接200mm，当位置偏差为50mm、垂直度偏差为1‰时，则帷幕底部在平面上会偏差200mm。此时，实际上桩之间就不能形成有效搭接。如桩的设计搭接过大，则桩的间距减小、桩的有效部分过少，造成浪费和增加工期。所以帷幕超过15m时，单排桩难免出现搭接不上的情况。图5中的双排桩帷幕形式可以克服施工偏差的搭接不足，对较深基坑双排桩帷幕比单排桩帷幕的截水效果要好得多。

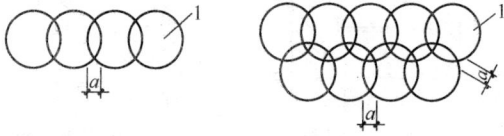

(a) 单排搅拌桩或旋喷桩帷幕　　(b) 双排搅拌桩或旋喷桩帷幕

图 5　搅拌桩、旋喷桩帷幕平面布置形式
1—旋喷桩或搅拌桩

摆喷帷幕一般采用图6所示的平面布置形式。由于射流范围集中，摆喷注浆的喷射长度比旋喷注浆的喷射长度大，喷射范围内固结体的均匀性也更好。实际工程中高压喷射注浆帷幕采用单排布置时常采用摆喷形式。

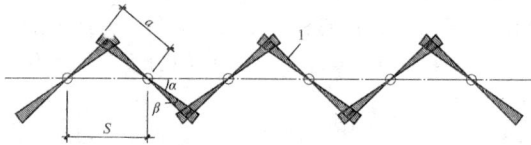

图 6　摆喷帷幕平面形式
1—摆喷帷幕

旋喷固结体的直径、摆喷固结体的半径受施工工艺、喷射压力、提升速度、土类和土性等因素影响，根据国内一些有关资料介绍，旋喷固结体的直径一般在表3的范围，摆喷固结体的半径约为旋喷固结体半径的1.0～1.5倍。

表 3　旋喷注浆固结体有效直径经验值

土类	方法	单管法	二重管法	三重管法
黏性土	0＜N≤5	0.5～0.8	0.8～1.2	1.2～1.8
	5＜N≤10	0.4～0.7	0.7～1.1	1.0～1.6
砂　土	0＜N≤10	0.6～1.0	1.0～1.4	1.5～2.0
	10＜N≤20	0.5～0.9	0.9～1.2	1.2～1.6
	20＜N≤30	0.4～0.8	0.8～1.2	0.9～1.5

注：N 为标准贯入试验锤击数。

图7是搅拌桩、高压喷射注浆与排桩常见的连接形式。高压喷射注浆与排桩组合的帷幕，高压喷射注浆可采用旋喷、摆喷形式。组合帷幕中支护桩与旋喷、摆喷桩的平面轴线关系应使旋喷、摆喷固结体受力后与支护桩之间有一定的压合面。

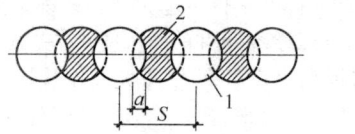

(a) 旋喷固结体或搅拌桩与排桩组合帷幕

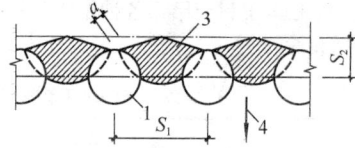

(b) 摆喷固结体与排桩组合帷幕

图 7　截水帷幕平面形式
1—支护桩；2—旋喷固结体或搅拌桩；
3—摆喷固结体；4—基坑方向

7.2.11　旋喷帷幕和摆喷帷幕一般采用双喷嘴喷射注浆。与排桩咬合的截水帷幕，当采用半圆形、扇形摆喷时，一般采用单喷嘴喷射注浆。根据目前国内的设备性能，实际工程中常见的高压喷射注浆的施工工艺参数见表4。

表 4　常用的高压喷射注浆工艺参数

工　艺	水压 (MPa)	气压 (MPa)	浆　压 (MPa)	注浆流量 (L/min)	提升速度 (m/min)	旋转速度 (r/min)
单管法			20～28	80～120	0.15～0.20	20
二重管法		0.7	20～28	80～120	0.12～0.25	20
三重管法	25～32	0.7	≥0.3	80～150	0.08～0.15	5～15

7.2.12　根据工程经验，在标准贯入锤击数 $N＞12$ 的黏性土、标准贯入锤击数 $N＞20$ 的砂土中，最好采用复喷工艺，以增大固结体半径、提高固结体强度。

7.3　降　水

7.3.15　基坑降水的总涌水量，可将基坑视作一口大井按概化的大井法计算。本规程附录E给出了均质含水层潜水完整井、均质含水层潜水非完整井、均质含水层承压水完整井、均质含水层承压水非完整井和均质含水层承压水—潜水完整井5种典型条件的计算公式。实际的含水层分布远非这样理想，按上述公式计算时应根据工程的实际水文地质条件进行合理概化。如，相邻含水层渗透系数不同时，可概化成一层含水层，其渗透系数可按各含水层厚度加权平均。当相邻含水层渗透系数相差很大时，有的情况下按渗透系数加权平均后的一层含水层计算会产生较大误差，这时反而不如只计算渗透系数大的含水层的涌水量与实际更接近。大井的井水位应取降水后的基坑水位，而不应取单井的实际井水位。这5个公式都是均质含水层、远离补给源条件下井的涌水量计算公式，其他边界条件的情况可以参照有关水文地质、工程地质手册。

7.3.17 含水层渗透系数可通过现场抽水试验测得，粉土和黏性土的渗透系数也可通过原状土样的室内渗透试验测得。根据资料介绍，各种土类的渗透系数的一般范围见表5：

表5 岩土层的渗透系数 k 的经验值

土的名称	渗透系数 k	
	m/d	cm/s
黏 土	<0.005	$<6\times10^{-6}$
粉质黏土	0.005~0.1	6×10^{-6}~1×10^{-4}
黏质粉土	0.1~0.5	1×10^{-4}~6×10^{-4}
黄 土	0.25~10	3×10^{-4}~1×10^{-2}
粉 土	0.5~1.0	6×10^{-4}~1×10^{-3}
粉 砂	1.0~5	1×10^{-3}~6×10^{-3}
细 砂	5~10	6×10^{-3}~1×10^{-2}
中 砂	10~20	1×10^{-2}~2×10^{-2}
均质中砂	35~50	4×10^{-2}~6×10^{-2}
粗 砂	20~50	2×10^{-2}~6×10^{-2}
均质粗砂	60~75	7×10^{-2}~8×10^{-2}
圆 砾	50~100	6×10^{-2}~1×10^{-1}
卵 石	100~500	1×10^{-1}~6×10^{-1}
无充填物卵石	500~1000	6×10^{-1}~1×10^{0}

7.3.19 真空井点管壁外的滤网一般设两层，内层滤网采用30目~80目的金属网或尼龙网，外层滤网采用3目~10目的金属网或尼龙网；管壁与滤网间应留有间隙，可采用金属丝螺旋形缠绕在管壁上隔离滤网，并在滤网外缠绕金属丝固定。

7.3.20 喷射井点的常用尺寸参数：外管直径为73mm~108mm，内管直径为50mm~73mm，过滤器直径为89mm~127mm，井孔直径为400mm~600mm，井孔比滤管底部深1m以上。喷射井点的常用多级高压水泵，其流量为50m³/h~80m³/h，压力为0.7MPa~0.8MPa。每套水泵可用于20根~30根井管的抽水。

7.4 集水明排

7.4.1 集水明排的作用是：①收集外排坑底、坑壁渗出的地下水；②收集外排降雨形成的基坑内、外地

表水；③收集外排降水井抽出的地下水。

7.4.3 图8是一种常用明沟的截面尺寸及构造。

盲沟常采用图9所示的截面尺寸及构造。排泄坑底渗出的地下水时，盲沟常在基坑内纵横向布置，盲沟的间距一般取25m左右。盲沟内宜采用级配碎石充填，并在碎石外铺设两层土工布反滤层。

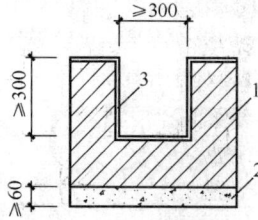

图8 排水明沟的
截面及构造
1—机制砖；2—素混凝
土垫层；3—水泥砂浆面层

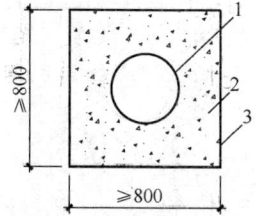

图9 排水盲沟的
截面及构造
1—滤水管；2—级配碎石；
3—外包二层土工布

7.4.4 明沟的集水井常采用如下尺寸及做法：矩形截面的净尺寸500mm×500mm左右，圆形截面内径500mm左右；深度一般不小于800mm。集水井采用砖砌并用水泥砂浆抹面。

盲沟的集水井常采用如下尺寸及做法：集水井采用钢筋笼外填碎石滤料，集水井内径700mm左右，钢筋笼直径400mm左右，井的深度一般不小于1.2m。

7.4.5 导水管常用直径不小于50mm，长度不小于300mmPVC管，埋入土中的部分外包双层尼龙网。

7.5 降水引起的地层变形计算

7.5.1~7.5.3 降水引起的地层变形计算可以采用分层总和法。与建筑物地基变形计算时的分层总和法相比，降水引起的地层变形在有些方面是不同的。主要表现在以下方面：①附加压力作用下的建筑物地基变形计算，土中总应力是增加的。地基最终固结时，土中任意点的附加有效应力等于附加总应力，孔隙水压力不变。降水引起的地层变形计算，土中总应力基本不变。最终固结时，土中任意点的附加有效应力等于孔隙水压力的负增量。②地基变形计算，土中的最大附加有效应力在基础中点的纵轴上，基础范围内是附加应力的集中区域，基础以外的附加应力衰减很快。降水引起的地层变形计算，土中的最大附加有效应力在最大降深的纵轴上，也就是降水井的井壁处，附加应力随着远离降水井逐渐衰减。③地基变形计算，附加应力从基底向下沿深度逐渐衰减。降水引起的地层变形计算，附加应力从初始地下水位向下沿深度逐渐增加。降水后的地下水位以下，含水层内土中附加有效应力也会发生改变。

计算建筑物地基变形时，按分层总和法计算出的地基变形量乘以沉降计算经验系数后的数值为地基最

终变形量。沉降计算经验系数是根据大量工程实测数据统计出的修正系数，以修正直接按分层总和法计算的方法误差。降水引起的地层变形，直接按分层总和法计算的变形量与实测变形量也往往差异很大。由于缺少工程实测统计资料，暂时还无法给出定量的修正系数对计算结果进行修正。如采用现行国家标准《建筑地基基础设计规范》GB 50007中地基变形计算的沉降计算经验系数，则由于两者的土中附加应力产生的原因和附加应力分布规律不同，从理论上没有说服力，与实际情况也难以吻合。目前，降水引起的地层变形计算方法尚不成熟，只能在今后积累大量工程实测数据及进行充分研究后，再加以改进充实。现阶段，宜根据地区基坑降水工程的经验，结合计算与工程类比综合确定降水引起的地层变形量和分析降水对周边建筑物的影响。

8 基坑开挖与监测

8.1 基坑开挖

8.1.1 本条规定了基坑开挖的一般原则。锚杆、支撑或土钉是随基坑土方开挖分层设置的，设计将每设置一层锚杆、支撑或土钉后，再挖至下一层锚杆、支撑或土钉的施工面作为一个设计工况。因此，如开挖深度超过下层锚杆、支撑或土钉的施工面标高时，支护结构受力及变形会超越设计状况。这一现象通常称作超挖。许多实际工程实践证明，超挖轻则引起基坑过大变形，重则导致支护结构破坏、坍塌，基坑周边环境受损，酿成重大工程事故。

施工作业面与锚杆、土钉或支撑的高差不宜大于500mm，是施工正常作业的要求。不同的施工设备和施工方法，对其施工面高度要求是不同的，可能的情况下应尽量减小这一高度。

降水前如开挖地下水位以下的土层，因地下水的渗流可能导致流砂、流土的发生，影响支护结构、周边环境的安全。降水后，由于土体的含水量降低，会使土体强度提高，也有利于基坑的安全与稳定。

8.1.2 软土基坑如果一步挖土深度过大或非对称、非均衡开挖，可能导致基坑内局部土体失稳、滑动、造成立柱桩、基础桩偏移。另外，软土的流变特性明显，基坑开挖到某一深度后，变形会随暴露时间增长。因此，软土地层基坑的支撑设置应先撑后挖并且越快越好，尽量缩短基坑每一步开挖时的无支撑时间。

8.1.3～8.1.5 基坑支护工程属住房和城乡建设部《危险性较大的分部分项工程安全管理办法》建质[2009]87号文中的危险性较大的分部分项工程范围，施工与基坑开挖不会对基坑周边环境和人的生命安全酿成严重后果。基坑开挖面上方的锚杆、支

撑、土钉未达到设计要求时向下超挖土方、临时性锚杆或支撑在未达到设计拆除条件时进行拆除、基坑周边施工材料、设施或车辆荷载超过设计地面荷载限值，至使支护结构受力超越设计状态，均属严重违反设计要求进行施工的行为。锚杆、支撑、土钉未按设计要求设置，锚杆和土钉注浆体、混凝土支撑和混凝土腰梁的养护时间不足而未达到开挖时的设计承载力，锚杆、支撑、腰梁、挡土构件之间的连接强度未达到设计强度，预应力锚杆、预加轴力的支撑未按设计要求施加预加力等情况均为未达到设计要求。当主体地下结构施工过程需要拆除局部锚杆或支撑时，拆除锚杆或支撑后支护结构的状态是应考虑的设计工况之一。拆除锚杆或支撑的设计条件，即以主体地下结构构件进行替换的要求或将基坑回填高度的要求等，应在设计中明确规定。基坑周边施工设施是指施工设备、塔吊、临时建筑、广告牌等，其对支护结构的作用可按地面荷载考虑。

8.2 基坑监测

8.2.1～8.2.20 由于地质条件可能与设计采用的土的物理、力学参数不符，且基坑支护结构在施工期和使用期可能出现土层含水量、基坑周边荷载、施工条件等自然因素和人为因素的变化，通过基坑监测可以及时掌握支护结构受力和变形状态、基坑周边受保护对象变形状态是否在正常设计状态之内。当出现异常时，以便采取应急措施。基坑监测是预防不测，保证支护结构和周边环境安全的重要手段。因支护结构水平位移和基坑周边建筑物沉降能直观、快速反应支护结构的受力、变形状态及对环境的影响程度，安全等级为一级、二级的支护结构均应对其进行监测，且监测应覆盖基坑开挖与支护结构使用期的全过程。根据支护结构形式、环境条件的区别，其他监测项目应视工程具体情况按本规程第8.2.1条的规定选择。

8.2.22、8.2.23 大量工程实践表明，多数基坑工程事故是有征兆的。基坑工程施工和使用期间及时发现异常现象和事故征兆并采取有效措施是防止事故发生的重要手段。不同的土质条件、支护结构形式、施工工艺和环境条件，基坑的异常现象和事故征兆会不一样，应能加以判别。当支护结构变形过大、变形不收敛、地面下沉、基坑出现失稳征兆等情况时，及时停止开挖并立即回填是防止事故发生和扩大的有效措施。

附录 B 圆形截面混凝土支护桩的正截面受弯承载力计算

B.0.1～B.0.4 挡土构件承受的荷载主要是水平力，一般轴向力可忽略，通常挡土构件按受弯构件考虑。对同时承受竖向荷载的情况，如设置竖向斜撑、大角

度锚杆或顶部承受较大竖向荷载的排桩、地下连续墙，轴向力较大的双排桩等，则需要按偏心受压或偏心受拉构件考虑。

对最常见的沿截面周边均匀配置纵向受力钢筋的圆形截面混凝土桩，本规程按现行国家标准《混凝土结构设计规范》GB 50010，给出计算正截面受弯承载力的方法。对其他截面的混凝土桩，可按现行国家标准《混凝土结构设计规范》GB 50010 的有关规定计算正截面受弯承载力。

在混凝土支护桩截面设计时，沿截面受拉区和受压区周边局部均匀配筋这种非对称配筋形式有时是需要的，可以提高截面的受弯承载力或节省钢筋。对非对称配置纵向受力钢筋的情况，《混凝土结构设计规范》GB 50010 中没有对应的截面承载力计算公式。因此，本规程给出了沿受拉区和受压区周边局部均匀配筋时的正截面受弯承载力的计算方法。

附录C 渗透稳定性验算

C. 0. 1、C. 0. 2 本规程公式（C.0.1）、公式（C.0.2）是两种典型渗流模型的渗透稳定性验算公式。其中公式（C.0.2）用于渗透系数为常数的均质含水层的渗透稳定性验算，公式（C.0.1）用于基底下有水平向连续分布的相对隔水层，而其下方为承压含水层的渗透稳定性验算（即所谓突涌）。如该相对隔水层顶板低于基底，其上方为砂土等渗透性较强的土层，其重量对相对隔水层起到压重的作用，所以，按公式（C.0.1）验算时，隔水层上方的砂土等应按天然重度取值。

中华人民共和国国家标准

建筑基坑工程监测技术规范

Technical code for monitoring of building
excavation engineering

GB 50497—2009

主编部门：山　东　省　建　设　厅
批准部门：中华人民共和国住房和城乡建设部
施行日期：２００９年９月１日

中华人民共和国住房和城乡建设部
公　告

第 289 号

关于发布国家标准
《建筑基坑工程监测技术规范》的公告

现批准《建筑基坑工程监测技术规范》为国家标准，编号为 GB 50497—2009，自 2009 年 9 月 1 日起实施。其中，第 3.0.1、7.0.4（1、2、3、4、5、6、7、8、9、10）、8.0.1、8.0.7 条（款）为强制性条文，必须严格执行。

本规范由我部标准定额研究所组织中国计划出版社出版发行。

中华人民共和国住房和城乡建设部
二〇〇九年三月三十一日

前　言

本规范是根据原建设部《关于印发"2006 年工程建设标准规范制订、修订计划（第一批）"的通知》（建标〔2006〕77 号文）的要求，由济南大学会同 10 个单位共同编制完成。

本规范是我国首次编制的建筑基坑工程监测技术规范。在编制过程中，编制组调查总结了近年来我国建筑基坑工程监测的实践经验，吸收了国内外相关科技成果，开展了多项专题研究并形成了专题研究报告。本规范的初稿、征求意见稿通过各种方式在全国范围内广泛征求了意见，并经多次编制工作会议讨论、反复修改后，形成送审稿并通过了审查。

本规范共有 9 章和 7 个附录，内容包括总则、术语、基本规定、监测项目、监测点布置、监测方法及精度要求、监测频率、监测报警、数据处理与信息反馈等。

本规范以黑体字标志的条文为强制性条文，必须严格执行。

本规范由住房和城乡建设部负责管理和对强制性条文的解释，山东省建设厅负责日常管理，济南大学负责具体技术内容的解释。

为了提高本规范的质量，请各单位在执行本标准的过程中，注意总结经验，积累资料，随时将有关意见和建议反馈给济南大学国家标准《建筑基坑工程监测技术规范》管理组（地址：山东省济南市济微路 106 号，邮政编码：250022），以便今后修订时参考。

本规范主编单位、参编单位、主要起草人和主要审查人：

主 编 单 位： 济南大学
莱西市建筑总公司
山东省工程建设标准造价协会

参 编 单 位： 同济大学
中国科学院武汉岩土力学研究所
上海市隧道工程轨道交通设计研究院
青岛建设集团公司
昆山市建设工程质量检测中心
济南鼎汇土木工程技术有限公司
济宁华园建筑设计研究院有限责任公司
上海地矿工程勘察有限公司

主要起草人： 刘俊岩　应惠清　孔令伟
陈善雄　张　波　王松山
顾浩声　刘观仕　任　锋
张道远　王美林　张同波
王成荣　史春乐　张行良
丁洪斌　孙华明　陈培泰
高景云　蔡宽余

主要审查人： 叶可明　赵志缙　袁内镇
桂业琨　郑　刚　高文生
张　勤　焦安亮　叶作楷
于志军　吴才德

目　次

Contents

1 总　则

1.0.1 为规范建筑基坑工程监测工作,保证监测质量,为信息化施工和优化设计提供依据,做到成果可靠、技术先进、经济合理,确保建筑基坑安全和保护基坑周边环境,制定本规范。

1.0.2 本规范适用于一般土及软土建筑基坑工程监测,不适用于岩石建筑基坑工程以及冻土、膨胀土、湿陷性黄土等特殊土和侵蚀性环境的建筑基坑工程监测。

1.0.3 建筑基坑工程监测应综合考虑基坑工程设计方案、建设场地的岩土工程条件、周边环境条件、施工方案等因素,制订合理的监测方案,精心组织和实施监测。

1.0.4 建筑基坑工程监测除应符合本规范外,尚应符合国家现行有关标准的规定。

2 术　语

2.0.1 建筑基坑　building excavation

为进行建(构)筑物基础、地下建(构)筑物施工所开挖形成的地面以下空间。

2.0.2 基坑周边环境　surroundings around building excavation

在建筑基坑施工及使用阶段,基坑周围可能受基坑影响的或可能影响基坑的既有建(构)筑物、设施、管线、道路、岩土体及水系等的统称。

2.0.3 建筑基坑工程监测　monitoring of building excavation engineering

在建筑基坑施工及使用阶段,对建筑基坑及周边环境实施的检查、量测和监视工作。

2.0.4 支护结构　bracing and retaining structure

为保证基坑开挖和地下结构的施工安全以及保护基坑周边环境,对基坑侧壁进行临时支挡、加固的一种结构体系。包括围护墙和支撑(或拉锚)体系。

2.0.5 围护墙　retaining structure

基坑周边承受坑侧土、水压力及一定范围内地面荷载的壁状结构。

2.0.6 支撑　bracing

在基坑内用以承受围护墙传来荷载的构件或结构体系。

2.0.7 锚杆　anchor rod

一端与围护墙联结,另一端锚固在土层或岩层中的承受围护墙传来荷载的受拉杆件。

2.0.8 冠梁　top beam

设置在围护墙顶部并与围护墙连接的用于传力或增加围护墙整体刚度的梁式构件。

2.0.9 监测点　monitoring point

直接或间接设置在监测对象上并能反映其变化特征的观测点。

2.0.10 监测频率　frequency of monitoring

单位时间内的监测次数。

2.0.11 监测报警值　alarming value on monitoring

为保证建筑基坑及周边环境安全,对监测对象可能出现异常、危险所设定的警戒值。

3 基本规定

3.0.1 开挖深度大于等于5m或开挖深度小于5m但现场地质情况和周围环境较复杂的基坑工程以及其他需要监测的基坑工程应实施基坑工程监测。

3.0.2 基坑工程设计提出的对基坑工程监测的技术要求应包括监测项目、监测频率和监测报警值等。

3.0.3 基坑工程施工前,应由建设方委托具备相应资质的第三方对基坑工程实施现场监测。监测单位应编制监测方案,监测方案需经建设方、设计方、监理方等认可,必要时还需与基坑周边环境涉及的有关管理单位协商一致后方可实施。

3.0.4 监测工作宜按下列步骤进行:

1 接受委托。

2 现场踏勘,收集资料。

3 制订监测方案。

4 监测点设置与验收,设备、仪器校验和元器件标定。

5 现场监测。

6 监测数据的处理、分析及信息反馈。

7 提交阶段性监测结果和报告。

8 现场监测工作结束后,提交完整的监测资料。

3.0.5 监测单位在现场踏勘、资料收集阶段的主要工作应包括:

1 了解建设方和相关单位的具体要求。

2 收集和熟悉岩土工程勘察资料、气象资料、地下工程和基坑工程的设计资料以及施工组织设计(或项目管理规划)等。

3 按监测需要收集基坑周边环境各监测对象的原始资料和使用现状等资料。必要时可采用拍照、录像等方法保存有关资料或进行必要的现场测试取得有关资料。

4 通过现场踏勘,复核相关资料与现场状况的关系,确定拟监测项目现场实施的可行性。

5 了解相邻工程的设计和施工情况。

3.0.6 监测方案应包括下列内容:

1 工程概况。

2 建设场地岩土工程条件及基坑周边环境状况。

3 监测目的和依据。

4 监测内容及项目。

5 基准点、监测点的布设与保护。

6 监测方法及精度。

7 监测期和监测频率。

8 监测报警及异常情况下的监测措施。

9 监测数据处理与信息反馈。

10 监测人员的配备。

11 监测仪器设备及检定要求。

12 作业安全及其他管理制度。

3.0.7 下列基坑工程的监测方案应进行专门论证:

1 地质和环境条件复杂的基坑工程。

2 临近重要建筑和管线,以及历史文物、优秀近现代建筑、地铁、隧道等破坏后果很严重的基坑工程。

3 已发生严重事故,重新组织施工的基坑工程。

4 采用新技术、新工艺、新材料、新设备的一、二级基坑工程。

5 其他需要论证的基坑工程。

3.0.8 监测单位应严格实施监测方案。当基坑工程设计或施工有重大变更时,监测单位应与建设方及相关单位研究并及时调整监测方案。

3.0.9 监测单位应及时处理、分析监测数据,并将监测结果和评价及时向建设方及相关单位做信息反馈,当监测数据达到监测报警值时必须立即通报建设方及相关单位。

3.0.10 基坑工程监测期间建设方及施工方应协助监测单位保护监测设施。

3.0.11 监测结束阶段,监测单位应向建设方提供以下资料,并按档案管理规定,组卷归档。

1 基坑工程监测方案。

2 测点布设、验收记录。

3 阶段性监测报告。

4 监测总结报告。

4 监测项目

4.1 一般规定

4.1.1 基坑工程的现场监测应采用仪器监测与巡视检查相结合的方法。

4.1.2 基坑工程现场监测的对象应包括:

1 支护结构。

2 地下水状况。

3 基坑底部及周边土体。

4 周边建筑。

5 周边管线及设施。

6 周边重要的道路。

7 其他应监测的对象。

4.1.3 基坑工程的监测项目应与基坑工程设计、施工方案相匹配。应针对监测对象的关键部位,做到重点观测、项目配套并形成有效的、完整的监测系统。

4.2 仪器监测

4.2.1 基坑工程仪器监测项目应根据表 4.2.1 进行选择。

表 4.2.1 建筑基坑工程仪器监测项目表

监测项目\基坑类别	一级	二级	三级
围护墙(边坡)顶部水平位移	应测	应测	应测
围护墙(边坡)顶部竖向位移	应测	应测	应测
深层水平位移	应测	应测	宜测
立柱竖向位移	应测	宜测	宜测
围护墙内力	宜测	可测	可测
支撑内力	应测	宜测	可测
立柱内力	可测	可测	可测
锚杆内力	应测	宜测	可测
土钉内力	宜测	可测	可测
坑底隆起(回弹)	宜测	可测	可测
围护墙侧向土压力	宜测	可测	可测
孔隙水压力	宜测	可测	可测
地下水位	应测	应测	应测
土体分层竖向位移	宜测	可测	可测
周边地表竖向位移	应测	应测	宜测

续表 4.2.1

监测项目\基坑类别		一级	二级	三级
周边建筑	竖向位移	应测	应测	应测
	倾斜	应测	宜测	可测
	水平位移	应测	宜测	可测
周边建筑、地表裂缝		应测	应测	应测
周边管线变形		应测	应测	应测

注:基坑类别的划分按照现行国家标准《建筑地基基础工程施工质量验收规范》GB 50202—2002执行。

4.2.2 当基坑周边有地铁、隧道或其他对位移有特殊要求的建筑及设施时,监测项目应与有关管理部门或单位协商确定。

4.3 巡视检查

4.3.1 基坑工程施工和使用期内,每天均应由专人进行巡视检查。

4.3.2 基坑工程巡视检查宜包括以下内容:

1 支护结构:

1)支护结构成型质量;

2)冠梁、围檩、支撑有无裂缝出现;

3)支撑、立柱有无较大变形;

4)止水帷幕有无开裂、渗漏;

5)墙后土体有无裂缝、沉陷及滑移;

6)基坑有无涌土、流沙、管涌。

2 施工工况:

1)开挖后暴露的土质情况与岩土勘察报告有无差异;

2)基坑开挖分段长度、分层厚度及支锚设置是否与设计要求一致;

3)场地地表水、地下水排放状况是否正常,基坑降水、回灌设施是否运转正常;

4)基坑周边地面有无超载。

3 周边环境:

1)周边管道有无破损、泄漏情况;

2)周边建筑有无新增裂缝出现;

3)周边道路(地面)有无裂缝、沉陷;

4)邻近基坑及建筑的施工变化情况。

4 监测设施:

1)基准点、监测点完好状况;

2)监测元件的完好及保护情况;

3)有无影响观测工作的障碍物。

5 根据设计要求或当地经验确定的其他巡视检查内容。

4.3.3 巡视检查宜以目测为主,可辅以锤、钎、量尺、放大镜等工器具以及摄像、摄影等设备进行。

4.3.4 对自然条件、支护结构、施工工况、周边环境、监测设施等的巡视检查情况应做好记录。检查记录应及时整理,并与仪器监测数据进行综合分析。

4.3.5 巡视检查如发现异常和危险情况,应及时通知建设方及其他相关单位。

5 监测点布置

5.1 一般规定

5.1.1 基坑工程监测点的布置应能反映监测对象的实际状态及其变化趋势,监测点应布置在内力及变形关键特征点上,并应满足监控要求。

5.1.2 基坑工程监测点的布置应不妨碍监测对象的正常工作,并应减少对施工作业的不利影响。

5.1.3 监测标志应稳固、明显、结构合理,监测点的位置应避开障碍物,便于观测。

5.2 基坑及支护结构

5.2.1 围护墙或基坑边坡顶部的水平和竖向位移监测点应沿基坑周边布置,周边中部、阳角处应布置监测点。监测点水平间距不宜大于20m,每边监测点数目不宜少于3个。水平和竖向位移监测点宜为共用点,监测点宜设置在围护墙顶或基坑坡顶上。

5.2.2 围护墙或土体深层水平位移监测点宜布置在基坑周边的中部、阳角处及有代表性的部位。监测点水平间距宜为20m~50m,每边监测点数目不应少于1个。

用测斜仪观测深层水平位移时,当测斜管埋设在围护墙体内,测斜管长度不宜小于围护墙的深度;当测斜管埋设在土体中,测斜管长度不宜小于基坑开挖深度的1.5倍,并应大于围护墙的深度。以测斜管底为固定起算点时,管底应嵌入到稳定的土体中。

5.2.3 围护墙内力监测点应布置在受力、变形较大且有代表性的部位。监测点数量和水平间距视具体情况而定。竖直方向监测点应布置在弯矩极值处,竖向间距宜为2m~4m。

5.2.4 支撑内力监测点的布置应符合下列要求:

1 监测点宜设置在支撑内力较大或在整个支撑系统中起控制作用的杆件上。

2 每层支撑的内力监测点不应少于3个,各层支撑的监测点位置在竖向上宜保持一致。

3 钢支撑的监测截面宜选择在两支点间1/3部位或支撑的端头;混凝土支撑的监测截面宜选择在两支点间1/3部位,并避开节点位置。

4 每个监测点截面内传感器的设置数量及布置应满足不同传感器测试要求。

5.2.5 立柱的竖向位移监测点宜布置在基坑中部、多根支撑交汇处、地质条件复杂处的立柱上。监测点不应少于立柱总根数的5%,逆作法施工的基坑不应少于10%,且均不应少于3根。立柱的内力监测点宜布置在受力较大的立柱上,位置宜设在坑底以上各层立柱下部的1/3部位。

5.2.6 锚杆的内力监测点应选择在受力较大且有代表性的位置,基坑每边中部、阳角处和地质条件复杂的区段宜布置监测点。每层锚杆的内力监测点数量应为该层锚杆总数的1%~3%,并不应少于3根。各层监测点位置在竖向上宜保持一致。每根杆体上的测试点宜设置在锚头附近和受力有代表性的位置。

5.2.7 土钉的内力监测点应选择在受力较大且有代表性的位置,基坑每边中部、阳角处和地质条件复杂的区段宜布置监测点。监测点数量和间距视具体情况而定,各层监测点位置在竖向上宜保持一致。每根土钉杆体上的测试点应设置在有代表性的受力位置。

5.2.8 坑底隆起(回弹)监测点的布置应符合下列要求:

1 监测点宜按纵向或横向剖面布置,剖面宜选择在基坑的中央以及其他能反映变形特征的位置,剖面数量不应少于2个。

2 同一剖面上监测点横向间距宜为10m~30m,数量不应少于3个。

5.2.9 围护墙侧向土压力监测点的布置应符合下列要求:

1 监测点应布置在受力、土质条件变化较大或其他有代表性的部位。

2 平面布置上基坑每边不宜少于2个监测点。竖向布置上监测点间距宜为2m~5m,下部宜加密。

3 当按土层分布情况布设时,每层应至少布设1个测点,且宜布置在各层土的中部。

5.2.10 孔隙水压力监测点宜布置在基坑受力、变形较大或有代表性的部位。竖向布置上监测点宜在水压力变化影响深度范围内按土层分布情况布设,竖向间距宜为2m~5m,数量不宜少于3个。

5.2.11 地下水位监测点的布置应符合下列要求:

1 基坑内地下水位当采用深井降水时,水位监测点宜布置在基坑中央和两相邻降水井的中间部位;当采用轻型井点、喷射井点降水时,水位监测点宜布置在基坑中央和周边拐角处,监测点数量应视具体情况确定。

2 基坑外地下水位监测点应沿基坑、被保护对象的周边或在基坑与被保护对象之间布置,监测点间距宜为20m~50m。相邻建筑、重要的管线或管线密集处应布置水位监测点;当有止水帷幕时,宜布置在止水帷幕的外侧约2m处。

3 水位观测管的管底埋置深度应在最低设计水位或最低允许地下水位之下3m~5m。承压水水位监测管的滤管应埋置在所测的承压含水层中。

4 回灌井点观测井应设置在回灌井点与被保护对象之间。

5.3 基坑周边环境

5.3.1 从基坑边缘以外1~3倍基坑开挖深度范围内需要保护的周边环境应作为监测对象。必要时尚应扩大监测范围。

5.3.2 位于重要保护对象安全保护区范围内的监测点的布置,尚应满足相关部门的技术要求。

5.3.3 建筑竖向位移监测点的布置应符合下列要求:

1 建筑四角、沿外墙每10m~15m处或每隔2~3根柱基上,且每侧不少于3个监测点。

2 不同地基或基础的分界处。

3 不同结构的分界处。

4 变形缝、抗震缝或严重开裂处的两侧。

5 新、旧建筑或高、低建筑交接处的两侧。

6 高耸构筑物基础轴线的对称部位,每一构筑物不应少于4点。

5.3.4 建筑水平位移监测点应布置在建筑的外墙墙角、外墙中间部位的墙上或柱上、裂缝两侧以及其他有代表性的部位,监测点间距视具体情况而定,一侧墙体的监测点不宜少于3点。

5.3.5 建筑倾斜监测点的布置应符合下列要求:

1 监测点宜布置在建筑角点、变形缝两侧的承重柱或墙上。

2 监测点应沿主体顶部、底部上下对应布设,上、下监测点应布置在同一竖直线上。

3 当由基础的差异沉降推算建筑倾斜时,监测点的布置应符合本规范第5.3.3条的规定。

5.3.6 建筑裂缝、地表裂缝监测点应选择有代表性的裂缝进行布置,当原有裂缝增大或出现新裂缝时,应及时增设监测点。对需要观测的裂缝,每条裂缝的监测点至少应设2个,且宜设置在裂缝的最宽处及裂缝末端。

5.3.7 管线监测点的布置应符合下列要求:

1 应根据管线修建年份、类型、材料、尺寸及现状等情况,确定监测点设置。

2 监测点宜布置在管线的节点、转角点和变形曲率较大的部位,监测点平面间距宜为15m~25m,并宜延伸至基坑边缘以外1~3倍基坑开挖深度范围内的管线。

3 供水、煤气、暖气等压力管线宜设置直接监测点,在无法埋设直接监测点的部位,可设置间接监测点。

5.3.8 基坑周边地表竖向位移监测点宜按监测剖面设在坑边中部或其他有代表性的部位。监测剖面应与坑边垂直,数量视具体情况确定。每个监测剖面上的监测点数量不宜少于5个。

5.3.9 土体分层竖向位移监测孔应布置在靠近被保护对象且有代表性的部位,数量应视具体情况确定。在竖向布置上测点宜设置在各层土的界面上,也可等间距设置。测点深度、测点数量应视具体情况确定。

6 监测方法及精度要求

6.1 一般规定

6.1.1 监测方法的选择应根据基坑类别、设计要求、场地条件、当地经验和方法适用性等因素综合确定,监测方法应合理易行。

6.1.2 变形监测网的基准点、工作基点布设应符合下列要求:

1 每个基坑工程至少应有 3 个稳定、可靠的点作为基准点。

2 工作基点应选在相对稳定和方便使用的位置。在通视条件良好、距离较近、观测项目较少的情况下,可直接将基准点作为工作基点。

3 监测期间,应定期检查工作基点和基准点的稳定性。

6.1.3 监测仪器、设备和元件应符合下列规定:

1 满足观测精度和量程的要求,且应具有良好的稳定性和可靠性。

2 应经过校准或标定,且校核记录和标定资料齐全,并应在规定的校准有效期内使用。

3 监测过程中应定期进行监测仪器、设备的维护保养、检测以及监测元件的检查。

6.1.4 对同一监测项目,监测时宜符合下列要求:

1 采用相同的观测方法和观测路线。

2 使用同一监测仪器和设备。

3 固定观测人员。

4 在基本相同的环境和条件下工作。

6.1.5 监测项目初始值应在相关施工工序之前测定,并取至少连续观测 3 次的稳定值的平均值。

6.1.6 地铁、隧道等其他基坑周边环境的监测方法和监测精度应符合相关标准的规定以及主管部门的要求。

6.1.7 除使用本规范规定的监测方法外,亦可采用能达到本规范规定精度要求的其他方法。

6.2 水平位移监测

6.2.1 测定特定方向上的水平位移时,可采用视准线法、小角度法、投点法等;测定监测点任意方向的水平位移时,可视监测点的分布情况,采用前方交会法、后方交会法、极坐标法等;当测点与基准点无法通视或距离较远时,可采用 GPS 测量法或三角、三边、边角测量与基准线法相结合的综合测量方法。

6.2.2 水平位移监测基准点的埋设应符合国家现行标准《建筑变形测量规范》JGJ 8 的有关规定,宜设置有强制对中的观测墩,并宜采用精密的光学对中装置,对中误差不宜大于 0.5mm。

6.2.3 基坑围护墙(边坡)顶部、基坑周边管线、邻近建筑水平位移监测精度应根据其水平位移报警值按表 6.2.3 确定。

表 6.2.3 水平位移监测精度要求(mm)

水平位移报警值	累计值 D(mm)	$D<20$	$20 \leqslant D<40$	$40 \leqslant D<60$	$D>60$
	变化速率 v_D(mm/d)	$v_D<2$	$2 \leqslant v_D<4$	$4 \leqslant v_D<6$	$v_D>6$
监测点坐标中误差		$\leqslant 0.3$	$\leqslant 1.0$	$\leqslant 1.5$	$\leqslant 3.0$

注:1 监测点坐标中误差,是指监测点相对于测站点(如工作基点等)的坐标中误差,为点位中误差的 $1/\sqrt{2}$;

2 当根据累计值和变化速率选择的精度要求不一致时,水平位移监测精度优先按变化速率报警值的要求确定;

3 本规范以中误差作为衡量精度的标准。

6.3 竖向位移监测

6.3.1 竖向位移监测可采用几何水准或液体静力水准等方法。

6.3.2 坑底隆起(回弹)宜通过设置回弹监测标,采用几何水准并配合传递高程的辅助设备进行监测,传递高程的金属杆或钢尺等应进行温度、尺长和拉力等项修正。

6.3.3 围护墙(边坡)顶部、立柱、基坑周边地表、管线和邻近建筑的竖向位移监测精度应根据其竖向位移报警值按表 6.3.3 确定。

表 6.3.3 竖向位移监测精度要求(mm)

竖向位移报警值	累计值 S(mm)	$S<20$	$20 \leqslant S<40$	$40 \leqslant S<60$	$S>60$
	变化速率 v_S(mm/d)	$v_S<2$	$2 \leqslant v_S<4$	$4 \leqslant v_S<6$	$v_S>6$
监测点测站高差中误差		$\leqslant 0.15$	$\leqslant 0.3$	$\leqslant 0.5$	$\leqslant 1.5$

注:监测点测站高差中误差是指相应精度与视距的几何水准测量单程一测站的高差中误差。

6.3.4 坑底隆起(回弹)监测的精度应符合表 6.3.4 的要求。

表 6.3.4 坑底隆起(回弹)监测的精度要求(mm)

坑底回弹(隆起)报警值	$\leqslant 40$	$40 \sim 60$	$60 \sim 80$
监测点测站高差中误差	$\leqslant 1.0$	$\leqslant 2.0$	$\leqslant 3.0$

6.3.5 各监测点与水准基准点或工作基点应组成闭合环路或附合水准路线。

6.4 深层水平位移监测

6.4.1 围护墙或土体深层水平位移的监测宜采用在墙体或土体中预埋测斜管、通过测斜仪观测各深度处水平位移的方法。

6.4.2 测斜仪的系统精度不宜低于 0.25mm/m,分辨率不宜低于 0.02mm/500mm。

6.4.3 测斜管应在基坑开挖 1 周前埋设,埋设时应符合下列要求:

1 埋设前应检查测斜管质量,测斜管连接时应保证上、下管段的导槽相互对准、顺畅,各段接头及管底应保证密封。

2 测斜管埋设时应保持竖直,防止发生上浮、断裂、扭转;测斜管一对导槽的方向应与所需测量的位移方向保持一致。

3 当采用钻孔法埋设时,测斜管与钻孔之间的孔隙应填充密实。

6.4.4 测斜仪探头置入测斜管底后,应待探头接近管内温度时再量测,每个监测点均应进行正、反两次量测。

6.4.5 当以上部管口作为深层水平位移的起算点时,每次监测均应测定管口坐标的变化并修正。

6.5 倾斜监测

6.5.1 建筑倾斜观测应根据现场观测条件和要求,选用投点法、前方交会法、激光铅直仪法、垂吊法、倾斜仪法和差异沉降法等方法。

6.5.2 建筑倾斜观测精度应符合国家现行标准《工程测量规范》GB 50026 及《建筑变形测量规范》JGJ 8 的有关规定。

6.6 裂缝监测

6.6.1 裂缝监测应监测裂缝的位置、走向、长度、宽度,必要时尚应监测裂缝深度。

6.6.2 基坑开挖前应记录监测对象已有裂缝的分布位置和数量,测定其走向、长度、宽度和深度等情况,监测标志应具有可供量测的明晰端面或中心。

6.6.3 裂缝监测可采用以下方法:

1 裂缝宽度监测宜在裂缝两侧贴埋标志,用千分尺或游标卡尺等直接量测,也可用裂缝计、粘贴安装千分表量测或摄影量测等。

2 裂缝长度监测宜采用直接量测法。

3 裂缝深度监测宜采用超声波法、凿出法等。

6.6.4 裂缝宽度量测精度不宜低于 0.1mm,裂缝长度和深度量测精度不宜低于 1mm。

6.7 支护结构内力监测

6.7.1 支护结构内力可采用安装在结构内部或表面的应变计或应力计进行量测。

6.7.2 混凝土构件可采用钢筋应力计或混凝土应变计等量测,钢构件可采用轴力计或应变计等量测。

6.7.3 内力监测值宜考虑温度变化等因素的影响。

6.7.4 应力计或应变计的量程宜为设计值的 2 倍,精度不宜低于 0.5%F·S,分辨率不宜低于 0.2%F·S。

6.7.5 内力监测传感器埋设前应进行性能检验和编号。

6.7.6 内力监测传感器宜在基坑开挖前至少 1 周埋设,并取开挖前连续 2d 获得的稳定测试数据的平均值作为初始值。

6.8 土压力监测

6.8.1 土压力宜采用土压力计量测。

6.8.2 土压力计的量程应满足被测压力的要求,其上限可取设计压力的 2 倍,精度不宜低于 0.5%F·S,分辨率不宜低于 0.2%F·S。

6.8.3 土压力计埋设可采用埋入式或边界式。埋设时应符合下列要求:

1 受力面与所监测的压力方向垂直并紧贴被监测对象。

2 埋设过程中应有土压力膜保护措施。

3 采用钻孔法埋设时,回填应均匀密实,且回填材料宜与周围岩土体一致。

4 做好完整的埋设记录。

6.8.4 土压力计埋设以后应立即进行检查测试,基坑开挖前应至少经过 1 周时间的监测并获得稳定初始值。

6.9 孔隙水压力监测

6.9.1 孔隙水压力宜通过埋设钢弦式或应变式等孔隙水压力计测试。

6.9.2 孔隙水压力计应满足以下要求:量程满足被测压力范围的要求,可取静水压力与超孔隙水压力之和的 2 倍;精度不宜低于 0.5%F·S,分辨率不宜低于 0.2%F·S。

6.9.3 孔隙水压力计埋设可采用压入法、钻孔法等。

6.9.4 孔隙水压力计应事前埋设,埋设前应符合下列要求:

1 孔隙水压力计应浸泡饱和,排除透水石中的气泡。

2 核查标定数据,记录探头编号,测读初始读数。

6.9.5 采用钻孔法埋设孔隙水压力计时,钻孔直径宜为 110mm ~130mm,不宜使用泥浆护壁成孔,钻孔应圆直、干净;封口材料宜采用直径 10mm~20mm 的干燥膨润土球。

6.9.6 孔隙水压力计埋设后应测量初始值,且宜逐日量测 1 周以上并取得稳定初始值。

6.9.7 应在孔隙水压力监测的同时测量孔隙水压力计埋设位置附近的地下水位。

6.10 地下水位监测

6.10.1 地下水位监测宜通过孔内设置水位管,采用水位计进行量测。

6.10.2 地下水位量测精度不宜低于 10mm。

6.10.3 潜水水位管应在基坑施工前埋设,滤管长度应满足量测要求;承压水位监测时被测含水层与其他含水层之间应采取有效的隔水措施。

6.10.4 水位管宜在基坑开始降水前至少 1 周埋设,且宜逐日连续观测水位并取得稳定初始值。

6.11 锚杆及土钉内力监测

6.11.1 锚杆和土钉的内力监测宜采用专用测力计、钢筋应力计或应变计,当使用钢筋束时宜监测每根钢筋的受力。

6.11.2 专用测力计、钢筋应力计和应变计的量程为对应设计值的 2 倍,量测精度不宜低于 0.5%F·S,分辨率不宜低于 0.2%F·S。

6.11.3 锚杆或土钉施工完成后应对专用测力计、应力计或应变计进行检查测试,并取下一层土方开挖前连续 2d 获得的稳定测试数据的平均值作为其初始值。

6.12 土体分层竖向位移监测

6.12.1 土体分层竖向位移可通过埋设磁环式分层沉降标,采用分层沉降仪进行量测;或者通过埋设深层沉降标,采用水准测量方法进行量测。

6.12.2 磁环式分层沉降标或深层沉降标应在基坑开挖前至少 1 周埋设。采用磁环式分层沉降标时,应保证沉降管安置到位后与土层密贴牢固。

6.12.3 土体分层竖向位移的初始值应在磁环式分层沉降标或深层沉降标埋设后量测,稳定时间不应少于 1 周并获得稳定的初始值。

6.12.4 采用分层沉降仪量测时,每次测量应重复 2 次并取其平均值作为测量结果,2 次读数较差不大于 1.5mm,沉降仪的系统精度不宜低于 1.5mm;采用深层沉降标结合水准测量时,水准监测精度宜参照表 6.3.4 确定。

6.12.5 采用磁环式分层沉降标监测时,每次监测应测定沉降管口高程的变化,然后换算出沉降管内各监测点的高程。

7 监测频率

7.0.1 基坑工程监测频率的确定应满足能系统反映监测对象所测项目的重要变化过程而又不遗漏其变化时刻的要求。

7.0.2 基坑工程监测工作应贯穿于基坑工程和地下工程施工全过程。监测期应从基坑工程施工前开始,直至地下工程完成为止。对有特殊要求的基坑周边环境的监测应根据需要延续至变形趋于稳定后结束。

7.0.3 监测项目的监测频率应综合考虑基坑类别、基坑及地下工程的不同施工阶段以及周边环境、自然条件的变化和当地经验而确定。当监测值相对稳定时,可适当降低监测频率。对于应测项目,在无数据异常和事故征兆的情况下,开挖后现场仪器监测频率可按表 7.0.3 确定。

表 7.0.3 现场仪器监测的监测频率

基坑类别	施工进程		基坑设计深度(m)			
			≤5	5~10	10~15	>15
一级	开挖深度(m)	≤5	1次/1d	1次/2d	1次/2d	1次/2d
		5~10	—	1次/1d	1次/1d	1次/1d
		>10	—	—	2次/1d	2次/1d
	底板浇筑后时间(d)	≤7	1次/1d	1次/1d	2次/1d	2次/1d
		7~14	1次/3d	1次/3d	1次/2d	1次/1d
		14~28	1次/5d	1次/5d	1次/3d	1次/2d
		>28	1次/7d	1次/5d	1次/3d	1次/3d
二级	开挖深度(m)	≤5	1次/2d	1次/2d		
		5~10		1次/1d		

续表7.0.3

基坑类别	施工进程		基坑设计深度(m)			
			≤5	5~10	10~15	>15
二级	底板浇筑后时间(d)	≤7	1次/2d	1次/2d	—	—
		7~14	1次/3d	1次/3d	—	—
		14~28	1次/7d	1次/5d	—	—
		>28	1次/10d	1次/10d	—	—

注：1 有支撑的支护结构各道支撑开始拆除到拆除完成后3d内监测频率应为1次/1d；

2 基坑工程施工至开挖前的监测频率视具体情况确定；

3 当坑壁类别为三级时，监测频率可视具体情况适当降低；

4 宜测、可测项目的仪器监测频率可视具体情况适当降低。

7.0.4 当出现下列情况之一时，应提高监测频率：

1 监测数据达到报警值。

2 监测数据变化较大或者速率加快。

3 存在勘察未发现的不良地质。

4 超深、超长开挖或未及时加撑等违反设计工况施工。

5 基坑及周边大量积水、长时间连续降雨、市政管道出现泄漏。

6 基坑附近地面荷载突然增大或超过设计限值。

7 支护结构出现开裂。

8 周边地面突发较大沉降或出现严重开裂。

9 邻近建筑突发较大沉降、不均匀沉降或出现严重开裂。

10 基坑底部、侧壁出现管涌、渗漏或流沙等现象。

11 基坑工程发生事故后重新组织施工。

12 出现其他影响基坑及周边环境安全的异常情况。

7.0.5 当有危险事故征兆时，应实时跟踪监测。

8 监测报警

8.0.1 基坑工程监测必须确定监测报警值，监测报警值应满足基坑工程设计、地下结构设计以及周边环境中被保护对象的控制要求。监测报警值应由基坑工程设计方确定。

8.0.2 基坑内、外地层位移控制应符合下列要求：

1 不得导致基坑的失稳。

2 不得影响地下结构的尺寸、形状和地下工程的正常施工。

3 对周边已有建筑引起的变形不得超过相关技术规范的要求或影响其正常使用。

4 不得影响周边道路、管线、设施等正常使用。

5 满足特殊环境的技术要求。

8.0.3 基坑工程监测报警值应由监测项目的累计变化量和变化速率值共同控制。

8.0.4 基坑及支护结构监测报警值应根据土质特征、设计结果及当地经验等因素确定；当无当地经验时，可根据土质特征、设计结果以及表8.0.4确定。

表8.0.4 基坑及支护结构监测报警值

续表8.0.4

序号	监测项目	支护结构类型	一级 累计值 绝对值(mm)	一级 累计值 相对基坑深度(h)控制值	一级 变化速率(mm/d)	二级 累计值 绝对值(mm)	二级 累计值 相对基坑深度(h)控制值	二级 变化速率(mm/d)	三级 累计值 绝对值(mm)	三级 累计值 相对基坑深度(h)控制值	三级 变化速率(mm/d)
1	围护墙(边坡)顶部水平位移	放坡、土钉墙、喷锚支护、水泥土墙	30~35	0.3%~0.4%	5~10	50~60	0.6%~0.8%	10~15	70~80	0.8%~1.0%	15~20
		钢板桩、灌注桩、型钢水泥土墙、地下连续墙	25~35	0.2%~0.3%	2~3	40~50	0.5%~0.7%	4~6	60~70	0.6%~0.8%	8~10
2	围护墙(边坡)顶部竖向位移	放坡、土钉墙、喷锚支护、水泥土墙	20~40	0.3%~0.4%	2~3	50~60	0.6%~0.8%	5~8	70~80	0.8%~1.0%	8~10
		钢板桩、灌注桩、型钢水泥土墙、地下连续墙	10~20	0.1%~0.2%	2~3	25~30	0.3%~0.5%	3~4	35~40	0.5%~0.6%	4~5
3	深层水平位移	水泥土墙	30~35	0.3%~0.4%	5~10	50~60	0.6%~0.8%	10~15	70~80	0.8%~1.0%	15~20
		钢板桩	50~60	0.6%~0.7%	2~3	80~85	0.7%~0.8%	4~6	90~100	0.9%~1.0%	8~10
		型钢水泥土墙	50~55	0.5%~0.6%		75~80	0.7%~0.8%		80~90	0.9%~1.0%	
		灌注桩	45~50	0.4%~0.5%		70~75	0.6%~0.7%		70~80	0.8%~0.9%	
		地下连续墙	40~50	0.4%~0.5%		70~75	0.7%~0.8%		80~90	0.9%~1.0%	
4	立柱竖向位移		25~35	—	2~3	35~45	—	4~6	55~65	—	8~10
5	基坑周边地表竖向位移		25~35	—	2~3	50~60	—	4~6	60~80	—	8~10
6	坑底隆起(回弹)		25~35	—	2~3	50~60	—	4~6	60~80	—	8~10
7	土压力		(60%~80%)f_1	—		(70%~80%)f_1	—		(70%~80%)f_1	—	
8	孔隙水压力										
9	支撑内力		(60%~80%)f_2	—		(70%~80%)f_2	—		(70%~80%)f_2	—	
10	围护墙内力										
11	立柱内力										
12	锚杆内力										

注：1 h为基坑设计开挖深度，f_1为荷载设计值，f_2为构件承载能力设计值；

2 累计值取绝对值和相对基坑深度(h)控制值两者的小值；

3 当监测项目的变化速率达到表中规定值或连续3d超过该值的70%，应报警；

4 嵌岩的灌注桩或地下连续墙位移报警值宜按表中数值的50%取用。

8.0.5 基坑周边环境监测报警值应根据主管部门的要求确定，如主管部门无具体规定，可按表8.0.5采用。

表8.0.5 建筑基坑工程周边环境监测报警值

监测对象	项目		累计值(mm)	变化速率(mm/d)	备注
1	地下水位变化		1000	500	—
2	管线位移	刚性管道 压力	10~30	1~3	直接观察点数据
		刚性管道 非压力	10~40	3~5	
		柔性管线	10~40	3~5	
3	邻近建筑位移		10~60	1~3	—
4	裂缝宽度	建筑	1.5~3	持续发展	
		地表	10~15	持续发展	

注：建筑整体倾斜度累计值达到2/1000或倾斜速度连续3d大于0.0001H/d(H为建筑承重结构高度)时应报警。

8.0.6 基坑周边建筑、管线的报警值除考虑基坑开挖造成的变形外，尚应考虑其原有变形的影响。

8.0.7 当出现下列情况之一时，必须立即进行危险报警，并应对基坑支护结构和周边环境中的保护对象采取应急措施。

1 监测数据达到监测报警值的累计值。

2 基坑支护结构或周边土体的位移值突然明显增大或基坑出现流沙、管涌、隆起、陷落或较严重的渗漏等。

3 基坑支护结构的支撑或锚杆体系出现过大变形、压屈、断裂、松弛或拔出的迹象。

4 周边建筑的结构部分、周边地面出现较严重的突发裂缝或危害结构的变形裂缝。

5 周边管线变形突然明显增长或出现裂缝、泄漏等。

6 根据当地工程经验判断，出现其他必须进行危险报警的情况。

9 数据处理与信息反馈

9.0.1 监测分析人员应具有岩土工程、结构工程、工程测量的综合知识和工程实践经验,具有较强的综合分析能力,能及时提供可靠的综合分析报告。

9.0.2 现场量测人员应对监测数据的真实性负责,监测分析人员应对监测报告的可靠性负责,监测单位应对整个项目监测质量负责。监测记录和监测技术成果均应有责任人签字,监测技术成果应加盖成果章。

9.0.3 现场的监测资料应符合下列要求:

1 使用正式的监测记录表格。

2 监测记录应有相应的工况描述。

3 监测数据的整理应及时。

4 对监测数据的变化及发展情况的分析和评述应及时。

9.0.4 外业观测值和记事项目应在现场直接记录于观测记录表中。任何原始记录不得涂改、伪造和转抄。

9.0.5 观测数据出现异常时,应分析原因,必要时应进行重测。

9.0.6 监测项目数据分析应结合其他相关项目的监测数据和自然环境条件、施工工况等情况以及以往数据进行,并对其发展趋势作出预测。

9.0.7 技术成果应包括当日报表、阶段性报告和总结报告。技术成果提供的内容应真实、准确、完整,并宜用文字阐述与绘制变化曲线或图形相结合的形式表达。技术成果应按时报送。

9.0.8 监测数据的处理与信息反馈宜采用专业软件,专业软件的功能和参数应符合本规范的有关规定,并宜具备数据采集、处理、分析、查询和管理一体化以及监测成果可视化的功能。

9.0.9 基坑工程监测的观测记录、计算资料和技术成果应进行组卷、归档。

9.0.10 当日报表应包括下列内容:

1 当日的天气情况和施工现场的工况。

2 仪器监测项目各监测点的本次测试值、单次变化值、变化速率以及累计值等,必要时绘制有关曲线图。

3 巡视检查的记录。

4 对监测项目应有正常或异常、危险的判断性结论。

5 对达到或超过监测报警值的监测点应有报警标示,并有分析和建议。

6 对巡视检查发现的异常情况应有详细描述,危险情况应有报警标示,并有分析和建议。

7 其他相关说明。

当日报表宜采用本规范附录 A～附录 G 的样式。

9.0.11 阶段性报告应包括下列内容:

1 该监测阶段相应的工程、气象及周边环境概况。

2 该监测阶段的监测项目及测点的布置图。

3 各项监测数据的整理、统计及监测成果的过程曲线。

4 各监测项目监测值的变化分析、评价及发展预测。

5 相关的设计和施工建议。

9.0.12 总结报告应包括下列内容:

1 工程概况。

2 监测依据。

3 监测项目。

4 监测点布置。

5 监测设备和监测方法。

6 监测频率。

7 监测报警值。

8 各监测项目全过程的发展变化分析及整体评述。

9 监测工作结论与建议。

附录 A 水平位移和竖向位移监测日报表

表 A 水平位移和竖向位移监测日报表(　　　　)

第 页 共 页

第 次

工程名称:　　　　报表编号:　　　　天气:

观测者:　　　　计算者:　　　　校核者:　　　　测试时间:　年 月 日 时

点号	水平位移				竖向位移				备注
	本次测试值(mm)	单次变化(mm)	累计变化量(mm)	变化速率(mm/d)	本次测试值(mm)	单次变化(mm)	累计变化量(mm)	变化速率(mm/d)	
工况				当日监测的简要分析及判断性结论:					

工程负责人:　　　　　　　　　　　　监测单位:

附录 B 深层水平位移监测日报表

表 B 深层水平位移监测日报表　　第 页 共 页

第 次

工程名称:　　　　报表编号:　　　　天气:

观测者:　　　　计算者:　　　　校核者:　　　　测试时间:　年 月 日 时

孔号	深度(m)	本次位移增量(mm)	累计位移(mm)	变化速率(mm/d)	
					位移量(mm)
					深度(m)
工况:					
当日监测的简要分析及判断性结论:					

工程负责人:　　　　　　　　　　　　监测单位:

附录 C 围护墙内力、立柱内力及土压力、孔隙水压力监测日报表

表 C　围护墙内力、立柱内力及土压力、孔隙水压力监测日报表(　　)　　第 页 共 页

第　　次

工程名称：　　　　　　　　　报表编号：　　　　　　　　　天气：

观测者：　　　　　　　　　　计算者：　　　　　　　　校核者：　　　　　测试时间：　年 月 日 时

组号	点号	深度(m)	本次应力(kPa)	上次应力(kPa)	本次变化(kPa)	累计变化(kPa)	备注	组号	点号	深度(m)	本次应力(kPa)	上次应力(kPa)	本次变化(kPa)	累计变化(kPa)	备注
工况		当日监测的简要分析及判断性结论：													

工程负责人：　　　　　　　　　　　　监测单位：

附录 D 支撑轴力、锚杆及土钉拉力监测日报表

表 D　支撑轴力、锚杆及土钉拉力监测日报表(　　)　　第 页 共 页

第　　次

工程名称：　　　　　　　　　报表编号：　　　　　　　　　天气：

测试者：　　　　　　　　　　计算者：　　　　　　　　校核者：　　　　　测试时间：　年 月 日 时

点号	本次内力(kN)	单次变化(kN)	累计变化(kN)	备注	点号	本次内力(kN)	单次变化(kN)	累计变化(kN)	备注
工况				当日监测的简要分析及判断性结论：					

工程负责人：　　　　　　　　　　　　监测单位：

附录 E 地下水位、周边地表竖向位移、坑底隆起监测日报表

表 E　地下水位、周边地表竖向位移、坑底隆起监测日报表(　　)　　第 页 共 页

第　　次

工程名称：　　　　　　　　　报表编号：　　　　　　　　　天气：

测试者：　　　　　　　　　　计算者：　　　　　　　　校核者：　　　　　测试时间：　年 月 日

组号	点号	初始高程(m)	本次高程(m)	上次高程(m)	本次变化量(mm)	累计变化量(mm)	变化速率(mm/d)	备注
工况		当日监测的简要分析及判断性结论：						

工程负责人：　　　　　　　　　　　　监测单位：

附录 F 裂缝监测日报表

表 F 裂缝监测日报表 第 页 共 页

第 次

工程名称：　　　　　　报表编号：　　天气：

观测者：　　计算者：　　校核者：　　测试时间：　　年月日时

点号	长度				宽度				形态
	本次测试值(mm)	单次变化量(mm)	累计变化量(mm)	变化速率(mm/d)	本次测试值(mm)	单次变化量(mm)	累计变化量(mm)	变化速率(mm/d)	
工况：									
当日监测的简要分析及判断性结论：									

工程负责人：　　　　　　　　　　　监测单位：

附录 G 巡视检查日报表

表 G 巡视检查日报表 第 页 共 页

第 次

工程名称：　　　　　　　　报表编号：

观测者：　　计算者：　　观测日期：　　年月日时

分类	巡视检查内容	巡视检查结果	备注
自然条件	气温		
	雨量		
	风级		
	水位		
支护结构	支护结构成型质量		
	冠梁、支撑、围檩裂缝		
	支撑、立柱变形		
	止水帷幕开裂、渗漏		
	墙后土体沉陷、裂缝及滑移		
	基坑涌土、流沙、管涌		
	其他		

续表 G

分类	巡视检查内容	巡视检查结果	备注
施工工况	土质情况		
	基坑开挖分段长度及分层厚度		
	地表水、地下水状况		
	基坑降水、回灌设施运转情况		
	基坑周边地面堆载情况		
	其他		
周边环境	管道破损、泄漏情况		
	周边建筑裂缝		
	周边道路(地面)裂缝、沉陷		
	邻近施工情况		
	其他		
监测设施	基准点、测点完好状况		
	监测元件完好情况		
	观测工作条件		

工程负责人：　　　　　　　　　　　监测单位：

本规范用词说明

1 为便于在执行本规范条文时区别对待，对要求严格程度不同的用词说明如下：

　1)表示很严格，非这样做不可的：

　　　正面词采用"必须"，反面词采用"严禁"；

　2)表示严格，在正常情况下均应这样做的：

　　　正面词采用"应"，反面词采用"不应"或"不得"；

　3)表示允许稍有选择，在条件许可时首先应这样做的：

　　　正面词采用"宜"，反面词采用"不宜"；

　4)表示有选择，在一定条件下可以这样做的，采用"可"。

2 条文中指明应按其他有关标准执行的写法为："应符合……的规定"或"应按……执行"。

引用标准名录

《工程测量规范》GB 50026—2007

《建筑地基基础工程施工质量验收规范》GB 50202—2002

《建筑变形测量规范》JGJ 8—2007

中华人民共和国国家标准

建筑基坑工程监测技术规范

GB 50497—2009

条 文 说 明

制 订 说 明

20世纪80年代以来我国高层建筑和地下工程得到了迅猛发展，基坑工程的重要性逐渐被人们所认识，基坑工程设计、施工技术水平也随着工程经验的积累不断提高。但是在基坑工程实践中，工程的实际工作状态与设计工况往往存在一定的差异，基坑工程设计还不能全面而准确地反映工程的各种变化，所以在理论分析指导下有计划地进行现场工程监测就显得十分必要。

基坑工程现场监测可以为基坑工程信息化施工、设计优化等提供依据；更重要的是通过监测和预警，可以及时发现安全隐患，保护基坑及周边环境的安全；同时监测工作还是发展基坑工程设计理论的重要手段。为此我们依据原建设部《2006年工程建设标准规范制定、修订计划（第一批）》的要求，编制了本规范。现就编制工作情况说明如下：

一、标准编制遵循的主要原则

1. 科学性原则。标准的技术规定应以行之有效的实践经验和可靠的科学研究成果为依据。对需要进行专题研究或验证的项目，认真组织研究或验证并写出成果报告；对已经实践检验的技术上成熟、经济上合理的科研成果，应纳入规范。

2. 先进性原则。一是应积极采用基坑工程监测的新方法、新技术；二是标准规定的技术要求应在全国范围内达到平均先进水平。

3. 实用性原则。标准的规定应具有现实的可操作性，便于基坑工程监测工作的开展，便于工程技术人员的执行。

4. 协调性原则。标准的技术规定应与国家现行标准相协调，避免矛盾。

二、编制工作概况

（一）各阶段的主要工作

编制工作按准备、征求意见、审查和批准四个阶段进行。

1. 准备阶段。主编单位于2006年4月启动编制准备工作，筹建编制组；在山东省工程建设标准《建筑基坑工程监测技术规范》DBJ 14—024—2004和初步调研的基础上，草拟编制工作大纲，并召开专家座谈会听取对该编制工作大纲的意见，为第一次编制工作会议的召开打下了一个良好的基础。同年8月25日编制组成立暨第一次工作会议在青岛召开。

2. 征求意见阶段。编写组依据编制大纲的要求于2006年8月～2007年2月开展了各项专题研究，并形成了专题研究报告。编制组在专题研究的基础上编写完成了规范的初稿，于2007年8月在青岛召开

了第二次编制工作会议，会议对初稿进行了认真的组内讨论，并就若干技术问题达成统一意见。初稿后经编制组多次认真修改，于2008年2月初形成了征求意见稿初稿。2008年2月下旬第三次编制工作会议在昆山召开，会议对征求意见稿初稿进行了充分的讨论，形成了征求意见稿。2008年3月下旬，本规范的征求意见稿在网上公布，正式开始征求意见工作。

3. 送审阶段。2008年8月下旬，第四次编制会议在同济大学召开。会议认真讨论了征求到的各方意见以及对意见的处理和答复；逐条讨论、修改了送审稿初稿，形成了送审稿。2008年10月中旬，本规范送审稿审查会在青岛召开。审查会专家听取了编制组所作的送审报告，对本规范的编制工作和送审稿进行了认真的审查并通过了送审稿。

4. 报批阶段。编制组根据审查会的意见，对送审稿及条文说明进行了个别修改，于2008年12月形成了报批稿并完成了报批报告等报批文件。

（二）开展专题研究工作

为保证编制质量，编写组依据编制大纲开展了各项专题研究，专题研究项目为：

1. 国内外关于基坑工程监测的管理规定和技术标准的调研。

2. 不同条件下基坑工程监测项目和监测报警值的研究。

3. 不同条件下基坑工程监测频率的研究。

4. 现有基坑工程监测方法和监测仪器性能的调研。

编制组收集了美国及欧洲国家的相关研究成果，掌握了其研究动态。国内收集了相关的国家标准、行业标准、地方标准以及国内诸多城市有关基坑工程的规定，编制组对其进行了认真的整理和研究，以作为编写的依据或参考。

编制组相继对北京、天津、上海、广州、济南、杭州、武汉、福州、昆明、南宁、青岛、深圳等17个城市的100多位基坑工程设计、施工、监测单位的专家、学者进行了广泛调研，发放和收集调研表近200份，内容涉及基坑监测项目、监控报警值、巡视检查等关键技术难题。编制组采取了调查研究与资料查询相结合的方法，广泛收集全国关于基坑监测频率的工程实例。调研共收集基坑监测实例86项，实例工程分布于上海、广东、江苏、浙江、辽宁、北京、天津、山东、山西、河南、安徽、江西、湖北等地区，所收集的资料具有较广泛的代表性。

编制组在此期间完成了"国内外关于基坑工程的

管理规定和技术标准的调研报告"、"监测项目与报警控制值的研究报告"、"现有基坑工程监测方法和监测仪器及性能的调研报告"以及"不同条件下基坑工程监测频率的研究报告",为本规范的编写奠定了基础。

（三）征求意见的范围及主要意见

本规范的征求意见稿由主编部门网上公布,征求社会各方意见。另外,编制组在全国范围内确定了近20位专家作为走访或函询的对象,其中包括相关国家标准、行业标准的主编,高等院校相关研究方向的学者,基坑工程设计、施工、监测单位的专家等。

征求到的意见主要涉及:

1. 本规范技术内容对不同地质条件下基坑工程的适用性。

2. 基坑工程监测新技术的应用。

3. 基坑工程的管理规定等问题。

编制组对收集到的意见逐条进行了归纳并整理成册,在认真研究、吸收各方面意见的基础之上,对征求意见稿进行了修改。

（四）审查情况及主要结论

参加送审稿审查会议的有住房和城乡建设部标准定额司的代表,地方建设行政管理部门的代表,相关国家标准编制组或管理组的代表,高等院校、科研单位、设计单位、施工单位等有经验的专家以及本规范编制组成员等。

会议听取了本规范编制组长所作的送审报告和征求意见稿征求意见的处理意见汇报;审查了送审资料;会议代表对标准送审稿进行了认真审查,对其中重要内容的编制依据和成熟度进行了充分讨论和协商,并取得了一致意见。

审查会议认为该规范（送审稿）体例适宜,内容全面系统。规范所确定的监测项目、测点布置、监测频率、监控报警依据较充分,科学合理,适合工程需要,为确保基坑工程监测质量提供了操作性强的技术依据,对保证基坑工程安全、保护周边环境具有重要意义。

三、重要技术问题说明

（一）基坑工程监测的管理规定

有关基坑工程监测的管理规定,本规范主要涉及两个重要内容:一是由建设方委托具备资质的监测单位实施第三方监测,二是基坑工程监测的实施范围。这两个重要内容的确定主要是依据编制组开展的"国内外关于基坑工程监测的管理规定和技术标准的调研"成果。

由建设单位委托、实施第三方监测和对监测单位提出资质要求是从保证监测的客观性和公正性、走专业化道路、保证监测质量等方面综合考虑的,我国开展基坑工程监测较早、较好的一些主要省市均提出了类似的管理规定。

建设部《建筑工程预防坍塌事故若干规定》（建

质〔2003〕82号）中规定:"深基坑是指开挖深度超过5m的基坑,或深度未超过5m但地质条件和周边环境较复杂的基坑"。并规定应对其相邻的建筑物、道路的沉降及位移情况进行观测。本规范的规定与国家建设主管部门的规定是一致的。

上海、山东以及深圳、南京等国内诸多省市关于深基坑工程的有关规定对深基坑都作出了相似的定义,并规定深基坑工程应实施基坑工程监测。从实施效果看,对保证基坑工程及周边环境的安全起到了较好的控制作用,同时也兼顾对建设项目建设成本的影响。从征求意见稿的意见看,此条文规定在全国范围内已基本达成共识。

（二）监测项目、监测报警值的确定

监测项目和监测报警值是本规范的重要内容,这些条文的确定依据主要是三个方面:一是专家调查及专题研究报告,二是相关的国家、行业和地方标准,三是工程实践经验的总结。

现行国家、行业标准中涉及基坑工程仪器监测项目的规范较多,如《建筑地基基础设计规范》GB 50007—2002、《建筑边坡工程技术规范》GB 50330—2002、《建筑基坑支护技术规程》JGJ 120—99、《建筑基坑工程技术规范》YB 9258—97等都有关于基坑仪器监测项目的条文;但规范之间有相互矛盾、要求不一致的地方。山东、上海、浙江、湖北、深圳、广州等一些地方标准中也提出了结合当地实际的监测项目。这些规范从不同的角度或地区特点对基坑工程仪器监测项目提出了不同的要求及标准。这次国家规范的编写将调研结果及现行有关规范中关于基坑工程监测的条文进行了比较与分析,综合考虑现行规范的规定,结合专家调查结果和工程实践经验得出了项目较为全面、选择性和适应性较广的仪器监测项目。

编制组针对全国103位基坑工程专家调查得到的数据,经过数据处理与分析,得到了基坑工程报警值的专家调研结果。编制组又综合考虑了国家现行标准的规定、参考了部分地方标准的报警指标以及工程实践经验,推荐了本规范确定的基坑工程监测报警值。考虑到基坑工程报警的复杂性、目前认知能力的局限性等因素,本规范该条文的用词程度为"可"。

（三）监测频率的确定

目前现行的国家标准、行业标准尚无对基坑工程监测频率的明确规定。基坑工程监测频率的确定是一项经验性很强的工作,总结以往的经验教训对合理地确定基坑监测频率具有重要指导意义。为此,编制组采取了调查研究与资料查询相结合的方法,广泛收集全国关于基坑工程监测频率的工程实例。本次调研共收集基坑监测实例86项,实例工程地区分布较广,所收集的资料具有较广泛的代表性。

编制组通过对收集资料的定性分析和定量统计分析,参考国家现行标准以及地方标准的有关规定,确定了应测项目在无数据异常和事故征兆情况下的仪器监测频率。该监测频率能系统地反映基坑及周边环境的受力与变形的重要变化过程，在目前工程实践中有广泛的应用基础，技术成熟度较高。

四、本标准尚需深入研究的有关问题

1. 开展对特殊土以及岩石基坑工程监测的研究。

由于受到各地建筑基坑工程监测开展程度的影响以及现有认知能力、技术装备、技术水平和技术成熟度的限制，本次规范编制过程中对冻土、膨胀土、湿陷性黄土等特殊土和岩石基坑工程实施监测的研究还不够。今后随着基坑工程监测工作的推广，编制组需要加强对东北地区、西部地区基坑工程监测的调研，开展对特殊土以及岩石基坑工程监测的研究，进一步扩大本规范的适用范围。

2. 进一步开展不同地质条件下监测报警值的研究。

基坑工程监测报警值是一个十分严肃和复杂的问题，不但与基坑类别、支护形式有关，还与所处的地质条件密切相关。规范本次提供的监测报警值是一个取值范围，今后尚需通过对不同地质条件下基坑支护主要形式的调研，选择有代表性的地区开展专题研究，搜集工程技术信息，进一步深入研究不同地质条件下各种支护形式的监测报警值。

3. 进一步研究、总结基坑工程监测的新技术。

随着新的监测设备和传感器的开发与应用，基坑工程监测技术得到不断发展，目前正向系统化、自动化、远程化方面发展，编制组今后将进一步跟踪研究、总结基坑工程监测的新技术，开展必要的专题研究，为本规范以后的修订工作打下基础。

结语

为了准确理解本规范的技术规定，按照《工程建设标准编写规定》的要求，编制组写了《建筑基坑工程监测技术规范》条文说明。本条文说明的内容均为解释性内容，不应作为标准规定使用。

目 次

1 总 则

1.0.1 20 世纪 80 年代以来我国城市建设发展很快,尤其是高层建筑和地下工程得到了迅猛发展,基坑工程的重要性逐渐被人们所认识,基坑工程设计、施工技术水平也随着工程经验的积累不断提高。但是在基坑工程实践中,工程的实际工作状态与设计工况往往存在一定的差异,设计值还不能全面、准确地反映工程的各种变化,所以在理论分析指导下有计划地进行现场工程监测就显得十分必要。

造成设计值与实际工作状态差异的主要原因是:

1 地质勘察所获得的数据还很难准确代表岩土层的全面情况。

2 基坑工程设计理论和依据还不够完善,对岩土层和支护结构本身所做的本构模型、计算假定以及参数选用等与实际状况相比存在着一定的近似性和相对误差。

3 基坑工程施工过程中,支护结构的受力经常发生动态变化,诸如地面堆载突变、超挖等偶然因素的发生,使得结构荷载作用时间和影响范围难以预料,出现施工工况与设计工况不一致的情况。

基于上述情况,基坑工程的设计计算虽然能大致描述正常施工条件下支护结构以及相邻周边环境的变形规律和受力范围,但必须在基坑工程期间开展严密的现场监测,才能保证基坑及周边环境的安全,保证建设工程的顺利进行。归纳起来,开展基坑工程现场监测的目的主要为:

1 为信息化施工提供依据。通过监测随时掌握岩土层和支护结构内力、变形的变化情况以及周边环境中各种建筑、设施的变形情况,将监测数据与设计值进行对比、分析,以判断前步施工是否符合预期要求,确定和优化下一步施工工艺和参数,以此达到信息化施工的目的,使得监测成果成为现场施工工程技术人员作出正确判断的依据。

2 为基坑周边环境中的建筑、各种设施的保护提供依据。通过对基坑周边建筑、管线、道路等的现场监测,验证基坑工程环境保护方案的正确性,及时分析出现的问题并采取有效措施,以保证周边环境的安全。

3 为优化设计提供依据。基坑工程监测是验证基坑工程设计的重要方法,设计计算中未曾考虑或考虑不周的各种复杂因素,可以通过对现场监测结果的分析、研究,加以局部的修改、补充和完善,因此基坑工程监测可以为动态设计和优化设计提供重要依据。

4 监测工作是发展基坑工程设计理论的重要手段。

基坑工程监测应做到可靠性、技术性和经济性的统一。监测方案应以保证基坑及周边环境安全为前提,以监测技术的先进性为保障,同时也要考虑监测方案的经济性。在保证监测质量的前提下,降低监测成本,达到技术先进性与经济合理性的统一。

基坑工程监测涉及建设单位、设计单位、施工单位和监理单位等,本规范不只是规范监测单位的监测行为,其他相关各方也应遵守和执行本规范的规定。

1.0.2 本条是对本规范适用范围的界定。本规范适用于建(构)筑物地下工程开挖形成的基坑以及基坑开挖影响范围内的建(构)筑物及各种设施、管线、道路等监测。

本规范适用于一般土及软土建筑基坑工程监测,但对岩石基坑工程以及冻土、膨胀土、湿陷性黄土等特殊土的基坑及周边环境监测,由于基坑工程设计、施工、监测积累的经验以及科研成果尚显不足,编写规范的条件还不成熟,因此尚不在本规范的适用范围之内。这些地区的基坑工程应依据相关规范的要求,充分考虑当

地的工程经验开展监测。在积极开展基坑工程监测的同时,总结和积累工程经验,为本规范的修订打下基础。

侵蚀性环境是指基坑所处的环境(土质、水、空气)中含有对基坑支护材料(如钢材等)产生较严重腐蚀的成分,直接影响材料的正常使用及安全性能。

1.0.3 影响基坑工程监测的因素很多,主要有:

1 基坑工程设计与施工方案。

2 建设基地的岩土工程条件。

3 邻近建(构)筑物、设施、管线、道路等的现状及使用状态。

4 施工工期。

5 作业条件。

建筑基坑工程监测要求综合考虑以上因素的影响,制订合理的监测方案,方案经审批后,由监测单位组织和实施监测。

1.0.4 建筑基坑工程需要遵守的标准有很多,本规范只是其中之一;另外,有关国家现行标准中对建筑基坑工程监测也有一些相关规定,因此本条规定除遵守本规范外,基坑工程监测尚应符合国家现行有关标准的规定。与本规范有关的国家现行规范、规程主要有:

1 《建筑地基基础设计规范》GB 50007。

2 《建筑地基基础工程施工质量验收规范》GB 50202。

3 《建筑边坡工程技术规范》GB 50330。

4 《民用建筑可靠性鉴定标准》GB 50292。

5 《工程测量规范》GB 50026。

6 《建筑变形测量规范》JGJ 8。

7 《建筑基坑支护技术规程》JGJ 120。

3 基 本 规 定

3.0.1 本条为强制性条文。本条是对建筑基坑工程监测实施范围的界定。基坑支护结构以及周边环境的变形和稳定与基坑的开挖深度有关,相同条件下基坑开挖深度越深,支护结构变形以及对周边环境的影响越大;基坑工程的安全性还与场地的岩土工程条件以及周边环境的复杂性密切相关。建设部《建筑工程预防坍塌事故若干规定》(建质〔2003〕82 号)中规定:深基坑是指开挖深度超过 5m 的基坑或深度未超过 5m 但地质条件和周边环境较复杂的基坑。上海、山东以及深圳、南京等国内诸多省市关于深基坑工程的有关规定对深基坑都作出了相似的定义,并且规定深基坑工程应实施基坑工程监测。对深基坑及周边环境复杂的基坑工程实施监测是确保基坑及周边环境安全的重要措施。

考虑到基坑工程施工涉及市政、公用、供电、通讯、人防及文物等管理单位,各地方相关管理单位会出台一些地方性规定,因此本条还规定"其他需要监测的基坑工程应实施基坑工程监测"。

3.0.2 由于基坑工程设计理论还不够完善,施工场地也存在着各种复杂因素的影响,基坑工程设计方案能否真实地反映基坑工程实际状况,只有在方案实施过程中才能得到最终的验证,其中现场监测是获得上述验证的重要和可靠手段,因此在基坑工程设计阶段应该由设计方提出对基坑工程进行现场监测的要求。由设计方提出的监测要求,并非是一个详尽的监测方案,但有些内容或指标应由设计方明确提出,例如:应该进行哪些监测项目的监测?监测频率和监测报警值是多少?只有这样,监测单位才能依据设计方的要求编制出合理的监测方案。

3.0.3 基坑工程监测既要保证基坑的安全,也要保证周边环境中市政、公用、供电、通讯及人防、文物等的安全与正常使用,涉及建设、设计、监理、施工以及周边有关单位等各方利益,建设单位是建设项目的第一责任主体,因此应由建设单位委托基坑工程监测。

基坑工程监测对技术人员的专业水平要求较高。要求监测数

据分析人员要有岩土工程、结构工程、工程测量等方面的综合知识和较为丰富的工程实践经验。为了保证监测质量，国内外在监测管理方面开始走专业化的道路，实践证明，专业化有力地促进了监测工作和监测技术的健康发展。此外，实施第三方监测有利于保证监测的客观性和公正性，一旦发生重大环境安全事故或社会纠纷时，监测结果是责任判定的重要依据。因此本条规定基坑工程施工前，由建设方委托具备相应资质的第三方对基坑工程实施现场监测。

第三方监测并不取代施工单位自己开展的必要的施工监测，施工单位在施工过程中仍应进行必要的施工监测。

依据《建设工程勘察设计资质管理规定》（建设部 160 令），考虑建筑基坑工程监测的专业特点，为保证基坑工程监测工作的质量，基坑工程监测单位应同时具备岩土工程和工程测量两方面的专业资质。监测单位应具备承担基坑工程监测任务的相应设备、仪器及其他测试条件，有经过专门培训的监测人员以及经验丰富的数据分析人员，有必要的监测程序和审核制度等工作制度及其他管理制度。

监测单位拟订出监测方案后，提交工程建设单位，建设单位应遵照建设主管部门的有关规定，组织设计、监理、施工、监测等单位讨论审定监测方案。当基坑工程影响范围内有重要的市政、公用、供电、通讯、人防工程以及文物等时，还应组织有关相关主管单位参加的协调会议，监测方案经协商一致后，监测工作才能正式开始。必要时，应根据有关部门的要求，编制专项监测方案。

3.0.4 本条提供了监测单位开展监测工作宜遵循的一般工作程序。

3.0.5 监测单位通过了解建设单位和设计方对监测工作的技术要求，进一步明确监测目的，并以此做好编制监测方案前的各项准备工作。现场踏勘、搜集已有合格资料是准备工作中的一项重要内容。由于这项工作涉及方方面面的单位和人员，有些单位和个人同建设项目的关系属于近外层、远外层的关系，这就增加了完成这项准备工作的难度，在现场踏勘、搜集资料不全面的情况下，编制出的监测方案往往容易出现纰漏。例如，基坑支护设计计算工况、计算结果资料收集不全，支护结构的内力观测点的布设位置就难以把握；基坑周边管线的使用年限和老化程度调查不清，就难以准确地确定报警值。因此，监测单位应当积极争取有关各方的配合，认真完成这项准备工作。

本条对现场踏勘、资料搜集阶段工作提出了具体要求。为了正确地对基坑工程进行监测和评价，提高基坑监测工作的质量，做到有的放矢，应尽可能详细地了解和搜集有关的技术资料。另外，有时委托方的介绍和提出的要求是笼统的、非技术性的，也需要通过调查来进一步明确委托方的具体要求和现场实施的可行性。

本条的第三款要求监测单位应搜集的周边环境原始资料和使用阶段资料包括：周边建筑、管线、道路、人防等周边环境各监测对象的原始资料和使用阶段资料。了解监测对象当前的工作性状非常重要，一方面，因为时间久远、保管不善，有些资料难以搜集，另一方面，如建筑物、管线等在使用中往往已改变了原始状态，或者出现了超出设计荷载使用的现象。如果监测单位不能掌握这些情况，一方面会影响监测数据的分析、判断；另一方面在出现纠纷的时候，责任难以分清，所以当有异常情况时，监测单位应当注意利用现代技术，保存现场影像资料。

本条的第四款要求监测单位通过现场踏勘掌握相关资料与现场状况是否真实。周边环境中各监测对象的布设和性状由于时间、工程变更等各种因素的影响有时会出现与原始资料不相符的情况，如果监测单位只是依照原始资料确定监测方案，可能会影响拟监测项目现场实施的可行性。

本条的第五款要求监测单位了解相邻工程的设计和施工情况，比如相邻工程的打桩、基坑支护与降水、土方开挖及运输情况和施工进度计划等，避免相互干扰与影响。

3.0.6 监测方案是监测单位实施监测的重要技术依据和文件。为了规范监测方案、保证质量，本条概括出了监测方案所包括的 12 个主要方面。

3.0.7 本条对基坑工程监测方案的专门论证作出了规定。

优秀近现代建筑是指自 19 世纪中期以来建造的、能够反映近现代城市发展历史，具有较高历史、艺术和科学价值的建筑物（群）、构筑物（群）和历史遗迹。优秀近现代建筑的确定依据各地有关部门的管理规定。

"新材料、新技术、新工艺、新设备"是指尚未被规范和有关文件认可的新的建筑材料、建筑技术和结构形式、施工工艺、施工设备等。

对工程中出现的超过规范应用范围的重大技术难题、新成果的合理推广应用以及严重事故的处理，采用专门技术论证的方式可达到安全适用、技术先进、经济合理的良好效果。上海等省市在主管部门的领导下，采用专家技术论证的方式在解决重大基坑工程技术难题和减少工程事故方面已取得良好的效果，值得借鉴。

3.0.8 监测单位应严格按照审定后的监测方案对基坑工程进行监测，不得任意减少监测项目、测点，降低监测频率。当在实施过程中，由于客观原因需要对监测方案作调整时，应按照工程变更的程序和要求，向建设单位提出书面申请，新的监测方案经审定后方可实施。

3.0.9 监测单位应严格依据监测方案进行监测，为基坑工程实施动态设计和信息化施工提供可靠依据。实施动态设计和信息化施工的关键是监测成果的准确、及时反馈，监测单位应建立有效的信息处理和信息反馈系统，将监测成果准确、及时地反馈到建设、监理、施工等有关单位。当监测数据达到监测报警值时监测单位必须立即通报建设方及相关单位，以便建设单位和有关各方及时分析原因、采取措施。建设、施工等单位应认真对待监测单位的报警，以避免事故的发生。在这　方面，工程实践中的教训是很深刻的。

3.0.11 本条规定要求监测单位在监测结束阶段应向建设方提供监测竣工资料。监测方案应是审核批准后的实施方案；测点的验收记录应有建设方和监测方相关责任人的签字；阶段性监测报告可以根据合同的要求采用周报、旬报、月报或者按照基坑工程的形象进度而定；在结束阶段监测单位还应完成对整个监测工作的总结报告，建设方应按照有关档案管理规定将监测竣工资料组卷归档。另外，监测过程的原始记录和数据处理资料是唯一能反映当时真实状况的可追溯性文件，监测单位也应归档保存。

4 监测项目

4.1 一般规定

4.1.1 基坑工程的现场监测应采用仪器监测与巡视检查相结合的方法，多种观测方法互为补充、相互验证。仪器监测可以取得定量的数据，进行定量分析；以目测为主的巡视检查更加及时，可以起到定性、补充的作用，从而避免片面地分析和处理问题。例如观察周边建筑和地表的裂缝分布规律、判别裂缝的新旧区别等，对于我们分析基坑工程对临近建筑的影响程度有着重要作用。

4.1.2 本条将基坑工程现场监测的对象分为七大类。支护结构包括围护墙、支撑或锚杆、立柱、冠梁和围檩等；地下水状况包括基坑内外原有水位、承压水状况、降水或回灌后的水位；基坑底部及周边土体指的是基坑开挖影响范围内的坑内、坑外土体；周边建筑指的是在基坑开挖影响范围之内的建筑物、构筑物；周边管线及设施主要包括供水管道、排污管道、通讯、电缆、煤气管道、人防、地铁、隧道等，这些都是城市生命线工程；周边重要的道路是指基坑开挖影响范围之内的高速公路、国道、城市主要干道和桥梁等;此外,根据工程的具体情况,可能会有一些其他应监测的对象,由设计和有关单位共同确定。

4.1.3 基坑工程监测是一个系统,系统内的各项目监测有着必然的、内在的联系。基坑在开挖过程中,其力学效应是从各个侧面同时展现出来的,例如支护结构的挠曲、支撑轴力、地表位移之间存在着相互间的必然联系,它们共存于同一个集合体,即基坑工程内。限于测试手段、精度及现场条件,某一单项的监测结果往往不能揭示和反映基坑工程的整体情况,必须形成一个有效的、完整的、与设计、施工工况相适应的监测系统并跟踪监测,才能提供完整、系统的测试数据和资料,才能通过监测项目之间的内在联系作出准确地分析、判断,为优化设计和信息化施工提供可靠的依据。当然,选择监测项目还必须注意控制费用,在保证监测质量和基坑工程安全的前提下,通过周密地考虑,去除不必要的监测项目,因此本条要求抓住关键部位,做到重点观测、项目配套。

4.2 仪器监测

4.2.1 基坑工程现场监测项目的选择与基坑工程类别有关。本规范对基坑工程等级的划分方法根据现行国家标准《建筑地基基础工程施工质量验收规范》GB 50202—2002 确定,见表1。

表1 基坑工程类别

类别	分类标准
一级	重要工程或支护结构作主体结构的一部分; 开挖深度大于10m; 与临近建筑物的距离在开挖深度以内的基坑; 基坑范围内有历史文物、近代优秀建筑、重要管线等需严加保护的基坑
二级	除一级和三级外的基坑属二级基坑
三级	开挖深度小于7m,且周围环境无特别要求时的基坑

表4.2.1列出了基坑工程仪器监测的项目,这些项目是经过大量工程调研并征询全国近20个城市的百余名专家的意见,结合现行的有关规范,并考虑了我国目前基坑工程监测技术水平后提出的,是我国基坑工程发展近20年来的经验总结,有较强的可操作性。监测项目的选择既关系到基坑工程的安全,也关系到监测费用的大小。盲目减少监测项目很可能因小失大,造成严重的工程事故和更大的经济损失,得不偿失;随意增加监测项目也会造成不必要的浪费。对于一个具体工程必须始终把安全放在第一位,在此前提下可以根据基坑工程等级等目的、有针对性地选择监测项目。

本规范共列出了18项监测项目,主要反映的是监测对象的物理力学性能:受力和变形。对于同一个监测对象,这两个指标有着内在的必然联系,相辅相成,配套监测,可以帮助判断数据的真伪,做到去伪存真。

考虑到围护墙(边坡)顶部水平位移、深层水平位移的监测是分别进行的,而且它们的监测仪器、方法都不同,因此规范本条将水平位移分为围护墙(边坡)顶部水平位移、深层水平位移两个监测项目。围护墙(边坡)顶部水平位移监测较为重要,对于三种等级的基坑工程都定为"应测";深层水平位移监测可以描述出围护墙沿深度方向上不同点的水平位移曲线,并且可以及时地确定最大水平位移值及其位置,对于分析围护墙的稳定和变形发挥了重要的作用。因此,一、二级基坑工程均应监测。由于深层水平位移的观测工作量较大,需要埋设测斜管,而且实际工程中,三级基坑观测深层水平位移的也不多,所以,三级基坑采用"宜测"较为合适。

许多专家提出,围护墙(边坡)顶部的竖向位移也是反映基坑安全的一个重要指标。我国现有的相关标准大多都明文列出。另外,考虑到围护墙(边坡)顶部竖向位移的监测简便易行,本条规定三个等级的基坑工程此监测项目都确定为"应测"。

开挖引起坑内土体的隆起或沉陷是必然的,立柱竖向位移则可反映这一情况;立柱的竖向位移对支撑轴力的影响很大,对立柱

变形进行监测可以预防支撑失稳。因此本条规定一级基坑立柱竖向位移采用"应测",二、三级基坑立柱竖向位移采用"宜测"。

围护墙内力监测是防止支护结构发生强度破坏的一种较为可靠的监控措施,但由于内力分析较为清晰,调研过程中,许多专家认为一般围护墙体设计的安全储备较大,实际工程中发生强度破坏的现象较少,因此建议可适当降低监测要求。本条规定一级基坑围护墙内力监测采用"宜测",二、三级基坑采用"可测"。

支撑内力监测以轴力为主,一般二、三级支撑设计的安全储备较大,发生强度破坏的现象很少,因此本条规定对于二、三级基坑此监测项目分别采用"宜测"、"可测"。

基坑开挖是一个卸荷的过程,随着坑内土的开挖,坑内外形成一个水土压力差,引起坑底土体隆起,进行底部隆起观测可以及时了解基坑整体的变形状况。

对围护墙界面上的土压力和孔隙水压力监测的目的是为了了解实际情况与设计值的差异,有利于进行反分析和施工控制。对于一级基坑来讲,水、土压力宜进行监测。

地下水是影响基坑安全的一个重要因素,且监测手段简单,本条规定对一、二、三级基坑地下水位监测均为"应测",当基坑开挖范围内有承压水的影响时,应进行承压水位的监测。

土体分层竖向位移的监测可以掌握土层中不同深度处土体的变形情况,同时可对基坑外土体通过围护墙底部涌入坑内的不利情况提供预警信息,但其监测方法及仪器相对复杂,测点不宜保护,监测费用较高,因此,本条规定对于一级基坑该项目宜进行监测,其他等级的基坑在必要时可进行该项目的监测。

周边地表竖向位移的监测对于综合分析基坑的稳定以及地层位移对周边环境的影响有很大帮助。该项目监测简便易行,本条规定对一、二级基坑为"应测",三级基坑为"宜测"。

周边建筑的监测项目分别为竖向位移、倾斜和水平位移。基坑开挖后周边建筑竖向位移的反应最直接,监测也较简便,三个基坑等级该项目都定为"应测";建筑的竖向位移(差异沉降)可间接反映其倾斜状况,因此,对倾斜的监测要求适当放宽;周边建筑水平位移在实际工程中不常见,而且其发生量也较小,本条规定二级基坑该项目为"宜测"、三级基坑该项目为"可测"。

裂缝直接反映了周边建筑、地表的破坏程度,裂缝的监测比较简单,对于三个基坑等级该项目都定为"应测"。裂缝监测包括裂缝的宽度监测和深度监测,在基坑施工之前必须先进行现场踏勘,记录建筑已有裂缝的分布位置和数量,测定其走向、长度、宽度及深度,作为判断裂缝发展趋势的依据。

周边管线的变形破坏产生的后果很大,本条规定三个等级的基坑工程此监测项目都为"应测"。

4.3 巡视检查

4.3.1 本条强调在基坑工程的施工和使用期内,应由有经验的监测人员每天对基坑工程进行巡视检查。基坑工程施工期间的各种变化具有时效性和突发性,加强巡视检查是预防基坑工程事故非常简便、经济而又有效的方法。

4.3.2 本条分五个方面列出了巡视检查的主要内容,这些项目的确定都是根据百余名基坑工程专家意见,结合工程实践总结出来的,具有很好的参考价值。监测单位在具体工程中可根据工程对象进行相关项目的巡视监测,也可补充新的监测内容。

4.3.3 巡视检查主要以目视为主,配以简单的工器具,这样的检查方法速度快、周期短,可以及时弥补仪器监测的不足。

4.3.4 各巡视检查项目之间大多存在着内在的联系,对各项目的巡视检查结果都必须做好详细的记录,从而为基坑工程监测分析工作提供完整的资料。通过巡视检查和仪器监测,可以把定性、定量结合起来,更加全面地分析基坑的工作状态,作出正确的判断。

4.3.5 巡视检查的任何异常情况都可能是事故的预兆,必须引起足够重视,发现问题要及时汇报给建设方及相关单位,以便尽早作出判断和进行处理,避免引起严重后果。

5 监测点布置

5.1 一般规定

5.1.1、5.1.2 测点的位置应尽可能地反映监测对象的实际受力、变形状态，以保证对监测对象的状况作出准确的判断。在监测对象内力和变形变化大的代表性部位及周边环境重点监护部位，监测点应适当加密，以便更加准确地反映监测对象的受力和变形特征。

影响监测费用的主要方面是监测项目的多少、监测点的数量以及监测频率的大小。基坑工程监测点的布置首要是满足对监测对象监控的要求，这就要求必须保证一定数量的监测点。但不是测点越多越好，基坑工程监测一般工作量比较大，又受人员、光线、仪器数量的限制，测点过多、当天的工作量过大会影响监测的质量，同时也增加了监测费用。

测点标志不应妨碍结构的正常受力、降低结构的变形刚度和承载能力，这一点尤其是在布设围护结构、立柱、支撑、锚杆、土钉等的应力应变观测点时应注意。管线的观测点布设不能影响管线的正常使用和安全。

在满足监控要求的前提下，应尽量减少在材料运输、堆放和作业密集区埋设测点，以减少对施工作业产生的不利影响，同时也可以避免测点遭到破坏，提高测点的成活率。

5.1.3 本条规定是为了保证量测通视，以减小转站引点导致的误差。观测标志的形式和埋设依照国家现行标准《建筑变形测量规范》JGJ 8执行。

5.2 基坑及支护结构

5.2.1 围护墙或基坑边坡顶部的水平和竖向位移监测点应沿基坑周边布置，监测点水平间距不宜大于20m。一般基坑每边的中部、阳角处变形较大，所以中部、阳角处应设测点。为便于监测，水平位移观测点宜同时作为垂直位移的观测点。为了测量观测点与基线的距离变化，基坑每边的测点不宜少于3点。观测点设置在基坑边坡混凝土护顶或围护墙顶（冠梁）上，有利于观测点的保护和提高观测精度。

5.2.2 围护墙或土体深层水平位移的监测是观测基坑围护体系变形最直接的手段，监测孔应布置在基坑平面上挠曲计算值最大的位置。一般情况下基坑每侧中部、阳角处的变形较大，因此该处宜设监测孔；对于边长大于50m的基坑，每边可适当增设监测孔；基坑开挖次序以及局部挖深会使围护体系最大变形位置发生变化，布置监测孔时应予以考虑。

深层水平位移观测目前多用测斜仪观测。为了真实地反映围护墙的挠曲状况和地层位移情况，应保证测斜管的埋设深度。

因为测斜仪测出的是相对位移，若以测斜管底端为固定起算点（基准点），应保持管底端不动，否则就无法准确推算各点的水平位移，所以要求测斜管底嵌入到稳定的土体中。

5.2.3 围护墙内力监测点应考虑围护墙内力计算图形，布置在围护墙出现弯矩极值的部位，监测点数量和横向间距视具体情况而定。平面上宜选择在围护墙相邻两支撑的跨中部位、开挖深度较大以及地面堆载较大的部位；竖直方向（监测断面）上监测点宜布置在支撑处和相邻两层支撑的中间部位，间距宜为2m~4m。

5.2.4 支撑内力的监测多根据支撑杆件采用的不同材料，选择不同的监测方法和监测传感器。对于混凝土支撑杆件，目前主要采用钢筋应力计或混凝土应变计；对于钢支撑杆件，多采用轴力计（也称反力计）或表面应变计。

支撑内力监测点的位置应根据支护结构计算书确定，监测截面应选择在轴力较大杆件上受剪力影响小的部位，因此本条第3款要求当采用应力计和应变计测试时，监测截面宜选择在两相邻

立柱支点间支撑杆件的1/3部位；钢管支撑采用轴力计测试时，轴力计宜设置在支撑端头。

5.2.5 立柱的竖向位移（沉降或隆起）对支撑轴力的影响很大，有工程实践表明，立柱沉降20mm~30mm，支撑轴力会增大约1倍，因此对支撑体系应加强立柱的位移监测。监测点应布置在立柱受力、变形较大和容易发生差异沉降的部位，例如基坑中部、多根支撑交汇处、地质条件复杂处。逆作法施工时，承担上部结构的立柱应加强监测。

5.2.6 为了分析不同工况下锚杆内力的变化情况，对监测到的锚杆内力值与设计计算值进行比较，各层监测点位置在竖向上宜保持一致。锚头附近位置锚杆拉力大，当用锚杆测力计时，测试点宜设置在锚头附近。

5.2.7 为了分析不同工况下土钉内力的变化情况，便于对监测到的土钉内力值与设计计算值进行比较，各层监测点位置在竖向上宜保持一致，土钉上测试点的位置应考虑设计计算情况，选择在受力有代表性的位置。例如软土地区复合土钉墙支护，随着基坑开挖深度的增加，土钉上的轴力最大处从靠近基坑围护墙面层向土钉中部变化，最后多是呈现中部大、两端小的状况。

5.2.8 基坑隆起（回弹）监测点的埋设和施工过程中的保护比较困难，监测点不宜设置过多，以能够测出必要的基坑隆起（回弹）数据为原则，本条规定监测剖面数量不应少于2个，同一剖面上监测点数量不应少于3个，基坑中央宜设监测点，依据这些监测点绘出的隆起（回弹）断面图可以基本反映出坑底的变形变化规律。

5.2.9 围护墙侧向土压力监测点的布置应选择在受力、土质条件变化较大的部位，在平面上宜与深层水平位移监测点、围护墙内力监测点位置等匹配，这样监测数据之间可以相互验证，便于对监测项目的综合分析。在竖直方向（监测断面）上监测点应考虑土压力的计算图形、土层的分布以及与围护墙内力监测点位置的匹配。

5.2.10 孔隙水压力的变化是地层位移的前兆，对控制打桩、沉井、基坑开挖、隧道开挖等引起的地层位移起到十分重要的作用。孔隙水压力监测点宜靠近这些基坑受力、变形较大或有代表性的部位布置。

5.2.11 地下水位测量主要是通过水位观测孔（地下水位监测点）进行。地下水位监测点的作用一是检验降水井的降水效果，二是观测降水对周边环境的影响。

检验降水井降水效果的水位监测点应布置在降水井点（群）降水区降水能力弱的部位，因此当采用深井降水时，水位监测点宜布置在基坑中央和两相邻降水井的中间部位；当采用轻型井点、喷射井点降水时，水位监测点宜布置在基坑中央和周边拐角处。

当水位监测点观测降水对周边环境影响时，地下水位监测点应沿被保护对象的周边布置。如有止水帷幕，水位监测点宜布置在帷幕的施工搭接处、转角处等有代表性的部位，位置在止水帷幕的外侧约2m处，以便于观测止水帷幕的止水效果。

检验降水井降水效果的水位监测点，观测管的管底埋置深度应在最低设计水位之下3m~5m。观测降水对周边环境影响的监测点，观测管的管底埋置深度应在最低允许地下水位之下3m~5m。

承压水的观测孔埋设深度应保证能反映承压水水位的变化。

5.3 基坑周边环境

5.3.1 基坑工程周边环境的监测范围既要考虑基坑开挖的影响范围，保证周边环境中各保护对象的安全使用，也要考虑对监测成本的影响。现行行业标准《建筑基坑支护技术规程》JGJ 120—99第3.8.2条规定"从基坑边缘以外1~2倍开挖深度范围内的需要保护物体均应作为监控对象"。我国部分地方标准的规定是：山东规定"从基坑边缘以外1~3倍基坑开挖深度范围内需要保护的建（构）筑物、地下管线等均应作为监测对象。必要时，应适当扩大监控范围"；上海规定"监测范围宜达到基坑边线以外2倍以上的基坑

深度，并符合工程保护范围的规定，或按工程设计要求确定"；深圳规定相邻物体是指"距离深基坑边2倍深度范围内的建筑物、构筑物、道路、地下设施、地下管线等"。综合基坑工程经验，结合我国各地的规定，本条规定了从基坑边缘以外1～3倍开挖深度范围内需要保护的建筑、管线、道路、人防工程等均作为监控对象。具体范围应根据土质条件、周边保护对象的重要性等确定。

5.3.2 重要保护对象是指地铁、隧道、重要管线、重要文物和设施、近现代优秀建筑等。

5.3.3 为了反映建筑竖向位移的特征和便于分析，监测点应布置在建筑竖向位移差异大的地方。

5.3.4 当能判断出建筑的水平位移方向时，可以仅观测其此方向上的位移，因此本条规定一侧墙体的监测点不宜少于3点。

5.3.5 建筑整体倾斜监测可根据不同的监测条件选择不同的监测方法，监测点的布置也有所不同。当建筑具有较大的结构刚度和基础刚度时，通常采用观测基础差异沉降推算建筑的倾斜，这时监测点的布置应考虑建筑的基础形式、体态特征、结构形式以及地质条件的变化等，要求同建筑的竖向位移观测基本一致。

5.3.6 裂缝监测应选择有代表性的裂缝进行观测。每条需要观测的裂缝应至少设2个监测点，每个监测点设一组观测标志，每组观测标志可使用两个对应的标志分别设在裂缝的两侧。对需要观测的裂缝与监测点应统一进行编号。

5.3.7 管线的观测分为直接法和间接法。

当采用直接法时，常用的测点设置方法有：

抱箍法：在特制的圆环（也称抱箍）上连接固定测杆，圆环固定在管线上，将测杆与管线连接成一个整体，测杆不超出地面，地面处设置相应的窨井，保证道路、交通和人员的正常通行。此法观测精度较高，其不足之处是必须凿开路面，开挖至管线的底面，这对城市主干道是很难实施的，但对于次干道和十分重要的地下管道，如高压煤气管道，按此方法设置测点并予以严格监测是可行和必要的。

对于埋深浅、管径较大的地下管线也可以取点直接挖至管线顶表面，露出管线接头或阀门，在凸出部位做上标示作为测点。

套管法：用一根硬塑料管或金属管打设或埋设于所测管线顶面和地表之间，量测时将测杆放入埋管内，再将标尺搁置在测杆顶端，只要测杆放置的位置固定不变，测试结果就能够反映出管线的沉降变化。此法的特点是简单易行，可避免道路开挖，但观测精度较低。

间接法就是不直接观测管线本身，而是通过观测管线周边的土体，分析管线的变形。此法观测精度较低。当采用间接法时，常用的测点设置方法有：

底面观测：将测点设在靠近管线底面的土体中，观测底面的土体位移。此法常用于分析管线纵向受弯受力状态或跟踪注浆、调整管道差异沉降。

顶面观测：将测点设在管线轴线相对应的地表或管线的窨井盖上观测。由于测点与管线本身存在介质，因而观测精度较差，但可避免较大土开挖，只有在设防标准较低的场合采用，一般情况下不宜采用。

5.3.9 土体分层竖向位移监测是为了量测不同深度处土的沉降与隆起。目前监测方法多采用磁环式分层沉降监测（分层沉降仪监测）、磁锤式深层标或测杆式深层标监测。当采用磁环式分层沉降监测时为一孔多标，采用磁锤式和测杆式分层标监测时为一孔一标。监测孔的位置应选择在靠近被保护对象且有代表性的部位。沉降标（测点）的埋设深度和数量应考虑基坑开挖、降水对土体垂直方向位移的影响范围以及土层的分布。上海市地方标准《基坑工程施工监测规程》DG/T 08—2001—2006规定"监测点布置深度宜大于2.5倍基坑开挖深度，且不应小于基坑围护结构以下5m～10m"。

6 监测方法及精度要求

6.1 一般规定

6.1.1 基坑监测方法的选择应综合考虑各种因素，监测方法简便易行、有利于适应施工现场条件的变化和施工进度的要求。

6.1.2 变形监测网的网点宜分为基准点、工作基点和变形监测点。

基准点不应受基坑开挖、降水、桩基施工以及周边环境变化的影响，应设置在位移和变形影响范围以外、位置稳定、易于保存的地方，并应定期复测，以保证基准点的可靠性。复测周期视基准点所在位置的稳定情况而定。

每期变形观测时均应将工作基点与基准点进行联测。

6.1.3 本条规定是监测工作能否顺利开展的基本保证。根据监测仪器的自身特点、使用环境和使用频率等情况，在相对固定的周期内进行维护保养，有助于监测仪器在检定使用期内的正常工作。

6.1.4 本条规定是为了将监测中的系统误差减到最小，达到提高监测精度的目的。监测时尽量使仪器在基本相同的环境和条件（如环境温度、湿度、光线、工作时段等）下工作，但在异常情况下可不做强制要求。

6.1.5 实际上各监测项目都不可能取得绝对稳定的初始值，因此本条所说的稳定值实际上是指在较小范围内变化的初始观测值，且其变化幅度相对于该监测项目的报警值而言可以忽略不计。

6.1.7 目前基坑工程监测技术发展很快，如自动全站仪非接触监测、光纤监测、GPS定位、摄影测量等采用高新技术的监测方法已应用于基坑工程监测。为了促进新技术的应用，本条规定当这些新的监测方法能够满足本规范的精度要求时，亦可以采用。

6.2 水平位移监测

6.2.1 水平位移的监测方法较多，但各种方法的适用条件不一，在方法选择和施测时均应特别注意。

如采用小角度法时，监测前应对经纬仪的垂直轴倾斜误差进行检验，当垂直角超出±3°范围时，应进行垂直轴倾斜修正；采用视准线法时，其测点埋设偏离基线的距离不宜大于20mm，对活动觇牌的零位差应进行测定；采用前方交会法时，交会角应在60°～120°之间，并宜采用三点交会法等。

6.2.3 水平位移监测精度确定时，考虑了以下几方面因素：一是应能满足监测报警的要求，包括变化速率及报警累计值两个监测报警值的控制要求；二是与现行测量规范规定的测量精度相协调；三是在控制监测成本的前提下适当提高精度要求。

表2是根据本规范表8.0.4列出的一、二、三级基坑的围护墙（边坡）顶部水平位移累计值和变化速率的报警值范围。对于水平位移累计值，依据现行国家标准《工程测量规范》GB 50026—2007，以允许变形量的1/20作为测量精度要求值。但这样的精度还不能满足部分变形速率要求严格的基坑工程，对于管线和邻近建筑的监测精度要求也存在类似的问题。因此，必须进一步结合变形速率报警值的要求提高监测精度。由于变形速率报警值是连续分布的，本规范以2～3倍中误差作为极限误差，同时考虑不同基坑类别的变形速率报警值分布特征，制定出本条监测精度，与国家现行标准《工程测量规范》GB 50026和《建筑变形测量规范》JGJ 8等的监测精度等级基本上相匹配。

表2 基坑围护墙（坡）顶水平位移报警范围

基坑类别	一级	二级	三级
累计值(mm)	25～35	40～60	60～80
变化速率(mm/d)	2～10	4～15	8～20

考虑到基坑施工的不确定性因素较多以及监测人员的水平差异，适当提高精度要求会促使监测单位尽量选用精度等级高的仪器，这样虽然会使成本有所增加，但有利于保证监测质量。

采用小角法或视准线法时，选用国内现在使用的不同精度级别的测绘仪器可以达到本规范规定的精度要求，必要时还可以适当降低仪器精度要求，通过增加测回数来提高监测精度。

6.3 竖向位移监测

6.3.1 当不便使用水准几何测量或需要进行自动监测时，可采用液体静力水准测量方法。

6.3.3 竖向位移监测精度确定方法与水平位移监测精度基本相同。

6.3.4 由于坑底隆起观测过程往往需要进行高程传递，精度较难保证，因此在参考本规范第6.3.3条规定的基础上适当调低了精度要求，这样既考虑了测量的困难又能满足监测报警控制要求。

表3为根据表8.0.4分类列出的一、二、三类基坑的坑底隆起（回弹）累计值和变化速率的报警值范围。

表3　坑底隆起（回弹）报警范围

基坑类别	一级	二级	三级
累计值(mm)	25～35	50～60	60～80
变化速率(mm/d)	2～3	4～6	8～10

6.4 深层水平位移监测

6.4.1 测斜仪依据探头是否固定在被测物体上分为固定式和活动式两种。基坑工程监测中常用的是活动式测斜仪，即先埋设测斜管，每隔一定的时间将探头放入管内沿导向槽滑动，通过量测测斜管斜度变化推算水平位移。本规范中的深层水平位移监测均采用此监测方法。

6.4.2 本条规定能满足本规范第8.0.4条中深层水平位移报警值的监测要求，同时考虑了国内外现有的大部分测斜仪都能达到此精度，而要在此基础上提高精度，目前则成本过高。

6.4.3 保证测斜管的埋设质量是获得可靠数据和保证精度的前提，因此本条对测斜管的埋设提出了具体要求。

6.4.4 进行正、反两次量测是必要的，目的是为了消除仪器误差，也是仪器测试原理的要求。

6.5 倾斜监测

6.5.1 根据不同的现场观测条件和要求，当被测建筑具有明显的外部特征点和宽敞的观测场地时，宜选用投点法、前方交会法等；当被测建筑内部有一定的竖向通视条件时，宜选用垂刑法、激光铅直仪观测法等；当被测建筑具有较大的结构刚度和基础刚度时，可选用倾斜仪法或差异沉降法。

6.5.2 国家现行标准《建筑变形测量规范》JGJ 8对建筑倾斜监测精度作了比较细致的规定。

6.6 裂缝监测

6.6.3 本条第1款贴埋标志方法主要针对精度要求不高的部位。可用石膏饼法在测量部位粘贴石膏饼，如开裂，石膏饼随之开裂，即可测量裂缝的宽度；或用划平行线法测量裂缝的上、下错位；或用金属片固定法把两块白铁片分别固定在裂缝两侧，并相互紧贴，再在铁片表面涂上油漆，裂缝发展时，两块铁片逐渐拉开，露出的未油漆部分铁片，即为新增的裂缝宽度和错位。

本条第3款，裂缝深度较小时宜采用单面接触超声波法量测；深度较大时裂缝宜采用超声波法量测。

6.7 支护结构内力监测

6.7.1 测试混凝土构件内力的钢筋应力计可在构件制作时焊接在主筋上。

6.8 土压力监测

6.8.3 由于土压力计的结构形式和埋设部位不同，埋设方法很多，例如挂布法、顶入法、弹入法、插入法、钻孔法等。土压力计埋设在围护墙构筑期间或完成后均可进行。若在围护墙完成后进行，由于土压力计无法紧贴围护墙埋设，因而所测数据与围护墙上实际作用的土压力有一定差别。若土压力计埋设与围护墙构筑同期进行，则需解决好土压力计在围护墙迎土面上的安装问题。在水下浇筑混凝土过程中，要防止混凝土将面向土层的土压力计表面钢膜包裹，使其无法感应土压力作用，造成埋设失败。另外，还要保持土压力计的承压面与土的应力方向垂直。

6.9 孔隙水压力监测

6.9.3 孔隙水压力探头埋设有两个关键，一是保证探头周围填沙渗水通畅和透水石不堵塞；二是防止上、下层水压力的贯通。

采用压入法时宜在无硬壳层的软土层中使用，或钻孔到软土层再采用压入的方法埋设；钻孔法若采用一钻孔多探头方法埋设则应保证封口质量，防止上、下层水压力形成贯通。

6.9.4 孔隙水压力计在埋设时有可能产生超孔隙水压力，要求孔隙水压力计在基坑施工前2～3周埋设，有利于超孔隙水压力的消散，得到的初始值更加合理。

6.9.5 泥浆护壁成孔后钻孔不容易清洗干净，会引起孔隙水压力计前端透水石的堵塞。

6.9.7 量测静水位的变化，以便在计算中消除水位变化影响，获得真实的超孔隙水压力值。

6.10 地下水位监测

6.10.1 有条件时也可考虑利用降水井进行地下水位监测。

6.10.3 潜水水位管滤管以上应用膨润土球封至孔口，防止地表水进入；承压水位管含水层以上部分应用膨润土球或注浆封孔。

6.11 锚杆及土钉内力监测

6.11.1 锚杆及土钉内力监测的目的是掌握锚杆或土钉内力的变化，确认其工作性能。由于钢绞束内每根钢筋的初始拉紧程度不一样，所受的拉力与初始拉紧程度关系很大。

6.11.3 专用测力计、应力计或应变计应在锚杆或土钉预应力施加前安装并取得初始值。根据质量要求，锚杆或土钉锚固体未达到足够强度不得进行下一层土方的开挖，为此一般应保证锚固体有3d的养护时间后才允许下一层土方开挖。本条规定取下一层土方开挖前连续2d获得的稳定测试数据的平均值作为其初始值。

6.12 土体分层竖向位移监测

6.12.2 沉降管埋设时应先钻孔，再放入沉降管，沉降管和孔壁之间宜采用黏土水泥浆而不宜用砂进行回填。

6.12.4 土体分层沉降仪的量测精度与沉降管上设置的钢环数量有关，钢环设置的密度越高，所得到的分层沉降规律就越连贯和清晰；量测精度还与沉降管同土层密贴程度以及能否自由下沉或起有关，所以沉降管的安装和埋设好坏对测试精度至关重要。2次读数较差是指相同深度测点的2次竖向位移测量值的差值。

7 监 测 频 率

7.0.1 这是确定基坑工程监测频率的总原则。基坑工程监测应能及时反映监测项目的重要发展变化情况，以便对设计与施工进行动态控制，纠正设计与施工中的偏差，保证基坑及周边环境的安全。基坑工程的监测频率还与投入的监测工作量和监测费用有关，既要注意不遗漏重要的变化时刻，也应当注意合理调整监测人员的工作量，控制监测费用。

7.0.2 基坑开挖到达设计深度以后，土体变形与应力、支护结构的变形与内力并非保持不变，而将继续发展，基坑并不一定是最安全状态，因此，监测工作应贯穿于基坑开挖和地下工程施工全过程。

总的来讲，基坑工程监测是从基坑开挖前的准备工作开始，直至地下工程完成为止。地下工程完成一般是指地下室结构完成、基坑回填完毕，而对逆作法则是指地下结构完成。对于一些监测项目如果不能在基坑开挖前进行，就会大大削弱监测的作用，甚至使整个监测工作失去意义。例如，用测斜仪观测围护墙或土体的深层水平位移，如果在基坑开挖后埋设测斜管开始监测，就不会测得稳定的初始值，也不会得到完整、准确的变形累计值，使得监控报警难以准确进行；土压力、孔隙水压力、围护墙内力、围护墙顶部位移、基坑坡顶位移、地面沉降、建筑及管线变形等都是同样道理。当然，也有个别监测项目是在基坑开挖过程中开始监测的，例如，支撑轴力、支撑及立柱变形、锚杆及土钉内力等。

一般情况下，地下工程完成就可以结束监测工作。对于一些临近基坑的重要建筑及管线的监测，由于基坑的回填或地下水停止抽水，建筑及管线会进一步调整，建筑及管线变形会继续发展，监测工作还需要延续至变形趋于稳定后才能结束。

7.0.3 基坑类别、基坑及地下工程的不同施工阶段以及周边环境、自然条件的变化等是确定监测频率应考虑的主要因素。

基坑工程的监测频率不是一成不变的，应根据基坑开挖及地下工程的施工进程、施工工况以及其他外部环境影响因素的变化及时作出调整。一般在基坑开挖期间，地基土处于卸荷阶段，支护体系处于逐渐加荷状态，应适当加密监测；当基坑开挖完后一段时间，监测相对稳定时，可适当降低监测频率。当出现异常现象和数据，或临近报警状态时，应提高监测频率甚至连续监测。

表7.0.3的监测频率是从工程实践中总结出来的经验成果，在无数据异常和事故征兆的情况下，基本能够满足现场监控的要求，在确定现场监测频率时可选用。

表7.0.3的监测频率针对的是应测项目的仪器监测。对于宜测、可测项目的仪器监测频率可视具体情况适当降低，一般可取应测项目监测频率值的2～3倍。

另外，目前有的基坑工程对位移、支撑内力、土压力、孔隙水压力等监测项目实施了自动化监测。一般情况下自动化采集的频率可以设置很高，因此，这些监测项目的监测频率可以较表7.0.3值大大提高，以获得更连续的实时监测数据，但监测费用基本上不会增加。

7.0.4 本条为强制性条文。本条所描述的情况均属于施工违规操作、外部环境变化趋向恶劣、基坑工程临近或超过报警标准、有可能导致或出现基坑工程安全事故的征兆或现象，应引起各方的足够重视，因此应加强监测，提高监测频率。

8 监测报警

8.0.1 本条为强制性条文。监测报警是建筑基坑工程实施监测的目的之一，是预防基坑工程事故发生、确保基坑及周边环境安全的重要措施。监测报警值是监测工作的实施前提，是监测期间对基坑工程正常、异常和危险三种状态进行判断的重要依据，因此基坑工程监测必须确定监测报警值。监测报警值应由基坑工程设计方根据基坑工程的设计计算结果、周边环境中被保护对象的控制要求等确定，如基坑支护结构作为地下主体结构的一部分，地下结构设计要求也应予以考虑，为此本条明确规定了监测报警值应由

基坑工程设计方确定。

8.0.2 与结构受力分析相比，基坑变形的计算比较复杂，且计算理论还不够成熟，目前各地区积累起来的工程经验很重要。本条提出了变形控制的一般性原则，在确定变形控制的报警值时必须满足这些基本要求。

8.0.3 基坑工程监测报警不但要控制监测项目的累计变化量，还要注意控制其变化速率。基坑工程工作状态一般分为正常、异常和危险三种情况。异常是指监测对象受力或变形呈现出不符合一般规律的状态。危险是指监测对象的受力或变形呈现出低于结构安全储备、可能发生破坏的状态。累计变化量反映的是监测对象即时状态与危险状态的关系，而变化速率反映的是监测对象发展变化的快慢。过大的变化速率，往往是突发事故的先兆。例如，对围护墙变形的监测数据进行分析时，应把位移的大小和位移速率结合起来分析，考察其发展趋势，如果累计变化量不大，但发展很快，说明情况异常，基坑的安全正受到严重威胁。因此在确定监测报警值时应同时给出变化速率和累计变化量，当监测数据超过其中之一时即进入异常或危险状态，监测人员必须及时报警。

8.0.4 基坑工程设计方应根据土质特性和周边环境保护要求对支护结构的内力、变形进行必要的计算与分析，并结合当地的工程经验确定合适的监测报警值。

确定基坑工程监测项目的监测报警值是一个十分严肃、复杂的课题，建立一个定量化的报警指标体系对于基坑工程的安全监控意义重大。但是由于设计理论的不尽完善以及基坑工程的地质、环境差异性及复杂性，人们的认知能力和经验还十分不足，在确定监测报警值时还需要综合考虑各种影响因素。实际工作中主要依据三方面的数据和资料：

设计结果：

基坑工程设计人员对于围护墙、支撑或锚杆的受力和变形、坑内外土层位移、抗渗等均进行过详尽的设计计算或分析，其计算结果可以作为确定监测报警值的依据。

相关规范标准的规定值以及有关部门的规定：

例如，确定基坑工程相邻的民用建筑监测报警值时，可以参照现行国家标准《民用建筑可靠性鉴定标准》GB 50292—1999。随着基坑工程经验的积累，各地区可以用地方标准或规定的方式提出符合当地实际的基坑监控定量化指标。如上海的地方标准《基坑工程设计规程》DBJ 08—61—97 就提出："对难以查清的煤气管、上水管及重要通讯电缆，可按相对转角1/100作为设计和监控标准"。

工程经验类比：

基坑工程的设计与施工中，工程经验起到十分重要的作用。参考已建类似工程项目的受力和变形规律，提出并确定本工程的基坑报警值，往往能取得较好的效果。

表8.0.4是经过大量工程调研及征询全国近20个城市的百余名多年从事基坑工程的研究、设计、勘察、施工、监测工作的专家意见，并结合现行的有关规范提出的报警值，具有较好的参考价值。

其中，位移报警值采用了累计变化量和变化速率两项指标共同控制。位移的累计变化量中又分为绝对值和相对基坑深度(h)控制值，其中相对基坑深度(h)控制值是指位移相对基坑深度(h)的变化量。对较浅的基坑一般总位移量不大，其安全性主要受相对基坑深度(h)控制值的控制，而较深的基坑往往变形虽未超过相对基坑深度(h)控制值，但其绝对值已超限，因此，本条规定了累计值取绝对值和相对基坑深度(h)控制值之间的小值。

土压力和孔隙水压力等的报警值采用了对应于荷载设计值的百分比确定。荷载设计值是具有一定安全保证率的荷载取值（荷载标准值乘以荷载分项系数）。对基坑工程，如监测到的荷载已达到设计值的60%～80%，说明实际荷载已经达到或接近理论计算的荷载标准值，虽然此时不会引起基坑安全问题，但应该报警引起

重视。因此，考虑基坑的安全等级，对土压力和孔隙水压力，一级基坑达到荷载设计值的 60%～70%，而二、三级基坑达到 70%～80%报警是适宜的。

支撑及围护墙等结构内力报警值则采用了对应于构件承载能力设计值的百分比确定。构件的承载能力设计值是由材料强度设计值和几何参数设计值所确定的结构构件所能承受最大外加荷载的设计值。为了满足结构规定的安全性，构件的承载力设计值应大于或等于荷载效应的设计值。在基坑工程中，当设计中构件的承载力设计值等于荷载效应的设计值，如监测到构件内力已达到承载能力设计值的 60%～80% 时，结构仍能满足结构设计的安全性而不至于引起构件破坏，但此时构件的内力已相当于按荷载标准值计算所得的内力，所以应该及时报警以引起重视。而当设计中构件的承载力较为富裕，其设计值大于荷载效应的设计值，则构件的实际内力一般不会达到其承载能力设计值的 60%～80%。因此，考虑基坑的安全等级，对支撑内力等构件内力，一级基坑达到承载能力设计值的 60%～70%，而二、三级基坑达到 70%～80% 报警是适宜的。

8.0.5 表 8.0.5 是根据调研结果并参考相关规范及有关地方经验确定的。表 8.0.5 对基坑周边环境中的管线、建筑的报警值给出了一个范围，工程中可根据需保护对象建造年代、结构类型和现状、离基坑的距离等确定，建造年代已久、结构较差、离基坑较近的可取下限，而对较新的、结构较好、离基坑较远的可取上限。

8.0.6 周边建筑的安全性与其沉降或变形总量有关，其中基坑开挖造成的沉降仅为其中的一部分。应保证周边建筑原有的沉降或变形与基坑开挖造成的附加沉降或变形叠加后，不能超过允许的最大沉降或变形值，因此，在监测前应收集周边建筑使用阶段监测的原有沉降与变形资料，结合建筑裂缝观测确定周边建筑的报警值。

8.0.7 本条为强制性条文。本条列出的都是在工程实践中总结出来的基坑及周边环境出现的危险情况，一旦出现这些情况，将可能严重威胁基坑以及周边环境中被保护对象的安全，必须立即发出危险报警，通知建设、设计、施工、监理及其他相关单位及时采取措施，保证基坑及周边环境的安全。工程实践中，由于疏忽大意未能及时报警或报警后未引起各方足够重视，贻误排除或抢险时机，从而造成工程事故的例子很多，应吸取这些深刻教训，为此本条列为强制性条文，必须严格执行。

9 数据处理与信息反馈

9.0.1 基坑工程监测分析工作事关基坑及周边环境的安全，是一项技术性非常强的工作，只有保证监测分析人员的素质，才能及时提供高质量的综合分析报告，为信息化施工和优化设计提供可靠依据，避免事故的发生。监测分析人员要熟悉基坑工程的设计和施工，能对房屋结构状态进行分析，因此不但要求具备工程测量的知识，还要具备岩土工程、结构工程的综合知识和工程实践经验。

9.0.2 为了确保监测工作质量，保证基坑及周边环境的安全和正常使用，防止监测工作中的弄虚作假，本条分别强调了基坑工程监测人员及单位的责任。为了明确责任，保证监测记录和监测成果的可追溯性，本条还规定有关责任人应签字，技术成果应加盖技术成果章。

9.0.6 基坑工程监测是一个系统，系统内的各项目监测有着必然的、内在的联系。某一单项的监测结果往往不能揭示和反映整体情况，应结合相关项目的监测数据和自然环境、施工工况等情况以及以往数据进行分析，才能通过相互印证、去伪存真，正确地把握基坑及周边环境的真实状态，提供出高质量的综合分析报告。

9.0.7 对大量的测试数据进行综合整理后，应将结果制成表格。通常情况下，还要绘出各类变化曲线或图形，使监测成果"形象化"，让工程技术人员能够一目了然，以便及时发现问题和分析问题。

9.0.8 目前基坑工程监测技术发展很快，主要体现在监测方法的自动化、远程化以及数据处理和信息管理的软件化。建立基坑工程监测数据处理和信息管理系统，利用专业软件帮助实现数据的实时采集、分析、处理和查询，使监测成果反馈更具有时效性，并提高成果可视化程度，更好地为设计和施工服务。

9.0.10 当日报表是信息化施工的重要依据。每次测试完成后，监测人员应及时进行数据处理和分析，形成当日报表，提供给委托单位和有关方面。当日报表强调及时性和准确性，对监测项目应有正常、异常和危险的判断性结论。

9.0.11 阶段性报告是经过一段时间的监测后，监测单位通过对以往监测数据和相关资料、工况的综合分析，总结出的各监测项目以及整个监测系统的变化规律、发展趋势及其评价，用于总结经验、优化设计和指导下一步的施工。阶段性监测报告可以是周报、旬报、月报或根据工程的需要不定期地提交。报告的形式是文字叙述和图形曲线相结合，对于监测项目监测值的变化过程和发展趋势尤以过程曲线表示为好。阶段性监测报告强调分析和预测的科学性、准确性，报告的结论要有充分的依据。

9.0.12 总结报告是基坑工程监测工作全部完成后监测单位提交给委托单位的竣工报告。总结报告一是要提供完整的监测资料；二是要总结工程的经验与教训，为以后的基坑工程设计、施工和监测提供参考。

注册岩土工程师必备规范汇编

（修订缩印本）

（下　册）

本社　编

中国建筑工业出版社

总 目 录

（附条文说明）

中华人民共和国行业标准

建筑变形测量规范

Code for deformation measurement
of building and structure

JGJ 8 — 2016

批准部门：中华人民共和国住房和城乡建设部
施行日期：２０１６年１２月１日

中华人民共和国住房和城乡建设部
公　告

第 1204 号

住房城乡建设部关于发布行业标准
《建筑变形测量规范》的公告

现批准《建筑变形测量规范》为行业标准，编号为 JGJ 8 - 2016，自 2016 年 12 月 1 日起实施。其中，第 3.1.1、3.1.6 条为强制性条文，必须严格执行。原《建筑变形测量规范》JGJ 8 - 2007 同时废止。

本规范由我部标准定额研究所组织中国建筑工业出版社出版发行。

中华人民共和国住房和城乡建设部

2016 年 7 月 9 日

前　言

根据住房和城乡建设部《关于印发〈2014 年工程建设标准规范制订、修订计划〉的通知》（建标〔2013〕169 号）的要求，规范编制组经广泛调查研究，认真总结实践经验，参考有关国际标准和国外先进标准，并在广泛征求意见的基础上，修订了本规范。

本规范的主要技术内容是：1. 总则；2. 术语和符号；3. 基本规定；4. 变形观测方法；5. 基准点布设与测量；6. 场地、地基及周边环境变形观测；7. 基础及上部结构变形观测；8. 成果整理与分析；9. 质量检验。

本规范修订的主要技术内容是：强化了技术设计与作业实施规定；增加了新的变形测量技术方法，删除了目前已很少使用的方法，并将原第 8 章有关基准点稳定性分析并入第 5 章中；对原第 5、6、7 章进行了全面修改，并按变形测量对象及类型调整为目前的第 6、7 章，增加了收敛变形观测、结构健康监测，细化了各类变形测量中监测点的布设要求、测定方法和成果要求；将原第 8、9 章的内容进行了扩充，重点强化了成果质量检验的规定；对附录内容作了较大调整。

本规范中以黑体字标志的条文为强制性条文，必须严格执行。

本规范由住房和城乡建设部负责管理和对强制性条文的解释，由建设综合勘察研究设计院有限公司负责具体技术内容的解释。执行过程中如有意见或建议，请寄送建设综合勘察研究设计院有限公司（地址：北京市东城区东直门内大街 177 号，邮政编码：100007）。

本规范主编单位：建设综合勘察研究设计院有限公司
　　　　　　　　安徽同济建设集团有限责任公司

本规范参编单位：西北综合勘察设计研究院
　　　　　　　　上海岩土工程勘察设计研究院有限公司
　　　　　　　　重庆市勘测院
　　　　　　　　广州市城市规划勘测设计研究院
　　　　　　　　北京市测绘设计研究院
　　　　　　　　天津市勘察院
　　　　　　　　中国有色金属工业西安勘察设计研究院
　　　　　　　　国家测绘产品质量检验测试中心
　　　　　　　　深圳市建设综合勘察设计院有限公司
　　　　　　　　武汉市测绘研究院

本规范主要起草人员：王　丹　刘广盈　郭春生
　　　　　　　　　　谢征海　赵业荣　林　鸿
　　　　　　　　　　张凤录　黄恩兴　刘振萍
　　　　　　　　　　王树东　王双龙　吴晓东
　　　　　　　　　　王百发　严小平　张训虎
　　　　　　　　　　杨永兴　王　峰　常君锋

本规范主要审查人员：徐亚明　秦长利　张　坤
　　　　　　　　　　王金坡　石俊成　杨书涛
　　　　　　　　　　赵安明　柏桂清　杨铁荣

目　　次

Contents

1 总　则

1.0.1 为了在建筑变形测量中贯彻执行国家有关技术经济政策，做到安全适用、技术先进、经济合理、确保质量，制定本规范。

1.0.2 本规范适用于各种建筑在施工期间和使用期间变形测量的技术设计、作业实施、成果整理及质量检验等。

1.0.3 建筑变形测量除应符合本规范的规定外，尚应符合国家现行有关标准的规定。

2　术语和符号

2.1　术　语

2.1.1 变形　deformation

建筑在荷载作用下产生的形状或位置变化的现象。可分为沉降和位移两大类。沉降指竖向的变形，包括下沉和上升；而位移为除沉降外其他变形的统称，包括水平位移、倾斜、挠度、裂缝、收敛变形、风振变形和日照变形等。

2.1.2 建筑变形测量　deformation measurement of building and structure

对建筑物或构筑物的场地、地基、基础、上部结构及周边环境受荷载作用而产生的形状或位置变化进行观测，并对观测结果进行处理、表达和分析的工作。

2.1.3 差异沉降　differential settlement

不同位置在同一时间段产生的不均匀沉降现象。

2.1.4 倾斜　inclination

包括基础倾斜和上部结构倾斜。基础倾斜指的是基础两端由于不均匀沉降而产生的差异沉降现象；上部结构倾斜指的是建筑的中心线或其墙、柱上某点相对于底部对应点产生的偏离现象。

2.1.5 挠度　deflection

建筑的基础、构件或上部结构等在弯矩作用下因挠曲而产生的变形。

2.1.6 收敛变形　convergence deformation

隧道、涵洞等类型的建筑在施工或运营过程中因围岩应力变化产生的变形。

2.1.7 风振变形　wind loading deformation

建筑受强风作用而产生的变形。

2.1.8 日照变形　sunshining deformation

建筑受阳光照射受热不均而产生的变形。

2.1.9 变形值　deformation value

变形大小的数值，也称变形量。

2.1.10 变形允许值　allowable deformation value

为保证建筑正常使用而确定的变形控制值。

2.1.11 变形预警值　prewarning deformation value

在变形允许值范围内，根据建筑变形的敏感程度，以变形允许值的一定比例计算的或直接给定的警示值。

2.1.12 基准点　benchmark，reference point

为进行变形测量而布设的稳定的、长期保存的测量点。根据变形测量的类型，可分为沉降基准点和位移基准点。

2.1.13 工作基点　working reference point

为便于现场变形观测作业而布设的相对稳定的测量点。根据变形测量的类型，可分为沉降工作基点和位移工作基点。

2.1.14 监测点　monitoring point

布设在建筑场地、地基、基础、上部结构或周边环境的敏感位置上能反映其变形特征的测量点。根据变形测量的类型，可分为沉降监测点和位移监测点。

2.1.15 变形速率　rate of deformation

单位时间的变形量。

2.1.16 观测频率　observation frequency

一定时间内的观测次数。

2.1.17 观测周期　observation cycle

相邻两次观测之间的时间间隔。

2.1.18 变形因子　deformation factor

引起建筑变形的因素，如荷载、时间等。

2.1.19 时间序列　time series

等时间间隔的一系列观测数据按观测时间先后排序而成的数列。

2.1.20 结构健康监测　structural health monitoring

利用自动化监测系统实时获取结构的几何及应力、应变等特征信息，进而分析和识别结构健康状况的工作。

2.2　符　号

2.2.1 变形量

A——风力振幅；

d——位移分量；偏离值；

f_c——基础相对弯曲度；

f_1——水平方向的挠度值；

f_2——垂直方向的挠度值；

s——沉降量；

α——倾斜度；夹角；

Δ——两期间的变形量；

Δd——位移分量差；

Δs——沉降差。

2.2.2 观测量

D——距离；边长；

h——高差；

L——附合路线、环线或视准线长度；

n——测回数；测站数；高差个数；

S——视线长度；

α_v——垂直角；

v——棱镜高。

2.2.3 中误差

m_d——位移分量或偏离值测定中误差；

$m_{\Delta d}$——位移分量差测定中误差；

m_h——测站高差中误差；

m_0——水准测量单程观测每测站高差中误差；

m_s——沉降量测定中误差；

$m_{\Delta s}$——沉降差测定中误差；

m_a——方向观测中误差；

m_β——测角中误差；

μ——单位权中误差。

2.2.4 仪器参数

i——水准仪视准轴与水准管轴的夹角；

k——收敛尺的温度线膨胀系数；

$2C$——经纬仪两倍视准误差。

2.2.5 其他符号

K——大气垂直折光系数；

R——地球平均曲率半径。

3 基 本 规 定

3.1 总 体 要 求

3.1.1 下列建筑在施工期间和使用期间应进行变形测量：

　　1 地基基础设计等级为甲级的建筑。

　　2 软弱地基上的地基基础设计等级为乙级的建筑。

　　3 加层、扩建建筑或处理地基上的建筑。

　　4 受邻近施工影响或受场地地下水等环境因素变化影响的建筑。

　　5 采用新型基础或新型结构的建筑。

　　6 大型城市基础设施。

　　7 体型狭长且地基土变化明显的建筑。

3.1.2 建筑在施工期间的变形测量应符合下列规定：

　　1 对各类建筑，应进行沉降观测，宜进行场地沉降观测、地基土分层沉降观测和斜坡位移观测。

　　2 对基坑工程，应进行基坑及其支护结构变形观测和周边环境变形观测；对一级基坑，应进行基坑回弹观测。

　　3 对高层和超高层建筑，应进行倾斜观测。

　　4 当建筑出现裂缝时，应进行裂缝观测。

　　5 建筑施工需要时，应进行其他类型的变形观测。

3.1.3 建筑在使用期间的变形测量应符合下列规定：

　　1 对各类建筑，应进行沉降观测。

　　2 对高层、超高层建筑及高耸构筑物，应进行水平位移观测、倾斜观测。

　　3 对超高层建筑，应进行挠度观测、日照变形观测、风振变形观测。

　　4 对市政桥梁、博览（展览）馆及体育场馆等大跨度建筑，应进行挠度观测、风振变形观测。

　　5 对隧道、涵洞等，应进行收敛变形观测。

　　6 当建筑出现裂缝时，应进行裂缝观测。

　　7 当建筑运营对周边环境产生影响时，应进行周边环境变形观测。

　　8 对超高层建筑、大跨度建筑、异型建筑以及地下公共设施、涵洞、桥隧等大型市政基础设施，宜进行结构健康监测。

　　9 建筑运营管理需要时，应进行其他类型的变形观测。

3.1.4 建筑变形测量可采用独立的平面坐标系统及高程基准。对大型或有特殊要求的项目，宜采用 2000 国家大地坐标系及 1985 国家高程基准或项目所在城市使用的平面坐标系统及高程基准。

3.1.5 建筑变形测量应采用公历纪元、北京时间作为统一时间基准。

3.1.6 建筑变形测量过程中发生下列情况之一时，应立即实施安全预案，同时应提高观测频率或增加观测内容：

　　1 变形量或变形速率出现异常变化。

　　2 变形量或变形速率达到或超出变形预警值。

　　3 开挖面或周边出现塌陷、滑坡。

　　4 建筑本身或其周边环境出现异常。

　　5 由于地震、暴雨、冻融等自然灾害引起的其他变形异常情况。

3.1.7 在现场从事建筑变形测量作业，应采取安全防护措施。

3.2 精 度 等 级

3.2.1 建筑变形测量应以中误差作为衡量精度的指标，并以二倍中误差作为极限误差。

3.2.2 对通常的建筑变形测量项目，可根据建筑类型、变形测量类型以及项目勘察、设计、施工、使用或委托方的要求，从表 3.2.2 中选择适宜的观测精度等级。

表 3.2.2 建筑变形测量的等级、精度指标及其适用范围

等级	沉降监测点测站高差中误差（mm）	位移监测点坐标中误差（mm）	主要适用范围
特等	0.05	0.3	特高精度要求的变形测量

等级	沉降监测点测站高差中误差（mm）	位移监测点坐标中误差（mm）	主要适用范围
一等	0.15	1.0	地基基础设计为甲级的建筑的变形测量；重要的古建筑、历史建筑的变形测量；重要的城市基础设施的变形测量等
二等	0.5	3.0	地基基础设计为甲、乙级的建筑的变形测量；重要场地的边坡监测；重要的基坑监测；重要管线的变形测量；地下工程施工及运营中的变形测量；重要的城市基础设施的变形测量等
三等	1.5	10.0	地基基础设计为乙、丙级的建筑的变形测量；一般场地的边坡监测；一般的基坑监测；地表、道路及一般管线的变形测量；一般的城市基础设施的变形测量；日照变形测量；风振变形测量等
四等	3.0	20.0	精度要求低的变形测量

注：1 沉降监测点测站高差中误差：对水准测量，为其测站高差中误差；对静力水准测量、三角高程测量，为相邻沉降监测点间等价的高差中误差；

    2 位移监测点坐标中误差：指的是监测点相对于基准点或工作基点的坐标中误差、监测点相对于基准线的偏差中误差、建筑上某点相对于其底部对应点的水平位移分量中误差等。坐标中误差为其点位中误差的 $1/\sqrt{2}$ 倍。

3.2.3 对明确要求按建筑地基变形允许值来确定精度等级或需要对变形过程进行研究分析的建筑变形测量项目，应符合下列规定：

    1 应根据变形测量的类型和现行国家标准《建筑地基基础设计规范》GB 50007 规定或工程设计给定的建筑地基变形允许值，先按下列方法估算变形测量精度：

        1）对沉降观测，应取差异沉降的沉降差允许

值的 $\frac{1}{10} \sim \frac{1}{20}$ 作为沉降差测定的中误差，并将该数值视为监测点测站高差中误差；

        2）对位移观测，应取变形允许值的 $\frac{1}{10} \sim \frac{1}{20}$ 作为位移量测定中误差，并根据位移量测定的具体方法计算监测点坐标中误差或测站高差中误差。

    2 估算出变形测量精度后，应按下列规则选择本规范表3.2.2规定的精度等级：

        1）当仅给定单一变形允许值时，应按所估算的精度选择满足要求的精度等级；当给定多个同类型变形允许值时，应分别估算精度，按其中最高精度选择满足要求的精度等级；

        2）当估算的精度低于本规范表3.2.2中四等精度的要求时，应采用四等精度；

        3）对需要研究分析变形过程的变形测量项目，宜在上述确定的精度等级基础上提高一个等级。

3.3 技术设计与实施

3.3.1 建筑变形测量的技术设计与实施，应能反映建筑场地、地基、基础、上部结构及周边环境在荷载和环境等因素影响下的变形程度或变形趋势，并应满足建筑设计、施工和管理对变形信息的使用要求。

3.3.2 对建筑变形测量项目，应根据项目委托方要求、建筑类型、岩土工程勘察报告、地基基础和建筑结构设计资料、施工计划以及测区条件等编写技术设计。技术设计应包括下列主要内容：

    1 任务要求。

    2 待测建筑概况，包括建筑及其结构类型、岩土工程条件、建筑规模、所在位置、所处工程阶段等。

    3 已有变形测量成果资料及其分析。

    4 依据的技术标准名称及编号。

    5 变形测量的类型和精度等级。

    6 采用的平面坐标系统、高程基准。

    7 基准点、工作基点和监测点布设方案，包括标石与标志型式、埋设方式、点位分布及数量等。

    8 观测频率及观测周期。

    9 变形预警值及预警方式。

    10 仪器设备及其检校要求。

    11 观测作业及数据处理方法要求。

    12 提交成果的内容、形式和时间要求。

    13 成果质量检验方式。

    14 相关附图、附表等。

3.3.3 建筑变形测量基准点和工作基点的布设及观

测应符合本规范第5章的规定。变形监测点的布设应根据建筑结构、形状和场地工程地质条件等确定，点位应便于观测、易于保护，标志应稳固。

3.3.4 建筑变形测量的仪器设备应符合下列规定：

1 水准仪及配套水准尺、全站仪、卫星导航定位测量系统等仪器设备，应经法定计量检定机构检定合格，并应在检定有效期内使用。

2 作业前和作业过程中，应根据现场作业条件的变化情况，对所用仪器设备进行检查校正。

3 作业时，仪器设备应避免安置在有空压机、搅拌机、卷扬机、起重机等振动影响的范围内。

4 仪器设备应在其说明书给出的作业条件下使用，有关安装、操作及设备维护等应符合其说明书的规定。

3.3.5 建筑变形测量应根据确定的观测频率和观测周期进行观测。变形观测频率和观测周期应根据建筑的工程安全等级、变形类型、变形特征、变形量、变形速率、施工进度计划以及外界因素影响等情况确定。

3.3.6 对建筑变形测量项目的基准点、工作基点和监测点，首期（即零期）应连续进行两次独立测量。当相应两次观测数据的较差不大于极限误差时，应取其算术平均值作为该项目变形测量的初始值，否则应立即进行重测。

3.3.7 各期变形测量应在短时间内完成。对不同期测量，宜采用相同的观测网形、观测路线和观测方法，并宜使用相同的测量仪器设备。对于特等和一等变形观测，尚宜固定观测人员、选择最佳观测时段并在相近的环境条件下观测。

3.3.8 各期变形测量作业过程中，应进行观测数据的记录存储；同时应进行现场巡视，并应记录建筑状态、施工进度、气象和周边环境状况以及作业中出现的有关情况。

3.3.9 当某期变形测量作业中，出现监测点被破坏或不能被观测时，应在备注中说明，并应及时通报项目委托方。

3.3.10 当按任务要求或项目技术设计，变形测量作业将要终止时，若变形尚未达到稳定状态，应及时与项目委托方沟通，并应在项目技术报告中明确说明。

3.3.11 各期变形测量应进行数据整理和成果质量检查。最终项目综合成果应进行质量验收。

4 变形观测方法

4.1 一般规定

4.1.1 对建筑变形测量项目，应根据所需测定的变形类型、精度要求和现场作业条件来选择相应的观测

方法。一个项目中可组合使用多种观测方法。对有特殊要求的变形测量项目，可同时选择多种观测方法相互校验。

4.1.2 当采用光学水准仪、光学经纬仪、电子经纬仪、光电测距仪等进行建筑变形观测时，技术要求可按本规范关于数字水准仪和全站仪测量的相关规定及国家现行有关标准的规定执行。

4.1.3 当变形测量需采用特等精度时，应对所用测量方法、仪器设备及具体作业过程等进行专门的技术设计、精度分析，并宜进行试验验证。

4.2 水准测量

4.2.1 当采用水准测量进行沉降观测时，所用仪器型号和标尺类型应符合表4.2.1的规定。

表4.2.1 水准仪型号和标尺类型

等级	水准仪型号	标尺类型
一等	DS05	因瓦条码标尺
二等	DS05	因瓦条码标尺、玻璃钢条码标尺
二等	DS1	因瓦条码标尺
三等	DS05、DS1	因瓦条码标尺、玻璃钢条码标尺
三等	DS3	玻璃钢条码标尺
四等	DS1	因瓦条码标尺、玻璃钢条码标尺
四等	DS3	玻璃钢条码标尺

4.2.2 水准测量的作业方式应符合表4.2.2的规定。

表4.2.2 沉降观测作业方式

沉降观测等级	基准点测量、工作基点联测及首期沉降观测			其他各期沉降观测			观测顺序
	DS05型仪器	DS1型仪器	DS3型仪器	DS05型仪器	DS1型仪器	DS3型仪器	
一等	往返测	—	—	往返测或单程双测站	—	—	奇数站：后-前-前-后；偶数站：前-后-后-前
二等	往返测	往返测或单程双测站	—	单程观测	单程双测站	—	奇数站：后-前-前-后；偶数站：前-后-后-前
三等	单程双测站	单程双测站	往返测或单程双测站	单程观测	单程观测	单程双测站	后-前-前-后
四等	—	单程双测站	往返测或单程双测站	—	单程观测	单程双测站	后-后-前-前

4.2.3 水准测量应符合下列规定：

1 观测视线长度、前后视距差、视线高度及重复测量次数应符合表4.2.3-1的规定。

表 4.2.3-1　数字水准仪观测要求

沉降观测等级	视线长度（m）	前后视距差（m）	前后视距差累积（m）	视线高度（m）	重复测量次数（次）
一等	≥4 且≤30	≤1.0	≤3.0	≥0.65	≥3
二等	≥3 且≤50	≤1.5	≤5.0	≥0.55	≥2
三等	≥3 且≤75	≤2.0	≤6.0	≥0.45	≥2
四等	≥3 且≤100	≤3.0	≤10.0	≥0.35	≥2

注：1　在室内作业时，视线高度不受本表的限制。
　　2　当采用光学水准仪时，观测要求应满足表中各项要求。

2　观测限差应符合表 4.2.3-2 的规定。

表 4.2.3-2　数字水准仪观测限差（mm）

沉降观测等级	两次读数所测高差之差限差	往返较差及附合或环线闭合差限差	单程双测站所测高差较差限差	检测已测测段高差之差限差
一等	0.5	$0.3\sqrt{n}$	$0.2\sqrt{n}$	$0.45\sqrt{n}$
二等	0.7	$1.0\sqrt{n}$	$0.7\sqrt{n}$	$1.5\sqrt{n}$
三等	3.0	$3.0\sqrt{n}$	$2.0\sqrt{n}$	$4.5\sqrt{n}$
四等	5.0	$6.0\sqrt{n}$	$4.0\sqrt{n}$	$8.5\sqrt{n}$

注：1　表中 n 为测站数。
　　2　当采用光学水准仪时，基、辅分划或黑、红面读数较差应满足表中两次读数所测高差之差限差。

4.2.4　每期观测开始前，应测定数字水准仪的 i 角。当其值对一等、二等沉降观测超过 $15''$，对三等、四等沉降观测超过 $20''$ 时，应停止使用，立即送检。当观测成果出现异常，经分析可能与仪器有关时，应及时对仪器进行检验。

4.2.5　水准测量作业应符合下列规定：

1　应在标尺分划线成像清晰和稳定的条件下进行观测，不得在日出后或日落前约半小时、太阳中天前后、风力大于四级、气温突变时以及标尺分划线的成像跳动而难以照准时进行观测，阴天可全天观测。

2　观测前半小时，应将数字水准仪置于露天阴影下，使仪器与外界气温趋于一致。观测前，应进行不少于 20 次单次测量的预热。晴天观测时，应使用测伞遮蔽阳光。

3　应避免望远镜直接对着太阳，并应避免观测视线被遮挡。仪器应在其生产厂家规定的温度范围内工作。当遇临时振动影响时，应暂停作业。当长时间受振动影响时，应增加重复测量次数。

4　各期观测过程中，当发现相邻监测点高差变动异常或附近地面、建筑基础和墙体出现裂缝，应

进行记录。

4.2.6　观测成果的重测和取舍应符合下列规定：

1　凡超出本规范表 4.2.3-2 规定限差的成果，均应在分析原因的基础上进行重测。当测站观测限差超限时，对在本站观测时发现的，应立即重测；当迁站后发现超限时，应从稳固可靠的点开始重测。

2　当测段往返测高差较差超限时，应先对可靠性小的往测或返测测段进行重测，并应符合下列规定：

　1）当重测的高差与同方向原测高差的不符值大于往返测高差不符值的限差，但与另一单程的高差不符值未超出限差时，可取用重测结果；

　2）当同方向两高差的不符值未超出限差，且其算术平均值与另一单程原测高差的不符值亦不超出限差时，可取同方向两高差算术平均值作为该单程的高差；

　3）当重测高差或同方向两高差算术平均值与另一单程高差的不符值超出限差时，应重测另一单程；

　4）当出现同向不超限但异向超限时，若同方向高差不符值小于限差的 1/2，可取原测的往返高差算术平均值作为往测结果，取重测的往返高差算术平均值作为返测结果。

3　单程双测站所测高差较差超限时，可只重测一个单线，并应与原测结果中符合限差的一个单线取算术平均值采用。若重测结果与原测结果均符合限差时，可取三个单线的算术平均值。当重测结果与原测两个单线结果均超限时，应再重测一个单线。

4　当线路往返测高差较差、附合路线或环线闭合差超限时，应对路线上可靠性小的测段进行重测。

4.3　静力水准测量

4.3.1　静力水准测量可用于自动化沉降观测。应根据观测精度要求和预估沉降量，选取相应精度和量程的静力水准传感器。对一等、二等沉降观测，宜采用连通管式静力水准；对二等及以下等级沉降观测，可采用压力式静力水准。采用静力水准测量进行沉降观测，宜将传感器稳固安装在待测结构上。

4.3.2　一组静力水准测量系统可由一个参考点和多个监测点组成。当采用多组串联方式构成观测路线时，在相邻组的交接处，应在同一建筑结构的上下位置设置转接点。当观测范围小于 300m，且转接点数不大于 2 个时，可将一端的参考点设置在相对稳定的区域作为工作基点；否则，宜在观测路线的两端分别布设工作基点。工作基点应采用水准测量方法定期与基准点联测。

4.3.3　静力水准观测的技术要求应符合表 4.3.3 的规定。

表 4.3.3　静力水准观测技术要求（mm）

沉降观测等级	一等	二等	三等	四等
传感器标称精度	≤0.1	≤0.3	≤1.0	≤2.0
两次观测高差较差限差	0.3	1.0	3.0	6.0
环线及附合路线闭合差限差	$0.3\sqrt{n}$	$1.0\sqrt{n}$	$3.0\sqrt{n}$	$6.0\sqrt{n}$

注：n 为高差个数。

4.3.4 静力水准测量装置的安装应符合下列规定：

1 管路内液体应具有流动性。

2 观测前向连通管内充水时，可采用自然压力排气充水法或人工排气充水法，不得将空气带入，管路应平顺，管路不应出现 Ω 形，管路转角不应形成滞气死角。

3 安装在室外的静力水准系统，应采取措施保证全部连通管管路温度均匀，避免阳光直射。

4 对连通管式静力水准，同组中的传感器应安装在同一高度，安装标高差异不得消耗其量程的20%；管路中任何一段的高度均应低于蓄水罐底部，但不宜低于 0.2m。

4.3.5 静力水准测量系统的数据采集与计算应符合下列规定：

1 观测时间应选在气温最稳定的时段，观测读数应在液体完全呈静止下进行。

2 每次观测应读数 3 次，读数较差应小于表4.3.3 中相应等级的仪器标称精度，取读数的算术平均值作为观测值。

3 多组串联组成静力水准观测路线时，应先按测段进行闭合差分配后计算各组参考点的高程，再根据参考点计算各监测点的高程。

4.3.6 静力水准测量系统应与水准测量进行互校。使用期间应定期维护，发现性能异常时应及时修复或更换。

4.4　三角高程测量

4.4.1 基于全站仪的三角高程测量可用于三等、四等沉降观测。三角高程测量应采用中间设站观测方式，所用全站仪的标称精度应符合表4.4.1 的规定，并宜采用高低棱镜组及配件。

表 4.4.1　三角高程测量所用全站仪标称精度要求

沉降观测等级	一测回水平方向标准差（"）	测距中误差（mm）
三等	≤1.0	≤（1mm+1ppm）
四等	≤2.0	≤（2mm+2ppm）

注：1ppm 表示每千米 1mm，2ppm 表示每千米 2mm，下同。

4.4.2 三角高程测量，应符合下列规定：

1 应在后视点、前视点上设置棱镜，在其中间设置全站仪。观测视线长度不宜大于 300m，最长不宜超过 500m，视线垂直角不应超过 20°。每站的前后视线长度之差，对三等观测不宜超过 30m，四等观测不宜超过 50m。

2 视线高度及离开障碍物的间距宜大于 1.3m。

3 当采用单棱镜观测时，每站应变动 1 次仪器高进行 2 次独立测量。当 2 次独立测量所计算高差的较差符合表 4.4.2 的规定时，取其算术平均值作为最终高差值。

表 4.4.2　两次测量高差较差限差

沉降观测等级	两次测量高差较差限差（mm）
三等	$10\sqrt{D}$
四等	$20\sqrt{D}$

注：D 为两点间距离，以 km 为单位。

4 当采用高低棱镜组观测时，每站应分别以高、低棱镜中心为照准目标各进行 1 次距离和垂直角观测；观测宜采用全站仪自动照准和跟踪测量功能按自动化测量模式进行；当分别以高、低棱镜中心所测成果计算高差的较差符合表 4.4.2 的规定时，取其算术平均值作为最终高差值。

4.4.3 三角高程测量中的距离和垂直角观测，应符合下列规定：

1 每次距离观测时，前后视应各测 2 个测回。每测回应照准目标 1 次、读数 4 次。距离观测应符合表 4.4.3-1 的规定。

表 4.4.3-1　距离观测要求

全站仪测距标称精度	一测回读数间较差限差（mm）	测回间较差限差（mm）	气象数据测定最小读数 温度（℃）	气象数据测定最小读数 气压（mmHg）
1mm+1ppm	3	4.0	0.2	0.5
2mm+2ppm	5	7.0	0.2	0.5

2 每次垂直角观测时，应采用中丝双照准法观测，观测测回数及限差应符合表 4.4.3-2 的规定。

表 4.4.3-2　垂直角观测要求

全站仪测角标称精度	测回数 三等	测回数 四等	两次照准目标读数差限差（"）	垂直角测回差限差（"）	指标差较差限差（"）
0.5"	2	1	1.5	3	3
1"	4	2	4	5	5
2"	—	4	6	7	7

3 观测宜在日出后 2h 至日落前 2h 的期间内目

标成像清晰稳定时进行，阴天和多云天气可全天观测。

4.4.4 三角高程测量单次观测的高差应按下式计算：

$$h_{12} = (D_2\tan\alpha_2 - D_1\tan\alpha_1) + \left(\frac{D_2^2 - D_1^2}{2R}\right)$$
$$- \left(\frac{D_2^2}{2R}K_2 - \frac{D_1^2}{2R}K_1\right) - (v_2 - v_1) \quad (4.4.4)$$

式中：h_{12}——后视点与前视点之间的高差（m）；

D_1、D_2——后视、前视水平距离（m）；

α_1、α_2——后视、前视垂直角；

R——地球平均曲率半径（m）；

K_1、K_2——后视、前视大气垂直折光系数；

v_1、v_2——后视、前视棱镜高（m）。

4.5 全站仪测量

4.5.1 全站仪边角测量法可用于位移基准点网观测及基准点与工作基点间的联测；全站仪小角法、极坐标法、前方交会法和自由设站法可用于监测点的位移观测；全站仪自动监测系统可用于日照、风振变形测量，以及监测点数量多、作业环境差、人员出入不便的建筑变形测量项目。

4.5.2 位移观测所用全站仪的标称精度应符合表4.5.2的规定。

表 4.5.2　全站仪标称精度要求

位移观测等级	一测回水平方向标准差（″）	测距中误差（mm）
一等	≤0.5	≤（1mm+1ppm）
二等	≤1.0	≤（1mm+2ppm）
三等	≤2.0	≤（2mm+2ppm）
四等	≤2.0	≤（2mm+2ppm）

4.5.3 当采用全站仪边角测量法进行位移基准点网观测及基准点与工作基点间联测时，应符合下列规定：

1 基准点及工作基点应组成多边形网，网的边长宜符合表4.5.3的规定。

表 4.5.3　基准点及工作基点网边长要求

位移观测等级	边长（m）
一等	≤300
二等	≤500
三等	≤800
四等	≤1000

2 应在各基准点、工作基点上设站观测，观测应边角同测。

3 视线高度及离开障碍物的间距宜大于1.3m。

4.5.4 全站仪水平角观测应符合下列规定：

1 水平角观测应采用方向观测法，测回数应符合表4.5.4-1的规定，观测限差应符合表4.5.4-2的规定。

表 4.5.4-1　水平角观测测回数

全站仪测角标称精度	位移观测等级			
	一等	二等	三等	四等
0.5″	4	2	1	1
1″	—	4	2	1
2″	—	—	4	2

表 4.5.4-2　水平角观测限差

全站仪测角标称精度	半测回归零差限差（″）	一测回内2C互差限差（″）	同一方向值各测回互差限差（″）
0.5″	3	5	3
1″	6	9	6
2″	8	13	9

2 观测应在通视良好、成像清晰稳定时进行。晴天的日出、日落前后和太阳中天前后不宜观测。作业中仪器不得受阳光直接照射，当气泡偏离超过一格时，应在测回间重新整置仪器。当视线靠近吸热或放热强烈的地形地物时，应选择阴天或有风但不影响仪器稳定的时间进行观测。

3 每站观测中，宜避免二次调焦。当观测方向的边长悬殊较大需调焦时，宜采用正倒镜同时观测法，该方向的2C值可不参与互差计算。对于大倾角方向的观测，水平气泡偏移不应超过一格。

4 当水平角观测成果超出限差时，应按下列规定进行重测：

　　1）当2C互差或各测回互差超限时，应重测超限方向，并联测零方向；

　　2）当归零差或零方向的2C互差超限时，应重测该测回；

　　3）一测回中，当重测方向数超过所测方向总数的1/3时，应重测该测回；

　　4）一个测站上，当重测的方向测回数超过全部方向测回总数的1/3时，应重测该测站所有方向。

4.5.5 全站仪距离观测应符合下列规定：

1 一等位移观测，距离应往返各观测4个测回；二等、三等、四等位移观测，距离应往返各观测2个测回。每测回应照准目标1次、读数4次。有关技术要求应符合表4.5.5的规定，其中往返测观测值较差应将斜距化算到同一水平面上方可比较。

表 4.5.5　距离观测技术要求

表 4.5.5　距离观测技术要求

全站仪测距标称精度	一测回读数间较差限差（mm）	测回间较差限差（mm）	往返测较差限差（mm）	气象数据测定最小读数	
				温度（℃）	气压（mmHg）
1mm+1ppm	3	4.0	6.0	0.2	0.5
1mm+2ppm	4	5.5	8.0	0.2	0.5
2mm+2ppm	5	7.0	10.0	0.2	0.5

2 测距应在成像清晰、气象条件稳定时进行。阴天、有微风时可全天观测；晴天最佳观测时间宜为日出后 1h 和日落前 1h；雷雨前后、大雾、大风、雨、雪天和大气透明度很差时，不应进行观测。

3 晴天作业时，应对全站仪和反光镜打伞遮阳，严禁将仪器照准头对准太阳。

4 观测时的气象数据测定，应采用经检定合格的温度计和气压计。气象数据应在每边观测始末时在两端进行测定，取其算术平均值。

5 测距边两端点的高差，对一等、二等观测可采用四等水准测量或三等三角高程测量方法测定；对三等、四等观测可采用四等三角高程测量方法测定。

6 测距边归算到水平距离时，应在观测的斜距中加入气象改正和仪器加常数、乘常数、周期误差改正，并化算到同一水平面上。

7 当距离观测成果超限时，应按下列规定进行重测：

　　1）当一测回读数间较差超限时，应重测该测回；

　　2）当测回间较差超限时，可加测 2 个测回，去掉其中最大、最小测回观测值后再进行比较，如仍超限，应重测该边的所有测回；

　　3）当往返测较差超限时，应分析原因，重测单方向的距离。如重测后仍超限，应重测往返两方向的距离。

4.5.6 当采用全站仪小角法测定某个方向上的水平位移时，应符合下列规定：

1 应垂直于所测位移方向布设视准线，并应以工作基点作为测站点。

2 测站点与监测点之间的距离宜符合表 4.5.6 的规定。

表 4.5.6　全站仪小角法观测距离要求（m）

全站仪测角标称精度	位移观测等级			
	一等	二等	三等	四等
0.5″	≤300	≤500	≤800	≤1200
1″	—	≤300	≤500	≤800
2″	—	—	≤300	≤500

3 监测点偏离视准线的角度不应超过 30′。

4 每期观测时，利用全站仪观测各监测点的小角值，观测不应少于 1 测回。

5 监测点偏离视准线的垂直距离 d（图 4.5.6）应按下式计算：

$$d = \alpha/\rho \times D \qquad (4.5.6)$$

式中：α——偏角（″）；

　　　D——监测点至测站点之间的距离（mm）；

　　　ρ——常数，其值为 206265″。

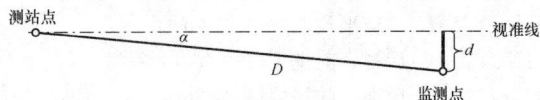

图 4.5.6　小角法示意图

4.5.7 当采用全站仪极坐标法进行位移观测时，应符合下列规定：

1 测站点与监测点之间的距离宜符合表 4.5.7-1 的规定。

表 4.5.7-1　全站仪观测距离长度要求（m）

全站仪标称精度	位移观测等级			
	一等	二等	三等	四等
0.5″ 1mm+1ppm	≤300	≤500	≤800	≤1200
1″ 1mm+2ppm	—	≤300	≤500	≤800
2″ 2mm+2ppm	—	—	≤300	≤500

2 边长和角度观测测回数应符合表 4.5.7-2 的规定。

表 4.5.7-2　全站仪观测测回数

全站仪标称精度	位移观测等级			
	一等	二等	三等	四等
0.5″ 1mm+1ppm	2	1	1	1
1″ 1mm+2ppm	—	2	1	1
2″ 2mm+2ppm	—	—	2	1

4.5.8 当采用全站仪前方交会法进行位移观测时，应符合下列规定：

1 应选择合适的测站位置，使各监测点与其之间形成的交会角在 60°～120°之间。测站点与监测点之间的距离宜符合本规范表 4.5.7-1 的规定。

2 水平角、距离观测测回数应符合本规范表4.5.7-2的规定。

3 当采用边角交会时，应在2个测站上测定各监测点的水平角和水平距离。

4 当仅采用测角或测边交会时，应至少在3个测站点上测定各监测点的水平角或水平距离。

4.5.9 当采用全站仪自由设站法进行位移观测时，应符合下列规定：

1 设站点应与3个基准点或工作基点通视，且该部分基准点或工作基点的平面分布范围应大于90°，设站点与监测点之间的距离宜符合本规范表4.5.7-1的规定。

2 所观测的监测点中，至少有2个点应在其他测站同期观测。

3 宜边角同测。水平角和距离观测测回数应符合本规范表4.5.7-2的规定。

4.5.10 当采用全站仪自动监测系统进行变形测量时，应符合下列规定：

1 自动化数据采集的仪器设备应安装牢固，并不应影响监测对象的安全运营。使用期间应定期维护设备，发现性能异常时应及时修复。

2 全站仪的自动照准应稳定、有效，单点单次照准时间不宜大于10s。

3 应根据观测精度要求、全站仪精度等级、监测点到仪器测站点的视线长度，进行观测方法设计和精度估算。有关技术要求可按本规范第4.5.7条～第4.5.9条的规定执行。每点每次观测的测回数宜符合本规范表4.5.7-2的规定。

4 后台控制程序应能按预定顺序逐点观测，数据不正常时应能补测，并应能根据即时指令增加观测。

5 多台全站仪联合组网观测时，相邻测站应有重叠的观测目标。

6 每期观测时均应进行基准点联测、稳定性判断和观测精度评定，然后再进行监测点数据计算。

4.6 卫星导航定位测量

4.6.1 卫星导航定位测量方法可用于二等、三等和四等位移观测。对二等观测，应采用静态测量模式；对三等、四等观测，可采用静态测量模式或动态测量模式。对日照、风振等变形测量，应采用动态测量模式。

4.6.2 卫星导航定位测量设备的选用应符合表4.6.2的规定。

表4.6.2 卫星导航定位测量设备选用

位移观测等级		二等	三、四等
静态测量	接收机类型	双频	双频或单频
	标称静态精度	≤(3mm+1ppm)	≤(5mm+1ppm)

续表4.6.2

位移观测等级		二等	三、四等
动态测量	接收机类型	—	双频
	标称静态精度	—	≤(5mm+1ppm)
	基准站接收机天线	—	扼流圈天线
	标称动态精度	—	≤(10mm+1ppm)

4.6.3 卫星导航定位测量接收设备的检定、检验应符合现行行业标准《卫星定位城市测量技术规范》CJJ/T 73的规定，并应符合下列要求：

1 新购置的接收设备应进行全面检验后方可使用，检验内容应包括一般检验、常规检验、通电检验和实测检验。

2 每期变形测量作业前，应对所用接收设备进行实测检验。

3 当接收机或天线受到强烈撞击后，或更新接收机部件及更新天线与接收机的匹配关系后，应按新购置设备做全面检验。

4.6.4 采用卫星导航定位测量进行变形测量作业，其点位选择应符合下列规定：

1 视场内障碍物的高度角不宜超过15°。

2 离电视台、电台、微波站等大功率无线电发射源的距离不应小于200m，离高压输电线和微波无线电信号传输通道的距离不应小于50m，附近不应有强烈反射卫星信号的大面积水域、大型建筑以及热源等。

3 通视条件好，应便于采用全站仪等手段进行后续测量作业。

4.6.5 卫星导航定位测量静态测量作业应符合下列规定：

1 静态测量作业的基本技术要求应符合表4.6.5的规定。

表4.6.5 静态测量基本技术要求

位移观测等级	二等	三等	四等
有效观测卫星数	≥6	≥4	≥4
卫星截止高度角（°）	≥15	≥15	≥15
观测时段长度（min）	20～60	15～45	15～45
数据采样间隔（s）	10～30	10～30	10～30
位置精度因子（PDOP）	≤5	≤6	≤6

2 对二等位移测量，应采用零相位天线，削弱多路径误差，并采用强制对中器安置接收机天线，对中误差不应大于0.5mm，天线应统一指向正北。

3 作业中应按规定的时间计划进行观测。

4 经检查接收机电源电缆和天线等各项连接无

误后，方可开机。

5 开机后经检验有关指示灯与仪表显示正常后，方可进行自测试及输入测站名、时段等控制信息。

6 接收机启动前与作业过程中，应填写测量手簿中的记录项目。

7 观测开始、结束时，应分别量测1次天线高，两次较差不应大于3mm，并应取其算术平均值作为天线高。

8 观测期间，应防止接收设备振动，并应防止人员和其他物体碰动天线或阻挡信号。

9 观测期间，不得在天线附近使用电台、对讲机和手机等无线电通信设备。

10 作业时，接收机应避免阳光直接照晒。雷雨天气时，应关机停测，并应卸下天线以防雷击。

11 作业过程中，不得进行下列操作：

　1) 接收机关闭又重新启动；

　2) 进行自测试；

　3) 改变卫星截止高度角；

　4) 改变数据采样间隔；

　5) 改变天线位置；

　6) 按动关闭文件和删除文件功能键。

12 对二等位移测量，宜采用高精度解算软件和精密星历进行数据处理；对三等或四等位移测量，可采用商用软件和预报星历进行数据处理。观测数据的处理和质量检查应符合现行行业标准《卫星定位城市测量技术规范》CJJ/T 73的规定。同一时段观测值的数据采用率宜大于85%。

4.6.6 卫星导航定位测量动态测量作业应符合下列规定：

1 动态变形测量应建立由参考点站、监测点站、通信网络和数据处理分析系统组成的卫星导航定位测量动态变形监测系统。

2 动态变形监测系统应至少设置1个参考点站，必要时可增加1个参考点站。

3 参考点站应选在变形区域影响范围之外，距变形监测点的距离不应超过3km。

4 参考点站宜直接设置在位移基准点上。当位移基准点不能作为参考点站时，应设置位移工作基点，并将其作为动态变形监测系统的参考点站。

5 对高频次或变化敏感的监测点，应一个天线配置一台接收机，接收机宜具备1Hz以上的数据输出能力；对变化缓慢的变形监测点，可多个天线配置一台接收机。

6 参考点站和监测点站应与数据处理分析系统通过通信网络进行连通，并应保证数据实时传输。

7 数据处理分析系统软件应具有下列基本功能：

　1) 具备自动数据后处理和1Hz及以上速率的实时动态数据处理能力，能提供监测点的三维坐标；

　2) 具备监测点变形量限差检核和报警能力，能进行监测点最大变形量、连续同向变形趋势允许量设置报警；

　3) 具备数据存储、管理和分析的能力；

　4) 具备全过程全自动管理能力；

　5) 具备输出RINEX格式的原始数据和NMEA格式的结果数据的能力；

　6) 具备信号去噪、单历元变形量解算能力；

　7) 具备实时在线数据分析和图形化报表能力；

　8) 具备对参考点站、监测点站进行监控和参数调整的功能。

4.7 激 光 测 量

4.7.1 激光测量可分为激光准直测量、激光垂准测量和激光扫描测量。激光准直测量可用于测定建筑水平位移；激光垂准测量可用于测定建筑倾斜；激光扫描测量可用于测定建筑沉降及水平位移。

4.7.2 当采用激光准直测量方法测定建筑水平位移时，应符合下列规定：

1 对一等或二等位移观测，可采用1″级经纬仪配置高稳定性氦氖激光器或半导体激光器构成激光经纬仪，并采用高精度光电探测器获取读数；对三等或四等位移观测，可采用2″级经纬仪配置氦氖激光器或半导体激光器构成激光经纬仪，并采用光电探测器或有机玻璃格网板获取读数。

2 激光经纬仪在使用前必须进行检校，仪器射出的激光束轴线、发射系统轴线和望远镜照准轴应三者重合，观测目标与最小激光斑应重合。

3 应在视准线一端安置激光经纬仪，瞄准安置在另一端的固定觇牌进行定向，待监测点上的探测器或格网板移至视准线上时读数。每个监测点应按表4.7.2规定的测回数进行往测与返测。

表 4.7.2　激光经纬仪观测测回数

经纬仪标称精度	位移观测等级			
	一等	二等	三等	四等
1″	4	2	1	1
2″	—	—	2	1

4 监测点与设站点之间的距离不应超过激光器的有效测程。监测点偏离激光视准线的距离不应超过探测器或格网板的可读数范围。

4.7.3 当采用激光垂准测量方法测定建筑水平位移或倾斜时，应符合下列规定：

1 待测处与底部之间应竖向通视。

2 应在待测处安置激光接收靶，在其垂线下方地面上安置激光垂准仪。

3 所用激光垂准仪的标称精度及作业范围应符合表4.7.3的规定。

表 4.7.3　激光垂准仪的标称精度及作业范围

仪器垂直测量标称精度	位移观测等级			
	一等	二等	三等	四等
1/100000	≤100m	有效测程内	有效测程内	有效测程内
1/40000	≤40m	≤120m	有效测程内	有效测程内

4 作业中，激光垂准仪应置平、对中。应在 0°、90°、180° 和 270° 四个位置分别捕捉四个激光点，并应取该四个激光点的几何中心位置作为观测结果。

4.7.4 采用激光扫描测量方法可进行四等沉降观测和三等、四等位移观测。所用激光扫描仪的性能及观测要求应符合表 4.7.4 的规定。

表 4.7.4　激光扫描仪性能及观测要求

变形测量等级	沉降观测	位移观测	
	四等	三等	四等
标称精度（mm）	测距中误差≤2@D 或点位中误差≤3@D	测距中误差≤2@D 或点位中误差≤3@D	测距中误差≤5@D 或点位中误差≤8@D
采样点间距（mm）	≤3	≤3	≤10
有效测程（m）	≤D 且 ≤S/2	≤D 且 ≤S/2	≤1.5D 且 ≤S/2
测回数	7	7	4

注：1　标称精度中@前的数据是指扫描仪的标称测距中误差或点位中误差值，D 是指标称精度对应的距离，S 是指标称测程。

2　测回数是指照准扫描的次数。

4.7.5 当采用激光扫描测量方法进行建筑沉降和位移观测时，应符合下列规定：

1 应设置参考点。参考点数不应少于 4 个，分布应均匀，并位于变形区域外。参考点的坐标应采用全站仪按本规范第 5.1 节关于工作基点测量的要求进行测定。

2 参考点和监测点应设置标靶，并应采用与激光扫描仪配套的标靶。标靶布设应牢固可靠，宜采用遮光防水膜保护，每次测量后应及时遮盖。

3 不应利用测站之间的公共标靶通过点云拼接的方式来获得监测点的坐标。

4 对具有对中整平装置的激光扫描仪，宜在工作基点上设站扫描作业。

4.7.6 激光扫描测量的测站布设应符合下列规定：

1 应设置在视野开阔、地面稳定、车流量较小的安全区域。

2 应使观测的标靶在本规范表 4.7.4 规定的有

效测程内。

3 测站可通视的参考点不应少于 4 个；当在工作基点上直接设站扫描时，可通视的参考点应不少于 2 个。

4 当采用平面标靶时，激光束相对标靶平面的入射角度不应大于 50°。

4.7.7 激光扫描测量作业前，应将激光扫描仪放置在观测环境中进行温度平衡，并应对其进行一般检查和通电检验。检查检验后，应符合下列规定：

1 激光扫描仪外观应无破损，附件配备应齐全，电源、电缆线、数据线等的连接应紧密稳固。

2 激光扫描仪应能正常获取并存储数据，电源容量和存储容量应充足。

4.7.8 激光扫描测量作业应符合下列规定：

1 扫描作业时，应输入当前温度和气压值。

2 当在工作基点上设站扫描时，仪器应对中、整平。

3 扫描作业应按建立扫描项目、设置扫描范围、设置点间距或者采集分辨率、开始扫描、获取点云、精确扫描标靶等步骤进行操作。

4 扫描获取的数据应及时导入计算机中，并应对标靶数据的完整性、可用性进行检查。当某测站标靶数据不完整、不能识别，或者识别的坐标点明显偏离靶心时，应重测该测站。

5 扫描过程中如出现断电、死机等异常情况，或者仪器位置发生变化，应重测该测站。

4.7.9 激光扫描测量的数据处理与分析应符合下列规定：

1 应直接利用参考点将各测回监测点的坐标从仪器坐标系转换到工程坐标系。

2 坐标转换的残差应小于本规范表 4.7.4 规定的相应等级的点位中误差值。

3 当采用对中整平作业方式时，各测回监测点应采用一个参考点和设站点进行坐标转换，并采用另一个参考点进行检核，检核较差不应大于本规范表 4.7.4 规定的相应等级的标称点位中误差值。

4 应取各测回监测点的坐标算术平均值作为监测点的本期测量坐标值，计算监测点的本期变形量和累积变形量。

4.7.10 当采用激光扫描测量进行变形观测时，除应提交各类变形测量成果图表外，尚应提交下列资料：

1 激光扫描监测点、参考点及测站分布图。

2 参考点测量成果及手簿。

3 激光扫描标靶成果及处理记录。

4 坐标转换成果及处理记录。

5 激光扫描点云数据。

4.8　近景摄影测量

4.8.1 近景摄影测量方法可用于测定下列二等、三等和四等变形测量：

    1 建筑场地边坡监测。

    2 建筑倾斜及三维变形测量。

    3 大面积且不便人工量测的众多裂缝观测。

    4 日照变形测量等。

4.8.2 当采用近景摄影测量方法进行建筑变形测量作业时，应根据所需测定的变形类型、精度要求、所用仪器设备及软件、测量对象形状大小及周边环境等进行技术设计。

4.8.3 近景摄影测量摄站点的布设，应符合下列规定：

    1 应根据项目要求和技术设计，选择采用单基线立体摄影测量方法或多基线摄影测量方法。

    2 对矩形外表的建筑，摄站点宜布设在与其长轴线相平行的一条直线上，并使摄影主光轴垂直于被摄建筑的主立面；对圆柱形外表的建筑，摄站点可均匀布设在与建筑中轴线等距的四周。

    3 摄站点可直接利用工作基点，也可单独布设。单独布设的摄站点应与基准点进行联测。

4.8.4 近景摄影测量像控点和检查点的布设、测定及监测点的标志设置，应符合下列规定：

    1 像控点应布设在监测点周边，并应在摄影景深范围内均匀分布。

    2 采用单基线立体摄影方式时，像对内应至少布设 6 个像控点；采用多基线摄影方式时，应在区域四周及中部、相邻影像连接处布设像控点，区域四周宜布设双点。

    3 每个项目应设置分布较为均匀的检查点。检查点数不宜少于 5 个。数据处理时，检查点不应作为像控点使用。

    4 像控点和检查点应设置观测标志。标志可采用十字形或同心圆形，颜色可采用与被摄建筑色调有明显反差的黑、白相间两色。

    5 像控点和检查点点位测定中误差，应符合表 4.8.4 的规定。

表 4.8.4 **像控点和检查点点位测定精度要求**

变形测量等级	点位中误差（mm）
二等	≤1.0
三等	≤3.0
四等	≤6.0

    6 对二等或三等变形测量，监测点应设置观测标志。

4.8.5 近景摄影测量影像获取和处理，应符合下列规定：

    1 应采用固定焦距的数码相机，作业前后宜对其进行检定。

    2 影像数据应完整地覆盖像控点、检查点和监测点。单基线立体摄影时，两摄站点上的影像之间应 100% 重叠；多基线摄影时，同一摄线上的影像之间应至少 80% 重叠，相邻摄线上的影像之间应至少 60% 重叠。

    3 摄取的影像应清晰完整，反差适中，并应符合量测要求。

    4 影像处理可采用数字摄影测量系统或专门的近景摄影测量数据处理系统进行，处理时应能对数码相机进行自检校。

    5 应利用布设的检查点对近景摄影测量成果的精度进行检验，中误差应符合本规范表 4.8.4 的要求。

4.8.6 近景摄影测量作业的其他技术要求，可参照现行国家标准《工程摄影测量规范》GB 50167 的相关规定执行。

5 基准点布设与测量

5.1 一般规定

5.1.1 建筑变形测量的基准点应设置在变形影响范围以外且位置稳定、易于长期保存的地方，宜避开高压线。

5.1.2 基准点应埋设标石或标志，且应在埋设达到稳定后方可开始进行变形测量。稳定期应根据观测要求与地质条件确定，不宜少于 7d。

5.1.3 基准点应每期检测、定期复测，并应符合下列规定：

    1 基准点复测周期应视其所在位置的稳定情况确定，在建筑施工过程中宜 1 月～2 月复测 1 次，施工结束后宜每季度或每半年复测 1 次。

    2 当某期检测发现基准点有可能变动时，应立即进行复测。

    3 当某期变形测量中多数监测点观测成果出现异常，或当测区受到地震、洪水、爆破等外界因素影响时，应立即进行复测。

    4 复测后，应按本规范第 5.4 节的规定对基准点的稳定性进行分析。

5.1.4 基准点可分为沉降基准点和位移基准点。当需同时测定建筑的沉降和位移或三维变形时，宜设置同时满足沉降基准点和位移基准点布设要求的基准点。

5.1.5 当基准点与所测建筑距离较远致使变形测量作业不方便时，宜设置工作基点，并应符合下列规定：

    1 工作基点应设在相对稳定且便于进行作业的地方，并应设置相应的标志。

    2 每期变形测量作业开始时，应先将工作基点与基准点进行联测，再利用工作基点对监测点进行观测。

5.1.6 基准点测量及基准点与工作基点之间联测的精度等级，对四等变形测量，应采用三等沉降或位移观测精度；对其他等级变形测量，不应低于所选沉降或位移观测精度等级。

5.2 沉降基准点布设与测量

5.2.1 沉降观测应设置沉降基准点。特等、一等沉降观测，基准点不应少于 4 个；其他等级沉降观测，基准点不应少于 3 个。基准点之间应形成闭合环。

5.2.2 沉降基准点的点位选择应符合下列规定：

1 基准点应避开交通干道主路、地下管线、仓库堆栈、水源地、河岸、松软填土、滑坡地段、机器振动区以及其他可能使标石、标志易遭腐蚀和破坏的地方。

2 密集建筑区内，基准点与待测建筑的距离应大于该建筑基础最大深度的 2 倍。

3 二等、三等和四等沉降观测，基准点可选择在满足前款距离要求的其他稳固的建筑上。

4 对地铁、高架桥等大型工程，以及大范围建设区域等长期变形测量工程，宜埋设 2 个～3 个基岩标作为基准点。

5.2.3 沉降工作基点可根据作业需要设置，并应符合下列规定：

1 工作基点与基准点之间宜便于采用水准测量方法进行联测。

2 当采用三角高程测量方法进行联测时，相关各点周围的环境条件宜相近。

3 当采用连通管式静力水准测量方法进行沉降观测时，工作基点宜与沉降监测点设在同一高程面上，偏差不应超过 10mm。当不能满足这一要求时，应在不同高程面上设置上下位置垂直对应的辅助点传递高程。

5.2.4 沉降基准点和工作基点标石、标志的选型及埋设应符合下列规定：

1 基准点的标石应埋设在基岩层或原状土层中，在冻土地区，应埋至当地冻土线 0.5m 以下。根据点位所在位置的地质条件，可选埋基岩水准基点标石、深埋双金属管水准基点标石、深埋钢管水准基点标石或混凝土基本水准标石。在基岩壁或稳固的建筑上，可埋设墙上水准标志。

2 工作基点的标石可根据现场条件选用浅埋钢管水准标石、混凝土普通水准标石或墙上水准标志。

5.2.5 沉降基准点观测宜采用水准测量。对三等或四等沉降观测的基准点观测，当不便采用水准测量时，可采用三角高程测量方法。

5.3 位移基准点布设与测量

5.3.1 位移观测基准点的设置应符合下列规定：

1 对水平位移观测、基坑监测或边坡监测，应设置位移基准点。基准点数对特等和一等不应少于 4 个，对其他等级不应少于 3 个。当采用视准线法和小角度法时，当不便设置基准点时，可选择稳定的方向标志作为方向基准。

2 对风振变形观测、日照变形观测或结构健康监测，应设置满足三维测量要求的基准点。基准点数不应少于 2 个。

3 对倾斜观测、挠度观测、收敛变形观测或裂缝观测，可不设置位移基准点。

5.3.2 根据位移观测现场作业的需要，可设置若干位移工作基点。位移工作基点应与位移基准点进行组网和联测。

5.3.3 位移基准点、工作基点的位置除应满足本规范第 5.1 节的要求外，尚应符合下列规定：

1 应便于埋设标石或建造观测墩。

2 应便于安置仪器设备。

3 应便于观测人员作业。

4 若采用卫星导航定位测量方法观测，应符合本规范第 4.6.4 条的规定。

5.3.4 位移基准点、工作基点标志的型式及埋设应符合下列规定：

1 对特等和一等位移观测的基准点及工作基点，应建造具有强制对中装置的观测墩或埋设专门观测标石。强制对中装置的对中误差不应超过 0.1mm。

2 照准标志应具有明显的几何中心或轴线，并应符合图像反差大、图案对称、相邻差小和本身不变形等要求。应根据点位不同情况，选择重力平衡球式标、旋入式杆状标、直插式觇牌、屋顶标和墙上标等型式的标志。

5.3.5 位移基准点的测量可采用全站仪边角测量或卫星导航定位测量等方法。当需测定三维坐标时，可采用卫星导航定位测量方法，或采用全站仪边角测量、水准测量或三角高程测量组合方法。位移工作基点的测量可采用全站仪边角测量、边角后方交会以及卫星导航定位测量等方法。

5.4 基准点稳定性分析

5.4.1 首期基准点测量及每期复测后，应进行数据处理，获得各期基准点的平面坐标和高程。对两期及以上的变形测量，应根据测量结果对基准点的稳定性进行检验分析。

5.4.2 沉降基准点稳定性检验分析应符合下列规定：

1 基准点网复测后，对所有基准点应分别按两两组合，计算本期平差后的高差数据与上期平差后高差数据之间的差值。

2 当计算的所有高差差值均不大于按下列公式计算的限差时，认为所有基准点稳定：

$$\delta = 2\sqrt{2}\,\sigma_h \qquad (5.4.2\text{-}1)$$

$$\sigma_h = \sqrt{n}\mu \qquad (5.4.2\text{-}2)$$

式中：δ——高差差值限差（mm）；

μ——对应精度等级的测站高差中误差（mm）（按本规范表 3.2.2 取值）；

n——两个基准点之间的观测测站数。

3 当有差值超过限差时，应通过分析判断找出不稳定的点。

5.4.3 位移基准点的稳定性检验分析应符合下列规定：

1 当水平位移观测、基坑监测、边坡监测中设置了不少于 3 个位移基准点时，可按照本规范第 5.4.2 条通过比较平差后基准点的坐标差值对基准点的稳定性进行分析判断。

2 对大范围的建筑水平位移监测或大型边坡监测等项目，当设置的基准点数多于 4 个，采用本条第 1 款方法难以分析判断找出不稳定点时，宜通过统计检验的方法进行稳定性分析，找出变动显著的基准点。

3 对风振变形观测、日照变形观测或结构健康监测，当基于不同基准点测定的监测点数据存在明显的系统性偏差时，应分析判断并排除不稳定的基准点。

5.4.4 对不稳定基准点的处理，应符合下列规定：

1 应进行现场勘察分析，若确认其不宜继续作为基准点，应予以舍弃，并应及时补充布设新基准点。

2 应检查分析与不稳定基准点有关的各期变形测量成果，并应在剔除不稳定基准点的影响后，重新进行数据处理。

3 处理结果应及时与项目委托方进行沟通，并应在变形测量技术报告中说明。

6 场地、地基及周边环境变形观测

6.1 场地沉降观测

6.1.1 建筑场地沉降观测的内容应符合下列规定：

1 应测定建筑影响范围之内的相邻地基沉降。

2 应测定建筑影响范围之外的场地地面沉降。

6.1.2 建筑场地沉降点位的选择应符合下列规定：

1 相邻地基沉降监测点可选在建筑纵横轴线或边线的延长线上，亦可选在通过建筑重心的轴线延长线上。其点位间距应视基础类型、荷载大小及地质条件，与设计人员共同确定或征求设计人员意见后确定。点位可在建筑基础深度 1.5 倍～2.0 倍的距离范围内，由支护结构向外由密到疏布设，但距基础最远的监测点应设置在沉降量为零的沉降临界点以外。

2 场地地面沉降监测点应在相邻地基沉降监测点布设线路之外的地面上均匀布设。根据地形地质条件，可选择采用平行轴线方格网法、沿建筑四角辐射网法或散点法布设。

6.1.3 建筑场地沉降点标志的类型及埋设应符合下列规定：

1 相邻地基沉降监测点的标志可选择浅埋标或深埋标，并应符合下列规定：

1） 浅埋标可采用普通水准标石或用直径 0.25m 的水泥管现场浇灌，埋深宜为 1m～2m；当在季节冻土区埋设时，标石底部宜埋设于冻土线下 0.5m；当在永久冻土区埋设时，标石底部宜埋设于最大溶解深度线下（永冻层中）1.0m；

2） 深埋标可采用内管外加保护管的标石型式，埋深应与建筑基础深度相适应，标石顶部应埋入地面下 0.2m～0.3m，并应砌筑带盖的窨井加以保护。

2 场地地面沉降监测点的标志与埋设，应根据观测要求确定，可采用浅埋标。

6.1.4 建筑场地沉降观测的观测方法、观测精度及其他技术要求可按本规范第 7.1 节沉降观测的有关规定执行。

6.1.5 建筑场地沉降观测的周期，应根据不同任务要求、产生沉降的不同情况以及沉降速率等因素具体分析确定，并应符合下列规定：

1 在基础施工期间的相邻地基沉降观测，在基坑降水时和基坑土开挖过程中应每天观测 1 次。混凝土底板浇完 10d 以后，可每 2d～3d 观测 1 次，直至地下室顶板完工和水位恢复，若水位恢复时间较短、恢复速度较快，应在水位恢复的前后一周内每 2d～3d 观测 1 次，同时应观测水位变化。此后可每周观测 1 次至回填土完工。

2 在上部结构施工期间的相邻地基沉降观测和场地地面沉降观测的周期可按本规范第 7.1 节的有关规定确定。

6.1.6 建筑场地沉降观测应提交下列成果资料：

1 监测点布置图。

2 观测成果表。

3 相邻地基沉降的距离-沉降曲线。

4 场地地面等沉降曲线。

6.2 地基土分层沉降观测

6.2.1 地基土分层沉降观测应测定场地及地基内部各分层土的沉降量、沉降速率以及有效压缩层的厚度。

6.2.2 分层沉降监测点的布设应符合下列规定：

1 对建筑场地，监测点应根据场地形状及土层分布情况布设，每一土层应至少布设 1 个点。

2 对建筑地基，监测点应在地基中心附近 2m×2m 或各点间距不大于 0.5m 的范围内，沿铅垂线方向上的各层土内布置。点位数量与深度应根据分层土的分布情况确定，每一土层应至少布设1个点，最浅的点位应在基础底面下不小于0.5m处，最深的点位应在超过压缩层理论厚度处或设在压缩性低的砾石或岩石层上。

6.2.3 分层沉降观测可采用分层沉降计、沉降磁环或直接埋设分层沉降标志的方法。分层沉降计、沉降磁环以及分层沉降标志的埋设，在填土区可在填土时分层埋设，在原状土区可采用钻孔法埋设。

6.2.4 分层沉降观测宜采用二等沉降观测精度。分层沉降观测应采用水准测量分别测出各标顶的高程，或采用分层沉降仪分别测量各土层的压缩量，计算各土层的沉降量。

6.2.5 分层沉降观测应从基坑开挖后基础施工前开始，直至建筑竣工后沉降稳定时为止。观测周期可按本规范第7.1节建筑沉降观测的有关规定确定。首期观测应在标志埋好7d后进行。

6.2.6 地基土分层沉降观测应提交下列成果资料：

1　监测点布置图。

2　观测成果表。

3　各土层荷载-沉降-深度曲线。

4　各土层沉降量-填土高度时程曲线。

6.3　斜坡位移监测

6.3.1 对存在不良地质作用的建筑边坡，或存在对建筑的安全和稳定有影响的自然斜坡和人工边坡，应进行斜坡位移监测。

6.3.2 斜坡位移监测的内容，应根据斜坡滑移的危害程度或防治工程等级确定。作业时，可根据工程的不同阶段按表6.3.2的规定进行选择。

表6.3.2　斜坡位移监测内容

阶段	主要监测内容
前期	地表（或边坡表面）裂缝
整治期	地表（或边坡）的水平位移或垂直位移、深部钻孔测斜、土体或岩体应力、地下水位
整治后	地表（或边坡）的水平位移或垂直位移、深部钻孔测斜、地表倾斜、地表（或边坡表面）裂缝、土体或岩体应力、地下水位

6.3.3 斜坡位移监测可采用二等或三等精度。对局部斜坡或人工高边坡，不应低于四等精度。当有特殊要求时，应另行确定监测精度。

6.3.4 斜坡位移监测的基准点应布设在场地周邻的稳定区域且不少于3点，宜采用带有强制对中装置的观测墩。

6.3.5 斜坡位移监测点的布设，应符合下列规定：

1　场地整体地面水平位移监测点，应根据地形地质条件，采用平行轴线方格网法均匀布设。其点位

间距应视相关基础类型、荷载大小及地质条件，与设计人员共同确定。

2　场地滑坡监测，除在滑坡体上均匀布点外，还应符合下列规定：

1）应在滑坡周界外稳定的部位和周界内稳定的部位布设监测点，且应在滑动量较大和滑动速度较快的部位增加布点；

2）当滑坡体的主滑方向和滑动范围明确时，可根据滑坡规模选取十字形或格网形平面布点方式；当主滑方向和滑动范围不明确时，可根据现场条件，采用放射形平面布点方式；

3）对已加固的滑坡，应在其支挡锚固结构的主要受力构件上布设应力计和监测点；

4）当需测定滑坡体深部位移时，应将相关监测点钻孔位置布设在主滑轴线上。

3　人工高边坡监测点可根据边坡的高度、层（台）级和围护结构，按上、中、下成排布设，点位间距宜根据边坡设计图纸或与设计人员共同确定。

6.3.6 斜坡位移监测点位的标石标志及其埋设应符合下列规定：

1　土体上的监测点可埋设预制混凝土标石。根据观测精度要求，顶部的标志可采用具有强制对中装置的活动标志或嵌入加工成半球状的钢筋标志。标石埋深不宜小于1m，在季节冻土区标石底部宜埋设于冻土线下0.5m，在永久冻土区标石底部宜埋设于最大溶解深度线下（永冻层中）1.0m。标石顶部应露出地面0.2m～0.3m。

2　岩体上的监测点可采用砂浆现场浇筑的钢筋标志。凿孔深度不宜小于0.1m。标志埋好后，其顶部应露出岩体面0.05m。

3　必要的临时性或过渡性监测点以及观测期短、次数少的小型斜坡位移监测点，可埋设硬质大木桩，但顶部应安置照准标志，底部应埋至当地冻土线以下。

4　斜坡体深部位移观测钻孔应穿过潜在滑动面进入稳定的基岩面以下不小于1m。观测钻孔应铅直，孔径不应小于110mm。测斜管与孔壁之间应填实。

6.3.7 斜坡位移监测点的位移观测方法，可根据现场条件，按下列要求选用：

1　当建筑数量多、地形复杂时，宜采用以三方向交会为主的测角前方交会法，交会角宜在50°～110°之间，长短边不宜悬殊。也可采用测距交会法、测距导线法以及极坐标法。

2　对视野开阔的场地，当面积小时，可采用放射线观测网法，从两个测站点上按放射状布设交会角宜在30°～150°的若干条观测线，两条观测线的交点即为监测点。每次观测时，应以解析法或图解法测出监测点偏离两测线交点的位移量。当场地面积大时，

可采用任意方格网法，格网布设、观测方法等与放射线观测网法基本相同，但应根据需要增加测站点与定向点。

3 对带状斜坡，当通视较好时，可采用测线支距法，在与滑动轴线的垂直方向，布设若干条测线，沿测线选定测站点、定向点与监测点。每次观测时，应按支距法测出监测点的位移量与位移方向。当斜坡体窄而长时，可采用十字交叉观测网法。

4 对抗滑墙（桩）和要求高的单独测线，可采用视准线法。

5 对可能有大滑动的斜坡，除采用测角前方交会等方法外，亦可采用近景摄影测量方法同时测定监测点的水平和垂直位移。

6 斜坡体内深部监测点的位移观测，宜采用测斜仪法。

7 当斜坡位移监测点数较多且场地条件满足卫星导航定位测量作业时，可采用单机多天线卫星导航定位测量方法观测。

8 对精度要求高、变形敏感且危害大的斜坡位移监测宜采用全站仪自动监测系统。

6.3.8 斜坡位移监测点的高程测量宜采用水准测量方法，对困难点位可采用三角高程测量方法。观测路线均应组成闭合或附合网形。

6.3.9 斜坡位移监测的频率应视斜坡的发育程度及季节变化等情况确定，并应符合下列规定：

1 在雨季，宜每半月或1月观测1次；干旱季节，可每季度观测1次。

2 当发现滑移速度增快，或遇暴雨、地震、解冻等情况时，应提高观测频率。

3 当发现有大范围的滑移可能或有其他异常时，应在确保观测作业安全的前提下，提高观测频率，并立即将观测结果报告项目委托方。

6.3.10 斜坡位移监测预报应采用现场严密监视和资料综合分析相结合的方法进行。每次观测后，应及时整理绘制出各监测点的滑移曲线。当发现有异常观测值，应在加强观测的同时，观察滑移前征兆，并应结合工程地质、水文地质、地震和气象等方面资料进行全面分析，作出斜坡滑移预报，并及时预警防范。

6.3.11 场地斜坡位移监测应提交下列成果资料：

1 监测点布置图。

2 观测成果表。

3 监测点位移综合曲线。

4 建筑场地斜坡滑移的边界、面积、滑动量、滑移方向、主滑线以及滑动速度资料等。

6.4 基坑及其支护结构变形观测

6.4.1 基坑变形观测可分为基坑支护结构变形观测和基坑回弹观测。基坑支护结构变形观测应测定围护墙或基坑边坡顶部的水平和垂直位移、围护墙或边坡外土体深层水平位移。基坑回弹观测应测定基坑开挖到底及基础浇灌施工前的回弹量。

6.4.2 基坑支护结构变形观测精度应根据支护结构类型、基坑形状、大小和深度、周边建筑及设施的重要程度、工程地质与水文地质条件和设计变形控制值等因素按本规范第3.2节的规定确定。

6.4.3 围护墙或基坑边坡顶部变形监测点的布置应符合下列规定：

1 监测点应沿基坑周边布置，周边中部、阳角处、受力变形较大处应设点。

2 监测点间距不宜大于20m，关键部位应适当加密，且每侧边不宜少于3个。

3 水平和垂直监测点宜共用同一点。

6.4.4 围护墙或土体深层水平位移监测点的布置应符合下列规定：

1 监测点宜布置在围护墙的中间部位、阳角处，点间距20m～50m，每侧边不应少于1个。

2 采用测斜仪观测水平位移，当测斜管埋设在土体中时，测斜管埋设长度不应小于围护墙的入土深度。

6.4.5 基坑支护结构变形观测的方法应根据基坑类别、现场条件、设计要求等进行选择，并应符合下列规定：

1 对一级基坑，应采用自动化监测方式。

2 应采用视准线、测小角、前方交会、极坐标、方向线偏移法、卫星导航定位测量或测斜仪等方法进行水平位移观测。

3 应采用水准测量、三角高程测量或静力水准测量方法进行垂直位移观测。

4 宜采用应变计、应力计、土压力计、孔隙水压力计、水位计等传感器对支护结构内力、土体压力、孔隙水压力、水位等进行观测。

5 具体观测要求应符合现行国家标准《建筑基坑工程监测技术规范》GB 50497和本规范第4章的相应规定。

6.4.6 当采用测斜仪测定基坑深层水平位移时，应符合下列规定：

1 测斜仪的分辨率不宜低于0.02mm/500mm，系统精度不应低于4mm/15m。

2 应根据基坑施工设计方案安排测斜管的安装，并在基坑开挖前完成初始值的测取。埋设可采用钻孔法，在地下连续墙、钻孔灌注桩、排桩等围护结构中宜采用捆扎法、钢抱箍法。

3 每期观测应测1测回。

4 每个测斜导管的初值，应测2测回，并取其算术平均值作为初始观测成果。

6.4.7 基坑支护结构位移观测的周期应根据施工进度确定，并应符合下列规定：

1 基坑变形观测应从基坑围护结构施工开始，

基坑开挖期间宜根据基坑开挖深度和基坑安全等级每1d～2d 观测 1 次，位移速率或位移量大时应每天 1 次～2 次。基坑开挖间隙或开挖及桩基施工结束后，且变形趋于稳定时，可 7d 观测 1 次。

2 当基坑的位移速率或位移量迅速增大、达到报警值或出现其他异常时，应在确保观测作业安全的前提下，提高观测频率，并立即报告项目委托方。

6.4.8 基坑回弹观测应测定基坑纵横断面的回弹量。其监测点的布设，应根据基坑形状、大小、深度及地质条件确定，并应符合下列规定：

1 对矩形基坑，应在基坑中央及长短轴线上布点，同一剖面上监测点横向间距宜为 10m～30m，数量不应少于 3 个。可利用基坑回弹变形的近似对称特性，仅在一半的范围内布点。对其他形状不规则的基坑，可与设计人员商定后确定。

2 对基坑外的监测点，应埋设常用的普通水准点标石。监测点应在所选点内方向线的延长线上距基坑深度 1.5 倍～2.0 倍距离内布置。当所选点位遇到地下管线或其他物体时，可将监测点移至与之对应方向线的空位置上。

3 应在基坑外相对稳定且不受施工影响的地点选设工作基点。

4 应测定并记录监测点的平面位置。

6.4.9 基坑回弹观测标志应埋入基坑底面以下 0.2m～0.3m。根据开挖深度和地层土质情况，可采用钻孔法或探井法埋设辅助杆压入式、钻杆送入式或直埋式标志。也可采用带导向引线的挂钩式回弹标志，结合测斜仪和测定坐标的方法进行回弹观测。

6.4.10 基坑回弹观测应符合下列规定：

1 宜采用二等或三等沉降观测精度。

2 观测路线应组成起讫于沉降基准点或工作基点的闭合或附合路线。

3 回弹观测不应少于 3 次，其中第一次应在基坑开挖之前，第二次应在基坑挖好之后，第三次应在浇灌基础混凝土之前。当基坑开挖施工完成至基础施工的间隔时间较长时，应适当提高观测频率。

4 基坑开挖前的回弹观测，宜采用数字水准仪配以铅垂钢尺读数的钢尺法。较浅基坑的观测，可采用数字水准仪配辅助杆垫高水准尺读数的辅助杆法。观测结束后，应在观测孔底充填厚度约为 1m 的白灰。

5 基坑开挖后的回弹观测，应利用传递到坑底的临时工作点，按所需观测精度，用水准测量及时测出每一监测点的高程。当全部点挖出后，再统一观测一次。

6.4.11 基坑及其支护结构变形观测应提交下列成果资料：

1 基坑支护结构变形观测应包括下列内容：

1）监测点布置图；

2）观测成果表；

3）基坑支护结构变形曲线。

2 基坑回弹观测应包括下列内容：

1）监测点布置图；

2）观测成果表；

3）回弹纵、横断面图。

6.5 周边环境变形观测

6.5.1 当某建筑的施工或运营对其周边的其他建筑、道路、管线、地面等造成影响，导致周边环境可能发生变化时，应对周边环境进行变形观测。

6.5.2 周边环境的变形测量，应根据具体变形对象和变形类型，分别采用本规范第 6 章和第 7 章的相应方法进行。

6.5.3 周边环境的监测应根据需要延续至变形趋于稳定状态后结束。

7 基础及上部结构变形观测

7.1 沉 降 观 测

7.1.1 沉降观测应测定建筑的沉降量、沉降差及沉降速率，并应根据需要计算基础倾斜、局部倾斜、相对弯曲及构件倾斜。

7.1.2 沉降监测点的布设应符合下列规定：

1 应能反映建筑及地基变形特征，并应顾及建筑结构和地质结构特点。当建筑结构或地质结构复杂时，应加密布点。

2 对民用建筑，沉降监测点宜布设在下列位置：

1）建筑的四角、核心筒四角、大转角处及沿外墙每 10m～20m 处或每隔 2 根～3 根柱基上；

2）高低层建筑、新旧建筑和纵横墙等交接处的两侧；

3）建筑裂缝、后浇带两侧、沉降缝两侧、基础埋深相差悬殊处、人工地基与天然地基接壤处、不同结构的分界处及填挖方分界处以及地质条件变化处两侧；

4）对宽度大于或等于 15m、宽度虽小于 15m 但地质复杂以及膨胀土、湿陷性土地区的建筑，应在承重内隔墙中部设内墙点，并在室内地面中心及四周设地面点；

5）邻近堆置重物处、受振动显著影响的部位及基础下的暗浜处；

6）框架结构及钢结构建筑的每个或部分柱基上或沿纵横轴线上；

7）筏形基础、箱形基础底板或接近基础的结构部分之四角处及其中部位置；

8）重型设备基础和动力设备基础的四角、基

9）超高层建筑或大型网架结构的每个大型结构柱监测点数不宜少于2个，且应设置在对称位置。

3 对电视塔、烟囱、水塔、油罐、炼油塔、高炉等大型或高耸建筑，监测点应设在沿周边与基础轴线相交的对称位置上，点数不少于4个。

4 对城市基础设施，监测点的布设应符合结构设计及结构监测的要求。

7.1.3 沉降监测点的标志可根据待测建筑的结构类型和墙体材料等情况进行选择，并应符合下列规定：

1 标志的立尺部位应加工成半球形或有明显的突出点，并宜涂上防腐剂。

2 标志的埋设位置应避开雨水管、窗台线、散热器、暖水管、电气开关等有碍设标与观测的障碍物，并应视立尺需要离开墙面、柱面或地面一定距离，宜与设计部门沟通。

3 标志应美观，易于保护。

4 当采用静力水准测量进行沉降观测时，标志的型式及其埋设，应根据所用静力水准仪的型号、结构、安装方式以及现场条件等确定。

7.1.4 沉降观测应根据现场作业条件，采用水准测量、静力水准测量或三角高程测量等方法进行。沉降观测的精度等级应符合本规范第3.2节的规定。对建筑基础和上部结构，沉降观测精度不应低于三等。

7.1.5 沉降观测的周期和观测时间应符合下列规定：

1 建筑施工阶段的观测应符合下列规定：

　　1）宜在基础完工后或地下室砌完后开始观测；

　　2）观测次数与间隔时间应视地基与荷载增加情况确定。民用高层建筑宜每加高2层～3层观测1次，工业建筑宜按回填基坑、安装柱子和屋架、砌筑墙体、设备安装等不同施工阶段分别进行观测。若建筑施工均匀增高，应至少在增加荷载的25%、50%、75%和100%时各测1次；

　　3）施工过程中若暂时停工，在停工时及重新开工时应各观测1次，停工期间可每隔2月～3月观测1次。

2 建筑运营阶段的观测次数，应视地基土类型和沉降速率大小确定。除有特殊要求外，可在第一年观测3次～4次，第二年观测2次～3次，第三年后每年观测1次，至沉降达到稳定状态或满足观测要求为止。

3 观测过程中，若发现大规模沉降、严重不均匀沉降或严重裂缝等，或出现基础附近地面荷载突然增减、基础四周大量积水、长时间连续降雨等情况，应提高观测频率，并应实施安全预案。

4 建筑沉降达到稳定状态可由沉降量与时间关系曲线判定。当最后100d的最大沉降速率小于0.01mm/d～0.04mm/d时，可认为已达到稳定状态。对具体沉降观测项目，最大沉降速率的取值宜结合当地地基土的压缩性能来确定。

7.1.6 每期观测后，应计算各监测点的沉降量、累计沉降量、沉降速率及所有监测点的平均沉降量。根据需要，可按下式计算基础或构件的倾斜度α：

$$\alpha = (s_A - s_B)/L \qquad (7.1.6)$$

式中：s_A、s_B——基础或构件倾斜方向上A、B两点的沉降量（mm）；

　　　　L——A、B两点间的距离（mm）。

7.1.7 沉降观测应提交下列成果资料：

1 监测点布置图。

2 观测成果表。

3 时间-荷载-沉降量曲线。

4 等沉降曲线。

7.2 水平位移观测

7.2.1 建筑水平位移按坐标系统可分为横向水平位移、纵向水平位移及特定方向的水平位移。横向水平位移和纵向水平位移可通过监测点的坐标测量获得。特定方向的水平位移可直接测定。

7.2.2 水平位移的基准点应选择在建筑变形以外的区域。水平位移监测点应选在建筑的墙角、柱基及一些重要位置，标志可采用墙上标志，具体型式及其埋设应根据现场条件和观测要求确定。

7.2.3 水平位移观测应根据现场作业条件，采用全站仪测量、卫星导航定位测量、激光测量或近景摄影测量等方法进行。水平位移观测的精度等级应符合本规范第3.2节的规定。

7.2.4 水平位移观测的周期，应符合下列规定：

1 施工期间，可在建筑每加高2层～3层观测1次；主体结构封顶后，可每1月～2月观测1次。

2 使用期间，可在第一年观测3次～4次，第二年观测2次～3次，第三年后每年观测1次，直至稳定为止。

3 若在观测期间发现异常或特殊情况，应提高观测频率。

7.2.5 水平位移观测应提交下列成果资料：

1 监测点布置图。

2 观测成果表。

3 水平位移图。

7.3 倾 斜 观 测

7.3.1 建筑施工过程中及竣工验收前，宜对建筑上部结构或墙面、柱等进行倾斜观测。建筑运营阶段，当发生倾斜时，应及时进行倾斜观测。

7.3.2 倾斜监测点的布设及标志设置应符合下列规定：

1 当测定顶部相对于底部的整体倾斜时，应沿同一竖直线分别布设顶部监测点和底部对应点。

2 当测定局部倾斜时，应沿同一竖直线分别布设所测范围的上部监测点和下部监测点。

3 建筑顶部的监测点标志，宜采用固定的觇牌和棱镜，墙体上的监测点标志可采用埋入式照准标志或粘贴反射片标志。

4 对不便埋设标志的塔形、圆形建筑以及竖直构件，可粘贴反射片标志，也可照准视线所切同高边缘确定的位置或利用符合位置与照准要求的建筑特征部位。

7.3.3 倾斜观测的周期，宜根据倾斜速率每 1 月～3 个月观测 1 次。当出现基础附近因大量堆载或卸载、场地降雨长期积水等导致倾斜速度加快时，应提高观测频率。施工期间倾斜观测的周期和频率，宜与沉降观测同步。

7.3.4 倾斜观测作业应避开风荷载影响大的时间段。对于高层和超高层建筑的倾斜观测，也应避开强日照时间段。

7.3.5 当从建筑外部进行倾斜观测时，应符合下列规定：

1 宜采用全站仪投点法、水平角观测法或前方交会法进行观测。当采用投点法时，测站点宜选在与倾斜方向成正交的方向线上距照准目标 1.5 倍～2.0 倍目标高度的固定位置，测站点的数量不宜少于 2 个；当采用水平角观测法时，应设置好定向点。当观测精度为二等及以上时，测站点和定向点应采用带有强制对中装置的观测墩。

2 当建筑上监测点数量较多时，可采用激光扫描测量或近景摄影测量等方法进行观测。

7.3.6 当利用建筑或构件的顶部与底部之间的竖向通视条件进行倾斜观测时，可采用激光垂准测量或正、倒垂线等方法。

7.3.7 当利用相对沉降量间接确定建筑倾斜时，可采用水准测量或静力水准测量等方法通过测定差异沉降来计算倾斜值及倾斜方向，有关要求应符合本规范第 7.1 节的规定。

7.3.8 当需要测定建筑垂直度时，可采用与倾斜观测相同的方法进行。

7.3.9 倾斜观测应提交下列成果资料：

1 监测点布置图。

2 观测成果表。

3 倾斜曲线。

7.4 裂 缝 观 测

7.4.1 对建筑上明显的裂缝，应进行裂缝观测。裂缝观测应测定裂缝的位置分布和裂缝的走向、长度、宽度、深度及其变化情况。深度观测宜选在裂缝最宽的位置。

7.4.2 对需要观测的裂缝应统一编号。每次观测时，应绘出裂缝的位置、形态和尺寸，注明观测日期，并拍摄裂缝照片。

7.4.3 每条裂缝应至少布设 3 组观测标志，其中一组应在裂缝的最宽处，另两组应分别在裂缝的末端。每组应使用两个对应的标志，分别设在裂缝的两侧。

7.4.4 裂缝观测标志应便于量测。长期观测时，可采用镶嵌或埋入墙面的金属标志、金属杆标志或楔形板标志；短期观测时，可采用油漆平行线标志或用建筑胶粘贴的金属片标志。当需要测出裂缝纵、横向变化值时，可采用坐标方格网板标志。采用专用仪器设备观测的标志，可按具体要求另行设计。

7.4.5 裂缝的宽度量测精度不应低于 1.0mm，长度量测精度不应低于 10.0mm，深度量测精度不应低于 3.0mm。

7.4.6 裂缝观测方法应符合下列规定：

1 对数量少、量测方便的裂缝，可分别采用比例尺、小钢尺或游标卡尺等工具定期量出标志间距离求得裂缝变化值，用方格网板定期读取坐标差计算裂缝变化值。

2 对大面积且不便于人工量测的众多裂缝，宜采用前方交会或单片摄影方法观测。

3 当需要连续监测裂缝变化时，可采用测缝计或传感器自动测记方法观测。

4 对裂缝深度量测，当裂缝深度较小时，宜采用凿出法和单面接触超声波法监测；当深度较大时，宜采用超声波法监测。

7.4.7 裂缝观测的周期应根据裂缝变化速率确定。开始时可半月测 1 次，以后 1 月测 1 次。当发现裂缝加大时，应提高观测频率。

7.4.8 裂缝观测应提交下列成果资料：

1 裂缝位置分布图。

2 观测成果表。

3 裂缝变化曲线。

7.5 挠 度 观 测

7.5.1 当建筑基础、桥梁、大跨度构件、建筑上部结构、墙、柱等发生挠度变形或有要求时，应进行挠度观测。

7.5.2 挠度观测的周期应根据荷载情况并结合设计和施工要求确定。观测的精度等级可采用二等或三等。

7.5.3 竖向的挠度观测应符合下列规定：

1 建筑基础挠度观测可与沉降观测同时进行。监测点应沿基础的轴线或边线布设，每一轴线或边线上不得少于 3 点。

2 桥梁、大跨度构件等线形建筑的挠度观测，监测点应沿其表面左右两侧布设。

3 监测点的标志设置和观测方法应符合本规范

第 7.1 节的规定。

4 竖向的挠度值 f_1（图 7.5.3）应按下列公式计算：

$$f_1 = \Delta s_{AE} - \frac{L_{AE}}{L_{AE} + L_{EB}} \Delta s_{AB} \quad (7.5.3\text{-}1)$$

$$\Delta s_{AE} = s_E - s_A \quad (7.5.3\text{-}2)$$

$$\Delta s_{AB} = s_B - s_A \quad (7.5.3\text{-}3)$$

式中：s_A、s_B、s_E——A、B、E 点的沉降量（mm），其中 E 点位于 A、B 两点之间；

L_{AE}、L_{EB}——A、E 之间及 E、B 之间的距离（m）。

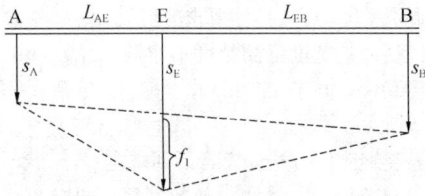

图 7.5.3　竖向的挠度

7.5.4 横向的挠度观测应符合下列规定：

1 对建筑上部结构挠度观测，监测点应按建筑结构类型沿同一竖直方向在不同高度上布设，点的标志设置和观测方法可按本规范第 7.3 节的规定执行。

2 对墙、柱等挠度观测，可采用本条第 1 款相同的方法；当具备作业条件时，亦可采用挠度计、位移传感器等直接测定其挠度值。

3 横向的挠度值 f_2（图 7.5.4）应按下列公式计算：

$$f_2 = \Delta d_{AE} - \frac{L_{AE}}{L_{AE} + L_{EB}} \Delta d_{AB} \quad (7.5.4\text{-}1)$$

$$\Delta d_{AE} = d_E - d_A \quad (7.5.4\text{-}2)$$

$$\Delta d_{AB} = d_B - d_A \quad (7.5.4\text{-}3)$$

式中：d_A、d_B、d_E——A、B、E 点的位移分量（mm），其中 E 点位于 A、B 两点之间；

L_{AE}、L_{EB}——A、E 之间及 E、B 之间的距离（m）。

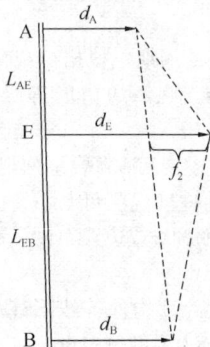

图 7.5.4　横向的挠度

7.5.5 挠度观测应提交下列成果资料：

1 监测点布置图。

2 观测成果表。

3 挠度曲线。

7.6　收敛变形观测

7.6.1 对矿山法施工的隧道围岩和衬砌结构、盾构法施工的隧道拼装环管片、其他地下坑道或结构等，应进行收敛变形观测。

7.6.2 收敛变形观测采用的方法应符合下列规定：

1 当需要测量特定位置的净空对向相对变形时，应采用固定测线法。

2 当需要测量净空断面的综合变形时，可采用全断面扫描法。

3 当需要测量连续范围的净空收敛变形时，可采用激光扫描法。

7.6.3 收敛变形观测应以测线长度测量中误差作为精度衡量指标。对一等和二等精度观测，应采用固定测线法；对三等和四等精度观测，可采用固定测线法、全断面扫描法或激光扫描法。

7.6.4 当采用收敛尺进行固定测线的收敛变形观测时，应符合下列规定：

1 固定测线两端的监测点应安装牢固，监测点的测头应与收敛尺的挂钩匹配。安装后应进行监测点与收敛尺接触点的符合性检查，符合性检查应独立观测 3 次，观测较差不应大于测线长度中误差的 2 倍。

2 各等级固定测线的长度宜符合表 7.6.4 的规定。

表 7.6.4　固定测线收敛变形观测的最大测线长度

等级	一等	二等	三等、四等
最大测线长度（m）	≤20	≤30	≤50

3 收敛尺观测时应施加标定时的拉力，收敛尺尺面应平直，不得扭曲。每条固定测线应独立观测 3 次，较差不应大于测线长度中误差的 2 倍，取算术平均值作为观测值。

4 收敛变形观测成果应进行尺长改正和温度改正。一等和二等观测的温度测量最小读数为 0.2℃，三等和四等观测时温度测量最小读数为 1℃，并应按下式进行温度改正：

$$\delta_L = k \times L \times \delta_T \quad (7.6.4)$$

式中：δ_L——温度变化改正数（mm）；

k——收敛尺的温度线膨胀系数；

L——固定测线的长度读数（m）；

δ_T——温度变化量（℃）。

7.6.5 当采用全站仪对边测量法进行固定测线的收敛变形观测时，应符合下列规定：

1 固定测线两端宜布设棱镜或反射片等观测标志。二等及以下固定测线采用免棱镜观测时，可布设简易定位标志。

2 一等观测的全站仪标称精度不应低于1″和（1mm+1ppm）；二等及以下观测，当采用基于无合作目标激光测距功能的全站仪观测时，标称精度不应低于2″和（2mm+2ppm）。观测前应测定无合作目标测距加常数，并应对观测边长进行加常数改正。

3 对边测量时，应依次照准固定测线的两个端点，通过分别测定其三维坐标，计算固定测线的长度。观测技术要求应符合表7.6.5的规定。

表7.6.5 全站仪固定测线的收敛变形观测技术要求

等级	测回数	较差及测回差（mm）
一等	2	1
二等及以下	1	2

7.6.6 当采用手持测距仪进行二等及以下固定测线收敛变形观测时，应符合下列规定：

1 固定测线两端应分别设置对中点、瞄准点。

2 手持测距仪的标称精度不应低于1.5mm，尾部应有对中装置。

3 观测前应检测测距仪加常数。对收敛变形观测成果，应进行加常数改正。

4 观测时，测距仪应分别对中、瞄准固定测线的两个端点。每条测线应独立观测3测回，测回间应重新对中、瞄准，当测回间互差不大于2mm时，应取算术平均值作为观测成果。

7.6.7 当采用全站仪断面扫描法进行二等及以下收敛变形观测时，应符合下列规定：

1 应在同一竖向剖面内设置仪器对中点、定向点和检核点，收敛断面应垂直于结构中线。

2 采用具有免棱镜激光测距功能、自动驱动型全站仪，全站仪标称精度不应低于2″和（2mm+2ppm）。

3 断面上的测点宜按0.2m～0.3m步长等密度采集，采集点应包含起点、终点、拼装缝等特征点，断面上每段线形（直线或圆弧）的监测点不应少于5点。宜采用全站仪的机载数据采集软件进行自动采集。

4 应结合结构表面特点建立数据处理模型。数据处理前应删除异常点，数据处理后应输出包括特征点的径向长度在内的断面变形数据，进行不同期数据的比较。

5 成果应以表格和展开图的形式表达。

7.6.8 当采用激光扫描法进行收敛变形观测时，作业要求应符合本规范第4.7节的相应规定。

7.6.9 收敛变形观测应提交下列成果资料：

1 固定测线或收敛断面布置图。

2 观测成果表。

3 收敛变形观测成果图。

7.7 日照变形观测

7.7.1 对超高层建筑或高耸结构进行日照变形观测，应测定建筑或结构上部受阳光照射受热不均引起的偏移量及变化轨迹。

7.7.2 当从建筑内部进行日照变形观测时，应符合下列规定：

1 建筑内部应具备竖向通视条件。

2 当采用激光垂准仪进行观测时，应在通道顶部或适当位置安置激光接收靶，并应在其垂线下方安置激光垂准仪。

3 当采用正垂仪进行观测时，应在通道顶部或适当位置安置正垂仪，并应在其垂线下方安置坐标仪。

7.7.3 当从建筑或结构外部进行日照变形观测时，应符合下列规定：

1 监测点应设在建筑或结构的顶部或其他适当位置。

2 当采用全站仪自动监测系统进行观测时，监测点上应安置棱镜或激光反射片。作业要求应符合本规范第4.5节的规定。

3 当采用卫星导航定位测量动态测量模式进行观测时，监测点上应安置卫星导航定位接收机天线。作业要求应符合本规范第4.6节的规定。

7.7.4 日照变形观测宜选在夏季日照充分、昼夜温差较大时进行。宜进行不少于24h的连续观测，观测频率宜为1次/h～2次/h。每次观测时，应测定建筑向阳面与背阳面的温度，并应测定风速和风向。

7.7.5 日照变形观测的精度，可根据观测对象、观测目的和所用方法，选择本规范第3.2.2条规定的二等、三等或四等精度。

7.7.6 日照变形观测应提交下列成果资料：

1 监测点布置图。

2 观测成果表。

3 日照变形曲线。

7.8 风振观测

7.8.1 对超高层建筑或高耸结构进行风振观测，应在受强风作用的时间段内，同步测定其顶部的水平位移、风速、风向。测定的时间段长度可根据观测目的和要求确定，不宜少于1h。

7.8.2 风振观测中的水平位移观测应符合下列规定：

1 宜采用卫星导航定位测量动态测量模式测定，观测频率宜为1Hz。

2 监测点应设置在待测建筑或结构的顶部，并应能安置卫星导航定位接收机天线。

3 观测作业要求应符合本规范第4.6节的规定。

4 应利用获得的监测点平面坐标时间序列计算其水平位移分量时间序列，计算时可选择最初观测时点的平面坐标作为位移计算起始值。

7.8.3 风速和风向应采用风速计或风速传感器测定，观测频率宜为 1 次/min。

7.8.4 风振观测应提交下列成果资料：

    1 监测点布置图。

    2 观测成果表。

    3 两个坐标方向上的位移-时间曲线。

    4 风速-时间曲线及风向变化图等。

7.9 结构健康监测

7.9.1 结构健康监测应采用自动化健康监测系统采集结构及现场环境信息，并应通过分析结构的各种特征对结构健康状况进行评价。对重要结构，宜同时采用常规监测手段。

7.9.2 结构健康监测应根据建筑结构的特点及监测要求、现场条件等选择监测内容及传感器，并应符合下列规定：

    1 监测内容宜符合表 7.9.2 的规定。

表 7.9.2　结构健康监测内容

监测类别	监测内容
几何形变类	水平位移、沉降、倾斜、挠度等
结构反应类	应变、内力、速度、加速度等
环境参数类	温度、湿度、风速、地震等
外部荷载类	车速、车载等
材料特性类	锈蚀、裂缝、疲劳等

    2 对几何形变类的监测，宜选择全站仪测量、静力水准测量、卫星导航定位测量、激光测量、近景摄影测量等方法进行，观测技术要求应符合本规范第 4 章的相应规定。

    3 对结构反应类、环境参数类、外部荷载类和材料特性类的监测，采用传感器的性能参数及技术要求等应符合现行国家有关标准的规定。

7.9.3 传感器应布置在能充分反映结构及环境特性的位置上。具体位置应符合下列规定：

    1 应布置在结构受力最不利处或已损伤处。

    2 应利用结构对称性原则，优化传感器数量。

    3 对重点部位应增加传感器。

    4 应能缩短信号传输距离。

    5 应便于安装和更换传感器。

7.9.4 结构健康监测的频率应以能反映被监测的结构行为和结构状态，并满足分析评价要求为准则来确定。当需要对各监测点数据做相关分析时，应同步采集其数据。

7.9.5 对传感器采集的数据应进行降噪处理，剔除由监测系统自身引起的异常数据。对沉降、水平位移、倾斜、挠度监测，其数据处理尚应符合本规范第 8.2 节的规定。

7.9.6 应按本规范和现行国家有关标准的规定，整理各类监测数据，绘制各监测参数的变化状态曲线，

分析趋势，并对结构的应力、变形等参数的相关性进行分析。对于风险较大的结构，宜建立有限元模型，根据实测参数反算结构其他参数的符合性，评估结构的安全状况。应根据安全评估结果，进行相应的安全预警。

7.9.7 结构健康监测应提交下列成果资料：

    1 监测数据。

    2 监测技术方案与报告。

    3 自动化监测系统及技术资料。

8　成果整理与分析

8.1　一般规定

8.1.1 每次变形观测结束后，应及时进行成果整理。项目完成后，应对成果资料进行整理并分类装订。成果整理应符合下列规定：

    1 观测记录内容应真实完整，采用电子方式记录的数据，应完整存储在可靠的介质上。

    2 数据处理、成果图表及检验分析资料应完整、清晰。

    3 图式符号应规格统一、注记清楚。

    4 沉降观测、位移观测成果表宜符合本规范附录 A 的规定。

    5 观测记录、计算资料和技术成果均应有相关责任人签字，技术成果应加盖技术成果章。

    6 观测记录、计算资料和技术成果应进行归档。

8.1.2 根据项目委托方的要求，可按期或按变形发展情况提交下列变形测量阶段性成果：

    1 本期及前 1 期～2 期的观测成果。

    2 与前一期观测间的变形量和变形速率。

    3 本期观测后的累计变形量。

    4 相关图表及简要说明和建议等。

8.1.3 当建筑变形测量任务全部完成或项目委托方需要时，应提交各期观测成果和技术报告作为综合成果。

8.1.4 建筑变形测量技术报告结构应清晰，重点应突出，结论应明确，并应包括下列主要内容：

    1 项目概况。应包括项目来源，观测目的和要求，测区地理位置及周边环境，项目起止时间，总观测次数，实际布设和测定的基准点、工作基点、监测点点数，项目承担方及主要人员等。

    2 作业过程及技术方法。应包括变形测量依据的技术标准，采用的平面坐标系或高程基准，项目技术设计或施测方案的技术变更情况，所用仪器设备及其检校情况，基准点及监测点的标志及其布设情况，变形测量精度等级，观测及数据处理方法，各期观测时间，观测成果及精度统计情况等。

    3 成果质量检验情况。

4 变形测量过程中出现的异常、预警及其他特殊情况。

5 变形分析方法、结论及建议。

6 项目成果清单。

7 图、表等附件。

8.1.5 建筑变形测量的观测记录、计算资料及成果的管理和分析宜采用变形测量数据处理与信息管理系统进行。该系统宜具备下列功能：

1 应能接收各期变形测量的观测数据，并对数据格式进行转换。

2 应能进行各期观测数据的检核和处理。

3 应能进行基准点、工作基点及监测点标识信息管理。

4 应能进行基准点网的平差计算和稳定性分析。

5 应能对观测数据、计算数据、成果数据建立相应的数据库。

6 应能对监测点进行变形分析。

7 应能生成变形测量成果图表。

8 宜能进行变形测量数据建模和预报。

9 宜能进行变形的三维可视化表达。

10 应具有用户管理和安全管理功能。

8.2 数据整理

8.2.1 每期变形观测结束后，应依据测量误差理论和统计检验原理对获得的观测数据及时进行平差计算处理，并计算各种变形量。

8.2.2 建筑变形观测数据的平差计算，应符合下列规定：

1 应利用稳定的基准点作为起算点。

2 应采用严密的平差方法和可靠的软件系统。

3 应确保平差计算所用观测数据、起算数据准确无误。

4 应剔除含有粗差的观测数据。

5 对特等和一等变形测量，应对可能含有系统误差的观测值进行系统误差改正。

8.2.3 对各类建筑变形监测点网和变形测量成果，平差计算的单位权中误差及变形参数的精度应符合本规范第3章相应等级变形测量的精度要求。

8.2.4 建筑变形测量平差计算分析中的数据取位应符合表8.2.4的规定。

表8.2.4 变形测量平差计算分析中的数据取位要求

等级	高差 (mm)	角度 (″)	距离 (mm)	坐标 (mm)	高程 (mm)	沉降值 (mm)	位移值 (mm)
特等	0.01	0.01	0.01	0.01	0.01	0.01	0.01
一等	0.01	0.01	0.1	0.1	0.01	0.01	0.1
二、三等	0.1	0.1	0.1	0.1	0.1	0.1	0.1
四等	0.1	1	1	1	0.1	0.1	1

8.3 监测点变形分析

8.3.1 对二等和三等及部分一等变形测量，相邻两期监测点的变形分析可通过比较监测点相邻两期的变形量与测量极限误差来进行。当变形量小于测量极限误差时，可认为该监测点在这两期之间没有变形或变形不显著。

8.3.2 对特等及有特殊要求的一等变形测量，当监测点两期间的变形量符合公式（8.3.2）时，可认为该监测点在这两期之间没有变形或变形不显著：

$$\Delta < 2\mu\sqrt{Q} \qquad (8.3.2)$$

式中：Δ——两期间的变形量；

μ——单位权中误差，可取两期平差单位权中误差的算术平均值；

Q——监测点变形量的协因数。

8.3.3 对多期变形观测成果，应综合分析多期的累积变形特征。当监测点相邻两期间变形量小、但多期间变形量呈现出明显变化趋势时，应认为其有变形。

8.4 建模和预报

8.4.1 对于多期建筑变形观测成果，根据需要，应建立反映变形量与变形因子关系的数学模型，对引起变形的原因作出分析和解释，必要时还应对变形的发展趋势进行预报。

8.4.2 建筑变形测量的建模应符合下列规定：

1 当一个目标体上所有监测点或部分监测点的变形状况总体一致时，可利用这些监测点的平均变形量建立相应的数学模型。

2 当各监测点变形状况差异大或某些监测点变形状况特殊时，应对各监测点或特殊的监测点分别建立数学模型。

3 对特等和有特殊要求的一等变形观测成果，可利用地理信息系统技术对整体变形进行空间分析和可视化表达。

8.4.3 建立变形量与变形因子关系数学模型可采用回归分析方法，并应符合下列规定：

1 应以不少于10期的观测数据为依据，通过分析各期所测的变形量与相应荷载、时间之间的相关性，建立荷载或时间-变形量数学模型。

2 变形量与变形因子之间的回归模型应简单，包含的变形因子数不宜超过2个。回归模型可采用线性回归模型和指数回归模型、多项式回归模型等非线性回归模型。

3 当只有1个变形因子时，可采用一元回归分析方法。

4 当考虑多个变形因子时，宜采用逐步回归分析方法，确定影响显著的因子。

8.4.4 对沉降观测，当观测周期为等时间间隔时，可采用灰色建模方法，建立沉降量与时间之间的灰色模型；对风振、日照等变形观测，可采用时间序列分析方法对获得的时间序列数据进行建模并进行分析。

8.4.5 建立变形量与变形因子关系模型后，应对模型的有效性进行检验分析。用于后续分析预报的数学模型应是有效的。

8.4.6 当利用变形量与变形因子关系模型进行变形趋势预报时，应给出预报结果的误差范围及适用条件。

9 质量检验

9.1 一般规定

9.1.1 对建筑变形测量成果的质量宜实行两级检查一级验收，并应符合下列规定：

 1 两级检查中的一级检查和二级检查应分别由项目承担方的作业部门、质量管理部门实施。

 2 验收宜由项目委托方组织实施。

9.1.2 变形测量成果质量检验应依据下列文件进行：

 1 项目委托书或合同书，以及项目委托方与承担方达成的其他文件。

 2 技术设计或施测方案。

 3 依据的技术标准。

 4 项目承担方的质量管理文件。

9.1.3 对变形测量成果，应根据质量检验结果评定质量等级。质量等级应分为合格和不合格两级。当成果出现下列问题之一时，应判定为质量不合格：

 1 基准点的数量及标志不符合规范要求。

 2 所用仪器设备不满足规范规定的精度要求，或未经检定，或未在检定有效期内使用。

 3 观测成果精度不符合规范要求。

 4 数据不真实。

 5 成果内容不符合本规范第8.1.2条或第8.1.3条的要求。

9.1.4 变形测量成果质量检验应符合下列规定：

 1 对所有变形观测记录、计算和分析结果，应进行一级检查。

 2 对提交给委托方的变形测量阶段性成果，应进行二级检查。

 3 对变形测量综合成果，应进行二级检查，并宜进行验收。

 4 质量检验中，当需要利用仪器设备时，其精度等级不应低于该项目作业时所用仪器设备的精度等级。

 5 质量检验过程应形成记录，并进行归档。

9.2 质量检查

9.2.1 变形测量成果质量的两级检查均应采用内业全数检查、外业针对性检查的方式进行。检查过程应填写记录，记录样式宜符合本规范附录B的规定。

9.2.2 对首期变形测量成果，应检查下列主要内容：

 1 基准点、监测点的布设位置图。

 2 标石、标志的构造及埋设照片。

 3 仪器设备的检定和检验资料。

 4 外业观测记录和内业计算资料。

 5 变形测量成果图表。

 6 与项目有关的其他资料。

9.2.3 对其他各期变形测量成果，应检查下列主要内容：

 1 仪器设备的检定和检验资料。

 2 外业观测记录和内业计算资料。

 3 基准点检测分析资料。

 4 变形测量成果图表。

 5 与项目有关的其他资料。

9.2.4 对变形测量综合成果，应在质量检查后编写质量检查报告。质量检查报告应包括检查工作概况、项目成果概况、检查依据、检查内容及方法、主要质量问题及处理情况、质量统计及质量等级等内容。

9.2.5 当质量检查中发现不符合项时，应立即提出处理意见，返回作业部门进行纠正。纠正后的成果应重新进行质量检查，直至符合要求。

9.3 质量验收

9.3.1 当变形测量成果需要进行质量验收时，可采用抽样核查方式，并应符合下列规定：

 1 应对各类变形观测成果分别进行质量验收。

 2 首期观测成果应为必查样本。

 3 对其他各期成果，应随机抽取不少于期数的10%作为样本，且至少为1期。

 4 对抽取的样本，应进行内业全数核查、外业针对性核查。

9.3.2 变形测量成果质量验收时应核查下列主要内容：

 1 技术设计或施测方案。

 2 技术报告。

 3 质量检查记录或报告。

 4 与项目有关的其他资料。

9.3.3 变形测量成果质量验收宜形成质量验收报告并评定质量等级。质量验收报告应包括验收工作概况、项目成果概况、验收依据、抽样情况、核查内容及方法、主要质量问题及处理情况、质量统计及质量等级等内容。

附录A 变形观测成果表

A.0.1 建筑沉降观测成果表宜符合表A.0.1的规定。

表 A.0.1　建筑沉降观测成果表样式

沉降观测成果表

项目名称：　　　　　　　　　　项目编号：　　　　　　天气：　　　　　　　第　页　共　页

观测期数						观测期数					
观测日期						观测日期					
点号	高程 （m）	沉降量 （mm）	累计沉降量 （mm）	本期沉降速率 （mm/d）	备注	点号	高程 （m）	沉降量 （mm）	累计沉降量 （mm）	本期沉降速率 （mm/d）	备注
工况						工况					
说明						说明					

项目负责人：　　　　　观测：　　　　　计算：　　　　　检查：　　　　　测量单位：

A.0.2 建筑位移观测成果表宜符合表 A.0.2 的规定。

表 A.0.2　建筑位移观测成果表样式

位移观测成果表

项目名称：　　　　　　　　　　项目编号：　　　　　　　　　　第　页　共　页

上期观测日期：　　年　　月　　日　　　　　　　本期观测日期：　　年　　月　　日

点号	初始 观测值 （m）		上期 观测值 （m）		本期 观测值 （m）		单期 变化量 （mm）		累计 变化量 （mm）		本期变化速率 （mm/d）	
	X	Y	X	Y	X	Y	ΔX	ΔY	ΔX	ΔY	$\Delta X/D$	$\Delta Y/D$
工况						简要分析						
说明												

项目负责人：　　　　　观测：　　　　　计算：　　　　　检查：　　　　　测量单位：

附录 B 质量检查记录表

B.0.1 建筑变形测量成果质量检查记录表宜符合表 B.0.1 的规定。

表 B.0.1 建筑变形测量成果质量检查记录表

项目名称： 项目编号：

检查内容	检查结果	备注
执行技术设计或施测方案及技术标准、政策法规情况		
使用的仪器设备及其检定情况		
记录和计算所用软件系统情况		
基准点和监测点布设及标石、标志情况		
实际观测情况，包括观测频率、观测周期、观测方法和操作程序的正确性等		
基准点稳定性检测与分析情况		
观测限差和精度统计情况		
记录的完整准确性及记录项目的齐全性		
观测数据的各项改正情况		
计算过程的正确性、资料整理的完整性、精度统计和质量评定的合理性		
变形测量成果分析的合理性		
提交成果的可靠性、完整性及符合性情况		
技术报告内容的完整性、统计数据的准确性、结论的可靠性及体例的规范性		
成果签署的完整性和符合性情况		

检查阶段： □一级检查 □二级检查
质量等级： □合格 □不合格

检查人： 检查日期： 年 月 日

本规范用词说明

1 为便于在执行本规范条文时区别对待，对要求严格程度不同的用词说明如下：
　　1）表示很严格，非这样做不可的：
　　　　正面词采用"必须"，反面词采用"严禁"；
　　2）表示严格，在正常情况下均应这样做的：
　　　　正面词采用"应"，反面词采用"不应"或"不得"；
　　3）表示允许稍有选择，在条件许可时首先这样做的：
　　　　正面词采用"宜"，反面词采用"不宜"；
　　4）表示有选择，在一定条件下可以这样做的，采用"可"。

2 条文中指明应按其他有关标准执行的写法为："应符合……的规定"或"应按……执行"。

引用标准名录

1 《建筑地基基础设计规范》GB 50007
2 《工程摄影测量规范》GB 50167
3 《建筑基坑工程监测技术规范》GB 50497
4 《卫星定位城市测量技术规范》CJJ/T 73

中华人民共和国行业标准

建筑变形测量规范

JGJ 8 — 2016

条 文 说 明

修 订 说 明

《建筑变形测量规范》JGJ 8－2016经住房城乡建设部2016年7月9日以第1204号公告批准、发布。

本规范是在《建筑变形测量规范》JGJ 8－2007的基础上修订而成的，上一版的主编单位是建设综合勘察研究设计院，参编单位是上海岩土工程勘察设计研究院有限公司、西北综合勘察设计研究院、南京工业大学、深圳市勘察测绘院有限公司、中国有色金属工业西安勘察设计研究院、北京市测绘设计研究院、武汉市勘测设计研究院、广州市城市规划勘测设计研究院、长沙市勘测设计研究院、重庆市勘测院、北京威远图数据开发有限公司，主要起草人员是王丹、陆学智、张肇基、潘庆林、王双龙、王百发、刘广盈、张凤录、严小平、欧海平、戴建清、谢征海、陈宜金、孙焰。

本规范修订的主要技术内容是：对原第3章进行了扩充，强化了技术设计与作业实施规定；将原第4章做较大修改后拆分为目前的第4、5章，增加了新的变形测量技术方法，删除了目前已很少使用的方法，并将原第8章有关基准点稳定性分析并入第5章中；对原第5、6、7章进行了全面修改，并按变形测量对象及类型调整为目前的第6、7章，增加了收敛变形观测、结构健康监测，细化了各类变形测量中监测点的布设要求、测定方法和成果要求；将原第8、9章的内容进行了扩充，重点强化了成果质量检验的规定；对附录内容作了较大调整，将原附录的部分内容修改后放入有关条文说明中。

本规范修订过程中，编制组进行了广泛的调查研究，总结了我国建筑变形测量领域有关科研和技术发展成果，同时参考了有关国家标准和行业标准。

为便于广大测绘、勘察、设计、建设、管理、科研、学校等单位有关人员在使用本规范时能正确理解和执行条文规定，《建筑变形测量规范》编制组按章、节、条顺序编制了本规范的条文说明，对条文规定的目的、依据以及执行中需注意的有关事项进行了说明。但是，本条文说明不具备与规范正文同等的法律效力，仅供使用者作为理解和把握规范规定的参考。

目　次

1 总　则

1.0.1 建筑变形测量是测量技术与工程建设紧密结合的产物，其任务是测定建筑物、构筑物在施工及使用期间形状与位置的变化特征，获取可靠的变形信息，为工程质量安全管理提供信息支持和技术服务。为此，需要根据国家有关技术经济政策，遵循安全适用、技术先进、经济合理、确保质量的基本原则，明确规定建筑变形测量的基本技术质量要求，这就是制定本规范的目的。

1.0.2 本规范规定了建筑在施工期间和使用期间变形测量的技术设计、作业实施、成果整理及质量检验等要求，适用于各种建筑变形测量工作。本规范以待测建筑为对象，将变形测量目标分为建筑场地、地基、基础、上部结构和周边环境。本规范从第一版起一直使用"建筑"一词作为变形测量的对象。这里的建筑是广义的，包括狭义的建筑物（房屋）和构筑物。房屋是指有基础、墙、顶、门、窗，能够遮风避雨，供人在其内居住、工作、学习、娱乐、储藏物品或进行其他活动的空间场所。构筑物则是指房屋以外的其他建筑设施，如烟囱、隧道、立交桥等，人们一般不直接在其内进行生产和生活活动。

1.0.3 建筑变形测量业务涉及测量、土木工程、工程建设管理等多专业。实际作业中，除应执行本规范外，还应执行国家现行有关测量、仪器设备检定、岩土工程勘察、地基基础与结构设计、工程施工与管理等方面标准的相关规定。

2　术语和符号

2.1　术　语

2.1.10 该术语引自国家标准《建筑地基基础设计规范》GB 50007-2011。

2.1.11 该术语根据国家标准《工程测量基本术语标准》GB/T 50228-2011 修改而成。

2.1.20 结构健康监测（structural health monitoring，简称SHM）在大型桥梁等工程中应用已久，并开始成为一些桥梁工程的基本子系统。目前，国内外超高层建筑工程中也已开展结构健康监测。关于SHM的方法及要求等见本规范第7.9节。

2.2　符　号

2.2.1～2.2.5 给出了本规范正文中出现的主要符号的意义。

3　基本规定

3.1　总体要求

3.1.1 建筑变形测量的目的是获取建筑场地、地基、基础、上部结构及周边环境在建筑施工期间和使用期间的变形信息，为建筑施工、运营及质量安全管理等提供信息支持与服务，并为工程设计、管理及科研等积累和提供技术资料。根据国家标准《建筑地基基础设计规范》GB 50007-2002 和《岩土工程勘察规范》GB 50021-2001 的有关规定，本规范 2007 版设置了该强制性条文，规定对 5 类建筑必须进行变形测量。规范实施以来，变形测量已经成为一项基本的测量活动，为建筑质量安全管理提供了有力支持，受到了各级政府工程建设监管部门及工程设计、施工、建设等单位的肯定和重视。从保障工程质量安全的角度出发，本次修订认为有必要继续设置该强制性条文。鉴于国家标准《建筑地基基础设计规范》GB 50007-2011、《岩土工程勘察规范》GB 50021-2001（2009年版）对其原有相关条文进行了修订或局部修订，本规范对 2007 版条文中的第 1 款～第 5 款作了相应修改，成为目前的第 1 款～第 5 款。大型城市基础设施建设与运行及体型狭长且地基土变化明显的建筑的安全监测日益受到重视，根据近年来的工程实践，本条增加了两款（第 6 款和第 7 款），将其列入其中。

本条所列建筑在整个施工期间均应进行变形测量，在使用期间应进行变形测量，但当变形达到稳定状态时，可终止变形测量。对沉降类变形，变形是否达到稳定状态可按本规范第 7.1.5 条第 4 款的规定；对位移类变形，则需视具体变形情况分析确定。

本条中建筑地基基础设计等级按国家标准《建筑地基基础设计规范》GB 50007-2011 表 3.0.1 的规定执行。

3.1.2、3.1.3 高层和超高层建筑的划分参见国家标准《民用建筑设计通则》GB 50352-2005 第 3.1.2 条。为方便使用，这里将其摘录如下："住宅建筑按层数分类：一层至三层为低层住宅，四层至六层为多层住宅，七层至九层为中高层住宅，十层及十层以上为高层住宅；除住宅建筑之外的民用建筑高度不大于 24m 为单层和多层建筑，大于 24m 者为高层建筑（不包括建筑高度大于 24m 的单层公共建筑）；建筑高度大于 100m 的民用建筑为超高层建筑"。高耸构筑物指的是电视塔、烟囱、桥墩柱等高度较大、横断面相对较小的构筑物。

3.1.4 建筑变形测量主要以测定建筑的变形特征为目的。变形特征具有相对意义，因此就空间基准而言，建筑变形测量可以采用独立的平面坐标系统及高程基准，这也是变形测量不同于其他测量的重要特点之一。但从变形测量成果的利用和变形测量与施工测量等成果衔接的角度出发，对大型或重要工程项目，应尽可能采用国家统一的或项目所在城市使用的平面坐标系统及高程基准。对一个具体的建筑变形测量项目，为便于变形测量成果的进一步使用和管理，应在其技术设计和技术报告中对所采用的平面坐标系统及高程基准的类型作出明确的说明，具体见本规范第3.3节和第8.1节的相应要求。

3.1.5 建筑变形测量获取的是建筑的形状或位置随时间变化的特征信息，因此应该采用国家统一的时间基准。

3.1.6 为保证建筑及其周边环境在施工和运营阶段的安全，当变形测量过程中出现异常情况时，必须立即实施安全预案。与此同时，应提高观测频率或增加其他观测内容，获取更多、更全面、更准确的变形信息，从而为采取安全技术措施提供信息支持服务。

出现本条5款中任一情形时，均必须立即实施安全预案。安全预案内容可分为复核性测量、分析原因、停止进一步施工采取技术措施、停工抢险等。具体是：当出现条款1或2的情形时，安全预案应包括复核性测量、分析原因，必要时应停止进一步施工采取技术措施等；当出现条款3或4的情形时，安全预案应包括停止进一步施工采取技术措施、停工抢险等；当出现条款5的情形时，安全预案应包括分析原因、停止进一步施工采取技术措施、停工抢险等。

本条第2款中的变形预警值有两种确定方式：一是取对应变形允许值的60％、2/3或3/4；二是在工程设计时直接给定。对一个具体变形测量项目，应在变形测量技术设计中明确给出（见本规范第3.3.2条第9款）。当按第一种方式计算变形预警值时，所需变形允许值按现行国家标准《建筑地基基础设计规范》GB 50007-2011 表5.3.4的规定（参见本规范第3.2.3条的条文说明）执行。

本条为强制性条文，必须严格执行。

3.1.7 建筑变形测量现场作业始于建筑施工开工，贯穿施工全过程，并延续至使用期间。建筑施工现场环境条件复杂，建筑所处地带通常也毗邻交通要道。因此，变形测量作业时，需要按照建筑施工现场安全生产管理要求，采取必要的人身和仪器设备安全防护措施，避免人员和仪器设备受施工中的坠落物、危险物、障碍物、往来车辆以及出现异常情况等带来的伤害。

3.2 精 度 等 级

3.2.1 中误差是最常用的衡量测量精度的指标，可由观测数据按相应的公式来计算，也称均方根差。极限误差指的是在一定观测条件下测量误差的绝对值不应超过的最大值。

3.2.2 在本规范1997版和2007版中，精度等级一直采用"级"来表述，分为特级、一级、二级和三级

4个级别。现行其他测量规范（如《工程测量规范》GB 50026、《城市测量规范》CJJ/T 8等）中的精度等级多采用"等"和"级"的组合，精度较高的用"等"，精度较低的用"级"。本次修订中，根据一些测量单位和建设单位的建议，综合多方面因素，将精度等级改用"等"来表述，并在原4级的基础上进行了扩充。修订后变形测量精度等级的对应关系为：现特等、一等、二等、三等的精度即分别为原规范的特级、一级、二级、三级精度；新增加的四等精度为在三等精度的基础上放宽1倍。这样处理一方面是为了保持本规范修订前后精度指标的延续性；另一方面也将精度要求相对低一些的变形测量业务纳入统一的精度等级体系中。

本条适用范围中的建筑地基基础设计等级按国家标准《建筑地基基础设计规范》GB 50007-2011 表3.0.1的规定执行。为方便使用，这里将其简要列出（表1）。

表1 地基基础设计等级

设计等级	建筑和地基类型
甲级	重要的工业与民用建筑物 30层以上的高层建筑物 体型复杂，层数相差超过10层的高低层连成一体的建筑物 大面积的多层地下建筑物（如地下车库、商场、运动场等） 对地基变形有特殊要求的建筑物 复杂地质条件下的坡上建筑物（包括高边坡） 对原有工程影响较大的新建筑物 场地和地基条件复杂的一般建筑物 位于复杂地质条件及软土地区的二层及二层以上地下室的基坑工程 开挖深度大于15m的基坑工程 周边环境条件复杂、环境保护要求高的基坑工程
乙级	除甲级、丙级以外的工业与民用建筑物 除甲级、丙级以外的基坑工程
丙级	场地和地基条件简单、荷载分布均匀的七层及七层以下民用建筑及一般工业建筑；次要的轻型建筑物 非软土地区且场地地质条件简单、基坑周边环境条件简单、环境保护要求不高且开挖深度小于5m的基坑工程

本规范表3.2.2中各等级沉降观测的精度指标按下述方法确定。以国家水准测量规范规定的各等水准测量每千米往返测高差中数的偶然中误差 M_Δ 及相应最长视线长度 S 为基础，由公式（1）计算单程观测测站高差中误差 m_0，经取舍后可得沉降测量基本精度指标（表2）。而特等精度则是根据有关统计数据，并考虑其与一等精度之间的数值比例关系而确定。

$$m_0 = M_\Delta \sqrt{S/250} \qquad (1)$$

表2 各等级沉降观测精度指标计算

等级	M_Δ (mm)	S (m)	换算的 m_0 值 (mm)	取用值 (mm)
一等	0.45	30	0.16	0.15
二等	1.0	50	0.45	0.5
三等	3.0	75	1.64	1.5
四等	5.0	100	3.16	3.0

位移观测精度等级主要是根据有关统计数据并结合实际应用情况而确定。

3.2.3 在各种确定建筑变形测量精度的方法中，依据建筑地基变形允许值进行精度估算被认为是较为合理的一种方法，本规范1997版和2007版对此都作了详细规定，但该方法实际工程中使用的却较少。在目前的建筑变形测量生产实践中，大多数都没有通过精度估算来确定精度等级，而是按规范给定的适用范围直接选择精度等级。本次修订时，对此作了进一步的分析梳理，规定通常情况下的建筑变形测量项目，可根据建筑类型、变形测量类型以及项目勘察、设计、施工、使用或委托方要求，直接选择本规范表3.2.2中适宜的精度等级（本规范第3.2.2条）。这样规定更切合实际，也具有可操作性。而对于有特殊要求的建筑变形测量项目，可按本规范第3.2.3条的规定来确定精度等级。

研究表明，为保障建筑安全而进行变形测量，可取变形允许值的 1/10～1/20 作为变形测量的精度；而若为研究变形的过程，变形测量的精度则应更高。具体可参见有关工程测量及变形测量文献。

就沉降观测而言，应主要依据差异沉降的沉降差允许值来确定其测量精度，因为均匀沉降对建筑质量安全的危害远小于差异沉降的危害。需要指出的是，某些类型的位移观测（如基础倾斜），可以采用沉降观测方法来实现，因此本条第1款第2项规定可"根据位移量测定的具体方法计算监测点测站高差中误差"。为保证变形测量成果的质量和可用性，本规范规定，当估算的精度低于本规范表3.2.2中四等精度的要求时，应采用四等精度，而这一精度也是不难实现的。

下面给出两个示例来说明根据变形允许值确定变形测量精度等级的具体过程。

示例一：沉降观测。国家标准《建筑地基基础设计规范》GB 50007-2011 规定，对中、低压缩土地区框架结构的工业与民用建筑相邻柱基的沉降差允许值为 0.002l，l 为相邻柱基的中心距离，若取 l 为 6m，则相邻柱基沉降差允许值为 12mm。取其 1/20 作为变形测量的精度，则沉降差测定的中误差不应低于 0.6mm。一般用一个测站即可测定此沉降差，因此该值即为监测点测站高差中误差。按本规

范表3.2.2，选择二等精度即可。

示例二：倾斜观测。对某高度为 50m 的建筑，按国家标准《建筑地基基础设计规范》GB 50007-2011，其整体倾斜度允许值为 0.003，则其位移允许值为 150mm。取其 1/20 作为变形测量的精度，则位移测定的中误差为 7.5mm。若采用全站仪投点方法，通过测定建筑顶部点相对于底部点在相互垂直的两个方向上的位移分量来获得此位移值，则位移分量测定中误差不应低于 5.2mm。此数值相当于本规范表3.2.2中的监测点坐标中误差。按本规范表3.2.2，选择二等精度即可。

本条文中涉及的建筑地基变形允许值按现行国家标准《建筑地基基础设计规范》GB 50007 的规定执行。为方便实际使用，此处将 GB 50007-2011 中的表5.3.4列出（表3）。

表3 建筑的地基变形允许值

变形特征	地基土类别	
	中、低压缩性土	高压缩性土
砌体承重结构基础的局部倾斜	0.002	0.003
工业与民用建筑相邻柱基的沉降差 (1) 框架结构 (2) 砌体墙填充的边排柱 (3) 当基础不均匀沉降时不产生附加应力的结构	0.002l 0.0007l 0.005l	0.003l 0.001l 0.005l
单层排架结构（柱距为 6m）柱基的沉降量 (mm)	(120)	200
桥式吊车轨面的倾斜（按不调整轨道考虑） 纵向 横向	0.004 0.003	
多层和高层建筑物的整体倾斜 $H_g \leqslant 24$ $24 < H_g \leqslant 60$ $60 < H_g \leqslant 100$ $H_g > 100$	0.004 0.003 0.0025 0.002	
体型简单的高层建筑基础的平均沉降量 (mm)	200	
高耸结构基础的倾斜 $H_g \leqslant 20$ $20 < H_g \leqslant 50$ $50 < H_g \leqslant 100$ $100 < H_g \leqslant 150$ $150 < H_g \leqslant 200$ $200 < H_g \leqslant 250$	0.008 0.006 0.005 0.004 0.003 0.002	
高耸结构基础的沉降量 (mm) $H_g \leqslant 100$ $100 < H_g \leqslant 200$ $200 < H_g \leqslant 250$	400 300 200	

注：1 本表数值为建筑物地基实际最终变形允许值；
　　2 有括号者仅适用于中压缩性土；
　　3 l 为相邻柱基的中心距离（mm），H_g 为自室外地面起算的建筑物高度（m）；
　　4 倾斜指基础倾斜方向两端点的沉降差与其距离的比值；
　　5 局部倾斜指砌体承重结构沿纵向 6m～10m 内基础两点的沉降差与其距离的比值。

3.3 技术设计与实施

3.3.1 建筑变形测量的基本要求就是准确地获取建筑在荷载及环境等影响下的变形程度或变形趋势。这一要求应体现在变形测量的技术设计和实施全过程，并需要测绘工程及土木工程等多学科知识的支持和建筑设计、施工、管理等人员的合作。

3.3.2 建筑变形测量项目技术设计应在收集相关资料、进行现场踏勘的基础上编写。一个建筑变形测量项目的技术设计，应包括本条规定的内容。其中涉及的建筑类型、项目所在位置、基准点和监测点点位分布、标石和标志型式及埋设方法等宜以图表等形式直观展示。技术设计编写时，可参考现行行业标准《测绘技术设计规定》CH/T 1004 的有关要求，并注意与勘察、设计、施工、管理人员进行必要的沟通交流。

3.3.4 测量仪器设备的可靠性对于保障建筑变形测量成果的质量，从而为建筑质量安全管理提供可靠的信息支持具有十分重要的意义。因此，用于建筑变形测量作业的仪器设备，应经法定计量检定机构检定合格，并在检定证书标出的有效期内使用。目前需要定期进行检定的测量仪器设备主要包括全站仪、水准仪、卫星导航定位测量接收机等，检定机构应出具正式的检定合格证书。

测量仪器设备即使在检定有效期内，由于搬运等引起的振动因素也可能导致仪器设备的部分技术指标发生变化，使变形观测成果达不到设计要求，因此变形测量作业时，应根据作业条件的变化情况对所使用的主要仪器设备进行检查校正。

建筑变形测量使用的仪器设备种类较多，特别是经常要使用一些电子传感器（如测斜仪、应力计、应变计等），这些产品更新换代速度快，安装和操作方法各异。变形测量作业中，应按仪器设备使用说明书的规定正确地使用。

3.3.5 观测频率和观测周期的确定应以能系统地反映所测建筑变形的变化过程且不遗漏其变化时刻为原则，并综合考虑建筑的变形情况、施工进度及外界因素影响等。对一个建筑变形测量项目，基准点和监测点应按照选择的观测频率和观测周期进行观测。本规范第 6 章、第 7 章在规定各类变形测量具体要求时，对相应的观测频率和观测周期有进一步的规定。

3.3.6 变形测量的时间性很强，其成果反映的是某一时刻监测点相对于基准点的变形程度或变形趋势。首期观测值（初始值）是整个变形测量的基础数据，进行两次同精度独立测量，可以保证首期测量成果具有足够的可靠性。首期两次测量，不仅针对基准点网的测量，也针对利用基准点（或借助工作基点）对所有监测点进行的测量。这里的极限误差为所选观测等级对应的中误差数值（见表 3.2.2）的 2 倍。

3.3.7 各期的测量在尽可能短的时间内完成，可以保证同期的变形观测数据在时态上保持基本一致。对于不同期的变形测量，特别是高等级的变形测量，应尽可能采用相同的观测网形、观测路线、观测方法、仪器设备，并在同等或相近的环境条件下观测。这样规定的目的是为了尽可能地减弱系统误差影响，提高观测精度，保证成果质量。

3.3.8 建筑变形测量一般延续时间较长，除实施过程中需要提供阶段性成果外，项目完成后还需要进行系统的分析并提交技术报告。因此，变形测量过程中除应做好观测数据的记录存储外，还应进行工程现场巡视，并及时准确地做好相关记录，留取资料。这些记录包括每一期观测时建筑的状态情况、施工进展、气象和周边环境状况以及作业中与项目委托方和设计施工人员沟通及其他情况等。

3.3.9 建筑变形测量过程较长，经常会出现少数点受到破坏或被遮挡而不能观测的情况，该点本期没有观测数据，可模拟计算变形量，对模拟量应作出标记和说明，并通报项目委托方。

3.3.10 由于大多数的建筑变形测量项目都是受委托方委托开展的，项目合同或任务书上一般都有明确的观测次数和观测周期限定。一些情况下，此时建筑尚未达到稳定状态，变形仍在继续发展。从建筑安全的角度出发，项目承担方应与项目委托方沟通，探讨签订补充合同继续进行观测的可能性。如仍按原合同的规定结束项目工作，应在项目技术报告中进行详细说明，并应对下一步工作提出必要的建议。

3.3.11 建筑变形测量是一个动态过程，各期观测结束后都可能要向项目委托方提交阶段性成果，项目完成后则提交综合成果。为此需要及时进行数据的处理和整理，并进行质量检验。相关要求在本规范第 8 章、第 9 章有规定。

4 变形观测方法

4.1 一般规定

4.1.1 本规范前两个版本将主要变形观测方法放入变形控制测量章节中，本次修订时将其单独作为一章。本章给出目前变形测量生产实践中较为普遍使用的观测方法，对其适用场合和作业技术要求等作出规定。实际作业时，应根据变形测量的对象、变形特征、现场条件及精度要求等选择合适的方法。本章主要按所采用的仪器设备对观测方法进行区分。一些项目，即使测定同一类变形，也可选用不同的作业方法。某些情况下，如对变形测量成果的可靠性有很高的要求，可以同时选用多种观测方法以相互验证。

4.1.2 数字水准仪、全站仪作业方便快捷，性价比高，已被广泛应用于各种变形测量中。目前，光学水准仪、光学经纬仪、电子经纬仪、光电测距仪等测量仪器在建筑变形测量中已很少使用，如仍需要采用这些仪器进行变形观测，作业技术要求可按本规范及现行有关国家标准（如《国家一、二等水准测量规范》GB/T 12897、《国家三、四等水准测量规范》GB/T 12898、《工程测量规范》GB 50026 等）的规定执行。

4.1.3 本规范仅规定了一等及以下精度等级建筑变形测量的作业方法和技术要求。当需要采用特等精度进行建筑变形测量时，应在认真分析研究测量对象、测量内容、仪器设备、现场条件等基础上，有针对性地进行专门的技术设计、精度分析，并宜通过必要的试验验证对实际精度进行检验。技术设计和实施时，可参考现行国家标准《精密工程测量规范》GB/T 15314 和有关工程测量及变形测量文献。

4.2　水　准　测　量

4.2.1 在沉降类变形观测中，水准测量（也称几何水准测量）是最常用的方法。目前，数字水准仪和条码式水准标尺已经普遍应用于水准测量作业中，本次修订主要针对利用数字水准仪进行的测量，使用的标尺是因瓦条码标尺或玻璃钢条码标尺。

4.2.3 本条中一等、二等测量的技术指标与现行国家标准《国家一、二等水准测量规范》GB/T 12897 的相关规定基本一致；三等、四等测量的技术指标主要参考《国家三、四等水准测量规范》GB/T 12898 的相关规定，并考虑了数字水准仪的作业特点和实际建筑变形测量的作业条件。

4.2.4 本条给出数字水准仪及标尺日常检验的要求，其中 i 角的测定方法可参见《国家一、二等水准测量规范》GB/T 12897。数字水准仪及标尺的检定应由专业部门按国家现行有关标准进行。

4.3　静力水准测量

4.3.1 静力水准测量目前有连通管式静力水准和压力式静力水准两种装置，其原理图如图 1 所示。

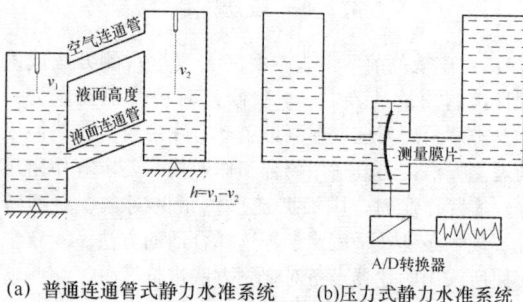

(a) 普通连通管式静力水准系统　(b) 压力式静力水准系统

图 1　连通管式与压力式静力水准系统原理图

目前在用的静力水准测量系统多为连通管式静力水准，其利用相容容器中静止液面在重力作用下保持同一水平这一特征来测量各监测点间的高差。各监测点间的液体通过管路连通，俗称连通管法，其特点是各个容器中的液体是连通的，存在液体流动和交换。压力式静力水准系统是近年才出现的，其容器间的液体被金属膜片分断，不存在液体间的相互交换，通过压力传感器测量金属膜片压力差的变化可计算监测点间的高差。

量程和精度是静力水准的两个重要指标。对于同一型号的传感器，一般情况下，量程越大，精度就越低。目前常用的连通管式液体静力水准仅有 20mm～200mm 多种量程，安装时要求同组的传感器大致位于同一水准面高度。压力式传感器的量程较大，一般大于 500mm，现场安装要求可适当放宽。静力水准的标称精度一般与量程相关，不同型号的传感器标称精度通常为满量程的 0.1%～0.7%。一等及以上精度的观测宜采用连通管式静力水准系统。

静力水准测量具有结构简单、精度高、稳定性好、无须通视等特点，易于实现自动化沉降测量。自动化测量应有配套的数据采集系统、通信系统以及数据处理与发布软件系统。静力水准测量系统一般采用在监测点上固定安装的方式，在轨道交通、大坝、大型建筑底板等建筑结构的差异沉降观测中有较广泛的应用。在大型设备安装的沉降观测中，也可使用。

4.3.2 连通管式静力水准系统要求所有测点的液面都位于一个水准面上，初始安装时要求各传感器安装在同一高度，安装高度的偏差直接影响沉降测量的量程。压力式静力水准系统的高差限制较宽，但也有相应要求。

对于有纵坡的线路结构，常常需分段分组安装测线，相邻测线交接处应在同一结构的上、下设置两个传感器作为转接点（图 2）。变形测量作业现场，静力水准的参考点很难布设到稳定区域，点位稳定性很难满足基准点的要求，应定期进行水准联测。

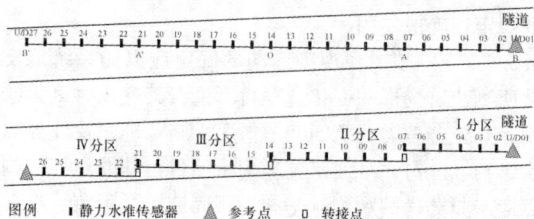

图例　∎ 静力水准传感器　▲ 参考点　☐ 转接点

图 2　静力水准线路分组安装示意图

4.3.4 静力水准浮子上、下的活动范围有限，传感器的安装高度应统一，较大的差异直接影响其量程。应保证管路内液体的流动性，环境温度可能达到冰点的安装现场，填充液应采用防冻液。

静力水准测量误差源主要有液面高度（受外界环境影响）、液压读取元件等两方面。液面高度受外界环境影响又分为：1）非均匀温度场下管路内液体不均匀膨胀，导致液面高度变化；2）不同气压、风力导致局部液面压力异常，导致液面高度变化；3）液面受外界强迫振动影响，如地铁隧道中安装的静力水准系统受列车运行的振动影响。

4.3.5 对连通管式静力水准系统，同一测段内静力水准测量的沉降观测值按下式计算：

$$\Delta H_{kg}^{ij} = (h_k^i - h_g^i) - (h_k^j - h_g^j) \qquad (2)$$

式中：ΔH_{kg}^{ij}——k 测点第 i 次测量相对于测点 g 第 j 次测量的沉降值（mm）；

h_k^i——k 测点第 i 测次相对于蓄液罐内液面安装高度的距离（mm）；

h_g^i——g 测点第 i 测次相对于蓄液罐内液面安装高度的距离（mm）；

h_k^j——k 测点第 j 测次相对于蓄液罐内液面安装高度的距离（mm）；

h_g^j——g 测点第 j 测次相对于蓄液罐内液面安装高度的距离（mm）。

经验表明，液面受外界强迫振动影响显著。经对安装在地铁隧道内的一台电容式静力水准液面高度进行了跟踪观测，列车开过前后典型的液面振荡曲线见图 3。该图表明，此传感器在列车通过前后的振荡幅度达 0.85mm。静力水准观测时间应选在气温最稳定的时段，观测读数应在液体完全呈静态下进行。

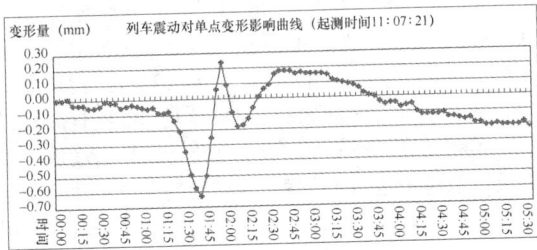

图 3 静力水准典型液面振荡曲线

4.3.6 静力水准测量系统在长期运营期间，难免发生液体蒸发引起的液面下降、个别传感器损坏、局部管路渗漏等情况，应定期对其进行维护。发生意外情况时为保证数据能顺延，静力水准测量系统应与水准测量进行互校。

4.4 三角高程测量

4.4.1 已有大量实践表明，利用高精度全站仪配合专门的觇牌、棱镜组及配件进行三角高程测量在一定条件下可以代替三等、四等甚至二等水准测量。就建筑变形测量而言，当采用常规水准测量作业较困难、效率较低时，可利用高精度全站仪进行三角高程测量作业。考虑到建筑变形测量的特点，该作业可用于沉降基准点网的观测、基准点与工作基点的联测以及某些监测点（如斜坡、建筑场地、市政工程等）的观测中。

中间设站观测方式，类似于常规的水准测量作业方式，即在两个监测点上分别架设棱镜，在其中间适当位置架设全站仪。这种方式作业中，棱镜高可固定，一般也无须测定仪器高，从而提高测量成果精度和作业效率。为确保观测成果的精度，本规范只给出将其用于三、四等沉降观测的技术要求。本节有关技术指标和要求是在认真总结相关应用案例并考虑变形测量特点的基础上给定的。

目前，利用全站仪进行精密三角高程测量时，高低棱镜组使用较多，图 4～图 6 给出了一种常用的形式及相关配件。使用高低棱镜组时，应保证棱镜中心连线竖直，且两棱镜中心距离固定不变。图 4 中距离 DH 称为棱镜互差，一般为 10cm 左右为宜。高低棱镜组可以加装在仪器或者棱镜杆上，上层的棱镜称为高棱镜，下层的棱镜称为低棱镜。加装在仪器上时，安装后要进行检校 DH 值，并检查棱镜中心与仪器竖轴是否一致。

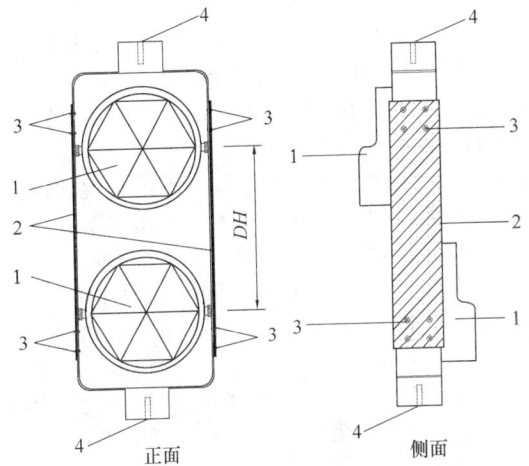

图 4 精密三角高程测量高低棱镜组
1—圆棱镜套装；2—连接钢板；
3—螺钉；4—连接杆安装孔槽

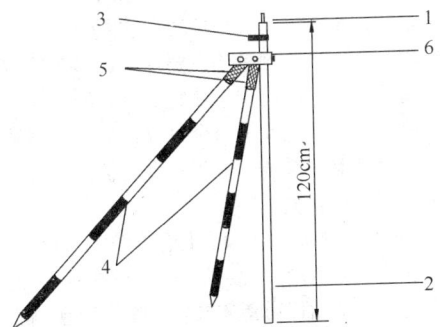

图 5 架设棱镜组的三脚架
1—与棱镜组配套的连接杆；2—棱镜杆（棱镜杆底部必须是平滑的）；3—圆水准器；4—支撑杆；5—支撑杆高度微调环；6—支撑杆与棱镜杆的固定器

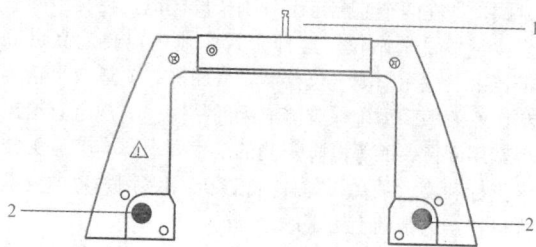

图 6 用于安装棱镜组的全站仪提把
1—与棱镜组配套的连接杆；2—提把开关

4.4.2 规定中间设站方式下的前后视线长度差是为了有效地消减地球曲率与大气垂直折光影响。全站仪三角高程可通过编制程序进行自动化测量。第一种方式是编写程序并上传至全站仪，在全站仪操作界面设置测量参数完成测量作业；第二种方式是编写程序安装在掌上电脑、笔记本电脑等设备上，通过外置设备控制全站仪进行三角高程自动化测量。

采用高低棱镜组观测时，观测一个棱镜另一个棱镜应进行遮盖，避免由于当距离较近倾角较大时，上下镜同时反射，对测量距离产生影响。

4.4.3 作业时，应避免在折光系数急剧变化的时间段内观测，并尽量缩短观测时间。

4.4.4 本条中的公式未考虑垂线偏差。垂线偏差与测站的位置以及观测边长等有关，在山区作业时，可通过缩短边长的方法来减小其影响。大气垂直折光系数与时间、天气、视线高度、下覆地形及植被等诸多因素有关，难以准确确定。为使前后视方向的大气垂直折光差能够得以基本抵消，除要求前后视线长度差小于本规范第4.4.2条规定值外，还应要求前后视方向的视线离地高度大致相同，地形基本对称，观测时间尽量缩短。

4.5 全站仪测量

4.5.1 全站仪在建筑变形测量中的用途非常广泛。除本规范第4.4节利用全站仪三角高程测量进行沉降观测外，在位移类变形测量中，常用的方法有全站仪边角测量法、小角法、极坐标法、前方交会法和自由设站法等。其中边角测量法主要用于位移基准点网的施测，其他几种方法可用于测定监测点的位移，包括水平位移、倾斜、挠度等。全站仪自动监测系统（也称机器人自动监测系统）近年来发展较快，可用于日照、风振等变形测量。

4.5.3 随着全站仪的普及，传统的单纯测角网、测边网已被边角同测网取代。尽管卫星导航定位测量技术非常成熟，全站仪边角测量在建筑变形观测中仍有一定的应用价值。与城市控制网不同，建筑变形测量中基准点之间的距离相对较短，但精度要求高。本条及本规范第4.5.4条、第4.5.5条的技术指标在沿用本规范2007版的基础上参考了行业标准《城市测量

规范》CJJ/T 8-2011的相关规定。全站仪边角测量的具体作业要求可参考行业标准《城市测量规范》CJJ/T 8-2011第4.5节的规定。

4.5.4 影响全站仪水平角观测精度的因素较多，本条规定全站仪水平角观测作业时应注意的主要事项以及观测成果超限时的处理方式。其中2C为全站仪的2倍水平视准差。对于没有管状水准气泡（长气泡）的全站仪，利用倾斜补偿器倾斜示值（或垂直度示值），调节脚螺旋使电子水准气泡严格居中，精确整平仪器，同时打开补偿器和水平改正，确保水平角、垂直角得到补偿改正。

4.5.9 全站仪自由设站法实际上也是一种全站仪边角后方交会测量方法，目前在高速铁路CPIII控制网测量中得到广泛应用，在建筑变形测量中也已开始使用。

4.5.10 全站仪自动监测系统的测量原理与极坐标或前方交会类似。前者采用一台全站仪，后者采用两台或多台全站仪同步测量，借助软件系统可测定监测点坐标并进行数据处理分析等。多台全站仪联合组网观测时，相邻仪器间宜至少设置两个360°棱镜进行联测。

4.6 卫星导航定位测量

4.6.1 基于北斗导航系统（BDS）、全球定位系统（GPS）等全球导航卫星系统（GNSS）进行卫星导航定位测量，作业模式有静态测量模式和动态测量模式等。随着技术的不断发展，卫星导航定位测量的数据处理模型已经得到显著改善和精化，成果精度进一步提高，已越来越多地应用于变形测量生产实践。当变形频率较小时（亦称静态变形，如上部水平位移、倾斜等），可采用静态测量模式；当变形频率较大时（亦称动态变形，如日照变形、风振变形等），则应采用动态测量模式。从精度和可靠性角度出发，本规范规定二等位移观测应采用静态测量模式，三等、四等位移观测可采用静态测量模式或动态测量模式。

4.6.2 应用卫星导航定位测量方法进行建筑变形测量时，应根据变形测量的精度要求，选用适用的接收机。在实时动态测量时，为保证基准点的稳定，本条对基准站的接收天线提出了相应的技术要求。由于测量数据的处理在数据处理中心完成，变形监测点站的接收机可选用不具备RTK功能的接收机，但应能完整地接收观测数据并传输给数据处理中心。

4.6.3 行业标准《卫星定位城市测量技术规范》CJJ/T 73-2010对卫星导航定位测量接收设备的检验作了明确规定，主要是：

1 一般检验。包括：接收机及天线型号应与标称一致，外观应良好；各种部件及其附件应匹配、齐全和完好，紧固的部件不得松动和脱落；设备使用手册和后处理软件操作手册及磁（光）盘应齐全。

2 常规检验。包括：天线或基座圆水准器和光学对点器应符合标准规定；天线高的量尺应完好，尺长精度应符合标准规定；数据传录设备及软件应齐全，数据传输性能应完好；数据后处理软件应通过实例计算测试和评估确认结果满足要求后方可使用。

3 通电检验。包括：电源及工作状态指示灯工作应正常；按键和显示系统工作应正常；测试应利用自测试命令进行；应检验接收机锁定卫星时间，接收信号强弱及信号失锁情况。

4 实测检验。包括：接收机内部噪声水平测试；接收机天线相位中心稳定性测试；接收机野外作业性能及不同测程精度指标测试；接收机高、低温性能测试；接收机综合性能评价等。

4.6.4 卫星导航定位测量，对点的周边环境有一定的要求，为保障测量成果的可靠性，在选择基准点、工作基点以及监测点的点位时应予以考虑。同时，测量监测点时，有可能采用全站仪或其他方法，因此选点时也要保证相邻点之间能够通视，以为后续作业提供便利。

4.6.5 本条有关技术指标与行业标准《卫星定位城市测量技术规范》CJJ/T 73-2010 第 5.3.11 条的规定基本一致。经实际应用证明，快速静态测量不能有效地提高工效，本次修订中删去了相关内容。对二等变形测量，由于精度要求高，增加了高精度解算软件要求。本规范 2007 版要求数据采用率宜大于 95%，实际作业中很难达到。行业标准《卫星定位城市测量技术规范》CJJ/T 73-2010 要求同一时段观测值的数据剔除率不宜大于 20%。参考其他有关规范，本次修订时将数据采用率修改为宜大于 85%。

4.6.6 卫星导航定位动态测量是测定日照变形、风振变形及其他动态变形的合适方法。对本条的规定，需要作几点说明：

1 应用卫星导航定位动态测量模式进行变形观测一般都是连续不间断或高频次的测量。为进行数据实时采集、处理和分析，应建立参考点站、监测点站，并通过通信网络和数据处理系统组成实时监测系统。

2 建筑变形测量的监测范围较小，一般 1 个参考点站就可以满足作业要求。当监测范围较大，或为提高监测成果的可靠性，可增加 1 个参考点站。对多个参考点站，应保证其位置间相对稳定。

3 数据处理是获得监测点站和参考点站间的相对位置关系。参考点站需设置在变形区域以外，且具备通信、供电和固定场所等限制条件，就变形测量而言，本规范规定在 1km 内为最佳，但不能超过 3km。

4 为节约成本，当观测数据连续性要求不高时，在监测点站上，可采用多个天线配置一台接收机进行数据采集，通过时分多址的天线切换技术，按设定次序顺序接收各个天线的数据。

5 数据处理分析系统是变形监测系统的枢纽，可实现对参考点站、监测点站进行控制、调整以及数据收集、处理、存储、分析、预报、报警等功能，本条仅规定了数据处理分析系统软件应具有的基本功能。

4.7 激 光 测 量

4.7.1 基于激光技术的变形测量方法主要包括激光准直测量、激光垂准测量和激光扫描测量等。激光准直测量是一种水平视准线测量方法，采用激光经纬仪或专门的激光准直系统来测定水平位移。激光垂准测量是一种垂直视准线测量方法，采用激光垂准仪来测定主体倾斜。这两种方法已在建筑变形测量中得到广泛应用。采用三维激光扫描仪进行激光扫描测量，是 20 世纪 90 年代中期激光应用研究的重大突破，该方法改变了传统单点采集数据的作业模式，能快速自动连续获取海量点云数据，从而提高数据采集效率。参考激光扫描用于变形测量的相关文献，本次规范修订时增加了地面激光扫描测量内容，并在资料分析、试验研究的基础上，对地面激光扫描测量方法用于建筑变形测量涉及的仪器选用、观测指标、作业准备、站点布设、扫描作业、数据处理和提交资料等作出规定。

4.7.2 利用激光经纬仪测定水平位移是一种典型的视准线测量方法，其原理较为简单。作业中可利用工作基点作为设站点和固定觇牌点，用一条视准线通常测定一系列的监测点。这里一个测回指的是自设站点由近至远（往测）、再由远至近（返测）逐一观测各监测点的过程。

4.7.3 采用激光垂准仪测定建筑水平位移或倾斜的前提条件是建筑的待测处（顶部或其他位置）与底部之间具有竖向通视条件。激光垂准仪的性能主要有垂直测量相对精度和有效测程。目前激光垂准仪主要型号有苏光 JC100 激光垂准仪（精度 1/100000）、苏光 DZJ2 激光垂准仪（精度 1/45000），新北光 DZJ2-L 激光垂准仪（精度 1/45000），博飞 DZJ3-L1 激光垂准仪（精度 1/40000）等，其有效测程一般白天在 125m 左右、晚上在 250m 左右。

4.7.4 应用激光扫描测量进行建筑变形测量有以下几点需要说明：

1 标称精度。目前激光扫描仪发展迅速，品种多，仪器标称精度的表述也不统一，有采用测距中误差，也有采用点位中误差，且标称精度的距离也不一致（表 4）。作业时，应根据作业要求选择相应仪器。

2 有效测程。为了确保激光扫描测量的观测精度，本规范根据仪器标称测程和标称精度对应的距离规定了有效仪器测程要求。

3 测回数。为了研究激光扫描测量的测回数，进行了下述实验。

试验场地选择在某建筑楼顶天台，在距离设站点约 5m~160m 处的柱子、墙面及周边建筑物上均匀布设 40 个标靶，标靶与站点的高差在 10m 以内，采用 Leica TM30 全站仪测量全部标靶（图 7）的全局坐标。

表 4　现有部分激光扫描仪主要技术参数

仪器型号	厂家	点位中误差(或测距中误差)	角度分辨率(″)	测程(m)
HDS 6200	Leica	±2mm@25m, ±3mm@50m	±25	79
HDS 8800		±10mm@200m, ±50mm@2000m	±36	2000
HDS C5		±2mm	±12	300
HDS C10		±2mm	±12	300
HDS P20		±2mm@50m	±8	120
ILRIS-3D	Optech	±8mm@100m	±4	1700
ILRIS-HD		±8mm@100m	±4	1800
ILRIS-HR		±8mm@100m	±4	3000
Trimble GS 200	Trimble	±7mm@100m	±12	350
Trimble GX		±7mm@100m	±12	350
Trimble CX		±1.2mm@30m, ±2mm@50m	±15, ±25	80
Trimble FX		±1mm@15m	±8	140
TrimbleTX 5		±2mm@10m~25m	±30	120
TrimbleTX 8		±2mm@100m	±8	340
LMS-Z620	Riegl	±10mm@100m	±15	2000
LMS-Z420i		±6mm@100m	±1.8	1000
LMS-VZ400		±3mm@100m	±1.8	400
LMS-VZ1000		±5mm@100m	±1.8	1000
Focus3D	FARO	±2mm@10m~25m	±14	150
Focus3D X330		±2mm@10m~25m	±32	330
GLS-1500	Topcon	±4mm@150	±6	330
GLS-2000		±3.5mm@150	±6	350

图 7　实验采用的反射片标靶

采用 Riegl LMS-VZ400 扫描仪，分上午和下午进行了两次实验。实验时，室外温度 27℃~32℃，晴，微风，使用遮阳伞避免阳光直射仪器。

第一次实验在上午，同一测站扫描测量 10 测回，从 40 个标靶抽取 4 个分布均匀的标靶作为参考点，利用参考点将每个测回的标靶坐标从仪器坐标系转换到全局坐标系，分别求取 2、3、4、5、6、7、8、9、10 个测回转换后的标靶坐标均值，以 10 测回的均值为真值进行比较，得出统计曲线；接着再从 40 个标

靶中抽取另一组 4 个标靶作为参考点，进行上述计算，绘制统计曲线（图 8，图中较差单位为 mm）。

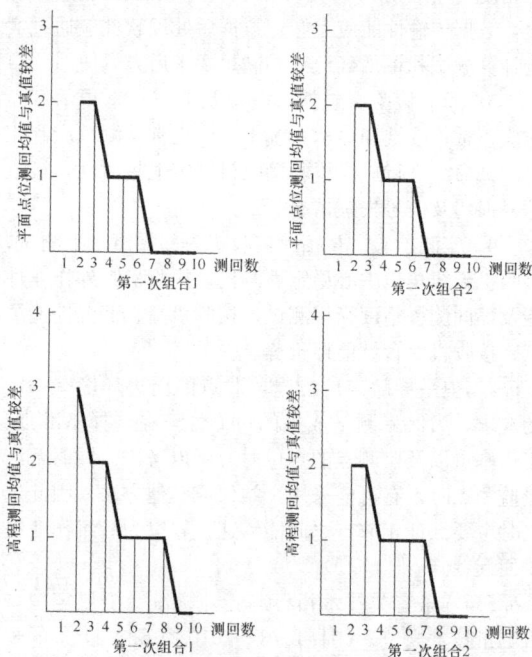

图 8　激光扫描测量平面位置及
高程较差与测回数关系

下午的第二次实验变换了站点位置，进行了相同的扫描实验，得出以下统计曲线（图 9）。

根据以上实验，4 个~5 个测回的均值较差会有

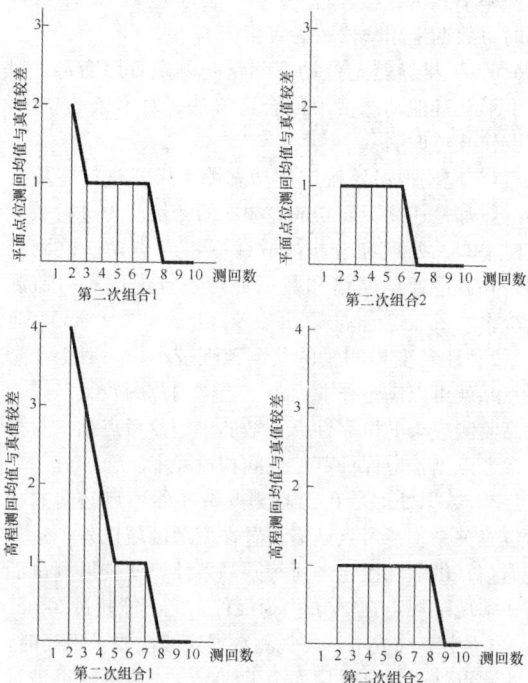

图 9　变换测站后的激光扫描测量平面位置
及高程与测回数关系

一次显著减小，7个～9个测回均值较差接近于0，因此本规范表4.7.4规定四等沉降观测和三等位移观测应不少于7测回，四等位移观测应不少于4测回。

4.7.5 激光扫描测量需要设置标靶。标靶是用专门材质制作的具有特殊形状的标志，其在点云中能够很好地被识别和量测。激光扫描测量中将作为激光扫描数据坐标转换的基准且布设在变形区域以外的标靶点称为参考点。现行激光扫描仪一般只提供粗略整平功能，只有水准气泡而没有自动补偿装置，或者提供的自动补偿装置精度不高，无法精确整平，因此激光扫描点云由仪器坐标系向工程坐标系转换，一般采用至少3个已知两坐标系中坐标的参考点标靶建立转换关系。标靶在工程坐标系中的坐标由全站仪测量，其测量精度对监测点的精度有直接影响，所以本规范规定参考点观测技术指标不低于工作基点测定要求。

激光扫描所用的标靶由高反射率材料制成，长期被雨淋、阳光照射，会造成标靶材质反射率降低且变得不均匀，会使得激光扫描识别标靶的精度变低，甚至不能识别，因此本规范要求对需长期使用的标靶采取一定保护措施。

点云拼接是把不同站点获取的三维激光扫描点云数据通过测站之间的公共标靶两两配准到一起的过程。根据点云拼接原理，点云拼接精度受同名点提取精度、坐标转换精度的影响。大量文献报道，激光扫描测量采用一次点云拼接会使得点位测量中误差达到厘米级，因此建筑变形测量中应直接采用参考点进行单测站的坐标转换，而不应采用公共标靶进行测站间点云拼接。

4.7.6 关于扫描标靶入射角度和精度之间的关系问题，采用激光扫描仪Leica HDS3000进行了实验（见同济大学2009年博士论文《地面三维激光扫描数据处理技术及作业方法的研究》），绘制出标靶的激光束入射角度、测量距离与靶心反射强度的关系图（图10）。根据该图分析，当入射角小于60°，可以较好地提取靶心坐标。

此外，中国科学院地理科学与资源研究所分别采用LeicaHDS3000和LeicaHDS4500进行实验（见《激光杂志》2008年第1期"地面三维激光扫描标靶研究"一文），得出的结论是：激光扫描获取高精度成果要使用标靶作为拼接的连接点和坐标转换时的控制点，扫描过程中标靶的自动提取与扫描时标靶的倾角和扫描的距离有关；应尽量使用与扫描仪型号配套的标靶；在扫描倾角50°内使用配套的标靶可以获得良好的精度。

根据以上实验，本规范规定扫描入射角度不大于50°。

4.8 近景摄影测量

4.8.1 目前近景摄影测量主要采用高性能数码相机获取影像数据，也称之为数字近景摄影测量。与其他测量方法相比，数字近景摄影测量方法具有以下优点：1)可获取被测目标大量信息，特别适用于监测点较多的情况；2)是一种非接触测量方法，不干扰被测物体的自然状态；3)有相当高的精度和可靠性，可提供千分之一至十万分之一的相对测量精度；4)可获得基于三维空间坐标的数据、图像、数字表面模型

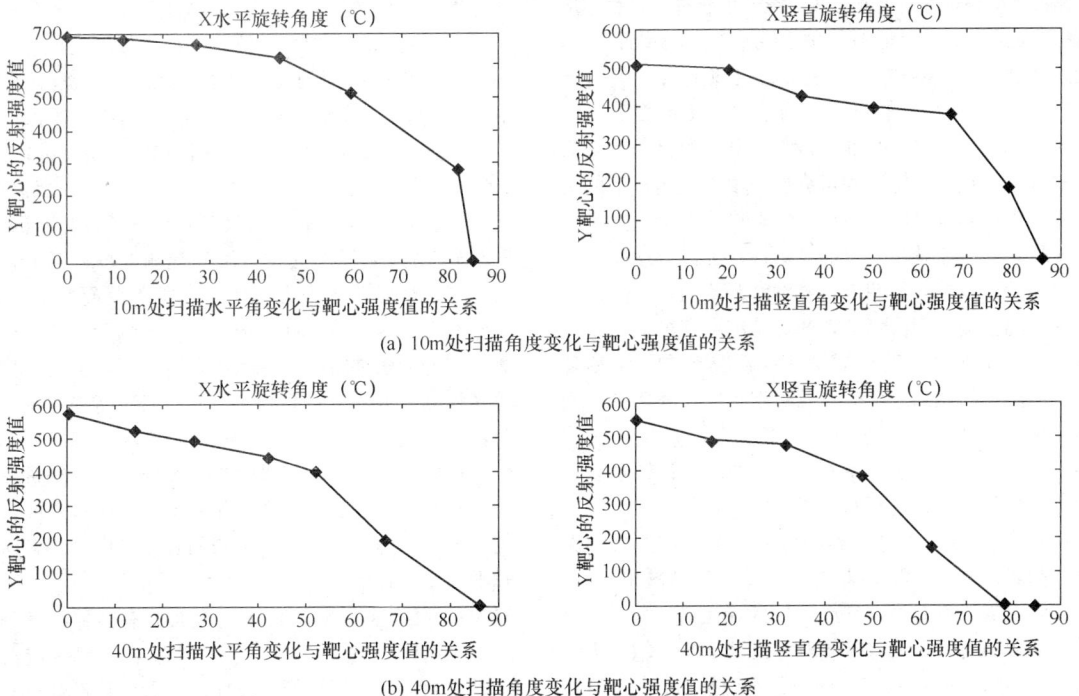

(a) 10m处扫描角度变化与靶心强度值的关系

(b) 40m处扫描角度变化与靶心强度值的关系

图10 标靶的激光束入射角度、测量距离与靶心反射强度间关系

(DSM)等成果。数字近景摄影测量技术需要专门的仪器设备和处理软件，对现场作业空间有一定要求。

4.8.2 近景摄影测量的应用广泛，能测定物体的形状、大小和动态参数。但由于变形测量对象形状大小不同，采用的数码相机及处理软件功能性能不同，需要针对具体的项目进行技术设计。根据工程经验，近景摄影测量要获得高的精度，应尽量采用高影像分辨率、长焦距的数码相机。

4.8.3 摄站点指的是用于架设数码相机进行摄影的点。当测定的建筑范围较小时，可采用单基线立体摄影方式，只需设置 2 个摄站点；而当需要测定的建筑范围较大时，一般需要采用多基线摄影方式，此时需要设置多个摄站点，这些摄站点可能形成单基线（类似航摄中的单航线），也可能由多条摄线组成区域网（类似航摄中的区域网）。

4.8.4 采用近景摄影测量方法进行建筑变形测量，成果精度与像控点数量、分布及测定精度等密切相关，本条对其作出明确规定。为评价近景摄影测量成果的精度，一般通过设置一定数量的检查点来实现，检查点可与像控点同时测定。数据处理时，检查点不能作为像控点使用，以保证精度衡量的可靠性和有效性。

5 基准点布设与测量

5.1 一般规定

5.1.1 基准点是进行建筑变形测量工作的基础和参照。对基准点的最基本要求就是在建筑变形测量全过程中应保持稳定可靠。因此，应特别重视基准点的位置选择，使之稳定、受环境影响小，并且可以长期保存。

5.1.3 基准点布设的目的是为了建立多期变形观测的统一、可靠基准。基准点检测、复测的目的就是为了检验基准点的稳定性和可靠性。由于自然环境的变化及人为破坏等原因，不可避免地可能有个别点位会发生变化，为验证基准点的稳定性，确保每期变形测量成果的可靠性，每期进行监测点观测前，应先进行基准点的检测，当检测结果怀疑基准点有可能发生变动时，应立即对其进行复测。对基准点进行定期复测，复测时间间隔应根据点位稳定程度及环境条件的变化情况等确定。实际上，很多变形测量生产实践中，当基准点数不多，观测比较方便时，每期观测监测点时一般也同时进行基准点之间的观测。

5.1.4 建筑变形测量的类型可分为沉降和位移两大类，前者需要设置沉降基准点（也称高程基准点），后者经常也需要设置位移基准点（也称平面基准点）。对一些应用而言，采用卫星导航定位测量技术（如 BDS、GPS 等）可以同时测定三维变形，此种情况下宜设置同时满足本规范关于沉降基准点和位移基准点要求的

基准点。若不能设置这样的基准点，则应分别设置沉降基准点和位移基准点。

5.1.5 设置工作基点的主要目的是为方便较大规模变形测量项目的每期作业。由于工作基点位置距待测建筑一般较近，因此在每期变形观测开始时，应先进行工作基点与基准点的联测，然后再利用工作基点进行监测点的测量。

5.1.6 基准点测量及基准点与工作基点之间联测的目的是进行基准点的稳定性检查分析，并为测定监测点提供支持。对四等变形测量，由于规范规定的精度较低，此时基准点测量及基准点与工作基点之间联测的精度应高一个等级（即采用三等精度），这样的精度在实际作业中也不难实现。对特等、一等、二等、三等变形测量，采用不低于所选沉降或位移观测的精度等级即可。

5.2 沉降基准点布设与测量

5.2.1 沉降观测是一种多期监测，因此需要设置沉降基准点。规定特等和一等沉降观测的基准点数不应少于 4 个、其他等级沉降观测的基准点数不应少于 3 个，是为了保证有足够数量的基准点可用于检测其稳定性，从而保证沉降观测成果的可靠性。要求基准点之间布设成闭合环是为便于观测成果的检核校验。

5.2.2 本条根据地基基础设计的相关规定和经验总结，对沉降基准点的位置选择作了规定，目的是为了保证沉降基准点的（相对）稳定并便于长期保存。在沉降观测生产实践中，有时受现场条件限制基准点只能布设在建筑区内，此时基准点应尽可能布设在待测建筑的影响范围之外，影响距离一般认为应大于基础最大深度的 2 倍。

对于特殊的重要变形测量项目，基准点埋设基岩标是为了在较长期的变形测量过程中提供稳定的基准。基岩标的数量视区域大小确定，一般宜布设 2 个～3 个。基岩标的规格可参照现行国家标准《国家一、二等水准测量规范》GB/T 12897 的有关规定设计。目前，许多城市（如广州、武汉等）已广泛采用基岩标。

5.2.3 对较大规模的建筑沉降观测，每一期的作业时间往往也较长，为方便作业，通常设置工作基点。工作基点与基准点之间一般采用水准测量方法进行联测；在地形条件特殊、环境适宜情况下，也可采用三角高程测量方法进行联测。当采用三角高程测量方法时，为消减有关气象因素的影响，应注意基准点和工作基点位置的选择。当采用静力水准测量方法进行沉降观测时，一般都要设置工作基点，工作基点的设置应考虑所用静力水准测量装置的有效工作量程，必要时则需要设置辅助点。

5.2.4 沉降基准点标石、标志的形式有多种，图11～图18给出一些常用的形式。特殊性岩土地区或有特殊要求的标石、标志规格及埋设，需另行设计。有关水准测量、工程测量、城市测量等标准规范的相关规

定也可参考。

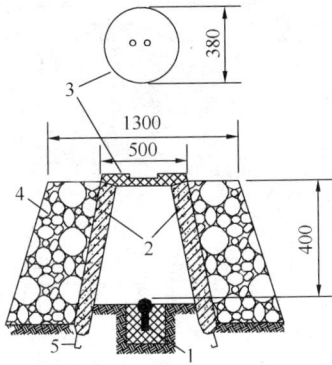

图 11 基岩水准基点标石(单位:mm)
1—抗蚀的金属标志;2—钢筋混凝土井圈;
3—井盖;4—砌石土丘;5—井圈保护层

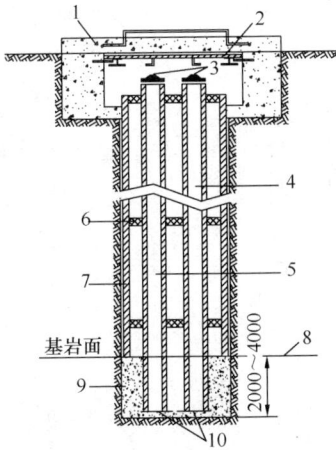

图 14 混凝土基本水准标石(单位:mm)

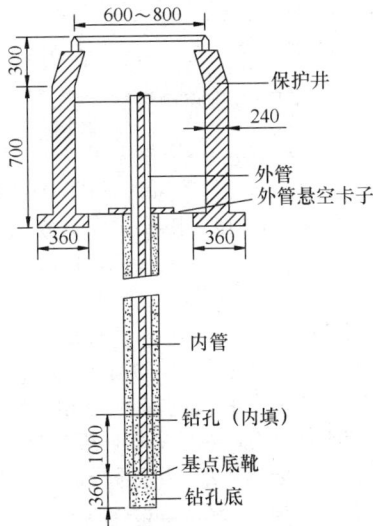

图 12 深埋双金属管水准基点标石(单位:mm)
1—钢筋混凝土标盖;2—钢板标盖;3—标心;4—钢心
管;5—铝心管;6—橡胶环;7—钻孔保护钢管;8—新鲜
基岩面;9—M20水泥砂浆;10—钢心管底板与根络

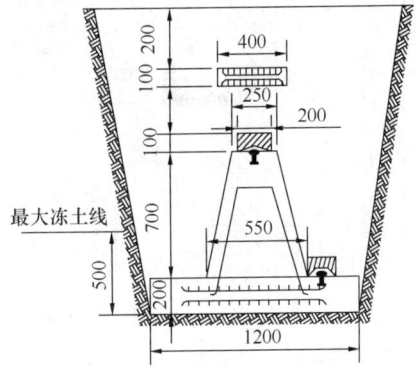

图 15 浅埋钢管水准标石

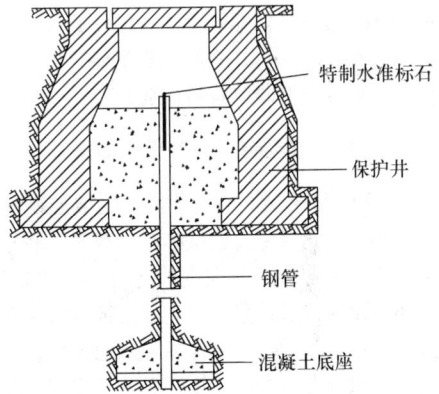

图 16 混凝土普通水准标石(单位:mm)

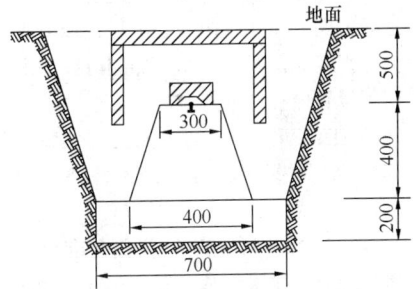

图 13 深埋钢管水准基点标石(单位:mm)

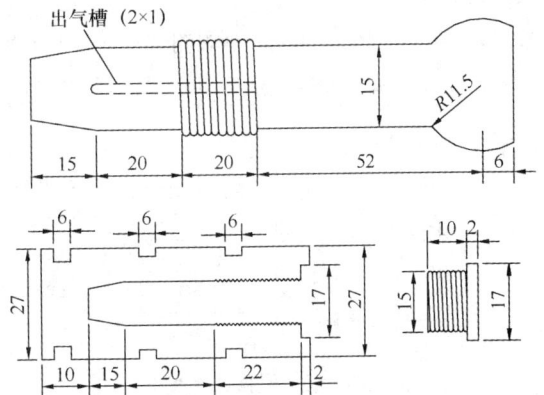

图 17 铸铁或不锈钢墙体暗标水准标志(单位:mm)

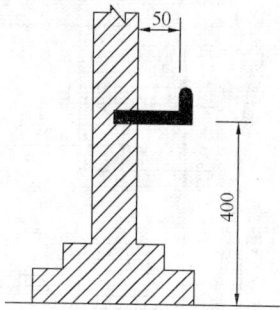

图 18 铸铁或不锈钢墙体明标水准标志（单位：mm）

5.2.5 在沉降基准点测量中采用三角高程测量方法，主要是考虑到一些情况下可能难以进行高效率的水准测量作业。为减少垂线偏差和折光影响，对三角高程测量观测视线的行径要高度重视，尽可能使两个端点周围的地形相互对称，并缩短视线距离、提高视线高度，使视线通过类似的地貌和植被。

5.3 位移基准点布设与测量

5.3.1 水平位移观测、基坑监测、边坡监测通常都是多期监测，因此需要设置位移基准点，为较可靠地分析基准点的稳定性，基准点数应有一定数量要求。因现场环境及通视条件限制，当采用视准线法和小角度法进行位移观测时，一般选择稳定的方向标志作为方向基准。风振变形观测、日照变形观测、结构健康监测一般都是在基准点上利用卫星定位测量技术连续自动观测，为保障成果的可靠性，规定基准点数不少于 2 个是必要的。而建筑倾斜观测、挠度观测、收敛变形观测、裂缝观测都是测定建筑本身的相对变形，因此可以不设置位移基准点。

5.3.2 设置工作基点的目的主要是方便每期的位移观测。其位置及数量可根据现场条件和作业需要来确定。

5.3.3 本规范第 5.1 节规定，位移基准点应选择在稳定可靠的地方，而工作基点应选在方便测定监测点且相对稳定的地方。由于这些点上需要架设测量仪器、天线或专门的照准标志，其周围应有一定的作业空间和条件。

5.3.4 图 19～图 21 给出几种观测墩及重力平衡球

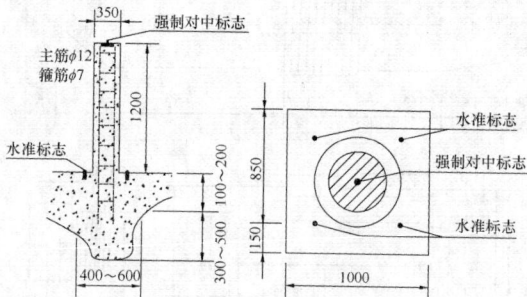

图 19 岩层水平位移观测墩剖面图
与俯视图（单位：mm）

式照准标志的样式。对用作位移基准点的深埋式标志、兼作沉降基准点的标石和标志以及特殊土地区或有特殊要求的标石、标志及其埋设，需另行设计。有关大地测量、卫星定位测量、工程测量、城市测量等标准规范的相关规定也可参考。

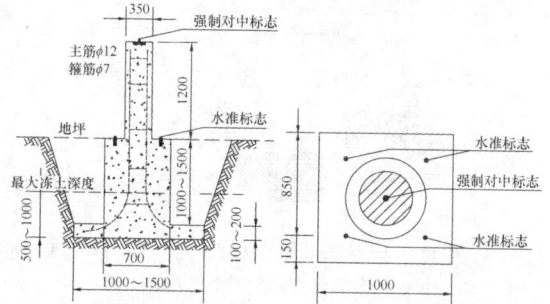

图 20 土层水平位移观测墩剖面图
与俯视图（单位：mm）

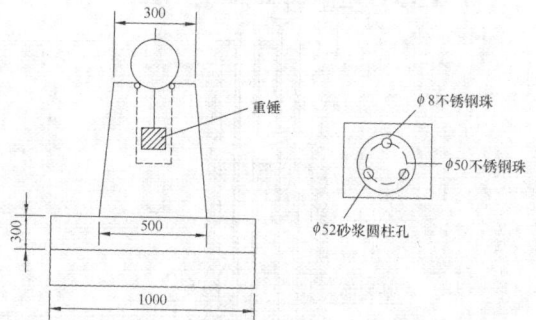

图 21 重力平衡球式照准标志（单位：mm）

5.3.5 位移基准点的测量方法较多，各种方法的适用场合也不尽一致。本规范第 4 章对其中主要方法的作业技术要求作了规定。对具体变形测量项目，需要根据现场作业条件、基准点网结构和所用仪器设备性能特点等作必要的精度估算，选择恰当的作业方法，以满足所需的精度要求。

5.4 基准点稳定性分析

5.4.1 沉降基准点的构网通常为闭合环，其数据处理较为简单，通过平差计算可获得各基准点的高程。位移基准点的设置与所要测定的变形类型有关，构网差别较大，平差计算一般使用专用软件进行，通过计算可获得各基准点的平面坐标。当利用卫星定位测量方法进行测量时，平差计算后可获得各基准点的三维坐标。基准点是变形测量工作的基础，是能否有效获取监测点变形量的关键，基准点不稳定将严重影响监测点变形量的真实性，误导变形分析的结果，因此，对两期及以上的变形测量，需要根据测量结果对基准点的稳定性进行检验分析，以判断基准点是否稳定可靠。

5.4.2 基准点稳定性检验虽提出了许多方法，但都有其局限性。对于建筑变形测量，一般均按本规范的相关规定设置了稳定可靠的基准点。沉降基准点的数量一般为3个~4个，采用本条提出的方法可以较为方便地对其稳定性作出分析判断。需要指出的是，当出现多个差值超限时，该方法可能失效，此时需结合基准点埋设情况及周边环境变化情况作出尽可能合理的判断。

5.4.3 本条第2款中所述统计检验方法也有很多种，也都有不同的局限性。其中一种较为典型的基准点稳定性统计检验方法称之为"平均间隙法"，其基本思想是：

1 对两期观测成果，按秩亏自由网方法分别进行平差。

2 使用F检验法进行两期图形一致性检验（或称"整体检验"），如果检验通过，则确认所有基准点是稳定的。

3 如果检验不通过，使用"尝试法"，依次去掉每一点，计算图形不一致性减少的程度，使得图形不一致性减少最大的那一点是不稳定的点。排除不稳定点后再重复上述过程，直至去掉不稳定点后的图形一致性通过检验为止。

5.4.4 通过重测结果分析判断确定不稳定基准点后，应及时实地勘察，尽可能找出产生不稳定的原因，如若认为其不宜继续作为基准点使用，则应按照本规范关于基准点布设的要求重新布设新的基准点。同时，对于已经利用不稳定基准点施测的有关各期成果，应在剔除影响后重新进行数据处理，获得可靠的成果。发生这类情况时，应做好相应的记录，及时与项目委托方进行沟通，并在技术报告中予以说明。

6 场地、地基及周边环境变形观测

6.1 场地沉降观测

6.1.1 建筑场地沉降观测可分为相邻地基沉降观测和场地地面沉降观测，这是根据建筑设计、施工的实际需要特别是软土地区密集房屋之间的建筑施工需要确定的。其中，相邻地基沉降指的是由于毗邻建筑间的荷载差异引起的相邻地基土应力重新分布而产生的附加沉降；场地地面沉降指的是由于长期降雨、管道漏水、地下水位大幅度变化、大面积堆载、地裂缝、大面积潜蚀、砂土液化以及地下采空等原因引起的一定范围内的地面沉降。

毗邻的高层与低层建筑或新建与已建的建筑，由于荷载的差异，引起相邻地基土的应力重新分布，而产生差异沉降，致使毗邻建筑物遭到不同程度的危害。差异沉降越大，危害愈烈，轻者门窗变形，重则

地坪与墙面开裂、地下管道断裂，甚至房屋倒塌。因此，建筑场地沉降观测的首要任务是监视已有建筑安全，开展相邻地基沉降观测。

在相邻地基变形范围之外的地面，由于降雨、地下水等自然因素与堆卸、采掘等人为因素的影响，也产生一定沉降，并且有时相邻地基沉降与场地地面沉降还会交错重叠。但两者的变形性质与程度毕竟不同，分别进行观测便于区分建筑沉降与场地地面沉降，对于研究场地与建筑共同沉降的程度、进行整体变形分析和有效验证设计参数是有益的。

6.1.2 对相邻地基沉降监测点的布设，规定可在以建筑基础深度1.5倍~2.0倍的距离为半径的范围内，以外墙附近向外由密到疏进行布置，这是根据软土地基上建筑相邻影响距离的有关规定和研究成果分析确定的。

1 取原《上海地基基础设计规范》DG J08-11-2010编制说明介绍的沉桩影响距离（表5）和《建筑地基基础设计规范》GB 50007-2002 表7.3.3相邻建筑基础间的净距（表6）作为分析的依据。

表5 沉桩影响距离（m）

被影响建筑物类型	影响距离
结构差的三层以下房屋	$(1.0\sim1.5)L$
结构较好的三至五层楼房	$1.0L$
采用箱基、桩基六层以上楼房	$0.5L$

注：L 为桩基长度（m）。

表6 相邻建筑基础间的净距（m）

影响建筑的预估平均沉降量	被影响建筑的长高比	
	$2.0\sim3.0$	$3.0\sim5.0$
70mm~150mm	2~3	3~6
160mm~250mm	3~6	6~9
260mm~400mm	6~9	9~12
>400mm	9~12	≥12

注：当被影响建筑的长高比为1.5~2.0时，其间净距可适当缩小。

2 从表5和表6可知，影响距离与沉降量、建筑结构形式有着复杂的相关关系，从测量工作预期的相邻没有建筑的影响范围和使用方便考虑，取表5中的最大影响距离 $(1.0\sim1.5)L$ 再乘以系数$\sqrt{2}$作为选设监测点的范围半径，亦即以建筑基础深度的1.5倍~2.0倍之距离为半径，是比较合理、安全和可行的。

3 沉降影响随离所测建筑的距离增大而减小，因此本规范规定监测点应从其建筑支护结构开始向外

由密到疏布设。

6.1.3 对相邻地基沉降观测，短期监测可采用浅埋标，长期监测应采用深埋标。对场地地面沉降观测，主要是监测地表沉降，一般情况下采用浅埋标即可。

6.1.5 建筑场地沉降观测的周期可以根据建筑场地沉降量的大小，分不同时期确定观测周期。基坑降水和基坑土开挖阶段由于水位下降影响和基坑土开挖后的荷载减小，沉降速率较大，对建筑场地安全影响较大，应采用短周期观测。以后随着施工进度，沉降速率逐渐减小，观测周期可以加长。但是，在基坑水位快速恢复的过程中应采用短周期的观测。上部结构施工的相邻地基沉降和场地地面沉降与施工荷载增加关系密切，应与建筑沉降观测周期一致。

6.1.6 有关成果图表示例如下（图22、图23）：

1 相邻地基沉降的距离-沉降曲线见图22。

2 场地地面等沉降曲线见图23。

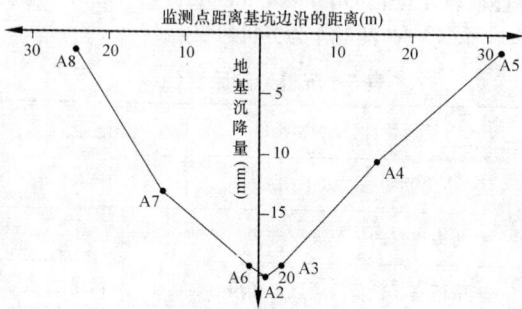

图22 相邻地基沉降的距离-沉降曲线

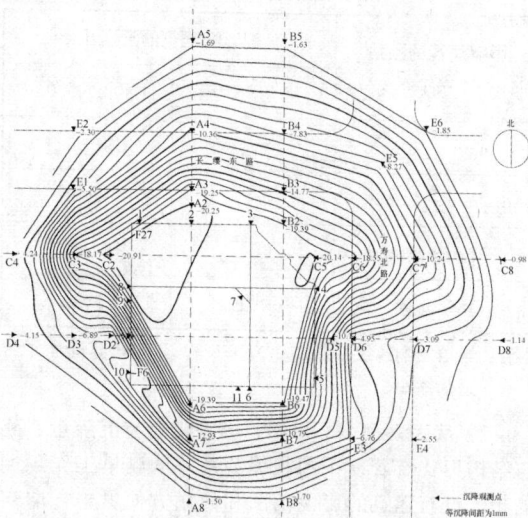

图23 场地地面等沉降曲线

6.2 地基土分层沉降观测

6.2.1 地基指的是支承基础的土体或岩体，基础则是指将结构所承受的各种作用传递到地基上的结构组

成部分。地基土分层沉降观测对建筑结构设计人员处理建筑主体与裙楼之间、不同地基基础之间等的沉降差有很大帮助。地基土分层沉降可分为原状土区的分层沉降和填土区的分层沉降。

6.2.2 规定建筑地基分层沉降监测点的布设是为了方便观测作业。分层沉降观测一般从基础施工开始直到建筑沉降稳定为止，观测时间较长，监测点应在建筑底面上加砌窨井与护盖，其标志将不再取出。

6.2.3 为方便实际应用，这里介绍采用钻孔法埋设分层沉降计及分层沉降标志的方法。

1 采用钻孔法埋设分层沉降计的要点如下（图24）：

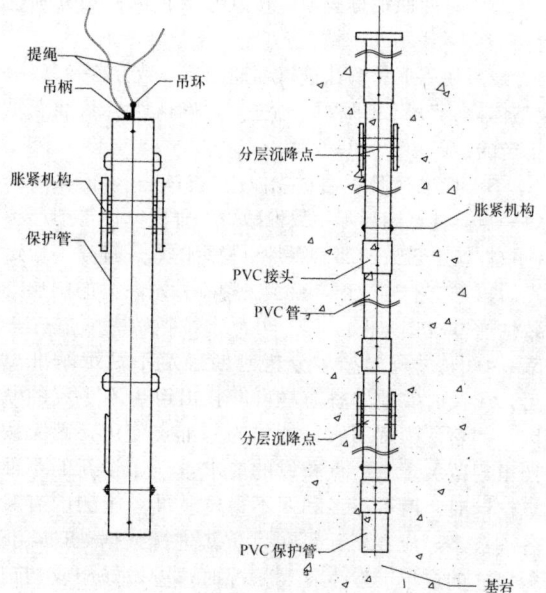

图24 钻孔法埋设分层沉降计

1）钻孔：在测点位置准确放样后即可进行钻孔，孔径为 φ110mm，采用铅垂测量钻孔。钻孔深度应穿过软土层并大于地基压缩层厚度，直至基岩且应入岩 0.5m。为避免缩孔或塌孔等现象，钻头应在预装完成后再拔出并立即进行埋设。

2）预装：根据钻孔深度和所测土层高程计算出每截 PVC 管的长度和提绳的长度，计算时 PVC 管长度应加 1m，提绳长度应加 10m。根据每截单点沉降单元测量高程连接不同长度的提绳，提绳上要做好标示，标示包括编号（层号）和用途，提绳连接必须牢固。然后将 PVC 管、PVC 接头、单点沉降单元按安装顺序依次摆放于孔口，用手电钻引钻 PVC 管自攻螺丝孔，并穿好提绳，提绳尽量不要缠绕。

3）安装：将穿好提绳的 PVC 管、PVC 接头、单点沉降单元依次装入孔内，用螺丝连接牢固。安装时要特别注意不要让控制胀开机构的提绳受力，以免胀紧机构未到测量高程就胀开。到底后用控制测量机构的提绳将测量机构提到要求高程，用读数仪校对，确认每一个测量机构都可以提到要求高程，由下至上提起每一个控制胀开机构的提绳，胀开机构胀紧在所需位置。锯掉多余的 PVC 管和提绳，盖上孔盖。

2 采用钻孔法埋设分层沉降标志的要点如下（图25）：

1）标志加工：标志长度应与点位深度相适应，顶端加工成半球形并露出地面，下端为焊接的标脚，应埋设于预定的监测点位置。

2）钻孔：钻孔孔径大小应符合设计要求，并应保持孔壁铅垂。

3）安装：下标志时，应用活塞将长 50mm 的套管和保护管挤紧（图25a）；测标、保护管与套管三者应整体徐徐放入孔底，若测杆较长、钻孔较深，应在测标与保护管之间加入固定滑轮，避免测标在保护管内摆动（图25b）；整个标脚应压入孔底面以下，当孔底土质坚硬时，可用钻机钻一小孔再压入标脚（图25c）。

4）检查：标志埋好后，应用钻机卡住保护管提起 0.3m～0.5m，然后在提起部分和保护管与孔壁之间的空隙内灌砂，提高标志随所在土层活动的灵敏性。最后，应用定位套箍将保护管固定在基础底板上，并以保护管测头随时检查保护管在观测过程中有无脱落情况（图25d）。

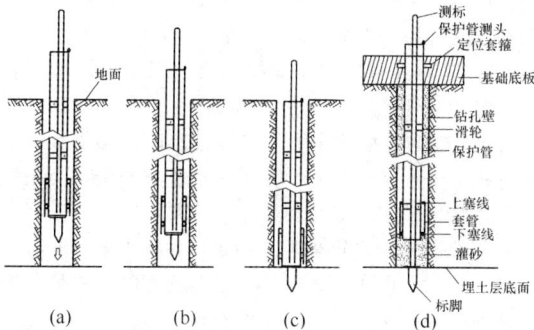

图 25　钻孔法埋设分层沉降标志

6.2.4 地基土的分层及其沉降情况比较复杂，不仅各地区的地质分层不一，而且同一基础各分层的沉降量相差也比较悬殊，例如最浅层的沉降量可能和建筑的沉降量相同，而最深层（超过理论压缩层）的沉降量可能等于零，因此就难以预估分层沉降量，所以观测精度过低没有意义。采用数字水准仪观测时，需要在不同土层分别钻孔埋设分层沉降标志，分别测量分

层沉降标志的高程，然后用各分层沉降监测点的高程计算各土层的分层沉降量。采用分层沉降计时，可只在一个钻孔内埋设一组分层沉降计分别测量各土层的压缩量。

6.2.6 地基土分层沉降成果示例如下：

1 各土层荷载-沉降-深度曲线（图26）。

2 各土层沉降量-填土高度时程曲线（图27）。

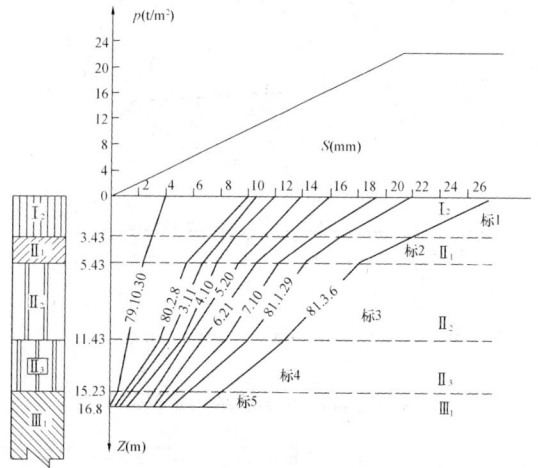

图 26　各土层荷载-沉降-深度曲线

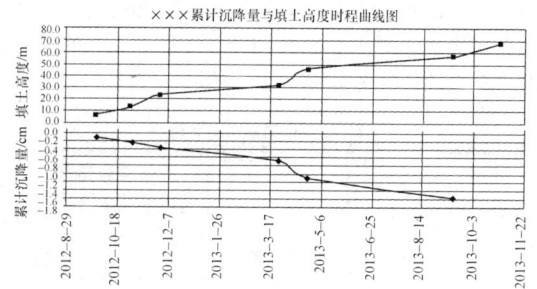

图 27　各土层沉降量-填土高度时程曲线

6.3　斜坡位移监测

6.3.2 斜坡位移监测主要包括建筑场地整体水平位移监测、局部场地水平位移监测、施工形成的高边坡水平位移监测及场地周邻自然山体（或坡地、台地）地形的滑坡监测，同时也包括地质软弱层或地裂缝引起的场地位移监测。必要时，还需进行相关的应力、应变监测和地下水位监测。具体作业时，可根据工程的不同阶段按本规范表 6.3.2 的规定进行选择。

6.3.11 监测点布置图可辅以在位移监测过程中拍摄的、与监测成果相适应的场地代表性远景或近景照片，用于直观地辅助说明监测情况。斜坡位移监测点位移综合曲线示例（图28）。

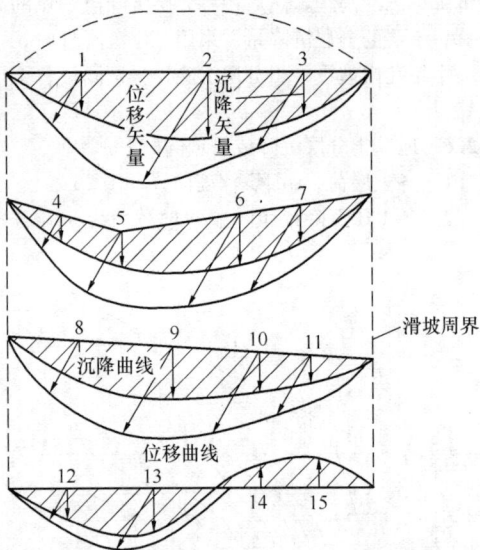

图 28　某斜坡监测点位移综合曲线图

6.4　基坑及其支护结构变形观测

6.4.1　基坑指的是地面向下开挖形成的地下空间。基坑变形观测是建筑变形测量的重要工作。基坑的观测内容比较多，涉及范围较广，既有基坑本身的，也有周边环境（如建筑物、管线和地表等）的，还有自然环境（雨水、洪水、气温、水位等）的。根据《建筑基坑工程监测技术规范》GB 50497-2009 的规定，基坑的监测内容选择如下（表7）。

表 7　基坑监测内容

监测项目	基坑工程等级		
	一级	二级	三级
围护墙（边坡）顶部水平位移	应测	应测	应测
围护墙（边坡）顶部垂直位移	应测	应测	应测
深层水平位移	应测	应测	宜测
立柱垂直位移	应测	宜测	宜测
围护墙内力	宜测	可测	可测
支撑内力	应测	宜测	可测
立柱内力	可测	可测	可测
锚杆内力	应测	宜测	可测
土钉内力	宜测	可测	可测
坑底隆起（回弹）	宜测	可测	可测
围护墙侧向土压力	宜测	可测	可测
孔隙水压力	宜测	可测	可测
地下水位	应测	应测	应测
土体分层垂直位移	宜测	可测	可测
周边地表垂直位移	应测	应测	宜测

基坑安全等级划分各地区并不完全一致。为便于测量人员了解基坑安全等级，现将国家标准《建筑地基基础工程施工质量验收规范》GB 50202-2002 的有关规定罗列于此。该规范将建筑基坑安全等级划分为一级、二级和三级，具体分级如下：1）符合下列情况之一，为一级基坑：①重要工程或支护结构做主体结构的一部分；②开挖深度大于10m；③与邻近建筑物、重要设施的距离在开挖深度内的基坑；④基坑范围内有历史文物、近代优秀建筑、重要管线等需要严加保护的基坑。2）三级基坑为开挖深度小于7m，且周围环境无特别要求的基坑。3）除一级和三级外的基坑属二级基坑。4）当周围已有的设施有特殊要求时，尚应符合这些要求。

6.4.5　现行国家标准《建筑基坑工程监测技术规范》GB 50497 对基坑监测的方法和精度等均作出规定，其中也将本规范作为引用标准。基坑监测安全性要求高，具体作业时应遵照该国家标准的相关规定。

6.4.6　测斜仪观测一测回指的是，由管底开始向上提升测头至待测位置，并沿导槽全长每隔500mm（轮距）测读一次，将测头旋转180°再测一次。两次观测位置（深度）应一致。

测斜管埋设时，测斜管应保持垂直，并使十字形槽口对准观测的水平位移方向。连接测斜管时应对准导槽，使之保持在一直线上。管底端应装底盖，每个接头及底盖处应密封。埋设于基坑围护结构中的测斜管，应将测斜管绑扎在钢筋笼上，同步放入成孔或槽内，通过浇筑混凝土后固定在桩墙中或外侧。

钻孔埋设测斜管时，应先用地质钻机成孔，将分段测斜管连接放入孔内，测斜管连接部分应密封处理，测斜管与钻孔壁之间空隙宜回填细砂或水泥与膨润土拌合的灰浆，其配合比应根据土层的物理力学性能和水文地质情况确定。

6.4.7　位移速率的大小应根据具体工程情况和工程类比经验分析确定。当无法确定时，可将 5mm/d～10mm/d 作为位移速率大的参考标准。位移量大，是指与报警值比较的结果。为了保证基坑安全，当出现异常或特殊情况（如位移速率或位移量突变、出现较大的裂缝等）时应提高观测频率，并将结果及时报告项目委托方。由于基坑壁侧向位移观测的特殊性，紧急情况下进行观测前，应采取有效措施保护好观测人员和设备的安全。

6.4.8　基坑内的回弹对于基坑周边支护结构的安全有一定的影响，观测基坑回弹有利于分析基坑周边支护结构产生变形的原因，对基坑支护结构设计可以提供帮助。基坑外的回弹对基坑周边建筑物安全有一定的影响，根据基坑回弹量结合周边建筑物沉降测量，可以分析基坑周边建筑物的安全程度。

基坑回弹观测比较复杂，需要建筑设计、施工和测量人员密切配合才能完成。回弹监测点的埋设也十分费时、费工，在基坑开挖时保护也相当困难，因此在选定点位时要与设计人员讨论，原则上以较少数量的点位能测出基坑必要的回弹量为出发点。

6.4.9 回弹标志的埋设方法说明如下。

1 辅助杆压入式标志应按以下步骤埋设（图29）：

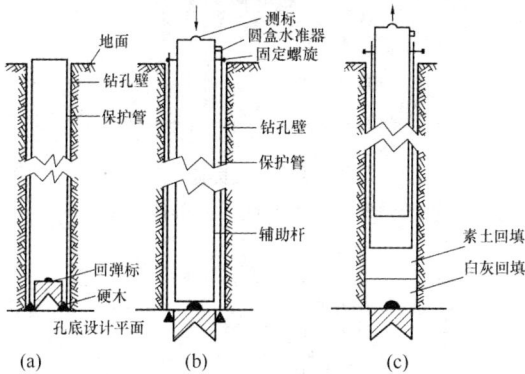

图29 辅助杆压入式标志埋设步骤

1）回弹标志的直径应与保护管内径相适应，采用长0.2m的圆钢，其一端中心应加工成半径为15mm～20mm的半球状，另一端应加工成楔形。

2）钻孔可用小口径（如127mm）工程地质钻机，孔深应达孔底设计平面以下0.2m～0.3m。孔口与孔底中心偏差不宜大于3/1000，并应将孔底清除干净；应将回弹标套在保护管下端顺孔口放入孔底（图29a）；不得有孔壁土或地面杂物掉入，应保证观测时辅助杆与标头严密接触（图29b）。

3）观测时，应先将保护管提起约0.1m，在地面临时固定，然后将辅助杆立于回弹标头即行观测。测毕，应将辅助杆与保护管拔出地面，先用白灰回填厚0.5m，再填素土至填满全孔（图29c）。

2 钻杆送入式标志（图30）应采用下列要求埋设：

1）标志的直径应与钻杆外径相适应。标头可加工成直径20mm的半球体；连接圆盘用直径100mm钢板制成；标身由断面角钢制成；标头、连接钻杆反丝扣、连接圆盘和标身等四部分应焊接成整体。

2）钻孔要求应与埋设辅助杆压入式标志的要求相同。

3）当用磁锤观测时，孔内应下套管至基坑设计标高以下。观测前，应先提出钻杆卸下钻头，换上标志打入土中，使标头进至低于坑底面0.2m～0.3m，防止开挖基坑时被铲坏。然后，拧动钻杆使与标志自然脱开，提出钻杆后即可进行观测。

4）当用电磁探头观测时，在上述埋标过程中

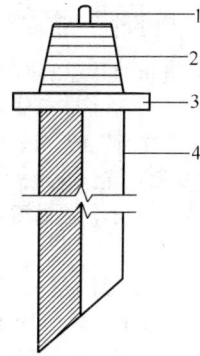

图30 钻杆送入式标志
1—标头；2—连接钻杆反丝扣；
3—连接圆盘；4—标身

可免除下套管工序，直接将电磁探头放入钻杆内进行观测。

3 直埋式标志可用于深度不大于10m的浅基坑配合探井成孔使用。标志可用直径20mm～24mm、长0.4m的圆钢或螺纹钢制成，其一端应加工成半球状，另一端应锻尖。探井口直径不应大于1m，挖深应至基坑底部设计标高以下0.1m处，标志可直接打入至其顶部低于坑底设计标高30mm～50mm为止。

4 采用电磁式沉降仪观测时，亦可采用以上方法埋设电磁环标志，电磁环标志的埋设可参照安装使用说明书。

6.4.10 地基回弹观测不应少于3次是进行地基回弹观测数据分析的最低要求，有条件的时候尽量在基坑开挖阶段，根据基坑分层支护，分层开挖的原则，每层进行基坑回弹观测。以取得较为详尽的回弹资料，供建筑结构设计人员使用。同时，也能避免由于个别监测点破坏，基坑回弹数据几乎不能使用的情况发生。基坑开挖前的回弹观测结束后，为了防止点位被破坏和便于寻找点位，应在观测孔底充填厚度约为1m左右的白灰。基坑开挖后的回弹观测应在每个监测点挖出后即时进行观测，是为保证基坑回弹标志挖出后能够即时测量到该点的基坑回弹数值，而不会因为基坑其他地方的开挖破坏基坑回弹标志。

6.4.11 回弹监测点位布置图及回弹纵、横断面图示例（图31）。

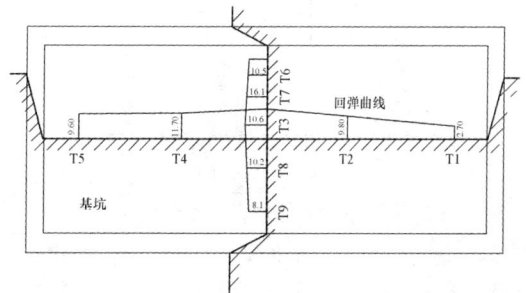

图31 基坑回弹监测点位布置图及回弹纵、横断面图

6.5 周边环境变形观测

6.5.1 建筑周边环境指的是建筑周围可能受其施工或运营影响的其他建筑、道路、管线、地面等。周边环境是相对于待测建筑而言的。该建筑的施工或运营，将对其周边的其他建筑、道路、管线和地面等产生影响，导致他们发生变形，因而需要对周边环境进行必要的变形测量。

6.5.2 建筑周边环境变形测量的基本方法与建筑本身的变形测量方法基本一致。具体应视变形对象和变形类型，按本规范第6章、第7章的相应规定执行。

7 基础及上部结构变形观测

7.1 沉 降 观 测

7.1.1 沉降观测是最常见的建筑变形测量内容。沉降观测一般贯穿于建筑的整个施工阶段并延续至运营使用阶段。沉降观测数据的积累，对一个地区建筑基础的设计具有重要的作用。

7.1.2 沉降监测点位布设对获取和分析建筑的沉降特征有重要影响。对具体的建筑变形测量项目，布设监测点时，要与基础设计、结构设计及岩土工程勘察等专业人员进行必要的沟通。

7.1.3 沉降监测点标志可采用墙或柱标志、基础标志或隐蔽式标志等形式。标志埋设前，要与建设、监理、设计、施工单位进行沟通，了解建筑外墙装饰方式和使用的材料，并提前考虑建筑外墙装饰后要能够继续观测，使沉降观测资料的连续性不被破坏。图32～图34为几种常用的沉降监测点标志及其埋设示意图，作业中可以选用。

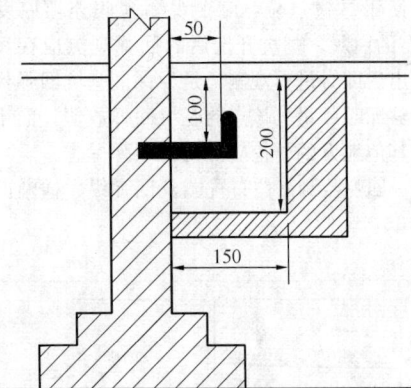

图 32 窨井式标志

（适用于建筑内部埋设，单位：mm）

7.1.4 通常情况下，沉降观测的精度可根据建筑基础设计等级直接选用本规范第3.2.2条给出的精度等级。有特殊要求时，可按本规范第3.2.3条的规定确

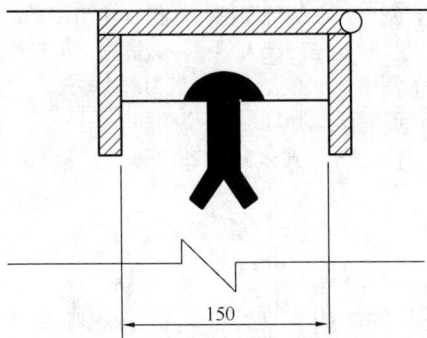

图 33 盒式标志

（适用于设备基础上埋设，单位：mm）

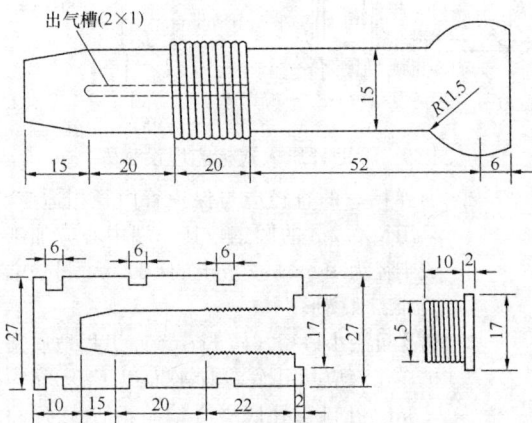

图 34 螺栓式标志

（适用于墙体上埋设，单位：mm）

定精度等级。由于四等沉降观测的精度较低，不应用来进行建筑基础和上部结构的沉降观测。

7.1.5 本条关于建筑沉降观测周期与观测时间的规定，是在综合有关标准规定和工程实践经验基础上给出的。由于观测目的不同，荷载和地基类型各异，执行中还应结合实际情况灵活运用。对于从施工开始直至沉降达到稳定状态为止的长期观测项目，应统一考虑施工期间及竣工后的观测周期、次数与观测时间。对于已建建筑或从基础浇灌后才开始观测的项目，在分析最终沉降量时，要注意所漏测的基础沉降问题。

当出现异常需要采取安全预案时，预案内容可参照本规范第3.1.6条的条文说明。

对沉降是否达到稳定状态，本规范采用最后100d的最大沉降速率是否小于0.01mm/d～0.04mm/d作为判断标准。该取值来源于对几个城市有关设计、勘测单位的调查。实际生产中，最大沉降速率的具体取值尚需结合不同地区地基土的压缩性能来综合确定，并在项目技术设计中予以规定。

7.1.7 沉降观测有关图表示例如下：

1 时间-荷载-沉降量曲线见图35。

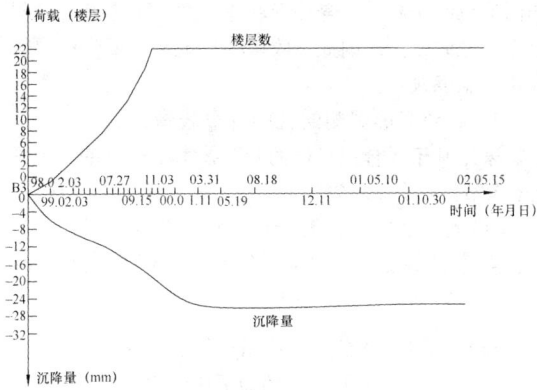

图 35　时间-荷载-沉降量曲线

2 等沉降曲线见图 36。

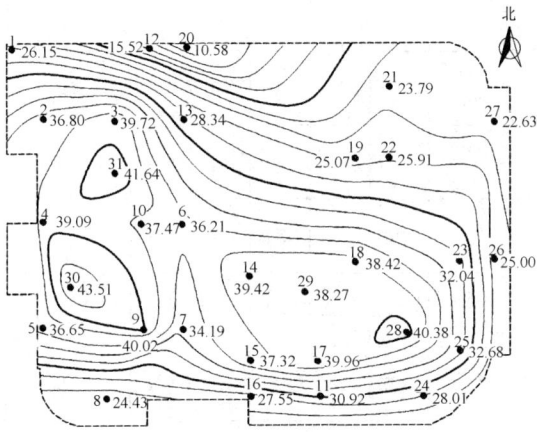

图 36　等沉降曲线

7.2　水平位移观测

7.2.5　水平位移图示例见图 37。

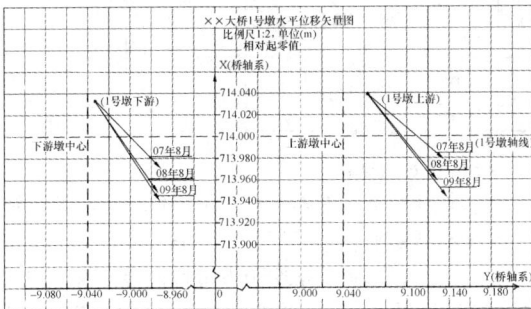

图 37　水平位移图

7.3　倾　斜　观　测

7.3.1　倾斜包括基础倾斜和上部结构倾斜。基础倾

斜可利用沉降观测成果计算，具体规定见本规范第 7.1节。本节主要规定上部结构倾斜观测的技术要求。上部结构倾斜观测可通过测定相互垂直的两个方向上的倾斜分量来获得倾斜值、倾斜方向和倾斜速率。倾斜观测可以测定整体倾斜或局部倾斜，前者测的是顶部监测点相对于底部对应点间的倾斜，后者测的是局部范围内上部监测点相对于下部监测点间的倾斜。

建筑运营过程中，有可能导致建筑发生倾斜的情形包括：建筑基础外围荷载发生重大变化，如大量堆土；建筑自身基础发生较大变化，如基础浸水；遭遇强大外力冲撞致使建筑承重结构发生改变或破坏；遭遇自然灾害，如发生地震、滑坡、洪水和泥石流等。

7.3.8　建筑施工过程中及竣工验收前，经常要进行垂直度测量。垂直度测量的目的主要是检查工程施工的质量。垂直度测量的方法与倾斜观测方法基本一致，垂直度可由倾斜值和建筑的相对高度方便地计算出。

7.4　裂　缝　观　测

7.4.1、7.4.2　裂缝观测主要针对已发生裂缝的建筑。观测时，要对裂缝进行统一编号，绘制位置分布图，并拍摄相应的照片。

7.4.6　传统的采用比例尺、小钢尺或游标卡尺观测裂缝方法简单。随着高层、超高层建筑的增加，传统方法已难以使用，因此可采用测缝计或传感器等进行自动观测。单片摄影就是采用数码相机对裂缝进行摄影，借助水平线、垂直线及某些已知构件长度等相对关系，对影像进行纠正，进而量取裂缝的长度和宽度。

7.5　挠　度　观　测

7.5.1　挠度指的是建筑的基础、构件或上部结构等在弯矩作用下因挠曲引起的变形，包括竖向挠度（对基础、桥梁、大跨度构件等）和横向挠度（对建筑上部结构、墙、柱等）。由于挠度发生的方向不同，测定方法有所不同。

7.5.3　桥梁的桥面挠度变化是反映桥面线形变化的重要指标。桥面挠度点沿桥面两侧路沿顶布设，根据桥跨长度选择在 1/2、1/4、1/8 等桥跨距处及跨端墩顶处设置监测点位。挠度曲线图以点位分布为横轴，挠度值为纵轴，将各挠度点的挠度值依次连接为平滑曲线。

7.5.4　测定横向的挠度时需要注意，不同高度上所测位移分量应为同一坐标方向上的值。实际作业中，可测定其在相互垂直的两个方向上的位移分量，分别计算相应的挠度。

7.5.5　挠度曲线示例见图 38。

××大桥上游桥面挠度曲线图(双塔柱斜拉桥)
垂直比例尺 1:10
水平比例尺 1:1000

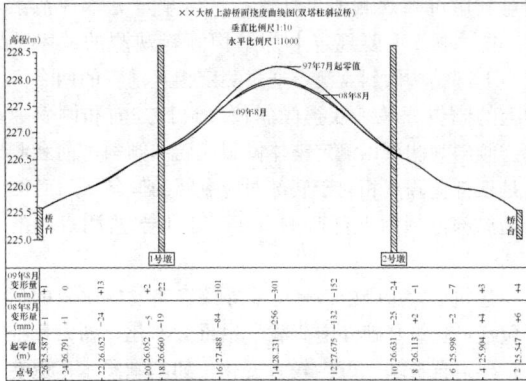

图 38 挠度曲线

7.6 收敛变形观测

7.6.1 收敛变形观测主要用于结构净空变化的测量，在地下工程矿山法施工的隧道围岩和衬砌结构稳定性监测、盾构法施工的隧道拼装环管片安全监测以及其他地下坑道、结构、支撑物净空尺寸的变化测量中有广泛应用。该项测量有其特殊性，本次规范修订时将其纳入。本节对其作业方法及要求作出规定。

7.6.2 收敛变形观测的实施方法主要有固定测线法、全断面扫描法和激光扫描法等三种，其特点和适用场合为：

1 固定测线法适合测定特定位置的净空对向相对变形。作业时，应根据采用的具体观测方法（主要有收敛尺法、全站仪对边测量法、手持测距仪法等），在待监测的空间布置两个对应的观测标志，构成固定测线。

2 全断面扫描法一般采用全站仪按预定间距对监测断面进行扫描，评价测量断面与结构设计断面及前期扫描断面的几何尺寸的变化。目前在上海、杭州、宁波等软土地区运营期的轨道交通长期健康监测工作中有广泛应用。

3 激光扫描法采用地面激光扫描仪对空间表面进行高密度扫描，快速自动连续获取海量点云数据，通过解算获得结构变形情况。

全断面扫描法、激光扫描法获得的收敛变形观测成果能表达断面内或测量空间范围内多方位的净空变形，解析数据能导出多个监测点相对于基准点（线）的距离及其变化或多组对应监测点间矢量长度及其净空变形。

7.6.3 本条规定收敛变形观测精度等级时，以测线长度测量中误差为精度衡量指标，其值对应于本规范表 3.2.2 中位移观测监测点坐标中误差。该值应为监测点相对于基准线（点）的距离或多组对应监测点间矢量长度的最弱精度。

7.6.4 钢尺量距有尺长改正、温度改正、倾斜改正、悬曲改正等改正项目。本条要求固定测线上的收敛变形观测时施加标定时的拉力，要求尺面平直，历次观测两端点间的高差、悬曲等状态一致，不需进行倾斜改正、悬曲改正。因此，收敛变形观测主要考虑尺长改正、温度改正。

7.6.5 收敛变形观测的视距一般较短，二等及以下观测采用基于无合作目标的测距技术是可行的，但需进行短测程的加常数改正。经采用 10 台全站仪在 7.2m 的测线上进行了无合作目标测距对比试验。每台仪器分别架设 2 次仪器，每测站正倒镜各观测 10 次，统计数据见表 8。

表 8 采用 10 台全站仪基于无合作目标测距各测量 40 次的数据统计表

序号	仪器型号	同仪器的 40 个观测值的比较					各台均值与所有观测值均值之差 (mm)
		平均值 (m)	最大值 (m)	最小值 (m)	最大与最小值较差 (mm)	标准偏差 (mm)	
1	Leica TS30	7.2096	7.2106	7.2084	2.1	0.49	0.56
2	Leica TC402	7.2057	7.2071	7.2045	2.6	0.57	−3.34
3	Leica TS15	7.2090	7.2103	7.2079	2.4	0.58	−0.04
4	Leica TS06	7.2120	7.2129	7.2115	1.4	0.34	2.96
5	Leica TS06	7.2092	7.2107	7.2077	3.0	0.72	0.16
6	Leica TC802	7.2129	7.2142	7.2105	3.7	0.76	3.86
7	Leica TC1201	7.2047	7.2055	7.2040	1.5	0.29	−4.34
8	Leica TC1201	7.2093	7.2103	7.2078	2.4	0.54	0.26
9	Leica TC1201	7.2086	7.2092	7.2072	2.0	0.40	−0.44
10	Leica TC1201	7.2109	7.2118	7.2098	1.9	0.51	1.86

根据表 8 数据：

1） 对于同一条基线，试验用的 10 台全站仪观测量平均值从 7.2047m～7.2129m，较差达 8.2mm，说明若不进行无合作目标的加常数改正，精度难以满足二等收敛变形观测 3mm 的精度要求。

2） 同仪器 40 个观测值比较，标准偏差均未大于 0.76mm。若进行加常数修正，基于无合作目标测距的方法能满足二等收敛变形观测 3mm 的精度要求。

3) 仪器年度检校时一般不进行无合作目标加常数的检校，因此本规范要求作业单位使用前应进行自检校。

4) 各台仪器40个观测值内部比较，最大、最小值的较差也有1.4mm～3.7mm不等，说明单次测量的偶然误差对长期收敛变形观测3mm的精度影响较大，本规范规定收敛变形观测应观测1测回。

5) 基于以上分析，本规范认为二等及以下精度的收敛变形观测可采用基于无合作目标测距技术的收敛变形观测方法，此时观测标志可采用"十"字形刻画标志。

关于正倒镜观测的限差要求，考虑了同期观测时采用同台仪器、观测条件相同，正倒镜观测数据的较差视为内符合精度。参考《城市测量规范》CJJ/T 8-2011第4.4.14条的条文说明，内符合精度取外符合精度的1/3。一等观测时，全站仪的测距精度1mm，内符合精度约为$m_内 = 0.33$mm，固定测线两个端点观测的空间长度误差概算（未考虑夹角影响）为$m_内 = 0.47$mm，正倒镜观测较差取中误差2倍，因此本规范要求1mm。

二等以下采用无合作目标观测时，经对地铁15个区间的盾构法隧道2316个收敛测线正倒镜的观测数据进行统计，正、倒镜最大较差为4.1mm，标准差为0.7mm，各区间较差分布见表9。

表9 收敛测线正倒镜观测较差统计

统计区间	$\vartriangle\leqslant\pm0.7$	$\pm0.7<\vartriangle\leqslant\pm1.4$	$\pm1.4<\vartriangle\leqslant\pm2.1$	$\pm2.1<\vartriangle\leqslant\pm4.2$
个数	1629	2183	2293	2316
点总数比率	70.3%	94.3%	99.0%	100.0%

根据表9，基于无合作目标测距技术的正倒镜较差在2mm以内的监测点数量占99%，正倒镜观测较差的限差取2mm是合理的。

7.6.6 手持测距仪通常用于房产测量、地形测量等场合，对其没有强制对中要求。手持测距仪用于收敛变形观测，需采取以下措施：1）使用标称精度不低于1.5mm的激光测距仪；2）测距仪尾部需设置锥形对中装置，观测时尾部对中装置与固定测线的一端标志对中、可见的激光点瞄准固定测线的另一端点，以保证历次测距轴线与固定测线重合；3）加上尾部对中标志后，对中标志顶部的对中点与测距中心的偏差应实测确定，并对测距仪显示的长度进行归算。

7.6.7 断面扫描收敛变形观测常用于盾构法隧道的收敛变形观测。收敛变形观测数据表明，各管片之间的典型收敛变形如图39所示，封顶块向下移动，隧道管片将绕着A点、B点、C点转动。在A点处，隧道接缝外部张开，B点处，隧道接缝内部张开，C点处，隧道接缝内部张开。由于管片刚度相对接口部位强度较大，同一管片的形态变形较小。

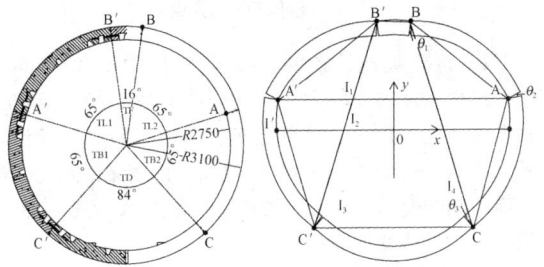

图39 典型的收敛变形示意图

断面扫描收敛变形观测成果除应反映剖面的水平、竖向变形外，还能反映管片的旋转、相邻管片的错台等变形信息。以铅垂方向为展开起始方向、顺时针展开的变形曲线见图40。

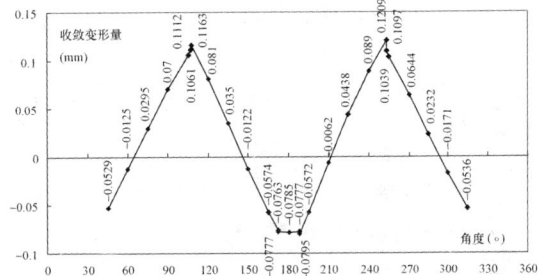

图40 基于多弧段拟合法的断面变形展开图

7.6.9 固定测线法收敛变形测量报表和变化曲线见图41。

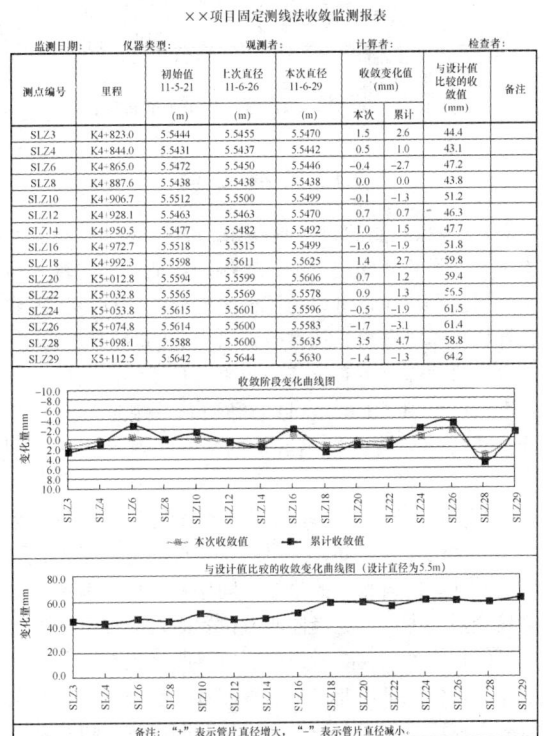

图41 固定测线法收敛监测报表和变化曲线图

7.7 日照变形观测

7.7.1 超高层建筑指的是高度大于 100m 的建筑，高耸结构则指高度较大、横断面相对较小的构筑物。在温度变化作用下，这些建筑、结构容易产生变形，从而影响其安全性。日照变形测量的主要内容是获取建筑或结构变形与时间、温度变化的关系，其主要成果形式为日照变形曲线图。

7.7.2 激光垂准仪的观测方法见本规范第 4.7 节。采用正垂仪时，垂线可选用直径为 0.6mm～1.2mm 的不锈钢丝或因瓦丝，并使用无缝钢管保护。垂线上端可锚固在通道顶部或待测处设置的支点上。用于稳定重锤的油箱中应装有阻尼液。观测时，可利用安置的坐标仪测出水平位移。

7.7.6 日照变形曲线示例见图 42。该图为某超高层建筑第 70 层相对于第 50 层的观测结果。观测时间从 2008 年 11 月 13 日 3：00～11 月 14 日 13：00，总时长 34h。观测仪器为数字正垂仪，观测数据经过小波滤波处理。

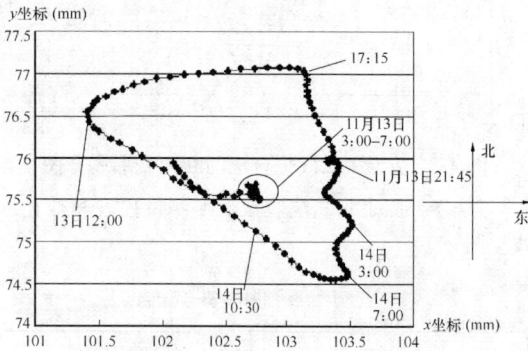

图 42 某超高层建筑日照变形曲线

7.8 风振观测

7.8.1 风振观测的目的是获得超高层建筑或高耸结构顶部在风荷载作用下的位置振动特征。测定水平位移、风速和风向，可以为风振影响分析和计算风振参数等提供基础资料。选在受强风影响的时间段内进行观测，可以获得更有价值的成果。具体测定的时间段长度取决于观测的具体目的和要求，规定不宜少于 1h 主要是考虑要获得足够长的坐标和风速观测时间序列。

7.8.2 风荷载作用下超高层建筑或高耸结构将发生频率较高的位置振动，卫星导航定位动态测量模式可以实时地测定监测点的坐标时间序列，是目前风振观测最合适的方法。选择监测点位置时，既要考虑监测成果的代表性，也要考虑能安置接收机天线，满足卫星导航定位测量作业要求。观测数据经处理，将获得监测点在两个方向上的平面坐标时间序列。以最初观测时点的平面坐标为起始值，可由平面坐标时间序列

方便地计算出水平位移分量时间序列。

7.9 结构健康监测

7.9.1 结构健康监测系统一般由传感器系统、数据采集与传输系统、数据处理与控制系统、数据库系统、安全评估系统等几部分组成。结构健康监测系统设计时要综合考虑监测对象结构形式、受力特点、关键部位、使用功能及所处的环境，充分考虑工程结构各阶段的健康监测需求，既要保证监测效果，又要经济可行。

7.9.2 各类结构健康监测内容选择可参考表 10。

表 10 结构健康监测内容选择表

监测类别	建筑类型		
	建筑物	桥梁	隧道
几何形变类	✓	✓	✓
结构反应类	○	✓	○
环境参数类	○	✓	○
外部荷载类	○	○	○
材料特性类	○	○	○

注：✓——应测，○——选测。

除几何形变类监测外，其他监测所用传感器的性能参数及技术要求主要包括量程、采样频率、线性度、灵敏度、分辨率、迟滞、重复性、漂移、供电方式、使用环境及寿命等方面。

7.9.3 传感器布置时需与结构设计方沟通。可充分利用结构的对称性，优化传感器的布设，以较少的传感器来反映结构的健康特征。

7.9.4 结构健康监测系统按监测频率一般划分为 3 级：一级为在线实时监测系统；二级为定期在线连续监测系统；三级为定期监测系统。实际工程中可根据需要进行选择。

7.9.7 监测报告分为监测预警报告、定期报告与总结报告。监测预警报告分短信报告和纸质报告。短信报告和纸质报告的内容包括监测点位置、点号、预警控制值、预警报告值等。定期报告与总结报告主要包括项目概况、监测目的、监测内容、技术标准及依据、现场巡查、监测成果数据处理分析、监测结论及建议、附件等。自动化监测系统的技术资料包括系统的用户手册及系统验收资料等。

8 成果整理与分析

8.1 一般规定

8.1.1 电子方式记录的数据应注意存储介质的可靠性。为了保证变形测量成果的质量和可靠性，有关观测记录、计算资料和技术成果应有责任人签字，技术

成果应加盖成果章。这里的技术成果包括本规范第8.1.2条和第8.1.3条中的阶段性成果和综合成果。建筑变形测量的各项记录、计算资料以及阶段性成果和综合成果应按照档案管理的规定及时进行完整的归档。

8.1.2、8.1.3 本规范将建筑变形测量技术成果分为阶段性成果和综合成果。这是因为变形测量是按期进行，且观测时间一般延续较长，观测过程中需要及时向项目委托方提交阶段性成果。变形测量任务全部完成后，或项目委托方需要时，则应提交技术报告。技术报告是一个变形测量项目的重要综合成果，其要求及应包括的主要内容见本规范第8.1.4条。需要说明的是，变形测量过程中提交的阶段性成果实际上是综合成果的重要组成部分，应切实保证阶段性成果的质量及其与综合成果之间的一致性。

8.1.4 建筑变形测量技术报告是变形测量的主要成果，编写时可参考现行行业标准《测绘技术总结编写规定》CH/T 1001 的相关要求。报告书的内容应涵盖本条所列的各个方面。其中，项目成果清单应列出该项目已提交和将要提交的各项成果名称，如技术设计或施测方案、各阶段性成果资料名称、技术报告等；附图宜包括变形测量工程平面位置图、基准点、工作基点和监测点点位分布图、标石标志规格图、基准点埋设过程照片以及各种成果图等；附表应包括各种成果表和统计表；附件应包括所用仪器的检定资料和变形测量过程出现特殊情况记录（如观测内容变更、变形异常及预警报告等）。

8.1.5 建筑变形测量手段和处理方法的自动化程度正在不断提高。在条件允许的情况下，建立变形测量数据处理和信息管理系统，对实现变形观测数据记录、处理、分析和管理的一体化，方便信息资源共享和应用，具有重要意义。目前已开发出许多系统，本条给出这些系统具有的主要功能。

8.2 数据整理

8.2.1 建筑变形测量数据的平差计算和分析处理是变形测量作业的一个重要环节，应该高度重视。

8.2.2 变形测量平差计算应利用稳定的基准点作为起算点。某期平差计算和分析中，如果发现有基准点变动，不得使用该点作为起算点。

变形观测数据平差计算和处理的方法很多，目前已有许多成熟的平差计算软件系统。这些软件一般都具有粗差探测、系统误差补偿和精度评定等功能。平差计算中，需要特别注意的是要确保输入的原始观测数据和起算数据正确无误。

8.3 监测点变形分析

8.3.1、8.3.2 监测点的变动分析一般可直接通过比较监测点相邻两期的变形量与测量极限误差（取两倍

中误差）来进行。对特等及有特殊要求的一等变形测量，可通过比较变形量与该变形测量的测定精度来进行。公式（8.3.2）中的 $\mu\sqrt{Q}$ 实际上就是该变形量的测定精度。

8.3.3 对多期变形观测成果，需要综合分析多期的累积变形特征。某监测点，相邻两期间的变形量可能较小，按本规范第8.3.1条～第8.3.2条判断未产生变形或变形不显著、但多期间变形量呈现出明显的变化趋势时，应认为该监测点产生了变形。

8.4 建模和预报

8.4.1 建筑变形分析与预报的目的是，对多期变形观测成果，通过分析变形量与变形因子之间的相关性，建立变形量与变形因子之间的数学模型，并根据需要对变形的发展趋势进行预报。这是建筑变形测量的任务之一，但也是一个较困难的环节。目前变形分析与预报的研究成果较多，但许多方法尚处在探索中。本规范主要吸收和采纳其中一些相对成熟和便于使用的方法。

8.4.2 由于一个变形体上各监测点的变形状况不可能完全一致，因此对一个变形观测项目，可能需要建立多个反映变形量与变形因子之间关系的数学模型，具体应根据实际变形状况及应用的要求来确定。一般可利用平均变形量对整个变形体建立一个数学模型。如果需要，可选择几个变形量较大的或特殊的点建立相应于单个点或一组点的模型。当有多个变形数学模型时，则可以利用地理信息系统的空间分析技术实现整体变形的空间分析和可视化。

8.4.3 回归分析是建立变形量与变形因子关系数学模型最常用的方法。该方法简单，使用也较方便。在使用中需要注意：

1 回归模型应尽可能简单，包含的变形因子数不宜过多，对于建筑变形而言，一般没有必要超过2个。

2 常用的回归模型是线性回归模型、指数回归模型和多项式回归模型。后两种非线性回归模型可以通过变量变换的方法转化成线性回归模型来处理。变量变换方法在各种回归分析教材中均有详细介绍。

3 当有多个变形因子时，有必要采用逐步回归分析方法，确定影响最显著的几个关键因子。

8.4.4 灰色建模方法已经成为变形观测（主要是沉降观测）建模的一种较常用的方法。该方法要求有4期以上的观测数据即可建模，建模过程也比较简单。灰色建模方法认为，变形体的变形可看成是一个复杂的动态过程，这一过程每一时刻的变形量可以视为变形体内部状态的过去变化与外部所有因素的共同作用的结果。基于这一思想，可以通过关联分析提取建模所需变量，对离散数据建立微分方程的动态模型，即灰色模型。灰色模型有多种，变形分析中最常用的为

GM（1，1）模型，只包括一个变量（时间）。应用灰色建模方法的前提是，变形量的取得应呈等时间间隔，即应为时间序列数据。实际中，当不完全满足这一要求时，可通过插值的方式进行插补。

日照、风振等变形观测获得的是大量的时间序列数据，对这些数据可采用时间序列分析方法建模并做分析。变形分析通常以变形的频率和变形的幅度为主要参数进行，可采用时域法和频域法两种时间序列分析方法。当变形周期很长时，变形值常呈现出密切的相关性，对于这类序列宜采用时域法分析。该方法是以时间序列的自相关函数作为拟合的基础。当变形周期较短时，宜采用频域法。该方法是对时间序列的谱分布进行统计分析作为主要的诊断工具。当预报精度要求高时，还应对拟合后的残差序列进行分析计算或进一步拟合。

8.4.5 对于不同类型的数学模型，检验其有效性的方法不同。对于一元线性回归，主要是通过计算相关系数来判定；对于灰色模型 GM（1，1），则是通过计算后验差比值和小误差概率来判定。特别需要注意的是，只有有效的数学模型，才能用于进一步分析和预报。

8.4.6 利用变形量与变形因子模型进行变形趋势预报是一种模型外推行为，肯定存在一定的误差和不确定性。为合理利用预报结果，防止不必要的误判，变形预报时除给出某一时刻变形量的预报值外，还应同时给出该预报值的误差范围及有效的边界条件。

9 质量检验

9.1 一般规定

9.1.1 建筑变形测量成果资料的正确无误，要依靠完善的质量管理体系来实现，两级检查一级验收是多年来形成的行之有效的质量保证制度。本条对两级检查一级验收的实施作了明确规定，其中验收可由项目委托方自行进行或组织专家进行。需要说明的是，在建筑变形测量项目实施过程中，一般已向项目委托方提交了每期或阶段性观测成果，这些成果已被项目委托方接受和采用。因此，项目完成后，有的委托方不再组织专门的质量验收。此种情况下，可视为该项目成果已验收。

9.1.2 质量检验主要依据项目委托书、合同书、技术设计及技术标准等进行。由于变形测量观测延续时间较长，对成果时效性要求高，当项目现场实际观测条件发生变化时，可能导致对成果要求的变化，因此

变形测量过程中项目委托方与承担方之间达成的其他文件也应作为成果检验的依据。

9.1.3 从实用性和方便操作角度出发，本规范规定建筑变形测量成果质量分为合格、不合格两个等级。本条给出了变形测量成果质量不合格的几种情况，凡发生其中之一时，应将相应成果的质量判定为不合格。

9.1.4 变形测量延续的时间一般较长，实施过程中需要及时提交阶段性成果。考虑到实施的可行性，阶段性成果难以进行验收，因此本规范规定对外提交的阶段性成果应进行两级检查，而项目完成后提交的综合成果除应进行两级检查外，宜进行验收。

9.2 质量检查

9.2.1 建筑变形测量延续的时间较长，通常要逐期或分期提交成果，每期或多期成果都可以视为阶段性成果。内业全数检查、外业针对性检查就是对成果首先应进行 100% 的内业检查，如内业检查中发现的问题需要实地查看判定，则应到现场对其进行针对性检查。

9.2.2 变形测量的首期观测成果非常重要，基准点和监测点的布设以及仪器设备、测量方法、平差软件的选择，都将影响整个变形测量项目的质量，此阶段发现问题后可及时返工纠正，从而避免给后续观测带来更大问题。

9.2.3 各期观测成果观测完后立即送检，以便发现问题能及时进行返工。

9.2.5 变形测量的时效性决定了测量过程的不可完全重复，因此一级检查二级检查都应及时进行。当质量检查出现不合格项时，应分析原因，立即通过现场复测、重测措施进行纠正。纠正后的成果应重新进行质量检查，直至符合要求。

9.3 质量验收

9.3.1 抽样核查是指从成果中抽取一定数量的样本进行核查。考虑到首期成果的特殊性，本规范规定其为必查样本，其他各期抽取不少于期数的 10% 作为样本。例如，某项目沉降观测进行了 16 次、倾斜观测进行了 6 次，验收时沉降观测应抽取 3 次（含首期）的观测成果、倾斜观测应抽取 2 次（含首期）的观测成果作为核查样本。内业全数核查、外业针对性核查指的是对抽样成果首先应进行 100% 的内业核查，如内业核查中发现的问题需要实地查看判定，则应到现场对其进行针对性核查。

中华人民共和国国家标准

水利水电工程地质勘察规范

Code for engineering geological investigation
of water resources and hydropower

GB 50487—2008

主编部门：中 华 人 民 共 和 国 水 利 部
批准部门：中华人民共和国住房和城乡建设部
施行日期：２ ０ ０ ９ 年 ８ 月 １ 日

中华人民共和国住房和城乡建设部
公 告

第 193 号

关于发布国家标准
《水利水电工程地质勘察规范》的公告

现批准《水利水电工程地质勘察规范》为国家标准，编号为GB 50487—2008，自 2009 年 8 月 1 日起实施。其中，第 5.2.7(1、5)、6.2.2(1、4)、6.2.6(5)、6.2.7、6.3.1(2)、6.4.1(2、3)、6.5.1(2、3、4)、6.8.1(4)、6.9.1(4、7、11)、6.19.2(2、3)、9.4.8(1、2)条(款)为强制性条文，必须严格执行。

本规范由我部标准定额研究所组织中国计划出版社出版发行。

中华人民共和国住房和城乡建设部
二○○八年十二月十五日

前 言

根据建设部"关于印发《二○○四年工程建设国家标准制订、修订计划》的通知"(建标〔2004〕67号)，按照《工程建设标准编写规定》(建标〔1996〕626 号) 的规定，水利部组织水利部水利水电规划设计总院和长江勘测规划设计研究院等单位，总结了《水利水电工程地质勘察规范》GB 50287—99 (以下简称原规范)，颁布以来我国水利水电工程地质勘察的技术、方法和经验，对原规范进行了全面、系统的修订。

本规范共 9 章和 21 个附录，主要内容包括总则，术语和符号，基本规定，规划阶段工程地质勘察，可行性研究阶段工程地质勘察，初步设计阶段工程地质勘察，招标设计阶段工程地质勘察，施工详图设计阶段工程地质勘察，病险水库除险加固工程地质勘察等。

对原规范修订的主要内容包括：

1. 对原规范的章节结构进行了调整。

2. 增加了术语和符号一章。

3. 增加了招标设计阶段的工程地质勘察。

4. 增加了病险水库除险加固工程的工程地质勘察。

5. 增加了引调水工程、防洪工程、灌区工程、河道整治工程及移民新址的工程地质勘察。

6. 增加了附录 B "物探方法适用性"、附录 J "边坡岩体卸荷带划分"、附录 M "河床深厚砂卵砾石层取样与原位测试技术规定"、附录 Q "岩爆判别"、附录 R "特殊土勘察要点"、附录 S "膨胀土的判别"和附录 W "外水压力折减系数"。

7. 删除了原规范中有关抽水蓄能电站勘察的条款。

本规范中以黑体字标志的条文为强制性条文，必须严格执行。

本规范由住房和城乡建设部负责管理和对强制性条文的解释，由水利部水利水电规划设计总院负责具体技术内容的解释。本规范在执行过程中，请各单位注意总结经验，积累资料，如发现需要修改或补充之处，请将意见和建议寄至水利部水利水电规划设计总院 (地址：北京市西城区六铺炕北小街 2-1 号，邮政编码：100120)，以供修订时参考。

本规范主编单位、参编单位和主要起草人：

主 编 单 位： 水利部水利水电规划设计总院

长江水利委员会长江勘测规划设计研究院

参 编 单 位： 中水北方勘测设计研究有限责任公司

黄河勘测规划设计有限公司

中水东北勘测设计研究有限责任公司

长江岩土工程总公司（武汉）

陕西省水利电力勘测设计研究院

新疆水利水电勘测设计研究院

河南省水利勘测有限公司

中国水利水电科学研究院

长江科学院

长江勘测技术研究所

成都理工大学

主要起草人： 陈德基　司富安　蔡耀军　高玉生　　　马贵生　黄润秋　刘丰收　吴伟功
　　　　　　　郭麒麟　路新景　张晓明　徐福兴　　　魏迎奇　周火明　宋肖冰　苏爱军
　　　　　　　鞠占斌　蔺如生　汪海涛　孙云志　　　李彦坡　边建峰　冯　伟
　　　　　　　赵健仓　颜慧明　余永志　李会中

目　　次

1 总 则

1.0.1 为了统一水利水电工程地质勘察工作，明确勘察工作深度和要求，保证勘察工作质量，制定本规范。

1.0.2 本规范适用于大型水利水电工程地质勘察工作。

1.0.3 水利水电工程地质勘察宜分为规划、项目建议书、可行性研究、初步设计、招标设计和施工详图设计等阶段。项目建议书阶段的勘察工作宜基本满足可行性研究阶段的深度要求。

1.0.4 病险水库除险加固工程勘察宜分为安全评价、可行性研究和初步设计三个阶段。

1.0.5 水利水电工程地质勘察除应符合本规范外，尚应符合国家现行有关标准的规定。

2 术语和符号

2.1 术 语

2.1.1 活断层 active fault

晚更新世（10 万年）以来有活动的断层。

2.1.2 水库渗漏 reservoir leakage

水库内水体经由库盆岩土体向库外渗漏而漏失水量的现象。

2.1.3 水库浸没 reservoir immersion

由于水库蓄水使库区周边地区的地下水位抬高，导致地面产生盐渍化、沼泽化及建筑物地基条件恶化等次生地质灾害的现象。

2.1.4 水库塌岸 reservoir bank caving

水库蓄水后或蓄水过程中，受水位变化和风浪作用的影响，引起岸坡土体稳定性发生变化，导致岸坡遭受破坏坍塌的现象。

2.1.5 水库诱发地震 reservoir induced earthquake

因蓄水引起库盆及库周原有地震活动性发生明显变化的现象。

2.1.6 移民选址工程地质勘察 engineering geological investigation for resettlement sites

为水利水电工程建设移民安置选址所进行的工程地质勘察工作。

2.1.7 河床深厚覆盖层 thick overburden

厚度大于 40m 的河床覆盖层。

2.1.8 卸荷变形 unloading deformation

地表岩体由于天然地质作用或人类工程活动减载卸荷，内部应力调整而引起的变形。

2.1.9 透水率 permeability rate

以吕荣值为单位表征岩体渗透性的指标。

2.1.10 渗透稳定性 seepage stability

在渗透水流作用下，岩土体内松散物质抵抗渗透变形的能力。

2.1.11 软弱夹层 weak interbed

岩层中厚度相对较薄，力学强度较低的软弱层或带。

2.1.12 长隧洞 long tunnel

钻爆法施工长度大于 3km 的隧洞；TBM 法施工长度大于 10km 的隧洞。

2.1.13 深埋隧洞 deep tunnel

埋深大于 600m 的隧洞。

2.2 符 号

M_L——近震震级标度；

H_{cr}——浸没地下水埋深临界值（m）；

H_k——土的毛管水上升高度（m）；

f——抗剪强度摩擦系数；

f'——抗剪断强度摩擦系数；

c'——抗剪断强度粘聚力（MPa）；

K——渗透系数（cm/s）；

q——透水率（Lu）；

R_b——岩石饱和单轴抗压强度（MPa）；

P——土的细颗粒含量，以质量百分率计（%）；

C_u——不均匀系数；

J_{cr}——临界水力比降；

S——围岩强度应力比；

K_v——岩体完整性系数；

β_e——外水压力折减系数。

3 基 本 规 定

3.0.1 水利水电工程各阶段的工程地质勘察工作，应符合本规范的有关规定。

3.0.2 勘察单位在开展野外工作之前，应收集和分析已有的地质资料，进行现场踏勘，了解自然条件和工作条件，结合工程设计方案和任务要求，编制工程地质勘察大纲。

勘察大纲在执行过程中应根据客观情况变化适时调整。

3.0.3 工程地质勘察大纲应包括下列内容：

1 任务来源、工程概况、勘察阶段、勘察目的和任务。

2 勘察地区的地形地质概况及工作条件。

3 已有地质资料、前阶段勘察成果的主要结论及审查、评估的主要意见。

4 勘察工作依据的规程、规范及有关规定。

5 勘察工作关键技术问题和主要技术措施。

6 勘察内容、技术要求、工作方法和勘探工程布置图。

7 计划工作量和进度安排。

8 资源配置及质量、安全保证措施。

9 提交成果内容、形式、数量和日期。

3.0.4 水利水电工程地质勘察应按勘察程序分阶段进行，并应保证勘察周期和勘察工作量。勘察工作过程中，应保持与相关专业的沟通和协调。

3.0.5 勘察工作应根据工程的类型和规模、地形地质条件的复杂程度、各勘察阶段工作的深度要求，综合运用各种勘察手段，合理配置勘察工作，注意运用新技术、新方法。

3.0.6 工程地质勘察应先进行工程地质测绘，在工程地质测绘成果的基础上布置其他勘察工作。

3.0.7 应根据地形地质条件、岩土体的地球物理特性和探测目的选择物探方法。

3.0.8 应根据地形地质条件和水工建筑物类型，选择坑（槽）、孔、硐、井等勘探工程，并应有专门设计或技术要求。

3.0.9 岩土物理力学试验的项目、数量和方法应结合工程特点、岩土体条件、勘察阶段、试验方法的适用性等确定。试样和原位测试点的选取均应具有地质代表性。

3.0.10 工程地质勘察应重视原位监测及长期观测工作。对需要根据位移（变形）趋势或动态变化作出判断或结论的重要地质现象，应及时布设原位监测或长期观测点（网）。

3.0.11 天然建筑材料的勘察工作应确保各勘察阶段的精度和成果质量满足设计要求。

3.0.12 对重大而复杂的水文地质、工程地质问题应列专题进行研究。

3.0.13 工程地质勘察应重视分析工程建设可能引起环境地质条件的改变及其影响。

3.0.14 勘察工作中的各项原始资料应真实、准确、完整，并应及时整理和分析。

3.0.15 各勘察阶段均应编制并提交工程地质勘察报告。报告应结合水工建筑物的类型和特点，加强对水文地质、工程地质问题的综合分析。报告正文可按照本规范有关条款编写，其附件应符合本规范附录 A 的规定。

4 规划阶段工程地质勘察

4.1 一般规定

4.1.1 规划阶段工程地质勘察应对规划方案和近期开发工程选择进行地质论证，并提供工程地质资料。

4.1.2 规划阶段工程地质勘察应包括下列内容：

1 了解规划河流、河段或工程的区域地质和地震概况。

2 了解规划河流、河段或工程的工程地质条件，

为各类型水资源综合利用工程规划选点、选线和合理布局进行地质论证。重点了解近期开发工程的地质条件。

3 了解梯级坝址及水库的工程地质条件和主要工程地质问题，论证梯级兴建的可能性。

4 了解引调水工程、防洪排涝工程、灌区工程、河道整治工程等的工程地质条件。

5 对规划河流（段）和各类规划工程天然建筑材料进行普查。

4.2 区域地质和地震

4.2.1 区域地质和地震的勘察应包括下列内容：

1 区域的地形地貌形态、阶地发育情况和分布范围。

2 区域内沉积岩、岩浆岩、变质岩的分布范围、形成时代和岩性、岩相特点，第四纪沉积物的成因类型、组成物质和分布。

3 区域内的主要构造单元，褶皱和断裂的类型、产状、规模和构造发展史，历史和现今地震情况及地震动参数等。

4 大型泥石流、崩塌、滑坡、喀斯特（岩溶）、移动沙丘及冻土等的发育特点和分布情况。

5 主要含水层和隔水层的分布情况，潜水的埋深，泉水的出露情况与类型等区域水文地质特征。

4.2.2 区域地质勘察工作应在收集和分析各类最新区域地质资料的基础上，利用卫片、航片解译编绘区域综合地质图，并应根据需要进行地质复核。

4.2.3 地震勘察工作应收集最新正式公布的历史和近代地震目录、地震区划资料、相关省区仪测地震及地震研究资料、邻近地区工程场地的地震安全评价结论，编绘区域构造与地震震中分布图。应按现行国家标准《中国地震动参数区划图》GB 18306 确定各工程场地的地震动参数。

4.2.4 区域综合地质图、区域构造与地震震中分布图的比例尺可选用 1：500000～1：200000。编图范围应包括规划河道或引调水线路两侧各不小于 150km。

4.2.5 对近期开发工程，宜根据区域地质环境背景、断层活动性、历史及现今地震活动性、地震动参数区划等进行区域构造稳定性分析。

4.3 水 库

4.3.1 水库区勘察应包括下列内容：

1 了解水库的地质和水文地质条件。

2 了解可能威胁水库成立的滑坡、潜在不稳定岸坡、泥石流等的分布，并分析其可能影响。

3 了解水库运行后可能对城镇、重大基础设施的安全产生严重不良影响的不稳定地质体、坍岸和浸没等的分布范围。

4 了解透水层与隔水层的分布范围、可溶岩地

区的喀斯特发育情况、河谷和分水岭的地下水位，对水库封闭条件及渗漏的可能性进行分析。

5 了解水库区可能对水环境产生影响的地质条件。

6 了解重要矿产的分布情况。

4.3.2 水库勘察宜结合区域地质研究工作进行。当水库可能存在渗漏、坍岸、浸没、滑坡等工程地质问题且影响工程决策时，应进行相应的工程地质测绘，并应根据需要布置勘探工作。

4.3.3 水库工程地质测绘比例尺可选用 1:100000～1:50000，可溶岩地区可选用 1:50000～1:10000。水库渗漏的工程地质测绘范围应扩大至与渗漏有关的地段。

4.4 坝 址

4.4.1 坝址勘察应包括下列内容：

1 了解坝址所在河段的河流形态、河谷地形地貌特征及河谷地质结构。

2 了解坝址的地层岩性、岩体结构特征、软弱岩层分布规律、岩体渗透性及卸荷与风化程度。了解第四纪沉积物的成因类型、厚度、层次、物质组成、渗透性，以及特殊土体的分布。

3 了解坝址的地质构造，特别是大断层、缓倾角断层和第四纪断层的发育情况。

4 了解坝址及近坝地段的物理地质现象和岸坡稳定情况。

5 了解透水层和隔水层的分布情况，地下水埋深及补给、径流、排泄条件。

6 了解可溶岩坝址喀斯特洞穴的发育程度、两岸喀斯特系统的分布特征和坝址防渗条件。

7 分析坝址地形、地质条件及其对不同坝型的适应性。

4.4.2 近期开发工程坝址勘察除应符合本规范第4.4.1条的规定外，尚应重点了解下列内容：

1 坝基中主要软弱夹层的分布、物质组成、天然性状。

2 坝基主要断层、缓倾角断层和破碎带性状及其延伸情况。

3 坝肩岩体的稳定情况。

4 当第四纪沉积物作为坝基时，土层的层次、厚度、级配、性状、渗透性、地下水状态。

5 当可能采用地下厂房布置方案时，地下洞室围岩的成洞条件。

6 当可能采用当地材料坝方案时，溢洪道布置地段的地形地质条件及筑坝材料的分布与储量。

4.4.3 坝址的勘察方法应符合下列规定：

1 坝址工程地质测绘比例尺，峡谷区可选用1:10000～1:5000，丘陵平原区可选用1:50000～1:10000。测绘范围应包括比选坝址、绕坝渗漏的

岸坡地段，以及附近低于水库水位的垭口、古河道等。

2 在地形和岩性条件适合的情况下，可布置 1 条顺河物探剖面和 1～3 条横河物探剖面，近期开发工程应适当增加。物探方法的选择应符合本规范附录 B 的规定。

3 坝址勘探宜符合下列规定：

1) 沿坝址代表性轴线可布置 1～3 个钻孔，河床较为开阔的坝址，河床钻孔数可适当增加。近期开发工程坝址或地质条件较为复杂的坝址可布置 3～5 个钻孔，其中两岸至少各有 1 个钻孔。峡谷地区坝址，两岸宜布置平硐，平硐应进入相对完整的岩体。

2) 河床控制性钻孔深度宜为坝高的 1～1.5 倍。在深厚覆盖层河床或地下水位低于河水位地段，钻孔深度可根据需要加深。

3) 钻孔基岩段应进行压水试验。

4) 钻孔基岩段宜进行综合测试。

4 坝区主要岩土体应取样做岩矿鉴定和少量室内物理力学试验。

5 对地下水、地表水进行水质简分析。

4.5 引调水工程

4.5.1 引调水工程线路勘察应包括下列内容：

1 了解沿线地形地貌特征。

2 了解沿线地层岩性，第四纪沉积物的分布和成因类型。

3 了解沿线地质构造特征。

4 了解沿线的水文地质条件，可溶岩区的喀斯特发育特征。

5 了解沿线崩塌、滑坡、泥石流、地下采空区、移动沙丘等的分布情况。

6 了解沿线沟谷、浅埋隧洞及进出口地段的覆盖层厚度，岩体的风化、卸荷发育程度和山坡的稳定性。

7 了解主要渠系建筑物的工程地质条件和主要工程地质问题。

8 了解沿线矿产、地下构筑物和地下管线等的分布。

4.5.2 引调水工程线路的勘察方法应符合下列规定：

1 收集和分析引调水工程区域地质、航（卫）片解译资料，编绘综合地质图。

2 引调水工程线路应进行工程地质测绘，比例尺可选用1:50000～1:10000，测绘范围宜包括各比选线路两侧各 1000～3000m，对于深埋长隧洞宜适当扩大。

3 根据地形和地质条件选用合适的物探方法。物探剖面应结合勘探剖面布置，并应充分利用勘探钻

孔进行综合测试。

4 沿渠道中心线宜布置勘探剖面，勘探点间距宜控制在3000～5000m之间，勘探点深度根据需要确定。沿线的不同地貌单元、地下采空区、跨河建筑物等地段应布置钻孔。

5 隧洞沿线的勘探点宜布置在进出口及浅埋段。

6 应测定沿线地下水位，并取水样进行水质简分析。

7 引调水工程沿线主要岩土层，可进行少量室内试验。根据需要进行原位测试。

4.6 防洪排涝工程

4.6.1 防洪排涝工程勘察应包括下列内容：

1 了解工程区的地形地貌特征。

2 了解工程区地层的成因类型、分布和性质，特别是工程性质不良岩土层的分布情况。

3 了解对工程有影响的物理地质现象分布情况。

4 了解工程区水文地质条件。

4.6.2 防洪排涝工程的勘察方法应符合下列规定：

1 调查、访问、收集分析有关资料。

2 工程地质测绘比例尺可选用 1：50000～1：10000，测绘范围应包括线路两侧各 1000～3000m。

3 根据需要进行少量勘探和室内试验工作。

4.7 灌区工程

4.7.1 灌区工程勘察包括灌排渠道及渠系建筑物的工程地质勘察和灌区水文地质勘察。

4.7.2 灌排渠道及渠系建筑物的工程地质勘察应包括下列内容：

1 了解地形地貌特征。

2 了解地层岩性和第四纪沉积物的分布情况，尤其是工程性质不良岩土层的分布情况。

3 了解泥石流、地面沉降、地下采空区、移动沙丘等的分布情况。

4 了解水文地质条件。

4.7.3 灌排渠道及渠系建筑物的工程地质勘察方法应符合下列规定：

1 工程地质测绘比例尺可选用 1：50000～1：10000，测绘范围宜包括各比选线路两侧各 1000～3000m。

2 根据需要开展地面物探工作。

3 勘探工作应符合下列规定：

  1）沿灌排渠道宜布置勘探剖面，勘探点宜结合渠系建筑物布置。

  2）勘探剖面上的勘探点间距宜控制在 3000～5000m。

  3）勘探工作以坑探为主，结合建筑物需要布置少量钻孔，钻孔深度根据建筑物类型和地质条件确定。

4 岩土试验以物理性质试验为主，主要岩土层的试验累计组数不应少于 3组。

4.7.4 灌区水文地质勘察应包括下列内容：

1 了解水文、气象、农田水利及水资源利用状况。

2 了解主要含水层的空间分布及其水文地质特征，地下水的补给、排泄、径流条件，初步划分水文地质单元。

3 了解地下水化学特征及其变化规律。

4 了解土壤盐渍化的类型、程度及其分布特征。

5 对于可能利用地下水作为灌溉水源的灌区，圈定可能富水地段，概略评价地下水资源，估算地下水允许开采量。

4.7.5 灌区的水文地质勘察方法应符合下列规定：

1 调查收集灌区水文、气象、土壤、地下水资源开发利用现状等资料。

2 水文地质测绘比例尺可选用 1：50000～1：10000，测绘范围应根据灌区规划面积和所处水文地质单元确定。

3 根据需要开展物探工作。

4 勘探工作应符合下列规定：

  1）勘探剖面宜沿水文地质条件和土壤盐渍化变化最大的方向布置，剖面间距根据复杂程度确定。

  2）每个地貌单元应有坑或钻孔控制。

  3）钻孔孔深应达到潜水位以下5～10m；地下水资源勘探孔的孔深应能够确定主要含水层的埋深、厚度。

5 根据需要开展水文地质试验工作。

4.8 河道整治工程

4.8.1 河道整治工程勘察应包括下列内容：

1 了解区域地质特征，分析主要区域构造对河势的影响。

2 了解河道整治地段的地形地貌和河势变化情况。

3 了解河道整治地段地层岩性，第四纪沉积物的成因类型，重点了解松散、软弱、膨胀、易溶等工程性质不良岩土层的分布情况。

4 了解河道整治地段崩塌、滑坡等物理地质现象的分布与规模。

5 了解河道整治地段的水文地质条件。

6 了解河道整治地段河岸利用现状与观测成果，各类已建岸边工程对河道的影响。

7 了解河道整治工程建筑物的工程地质条件和主要工程地质问题。

4.8.2 河道整治工程的勘察方法应符合下列规定：

1 工程地质测绘比例尺可选用 1：50000～

1：10000，测绘范围应包括河道整治地段内的所有工程建筑物，并满足规划方案的需要。

2 不同地貌单元和护岸、裁弯等工程地段可布置勘探坑、孔。

3 可采用工程地质类比法提出主要岩土体的物理力学参数，根据需要进行少量试验证。

4 对地表水和地下水进行水质分析。

4.9 天然建筑材料

4.9.1 应对规划工程所需的天然建筑材料进行普查。

4.9.2 对近期开发工程所需的天然建筑材料宜进行初查，初步评价推荐料场的储量、质量及开采、运输条件。

4.10 勘察报告

4.10.1 规划阶段工程地质勘察报告正文应包括绪言、区域地质概况、各规划方案的工程地质条件及主要工程地质问题、结论和附件等。

4.10.2 绪言应包括规划方案概况、区域地理概况、以往地质研究程度和本阶段完成的勘察工作量。

4.10.3 区域地质概况应包括地形地貌、地层岩性、地质构造与地震、物理地质现象和水文地质条件等。

4.10.4 流域水利水电综合利用规划各方案的工程地质条件应按梯级序次编写，各梯级可按水库、坝址等建筑物分别编写，内容包括基本地质条件及主要工程地质问题初步分析。

4.10.5 引调水工程各方案的工程地质条件可按取水建筑物、渠道及渠系建筑物、隧洞等编写，内容包括基本地质条件及主要工程地质问题初步分析。

4.10.6 流域防洪规划各方案的工程地质条件应按水库、堤防、河道整治等分别编写，内容包括基本地质条件及主要工程地质问题初步分析。

4.10.7 灌区工程应按灌排渠道、渠系建筑物工程地质条件及灌区水文地质条件分别编写。渠道及渠系建筑物工程地质条件应包括基本地质条件及主要工程地质问题初步分析；灌区水文地质条件应包括基本水文地质条件、土壤类型、地下水埋深等，对灌区施灌后可能产生的盐渍化、沼泽化等次生灾害进行分析；当采用地下水作为灌溉水源时，应包括地下水资源初步评价的有关内容。

4.10.8 河道整治工程的工程地质条件可按工程类型分别编写，内容包括区域地质特征与河势、基本地质条件及主要工程地质问题初步分析。

4.10.9 天然建筑材料宜结合规划方案和料源类型编写。

4.10.10 结论应包括对规划方案和近期开发工程选择的地质意见和对下阶段工程地质勘察工作的建议。

5 可行性研究阶段工程地质勘察

5.1 一般规定

5.1.1 可行性研究阶段工程地质勘察应在河流、河段或工程规划方案的基础上选择工程的建设位置，并应对选定的坝址、场址、线路等和推荐的建筑物基本形式、代表性工程布置方案进行地质论证，提供工程地质资料。

5.1.2 可行性研究阶段工程地质勘察应包括下列内容：

1 进行区域构造稳定性研究，确定场地地震动参数，并对工程场地的构造稳定性作出评价。

2 初步查明工程区及建筑物的工程地质条件、存在的主要工程地质问题，并作出初步评价。

3 进行天然建筑材料初查。

4 进行移民集中安置点选址的工程地质勘察，初步评价新址区场地的整体稳定性和适宜性。

5.2 区域构造稳定性

5.2.1 区域构造稳定性评价应包括下列内容：

1 区域构造背景研究。

2 活断层及其活动性质判定。

3 确定地震动参数。

5.2.2 区域构造背景研究应符合下列规定：

1 收集研究坝址周围半径不小于150km范围内的沉积建造、岩浆活动、火山活动、变质作用、地球物理场异常、表层和深部构造、区域性活断层、现今地壳形变、现代构造应力场、第四纪火山活动情况及地震活动性等资料，进行Ⅱ、Ⅲ级大地构造单元和地震区（带）划分，复核区域构造与地震震中分布图。

2 收集和利用区域地质图，调查坝址周围半径不小于25km范围内的区域性断裂，鉴定其活动性。当可能存在活动断层时，应进行坝址周围半径8km范围内的坝区专门性构造地质测绘，测绘比例尺可选用1：50000～1：10000。评价活断层对坝址的影响。

3 引调水线路区域构造背景研究按本条第1款进行，范围为线路两侧各50～100km。

5.2.3 活断层的判定内容应包括活断层的识别、活动年代、活动性质、现今活动强度和最大位移速率等。

5.2.4 活断层可根据下列标志直接判定：

1 错动晚更新世（Q_3）以来地层的断层。

2 断裂带中的构造岩或被错动的脉体，经绝对年龄测定，最新一次错动年代距今10万年以内。

3 根据仪器观测，沿断裂有大于0.1mm/年的位移。

4 沿断层有历史和现代中、强震震中分布或有晚更新世以来的古地震遗迹，或者有密集而频繁的近期微震活动。

5 在地质构造上，证实与已知活断层有共生或同生关系的断裂。

5.2.5 具有下列标志之一的断层，可能为活断层，应结合其他有关资料，综合分析判定：

1 沿断层晚更新世以来同级阶地发生错位；在跨越断裂处水系、山脊有明显同步转折现象或断裂两侧晚更新世以来的沉积物厚度有明显的差异。

2 沿断层有断层陡坎，断层三角面平直新鲜，山前分布有连续的大规模的崩塌或滑坡，沿断裂有串珠状或呈线状分布的斜列式盆地、沼泽和承压泉等。

3 沿断层有水化学异常带、同位素异常带或温泉及地热异常带分布。

5.2.6 活断层的活动年龄应根据下列鉴定结果综合判定：

1 活断层上覆的未被错动地层的年龄。

2 被错动的最新地层和地貌单元的年龄。

3 断层中最新构造岩的年龄。

5.2.7 工程场地地震动参数确定应符合下列规定：

1 坝高大于 200m 的工程或库容大于 $10 \times 10^9 m^3$ 的大（1）型工程，以及 50 年超越概率 10% 的地震动峰值加速度大于或等于 0.10g 地区且坝高大于 150m 的大（1）型工程，应进行场地地震安全性评价工作。

2 对 50 年超越概率 10% 的地震动峰值加速度大于或等于 0.10g 地区，土石坝坝高超过 90m、混凝土坝及浆砌石坝坝高超过 130m 的其他大型工程，宜进行场地地震安全性评价工作。

3 对 50 年超越概率 10% 的地震动峰值加速度大于或等于 0.10g 地区的引调水工程的重要建筑物，宜进行场地地震安全性评价工作。

4 其他大型工程可按现行国家标准《中国地震动参数区划图》GB 18306 确定地震动参数。

5 场地地震安全性评价应包括工程使用期限内，不同超越概率水平下，工程场地基岩的地震动参数。

5.2.8 在构造稳定性方面，坝（场）址选择应符合下列准则：

1 坝（场）址不宜选在 50 年超越概率 10% 的地震动峰值加速度大于或等于 0.40g 的强震区。

2 大坝等主体建筑物不宜建在活断层上。

3 在上述两种情况下建坝时，应进行专门论证。

5.3 水 库

5.3.1 水库区工程地质勘察应包括下列内容：

1 初步查明水库区的水文地质条件，确定可能的渗漏地段，估算可能的渗漏量。

2 初步查明库岸稳定条件，确定崩塌、滑坡、泥石流、危岩体及潜在不稳定岸坡的分布位置，初步

评价其在天然情况及水库运行后的稳定性。

3 初步查明可能坍岸位置，初步预测水库运行后的坍岸形式和范围，初步评价其对工程、库区周边城镇、居民区、农田等的可能影响。

4 初步查明可能产生浸没地段的地质和水文地质条件，初步预测水库浸没范围和严重程度。

5 初步研究并预测水库诱发地震的可能性、发震位置及强度。

6 调查是否存在影响水质的地质体。

5.3.2 水库渗漏勘察应包括下列内容：

1 初步查明可溶岩、强透水岩土层、通向库外的大断层、古河道以及单薄（低矮）分水岭等的分布及其水文地质条件，初步分析渗漏的可能性，估算水库建成后的渗漏量。

2 碳酸盐岩地区应初步查明喀斯特的发育和分布规律、隔水层和非喀斯特岩层的分布特征及构造封闭条件、不同层组的喀斯特化程度，主要喀斯特泉水的流量及其补给范围、地下水分水岭的位置、水位、地下水动态，初步分析水库渗漏的可能性和渗漏形式，估算渗漏量，初步评价对建库的影响程度和处理的可能性。喀斯特渗漏评价应符合本规范附录 C 的规定。

3 修建在干河谷或悬河上的水库，应初步查明水库的垂向渗漏和侧向渗漏情况，以及地下水的外渗途径和排泄区。

5.3.3 水库库岸稳定勘察应包括下列内容：

1 初步查明库岸地形地貌、地层岩性、地质构造、岩土体结构及物理地质现象等。

2 初步查明库岸地下水补给、径流与排泄条件。

3 初步查明库岸岩土体物理力学性质，调查水上、水下与水位变动带稳定坡角。

4 初步查明水库区对工程建筑物、城镇和居民区环境有影响的滑坡、崩塌和其他潜在不稳定岸坡的分布、范围与规模，分析库岸变形失稳模式，初步评价水库蓄水前和蓄水后的稳定性及其危害程度。

5 由第四纪沉积物组成的岸坡，应初步预测水库坍岸带的范围。

6 进行库岸稳定性工程地质分段。

5.3.4 水库浸没勘察应包括下列内容：

1 调查当地气候，降雨，冻土层深度，盐渍化、沼泽化的历史及现状等自然情况。

2 初步查明水库周边的地貌特征，潜水含水层的厚度，地层岩性、分层，基岩或相对隔水层的埋藏深度，地下水位以及地下水的补排条件。

3 初步查明土壤盐渍化、沼泽化现状、主要农作物种类、根须层厚度、表层土的毛管水上升高度。

4 调查城镇和居民区建筑物的类型、基础形式和埋深及是否存在膨胀土、黄土、软土等工程性质不良岩土层。

5 预测浸没的可能性，初步确定浸没范围和危害程度。浸没判别应符合本规范附录D的规定。

5.3.5 水库区的工程地质勘察方法应符合下列规定：

1 工程地质测绘的比例尺可选用1∶50000～1∶10000，对可能威胁工程安全的滑坡和潜在不稳定岸坡，可选用更大的比例尺。

2 测绘范围除应包括整个库盆外，还应包括下列地区：

1）喀斯特地区应包括可能存在渗漏的河间地块、邻谷和坝下游地段。

2）盆地或平原型水库应测到水库正常蓄水位以上可能浸没区所在阶地后缘或相邻地貌单元的前缘。

3）峡谷型水库应测到两岸坡顶，并包括坝址下游附近的塌滑体、泥石流沟和潜在不稳定岸坡分布地段。

3 物探应根据地形、地质条件，采用综合物探方法，探测库区滑坡体，可能发生渗漏或浸没地区的地下水位、隔水层的埋深、古河道和喀斯特通道以及隐伏大断层破碎带的延伸情况等。

4 水库区勘探剖面和勘探点的布置应符合下列规定：

1）可能渗漏地段水文地质勘探剖面应平行地下水流向或垂直渗漏带布置。勘探剖面上的钻孔应进入可靠的相对隔水层或可溶岩层中的非喀斯特化岩层。

2）浸没区水文地质勘探剖面应垂直库岸或平行地下水流向布置。勘探点宜采用试坑或钻孔，试坑应挖到地下水位，钻孔应进入相对隔水层。

3）坍岸预测剖面应垂直库岸布置，水库死水位或陡坡脚高程以下应有坑、孔控制。

4）滑坡体应按滑动方向布置纵横剖面。剖面上的勘探坑、孔、竖井应进入下伏稳定岩土体5～10m，平硐应揭露可能的滑动面。

5 岩土试验应根据需要，结合勘探工程布置。有关岩土物理力学性质参数，可根据试验成果或按工程地质类比法选用。岩土物理力学性质参数的取值应符合本规范附录E的规定。

6 可能发生渗漏或浸没的地段，应利用已有钻孔和水井进行地下水位观测。重点地段宜埋设长期观测装置进行地下水动态观测，观测时间不应少于一个水文年。对可能渗漏地段，有条件时应进行连通试验。

7 近坝库区的大型不稳定岸坡应布置岩土体位移监测和地下水动态观测。

5.3.6 水库诱发地震预测应包括下列内容：

1 进行全库区的水库诱发地震地质环境分区。

2 预测可能诱发地震的库段。

3 预测可能发生诱发地震的成因类型。

4 预测水库诱发地震的最大震级和相应烈度。

5.3.7 水库诱发地震预测研究工作宜包括下列内容：

1 初步查明水库区及影响区地层岩性、火成岩的分布和岩体结构类型。

2 初步查明水库区及影响区区域性和地区性断裂带的产状、规模、展布、力学性质、现今活动性、透水性及与库水的水力联系。

3 初步查明水库区及影响区中新生代构造盆地的分布、其边界断裂的现今活动性、透水性及与库水的水力联系。

4 初步查明水库区及影响区的水文地质条件，泉水和温泉的分布、地热异常分布、喀斯特发育程度、规模及与库水的关系。

5 收集水库区及影响区历史地震记载和现代仪测地震。

6 了解水库区的现今构造应力场。

7 初步查明水库区岸坡卸荷变形破坏现象和采矿矿洞分布及规模。

8 初步查明水库区及影响区天然喀斯特塌陷和矿洞塌陷的规模和频度。

9 水库诱发地震的预测研究工作应充分利用水库区工程地质勘察和地震安全性评价工作的成果。

5.3.8 当预测有可能发生水库诱发地震时，应提出设立临时地震台站和建设地震台网的初步规划和建议。

5.4 坝　址

5.4.1 坝址勘察应包括下列内容：

1 初步查明坝址区地形地貌特征，平原区河流坝址应初步查明牛轭湖、决口口门、沙丘、古河道等的分布、埋藏情况、规模及形态特征。当基岩埋深较浅时，应初步查明基岩面的倾斜和起伏情况。

2 初步查明基岩的岩性、岩相特征，进行详细分层，特别是软岩、易溶岩、膨胀性岩层和软弱夹层等的分布和厚度，初步评价其对坝基或边坡岩体稳定的可能影响。

3 初步查明河床和两岸第四纪沉积物的厚度、成因类型、组成物质及其分层和分布，湿陷性黄土、软土、膨胀土、分散性土、粉细砂和架空层等的分布，基岩面的埋深、河床深槽的分布。初步评价其对坝基、坝肩稳定和渗漏的可能影响。

4 初步查明坝址区内主要断层、破碎带，特别是顺河断层和缓倾角断层的性质、产状、规模、延伸情况、充填和胶结情况，进行节理裂隙统计，初步评价各类结构面的组合对坝基、边坡岩体稳定和渗漏的影响。

5 初步查明坝址区地下水的类型、赋存条件、水位、分布特征及其补排条件，含水层和相对隔水层埋深、厚度、连续性、渗透性，进行岩土渗透性分级，初步评价坝基、坝肩渗漏的可能性、渗透稳定性和渗控工程条件。岩土体渗透性分级应符合本规范附录 F 的规定，土的渗透变形判别应符合本规范附录 G 的规定。

6 初步查明坝址区岩体风化、卸荷的深度和程度，初步评价不同风化带、卸荷带的工程地质特性。岩体风化带划分应符合本规范附录 H 的规定，岩体卸荷带划分应符合本规范附录 J 的规定。

7 初步查明坝址区崩塌、滑坡、危岩及潜在不稳定体的分布和规模，初步评价其可能的变形破坏形式及对坝址选择和枢纽建筑物布置的影响。边坡稳定初步评价应符合本规范附录 K 的规定。

8 初步查明坝址区泥石流的分布、规模、物质组成、发生条件及形成区、流通区、堆积区的范围，初步评价其发展趋势及对坝址选择和枢纽建筑物布置的影响。

9 可溶岩坝址区应初步查明喀斯特发育规律及主要洞穴、通道的规模、分布、连通和充填情况，初步评价可能发生渗漏的地段、渗漏量，喀斯特洞穴对坝址和枢纽建筑物的影响。

黄土地区应初步查明黄土喀斯特分布、规模及发育特征，初步评价其对坝址和枢纽建筑物的影响。

10 初步查明坝址区环境水的水质，初步评价环境水的腐蚀性。环境水腐蚀性判别应符合本规范附录 L 的规定。

11 初步查明岩土体的物理力学性质，初步提出岩土体物理力学参数。

12 初步评价各比选坝址及枢纽建筑物的工程地质条件，提出坝址比选和基本坝型的地质建议。

5.4.2 坝址的勘察方法应符合下列规定：

1 工程地质测绘应符合下列规定：

1）工程地质测绘范围包括各比选坝址主副坝、导流工程和枢纽建筑物布置等有关地段。当比选坝址相距在 2km 及以上时，可分别单独测绘成图。

2）工程地质测绘比例尺可选用 1：5000～1：2000。

2 物探应符合下列规定：

1）物探方法应根据勘察目的及坝址区的地形、地质条件和岩土体的物理特性等确定。

2）物探剖面宜结合勘探剖面布置，并应充分利用钻孔进行综合测试。

3）坝址两岸应利用平硐进行岩体弹性波测试。

3 坝址勘探布置应符合下列规定：

1）各比选坝址应布置一条主要勘探剖面。坝高 70m 及以上或地质条件复杂的主要坝址，应在主要勘探剖面上、下游布置辅助勘探剖面。

2）主要勘探剖面勘探点间距不应大于 100m。其中，河床部位不应少于 2 个钻孔。两岸坝肩部位，在设计正常蓄水位以上也应布置钻孔。

3）峡谷区河流坝址两岸坝肩部位应分高程布置平硐。坝高在 70m 及以上或拱坝，在设计正常蓄水位以上可根据需要布置平硐。

4）土石坝应沿河流方向布置渗流分析勘探剖面，勘探钻孔间距视需要确定。土石坝的混凝土建筑物应沿建筑物轴线布置勘探剖面。

5）当存在影响坝址选择的顺河断层、河床深槽和潜在不稳定岸坡等不良地质现象时，应布置钻孔，可视需要布置平硐。

6）软弱夹层及主要缓倾角结构面勘探应布置探井（大口径钻孔）和平硐。

7）坝址区有较厚粉细砂或软土、淤泥质土等工程性质不良岩土层分布时，应布置原位测试孔。

8）对影响坝址选择的重要地质现象，应根据需要布置专门性的勘探工作。

4 坝址勘探钻孔深度应符合下列规定：

1）峡谷区坝址河床钻孔深度应符合表 5.4.2 的规定，两岸岸坡上的钻孔深度应达到河水位高程以下，并进入相对隔水层。

表 5.4.2 峡谷区坝址河床钻孔深度

覆盖层厚度	钻孔进入基岩深度（m）	
（m）	坝高 $H \geq 70$m	坝高 $H < 70$m
<40	$H/2 \sim H$	H
≥40，且<H	>50	30～50
≥40，且>H	>20	

2）平原区建在深厚覆盖层上的坝，勘探钻孔进入建基面以下的深度不应小于坝高的 1.5 倍，在此深度内若遇有泥炭、软土、粉细砂及强透水层等时，还应进入下卧承载力较高的土层或相对隔水层。

当基岩埋深小于坝高的 1.5 倍时，钻孔进入基岩深度不宜小于 10m。

3）可溶岩地区钻孔深度可根据具体情况确定。

4）控制性钻孔或专门性钻孔深度应按实际需要确定。

5 水文地质测试应符合下列规定：

1）勘探中应观测地下水位，收集勘探过程中的水文地质资料。

2）基岩地层应进行钻孔压（注）水试验，测定岩体透水率或渗透系数；根据需要采用物探方法测试地下水的有关参数。

3）第四纪沉积物应进行钻孔抽水或注水试验，测定渗透系数。

4) 可能存在集中渗漏的地带应进行连通试验。
5) 应进行水质分析。
6 岩土试验应符合下列规定：
1) 每一主要岩石（组）室内试验累计有效组数不应少于6组。每一主要土层室内试验累计有效组数不应少于6组。
2) 土基应根据土的类型选择标准贯入、动力触探、静力触探、十字板剪切等方法进行原位试验，主要土层试验累计有效数量不宜少于6组（段、点）。河床深厚砂卵砾石层取样与原位测试宜符合本规范附录M的规定。
3) 控制坝基稳定和变形的岩土层可进行原位变形和剪切试验，剪切试验不少于2组，变形试验不少于3点。
4) 特殊岩土应根据其工程地质特性进行专门试验。
7 长期观测应符合下列规定：
1) 勘察期间应进行地下水动态观测，对推荐的坝址应布置地下水长期观测孔。
2) 影响坝址选择的潜在不稳定岸坡应进行岸坡位移变形观测，观测线应在平行和垂直可能位移变形的方向布置。

5.5 发电引水线路及厂址

5.5.1 发电引水线路勘察应包括下列内容：
1 初步查明引水线路地段地形地貌特征和滑坡、泥石流等不良物理地质现象的分布、规模。
2 初步查明引水线路地段地层岩性、覆盖层厚度、物质组成和松散、软弱、膨胀等工程性质不良岩土层的分布及其工程地质特性。隧洞线路尚应初步查明喀斯特发育特征、放射性元素有害气体等。
3 初步查明引水线路地段的褶皱、断层、破碎带等各类结构面的产状、性状、规模、延伸情况及岩体结构等，初步评价其对边坡和隧洞围岩稳定的影响。
4 初步查明引水线路岩体风化、卸荷特征，初步评价其对渠道、隧洞进出口、傍山浅埋及明管铺设地段的边坡和洞室稳定性的影响。
5 初步查明引水线路地段地下水位、主要含水层、汇水构造和地下水溢出点的位置、高程、补排条件等，初步评价其对引水线路的影响。隧洞尚应初步查明与地表溪沟连通的断层破碎带、喀斯特通道等的分布，初步评价掘进时突水（泥）、涌水的可能性及对围岩稳定和周边环境的可能影响。
6 进行岩土体物理力学性质试验，初步提出有关物理力学参数。
7 进行隧洞围岩工程地质初步分类。围岩工程地质分类应符合本规范附录N的规定。

5.5.2 地面式厂房勘察应包括下列内容：
1 初步查明场址区地形地貌特征及岩体风化带、卸荷带、倾倒体、滑坡、崩塌堆积体、喀斯特、地下采空区等的分布，初步评价其对厂房及附属建筑物场地稳定的影响。
2 初步查明场址区的地层岩性，软弱和易溶岩层、软土、粉细砂、湿陷性黄土、膨胀土和分散性土的分布与埋藏条件，并对岩土的物理力学性质和承载能力作出初步评价。对可能地震液化土应进行液化判别，土的地震液化判别应符合本规范附录P的规定。
3 初步查明场址区的地质构造，断层、破碎带、节理裂隙等的性质、产状、规模和展布情况，结构面的组合关系及其对厂址和边坡稳定的影响。
4 初步查明场址区的水文地质条件。初步评价电站压力前池的渗漏、渗透稳定条件以及基坑开挖发生涌水、涌砂的可能性。
5 进行岩土体物理力学性质试验，初步提出有关物理力学性质参数。

5.5.3 地下厂房勘察除应符合本规范第5.5.1条的有关规定外，尚应包括下列内容：
1 初步查明地下厂房和洞群布置地段的岩性组成和岩体结构特征及各类结构面的产状、性状、规模、空间展布和相互切割组合情况，初步评价其对顶拱、边墙、洞群间岩体、交岔段、进出口以及高压管道上覆岩体等稳定的影响。
2 初步查明地下厂房地段地应力、地温、有害气体和放射性元素等情况，初步评价其影响。

5.5.4 发电引水线路及厂址的勘察方法应符合下列规定：
1 工程地质测绘应符合以下规定：
1) 引水线路测绘范围应包括线路及两侧300～1000m，厂址测绘范围应包括厂房和附属建筑物场地及周围200～500m。
2) 引水线路测绘比例尺可选用1∶10000～1∶2000，隧洞进出口段及厂址测绘比例尺可选用1∶2000～1∶1000。
2 宜采用综合物探方法探测覆盖层厚度、地下水位、古河道、隐伏断层、喀斯特洞穴等，并应利用钻孔和平硐进行综合测试。
3 勘探应符合下列规定：
1) 沿引水线路轴线应布置勘探剖面。进出口、调压井、高压管道和厂房等场地宜布置横剖面。勘探点应结合地形地质条件布置。
2) 隧洞进出口、傍山、浅埋、明管铺设等地段以及存在重大地质问题的地段应布置勘探钻孔或平硐。
3) 地下厂房区可布置平硐。
4) 引水隧洞、地下厂房钻孔深度宜进入设计洞底、厂房建基面高程以下 10～30m，但不应小于隧洞洞径或地下厂房跨度。

地面厂房钻孔深度，当地基为基岩时宜进入建基面高程以下 20～30m；当地基为第四纪沉积物时应根据地质条件和建筑物荷载大小综合确定。

4 勘探过程中应收集水文地质资料。隧洞和建筑物场地钻孔应根据需要进行抽水、压（注）水试验和地下水动态观测。

5 岩土试验应符合下列规定：

1）主要岩土层室内试验累计有效组数不应少于 6 组。

2）特殊岩土应根据其工程地质特性进行专门试验。

3）土基厂址的主要土层应进行原位测试。

6 隧洞和地下厂房可利用平硐或钻孔进行岩体变形参数、岩体波速等原位测试。

7 隧洞和地下厂房应利用平硐或钻孔进行地应力、地温、有害气体和放射性元素测试。岩爆的判别宜符合本规范附录 Q 的规定。

5.6 溢 洪 道

5.6.1 溢洪道勘察应包括下列内容：

1 初步查明溢洪道区地形地貌特征及滑坡、泥石流、崩塌体等的分布和规模。

2 初步查明溢洪道区地层岩性，覆盖层厚度、物质组成，基岩风化、卸荷深度和岩土体透水性。

3 初步查明溢洪道区断层、破碎带、软弱夹层、缓倾角结构面等的性质、产状、规模和展布情况，结构面的组合关系。

4 进行岩土体物理力学性质试验，初步提出有关物理力学参数。

5 初步评价溢洪道边坡、泄洪闸基的稳定条件以及下游消能段岩体的抗冲条件和冲刷坑岸坡的稳定条件。

5.6.2 溢洪道的勘察方法应符合下列规定：

1 工程地质测绘比例尺可选用 1：5000～1：2000。当溢洪道与坝址邻近时，可与坝址一并测绘成图。

2 勘探剖面应沿设计溢洪道中心线和消能设施等主要建筑物布置，钻孔深度宜进入设计建基面高程以下 20～30m，泄洪闸基钻孔深度应满足防渗要求。

3 泄洪闸基岩钻孔应进行压水试验。

4 主要岩土层室内试验累计有效组数不应少于 6 组。

5.7 渠道及渠系建筑物

5.7.1 渠道勘察应包括下列内容：

1 初步查明渠道沿线的地形地貌和喀斯特塌陷区、古河道、移动沙丘、地下采空区及矿产等的分布与规模。对于穿越城镇、工矿区的渠道，应调查和探测地下构筑物、地下管线等。

2 初步查明渠道沿线的地层岩性，重点是工程性质不良岩土层的分布及其对渠道的影响。特殊土勘察要点应符合本规范附录 R 的规定。

3 初步查明渠道沿线含水层和隔水层的分布，地下水补排条件、水位、水质、岩土体的渗透性、土壤的盐渍化现状，并对环境水文地质条件的可能变化进行初步预测。

4 初步查明傍山渠道沿线崩塌体、滑坡体、泥石流、洪积扇、残坡积土等的分布、规模及覆盖层厚度，基岩风化带、卸荷带深度、地质构造和主要结构面的组合等，并对边坡稳定性进行初步评价。

5 初步查明岩土物理力学性质，初步提出岩土物理力学参数。

6 进行渠道工程地质初步分段。对可能发生严重渗漏、浸没、地震液化、岩土膨胀、黄土湿陷、滑塌、冻胀与融沉等工程地质问题作出初步评价。膨胀土的判别应符合本规范附录 S 的规定。黄土湿陷性及湿陷起始压力的判定应符合本规范附录 T 的规定。

5.7.2 渠系建筑物勘察除应符合本规范第 5.7.1 条的规定外，尚应包括下列内容：

1 初步查明建筑物区水文地质条件，对地基渗漏和渗透稳定条件及基坑开挖过程中发生涌水、涌砂的可能性作出初步评价。

2 结合建筑物基础形式，初步查明各岩土层的物理力学性质。

3 应对建筑物地基进行工程地质初步评价。

5.7.3 渠道及渠系建筑物的勘察方法应符合下列规定：

1 工程地质测绘比例尺：渠道可选用 1：10000～1：5000，渠系建筑物可选用 1：2000～1：1000。

2 工程地质测绘范围应包括各比选渠线两侧各 500～1500m，渠系建筑物应包括对建筑物可能有影响的地段，对高边坡及傍山渠段测绘范围应适当扩大。

3 宜采用物探方法探测覆盖层厚度、岩体风化程度、地下水位、古河道、隐伏断层、喀斯特洞穴、地下采空区、地下构筑物和地下管线等。

4 勘探布置应符合下列规定：

1）沿渠道中心线应布置勘探坑、孔，勘探点间距 500～1000m；勘探横剖面间距 1000～2000m，横剖面上的钻孔数不应少于 3 个。傍山渠道勘探点应适当加密，高边坡地段宜布置勘探平硐。

2）渠系建筑物宜布置纵、横勘探剖面，建筑物轴线钻孔间距宜控制在 100～200m 之间，剖面上的钻孔数不宜少于 3 个。

3) 挖方渠道钻孔深度宜进入设计渠底板以下 5～10m，填方渠道钻孔深度应能满足稳定分析的要求；渠系建筑物钻孔深度宜进入设计建基面以下 20～30m，或进入基础以下一定深度。特殊情况应适当加深。

4) 钻孔在钻进过程中应收集水文地质资料，并应根据需要进行抽水、压（注）水试验和地下水动态观测，对可能存在渗漏、浸没或盐渍化地段，应进行野外注水试验。

5 岩土试验应符合下列规定：

1) 岩土物理力学性质试验应以室内试验为主。原位测试方法宜根据土（岩）类和工程需要选择。

2) 对特殊土应进行专门试验。

3) 渠道各工程地质单元（段）和渠系建筑物地基主要岩土层的室内试验累计有效组数不应少于 6 组。

5.8 水闸及泵站

5.8.1 水闸及泵站场址勘察应包括以下内容：

1 初步查明水闸及泵站场地的地形地貌，重点为古河道、牛轭湖、决口口门等的位置、分布和埋藏情况。

2 初步查明水闸及泵站场地滑坡、泥石流等不良地质现象的分布。

3 初步查明水闸及泵站场地的地层结构、岩土类型和物理力学性质，重点为工程性质不良岩土层的分布情况和工程特性。

4 初步查明地下水类型、埋深及岩土透水性，透水层和相对隔水层的分布，地表水和地下水水质，初步评价地表水、地下水对混凝土及钢结构的腐蚀性。

5 进行岩土物理力学性质试验，初步提出岩土物理力学参数。

6 初步评价建筑物场地地基承载力、渗透稳定、抗滑稳定、地震液化和边坡稳定性等。

5.8.2 水闸及泵站场址的勘察方法应符合下列规定：

1 工程地质测绘比例尺可选用 1：5000～1：1000。测绘范围应包括比选方案在内的所有建筑物地段，进水和泄水方向应包括可能危及工程安全运行的地段。

2 可采用物探或调查访问方法确定古河道、牛轭湖、决口口门、沙丘等的分布、位置和埋藏情况。宜采用物探方法测定土体的动力参数。

3 纵、横勘探剖面和勘探点应结合建筑物、场址的地形地质条件布置；主要勘探剖面的钻孔间距宜控制在 50～100m 之间，每条剖面不应少于 3 个孔。

4 闸基勘探钻孔进入建基面以下的深度，不应小于闸底板宽度的 1.5 倍，在此深度内遇有泥炭、软土、粉细砂及强透水层等工程性质不良岩土层时，钻孔应进入下卧的承载力较高的土层或相对隔水层。当基岩埋深小于闸底板宽度的 1.5 倍时，钻孔进入基岩深度不宜小于 5～10m。

5 泵站勘探钻孔深度，当地基为基岩时宜进入建基面以下 10～15m，当地基为第四纪沉积物时应根据持力层情况确定。

6 分层取原状土样进行物理力学性质试验及渗透试验。各建筑物地基主要岩土层的室内试验累计有效组数均不应少于 6 组；当主要持力层为第四纪沉积物时，应根据土层类别选择合适的原位测试方法，每一主要土层试验累计有效数量不宜少于 6 组（段、点）。

7 根据需要进行抽水试验、压（注）水试验、地下水动态观测工作。应取水样进行水质分析。

5.9 深埋长隧洞

5.9.1 深埋长隧洞勘察除应符合本规范第 5.5.1 条的有关规定外，尚应包括下列内容：

1 初步查明可能产生高外水压力、突（涌）水（泥）的地质条件。

2 初步查明可能产生围岩较大变形的岩组及大断裂破碎带的分布及特征。

3 初步查明地应力特征及产生岩爆的可能性。

4 初步查明地温分布特征。

5 初步评价成洞条件及存在的主要地质问题，提出地质超前预报的初步设想。

5.9.2 深埋长隧洞进出口段及浅埋段的勘察方法应符合本规范第 5.5.4 条的有关规定。

5.9.3 深埋段的勘察方法应符合下列规定：

1 收集本区已有的航片、卫片、各种比例尺的地质图及相关资料，进行分析与航片、卫片解译。

2 工程地质测绘比例尺可选用 1：50000～1：10000，测绘范围应包括隧洞各比选线及其两侧各 1000～5000m，当水文地质条件复杂时可根据需要扩大。

3 选择合适的物探方法，探测深部地质构造特征、喀斯特发育特征等。

4 宜选择合适位置布置深孔，进行地应力、地温、地下水位、岩体渗透性、岩体波速等综合测试。

5 进行岩石物理力学性质试验。

5.10 堤防及分蓄洪工程

5.10.1 堤防及分蓄洪工程勘察应包括下列内容：

1 初步查明新建堤防各堤线的水文地质、工程地质条件及存在的主要工程地质问题，并对堤线进行比较，初步预测堤防挡水后可能出现的环境地质问题。

2 调查已建堤防工程散浸、管涌、堤防溃口等历史险情。对堤身质量进行检测、评价。

3 初步查明已建堤防堤基的水文地质、工程地质条件及存在的主要工程地质问题，结合历年险情隐患对堤基进行初步分段评价。

4 初步查明堤岸岸坡的水文地质、工程地质条件，并对岸坡稳定性进行初步分段评价。

5 初步查明分蓄洪区围堤，转移道路、桥梁和安全区内各建筑物的水文地质、工程地质条件及存在的主要工程地质问题。

6 初步提出各土（岩）层的物理力学参数。

5.10.2 堤防及分蓄洪工程的勘察方法应符合下列规定：

1 工程地质测绘比例尺可选用 1：50000～1：10000。新建堤防测绘范围为堤线两侧各 500～2000m，已建堤防为堤线两侧各 300～1000m，并应包括各类险情分布范围。

2 勘探纵剖面沿堤线布置，钻孔间距宜为 500～1000m；横剖面垂直堤线布置，间距宜为纵剖面上钻孔间距的 2～4 倍，孔距宜为 20～200m。钻孔进入堤基的深度宜为堤身高度的 1.5～2.0 倍。

3 应取样进行物理力学性质试验及渗透试验。每一工程地质单元各主要土（岩）层试验累计有效组数不应少于 6 组。

5.11 灌区工程

5.11.1 灌区的工程地质勘察内容应符合本规范第 5.7.1 条和第 5.7.2 条的规定。

5.11.2 灌区的工程地质勘察方法应符合下列规定：

1 进行渠道纵横剖面工程地质测绘，比例尺可选用 1：10000～1：1000。

2 渠道勘探以坑、孔为主，间距宜为 500～1000m，深度宜进入设计渠底板以下不小于 5m 或根据需要确定；各建筑物场地应布置钻孔，钻孔深度宜进入设计建基面以下 20～30m，或进入基础以下一定深度。

3 岩土物理力学性质试验应以室内试验为主。原位测试方法宜根据土（岩）类和工程需要选择。

5.11.3 灌区水文地质勘察应包括下列内容：

1 初步查明地层岩性、第四纪沉积物的成因类型和分布情况。

2 初步查明主要含水层的空间分布及其水文地质特征，地下水的补给、排泄、径流条件及其动态变化规律。

3 当采用地下水作为灌溉水源时，初步查明主要含水层水质、补给量、储存量和允许开采量。对拟建水源地的可靠性进行评价。

4 初步查明地下水的水质、土壤盐渍化的类型、程度及其分布特征。

5 初步确定地下水埋深临界值和地下排水模数。

6 初步评价土壤改良的水文地质条件，提出防治土壤盐渍化、沼泽化的建议。

5.11.4 灌区的水文地质勘察方法应符合下列规定：

1 水文地质测绘比例尺可选用 1：50000～1：10000，测绘范围应根据水文地质条件确定。

2 进行地面物探和水文测井工作。

3 勘探剖面一般应沿水文地质条件和土壤盐渍化变化最大的方向布置，勘探点、线的间距应根据水文地质复杂程度合理确定。

4 进行水文地质试验和地下水动态观测工作。

5.12 河道整治工程

5.12.1 河道整治工程勘察应包括下列内容：

1 初步查明河道整治地段的岸坡形态、滩地、冲沟、古河道等的分布和近岸河底形态。

2 初步查明河道整治地段河势稳定状况、河床的冲淤变化，并对岸坡、滩地等的稳定性进行初步评价。

3 初步查明河道整治地段地层岩性，重点是软土、粉细砂等土层的分布和向近岸水下延伸情况。

4 初步查明河道整治地段崩塌、滑坡等物理地质现象的分布与规模。

5 初步查明河道整治地段的地下水类型、地下水位和水质。

6 初步查明各岩土层物理力学性质，初步提出岩土层物理力学参数。

7 初步查明河道整治工程建筑物的工程地质条件和主要工程地质问题。

5.12.2 河道整治工程的勘察方法应符合下列规定：

1 工程地质测绘比例尺可选用 1：10000～1：5000。测绘范围为工程边线外 200～500m，并应包括各类险情分布范围。

2 可根据各类河道整治工程的要求布置勘探坑、孔。钻孔深度应进入河道深泓底以下 5～10m。

3 根据需要进行取样试验和原位测试。

5.13 移民选址

5.13.1 可行性研究阶段移民选址工程地质勘察应结合移民安置规划进行，为初选移民新址提供地质依据。

5.13.2 移民选址工程地质勘察应包括下列内容：

1 评价新址区区域构造稳定性。

2 初步查明新址区基本地形地质条件，重点是对场址整体稳定性有影响的地质结构及特殊岩（土）体的分布。

3 初步查明新址区及外围滑坡、崩塌、危岩、冲沟、泥石流、坍岸、喀斯特等不良地质现象的分布范围及规模，初步分析其对新址区场地稳定性的影响。

4 初步查明生产、生活用水水源、水量、水质及开采条件。

5 进行新址区场地稳定性、建筑适宜性初步评价。

5.13.3 移民选址的工程地质勘察方法应符合下列规定：

1 应收集区域地质、地震、矿产、航片、卫片、气象、水文等资料。

2 新址区工程地质测绘比例尺可选用1：10000～1：2000，工程地质测绘范围应包括新址区及对新址区场地稳定性评价有影响的地区。

3 按地形坡度小于10°、10°～15°、15°～20°和大于20°分别统计面积。

4 新址区勘探剖面应结合地貌单元及地质条件布置，不同地貌单元应有勘探点控制。

5 取样进行试验和原位测试。每一主要岩（土）层的试验累计有效组数不宜少于6组。试验项目宜根据场地岩土体的实际条件确定。

6 对生产、生活用水水源应进行水质分析。

5.14 天然建筑材料

5.14.1 对工程所需的天然建筑材料应进行初查，对影响设计方案选择的料场宜进行详查。

5.14.2 初步查明料场地形地质条件、岩土结构、岩性、夹层性质及空间分布，地下水位，剥离层、无用层厚度及方量，有用层储量、质量，开采运输条件和对环境的影响。

5.14.3 初查储量与实际储量的误差不应超过40%；初查储量不得少于设计需要量的3倍。

5.15 勘察报告

5.15.1 可行性研究阶段工程地质勘察报告正文应包括绪言、区域地质概况、工程区及建筑物工程地质条件、天然建筑材料以及结论与建议等。

5.15.2 绪言应包括工程概况、勘察地区的自然地理条件，历次所进行的勘察工作情况和研究深度，有关审查和评估意见，本阶段及历次完成的工作项目和工作量等。

5.15.3 区域地质概况应包括区域地形地貌、地层岩性、地质构造与地震、物理地质现象、水文地质条件、区域构造稳定性及地震动参数等。

5.15.4 水库区工程地质条件应包括库区的地质概况、水库渗漏、浸没、库岸稳定、泥石流等工程地质问题及初步评价，水库诱发地震的预测结果及监测建议等。

5.15.5 坝址区的工程地质条件应按坝址、引水发电系统、溢洪道、主要临时建筑物等节编写。

1 坝址工程地质条件应包括坝址地质概况、各比选坝址的工程地质条件、对坝址选择的意见、推荐坝址的工程地质条件和主要工程地质问题。

2 引水发电系统的工程地质条件应包括地质概况、各比选方案的工程地质条件，推荐方案隧洞进出口段、洞身段、调压井和厂房等的工程地质条件和主要工程地质问题。

3 溢洪道、通航建筑物及其他建筑物的工程地质条件。

5.15.6 引调水工程的工程地质条件应包括地质概况、各比选方案的工程地质条件、方案比选地质意见和推荐方案的工程地质条件。推荐方案可按渠道、渠系建筑物、管道、隧洞等分别进行论述和评价。

5.15.7 水闸和泵站工程地质条件应包括地质概况、各比选闸（站）址的工程地质条件、闸（站）址方案比选地质意见和推荐闸（站）址的工程地质条件。

5.15.8 灌区工程地质条件应按灌排渠道、渠系建筑物工程地质条件及灌区水文地质条件分别编写。灌排渠道、渠系建筑物工程地质条件应包括基本地质条件、各比选方案的工程地质条件、方案比选地质意见和推荐方案的工程地质条件；灌区水文地质条件应包括基本水文地质条件、土壤类型、地下水埋深等，对灌区施灌后可能产生的盐渍化、沼泽化等次生灾害进行分析；当采用地下水作为灌溉水源时，应包括地下水资源初步评价的有关内容。

5.15.9 堤防及分蓄洪区工程地质条件应按堤防、涵闸、泵站、护岸工程等分节编写，并应符合下列规定：

1 堤防工程地质条件应包括地质概况、各比选堤线的工程地质条件和线路比选地质意见，推荐堤线的工程地质分段说明，对已有堤防，还应说明堤身的填筑质量和历年出险情况。

2 涵闸和泵站工程地质条件应包括地基各土层的分布、物理力学特性，存在的主要工程地质问题和地基处理建议等。

3 护岸工程地质条件应包括地貌特征、河岸演变、土层特性、冲刷深度、岸坡稳定现状等。

5.15.10 河道整治工程地质条件应包括地质概况、开挖岩土层类别、建议开挖的边坡等。

5.15.11 天然建筑材料编写内容应包括设计需求量、各料场位置及地形地质条件、勘探和取样、储量和质量、开采和运输条件等。

5.15.12 结论与建议应包括方案比选地质意见、推荐方案各主要建筑物的工程地质结论、下阶段勘察工作建议。

5.15.13 移民选址工程地质勘察报告编写应符合下列规定：

1 移民选址工程地质勘察报告应包括绪言、区域地质概况、基本地质条件、主要工程地质与环境地质问题、生产及生活水源、场地稳定性和场地适宜性评价、结论与建议。

2 报告附图宜包括移民新址综合地质图及地质

剖面图等。

6 初步设计阶段工程地质勘察

6.1 一般规定

6.1.1 初步设计阶段工程地质勘察应在可行性研究阶段选定的坝（场）址、线路上进行。查明各类建筑物及水库区的工程地质条件，为选定建筑物形式、轴线、工程总布置提供地质依据。对选定的各类建筑物的主要工程地质问题进行评价，并提供工程地质资料。

6.1.2 初步设计阶段工程地质勘察应包括下列内容：

1 根据需要复核或补充区域构造稳定性研究与评价。

2 查明水库区水文地质、工程地质条件，评价存在的工程地质问题，预测蓄水后的变化，提出工程处理措施建议。

3 查明各类水利水电工程建筑物区的工程地质条件，评价存在的工程地质问题，为建筑物设计和地基处理方案提供地质资料和建议。

4 查明导流工程及其他主要临时建筑物的工程地质条件。根据需要进行施工和生活用水水源调查。

5 进行天然建筑材料详查。

6 设立或补充、完善地下水动态观测和岩土体位移监测设施，并应进行监测。

7 查明移民新址区工程地质条件，评价场地的稳定性和适宜性。

6.2 水　　库

6.2.1 水库勘察应包括下列内容：

1 查明可能严重渗漏地段的水文地质条件，对水库渗漏问题作出评价。

2 查明可能浸没区的水文地质、工程地质条件，确定浸没影响范围。

3 查明滑坡、崩塌等潜在不稳定库岸的工程地质条件，评价其影响。

4 查明土质岸坡的工程地质条件，预测坍岸范围。

5 论证水库诱发地震可能性，评价其对工程和环境的影响。

6.2.2 可溶岩区水库严重渗漏地段勘察应查明下列内容：

1 可溶岩层、隔水层及相对隔水层的厚度、连续性和空间分布。

2 喀斯特发育程度、主要喀斯特洞穴系统的空间分布特征及其与邻谷、河间地块、下游河弯地块的关系。

3 喀斯特水文地质条件、主要喀斯特水系统

（泉、暗河）的补给、径流和排泄特征，地下水位及其动态变化特征、河谷水动力条件。

4 主要渗漏地段或主要渗漏通道的位置、形态和规模，喀斯特渗漏的性质，估算渗漏量，提出防渗处理范围、深度和处理措施的建议。

6.2.3 非可溶岩区水库严重渗漏地段勘察，应查明断裂带、古河道、第四纪松散层等渗漏介质的分布及其透水性，确定可能发生严重渗漏的地段、渗漏量及危害性，提出防渗处理范围和措施的建议。

6.2.4 水库严重渗漏地段的勘察方法应符合下列规定：

1 水文地质测绘比例尺可选用 1：10000～1：2000。

2 水文地质测绘范围应包括需查明渗漏地段喀斯特发育特征和水文地质条件的区域，重点是可能渗漏通道及其进出口地段。对能追索的喀斯特洞穴均应进行测绘。

3 根据地形、地质条件选择物探方法，探测喀斯特的空间分布和强透水带的位置。

4 勘探剖面应根据水文地质结构和地下水渗流情况，并结合可能的防渗处理方案布置。在多层含水层结构区，各可能渗漏岩组内不应少于 2 个钻孔。钻孔应进入隔水层、相对隔水层或枯水期地下水位以下一定深度；喀斯特发育区钻孔深度应穿过喀斯特强烈发育带；在河谷近岸喀斯特水虹吸循环带，应有控制性深孔，了解喀斯特洞穴发育深度。平硐主要用于查明地下水位以上的喀斯特洞穴和通道。

5 应进行地下水动态观测，并基本形成长期观测网。各可能渗漏岩组内不应少于 2 个观测孔。观测内容除常规项目外，还应观测降雨时的洞穴涌水和流量变化情况。雨季观测时间间隔应缩短。地下水位、降雨量、喀斯特泉流量应同步观测。

6 喀斯特区应进行连通试验，查明喀斯特洞穴间的连通情况。可采用堵洞抬水、抽水试验等方法了解大面积的连通情况。

7 根据喀斯特水文地质条件的复杂程度，可选择对地下水的渗流场、化学场、温度场、同位素场及喀斯特水均衡进行勘察研究。

6.2.5 水库浸没勘察应包括下列内容：

1 查明可能浸没区的地貌、地层的层次、厚度、物理性质、渗透系数、表层土的毛管水上升高度、给水度、土壤含盐量。

2 查明可能浸没区的水文地质结构、含水层的类型、埋深和厚度，隔水层底板的埋深，地下水补给、径流和排泄条件、地下水流向、地下水位及其动态、地下水化学成分和矿化度。确定浸没类型。

3 喀斯特区水库应在查明库周喀斯特发育与连通情况，水库蓄水后库水、地表水与地下水之间的补给、排泄关系的基础上，查明库周洼地、槽谷的分

布、形态、岩土类型和水文地质条件。

 4 对于农作物区，应根据各种现有农作物的种类、分布，查明土壤盐渍化现状，确定地下水埋深临界值。

 5 对于建筑物区，应根据各种现有建筑物的类型、数量和分布，查明基础类型和埋深，确定地下水埋深临界值。查明黄土、软土、膨胀土等工程性质不良岩土层的分布情况、性状和土的冻结深度，评价其影响。

 6 确定浸没的范围及危害程度。

6.2.6 水库浸没的勘察方法应符合下列规定：

 1 工程地质测绘比例尺，农作物区可选用1：10000～1：5000，建筑物区可选用1：2000～1：1000。测绘范围，顶托型浸没应包括可能浸没区所在阶地的后缘或相邻地貌单元的前缘，渗漏型浸没应包括渗漏补给区、径流区和排泄区及其邻近洼地。

 2 勘探剖面应垂直库岸、堤坝或平行地下水流向布置。剖面间距，农作物区宜为500～1000m，建筑物区宜为200～500m，水文地质条件复杂地区应适当加密。

 3 勘探工作布置应符合下列规定：

  1）勘探剖面上的钻孔间距，农作物区应为500～1000m，建筑物区应为200～500m，剖面上每个地貌单元钻孔不应少于2个，水库正常蓄水位线附近应布置钻孔。钻孔深度应到达基岩或相对隔水层以下1m，钻孔内应测定稳定地下水位。

  2）试坑宜与钻孔相间布置，试坑深度应到达表部土层底板或稳定的地下水位以下0.5m。

  3）当勘察区地层为双层结构，下部为承压含水层，且上部黏土层厚度较大时，宜在钻孔旁边布置试坑，对比试坑内地下水位与钻孔内地下水位之间的关系。

  4）勘探剖面之间根据需要采用物探方法了解剖面间地下水位、基岩或相对隔水层埋深的变化情况。

 4 试验工作应符合下列规定：

  1）通过室内试验测定各主要地层的物理性质、渗透系数、给水度、毛管水上升高度、地下水化学成分和矿化度。每一主要土层的试验累计有效组数不宜少于6组。

  2）毛管水上升高度还应在试坑内实测确定。

  3）渗漏型浸没区应进行一定数量的现场试验，确定渗透系数。

  4）可能次生盐渍化的农作物浸没区应测定表部土层含盐的成分和数量。

  5）建筑物浸没区应测定持力层在天然含水率和饱和含水率状态下的抗剪强度和压缩性。

 5 建筑物浸没区和范围较大的农作物浸没区应建立地下水动态观测网；当浸没区地层为双层结构，且上部土层厚度较大时，应分别观测下部含水层和上部土层内的地下水动态。

 6 水库蓄水后地下水壅高计算可采用地下水动力学方法。渗漏型浸没区可采用水均衡法计算。渗流场较复杂的浸没区宜采用三维数值分析方法进行计算。

 7 当勘察区的水文地质条件较复杂时，应编制地下水等水位线图。当原布置的勘探剖面方向与地下水流向有较大差别时，应根据地下水等水位线图调整计算剖面方向。

 8 浸没计算应采用正常蓄水位，分期蓄水水库应采用分期蓄水位。水库末端应采用考虑库尾翘高后的水位值，多泥沙河流的水库应考虑淤积对库水位的影响。

 9 当地层为双层结构，且上部黏土层厚度较大时，浸没地下水位的确定应考虑黏性土层对承压水头折减的影响。

6.2.7 水库库岸滑坡、崩塌和坍岸区的勘察应包括下列内容：

 1 查明水库区对工程建筑物、城镇和居民区环境有影响的滑坡、崩塌的分布、范围、规模和地下水动态特征。

 2 查明库岸滑坡、崩塌和坍岸区岩土体物理力学性质，调查库岸水上、水下与水位变动带稳定坡角。

 3 查明坍岸区岸坡结构类型、失稳模式、稳定现状，预测水库蓄水后坍岸范围及危害性。

 4 评价水库蓄水前和蓄水后滑坡、崩塌体的稳定性，估算滑坡、崩塌入库方量、涌浪高度及影响范围，评价其对航运、工程建筑物、城镇和居民区环境的影响。

 5 提出库岸滑坡、崩塌和坍岸的防治措施和长期监测方案建议。

6.2.8 库岸滑坡、崩塌堆积体的工程地质勘察方法应符合下列规定：

 1 收集滑坡区水文、气象、地震、人类活动、地表变形、影像和当地治理滑坡的工程经验等资料。

 2 滑坡区工程地质测绘比例尺可选用1：2000～1：500，范围应包括滑坡区和可能的次生地质灾害区。

 3 滑坡勘探应在工程地质测绘、物探基础上进行。主勘探线应布设在滑坡主滑方向且滑坡体厚度最大的部位，纵穿整个滑坡体；横剖面勘探线的布设应满足控制滑坡形态的要求。

 4 滑坡勘探线间距可选用50～200m，主勘探线上勘探点数不宜少于3个，滑坡后缘以外稳定岩土体上勘探点不应少于1个。

5 滑坡勘探钻孔深度进入最低滑面（或潜在滑面）以下不应小于10m。

6 大型滑坡或对工程建筑物、城镇和居民区环境有重要影响的滑坡宜布置竖井、平硐。竖井、平硐深度应穿过最低滑面（或潜在滑面）进入稳定岩土体，且应保证满足取样、现场原位试验、地下水和变形监测等要求。

7 对已经出现或可能出现地表变形的滑坡，宜进行滑坡体深部位移监测，辅助确定滑动带位置；对滑体和滑床应分别观测地下水位，当滑坡体中存在两个以上含水系统时，亦应分层观测。

8 对水工建筑物、城镇、居民点及主要交通线路的安全有影响的不稳定岩体的滑带土应进行室内物理力学性质试验，试验累计有效组数不应少于6组。根据需要可进行原位抗剪试验、涌浪模型试验和滑带土的黏土矿物分析。

9 崩塌堆积体的工程地质勘察方法可参照滑坡的工程地质勘察方法执行。

6.2.9 库岸坍岸区的工程地质勘察方法应符合下列规定：

1 坍岸区工程地质测绘比例尺，城镇地区可选用1∶2000～1∶1000，农业地区可选用1∶10000～1∶2000，范围应包括坍岸区及其影响区。

2 坍岸预测剖面应垂直库岸布置，靠近岸边的坑、孔应进入水库死水位或相当于陡坡脚高程以下。勘探线间距，城镇地区可选用200～1000m，农业地区可选用1000～5000m。

3 根据需要进行土层物理力学性质试验。

4 坍岸预测宜采取多种方法，坍岸范围与危害性宜进行综合评价。

5 每一勘探剖面不应少于2个坑、孔，坑、孔间距视可能坍岸宽度确定，靠近岸坡边缘应布置钻孔，钻孔深度应穿过可能坍岸面以下5m。

6.2.10 泥石流勘察应包括下列内容：

1 查明形成区及周边的水源类型、水量、汇水条件、地形地貌特征、岩体组成、地质构造特征及不良地质现象的发育情况。

2 查明可能形成泥石流固体物质的组成、分布范围、储量及流通区、堆积区的地形地貌特征。

3 分析评价对建筑物、水库运行及周边环境的影响，提出处理措施的建议。

6.2.11 泥石流的勘察方法应符合下列规定：

1 勘察方法应以工程地质测绘和调查为主，测绘范围应包括沟谷至分水岭的全部地段和可能受泥石流影响的地段，测绘比例尺宜采用1∶10000～1∶2000。

2 勘探、物探、试验及监测工作可根据具体情况确定。

6.2.12 水库诱发地震预测应符合下列规定：

1 当可行性研究阶段预测有可能发生水库诱发地震时，应对诱发地震可能性较大的地段进行工程地质和地震地质论证，校核可能发震库段的诱震条件，预测发震地段、类型和发震强度，并应对工程建筑物的影响作出评价。

2 对需要进行水库诱发地震监测的工程，应进行水库诱发地震监测台网总体方案设计。台网布设应有效控制库首及水库诱发地震可能性较大的库段，监测震级（M_L）下限应为0.5级左右。台网观测宜在水库蓄水前1～2年开始。

6.3 土 石 坝

6.3.1 土石坝坝址勘察应包括下列内容：

1 查明坝基基岩面形态、河床深槽、古河道、埋藏谷的具体范围、深度以及深槽或埋藏谷侧壁的坡度。

2 查明坝基河床及两岸覆盖层的层次、厚度和分布，重点查明软土层、粉细砂、湿陷性黄土、架空层、漂孤石层以及基岩中的石膏夹层等工程性质不良岩土层的情况。

3 查明心墙、斜墙、面板趾板及反滤层、垫层、过渡层等部位坝基有无断层破碎带、软弱岩体、风化岩体及其变形特性、允许水力比降。

4 查明坝基水文地质结构，地下水埋深，含水层或透水层和相对隔水层的岩性、厚度变化和空间分布，岩土体渗透性。重点查明可能导致强烈漏水和坝基、坝肩渗透变形的集中渗漏带的具体位置，提出坝基防渗处理的建议。

5 评价地下水、地表水对混凝土及钢结构的腐蚀性。

6 查明岸坡风化卸荷带的分布、深度，评价其稳定性。

7 查明坝区喀斯特发育特征，主要喀斯特洞穴和通道的分布规律，喀斯特泉的位置和流量，相对隔水层的埋藏条件，提出防渗处理范围的建议。

8 提出坝基岩土体的渗透系数、允许水力比降和承载力、变形模量、强度等各种物理力学参数，对地基的沉陷、不均匀沉陷、湿陷、抗滑稳定、渗漏、渗透变形、地震液化等问题作出评价，并提出坝基处理的建议。

6.3.2 土石坝坝址的勘察方法应符合下列规定：

1 工程地质测绘比例尺宜选用1∶5000～1∶1000，测绘范围应包括坝址区水工建筑物场地和对工程有影响的地段。

2 物探应符合下列规定：

 1) 物探方法应根据坝址区的地形、地质条件等确定。

 2) 可采用电法、地震法探测覆盖层厚度、基岩面起伏情况及断层破碎带的分布。物探剖面应尽量结合勘探剖面进行布置。

    3）可采用综合测试查明覆盖层层次，测定土层的密度。

    4）可采用单孔法、跨孔法测定纵、横波波速。

    5）应利用勘探平硐和勘探竖井进行岩体弹性波波速测试。

  3 勘探应符合下列规定：

    1）勘探剖面应结合坝轴线、心墙、斜墙和趾板防渗线、排水减压井、消能建筑物等布置。

    2）勘探点间距宜采用 50～100m。

    3）基岩坝基钻孔深度宜为坝高的 1/3～1/2，防渗线上的钻孔深度应深入相对隔水层不少于 10m 或不小于坝高。

    4）覆盖层坝基钻孔深度，当下伏基岩埋深小于坝高时，钻孔进入基岩深度不宜小于 10m，防渗线上钻孔深度可根据防渗需要确定；当下伏基岩埋深大于坝高时，钻孔深度宜根据透水层与相对隔水层的具体情况确定。

    5）专门性钻孔的孔距和孔深应根据具体需要确定。

    6）对两岸岩体风化带、卸荷带以及对坝肩岩体稳定和绕坝渗漏有影响的断层破碎带、喀斯特洞穴（通道）等宜布置平硐。

  4 岩土试验应符合下列规定：

    1）坝基主要土层的物理力学性质试验累计有效组数不应少于 12 组。土层抗剪强度宜采用三轴试验，细粒土还应进行标准贯入试验和触探试验等原位测试。

    2）根据需要进行现场渗透变形试验和载荷试验，以及可能地震液化土的室内三轴振动试验。

    3）根据需要进行岩体物理力学性质试验。

  5 水文地质试验应符合下列规定：

    1）根据第四纪沉积物的成层特性和水文地质结构进行单孔或多孔抽水试验，坝基主要透水层的抽水试验不应少于 3 组。

    2）强透水的断裂带应做专门的水文地质试验。

    3）防渗线上的基岩孔段应做压水试验，其他部位可根据需要确定。

  6 地下水动态观测和不稳定岩土体位移监测的要求应符合本规范第 6.4.2 条第 6 款和第 7 款的规定。

6.4 混凝土重力坝

6.4.1 混凝土重力坝（砌石重力坝）坝址勘察应包括下列内容：

  1 查明覆盖层的分布、厚度、层次及其组成物质，以及河床深槽的具体分布范围和深度。

  2 查明岩体的岩性、层次，易溶岩层、软弱岩层、软弱夹层和蚀变带等的分布、性状、延续性、起伏差、充填物、物理力学性质以及与上下岩层的接触情况。

  3 查明断层、破碎带、断层交汇带和裂隙密集带的具体位置、规模和性状，特别是顺河断层和缓倾角断层的分布和特征。

  4 查明岩体风化带和卸荷带在各部位的厚度及其特征。

  5 查明坝基、坝肩岩体的完整性、结构面的产状、延伸长度、充填物性状及其组合关系。确定坝基、坝肩稳定分析的边界条件。

  6 查明坝基、坝肩喀斯特洞穴、通道及长大溶蚀裂隙的分布、规模、充填状况及连通性，查明喀斯特泉的分布和流量。

  7 查明两岸岸坡和开挖边坡的稳定条件。结合边坡地质结构，提出工程边坡开挖坡比和支护措施建议。

  8 查明坝址的水文地质条件，相对隔水层埋藏深度，坝基、坝肩岩体渗透性的各向异性，以及岩体渗透性的分级，提出渗控工程的建议。

  9 查明地表水和地下水的物理化学性质，评价其对混凝土和钢结构的腐蚀性。

  10 查明消能建筑物及泄流冲刷地段的工程地质条件，评价泄流冲刷、泄流水雾对坝基及两岸边坡稳定的影响。

  11 峡谷坝址应根据需要测试岩体应力，分析其对坝基开挖岩体卸荷回弹的影响。

  12 进行坝基岩体结构分类，岩体结构分类应符合本规范附录 U 的规定。

  13 在分析坝基岩石性质、地质构造、岩体结构、岩体应力、风化卸荷特征、岩体强度和变形性质的基础上进行坝基岩体工程地质分类，提出各类岩体的物理力学参数建议值，并对坝基工程地质条件作出评价。坝基岩体工程地质分类应符合本规范附录 V 的规定。

  14 提出建基岩体的质量标准，确定可利用岩面的高程，并提出重大地质缺陷处理的建议。

  15 土基上的混凝土闸坝勘察内容可参照土石坝和水闸的有关规定。

6.4.2 混凝土重力坝坝址的勘察方法应符合下列规定：

  1 工程地质测绘应符合下列规定：

    1）工程地质测绘比例尺可选用 1∶2000～1∶1000。

    2）工程地质测绘范围应包括坝址水工建筑物场地和对工程有影响的地段。

    3）当岩性变化或存在软弱夹层时，应测绘详细的地层柱状图。

2 物探应符合下列规定：

1) 宜采用综合测试和孔内电视等方法，确定对坝基（肩）岩体稳定有影响的结构面、软弱带及软弱岩石、低波速松弛岩带等的产状、分布，含水层和渗漏带的位置等。

2) 可采用单孔法、跨孔法、跨洞法测定各类岩体纵波或横波速度。

3) 喀斯特区可采用孔间或洞间测试以及层析成像技术调查喀斯特洞穴的分布。

3 勘探应符合下列规定：

1) 勘探剖面应根据具体地质条件结合建筑物特点布置。选定的坝线应布置坝轴线勘探剖面和上下游辅助勘探剖面，剖面的间距根据坝高和地质条件可采用 50～100m。上游坝踵、下游坝趾、消能建筑物及泄流冲刷等部位应有勘探剖面控制。溢流坝段、非溢流坝段、厂房坝段、通航坝段、泄洪中心线部位等均应有代表性勘探纵剖面。

2) 坝轴线勘探剖面上的勘探点间距可采用 20～50m，其他勘探剖面上的勘探点间距可视具体需要和地质条件变化确定。

3) 钻孔深度应进入拟定建基面高程以下 1/3～1/2坝高的深度，帷幕线上的钻孔深度可采用 1 倍坝高或进入相对隔水层不小于 10m。

4) 专门性钻孔的孔距、孔深可根据具体需要确定。当需要查明河床坝基顺河断层、缓倾角软弱结构面时可布置倾斜钻孔。

5) 平硐、竖井、大口径钻孔应结合建筑物位置、两岸地形地质条件和岩体原位测试工作的需要布置。高陡岸坡宜布置平硐，地形和地层平缓时宜布置竖井或大口径钻孔。

6) 当钻孔或平硐遇到溶洞或大量漏水时，应继续追索或采用其他手段查明情况。

4 岩土试验应符合下列规定：

1) 各主要岩体（组）及控制性软弱夹层，应进行现场变形试验和抗剪试验，每一主要岩体（组）变形试验累计有效数量不应少于 6 点，同一类型夹层抗剪试验累计有效组数不应少于 4 组。建基主要岩体（组）应进行混凝土/岩石接触面现场抗剪试验，每一主要岩体（组）累计有效组数不应少于 4 组。根据需要，进行室内岩石物理力学性质试验。

2) 根据需要可进行岩体应力测试和现场载荷等专门试验。

5 水文地质试验应符合下列规定：

1) 坝基、坝肩及帷幕线上的基岩钻孔应进行压水试验，其他部位的钻孔可根据需要确定。坝高大于 200m 时，宜进行大于设计水头的高压压水试验及为查明渗透各向异性的定向渗透试验。

2) 喀斯特区及为查明坝基集中渗漏带的渗流特征、连通情况，可根据需要进行地下水连通试验和抽水试验。

3) 强透水的破碎带可做专门的渗透试验和渗透变形试验。

4) 在水文地质条件复杂的坝址区，宜进行数值模拟等专题研究，分析建坝前后渗流场的变化，编制建坝前后的等水位（压）线图和流网图，为渗控处理设计提供依据。

5) 进行地下水和地表水水质分析。

6 地下水动态观测应符合下列规定：

1) 观测网点的布置应与地下水的流向平行和垂直。

2) 观测内容应包括水位、水温、水化学、流量或涌水量等。

3) 观测时间应延续一个水文年以上，并逐步完善观测网。

7 根据需要，对不稳定岩土体可逐步建立和完善监测网，监测网应由观测剖面和观测点组成。

8 土基上的混凝土闸坝坝址的勘察方法可参照土石坝和水闸的有关规定。

6.5 混凝土拱坝

6.5.1 混凝土拱坝（砌石拱坝）坝址的勘察内容除应符合本规范第 6.4.1 条的规定外，还应包括下列内容：

1 查明坝址河谷形态、宽高比、两岸地形完整程度，评价建坝地形的适宜性。

2 查明与拱座岩体有关的岸坡卸荷、岩体风化、断裂、喀斯特洞穴及溶蚀裂隙、软弱层（带）、破碎带的分布与特征，确定拱座利用岩面和开挖深度，评价坝基和拱座岩体质量，提出处理建议。

3 查明与拱座岩体变形有关的断层、破碎带、软弱层（带）、喀斯特洞穴及溶蚀裂隙、风化、卸荷岩体的分布及工程地质特性，提出处理建议。

4 查明与拱座抗滑稳定有关的各类结构面，特别是底滑面、侧滑面的分布、性状、连通率，确定拱座抗滑稳定的边界条件，分析岩体变形与抗滑稳定的相互关系，提出处理建议。

5 查明拱肩槽及水垫塘两岸边坡的稳定条件，对影响边坡稳定的岩体风化、卸荷、断裂构造、喀斯特洞穴、软弱层（带）、水文地质等因素进行综合分析，并结合边坡地质结构，进行分区、分段稳定性评价，提出工程边坡开挖坡比和支护措施建议。

6 查明坝址区岩体应力状态，评价高应力对确定建基面、建基岩体力学特性和岩体稳定的影响。

7 查明水垫塘及二道坝的工程地质条件，并作出评价。

6.5.2 混凝土拱坝坝址的勘察方法除应符合本规范第6.4.2条的规定外，还应符合下列规定：

1 工程地质测绘应符合下列规定：

1) 工程地质测绘比例尺可选用1：1000，高拱坝和断裂构造复杂的坝址可选用1：500。

2) 工程地质测绘范围应包括坝址水工建筑物场地和对工程有影响的地段。

3) 对影响拱座和坝基岩体稳定的软弱层（带）、喀斯特洞穴、软弱结构面等，应根据地表露头，结合勘探揭露情况，确定分布范围、产状、规模、性状、连通率等要素，编制拱座岩体稳定分析的纵横剖面图和不同高程的平切面图。

2 物探工作除应符合本规范第6.4.2条第2款的规定外，尚应在平硐、钻孔中采用声波、地震、电磁波等方法，探测岩体质量和地质缺陷。

3 勘探除应符合本规范第6.4.2条第3款的规定外，还应符合下列规定：

1) 两岸拱肩及抗力岩体部位勘探应以平硐为主，视地质条件复杂程度和坝高，宜每隔30～50m高差布设一层平硐，每层平硐的探测范围应能查明拱肩及上下游一定范围岩体的工程地质条件。平硐深度可根据岩体风化、卸荷、喀斯特发育、断裂、软弱（层）带等因素确定，控制性平硐长度不宜小于1.5倍坝高。

2) 影响拱座岩体稳定的控制性结构面、软弱（层）带、喀斯特洞穴等应布设专门平硐查明。

4 岩土试验除应符合本规范第6.4.2条第4款的规定外，还应符合下列规定：

1) 坝基及拱座各类持力岩体和对变形有影响的软弱（层）带均应布置原位变形试验，每一主要持力岩体或软弱（层）带累计有效数量不应少于6点，并建立岩体波速与变形模量的相关关系。

2) 原位抗剪和抗剪断试验应在分析研究岩体滑移模式的基础上进行，每一主要持力岩体和控制坝肩（基）岩体抗滑稳定的结构面，累计有效组数分别不应少于4组。

3) 对影响坝肩变形和稳定的主要软弱岩体（带）应进行流变试验。

4) 高地应力区坝高大于200m的拱坝坝址宜在不同高程、不同平硐深度进行岩体应力测试。

5 水文地质试验应符合本规范第6.4.2条第5款的规定。

6 地下水动态观测应符合本规范第6.4.2条第6款的规定。

7 对两岸边坡和不稳定岩土体应进行变形监测。

6.6 溢 洪 道

6.6.1 溢洪道勘察应包括下列内容：

1 查明溢洪道地段地层岩性，特别是软弱、膨胀、湿陷等工程性质不良岩土层和架空层的分布及工程地质特性。

2 查明溢洪道地段的断层、裂隙密集带、层间剪切带和缓倾角结构面等的性状及分布特征。

3 查明溢洪道地段岩体风化、卸荷的深度和程度，评价不同风化、卸荷带的工程地质特性。

4 查明地下水分布特征和岩土体透水性。

5 查明下游消能段、冲刷坑岩体结构特征和抗冲性能。

6 进行岩土体物理力学性质试验，提出有关物理力学参数。

7 评价泄洪闸基及控制段、泄槽段建筑物地基稳定性，以及溢洪道沿线边坡、下游消能冲刷区和泄洪雾雨区的边坡稳定性。

6.6.2 溢洪道的勘察方法应符合下列规定：

1 工程地质测绘应符合下列规定：

1) 工程地质测绘比例尺可选用1：2000～1：1000。地质条件复杂的泄洪闸和控制段、泄槽段建筑物场地及下游消能冲刷区，比例尺可选用1：1000～1：500。

2) 地质条件复杂的边坡段应进行工程地质剖面测绘，比例尺可选用1：1000～1：500。

3) 测绘范围包括引渠、控制段、泄槽段、消能段以及为论证溢洪道边坡稳定所需要的地段。

2 勘探应符合下列规定：

1) 不同工程地质分段可布置横向勘探剖面。

2) 泄洪闸、泄槽及消能等建筑物和地质条件复杂地段应布置勘探剖面。

3) 钻孔深度宜进入设计建基面高程以下20～30m，泄洪闸基钻孔深度应满足防渗要求，其他地段孔深视需要确定。

4) 根据需要泄洪闸边坡部位可布置平硐。

3 泄洪闸基及两侧帷幕区的钻孔应进行压水或注水试验。

4 控制泄洪闸基和边坡稳定的岩土与软弱夹层的室内物理力学性质试验累计有效组数不应少于6组。根据需要可进行原位变形和抗剪试验。

5 根据需要可进行地下水动态和不稳定岩土体位移变形观测。

6.7 地面厂房

6.7.1 地面厂房勘察应包括下列内容:

1 查明厂址区风化、卸荷深度,滑坡、泥石流、崩塌堆积、采空区和不稳定体等的分布、规模。

2 查明厂址区地层岩性,特别是软弱岩类、膨胀性岩类、易溶和喀斯特化岩层以及湿陷性土、膨胀土、软土、粉细砂、架空层等工程性质不良岩土层的分布及其工程地质特性。

厂址地基为可能地震液化土层时,应进行地震液化判别。

3 查明厂址区断层、破碎带、裂隙密集带、软弱结构面、缓倾角结构面的性状、分布、规模及组合关系。

4 查明厂址区水文地质条件和岩土体的透水性。估算基坑涌水量。

5 进行岩土体物理力学性质试验,提出有关物理力学参数。

6 评价厂房地基、边坡的稳定性及压力前池的渗漏和渗透稳定性。

6.7.2 地面厂房的勘察方法应符合下列规定:

1 工程地质测绘比例尺可选用 1:1000～1:500。测绘范围应包括厂房及压力前池或调压井(塔)、压力管道、尾水渠、开关站等建筑物场地及周边地段。

2 勘探剖面应结合建筑物轴线布置。对建筑物安全有影响的边坡地段可布置钻孔和平硐。

3 厂房、调压井(塔)、压力管道地段,当地基为基岩时,勘探钻孔深度宜进入建基面以下 10～15m;当地基为第四纪沉积物时,勘探钻孔深度应根据持力层分布确定。压力前池勘探钻孔深度宜为 1～2倍水深,黄土地区宜为 2～3 倍水深。

4 厂房和压力前池地段的钻孔应进行压水或抽水试验。

5 每一主要岩土层(组)室内试验累计有效组数不应少于 6 组。

6 厂房等建筑物场地为第四纪沉积物时,根据需要可进行地基承载力及土体动力参数的原位测试。

7 厂址区钻孔宜进行地下水动态观测,观测时间不得少于一个水文年。

8 对建筑物安全有影响的不稳定岩土体应布置位移观测。

6.8 地 下 厂 房

6.8.1 地下厂房系统勘察应包括下列内容:

1 查明厂址区的地形地貌条件、沟谷发育情况,岩体风化、卸荷、滑坡、崩塌、变形体及泥石流等不良物理地质现象。

2 查明厂址区地层岩性、岩体结构,特别是松散、软弱、膨胀、易溶和喀斯特化岩层的分布。

3 查明厂址区岩层的产状、断层破碎带的位置、产状、规模、性状及裂隙发育特征,分析各类结构面的组合关系。

4 查明厂址区水文地质条件,含水层、隔水层、强透水带的分布及特征。可溶岩区应查明喀斯特水系统分布,预测掘进时发生突水(泥)的可能性,估算最大涌水量和对围岩稳定的影响,提出处理建议。

5 外水压力折减系数的确定应符合本规范附录 W 的规定。

6 进行岩体物理力学性质试验,提出有关物理力学参数。

7 进行原位地应力测试,分析地应力对围岩稳定的影响,预测岩爆的可能性和强度,提出处理建议。

8 查明岩层中的有害气体或放射性元素的赋存情况。

9 对地下厂房系统应分别对顶拱、边墙、端墙、洞室交叉段等进行围岩工程地质分类。

10 根据厂址区的工程地质条件和围岩类型,提出地下厂房位置和轴线方向的建议,并对地下厂房、主变压器室、调压井(室)方案的边墙、顶拱、端墙进行稳定性评价。采用地面主变压器室和开敞式调压井时,应评价地基和边坡的稳定性。

6.8.2 地下厂房系统的勘察方法应符合下列规定:

1 工程地质测绘应符合下列规定:

   1)复核可行性研究阶段厂址区工程地质图。

   2)厂址区工程地质测绘比例尺可选用 1:1000～1:500。

2 物探应符合本规范第 5.5.4 条第 2 款的规定。

3 勘探应符合下列规定:

   1)各建筑物地段应布置勘探剖面。

   2)勘探剖面上的钻孔深度可视地质复杂程度和洞室规模确定,深度宜进入设计洞底高程以下 10～30m。

   3)应在厂房系统布置纵、横方向平硐,硐深宜超过控制稳定的主要结构面。

4 岩土试验应符合下列规定:

   1)洞室主要围岩应进行岩体现场变形试验、抗剪断试验,试验组数视需要确定。当存在软岩时,可进行流变试验。

   2)洞室群区应进行岩体应力测试,测试孔、点应满足应力场分析需要。

5 水文地质试验应符合下列规定:

   1)勘探钻孔应根据需要进行压水试验。高压管道及气垫式调压室布置地段应进行高压压水试验,试验压力应超过内水水头或气垫压力。

   2)喀斯特水系统可进行地下水连通试验。

6 地下厂址区钻孔应进行地下水动态观测，观测时间不应少于一个水文年。

7 对建筑物安全有影响的不稳定边坡和岩土体应进行变形监测。

6.9 隧 洞

6.9.1 隧洞勘察应包括下列内容：

1 查明隧洞沿线的地形地貌条件和物理地质现象、过沟地段、傍山浅埋段和进出口边坡的稳定条件。

2 查明隧洞沿线的地层岩性，特别是松散、软弱、膨胀、易溶和喀斯特化岩层的分布。

3 查明隧洞沿线岩层产状、主要断层、破碎带和节理裂隙密集带的位置、规模、性状及其组合关系。隧洞穿过活断层时应进行专门研究。

4 查明隧洞沿线的地下水位、水温和水化学成分，特别要查明涌水量丰富的含水层、汇水构造、强透水带以及与地表溪沟连通的断层、破碎带、节理裂隙密集带和喀斯特通道，预测掘进时突水（泥）的可能性，估算最大涌水量，提出处理建议。提出外水压力折减系数。

5 可溶岩区应查明隧洞沿线的喀斯特发育规律、主要洞穴的发育层位、规模、充填情况和富水性。洞线穿越大的喀斯特水系统或喀斯特洼地时应进行专门研究。

6 查明隧洞进出口边坡的地质结构、岩体风化、卸荷特征，评价边坡的稳定性，提出开挖处理建议。

7 提出各类岩体的物理力学参数。结合工程地质条件进行围岩工程地质分类。

8 查明过沟谷浅埋隧洞上覆岩土层的类型、厚度及工程特性，岩土体的含水特性和渗透性，评价围岩的稳定性。

9 对于跨度较大的隧洞尚应查明主要软弱结构面的分布和组合情况，并结合岩体应力评价顶拱、边墙和洞室交叉段岩体的稳定性。

10 查明压力管道段上覆岩体厚度和岩体应力状态，高水头压力管道段尚应调查上覆山体的稳定性、侧向边坡的稳定性、岩体的地质结构特征和高压水渗透特性。

11 查明岩层中有害气体或放射性元素的赋存情况。

6.9.2 隧洞的勘察方法应符合下列规定：

1 工程地质测绘应符合下列规定：

　1）复核可行性研究阶段的工程地质图。

　2）隧洞进出口、傍山浅埋段、过沟段及穿过喀斯特水系统、喀斯特洼地等地质条件复杂的洞段，应进行专门性工程地质测绘或调查，比例尺可选用1：2000～1：1000。

　3）根据地质条件与需要，局部地段可进行比

例尺1：500的工程地质测绘。

2 物探应符合本规范第5.5.4条第2款的规定。

3 勘探应符合下列规定：

　1）进出口及各建筑物段应布置勘探剖面。

　2）勘探剖面上的钻孔深度应深入洞底10～20m，从洞顶以上5倍洞径处起始，以下孔段均应进行压水试验。

　3）隧洞进出口宜布置平硐。

4 岩土试验应符合下列规定：

　1）每一类岩土室内物理力学性质试验累计有效组数不应少于6组。

　2）大跨度隧洞应进行岩体变形模量、弹性抗力系数、岩体应力测试等。

5 高水头压力管道地段宜进行高压压水试验。

6 隧洞沿线的钻孔宜进行地下水动态观测，观测时间不应少于一个水文年。喀斯特发育区应进行连通试验及地表、地下水径流观测。

7 进行地温、有害气体和放射性元素探测。

8 对建筑物安全有影响的不稳定边坡和岩土体应进行变形监测。

6.10 导流明渠及围堰工程

6.10.1 导流明渠及围堰工程勘察应包括下列内容：

1 查明导流明渠和围堰布置地段的地形条件。

2 查明地层岩性特征。基岩区应查明软弱岩层、喀斯特化岩层的分布及其工程地质特性；第四纪沉积物应查明其厚度、物质组成，特别是软土、粉细砂、湿陷性黄土和架空层的分布及其工程地质特性。

3 查明主要断层、破碎带、裂隙密集带、缓倾角结构面的性状、规模、分布特征。

4 查明围堰堰基含水层，相对隔水层的分布及岩土体渗透性、渗透稳定性。

5 进行岩体物理力学性质试验，提出有关物理力学参数。提出导流明渠岩土体抗冲流速。

6 评价堰基稳定性、导流明渠和围堰开挖边坡稳定性及导流明渠岩土体抗冲刷性。

6.10.2 导流明渠及围堰工程的勘察方法应符合下列规定：

1 工程地质测绘范围应包括明渠、围堰及其两侧各100～200m地段，为论证边坡稳定性可适当扩大范围。比例尺宜选用1：2000～1：1000。

2 勘探剖面应沿导流明渠和围堰中心线布置。围堰上、下游可根据需要布置辅助勘探剖面，导流明渠边坡可布置专门性勘探。

3 勘探方法视地质条件复杂程度宜采用物探、坑槽探、钻探。勘探点间距视需要确定。

4 围堰地基为基岩时，钻孔深度宜为堰高的1/3。围堰地基为第四纪沉积物时，当下伏基岩埋深小于堰高，钻孔深度进入基岩不宜小于10m；当下伏

基岩埋深大于堰高，钻孔深度宜进入相对隔水层或基岩面以下5m。

5 根据需要可进行钻孔抽水试验。

6 每一主要岩土层（组）室内物理力学性试验累计有效组数不宜少于6组。特殊性土应进行专门试验。当地质条件简单时，可采用工程地质类比法确定工程地质参数。

7 围堰地基为第四纪沉积物时应进行标准贯入、静力触探、动力触探、十字板剪切等原位测试。

6.11 通航建筑物

6.11.1 通航建筑物的工程地质勘察应包括下列内容：

1 查明引航道、升船机、船闸闸首、闸室、闸墙等的地基、边坡的水文地质、工程地质条件。

2 岩基上的通航建筑物应查明软岩、断层、层间剪切带、主要裂隙及其组合与地基、边坡的关系，提出岩土体的物理力学性质参数，评价地基、开挖边坡的稳定性。

3 土基上的通航建筑物应对地基的沉陷、湿陷、抗滑稳定、渗透变形、地震液化等问题作出评价。

6.11.2 通航建筑物的勘察方法应符合下列规定：

1 工程地质测绘比例尺可选用1∶2000～1∶1000。

2 工程地质测绘范围应包括整个通航建筑物及对工程有影响的地段。

3 可采用物探综合测试、孔内电视、孔间穿透等方法进行覆盖层的分层，探测喀斯特洞穴、溶蚀裂隙带的分布与规模，测定土层的密度和岩土体的纵波波速；根据需要可采用跨孔法测定横波波速，确定动剪切模量。

4 勘探剖面应结合建筑物布置。基岩地基钻孔深度应进入闸底板以下10～30m或弱风化岩顶面以下5～10m。覆盖层地基钻孔深度宜结合建筑物规模确定。

5 对通航建筑物安全有影响的边坡应布置勘探剖面，钻孔深度可根据需要确定。

6 岩土物理力学性质试验应根据建筑物或工程地质分段进行，每一主要土层的物理力学性质试验组数累计有效组数不宜少于12组，每一主要岩石（组）室内物理力学性质试验组数累计有效组数不应少于6组。根据需要可进行土层原位测试。

7 建筑物基坑的钻孔应进行抽水试验或压（注）水试验。

8 建筑物区应进行地下水动态观测，并应符合本规范第6.4.2条第6款的规定；对建筑物安全有影响的不稳定边坡和岩土体应进行变形监测。

6.12 边 坡 工 程

6.12.1 边坡工程地质勘察应包括以下内容：

1 查明边坡工程区地形地貌、地层岩性、地质构造、地下水特征及边坡稳定性现状。

2 岩质边坡尚应查明岩体结构类型，风化、卸荷特征，各类结构面和软弱层的类型、产状、分布、性质及其组合关系，分析对边坡稳定的影响。

3 土质边坡尚应查明土体结构类型及分布特征。

4 查明岩土体及结构面的物理力学性质。

5 对工程运行前后开挖边坡和自然边坡的变形破坏形式和稳定性进行分析评价。

6 提出工程处理措施和变形监测的建议。

6.12.2 边坡工程的勘察方法应符合下列规定：

1 边坡工程地质勘察宜结合建筑物勘察进行。对于重要边坡、高边坡和地质条件复杂边坡，应进行专门性边坡工程地质勘察。

2 测绘比例尺宜选用1∶2000～1∶500，测绘范围应包括可能对边坡稳定有影响的地段。

3 物探工作可根据需要布置。

4 边坡工程勘探应符合下列规定：

　1) 勘探剖面应垂直边坡走向布置，剖面的长度应大于稳定分析的范围。剖面间距宜选用50～200m，且不应少于2条。

　2) 每条勘探剖面上勘探点不应少于3个，当遇到软弱层或不利结构面时应适当增加。勘探点间距宜为50～200m。

　3) 钻孔深度应穿过可能的滑移面、变形岩体等，进入稳定岩体不小于10m。

　4) 应根据地形条件和边坡变形破坏特征布置竖井或平硐。

　5) 勘探工程的布置应满足测试、试验和监测的要求。

5 试验应符合下列规定：

　1) 对控制土质边坡稳定的土层的室内物理力学试验，每层试验累计有效组数不应少于12组。

　2) 对控制岩质边坡稳定的软弱结构面，应进行现场原位抗剪试验，试验累计有效组数不宜少于4组。

　3) 对特殊岩土体组成的边坡，可进行针对性的试验。

6 应进行地下水长期观测，必要时应进行边坡变形的位移监测。

6.13 渠道及渠系建筑物

6.13.1 渠道勘察应包括下列内容：

1 查明渠道沿线地层岩性，重点是粉细砂、湿陷性黄土、膨胀土（岩）等工程性质不良岩土层的分布和性状。

2 查明渠道沿线冲洪积扇、滑坡、崩塌、泥石流、新生冲沟、喀斯特等的分布、规模和稳定条件，并评价其对渠道的影响。对于沙漠地区渠道，还应查明移动沙丘及植被的分布等情况。

3 查明渠道沿线含水层和隔水层的分布，地下水补排关系和水位，特别是强透水层和承压含水层等对渠道渗漏、涌水、渗透稳定、浸没、沼泽化、湿陷等的影响以及对环境水文地质条件的影响。

4 查明渠道沿线地下采空区和隐藏喀斯特洞穴塌陷等形成的地表移动盆地，地震塌陷区的分布范围、规模和稳定状况，并评价其对渠道的影响。对于穿越城镇、工矿区的渠段，还应探明地下构筑物及地下管线的分布。

5 查明傍山渠道沿线不稳定山坡的类型、范围、规模等，评价其对渠道的影响。

6 查明深挖方和高填方渠段渠坡和地基岩土性质与物理力学参数及其承载能力，评价其稳定性。

7 进行渠道工程地质分段，提出各段岩土体的物理力学参数和开挖渠道坡比建议值，进行工程地质评价，并提出工程处理措施建议。

6.13.2 渡槽勘察除应符合本规范第6.13.1条的有关规定外，尚应包括下列内容：

1 查明渡槽跨越地段岸坡的稳定性。

2 查明渡槽桩基或墩基可供选择的持力层的埋藏深度、厚度及其岩性变化，岩土体的强度等。

3 提出渡槽桩基或墩基相关的岩土体物理力学参数，并作出工程地质评价。

6.13.3 倒虹吸勘察除应符合本规范第6.13.1条的有关规定外，尚应包括下列内容：

1 查明倒虹吸跨越地段岸坡的稳定性。

2 查明强透水层和承压含水层的埋藏条件，评价基坑涌水、涌砂、渗透变形的可能性及其对工程的影响，提出排水措施建议。

3 查明基础可供选择的持力层的埋藏深度、厚度及其岩性变化，岩土体的强度等。

4 提出倒虹吸基础开挖所需的岩土体物理力学参数、基坑开挖坡比建议值，并对基坑稳定作出工程地质评价。

5 倒虹吸的围堰工程勘察内容应符合本规范第6.10.1条的规定。

6.13.4 渠道与渠系建筑物的勘察方法应符合下列规定：

1 工程地质测绘应符合下列规定：

1）工程地质测绘比例尺：渠道可选用1：5000～1：1000，渠系建筑物可选用1：2000～1：500。

2）工程地质测绘范围应包括渠道两侧各200～1000m地带，当有局部线路调整、弃土场、移民等要求时，可适当加宽；渠系建筑物测绘范围应包括建筑物边界线外200～300m地带，并应包括有配套建筑物

和设计施工要求的地段。

2 宜采用物探方法探测覆盖层厚度、岩体风化程度、地下水位、古河道、隐伏断层、喀斯特洞穴、地下采空区、地下构筑物和地下管线等。

3 勘探应符合下列规定：

1）渠道中心线应布置勘探剖面，勘探点间距200～500m；各工程地质单元（段）均应布置勘探横剖面，横剖面间距宜为渠道中心线钻孔间距的2～3倍，横剖面长不宜小于渠顶开口宽度的2～3倍，每条横剖面上的勘探点数不应少于3点。钻孔深度宜进入渠道底板下5～10m。

2）渠系建筑物应布置纵横勘探剖面，钻孔应结合建筑物基础形式布置。采用桩（墩）基的渡槽，每个桩（墩）位至少应有1个钻孔，桩基孔深应进入桩端以下5m，墩基孔深宜进入墩基以下10～20m；倒虹吸轴线钻孔间距宜为50～100m，横剖面间距宜为轴线钻孔间距的2～4倍，钻孔深度宜进入建筑物底板下10～20m。遇软土、喀斯特发育的可溶岩等时，钻孔应适当加深。

4 岩土试验应符合下列规定：

1）渠道每一工程地质单元（段）和渠系建筑物地基，每一岩土层均应取原状样进行室内物理力学性质试验。每一主要岩土层试验累计有效组数不应少于12组。

2）各土层应结合钻探选择适宜的原位测试方法。

3）特殊性岩土应取样进行特殊性试验。

5 水文地质试验应符合下列规定：

1）可能存在渗漏、基坑涌水问题的渠段，应进行抽（注）水试验。对于强透（含）水层，抽（注）水试验不应少于3段。

2）渠道底部和建筑物岩石地基应进行钻孔压水试验。

3）根据需要可布置地下水动态观测。

6 对渠道沿线的地下采空区，应充分收集矿区开采资料；调查地表移动盆地的分布范围、规模、变形发展与稳定情况，根据需要可进行勘探验证和布置变形监测网。

6.14 水闸及泵站

6.14.1 水闸及泵站勘察应包括以下内容：

1 查明水闸及泵站场址区的地层岩性，重点查明软土、膨胀土、湿陷性黄土、粉细砂、红黏土、冻土、石膏等工程性质不良岩土层的分布范围、性状和物理力学性质，基岩埋藏较浅时应调查基岩面的倾斜和起伏情况。

2 查明场址区的地质构造和岩体结构，重点是

断层、破碎带、软弱夹层和节理裂隙发育规律及其组合关系。

3 查明场址区滑坡、潜在不稳定岩体以及泥石流等物理地质现象。

4 查明场址区的水文地质条件和岩土体的透水性。

5 评价地基和边坡的稳定性及渗透变形条件。

6.14.2 水闸及泵站的勘察方法应符合下列规定：

1 工程地质测绘比例尺可选用 1：2000～1：500。

2 勘探剖面应根据具体地质条件结合建筑物特点布置，并应符合下列规定：

　1) 对于水闸，应在闸轴线及其上、下游，防冲消能段、导（翼）墙等部位布置勘探剖面。剖面上钻孔间距可为 20～50m。

　2) 对于泵站，应结合泵房轴线、进水池、出水管道、出水池等建筑物布置勘探剖面。泵房基础剖面上钻孔间距不应大于 50m，其他建筑物基础剖面钻孔间距可适当放宽。

　3) 对水闸、泵站安全有影响的边坡应布置勘探剖面。

3 勘探剖面上钻孔应结合建筑物进行布置，钻孔深度宜根据覆盖层厚度及建基面高程确定，并符合下列规定：

　1) 当覆盖层厚度小于建筑物底宽时，钻孔深度应进入基岩 5～10m。

　2) 当覆盖层厚度大于建筑物底宽时，钻孔深度宜为建筑物底宽的 1～2 倍，并应进入下伏承载力较高的土层或相对隔水层。

　3) 当建筑物地基为基岩时，钻孔深度宜进入建基面下 10～15m 或根据帷幕设计深度确定。

　4) 专门性钻孔的孔距、孔深可根据具体需要确定。

4 分层取原状土样进行物理力学性质试验及渗透试验，建筑物地基每一主要土层室内试验累计有效组数不宜少于 12 组；对于重要建筑物地基，应进行三轴试验，每一主要土层试验累计有效组数不宜少于 6 组；特殊土的特殊试验项目，应根据土层分布情况确定，每一土层试验累计有效组数不宜少于 6 组。当建筑物地基为基岩时，每一主要岩石（组）室内试验累计有效组数不宜少于 6 组。

5 根据土层类别选择合适的原位试验方法。动力触探（标准贯入）试验、十字板剪切试验累计有效数量不宜少于 12 段（点），静力触探试验孔累计有效数量不宜少于 6 孔。根据需要可进行原位载荷试验、可能地震液化土的三轴振动试验等专门性试验工作。当需要进行现场变形和抗剪试验时，试验组数各不宜少于 2 组。

6 建筑物渗控剖面上的钻孔应进行压（注）水或抽水试验。

7 建筑物渗控剖面的钻孔应进行地下水动态观测，其要求应符合本规范第 6.4.2 条第 6 款的规定；对于建筑物区附近潜在不稳定边坡及岩土体，应进行变形监测。

6.15 深埋长隧洞

6.15.1 深埋长隧洞勘察除应符合本规范第 6.9.1 条的有关规定外，尚应包括下列内容：

1 基本查明可能产生高外水压力、突涌水（泥）的水文地质、工程地质条件。

2 基本查明可能产生围岩较大变形的岩组及大断裂破碎带的分布及特征。

3 基本查明地应力特征，并判别产生岩爆的可能性。

4 基本查明地温分布特征。

5 基本确定地质超前预报方法。

6 对存在的主要水文地质、工程地质问题进行评价。

6.15.2 深埋长隧洞进出口及浅埋段的勘察方法应符合本规范第 6.9.2 条的有关规定。

6.15.3 深埋段的勘察方法应符合下列规定：

1 复核可行性研究阶段工程地质测绘成果。

2 宜采用综合方法对可行性研究阶段探测的断裂带、储水构造、喀斯特等进行验证。

3 宜选择合适位置布置深孔或平硐，进一步测定地应力、地温、地下水位、岩体渗透性、波速、有害气体和放射性元素等；进行岩石物理力学性质试验。

6.16 堤防工程

6.16.1 堤防工程勘察应包括下列内容：

1 查明新建和已建堤防加固工程沿线的水文地质、工程地质条件。

2 查明已建堤防加固工程堤身和堤基的历史险情和隐患的类型、规模、危害程度和抢险处理措施及其效果，并分析其成因和危害程度，提出相应处理措施的建议。

3 对堤基进行工程地质分段评价，并对堤基抗滑稳定、沉降变形、渗透变形和抗冲能力等工程地质问题作出评价。

4 预测新建堤防工程挡水或已建堤防采取垂直防渗措施后，堤基及堤内相关地段水文地质、工程地质条件的变化，并提出相应处理措施的建议。

5 查明涵闸地基的水文地质、工程地质条件，对存在的主要工程地质问题进行评价，对加固、扩建、改建涵闸工程与地质有关的险情隐患提出处理措施的建议。

6 查明堤岸防护段的水文地质、工程地质条件，结合护坡方案评价堤岸的稳定性。

6.16.2 堤防工程的勘察方法应符合下列规定：

1 工程地质测绘比例尺可选用 1：5000～1：2000。新建堤防测绘范围为堤线两侧各 500～1000m，已建堤防为堤线两侧各 300～1000m，并应包括各类险情分布范围。

2 勘探纵剖面沿堤线布置，钻孔间距宜为 100～500m；横剖面垂直堤线布置，间距宜为纵剖面上钻孔间距的 2～4 倍，孔距宜为 20～200m。钻孔进入堤基深度宜为堤身高度的 1.5～2.0 倍。

3 应取样进行物理力学性质试验及渗透试验。每一工程地质单元各主要土（岩）层的室内试验累计有效组数均不应少于 12 组。

6.17 灌区工程

6.17.1 灌区的工程地质勘察内容应符合本规范第 6.13.1～6.13.3 条的规定。

6.17.2 灌区的工程地质勘察方法应符合下列规定：

1 渠道纵横断面工程地质测绘比例尺可选用 1：5000～1：2000；建筑物场地平面工程地质测绘比例尺可选用 1：1000～1：500，测绘范围应包括各比选方案渠系建筑物及其配套建筑物布置地段。

2 开展物探工作，探测地层结构、覆盖层厚度等。

3 渠线勘察以钻孔、坑探为主，沿渠线的勘探点间距宜为 200～500m，勘探深度宜进入渠底高程以下不小于 5m，控制性钻孔孔深根据需要确定；建筑物场地钻孔应结合建筑物基础形式布置，控制性钻孔深度应能揭穿主要持力层。

4 岩土物理力学性质试验应以室内试验和现场原位测试相结合，每一工程地质分段各主要岩土层试验累计有效组数均不少于 12 组，特殊性岩土应根据其特性进行专门性试验。

5 根据需要可进行抽水、压水、注水试验和地下水动态观测等。

6.17.3 灌区水文地质勘察应包括下列内容：

1 查明与灌区建设有关的环境水文地质问题。

2 查明土壤盐渍化的类型、程度及其分布特征。

3 查明土壤改良的水文地质条件，提出防治土壤盐渍化、沼泽化的地质建议。

4 当采用地下水作为灌溉水源时，应建立数值模型，预测不同开采条件下的地下水水位、水量、水质的变化，计算和评价补给量，确定允许开采量。提出地下水水源保护措施。

6.17.4 灌区的水文地质勘察方法应符合下列规定：

1 水文地质测绘比例尺可选用 1：10000。

2 进行物探工作，调查主要含水层和隔水层界限。

3 地下水源勘探以水文地质钻孔为主，土壤改良水文地质勘探以浅孔和试坑为主，坑、孔数量应根据水文地质复杂程度合理确定。

4 进行水文地质试验及地下水动态观测工作。

6.18 河道整治工程

6.18.1 护岸工程勘察应包括下列内容：

1 调查工程区的岸坡形态、坡度、滩地宽度和近年河底形态及冲淤变化情况，古河道、冲沟、渊塘等的分布与规模。

2 查明工程区崩塌、滑坡等的分布与规模，并对岸坡的稳定性及其对堤防工程稳定性的影响分段进行工程地质评价。

3 调查工程区坍岸险情的发生经过、原因及抢险处理措施与效果。

4 查明工程区的地层岩性，重点是软土、粉细砂等土层的分布厚度及其变化情况。

5 查明工程区含水层和隔水层的分布、地下水位。

6 提出护岸工程岸坡土层的物理力学参数和护岸坡比建议值，并评价其稳定性。

6.18.2 护岸工程的勘察方法应符合下列规定：

1 工程地质测绘比例尺可选用 1：2000～1：1000，测绘范围可根据需要确定。

2 顺河流方向沿岸肩布置勘探纵剖面，钻孔间距宜为 200～500m；垂直岸线的横剖面间距宜为纵剖面钻孔间距的 2～4 倍，横剖面上钻孔宜为 3 个（水上 1 个）。钻孔深度进入深泓底以下不宜少于 10m。

3 应取样进行物理力学性质试验，每一主要岩土层试验累计有效组数不宜少于 12 组。

4 应进行地表水、地下水的水质分析及评价。

6.18.3 裁弯工程勘察应包括下列内容：

1 查明工程区的地形地貌特征，河道弯曲形态。

2 查明工程区地层岩性和土体结构。

3 查明工程区含水层和隔水层的分布，地下水位及其变化。

4 进行工程地质分段评价。

5 提出工程区各土层物理力学参数、抗冲性能及疏浚土的类别。对裁弯取直新河道岸坡的稳定性进行评价。

6.18.4 裁弯工程的勘察方法应符合下列规定：

1 工程地质测绘比例尺可选用 1：2000～1：1000，测绘范围应满足设计、施工的需要。

2 裁弯工程中心线应布置勘探纵剖面，钻孔间距宜为 100～500m；垂直岸线的横剖面间距宜为纵剖面钻孔间距的 2～4 倍，横剖面上钻孔不宜少于 3 个，剖面长度为新开河道开口宽度的 1.5～2.0 倍。钻孔深度宜进入设计新开河道底板以下不小于 10m。

3 应取样进行物理力学性质试验，并应进行崩解试验和抗冲试验。每一主要岩土层试验累计有效组数不宜少于12组。

6.18.5 丁坝、顺直坝和潜坝勘察应包括下列内容：

1 查明工程区岸坡和近岸河底的地形地貌形态及其稳定性。

2 查明工程区各地层岩性、土体结构及其工程地质性质。

3 提出各土层的物理力学参数及允许承载力等指标，并对坝基稳定性进行工程地质评价。

6.18.6 丁坝、顺直坝和潜坝的勘察方法应符合下列规定：

1 工程地质测绘应根据工程区的具体条件及需要确定，测绘比例尺可选用1∶1000～1∶500。

2 沿坝轴线布置勘探纵剖面，钻孔间距宜为100～200m，钻孔深度宜为坝高的1.0～1.5倍，当河流冲刷深度较大或有软土分布时，孔深应加大。

3 应取样进行物理力学性质试验，每一主要岩土层试验累计有效组数不宜少于6组。

4 宜进行标准贯入试验等原位测试，软土宜进行十字板剪切试验。

6.19 移民新址

6.19.1 初步设计阶段移民新址工程地质勘察应在可行性研究阶段工程地质勘察的基础上进行，为选定新址提供地质依据。

6.19.2 移民新址工程地质勘察应包括下列内容：

1 查明对新址区整体稳定性有影响的地质结构及特殊岩（土）体的分布、微地貌及不同坡度场地的分布情况。

2 查明新址区及外围滑坡、崩塌、危岩、冲沟、泥石流、坍岸、喀斯特等不良地质现象的分布范围及规模，分析其对新址区场地稳定性的影响。

3 查明生产、生活用水水源、水量、水质及开采条件。

4 进行新址区场地稳定性、建筑适宜性评价。

6.19.3 移民新址的工程地质勘察方法应符合下列规定：

1 工程地质测绘比例尺可选用1∶2000～1∶500，范围包括新址区及对新址区场地稳定性评价有影响的地区。

2 复核新址区地形坡度分区和统计面积。

3 针对新址区工程地质与环境地质问题布置勘探工作。

4 新址区应布置控制性勘探剖面，勘探剖面间距山区宜为100～300m，平原区宜为300～500m，勘探点间距不宜大于150m，每条勘探剖面上钻孔数不宜少于3个，孔深宜根据任务要求和岩土条件确定。对工程地质条件复杂或县级以上新址应增加勘探剖面；对于平原区乡镇以下新址，勘探剖面可适当

减少。

5 应进行岩土体室内试验和原位测试，每一主要岩土层试验累计有效组数不宜少于12组。

6 应对生产、生活用水水源、水质进行复核。

6.20 天然建筑材料

6.20.1 应对工程所需各类天然建筑材料进行详查。

6.20.2 详细查明场地地形地质条件、岩土结构、岩性、夹层性质及空间分布，地下水位，剥离层、无用层厚度及方量，有用层储量、质量，开采运输条件和对环境的影响。

6.20.3 详查储量与实际储量的误差应不超过15%，详查储量不得少于设计需要量的2倍。

6.21 勘察报告

6.21.1 初步设计阶段工程地质勘察报告正文应包括绪言、区域地质概况、工程区及建筑物工程地质条件、天然建筑材料、结论与建议等。

6.21.2 绪言应包括下列内容：

1 工程位置、工程主要指标、主要建筑物的布置方案。

2 可行性研究阶段工程地质勘察主要结论及审查、评估意见。

3 本阶段工程地质勘察工作概况，历次完成的工作项目和工作量。

6.21.3 区域地质概况应包括下列内容：

1 区域基本地质条件。

2 可行性研究阶段区域构造稳定性的结论和地震动参数。

3 区域构造稳定性复核工作及结论。

6.21.4 水库区工程地质条件应包括下列内容：

1 基本地质条件。

2 水库渗漏的性质、途径和范围，渗漏量及处理措施建议。

3 水库浸没的范围，严重程度分区及防治措施建议。

4 库岸不稳定体及坍岸的范围、边界条件、稳定性和危害程度，处理措施建议。

5 水库诱发地震类型、位置、震级上限，对工程和环境的影响，监测方案总体情况。

6.21.5 大坝及其他枢纽建筑物的工程地质条件应包括下列内容：

1 坝址工程地质条件应包括地质概况，各比选坝线的工程地质条件及存在的问题，坝线比选的地质意见，选定坝线与坝型的工程地质条件、防渗条件、坝基岩体分类、坝基坝肩稳定、物理力学参数及工程处理措施建议等。

2 引水隧洞、泄洪隧洞工程地质条件应包括进出口边坡，隧洞工程地质条件分段及说明，围岩工程

地质分类和工程地质问题评价及处理建议。

    3 厂址工程地质条件应包括厂区工程地质条件，调压井（塔）或压力前池、地下压力管道或明管、地面（地下）厂房、尾水渠（洞）的工程地质条件，地下洞室围岩分类，主要工程地质问题评价与建议。

    4 溢洪道、通航建筑物和导流工程等工程地质条件及工程地质问题评价。

6.21.6 边坡工程地质条件应包括基本地质条件，主要节理、裂隙及断层等结构面分布及组合关系，边坡稳定分析的边界条件和物理力学参数，边坡稳定性及工程处理措施建议等。

6.21.7 引调水工程的工程地质条件应包括基本地质条件，渠道（管涵）、隧洞、渠系建筑物的工程地质条件、物理力学参数、主要工程地质问题评价及处理措施建议。

6.21.8 水闸及泵站工程地质条件应包括基本地质条件，物理力学参数，主要工程地质问题评价及处理措施建议。

6.21.9 堤防工程地质条件应包括基本地质条件，已建堤防堤身质量情况，堤基、穿堤建筑物及堤岸工程地质条件，物理力学参数，主要工程地质问题评价及处理措施建议。

6.21.10 灌区工程地质条件应包括基本地质条件，地下水源水文地质条件，灌区水文地质条件，渠道及渠系建筑物工程地质条件，物理力学参数，主要水文地质、工程地质问题评价及处理措施建议。

6.21.11 河道整治工程地质条件应包括基本地质条件，护岸、裁弯取直、疏浚及有关建筑物的工程地质条件，物理力学参数，主要工程地质问题评价及处理措施建议。

6.21.12 天然建筑材料编写内容应包括设计需求量，各料场位置及地形地质条件，勘探和取样，储量和质量，开采和运输条件等。

6.21.13 结论和建议应包括主要工程地质结论，下阶段勘察工作的建议。

6.21.14 移民新址工程地质勘察报告编写应符合下列规定：

    1 移民新址工程地质勘察报告应包括绪言、区域地质概况、场地工程地质条件、主要工程地质与环境地质问题、生产及生活水源、场地稳定性和建筑适宜性评价，结论与建议。

    2 报告附图宜包括移民新址综合地质图及地质剖面图等。

7 招标设计阶段工程地质勘察

7.1 一般规定

7.1.1 招标设计阶段工程地质勘察应在审查批准的初步设计报告基础上，复核初步设计阶段的地质资料与结论，查明遗留的工程地质问题，为完善和优化设计及编制招标文件提供地质资料。

7.1.2 招标设计阶段工程地质勘察应包括下列内容：

    1 复核初步设计阶段的主要勘察成果。

    2 查明初步设计阶段遗留的工程地质问题。

    3 查明初步设计阶段工程地质勘察报告审查中提出的工程地质问题。

    4 提供与优化设计有关的工程地质资料。

7.2 工程地质复核与勘察

7.2.1 工程地质复核应包括下列主要内容：

    1 水库工程地质条件及结论。

    2 建筑物工程地质条件及结论。

    3 主要临时建筑物工程地质条件及结论。

    4 天然建筑材料的储量、质量及开采运输条件。

7.2.2 工程地质复核方法应符合下列规定：

    1 分析研究初步设计阶段工程地质勘察成果和审查意见。

    2 补充收集水库区及附近地区地震资料，进一步分析研究水库区地震活动特征或诱震条件，复核可能发生水库诱发地震库段的发震地段和强度。

    3 提出实施台网建设建议，编制水库诱发地震监测台网招标文件。

    4 对边坡、地下水等的观（监）测成果做进一步分析。

7.2.3 工程地质勘察应包括下列主要内容：

    1 水库及建筑物区尚需研究的工程地质问题。

    2 施工组织设计需要研究的工程地质问题。

    3 当料场条件发生变化或需要开辟新的料场时，应对天然建筑材料进行复查或补充勘察。

7.2.4 工程地质勘察方法应符合下列规定：

    1 勘察方法和勘察工作量应根据地质问题的复杂程度确定。

    2 根据具体情况补充地质测绘、勘探与试验工作。

    3 分析和利用各种监测与观测资料。

    4 天然建筑材料的复查或补充勘察的方法，应针对具体问题选择。

7.3 勘察报告

7.3.1 根据需要编制单项或总体招标设计阶段工程地质勘察报告。

7.3.2 单项工程地质勘察报告应包括绪言、地质概况、工程地质条件及评价、结论。

7.3.3 招标设计阶段工程地质勘察报告内容应包括概述、水库工程地质、水工建筑物工程地质、临时建筑物工程地质、天然建筑材料及结论与建议。

8 施工详图设计阶段工程地质勘察

8.1 一般规定

8.1.1 施工详图设计阶段工程地质勘察应在招标设计阶段基础上，检验、核定前期勘察的地质资料与结论，补充论证专门性工程地质问题，进行施工地质工作，为施工详图设计、优化设计、建设实施、竣工验收等提供工程地质资料。

8.1.2 施工详图设计阶段工程地质勘察应包括下列内容：

1 对招标设计报告评审中要求补充论证的和施工中出现的工程地质问题进行勘察。

2 水库蓄水过程中可能出现的专门性工程地质问题。

3 优化设计所需的专门性工程地质勘察。

4 进行施工地质工作，检验、核定前期勘察成果。

5 提出对工程地质问题处理措施的建议。

6 提出施工期和运行期工程地质监测内容、布置方案和技术要求的建议。

8.2 专门性工程地质勘察

8.2.1 专门性工程地质勘察应针对确定的工程地质问题进行，其勘察内容应根据具体情况确定。

8.2.2 专门性工程地质勘察宜包括下列内容：

1 施工期和水库蓄水过程中，当震情发生变化时，应收集和分析台网监测资料，对发震库段进行地震地质补充调查，鉴定地震类型，增设流动台站进行强化监测，预测水库诱发地震的发展趋势。

2 当建筑物地基、地下洞室围岩及开挖边坡出现新的地质问题，导致建筑物设计条件发生变化时，应进一步查明其水文地质、工程地质条件，复核岩土体物理力学参数，评价其影响，提出处理建议。

8.2.3 当料场情况发生变化时或需新辟料场时，应查明或复查天然建筑材料的储量、质量及开采条件。

8.2.4 专门性工程地质的勘察方法应符合下列规定：

1 勘察方法、勘察布置和工作量应根据地质问题的复杂性、已经完成的勘察工作和场地条件等因素确定。

2 应利用施工开挖条件，收集地质资料。

3 充分分析和利用各种监测与观测资料。

4 当设计方案有较大变化或施工中出现新的地质问题时，应进行工程地质测绘，布置专门的勘探和试验。

8.3 施工地质

8.3.1 施工地质应包括下列内容：

1 收集建筑物场地在施工过程中揭露的地质现象，检验前期的勘察资料。

2 编录和测绘建筑物基坑、工程边坡、地下建筑物围岩的地质现象。

3 进行地质观测和预报可能出现的地质问题。

4 进行地基、围岩、工程边坡加固和工程地质问题处理措施的研究，提出优化设计和施工方案的地质建议。

5 提出专门性工程地质问题专项勘察建议。

6 进行地基、边坡、围岩等的岩体质量评价，参与与地质有关的工程验收。

7 提出运行期工程地质监测内容、布置方案和技术要求的建议。

8 渗控工程、水库、建筑材料等的施工地质工作内容应根据具体情况确定。

8.3.2 施工地质方法应符合下列规定：

1 地质巡视，编写施工日志和简报。

2 采用观察、素描、实测、摄影、录像等手段编录和测绘施工揭露的地质现象。

3 根据需要采用波速、点荷载强度、回弹值等测试方法鉴定岩体质量。

4 根据需要复核岩土体物理力学性质。

8.3.3 施工地质资料应及时进行分类整编，分阶段编制施工地质技术成果。

8.4 勘察报告

8.4.1 专门性工程地质勘察报告内容应根据工程实际需要确定。针对单项工程或建筑物的勘察报告正文可包括绪言、地质概况、分段工程地质条件、主要工程地质问题分析与评价、地质结论和建议。

8.4.2 竣工地质报告和安全鉴定自检报告正文应包括工程的主要工程地质条件、前期勘察的工程地质结论，各建筑物场地施工开挖后的实际地质情况，工程地质问题及地基和围岩处理措施，工程地质评价，工程地质监测建议等。

9 病险水库除险加固工程地质勘察

9.1 一般规定

9.1.1 病险水库除险加固工程地质勘察的主要任务是复核水库工程区水文地质、工程地质条件，分析病险产生的地质原因，检查坝体填筑质量，为水库大坝安全评价、除险加固设计提供地质资料和物理力学参数，对水库安全评价和加固处理措施提出地质建议。

9.1.2 病险水库除险加固工程地质勘察的对象包括水库近坝库岸、各建筑物地基及边坡、隧洞围岩、防渗帷幕及土石坝坝体等。

9.1.3 病险水库除险加固工程地质勘察应充分利用

已有工程地质勘察资料、施工和运行期间有关监测资料，针对影响大坝安全的主要地质缺陷和隐患布置勘察工作，采用适用的勘探技术与方法。

9.2 安全评价阶段工程地质勘察

9.2.1 安全评价阶段工程地质勘察应符合下列规定：

1 收集分析已有的地质、设计、施工和水库运行监测及水库险情处理资料。

2 全面复查工程区水文地质、工程地质条件，重点检查水库运行以来地质条件的变化。

3 对坝基、岸坡、地下洞室等处理效果作出地质初步分析。

4 了解坝体填筑质量并作出地质分析。

5 复核工程区场址的地震动参数。

9.2.2 土石坝工程安全评价勘察应符合下列规定：

1 土石坝坝体勘察应包括下列内容：

1）了解坝体现状，包括坝身结构、坝体填土组成及填筑质量，特别是软弱土体（层）及施工填筑形成的软弱带等的厚度和空间分布情况。复核填筑土的物理力学参数。

2）检查大坝防渗体（心墙、水平铺盖等）、过渡层及反滤排水体等质量，了解填料级配、密实度、渗透系数等。

3）了解坝体埋管、输水涵洞及其周边的渗漏情况。

4）调查坝体渗漏、开裂、沉陷、滑坡以及其他建筑物的险情的分布位置、范围、特征及抢险处理措施与效果，初步分析病害险情的类型、成因。

2 土石坝坝区勘察应包括下列内容：

1）了解坝基、坝肩及各建筑物地基的地层结构、岩（土）体层次特性及主要物理力学性质。

2）了解坝基清基情况，河床深槽情况（包括基础风化深槽）、覆盖层分布、层次、厚度、性状、物理力学性质及渗透性等。

3）了解岩（土）体透水性、相对隔水层的埋藏深度、厚度和连续性，重点是地基渗漏情况，并对原基础防渗效果及渗透稳定性进行初步评价。

4）地基分布有特殊岩土体时，应了解其性状，初步分析其对建筑物的影响。

5）了解可溶岩坝基喀斯特发育情况及其对渗漏和大坝安全的影响。

6）了解输水、泄水建筑物边坡工程地质条件，初步分析其稳定性。

7）了解地下洞室围岩稳定性和渗漏状况及进出口边坡的稳定性。

8）了解近坝库区与建筑物安全有关的滑坡体、

坍滑体的分布范围、规模，初步分析其稳定性。

9.2.3 土石坝工程安全评价的勘察方法应符合下列规定：

1 根据现行国家标准《中国地震动参数区划图》GB 18306 复核工程区地震动参数。

2 收集分析有关资料，包括已有的勘察、设计、施工、监测和险情处理等资料。

3 调查与隐患险情有关的现象。

4 宜采用综合物探方法探测坝基、坝体隐患。

5 勘探剖面应平行、垂直建筑物轴线或防渗线布置，垂直剖面不少于3条，其中1条应布置在最大坝高处。

6 根据需要布置坑、孔、井勘探工作。

7 宜进行压水或注水试验和地下水位观测。

8 应分层（区）取样，每层（区）试验累计有效组数不应少于6组。

9 当坝基存在可能液化地层时，应进行标准贯入试验。

9.2.4 混凝土坝工程安全评价勘察应包括下列内容：

1 了解坝基、坝肩岩体的层次、岩体完整性及风化特征，复查软弱岩层、软弱夹层、断层破碎带、缓倾角结构面等的性状、分布以及接触情况。

2 了解地基开挖情况及地质缺陷的处理情况。

3 了解坝基和绕坝渗漏的分布范围、途径和渗漏量的动态变化。

4 了解可溶岩坝基喀斯特发育情况，渗漏、塌陷对大坝安全的影响。

5 了解混凝土与地基接触状况。

6 了解两岸及近坝库区边坡的稳定状况。

7 了解泄流冲刷地段的工程地质条件，冲坑发育特征及其对大坝、边坡的影响。

9.2.5 混凝土坝工程安全评价的勘察方法除应按本规范第9.2.3条第1～7款的有关规定执行外，尚应根据需要对坝体混凝土与坝基接触部位、影响坝基（肩）抗滑稳定与变形的结构面和岩体等取样进行室内物理力学性质试验。

9.2.6 其他建筑物区安全评价可结合工程的实际情况，按本规范第9.2.1～9.2.5条的有关内容执行。

9.3 可行性研究阶段工程地质勘察

9.3.1 可行性研究阶段工程地质勘察应符合下列规定：

1 初步查明病险水库安全评价报告和安全鉴定成果核查意见中的主要地质问题、工程病害和隐患的部位、范围和类型，分析工程隐患的原因。

2 进行天然建筑材料初查。

9.3.2 土石坝勘察应符合下列规定：

1 初步查明坝体填筑料组成、填筑质量、坝体填料物理力学性质及渗透特性。

2 初步查明坝身病害，包括坝坡滑坡、开裂、塌陷、渗水以及其他各种病害险情和不良地质现象的分布位置、范围、特征、险情成因。了解已发生险情过程，抢险措施及效果。

3 分析坝体浸润线与库水位的关系。

4 初步查明坝基与坝体接触部位的物质组成及渗透特性。

5 初步查明坝体埋管、输水涵洞及其周边的渗漏情况。

6 初步查明建筑物地基地层岩性、地质构造、岩土体结构及其透水性，特别是坝基覆盖层分布、层次、厚度、性状、物理力学性质及渗透性等。

7 初步查明坝基渗漏和绕坝渗漏性质、范围及渗漏量。

9.3.3 混凝土坝勘察应符合下列规定：

1 初步查明坝基、坝肩岩体的层次和软弱岩层、软弱夹层、断层破碎带、缓倾角结构面等的性状、分布以及接触情况。

2 初步查明坝基渗漏和绕坝渗漏的分布范围、渗漏形式、渗漏量与库水位的关系。

3 初步查明混凝土与地基接触状况，评价地质缺陷的处理效果。

4 初步查明可溶岩坝基、坝肩喀斯特发育规律，主要渗漏通道的分布、连通、充填和已处理情况。

5 初步查明泄流冲刷地段的工程地质条件，冲坑发育特征及其对大坝、边坡的影响。

9.3.4 可行性研究阶段的工程地质勘察方法应符合下列规定：

1 复核原有工程地质图，根据需要补充工程地质测绘，测绘比例尺可选用1∶2000～1∶500。

2 根据水库病害的类型和地质条件，选用合适的物探方法。

3 钻探工作应符合下列规定：

　1) 钻孔应结合查明水库险情隐患布置。

　2) 防渗剖面钻孔进入地基相对不透水层不应小于10m，其他钻孔深度按隐患或险情的情况综合确定。

　3) 钻孔应进行原状土取样，孔内应进行原位测试和地下水位观测等。

　4) 基岩段应进行钻孔压水试验，对坝体（含防渗体）、覆盖层应进行钻孔注水试验。

　5) 所有钻孔应及时进行封堵。

4 应分层（区）取样，每层（区）试验累计有效组数不应少于12组。岩石取样试验根据需要确定。

9.4 初步设计阶段工程地质勘察

9.4.1 渗漏及渗透稳定性勘察应包括下列内容：

1 土石坝坝体渗漏及渗透稳定性应查明下列内容：

　1) 坝体填筑土的颗粒组成、渗透性、分层填土的结合情况，特别是坝体与岸坡接合部位填料的物质组成、密实性和渗透性。

　2) 防渗体的颗粒组成、渗透性及新老防渗体之间的结合情况，评价其有效性。

　3) 反滤排水棱体的有效性，坝体浸润线分布。

　4) 坝体埋管、输水涵洞及其周边的渗漏情况。

　5) 坝体下游坡渗水的部位、特征、渗漏量的变化规律及渗透稳定性。

　6) 坝体塌陷、裂缝及生物洞穴的分布位置、规模及延伸连通情况。

2 坝基及坝肩岩土体渗漏及渗透稳定性勘察应查明下列内容：

　1) 坝基、坝肩第四纪沉积物和基岩风化带的厚度、性质、颗粒组成及渗透特性。

　2) 坝基、坝肩断层破碎带、节理裂隙密集带的性状、规模、产状、延续性和渗透性。

　3) 可溶岩层喀斯特的发育和分布规律，主要喀斯特通道的延伸形态、规模和连通情况。

　4) 古河道及单薄分水岭等的分布情况。

　5) 两岸地下水位及其动态，地下水位低槽带与漏水点的关系。渗漏量与库水位的相关性。

　6) 渗控工程的有效性。

9.4.2 渗漏及渗透稳定性的勘察方法应符合下列规定：

1 应收集分析已有地质勘察、施工编录和防渗加固处理资料，运行期的渗流量、两岸地下水位、坝体浸润线、坝基扬压力、幕后排水量等及其与库水位的关系。

2 工程地质测绘可在可行性研究阶段地质测绘的基础上进行，比例尺可选用1∶1000～1∶500，测绘范围应包括与渗漏有关的地段。

3 宜采用综合物探方法探测坝体渗漏、喀斯特的空间分布、渗漏通道和强透水带的位置及埋藏深度。

4 沿可能的渗漏通道部位应布置勘探剖面，钻孔间距可根据渗漏特点确定。

5 防渗线上的钻孔深度应进入隔水层或相对隔水层10～15m；喀斯特区钻孔应穿过喀斯特强烈发育带，其他部位的钻孔深度可根据具体情况确定。

6 防渗体上的钻孔应进行压（注）水试验。

7 土石坝坝体应取原状样进行室内物理力学和渗透试验。

9.4.3 不稳定边（岸）坡勘察应查明下列内容：

1 边坡的地形地貌特征和基本地质条件。

2 不稳定边坡的分布范围、边界条件、规模、地质结构和地下水位。

3 潜在滑动面的类型、产状、力学性质及与临空面的关系。

4 分析不稳定边坡变形影响因素，评价其失稳后可能对工程安全产生的影响。

5 对加固处理措施和监测方案提出建议。

9.4.4 不稳定边坡的勘察方法应符合下列规定：

1 应收集分析与边坡变形有关的地质资料。

2 工程地质测绘比例尺可选用 1∶2000～1∶500。测绘范围应包括可能对边坡稳定有影响的地段。

3 宜采用钻探、坑槽等方法，根据需要可布置平硐或竖井。勘探剖面应平行和垂直边坡走向布置。

4 勘探剖面上的钻孔间距视不稳定边坡规模、危害程度等具体情况确定，孔深应进入稳定岩（土）体。

5 对控制边坡稳定的软弱结构面应取样进行物理力学性质试验，根据需要进行现场抗剪试验。

6 根据需要在勘察过程中对不稳定边坡进行监测。

9.4.5 坝（闸）基及坝肩抗滑稳定勘察应查明下列内容：

1 地层岩性和地质构造，特别是缓倾角结构面及其他不利结构面的分布、性质、延伸性、组合关系及与上、下岩层的接触情况，确定坝（闸）基及坝肩稳定分析的边界条件。

2 坝基（肩）水文地质条件。

3 坝体与基岩接触面特征。

4 冲刷坑及抗力体的工程地质条件，评价泄洪冲刷对坝（闸）基及坝肩抗滑稳定的影响。

5 提出滑动控制结构面的物理力学参数建议值。

9.4.6 坝（闸）基及坝肩抗滑稳定的勘察方法应符合下列规定：

1 应收集分析施工期基础处理情况、冲刷坑现状、运行期各种观测资料。

2 工程地质测绘比例尺可选用 1∶500。测绘范围应包括与坝（闸）基、坝肩抗滑稳定分析有关的地段。

3 宜采用钻探、坑槽等方法，根据需要布置平硐或竖井。勘探剖面应沿垂直坝轴线方向布置，剖面上钻孔间距和位置应根据可能滑动面的分布情况确定，每条剖面不应少于 2～3 个钻孔，钻孔深度应进入可能滑动面以下稳定岩体。

4 应进行取样试验，根据需要进行原位抗剪试验。

9.4.7 溢洪道地基抗滑稳定、边坡稳定问题的勘察内容和方法可执行本规范第 9.4.3～9.4.6 条的有关规定。

9.4.8 坝体变形与地基沉降勘察应包括下列内容：

1 查明土石坝填筑料的物质组成、压实度、强度和渗透特性。

2 查明坝体滑坡、开裂、塌陷等病害险情的分布位置、范围、特征、成因，险情发生过程与抢险措施，运行期坝体变形位移情况及变化规律。

3 查明坝基地层结构、分布、物质组成，重点查明软土、湿陷性土等工程性质不良岩土层的分布特征及物理力学特性，可溶岩区喀斯特洞穴的分布、充填情况及埋藏深度。

4 查明坝基开挖和地基处理情况。

9.4.9 坝体变形与地基沉降的勘察方法应符合下列规定：

1 应收集和分析已有的观测资料和坝体变形与地基沉降险情处理资料。

2 应进行工程地质测绘，比例尺可选用 1∶1000～1∶500。

3 宜采用综合物探方法探测空洞、裂缝等位置。

4 应在坝体变形和地基沉降部位布置勘探剖面和勘探点，勘探深度可根据具体情况确定。

5 应取样进行室内物理力学性质试验。

9.4.10 土的地震液化勘察应包括下列内容：

1 查明坝基和坝体无黏性土和少黏性土层的分布范围、厚度变化等情况。

2 查明土层的土体结构、颗粒组成、密实度、排水条件等。

3 查明坝基水文地质条件和坝体浸润线位置。

4 评价饱和无黏性土和少黏性土的地震液化可能性，提出加固处理措施地质建议。

9.4.11 土的地震液化的勘察方法应符合下列规定：

1 应布置钻探、坑槽，其数量和深度根据需要确定。

2 应进行剪切波速测试和标准贯入试验。

3 应取原状土样，测定土的天然含水率、密度和颗粒组成等。

9.5 勘察报告

9.5.1 病险水库工程地质勘察报告由正文、附图和附件组成。

9.5.2 安全评价工程地质勘察报告正文应包括绪言、地质概况、土石坝坝体状况及评价、各建筑物地基及边坡工程地质条件及评价、结论及建议。

9.5.3 绪言宜包括工程概况、工程运行中出现的问题、历次除险加固概况、本阶段勘察工作开展情况及完成的工作量。

9.5.4 地质概况宜包括区域地质概况、工程区基本地质条件。

9.5.5 土石坝坝体状况宜包括坝体结构组成、填料物质组成、物理力学指标及渗透性参数、已有险情、坝体质量评价。

9.5.6 各建筑物地基及边坡工程地质条件宜包括基

本地质条件、存在的地质问题及险情、工程地质评价。

9.5.7 结论及建议宜包括本阶段勘察的主要结论、需要说明的问题、下一阶段工作建议。

9.5.8 可行性研究阶段和初步设计阶段工程地质勘察报告正文应包括绪言、地质概况、险情或隐患工程地质评价、天然建筑材料、结论与建议。

9.5.9 险情或隐患工程地质评价宜包括基本地质条件，险情或隐患的特征、分布范围、边界条件及成因，有关物理力学性质及渗透性指标，处理措施及建议。

9.5.10 天然建筑材料宜包括设计需求量，各料场位置及地形地质条件，勘探和取样，储量和质量，开采和运输条件等。

附录 A 工程地质勘察报告附件

表 A 工程地质勘察报告附件表

序号	附件名称	规划阶段	可行性研究阶段	初步设计阶段	招标设计阶段	施工详图设计阶段
1	区域综合地质图（附综合地层柱状图和典型地质剖面）*	√	+	—		
2	区域构造与地震震中分布图*	√	√	+		
3	水库区综合地质图（附综合地层柱状图和典型地质剖面）	+	√	√	+	—
4	水库区专门性问题工程地质图	—	+	√	√	
5	坝址及附属建筑物区工程地质图（附综合地层柱状图）	+	√	√	√	
6	专门性水文地质图*	+	+	+	+	
7	坝址基岩地质图（包括基岩面等高线）			+	+	
8	工程区专门性问题地质图*		+	+	+	
9	竣工工程地质图*	—	—	—	—	√
10	引调水工程综合地质图	√	√	√	√	—
11	堤防工程综合地质图	—	√	√	√	
12	河道整治工程综合地质图	—	√	√	√	
13	水闸（泵站）综合地质图	+	√	√	√	

续表 A

序号	附件名称	规划阶段	可行性研究阶段	初步设计阶段	招标设计阶段	施工详图设计阶段
14	灌区工程综合地质图	+	√	√	—	
15	天然建筑材料产地分布图*	+	√	√	+	
16	料场综合地质图*	—	√	√	√	
17	坝址、引水线路或其他建筑物场地工程地质剖面图	+	√	√	√	
18	坝基（防渗线）渗透剖面图		√	√	√	
19	专门性问题地质剖面图或平切面图*	—	+	√	√	+
20	引调水工程及主要建筑物地质剖面图	+	√	√	√	
21	堤防及主要建筑物地质剖面图	+	√	√	√	
22	河道整治工程典型地段地质剖面图		√	√	√	
23	水闸（泵站）工程地质剖面图		√	√	√	
24	灌区工程地质剖面图	—	+	√	√	
25	钻孔柱状图*	+	+	+	+	+
26	试坑、平硐、竖井展示图*		+	+	+	+
27	岩、土、水试验成果汇总表*	—	√	√	√	√
28	地下水动态、岩土体变形等监测成果汇总表*		+	+	+	+
29	水库诱发地震等监测成果汇总表	—	+	+	+	+
30	岩矿鉴定报告*	+	+	+	+	+
31	地震安全性评价报告	—	+	+	—	—
32	物探报告*	+	√	√	√	+
33	岩土试验报告*		√	√	√	+
34	水质分析报告*		+	+	+	+
35	专门性工程地质问题研究报告*		+	+	+	+

注：1 "√"表示应提交的附图附件；"+"表示视需要而定的附图附件；"—"表示不需要提交的附图附件。

2 *表示各类水利水电工程都需要考虑的图件。

表 B 物探方法适用性选择表

物探方法		覆盖层探测	岩体完整性	岩性界线	断层破碎带	地下管线	溶洞	软弱夹层	含水层	地下水位	地下水流速流向	渗漏地段	滑坡体	动弹性力学参数	密度	洞室围岩松弛圈	爆破影响检测	灌浆效果检测	洞室超前探测	深埋洞室勘探	砂土地震液化
电法	电测深法	√	+	√	+	—	√	—	√	√	—	—	√	—	—	—	—	—	—	—	—
	电剖面法	+	—	√	√	+	—	—	—	—	—	+	—	—	—	—	—	—	—	—	—
	自然电场法	—	—	—	+	+	—	—	—	—	+	√	—	—	—	—	—	—	—	—	—
	充电法	—	—	—	—	—	—	—	—	—	—	√	—	—	—	—	—	—	—	—	—
	激发极化法	—	—	—	+	—	—	—	√	√	—	+	—	—	—	—	—	—	—	—	—
	大地电磁频谱探测（MD）	—	—	—	√	—	—	—	+	—	—	—	—	—	—	—	—	—	—	√	—
	可控源音频大地电磁测深（CSAMT）	—	—	—	√	—	—	—	+	—	—	—	—	—	—	—	—	—	—	√	—
	瞬变电磁法	√	—	+	√	—	—	—	+	—	+	—	—	—	—	—	—	—	—	—	—
地震法	浅层折射法	√	—	√	√	—	—	—	+	+	—	—	—	—	—	—	—	—	—	—	—
	浅层反射法	√	—	√	√	—	+	—	+	+	—	+	—	—	—	—	—	—	—	√	—
	面波法	√	—	—	—	—	—	—	—	—	—	—	√	—	—	—	—	—	—	—	√
弹性波测试法	声波波速测试	—	—	—	—	—	—	+	—	—	—	—	—	√	—	√	+	√	—	—	—
	声波穿透法	—	+	√	—	—	—	—	—	—	—	—	—	—	—	+	—	+	+	—	—
	地震波波速测试	—	√	√	—	—	—	—	—	—	—	—	—	√	—	√	—	√	—	—	—
	地震波穿透法	—	√	—	+	—	—	—	—	—	—	—	—	—	—	√	—	+	√	—	—
层析成像法（CT）	电磁波 CT	—	+	√	—	—	√	—	—	—	—	—	—	—	—	√	—	√	—	—	—
	地震 CT	—	√	—	+	—	√	—	—	—	—	—	—	—	—	√	—	+	√	—	—
	探地雷达法	+	—	—	√	√	√	—	—	—	—	—	—	—	—	—	—	—	—	—	—
测井法	电测井	+	—	√	+	—	—	—	√	√	—	—	—	—	—	—	—	—	—	—	—
	声波测井	—	√	+	—	—	√	—	—	—	—	—	—	—	—	√	—	√	√	√	—
	放射性测井	+	+	√	+	—	—	—	√	√	—	—	—	—	—	—	—	—	—	—	—
	电磁波法	—	—	—	+	—	√	—	—	—	—	—	—	—	—	—	—	—	—	—	—
	钻孔电视	—	+	+	√	—	√	—	—	—	—	—	—	—	—	—	—	—	+	—	—
	同位素示踪法	—	—	—	—	—	—	—	—	—	√	√	—	—	—	—	—	—	—	—	—

注："√"表示主要方法；"+"为辅助方法；"—"为不适用的方法。

附录 C 喀斯特渗漏评价

C.0.1 喀斯特渗漏评价应在区域和工程区喀斯特发育规律、水文地质和渗漏条件勘察研究的基础上，根据地形地貌、地质构造、可溶岩的层组类型、空间分布和喀斯特化程度、喀斯特发育规律和水文地质条件等，对渗漏的可能性、渗漏量、渗漏对工程的危害和对环境的影响等作出综合评价。

C.0.2 喀斯特渗漏评价应分为水库渗漏（向邻谷或下游河弯）、坝基和绕坝渗漏两类。水库渗漏仅与工程效益和环境有关，坝基和绕坝渗漏还与工程建筑物安全有关。

C.0.3 喀斯特水库渗漏评价可分为不渗漏、溶隙型渗漏、溶隙与管道混合型渗漏和管道型渗漏四类。

1 水库存在下列条件之一时，可判断为水库不存在喀斯特渗漏：

　　1) 水库周边有可靠的非喀斯特化地层或厚度较大的弱喀斯特化地层封闭。

　　2) 水库与邻谷或与下游河弯地块有可靠的地下水分水岭，且分水岭水位高于水库正常蓄水位。

　　3) 水库与邻谷或与下游河弯地块的地下水分水岭水位略低于水库正常蓄水位，但分水岭地段喀斯特化程度轻微。

　　4) 邻谷常年地表水或地下水水位高于水库正常设计蓄水位。

2 水库存在下列条件之一时，可判断为可能存在溶隙型渗漏：

　　1) 河间或河弯地块存在地下水分水岭，地下水位低于水库正常蓄水位，但库内、外无大的喀斯特水系统（泉、暗河）发育，无贯穿河间或河弯地块的地下水位低槽。

　　2) 河间或河弯地块地下水分水岭水位低于水库正常蓄水位，库内、外有喀斯特水系统发育，但地下分水岭地块中部为弱喀斯特化地层。

3 水库存在下列条件之一时，可判断为可能存在溶隙与管道混合型渗漏或管道型渗漏：

　　1) 可溶岩层通向库外低邻谷或下游支流，可溶岩地层喀斯特化强烈，河间或河弯地块地下水分水岭水位低且低于水库正常蓄水位，喀斯特洼地呈线或带状穿越分水岭地段，分水岭一侧或两侧有喀斯特水系统发育。

　　2) 经连通试验或水文测验证实，天然条件下河流向邻谷或下游河弯排泄。

　　3) 悬托型或排泄型河谷，天然条件下存在喀斯特渗漏。

　　4) 库内外有喀斯特水系统发育，系统之间在水库蓄水位以下曾发生过相互袭夺现象，或有对应的成串状喀斯特洼地穿越分水岭地块，经连通试验证实地下水经喀斯特洼地、漏斗、落水洞流向库外。

C.0.4 坝基和绕坝渗漏的主要判别依据有：河谷喀斯特水动力条件，河谷地质结构、可溶岩层空间分布和喀斯特化程度、坝址所处的地貌单元和断裂构造特征。

1 存在下列条件之一时，可判断为坝基和绕坝渗漏轻微：

　　1) 坝址为横向谷，坝基及两岸岩体喀斯特化轻微，补给型喀斯特水动力条件，两岸水力坡降较大。

　　2) 横向谷，坝基及两岸为不纯碳酸盐岩或夹有非喀斯特化地层，且未被断裂构造破坏。

2 存在下列条件之一时，可判断为坝基和绕坝渗漏较严重：

　　1) 坝址河谷宽缓，两岸地下水位低平，或为补排型河谷水动力类型，可溶岩喀斯特化程度较强。

　　2) 坝址上、下游均有喀斯特水系统发育，且顺河向断裂较发育。

　　3) 为悬托型或排泄型喀斯特水动力类型，天然条件下河水补给地下水，河谷及两岸深部喀斯特洞隙较发育。

3 存在下列条件之一时，可判断为坝基和绕坝渗漏问题复杂，可能存在严重的喀斯特渗漏：

　　1) 坝址为纵向谷，可溶岩喀斯特发育，两岸地下水位低平，较大范围内具有统一地下水位，且有良好的水力联系。

　　2) 为悬托型或排泄型喀斯特水动力类型，天然条件下河水补给地下水；河床或两岸存在纵向地下径流或有纵向地下水凹槽，或坝址上游有明显水量漏失现象。

　　3) 坝区有顺河向的断层、裂隙带、层面裂隙或埋藏古河道发育，并有与之相应的喀斯特系统发育。

C.0.5 喀斯特渗漏量估算应根据岩体喀斯特化程度，地下水赋存及运动特征、计算单元内水力联系等情况概化计算模型，用相应的计算方法进行估算。溶隙型渗漏可采用地下水动力学方法和水量均衡法进行估算，管道型渗漏可采用水力学法和水量均衡法进行估算，管道与溶隙混合型渗漏可分别估算后选加，此外也可采用数值模拟方法估算。由于喀斯特渗漏量计算的边界条件和参数十分复杂，需对各种计算方法取得的成果进行相互验证，作出合理判断。

C.0.6 喀斯特渗漏处理的范围、深度、措施和标准，应根据渗漏影响程度评价，通过技术经济比较，依照下列原则确定：

1 喀斯特渗漏处理应根据与工程安全的关系、水量损失和对环境的影响等情况区别对待。影响工程安全的渗漏要以满足建筑物渗控要求为原则进行处理；仅有水量损失的渗漏，可视水库库容、河流多年平均流量和水库调节性能等，以不影响工程效益的正常发挥为原则进行处理；具有一定环境效益的渗漏，如补给地下水或泉水，使地下水位升高，泉水流量增加，可发挥环境效益的水库渗漏，在不严重影响工程效益的前提下可不予处理，但对有次生灾害的渗漏应予以处理。

2 与工程建筑物安全有关的防渗处理应利用隔水层和相对隔水层，提高防渗的可靠性，防止坝基坝肩附近溶洞、溶隙中的充填物在工程运行期发生冲刷破坏，并满足建筑物渗控要求。

3 为减少水库渗漏量进行的防漏处理可分期实施，水库蓄水前应对可能出现严重渗漏的部位进行处理，对可能存在溶隙型渗漏的部位可待蓄水后视渗漏情况确定是否处理。

4 喀斯特防渗处理措施可根据具体条件，宜采用封、堵、围、截、灌等综合防渗措施。防渗帷幕通过溶洞时，应先封堵溶洞，以保证灌浆的可靠性。

附录 D 浸没评价

D.0.1 浸没评价按初判、复判两阶段进行。

D.0.2 根据地质测绘结果、拟建水库水位情况或渠道水位情况进行浸没可能性初判。

初判认定的不可能浸没地段不再进行工作。初判认定的可能浸没地段应通过勘探、试验、观测和计算确定浸没范围和浸没程度。

D.0.3 初判时符合下列情况之一的地段可判定为不可能浸没地段：

1 库岸或渠道由相对不透水岩土层组成的地段。

2 与水库无直接水力联系的地段：被相对不透水层阻隔，且该相对不透水层顶部高程高于水库设计正常蓄水位；被有经常水流的溪沟阻隔，且溪沟水位高于水库设计正常蓄水位。

3 渠道周围地下水位高于渠道设计水位的地段。

D.0.4 初判时符合下列情况之一的地段可判定为不可能次生盐渍化地段：

1 处于湿润性气候区，降水量大，径流条件好。

2 地下水矿化度较低。

3 表层黏性土较薄，下部含水层透水性较强，排泄条件较好。

4 排水设施完善。

D.0.5 判别时应确定该地区的浸没地下水埋深临界值。当预测的蓄水后地下水埋深值小于临界值时，该地区应判定为浸没区。

D.0.6 初判时，浸没地下水埋深临界值可按式（D.0.6）确定：

$$H_{cr} = H_k + \Delta H \qquad (D.0.6)$$

式中 H_{cr}——浸没地下水埋深临界值（m）；

H_k——土的毛管水上升高度（m）；

ΔH——安全超高值（m）。对农业区，该值即根系层的厚度；对城镇和居民区，该值取决于建筑物荷载、基础形式、砌

置深度。

D.0.7 复判时农作物区的浸没地下水埋深临界值应根据下列因素确定：

1 对可能次生盐渍化地区，应根据地下水矿化度和表部土层性质确定防止土壤次生盐渍化地下水埋深临界值。

2 对不可能次生盐渍化地区，应根据现有农作物种类确定适于农作物生长的地下水埋深临界值。

3 在确定上述两种地下水埋深临界值时，应对当地农业管理部门、农业科研部门和农民进行调查，收集相关资料，根据需要开挖试坑验证。

D.0.8 复判时建筑物区的浸没地下水埋深临界值应根据下列因素确定：

1 居住环境标准：浸没地下水埋深临界值等于表土层的毛管水上升高度。

2 建筑物安全标准：当勘探、试验成果表明现有建筑物地基持力层在饱和状态下强度显著下降导致承载力不足，或沉陷值显著增大超出建筑物的允许值时，浸没地下水埋深临界值等于该类建筑物的基础砌置深度加土的毛管水上升高度。

3 上述两种情况确定建筑物区的浸没地下水埋深临界值，要根据表层土的毛管水上升高度、地基持力层情况、冻结层深度以及当地现有建筑物的类型、层数、基础形式和深度等确定，根据需要进行开挖验证。地基持力层情况主要包括是否存在黄土、淤泥、软土、膨胀土等地层，持力层在含水率改变下的变形增大率及强度降低率等。

D.0.9 当复判的浸没区面积较大时，宜按浸没影响程度划分为严重和轻微两种浸没区。

附录 E 岩土物理力学参数取值

E.0.1 岩土物理力学参数取值应符合下列规定：

1 收集工程区域内岩土体的成因、物质组成、结构面分布、地应力场和水文地质条件等地质资料，掌握岩土体的均质和非均质特性。

2 了解枢纽布置方案、工程建筑类型、工程荷载作用方向及大小，以及对地基、边坡和地下洞室围岩的质量要求等设计意图。

3 岩土物理力学参数应根据有关的试验方法标准，通过原位测试、室内试验等直接或间接的方法确定，并应考虑室内、外试验条件与实际工程岩土体的差别等因素的影响。

4 应进行工程地质单元划分和工程岩体分级，在此基础上根据工程问题进行岩土力学试验设计，确定试验方法、试验数量以及试验布置。

5 试验成果整理可按相关岩土试验规程进行。抗剪强度参数可采用最小二乘法、优定斜率法或小值

平均法，分别按峰值、屈服值、比例极限值、残余强度值、长期强度等进行整理。

6 收集岩土试验样品的原始结构、颗粒成分、矿物成分、含水率、应力状态、试验方法、加载方式等相关资料，并分析试验成果的可信程度。

7 按岩土体类别、岩体质量级别、工程地质单元、区段或层位，可采用数理统计法整理试验成果，在充分论证的基础上舍去不合理的离散值。

注：可按极限误差法（样本容量＞10）或格拉布斯（Grubbs）法（样本容量≤10）舍去不合理的离散值。

8 岩土物理力学参数应以试验成果为依据，以整理后的试验值作为标准值。

9 根据岩土体岩性、岩相变化、试样代表性、实际工作条件与试验条件的差别，对标准值进行调整，提出地质建议值。

10 设计采用值应由设计、地质、试验三方共同研究确定。对于重要工程以及对参数敏感的工程应做专门研究。

E.0.2 土的物理力学参数标准值选取应符合下列规定：

1 各参数的统计宜包括统计组数、最大值、最小值、平均值、大值平均值、小值平均值、标准差、变异系数。

2 当同一土层的各参数变异系数较大时，应分析土层水平与垂直方向上的变异性。

  1）当土层在水平方向上变异性大时，宜分析参数在水平方向上的变化规律，或进行分区（段）。

  2）当土层在垂直方向上变异性大时，宜分析参数随深度的变化规律，或进行垂直分带。

3 土的物理性质参数应以试验算术平均值为标准值。

4 地基土的允许承载力可根据载荷试验（或其他原位试验）、公式计算确定标准值。

5 地基土渗透系数标准值应根据抽水试验、注（渗）水试验或室内试验确定，并应符合下列规定：

  1）用于人工降低地下水位及排水计算时，应采用抽水试验的小值平均值。

  2）水库（渠道）渗漏量、地下洞室涌水量及基坑涌水量计算的渗透系数，应采用抽水试验的大值平均值。

  3）用于浸没区预测的渗透系数，应采用试验的平均值。

  4）用于供水工程计算时，应采用抽水试验的小值平均值。

  5）其他情况下，可根据其用途综合确定。

6 土的压缩模量可从压力-变形曲线上，以建筑物最大荷载下相应的变形关系选取，或按压缩试验的压缩性能，根据其固结程度选定标准值。对于高压缩性软土，宜以试验压缩模量的小值平均值作为标准值。

7 土的抗剪强度标准值可采用直剪试验峰值强度的小值平均值。

8 当采用有效应力进行稳定分析时，地基土的抗剪强度标准值应符合下列规定：

  1）对三轴压缩试验测定的抗剪强度，宜采用试验平均值。

  2）对黏性土地基，应测定或估算孔隙水压力，以取得有效应力强度。

9 当采用总应力进行稳定分析时，地基土抗剪强度的标准值应符合下列规定：

  1）对排水条件差的黏性土地基，宜采用饱和快剪强度或三轴压缩试验不固结不排水剪切强度；对软土可采用原位十字板剪切强度。

  2）对上、下土层透水性较好或采取了排水措施的薄层黏性土地基，宜采用饱和固结快剪强度或三轴压缩试验固结不排水剪切强度。

  3）对透水性良好，不易产生孔隙水压力或能自由排水的地基土层，宜采用慢剪强度或三轴压缩试验固结排水剪切强度。

10 当需要进行动力分析时，地基土抗剪强度标准值应符合下列规定：

  1）对地基土进行总应力动力分析时，宜采用动三轴压缩试验测定的动强度作为标准值。

  2）对于无动力试验的黏性土和紧密砂砾等非地震液化性土，宜采用三轴压缩试验饱和固结不排水剪测定的总强度和有效应力强度中的最小值作为标准值。

  3）当需要进行有效应力动力分析时，应测定饱和砂土的地震附加孔隙水压力、地震有效应力强度，可采用静力有效应力强度作为标准值。

11 混凝土坝、闸基础与地基土间的抗剪强度标准值应符合下列规定：

  1）对黏性土地基，内摩擦角标准值可采用室内饱和固结快剪试验内摩擦角平均值的90%，凝聚力标准值可采用室内饱和固结快剪试验凝聚力平均值的20%～30%。

  2）对砂性土地基，内摩擦角标准值可采用室内饱和固结快剪试验内摩擦角平均值的85%～90%。

  3）对软土地基，力学参数标准值宜采用室内试验、原位测试，结合当地经验确定。抗剪强度指标宜采用室内三轴压缩试验指标，原位测试宜采用十字板剪切试验。

12 对边坡工程，土的抗剪强度标准值宜符合下列规定：

    1) 滑坡滑动面（带）的抗剪强度宜取样进行岩矿分析、物理力学试验，并结合反算分析确定。对工程有重要影响的滑坡，还应结合原位抗剪试验成果等综合选取。

    2) 边坡土体抗剪强度宜根据设计工况分别选取饱和固结快剪、快剪强度的小值平均值或取三轴压缩试验的平均值。

E.0.3 规划与可行性研究阶段的坝、闸基础与地基土间的摩擦系数，可结合地质条件根据表 E.0.3 选用地质建议值。

表 E.0.3 坝、闸基础与地基土间的摩擦系数地质建议值

地基土类型		摩擦系数 f
卵石、砾石		$0.55 \geqslant f > 0.50$
砂		$0.50 \geqslant f > 0.40$
粉土		$0.40 \geqslant f > 0.25$
黏土	坚硬	$0.45 \geqslant f > 0.35$
	中等坚硬	$0.35 \geqslant f > 0.25$
	软弱	$0.25 \geqslant f > 0.20$

E.0.4 岩体（石）的物理力学参数取值应按下列规定进行：

1 岩体的密度、单轴抗压强度、抗拉强度、点荷载强度、波速等物理力学参数可采用试验成果的算术平均值作为标准值。

2 岩体变形参数取原位试验成果的算术平均值作为标准值。

3 软岩的允许承载力采用载荷试验极限承载力的 1/3 与比例极限二者的小值作为标准值；无载荷试验成果时，可通过三轴压缩试验确定或按岩石单轴饱和抗压强度的 1/10～1/5 取值。坚硬岩、半坚硬岩可按岩石单轴饱和抗压强度折减后取值：坚硬岩取岩石单轴饱和抗压强度的 1/25～1/20，中硬岩取岩石单轴饱和抗压强度的 1/20～1/10。

4 混凝土坝基础与基岩间抗剪断强度参数按峰值强度参数的平均值取值，抗剪强度参数按残余强度参数与比例极限强度参数二者的小值作为标准值。

5 岩体抗剪断强度参数按峰值强度平均值取值。抗剪强度参数对于脆性破坏岩体按残余强度与比例极限强度二者的小值作为标准值，对于塑性破坏岩体取屈服强度作为标准值。

6 规划阶段及可行性研究阶段，当试验资料不足时，可根据表 E.0.4 结合地质条件提出地质建议值。

表 E.0.4 坝基岩体抗剪断（抗剪）强度参数及变形参数经验值表

岩体分类	混凝土与基岩接触面				岩体					岩体变形模量
	抗剪断		抗剪		抗剪断			抗剪		
	f'	C'(MPa)	f		f'	C'(MPa)		f		E(GPa)
I	1.50～1.30	1.50～1.30	0.85～0.75		1.60～1.40	2.50～2.00		0.90～0.80		>20
II	1.30～1.10	1.30～1.10	0.75～0.65		1.40～1.20	2.00～1.50		0.80～0.70		20～10
III	1.10～0.90	1.10～0.70	0.65～0.55		1.20～0.80	1.50～0.70		0.70～0.60		10～5
IV	0.90～0.70	0.70～0.30	0.55～0.40		0.80～0.55	0.70～0.30		0.60～0.45		5～2
V	0.70～0.40	0.30～0.05	0.40～0.30		0.55～0.40	0.30～0.05		0.45～0.35		2～0.2

注：表中参数限于硬质岩，软质岩应根据软化系数进行折减。

E.0.5 结构面的抗剪断强度参数标准值取值按下列规定进行：

1 硬性结构面抗剪断强度参数按峰值强度平均值取值，抗剪强度参数按残余强度平均值取值作为标准值。

2 软弱结构面抗剪断强度参数按峰值强度小值平均值取值，抗剪强度参数按屈服强度平均值取值作为标准值。

3 规划阶段及可行性研究阶段，当试验资料不足时，可结合地质条件根据表 E.0.5 提出地质建议值。

表 E.0.5 结构面抗剪断（抗剪）强度参数经验取值表

结构面类型		f'	C'(MPa)	f
胶结结构面		0.90～0.70	0.30～0.20	0.70～0.55
无充填结构面		0.70～0.55	0.20～0.10	0.55～0.45
软弱结构面	岩块岩屑型	0.55～0.45	0.10～0.08	0.45～0.35
	岩屑夹泥型	0.45～0.35	0.08～0.05	0.35～0.28
	泥夹岩屑型	0.35～0.25	0.05～0.02	0.28～0.22
	泥型	0.25～0.18	0.01～0.005	0.22～0.18

注：1 表中胶结结构面、无充填结构面的抗剪强度参数限于坚硬岩、半坚硬岩，软质岩中结构面应进行折减。

    2 胶结结构面、无充填结构面抗剪断（抗剪）强度参数应根据结构面胶结程度和粗糙程度取大值或小值。

附录 F 岩土体渗透性分级

表 F 岩土体渗透性分级

渗透性等级	标准	
	渗透系数 K (cm/s)	透水率 q (Lu)
极微透水	$K < 10^{-6}$	$q < 0.1$
微透水	$10^{-6} \leqslant K < 10^{-5}$	$0.1 \leqslant q < 1$
弱透水	$10^{-5} \leqslant K < 10^{-4}$	$1 \leqslant q < 10$

续表 F

渗透性等级	标准	
	渗透系数 K（cm/s）	透水率 q（Lu）
中等透水	$10^{-4} \leqslant K < 10^{-2}$	$10 \leqslant q < 100$
强透水	$10^{-2} \leqslant K < 1$	
极强透水	$K \geqslant 1$	$q \geqslant 100$

附录 G 土的渗透变形判别

G.0.1 土的渗透变形特征应根据土的颗粒组成、密度和结构状态等因素综合分析确定。

　　1 土的渗透变形宜分为流土、管涌、接触冲刷和接触流失四种类型。

　　2 黏性土的渗透变形主要是流土和接触流失两种类型。

　　3 对于重要工程或不易判别渗透变形类型的土，应通过渗透变形试验确定。

G.0.2 土的渗透变形判别应包括下列内容：

　　1 判别土的渗透变型类型。

　　2 确定流土、管涌的临界水力比降。

　　3 确定土的允许水力比降。

G.0.3 土的不均匀系数应采用下式计算：

$$C_u = \frac{d_{60}}{d_{10}} \qquad (G.0.3)$$

式中　C_u——土的不均匀系数；

　　　　d_{60}——小于该粒径的含量占总土重 60% 的颗粒粒径（mm）；

　　　　d_{10}——小于该粒径的含量占总土重 10% 的颗粒粒径（mm）。

G.0.4 细颗粒含量的确定应符合下列规定：

　　1 级配不连续的土：颗粒大小分布曲线上至少有一个以上粒组的颗粒含量小于或等于 3% 的土，称为级配不连续的土。以上述粒组在颗粒大小分布曲线上形成的平缓段的最大粒径和最小粒径的平均值或最小粒径作为粗、细颗粒的区分粒径 d，相应于该粒径的颗粒含量为细颗粒含量 P。

　　2 级配连续的土：粗、细颗粒的区分粒径为

$$d = \sqrt{d_{70} \cdot d_{10}} \qquad (G.0.4)$$

式中　d_{70}——小于该粒径的含量占总土重 70% 的颗粒粒径（mm）。

G.0.5 无黏性土渗透变形类型的判别可采用以下方法：

　　1 不均匀系数小于等于 5 的土可判为流土。

　　2 对于不均匀系数大于 5 的土可采用下列判别方法：

　　　　1）流土：

$$P \geqslant 35\% \qquad (G.0.5-1)$$

　　　　2）过渡型取决于土的密度、粒级和形状：

$$25\% \leqslant P < 35\% \qquad (G.0.5-2)$$

　　　　3）管涌：

$$P < 25\% \qquad (G.0.5-3)$$

　　3 接触冲刷宜采用下列方法判别：

　　对双层结构地基，当两层土的不均匀系数均等于或小于 10，且符合下式规定的条件时，不会发生接触冲刷。

$$\frac{D_{10}}{d_{10}} \leqslant 10 \qquad (G.0.5-4)$$

式中　D_{10}、d_{10}——分别代表较粗和较细一层土的颗粒粒径（mm），小于该粒径的土重占总土重的 10%。

　　4 接触流失宜采用下列方法判别：

　　对于渗流向上的情况，符合下列条件将不会发生接触流失。

　　　　1）不均匀系数等于或小于 5 的土层：

$$\frac{D_{15}}{d_{85}} \leqslant 5 \qquad (G.0.5-5)$$

式中　D_{15}——较粗一层土的颗粒粒径（mm），小于该粒径的土重占总土重的 15%；

　　　　d_{85}——较细一层土的颗粒粒径（mm），小于该粒径的土重占总土重的 85%。

　　　　2）不均匀系数等于或小于 10 的土层：

$$\frac{D_{20}}{d_{70}} \leqslant 7 \qquad (G.0.5-6)$$

式中　D_{20}——较粗一层土的颗粒粒径（mm），小于该粒径的土重占总土重的 20%；

　　　　d_{70}——较细一层土的颗粒粒径（mm），小于该粒径的土重占总土重的 70%。

G.0.6 流土与管涌的临界水力比降宜采用下列方法确定：

　　1 流土型宜采用下式计算：

$$J_{cr} = (G_s - 1)(1 - n) \qquad (G.0.6-1)$$

式中　J_{cr}——土的临界水力比降；

　　　　G_s——土粒比重；

　　　　n——土的孔隙率（以小数计）。

　　2 管涌型或过渡型可采用下式计算：

$$J_{cr} = 2.2(G_s - 1)(1 - n)^2 \frac{d_5}{d_{20}} \qquad (G.0.6-2)$$

式中　d_5、d_{20}——分别为小于该粒径的含量占总土重的 5% 和 20% 的颗粒粒径（mm）。

　　3 管涌型也可采用下式计算：

$$J_{cr} = \frac{42 d_3}{\sqrt{\dfrac{K}{n^3}}} \qquad (G.0.6-3)$$

式中　K——土的渗透系数（cm/s）；

　　　　d_3——小于该粒径的含量占总土重 3% 的颗粒粒径（mm）。

G.0.7 无黏性土的允许比降宜采用下列方法确定：

1 以土的临界水力比降除以1.5～2.0的安全系数；当渗透稳定对水工建筑物的危害较大时，取2的安全系数；对于特别重要的工程也可用2.5的安全系数。

2 无试验资料时，可根据表G.0.7选用经验值。

表 G.0.7　无黏性土允许水力比降

允许水力比降	渗透变形类型					
	流土型			过渡型	管涌型	
	$C_u \leqslant 3$	$3 < C_u \leqslant 5$	$C_u \geqslant 5$		级配连续	级配不连续
$J_{允许}$	0.25～0.35	0.35～0.50	0.50～0.80	0.25～0.40	0.15～0.25	0.10～0.20

注：本表不适用于渗流出口有反滤层的情况。

附录 H　岩体风化带划分

H.0.1 岩体风化带的划分一般应符合表H.0.1的规定。

表 H.0.1　岩体风化带划分

风化带		主要地质特征	风化岩与新鲜岩纵波速之比
全风化		全部变色，光泽消失 岩石的组织结构完全破坏，已崩解和分解成松散的土状或砂状，有很大的体积变化，但未移动，仍残留有原始结构痕迹 除石英颗粒外，其余矿物大部分风化蚀变为次生矿物 锤击有松软感，出现凹坑，矿物手可捏碎，用锹可以挖动	<0.4
强风化		大部分变色，只有局部岩块保持原有颜色 岩石的组织结构大部分已破坏，小部分岩石已分解或崩解成土，大部分岩石呈不连续的骨架或心石，风化裂隙发育，有时含大量次生夹泥 除石英外，长石、云母和铁镁矿物已风化蚀变 锤击哑声，岩石大部分变酥，易碎，用镐撬可以挖动，坚硬部分需爆破	0.4～0.6
弱风化（中等风化）	上带	岩石表面或裂隙面大部分变色，断口色泽较新鲜 岩石原始组织结构清楚完整，但大多数裂隙已风化，裂隙壁风化剧烈，宽一般5～10cm，大者可达数十厘米 沿裂隙铁镁矿物氧化锈蚀，长石变得浑浊、模糊不清 锤击哑声，用镐难挖，需用爆破	0.6～0.8

续表 H.0.1

风化带		主要地质特征	风化岩与新鲜岩纵波速之比
弱风化（中等风化）	下带	岩石表面或裂隙面大部分变色，断口色泽新鲜 岩石原始组织结构清楚完整，沿部分裂隙风化，裂隙壁风化较剧烈，宽一般1～3cm 沿裂隙铁镁矿物氧化锈蚀，长石变得浑浊、模糊不清 锤击发音较清脆，开挖需用爆破	0.6～0.8
微风化		岩石表面或裂隙面有轻微褪色 岩石组织结构无变化，保持原始完整结构 大部分裂隙闭合或为钙质薄膜充填，仅沿大裂隙有风化蚀变现象，或有锈膜浸染 锤击发音清脆，开挖需用爆破	0.8～0.9
新鲜		保持新鲜色泽，仅大的裂隙面偶见褪色 裂隙面紧密，完整或焊接状充填，仅个别裂隙面有锈膜浸染或轻微蚀变 锤击发音清脆，开挖需用爆破	0.9～1.0

H.0.2 碳酸盐岩溶蚀风化带划分一般应符合下列规定：

1 灰岩、白云质灰岩、灰质白云岩、白云岩等碳酸盐岩，其风化往往具有溶蚀风化特点，风化带的划分应符合表H.0.2规定。

2 部分白云岩（因微裂隙极其发育）、灰岩（因特殊结构构造，如豆状、瘤状等），有时具均匀风化特征，当其均匀风化特征明显时，风化带的划分宜按表H.0.1进行。

3 灰岩与泥岩之间的过渡类岩石，随着泥质含量的增加，其风化形式逐渐由溶蚀风化为主向均匀风化过渡，当以溶蚀风化为主时，风化带应按表H.0.2划分，当以均匀风化为主时，风化带按表H.0.1划分。

表 H.0.2　碳酸盐岩溶蚀风化带划分

风化带	主要地质特征
表层强烈溶蚀风化	沿断层、裂隙及层面等结构面溶蚀风化强烈，风化裂隙发育。在地表往往形成上宽下窄溶缝、溶沟、溶槽，其宽（深）一般数厘米至数米不等，且多有黏土、碎石土充填；而在地下（如勘探平硐等）则多见溶蚀风化裂隙、宽缝（洞穴）等，其规模一般数厘米至数十厘米不等，且多有黏土、碎石土等充填 溶蚀风化结构面之间，岩石断口保持新鲜岩石色泽，岩石原始组织结构清楚完整 该带岩体一般完整性较差，力学强度低

续表 H.0.2

风化带		主要地质特征
裂隙性溶蚀风化	上带	沿断层、裂隙及层面等结构面溶蚀风化现象较普遍，风化裂隙较发育，结构面胶结物风化蚀变明显或溶蚀充泥现象普遍，溶蚀风化张开宽度一般 3～10mm 不等 结构面间的岩石组织结构无变化，保持原始完整结构，岩石表面或裂隙面风化蚀变或褪色明显 岩体完整性受结构面溶蚀风化影响明显，岩体强度略有下降
	下带	沿部分断层、裂隙及层面等结构面有溶蚀风化现象，结构面上见有风化膜或锈膜浸染，但溶蚀充泥或夹泥膜现象少见且宽度一般小于 3mm 岩石原始结构清楚，组织结构无变化，岩石表面或裂隙面有轻微褪色 岩体完整性受结构面溶蚀风化影响轻微，岩体强度降低不明显
微新岩体		保持新鲜色泽，仅岩石表面或大的裂隙面偶见褪色 大部分裂隙紧密、闭合或为钙质薄膜充填，仅个别裂隙面有锈膜浸染或轻微蚀变

H.0.3 使用表 H.0.1 和表 H.0.2 时，遇有下列情况之一时，岩体风化带的划分可适当调整：

1 除弱风化岩体外，当其他风化岩体厚度较大时，也可根据需要进一步划分。

2 选择性风化作用地区，当发育囊状风化、隔层风化、沿裂隙风化等特定形态的风化带时，可根据岩石的风化状态确定其等级。

3 某些特定地区，岩体风化剖面呈非连续性过渡时，分级可缺少一级或二级。

附录 J 边坡岩体卸荷带划分

表 J 边坡岩体卸荷带划分

卸荷类型	卸荷带分布	主要地质特征	特征指标	
			张开裂隙宽度	波速比
正常卸荷松弛	强卸荷带	近坡体浅表部卸荷裂隙发育的区域 裂隙密度较大，贯通性好，呈明显张开，宽度在几厘米至几十米之间，充填岩屑、碎块石、植物根须，并可见条带状、团块状次生夹泥，规模较大的卸荷裂隙内部多呈架空状，可见明显的松动或变位错落，裂隙面普遍锈染 雨季沿裂隙多有线状流水或成串滴水 岩体整体松弛	张开宽度>1cm 的裂隙发育（或每米硐段张开裂隙累计宽度>2cm）	<0.5

续表 J

卸荷类型	卸荷带分布	主要地质特征	特征指标	
			张开裂隙宽度	波速比
正常卸荷松弛	弱卸荷带	强卸荷带以里可见卸荷裂隙较为发育的区域 裂隙张开，其宽度几毫米，并具有较好的贯通性；裂隙内可见岩屑、细脉状或膜状次生夹泥充填，裂隙面轻微锈染 雨季沿裂隙可见串珠状滴水或较强渗水 岩体部分松弛	张开宽度<1cm 的裂隙较发育（或每米硐段张开裂隙累计宽度<2cm）	0.5～0.75
异常卸荷松弛	深卸荷带	相对完整段以里出现的深部裂隙松弛段 深部裂缝一般无充填，少数有锈染 岩体纵波速度相对周围岩体明显降低	—	—

附录 K 边坡稳定分析技术规定

K.0.1 边坡稳定分析应收集下列资料：

1 地形和地貌特征。

2 地层岩性和岩土体结构特征。

3 断层、裂隙和软弱层的展布、产状、充填物质以及结构面的组合与连通率。

4 边坡岩体风化、卸荷深度。

5 各类岩土和潜在滑动面的物理力学参数。

6 岩土体变形监测和地下水观测资料。

7 坡脚淹没、地表水位变幅和坡体透水与排水资料。

8 降雨历时、降雨强度和冻融资料。

9 地震动参数。

10 边坡施工开挖方式、开挖程序、爆破方法、边坡外荷载、坡脚采空和开挖坡的高度与坡度等。

K.0.2 边坡变形破坏应根据表 K.0.2 进行分类。

表 K.0.2 边坡变形破坏分类

变形破坏类型		变形破坏特征
崩塌		边坡岩体坠落或滚动
滑动	平面型	边坡岩体沿某一结构面滑动
	弧面型	散体结构、碎裂结构的岩质边坡或土坡沿弧形滑动面滑动
	楔形体	结构面组合的楔形体，沿滑动面交线方向滑动

续表 K.0.2

变形破坏类型		变形破坏特征
蠕变	倾倒	反倾向层状结构的边坡，表部岩层逐渐向外弯曲、倾倒
	溃屈	顺倾向层状结构的边坡，岩层倾角与坡角大致相似，边坡下部岩层逐渐向上鼓起，产生层面拉裂和脱开
	侧向张裂	双层结构的边坡，下部软岩产生塑性变形或流动，使上部岩层发生扩展、移动张裂和下沉
流动		崩塌碎屑类堆积向坡脚流动，形成碎屑流

K.0.3 当边坡存在下列现象之一时，应进行稳定分析：

1 坡脚被水淹没或被开挖的新老滑坡或崩塌体。

2 边坡岩体中存在倾向坡外、倾角小于坡角的结构面。

3 边坡岩体中存在两组或两组以上结构面组合的楔形体，其交线倾向坡外、倾角小于边坡角。

4 坡面上出现平行坡向的张裂缝或环形裂缝的边坡。

5 顺坡向卸荷裂隙发育的高陡边坡，表层岩体已发生蠕变的边坡。

6 已发生倾倒变形的高陡边坡。

7 已发生张裂变形的下软上硬的双层结构边坡。

8 分布有巨厚崩坡积物的高陡边坡。

9 其他稳定性可疑的边坡。

K.0.4 边坡稳定分析应符合下列规定：

1 边坡岩体中实测结构面的产状、延伸长度，可进行结构面网络模拟，确定结构面贯通情况或连通率；应用赤平投影方法，确定结构面组合交线产状。

2 根据边坡工程地质条件，对边坡的变形破坏类型作出初步判断。

3 岩质边坡稳定分析可采用刚体极限平衡方法，根据滑动面或潜在滑动面的几何形状，选用合适的公式计算。同倾向多滑动面的岩质边坡宜采用平面斜分条块法和斜分块弧面滑动法，试算出临界滑动面和最小安全系数；均匀的土质边坡可采用滑弧条分法计算。根据工程实际需要可进行模型试验和原位监测资料的反分析，验证其稳定性。

4 应选择代表性的地质剖面进行计算，并应采用不同的计算公式进行校核，综合评定该边坡的稳定安全系数。

5 计算中应考虑地下水压力对边坡稳定性的不利作用。分析水位骤降时的库岸稳定性应计入地下水渗透压力的影响。在 50 年超越概率 10% 的地震动峰值加速度大于或等于 0.10g 的地区，应计算地震作用力的影响。

6 稳定性计算的岩土体物理力学参数可参照本

规范附录 E 的有关规定选取。

附录 L 环境水腐蚀性评价

L.0.1 判别环境水的腐蚀性时，应收集流域地区或工程建筑物场地的气候条件、冰冻资料、海拔高程、岩土性质，环境水的补给、排泄、循环、滞留条件和污染情况以及类似条件下工程建筑物的腐蚀情况。

L.0.2 环境水对混凝土的腐蚀性判别，应符合表 L.0.2 的规定。

表 L.0.2 环境水对混凝土腐蚀性判别标准

腐蚀性类型	腐蚀性判定依据	腐蚀程度	界限指标
一般酸性型	pH 值	无腐蚀 弱腐蚀 中等腐蚀 强腐蚀	pH>6.5 6.5≥pH>6.0 6.0≥pH>5.5 pH≤5.5
碳酸型	侵蚀性 CO_2 含量（mg/L）	无腐蚀 弱腐蚀 中等腐蚀 强腐蚀	CO_2<15 15≤CO_2<30 30≤CO_2<60 CO_2≥60
重碳酸型	HCO_3^- 含量（mmol/L）	无腐蚀 弱腐蚀 中等腐蚀 强腐蚀	HCO_3^->1.07 1.07≥HCO_3^->0.70 HCO_3^-≤0.70 —
镁离子型	Mg^{2+} 含量（mg/L）	无腐蚀 弱腐蚀 中等腐蚀 强腐蚀	Mg^{2+}<1000 1000≤Mg^{2+}<1500 1500≤Mg^{2+}<2000 Mg^{2+}≥2000
硫酸盐型	SO_4^{2-} 含量（mg/L）	无腐蚀 弱腐蚀 中等腐蚀 强腐蚀	SO_4^{2-}<250 250≤SO_4^{2-}<400 400≤SO_4^{2-}<500 SO_4^{2-}≥500

注：1 本表规定的判别标准所属场地应是不具有干湿交替或冻融交替作用的地区和具有干湿交替或冻融交替作用的半湿润、湿润地区。当所属场地为具有干湿交替或冻融交替作用的干旱、半干旱地区以及高程 3000m 以上的高寒地区时，应进行专门论证。

2 混凝土建筑物不应直接接触污染源。有关污染源对混凝土的直接腐蚀作用应专门研究。

L.0.3 环境水对钢筋混凝土结构中钢筋的腐蚀性判别，应符合表 L.0.3 的规定。

表 L.0.3 环境水对钢筋混凝土结构中钢筋的腐蚀性判别标准

腐蚀性判定依据	腐蚀程度	界限指标
Cl⁻ 含量（mg/L）	弱腐蚀 中等腐蚀 强腐蚀	100～500 500～5000 >5000

注：1 表中是指干湿交替作用的环境条件。

2 当环境水中同时存在氯化物和硫酸盐时，表中的 Cl⁻ 含量是指氯化物中的 Cl⁻ 与硫酸盐折算后的 Cl⁻ 之和，即 Cl⁻ 含量 = Cl⁻ + SO_4^{2-} × 0.25，单位为 mg/L。

L.0.4 环境水对钢结构的腐蚀性判别，应符合表L.0.4的规定。

表 L.0.4 环境水对钢结构的腐蚀性判别标准

腐蚀性判定依据	腐蚀程度	界限指标
pH值、$(Cl^- + SO_4^{2-})$ 含量（mg/L）	弱腐蚀	pH值3～11、$(Cl^- + SO_4^{2-})$＜500
	中等腐蚀	pH值3～11、$(Cl^- + SO_4^{2-})$≥500
	强腐蚀	pH＜3、$(Cl^- + SO_4^{2-})$任何浓度

注：1 表中是指氧能自由溶入的环境水。
2 本表亦适用于钢管道。
3 如环境水的沉淀物中有褐色絮状物沉淀（铁）、悬浮物中有褐色生物膜、绿色丛块，或有硫化氢臭味，应做铁细菌、硫酸盐还原细菌的检查，查明有无细菌腐蚀。

附录 M 河床深厚砂卵砾石层取样与原位测试技术规定

M.0.1 河床深厚砂卵砾石层的取样方法与原位测试方法应视覆盖层物质组成、结构以及地下水位等情况进行选择。

M.0.2 河床深厚砂卵砾石层宜采用金刚石或硬质合金回转钻具、硬质合金钻具干钻、冲击管钻、管靴逆爪取样器等取样方法。采用金刚石或硬质合金回转钻具取样时应选择合适的冲洗液。

M.0.3 河床深厚砂卵砾石层原位测试宜采用重型或超重型动力触探试验、旁压试验、波速测试和钻孔载荷试验等方法，并应采用多种方法互相验证。

M.0.4 波速测试可选择单孔声波法、孔间穿透声波法、地震测井及孔间穿透地震波速测试等方法，测定砂卵砾石层的纵波、横波。

附录 N 围岩工程地质分类

N.0.1 围岩工程地质分类分为初步分类和详细分类。

初步分类适用于规划阶段、可研阶段以及深埋洞室施工之前的围岩工程地质分类，详细分类主要用于初步设计、招标和施工图设计阶段的围岩工程地质分类。根据分类结果，评价围岩的稳定性，并作为确定支护类型的依据，其标准应符合表N.0.1的规定。

N.0.2 围岩初步分类以岩石强度、岩体完整程度、岩体结构类型为基本依据，以岩层走向与洞轴线的关系、水文地质条件为辅助依据，并应符合表N.0.2的规定。

表 N.0.1 围岩稳定性评价

围岩类型	围岩稳定性评价	支护类型
I	稳定。围岩可长期稳定，一般无不稳定块体	不支护或局部锚杆或喷薄层混凝土。大跨度时，喷混凝土、系统锚杆加钢筋网
II	基本稳定。围岩整体稳定，不会产生塑性变形，局部可能产生掉块	
III	局部稳定性差。围岩强度不足，局部会产生塑性变形，不支护可能产生塌方或变形破坏。完整的较软岩，可能暂时稳定	喷混凝土、系统锚杆加钢筋网。采用TBM掘进时，需及时支护。跨度＞20m时，宜采用锚索或刚性支护
IV	不稳定。围岩自稳时间很短，规模较大的各种变形和破坏都可能发生	喷混凝土、系统锚杆加钢筋网，刚性支护，并浇筑混凝土衬砌。不适宜于开敞式TBM施工
V	极不稳定。围岩不能自稳，变形破坏严重	

表 N.0.2 围岩初步分类

围岩类别	岩质类型	岩体完整程度	岩体结构类型	围岩分类说明
I、II	硬质岩	完整	整体或巨厚层状结构	坚硬岩定I类，中硬岩定II类
II、III		较完整	块状结构、次块状结构	坚硬岩定II类，中硬岩定III类，薄层结构定III类
II、III			厚层或中厚层状结构、层（片理）面结合牢固的薄层状结构	
III、IV			互层状结构	洞轴线与岩层走向夹角小于30°时，定IV类
III、IV		完整性差	薄层状结构	岩质均一且无软弱夹层可定III类
III			镶嵌结构	—
IV、V		较破碎	碎裂结构	有地下水活动时定V类
V		破碎	碎块或碎屑状散体结构	
III、IV	软质岩	完整	整体或巨厚层状结构	较软岩定III类，软岩定IV类
IV、V		较完整	块状或次块状结构	较软岩定IV类，软岩定V类
			厚层、中厚层或互层状结构	
IV、V		完整性差	薄层状结构	较软岩无夹层时可定IV类
		较破碎	碎裂结构	较软岩可定IV类
		破碎	碎块或碎屑状散体结构	—

N.0.3 岩质类型的确定，应符合表N.0.3的规定。

表 N.0.3 岩质类型划分

岩质类型	硬质岩		软质岩		
	坚硬岩	中硬岩	较软岩	软岩	极软岩
岩石饱和单轴抗压强度 R_b（MPa）	R_b＞60	60≥R_b＞30	30≥R_b＞15	15≥R_b＞5	R_b≤5

N.0.4 岩体完整程度根据结构面组数、结构面间距确定，并应符合表N.0.4的规定。

表N.0.4 岩体完整程度划分

间距(cm) ＼ 组数	1~2	2~3	3~5	>5或无序
>100	完整	完整	较完整	较完整
50~100	完整	较完整	较完整	差
30~50	较完整	较完整	差	较破碎
10~30	较完整	差	较破碎	破碎
<10	差	较破碎	破碎	破碎

N.0.5 岩体结构类型划分应符合附录U的规定。

N.0.6 对深埋洞室，当可能发生岩爆或塑性变形时，围岩类别宜降低一级。

N.0.7 围岩工程地质详细分类应以控制围岩稳定的岩石强度、岩体完整程度、结构面状态、地下水和主要结构面产状五项因素之和的总评分为基本判据，围岩强度应力比为限定判据，并应符合表N.0.7的规定。

表N.0.7 地下洞室围岩详细分类

围岩类别	围岩总评分T	围岩强度应力比S
Ⅰ	>85	>4
Ⅱ	85≥T>65	>4
Ⅲ	65≥T>45	>2
Ⅳ	45≥T>25	>2
Ⅴ	T≤25	—

注：Ⅱ、Ⅲ、Ⅳ类围岩，当围岩强度应力比小于本表规定时，围岩类别宜相应降低一级。

N.0.8 围岩强度应力比S可根据下式求得：

$$S=\frac{R_b \cdot K_v}{\sigma_m} \tag{N.0.8}$$

式中 R_b——岩石饱和单轴抗压强度（MPa）；
K_v——岩体完整性系数；
σ_m——围岩的最大主应力（MPa），当无实测资料时可以自重应力代替。

N.0.9 围岩详细分类中五项因素的评分应符合下列规定：

1 岩石强度的评分应符合表N.0.9-1的规定。

表N.0.9-1 岩石强度评分

岩质类型	硬质岩		软质岩	
	坚硬岩	中硬岩	较软岩	软岩
饱和单轴抗压强度 R_b（MPa）	$R_b>60$	$60≥R_b>30$	$30≥R_b>15$	$R_b≤15$
岩石强度评分A	30~20	20~10	10~5	5~0

注：1 岩石饱和单轴抗压强度大于100MPa时，岩石强度的评分为30。
2 岩石饱和单轴抗压强度小于5MPa时，岩石强度的评分为0。

2 岩体完整程度的评分应符合表N.0.9-2的规定。

表N.0.9-2 岩体完整程度评分

岩体完整程度	完整	较完整	完整性差	较破碎	破碎
岩体完整性系数 K_v	$K_v>0.75$	$0.75≥K_v>0.55$	$0.55≥K_v>0.35$	$0.35≥K_v>0.15$	$K_v≤0.15$
岩体完整性评分B 硬质岩	40~30	30~22	22~14	14~6	<6
岩体完整性评分B 软质岩	25~19	19~14	14~9	9~4	<4

注：1 当60MPa≥R_b>30MPa，岩体完整程度与结构面状态评分之和>65时，按65评分。
2 当30MPa≥R_b>15MPa，岩体完整程度与结构面状态评分之和>55时，按55评分。
3 当15MPa≥R_b>5MPa，岩体完整程度与结构面状态评分之和>40时，按40评分。
4 当R_b≤5MPa，岩体完整程度与结构面状态不参加评分。

3 结构面状态的评分应符合表N.0.9-3的规定。

表N.0.9-3 结构面状态评分

结构面状态	W<0.5		0.5≤W<5.0										W≥5.0
宽度W(mm)／充填物	—（充填物）		无充填		岩屑		泥质		岩屑		泥质		无充填
起伏粗糙状况	起伏粗糙	平直光滑或平直粗糙	起伏粗糙	平直光滑	起伏粗糙	平直光滑或平直粗糙	起伏粗糙	平直光滑或平直粗糙	起伏粗糙	平直光滑或平直粗糙	起伏粗糙	平直光滑或平直粗糙	
结构面状态评分C 硬质岩	27	21	24	21	15	21	17	12	15	12	9	12／6	0~3
结构面状态评分C 较软岩	27	21	24	21	15	21	17	12	15	12	9	12／6	0~3
结构面状态评分C 软岩	18	14	17	14	8	14	11	8	10	8	6	8／4	0~2

注：1 结构面的延伸长度小于3m时，硬质岩、较软岩的结构面状态评分另加3分，软岩加2分；结构面延伸长度大于10m时，硬质岩、较软岩减3分，软岩减2分。
2 结构面状态最低分为0。

4 地下水状态的评分应符合表N.0.9-4的规定。

表N.0.9-4 地下水评分

活动状态		渗水到滴水	线状流水	涌水
水量Q[L/(min·10m洞长)]或压力水头H(m)		Q≤25 或 H≤10	25<Q≤125 或 10<H≤100	Q>125 或 H>100
基本因素评分T' ／ 地下水评分D	T'>85	0	0~-2	-2~-6
	85≥T'>65	0~-2	-2~-6	-6~-10
	65≥T'>45	-2~-6	-6~-10	-10~-14
	45≥T'>25	-6~-10	-10~-14	-14~-18
	T'≤25	-10~-14	-14~-18	-18~-20

注：1 基本因素评分T'是前述岩石强度评分A、岩体完整性评分B和结构面状态评分C的和。
2 干燥状态取0分。

5 主要结构面产状的评分应符合表 N.0.9-5 规定。

表 N.0.9-5　主要结构面产状评分

结构面走向与洞轴线夹角 β	90°≥β>60°				60°>β≥30°				β<30°			
结构面倾角 α(°)	α>70°	70°≥α>45°	45°≥α>20°	α≤20°	α>70°	70°≥α>45°	45°≥α>20°	α≤20°	α>70°	70°≥α>45°	45°≥α>20°	α≤20°
结构面产状评分 E　洞顶	0	−2	−5	−10	−2	−5	−10	−12	−5	−10	−12	−12
边墙	−2	−5	−2	0	−5	−10	−2	0	−10	−12	−5	0

注：按岩体完整程度分级为完整性差、较破碎和破碎的围岩不进行主要结构面产状评分的修正。

N.0.10　对过沟段、极高地应力区（>30MPa）、特殊岩土及喀斯特化岩体的地下洞室围岩稳定性以及地下洞室施工期的临时支护措施需专门研究，对钙（泥）质弱胶结的干燥砂砾石、黄土等土质围岩的稳定性和支护措施需要开展针对性的评价研究。

N.0.11　跨度大于 20m 的地下洞室围岩的分类除采用本附录的分类外，还宜采用其他有关国家标准综合评定，对国际合作的工程还可采用国际通用的围岩分类进行对比使用。

附录 P　土的液化判别

P.0.1　地震时饱和无黏性土和少黏性土的液化破坏，应根据土层的天然结构、颗粒组成、松密程度、地震前和地震时的受力状态、边界条件和排水条件以及地震历时等因素，结合现场勘察和室内试验综合分析判定。

P.0.2　土的地震液化判定工作可分初判和复判两个阶段。初判应排除不会发生地震液化的土层。对初判可能发生液化的土层，应进行复判。

P.0.3　土的地震液化初判应符合下列规定：

1　地层年代为第四纪晚更新世 Q_3 或以前的土，可判为不液化。

2　土的粒径小于 5mm 颗粒含量的质量百分率小于或等于 30% 时，可判为不液化。

3　对粒径小于 5mm 颗粒含量质量百分率大于 30% 的土，其中粒径小于 0.005mm 的颗粒含量质量百分率（ρ_c）相应于地震动峰值加速度为 0.10g、0.15g、0.20g、0.30g 和 0.40g 分别不小于 16%、17%、18%、19% 和 20% 时，可判为不液化；当黏粒含量不满足上述规定时，可通过试验确定。

4　工程正常运用后，地下水位以上的非饱和土，可判为不液化。

5　当土层的剪切波速大于式（P.0.3-1）计算的上限剪切波速时，可判为不液化。

$$V_{st}=291\sqrt{K_H \cdot Z \cdot r_d}　　（P.0.3-1）$$

式中　V_{st}——上限剪切波速度（m/s）；

　　　K_H——地震动峰值加速度系数；

　　　Z——土层深度（m）；

　　　r_d——深度折减系数。

6　地震动峰值加速度可按现行国家标准《中国地震动参数区划图》GB 18306 查取或采用场地地震安全性评价结果。

7　深度折减系数可按下列公式计算：

$$Z=0\sim10m,\ r_d=1.0-0.01Z　（P.0.3-2）$$
$$Z=10\sim20m,\ r_d=1.1-0.02Z　（P.0.3-3）$$
$$Z=20\sim30m,\ r_d=0.9-0.01Z　（P.0.3-4）$$

P.0.4　土的地震液化复判应符合下列规定：

1　标准贯入锤击数法。

1）符合下式要求的土应判为液化土：

$$N<N_{cr}　　（P.0.4-1）$$

式中　N——工程运用时，标准贯入点在当时地面以下 d_s（m）深度处的标准贯入锤击数；

　　　N_{cr}——液化判别标准贯入锤击数临界值。

2）当标准贯入试验贯入点深度和地下水位在试验地面以下的深度，不同于工程正常运用时，实测标准贯入锤击数应按式（P.0.4-2）进行校正，并应以校正后的标准贯入锤击数 N 作为复判依据。

$$N=N'\left(\frac{d_s+0.9d_w+0.7}{d'_s+0.9d'_w+0.7}\right)　（P.0.4-2）$$

式中　N'——实测标准贯入锤击数；

　　　d_s——工程正常运用时，标准贯入点在当时地面以下的深度（m）；

　　　d_w——工程正常运用时，地下水位在当时地面以下的深度（m），当地面淹没于水面以下时，d_w 取 0；

　　　d'_s——标准贯入试验时，标准贯入点在当时地面以下的深度（m）；

　　　d'_w——标准贯入试验时，地下水位在当时地面以下的深度（m）；若当时地面淹没于水面以下时，d'_w 取 0。

校正后标准贯入锤击数和实测标准贯入锤击数均不进行钻杆长度校正。

3）液化判别标准贯入锤击数临界值应根据下式计算：

$$N_{cr}=N_0\left[0.9+0.1(d_s-d_w)\right]\sqrt{\frac{3\%}{\rho_c}}$$
$$（P.0.4-3）$$

式中　ρ_c——土的黏粒含量质量百分率（%），当 ρ_c <3% 时，ρ_c 取 3%。

　　　N_0——液化判别标准贯入锤击数基准值。

d_s——当标准贯入点在地面以下5m以内的深度时，应采用5m计算。

4）液化判别标准贯入锤击数基准值 N_0，按表P.0.4-1取值。

表 P.0.4-1　液化判别标准贯入锤击数基准值

地震动峰值加速度	0.10g	0.15g	0.20g	0.30g	0.40g
近震	6	8	10	13	16
远震	8	10	12	15	18

注：当 $d_s=3m$，$d_w=2m$，$\rho_c \leqslant 3\%$ 时的标准贯入锤击数称为液化标准贯入锤击数基准值。

5）公式（P.0.4-3）只适用于标准贯入点地面以下15m以内的深度，大于15m的深度内有饱和砂或饱和少黏性土，需要进行地震液化判别时，可采用其他方法判定。

6）当建筑物所在地区的地震设防烈度比相应的震中烈度小2度或2度以上时定为远震，否则为近震。

7）测定土的黏粒含量时应采用六偏磷酸钠作分散剂。

2　相对密度复判法。当饱和无黏性土（包括砂和粒径大于2mm的砂砾）的相对密度不大于表P.0.4-2中的液化临界相对密度时，可判为可能液化土。

表 P.0.4-2　饱和无黏性土的液化临界相对密度

地震动峰值加速度	0.05g	0.10g	0.20g	0.40g
液化临界相对密度 $(Dr)_{cr}$（%）	65	70	75	85

3　相对含水率或液性指数复判法。

1）当饱和少黏性土的相对含水率大于或等于0.9时，或液性指数大于或等于0.75时，可判为可能液化土。

2）相对含水率应按下式计算：

$$W_u=\frac{W_s}{W_L} \qquad (P.0.4-4)$$

式中　W_u——相对含水率（%）；
W_s——少黏性土的饱和含水率（%）；
W_L——少黏性土的液限含水率（%）。

3）液性指数应按下式计算：

$$I_L=\frac{W_s-W_p}{W_L-W_p} \qquad (P.0.4-5)$$

式中　I_L——液性指数；
W_p——少黏性土的塑限含水率（%）。

附录 Q　岩爆判别

Q.0.1　岩体同时具备高地应力、岩质硬脆、完整性

好～较好、无地下水的洞段，可初步判别为易产生岩爆。

Q.0.2　岩爆分级可按表Q.0.2进行判别。

表 Q.0.2　岩爆分级及判别

岩爆分级	主要现象和岩性条件	岩石强度应力比 R_b/σ_m	建议防治措施
轻微岩爆（Ⅰ级）	围岩表层有爆裂射落现象，内部有噼啪、撕裂声响，人耳偶然可以听到。岩爆零星间断发生。一般影响深度0.1～0.3m。对施工影响较小	4～7	根据需要进行简单支护
中等岩爆（Ⅱ级）	围岩爆裂弹射现象明显，有似子弹击的清脆爆裂声响，有一定的持续时间。破坏范围较大，一般影响深度0.3～1m。对施工有一定影响，对设备及人员安全有一定威胁	2～4	需进行专门支护设计，多进行喷锚支护等
强烈岩爆（Ⅲ级）	围岩大片爆裂，出现强烈弹射，发生岩块抛射及岩粉喷射现象，巨响，似爆破声，持续时间长，并向围岩深部发展，破坏范围和块度大，一般影响深度1～3m。对施工影响大，威胁机械设备及人员人身安全	1～2	主要考虑采取应力释放钻孔、超前导洞等措施，进行超前应力解除，降低围岩应力。也可采取超前锚固及格栅钢支撑等措施加固围岩。需进行专门支护设计
极强岩爆（Ⅳ级）	洞室断面大部分围岩严重爆裂，大块岩片出现剧烈弹射，震动强烈，响声剧烈，似闷雷。迅速向围岩深处发展，破坏范围和块度大，一般影响深度大于3m，乃至整个洞室遭受破坏。严重影响施工，人财损失巨大。最严重者可造成地面建筑物破坏	<1	

注：表中 R_b 为岩石饱和单轴抗压强度（MPa），σ_m 为最大主应力。

附录 R　特殊土勘察要点

R.1　软　土

R.1.1　软土勘察应包括下列内容：

1　查明软土分布区表层硬壳层的性状、厚度及下卧硬土层或基岩的埋深与起伏状况。

2　查明软土的有机质含量。

3　调查降水、开挖、回填、堆筑、打桩等对软土强度和压缩性的影响以及在类似软土上已建工程的建筑经验。

R.1.2　软土的勘察方法应符合下列规定：

1　软土的抗剪强度宜采用三轴试验或十字板剪

切试验测定。

2 应进行固结试验，根据需要进行少量代表性的次固结试验，其最大固结压力应按上覆土层与建筑物荷载之和确定。

R.1.3 软土工程地质评价应包括下列内容：

1 当地表存在硬壳层时，应评价其利用的可能性。

2 评价软土地基的抗滑稳定性、侧向挤出和沉降变形特性。

3 软土地基处理措施建议。

R.2 黄　土

R.2.1 黄土勘察应包括下列内容：

1 查明黄土形成时代，并区分老黄土（Q_1、Q_2）、新黄土（Q_3、Q_4^1）和新近堆积黄土（Q_4^2）。

2 查明黄土的成因类型、厚度、黄土层的均匀性与结构特征，古土壤与钙质结核层的分布与数量、单层厚度等。

3 查明湿陷性黄土层的厚度、湿陷类型和湿陷等级、湿陷系数随深度的变化情况。

4 查明黄土滑坡、崩塌、错落、陷穴、潜蚀洞穴、垂直节理、卸荷裂隙等的分布范围、规模、性质等。

5 查明黄土的地下水类型，地下水位及其变化幅度。

6 应按黄土湿陷性程度分别提出物理力学参数、承载力和开挖边坡坡比建议值，并结合建筑物的基础形式进行工程地质评价。

R.2.2 黄土的勘察方法应符合下列规定：

1 宜在探坑（井）内采取黄土原状样。

2 应进行黄土湿陷试验，测定湿陷系数、自重湿陷系数、湿陷起始压力等参数。

R.2.3 黄土工程地质评价应包括下列内容：

1 黄土物理力学性质和湿陷性随深度的变化规律，湿陷类型和等级。

2 冲沟、陷穴、碟型洼地、溶蚀洞穴、滑坡、错落、崩塌等的分布范围、规模、发育特点及其对工程的影响。

3 各类裂隙、溶蚀洞穴、地下水等对建筑物地基、边坡和洞室稳定的影响。

4 提出处理措施建议。

R.3 盐　渍　土

R.3.1 盐渍土勘察应包括下列内容：

1 调查植物生长情况和溶蚀洞穴的分布与发育程度。

2 查明盐渍土的形成条件、含盐类型和含盐程度，了解含盐量在水平和垂直方向上的分布特征。

3 查明盐渍土的毛管水上升高度和蒸发作用影响深度（蒸发强度）。

4 调查盐渍土地区已有建筑物被腐蚀破坏情况。

5 收集工程区气温、湿度、降水量等气象资料。

R.3.2 盐渍土的勘察方法应符合下列规定：

1 测定含盐量的土样宜在地表下 1.0m 深度范围内分层采取，平均取样间隔 0.25m，近地表取样间隔应适当减小，地下水位埋深小于 1.0m 时取样至地下水位，地下水位埋深大于 1.0m 且 1.0m 深度以下含盐量仍然很高时，可适当加大取样深度，取样间隔可为 0.5m，取样宜在干旱季节进行。

2 测定毛管水上升高度。

3 对溶陷性盐渍土，应采用浸水载荷试验确定其溶陷性；对盐胀性盐渍土，宜现场测定有效盐胀厚度和总盐胀量，当土中硫酸钠含量不超过 1‰ 时可不考虑盐胀性。

4 溶陷性试验和化学成分分析，根据需要对土的微观结构进行鉴定。

5 进行混凝土和钢结构的腐蚀性试验。

R.3.3 盐渍土工程地质评价应包括下列内容：

1 含盐类型、含盐量及主要含盐矿物对土的特性的影响。

2 土的溶陷性、盐胀性、腐蚀性和场地工程建设的适宜性。

3 对于浅挖、半填半挖和填土渠段，预测渠水渗漏形成次生盐渍土的可能性。

4 提出处理措施建议。

R.4 膨　胀　土

R.4.1 膨胀土勘察应包括下列内容：

1 调查膨胀土地区的自然坡高和坡度。

2 收集降雨量、蒸发量、地温、气温和大气影响深度等。

3 查明膨胀土的结构、构造、裂隙发育与充填情况、夹层性状及膨胀特性在水平与垂直方向的变化规律，土体特性与含水率的关系。

4 查明膨胀土的黏土矿物成分、化学成分。

5 调查膨胀土地区滑坡的特点和范围，建筑物变形损坏情况和基础埋置深度。

R.4.2 膨胀土的勘察方法应符合下列规定：

1 测定土的黏土矿物成分和化学成分。

2 测定自由膨胀率、膨胀率、收缩系数、膨胀力和崩解速率等。

3 按膨胀土的垂直分带，分别测定土的残余抗剪强度、快剪或固结快剪强度，根据需要进行现场剪切试验。

R.4.3 膨胀土工程地质评价应包括下列内容：

1 对膨胀土的胀缩性进行评价，按膨胀潜势对膨胀土地基分类。

2 根据膨胀土的强度特性、含水率的变化幅度以及大气影响深度等，评价膨胀土边坡稳定性。

    3　提出膨胀土处理措施建议。

R.5　人工填土

R.5.1　人工填土勘察应包括下列内容：

    1　填土的类型、年限、填筑方法。

    2　原始地形起伏状况，掩埋的坑、塘、暗沟等情况。

    3　填土的物质成分、颗粒级配、均匀性及物理力学性质。

    4　填土地基上已有建筑物的变形或破坏情况。

R.5.2　人工填土的勘察方法应符合下列规定：

    1　对杂填土，宜进行注水试验，了解其渗透性。

    2　当无法取得室内试验资料时，宜进行动力触探试验或载荷试验。

R.5.3　根据人工填土的物质组成、颗粒级配、均匀性、密实程度和渗透性，评价地基不均匀变形及渗透稳定性，提出处理措施的建议。

R.6　分散性土

R.6.1　分散性土勘察应包括下列内容：

    1　收集水文、气象资料，调查土壤类型、分布、植物生长情况、土壤水和潜水状况、自然冲蚀和工程破坏情况以及分散性土的处理措施与效果。

    2　查明分散性土形成的地质背景和特征、黏土矿物成分、化学成分、结构、构造及含盐类型。

R.6.2　分散性土的判定应在野外调查的基础上，通过室内试验综合判定。

R.6.3　评价分散性土对工程的影响。

R.6.4　提出处理措施建议。

R.7　冻　土

R.7.1　冻土勘察应包括下列内容：

    1　季节性冻土的冻胀性及形成条件，了解积水、排水条件、冻土层厚度、最大埋深；多年冻土的融沉性及含冰情况，不同地貌单元冻土层埋藏深度、厚度、延伸情况及相互关系。

    2　查明多年冻土的分布范围及上限深度。

    3　查明多年冻土的类别、厚度、总含水率、结构特征、热物理性质、冻胀性和融沉性分级。

    4　查明多年冻土层上水、层间水、层下水的赋存形式、相互关系及其对工程的影响。

    5　查明多年冻土区厚层地下冰、冰锥、冰丘、冻土沼泽、热融滑塌、热融湖塘、融冻泥流、寒冻裂隙等的形态特征、形成条件、分布范围、发生发展规律及其对工程的危害。

R.7.2　季节性冻土工程地质评价应包括下列内容：

    1　冻土的温度状况，包括地表积雪、植被、水体、沼泽化、大气降水渗透作用、土的含水率、地形

等对地温的影响。

    2　评价冻土的融沉性和冻胀性。

R.7.3　多年冻土工程地质评价除应符合本规范R.7.2的规定外，尚应包括下列内容：

    1　季节融化层的厚度及其变化特征。

    2　对多年冻土的融沉性和季节融化层的冻胀性进行分级。

    3　根据冻土工程地质条件及其变化，提出利用原则及其相应的保护和防治措施建议。

R.8　红　黏　土

R.8.1　红黏土勘察应包括下列内容：

    1　查明不同地貌单元原生红黏土与次生红黏土的分布、厚度、物质组成、土性、土体结构等特征及其差异。

    2　查明下伏基岩岩性或可溶岩岩性及层组类型、产状、基岩面起伏状况、隐伏喀斯特发育特征及其与红黏土分布、物理力学性质的关系。

    3　查明地表水与地下水对红黏土湿度状态、垂直分带和物理力学性质的影响。

    4　调查土体中裂隙的发育情况，分析其对边坡稳定的影响。

    5　调查红黏土地裂的分布、成因等发育情况及其对已有建筑物的影响。

    6　查明地基及其附近土洞发育情况。

    7　收集红黏土地区勘察设计及施工处理经验。

R.8.2　红黏土的勘察方法应符合下列规定：

    1　应采用钻探、原位测试和室内试验等方法进行勘察。

    2　判别红黏土的胀缩性宜进行收缩试验、复浸水试验，确定承载力宜进行天然土与饱和土的无侧限抗压强度试验，原位试验宜采用载荷试验、静力触探等方法。

    3　对裂隙发育的红黏土，宜进行三轴剪切试验。

    4　评价边坡长期稳定性时，应采用反复剪切试验指标。

R.8.3　红黏土工程地质评价应包括下列内容：

    1　红黏土的塑性状态分类、结构分类、复浸水特性分类、均匀性分类。

    2　根据湿度状态的垂向变化，评价地基抗滑稳定及沉降变形问题。

    3　根据红黏土裂隙发育、干湿循环等情况评价边坡稳定性。

    4　提出工程处理措施建议。

附录 S　膨胀土的判别

S.0.1　膨胀土是一种含有大量亲水性矿物、湿度变

化时有较大体积变化、变形受约束时产生较大内应力的黏性土。膨胀土的判别分初判和详判。初判是判定场地有无膨胀土，对拟选场地的稳定性和适宜性作出工程地质评价；详判是确定膨胀土的工程特性指标，对场地膨胀土进行膨胀潜势分类及工程地质条件评价，提出膨胀土处理措施方案。

S.0.2 具有下列特征的土可初判为膨胀土：

1 地层年代为第四纪晚更新世 Q_3 以前，多分布在二级或二级以上阶地，山前丘陵和盆地边缘。

2 地形平缓，无明显自然陡坎，常见浅层滑坡和地裂。

3 土体裂隙发育，常有光滑面和擦痕，有的裂隙中充填灰白或灰绿色黏土，干时坚硬，遇水软化，自然条件下呈坚硬或硬塑状态。

4 浅部胀缩裂隙中含上层滞水，无统一地下水位，水量较贫且随季节变化明显。

5 新开挖边坡工程易发生坍塌，地基未经处理的建筑物破坏严重，刚性结构较柔性结构严重，建筑物裂缝宽度随季节变化。

S.0.3 膨胀土详判包括膨胀潜势分类和地基胀缩等级划分，并应符合下列规定：

1 膨胀土的膨胀潜势可按表 S.0.3-1 分为三类。

表 S.0.3-1 膨胀土的膨胀潜势分类

自由膨胀率 δ_{ef}（%）	膨胀潜势分类
$40 \leq \delta_{ef} < 65$	弱
$65 \leq \delta_{ef} < 90$	中
$\delta_{ef} \geq 90$	强

2 膨胀土地基的胀缩等级可按表 S.0.3-2 分为三级。

表 S.0.3-2 膨胀土地基的胀缩等级

地基分级变形量 S_c（mm）	胀缩等级
$15 \leq S_c < 35$	I
$35 \leq S_c < 70$	II
$S_c \geq 70$	III

S.0.4 地基分级变形量应按现行国家标准《膨胀土地区建筑技术规范》GBJ 112 的有关规定计算。

附录 T 黄土湿陷性及湿陷起始压力的判定

T.0.1 黄土湿陷性的判别可分初判和复判两阶段进行。

T.0.2 黄土湿陷性初判宜采用下列标准：

1 根据黄土层地质时代初判：

早更新世 Q_1 黄土不具有湿陷性；

中更新世 Q_2^1 黄土不具有湿陷性；

中更新世 Q_2^2 顶部部分黄土具有湿陷性；

上更新世 Q_3 与全新世 Q_4 黄土具有湿陷性。

2 根据典型黄土塬区完整黄土地层剖面初判：

自地表向下第一层黄土（Q_3）宜判为强湿陷性或中等湿陷性；第二层黄土（Q_2 上部）宜判为轻微湿陷性；第三层及以下各层黄土（含古土壤层）可判为无湿陷性。第一层与第二层（Q_3-Q_2 上部）所夹的古土壤层宜判为轻微湿陷性。

3 上更新世 Q_3 黄土，天然含水率超过塑限含水率时，宜判为轻微湿陷性或不具湿陷性。

T.0.3 黄土湿陷性试验可分为室内压缩试验和现场浸水载荷试验两种。取样与试验应符合以下规定：

1 取样要求：地下水位以上黄土层，应开挖竖井取样；地下水位以下的饱和黄土，可采用钻孔薄壁取土器静压法取样，并应符合 I 级土样质量要求。

2 试验取样应穿透湿陷性土层。

3 试验压力一般可采用 $0 \sim 300 \text{kPa}$，当基底压力大于 300kPa 时，宜按实际压力进行湿陷性试验。

4 重要工程除应做室内固结试验外，还应做现场浸水载荷试验，确定黄土湿陷性及湿陷起始压力。在 200kPa 压力下浸水载荷试验的附加湿陷量与承压板宽度之比等于或大于 0.023 的土，应判定为湿陷性土。

T.0.4 黄土湿陷性的复判，应包括黄土的湿陷性质、场地湿陷类型、地基湿陷等级等。判别标准和方法应符合下列规定：

1 湿陷性黄土的湿陷程度，可根据湿陷系数 δ_s 值的大小分为下列三种：

1）当 $0.015 \leq \delta_s \leq 0.03$ 时，湿陷性轻微。

2）当 $0.03 < \delta_s \leq 0.07$ 时，湿陷性中等。

3）当 $\delta_s > 0.07$ 时，湿陷性强烈。

2 湿陷性黄土场地的湿陷类型，应按自重湿陷量的实测值 Δ_{zs}' 或计算值 Δ_{zs} 判定，并应符合下列规定：

1）当自重湿陷量的实测值 Δ_{zs}' 或计算值 Δ_{zs} 小于或等于 70mm 时，应定为非自重湿陷性黄土场地。

2）当自重湿陷量的实测值 Δ_{zs}' 或计算值 Δ_{zs} 大于 70mm 时，应定为自重湿陷性黄土场地。

3）当自重湿陷量的实测值和计算值出现矛盾时，应按自重湿陷量的实测值判定。

3 湿陷性黄土地基的湿陷等级，应根据湿陷量的计算值和自重湿陷量的计算值等按表 T.0.4 判定。

表 T.0.4 湿陷性黄土地基的湿陷等级

	湿陷类型	非自重湿陷性场地	自重湿陷性场地	
Δ_s(mm)	Δ_{zs}(mm)	$\Delta_{zs} \leq 70$	$70 < \Delta_{zs} \leq 350$	$\Delta_{zs} > 350$
$\Delta_s \leq 300$		I（轻微）	II（中等）	—

Δ_s (mm) \ Δ_zs (mm) 湿陷类型	非自重湿陷性场地 Δ_zs≤70	自重湿陷性场地 70<Δ_zs≤350	Δ_zs>350
300<Δ_s≤700	Ⅱ(中等)	*Ⅱ(中等)或Ⅲ(严重)	Ⅲ(严重)
Δ_s>700	Ⅱ(中等)	Ⅲ(严重)	Ⅳ(很严重)

注：*当湿陷量的计算值 Δ_s>600mm、自重湿陷量的计算值 Δ_{zs}>300mm 时，可判为Ⅲ级，其他情况可判为Ⅱ级。

T.0.5 湿陷性黄土的湿陷起始压力 p_{sh} 值，可按下列方法确定：

1 当按现场浸水载荷试验结果确定时，应在 $p-s_s$（压力与浸水下沉量）曲线上，取其转折点所对应的压力值为湿陷起始压力。当曲线上的转折点不明显时，可取浸水下沉量（s_s）与承压板直径（d）或宽度（b）之比值等于 0.017 所对应的压力值为湿陷起始压力值。

2 当按室内压缩试验结果确定时，在 $p-\delta_s$ 曲线上宜取 $\delta_s=0.015$ 所对应的压力值为湿陷起始压力值。

3 对于非自重湿陷性黄土场地，当地基内土层的湿陷起始压力值大于其附加压力与上覆土的饱和自重压力之和时，可按非湿陷性黄土评价。

附录 U 岩体结构分类

表 U 岩体结构分类

类型	亚类	岩体结构特征
块状结构	整体结构	岩体完整，呈巨块状，结构面不发育，间距大于 100cm
块状结构	块状结构	岩体较完整，呈块状，结构面轻度发育，间距一般 50～100cm
块状结构	次块状结构	岩体较完整，呈次块状，结构面中等发育，间距一般 30～50cm
层状结构	巨厚层状结构	岩体完整，呈巨厚状，层面不发育，间距大于 100cm
层状结构	厚层状结构	岩体较完整，呈厚层状，层面轻度发育，间距一般 50～100cm
层状结构	中厚层状结构	岩体较完整，呈中厚层状，层面中等发育，间距一般 30～50cm
层状结构	互层结构	岩体较完整或完整性差，呈互层状，层面较发育或发育，间距一般 10～30cm
层状结构	薄层结构	岩体完整性差，呈薄层状，层面发育，间距一般小于 10cm

续表 U

类型	亚类	岩体结构特征
镶嵌结构		岩体完整性差，岩块镶嵌紧密，结构面较发育到很发育，间距一般 10～30cm
碎裂结构	块裂结构	岩体完整性差，岩块间有岩屑和泥质物充填，嵌合中等紧密～较松弛，结构面较发育到很发育，间距一般 10～30cm
碎裂结构	碎裂结构	岩体破碎，结构面很发育，间距一般小于 10cm
散体结构	碎块状结构	岩体破碎，岩块夹岩屑或泥质物
散体结构	碎屑状结构	岩体破碎，岩屑或泥质物夹岩块

附录 V 坝基岩体工程地质分类

表 V 坝基岩体工程地质分类

类别	A 坚硬岩（R_b>60MPa） 岩体特征	岩体工程性质评价	岩体主要特征值
Ⅰ	A_Ⅰ：岩体呈整体状或块状、巨厚层状、厚层状结构，结构面不发育～轻度发育，延展性差，多闭合，岩体力学特性各方向的差异性不显著	岩体完整，强度高，抗滑、抗变形性能强，不需作专门性地基处理，属优良高混凝土坝地基	R_b>90MPa，V_p>5000m/s，RQD>85%，K_v>0.85
Ⅱ	A_Ⅱ：岩体呈块状或次块状、厚层状结构，结构面中等发育，软弱结构面局部分布，不成为控制性结构面，不存在影响坝基或坝肩稳定的大型楔体或棱体	岩体较完整，强度高，软弱结构面不控制岩体稳定，抗滑、抗变形性能较高，专门性地基处理工程量不大，属良好高混凝土坝地基	R_b>60MPa，V_p>4500m/s，RQD>70%，K_v>0.75
Ⅲ	A_Ⅲ1：岩体呈次块状、中厚层状结构或焊合牢固的薄层结构。结构面中等发育，岩体中分布有缓倾角或陡倾角（坝肩）的软弱结构面，存在影响局部坝基或坝肩稳定的楔体或棱体	岩体较完整，局部完整性差，强度较高，抗滑、抗变形性能在一定程度上受结构面控制。对影响岩体变形和稳定的结构面应做局部专门处理	R_b>60MPa，V_p=4000～4500m/s，RQD=40%～70%，K_v=0.55～0.75
Ⅲ	A_Ⅲ2：岩体呈互层状、镶嵌状结构，层面为硅质或钙质胶结薄层结构，结构面发育，但延展差，多闭合，岩块间嵌合力较好	岩体强度较高，但完整性差，抗滑、抗变形性能受结构面发育程度、岩块间嵌合能力，以及岩体整体强度特性控制，基础处理以提高岩体的整体性为重点	R_b>60MPa，V_p=3000～4500m/s，RQD=20%～40%，K_v=0.35～0.55

类别	A 坚硬岩（$R_b > 60MPa$）		
	岩体特征	岩体工程性质评价	岩体主要特征值
IV	A_{IV1}：岩体呈互层状或薄层状结构，层间结合较差。结构面较发育～发育，明显存在不利于坝基及坝肩稳定的软弱结构面、较大的楔体或棱体	岩体完整性差，抗滑、抗变形性能明显受结构面控制。能否作为高混凝土坝地基，视处理难度和效果而定	$R_b > 60MPa$，$V_p = 2500\sim3500m/s$，$RQD = 20\%\sim40\%$，$K_v = 0.35\sim0.55$
	A_{IV2}：岩体呈镶嵌或碎裂结构，结构面很发育，且多张开或夹碎屑和泥，岩块间嵌合力弱	岩体较破碎，抗滑、抗变形性能差，一般不宜作高混凝土坝地基。当坝基局部存在该类岩体时，需做专门处理	$R_b > 60MPa$，$V_p < 2500m/s$，$RQD < 20\%$，$K_v < 0.35$
V	A_V：岩体呈散体结构，由岩块夹泥或泥包岩块组成，具有散体连续介质特征	岩体破碎，不能作为高混凝土坝地基。当坝基局部地段分布该类岩体时，需做专门处理	—

类别	B 中硬岩（$R_b = 30\sim60MPa$）		
	岩体特征	岩体工程性质评价	岩体主要特征值
I	—	—	—
II	B_{II}：岩体结构特征与 A_I 相似	岩体完整，强度较高，抗滑、抗变形性能较强，专门性地基处理工程量不大，属良好高混凝土坝地基	$R_b = 40\sim60MPa$，$V_p = 4000\sim4500m/s$，$RQD > 70\%$，$K_v > 0.75$
III	B_{III1}：岩体结构特征与 A_{II} 相似	岩体较完整，有一定强度，抗滑、抗变形性能一定程度受结构面和岩石强度控制，影响岩体变形和稳定的结构面应做局部专门处理	$R_b = 40\sim60MPa$，$V_p = 3500\sim4000m/s$，$RQD = 40\%\sim70\%$，$K_v = 0.55\sim0.75$
	B_{III2}：岩体呈次块或中厚层状结构，或硅质、钙质胶结的薄层结构，结构面中等发育，多闭合，岩块间嵌合力较好，贯穿性结构面不多见	岩体较完整，局部完整性差，抗滑、抗变形性能受结构面和岩石强度控制	$R_b = 40\sim60MPa$，$V_p = 3000\sim3500m/s$，$RQD = 20\%\sim40\%$，$K_v = 0.35\sim0.55$

类别	B 中硬岩（$R_b = 30\sim60MPa$）		
	岩体特征	岩体工程性质评价	岩体主要特征值
IV	B_{IV1}：岩体呈互层状或薄层状，层间结合差，存在不利于坝基（肩）稳定的软弱结构面、较大楔体或棱体	同 A_{IV1}	$R_b = 30\sim60MPa$，$V_p = 2000\sim3000m/s$，$RQD = 20\%\sim40\%$，$K_v < 0.35$
	B_{IV2}：岩体呈薄层状或碎裂状，结构面发育～很发育，多张开，岩块间嵌合力差	同 A_{IV2}	$R_b = 30\sim60MPa$，$V_p < 2000m/s$，$RQD < 20\%$，$K_v < 0.35$
V	同 A_V	同 A_V	—

类别	C 软质岩（$R_b < 30MPa$）		
I	—	—	—
II	—	—	—
III	C_{III}：岩石强度 $15\sim30MPa$，岩体呈整体状或巨厚层状结构，结构面不发育～中等发育，岩体力学特性各方向的差异性不显著	岩体完整，抗滑、抗变形性能受岩石强度控制	$R_b < 30MPa$，$V_p = 2500\sim3500m/s$，$RQD > 50\%$，$K_v > 0.55$
IV	C_{IV}：岩石强度大于 $15MPa$，但结构面较发育；或岩体强度小于 $15MPa$，结构面中等发育	岩体较完整，强度低，抗滑、抗变形性能差，不宜作为高混凝土坝地基，当坝基局部存在该类岩体时，需专门处理	$R_b < 30MPa$，$V_p < 2500m/s$，$RQD < 50\%$，$K_v < 0.55$
V	同 A_V	同 A_V	—

注：本分类适用于高度大于 70m 的混凝土坝。R_b 为饱和单轴抗压强度，V_p 为声波纵波波速，K_v 为岩体完整性系数，RQD 为岩石质量指标。

附录 W 外水压力折减系数

W.0.1 前期勘察阶段可根据岩土体渗透性等级按表 W.0.1 确定外水压力折减系数。

表 W.0.1 外水压力折减系数

岩土体渗透性等级	渗透系数 K（cm/s）	透水率 q（Lu）	外水压力折减系数 β_e
极微透水	$K < 10^{-6}$	$q < 0.1$	$0 \leq \beta_e < 0.1$
微透水	$10^{-6} \leq K < 10^{-5}$	$0.1 \leq q < 1$	$0.1 \leq \beta_e < 0.2$

岩土体渗透性等级	渗透系数 K（cm/s）	透水率 q（Lu）	外水压力折减系数 β_e
弱透水	$10^{-5} \leq K < 10^{-4}$	$1 \leq q < 10$	$0.2 \leq \beta_e < 0.4$
中等透水	$10^{-4} \leq K < 10^{-2}$	$10 \leq q < 100$	$0.4 \leq \beta_e < 0.8$
强透水	$10^{-2} \leq K < 1$	$q \geq 100$	$0.8 \leq \beta_e \leq 1$
极强透水	$K \geq 1$		

W.0.2 地下工程施工期间或有勘探平硐时，可按表 W.0.2确定外水压力折减系数。当有内水组合时，β_e 应取小值，无内水组合时，β_e 应取大值。

表 W.0.2 外水压力折减系数经验取值表

级别	地下水活动状态	地下水对围岩稳定的影响	折减系数
1	洞壁干燥或潮湿	无影响	0.00～0.20
2	沿结构面有渗水或滴水	软化结构面的充填物质，降低结构面的抗剪强度。软化软弱岩体	0.10～0.40
3	严重滴水，沿软弱结构面有大量滴水、线状流水或喷水	泥化软弱结构面的充填物质，降低其抗剪强度，对中硬岩体发生软化作用	0.25～0.60
4	严重滴水，沿软弱结构面有小量涌水	地下水冲刷结构面中的充填物质，加速岩体风化，对断层等软弱带软化泥化，并使其膨胀崩解及产生机械管涌。有渗透压力，能鼓开较薄的软弱层	0.40～0.80
5	严重股状流水，断层等软弱带有大量涌水	地下水冲刷带出结构面中的充填物质，分离岩体，有渗透压力，能鼓开一定厚度的断层等软弱带，并导致围岩塌方	0.65～1.00

注：本表引自《水工隧洞设计规范》SL 279—2002。

本规范用词说明

1 为便于在执行本规范条文时区别对待，对要求严格程度不同的用词说明如下：

1）表示很严格，非这样做不可的用词：

正面词采用"必须"，反面词采用"严禁"。

2）表示严格，在正常情况下均应这样做的用词：

正面词采用"应"，反面词采用"不应"或"不得"。

3）表示允许稍有选择，在条件许可时首先应这样做的用词：

正面词采用"宜"，反面词采用"不宜"；

表示有选择，在一定条件下可以这样做的用词，采用"可"。

2 本规范中指明应按其他有关标准、规范执行的写法为"应符合……的规定"或"应按……执行"。

中华人民共和国国家标准

水利水电工程地质勘察规范

GB 50487—2008

条 文 说 明

目　次

1 总 则

1.0.1 《水利水电工程地质勘察规范》GB 50287—99（以下简称原规范）自颁布以来，对规范我国水利水电工程地质勘察工作发挥了重要的作用。但是近十余年来，随着国民经济的高速发展和科学技术的进步，国内很多大型水利水电工程相继建成，积累了丰富的经验，勘察技术和方法日趋先进和多样化；原规范侧重于水库、大坝及水力发电工程，对防洪工程、灌溉工程等水利工程涉及相对偏少；引调水工程、病险水库除险加固工程及深埋长隧洞工程等项目越来越多，对工程地质勘察提出新的要求；水利水电工程的勘察阶段也有新的调整，勘察内容与方法都发生了较大变化，因此，原规范的内容已不能满足实际工作的需要。为了适应新的形势要求，进一步统一和明确大型水利水电工程地质勘察的工作程序、深度要求及勘察内容、方法，对原规范进行了修订。

1.0.2 本规范适用的大型水利水电工程是指按现行国家标准《防洪标准》GB 50201 所确定的大型工程。

1.0.3 根据目前水利水电工程勘测设计阶段划分的实际情况，对工程地质勘察阶段作了相应调整，增加了项目建议书阶段，将原来技施设计阶段改为招标设计阶段和施工详图设计阶段。

1.0.4 根据国家发展和改革委员会办公厅与水利部办公厅联合发布的《病险水库除险加固工程项目建设管理办法》（发改办农经〔2005〕806 号）规定，除险加固工程前期工作包括安全鉴定、安全鉴定复核和项目审批三部分。安全鉴定和安全鉴定复核以安全评价工作为基础，而安全评价需要开展一些必要的勘察、测试工作。项目审批规定总投资 2 亿元（含 2 亿元）以上或总库容在 10 亿 m³（含 10 亿 m³）以上的病险水库除险加固工程，分为可行性研究和初步设计两个阶段，其他大中型工程只有初步设计阶段。据此，本规范规定病险水库除险加固工程的工程地质勘察分为安全评价、可行性研究和初步设计三个阶段。

2 术语和符号

2.1 术 语

2.1.1 原规范规定，经绝对年龄测定，最后一次错动年代距今 10 万～15 万年的断层为活断层。这一标

准跨越时间尺度过大，不宜掌握。近些年，国家有关部门颁布的《工程场地地震安全性评价》GB 17741—2005、《活动断层探测方法》DB/T 15—2005，均对活断层有明确定义，即活动断层是指晚第四纪以来有活动的断层，其中晚第四纪是指距今 10 万～12 万年以来的时段。在《核电厂厂址选择中的地震问题》〔HAF0101（1）〕（1994）中，将"能动断层"定义为晚更新世（约 10 万年）以来有过活动的断层。我国台湾对活断层分为三类：第一类，1 万年内曾发生错移的断层；第二类，10 万年内曾发生错移的断层；第三类，存疑性活断层，根据文献资料无法纳入前两类的断层。综合以上资料，结合近些年西部地区水利水电工程建设的实际，本规范采用最后一次错动年代距今 10 万年的断层为活断层标准。

2.1.12 根据水工隧洞施工经验，本规范对钻爆法和 TBM 法施工的长隧洞的长度分别作出了规定。

2.1.13 本规范规定埋深大于 600m 的隧洞为深埋隧洞，是基于目前常规的地质钻探可以达到的深度；超过这一深度其他的勘探方法也难以取得可靠的资料。

3 基 本 规 定

3.0.3 本条关于工程地质勘察大纲的内容，较原规范作了较多补充。包括任务来源、前阶段勘察的主要结论及审查、评估的主要意见，勘察工作依据的规程、规范及有关技术规定等，勘察工作关键技术问题和主要技术措施，资源配置及质量，安全保证措施，包括人力、设备资源、项目组织管理及质量、安全保证措施等。这些补充规定都是根据这些年的实践经验概括出来的。

3.0.4 新增本条的目的既是对勘察工作的要求，也是对主管部门和任务委托单位的约束，明确工程地质勘察应分阶段、由浅入深地进行。

3.0.5 我国幅员辽阔，自然条件和地质条件复杂，且地区间差异很大。不同的自然条件和地质条件，不同类型的水工建筑物，工程地质勘察工作的重点、深度要求、采用的手段、方法均有很大差异。在基本规定中强调勘察工作量、勘察手段、方法和勘察工作布置要结合地质条件复杂程度，表1～表3是针对几种代表性水利水电工程而编制的地质条件复杂程度划分标准。

本规范规定在勘察工作中，要注意新技术、新方法的应用，体现了科学技术是第一生产力的精神。

表 1 水利水电工程枢纽建筑物区地质条件复杂程度划分

因子等级		项目	Ⅰ类（简单）	Ⅱ类（中等）	Ⅲ类（复杂）
Ⅰ	2	地形地貌及物理地质现象	地形较完整，相对高差小于 100m，岸坡小于 20°	地形较完整，相对高差 100～300m，岸坡 20°～35°	地形较破碎～破碎，相对高差大于 300m，岸坡大于 35°

因子等级		项目	Ⅰ类（简单）	Ⅱ类（中等）	Ⅲ类（复杂）
Ⅰ	2	地形地貌及物理地质现象	无剧烈物理地质现象	局部有剧烈物理地质现象	不良物理地质现象发育
	1		枢纽区附近不存在影响建筑物安全的重大地质灾害		枢纽区附近存在影响建筑物安全的重大地质灾害
	2		风化卸荷带厚度一般小于10m	风化卸荷带厚度10～40m	风化卸荷带厚度大于40m
Ⅰ	1	区域构造环境及地震活动性	构造稳定区，地震基本烈度小于或等于6度	构造较稳定区～较不稳定区，地震基本烈度大于6度小于8度	构造较不稳定～不稳定区，距枢纽区8km范围内有活动断裂，地震基本烈度大于或等于8度
Ⅰ	1	地层岩性	地台型沉积，地层岩性均一	地台和准地台型沉积，地层岩性不均一，岩相较稳定	地槽或准地槽型沉积，地层岩性复杂，岩相变化大
	2		河床覆盖层厚度小于10m	河床覆盖层厚度10～40m，岩性较单一	河床覆盖层厚度大于40m，岩性较复杂
Ⅰ	1	地质构造	近水平或单斜构造，地层产状稳定	单斜构造或正常褶皱，地层产状变化较大	非正常褶皱，地层产状变化剧烈
	1		断层裂隙不发育	断层裂隙较发育	近枢纽建筑物区有区域性断层通过，断裂构造发育
	1		无影响建筑物稳定的控制性软弱结构面		影响建筑物稳定的控制性软弱结构面发育
Ⅰ	1	水文地质	非岩溶地区，无承压含水层或仅有裂隙承压水，相对隔水层埋深小于1/3坝高	岩溶不发育，仅有裂隙承压水，相对隔水层埋深1/2～1/3坝高	岩溶发育，防渗工程复杂且量大，存在对建筑物稳定有影响的承压水
Ⅱ	2		岩体透水性弱而均一	岩体透水性弱～中等，且不均一	岩体透水性强，且不均一
Ⅱ	2	天然建筑材料	坝址5km范围内有合适的天然建筑材料	坝址5～10km范围内有合适的天然建筑材料	不论何种坝型，天然建筑材料都不理想
备注			Ⅰ-1类因子单独一项即可决定本工程的复杂程度，当存在多个Ⅰ-1类因子时，取高类；其他可视因子等级组合情况综合判定工程地质条件的复杂程度。		

表2 引调水工程地质条件复杂程度划分

建筑物	Ⅰ类（简单）	Ⅱ类（中等）	Ⅲ类（复杂）
渠道	1. 地震基本烈度等于或小于6度区，或虽为7度区，但对建筑抗震有利的地段 2. 平原、丘陵地貌 3. 岩质边坡高小于15m，土质边坡坡高小于10m 4. 不良地质作用（岩溶、滑坡、崩塌、危岩、泥石流、采空区、地面沉降）不发育 5. 地层岩性较单一，无特殊性岩土 6. 产状有利于边坡稳定，断层裂隙不发育 7. 水文地质条件简单，岩土体透水性弱而均一；无大的渗漏或浸没问题	1. 地震基本烈度7度区，对建筑抗震不利的地段 *2. 丘陵、山区地貌 *3. 岩质边坡高15～30m，土质边坡高10～20m *4. 不良地质作用较发育 5. 岩土种类较多，边坡或渠基下分布有特殊性岩土及易地震液化的粉细砂，但延续性差，范围小 6. 地层产状较不利于边坡稳定，断层裂隙较发育 7. 水文地质条件较复杂岩土体透水性弱～中等，但不均一；局部存在较严重的渗漏或浸没问题	1. 地震基本烈度7度或大于7度区，且对建筑抗震危险的地段 *2. 高山深谷地貌 3. 岩质边坡高大于30m，土质边坡高大于20m 4. 不良地质作用强烈发育 5. 岩土种类多，性质变化大。边坡或渠基分布有较大范围的特殊土及粉细砂，渠道变形、稳定及地震液化问题突出；沙漠渠道 6. 地层产状变化剧烈，且在较大范围不利于边坡稳定，断裂构造发育，渠线有区域性断层通过 7. 水文地质条件复杂，有影响工程的多层地下水，存在严重的渗漏或浸没问题

建筑物	Ⅰ类（简单）	Ⅱ类（中等）	Ⅲ类（复杂）
引水隧洞	1. 地震基本烈度等于或小于6度区，或虽为7度区，但对建筑抗震有利的地段 2. 周边地质环境良好，无剧烈物理地质现象 3. 地质构造较简单，断裂构造不发育，低地应力 4. 地层岩性较单一，无特殊岩土层分布 5. 水文地质条件简单，不存在大的涌水突泥问题 6. 进出口边坡地质条件较好	*1. 地震基本烈度7度区，对建筑抗震不利的地段 2. 周边地质环境较差，存在对建筑物有影响的物理地质现象，但规模不大，类型较单一 3. 地质构造较复杂，断裂构造发育，但产状较有利。无区域性断裂通过，地应力中等 4. 地层岩性较复杂，有厚度不大的软岩 *5. 无有害气体，无地温异常，有轻度岩爆 6. 水文地质条件较复杂，有范围不大的强透水带，局部承压水，局部存在涌水突泥问题 *7. 进出口边坡存在局部稳定问题	1. 深埋长隧洞；水下（湖、河、海）隧洞；城市地面下隧洞 2. 地震基本烈度7度或大于7度区，且对建筑抗震危险的地段 3. 周边地质环境差，物理地质现象强烈 4. 地质构造复杂，有大断裂或区域性断裂通过，高地应力 5. 地层岩性复杂，有较大范围的软岩、特殊岩土分布；新第三系或第四系松散地层中的隧洞 6. 存在有害气体，或地温异常，或中～重度岩爆 7. 水文地质条件复杂，岩溶发育区，有强透水带，局部承压水。存在涌水突泥问题 *8. 进出口为高陡边坡
备注	1 中等和复杂地区，除有*项为非决定因子外，其他任一项因子，即可确定该地区的复杂等级。 2 对建筑抗震有利、不利和危险地段划分，可按现行国家标准《建筑抗震设计规范》GB 50011 的规定确定。		

表3　水闸及泵站场地地质条件复杂程度划分

因子等级	项目	Ⅰ类（简单）	Ⅱ类（中等）	Ⅲ类（复杂）
2	建筑抗震	地震基本烈度等于或小于6度，或地震基本烈度7度但对建筑抗震有利的地段	地震基本烈度7度区，对建筑抗震不利的地段	地震基本烈度等于或大于7度的地区，且对建筑抗震危险的地段
2	地形地貌	平原地区，地形较完整，相对高差<50m	平原-丘陵区，地形较完整，相对高差50～150m	丘陵-山区，地形较破碎，相对高差≥150m
1	场区及周边地质环境	地质构造稳定，场区、近场区无活动断裂通过	地质构造较稳定，场区、近场区无活动断裂通过	地质构造稳定性差，近场区有活动断裂通过
1		不良地质作用（岩溶、滑坡、危岩和崩塌、崩岸、泥石流、采空区、地面沉降等）不发育	不良地质作用较发育	不良地质作用强烈发育
2	地基	岩土种类单一，均匀，性质变化不大	岩土种类较多，不均匀，性质变化较大	岩土种类多，很不均匀，性质变化大
1		无特殊性土（红黏土、软土、自重湿陷性黄土、膨胀土、人工杂填土、分散性土、多年冻土等）及粉细砂层	局部有特殊土或粉细砂分布，对建筑物稳定、变形有一定影响	有特殊土或粉细砂层分布，导致地基严重沉陷、变形、抗滑稳定、地震液化等，需做较复杂的工程处理
2	地下水	地下水对工程无影响；地下水对混凝土、金属结构无腐蚀性	基础位于地下水位以下的场地；有承压含水层，但对工程影响小；地下水对混凝土有一般性腐蚀	水文地质条件复杂，有岩溶水活动，有影响工程的承压含水层；地下水对混凝土、金属结构有强腐蚀性
备注		1 1类因子一项即可决定场地复杂程度级别，2类因子需两项组合取高类确定场地地质条件复杂程度级别。 2 对建筑抗震有利、不利和危险地段划分，按现行国家标准《建筑抗震设计规范》GB 50011 的规定确定。		

3.0.6 本条强调了工程地质测绘在水利水电工程地质勘察工作中的基础作用。工程地质测绘应执行国家现行标准《水利水电工程地质测绘规程》SL 299—2004。

3.0.7 不同的物探方法因其工作原理及适用条件不同，可以解决的地质问题也不同，因此物探方法的选择应考虑地形地质条件和岩土体的物性特点。物探工作应执行《水利水电工程物探规程》SL 326—2005。

3.0.9 与原规范相比，本条明确了试验方法的选择应根据试验对象和试验项目的重要性确定；试验项目、数量和方法的确定，不仅要根据勘察阶段和工程特点，还应结合岩土体条件（地质条件）。岩土物理力学试验应符合国家现行标准《水利水电岩石试验规程》SL 264—2001 和《土工试验规程》SL 237—1999 的规定。

3.0.10 本条是根据近十余年工程地质勘察的实践经验，结合国外经验新增的条文，目的是要求工程地质工作者高度重视观测、监测手段的运用，特别是对一些需要根据位移（变形）趋势或动态变化作出判断或结论的重要地质现象，如位置重要的大型滑坡的稳定性评价，重要人工开挖边坡的变形情况，地下开挖、坝基开挖卸荷变形，对区域构造稳定性评价有重要意义的活动断层，重要的泉水、承压水等，均应及时布设原位监测或长期观测点。长期观测工作在以往的勘察工作中虽然也在进行，但有愈来愈降低要求的趋势，观测网的布置、观测时间和观测延续的时段常获取不到长期观测应该提供的资料，所以这次修编的基本规定中，将其单列一条加以强调。

3.0.11 新增本条是因为在过去的工作中，对天然建筑材料的勘察不够重视，因此本条明确规定"天然建筑材料的勘察工作应确保各勘察阶段的精度和成果质量满足设计要求"。天然建筑材料勘察应按照国家现行标准《水利水电工程天然建筑材料勘察规程》SL 251—2000 的要求进行。

3.0.12 根据多年来工程地质勘察实践经验，对重大而复杂的水文地质、工程地质问题列专题进行研究是保证勘察成果质量的重要措施。

3.0.13 随着国家对环境保护的日益重视，水利水电工程建设对环境的影响越来越引起社会的关注，本条是为适应这种要求而制定的。

4 规划阶段工程地质勘察

4.1 一般规定

4.1.2 本条修改主要体现了以下几点：

1 增加了"了解规划河流、河段或工程的工程地质条件，为各类型水资源综合利用工程规划选点、选线和合理布局进行地质论证"。这应该是规划阶段工程地质勘察的主要任务。

2 原规范的内容侧重于河流梯级规划，具体内容主要是坝址和水库，本次修改增加了引调水工程、防洪排涝工程、灌区工程、河道整治工程等勘察内容。

3 明确将"重点了解近期开发工程的地质条件"作为规划阶段的勘察内容和任务。

4.2 区域地质和地震

4.2.1 区域地质和地震的勘察内容主要包括5个方面，即地形地貌、地层岩性、地质构造与地震、物理地质现象和水文地质条件。这些资料是分析水利水电工程地质条件的基础。

本条中各款只列举了应研究的主要地质内容，详细内容或需展开研究的问题可根据规划河流（河段）及工程区的具体区域地质特征有所侧重。例如可溶岩地区，重点应放在喀斯特发育情况和水文地质条件上；在地震活动性较强的地区，要特别注意地质构造和断裂活动情况；在第四系分布区，要重点了解第四纪沉积物的类型、河流发育史和阶地发育情况等。

4.2.2 目前，国内大部分地区已完成了1：200000区域地质图，正在新编1：250000区域地质图，少数地区已完成1：50000区域地质测图。大多数省已出版了区域地质志。不少地区还编制有区域地质图、区域水文地质图、环境地质图和灾害地质图。这些资料都是进行规划阶段区域地质研究的基础资料。但是这些图件出版年代不一，其内容也往往不能满足水利水电工程的需要。因此，本条规定，河流或河段区域综合地质图的编图应在收集和分析各类最新区域地质资料的基础上，利用卫片、航片解译等进行编绘，并根据需要进行地质复核。地质复核方法可采用遥感地质方法和路线地质调查方法。

4.2.3 在原规范中本条内容与第4.2.2条同属一条，本次修编中考虑到区域地质与地震勘察工作的内容方法有所差别，为明确地震勘察内容，将其分为两条。目前，国家地震部门出版有中国历史强震目录、中国近代强震目录、地震动参数区划图和地震区带划分图；各省区现今仪器地震记录日臻完善，并编有系统的仪测地震目录；大多省区编有地震构造图。地震勘察工作以收集资料为主，进行适当野外调查，即可满足规划阶段编图和评价的需要。按国家颁布的地震动参数区划图确定各工程场地的地震动参数。

4.2.4 区域综合地质图、区域构造与地震震中分布图的比例尺可根据流域面积的大小、规划工程范围、区域地质的复杂程度、地震活动强烈程度等在1：500000～1：200000之间选择。

4.2.5 为新增条文。近期开发工程的勘察工作要求相对较深，因此要求进行区域构造稳定性分析。

4.3 水库

4.3.1 水库的勘察内容主要根据威胁水库或梯级成立的重大地质问题而提出。大规模的坍塌、泥石流、滑坡等物理地质现象以及严重的水库渗漏常常影响水库效益，可溶岩地区的喀斯特水库渗漏甚至影响梯级方案的成立，坍岸、浸没等则可能对库周的城镇、重大基础设施的安全构成威胁。这些问题在本阶段都需要进行初步调查，了解其严重程度，以便选择最适宜的梯级开发方案。此外，本次修订把影响库区水环境的地质条件作为勘察内容之一。

4.3.2、4.3.3 水库的勘察方法基本上分两种情况：

1 根据已有的区域地质资料分析水库地质条件，如不存在严重威胁水库成立的地质问题，本阶段可以不进行水库工程地质测绘。

2 当水库可能存在影响工程方案成立或对库周重大基础设施安全构成威胁的严重渗漏或大规模滑坡、坍岸、浸没等工程地质问题时，应进行水库工程地质测绘。测绘比例尺的选择可以根据水库面积和地质条件复杂程度等因素综合考虑选定。

为了解这些问题的严重程度，可布置少量的勘探工作。

4.4 坝 址

4.4.1 规划阶段对坝址地质勘察的内容偏重于基本地质情况的了解。条文中所列各款内容，都是梯级规划所需要的基本地质资料。本次修编增加了坝址地形、地质条件对不同坝型适应性的分析内容。

4.4.2 本条规定了近期开发工程规划阶段的坝址地质的勘察内容。当第四纪沉积物作为坝基时，应了解对大坝基础可能有明显影响的软土、砂性土等工程性质不良岩土层的空间分布与性状。对于当地材料坝方案，需要优先考虑是否具备布置溢洪道的地形地质条件及筑坝材料，特别是防渗材料的分布与储量。为此，本次修编增加了相关勘察内容。

4.4.3 规划阶段坝址的勘察方法主要采用工程地质测绘、物探和少量钻探（或平硐）。

工程地质测绘是最基本的方法。应当根据坝址区地形的陡缓、地层和构造的复杂程度及坝址区面积的大小等因素，综合考虑选定合适的比例尺。

物探方法是规划阶段坝址勘探的主要手段之一。物探方法可用于探测河床冲积层厚度、较大的断层和溶洞等地质缺陷，但地形条件和岩性条件对物探精度有较大影响，应根据实际条件选择合适的方法。

本阶段坝址钻探工作量一般较少，所以对近期开发工程和一般梯级坝址的钻孔布置应区别对待。条文中的钻孔数量是最低要求，地质条件复杂时可以适当增加。对于峡谷地区坝址，两岸宜布置勘探平硐，以便更好地揭示岩性、风化与卸荷深度。

钻孔深度的确定受很多具体因素的影响，如坝高、河床冲积层厚度、两岸风化深度、基岩的完整性和透水性等。各地情况千差万别，本阶段不确定因素较多，难以具体规定，根据国内外经验，一般约为1～1.5倍坝高。执行中可结合实际情况灵活掌握。

4.5 引调水工程

4.5.1 引调水工程是指长距离和跨流域的引调水工程，如南水北调工程、引黄入晋工程、引大入秦工程、辽宁东水西调工程、引额济乌工程等。建筑物主要包括渠道、隧洞及渠系建筑物等。规划阶段的勘察

任务主要是了解引调水工程基本地质条件，与原规范第3.5.1条相比，增加了对沿线地下构筑物和地下管线分布情况的勘察。

4.5.2

1 关于引调水工程线路的勘察方法，首先要收集和分析已有的地质资料，特别是利用航（卫）片资料分析线路的主要地质现象和主要工程地质问题。

2 工程地质测绘是规划阶段引调水工程的主要工程地质勘察方法。考虑到规划阶段方案变化较大，测绘范围大一些有利于方案比选。

4 沿渠道布置勘察点应以坑、井为主，钻孔可在一些关键地质部位布置。

5 隧洞进出口及浅埋段常常是地质条件薄弱部位，是隧洞勘察的重点。

4.6 防洪排涝工程

4.6.1 防洪排涝工程包括堤防、泵站和水闸工程等，多在平原区及河流中下游地区，因此本条的勘察内容主要侧重第四纪沉积物。

4.6.2 对于已有工程，由于已经运行多年，原勘察资料及历年险情、隐患资料较多，在开展规划阶段工程地质勘察时应首先调查、访问和收集资料，然后开展工程地质测绘和必要的勘探、试验。

4.7 灌区工程

4.7.2 鉴于灌区工程主要涉及第四纪沉积物，因此本条的勘察内容主要侧重于第四纪地层，要求对基本地质条件有所了解。

4.7.4 灌区水文地质勘察包括两部分内容，一是了解灌区土壤情况及水文地质条件，特别是老灌区在运行过程中已经形成的盐渍化和沼泽化问题，预测灌区工程建成运行后可能产生的次生地质问题；二是对于可能利用地下水源的灌区，应了解地下水源地的水文地质条件。

4.8 河道整治工程

4.8.1 河道整治工程包括导流坝（顺直坝、丁坝、潜坝等）、护岸、裁弯取直、堵汊（口）、疏浚河道等多种类型工程。河势变化及崩岸、滑坡的分布等对河道整治工程很重要，在此规定为勘察内容。

4.9 天然建筑材料

原规范对规划阶段的天然建筑材料勘察仅列了第3.4.4条一条，本次修订将其扩展为一节，要求在规划阶段对工程区内天然建筑材料进行普查，从而了解天然建筑材料的分布及质量情况。对于近期开发的工程，必要时可进行初查。

4.10 勘察报告

本节对阶段工程地质勘察报告的基本内容作了简

要规定。由于工程类型和规划内容差别较大，报告的编写内容也不同，因此在编写工程地质勘察报告时，要结合规划内容和工程类型确定编写提纲和编写内容，其中心意思是勘察报告要全面、系统地反映勘察成果。这里的基本地质条件是指工程区或建筑物区的地形地貌、地层岩性、地质构造、物理地质现象及水文地质条件等。

5 可行性研究阶段工程地质勘察

5.1 一般规定

5.1.1 本条规定了可行性研究阶段工程地质勘察的任务和目的。原规范主要针对水利水电枢纽工程，本次修订涵盖了各类水利水电工程。

5.1.2 与原规范相比，本条内容作了适当调整。

1 将勘察的对象统称为工程区及建筑物，以包括所有水利水电工程。工程区包括坝址区、水库区、灌区等。

2 增加了移民集中安置点选址的勘察内容。对水库工程而言，如果采用后靠方案，则移民选址勘察在水库区勘察工作的基础上进行；如采用外迁方案则需单独进行勘察。其他水利水电工程，如引调水工程、防洪工程等涉及移民选址时，根据具体情况布置勘察工作。

5.2 区域构造稳定性

5.2.1 区域构造稳定性问题是关系水利水电工程是否可行的根本地质问题，要求在可行性研究阶段作出明确评价。本条规定了区域构造稳定性评价的内容。

区域构造背景研究是评价所有工程地质问题的基础工作，也是地震安全性评价中潜在震源区划分的基本依据之一。

断裂活动性问题是评价坝址和其他建筑物场地构造稳定性以及进行地震安全性评价的主要依据，也是关系建筑物安全的重大问题，所以本阶段要求对场地和邻近地区的活断层作出鉴定。

地震动参数是工程抗震设计的重要依据，要求在可行性研究阶段确定工程场地的地震动参数及相应地震基本烈度。

5.2.2 本条内容主要根据《工程场地地震安全性评价》GB 17741—2005进行修订。与原规范相比，主要修改包括：将原规范区域地质构造背景研究范围由300km改为150km；将区域构造调查范围由原来20~40km改为25km；明确引调水线路区域地质构造研究范围为50~100km，其依据是南水北调中线一期工程总干渠工程沿线地震动参数区划的工作经验。

5.2.4 关于活断层的判别标志与原规范相比基本一致，仅将原规范中的"最后一次错动年代距今10万

~15万年"改为10万年以内。

5.2.7 关于地震安全性评价，近几年国家颁布了一系列法规和条例，如《中国地震动参数区划图》GB 18306—2001、《地震安全性评价管理条例》（2001年）等，在此基础上各地方又相继颁布了一些地方法规，都对需要做地震安全性评价的工程范围作了界定。本条内容在原规范基础上作了适当修改：①根据《水利水电工程等级划分及洪水标准》SL 252—2000中有关水工建筑物级别确定的有关规定，对于土石坝坝高超过90m、混凝土坝及浆砌石坝坝高超过130m的2级建筑物等级可提高一级；根据《水工建筑物抗震设计规范》SL 203—97，对1级壅水建筑物根据其遭受强震影响的危害性，可在基本烈度基础上提高一度作为设计烈度。因此，本次修订时将原规范第4.2.8条第2款有关内容"……对地震基本烈度为七度及以上地区的坝高为100~150m的工程，当历史地震资料较少时，应进行地震基本烈度复核"改为"对50年超越概率10%的地震动峰值加速度大于或等于0.10g地区，土石坝坝高超过90m、混凝土坝及浆砌石坝坝高超过130m的其他大型工程，宜进行场地地震安全性评价工作"。②增加了"50年超越概率10%的地震动峰值加速度大于或等于0.10g地区的引调水工程的重要建筑物，宜进行场地地震安全性评价工作"的规定，主要是针对引调水工程的单项重要建筑物，至于引调水工程是否需要全面做地震安全性评价，则未做硬性规定。

5.2.8 本条从区域构造稳定性观点出发，提出了坝址选择应遵守的三条准则，这是基于水工建筑物抗震安全考虑的。

5.3 水　库

5.3.1 增加了第6款"调查是否存在影响水质的地质体"，主要指是否存在大范围的岩盐、石膏及其他有害矿层，从而严重污染水质。

5.3.4 通过工程地质测绘进行浸没初判，对于可能发生浸没或次生盐渍化的地段进一步开展勘察工作。

5.3.6、5.3.7 本规范要求大型水库工程都应进行水库诱发地震研究。水库诱发地震研究的范围为水库及影响区，一般指水库正常蓄水位淹没线内及外延10km的范围。

原规范将水库诱发地震的研究内容列在区域构造稳定性评价之内。考虑到水库诱发地震是工程运行后水库区出现的一种地震现象，且常常不是地质构造活动引起的地震，本次修订时将其作为水库工程地质问题之一。

已有的水库诱发地震震例显示，中等强度以上的水库诱发地震，有可能对大坝和水工建筑物造成损害，对库区环境和城镇建筑物产生一定的影响。从工程宏观决策和规划设计工作的需要考虑，在水利水电

工程的可行性研究阶段，必须对水库诱发地震的危险性作出合理的预测或评估。

5.3.8 当可行性研究阶段预测有可能发生水库诱发地震时，应研究进行监测的必要性，并提出监测的初步设想，以便在工程立项时预留经费，为初步设计阶段进行监测台网设计及以后的监测工作提供条件。

5.4 坝 址

5.4.1 本条对原规范的规定作了必要的结构调整和内容补充。

地形、地貌条件是影响方案布置、施工组织设计、工程造价的重要因素，不同坝型对地形地貌条件的要求亦不相同。在第1款增加了初步查明地形地貌特征的要求。

缓倾角结构面特别是缓倾角断层是混凝土坝基和基岩边坡稳定的重要影响因素，因此，在第4款中进一步强调了对缓倾角断层应初步查明的内容。勘察中应注意分析与其他结构面的组合关系，特别是不稳定组合的形态、性质。

黄土喀斯特是黄土地区坝址主要的工程地质问题。因此，第9款增加了对黄土喀斯特调查的规定。

根据对国内已建工程现状的调查，环境水（天然河水和地下水）对水利水电工程混凝土及钢筋混凝土中的钢筋和钢结构的腐蚀问题日渐突出。因此，第10款专门作了应对环境水的腐蚀性进行初步评价的规定。

5.4.2

3、4 对峡谷区河流坝址及宽谷区或深厚覆盖层河流上坝址勘探的布置、方法选择、钻孔深度分别作了规定。

为了保证各比较坝址方案的可比性，条文规定各比较坝址均应有一条主要勘探剖面，如地质条件较复杂或坝较高，可在主要勘探剖面的上、下游布置辅助勘探剖面，其数量视具体需要决定。

条文所指的勘探点包括钻孔、平硐和探井等重型勘探工程。根据以往经验，本阶段勘探点的间距不应大于100m。但有的峡谷型坝址，河宽不足百米，为了取得河床部位可靠的地质资料，条文规定峡谷河床部位不应少于2个钻孔。另外还规定对坝址比较有重大影响的工程地质问题，都应有钻孔或平硐等勘探工程控制。

土石坝的混凝土建筑物是指混合坝型的混凝土坝段、土石坝的混凝土连接坝段、导流墙和混凝土面板坝堆石的趾板等。

平硐在了解地形坡度较陡的岸坡和产状较陡的地质构造等方面，探井在了解缓倾角软弱夹层方面都有较好的效果。所以条文对此作了强调。

勘探钻孔深度取决于勘探目的的需要和地质条件的复杂程度。

对于峡谷区的坝址，条文规定70m以上的高坝，河床覆盖层小于40m的，钻孔进入基岩深度为$H/2 \sim H$（H为坝高），从坝基稳定和防渗要求来说，孔深达到这个深度已可满足要求。当覆盖层较厚时，为调查基岩中有无埋藏深槽和避免对河床覆盖层厚度的误判，孔深达到基岩面以下20m是必要的。

平原区建在深厚覆盖层上的坝，勘探钻孔深度是根据持力层厚度、渗流分析及防渗方案需要考虑的。在此深度内如仍未揭穿工程性质不良岩土层时，应根据具体情况加大孔深。

6 考虑试验成果数理统计的合理性，对试验组数作了调整。有效试验组数是指剔除不合理成果的试验后，可纳入统计分析计算的试验组数。

条文规定的特殊岩土应根据其工程地质特性进行专门试验，主要包括湿陷性土的湿陷试验、膨胀性土的膨胀试验、分散性土的分散试验、盐渍土的含盐性质和含盐量试验等。

5.5 发电引水线路及厂址

5.5.1 水利水电枢纽工程中引水式水电站的引水线路方案选择，对工程可行性有重要影响，是工程可行性研究的主要任务之一。本次修订将原规范引水隧洞线路和渠道线路的勘察内容合并为一条。

5.7 渠道及渠系建筑物

5.7.1 渠道工程地质勘察内容中，喀斯特塌陷、采空区、物理地质现象及特殊岩土层的勘察是重点和难点，对工程选线至关重要。

渠道工程地质初步分段是本阶段的重要内容之一。目前还没有成熟的分段标准，根据已有勘察经验，分段的依据主要包括地形地貌、地质构造、岩土体性质、物理地质现象、特殊岩土体的分布、水文地质条件及存在的主要工程地质问题等。

5.7.2 渠系建筑物的类型很多，包括倒虹吸、渡槽、分水闸、节制闸、退水闸等。条文所列勘察内容适用于所有渠系建筑物。但是由于各类建筑物的荷载条件和基础形式不同，对地基地质条件的评价应有所区别。

5.7.3 工程地质测绘比例尺按渠道和渠系建筑物分别列出，并可根据地质条件的复杂程度选用。

物探方法对探测覆盖层厚度、地下水位、喀斯特洞穴、采空区和断层等，有一定效果，宜尽量选用。

钻孔是最常用的主要勘探手段，沿渠道中心线和渠系建筑物轴线上均应布置钻孔，形成纵、横勘探剖面线，钻孔间距可根据建筑物类型、地形地质条件等进行调整。特别是在容易出现工程地质问题的地段应有控制性钻孔。

探坑或竖井是平原丘陵区渠道和建筑物区研究黄土湿陷性、膨胀岩土的性状及渠道浸没等的一种最直观有效的手段。勘探平硐可作为渠道高边坡，傍山边坡和跨河岸坡稳定研究的一种勘探手段。

岩土物理力学性质试验仍以室内试验和简易原位试验为主。对膨胀土、湿陷性黄土、分散性土、冻土等特殊性土，除常规试验项目外，规定应进行专门试验，以便有利于选择相关参数和工程性质评价。

5.8　水闸及泵站

5.8.1　水闸及泵站主要建在平原地区的土基上，这些条文是针对土基的，岩基上的涵闸及泵站未作规定，可参照岩基上混凝土闸坝的有关规定进行勘察。

古河道、牛轭湖、决口口门、沙丘等多是强透水地层或地层结构复杂的地段，且地表不易发现，对水闸及泵站选址影响较大，因此在地貌调查中应予以重视。

在地层结构、岩土类型中，强调查明工程性质不良岩土层如湿陷性黄土、泥炭、淤泥质土、淤泥、膨胀土、分散性土、粉细砂及架空层等的重要性。

5.8.2　工程地质测绘比例尺应根据工程规模和地质条件的复杂程度选用，工程范围大且地质条件相对简单的工程可选用较小比例尺；工程范围较小且地质条件复杂的工程可选用较大比例尺。进水和泄水方向容易遭受水流的冲刷侵蚀，其影响区应包括在工程地质测绘范围内。

勘探坑、孔应沿建筑物轴线和水流方向布置，形成勘探剖面。

对主要持力层的原位试验，黏性土、砂性土主要采用标准贯入试验和静力触探试验；淤泥、淤泥质土等软土采用十字板剪切试验；砂性土等强透水层分层进行注水试验等。

5.9　深埋长隧洞

5.9.1　深埋长隧洞工程有其自身的特点，地应力水平较高，地层岩性多变，同时可能会存在突涌水（泥）、岩体大变形、有害有毒气体、高地温、高地应力及岩爆等工程地质问题。因此，产生这些问题的水文地质、工程地质条件是深埋长隧洞的勘察重点。

5.9.2　深埋长隧洞由于埋深大、洞线长，又常常位于山高坡陡地区，工程地质勘察难度极大。当前还没有成熟、可靠的勘察手段和方法。

广泛收集已有的各种比例尺的地质图和航片、卫片资料，充分利用航片、卫片解译技术，对已建工程进行调研，总结已有工程经验，进行工程地质类比分析，是一项重要工作。

重视工程地质测绘工作，必要时进行较大范围的测绘和对重要地质现象进行野外追踪，对地质问题的宏观判断极为重要。可行性研究阶段深埋长隧洞的工程地质测绘比例尺定为1：50000～1：10000，主要考虑深埋长隧洞通过地带的地形和地质条件的复杂性。

工程地质测绘范围除满足分析水文地质、工程地质问题的需要外，应考虑工程布置可能的调整范围。

常规的物探方法对深部地质体的探测效果不理想。近些年来，国内一些单位进行了有益的尝试，如黄河勘测规划设计有限公司、中水北方勘测规划设计有限公司和铁道部第一勘测规划设计研究院等采用多种物探方法［包括可控源音频大地电磁测深（CSAMT）和大地电磁频谱探测（MD）等方法］，对深部地质结构进行探测，取得了一些成果。

钻探是最常用的勘探手段，但对于深埋长隧洞线路钻孔深度大，而有效进尺少，因此利用率很低。另外，深埋长隧洞工程区通常是高山峡谷地区，交通不便，实施钻探困难，无法规定钻孔的间距。但选择合适位置布置深孔是必要的，在孔内应尽可能地进行地应力、地温、地下水位、岩体渗透性等测试，以取得更多的资料。

5.10　堤防及分蓄洪工程

本节为新增章节，其内容主要是根据国家现行标准《堤防工程地质勘察规程》SL 188—2005 的有关条款编写的。新建堤防挡水后引起的环境地质问题主要指因采取垂直防渗措施截断地下水的排泄出路而引起的堤内地下水壅高带来的问题。收集和调查已建堤防的历史险情和加固的资料，并结合其分析地质条件是非常重要的。

5.11　灌区工程

5.11.1、5.11.2　灌区渠道及渠系建筑物的勘察内容与第5.7节渠道及渠系建筑物相同，考虑到灌区工程的渠道及渠系建筑物规模相对较小，因此勘察方法与第5.7.2条相比适当简化，一般不要求进行平面工程地质测绘，而进行纵、横剖面工程地质测绘。

5.11.3　灌区水文地质勘察分两部分，即地下水源地水文地质勘察和土壤改良水文地质勘察。

地下水源地的水文地质勘察，可行性研究阶段控制的地下水允许开采量应相当于《供水水文地质勘察规范》GB 50027—2001 的 C 级精度要求，当地下水开采对灌区规划影响较大时，宜达到 B 级精度。

盐渍化土壤改良水文地质勘察，应在查明地下水水位埋藏深度、土体特别是根系层的含盐量及地形、地貌条件的基础上，根据灌区所处的水文地质类型，对盐渍化土壤形成原因、地下水临界深度、地下排水模数、盐渍化土壤对作物的危害程度及其发展预测等作出综合评价。在包气带岩性变化较大的地区，应根据观测、试验或调查结果，提出地下水临界深度系列值和地下排水模数。地下排水模数是单位面积上、单位时间内需要排走的地下水量，包括年平均值和月最大值，单位为 $m^3 / (s \cdot km^2)$。

防治土壤盐渍化的主要目标是，把地下水水位控制在临界深度以下，使土壤逐渐向脱盐方向发展。同时，应注意把盐渍化土壤改良与咸水利用改造结合起来。对可能形成新的土壤盐渍化的地区提出预防措施建议。对于土壤盐渍化已经得到基本治理的地区，也须防止反复。

5.12 河道整治工程

历史上的河道整治工程往往没有或很少做过地质勘察工作。近年来，河道整治工程的地质勘察工作已引起各方面的重视。长江中下游河道整治特别是下荆江河段和河口综合整治工程，黄河、珠江河口治理工程，均先后开展了各相应设计阶段的地质勘察工作。

本节为新增章节，所列勘察内容都是河道整治工程设计所需要的基本地质资料。其中近岸水下地形变化和冲淤情况、软土、粉细砂等的分布，对岸坡稳定和护岸工程影响较大，应特别注意。

5.13 移民选址

5.13.1 随着国家对移民安置工作的高度重视，移民选址工程地质勘察已越来越重要。然而长期以来，由于没有规范可循，勘察内容与勘察深度没有统一标准，导致选定的新址出现许多重大工程地质问题，其教训是深刻的。故迫切需要规范移民选址工程地质勘察工作，为此，本次规范修订增加了这一节内容。

根据《水利水电工程建设征地移民设计规范》SL 290—2003 的规定，对农村移民，可行性研究阶段要编制农村移民安置初步规划；对于集镇、城镇移民，可行性研究阶段要初拟迁建方案，初选新址地点。因此，本规范规定可行性研究阶段选址的勘察必须结合移民安置规划进行，为初选新址提供地质资料和依据。

5.13.2 可行性研究阶段移民选址工程地质勘察的中心任务是：确保所选新址稳定、安全，在建设和使用过程中，不会发生危及新址安全的重大环境地质问题。因此本条规定的勘察内容主要侧重于选址，勘察的重点是新址场地的稳定性及外围有无崩塌、滑坡、泥石流等对新址安全不利的地质灾害，不同于在场址上进行的岩土工程勘察工作。

在新址区场地稳定性、建筑适宜性初步评价方面，三峡工程移民选址工程积累了一些经验。根据新址区的主要工程地质条件和地表改造程度，将场地的稳定性划分为 5 类，即稳定区（A）、基本稳定区（B）、潜在非稳定区（C）、非稳定区（D）和特殊地质问题区（E），详见表4。根据新址区的地形坡度、地基强度、场地稳定程度、对外交通和城镇排水状况，将场地的建筑适宜程度划分为 5 类，即最佳建筑场地区（Ⅰ）、良好建筑场地区（Ⅱ）、一般建筑场地区（Ⅲ）、不宜建筑场地区（Ⅳ）和特殊地质问题场地区（Ⅴ），见表5。

表4 三峡工程移民选址场地稳定程度分区

场地稳定程度类别	主要工程地质条件	地表改造程度
稳定区（A）	地层岩性相对均一，产状稳定且平缓；地层倾向山体且反倾裂隙不发育；地层倾向坡外但坡脚没有临空面；地层走向与坡面走向夹角大	无
基本稳定区（B）	地层岩性比较复杂，但产状比较稳定；地层倾向山体且反倾裂隙不甚发育；地层倾向坡外，仅局部坡脚存在临空面；地层走向与坡面走向夹角大于30°	弱
潜在非稳定区（C）	地层岩性比较复杂，但产状比较稳定；地层倾向山体且反倾裂隙不甚发育；地层倾向坡外，仅局部坡脚存在临空面；地层走向与坡面走向夹角小于30°	较强
非稳定区（D）	地层岩性复杂，产状不稳定；地层倾向山体且反倾裂隙发育；地层倾向坡外，坡脚存在临空面；地层走向与坡面走向夹角小于30°	强
特殊地质问题区（E）	古滑坡体、近代滑坡体、近代有变形迹象的崩坡积与冲洪积层，近代崩塌错落体，岩溶塌陷，落水洞，暗河，特殊类土，采空区，泥石流区	极强

注：地表改造是指人工边坡开挖、人工填土加载、人工改造地表水系等。

表5 三峡工程移民选址场地建筑适宜程度分区

建筑适宜程度类别	地形坡度（°）	地基强度（kPa）	场地稳定程度类别	对外交通状况	城镇给排水状况
最佳建筑场地区（Ⅰ）	≤10	≥120	稳定区（A）	良好	良好
良好建筑场地区（Ⅱ）	10～15	100～120	基本稳定区（B）	好	好
一般建筑场地区（Ⅲ）	15～20	100～120	潜在非稳定区（C）	较好	较好
不宜建筑场地区（Ⅳ）	≥20	≤100	非稳定区（D）	一般	一般
特殊地质问题场地区（Ⅴ）			特殊地质问题区（E）		

5.13.3 本条提出了可行性研究阶段移民选址工程地质的勘察方法及相关的技术规定。

2 工程地质测绘是移民选址工程地质勘察最为重要的基础地质工作，为此本款规定了移民选址工程地质测绘的范围及比例尺。已经开展的部分工程经验是，北京市区及卫星城镇、上海市、南京市、青岛市、杭州市总体规划阶段移民选址勘察工程地质图比例尺都为1:10000；三峡库区移民城镇总体规划阶段（该工程称为初步勘察阶段）工程地质测绘比例尺使用过1:2000（1984年以前）、1:5000（1991～1993年）和1:10000（1991～1993年）。

3 从环境地质问题考虑，新建城镇不宜大规模地改造地表形态，应尽可能利用自然地形布置建筑物。为此，新址区地形坡度分区是移民选址工程地质勘察的重要内容。本款规定了地形坡度分区的级别。

4 本款强调了新址区勘探剖面应结合地形地貌、地质条件布置，不同地貌单元应有勘探控制点。

5.15 勘 察 报 告

5.15.1 本条中的工程区及建筑物工程地质条件是水库区工程地质条件、坝址工程地质条件、渠道及渠系建筑物工程地质条件、水闸及泵站工程地质条件、堤防及分蓄洪区工程地质条件、河道整治工程地质条件等的总称，在编制报告时，可根据具体工程项目内容取舍。

5.15.13 移民选址勘察按单独编制勘察报告考虑，本阶段应重点评价选址的稳定性和适宜性。

6 初步设计阶段工程地质勘察

6.1 一 般 规 定

6.1.2 本条内容作了如下调整：

1 本款为新增内容。区域构造稳定性评价及地震动参数一般情况下在可行性研究阶段都应该有明确的结论，但对于地震地质条件复杂特别是工程区附近存在活动性断层等情况时，往往需要在初步设计阶段进一步开展一些专项研究或复核工作，如断层活动性的复核、断层活动性的监测等。

7 本款为新增内容。目前国家对移民安置工作非常重视，也提出了更高的要求。在初步设计阶段要落实移民安置具体地点，因此移民新址的勘察工作，是在可行性研究阶段初步选定的新址上，查明移民新址的工程地质条件，评价新址场地的稳定性和适宜性。

6.2 水 库

6.2.1 初步设计阶段工程地质勘察是在可行性研究阶段工程地质勘察工作的基础上进行，一般不再进行全面的勘察，而是针对存在的主要工程地质问题开展工作。

6.2.2 可行性研究阶段对水库渗漏问题已经作出初步评价，初步设计阶段是针对严重渗漏地段的进一步勘察。

喀斯特渗漏问题比较复杂，在本阶段仍应对可溶岩、隔水层或相对隔水层、喀斯特发育特征和洞穴系统，喀斯特水文地质条件、地下水位及动态进行勘察研究，确定渗漏通道的位置、形态和规模，估算渗漏量。喀斯特发育程度是根据可溶岩岩性、岩层组合和喀斯特化程度的差异等确定，可分强、中、弱三类，同时应特别注意弱喀斯特化地层的作用及空间分布。对于喀斯特水文地质条件，要特别重视喀斯特水系统（泉、暗河）的勘察研究，对代表稳定地下水的泉和暗河，要尽可能查明补给、径流、水量、水化学及其动态，分析泉水之间的相互关系。最后，根据勘察成果及地质评价结论，提出防渗处理的范围、深度和措施的建议。

6.2.4 喀斯特水文地质测绘的范围，应包括与查明喀斯特发育特征、水文地质条件有关的区域如低邻谷、低喀斯特准地、下游河湾等。

喀斯特洞穴追索是查明洞穴形态、大小、方向和了解发育特征的重要手段，对有水流洞穴的追索还可了解地下水的情况。

随着物探仪器设备的不断改进及探测技术、解释方法的不断完善，物探在喀斯特洞穴和含水特性的探测均有一定的效果。由于每种物探方法都有一定的适用条件，因此应采用多种物探方法互相印证。

连通试验可用于查明地表水与地下水的联系，以及地下水的流向，洞穴之间、洞穴与泉水之间的连通情况，判断洞穴的规模和通畅程度，确定喀斯特水系统之间的关系等。连通试验的示踪剂有荧光素、石松孢子、食盐、钼酸铵、同位素等，具体可根据连通试验的长度、水量和通畅程度等条件选择。有条件时，还可采用堵洞试验或抽水试验了解连通情况。

地下水渗流场、温度场、化学场、同位素和水均衡勘察研究，应根据需要、可能和具体条件确定。

6.2.5、6.2.6 对初步设计阶段水库浸没问题的勘察内容和方法进行了规定，其勘察范围是可行性研究阶段初判可能浸没的地段。

这两条的规定也适用于渠道等其他类型水利水电工程浸没问题的勘察。

1 浸没区的成因和影响对象分类。

按其成因，浸没可分为顶托型和渗漏型两种基本类型。

顶托型浸没：天然情况下，地下水向河流排泄，水库蓄水后，原来的补给、排泄关系不变，致使地下水位壅高。水库周边产生的浸没现象多属于这种类型，也可称为补给区浸没。

渗漏型浸没：水库、渠道运行后产生渗漏，导致排泄区的地下水位升高，造成浸没，也可称为排泄区浸没。堤坝下游（特别是平原地区的围坝型水库下游）、渠道（特别是填方渠道）两侧、水库渗漏排泄区的低洼地段，均易产生渗漏型浸没。

按照浸没影响的对象，可分为农作物区和建筑物区两类。

浸没区由于成因类型和影响对象不同，因而在勘察范围、勘察内容和精度要求（包括测绘比例尺、勘探剖面线、勘探点密度等）、试验项目、分析计算方法、评价标准等方面都有很大差异，在工作初期应根据具体情况判断可能出现的浸没类型，确定影响对象，据此制订相应的工作计划。

2　上部土层地下水位与下部含水层地下水位之间的差异。

当地层为双层结构，上部黏性土厚度较大且其水位受下部承压含水层水位影响时，工程实际调查资料显示，黏土层中的地下水位不等于且总是低于下部承压水位。

嫩江尼尔基水利枢纽右岸副坝下游浸没现场调查时，先挖试坑至黏土层稳定地下水位，然后用钻孔钻穿黏土层，测定下部含水层地下水位，或在钻孔旁边另挖试坑至黏土层内地下水位。

表6是1999年和2004年两次调查的结果汇总。勘探点共14个，黏土层内水位无一例外地均低于含水层承压水位。α值范围在0.29至0.92之间，表明尼尔基表层黏土的非均质性，但总体上仍具有一定的规律性。

表6　尼尔基右岸副坝下游浸没调查结果

勘探点号	黏土层厚度(m)	黏土层水位埋深(m)	含水层水位埋深(m)	T(m)	H_0(m)	α(T/H_0)
Sj12	13.50	8.50	5.50	5.00	8.00	0.63
Sj13	4.70	4.30	3.95	0.40	0.75	0.53
Sj16	8.00	6.40	5.60	1.60	2.40	0.67
Sj18	4.80	4.60	4.10	0.20	0.70	0.29
TZ03	7.40	5.80	3.86	1.60	3.54	0.45
TZ05	9.20	6.80	5.20	2.40	4.00	0.60
TZ06	8.60	5.80	4.56	2.40	4.04	0.79
TZ08	6.50	5.80	5.20	0.70	1.30	0.54
TZ09	5.40	5.00	4.50	0.40	0.90	0.44
Sj02	8.00	3.20	2.56	4.80	5.44	0.88
Sj03	7.40	4.00	3.72	3.90	3.68	0.92
Sj05	9.20	5.30	3.30	3.90	5.90	0.66
Sj08	6.50	6.20	5.73	0.77	0.77	0.39
Sj10	7.40	5.60	3.86	1.80	3.54	0.51

黏土层中的含水带厚度（T）与下伏承压水头（H_0）之间的折减关系（α）可采用野外实测或室内试验确定。

3　坑探在浸没区勘察的作用。

条文中把坑探与钻探并列作为浸没区勘探的主要手段，目的是：了解表部土层厚度和性质的变化；在

坑壁实测土的毛管水上升高度；位于钻孔旁边的试坑可以了解土层水位与含水层水位之间可能存在的差异。

4　试验工作。

用室内测定的土的毛细力来代替土的毛管水上升高度，其结果较实际情况偏大。因此规范强调有条件时，应在试坑内现场测定。测定方法包括试坑现场观察、根据含水率计算饱和度、含水量变化曲线与液限对比等，可根据具体情况选择。

对于顶托型浸没而言，渗透系数的影响不十分敏感，但对渗漏型浸没，渗透系数是重要参数，故除室内试验外，应进行一定数量的现场试验。

为了准确评价建筑物区的浸没影响，应进行持力层在不同含水率情况下抗剪强度和压缩性试验，当地基存在黄土、淤泥、膨胀土等工程性质不良岩土层时，试验数量应相应增加。

5　分析计算。

地下水等水位线图是揭示勘察区在建库前地下水渗流条件的重要图件。实践表明，垂直于库岸或堤坝轴线布置的勘探剖面线往往并不平行于地下水流线，有时差异较大，水文地质条件复杂地区、有支流汇入地区尤其如此。绘制地下水等水位线图有助于揭示这种现象。为了使计算符合实际情况，必要时应调整计算剖面方向。绘制地下水等水位线图需要较多的勘探点，充分利用现有的民井资料有助于提高图件精度。

地下水位壅高计算通常采用地下水动力学方法，可根据具体情况选择相应公式。水均衡法是研究地下水补给、排泄条件与水位的动态关系，也就是由于收入项与支出项均衡的结果，造成地区水位动态变化，官厅水库怀涿盆地惠民北渠灌区的浸没计算采用过这种方法。

数值分析方法有许多种，常用的是有限元法。有限元法就是将描述地下水运动规律的偏微分方程离散，利用变分原理，将该偏微分方程转化为一组线性方程组，通过微机模拟计算，从而求得有限个节点的地下水位，该方法适用于各种复杂的边界形状和边界条件，同时要求对地层和天然地下水位的变化有较详细的了解。

6.2.7　本条规定了初步设计阶段水库滑坡、崩塌及坍岸勘察应包括的内容，是在可行性研究阶段勘察成果的基础上，对存在滑坡、崩塌及坍岸问题的具体库岸段进行的勘察。水库库岸工程地质勘察的内容是多方面的，但重点是对工程建筑物、城镇和居民区环境有影响的滑坡、崩塌体的勘察。

6.2.8　对于滑坡而言，底滑面的勘察是关键。实践证明，竖井、平硐是揭露底滑面最直观的手段，不仅效果好，而且也便于取原状样进行试验甚至进行现场原位试验，因此条件具备时应优先考虑布置竖井或

平硐。

通常滑体和滑床的地下水位是不同的，对地下水位必须分层进行观测；有时由于滑坡体堆积的多序次或在形成过程中多次滑动，也会在滑坡体中形成两个以上含水层系统，如三峡库区巴东黄蜡石滑坡、万州和平广场滑坡等，有的滑坡体还存在局部承压水，如万州枇杷坪滑坡、云阳寨坝滑坡，因此应进行地下水位的分层观测。

6.2.9 本条规定了库岸坍岸工程地质勘察的技术方法。勘探坑、孔的布置，向上应包括可能坍岸的范围和影响区，向下应达到死水位以下波浪淘刷深度。

水库坍岸预测理论最早来源于前苏联。在20世纪40、50年代，前苏联萨瓦连斯基、卡丘金、佐洛塔廖夫等研究了水库坍岸问题，提出了坍岸预测的基本计算方法和图解法。目前水库坍岸预测常用的方法有：工程地质类比法、卡丘金法、图解法等。由于坍岸的影响因素多，条件比较复杂，为此，本条规定坍岸预测宜采用多种方法综合确定。

6.2.12 可行性研究阶段对设置地震监测台网的必要性已有充分论证，初步设计阶段应进行地震监测台网设计。监测台网设计一般包括台网技术要求、台网布局和台站选址、台网信道、系统设备选型及配置、资料分析与预测、运行与管理等内容。

地震观测起始时间宜在水库蓄水前1~2年，其目的是掌握水库区的地震活动的本底情况，便于和蓄水后地震活动情况进行对比。原规范规定，观测时间宜延续到库水位达到设计正常蓄水位后2~3年，由于水库诱发地震形成条件比较复杂，其起始时间不同，水库差异较大，故本次修订对水库诱发地震监测台网的观测时限未作统一规定。根据统计资料，当蓄水后地震活动没有变化，观测时限宜延续至水库达设计正常蓄水位后2~3年；水库蓄水后，地震活动有变化，观测时限宜延续至地震活动水平恢复到原活动水平后2~3年。

6.3 土 石 坝

6.3.1 土石坝坝址包括第四纪地层坝址和基岩坝址，由于当地材料坝对坝基强度的要求相对较低，基岩坝基一般都可以满足要求，故条文内容侧重于第四纪地层坝基。对于基岩坝基，条文中只强调了心墙和趾板基岩的风化带、卸荷带、岩体透水性和岩体中主要的透水层（带）和相对隔水层、喀斯特情况等的勘察。

软土层、粉细砂、湿陷性黄土、架空层、漂孤石层以及基岩中的石膏夹层等工程性质不良岩土层对坝基的渗漏、渗透稳定、不均匀变形等影响较大，是土石坝坝基勘察的重点内容。

6.3.2

3 勘探点间距包括不同类型的勘探点间距。

由于覆盖层坝基和基岩坝基条件差别较大，对勘

探钻孔深度分别作了规定，对防渗线钻孔和一般勘探孔也作了不同规定。

4 本款规定主要土层物理力学性质试验累计有效组数不应少于12组，是按数据统计的要求规定的。

6.4 混凝土重力坝

6.4.1 本条为岩基上混凝土重力坝坝址的勘察内容。土基上的混凝土重力坝（闸），由于土基的岩性、岩相和厚度变化大，结构松散，压缩性较大，易产生不均匀沉陷且渗流控制较复杂，一般只适宜修建中、低闸坝，其勘察内容和方法可参照土石坝和水闸的有关规定。

第2款、第3款内容是影响重力坝坝基抗滑稳定、坝基变形、渗透稳定的主要地质因素，因此是勘察工作的重点。

确定建基岩体质量标准和可利用岩面高程，是本阶段混凝土重力坝的重要勘察内容。影响建基岩体质量标准的主要因素有岩体风化程度、岩体完整程度、岩体强度、透水性等。

6.4.2

1 工程地质测绘中规定当岩性变化或存在软弱夹层时，应测绘详细的地层柱状图，是指砂岩、页岩或泥灰岩、灰岩、页岩相互交替出现，岩性变化复杂或性状差、软弱夹层密度高的情况下，而测绘比例尺又不易反映时，应该按岩性逐层测量和进行描述，并编制出柱状图或联合柱状图，供制图和地质分析用。

2 强调物探工作，是因为初步设计阶段勘探钻孔、平硐数量较多，有条件开展多种物探方法，以便取得更多的信息，为工程地质分析提供更多的依据。孔内电视近些年应用较为广泛，对探测结构面、软弱带及软弱岩石、卸荷带、含水层和渗漏带等分布和性状，有较好的效果。

3 对主勘探剖面、辅助勘探剖面等的布置，帷幕孔与一般勘探孔的深度，不同建筑物部位、不同地形地质条件对勘探手段、勘探点间距、勘探深度等作了不同规定，其目的是使勘探布置的目的性和针对性更加明确。布置倾斜钻孔查明坝基顺河断层是根据有关工程的经验提出的。河底勘探平硐施工难度较大，只有当常规勘探手段不能满足要求时，才考虑布置河底勘探平硐，因此，本次修订未做具体规定。

勘探点间距是指钻孔、平硐、竖井等各类重型勘探工程的间距。

岩土试验条文中所列项目是常规项目，工作中可根据具体情况进行一些专门性试验。

6.5 混凝土拱坝

6.5.1 混凝土拱坝的勘察内容有很多与混凝土重力坝相同，但拱坝对地形地质条件有特殊要求，因此本条所列7款内容都是针对拱坝需要勘察并加以查明的

工程地质条件。

对于拱坝，两岸岩体的质量直接影响拱座开挖深度、抗滑稳定、变形稳定等问题的评价。拱肩嵌入深度取决于岩体风化、卸荷、喀斯特发育强度及工程荷载等因素。根据国家现行标准《混凝土拱坝设计规范》SL 282—2003，拱坝建基岩体根据坝基具体地质情况，结合坝高选择新鲜、微风化或弱风化中、下部岩体。

条文要求查明与拱座抗滑稳定有关的各类结构面，确定拱座抗滑稳定的边界条件。一般来说，缓倾结构面构成底滑面，与河流呈小锐角相交的结构面构成侧滑面，而岩体中厚度较大的软弱（层）带构成压缩变形的"临空面"。

拱座变形稳定评价中，要注意拱座不同部位岩体质量的不均一性，还应注意两岸岩体质量的差异。

由于拱坝一般选择在峡谷河段，坝基特别是两岸坝肩开挖后存在两岸拱肩槽及水垫塘开挖边坡稳定问题，因此条文中强调了对边坡稳定问题的勘察研究，要求提出安全合理的坡比及加固处理建议，并进行变形监测。

6.5.2 工程地质测绘要特别注意与拱座岩体稳定有关的各类结构面的调查。高陡边坡的峡谷坝址，可在两岸不同高程修建勘探路或半隧洞，既可用于交通，又可揭露地质现象。

勘探手段中，查明两岸拱座岩体的工程地质条件应以平硐为主，河床以钻孔为主，并充分利用勘探平硐、钻孔等进行各类物探测试。

岩体原位变形试验应考虑不同岩性、不同方向。岩体及结构面原位抗剪试验，混凝土与岩体胶结面抗剪试验点的选择应具有代表性。

6.6 溢洪道

6.6.1 根据初步设计阶段溢洪道工程地质勘察的基本任务和有关工程的勘察经验，本条对原规范第5.7.1条的内容作了补充。主要包括查明溢洪道地段工程性质不良岩土层的分布及其工程地质特性，分析评价溢洪道特别是泄洪、消能建筑物地基稳定、边坡稳定、抗冲刷等工程地质问题。抗冲刷是溢洪道特殊的工程地质问题，包括消能段和下游两岸岸坡的冲刷，条文对此专门提出了要求。此外，冲刷坑的向上游掏蚀冲刷也应予以注意。

6.6.2 工程地质测绘范围除建筑物地段外还应包括为论证岸坡稳定所需的有关地段，即建筑物地段开挖的工程边坡和冲刷区等的天然岸坡，以便查明对开挖边坡有影响的各类结构面的情况。

6.7 地面厂房

6.7.1 本条根据原规范第5.6节的有关内容对地面电站厂房的勘察内容作了规定。

滑坡、泥石流、崩塌堆积及不稳定岩土体的分布、规模，常常是影响厂址选择和厂基稳定的主要物理地质因素，峡谷区尤为突出，勘察中应予重视。

地面厂房的边坡主要包括厂址区的天然边坡和厂房地基开挖边坡。其中，厂址区的天然边坡，特别是厂房后山坡的高边坡，常常是地面厂房的主要工程地质问题。因此，条文规定要查明厂址区地质构造和岩体结构特征，评价厂址区边坡和厂基开挖边坡稳定条件。

6.7.2 勘探钻孔深度的规定是指一般情况而言，有特殊需要时应根据具体情况确定。压力前池等建筑物荷载小，主要是渗水后对地基的影响，根据以往经验钻孔深度应为1～2倍水深。黄土因垂直裂隙发育，垂直渗透性相对较大，另外考虑到黄土特有的湿陷问题，勘探钻孔深度宜增加至2～3倍水深。

6.8 地下厂房

6.8.1、6.8.2 地下厂房系统的勘察范围包括主厂房，主变压器室、副厂房等建筑物。

地下厂房掘进时如发生突水（泥）影响施工安全和施工进度，岩层中如存在有害气体或放射性元素，不仅影响施工安全而且对长期运行会造成不利影响，必须予以重视。

初步设计阶段地下厂房除应布置顺厂房轴线的主勘平硐外，还应布置相应的横向平硐，目的是控制厂房两侧边墙的地质条件，正确评价边墙稳定性，为确定施工方法和支护措施提供地质资料。勘探平硐最好能结合施工和总体布置，使之（或扩大后）能在施工中或作为永久建筑加以利用。

6.9 隧洞

6.9.1 条文根据原规范第5.4节的有关内容对隧洞的勘察内容作了具体规定。本条所指的隧洞包括导流洞、泄洪洞、引水洞、放空洞及输水隧洞等。

3 增加了对隧洞穿过活动断裂带应进行专题研究的规定，主要是考虑近年来西部地区隧洞工程往往要跨越活动断裂带，评价活动断裂带的活动情况及其对工程的影响，也是采取工程措施的依据。

4 增加了提出岩体外水压力折减系数的要求。

5 当隧洞穿越喀斯特水系统、喀斯特汇水盆地时，地质条件复杂，勘察难度大，根据多年实践经验，需要扩大测绘范围，并应进行专题研究，提高预测评价的准确性。

9 根据多年实践经验，隧洞洞径大于15m时，需分部位研究结构面的组合及其对围岩稳定的影响。

11 隧洞掘进时如发生突水（泥）影响施工安全和施工进度，岩层中如存在有害气体或放射性元素，不仅影响施工安全而且对长期运行会造成不利影响，必须予以重视。

6.10 导流明渠及围堰工程

6.10.1、6.10.2 根据大型水利水电工程设计和施工的需要，本次修订将导流明渠和围堰的工程地质勘察单独列为一节。

导流明渠、施工围堰虽然是水利水电工程施工建设的临时性工程，但对枢纽布置、施工组织设计、工程施工安全影响很大。因此，要重视导流明渠及围堰工程的勘察。

由于大坝的规模、形式及施工方式、工期的不同，导流明渠及施工围堰的规模及其可能的工程地质问题也不同。因此，执行中应结合实际、具体运用。

6.11 通航建筑物

6.11.1 一般来说，通航建筑物包括船闸和升船机两种类型，其勘察范围除船闸和升船机外，还应包括引航道，上、下游码头和两侧边坡等。

土基上的通航建筑物在平原地区比较常见，主要类型是船闸。

6.12 边坡工程

6.12.1 水利水电工程建设中边坡类型多，高度大，运行条件复杂，常常成为工程设计和运行中的重大问题，也是工程地质勘察中的重点和难点问题之一，同时边坡工程也是典型的岩土工程，因此本次修订规范时将边坡工程单独列为一节。

边坡工程地质分类有很多种，表7~表10为现行国家标准《中小型水利水电工程地质勘察规范》SL 55—2005 中的有关分类，可供参考。

表7 边坡一般性分类

分类依据	分类名称	分类特征说明
与工程关系	自然边坡	未经人工改造的边坡
	工程边坡	经人工改造的边坡
岩性	岩质边坡	由岩石组成的边坡
	土质边坡	由土层组成的边坡
	岩土混合边坡	部分由岩石、部分由土层组成的边坡
变形	未变形边坡	边坡岩（土）体未发生变形
	变形边坡	边坡岩（土）体曾发生或正在发生变形
边坡坡度	缓坡	$\theta \leqslant 10°$
	斜坡	$10° < \theta \leqslant 30°$
	陡坡	$30° < \theta \leqslant 45°$
	峻坡	$45° < \theta \leqslant 65°$
	悬坡	$65° < \theta \leqslant 90°$
	倒坡	$90° < \theta$
工程边坡高度 H（m）	超高边坡	$150 \leqslant H$
	高边坡	$50 \leqslant H \leqslant 150$
	中边坡	$20 \leqslant H < 50$
	低边坡	$H < 20$
失稳边坡体积（m³）	特大型滑坡	$1000 \times 10^4 \leqslant V$
	大型滑坡	$100 \times 10^4 \leqslant V < 1000 \times 10^4$
	中型滑坡	$10 \times 10^4 \leqslant V < 100 \times 10^4$
	小型滑坡	$V < 10 \times 10^4$

表8 岩质边坡分类（按岩体结构）

边坡类型	主要特征	影响稳定的主要因素	可能主要变形破坏形式	与水利水电工程关系	处理原则与方法建议
块状结构岩质边坡	由岩浆岩或巨厚层沉积岩组成，岩性相对较均一	1. 节理裂隙的切割状况及充填物情况 2. 风化特征	以松弛张裂变形为主，常有卸荷裂隙分布，有时出现局部崩塌	一般较稳定。但应注意不利节理组合，分析局部滑的可能性；当有卸荷裂隙分布时，注意边坡上输水建筑物漏水引起边坡局部失稳	1. 对可能产生局部崩塌的岩体可采用锚固处理 2. 对可能引起渗漏的卸荷裂隙做灌浆防渗处理 3. 做好边坡排水，防止裂隙充水引起边坡局部失稳
层状同向缓倾结构岩质边坡	由坚硬层状岩石组成，坡面与层面同向，坡角大于岩层倾角，岩层层面被坡面切断	1. 岩层倾角大小 2. 层面抗剪强度 3. 节理发育特征及充填物情况	1. 顺层滑动 2. 因坡脚软弱导致上部张裂变形或蠕变 3. 沿软弱夹层蠕滑	层面因施工开挖常被切断，若岩层中有软弱夹层，易产生顺层滑动；某些红层地区常沿缓倾角泥岩夹层产生蠕滑，雨后易滑动；不利于建筑物边坡稳定	1. 防止沿软弱层面滑动 2. 局部锚固 3. 挖除软层并回填处理 4. 采用支挡工程防滑 5. 做好排水

边坡类型	主要特征	影响稳定的主要因素	可能主要变形破坏形式	与水利水电工程关系	处理原则与方法建议
层状同向陡倾结构岩质边坡	由坚硬层状岩石组成,坡面与层面同向,坡角小于岩层倾角,岩层层面未被坡面切断	1. 节理裂隙特别是缓倾角节理发育情况及充填物情况 2. 软弱夹层发育状况 3. 裂隙水作用 4. 振动	1. 表层岩层蠕滑弯曲、倾倒 2. 局部崩塌 3. 滑动	一般较稳定,但在薄层岩层和有较多软弱夹层分布地区,施工开挖可能诱发边坡倾倒蠕变	1. 开挖坡角不应大于岩层倾角,勿切断坡脚岩层,坡高时应设置马道 2. 注意查明节理分布特征,分析有无不利抗滑的组合结构面
层状反向结构岩质边坡	由层状岩石组成,坡面与层面反向	1. 节理裂隙分布特征 2. 岩性及软弱夹层分布状况 3. 地下水、地应力及风化特征	1. 蠕变倾倒、松动变形 2. 坡有软层分布时上部张裂变形 3. 局部崩塌、滑动	一般较稳定,但在薄层岩层或有较多软弱夹层分布地区,施工开挖可能诱发边坡倾倒蠕变	1. 注意查明节理裂隙发育特征,适当削坡防止局部崩塌、滑动 2. 局部锚固
斜向结构岩质边坡	由层状岩石组成,岩石走向与坡面走向呈一定夹角	节理裂隙发育特征	1. 崩塌 2. 楔状滑动	一般较稳定	注意查明节理裂隙产状,分析产生楔状滑动的可能性,必要时适当清除或锚固
碎裂结构岩质边坡	不规则的节理裂隙强烈发育的坚硬岩石边坡	1. 岩体破碎程度 2. 节理裂隙发育特征 3. 裂隙水作用 4. 振动	1. 崩塌 2. 坍滑	易局部崩塌,影响建筑物安全;透水;不利坝肩稳定及承受荷载	1. 适当清除,合理选择稳定坡角 2. 表部喷锚保护 3. 做好排水

表 9　土质边坡分类（按土层性质）

边坡类型	主要特征	影响稳定的主要因素	可能的主要变形破坏形式	与水利水电工程关系	处理原则与方法建议
黏性土边坡	以黏粒为主,干时坚硬,遇水膨胀崩解。某些黏土具大孔隙性(山西南部);某些黏土甚坚固(南方网纹红土);某些黏土呈半成岩状,但含可溶盐量高(黄河上游);某些黏土具水平层理(淮河下游)	1. 矿物成分,特别是亲水、膨胀、溶滤性矿物含量 2. 节理裂隙的发育状况 3. 水的作用 4. 冻融作用	1. 裂隙性黏土常沿光滑裂隙面形成滑面,含膨胀性亲水矿物黏土易产生滑坡,巨厚层半成岩黏土高边坡,因坡脚蠕变可导致高速滑坡 2. 因冻融产生剥落 3. 坍塌	作为水库或渠道边坡,因蓄水、输水可能引起部分黏土边坡变形滑动,注意库岸大范围黏土边坡滑动带来的不利影响;寒冷地区工程边坡因冻融剥落而破坏	1. 防水、排水 2. 削坡压脚 3. 对冻融剥落边坡,植草或护砌覆盖,坡体内排水,保持坡面干燥
砂性土边坡	以砂粒为主,结构较疏松,凝聚力低为其特点,透水性较大,包括厚层全风化花岗岩残积层	1. 颗粒成分及均匀程度 2. 含水情况 3. 振动 4. 外水及地下水作用 5. 密实程度	1. 饱和均质砂性土边坡,在振动力作用下,易产生地震液化滑坡 2. 管涌、流土 3. 坍塌和剥落	1. 在高地震烈度区的渠道边坡或其他建筑物边坡,地震时产生液化滑坡,机械振动也可能出现局部滑坡 2. 基坑排水时出现管涌、流土	1. 排水 2. 削坡压脚 3. 预先采取振冲加密、封闭措施,并注意排水

边坡类型	主要特征	影响稳定的主要因素	可能的主要变形破坏形式	与水利水电工程关系	处理原则与方法建议
黄土边坡	以粉粒为主、质地均一。一般含钙量高，无层理，但柱状节理发育，天然含水量低，干时坚硬，部分黄土遇水湿陷，有些呈固结状，有时呈多元结构	主要是水的作用，因水湿陷，或水对边坡浸泡，水下渗使下垫隔水黏土层泥化等	1. 崩塌 2. 张裂 3. 湿陷 4. 高或超高边坡可能出现高速滑坡	渠道边坡，因通水可能出现滑坡；库岸边坡因库水浸泡可能坍岸或滑动；黄土塬上灌溉使地下水位抬高，可出现黄土湿陷，谷坡开裂崩塌，半成岩黄土区深切河谷可出现高速滑坡；因湿化引起古滑坡复活	1. 防水、排水，尽可能避免输水建筑物漏水 2. 合理削坡 3. 对坍岸、古滑坡做好监测及预测
软土边坡	以淤泥、泥炭、淤泥质土等抗剪强度极低的土为主，塑流变形严重	1. 土性软弱（低抗剪强度高压缩性塑流变形特性） 2. 外力作用、振动	1. 滑坡 2. 塑流变形 3. 坍滑、边坡难以成形	渠道通过软土地区因塑流变形而不能成形，坡脚有软土层时，因软土流变挤出使边坡坐塌	1. 彻底清除 2. 避开 3. 反压回填 4. 排水固结
膨胀土边坡	具有特殊物理力学特性，因富含蒙脱石等易膨胀矿物，内摩擦角很小，干湿效应明显	1. 干湿变化 2. 水的作用	1. 浅层滑坡 2. 浅层崩解	边坡开挖后因自然条件变化、表层膨胀、崩解引起连续滑动或坍塌	1. 尽可能不改变土体含水条件 2. 预留保护层，开挖后速盖压保湿 3. 注意选择稳定坡角 4. 加强排水，砌护封闭
分散性土边坡	属中塑性土及粉质黏土类，含一定量钠蒙脱石，易被水冲蚀，尤其遇低含盐量水，表面土粒依次脱落，呈悬液或土粒被流动的水带走，迅速分散	1. 低含盐量环境水 2. 孔隙水溶液中钠离子含量较高，介质高碱性 3. 土体裸露，水土接触	1. 冲蚀孔洞、孔道 2. 管涌、崩陷和溶蚀孔洞 3. 坍滑、崩塌和滑坡	堤坝和渠道边坡在施工和运行中随机发生变形破坏或有潜在危害	1. 尽量不用分散性土作地基和建筑材料 2. 全封闭，使土水隔离 3. 设置反滤 4. 改土，如掺石灰等 5. 改善工程环境水，增大其含盐量
碎石土边坡	由坚硬岩石碎块和砂土颗粒或砾质土组成的边坡，可分为堆积、残坡积混合结构、多元结构	1. 黏土颗粒的含量及分布特征 2. 坡体含水情况 3. 下伏基岩面产状	1. 土体滑坡 2. 坍塌	因施工切挖导致局部坍塌，作为库岸边坡因水库蓄水可导致局部坍滑或上部坡体开裂，库水骤降易引起滑坡	1. 合理选择稳定坡角 2. 加强边坡排水，防止人为向坡体注水 3. 库岸重要地段蓄水期应进行监测
岩土混合边坡	边坡上部为土层、下部为岩层，或上部为岩层、下部为土层（全风化岩石），多层叠置	1. 下伏基岩面产状 2. 水对土层浸泡，水渗入土体	1. 土层沿下伏基岩面滑动 2. 土层局部坍滑 3. 上部岩体沿土层蠕动或错落	叠置型岩土混合边坡基岩面与边坡同向且倾角较大时，蓄水、暴雨后或振动时易沿基岩面产生滑动	1. 合理选择稳定坡角 2. 加强边坡排水，防止人为向坡体注水 3. 库岸重要地段蓄水期应进行监测

表10 变形边坡分类

变形类型	边坡分类名称		示意剖面	主要特征	影响稳定的主要因素	与水利水电工程关系	处理原则与方法建议
滑动变形	土质滑坡	黏性土滑坡		黏土干时坚硬,遇水崩解膨胀,不易排水,连续降雨或遇水湿化可使强度降低,易滑	1. 水的作用:暴雨浸水,人为注水,排水不畅 2. 振动:地震、爆破 3. 开挖方式不当:切脚,头部堆载,先下后上开挖	滑坡区不宜布置建筑物,滑坡对渠道边坡稳定不利;注意丘陵峡谷库区移民后靠区蓄水后出现滑动	1. 注意开挖方式和程序 2. 坡面及坡体排水 3. 支挡结构如抗滑桩等
		黄土滑坡		垂直裂隙发育,易透水湿陷,黄土塬边或峡谷高陡边坡的滑坡规模较大,当有黏土夹层时,连续大雨后易滑			
		砂性土滑坡		透水性强,当有饱和砂层时,因地震可能产生液化滑坡,因暴雨排水不畅而滑动			
		碎石土滑坡		土石混杂,结构较松散,易透水,多为坡残积层,常沿基岩接触面滑动			
	岩质滑坡	均质软岩滑坡		滑体形态主要受软岩强度控制,滑面常呈弧形、切层,与软弱结构面不一定吻合,特别是大型滑坡	1. 岩石强度 2. 水的作用 3. 边坡坡度和高度	滑坡规模一般较大,条件恶化后可能复活,滑坡区不宜布置建筑物	1. 避开 2. 清除或部分清除 3. 排水
		顺层滑坡		一般沿岩层层面产生的滑坡,滑体形态主要受岩层层面控制	1. 软弱夹层或顺层面抗剪强度 2. 淘蚀切脚,开挖不当 3. 水的作用	作为建筑物边坡危及建筑物安全,不宜作渠道边坡	1. 清除或部分清除 2. 排水 3. 规模小时支挡或锚固
		切层滑坡		滑面切过层面,滑体形态受几组节理裂隙的控制	1. 节理切割状况 2. 岩体强度 3. 水的作用 4. 缓倾结构面及软弱夹层	不宜作渠道或其他建筑物边坡	1. 清除或部分清除 2. 排水 3. 规模小时支挡或锚固
		破碎岩石滑坡		节理裂隙密集发育,滑面产生于破碎岩体中,滑面形态受破碎岩体强度控制	1. 节理裂隙切割状况 2. 岩体强度 3. 水的作用	透水强烈不利于坝肩防渗,不宜作渠道边坡	1. 削坡清除 2. 排水 3. 规模小时支挡

变形类型	边坡分类名称	示意剖面	主要特征	影响稳定的主要因素	与水利水电工程关系	处理原则与方法建议
蠕动变形	岩质边坡	倾倒型蠕动变形边坡	岩体向外倒，层序未乱，但岩体松动，裂隙发育，层间相对错动，倾倒幅度向深部逐渐变小，边坡表部有时出现反坎	1. 开挖切脚 2. 振动 3. 充水并排水不畅	对抗渗不利，沉陷变形大，不利于承受工程荷载，开挖切脚常引起连续坍塌	1. 自上而下清除，开挖坡角不宜大于自然坡角 2. 坡面和坡体排水防渗 3. 变形速度快者，应留开挖保护层
	岩质边坡	松动型蠕动变形边坡	岩层层序扰动，岩块松动架空，与下部完整岩层无明显完整界面，多系倾倒型进一步发展而成	1. 开挖切脚 2. 振动 3. 充水并排水不畅	对抗渗承载不利，开挖切脚常引起连续坍塌，库岸大范围松动体蓄水后可能变形，不宜作大坝接头、洞脸、渠道和建筑物边坡	1. 维持原状不予扰动，保持自然稳定 2. 坡面及坡体排水 3. 自上而下清除，开挖坡角不宜大于自然坡角
	岩质边坡	扭曲型蠕动变形边坡	多出现于塑性薄层岩层，岩层向坡外挠曲，很少折裂（注意和构造变形相区别），有层间错动，但张裂隙不显著	1. 岩石流变效应 2. 水的作用 3. 振动 4. 开挖卸荷及开挖方式不当	局部顺层滑动或缓慢扭曲变形，影响建筑物安全，除表层外，一般透水不甚强烈	1. 削坡清除，开挖坡角应适当 2. 预留开挖保护层 3. 局部锚固
	岩质边坡	塑流型蠕动变形边坡	脆性岩体沿下垫塑性软弱夹层缓慢流动，或挤入软层中	1. 塑性层因水的作用进一步泥化 2. 软层的流变效应	切脚后边坡缓慢滑动或局部坍塌，影响建筑物安全，作为渠道及水库边坡易于滑动	1. 坡面及坡体排水 2. 局部锚固 3. 沿塑流层将上部岩体清除
	土质边坡	土层蠕动变形边坡	因土层塑性蠕变、流动导致上部土体开裂、倾倒或沿蠕变层带产生微量位移，严重者可发展成滑坡或坍滑，常为滑动变形前兆	1. 水的作用 2. 坡脚或坡体内土层遇水软化流变 3. 长期重力作用下坡体土层流变	遇水、遇振易发展成滑坡，不宜作渠道或其他建筑物边坡	1. 按稳定坡角开挖 2. 清除 3. 坡面及坡体排水

续表10

变形类型	边坡分类名称	示意剖面	主要特征	影响稳定的主要因素	与水利水电工程关系	处理原则与方法建议
张裂变形	岩质边坡 张裂变形边坡		岩体向坡外张裂，但未发生剪切位移或崩落滚动，有微量角变位，多发生于厚层或块状坚硬岩石中，特别当坡角有软弱层（如煤层、断层破碎带）分布时	1. 岩体向坡外张裂 2. 岩层面（特别是软弱夹层）	强烈透水对坝肩防渗不利；垂直于裂缝的变形大，不利于拱坝坝肩承载；崩塌岩体失稳造成灾害	1. 防止坡脚垫层被进一步软化和人为破坏 2. 控制爆破规模和方法 3. 固结灌浆或锚固 4. 必要时减载
崩塌变形	岩（土）质边坡 崩塌变形边坡		陡坡地段，上部岩（土）体突然脱离母岩翻滚或坠落坡脚，坡脚常堆积岩土块堆积体	1. 风化作用、冰冻膨胀 2. 暴雨、排水不畅 3. 振动坡脚被淘蚀软化	变形破坏急剧影响施工建筑安全；堆积物疏松，强烈透水，对防渗不利，堆积物不均匀沉陷变形	1. 清除危岩，保护建筑物 2. 局部锚固、支挡 3. 用堆积物作地基时，需进行特殊防渗加固处理
坍滑变形	岩（土）质边坡 坍滑变形边坡		边坡岩（土）体解体坐塌，并伴随局部或整体滑动，滑面多不平整，局部可能崩塌，为滑动、崩塌、蠕变松动等复合型变形边坡	1. 塑流层蠕变 2. 暴雨、排水不畅 3. 振动 4. 不利的岩性组合和结构面	堆积物疏松，透水性大，易不均匀沉陷变形，浸水后局部可能继续滑动	1. 坡面防渗，坡体排水 2. 清除 3. 局部支挡
剥落变形	石（土）质边坡 剥落变形边坡		高寒地区黏性土边坡因冻融作用表层剥落，南方硬质黏土边坡因干湿效应而剥落，强风化泥质岩层剥落，影响不深，但可连续剥落	1. 冻融作用 2. 干湿效应 3. 风化	使渠道或其他工程边坡表部疏松解体，增加维护困难	1. 护砌植草或坡面覆盖 2. 排水 3. 预留保护层

6.12.2 一般情况下，建筑物区的边坡与建筑物的关系密不可分，在工程地质勘察时应一并考虑进行。本条规定的内容是针对边坡专门性工程地质勘察而言的。

2 地质测绘是边坡工程地质勘察的基本方法。地质测绘比例尺确定为1：2000～1：500，是根据近些年边坡工程地质勘察的实践经验确定的，1：500大比例尺测绘主要用于地质条件复杂、边坡稳定问题突出的边坡工程。

3 工程物探常与其他勘探方法配合使用。

4 边坡工程地质勘探的目的是查明边坡地段的地质结构等，并满足必要的测试、试验及监测的要求。勘探点、线的布置是总结了近些年我国水利水电工程边坡勘察经验后确定的，勘探手段与一般地质勘察使用的勘探手段相同，主要包括钻探、槽探、井（坑）探和硐探。通过钻探可以了解边坡深部地质情况，并可进行多种试验、测试等。通过硐（井）探可以直接观测到组成边坡工程岩土体的地质结构、滑移面特征等，并可进行现场试验、测试，其效果要优于钻探、物探，应尽可能布置。同时要尽可能利用勘探硐、井、孔进行有关测试和试验工作。

5 边坡工程岩土物理力学试验项目中，对边坡稳定分析计算影响最大的是抗剪试验，在测定抗剪强度时，应结合边坡岩体变形运动特征，真实地模拟岩土体破坏面情况，尽可能采用野外大剪试验。

6.13 渠道及渠系建筑物

6.13.1 通过可行性研究阶段的工程地质测绘，地形地貌条件已查清楚，初步设计阶段不再作为勘察内容规定。近些年来引调水工程及长距离渠道工程建设经验表明，因勘察精度不够，施工阶段岩土分界变化引起的土石方工程量变化是导致工程投资增加的重要原因之一，因此在实际工程地质勘察中，除对渠道存在的工程地质问题进行重点勘察外，还应重视不同地层分布特别是土岩分界面起伏变化的勘察。

傍山渠道往往地形、地质条件复杂，滑坡、泥石流等物理地质现象发育，修建渠道的地质问题较多，是工程地质勘察的重点和难点，对此本规范规定除要勘察渠道的工程地质条件外，第5款特别强调对渠道所在山坡整体稳定的勘察与工程地质评价。

6.13.4

1 关于渠道工程地质测绘比例尺，平原地区普遍分布第四纪地层，比例尺过大，会增加很多工作量而对勘察精度提高有限，因此比例尺可小一些；山区渠道或傍山渠道，一般来说地形、地质条件都较复杂，比例尺可大一些。对于渠系建筑物工程地质测绘比例尺，可结合地形、地质条件复杂程度和建筑物范围大小选用，地形、地质条件复杂或建筑物范围较小，可选较大的比例尺，反之选较小的比例尺。

2 实践证明，在地形条件适合、物探方法选用得当的条件下，对探测覆盖层厚度、地下水位、古河道、隐伏断层、喀斯特洞穴、地下采空区、地下构筑物和地下管线等有较好的效果。纵向剖面上的勘探点间距较大，控制的勘探精度较低，因此沿渠道轴线方向也应布置物探剖面。

6 由于对地下采空区的分布探测困难、处理难度大且经处理后还可能留下工程安全隐患，因此选线时尽量避开。如渠道工程不能避开，对其勘察应高度重视。

6.14 水闸及泵站

6.14.1 勘察内容与原规范第5.6节地面电站与泵站厂址的内容基本一样，只是局部调整。一般来说，当第四纪沉积物作为水闸或泵站地基时，勘察主要是解决地基强度、沉陷、不均匀变形、渗透稳定、开挖边坡、基坑排水等问题；当基岩作为水闸或泵站地基时，地基强度及变形问题不突出，勘察主要是查明岩体结构、地质构造及岩体风化、卸荷情况等。因此，在工程地质勘察时应各有侧重。

6.14.2 勘察工作要结合水闸及泵站建筑物布局布置，不同建筑物部位都应有勘探剖面控制。另外，我国北方地区常常需要修建高扬程的提水泵站，出水管道较长且顺山坡从下向上布置，管道镇墩地基和边坡稳定问题较为突出，是这类泵站勘察的重点之一。水闸的导墙、翼墙对地基条件要求较高，布置勘探工作时要特别注意。

6.15 深埋长隧洞

限于当前的技术水平和勘探手段，在初步设计阶段深埋长隧洞勘察的主要任务是对可行性研究阶段的成果进行复核及进一步勘察。勘察内容上，与可行性研究阶段的相同；勘察方法上，强调在地形及勘探条件许可时，布置深孔或平硐进一步开展有关测试和地质条件的复核工作。

6.16 堤 防 工 程

6.16.1 本条对堤防工程地质的勘察内容进行了规定，新建堤防和已建堤防勘察内容差别较大，对于已建堤防，不仅要勘察堤基的工程地质条件，还要勘察堤身质量，初步设计阶段勘察的重点是地质条件较差堤段或险情隐患部位。

6.16.2 本条仅对堤防工程地质测绘、勘探布置及试验的主要要求作了规定，详细内容见国家现行标准《堤防工程地质勘察规程》SL 188。关于试验数量，本规范规定每一工程地质单元各主要土（岩）层的累计有效室内试验组数与《堤防工程地质勘察规程》SL 188—2005中规定不同，今后堤防工程地质勘察时应以此为准。

6.17 灌 区 工 程

6.17.1 灌区工程的渠道与渠系建筑物工程地质勘察内容与本规范第6.13节相同，只是工程规模相对小一些。因此，本条规定"灌区工程地质的勘察内容应符合本规范第6.13.1～6.13.3条的规定。"

6.17.3、6.17.4 初步设计阶段对地下水源地的水文地质勘察深度要求应相当于现行国家标准《供水水文地质勘察规范》GB 50027—2001中的勘探阶段，探明的地下水允许开采量应满足B级精度要求。

6.18 河道整治工程

6.18.1、6.18.2 岸坡的稳定性对护岸工程十分重要，因此影响岸坡稳定的软弱土层及其物理力学性质是主要勘察内容。当地层单一且工程性质较好时，勘探剖面及勘探点的间距可选大值，反之选小值。

6.18.3、6.18.4 裁弯工程地质勘察的对象主要为第四纪沉积物，其勘察的重点是裁弯工程段的物质组成、物理力学特性和允许开挖边坡。

6.18.5、6.18.6 丁坝、顺直坝和潜坝地基常常位于河水位以下，只有当场地无水时才能进行工程地质测绘，同时考虑到工程地质测绘的实际作用不大，因此，没有强调工程地质测绘工作。

6.19 移 民 新 址

6.19.1 根据国家现行标准《水利水电工程建设征地移民设计规范》SL 290—2003 的规定，对农村移民，初步设计阶段要编制农村移民安置规划，确定安置方案；对于集镇、城镇，初步设计阶段确定迁建方案和新址的地点。因此，本规范规定初步设计阶段是为选定新址提供地质依据。

6.19.2 本条提出了初步设计阶段移民选址工程地质

勘察应包括的内容。大体包括三个方面：一为新址区外围的环境地质条件，二为新址区内的地质条件，三为新址区场地稳定程度和建筑适宜程度。考虑到查明新址区环境地质条件及其环境地质问题对移民新址的重要性，将本条的第2、3款列为强制性条文。

6.19.3 本条提出了初步设计阶段移民选址工程地质的勘察方法及相关的技术规定。

1 规定工程地质测绘比例尺应结合新址区的地形地质条件和新址的规模等选定。对于平原区或较大城镇可选用较小的比例尺，对于山区或规模较小的新址可选用较大的比例尺。

2 地形坡度是决定新址场地建筑适宜程度的重要条件，因此本款规定对第5.13.3款按坡度分区统计的面积进行复核。如果需要，可对大于20°的地形进一步细分。

3 规定勘探工作的布置原则是根据新址区的地质条件和存在的工程地质问题确定，存在的工程地质问题不同，勘探布置的原则和工作量也不同。例如，外围滑坡可能对新址安全构成威胁，需要对滑坡进行勘察时，就要按本规范有关滑坡的勘察内容和方法开展工作；存在坍岸问题时，对坍岸进行具体的勘察等。

4 强调勘探剖面针对新址场地进行布置，其目的是通过适当的勘探剖面，掌握新址区的地质条件，便于进行场地建筑适宜性评价。关于勘探剖面的间距，主要是参考了国家现行标准《城市规划工程地质勘察规范》CJJ 57—94中详细规划阶段Ⅰ、Ⅱ、Ⅲ类场地的工程地质勘察勘探剖面间距综合确定的，见表11。

表 11　勘探线、点间距（m）

场地类别	间　距	
	线距	点距
Ⅰ类场地	50～100	<50
Ⅱ类场地	100～200	50～150
Ⅲ类场地	200～400	150～300

注：勘探点包括钻孔、浅井、竖井。

6.21　勘察报告

6.21.1 本条的工程区及建筑物工程地质条件包括：水库工程地质条件、大坝及其他枢纽建筑物工程地质条件、边坡工程地质条件、引调水工程（渠道、隧洞及渠系建筑物）工程地质条件、水闸及泵站工程地质条件、堤防工程地质条件、灌区工程地质条件及河道整治工程地质条件等，在编制报告时，可根据具体工程项目内容取舍。

6.21.3 初步设计阶段如进行了区域构造稳定性复核工作，应重点论述。

6.21.5 在评价大坝工程地质条件时，针对不同坝型（混凝土重力坝、拱坝、土石坝）对地质条件的要求，内容应各有所侧重。

6.21.10 地下水源水文地质勘察一般都有专题报告，因此，这里只需对主要勘察结论进行说明。

7　招标设计阶段工程地质勘察

7.1　一　般　规　定

7.1.1 根据1998年水利部发布的《水利工程建设程序管理暂行规定》，招标设计属于施工准备阶段的一项工作内容。招标设计的前提是初步设计报告已经批准。通过招标设计阶段工程地质勘察，进一步复核工程地质结论，查明遗留的工程地质问题，为完善和优化设计以及落实招标合同有关的问题提供地质资料。要求形成完整的阶段性成果，并作为招标编制的基础。因此本章为规范修订新增内容。

7.1.2 本条规定了招标设计阶段工程地质勘察的四项主要内容。

2、3 初步设计阶段遗留的或初步设计报告审批提出的专门性工程地质问题，是招标设计阶段工程地质勘察的主要内容。

4 工程设计进一步优化需要补充的有关工程地质资料。

7.2　工程地质复核与勘察

7.2.2 工程地质复核以内业工作为主，分析初步设计阶段工程地质勘察成果、观（监）测成果，复核工程地质结论，并根据复核情况，确定相应的勘察工作内容。

对水库诱发地震，应在初步设计阶段勘察的基础上，进行第2、3款规定的工作内容。

7.2.3 招标设计阶段工程地质勘察内容，应根据每个工程的具体情况和存在的工程地质问题确定。

本条第2款说明的是因施工组织设计需要，宜对主要临时（辅助）建筑物存在的工程地质问题应进行补充勘察或研究。临时（辅助）建筑物的规模、布置与施工要求密切相关，特别与建设单位的要求有很大关系，但在招标设计阶段只能根据施工组织设计总布置，在选定的位置进行地质勘察工作，对有关工程地质问题提出初步评价，以满足招标文件编制的需要。详细地质勘察工作可在施工详图设计阶段进行。

近年来工程实际情况表明，天然建筑材料在工程开工后出现问题较多，因此本条第3款对天然建筑材料招标设计阶段的复查或补充勘察工作作了规定。料场需要进行复查或补充勘察的主要原因有：料场条件发生变化需对详查级别的勘察成果进行复查；初步设计报告审批或项目评估要求补充论证；设计方案改变，要求开辟新的料场。

7.2.4 鉴于招标设计阶段的特点，本阶段需要勘察的内容差别很大，因此本条文对勘察方法只作了原则性规定。

勘察方法应针对要查明问题的性质、复杂程度、已有的勘察成果和场地条件等确定。

8 施工详图设计阶段工程地质勘察

8.1 一般规定

8.1.1 本条规定了施工详图设计阶段工程地质勘察的基本前提和任务。通过施工详图设计阶段工程地质勘察，可以检验、核定前期勘察成果质量，进一步提高勘察成果精度，并配合施工开挖开展施工地质工作，为施工详图设计、优化设计、建设实施、竣工验收等提供工程地质资料。

由于勘察阶段的调整，原"技施设计阶段"改作"施工详图设计阶段"，但其勘察内容基本保持不变。

8.1.2 条文中规定了施工详图设计阶段工程地质勘察的主要内容。

1、2 由于自然界地质环境的复杂性和其他原因，在前期勘察中可能会遗留（漏）某些工程地质问题；在施工和水库蓄水过程中，可能会出现新的工程地质问题。对这些工程地质问题进行专门勘察是施工详图设计阶段勘察的主要内容之一。

4、5 明确了本阶段包括施工地质工作，施工地质工作应结合施工开挖及时进行，并贯穿工程施工的全过程。

8.2 专门性工程地质勘察

8.2.1 施工详图设计阶段勘察工作通常都是针对特定的建筑物和确定的工程地质问题进行，这是本阶段勘察工作的一个重要特征。

8.2.2 条文中列举了专门性工程地质勘察的主要内容，将原规范第6.2.2～6.2.5条的内容进行了简化归纳，使规范结构上更趋合理。

1 关于水库诱发地震的勘察工作，主要任务是监测台网建设和初期运行资料的分析整理，以及当库区周边发生较强烈地震时的现场地震地质调查等工作。

8.2.3 施工详图设计阶段进行天然建筑材料专门性勘察，往往是由于设计方案变更或其他原因需新辟料场，天然或人为因素造成料场储量或质量发生明显改变等。

8.2.4 本阶段专门性工程地质的勘察应充分利用各种开挖面揭露的地质情况和各种监测与观测资料。

8.3 施工地质

8.3.1 条文中规定了施工地质的8款内容。

对建筑物的基坑、工程边坡、地下建筑物的围岩进行地质编录和观测是基础性的工作。随着工程开挖的不断进行，岩土体实际状况逐渐暴露。因此，从开始开挖到施工结束的整个施工期间均要进行地质编录和观测，不断积累资料。通过地质编录和观测检验前期勘察成果，预测不良地质现象，对施工方法和地基加固处理提出建议，为工程验收和运行期研究有关问题提供地质资料。

本条第5款为新增内容。施工地质应根据施工揭露的地质情况变化，当需要时，及时提出专门性工程地质勘察建议。进行专门性工程地质问题勘察时，应充分利用施工地质工作成果。

进行工程地质评价、参加工程验收和进行地质预报是施工地质的主要内容。施工地质人员应认真检查地基、围岩、边坡和有关地质问题处理的质量是否达到验收标准；如发现施工方法不当，岩土体急剧变形或有失稳前兆，应及时向有关单位提出建议。

8.3.2 本条对施工地质方法作了原则性规定，将原规范第6.3.2条的内容进行了分解，使规范结构上更趋合理。

第1款是本条新增加的规定。地质巡视，编写施工日志和简报是施工地质的一项承上启下的日常性工作，是施工地质工作中最基本、也最重要的工作。

由于工程开挖与回填交替进行，施工地质与施工有一定的干扰。因此，要求施工地质工作应及时和准确，所采用的手段要简易和轻便。除采用观察、素描、实测、摄影和录像外，也可采用波速、点荷载强度、回弹值等测试方法鉴定岩体质量。

8.3.3 本条为新增内容。大型水利水电工程施工地质工作周期较长，资料种类多、数量大，如不及时整理，将不利于后期成果的编制。同时，水利水电工程施工地质需编制多种技术成果，如块（段）地质小结、阶段性竣工地质报告、安全鉴定工程地质自检报告等。这些技术成果常需要分阶段进行，并为最终竣工地质报告提供可靠的技术支撑。

8.4 勘察报告

8.4.1 本条在原规范第6.2.8条的基础上，针对专门性工程地质勘察报告正文内容作了一般规定。专门性工程地质勘察报告编制内容要根据工程存在的实际问题拟定。

8.4.2 竣工地质报告包括单项工程竣工地质报告和工程竣工地质总报告。

9 病险水库除险加固工程地质勘察

9.1 一般规定

9.1.1 本条对病险水库除险加固工程勘察的任务作

了规定。除险加固工程勘察就是要查明病险部位及其产生的原因，勘察工作必须抓住这个重点有针对性地进行，避免盲目扩大勘察范围。

9.1.3 由于病险水库是已建工程，有些病害已长期存在，甚至经过多次除险加固处理，已经积累了很多资料，因此条文强调应首先收集已有地质勘察、施工处理及运行监测资料，并对所收集的资料进行综合分析，这样既可充分利用已有的勘察成果，减少勘探工作量，又能深入了解工程问题的实质，使勘察工作做到有的放矢。

9.2 安全评价阶段工程地质勘察

9.2.1 本条对安全评价阶段工程地质的勘察内容作了规定。其中，第5款提出"复核工程区场址的地震动参数"，是由于我国地震基本烈度或地震动参数区划图先后已经出版四代，并且在有些地方有很大调整。

9.2.2、9.2.3 这两条规定了土石坝工程安全评价阶段工程地质的勘察内容与勘察方法，是在总结我国近5年工程实践经验的基础上提出的，针对性较强。鉴于病险水库土石坝坝体存在的质量问题较为普遍，因此，在本规范第9.2.2条第1款第4项中特别强调了对坝体渗漏、开裂、滑坡、沉陷等险情隐患的调查了解。至于勘察方法，由于工程已经建成，因此收集已有的各种资料，如前期勘察资料，访问施工期间的开挖处理和坝体填筑情况，详细了解运行观测资料等，就显得尤为重要。

9.2.4、9.2.5 这两条规定了混凝土坝工程安全评价阶段工程地质的勘察内容与勘察方法。对于混凝土坝勘察方法，除参照本规范第9.2.3条土石坝的有关规定外，特别规定了针对坝体混凝土与坝基接触部位、坝基（肩）抗滑稳定及拱坝坝肩变形问题而需要开展的试验工作。

9.3 可行性研究阶段工程地质勘察

9.3.1 本条规定了可行性研究阶段病险水库除险加固工程地质勘察是在安全评价阶段基础上确定病险的类型和范围，初步评价大坝与地质有关的险情和隐患的危害程度，并进行天然建筑材料初查。

9.3.2、9.3.3 分别对土石坝和混凝土坝在可行性研究阶段的勘察内容提出明确要求。由于地质条件及已经存在的病险差别较大，实际工作中应根据具体地质条件、工程特点及病险情况等确定勘察内容。

9.3.4 本条规定了可行性研究阶段工程地质的勘察方法。

1 工程地质测绘主要是对原坝址工程地质图进行复核，如没有前期测绘资料，则应进行工程地质测绘。测绘比例尺选用1：2000～1：500是根据近年各单位实际操作确定的。

2 对于大坝的洞穴、裂缝，渗漏通道等隐患的规模、位置和埋深，可选用电法勘探、探地雷达、弹性波测试和同位素示踪等进行探测。

3 本款第2项规定"防渗剖面钻孔深度应进入地基相对不透水层不应小于10m"是为了满足防渗的需要而提出的。

9.4 初步设计阶段工程地质勘察

除险加固初步设计阶段工程地质勘察应在可行性研究阶段工程地质勘察的基础上，针对有关地质问题（病害）进行详细勘察，目的是查明病险详细情况、原因及地质条件，提出处理措施建议，为制定除险加固设计方案提供地质依据。

由于病险种类多，原因复杂，因此，对所有病害的勘察内容和方法不可能一一列出，条文重点对工程中常见的病害，如渗漏及渗透稳定性问题、不稳定边（岸）坡问题、坝（闸）基及坝肩抗滑稳定问题、地基沉陷与坝体变形问题、土的地震液化问题等的主要勘察内容、勘察方法作了规定。

至于勘察方法，条文特别强调对已有地质资料、施工编录以及运行观测等资料的收集和分析；工程地质测绘比例尺的选择，是根据所研究的问题确定的；采用何种勘探方法，勘探点的间距则可根据具体情况综合考虑。

由于土石坝上、下游坝坡的环境条件和功能不同，浸润线上、下坝体土的含水性质有着质的差别，对于坝体取样试验工作强调分区取样，避免取样数量过少或代表性不强。

第9.4.8条第1、2款"查明土石坝填筑料的物质组成、压实度、强度和渗透特性"、"查明坝体滑坡、开裂、塌陷等病害险情的分布位置、范围、特征、成因，险情发生过程与抢险措施，运行期坝体变形位移情况及变化规律"是评价坝体变形与地基沉降的重要地质条件，同时也是进行除险加固措施论证的重要地质依据，因此，将此两款列为强制性条文。

附录B 物探方法适用性

该附录为新增附录。

物探是水利水电工程地质勘察的重要手段之一。物探方法的种类很多，如：电法勘探、地震勘探、弹性波测试、层析成像法、探地雷达法及测井法等。物探方法轻便、高效，但其应用有一定条件和局限性。所以应用物探方法时，要根据实地的地形地质和物性条件等因素，综合考虑，选择有效的方法，以获得最佳的效果。

本附录所列的方法均是目前水利水电勘测单位经常使用的方法，同时也将近几年在深埋隧洞勘探中取得一定效果的大地电磁频谱探测（MD）和可控源音频大地电磁测深（CSAMT）等方法吸收了进来。

本附录将所列物探方法分为主要方法和辅助方法两类，主要方法一般可以对相应的地质情况作出较为有效的探测，辅助方法则需要结合其他方法或手段进行综合判断。

附录 C　喀斯特渗漏评价

C.0.2　本规定明确区分水库渗漏与坝基和绕坝渗漏两类，有利于对渗漏评价和防渗处理区别对待。把渗漏对环境的影响列入评价内容，包括对环境的负面影响和正面影响，正面影响如有些水库渗漏可补充地下水，使干涸的泉水恢复生机，净化地下水质等。

C.0.3、C.0.4　喀斯特水库渗漏评价分为不渗漏、溶隙型渗漏、溶隙与管道混合型渗漏和管道型渗漏四类。每种渗漏的判别条件，主要依据已建工程渗漏实例和勘察经验总结。

坝基和绕坝渗漏评价分为轻微、较严重和严重三级，并列出了相应的判别条件，其中两岸地下水水力坡降较大，一般指大于5%。

渗漏判别条件中岩体或地块喀斯特化程度划分，一般可根据岩组类型、喀斯特地貌特征，溶洞及暗河发育程度，水量大小，钻孔、平硐揭露溶洞的数量、规模等综合判定。岩体或地块喀斯特化强烈的标志，一般为峰丛洼地、峰林谷地地貌特征，溶蚀洼地、漏斗、落水洞广泛分布，暗河、溶洞规模大，喀斯特水系统网络复杂，钻孔遇洞率高等。相反，岩体或地块喀斯特化程度轻微则表现为喀斯特地貌不明显，喀斯特水系统不发育，主要为喀斯特裂隙水、地下水水力坡降较大，钻孔遇洞率低等特征。

C.0.5　水库喀斯特渗漏量计算问题十分复杂，主要是计算模型和参数难以准确确定，计算成果只能作为渗漏评价的参考。

附录 D　浸　没　评　价

D.0.1　浸没评价按初判、复判两阶段进行。初判阶段的任务是在工程地质测绘的基础上，根据拟建水库或渠道的设计水位和周边地区的地形、地质条件，判定哪些地段可能发生浸没。复判是在初判基础上，对可能浸没地段进一步勘察，最终确定浸没范围和危害程度，为采取防治措施设计提供资料。

D.0.7　农作物区的地下水埋深临界值有两个标准，一是适宜于作物生长的地下水埋深临界值，二是防止土壤次生盐渍化的地下水埋深临界值。

1　适宜于作物生长的地下水埋深临界值。

农作物在不同的生长期要求保持一定的地下水适宜深度，即土壤中的水分和空气状况适宜于作物根系生长的地下水深度。

我国幅员广阔，各地区自然条件差异较大，而影响地下水适宜埋深的因素又很多，如农作物种类、品种，以及气候、土壤、生育阶段、农业技术措施等，难以定出统一标准。

水稻是喜水作物，但地下水位长期过高，也会影响产量。根据广东、江苏等省的试验，水稻在分蘖末期的晒田期间，地下水埋深以0.3～0.6m为宜。为了满足机收机耕的要求，撤水后地下水适宜埋深为0.7～1.0m。

江苏省试验调查资料，小麦生育阶段的适宜地下水埋深，播种出苗期为0.5m左右，分蘖越冬期为0.6～0.8m，返青、拔节至成熟期为1.0～1.2m。棉花生育阶段的适宜地下水埋深，苗期为0.5～0.8m，蕾期为1.2～1.5m，花铃期和吐絮成熟期为1.5m。

我国部分地区几种作物所要求的地下水埋深临界值见表12。

表12　我国部分地区农作物要求的地下水位埋深临界值（m）

地区	小麦	棉花	马铃薯	苎麻	蔬菜	甘蔗
长江中下游	0.5～0.6	1.0～1.4	0.8～0.9	1.0～1.4	0.8～1.0	0.8～1.4
华北	0.6～0.7	1.0～1.4	0.9～1.1	—	0.9～1.1	—

确定适宜于作物生长的地下水埋深临界值的合理方法是对当地农业管理和科研部门以及农民进行调研，针对实际农作物类型因地制宜地确定适当的地下水埋深临界值。

用传统的公式（土的毛管水上升高度加农作物根系深度）确定适宜的地下水最小埋深，难以反映不同农作物的实际情况和需求，且据此确定的浸没范围往往偏大，因此只适用于初判。

2　防止土壤次生盐渍化的地下水埋深临界值。

土壤次生盐渍化的影响因素较多，其中气候（主要是降雨量和蒸发量）是基本因素，干旱、半干旱地区易于产生土壤次生盐渍化，而湿润性气候区不会出现盐渍化。土壤质地和地下水矿化度是影响次生盐渍化的主要因素。砂性土的毛管水上升高度虽比黏性土低，但其输水速度却大于黏性土，上升的水量多，更易于产生盐渍化。地下水矿化度低，土壤积盐作用就小，反之，地下水矿化度高，土壤积盐作用就大。

各地区的防止盐渍化地下水埋深临界值各不相同，应根据实地调查和观测试验资料确定。总体而言，防止土壤次生盐渍化所要求的地下水埋深临界值要大于作物适宜生长的地下水埋深临界值。

无资料地区，防止土壤次生盐渍化的地下水埋深临界值及盐渍化程度分级可参考表13和表14确定。

表13　几种土在不同矿化度下防止次生盐渍化的地下水埋深临界值

地下水矿化度（g/L）	地下水埋深临界值（m）			
	砂土	砂壤土	黏壤土	黏土
1～3	1.4～1.6	1.8～2.1	1.5～1.8	1.2～1.9
3～5	1.6～1.8	2.1～2.2	1.8～2.0	1.2～2.1
5～8	1.8～1.9	2.2～2.4	2.0～2.2	1.4～2.3

表14　土壤盐渍化程度分级（%）

成分	轻度盐渍化	中度盐渍化	重度盐渍化	盐土
苏打（CO_3^{2-}+HCO_3^-）	0.1～0.3	0.3～0.5	0.5～0.7	>0.7
氯化物（CL^-）	0.2～0.4	0.4～0.6	0.6～1.0	>1.0
硫酸盐（SO_4^{2-}）	0.3～0.5	0.5～0.7	0.7～1.2	>1.2

D.0.8　建筑物区因地下水上升引起的环境恶化主要表现为：地面经常处于潮湿状态，无法居住；房屋开裂、沉陷以致倒塌。

第一种情况，表明地下水位或毛管水带到达地面，导致生态环境恶化，应判定为浸没区。这种情况的浸没地下水埋深临界值为地下水的毛管水上升高度。

第二种情况，房屋开裂、沉陷、倒塌的原因有：冻胀作用（北方地区）；地基持力层饱水后强度大幅度下降，承载力不足或持力层饱水后产生大量沉降变形或不均匀变形。上述这些情况是否会出现，与现有建筑物的类型、层数、基础形式、砌置深度、持力层性质（特别是有无湿陷性黄土、淤泥、软土、膨胀土等工程性质不良岩土层）密切相关。因此应针对具体情况进行相应调查、勘察和试验研究工作，在掌握充分资料后进行建筑物区浸没可能性评价。当地基持力层在饱水后出现承载力不足或大量沉陷时，浸没地下水埋深临界值为土的毛管水上升高度加基础砌置深度。

不做任何调查分析，简单地采用土的毛管水上升高度加基础砌置深度作为临界值进行建筑物区浸没评价，实际上是认为任何建筑物的持力层，只要含水量达到饱和，就必然承载力不足或产生过量沉陷，而实际情况显然不完全都是如此，结果将造成预测的浸没范围偏大。

D.0.9　当判定的浸没区面积较大时，浸没的影响程度可能不尽相同，为了使评价结果更有针对性，宜按浸没影响程度划分亚区，即严重浸没区和轻微浸没

区。

进行浸没程度分区前，应根据勘察区的具体情况和勘察结果，确定严重浸没区和轻微浸没区相应的地下水埋深临界值。

附录E　岩土物理力学参数取值

E.0.1　本条是岩土体物理力学参数取值的基本原则。第3款旨在强调岩土体物理力学参数要在室内、外试验及原位测试等的基础上，考虑试验条件和工程特点等综合确定。第9款规定了地质建议值的选取原则，地质建议值的选择是一项综合性工作，与标准值之间不是简单地通过一个系数折减的问题，要考虑试验成果、试验条件、地质条件及工程运行条件等多方面因素后综合确定。工程实践中，对于一些重要的地质参数有时要通过多方研究，甚至召开专门的专家论证会确定。

E.0.2　本条是土的物理力学参数标准值的取值原则，与原规范相比没有原则性变化。第2款是新增内容，在统计试验成果时，如果同一土层参数变异系数较大时，应分析土层性质在水平方向和垂直方向的变化，如水平、垂直方向上岩性变化较大，应考虑分段或分带统计试验数据。第5款是从偏于安全的角度提出渗透系数的选取原则。

E.0.4　对于岩体（石）各项物理力学参数标准值的取值原则，条文中都作了明确规定。有以下几点需重点加以说明。

3　岩石地基的容许承载力是反映岩基整体强度的性质，取决于岩石强度和岩体完整程度，对于软质岩还需要考虑长期强度问题，另外还应当考虑岩体三维应力状态。第3款所列根据岩石单轴饱和抗压强度，按不同的岩石类别进行不同比例折减（1/25～1/5），以选用岩体容许承载力的做法，最早出处为原苏联《水工手册》（1955年），以后国内一些教科书和设计规范中都引用这一方法。目前，这种取值方法已约定俗成，成为勘测设计人员估算岩石地基承载力的通用方法。这种方法过于粗糙，但由于坚硬、半坚硬岩石的岩体承载力一般不起控制作用，所以用这种方法估算的结果通常没有引起争议，而对于软岩，这种方法适用性较差，需要进行载荷试验或三轴试验，根据试验成果确定软岩地基容许承载力。还有其他一些通过岩石单轴饱和抗压强度求取岩体承载力的经验方法，但还都缺乏足够的论证，没有形成共识，故未推荐使用。

6　岩体抗剪断（抗剪）强度参数经验取值表（表E.0.4）与原规范相同，但在选取地质建议值时考虑到规划、可行性研究阶段试验数量较少的情况，宜参照已建工程相似岩体条件的试验成果和设计采用

值，以及相关的规程、规范类比采用。考虑到采用纯摩公式进行坝基稳定分析的需要，增加了抗剪强度参数取值。

E.0.5 关于软弱结构面抗剪断强度参数取值，原规范规定应取屈服强度或流变强度。对于坝基抗滑稳定来说，当采用剪摩计算公式计算时，安全系数按要求取 3.0～3.5，已经考虑了破坏机理和时间效应等影响因素，因此软弱结构面抗剪断强度参数按峰值强度小值平均值取值是合理的。根据近些年的经验，对原规范表 D.0.5 进行了调整，并增加了抗剪强度参数取值。表中的岩块岩屑型、岩屑夹泥型、泥夹岩屑型、泥型，其黏粒（粒径小于0.005mm）的百分含量分别为少或无、小于 10%、10%～30%、大于 30%。

附录 F　岩土体渗透性分级

岩土体渗透性分级标准与原规范相比没有变化。但考虑到原规范中各级渗透性所对应的岩体特征和土的类别在实际工作中难以一一对应，本次修订删掉了这部分内容。为便于参考，将原规范中岩土体渗透性分级在此列出，见表15。

土体的透水性分级以渗透系数为依据，岩体的透水性分级以透水率为依据。但强透水～极强透水岩体宜采用渗透系数作为划分依据。

渗透系数是通过室内试验或现场试验测定的岩土体透水性指标，其单位为 cm/s 或 m/d。

透水率是通过现场压水试验测定的岩体透水性指标，其单位为 Lu（吕荣）。

针对具体工程拟定的防渗帷幕标准，可根据压水试验资料在渗透剖面图上增加一条 3Lu 或 5Lu 界线。

表 15　原规范中的岩土体渗透分级

渗透性等级	标准		岩体特征	土类
	渗透系数 K (cm/s)	透水率 q (Lu)		
极微透水	$K < 10^{-6}$	$q < 0.1$	完整岩石，含等价开度 <0.025mm裂隙的岩体	黏土
微透水	$10^{-6} \leqslant K < 10^{-5}$	$0.1 \leqslant q < 1$	含等价开度 0.025～0.05mm 裂隙的岩体	黏土-粉土
弱透水	$10^{-5} \leqslant K < 10^{-4}$	$1 \leqslant q < 10$	含等价开度 0.05～0.1mm 裂隙的岩体	粉土-细粒土质砂
中等透水	$10^{-4} \leqslant K < 10^{-2}$	$10 \leqslant q < 100$	含等价开度 0.1～0.5mm 裂隙的岩体	砂-砂砾
强透水	$10^{-2} \leqslant K < 10^{0}$	$q \geqslant 100$	含等价开度 0.5～2.5mm 裂隙的岩体	砂砾、砾石、卵石
极强透水	$K \geqslant 10^{0}$		含连通孔洞或等价开度>2.5mm 裂隙的岩体	粒径均匀的巨砾

附录 G　土的渗透变形判别

G.0.1 土体在渗流作用下发生破坏，由于土体颗粒级配和土体结构的不同，存在流土、管涌、接触冲刷和接触流失四种破坏形式。

流土：在上升的渗流作用下局部土体表面的隆起、顶穿，或者粗细颗粒群同时浮动而流失称为流土。前者多发生于表层为黏性土与其他细粒土组成的土体或较均匀的粉细砂层中，后者多发生在不均匀的砂土层中。

管涌：土体中的细颗粒在渗流作用下，由骨架孔隙通道流失称为管涌，主要发生在砂砾石地基中。

接触冲刷：当渗流沿着两种渗透系数不同的土层接触面，或建筑物与地基的接触面流动时，沿接触面带走细颗粒称接触冲刷。

接触流失：在层次分明、渗透系数相差悬殊的两土层中，当渗流垂直于层面将渗透系数小的一层中的细颗粒带到渗透系数大的一层中的现象称为接触流失。

前两种类型主要出现在单一土层中，后两种类型多出现在多层结构土层中。除分散性黏性土外，黏性土的渗透变形形式主要是流土。本附录土的渗透变形判定主要适用于天然地基。

G.0.4 由多种粒径组成的天然不均匀土层，可视为由粗、细两部分组成，粗粒为骨架，细粒为填料，混合料的渗流特性决定于占质量 30% 的细粒的渗透性质，因此对土的孔隙大小起决定作用的是细粒。

最优细粒含量是判别渗透破坏形式的标准。粗粒孔隙全被细料充满时的细料颗粒含量为最优细粒含量，相应级配称为最优级配。最优细粒含量由式（1）确定。

$$P_{cp} = \frac{0.30 + 3n^2 - n}{1 - n} \tag{1}$$

式中　P_{cp}——最优细粒颗粒含量（%）；

　　　n——孔隙率（%）。

试验和计算结果均证明，最优级配时的细粒颗粒含量变化于 30% 左右的范围内。从实用观点出发，可以认为细粒颗粒含量等于 30% 是细料开始参与骨架作用的界限值。当细粒颗粒含量小于 30% 时，填不满粗粒的孔隙，因此对渗透系数起控制作用的是粗粒的渗透性；当细粒颗粒含量大于 30% 时，混合料的孔隙开始与细粒发生密切关系。

将许多级配不连续土的渗透稳定试验结果，根据破坏水力比降与细粒颗粒含量的关系绘成曲线，可得图 1 的形式，图中当 $P < 25\%$ 时破坏水力比降很小，仅变化于 0.1～0.25 之间，破坏水力比降不随细粒颗

粒含量的变化而变化。这表明当 $P<25\%$ 时，各种混合料中的细粒均处于不稳定状态，渗透破坏都是管涌的一种形式。当 $P>35\%$ 时，破坏水力比降的变化随细粒颗粒含量的增大而缓慢增加，其值接近或大于理论计算的流土比降。这表明细粒土全部填满了粗粒孔隙，渗透破坏形式变为流土型。图1从渗透稳定试验方面进一步证明了最优细粒颗粒含量的理论是正确的，而且阐明了 $P>25\%$ 以后，细粒开始逐渐受约束，直到 $P>35\%$ 时细粒和粗粒之间完全形成了统一的整体。对于级配连续的土，同样可用细粒颗粒含量作为渗透破坏形式的判别标准，关键问题是细粒区分粒径问题，可用几何平均粒径 $d=\sqrt{d_{70}\cdot d_{10}}$ 作为区分粒径，有一定的可靠性。

原规范中第 M.0.2 条第 1 款中流土和管涌的判别式（M.0.2-1）和式（M.0.2-2）在实际应用中存在一定的不确定性，目前也无更确切的表述，为避免错判，本次修订予以删除。

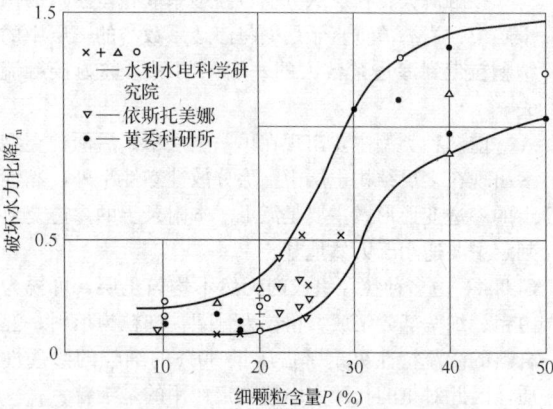

图 1　破坏水力比降与细颗粒含量关系曲线

G.0.6　土的级配和土的孔隙率对临界水力比降的影响明显，本附录针对上述情况，分别列出几种通用的临界水力比降计算方法，可根据土层的地质条件选择或进行综合比较。对于重要的大型工程或地层结构复杂的地基土的临界水力比降和允许水力比降应通过专门试验确定。

流土的临界水力比降计算式（G.0.6-1）对无黏性土比较合适，而对黏性土或泥化夹层等不适用。

室内大量试验显示，对于管涌型渗透破坏，从出现颗粒流失到土体塌落往往有一个较长的过程。有人将开始出现颗粒流失的水力比降称为启动比降或起始比降；之后，随着水力比降增大，每次均有一定的颗粒流失，但当水力比降稳定后，水流也会逐渐变得清晰，土体骨架并不发生破坏；直到水力比降达到某个较大的值（即破坏比降），颗粒流失才会不断发生，并最终导致土体塌落。因而这一类型的临界比降有一个较大的区间，实际应用时可根据工程的重要性等选取合适的临界值。

考虑当前土的渗透系数测试方法的规范化和普遍性，无需通过土的其他物性试验结果来近似推算土的渗透系数，避免测试误差的传递，本次修订将原规范第 M.0.3 条中第 4 款渗透系数的近似计算公式 $K=6.3C_u^{-3/8}d_{20}^2$ 删除。

附录 H　岩体风化带划分

H.0.1　风化是一种普遍存在的地质作用，在鉴定和描述岩体风化作用的产物时，应以地质特征为主要标志，包括岩石的颜色、结构构造、矿物成分、化学成分的变化；岩石的崩解、解体程度，矿物蚀变程度及其次生矿物成分等。间接标志如锤击反应、波速变化也是重要的辅助手段。

岩体风化分带的划分主要考虑风化岩石的类型及组合特征，岩体的宏观结构及完整性，物理力学性质及水文地质条件等。岩体风化分带的划分仍主要采用国内外通用的 5 级分类法，并采用国际统一术语命名。但由于各地气候条件，原岩性质和裂隙发育情况差异很大，导致岩体风化程度和状态的变化极为复杂，本次修订主要是将中等风化（弱风化）进一步分为上、下两个亚带，并增加了碳酸盐岩风化带划分标准，而仍保留了原规范中对全、强、微风化带的划分规定。

这次规范修订对风化岩与新鲜岩波速比作了部分修正。对原规范表 E.0.1 中等风化岩与新鲜岩纵波速之比由 ">0.6~0.8" 修正为 "0.6~0.8"，将微风化波速比由 ">0.8~1.0" 修正为 "0.8~0.9"，将新鲜波速比由 ">1.0" 修正为 "0.9~1.0"（因为波速比理论上不可能大于1）。

随着工程技术的进步与工程经验的积累，工程可利用岩体条件有所放宽。基于这一情况，从工程实际需要出发，并参考国内多个工程经验，将弱风化带进一步分为上、下两个亚带。

《三峡工程地质研究》（长江水利委员会编）一书总结了三峡工程的经验，从疏松物质含量、RQD 值、岩体纵波速度、视电阻率、回弹指数、岩体变形模量、透水率等多方面对弱风化上带与下带岩体特性作了详细对比，二者的宏观特征分别为：上带-"半坚硬及疏松状岩石夹坚硬状岩石。大部分裂隙已风化，风化宽一般 5~10cm，最宽可达 1.0m。疏松物含量达 10%~20%"；下带-"坚硬状岩石夹少量风化岩，沿部分裂隙风化，风化宽一般 1~4cm，疏松物含量小于 1%"。

H.0.2　为新增内容，其提出主要基于以下考虑：

碳酸盐岩的风化，特别是石灰岩的风化特征明显有别于其他岩体风化，原规范附录 E 风化标准划分显然不适用于此类岩石。统一认识并规范碳酸盐岩风化带划分标准是十分必要的。

石灰岩一般是没有典型意义的风化现象的，除了岩体浅表部因溶蚀、卸荷，充填夹泥需要开挖清除外，岩石本身则是没有风化或风化程度轻微，因此在石灰岩地区不必刻意划分岩石的风化带；但同属碳酸盐岩的白云岩，情况则完全不同，质纯的白云岩可以发育非常完全的风化带，典型的全风化带表现为白砂糖似的白云岩风化砂，以下逐渐过渡到新鲜岩体。最有代表性的是乌江渡水电站上坝址，寒武系娄山关组白云岩，全风化带呈砂状的白云岩粉最厚达二十余米，整个风化带厚达四十余米。至于石灰岩与白云岩之间的过渡岩类，如白云质灰岩、灰质白云岩等，则视岩石的组分、结构、构造及当地的自然条件而呈现复杂的情况。

碳酸盐岩地区大量的工程实践，尤其是清江、乌江流域诸工程（如隔河岩、高坝洲、水布垭、彭水等）在碳酸盐岩风化带划分方面所取得的成果，为表H.0.2的制订奠定了基础。

考虑到碳酸盐岩地区溶蚀与风化常是互为影响，现象互相混杂的，因此将溶蚀与风化一并考虑，将碳酸盐岩的风化划分为表层强烈溶蚀风化和裂隙性溶蚀风化两个带；而后考虑到风化特征之差异，以及岩体可利用性问题，把裂隙性溶蚀风化带进一步分为上、下两带。

关于表H.0.2的适用范围。因为碳酸盐岩不仅包括灰岩、白云岩两大岩类及其过渡岩类，而且还包括与泥岩之间的过渡岩类，因岩性及其结构构造（如微裂隙发育程度等）的不同，其风化特征也存在一定差异，如部分白云岩（三峡、乌东德等地的震旦系灯影组白云岩）因微裂隙极其发育，其溶蚀风化特征有时并不突出，而具有均匀风化特征，再如豆状灰岩，有时也具有均匀风化的特点。与泥岩的过渡类岩石，则随着含泥量的增加，其风化特征往往由以溶蚀风化为主逐渐向均匀风化过渡。因此，在进行碳酸盐岩风化带划分时，还要视具体情况而定，以均匀风化为主时采用表H.0.1进行风化带划分，而以溶蚀风化为主时则采用表H.0.2进行风化带划分。此外，表H.0.2不适合于深部岩溶。

附录J 边坡岩体卸荷带划分

我国水利水电工程建设中曾大量遇到岩体卸荷所带来的复杂问题。近些年来，随着水利水电工程建设重点向西部地区转移，工程所处的地质环境多为深山峡谷、新构造运动强烈与高地应力区，卸荷作用强烈，在一些工程建设中卸荷现象已成为一个突出的问题，如二滩、小湾、构皮滩、溪洛渡、锦屏、百色、紫坪铺、九甸峡、吉林台等。岩体卸荷带直接关系到坝肩稳定、边坡稳定、建筑物地基变形和洞室围岩稳定等，是影响基础开挖和处理工程量以及方案比选的重要因素。

长期以来，在水利水电工程建设中没有统一的岩体卸荷带划分标准。在工程实践中，有的工程只划分出卸荷带和非卸荷带；有的工程则划分强卸荷带和弱卸荷带；而三峡船闸高边坡岩体卸荷带则按强卸荷带、弱卸荷带和轻微卸荷带进行划分。由于划分标准不统一，给岩体质量评价和地基处理设计带来很多不便。因此本次修订增加了本附录。

边坡卸荷是岩体应力差异性释放的结果，表现为谷坡应力降低、岩体松弛、裂隙张开，其中裂隙张开是卸荷的重要标志。

本规范规定的卸荷带划分标准是以地质特征为主要标志，辅以裂隙张开宽度及波速比等特征指标。

波速比是指卸荷岩体的纵波速度与该处未卸荷岩体的纵波速度的比值。

对大型水利水电工程，强卸荷带岩体不宜作为坝基（特别是拱坝坝基），一般予以挖除，如需作为坝基，应进行专题研究；弱卸荷带岩体通过工程处理可作为坝基。

异常卸荷松弛（深卸荷带）是指岸坡深部、正常卸荷带以里较远部位发育在较完整岩体中的宽张裂隙带。其形成机制还有待进一步研究，对工程的影响和处理措施应进行专门论证。

附录K 边坡稳定分析技术规定

K.0.1 影响边坡稳定的因素很多，如地形地貌、岩性构造、岩体结构、水的作用、地应力、人为因素、地震作用等。根据《岩质高边坡稳定与研究》中，对117个边坡的统计（表16），可分为天然和人为两种诱发因素。统计结果表明：水的作用和人类工程活动对边坡失稳影响最大，水的作用中暴雨所引起的边坡变形破坏所占比例最大，而人类开挖活动在所有诱发因素中所占比例最大。

表16 边坡变形、破坏诱发因素统计

诱发因素	数量	其　中				备注
		稳定（个）	所占比例（%）	变形破坏（个）	所占比例（%）	
水的作用：	62	30	48.4	32	51.6	
1. 暴雨	32	15	46.9	17	53.1	大中型或巨型滑坡为主
2. 水库蓄水	18	10	55.6	8	44.4	
3. 地下水变化	3	1	33.3	2	66.7	
4. 降雨、地下水	6	3	50.0	3	50.0	
5. 冲刷	3	1	33.3	2	66.7	

诱发因素	数量	其　中				备注
		稳定（个）	所占比例（%）	变形破坏（个）	所占比例（%）	
人类活动： 1. 开挖 2. 采矿	44 41 3	12 12 0	27.3 29.3 —	32 29 3	72.7 70.7 100	中小型楔体滑动为主，拉裂及大型崩塌
其他： 1. 重力 2. 降雨、地震	11 7 4	4 3 1	36.4 42.9 25.0	7 4 3	63.6 57.1 75.0	倾倒、崩塌及溃屈、滑动
合　计	117	46	39.3	71	60.7	

K.0.2 在此列出常见的边坡变形破坏分类，便于判断边坡变形破坏机制，选择边坡稳定分析方法。

K.0.3 本条所列出的现象，表明边坡处于变形或潜在不稳定状态，需要进行稳定性分析。

K.0.4 规范只列出通用的几种边坡稳定分析方法，它们都属于极限平衡稳定分析方法的范畴。极限平衡法虽然在理论上存在一些缺陷，但目前仍是边坡稳定分析的一种简便的、行之有效的方法。

考虑到边坡稳定安全系数在有关规程、规范中已有规定，本规范对此不再作规定。

附录L　环境水腐蚀性评价

L.0.1 环境水主要指天然地表水和地下水。当环境水中含有某些腐蚀性离子，可能会对混凝土、金属等建筑材料产生腐蚀。因此，水利水电工程地质勘察应进行环境水腐蚀性判别。

本次修订删去了原规范附录G中G.0.1环境水对混凝土腐蚀程度分级的规定，增加了环境水对钢筋混凝土结构中钢筋和钢结构腐蚀性判别的规定。

L.0.2 对原规范附录G中第G.0.3条的内容作了技术性调整。

环境水是多种腐蚀性介质的复合溶液，在对混凝土产生腐蚀时各种离子相互影响、共同作用，但其中某些离子起着主要作用。因此表L.0.2是以一种起主要作用的离子作为腐蚀性的判定依据。关于界限指标，原规范是综合了国内外标准并结合我国水利水电工程情况制定的，本次修订仍保留使用。

环境水的腐蚀性分类有多种方法，目前尚无统一标准，较常见的是按环境水的腐蚀机理和环境水的腐蚀介质特征进行分类。本次修订按环境水的腐蚀介质特征将腐蚀性类型分为一般酸性型、碳酸型、重碳酸型、镁离子型、硫酸盐型五类。

原规范附录G表G.0.3对SO_4^{2-}的腐蚀性分别规定了普通水泥和抗硫酸盐水泥的界限指标。鉴于目前没有关于抗硫酸盐水泥耐腐蚀性指标的规定，因此本次修订删去了原规范表G.0.3中SO_4^{2-}对抗硫酸盐水泥腐蚀的界限指标。《抗硫酸盐硅酸盐水泥》GB 748—1996中，曾规定中抗硫酸盐水泥可抵抗SO_4^{2-}浓度不超过2500mg/L的纯硫酸盐腐蚀，高抗硫酸盐水泥可抵抗SO_4^{2-}浓度不超过8000mg/L的纯硫酸盐腐蚀。这些规定虽然在《抗硫酸盐硅酸盐水泥》GB 748—2005中已被取消，但据材质分析仍可参照使用。

气候条件对环境水的腐蚀性具有加速和延续作用。不同气候条件下，腐蚀介质对混凝土的腐蚀作用是不同的。如在寒冷的气候条件下，硫酸盐型腐蚀能力加强；而其他类型腐蚀，则在炎热气候条件下腐蚀能力加强。干湿交替、冻融交替将引起物理风化，也会加速介质对混凝土的腐蚀作用。由于我国幅员辽阔，各地气候差异很大，要制订一个全面具体的标准是困难的，因此对表L.0.2适用的气候条件作了限定。

环境水作用于混凝土建筑物的方式（如有压、无压，表面接触、渗透接触）、混凝土建筑物的规模尺寸以及混凝土的质量（如密实性、水灰比）等，是环境水腐蚀性的重要影响因素。原规范附录G中第G.0.4条第2、3款的规定，在工程地质勘察阶段难以合理考虑，因此本次修订予以删除。但对除险加固及改扩建工程进行环境水腐蚀性评价时，这些因素是可以考虑的。

L.0.3、L.0.4 环境水对钢筋混凝土结构中钢筋和钢结构腐蚀性判别标准引自《岩土工程勘察规范》GB 50021—2001第12章水和土腐蚀性的评价。

钢筋长期浸泡在水中，由于氧溶入较少，不易发生电化学反应，故钢筋不易被腐蚀；处于干湿交替状态的钢筋，由于氧溶入较多，易发生电化学反应，钢筋易被腐蚀。所以，表L.0.3中仅对钢筋混凝土结构中钢筋在干湿交替环境条件下的腐蚀性规定了判别标准。

表L.0.4判别指标中，若一项具有腐蚀性，则按该项相应的腐蚀等级判定；若两项均具有腐蚀性，则以具有较高腐蚀等级者判定；若两项均为同一腐蚀等级，可提高一个腐蚀等级判定。

附录M　河床深厚砂卵砾石层取样
与原位测试技术规定

M.0.1 本条是对河床深厚砂卵砾石层取样方法与原位测试方法选择的原则要求。

河床深厚砂卵砾石层的钻进取样与原位测试是一项技术复杂且难度较大的工作。目前还没有成熟的经验，仍处于探索阶段。

M.0.2 覆盖层的取样方法大致可分为钻具钻进取样和取样器取样两大类。钻具钻进取样就是采用适于覆盖层钻进的各种钻具，或为了提高岩芯样的质量对钻具作了结构性能改进后的取样钻具，通过控制冲洗液种类、护壁方式和回次长度进行钻进，所获得的岩芯样质量取决于覆盖层的颗粒组成及级配，一般对于细粒土效果较好，粗粒土较差。

由于河床深厚砂卵砾石层厚度大、颗粒粗和结构松散等特点，常规的细粒土取样方法和取样器都不适用，本条推荐的都是实际工作中较常用的方法。成都勘测设计研究院研制的 SD 系列金刚石钻头结合 SM 植物胶取芯技术，近些年在水利水电系统应用比较广泛，效果较好，能取到近似原状样，其他几种方法取得的为扰动样。

M. 0. 3 由于河床砂卵砾石层的组成极不均匀，因此在实际工作中最好能多使用几种原位测试方法，以便互相验证，为综合评价砂卵砾石层的工程地质条件提供资料。

M. 0. 4 波速测试方法有很多，这里推荐的是在钻孔内测试的方法，包括声波、地震波及其单孔法、跨孔法等。

附录 N 围岩工程地质分类

本附录提出的围岩分类分为初步分类和详细分类。初步分类为本次修订时增加，用于规划、可行性研究阶段以及深埋隧洞在施工前的围岩工程地质评价。这是考虑到这两种情况勘察资料较少，无法得到详细分类所需的各种参数条件下使用。

初步分类以比较容易获取的岩石强度、岩体完整性、岩体结构类型等三个参数为基本依据，以岩层走向与洞轴线的关系、水文地质条件等两项指标为辅助依据。岩体完整性和岩体结构类型可通过地面地质调查、地质测绘，或结合勘探资料确定；水文地质条件可根据岩性、地质构造和地面水文地质调查等分析确定。初步分类可以实现在资料较少的情况下围岩分类的可操作性，同时又能总体上把握洞室的围岩稳定性。

详细分类是在"六五"国家科技攻关研究成果的基础上，参考了国内外一些主要的隧洞围岩分类方法和我国鲁布革、天生桥、彭水、小浪底、水丰等十几个大型水利水电工程的实际分类而编制的。详细分类采用累计评分的综合评价法进行多因素分类，它以岩石强度、岩体完整性、结构面状态为基本因素（取正分），以地下水活动状态和主要结构面产状为修正因素（取负分），同时根据围岩强度应力比做相应调整。自原规范颁布实施以来，该分类在水利水电工程勘察中得到广泛应用，效果良好。因此，本次修订时基本保留了原分类格局，只作了局部修改调整。

考虑结构面状态是本附录围岩分类的特色。结构面状态是控制围岩稳定的重要因素之一。实践证明，在地下洞室围岩稳定分析中不考虑结构面状态或把岩体当作均质体，只考虑岩石的完整性系数是不合适的。结构面状态是指地下洞室某一洞段内比较发育的、强度最弱的结构面的状态，包括宽度、充填物、起伏粗糙和延伸长度等情况。结构面宽度分为小于0.5mm、0.5～5.0mm、大于 5mm 三个等级。充填物分为无充填、岩屑和泥质充填三种。起伏粗糙分为起伏粗糙、起伏光滑或平直粗糙、平直光滑三种情况。延伸长度反映结构面的贯穿性，本分类参照国际岩石力学学会建议的五级，依据国内目前洞室跨度情况简化为三级，即：短（<3m）、中等（3～10m）、长（>10m）。上述三项因素是围岩工程地质分类的基本因素，均为正值。

修正因素为地下水和主要结构面产状两项因素，均为负值。地下水活动性分为干燥、渗水或滴水、线流和涌水四种状态，当Ⅲ、Ⅳ类围岩水量很大、水压很高时，对围岩稳定影响较大，故负评分较低，对围岩稳定影响最大时为负 20 分，即围岩类别降低 1 类。主要结构面产状与地下工程轴线夹角不同，对围岩稳定性的影响显著不同。例如：高倾角的主要结构面，当其走向与地下工程轴线近于平行时，则对围岩稳定很不利；反之，其走向与之近于正交时，则几乎不影响围岩的稳定。把结构面走向与轴线夹角分为 60°～90°、30°～60°、<30° 三档，把结构面倾角分为>70°、45°～70°、20°～45°、<20° 四档。由于地下厂房、尾水调压室等的边墙高达几十米，因此，对洞顶及边墙围岩分别进行评分。

围岩强度应力比 S 值，是反映围岩应力大小与围岩强度相对关系的定量指标。提出围岩强度应力比这一分类判据，目的是控制各类围岩的变形破坏特性。Ⅱ类以上围岩不允许出现塑性挤出变形，Ⅲ类围岩允许局部出现塑性变形。因此，Ⅰ、Ⅱ类围岩要求大于4，Ⅲ、Ⅳ类围岩要求大于 2，否则围岩类别要降低。围岩强度应力比还可作为判别地下洞室开挖时围岩可能发生岩爆的强烈程度指标。如天生桥二级引水隧洞 2 号支洞，$S < 2.5$ 时有强烈岩爆；$S > 2.5$ 时，有中等岩爆；$S > 5$ 时，有时也有岩爆，但不强烈。工程实践表明，地应力水平较高时，洞室顶拱部位较边墙更易出现块体失稳。

原规范自颁布以来，TBM 施工技术已经在我国水利水电工程得到大量应用，本次修订时适当考虑了TBM 施工时的支护建议。TBM 施工方法在Ⅰ、Ⅱ类围岩条件下能充分发挥其优越性，塌方及涌水（突水）或突泥对 TBM 施工影响最大。

附录 P 土的液化判别

P. 0. 1 土体由固体状态转化为液体状态的作用或过

程都可称为土的液化，但若没有导致工程上不能容许的变形时，不认为是破坏。土的液化破坏主要是在静力或动力作用（包括渗流作用）下土中孔隙压力上升、抗剪强度（或剪切刚度）降低并趋于消失所引起的，表现为喷水冒砂、丧失承载能力、发生流动变形。本附录主要给出评价地震时可能发生液化破坏土层的原则和一些判别标准。

P.0.2 液化判别分为初判和复判两个阶段。初判主要是应用已有的勘察资料或较简单的测试手段对土层进行初步鉴别，以排除不会发生地震液化的土层。对于初判可能发生地震液化的土层，则再进行复判。对于重要工程，则应做更深入的专门研究。

初判的目的在于排除一些不需要再进一步考虑地震液化问题的土，以减少勘察工作量。因此所列判别指标从安全出发，大都选用了临近可能发生液化的上限。

P.0.3 本条规定了初判不液化的标准。

1 说明第四纪晚更新世 Q_3 或以前的土，一般可判为不液化，主要依据是在邢台、海城、唐山等地震中没有发现 Q_3 及 Q_3 以前地质年代的土层发生过液化的实际资料。

3 目前新的地震区划图是以地震动峰值加速度划分的，7 度区对应地震动峰值加速度为 0.10g 和 0.15g，8 度区对应地震动峰值加速度 0.20g 和 0.30g，9 度区对应地震动峰值加速度 0.40g，相应的黏粒含量也按内插的方法分为 16%、17%、18%、19%、20% 五级。

原规范规定"粒径大于 5mm 的颗粒含量的质量百分率小于 70% 时，若无其他整体判别方法时，可按粒径小于 5mm 的这部分判定其液化性能"是基于当时的试验条件，判别结果偏于安全。目前大型动三轴试验应用较为普遍，所以对该内容进行相应修改，合并到该款。

4 鉴于水工建筑物正常运用时的地下水位往往不同于地质勘察时的地下水位，而抗震设计需要考虑工程正常运用后的情况，因此特别写明为工程正常运用后的地下水位。

7 规定了 r_d 的取值方法。本附录公式 $V_{st} = 291\sqrt{K_H \cdot Zr_d}$ 中，深度折减系数 r_d 不仅随土层的深度 Z 的增大而减小，并且在同一个深度变幅内又随 Z 的增大而减小较多。因此如何选择合适的 r_d 值，涉及土层性质、厚度以及地震特征等多种因素，是一个很复杂的问题。表 17 是原规范对此进行的分析，可以看出，用本附录建议方法计算的不同深度的 r_d 值，上限保证率不小于 85%，上限误差率不大于 14.6%，作为初判使用有一定的安全余度。

对于深度大于 30m 的情况，建议仍用 $r_d = 0.9 - 0.01Z$，但不小于 0.5。

P.0.4

1 考虑水利水电工程的特殊性，工程运行时地下水位会发生变化，因此在评价时，应按工程运行后的地下水位来考虑，并采用式（P.0.4-2）进行相应的换算。表 P.0.4-1 按照现行国家标准《建筑抗震设计规范》GB 50011 的规定对标准贯入试验锤击数基准值进行了相应的修改。

2 表 P.0.4-2 中采用"液化临界相对密度 $(Dr)_{cr}$（%）"一词，是作为相对密度 Dr（%）的界限值提出来的，以示区别。表 P.0.4-2 中包括了地震动峰值加速度为 0.05g、0.10g、0.20g、0.40g 的液化临界相对密度值，它们都是有宏观实际资料作为依据的，与国家现行标准《水工建筑物抗震设计规范》DL 5073 中一致。相对密度复判法可适用于饱和无黏性土（包括砂和粒径大于 2mm 的砂砾），而标准贯入试验主要只适用于砂土和少黏性土地基。因此相对密度复判法可以延伸标准贯入锤击数法所不能判别的范围。在标准贯入试验适用的范围内，可以标准贯入试验锤击数作为判别的主要依据，同时相对密度也可用以相互印证。对于地震动峰值加速度为 0.15g 和 0.30g 对应的临界相对密度，可根据表 P.0.4-2 内插取得。

3 饱和少黏性土相对含水量及液性指数的判别可以作为标准贯入试验延伸到少黏性土范围的印证之用。

表 17 深度折减系数 r_d 取值及其上限保证率和误差率分析

深度 Z (m)	范围值			平均值			征求意见稿 $r_d = 1 - 0.01Z$			修改后建议值			
	上限量	下限量	变幅	数值 r_d	误差率	上限保证率（%）	数值 r_d	上限保证率（%）	上限误差率（%）	公式	数值 r_d	上限保证率（%）	上限误差率（%）
0	1.00	1.00	0.00	1.00	0.0	100	1.00	100	0.0	$r_d = 1.0 - 0.01Z$	1.00	100	0.0
5	0.99	0.95	0.04	0.97	±2.1	98	0.95	96	4.2		0.95	96	4.2

深度 Z (m)	范围值			平均值			征求意见稿 $r_d=1-0.01Z$			修改后建议值			
	上限量	下限量	变幅	数值 r_d	误差率	上限保证率（%）	数值 r_d	上限保证率（%）	上限误差率（%）	公式	数值 r_d	上限保证率（%）	上限误差率（%）
10	0.96	0.84	0.12	0.90	±6.7	94	0.90	94	6.7	$r_d=1.1$ $-0.02Z$	0.90	94	6.7
15	0.90	0.60	0.30	0.75	±20.0	83	0.85	94	5.9		0.80	89	12.5
20	0.82	0.42	0.40	0.62	±32.2	76	0.80	98	2.5	$r_d=0.9$ $-0.01Z$	0.70	85	14.6
25	0.76	0.33	0.43	0.55	±39.4	72	0.75	99	1.3		0.65	86	14.5
30	0.70	0.30	0.40	0.50	±40.0	71	0.70	100	0.0		0.60	86	14.6

附录 Q 岩爆判别

Q.0.1 岩爆判别应视工程前期工作的不同阶段和勘测设计工作的不同深度分阶段进行。

可行性研究阶段，根据野外地质测绘，通过对区域历次构造形迹的调查和近期构造运动的分析，以及少量地应力测量资料，初步确定初始应力的最大主应力方向和量级，结合室内岩石力学试验成果，对工程项目可能发生岩爆的最高烈度做出判断，对工程不同地段可能发生的岩爆烈度初步进行分级。如地质勘察资料较少，可通过区域地质构造及应力场资料的分析，对是否有发生岩爆的可能性作出初步的宏观判断。若工程区位于以构造应力为主的强烈上升地区（产生岩爆无临界深度）或洞室埋深大于500m以上的以自重应力为主的地区，或洞室地处高山峡谷区、属边坡应力集中的傍山隧洞（室），并具备围岩岩质硬脆、完整性好～较好、无地下水等四项基本条件，即可能产生岩爆。

初步设计至施工详图设计阶段，根据洞室围岩完整性、地应力测量、岩石力学试验成果、岩体结构特征、最大主应力与岩体主节理面夹角、地下水等资料，确定岩爆发生的工程地段和强弱程度以及在工程断面上的部位。很多工程实例表明，岩爆不是在工程整个地段和工程全断面上发生。

根据有关研究成果，最大主应力与岩体节理（裂隙）的夹角与岩爆关系密切，在其他条件相同情况下，夹角越小，岩爆越强烈。当夹角小于20°时可能发生强烈或极强烈岩爆；当夹角大于50°时可能发生轻微岩爆。

Q.0.2 本条内容是在总结了国内外一些学者的研究成果的基础上制定的，本规范规定根据岩爆现象和岩石强度应力比进行岩爆分级和判别。

关于岩爆防治，一般对不同烈度的岩爆采取不同的预防和治理措施。从目前的经验看，由于不同行业

及其拥有技术力量的差异，在处理方法上则不尽相同。总的来说，岩爆防治可分为预防和治理两大类。

所谓预防旨在消除产生岩爆的条件，尽可能杜绝岩爆发生的危险。为此，应首先判别岩爆可能发生的地域、地段，工程选址时应尽量避开。在难以避开的情况下，需进一步分析地应力、岩体结构和洞室轴线的关系，调整、优化洞室轴线，以降低岩爆级别。

关于岩爆治理大体上有以下几种措施：

释放岩体应力。对可能发生岩爆的部位采取围岩应力解除，如超前应力释放钻孔、松动爆破或震动爆破，使岩体应力降低，能量在开挖前释放。

弱化岩体弹脆性。一般采用注水或表面喷水。

加固围岩。加固围岩的方法有超前锚固，即采用不同长度的锚杆，先锚后挖，挖掘循环作业，以阻止岩爆发生。适用于在隧洞掌子面上和坝基产生岩爆的地段。另一种是爆后喷锚法，可视岩爆的强烈程度，分别对弱、中、强不同级别的岩爆裂带，采取一般性喷浆、喷锚、钢纤维混凝土喷锚或挂网喷锚。对强、极强者除做喷锚支护外，多采取钢支撑或结合混凝土挡墙等工程措施。

附录 R 特殊土勘察要点

R.1 软 土

R.1.1 天然孔隙比大于或等于1.0，且天然含水量大于液限的细粒土应判定为软土，如淤泥、淤泥质土、泥炭、泥炭质土等。有时处于地下水位以下的黄土状土在孔隙比较高时也具有软土的性质。软土引起的工程地质问题主要有承载力不足、地基沉降变形和不均匀变形、边坡稳定等。

R.1.2 软土勘察的重点是查明其空间分布，可采用钻探与静力触探相结合的手段，静力触探是软土地区十分有效的原位测试方法，标准贯入试验对软土的适应性较差。其抗剪强度指标室内宜采用三轴试验，原

位测试宜采用十字板剪切试验。

R.1.3 在评价其承载力和分析地基沉降变形时，还应注意对邻近建筑物的影响。在分析评价过程中，应充分吸收和借鉴当地工程经验。

R.2 黄 土

R.2.1 黄土的物理力学性质与黄土形成时代存在较密切的关系，因此黄土勘察首先应查明黄土的形成时代。此外，黄土勘察还应重点研究黄土的湿陷性、物理地质现象和地下水的分布。黄土的力学性质在干燥状态和饱水状态下存在很大的差别，应根据土体在天然状态、施工期和工程运行期的地下水条件提出合适的力学指标。

R.2.2 黄土的物理力学性质对含水量较为敏感，且土体具有弱～中等透水性，钻孔内取样难以保证其原状性，因此规范推荐坑槽或竖井内取样。

R.2.3 黄土的湿陷性分自重湿陷和非自重湿陷两种，且湿陷性黄土多分布在地表下数米范围内。

R.3 盐 渍 土

R.3.1 盐渍土系指含有较多易溶盐的土体。对易溶盐含量大于0.3%，且具有吸湿、松胀等特性的土称为盐渍土。在干旱半干旱地区、地势低洼排水不畅地区、灌溉退水及渗漏渠道两侧可能出现土壤盐渍化。

土壤盐渍化的影响主要有三个方面：影响农作物生长、腐蚀建筑物和改变土体物理力学性质。氯盐类有较大的吸湿性，具有保持水分的能力，结晶时体积不膨胀；硫酸盐类在结晶时体积发生膨胀，因而具有盐胀性；碳酸钠的水溶液具有较大的碱性反应，对土颗粒具有分散作用。

R.3.2 盐渍土的厚度与地下水埋深、土的毛细作用上升高度以及蒸发强度有关，一般分布在地表下1.5～4.0m范围内。

土壤盐渍化程度可按表18确定。

表18 盐渍土按含盐量分类

盐渍土名称	平均含盐量（%）		
	氯及亚氯类	硫酸及亚硫酸类	碱性盐
弱盐渍土	0.3～1.0	—	—
中盐渍土	1.0～5.0	0.3～2.0	0.3～1.0
强盐渍土	5.0～8.0	2.0～5.0	1.0～2.0
超盐渍土	>8.0	>5.0	>2.0

溶陷性指标的测定可按湿陷性土的湿陷性试验方法进行。

R.4 膨 胀 土

R.4.1 膨胀土地区的自然地面坡度往往与土的膨胀性相关，可以间接地反映土体的膨胀潜势。膨胀土的大气影响深度在平原地区一般为数米，过去在一些规范或著作中多认为不超过5m。近几年，南水北调中线工程围绕膨胀土渠坡的稳定性开展了大量的专门勘察研究，认为大气影响带可进一步分为两个带：一是剧烈影响带，平原地区深度一般在2m左右；二是过渡带，平原地区深度一般在5～7m。在人工开挖的渠道两侧边坡，大气影响深度有加大趋势。

膨胀土地区的滑坡有多种成因机理，除了渐进式浅层滑坡外，尚有受层间软弱带控制的渐进式深层滑坡和受多种因素控制的深层整体式滑坡。

R.4.2 我国的膨胀土具有明显的时代特征。自由膨胀率仍是目前广泛使用的膨胀性划分指标，但在工程应用时应综合分析蒙脱石矿物含量、黏粒含量、膨胀力等指标，以免造成误判。

膨胀土在空间上的相变往往较大，膨胀性在平面和垂直方向上变化频繁，因而勘探及取样应保证一定的密度。

膨胀土的抗剪强度是一个难以确定的指标，目前尚无公认的方法。膨胀土的抗剪强度与土体含水量、裂隙发育程度密切相关。南水北调中线工程的勘察研究显示，膨胀土抗剪强度具有明显的尺寸效应，且垂直方向上具有明显的分带特征。此外，膨胀土开挖边坡土体的物理力学性质尚具有随时间变化的动态特性，地质建议值应充分考虑土体结构、分带性、施工及运行工况等不同条件下的差异。

R.5 人 工 填 土

R.5.2 人工填土的最大特点是不均匀，应针对不同的物质组成，采用不同的勘察手段。除了钻探外，应有一定数量的探井，以查明填土的结构。

R.5.3 对于人工填土，不能采用常规的数理统计方法对试验成果进行统计分析，而应根据勘察试验成果对土体进行分区分段，查明存在工程地质问题的部位。

填土的成分比较复杂，利用填土作为天然地基时应慎重。

R.6 分 散 性 土

R.6.1 分散性土是指土在遇水后即分散成原级颗粒的土，我国主要分布在西北、东北等地区。分散性土不能作为大坝、渠道的填筑料。

R.6.2 分散性土的鉴别首先以地形、地貌、岩性等宏观特征做初步判断，再以室内试验进行综合评判。目前经常采用的分散性试验包括针孔试验、孔隙水溶液试验、土块试验、双比重计试验等方法。

R.7 冻 土

R.7.1 土体在冻结状态时，具有较高的强度和较低的压缩性。但冻土融化后则承载力大为降低，使地基产生融沉（或融陷）；在冻结过程中则产生冻胀。土颗粒愈小，冻胀和融沉性愈强。

冻土勘察应紧密结合设计原则。

R.7.3 多年冻土融沉性可根据总含水量和平均融沉系数分为五级。

R.8 红 黏 土

R.8.1 红黏土是指棕红或褐黄色、覆盖于碳酸盐岩之上、其液限大于等于50%的高塑性黏土。原生红黏土经搬运、沉积后仍保留其基本特征，且其液限大于45%的黏土可判定为次生红黏土。形成时代较早、后期又被其他地层覆盖的棕红色高塑性黏土可能具有红黏土的部分特性。

红黏土的主要特征是上硬下软、表面收缩、裂隙发育。红黏土具有胀缩性，且主要表现为收缩。土体高含水量及裂隙发育是土体稳定的不利因素。

R.8.2 红黏土底部常有软弱土层分布，应注意选用合适的勘探方法和密度。

R.8.3 在提出红黏土地区建筑物基础埋置深度和基础类型地质建议时应特别慎重，红黏土上硬下软的特性和浅表受大气影响的特性是一对矛盾，对于重要建筑物，宜采用桩基。

附录 S 膨胀土的判别

S.0.1 本规范规定对膨胀土的判别采用初判和详判，工作逐步深入，可以避免误判。

S.0.2 我国中东部及西南地区Q_2、Q_1土体普遍有膨胀潜势，Q_3土体一般只有微弱膨胀潜势，源于Q_2、Q_1地层或上第三系～侏罗系的全新统地层或残坡积层可能具有弱膨胀潜势。

膨胀土的特征可以概括为以下几个方面：

野外特征：多分布在二级及二级以上阶地与山前丘陵地区，个别分布在一级阶地上，呈龙岗、丘陵与浅而宽的沟谷，地形坡度平缓，一般小于12°，无明显的自然陡坎。在流水冲刷作用下，水沟水渠常易崩塌、滑动而淤塞。

结构特征：膨胀土多呈坚硬～半坚硬状态，结构致密，成棱形土块者常具有胀缩性，棱形土块越小，胀缩性越强。土内分布有裂隙，斜交剪切裂隙越发育，胀缩性越严重。另外，膨胀土多由细腻的胶体颗粒组成，断口光滑，土内常包含钙质结核和铁锰结核，呈零星分布，有时富集成层。

地表特征：分布在沟谷头部、库岸和开挖边坡上的膨胀土常易出现浅层滑坡，新开挖的边坡，旱季常出现剥落，雨季则出现表面滑塌。有时，在旱季出现长可达数十米至近百米、深数米的地裂，雨季闭合。

地下水特征：膨胀土地区多为上层滞水或裂隙水，无统一地下水位，随着季节水位变化，常引起地

基的不均匀胀缩变形。

S.0.3 膨胀土的判别，目前尚无统一的标准和方法。国内不同单位或标准采用的指标主要有自由膨胀率、蒙脱石或伊利石含量、黏粒含量、膨胀力等，国外也有采用缩率作为判别指标。其中自由膨胀率是一个广泛采用的评价指标，但在确定土的膨胀性及进行工程地质评价时，应结合土的宏观特征、膨胀力及其他物理指标进行综合评判。

长江勘测规划设计研究院结合南水北调中线一期工程地质勘察，对南阳盆地的膨胀土进行了较为深入的研究，提出按膨胀土的结构特征和强度指标进行分类，见表19。

表 19 膨胀土工程地质分类

膨胀土分类		结构特征	膨胀力 (kPa)	抗剪强度			变形模量 E (kPa)	承载比例界限值 (kPa)
				室内直剪		现场大剪		
				$\tan\varphi$	$\tan\varphi_r$	$\tan\varphi$		
强膨胀土 I		灰白色黏土，网状裂隙发育，土体呈碎块状结构，水对其影响特别显著	>120	0.27～0.35	0.15～0.25	0.20～0.30	18000～30000	150～200
中膨胀土	II₁	棕黄色黏土，裂隙发育，充填灰白色黏土，层状结构，水对其影响显著	40～120	0.32～0.42	0.25～0.30	0.30～0.35	30000～40000	200～300
	II₂	棕黄色或红色黏土夹姜石，裂隙较发育，部分充填灰白色黏土，厚层状或块状结构	40～70	0.38～0.45	0.30～0.32	0.32～0.52	40000～60000	280～400
弱膨胀土 III		灰褐或褐黄色黏土，裂隙不发育，块状结构	<50	0.33～0.46	0.32～0.35	0.32～0.44	40000～50000	220～330

附录 T 黄土湿陷性及湿陷起始压力的判定

T.0.1 黄土是干旱、半干旱气候条件下形成的，颜色以黄色为主，色调有深浅差异，颗粒组成以粉粒为主，级配均匀，具有大孔隙，富含碳酸盐的第四纪黏性土。具有湿陷性的黄土是特殊土，浸水时，发生湿陷变形，并造成危害。天然状态下，强度较高，压缩性较低，稳定性较好；增湿时，综合性能弱化或恶化，稳定性降低，甚至失稳。

本条规定了黄土湿陷性的判别分为初判与复判。初判是定性的；对初判认为可能具有湿陷性的黄土，应进行定量的复判。

T.0.2 黄土的湿陷性初判，可按黄土层地质时代、地层剖面进行初判，本次修订基本保持原规范条文的内容。根据西北电力设计院、陕西省水利电力勘测设计研究院等单位的最新研究成果，仅对Q_2黄土层湿

陷性初判作了修改。

T.0.3、T.0.4 对湿陷性黄土取样、试验及复判作了规定。复判的标准、内容和方法与现行国家标准《湿陷性黄土地区建筑规范》GB 50025—2004 相同；根据水利水电工程特点，修改了取样要求，提高了取样标准。

T.0.5 为新增条文。明确了湿陷性黄土的湿陷起始压力 P_{sh} 值的确定方法及应用；根据经验，湿陷性黄土地基的评价应结合湿陷性黄土总湿陷量 Δ_s、自重湿陷量 Δ_{zs} 和湿陷起始压力 P_{sh} 值综合进行。

附录 U 岩体结构分类

与原规范相比，本次修订中有 3 处较大的改动：

1 将镶嵌结构从碎裂结构中分出，作为一种单独类型列出。这是考虑到二者有较大的差别。在岩体质量评价中，镶嵌结构岩体一般可划为Ⅲ级，而碎裂结构岩体一般只能划为Ⅳ级。

2 碎裂结构中增加块裂结构亚类。块裂结构的特点是岩体的破碎程度较碎裂结构轻，岩块块度较大，岩块间嵌合程度紧密～较松弛，但紧密程度不如镶嵌结构岩体。

3 对于层状结构中的巨厚层状结构、厚层状结构，若内部结构面发育，可进一步划分亚类。巨厚层状结构划分为：巨厚层块状结构、巨厚层次块状结构、巨厚层镶嵌结构；厚层状结构划分为：厚层块状结构、厚层次块状结构和厚层镶嵌结构。

附录 V 坝基岩体工程地质分类

原规范的附录 L "坝基岩体工程地质分类"，经多年使用总体上是好的，有可操作性。本次修订保留了原附录的基本框架和主要内容，仅作了以下重要的修改和补充。

1 增加了岩体主要特征值一栏，给出了体现岩体主要工程性质的一些力学参数，包括：岩石抗压强度、岩体纵波速度（声波）、岩体完整性系数、RQD 值等。这些参数不是推荐用作设计采用，而是与岩体工程地质分类定性描述相匹配的评价体系。该表是调查、统计、分析了三峡、丹江口、隔河岩、葛洲坝、万安、皂市、构皮滩、彭水、二滩、五强溪、江垭、东江、双牌、万家寨、潘家口、漫湾、大朝山、百色、白山、安康、小浪底、军渡等二十余个工程建基岩体的资料，综合整理分析后提出的。一般情况下，岩体的工程地质类别是可以和相应的特征值对应的，但也有一些例外的情况，这是由于岩体的特异性和复杂性所决定的。

2 对薄层状结构的岩体，根据其层面的结合、胶结情况作了区分，分别归入 $A_{Ⅲ1}$、$A_{Ⅲ2}$ 和 $A_{Ⅳ1}$，而原规范将薄层状结构只列入 $A_{Ⅳ1}$ 类中，这是欠妥当的。大量的工程实践证明，薄层状结构岩体的工程特性差别很大，主要取决于层面的结合情况。对于隐形和变质的薄层结构、硅质胶结的薄层岩体（如乌东德枢纽的硅质薄层大理岩和灰岩），其强度和完整性可以很好（其他节理裂隙不发育时），钙质胶结的薄层岩体也可以是好的岩体，如下奥陶系南津关组第二段页岩（$O_1^2 n$）。只有泥质胶结或成岩作用差、层面间胶结很弱的薄层岩体才是性状很差的岩体，如：三叠系巴东组页岩、葛洲坝坝基的薄层粉砂岩等。有人建议将第一种情况的薄层状岩体划为 $A_Ⅱ$ 类，这是一个值得讨论的问题，本次修订未作考虑。

3 对于强度很高，裂隙发育，但裂隙间无松软物质充填，岩块间嵌合紧密的岩体，俗称"硬脆碎"岩体，如故县水库、皂市水库等工程的坝基岩体。这类岩体的主要特点是岩石强度很高（一般大于100MPa），但岩体变形模量较低，坝基开挖应力解除后，岩体易解体。本次修订将其划为 $A_{Ⅲ2}$ 类，并对其特性及工程处理措施作了较准确的描述。

4 $A_{Ⅲ1}$ 与 $A_{Ⅲ2}$，$A_{Ⅳ1}$ 与 $A_{Ⅳ2}$ 的差别，在岩体特征与工程性质评价栏中，文字作了必要的调整，使二者特点的区别更明显。前者的特点是坝基变形、稳定主要受软弱结构面的控制，工程需针对软弱结构面做专门性处理；而后者主要是提高岩体的完整性和整体抗变形能力，工程处理以加强常规固结灌浆为主。

附录 W 外水压力折减系数

W.0.1

1 根据国家现行标准《水工隧洞设计规范》SL 279—2002，作用在隧洞衬砌结构外表面上的外水压力，可按下式估算：

$$P_e = \beta_e \cdot \gamma_w \cdot H_e \tag{2}$$

式中 P_e——作用在衬砌结构外表面上的地下水压力（kN/m^2）；

β_e——外水压力折减系数，$\beta_e = 0 \sim 1.0$；

γ_w——水的重度（kN/m^3），一般采用 9.81kN/m^3；

H_e——地下水位线至隧洞中心线的作用水头（m）。

上覆岩（土）体中地下水渗流产生的作用于衬砌外表面的水压力往往不等于地下水位至隧洞中心线的水头（静水压力 P_e），存在水头的折减用折减系数 β_e 表示。

2 由于前期勘察阶段无法取得地下水活动状态的完整资料，用地下水活动状态判定外水压力折减系数依据不足，易产生大的偏差，国家现行标准《水工隧洞设计规范》SL 279—2002 附录 H 外水压力折减系数表在前期勘察中难以应用。

3 地下水活动状态主要反映岩体的渗透特性。岩（土）体渗透性的强弱是岩体渗透特性的综合反映，大体上也能反映出地下水可能的活动状态，而在前期勘察中可以得到较丰富的岩土体渗透性资料，因此本附录用岩土体渗透性指标确定外水压力折减系数。

4 表 W.0.1 表明岩（土）体渗透性越弱，其相对应的 β_e 值越小，甚至趋近于 0；反之岩土体渗透性越大，β_e 值越大，可趋近于 1。这是符合地下水渗透规律的，并被工程实例所证实。但表 W.0.1 的渗透性分级与 β_e 值对应关系，目前还缺乏试验和工程观测资料，需要进一步补充修改和完善。

中华人民共和国国家标准

盐渍土地区建筑技术规范

Technical code for building in saline soil regions

GB/T 50942—2014

主编部门：中华人民共和国住房和城乡建设部
批准部门：中华人民共和国住房和城乡建设部
施行日期：２０１５年２月１日

中华人民共和国住房和城乡建设部
公　告

第 417 号

住房城乡建设部关于发布国家标准
《盐渍土地区建筑技术规范》的公告

现批准《盐渍土地区建筑技术规范》为国家标准，编号为 GB/T 50942-2014，自 2015 年 2 月 1 日起实施。

本规范由我部标准定额研究所组织中国计划出版社出版发行。

中华人民共和国住房和城乡建设部

2014 年 5 月 16 日

前　言

本规范是根据住房城乡建设部《关于印发〈2009年工程建设标准规范制订、修订计划〉的通知（建标〔2009〕88 号）》的要求，由合肥工业大学、中建三局第三建筑工程有限责任公司会同有关单位共同编制完成的。

本规范编制组经广泛调查研究，认真总结实践经验，参考有关国内标准和国外先进标准，并在广泛征求意见的基础上，编制本规范。

本规范共分 8 章和 7 个附录，主要内容包括：总则、术语和符号、基本规定、勘察、设计、施工、地基处理、质量检验与维护等。

本规范由住房城乡建设部负责管理，由合肥工业大学负责具体技术内容的解释。执行过程中如有意见或建议，请寄送合肥工业大学（地址：合肥市屯溪路 193 号，邮政编码：230009），以供今后修订时参考。

本规范主编单位、参编单位、主要起草人和主要审查人：

主 编 单 位：合肥工业大学
　　　　　　　中建三局第三建筑工程有限责任公司

参 编 单 位：中国建筑科学研究院
　　　　　　　中国石油集团工程设计有限公司
　　　　　　　国机集团机械工业勘察设计研究院
　　　　　　　中交第一公路勘察设计研究院有限公司
　　　　　　　新疆维吾尔自治区建筑设计研究院
　　　　　　　新疆城乡岩土工程勘察设计研究院
　　　　　　　建设综合勘察研究设计院有限公司
　　　　　　　胜利油田胜利勘察设计研究院有限公司
　　　　　　　中国能源建设集团安徽省电力设计院
　　　　　　　中航勘察设计研究院有限公司
　　　　　　　河海大学
　　　　　　　新疆农业大学
　　　　　　　山东科技大学
　　　　　　　长安大学
　　　　　　　甘肃省建筑设计研究院

主要起草人：杨成斌　何　穆　杨　军　张　炜
　　　　　　　陈情来　张留俊　赵祖禄　张卫明
　　　　　　　张长城　汪　海　郭明田　李传滨
　　　　　　　张建青　吴春萍　王保田　王大军
　　　　　　　张远芳　丁　冰　高江平　王　伟
　　　　　　　黄兴怀　高　盟　耿鹤良　周亮臣
　　　　　　　顾宝和　张苏民　钱力航

主要审查人：顾晓鲁　滕延京　高永强　高文生
　　　　　　　刘汉龙　张振拴　柳建国　刘国楠
　　　　　　　郭书太　但新惠　余雄飞

目　　次

Contents

1 总　则

1.0.1 为使盐渍土地区的建筑工程符合安全可靠、技术先进、经济合理、保护环境的要求，制定本规范。

1.0.2 本规范适用于盐渍土场地建筑工程的勘察、设计、施工、质量检测与维护。

1.0.3 盐渍土地区的工程建设应坚持因地制宜、以防为主、防治结合、综合治理的原则，根据各地盐渍土的特性，结合地形、地貌、地层岩性、水文、气候和环境等因素，做到周密勘察、慎重设计、严格施工、精心维护。

1.0.4 盐渍土地区的建筑工程除应符合本规范的规定外，尚应符合国家现行有关标准的规定。

2　术语和符号

2.1　术　语

2.1.1 盐渍土　saline soil
易溶盐含量大于或等于 0.3% 且小于 20%，并具有溶陷或盐胀等工程特性的土。

2.1.2 粗颗粒盐渍土　coarse particle saline soil
洗盐后，按土颗粒粒径组成定名为粗粒土的盐渍土。

2.1.3 细颗粒盐渍土　fine particle saline soil
洗盐后，按土颗粒粒径组成定名为细粒土的盐渍土。

2.1.4 盐渍化　salinization
土体中盐分的迁移和积聚，并最终达到一定的含盐量的过程。

2.1.5 次生盐渍化　secondary salinization
由于人类活动而引起的土盐渍化的过程。

2.1.6 盐渍土地基　saline soil foundation
主要受力层由盐渍土组成的地基。

2.1.7 盐渍土场地　saline soil field
由盐渍土地基和周边的盐渍土环境组成的建筑场地。

2.1.8 溶解度　solubility
在一定温度下，某固态盐在 100g 水中达到饱和状态时所溶解的质量。

2.1.9 含盐量　salinity content
土中所含盐的质量与土颗粒质量之比。

2.1.10 含液量　saline solution content
土中所含盐溶液的质量与土颗粒质量之比。

2.1.11 易溶盐　soluble salt
易溶于水的盐类，主要指氯盐、碳酸钠、碳酸氢钠、硫酸镁等，在 20℃ 时，其溶解度约为 9%～43%。

2.1.12 中溶盐　medium dissolved salt
中等程度可溶于水的盐类，主要指硫酸钙，在 20℃ 时，其溶解度约为 0.2%。

2.1.13 难溶盐　insoluble salt
难溶于水的盐类，主要指碳酸钙，在 20℃ 时，其溶解度约为 0.0014%。

2.1.14 溶陷　collapsibility
因水对土中盐类的溶解和迁移作用而产生的土体沉陷。

2.1.15 溶陷系数　coefficient of collapsibility
单位厚度的盐渍土的溶陷量。

2.1.16 盐胀　salt expansion
盐渍土因温度或含水量变化而产生的土体体积增大。

2.1.17 盐胀系数　coefficient of salt expansion
单位厚度的盐渍土的盐胀量。

2.1.18 盐化法　salinization method
用饱和盐水灌入地基，以减小盐渍土溶陷性的地基处理方法。

2.1.19 隔断层　separation layer
由高止水材料或不透水材料构成的隔断毛细水运移的结构层。

2.1.20 保护层　protective layer
为保护隔断层不被破坏失效而在隔断层上(下)铺设的过渡层。

2.1.21 毛细水强烈上升高度　capillary water lifting height
受地下水直接补给的毛细水上升高度。

2.2　符　号

2.2.1 几何与变形：

b——条形基础的宽度；

b'——砂石垫层底宽；

d_e——有效排水直径；

d_w——竖井直径；

Δh——年度盐胀量；

h_0——盐渍土不扰动土样的原始高度；

h_i——第 i 层土的厚度；

h_{ir}——浸润深度；

h_p——压力 P 作用下变形稳定后土样高度；

h'_p——压力 P 作用下浸水溶滤变形稳定后土样高度；

Δh_p——压力 P 作用下浸水变形稳定前后土样高度差；

h_{yz}——有效盐胀区厚度，盐胀深度；

n——基础底面以下可能产生溶陷的盐渍土的层数；

$[s]$——建(构)筑物地基变形允许值；

s_0——地基在不浸水状态的变形值；

Δs_{i-1}、Δs_i——第 i 层顶面和底面在浸水前后的沉降差；

S_0——盐胀前平均路面高程；

S_{max}——平均最大盐胀量高程；

s_{rx}——盐渍地基的总溶陷量计算值；

s_{yz}——盐渍地基的总盐胀量计算值；总盐胀量；

V_d——试样体积；

z——砂石垫层的厚度；

δ_{rx}——溶陷系数；

$\bar{\delta}_{rx}$——平均溶陷系数；

δ_{rxi}——室内试验测定的第 i 层土的溶陷系数；

δ_{yz}——盐胀系数；

$\bar{\delta}_{yz}$——平均盐胀系数；

δ_{yzi}——室内试验测定的第 i 层土的盐胀系数；

θ——垫层压力扩散角。

2.2.2 物理性质：

表 3.0.4　盐渍土按含盐量分类

B——土中水的含盐量；

C——试样的含盐量；

m'——蜡封试样在纯水中的质量；

m_0——称量试样质量；

m_d——计算试样质量；

m_w——蜡封试样质量；

T_d——土基内平均最低温度；

T_q——冬季平均最低气温；

w——含水量；

w_B——含液量；

ρ_0——试样的湿密度；

ρ_d——试样的干密度；

ρ_{dmax}——试样的最大干密度；

ρ_w——蜡的密度；

ρ_{wl}——纯水在温度 t 时的密度。

2.2.3　其他：

a、b——土层温度系数；

DI——干燥度；

E——蒸发量；

r——降水量；

K_G——与土性有关的经验系数；

$\sum t$——日平均气温不低于 10℃ 时期内的积温。

3　基 本 规 定

3.0.1　在盐渍土地区宜选择溶陷性、盐胀性、腐蚀性弱的场地进行建设，并避开水环境和地质环境变化大的地段，且应对建设项目的使用环境作出限定。

3.0.2　盐渍土场地上的各类建筑工程，在勘察、设计、施工、使用和维护期间，均应根据盐渍土的溶陷、盐胀和腐蚀程度，采取措施确保建筑工程的使用功能、安全性、稳定性和耐久性。位于盐渍土地区的非盐渍土地基，应防止盐分迁移导致的工程问题。

3.0.3　盐渍土按盐的化学成分分类时，应符合表 3.0.3 的规定。

表 3.0.3　盐渍土按盐的化学成分分类

盐渍土名称	$\dfrac{c(Cl^-)}{2c(SO_4^{2-})}$	$\dfrac{2c(CO_3^{2-})+c(HCO_3^-)}{c(Cl^-)+2c(SO_4^{2-})}$
氯盐渍土	>2.0	—
亚氯盐渍土	>1.0,≤2.0	—
亚硫酸盐渍土	>0.3,≤1.0	—
硫酸盐渍土	≤0.3	—
碱性盐渍土	—	>0.3

注：$c(Cl^-)$、$c(SO_4^{2-})$、$c(CO_3^{2-})$、$c(HCO_3^-)$分别表示氯离子、硫酸根离子、碳酸根离子、碳酸氢根离子在 0.1kg 土中所含毫摩尔数，单位为 mmol/0.1kg。

3.0.4　盐渍土按含盐量分类时，应符合表 3.0.4 的规定。

表 3.0.4　盐渍土按含盐量分类

盐渍土名称	盐渍土层的平均含盐量(%)		
	氯盐渍土及亚氯盐渍土	硫酸盐渍土及亚硫酸盐渍土	碱性盐渍土
弱盐渍土	≥0.3,<1.0	—	≥0.3,<1.0
中盐渍土	≥1.0,<5.0	≥0.3,<2.0	≥1.0,<2.0
强盐渍土	≥5.0,<8.0	≥2.0,<5.0	≥1.0,<2.0
超盐渍土	≥8.0	≥5.0	≥2.0

3.0.5　盐渍土按土颗粒径组成可分为粗颗粒盐渍土和细颗粒盐渍土，对其含盐量应按本规范附录 A、附录 B 规定的测试方法进行测定。

3.0.6　盐渍土场地应根据地基土含盐量、含盐类型、水文与水文地质条件、地形、气候、环境等因素按表 3.0.6 划分为简单、中等复杂和复杂三类场地。

表 3.0.6　盐渍土场地类型分类

场地类型	条　件
复杂场地	①平均含盐量为强或超盐渍土；②水文和水文地质条件复杂；③气候条件多变，且处于积盐或褪盐期
中等复杂场地	①平均含盐量为中盐渍土；②水文和水文地质条件可预测；③气候条件、环境条件单向变化
简单场地	①平均含盐量为弱盐渍土；②水文和水文地质条件简单；③气候环境条件稳定

注：场地划分应从复杂向简单推定，以最先满足的为准；每类场地满足相应的单个或多个条件均可。

3.0.7　盐渍土地区的建筑工程应根据其规模、性质、重要性、破坏后果以及对盐渍土的溶陷、盐胀、腐蚀特性的敏感程度、场地复杂程度等划分地基基础设计等级，并应符合表 3.0.7 的规定。

表 3.0.7　盐渍土地区地基基础设计等级

设计等级	建筑和地基类型
甲级	重要的工业与民用建筑物；30 层以上的高层建筑；体型复杂，层数相差超过 10 层的高低层连成一体建筑物；大面积的多层地下建筑物（如地下车库、商场、运动场等）；对于地基变形有特殊要求的建筑物；复杂地质条件下的坡上建筑物（包括高边坡）；对原有工程影响较大的新建建筑物；场地和地基条件复杂的一般建筑物；位于复杂地质条件下及软土地区的 2 层及 2 层以上地下室的基坑工程；开挖深度大于 15m 的基坑工程；周边环境条件复杂、环境保护要求高的基坑工程
乙级	除甲级、丙级以外的工业与民用建筑物；除甲级、丙级以外的基坑工程
丙级	场地和地基条件简单，荷载分布均匀的 7 层及 7 层以下民用建筑及一般工业建筑；次要的轻型建筑物；非软土地区且场地地质条件简单、基坑周边环境条件简单、环境保护要求不高且开挖深度小于 5.0m 的基坑工程

3.0.8　盐渍土地区的建筑工程应评价水、温度、湿度等环境条件对盐渍土地基的影响，并提出处理措施的建议。

3.0.9　根据工程实施前后环境条件的变化和工程使用过程中的环境条件，盐渍土地基可分为 A 类使用环境和 B 类使用环境：

　1　A 类使用环境：工程实施前后和工程使用过程中不会发生大的环境变化，能保持盐渍土地基的天然结构状态，地基受淡水侵蚀的可能性小或能够有效防止淡水侵蚀。

　2　B 类使用环境：工程实施前后和工程使用过程中会发生较大的环境变化，盐渍土地基受淡水侵蚀的可能性大，且难以防范。

3.0.10　保护盐渍土地基使用环境的工程措施应与主体工程同时设计、同时施工、同时交付使用。

3.0.11 对复杂场地和中等复杂场地盐渍土地基上的设计等级为甲级和乙级的建(构)筑物宜进行长期变形观察和基础腐蚀程度观察。

3.0.12 对非盐胀和非溶陷性盐渍土地基,除应采取防腐蚀措施外,可按非盐渍土地基对待。

4 勘 察

4.1 一般规定

4.1.1 盐渍土地区的岩土工程勘察应符合下列规定:

1 收集当地的气象资料和水文资料;

2 调查场地及附近盐渍土地区地表植被种属、发育程度及分布特点;

3 调查场地及附近盐渍土地区工程建设经验和既有建(构)筑物使用、损坏情况;

4 查明盐渍土的成因、分布、含盐类型和含盐量;

5 查明地表水的径流、排泄和积聚情况;

6 查明地下水类型、埋藏条件、水质、水位、毛细水上升高度及季节性变化规律;

7 测定盐渍土的物理和力学性质指标;

8 评价盐渍土地基的溶陷性及溶陷等级;

9 评价盐渍土地基的盐胀性及盐胀等级;

10 评价环境条件对盐渍土地基的影响;

11 评价盐渍土对建筑材料的腐蚀性;

12 测定天然状态和浸水条件下的地基承载力特征值;

13 提出地基处理方案及防护措施的建议。

4.1.2 盐渍土地区的勘察阶段可分为可行性研究勘察阶段、初步勘察阶段和详细勘察阶段,各阶段勘察应符合下列规定:

1 可行性研究勘察阶段:应通过现场踏勘,工程地质调查和测绘,收集有关自然条件、盐渍土危害程度与治理经验等资料,初步查明盐渍土的分布范围、盐渍化程度及其变化规律,为建筑场地选择提供必要的资料;

2 初步勘察阶段:应通过详细的地形、地貌、植被、气象、水文、地质、盐渍土病害等的调查,配合必要的勘探、现场测试、室内试验,查明场地盐渍土的类型、盐渍化程度、分布规律及对建(构)筑物可能产生的作用效应,提出盐渍土地基设计参数、地基处理和防护的初步方案;

3 详细勘察阶段:在初步勘察的基础上详细查明盐渍土地基的含盐性质、含盐量、盐分分布规律、变化趋势等,并根据各单项工程地基的盐渍土类型及含盐特点,进行岩土工程分析评价,提出地基综合治理方案;

4 对场地面积不大,地质条件简单或有建筑经验的地区,可简化勘察阶段,但应符合初步勘察和详细勘察两个阶段的要求;

5 对工程地质条件复杂或有特殊要求的建(构)筑物,宜进行施工勘察或专项勘察。

4.1.3 盐渍土场地各勘察阶段勘探点的数量、间距和深度应符合下列规定:

1 在详细勘察阶段,每幢独立建(构)筑物的勘探点不应少于3个;取不扰动土样勘探点数不应少于总勘探点数的1/3;勘探点中应有一定数量的探井(槽);初勘阶段的勘探点应符合现行国家标准《岩土工程勘察规范》GB 50021 的规定;

2 勘探点间距应根据建(构)筑物的等级和盐渍土场地的复杂程度按表4.1.3确定。

表 4.1.3 勘探点间距(m)

场地复杂程度	可行性研究勘察阶段	初步勘察阶段	详细勘察阶段
简单场地	—	75~200	30~50
中等复杂场地	100~200	40~100	15~30
复杂场地	50~100	30~50	10~15

3 勘探深度应根据盐渍土层的厚度、建(构)筑物荷载大小与重要性及地下水位等因素确定,以钻穿盐渍土层或至地下水位以下2m~3m为宜,且不应小于建(构)筑物地基压缩层计算深度。当盐渍土层厚度很大时,宜有一定量的勘探点钻穿盐渍土层。

4.1.4 盐渍土试样的采取应符合下列规定:

1 对扰动土试样的采取,其取样间距为:在深度小于5m时,应为0.5m;在深度为5m~10m时,应为1.0m;在深度大于10m时,应为2.0m。

2 对不扰动土试样的采取,应从地表处开始,在10m深度内取样间距为1.0m~2.0m,在10m深度以下应为2.0m~3.0m,初步勘察取大值,详细勘察取小值;在地表、地层分界处及地下水位附近应加密取样。

3 对于细粒土,扰动土试样的重量不应少于500g;对于粗粒土,粒径小于2mm的颗粒的重量不应少于500g,粒径小于5mm的颗粒的重量不应少于1000g;非均质土试样不应少于3000g。

4.1.5 在进行盐渍土物理性质试验时,应分别测定天然状态和洗除易溶盐后的物理性质指标。各项指标的测试除应符合现行国家标准《土工试验方法标准》GB/T 50123 的规定外,尚应符合本规范附录A、附录B的有关规定。对以中溶盐为主的盐渍土,也宜测定洗盐后的物理性质指标。

4.1.6 盐渍土的化学成分分析应按现行国家标准《土工试验方法标准》GB/T 50123 执行,试验应包含下列内容:

1 pH值、易溶盐含量、中溶盐含量、总盐量;

2 易溶盐中的 Na^+、K^+、Ca^{2+}、Mg^{2+}、NH_4^+、SO_4^{2-}、Cl^-、CO_3^{2-}、HCO_3^- 离子含量;

3 中溶盐 $CaSO_4$ 的含量。

4.1.7 盐渍土场地勘察时,在勘察深度范围内有地下水时,应取地下水试样进行室内试验,取样数量每一建筑场地不得少于3件,每件不少于1000mL;各项指标的测试应按现行国家标准《土工试验方法标准》GB/T 50123 执行,室内试验应包含下列内容:

1 pH值、总矿化度、总碱度、蒸发残渣;

2 K^+、Na^+、Ca^{2+}、Mg^{2+}、NH_4^+、Cl^-、SO_4^{2-}、OH^-、游离CO_2、侵蚀性CO_2、HCO_3^-、CO_3^{2-} 等离子含量。

4.1.8 盐渍土场地勘察时，应确定毛细水强烈上升高度。设计等级为甲级的建(构)筑物宜实测毛细水强烈上升高度，设计等级为乙级、丙级的建(构)筑物可按表4.1.8的规定取值。

表4.1.8 各类土毛细水强烈上升高度经验值

土 的 名 称	毛细水强烈上升高度(m)
含砂黏土	3.00～4.00
含黏砂土	1.90～2.50
粉砂	1.40～1.90
细砂	0.90～1.20
中砂	0.50～0.80
粗砂	0.20～0.40

4.1.9 对地下水位变化幅度较大或变化趋势对建(构)筑物不利的地段，应从初步勘察阶段开始对地下水位动态进行长期观测。

4.1.10 盐渍土场地附近有地表水时，应采取地表水试样进行分析，分析内容应与本规范第4.1.7条相同，并宜对地表水体的水质进行长期监测。

4.2 溶陷性评价

4.2.1 当碎石土盐渍土、砂土盐渍土以及粉土盐渍土的湿度为饱和，黏性土盐渍土状态为软塑～流塑，且工程的使用环境条件不变时，可不计溶陷性对建(构)筑物的影响。

4.2.2 当初步判定为溶陷性土时，应根据现场土体类型、场地复杂程度、工程重要性等级，采用下列方法测定盐渍土的溶陷系数：

1 本规范附录C规定的现场浸水载荷试验法；

2 本规范附录D规定的室内压缩试验法；

3 当无条件进行现场浸水载荷试验和室内压缩试验时，可采用本规范附录D规定的液体排开法。

4.2.3 对于设计等级为甲级、乙级的建(构)筑物，每一建设场区或同一地质单元均应进行不少于3处测定溶陷系数的浸水载荷试验；对于设计等级为丙级的建(构)筑物，可采用室内溶陷性试验。

4.2.4 当溶陷系数(δ_{rx})大于或等于0.01时，应判定为溶陷性盐渍土。根据溶陷系数的大小可将盐渍土的溶陷程度分为下列三类：

1 当 $0.01 < \delta_{rx} \leqslant 0.03$ 时，溶陷性轻微；

2 当 $0.03 < \delta_{rx} \leqslant 0.05$ 时，溶陷性中等；

3 当 $\delta_{rx} > 0.05$ 时，溶陷性强。

4.2.5 盐渍土地基的总溶陷量(s_{rx})除可按本规范附录C的方法直接测定外，也可按下式计算：

$$s_{rx} = \sum_{i=1}^{n} \delta_{rxi} h_i (i = 1, \cdots, n) \qquad (4.2.5)$$

式中：s_{rx}——盐渍土地基的总溶陷量计算值(mm)；

δ_{rxi}——室内试验测定的第i层土的溶陷系数；

h_i——第i层土的厚度(mm)；

n——基础底面以下可能产生溶陷的土层层数。

4.2.6 盐渍土地基的溶陷等级分为三级。溶陷等级的确定应符合表4.2.6的规定。

表4.2.6 盐渍土地基的溶陷等级

溶陷 等级	总溶陷量 s_{rx}(mm)
Ⅰ级 弱溶陷	$70 < s_{rx} \leqslant 150$
Ⅱ级 中溶陷	$150 < s_{rx} \leqslant 400$
Ⅲ级 强溶陷	$s_{rx} > 400$

4.2.7 各类盐渍土场地的溶陷性均应根据地基的溶陷等级，结合场地的使用环境条件A或B作出综合评价。

4.3 盐胀性评价

4.3.1 盐渍土地基中硫酸钠含量小于1%，且使用环境条件不变时，可不计盐胀性对建(构)筑物的影响。

4.3.2 当初步判定为盐胀性土时，应根据现场土体类型、场地复杂程度、工程重要性等级，采用下列试验方法测定盐胀性：

1 本规范附录E规定的现场试验方法；

2 本规范附录F规定的室内试验法。

4.3.3 对于设计等级为甲级、乙级的建(构)筑物，每一建设场区或同一地质单元进行的现场浸水试验不应少于3处；对于设计等级为丙级的建(构)筑物，可进行室内盐胀性试验。

4.3.4 盐渍土的盐胀性可根据盐胀系数(δ_{yz})的大小和硫酸钠含量按表4.3.4进行分类。

表4.3.4 盐渍土的盐胀性分类

盐胀性指标	非盐胀性	弱盐胀性	中盐胀性	强盐胀性
盐胀系数 δ_{yz}	$\delta_{yz} \leqslant 0.01$	$0.01 < \delta_{yz} \leqslant 0.02$	$0.02 < \delta_{yz} \leqslant 0.04$	$\delta_{yz} > 0.04$
硫酸钠含量 C_{ssn}(%)	$C_{ssn} \leqslant 0.5$	$0.5 < C_{ssn} \leqslant 1.2$	$1.2 < C_{ssn} \leqslant 2.0$	$C_{ssn} > 2.0$

注：当盐胀系数和硫酸钠含量两个指标判断的盐胀性不一致时，应以硫酸钠含量为主。

4.3.5 盐渍土地基的总盐胀量除可按本规范附录E的方法直接测定外，也可按下式计算：

$$s_{yz} = \sum_{i=1}^{n} \delta_{yzi} h_i (i = 1, \cdots, n) \qquad (4.3.5)$$

式中：s_{yz}——盐渍土地基的总盐胀量计算值(mm)；

δ_{yzi}——室内试验测定的第i层土的盐胀系数；

n——基础底面以下可能产生盐胀的土层层数。

4.3.6 盐渍土地基的盐胀等级分为三级。盐胀等级的确定应符合表4.3.6的规定。

表4.3.6 盐渍土地基的盐胀等级

盐胀 等级	总盐胀量 s_{yz}(mm)
Ⅰ级 弱盐胀	$30 < s_{yz} \leqslant 70$
Ⅱ级 中盐胀	$70 < s_{yz} \leqslant 150$
Ⅲ级 强盐胀	$s_{yz} > 150$

4.3.7 各类盐渍土场地的盐胀性均应根据地基的盐胀等级，结合场地的使用环境条件A或B作出综合评价。

4.4 腐蚀性评价

4.4.1 盐渍土对建(构)筑物的腐蚀性，可分为强腐蚀性、中腐蚀性、弱腐蚀性和微腐蚀性四个等级。

4.4.2 当环境土层为弱盐渍土、土体含水量小于3%且工程处于A类使用环境条件时，可初步认定工程场地及其附近的土为弱腐蚀性，可不进行腐蚀性评价。

4.4.3 水试样和土试样的采集应符合现行国家标准《岩土工程勘察规范》GB 50021的规定。

4.4.4 水试样和土试样腐蚀性的测试项目和测试方法应符合下列规定：

1 土试样的检测项目应符合本规范第4.1.6条的规定；

2 水试样的检测项目应符合本规范第4.1.7条的规定；

3 水、土对钢结构的腐蚀性应增加检测：氧化还原电位、极化电流密度、电阻率和质量损失等；

4 各检测项目的试验方法应符合现行国家标准《土工试验方法标准》GB/T 50123的规定。

4.4.5 土对钢结构、水和土对钢筋混凝土结构中钢筋、水和土对混凝土结构的腐蚀性评价应符合现行国家标准《岩土工程勘察规范》GB 50021的规定。

4.4.6 水和土对砌体结构、水泥和石灰的腐蚀性评价应符合表 4.4.6-1、表 4.4.6-2 和表 4.4.6-3 的规定。

表 4.4.6-1 地下水中盐离子含量及其腐蚀性

离子种类	埋置条件	指标范围	对砖、水泥、石灰的腐蚀
SO₄²⁻ (mg/L)	全浸	>4000	强
		>1000,≤4000	中
		>250,≤1000	弱
		≤250	微
Cl⁻ (mg/L)	干湿交替	>5000	中
		>500,≤5000	弱
		≤500	微
	全浸	>20000	弱
		>5000,≤20000	弱
		>500,≤5000	微
		≤500	微
NH₄⁺ (mg/L)	全浸	>1000	中
		>500,≤1000	弱
		>100,≤500	微
		≤100	微
Mg²⁺ (mg/L)	全浸	>4000	强
		>2000,≤4000	中
		>1000,≤2000	弱
		≤1000	微
总矿化度 (mg/L)	全浸	>50000	强
		>20000,≤50000	中
		>10000,≤20000	弱

续表 4.4.6-1

离子种类	埋置条件	指标范围	对砖、水泥、石灰的腐蚀
pH 值	全浸	≤4.0	强
		>4.0,≤5.0	中
		>5.0,≤6.5	弱
		>6.5	微
侵蚀性 CO₂(mg/L)	全浸	>60	强
		>30,≤60	中
		≤30	微

表 4.4.6-2 土中盐离子含量及其腐蚀性

离子种类	埋置条件	指标范围	对砖、水泥、石灰的腐蚀
SO₄²⁻ (mg/kg)	干燥	>6000	强
		>4000,≤6000	中
		>2000,≤4000	弱
		≤2000	微
	潮湿	>4000	强
		>2000,≤4000	中
		>400,≤2000	弱
		≤400	微
Cl⁻ (mg/kg)	干燥	>20000	弱
		>5000,≤20000	弱
		>2000,≤5000	微
		≤2000	微
	潮湿	>7500	中
		>1000,≤7500	弱
		>500,≤1000	微
		≤500	微

表 4.4.6-3 土中盐离子含量及其腐蚀性

介质指标	离子种类	埋置条件	指标范围	对砖、水泥、石灰的腐蚀
土中总盐量 (mg/kg)	正负离子总和	有蒸发面	>10000	强
			>5000,≤10000	中
			>3000,≤5000	弱
			≤3000	微
		无蒸发面	>50000	强
			>20000,≤50000	中
			>5000,≤20000	弱
			≤5000	微
水土酸碱度 (pH 值)			≤4.0	强
			>4.0,≤5.0	中
			>5.0,≤6.5	弱
			>6.5	微

注:1 当氯盐和硫酸盐同时存在并作用于钢筋混凝土构件时,应以各项指标中腐蚀性最高的确定腐蚀等级;

　　2 在强透水性地层中,腐蚀性可提高半级至一级;在弱透水性地层中,腐蚀性可降低半级至一级;

　　3 基础或结构的干湿交替部位应提高防腐蚀等级;

　　4 对天然含水量小于 3% 的土,可视为干燥土;

　　5 腐蚀性评价中,以最高的腐蚀性等级确定防腐蚀措施。

4.4.7 对丙类建(构)筑物,当同时具备弱透水性土、无干湿交替、不冻区段三个条件时,盐渍土的腐蚀性可降低一级。

5 设　计

5.1 一般规定

5.1.1 在盐渍土地区进行工程建设时,宜避开超、强盐渍土场地,以及分布有浅埋高矿化度地下水的盐渍土地区,并宜选择含盐量较低、场地条件较易于处理的地段,避开下列地段:

　　1 排水不利地段,低洼地段;

　　2 地下水位有可能上升的地段;

　　3 次生盐渍化程度明显增加的地段。

5.1.2 盐渍土地区的建筑总平面布置应符合下列规定:

　　1 重要建筑宜布置在含盐量较低、地下水位较深、地势较高、排水通畅的地段;

　　2 单体建(构)筑物宜布置在含盐量均匀的地层上。

5.1.3 盐渍土地区的各类建(构)筑物设计时,应综合分析下列因素的影响:

　　1 地基承载力及其变化;

　　2 地基溶陷等级与地基总溶陷量;

　　3 地基盐胀等级与地基总盐胀量;

　　4 盐渍土对地基基础及地下构筑物、管线的腐蚀性。

5.1.4 盐渍土地基承载力的确定应符合下列规定:

　　1 设计等级为甲级、乙级的建(构)筑物应按浸水载荷试验确定地基承载力特征值。单体建筑试验数量不应少于 3 处,群体建筑试验数量不应少于 5 处;

　　2 设计等级为丙级的建(构)筑物可按浸水后的物理与力学性质指标结合含盐量、含盐类型、溶陷性等综合确定地基承载力,试验数量不应少于 6 组;

3 A类使用环境下的建(构)筑物可用不浸水载荷试验确定地基承载力,但应有其他试验评价地基土的溶陷性,并确定对溶陷性的防护措施;

4 对于经过处理的地基,应按处理后的试验、检测结果综合评价确定地基承载力,试验数量应符合本规范的规定。

5.1.5 在溶陷性盐渍土地上的建(构)筑物,地基变形计算应符合下式规定:

$$s_0 + s_{rx} \leqslant [s] \qquad (5.1.5)$$

式中:s_0——天然状态下地基变形值(mm),其计算应符合现行国家标准《建筑地基基础设计规范》GB 50007 的规定;

s_{rx}——地基总溶陷量(mm),可按本规范第 4.2.5 条确定。A类使用环境或无浸水可能性时取 0;采用地基处理的,可按处理后的地基变形量确定;

$[s]$——建(构)筑物地基变形允许值(mm)。

5.1.6 当地基变形量大,不能满足设计要求时,应根据建(构)筑物的类别、承受不均匀沉降的能力、溶陷等级、盐胀等级、浸水可能性等,分别或综合采取地基处理措施、防水排水措施、基础结构措施、上部结构措施等。

5.2 防水排水设计

5.2.1 场地排水设计应符合下列规定:

1 山前倾斜平原地区的建设场地,场外应设截水沟,并建立地表水排水系统,确保排水、排洪通畅;

2 建(构)筑物周围 6m 以内的场地坡度应大于 2%,6m 以外应大于 0.5%;

3 建(构)筑物周围 6m 范围内为防水监护区,其内不宜设水池、排水明沟、直埋式排水管道、绿化带等;

4 所有排水设施应有防渗措施。

5.2.2 地面防水设计应符合下列规定:

1 建(构)筑物周围应及时回填并做好散水处理,散水坡宽度应大于 1.0m,坡度应大于 5%。散水宜采用现浇混凝土,其下应设置 150mm~200mm 硬质不透水层,与外墙交接处应做柔性防水处理。

2 经常受水浸或可能积水的地面,应做防水地面,其下也应设 150mm~200mm 的防水层。

3 在中盐渍土至超盐渍土地区,建(构)筑物的室内地面、室外地坪、场地道路与盐渍土层之间均应设置隔离层或隔断层,其宽度应大于基础宽度 100mm~200mm,使用耐久性应确保与建(构)筑物设计使用年限一致。

4 有下列情况之一时,可采用架空地板:

1)地面不允许出现裂缝或局部变形;

2)地下水位接近室内地面;

3)地基土为强盐渍土至超盐渍土;

4)地基土为盐胀性盐渍土。

5.2.3 管道防渗应符合下列规定:

1 应防止管道渗漏,在管道接头处设置柔性防水,重要部位设置检漏井、检漏管沟、集水井等,这些装置自身也应有防渗功能;

2 各类管道穿过墙、梁、井、沟时,应采用柔性防水接头。

5.2.4 在中盐渍土至超盐渍土地区,基础与墙体防水应符合下列规定:

1 建(构)筑物基础下应设置防水垫层;

2 建(构)筑物室外墙体自地坪起向上 0.8m~1.2m 及干湿交替段,宜采取防水措施。

5.2.5 对沉降缝、伸缩缝、抗震缝等,应对两侧墙体自地坪起向上 1.0m 范围内采取防水措施,并对墙体其他部分封闭。

5.2.6 当构件受水、土影响有防水、防腐要求并且要求严格控制裂缝宽度时,构件侧面的分布钢筋配筋率不宜低于 0.4%,且分布钢筋间距不宜大于 150mm。

5.2.7 建(构)筑物周边的绿化带应与建(构)筑物保持安全距离,防止绿化用水浸入基础下部。

5.3 建筑与结构设计

5.3.1 建(构)筑物平面布置宜规则,体型宜简单。

5.3.2 中盐渍土至超盐渍土地区的甲级、乙级建(构)筑物,在地基承载力或溶陷变形不能满足设计要求时,可进行地基处理或采用桩基础;当采用桩基础时,应符合下列规定:

1 宜采用钢筋混凝土实心预制桩,并采有有效的防腐措施;

2 应分析桩周土浸水溶陷产生负摩阻力的可能性;

3 在B类使用环境条件下,应通过现场浸水载荷试验确定桩的承载力。

5.3.3 在以盐胀为主的盐渍土地区,宜采取加大基底附加压力的措施约束盐胀变形,或适当增大基础埋深,减少盐胀引起的差异变形。

5.3.4 在中盐渍土至超盐渍土地区,不宜采用各种类型的壳体等薄壁型基础。

5.3.5 建(构)筑物结构方案的选择应符合下列规定:

1 宜选用整体性强、空间刚度大的结构形式,且建(构)筑物的长高比不宜大于 3.0;

2 宜选用抗不均匀沉降能力强的结构;

3 在以溶陷性为主的盐渍土地区,宜优先采用轻型结构和轻质材料;

4 多层砌体结构不宜采用纵墙承重体系;

5 强盐胀场地的低层房屋宜适当增加基础埋置深度。

5.3.6 砌体结构设计除按现行国家标准《砌体结构设计规范》GB 50003 执行外,在盐胀区,对设计等级为甲级、乙级的建(构)筑物的设计尚应符合下列规定:

1 砌体内配置通长钢筋网片,钢筋网片宜焊接,不宜绑扎,并应符合表 5.3.6 的规定;

表 5.3.6 墙体加强钢筋配筋规定

溶陷等级	I	II	III	
配筋位置	底层窗台以下	底层全高或 3m	底层全高	二层以上
配筋竖向最大间距	600mm	600mm	600mm	600mm
配筋量与最小直径	2φ6	2φ6	2φ6	2φ6

注:钢筋网片横向分布钢筋可选用 φ5 高强钢丝。

2 烧结普通砖强度等级不得低于 MU15,混凝土砌块强度等级不得低于 MU10,砌筑砂浆强度不得低于 M10;

3 在同一单元不宜内外纵墙转折;

4 门窗洞口布置宜整齐、适中、上下对齐,且应设钢筋混凝土过梁,过梁的支承长度每边不应小于 240mm。

5.3.7 圈梁设计应符合下列规定:

1 对于多层房屋,在基础顶面、屋面处以及每层楼板处均应设置一道钢筋混凝土圈梁。

2 对于单层厂房,除基础顶面和屋盖处各设置一道钢筋混凝土圈梁外,当墙高大于 3m 时,沿墙高每隔 3m 应增设一道钢筋混凝土圈梁。

3 圈梁应在所有内外纵横墙同一标高上贯通闭合;当不能闭合时,应采取加强措施。

4 基础顶面处圈梁的高度不宜小于 240mm,其他位置不宜小于 180mm,圈梁的宽度不宜小于 240mm。

5 基础顶面处圈梁的纵向钢筋不宜少于 6φ12,其他位置不得少于 4φ12,圈梁箍筋的间距宜为 200mm,但在有水源的开间及其毗邻开间,底层圈梁的箍筋间距应加密;圈梁混凝土强度等级不宜低于 C25。

6 圈梁与构造柱或框架、排架柱应有可靠连接。

5.3.8 构造柱设计应符合下列规定:

1 在有水源的开间及其毗邻开间的房屋四角宜各设置一根钢筋混凝土构造柱。

2 钢筋混凝土构造柱与芯柱纵向钢筋不宜少于 $4\phi12$,箍筋间距宜为 150mm～200mm;构造柱混凝土强度等级不宜低于 C25。

3 构造柱和芯柱应与墙体紧密拉结成整体。

5.3.9 基础结构的混凝土标号、最小配筋率、钢筋的保护层厚度应符合现行国家标准《混凝土结构设计规范》GB 50010 和《建筑地基基础设计规范》GB 50007 的规定。

5.3.10 单层钢筋混凝土厂房,墙与柱或基础梁、圈梁与柱之间应采用拉结钢筋连成整体。

5.3.11 厂房内吊车顶面与屋架下弦之间应留有不小于 200mm 的净空。

5.3.12 建(构)筑物中有管道穿过墙体时,管道周边应预留 100mm～200mm 的间隙。

5.4 防腐设计

5.4.1 盐渍土地区地下结构防腐蚀设计应根据结构的设计使用年限和腐蚀等级确定采取相应的防腐蚀措施。

5.4.2 盐渍土地区地下结构的防腐蚀耐久性设计应能确保结构在其使用年限内的安全性、适用性和可修复性,并应包含使用过程中的维修、检测或更换的相关规定。

5.4.3 同一结构中的不同构件和同一构件中的不同部位处于下列环境情况或局部环境存在差异时应区别对待:

1 结构或构件一面接触土体一面接触空气层;

2 结构或构件面处于干湿交替的环境。

5.4.4 砌体结构的建(构)筑物,其防腐措施应符合下列规定:

1 室外部分地表向上 1m 以内的区段以及干湿交替和冻融循环的部位应作为采取防腐措施的重点部位;

2 应将提高建筑材料自身的抗腐蚀能力作为重要的防腐措施;

3 选用混凝土外加剂时,以硫酸盐为主的腐蚀环境,可选用减水剂、密实剂、防硫酸盐添加剂等;

4 在以上措施尚不能满足防腐要求时,可在建(构)筑物受腐蚀侧外表面进行涂覆、渗透、隔离等处理,采取加防腐涂料、浸透层、玻璃钢、耐腐蚀砖板、聚合物防腐砂浆等措施。

5.4.5 混凝土和钢筋混凝土结构的建(构)筑物,在满足结构受力要求的前提下,其防腐蚀措施可按表 5.4.5 选用。

表 5.4.5 防腐蚀措施

项 目		环 境 等 级		
		弱	中	强
内部防腐措施	水泥品种	普硅水泥、矿渣水泥	普硅水泥、矿渣水泥、抗硫酸盐水泥	普硅水泥、矿渣水泥、抗硫酸盐水泥
	混凝土最低强度等级	C30	C35	C40
	最小水泥用量(kg/m³)	300	320	340
	最大水灰比	0.5	0.45	0.4
	保护层厚度(mm)	≥50	≥50	≥50
	外加剂	阻锈剂、减水剂、密实剂等	阻锈剂、减水剂、密实剂等	阻锈剂、减水剂、密实剂等
外部防腐措施	干湿交替	—	沥青类、渗透类涂层	沥青类、渗透类、树脂类涂层、玻璃钢、耐腐蚀板砖层等
	湿	—	防水层	防水层
	干	—	—	沥青类涂层

5.4.6 氯盐为主的环境下不宜单独采用硫酸盐或普通硅酸盐水泥作为胶凝材料配制混凝土,应加入 20%～50% 的矿物掺合料,并宜加入少量硅灰。水泥用量不应少于240kg/m³;用于氯离子环

境中的钢筋混凝土构件,其混凝土 28d 的氯离子扩散系数 D_{RCM} 值宜符合表 5.4.6 的规定。

表 5.4.6 混凝土中的氯离子扩散系数 D_{RCM}(28d 龄期,10^{-12} m²/s)

环境等级 设计使用年限	弱	中级及以上
100 年	<7	<4
50 年	<10	<6

注:1 D_{RCM} 值为标准养护条件下 28d 龄期混凝土试件的测定值,仅适用于氯盐环境下采用较大掺量矿物掺合料的混凝土。对于其他组分的混凝土以及更长龄期的混凝土,应采用更低的 D_{RCM} 值作为抗氯离子侵入性能的评定依据;
2 扩散系数 D_{RCM} 的测试方法按现行国家标准《普通混凝土长期性能和耐久性能试验方法标准》GB/T 50082 执行。

5.4.7 硫酸盐为主的环境下不宜采用灰土基础、石灰桩、灰土桩等;水泥宜选用铝酸三钙含量小于 5% 的普通硅酸盐水泥或抗硫酸盐水泥,配置混凝土时宜掺加矿物掺合料。

5.4.8 钢筋混凝土和预应力钢筋混凝土的裂缝控制等级和最大裂缝控制宽度应符合现行国家标准《工业建筑防腐蚀设计规范》GB 50046 和《混凝土结构设计规范》GB 50010 的规定。

5.4.9 普通钢筋应优先选用 HRB400 级钢筋,受力钢筋直径不应小于 12mm,当构件处于可能遭受强腐蚀的环境时,受力钢筋直径不应小于 16mm。

5.4.10 对于中等腐蚀性至强腐蚀性环境下的混凝土构件中的钢筋构件,应与浇筑在混凝土中部分暴露在外的吊环、紧固件、连接件等铁件隔离。

6 施 工

6.1 一般规定

6.1.1 盐渍土地区建(构)筑物及工程设施的施工,应根据盐渍土的特性和设计要求,合理安排施工工序,防止施工用水和场地雨水流入建(构)筑物地基、基坑或基础周围,应在施工组织设计中明确提出防止施工用水渗漏的要求。

6.1.2 施工前应完成下列工作:

1 熟悉岩土工程勘察报告、施工图纸等资料;

2 结合现场实际情况,了解本地区盐渍土地基、基础处理经验,编制施工组织设计或施工大纲;

3 平整施工场地,做好原地面临时排水设施,清除地表盐壳和不符合设计要求的表土,并碾压密实;对过湿或积水洼地以及软弱地基,应按设计要求做好排水、清淤换填工作;

4 根据施工需要修建护坡、挡土墙等;

5 进行工艺性试验,确定施工工艺流程及有关工艺参数。

6.1.3 施工的时间和程序安排应符合下列规定:

1 施工时间选择应结合当地盐渍土的水盐状态,宜在枯水季节施工,不宜在冬季施工;

2 在冬季或雨季进行施工时,应采取防冻、防雨雪、排洪等防止管道冻裂漏水以及突发性山洪侵入地基、基坑等措施;

3 应先施工建(构)筑物的地下工程和埋置较深、荷载较大或需要采取地基处理措施的基础,基坑应及时回填、分层夯实;

4 敷设管道时,应先施工排水管道,并确保其畅通;

6.1.4 施工期间各种用水应引至排水系统,不得随意排放;混

凝土基础不宜采用浇淋养护；各用水点均应与建(构)筑物基础保持一定距离，其最小净距应符合表6.1.4的规定。

表6.1.4 施工用水点距离建(构)筑物基础的最小净距

施工用水种类	距离基础边缘的最小净距(m)
浇砖用水、临时给水管道	10
浇料场、淋灰池、混凝土搅拌站、水池	20

6.1.5 施工过程中，应严格执行有关安全、劳动保护和环境保护等规定。

6.2 防水排水工程施工

6.2.1 防水工程施工应包括场地排水、地面防水、地下管、沟、集水井、检漏井、防(检)漏沟敷设以及地基中隔水层的铺筑等。

6.2.2 场地排水施工应符合下列规定：

1 施工前应布置好排水系统，施工过程中应保持排水系统畅通，并应使场地及其附近无积水。

2 排水困难的场地或基坑有被水淹没的可能时，应在场地外设置排水系统、护坡或挡土墙；在地下水位较高场地，除引导地表水外，应在坑底设置集水井、排水沟，以降低场地的地下水位。

6.2.3 地下管、沟、集水井、检漏井、防(检)漏沟敷设应符合下列规定：

1 各种管材及其配件进场时，应按设计要求和国家现行有关标准进行检查；管道敷设前还应对管材及其配件的规格、尺寸和外观质量逐件检查，并应抽样试验，严禁使用不合格产品。

2 管道及其附属构筑物的施工宜采用分段快速作业法；管道应与管基(或支架)密合，管道接口应严密不漏水；新、旧管道连接时，应先做好排水设施；管道敷设完成后，应及时回填、加盖或封闭；检漏井等的地基与基础应在邻近的管道敷设前施工完毕。

3 地下管、沟、集水井、检漏井、防(检)漏沟等的施工，必须确保砌体砂浆饱满，混凝土浇捣密实，防水层严密不漏水；管道穿过井(或沟)时，应在井(或沟)壁处预留孔洞，管道与孔洞间的缝隙应用不透水的柔性材料填塞；铺设盖板前，应将井、沟底清理干净；井、沟壁与基槽间应用素土分层回填夯实，其压实系数不应小于0.90。

4 管道、井、沟(漕)等施工完毕后，应进行压水或注水试验，不合格的应返修或加固，重做试验，直至合格为止。

6.2.4 地基中隔水层的铺筑应符合下列规定：

1 盐渍土地基中隔水层材料宜采用土工合成材料中的复合土工膜或土工膜。采用二布一膜的复合土工膜时，可不设上、下保护层；采用一布一膜的复合土工膜时，可仅在有膜的一面设保护层；采用单层土工膜时，应设上、下保护层。保护层材料宜采用砂料，其粉粒和黏粒含量应小于15%。

2 土工合成材料铺设时，应采取全断面铺设，并铺设平展且紧贴下承层，无褶皱。铺设中应确保其整体性，相邻两幅采用焊接或缝接时，其接头应折向下坡方向；当搭接时，搭接宽度应大于200mm。铺设完后应检查有无破损处，有破损时应在破损处的上面加铺能防止破损处漏水的土工合成材料进行补强。

3 土工合成材料铺设时，表面平整度与横坡应符合设计要求。

4 土工合成材料铺设完成后，严禁行人、牲畜和各种车辆通行，并应及时填筑保护层或填料，避免受到阳光长时间的直接暴晒。第一层填料应采用轻型推土机、前置式装载机或人工摊铺，厚度不得小于300mm，土中不得夹有带棱角的石块；在距土工合成材料层80mm以内的填料，其最大粒径不得大于20mm。运料车应采取倒行卸料或人工倒运摊铺的方法。

5 在土工膜上填筑粗粒土时，应设上保护层。保护层摊平后先碾压2遍~3遍，再铺一层粗粒土，与上保护层一起碾压，保护层总厚度不应大于400mm。

6 土工合成材料的进场检验、运输、存放等应按现行国家标准《土工合成材料应用技术规范》GB 50290执行，其质量和保护层的规格应符合设计要求和相关规定。

6.3 基础与结构工程施工

6.3.1 基础和结构工程施工前应完成场区土石方、挡土墙、护坡、防洪沟及排水沟等工程，确保边坡稳定，排水通畅。

6.3.2 基坑的开挖和施工应符合下列规定：

1 基坑开挖时，应防止坑壁坍塌；基坑挖土接近基底设计标高时，宜在其上部预留150mm~300mm土层，待下一工序开始前继续挖除。

2 当基坑挖至设计深度时，应进行验槽；验槽后，宜及时浇筑混凝土垫层或采取封闭坑底措施，严禁基坑浸水。

6.3.3 各种管沟穿过建(构)筑物的基础时，不宜留施工缝；当穿过外墙时，宜一次做到室外的第一个检查井，或距基础3m以外；沟底应有向外排水的坡度，施工完毕后，应及时清理、验收、加盖和回填。

6.3.4 地下工程施工到设计地坪后，应进行室内和室外回填土施工，回填料应为非盐渍土，压实度应符合现行国家标准《建筑地基基础设计规范》GB 50007的规定；上部结构施工期间应针对回填土采取防水措施。

6.3.5 应合理安排基础施工、防水层(隔水层)施工、防腐层施工、回填土施工等施工工序。

6.3.6 当预制桩采用预钻孔方法施工时，钻孔直径应小于桩径，钻孔深度应浅于设计桩尖标高0.5m~1.0m。

6.4 防腐工程施工

6.4.1 防腐工程施工前，应根据施工环境温度、工作条件及材料等因素，通过试验确定施工配合比和操作方法后方可进行正式施工。

6.4.2 建筑材料的含盐量控制应符合下列规定：

1 成品砖的含盐量应符合表6.4.2-1规定。

表6.4.2-1 成品砖的含盐量

盐种类	含盐量控制指标(mg/kg)	备 注
SO_4^{2-}	<700	超过者用水浸出至合格
Cl^-	<5000	

2 混凝土、砂浆用砂的含盐量应符合表6.4.2-2的规定。

表6.4.2-2 砂的含盐量

盐种类		含盐量(%)	规 定
$NaCl$	有钢筋	≤0.04	可直接使用
		>0.04,≤0.10	设计等级为甲级、乙级的建(构)筑物掺钢筋阻锈剂
		>0.10,≤0.30	掺钢筋阻锈剂
		>0.30	不宜采用
	无钢筋	≤0.30	可使用
		>0.30	不宜采用
SO_4^{2-}		≤0.10	可使用
		>0.10,≤0.30	一般工程可用
		>0.30	不宜采用

3 混凝土搅拌、砂浆搅拌用水的含盐量应符合表6.4.2-3的规定。

表6.4.2-3 施工用水的含盐量

盐种类	含盐量(mg/L)	规 定
Cl^-	≤300	可直接使用
	>300,≤600	一般工程可直接使用，设计等级为甲级、乙级的建(构)筑物掺钢筋阻锈剂
	>600,≤3000	掺钢筋阻锈剂
	>3000	不宜采用

续表 6.4.2-3

盐种类	含盐量(mg/L)	规　定
SO₄²⁻	≤300	可直接使用
	>300,≤1000	一般工程可用
	>1000	不宜采用

6.4.3 涂抹防腐层的混凝土结构物的表面,应坚实平整、无裂缝及蜂窝麻面,表面干燥,强度应符合设计要求;涂抹高度应高于接触盐渍土或矿化水的部位 0.5m～1.0m;沥青防腐层宜分两层施工,厚度宜为 2mm～5mm。

6.4.4 盐渍土环境中的混凝土或钢筋混凝土,外加剂的选用应符合下列规定:

　　1 在中、强腐蚀环境中,应选用非氯盐和非硫酸盐外加剂;

　　2 所用外加剂不得促进盐腐蚀作用,并应确保对混凝土的质量及耐久性无危害作用。

6.4.5 防腐工程的质量及验收标准除应执行本规范外,尚应符合现行国家标准《建筑防腐蚀工程施工及验收规范》GB 50212 的规定。

7 地基处理

7.1 一般规定

7.1.1 盐渍土地基的处理应根据土的含盐类型、含盐量和环境条件等因素选择地基处理方法和抗腐蚀能力强的建筑材料。

7.1.2 所选择的地基处理方法应在有利于消除或减轻盐渍土溶陷性和盐胀性对建(构)筑物的危害的同时,提高地基承载力和减少地基变形。

7.1.3 选择溶陷性和盐胀性盐渍土地基的处理方案时,应根据水环境变化和大气环境变化对处理方案的影响,采取有效的防范措施。

7.1.4 采用排水固结法处理盐渍土地基时,应根据盐溶液的黏滞性和吸附性,缩短排水路径、增加排水附加应力。

7.1.5 处理硫酸盐为主的盐渍土地基时,应采用抗硫酸盐水泥,不宜采用石灰材料;处理氯盐为主的盐渍土地基时,不宜直接采用钢筋增强材料。

7.1.6 水泥搅拌法、注浆法、化学注浆法等在无可靠经验时,应通过试验确定其适用性。

7.1.7 盐渍土地基处理施工完成后,应检验处理效果,判定是否能满足设计要求。

7.2 地基处理方法

Ⅰ 换填法

7.2.1 换填法适用于地下水埋置较深的浅层盐渍土地基和不均匀盐渍土地基。

7.2.2 换填料应为非盐渍化的级配砂砾石、中粗砂、碎石、矿渣、粉煤灰等,不宜采用石灰和水泥混合料,并应符合下列规定:

　　1 碎、卵石最大粒径不应大于 50mm,含泥量不应大于 5%;

　　2 中、粗砂的颗粒的不均匀系数应大于 10,含泥量不应大于 5%;

　　3 矿渣应采用粒径 20mm～60mm 的分级矿渣,不得混入植物、生活垃圾和有机质等杂物;

　　4 粉煤灰的粒径应为 0.001mm～2mm,粒径小于 0.075mm 的颗粒含量宜大于 45%。

7.2.3 在满足承载力要求的前提下,换填深度宜大于溶陷性和盐胀性土层的厚度,换填宽度应满足基础底面应力扩散的要求,且残留的盐渍土层的溶陷量和盐胀量不得大于上部结构的允许变形值。

7.2.4 应做好垫层的防水或排水设计,防止垫层次生盐渍化;换填土的底面高度宜大于地下水位与毛细水强烈上升高度之和,也可设置盐分隔断层。

7.2.5 强盐渍土地区,应对换填垫层的含盐量变化情况和建(构)筑物的变形进行定期观察。

7.2.6 换填材料施工时应分层摊铺碾压,分层摊铺厚度不宜大于0.3m,每层压实遍数宜通过试验确定,并应根据换填料性质的不同采用不同的碾压方式。

7.2.7 换填材料的底面宜铺设在同一标高上,当深度不同时,基底面应挖成台阶,各层搭接位置宜错开 0.5m～1.0m 的距离。

7.2.8 地下水位高于基坑底面时,应采取排水、降水措施。

7.2.9 盐渍化软土地基采用粉煤灰换填时,应先在基底铺设一定厚度的粗砂垫层稳定表土,之后再摊铺粉煤灰。粉煤灰换填结束并验收合格后,应及时施工上部结构或采取封层措施,防止干燥松散起尘污染环境,并禁止车辆在其上通行。

Ⅱ 预压法

7.2.10 预压法适用于处理盐渍土中的淤泥质土、淤泥和吹填土等饱和软土地基。当采用预压法处理时,宜在地基中设置竖向排水体加速排水固结,竖向排水体可采用塑料排水带、袋装砂井或普通砂井。

7.2.11 对设计等级为甲级、乙级的建(构)筑物,应选择有代表性的场地进行预压法试验,通过试验确定岩土体的强度、变形参数和地下水运移特征,为设计和施工提供依据。

7.2.12 预压法设置的竖向和水平向排水通道应有较大的空隙和较好的连通性。

7.2.13 排水竖井的井径比(n)为竖向排水体的有效排水直径(dₑ)与竖井直径(dₓ)之比,其取值宜符合下列规定:

　　1 对塑料排水板或袋装砂井,n=10～15;

　　2 对普通砂井,n=4～6。

7.2.14 采用堆载预压、超载预压、真空预压等多种方式时,其设计、计算、施工和质量控制应按现行行业标准《建筑地基处理技术规范》JGJ 79 执行。

7.2.15 塑料排水带在施工现场堆放时,应加以覆盖,不得长时间暴晒;袋装砂井宜采用干砂灌制,并应灌制密实;普通砂井的灌砂量不得小于计算值的 95%。

7.2.16 塑料排水带和袋装砂井的施工机械可以通用,主要机具可用导管式打桩机;塑料排水带施工宜采用矩形或菱形断面的导管,袋装砂井施工宜采用圆形断面的导管;普通砂井宜采用沉管法施工。

7.2.17 塑料排水带搭接应采用滤套内芯板平接的方法,芯板应对扣,凹凸面对齐,搭接长度不应小于 0.2m,滤套包裹应有固定措施。

7.2.18 堆载预压荷载施加过程中应进行竖向变形、水平位移等项目的监测,根据监测资料控制加载速率,确保地基在加载过程中的稳定性。

7.2.19 卸除预压荷载的时间宜根据地基的沉降速率确定,当沉降速率小于容许值时方可卸载。

Ⅲ 强夯法和强夯置换法

7.2.20 强夯法和强夯置换法适用于处理盐渍土中的碎石土、砂土、粉土和低塑性黏性土地基以及由此类土组成的填土地基,不宜用于处理盐胀性地基。

7.2.21 强夯法和强夯置换法在设计或施工前,应通过现场试验确定其适用性和处理效果,同时确定夯击能量、有效加固深度、夯点间距、夯击间隔时间等工艺和参数;试夯区应具有代表性,试夯区面积不小于 500m²。

7.2.22 夯坑换填料应为抗腐蚀、抗盐胀的砂石类集合料,可采用级配良好的块石、碎石、矿渣、建筑垃圾等坚硬粗颗粒材料,粒径大于 300mm 的颗粒含量不宜超过全重的 30%;为确保强夯置换体的整体性、密实性和透水性,桩体材料的最大粒径不宜大于夯锤底面直径的 20%,含泥量不宜超过 10%;换填料顶面宜高出地下水位 1.0m～2.0m。

7.2.23 根据场地条件,在强夯和强夯置换前,地表应铺设一定厚度的垫层,垫层材料可采用碎石、矿渣、建筑垃圾等坚硬粗颗粒材料。

7.2.24 强夯锤可采用圆形或多边形底面的钢筋混凝土锤或铸钢锤,锤体内宜对称设置 2 个～4 个上下贯通、孔径为 250mm～300mm 的排气孔;锤体质量可取 10t～40t,强夯锤锤底静接地压力值可取 25kPa～40kPa;强夯置换锤锤底静接地压力值可取 100kPa～200kPa。

7.2.25 盐渍土地基采用强夯法处理时,土体的含水量可按表 7.2.25 控制;强夯置换法不受此限制。

表 7.2.25 强夯地基含水量控制表

土质	粉土	粉质黏土	黏土
地基天然含水量	12%～22%	14%～25%	15%～27%

Ⅳ 砂石(碎石)桩法

7.2.26 砂石(碎石)桩法适用于处理溶陷性盐渍土中的松散砂土、碎石土、粉土、黏性土和填土等地基。

7.2.27 在设计和施工前应选择有代表性的场地进行现场试验,确定施工方式、施工机械、施工参数和处理效果;试桩的数量不宜少于 5 根。

7.2.28 桩体材料应使用含泥量小于 5%、级配合理的碎石、卵石、含石砂砾、矿渣或其他性能稳定的硬质材料,不宜使用风化易碎的石料、砂料和石灰、水泥混合料。

7.2.29 砂石(碎石)桩可采用振动沉管、锤击沉管、冲击成孔或振冲等方法成桩,盐渍化软土地基处理宜采用振动沉管法。

7.2.30 采用振动沉管法成桩时,应根据沉管和挤密情况控制填料数量、拔管高度和速度、挤压次数和时间、电机的工作电流等施工控制参数。

7.2.31 砂石(碎石)桩施工后,应将松散表层挖除或压实,宜在桩顶铺设厚度为 200mm～400mm 的碎石垫层,并宜在基础和垫层间设置盐分隔离层。

7.2.32 砂石桩法可与强夯法、强夯置换法、预压法、排水固结法等结合使用。

Ⅴ 浸水预溶法

7.2.33 浸水预溶法适用于处理厚度不大、渗透性较好的无侧向盐分补给的盐渍土地基;黏性土、粉土以及含盐量高或厚度大的盐渍土地基,不宜采用浸水预溶法。

7.2.34 浸水预溶法的设计与施工应符合下列规定:

1 应有充足的低矿化度水源;

2 宜选在蒸发量小的季节进行浸水施工;

3 应防止返蒸,在地下水位埋藏较深时才可使用;

4 浸水预溶后应有足够的稳定时间。

7.2.35 采用浸水预溶法前,应进行小型现场浸水试验,初步确定浸水量、浸水所要时间、浸水有效影响深度和浸水降低的溶陷量等。

7.2.36 浸水预溶法施工应符合下列规定:

1 水头高度不应小于 300mm;

2 浸水坑的平面尺寸应每边应大于拟建建筑外缘 2.5m;

3 连续浸水时间应以最后 5d 的平均溶陷量小于 5mm 为稳定标准;

4 浸水施工应防止对邻近建(构)筑物以及管、沟、道路等工程设施产生不利影响;

5 冬季不宜进行浸水预溶施工。

7.2.37 地基浸水预溶后,应检测预溶的深度及所消除的溶陷量;在基础施工前应重新检验盐渍土的主要物理力学性质指标,评定盐渍土的承载力和溶陷性;相关的试验检测方法应符合本规范附录 C、附录 G 的有关规定。

7.2.38 浸水预溶法可与强夯法、砂石桩法等其他地基处理方法结合使用。

Ⅵ 盐 化 法

7.2.39 盐化法适用于盐渍土含盐量很高、土层较厚、地下水位较深、淡水资源缺乏以及其他方法难以处理的地基。

7.2.40 采用盐化法处理地基时,应进行现场试验,确定达到设计要求所需的每平方米地基用盐量、盐化遍数、盐化时间和间歇时间等主要参数。

7.2.41 盐化法地基处理所需材料与设备为盐、制作饱和盐水装置、盛盐水的罐(桶)或池,并应有计量刻度。

7.2.42 盐化法的施工过程应符合下列规定:

1 开挖基坑或基槽至基础设计标高,基坑宽度应大于基础边缘不少于 1m;

2 沿基坑或基槽应每隔一定距离放置盛饱和盐水的罐(桶)以及胶皮管或钢管;

3 将制好的饱和盐水装入罐(桶)内,并应安好胶皮管或钢管;

4 向基坑或基槽内注入饱和盐水,并保持 0.3m 高的水头,盐化时间应根据土的渗透性确定,宜为 7d～10d。

7.2.43 应待盐水全部浸入地基并停歇 3d～5d 后,对盐化效果进行检测。

Ⅶ 隔 断 层 法

7.2.44 隔断层法适用于在盐渍土地基中隔断盐分和水分的迁移。

7.2.45 盐渍土地基中设置的隔断层应有足够的抗拉强度和耐腐蚀性。

7.2.46 盐渍土中采用隔断层时,应综合利用其防盐、治盐和提高地基承载力等作用。

7.2.47 盐渍土中隔断层的设计、施工和质量控制应按设计要求执行。

8 质量检验与维护

8.1 质量检验

8.1.1 防水工程的质量检验应符合下列规定：

1 场区防洪工程应检查排洪系统的系统性、连通性、完整性和排洪能力；

2 场内排水工程应检查雨水防渗、雨水排放、散水坡坡度等；

3 应检查各类排水管、沟、槽的基础稳定性、抗渗防漏性、密闭性与抗水压能力；

4 隔水层的施工应检验土工膜的抗拉强度、抗老化性能、防腐蚀性能、搭接宽度、焊接强度、保护层厚度等。

8.1.2 防腐工程的质量检验应包括下列内容：

1 实测砖、砂、石、水等建筑材料的含盐量；

2 现场检测各类防腐涂料的产品质量和防腐涂层的施工质量；

3 现场控制各种防腐添加剂的用法和用量。

8.1.3 基础与结构工程的质量检验应按现行国家标准《砌体结构工程施工质量验收规范》GB 50203 和《混凝土结构工程施工质量验收规范》GB 50204 执行。

8.1.4 地基处理工程的质量检验应符合下列规定：

1 换土垫层的质量检验应包含下列内容：

1）分层检验填料的含泥量、级配、含盐量等；

2）分层检验虚铺厚度；

3）分层检验压实系数。

2 预压法质量检验应符合下列规定：

1）竖向排水体施工质量的检查应符合表 8.1.4-1 的要求；

表 8.1.4-1 竖向排水体的施工质量标准

项次	项目	规定值或允许偏差	检查方法和频率
1	桩距	±100mm	抽查 5%
2	桩径	不小于设计值	抽查 5%
3	桩长	不小于设计值	查施工记录
4	竖直度	1%	查施工记录
5	砂井灌砂率	不小于设计值	查施工记录

2）检查水平向排水体的连通性和排水能力；

3）监测堆载加荷过程中土体的沉降速率和侧向位移；

4）用静力触探仪、十字板剪切仪、取土试样等方法评价预压法加固效果，检测数量不宜少于6处；

5）设计等级为甲级、乙级的建（构）筑物应进行静载荷试验，评价加固后的地基承载力，每一个场地不宜少于3处。

3 强夯法与强夯置换法的质量检验应符合下列规定：

1）施工过程中应随时检查夯完后的夯坑位置，发现超过允许偏差或漏夯应及时纠正，施工结束后2周~4周，应对地基的处理效果进行检验；对黏性土和软土地基，宜由孔隙水压力观察结果确定检验时间；

2）对于强夯法处理的地基，可采用标准贯入试验、静力触探、动力触探、十字板剪切、静载荷试验和室内土工试验等方法检测地基土强度的变化情况，评价强夯的效果；

3）对于强夯置换处理的地基，可采用静载试验检验单桩承载力和桩体变形模量，采用超重型或重型动力触探检验桩体的密实度和桩长，采用标准贯入试验、静力触探、十字板剪切、静载试验和室内土工试验等方法检验桩间土强度的变化情况；

4）确定软黏性土中强夯置换桩地基承载力特征值时，不计入桩间土的作用，其承载力应通过现场载荷试验确定；

5）对强夯法处理的地基，静载试验的数量宜为1处/3000m²，

且单体建筑不应少于3处；对于强夯置换法处理的地基，宜为桩数的 0.5%，且不应少于3处；

6）对强夯置换桩桩长的检验数量，宜为桩数的 1%~2%，且不应少于3处。

4 砂石桩法的质量检验应符合下列规定：

1）盐渍化软土宜在成桩结束 30d 后，按 1%~2% 的抽查频率，采用重型（$N_{63.5}$）动力触探检测桩身密实度，采用静力触探、十字板、取土试样等方法检测桩间土的加固效果；

2）宜在成桩 30d 后进行载荷试验，检验单桩承载力和复合地基承载力是否达到设计要求，抽查频率不宜少于 0.5%，且不应少于3处；

3）其余项目应符合表 8.1.4-2 的规定。

表 8.1.4-2 砂石桩桩体质量标准

项次	项目	规定值或允许偏差	检查方法和频率
1	桩距	±150mm	抽查 2%
2	桩径	不小于设计值	抽查 2%
3	桩长	不小于设计值	查施工记录
4	竖直度	1.5%	查施工记录
5	粒料灌入率	不小于设计值	查施工记录

5 浸水预溶法的质量检验应符合下列规定：

1）实测浸水下沉量和有效浸水影响深度；

2）实测浸水预溶后的地基承载力和各项岩土参数。

6 应对盐化法浸水影响深度、范围和含盐量进行质量检验，检验可采用挖探、钻探、物探等方法，盐化法浸水影响深度宜按本规范附录 G 的规定进行测定。

7 隔断层法的质量检验应符合下列规定：

1）应检测隔断层材料的抗拉强度，每一批次的检测数量不应少于3组；

2）应检测隔断层的施工质量，重点检测接缝处的焊接质量、搭接宽带和铺设的平整度，焊接质量每 50m~100m 抽检一次；

3）应检查上、下保护层的施工质量，保护层内不得有尖刺状物质，下保护层应平整。

8.2 监测与维护

8.2.1 设计等级为甲级、乙级的建（构）筑物应定期监测其周边、基础附近土体含盐量的变化情况，分析其变化趋势，判定其对建（构）筑物可能产生的影响，一般每2年检测1次。

8.2.2 盐胀性盐渍土地区应定期监测地面变形，判定硫酸盐的集盐程度，宜在室内地面和室外道路、广场等重要部位或温差变化大的地点进行监测，监测次数宜为秋季、冬季、春季每月2次。

8.2.3 对于大型和特大型建设项目，宜对下列因素进行长期观察：

1 对地下水位进行长期观察，判定集盐过程的发展方向；

2 对气候干燥度和年度温差进行长期观察，判定集盐速率。

8.2.4 建（构）筑物使用单位应对防水和防腐措施进行定期检查和记录，确保各种防水和防腐措施发挥正常作用。防水工程的检查维护每年不应少于1次，防腐工程检查每3年不应少于1次。

8.2.5 给排水和热力管网系统应定期检查，遇有漏水或故障，应立即排除故障后方可使用。

8.2.6 各种检漏井、检查井及其他池、沟等均应定期检查，不得有积水、堵塞物或裂缝。

8.2.7 各种地面排水、防水设施的检查和维护应符合下列规定：

1 每年雨季或山洪到来前，对山前防洪截水沟、缓洪调节池、排水沟、集水井等均应进行检查，清除淤积物，确保排水畅通；

2 对建（构）筑物防护范围内的防水地面、排水沟、散水坡的伸缩缝和散水与外墙的交接处，室内生产、生活用水多的室内地面

及水池、水槽等均应定期检查，不得有缝隙；

　　3　建(构)筑物的室外地面应保持原设计的排水坡度；

　　4　建(构)筑物周围 6m 以内不得堆放阻碍排水的物品，应保持排水畅通；

　　5　应定期对排水、防水设备进行检查。

8.2.8　管道防冻检查和维护应符合下列规定：

　　1　每年冻结期前，均应对有可能冻裂的水管采取保温措施；

　　2　暖气管道在送汽前，应进行防漏检查；

　　3　应定期对管道的接口部位进行检查。

附录 A　盐渍土物理性质指标测定方法

A.0.1　盐渍土常规物理性质指标的测定应符合现行国家标准《土工试验方法标准》GB/T 50123 的规定。

A.0.2　盐渍土应分别测定天然和浸水淋滤后两种状态下的比重。前者用中性液体的比重瓶法测定，后者用蒸馏水的比重瓶法测定。

A.0.3　细颗粒盐渍土含盐量的测定应按现行国家标准《土工试验方法标准》GB/T 50123 执行，并做全盐量分析。

A.0.4　含液量应按下式计算：

$$w_B = \frac{w(1+B)}{1-Bw} \qquad (A.0.4)$$

式中：w_B——含液量(%)；

　　　B——土中水的含盐量(%)。当 B 值大于在某温度下的溶解度时，取等于该盐的溶解度(表 A.0.4-1 和表 A.0.4-2)；

　　　w——含水量(%)，用常规烘干法测出。

A.0.4-1　不同温度下水中盐的溶解度

盐类的分子式	可结合的结晶水	温度为 t 时,100g 溶液中能溶解的盐量(g)		
		$t=0℃$	$t=20℃$	$t=60℃$
NaCl	—	35.7	36.8	37.3
KCl	—	22.2	25.5	31.3
$CaCl_2$	$6H_2O$	37.3	42.7	—
$CaCl_2$	$4H_2O$	—	—	57.8
$MgCl_2$	$6H_2O$	34.6	35.3	37.9
$NaHCO_3$	—	6.9	9.6	16.4

续表 A.0.4-1

盐类的分子式	可结合的结晶水	温度为 t 时,100g 溶液中能溶解的盐量(g)		
		$t=0℃$	$t=20℃$	$t=60℃$
$Ca(HCO_3)_2$	—	16.5	16.6	17.5
Na_2CO_3	$10H_2O$	7.0	21.5	31.7
$MgSO_4$	$7H_2O$	—	26.8	35.5
Na_2SO_4	$10H_2O$	4.5	16.1	—
Na_2SO_3	—			45.3
$CaSO_4$	$2H_2O$	0.18	0.20	0.20
$CaCO_3$	—		0.0014	0.0015

表 A.0.4-2　不同温度下 Na_2SO_4 在不同浓度的 NaCl 水溶液中的溶解度(g/100g 水)

10℃		21.5℃		27℃		33℃		35℃	
NaCl	Na_2SO_4	NaCl	Na_2SO_4	NaCl	Na_2SO_4	NaCl	Na_2SO_4	NaCl	Na_2SO_4
0.00	9.14	0.00	21.33	0.00	31.00	0.00	48.48	0.00	47.94
4.28	6.42	9.05	15.48	2.66	28.73	1.20	46.49	2.14	43.75
9.60	4.76	17.48	13.73	5.29	27.17	1.99	45.16	13.57	26.75
15.63	3.99	20.41	13.62	7.90	26.02	2.64	44.09	18.78	19.74
21.82	3.97	26.01	15.05	16.13	24.82	3.47	42.61	31.91	8.28
28.13	4.15	26.53	14.44	18.91	21.14	12.14	29.32	35.63	0.00
30.11	4.34	31.80	10.20	19.64	20.11	32.84	8.76		
32.27	4.53	33.69	4.73	20.77	19.29	33.99	4.63		
33.76	4.75	35.46	0.00	32.33	9.53	34.77	2.75		

A.0.5　天然密度的测定应根据土的类别、胶结状态、现场条件及试验条件，分别采取环刀、蜡封、灌砂和灌水等方法测定。

A.0.6　粗颗粒盐渍土应按常规土工试验方法分别进行天然(含盐时)和淋滤后(不含盐)两种状态下的颗粒分析。以淋滤后的试验参数确定名称。

A.0.7　细颗粒盐渍土应按常规土工试验方法分别进行天然(含盐时)状态下的液性、塑性界限含液量和淋滤后(不含盐)状态下的液性、塑性界限含水量分析。以淋滤后的试验参数确定名称。

A.0.8　孔隙比、饱和度、干密度等其他物理性质指标均可根据测得的土粒比重、含液量和天然密度代入计算公式求得。

附录 B 粗粒土易溶盐含量测定方法

B.0.1 碎石土易溶盐总量的测定应采用通过 5mm 筛孔的风干土样不少于 300g，土：水比例为 1：5，含盐量的测定方法应按现行国家标准《土工试验方法标准》GB/T 50123 执行，一般应测易溶盐含量，必要时应加测中溶盐及难溶盐含量，并应做全盐量分析。

B.0.2 砂土易溶盐总量的测定采用通过 2mm 筛孔的风干土样不应少于 200g，土：水比例应为 1：5，含盐量的测定方法按现行国家标准《土工试验方法标准》GB/T 50123 执行，一般应测易溶盐含量，必要时应加测中溶盐及难溶盐含量，并应做全盐量分析。

B.0.3 应将易溶盐试验中测得的各种离子含量，按其结合原则进行成盐计算，求得各种盐的质量百分含量；各种离子结合的原则应按阳离子与阴离子以等当量的方式结合，且应按盐的溶解度由小到大或由大到小的顺序相结合。

附录 C 盐渍土地基浸水载荷试验方法

C.1 测定溶陷系数的浸水载荷试验

C.1.1 测定溶陷系数的浸水载荷试验适用于现场测定盐渍土地基的溶陷量、平均溶陷系数。

C.1.2 测定溶陷系数的浸水载荷试验适用于各种土质的盐渍土地基，特别是粗粒土或无法取得规整不扰动土的情况。

C.1.3 试坑宽度不宜小于承压板宽度或直径的 3 倍。承压板的面积可采用 0.5m²；对浸水后软弱的地基，不应小于 1.0m²。

C.1.4 浸水压力 p 应符合设计要求，一般不宜小于 200kPa，总加荷分级不宜少于 8 级。

C.1.5 试验过程应按下列步骤进行：

1 根据岩土工程勘察资料，选择对工程有代表性的盐渍土试验点；

2 开挖试坑，在试坑中心处铺设 2cm～5cm 厚的中粗砂层，并使之密实，然后在其上安放承压板；

3 逐级加荷至浸水压力 p，每级加荷后，按间隔 10min、10min、10min、15min、15min，以后每隔半小时测读一次沉降；连续两小时内，每小时的沉降量小于 0.1mm 时，则认为稳定，待沉降稳定后沉降量，测得承压板沉降量；

4 维持浸水压力 p 并向基坑内均匀注水（淡水），保持水头高为 30cm，浸水时间根据土的渗透性确定，以 5d～12d 为宜；待溶陷稳定后，测得相应的总溶陷量 s_{rx}。

C.1.6 盐渍土地基试验土层的平均溶陷系数 $\bar\delta_{rx}$ 应按下式计算：

$$\bar\delta_{rx} = \frac{s_{rx}}{h_{jr}} \tag{C.1.6}$$

式中：$\bar\delta_{rx}$——平均溶陷系数；

s_{rx}——承压板压力为 p 时，盐渍土层浸水的总溶陷量（cm）；

h_{jr}——承压板下盐渍土的浸润深度（cm），通过钻探、挖坑或瑞利波速测定，瑞利波速测定浸润深度应按本规范附录 G 的规定进行。

C.2 测定盐渍土地基承载力特征值的浸水载荷试验

C.2.1 测定盐渍土地基承载力特征值的浸水载荷试验适用于测定盐渍土地基浸水稳定后的地基承载力特征值和变形参数。

C.2.2 承压板面积不应小于 0.5m²，对于软土，不应小于 1.0m²。试验基坑宽度不应小于承压板宽度或直径的 3 倍。

C.2.3 浸水（淡水）应在载荷试验加压开始前进行，浸水水头应保持不低于 30cm，加压前的浸水时间应根据土的渗透性确定，宜为 5d～12d。

C.2.4 载荷试验过程中，仍应保持浸水水头不低于 30cm。

C.2.5 应对载荷试验开始前土体浸水产生的沉降进行测定。

C.2.6 加荷分级不应小于 8 级，最大加载量不应小于设计要求的 2 倍。

C.2.7 每级加载后，按间隔 10min、10min、10min、15min、15min，以后每隔半小时测读一次沉降量，当在连续两个小时内，每小时的沉降量小于 0.1mm 时，则认为已趋稳定，可加下一级荷载。

C.2.8 当出现下列情况之一时，即可终止加载：

1 承压板周围的土体明显的侧向挤出；

2 沉降 s 急骤增大，荷载-沉降（p-s）曲线出现陡降段；

3 在某一级荷载下，24h 内沉降速率不能达到稳定标准；

4 沉降量与承压板宽度或直径之比大于或等于 0.06。

C.2.9 当满足本规范第 C.2.8 条前三款的情况之一时，其对应的前一级荷载应为极限荷载。

C.2.10 承载力特征值的确定应符合下列规定：

1 当 p-s 曲线上有比例极限时，应取该比例界限所对应的荷载值；

2 当极限荷载小于对应比例界限值的 2 倍时，应取极限荷载值的一半；

3 当不能按上述两款要求确定时，若压板面积为 0.5m²，可取 s/b=0.01～0.015 所对应的荷载，但其值不应大于最大加载量的一半。

C.2.11 同一土层参加统计的试验点不应少于 3 点，各试验实测值的极差不应大于其平均值的 30%，取此平均值作为该土层的地基承载力特征值（f_{ak}）。

附录 D 盐渍土溶陷系数室内试验方法

D.1 压缩试验法

D.1.1 压缩试验法适用于可以取得规整形状的细粒盐渍土。

D.1.2 压缩试验应符合现行国家标准《土工试验方法标准》GB/T 50123 的规定，在固结仪上测定时，分单线法和双线法两种。

D.1.3 单线法应按常规压缩试验步骤进行，并应符合下列规定：

1 准备：试样按常规步骤装置到固结仪上，预加 1.0kPa 载荷使试样和仪器各部紧密接触，百分表调至零，去掉预压载荷；

2 加荷：0kPa～200kPa 每 25kPa～50kPa 为一级载荷，大于 200kPa 每后 50kPa～100kPa 为一级载荷，逐级加载，每级载荷施压时隔 10min～30min 读取百分表读数，至该级载荷变形稳定为止，变形稳定标准为每小时变形不大于 0.01mm；

3 浸水加荷：当加荷到试验的浸水压力且变形稳定后，加淡水使试样浸水溶滤，读取浸水后试样变形量至稳定为止；继续逐级加荷至终止压力，读取各级变形量至稳定为止。

D.1.4 双线法是采用两个相同的原状盐渍土样，一个土样不加水逐级加载做压缩试验，另一个在浸水溶滤条件下逐级加载做压缩试验。

D.1.5 试验数据分析和整理应按下列步骤进行：

1 绘制溶陷试验曲线图，见图 D.1.5-1 和图 D.1.5-2；

2 按下式计算试样的溶陷系数：

$$\delta_{rx} = \Delta h_p / h_0 = (h_p - h_p') / h_0 \qquad (D.1.5)$$

式中：h_0——盐渍土不扰动土样的原始高度；

Δh_p——压力 P 作用下浸水变形稳定前后土样高度差；

h_p——压力 P 作用下变形稳定后土样高度；

h_p'——压力 P 作用下浸水溶滤变形稳定后土样高度。

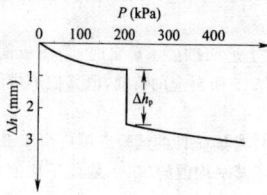

图 D.1.5-1 室内溶陷试验（单线法）

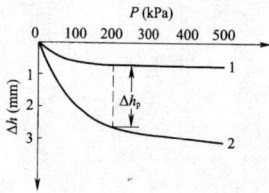

图 D.1.5-2 室内溶陷试验（双线法）

D.2 液体排开法

D.2.1 液体排开法适用于测定形状不规则的原状砂土盐渍土及粉土盐渍土的溶陷系数。

D.2.2 试验仪器设备应包括：

1 烘箱：应能控制温度 80℃～120℃；

2 天平：称重 500g，感量 0.1g；

3 量筒：容积大于 2000mL，标好刻度；

4 蜡封设备：应附熔蜡加热器；

5 金属圆筒：容积 250mL 和 1000mL，内径为 5cm 和 10cm，

高为 12.7cm，附护筒；

6 振动叉：两端击球应等量；

7 击锤：锤质量 1.25kg，落高 15cm，锤直径 5cm。

D.2.3 盐渍土试样干密度 ρ_d 的测定应按下列步骤进行：

1 选取具有代表性的试样，土块大小以能放入量筒内且不与量筒内壁接触为宜，清除表面浮土及尖锐棱角，系上细线，称试样质量 m_0，精确到 0.01g；

2 将蜡熔化，蜡液温度以蜡液达到熔点以后不出现气泡为准；

3 持线将试样缓缓浸入过熔点的蜡液中，浸没后应立即提出，检查试样周边的蜡膜，当有气泡时应用针刺破，再用蜡液补平，冷却后称蜡封试样质量 m_w；

4 将蜡封试样挂在天平的一端，浸没于盛有纯水的烧杯（或量筒）中，测定蜡封试样在纯水中的质量 m'，并测定纯水的温度 t；

5 取出试样，擦干蜡面上的水分，再称蜡封试样质量 m_w。当浸水后试样质量增加时应另取试样重新试验；

6 试样的湿密度 ρ_0 应按下式计算：

$$\rho_0 = \cfrac{m_0}{\cfrac{m_w - m'}{\rho_{w1}} - \cfrac{m_w - m_0}{\rho_w}} \qquad (D.2.3\text{-}1)$$

式中：ρ_0——试样的湿密度（g/cm³）；

m_0——试样质量（g）；

m_w——蜡封试样质量（g）；

m'——蜡封试样在纯水中的质量（g）；

ρ_{w1}——纯水在温度 t 时的密度（g/cm³）；

ρ_w——蜡的密度（g/cm³）。

7 试样的干密度 ρ_d 应按下式计算：

$$\rho_d = \frac{\rho_0}{1 + w} \qquad (D.2.3\text{-}2)$$

式中：ρ_d——试样的干密度（g/cm³）；

w——试样的含水量（%）。

D.2.4 盐渍土试样最大干密度 ρ_{dmax} 的测定应按下列步骤进行：

1 将上述试样剥去蜡膜，然后用蒸馏水充分浸泡、淋洗 1d～2d，洗去土中的盐分，将去盐后的试样风干；

2 试样经风干后碾碎，拌匀，倒入金属圆筒进行振击，用振动叉以每分钟往返 150 次～200 次的速度敲击圆筒两侧，并用锤击试样，直至试样体积不变；

3 刮平试样，称圆筒和试样总质量，计算出试样质量 m_d。根据试样在圆筒内的高度和圆筒内径，计算出去盐击实后的试样体积 V_d；

4 试样的最大干密度 ρ_{dmax} 应按下式计算：

$$\rho_{dmax} = \frac{m_d}{V_d} \qquad (D.2.4)$$

式中：ρ_{dmax}——试样的最大干密度（g/cm³）；

m_d——试样质量（g）；

V_d——试样体积（cm³）。

D.2.5 试样的溶陷系数 δ_{rx} 应按下式计算：

$$\delta_{rx} = K_G \frac{\rho_{dmax} - \rho_d(1 - C)}{\rho_{dmax}} \qquad (D.2.5)$$

式中：K_G——与土性有关的经验系数，取值为 0.85～1.00；

C——试样的含盐量（%）。

附录 E 硫酸盐渍土盐胀性现场试验方法

E.1 单 点 法

E.1.1 单点法适用于测定现场条件下盐渍土地基有效盐胀区厚度及盐胀量,试验宜在秋末冬初、土温变化大的时候进行。

E.1.2 试验设备宜采用高精度水准仪1台,带读尺的深层观测标杆若干个,地面观测板1块,钢钢尺1个。

E.1.3 试验过程应按下列步骤进行:

  1 在试验区的平整地面上砌筑一高为0.3m面积不小于4m×4m的围水墙,在其中心安放地面观测板,并在3m深度范围内,每隔0.5m设置深层观测标杆;

  2 在试验区范围内均匀注水,直至浸水深度超过1.5倍标准冻结深度时为止,并观测地面及各观侧标的沉降,直至沉降稳定;

  3 进行停止注水后的变形观测,每日观测两次,早6时,午后3时,直至盐胀量趋于稳定。

E.1.4 将不同深度处测点位移逐日汇总,编绘曲线图(图E.1.4),由图E.1.4可得出该场地地基的有效盐胀区厚度(h_{yz})和总盐胀量(s_{yz})。

E.1.5 平均盐胀系数 $\bar{\delta}_{yz}$ 应按下式计算:

$$\bar{\delta}_{yz} = s_{yz}/h_{yz} \qquad (E.1.5)$$

式中:$\bar{\delta}_{yz}$——平均盐胀系数;

    h_{yz}——有效盐胀区厚度(mm);

    s_{yz}——总盐胀量(mm)。

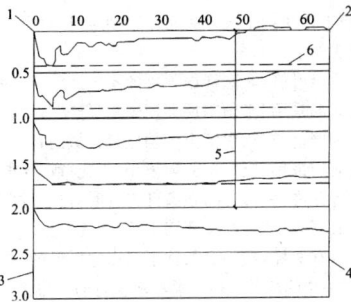

图E.1.4 现场盐胀性试验曲线示意

1—停止注水;2—时间(d);3—深度(m);4—测点位移(mm);
5—有效盐胀区高度(h_{yz});6—总盐胀量(s_{yz})

E.2 多 点 法

E.2.1 多点法宜在盐渍土场地选择盐胀破坏状况有代表性的三块测试地点进行;无盐胀,表面平整;一般盐胀,表面有裂纹;严重盐胀,表面裂纹鼓包。

E.2.2 每个测试地点长、宽宜为20m～30m,用射钉在地面上布点,测点间距纵向1.5m,横向1.0m,每个测试地点不宜少于100点。

E.2.3 应在9月上旬以前,将固定观测点用水平仪测量一次高程,作为盐胀前基本高程。此后,宜自11月至次年3月,每月测量1次～2次,确定最大盐胀量高程。

E.2.4 本点冬季年度总盐胀量 s_{yz} 应按下列公式计算:

$$s_{yz} = S_{max} - S_0 \qquad (E.2.4-1)$$

$$\bar{\delta}_{yz} = \Delta h/h_{yz} \qquad (E.2.4-2)$$

式中:S_{max}——平均最大盐胀量高程(mm);

附录 F 硫酸盐渍土盐胀性室内试验方法

F.0.1 本法适用于室内测定硫酸盐渍土的分层盐胀系数,评价土体的盐胀性。

F.0.2 试件制作应取工程所在地有代表性的盐渍土,分两份:一份用于测定其硫酸盐含量;一份风干后加纯水拌制成 ϕ50mm×50mm试样。试样的含水量应控制在最佳范围内,密实度应控制在相应地基压实度范围,试样做好后在20℃环境下养护12h～24h。

F.0.3 应将试件用具有弹性的橡皮膜密封,置于盛有氯化钙溶液的测试瓶内,见图F.0.3。将安装好的测试瓶放入低温控制箱,从+15℃～-15℃,每降温5℃保持恒温30min～40min,通过滴定管读取该温度区胀量值,可求得该温度区的盐胀系数。

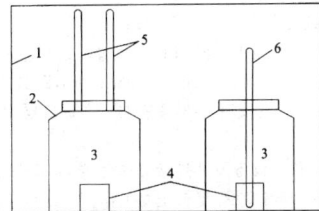

F.0.3 盐胀试验装置示意图

1—冰箱;2—广口瓶;3—氯化钙溶液;4—试件;5—滴定管;6—温度计

F.0.4 试验数据分析应按下列步骤进行:

  1 将各组试验数据点绘成各组曲线,见图F.0.4;

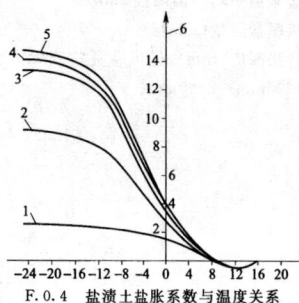

F.0.4 盐渍土盐胀系数与温度关系

图中曲线状态下，含水量为18.27%～19.30%

1—硫酸钠含量0.633%；2—硫酸钠含量1.697%；3—硫酸钠含量3.387%；
4—硫酸钠含量4.589%；5—硫酸钠含量5.589%；6—盐胀系数(%)

2 根据试验土样所在土层深度的土基最低气温在"盐胀系数与温度关系图"上读取相应的盐胀系数 δ_{yz}。

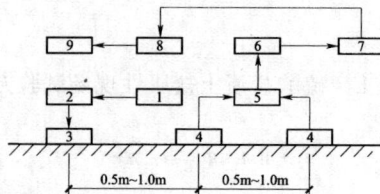

图 G.0.3-1 瑞利波速试验仪器设备布置

1—程控信号发生器/波形调制器；2—功率发大器；3—激振器；4—拾振传感器；
5—电荷放大器；6—程控滤波器；7—A/D版；8—控制计算机；9—绘图打印机

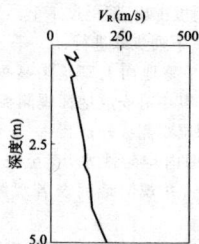

图 G.0.3-2 瑞利波速随深度的变化曲线

G.0.4 应通过实测波速随深度的变化曲线上的突变点确定测点处的浸水影响深度；由若干测点处的浸水深度连成剖面图，求得地基浸水的影响范围。

附录 G 盐渍土浸水影响深度测定方法

G.0.1 本法适用于测定盐渍土地基浸水的影响深度和范围。

G.0.2 仪器设备应包括：

1 程控信号发生器（包括波形调制器）1台，频率1Hz～300Hz，分辨率为量程的0.05%；失真度小于1%，输出电压5V；

2 电磁激振器1台，频率1Hz～300Hz，激振力幅值由测试深度定，一般为400kN～1000kN；

3 功率放大器1台，与激振器匹配；

4 电荷放大器2个，频率0.1kHz～200kHz，灵敏度0.1mV/Pc～10V/Pc；

5 加速度计2个，频率0.1kHz～0.3kHz，灵敏度大于2000Pc/g；

6 控制计算机1台，数据采集仪1台，绘图打印机1台；

7 程控滤波器1台。

G.0.3 试验过程应按下列步骤进行：

1 在浸水后盐渍土地面的测点两边分别将装有传感器的两个金属锥钉打入土中，两钉相距0.5m～1.0m，距其中一个传感器距离0.5m～1.0m处安放电磁激振器，试验仪器设备布置见图G.0.3-1；

2 检查各仪器设备及其连接是否正常，启动激振器，施加小激振力，检验整套测试系统是否正常工作；

3 输入初始参数：两传感器间距(m)，要求检测深度(m)，检测深度增量(m)，起始检测深度(m)，平均次数 n；

4 按预设的频率变化自动进行扫频激振，并自动计算出沿深度分布土层波速，由绘图打印机绘出曲线（图G.0.3-2）。

本规范用词说明

1 为便于在执行本规范条文时区别对待，对要求严格程度不同的用词说明如下：

1）表示很严格，非这样做不可的：
正面词采用"必须"，反面词采用"严禁"；

2）表示严格，在正常情况下均应这样做的：
正面词采用"应"，反面词采用"不应"或"不得"；

3）表示允许稍有选择，在条件许可时首先应这样做的：
正面词采用"宜"，反面词采用"不宜"；

4）表示有选择，在一定条件下可以这样做的，采用"可"。

2 条文中指明应按其他有关标准执行的写法为："应符合……的规定"或"应按……执行"。

引用标准名录

《砌体结构设计规范》GB 50003
《建筑地基基础设计规范》GB 50007
《混凝土结构设计规范》GB 50010
《岩土工程勘察规范》GB 50021
《工业建筑防腐蚀设计规范》GB 50046
《普通混凝土长期性能和耐久性能试验方法标准》GB/T 50082
《土工试验方法标准》GB/T 50123
《砌体结构工程施工质量验收规范》GB 50203
《混凝土结构工程施工质量验收规范》GB 50204
《建筑防腐蚀工程施工及验收规范》GB 50212
《土工合成材料应用技术规范》GB 50290
《建筑地基处理技术规范》JGJ 79

中华人民共和国国家标准

盐渍土地区建筑技术规范

GB/T 50942—2014

条 文 说 明

制 订 说 明

《盐渍土地区建筑技术规范》GB/T 50942—2014，经住房和城乡建设部 2014 年 5 月 16 日以第 417 号公告批准发布。

本规范编制过程中，编制组对国内盐渍土地区建筑工程情况进行了调查研究，总结了我国在盐渍土地区进行工程建设的实践经验，开展了相关试验研究和经验总结。

为便于广大勘察、设计、施工、科研、学校、管理等单位有关人员在使用本规范时能正确理解和执行条文规定，《盐渍土地区建筑技术规范》编制组按章、节、条顺序编制了本规范的条文说明，对条文规定的目的、依据以及执行中需注意的有关事项进行了说明。但是，本条文说明不具备与规范正文同等的法律效力，仅供使用者作为理解和把握规范规定的参考。

目　次

1 总　则

1.0.1 本规范总结了近年来盐渍土地区的建设经验和科研成果，是盐渍土地区从事建筑工程的技术法规，体现了我国现行的建设政策和技术政策。

在盐渍土地区进行建设，防止地基溶陷、盐胀及腐蚀，保证建筑工程质量和建（构）筑物的安全使用，做到技术先进、经济合理、保护环境，这是制订本规范的宗旨和指导思想。

1.0.2 场地地基土中易溶盐平均含量大于或等于0.3%时可定为盐渍土场地，对含中溶盐为主的盐渍土，可根据其溶解度和水环境条件折算后按本规范执行。

(1) 本规范应用时，应区分盐渍土、盐渍土地基和盐渍土场地三者的不同概念。盐渍土地基是指在地基主要受力层范围内，由盐渍土构成的地基；盐渍土场地是指建（构）筑物的有效环境影响范围内由盐渍土构成的场地。

(2) 本规范中的盐渍土不包括盐岩以及含盐量大于20%（或以盐为主）的土体。

我国盐渍土主要分布在新疆、青海、甘肃、宁夏、内蒙古、陕西、西藏等地区，此外，东北地区也有部分盐渍土分布。盐渍土地区的建筑工程的勘察、设计、地基处理、施工、检测、监测和维护，均应按本规范的规定执行。

1.0.3 一般情况下的盐渍土具有溶陷、盐胀及腐蚀中的一种或几种工程危害性，这些危害多表现为遇水加剧，土体强度和结构发生显著变化，对建筑物危害较大。为此，本条强调在盐渍土地区要根据不同盐渍土的特点和工程要求，因地制宜，采取以防为主、防治结合、综合治理的方针，防止盐渍土地基对建筑物产生危害。

1.0.4 本规范根据我国盐渍土的特征编制，盐渍土地区的建筑工程除应执行本规范的规定外，尚应符合国家现行有关标准的规定。

3 基本规定

3.0.1 盐渍土的溶陷性、盐胀性、腐蚀性与其所含盐分的类型和数量息息相关。由于各类盐分的溶解度不同，所以在同一盐渍土地区，不同的地理、地貌、工程地质和水文地质环境下，其分布在宏观上是有一定规律的。

地形地貌对盐渍土的形成有很大影响，从而也影响了盐渍土的类别和分布规律。以青海省为例，从昆仑山向柴达木盆地中心，按地貌单元依次可分为：山前区，山前冲、洪积倾斜平原区，冲、洪积平原区，湖积平原区和察尔汗盐湖区。地形由陡变缓，土的粒径组成也由粗变细，从卵石、砾石、砾砂逐步过渡到粗、中、细、粉砂以及粉土或黏性土，地下水位离地表逐渐由深变浅。由于碳酸盐的溶解度小，所以在山前冲、洪积倾斜平原区，形成以碳酸盐为主的盐渍土带。而在冲、洪积平原区，则成为过渡带，从含少量的碳酸盐，过渡到含硫酸盐为主的硫酸盐、亚硫酸盐和氯盐渍土。在毗邻察尔汗盐湖的湖积平原区，地下水位很高，土中含的主要是易溶的氯盐。

故在盐渍土地区选址时，要注意通过分析盐渍土的成因及分布规律，尽量选择溶陷性、盐胀性、腐蚀性小的场地。

此外，水环境和地质环境是影响盐渍土溶陷性、盐胀性和腐蚀性的直接因素和重要因素，故在进行规划时，要尽量避开水环境和地质环境变化大的地段以及有外源盐分补充的地段和盐渍化倾向的场地。土壤盐渍化分区可参考表1。

3.0.2 本条对盐渍土地区工程建设的全过程进行了规定，要求在勘察、设计、施工、使用和维护期间，均要考虑盐渍土的溶陷性、盐胀性和腐蚀性对工程建设的影响。关于勘察、设计、施工、使用和维护的具体规定，在本规范第4章～第8章进行了详细的说明。

表1　中国土壤盐渍化分区表

区名	范围	气候特征						水文、水文地质特点	积盐特征及盐渍类型
		灾害性天气	干燥度	年蒸发量(mm)	年降水量(mm)	$\sum t$(℃)	无霜期(d)		
滨海湿润～半湿润海水浸渍盐渍区	沿海一带，北起辽东半岛经渤海湾、黄海、东海、台湾海峡、南海、海南岛等滨海	中部及南部时有台风袭击，偶有海啸袭击，造成局部海浸	1.0～1.5		400～700	3200～4100	北部165～225	地处河流下游，河流出口与海洋相通。水质有规律地呈带状分布，越靠近海矿化度越高	盐渍类型主要以NaCl为主，北部含有NaHCO₃成分，南部有酸性硫酸盐
			0.75～1.0		800～2000	4500～8000	中部240		
			0.5～1.0	800～1800	1200～2000	8000～9500	南部240～365		
东北半湿润～半干旱草原盐渍区	三江平原、松嫩平原和辽河平原	寒冷、冻结期长	1.0～1.5	1600～1800	400～800	2000～3400	120～180	除黑龙江、松花江、辽河等外流河外，还有许多无尾河，积水成为泡子，地下水和泡子水多含NaHCO₃成分	冻融过程对盐分积累有重要影响，土壤和地下水的NaHCO₃含量占总盐量的50%～80%

区名	范围	气候特征						水文、水文地质特点	积盐特征及盐渍类型
		灾害性天气	干燥度	年蒸发量(mm)	年降水量(mm)	$\sum t$(℃)	无霜期(d)		
黄淮海半湿润~半干旱耕作盐渍区	冀、鲁、豫、苏、皖的黄河、淮河、海河的广大冲积平原	常受旱、涝危害	1.0~1.5	1800~2000	500~700	3400~4500	170~220	主要为黄河、淮河、海河三大水系。黄河为地上河,对两岸有很大威胁	在低矿化条件下积盐,具有季节性积盐或脱盐,盐分在土壤中表聚性很强,以SO_4-Cl盐或Cl-SO_4盐为主
内蒙古高原干旱~半荒漠盐渍区	内蒙古东部高平原的呼伦贝尔和中部草原,狼山以北直抵中蒙边境	常遇寒冷暴风雪的袭击	1.25~1.5	2000	200~350	2000~3000	140~160	除海拉尔河、伊敏河等外流河外,内流水系发育成咸水湖、盐湖	在干旱草原条件下,碱土具有明显的剖面发育。在河迹和湖周发育为$NaHCO_3$草甸盐渍土,还有大面积的潜在盐渍土

区名	范围	气候特征						水文、水文地质特点	积盐特征及盐渍类型
		灾害性天气	干燥度	年蒸发量(mm)	年降水量(mm)	$\sum t$(℃)	无霜期(d)		
黄河中、上游半干旱~半荒漠盐渍区	陕、甘、青、蒙的一部分和宁大部分黄河流经地区	受干旱威胁,又常遭受强暴雨而发生水土流失		1800~2400	150~500	2500~3500	140~180	黄河流经本区,在鄂尔多斯高平原内有一些盐池和碱池	黄土高原中有潜在盐渍化,在黄河河套冲积平原有碱土、$NaHCO_3$盐渍土以及SO_4-Cl盐或Cl-SO_4盐渍土等
甘、新、蒙干旱~荒漠盐渍区	河西走廊、阿拉善以西和准葛尔盆地	受干旱、风沙威胁		2000以上	100~200,个别<100	2500~3500		除新疆额尔齐斯河外流区外,其余均为内流区,盐湖、咸水湖发育	残余积盐大面积发育,土壤盐碱化发育

区名	范围	气候特征						水文、水文地质特点	积盐特征及盐渍类型
		灾害性天气	干燥度	年蒸发量(mm)	年降水量(mm)	$\sum t$(℃)	无霜期(d)		
青、新极端干旱~荒漠盐渍区	吐鲁番盆地、塔里木盆地、疏勒河下游和柴达木盆地	受干旱、风沙威胁		2000~3000	15~80	2000~4000		完全封闭的内流盆地,盐湖、盐池、咸水湖大量分布	土壤盐渍化普遍存在,各种类型的盐渍土均有发育,残余积盐过程和现代积盐过程大面积分布
西藏高寒荒漠盐渍区	西藏高原	受高原恶劣天气变化影响			100~300,个别<100			羌塘高原闭流区,咸水湖广泛发育	冻融过程对盐分富集有重要影响,盐渍土主要分布在湖周边和河谷低地,盐渍类型以硫酸盐为主

注: $\sum t$ 为日平均气温不低于10℃时期内的年积温。

盐分的迁移直接关系到盐渍土的成因。盐渍土中的盐分主要来源于岩石、工业废水、海水入侵等,盐分的迁移主要是靠风力和水流完成。在干旱地区,大风常将盐或含盐的土粒和粉尘吹落到远处,积聚起来,使盐分重新分布;雨水、冰雪融水等水流,一部分渗入地下,其余形成地表水,从地势高处流向低处,地表水和地下水将其流动过程中所溶解的盐带到低洼处,有时形成较大的盐湖,在含盐水流经的途中,如遇到干旱的气候条件或地区,水流中的部分盐分就会因强烈的地面蒸发而析出并积聚在那里。近年来,由于人类的活动,尤其是工程建设活动,也使得不少本来不含盐的土层产生盐渍化,形成次生盐渍土。在盐渍土地区的工程建设,尤其是在地基处理过程中,一定要对处理方法进行全面分析,避免造成"边治理、边污染",杜绝在治理盐渍土的同时发生非盐渍土盐渍化或弱盐渍土强盐渍化的现象。

3.0.3~3.0.5 盐渍土的分类方法很多,但分类原则一般都是根据盐渍土本身特点,按其对工业、农业或交通运输业的影响和危害程度进行分类。盐渍土对不同工程对象的危害特点和影响程度是不同的,如对铁路或公路的危害,与对建筑物的地基和基础就不同,所以各部门根据各自的特点和需要来划分盐渍土的类别。此外,尚应指出,各种盐渍土分类方法中的界限,都是人为确定的,考虑的因素和角度不同,盐渍土分类的界限值也不完全相同。本规范采用的几种盐渍土分类方法,综合考虑了盐渍土地区的工程建设特点。

(1)按含盐化学成分分类(第3.0.3条):地基中常含多种盐类,不同性质盐的含量多少,影响着盐渍土的工程性质。如含氯盐为主的盐渍土,因氯盐的溶解度较大,遇水后土中的结晶盐极易溶解,使土质变软,强度降低,并产生溶陷变形。此外,其盐溶液会对钢筋混凝土基础和其他地下设施中的钢筋或钢材产生腐蚀。含硫酸盐为主的盐渍土,除会产生溶陷变形外,其中的硫酸钠(俗称芒硝)在温度和湿度变化时,还将产生较大的体积变形,造成地基的

膨胀或收缩,此外,其溶液对基础和其他地下设施的材料也会产生腐蚀作用。碳酸盐对土的工程性质的影响,视盐的成分而定,碳酸钙和碳酸镁等很难溶于水,对土起着胶结和稳定的作用,而碳酸钠和碳酸氢钠则使土在遇水后产生膨胀。因此,需要对盐渍土中含盐成分按常规方法进行全量化学分析,确定各种盐的含量,然后进行分类,以判断哪种或哪几种盐对盐渍土的工程性质起主导作用。对此,目前一般采用0.1kg土中阴离子含量的比值作为分类标准。土中的主要成分一般为氯盐、硫酸盐和碳酸盐,故根据氯离子、硫酸根离子、碳酸根离子和碳酸氢根离子含量的比值,按表3.0.3分为氯盐渍土、亚氯盐渍土、亚硫酸盐渍土、硫酸盐渍土、碱性盐渍土。该分类对盐渍土中的含盐成分作出了定性的间接说明,而作为建筑物地基,其危害性则并不十分清楚。此外,该分类多适用于路基的设计,也可供建筑物地基设计时参考。

(2)按含盐量分类(第3.0.4条):综合国内外对盐渍土按含盐量进行分类的方法,可知以含盐量作为单一指标来区分盐渍土工程危害的严重程度是不合理的,无法准确反映它对工程的实际危害性。例如,易溶盐含量超过0.5%的砂土,浸水后可能产生较大溶陷,而同样的含盐量对黏土几乎不产生溶陷;即便对同一类土,含盐量和含盐性质相同,其溶陷性也可能相差甚远,对土骨架紧密接触的结构,盐仅填充土中孔隙,盐的溶解对土的结构变化影响较小;反之,如土骨架之间是通过盐结晶胶结的,则盐的溶解使土的结构完全解体,造成很大的溶陷变形。表3.0.4是在现行行业标准《铁路工程特殊岩土勘察规程》TB 10038对盐渍土按含盐量分类的基础上,结合近年来对盐渍土含盐量与盐渍土危害程度的关系研究,做了一定的修改得出的。

(3)现行国家标准《土工试验方法标准》GB/T 50123对易溶盐的测定中,未规定粒径范围,但近年来的大量工程实践表明:相同的含盐量和相同的含盐类型,在不同粒径的土体中表现出不同的溶陷性和盐胀性,为此,本规范区分了粗颗粒盐渍土和细颗粒盐

渍土,并采用不同的含盐量测试规定。粗颗粒盐渍土是指粗粒组土粒质量之和多于总土质量50%的盐渍土,细颗粒盐渍土是指细粒组土粒质量之和多于或等于总质量50%的盐渍土。粒组范围如下:粗粒组≥0.075mm,细粒组＜0.075mm,其中,粒组大于2mm土粒质量之和多于总土质量50%的粗粒土称为碎石土,粒组界于0.075mm～2mm的土粒质量之和多于总土质量50%的粗粒土称为砂土。

3.0.6 关于水文和水文地质条件以及气候环境条件,需结合当地经验资料进行判断,必要时要进行现场专业测定。

3.0.7 区分地基基础设计等级对于采取工程措施、保证工程安全、合理确定投资等都是必要的,因此,本规范基本上引用了现行国家标准《建筑地基基础设计规范》GB 50007的分级方法。

3.0.8 盐渍土基本上是属于被盐污染的污染土,而盐的变化(相变和迁移)受环境的影响很大,影响土壤的环境因素主要是水、温度、湿度,因此,本条规定需进行水、温度和湿度对盐渍土影响的评价。

3.0.9 由于环境条件尤其是水环境对盐渍土的工程危害性具有决定性作用,故本规范以此为依据对盐渍土场地的使用环境进行了划分。有的项目寿命周期较短,在寿命期内水环境可以有效预测;有的项目位置特殊(如位于沙漠或戈壁)并且有长期气象观测资料,可以准确预测水环境条件。

3.0.10 同时设计、同时施工、同时交付使用的规定可确保盐渍土的使用环境与设计时考虑的环境条件相同。

3.0.11 盐渍土的腐蚀作用和溶陷变形、盐胀变形有时是缓慢发生的,并且在地下,不易被发现,因此,对重要建筑物宜进行长期观察。

3.0.12 对大部分土体和地下水来说,腐蚀是共性问题,只是程度不同而已,所以,对无溶陷性和无盐胀性的土应按非盐渍土对待。

4 勘 察

4.1 一般规定

4.1.1 盐渍土是具有特殊性质的土,其勘察工作除应首先满足现行国家标准《岩土工程勘察规范》GB 50021的要求外,还应满足本规范的要求。

1 为分析盐渍土的形成与气候条件的关系,通常收集气温、地温、温度、降水、蒸发等5个主要气象要素及土的最大冻结深度、干燥度等气象资料,其中降水和蒸发两个要素最为重要。极端干旱的气候条件,不仅能加速地表盐分的积累,同时气温的剧烈变化改变着盐类的溶解度和相态,影响盐渍土的工程性质。

干燥度是划分气候干旱程度的指标,目前多采用中国科学院自然区划工作委员会(1959年)采用的计算公式:

$$DI = E/r \qquad (1)$$

式中:DI——干燥度;

E——可能蒸发量(0.016$\sum t$)(mm);

$\sum t$——日平均气温不低于10℃时期内的积温(℃),可按表1取值;

r——同期降水量(mm)。

2 盐渍土地区植物生长和分布与土中含盐程度和类型、地下水位深度及矿化度等有密切关系,利用植物的这一特点,对于查明盐渍土的分布规律及地下水的赋存条件、矿化度都很有帮助,可节省勘探、试验工作量,收到事半功倍的效果。在植物调查中,要充分利用指示植物的作用,并掌握如下工作方法:

(1)首先收集区域性各种盐渍土指示植物的有关资料和标本,熟悉其名称、生态特征;

(2)对已确定盐渍土类型的地段,应详细描述记录代表性植物的有关特征;

(3)根据各种植物的生长变化情况和生态习性,研究植物分布与地下水、地表盐渍化程度和类型的关系。

通过地表植物的生长情况和植物的耐盐性质调查,可初步判断盐渍土的类型。植物在生长时,吸收地下水,而将盐分"遗留"在土中,间接加大了地下水的矿化度。如:芦苇生长于地下水位较浅的弱盐渍土地带,胡杨生长于地下水位较深的弱盐渍土地带;盐角草生长于沼泽盐渍土地带,土层含盐量较高,硫酸盐多于氯盐,碳酸盐含量低;盐梭梭生长于潮湿的土层,地下水位一般为1m～2m,土层含盐量较高;盐穗木生长于含盐量高的土层;盐蓬生长于干燥的土层,含盐量较低,含碱量较高。盐渍土地区常见的指示植物种类如表2所示。

表2 盐渍土地区常见的指示植物种类

盐渍土名称	常见的指示性植物
氯盐渍土	碱蓬(盐蒿)、盐爪爪、芨芨草、白刺
硫酸盐渍土	盐穗木、琵琶柴、盐梭梭、怪柳、骆驼刺、甘草
碱性盐渍土	碱蒿、蒔萝蒿、羊胡子草、铺草、海乳草、胡杨、剪刀股

3 盐渍土场地及附近地区已有建(构)筑物的长期使用情况,对盐渍土的腐蚀性、盐胀性、溶陷性均有反映,是盐渍土地区勘察工作的良好建筑实例。

4 盐渍土的成因是决定盐渍土各项性质的主要因素。我国盐渍土的分布范围很广,青海、新疆、西藏等西部地区有大面积的内陆盐渍土,沿海各省有滨海盐渍土,内地还有冲积平原盐渍土。这三种盐渍土在成因、颗粒级配、厚度和工程特性上各不相同。内陆盐渍土的特点是:成因复杂,颗粒粗细混杂,厚度多变,对工程危害性大。在成因方面,这类盐渍土有冲积、洪积和风积等;在颗粒级配上,从以粗颗粒为主、粗细混杂的碎石土到以细粒为主的黏性土、粉土、黄土状土都出现过;在厚度上,从几米到超过20m不等,变化很大;在对工程的危害性方面,干燥的盐渍土以溶陷性为主、盐胀性次之、腐蚀性较轻,含水量大的盐渍土则以腐蚀性为主,基本不具有溶陷性。滨海盐渍土和冲积平原盐渍土在颗粒级配上主要是细颗粒的黏性土,厚度均不大,一般不超过4m,其工程危害性也比较单一,主要是腐蚀性。

分布范围包括盐渍土在平面和竖向的范围。竖向范围指盐渍土在竖向的分布位置和厚度;针对大面积建设项目,应在平面上划分盐渍土的分布区域。

盐渍土中含盐化学成分和含盐量对盐渍土的工程特性影响较为显著。氯盐类的溶解度随温度变化甚微,吸湿饱水性强,使土体软化;硫酸盐类则随温度的变化而产生胀缩,破坏土体结构使其强度降低;碳酸盐类的水溶液有强碱性反应,使黏土胶体颗粒分散,引起土体膨胀。

5 地表水所携带的盐分受流经地层的控制,其排泄和积聚情况决定了盐渍土的沉积位置和厚度。

6 地下水所含盐分决定盐渍土的含盐成分,同时地下水矿化度越高,向土层输送的盐分越多;地下水的埋深、变化幅度与盐分的积累有密切关系,地下水位越高,蒸发越强,土层的积盐也越强;毛细水上升会携带盐分上升,为上部地层提供盐分,使土层的积盐量变化。

8 盐渍土遇水后,可溶盐溶解于水或流失,致使土体结构松散,在土的饱和自重压力或附加压力作用下,产生溶陷。盐渍土溶陷性的大小与可溶盐的性质、含量、赋存状态、水的径流条件和浸水时间长短有关。

9 盐渍土地基产生盐胀的原因,一般是土中硫酸钠在温度或湿度变化时结晶而发生体积膨胀。硫酸钠的溶解度随温度变化而变化,当温度由高变低时,硫酸钠的溶解度降低,硫酸钠结晶析出,同时结合水分子,最多可结晶10个水分子,体积膨大3倍以上。温度上升时,硫酸钠的溶解度升高,至32.4℃时可形成无水硫酸钠。温度在−5℃~5℃区间，硫酸钠体积变化最大。

10 在盐渍土地区进行勘察时，要特别注意内陆地区干燥的盐渍土，这种土在天然状态下有较高的结构强度，较大的地基承载力，但一旦浸水后会产生较大的溶陷变形，对工程建设的危害极大。

11 盐渍土地基的主要特点是：浸水后因盐溶解而产生地基溶陷；在盐类溶滤过程中，土的物理力学性质会发生变化，其强度指标显著降低；某些盐渍土（如硫酸钠的土），在温度和湿度变化时，会产生体积膨胀，对建（构）物和地面设施造成危害；土中的盐溶液会导致建（构）筑物基础或地下设施的材料腐蚀。因此，对盐渍土地基上建（构）筑物或其他设施的设计、施工以及使用和维修时，均应充分考虑这些特点，并结合各地盐渍土的区域特点（地形、地貌、气候和地下水等条件），根据具体情况，因地制宜，采取防水与地基处理或结构措施相结合的综合治理原则，以防为主，实践证明，按照这一原则，可以保证建（构）筑物的安全和正常使用。

4.1.2 本条规定了勘察工作宜分阶段进行，是根据工程建设的实际情况，并结合岩土工程勘察多年的经验规定的。不同设计阶段对勘察成果要求的深度不一样。工作中应结合设计阶段、工程规模和盐渍土场地及地基条件等情况进行相应阶段的勘察工作，但要求每个工程均分阶段进行是不实际也不必要的，勘察单位应根据任务要求和客观情况进行相应阶段的勘察工作。在有经验的地区，当建筑平面布置已经确定，且工程规模较小，已有资料可以满足各阶段设计要求时，可直接进行一次性详细勘察。但内陆盐渍土地区工程场址一般位于远离城镇和岩土工程勘察资料缺乏的地区，大多处于荒漠区，没有任何经验资料可借鉴，为提高勘察资料的准确性并避免设计的盲目性，有条件时应尽量分阶段进行勘察。

对于工程地质条件复杂的盐渍土地区或有特殊要求的建（构）筑物，常规勘察周期内可能无法查清盐渍土的分布、类型及工程地质性质，需要在施工阶段进行进一步勘察或投入更多时间和精力进行专门勘察。

盐渍土地区分阶段勘察工作除首先满足现行国家标准《岩土工程勘察规范》GB 50021 的要求外，还要满足本条的分阶段勘察要求，针对盐渍土的特性进行勘察工作。

1 可行性研究勘察阶段又称为选址阶段勘察，本阶段对无任何岩土工程资料的大型场址尤其重要，其主要任务是对盐渍场地的适宜性进行评价和场址方案的比选分析，以收集资料和工程地质调绘为主。

盐渍土地表形态是一定盐渍化程度和类型的外表特征，通过工程地质调查，能大致判断各种盐渍土的分布的规律，如表3所示。

表3 不同盐渍土地表形态特征

盐渍土类型	地表形态特征
氯盐渍土	地表常结结成厚度几厘米至几十厘米的褐黄色坚硬盐壳，地表高低不平，波浪起伏，犹如刚犁过的耕地者，足踏"咔嚓咔嚓"作响，盐壳厚者相对积盐较轻。
硫酸盐渍土	因盐作用，表面形成约3cm~5cm的白色疏松层，似海绵，踏之有陷入感，白色粉末尝之有苦咸味
碱性盐渍土	地表常有白色的盐霜或结块，但厚度较小，仅数毫米，结块背面多分布有大量小孔，白色粉末尝之有咸味。胶碱地表很少生长植物，干燥时龟裂，潮湿时泥泞不堪

2 初步勘察阶段的主要内容为对拟建盐渍土场地作出适宜性评价。场地适宜性问题（包括地基处理和防护方案）应在初勘阶段基本解决，不宜留到详细勘察阶段。

3 详细勘察阶段，建（构）筑物总平面已经确定，需要对具体单体工程地基基础的设计提供详细的盐渍土岩土工程勘察资料和设计施工所需的岩土参数，并应进行相应的岩土工程评价与建议。

4.1.3 表聚性盐渍土取样应以探井、探槽为主。本条依据现行国家标准《岩土工程勘察规范》GB 50021，为方便盐渍土地区进行勘

察工作，根据场地复杂程度和勘察阶段，对勘察工作量的布置区别对待。

本条不对勘探点的数量作出具体规定，只作原则性规定，是根据众多勘察单位的实际工作经验而来。以往对勘探点数量作具体规定，一方面，使勘察工作人员受限于规定，不能发挥高水平技术人员的知识水平和主观能动性；另一方面，个别勘察工作人员死板执行规定，却未能查明盐渍土的分布规律，故本条规定不应少于3个勘探点，仅仅为满足采取土试样和数据比对的需要。

根据盐渍土地基特点，提出了勘探深度以钻穿盐渍土或至地下水位以下2m~3m为宜，这样才能满足地基溶陷计算的需要。每一个建筑场地，原则上要求有一个勘探点钻穿盐渍土层，这对于选择合理的地基处理措施是十分重要的。考虑到西北地区有些山前倾斜平原，含盐的碎石土层很厚，可能超过20m，在这种情况下，勘探深度可为15m~20m，对于一般建筑工程，可以满足要求。

4.1.4 根据大量调查资料统计，盐渍土的含盐量一般是距地表深处变化较大，尤其是表层2.0m深度盐分比较富集，深部变化较小。因此，对取土样间隔的规定，浅层较小深部较大。建筑工程项目不同，其地基要求、基础形式、防护措施不同，故取样深度不同。

4.1.5 通常盐渍土需要测定的物理指标与一般土相同，但因盐渍土的三相组成与常规土不同，区别在于其固态骨架中除土的固体颗粒外，还有不稳定的结晶盐，遇水后部分或全部转变成液态，如同冻土中的冰晶一样。所以，测定盐渍土的物理指标时应考虑到两种状态，即天然状态和浸水（盐溶解后的）状态。盐渍土中难溶盐基本不溶解，故可作为固体骨架，所以在测定盐渍土的物理指标中，含盐量中不包含难溶盐，至于是否包含中溶盐，则视具体情况而定。就我国西部青海、新疆地区的盐渍土来说，中溶盐的含量均比较小，一般为1%左右，即使有条件使土中全部中溶盐溶解（而实际溶解度很小，如石膏仅为0.2%），对物理指标的影响也不大。考虑到中溶盐含量的分析试验较为困难，本规范除以中溶盐为主的盐渍土外，可不考虑中溶盐对物理指标的影响。

4.1.6、4.1.7 这两条的试验项目是根据现行国家标准《岩土工程勘察规范》GB 50021 对水和土腐蚀性评价部分并结合盐渍土的特点作出的。地下水水质分析与其上部土层中的盐分同时进行测定，进行相互验证。此外，地下水的取样应根据勘察深度确定。

4.1.8 盐渍土层中毛细水的上升可直接造成地基或换填土吸水软化及次生盐渍化，促使溶陷、盐胀等病害的发生，为此，盐渍土地区勘察应查明土中毛细水强烈上升高度，为地基设计提供依据。

盐渍土毛细水强烈上升高度的观测，可根据场地条件选用试坑直接观测法、曝晒前后含水量曲线交汇法和塑限与含水量曲线交汇法，黏性土用塑限含水量判定。这些毛细水强烈上升高度的确定方法，是铁道部一院多年来在南疆铁路、青藏铁路、南疆公路、和静与焉耆等地区的试验观测成果，其理论建立在土中水存在状态和转移途径的基础上。地下水向上运移主要通过下列方式：①由于毛细水与地下水表面压力梯度所引起的毛细水上升运动；②由于土孔隙中不同浓度溶液的渗透压力梯度所引起矿化水渗透运动；③由于土粒表面电分子的吸附力梯度所引起薄膜水楔入运动；④由于蒸汽压力梯度所引起气态水扩散运动。在上述四种运动方式中，毛细水上升运动和矿化水渗透运动是属于自由水运动，其运动速度快、溶盐能力强、参与运动的水量大，对土中的水、盐运移起着主导作用。从物理意义上看，当黏性土处于塑限、砂类土处于最大分子吸水率时，土中的水属于结合水，大于这个含水量界线便转化为自由运动的毛细水；从盐胀角度而言，当土中含水量超过塑限或最大分子吸水率时，就会出现显著的聚水现象，从而导致盐胀灾害，促进土中盐分的转移。

毛细水强烈上升高度可用下列方法测定：

（1）直接观测法：在开挖试坑1d~2d后，直接观测坑壁干湿变化情况，变化明显处至地下水位的距离，为毛细水强烈上升高度。

（2）曝晒法：

①当测点地下水位深度大于毛细水强烈上升高度与蒸发强烈影响深度之和时，分别在开挖试坑的时刻和曝晒 1d～2d 后，沿坑壁分层（间距 15cm～20cm）取样，测定其含水量并按图 1 格式绘制含水量曲线，两曲线最上面的交点至地下水位的距离为毛细水强烈上升高度，两曲线最上面的交点至地面的距离为蒸发强烈影响深度。

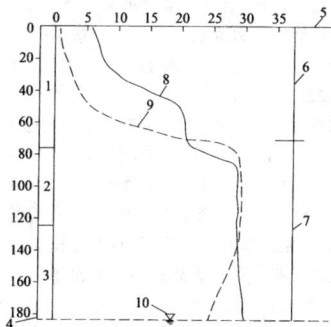

图 1　暴晒法测定毛细水最大上升高度

1—粉质黏土；2—粉土；3—粉砂；4—深度（m）；5—含水率（%）；
6—蒸发强烈影响深度；7—毛细水强烈上升高度；8—天然含水率曲线；
9—暴晒后含水率曲线；10—地下水位线

②当测点地下水位较浅，毛细水强烈上升高度超出地面，不能在天然土层中直接测出时，可利用测点附近的高地、土包或土工（构）筑物进行观测，不得已时，尚可人工夯填土堆，待土堆中含水量稳定后再进行观测，方法同上。

（3）塑限含水量曲线交汇法：于试坑壁每隔 15cm～20cm，取样做天然含水量测定，并根据土质成分，黏性土做塑限含水量、砂类土做筛分试验，并绘制天然含水量分布曲线，如图 2 所示，用竖直线段在图上标出相应土层的塑限，竖直线段与含水量曲线最上面的交点即为毛细水强烈上升高度的顶点，此点到地下水位的距离为毛细水强烈上升高度。

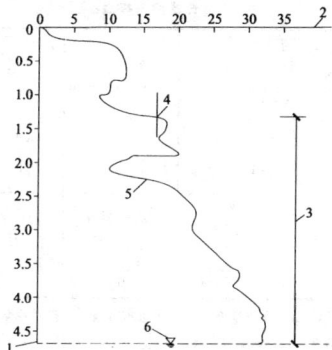

图 2　塑限法测定毛细水上升高度

1—深度（m）；2—含水率（%）；3—毛细水强烈上升高度；
4—对应的土层塑限；5—开挖试坑时含水率曲线；6—地下水位线

4.1.9 可以采用钻孔对地下水位进行持续观测。通过对地下水位的动态观测，有助于分析场地、地基的盐渍化发展趋势，以便做好相关防护工作。

4.2　溶陷性评价

4.2.1 本条源于我国新疆、青海等盐渍土地区多年来工程建设的经验总结。

4.2.2 本条规定了盐渍土溶陷性的试验方法。根据统计，干燥和稍湿盐渍土才具有溶陷性，且大都为自重溶陷，土的自重压力一般均超过起始溶陷压力。所以，没有必要再区分自重溶陷与非自重溶陷，故本规范仅采用溶陷系数作为评价盐渍土溶陷性的指标。

关于确定盐渍土溶陷系数的试验方法，应根据土质条件而定。对于土质比较均一、不含粗砾的黏性土、粉土和含少量黏性土的砂土，均可采取原状土，以室内压缩试验测定溶陷系数，其测定方法与黄土的湿陷系数相似；对于土质不均一、含砂土盐渍土以及碎石土盐渍土，难以取得原状土，则需在现场进行浸水载荷试验，实践证明，现场浸水荷载试验测定的盐渍土平均溶陷系数与实际情况最为接近，且对各类盐渍土均可采用；液体排开法适用于难以取出完整不扰动土样，但可以取得形状不规则完整土块的盐渍土。

4.2.3 现场浸水载荷试验方法测定的盐渍土溶陷系数最接近实际，故认为是最基本的方法。每一建筑场区，特别是重要建筑，均应进行现场浸水载荷试验，结合其他试验方法，综合判定盐渍土的溶陷性，比较可靠。如果现场条件许可，每个建筑场地最好进行大型试坑浸水试验，试坑直径大于或等于 10m，浸水时间 40d～60d，水头保持 30cm，这种试验最为可靠。有的大型试坑浸水试验可与强夯、振动碾压处理结合进行。

4.2.4～4.2.6 有关非溶陷性土溶陷系数 δ_{rx} 小于 0.01，是参考行业标准《盐渍土地区建筑规范》SY/T 0317 并结合我国西部地区盐渍土的特点规定的，由于盐渍土浸水后的溶陷发展速度一般比黄土快，尤其对砂土和碎石土盐渍土（而黄土为黏性土，浸水后尚有一定黏性），故比《湿陷性黄土地区建筑技术规范》GB 50025 中有关湿陷性黄土的标准湿陷系数 0.015 要严格。有的盐渍土均匀性比黄土差得多，渗透性大。工程经验表明，溶陷引起的建（构）筑物的破坏性较严重，所以对 δ_{rx} 要控制更严格。必须确保 δ_{rx} 小于 0.01 的盐渍土才可以按一般土处理，其变形不计入公式（4.2.5）。对盐渍土的进一步分类，没有特别重要的工程意义，因为 δ_{rx} 的含义只表示一个土样的溶陷沉降量，即使溶陷性大的盐渍土，若该土层厚度不大，也不会产生较大的溶陷量；反之亦然。所以，在评价盐渍土地基时，还应同时考虑盐渍土层的厚度，采用可能产生的总溶陷量来评价盐渍土地基的溶陷等级。通过现场测定的总溶陷量一般小于总溶陷量计算值，因前者还取决于浸水的程度、基础的埋深等，但现场测定的溶陷量往往更接近于实际，综合相关因素，从安全角度出发，建议在设计中取两者中的较大值。

4.3　盐胀性评价

4.3.1 研究表明，很多盐类在结晶时都具有一定的膨胀性，只是膨胀程度各异而已，表 4 列出了土中几种主要盐类结晶后的体积膨胀量。

表 4　各种盐类结晶后的体积膨胀量

盐类吸水结晶	$\Delta V(\%)$
$CaCl_2 \cdot 2H_2O \rightarrow CaCl_2 \cdot 4H_2O$	35
$CaCl_2 \cdot 4H_2O \rightarrow CaCl_2 \cdot 6H_2O$	24
$MgSO_4 \cdot H_2O \rightarrow MgSO_4 \cdot 6H_2O$	145
$MgSO_4 \cdot 6H_2O \rightarrow MgSO_4 \cdot 7H_2O$	11
$Na_2CO_3 \cdot H_2O \rightarrow Na_2CO_3 \cdot 10H_2O$	148
$NaCl \rightarrow NaCl \cdot 2H_2O$	130
$Na_2SO_4 \rightarrow Na_2SO_4 \cdot 10H_2O$	311

盐渍土地基产生膨胀的主要原因是土中 Na_2SO_4 在温度或湿度变化时结晶而发生体积膨胀。Na_2SO_4 的溶解度随温度变化，当温度由高变低时，溶解度变小，使部分 Na_2SO_4 结晶析出。当地温低于 32.4℃ 时，如土的原始含水量较高，溶解了较多的硫酸盐，后因水分蒸发含水量减小，也会使水中含盐量饱和以重结晶析出。Na_2SO_4 结晶时，结合 10 个水分子，体积膨胀可达 3 倍以上，造成不良后果。由上所述，盐渍土地基的膨胀量大小除与硫酸盐的含量有关外，主要取决于温度和含水量的变化。此外，它还与地基上压力的大小有关，实践证明，当土中 Na_2SO_4 的含量小于 1% 时，可以不考虑其膨胀作用。此外，盐渍土地区建筑工程在考虑盐胀的同时应考虑冻胀，内陆盐渍土多位于干旱地区，冬天气候寒冷，地下水位较高，在盐胀的同时往往伴随有冻胀，在有些情况下冻胀远

比盐胀量大,如新疆库尔勒的部分地区就存在这种现象。

4.3.2 盐渍土的盐胀同膨胀土的膨胀机理完全不同,且不如膨胀土那么严重,具有盐胀性的盐渍土,大多难以采取原状土进行室内试验,因此,评价盐渍土地基的盐胀性,本规范以根据现场试验测定的有效盐胀区厚度及总盐胀量确定为主。

4.3.4 盐渍土的盐胀性以土体的盐胀系数为指标。盐渍土盐胀性可分为非盐胀性、弱盐胀性、中盐胀性和强盐胀性,如表4.3.4所示。应重点指出,评价盐胀性应采用硫酸钠含量而不是硫酸盐含量。在内陆盆地,有的含盐地层中含有大量的硫酸钙,这种土一般不产生强烈盐胀,此外,评价盐胀性时应做全盐分析,求得各种成盐比值,进行论证。同时,与盐胀系数相对应的硫酸钠含量也是评价地基在盐胀条件下工作状态的一个指标,不能认为是地基土容许含盐量的指标。

4.4 腐蚀性评价

4.4.1 盐渍土含盐量较高,尤其是易溶盐,它使土具有明显的腐蚀性,对建筑物基础和地下设施构成一种严酷的腐蚀环境,影响其耐久性和安全使用。土的腐蚀性、含盐地下水的腐蚀性以及土、水、气接触界面的变化共同构成了这一腐蚀环境。本条对腐蚀性环境等级进行了划分,与现行国家标准《岩土工程勘察规范》GB 50021的规定一致。

4.4.2 本条是对腐蚀环境条件进行初步判别,并根据判别结果确定下一步工作内容。把腐蚀性的研究对象分为三类:钢结构、混凝土结构和砌体结构,其腐蚀特征主要有如下几点:

(1)盐渍土的腐蚀,既与土体自身的腐蚀及其相关因素紧密相关,又取决于含盐的性质、种类和数量等;

(2)以氯盐为主的盐渍土,主要对金属的腐蚀危害大,如罐、池、混凝土中的钢筋及地下管线等。氯盐类也通过结晶、盐变等胀缩作用对地基土的稳定性产生影响,对一般混凝土也有轻微影响;

(3)以硫酸盐为主的盐渍土,主要是通过化学作用、结晶胀缩作用,对水泥、砂浆、混凝土和黏土砖类建筑材质发生膨胀腐蚀破坏;此外,对钢结构、混凝土中钢筋、地下管道等也有一定腐蚀作用;

(4)氯盐和硫酸盐同时存在的盐渍土,具有更强的腐蚀性,其他可溶盐的存在通常都会提高土的腐蚀性;

(5)盐渍土的腐蚀性还与大环境(温度、湿度、降水量、冻融条件等)和小环境(物件埋设条件、干湿交替条件等)紧密相联。

4.4.3~4.4.5 水、土试样的采集,检测项目和检测方法,水、土对钢结构、混凝土结构中的钢筋和混凝土结构的腐蚀性评价等原则上采用现行国家标准《岩土工程勘察规范》GB 50021的规定,这样做便于勘察设计单位统一认识,使勘察设计成果在同一水平上。

4.4.6 氯盐主要腐蚀钢材,对以氯盐为主的盐渍土,重点评价其对钢筋的腐蚀性;硫酸盐主要与混凝土、石灰、黏土砖等发生物理化学反应,对以硫酸盐为主的盐渍土,重点评价其对混凝土、石灰、黏土砖的腐蚀性。

5 设 计

5.1 一 般 规 定

5.1.1 盐渍土与一般土所不同之处,即在于它具有溶陷性、盐胀性和腐蚀性,所以在场地选择时,要尽可能使建筑避开强溶陷性、盐胀性或腐蚀性的地段,以降低造价。除本条中提到的三种地段外,针对某些容易积盐的地段,亦应提起高度重视,如山体有含盐岩层分布的坡脚、山(沟)口地段。

5.1.2 同一幢建(构)筑物范围内,如果地基土含盐量差异较大,在浸水的情况下容易造成不均匀沉降,导致建(构)筑物开裂。

5.1.3 盐渍土地区的工程设计,除需考虑地基的承载力外,还应着重注意盐渍土的溶陷性、盐胀性导致的变形,并应考虑针对腐蚀性作出防护设计措施。盐胀与溶陷不同,其体积变化一般是增大的,对应地基变形是膨胀的。因此就目前对盐胀变形对建筑物的影响的研究水平而言,还无法准确地用类似于公式(5.1.5)的形式对盐胀与地基允许变形值进行定量的规定,但这并不代表盐胀是不重视的。

5.1.4 确定地基承载力特征值,除需考虑地基基础设计等级对承载力试验方法的选择影响外,还应注意盐渍土类型对试验方法选择的影响。如盐渍黏性土、粉土地基,一般可根据其洗盐后的物理力学指标,按现行国家标准《建筑地基基础设计规范》GB 50007的有关规定确定地基承载力;而粗颗粒盐渍土地基,一般则采用现场浸水载荷试验分别确定天然状态和浸水状态下的地基承载力特征值。若采用其他原位测试方法确定地基承载力,可与载荷试验成果相对比后应用。一般而言,处于同一地貌单元且盐渍土类型相同时,可以适当减少载荷试验数量,但不应少于统计数量。

5.1.5 获取地基溶陷量 s_{rs} 的试验时,浸水压力应与天然状态下地基变形值 s_0 计算过程中的附加压力取值相同。

5.1.6 不同措施的选取可按表5执行。

表5 设计措施选择表

建(构)筑物类别 \ 地基变形等级	Ⅰ 70mm~150mm	Ⅱ 150mm~400mm	Ⅲ ≥400mm
甲级	[1]+[2]或 [1]+[3]	[1]+[2]+[3]	[1]+[2]+[3]+[4]或 [1]+[3]+[4]
乙级	[1]或[2]或[3]	[1]+[2]或 [1]+[3]	[1]+[2]或[1]+[3] 或[1]+[4]
丙级	[0]	[1]	[1]

注:表中[0]表示不需要采取措施;[1]表示防水措施;[2]表示地基处理措施;[3]表示基础措施;[4]表示结构措施。

5.2 防水排水设计

盐渍土中盐分发生的各种作用与现象,几乎都与水有关。盐渍土地区工程建设所发生的各种工程危害的根源一般在于水。要保证盐渍土地区工程建设的安全,防水是最基本的措施,应在设计阶段给予高度重视。

5.2.1 设置截水沟,可保证排洪通畅,避免上方雨水流入建筑物地基。场地排水设计中也需考虑地下水的影响。需在监护区内设置排水池等时,应采取有效措施防止水渗入建筑物地基。给水排水、热力管网及采暖等地下管道应设置防漏检漏管沟,压力管道宜架空。

5.2.2 硬质不透水层可选择使用沥青砂等材料。

5.2.6 实际应用本条时,应结合现行国家标准《混凝土结构设计规范》GB 50010和《地下工程防水技术规范》GB 50108的相关规定综合执行。

5.2.7 以往的工程建设往往忽略绿化带与建(构)筑物的安全间距,鉴于盐渍土对水的敏感性以及若干因绿化带导致的工程事故,本条专门对绿化带进行了规定,要求给予高度重视。

5.3 建筑与结构设计

多年来,尽管盐渍土地区遇水产生不均匀变形造成的危害已逐渐为人们所认识,但由于对建筑物的破坏机理认识不深,缺乏有效的治理手段,建筑因地基不均匀变形而导致的破坏仍屡屡发生。因此,本规范对建筑和结构设计过程进行了专门规定,提出了一些措施。

5.3.2 采取地基设计措施的目的是为了保证在盐渍土地区有溶陷、盐胀或腐蚀作用下,建筑物基础的安全可靠和耐久性。

5.3.3 具体工程中,基底附加压力和基础埋深的大小主要取决于具体的工程情况以及工程设计人员的设计,且基础梁的调整能力有限,因此本条仅规定"宜",作为一般性建议规定提出。

5.3.5 关于本条第1款,作如下说明:①在进行上部结构设计时,一般较少考虑不均匀沉降带来的不利影响,所以,对盐渍土地基不能过于依赖上部结构的刚度、结构冗余度;②考虑上部结构与基础共同作用的结构计算方法多用于高层建筑,采用箱、筏基础,且上部结构刚度较大;③上部结构与基础之间的配合宜强弱相当,但不可过分增加上部结构的刚度、整体性,反过来对基础也会产生额外的负担。此外,考虑到工业厂房的长高比一般较大,故本条文采用"宜"作出一般建议性规定。

5.3.6~5.3.11 应对盐渍土有害影响的最根本措施在于地基处理和基础的选型与设置,上部结构做适当加强即可,如地基处理和基础的选型与设置不当,极可能引起上部结构的开裂,而本规范上述条文提到的所有措施对于限制裂缝发展确有一定效果,但不足以彻底防止裂缝的发生,所以效果极其有限,不能只依赖于此。

5.4 防腐设计

盐渍土地基中的基础和设施是否需进行防腐蚀处理以及采取何种处理方案,首先应由设计人员提出并确定。在设计阶段,设计人员应深入了解和掌握有关资料,依据腐蚀环境、地基基础设施的重要性、使用年限要求、经济合理性等综合提出可供实施的方案。本节中规定的防腐措施保护对象主要是指埋入盐渍土中或与盐渍土相接触的建(构)筑物基础与构件以及其上的一定区域。

5.4.4 主要的防腐措施包括水泥和砖石品种的选择,提高水泥用量,降低水灰比,增加混凝土厚度等。

5.4.7 相关研究表明,混凝土中掺加矿物掺合料有助于增强其抗腐蚀性能以及稳定性。

6 施 工

6.1 一 般 规 定

对于盐渍土地区的工程建设而言,合理的设计是很重要的,但是施工同样关键,不应被忽视。因为盐渍土的危害在施工阶段就可能显现出来或在施工阶段就可能蕴藏着使建筑物发生破坏的潜在因素。实践也确实表明,在盐渍土地区的工程施工中常常存在下列问题:

(1)施工单位素质差,水平低,在施工准备阶段不能作出详细的施工组织设计方案;在施工阶段,管理混乱,现场设施布局、建筑材料堆放杂乱无章,结果造成施工用水乱放乱排,浸入地基,发生溶陷,使正在施工中的建筑物发生破坏,甚至有可能会使附近已建好的建筑物都受到影响。

(2)为抢工期,施工现场的排水泄洪设施尚未完成,就仓促进行主体工程的施工,造成雨水等侵入地基,发生溶陷破坏事故。

(3)施工不彻底,只抓主体工程,而对地下给排水管道、水井和管沟等隐蔽工程质量不重视,或在竣工后施工用水管道未及时拆除,结果又可能发生管道漏水侵入地基,造成危害。

(4)对建筑施工材料不加以选择或不严格检验,如使用含盐量大的水搅拌混凝土和砂浆或对含盐量大的砂子不注意清洗,使大量的盐分进入混凝土或砂浆之中,这些盐分会侵蚀混凝土、钢筋或砖石砌体,逐渐导致结构发生破坏。

由上述问题可见,对于盐渍土地区的工程来说,施工阶段确有其独有的特点,必须慎重对待,必须采取一些相应的特殊措施,才能保证建筑物或其他工程设施的顺利建成且安全耐久。

6.1.1~6.1.3 调查表明,有相当一部分工程在施工过程中就已溶陷。所以,条文要求图纸明确提出对雨水和施工用水的防渗漏要求。施工时间安排和工序搭接要考虑出现水害的可能,采取预防措施,做好施工前的准备工作。通常,土建工种与其他专业工种不协调,造成基坑长时间不能回填或者填挖频繁交替,不仅浪费人力物力,拖延工期,而且可能对建(构)筑物地基造成直接或潜在危害。因此,应引起足够重视。

6.1.4 现场经验和一些试验结果表明,在易溶盐含量较大的盐渍土层,水浸入后,盐分溶解速度快,水的渗透距离也较远,影响深度也较大,所以施工所用的各种水源都要与正建的建筑物和现有的建筑物之间保持足够的距离。本条中表6.1.4的最小净距是根据现场调查和浸水试验结果规定的,如果现场条件允许,可适当再远一些,更偏于安全。

6.2 防水排水工程施工

6.2.2 施工用水和施工场地的排水问题不容忽视,施工给排水管道布置情况应绘制在施工总平面图上。施工中应按设计要求,做好施工场地及附近的临时排水设施,并尽量与永久性排水设施相结合。施工验收范围要扩大到整个防水监护区。

6.2.3 管道、井(或沟)等施工的临时用水管道,历来疏于检查验收,漏水现象十分普遍,因此规定要打压检验。

6.2.4 地基中隔水层可以防止水由地表浸入地基,同时也起到防止盐渍土从基底对基础材料腐蚀的作用。

6.3 基础与结构工程施工

6.3.4 防水措施建议采用铺设塑料薄膜等简易保护措施,同时要求施工期间控制施工用水。

6.3.6 盐渍土中采用打入式预制钢筋混凝土桩的主要问题,除了防止盐对桩身材料的侵蚀外,还需解决难打入的问题。为了减少预制桩的打入阻力,可采用先钻后打的施工方法,钻孔直径应小于

(或等于)桩径,钻孔深度应浅于设计桩尖标高 0.5m～1.0m。若盐渍土的易溶盐含量很高(超过 20%),则可采用注水打桩的施工方法,国外的经验表明,若用热水注入盐渍土中,可较好地减小打桩阻力,显著提高打桩效率。

6.4 防腐工程施工

6.4.1 基础和地下设施防腐可靠性的最终结果,很大程度上取决于防腐工程的施工质量,这除了与施工队伍的专业性、技术性及人员素质直接相关外,从腐蚀机理的角度而言,还有多而复杂的因素影响腐蚀,因此,通过试验确定适宜的施工配合比和操作方法显得很有必要。

6.4.2 砖中含盐量的控制指标是参照新疆地区相关规定和实际经验中盐分情况制订的。关于砂中含盐量,其中氯盐是参照日本和我国海上工程相关规定制订的,硫酸盐是参照有关规范关于水、土中的有害和英国资料中认为进入混凝土中的量大于 0.3%(水泥重量)可能产生危害而制订的,目前,国内尚无在砂中限量的明确规定,施工用水则应保证为无腐蚀或弱腐蚀。干旱地区采用河湖水或拦蓄地面水不宜长期敞放蒸发后使用,若使用应进行期间水质分析。

6.4.4 因盐渍土本身具有腐蚀性,故要求不再掺入氯盐、硫酸盐作为混凝土外加剂等是十分必要的。否则钢筋混凝土结构将受到内、外盐腐蚀,造成更大危害。

7 地基处理

7.1 一般规定

盐渍土地基处理的目的,主要在于改善土的力学性质,消除或减少地基因浸水而引起的溶陷或盐胀等。与其他类土的地基处理目的有所不同,盐渍土地基处理的范围和深度应根据其含盐类型、含盐量、分布状态、盐渍土的物理和力学性质、溶陷等级、盐胀特性及建筑物类型等来选定。盐渍土地基处理的方法很多,本章所规定的几种方法主要从实用角度出发,施工技术和设备工具都比较简单易行。实际上,每种处理方法都有其适用范围和局限性,对具体工程来说,究竟选用何种处理方法,不仅需要考虑地质条件、施工机具设备、材料来源、施工期限、处理费用等因素,还应考虑处理方法的适用范围,根据具体情况可以采用单一的地基处理方法,也可采用两种或两种以上的综合处理方法。总之,应对各种处理方法进行技术和经济比较后,再选择经济、合理、可靠的处理方法。

7.1.1 选择因素除应考虑含盐类型和盐渍化程度外,还应考虑土层情况、盐渍土分布、地下水情况等因素。目前我国西北地区的一些项目,位于戈壁滩,地基土为卵石,按目前规定评价为盐渍土,但并没有溶陷性,作为垫层或回填材料应当是可行的,否则在百公里内无法找到理想的材料,对此,应结合相关经验和试验结果选取该材料。

7.1.5 钢筋增强材料指的是含有钢筋成分的增强材料。

7.2 地基处理方法

I 换 填 法

对于溶陷性较高,但层厚不大的盐渍土采用换填法消除其溶

陷性是较为可靠的,即把基础下一定深度范围内的盐渍土挖除,如果盐渍土层较薄,可全部挖除,然后回填不含盐的砂石、灰土等换填盐渍土层,分层压实。作为建筑物基础的持力层,可部分消除或完全消除盐渍土的溶陷性,减小地基的变形,提高地基的承载能力。

7.2.1 换填法涉及挖方和填方,因此盐渍土层厚度成为是否选择换填法的一个制约条件。如盐渍土层厚度偏大,全部采用换填法就显得不经济。此外,当地下水埋深较浅时,一方面对换填施工造成很大困难,另一方面,在换填过程中如不对地下水进行有效隔离,换填结束后的新地基可能会因为地下水的毛细和蒸腾作用,再次成为盐渍土,导致处理失效。

7.2.2 盐渍土地基的换填处理,一般采用砂石垫层,在具有较好经验的相关地区,也可以取用风积沙作为垫层材料。在盐渍土地区,有的盐渍土层仅存在于地下 1m～5m 厚,对于该情况,可采用砂石垫层处理地基,将基础下盐渍土层全部挖除,回填不含盐的砂石材料,应注意,此种方法仅适用于盐渍土层不厚、可全部替换的情况。因砂石垫层透水性较好,如果砂石垫层下还残留部分溶陷性盐渍土层时,则地基浸水后同样会产生溶陷。采用砂石垫层是针对完全消除地基溶陷而言,其挖除深度随盐渍土层厚度而定,但一般不宜大于 5m,太深会给施工带来较大困难,也不经济。砂石垫层的厚度应保证下卧层顶面处的压应力小于该土层浸水后的承载力,还应保证垫层周围盐渍土溶陷时砂石垫层的稳定性,如果垫层宽度不够,四周盐渍土浸水后产生溶陷,强度降低,垫层就有可能部分被挤入侧壁的盐渍土中,使基础沉降增大。

对于砂石垫层宽度的计算,一般采用扩散角法,以条形基础为例,砂石垫层的宽度应满足下式:

$$b' \geqslant b + 2z\tan\theta \tag{2}$$

式中:b'——砂石垫层底宽(m);

b——条形基础的宽度(m);

z——砂石垫层的厚度(m);

θ——垫层压力扩散角,当材料为碎石时,$\theta=40°$,为粗砂或中砂时,$\theta=30°$。不论是条形基础还是矩形基础,垫层每边超过基础底面的宽度不能小于垫层厚度的 25%,且不小于 0.5m。

7.2.3 当换填深度未能超过溶陷性和盐胀性土层的厚度时,才存在残留的盐渍土层的溶陷量和盐胀量。

7.2.6 对换填材料一般有如下要求:

(1)砂石:宜采用级配良好、质地坚硬的粒料,其颗粒的不均匀系数不小于 10,以中、粗砂为好,不得含有草根、垃圾等杂物,含泥量不大于 5%。碎、卵石最大粒径不大于 50mm,一般为 5mm～40mm 的天然级配,含泥量不大于 5%。

(2)石屑:其粒径小于 2mm 部分不得超过总重的 40%,含粉量(即粒径小于 0.074mm)不得超过总重的 9%,含泥量不大于 5%。

(3)素土:土料中有机质含量不大于 5%,不得含有冻土或膨胀土。当含有碎石时,其粒径不宜大于 50mm。

(4)灰土:石灰剂量,系按熟石灰占混合料总重的百分比计,一般为 8%,磨细生石灰为 6%。土料宜用黏性土,塑性指数大于15,不得含有松软杂质,并应过筛,其颗粒粒径不大于 15mm。石灰宜用新鲜的生石灰,其颗粒粒径不大于 5mm,不得夹有半熟化的生石灰块,其质量要求通常以 CaO+MgO 含量不低于 55% 控制。

Ⅱ 预 压 法

7.2.10 本条提出适用于预压法处理的土类。对于在持续荷载作用下体积会发生很大压缩、强度会明显增长的土,这种方法特别适用。对超固结土,只有当土层的有效上覆压力与预压荷载所产生的应力水平明显大于土的先期固结压力时,土层才会发生明显的

压缩。竖井排水预压法对处理泥炭土、有机质土和其他次固结变形占很大比例的土效果较差，只有当主固结变形与次固结变形相比所占比例较大时才有明显效果。

7.2.11 对地基基础设计等级为甲级、乙级的工程，应预先选择有代表性的地段进行预压试验，通过试验区获得的竖向变形与时间关系曲线、孔隙水压力与时间关系曲线等推算土的固结系数。固结系数是预压工程地基固结计算的主要参数，可根据前期荷载所推算的固结系数预计后期荷载下地基不同时间的变形并根据实测值进行修正，这样就可以得到更符合实际的固结系数。此外，由变形与时间曲线可推算出预压荷载下地基的最终变形、预压阶段不同时间的固结度等，为卸载时间的确定、预压效果的评价以及指导设计与施工提供主要依据。

7.2.12 由于盐渍土中的液相与普通土不同，为具有一定浓度的盐溶液，盐溶液具有一定的黏滞性，为在预压过程中使其有效排除，故规定排水通道需有较大的空隙和较好的连通性。

7.2.13 竖井间距的选择，应根据地基土的固结特性、预定时间内所要求达到的固结度以及施工影响等通过计算、分析确定。根据我国的工程实践，普通砂井之井径比取6～8，塑料排水带或袋装砂井之井径比取15～22，均收得良好的处理效果。本条结合盐渍土的经验和盐溶液黏滞性的特点，采用的井径比值小于普通土。

7.2.14 预压法处理地基分为堆载预压和真空预压两类。降水预压法和电渗排水预压在工程上应用甚少，暂未列入。堆载预压分塑料排水带或砂井地基堆载预压和天然地基堆载预压。通常，当软土层厚度小于4.0m时，可采用天然地基堆载预压法处理，当软土层厚度超过4.0m时，为加速预压过程，应采用塑料排水带、砂井等竖向排水预压法处理地基。对真空预压工程，应在地基内设置排水竖井。

7.2.16 塑料排水带施工所用套管应保证插入地基中的带子平直、不扭曲。塑料排水带的纵向通水除与侧压力大小有关外，还与排水带的平直、扭曲程度有关。扭曲的排水带将使纵向通水量减小。因此施工所用套管应采用菱形断面或出口段扁矩形断面，不应全长都采用圆形断面。

Ⅲ 强夯法和强夯置换法

7.2.20 强夯法是反复将夯锤（质量一般为10t～40t）提到一定高度使其自由落下（落距一般为10m～40m），给地基以冲击和振动能量，从而提高地基的承载力并降低其压缩性，改善地基性能。由于强夯法具有加固效果显著、适用土类广、设备简单、施工方便、节省劳力、施工期短、节约材料、施工文明和施工费用低等优点，我国自20世纪70年代引进此法后迅速在全国推广应用。大量工程实例证明，强夯法用于处理碎石土、砂土、低饱和度的粉土与黏性土、湿陷性黄土、素填土和杂填土等地基，一般均能取得较好的效果。对于软土地基，一般来说处理效果不显著。

强夯置换法是采用在夯坑内回填块石、碎石等粗颗粒材料，用夯锤夯击形成连续的强夯置换墩。强夯置换法是20世纪80年代后期开发的方法，适用于高饱和度的粉土与软塑～流塑的黏性土等地基上对变形控制要求不严的工程。

7.2.21 强夯法虽然已在工程中得到广泛的应用，但有关强夯机理的研究，至今尚未取得满意的结果。因此，目前还没有一套成熟的设计计算方法。此外，强夯置换法具有加固效果显著、施工期短、施工费用低等优点，目前已用于公路、机场、房屋建筑、油罐等工程，一般效果良好，个别工程因设计、施工不当，加固后出现下沉较大或墩体与墩间土上下沉不等的情况。因此，本条特别强调采用强夯法和强夯置换法前，应通过现场试验确定其适用性和处理效果，否则不得采用。

在缺乏试验资料或经验时，可按表6预估有效加固深度。

表6 强夯法的有效加固深度（m）

单击夯击能	碎石土、砂土等粗颗粒土	粉土、黏性土等细颗粒土
1000kN·m	5.0～6.0	4.0～5.0
2000kN·m	6.0～7.0	5.0～6.0
3000kN·m	7.0～8.0	6.0～7.0
4000kN·m	8.0～9.0	7.0～8.0
5000kN·m	9.0～9.5	8.0～8.5
6000kN·m	9.5～10.0	8.5～9.0
8000kN·m	10.0～10.5	9.0～9.5

注：强夯法的有效加固深度应从最初起夯面算起。

7.2.24 强夯和强夯置换的施工机械要求如下：

（1）起重机械：起吊夯锤用的机械设备一般选用履带式起重机（起重量分别有15t、20t、25t、30t和50t几种），其稳定性好，在施工场地行走方便。在夯锤重量、落距大时，还可以在吊臂两侧辅以门架防止落锤时机架倾覆，提高起重能力。

（2）自动脱钩装置：当采用履带式起重机作为强夯起重设备时，一般是通过动滑轮组用脱钩装置来起落夯锤。脱钩装置要求有足够的强度，使用灵活，脱钩快速、安全。自动脱钩器由吊环、耳板、销环、吊钩等组成。拉绳一端固定在销柄上，另一端穿过转向滑轮，固定在悬臂杆底部横轴上，当夯锤起吊到要求高度时，升钩拉绳随即拉开销柄，脱钩装置开启，夯锤便自动脱钩下落，同时自动复位。

（3）夯锤：夯锤设计原则是重心低，稳定性好，产生负压和气垫作用小。一般夯锤用钢板作外壳，内部焊接钢筋骨架后浇注混凝土，一般为圆形（圆台形），也有方形。方形夯锤虽制作简单，但起吊时由于夯锤旋转，难以保证前后几次夯击的夯坑重合，结果造成锤角与夯坑壁接触，使一部分夯击能消耗在坑壁上，对夯击效果有影响。锤底面积可按土的性质确定，锤底静接地压力值可取25kPa～40kPa，对于饱和细颗粒土宜取较小值。夯锤底面设上下贯通的排气孔，以利空气迅速排出，减小阻力，同时减小提锤时锤底与土面形成真空产生的吸附力。排气孔的孔径一般为250mm～300mm。国内夯锤质量一般为8t、10t、16t、25t。

Ⅳ 砂石（碎石）桩法

7.2.26 碎石桩、砂桩和砂石桩统称为砂石桩，是指采用振动、冲击或水冲等方式在软弱地基中成孔，再将砂或碎石挤压入已成的孔中，形成砂石构成的大直径密实桩体。砂石桩法早期主要用于挤密砂土地基，随着研究和实践的深入，特别是高效能专用机具出现后，应用范围不断扩大。为提高其在黏性土中的处理效果，砂石桩填料由砂扩展到砂、砾及碎石。

砂石桩用于松散砂土、粉土、黏性土、素填土及杂填土地基，主要靠桩的挤密和施工中的振动作用使桩周围土的密度增大，从而使地基的承载能力提高，压缩性降低。国内外的实际工程经验证明，砂石桩法处理砂土及填土地基效果显著，并已得到广泛应用。

7.2.28 关于砂石桩用料的要求，对于砂基，要求不严格，只要比原土层砂质好同时易于施工即可，一般应注意就地取材。按照各有关资料的要求，最好用级配较好的中、粗砂，当然也可用砂砾及碎石。对饱和黏性土，因为要构成复合地基，特别是当原地基土较软弱、侧限不大时，为了有利于成桩，宜选用级配好、强度高的砂砾混合料或碎石。填料中最大颗粒尺寸的限制取决于桩管直径和桩尖的构造，以能顺利出料为宜。考虑到有利于排水，同时保证具有较高的强度，规定砂石桩用料中小于0.005mm的颗粒含量（即含泥量）不能超过5%。

7.2.29、7.2.30 砂石桩的施工应选用与处理深度相适应的机械。可用的砂石桩施工机械类型很多，除专用机械外，还可利用一般的打桩机改装。砂石桩机械主要可分为两类，即振动式砂石桩机和锤击式砂石桩机。此外，也有用振捣器或叶片状加密机，但应用较少。

用垂直上下振动的机械施工的称为振动沉管成桩法，用锤击式机械施工成桩的称为锤击沉管成桩法，锤击沉管成桩的处理深度可达 10m。砂石桩机通常包括桩机架、桩管及桩尖、提升装置、挤密装置（振动锤或冲击锤）、上料设备及检测装置等部分。为了使碎石有效地排出或使桩管容易打入,高能量的振动砂石桩机配有高压空气或水的喷射装置,同时配有自动记录桩管贯入深度、提升量、压入量、管内砂石位置及变化（灌砂石及排砂石量）以及电机电流变化等的检测装置。国外有的设备还装有微机,根据地层阻力的变化自动控制灌砂石量并保证沿深度均匀挤密全面达到设计标准。

7.2.32 碎石桩结合其他处理方法时,起到的主要作用是加速盐溶液的排除。

V 浸水预溶法

浸水预溶法即对拟建的建筑物地基预先浸水,在渗透过程中土中易溶盐溶解,并渗流到较深的土层中,易溶盐的溶解破坏了土颗粒之间的原有结构,在土自重压力下产生压密。对以砂、砾石土和渗透性较好的非饱和黏性土为主的盐渍土,有的土结构疏松,具有大孔隙结构特征,而这些"砂粒"中很多是由很小的土颗粒经胶结而成的集粒,遇水后,盐类被溶解,导致由盐胶而成的集粒还原成细小土粒,填充孔隙,因而土体产生溶陷。由于地基土预先浸水已产生溶陷,所以建筑在该场地上的建筑物即使再遇水,其溶陷变形也要小得多,实际上,这是一种简易的"原位换土法",即通过预浸水洗去土中盐分,把盐渍土改良为非盐渍土。一些文献指出,浸水预溶法可消除溶陷量的 70%～80%,这也相当于改善了地基溶陷等级,具有效果较好、施工方便、成本低等特点。

7.2.33 浸水预溶法用于减低或消除盐渍土的溶陷性,一般适用于厚度较大、渗透性较好的砂、砾石土、粉土。对于渗透性较差的黏性土不宜采用浸水预溶法。该法用水量大,场地要具有充足的水源。另外,最好在空旷的新建场地采用,如在已建场地附近采用时,浸水场地与已建场地之间要有足够的安全距离。

7.2.34 采用浸水预溶法处理地基应注意如下几点:

（1）浸水预溶不得在冬季有冻结可能的条件下进行;

（2）应考虑对邻近建筑物和其他设施的影响,根据相关试验结果,其影响半径可达到 1.2 倍的浸水坑直径;

（3）浸水预溶结束 10d 左右应进行基础施工,在施工过程中应保持地基土湿润,因在含水量减低的情况下,土的溶陷性有恢复的可能性。

7.2.36 采用浸水预溶法处理地基时:

（1）浸水场地面积应根据建筑物的平面尺寸和溶陷土层厚度确定,浸水场地平面尺寸每边应超过拟建建筑物边缘不小于 2.5m;

（2）预浸深度应超过盐渍土溶陷性土层厚度或预计可能的浸水深度,浸水水头高度不宜低于 0.3m,浸水时间一般为 2～3 个月,浸水量一般与盐渍土类型、含盐量、厚度、水的矿化度及浸水时的气温等因素有关;

（3）采用浸水预溶时,应考虑对邻近建（构）筑物和其他设施的影响;

（4）对渗透性小、含盐量高且厚度大的盐渍土地基,宜采用附加措施增大预溶效果（如钻孔灌水等）。

7.2.37 为查明浸水预溶法处理地基土的溶陷性消除程度、残留的溶陷性土层厚度及地基的溶陷等级等,应在基础施工前进行专门性的勘察评定。浸水预溶后土中含水量增大,压缩性增高,承载力降低,应通过载荷试验确定处理后地基土的承载力。

7.2.38 浸水预溶加强夯法是将浸水预溶法与其他地基处理方式结合使用的一个典型。多用于含结晶盐较多的砂石类土中。例如,青海西部地区的盐渍土大部分属于砂石类土,部分土层为粉土,处于干旱或半干旱状态,天然含水量低,平均含水量在 5% 左右,且土的天然结构强度很高,所以,单独采用强夯法减小地基的浸水溶陷比较困难,对一些比较重要或对沉降有特殊要求的工程,为消除地基浸水溶陷的问题,提出了先浸水后强夯的方法,即先对拟建建筑物地基进行浸水预溶,然后再进行强夯,这种方法的处理效果与浸水时间、强夯能量、土质条件等密切相关。

VI 盐 化 法

7.2.39 对于干旱地区含盐量较高、盐渍土层很厚的地基土,可考虑采用盐化处理方法,即所谓的"以盐制盐",在建筑物地基中注入饱和或过饱和的盐溶液,形成一定厚度的盐饱和土层,使地基土发生如下变化:①饱和盐溶液注入地基后随着水分的蒸发,盐类晶析出,填充原来土中的孔隙,并可起到土颗粒骨架作用;②饱和盐溶液注入地基中析出后减少了原来孔隙比,使盐渍土渗透性减小。地基经盐化处理后,由于本身的致密性增大,透水性减小,既保持或增加了原土层较高的结构强度,又使地基受到水浸时也不会发生较大的溶陷,这在地下水位较低、气候干燥的西北地区是有可能实现的,特别是与地基防水措施结合起来,将是一种经济有效的方法。相关试验结果表明,盐化法可使处理后的盐渍土地基浸水的沉降减小到处理前浸水沉降的 1/5～1/7。

该法仅宜于在西部干旱地区一般轻型建（构）筑物中结合表层压实法一起使用。

7.2.42 地基盐化法处理的施工,可采用大开挖,对整个基坑底面全部进行盐化处理,如果不是大开挖,也可对某一柱基或条基进行盐化处理,无论哪种方法,盐化处理的范围都尽量大于基础外缘 2.0m,开挖到基础设计标高后注入饱和盐溶液,饱和盐溶液要从基础的四角注入。

盐化用盐一般可采用工业锅炉用盐或一般食盐,水可用当地饮用自来水,也可直接用当地的盐湖水来代替。施工现场备有若干较大的空油桶或容器,以备饱和盐溶液的加工。

相关单位在青海西部盐渍土地区进行盐化法处理,发现其优点是:可就地取材,降低造价;施工简便,消耗人力物力少;施工周期短,如与防水措施结合使用,更增强了建筑物安全使用的可靠性。

VII 隔 断 层 法

隔断层主要包括土工膜（布）、砂砾隔断层、复合土工膜、复合防水板等。从部分公路工程的实践来看,在盐渍化严重的地区,单一土工膜或单一防渗土工布作为隔断层时,易在膜下产生水分和盐分聚集,使地基土软化和加重盐渍化,效果不好。

8 质量检验与维护

8.1 质量检验

8.1.4 对于砂石桩成桩后进行质量检验的时间间隔建议取 30d，目的是使盐渍土地基充分稳定。在因气候因素操作困难的部分地区，亦可根据地区经验结合相关规范综合确定时间间隔。

8.2 监测与维护

8.2.1～8.2.8 本节各条都是监测与维护的一些要求和做法，其规定比较具体，故不作逐条说明，使用单位应按本规范规定认真执行，将建筑物因盐渍土的溶陷、盐胀及腐蚀导致的事故减到最少。

附录 A 盐渍土物理性质指标测定方法

A.0.1 与非盐渍土一样，盐渍土三相组成的比例关系能表征土的一系列物理性质，这些物理性质同样可以用诸如：颗粒组成、土颗粒比重、含水量、孔隙比、液塑限等表示，但是，盐渍土与非盐渍土的不同在于盐渍土含有较多的盐类（尤其是易溶盐），这种特性对盐渍土的物理性质有较大的影响，所以在测定各项物理指标时也应与非盐渍土加以区别。

A.0.2 对于盐渍土来说，采用比重瓶进行比重试验时，不能用水作为排开的液体，因为土中含有盐分，当土遇水后，尤其在试验的煮沸过程中，易溶盐会溶解于水，形成盐溶液。因此对于含有易溶盐或中溶盐的盐渍土，应采用中性液体（如煤油等）代替蒸馏水进行比重试验，以防盐类溶解，如果要测定盐渍土纯土颗粒的比重，则应在洗盐后用蒸馏水进行测定。

A.0.3 氯盐渍土中主要含有 $NaCl$、KCl，其次是 $CaCl_2$、$MgCl_2$ 等易溶盐类；硫酸盐渍土中主要含有 Na_2SO_4 和 $CaSO_4$ 等；碳酸盐渍土中主要含有 Na_2CO_3 和 $NaHCO_3$。盐渍土中各种盐类，按其在 20℃水中的溶解度分为三类：易溶盐、中溶盐和难溶盐。各类盐的测定方法按现行国家标准《土工试验方法标准》GB/T 50123 进行。粒径大于 0.075mm 的颗粒质量不超过总质量的 50% 的土，应定名为细粒土。本条仅对细粒土含盐量测定进行了规定，关于粗粒土含盐量测定方法见附录 B。此外，盐渍土含盐量测定时，一般测易溶盐，必要时应加测中溶盐及难溶盐。

A.0.4 土中的含水量是计算其他物理指标的基本指标之一。盐渍土中含有易溶盐时，天然条件下，这部分易溶盐不足以被土中所含的水分所溶解，此时土中水溶液已经达到饱和状态，而未被溶解

的盐以固态的形式存在于土中，且与土颗粒一样起着固体骨架作用。但是，这部分骨架是不稳定的，当含水量增加时，它便被水溶解而变成液态。现行国家标准《土工试验方法标准》GB/T 50123 中土的天然含水量的测定方法（烘干法）中，土中的固态盐或液态盐均被作为固体骨架的一部分考虑。试验表明，对比采用含液量的计算结果，用含水量计算出的干重度偏大，而孔隙比、饱和度偏小，这是因为用烘干法获得含水量是把盐（包括原土中固态盐和液态盐）作为固体土骨架的一部分而得的，从而没有正确地反映土中固体土颗粒与土中液相的物理关系，对于实际工程而言，这是偏不安全的。土中水含盐量 B 的确定，应综合含盐量、含水量的测定结果综合得出。

A.0.5 盐渍土的天然密度的测定方法与非盐渍土相同，只是对于含有较多具有结晶特性易溶盐的盐渍土，应考虑其在低温情况下的结晶膨胀特性对湿密度的测定值带来的影响。

A.0.6 盐渍土的颗粒和非盐渍土一样，指的是岩石、矿物及非晶体化合物的零散碎屑。由于盐渍土中含盐，使土中的微粒胶结成小颗粒，此外，由于土中还含有结晶状的结晶盐，因此，如果在进行颗粒分析试验之前，不预先除去土中的盐，则所测得的盐渍土的细颗粒含量较少，而浸水洗盐后，由于易溶盐被溶解，原来由盐胶结而成的集粒解体以及结晶的盐颗粒也被溶解而除去，所以得出的试验结果是土颗粒分散度增高，细颗粒含量明显增大。因此，盐渍土的颗粒分析试验，应在洗盐前后分别进行，以得到正确的粒组组成，并以洗盐后的数据来确定土的名称，否则，可能得不到正确的结果。

A.0.7 相关资料表明，含盐量对盐渍土的塑性指标的影响较大，据国内曾对含盐量为 6%～10% 的 60 个盐渍土土样进行洗盐前后塑性指标的试验研究表明，未经洗盐的盐渍土，其液限含水量平均值比洗盐后的土小 2%～3%，塑限含水量小 1%～2%。由于工程上往往用塑性指标来对黏性土进行分类和评价，所以最好分别做去盐前后的塑限和液限试验，以免对土的评价不合理或相差甚远。

附录 B 粗粒土易溶盐含量测定方法

试验表明，易溶盐含量超过 0.5% 的砂土，浸水后可能产生较大的溶陷，而同样的含盐量对黏土几乎不产生溶陷，因此，含盐量本身的测定方法值得进一步研究，尤其是对粗粒土，若只考虑粒径小于 2mm 的干土重，显然就放大了土的含盐量指标；但如果将粗粒土中全部粒径大于 2mm 的干土重量均计入，则含盐量将偏低，部分粗粒土将被误判为"非盐渍土"，且无法合理的反映粗颗粒盐渍土的工程特性。故为准确定名，评价其含盐影响，本规范将细粒土的含盐量测定、碎石土含盐量、砂土含盐量分开考虑。

B.0.1 根据现行国家标准《岩土工程勘察规范》GB 50021 规定，粒径大于 2mm 的颗粒质量超过总质量 50% 的土，应定名为碎石土。土水比例应视土中含盐量，以充分溶解为原则，不少于 1:5。

B.0.2 根据现行国家标准《岩土工程勘察规范》GB 50021 规定，粒径大于 2mm 的颗粒质量不超过总质量 50%，粒径大于 0.075mm 的颗粒质量超过总质量 50% 的土，应定名为砂土。土水比例应视土中含盐量，以充分溶解为原则，不少于 1:5。

B.0.3 将各种离子按阴离子、阳离子等当量的方式结合，按溶解度由小到大或由大到小的顺序组合是对盐渍土中具体盐分作出分析，以用于盐渍土盐胀、腐蚀性等的判断。

附录C 盐渍土地基浸水载荷试验方法

C.1 测定溶陷系数的浸水载荷试验

现场浸水载荷试验,是在常规载荷试验基础上结合盐渍土的溶陷特性作出规定的。浸水时间除要考虑土的渗透性外,还要根据土的类别和盐的性质而定。当盐渍土地基由含盐量不同的多层土组成时,浸水后地基可分为三个区域(见图3):Ⅰ区内为重力渗流区,承压板的沉降主要由该区盐渍土的溶陷导致;Ⅱ区盐渍土的含水量在浸水后有不同程度的明显提高,但对承压板的影响不是主要的;Ⅲ区的盐渍土仍保持浸水前的状态。多层盐渍土地基的浸水载荷试验,除了观测承压板的沉降量,另可分层设置土中的观测标,测定不同深度处的沉降量,观测标可按土层情况分层设置,但分层厚度不宜超过1m,所有沉降观测标均应设置在Ⅰ区。通过试验,根据各分层上下两个观测标的浸水前后沉降差 Δs_{i-1} 和 Δs_i,即可求出各层土的溶陷系数:

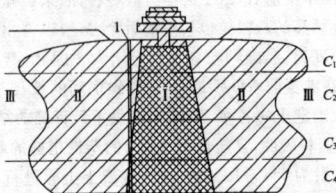

图3 多层盐渍土地基的浸水载荷试验
1—钻孔

$$\delta_{rxi} = \frac{\Delta s_{i-1} - \Delta s_i}{h_i} \qquad (3)$$

式中:Δs_{i-1}、Δs_i——第 i 层顶面和底面观测标在浸水前后的沉降差(cm);

h_i——第 i 层的厚度。

为检测渗流浓度和浸水深度等,也可在基坑内设观察孔,在浸水试验期间定时测量分析。

C.1.5 针对本条文,需要说明如下几点:

(1)"对工程有代表性"一般指的是根据前期钻孔获得的土层、含盐量信息,结合基础设计要求,综合判定溶陷的最不利点。但在实际工程中,获取绝对上的最不利点是不容易的,只能尽可能接近。

(2)铺设中粗砂层主要目的有两个:一是找平,使载荷板水平放置,压力均匀地传递到试验土层表面上;二是保证载荷板正下方土体浸水的渗透速度。当中粗砂层厚度过大时,势必会在荷载作用下产生较大变形,甚至从载荷板下部侧向挤出,此外,考虑到盐渍土地区土体透水性一般较好,本条规定厚度为2cm~5cm。

(3)一般的载荷试验仅有一个"稳定标准",本条的"稳定标准"为"连续两小时内,每小时的沉降量小于0.1mm";要达到"注水标准",除应满足"稳定标准"外,还要达到相应的浸水压力;要达到"溶陷稳定标准",除应满足"稳定标准"外,还应满足浸水时间要求,一般5d~12d为宜,各地区可根据现场土层的渗透性进行选择确定,以浸透盐渍土层为基本要求。

C.1.6 针对本条文,需要说明如下几点:

(1)通过本试验最直接、最直观测得的物理量是溶陷量,为对场地溶陷性作出综合评价,本条提出平均溶陷系数的计算公式。目前浸润深度的取值仍主要以钻探、挖坑或瑞利波速测定为主,其中钻探最为常见。针对浸润深度的取值,部分专家提出应综合荷载作用深度和实际浸水深度确定,以免人为导致溶陷系数过大或过小,目前该法正在进一步研究中,本规范仍采用以钻探、挖坑或瑞利波速测定为主的方法确定浸润深度。

(2)本试验实际上对应室内测定溶陷系数的单线法。研究表明,如果在获取浸水压力时的溶陷量后继续增加荷载,继而测定地基承载力特征值存在一定的可行性。但要说明的是:首先,该情况下测定的地基承载力特征值是地在浸水稳定状况下的承载力;其次,该情况下确定承载力,只能采用溶陷稳定后的后半段压力沉降曲线,如采用相对变形值确定承载力时,若相对变形在前半段曲线上,则对应的压力仅为未浸水状态下的地基承载力特征值。

C.2 测定盐渍土地基承载力特征值的浸水载荷试验

该试验方法与常规载荷试验基本相同,只是增加了浸水环节;为了节约试验费用,通常将测定溶陷系数的浸水载荷试验和测定盐渍土地基承载力特征值的浸水载荷试验结合起来,在前者试验完成后,接着按第C.2.6条的步骤进行后者试验,注意点与第C.1.6条的条文说明相同。

附录D 盐渍土溶陷系数室内试验方法

D.1 压缩试验法

D.1.3 由图D.1.5-2可知,Δh_p 与所加的压力 p 有关,所以土的溶陷系数实际上也随压力变化。因此,在计算盐渍土地基的溶陷时,溶陷系数不仅对不同的盐渍土层取不同的值,而且应根据该土层在地基中所受总压力的大小,确定其溶陷系数。显然,在事先无法得到该土层受多大压力 p 的情况下,采用双线法的室内压缩试验是适宜的。对建筑物地基的溶陷性评价或对建筑物基础的溶陷量进行估算时,为简便起见,也可以采用单线法进行试验,在没有明确规定压力下,该压力可取200kPa。

D.2 液体排开法

D.2.4 注意本条文中的"最大干密度"与现行国家标准《土工试验方法标准》GB/T 50123中"击实试验"中的"最大干密度"是不同的概念,本条文中的"最大干密度"仅指在本试验规定方法下所获取最大的干密度值。

如在现场可以通过钻孔或探坑取得形状不规整的原状盐渍土块,则可于室内用液体排开法测定洗盐前后土体积的变化,确定溶陷系数。由于试验无法实现在压力 p 下测定洗盐后的土体积,故采用此法所求得的溶陷系数要比前两种试验方法所得的要大,因此,式(D.2.5)中要引入小于1的经验系数 K_G。

附录 E 硫酸盐渍土盐胀性现场试验方法

E.1 单 点 法

E.1.3 观测时间和观测次数可以根据现场所在地区温度变化等因素进行综合调整和安排。

E.1.4 在观测时间范围内,若某深度处的土层以及该层以下的土层均无盐胀导致的向上的位移,则取该层到地表的距离为有效盐胀区厚度。总盐胀量取地表观测所得的盐胀位移。

E.2 多 点 法

E.2.1 这种方法测得的盐胀系数是一个综合值,它与土基的含盐量、含盐性质、含水量及原地面结构有关,所以每个测试地段在测试期间应进行 1 次～2 次的试坑调查和取样试验,分析测点的工作状况,综合判断盐胀系数的取值。

附录 F 硫酸盐渍土盐胀性室内试验方法

F.0.4 关于土基最低温度的测定方法,相关单位在新疆焉耆地区做过一些研究,得出土体温度与气温有关,可按下列经验关系确定:

$$T_d = (T_q + b)/a \qquad (4)$$

式中:T_d——土基内平均最低温度。

T_q——冬季平均最低气温。

a、b——各土层温度系数,参照表 7。

表 7 土层温度系数

深度 (cm)	地表	0～20	20～40	40～60	60～80	80～ 100	100 ～120	120 ～140	140 ～160	160 ～180	180 ～200
a	0.937	0.832	0.832	0.930	1.004	1.126	1.227	1.410	1.536	1.770	2.003
b	3.465	6.287	7.300	9.373	11.884	14.553	16.526	20.117	23.048	28.198	33.161

冬季平均最低气温可用调查时前 5 年～10 年的冬季各月(10 月至次年 2 月)平均气温资料。考虑到年度降温幅度变化等因素,以冬季平均最低气温加 −5℃ 作为鉴别土基盐胀系数的冬季平均最低气温。按公式(4)可求得各土层温度,见表 8。

表 8 各土层温度

深度 (cm)	0～20	20～40	40～60	60～80	80～ 100	100～ 120	120～ 140	140～ 160	160～ 180	180～ 200
土温 (℃)	−10.4	−9.25	−6.05	−3.10	−0.39	1.24	3.63	5.24	7.43	8.93

附录 G 盐渍土浸水影响深度测定方法

查明地基浸水范围或深度的传统方法只有挖探或钻探,前者费工费时,且深度有限,后者在建筑物内部或贴近建筑物处很难施展。冶金部建筑研究总院根据盐渍土地基在浸水前后的波速有明显差别的原理,利用瑞利波法测定地基浸水深度取得了较好的效果。表 9 为测试结果对比。

表 9 瑞利波测试结果与开挖结果比较

试验编号	瑞利波测得浸水深度(m)	开挖测得浸水深度(m)	误差(%)
1	1.55	1.50	3.0
2	1.75	1.80	2.8
3	2.14	2.25	4.9
4	3.04	2.75	10.5
5	3.84	3.80	1.1

中华人民共和国国家标准

建筑边坡工程技术规范

Technical code for building slope engineering

GB 50330—2013

主编部门：重 庆 市 城 乡 建 设 委 员 会
批准部门：中华人民共和国住房和城乡建设部
施行日期：２０１４ 年 ６ 月 １ 日

中华人民共和国住房和城乡建设部
公　告

第 195 号

<hr>

住房城乡建设部关于发布国家标准
《建筑边坡工程技术规范》的公告

现批准《建筑边坡工程技术规范》为国家标准，编号为 GB 50330 - 2013，自 2014 年 6 月 1 日起实施。其中，第 3.1.3、3.3.6、18.4.1、19.1.1 条为强制性条文，必须严格执行。原《建筑边坡工程技术规范》GB 50330 - 2002 同时废止。

本规范由我部标准定额研究所组织中国建筑工业出版社出版发行。

中华人民共和国住房和城乡建设部

2013 年 11 月 1 日

前　　言

根据原建设部《关于印发〈2007 年工程建设标准规范制订、修订计划（第一批）〉的通知》（建标 [2007] 125 号）的要求，规范编制组经广泛调查研究，认真总结实践经验，参考有关国内标准和国际标准，并在广泛征求意见的基础上，修订了《建筑边坡工程技术规范》GB 50330 - 2002。

本规范主要技术内容是：1. 总则；2. 术语和符号；3. 基本规定；4. 边坡工程勘察；5. 边坡稳定性评价；6. 边坡支护结构上的侧向岩土压力；7. 坡顶有重要建（构）筑物的边坡工程；8. 锚杆（索）；9. 锚杆（索）挡墙；10. 岩石锚喷支护；11. 重力式挡墙；12. 悬臂式挡墙和扶壁式挡墙；13. 桩板式挡墙；14. 坡率法；15. 坡面防护与绿化；16. 边坡工程排水；17. 工程滑坡防治；18. 边坡工程施工；19. 边坡工程监测、质量检验及验收。

本规范修订的主要技术内容是：

1. 明确临时性边坡（包括岩质基坑边坡）的有关参数（如破裂角、等效内摩擦角等）取值，给出临时性边坡的侧向压力计算；

2. 将锚杆有关计算（锚杆截面、锚固体与地层的锚固长度和杆体与锚固体的锚固长度计算）由原规范的概率极限状态计算方法转换成安全系数法；

3. 调整边坡稳定性分析评价方法：圆弧形滑动面稳定性计算时推荐采用毕肖普法，折线形滑动面稳定性计算时推荐采用传递系数隐式解法；

4. 增加分阶坡形的侧压力计算方法，给出了抗震时边坡支护结构侧压力的计算内容；

5. 对永久性边坡的岩石锚喷支护进行了局部修改完善，补充了临时性边坡及坡面防护的锚喷支护的有关内容；

6. 增加扶壁式挡墙形式，补充有关技术内容；

7. 新增"桩板式挡墙"一章，给出了桩板式挡墙的设计原则、计算、构造及施工等有关技术内容；

8. 新增"坡面防护与绿化"一章，规定了坡面防护与绿化的设计原则、计算、构造及施工等有关技术内容；

9. 将原规范第 3.5 节"排水措施"扩充成"边坡工程排水"一章，规定了边坡工程坡面防水、地下排水及防渗的设计和施工方法；

10. 将原规范第 3.6 节"坡顶有重要建（构）筑物的边坡工程设计"与第 14 章"边坡变形控制"合并，形成本规范的第 7 章"坡顶有重要建（构）筑物的边坡工程"，规定了坡顶有重要建（构）筑物边坡工程设计原则、方法、岩土侧压力的修订方法，抗震设计及安全施工的具体要求；

11. 修改工程滑坡的防治，删除危岩和崩塌防治内容；

12. 对边坡工程监测、质量检验及验收进行局部修改完善，并给出了边坡工程监测的预警值。

本规范中以黑体字标志的条文为强制性条文，必须严格执行。

本规范由住房和城乡建设部负责管理和对强制性条文的解释，由重庆市设计院负责具体技术内容的解释。执行过程中如有意见或建议，请寄送重庆市设计院（地址：重庆市渝中区人和街 31 号，邮政编码：400015）。

本规范主编单位：重庆市设计院
中国建筑技术集团有限公司

本规范参编单位：中国人民解放军后勤工程学院
中冶建筑研究总院有限公司
重庆市建筑科学研究院
重庆交通大学
中铁二院重庆勘察设计研究院有限责任公司
中国科学院地质与地球物理研究所
建设综合勘察研究设计院有限公司
大连理工大学
中国建筑西南勘察设计研究院有限公司
北京市勘察设计研究院有限公司
重庆市建设工程勘察质量监督站
重庆大学
重庆一建建设集团有限公司

本规范主要起草人员：郑生庆　郑颖人　黄　强
陈希昌　汤启明　刘兴远
陆　新　胡建林　凌天清
黄家愉　周显毅　何　平
康景文　贾金青　李正川
沈小克　伍法权　周载阳
杨素春　李耀刚　张季茂
王　华　姚　刚　周忠明
张智浩　张培文

本规范主要审查人员：滕延京　钱志雄　张旷成
杨　斌　罗济章　薛尚铃
王德华　钟　阳　戴一鸣
常大美

目　次

Contents

1 总 则

1.0.1 为在建筑边坡工程的勘察、设计、施工及质量控制中贯彻执行国家技术经济政策，做到技术先进、安全可靠、经济合理、确保质量和保护环境，制定本规范。

1.0.2 本规范适用于岩质边坡高度为 30m 以下（含 30m）、土质边坡高度为 15m 以下（含 15m）的建筑边坡工程以及岩石基坑边坡工程。

超过上述限定高度的边坡工程或地质和环境条件复杂的边坡工程除应符合本规范的规定外，尚应进行专项设计，采取有效、可靠的加强措施。

1.0.3 软土、湿陷性黄土、冻土、膨胀土和其他特殊性岩土以及侵蚀性环境的建筑边坡工程，尚应符合国家现行相应专业标准的规定。

1.0.4 建筑边坡工程应综合考虑工程地质、水文地质、边坡高度、环境条件、各种作用、邻近的建（构）筑物、地下市政设施、施工条件和工期等因素，因地制宜，精心设计，精心施工。

1.0.5 建筑边坡工程除应符合本规范外，尚应符合国家现行有关标准的规定。

2 术语和符号

2.1 术 语

2.1.1 建筑边坡 building slope

在建筑场地及其周边，由于建筑工程和市政工程开挖或填筑施工所形成的人工边坡和对建（构）筑物安全或稳定有不利影响的自然斜坡。本规范中简称边坡。

2.1.2 边坡支护 slope retaining

为保证边坡稳定及其环境的安全，对边坡采取的结构性支挡、加固与防护行为。

2.1.3 边坡环境 slope environment

边坡影响范围内或影响边坡安全的岩土体、水系、建（构）筑物、道路及管网等的统称。

2.1.4 永久性边坡 longterm slope

设计使用年限超过 2 年的边坡。

2.1.5 临时性边坡 temporary slope

设计使用年限不超过 2 年的边坡。

2.1.6 锚杆（索） anchor（anchorage）

将拉力传至稳定岩土层的构件（或系统）。当采用钢绞线或高强钢丝束并施加一定的预拉应力时，称为锚索。

2.1.7 锚杆挡墙 retaining wall with anchors

由锚杆（索）、立柱和面板组成的支护结构。

2.1.8 锚喷支护 anchor-shotcrete retaining

由锚杆和喷射混凝土面板组成的支护结构。

2.1.9 重力式挡墙 gravity retaining wall

依靠自身重力使边坡保持稳定的支护结构。

2.1.10 扶壁式挡墙 counterfort retaining wall

由立板、底板、扶壁和墙后填土组成的支护结构。

2.1.11 桩板式挡墙 pile-sheet retaining

由抗滑桩和桩间挡板等构件组成的支护结构。

2.1.12 坡率法 slope ratio method

通过调整、控制边坡坡率维持边坡整体稳定和采取构造措施保证边坡及坡面稳定的边坡治理方法。

2.1.13 工程滑坡 engineering-triggered landslide

因建筑和市政建设等工程行为而诱发的滑坡。

2.1.14 软弱结构面 weak structural plane

断层破碎带、软弱夹层、含泥或岩屑等结合程度很差、抗剪强度极低的结构面。

2.1.15 外倾结构面 out-dip structural plane

倾向坡外的结构面。

2.1.16 边坡塌滑区 landslip zone of slope

计算边坡最大侧压力时潜在滑动面和控制边坡稳定的外倾结构面以外的区域。

2.1.17 岩体等效内摩擦角 equivalent angle of internal friction

包括边坡岩体黏聚力、重度和边坡高度等因素影响的综合内摩擦角。

2.1.18 动态设计法 method of information design

根据信息法施工和施工勘察反馈的资料，对地质结论、设计参数及设计方案进行再验证，确认原设计条件有较大变化，及时补充、修改原设计的设计方法。

2.1.19 信息法施工 construction of information

根据施工现场的地质情况和监测数据，对地质结论、设计参数进行验证，对施工安全性进行判断并及时修正施工方案的施工方法。

2.1.20 逆作法 topdown construction method

在建筑边坡工程施工中自上而下分阶开挖及支护的施工方法。

2.1.21 土层锚杆 anchored bar in soil

锚固于稳定土层中的锚杆。

2.1.22 岩石锚杆 anchored bar in rock

锚固于稳定岩层内的锚杆。

2.1.23 系统锚杆 system of anchor bars

为保证边坡整体稳定，在坡体上按一定方式设置的锚杆群。

2.1.24 坡顶重要建（构）筑物 important construction on top of slope

位于边坡坡顶上的破坏后果很严重、严重的建（构）筑物。

2.1.25 荷载分散型锚杆 load-dispersive anchorage

在锚杆孔内，由多个独立的单元锚杆所组成的复合锚固体系。每个单元锚杆由独立的自由段和锚固段构成，能使锚杆所承担的荷载分散于各单元锚杆的锚固段上。一般可分为压力分散型锚杆和拉力分散型锚杆。

2.1.26 地基系数 coefficient of subgrade reaction

弹性半空间地基上某点所受的法向压力与相应位移的比值，又称温克尔系数。

2.2 符 号

2.2.1 作用和作用效应

e_a ——修正前侧向土压力；

e'_a ——修正后侧向土压力；

e_p ——挡墙前侧向被动土压力；

E_a ——相应于荷载标准组合的主动岩土压力合力；

E'_a ——修正主动岩土压力合力；

E'_{ah} ——侧向岩土压力合力水平分力修正值；

E_0 ——静止土压力；

E_p ——挡墙前侧向被动土压力合力；

G ——四边形滑裂体自重；挡墙每延米自重；滑体单位宽度自重；

H_{tk} ——锚杆水平拉力标准值；

K_a ——主动岩、土压力系数；

K_0 ——静止土压力系数；

K_p ——被动岩、土压力系数；

q ——地表均布荷载标准值；

q_L ——局部均布荷载标准值；

α_w ——边坡综合水平地震系数。

2.2.2 材料性能和抗力性能

c ——岩土体的黏聚力；滑移面的黏聚力；

c' ——有效应力的岩土体的黏聚力；

c_s ——边坡外倾软弱结构面的黏聚力；

φ ——岩土体的内摩擦角；

φ' ——有效应力的岩土体的内摩擦角；

φ_s ——边坡外倾软弱结构面内摩擦角；

γ ——岩土体的重度；

γ' ——岩土体的浮重度；

γ_{sat} ——岩土体的饱和重度；

γ_w ——水的重度；

D_r ——土体的相对密实度；

w_L ——土体的液限；

I_L ——土的液性指数；

μ ——挡墙底与地基岩土体的摩擦系数；

ρ ——地震角。

2.2.3 几何参数

a ——上阶边坡的宽度；坡脚到坡顶重要建筑物基础外边缘的水平距离；

A ——锚杆杆体截面面积；滑动面面积；

A_c ——锚固体截面面积；

A_s ——锚杆钢筋或预应力钢绞线截面面积；

B ——肋柱宽度；

B_p ——桩身计算宽度；

H ——边坡高度；挡墙高度；

L ——边坡坡顶塌滑区外缘至坡底边缘的水平投影距离；

l_a ——锚杆锚固体与地层间的锚固段长度或锚筋与砂浆间的锚固长度；

α ——锚杆倾角；支挡结构墙背与水平面的夹角；

α' ——边坡面与水平面的夹角；

α_0 ——挡墙底面倾角；

β ——填土表面与水平面的夹角；地表斜坡面与水平面的夹角；

δ ——墙背与岩土的摩擦角；

δ_r ——稳定且无软弱层的岩石坡面与填土间的内摩擦角；

θ ——边坡的破裂角；缓倾的外倾软弱结构面的倾角；假定岩土体滑动面与水平面的夹角；稳定岩石坡面或假定边坡岩土体滑动面与水平面的夹角；滑面倾角。

2.2.4 计算系数

F_s ——边坡稳定性系数；挡墙抗滑移稳定系数；

F_t ——挡墙抗倾覆稳定系数；

F_{st} ——边坡稳定安全系数；

K ——安全系数；

K_b ——锚杆杆体抗拉安全系数，或锚杆钢筋抗拉安全系数；

β_1 ——岩质边坡主动岩石压力修正系数；

β_2 ——锚杆挡墙侧向岩土压力修正系数；

γ_0 ——支护结构重要性系数；

γ_k ——滑坡稳定安全系数。

3 基 本 规 定

3.1 一 般 规 定

3.1.1 建筑边坡工程设计时应取得下列资料：

1 工程用地红线图、建筑平面布置总图、相邻建筑物的平、立、剖面和基础图等；

2 场地和边坡勘察资料；

3 边坡环境资料；

4 施工条件、施工技术、设备性能和施工经验等资料；

5 有条件时宜取得类似边坡工程的经验。

3.1.2 一级边坡工程应采用动态设计法。二级边坡工程宜采用动态设计法。

3.1.3 建筑边坡工程的设计使用年限不应低于被保

护的建（构）筑物设计使用年限。

3.1.4 建筑边坡支护结构形式应考虑场地地质和环境条件、边坡高度、边坡侧压力的大小和特点、对边坡变形控制的难易程度以及边坡工程安全等级等因素，可按表3.1.4选定。

表 3.1.4　边坡支护结构常用形式

支护结构 条件	边坡环境条件	边坡高度 H (m)	边坡工程安全等级	备注
重力式挡墙	场地允许，坡顶无重要建(构)筑物	土质边坡，$H \leqslant 10$ 岩质边坡，$H \leqslant 12$	一、二、三级	不利于控制边坡变形。土方开挖后边坡稳定较差时不应采用
悬臂式挡墙、扶壁式挡墙	填方区	悬臂式挡墙，$H \leqslant 6$ 扶壁式挡墙，$H \leqslant 10$	一、二、三级	适用于土质边坡
桩板式挡墙		悬臂式，$H \leqslant 15$ 锚拉式，$H \leqslant 25$	一、二、三级	桩嵌固段土质较差时不宜采用，当对挡墙变形要求较高时宜采用锚拉式桩板挡墙
板肋式或格构式锚杆挡墙		土质边坡 $H \leqslant 15$ 岩质边坡 $H \leqslant 30$	一、二、三级	边坡高度较大或稳定性较差时宜采用逆作法施工。对挡墙变形有较高要求的边坡，宜采用预应力锚杆
排桩式锚杆挡墙	坡顶建(构)筑物需要保护，场地狭窄	土质边坡 $H \leqslant 15$ 岩质边坡 $H \leqslant 30$	一、二、三级	有利于对边坡变形控制。适用于稳定性较差的土质边坡、有外倾软弱结构面的岩质边坡、垂直开挖施工尚不能保证稳定的边坡
岩石锚喷支护		I类岩质边坡，$H \leqslant 30$	一、二、三级	适用于岩质边坡
		II类岩质边坡，$H \leqslant 30$	二、三级	
		III类岩质边坡，$H \leqslant 15$	二、三级	
坡率法	坡顶无重要建(构)筑物，场地有放坡条件	土质边坡，$H \leqslant 10$ 岩质边坡，$H \leqslant 25$	一、二、三级	不良地质段，地下水发育区，软塑及流塑状土时不应采用

3.1.5 规模大、破坏后果很严重、难以处理的滑坡、

危岩、泥石流及断层破碎带地区，不应修筑建筑边坡。

3.1.6 山区工程建设时应根据地质、地形条件及工程要求，因地制宜设置边坡，避免形成深挖高填的边坡工程。对稳定性较差且边坡高度较大的边坡工程宜采用放坡或分阶放坡方式进行治理。

3.1.7 当边坡坡体内洞室密集而对边坡产生不利影响时，应根据洞室大小和深度等因素进行稳定性分析，采取相应的加强措施。

3.1.8 存在临空外倾结构面的岩土质边坡，支护结构基础必须置于外倾结构面以下稳定地层内。

3.1.9 边坡工程平面布置、竖向及立面设计应考虑对周边环境的影响，做到美化环境，体现生态保护要求。

3.1.10 当施工期边坡变形较大且大于规范、设计允许值时，应采取包括边坡施工期临时加固措施的支护方案。

3.1.11 对已出现明显变形、发生安全事故及使用条件发生改变的边坡工程，其鉴定和加固应按现行国家标准《建筑边坡工程鉴定与加固技术规范》GB 50843的有关规定执行。

3.1.12 下列边坡工程的设计及施工应进行专门论证：

　　1 高度超过本规范适用范围的边坡工程；

　　2 地质和环境条件复杂、稳定性极差的一级边坡工程；

　　3 边坡塌滑区有重要建(构)筑物、稳定性较差的边坡工程；

　　4 采用新结构、新技术的一、二级边坡工程。

3.1.13 建筑边坡工程的混凝土结构耐久性设计应符合现行国家标准《混凝土结构设计规范》GB 50010的规定。

3.2　边坡工程安全等级

3.2.1 边坡工程应根据其损坏后可能造成的破坏后果（危及人的生命、造成经济损失、产生不良社会影响）的严重性、边坡类型和边坡高度等因素，按表3.2.1确定边坡工程安全等级。

表 3.2.1　边坡工程安全等级

边坡类型	边坡高度 H (m)	破坏后果	安全等级
岩质边坡 岩体类型为 I 或 II 类	$H \leqslant 30$	很严重	一级
		严重	二级
		不严重	三级
岩体类型为 III 或 IV 类	$15 < H \leqslant 30$	很严重	一级
		严重	二级
	$H \leqslant 15$	很严重	一级
		严重	二级
		不严重	三级

边坡类型	边坡高度 H (m)	破坏后果	安全等级
土质边坡	10<H≤15	很严重	一级
		严重	二级
	H≤10	很严重	一级
		严重	二级
		不严重	三级

注：1 一个边坡工程的各段，可根据实际情况采用不同的安全等级；

2 对危害性极严重、环境和地质条件复杂的边坡工程，其安全等级应根据工程情况适当提高；

3 很严重：造成重大人员伤亡或财产损失；严重：可能造成人员伤亡或财产损失；不严重：可能造成财产损失。

3.2.2 破坏后果很严重、严重的下列边坡工程，其安全等级应定为一级：

1 由外倾软弱结构面控制的边坡工程；

2 工程滑坡地段的边坡工程；

3 边坡塌滑区有重要建（构）筑物的边坡工程。

3.2.3 边坡塌滑区范围可按下式估算：

$$L = \frac{H}{\tan\theta} \qquad (3.2.3)$$

式中：L——边坡坡顶塌滑区外缘至坡底边缘的水平投影距离（m）；

H——边坡高度（m）；

θ——坡顶无荷载时边坡的破裂角（°）；对直立土质边坡可取 $45°+\varphi/2$，φ 为土体的内摩擦角；对斜面土质边坡，可取 $(\beta+\varphi)/2$，β 为坡面与水平面的夹角，φ 为土体的内摩擦角；对直立岩质边坡可按本规范第6.3.3条确定；对倾斜坡面岩质边坡可按本规范第6.3.4条确定。

3.3 设 计 原 则

3.3.1 边坡工程设计应符合下列规定：

1 支护结构达到最大承载能力、锚固系统失效、发生不适于继续承载的变形或坡体失稳应满足承载能力极限状态的设计要求；

2 支护结构和边坡达到支护结构或邻近建（构）筑物的正常使用所规定的变形限值或达到耐久性的某项规定限值应满足正常使用极限状态的设计要求。

3.3.2 边坡工程设计所采用作用效应组合与相应的抗力限值应符合下列规定：

1 按地基承载力确定支护结构或构件的基础底面积及埋深或按单桩承载力确定桩数时，传至基础或桩上的作用效应应采用荷载效应标准组合；相应的抗力应采用地基承载力特征值或单桩承载力特征值；

2 计算边坡与支护结构的稳定性时，应采用荷载效应基本组合，但其分项系数均为1.0；

3 计算锚杆面积、锚杆杆体与砂浆的锚固长度、锚杆锚固体与岩土层的锚固长度时，传至锚杆的作用效应应采用荷载效应标准组合；

4 在确定支护结构截面、基础高度、计算基础或支护结构内力、确定配筋和验算材料强度时，应采用荷载效应基本组合，并应满足下式的要求：

$$\gamma_0 S \leqslant R \qquad (3.3.2)$$

式中：S——基本组合的效应设计值；

R——结构构件抗力的设计值；

γ_0——支护结构重要性系数，对安全等级为一级的边坡不应低于1.1，二、三级边坡不应低于1.0。

5 计算支护结构变形、锚杆变形及地基沉降时，应采用荷载效应的准永久组合，不计入风荷载和地震作用，相应的限值应为支护结构、锚杆或地基的变形允许值；

6 支护结构抗裂计算时，应采用荷载效应标准组合，并考虑长期作用影响；

7 抗震设计时地震作用效应和荷载效应的组合应按国家现行有关标准执行。

3.3.3 地震区边坡工程应按下列原则考虑地震作用的影响：

1 边坡工程抗震设防烈度应根据中国地震动参数区划图确定的本地区地震基本烈度，且不应低于边坡塌滑区内建筑物的设防烈度；

2 抗震设防的边坡工程，其地震作用计算应按国家现行有关标准执行；抗震设防烈度为6度的地区，边坡工程支护结构可不进行地震作用计算，但应采取抗震构造措施，抗震设防烈度6度以上的地区，边坡工程支护结构应进行地震作用计算，临时性边坡可不作抗震计算；

3 支护结构和锚杆外锚头等，应按抗震设防烈度要求采取相应的抗震构造措施。

3.3.4 抗震设防区，支护结构或构件承载能力应采用地震作用效应和荷载效应基本组合进行验算。

3.3.5 边坡工程设计应包括支护结构的选型、平面及立面布置、计算、构造和排水，并对施工、监测及质量验收等提出要求。

3.3.6 边坡支护结构设计时应进行下列计算和验算：

1 支护结构及其基础的抗压、抗弯、抗剪、局部抗压承载力的计算；支护结构基础的地基承载力计算；

2 锚杆锚固体的抗拔承载力及锚杆杆体抗拉承载力的计算；

3 支护结构稳定性验算。

3.3.7 边坡支护结构设计时尚应进行下列计算和验算：

1 地下水发育边坡的地下水控制计算；

2 对变形有较高要求的边坡工程还应结合当地经验进行变形验算。

4 边坡工程勘察

4.1 一般规定

4.1.1 下列建筑边坡工程应进行专门性边坡工程地质勘察：

    1 超过本规范适用范围的边坡工程；

    2 地质条件和环境条件复杂、有明显变形迹象的一级边坡工程；

    3 边坡邻近有重要建（构）筑物的边坡工程。

4.1.2 除本规范第 4.1.1 条规定外的其他边坡工程可与建筑工程地质勘察一并进行，但应满足边坡勘察的工作深度和要求，勘察报告应有边坡稳定性评价的内容。大型和地质环境复杂的边坡工程宜分阶段勘察；当地质环境复杂、施工过程中发现地质环境与原勘察资料不符且可能影响边坡治理效果或因设计、施工原因变更边坡支护方案时尚应进行施工勘察。

4.1.3 岩质边坡的破坏形式应按表 4.1.3 划分。

表 4.1.3 岩质边坡的破坏形式分类

破坏形式	岩体特征		破坏特征
滑移型	由外倾结构面控制的岩体	硬性结构面的岩体	沿外倾结构面滑移，分单面滑移与多面滑移
		软弱结构面的岩体	
	不受外倾结构面控制和无外倾结构面的岩体	块状岩体、碎裂状、散体状岩体	沿极软岩、强风化岩、碎裂结构或散体状岩体中最不利滑动面滑移
崩塌型	受结构面切割控制的岩体	被结构面切割的岩体	沿陡倾、临空的结构面塌滑；由内、外倾结构不利组合面切割，块体失稳倾倒；岩腔上岩体沿结构面剪切或坠落破坏
	无外倾结构面的岩体	整体状岩体、巨块状岩体	陡立边坡，因卸荷作用产生拉张裂缝导致岩体倾倒

4.1.4 岩质边坡工程勘察应根据岩体主要结构面与坡向的关系、结构面的倾角大小、结合程度、岩体完整程度等因素对边坡岩体类型进行划分，并应符合表 4.1.4 的规定。

表 4.1.4 岩质边坡的岩体分类

边坡岩体类型	判定条件			
	岩体完整程度	结构面结合程度	结构面产状	直立边坡自稳能力
Ⅰ	完整	结构面结合良好或一般	外倾结构面或外倾不同结构面的组合线倾角>75°或<27°	30m 高的边坡长期稳定，偶有掉块
Ⅱ	完整	结构面结合良好或一般	外倾结构面或外倾不同结构面的组合线倾角 27°~75°	15m 高的边坡稳定，15m～30m 高的边坡欠稳定
	完整	结构面结合差	外倾结构面或外倾不同结构面的组合线倾角>75°或<27°	15m 高的边坡稳定，15m～30m 高的边坡欠稳定
	较完整	结构面结合良好或一般	外倾结构面或外倾不同结构面的组合线倾角>75°或<27°	边坡出现局部落块
Ⅲ	完整	结构面结合差	外倾结构面或外倾不同结构面的组合线倾角 27°~75°	8m 高的边坡稳定，15m 高的边坡欠稳定
	较完整	结构面结合良好或一般	外倾结构面或外倾不同结构面的组合线倾角 27°~75°	8m 高的边坡稳定，15m 高的边坡欠稳定
	较完整	结构面结合差	外倾结构面或外倾不同结构面的组合线倾角>75°或<27°	8m 高的边坡稳定，15m 高的边坡欠稳定
	较破碎	结构面结合良好或一般	外倾结构面或外倾不同结构面的组合线倾角>75°或<27°	8m 高的边坡稳定，15m 高的边坡欠稳定
	较破碎（碎裂镶嵌）	结构面结合良好或一般	结构面无明显规律	8m 高的边坡稳定，15m 高的边坡欠稳定

续表 4.1.4

边坡岩体类型	判 定 条 件			
	岩体完整程度	结构面结合程度	结构面产状	直立边坡自稳能力
Ⅳ	较完整	结构面结合差或很差	外倾结构面以层面为主，倾角多为27°～75°	8m高的边坡不稳定
	较破碎	结构面结合一般或差	外倾结构面或外倾不同结构面的组合线倾角27°～75°	8m高的边坡不稳定
	破碎或极破碎	碎块间结合很差	结构面无明显规律	8m高的边坡不稳定

注：1 结构面指原生结构面和构造结构面，不包括风化裂隙；

2 外倾结构面系指倾向与坡向的夹角小于30°的结构面；

3 不包括全风化基岩；全风化基岩可视为土体；

4 Ⅰ类岩体为软岩，应划为Ⅱ类岩体；Ⅰ类岩体为较软岩且边坡高度大于15m时，可降为Ⅱ类；

5 当地下水发育时，Ⅱ、Ⅲ类岩体可根据具体情况降低一档；

6 强风化岩应划为Ⅳ类；完整的极软岩可划为Ⅲ类或Ⅳ类；

7 当边坡岩体较完整、结构面结合差或很差、外倾结构面或外倾不同结构面的组合线倾角27°～75°，结构面贯通性差时，可划为Ⅲ类；

8 当有贯通性较好的外倾结构面时应验算沿该结构面破坏的稳定性。

4.1.5 当无外倾结构面及外倾不同结构面组合时，完整、较完整的坚硬岩、较硬岩宜划为Ⅰ类，较破碎的坚硬岩、较硬岩宜划为Ⅱ类；完整、较完整的较软岩、软岩宜划为Ⅱ类，较破碎的较软岩、软岩可划为Ⅲ类。

4.1.6 确定岩质边坡的岩体类型时，由坚硬程度不同的岩石互层组成且每层厚度小于或等于5m的岩质边坡宜视为由相对软弱岩石组成的边坡。当边坡岩体由两层以上单层厚度大于5m的岩组成时，可分段确定边坡岩体类型。

4.1.7 已有变形迹象的边坡宜在勘察期间进行变形监测。

4.1.8 边坡工程勘察等级应根据边坡工程安全等级和地质环境复杂程度按表4.1.8划分。

表 4.1.8　边坡工程勘察等级

边坡工程安全等级	边坡地质环境复杂程度		
	复杂	中等复杂	简单
一级	一级	一级	二级
二级	一级	二级	三级
三级	二级	三级	三级

4.1.9 边坡地质环境复杂程度可按下列标准判别：

1 地质环境复杂：组成边坡的岩土体种类多，强度变化大，均匀性差，土质边坡潜在滑面多，岩质边坡受外倾结构面或外倾不同结构面组合控制，水文地质条件复杂；

2 地质环境中等复杂：介于地质环境复杂与地质环境简单之间；

3 地质环境简单：组成边坡的岩土体种类少，强度变化小，均匀性好，土质边坡潜在滑面少，岩质边坡受外倾结构面或外倾不同结构面组合控制，水文地质条件简单。

4.1.10 工程滑坡应根据工程特点按现行国家有关标准执行。

4.2 边坡工程勘察要求

4.2.1 边坡工程勘察前除应收集边坡及邻近边坡的工程地质资料外，尚应取得下列资料：

1 附有坐标和地形的拟建边坡支挡结构的总平面布置图；

2 边坡高度、坡底高程和边坡平面尺寸；

3 拟建场地的整平高程和挖方、填方情况；

4 拟建支挡结构的性质、结构特点及拟采取的基础形式、尺寸和埋置深度；

5 边坡滑塌区及影响范围内的建（构）筑物的相关资料；

6 边坡工程区域的相关气象资料；

7 场地区域最大降雨强度和二十年一遇及五十年一遇最大降水量；河、湖历史最高水位和二十年一遇及五十年一遇的水位资料；可能影响边坡水文地质条件的工业和市政管线、江河等水源因素，以及相关水库水位调度方案资料；

8 对边坡工程产生影响的汇水面积、排水坡度、长度和植被等情况；

9 边坡周围山洪、冲沟和河流冲淤等情况。

4.2.2 边坡工程勘察应包括下列内容：

1 场地地形和场地所在地貌单元；

2 岩土时代、成因、类型、性状、覆盖层厚度、基岩面的形态和坡度、岩石风化和完整程度；

3 岩、土体的物理力学性能；

4 主要结构面特别是软弱结构面的类型、产状、发育程度、延伸程度、结合程度、充填状况、充水状况、组合关系、力学属性和与临空面的关系；

5 地下水水位、水量、类型、主要含水层分布情况、补给及动态变化情况；

6 岩土的透水性和地下水的出露情况；

7 不良地质现象的范围和性质；

8 地下水、土对支挡结构材料的腐蚀性；

9 坡顶邻近（含基坑周边）建（构）筑物的荷载、结构、基础形式和埋深，地下设施的分布和埋深。

4.2.3 边坡工程勘察应先进行工程地质测绘和调查。工程地质测绘和调查工作应查明边坡的形态、坡角、结构面产状和性质等，工程地质测绘和调查范围应包括可能对边坡稳定有影响及受边坡影响的所有地段。

4.2.4 边坡工程勘探应采用钻探（直孔、斜孔）、坑（井）探、槽探和物探等方法。对于复杂、重要的边坡工程可辅以洞探。位于岩溶发育的边坡除采用上述方法外，尚应采用物探。

4.2.5 边坡工程勘探范围应包括坡面区域和坡面外围一定的区域。对无外倾结构面控制的岩质边坡的勘探范围：到坡顶的水平距离一般不应小于边坡高度；外倾结构面控制的岩质边坡的勘探范围应根据组成边坡的岩土性质及可能破坏模式确定。对于可能按土体内部圆弧形破坏的土质边坡不应小于1.5倍坡高。对可能沿岩土界面滑动的土质边坡，后部应大于可能的后缘边界，前缘应大于可能的剪出口位置。勘察范围尚应包括可能对建（构）筑物有潜在安全影响的区域。

4.2.6 勘探线应以垂直边坡走向或平行主滑方向布置为主，在拟设置支挡结构的位置应布置平行和垂直的勘探线。成图比例尺应大于或等于1∶500，剖面的纵横比例应相同。

4.2.7 勘探点分为一般性勘探点和控制性勘探点。控制性勘探点宜占勘探点总数的1/5～1/3，地质环境条件简单、大型的边坡工程取1/5，地质环境条件复杂、小型的边坡工程取1/3，并应满足统计分析的要求。

4.2.8 详细勘察的勘探线、点间距可按表4.2.8或地区经验确定。每一单独边坡段勘探线不应少于2条，每条勘探线不应少于2个勘探点。

表 4.2.8　详细勘察的勘探线、点间距

边坡勘察等级	勘探线间距（m）	勘探点间距（m）
一级	≤20	≤15
二级	20～30	15～20
三级	30～40	20～25

注：初步勘察的勘探线、点间距可适当放宽。

4.2.9 边坡工程勘探点深度应进入最下层潜在滑面2.0m～5.0m，控制性钻孔取大值，一般性钻孔取小值；支挡位置的控制性勘探孔深度应根据可能选择的支护结构形式确定。对于重力式挡墙、扶壁式挡墙和锚杆挡墙可进入持力层不小于2.0m；对于悬臂桩进入嵌固段的深度土质时不宜小于悬臂长度的1.0倍，岩质时不小于0.7倍。

4.2.10 对主要岩土层和软弱层应采样进行室内物理力学性能试验，其试验项目应包括物性、强度及变形指标，试样的含水状态应包括天然状态和饱和状态。用于稳定性计算时土的抗剪强度指标宜采用直接剪切试验获取，用于确定地基承载力时土的峰值抗剪强度指标宜采用三轴试验获取。主要岩土层采集试样数量：土层不少于6组，对于现场大剪试验，每组不应少于3个试件；岩样抗压强度不应少于9个试件。岩石抗剪强度不少于3组。需要时应采集岩样进行变形指标试验，有条件时应进行结构面的抗剪强度试验。

4.2.11 建筑边坡工程勘察应提供水文地质参数。对于土质边坡及较破碎、破碎和极破碎的岩质边坡宜在不影响边坡安全条件下，通过抽水、压水或渗水试验确定水文地质参数。

4.2.12 建筑边坡工程勘察除应进行地下水力学作用和地下水物理、化学作用的评价以外，还应论证孔隙水压力变化规律和对边坡应力状态的影响，并应考虑雨季和暴雨过程的影响。

4.2.13 对于地质条件复杂的边坡工程，初步勘察时宜选择部分钻孔埋设地下水和变形监测设备进行监测。

4.2.14 除各类监测孔外，边坡工程勘察工作中的探井、探坑和探槽等在野外工作完成后应及时封填密实。

4.2.15 对大型待填的填土边坡宜进行料源勘察，针对可能的取料地点，查明用于边坡填筑的岩土工程性质，为边坡填筑的设计和施工提供依据。

4.3　边坡力学参数取值

4.3.1 岩体结构面抗剪强度指标的试验应符合现行国家标准《工程岩体试验方法标准》GB/T 50266的有关规定。当无条件进行试验时，结构面的抗剪强度指标标准值在初步设计时可按表4.3.1并结合类似工程经验确定。

表 4.3.1　结构面抗剪强度指标标准值

结构面类型		结构面结合程度	内摩擦角 φ（°）	黏聚力 c（MPa）
硬性结构面	1	结合好	>35	>0.13
	2	结合一般	35～27	0.13～0.09
	3	结合差	27～18	0.09～0.05

结构面类型	结构面结合程度		内摩擦角 φ(°)	黏聚力 c(MPa)
软弱结构面	4	结合很差	18~12	0.05~0.02
	5	结合极差（泥化层）	<12	<0.02

注：1 除第1项和第5项外，结构面两壁岩性为极软岩、软岩时取较低值；

2 取值时应考虑结构面的贯通程度；

3 结构面浸水时可取较低值；

4 临时性边坡可取高值；

5 已考虑结构面的时间效应；

6 未考虑结构面参数在施工期和运行期受其他因素影响发生的变化，当判定为不利因素时，可进行适当折减。

4.3.2 岩体结构面的结合程度可按表4.3.2确定。

表 4.3.2 结构面的结合程度

结合程度	结合状况	起伏粗糙程度	结构面张开度（mm）	充填状况	岩体状况
结合良好	铁硅钙质胶结	起伏粗糙	≤3	胶结	硬岩或较软岩
结合一般	铁硅钙质胶结	起伏粗糙	3~5	胶结	硬岩或较软岩
	铁硅钙质胶结	起伏粗糙	≤3	胶结	软岩
	分离	起伏粗糙	≤3（无充填时）	无充填或岩块、岩屑充填	硬岩或较软岩
结合差	分离	起伏粗糙	≤3	干净无充填	软岩
	分离	平直光滑	≤3（无充填时）	无充填或岩块、岩屑充填	各种岩层
	分离	平直光滑		岩块、岩屑夹泥或附泥膜	各种岩层
结合很差	分离	平直光滑、略有起伏		泥质或泥夹岩屑充填	各种岩层
	分离	平直很光滑	≤3	无充填	各种岩层

结合程度	结合状况	起伏粗糙程度	结构面张开度（mm）	充填状况	岩体状况
结合极差	结合极差	—	—	泥化夹层	各种岩层

注：1 起伏度：当 R_A≤1%，平直；当 1%<R_A≤2% 时，略有起伏；当 2%<R_A 时，起伏；其中 R_A = A/L，A 为连续结构面起伏幅度（cm），L 为连续结构面取样长度（cm），测量范围 L 一般为 1.0m~3.0m；

2 粗糙度：很光滑，感觉非常细腻如镜面；光滑，感觉比较细腻，无颗粒感觉；较粗糙，可以感觉到一定的颗粒感；粗糙，明显感觉到颗粒状。

4.3.3 当无试验资料和缺少当地经验时，天然状态或饱和状态岩体内摩擦角标准值可根据天然状态或饱和状态岩块的内摩擦角标准值结合边坡岩体完整程度按表4.3.3中系数折减确定。

表 4.3.3 边坡岩体内摩擦角的折减系数

边坡岩体完整程度	内摩擦角的折减系数
完整	0.95~0.90
较完整	0.90~0.85
较破碎	0.85~0.80

注：1 全风化层可按成分相同的土层考虑；

2 强风化基岩可根据地方经验适当折减。

4.3.4 边坡岩体等效内摩擦角宜按当地经验确定。当缺乏当地经验时，可按表4.3.4取值。

表 4.3.4 边坡岩体等效内摩擦角标准值

边坡岩体类型	Ⅰ	Ⅱ	Ⅲ	Ⅳ
等效内摩擦角 φ_e(°)	φ_e>72	72≥φ_e>62	62≥φ_e>52	52≥φ_e>42

注：1 适用于高度不大于30m的边坡；当高度大于30m时，应作专门研究；

2 边坡高度较大时宜取较小值；高度较小时宜取较大值；当边坡岩体变化较大时，应按同等高度段分别取值；

3 已考虑时间效应；对于Ⅱ、Ⅲ、Ⅳ类岩质临时边坡可取上限值；Ⅰ类岩质临时边坡可根据岩体强度及完整程度取大于72°的数值；

4 适用于完整、较完整的岩体；破碎、较破碎的岩体可根据地方经验适当折减。

4.3.5 边坡稳定性计算应根据不同的工况选择相应

的抗剪强度指标。土质边坡按水土合算原则计算时，地下水位以下宜采用土的饱和自重固结不排水抗剪强度指标；按水土分算原则计算时，地下水位以下宜采用土的有效抗剪强度指标。

4.3.6 填土边坡的力学参数宜根据试验并结合当地经验确定。试验方法应根据工程要求、填料的性质和施工质量等确定，试验条件应尽可能接近实际状况。

4.3.7 土质边坡抗剪强度试验方法的选择应符合下列规定：

1 根据坡体内的含水状态选择天然或饱和状态的抗剪强度试验方法；

2 用于土质边坡，在计算土压力和抗倾覆计算时，对黏土、粉质黏土宜选择直剪固结快剪或三轴固结不排水剪，对粉土、砂土和碎石土宜选择有效应力强度指标；

3 用于土质边坡计算整体稳定、局部稳定和抗滑稳定性时，对一般的黏性土、砂土和碎石土，按第2款相同的试验方法，但对饱和软黏性土，宜选择直剪快剪、三轴不固结不排水试验或十字板剪切试验。

5 边坡稳定性评价

5.1 一般规定

5.1.1 下列建筑边坡应进行稳定性评价：

1 选作建筑场地的自然斜坡；

2 由于开挖或填筑形成、需要进行稳定性验算的边坡；

3 施工期出现新的不利因素的边坡；

4 运行期条件发生变化的边坡。

5.1.2 边坡稳定性评价应在查明工程地质、水文地质条件的基础上，根据边坡岩土工程条件，采用定性分析和定量分析相结合的方法进行。

5.1.3 对土质较软、地面荷载较大、高度较大的边坡，其坡脚地面抗隆起、抗管涌和抗渗流等稳定性评价应按国家现行有关标准执行。

5.2 边坡稳定性分析

5.2.1 边坡稳定性分析之前，应根据岩土工程地质条件对边坡的可能破坏方式及相应破坏方向、破坏范围、影响范围等作出判断。判断边坡的可能破坏方式时应同时考虑到受岩土体强度控制的破坏和受结构面控制的破坏。

5.2.2 边坡抗滑移稳定性计算可采用刚体极限平衡法。对结构复杂的岩质边坡，可结合采用极射赤平投影法和实体比例投影法；当边坡破坏机制复杂时，可采用数值极限分析法。

5.2.3 计算沿结构面滑动的稳定性时，应根据结构面形态采用平面或折线形滑面。计算土质边坡、极软岩边坡、破碎或极破碎岩质边坡的稳定性时，可采用圆弧形滑面。

5.2.4 采用刚体极限平衡法计算边坡抗滑稳定性时，可根据滑面形态按本规范附录A选择具体计算方法。

5.2.5 边坡稳定性计算时，对基本烈度为7度及7度以上地区的永久性边坡应进行地震工况下边坡稳定性校核。

5.2.6 塌滑区内无重要建（构）筑物的边坡采用刚体极限平衡法和静力数值计算法计算稳定性时，滑体、条块或单元的地震作用可简化为一个作用于滑体、条块或单元重心处、指向坡外（滑动方向）的水平静力，其值应按下列公式计算：

$$Q_e = \alpha_w G \qquad (5.2.6-1)$$

$$Q_{ei} = \alpha_w G_i \qquad (5.2.6-2)$$

式中：Q_e、Q_{ei} —— 滑体、第 i 计算条块或单元单位宽度地震力（kN/m）；

G、G_i —— 滑体、第 i 计算条块或单元单位宽度自重［含坡顶建（构）筑物作用］（kN/m）；

α_w —— 边坡综合水平地震系数，由所在地区地震基本烈度按表5.2.6确定。

表 5.2.6 水平地震系数

地震基本烈度	7度		8度		9度
地震峰值加速度	$0.10g$	$0.15g$	$0.20g$	$0.30g$	$0.40g$
综合水平地震系数 α_w	0.025	0.038	0.050	0.075	0.100

5.2.7 当边坡可能存在多个滑动面时，对各个可能的滑动面均应进行稳定性计算。

5.3 边坡稳定性评价标准

5.3.1 除校核工况外，边坡稳定性状态分为稳定、基本稳定、欠稳定和不稳定四种状态，可根据边坡稳定性系数按表5.3.1确定。

表 5.3.1 边坡稳定性状态划分

边坡稳定性系数 F_s	$F_s < 1.00$	$1.00 \leqslant F_s < 1.05$	$1.05 \leqslant F_s < F_{st}$	$F_s \geqslant F_{st}$
边坡稳定性状态	不稳定	欠稳定	基本稳定	稳定

注：F_{st}——边坡稳定安全系数。

5.3.2 边坡稳定安全系数 F_{st} 应按表5.3.2确定，当边坡稳定性系数小于边坡稳定安全系数时应对边坡进行处理。

表5.3.2 边坡稳定安全系数 F_{st}

稳定安全系数　　　边坡工程安全等级　　边坡类型		一级	二级	三级
永久边坡	一般工况	1.35	1.30	1.25
	地震工况	1.15	1.10	1.05
临时边坡		1.25	1.20	1.15

注：1 地震工况时，安全系数仅适用于塌滑区内无重要建（构）筑物的边坡；
　　2 对地质条件很复杂或破坏后果极严重的边坡工程，其稳定安全系数应适当提高。

6 边坡支护结构上的侧向岩土压力

6.1 一 般 规 定

6.1.1 侧向岩土压力分为静止岩土压力、主动岩土压力和被动岩土压力。当支护结构变形不满足主动岩土压力产生条件时，或当边坡上方有重要建筑物时，应对侧向岩土压力进行修正。

6.1.2 侧向岩土压力可采用库仑土压力或朗金土压力公式求解。侧向总岩土压力可采用总岩土压力公式直接计算或按岩土压力公式求和计算，侧向岩土压力和分布应根据支护类型确定。

6.1.3 在各种岩土侧压力计算时，可用解析公式求解。对于复杂情况也可采用数值极限分析法进行计算。

6.2 侧向土压力

6.2.1 静止土压力可按下式计算：

$$e_{0i} = \left(\sum_{j=1}^{i} \gamma_j h_j + q \right) K_{0i} \quad (6.2.1)$$

式中：e_{0i}——计算点处的静止土压力（kN/m²）；
　　　γ_j——计算点以上第 j 层土的重度（kN/m³）；
　　　h_j——计算点以上第 j 层土的厚度（m）；
　　　q——坡顶附加均布荷载（kN/m²）；
　　　K_{0i}——计算点处的静止土压力系数。

6.2.2 静止土压力系数宜由试验确定。当无试验条件时，对砂土可取 0.34～0.45，对黏性土可取 0.5～0.7。

6.2.3 根据平面滑裂面假定（图6.2.3），主动土压力合力可按下列公式计算：

$$E_a = \frac{1}{2} \gamma H^2 K_a \quad (6.2.3-1)$$

$$K_a = \frac{\sin(\alpha+\beta)}{\sin^2\alpha \sin^2(\alpha+\beta-\varphi-\delta)}$$
$$\{ K_q [\sin(\alpha+\delta)\sin(\alpha-\delta)$$
$$+ \sin(\varphi+\delta)\sin(\varphi-\beta)]$$
$$+ 2\eta\sin\alpha\cos\varphi\cos(\alpha+\beta-\varphi-\delta)$$
$$- 2\sqrt{K_q \sin(\alpha+\beta)\sin(\varphi-\beta) + \eta\sin\alpha\cos\varphi}$$
$$\times \sqrt{K_q \sin(\alpha-\delta)\sin(\varphi+\delta) + \eta\sin\alpha\cos\varphi} \}$$
$$(6.2.3-2)$$

$$K_q = 1 + \frac{2q\sin\alpha\cos\beta}{\gamma H \sin(\alpha+\beta)} \quad (6.2.3-3)$$

$$\eta = \frac{2c}{\gamma H} \quad (6.2.3-4)$$

式中：E_a——相应于荷载标准组合的主动土压力合力（kN/m）；
　　　K_a——主动土压力系数；
　　　H——挡土墙高度（m）；
　　　γ——土体重度（kN/m³）；
　　　c——土的黏聚力（kPa）；
　　　φ——土的内摩擦角（°）；
　　　q——地表均布荷载标准值（kN/m²）；
　　　δ——土对挡土墙墙背的摩擦角（°），可按表6.2.3取值；
　　　β——填土表面与水平面的夹角（°）；
　　　α——支挡结构墙背与水平面的夹角（°）。

表6.2.3 土对挡土墙墙背的摩擦角 δ

挡土墙情况	摩擦角 δ
墙背平滑，排水不良	(0.00～0.33) φ
墙背粗糙，排水良好	(0.33～0.50) φ
墙背很粗糙，排水良好	(0.50～0.67) φ
墙背与填土间不可能滑动	(0.67～1.00) φ

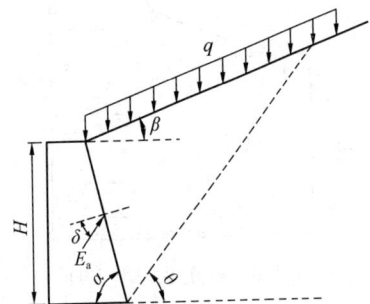

图6.2.3 土压力计算

6.2.4 当墙背直立光滑、土体表面水平时，主动土压力可按下式计算：

$$e_{ai} = \left(\sum_{j=1}^{i} \gamma_j h_j + q\right) K_{ai} - 2c_i \sqrt{K_{ai}} \quad (6.2.4)$$

式中：e_{ai}——计算点处的主动土压力（kN/m²）；当 $e_{ai} < 0$ 时取 $e_{ai} = 0$；

K_{ai}——计算点处的主动土压力系数，取 $K_{ai} = \tan^2(45° - \varphi_i/2)$；

c_i——计算点处土的黏聚力（kPa）；

φ_i——计算点处土的内摩擦角（°）。

6.2.5 当墙背直立光滑、土体表面水平时，被动土压力可按下式计算：

$$e_{pi} = \left(\sum_{j=1}^{i} \gamma_j h_j + q\right) K_{pi} + 2c_i \sqrt{K_{pi}} \quad (6.2.5)$$

式中：e_{pi}——计算点处的被动土压力（kN/m²）；

K_{pi}——计算点处的被动土压力系数，取 $K_{pi} = \tan^2(45° + \varphi_i/2)$。

6.2.6 边坡坡体中有地下水但未形成渗流时，作用于支护结构上的侧压力可按下列规定计算：

　　1 对砂土和粉土应按水土分算原则计算；

　　2 对黏性土宜根据工程经验按水土分算或水土合算原则计算；

　　3 按水土分算原则计算时，作用在支护结构上的侧压力等于土压力和静止水压力之和，地下水位以下的土压力采用浮重度（γ'）和有效应力抗剪强度指标（c'、φ'）计算；

　　4 按水土合算原则计算时，地下水位以下的土压力采用饱和重度（γ_{sat}）和总应力抗剪强度指标（c、φ）计算。

6.2.7 边坡坡体中有地下水形成渗流时，作用于支护结构上的侧压力，除按本规范第 6.2.6 条计算外，尚应按国家现行有关标准的规定计算渗透力。

6.2.8 当挡墙后土体破裂面以内有较陡的稳定岩石坡面时，应视为有限范围填土情况计算主动土压力（图 6.2.8）。有限范围填土时，主动土压力合力可按下列公式计算：

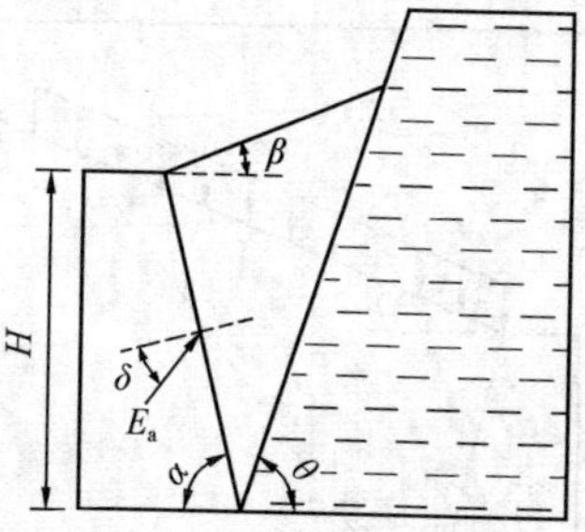

图 6.2.8　有限范围填土时
土压力计算

$$E_a = \frac{1}{2} \gamma H^2 K_a \quad (6.2.8-1)$$

$$K_a = \frac{\sin(\alpha + \beta)}{\sin(\alpha - \delta + \theta - \delta_r)\sin(\theta - \beta)}$$
$$\left[\frac{\sin(\alpha + \theta)\sin(\theta - \delta_r)}{\sin^2 \alpha} - \eta \frac{\cos \delta_r}{\sin \alpha}\right] \quad (6.2.8-2)$$

式中：θ——稳定岩石坡面的倾角（°）；

δ_r——稳定且无软弱层的岩石坡面与填土间的内摩擦角（°），宜根据试验确定。当无试验资料时，可取 $\delta_r = (0.40 \sim 0.70)$ φ。φ 为填土的内摩擦角。

6.2.9 当坡顶作用有线性分布荷载、均布荷载和坡顶填土表面不规则时或岩土边坡为二阶竖直时，在支护结构上产生的侧压力可按本规范附录 B 简化计算。

6.2.10 当边坡的坡面为倾斜、坡顶水平、无超载时（图 6.2.10），土压力的合力可按下列公式计算，边坡破坏时的平面破裂角可按公式（6.2.10-3）计算：

$$E_a = \frac{1}{2} \gamma H^2 K_a \quad (6.2.10-1)$$

$$K_a = (\cot \theta - \cot \alpha')\tan(\theta - \varphi) - \frac{\eta \cos \varphi}{\sin \theta \cos(\theta - \varphi)}$$
$$(6.2.10-2)$$

$$\theta = \arctan\left[\frac{\cos \varphi}{\sqrt{1 + \dfrac{\cot \alpha'}{\eta + \tan \varphi} - \sin \varphi}}\right]$$
$$(6.2.10-3)$$

$$\eta = \frac{2c}{\gamma h} \quad (6.2.10-4)$$

式中：E_a——水平土压力合力（kN/m）；

K_a——水平土压力系数；

h——边坡的垂直高度（m）；

γ——支护结构后的土体重度，地下水位以下用有效重度（kN/m³）；

α'——边坡坡面与水平面的夹角（°）；

c——土的黏聚力（kPa）；

φ——土的内摩擦角（°）；

θ——土体的临界滑动面与水平面的夹角（°）。

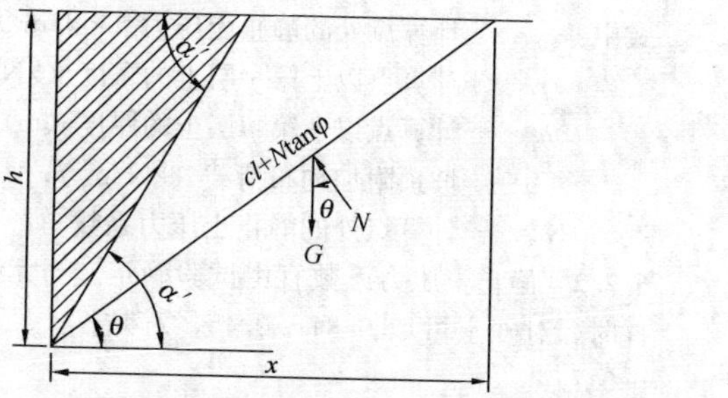

图 6.2.10　边坡的坡面为倾斜时计算简图

6.2.11 考虑地震作用时，作用于支护结构上的地震主动土压力可按本规范公式（6.2.3-1）计算，主动土压力系数应按下式计算：

$$K_a = \frac{\sin(\alpha + \beta)}{\cos\rho\sin^2\alpha\sin^2(\alpha+\beta-\varphi-\delta)}$$
$$\{K_q[\sin(\alpha+\beta)\sin(\alpha-\delta-\rho)$$
$$+\sin(\varphi+\delta)\sin(\varphi-\rho-\beta)]$$
$$+2\eta\sin\alpha\cos\varphi\cos\rho\cos(\alpha+\beta-\varphi-\delta)$$
$$-2[(K_q\sin(\alpha+\beta)\sin(\varphi-\rho-\beta)$$
$$+\eta\sin\alpha\cos\varphi\cos\rho)$$
$$(K_q\sin(\alpha-\delta-\rho)\sin(\varphi+\delta)$$
$$+\eta\sin\alpha\cos\varphi\cos\rho)]^{0.5}\} \qquad (6.2.11)$$

式中：ρ——地震角，可按表 6.2.11 取值。

表 6.2.11　地震角 ρ

类别	7度		8度		9度
	0.10g	0.15g	0.20g	0.30g	0.40g
水上	1.5°	2.3°	3.0°	4.5°	6.0°
水下	2.5°	3.8°	5.0°	7.5°	10.0°

6.3　侧向岩石压力

6.3.1　对沿外倾结构面滑动的边坡，主动岩石压力合力可按下列公式计算：

$$E_a = \frac{1}{2}\gamma H^2 K_a \qquad (6.3.1\text{-}1)$$

$$K_a = \frac{\sin(\alpha+\beta)}{\sin^2\alpha\sin(\alpha-\delta+\theta-\varphi_s)\sin(\theta-\beta)}$$
$$[K_q\sin(\alpha+\theta)\sin(\theta-\varphi_s)-\eta\sin\alpha\cos\varphi_s] \qquad (6.3.1\text{-}2)$$

$$\eta = \frac{2c_s}{\gamma H} \qquad (6.3.1\text{-}3)$$

式中：θ——边坡外倾结构面倾角（°）；

c_s——边坡外倾结构面黏聚力（kPa）；

φ_s——边坡外倾结构面内摩擦角（°）；

K_q——系数，可按公式 6.2.3-3）计算；

δ——岩石与挡墙背的摩擦角（°），取（0.33～0.50）φ。

当有多组外倾结构面时，应计算每组结构面的主动岩石压力并取其大值。

6.3.2　对沿缓倾的外倾软弱结构面滑动的边坡（图6.3.2），主动岩石压力合力可按下式计算：

$$E_a = G\tan(\theta-\varphi_s) - \frac{c_s L\cos\varphi_s}{\cos(\theta-\varphi_s)} \qquad (6.3.2)$$

式中：G——四边形滑裂体自重（kN/m）；

L——滑裂面长度（m）；

θ——缓倾的外倾软弱结构面的倾角（°）；

c_s——外倾软弱结构面的黏聚力（kPa）；

φ_s——外倾软弱结构面内摩擦角（°）。

6.3.3　岩质边坡的侧向岩石压力计算和破裂角应符合下列规定：

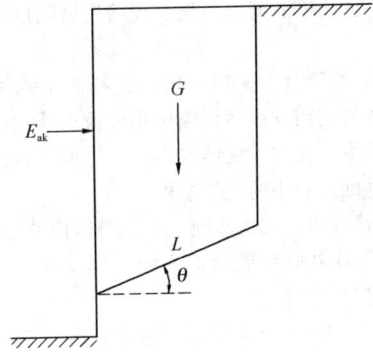

图 6.3.2　岩质边坡四边形滑裂时侧向压力计算

1　对无外倾结构面的岩质边坡，应以岩体等效内摩擦角按侧向土压力方法计算侧向岩石压力；对坡顶无建筑荷载的永久性边坡和坡顶有建筑荷载时的临时性边坡和基坑边坡，破裂角按 $45°+\varphi/2$ 确定，Ⅰ类岩体边坡可取 75°左右；坡顶无建筑荷载的临时性边坡和基坑边坡的破裂角，Ⅰ类岩体边坡取 82°；Ⅱ类岩体边坡取 72°；Ⅲ类岩体边坡取 62°；Ⅳ类岩体边坡取 $45°+\varphi/2$；

2　当有外倾硬性结构面时，应分别以外倾硬性结构面的抗剪强度参数按本规范第 6.3.1 条的方法和以岩体等效内摩擦角按侧向土压力方法分别计算，取两种结果的较大值；破裂角取本条第 1 款和外倾结构面倾角两者中的较小值；

3　当边坡沿外倾软弱结构面破坏时，侧向岩石压力应按本规范第 6.3.1 条和第 6.3.2 条计算，破裂角取该外倾结构面的倾角，同时应按本条第 1 款进行验算。

6.3.4　当岩质边坡的坡面为倾斜、坡顶水平、无超载时，岩石压力的合力可按本规范公式（6.2.10-1）计算。当岩体存在外倾结构面时，θ 可取外倾结构面的倾角，抗剪强度指标取外倾结构面的抗剪强度指标；当存在多个外倾结构面时，应分别计算，取其中的最大值为设计值。

6.3.5　考虑地震作用时，作用于支护结构上的地震主动岩石压力应按本规范第 6.3.1 条公式（6.3.1-1）计算，其主动岩石压力系数应按下式计算：

$$K_a = \frac{\sin(\alpha+\beta)}{\cos\rho\sin^2\alpha\sin(\alpha-\delta+\theta-\varphi_s)\sin(\theta-\beta)}$$
$$[K_q\sin(\alpha+\theta)\sin(\theta-\varphi_s+\rho)$$
$$-\eta\sin\alpha\cos\varphi_s\cos\rho] \qquad (6.3.5)$$

式中：ρ——地震角，可按本规范表 6.2.11 取值。

7　坡顶有重要建（构）筑物的边坡工程

7.1　一　般　规　定

7.1.1　本章适用于抗震设防烈度为 7 度及 7 度以下地区、建（构）筑物位于岩土质边坡塌滑区、土质边坡1倍边坡高度和岩质边坡0.5倍边坡高度范围的边坡工程。

7.1.2 对坡顶有重要建（构）筑物的下列边坡应优先采用排桩式锚杆挡墙、锚拉式桩板挡墙或抗滑桩板式挡墙等主动受力、变形较小、对边坡稳定性和建筑物地基基础扰动小的支护结构：

　　1 建（构）筑物基础置于塌滑区内的边坡；

　　2 存在外倾软弱结构面或坡体软弱、开挖后稳定性较差的边坡；

　　3 建（构）筑物及管线等对变形控制有较高要求的边坡；

　　4 采用其他支护方案在施工期可能降低边坡稳定性的边坡。

7.1.3 对坡顶邻近建（构）筑物、道路及管线等可能引发较大变形或危害的边坡工程应加强监测并采取设计和施工措施。当出现可能产生较大危害的变形时，应按现行国家标准《建筑边坡工程鉴定与加固技术规范》GB 50843 的有关规定执行。

7.2 设 计 计 算

7.2.1 坡顶有重要建（构）筑物的边坡工程设计应符合下列规定：

　　1 应调查建（构）筑物的结构形式、基础平面布置、基础荷载、基础类型、埋置深度、建（构）筑物的开裂及场地变形以及地下管线等现状情况；

　　2 应根据基础方案、构造做法和基础到边坡的距离等因素，考虑建筑物基础与边坡支护结构的相互影响；

　　3 应考虑建筑物基础传递的垂直荷载、水平荷载和弯矩等对边坡支护结构强度和变形的影响，并应对边坡稳定性进行验算；

　　4 应考虑边坡变形对地基承载力和基础变形的不利影响，并应对建筑物基础和地基稳定性进行验算；

　　5 边坡支护结构距建（构）筑物基础外边缘的最小安全距离应满足坡顶建筑（构）物抗倾覆、基础嵌固和传递水平荷载等要求，其值应根据设防烈度、边坡的稳定性、边坡岩土构成、边坡高度和建筑高度等因素并结合地区工程经验综合确定；不满足时应根据工程和现场条件采取有效加固措施；

　　6 对于有外倾结构面的岩质边坡以及土质边坡，边坡开挖后不应使建（构）筑物的基础置于有临空且有外倾软弱结构面的岩体上和稳定性极差的土质边坡塌滑区。

7.2.2 边坡与坡顶建（构）筑物同步设计的边坡工程及坡顶新建建（构）筑物的既有边坡工程应符合下列规定：

　　1 应避免坡顶重要建（构）筑物产生的垂直荷载直接作用在边坡潜在塌滑体上；应采取桩基础、加

深基础、增设地下室或降低边坡高度等措施，将建（构）筑物的荷载直接传至边坡潜在破裂面以下足够深度的稳定岩土层内；

　　2 新建建（构）筑物的基础设计、边坡支护结构距建（构）筑物基础外边缘的距离应满足本规范第7.2.1条的相关规定；

　　3 应考虑建（构）筑物基础施工过程引起地下水变化对边坡稳定性的影响；

　　4 位于抗震设防区，边坡支护结构抗震设计应符合现行国家标准《建筑抗震设计规范》GB 50011的有关规定；坡顶的建（构）筑物的抗震设计应按抗震不利地段考虑，地震效应放大系数应符合现行国家标准《建筑抗震设计规范》GB 50011 的有关规定；

　　5 新建建（构）筑物的部分荷载作用于原有边坡支护结构而使其安全度和耐久性不满足要求时，应按现行国家标准《建筑边坡工程鉴定与加固技术规范》GB 50843 的要求进行加固处理。

7.2.3 无外倾结构面的岩土质边坡坡顶有重要建（构）筑物时，可按表7.2.3确定支护结构上的侧向岩土压力。

表7.2.3　侧向岩土压力取值

坡顶重要建（构）筑物基础位置		侧向岩土压力取值
土质边坡	$a<0.5H$	E_0
	$0.5H \leqslant a \leqslant 1.0H$	$E'_a = \dfrac{1}{2}(E_0 + E_a)$
	$a>1.0H$	E_a
岩质边坡	$a<0.5H$	$E'_a = \beta_1 E_a$
	$a \geqslant 0.5H$	E_a

注：1　E_a——主动岩土压力合力，E'_a——修正主动岩土压力合力，E_0——静止土压力合力；

2　β_1——主动岩石压力修正系数；

3　a——坡脚线到坡顶重要建（构）筑物基础外边缘的水平距离；

4　对多层建筑物，当基础浅埋时H取边坡高度；当基础埋深较大时，若基础周边与岩土间设置摩擦小的软性材料隔离层，能使基础垂直荷载传至边坡破裂面以下足够深度的稳定岩土层内且其水平荷载对边坡不造成较大影响，则H可从隔离层下端算至坡底；否则，H仍取边坡高度；

5　对高层建筑物应设置钢筋混凝土地下室，并在地下室侧墙临边坡一侧设置摩擦小的软性材料隔离层，使建筑物基础的水平荷载不传给支护结构，并应将建筑物垂直荷载传至边坡破裂面以下足够深度的稳定岩土层内时，H可从地下室底标高算至坡底；否则，H仍取边坡高度。

7.2.4 岩质边坡主动岩石压力修正系数β_1，可根据边坡岩体类别按表7.2.4确定。

表 7.2.4　主动岩石压力修正系数 β_1

边坡岩体类型	Ⅰ	Ⅱ	Ⅲ	Ⅳ
主动岩石压力修正系数 β_1		1.30	1.30~1.45	1.45~1.55

注：1　当裂隙发育时取大值，裂隙不发育时取小值；
　　2　坡顶有重要既有建（构）筑物对边坡变形控制要求较高时取大值；
　　3　对临时性边坡及基坑边坡取小值。

7.2.5　坡顶有重要建（构）筑物的有外倾结构面的岩土质边坡侧压力修正应符合下列规定：

　　1　对有外倾结构面的土质边坡，其侧压力修正值应按本规范第 7.2.4 条计算后乘以 1.30 的增大系数，应按本规范第 7.2.3 条分别计算并取两个计算结果的最大值；

　　2　对有外倾结构面的岩质边坡，其侧压力修正值应按本规范第 6.3.1 条和本规范第 6.3.2 条计算并乘以 1.15 的增大系数，应按本规范第 7.2.3 条分别计算并取两个计算结果的最大值。

7.2.6　采用锚杆挡墙的岩土质边坡侧压力设计值应按本章规定计算的岩土侧压力修正值和本规范第 9.2.2 条计算的岩土侧压力修正值两者中的大值确定。

7.2.7　对支护结构变形控制有较高要求时，可按本规范第 7.2.3~7.2.5 条确定边坡侧压力修正值。

7.2.8　当岩质边坡塌滑区或土质边坡 1 倍坡高范围内有建（构）筑物基础传递较大荷载时，除应验算边坡工程的整体稳定性外，还应加长锚杆，使锚固段锚入岩质边坡塌滑区外，土质边坡的与地面线间成 45° 外不应少于 5m~8m，并应采用长短相间的设置方法。

7.2.9　在已建挡墙坡脚新建建（构）筑时，其基础及地下室等宜与边坡有一定的距离，避免对边坡稳定造成不利影响，否则应采取措施处理。

7.2.10　位于边坡坡顶的挡墙及建（构）筑物基础应按国家现行有关规范的规定进行局部稳定性验算。

7.3　构 造 设 计

7.3.1　支护结构的混凝土强度等级不应低于 C30。

7.3.2　在已有边坡坡顶新建重要建（构）筑物时，穿越边坡滑塌体及软弱结构面高度范围的新建重要建（构）筑物基础周边与岩土间应设有摩擦小的软性材料隔离层，使基础垂直荷载传递至边坡破裂面及软弱结构面以下足够深度的稳定岩土层内。

7.3.3　穿越边坡滑塌体及软弱结构面的桩基础经隔离处理后，应按国家现行相关标准的规定加强基础结构配筋及基础节点构造，桩身最小配筋率不宜小于 0.60%。

7.3.4　边坡支护结构及其锚杆的设置应注意避免与坡顶建筑结构及其基础相碰。

7.3.5　设计时应明确提出避免对周边环境和坡顶建（构）筑物、道路及管线等造成伤害的技术要求和措施。当边坡开挖需要降水时，应考虑降水、排水对坡顶建筑物、道路、管线及边坡可能产生的不利影响，并有避免造成结构性损坏的措施。

7.3.6　坡顶邻近有重要建（构）筑物时，应根据其重要性、对变形的适应能力和岩土性状等因素，按当地经验确定边坡支护结构的变形允许值，并应采取措施避免边坡支护结构过大变形和地下水的变化、施工因素的干扰等造成坡顶建（构）筑物结构开裂及其基础沉降超过允许值。

7.4　施　　工

7.4.1　边坡工程施工应采用信息法，施工过程中应对边坡工程及坡顶建（构）筑物进行实时监测，及时了解和分析监测信息，对可能出现的险情应制定防范措施和应急预案。施工中发现与勘察、设计不符或者出现异常情况时，应停止施工作业，并及时向建设、勘察、施工、监理、监测等单位反馈，研究解决措施。

7.4.2　施工前应根据现场实际情况作好地表截排水措施。应采用逆作法施工的边坡，应在上层边坡支护完成后方可进行下一层的开挖。边坡开挖后应及时支挡，避免长时间暴露。

7.4.3　稳定性较差的边坡开挖方案应按不利工况进行边坡稳定和变形验算，当开挖的边坡稳定性不满足要求时，应采取措施增强施工期边坡稳定性。

7.4.4　当水钻成孔可能诱发边坡和周边环境变形过大等不良影响时，应采用无水成孔法。

8　锚 杆（索）

8.1　一 般 规 定

8.1.1　当边坡工程采用锚固方案或包含有锚固措施时，应充分考虑锚杆的特性、锚杆与被锚固结构体系的稳定性、经济性以及施工可行性。

8.1.2　锚杆（索）主要分为拉力型、压力型、荷载拉力分散型和荷载压力分散型，适用于边坡工程和岩质基坑工程。

8.1.3　锚杆设计使用年限应与所服务的边坡工程设计使用年限相同，其防腐等级应达到相应的要求。

8.1.4　锚杆的锚固段不应设置在未经处理的下列岩土层中：

　　1　有机质土、淤泥质土；

　　2　液限 w_L 大于 50% 的土层；

　　3　松散的砂土或碎石土。

8.1.5　下列情况宜采用预应力锚杆：

1 边坡变形控制要求严格时；

2 边坡在施工期稳定性很差时；

3 高度较大的土质边坡采用锚杆支护时；

4 高度较大且存在外倾软弱结构面的岩质边坡采用锚杆支护时；

5 滑坡整治采用锚杆支护时。

8.1.6 下列情况的锚杆（索）应进行基本试验，并应符合本规范附录C的规定：

1 采用新工艺、新材料或新技术的锚杆（索）；

2 无锚固工程经验的岩土层内的锚杆（索）；

3 一级边坡工程的锚杆（索）。

8.1.7 锚杆（索）的形式应根据锚固段岩土层的工程特性、锚杆（索）承载力大小、锚杆（索）材料和长度以及施工工艺等因素综合考虑，可按本规范附录D选择。

8.2 设 计 计 算

8.2.1 锚杆（索）轴向拉力标准值应按下式计算：

$$N_{ak} = \frac{H_{tk}}{\cos\alpha} \qquad (8.2.1)$$

式中：N_{ak}——相应于作用的标准组合时锚杆所受轴向拉力（kN）；

H_{tk}——锚杆水平拉力标准值（kN）；

α——锚杆倾角（°）。

8.2.2 锚杆（索）钢筋截面面积应满足下列公式的要求：

普通钢筋锚杆：

$$A_s \geqslant \frac{K_b N_{ak}}{f_y} \qquad (8.2.2-1)$$

预应力锚索锚杆：

$$A_s \geqslant \frac{K_b N_{ak}}{f_{py}} \qquad (8.2.2-2)$$

式中：A_s——锚杆钢筋或预应力锚索截面面积（m^2）；

f_y，f_{py}——普通钢筋或预应力钢绞线抗拉强度设计值（kPa）；

K_b——锚杆杆体抗拉安全系数，应按表8.2.2取值。

表 8.2.2 锚杆杆体抗拉安全系数

边坡工程安全等级	安全系数	
	临时性锚杆	永久性锚杆
一级	1.8	2.2
二级	1.6	2.0
三级	1.4	1.8

8.2.3 锚杆（索）锚固体与岩土层间的长度应满足下式的要求：

$$l_a \geqslant \frac{KN_{ak}}{\pi \cdot D \cdot f_{rbk}} \qquad (8.2.3)$$

式中：K——锚杆锚固体抗拔安全系数，按表8.2.3-1取值；

l_a——锚杆锚固段长度（m），尚应满足本规范第8.4.1条的规定；

f_{rbk}——岩土层与锚固体极限粘结强度标准值（kPa），应通过试验确定；当无试验资料时可按表8.2.3-2和表8.2.3-3取值；

D——锚杆锚固段钻孔直径（mm）。

表 8.2.3-1 岩土锚杆锚固体抗拔安全系数

边坡工程安全等级	安全系数	
	临时性锚杆	永久性锚杆
一级	2.0	2.6
二级	1.8	2.4
三级	1.6	2.2

表 8.2.3-2 岩石与锚固体极限粘结强度标准值

岩石类别	f_{rbk}值（kPa）
极软岩	270～360
软岩	360～760
较软岩	760～1200
较硬岩	1200～1800
坚硬岩	1800～2600

注：1 适用于注浆强度等级为M30；

2 仅适用于初步设计，施工时应通过试验检验；

3 岩体结构面发育时，取表中下限值；

4 岩石类别根据天然单轴抗压强度 f_r 划分：$f_r <$ 5MPa 为极软岩，5MPa $\leqslant f_r <$ 15MPa 为软岩，15MPa $\leqslant f_r <$ 30MPa 为较软岩，30MPa $\leqslant f_r <$ 60MPa 为较硬岩，$f_r \geqslant$ 60MPa 为坚硬岩。

表 8.2.3-3 土体与锚固体极限粘结强度标准值

土层种类	土的状态	f_{rbk}值（kPa）
黏性土	坚硬	65～100
	硬塑	50～65
	可塑	40～50
	软塑	20～40
砂土	稍密	100～140
	中密	140～200
	密实	200～280
碎石土	稍密	120～160
	中密	160～220
	密实	220～300

注：1 适用于注浆强度等级为M30；

2 仅适用于初步设计，施工时应通过试验检验。

8.2.4 锚杆（索）杆体与锚固砂浆间的锚固长度应

满足下式的要求：

$$l_a \geqslant \frac{KN_{ak}}{n\pi d f_b} \quad (8.2.4)$$

式中：l_a——锚筋与砂浆间的锚固长度（m）；

d——锚筋直径（m）；

n——杆体（钢筋、钢绞线）根数（根）；

f_b——钢筋与锚固砂浆间的粘结强度设计值（kPa），应由试验确定，当缺乏试验资料时可按表 8.2.4 取值。

表 8.2.4 钢筋、钢绞线与砂浆之间的粘结强度设计值 f_b

锚杆类型	水泥浆或水泥砂浆强度等级		
	M25	M30	M35
水泥砂浆与螺纹钢筋间的粘结强度设计值 f_b	2.10	2.40	2.70
水泥砂浆与钢绞线、高强钢丝间的粘结强度设计值 f_b	2.75	2.95	3.40

注：1 当采用二根钢筋点焊成束的做法时，粘结强度应乘 0.85 折减系数；

2 当采用三根钢筋点焊成束的做法时，粘结强度应乘 0.7 折减系数；

3 成束钢筋的根数不应超过三根，钢筋截面总面积不应超过锚孔面积的 20%。当锚固段钢筋和注浆材料采用特殊设计，并经试验验证锚固效果良好时，可适当增加锚筋用量。

8.2.5 永久性锚杆抗震验算时，其安全系数应按 0.8 折减。

8.2.6 锚杆（索）的弹性变形和水平刚度系数应由锚杆抗拔试验确定。当无试验资料时，自由段无粘结的岩石锚杆水平刚度系数 K_h 及自由段无粘结的土层锚杆水平刚度系数 K_t 可按下列公式进行估算：

$$K_h = \frac{AE_s}{l_f} \cos^2\alpha \quad (8.2.6-1)$$

$$K_t = \frac{3AE_sE_cA_c}{3l_fE_cA_c + E_sAl_a} \cos^2\alpha \quad (8.2.6-2)$$

式中：K_h——自由段无粘结的岩石锚杆水平刚度系数（kN/m）；

K_t——自由段无粘结的土层锚杆水平刚度系数（kN/m）；

l_f——锚杆无粘结自由段长度（m）；

l_a——锚杆锚固段长度，特指锚杆杆体与锚固体粘结的长度（m）；

E_s——杆体弹性模量（kN/m²）；

E_m——注浆体弹性模量（kN/m²）；

E_c——锚固体组合弹性模量，$E_c = \dfrac{AE_s + (A_c - A)E_m}{A_c}$；

A——杆体截面面积（m²）；

A_c——锚固体截面面积（m²）；

α——锚杆倾角（°）。

8.2.7 预应力岩石锚杆和全粘结岩石锚杆可按刚性拉杆考虑。

8.3 原 材 料

8.3.1 锚杆（索）原材料性能应符合国家现行标准的有关规定，并应满足设计要求，方便施工，且材料之间不应产生不良影响。

8.3.2 锚杆（索）杆体可使用普通钢材、精轧螺纹钢、钢绞线包括无粘结钢绞线和高强钢丝，其材料尺寸和力学性能应符合本规范附录 E 的规定；不宜采用镀锌钢材。

8.3.3 灌浆材料性能应符合下列规定：

1 水泥宜使用普通硅酸盐水泥，需要时可采用抗硫酸盐水泥；

2 砂的含泥量按重量计不得大于 3%，砂中云母、有机物、硫化物和硫酸盐等有害物质的含量按重量计不得大于 1%；

3 水中不应含有影响水泥正常凝结和硬化的有害物质，不得使用污水；

4 外加剂的品种和掺量应由试验确定；

5 浆体配制的灰砂比宜为 0.80~1.50，水灰比宜为 0.38~0.50；

6 浆体材料 28d 的无侧限抗压强度，不应低于 25MPa。

8.3.4 锚具应符合下列规定：

1 预应力筋用锚具、夹具和连接器的性能均应符合现行国家标准《预应力筋用锚具、夹具和连接器》GB/T 14370 的规定；

2 预应力锚具的锚固效率应至少发挥预应力杆体极限抗拉力的 95% 以上，达到实测极限拉力时的总应变应小于 2%；

3 锚具应具有补偿张拉和松弛的功能，需要时可采用可以调节拉力的锚头；

4 锚具罩应采用钢材或塑料材料制作加工，需完全罩住锚杆头和预应力筋的尾端，与支承面的接缝应为水密性接缝。

8.3.5 套管材料和波纹管应符合下列规定：

1 具有足够的强度，保证其在加工和安装过程中不损坏；

2 具有抗水性和化学稳定性；

3 与水泥浆、水泥砂浆或防腐油脂接触无不良反应。

8.3.6 防腐材料应符合下列规定：

1 在锚杆设计使用年限内，保持其防腐性能和耐久性；

2 在规定的工作温度内或张拉过程中不得开裂、

变脆或成为流体;

3 应具有化学稳定性和防水性，不得与相邻材料发生不良反应;不得对锚杆自由段的变形产生限制和不良影响。

8.3.7 导向帽、隔离架应由钢、塑料或其他对杆体无害的材料组成，不得使用木质隔离架。

8.4 构 造 设 计

8.4.1 锚杆总长度应为锚固段、自由段和外锚头的长度之和，并应符合下列规定:

1 锚杆自由段长度应为外锚头到潜在滑裂面的长度;预应力锚杆自由段长度应不小于5.0m，且应超过潜在滑裂面1.5m;

2 锚杆锚固段长度应按本规范公式(8.2..3)和公式(8.2.4)进行计算，并取其中大值。同时，土层锚杆的锚固段长度不应小于4.0m，并不宜大于10.0m;岩石锚杆的锚固段长度不应小于3.0m，且不宜大于45D和6.5m，预应力锚索不宜大于55D和8.0m;

3 位于软质岩中的预应力锚索，可根据地区经验确定最大锚固长度;

4 当计算锚固段长度超过构造要求长度时，应采取改善锚固段岩土体质量、压力灌浆、扩大锚固段直径、采用荷载分散型锚杆等，提高锚杆承载能力。

8.4.2 锚杆的钻孔直径应符合下列规定:

1 钻孔内的锚杆钢筋面积不超过钻孔面积的20%;

2 钻孔内的锚杆钢筋保护层厚度，对永久性锚杆不应小于25mm，对临时性锚杆不应小于15mm。

8.4.3 锚杆的倾角宜采用10°～35°，并应避免对相邻构筑物产生不利影响。

8.4.4 锚杆隔离架应沿锚杆轴线方向每隔1m～3m设置一个，对土层应取小值，对岩层可取大值。

8.4.5 预应力锚杆传力结构应符合下列规定:

1 预应力锚杆传力结构应有足够的强度、刚度、韧性和耐久性;

2 强风化或软弱破碎岩质边坡和土质边坡宜采用框架格构型钢筋混凝土传力结构;

3 对Ⅰ、Ⅱ类及完整性好的Ⅲ类岩质边坡，宜采用墩座或地梁型钢筋混凝土传力结构;

4 传力结构与坡面的结合部位应做好防排水设计及防腐措施;

5 承压板及过渡管宜由钢板和钢管制成，过渡管钢管壁厚不宜小于5mm。

8.4.6 当锚固段岩体破碎、渗(失)水量大时，应对岩体作灌浆加固处理。

8.4.7 永久性锚杆的防腐蚀处理应符合下列规定:

1 非预应力锚杆的自由段位于岩土层中时，可采用除锈、刷沥青船底漆和沥青玻纤布缠裹二层进行

防腐蚀处理;

2 对采用钢绞线、精轧螺纹钢制作的预应力锚杆(索)，其自由段可按本条第1款进行防腐蚀处理后装入套管中;自由段套管两端100mm～200mm长度范围内用黄油充填，外绕扎工程胶布固定;

3 对位于无腐蚀性岩土层内的锚固段，水泥浆或水泥砂浆保护层厚度应不小于25mm;对位于腐蚀性岩土层内的锚固段，应采取特殊防腐蚀处理，且水泥浆或水泥砂浆保护层厚度不应小于50mm;

4 经过防腐蚀处理后，非预应力锚杆的自由段外端应埋入钢筋混凝土构件内50mm以上;对预应力锚杆，其锚头的锚具经除锈、涂防腐漆三度后应采用钢筋网罩、现浇混凝土封闭，且混凝土强度等级不应低于C30，厚度不应小于100mm，混凝土保护层厚度不应小于50mm。

8.4.8 临时性锚杆的防腐蚀可采取下列处理措施:

1 非预应力锚杆的自由段，可采用除锈后刷沥青防锈漆处理;

2 预应力锚杆的自由段，可采用除锈后刷沥青防锈漆或加套管处理;

3 外锚头可采用外涂防腐材料或外包混凝土处理。

8.5 施 工

8.5.1 锚杆施工前应做好下列准备工作:

1 应掌握锚杆施工区建(构)筑物基础、地下管线等情况;

2 应判断锚杆施工对邻近建筑物和地下管线的不良影响，并制定相应预防措施;

3 编制符合锚杆设计要求的施工组织设计;并应检验锚杆的制作工艺和张拉锁定方法与设备;确定锚杆注浆工艺并标定张拉设备;

4 应检查原材料的品种、质量和规格型号，以及相应的检验报告。

8.5.2 锚孔施工应符合下列规定:

1 锚孔定位偏差不宜大于20.0mm;

2 锚孔偏斜度不应大于2%;

3 钻孔深度超过锚杆设计长度不应小于0.5m。

8.5.3 钻孔机械应考虑钻孔通过的岩土类型、成孔条件、锚固类型、锚杆长度、施工现场环境、地形条件、经济性和施工速度等因素进行选择。在不稳定地层中或地层受扰动导致水土流失会危及邻近建筑物或公用设施的稳定时，应采用套管护壁钻孔或干钻。

8.5.4 锚杆的灌浆应符合下列规定:

1 灌浆前应清孔，排放孔内积水;

2 注浆管宜与锚杆同时放入孔内;向水平孔或下倾孔内注浆时，注浆管出浆口应插入距孔底100mm～300mm处，浆液自下而上连续灌注;向上倾斜的钻孔内注浆时，应在孔口设置密封装置;

3 孔口溢出浆液或排气管停止排气并满足注浆要求时，可停止注浆；

4 根据工程条件和设计要求确定灌浆方法和压力，确保钻孔灌浆饱满和浆体密实；

5 浆体强度检验用试块的数量每30根锚杆不应少于一组，每组试块不应少于6个。

8.5.5 预应力锚杆锚头承压板及其安装应符合下列规定：

1 承压板应安装平整、牢固，承压面应与锚孔轴线垂直；

2 承压板底部的混凝土应填充密实，并满足局部抗压强度要求。

8.5.6 预应力锚杆的张拉与锁定应符合下列规定：

1 锚杆张拉宜在锚固体强度大于20MPa并达到设计强度的80%后进行；

2 锚杆张拉顺序应避免相近锚杆相互影响；

3 锚杆张拉控制应力不宜超过0.65倍钢筋或钢绞线的强度标准值；

4 锚杆进行正式张拉之前，应取0.10倍~0.20倍锚杆轴向拉力值，对锚杆预张拉1次~2次，使其各部位的接触紧密和杆体完全平直；

5 宜进行锚杆设计预应力值1.05倍~1.10倍的超张拉，预应力保留值应满足设计要求；对地层及被锚固结构位移控制要求较高的工程，预应力锚杆的锁定值宜为锚杆轴向拉力特征值；对容许地层及被锚固结构产生一定变形的工程，预应力锚杆的锁定值宜为锚杆设计预应力值的0.75倍~0.90倍。

9 锚杆（索）挡墙

9.1 一般规定

9.1.1 锚杆挡墙可分为下列形式：

1 根据挡墙的结构形式可分为板肋式锚杆挡墙、格构式锚杆挡墙和排桩式锚杆挡墙；

2 根据锚杆的类型可分为非预应力锚杆挡墙和预应力锚杆（索）挡墙。

9.1.2 下列边坡宜采用排桩式锚杆挡墙支护：

1 位于滑坡区或切坡后可能引发滑坡的边坡；

2 切坡后可能沿外倾软弱结构面滑动、破坏后果严重的边坡；

3 高度较大、稳定性较差的土质边坡；

4 边坡塌滑区内有重要建筑物基础的Ⅳ类岩质边坡和土质边坡。

9.1.3 在施工期稳定性较好的边坡，可采用板肋式或格构式锚杆挡墙。

9.1.4 填方锚杆挡墙在设计和施工时应采取有效措施防止新填方土体沉降造成的锚杆附加拉应力过大。高度较大的新填方边坡不宜采用锚杆挡墙方案。

9.2 设计计算

9.2.1 锚杆挡墙设计应包括下列内容：

1 侧向岩土压力计算；

2 挡墙结构内力计算；

3 立柱嵌入深度计算；

4 锚杆计算和混凝土结构局部承压强度以及抗裂性计算；

5 挡板、立柱（肋柱或排桩）及其基础设计；

6 边坡变形控制设计；

7 整体稳定性分析；

8 施工方案建议和监测要求。

9.2.2 坡顶无建（构）筑物且不需对边坡变形进行控制的锚杆挡墙，其侧向岩土压力合力可按下式计算：

$$E'_{ah} = E_{ah}\beta_2 \qquad (9.2.2)$$

式中：E'_{ah}——相应于作用的标准组合时，每延米侧向岩土压力合力水平分力修正值（kN）；

E_{ah}——相应于作用的标准组合时，每延米侧向主动岩土压力合力水平分力（kN）；

β_2——锚杆挡墙侧向岩土压力修正系数，应根据岩土类别和锚杆类型按表9.2.2确定。

表9.2.2 锚杆挡墙侧向岩土压力修正系数 β_2

锚杆类型 岩土类别	非预应力锚杆			预应力锚杆	
	土层锚杆	自由段为土层的岩石锚杆	自由段为岩层的岩石锚杆	自由段为土层时	自由段为岩层时
β_2	1.1~1.2	1.1~1.2	1.0	1.2~1.3	1.1

注：当锚杆变形计算值较小时取大值，较大时取小值。

9.2.3 确定岩土自重产生的锚杆挡墙侧压力分布，应考虑锚杆层数、挡墙位移大小、支护结构刚度和施工方法等因素，可简化为三角形、梯形或当地经验图形。

9.2.4 填方锚杆挡墙和单排锚杆的土层锚杆挡墙的侧压力，可近似按库仑理论取为三角形分布。

9.2.5 对岩质边坡以及坚硬、硬塑状黏性土和密实、中密砂土类边坡，当采用逆作法施工的、柔性结构的多层锚杆挡墙时，侧压力分布可近似按图9.2.5确定，图中 e'_{ah} 按下列公式计算：

对岩质边坡：

$$e'_{ah} = \frac{E'_{ah}}{0.9H} \qquad (9.2.5-1)$$

对土质边坡：

$$e'_{ah} = \frac{E'_{ah}}{0.875H} \qquad (9.2.5-2)$$

式中：e'_{ah}——相应于作用的标准组合时侧向岩土压力水平分力修正值（kN/m^2）；

H——挡墙高度（m）。

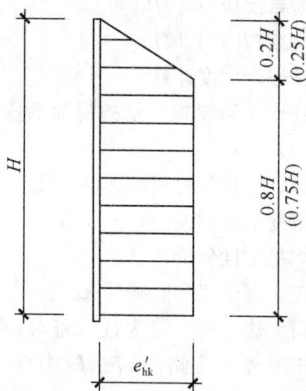

图9.2.5 锚杆挡墙侧压力分布图
（括号内数值适用于土质边坡）

9.2.6 对板肋式和排桩式锚杆挡墙，立柱荷载取立柱受荷范围内的最不利荷载效应标准组合值。

9.2.7 岩质边坡以及坚硬、硬塑状黏性土和密实、中密砂土类边坡的锚杆挡墙，立柱可按下列规定计算：

1 立柱可按支承于刚性锚杆上的连续梁计算内力；当锚杆变形较大时立柱宜按支承于弹性锚杆上的连续梁计算内力；

2 根据立柱下端的嵌岩程度，可按铰接端或固定端考虑；当立柱位于强风化岩层以及坚硬、硬塑状黏性土和密实、中密砂土内时，其嵌入深度可按等值梁法计算。

9.2.8 除坚硬、硬塑状黏性土和密实、中密砂土类外的土质边坡锚杆挡墙，结构内力宜按弹性支点法计算。当锚固点水平变形较小时，结构内力可按静力平衡法或等值梁法计算，计算方法可按本规范附录F执行。

9.2.9 根据挡板与立柱连接构造的不同，挡板可简化为支撑在立柱上的水平连续板、简支板或双铰拱板；设计荷载可取板所处位置的岩土压力值。岩质边坡锚杆挡墙或坚硬、硬塑状黏性土和密实、中密砂土等且排水良好的挖方土质边坡锚杆挡墙，可根据当地的工程经验考虑两立柱间岩土形成的卸荷拱效应。

9.2.10 当锚固点变形较小时，钢筋混凝土格构式锚杆挡墙可简化为支撑在锚固点上的井字梁进行内力计算；当锚固点变形较大时，应考虑变形对格构式挡墙内力的影响。

9.2.11 由支护结构、锚杆和地层组成的锚杆挡墙体系的整体稳定性验算可采用圆弧滑动法或折线滑动法，并应符合本规范第5章的相关规定。

9.3 构 造 设 计

9.3.1 锚杆挡墙支护结构立柱的间距宜采用2.0m

～6.0m。

9.3.2 锚杆挡墙支护中锚杆的布置应符合下列规定：

1 锚杆上下排垂直间距、水平间距均不宜小于2.0m；

2 当锚杆间距小于上述规定或锚固段岩土层稳定性较差时，锚杆宜采用长短相间的方式布置；

3 第一排锚杆锚固体上覆土层的厚度不宜小于4.0m，上覆岩层的厚度不宜小于2.0m；

4 第一锚点位置可设于坡顶下1.5m～2.0m处；

5 锚杆的倾角宜采用10°～35°；

6 锚杆布置应尽量与边坡走向垂直，并应与结构面呈较大倾角相交；

7 立柱位于土层时宜在立柱底部附近设置锚杆。

9.3.3 立柱、挡板和格构梁的混凝土强度等级不应小于C25。

9.3.4 立柱的截面尺寸除应满足强度、刚度和抗裂要求外，还应满足挡板的支座宽度、锚杆钻孔和锚固等要求。肋柱截面宽度不宜小于300mm，截面高度不宜小于400mm；钻孔桩直径不宜小于500mm，人工挖孔桩直径不宜小于800mm。

9.3.5 立柱基础应置于稳定的地层内，可采用独立基础、条形基础或桩基础等形式。

9.3.6 对永久性边坡，现浇挡板和拱板厚度不宜小于200mm。

9.3.7 锚杆挡墙立柱宜对称配筋；当第一锚点以上悬臂部分内力较大或柱顶设单锚时，可根据立柱的内力包络图采用不对称配筋做法。

9.3.8 格构梁截面尺寸应按强度、刚度和抗裂要求计算确定，且格构梁截面宽度和截面高度均不宜小于300mm。

9.3.9 锚杆挡墙现浇混凝土构件的伸缩缝间距不宜大于20m～25m。

9.3.10 锚杆挡墙立柱的顶部宜设置钢筋混凝土构造连梁。

9.3.11 当锚杆挡墙的锚固区内有建（构）筑物基础传递较大荷载时，除应验算挡墙的整体稳定性外，还应适当加长锚杆，并采用长短相间的设置方法。

9.4 施 工

9.4.1 排桩式锚杆挡墙和在施工期边坡可能失稳的板肋式锚杆挡墙，应采用逆作法进行施工。

9.4.2 对施工期处于不利工况的锚杆挡墙，应按临时性支护结构进行验算。

10 岩石锚喷支护

10.1 一 般 规 定

10.1.1 岩石锚喷支护应符合下列规定：

1 对永久性岩质边坡（基坑边坡）进行整体稳定性支护时，Ⅰ类岩质边坡可采用混凝土锚喷支护；Ⅱ类岩质边坡宜采用钢筋混凝土锚喷支护；Ⅲ类岩质边坡应采用钢筋混凝土锚喷支护，且边坡高度不宜大于15m；

2 对临时性岩质边坡（基坑边坡）进行整体稳定性支护时，Ⅰ、Ⅱ类岩质边坡可采用混凝土锚喷支护；Ⅲ类岩质边坡宜采用钢筋混凝土锚喷支护，且边坡高度不应大于25m；

3 对边坡局部不稳定岩石块体，可采用锚喷支护进行局部加固；

4 符合本规范第14.2.2条的岩质边坡，可采用锚喷支护进行坡面防护，且构造要求应符合本规范第10.3.3条要求。

10.1.2 膨胀性岩质边坡和具有严重腐蚀性的边坡不应采用锚喷支护。有深层外倾滑动面或坡体渗水明显的岩质边坡不宜采用锚喷支护。

10.1.3 岩质边坡整体稳定用系统锚杆支护后，对局部不稳定块体尚应采用锚杆加强支护。

10.2 设 计 计 算

10.2.1 采用锚喷支护的岩质边坡整体稳定性计算应符合下列规定：

1 岩石侧压力分布可按本规范第9.2.5条的规定确定；

2 锚杆轴向拉力可按下式计算：

$$N_{ak} = e'_{ah} s_{xj} s_{yj}/\cos\alpha \qquad (10.2.1)$$

式中：N_{ak}——锚杆所受轴向拉力（kN）；

s_{xj}，s_{yj}——锚杆的水平、垂直间距（m）；

e'_{ah}——相应于作用的标准组合时侧向岩石压力水平分力修正值（kN/m）；

α——锚杆倾角（°）。

10.2.2 锚喷支护边坡时，锚杆计算应符合本规范第8.2.2～8.2.4条的规定。

10.2.3 岩石锚杆总长度应符合本规范第8.4.1条的相关规定。

10.2.4 采用局部锚杆加固不稳定岩石块体时，锚杆承载力应符合下式的规定：

$$K_b(G_t - fG_n - cA) \leqslant \Sigma N_{akti} + f\Sigma N_{akni}$$

$$(10.2.4)$$

式中：A——滑动面面积（m^2）；

c——滑移面的黏聚力（kPa）；

f——滑动面上的摩擦系数；

G_t、G_n——分别为不稳定块体自重在平行和垂直于滑面方向的分力（kN）；

N_{akti}、N_{akni}——单根锚杆轴向拉力在抗滑方向和垂直

于滑动面方向上的分力（kN）；

K_b——锚杆钢筋抗拉安全系数，按本规范第8.2.2条规定取值。

10.3 构 造 设 计

10.3.1 系统锚杆的设置宜符合下列规定：

1 锚杆布置宜采用行列式排列或菱形排列；

2 锚杆间距宜为1.25m～3.00m，且不应大于锚杆长度的一半；对Ⅰ、Ⅱ类岩体边坡最大间距不应大于3.00m，对Ⅲ、Ⅳ类岩体边坡最大间距不应大于2.00m；

3 锚杆安设倾角宜为10°～20°；

4 应采用全粘结锚杆。

10.3.2 锚喷支护用于岩质边坡整体支护时，其面板应符合下列规定：

1 对永久性边坡，Ⅰ类岩质边坡喷射混凝土面板厚度不应小于50mm，Ⅱ类岩质边坡喷射混凝土面板厚度不应小于100mm，Ⅲ类岩体边坡钢筋网喷射混凝土面板厚度不应小于150mm；对临时性边坡，Ⅰ类岩质边坡喷射混凝土面板厚度不应小于50mm，Ⅱ类岩质边坡喷射混凝土面板厚度不应小于80mm，Ⅲ类岩体边坡钢筋网喷射混凝土面板厚度不应小于100mm；

2 钢筋直径宜为6mm～12mm，钢筋间距宜为100mm～250mm，单层钢筋网喷射混凝土面板厚度不应小于80mm，双层钢筋网喷射混凝土面板厚度不应小于150mm；钢筋保护层厚度不应小于25mm；

3 锚杆钢筋与面板的连接应有可靠的连接构造措施。

10.3.3 岩质边坡坡面防护宜符合下列规定：

1 锚杆布置宜采用行列式排列，也可采用菱形排列；

2 应采用全粘结锚杆，锚杆长度为3m～6m，锚杆倾角宜为15°～25°，钢筋直径可采用16mm～22mm；钻孔直径为40mm～70mm；

3 Ⅰ、Ⅱ类岩质边坡可采用混凝土锚喷防护，Ⅲ类岩质边坡宜采用钢筋混凝土锚喷防护，Ⅳ类岩质边坡应采用钢筋混凝土锚喷防护；

4 混凝土喷层厚度可采用50mm～80mm，Ⅰ、Ⅱ类岩质边坡可取小值，Ⅲ、Ⅳ类岩质边坡宜取大值；

5 可采用单层钢筋网，钢筋直径为6mm～10mm，间距150mm～200mm。

10.3.4 喷射混凝土强度等级，对永久性边坡不应低于C25，对防水要求较高的不应低于C30；对临时性边坡不应低于C20。喷射混凝土1d龄期的抗压强度设计值不应小于5MPa。

10.3.5 喷射混凝土的物理力学参数可按表10.3.5采用。

表 10.3.5 喷射混凝土物理力学参数

喷射混凝土强度等级 物理力学参数	C20	C25	C30
轴心抗压强度设计值 （MPa）	9.60	11.90	14.30
抗拉强度设计值（MPa）	1.10	1.27	1.43
弹性模量（MPa）	2.10 ×10⁴	2.30 ×10⁴	2.50 ×10⁴
重度（kN/m³）		22.00	

10.3.6 喷射混凝土与岩面的粘结力，对整体状和块状岩体不应低于 0.80MPa，对碎裂状岩体不应低于 0.40MPa。喷射混凝土与岩面粘结力试验应符合现行国家标准《锚杆喷射混凝土支护技术规范》GB 50086 的规定。

10.3.7 面板宜沿边坡纵向每隔 20m~25m 的长度分段设置竖向伸缩缝。

10.3.8 坡体泄水孔及截水、排水沟等的设置应符合本规范的相关规定。

10.4 施　工

10.4.1 边坡坡面处理宜尽量平缓、顺直，且应锤击密实，凹处填筑应稳定。

10.4.2 应清除坡面松散层及不稳定的块体。

10.4.3 Ⅲ类岩体边坡应采用逆作法施工，Ⅱ类岩体边坡可部分采用逆作法施工。

11 重力式挡墙

11.1 一般规定

11.1.1 根据墙背倾斜情况，重力式挡墙可分为俯斜式挡墙、仰斜式挡墙、直立式挡墙和衡重式挡墙等类型。

11.1.2 采用重力式挡墙时，土质边坡高度不宜大于 10m，岩质边坡高度不宜大于 12m。

11.1.3 对变形有严格要求或开挖土石方可能危及边坡稳定的边坡不宜采用重力式挡墙，开挖土石方危及相邻建筑物安全的边坡不应采用重力式挡墙。

11.1.4 重力式挡墙类型应根据使用要求、地形、地质和施工条件等综合考虑确定，对岩质边坡和挖方形成的土质边坡宜优先采用仰斜式挡墙，高度较大的土质边坡宜采用衡重式或仰斜式挡墙。

11.2 设计计算

11.2.1 土质边坡采用重力式挡墙高度不小于 5m 时，主动土压力宜按本规范第 6.2 节计算的主动土压力值乘以增大系数确定。挡墙高度 5m~8m 时增大系

数宜取 1.1，挡墙高度大于 8m 时增大系数宜取 1.2。

11.2.2 重力式挡墙设计应进行抗滑移和抗倾覆稳定性验算。当挡墙地基软弱、有软弱结构面或位于边坡坡顶时，还应按本规范第 5 章有关规定进行地基稳定性验算。

11.2.3 重力式挡墙的抗滑移稳定性应按下列公式验算（图 11.2.3）：

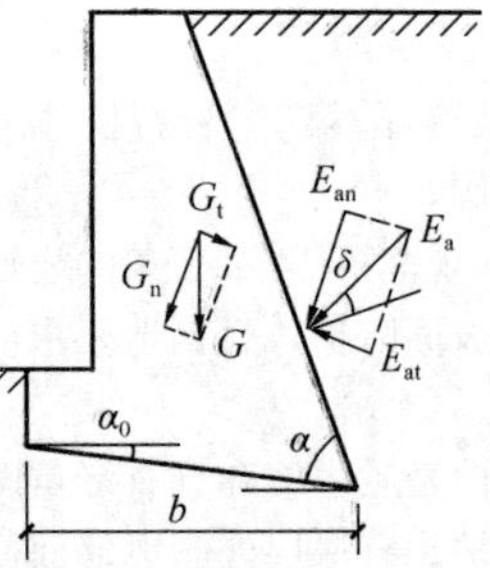

图 11.2.3　挡墙抗滑移
稳定性验算

$$F_s = \frac{(G_n + E_{an})\mu}{E_{at} - G_t} \geq 1.3 \quad (11.2.3-1)$$

$$G_n = G\cos\alpha_0 \quad (11.2.3-2)$$

$$G_t = G\sin\alpha_0 \quad (11.2.3-3)$$

$$E_{at} = E_a\sin(\alpha - \alpha_0 - \delta) \quad (11.2.3-4)$$

$$E_{an} = E_a\cos(\alpha - \alpha_0 - \delta) \quad (11.2.3-5)$$

式中：E_a——每延米主动岩土压力合力（kN/m）；

F_s——挡墙抗滑移稳定系数；

G——挡墙每延米自重（kN/m）；

α——墙背与墙底水平投影的夹角（°）；

α_0——挡墙底面倾角（°）；

δ——墙背与岩土的摩擦角（°），可按本规范的表 6.2.3 选用；

μ——挡墙底与地基岩土体的摩擦系数，宜由试验确定，也可按表 11.2.3 选用。

表 11.2.3 岩土与挡墙底面摩擦系数 μ

岩土类别		摩擦系数 μ
黏性土	可塑	0.20~0.25
	硬塑	0.25~0.30
	坚硬	0.30~0.40
粉土		0.25~0.35
中砂、粗砂、砾砂		0.35~0.40
碎石土		0.40~0.50
极软岩、软岩、较软岩		0.40~0.60
表面粗糙的坚硬岩、较硬岩		0.65~0.75

11.2.4 重力式挡墙的抗倾覆稳定性应按下列公式进行验算（图 11.2.4）：

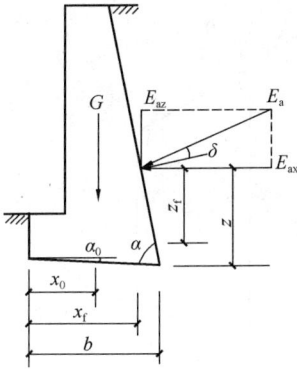

图 11.2.4 挡墙抗倾覆
稳定性验算

$$F_t = \frac{Gx_0 + E_{az}x_f}{E_{ax}z_f} \geqslant 1.6 \quad (11.2.4\text{-}1)$$

$$E_{ax} = E_a \sin(\alpha - \delta) \quad (11.2.4\text{-}2)$$

$$E_{az} = E_a \cos(\alpha - \delta) \quad (11.2.4\text{-}3)$$

$$x_f = b - z\cot\alpha \quad (11.2.4\text{-}4)$$

$$z_f = z - b\tan\alpha_0 \quad (11.2.4\text{-}5)$$

式中：F_t——挡墙抗倾覆稳定系数；

b——挡墙底面水平投影宽度（m）；

x_0——挡墙中心到墙趾的水平距离（m）；

z——岩土压力作用点到墙踵的竖直距离（m）。

11.2.5 地震工况时，重力式挡墙的抗滑移稳定系数不应小于1.10，抗倾覆稳定性不应小于1.30。

11.2.6 重力式挡墙的地基承载力和结构强度计算，应符合国家现行有关标准的规定。

11.3 构 造 设 计

11.3.1 重力式挡墙材料可使用浆砌块石、条石、毛石混凝土或素混凝土。块石、条石的强度等级不应低于MU30，砂浆强度等级不应低于M5.0；混凝土强度等级不应低于C15。

11.3.2 重力式挡墙基底可做成逆坡。对土质地基，基底逆坡坡度不宜大于1:10；对岩质地基，基底逆坡坡度不宜大于1:5。

11.3.3 挡墙地基表面纵坡大于5%时，应将基底设计为台阶式，其最下一级台阶底宽不宜小于1.00m。

11.3.4 块石或条石挡墙的墙顶宽度不宜小于400mm，毛石混凝土、素混凝土挡墙的墙顶宽度不宜小于200mm。

11.3.5 重力式挡墙的基础埋置深度，应根据地基稳定性、地基承载力、冻结深度、水流冲刷情况以及岩石风化程度等因素确定。在土质地基中，基础最小埋置深度不宜小于0.50m，在岩质地基中，基础最小埋置深度不宜小于0.30m。基础埋置深度应从坡脚排水沟底算起。受水流冲刷时，埋深应从预计冲刷底面算起。

11.3.6 位于稳定斜坡地面的重力式挡墙，其墙趾最小埋入深度和距斜坡面的最小水平距离应符合表11.3.6的规定。

表 11.3.6　斜坡地面墙趾最小埋入深度和距斜坡地面的最小水平距离（m）

地基情况	最小埋入深度（m）	距斜坡地面的最小水平距离（m）
硬质岩石	0.60	0.60～1.50
软质岩石	1.00	1.50～3.00
土质	1.00	3.00

注：硬质岩指单轴抗压强度大于30MPa的岩石，软质岩指单轴抗压强度小于15MPa的岩石。

11.3.7 重力式挡墙的伸缩缝间距，对条石、块石挡墙宜为20m～25m，对混凝土挡墙宜为10m～15m。在挡墙高度突变处及与其他建（构）筑物连接处应设置伸缩缝，在地基岩土性状变化处应设置沉降缝。沉降缝、伸缩缝的缝宽宜为20mm～30mm，缝中应填塞沥青麻筋或其他有弹性的防水材料，填塞深度不应小于150mm。

11.3.8 挡墙后面的填土，应优先选择抗剪强度高和透水性较强的填料。当采用黏性土作填料时，宜掺入适量的砂砾或碎石。不应采用淤泥质土、耕植土、膨胀性黏土等软弱有害的岩土体作为填料。

11.3.9 挡墙的防渗与泄水布置应根据地形、地质、环境、水体来源及填料等因素分析确定。

11.3.10 挡墙后填土地表应设置排水良好的地表排水系统。

11.4 施 工

11.4.1 浆砌块石、条石挡墙的施工所用砂浆宜采用机械拌合。块石、条石表面应清洗干净，砂浆填塞应饱满，严禁干砌。

11.4.2 块石、条石挡墙所用石材的上下面应尽可能平整，块石厚度不应小于200mm。挡墙应分层错缝砌筑，墙体砌筑时不应有垂直通缝；且外露面应用M7.5砂浆勾缝。

11.4.3 墙后填土应分层夯实，选料及其密实度均应满足设计要求，填料回填应在砌体或混凝土强度达到设计强度的75%以上后进行。

11.4.4 当填方挡墙墙后地面的横坡坡度大于1:6时，应进行地面粗糙处理后再填土。

11.4.5 重力式挡墙在施工前应预先设置好排水系统，保持边坡和基坑坡面干燥。基坑开挖后，基坑内不应积水，并应及时进行基础施工。

11.4.6 重力式抗滑挡墙应分段、跳槽施工。

12 悬臂式挡墙和扶壁式挡墙

12.1 一般规定

12.1.1 悬臂式挡墙和扶壁式挡墙适用于地基承载力较低的填方边坡工程。

12.1.2 悬臂式挡墙和扶壁式挡墙适用高度对悬臂式挡墙不宜超过 6m，对扶壁式挡墙不宜超过 10m。

12.1.3 悬臂式挡墙和扶壁式挡墙结构应采用现浇钢筋混凝土结构。

12.1.4 悬臂式挡墙和扶壁式挡墙的基础应置于稳定的岩土层内，其埋置深度应符合本规范第 11.3.5 条和第 11.3.6 条的规定。

12.2 设计计算

12.2.1 计算挡墙整体稳定性和立板内力时，可不考虑挡墙前底板以上土的影响；在计算墙趾板内力时，应计算底板以上填土的自重。

12.2.2 计算挡墙实际墙背和墙踵板的土压力时，可不计填料与板间的摩擦力。

12.2.3 悬臂式挡墙和扶壁式挡墙的侧向主动土压力宜按第二破裂面法进行计算。当不能形成第二破裂面时，可用墙踵下缘与墙顶内缘的连线或通过墙踵的竖向面作为假想墙背计算，取其中不利状态的侧向压力作为设计控制值。

12.2.4 计算立板内力时，侧向压力分布可按图 12.2.4 或根据当地经验图形确定。

12.2.5 悬臂式挡墙的立板、墙趾板和墙踵板等结构构件可取单位宽度按悬挑构件进行计算。

12.2.6 对扶壁式挡墙，根据其受力特点可按下列简化模型进行内力计算：

    1 立板和墙踵板可根据边界约束条件按三边固定、一边自由的板或以扶壁为支点的连续板进行计算；

    2 墙趾底板可简化为固定在立板上的悬臂板进行计算；

    3 扶壁可简化为 T 形悬臂梁进行计算，其中立板为梁的翼缘，扶壁为梁的腹板。

12.2.7 悬臂式挡墙和扶壁式挡墙的结构构件截面设计应按现行国家标准《混凝土结构设计规范》GB 50010 的有关规定执行。

12.2.8 挡墙结构应进行混凝土裂缝宽度的验算。迎土面的裂缝宽度不应大于 0.2mm，背土面的裂缝宽度不应大于 0.3mm，并应符合现行国家标准《混凝土结构设计规范》GB 50010 的有关规定。

12.2.9 悬臂式挡墙和扶壁式挡墙的抗滑、抗倾稳定性验算应按本规范的第 10.2 节的有关规定执行。当存在深部潜在滑面时，应按本规范的第 5 章的有关规

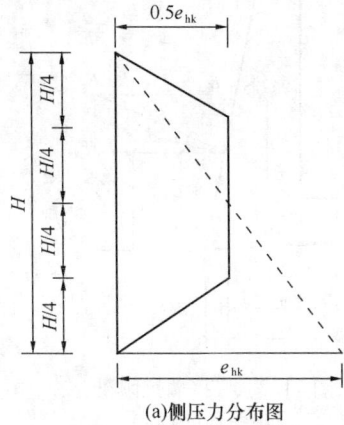

(a)侧压力分布图

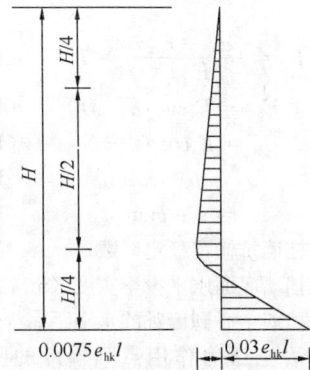

(b)立板竖向弯矩分布图

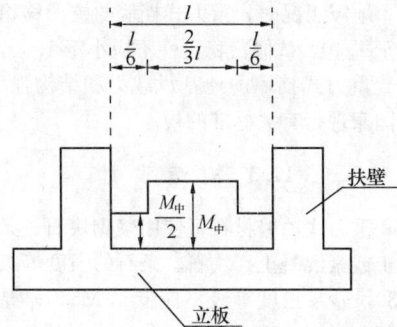

(c)立板弯矩横向分布图

图 12.2.4 扶壁式挡墙侧向压力分布图

$M_{中}$—板跨中弯矩；H—墙面板的高度；
e_{hk}—墙面板底端内填料引起的法向土压力；
l—扶壁之间的净距

定进行有关潜在滑面整体稳定性验算。

12.2.10 悬臂式挡墙和扶壁式挡墙的地基承载力和变形验算按国家现行有关规范执行。

12.3 构造设计

12.3.1 悬臂式挡墙和扶壁式挡墙的混凝土强度等级应根据结构承载力和所处环境类别确定，且不应低于 C25。立板和扶壁的混凝土保护层厚度不应小于 35mm，底板的保护层厚度不应小于 40mm。受力钢筋直径不应小于 12mm，间距不宜大于 250mm。

12.3.2 悬臂式挡墙截面尺寸应根据强度和变形计算确定，立板顶宽和底板厚度不应小于 200mm。当挡墙高度大于 4m 时，宜加根部翼。

12.3.3 扶壁式挡墙尺寸应根据强度和变形计算确定，并应符合下列规定：

　　1 两扶壁之间的距离宜取挡墙高度的 1/3～1/2；

　　2 扶壁的厚度宜取扶壁间距的 1/8～1/6，且不宜小于 300mm；

　　3 立板顶端和底板的厚度不应小于 200mm；

　　4 立板在扶壁处的外伸长度，宜根据外伸悬臂固端弯矩与中间跨固端弯矩相等的原则确定，可取两扶壁净距的 0.35 倍左右。

12.3.4 悬臂式挡墙和扶壁式挡墙结构构件应根据其受力特点进行配筋设计，其配筋率、钢筋的连接和锚固等应符合现行国家标准《混凝土结构设计规范》GB 50010 的有关规定。

12.3.5 当挡墙受滑动稳定控制时，应采取提高抗滑能力的构造措施。宜在墙底下设防滑键，其高度应保证键前土体不被挤出。防滑键厚度应根据抗剪强度计算确定，且不应小于 300mm。

12.3.6 悬臂式挡墙和扶壁式挡墙位于纵向坡度大于 5% 的斜坡时，基底宜做成台阶形。

12.3.7 对软弱地基或填方地基，当地基承载力不满足设计要求时，应进行地基处理或采用桩基础方案。

12.3.8 悬臂式挡墙和扶壁式挡墙的泄水孔设置及构造要求等应按本规范相关规定执行。

12.3.9 悬臂式挡墙和扶壁式挡墙纵向伸缩缝间距宜采用 10m～15m。宜在不同结构单元处和地层性状变化处设置沉降缝；且沉降缝与伸缩缝宜合并设置。其他要求应符合本规范的第 11.3.7 条的规定。

12.3.10 悬臂式挡墙和扶壁式挡墙的墙后填料质量和回填质量应符合本规范第 11.3.8 条的要求。

12.4 施 工

12.4.1 施工时应做好排水系统，避免水软化地基的不利影响，基坑开挖后应及时封闭。

12.4.2 施工时应清除填土中的草和树皮、树根等杂物。在墙身混凝土强度达到设计强度的 70% 后方可填土，填土应分层夯实。

12.4.3 扶壁间回填宜对称实施，施工时应控制填土对扶壁式挡墙的不利影响。

12.4.4 当挡墙墙后表面的横坡坡度大于 1：6 时，应在进行表面粗糙处理后再填土。

13 桩板式挡墙

13.1 一般规定

13.1.1 桩板式挡墙适用于开挖土石方可能危及相邻建筑物或环境安全的边坡、填方边坡支挡以及工程滑坡治理。

13.1.2 桩板式挡墙按其结构形式分为悬臂式桩板挡墙、锚拉式桩板挡墙。挡板可以采用现浇板或预制板。桩板式挡墙形式的选择应根据工程特点、使用要求、地形、地质和施工条件等综合考虑确定。

13.1.3 悬臂式桩板挡墙高度不宜超过 12m，锚拉式桩板挡墙高度不宜大于 25m。桩间距不宜小于 2 倍桩径或桩截面短边尺寸。

13.1.4 桩间距、桩长和截面尺寸应根据岩土侧压力大小和锚固段地基承载力等因素确定，达到安全可靠、经济合理。

13.1.5 锚拉式桩板挡墙可采用单点锚固或多点锚固的结构形式，当其高度较大、边坡推力较大时宜采用预应力锚杆。

13.1.6 填方锚拉式桩板挡墙应符合本规范第 9.1.4 条的规定。

13.1.7 桩板式挡墙用于滑坡治理时应符合本规范第 17 章的相关规定。

13.1.8 锚拉式桩板挡墙的锚杆（索）的设计和施工应符合本规范第 8 章的相关规定。

13.2 设 计 计 算

13.2.1 桩板式挡墙的岩土侧向压力可按库仑主动土压力计算，并根据对支护结构变形的不同限制要求，按本规范第 6 章的相关规定确定岩土侧向压力。锚拉式桩板挡墙的岩土侧压力可按本规范第 9.2.2 条确定。

13.2.2 对有潜在滑动面的边坡及工程滑坡，应取滑动剩余下滑力与主动岩土压力两者中的较大值进行桩板式挡墙设计。

13.2.3 作用在桩上的荷载宽度可按左右两相邻桩桩中心之间距离的各一半之和计算。作用在挡板上的荷载宽度可取板的计算板跨度。

13.2.4 桩板式挡墙用于滑坡支挡时，滑动面以上桩前滑体抗力可由桩前剩余抗滑力或被动土压力确定，设计时选较小值。当桩前滑体可能滑动时，不应计其抗力。

13.2.5 桩板式挡墙桩身内力计算时，临空段或边坡滑动面以上部分桩身内力，应根据岩土侧压力或滑坡推力计算。嵌入段或滑动面以下部分桩身内力，宜根据埋入段地面或滑动面处弯矩和剪力，采用地基系数法计算。根据岩土条件可选用 "k 法" 或 "m 法"。地基系数 k 和 m 值宜根据试验资料、地方经验和工程类比综合确定，初步设计阶段可按本规范附录 G 取值。

13.2.6 桩板式挡墙的桩嵌入岩土层部分的内力采用地基系数法计算时，桩的计算宽度可按下列规定取值：

圆形桩：$d \leqslant 1\mathrm{m}$ 时，$B_p = 0.9(1.5d + 0.5)$；

$\quad\quad\quad d > 1\mathrm{m}$ 时，$B_p = 0.9(d + 1)$；

矩形桩：$b \leqslant 1\mathrm{m}$ 时，$B_p = 1.5b + 0.5$；

$\quad\quad\quad b > 1\mathrm{m}$ 时，$B_p = b + 1$；

式中：B_p——桩身计算宽度（m）；

$\quad\quad b$——桩宽（m）；

$\quad\quad d$——桩径（m）。

13.2.7 桩底支承应结合岩土层情况和桩基埋入深度可按自由端或铰支端考虑。

13.2.8 桩嵌入岩土层的深度应根据地基的横向承载力特征值确定，并应符合下列规定：

1 嵌入岩层时，桩的最大横向压应力 $\sigma_{\max}$ 应小于或等于地基的横向承载力特征值 f_H。桩为矩形截面时，地基的横向承载力特征值可按下式计算：

$$f_H = K_H \eta f_{rk} \quad\quad (13.2.8\text{-}1)$$

式中：f_H——地基的横向承载力特征值（kPa）；

$\quad\quad K_H$——在水平方向的换算系数，根据岩层构造可取 $0.50 \sim 1.00$；

$\quad\quad \eta$——折减系数，根据岩层的裂缝、风化及软化程度可取 $0.30 \sim 0.45$；

$\quad\quad f_{rk}$——岩石天然单轴极限抗压强度标准值（kPa）。

2 嵌入土层或风化层土、砂砾状岩层时，滑动面以下或桩嵌入稳定岩土层内深度为 $h_2/3$ 和 h_2（滑动面以下或嵌入稳定岩土层内桩长）处的横向压应力不应大于地基横向承载力特征值。悬臂抗滑桩（图13.2.8）地基横向承载力特征值可按下列公式计算：

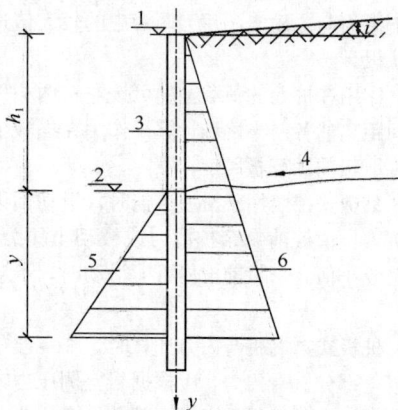

图 13.2.8 悬臂抗滑桩土质地基横向
承载力特征值计算简图

1—桩顶地面；2—滑面；3—抗滑桩；4—滑动方向；
5—被动土压力分布图；6—主动土压力分布图

1）当设桩处沿滑动方向地面坡度小于 $8°$ 时，地基 y 点的横向承载力特征值可按下式计算：

$$f_H = 4\gamma_2 y \frac{\tan\varphi_0}{\cos\varphi_0}$$
$$- \gamma_1 h_1 \frac{1 - \sin\varphi_0}{1 + \sin\varphi_0} \quad\quad (13.2.8\text{-}2)$$

式中：f_H——地基的横向承载力特征值（kPa）；

$\quad\quad \gamma_1$——滑动面以上土体的重度（kN/m³）；

$\quad\quad \gamma_2$——滑动面以下土体的重度（kN/m³）；

$\quad\quad \varphi_0$——滑动面以下土体的等效内摩擦角（°）；

$\quad\quad h_1$——设桩处滑动面至地面的距离（m）；

$\quad\quad y$——滑动面至计算点的距离（m）。

2）当设桩处沿滑动方向地面坡度 $i \geqslant 8°$ 且 $i \leqslant \varphi_0$ 时，地基 y 点的横向承载力特征值可按下式计算：

$$f_H = 4\gamma_2 y \frac{\cos^2 i \sqrt{\cos^2 i - \cos^2 \varphi}}{\cos^2 \varphi}$$
$$- \gamma_1 h_1 \cos i \frac{\cos i - \sqrt{\cos^2 i - \cos^2 \varphi}}{\cos i + \sqrt{\cos^2 i - \cos^2 \varphi}}$$
$$(13.2.8\text{-}3)$$

式中：φ——滑动面以下土体的内摩擦角（°）。

13.2.9 桩基嵌固段顶端地面处的水平位移不宜大于 10mm。当地基强度或位移不能满足要求时，应通过调整桩的埋深、截面尺寸或间距等措施进行处理。

13.2.10 桩板式挡墙的桩身按受弯构件设计，当无特殊要求时，可不作裂缝宽度验算。

13.2.11 锚拉式桩板挡墙计算时可考虑将桩、锚固段岩土体及锚索（杆）视为一整体，锚索（杆）视为弹性支座，桩简化为受横向变形约束的弹性地基梁，根据位移变形协调原理，按"k 法"或"m 法"计算锚杆（索）拉力及桩各段内力和位移。

13.2.12 锚拉桩采用锚固段为岩石的预应力锚杆（索）或全粘结岩石锚杆时，锚杆（索）可按刚性杆考虑，将桩简化为单跨简支梁或多跨连续梁，计算桩各段内力和位移。

13.3 构 造 设 计

13.3.1 桩的混凝土强度等级不应低于 C25，用于滑坡支挡时桩身混凝土强度等级不应低于 C30。挡板的混凝土强度等级不应低于 C25，灌注锚杆（索）孔的水泥砂浆强度等级不应低于 M30。

13.3.2 桩受力主筋混凝土保护层不应小于 50mm，挡板受力主筋混凝土保护层挡土一侧不应小于 25mm，临空一侧不应小于 20mm。

13.3.3 桩内不宜采用斜筋抗剪。剪力较大时可采用调整混凝土强度等级、箍筋直径和间距和桩身截面尺寸等措施，以满足斜截面抗剪强度要求。

13.3.4 桩的箍筋宜采用封闭式，肢数不宜多于 4 肢，箍筋直径不应小于 8mm。

13.3.5 桩的两侧和受压边应配置纵向构造钢筋，两侧纵向钢筋直径不宜小于 12mm，间距不宜大于

400mm；受压边钢筋直径不宜小于14mm，间距不宜大于200mm。

13.3.6 锚拉式桩板挡墙锚孔距桩顶距离不宜小于1500mm，锚固点附近桩身箍筋应适当加密，锚杆（索）构造应按本规范第8.4节有关规定设计。

13.3.7 悬臂式桩板挡墙桩长在岩质地基中嵌固深度不宜小于桩总长的1/4，土质地基中不宜小于1/3。

13.3.8 桩板式挡墙应根据其受力特点进行配筋设计，其配筋率、钢筋搭接和锚固应符合现行国家标准《混凝土结构设计规范》GB 50010 的有关规定。

13.3.9 桩板式挡墙纵向伸缩缝间距不宜大于25m。伸缩缝构造应符合本规范第10.3.7条的规定。

13.3.10 桩板式挡墙墙后填料质量和回填质量应符合本规范第11.3.8条的规定。

13.4 施 工

13.4.1 挖方区悬臂式桩板挡墙应先施工桩，再施工挡板；挖方区锚拉式桩板挡墙应先施工桩，再采用逆作法施工锚杆（索）及挡板。

13.4.2 桩身混凝土应连续灌注，不得形成水平施工缝。当需加快施工进度时，宜采用速凝、早强混凝土。

13.4.3 桩纵筋的接头不得设在土石分界处和滑动面处。

13.4.4 墙后填土必须分层夯实，选料及其密实度均应满足设计要求。

13.4.5 桩和挡板设计未考虑大型碾压机的荷载时，桩板后至少2m内不得使用大型碾压机械填筑。

13.4.6 工程滑坡治理施工尚应符合本规范第17.3节的规定。

14 坡率法

14.1 一般规定

14.1.1 当工程场地有放坡条件，且无不良地质作用时宜优先采用坡率法。

14.1.2 有下列情况之一的边坡不应单独采用坡率法，应与其他边坡支护方法联合使用：

　　1 放坡开挖对相邻建（构）筑物有不利影响的边坡；

　　2 地下水发育的边坡；

　　3 软弱土层等稳定性差的边坡；

　　4 坡体内有外倾软弱结构面或深层滑动面的边坡；

　　5 单独采用坡率法不能有效改善整体稳定性的边坡；

　　6 地质条件复杂的一级边坡。

14.1.3 填方边坡采用坡率法时可与加筋材料联合应用。

14.1.4 采用坡率法时应进行边坡环境整治、坡面绿化和排水处理。

14.1.5 高度较大的边坡应分级开挖放坡。分级放坡时应验算边坡整体的和各级的稳定性。

14.2 设 计 计 算

14.2.1 土质边坡的坡率允许值应根据工程经验，按工程类比的原则并结合已有稳定边坡的坡率值分析确定。当无经验且土质均匀良好、地下水贫乏、无不良地质作用和地质环境条件简单时，边坡坡率允许值可按表14.2.1确定。

表 14.2.1 土质边坡坡率允许值

边坡土体类别	状态	坡率允许值（高宽比）	
		坡高小于5m	坡高5m～10m
碎石土	密实	1：0.35～1：0.50	1：0.50～1：0.75
	中密	1：0.50～1：0.75	1：0.75～1：1.00
	稍密	1：0.75～1：1.00	1：1.00～1：1.25
黏性土	坚硬	1：0.75～1：1.00	1：1.00～1：1.25
	硬塑	1：1.00～1：1.25	1：1.25～1：1.50

注：1　碎石土的充填物为坚硬或硬塑状态的黏性土；
　　2　对于砂土或充填物为砂土的碎石土，其边坡坡率允许值应按砂土或碎石土的自然休止角确定。

14.2.2 在边坡保持整体稳定的条件下，岩质边坡开挖的坡率允许值应根据工程经验，按工程类比的原则结合已有稳定边坡的坡率值分析确定。对无外倾软弱结构面的边坡，放坡坡率可按表14.2.2确定。

表 14.2.2 岩质边坡坡率允许值

边坡岩体类型	风化程度	坡率允许值（高宽比）		
		$H<8m$	$8m{\leqslant}H<15m$	$15m{\leqslant}H<25m$
Ⅰ类	未（微）风化	1：0.00～1：0.10	1：0.10～1：0.15	1：0.15～1：0.25
	中等风化	1：0.10～1：0.15	1：0.15～1：0.25	1：0.25～1：0.35
Ⅱ类	未（微）风化	1：0.10～1：0.15	1：0.15～1：0.25	1：0.25～1：0.35
	中等风化	1：0.15～1：0.25	1：0.25～1：0.35	1：0.35～1：0.50
Ⅲ类	未（微）风化	1：0.25～1：0.35	1：0.35～1：0.50	—
	中等风化	1：0.35～1：0.50	1：0.50～1：0.75	—

边坡岩体类型	风化程度	坡率允许值（高宽比）		
		$H<8m$	$8m\leqslant H<15m$	$15m\leqslant H<25m$
Ⅳ类	中等风化	$1:0.50\sim 1:0.75$	$1:0.75\sim 1:1.00$	—
	强风化	$1:0.75\sim 1:1.00$		

注：1 H——边坡高度；
2 Ⅳ类强风化包括各类风化程度的极软岩；
3 全风化岩体可按土质边坡坡率取值。

14.2.3 下列边坡的坡率允许值应通过稳定性计算分析确定：

1 有外倾软弱结构面的岩质边坡；

2 土质较软的边坡；

3 坡顶边缘附近有较大荷载的边坡；

4 边坡高度超过本规范表 14.2.1 和表 14.2.2 范围的边坡。

14.2.4 填土边坡的坡率允许值应根据边坡稳定性计算结果并结合地区经验确定。

14.2.5 土质边坡稳定性计算应考虑边坡影响范围内的建（构）筑物和边坡支护处理对地下水运动等水文地质条件的影响，以及由此而引起的对边坡稳定性的影响。

14.2.6 边坡稳定性评价应符合本规范第 5 章的有关规定。

14.3 构 造 设 计

14.3.1 边坡整体高度可按同一坡率进行放坡，也可根据边坡岩土的变化情况按不同的坡率放坡。

14.3.2 位于斜坡上的人工压实填土边坡应验算填土沿斜坡滑动的稳定性。分层填筑前应将斜坡的坡面修成若干台阶，使压实填土与斜坡面紧密接触。

14.3.3 边坡排水系统的设置应符合下列规定：

1 边坡坡顶、坡面、坡脚和水平台阶应设排水沟，并作好坡脚防护；在坡顶外围应设截水沟；

2 当边坡表层有积水湿地、地下水渗出或地下水露头时，应根据实际情况设置外倾排水孔、排水盲沟和排水钻孔。

14.3.4 对局部不稳定块体应清除，或采用锚杆和其他有效加固措施。

14.3.5 永久性边坡宜采用锚喷、浆砌片石或格构等构造措施护面。在条件许可时，宜尽量采用格构或其他有利于生态环境保护和美化的护面措施。临时性边坡可采用水泥砂浆护面。

14.4 施 工

14.4.1 挖方边坡施工开挖应自上而下有序进行，并

应保持两侧边坡的稳定，保证弃土、弃渣的堆填不应导致边坡附加变形或破坏现象发生。

14.4.2 填土边坡施工应自下而上分层进行，每一层填土施工完成后应进行相应技术指标的检测，质量检验合格后方可进行下一层填土施工。

14.4.3 边坡工程在雨期施工时应做好水的排导和防护工作。

15 坡面防护与绿化

15.1 一 般 规 定

15.1.1 边坡整体稳定但其坡面岩土体易风化、剥落或有浅层崩塌、滑落及掉块等时，应进行坡面防护。

15.1.2 边坡坡面防护工程应在稳定边坡上设置。对欠稳定的或存在不良地质因素的边坡，应先进行边坡治理后进行坡面防护与绿化。

15.1.3 边坡坡面防护应根据工程区域气候、水文、地形、地质条件、材料来源及使用条件采取工程防护和植物防护相结合的综合处理措施，并应考虑下列因素经技术经济比较确定：

1 坡面风化作用；

2 雨水冲刷；

3 植物生长效果、环境效应；

4 冻胀、干裂作用；

5 坡面防渗、防淘刷等需要；

6 其他需要考虑的因素。

15.1.4 临时防护措施应与永久防护措施相结合。

15.1.5 地下水和地表水较为丰富的边坡，应将边坡防护结合排水措施进行综合设计。

15.2 工 程 防 护

15.2.1 砌体护坡应符合下列规定：

1 砌体护坡可采用浆砌条石、块石、片石、卵石或混凝土预制块等作为砌筑材料，适用于坡度缓于 $1:1$ 的易风化的岩石和土质挖方边坡；

2 石料强度等级不应低于 MU30，浆砌块石、片石、卵石坡的厚度不宜小于 250mm；

3 预制块的混凝土强度等级不应低于 C20；厚度不小于 150mm；

4 铺砌层下应设置碎石或砂砾垫层，厚度不宜小于 100mm；

5 砌筑砂浆强度等级不应低于 M5.0，在严寒地区和地震地区或水下部分的砌筑砂浆强度等级不应低于 M7.5；

6 砌体护坡应设置伸缩缝和泄水孔；

7 砌体护坡伸缩缝间距宜为 20m～25m、缝宽 20mm～30mm；在地基性状和护坡高度变化处应设沉降缝，沉降缝与伸缩缝宜合并设置；缝中应填塞沥青

麻筋或其他有弹性的防水材料，填塞深度不应小于150mm；在拐角处应采取适当的加强构造措施。

15.2.2 护面墙防护设计应符合下列规定：

　　1 护面墙可采用浆砌条石、块石或混凝土预制块等作为砌筑材料，也可现浇素混凝土；适用于防护易风化或风化严重的软质岩石或较破碎岩石挖方边坡，以及坡面易受侵蚀的土质边坡；

　　2 窗孔式护面墙防护的边坡坡率应缓于1：0.75；拱式护面墙适用于边坡下部岩层较完整而上部需防护的边坡，边坡坡率应缓于1：0.50；

　　3 单级护面墙的高度不宜超过10m；其墙背坡坡率与边坡坡率一致，顶宽不应小于500mm，底宽不应小于1000mm，并应设置伸缩缝和泄水孔；

　　4 伸缩缝的间距宜为20m～25m，但对素混凝土护面墙应为10m～15m；

　　5 护面墙基础应设置在稳定的地基上，基础埋置深度应根据地质条件确定；冰冻地区应埋置在冰冻深度以下不小于250mm；护面墙前趾应低于排水沟铺砌的底面。

15.2.3 对边坡坡度不大于60°、中风化的易风化岩质边坡可采用喷射砂浆进行坡面防护。喷射砂浆防护厚度不宜小于50mm，砂浆强度等级不应低于M20；喷护坡面应设置泄水孔和伸缩缝，泄水孔纵、横间距宜为2.5m，伸缩缝间距宜为10m～15m。

15.2.4 喷射混凝土防护工程应符合本规范第10章的规定。

15.3 植物防护与绿化

15.3.1 植物防护与绿化工程设计应符合下列规定：

　　1 植草宜选用易成活、生长快、根系发达、叶茎矮或有匍匐茎的多年生当地草种；草种的配合、播种量等应根据植物的生长特点、防护地点及施工方法确定；

　　2 铺草皮适用于需要快速绿化的边坡，且坡率缓于1：1.00的土质边坡和严重风化的软质岩石边坡；草皮应选择根系发达、茎矮叶茂耐旱草种，不宜采用喜水草种，严禁采用生长在泥沼地的草皮；

　　3 植树宜用于坡率缓于1：1.50的边坡；树种应选用能迅速生长且根深枝密的低矮灌木类；

　　4 湿法喷播绿化适用于土质边坡、土夹石边坡、严重风化岩石的坡率缓于1：0.50的挖方和填方边坡防护；

　　5 客土喷播与绿化适用于风化岩石、土壤较少的软质岩石、养分较少的土壤、硬质土壤，植物立地条件差的高大陡坡面和受侵蚀显著的坡面；当坡率陡于1：1.00时，宜设置挂网或混凝土格构。

15.3.2 骨架植物防护工程中的骨架可采用浆砌片石或混凝土作骨架，且应符合下列规定：

　　1 骨架植物防护适用于边坡坡率缓于1：0.75

土质和全风化的岩石边坡防护与绿化，当坡面受雨水冲刷严重或潮湿时，坡度应缓于1：1.00；

　　2 应根据边坡坡率、土质和当地情况确定骨架形式，并与周围景观相协调；骨架内应采用植物或其他辅助防护措施；

　　3 当降雨量较大且集中的地区，骨架宜做成截水槽型；截水槽断面尺寸由降雨强度计算确定。

15.3.3 混凝土空心块植物防护适用于坡度缓于1：0.75的土质边坡和全风化、强风化的岩石挖方边坡；并根据需要设置浆砌片石或混凝土骨架。空心预制块的混凝土强度等级不应低于C20，厚度不应小于150mm。空心预制块内应填充种植土，喷播植草。

15.3.4 锚杆钢筋混凝土格构植物防护与绿化适用于土质边坡和坡体中无不良结构面、风化破碎的岩石挖方边坡。钢筋混凝土格构的混凝土强度等级不应低于C25，格构几何尺寸应根据边坡高度和地层情况等确定，格构内宜植草。在多雨地区，格构上应设置截水槽，截水槽断面尺寸由降雨强度计算确定。

15.4 施　　工

15.4.1 坡面防护施工应符合下列规定：

　　1 根据开挖坡面地质水文情况逐段核实边坡防护措施有效性，且应符合信息法施工要求；

　　2 挖方边坡防护工程应采用逆作法施工，开挖一级防护一级，并应及时进行养护；

　　3 施工前应对边坡进行修整，清除边坡上的危石及不密实的松土；

　　4 坡面防护层应与坡面密贴结合，不得留有空隙；

　　5 在多雨地区或地下水发育地段，边坡防护工程施工应采取有效截、排水措施。

15.4.2 喷浆或喷射混凝土防护施工应符合下列规定：

　　1 喷护前应采取措施对泉水、渗水进行处治，并按设计要求设置泄水孔，排、防积水；

　　2 施工作业前应进行试喷，选择合适的水灰比和喷射压力；喷射顺序应自下而上进行；

　　3 砂浆或混凝土初凝后，应立即开始养护，喷浆养护期不应少于5d，喷射混凝土养护期不应少于7d；

　　4 应及时对喷浆或混凝土层顶部进行封闭处理。

15.4.3 砌体护坡工程施工应符合下列规定：

　　1 砌体护坡施工前应将坡面整平；在铺设混凝土预制块前，对局部坑洞处应预先采用混凝土或浆砌片石填补平整；

　　2 浆砌块石、片石、卵石护坡应采取坐浆法施工，预制块应错缝砌筑；护坡面应平顺，并与相邻坡面顺接；

　　3 砂浆初凝后，应立即进行养护；砂浆终凝前，砌块应覆盖。

15.4.4 护面墙施工应符合下列规定：

    1 护面墙施工前，应清除边坡风化层至新鲜岩面；对风化迅速的岩层，清挖到新鲜岩面后应立即修筑护面墙；

    2 护面墙背应与坡面密贴，边坡局部凹陷处，应挖成台阶后用混凝土填充或浆砌片石嵌补；

    3 坡顶护面墙与坡面之间应按设计要求做好防渗处理。

15.4.5 植被防护施工应符合下列规定：

    1 种草施工，草籽应撒布均匀，同时做好保护措施；

    2 灌木、树木应在适宜季节栽植；

    3 客土喷播施工所喷播植草混合料中植生土、土壤稳定剂、水泥、肥料、混合草籽和水等的配合比应根据边坡坡率、地质情况和当地气候条件确定，混合草籽用量每 $1000m^2$ 不宜少于 25kg；在气温低于 12℃ 时不宜喷播作业；

    4 铺、种植被后，应适时进行洒水、施肥等养护管理，植物成活率应达到 90% 以上；养护用水不应含油、酸、碱、盐等有碍草木生长的成分。

16 边坡工程排水

16.1 一般规定

16.1.1 边坡工程排水应包括排除坡面水、地下水和减少坡面水下渗等措施。坡面排水、地下排水与减少坡面雨水下渗措施宜统一考虑，并形成相辅相成的排水、防渗体系。

16.1.2 坡面排水应根据汇水面积、降雨强度、历时和径流方向等进行整体规划和布置。边坡影响区内、外的坡面和地表排水系统宜分开布置，自成体系。

16.1.3 地下排水措施宜根据边坡水文地质和工程地质条件选择，当其在地下水位以上时应采取措施防止渗漏。

16.1.4 边坡工程的临时性排水设施，应满足坡面水尤其是季节性暴雨、地下水和施工用水等的排放要求，有条件时应结合边坡工程的永久性排水措施进行。

16.1.5 边坡排水应满足使用功能要求、排水结构安全可靠、便于施工、检查和养护维修。

16.2 坡面排水

16.2.1 建筑边坡坡面排水设施应包括截水沟、排水沟、跌水与急流槽等，应结合地形和天然水系进行布设，并作好进出水口的位置选择。应采取措施防止截排水沟出现堵塞、溢流、渗漏、淤积、冲刷和冻结等

现象。

16.2.2 各类坡面排水设施设置的位置、数量和断面尺寸应根据地形条件、降雨强度、历时、分区汇水面积、坡面径流量和坡体内渗出的水量等因素计算分析确定。各类坡面排水沟顶应高出沟内设计水面 200mm 以上。

16.2.3 截、排水沟设计应符合下列规定：

    1 坡顶截水沟宜结合地形进行布设，且距挖方边坡坡口或潜在塌滑区后缘不应小于 5m；填方边坡上侧的截水沟距填方坡脚的距离不宜小于 2m；在多雨地区可设一道或多道截水沟；

    2 需将截水沟、边坡附近低洼处汇集的水引向边坡范围以外时，应设置排水沟；

    3 截、排水沟的底宽和顶宽不宜小于 500mm，可采用梯形断面或矩形断面，其沟底纵坡不宜小于 0.3%；

    4 截、排水沟需进行防渗处理；砌筑砂浆强度等级不应低于 M7.5，块石、片石强度等级不应低于 MU30，现浇混凝土或预制混凝土强度等级不应低于 C20；

    5 当截、排水沟出水口处的坡面坡度大于 10%、水头高差大于 1.0m 时，可设置跌水和急流槽将水流引出坡体或引入排水系统。

16.3 地下排水

16.3.1 在设计地下排水设施前应查明场地水文地质条件，获取设计、施工所需的水文地质参数。

16.3.2 边坡地下排水设施包括渗流沟、仰斜式排水孔等。地下排水设施的类型、位置及尺寸应根据工程地质和水文地质条件确定，并与坡面排水设施相协调。

16.3.3 渗流沟设计应符合下列规定：

    1 对于地下水埋藏浅或无固定含水层的土质边坡宜采用渗流沟排除坡体内的地下水；

    2 边坡渗流沟应垂直嵌入边坡坡体，其基底宜设置在含水层以下较坚实的土层上；寒冷地区的渗流沟出口，应采取防冻措施；其平面形状宜采用条带形布置；对范围较大的潮湿坡体，可采用增设支沟，按分岔形布置或拱形布置；

    3 渗流沟侧壁及顶部应设置反滤层，底部应设置封闭层；渗流沟迎水侧可采用砂砾石、无砂混凝土、渗水土工织物作反滤层。

16.3.4 仰斜式排水孔和泄水孔设计应符合下列规定：

    1 用于引排边坡内地下水的仰斜式排水孔的仰角不宜小于 6°，长度应伸至地下水富集部位或潜在滑动面，并宜根据边坡渗水情况成群分布；

    2 仰斜式排水孔和泄水孔排出的水宜引入排水沟予以排除，其最下一排的出水口应高于地面或排水

沟设计水位顶面，且不应小于200mm；

3 仰斜式泄水孔其边长或直径不宜小于100mm、外倾坡度不宜小于5‰、间距宜为2m～3m，并宜按梅花形布置；在地下水较多或有大股水流处，应加密设置；

4 在泄水孔进水侧应设置反滤层或反滤包；反滤层厚度不应小于500mm，反滤包尺寸不应小于500mm×500mm×500mm，反滤层和反滤包的顶部和底部应设厚度不小于300mm的黏土隔水层。

16.4 施 工

16.4.1 边坡排水设施施工前，宜先完成临时排水设施；施工期间，应对临时排水设施进行经常维护，保证排水畅通。

16.4.2 截水沟和排水沟施工应符合下列规定：

1 截水沟和排水沟采用浆砌块石、片石时，砂浆应饱满，沟底表面粗糙；

2 截水沟和排水沟的水沟线形要平顺，转弯处宜为弧线形。

16.4.3 渗流沟施工应符合下列规定：

1 边坡上的渗流沟宜从下向上分段间隔开挖，开挖作业面应根据土质选用合理的支撑形式，并应随挖随支撑、及时回填，不可暴露太久；

2 渗流沟渗水材料顶面不应低于坡面原地下水位；在冰冻地区，渗流沟埋置深度不应小于当地最小冻结深度；

3 在渗流沟的迎水面反滤层应采用颗粒大小均匀的碎、砾石分层填筑；土工布反滤层采用缝合法施工时，土工布的搭接宽度应大于100mm；铺设时应紧贴保护层，不宜拉得过紧；

4 渗流沟底部的封闭层宜采用浆砌片石或干砌片石水泥砂浆勾缝，寒冷地区应设保温层，并加大出水口附近纵坡，保温层可采用炉渣、砂砾、碎石或草皮等。

16.4.4 排水孔施工应符合下列规定：

1 仰斜式排水孔成孔直径宜为75mm～150mm，仰角不应小于6°，孔深应延伸至富水区；

2 仰斜式排水管直径宜为50mm～100mm，渗水孔宜采用梅花形排列，渗水段裹1层～2层无纺土工布，防止渗水孔堵塞；

3 边坡防护工程上的泄水孔可采取预埋PVC管等方式施工，管径不宜小于50mm，外倾坡度不宜小于0.5‰。

17 工程滑坡防治

17.1 一 般 规 定

17.1.1 工程滑坡类型可按表17.1.1进行划分。

表17.1.1 工程滑坡类型

滑坡类型	诱发因素	滑体特征	滑动特征
工程滑坡	人工弃土滑坡切坡顺层滑坡切坡岩层滑坡切坡土层滑坡	开挖坡脚、坡顶加载、施工用水等因素	由外倾且软弱的岩土坡面上填土构成；由坡面外倾且较软弱的岩土体构成；由外倾软弱结构面控制稳定的岩体构成	弃土沿下卧层岩土层面或弃土体内滑动；沿外倾的下卧潜在滑面或土体内滑动；沿岩体外倾、临空软弱结构面滑动
自然滑坡或工程滑坡	堆积体滑坡岩体顺层滑坡土体顺层滑坡	暴雨、洪水或地震等自然因素，或人为因素	由滑坡和崩塌碎、块石堆积体构成，已有老滑面；由顺层岩体构成，已有老滑面；由顺层土体构成，已有老滑面	沿外倾下卧岩土层老滑面或体内滑动；沿外倾软弱岩层、老滑面或体内滑动；沿外倾土层滑面或体内滑动

17.1.2 在滑坡区或潜在滑坡区进行工程建设和滑坡整治时应以防为主，防治结合，先治坡，后建房。应根据滑坡特性采取治坡与治水相结合的措施，合理有效地综合整治滑坡。

17.1.3 当滑坡体上有重要建（构）筑物时，滑坡防治在确保滑体整体稳定的同时，应选择有利于减小坡体变形的方案，避免危及建（构）筑物安全和保证其正常使用功能。

17.1.4 滑坡防治方案除应满足滑坡整治稳定性要求外，尚应考虑支护结构与相邻建（构）筑物基础关系，并满足建筑功能要求。在滑坡区尤其是在主滑段进行工程建设时，建筑物基础宜采用桩基础或桩锚基础等方案，将荷载直接传至稳定岩土层中，并应符合本规范第7章的有关规定。

17.1.5 工程滑坡的发育阶段可按表17.1.5划分。

表17.1.5 滑坡发育阶段

演变阶段	弱变形阶段	强变形阶段	滑动阶段	停滑阶段
滑动带及滑动面	主滑段滑动带在蠕动变形，但滑体尚未沿滑动带位移	主滑段滑动带已大部分形成，部分探井及钻孔可发现滑动带有镜面、擦痕及搓揉现象，滑体局部沿滑动带位移	整个滑坡已全面形成，滑带土特征明显且新鲜，绝大多数探井及钻孔发现滑带土有镜面、擦痕及搓揉现象，滑带土含水量常较高	滑体不再沿滑动带位移，滑带土含水量降低，进入固结阶段

演变阶段	弱变形阶段	强变形阶段	滑动阶段	停滑阶段
滑坡前缘	前缘无明显变化，未发现新泉点	前缘有隆起，有放射状裂隙或大体垂直等高线的压张拉裂缝，有时有局部坍塌现象或出现湿地或有泉水溢出	前缘出现明显的剪出口并经常剪出，剪出口附近湿地明显，有一个或多个泉点，有时形成了滑坡舌，滑坡舌常明显伸出，鼓胀及放射状裂隙加剧并常伴有坍塌	前缘滑坡舌伸出，覆盖于原地表上或到达前方阻挡体壅高，前缘湿地明显，鼓丘不再发展
滑坡后缘	后缘地表或建构筑物出现一条或数条与地形等高线大体平行的拉张裂缝，裂缝断续分布	后缘地表或建（构）筑物拉张裂缝多而且宽且贯通，外侧下错	后缘张裂缝常出现多个阶坎或地堑式沉陷带，滑坡壁常较明显	后缘裂缝不再增多，不再扩大，滑坡壁明显
滑坡两侧	两侧无明显裂缝，边界不明显	两侧出现雁行羽状剪切裂缝	羽状裂缝与滑坡后缘张裂缝明显，滑坡周界明显	羽状裂缝不再扩大，不再增多甚至闭合
滑坡体	无明显异常，偶见滑坡体上树木倾斜	有裂缝及少量沉陷等异常现象，可见滑坡体上树木倾斜	有差异运动形成的纵向裂缝，中、后部水塘、水沟或水田渗漏，滑坡体上不少树木倾斜，滑坡整体位移	滑体变形不再发展，原始地形总体坡度变小，裂缝不再增多甚至闭合
稳定状态	基本稳定	欠稳定	不稳定	欠稳定～稳定
稳定系数	$1.05<F_s<F_{st}$	$1.00<F_s<1.05$	$F_s<1.00$	$1.00<F_s<F_s>F_{st}$

注：F_{st}——滑坡稳定性安全系数。

17.1.6 滑坡治理尚应符合本规范第3章的有关规定。

17.2 工程滑坡防治

17.2.1 工程滑坡治理应考虑滑坡类型成因、滑坡形态、工程地质和水文地质条件、滑坡稳定性、工程重要性、坡上建（构）筑物和施工影响等因素，分析滑坡的有利和不利因素、发展趋势及危害性，并应采取下列工程措施进行综合治理：

1 排水：根据工程地质、水文地质、暴雨、洪水和防治方案等条件，采取有效的地表排水和地下排水措施；可采用在滑坡后缘外设置环形截水沟、滑坡体上设分级排水沟、裂隙封填以及坡面封闭等措施，排放地表水，防止暴雨和洪水对滑坡体和滑面的浸蚀软化；需要时可设置地下横、纵向排水盲沟、廊道和仰斜式孔等措施，疏排滑体及滑带水；

2 支挡：滑坡整治时应根据滑坡稳定性、滑坡推力和岩土性状等因素，按本规范表3.1.4选用支挡结构类型；

3 减载：刷方减载应在滑坡的主滑段实施；

4 反压：反压填方应设置在滑坡前缘抗滑段区域，可采用土石回填或加筋土反压以提高滑坡的稳定性；同时应加强反压区地下水引排；

5 对滑带注浆条件和注浆效果较好的滑坡，可采用注浆法改善滑坡带的力学特性；注浆法宜与其他抗滑措施联合使用；严禁因注浆堵塞地下水排泄通道；

6 植被绿化，并应符合本规范第15章的相关规定。

17.2.2 滑坡治理设计及计算应符合下列规定：

1 滑坡计算应考虑滑坡自重、滑坡体上建（构）筑物等的附加荷载、地下水及洪水的静水压力和动水压力以及地震作用等的影响，取荷载效应的最不利组合值作为滑坡的设计控制值；

2 滑坡稳定系数应与滑坡所处的滑动特征、发育阶段相适应，并应符合本规范第17.1.5条的规定；

3 滑坡稳定性分析计算剖面不宜少于3条，其中应有一条是主轴（主滑方向）剖面，剖面间距不宜大于30m；

4 当滑体具有多层滑面时，应分别计算各滑动面的滑坡推力，取滑坡推力作用效应（对支护结构产生的弯矩或剪力）最大值作为设计值；

5 滑坡滑面（带）的强度指标应考虑岩土性质、滑坡的变形特征及含水条件等因素，根据试验值、反算值和地区经验值等综合分析确定；

6 作用在抗滑支挡结构上的滑坡推力分布，可根据滑体性质和高度等因素确定为三角形、矩形或梯形；

7 滑坡支挡设置应保证滑体不从支挡结构顶部越过、桩间挤出和产生新的深层滑动。

17.2.3 工程滑坡稳定性分析及剩余下滑力计算应按本规范第5章有关规定执行。工程滑坡稳定安全系数应按本规范表5.3.2确定。

17.3 施 工

17.3.1 工程滑坡治理应采用信息法施工。

17.3.2 工程滑坡治理各单项工程的施工程序应有利

于施工期滑坡的稳定和治理。

17.3.3 滑坡区地段的工程切坡应自上而下、分段跳槽方式施工，严禁通长大断面开挖。开挖弃渣不得随意堆放在滑坡的推力段，以免诱发坡体滑动或引起新的滑坡。

17.3.4 工程滑坡治理开挖不宜在雨期实施，应控制施工用水，做好施工排水措施。

17.3.5 工程滑坡治理不宜采用普通爆破法施工。

17.3.6 工程滑坡的抗滑桩应从滑坡两端向主轴方向分段间隔施工，开挖中应核实滑动面位置和性状，当与原勘察设计不符时应及时向相关部门反馈信息。

18 边坡工程施工

18.1 一般规定

18.1.1 边坡工程应根据安全等级、边坡环境、工程地质和水文地质、支护结构类型和变形控制要求等条件编制施工方案，采取合理、可行、有效的措施保证施工安全。

18.1.2 对土石方开挖后不稳定或欠稳定的边坡，应根据边坡的地质特征和可能发生的破坏方式等情况，采取自上而下、分段跳槽、及时支护的逆作法或部分逆作法施工。未经设计许可严禁大开挖、爆破作业。

18.1.3 不应在边坡潜在塌滑区超量堆载。

18.1.4 边坡工程的临时性排水措施应满足地下水、暴雨和施工用水等的排放要求，有条件时宜结合边坡工程的永久性排水措施进行。

18.1.5 边坡工程开挖后应及时按设计实施支护结构施工或采取封闭措施。

18.1.6 一级边坡工程施工应采用信息法施工。

18.1.7 边坡工程施工应进行水土流失、噪声及粉尘控制等的环境保护。

18.1.8 边坡工程施工除应符合本章规定外，尚应符合本规范其他有关章节及现行国家标准《土方与爆破工程施工及验收规范》GB 50201 的有关规定。

18.2 施工组织设计

18.2.1 边坡工程的施工组织设计应包括下列基本内容：

1 工程概况

边坡环境及邻近建（构）筑物基础概况、场区地形、工程地质与水文地质特点、施工条件、边坡支护结构特点、必要的图件及技术难点。

2 施工组织管理

组织机构图及职责分工，规章制度及落实合同工期。

3 施工准备

熟悉设计图、技术准备、施工所需的设备、材料进场、劳动力等计划。

4 施工部署

平面布置，边坡施工的分段分阶、施工程序。

5 施工方案

土石方及支护结构施工方案、附属构筑物施工方案、试验与监测。

6 施工进度计划

采用流水作业原理编制施工进度、网络计划及保证措施。

7 质量保证体系及措施

8 安全管理及文明施工

18.2.2 采用信息法施工的边坡工程组织设计应反映信息法施工的特殊要求。

18.3 信息法施工

18.3.1 信息法施工的准备工作应包括下列内容：

1 熟悉地质及环境资料，重点了解影响边坡稳定性的地质特征和边坡破坏模式；

2 了解边坡支护结构的特点和技术难点，掌握设计意图及对施工的特殊要求；

3 了解坡顶需保护的重要建（构）筑物基础、结构和管线情况及其要求，必要时采取预加固措施；

4 收集同类边坡工程的施工经验；

5 参与制定和实施边坡支护结构、邻近建（构）筑物和管线的监测方案；

6 制定应急预案。

18.3.2 信息法施工应符合下列规定：

1 按设计要求实施监测，掌握边坡工程监测情况；

2 编录施工现场揭示的地质状态与原地质资料对比变化图，为施工勘察提供资料；

3 根据施工方案，对可能出现的开挖不利工况进行边坡及支护结构强度、变形和稳定验算；

4 建立信息反馈制度，当开挖后的实际地质情况与原勘察资料变化较大，支护结构变形较大，监测值达到报警值等不利于边坡稳定的情况发生时，应及时向设计、监理、业主通报，并根据设计处理措施调整施工方案；

5 施工中出现险情时应按本规范第 18.5 节要求进行处理。

18.4 爆破施工

18.4.1 岩石边坡开挖爆破施工应采取避免边坡及邻近建（构）筑物震害的工程措施。

18.4.2 当地质条件复杂、边坡稳定性差、爆破对坡顶建（构）筑物震害较严重时，不应采用爆破开挖方案。

18.4.3 边坡爆破施工应符合下列规定：

1 在爆破危险区应采取安全保护措施；

2 爆破前应对爆破影响区建（构）筑物的原有状况进行查勘记录，并布设好监测点；

3 爆破施工应符合本规范第18.2节要求；当边坡开挖采用逆作法时，爆破应配合放阶施工；当爆破危害较大时，应采取控制爆破措施；

4 支护结构坡面爆破宜采用光面爆破法；爆破坡面宜预留部分岩层采用人工挖掘修整；

5 爆破施工技术尚应符合国家现行有关标准的规定。

18.4.4 爆破影响区有建筑物时，爆破产生的地面质点震动速度应按表18.4.4确定。

表18.4.4 爆破安全允许震动速度

保护对象类别	安全允许震动速度（cm/s）		
	<10Hz	10Hz～50Hz	50Hz～100Hz
土坯房、毛石房屋	0.5～1.0	0.7～1.2	1.1～1.5
一般砖房、非抗震的大型砌块建筑	2.0～2.5	2.3～2.8	2.7～3.0
混凝土结构房屋	3.0～4.0	3.5～4.5	4.2～5.0

注：Hz——赫兹，频率符号。

18.4.5 对稳定性较差的边坡或爆破影响范围内坡顶有重要建筑物的边坡，爆破震动效应应通过爆破震动效应监测或试爆试验确定。

18.5 施工险情应急处理

18.5.1 当边坡变形过大，变形速率过快，周边环境出现沉降开裂等险情时，应暂停施工，并根据险情状况采用下列应急处理措施：

1 坡底被动区临时压重；

2 坡顶主动区卸土减载，并应严格控制卸载程序；

3 做好临时排水、封面处理；

4 临时加固支护结构；

5 加强险情区段监测；

6 立即向勘察、设计等单位反馈信息，及时按施工现状开展勘察及设计资料复审工作。

18.5.2 边坡施工出现险情时，施工单位应做好边坡支护结构及边坡环境异常情况收集、整理、汇编等工作。

18.5.3 边坡施工出现险情后，施工单位应会同相关单位查清险情原因，并应按边坡排危抢险方案的原则制定施工抢险方案。

18.5.4 施工单位应根据施工抢险方案及时开展边坡工程抢险工作。

19 边坡工程监测、质量检验及验收

19.1 监 测

19.1.1 边坡塌滑区有重要建（构）筑物的一级边坡工程施工时必须对坡顶水平位移、垂直位移、地表裂缝和坡顶建（构）筑物变形进行监测。

19.1.2 边坡工程应由设计提出监测项目和要求，由业主委托有资质的监测单位编制监测方案，监测方案应包括监测项目、监测目的、监测方法、测点布置、监测项目报警值和信息反馈制度等内容，经设计、监理和业主等共同认可后实施。

19.1.3 边坡工程可根据安全等级、地质环境、边坡类型、支护结构类型和变形控制要求，按表19.1.3选择监测项目。

表19.1.3 边坡工程监测项目表

测试项目	测点布置位置	边坡工程安全等级		
		一级	二级	三级
坡顶水平位移和垂直位移	支护结构顶部或预估支护结构变形最大处	应测	应测	应测
地表裂缝	墙顶背后1.0H（岩质）～1.5H（土质）范围内	应测	应测	选测
坡顶建（构）筑物变形	边坡坡顶建筑物基础、墙面和整体倾斜	应测	应测	选测
降雨、洪水与时间关系	—	应测	应测	选测
锚杆（索）拉力	外锚头或锚杆主筋	应测	选测	可不测
支护结构变形	主要受力构件	应测	选测	可不测
支护结构应力	应力最大处	选测	选测	可不测
地下水、渗水与降雨关系	出水点	应测	选测	可不测

注：1 在边坡塌滑区内有重要建（构）筑物，破坏后果严重时，应加强对支护结构的应力监测；

2 H——边坡高度（m）。

19.1.4 边坡工程监测应符合下列规定：

1 坡顶位移观测，应在每一典型边坡段的支护结构顶部设置不少于3个监测点的观测网，观测位移量、移动速度和移动方向；

2 锚杆拉力和预应力损失监测，应选择有代表性的锚杆（索），测定锚杆（索）应力和预应力损失；

3 非预应力锚杆的应力监测根数不宜少于锚杆总数 3%，预应力锚索的应力监测根数不宜少于锚索总数的 5%，且均不应少于 3 根；

4 监测工作可根据设计要求、边坡稳定性、周边环境和施工进程等因素进行动态调整；

5 边坡工程施工初期，监测宜每天一次，且应根据地质环境复杂程度、周边建（构）筑物、管线对边坡变形敏感程度、气候条件和监测数据调整监测时间及频率；当出现险情时应加强监测；

6 一级永久性边坡工程竣工后的监测时间不宜少于 2 年。

19.1.5 地表位移监测可采用 GPS 法和大地测量法，可辅以电子水准仪进行水准测量。在通视条件较差的环境下，采用 GPS 监测为主；在通视条件较好的情况下采用大地测量法。边坡变形监测与测量精度应符合现行国家标准《工程测量规范》GB 50026 的有关规定。

19.1.6 应采取有效措施监测地表裂缝、位错等变化。监测精度对于岩质边坡分辨率不应低于 0.50mm、对于土质边坡分辨率不应低于 1.00mm。

19.1.7 边坡工程施工过程中及监测期间遇到下列情况时应及时报警，并采取相应的应急措施：

1 有软弱外倾结构面的岩土边坡支护结构坡顶有水平位移迹象或支护结构受力裂缝有发展；无外倾结构面的岩质边坡或支护结构构件的最大裂缝宽度达到国家现行相关标准的允许值；土质边坡支护结构坡顶的最大水平位移已大于边坡开挖深度的 1/500 或 20mm，以及其水平位移速度已连续 3d 大于 2mm/d；

2 土质边坡坡顶邻近建筑物的累计沉降、不均匀沉降或整体倾斜已大于现行国家标准《建筑地基基础设计规范》GB 50007 规定允许值的 80%，或建筑物的整体倾斜度变化速度已连续 3d 每天大于 0.00008；

3 坡顶邻近建筑物出现新裂缝、原有裂缝有新发展；

4 支护结构中有重要构件出现应力骤增、压屈、断裂、松弛或破坏的迹象；

5 边坡底部或周围岩土体已出现可能导致边坡剪切破坏的迹象或其他可能影响安全的征兆；

6 根据当地工程经验判断已出现其他必须报警的情况。

19.1.8 对地质条件特别复杂的、采用新技术治理的一级边坡工程，应建立边坡工程长期监测系统。边坡工程监测系统包括监测基准网和监测点建设、监测设备仪器安装和保护、数据采集与传输、数据处理与分析、预测预报或总结等。

19.1.9 边坡工程监测报告应包括下列主要内容：

1 边坡工程概况；

2 监测依据；

3 监测项目和要求；

4 监测仪器的型号、规格和标定资料；

5 测点布置图、监测指标时程曲线图；

6 监测数据整理、分析和监测结果评述。

19.2 质 量 检 验

19.2.1 边坡支护结构的原材料质量检验应包括下列内容：

1 材料出厂合格证检查；

2 材料现场抽检；

3 锚杆浆体和混凝土的配合比试验，强度等级检验。

19.2.2 锚杆的质量验收应按本规范附录 C 的规定执行。软土层锚杆质量验收应按国家现行有关标准执行。

19.2.3 灌注桩检验可采取低应变动测法、预埋管声波透射法或其他有效方法，并应符合下列规定：

1 对低应变检测结果有怀疑的灌注桩，应采用钻芯法进行补充检测；钻芯法应进行单孔或跨孔声波检测，混凝土质量与强度评定按国家现行有关标准执行；

2 对一级边坡桩，当长边尺寸不小于 2.0m 或桩长超过 15.0m 时，应采用声波透射法检验桩身完整性；当对桩身质量有怀疑时，可采用钻芯法进行复检。

19.2.4 钢筋位置、间距、数量和保护层厚度可采用钢筋探测仪复检，当对钢筋规格有怀疑时可直接凿开检查。

19.2.5 喷射混凝土护壁厚度和强度的检验应符合下列规定：

1 可用凿孔法或钻孔法检测面板护壁厚度，每 100m² 抽检一组，芯样直径为 100mm 时，每组不应少于 3 个点；

2 厚度平均值应大于设计厚度，最小值不应小于设计厚度的 80%；

3 混凝土抗压强度的检测和评定应符合现行国家标准《建筑结构检测技术标准》GB/T 50344 的有关规定。

19.2.6 边坡工程质量检测报告应包括下列内容：

1 工程概况；

2 检测主要依据；

3 检测方法与仪器设备型号；

4 检测点分布图；

5 检测数据分析；

6 检测结论。

19.3 验 收

19.3.1 边坡工程验收应取得下列资料：

1 施工记录、隐蔽工程检查验收记录和竣工图；

2 边坡工程与周围建（构）筑物位置关系图；

3 原材料出厂合格证、场地材料复检报告或委托试验报告；

4 混凝土强度试验报告、砂浆试块抗压强度试验报告；

5 锚杆抗拔试验等现场实体检测报告；

6 边坡和周围建（构）筑物监测报告；

7 勘察报告、设计施工图和设计变更通知、重大问题处理文件及技术洽商记录；

8 各分项、分部工程验收记录。

19.3.2 边坡工程验收应按现行国家标准《建筑工程施工质量验收统一标准》GB 50300 的有关规定执行。

附录 A 不同滑面形态的边坡
稳定性计算方法

A.0.1 圆弧形滑面的边坡稳定性系数可按下列公式计算（图 A.0.1）：

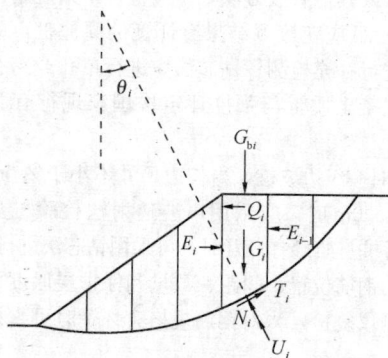

图 A.0.1 圆弧形滑面边坡计算示意

$$F_s = \frac{\sum_{i=1}^{n} \frac{1}{m_{\theta i}} \left[c_i l_i \cos\theta_i + (G_i + G_{bi} - U_i \cos\theta_i) \tan\varphi_i \right]}{\sum_{i=1}^{n} \left[(G_i + G_{bi}) \sin\theta_i + Q_i \cos\theta_i \right]}$$
(A.0.1-1)

$$m_{\theta i} = \cos\theta_i + \frac{\tan\varphi_i \sin\theta_i}{F_s}$$ (A.0.1-2)

$$U_i = \frac{1}{2} \gamma_w (h_{wi} + h_{w,i-1}) l_i$$ (A.0.1-3)

式中：F_s——边坡稳定性系数；

c_i——第 i 计算条块滑面黏聚力（kPa）；

φ_i——第 i 计算条块滑面内摩擦角（°）；

l_i——第 i 计算条块滑面长度（m）；

θ_i——第 i 计算条块滑面倾角（°），滑面倾向与滑动方向相同时取正值，滑面倾向与滑动方向相反时取负值；

U_i——第 i 计算条块滑面单位宽度总水压力（kN/m）；

G_i——第 i 计算条块单位宽度自重（kN/m）；

G_{bi}——第 i 计算条块单位宽度竖向附加荷载

（kN/m）；方向指向下方时取正值，指向上方时取负值；

Q_i——第 i 计算条块单位宽度水平荷载（kN/m）；方向指向坡外时取正值，指向坡内时取负值；

h_{wi}，$h_{w,i-1}$——第 i 及第 $i-1$ 计算条块滑面前端水头高度（m）；

γ_w——水重度，取 $10kN/m^3$；

i——计算条块号，从后方起编；

n——条块数量。

A.0.2 平面滑动面的边坡稳定性系数可按下列公式计算（图 A.0.2）：

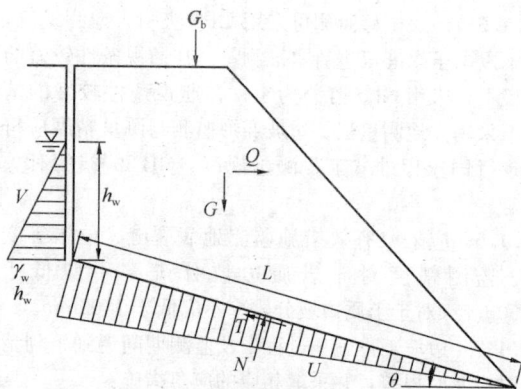

图 A.0.2 平面滑动面边坡计算简图

$$F_s = \frac{R}{T}$$ (A.0.2-1)

$$R = \left[(G + G_b)\cos\theta - Q\sin\theta - V\sin\theta - U \right]\tan\varphi + cL$$
(A.0.2-2)

$$T = (G + G_b)\sin\theta + Q\cos\theta + V\cos\theta$$
(A.0.2-3)

$$V = \frac{1}{2} \gamma_w h_w^2$$ (A.0.2-4)

$$U = \frac{1}{2} \gamma_w h_w L$$ (A.0.2-5)

式中：T——滑体单位宽度重力及其他外力引起的下滑力（kN/m）；

R——滑体单位宽度重力及其他外力引起的抗滑力（kN/m）；

c——滑面的黏聚力（kPa）；

φ——滑面的内摩擦角（°）；

L——滑面长度（m）；

G——滑体单位宽度自重（kN/m）；

G_b——滑体单位宽度竖向附加荷载（kN/m）；方向指向下方时取正值，指向上方时取负值；

θ——滑面倾角（°）；

U——滑面单位宽度总水压力（kN/m）；

V——后缘陡倾裂隙面上的单位宽度总水压力（kN/m）；

Q——滑体单位宽度水平荷载（kN/m）；方向指向坡外时取正值，指向坡内时取负值；

h_w——后缘陡倾裂隙充水高度（m），根据裂隙情况及汇水条件确定。

A.0.3 折线形滑动面的边坡可采用传递系数法隐式解，边坡稳定性系数可按下列公式计算（图 A.0.3）：

$$P_n = 0 \tag{A.0.3-1}$$

$$P_i = P_{i-1}\psi_{i-1} + T_i - R_i/F_s \tag{A.0.3-2}$$

$$\psi_{i-1} = \cos(\theta_{i-1} - \theta_i) - \sin(\theta_{i-1} - \theta_i)\tan\varphi_i/F_s \tag{A.0.3-3}$$

$$T_i = (G_i + G_{bi})\sin\theta_i + Q_i\cos\theta_i \tag{A.0.3-4}$$

$$R_i = c_i l_i + [(G_i + G_{bi})\cos\theta_i - Q_i\sin\theta_i - U_i]\tan\varphi_i \tag{A.0.3-5}$$

式中：P_n——第 n 条块单位宽度剩余下滑力（kN/m）；

P_i——第 i 计算条块与第 $i+1$ 计算条块单位宽度剩余下滑力（kN/m）；当 $P_i < 0$（$i < n$）时取 $P_i = 0$；

T_i——第 i 计算条块单位宽度重力及其他外力引起的下滑力（kN/m）；

R_i——第 i 计算条块单位宽度重力及其他外力引起的抗滑力（kN/m）。

ψ_{i-1}——第 $i-1$ 计算条块对第 i 计算条块的传递系数；其他符号同前。

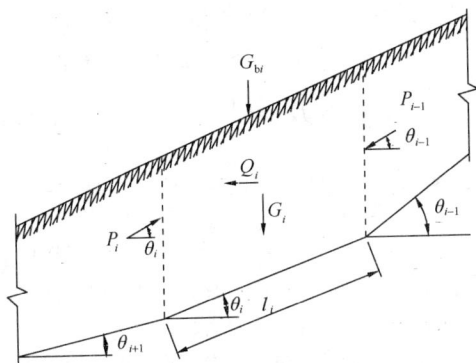

图 A.0.3 折线形滑面边坡传递系数法计算简图

注：在用折线形滑面计算滑坡推力时，应将公式（A.0.3-2）和公式（A.0.3-3）中的稳定系数 F_i 替换为安全系数 F_{st}，以此计算的 P_n，即为滑坡的推力。

附录 B　几种特殊情况下的侧向压力计算

B.0.1 距支护结构顶端作用有线分布荷载时（图 B.0.1），附加侧向压力分布可简化为等腰三角形，最大附加侧向土压力可按下式计算：

$$e_{h,max} = \left(\frac{2Q_L}{h}\right)\sqrt{K_a} \tag{B.0.1}$$

式中：$e_{h,max}$——最大附加侧向压力（kN/m²）；

h——附加侧向压力分布范围（m），$h = a(\tan\beta - \tan\varphi)$，$\beta = 45° + \varphi/2$；

Q_L——线分布荷载标准值（kN/m）；

K_a——主动土压力系数，$K = \tan^2(45° - \varphi/2)$。

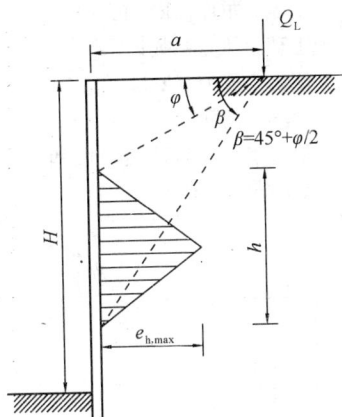

图 B.0.1 线荷载产生的附加侧向压力分布图

B.0.2 距支护结构顶端作用有宽度的均布荷载时，附加侧向压力分布可简化为有限范围内矩形（图 B.0.2），附加侧向土压力可按下式计算：

$$e_h = K_a \cdot q_L \tag{B.0.2}$$

式中：e_h——附加侧向土压力（kN/m²）；

K_a——主动土压力系数；

q_L——局部均布荷载标准值（kN/m²）。

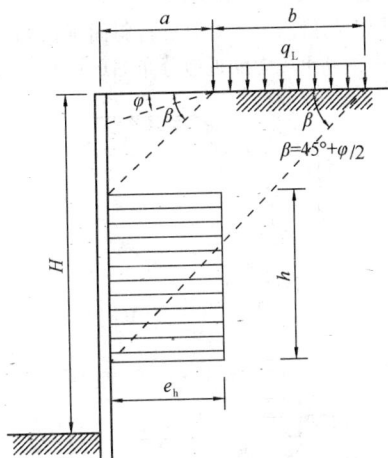

图 B.0.2 局部荷载产生的附加侧向压力分布图

B.0.3 当坡顶地面非水平时，支护结构上的主动土压力可按下列规定进行计算：

1 坡顶地表局部为水平时（图 B.0.3-1），支护结构上的主动土压力可按下列公式计算：

$$e_a = \gamma z\cos\beta\frac{\cos\beta - \sqrt{\cos^2\beta - \cos^2\varphi}}{\cos\beta + \sqrt{\cos^2\beta - \cos^2\varphi}} \tag{B.0.3-1}$$

$$e'_a = K_a \gamma (z+h) - 2c\sqrt{K_a} \quad \text{(B.0.3-2)}$$

式中：β——边坡坡顶地表斜坡面与水平面的夹角（°）；

c——土体的黏聚力（kPa）；

φ——土体的内摩擦角（°）；

γ——土体的重度（kN/m³）；

K_a——主动土压力系数；

e_a、e'_a——侧向土压力（kN/m²）；

z——计算点的深度（m）；

h——地表水平面与地表斜坡和支护结构相交点的距离（m）。

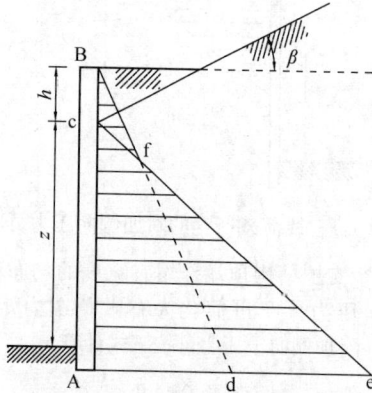

图 B.0.3-3　地面中部为斜面时支护结构
上主动土压力的近似计算

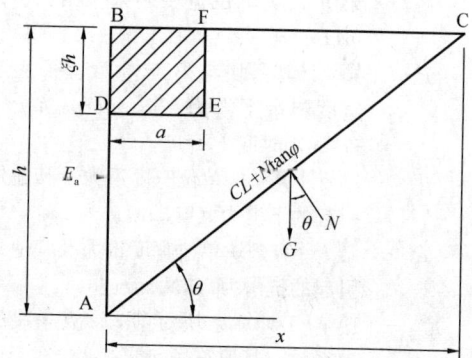

图 B.0.3-1　地面局部为水平时支护结构
上主动土压力的近似计算

2　坡顶地表局部为斜面时（图 B.0.3-2），计算支护结构上的侧向土压力时可将斜面延长到 c 点，则 BAdfB 为主动土压力的近似分布图形；

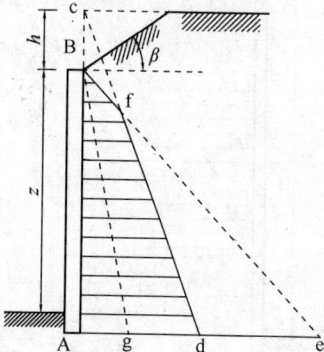

图 B.0.3-2　地面局部为斜面时支护结构
上主动土压力的近似计算

3　坡顶地表中部为斜面时（图 B.0.3-3），支护结构上主动土压力可按本条第 1 款和第 2 款的方法叠加计算。

B.0.4　当边坡为二阶且竖直、坡顶水平且无超载时（图 B.0.4），岩土压力的合力和边坡破坏时的平面破裂角应符合下列规定：

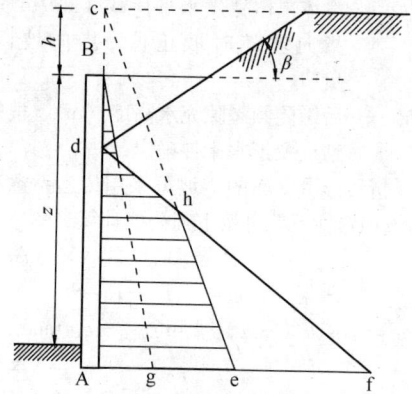

图 B.0.4　二阶竖直边坡的计算简图

1　岩土压力的合力应按下列公式计算：

$$E_a = \frac{1}{2}\gamma h^2 K_a \quad \text{(B.0.4-1)}$$

$$K_a = \left(\cot\theta - \frac{2a\xi}{h}\right)\tan(\theta - \varphi) - \frac{\eta\cos\varphi}{\sin\theta\cos(\theta - \varphi)}$$

$$\text{(B.0.4-2)}$$

式中：E_a——水平岩土压力合力（kN/m）；

K_a——水平岩土压力系数；

γ——支挡结构后的岩土体重度，地下水位以下用有效重度（kN/m³）；

h——边坡的垂直高度（m）；

a——上阶边坡的宽度（m）；

ξ——上阶边坡的高度与总的边坡高度的比值；

φ——岩土体或外倾结构面的内摩擦角（°）；

θ——岩土体的临界滑动面与水平面的夹角（°）。当岩体存在外倾结构面时，θ 可取外倾结构面的倾角，取外倾结构面的抗剪强度指标；当存在多个外倾结构面时，应分别计算，取其中的最大值为设计值；当岩体中不存在外倾结构面时，θ 可按式（B.0.4-3）计算。

2 边坡破坏时的平面破裂角应按下列公式计算：

$$\theta = \arctan\left[\cfrac{\cos\varphi}{\sqrt{1+\cfrac{2a\xi}{h(\eta+\tan\varphi)}}-\sin\varphi}\right]$$

(B.0.4-3)

$$\eta = \frac{2c}{\gamma h}$$

(B.0.4-4)

式中：γ——支挡结构后的岩土体重度，地下水位以下用有效重度（kN/m^3）；

h——边坡的垂直高度（m）；

a——上阶边坡的宽度（m）；

ξ——上阶边坡的高度与总的边坡高度的比值；

c——岩土体或外倾结构面的黏聚力（kPa）；

φ——岩土体或外倾结构面的内摩擦角（°）。

附录 C 锚 杆 试 验

C.1 一 般 规 定

C.1.1 锚杆试验包括锚杆的基本试验、验收试验。锚杆蠕变试验应符合国家现行有关标准的规定。

C.1.2 锚杆试验的千斤顶和油泵以及测力计、应变计和位移计等计量仪表应在试验前进行计量检定合格，且精度应经过确认，并在试验期间应保持不变。

C.1.3 锚杆试验的反力装置在计划的最大试验荷载下应具有足够的强度和刚度。

C.1.4 锚杆锚固体强度达到设计强度90%后方可进行试验。

C.1.5 锚杆试验记录表可按表 C.1.5 制定。

表 C.1.5 锚杆试验记录表

工程名称：

施工单位：

试验类别		试验日期		砂浆强度等级	设计	
试验编号		灌浆日期			实际	
岩土性状		灌浆压力			规格	
锚固段长度		自由段长度		杆体材料	数量	
钻孔直径		钻孔倾角			长度	
序号	荷载(kN)	百分表位移（mm）			本级位移量(mm)	增量累计(mm)	备注
		1	2	3			

校核：　　　　　　　　　　　　试验记录：

C.2 基 本 试 验

C.2.1 锚杆基本试验的地质条件、锚杆材料和施工工艺等应与工程锚杆一致。

C.2.2 基本试验时最大的试验荷载不应超过杆体标准值的 0.85 倍，普通钢筋不应超过其屈服值0.90 倍。

C.2.3 基本试验主要目的是确定锚固体与岩土层间粘结强度极限标准值、锚杆设计参数和施工工艺。试验锚杆的锚固长度和锚杆根数应符合下列规定：

1 当进行确定锚固体与岩土层间粘结强度极限标准值、验证杆体与砂浆间粘结强度极限标准值的试验时，为使锚固体与地层间首先破坏，当锚固段长度取设计锚固长度时应增加锚杆钢筋用量，或采用设计锚杆时应减短锚固长度，试验锚杆的锚固长度对硬质岩取设计锚固长度的 0.40 倍，对软质岩取设计锚固长度的 0.60 倍；

2 当进行确定锚固段变形参数和应力分布的试验时，锚固段长度应取设计锚固长度；

3 每种试验锚杆数量均不应少于 3 根。

C.2.4 锚杆基本试验应采用循环加、卸荷法，并应符合下列规定：

1 每级荷载施加或卸除完毕后，应立即测读变形量；

2 在每级加荷等级观测时间内，测读位移不应少于 3 次，每级荷载稳定标准为 3 次百分表读数的累计变位量不超过 0.10mm；稳定后即可加下一级荷载；

3 在每级卸荷时间内，应测读锚头位移 2 次，荷载全部卸除后，再测读 2 次～3 次；

4 加、卸荷等级、测读间隔时间宜按表 C.2.4确定。

表 C.2.4 锚杆基本试验循环加、卸荷
等级与位移观测间隔时间

加荷标准循环数	预估破坏荷载的百分数（%）														
	每级加载量					累计加载量	每级卸载量								
第一循环	10	20	20				50					20	20	10	
第二循环	10	20	20	20			70				20	20	20	10	
第三循环	10	20	20	20	20		90		20	20	20	20	10		
第四循环	10	20	20	20	20	10	100	10	20	20	20	20	10		
观测时间（min）	5	5	5	5	5	5		5	5	5	5	5	5		

C.2.5 锚杆试验中出现下列情况之一时可视为破坏，应终止加载：

1 锚头位移不收敛，锚固体从岩土层中拔出或锚杆从锚固体中拔出；

2 锚头总位移量超过设计允许值;

3 土层锚杆试验中后一级荷载产生的锚头位移增量,超过上一级荷载位移增量的2倍。

C.2.6 试验完成后,应根据试验数据绘制:荷载-位移(Q-s)曲线、荷载-弹性位移(Q-s_e)曲线、荷载-塑性位移(Q-s_p)曲线。

C.2.7 拉力型锚杆弹性变形在最大试验荷载作用下,所测得的弹性位移应超过该荷载下杆体自由段理论弹性伸长值的80%,且小于杆体自由段长度与1/2锚固段之和的理论弹性伸长值。

C.2.8 锚杆极限承载力标准值取破坏荷载前一级的荷载值;在最大试验荷载作用下未达到本规范附录C第C.2.5条规定的破坏标准时,锚杆极限承载力取最大荷载值为标准值。

C.2.9 当锚杆试验数量为3根,各根极限承载力值的最大差值小于30%时,取最小值作为锚杆的极限承载力标准值;若最大差值超过30%,应增加试验数量,按95%的保证概率计算锚杆极限承载力标准值。

C.2.10 基本试验的钻孔,应钻取芯样进行岩石力学性能试验。

C.3 验 收 试 验

C.3.1 锚杆验收试验的目的是检验施工质量是否达到设计要求。

C.3.2 验收试验锚杆的数量取每种类型锚杆总数的5%,自由段位于Ⅰ、Ⅱ、Ⅲ类岩石内时取总数的1.5%,且均不得少于5根。

C.3.3 验收试验的锚杆应随机抽样。质监、监理、业主或设计单位对质量有疑问的锚杆也应抽样作验收试验。

C.3.4 验收试验荷载对永久性锚杆为锚杆轴向拉力N_{ak}的1.50倍;对临时性锚杆为1.20倍。

C.3.5 前三级荷载可按试验荷载值的20%施加,以后每级按10%施加;达到检验荷载后观测10min,在10min持荷时间内锚杆的位移量应小于1.00mm。当不能满足时持荷至60min时,锚杆位移量应小于2.00mm。卸荷到试验荷载的0.10倍并测出锚头位移。加载时的测读时间可按本规范附录C表C.2.4确定。

C.3.6 锚杆试验完成后应绘制锚杆荷载-位移(Q-s)曲线图。

C.3.7 符合下列条件时,试验的锚杆应评定为合格:

1 加载到试验荷载计划最大值后变形稳定;

2 符合本规范附录C第C.2.8条规定。

C.3.8 当验收锚杆不合格时,应按锚杆总数的30%重新抽检;重新抽检有锚杆不合格时应全数进行检验。

C.3.9 锚杆总变形量应满足设计允许值,且应与地区经验基本一致。

附录D 锚杆选型

表D 锚杆选型

锚杆类别 / 锚固形式 / 锚杆特征	材料	锚杆轴向拉力 N_{ak} (kN)	锚杆长度 (m)	应力状况	备注
土层锚杆	普通螺纹钢筋	<300	<16	非预应力	锚杆超长时,施工安装难度较大
	钢绞线 高强钢丝	300~800	>10	预应力	锚杆超长时施工方便
	预应力螺纹钢筋(直径18mm~25mm)	300~800	>10	预应力	杆体防腐性好,施工安装方便
	无粘结钢绞线	300~800	>10	预应力	压力型、压力分散型锚杆
岩层锚杆	普通螺纹钢筋	<300	<16	非预应力	锚杆超长时,施工安装难度较大
	钢绞线 高强钢丝	300~3000	>10	预应力	锚杆超长时施工方便
	预应力螺纹钢筋(直径25mm~32mm)	300~1100	>10	预应力或非预应力	杆体防腐性好,施工安装方便
	无粘结钢绞线	300~3000	>10	预应力	压力型、压力分散型锚杆

附录 E 锚杆材料

E.0.1 锚杆材料可根据锚固工程性质、锚固部位和工程规模等因素，选择高强度、低松弛的普通钢筋、预应力螺纹钢筋、预应力钢丝或钢绞线。

E.0.2 锚杆材料的物理力学性能应符合下列规定：

1 采用高强预应力钢丝时，其力学性能必须符合现行国家标准《预应力混凝土用钢丝》GB/T 5223 的规定；

2 采用预应力钢绞线时，其力学性能必须符合现行国家标准《预应力混凝土用钢绞线》GB/T 5224 的规定，其抗拉强度应符合表 E.0.2-1 的规定；

3 采用预应力螺纹钢筋时，其抗拉强度应符合表 E.0.2-2 的规定；

4 采用无粘结钢绞线时，其主要技术参数应符合表 E.0.2-3 的规定；

5 采用普通螺纹钢筋时，其抗拉强度应符合表 E.0.2-4 的规定。

表 E.0.2-1 钢绞线抗拉强度
设计值、标准值（N/mm²）

种类	直径（mm）	抗拉强度设计值（f_{py}）	屈服强度标准值（f_{pyk}）	极限强度标准值（f_{ptk}）
1×3 三股	8.6, 10.8, 12.9	1220	1410	1720
		1320	1670	1860
		1390	1760	1960
1×7 七股	9.5, 12.7, 15.2, 17.8	1220	1540	1720
		1320	1670	1860
		1390	1760	1960
	21.6	1220	1590	1720
		1320	1670	1860

表 E.0.2-2 预应力螺纹钢筋抗拉强度
设计值、标准值（N/mm²）

种类	直径（mm）	符号	抗拉强度设计值（f_y）	屈服强度标准值（f_{yk}）	极限强度标准值（f_{stk}）
预应力螺纹钢筋	18 25 32 40 50	PSB785	650	785	980
		PSB930	770	930	1030
		PSB1080	900	1080	1230

表 E.0.2-3 无粘结钢绞线主要技术参数

防腐油脂线重量（g/m）		>32	钢材与 PE 层间摩擦系数	0.04～0.10	
PE 层厚度（mm）	双层	外层	0.80～1.00		单层	双层
		内层	0.80～1.00	成品重量（kg/m）	φ15.2	1.218	1.27
	单层		0.80～1.00		φ12.7	0.871	0.907

表 E.0.2-4 普通螺纹钢筋抗拉强度
设计值、标准值（N/mm²）

种类		直径（mm）	抗拉强度设计值（f_y）	屈服强度标准值（f_{yk}）	极限强度标准值（f_{stk}）
热轧钢筋	HRB335 HRBF335	6～50	300	335	455
	HRB400 HRBF400 RRB400	6～50	360	400	540
	HRB500 HRBF500	6～50	435	500	630

附录 F 土质边坡的静力平衡法和等值梁法

F.0.1 对板肋式及桩锚式挡墙，当立柱（肋柱和桩）嵌入深度较小或坡脚土体较软弱时，可视立柱下端为自由端，按静力平衡法计算。当立柱嵌入深度较大或为岩层或坡脚土体较坚硬时，可视立柱下端为固定端，按等值梁法计算。

F.0.2 采用静力平衡法或等值梁计算立柱内力和锚杆水平分力时，应符合下列假定：

1 采用从上到下的逆作法施工；

2 假定上部锚杆施工后开挖下部边坡时，上部分的锚杆内力保持不变；

3 立柱在锚杆处为不动点。

F.0.3 采用静力平衡法（图 F.0.3）计算时应符合下列规定：

1 锚杆水平分力可按下式计算：

$$H_{tkj} = E_{akj} - E_{pkj} - \sum_{i=1}^{j-1} H_{tki} \quad (F.0.3-1)$$
$$(j = 1, 2, \cdots, n)$$

式中：H_{tki}、H_{tkj}——相应于作用的标准组合时，第 i、j 层锚杆水平分力（kN）；

E_{akj}——相应于作用的标准组合时，挡墙后侧向主动土压力合力（kN）；

E_{pkj}——相应于作用的标准组合时，坡脚地面以下挡墙前侧向被动土压力合力（kN）；

n——沿边坡高度范围内设置的锚杆总层数。

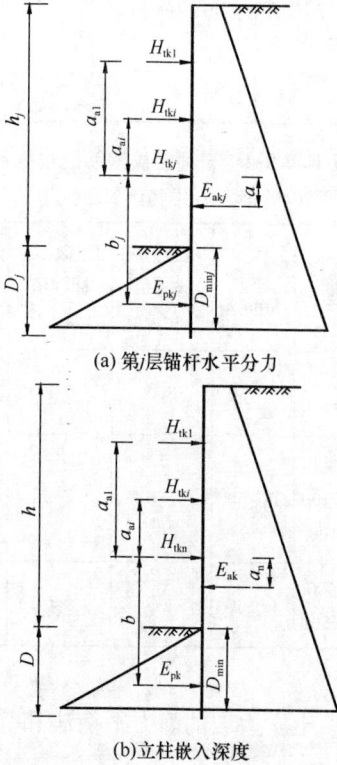

(a) 第 j 层锚杆水平分力

(b) 立柱嵌入深度

图 F.0.3　静力平衡法计算简图

2　最小嵌入深度 D_{min} 可按下式计算确定：

$$E_{pk}b - E_{ak}a_n - \sum_{i=1}^{n} H_{tki}a_{ni} = 0 \qquad (F.0.3-2)$$

式中：E_{ak}——相应于作用的标准组合时，挡墙后侧向主动土压力合力（kN）；

E_{pk}——相应于作用的标准组合时，挡墙前侧向被动土压力合力（kN）；

a_{a1}——H_{tk1} 作用点到 H_{tkn} 的距离（m）；

a_{ai}——H_{tki} 作用点到 H_{tkn} 的距离（m）；

a_n——E_{ak} 作用点到 H_{tkn} 的距离（m）；

b——E_{pk} 作用点到 H_{tkn} 的距离（m）。

3　立柱设计嵌入深度 h_r 可按下式计算：

$$h_r = \xi h_{r1} \qquad (F.0.3-3)$$

式中：ξ——立柱嵌入深度增大系数，对一、二、三级边坡分别为 1.50、1.40、1.30；

h_r——立柱设计嵌入深度（m）；

h_{r1}——挡墙最低一排锚杆设置后，开挖高度为边坡高度时立柱的最小嵌入深度（m）。

4　立柱的内力可根据锚固力和作用于支护结构上侧压力按常规方法计算。

F.0.4　采用等值梁法（图 F.0.4）计算时应符合下列规定：

1　坡脚地面以下立柱反弯点到坡脚地面的距离 Y_n 可按下式计算：

$$e_{ak} - e_{pk} = 0 \qquad (F.0.4-1)$$

式中：e_{ak}——相应于作用的标准组合时，挡墙后侧向主动土压力（kN/m²）；

e_{pk}——相应于作用的标准组合时，挡墙前侧向被动土压力（kN/m²）。

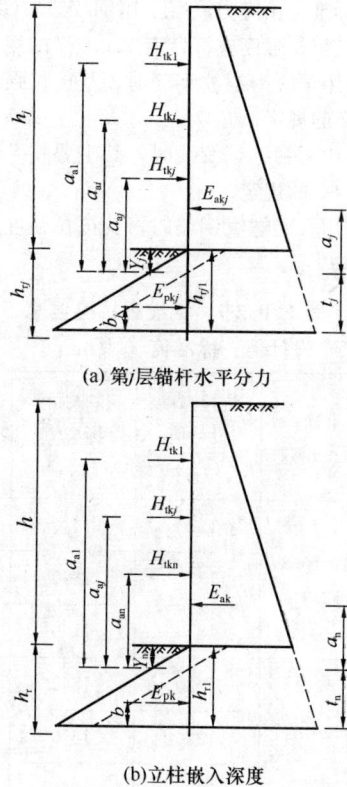

(a) 第 j 层锚杆水平分力

(b) 立柱嵌入深度

图 F.0.4　等值梁法计算简图

2　第 j 层锚杆的水平分力可按下式计算：

$$H_{tkj} = \frac{E_{akj}a_j - \sum_{i=1}^{j-1} H_{tki}a_{ai}}{a_{aj}} \qquad (F.0.4-2)$$

$$(j = 1, 2, \cdots, n)$$

式中：a_{ai}——H_{tki} 作用点到反弯点的距离（m）；

a_{aj}——H_{tkj} 作用点到反弯点的距离（m）；

a_j——E_{akj} 作用点到反弯点的距离（m）。

3　立柱的最小嵌入深度 h_r 可按下列公式计算确定：

$$h_r = Y_n + t_n \qquad (F.0.4-3)$$

$$t_n = \frac{E_{pk} \cdot b}{E_{ak} - \sum_{i=1}^{n} H_{tki}} \qquad (F.0.4-4)$$

式中：b——桩前作用于立柱的被动土压力合力 E_{pk} 作用点到立柱底的距离（m）。

4 立柱设计嵌入深度可按本规范附录 F 的公式（F.0.3-3）计算。

5 立柱的内力可根据锚固力和作用于支护结构上的侧压力按常规方法计算。

F.0.5 计算挡墙后侧向压力时，在坡脚地面以上部分计算宽度应取立柱间的水平距离，在坡脚地面以下部分计算宽度对肋柱取 $1.5b+0.50$（其中 b 为肋柱宽度），对桩取 0.90（$1.5d+0.50$）（其中 d 为桩直径）。

F.0.6 挡墙前坡脚地面以下被动侧向压力，应考虑墙前岩土层稳定性、地面是否无限等情况，按当地工程经验折减使用。

附录 G 岩土层地基系数

G.0.1 较完整岩层和土层的地基系数可按表 G.0.1-1 和表 G.0.1-2 取值。

表 G.0.1-1 较完整岩层的地基系数

序号	岩体单轴极限抗压强度（kPa）	地基系数（kN/m³）	
		水平方向 k	竖直方向 k_0
1	10000	60000～160000	100000～200000
2	15000	150000～200000	250000
3	20000	180000～240000	300000
4	30000	240000～320000	400000
5	40000	360000～480000	600000
6	50000	480000～640000	800000
7	60000	720000～960000	1200000
8	80000	900000～2000000	1500000～2500000

注：$k=(0.6～0.8)k_0$。

表 G.0.1-2 土质地基系数

序号	土的名称	水平方向 m（kN/m⁴）	竖向方向 m_0（kN/m⁴）
1	$0.75<I_L<1.0$ 的软塑黏土及粉黏土；淤泥	500～1400	1000～2000
2	$0.5<I_L<0.75$ 的软塑粉质黏土及黏土	1000～2800	2000～4000
3	硬塑粉质黏土及黏土；细砂和中砂	2000～4200	4000～6000
4	坚硬的粉质黏土及黏土；粗砂	3000～7000	6000～10000
5	砾砂；碎石土、卵石土	5000～14000	10000～20000

续表 G.0.1-2

序号	土的名称	水平方向 m（kN/m⁴）	竖向方向 m_0（kN/m⁴）
6	密实的大漂石	40000～84000	80000～120000

注：1 I_L——土的液性指数；

2 对于土质地基系数 m 和 m_0，相应于桩顶位移 6mm～10mm；

3 有可靠资料和经验时，可不受本表的限制。

本规范用词说明

1 为便于在执行本规范条文时区别对待，对要求严格程度不同的用词说明如下：

　　1）表示很严格，非这样做不可的用词：
　　　　正面词采用"必须"，反面词采用"严禁"；

　　2）表示严格，在正常情况下均应这样做的用词：
　　　　正面词采用"应"，反面词采用"不应"或"不得"；

　　3）表示允许稍有选择，在条件许可时首先应这样做的用词：
　　　　正面词采用"宜"，反面词采用"不宜"；

　　4）表示有选择，在一定条件下可以这样做的用词，采用"可"。

2 条文中指明应按其他有关标准执行的写法为："应符合……的规定"或"应按……执行"。

引用标准名录

1 《建筑地基基础设计规范》GB 50007

2 《混凝土结构设计规范》GB 50010

3 《建筑抗震设计规范》GB 50011

4 《工程测量规范》GB 50026

5 《锚杆喷射混凝土支护技术规范》GB 50086

6 《土方与爆破工程施工及验收规范》GB 50201

7 《工程岩体试验方法标准》GB/T 50266

8 《建筑工程施工质量验收统一标准》GB 50300

9 《建筑结构检测技术标准》GB/T 50344

10 《建筑边坡工程鉴定与加固技术规范》GB 50843

11 《预应力混凝土用钢丝》GB/T 5223

12 《预应力混凝土用钢绞线》GB/T 5224

13 《预应力筋用锚具、夹具和连接器》GB/T 14370

中华人民共和国国家标准

建筑边坡工程技术规范

GB 50330—2013

条 文 说 明

修 订 说 明

《建筑边坡工程技术规范》GB 50330－2013 经住房和城乡建设部 2013 年 11 月 1 日以第 195 号公告批准、发布。

本规范是在《建筑边坡工程技术规范》GB 50330－2002 的基础上修订而成的，上一版的主编单位是重庆市设计院，参编单位是解放军后勤工程学院、建设部综合勘察研究设计院、中国科学院地质与地球物理研究所、重庆市建筑科学研究院、重庆交通学院、重庆大学，主要起草人员是郑生庆、郑颖人、李耀刚、陈希昌、黄家愉、伍法权、周载阳、方玉树、徐锡权、欧阳仲春、庄斌耀、张四平、贾金青。

本规范修订过程中，修订组进行了广泛的调查研究，总结了我国工程建设的实践经验，同时参考了国外先进技术法规、技术标准，许多单位和学者的研究成果是本次修订中极有价值的参考资料。通过征求意见和试算，对增加和修订条文内容进行反复讨论、分析、论证，取得了重要技术参数。

为便于广大设计、施工、科研、学校等单位有关人员在使用本规范时能正确理解和执行条文规定，《建筑边坡工程技术规范》修订组按章、节、条顺序编制了本规范的条文说明，对条文规定的目的、依据以及执行中需注意的有关事项进行了说明，还着重对强制性条文的强制性理由作了解释。但是条文说明不具备与规范正文同等的法律效力，仅供使用者作为理解和把握规范规定的参考。

目 次

1 总　则

1.0.1　山区建筑边坡支护技术，涉及工程地质、水文地质、岩土力学、支护结构、锚固技术、施工及监测等多门学科，边坡支护理论及技术发展也较快。但因勘察、设计、施工不当，已建的边坡工程中时有垮塌事故和浪费现象，造成国家和人民生命财产严重损失，同时遗留了一些安全度、耐久性及抗震性能低的边坡支护结构物。制定本规范的主要目的是使建筑边坡工程技术标准化，符合技术先进、经济合理、安全适用、确保质量、保护环境的要求，以保障建筑边坡工程建设健康发展。

1.0.2　本规范适用于建（构）筑物或市政工程开挖和填方形成的人工边坡，工程滑坡，岩石基坑边坡，以及破坏后危及建（构）筑物安全的自然斜坡的支护设计。

软土边坡有关抗隆起、抗渗流、边坡稳定、锚固技术、地下水处理、结构选型等较特殊的问题以及其他特殊岩土的边坡，应按现行相关专业规范执行。对于开矿、采石等形成的边坡，不适用于本规范，应按相关专业规范执行。

1.0.3　本条中岩质建筑边坡应用高度限值确定为30m，土质建筑边坡确定为15m，主要考虑超过以上高度的超高边坡支护设计，应参考本规范的原则作专项设计，根据工程情况采取有效的加强措施。

1.0.4　边坡工程的设计和施工除考虑条文中所述工程地质、周边环境等因素外，强调借鉴地区经验因地制宜是非常必要的。结合本规范给出的边坡支护形式、施工工艺及岩土参数，各地区可根据岩土的特性、地质情况等作具体补充。

1.0.5　边坡支护是一门综合性和边缘性强的工程技术，本规范难以全面反映地质勘察、地基及基础、钢筋混凝土结构及抗震设计等技术。因此，本条规定除遵守本规范外，尚应符合国家现行有关标准的规定。

3　基本规定

3.1　一般规定

3.1.2　动态设计法是本规范边坡支护设计的基本原则。采用动态设计时，应提出对施工方案的特殊要求和监测要求，应掌握施工现场的地质状况、施工情况和变形、应力监测的反馈信息，并根据实际地质状况和监测信息对原设计作校核、修改和补充。当地质勘察参数难以准确确定、设计理论和方法带有经验性和类比性时，根据施工中反馈的信息和监控资料完善设计，是一种客观求实、准确安全的设计方法，可以达到以下效果：

1　避免勘察结论失误。山区地质情况复杂、多变，受多种因素制约，地质勘察资料准确性的保证率较低，勘察主要结论失误造成边坡工程失败的现象不乏其例。因此规定地质情况复杂的一级边坡在施工开挖中补充施工勘察工作，收集地质资料，查对核实原地质勘察结论。这样可有效避免勘察结论失误而造成工程事故。在有专门审查制度的地区，场地和边坡勘察报告应含有审查合格书。

2　设计者掌握施工开挖反映的真实地质特征、边坡变形量、应力测定值等，对原设计作校核和补充、完善设计，确保工程安全，设计合理。

3　边坡变形和应力监测资料是加快施工速度或排危应急抢险，确保工程安全施工的重要依据。

4　有利于积累工程经验，总结和发展边坡工程支护技术。

设计应提出对施工方案的特殊要求和监测要求，掌握施工现场的地质状况、施工情况和变形、应力监测的反馈信息，根据实际地质状况和监测信息对原设计作校核、修改和补充。

3.1.3　边坡的使用年限指边坡工程的支护结构能发挥正常支护功能的年限，边坡工程设计年限临时边坡为2年，永久边坡按50年设计，当受边坡支护结构保护的建筑物（坡顶塌滑区、坡下塌方区）为临时或永久性时，支护结构的设计使用年限应不低于上述值。因此，本条为强制性条文，应严格执行。

3.1.4　综合考虑场地质条件、边坡变形控制的难易程度、边坡重要性及安全等级、施工可行性及经济性、选择合理的支护设计方案是设计成功的关键。为便于确定设计方案，本条介绍了工程中常用的边坡支护形式，其中，锚拉式桩板式挡墙、板肋式或格构式锚杆挡墙、排桩式锚杆挡墙属于有利于对边坡变形进行控制的支护形式，其余支护形式均不利于边坡变形控制。

3.1.5　建筑边坡场地有无不良地质现象是建筑物及建筑边坡选址首先必须考虑的重大问题。显然在滑坡、危岩及泥石流规模大、破坏后果严重、难以处理的地段规划建筑场地是难以满足安全可靠、经济合理的原则的，何况自然灾害的发生也往往不以人们的意志为转移。因此在规模大、难以处理的、破坏后果很严重的滑坡、危岩、泥石流及断层破碎带地区不应修建建筑边坡。

3.1.6　稳定性较差的高大边坡，采用后仰放坡或分阶放坡方案，有利于减小侧压力，提高施工期的安全和降低施工难度。分阶放坡时水平台阶应有足够宽度，否则应考虑上阶边坡对下阶边坡的荷载影响。

3.1.7　当边坡坡体内及支护结构基础下洞室（人防洞室或天然溶洞）密集时，可能造成边坡工程施工期塌方或支护结构变形过大，已有不少工程教训，设计时应引起充分重视。

3.1.11 在边坡工程的使用期，当边坡出现明显变形，发生安全事故及使用条件改变时，例如开挖坡脚、坡顶超载、需加高坡体高度时，都必须进行鉴定和加固设计，并按现行国家标准《建筑边坡工程鉴定与加固技术规范》GB 50843 的规定执行。

3.1.12 本条所指"稳定性极差、较差"的边坡工程是指按本规范有关规定处理后安全度控制都非常困难、困难的边坡。本条所指的"新结构、新技术"是指尚未被规范和有关文件认可的新结构、新技术。对工程中出现超过规范应用范围的重大技术难题，新结构、新技术的合理推广应用以及严重事故的正确处理，采用专门技术论证的方式可达到技术先进、确保质量、安全经济的良好效果。重庆、广州和上海等地区在主管部门领导下，采用专家技术论证方式在解决重大边坡工程技术难题和减少工程事故方面已取得良好效果。因此本规范推荐专门论证做法。

3.2 边坡工程安全等级

3.2.1 边坡工程安全等级是支护工程设计、施工中根据不同的地质环境条件及工程具体情况加以区别对待的重要标准。本条提出边坡安全等级分类的原则，除根据现行国家标准《建筑结构可靠度设计统一标准》GB 50068 按破坏后果严重性分为很严重、严重、不严重外，尚考虑了边坡稳定性因素（岩土类别和坡高）。从边坡工程事故原因分析看，高度大、稳定性差的边坡（土质软弱、滑坡区、外倾软弱结构面发育的边坡等）发生事故的概率较高，破坏后果也较严重，因此本条将稳定性很差的、坡高较大的边坡均划入一级边坡。

　　表 3.2.1 中对高度 15m 以上的Ⅲ、Ⅳ类岩质边坡取消了破坏后果不严重分级，主要是这类边坡岩石整体性相对差，边坡较高时若因支护结构安全度不够可能会造成较大范围的边坡垮塌，对周边环境的破坏大，而相同高度的Ⅰ、Ⅱ类岩质边坡整体性好，即使支护结构安全度不够也不会出现大范围的边坡垮塌。对 10m 以上的土质边坡，取消破坏后果不严重，也是基于边坡较高，一旦破坏，影响的范围较大。

　　对危害性极严重、环境和地质条件复杂的边坡工程，当安全等级已为一级时，主要通过组织专家进行专项论证的方式来保证边坡支护方案的安全性和合理性。

3.2.2 由外倾软弱结构面控制边坡稳定的边坡工程和工程滑坡地段的边坡工程，其边坡稳定性很差，发生边坡塌滑事故的概率高，且破坏后果常很严重，边坡塌滑区内有重要建（构）筑物的边坡工程，破坏后直接危及到重要建（构）筑物安全，后果极其严重，因此对上述边坡工程安全等级定为一级。

3.2.3 无外倾结构面的岩土边坡，塌滑区及附近有荷载，特别是重大建筑物荷载作用时，将会因荷载作用加大边坡塌滑区的范围，设计时应作对应的考虑和处理。并按本规范第 7 章的相关规定执行，工程滑坡及有外倾软弱结构面的岩土质边坡塌滑区应按滑坡面及软弱结构面的范围确定。

3.3 设计原则

3.3.1 本条说明边坡工程设计的两类极限状态的相关内容。

　　1 承载能力极限状态

　　锚杆设计时原规范采用承载力概率极限状态分项系数的设计方法。本次修订改为综合安全系数代替荷载分项系数及锚杆工作条件系数，以锚杆极限承载力为抗力的基本参数。这种调整一方面实现了与现行国家标准《建筑地基基础设计规范》GB 50007 和《锚杆喷射混凝土支护技术规范》GB 50086 的规定一致，便于使用；另一方面岩土性状的不确定性对锚杆承载力可靠性的影响，使锚杆承载力概率极限状态设计尚属不完全的可靠性分析设计，进行调整是合理的。

　　2 正常使用极限状态

　　为保证支护结构的耐久性和防腐性达到正常使用极限状态的要求，支护结构的钢筋混凝土构件的构造和抗裂应按现行国家标准《混凝土结构设计规范》GB 50010 有关规定执行。锚杆是承受高应力的受拉构件，其锚固砂浆的裂缝开展较大，计算一般难以满足规范要求，设计中应采取严格的防腐构造措施，保证锚杆的耐久性。

3.3.2 本次修订对边坡工程计算或验算的内容采用的不同荷载效应组合与相应的抗力进行了规定。

　　1 确定支护结构或构件的基础底面积及埋深或桩基数量时，应采用正常使用极限状态，相应的作用效应为标准组合；

　　2 确定锚杆面积、锚杆杆体与砂浆的锚固长度时，由于本次规范修订采用了安全系数法，均采用荷载效应标准组合；

　　3 计算支护结构或构件内力及配筋时，应采用混凝土结构相应的设计方法；荷载相应采用基本组合，抗力采用包含抗力分项系数的设计值；

　　4 边坡变形验算时，仅考虑荷载的长期组合，不考虑偶然荷载的作用；支护结构抗裂计算与钢筋混凝土结构裂缝计算一致，采用荷载相应标准组合和荷载准永久组合。

3.3.3 建筑边坡抗震设防的必要性成为工程界的统一认识。城市中建筑边坡一旦破坏将直接危及到相邻的建筑，后果极为严重，因此抗震设防的建筑边坡与建筑物的基础同样重要。本条提出在边坡设计中应考虑抗震构造要求，其构造应满足现行国家标准《建筑抗震设计规范》GB 50011 中对梁的相应要求，当立柱竖向附加荷载较大时，尚应满足对柱的相应要求。

　　对坡顶有重要建（构）筑物的边坡工程，边坡的抗震加强措施主要通过增大地震作用来进行加强处理，具体内容本规范第7章有专门介绍。

3.3.6 本条第1～3款所列内容是支护结构承载力计算和稳定性计算的基本要求，是边坡工程满足承载能力极限状态的具体内容，是支护结构安全的重要保证；因此，本条定为强制性条文，设计时上述内容应认真计算，满足规范要求以确保工程安全。

3.3.7 本条对存在地下水的不利作用以及变形验算作出规定：

1 当坡顶荷载较大（如建筑荷载等）、土质较软、地下水发育时，边坡尚应进行地下水控制、坡底隆起、稳定性及渗流稳定性验算，方法可按国家现行有关规范执行。

2 影响边坡及支护结构变形的因素复杂，工程条件繁多，目前尚无实用的理论计算方法可用于工程实践。本规范第8.2.6条关于锚杆的变形计算，也只是近似的简化计算。在工程设计中，为保证下列类型的一级边坡满足正常使用极限状态条件，主要依据地区经验、工程类比及信息法施工等控制性措施解决。对边坡变形有较高要求的边坡工程，主要有以下几类：

1）边坡塌滑区附近有建（构）筑物的边坡工程；

2）坡顶建（构）筑物主体结构对地基变形敏感，不允许地基有较大变形的边坡工程；

3）预估变形值较大、设计需要控制变形的高大土质边坡工程。

4 边坡工程勘察

4.1 一般规定

4.1.1 本条为新增条文。专门性边坡工程岩土勘察报告应包括以下主要内容：

1 勘察目的、任务要求和执行的主要技术标准；

2 边坡安全等级和勘察等级；

3 边坡概况（含边坡要素、边坡组成、边坡类型、边坡性质等）；

4 勘察方法、工作量布置和质量评述；

5 自然地理概况；

6 地质环境；

7 边坡岩体类别划分和可能的破坏模式；

8 岩土体物理力学性质；

9 地震效应和地下水腐蚀性评价；

10 边坡稳定性评价（定性、定量评价—计算模式、计算工况、计算参数取值依据、稳定状态判定等）及支护建议；

11 结论与建议。

4.1.2 本条在原规范第4.1.1条的基础上作了局部

修改，并将原强制性条文的部分改为一般性条文。

4.1.3 本条为原规范第3.1.2条。本次在崩塌破坏模式中增加了常见的坡体破坏模式。

4.1.4 表4.1.4在原规范表A-1的基础上作了以下调整：

1 表中结构面倾角由35°改为27°；本次修改中既考虑了垂直边坡又考虑了倾斜边坡，缓倾结构面在斜边坡中容易发生破坏，因而将结构面倾角降低为27°；

2 不完整（散体、碎裂）改为破碎或极破碎；

3 调整了表注：1）明确表中结构面系指构造结构面，不包括风化裂隙；2）不包括全风化基岩；3）完整的极软岩可划为Ⅲ类或Ⅳ类。

边坡岩体分类是非常重要的。本规范从岩体力学观点出发，强调结构面对边坡稳定的控制作用，按岩体边坡的稳定性进行分类。

本次修订补充了受外倾结构面控制的岩质边坡的岩体分类。

4.1.5 本条为新增条文，对原规范第4.1.4条中未能包含的岩体类型予以补充。

4.1.7 本条对原规范第4.1.4条的调整。强调对已有变形迹象的边坡应在勘察过程中进行变形监测。

4.1.8、4.1.9 划分工程勘察等级的目的是突出重点，区别对待，指导勘察工作的布置，以利管理。边坡工程勘察的工作量布置与勘察等级关系密切，而原规范无边坡工程勘察等级的内容。故本次新增此内容。

4.2 边坡工程勘察要求

4.2.1、4.2.2 本条是对边坡工程的具体要求，也是基本要求。

本次修订在原规范第4.2.1条中去掉原有的第5、6款（因已包含在第4.2.2条应查明的内容中），新增第6、7、8款有关气象、水文的内容（原规范第4.3.1条的部分内容）。

在原规范的第4.2.2条中新增"地下水、土对支护结构材料的腐蚀性"一款。

4.2.3 地质测绘和调查是工程勘察的重要基础工作之一。一般应在可行性研究或初勘阶段进行。本条对测绘内容和范围进行了规定。在边坡工程调查与勘察中应加强对沟底及山前堆积物的勘察。

4.2.4 本条是对边坡勘察中勘探工作的具体要求。本次修订增加了岩溶发育的边坡尚应采用物探方法的要求。

4.2.5 本条为原规范第4.1.2条的调整、补充。本次对岩质边坡区分了有、无外倾结构面控制的岩质边坡，增加了考虑潜在滑动面的勘探范围要求。

本次增加的涉水边坡的勘察范围主要指河、湖岸的边坡；对于海岸涉水边坡，应根据有关行业标准或地方经验确定。

4.2.6 边坡的破坏主要是重力作用下的一种地质现象，其破坏方式主要是沿垂直边坡方向的滑移失稳，故勘察线应沿垂直边坡布置。沿可能支挡位置布置剖面是设计的需要。本次增加了对成图比例尺的规定。规定纵、横剖面的比例尺应相同。

4.2.7 本条对控制性勘探点的数量进行了规定。

4.2.10 本次主要修订内容：1）明确规定岩石抗剪强度（试验）的试样数量不少于 3 组；并在 2）明确有条件时应进行结构面的抗剪强度试验。

本规范采用概率理论对测试数据进行处理，根据概率理论，最小数据量 n 由 $t_p/\sqrt{n}=\Delta r/\delta$ 确定。式中 t_p 为 t 分布的系数值，与置信水平 P_s 自由度（$n-1$）有关。一般土体的性质指标变异多为变异性很低~低，要较之岩体（变异性多为低~中等）为低。故土体 6 个测试数据（测试单值）基本能满足置信概率 $P_s=0.95$ 时的精度要求，而岩体则需 9 个测试数据（测试单值）才能达到置信概率 $P_s=0.95$ 时的精度要求。由于岩石三轴剪试验费用较高等原因，所以工作中可以根据地区经验确定岩体的 c、φ 值并应用测试成果作校核。

抗剪强度指标 c、φ 是一对负相关的指标，不应直接用符合正态分布单指标统计方法进行数理统计。应用单指标 τ 进行数理统计后，再按作图法或用最小二乘法计算出 c、φ，但这样做较为麻烦。经将 146 组抗剪强度试验值用先统计 τ，再计算 c、φ 和直接统计 c、φ 进行比较后，发现 φ 相差甚微，c 相差 5% 以内。故当变异系数小于或等于 0.20 时，也可以直接统计 c、φ。

当试验数据量不足时，一般可采用平均值乘以 0.85~0.95 的折减系数作为标准值。1）当 $3<n\leqslant6$ 且极差小于平均值的 30% 时，宜取平均值乘以 0.85~0.95 的折减系数作为标准值（其数值不应小于最小值）；2）当 $n=3$ 或 $3<n\leqslant6$ 且极差大于平均值的 30% 时，可取平均值乘以 0.85~0.95 的折减系数作为标准值（其数值不应大于最小值）。折减系数根据岩土均匀性确定。均匀时取较大值，不均匀时取较小值。

在专门性边坡工程地质勘察时，对有特殊要求的岩体边坡宜作岩体蠕变试验。

岩石（体）作为一种材料，具有在静载作用下随时间推移出现强度降低的"蠕变效应"（或称"流变效应"）。岩石（体）流变试验在我国（特别是建筑边坡）进行得不是很多。根据研究资料表明，长期强度一般为平均标准强度的 80% 左右。对于一些有特殊要求的岩质边坡，从安全、经济的角度出发，进行"岩体流变"试验是必要的。

4.2.11 必要的水文地质参数是边坡稳定性评价、预测及排水系统设计所需的，为获取水文地质参数而进行的现场试验必须在确保边坡稳定的前提下进行。

本次修订仅在"不影响边坡条件下"之前增加了附加条件；将"在不影响边坡安全条件下，可进行……"改为"宜在不影响边坡安全条件下，通过……"。

同时明确了影响边坡安全的岩土条件为土质边坡、较破碎、破碎和极破碎的岩质边坡。土质边坡、较破碎、破碎和极破碎的岩质边坡有可能在进行水文测试过程中导致边坡失稳，故应慎重。

4.2.12 本条要求在边坡工程勘察中，对边坡岩土体或可能的支护结构由于地下水产生的侵蚀、矿物成分改变等物理、化学影响及影响程度进行调查研究与评价。

4.2.13 地下水的长期观测和深部位移观测是十分重要的。地下水的长期观测可以为地下水的动态变化提供依据；深部位移观测则是滑坡预测的重要手段之一。

4.2.14 本条是对边坡岩土体和环境保护的基本要求。

4.3 边坡力学参数取值

4.3.1 条文中增加了"并结合类似工程经验"一句话。在表注中作了调整：1）取消"无经验时取表中的低值"；2）将"岩体结构面贯通性差取表中高值"改为"取值时应考虑结构面的贯通程度"；3）新增注 6。

现场剪切试验是确定结构面抗剪强度的一种有效手段，但是，由于受现场试验条件限制、试验费用较高、试验时间较长等影响，在勘察时难以普遍采用。而且，试验点的抗剪强度与整个结构面的抗剪强度可能会存在较大的偏差，这种"以点代面"可能与实际不符。此外，结构面的抗剪强度还将受施工期和运行期各种因素的影响。故本次修订未对现场剪切试验作明确规定，但是当试验条件具备时，一级边坡宜进行现场剪切试验。

准确确定结构面的抗剪强度指标是十分困难的，需要综合试验成果、地区经验，并考虑施工期和运行期各种影响因素，才能合理取值。表 4.3.1 所提供的结构面的抗剪强度指标经验值，经多年使用，情况反映良好，本次修订除附注外未作修改。

本次修订时增加的表注 2"取值时应考虑结构面的贯通程度"是基于构造裂隙面一般延伸长度均有限，当边坡高度较大时，往往在边坡高度范围内裂隙并未完全贯通，有"岩桥"存在。此时边坡整体稳定性不仅受裂隙面的强度控制，更要受到岩体强度的控制。故判定裂隙的贯通程度是边坡勘察工作的重点之一。当采用斜孔、平洞等手段能确判定裂隙延长贯通深度小于边坡高度 1/2 时，裂隙面的抗剪强度的取值要提高（可在本档上限值的基础上适当提高）。

本次修订收集了结构面试验资料范围涉及铁路、水利、公路、城市建筑等领域岩体结构面试验成果共计30余组；并根据需要补充完成了结构面现场试验及室内中型试验共21组作为修订的依据。结构面性状包括层面和裂隙。主要考虑因素包括结构面的结合程度、裂隙宽度、充填物性状、起伏粗糙度、岩壁软硬及水的影响等。通过分析整理，对原《建筑边坡工程技术规范》GB 50330-2002进行完善和补充。需要说明的是，本次收集的结构面试验成果均为抗剪断峰值强度，经折减后成为设计值。具体说明如下：

　　1) 结构面仍然分为五类，对边坡工程实用而言，应该重点研究Ⅱ、Ⅲ、Ⅳ类岩石边坡结构面的性质。

　　2) 原有分类方法主要考虑了结构面张开度、充填性质、岩壁粗糙起伏程度，总体说来还比较笼统。本次提出的分类方法更为具体，分别考虑了结构面结合状况、起伏粗糙度、结构面张开度、充填状况、岩壁状况等5个因素。将结构面类型细分为更多的亚类，力求与实际结构面强度的确定相对应。

　　3) 根据使用意见和研究成果，对各类结构面的表述与指标也作了一些修改，使其更为完善准确，但并无原则性的变动。

4.3.2 补充修改了结构面结合程度判据，更便于操作。

4.3.3 岩体因受结构面的影响，其抗剪强度是低于岩块的。研究表明，较之岩块，岩体的内摩擦角降低不大，而黏聚力却削弱很多。本规范根据大量现场试验资料，给出了边坡岩体内摩擦角的折减系数。

4.3.4 本条的表4.3.4是根据大量边坡工程总结出的经验值。本次修订将各类岩体边坡类型的等效内摩擦角均提高了2°。

4.3.6 本条是对填土力学参数取值和试验方法的规定。

5 边坡稳定性评价

5.1 一般规定

5.1.1 施工期出现新的不利因素的边坡，指在建筑和边坡加固措施尚未完成的施工阶段可能出现显著变形、破坏及其他显著影响边坡稳定性因素的边坡。对于这些边坡，应对施工期出现的不利因素作用下的边坡稳定性作出评价。

　　运行期条件发生变化的边坡，指在边坡运行期由于新建工程等而改变地形（如加高、开挖坡脚等）、水文地质条件、荷载及安全等级的边坡。

5.1.2 定性分析和定量分析相结合的方法，指在边坡稳定性评价中，应以边坡地质结构、变形破坏模式、变形破坏与稳定性状态的地质判断为基础，根据边坡地质结构和破坏类型选取恰当的方法进行定量计算分析，并综合考虑定性判断和定量分析结果作出边坡稳定性评价。

5.2 边坡稳定性分析

5.2.1 根据边坡工程地质条件、可能的破坏模式以及已经出现的变形破坏迹象对边坡的稳定性状态作出定性判断，并对其稳定性趋势作出估计，是边坡稳定性分析的基础。

　　稳定性分析包括滑动失稳和倾倒失稳。滑动失稳可按本章方法进行；倾倒失稳尚不能用传统极限分析方法判定，可采用数值极限分析方法。

　　受岩土体强度控制的破坏，指地质结构面不能构成破坏滑动面，边坡破坏主要受边坡应力场和岩土体强度相对关系控制。

5.2.2 对边坡规模较小、结构面组合关系较复杂的块体滑动破坏，采用赤平极射投影法及实体比例投影法较为方便。

　　对于破坏机制复杂的边坡，难以采用传统的方法计算，目前国外和国内水利水电部门已广泛采用数值极限分析方法进行计算。数值极限分析方法与传统极限分析方法求解原理相同，只是求解方法不同，两种方法得到的计算结果是一致的，对复杂边坡传统极限分析方法无法求解，需要许多人为假设，影响计算精度，而数值极限分析方法适用性广，不另作假设就可直接求得。

5.2.3 对于均质土体边坡，一般宜采用圆弧滑动面条分法进行边坡稳定性计算。岩质边坡在发育3组以上结构面，且不存在优势外倾结构面组的条件下，可以认为岩体为各向同性介质，在斜坡规模相对较大时，其破坏通常按近似圆弧滑面发生，宜采用圆弧滑动面条分法计算。

　　通过边坡地质结构分析，存在平面滑动可能性的边坡，可采用平面滑动稳定性计算方法计算。对建筑边坡来说，坡体后缘存在竖向贯通裂缝的情况较少，是否考虑裂隙水压力应视具体情况确定。

　　对于规模较大，地质结构较复杂，或者可能沿基岩与覆盖层界面滑动的情形，宜采用折线滑动面计算方法进行边坡稳定性计算。

5.2.4 对于圆弧形滑动面，本规范建议采用简化毕肖普法进行计算，通过多种方法的比较，证明该方法有很高的准确性，已得到国内外的公认。以往广泛应用的瑞典法，虽然求解简单，但计算误差较大，过于安全而造成浪费，所以瑞典法不再列入规范。

　　对于折线形滑动面，本规范建议采用传递系数隐式解法。传递系数法有隐式解与显式解两种形式。显式解的出现是由于当时计算机不普及，对传递系数作了一个简化的假设，将传递系数中的安全系数值假设为1，从而使计算简化，但增加了计算误差。同时对安全系数作了新的定义，在这一定义中当荷载增大时只考虑下滑力的增大，不考虑抗滑力的提高，这也不符合力学规律。因而隐式解优于显式解，当前计算机已经很普及，应当回归到原来的传递系数法。

无论隐式解与显式解法，传递系数法都存在一个缺陷，即对折线形滑面有严格的要求，如果两滑面间的夹角（即转折点处的两倾角的差值）过大，就会出现不可忽视的误差。因而当转折点处的两倾角的差值超过10°时，需要对滑面进行处理，以消除尖角效应。一般可采用对突变的倾角作圆弧连接，然后在弧上插点，来减少倾角的变化值，使其小于10°，处理后，误差可以达到工程要求。

对于折线形滑动面，国际上通常采用摩根斯坦-普赖斯法进行计算。摩根斯坦-普赖斯法是一种严格的条分法，计算精度很高，也是国外和国内水利水电部门等推荐采用的方法。由于国内许多工程界习惯采用传递系数法，通过比较，尽管传递系数法是一种非严格的条分法，如果采用隐式解法且两滑面间的夹角不大，该法也有很高的精度，而且计算简单，国内广为应用，我国工程师比较熟悉，所以本规范建议采用传递系数隐式解法。在实际工程中，也可采用国际上通用的摩根斯坦-普赖斯法进行计算。

附录A主要是用来计算边坡的稳定性系数，对于折线形滑面的滑坡推力可采用附录A中的传递系数法，计算时，应将公式（A.0.3-2）和公式（A.0.3-3）中的稳定系数 F_i 替换为安全系数 F_{st}，以此计算的 P_n，即为滑坡的推力。

5.2.6 本条表5.2.6中的水平地震系数的取值是采用新的现行国家标准《建筑抗震鉴定标准》GB 50023中的值换算得到的。

5.3 边坡稳定性评价标准

5.3.1 为了边坡的维修工作的方便，提出了边坡稳定状态分类的评价标准。

5.3.2 由于建筑边坡规模较小，一般工况中采用的安全系数又较高，所以不再考虑土体的雨季饱和工况。对于受雨水或地下水影响大的边坡工程，可结合当地做法，按饱和工况计算，即按饱和重度与饱和状态时的抗剪强度参数。

规范中边坡安全系数是按通常情况确定的，特殊情况（如坡顶存在安全等级为一级的建构筑物，存在油库等破坏后有严重后果的建筑边坡）下安全系数可适当提高。

6 边坡支护结构上的侧向岩土压力

6.1 一般规定

6.1.1、6.1.2 当前，国内外对土压力的计算一般采用著名的库仑公式与朗金公式，但上述公式基于极限平衡理论，要求支护结构发生一定的侧向变形。若挡墙的侧向变形条件不符合主动极限平衡状态条件时则需对侧向岩土压力进行修正，其修正系数可依据经验确定。

土质边坡的土压力计算应考虑如下因素：

  1 土的物理力学性质（重力密度、抗剪强度、墙与土之间的摩擦系数等）；

  2 土的应力历史和应力路径；

  3 支护结构相对土体位移的方向、大小；

  4 地面坡度、地面超载和邻近基础荷载；

  5 地震荷载；

  6 地下水位及其变化；

  7 温差、沉降、固结的影响；

  8 支护结构类型及刚度；

  9 边坡与基坑的施工方法和顺序。

岩质边坡的岩石压力计算应考虑如下因素：

  1 岩体的物理力学性质（重力密度、岩石的抗剪强度和结构面的抗剪强度）；

  2 边坡岩体类别（包括岩体结构类型、岩石强度、岩体完整性、地表水浸蚀和地下水状况、岩体结构面产状、倾向、结构面的结合程度等）；

  3 岩体内单个软弱结构面的数量、产状、布置形式及抗剪强度；

  4 支护结构相对岩体位移的方向与大小；

  5 地面坡度、地面超载和邻近基础荷载；

  6 地震荷载；

  7 支护结构类型及刚度；

  8 岩石边坡与基坑的施工方法与顺序。

6.1.3 侧向岩土压力的计算公式主要是采用著名的库仑公式与朗金公式，但对复杂情况的侧压力计算，近年来数值计算技术发展较快，计算机及相关的软件也较多。目前国际上和我国水利水电部门广泛采用数值极限分析方法，如有限元强度折减法和超载法，其计算结果与传统极限分析法相同，对于传统极限分析法无法求解的复杂问题十分适用，因此对于复杂情况下岩土侧压力计算可采用数值极限分析法。如岩土组合边坡的稳定性分析采用有限元强度折减法可以方便地求出稳定安全系数与滑动面。

6.2 侧 向 土 压 力

6.2.1～6.2.5 按经典土压力理论计算静止土压力、主动与被动土压力。本条规定主动土压力可用库仑公式与朗金公式，被动土压力采用朗金公式。一般认为，库仑公式计算主动土压力比较接近实际，但计算被动土压力误差较大；朗金公式计算主动土压力偏于保守，但算被动土压力反而偏小。建议实际应用中，用库仑公式计算主动土压力，用朗金公式计算被动土压力。

静止土压力系数可以用 K_0 试验测试，测定 K_0 的仪器有静止侧压力系数测定仪或三轴仪，在现行行业标准《土工试验规程》SL 237，静止侧压力系数试验（SL237-028-1999）中规定了具体试验的要求。但由于该项试验方法还未列入国家标准《土工试验方法标准》GB/T 50123 中，所以实际工程中，多数采用经验公式或经验参数，这二者得到的数值差不多，原规范推荐采用经验参数，本次修订时仍然采用经验参数。一般说来，在实际工程应用时，对正常固结的黏性土或砂土，颗粒越粗或土越密实，K_0 取本规范推荐的低值，反之取高值。但对超固结土，有时存在土的水平应力大于竖直应力，会出现 K_0 大于 1 的情况，使用时应注意超固结土的情况。

6.2.6、6.2.7 采用水土分算还是水土合算，是当前有争议的问题。一般认为，对砂土与粉土采用水土分算，黏性土采用水土合算。水土分算时采用有效应力抗剪强度；水土合算时采用总应力抗剪强度。对正常固结土，一般以室内自重固结下不排水指标求主动土压力；以不固结不排水指标求被动土压力。

6.2.8 本条主动土压力是按挡墙后有较陡的稳定岩石边坡情况下导出的。

本次规范修订时，对于稳定且无软弱层岩石坡面与填土间的摩擦角 δ_r 的取值及其影响，以及对于稳定岩石角度 θ 的影响，课题组进行了专门的研究，研究结论认为，稳定岩石与土之间的摩擦角 δ_r 对主动土压力计算值影响很大。随稳定岩石坡面与土之间的摩擦角 δ_r 的增加，主动土压力值会明显减小。当 $\delta_r = \varphi$ 时，应用公式（6.2.8）计算得到的值比公式（6.2.3）得到的值略小，它们间的结果相近；当 $\delta_r = 0.5\varphi$ 时，应用公式（6.2.8）计算得到的值比公式（6.2.3）得到的值大 1.541 倍～2.549 倍，同时随 c 值的增大而增加。另外随稳定岩石角度 θ 的增加，主动土压力的值会有所减小，但影响值明显比稳定岩石与土之间的摩擦角 δ_r 影响小。稳定岩石坡面与填土间的摩擦角取值宜根据试验确定。当无试验资料时，可按本条中提出的建议值 $\delta_r = (0.40～0.70)\varphi$。一般说来对黏性土与粉土取低值，对砂性土与碎石土取高值。

6.2.9 本条提出的一些特殊情况下的土压力计算公式，是依据土压力理论结合经验而确定的半经验公式。

本条在原规范的基础上，增加了边坡为二阶时，岩土边坡土压力的计算公式。二阶的直立岩质边坡是常见的边坡，根据平面滑裂面导出了在二阶的边坡上总岩土压力计算式与滑裂面的倾角。二阶直立岩石边坡上总岩石压力计算式与滑裂面的倾角计算的计算公式与二阶直立土质边坡的计算基本相同，但如岩体中存在外倾结构面时，滑裂面的倾角取外倾结构面的倾角。对于单阶边坡，此式可退化到朗肯公式。

6.2.10 当土质边坡的坡面为倾斜时，根据平面滑裂面，得到了土压力计算公式与滑裂面的计算公式（6.2.10）。

本条规定的关于边坡坡面为倾斜时的土压力计算公式，可以确定边坡破坏时平面破裂角。用公式（6.2.10）计算主动土压力值与公式（6.2.3）的值一致，但对一般的斜边坡公式（6.2.10）比公式（6.2.3）更为简洁，当 $\alpha = 90°$ 或倾斜边坡坡高为临界高度时，$\theta = (\alpha + \varphi)/2$。

6.2.11 在地震作用下，考虑地震作用时的土压力计算，应考虑地震角的影响，地震角的大小与地震设计烈度有关，并采用库仑理论公式计算。本规范中的关于地震情况下的土压力计算公式，是参照国内建筑、铁路、公路、交通等行业的抗震规范提出的，计算时，土的重度除以地震角的余弦，墙背填土的内摩擦角和墙背摩擦角分别减去地震角和增加地震角。地震角的取值是采用现行国家标准《建筑抗震鉴定标准》GB 50023 中的值。

6.3 侧向岩石压力

6.3.1 岩体与土体不同，滑裂角为外倾结构面倾角，因而由此推出的岩石压力公式与库仑公式不同，当滑裂角 $\theta = 45° + \varphi/2$ 时公式（6.3.1）即为库仑公式。当岩体无明显结构面时或为破碎、散体岩体时 θ 角取 $45° + \varphi/2$。

6.3.2 有些岩体中存在外倾的软弱结构面，即使结构面倾角很小，仍可能产生四面楔体滑落，对滑落体的大小按当地实际情况确定。滑落体的稳定分析采用力多边形法验算。

6.3.3 本条给出滑移型永久性边坡且坡顶无建筑荷载时岩质边坡侧向岩石压力计算方法，以及破裂角设计取值原则。本条中的无建筑荷载主要是指无重要建筑物或荷载较大的建筑物。本条规定侧压力可按理论公式和按等效内摩擦角的经验公式计算，两者中取大值作为设计依据。一般情况下，由于规定的等效内摩擦角取得很大，经验公式算出的结果都会小于理论公式计算的结果（除Ⅵ类岩体边坡外）。当岩质和结构面结合程度高时，导致按理论计算公式计算得到的推力为零或极小，以致不需要支护或支护量极少。为保证工程安全，实际工程中这种情况下仍然需要一定的支护。经验公式不会算出推力为零或极小的情况，起到了保证最少支护量的作用。经验公式计算考虑以下因素：①建筑岩石边坡在使用期内，受不利因素与时间效应的影响，岩石及结构面强度可能软化降低；②考虑偶然地震荷载作用的不利影响；③考虑地质参数取值可能存在变异性的不利影响，本条的计算方法力图达到边坡支护的可靠度，满足现行标准的要求。

对临时岩质边坡侧向岩石压力计算和破裂角的取值作出一定的修正，其依据是临时边坡设计中可以不考虑时间效应和地震效应等不利因素的影响，因此岩压力的计算可以适当放松，按经验公式计算时等效内摩擦角可取规范中的高值；另外，对于破裂角的取值也可提高。但坡顶有建（构）筑物荷载的临时边坡应考虑坡顶建（构）筑物荷载对边坡塌滑区范围的扩大影响，同时应满足永久性边坡的相关规定。

6.3.4 当岩石边坡的坡面为倾斜时，根据平面滑裂面假定，得到了岩石压力计算公式与滑裂面的计算公式［同公式（6.2.10）］，如果岩体中存在外倾结构面时，滑裂面的倾角取外倾结构面的倾角。

6.3.5 在地震作用下，考虑地震作用时的岩石侧压力计算，应考虑地震角的影响，地震角的大小与地震设计烈度有关。根据现行国家标准《铁路工程抗震设计规范》GB 50111-2006（2009年版）条文说明中第6.1.6条，工程震害调查表明，位于岩石地基上的挡土墙震害比在土基上的挡土墙稍轻微，因而岩石地基上的地震角取值与本规范第6.2.11条相同，并采用库仑理论公式计算。

7 坡顶有重要建（构）筑物的边坡工程

7.1 一般规定

7.1.1 本条确定了本章的适用范围及坡顶有建（构）筑物时边坡工程的分类。可分为坡顶有既有建（构）筑物的边坡工程、边坡与坡顶建（构）筑物同步施工的边坡工程及坡顶新建建（构）筑物的既有边坡工程。对7度以上地区，可参照本章相关规定并结合地区特点加强处理。

7.1.2 当坡顶邻近有重要建筑物时，支护结构方案选择时应优先选择排桩式锚杆挡墙、锚拉式桩板式挡墙或抗滑桩，其具有受力可靠、边坡变形小、施工期对边坡稳定性和建筑地基基础扰动小的优点，对土质边坡或有外倾结构面的岩质边坡宜采用预应力锚杆，更有利于控制边坡变形，确保坡顶建（构）筑物安全。除按本章优选支护方案外，还应充分考虑下列因素：

　　1 边坡开挖对坡顶邻近建筑物的安全和正常使用的不利影响程度；

　　2 坡顶邻近建筑物基础形式及距坡顶邻近建筑物的距离；

　　3 坡顶邻近建（构）筑物及管线等对边坡变形的接受程度；

　　4 施工开挖期边坡的稳定状况及施工安全和可行性。

7.2 设计计算

7.2.1、7.2.2 当坡顶建筑物基础位于边坡塌滑区，建筑物基础传来的垂直荷载、水平荷载及弯矩部分作用于支护结构时，边坡支护结构强度、整体稳定和变形验算均应根据工程具体情况，考虑建筑物传来的荷载对边坡支护结构的作用。其中建筑水平荷载对边坡支护结构作用的定性及定量近似估算，可根据基础方案、构造做法、荷载大小、基础到边坡的距离、边坡岩土体性状等因素确定。建筑物传来的水平荷载由基础抗侧力、地基摩擦力及基础与边坡间坡体岩土抗力承担，当水平作用力大于上述抗力之和时由支护结构承担不平衡的水平力。

坡顶建筑物基础与边坡支护结构的相互作用主要考虑建筑荷载传给支护结构，对边坡稳定影响，因边坡临空状使建筑物地基侧向约束减小后地基承载力相应降低及新施工的建筑基础和施工开挖期对边坡原有水系产生的不利影响。

在已有建筑物的相邻处开挖边坡，目前已有不少成功的工程实例，但危及建筑物安全的事故也时有发生。建筑物的基础与支护结构之间距离越近，事故发生的可能性越大，危害性越大。本条规定的目的是尽可能保证建筑物基础与支护结构间较合理的安全距离，减少边坡工程事故发生的可能性。确因工程需要时，应采取相应措施确保勘察、设计和施工的可靠性。不应出现因新开挖边坡使原稳定的建筑基础置于稳定性极差的临空外侧外倾软弱结构面的岩体和稳定性极差的土质边坡塌滑区外边缘，造成高风险的边坡工程。

7.2.3 当坡肩有建筑物、挡墙的变形量较大时，将危及建筑物的安全及正常使用。为使边坡的变形量控制在允许范围内，根据建筑物基础与边坡外边缘的关系和岩土外倾结构面条件采用第7.2.3条、第7.2.4条和第7.2.5条确定的岩土侧压力设计值。其目的是使边坡受力稳定的同时，确保边坡只发生较小变形，这样有利于保证坡顶建筑物的安全及正常使用。

对高层建筑，其传至边坡的水平荷载较大，按第7.2.1条的条文分析可知，支护结构可能承担高层建筑物基础传来的不平衡的水平力，设计时应充分重视，应设置钢筋混凝土地下室，并加大地下室埋深，借用钢筋混凝土地下室的刚体及其底板与地基间的摩阻力平衡高层建筑物传来的部分水平力，同时高层建筑钢筋混凝土地下室基础可采用桩基础（桩周边加设隔离层）将基础垂直荷载传至边坡破裂面以下足够深度的稳定岩土层内，此时，H 值可从地下室底标高算至坡底，否则，H 仍取边坡高度。除设置钢筋混凝土地下室外，还应加强支护结构的抗侧力以平衡高层建筑物可能传来的水平力。

7.2.4 本条主动岩石压力修正系数 β_1 的确定考虑以下因素：

　　1 有利于控制坡顶有重要建（构）筑物的边坡变形，保证坡顶建（构）筑物的功能和安全；

　　2 岩石边坡开挖后侧向变形受支护结构或预应

力锚杆约束，边坡侧压力相应增大，本规范按岩石主动土压力乘以修正系数 β_1 来反映土压力增大现象；

3 β_1 值的定量确定目前无工程实测资料和相关标准可以借鉴，从理论分析看，坚硬的块石类土静止土压力约为主动土压力 1.80 倍左右，以此类比，岩体结构面结合较差，岩体完整程度为较破碎的Ⅳ类岩体，本规范主动土压力系数 β_1 定为 1.45～1.55，考虑Ⅰ～Ⅲ类岩石的结构完整性，则分别采用 1.30～1.45。

7.3 构造设计

7.3.6 当坡顶附近有重要建（构）筑物时除应保证边坡整体稳定性外，还应控制边坡工程变形对坡顶建（构）筑物的危害。边坡的变形值大小与边坡高度、坡顶建（构）筑物荷载的大小、地质条件、水文条件、支护结构类型、施工开挖方案等因素相关，变形计算复杂且不够成熟，有关规范均未提出较成熟的计算方法，工程实践中只能根据地区经验，采用工程类比的方法，从设计、施工、变形监测等方面采取措施控制边坡变形。

同样，支护结构变形允许值涉及因素较多，难以用理论分析和数值计算确定，工程设计中可根据边坡条件按地区经验确定。

7.4 施 工

7.4.1 施工时应加强监测和信息反馈，并作好有关工程应急预案。

7.4.3 稳定性较差的岩土边坡（较软弱的土边坡，有外倾软弱结构面的岩石边坡，潜在滑坡等）开挖时，

不利组合荷载下的不利工况时边坡的稳定和变形控制应满足有关规定要求，避免出现施工事故，必要时应采取施工措施增强施工期的稳定性。

8 锚杆（索）

8.1 一般规定

8.1.2 锚杆是能将张拉力传递到稳定的或适宜的岩土体中的一种受拉杆件（体系），一般由锚头、杆体自由段和杆体锚固段组成。当采用钢绞线或钢丝束作杆体材料时，可称为锚索（图 1）。根据锚固段灌浆体受力的不同，主要分为拉力型、压力型、荷载分散型（拉力分散型与压力分散型）等（图 2）。拉力型锚杆锚固段灌浆体受拉，浆体易开裂，防腐性能差，但易于施工；压力型锚杆锚固段灌浆体受压，浆体不易开裂，防腐性能好，承载力高，可用于永久性工程。锚杆挡墙是由锚杆和钢筋混凝土肋柱及挡板组成的支挡结构物，它依靠锚固于稳定岩土层内锚杆的抗拔力平衡挡板处的土压力。近年来，锚杆技术发展迅速，在边坡支护、危岩锚定、滑坡整治、洞室加固及高层建筑基础锚固等工程中广泛应用，具有实用、安全、经济的特点。

8.1.5 当坡顶边缘附近有重要建（构）筑物时，一般不允许支护结构发生较大变形，此时采用预应力锚杆能有效控制支护结构及边坡的变形量，有利于建（构）筑物的安全。

对施工期稳定性较差的边坡，采用预应力锚杆减少变形同时增加边坡滑裂面上的正应力及阻滑力，有利于边坡的稳定。

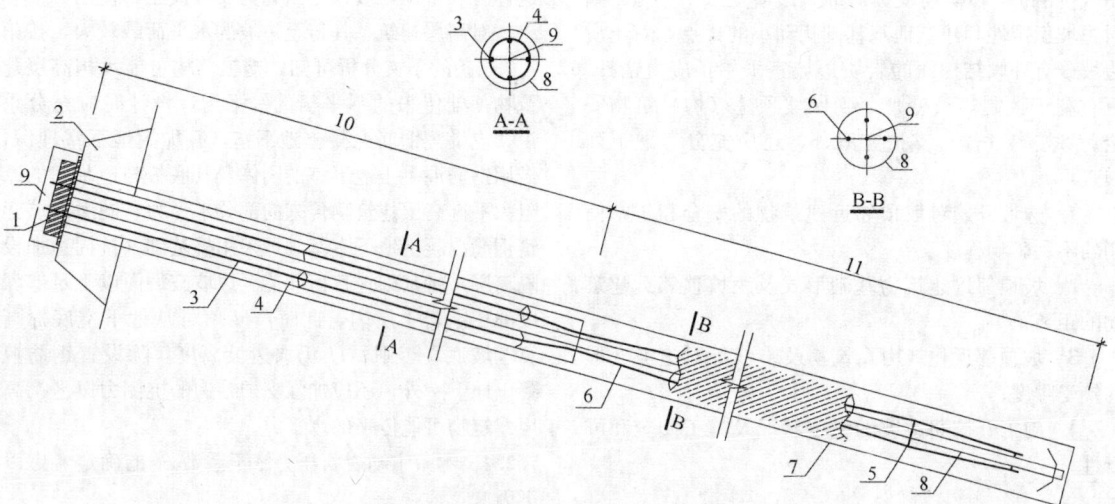

图 1 永久性拉力型锚索结构图

1—锚具；2—垫座；3—涂塑钢绞线；4—光滑套管；5—隔离架；6—无包裹钢绞线；
7—钻孔壁；8—注浆管；9—保护罩；10—自由段区；11—锚固段区

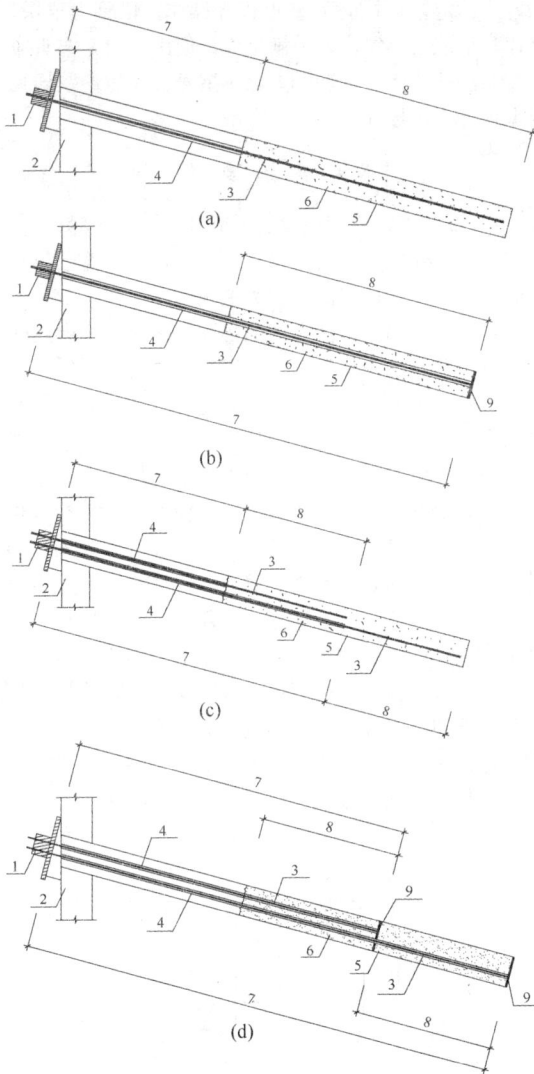

图 2　压力分散型锚杆简图

(a) 拉力型锚杆；(b) 压力型锚杆；
(c) 拉力分散型锚杆；(d) 压力分散型锚杆
1—锚头；2—支护结构；3—杆体；4—保护套管；
5—锚杆钻孔；6—锚固段灌浆体；7—自由段区；
8—锚固段区；9—承载板（体）

8.2　设 计 计 算

本节将锚杆（索）设计部分涉及的杆体（钢筋、钢绞线、预应力钢丝）截面积、锚固体与地层的锚固长度，杆体与锚固体（水泥浆、水泥砂浆等）的锚固长度计算由原规范中的概率极限状态设计方法转换成传统意义的安全系数法计算，以便与国家现行岩土工程类多数标准修改稿的思路保持一致。对应的地层（岩石与土体）与锚固体之间粘结强度特征值由地层与锚固体间粘结强度极限标准值替代。原规范中的临时性锚杆、永久性锚杆的荷载分项系数、杆体抗拉工作条件系数、锚固体与地层间粘结工作条件系数、杆

体与锚固体粘结强度工作条件系数在锚杆杆体抗拉安全系数和岩土锚杆锚固体抗拔安全系数中综合考虑。

此外，对不同边坡工程安全等级所对应的临时性锚杆、永久性锚杆的锚杆杆体抗拉安全系数和锚杆锚固体抗拔安全系数按不同的边坡工程安全等级逐一作出了规定。

8.2.1　用于边坡支护的锚杆轴向拉力 N_{ak} 是荷载分项系数 1.0 的荷载效应基本组合时，锚杆挡墙计算求得的锚杆拉力组合值，可按本规范第 6 章的静力平衡法或等值梁法（附录 F）计算的锚杆挡墙支点力求得。

用于滑坡和边坡抗滑稳定支护的锚杆轴向拉力为荷载分项系数 1.0 时，用满足滑坡和边坡安全稳定系数（表 5.3.2）时的滑坡推力和边坡推力对锚杆挡墙计算求得。

8.2.2～8.2.4　锚杆设计宜先按式（8.2.2）计算所用锚杆钢筋的截面积，选择每根锚杆实配的钢筋根数、直径和锚孔直径，再用选定的锚孔直径按式（8.2.3）确定锚固体长度 l_a〔此时，锚杆（索）承载力极限值 $N = A_s f_y (A_s f_{py})$ 或 $\pi D f_{rbki} l_a$ 的较小值〕。然后再用选定的锚杆钢筋面积按式（8.2.3）和式（8.2.4）确定锚杆杆体的锚固长度 l_a。

锚杆杆体与锚固体材料之间的锚固力一般高于锚固体与土层间的锚固力，因此土层锚杆锚固段长度计算结果一般均为式（8.2.3）控制。

极软岩和软质岩中的锚固破坏一般发生于锚固体与岩层间，硬质岩中的锚固端破坏可发生在锚杆杆体与锚固体材料之间，因此岩石锚杆锚固段长度应分别按式（8.2.3）和式（8.2.4）计算，取其中大值。

表 8.2.3-2 主要根据重庆及国内其他地方的工程经验，并结合国外有关标准而定的；表 8.2.3-3 数值主要参考现行国家标准《锚杆喷射混凝土支护技术规范》GB 50086 及国外有关标准确定。锚杆极限承载力标准值由基本试验确定，对于二、三级边坡工程中的锚杆，其极限承载力标准值也可由地层与锚固体粘结强度标准值与其两者的接触表面积的乘积来估算。

锚杆设计顺序和内容可按图 3 进行。

8.2.6　自由段作无粘结处理的非预应力岩石锚杆受拉变形主要是非锚固段钢筋的弹性变形，岩石锚固段理论计算变形值或实测变形值均很小。根据重庆地区大量现场锚杆锚固段变形实测结果统计，砂岩和泥岩锚固性能较好，3φ25 四级精轧螺纹钢，用 M30 砂浆锚入整体结构的中风化泥岩中 2m 时，在 600kN 荷载作用下锚固段钢筋弹性变形仅为 1mm 左右。因此非预应力无粘结岩石锚杆的伸长变形主要是自由段钢筋的弹性变形，其水平刚度可近似按式（8.2.6-1）估算。

自由段无粘结的土层锚杆主要考虑锚杆自由段和锚固段的弹性变形，其水平刚度系数可近似按式

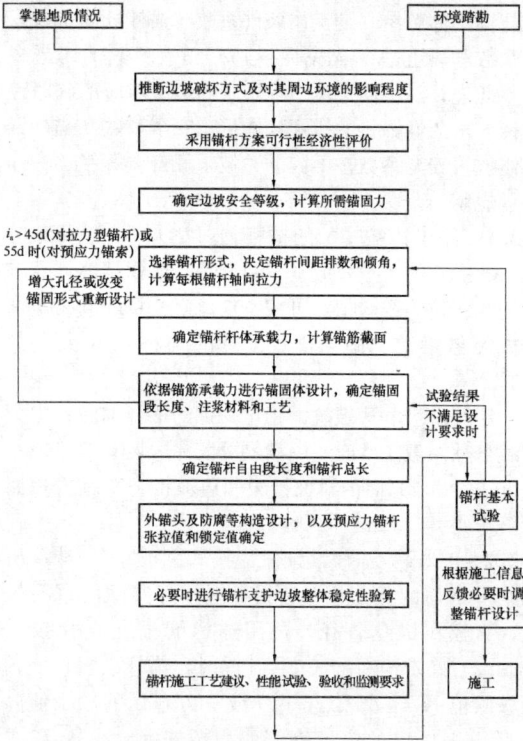

图 3　锚杆设计顺序及内容

掌握地质情况　　　　　环境踏勘

推断边坡破坏方式及对其周边环境的影响程度

采用锚杆方案可行性经济性评价

确定边坡安全等级，计算所需锚固力

$l_a>45d$(对拉力型锚杆)或55d时(对预应力锚索)

增大孔径或改变锚固形式重新设计

选择锚杆形式，决定锚杆间距排数和倾角，计算每根锚杆轴向拉力

确定锚杆杆体承载力，计算锚筋截面

依据锚筋承载力进行锚固体设计，确定锚固段长度、注浆材料和工艺

试验结果不满足设计要求时

确定锚杆自由段长度和锚杆总长

锚杆基本试验

外锚头及防腐等构造设计，以及预应力锚杆张拉值和锁定值确定

必要时进行锚杆支护边坡整体稳定性验算

根据施工信息反馈必要时调整锚杆设计

锚杆施工工艺建议、性能试验、验收和监测要求

施工

(8.2.6-2)估算。

8.2.7　预应力岩石锚杆由于预应力的作用效应，锚固段变形极小。当锚杆承受的拉力小于预应力值时，整根预应力岩石锚杆受拉变形值都较小，可忽略不计。全粘结岩石锚杆的理论计算变形值和实测值也较小，可忽略不计，故可按刚性拉杆考虑。

8.3　原　材　料

8.3.2　对非预应力全粘结型锚杆，当锚杆承载力标准值低于400kN时，采用Ⅱ、Ⅲ级钢筋能满足设计要求，其构造简单，施工方便。承载力设计值较大的预应力锚杆，宜采用钢绞线或高强钢丝，首先是因为其抗拉强度远高于Ⅱ、Ⅲ级钢筋，能满足设计值要求，同时可大幅度地降低钢材用量；二是预应力锚索需要的锚具、张拉机具等配件有成熟的配套产品，供货方便；三是其产生的弹性伸长总量远高于Ⅱ、Ⅲ级钢筋，当锚头松动，钢筋松弛等原因引起的预应力损失值也要小得多；四是钢绞线、钢丝运输、安装较粗钢筋方便，在狭窄的场地也可施工。高强精轧螺纹钢则适用于中级承载能力的预应力锚杆，有钢绞线和普通粗钢筋的类同优点，其防腐的耐久性和可靠性较高，锚杆处于水下，腐蚀性较强的地层中，且需预应力时宜优先采用。

镀锌钢材在酸性土质中易产生化学腐蚀，发生"氢脆"现象，故作此条规定。

8.3.4　锚具的构造应使每束预应力钢绞线可采用夹片方式锁定，张拉时可整根锚杆操作。锚具由锚头、夹片和承压板等组成，为满足设计使用目的，锚头应具有多次补偿张拉的功能，锚具型号及性能参数详见国家现行有关标准。

8.4　构　造　设　计

8.4.1　本条规定锚固段设计长度取值的上限值和下限值，是为保证锚固效果安全、可靠，使计算结果与锚固段锚固体和地层间的应力状况基本一致。

日本有关锚固工法介绍的锚固段锚固体与地层间锚固应力分布如图4所示。由于灌浆体与岩土体和杆体的弹性特征值不一致，当杆体受拉后粘结应力并非沿纵向均匀分布，而是出现如图中Ⅰ所示应力集中现象。当锚固段过长时，随着应力不断增加从靠近边坡面处锚固端开始，灌浆体与地层界面的粘结逐渐软化或脱开，此时可发生裂缝沿界面向深部发展现象，如图中Ⅱ所示。随着锚固效应弱化，锚杆抗拔力并不与锚固长度增加成正比，如图中Ⅲ所示。由此可见，计算采用过长的增大锚固长度，并不能提高锚力，公式(8.2.3)应用必须限制计算长度的上限值，国外有关标准规定计算长度不超过10m。实际工程中，考虑到锚杆耐久性和对岩土体加固效应等因素，锚杆实际锚固长度可适当加长。

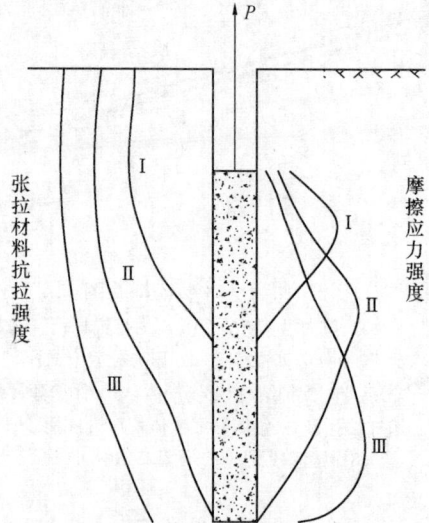

图 4　拉力型锚杆锚固应力分布图
Ⅰ—锚杆工作阶段应力分布图；
Ⅱ—锚杆应力超过工作阶段，变形
增大时应力分布图；Ⅲ—锚固段
处于破坏阶段时应力分布图

反之，锚固段长度设计过短时，由于实际施工期锚固区地层局部强度可能降低，或岩体中存在不利组合结构面时，锚固段被拔出的危险性增大，为确保锚固安全度的可靠性，国内外有关标准均规定锚固段构造长度不得小于3.0m～4.0m。

大量的工程试验证实，在硬质岩和软质岩中，中、小级承载力锚杆在工作阶段锚固段应力传递深度约为1.5m～3.0m（12倍～20倍钻孔直径），三峡工程锚固于花岗岩中3000kN级锚索工作阶段应力传递深度实测值约为4.0m（约25倍孔径）。

综合以上原因，本规范根据大量锚杆试验结果及锚固段设计安全度及构造需要，提出锚固段的设计计算长度应满足本条要求。

当计算锚固段长度超过限值时，可采取锚固段压力灌浆（二次劈裂灌浆）方法加固锚固段周围土体、提高土体与锚固体粘结摩阻力，以获得更高单位长度锚固段抗拔承载力。一般情况下，采取压力灌浆方法可提高锚固力1.2倍～1.5倍。此外，还可采用改变锚固体形式的方法即荷载分散型锚杆。荷载分散型锚杆是在同一个锚杆孔内安装几个单元锚杆，每个单元锚杆均有各自的锚杆杆体、自由段和锚固段。承受集中拉力荷载时，各个不同的单元锚杆锚固段分别承担较小的拉力荷载，使锚杆锚固段上粘结应力大大减小且相应于整根锚杆分布均匀，能最大限度地调用整个加固范围内土层强度。可根据具体锚杆孔直径大小与承载力要求设置单元锚杆个数，使锚杆承载力可随锚固段长度的增加正比例提高，满足使用要求。此外，压力分散型锚杆还可增加防腐能力，减小预应力损失，特别适用于相对软弱又对变形及承载力要求较高的岩土体。锚固应力分布见图5。

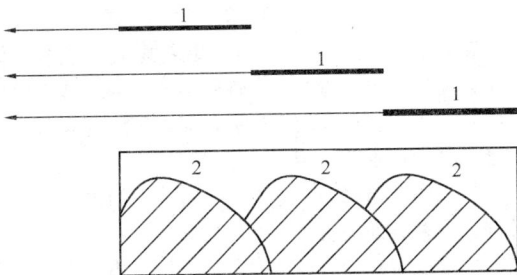

图5 荷载分散型锚杆锚固应力分布图
1—单元锚杆；2—粘摩阻力

8.4.3 锚杆轴线与水平面的夹角小于10°后，锚杆外端灌浆饱满度难以保证，因此建议夹角一般不小于10°。由于锚杆水平拉力等于拉杆强度与锚杆倾角余弦值的乘积，锚杆倾角过大时锚杆有效水平拉力下降过多，同时将对锚肋作用较大的垂直分力，该垂直分力在锚肋基础设计时不能忽略，同时对施工期锚杆挡墙的竖向稳定不利，因此锚杆倾角宜为10°～35°。

8.4.6 在锚固段岩体破碎，渗水严重时，水泥固结灌浆可达到密封裂隙，封阻渗水，保证和提高锚固性能效果。

8.4.7、8.4.8 锚杆防腐处理的可靠性及耐久性是影响锚杆使用寿命的重要因素之一，"应力腐蚀"和"化学腐蚀"双重作用将使杆体锈蚀速度加快，锚杆

使用寿命大大降低，防腐处理应保证锚杆各段均不出现杆体材料局部腐蚀现象。

锚杆的防腐保护等级与措施应根据锚杆的设计使用年限及所处地层有无腐蚀性确定。腐蚀环境中的永久性锚杆应采用Ⅰ级防腐保护构造；非腐蚀环境中的永久性锚杆及腐蚀环境中的临时性锚杆应采用Ⅱ级防护，非腐蚀环境中的临时性锚杆可采用Ⅲ级简单防腐保护构造。具体防腐做法及要求可参见现行国家标准《锚杆喷射混凝土支护技术规范》GB 50086相关要求。

9 锚杆（索）挡墙

9.1 一般规定

9.1.1 本条列举锚杆挡墙的常用形式，此外还有竖肋和板为预制构件的装配肋板式锚杆挡墙，下部为挖方、上部为填方的组合锚杆挡墙。

根据地形、地质特征和边坡荷载等情况，各类锚杆挡墙的方案特点及其适用性如下：

1 钢筋混凝土装配式锚杆挡土墙适用于填方地段。

2 现浇钢筋混凝土板肋式锚杆挡土墙适用于挖方地段，当土方开挖后边坡稳定性较差时应采用"逆作法"施工。

3 排桩式锚杆挡土墙：适用于边坡稳定性很差、坡肩有建（构）筑物等附加荷载地段的边坡。当采用现浇钢筋混凝土板肋式锚杆挡土墙，还不能确保施工期的坡体稳定时宜采用本方案。排桩可采用人工挖孔桩、钻孔桩或型钢。排桩施工完后用"逆作法"施工锚杆及钢筋混凝土挡板或拱板。

4 钢筋混凝土格架式锚杆挡土墙：墙面垂直型适用于稳定性、整体性较好的Ⅰ、Ⅱ类岩石边坡，在坡面上现浇网格状的钢筋混凝土格架，竖向肋和水平梁的结点上加设锚杆，岩面可加钢筋网并喷射混凝土作支挡或封面处理；墙面后仰型可用于各类岩石边坡和稳定性较好的土质边坡，格架内墙面根据稳定性可作封面、支挡或绿化处理。

5 钢筋混凝土预应力锚杆挡土墙：当挡土墙的变形需要严格控制时，宜采用预应力锚杆。锚杆的预应力也可增大滑面或破裂面上的静摩擦力并产生抗力，更有利于坡体稳定。

9.1.2 工程经验证明，稳定性差的边坡支护，采用排桩式预应力锚杆挡墙且逆作施工是安全可靠的，设计方案有利于边坡的稳定及控制边坡水平及垂直变形。故本条提出了几种稳定性差、危害性大的边坡支护宜采用上述方案。此外，采用增设锚杆、对锚杆和边坡施加预应力或跳槽开挖等措施，也可增加边坡的稳定性。设计应结合工程地质环境、重要性及施工条

件等因素综合确定支持方案。

9.1.4 填方锚杆挡土墙垮塌事故经验证实，控制好填方的质量及采取有效措施减小新填土沉降压缩、固结变形对锚杆拉力增加和对挡墙的附加推力增加是高填方锚杆挡墙成败关键。因此本条规定新填方锚杆挡墙应作特殊设计，采取有效措施控制填方对锚杆拉力增加过大的不利情况发生。当新填方边坡高度较大且无成熟的工程经验时，不宜采用锚杆挡墙方案。

9.2 设 计 计 算

9.2.2 挡墙侧向压力大小与岩土力学性质、墙高、支护结构形式及位移方向和大小等因素有关。根据挡墙位移的方向及大小，其侧向压力可分为主动土压力、静止土压力和被动土压力。由于锚杆挡墙构造特殊，侧向压力的影响因素更为复杂，例如：锚杆变形量大小、锚杆是否加预应力、锚杆挡土墙的施工方案等都直接影响挡墙的变形，使土压力发生变化；同时，挡土板、锚杆和地基间存在复杂的相互作用关系，因此目前理论上还未有准确的计算方法如实反映各种因素对锚杆挡墙的侧向压力的影响。从理论分析和实测资料看，土质边坡锚杆挡墙的土压力大于主动土压力，采用预应力锚杆挡墙时土压力增加更大，本规范采用土压力增大系数 β 来反映锚杆挡墙侧向压力的增大。岩质边坡变形小，应力释放较快，锚杆对岩体约束后侧向压力增大不明显，故对非预应力锚杆挡墙不考虑侧压力增大，预应力锚杆考虑 1.1 的增大值。

9.2.3～9.2.5 从理论分析和实测结果看，影响锚杆挡墙侧向压力分布图形的因素复杂，主要为填方或挖方、挡墙位移大小与方向、锚杆层数及弹性大小、是否采用逆作施工方法、墙后岩土类别和硬软等情况。不同条件时分布图形可能是三角形、梯形或矩形，仅用侧向压力随深度成线性增加的三角形应力图已不能反映许多锚杆挡墙侧向压力的实际情况。本规范第9.2.5条对满足特定条件时的应力分布图形作了梯形分布规定，与国内外工程实测资料和相关标准一致。主要原因为逆作施工法的锚杆对边坡变形约束作用、支撑作用及岩石和硬土的竖向拱效应明显，使边坡侧向压力向锚杆点传递，造成矩形应力分布图形与有支撑时基坑土压力呈矩形、梯形分布图形不同。反之，上述条件以外的非硬土边坡宜采用库仑三角形应力分布图形或地区经验图形。

9.2.7、9.2.8 锚杆挡墙与墙后岩土体是相互作用、相互影响的一个整体，其结构内力除与支护结构的刚度有关外，还与岩土体的变形有关，因此要准确计算是较为困难的。根据目前的研究成果，可按连续介质理论采用有限元、边界元及弹性支点法等方法进行较精确的计算。但在实际工程中，也有采用等值梁法或静力平衡法等进行近似计算。

在平面分析模型中弹性支点法根据连续梁理论，考虑支护结构与其后岩土体的变形协调，其计算结果较为合理，因此规范推荐此方法。等值梁法或静力平衡法假定上部锚杆施工后开挖下部边坡时上部分的锚杆内力保持不变，并且在锚杆处为不动点，不能反映挡墙实际受力特点。因锚杆受力后将产生变形，支护结构刚度也较小，属柔性结构。但在锚固点变形较小时其计算结果能满足工程需要，且其计算较为简单。因此对岩质边坡及较坚硬的土质边坡，也可作为近似方法。对较软弱土的边坡，宜采用弹性支点法或其他较精确的方法。

9.2.9 挡板为支承于竖肋上的连续板或简支板、拱构件，其设计荷载按板的位置及标高处的岩土压力值确定，这是常规的能保证安全的设计方法。大量工程实测值证实，挡土板的实际应力值存在小于设计值的情况，其主要原因是挡土板后的岩土存在拱效应，岩土压力部分荷载通过"拱作用"直接传至肋柱上，从而减少作用在挡土板上荷载。影响"拱效应"的因素复杂，主要与岩土密实性、排水情况、挡板的刚度、施工方法和力学参数等因素有关。目前理论研究还不能作出定量的计算，一些地区主要是采取工程类比的经验方法，相同的地质条件、相同的板跨，采用定量的设计用料。本条按以上原则对于存在"拱效应"较强的岩石和土质密实且排水可靠的挖方挡墙，可考虑两肋间岩土"卸荷拱"的作用。设计者应根据地区工程经验考虑荷载减小效应。完整的硬质岩荷载减小效应明显，反之极软岩及密实性较高的土荷载减小效果稍差；对于软弱土和填方边坡，无可靠地区经验时不宜考虑"卸荷拱"作用。

9.2.11 锚杆挡墙的整体稳定性验算包括内部稳定和外部稳定两方面的验算。

内部稳定是指锚杆锚固段与支护结构基础假想支点之间滑动面的稳定验算，可结合本规范第5章的有关规定，并参考国家现行相关规范关于土钉墙稳定计算方法进行验算。

外部稳定是指支护结构、锚杆和包括锚固段岩土体在内的岩土体的整体稳定，可结合本规范第5章的有关规定，采用圆弧法验算边坡的整体稳定。

9.3 构 造 设 计

9.3.2 锚杆轴线与水平面的夹角小于10°后，锚杆外端灌浆饱满度难以保证，因此建议夹角一般不小于10°。由于锚杆水平抗拉力等于拉杆强度与锚杆倾角余弦值的乘积，锚杆倾角过大时锚杆有效水平拉力下降过多，同时将对锚肋作用较大的垂直分力，该垂直分力在锚肋基础设计时不能忽略，同时对施工期锚杆挡墙的竖向稳定不利，因此锚杆倾角宜为10°～35°。

提出锚杆间距控制主要考虑到当锚杆间距过密

时，由于"群锚效应"锚杆承载力将降低，锚固段应力影响区段土体被拉坏可能性增大。

由于锚杆每米直接费用中钻孔费约占一半左右，因此在设计中应适当减少钻孔量，采用承载力低而密的锚杆是不经济的，应选用承载力较高的锚杆，同时也可避免发生"群锚效应"不利影响。

9.3.6 本条提出现浇挡板的厚度不宜小于200mm的建议要求，主要考虑现场立模和浇混凝土的条件较差，为保证混凝土质量的施工要求。为确保挡土板混凝土浇筑密实度，一般情况下，不宜采用喷射混凝土施工。

9.3.9 在岩壁上一次浇筑混凝土板的长度不宜过大，以避免当混凝土收缩时岩石的"约束"作用产生拉应力，导致挡土板开裂，此时宜减短浇筑长度。

9.4 施　工

9.4.1 稳定性一般的高边坡，当采用大爆破、大开挖或开挖后不及时支护或存在外倾结构面时，均有可能发生边坡失稳和局部岩体塌方，此时应采用自上而下、分层开挖和锚固的逆作施工法。

10 岩石锚喷支护

10.1 一般规定

10.1.1 本次修订新增第2款、第3款和第4款，锚喷支护应用范围确定为Ⅰ、Ⅱ、Ⅲ类岩石永久边坡，Ⅰ、Ⅱ、Ⅲ类岩石临时边坡，以及Ⅰ～Ⅲ类岩石边坡整体稳定前提下的坡面防护，共三种类型，同时明确了永久性边坡、临时性边坡相应的适用高度。锚喷支护具有性能可靠、施工方便、工期短等优点，但喷层外表不佳且易污染；采用现浇钢筋混凝土板能改善美观，因而表面处理也可采用喷射混凝土和现浇混凝土面板。

10.1.3 锚喷支护中锚杆有系统锚杆与局部锚杆两种类型。系统锚杆用以维持边坡整体稳定，采用本规范相关的直线滑裂面的极限平衡法计算。局部锚杆用以维持不稳定块体的稳定，采用赤平投影法或块体平衡法计算。

10.2 设计计算

10.2.1～10.2.3 锚喷支护边坡的整体稳定性计算，边坡侧压力及分布图形，锚杆总长度以及锚杆计算均按本规范第6章和第7章相关规定执行。本条说明锚喷支护的锚杆轴向拉力标准值的计算方法，但顶层锚杆应按本规范第9.2.5条应力分布图形中的顶部梯形分布图进行计算。

10.2.4 本条说明用局部锚杆加固不稳定块体的具体计算方法。

10.3 构造设计

10.3.1、10.3.2 岩石边坡在稳定性较好时，锚喷支护中的锚杆多采用全长粘结性锚杆，主要是由于全长粘结性锚杆具有性能可靠、使用年限长，便于岩石边坡施工的优点，一般长度不宜过长。对于提高岩石边坡整体稳定性的锚喷支护，一般在坡面上采用按一定规律布设的系统锚杆来提高整体稳定，系统锚杆在坡面上多采用已被工程实践证明了加固效果优于其他布设方式的行列式或菱形排列，且锚杆间的最大间距，以确保两根锚杆间的岩体稳定。锚杆最大间距显然与岩坡分类有关，岩坡分类等级越低，最大间距应当越小。对于系统锚杆未能加固的局部不稳定区或不稳定块体，可采用随机布设的、数量较少的随机锚杆进行加固，以确保岩石边坡局部区域及不稳定块体的稳定性。

10.3.3 本条为新增条文，采用坡面防护构造处理的岩质边坡应符合本规范第13.2.2条的规定，此时边坡的整体稳定已采用坡率法保证，本条的做法仅起到坡面防护和坡体浅层加固的作用。本条各款中具体参数的选择可按Ⅰ、Ⅱ类边坡或高度较低的边坡取小值，Ⅲ、Ⅳ类边坡或高度较高的边坡取大值的原则执行，对临时性边坡取较小值。

10.3.4 喷射混凝土应重视早期强度，通常规定1d龄期的抗压强度不应低于5.0MPa。

10.3.6 边坡的岩面条件通常要比地下工程中的岩面条件差，因而喷射混凝土与岩面的粘结力略低于地下工程中喷射混凝土与岩面的粘结力。现行国家标准《锚杆喷射混凝土支护技术规范》GB 50086规定，Ⅰ、Ⅱ类围岩喷射混凝土与岩面粘结力不低于0.8MPa；Ⅲ类围岩不低于0.5MPa。本条规定整体状与块体岩体不应低于0.8MPa；碎裂状岩体不应低于0.4MPa。

10.4 施　工

10.4.3 锚喷支护应尽量采用部分逆作法施工，这样既能确保工程开挖中的安全，又便于施工。但应注意，对未支护开挖段岩体的高度与宽度应依据岩体的破碎、风化程度作严格控制，以免施工中出现事故。

11 重力式挡墙

11.1 一般规定

11.1.2 重力式挡墙基础底面大、体积大。如高度过大，则既不利于土地的开发利用，也往往是不经济的。当土质边坡高度大于10m、岩质边坡高度大于12m时，上述状况已明显存在，故本条对挡墙高度作了限制。

本次修订结合实际工程经验，对挡墙适用高度进行了适当放松。

11.1.3 一般情况下，重力式挡墙位移较大，难以满足对变形的严格要求。

挖方挡墙施工难以采用逆作法，开挖面形成后边坡稳定性相对较低，有时可能危及边坡稳定及相邻建筑物安全。因此本条对重力式挡墙适用范围作了限制。

11.1.4 重力式挡墙形式的选择对挡墙的安全与经济影响较大。在同等条件下，挡墙中主动土压力以仰斜最小，直立居中，俯斜最大，因此仰斜式挡墙较为合理。但不同的墙型往往使挡墙条件（如挡墙高度、填土质量）不同。故重力式挡墙形式应综合考虑多种因素而确定。

挖方边坡采用仰斜式挡墙时，墙背可与边坡坡面紧贴，不存在填方施工不便、质量受影响的问题，仰斜墙是首选墙型。

挡墙高度较大时，土压力较大，降低土压力已成为突出问题，故宜采用衡重式或仰斜式。

11.2 设 计 计 算

11.2.1 对于高大挡墙，通常不允许出现达到极限状态的位移值，因此土压力计算时考虑增大系数，同时也与现行国家标准《建筑地基基础设计规范》GB 50007 一致。

11.2.3~11.2.5 抗滑移稳定性及抗倾覆稳定性验算是重力式挡墙设计中十分重要的一环，式（11.2.3-1）及式（11.2.4-1）应得到满足。当抗滑移稳定性不满足要求时，可采用增大挡墙断面尺寸、墙底做成逆坡、换土做砂石垫层等措施使抗滑移稳定性满足要求。当抗倾覆稳定性不满足要求时，可采取增大挡墙断面尺寸、增长墙趾或改变墙背做法（如在直立墙背上做卸荷台）等措施使抗倾覆稳定性满足要求。

地震工况时，土压力按本规范第 6 章有关规定进行计算。

11.2.6 土质地基有软弱层或岩质地基有软弱结构面时，存在着挡墙地基整体失稳破坏的可能性，故需进行地基稳定性验算。

11.3 构 造 设 计

11.3.1 条石、块石及素混凝土是重力式挡墙的常用材料，也有采用砖及其他材料的。

11.3.2 挡墙基底做成逆坡对增加挡墙的稳定性有利，但基底逆坡坡度过大，将导致墙踵陷入地基中，也会使保持挡墙墙身的整体性变得困难。为避免这一情况，本条对基底逆坡坡度作了限制。

11.3.6 本次补充了稳定斜坡地面基础埋置条件。其中距斜坡地面水平距离的上、下限值的采用，可根据地基的地质情况，斜坡坡度等综合确定。如较完整的硬质岩，节理不发育、微风化的、坡度较缓的可取上

限值 0.6m；节理发育的、坡度较陡时可取下限值 1.5m；对岩石单轴抗压强度在 15MPa～30MPa 的岩石，可根据具体环境情况取中间值。

11.4 施 工

11.4.4 本条规定是为了避免填方沿原地面滑动。填方基底处理办法有铲除草皮和耕植土、开挖台阶等。

12 悬臂式挡墙和扶壁式挡墙

12.1 一 般 规 定

12.1.1、12.1.2 本条对适用范围作调整。根据现行相关规范及行业的要求，限制悬臂式挡墙和扶壁式挡墙在不良地质地段和地震时的应用。

扶壁式挡墙由立板、底板及扶壁（立板的肋）三部分组成，底板分为墙趾板和墙踵板。扶壁式挡墙适用于石料缺乏、地基承载力较低的填方边坡工程。一般采用现浇钢筋混凝土结构。扶壁式挡墙回填不应采用特殊类土（如淤泥、软土、黄土、膨胀土、盐渍土、有机质土等），主要考虑这些土物理力学性质不稳定、变异大，因此限制使用。扶壁式挡墙高度不宜超过 10m 的规定是考虑地基承载力、结构受力特点及经济等因素定的，一般高度为 6m～10m 的填方边坡采用扶壁式挡墙较为经济合理。

12.1.4 扶壁式挡墙基础应置于稳定的地层内，这是挡墙稳定的前提。本条规定的挡墙基础埋置深度是参考国内外有关规范而定的，这是为满足地基承载力、稳定和变形条件的构造要求。在实际工程中应根据工程地质条件和挡墙结构受力情况，采用合适的埋置深度，但不应小于本条规定的最小值。在受冲刷或受冻胀影响的边坡工程，还应考虑这些因素的不利影响，挡墙基础应在其影响之下的一定深度。

12.2 设 计 计 算

扶壁式挡墙的设计内容主要包括边坡侧向土压力计算、地基承载力验算、结构内力及配筋、裂缝宽度验算及稳定性计算。在计算时应根据计算内容分别采用相应的荷载组合及分项系数。扶壁式挡墙外荷载一般包括墙后土体自重及坡顶地面活载。当受水或地震影响或坡顶附近有建筑物时，应考虑其产生的附加侧向土压力作用。

12.2.1 扶壁式挡墙基础埋深较小，墙趾处回填土往往难以保证夯填密实，因此在计算挡墙整体稳定及立板内力时，可忽略墙前底板以上土的有利影响，但在计算墙趾板内力时则应考虑墙趾板以上土体的重量。

12.2.2 计算挡墙实际墙背和墙踵板的土压力时，可不计填料与板间的摩擦力。

12.2.3 根据国内外模型试验及现场测试的资料，按

库仑理论采用第二破裂面法计算侧向土压力较符合工程实际。但目前美国及日本等均采用通过墙踵的竖向面为假想墙背计算侧向压力。因此本条规定当不能形成第二破裂面时，可用墙踵下缘与墙顶内缘的连线作为假想墙及通过墙踵的竖向面为假想墙背计算侧向压力。同时侧向土压力计算应符合本规范第6章的有关规定。

12.2.4 影响扶壁式挡墙的侧向压力分布的因素很多，主要包括墙后填土、支护结构刚度、地下水、挡墙变形及施工方法等，可简化为三角形、梯形或矩形。应根据工程具体情况，并结合当地经验确定符合实际的分布图形，这样结构内力计算才合理。

12.2.5 增加悬臂式挡墙结构的计算模型的规定。

12.2.6 扶壁式挡墙是较复杂的空间受力结构体系，要精确计算是比较困难复杂的。根据扶壁式挡墙的受力特点，可将空间受力问题简化为平面问题近似计算。这种方法能反映构件的受力情况，同时也是偏于安全的。立板和墙踵板可简化为靠近底板部分为三边固定，一边自由的板及上部以扶壁为支承的连续板；墙趾底板可简化为固端在立板上的悬臂板进行计算；扶壁可简化为悬臂的 T 形梁，立板为梁的翼，扶壁为梁的腹板。

12.2.7 本条明确悬臂式挡墙和扶壁式挡墙结构构件截面设计要求。

12.2.8 扶壁式挡墙为钢筋混凝土结构，其受力较大时可能开裂，钢筋净保护层厚度减小，受水浸蚀影响较大。为保证扶壁式挡墙的耐久性，本条规定了扶壁式挡墙裂缝宽度计算的要求。

12.2.9 增加悬臂式挡墙和扶壁式挡墙的抗滑、抗倾稳定性验算的规定。

12.2.10 增加有关地基承载力及变形验算的规定。

12.3 构 造 设 计

12.3.1 根据现行国家标准《混凝土结构设计规范》GB 50010 规定了扶壁式挡墙的混凝土强度等级、钢筋直径和间距及混凝土保护层厚度的要求。

12.3.2 本条明确悬臂式挡墙的截面形式及构造要求。

12.3.3 扶壁式挡墙的尺寸应根据强度及刚度等要求计算确定，同时还应当满足锚固、连接等构造要求。本条根据工程实践经验总结得来。

12.3.4 扶壁式挡墙配筋应根据其受力特点进行设计。立板和墙踵板按板配筋，墙趾板按悬臂板配筋，扶壁按倒 T 形悬臂深梁进行配筋；立板与扶壁、底板与扶壁之间根据传力要求计算设计连接钢筋。宜根据立板、墙踵板及扶壁的内力大小分段分级配筋，同时立板、底板及扶壁的配筋率、钢筋的搭接和锚固等应符合现行国家标准《混凝土结构设计规范》GB 50010 的有关规定。

12.3.5 在挡墙底部增设防滑键是提高挡墙抗滑稳定的一种有效措施。当挡墙稳定受滑动控制时，宜在墙底下设防滑键。防滑键应具有足够的抗剪强度，并保证键前土体足够抗力不被挤出。

12.3.6、12.3.7 挡墙基础是保证挡墙安全正常工作的十分重要的部分。实际工程中许多挡墙破坏都是地基基础设计不当引起的。因此设计时必须充分掌握工程地质及水文地质条件，在安全、可靠、经济的前提下合理选择基础形式，采取恰当的地基处理措施。当挡墙纵向坡度较大时，为减少开挖及挡墙高度，节省造价，在保证地基承载力的前提下可设计成台阶形。当地基为软土层时，可采用换土层法或采用桩基础等地基处理措施。不应将基础置于未经处理的地层上。

12.3.8 本条补充悬臂式挡墙和扶壁式挡墙的泄水孔设置及构造要求。

12.3.9 本次修订将伸缩缝间距减小，并扩大到悬臂式挡墙。

钢筋混凝土结构扶壁式挡墙因温度变化引起材料变形，增加结构的附加内力，当长度过长时可能使结构开裂。本条参照现行有关标准规定了伸缩缝的构造要求。

扶壁式挡墙对地基不均匀变形敏感，在不同结构单元及地层岩土性状变化时，将产生不均匀变形。为适应这种变化，宜采用沉降缝分成独立的结构单元。有条件时伸缩缝与沉降缝宜合并设置。

12.3.10 墙后填土直接影响侧向土压力，因此宜选用重度小、内摩擦角大的填料，不得采用物理力学性质不稳定、变异大的填料（如黏性土、淤泥、耕土、膨胀土、盐渍土及有机质土等特殊土）。同时，要求填料透水性强，易排水，这样可显著减小墙后侧向土压力。

12.4 施 工

12.4.1 本条规定在施工时应做好地下水、地表水及施工用水的排放工作，避免水软化地基，降低地基承载力。基坑开挖后应及时进行封闭和基础施工。

12.4.2、12.4.3 挡墙后填料应严格按设计要求就地选取，并应清除填土中的草、树皮树根等杂物。在结构达到设计强度的 70% 后进行回填。填土应分层压实，其压实度应满足设计要求。扶壁间的填土应对称进行，减小因不对称回填对挡墙的不利影响。挡墙泄水孔的反滤层应当在填筑过程中及时施工。

13 桩板式挡墙

13.1 一 般 规 定

13.1.1 采用桩板式挡墙作为边坡支护结构时，可有效地控制边坡变形，因而是高大填方边坡、坡顶附近有建筑物挖方边坡的较好支挡形式。

桩板式挡墙的桩基施工工艺和桩间是否设置挡板

及挡板做法的选择应综合考虑场地条件和施工可行性等多种因素后确定。

13.1.3 悬臂式桩板挡墙高度过大，支挡结构承担的岩土压力及产生的桩顶位移均会出现较大幅度增长，不利于控制边坡安全，且悬臂桩断面过大。因此，从安全性和经济性的角度出发，控制桩板式挡墙的高度，一般不宜超过10m。

13.1.5 桩板式挡墙桩顶位移过大时，在桩上加设预应力锚杆（索）或非预应力锚杆可起到控制挡墙变形、降低桩身内力的作用。边坡现状稳定性较差时，采用预应力锚拉式桩板挡墙可起到边坡预加固作用，提高了边坡施工期的安全度。

13.2 设 计 计 算

13.2.5 在无试验值及地区经验值等数据依据时，可以通过现场踏勘调查，根据地层种类参考表1估算滑坡体和滑床的物理力学指标及地基系数，对于抢险项目和项目前期投资估算具有实用价值。

表 1 岩质地层物理力学指标及地基系数

地层种类	内摩擦角	弹性模量 E_0 (kPa)	泊松比 ν	地基系数 k (kN/m³)	剪切应力 (kPa)
细粒花岗岩、正长岩	80°以上	5430~6900	0.25~0.30	$2.0×10^6$~$2.5×10^6$	1500 以上
辉绿岩、玢岩		6700~7870	0.28	$2.5×10^6$	
中粒花岗岩	80°以上	5430~6500	0.25	$1.8×10^6$~$2.0×10^6$	1500 以上
粗粒正长岩、坚硬白云岩		6560~7000			
坚硬石灰岩	80°	4400~10000	0.25~0.30	$1.2×10^6$~$2.0×10^6$	1500
坚硬砂岩、大理岩		4660~5430			
粗粒花岗岩、花岗片麻岩		5430~6000			
较坚硬石灰岩	75°~80°	4400~9000	0.25~0.30	$0.8×10^6$~$1.2×10^6$	1200~1400
较坚硬砂岩		4460~5000			
不坚硬花岗岩		5430~6000			
坚硬页岩	70°~75°	2000~5500	0.15~0.30	$0.4×10^6$~$0.8×10^6$	700~1200
普通石灰岩		4400~8000	0.25~0.30		
普通砂岩		4600~5000	0.25~0.30		
坚硬泥灰岩	70°	800~1200	0.29~0.38	$0.3×10^6$~$0.4×10^6$	500~700
较坚硬页岩		1980~3600	0.25~0.30		
不坚硬石灰岩		4400~6000	0.25~0.30		
不坚硬砂岩		1000~2780	0.25~0.30		
较坚硬泥灰岩	65°	700~900	0.29~0.38	$0.2×10^6$~$0.3×10^6$	300~500
普通页岩		1900~3000	0.15~0.20		
软石灰岩		4400~5000	0.25		
不坚硬泥灰岩	45°	30~500	0.29~0.38	$0.06×10^6$~$0.12×10^6$	150~300
硬化黏土		10~300	0.30~0.37		
软片岩		500~700	0.15~0.18		
硬煤		50~300	0.30~0.40		
密实黏土		10~300	0.30~0.37		
普通煤		50~300	0.30~0.40		
胶结卵石		50~100			
掺石土		50~100			

13.2.7 当锚固段为松散介质、较完整同种岩层或虽然是不同的岩层但岩层刚度相差不大时，桩端支承可视为自由端。

当锚固段上部为土层，桩底嵌入一定深度的较完整基岩时，桩端可采用自由端或铰支端计算。当采用自由端时，各层的地基系数必须根据具体情况选用；当采用铰支端计算时，应把计算"铰支点"选在嵌入段基岩的顶面，并根据嵌入段的地层反力计算嵌入段的深度。

当桩嵌岩段桩底附近围岩的侧向 k 相比桩底基岩的 k_0 较大时，桩端支承可视为铰支端。

13.2.8 地基系数法通过假定埋入地面以下桩与岩土体的协调变形，确定桩埋入段截面、配筋及长度。本条给出了桩埋入段地基横向承载力的计算公式，便于桩基截面和埋深的设计调整。

13.2.9 地基系数 k 和 m 是根据地面处桩位移值为 6mm～10mm 时得出的，试验资料证明，桩的变形和地基抗力不成线性关系，而是非线性的，变形愈大，地基系数愈小，所以当地面处桩的水平位移超过 10mm 时，常规地基系数便不能采用，必须进行折减，折减以后地基系数变小，得出桩的变形更大，形成恶性循环，故通常采用增加桩截面或加大埋深来防止地面处桩水平位移过大。

13.2.10 悬臂式桩板挡墙桩身内力最大部位一般位于锚固段，桩身裂缝对桩的承载力影响小，通常情况下不必进行桩身裂缝宽度验算。当支护结构所处环境为二b类环境及更差环境、坡顶边坡滑塌区有重要建筑时，应验算桩身裂缝宽度。

13.3 构 造 设 计

13.3.3、13.3.4 主要考虑到用于抗滑的桩桩身截面较大，多采用人工挖孔，为方便施工，不宜设置过多的箍筋肢数。

13.3.5 为使钢筋骨架有足够的刚度和便于人工作业，对纵向分布钢筋的最小直径作了一定限制，同时结合桩基受力特点，对纵向分布钢筋间距作了适当放松。

13.4 施 工

13.4.3 土石分界处及滑动面处往往属于受力最大部位，本条规定桩纵筋接头避开有利于保证桩身承载力的发挥。

14 坡 率 法

14.1 一般规定

14.1.1 本规范的坡率法是指控制边坡高度和坡度、无需对边坡整体进行支护而自身稳定的一种人工放坡

设计方法。坡率法是一种比较经济、施工方便的边坡治理方法，对有条件的且地质条件不复杂的场地宜优先用坡率法。

14.1.2 本条规定对地质条件复杂，破坏后果很严重的边坡工程治理不应单独使用坡率法，单独采用坡率法时可靠性低，因此应与其他边坡支护方法联合使用，可采用坡率法（或边坡上段采用坡率法）提高边坡稳定性，降低边坡下滑后再采用锚杆挡墙等支护结构，控制边坡的稳定，确保达到安全可靠的效果。

14.1.3 对于填方边坡可在填料中增加加筋材料提高边坡的稳定性或加大放坡的坡度以保证边坡的稳定性。

14.2 设 计 计 算

14.2.1～14.2.6 采用坡率法的边坡，原则上都应进行稳定性计算和评价，但对于工程地质及水文地质条件简单的土质边坡和整体无外倾结构面的岩质边坡，在有成熟的地区经验时，可参照地区经验或表 14.2.1 或表 14.2.2 确定放坡坡率。对于填土边坡由于所用土料及密实度要求可能有很大差别，不能一概而论，应根据实际情况按本规范第 5 章的有关规定通过稳定性计算确定边坡坡率；无经验时可按现行国家标准《建筑地基基础设计规范》GB 50007 的有关规定确定填土边坡的坡率允许值。

14.3 构 造 设 计

14.3.1～14.3.5 在坡高范围内，不同的岩土层，可采用不同的坡率放坡。边坡坡率设计应注意边坡环境的防护整治，边坡水系应因势利导保持畅通。考虑到边坡的永久性，坡面应采取保护措施，防止土体流失、岩层风化及环境恶化造成边坡稳定性降低。

15 坡面防护与绿化

由于人类对环境保护与景观的要求越来越高，在保证建筑边坡稳定与安全的基础上，逐步注重边坡工程的景观与绿化的设计和使用要求，为便于指导边坡工程的植物绿化（美化）工程的设计、施工等要求，这次修订新增一章"坡面防护与绿化"，以加强岩土工程环境保护，在工程实践中应不断补充、完善相关技术措施。

15.1 一般规定

15.1.1 边坡整体稳定但其岩土体易风化、剥落或有浅层崩塌、滑落及掉块等影响边坡坡面的耐久性或正常使用，或可能威胁到人身和财产安全及边坡环境保护要求时，应进行坡面防护。

15.1.2 边坡防护工程只能在稳定边坡上设置。对于边坡稳定性不足和存在不良地质因素的坡段，应先采

用治理措施保证边坡整体安全性，再采取坡面防护措施，坡面防护措施应能保持自身稳定。

当边坡支护结构与坡面防护措施联合使用时，可统一进行计算。

15.1.3　坡面防护工程一般分为工程防护和植物防护两大类。工程防护存在的主要问题是与周围环境不协调，景观效果差，在城市建筑边坡坡面防护中应尽量使景观设计和环境保护相结合，注意与周围自然环境和当地人文环境的融合，并结合边坡碎落台、平台上种植攀藤植物，如爬墙虎，或者采用客土喷播等岩面植生（植物防护与绿化）措施，以减少对周围环境的不利影响。

15.1.5　对于位于地下水和地面水较为丰富地段的边坡，其坡面防护效果的好坏直接与水的处理密切相关，应进行边坡坡面防护与排水措施的综合设计。

15.2　工程防护

15.2.1　工程防护包括喷护、锚杆挂网喷浆、浆砌片石护坡、格构梁和护面墙等不同结构形式的工程防护。砌体防护用于边坡坡面防护时，应注意与边坡渗沟或仰斜排（泄）水孔等配合使用，防止边坡产生变形破坏。浆砌片石护坡高度较大时，应设置防滑耳墙，保证护坡砌体稳定。

15.2.2　护面墙主要是一种浆砌片石覆盖层，适用于防止易风化或风化严重的软质岩石或较破碎岩石挖方边坡，以及坡面易受侵蚀的土质边坡。护面墙除自重外，不承受其他荷重，亦不承受墙背土压力。护面墙高度一般不超过10m，可以分级，中间设平台，墙背可设耳墙，纵向每隔10m宜设一条伸缩缝，墙身应预留泄水孔，基础要求稳固，顶部应封闭。墙基软弱地段，可用拱形结构跨过。坡面开挖后形成的凹陷，应以砌石填塞平整，称之为支补墙。

15.2.3、15.2.4　对坡面较陡或易风化的坡面，可以在喷浆或喷射混凝土前先铺设加筋材料，加筋材料可以用铁丝网或土工格栅，由短锚杆固定在边坡坡面上，此时常称为"挂网喷浆防护"或"挂网喷射混凝土防护"。

15.3　植物防护与绿化

15.3.1　植物防护形式较多，其中三维植被网以热塑树脂为原料，采用科学配方，经挤出、拉伸、焊接、收缩等工序而制成。其结构分为上下两层，下层为一个经双面拉伸的高模量基础层，强度足以防止植被网变形，上层由具有一定弹性的、规则的、凹凸不平的网包组成。由于网包的作用，能降低雨滴的冲蚀能量，并通过网包阻挡坡面雨水，同时网包能很好地固定充填物（土、营养土、草籽）不被雨水冲走，为植被生长创造良好条件。另外，三维网固定在坡面上，直接对坡面起固筋作用。当植物生长茂盛后，根系与三维网盘错、连接、纠缠在一起，坡面和土相接，形成一个坚固的绿色复合保护整体，起到复合护坡的作用。

湿法喷播是一种以水为载体的机械化植被建植技术。它采用专门的设备（喷播机）施工。种子在较短时间内萌芽、生长成株、覆盖坡面，达到迅速绿化，稳固边坡之目的。

客土喷播是将客土（提供植物生育的基盘材料）、纤维（基盘辅助材料）、侵蚀防止剂、缓效肥料和种子按一定比例，加入专用设备中充分混合后，喷射到坡面，使植物获得必要的生长基础，达到快速绿化的目的。

15.3.2、15.3.3　浆砌片石（混凝土块）骨架植草防护适用于土质和强风化的岩石边坡，防止边坡受雨水侵蚀，避免土质坡面上产生沟槽。其形式多样，主要有拱形骨架、菱形（方格）骨架、人字形骨架、多边形混凝土空心块等。浆砌片石（混凝土块）骨架植草防护既稳定边坡，又能节省材料、造价较低、施工方便、造型美观，能与周围环境自然融合，值得广泛推广应用。

15.3.4　锚杆混凝土框架植草防护是近年来在总结了锚杆挂网喷浆（混凝土）防护的经验教训后发展起来的，它既保留了锚杆对风化破碎岩石边坡主动支护作用，防止岩石边坡经开挖卸荷和爆破松动而产生的局部楔形破坏，又吸收了浆砌片石（混凝土块）骨架植草防护的造型美观、便于绿化的优点。锚杆混凝土框架植草防护形式有多种组合：锚杆混凝土框架＋喷播植草、锚杆混凝土框架＋挂三维土工网＋喷播植草、锚杆混凝土框架＋土工格栅＋喷播植草、锚杆混凝土框架＋混凝土空心块＋喷播植草等。

坡面绿化与植物防护是一个统一体，是在两个不同视野上的不同体现。

坡面绿化与植物防护的唯一区别在于：前者注重美化边坡与景观作用，后者注重植物根系的固土作用，因而在植物种类的选择上有所区别。在建筑边坡中，经常是两者同时兼顾。因此，边坡绿化既可美化环境、涵养水源、防止水土流失和坡面滑动、净化空气，也可以对坡面起到防护作用。对于石质挖方边坡而言，边坡绿化的环保意义和对山地城市景观的改善尤其突出。

15.4　施　　工

本部分内容主要参考了国家现行行业标准《公路路基施工技术规范》JTG F10、《铁路路基设计规范》TB 10001和《铁路混凝土与砌体工程施工规范》TB 10210等规范，并根据建筑边坡与公路和铁路边坡的不同之处进行了相应的调整。

16　边坡工程排水

由于边坡的稳定与安全和水的关系密切，为加强与指导边坡工程排水设计，本次修订在原规范的"3.5 排水措施"基础上，新增一章"边坡工程排水"以加强边坡工程排水措施，并应在工程实践中不断补充、完善相关技术措施。

16.1　一般规定

16.1.1～16.1.5　边坡坡面、地表的排水和地下排水与防渗措施宜统一考虑，使之形成相辅相成的排水、防渗体系。为了确保实践中排水措施的有效性，坡面排水设施需采取措施防止渗漏。

边坡排水中的部分内容（如渗沟、跌水、急流槽等），在建筑室内外排水专业设计中不会涉及，都是交由边坡工程师自己来设计，但在以往的边坡工程设计中没有得到足够重视，因此，在此次规范修订中予以补充。

16.2　坡面排水

16.2.1　坡面、地表的排水设施应结合地形和天然水系进行布设，并作好进出口的位置选择和处理，防止出现堵塞、溢流、渗漏、淤积、冲刷等现象。地表排水沟（管）排放的水流不得直接排入饮用水水源、养殖池等水源。

16.2.2　排水设施的几何尺寸应根据集水面积、降雨强度、历时、分区汇水面积、坡面径流量、坡体内渗出的水量等因素进行计算确定，并作好整体规划和布置。关于坡面排水设施几何尺寸确定，本规范未作详细规定，可参考现行国家标准《室外排水设计规范》GB 50014 等有关规定进行设计计算。

16.2.3　截水沟根据具体情况可设一道或数道。设置截水沟的作用是拦截来自边坡或山坡上方的地面水、保护边坡不受冲刷。截水沟的横断面尺寸需经流量计算确定（详见《公路排水设计规范》JTG/T D33）。为防止边坡的破坏，截水沟设置的位置和道数是十分重要的，应经过详细水文、地质、地形等调查后确定截水沟的位置。截水沟应采取有效的防渗措施，出水口应引伸到边坡范围以外，出口处设置消能设施，确保边坡的稳定性。

跌水和急流槽主要用于陡坡地段的坡面排水或者用在截、排水沟出水口处的坡面坡度大于 10%、水头高差大于 1m 的地段，达到水流的消能和减缓流速的目的。跌水和急流槽的设计可参考现行行业标准《公路排水设计规范》JTG/T D33 的有关规定执行。

16.3　地下排水

16.3.1　设计前应收集既有的工程地下排水设施、边坡地质和水文地质等有关资料，应查明水文地质参数，作出地下水对边坡影响的评价，为地下排水设计提供可靠的依据。

16.3.2　仰斜式排水孔是排泄挖方边坡上地下水的有效措施，当坡面上有集中地下水时，采用仰斜式排水孔排泄，且成群布置，能取得较好的效果。当坡面上无集中地下水，但土质潮湿、含水量高，如高液限土、红黏土、膨胀土边坡，设置渗沟能有效排泄坡体中地下水，提高土体强度，增强边坡稳定性。在滑坡治理工程中也经常采用支撑渗沟与抗滑支挡结构联合治理滑坡。

16.3.3　渗沟根据使用部位、结构形式，可将渗沟分为填石渗沟、管式渗沟、边坡渗沟、无砂混凝土渗沟。

填石渗沟也称为盲沟，一般适用于地下水流量不大、渗沟不长的地段。填石渗沟较易淤塞。管式渗沟一般适用于地下水流量较大、引水较长的地段。条件允许时，应优先采用管式渗沟。随着我国建筑材料工业的发展，渗沟透水管和反滤层材料也有多种新材料可供选择。

边坡渗沟则主要用于疏干潮湿的土质边坡坡体和引排边坡上局部出露的上层滞水或泉水，坡面采用干砌片石覆盖，以确保边坡干燥、稳定。

用于渗沟的反滤土工布及防渗土工布（又称复合土工膜），设计时应根据水文地质条件、使用部位等可按现行国家标准 GB/T 17638～GB/T 17642 选用。防渗土工布也可采用喷涂热沥青的土工布。

无砂混凝土既可作为反滤层，也可作为渗沟，是近几年在交通行业地下排水设施中应用的新型排水设施，用无砂混凝土作为透水的井壁和沟壁以替代施工较复杂的反滤层和渗水孔设备，并可承受适当的荷载，具有透水性和过滤性好、施工简便、省料等优点，值得推广应用。预制无砂混凝土板块作为反滤层，用在卵砾石、粗中砂含水层中效果良好；如用于细颗粒土地层，应在无砂混凝土板块外侧铺设土工织物作反滤层，用以防止细颗粒土堵塞无砂混凝土块的孔隙。

一般情况下，渗沟每隔 30m 或在平面转弯、纵坡变坡点等处，宜设置检查、疏通井。检查井直径不宜小于 1m，井内应设检查梯，井口应设井盖，当深度大于 20m 时，应增设护栏等安全设备。

填石渗沟最小纵坡不宜小于 1.00%；无砂混凝土渗沟、管式渗沟最小纵坡不宜小于 0.50%。渗沟出口段宜加大纵坡，出口处宜设置栅板或端墙，出水口应高出坡面排水沟槽常水位 200mm 以上。

16.3.4　仰斜式排水孔是采用小直径的排水管在边坡体内排除深层地下水的一种有效方法，它可以快速疏干地下水，提高岩土体抗剪强度，防止边坡失稳，并减少对岩（土）体的开挖，加快工程进度和降低造价，因而在国内外边坡工程中得到广泛的应用。近年来在广东、福建、四川等省取得了良好的应用效果，最长排水孔已达 50m。

仰斜式排水孔钻孔直径一般为 75mm～150mm，仰角不应小于 6°，长度应伸至地下水富集或潜在滑动面。孔内透水管直径一般为 50mm～100mm。透水管应外包 1 层～2 层渗水土工布，防止泥土将渗水孔堵塞，管体四周宜用透水土工布作反滤层。

16.4 施 工

本节内容主要参考了现行行业标准《公路路基施工技术规范》JTG F10、《公路排水设计规范》JTG/T D33 和《铁路混凝土与砌体工程施工规范》TB 10210 等的有关规定，并根据建筑边坡与公路及铁路边坡的不同之处进行了相应的补充完善、修改和删减。

17 工程滑坡防治

17.1 一般规定

17.1.1 本规范根据滑坡的诱发因素、滑体及滑动特征将滑坡分为工程滑坡和自然滑坡（含工程古滑坡）两大类，以此作为滑坡设计及计算的分类依据。对工程滑坡，规范推荐采用与边坡工程类同的设计计算方法及有关参数和安全度；对自然滑坡，则采用本章规定的与传统方法基本一致的方法。

滑坡根据运动方式、成因、稳定程度及规模等因素，还可分为推力式滑坡、牵引式滑坡、活滑坡、死滑坡和大中小型等滑坡。

17.1.2 对于潜在滑坡，其滑动面尚未全面贯通，岩土力学性能要优于滑坡产生后滑动面贯通的情况，因此事先对滑坡采取较简易的预防措施所费人力、物力要比滑坡产生后再设法整治的费用少得多，且可避免滑坡危害，这就是"以防为主，防治结合"的原则。

从某种意义上讲，无水不滑坡。因此治水是改善滑体土的物理力学性质的重要途径，是滑坡治本思想的体现，滑坡的防治一定要采取"坡水两治"的办法才能从根本上解决问题。

17.1.3 当滑坡体上有建（构）筑物，滑坡治理除必需保证滑体的承载能力极限状态功能外，还应避免因支护结构的变形或滑坡体的再压缩变形等造成危及重要建（构）筑物正常使用功能状况发生，并应从设计方案上采取相应处理措施。

17.1.5 本节将滑坡从发生到消亡分成五个阶段，各阶段滑带土的剪应力逐渐变化，抗剪强度从峰值逐渐变化到残余值，滑坡变形特征逐渐加剧，其稳定系数发生变化。通过现场调查，分析滑坡变形特征，可以明确滑坡所处阶段，对于滑带土抗剪强度的取值、滑

坡治理安全系数的取值、滑坡治理措施的选取，都有重要的意义。对于无主滑段、牵引段和抗滑段之分的滑坡，比如滑面为直线型的滑坡，一般发育迅速，其各阶段转化快，难以划分发育阶段，应根据各类滑坡的特性和变形状况区别对待。

17.2 工程滑坡防治

17.2.1 产生滑坡涉及的因素很多，应针对性地选择一种或多种有效措施，制定合理的方案。本条提出的一些治理措施是经过工程检验、得到广大工程技术人员认可的成功经验的总结。

1 排水：滑坡有"无水不滑"的特点，根据滑坡的地形、工程地质、水文地质、暴雨、洪水和防治方案等条件，采取有效的地表排水和地下排水措施，是滑坡治理的首选有力措施之一；

2 支挡：支挡结构是治理滑坡的常用措施，设计时结合滑坡的特性，按表 3.1.4 优化选择；

3 减载：刷方减载应在滑坡的主滑段实施，并应采取措施防止地面水浸入坡体内。严禁在滑坡的抗滑段减载和减载诱发次生地质灾害；

4 反压：当反压土体抗剪强度低或反压土体厚度受控制时，可以采用加筋土反压提高反压效果；应加强反压区地下水引排，严禁因反压堵塞地下水排泄通道，严禁在工程地质条件不明确或稳定性差的区域回填反压，应确保反压区地基的稳定性；

5 改良滑带：对滑带注浆条件和注浆效果较好的滑坡，可采用注浆法改善滑坡带的力学特性，注浆法宜与其他抗滑措施联合使用，改良范围以因改良滑带后可能出现的新的滑移面最小稳定系数满足安全要求为准。严禁因注浆堵塞地下水排泄通道。

17.2.2 滑坡支挡设计是一种结构设计，应遵循的规定很多，本条仅对作用于支挡结构上的外力计算作了一些规定。

滑坡推力分布图形受滑体岩土性状、滑坡类型、支护结构刚度等因素影响较大，规范难以给出各类滑坡的分布图形。从工程实测统计分析来看有以下特点，当滑体为较完整的块石、碎石类土时呈三角形分布，当滑体为黏土时呈矩形分布，当为介于两者间的滑体时呈梯形分布。设计者应根据工程情况和地区经验等因素，确定较合理的分布图形。

17.2.3 本条说明见第 5 章相关规定。

17.3 施 工

17.3.1 滑坡是一种复杂的地质现象，由于种种原因人们对它的认识有局限性、时效性。因此根据施工现场的反馈信息采用动态设计和信息法施工是非常必要的；条文中提出的几点要求，也是工程经验教训的总结。

18 边坡工程施工

18.1 一般规定

18.1.1 地质环境条件复杂、稳定性差的边坡工程，其安全施工是建筑边坡工程成功的重要环节，也是边坡工程事故的多发阶段。施工方案应结合边坡的具体工程条件及设计基本原则，采取合理可行、行之有效的综合措施，在确保工程施工安全、质量可靠的前提下加快施工进度。

18.1.2 对土石方开挖后不稳定的边坡无序大开挖、大爆破造成事故的工程实例太多。采用"自上而下、分阶施工、跳槽开挖、及时支护"的逆作法或半逆作法施工是边坡施工成功经验的总结，应根据边坡的稳定条件选择安全的开挖施工方案。

18.2 施工组织设计

18.2.1 边坡工程施工组织设计是贯彻实施设计意图、执行规范、规程，确保工程进度、工期、工程质量，指导施工活动的主要技术文件，施工单位应认真编制，严格审查，实行多方会审制度。

18.3 信息法施工

18.3.1、18.3.2 信息法施工是将动态设计、施工、监测及信息反馈融为一体的现代化施工法。信息法施工是动态设计法的延伸，也是动态设计法的需要，是一种客观、求实的施工工作方法。地质情况复杂、稳定性差的边坡工程，施工期的稳定安全控制更为重要和困难。建立监测网和信息反馈可达到控制施工安全、完善设计，是边坡工程经验总结和发展起来的先进施工方法，应当给予大力推广。

　　信息法施工的基本原则应贯穿于施工组织设计和现场施工的全过程，使监控网、信息反馈系统与动态设计和施工活动有机结合在一起，不断将现场水文地质变化情况反馈到设计和施工单位，以调整设计与施工参数，指导设计与施工。

　　信息法施工可根据其特殊情况或设计要求，将监控网的监测范围延伸至相邻建（构）筑物或周边环境，及时反馈信息，以便对边坡工程的整体或局部稳定作出准确判断，必要时采取应急措施，保障施工质量和顺利施工。

18.4 爆破施工

18.4.1 边坡工程施工中常因爆破施工控制不当对边坡及邻近建（构）筑物产生震害，因此本条作为强制性条文必须严格执行，规定爆破施工时应采取严密的爆破施工方案及控制爆破等有效措施，爆破方案应经设计、监理和相关单位审查后执行，并应采取避免产生震害的工程措施。

18.4.3 周边建筑物密集或建（构）筑物对爆破震动敏感时，爆破前应对周边建（构）筑物原有变形、损伤、裂缝及安全状况等情况采用拍照、录像等方法作好详细勘查记录，有条件时应请有鉴定资质的单位作好事前鉴定，避免不必要的工程或法律纠纷，并设置相应的震动监测点和变形观测点加强震动和建（构）筑物变形的监测。

19 边坡工程监测、质量检验及验收

19.1 监　　测

19.1.1 坡顶有重要建（构）筑物的一级边坡工程风险较高，破坏后果严重，因此规定坡顶有重要建（构）筑物的一级边坡工程施工时应进行监测，并明确了必须监测的项目，其他监测项目应根据建筑边坡工程施工的技术特点、难点和边坡环境，由设计单位确定。监测工作可为评估边坡工程安全状态、预防灾害的发生、避免产生不良社会影响以及为动态设计和信息法施工提供实测数据，故本条作为强制性条文应严格执行。

19.1.2 该条给出了边坡工程监测工作的组织和实施方法。为确保边坡工程监测工作顺利、有效和可靠地进行，应编制边坡工程监测方案，本条给出了边坡工程监测方案编制的基本要求。

19.1.3 边坡工程监测项目的确定可根据其地质环境、安全等级、边坡类型、支护结构类型和变形控制等条件，经综合分析后确定，当无相关地区经验时可按表19.1.3确定监测项目。

19.1.4 为做好边坡工程监测工作，本条给出了边坡工程监测工作的最低要求。

19.1.5 本条给出了地表位移监测的方法和监测精度的基本要求；无论采用何种检测手段，确保监测数据的有效性和可靠性是选择监测方法的前提条件。

19.1.6 本条明确规定应采取有效措施监测地表裂缝、位错的出现和变化，同时监测设备应满足监测精度要求。

19.1.7 边坡工程及支护结构变形值的大小与边坡高度、地质条件、水文条件、支护类型、坡顶荷载等多种因素有关，变形计算复杂且不成熟，国家现行有关标准均未提出较成熟的计算理论。因此，目前较准确地提出边坡工程变形预警值也是困难的，特别是对岩体或岩土体边坡工程变形控制标准更难提出统一的判定标准，工程实践中只能根据地区经验，采取工程类比的方法确定。本条给出了边坡工程施工过程中及监测期间应报警和采取相应的应急措施的几种情况，报警值的确定考虑了边坡类型、安全等级及被保护对象对变形的敏感程度等因素，变形控制比单纯的地基不均匀沉降要严。

19.1.8 对地质条件特别复杂的、采用新技术治理的一级边坡工程，由于缺少相关的实践经验和试验验证，为确保边坡工程安全和发展边坡工程监测理论及技术应建立有效的、可靠的监测系统获取该类边坡工程长期监测数据。

19.1.9 本条给出了边坡工程监测报告应涵盖的基本内容。

19.2 质 量 检 验

19.2.1 本条给出了边坡支护结构的原材料质量检验的基本内容。

19.2.2 本条给出了锚杆质量的检验方法。

19.2.3 为确保灌注桩桩身质量符合规定的质量要求，应进行相应的检测工作，应根据工程实际情况采取有效、可靠的检验方法，真实反映灌注桩桩身质量；特别强调在特定条件下应采用声波透射法检验桩身完整性，对灌注桩桩身质量存在疑问时，可采用钻芯法进行复检。

19.2.4～19.2.6 给出了混凝土支护结构现场复检、喷射混凝土护壁厚度和强度的检验方法；从对已有边坡工程检测报告的调查发现，检测报告形式繁多，表达内容、方式各不相同，报告水平参差不齐现象十分严重，为此统一规定了边坡工程检测报告的基本要求。

19.3 验 收

19.3.1 本条规定了边坡工程验收前应获取的基本资料。

19.3.2 边坡工程属构筑物，工程验收应符合现行国家标准《建筑工程施工质量验收统一标准》GB 50300的有关规定。

中华人民共和国国家标准

工程结构可靠性设计统一标准

Unified standard for reliability design of
engineering structures

GB 50153—2008

主编部门：中华人民共和国住房和城乡建设部
批准部门：中华人民共和国住房和城乡建设部
施行日期：２００９年７月１日

中华人民共和国住房和城乡建设部
公　告

第 156 号

关于发布国家标准
《工程结构可靠性设计统一标准》的公告

现批准《工程结构可靠性设计统一标准》为国家标准，编号为 GB 50153—2008，自 2009 年 7 月 1 日起实施。其中，第 3.2.1、3.3.1 条为强制性条文，必须严格执行。原《工程结构可靠度设计统一标准》GB 50153—92 同时废止。

本标准由我部标准定额研究所组织中国建筑工业出版社出版发行。

中华人民共和国住房和城乡建设部
2008 年 11 月 12 日

前　言

根据建设部《关于印发〈二○○二～二○○三年度工程建设国家标准制订、修订计划〉的通知》（建标〔2003〕102 号）的要求，中国建筑科学研究院会同有关单位共同对国家标准《工程结构可靠度设计统一标准》GB 50153—92 进行了全面修订。

本标准在修订过程中，积极借鉴了国际标准化组织 ISO 发布的国际标准《结构可靠性总原则》ISO 2394：1998 和欧洲标准化委员会 CEN 批准通过的欧洲规范《结构设计基础》EN 1990：2002，同时认真贯彻了从中国实际出发的方针，总结了我国大规模工程实践的经验，贯彻了可持续发展的指导原则。修订后的新标准比原标准在内容上有所扩展，涵盖了工程结构设计基础的基本内容，是一项工程结构设计的基础标准。

修订后的新标准对建筑工程、铁路工程、公路工程、港口工程、水利水电工程等土木工程各领域工程结构设计的共性问题，即工程结构设计的基本原则、基本要求和基本方法作出了统一规定，以使我国土木工程各领域之间在处理结构可靠性问题上具有统一性和协调性，并与国际接轨。本标准把土木工程各领域工程结构设计的共性要求列入了正文；而将专门领域的具体规定和对专门问题的规定列入了附录。主要内容包括：总则、术语、符号、基本规定、极限状态设计原则、结构上的作用和环境影响、材料和岩土的性能及几何参数、结构分析和试验辅助设计、分项系数设计方法等。

本标准以黑体字标志的条文为强制性条文，必须严格执行。

本标准由住房和城乡建设部负责对强制性条文的管理和解释，由中国建筑科学研究院负责具体技术内容的解释。为了提高标准质量，请各单位在执行本标准的过程中，注意总结经验，积累资料，随时将有关的意见和建议寄给中国建筑科学研究院（地址：北京市北三环东路 30 号；邮政编码：100013），以供今后修订时参考。

本标准主编单位：中国建筑科学研究院

本标准参编单位：中国铁道科学研究院、铁道第三勘察设计院集团有限公司、中交公路规划设计院有限公司、中交水运规划设计院有限公司、水电水利规划设计总院、水利部水利水电规划设计总院、大连理工大学、西安建筑科技大学、上海交通大学、中国工程建设标准化协会

本标准主要起草人：袁振隆、史志华、李明顺、胡德炘、陈基发、李云贵、邸小坛、刘晓光、李铁夫、张玉玲、赵君黎、杜廷瑞、杨松泉、沈义生、周建平、雷兴顺、贡金鑫、姚继涛、鲍卫刚、姚明初、刘西拉、邵卓民、赵国藩

目　　次

1 总 则

1.0.1 为统一房屋建筑、铁路、公路、港口、水利水电等各类工程结构设计的基本原则、基本要求和基本方法，使结构符合可持续发展的要求，并符合安全可靠、经济合理、技术先进、确保质量的要求，制定本标准。

1.0.2 本标准适用于整个结构、组成结构的构件以及地基基础的设计；适用于结构施工阶段和使用阶段的设计；适用于既有结构的可靠性评定。

1.0.3 工程结构设计宜采用以概率理论为基础、以分项系数表达的极限状态设计方法；当缺乏统计资料时，工程结构设计可根据可靠的工程经验或必要的试验研究进行，也可采用容许应力或单一安全系数等经验方法进行。

1.0.4 各类工程结构设计标准和其他相关标准应遵守本标准规定的基本准则，并应制定相应的具体规定。

1.0.5 工程结构设计除应遵守本标准的规定外，尚应遵守国家现行有关标准的规定。

2 术语、符号

2.1 术 语

2.1.1 结构 structure

能承受作用并具有适当刚度的由各连接部件有机组合而成的系统。

2.1.2 结构构件 structural member

结构在物理上可以区分出的部件。

2.1.3 结构体系 structural system

结构中的所有承重构件及其共同工作的方式。

2.1.4 结构模型 structural model

用于结构分析、设计等的理想化的结构体系。

2.1.5 设计使用年限 design working life

设计规定的结构或结构构件不需进行大修即可按预定目的使用的年限。

2.1.6 设计状况 design situations

代表一定时段内实际情况的一组设计条件，设计应做到在该组条件下结构不超越有关的极限状态。

2.1.7 持久设计状况 persistent design situation

在结构使用过程中一定出现，且持续期很长的设计状况，其持续期一般与设计使用年限为同一数量级。

2.1.8 短暂设计状况 transient design situation

在结构施工和使用过程中出现概率较大，而与设计使用年限相比，其持续期很短的设计状况。

2.1.9 偶然设计状况 accidental design situation

在结构使用过程中出现概率很小，且持续期很短的设计状况。

2.1.10 地震设计状况 seismic design situation

结构遭受地震时的设计状况。

2.1.11 荷载布置 load arrangement

在结构设计中，对自由作用的位置、大小和方向的合理确定。

2.1.12 荷载工况 load case

为特定的验证目的，一组同时考虑的固定可变作用、永久作用、自由作用的某种相容的荷载布置以及变形和几何偏差。

2.1.13 极限状态 limit states

整个结构或结构的一部分超过某一特定状态就不能满足设计规定的某一功能要求，此特定状态为该功能的极限状态。

2.1.14 承载能力极限状态 ultimate limit states

对应于结构或结构构件达到最大承载力或不适于继续承载的变形的状态。

2.1.15 正常使用极限状态 serviceability limit states

对应于结构或结构构件达到正常使用或耐久性能的某项规定限值的状态。

2.1.16 不可逆正常使用极限状态 irreversible serviceability limit states

当产生超越正常使用极限状态的作用卸除后，该作用产生的超越状态不可恢复的正常使用极限状态。

2.1.17 可逆正常使用极限状态 reversible serviceability limit states

当产生超越正常使用极限状态的作用卸除后，该作用产生的超越状态可以恢复的正常使用极限状态。

2.1.18 抗力 resistance

结构或结构构件承受作用效应的能力。

2.1.19 结构的整体稳固性 structural integrity (structural robustness)

当发生火灾、爆炸、撞击或人为错误等偶然事件时，结构整体能保持稳固且不出现与起因不相称的破坏后果的能力。

2.1.20 连续倒塌 progressive collapse

初始的局部破坏，从构件到构件扩展，最终导致整个结构倒塌或与起因不相称的一部分结构倒塌。

2.1.21 可靠性 reliability

结构在规定的时间内，在规定的条件下，完成预定功能的能力。

2.1.22 可靠度 degree of reliability (reliability)

结构在规定的时间内，在规定的条件下，完成预定功能的概率。

2.1.23 失效概率 p_f probability of failure p_f

结构不能完成预定功能的概率。

2.1.24 可靠指标 β reliability index β

度量结构可靠度的数值指标，可靠指标 β 与失效概率 p_f 的关系为 $\beta = -\Phi^{-1}(p_f)$，其中 $\Phi^{-1}(\cdot)$ 为标准正态分布函数的反函数。

2.1.25 基本变量 basic variable

代表物理量的一组规定的变量，用于表示作用和环境影响、材料和岩土的性能以及几何参数的特征。

2.1.26 功能函数 performance function

关于基本变量的函数，该函数表征一种结构功能。

2.1.27 概率分布 probability distribution

随机变量取值的统计规律，一般采用概率密度函数或概率分布函数表示。

2.1.28 统计参数 statistical parameter

在概率分布中用来表示随机变量取值的平均水平和离散程度的数字特征。

2.1.29 分位值 fractile

与随机变量概率分布函数的某一概率相应的值。

2.1.30 名义值 nominal value

用非统计方法确定的值。

2.1.31 极限状态法 limit state method

不使结构超越某种规定的极限状态的设计方法。

2.1.32 容许应力法 permissible（allowable）stress method

使结构或地基在作用标准值下产生的应力不超过规定的容许应力（材料或岩土强度标准值除以某一安全系数）的设计方法。

2.1.33 单一安全系数法 single safety factor method

使结构或地基的抗力标准值与作用标准值的效应之比不低于某一规定安全系数的设计方法。

2.1.34 作用 action

施加在结构上的集中力或分布力（直接作用，也称为荷载）和引起结构外加变形或约束变形的原因（间接作用）。

2.1.35 作用效应 effect of action

由作用引起的结构或结构构件的反应。

2.1.36 单个作用 single action

可认为与结构上的任何其他作用之间在时间和空间上为统计独立的作用。

2.1.37 永久作用 permanent action

在设计所考虑的时期内始终存在且其量值变化与平均值相比可以忽略不计的作用，或其变化是单调的并趋于某个限值的作用。

2.1.38 可变作用 variable action

在设计使用年限内其量值随时间变化，且其变化与平均值相比不可忽略不计的作用。

2.1.39 偶然作用 accidental action

在设计使用年限内不一定出现，而一旦出现其量值很大，且持续期很短的作用。

2.1.40 地震作用 seismic action

地震对结构所产生的作用。

2.1.41 土工作用 geotechnical action

由岩土、填方或地下水传递到结构上的作用。

2.1.42 固定作用 fixed action

在结构上具有固定空间分布的作用。当固定作用在结构某一点上的大小和方向确定后，该作用在整个结构上的作用即得以确定。

2.1.43 自由作用 free action

在结构上给定的范围内具有任意空间分布的作用。

2.1.44 静态作用 static action

使结构产生的加速度可以忽略不计的作用。

2.1.45 动态作用 dynamic action

使结构产生的加速度不可忽略不计的作用。

2.1.46 有界作用 bounded action

具有不能被超越的且可确切或近似掌握其界限值的作用。

2.1.47 无界作用 unbounded action

没有明确界限值的作用。

2.1.48 作用的标准值 characteristic value of an action

作用的主要代表值，可根据对观测数据的统计、作用的自然界限或工程经验确定。

2.1.49 设计基准期 design reference period

为确定可变作用等的取值而选用的时间参数。

2.1.50 可变作用的组合值 combination value of a variable action

使组合后的作用效应的超越概率与该作用单独出现时其标准值作用效应的超越概率趋于一致的作用值；或组合后使结构具有规定可靠指标的作用值。可通过组合值系数（$\psi_c \leqslant 1$）对作用标准值的折减来表示。

2.1.51 可变作用的频遇值 frequent value of a variable action

在设计基准期内被超越的总时间占设计基准期的比率较小的作用值；或被超越的频率限制在规定频率内的作用值。可通过频遇值系数（$\psi_f \leqslant 1$）对作用标准值的折减来表示。

2.1.52 可变作用的准永久值 quasi-permanent value of a variable action

在设计基准期内被超越的总时间占设计基准期的比率较大的作用值。可通过准永久值系数（$\psi_q \leqslant 1$）对作用标准值的折减来表示。

2.1.53 可变作用的伴随值 accompanying value of a variable action

在作用组合中，伴随主导作用的可变作用值。可变作用的伴随值可以是组合值、频遇值或准永久值。

**2.1.54 作用的代表值 representative value of an action

极限状态设计所采用的作用值。它可以是作用的标准值或可变作用的伴随值。

2.1.55 作用的设计值 design value of an action

作用的代表值与作用分项系数的乘积。

2.1.56 作用组合（荷载组合） combination of actions（load combination）

在不同作用的同时影响下，为验证某一极限状态的结构可靠度而采用的一组作用设计值。

2.1.57 环境影响 environmental influence

环境对结构产生的各种机械的、物理的、化学的或生物的不利影响。环境影响会引起结构材料性能的劣化，降低结构的安全性或适用性，影响结构的耐久性。

2.1.58 材料性能的标准值 characteristic value of a material property

符合规定质量的材料性能概率分布的某一分位值或材料性能的名义值。

2.1.59 材料性能的设计值 design value of a material property

材料性能的标准值除以材料性能分项系数所得的值。

2.1.60 几何参数的标准值 characteristic value of a geometrical parameter

设计规定的几何参数公称值或几何参数概率分布的某一分位值。

2.1.61 几何参数的设计值 design value of a geometrical parameter

几何参数的标准值增加或减少一个几何参数的附加量所得的值。

2.1.62 结构分析 structural analysis

确定结构上作用效应的过程。

2.1.63 一阶线弹性分析 first order linear-elastic analysis

基于线性应力—应变或弯矩—曲率关系，采用弹性理论分析方法对初始结构几何形体进行的结构分析。

2.1.64 二阶线弹性分析 second order linear-elastic analysis

基于线性应力—应变或弯矩—曲率关系，采用弹性理论分析方法对已变形结构几何形体进行的结构分析。

2.1.65 有重分布的一阶或二阶线弹性分析 first order（or second order）linear-elastic analysis with redistribution

结构设计中对内力进行调整的一阶或二阶线弹性分析，与给定的外部作用协调，不做明确的转动能力计算的结构分析。

2.1.66 一阶非线性分析 first order non-linear analysis

基于材料非线性变形特性对初始结构的几何形体进行的结构分析。

2.1.67 二阶非线性分析 second order non-linear analysis

基于材料非线性变形特性对已变形结构几何形体进行的结构分析。

2.1.68 弹塑性分析（一阶或二阶） elasto-plastic analysis（first or second order）

基于线弹性阶段和随后的无硬化阶段构成的弯矩-曲率关系的结构分析。

2.1.69 刚性-塑性分析 rigid plastic analysis

假定弯矩-曲率关系为无弹性变形和无硬化阶段，采用极限分析理论对初始结构的几何形体进行的直接确定其极限承载力的结构分析。

2.1.70 既有结构 existing structure

已经存在的各类工程结构。

2.1.71 评估使用年限 assessed working life

可靠性评定所预估的既有结构在规定条件下的使用年限。

2.1.72 荷载检验 load testing

通过施加荷载评定结构或结构构件的性能或预测其承载力的试验。

2.2 符 号

2.2.1 大写拉丁字母的符号：

A_{Ek} ——地震作用的标准值；

A_d ——偶然作用的设计值；

C ——设计对变形、裂缝等规定的相应限值；

F_d ——作用的设计值；

F_r ——作用的代表值；

G_k ——永久作用的标准值；

P ——预应力作用的有关代表值；

Q_k ——可变作用的标准值；

R ——结构或结构构件的抗力；

R_d ——结构或结构构件抗力的设计值；

S ——结构或结构构件的作用效应；

$S_{A_{Ek}}$ ——地震作用标准值的效应；

S_{A_d} ——偶然作用设计值的效应；

S_d ——作用组合的效应设计值；

$S_{d,dst}$ ——不平衡作用效应的设计值；

$S_{d,stb}$ ——平衡作用效应的设计值；

S_{G_k} ——永久作用标准值的效应；

S_P ——预应力作用有关代表值的效应；

S_{Q_k} ——可变作用标准值的效应；

T ——设计基准期；

X ——基本变量。

2.2.2 小写拉丁字母的符号：

a ——几何参数；

a_d ——几何参数的设计值；

a_k ——几何参数的标准值；

f_d ——材料性能的设计值；

f_k ——材料性能的标准值；

p_f ——结构构件失效概率的运算值。

2.2.3 大写希腊字母的符号：

Δ_a ——几何参数的附加量。

2.2.4 小写希腊字母的符号：

β ——结构构件的可靠指标；

γ_0 ——结构重要性系数；

γ_I ——地震作用重要性系数；

γ_F ——作用的分项系数；

γ_G ——永久作用的分项系数；

γ_L ——考虑结构设计使用年限的荷载调整系数；

γ_M ——材料性能的分项系数；

γ_Q ——可变作用的分项系数；

γ_P ——预应力作用的分项系数；

ψ_c ——作用的组合值系数；

ψ_f ——作用的频遇值系数；

ψ_q ——作用的准永久值系数。

3 基 本 规 定

3.1 基 本 要 求

3.1.1 结构的设计、施工和维护应使结构在规定的设计使用年限内以适当的可靠度且经济的方式满足规定的各项功能要求。

3.1.2 结构应满足下列功能要求：

1 能承受在施工和使用期间可能出现的各种作用；

2 保持良好的使用性能；

3 具有足够的耐久性能；

4 当发生火灾时，在规定的时间内可保持足够的承载力；

5 当发生爆炸、撞击、人为错误等偶然事件时，结构能保持必需的整体稳固性，不出现与起因不相称的破坏后果，防止出现结构的连续倒塌。

> 注：1 对重要的结构，应采取必要的措施，防止出现结构的连续倒塌；对一般的结构，宜采取适当的措施，防止出现结构的连续倒塌。
>
> 2 对港口工程结构，"撞击"指非正常撞击。

3.1.3 结构设计时，应根据下列要求采取适当的措施，使结构不出现或少出现可能的损坏：

1 避免、消除或减少结构可能受到的危害；

2 采用对可能受到的危害反应不敏感的结构类型；

3 采用当单个构件或结构的有限部分被意外移

除或结构出现可接受的局部损坏时，结构的其他部分仍能保存的结构类型；

4 不宜采用无破坏预兆的结构体系；

5 使结构具有整体稳固性。

3.1.4 宜采取下列措施满足对结构的基本要求：

1 采用适当的材料；

2 采用合理的设计和构造；

3 对结构的设计、制作、施工和使用等制定相应的控制措施。

3.2 安全等级和可靠度

3.2.1 工程结构设计时，应根据结构破坏可能产生的后果（危及人的生命、造成经济损失、对社会或环境产生影响等）的严重性，采用不同的安全等级。工程结构安全等级的划分应符合表3.2.1的规定。

表 3.2.1 工程结构的安全等级

安全等级	破坏后果
一级	很严重
二级	严重
三级	不严重

> 注：对重要的结构，其安全等级应取为一级；对一般的结构，其安全等级宜取为二级；对次要的结构，其安全等级可取为三级。

3.2.2 工程结构中各类结构构件的安全等级，宜与结构的安全等级相同，对其中部分结构构件的安全等级可进行调整，但不得低于三级。

3.2.3 可靠度水平的设置应根据结构构件的安全等级、失效模式和经济因素等确定。对结构的安全性和适用性可采用不同的可靠度水平。

3.2.4 当有充分的统计数据时，结构构件的可靠度宜采用可靠指标β度量。结构构件设计时采用的可靠指标，可根据对现有结构构件的可靠度分析，并结合使用经验和经济因素等确定。

3.2.5 各类结构构件的安全等级每相差一级，其可靠指标的取值宜相差0.5。

3.3 设计使用年限和耐久性

3.3.1 工程结构设计时，应规定结构的设计使用年限。

3.3.2 房屋建筑结构、铁路桥涵结构、公路桥涵结构和港口工程结构的设计使用年限应符合附录A的规定。

> 注：1 其他工程结构的设计使用年限应符合国家现行标准的有关规定；
>
> 2 特殊工程结构的设计使用年限可另行规定。

3.3.3 工程结构设计时应对环境影响进行评估，当结构所处的环境对其耐久性有较大影响时，应根据不同的环境类别采用相应的结构材料、设计构造、防护措施、施工质量要求等，并应制定结构在使用期间的定期检修和维护制度，使结构在设计使用年限内不致因材料的劣化而影响其安全或正常使用。

3.3.4 环境对结构耐久性的影响，可根据工程经验、试验研究、计算或综合分析等方法进行评估。

3.3.5 环境类别的划分和相应的设计、施工、使用及维护的要求等，应遵守国家现行有关标准的规定。

3.4 可靠性管理

3.4.1 为保证工程结构具有规定的可靠度，除应进行必要的设计计算外，还应对结构的材料性能、施工质量、使用和维护等进行相应的控制。控制的具体措施，应符合附录 B 和有关的勘察、设计、施工及维护等标准的专门规定。

3.4.2 工程结构的设计必须由具有相应资格的技术人员担任。

3.4.3 工程结构的设计应符合国家现行的有关荷载、抗震、地基基础和各种材料结构设计规范的规定。

3.4.4 工程结构的设计应对结构可能受到的偶然作用、环境影响等采取必要的防护措施。

3.4.5 对工程结构所采用的材料及施工、制作过程应进行质量控制，并按国家现行有关标准的规定进行竣工验收。

3.4.6 工程结构应按设计规定的用途使用，并应定期检查结构状况，进行必要的维护和维修；当需变更使用用途时，应进行设计复核和采取必要的安全措施。

4 极限状态设计原则

4.1 极 限 状 态

4.1.1 极限状态可分为承载能力极限状态和正常使用极限状态，并应符合下列要求：

1 承载能力极限状态

当结构或结构构件出现下列状态之一时，应认为超过了承载能力极限状态：

  1）结构构件或连接因超过材料强度而破坏，或因过度变形而不适于继续承载；

  2）整个结构或其一部分作为刚体失去平衡；

  3）结构转变为机动体系；

  4）结构或结构构件丧失稳定；

  5）结构因局部破坏而发生连续倒塌；

  6）地基丧失承载力而破坏；

  7）结构或结构构件的疲劳破坏。

2 正常使用极限状态

当结构或结构构件出现下列状态之一时，应认为

超过了正常使用极限状态：

  1）影响正常使用或外观的变形；

  2）影响正常使用或耐久性能的局部损坏；

  3）影响正常使用的振动；

  4）影响正常使用的其他特定状态。

4.1.2 对结构的各种极限状态，均应规定明确的标志或限值。

4.1.3 结构设计时应对结构的不同极限状态分别进行计算或验算；当某一极限状态的计算或验算起控制作用时，可仅对该极限状态进行计算或验算。

4.2 设 计 状 况

4.2.1 工程结构设计时应区分下列设计状况：

1 持久设计状况，适用于结构使用时的正常情况；

2 短暂设计状况，适用于结构出现的临时情况，包括结构施工和维修时的情况等；

3 偶然设计状况，适用于结构出现的异常情况，包括结构遭受火灾、爆炸、撞击时的情况等；

4 地震设计状况，适用于结构遭受地震时的情况，在抗震设防地区必须考虑地震设计状况。

4.2.2 工程结构设计时，对不同的设计状况，应采用相应的结构体系、可靠度水平、基本变量和作用组合等。

4.3 极限状态设计

4.3.1 对本章第 4.2.1 条规定的四种工程结构设计状况应分别进行下列极限状态设计：

1 对四种设计状况，均应进行承载能力极限状态设计；

2 对持久设计状况，尚应进行正常使用极限状态设计；

3 对短暂设计状况和地震设计状况，可根据需要进行正常使用极限状态设计；

4 对偶然设计状况，可不进行正常使用极限状态设计。

4.3.2 进行承载能力极限状态设计时，应根据不同的设计状况采用下列作用组合：

1 基本组合，用于持久设计状况或短暂设计状况；

2 偶然组合，用于偶然设计状况；

3 地震组合，用于地震设计状况。

4.3.3 进行正常使用极限状态设计时，可采用下列作用组合：

1 标准组合，宜用于不可逆正常使用极限状态设计；

2 频遇组合，宜用于可逆正常使用极限状态设计；

3 准永久组合，宜用于长期效应是决定性因素

的正常使用极限状态设计。

4.3.4 对每一种作用组合，工程结构的设计均应采用其最不利的效应设计值进行。

4.3.5 结构的极限状态可采用下列极限状态方程描述：

$$g(X_1, X_2, \cdots, X_n) = 0 \qquad (4.3.5)$$

式中 $g(\cdot)$——结构的功能函数；

$X_i(i = 1, 2, \cdots, n)$——基本变量，指结构上的各种作用和环境影响、材料和岩土的性能及几何参数等；在进行可靠度分析时，基本变量应作为随机变量。

4.3.6 结构按极限状态设计应符合下列要求：

$$g(X_1, X_2, \cdots, X_n) \geqslant 0 \qquad (4.3.6-1)$$

当采用结构的作用效应和结构的抗力作为综合基本变量时，结构按极限状态设计应符合下列要求：

$$R - S \geqslant 0 \qquad (4.3.6-2)$$

式中 R——结构的抗力；

S——结构的作用效应。

4.3.7 结构构件的设计应以规定的可靠度满足本章第4.3.6条的要求。

4.3.8 结构构件宜根据规定的可靠指标，采用由作用的代表值、材料性能的标准值、几何参数的标准值和各相应的分项系数构成的极限状态设计表达式进行设计；有条件时也可根据附录E的规定直接采用基于可靠指标的方法进行设计。

5 结构上的作用和环境影响

5.1 一般规定

5.1.1 工程结构设计时，应考虑结构上可能出现的各种作用（包括直接作用、间接作用）和环境影响。

5.2 结构上的作用

5.2.1 结构上的各种作用，当可认为在时间上和空间上相互独立时，则每一种作用可分别作为单个作用；当某些作用密切相关且有可能同时以最大值出现时，也可将这些作用一起作为单个作用。

5.2.2 同时施加在结构上的各单个作用对结构的共同影响，应通过作用组合（荷载组合）来考虑；对不可能同时出现的各种作用，不应考虑其组合。

5.2.3 结构上的作用可按下列性质分类：

   1 按随时间的变化分类：

     1） 永久作用；

     2） 可变作用；

     3） 偶然作用。

   2 按随空间的变化分类：

     1） 固定作用；

     2） 自由作用。

   3 按结构的反应特点分类：

     1） 静态作用；

     2） 动态作用。

   4 按有无限值分类：

     1） 有界作用；

     2） 无界作用。

   5 其他分类。

5.2.4 结构上的作用随时间变化的规律，宜采用随机过程的概率模型来描述，但对不同的问题可采用不同的方法进行简化。

对永久作用，在结构可靠性设计中可采用随机变量的概率模型。

对可变作用，在作用组合中可采用简化的随机过程概率模型。在确定可变作用的代表值时可采用将设计基准期内最大值作为随机变量的概率模型。

5.2.5 当永久作用和可变作用作为随机变量时，其统计参数和概率分布类型，应以观测数据为基础，运用参数估计和概率分布的假设检验方法确定，检验的显著性水平可取0.05。

5.2.6 当有充分观测数据时，作用的标准值应按在设计基准期内最不利作用概率分布的某个统计特征值确定；当有条件时，可对各种作用统一规定该统计特征值的概率定义；当观测数据不充分时，作用的标准值也可根据工程经验通过分析判断确定；对有明确界限值的有界作用，作用的标准值应取其界限值。

> 注：可变作用的标准值可按本标准附录C规定的原则确定。

5.2.7 工程结构按不同极限状态设计时，在相应的作用组合中对可能同时出现的各种作用，应采用不同的作用代表值。对可变作用，其代表值包括标准值、组合值、频遇值和准永久值。组合值、频遇值和准永久值可通过对可变作用的标准值分别乘以不大于1的组合值系数 ψ_c、频遇值系数 ψ_f 和准永久值系数 ψ_q 等折减系数来表示。

> 注：可变作用的组合值、频遇值和准永久值可按本标准附录C规定的原则确定。

5.2.8 对偶然作用，应采用偶然作用的设计值。偶然作用的设计值应根据具体工程情况和偶然作用可能出现的最大值确定，也可根据有关标准的专门规定确定。

5.2.9 对地震作用，应采用地震作用的标准值。地震作用的标准值应根据地震作用的重现期确定。地震作用的重现期宜采用475年，也可根据具体工程情况采用其他地震作用的重现期。

5.2.10 当结构上的作用比较复杂且不能直接描述时，可根据作用形成的机理，建立适当的数学模型来表征作用的大小、位置、方向和持续期等性质。

结构上的作用 F 的大小一般可采用下列数学

模型:

$$F = \varphi(F_0, \omega) \qquad (5.2.10)$$

式中 $\varphi(\cdot)$ ——所采用的函数;

F_0 ——基本作用,通常具有随时间和空间的变异性(随机的或非随机的),但一般与结构的性质无关;

ω ——用以将 F_0 转化为 F 的随机或非随机变量,它与结构的性质有关。

5.2.11 当结构的动态性能比较明显时,结构应采用动力模型描述。此时,结构的动力分析应考虑结构的刚度、阻尼以及结构上各部分质量的惯性。当结构容许简化分析时,可计算"准静态作用"响应,并乘以动力系数作为动态作用的响应。

5.2.12 对自由作用应考虑各种可能的荷载布置,并与固定作用等一起作为验证结构某特定极限状态的荷载工况。

5.3 环 境 影 响

5.3.1 环境影响可分为永久影响、可变影响和偶然影响。

5.3.2 对结构的环境影响应进行定量描述;当没有条件进行定量描述时,也可通过环境对结构的影响程度的分级等方法进行定性描述,并在设计中采取相应的技术措施。

6 材料和岩土的性能及几何参数

6.1 材料和岩土的性能

6.1.1 材料和岩土的强度、弹性模量、变形模量、压缩模量、内摩擦角、黏聚力等物理力学性能,应根据有关的试验方法标准经试验确定。

6.1.2 材料性能宜采用随机变量概率模型描述。材料性能的各种统计参数和概率分布类型,应以试验数据为基础,运用参数估计和概率分布的假设检验方法确定。检验的显著性水平可取 0.05。

6.1.3 当利用标准试件的试验结果确定结构中实际的材料性能时,尚应考虑实际结构与标准试件、实际工作条件与标准试验条件的差别。结构中的材料性能与标准试件材料性能的关系,应根据相应的对比试验结果通过换算系数或函数来反映,或根据工程经验判断确定。结构中材料性能的不定性,应由标准试件材料性能的不定性和换算系数或函数的不定性两部分组成。

岩土性能指标和地基、桩基承载力等,应通过原位测试、室内试验等直接或间接的方法确定,并应考虑由于钻探取样的扰动、室内外试验条件与实际工程结构条件的差别以及所采用公式的误差等因素的影响。

6.1.4 材料强度的概率分布宜采用正态分布或对数正态分布。

材料强度的标准值可按其概率分布的 0.05 分位值确定。材料弹性模量、泊松比等物理性能的标准值可按其概率分布的 0.5 分位值确定。

当试验数据不充分时,材料性能的标准值可采用有关标准的规定值,也可根据工程经验,经分析判断确定。

6.1.5 岩土性能的标准值宜根据原位测试和室内试验的结果,按有关标准的规定确定。

当有条件时,岩土性能的标准值可按其概率分布的某个分位值确定。

6.2 几 何 参 数

6.2.1 结构或结构构件的几何参数 a 宜采用随机变量概率模型描述。几何参数的各种统计参数和概率分布类型,应以正常生产情况下结构或结构构件几何尺寸的测试数据为基础,运用参数估计和概率分布的假设检验方法确定。

当测试数据不充分时,几何参数的统计参数可根据有关标准中规定的公差,经分析判断确定。

当几何参数的变异性对结构抗力及其他性能的影响很小时,几何参数可作为确定性变量。

6.2.2 几何参数的标准值可采用设计规定的公称值,或根据几何参数概率分布的某个分位值确定。

7 结构分析和试验辅助设计

7.1 一 般 规 定

7.1.1 结构分析可采用计算、模型试验或原型试验等方法。

7.1.2 结构分析的精度,应能满足结构设计要求,必要时宜进行试验验证。

7.1.3 在结构分析中,宜考虑环境对材料、构件和结构性能的影响。

7.2 结 构 模 型

7.2.1 结构分析采用的基本假定和计算模型应能合理描述所考虑的极限状态下的结构反应。

7.2.2 根据结构的具体情况,可采用一维、二维或三维的计算模型进行结构分析。

7.2.3 结构分析所采用的各种简化或近似假定,应具有理论或试验依据,或经工程验证可行。

7.2.4 当结构的变形可能使作用的影响显著增大时,应在结构分析中考虑结构变形的影响。

7.2.5 结构计算模型的不定性应在极限状态方程中采用一个或几个附加基本变量来考虑。附加基本变量的概率分布类型和统计参数,可通过按计算模型的计算结果与按精确方法的计算结果或实际的观测结果相比较，经统计分析确定，或根据工程经验判断确定。

7.3 作 用 模 型

7.3.1 对与时间无关的或不计累积效应的静力分析，可只考虑发生在设计基准期内作用的最大值和最小值；当动力性能起控制作用时，应有比较详细的过程描述。

7.3.2 在不能准确确定作用参数时，应对作用参数给出上下限范围，并进行比较以确定不利的作用效应。

7.3.3 当结构承受自由作用时，应根据每一自由作用可能出现的空间位置、大小和方向，分析确定对结构最不利的荷载布置。

7.3.4 当考虑地基与结构相互作用时，土工作用可采用适当的等效弹簧或阻尼器来模拟。

7.3.5 当动力作用可被认为是拟静力作用时，可通过把动力作用分析结果包括在静力作用中或对静力作用乘以等效动力放大系数等方法，来考虑动力作用效应。

7.3.6 当动力作用引起的振幅、速度、加速度使结构有可能超过正常使用极限状态的限值时，应根据实际情况对结构进行正常使用极限状态验算。

7.4 分 析 方 法

7.4.1 结构分析应根据结构类型、材料性能和受力特点等因素，采用线性、非线性或试验分析方法；当结构性能始终处于弹性状态时，可采用弹性理论进行结构分析，否则宜采用弹塑性理论进行结构分析。

7.4.2 当结构在达到极限状态前能够产生足够的塑性变形，且所承受的不是多次重复的作用时，可采用塑性理论进行结构分析；当结构的承载力由脆性破坏或稳定控制时，不应采用塑性理论进行分析。

7.4.3 当动力作用使结构产生较大加速度时，应对结构进行动力响应分析。

7.5 试验辅助设计

7.5.1 对某些没有适当分析模型的特殊情况，可进行试验辅助设计，其具体方法宜符合附录 D 的规定。

7.5.2 采用试验辅助设计的结构，应达到相关设计状况采用的可靠度水平，并应考虑试验结果的数量对相关参数统计不定性的影响。

8 分项系数设计方法

8.1 一 般 规 定

8.1.1 结构构件极限状态设计表达式中所包含的各种分项系数，宜根据有关基本变量的概率分布类型和

统计参数及规定的可靠指标，通过计算分析，并结合工程经验，经优化确定。

当缺乏统计数据时，可根据传统的或经验的设计方法，由有关标准规定各种分项系数。

8.1.2 基本变量的设计值可按下列规定确定：

1 作用的设计值 F_d 可按下式确定：

$$F_d = \gamma_F F_r \qquad (8.1.2-1)$$

式中 F_r ——作用的代表值；

γ_F ——作用的分项系数。

2 材料性能的设计值 f_d 可按下式确定：

$$f_d = \frac{f_k}{\gamma_M} \qquad (8.1.2-2)$$

式中 f_k ——材料性能的标准值；

γ_M ——材料性能的分项系数，其值按有关的结构设计标准的规定采用。

3 几何参数的设计值 a_d 可采用几何参数的标准值 a_k。当几何参数的变异性对结构性能有明显影响时，几何参数的设计值可按下式确定：

$$a_d = a_k \pm \Delta_a \qquad (8.1.2-3)$$

式中 Δ_a ——几何参数的附加量。

4 结构抗力的设计值 R_d 可按下式确定：

$$R_d = R(f_k/\gamma_M, a_d) \qquad (8.1.2-4)$$

注：根据需要，也可从材料性能的分项系数 γ_M 中将反映抗力模型不定性的系数 γ_{Rd} 分离出来。

8.2 承载能力极限状态

8.2.1 结构或结构构件按承载能力极限状态设计时，应考虑下列状态：

1 结构或结构构件（包括基础等）的破坏或过度变形，此时结构的材料强度起控制作用；

2 整个结构或其一部分作为刚体失去静力平衡，此时结构材料或地基的强度不起控制作用；

3 地基的破坏或过度变形，此时岩土的强度起控制作用；

4 结构或结构构件的疲劳破坏，此时结构的材料疲劳强度起控制作用。

8.2.2 结构或结构构件按承载能力极限状态设计时，应符合下列要求：

1 结构或结构构件（包括基础等）的破坏或过度变形的承载能力极限状态设计，应符合下式要求：

$$\gamma_0 S_d \leqslant R_d \qquad (8.2.2-1)$$

式中 γ_0 ——结构重要性系数，其值按附录 A 的有关规定采用；

S_d ——作用组合的效应（如轴力、弯矩或表示几个轴力、弯矩的向量）设计值；

R_d ——结构或结构构件的抗力设计值。

2 整个结构或其一部分作为刚体失去静力平衡的承载能力极限状态设计，应符合下式要求：

$$\gamma_0 S_{d,dst} \leqslant S_{d,stb} \qquad (8.2.2\text{-}2)$$

式中 $S_{d,dst}$ ——不平衡作用效应的设计值；

$S_{d,stb}$ ——平衡作用效应的设计值。

3 地基的破坏或过度变形的承载能力极限状态设计，可采用分项系数法进行，但其分项系数的取值与式（8.2.2-1）中所包含的分项系数的取值可有区别。

注：地基的破坏或过度变形的承载力设计，也可采用容许应力法等进行。

4 结构或结构构件的疲劳破坏的承载能力极限状态设计，可按附录 F 规定的方法进行。

8.2.3 承载能力极限状态设计表达式中的作用组合，应符合下列规定：

1 作用组合应为可能同时出现的作用的组合；

2 每个作用组合中应包括一个主导可变作用或一个偶然作用或一个地震作用；

3 当结构中永久作用位置的变异，对静力平衡或类似的极限状态设计结果很敏感时，该永久作用的有利部分和不利部分应分别作为单个作用；

4 当一种作用产生的几种效应非全相关时，对产生有利效应的作用，其分项系数的取值应予降低；

5 对不同的设计状况应采用不同的作用组合。

8.2.4 对持久设计状况和短暂设计状况，应采用作用的基本组合。

1 基本组合的效应设计值可按下式确定：

$$S_d = S\Big(\sum_{i \geqslant 1} \gamma_{G_i} G_{ik} + \gamma_P P + \gamma_{Q_1} \gamma_{L1} Q_{1k}$$
$$+ \sum_{j>1} \gamma_{Q_j} \psi_{cj} \gamma_{Lj} Q_{jk}\Big) \qquad (8.2.4\text{-}1)$$

式中 $S(\cdot)$ ——作用组合的效应函数；

G_{ik} ——第 i 个永久作用的标准值；

P ——预应力作用的有关代表值；

Q_{1k} ——第 1 个可变作用（主导可变作用）的标准值；

Q_{jk} ——第 j 个可变作用的标准值；

γ_{G_i} ——第 i 个永久作用的分项系数，应按附录 A 的有关规定采用；

γ_P ——预应力作用的分项系数，应按附录 A 的有关规定采用；

γ_{Q_1} ——第 1 个可变作用（主导可变作用）的分项系数，应按附录 A 的有关规定采用；

γ_{Q_j} ——第 j 个可变作用的分项系数，应按附录 A 的有关规定采用；

$\gamma_{L1}、\gamma_{Lj}$ ——第 1 个和第 j 个考虑结构设计使用年限的荷载调整系数，应按有关规定采用，对设计使用年限与设计基准期相同的结构，应取 γ_L =1.0；

ψ_{cj} ——第 j 个可变作用的组合值系数，

应按有关规范的规定采用。

注：在作用组合的效应函数 $S(\cdot)$ 中，符号"$\sum$"和"$+$"均表示组合，即同时考虑所有作用对结构的共同影响，而不表示代数相加。

2 当作用与作用效应按线性关系考虑时，基本组合的效应设计值可按下式计算：

$$S_d = \sum_{i \geqslant 1} \gamma_{G_i} S_{G_{ik}} + \gamma_P S_P + \gamma_{Q_1} \gamma_{L1} S_{Q_{1k}}$$
$$+ \sum_{j>1} \gamma_{Q_j} \psi_{cj} \gamma_{Lj} S_{Q_{jk}} \qquad (8.2.4\text{-}2)$$

式中 $S_{G_{ik}}$ ——第 i 个永久作用标准值的效应；

S_P ——预应力作用有关代表值的效应；

$S_{Q_{1k}}$ ——第 1 个可变作用（主导可变作用）标准值的效应；

$S_{Q_{jk}}$ ——第 j 个可变作用标准值的效应。

注：1 对持久设计状况和短暂设计状况，也可根据需要分别给出作用组合的效应设计值；

2 可根据需要从作用的分项系数中将反映作用效应模型不定性的系数 γ_{Sd} 分离出来。

8.2.5 对偶然设计状况，应采用作用的偶然组合。

1 偶然组合的效应设计值可按下式确定：

$$S_d = S\Big[\sum_{i \geqslant 1} G_{ik} + P + A_d + (\psi_{f1} \text{ 或 } \psi_{q1}) Q_{1k}$$
$$+ \sum_{j>1} \psi_{qj} Q_{jk}\Big] \qquad (8.2.5\text{-}1)$$

式中 A_d ——偶然作用的设计值；

ψ_{f1} ——第 1 个可变作用的频遇值系数，应按有关规范的规定采用；

$\psi_{q1}、\psi_{qj}$ ——第 1 个和第 j 个可变作用的准永久值系数，应按有关规范的规定采用。

2 当作用与作用效应按线性关系考虑时，偶然组合的效应设计值可按下式计算：

$$S_d = \sum_{i \geqslant 1} S_{G_{ik}} + S_P + S_{A_d} + (\psi_{f1} \text{ 或 } \psi_{q1}) S_{Q_{1k}}$$
$$+ \sum_{j>1} \psi_{qj} S_{Q_{jk}} \qquad (8.2.5\text{-}2)$$

式中 S_{A_d} ——偶然作用设计值的效应。

8.2.6 对地震设计状况，应采用作用的地震组合。

1 地震组合的效应设计值，宜根据重现期为 475 年的地震作用（基本烈度）确定，其效应设计值应符合下列规定：

　1）地震组合的效应设计值宜按下式确定：

$$S_d = S\Big(\sum_{i \geqslant 1} G_{ik} + P + \gamma_I A_{Ek} + \sum_{j \geqslant 1} \psi_{qj} Q_{jk}\Big)$$
$$\qquad (8.2.6\text{-}1)$$

式中 γ_I ——地震作用重要性系数，应按有关的抗震设计规范的规定采用；

A_{Ek} ——根据重现期为 475 年的地震作用（基本烈度）确定的地震作用的标准值。

　2）当作用与作用效应按线性关系考虑时，地震组合效应设计值可按下式计算：

$$S_d = \sum_{i \geqslant 1} S_{G_{ik}} + S_P + \gamma_I S_{A_{Ek}} + \sum_{j \geqslant 1} \psi_{qj} S_{Q_{jk}}$$

$$(8.2.6-2)$$

式中 $S_{A_{Ek}}$ ——地震作用标准值的效应。

注：当按线弹性分析计算地震作用效应时，应将计算结果乘以结构性能系数以考虑结构延性的影响，结构性能系数应按有关的抗震设计规范的规定采用。

2 地震组合的效应设计值，也可根据重现期大于或小于 475 年的地震作用确定，其效应设计值应符合有关的抗震设计规范的规定。

8.2.7 当永久作用效应或预应力作用效应对结构构件承载力起有利作用时，式（8.2.4）中永久作用分项系数 γ_G 和预应力作用分项系数 γ_P 的取值不应大于 1.0。

8.3 正常使用极限状态

8.3.1 结构或结构构件按正常使用极限状态设计时，应符合下式要求：

$$S_d \leqslant C \qquad (8.3.1)$$

式中 S_d ——作用组合的效应（如变形、裂缝等）设计值；

C ——设计对变形、裂缝等规定的相应限值，应按有关的结构设计规范的规定采用。

8.3.2 按正常使用极限状态设计时，可根据不同情况采用作用的标准组合、频遇组合或准永久组合。

1 标准组合

1）标准组合的效应设计值可按下式确定：

$$S_d = S\left(\sum_{i \geqslant 1} G_{ik} + P + Q_{1k} + \sum_{j > 1} \psi_{cj} Q_{jk} \right)$$

$$(8.3.2-1)$$

2）当作用与作用效应按线性关系考虑时，标准组合的效应设计值可按下式计算：

$$S_d = \sum_{i \geqslant 1} S_{G_{ik}} + S_P + S_{Q_{1k}} + \sum_{j > 1} \psi_{cj} S_{Q_{jk}}$$

$$(8.3.2-2)$$

2 频遇组合

1）频遇组合的效应设计值可按下式确定：

$$S_d = S\left(\sum_{i \geqslant 1} G_{ik} + P + \psi_{f1} Q_{1k} + \sum_{j > 1} \psi_{qj} Q_{jk} \right)$$

$$(8.3.2-3)$$

2）当作用与作用效应按线性关系考虑时，频遇组合的效应设计值可按下式计算：

$$S_d = \sum_{i \geqslant 1} S_{G_{ik}} + S_P + \psi_{f1} S_{Q_{1k}} + \sum_{j > 1} \psi_{qj} S_{Q_{jk}}$$

$$(8.3.2-4)$$

3 准永久组合

1）准永久组合的效应设计值可按下式确定：

$$S_d = S\left(\sum_{i \geqslant 1} G_{ik} + P + \sum_{j \geqslant 1} \psi_{qj} Q_{jk} \right)$$

$$(8.3.2-5)$$

2）当作用与作用效应按线性关系考虑时，准永久组合的效应设计值可按下式计算：

$$S_d = \sum_{i \geqslant 1} S_{G_{ik}} + S_P + \sum_{j \geqslant 1} \psi_{qj} S_{Q_{jk}} \quad (8.3.2-6)$$

注：标准组合宜用于不可逆正常使用极限状态；频遇组合宜用于可逆正常使用极限状态；准永久组合宜用在当长期效应是决定性因素时的正常使用极限状态。

8.3.3 对正常使用极限状态，材料性能的分项系数 γ_M，除各种材料的结构设计规范有专门规定外，应取为 1.0。

附录 A 各类工程结构的专门规定

A.1 房屋建筑结构的专门规定

A.1.1 房屋建筑结构的安全等级，应根据结构破坏可能产生后果的严重性按表 A.1.1 划分。

表 A.1.1 房屋建筑结构的安全等级

安全等级	破坏后果	示 例
一级	很严重：对人的生命、经济、社会或环境影响很大	大型的公共建筑等
二级	严重：对人的生命、经济、社会或环境影响较大	普通的住宅和办公楼等
三级	不严重：对人的生命、经济、社会或环境影响较小	小型的或临时性贮存建筑等

注：房屋建筑结构抗震设计中的甲类建筑和乙类建筑，其安全等级宜规定为一级；丙类建筑，其安全等级宜规定为二级；丁类建筑，其安全等级宜规定为三级。

A.1.2 房屋建筑结构的设计基准期为 50 年。

A.1.3 房屋建筑结构的设计使用年限，应按表 A.1.3 采用。

表 A.1.3 房屋建筑结构的设计使用年限

类别	设计使用年限（年）	示 例
1	5	临时性建筑结构
2	25	易于替换的结构构件
3	50	普通房屋和构筑物
4	100	标志性建筑和特别重要的建筑结构

A.1.4 房屋建筑结构构件持久设计状况承载能力极限状态设计的可靠指标，不应小于表A.1.4的规定。

表 A.1.4　房屋建筑结构构件的可靠指标 β

破坏类型	安全等级		
	一级	二级	三级
延性破坏	3.7	3.2	2.7
脆性破坏	4.2	3.7	3.2

A.1.5　房屋建筑结构构件持久设计状况正常使用极限状态设计的可靠指标，宜根据其可逆程度取 $0\sim1.5$。

A.1.6　在承载能力极限状态设计中，对持久设计状况和短暂设计状况，尚应符合下列要求：

1　作用组合的效应设计值应按式（8.2.4-1）及下式中最不利值确定：

$$S_d = S\left(\sum_{i\geqslant1}\gamma_{G_i}G_{ik}+\gamma_P P+\gamma_L\sum_{j\geqslant1}\gamma_{Q_j}\psi_{cj}Q_{jk}\right)$$

（A.1.6-1）

2　当作用与作用效应按线性关系考虑时，作用组合的效应设计值应按式（8.2.4-2）及下式中最不利值计算：

$$S_d = \sum_{i\geqslant1}\gamma_{G_i}S_{G_{ik}}+\gamma_P S_P+\gamma_L\sum_{j\geqslant1}\gamma_{Q_j}\psi_{cj}S_{Q_{jk}}$$

（A.1.6-2）

A.1.7　房屋建筑的结构重要性系数 γ_0，不应小于表A.1.7的规定。

表 A.1.7　房屋建筑的结构重要性系数 γ_0

结构重要性系数	对持久设计状况和短暂设计状况			对偶然设计状况和地震设计状况
	安全等级			
	一级	二级	三级	
γ_0	1.1	1.0	0.9	1.0

A.1.8　房屋建筑结构作用的分项系数，应按表A.1.8采用。

表 A.1.8　房屋建筑结构作用的分项系数

作用分项系数 ＼ 适用情况	当作用效应对承载力不利时		当作用效应对承载力有利时
	对式（8.2.4-1）和式（8.2.4-2）	对式（A.1.6-1）和式（A.1.6-2）	
γ_G	1.2	1.35	$\leqslant1.0$
γ_P	1.2		1.0
γ_Q	1.4		0

A.1.9　房屋建筑考虑结构设计使用年限的荷载调整系数，应按表A.1.9采用。

表 A.1.9　房屋建筑考虑结构设计使用年限的荷载调整系数 γ_L

结构的设计使用年限（年）	γ_L
5	0.9
50	1.0
100	1.1

注：对设计使用年限为25年的结构构件，γ_L 应按各种材料结构设计规范的规定采用。

A.2　铁路桥涵结构的专门规定

A.2.1　铁路桥涵结构的安全等级为一级。

A.2.2　铁路桥涵结构的设计基准期为100年。

A.2.3　铁路桥涵结构的设计使用年限应为100年。

A.2.4　铁路桥涵结构承载能力极限状态设计，应采用作用的基本组合和偶然组合。

1　基本组合

1） 基本组合的效应设计值应按下式确定：

$$S_d = \gamma_{Sd}S\left(\sum_{i\geqslant1}\gamma_{G_i}G_{ik}+\gamma_{Q_1}Q_{1k}+\sum_{j>1}\gamma_{Q_j}Q_{jk}\right)$$

（A.2.4-1）

式中　γ_{Sd}——作用模型不定性系数，一般取为1.0；

$S(\cdot)$——作用组合的效应函数，其中符号"$\sum$"和"$+$"表示组合；

G_{ik}——第 i 个永久作用的标准值；

Q_{1k}、Q_{jk}——第1个和第 j 个可变作用的标准值；

γ_{G_i}——第 i 个永久作用的分项系数；

γ_{Q_1}、γ_{Q_j}——承载能力极限状态设计第1个和第 j 个可变作用的组合分项系数。

2） 当作用与作用效应按线性关系考虑时，基本组合的效应设计值应按下式计算：

$$S_d = \gamma_{Sd}\left(\sum_{i\geqslant1}\gamma_{G_i}S_{G_{ik}}+\gamma_{Q_1}S_{Q_{1k}}+\sum_{j>1}\gamma_{Q_j}S_{Q_{jk}}\right)$$

（A.2.4-2）

式中　$S_{G_{ik}}$——第 i 个永久作用标准值的效应；

$S_{Q_{1k}}$、$S_{Q_{jk}}$——第1个和第 j 个可变作用标准值的效应。

2　偶然组合

1） 偶然组合的效应设计值可按下式确定：

$$S_d = S\left(\sum_{i\geqslant1}G_{ik}+A_d+\sum_{j\geqslant1}\gamma_{Q_j}Q_{jk}\right)$$

（A.2.4-3）

式中　A_d——偶然作用的设计值。

2） 当作用与作用效应按线性关系考虑时，偶然组合的效应设计值可按下式计算：

$$S_d = \sum_{i\geqslant1}S_{G_{ik}}+S_{A_d}+\sum_{j\geqslant1}\gamma_{Q_j}S_{Q_{jk}}$$

（A.2.4-4）

式中 S_{A_d} ——偶然作用设计值的效应。

A.2.5 铁路桥涵结构正常使用极限状态设计,应采用作用的标准组合。

1 标准组合的效应设计值应按下式确定:

$$S_d = \gamma_{Sd} S \left(\sum_{i \geqslant 1} G_{ik} + Q_{1k} + \sum_{j > 1} \gamma_{Q_j} Q_{jk} \right)$$

(A.2.5-1)

式中 γ_{Q_j} ——正常使用极限状态设计第 j 个可变作用的组合分项系数。

2 当作用与作用效应按线性关系考虑时,标准组合的效应设计值应按下式计算:

$$S_d = \gamma_{Sd} \left(\sum_{i \geqslant 1} S_{G_{ik}} + S_{Q_{1k}} + \sum_{j > 1} \gamma_{Q_j} S_{Q_{jk}} \right)$$

(A.2.5-2)

A.2.6 铁路桥涵结构正常使用极限状态的设计,应根据线路等级、桥梁类型制定以下各种限值:

1 桥跨结构在静活载作用下竖向挠度限值、梁端转角限值和竖向自振频率限值;

2 桥跨结构横向宽跨比限值、横向水平变位限值和桥梁整体横向振动频率限值;

3 对在列车运行速度不小于 200km/h 的线路上,桥梁结构尚应进行车桥耦合动力响应分析,列车运行应满足的安全性和舒适性限值;

4 钢筋混凝土和允许出现裂缝的部分预应力构件,在不同侵蚀性环境下的裂缝宽度限值;

5 混凝土受弯构件变形计算时应考虑刚度疲劳折减系数对构件计算刚度的影响。

A.2.7 铁路桥涵结构中承受列车活载反复应力的焊接或非焊接的受拉或拉压钢结构构件及混凝土受弯构件,应按下列要求进行疲劳承载力验算:

1 铁路桥涵结构的疲劳荷载可采用根据不同运量等级线路调查统计分析制定的典型疲劳列车及疲劳作用(应力)谱、标准荷载效应比谱;

2 铁路桥涵结构疲劳承载能力极限状态验算,宜采用等效等幅重复应力法。

A.3 公路桥涵结构的专门规定

A.3.1 公路桥涵结构的安全等级,应按表 A.3.1 的要求划分。

表 A.3.1 公路桥涵结构的安全等级

安全等级	类 型	示 例
一级	重要结构	特大桥、大桥、中桥、重要小桥
二级	一般结构	小桥、重要涵洞、重要挡土墙
三级	次要结构	涵洞、挡土墙、防撞护栏

A.3.2 公路桥涵结构的设计基准期为 100 年。

A.3.3 公路桥涵结构的设计使用年限,应按表 A.3.3 采用。

表 A.3.3 公路桥涵结构的设计使用年限

类 别	设计使用年限(年)	示 例
1	30	小桥、涵洞
2	50	中桥、重要小桥
3	100	特大桥、大桥、重要中桥

注:对有特殊要求结构的设计使用年限,可在上述规定基础上经技术经济论证后予以调整。

A.3.4 公路桥涵结构承载能力极限状态设计,对持久设计状况和短暂设计状况应采用作用的基本组合,对偶然设计状况应采用作用的偶然组合。

1 基本组合

1)基本组合的效应设计值 S_d,可按下式确定:

$$S_d = S \left(\sum_{i \geqslant 1} \gamma_{G_i} G_{ik} + \gamma_{Q_1} \gamma_L Q_{1k} + \psi_c \gamma_L \sum_{j > 1} \gamma_{Q_j} Q_{jk} \right)$$

(A.3.4-1)

式中 $S(\cdot)$ ——作用组合的效应函数,其中符号"$\sum$"和"$+$"表示组合;

G_{ik} ——第 i 个永久作用的标准值;

Q_{1k} ——第 1 个可变作用(主导可变作用)的标准值;

Q_{jk} ——第 j 个可变作用的标准值;

γ_{G_i} ——第 i 个永久作用的分项系数,应按表 A.3.7 采用;

γ_{Q_1} ——第 1 个可变作用(主导可变作用)的分项系数,应按有关的公路桥涵结构规范的规定采用;

γ_{Q_j} ——第 j 个可变作用的分项系数,应按有关的公路桥涵结构规范的规定采用。

γ_L ——考虑结构设计使用年限的荷载调整系数,应按有关的公路桥涵结构规范的规定采用;

ψ_c ——可变作用的组合值系数,应按有关的公路桥涵结构规范的规定采用。

2)当作用与作用效应按线性关系考虑时,基本组合的效应设计值 S_d,可按下式计算:

$$S_d = \sum_{i \geqslant 1} \gamma_{G_i} S_{G_{ik}} + \gamma_{Q_1} \gamma_L S_{Q_{1k}} + \psi_c \gamma_L \sum_{j > 1} \gamma_{Q_j} S_{Q_{jk}}$$

(A.3.4-2)

式中 $S_{G_{ik}}$ ——第 i 个永久作用标准值的效应;

$S_{Q_{1k}}$ ——第 1 个可变作用(主导可变作用)标准值的效应;

$S_{Q_{jk}}$ ——第 j 个可变作用标准值的效应。

2 偶然组合

1)偶然组合的效应设计值 S_d,可按下式确定:

$$S_d = S\left(\sum_{i \geqslant 1} G_{ik} + A_d + (\psi_{f1} \text{ 或 } \psi_{q1})Q_{1k} + \sum_{j > 1} \psi_{qj}Q_{jk}\right)$$

$$(A.3.4-3)$$

式中 A_d ——偶然作用的设计值;

ψ_{f1} ——第 1 个可变作用的频遇值系数,应按有关的公路桥涵结构规范的规定采用;

ψ_{q1}、ψ_{qj} ——第 1 个和第 j 个可变作用的准永久值系数,应按有关的公路桥涵结构规范的规定采用。

2) 当作用与作用效应按线性关系考虑时,偶然组合的效应设计值可按下式计算:

$$S_d = \sum_{i \geqslant 1} S_{G_{ik}} + S_{A_d} + (\psi_{f1} \text{ 或 } \psi_{q1})S_{Q_{1k}} + \sum_{j > 1} \psi_{qj}S_{Q_{jk}}$$

$$(A.3.4-4)$$

式中 S_{A_d} ——偶然作用设计值的效应。

A.3.5 公路桥涵结构正常使用极限状态设计,应根据不同情况采用作用的标准组合、频遇组合或准永久组合。

1 标准组合

1) 标准组合的效应设计值 S_d,可按下式确定:

$$S_d = S\left(\sum_{i \geqslant 1} G_{ik} + Q_{1k} + \psi_c \sum_{j > 1} Q_{jk}\right)$$

$$(A.3.5-1)$$

2) 当作用与作用效应按线性关系考虑时,标准组合的效应设计值 S_d,可按下式计算:

$$S_d = \sum_{i \geqslant 1} S_{G_{ik}} + S_{Q_{1k}} + \psi_c \sum_{j > 1} S_{Q_{jk}}$$

$$(A.3.5-2)$$

2 频遇组合

1) 频遇组合的效应设计值 S_d,可按下式确定:

$$S_d = S\left(\sum_{i \geqslant 1} G_{ik} + \psi_{f1}Q_{1k} + \sum_{j > 1} \psi_{qj}Q_{jk}\right)$$

$$(A.3.5-3)$$

2) 当作用与作用效应按线性关系考虑时,频遇组合的效应设计值 S_d,应按下式计算:

$$S_d = \sum_{i \geqslant 1} S_{G_{ik}} + \psi_{f1} S_{Q_{1k}} + \sum_{j > 1} \psi_{qj}S_{Q_{jk}}$$

$$(A.3.5-4)$$

3 准永久组合

1) 准永久组合的效应设计值 S_d,可按下式确定:

$$S_d = S\left(\sum_{i \geqslant 1} G_{ik} + \sum_{j \geqslant 1} \psi_{qj}Q_{jk}\right) \quad (A.3.5-5)$$

2) 当作用与作用效应按线性关系考虑时,准永久组合的效应设计值 S_d,应按下式

计算:

$$S_d = \sum_{i \geqslant 1} S_{G_{ik}} + \sum_{j \geqslant 1} \psi_{qj}S_{Q_{jk}} \quad (A.3.5-6)$$

A.3.6 公路桥涵结构的结构重要性系数,不应小于表 A.3.6 的规定。

表 A.3.6 公路桥涵结构重要性系数 γ_0

安全等级	一级	二级	三级
结构重要性系数 γ_0	1.1	1.0	0.9

A.3.7 公路桥涵结构永久作用的分项系数,应按表 A.3.7 采用。

表 A.3.7 公路桥涵结构永久作用的分项系数 γ_G

编号	作用类别		当作用效应对结构的承载力不利时	当作用效应对结构的承载力有利时
1	混凝土和圬工结构重力(包括结构附加重力)		1.2	1.0
	钢结构重力(包括结构附加重力)		1.1~1.2	
2	预加力		1.2	
3	土的重力			
4	混凝土的收缩及徐变作用		1.0	
5	土侧压力		1.4	
6	水的浮力		1.0	
7	基础变位作用	混凝土和圬工结构	0.5	0.5
		钢结构	1.0	1.0

A.4 港口工程结构的专门规定

A.4.1 港口工程结构的安全等级,应按表 A.4.1 的要求划分。

表 A.4.1 港口工程结构的安全等级

安全等级	失效后果	适用范围
一级	很严重	有特殊安全要求的结构
二级	严重	一般港口工程结构
三级	不严重	临时性港口工程结构

A.4.2 港口工程结构的设计基准期为 50 年。

A.4.3 港口工程结构的设计使用年限,应按表 A.4.3 采用。

表 A.4.3 设计使用年限分类

类别	设计使用年限（年）	示　　例
1	5～10	临时性港口建筑物
2	50	永久性港口建筑物

A.4.4 港口工程结构持久设计状况承载能力极限状态设计的可靠指标，不宜小于表 A.4.4 的规定。

表 A.4.4 港口工程结构的可靠指标

结　　构	安 全 等 级		
	一级	二级	三级
一般港口工程结构	4.0	3.5	3.0

注：不包括土坡及地基稳定和防波堤结构。

A.4.5 对承载能力极限状态，应根据不同的设计状况采用作用的持久组合、短暂组合、偶然组合和地震组合进行设计。

1 持久组合

1） 港口工程结构作用持久组合的效应设计值，宜按下式确定：

$$S_d = S\left(\sum_{i\geqslant 1}\gamma_{G_i}G_{ik} + \gamma_P P + \gamma_{Q_1}Q_{1k} + \sum_{j>1}\gamma_{Q_j}\psi_{cj}Q_{jk}\right)$$

（A.4.5-1）

式中 $S(\cdot)$ ——作用组合的效应函数，其中符号"$\sum$"和"$+$"表示组合；

G_{ik} ——第 i 个永久作用的标准值；

P ——预应力的代表值；

Q_{1k}、Q_{jk} ——第 1 个和第 j 个可变作用的标准值；

γ_{G_i} ——第 i 个永久作用的分项系数，可按表 A.4.12 取值；

γ_P ——预应力的分项系数；

γ_{Q_1}、γ_{Q_j} ——第 1 个和第 j 个可变作用分项系数，可按表 A.4.12 取值；

ψ_{cj} ——可变作用的组合值系数，可取 0.7；对经常以界限值出现的有界作用，可取 1.0。

2） 当作用与作用效应按线性关系考虑时，作用持久组合的效应设计值可按下式计算：

$$S_d = \sum_{i\geqslant 1}\gamma_{G_i}S_{G_{ik}} + \gamma_P S_P + \gamma_{Q_1}S_{Q_{1k}} + \sum_{j>1}\gamma_{Q_j}\psi_{cj}S_{Q_{jk}}$$

（A.4.5-2）

3） 对某些情况，作用持久组合的效应设计值，亦可按下式确定：

$$S_d = \gamma_F S\left(\sum_{i\geqslant 1}G_{ik} + \sum_{j\geqslant 1}Q_{jk}\right)$$ （A.4.5-3）

式中 γ_F ——作用综合分项系数，由各有关设计规

范中给出。

2 短暂组合

1） 港口工程结构作用短暂组合的效应设计值，宜按下式确定：

$$S_d = S\left(\sum_{i\geqslant 1}\gamma_{G_i}G_{ik} + \gamma_P P + \sum_{j\geqslant 1}\gamma_{Q_j}Q_{jk}\right)$$

（A.4.5-4）

2） 当作用与作用效应按线性关系考虑时，可按下式计算：

$$S_d = \sum_{i\geqslant 1}\gamma_{G_i}S_{G_{ik}} + \gamma_P S_P + \sum_{j\geqslant 1}\gamma_{Q_j}S_{Q_{jk}}$$

（A.4.5-5）

式中 γ_{Q_j} ——第 j 个可变作用分项系数，可按表 A.4.12 中所列数值减小 0.1 采用。

3） 对某些情况，作用短暂组合的效应设计值，亦可按式（A.4.5-3）确定。

3 偶然组合

偶然组合应符合下列要求：

1） 偶然作用的分项系数为 1.0；

2） 与偶然作用同时出现的可变作用取标准值。

4 地震组合

地震组合应符合下列要求：

1） 地震作用代表值的分项系数为 1.0；

2） 具体的设计表达式及各种系数，应按国家现行有关标准的规定采用。

A.4.6 对持久设计状况正常使用极限状态，根据不同的设计要求，可分别采用作用的标准组合、频遇组合和准永久组合进行设计，使变形、裂缝等作用效应的设计值符合式（8.3.1）的规定。

1 标准组合

1） 标准组合的效应设计值，可按下式确定：

$$S_d = S\left(\sum_{i\geqslant 1}G_{ik} + P + Q_{1k} + \sum_{j>1}\psi_{cj}Q_{jk}\right)$$

（A.4.6-1）

2） 当作用与作用效应按线性关系考虑时，标准组合的效应设计值，可按下式计算：

$$S_d = \sum_{i\geqslant 1}S_{G_{ik}} + S_P + S_{Q_{1k}} + \sum_{j>1}\psi_{cj}S_{Q_{jk}}$$

（A.4.6-2）

2 频遇组合

1） 频遇组合的效应设计值，可按下式确定：

$$S_d = S\left(\sum_{i\geqslant 1}G_{ik} + P + \psi_f Q_{1k} + \sum_{j>1}\psi_{qj}Q_{jk}\right)$$

（A.4.6-3）

2） 当作用与作用效应按线性关系考虑时，频遇组合的效应设计值，可按下式计算：

$$S_d = \sum_{i \geq 1} S_{G_{ik}} + S_P + \psi_f S_{Q_{1k}} + \sum_{j > 1} \psi_{cj} S_{Q_{jk}}$$

$$(A.4.6-4)$$

3 准永久组合

　　1）准永久组合的效应设计值，可按下式确定：

$$S_d = S\left(\sum_{i \geq 1} G_{ik} + P + \sum_{j \geq 1} \psi_{qj} Q_{jk}\right)$$

$$(A.4.6-5)$$

　　2）当作用与作用效应按线性关系考虑时，准永久组合的效应设计值，可按下式计算：

$$S_d = \sum_{i \geq 1} S_{G_{ik}} + S_P + \sum_{j \geq 1} \psi_{qj} S_{Q_{jk}}$$

$$(A.4.6-6)$$

式中　　ψ_{cj}、ψ_f、ψ_{qj} ——可变作用的组合值系数、频遇值系数和准永久值系数。

A.4.7 承载能力极限状态的作用组合，对海港工程计算水位应按下列规定确定：

　　1 持久组合：对设计高水位、设计低水位、极端高水位和极端低水位以及设计高水位与设计低水位之间的某一不利水位，及与地下水位相结合分别进行计算；

　　2 短暂组合：对设计高水位和设计低水位以及设计高水位与设计低水位之间的某一不利水位，及与地下水位相结合分别进行计算。

A.4.8 承载能力极限状态的作用组合，对河港工程计算水位应按下列规定确定：

　　1 持久组合：对设计高水位、设计低水位及与地下水位相组合的某一不利水位分别进行计算；

　　2 短暂组合：对设计高水位和设计低水位分别进行计算，施工期间可按某一不利水位进行设计。

A.4.9 承载能力极限状态的地震组合，计算水位应符合国家现行有关标准的规定。

A.4.10 正常使用极限状态设计采用的作用组合可不考虑极端水位。

A.4.11 港口工程结构重要性系数，应按表 A.4.11 采用。

表 A.4.11　港口工程结构重要性系数

安全等级	一级	二级	三级
结构重要性系数 γ_0	1.1	1.0	0.9

注：1　安全等级为一级的港口工程结构，当对安全有特殊要求时，γ_0 可适当提高；

　　2　自然条件复杂、维护有困难时，γ_0 可适当提高。

A.4.12 承载能力极限状态持久组合的作用分项系数，应按表 A.4.12 采用。

表 A.4.12　作用分项系数

荷载名称	分项系数	荷载名称	分项系数
永久荷载（不包括土压力、静水压力）	1.2	铁路荷载	1.4
五金钢铁荷载	1.4	汽车荷载	1.4
散货荷载	1.4	缆车荷载	1.4
起重机械荷载	1.4	船舶系缆力	1.4
船舶撞击力	1.5	船舶挤靠力	1.4
水流力	1.5	运输机械荷载	1.4
冰荷载	1.5	风荷载	1.4
波浪力（构件计算）	1.5	人群荷载	1.4
一般件杂货、集装箱荷载	1.4	土压力	1.35
液体管道（含推力）荷载	1.4	剩余水压力	1.05

注：1　当永久作用效应对结构承载能力起有利作用时，永久作用分项系数 γ_G 取值不应大于 1.0；

　　2　同一来源的作用，当总的作用效应对结构承载能力不利时，分作用均乘以不利作用的分项系数；

　　3　永久荷载为主时，其分项系数应不小于 1.3；

　　4　当两个可变作用完全相关，其中一个为主导可变作用时，其非主导可变作用的分项系数应按主导可变作用的分项系数考虑；

　　5　海港结构在极端高水位和极端低水位情况下，承载能力极限状态持久组合的可变作用分项系数应减小 0.1；

　　6　相关结构规范抗倾、抗滑稳定计算时的波浪力分项系数按相关结构规范规定执行。

附录 B　质 量 管 理

B.1　质量控制要求

B.1.1 材料和构件的质量可采用一个或多个质量特征表达。在各类材料的结构设计与施工规范中，应对材料和构件的力学性能、几何参数等质量特征提出明确的要求。

　　材料和构件的合格质量水平，应根据各类工程结构有关规范规定的结构构件可靠指标确定。

B.1.2 材料宜根据统计资料，按不同质量水平划分等级。等级划分不宜过密。对不同等级的材料，设计时应采用不同的材料性能的标准值。

B.1.3 对工程结构应实施为保证结构可靠性所必需的质量控制。工程结构的各项质量控制要求应由有关标准作出规定。工程结构的质量控制应包括下列内容：

    1 勘察与设计的质量控制；

    2 材料和制品的质量控制；

    3 施工的质量控制；

    4 使用和维护的质量控制。

B.1.4 勘察与设计的质量控制应达到下列要求：

    1 勘察资料应符合工程要求，数据准确，结论可靠；

    2 设计方案、基本假定和计算模型合理，数据运用正确；

    3 图纸和其他设计文件符合有关规定。

B.1.5 为进行施工质量控制，在各工序内应实行质量自检，在各工序间应实行交接质量检查。对工序操作和中间产品的质量，应采用统计方法进行抽查；在结构的关键部位应进行系统检查。

B.1.6 材料和构件的质量控制应包括下列两种控制：

    1 生产控制：在生产过程中，应根据规定的控制标准，对材料和构件的性能进行经常性检验，及时纠正偏差，保持生产过程中质量的稳定性。

    2 合格控制（验收）：在交付使用前，应根据规定的质量验收标准，对材料和构件进行合格性验收，保证其质量符合要求。

B.1.7 合格控制可采用抽样检验的方法进行。

    各类材料和构件应根据其特点制定具体的质量验收标准，其中应明确规定验收批量、抽样方法和数量、验收函数和验收界限等。

    质量验收标准宜在统计理论的基础上制定。

B.1.8 对生产连续性较差或各批间质量特征的统计参数差异较大的材料和构件，在制定质量验收标准时，必须控制用户方风险率。计算用户方风险率时采用的极限质量水平，可按各类材料结构设计规范的有关要求和工程经验确定。

    仅对连续生产的材料和构件，当产品质量稳定时，可按控制生产方风险率的条件制定质量验收标准。

B.1.9 当一批材料或构件经抽样检验判为不合格时，应根据有关的质量验收标准对该批产品进行复查或重新确定其质量等级，或采取其他措施处理。

B.2 设计审查及施工检查

B.2.1 工程结构应进行设计审查与施工检查，设计审查与施工检查的要求应符合有关规定。

    注：对重要工程或复杂工程，当采用计算机软件作结构计算时，应至少采用两套计算模型符合工程实际的软件，并对计算结果进行分析对比，确认其合理、正确后方可用于工程设计。

附录 C 作用举例及可变作用代表值的确定原则

C.1 作 用 举 例

C.1.1 永久作用可分为以下几类：

    1 结构自重；

    2 土压力；

    3 水位不变的水压力；

    4 预应力；

    5 地基变形；

    6 混凝土收缩；

    7 钢材焊接变形；

    8 引起结构外加变形或约束变形的各种施工因素。

C.1.2 可变作用可分为以下几类：

    1 使用时人员、物件等荷载；

    2 施工时结构的某些自重；

    3 安装荷载；

    4 车辆荷载；

    5 吊车荷载；

    6 风荷载；

    7 雪荷载；

    8 冰荷载；

    9 地震作用；

    10 撞击；

    11 水位变化的水压力；

    12 扬压力；

    13 波浪力；

    14 温度变化。

C.1.3 偶然作用可分为以下几类：

    1 撞击；

    2 爆炸；

    3 地震作用；

    4 龙卷风；

    5 火灾；

    6 极严重的侵蚀；

    7 洪水作用。

    注：地震作用和撞击可认为是规定条件下的可变作用，或可认为是偶然作用。

C.2 可变作用代表值的确定原则

C.2.1 可变作用标准值可按下述原则确定：

    1 当可变作用采用平稳二项随机过程模型时，设计基准期 T 内可变作用最大值的概率分布函数 $F_T(x)$ 可按下式计算：

$$F_T(x) = [F(x)]^m \qquad (C.2.1-1)$$

式中 $F(x)$——可变作用随机过程的截口概率分布函数；

　　　　m——可变作用在设计基准期 T 内的平均出现次数。

当截口概率分布为极值 I 型分布时（如年最大风压）：

$$F(x) = \exp\left[-\exp\left(-\frac{x-u}{\alpha}\right)\right] \qquad (C.2.1\text{-}2)$$

其最大值概率分布函数为：

$$F_T(x) = \exp\left\{-\exp\left[-\frac{x-(u+\alpha\ln m)}{\alpha}\right]\right\}$$
$$(C.2.1\text{-}3)$$

2 可变作用的标准值 Q_k 可由可变作用在设计基准期 T 内最大值概率分布的统计特征值确定，最常用的统计特征值有平均值、中值和众值，也可采用其他的指定概率 p 的分位值，即：

$$F_T(Q_k) = p \qquad (C.2.1\text{-}4)$$

此时，对标准值 Q_k 在设计基准期内最大值分布上的超越概率为 $1-p$。

3 在很多情况下，特别是对自然作用，采用重现期 T_R 来表达可变作用的标准值 Q_k 比较方便，重现期是指连续两次超过作用值 Q_k 的平均间隔时间，Q_k 与 T_R 的关系如下：

$$F(Q_k) = 1 - 1/T_R \qquad (C.2.1\text{-}5)$$

重现期 T_R、概率 p 和确定标准值的设计基准期 T 还存在下述近似关系：

$$T_R \approx \frac{1}{\ln(1/p)} T \qquad (C.2.1\text{-}6)$$

C.2.2 可变作用频遇值可按下述原则确定：

1 按作用值被超越的总持续时间与设计基准期的规定比率确定频遇值。

在可变作用的随机过程的分析中，将作用值超过某水平 Q_x 的总持续时间 $T_x = \sum_{i\geqslant 1} t_i$ 与设计基准期 T 的比率 $\eta_x = T_x/T$ 来表征频遇值作用的短暂程度（图 C.2.2-1a）。图 C.2.2-1b 给出的是可变作用 Q 在非零

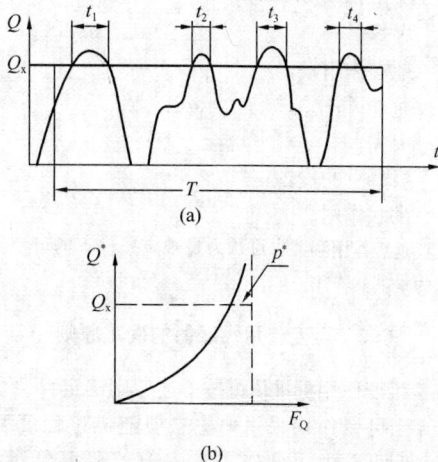

(a)

(b)

图 C.2.2-1　以作用值超过某水平 Q_x 的总持续时间与设计基准期 T 的比率定义可变作用频遇值

时域内任意时点作用值 Q^* 的概率分布函数 $F_{Q^*}(x)$，超过 Q_x 水平的概率 p^* 可按下式确定：

$$p^* = 1 - F_{Q^*}(Q_x) \qquad (C.2.2\text{-}1)$$

对各态历经的随机过程，存在下列关系式：

$$\eta_x = p^* q \qquad (C.2.2\text{-}2)$$

式中 q——作用 Q 的非零概率。

当 η_x 为规定值时，相应的作用水平 Q_x 可按下式确定：

$$Q_x = F_{Q^*}^{-1}\left(1 - \frac{\eta_x}{q}\right) \qquad (C.2.2\text{-}3)$$

对与时间有关联的正常使用极限状态，作用的频遇值可考虑按这种方式取值，当允许某些极限状态在一个较短的持续时间内被超越，或在总体上不长的时间内被超越，就可采用较小的 η_x 值（不大于 0.1），按式（C.2.2-3）计算作用的频遇值 $\psi_f Q_k$。

2 按作用值被超越的总频数或单位时间平均超越次数（跨阈率）确定频遇值。

在可变作用的随机过程的分析中，将作用值超过某水平 Q_x 的次数 n_x 或单位时间内的平均超越次数 $\nu_x = n_x/T$（跨阈率）来表征频遇值出现的疏密程度（图 C.2.2-2）。

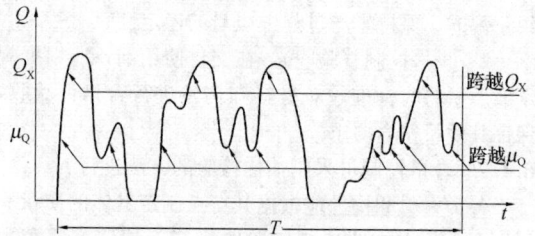

图 C.2.2-2　以跨阈率定义可变作用频遇值

跨阈率可通过直接观察确定，一般也可应用随机过程的某些特性（如谱密度函数）间接确定。当其任意时点作用 Q^* 的均值 μ_{Q^*} 及其跨阈率 ν_m 为已知，而且作用是高斯平稳各态历经的随机过程，则对应于跨阈率 ν_x 的作用水平 Q_x 可按下式确定：

$$Q_x = \mu_{Q^*} + \sigma_{Q^*}\sqrt{\ln(\nu_m/\nu_x)^2} \qquad (C.2.2\text{-}4)$$

式中 σ_{Q^*}——任意时点作用 Q^* 的标准差。

对与作用超越次数有关联的正常使用极限状态，作用的频遇值 $\psi_f Q_k$ 可考虑按这种方式取值，当结构振动时涉及人的舒适性、影响非结构构件的性能和设备的使用功能等的极限状态，都可采用频遇值来衡量结构的正常性。

C.2.3 可变作用准永久值可按下述原则确定：

1 对在结构上经常出现的部分可变作用，可将其出现部分的均值作为准永久值 $\psi_q Q_k$ 采用。

2 对不易判别的可变作用，可以按作用值被超越的总持续时间与设计基准期的规定比率确定，此时比率可取 0.5。当可变作用可认为是各态历经的随机过程时，准永久值 $\psi_q Q_k$ 可直接按式（C.2.2-3）确定。

C.2.4 可变作用组合值可按下述原则确定

1 可变作用近似采用等时段荷载组合模型，假设所有作用的随机过程 $Q(t)$ 都是由相等时段 τ 组成的矩形波平稳各态历经过程（图 C.2.4）。

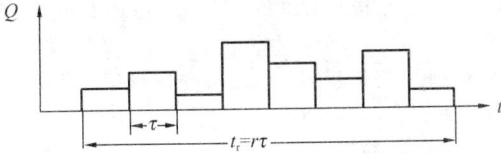

图 C.2.4 等时段矩形波随机过程

2 根据各个作用在设计基准期内的时段数 r 的大小将作用按序排列，在诸作用的组合中必然有一个作用取其最大作用 Q_{max}，而其他作用则分别取各自的时段最大作用或任意时点作用，统称为组合作用 Q_c。

3 按设计值方法的原理，该最大作用的设计值 Q_{maxd} 和组合作用 Q_{cd} 各为：

$$Q_{maxd} = F_{Q_{max}}^{-1} \left[\Phi(0.7\beta) \right] \quad \text{(C.2.4-1)}$$

$$Q_{cd} = F_{Q_c}^{-1} \left[\Phi(0.28\beta) \right] \quad \text{(C.2.4-2)}$$

$$\psi_c = \frac{Q_{cd}}{Q_{maxd}} = \frac{F_{Q_c}^{-1} \left[\Phi(0.28\beta) \right]}{F_{Q_{max}}^{-1} \left[\Phi(0.7\beta) \right]}$$

$$= \frac{F_{Q_{max}}^{-1} \left[\Phi(0.28\beta)^r \right]}{F_{Q_{max}}^{-1} \left[\Phi(0.7\beta) \right]}$$

$$\text{(C.2.4-3)}$$

对极值 I 型的作用，还给出相应的公式：

$$\psi_c = \frac{1 - 0.78v \left\{ 0.577 + \ln \left[-\ln (\Phi(0.28\beta)) \right] + \ln r \right\}}{1 - 0.78v \left\{ 0.577 + \ln \left[-\ln (\Phi(0.7\beta)) \right] \right\}}$$

$$\text{(C.2.4-4)}$$

式中 v ——作用最大值的变异系数。

4 组合值系数也可作为伴随作用的分项系数，按附录 E.5 和 E.6 的有关内容确定。

附录 D 试验辅助设计

D.1 一般规定

D.1.1 试验辅助设计应符合下列要求：

1 在试验进行之前，应制定试验方案；试验方案应包括试验目的、试件的选取和制作，以及试验实施和评估等所有必要的说明；

2 为制定试验方案，应预先进行定性分析，确定所考虑结构或结构构件性能的可能临界区域和相应极限状态标志；

3 试件应采用与构件实际加工相同的工艺制作；

4 按试验结果确定设计值时，应考虑试验数量的影响。

D.1.2 应通过适当的换算或修正系数考虑试验条件与结构实际条件的不同。换算系数 η 应通过试验或理论分析来确定。影响换算系数 η 的主要因素包括尺寸效应、时间效应、试件的边界条件、环境条件、工艺条件等。

D.2 试验结果的统计评估原则

D.2.1 统计评估应符合下列基本原则：

1 在评估试验结果时，应将试件的性能和失效模式与理论预测值进行对比，当偏离预测值过大时，应分析原因，并做补充试验；

2 应根据已有的分布类型及参数信息，以统计方法为基础对试验结果进行评估；本附录给出的方法仅适用于统计数据（或先验信息）取自同一母体的情况；

3 试验的评估结果仅对所考虑的试验条件有效，不宜将其外推应用。

D.2.2 材料性能、模型参数或抗力设计值的确定应符合下列基本原则：

1 可采用经典统计方法或"贝叶斯法"推断材料性能、模型参数或抗力的设计值；先确定标准值，然后除以一个分项系数，必要时要考虑换算系数的影响；

2 在进行材料性能、模型参数或抗力设计值评估时，应考虑试验数据的离散性、与试验数量相关的统计不定性和先验的统计知识。

D.3 单项性能指标设计值的统计评估

D.3.1 单项性能指标设计值统计评估，应符合下列一般规定：

1 单项性能 X 可代表构件的抗力或提供构件抗力的性能；

2 D.3.2 和 D.3.3 的所有结论是以构件的抗力或提供构件抗力的性能服从正态分布或对数正态分布给出的；

3 若没有关于平均值的先验知识，一般可基于经典方法进行设计值估算，其中"δ_x 未知"对应于没有变异系数先验知识的情况，"δ_x 已知"对应于已知变异系数全部知识的情况；

4 若已有关于平均值的先验知识，可基于贝叶斯方法进行设计值估算。

D.3.2 经典统计方法

1 当性能 X 服从正态分布时，其设计值 X_d 可写成如下形式：

$$X_d = \eta_d \frac{X_{k(n)}}{\gamma_m} = \frac{\eta_d}{\gamma_m} \mu_x (1 - k_{nk} \delta_x)$$

$$\text{(D.3.2-1)}$$

式中 η_d ——换算系数的设计值，换算系数的评估主要取决于试验类型和材料；

γ_m ——分项系数，具体数值应根据试验结果的应用领域来选定；

k_{nk} ——标准值单侧容限系数；

μ_x ——性能 X 的平均值;

δ_x ——性能 X 的变异系数。

2 当性能 X 服从对数正态分布时,式(D.3.2-1)可改写为:

$$X_d = \frac{\eta_d}{\gamma_m} \exp\left(\mu_y - k_{nk}\sigma_y\right) \quad \text{(D.3.2-2)}$$

式中 μ_y ——变量 $Y = \ln X$ 的平均值,取 $\mu_y = m_y = \dfrac{1}{n}\sum\limits_{i=1}^{n} \ln x_i$;

σ_y ——变量 $Y = \ln X$ 的均方差;

当 δ_x 已知时,$\sigma_y = \sqrt{\ln(\delta_x^2 + 1)}$;

当 δ_x 未知时,取

$$\sigma_y = S_y = \sqrt{\frac{1}{n-1}\sum_{i=1}^{n}(\ln x_i - m_y)^2};$$

x_i ——性能 X 的第 i 个试验观测值。

D.3.3 贝叶斯法

1 当性能 X 服从正态分布时,其设计值可按下式确定:

$$X_d = \eta_d \frac{X_{K(n)}}{\gamma_m} = \frac{\eta_d}{\gamma_m}(m'' - k_{nv}\sigma'')$$

$$\text{(D.3.3-1)}$$

其中 $k_{nv} = t_{p,v''}\sqrt{1 + \dfrac{1}{n''}}$, $n'' = n' + n$,

$v'' = v' + v + \delta(n')$, $m''n'' = m'n' + m_x n$,

$[(\sigma'')^2 v'' + (m'')^2 n''] = [(\sigma')^2 v' + (m')^2 n'] + [(\sigma_x)^2 v + (m_x)^2 n]$

式中 $t_{p,v''}$ ——自由度为 v'' 的 t 分布函数对应分位值 p 的自变量值,$P_t\{x > t_{p,v''}\} = p$;

m'、σ'、n'、v' ——先验分布参数。

2 先验分布参数 n' 和 v' 的确定,应符合下列原则:

1) 当有效数据很少时,则应取 n' 和 v' 等于零,此时贝叶斯法评估结果与经典统计方法的"δ_x 未知"情况相同;

2) 当根据过去经验几乎可以取平均值和标准差为定值时,则 n' 和 v' 可取相对较大值,如取 50 或更大;

3) 在一般情况下,可假定只有很少数据或无先验数据,此时 $n' = 0$,这样可能获得较佳的估算值。

附录 E 结构可靠度分析基础和可靠度设计方法

E.1 一般规定

E.1.1 当按本附录方法确定分项系数和组合值系数时,除进行分析计算外,尚应根据工程经验对分析结

果进行判断,必要时进行调整。

E.1.2 按本附录进行结构可靠度分析和设计时,应具备下列条件:

1 具有结构的极限状态方程;

2 基本变量具有准确、可靠的统计参数及概率分布。

E.1.3 当有两个及两个以上可变作用时,应进行可变作用的组合,并可采用下列规则之一进行:

1 设 m 种作用参与组合,将模型化后的作用 $Q_i(t)$ 在设计基准期 T 内的总时段数 r_i,按顺序由小到大排列,即 $r_1 \leqslant r_2 \leqslant \cdots \leqslant r_m$,取任一作用 $Q_i(t)$ 在 $[0,T]$ 内的最大值 $\max\limits_{t \in [0,T]} Q_i(t)$ 与其他作用组合,得 m 种组合的最大作用 $Q_{\max,j}$($j = 1,2,\cdots,m$),其中作用最大的组合为起控制作用的组合;

2 设 m 种作用参与组合,取任一作用 $Q_i(t)$ 在 $[0,T]$ 内的最大值 $\max\limits_{t \in [0,T]} Q_i(t)$ 与其他作用任意时点值 $Q_j(t_0)$($i \neq j$)进行组合,得 m 种组合的最大作用 $Q_{\max,j}$($j = 1,2,\cdots,m$),其中作用最大的组合为起控制作用的组合。

E.2 结构可靠指标计算

E.2.1 结构或构件的可靠指标宜采用考虑随机变量概率分布类型的一次可靠度方法计算,也可采用其他方法。

E.2.2 当采用一次可靠度方法计算可靠指标时,应符合下列要求:

1 当仅有作用效应和结构抗力两个相互独立的综合变量且均服从正态分布时,结构或结构构件的可靠指标可按下式计算:

$$\beta = \frac{\mu_R - \mu_S}{\sqrt{\sigma_R^2 + \sigma_S^2}} \quad \text{(E.2.2-1)}$$

式中 β ——结构或结构构件的可靠指标;

μ_S、σ_S ——结构或结构构件作用效应的平均值和标准差;

μ_R、σ_R ——结构或结构构件抗力的平均值和标准差。

2 当有多个相互独立的非正态基本变量且极限状态方程为式(4.3.5)时,结构或结构构件的可靠指标按下面的公式迭代计算:

$$\beta = \frac{g(x_1^*, x_2^*, \cdots, x_n^*) + \sum\limits_{j=1}^{n} \frac{\partial g}{\partial X_j}\Big|_P (\mu_{X_j} - x_j^*)}{\sqrt{\sum\limits_{j=1}^{n}\left(\frac{\partial g}{\partial X_j}\Big|_P \sigma_{X_j}\right)^2}}$$

$$\text{(E.2.2-2)}$$

$$\alpha_{X_i'} = -\frac{\frac{\partial g}{\partial X_i}\Big|_P \sigma_{X_i'}}{\sqrt{\sum\limits_{j=1}^{n}\left(\frac{\partial g}{\partial X_j}\Big|_P \sigma_{X_j'}\right)^2}} \quad (i = 1,2,\cdots,n)$$

$$\text{(E.2.2-3)}$$

$$x_i^* = \mu_{X_i'} + \beta\alpha_{X_i'}\sigma_{X_i'} \quad (i = 1,2,\cdots,n)$$

$$\text{(E.2.2-4)}$$

$$\mu_{X'_i} = x_i^* - \Phi^{-1}[F_{X_i}(x_i^*)]\sigma_{X'_i} \quad (i=1,2,\cdots,n)$$
$$\text{(E.2.2-5)}$$

$$\sigma_{X'_i} = \frac{\varphi\{\Phi^{-1}[F_{X_i}(x_i^*)]\}}{f_{X_i}(x_i^*)} \quad (i=1,2,\cdots,n)$$
$$\text{(E.2.2-6)}$$

式中　　$g(\cdot)$——结构或构件的功能函数，包括计算模式的不定性；

$X_i(i=1,2,\cdots,n)$——基本变量；

$x_i^*(i=1,2,\cdots,n)$——基本变量 X_i 的验算点坐标值；

$\left.\dfrac{\partial g}{\partial X_i}\right|_P$——功能函数 $g(X_1,X_2,\cdots,X_n)$ 的一阶偏导数在验算点 $P(x_1^*,x_2^*,\cdots,x_n^*)$ 处的值；

$\mu_{X'_i}$、$\sigma_{X'_i}$——基本变量 X_i 的当量正态化变量 X'_i 的平均值和标准差；

$f_{X_i}(\cdot)$、$F_{X_i}(\cdot)$——基本变量 X_i 的概率密度函数和概率分布函数；

$\varphi(\cdot)$、$\Phi(\cdot)$、$\Phi^{-1}(\cdot)$——标准正态随机变量的概率密度函数、概率分布函数和概率分布函数的反函数。

3 当有多个非正态相关的基本变量且极限状态方程为式（4.3.5）时，将式（E.2.2-2）和式（E.2.2-3）用下面的公式替换后进行迭代计算：

$$\beta = \frac{g(x_1^*,x_2^*,\cdots,x_n^*) + \sum_{j=1}^{n}\left.\dfrac{\partial g}{\partial X_j}\right|_P(\mu_{X'_j}-x_j^*)}{\sqrt{\sum_{k=1}^{n}\sum_{j=1}^{n}\left(\left.\dfrac{\partial g}{\partial X_k}\right|_P\left.\dfrac{\partial g}{\partial X_j}\right|_P\rho_{X'_k,X'_j}\sigma_{X'_k}\sigma_{X'_j}\right)}}$$
$$\text{(E.2.2-7)}$$

$$a_{X'_i} = -\frac{\sum_{j=1}^{n}\left.\dfrac{\partial g}{\partial X_j}\right|_P\rho_{X'_i,X'_j}\sigma_{X'_j}}{\sqrt{\sum_{k=1}^{n}\sum_{j=1}^{n}\left.\dfrac{\partial g}{\partial X_k}\right|_P\left.\dfrac{\partial g}{\partial X_j}\right|_P\rho_{X'_k,X'_j}\sigma_{X'_k}\sigma_{X'_j}}}$$
$$(i=1,2,\cdots n) \quad \text{(E.2.2-8)}$$

式中　$\rho_{X'_i,X'_j}$——当量正态化变量 X'_i 与 X'_j 的相关系数，可近似取变量 X_i 与 X_j 的相关系数 ρ_{X_i,X_j}。

E.3　结构可靠度校准

E.3.1 结构可靠度校准是用可靠度方法分析按传统方法所设计结构的可靠度水平，也是确定设计时采用的可靠指标的基础，校准中所选取的结构或结构构件应具有代表性。

E.3.2 结构可靠度校准可采用下列步骤：

1 确定校准范围，如选取结构物类型（建筑结构、桥梁结构、港工结构等）或结构材料形式（混凝土结构、钢结构等），根据目标可靠指标的适用范围选取代表性的结构或结构构件（包括构件的破坏形式）；

2 确定设计中基本变量的取值范围，如可变作用标准值与永久作用标准值比值的范围；

3 分析传统设计方法的表达式，如受弯表达式、受剪表达式等；

4 计算不同结构或结构构件的可靠指标 β_i；

5 根据结构或结构构件在工程中的应用数量和重要性，确定一组权重系数 ω_i，并满足：

$$\sum_{i=1}^{n}\omega_i = 1 \quad \text{(E.3.2-1)}$$

6 按下式确定所校准结构或结构构件可靠指标的加权平均：

$$\beta_{ave} = \sum_{i=1}^{n}\omega_i\beta_i \quad \text{(E.3.2-2)}$$

E.3.3 结构或结构构件的目标可靠指标 β_t，应根据可靠度校准的 β_{ave} 经综合分析判断确定。

E.4　基于可靠指标的设计

E.4.1 根据目标可靠指标进行结构或结构构件设计时，可采用下列方法之一：

1 所设计结构或结构构件的可靠指标应满足下式要求：

$$\beta \geqslant \beta_t \quad \text{(E.4.1-1)}$$

式中　β——所设计结构或结构构件的可靠指标；

β_t——所设计结构或结构构件的目标可靠指标。

当不满足式（E.4.1-1）的要求时，应重新进行设计，直至满足要求为止。

2 对某些结构构件的截面设计，如钢筋混凝土构件截面配筋，当抗力服从对数正态分布时，可在满足（E.4.1-1）式的条件下按下式直接求解结构构件的几何参数：

$$\frac{R(f_k,a_k)}{k_R} = \sqrt{1+\delta_R^2}\exp\left(\frac{\mu_{R'}}{r^*}-1+\ln r^*\right)$$
$$\text{(E.4.1-2)}$$

式中　$R(\cdot)$——抗力函数；

$\mu_{R'}$——迭代计算求得的正态化抗力的平均值；

r^*——迭代计算求得的抗力验算点值；

δ_R——抗力的变异系数；

f_k——材料性能标准值；

a_k——几何参数的标准值，如钢筋混凝土构件钢筋的截面面积等；

k_R——均值系数，即变量平均值与标准值的比值。

E.4.2 当按可靠指标方法设计的结果与传统方法设计的结果有明显差异时，应分析产生差异的原因。只有当证明了可靠指标方法设计的结果合理后方可采用。

E.5 分项系数的确定方法

E.5.1 结构或结构构件设计表达式中分项系数的确定，应符合下列原则：

1 结构上的同种作用采用相同的作用分项系数，不同的作用采用各自的作用分项系数；

2 不同种类的构件采用不同的抗力分项系数，同一种构件在任何可变作用下，抗力分项系数不变；

3 对各种构件在不同的作用效应比下，按所选定的作用分项系数和抗力系数进行设计，使所得的可靠指标与目标可靠指标 β_t 具有最佳的一致性。

E.5.2 结构或结构构件设计表达式中分项系数的确定可采用下列步骤：

1 选定代表性的结构或结构构件（或破坏方式）、一个永久作用和一个可变作用组成的简单组合（如对建筑结构永久作用＋楼面可变作用，永久作用＋风作用）和常用的作用效应比（可变作用效应标准值与永久作用效应标准值的比值）；

2 对安全等级为二级的结构或结构构件，重要性系数 γ_0 取为 1.0；

3 对选定的结构或结构构件，确定分项系数 γ_G 和 γ_Q 下简单组合的抗力设计值；

4 对选定的结构或结构构件，确定抗力系数 γ_R 下简单组合的抗力标准值；

5 计算选定结构或结构构件简单组合下的可靠指标 β；

6 对选定的所有代表性结构或结构构件、所有 γ_G 和 γ_Q 的范围（以 0.1 或 0.05 的级差），优化确定 γ_R；选定一组使按分项系数表达式设计的结构或结构构件的可靠指标 β 与目标可靠指标 β_t 最接近的分项系数 γ_G、γ_Q 和 γ_R；

7 根据以往的工程经验，对优化确定的分项系数 γ_G、γ_Q 和 γ_R 进行判断，必要时进行调整；

8 当永久作用起有利作用时，分项系数表达式中的永久作用取负号，根据已经选定的分项系数 γ_Q 和 γ_R，通过优化确定分项系数 γ_G（以 0.1 或 0.05 的级差）；

9 对安全等级为一、三级的结构或结构构件，以上面确定的安全等级为二级结构或结构构件的分项系数为基础，同样以按分项系数表达式设计的结构或结构构件的可靠指标 β 与目标可靠指标 β_t 最接近为条件，优化确定结构重要性系数 γ_0。

E.6 组合值系数的确定方法

E.6.1 可变作用组合值系数的确定应符合下列原则：

在可变作用分项系数 γ_G、γ_Q 和抗力分项系数 γ_R 已确定的前提下，对两种或两种以上可变作用参与组合的情况，确定的组合值系数应使按分项系数表达式设计的结构或结构构件的可靠指标 β 与目标可靠指标 β_t 具有最佳的一致性。

E.6.2 可变作用组合值系数的确定可采用下列步骤：

1 以安全等级为二级的结构或结构构件为基础，选定代表性的结构或结构构件（或破坏方式）、由一个永久作用和两个或两个以上可变作用组成的组合和常用的作用效应比（主导可变作用效应标准值与永久作用效应标准值的比值，伴随可变作用效应标准值与主导可变作用效应标准值的比值）；

2 根据已经确定的分项系数 γ_G、γ_Q，计算不同结构或结构构件、不同作用组合和常用作用效应比下的抗力设计值；

3 根据已经确定的抗力分项系数 γ_R，计算不同结构或结构构件、不同作用组合和常用作用效应比下的抗力标准值；

4 计算不同结构或结构构件、不同作用组合和常用作用效应比下的可靠指标；

5 对选定的所有代表性结构或结构构件、作用组合和常用的作用效应比，优化确定组合值系数 ψ_c，使按分项系数表达式设计的结构或结构构件的可靠指标 β 与目标可靠指标 β_t 具有最佳的一致性；

6 根据以往的工程经验，对优化确定的组合值系数 ψ_c 进行判断，必要时进行调整。

附录 F 结构疲劳可靠性验算方法

F.1 一般规定

F.1.1 本附录适用于工程结构的疲劳可靠性验算。房屋建筑结构、铁路和公路桥涵结构、市政工程结构中承受高周疲劳作用的结构，可按本附录规定对结构的疲劳可靠性进行验算。

F.1.2 在下列情况下应对结构或构造的疲劳可靠性进行验算：

1 结构整体或局部构造承受反复荷载作用；

2 结构或局部构造存在应力集中现象且为交变作用；

3 反复荷载作用的持续时间与结构设计使用年限相比占主要部分。

F.1.3 根据需要可分别对结构疲劳可靠性进行承载能力极限状态或正常使用极限状态验算。

F.1.4 对结构的某个或多个细部构造可分别进行疲劳可靠性验算。

F.1.5 结构的疲劳可靠性验算应按下列步骤进行：

1 根据对结构的受力分析，确定关键部位或由委托方明确验算部位；

2 根据对结构使用期间承受荷载历程的调研和预测，制定相应的疲劳标准荷载频谱；

3 对结构或局部构造上的疲劳作用和对应的疲劳抗力进行分析评定；

4 提出疲劳可靠性的验算结论。

F.1.6 本附录涉及的力学模型和内力计算，应符合第7章的有关规定。

F.1.7 结构的疲劳承载能力验算应以验算部位的计算名义应力不超过结构相应部位的疲劳强度设计值为准则。

F.1.8 疲劳强度设计值应根据结构或局部构造的疲劳试验结果，取某一概率分布的上分位值，以名义应力形式（非应力集中部位应力）确定。

F.1.9 疲劳验算采用的目标可靠指标可根据校准法确定。

F.2 疲 劳 作 用

F.2.1 结构承受的变幅重复荷载，其荷载历程可通过实测或模拟等方法确定。根据荷载历程，采用"雨流计数法"或"蓄水池法"，可转换为表示荷载变程 $\Delta Q(\Delta Q = Q_{max} - Q_{min})$ 与循环次数 n 关系的荷载频谱（图F.2.1）。根据"荷载频谱"可转换为结构、连接或局部构造关键部位的应力频谱。其中，应力变程 $\Delta \sigma = \sigma_{max} - \sigma_{min}$，可根据荷载变程 ΔQ 计算确定。

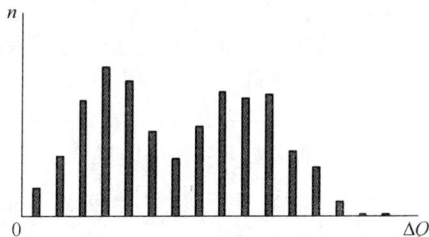

图 F.2.1 荷载频谱

F.2.2 根据结构构件（或连接）的应力频谱，采用"Miner累积损伤准则"，可换算为指定循环次数的等效等幅重复应力，考虑必要的影响参数后可形成等效疲劳作用（必要时还应包括恒载）。在一般情况下，等效等幅重复应力的指定循环次数可采用 2×10^6 次。

钢结构和混凝土结构构造细节的疲劳作用计算方法如下：

1 钢结构疲劳作用

钢结构等效疲劳作用可按式（F.2.2-1）计算。

$$\Delta \sigma_{aek} = K_{a1} K_{a2} K_{a3} \cdots K_{ai} \Delta \sigma_{ac} = (\prod_{i=1}^{m} K_{ai}) \Delta \sigma_{ac}$$

(F.2.2-1)

式中 $\Delta \sigma_{aek}$ ——钢结构验算部位等效疲劳应力变程标准值；

$\Delta \sigma_{ac}$ ——荷载标准值作用下钢结构验算部位应力变程的标准值；

K_{ai} ——钢结构第 i 个疲劳影响参数，其值由自身影响统计结果和 $\Delta \sigma_{ac}$ 的比值确定，并与 $\Delta \sigma_{ac}$ 以及相应疲劳抗力标准值规定的循环次数相协调；

m ——钢结构疲劳影响参数的个数，与结构有关。

2 混凝土结构疲劳作用

混凝土结构等效疲劳作用可按式（F.2.2-2）、（F.2.2-3）、（F.2.2-4）计算。

$$\sigma_{cek} = K_{c1} K_{c2} K_{c3} \cdots K_{ci} \sigma_{cc} = (\prod_{i=1}^{n} K_{ci}) \sigma_{cc}$$

(F.2.2-2)

$$\Delta \sigma_{pek} = K_{p1} K_{p2} K_{p3} \cdots K_{pi} \Delta \sigma_{pc} = (\prod_{i=1}^{n} K_{pi}) \Delta \sigma_{pc}$$

(F.2.2-3)

$$\Delta \sigma_{sek} = K_{s1} K_{s2} K_{s3} \cdots K_{si} \Delta \sigma_{sc} = (\prod_{i=1}^{n} K_{si}) \Delta \sigma_{sc}$$

(F.2.2-4)

式中 σ_{cek}、$\Delta \sigma_{pek}$、$\Delta \sigma_{sek}$ ——分别为混凝土结构验算部位的混凝土等效疲劳应力标准值、预应力钢筋等效疲劳应力变程标准值、非预应力钢筋等效疲劳应力变程标准值；

σ_{cc}、$\Delta \sigma_{pc}$、$\Delta \sigma_{sc}$ ——分别为荷载标准值作用下混凝土结构验算部位的混凝土应力标准值、预应力钢筋应力变程标准值、非预应力钢筋应力变程标准值；

K_{ci}、K_{pi}、K_{si} ——分别为混凝土结构验算部位混凝土、预应力钢筋、非预应力钢筋第 i 个疲劳影响参数，其值分别由自身影响统计结果和相应的 σ_{cc}、$\Delta \sigma_{pc}$、$\Delta \sigma_{sc}$ 的比值确定，并分别与 σ_{cc}、$\Delta \sigma_{pc}$、$\Delta \sigma_{sc}$ 以及各自相应疲劳抗力标准值规定的循环次数相协调；

n ——混凝土结果影响参数的个数，与结构形式有关。

F.2.3 疲劳作用中各影响参数的概率分布类型和统计参数可采用数理统计方法确定，其标准值应取与静力作用相同的概率分布的平均值。

F.3 疲 劳 抗 力

F.3.1 疲劳抗力是指结构或局部构造抵抗规定循环次数疲劳作用的能力。

F.3.2 材料及非焊接钢结构的疲劳抗力与所受疲劳作用引起的最大应力 σ_{max} 和应力比 ρ 以及结构构造细节有关。焊接钢结构的疲劳抗力与所受疲劳作用引起

的应力变程 $\Delta\sigma$ 和结构构造细节有关。钢结构和混凝土结构构造细节的疲劳抗力计算方法分述如下：

1 钢结构疲劳抗力

钢结构疲劳抗力表达式可通过式（F.3.2-1）所示的 S-N 疲劳曲线方程表述：

$$\Delta\sigma^m N = C \qquad (F.3.2\text{-}1)$$

式中 $\Delta\sigma$——钢结构验算部位构造细节的等幅疲劳应力变程（MPa）；

N——疲劳失效时的应力循环次数；

m、C——疲劳参数，根据结构或构件的构造和受力特征，通过疲劳试验确定。

钢结构构件的疲劳抗力 Δf_{aek} 是指钢结构验算部位构造细节在指定循环次数、指定安全保证率下由式（F.3.2-1）确定的最大疲劳应力变程标准值。

2 混凝土结构疲劳抗力

1）混凝土

影响混凝土结构中混凝土疲劳抗力的因素包括疲劳强度、疲劳弹性模量和疲劳变形模量。

混凝土的疲劳强度标准值可根据混凝土静载强度标准值乘以疲劳强度等效折减系数确定：

$$f_{cek} = K_{ce} f_{ck} \qquad (F.3.2\text{-}2)$$

式中 f_{cek}——混凝土疲劳强度标准值；

K_{ce}——混凝土疲劳强度折减系数，与混凝土应力最小值等因素有关；

f_{ck}——混凝土静载强度标准值。

混凝土的疲劳弹性模量可通过试验确定。对适筋混凝土受弯构件，混凝土的疲劳弹性模量标准值可取静载弹性模量标准值乘以 0.7。

混凝土的疲劳变形模量可通过试验确定。对适筋混凝土受弯构件，混凝土的疲劳变形模量标准值可取静载变形模量标准值乘以 0.6。

2）预应力钢筋或钢筋

混凝土结构中预应力钢筋或钢筋的疲劳强度可通过式（F.3.2-1）所示的 S-N 疲劳曲线方程确定。其疲劳抗力 Δf_{pek} 或 Δf_{sek} 是指混凝土结构验算部位预应力钢筋或钢筋在指定循环次数、指定安全保证率下由式（F.3.2-1）确定的最大疲劳应力变程标准值。

F.4 疲劳可靠性验算方法

F.4.1 钢结构的疲劳可靠性一般按疲劳承载能力极限状态进行验算。根据需要可采用等效等幅重复应力法、极限损伤度法、断裂力学方法。

1 等效等幅重复应力法

1） 当等效等幅重复应力法以容许应力设计法表达时，疲劳验算应满足下式的要求：

$$\Delta\sigma_{aek} \leqslant \Delta f_{aek} \qquad (F.4.1\text{-}1)$$

2） 当等效等幅重复应力法以分项系数设计法表达时，疲劳作用的设计值可采用结构构件在设计使用年限内疲劳荷载名义

效应的等效等幅重复作用标准值乘以疲劳作用分项系数。疲劳抗力可根据结构构造取与等效等幅重复作用相同循环次数的疲劳强度试验确定。此时，疲劳验算应满足式（F.4.1-2）的要求：

$$\gamma_0 \gamma_{aek} \Delta\sigma_{aek} \leqslant \frac{\Delta f_{aek}}{\gamma_{af}} \qquad (F.4.1\text{-}2)$$

式中 γ_0——结构重要性系数；

γ_{aek}——考虑等效等幅疲劳作用和疲劳作用模型不定性的分项系数；

γ_{af}——疲劳抗力分项系数，当疲劳抗力取值的保证率为 97.7% 时，$\gamma_{af} = 1.0$。

2 极限损伤度法

1） 当极限损伤度法以疲劳损伤度为验算项目时，其量值为结构承受的不同疲劳作用和相应次数与该作用下破坏的次数之比的总和。根据 Palmgren-Miner 线性累积损伤法则，疲劳验算应满足式（F.4.1-3）的要求：

$$\sum \frac{n_i}{N_i} < D_c \qquad (F.4.1\text{-}3)$$

式中 n_i——为疲劳应力频谱中在应力变程水准 $\Delta\sigma_i$ 下，实际施加的疲劳作用循环次数，当疲劳应力变程水准 $\Delta\sigma_i$ 低于疲劳某特定值 $\Delta\sigma_0$ 时，相应的疲劳作用循环次数取其乘以 $\left(\dfrac{\Delta\sigma_i}{\Delta\sigma_0}\right)^2$ 折减后的次数计算；

N_i——为在应力变程水准 $\Delta\sigma_i$ 下的致伤循环次数；

D_c——为疲劳损伤度的临界值，理想状态下损伤度的临界值为 1.0。

2） 当极限损伤度法以分项系数设计法表达时，疲劳验算应满足下列公式的要求：

$$\sum \frac{n_i}{N_i} < \frac{D_c}{\gamma_d} \qquad (F.4.1\text{-}4)$$

$$N_i = N_i \left(\gamma_d, \gamma_{\Delta\sigma_i} \Delta\sigma_i, \frac{\Delta f_{aek}}{\gamma_{ak}}\right) \qquad (F.4.1\text{-}5)$$

式中 γ_d——考虑累积损伤准则、设计使用年限和失效后果不定性的分项系数；

$\gamma_{\Delta\sigma_i}$——考虑疲劳应力变程水准和疲劳作用模型不定性的分项系数；

γ_{ak}——考虑材料和构造疲劳抗力模型不定性的分项系数。

3 断裂力学方法

当钢结构在低温环境下工作时，应采用断裂力学方法。

F.4.2 对需要进行疲劳承载能力极限状态验算的混凝土结构，应分别对混凝土和钢筋进行疲劳验算。可根据需要采用等效等幅重复应力法、极限损伤度法。

1 等效等幅重复应力法

1) 当等效等幅重复应力法以容许应力设计法表达时，结构验算部位混凝土、预应力钢筋、钢筋的疲劳验算应满足式(F.4.2-1)～式(F.4.2-3)的要求：

$$\sigma_{cek} \leqslant f_{cek} \tag{F.4.2-1}$$

$$\Delta\sigma_{pek} \leqslant \Delta f_{pek} \tag{F.4.2-2}$$

$$\Delta\sigma_{sek} \leqslant \Delta f_{sek} \tag{F.4.2-3}$$

2) 当等效等幅重复应力法以分项系数设计法表达时，疲劳作用的设计值可采用结构构件在设计使用年限内疲劳荷载名义效应的等效等幅重复作用标准值乘以疲劳作用分项系数。疲劳抗力可根据结构构造取与等效等幅重复作用相同循环次数的疲劳强度试验确定。此时，结构验算部位混凝土、预应力钢筋、钢筋的疲劳验算应满足式(F.4.2-4)～式(F.4.2-6)的要求：

$$\gamma_0\gamma_{cek}\sigma_{cek} \leqslant \frac{f_{cek}}{\gamma_{cf}} \tag{F.4.2-4}$$

$$\gamma_0\gamma_{pek}\Delta\sigma_{pek} \leqslant \frac{\Delta f_{pek}}{\gamma_{pf}} \tag{F.4.2-5}$$

$$\gamma_0\gamma_{sek}\Delta\sigma_{sek} \leqslant \frac{\Delta f_{sek}}{\gamma_{sf}} \tag{F.4.2-6}$$

式中 γ_{cek}、γ_{pek}、γ_{sek} ——分别为考虑混凝土、预应力钢筋、钢筋的等效等幅疲劳作用和疲劳作用模型不定性的分项系数；

γ_{cf}、γ_{pf}、γ_{sf} ——分别为混凝土、预应力钢筋、钢筋的疲劳抗力分项系数。

2 极限损伤度法

混凝土结构按极限损伤度法进行疲劳承载能力极限状态可靠性验算方法与附录第 F.4.1 条中第 2 款所列钢结构的疲劳验算方法相同，其中验算部位的材料为混凝土、预应力钢筋、钢筋。

F.4.3 当结构疲劳需要按使用极限状态进行可靠性验算时，应首先建立正常使用极限状态约束方程。当疲劳作用效应需要且可以线性叠加时，应在正常使用极限状态约束方程中体现。在疲劳使用极限约束值的计算中，要考虑结构材料疲劳而可能引起的变形增大。

附录 G 既有结构的可靠性评定

G.1 一般规定

G.1.1 本附录适用于按有关标准设计和施工的既有结构的可靠性评定。

G.1.2 在下列情况下宜对既有结构的可靠性进行评定：

1 结构的使用时间超过规定的年限；

2 结构的用途或使用要求发生改变；

3 结构的使用环境出现恶化；

4 结构存在较严重的质量缺陷；

5 出现影响结构安全性、适用性或耐久性的材料性能劣化、构件损伤或其他不利状态；

6 对既有结构的可靠性有怀疑或有异议。

G.1.3 既有结构的可靠性评定应在保证结构性能的前提下，尽量减少工程处置工作量。

G.1.4 既有结构的可靠性评定可分为安全性评定、适用性评定和耐久性评定，必要时尚应进行抗灾害能力评定。

G.1.5 既有结构的可靠性评定，应根据国家现行有关标准的要求进行。

G.1.6 既有结构的可靠性评定应按下列步骤进行：

1 明确评定的对象、内容和目的；

2 通过调查或检测获得与结构上的作用和结构实际的性能和状况相关的数据和信息；

3 对实际结构的可靠性进行分析；

4 提出评定报告。

G.2 安全性评定

G.2.1 既有结构的安全性评定应包括结构体系和构件布置、连接和构造、承载力等三个评定项目。

G.2.2 既有结构的结构体系和构件布置，应以现行结构设计标准的要求为依据进行评定。

G.2.3 既有结构的连接和与安全性相关的构造，应以现行结构设计标准的要求为依据进行评定。

G.2.4 对结构体系和构件布置、连接和构造的评定结果满足第 G.2.2 和 G.2.3 条要求的结构，其承载力可根据结构的不同情况采取下列方法进行评定：

1 基于结构良好状态的评定方法；

2 基于分项系数或安全系数的评定方法；

3 基于可靠指标调整抗力分项系数的评定方法；

4 基于荷载检验的评定方法；

5 其他适用的评定方法。

G.2.5 当结构处于良好使用状态时，宜采用基于结构良好状态的评定方法，此时对同时满足下列要求的结构，可评定其承载力符合要求：

1 结构未出现明显的影响结构正常使用的变形、裂缝、位移、振动等适用性问题；

2 在评估使用年限内，结构上的作用和环境不会发生显著的变化。

G.2.6 当采取基于分项系数或安全系数的方法评定时，对同时满足下列要求的结构，可评定其承载力符合要求：

1 构件的承载力应按现行结构设计标准提供的结构计算模型确定，且应对模型中指标或参数进行符合实际情况的调整：

    1）构件材料强度的取值，宜以实测数据为依据，按现行结构检测标准规定的方法确定；

    2）计算模型的几何参数，可按构件的实际尺寸确定；

    3）在计算分析构件承载力时，应考虑不可恢复性损伤的不利影响；

    4）经过验证后，在计算模型中可增补对构件承载力有利因素的实际作用。

    2 作用和作用效应按国家现行标准的规定确定，并可进行下列参数或分析方法的调整：

    1）永久作用应以现场实测数据为依据按现行工程结构荷载标准规定的方法确定；

    2）部分可变作用可根据评估使用年限情况采用考虑结构设计使用年限的荷载调整系数；

    3）在计算作用效应时，应考虑轴线偏差、尺寸偏差和安装偏差等的不利影响；

    4）应按可能出现的最不利作用组合确定作用效应。

    3 按上述方法计算得到的构件承载力不小于作用效应或安全系数不小于有关结构设计标准的要求。

G.2.7 当可确定一批构件的实际承载力及其变异系数时，可采用基于可靠指标调整抗力分项系数的评定方法，此时对同时满足下列要求的一批构件，可评定其承载力符合要求：

    1 作用效应的计算，应符合第 G.2.6 条的规定；

    2 根据结构构件承载力的实际变异情况调整抗力分项系数；

    3 按上述原则计算得到的承载力不小于作用效应。

G.2.8 对具备相应条件的结构或结构构件，可采用基于荷载检验的评定方法，此时对同时满足下列要求的结构或结构构件，可评定其承载力符合要求：

    1 检验荷载的形式应与结构承受的主要作用的情况基本一致，检验荷载不应使结构或构件出现不可逆的变形或损伤；

    2 荷载检验及相应的计算分析结果符合有关标准的要求。

G.2.9 对承载力评定为不符合要求的结构或结构构件，应提出采取加固措施的建议，必要时，也可提出对其限制使用的要求。

G.3 适用性评定

G.3.1 在结构安全性得到保证的情况下，对影响结构正常使用的变形、裂缝、位移、振动等适用性问题，应以现行结构设计标准的要求为依据进行评定，

但在下列情况下可根据实际情况调整或确定正常使用极限状态的限值：

    1 已出现明显的适用性问题，但结构或构件尚未达到正常使用极限状态的限值；

    2 相关标准提出的质量控制指标不能准确反映结构适用性状况。

G.3.2 对已经存在超过正常使用极限状态限值的结构或构件，应提出进行处理的意见。

G.3.3 对未达到正常使用极限状态限值的结构或构件，宜进行评估使用年限内结构适用性的评定。此时宜遵守下列原则：

    1 评定时可采用现行结构设计标准提供的计算模型，但模型中的指标和参数应进行符合结构实际情况的调整；

    2 在条件许可时，可采用荷载检验或现场试验的评定方法；

    3 对适用性评定为不满足要求的结构或构件，应提出采取处理措施的建议。

G.4 耐久性评定

G.4.1 既有结构的耐久性评定应以判定结构相应耐久年数与评估使用年限之间关系为目的。

    注：耐久年数为结构在环境作用下达到相应正常使用极限状态限值的年数。

G.4.2 结构在环境作用下的正常使用极限状态限值或标志应按下列原则确定：

    1 结构构件出现尚未明显影响承载力的表面损伤；

    2 结构构件材料的性能劣化，使其产生脆性破坏的可能性增大。

G.4.3 既有结构的耐久年数推定，应将环境作用效应和材料性能相同的结构构件作为一个批次。

G.4.4 评定批结构构件的耐久年数，可根据结构已经使用的时间、材料相关性能变化的状况、环境作用情况和结构构件材料性能劣化的规律推定。

G.4.5 对耐久年数小于评估使用年限的结构构件，应提出适宜的维护处理建议。

G.5 抗灾害能力评定

G.5.1 既有结构的抗灾害能力宜从结构体系和构件布置、连接和构造、承载力、防灾减灾和防护措施等方面进行综合评定。

G.5.2 对可确定作用的地震、台风、雨雪和水灾等自然灾害，宜通过结构安全性校核评定其抗灾害能力。

G.5.3 对发生在结构局部的爆炸、撞击、火灾等偶然作用，宜通过评价其减小偶然作用及作用效应的措施、结构不发生与起因不相称的破坏和减小偶然作用影响范围措施等评定其抗灾害能力。

减小偶然作用及作用效应的措施包括防爆与泄爆措施、防撞击和抗撞击措施、可燃物质的控制与消防设施等。

减小偶然作用影响范围的措施包括结构变形缝设置和防止发生次生灾害的措施等。

G.5.4 对结构不可抗御的灾害，应评价其预警措施和疏散措施等。

本标准用词说明

1 为便于在执行本标准条文时区别对待，对要求严格程度不同的用词说明如下：

1）表示很严格，非这样做不可的用词：

正面词采用"必须"，反面词采用"严禁"；

2）表示严格，在正常情况下均应这样做的用词：

正面词采用"应"，反面词采用"不应"或"不得"；

3）表示允许稍有选择，在条件许可时首先应这样做的用词：

正面词采用"宜"，反面词采用"不宜"；

表示有选择，在一定条件下可以这样做的用词，采用"可"。

2 条文中指明应按其他有关标准、规范执行时，写法为："应符合……的规定"或"应按……执行"。

中华人民共和国国家标准

工程结构可靠性设计统一标准

GB 50153—2008

条 文 说 明

目　次

1 总　则

1.0.1　本标准是我国工程建设领域的一本重要的基础性国家标准，是制定我国工程建设其他相关标准的基础。本标准对包括房屋建筑、铁路、公路、港口、水利水电在内的各类工程结构设计的基本原则、基本要求和基本方法做出了统一规定，其目的是使设计建造的各类工程结构能够满足确保人的生命和财产安全并符合国家的技术经济政策的要求。

近年来，"可持续发展"越来越成为各类工程结构发展的主题，在最新的国际标准草案《房屋建筑的可持续性——总原则》ISO/DIS 15392（Sustainability in building construction—General principles）中还对可持续发展（sustainable development）给出了如下定义："这种发展满足当代人的需要而不损害后代人满足其需要的能力"。有鉴于此，本次修订中增加了"使结构符合可持续发展的要求"。

对于工程结构而言，可持续发展需要考虑经济、环境和社会三个方面的内容：

一、经济方面

应尽量减少从工程的规划、设计、建造、使用、维修直至拆除等各阶段费用的总和，而不是单纯从某一阶段的费用进行衡量。以墙体为例，如仅着眼于降低建造费用而使墙体的保暖性不够，则在使用阶段的采暖费用必然增加，就不符合可持续发展的要求。

二、环境方面

要做到减少原材料和能源的消耗，减少污染。建筑工程对环境的冲击性很大。以工程结构中大量采用的钢筋混凝土为例，减少对环境冲击的方法有提高水泥、混凝土、钢材的性能和强度，淘汰低性能和强度的材料；提高钢筋混凝土的耐久性；利用粉煤灰等作为水泥的部分替代用品（生产水泥时会大量产生二氧化碳），利用混凝土碎块作为骨料的部分替代用品等。

三、社会方面

要保护使用者的健康和舒适，保护建筑工程的文化价值。可持续发展的最终目标还是发展，工程结构的性能、功能必须好，能满足使用者日益提高的要求。

为了提高可持续性的应用水平，国际上正在做出努力，例如，国际标准化组织正在编制的国际标准或技术规程有《房屋建筑的可持续性——总原则》ISO 15392、《房屋建筑的可持续性——建筑工程环境性能评估方法框架》ISO/TS 21931（Sustainability in building construction—Framework for methods of assessment for environmental performance of construction work）等。

我国需要制定标准、规范，以大力推行可持续发展的房屋及土木工程。

1.0.2　本条规定了本标准的适用范围。本标准作为

我国工程结构领域的一本基础标准，所规定的基本原则、基本要求和基本方法适用于整个结构、组成结构的构件及地基基础的设计；适用于结构的施工阶段和使用阶段；也适用于既有结构的可靠性评定。

1.0.3　我国在工程结构设计领域积极推广并已得到广泛采用的是以概率理论为基础、以分项系数表达的极限状态设计方法，但这并不意味着要排斥其他有效的结构设计方法，采用什么样的结构设计方法，应根据实际条件确定。概率极限状态设计方法需要以大量的统计数据为基础，当不具备这一条件时，工程结构设计可根据可靠的工程经验或通过必要的试验研究进行，也可继续按传统模式采用容许应力或单一安全系数等经验方法进行。

荷载对结构的影响除了其量值大小外，荷载的离散性对结构的影响也相当大，因而不同的荷载采用不同的分项系数，如永久荷载分项系数较小，风荷载分项系数较大；另一方面，荷载对地基的影响除了其量值大小外，荷载的持续性对地基的影响也很大。例如对一般的房屋建筑，在整个使用期间，结构自重始终持续作用，因而对地基的变形影响大，而风荷载标准值的取值为平均 50 年一遇值，因而对地基承载力和变形影响均相对较小，有风组合下的地基容许承载力应该比无风组合下的地基容许承载力大。

基础设计时，如用容许应力方法确定基础底面积，用极限状态方法确定基础厚度及配筋，虽然在基础设计上用了两种方法，但实际上也是可行的。

除上述两种设计方法外，还有单一安全系数方法，如在地基稳定性验算中，要求抗滑力矩与滑动力矩之比大于安全系数 K。

钢筋混凝土挡土墙设计是三种设计方法有可能同时应用的一个例子：挡土墙的结构设计采用极限状态法，稳定性（抗倾覆稳定性、抗滑移稳定性）验算采用单一安全系数法，地基承载力计算采用容许应力法。如对结构和地基采用相同的荷载组合和相同的荷载系数，表面上是统一了设计方法，实际上是不正确的。

设计方法虽有上述三种可用，但结构设计仍应采用极限状态法，有条件时采用以概率理论为基础的极限状态法。欧洲规范为极限状态设计方法用于土工设计，使极限状态方法在工程结构设计中得到全面实施，已经做出努力，在欧洲规范 7《土工设计》（Eurocode 7 Geotechnical design）中，专门列出了土工设计状况。在土工设计状况中，各分项系数与持久、短暂设计状况中的分项系数有所不同。本标准因缺乏这方面的研究工作基础，因而未能对土工设计状况做出明确的表述。

1.0.4、1.0.5　本标准是制定各类工程结构设计标准和其他相关标准应遵守的基本准则，它并不能代替各类工程结构设计标准和其他相关标准，如从结构设计

看，本标准主要制定了各类工程结构设计所共同面临的各种基本变量（作用、环境影响、材料性能和几何参数）的取值原则、作用组合的规则、作用组合效应的确定方法等，结构设计中各基本变量的具体取值及在各种受力状态下作用效应和结构抗力具体计算方法应由各类工程结构的设计标准和其他相关标准作出相应规定。

2 术语、符号

本章的术语和符号主要依据国家标准《工程结构设计基本术语和通用符号》GBJ 132—90、国际标准《结构可靠性总原则》ISO 2394：1998 和原国家标准《工程结构可靠度设计统一标准》GB 50153—92，并主要参考国家标准《建筑结构可靠度设计统一标准》GB 50068—2001 和欧洲规范《结构设计基础》EN1990：2002等。

2.1 术 语

2.1.2 结构构件

例如，柱、梁、板、基桩等。

2.1.5 设计使用年限

在 2000 年第 279 号国务院令颁布的《建设工程质量管理条例》中，规定了基础设施工程、房屋建筑的地基基础工程和主体结构工程的最低保修期限为设计文件规定的该工程的"合理使用年限"；在 1998 年国际标准《结构可靠性总原则》ISO 2394：1998 中，提出了"设计工作年限（design working life）"，其含义与"合理使用年限"相当。

在国家标准《建筑结构可靠度设计统一标准》GB 50068—2001 中，已将"合理使用年限"与"设计工作年限"统一称为"设计使用年限"，本标准首次将这一术语推广到各类工程结构，并规定工程结构在超过设计使用年限后，应进行可靠性评估，根据评估结果，采取相应措施，并重新界定其使用年限。

设计使用年限是设计规定的一个时段，在这一规定时段内，结构只需进行正常的维护而不需进行大修就能按预期目的使用，并完成预定的功能，即工程结构在正常使用和维护下所应达到的使用年限，如达不到这个年限则意味着在设计、施工、使用与维护的某一或某些环节上出现了非正常情况，应查找原因。所谓"正常维护"包括必要的检测、防护及维修。

2.1.6 设计状况

以房屋建筑为例，房屋结构承受家具和正常人员荷载的状况属持久状况；结构施工时承受堆料荷载的状况属短暂状况；结构遭受火灾、爆炸、撞击等作用的状况属偶然状况；结构遭受罕遇地震作用的状况属地震状况。

2.1.11 荷载布置

荷载布置就是布置荷载的位置、大小和方向。只有自由作用有荷载布置的问题，固定作用不存在这个问题。荷载布置通常被称为图形加载。荷载布置的一个最简单例子，如对一根多跨连续梁，有各跨均加载、每隔一跨加载或相邻二跨加载而其余跨均不加载等荷载布置。

2.1.12 荷载工况

荷载工况就是确定荷载组合和每一种荷载组合下的各种荷载布置。假设某一结构设计共有 3 种荷载组合，荷载组合①有 3 种荷载布置，组合②有 4 种荷载布置，组合③有 12 种荷载布置，则该结构设计共有 19 种荷载工况。设计时对每一种荷载工况都要按式（8.2.4-1）或式（8.2.4-2）计算出荷载效应，结构各截面的荷载效应最不利值就是按式（8.2.4-1）或式（8.2.4-2）计算的基本组合的效应设计值。

除有经验、有把握排除对设计不起控制的荷载工况外，对每一种荷载工况均需要进行相应的结构分析。分析的目的是要找到各个截面、各个构件、结构各个部分及整个结构的最不利荷载效应。只要达到这个目的，任何计算过程都是可以的。

当荷载与荷载效应为线性关系时，叠加原理适用，荷载组合可转换为荷载效应叠加，即用式（8.2.4-2）取代式（8.2.4-1)，此时，可先对每一种荷载（的每一种布置），计算出其荷载效应，然后按式（8.2.4-2）进行荷载效应叠加。

2.1.18 抗力

例如，承载力、刚度、抗裂度等。

2.1.19 结构的整体稳固性

结构的整体稳固性系指结构在遭遇偶然事件时，仅产生局部的损坏而不致出现与起因不相称的整体性破坏。

2.1.22 可靠度

对于新建结构，"规定的时间"是指设计使用年限。结构的可靠度是对可靠性的定量描述，即结构在规定的时间内，在规定的条件下，完成预定功能的概率。这是从统计数学观点出发的比较科学的定义，因为在各种随机因素的影响下，结构完成预定功能的能力只能用概率来度量。结构可靠度的这一定义，与其他各种从定值观点出发的定义是有本质区别的。

2.1.24 可靠指标 β

对于新建结构，与可靠度相对应的可靠指标 β，是指设计使用年限的 β。

2.1.28 统计参数

例如，平均值、标准差、变异系数等。

2.1.30 名义值

例如，根据物理条件或经验确定的值。

2.1.35 作用效应

例如，内力、变形和裂缝等。

2.1.49 设计基准期

原标准中设计基准期，一是用于可靠指标 β，指设计基准期的 β，二是用于可变作用的取值。本标准中设计基准期只用于可变作用的取值。

设计基准期是为确定可变作用的取值而规定的标准时段，它不等同于结构的设计使用年限。设计如需采用不同的设计基准期，则必须相应确定在不同的设计基准期内最大作用的概率分布及其统计参数。

2.1.53　可变作用的伴随值

在作用组合中，伴随主导作用的可变作用值。主导作用：在作用的基本组合中为代表值采用标准值的可变作用；在作用的偶然组合中为偶然作用；在作用的地震组合中为地震作用。

2.1.54　作用的代表值

作用的代表值包括作用标准值、组合值、频遇值和准永久值，其量值从大到小的排序依次为：作用标准值＞组合值＞频遇值＞准永久值。这四个值的排序不可颠倒，但个别种类的作用，组合值与频遇值可能取相同值。

2.1.56　作用组合（荷载组合）

原标准《工程结构可靠度设计统一标准》GB 50153—92在术语上都是沿用作用效应组合，在概念上主要强调的是在设计时对不同作用（或荷载）经过合理搭配后，将其在结构上的效应叠加的过程。实际上在结构设计中，当作用与作用效应间为非线性关系时，作用组合时采用简单的线性叠加就不再有效，因此在采用效应叠加时，还必须强调作用与作用效应"可按线性关系考虑"的条件。为此，在不同作用（或荷载）的组合时，不再强调在结构上效应叠加的涵义，而且其组合内容，除考虑它们的合理搭配外，还应包括它们在某种极限状态结构设计表达式中设计值的规定，以保证结构具有必要的可靠度。

2.1.63～2.1.69　一阶线弹性分析～刚性-塑性分析

一阶分析与二阶分析的划分界限在于结构分析时所依据的结构是否已考虑变形。如依据的是初始结构即未变形结构，则是一阶分析；如依据的是已变形结构，则是二阶分析。

事实上结构承受荷载时总是要产生变形的，如变形很小，由结构变形产生的次内力不影响结构的安全性和适用性，则结构分析时可略去变形的影响，根据初始结构的几何形体进行一阶分析，以简化计算工作。

3　基本规定

3.1　基本要求

3.1.1　结构可靠度与结构的使用年限长短有关，本标准所指的结构的可靠度或失效概率，对新建结构，是指设计使用年限的结构可靠度或失效概率，当结构的使用年限超过设计使用年限后，结构的失效概率可能较设计预期值增大。

3.1.2　在工程结构必须满足的5项功能中，第1、4、5项是对结构安全性的要求，第2项是对结构适用性的要求，第3项是对结构耐久性的要求，三者可概括为对结构可靠性的要求。

所谓足够的耐久性能，系指结构在规定的工作环境中，在预定时期内，其材料性能的劣化不致导致结构出现不可接受的失效概率。从工程概念上讲，足够的耐久性能就是指在正常维护条件下结构能够正常使用到规定的设计使用年限。

偶然事件发生时，防止结构出现连续倒塌的设计方法有二类：1　直接设计法；2　间接设计法。

1　直接设计法

对可能承受偶然作用的主要承重构件及其连接予以加强或予以保护，使这些构件能承受荷载规范规定的或业主专门提出的偶然作用值。当技术上难以达到或经济上代价昂贵时，允许偶然事件引发结构局部破坏，但结构应具备荷载第二传递途径以替代原来的传递途径。前者有的称之为关键构件设计法，后者有的称之为荷载替代传递途径法。

直接设计法比通常用的设计方法复杂得多，代价也高。

2　间接设计法

实际上就是增强结构的整体稳固性。结构的整体稳固性是我国规范需要重点解决的问题。以房屋建筑为例，最简易可行的方法是将房屋捆扎牢固，如对钢筋混凝土框架结构，在楼盖和屋盖内部，设置沿柱列纵、横两个方向的系杆，系杆均需要通长设置，并且在楼盖和屋盖周边设置整个周边通长的系杆，将柱与整个结构连系牢固；房屋稍高时，除设置上述水平向系杆外，在柱内设置从基础到屋盖通长的竖直向系杆。系杆设置的具体要求和方法应遵守相关技术规范的规定。而对钢筋混凝土承重墙结构，将承重墙与楼盖、屋盖连系牢固，组成"细胞状"结构。结构的延性、体系的连续性，都是设计时应予以注意的。

间接设计法的优点是易于实施，虽然这种方法不是建立在偶然作用下对结构详细分析的基础上，但是混凝土结构中连续的系杆和钢结构中加强的连接，可以使结构在偶然作用下发挥出高于其原有的承载力。虽然水平的系杆不能有效承受竖向荷载，但是原来由受损害部分承受的荷载有可能重分配至未受损害部分。

由于连续倒塌的风险对大多数建筑物而言是低的，因而可以根据结构的重要性采取不同的对策以防止出现结构的连续倒塌：

对于次要的结构，可不考虑结构的连续倒塌问题；

对于一般的结构，宜采用间接设计法；

对于重要的结构，应采用间接设计法，当业主有要求时，可采用直接设计法；

对于特别重要的结构，应采用直接设计法。

3.1.3、3.1.4 为满足对结构的基本要求，使结构避免或减少可能的损坏，宜采取的若干主要措施。

3.2 安全等级和可靠度

3.2.1 本条为强制性条文。在本标准中，按工程结构破坏后果的严重性统一划分为三个安全等级，其中，大量的一般结构宜列入中间等级；重要的结构应提高一级；次要的结构可降低一级。至于重要结构与次要结构的划分，则应根据工程结构的破坏后果，即危及人的生命、造成经济损失、对社会或环境产生影响等的严重程度确定。

3.2.2 同一工程结构内的各种结构构件宜与结构采用相同的安全等级，但允许对部分结构构件根据其重要程度和综合经济效果进行适当调整。如提高某一结构构件的安全等级所需额外费用很少，又能减轻整个结构的破坏从而大大减少人员伤亡和财物损失，则可将该结构构件的安全等级比整个结构的安全等级提高一级；相反，如果一结构构件的破坏并不影响整个结构或其他结构构件，则可将其安全等级降低一级。

3.2.4、3.2.5 可靠指标 β 的功能主要有两个：其一，是度量结构构件可靠性大小的尺度，对有充分的统计数据的结构构件，其可靠性大小可通过可靠指标 β 度量与比较；其二，目标可靠指标是分项系数法所采用的各分项系数取值的基本依据，为此，不同安全等级和失效模式的可靠指标宜适当拉开档次，参照国内外对规定可靠指标的分级，规定安全等级每相差一级，可靠指标取值宜相差 0.5。

3.3 设计使用年限和耐久性

3.3.1 本条为强制性条文。设计文件中需要标明结构的设计使用年限，而无需标明结构的设计基准期、耐久年限、寿命等。

3.3.2 随着我国市场经济的发展，迫切要求明确各类工程结构的设计使用年限。根据我国实际情况，并借鉴有关的国际标准，附录 A 对各类工程结构的设计使用年限分别作出了规定。国际标准《结构可靠性总原则》ISO 2394：1998 和欧洲规范《结构设计基础》EN 1990：2002 也给出了各类结构的设计使用年限的示例。表 1 是欧洲规范《结构设计基础》EN 1990：2002 给出的结构设计使用年限类别的示例：

表 1 设计使用年限类别示例

类别	设计使用年限（年）	示 例
1	10	临时性结构
2	10～25	可替换的结构构件

续表 1

类别	设计使用年限（年）	示 例
3	15～30	农业和类似结构
4	50	房屋结构和其他普通结构
5	100	标志性建筑的结构、桥梁和其他土木工程结构

3.4 可靠性管理

3.4.1～3.4.6 结构达到规定的可靠度水平是有条件的，结构可靠度是在"正常设计、正常施工、正常使用"条件下结构完成预定功能的概率，本节是从实际出发，对"三个正常"的要求作出了具有可操作性的规定。

4 极限状态设计原则

4.1 极限状态

4.1.1 承载能力极限状态可理解为结构或结构构件发挥允许的最大承载能力的状态。结构构件由于塑性变形而使其几何形状发生显著改变，虽未达到最大承载能力，但已彻底不能使用，也属于达到这种极限状态。

疲劳破坏是在使用中由于荷载多次重复作用而达到的承载能力极限状态。

正常使用极限状态可理解为结构或结构构件达到使用功能上允许的某个限值的状态。例如，某些构件必须控制变形、裂缝才能满足使用要求。因过大的变形会造成如房屋内粉刷层剥落、填充墙和隔断墙开裂及屋面积水等后果；过大的裂缝会影响结构的耐久性；过大的变形、裂缝也会造成用户心理上的不安全感。

4.2 设计状况

4.2.1 原标准规定结构设计时应考虑持久设计状况、短暂设计状况和偶然设计状况等三种设计状况，本次修订中增加了地震设计状况。这主要由于地震作用具有与火灾、爆炸、撞击或局部破坏等偶然作用不同的特点：首先，我国很多地区处于地震设防区，需要进行抗震设计且很多结构是由抗震设计控制的；其二，地震作用是能够统计并有统计资料的，可以根据地震的重现期确定地震作用，因此，本次修订借鉴了欧洲规范《结构设计基础》EN 1990：2002 的规定，在原有三种设计状况的基础上，增加了地震设计状况。结构设计应分别考虑持久设计状况、短暂设计状况、偶然设计状况，对处于地震设防区的结构尚应考虑地震设计状况。

4.3 极限状态设计

4.3.1 当考虑偶然事件产生的作用时，主要承重结构可仅按承载能力极限状态进行设计，此时采用的结构可靠指标可适当降低。

4.3.2～4.3.4 工程结构按极限状态设计时，对不同的设计状况应采用相应的作用组合，在每一种作用组合中还必须选取其中的最不利组合进行有关的极限状态设计。设计时应针对各种有关的极限状态进行必要的计算或验算，当有实际工程经验时，也可采用构造措施来代替验算。

4.3.5 基本变量是指极限状态方程中所包含的影响结构可靠度的各种物理量。它包括：引起结构作用效应 S（内力等）的各种作用，如恒荷载、活荷载、地震、温度变化；构成结构抗力 R（强度等）的各种因素，如材料性能、几何参数等。分析结构可靠度时，也可将作用效应或结构抗力作为综合的基本变量考虑。基本变量一般可认为是相互独立的随机变量。

极限状态方程是当结构处于极限状态时各有关基本变量的关系式。当结构设计问题中仅包含两个基本变量时，在以基本变量为坐标的平面上，极限状态方程为直线（线性问题）或曲线（非线性问题）；当结构设计问题中包含多个基本变量时，在以基本变量为坐标的空间中，极限状态方程为平面（线性问题）或曲面（非线性问题）。

4.3.6、4.3.7 为了合理地统一我国各类材料结构设计规范的结构可靠度和极限状态设计原则，促进结构设计理论的发展，本标准采用了以概率理论为基础的极限状态设计方法。

以往采用的半概率极限状态设计方法，仅在荷载和材料强度的设计取值上分别考虑了各自的统计变异性，没有对结构构件的可靠度给出科学的定量描述。这种方法常常使人误认为只要设计中采用了某一给定的安全系数，结构就能百分之百的可靠，将设计安全系数与结构可靠度简单地等同了起来。而以概率理论为基础的极限状态设计方法则是以结构失效概率来定义结构可靠度，并以与结构失效概率相对应的可靠指标 β 来度量结构可靠度，从而能较好地反映结构可靠度的实质，使设计概念更为科学和明确。

5 结构上的作用和环境影响

5.1 一般规定

5.1.1 本章内容是对结构上的外界因素进行系统的分类和规定。外界因素包括在结构上可能出现的各种作用和环境影响，其中最主要的是各种作用，就作用形态的不同，还可分为直接作用和间接作用，前者是指施加在结构上的集中力或分布力，习惯上常称为荷载；不以力的形式出现在结构上的作用，归类为间接作用，它们都是引起结构外加变形和约束变形的原因，例如地面运动、基础沉降、材料收缩、温度变化等。无论是直接作用还是间接作用，都将使结构产生作用效应，诸如应力、内力、变形、裂缝等。

环境影响与作用不同，它是指能使结构材料随时间逐渐恶化的外界因素，随影响性质的不同，它们可以是机械的、物理的、化学的或生物的，与作用一样，它们也要影响到结构的安全性和适用性。

5.2 结构上的作用

5.2.1 结构上的大部分作用，例如建筑结构的楼面活荷载和风荷载，它们各自出现与否以及出现时量值的大小，在时间和空间上都是互相独立的，这种作用在计算其结构效应和进行组合时，均可按单个作用考虑。某些作用在结构上的出现密切相关且有可能同时以最大值出现，例如桥梁上诸多单独的车辆荷载，可以将它们以车队形式作为单个荷载来考虑。此外，冬季的雪荷载和结构上的季节温度差，它们的最大值有可能同时出现，就不能各自按单个作用考虑它们的组合。

5.2.2 对有可能同时出现的各种作用，应该考虑它们在时间和空间上的相关关系，通过作用组合（荷载组合）来处理对结构效应的影响；对于不可能同时出现的作用，就不应考虑其同时出现的组合。

5.2.3 作用按随时间的变化分类是作用最主要的分类，它直接关系到作用变量概率模型的选择。

永久作用的统计参数与时间基本无关，故可采用随机变量概率模型来描述；永久作用的随机性通常表现在随空间变异上。可变作用的统计参数与时间有关，故宜采用随机过程概率模型来描述；在实用上经常可将随机过程概率模型转化为随机变量概率模型来处理。

作用按不同性质进行分类，是出于结构设计规范化的需要，例如，车辆荷载，按随时间变化的分类属于可变荷载，应考虑它对结构可靠性的影响；按随空间变化的分类属于自由作用，应考虑它在结构上的最不利位置；按结构反应特点的分类属于动态荷载，还应考虑结构的动力响应。

在选择作用的概率模型时，很多典型的概率分布类型的取值往往是无界的，而实际上很多随机作用的量值由于客观条件的限制而具有不能被超越的界限值，例如水坝的最高水位，具有敞开泄压口的内爆炸荷载等。选用这类有界作用的概率分布类型时，应考虑它们的特点，例如可采用截尾的分布类型。

作用的其他分类，例如，当进行结构疲劳验算时，可按作用随时间变化的低周性和高周性分类；当考虑结构徐变效应时，可按作用在结构上持续期的长短分类。

5.2.4～5.2.7 作为基本变量的作用，应尽可能根据它随时间变化的规律，采用随机过程的概率模型来描述，但由于对作用观测数据的局限性，对于不同问题还可给以合理的简化。譬如，在设计基准期内结构上的最不利作用（最大作用或最小作用），原则上也应按随机过程的概率模型，但通过简化，也可采用随机变量的概率模型来描述。

在一个确定的设计基准期 T 内，对荷载随机过程作一次连续观测（例如对某地的风压连续观测 30～50 年），所获得的依赖于观测时间的数据就称为随机过程的一个样本函数。每个随机过程都是由大量的样本函数构成的。

荷载随机过程的样本函数是十分复杂的，它随荷载的种类不同而异。目前对各类荷载随机过程的样本函数及其性质了解甚少。对于常见的活荷载、风荷载、雪荷载等，为了简化起见，采用了平稳二项随机过程概率模型，即将它们的样本函数统一模型化为等时段矩形波函数，矩形波幅值的变化规律采用荷载随机过程 $\{Q(t), t \in [0, T]\}$ 中任意时点荷载的概率分布函数 $F_Q(x) = P\{Q(t_0) \leqslant x, t_0 \in [0, T]\}$ 来描述。

对于永久荷载，其值在设计基准期内基本不变，从而随机过程就转化为与时间无关的随机变量 $\{G(t) = G, t \in [0, T]\}$，所以样本函数的图像是平行于时间轴的一条直线。此时，荷载一次出现的持续时间 $\tau = T$，在设计基准期内的时段数 $r = \dfrac{T}{\tau} = 1$，而且在每一时段内出现的概率 $p = 1$。

对于可变荷载（活荷载及风、雪荷载等），其样本函数的共同特点是荷载一次出现的持续时间 $\tau < T$，在设计基准期内的时段数 $r > 1$，且在 T 内至少出现一次，所以平均出现次数 $m = pr \geqslant 1$。不同的可变荷载，其统计参数 τ、p 以及任意时点荷载的概率分布函数 $F_Q(x)$ 都是不同的。

对于活荷载及风、雪荷载随机过程的样本函数采用这种统一的模型，为推导设计基准期最大荷载的概率分布函数和计算组合的最大荷载效应（综合荷载效应）等带来很多方便。

当采用一次二阶矩极限状态设计法时，必须将荷载随机过程转化为设计基准期最大荷载：

$$Q_T = \max_{0 \leqslant t \leqslant T} Q(t)$$

因 T 已规定，故 Q_T 是一个与时间参数 t 无关的随机变量。

各种荷载的概率模型必须通过调查实测，根据所获得的资料和数据进行统计分析后确定，使之尽可能反映荷载的实际情况，并不要求一律选用平稳二项随机过程这种特定的概率模型。

任意时点荷载的概率分布函数 $F_Q(x)$ 是结构可靠度分析的基础。它应根据实测数据，运用 χ^2 检验或 K-S 检验等方法，选择典型的概率分布如正态、对数正态、伽马、极值Ⅰ型、极值Ⅱ型、极值Ⅲ型等来拟合，检验的显著性水平可取 0.05。显著性水平是指所假设的概率分布类型为真而经检验被拒绝的最大概率。

荷载的统计参数，如平均值、标准差、变异系数等，应根据实测数据，按数理统计学的参数估计方法确定。当统计资料不足而一时又难以获得时，可根据工程经验经适当的判断确定。

虽然任何作用都具有不同性质的变异性，但在工程设计中，不可能直接引用反映其变异性的各种统计参数并通过复杂的概率运算进行设计。因此，在设计时，除了采用能便于设计者使用的设计表达式外，对作用仍应赋予一个规定的量值，称为作用的代表值。根据设计的不同要求，可规定不同的代表值，以使能更确切地反映它在设计中的特点。在本标准中参考国际标准对可变作用采用四种代表值：标准值、组合值、频遇值和准永久值，其中标准值是作用的基本代表值，而其他代表值都可在标准值的基础上乘以相应的系数后来表示。

作用标准值是指其在结构设计基准期内可能出现的最大作用值。由于作用本身的随机性，因而设计基准期内的最大作用也是随机变量，尤其是可变作用，原则上都可用它们的统计分布来描述。作用标准值统一由设计基准期最大作用概率分布的某个分位值来确定，设计基准期应该统一规定，譬如为 50 年或 100 年，此外还应对该分位值的百分数作明确规定，这样标准值就可取分布的统计特征值（均值、众值、中值或较高的分位值，譬如 90% 或 95% 的分位值），因此在国际上也称标准值为特征值。

对可变作用的标准值，有时可以通过平均重现期的规定来定义，见附录第 C.2.1 条第 3 款。

在实际工程中，有时由于无法对所考虑的作用取得充分的数据，也不得不从实际出发，根据已有的工程实践经验，通过分析判断后，协议一个公称值或名义值作为作用的代表值。

当有两种或两种以上的可变作用在结构上要求同时考虑时，由于所有可变作用同时达到其单独出现时可能达到的最大值的概率极小，因此在结构按承载能力极限状态设计时，除主导作用应采用标准值为代表值外，其他伴随作用均应采用主导作用出现时段内的最大量值，即以小于其标准值的组合值为代表值（见附录第 C.2.4 条）。

当结构按正常使用极限状态的要求进行设计时，例如要求控制结构的变形、局部损坏以及振动时，理应从不同的要求出发，来选择不同的作用代表值；目前规范提供的除标准值和组合值外，还有频遇值和准永久值。频遇值是代表某个约定条件下不被超越的作用水平，例如在设计基准期内被超越的总时间与设计基准期之比规定为某个较小的比率，或被超越的频率限制在规定的频率内的作用水平。准永久值是代表作用在设计基准期内经常出现的水平，也即其持久性部分，当对持久性部分无法定性时，也可按频遇值定义，在设计基准期内被超越的总时间与设计基准期之比规定为某个较大的比率来确定（详见附录 C.2.2 和 C.2.3 条）。

5.2.8 偶然作用是指在设计使用年限内不一定出现，而一旦出现其量值很大，且持续期在多数情况下很短的作用，例如爆炸、撞击、龙卷风、偶然出现的雪荷载、风荷载等。因此，偶然作用的出现是一种意外事件，它们的代表值应根据具体的工程情况和偶然作用可能出现的最大值，并且考虑经济上的因素，综合地加以确定，也可通过有关的标准规定。

对这类作用，由于历史资料的局限性，一般都是根据工程经验，通过分析判断，经协议确定其名义值。当有可能获取偶然作用的量值数据并可供统计分析，但是缺乏失效后果的定量和经济上的优化分析时，国际标准建议可采用重现期为万年的标准确定其代表值。

当采用偶然作用为结构的主导作用时，设计应保证结构不会由于作用的偶然出现而导致灾难性的后果。

5.2.9 地震作用的代表值按传统都采用当地地区的基本烈度，根据大部分地区的统计资料，它相当于设计基准期为 50 年最大烈度 90％的分位值。如果采用重现期表示，基本烈度相当于重现期为 475 年地震烈度。我国规范将抗震设防划分三个水准，第一水准是低于基本烈度，也称为众值烈度，俗称小震，它相当于 50 年最大烈度 36.8％的分位值；第二水准是基本烈度；第三水准是罕遇地震烈度，它远高于基本烈度，俗称大震，相当于 50 年最大烈度 98％分位值，或重现期为 2500 年地震烈度。

5.2.10 为了能适应各种不同形式的结构，将结构上的作用分成两部分因素：与结构类型无关的基本作用和与结构类型（包括外形和变形性能）有关的因素。基本作用 F_0 通常具有随时间和空间的变异性，它应具有标准化的定义，例如对结构自重可定义为结构的图纸尺寸和材料的标准重度；对雪荷载可定义标准地面上的雪重为基本雪压；对风荷载可定义标准地面上 10m 高处的标准时距的平均风速为基本风压，如此等等。而作用值应在基本作用的基础上，考虑与结构有关的其他因素，通过反映作用规律的数学函数 $\varphi(\cdot)$ 来表述，例如，对雪荷载的情况，可根据屋面的不同条件将基本雪压换算为屋面上的雪荷载；对风荷载的情况，可根据场地地面粗糙度情况、结构外形及结构不同高度，将基本风压换算为结构上的风荷载。

5.2.11 当作用对结构产生不可忽略的加速度时，即与加速度对应的结构效应占有相当比重时，结构应采

用动力模型来描述。此时，动态作用必须按某种方式描述其随时间的变异性（随机性），作用可根据分析的方便与否而采用时域或频域的描述方式，作用历程中的不定性可通过选定随机参数的非随机函数来描述，也可进一步采用随机过程来描述，各种随机过程经常被假定为分段平稳的。

在有些情况下，动态作用与材料性能和结构刚度、质量及各类阻尼有关，此时对作用的描述首先是在偏于安全的前提下规定某些参数，例如结构质量、初速度等。通常还可以进一步将这些参数转化为等效的静态作用。

如果认为所选用的参数还不能保证其结果偏于安全，就有必要对有关作用模型按不同的假设进行计算，从中选出认为可靠的结果。

5.3 环 境 影 响

5.3.1、5.3.2 环境影响可以具有机械的、物理的、化学的或生物的性质，并且有可能使结构的材料性能随时间发生不同程度的退化，向不利方向发展，从而影响结构的安全性和适用性。

环境影响在很多方面与作用相似，而且可以和作用相同地进行分类，特别是关于它们在时间上的变异性，因此，环境影响可分类为永久、可变和偶然影响三类。例如，对处于海洋环境中的混凝土结构，氯离子对钢筋的腐蚀作用是永久影响，空气湿度对木材强度的影响是可变影响等。

环境影响对结构的效应主要是针对材料性能的降低，它是与材料本身有密切关系的，因此，环境影响的效应应根据材料特点而加以规定。在多数情况下是涉及化学的和生物的损害，其中环境湿度的因素是最关键的。

如同作用一样，对环境影响应尽量采用定量描述；但在多数情况下，这样做是有困难的，因此，目前对环境影响只能根据材料特点，按其抗侵蚀性的程度来划分等级，设计时按等级采取相应措施。

6 材料和岩土的性能及几何参数

6.1 材料和岩土的性能

6.1.1、6.1.2 材料性能实际上是随时间变化的，有些材料性能，例如木材、混凝土的强度等，这种变化相当明显，但为了简化起见，各种材料性能仍作为与时间无关的随机变量来考虑，而性能随时间的变化一般通过引进换算系数来估计。

6.1.3 用材料的标准试件试验所得的材料性能 f_{spe}，一般说来，不等同于结构中实际的材料性能 f_{str}，有时两者可能有较大的差别。例如，材料试件的加荷速度远超过实际结构的受荷速度，致使试件的材料强度

较实际结构中偏高；试件的尺寸远小于结构的尺寸，致使试件的材料强度受到尺寸效应的影响而与结构中不同；有些材料，如混凝土，其标准试件的成型与养护与实际结构并不完全相同，有时甚至相差很大，以致两者的材料性能有所差别。所有这些因素一般习惯于采用换算系数或函数 K_0 来考虑，从而结构中实际的材料性能与标准试件材料性能的关系可用下式表示：

$$f_{str} = K_0 f_{spe}$$

由于结构所处的状态具有变异性，因此换算系数或函数 K_0 也是随机变量。

6.1.4 材料强度标准值一般取概率分布的低分位值，国际上一般取 0.05 分位值，本标准也采用这个分位值确定材料强度标准值。此时，当材料强度按正态分布时，标准值为：

$$f_k = \mu_f - 1.645\sigma_f$$

当按对数正态分布时，标准值近似为：

$$f_k = \mu_f \exp(-1.645\delta_f)$$

式中 μ_f、σ_f 及 δ_f 分别为材料强度的平均值、标准差及变异系数。

当材料强度增加对结构性能不利时，必要时可取高分位值。

6.1.5 岩土性能参数的标准值当有可能采用可靠性估值时，可根据区间估计理论确定，单侧置信界限值由式 $f_k = \mu_f \left(1 \pm \dfrac{t_a}{\sqrt{n}}\delta_f\right)$ 求得，式中 t_a 为学生氏函数，按置信度 $1-\alpha$ 和样本容量 n 确定。

6.2 几 何 参 数

6.2.1 结构的某些几何参数，例如梁跨和柱高，其变异性一般对结构抗力的影响很小，设计时可按确定量考虑。

7 结构分析和试验辅助设计

7.1 一 般 规 定

7.1.1～7.1.3 结构分析是确定结构上作用效应的过程，结构上的作用效应是指在作用影响下的结构反应，包括构件截面内力（如轴力、剪力、弯矩、扭矩）以及变形和裂缝。

在结构分析中，宜考虑环境对材料、构件和结构性能的影响，如湿度对木材强度的影响，高温对钢结构性能的影响等。

7.2 结 构 模 型

7.2.1 建立结构分析模型一般都要对结构原型进行适当简化，考虑决定性因素，忽略次要因素，并合理考虑构件及其连接，以及构件与基础间的力-变形关

系等因素。

7.2.2 一维结构分析模型适用于结构的某一维尺寸（长度）比其他两维大得多的情况，或结构在其他两维方向上的变化对结构分析结果影响很小的情况，如连续梁；二维结构分析模型适用于结构的某一维尺寸比其他两维小得多的情况，或结构在某一维方向上的变化对分析结果影响很小的情况，如平面框架；三维结构分析模型适用于结构中没有一维尺寸显著大于或小于其他两维的情况。

7.2.4 在许多情况下，结构变形会引起几何参数名义值产生显著变异。一般称这种变形效应为几何非线性或二阶效应。如果这种变形对结构性能有重要影响，原则上应与结构的几何不完整性一样在设计中加以考虑。

7.2.5 结构分析模型描述各有关变量之间在物理上或经验上的关系。这些变量一般是随机变量。计算模型一般可表达为：

$$Y = f(X_1, X_2, \cdots, X_n)$$

式中　　　　　　　Y——模型预测值；

$f(\cdot)$——模型函数；

X_i $(i=1, 2, \cdots, n)$——变量。

如果模型函数 $f(\cdot)$ 是完整、准确的，变量 $X_i(i=1,2,\cdots,n)$ 值在特定的试验中经量测已知，则结果 Y 可以预测无误；但多数情况下模型并不完整，这可能因为缺乏有关知识，或者为设计方便而过多简化造成的。模型预测值的试验结果 Y' 可以写成如下：

$$Y' = f'(X_1, X_2, \cdots, X_n, \theta_1, \theta_2, \cdots, \theta_n)$$

式中 θ_i $(i=1, 2, \cdots, n)$ 为有关参数，它包含着模型不定性，且按随机变量处理。在多数情况下其统计特性可通过试验或观测得到。

7.3 作 用 模 型

7.3.1 一个完善的作用模型应能描述作用的特性，如作用的大小、位置、方向、持续时间等。在有些情况下，还应考虑不同特性之间的相关性，以及作用与结构反应之间的相互作用。

在多数情况中，结构动态反应是由作用的大小、位置或方向的急剧变化所引起的。结构构件的刚度或抗力的突然改变，亦可能产生动态效应。当动态性能起控制作用时，需要比较详细的过程描述。动态作用的描述可以时间为主或以频率为主给出，依方便而定。为描述作用在时间变化历程中的各种不定性，可将作用描述为一个具有选定随机参数的时间非随机函数，或作为一个分段平稳的随机过程。

7.4 分 析 方 法

7.4.1、7.4.2 当结构的材料性能处于弹性状态时，一般可假定力与变形（或变形率）之间的相互关系是

线性的，可采用弹性理论进行结构分析，在这种情况下，分析比较简单，效率也较高；而当结构的材料性能处于弹塑性状态或完全塑性状态时，力与变形（或变形率）之间的相互关系比较复杂，一般情况下都是非线性的，这时宜采用弹塑性理论或塑性理论进行结构分析。

7.4.3 结构动力分析主要涉及结构的刚度、惯性力和阻尼。动力分析刚度与静力分析所采用的原则一致。尽管重复作用可能产生刚度的退化，但由于动力影响，亦可能引起刚度增大。惯性力是由结构质量、非结构质量和周围流体、空气和土壤等附加质量的加速度引起的。阻尼可由许多不同因素产生，其中主要因素有：

    1 材料阻尼，例如源于材料的弹性特性或塑性特性；

    2 连接中的摩擦阻尼；

    3 非结构构件引起的阻尼；

    4 几何阻尼；

    5 土壤材料阻尼；

    6 空气动力和流体动力阻尼。

在一些特殊情况下，某些阻尼项可能是负值，导致从环境到结构的能量流动。例如疾驰、颤动和在某些程度上的游涡所引起的反应。对于强烈地震时的动力反应，一般需要考虑循环能量衰减和滞回能量消失。

7.5 试验辅助设计

7.5.1、7.5.2 试验辅助设计（简称试验设计）是确定结构和结构构件抗力、材料性能、岩土性能以及结构作用和作用效应设计值的方法。该方法以试验数据的统计评估为依据，与概率设计和分项系数设计概念相一致。在下列情况下可采用试验辅助设计：

    1 规范没有规定或超出规范适用范围的情况；

    2 计算参数不能确切反映工程实际的特定情况；

    3 现有设计方法可能导致不安全或设计结果过于保守的情况；

    4 新型结构（或构件）、新材料的应用或新设计公式的建立；

    5 规范规定的特定情况。

对于新技术、新材料等，在工程应用中应特别慎重，可能还有其他政策和规范要求，也应遵守。

8 分项系数设计方法

8.1 一般规定

8.1.1 尽管概率极限状态设计方法全部更新了结构可靠性的概念与分析方法，但提供给设计人员实际使用的仍然是分项系数设计表达方式，它与设计人员长期使用的表达形式相同，从而易于掌握。

概率极限状态设计方法必须以统计数据为基础，考虑到对各类工程结构所具有的统计数据在质与量二个方面都很有很大差异，在某些领域根本没有统计数据，因而规定当缺乏统计数据时，可以不通过可靠指标 β，直接按工程经验确定分项系数。

8.1.2 本条规定了各种基本变量设计值的确定方法。

    1 作用的设计值 F_d 一般可表示为作用的代表值 F_r 与作用的分项系数 γ_F 的乘积。对可变作用，其代表值包括标准值、组合值、频遇值和准永久值。组合值、频遇值和准永久值可通过对可变作用标准值的折减来表示，即分别对可变作用的标准值乘以不大于 1 的组合值系数 ψ_c、频遇值系数 ψ_f 和准永久值系数 ψ_q。

工程结构按不同极限状态设计时，在相应的作用组合中对可能同时出现的各种作用，应采用不同的作用设计值 F_d，见表 2：

表 2 作用的设计值 F_d

极限状态	作用组合	永久作用	主导作用	伴随可变作用	公 式
承载能力极限状态	基本组合	$\gamma_G G_{ik}$	$\gamma_{Q_1}\gamma_{L1}Q_{1k}$	$\gamma_{Q_j}\psi_{cj}\gamma_{Lj}Q_{jk}$	(8.2.4-1)
	偶然组合	G_{ik}	A_d	(ψ_{f1} 或 ψ_{q1})Q_{1k} 和 $\psi_{qj}Q_{jk}$	(8.2.5-1)
	地震组合	G_{ik}	$\gamma_I A_{Ek}$	$\psi_{qj}Q_{jk}$	(8.2.6-1)
正常使用极限状态	标准组合	G_{ik}	Q_{1k}	$\psi_{cj}Q_{jk}$	(8.3.2-1)
	频遇组合	G_{ik}	$\psi_{f1}Q_{1k}$	$\psi_{qj}Q_{jk}$	(8.3.2-3)
	准永久组合	G_{ik}	—	$\psi_{qj}Q_{jk}$	(8.3.2-5)

作用分项系数 γ_F 的取值，应符合现行国家有关标准的规定。如对房屋建筑，γ_F 的取值为：不利时，$\gamma_G = 1.2$ 或 1.35，$\gamma_Q = 1.4$；有利时，$\gamma_G \leqslant 1.0$，$\gamma_Q = 0$。

8.2 承载能力极限状态

8.2.1 本条列出了四种承载能力极限状态，应根据四种状态性质的不同，采用不同的设计表达方式及与之相应的分项系数数值。

对于疲劳破坏，有些材料（如钢筋）的疲劳强度宜采用应力变程（应力幅）而不采用强度绝对值来表达。

8.2.2 式 (8.2.2-1) 中，S_d 包括荷载系数，R_d 包括材料系数（或抗力系数），这二类系数在一定范围内是可以互换的。

以房屋建筑结构中安全等级为二级、设计使用年限为 50 年的钢筋混凝土轴心受拉构件为例：

设永久作用标准值的效应 $N_{G_k} = 10kN$，可变作用标准值的效应 $N_{Q_k} = 20kN$，钢筋强度标准值 $f_{yk} = 400N/mm^2$，求所需钢筋面积 A_s。

方案 1 取 $\gamma_G = 1.2$，$\gamma_Q = 1.4$，$\gamma_s = 1.1$，则由式 (8.2.4-2)，作用组合的效应设计值 N_d

$=\gamma_G N_{G_k}+\gamma_{Q_k} N_{Q_k}=1.2\times10+1.4\times20$
$=40(kN)$，取 $R_d=A_s f_{yk}/\gamma_s=N_d=40$
(kN)，则 $A_s=40\times1.1/(400\times0.001)$
$=110(mm^2)$。

方案 2　取 $\gamma_G=1.2\times1.1/1.2=1.1$，$\gamma_Q=1.4\times$
$1.1/1.2=1.283$，$\gamma_s=1.1/(1.1/1.2)=$
1.2，则由式（8.2.4-2），作用组合的效
应设计值 $N_d=\gamma_G N_{G_k}+\gamma_{Q_k} N_{Q_k}=1.1\times$
$10+1.283\times20=36.66(kN)$，取 $R_d=$
$A_s f_{yk}/\gamma_s=N_d=36.66(kN)$，则 $A_s=$
$36.66\times1.2/(400\times0.001)=110(mm^2)$。

方案 1 和方案 2 是完全等价的，用相同的钢筋截面积承受相同的拉力设计值，安全度是完全相同的。

方案 1 的荷载系数及材料系数与国际及国内比较靠近，而方案 2 则有明显差异。方案 2 不可取，不利于各类工程结构之间的协调对比。

8.2.4　对基本组合，原标准只给出了用函数形式的表达式，设计人员无法用作设计。《建筑结构可靠度设计统一标准》GB 50068—2001 给出了用显式的表达式，设计人员可用作设计，但仅限于作用与作用效应按线性关系考虑的情况，非线性关系时不适用。

本标准首次提出对各类工程结构、对线性与非线性两种关系全部适用的，设计人员可直接采用的表达式。

本标准对结构的重要性系数用 γ_0 表示，这与原标准相同。

当结构的设计使用年限与设计基准期不同时，应对可变作用的标准值进行调整，这是因为结构上的各种可变作用均是根据设计基准期确定其标准值的。以房屋建筑为例，结构的设计基准期为 50 年，即房屋建筑结构上的各种可变作用的标准值取其 50 年一遇的最大值分布上的"某一分位值"，对设计使用年限为 100 年的结构，要保证结构在 100 年时具有设计要求的可靠度水平，理论上要求结构上的各种可变作用应采用 100 年一遇的最大值分布上的相同分位值作为可变作用的"标准值"，但这种作法对同一种可变作用会随设计使用年限的不同而有多种"标准值"，不便于荷载规范表达和设计人员使用，为此，本标准首次提出考虑结构设计使用年限的荷载调整系数 γ_L，以设计使用年限 100 年为例，γ_L 的含义是在可变作用 100 年一遇的最大值分布上，与该可变作用 50 年一遇的最大值分布上标准值的相同分位值的比值，其他年限可类推。在附录 A.1 中对房屋建筑结构给出了 γ_L 的具体取值，设计人员可直接采用；对设计使用年限为 50 年的结构，其设计使用年限与设计基准期相同，不需调整可变作用的标准值，则取 $\gamma_L=1.0$。

永久荷载不随时间而变化，因而与 γ_L 无关。

当设计使用年限大于基准期时，除在荷载方面考虑 γ_L 外，在抗力方面也需采取相应措施，如采用较高的混凝土强度等级、加大混凝土保护层厚度或对钢筋作涂层处理等，使结构在更长的时间内不致因材料劣化而降低可靠度。

8.2.5　偶然作用的情况复杂，种类很多，因而对偶然组合，原标准只用文字作简单叙述，本标准给出了偶然组合效应设计值的表达式，但未能统一选定式（8.2.5-1）或式（8.2.5-2）中用 ψ_{f1} 或 ψ_{q1}，有关的设计规范应予以明确。

8.2.6　各类工程结构都会遭遇地震，很多结构是由抗震设计控制的。目前我国地震作用的取值标准在各类工程结构之间相差很大，需加以协调。

国内外对地震作用的研究，今天已发展到可统计且有统计数据了。可以给出不同重现期的地震作用，根据地震作用不同的取值水平提出对结构相应的性能要求，这和现在无法统计或没有统计数据的偶然作用显然不同。将地震设计状况单独列出的客观条件已经具备，列出这一状况有利于各类工程结构抗震设计的统一协调与发展。

对房屋建筑而言，式（8.2.6-1）中地震作用的取值标准由重现期为 50 年的地震作用即多遇地震作用，提高到重现期为 475 年的地震作用即基本烈度地震作用（后者的地震加速度约为前者的 3 倍），作为选定截面尺寸和配筋量的依据，其目的绝不是要普遍提高地震设防水平，普遍增加材料用量，而是要将对结构抗震至关重要的结构体系延性作为抗震设计的重要参数，使设计合理。

结构在基本烈度地震作用下已处于弹塑性阶段，结构体系延性高，耗能能力强，可大幅度降低结构按弹性分析所得出的地震作用效应，鼓励设计人员设计出高延性的结构体系，降低地震作用效应，缩小截面，减少资源消耗。

上述做法在国际上是通用的，在有关标准规范中均有明确规定。国际标准《结构上的地震作用》ISO 3010，规定了结构系数（structural factor）k_D；欧洲规范《结构抗震设计》EN 1998，规定了性能系数（behaviour factor）q；美国规范《国际建筑规范》IBC 及《建筑荷载规范》ASCE7，规定了反应修正系数（response modification coefficient）R，这些系数虽然名称不同、符号各异，但含义类似。采用这些系数后，在设计基本地震加速度相同的条件下，可使延性高的结构体系与延性低的结构体系相比，大幅度降低结构承载力验算时的地震力。

式（8.2.6-1）中的地震作用重要性系数 γ_1 与式（8.2.2-1）中的结构重要性系数 γ_0 不应同时采用。在房屋建筑中，将量大面广的丙类建筑 γ_1 取值为 1.0，对甲类、乙类建筑 γ_1 取大于 1。

γ_1 与第 8.2.4 条说明中 γ_L 的含义类似。假设对甲类建筑采用重现期为 2500 年的地震，则对甲类建

筑的 γ_1，含义就是 2500 年一遇的地震作用与 475 年一遇的地震作用的比值。

8.3 正常使用极限状态

8.3.1 对承载能力极限状态，安全与失效之间的分界线是清晰的，如钢材的屈服、混凝土的压坏、结构的倾覆、地基的滑移，都是清晰的物理现象。对正常使用极限状态，能正常使用与不能正常使用之间的分界线是模糊的，难以找到清晰的物理现象，区分正常与不正常，在很大程度上依靠工程经验确定。

8.3.2 列出了三种组合，来源于《结构可靠性总原则》ISO 2394 和《结构设计基础》EN 1990。

正常使用极限状态的可逆与不可逆的划分很重要。如不可逆，宜用标准组合；如可逆，宜用频遇组合或准永久组合。

可逆与不可逆不能只按所验算构件的情况确定，而且需要与周边构件联系起来考虑。以钢梁的挠度为例，钢梁的挠度本身当然是可逆的，但如钢梁下有隔墙，钢梁与隔墙之间又未作专门处理，钢梁的挠度会使隔墙损坏，则仍被认为是不可逆的，应采用标准组合进行设计验算；如钢梁的挠度不会损坏其他构件（结构的或非结构的），只影响到人的舒适感，则可采用频遇组合进行设计验算；如钢梁的挠度对各种性能要求均无影响，只是个外观问题，则可采用准永久组合进行设计验算。

附录 A　各类工程结构的专门规定

A.1　房屋建筑结构的专门规定

A.1.2 房屋建筑结构取设计基准期为 50 年，即房屋建筑结构的可变作用取值是按 50 年确定的。

A.1.3 根据《建筑结构可靠度设计统一标准》GB 50068—2001 给出了各类房屋建筑结构的设计使用年限。

A.1.4 表 A.1.4 中规定的房屋建筑结构构件持久设计状况承载能力极限状态设计的可靠指标，是以建筑结构安全等级为二级时延性破坏的 β 值 3.2 作为基准，其他情况下相应增减 0.5。可靠指标 β 与失效概率运算值 p_f 的关系见表 3：

表 3　可靠指标 β 与失效概率运算值 p_f 的关系

β	2.7	3.2	3.7	4.2
p_f	3.5×10^{-3}	6.9×10^{-4}	1.1×10^{-4}	1.3×10^{-5}

表 A.1.4 中延性破坏是指结构构件在破坏前有明显的变形或其他预兆；脆性破坏是指结构构件在破坏前无明显的变形或其他预兆。

表 A.1.4 中作为基准的 β 值，是根据对 20 世纪 70 年代各类材料结构设计规范校准所得的结果并经综合平衡后确定的，表中规定的 β 值是房屋建筑各种材料结构设计规范应采用的最低值。

表 A.1.4 中规定的 β 值是对结构构件而言的。对于其他部分如连接等，设计时采用的 β 值，应由各种材料的结构设计规范另行规定。

目前由于统计资料不够完备以及结构可靠度分析中引入了近似假定，因此所得的失效概率 p_f 及相应的 β 尚非实际值。这些值是一种与结构构件实际失效概率有一定联系的运算值，主要用于对各类结构构件可靠度作相对的度量。

A.1.5 为促进房屋使用性能的改善，根据《结构可靠性总原则》ISO 2394：1998 的建议，结合国内近年来对我国建筑结构构件正常使用极限状态可靠度所作的分析研究成果，对结构构件正常使用的可靠度作出了规定。对于正常使用极限状态，其可靠指标一般应根据结构构件作用效应的可逆程度选取：可逆程度较高的结构构件取较低值；可逆程度较低的结构构件取较高值，例如《结构可靠性总原则》ISO 2394：1998 规定，对可逆的正常使用极限状态，其可靠指标取为 0；对不可逆的正常使用极限状态，其可靠指标取为 1.5。

不可逆极限状态指产生超越状态的作用被卸除后，仍将永久保持超越状态的一种极限状态；可逆极限状态指产生超越状态的作用被卸除后，将不再保持超越状态的一种极限状态。

A.1.6 为保证以永久荷载为主结构构件的可靠指标符合规定值，根据《建筑结构可靠度设计统一标准》GB 50068—2001 的规定，式（A.1.6-1）与式（8.2.4-1）同时使用，式（A.1.6-1）对以永久荷载为主的结构起控制作用。

A.1.7 结构重要性系数 γ_0 是考虑结构破坏后果的严重性而引入的系数，对于安全等级为一级和三级的结构构件分别取不小于 1.1 和 0.9。可靠度分析表明，采用这些系数后，结构构件可靠指标值较安全等级为二级的结构构件分别增减 0.5 左右，与表 A.1.4 的规定基本一致。考虑不同投资主体对建筑结构可靠度的要求可能不同，故允许结构重要性系数 γ_0 分别取不应小于 1.1、1.0 和 0.9。

A.1.8 对永久荷载系数 γ_G 和可变荷载系数 γ_Q 的取值，分别根据对结构构件承载能力有利和不利两种情况，作出了具体规定。

在某些情况下，永久荷载效应与可变荷载效应符号相反，而前者对结构承载能力起有利作用。此时，若永久荷载分项系数仍取同号效应时相同的值，则结构构件的可靠度将严重不足。为了保证结构构件具有必要的可靠度，并考虑到经济指标不致波动过大和应用方便，规定当永久荷载效应对结构构件的承载能力有利时，γ_G 不应大于 1.0。

荷载分项系数系按下列原则经优选确定的：在各种荷载标准值已给定的前提下，要选取一组分项系数，使按极限状态设计表达式设计的各种结构构件具有的可靠指标与规定的可靠指标之间在总体上误差最小。在定值过程中，原《建筑结构设计统一标准》GBJ 68—84 对钢、薄钢、钢筋混凝土、砖石和木结构选择了 14 种有代表性的构件，若干种常遇的荷载效应比值（可变荷载效应与永久荷载效应之比）以及 3 种荷载效应组合情况（恒荷载与住宅楼面活荷载、恒荷载与办公楼楼面活荷载、恒荷载与风荷载）进行分析，最后确定，在一般情况下采用 $\gamma_G = 1.2$，$\gamma_Q = 1.4$，国标《建筑结构可靠度设计统一标准》GB 50068—2001 对以永久荷载为主的结构，又补充了采用 $\gamma_G = 1.35$ 的规定，本标准继续采用。

A.1.9 对设计使用年限为 100 年和 5 年的结构构件，通过考虑结构设计使用年限的荷载调整系数 γ_L 对可变荷载取值进行调整。

A.2 铁路桥涵结构的专门规定

A.2.1～A.2.3 依据国内外有关标准，规定了铁路桥涵结构的安全等级和设计使用年限。铁路桥涵结构的设计基准期选择与结构设计使用年限相同量级为 100 年，作为确定桥梁结构上可变作用最大值概率分布的时间参数。在结构设计基准期内可变作用重现期为 100 年的超越概率为 63.2%，年超越概率为 1%。

A.2.4 根据第 4.3.2 条，桥梁结构承载能力极限状态设计采用荷载（作用）的基本组合和偶然组合，地震组合表达形式与偶然组合相同。根据对现行桥规各类结构标准设计的校准优化确定结构目标可靠指标 β_t，采用《结构可靠性总原则》ISO 2394：1998 附录 E.7.2 基于校准的分项系数方法优化确定桥梁结构承载能力极限状态设计组合的分项系数，使各类组合的结构可靠指标 β 接近所选定的目标可靠指标 β_t。

假设分项系数模式表达式为：

$$g\left(\frac{f_{k1}}{\gamma_{m1}}, \frac{f_{k2}}{\gamma_{m2}}, \cdots, \gamma_{f1} F_{k1}, \gamma_{f2} F_{k2}, \cdots\right) \geqslant 0$$

式中 f_{ki}——材料 i 的强度标准值；

γ_{mi}——材料 i 的分项系数；

F_{kj}——荷载（作用）j 的标准值；

γ_{fj}——荷载（作用）j 的分项系数。

选定的分项系数组（γ_{m1}，γ_{m2}，$\cdots$，γ_{f1}，γ_{f2}，$\cdots$）设计的结构构件的可靠指标 β_k 使聚集的偏差 D 为最小：

$$D = \sum_{k=1}^{n} [\beta_k(\gamma_{mi}, \gamma_{fj}) - \beta_t]^2 \rightarrow \min$$

β_k 可以选定为桥梁结构中权重系数最大的结构可靠指标。

A.2.5 根据第 4.3.3 条，桥梁结构正常使用极限状态设计采用荷载（作用）标准组合，其分项系数根据与现行桥规（容许应力法）采用相同的荷载（作用）设计值确定。

A.2.6 铁路桥涵结构正常使用极限状态设计，对不同线路等级、运行速度和桥梁类型提出不同的限值要求，且随着列车运营速度的不断提高，要求越来越严格。对桥梁变形（竖向和横向）和振动的限值要求以保证列车运行的安全和乘坐舒适性，保证结构材料的受力特性在弹性范围内，对桥梁裂缝宽度限值要求保证桥梁结构的耐久性。目前铁道部已颁布的行业标准以《铁路桥涵设计基本规范》TB 10002.1—2005 为基准，适用于铁路网中客货列车共线运行、旅客列车设计行车速度小于或等于 160km/h，货物列车设计行车速度小于或等于 120km/h 的Ⅰ、Ⅱ级标准轨距铁路桥涵设计；以《新建时速 200 公里客货共线铁路设计暂行规定》（铁建设函〔2005〕285 号）、《新建时速 200～250 公里客运专线铁路设计暂行规定》（铁建设〔2005〕140 号）、《京沪高速铁路设计暂行规定》（铁建设〔2004〕157 号）为补充，分别制定出适用于不同速度等级客货共线和客运专线的限制规定，以满足列车运行的安全性和舒适性。

A.2.7 铁路桥梁结构承受较大的列车动力活载的反复作用，对焊接或非焊接的受拉或拉压钢结构构件及混凝土受弯构件应进行疲劳承载能力验算，以满足结构设计使用年限的要求。根据对不同运量等级线路调查，测试统计分析制定出典型疲劳列车及标准荷载效应比频谱，把桥梁构件承受的变幅重复应力转换为等效等幅重复应力，并考虑结构模型、结构构造、线路数量及运量的影响系数，应满足结构构件或细节的 200 万次疲劳强度设计值要求。现行《铁路桥梁钢结构设计规范》TB 10002.2—2005 第 3.2.7 条表 3.2.7-1、表 3.2.7-2 分别规定出各种构件或连接的疲劳容许应力幅、构件或连接基本形式及疲劳容许应力幅类别用以钢结构构件或细节的疲劳容许应力验算。

A.3 公路桥涵结构的专门规定

A.3.2 公路桥涵结构的设计基准期为 100 年，以保持和现行的公路行业标准采用的时间域一致。

施于桥梁上的可变荷载是随时间变化的，所以它的统计分析要用随机过程概率模型来描述。随机过程所选择的时间域即为基准期。在承载能力极限状态可靠度分析中，由于采用了以随机变量概率模型表达的一次二阶矩法，可变荷载的统计特征是以设计基准期内出现的荷载最大值的随机变量来代替随机过程进行统计分析。《公路工程结构可靠度设计统一标准》GB/T 50283—1999 确定公路桥涵结构的设计基准期为 100 年，是因为公路桥涵的主要可变荷载汽车、人群等，按其设计基准期内最大值分布的 0.95 分位值所取标准值，与原规范的规定值相近。这样，就可避免公路桥涵在荷载取值上过大变动，保持结构设计的连续性。

A.3.3 表 A.3.3 所列设计使用年限，是在总结以往实践经验，考虑设计、施工和维护的难易程度，以及结构一旦失效所造成的经济损失和对社会、环境的影响基础上确定的；通过广泛征求意见得到认可。表中所列特大桥、大桥、中桥、小桥是指《公路工程技术标准》JTG B01—2003 规定的单孔跨径，而非多孔跨径总长。在设计使用年限内，桥涵主体结构在正常施工和使用条件下，必须完成预定的安全性、耐久性和适用性功能的要求。对于桥涵附属的、可更换的构件不在本条规定之列，它们的设计使用年限可根据该构件所用材料、具体使用条件另行规定。

A.3.4 本条列出了公路桥涵结构承载能力极限状态设计有关作用组合的设计表达式，规定分为基本组合和偶然组合两种情况。

1 公式（A.3.4-1）为基本组合中作用设计值名义上的组合；公式（A.3.4-2）为作用设计值效应的组合。后者是结构设计所需要的。

上述作用设计值效应的组合原则是：首先把永久作用效应与主导可变作用效应（公路桥涵一般为汽车作用效应）组合；然后再与其他伴随可变作用效应组合，在该组合前面乘以组合值系数。这样的组合原则顺应于目标可靠指标—结构设计依据的运算方法和作用组合方式。应该指出，结构可靠指标和永久作用与可变作用的比值有关，为了使运算不过于复杂化，在"标准"计算可靠指标时，采用了永久作用（结构自重）效应与主导可变作用（汽车）效应的最简单组合，通过一系列运算后判断确定了目标可靠指标。所以，公路工程结构有关统一标准中给出的可靠指标 β 值是在作用效应最简单基本组合下给出的。当多个可变作用参与组合时，将影响原先确定的可靠指标值，因而需要引入组合值系数 ψ_c，对伴随可变作用标准值进行折减，这样所得最终作用效应组合表达式，可使原定可靠指标保持不变。

以上公式中的作用分项系数，可变作用的组合系数可在确定的目标可靠指标下，通过优化运算确定，或根据工程经验确定。

2 公路桥梁的偶然作用包括船舶撞击、汽车撞击等，在偶然组合中作为主导作用。由于偶然作用出现的概率很小，持续的时间很短，所以不能有两个偶然作用同时参与组合。组合中除永久作用（一般不考虑混凝土收缩及徐变作用）和偶然作用外，根据具体情况还可采用其他可变作用代表值，当缺乏观测调查资料时，可取用可变作用频遇值或准永久值。

A.3.5 现行公路桥涵有关规范中，应用于正常使用极限状态设计的作用组合，规定采用作用的频遇组合和准永久组合。参照国际标准《结构可靠性总原则》ISO 2394：1998，新增了作用的标准组合。

A.3.6 公路桥涵结构重要性系数仍采用《公路桥涵设计通用规范》JTG D60—2004 第 4.1.6 条的规定值。

A.3.7 公路桥涵结构永久作用的分项系数采用了《公路桥涵设计通用规范》JTG D60—2004 第 4.1.6 条的规定值。

本附录暂未规定考虑结构设计使用年限的荷载调整系数的具体取值，它需要在修编行业标准和规范时开展研究工作并规定具体的设计取值。

A.4 港口工程结构的专门规定

A.4.1 将安全等级为三级的结构具体化，即为临时性结构，如港口工程的临时护岸、围堰。永久性港工结构安全等级为一级或二级，如集装箱干线港的大型集装箱码头结构、大型原油码头而附近又没有可替代的港口工程、液化天然气码头结构等可按安全等级为一级设计。大量的一般港口工程结构的安全等级为二级，既足够安全也是经济合理的。

A.4.2 与《港口工程结构可靠度设计统一标准》GB 50158—92保持相同。

A.4.3 随着各种防腐蚀技术的成熟、可靠及高性能、高耐久混凝土的广泛应用，根据《港口工程结构设计使用年限调查专题研究》，从混凝土材料的耐久性方面，重力式、板桩码头正常使用情况下，使用年限可以达到50a以上，按高性能混凝土设计、施工的海港高桩码头结构，使用年限可以达到50a以上。考虑港口工程结构的造价在整个港口工程的总投资的比例平均为20%左右，永久性港口建筑物的设计使用年限为50a是合理的。

A.4.4 给出的可靠指标是根据对港口工程结构可靠度校准结果确定的，在设计中可作为可靠指标的下限值采用。

土坡及地基稳定由于抗力变异性较大，防波堤水平波浪力和波浪浮托力相关性强，因此其可靠指标值较低。

A.4.5、A.4.6 根据本标准第 8 章的原则，反映港口工程结构的特点，并与港口工程各结构规范相协调。

A.4.7～A.4.10 在港口工程结构设计中，设计水位是一个相当重要而又比较复杂的问题。对于承载能力极限状态的持久组合，海港工程规定了 5 种水位，河港工程规定了 3 种水位；对于承载能力极限状态的短暂组合，海港工程规定了 3 种水位；河港工程规定了 2 种水位，比《港口工程结构可靠度设计统一标准》GB 50158—92又增加了施工期间某一不利水位。海港工程和河港工程均需要考虑地下水位的影响。

需要提出注意的是，设计高水位、设计低水位、极端高水位和极端低水位都是设计水位。

A.4.11 重要性系数在标准中是考虑结构破坏后果的严重性而引入的系数，称为结构重要性系数，根据

《港口工程结构安全等级研究报告》，本次修订维持安全等级为一、二、三级的结构重要性系数分别取 1.1、1.0 和 0.9。可靠度分析表明，采用这些系数后，安全等级相差 1 级，结构可靠指标相差 0.5 左右。考虑不同投资主体对港口结构可靠度的要求可能不同，故允许根据自然条件、维护条件、使用年限和特殊要求等对重要性系数 γ_0 进行调整，但安全等级不变。结构安全等级为一、二、三级的 γ_0 分别不应小于 1.1、1.0 和 0.9。

A. 4. 12 为使作用分项系数统一和便于设计人员采用，表中给出了港口工程结构设计的主要作用的分项系数；抗倾、抗滑稳定计算时的波浪力作用分项系数由相关结构规范给出。

对永久作用和可变作用的分项系数，分别根据对结构承载能力有利和不利两种情况，做出了具体规定。

对于以永久作用为主（约占 50%）的结构，为使结构的可靠指标满足第 A.4.4 条的要求，永久作用的分项系数应增大为不小于 1.3。

当两个可变作用完全相关时，应根据总的作用效应有利或不利选用分项系数。对结构承载能力有利时取为 0，对结构承载能力不利时，两个完全相关的可变作用应取相同作用的分项系数。

附录 B　质量管理

B. 1　质量控制要求

B. 1. 1　材料和构件的质量可采用一个或多个质量特征来表达，例如，材料的试件强度和其他物理力学性能以及构件的尺寸误差等。为了保证结构具有预期的可靠度，必须对结构设计、原材料生产以及结构施工提出统一配套的质量水平要求。材料与构件的质量水平可按结构构件可靠指标 β 近似地确定，并以有关的统计参数来表达。当荷载的统计参数已知后，材料与构件的质量水平原则上可采用下列质量方程来描述：

$$q(\mu_\mathrm{f}, \delta_\mathrm{f}, \beta, f_\mathrm{k}) = 0$$

式中 μ_f 和 δ_f 为材料和构件的某个质量特征 f 的平均值和变异系数，β 为规范规定的结构构件可靠指标。

应当指出，当按上述质量方程确定材料和构件的合格质量水平时，需以安全等级为二级的典型结构构件的可靠指标为基础进行分析。材料和构件的质量水平要求，不应随安全等级而变化，以便于生产管理。

B. 1. 2　材料的等级一般以材料强度标准值划分。同一等级的材料采用同一标准值。无论天然材料还是人工材料，对属于同一等级的不同产地和不同厂家的材料，其性能的质量水平一般不宜低于可靠指标 β 的要求。按本标准制定质量要求时，允许各有关规范根据

材料和构件的特点对此指标稍作增减。

B. 1. 6　材料及构件的质量控制包括两种，其中生产控制属于生产单位内部的质量控制；合格控制是在生产单位和用户之间进行的质量控制，即按统一规定的质量验收标准或双方同意的其他规则进行验收。

在生产控制阶段，材料性能的实际质量水平应控制在规定的合格质量水平之上。当生产有暂时性波动时，材料性能的实际质量水平亦不得低于规定的极限质量水平。

B. 1. 7　由于交验的材料和构件通常是大批量的，而且很多质量特征的检验是破损性的，因此，合格控制一般采用抽样检验方式。对于有可靠依据采用非破损检验方法的，必要时可采用全数检验方式。

验收标准主要包括下列内容：

1　批量大小——每一交验批中材料或构件的数量；

2　抽样方法——可为随机的或系统的抽样方法；系统的抽样方法是指抽样部位或时间是固定的；

3　抽样数量——每一交验批中抽取试样的数量；

4　验收函数——验收中采用的试样数据的某个函数，例如样本平均值、样本方差、样本最小值或最大值等；

5　验收界限——与验收函数相比较的界限值，用以确定交验批合格与否。

当前在材料和构件生产中，抽样检验标准多数是根据经验来制定的。其缺点在于没有从统计学观点合理考虑生产方和用户方的风险率或其他经济因素，因而所规定的抽样数量和验收界限往往缺乏科学依据，标准的松严程度也无法相互比较。

为了克服非统计抽样检验方法的缺点，本标准规定宜在统计理论的基础上制定抽样质量验收标准，以使达不到质量要求的交验批基本能判为不合格，而已达到质量要求的交验批基本能判为合格。

B. 1. 8　现有质量验收标准形式很多，本标准系按下述原则考虑：

对于生产连续性较差或各批间质量特征的统计参数差异较大的材料和构件，很难使产品批的质量基本维持在合格质量水平之上，因此必须按控制用户方风险率制定验收标准。此时，所涉及的极限质量水平，可按各类材料结构设计规范的有关要求和工程经验确定，与极限质量水平相应的用户风险率，可根据有关标准的规定确定。

对于工厂内成批连续生产的材料和构件，可采用计数或计量的调整型抽样检验方案。当前可参考国际标准《计数检验的抽样程序》ISO 2859（Sampling procedures for inspection by attributes）及《计量检验的抽样程序》ISO 3951（Sampling procedures for inspection by variables）制定合理的验收标准和转换规则。规定转换规则主要是为了限制劣质产品出厂，促

进提高生产管理水平；此外，对优质产品也提供了减少检验费用的可能性。考虑到生产过程可能出现质量波动，以及不同生产单位的质量可能有差别，允许在生产中对质量验收标准的松严程度进行调整。当产品质量比较稳定时，质量验收标准通常可按控制生产方的风险率来制定。此时所涉及的合格质量水平，可按规范规定的结构构件可靠指标 β 来确定。确定生产方的风险率时，应根据有关标准的规定并考虑批量大小、检验技术水平等因素确定。

B. 1. 9　当交验的材料或构件按质量验收标准检验判为不合格时，并不意味着这批产品一定不能使用，因为实际上存在着抽样检验结果的偶然性和试件的代表性等问题。为此，应根据有关的质量验收标准采取各种措施对产品作进一步检验和判定。例如，可以重新抽取较多的试样进行复查；当材料或构件已进入结构物时，可直接从结构中截取试件进行复查，或直接在结构物上进行荷载试验；也允许采用可靠的非破损检测方法并经综合分析后对结构作出质量评估。对于不合格的产品允许降级使用，直至报废。

B. 2　设计审查及施工检查

B. 2. 1　结构设计的可靠性水平的实现是以正常设计、正常施工和正常使用为前提的，因此必须对设计、施工进行必要的审查和检查，我国有关部门和规范对此有明确规定，应予遵守。

国外标准对结构的质量管理十分重视，对设计审查和施工检查也有明确要求，如欧洲规范《结构设计基础》EN 1990∶2002 主要根据结构的可靠性等级（类似于我国结构的安全等级）的不同设置了不同的设计监督和施工检查水平的最低要求。规定结构的设计监督分为扩大监督和常规监督，扩大监督由非本设计单位的第三方进行；常规监督由本单位该项目设计人之外的其他人员按照组织程序进行或由该项目设计人员进行自检。同样，结构的施工检查也分为扩大检查和常规检查，扩大检查由第三方进行；常规检查即按照组织程序进行或由该项目施工人员进行自检。

附录 C　作用举例及可变作用
代表值的确定原则

C. 1　作　用　举　例

在作用的举例中，第 C.1.2 条中的地震作用和第 C. 1. 3 条中的撞击既可作为可变作用，也可作为偶然作用，这完全取决于业主对结构重要性的评估，对一般结构，可以按规定的可变作用考虑。由于偶然作用是指在设计使用年限内很不可能出现的作用，因而对重要结构，除了可采用重要性系数的办法以提高安全

度外，也可以通过偶然设计状况将作用按量值较大的偶然作用来考虑，其意图是要求一旦出现意外作用时，结构也不至于发生灾难性的后果。

对于一般结构的设计，可以采用当地的地震烈度按规范规定的可变作用来考虑，但是对于重要结构，可提高地震烈度，按偶然作用的要求来考虑；同样，对结构的撞击，也应该区分问题的普遍性和特殊性，将经常出现的撞击和偶尔发生的撞击加以区分，例如轮船停靠码头时对码头结构的撞击就是经常性的，而车辆意外撞击房屋一般是偶发的。欧洲规范还规定将雪荷载也可按偶然作用考虑，以适应重要结构一旦遭遇意外的大雪事件的设计需要。

C. 2　可变作用代表值的确定原则

C. 2. 1　可变作用的标准值

可变作用的概率模型，为了便于分析，经常被简化为平稳二项随机过程的模型，这样，关于它在设计基准期内的最大值就可采用经过简化后的随机变量来描述。

可变作用的标准值通常是根据它在设计基准期内最大值的统计特征值来确定，常用的特征值有平均值、中值和众值。对大多数可变作用在设计基准期内最大值的统计分布，都可假定它为极值 I 型（Gumbel）分布。当作用为风、雪等自然作用时，其在设计基准期内最大值按传统都采用分布的众值，也即概率密度最大的值作为标准值。对其他可变作用，一般也都是根据传统的取值，必要时也可取用较高的分位值，例如传统的地震烈度，它是相当于设计基准期为 50 年最大烈度分布的 90% 的分位值。

通过重现期 T_R 来表达可变作用的标准值水平，有时比较方便，尤其是对自然作用，公式（C.2.1-5）给出作用的标准值和重现期的关系。当重现期有足够大时（一般在 10 年以上），对重现期 T_R、与分位值对应的概率 p 和确定标准值的设计基准期 T 还存在公式（C.2.1-6）的近似关系。

C. 2. 2　可变作用的频遇值

由于可变作用的标准值表征的是作用在设计基准期内的最大值，因此在按承载能力极限状态设计时，经常是以其标准值为设计代表值。但是在按正常使用极限状态设计时，作用的标准值有时很难适应正常使用的设计要求，例如在房屋建筑适用性要求中，短暂时间内超越适用性限值往往是可以被允许的，此时以作用的标准值为设计代表值，就显得与实际要求不相符合了；在有些正常使用极限状态设计中，涉及的是影响构件性能的恶化（耐久性）问题，此时在设计基准期内的超越作用某个值的次数往往是关键的参数。

可变作用的频遇值就是在上述意义上通常的一种代表值，理论上可以根据不同要求按附录提供的原理来确定，而实际上，目前在设计中还少有应用，只是

在个别问题中得到采用，而且在取值上大多也是根据经验。

C.2.3 可变作用的准永久值

可变作用的准永久值是表征其经常在结构上存在的持久部分，它主要是在考察结构长期的作用效应时所必需的作用代表值，也即相当于在以往结构设计中的所谓长期作用的取值。

对可变作用，当在结构上经常出现的持久部分能够明显识别时，我们可以通过数据的汇集和统计来确定；而对于不易识别的情况，我们可以参照确定频遇值的原则，按作用值被超越的总持续时间与设计基准期的比率取 0.5 的规定来确定，这也表明在设计基准期一半的时间内它被超越，而另一半时间内它不被超越，当可变作用可以认为是各态历经的随机过程，准永久值就相当于作用在设计基准期内的均值。

C.2.4 可变作用的组合值

按本标准对可变作用组合值的定义，它是指在设计基准期内使组合后的作用效应值的超越概率与该作用单独出现时的超越概率一致的作用值，或组合后使结构具有规定可靠指标的作用值。

早在国际标准《结构可靠性总原则》ISO 2394 第 2 版（1986）附录 B 中，已经提供了确定基本变量设计值的原理及简化规则；在第 3 版（1998）附录 E.6 中依旧保留该设计值方法的内容。

在一阶可靠度方法（FORM）中，基本变量 X_i 的设计值 X_{id} 与变量统计参数和所假设的分布类型、对有关的极限状态和设计状况的目标可靠指标 β 以及按在 FORM 中定义的灵敏度系数 α_i 有关。对变量 X_i 有任意分布 $F(X_i)$ 的设计值 X_{id} 可由下式给出：

$$F(X_{id}) = \Phi(-\alpha_i \beta)$$

在按 FORM 分析时，灵敏度系数具有下述性质，即：

$$-1 \leqslant \alpha_i \leqslant 1 \quad 和 \quad \sum \alpha_i^2 = 1$$

灵敏度的计算在原则上将经过多次迭代而带来不便，但是根据经验制定一套取值的规则，即对抗力的主导变量，取 $\alpha_{Ri} = 0.8$，抗力的其他变量，取 $\alpha_{Ri} = 0.8 \times 0.4 = 0.32$；对作用的主导变量，取 $\alpha_{Si} = -0.7$，作用的其他伴随变量，取 $\alpha_{Si} = -0.7 \times 0.4 = -0.28$。只要 $0.16 < \sigma_{Si}/\sigma_{Ri} < 6.6$，由于简化带来的误差是可接受的，而且还都是偏保守的。

附录按此原理给出作用组合值系数的近似公式，并且对多数情况采用极值 I 型的作用，还给出相应的计算公式。

附录 D 试验辅助设计

D.3 单项性能指标设计值的统计评估

D.3.2 标准值单侧容限系数 k_{nk} 计算。

1 单项性能指标 X 的变异系数 δ_x 值可通过试验结果按下列公式计算：

$$\sigma_x^2 = \frac{1}{n-1} \sum_{i=1}^{n} (x_i - m_x)^2$$

$$m_x = \frac{1}{n} \sum_{i=1}^{n} x_i$$

$$\delta_x = \sigma_x / m_x$$

2 标准值单侧容限系数 k_{nk} 分"δ_x 已知"和"δ_x 未知"两种情况，可分别按下列公式计算：

$$k_{nk} = u_p \sqrt{1 + \frac{1}{n}} \qquad (\delta_x \text{ 已知})$$

$$k_{nk} = t_{p,\upsilon} \sqrt{1 + \frac{1}{n}} \qquad (\delta_x \text{ 未知})$$

式中　n——试验样本数量；

u_p——对应分位值 p 的标准正态分布函数自变量值，$P_\Phi\{x > u_p\} = p$，当分位值 $p = 0.05$ 时，$u_p = 1.645$；

$t_{p,\upsilon}$——自由度 $\upsilon = n-1$ 的 t 分布函数对应分位值 p 的自变量值，$P_t\{x > t_{p,\upsilon}\} = p$。

对于材料，一般取标准值的分位值 $p = 0.05$，k_{nk} 值可由表 4 给出：

表 4　分位值 $p = 0.05$ 时标准值单侧容限系数 k_{nk}

样本数 n	3	4	5	6	8	10	20	30	∞
δ_x 已知	1.90	1.84	1.80	1.78	1.75	1.73	1.69	1.67	1.65
δ_x 未知	3.37	2.63	2.34	2.18	2.01	1.92	1.77	1.73	1.65

D.3.3 在统计学中，有两大学派，一个是经典学派，另一个是贝叶斯（Bayesian）学派。贝叶斯学派的基本观点是：重要的先验信息是可能得到的，并且应该充分利用。贝叶斯参数估计方法的实质是以先验信息为基础，以实际观测数据为条件的一种参数估计方法。在贝叶斯参数估计方法中，把未知参数 θ 视为一个已知分布 $\pi(\theta)$ 的随机变量，从而将先验信息数学形式化，并加以利用。

1 m'、σ'、n' 和 υ' 为先验分布参数，一般可将先验信息理解为假定的先验试验结果：m' 为先验样本的平均值；σ' 为先验样本的标准差；n' 为先验样本数；υ' 为先验样本的自由度，$\upsilon' = \frac{1}{2\delta'^2}$，其中 δ' 为先验样本的变异系数。

2 当参数 $n' > 0$ 时，取 $\delta(n') = 1$；当 $n' = 0$ 时，取 $\delta(n') = 0$，此时存在如下简化关系：

$$n'' = n, \upsilon'' = \upsilon' + \upsilon$$

$$m'' = m_x, \sigma'' = \sqrt{\frac{(\sigma')^2 \upsilon' + (\sigma_x)^2 \upsilon}{\upsilon' + \upsilon}}$$

3 t 分布函数对应分位值 $p=0.05$ 的自变量值 $t_{p,v''}$，可由下表给出：

表5 t 分布函数对应分位值 $p=0.05$ 的自变量值 $t_{p,v''}$

自由度 v''	2	3	4	5	7	10	20	30	∞
$t_{p,v''}$	2.93	2.35	2.13	2.02	1.90	1.81	1.72	1.70	1.65

附录 E 结构可靠度分析基础和可靠度设计方法

E.1 一般规定

E.1.1 从概念上讲，结构可靠性设计方法分为确定性方法和概率方法，如图1所示。在确定性方法中，设计中的变量按定值看待，安全系数完全凭经验确定，属于早期的设计方法。概率方法分为全概率方法和一次可靠度方法（FORM）。

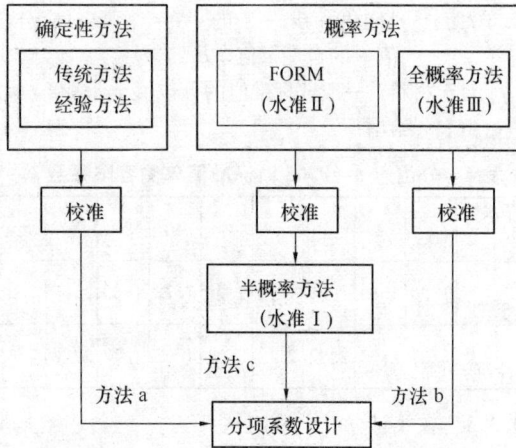

图1 结构可靠性设计方法概况

全概率方法使用随机过程模型及更准确的概率计算方法，从原理上讲，可给出可靠度的准确结果，但因为通常缺乏统计数据及数值计算上的困难，设计规范的校准很少使用全概率方法。一次可靠度方法使用随机变量模型和近似的概率计算方法，与当前的数据收集情况及计算手段是相适应的，所以，目前国内外设计规范的校准基本都采用一次可靠度方法。

本附录说明了结构可靠度校准、直接用可靠指标进行设计的方法及用可靠度确定设计表达式中分项系数和组合值系数的方法。

本附录只适用于一般的结构，不包括特大型、高耸、长大及特种结构，也不包括地震作用和由风荷载控制的结构。

E.1.2 进行结构可靠度分析的基本条件是建立结构的极限状态方程和确定基本随机变量的概率分布函数。功能函数描述了要分析结构的某一功能所处的状态：$Z>0$ 表示结构处于可靠状态；$Z=0$ 表示结构处于极限状态；$Z<0$ 表示结构处于失效状态。计算结构可靠度就是计算功能函数 $Z>0$ 的概率。概率分布函数描述了基本变量的随机特征，不同的随机变量具有不同的随机特征。

E.1.3 结构一般情况下会受到两个或两个以上可变作用的作用，如果这些作用不是完全相关，则同时达到最大值的概率很小，按其设计基准期内的最大值随机变量进行可靠度分析或设计是不合理的，需要进行作用组合。结构作用组合是一个比较复杂的问题，完全用数学方法解决很困难，目前国际上通用的是各种实用组合方法，所以工程上常用的是简便的组合规则。本条提供了两种组合规则，规则1为"结构安全度联合委员会"（JCSS）组合规则，规则2为 Turkstra 组合规则，这两种组合规则在国内外都得到广泛的应用。

E.2 结构可靠指标计算

E.2.1 结构可靠度的计算方法有多种，如一次可靠度方法（FORM）、二次可靠度方法（SORM）、蒙特卡洛模拟（Monte Carlo Simulation）方法等。本条推荐采用国内外标准普遍采用的一次可靠度方法，对于一些比较特殊的情况，也可以采用其他方法，如计算精度要求较高时，可采用二次可靠度方法，极限状态方程比较复杂时可采用蒙特卡洛方法等。

E.2.2 由简单到复杂，本条给出了3种情况的可靠指标计算方法。第1种情况用于说明可靠指标的概念；第2种情况是变量独立情况下可靠指标的一般计算公式；第3种情况是变量相关情况下可靠指标的一般计算公式，是对独立随机变量一次可靠度方法的推广，与独立变量一次可靠度方法的迭代计算步骤没有区别。迭代计算可靠指标的方法很多，下面是本附录建议的迭代计算步骤：

1 假定变量 X_1，X_2，…，X_n 的验算点初值 $x_i^{*(0)}(i=1,2,…,n)$〔一般可取 $\mu_{X_i}(i=1,2,…,n)$〕；

2 取 $x_i^*=x_i^{*(0)}(i=1,2,…,n)$，按（E.2.2-6）、（E.2.2-5）式计算 $\sigma_{X_i'}$、$\mu_{X_i'}(i=1,2,…,n)$；

3 按（E.2.2-2）式或（E.2.2-7）式计算 β；

4 按（E.2.2-3）式或（E.2.2-8）式计算 $\alpha_{X_i'}(i=1,2,…,n)$；

5 按（E.2.2-4）式计算 $x_i^*(i=1,2,…,n)$；

6 如果 $\sqrt{\sum\limits_{i=1}^{n}(x_i^*-x_i^{*(0)})^2}\leqslant\varepsilon$，其中 ε 为规定的误差，则本次计算的 β 即为要求的可靠指标，停止计算；否则取 $x_i^{*(0)}=x_i^*(i=1,2,…,n)$ 转步骤2重新计算。

当随机变量 X_i 与 X_j 相关时，按上述方法迭代计算可靠指标，需要使用当量正态化变量 X_i' 与 X_j' 的相关系数 $\rho_{X_i',X_j'}$，本附录建议取变量 X_i 与 X_j 的相关系数 ρ_{X_i,X_j}。这是因为当随机变量 X_i 与 X_j 的变异系数不是很大时（小于 0.3），$\rho_{X_i',X_j'}$ 与 ρ_{X_i,X_j} 相差不大。例如，如果 X_i 服从正态分布，X_j 服从对数正态分布，则有

$$\rho_{X_i,\ln X_j} = \frac{\rho_{X_i,X_j}\delta_{X_j}}{\sqrt{\ln\left(1+\delta_{X_j}^2\right)}}$$

如果 X_i 和 X_j 同服从正态分布，则有

$$\rho_{\ln X_i,\ln X_j} = \frac{\ln\left(1+\rho_{X_i,X_j}\delta_{X_i}\delta_{X_j}\right)}{\sqrt{\ln(1+\delta_{X_i}^2)\ln(1+\delta_{X_j}^2)}}$$

如果 $\delta_{X_i}\leqslant 0.3$，$\delta_{X_j}\leqslant 0.3$，则有

$$\sqrt{\ln\left(1+\delta_{X_i}^2\right)}\approx\delta_{X_i},\sqrt{\ln\left(1+\delta_{X_j}^2\right)}\approx\delta_{X_j},\ln\left(1+\rho_{X_i,X_j}\delta_{X_i}\delta_{X_j}\right)\approx\rho_{X_i,X_j}\delta_{X_i}\delta_{X_j}$$

从而 $\rho_{X_i,\ln X_j}\approx\rho_{X_i,X_j}$，$\rho_{\ln X_i,\ln X_j}\approx\rho_{X_i,X_j}$。

当随机变量 X_i 与 X_j 服从其他分布时，通过 Nataf 分布可以求得 $\rho_{X_i',X_j'}$ 与 ρ_{X_i,X_j} 的近似关系，丹麦学者 Ditlevsen O 和挪威学者 Madsen HO 的著作 "Structural Reliability Methods" 列表给出了 X_i 与 X_j 不同分布时 $\rho_{X_i',X_j'}$ 与 ρ_{X_i,X_j} 比值的关系。当 X_i 与 X_j 的变异系数不超过 0.3 时，可靠指标计算中 $\rho_{X_i',X_j'}$ 取 ρ_{X_i,X_j} 是可以的。

另外，在一次可靠度理论中，对可靠指标影响最大的是平均值，其次是方差，再次才是协方差，所以将 $\rho_{X_i',X_j'}$ 取为 ρ_{X_i,X_j} 对计算结果影响不大，没有必要求 $\rho_{X_i',X_j'}$ 的准确值。

从数学上讲，对于一般的工程问题，一次可靠度方法具有足够的计算精度，但计算所得到的可靠指标或失效概率只是一个运算值，这是因为：

1 影响结构可靠性的因素不只是随机性，还有其他不确定性因素，这些因素目前尚不能通过数学方法加以分析，还需通过工程经验进行决策；

2 尽管我国编制各统一标准时对各种结构承受的作用进行过大量统计分析，但由于客观条件的限制，如数据收集的持续时间和数据的样本容量，这些统计结果尚不能完全反映所分析变量的统计规律；

3 为使可靠度计算简化，一些假定与实际情况不一定完全符合，如作用效应与作用的线性关系只是在一定条件下成立的，一些条件下是近似的，近似的程度目前尚难以判定。

尽管如此，可靠度方法仍然是一种先进的方法，它建立了结构失效概率的概念（尽管计算的失效概率只是一个运算值，但可用于相同条件下的比较），扩大了概率理论在结构设计中应用的范围和程度，使结构设计由经验向科学过渡又迈出了一步。总的来讲，可靠度设计方法的优点不在于如何去计算可靠指标，而是在整个结构设计中根据变量的随机特性引入概率

的概念，随着对事物本质认识的加深，使概率的应用进一步深化。

E.3 结构可靠度校准

E.3.1 结构可靠度校准的目的是分析现行结构设计方法的可靠度水平和确定结构设计的目标可靠指标，以保证结构的安全可靠和经济合理。校准法的基本思想是利用可靠度理论，计算按现行设计规范设计的结构的可靠指标，进而确定今后结构设计的可靠度水平。这实际上是承认按现行设计规范设计的结构或结构构件的平均可靠水平是合理的。随着国家经济的发展，有必要对结构或结构构件的可靠度进行调整，但也要以可靠度校准为依据。所以结构可靠度校准是结构可靠度设计的基础。

E.3.2 本条说明了结构可靠度校准的步骤。这一步骤只供参考，对于不同的结构，可靠度分析的方法可能不同，校准的步骤可能也有所差别。

E.4 基于可靠指标的设计

E.4.1 本标准提供了两种直接用可靠度进行设计的方法。第 1 种实际上是可靠指标校核方法，因为很多情况下设计中一个量的变化可涉及多种情况的验算，如对于港口工程重力式码头的设计，需要进行稳定性验算、抗滑移验算及承载力验算，码头截面尺寸变化时，这三种情况都需要重新进行分析。第 2 种方法适合于比较简单的截面设计的情况，如承载力服从对数正态分布的钢筋混凝土构件的截面配筋计算，对于这种情况，可采用下面的迭代计算步骤：

1 根据永久作用效应 S_G、可变作用效应 S_1，S_2，$\cdots$，S_m 和结构抗力 R 建立极限状态方程

$$Z = R - S_G - \sum_{i=1}^{m} S_i = 0$$

式中 $S_i(i=1,2,\cdots,m)$——第 i 个作用效应随机变量，如采用 JCSS 组合规则，则有 m 个组合，在第 1 个组合 $S_{Q_{m,1}}$ 中，S_1，S_2，$\cdots$，S_m 分别为 $\max\limits_{t\in[0,T]}S_{Q_1}(t)$，$\max\limits_{t\in\tau_1}S_{Q_2}(t)$，$\max\limits_{t\in\tau_2}S_{Q_3}(t)$，$\cdots$，$\max\limits_{t\in\tau_{m-1}}S_{Q_m}(t)$，在第 2 个组合 $S_{Q_{m,2}}$ 中，S_1，S_2，$\cdots$，S_m 分别为 $S_{Q_1}(t_0)$，$\max\limits_{t\in[0,T]}S_{Q_2}(t)$，$\max\limits_{t\in\tau_2}S_{Q_3}(t)$，$\cdots$，$\max\limits_{t\in\tau_{m-1}}S_{Q_m}(t)$，以此类推；

2 假定初值 $s_G^{*(0)}$（一般取 μ_{S_G}）、$s_i^{*(0)}(i=1,2,\cdots,m)$ [一般取 $\mu_{S_i}(i=1,2,\cdots,m)$] 和 $r^{*(0)}$（一般取 $s_G^{*(0)}+\sum\limits_{i=1}^{m}s_i^{*(0)}$）；

3 取 $s_G^*=s_G^{*(0)}$、$s_i^*=s_i^{*(0)}(i=1,2,\cdots,m)$ 和 $r^*=r^{*(0)}$，按 (E.2.2-6)、(E.2.2-5) 式计算 $\sigma_{S_i'}$、$\mu_{S_i'}(i=1,2,\cdots,m)$，按下式计算 σ_R'：

$$\sigma_{R'} = r^*\sqrt{\ln\left(1+\delta_R^2\right)};$$

4 按（E.2.2-3）式计算 $\alpha_{s_i^*}(i=1,2,\cdots,m)$ 和 $\alpha_{R'}$；

5 按（E.2.2-4）式计算 s_G^* 和 s_i^*（$i=1,2,\cdots,m$），按下式求解 r^*：

$$r^* = s_G^* + \sum_{i=1}^m s_i^*;$$

6 如果 $|r^* - r^{*(0)}| \leqslant \varepsilon$，其中 ε 为规定的误差，转步骤 7；否则取 $s_G^{*(0)} = s_G^*$，$s_i^{*(0)} = s_i^*$（$i=1,2,\cdots,m$），$r_i^{*(0)} = r_i^*$ 转步骤 3 重新进行计算；

7 按（E.2.2-4）式计算 $\mu_{R'}$；

8 按（E.4.1-2）式计算结构构件的几何参数。

E.4.2 直接用可靠指标方法对结构或结构构件进行设计，理论上是科学的，但目前尚没有这方面的经验，需要慎重。如果用可靠指标方法设计的结果与按传统方法设计的结果存在差异，并不能说明哪种方法的结果一定是合理的，而要根据具体情况进行分析。

E.5 分项系数的确定方法

E.5.1 本条规定了确定结构或结构构件设计表达式中分项系数的原则。

E.5.2 本条说明了确定结构或结构构件设计表达式中分项系数的步骤，对于不同的结构或结构构件，可能有所差别，可根据具体情况进行适当调整。国外很多规范都采用类似的方法，国际结构安全度联合委员会还开发了一个用优化方法确定分项系数、重要性系数的软件 PROCODE。

E.6 组合值系数的确定方法

E.6.1 本条规定了结构或结构构件设计表达式中组合值系数的确定原则。

E.6.2 本条说明了确定结构或结构构件设计表达式中组合值系数的步骤，对于不同的结构或结构构件，可能有所差别，可根据具体情况适当调整。

附录 F 结构疲劳可靠性验算方法

F.1 一般规定

F.1.1 本附录条文主要是针对我国近年来结构用钢大大增加，进而对应的钢结构疲劳问题日渐突出，需要特别关注的前提下，根据生产实践及科学试验的现有经验编写的，因此适用范围尽管包含了房屋建筑结构、铁路和公路桥涵结构、市政工程结构，但其经验主要来源于铁路桥梁，在一定程度上有其局限之处。一般讲，在单纯由于动荷载产生的疲劳、疲劳应力小于强度设计值（屈服强度除以某安全系数）规定、验算疲劳循环次数代表值在 $1.0 \times 10^4 \sim 1.0 \times 10^7$ 范围，采用本附录进行疲劳验算是适宜的，对于由于其他原因如腐蚀疲劳、低周疲劳（高应力、低寿命）或无限寿命设计的情况，应先进行科学试验和研究工作，必要时还应进行现场观测，以取得设计所需的数据和经验来补充本条文之不足。

由于对既有结构的疲劳可靠性评定，除了进行与新结构设计步骤类似的对未来寿命的预测外，需要进行已经发生疲劳损伤的评估，而且所针对的结构是疲劳损伤过的，因此需要作专门的评定。

F.1.2 结构或局部构造存在应力集中现象，并不仅仅指结构的表面。所有焊接结构由于不可避免存在缺陷，都属于存在应力集中现象的范畴，需要进行疲劳可靠性验算。

F.1.3 结构疲劳可靠性，包括疲劳承载能力极限状态可靠性和疲劳正常使用极限状态可靠性。一般钢结构按承载能力极限状态进行验算，混凝土结构根据不同验算目的采用承载能力极限状态或正常使用极限状态进行验算。验算疲劳承载能力极限状态可靠性时，应以结构危险部位的材料达到疲劳破损或产生过大变形作为失效准则。验算疲劳正常使用承载极限状态可靠性时，主要考虑重复荷载对结构变形的不利影响。

F.1.4 对整个结构体系，应根据结构受力特征采用系统可靠性分析方法，分别在子系统（多个细部构造）疲劳可靠性验算基础上进行系统可靠性验算，本规定中暂未包含系统可靠性问题。

F.1.5 结构的疲劳可靠性验算步骤是按照确定验算部位——确定疲劳作用——确定疲劳抗力——可靠性验算的思路进行的。

F.1.6 为便于设计人员操作，疲劳可靠性验算的力学模型和内力计算，应与强度计算模型一致，仅在验算的具体规定中有区别。

F.1.7 在验算结构疲劳时，采用计算名义应力，即根据疲劳荷载按弹性理论方法确定，作为疲劳作用；疲劳抗力也是以构造细节加载试验名义应力为基本要素给出相应 S-N 曲线方程，焊缝热点应力以及其他应力集中的影响均通过疲劳 S-N 曲线反映，如果应力集中影响严重，疲劳 S-N 曲线在双对数坐标图中的位置就低，反之就高。

F.1.8 根据按相关试验规范进行的疲劳试验结果，疲劳强度设计值取其平均值减去某概率分布上分位值对应程度的标准差。通常情况下，取平均值减去 2 倍标准差，所对应的概率分布按照正态分布，其上分位值为 97.7%。

F.1.9 在目前的条件下，用校准法确定目标可靠指标是科学的，关键还是可操作的，即根据现有结构设计水准得出与之相当的可靠指标。更为准确合理的指标需要在系统积累足够样本数据的时候方可实施。

F.2 疲 劳 作 用

F.2.1 疲劳荷载是结构设计寿命内实际承受的变幅

重复荷载的总和，一般用谱荷载形式可以较为直观、确切地表达。对短期测量得到的荷载，不能直接作为疲劳荷载进行检算，需要考虑结构用途可能发生的改变，例如，桥梁通行能力的增加，荷载特征的变化等；有动力效应时疲劳荷载应计入其影响；当结构由于外载引起变形或者振动而产生次效应时，疲劳荷载应计入。

疲劳荷载频谱依据荷载的形式和变化规律形成模式，在结构验算部位引起所有大小不同的应力，为应力历程，将各种大小不同的名义应力出现率进行列表，即为应力频谱。列表中各级名义应力及其相应出现的次数，采用雨流计数法和蓄水池法得到。

疲劳应力频谱是疲劳荷载频谱在疲劳验算部位引起的应力效应。疲劳应力频谱可以根据疲劳荷载频谱通过弹性理论分析求得，也可通过实测应力频谱推算。疲劳设计应力频谱是结构设计寿命内所有加载事件引起的应力总和，可采用列表或直方图的形式表示。

F.2.2 迄今为止，大部分室内疲劳试验都是研究等幅荷载下的疲劳问题。而实际结构承受的是随机变幅荷载。Palmgren 和 Miner 根据试验研究，对二者的关系提出疲劳线性累积损伤准则，即认为疲劳是不同应力水平 σ_i 及其发生次数 n_i 所产生的疲劳损伤的线性累加。用公式表示即为式（1）

$$D = \sum_{i=1}^{n} \frac{n_i}{N_i} \tag{1}$$

式中 n_i——与应力水平 σ_i 对应的循环次数；
$\qquad$ N_i——与应力水平 σ_i 对应的疲劳破坏循环
$\qquad\qquad$ 次数。

当 $D \geq 1$ 时产生疲劳破坏。据此推导的等效等幅重复应力计算表达式为式（2）。

$$\sigma_{eq} = \left(\frac{\sum n_i \sigma_i^m}{N} \right)^{\frac{1}{m}} \tag{2}$$

式中 σ_{eq}——等效等幅重复应力；
$\qquad$ N——σ_{eq} 作用下的疲劳破坏循环次数，此时
$\qquad\qquad$ $N = \sum n_i$；
$\qquad$ σ_i——变幅荷载引起的各应力水平；
$\qquad$ n_i——与应力水平 σ_i 对应的循环次数。

"Miner 累积损伤准则"假定：低于疲劳极限的应力不产生疲劳损伤；忽略加载大小的顺序对疲劳的影响。这些假定使由式（2）计算的结果有一定误差。但由于使用方便，各国规范的疲劳设计均采用该准则。

F.3 疲 劳 抗 力

F.3.2 根据大量试验，对焊接钢结构，由于存在残余应力，疲劳抗力对疲劳作用引起的应力变程敏感，而对所采用的材质变化和所施加疲劳作用引起的应力比变化的影响相对不敏感。为了便于设计人员使用，

通常将对钢材料的疲劳验算统一用应力变程表述，混凝土材料的疲劳验算用最大应力表述。

F.4 疲劳可靠性验算方法

F.4.1、F.4.2 等效等幅重复应力法是以指定循环次数下的疲劳抗力为验算项目；极限损伤度法是以结构设计寿命内的累积损伤度为验算项目。因此等效等幅重复应力法比较简便和偏于安全，极限损伤度法更加贴近实际情况。

本条文列出的三个分析方法，从顺序上有以下考虑：第一个方法，即等效等幅重复应力法，在实际中应用最多；第二个方法，即极限损伤度法，因其计算相对复杂一点，用得少些，但该方法更反映实际的疲劳损伤，因此也推荐作为疲劳验算的方法之一；第三个方法，即断裂力学方法，仅给出了方法的名称和使用条件，这是根据近年青藏铁路等低温疲劳断裂研究，表明低温环境下结构的疲劳不能按照常规理念的疲劳问题考虑，这主要是由于低温下结构破坏临界裂纹长度减小，导致疲劳安全储备下降，表现在裂纹稳定扩展区和急剧扩展区的交界点提前。断裂力学理论能够较为合理地分析和解释低温疲劳脆断破坏现象，进而得出安全合理的评判结果。具体方法因为尚需进一步补充和完善，故未在条文中列出。断裂力学方法是疲劳可靠性验算方法的一部分，设计者在验算低温环境下结构疲劳问题时应予以注意。

公式（F.4.1-3）中 n_i 的定义中，提到当疲劳应力变程水准 $\Delta\sigma_i$ 低于疲劳某特定值 $\Delta\sigma_0$ 时，相应的疲劳作用循环次数 n_i 取其乘以 $\left(\frac{\Delta\sigma_i}{\Delta\sigma_0} \right)^2$ 折减后的次数计算，这是因为不同构造存在一个不同的 $\Delta\sigma_0$，当疲劳应力低于该值时，对结构的疲劳损伤程度降低，因此相应循环次数可以折减。

F.4.3 不同结构可根据本条的原则进行疲劳正常使用极限状态可靠性验算。

附录 G 既有结构的可靠性评定

G.1 一 般 规 定

G.1.1 村镇中的一些既有结构和城市中的棚户房屋没有正规的设计与施工，不具备进行可靠性评定的基础，不宜按本附录的原则和方法进行评定。结构工程设计质量和施工质量的评定应该按结构建造时有效的标准规范评定。

G.1.2 本条提出对既有结构检测评定的建议。第1款中的"规定的年限"不仅仅限于设计使用年限，有些行业规定既有结构使用 5~10 年就要进行检测鉴定，重新备案。出现第4款和第6款的情况，当争议

的焦点是设计质量和施工质量问题时，可先进行工程质量的评定，再进行可靠性评定。

G.1.3 既有结构可靠性评定的基本原则是确保结构的性能符合相应的要求，考虑可持续发展的要求；尽量减少业主对既有结构加固等的工程量。这里所说的相应的要求是现行结构标准对结构性能的基本要求。

G.1.4 把安全性、适用性、耐久性和抗灾害能力等评定内容分开可避免概念的混淆，避免引发不必要的问题，同时便于业主根据问题的轻重缓急适时采取适当的处理措施。对既有结构进行可靠性评定时，业主可根据结构的具体情况提出进行某项性能的评定，也可进行全部性能的评定。

G.1.5 既有结构的可靠性评定以现行结构标准的相关要求为依据是国际上通行的原则，也是本附录提出的"保障结构性能"的基本要求。但是，评定不是照搬设计规范的全部公式，要考虑既有结构的特点，对结构构件的实际状况（不是原设计预期状况）进行评定，这是实现尽量减少加固等工程量的具体措施。

G.1.6 既有结构可靠性评定时，应尽量获得结构性能的信息，以便于对结构性能的实际状况进行评定。

G.2 安全性评定

G.2.1 既有结构的安全性是指直接影响人员或财产安全的评定内容。为了便于评定工作的实施，本条把结构安全性的评定分成结构体系和构件布置、连接和构造、承载力三个评定项目。

G.2.2 结构体系和构件布置存在问题的结构必然会出现相应的安全事故，现行结构设计规范对结构体系和构件布置的要求是当前工程界普遍认同的下限要求，既有结构的结构体系在满足相应要求的情况下可以评为符合要求。在结构安全性评定中的结构体系和构件布置要求，不包括结构抗灾害的特殊要求。

G.2.3 连接和构造存在问题的结构也会出现相应的安全事故，现行结构设计规范对连接和构造的要求是当前工程界普遍认同的相关下限要求，既有结构的连接和构造在满足相应要求的情况下可以评为符合要求。本条所提到的构造仅涉及与构件承载力相关的构造，与结构适用性和耐久性相关的构造要求不在本条规定的范围之内。

G.2.4 本条提出的承载力评定的方法，前提是要求既有结构的结构体系和构件布置、连接和构造要符合现行结构设计规范的要求。

G.2.5 本条提出基于结构良好状态的评定方法的评定原则，结构构件与连接部位未达到正常使用极限状态的限值且结构上的作用不会出现明显的变化，结构的安全性可以得到保证，当既有结构经历了相应的灾害而未出现达到正常使用极限状态限值的现象，也可以认定该结构可以抵抗这种灾害的作用。

G.2.6 本条提出基于结构分项系数或安全系数的评定原则。

结构的设计阶段有三类问题需要结构设计规范确定，其一为规律性问题，结构设计规范用计算模型反映规律问题；其二为离散性问题，结构设计规范用分项系数或安全系数解决这个问题；其三为不确定性问题，结构设计规范用额外的安全储备解决设计阶段的不确定性问题，这类储备一般不计入规范规定的安全系数或分项系数。对于既有结构来说，设计阶段的不确定性因素已经成为确定的，有些可以通过检验与测试定量确定。当这些因素确定后，在既有结构承载力评定中可以适度利用这些储备，在保证分项系数或安全系数满足现行规范要求的前提下，尽量减少结构的加固工程量，体现可持续发展的要求。

例如：关于构件材料强度的取值，可利用混凝土的后期强度和钢材实际屈服点应力高于结构规范提供的强度标准值的部分；现行结构设计规范计算公式中未考虑的对构件承载力有利的因素，如纵向钢筋对构件受剪承载力的有利影响等。

既有结构还有一些已经确定的因素是对构件承载力不利的，例如轴线偏差、尺寸偏差以及不可恢复性损伤（钢筋锈蚀等），这些因素也应该在承载力评定时考虑。

经过上述符合实际情况的调整后，现行规范要求的分项系数或安全系数得到保证时，构件承载力可评为符合要求。

G.2.7 当构件的承载能力及其变异系数为已知时，计算模型中承载力的某些不确定储备可以利用，具体的方法是在保证可靠指标满足要求的前提下适度调整分项系数。

G.2.8 荷载检验是确定构件承载力的方法之一。本条提出荷载检验确定承载力的原则。当结构主要承受重力作用时，应采用重力荷载的检验方法；当结构主要承受静水压力作用时，可采用蓄水检验的方法。检验的荷载值应通过预先的计算估计，并在检验时逐级进行控制，避免产生结构或构件的过大变形或损伤。

对于检验荷载未达到设计荷载的情况，可采取辅助计算分析的方法实现。

G.2.9 限制使用条件是桥梁结构常用的方法。对于现有建筑结构来说，对所有承载力不满足要求的构件都进行加固也许并不是最好的选择，例如：当楼板承载力不足时，也许采取限制楼板的使用荷载是最佳的选择。

G.3 适用性评定

G.3.1 本条对既有结构的适用性进行的定义，是在安全性得到保障的情况下影响结构使用性能的问题。以裂缝为例，有些裂缝是构件承载力不满足要求的标志，不能简单地看成适用性问题；只有在安全性得到保障的前提下，才能评定裂缝对结构的适用性构成影响。

G.3.2 本条提出存在适用性问题的结构也要处理。但是适用性问题的处理并非一定要采取提高构件承载力的加固措施。

G.3.3 本条提出未达到正常使用极限状态限值的结构或构件适用性评定原则和评定方法。

G.4 耐久性评定

G.4.1 结构的耐久年数为结构在环境作用下出现相应正常使用极限状态限值或标志的年限，判定耐久年数是否大于评估使用年限是结构耐久性评定的目的。

G.4.2 本条提出确定与耐久性有关的极限状态限值或标志的原则，耐久性属于正常使用极限状态范畴，不属于承载能力极限状态范畴。达到与耐久性有关的极限状态标志或限值表明应该对结构或构件采取修复措施。

G.4.3 环境是造成构件材料性能劣化的外界因素，材料性能体现其抵抗环境作用的能力，将环境作用效应和材料性能相同的构件作为一个批次进行评定，有利于既有结构的业主采取合理的修复措施。

G.4.4 本条提出构件的耐久年数的评定方法。

G.4.5 对于耐久年数小于评估使用年限的构件的维护处理可以减慢材料劣化的速度，推迟修复的时间。

G.5 抗灾害能力评定

G.5.1 本条提出既有结构的抗灾害能力评定的项目。

G.5.2 目前对于部分灾害的作用已经有了具体的规定，此时，既有结构抗灾害的能力应该按照这些规定进行评定。

G.5.3 对于不能准确确定作用或作用效应的灾害，应该评价减小灾害作用及作用效应的措施及减小灾害影响范围和破坏范围等措施。

G.5.4 山体滑坡和泥石流等灾害是结构不可抗御的灾害，采取规避的措施也许是最为经济的；对于不能规避这类灾害的既有结构，应该有灾害的预警措施和人员疏散的措施。

中华人民共和国行业标准

建筑基桩检测技术规范

Technical code for testing of building foundation piles

JGJ 106—2014

批准部门：中华人民共和国住房和城乡建设部
施行日期：２０１４年１０月１日

中华人民共和国住房和城乡建设部
公 告

第 384 号

住房城乡建设部关于发布行业标准
《建筑基桩检测技术规范》的公告

现批准《建筑基桩检测技术规范》为行业标准，编号为 JGJ 106‑2014，自 2014 年 10 月 1 日起实施。其中，第 4.3.4、9.2.3、9.2.5 和 9.4.5 条为强制性条文，必须严格执行。原《建筑基桩检测技术规范》JGJ 106‑2003 同时废止。

本规范由我部标准定额研究所组织中国建筑工业出版社出版发行。

中华人民共和国住房和城乡建设部
2014 年 4 月 16 日

前 言

根据住房和城乡建设部《关于印发〈2010 年工程建设标准规范制订、修订计划〉的通知》（建标[2010]43 号）的要求，规范编制组经广泛调查研究，认真总结实践经验，参考有关国外先进标准，并在广泛征求意见的基础上，修订了《建筑基桩检测技术规范》JGJ 106‑2003。

本规范主要技术内容是：1. 总则；2. 术语和符号；3. 基本规定；4. 单桩竖向抗压静载试验；5. 单桩竖向抗拔静载试验；6. 单桩水平静载试验；7. 钻芯法；8. 低应变法；9. 高应变法；10. 声波透射法。

本规范修订的主要技术内容是：1. 取消了工程桩承载力验收检测应通过统计得到承载力特征值的要求；2. 修改了抗拔桩验收检测实施的有关要求；3. 修改了水平静载试验要求以及水平承载力特征值的判定方法；4. 补充、修改了钻芯法桩身完整性判定方法；5. 增加了低应变法检测时应进行辅助验证检测的要求；6. 取消了高应变法对动测承载力检测值进行统计的要求；7. 补充、修改了声波透射法现场测试和异常数据剔除的要求；8. 增加了采用变异系数对检测剖面声速异常判断概率统计值进行限定的要求；9. 修改了声波透射法多测线、多剖面的空间关联性判据；10. 增加了滑动测微计测量桩身应变的方法。

本规范以黑体字标志的条文为强制性条文，必须严格执行。

本规范由住房和城乡建设部负责管理和对强制性条文的解释，由中国建筑科学研究院负责具体技术内容的解释。执行过程中如有意见或建议，请寄送中国建筑科学研究院（地址：北京市北三环东路 30 号，邮编：100013）。

本规范主编单位：中国建筑科学研究院
本规范参编单位：广东省建筑科学研究院
中冶建筑研究总院有限公司
福建省建筑科学研究院
中交上海三航科学研究院有限公司
辽宁省建设科学研究院
中国科学院武汉岩土力学研究所
机械工业勘察设计研究院
宁波三江检测有限公司
青海省建筑建材科学研究院
河南省建筑科学研究院

本规范主要起草人员：陈 凡　徐天平　钟冬波
高文生　陈久照　滕延京
刘艳玲　关立军　施 峰
吴 锋　王敏权　张 杰
郑建国　彭立新　蒋荣夫
高永强　赵海生
本规范主要审查人员：沈小克　张 雁　顾国荣
顾宝和　刘金砺　顾晓鲁
刘松玉　束伟农　何玉珊
刘金光　谢昭晖　林奕禧

目　次

Contents

1 总　则

1.0.1 为了在基桩检测中贯彻执行国家的技术经济政策，做到安全适用、技术先进、数据准确、评价正确，为设计、施工及验收提供可靠依据，制定本规范。

1.0.2 本规范适用于建筑工程基桩的承载力和桩身完整性的检测与评价。

1.0.3 基桩检测应根据各种检测方法的适用范围和特点，结合地基条件、桩型及施工质量可靠性、使用要求等因素，合理选择检测方法，正确判定检测结果。

1.0.4 建筑工程基桩检测除应符合本规范外，尚应符合国家现行有关标准的规定。

2　术语和符号

2.1　术　　语

2.1.1 基桩　foundation pile

桩基础中的单桩。

2.1.2 桩身完整性　pile integrity

反映桩身截面尺寸相对变化、桩身材料密实性和连续性的综合定性指标。

2.1.3 桩身缺陷　pile defects

在一定程度上使桩身完整性恶化，引起桩身结构强度和耐久性降低，出现桩身断裂、裂缝、缩颈、夹泥（杂物）、空洞、蜂窝、松散等不良现象的统称。

2.1.4 静载试验　static load test

在桩顶部逐级施加竖向压力、竖向上拔力或水平推力，观测桩顶部随时间产生的沉降、上拔位移或水平位移，以确定相应的单桩竖向抗压承载力、单桩竖向抗拔承载力或单桩水平承载力的试验方法。

2.1.5 钻芯法　core drilling method

用钻机钻取芯样，检测桩长、桩身缺陷、桩底沉渣厚度以及桩身混凝土的强度，判定或鉴别桩端岩土性状的方法。

2.1.6 低应变法　low-strain integrity testing

采用低能量瞬态或稳态方式在桩顶激振，实测桩顶部的速度时程曲线，或在实测桩顶部的速度时程曲线同时，实测桩顶部的力时程曲线。通过波动理论的时域分析或频域分析，对桩身完整性进行判定的检测方法。

2.1.7 高应变法　high-strain dynamic testing

用重锤冲击桩顶，实测桩顶附近或桩顶部的速度和力时程曲线，通过波动理论分析，对单桩竖向抗压承载力和桩身完整性进行判定的检测方法。

2.1.8 声波透射法　cross-hole sonic logging

在预埋声测管之间发射并接收声波，通过实测声波在混凝土介质中传播的声时、频率和波幅衰减等声学参数的相对变化，对桩身完整性进行检测的方法。

2.1.9 桩身内力测试　internal force testing of pile shaft

通过桩身应变、位移的测试，计算荷载作用下桩侧阻力、桩端阻力或桩身弯矩的试验方法。

2.2　符　　号

2.2.1 抗力和材料性能

c——桩身一维纵向应力波传播速度（简称桩身波速）；

E——桩身材料弹性模量；

f_{cor}——混凝土芯样试件抗压强度；

m——地基土水平抗力系数的比例系数；

Q_u——单桩竖向抗压极限承载力；

R_a——单桩竖向抗压承载力特征值；

R_c——凯司法单桩承载力计算值；

R_x——缺陷以上部位土阻力的估计值；

Z——桩身截面力学阻抗；

ρ——桩身材料质量密度。

2.2.2 作用与作用效应

F——锤击力；

H——单桩水平静载试验中作用于地面的水平力；

P——芯样抗压试验测得的破坏荷载；

Q——单桩竖向抗压静载试验中施加的竖向荷载、桩身产生的轴力；

s——桩顶竖向沉降、桩身竖向位移；

U——单桩竖向抗拔静载试验中施加的上拔荷载；

V——质点运动速度；

Y_0——水平力作用点的水平位移；

δ——桩顶上拔量；

σ_s——钢筋应力；

σ_t——桩身锤击拉应力。

2.2.3 几何参数

A——桩身截面面积；

B——矩形桩的边宽；

b_0——桩身计算宽度；

D——桩身直径（外径）；

d——芯样试件的平均直径；

I——桩身换算截面惯性矩；

L——测点下桩长；

l'——每检测剖面相应两声测管的外壁间净距离；

x——传感器安装点至桩身缺陷或桩身某一位置的距离；

z——测线深度。

2.2.4 计算系数

J_c——凯司法阻尼系数；

α——桩的水平变形系数；

β——高应变法桩身完整性系数；

λ——样本中不同统计个数对应的系数；

ν_y——桩顶水平位移系数；

ξ——混凝土芯样试件抗压强度折算系数。

2.2.5 其他

A_m——某一检测剖面声测线波幅平均值；

A_p——声测线的波幅值；

a——信号首波峰值电压；

a_0——零分贝信号峰值电压；

c_m——桩身波速的平均值；

C_v——变异系数；

f——频率、声波信号主频；

n——数目、样本数量；

PSD——声时-深度曲线上相邻两点连线的斜率与声时差的乘积；

s_x——标准差；

T——信号周期；

t'——声测管及耦合水层声时修正值；

t_0——仪器系统延迟时间；

t_1——速度第一峰对应的时刻；

t_c——声时；

t_i——时间、声时测量值；

t_r——速度或锤击力上升时间；

t_x——缺陷反射峰对应的时刻；

Δf——幅频曲线上桩底相邻谐振峰间的频差；

$\Delta f'$——幅频曲线上缺陷相邻谐振峰间的频差；

ΔT——速度波第一峰与桩底反射波峰间的时间差；

Δt_x——速度波第一峰与缺陷反射波峰间的时间差；

v_0——声速异常判断值；

v_c——声速异常判断临界值；

v_L——声速低限值；

v_m——声速平均值；

v_p——混凝土试件的声速平均值。

3 基 本 规 定

3.1 一 般 规 定

3.1.1 基桩检测可分为施工前为设计提供依据的试验桩检测和施工后为验收提供依据的工程桩检测。基桩检测应根据检测目的、检测方法的适应性、桩基的设计条件、成桩工艺等，按表 3.1.1 合理选择检测方法。当通过两种或两种以上检测方法的相互补充、验证，能有效提高基桩检测结果判定的可靠性时，应选择两种或两种以上的检测方法。

3.1.2 当设计有要求或有下列情况之一时，施工前应进行试验桩检测并确定单桩极限承载力：

表 3.1.1 检测目的及检测方法

检测目的	检测方法
确定单桩竖向抗压极限承载力； 判定竖向抗压承载力是否满足设计要求； 通过桩应变、位移测试，测定桩侧、桩端阻力，验证高应变法的单桩竖向抗压承载力检测结果	单桩竖向抗压静载试验
确定单桩竖向抗拔极限承载力； 判定竖向抗拔承载力是否满足设计要求； 通过桩应变、位移测试，测定桩的抗拔侧阻力	单桩竖向抗拔静载试验
确定单桩水平临界荷载和极限承载力，推定土抗力参数； 判定水平承载力或水平位移是否满足设计要求； 通过桩应变、位移测试，测定桩身弯矩	单桩水平静载试验
检测灌注桩桩长、桩身混凝土强度、桩底沉渣厚度，判定或鉴别桩端持力层岩土性状，判定桩身完整性类别	钻芯法
检测桩身缺陷及其位置，判定桩身完整性类别	低应变法
判定单桩竖向抗压承载力是否满足设计要求； 检测桩身缺陷及其位置，判定桩身完整性类别； 分析桩侧和桩端土阻力； 进行打桩过程监控	高应变法
检测灌注桩桩身缺陷及其位置，判定桩身完整性类别	声波透射法

1 设计等级为甲级的桩基；

2 无相关试桩资料可参考的设计等级为乙级的桩基；

3 地基条件复杂、基桩施工质量可靠性低；

4 本地区采用的新桩型或采用新工艺成桩的桩基。

3.1.3 施工完成后的工程桩应进行单桩承载力和桩身完整性检测。

3.1.4 桩基工程除应在工程桩施工前和施工后进行基桩检测外，尚应根据工程需要，在施工过程中进行质量的检测与监测。

3.2 检测工作程序

3.2.1 检测工作应按图 3.2.1 的程序进行。

3.2.2 调查、资料收集宜包括下列内容：

1 收集被检测工程的岩土工程勘察资料、桩基设计文件、施工记录，了解施工工艺和施工中出现的

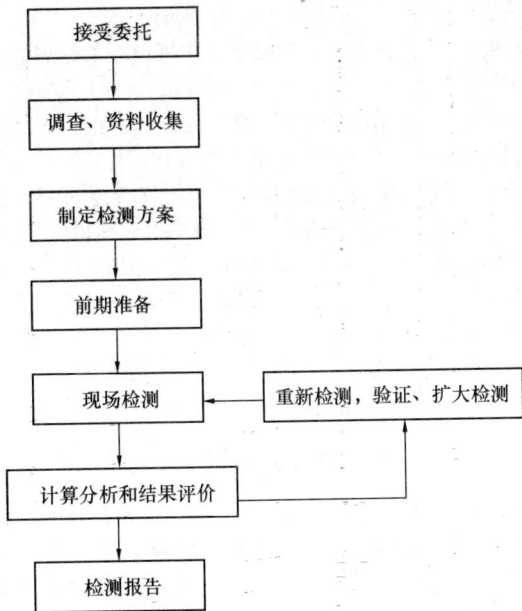

图 3.2.1 检测工作程序框图

异常情况；

2 委托方的具体要求；

3 检测项目现场实施的可行性。

3.2.3 检测方案的内容宜包括：工程概况、地基条件、桩基设计要求、施工工艺、检测方法和数量、受检桩选取原则、检测进度以及所需的机械或人工配合。

3.2.4 基桩检测用仪器设备应在检定或校准的有效期内；基桩检测前，应对仪器设备进行检查调试。

3.2.5 基桩检测开始时间应符合下列规定：

1 当采用低应变法或声波透射法检测时，受检桩混凝土强度不应低于设计强度的 70%，且不应低于 15MPa；

2 当采用钻芯法检测时，受检桩的混凝土龄期应达到 28d，或受检桩同条件养护试件强度应达到设计强度要求；

3 承载力检测前的休止时间，除应符合本条第 2 款的规定外，当无成熟的地区经验时，尚不应少于表 3.2.5 规定的时间。

表 3.2.5 休止时间

土的类别		休止时间（d）
砂土		7
粉土		10
黏性土	非饱和	15
	饱和	25

注：对于泥浆护壁灌注桩，宜延长休止时间。

3.2.6 验收检测的受检桩选择，宜符合下列规定：

1 施工质量有疑问的桩；

2 局部地基条件出现异常的桩；

3 承载力验收检测时部分选择完整性检测中判定的Ⅲ类桩；

4 设计方认为重要的桩；

5 施工工艺不同的桩；

6 除本条第 1～3 款指定的受检桩外，其余受检桩的检测数量应符合本规范第 3.3.3～3.3.8 条的相关规定，且宜均匀或随机选择。

3.2.7 验收检测时，宜先进行桩身完整性检测，后进行承载力检测。桩身完整性检测应在基坑开挖至基底标高后进行。承载力检测时，宜在检测前、后，分别对受检桩、锚桩进行桩身完整性检测。

3.2.8 当发现检测数据异常时，应查找原因，重新检测。

3.2.9 当现场操作环境不符合仪器设备使用要求时，应采取有效的防护措施。

3.3 检测方法选择和检测数量

3.3.1 为设计提供依据的试验桩检测应依据设计确定的基桩受力状态，采用相应的静载试验方法确定单桩极限承载力，检测数量应满足设计要求，且在同一条件下不应少于 3 根；当预计工程桩总数小于 50 根时，检测数量不应少于 2 根。

3.3.2 打入式预制桩有下列要求之一时，应采用高应变法进行试打桩的打桩过程监测。在相同施工工艺和相近地基条件下，试打桩数量不应少于 3 根。

1 控制打桩过程中的桩身应力；

2 确定沉桩工艺参数；

3 选择沉桩设备；

4 选择桩端持力层。

3.3.3 混凝土桩的桩身完整性检测方法选择，应符合本规范第 3.1.1 条的规定；当一种方法不能全面评价基桩完整性时，应采用两种或两种以上的检测方法，检测数量应符合下列规定：

1 建筑桩基设计等级为甲级，或地基条件复杂、成桩质量可靠性较低的灌注桩工程，检测数量不应少于总桩数的 30%，且不应少于 20 根；其他桩基工程，检测数量不应少于总桩数的 20%，且不应少于 10 根；

2 除符合本条上款规定外，每个柱下承台检测桩数不应少于 1 根；

3 大直径嵌岩灌注桩或设计等级为甲级的大直径灌注桩，应在本条第 1、2 款规定的检测桩数范围内，按不少于总桩数 10% 的比例采用声波透射法或钻芯法检测；

4 当符合本规范第 3.2.6 条第 1、2 款规定的桩数较多，或为了全面了解整个工程基桩的桩身完整性情况时，宜增加检测数量。

3.3.4 当符合下列条件之一时，应采用单桩竖向抗压静载试验进行承载力验收检测。检测数量不应少于同一条件下桩基分项工程总桩数的 1%，且不应少于 3 根；当总桩数小于 50 根时，检测数量不应少于 2 根。

　　1 设计等级为甲级的桩基；

　　2 施工前未按本规范第 3.3.1 条进行单桩静载试验的工程；

　　3 施工前进行了单桩静载试验，但施工过程中变更了工艺参数或施工质量出现了异常；

　　4 地基条件复杂、桩施工质量可靠性低；

　　5 本地区采用的新桩型或新工艺；

　　6 施工过程中产生挤土上浮或偏位的群桩。

3.3.5 除本规范第 3.3.4 条规定外的工程桩，单桩竖向抗压承载力可按下列方式进行验收检测：

　　1 当采用单桩静载试验时，检测数量宜符合本规范第 3.3.4 条的规定；

　　2 预制桩和满足高应变法适用范围的灌注桩，可采用高应变法检测单桩竖向抗压承载力，检测数量不宜少于总桩数的 5%，且不得少于 5 根。

3.3.6 当有本地区相近条件的对比验证资料时，高应变法可作为本规范第 3.3.4 条规定条件下单桩竖向抗压承载力验收检测的补充，其检测数量宜符合本规范第 3.3.5 条第 2 款的规定。

3.3.7 对于端承型大直径灌注桩，当受设备或现场条件限制无法检测单桩竖向抗压承载力时，可选择下列方式之一，进行持力层核验：

　　1 采用钻芯法测定桩底沉渣厚度，并钻取桩端持力层岩土芯样检验桩端持力层，检测数量不应少于总桩数的 10%，且不应少于 10 根；

　　2 采用深层平板载荷试验或岩基平板载荷试验，检测应符合国家现行标准《建筑地基基础设计规范》GB 50007 和《建筑桩基技术规范》JGJ 94 的有关规定，检测数量不应少于总桩数的 1%，且不应少于 3 根。

3.3.8 对设计有抗拔或水平力要求的桩基工程，单桩承载力验收检测应采用单桩竖向抗拔或单桩水平静载试验，检测数量应符合本规范第 3.3.4 条的规定。

3.4 验证与扩大检测

3.4.1 单桩竖向抗压承载力验证应采用单桩竖向抗压静载试验。

3.4.2 桩身浅部缺陷可采用开挖验证。

3.4.3 桩身或接头存在裂隙的预制桩可采用高应变法验证，管桩可采用孔内摄像的方式验证。

3.4.4 单孔钻芯检测发现桩身混凝土存在质量问题时，宜在同一基桩增加钻孔验证，并根据前、后钻芯结果对受检桩重新评价。

3.4.5 对低应变法检测中不能明确桩身完整性类别的桩或Ⅲ类桩，可根据实际情况采用静载法、钻芯法、高应变法、开挖等方法进行验证检测。

3.4.6 桩身混凝土实体强度可在桩顶浅部钻取芯样验证。

3.4.7 当采用低应变法、高应变法和声波透射法检测桩身完整性发现有Ⅲ、Ⅳ类桩存在，且检测数量覆盖的范围不能为补强或设计变更方案提供可靠依据时，宜采用原检测方法，在未检桩中继续扩大检测。当原检测方法为声波透射法时，可改用钻芯法。

3.4.8 当单桩承载力或钻芯法检测结果不满足设计要求时，应分析原因并扩大检测。

　　验证检测或扩大检测采用的方法和检测数量应得到工程建设有关方的确认。

3.5 检测结果评价和检测报告

3.5.1 桩身完整性检测结果评价，应给出每根受检桩的桩身完整性类别。桩身完整性分类应符合表 3.5.1 的规定，并按本规范第 7~10 章分别规定的技术内容划分。

表 3.5.1 桩身完整性分类表

桩身完整性类别	分类原则
Ⅰ类桩	桩身完整
Ⅱ类桩	桩身有轻微缺陷，不会影响桩身结构承载力的正常发挥
Ⅲ类桩	桩身有明显缺陷，对桩身结构承载力有影响
Ⅳ类桩	桩身存在严重缺陷

3.5.2 工程桩承载力验收检测应给出受检桩的承载力检测值，并评价单桩承载力是否满足设计要求。

3.5.3 检测报告应包含下列内容：

　　1 委托方名称，工程名称、地点，建设、勘察、设计、监理和施工单位，基础、结构形式，层数，设计要求，检测目的，检测依据，检测数量，检测日期；

　　2 地基条件描述；

　　3 受检桩的桩型、尺寸、桩号、桩位、桩顶标高和相关施工记录；

　　4 检测方法，检测仪器设备，检测过程叙述；

　　5 受检桩的检测数据，实测与计算分析曲线、表格和汇总结果；

　　6 与检测内容相应的检测结论。

4 单桩竖向抗压静载试验

4.1 一般规定

4.1.1 本方法适用于检测单桩的竖向抗压承载力。

当桩身埋设有应变、位移传感器或位移杆时，可按本规范附录 A 测定桩身应变或桩身截面位移，计算桩的分层侧阻力和端阻力。

4.1.2 为设计提供依据的试验桩，应加载至桩侧与桩端的岩土阻力达到极限状态；当桩的承载力由桩身强度控制时，可按设计要求的加载量进行加载。

4.1.3 工程桩验收检测时，加载量不应小于设计要求的单桩承载力特征值的 2.0 倍。

4.2 设备仪器及其安装

4.2.1 试验加载设备宜采用液压千斤顶。当采用两台或两台以上千斤顶加载时，应并联同步工作，且应符合下列规定：

1 采用的千斤顶型号、规格应相同；

2 千斤顶的合力中心应与受检桩的横截面形心重合。

4.2.2 加载反力装置可根据现场条件，选择锚桩反力装置、压重平台反力装置、锚桩压重联合反力装置、地锚反力装置等，且应符合下列规定：

1 加载反力装置提供的反力不得小于最大加载值的 1.2 倍；

2 加载反力装置的构件应满足承载力和变形的要求；

3 应对锚桩的桩侧土阻力、钢筋、接头进行验算，并满足抗拔承载力的要求；

4 工程桩作锚桩时，锚桩数量不宜少于 4 根，且应对锚桩上拔量进行监测；

5 压重宜在检测前一次加足，并均匀稳固地放置于平台上，且压重施加于地基的压应力不宜大于地基承载力特征值的 1.5 倍；有条件时，宜利用工程桩作为堆载支点。

4.2.3 荷载测量可用放置在千斤顶上的荷重传感器直接测定。当通过并联于千斤顶油路的压力表或压力传感器测定油压并换算荷载时，应根据千斤顶率定曲线进行荷载换算。荷重传感器、压力传感器或压力表的准确度应优于或等于 0.5 级。试验用压力表、油泵、油管在最大加载时的压力不应超过规定工作压力的 80%。

4.2.4 沉降测量宜采用大量程的位移传感器或百分表，且应符合下列规定：

1 测量误差不得大于 0.1%FS，分度值/分辨力应优于或等于 0.01mm；

2 直径或边宽大于 500mm 的桩，应在其两个方向对称安装 4 个位移测试仪表，直径或边宽小于等于 500mm 的桩可对称安装 2 个位移测试仪表；

3 基准梁应具有足够的刚度，梁的一端应固定在基准桩上，另一端应简支于基准桩上；

4 固定和支撑位移计（百分表）的夹具及基准梁不得受气温、振动及其他外界因素的影响；当基准梁暴露在阳光下时，应采取遮挡措施。

4.2.5 沉降测定平面宜设置在桩顶以下 200mm 的位置，测点应固定在桩身上。

4.2.6 试桩、锚桩（压重平台支墩边）和基准桩之间的中心距离，应符合表 4.2.6 的规定。当试桩或锚桩为扩底或多支盘桩时，试桩与锚桩的中心距不应小于 2 倍扩大端直径。软土场地压重平台堆载重量较大时，宜增加支墩边与基准桩中心和试桩中心之间的距离，并在试验过程中观测基准桩的竖向位移。

表 4.2.6　试桩、锚桩（或压重平台支墩边）和基准桩之间的中心距离

反力装置	距 离		
	试桩中心与锚桩中心（或压重平台支墩边）	试桩中心与基准桩中心	基准桩中心与锚桩中心（或压重平台支墩边）
锚桩横梁	≥4(3)D 且 >2.0m	≥4(3)D 且 >2.0m	≥4(3)D 且 >2.0m
压重平台	≥4(3)D 且 >2.0m	≥4(3)D 且 >2.0m	≥4(3)D 且 >2.0m
地锚装置	≥4D 且 >2.0m	≥4(3)D 且 >2.0m	≥4D 且 >2.0m

注：1 D 为试桩、锚桩或地锚的设计直径或边宽，取其较大者；

2 括号内数值可用于工程桩验收检测时多排桩设计桩中心距离小于 4D 或压重平台支墩下 2 倍～3 倍宽影响范围内的地基土已进行加固处理的情况。

4.2.7 测试桩侧阻力、桩端阻力、桩身截面位移时，桩身内传感器、位移杆的埋设应符合本规范附录 A 的规定。

4.3 现场检测

4.3.1 试验桩的桩型尺寸、成桩工艺和质量控制标准应与工程桩一致。

4.3.2 试验桩桩顶宜高出试坑底面，试坑底面宜与桩承台底标高一致。混凝土桩头加固可按本规范附录 B 执行。

4.3.3 试验加、卸载方式应符合下列规定：

1 加载应分级进行，且采用逐级等量加载；分级荷载宜为最大加载值或预估极限承载力的 1/10，其中，第一级加载量可取分级荷载的 2 倍；

2 卸载应分级进行，每级卸载量宜取加载时分级荷载的 2 倍，且应逐级等量卸载；

3 加、卸载时，应使荷载传递均匀、连续、无冲击，且每级荷载在维持过程中的变化幅度不得超过分级荷载的 ±10%。

4.3.4 为设计提供依据的单桩竖向抗压静载试验应采用慢速维持荷载法。

4.3.5 慢速维持荷载法试验应符合下列规定：

1 每级荷载施加后，应分别按第 5min、15min、30min、45min、60min 测读桩顶沉降量，以后每隔 30min 测读一次桩顶沉降量；

2 试桩沉降相对稳定标准：每一小时内的桩顶沉降量不得超过 0.1mm，并连续出现两次（从分级荷载施加后的第 30min 开始，按 1.5h 连续三次每 30min 的沉降观测值计算）；

3 当桩顶沉降速率达到相对稳定标准时，可施加下一级荷载；

4 卸载时，每级荷载应维持 1h，分别按第 15min、30min、60min 测读桩顶沉降量后，即可卸下一级荷载；卸载至零后，应测读桩顶残余沉降量，维持时间不得少于 3h，测读时间分别为第 15min、30min，以后每隔 30min 测读一次桩顶残余沉降量。

4.3.6 工程桩验收检测宜采用慢速维持荷载法。当有成熟的地区经验时，也可采用快速维持荷载法。

快速维持荷载法的每级荷载维持时间不应少于 1h，且当本级荷载作用下的桩顶沉降速率收敛时，可施加下一级荷载。

4.3.7 当出现下列情况之一时，可终止加载：

1 某级荷载作用下，桩顶沉降量大于前一级荷载作用下的沉降量的 5 倍，且桩顶总沉降量超过 40mm；

2 某级荷载作用下，桩顶沉降量大于前一级荷载作用下的沉降量的 2 倍，且经 24h 尚未达到本规范第 4.3.5 条第 2 款相对稳定标准；

3 已达到设计要求的最大加载值且桩顶沉降达到相对稳定标准；

4 工程桩作锚桩时，锚桩上拔量已达到允许值；

5 荷载-沉降曲线呈缓变型时，可加载至桩顶总沉降量 60mm～80mm；当桩端阻力尚未充分发挥时，可加载至桩顶累计沉降量超过 80mm。

4.3.8 检测数据宜按本规范表 C.0.1 的格式进行记录。

4.3.9 测试桩身应变和桩身截面位移时，数据的测读时间宜符合本规范第 4.3.5 条的规定。

4.4 检测数据分析与判定

4.4.1 检测数据的处理应符合下列规定：

1 确定单桩竖向抗压承载力时，应绘制竖向荷载-沉降（Q-s）曲线、沉降-时间对数（s-$\lg t$）曲线；也可绘制其他辅助分析曲线；

2 当进行桩身应变和桩身截面位移测定时，应按本规范附录 A 的规定，整理测试数据，绘制桩身轴力分布图，计算不同土层的桩侧阻力和桩端阻力。

4.4.2 单桩竖向抗压极限承载力应按下列方法分析确定：

1 根据沉降随荷载变化的特征确定：对于陡降型 Q-s 曲线，应取其发生明显陡降的起始点对应的荷载值；

2 根据沉降随时间变化的特征确定：应取 s-$\lg t$ 曲线尾部出现明显向下弯曲的前一级荷载值；

3 符合本规范第 4.3.7 条第 2 款情况时，宜取前一级荷载值；

4 对于缓变型 Q-s 曲线，宜根据桩顶总沉降量，取 s 等于 40mm 对应的荷载值；对 D（D 为桩端直径）大于等于 800mm 的桩，可取 s 等于 $0.05D$ 对应的荷载值；当桩长大于 40m 时，宜考虑桩身弹性压缩；

5 不满足本条第 1～4 款情况时，桩的竖向抗压极限承载力宜取最大加载值。

4.4.3 为设计提供依据的单桩竖向抗压极限承载力的统计取值，应符合下列规定：

1 对参加算术平均的试验桩检测结果，当极差不超过平均值的 30% 时，可取其算术平均值为单桩竖向抗压极限承载力；当极差超过平均值的 30% 时，应分析原因，结合桩型、施工工艺、地基条件、基础形式等工程具体情况综合确定极限承载力；不能明确极差过大的原因时，宜增加试桩数量；

2 试验桩数量小于 3 根或桩基承台下的桩数不大于 3 根时，应取低值。

4.4.4 单桩竖向抗压承载力特征值应按单桩竖向抗压极限承载力的 50% 取值。

4.4.5 检测报告除应包括本规范第 3.5.3 条规定的内容外，尚应包括下列内容：

1 受检桩桩位对应的地质柱状图；

2 受检桩和锚桩的尺寸、材料强度、配筋情况以及锚桩的数量；

3 加载反力种类，堆载法应指明堆载重量，锚桩法应有反力梁布置平面图；

4 加、卸载方法；

5 本规范第 4.4.1 条要求绘制的曲线；

6 承载力判定依据；

7 当进行分层侧阻力和端阻力测试时，应包括传感器类型、安装位置，轴力计算方法，各级荷载作用下的桩身轴力曲线，各土层的桩侧极限侧阻力和桩端阻力。

5 单桩竖向抗拔静载试验

5.1 一般规定

5.1.1 本方法适用于检测单桩的竖向抗拔承载力。当桩身埋设有应变、位移传感器或桩端埋设有位移测量杆时，可按本规范附录 A 测定桩身应变或桩端上拔量，计算桩的分层抗拔侧阻力。

5.1.2 为设计提供依据的试验桩，应加载至桩侧岩土阻力达到极限状态或桩身材料达到设计强度；工程桩验收检测时，施加的上拔荷载不得小于单桩竖向抗拔承载力特征值的 2.0 倍或使桩顶产生的上拔量达到设计要求的限值。

当抗拔承载力受抗裂条件控制时，可按设计要求确定最大加载值。

5.1.3 检测时的抗拔桩受力状态，应与设计规定的受力状态一致。

5.1.4 预估的最大试验荷载不得大于钢筋的设计强度。

5.2 设备仪器及其安装

5.2.1 试验加载设备宜采用液压千斤顶，加载方式应符合本规范第 4.2.1 条的规定。

5.2.2 试验反力系统宜采用反力桩提供支座反力，反力桩可采用工程桩；也可根据现场情况，采用地基提供支座反力。反力架的承载力应具有 1.2 倍的安全系数，并应符合下列规定：

1 采用反力桩提供支座反力时，桩顶面应平整并具有足够的强度；

2 采用地基提供反力时，施加于地基的压应力不宜超过地基承载力特征值的 1.5 倍；反力梁的支点重心应与支座中心重合。

5.2.3 荷载测量及其仪器的技术要求应符合本规范第 4.2.3 条的规定。

5.2.4 上拔量测量及其仪器的技术要求应符合本规范第 4.2.4 条的规定。

5.2.5 上拔量测量点宜设置在桩顶以下不小于 1 倍桩径的桩身上，不得设置在受拉钢筋上；对于大直径灌注桩，可设置在钢筋笼内侧的桩顶面混凝土上。

5.2.6 试桩、支座和基准桩之间的中心距离，应符合表 4.2.6 的规定。

5.2.7 测试桩侧抗拔侧阻力分布和桩端上拔位移时，桩身内传感器、桩端位移杆的埋设应符合本规范附录 A 的规定。

5.3 现 场 检 测

5.3.1 对混凝土灌注桩、有接头的预制桩，宜在拔桩试验前采用低应变法检测受检桩的桩身完整性。为设计提供依据的抗拔灌注桩，施工时应进行成孔质量检测，桩身中、下部位出现明显扩径的桩，不宜作为抗拔试验桩；对有接头的预制桩，应复核接头强度。

5.3.2 单桩竖向抗拔静载试验应采用慢速维持荷载法。设计有要求时，可采用多循环加、卸载方法或恒载法。慢速维持荷载法的加、卸载分级以及桩顶上拔量的测读方式，应分别符合本规范第 4.3.3 条和第 4.3.5 条的规定。

5.3.3 当出现下列情况之一时，可终止加载：

1 在某级荷载作用下，桩顶上拔量大于前一级上拔荷载作用下的上拔量 5 倍；

2 按桩顶上拔量控制，累计桩顶上拔量超过 100mm；

3 按钢筋抗拉强度控制，钢筋应力达到钢筋强度设计值，或某根钢筋拉断；

4 对于工程桩验收检测，达到设计或抗裂要求的最大上拔量或上拔荷载值。

5.3.4 检测数据可按本规范表 C.0.1 的格式进行记录。

5.3.5 测试桩身应变和桩端上拔位移时，数据的测读时间宜符合本规范第 4.3.5 条的规定。

5.4 检测数据分析与判定

5.4.1 数据处理应绘制上拔荷载-桩顶上拔量（$U-\delta$）关系曲线和桩顶上拔量-时间对数（$\delta-\lg t$）关系曲线。

5.4.2 单桩竖向抗拔极限承载力应按下列方法确定：

1 根据上拔量随荷载变化的特征确定：对陡变型 $U-\delta$ 曲线，应取陡升起始点对应的荷载值；

2 根据上拔量随时间变化的特征确定：应取 $\delta-\lg t$ 曲线斜率明显变陡或曲线尾部明显弯曲的前一级荷载值；

3 当在某级荷载下抗拔钢筋断裂时，应取前一级荷载值。

5.4.3 为设计提供依据的单桩竖向抗拔极限承载力，可按本规范第 4.4.3 条的统计方法确定。

5.4.4 当验收检测的受检桩在最大上拔荷载作用下，未出现本规范第 5.4.2 条第 1～3 款情况时，单桩竖向抗拔极限承载力应按下列情况对应的荷载值取值：

1 设计要求最大上拔量控制值对应的荷载；

2 施加的最大荷载；

3 钢筋应力达到设计强度值时对应的荷载。

5.4.5 单桩竖向抗拔承载力特征值应按单桩竖向抗拔极限承载力的 50% 取值。当工程桩不允许带裂缝工作时，应取桩身开裂的前一级荷载作为单桩竖向抗拔承载力特征值，并与按极限荷载 50% 取值确定的承载力特征值相比，取低值。

5.4.6 检测报告除应包括本规范第 3.5.3 条规定的内容外，尚应包括下列内容：

1 临近受检桩桩位的代表性地质柱状图；

2 受检桩尺寸（灌注桩宜标明孔径曲线）及配筋情况；

3 加、卸载方法；

4 本规范第 5.4.1 条要求绘制的曲线；

5 承载力判定依据；

6 当进行抗拔侧阻力测试时，应包括传感器类型、安装位置、轴力计算方法、各级荷载作用下的桩身轴力曲线，各土层的抗拔极限侧阻力。

6 单桩水平静载试验

6.1 一般规定

6.1.1 本方法适用于在桩顶自由的试验条件下，检测单桩的水平承载力，推定地基土水平抗力系数的比例系数。当桩身埋设有应变测量传感器时，可按本规范附录 A 测定桩身横截面的弯曲应变，计算桩身弯矩以及确定钢筋混凝土桩受拉区混凝土开裂时对应的水平荷载。

6.1.2 为设计提供依据的试验桩，宜加载至桩顶出现较大水平位移或桩身结构破坏；对工程桩抽样检测，可按设计要求的水平位移允许值控制加载。

6.2 设备仪器及其安装

6.2.1 水平推力加载设备宜采用卧式千斤顶，其加载能力不得小于最大试验加载量的 1.2 倍。

6.2.2 水平推力的反力可由相邻桩提供；当专门设置反力结构时，其承载能力和刚度应大于试验桩的 1.2 倍。

6.2.3 荷载测量及其仪器的技术要求应符合本规范第 4.2.3 条的规定；水平力作用点宜与实际工程的桩基承台底面标高一致；千斤顶和试验桩接触处应安置球形铰支座，千斤顶作用力应水平通过桩身轴线；当千斤顶与试桩接触面的混凝土不密实或不平整时，应对其进行补强或补平处理。

6.2.4 桩的水平位移测量及其仪器的技术要求应符合本规范第 4.2.4 条的有关规定。在水平力作用平面的受检桩两侧应对称安装两个位移计；当测量桩顶转角时，尚应在水平力作用平面以上 50cm 的受检桩两侧对称安装两个位移计。

6.2.5 位移测量的基准点设置不应受试验和其他因素的影响，基准点应设置在与作用力方向垂直且与位移方向相反的试桩侧面，基准点与试桩净距不应小于 1 倍桩径。

6.2.6 测量桩身应变时，各测试断面的测量传感器应沿受力方向对称布置在远离中性轴的受拉和受压主筋上；埋设传感器的纵剖面与受力方向之间的夹角不得大于 10°。地面下 10 倍桩径或桩宽的深度范围内，桩身的主要受力部分应加密测试断面，断面间距不宜超过 1 倍桩径；超过 10 倍桩径或桩宽的深度，测试断面间距可以加大。桩身内传感器的埋设应符合本规范附录 A 的规定。

6.3 现场检测

6.3.1 加载方法宜根据工程桩实际受力特性，选用单向多循环加载法或按本规范第 4 章规定的慢速维持荷载法。当对试桩桩身横截面弯曲应变进行测量时，宜采用维持荷载法。

6.3.2 试验加、卸载方式和水平位移测量，应符合下列规定：

1 单向多循环加载法的分级荷载，不应大于预估水平极限承载力或最大试验荷载的 1/10；每级荷载施加后，恒载 4min 后，可测读水平位移，然后卸载至零，停 2min 测读残余水平位移，至此完成一个加卸载循环；如此循环 5 次，完成一级荷载的位移观测；试验不得中间停顿。

2 慢速维持荷载法的加、卸载分级以及水平位移的测读方式，应分别符合本规范第 4.3.3 条和第 4.3.5 条的规定。

6.3.3 当出现下列情况之一时，可终止加载：

1 桩身折断；

2 水平位移超过 30mm～40mm；软土中的桩或大直径桩时可取高值；

3 水平位移达到设计要求的水平位移允许值。

6.3.4 检测数据可按本规范附录 C 表 C.0.2 的格式进行记录。

6.3.5 测试桩身横截面弯曲应变时，数据的测读宜与水平位移测量同步。

6.4 检测数据分析与判定

6.4.1 检测数据的处理应符合下列规定：

1 采用单向多循环加载法时，应分别绘制水平力-时间-作用点位移（H-t-Y_0）关系曲线和水平力-位移梯度（H-$\Delta Y_0/\Delta H$）关系曲线；

2 采用慢速维持荷载法时，应分别绘制水平力-力作用点位移（H-Y_0）关系曲线、水平力-位移梯度（H-$\Delta Y_0/\Delta H$）关系曲线、力作用点位移-时间对数（Y_0-$\lg t$）关系曲线和水平力-力作用点位移双对数（$\lg H$-$\lg Y_0$）关系曲线；

3 绘制水平力、水平力作用点水平位移-地基土水平抗力系数的比例系数的关系曲线（H-m、Y_0-m）。

6.4.2 当桩顶自由且水平力作用位置位于地面处时，m 值应按下列公式确定：

$$m = \frac{(\nu_y \cdot H)^{\frac{5}{3}}}{b_0 \, Y_0^{\frac{5}{3}} \, (EI)^{\frac{2}{3}}} \qquad (6.4.2-1)$$

$$\alpha = \left(\frac{mb_0}{EI}\right)^{\frac{1}{5}} \qquad (6.4.2-2)$$

式中：m——地基土水平抗力系数的比例系数（kN/m^4）；

α——桩的水平变形系数（m^{-1}）；

ν_y——桩顶水平位移系数，由式（6.4.2-2）试算 α，当 $\alpha h \geqslant 4.0$ 时（h 为桩的入土深度），$\nu_y = 2.441$；

H——作用于地面的水平力（kN）；

Y_0——水平力作用点的水平位移（m）；

EI——桩身抗弯刚度（kN·m²）；其中 E 为桩身材料弹性模量，I 为桩身换算截面惯性矩；

b_0——桩身计算宽度（m）；对于圆形桩；当桩径 $D \leqslant 1$m 时，$b_0 = 0.9(1.5D + 0.5)$；当桩径 $D > 1$m 时，$b_0 = 0.9(D + 1)$；对于矩形桩，当边宽 $B \leqslant 1$m 时，$b_0 = 1.5B + 0.5$，当边宽 $B > 1$m 时，$b_0 = B + 1$。

6.4.3 对进行桩身横截面弯曲应变测定的试验，应绘制下列曲线，且应列表给出相应的数据：

1 各级水平力作用下的桩身弯矩分布图；

2 水平力-最大弯矩截面钢筋拉应力（$H-\sigma_s$）曲线。

6.4.4 单桩的水平临界荷载可按下列方法综合确定：

1 取单向多循环加载法时的 $H-t-Y_0$ 曲线或慢速维持荷载法时的 $H-Y_0$ 曲线出现拐点的前一级水平荷载值；

2 取 $H-\Delta Y_0/\Delta H$ 曲线或 $\lg H-\lg Y_0$ 曲线上第一拐点对应的水平荷载值；

3 取 $H-\sigma_s$ 曲线第一拐点对应的水平荷载值。

6.4.5 单桩水平极限承载力可按下列方法确定：

1 取单向多循环加载法时的 $H-t-Y_0$ 曲线产生明显陡降的前一级，或慢速维持荷载法时的 $H-Y_0$ 曲线发生明显陡降的起始点对应的水平荷载值；

2 取慢速维持荷载法时的 $Y_0-\lg t$ 曲线尾部出现明显弯曲的前一级水平荷载值；

3 取 $H-\Delta Y_0/\Delta H$ 曲线或 $\lg H-\lg Y_0$ 曲线上第二拐点对应的水平荷载值；

4 取桩身折断或受拉钢筋屈服时的前一级水平荷载值。

6.4.6 为设计提供依据的水平极限承载力和水平临界荷载，可按本规范第 4.4.3 条的统计方法确定。

6.4.7 单桩水平承载力特征值的确定应符合下列规定：

1 当桩身不允许开裂或灌注桩的桩身配筋率小于 0.65% 时，可取水平临界荷载的 0.75 倍作为单桩水平承载力特征值；

2 对钢筋混凝土预制桩、钢桩和桩身配筋率不小于 0.65% 的灌注桩，可取设计桩顶标高处水平位移所对应荷载的 0.75 倍作为单桩水平承载力特征值；水平位移可按下列规定取值：

1）对水平位移敏感的建筑物取 6mm；

2）对水平位移不敏感的建筑物取 10mm。

3 取设计要求的水平允许位移对应的荷载作为单桩水平承载力特征值，且应满足桩身抗裂要求。

6.4.8 检测报告除应包括本规范第 3.5.3 条规定的内容外，尚应包括下列内容：

1 受检桩桩位对应的地质柱状图；

2 受检桩的截面尺寸及配筋情况；

3 加、卸载方法；

4 本规范第 6.4.1 条要求绘制的曲线；

5 承载力判定依据；

6 当进行钢筋应力测试并由此计算桩身弯矩时，应包括传感器类型、安装位置、内力计算方法以及本规范第 6.4.2 条要求的计算结果。

7 钻 芯 法

7.1 一 般 规 定

7.1.1 本方法适用于检测混凝土灌注桩的桩长、桩身混凝土强度、桩底沉渣厚度和桩身完整性。当采用本方法判定或鉴别桩端持力层岩土性状时，钻探深度应满足设计要求。

7.1.2 每根受检桩的钻芯孔数和钻孔位置，应符合下列规定：

1 桩径小于 1.2m 的桩的钻孔数量可为 1 个～2 个孔，桩径为 1.2m～1.6m 的桩的钻孔数量宜为 2 个孔，桩径大于 1.6m 的桩的钻孔数量宜为 3 个孔；

2 当钻芯孔为 1 个时，宜在距桩中心 10cm～15cm 的位置开孔；当钻芯孔为 2 个或 2 个以上时，开孔位置宜在距桩中心 0.15D～0.25D 范围内均匀对称布置；

3 对桩端持力层的钻探，每根受检桩不应少于 1 个孔。

7.1.3 当选择钻芯法对桩身质量、桩底沉渣、桩端持力层进行验证检测时，受检桩的钻芯孔数可为 1 孔。

7.2 设 备

7.2.1 钻取芯样宜采用液压操纵的高速钻机，并配置适宜的水泵、孔口管、扩孔器、卡簧、扶正稳定器和可捞取松软渣样的钻具。

7.2.2 基桩桩身混凝土钻芯检测，应采用单动双管钻具钻取芯样，严禁使用单动单管钻具。

7.2.3 钻头应根据混凝土设计强度等级选用合适粒度、浓度、胎体硬度的金刚石钻头，且外径不宜小于 100mm。

7.2.4 锯切芯样的锯切机应具有冷却系统和夹紧固定装置。芯样试件端面的补平器和磨平机，应满足芯样制作的要求。

7.3 现 场 检 测

7.3.1 钻机设备安装必须周正、稳固、底座水平。钻机在钻芯过程中不得发生倾斜、移位，钻芯孔垂直度偏差不得大于 0.5%。

7.3.2 每回次钻孔进尺宜控制在 1.5m 内；钻至桩底时，宜采取减压、慢速钻进、干钻等适宜的方法和工艺，钻取沉渣并测定沉渣厚度；对桩底强风化岩层或土层，可采用标准贯入试验、动力触探等方法对桩端持力层的岩土性状进行鉴别。

7.3.3 钻取的芯样应按回次顺序放进芯样箱中；钻机操作人员应按本规范表 D.0.1-1 的格式记录钻进情况和钻进异常情况，对芯样质量进行初步描述；检测人员应按本规范表 D.0.1-2 的格式对芯样混凝土、桩底沉渣以及桩端持力层详细编录。

7.3.4 钻芯结束后，应对芯样和钻探标示牌的全貌进行拍照。

7.3.5 当单桩质量评价满足设计要求时，应从钻芯孔孔底往上用水泥浆回灌封闭；当单桩质量评价不满足设计要求时，应封存钻芯孔，留待处理。

7.4 芯样试件截取与加工

7.4.1 截取混凝土抗压芯样试件应符合下列规定：

1 当桩长小于 10m 时，每孔应截取 2 组芯样；当桩长为 10m~30m 时，每孔应截取 3 组芯样，当桩长大于 30m 时，每孔应截取芯样不少于 4 组；

2 上部芯样位置距桩顶设计标高不宜大于 1 倍桩径或超过 2m，下部芯样位置距桩底不宜大于 1 倍桩径或超过 2m，中间芯样宜等间距截取；

3 缺陷位置能取样时，应截取 1 组芯样进行混凝土抗压试验；

4 同一基桩的钻芯孔数大于 1 个，且某一孔在某深度存在缺陷时，应在其他孔的该深度处，截取 1 组芯样进行混凝土抗压强度试验。

7.4.2 当桩端持力层为中、微风化岩层且岩芯可制作成试件时，应在接近桩底部位 1m 内截取岩石芯样；遇分层岩性时，宜在各分层岩面取样。岩石芯样的加工和测量应符合本规范附录 E 的规定。

7.4.3 每组混凝土芯样应制作 3 个抗压试件。混凝土芯样试件的加工和测量应符合本规范附录 E 的规定。

7.5 芯样试件抗压强度试验

7.5.1 混凝土芯样试件的抗压强度试验应按现行国家标准《普通混凝土力学性能试验方法标准》GB/T 50081 执行。

7.5.2 在混凝土芯样试件抗压强度试验中，当发现试件内混凝土粗骨料最大粒径大于 0.5 倍芯样试件平均直径，且强度值异常时，该试件的强度值不得参与统计平均。

7.5.3 混凝土芯样试件抗压强度应按下式计算：

$$f_{cor} = \frac{4P}{\pi d^2} \qquad (7.5.3)$$

式中：f_{cor}——混凝土芯样试件抗压强度（MPa），精

确至 0.1MPa；

P——芯样试件抗压试验测得的破坏荷载（N）；

d——芯样试件的平均直径（mm）。

7.5.4 混凝土芯样试件抗压强度可根据本地区的强度折算系数进行修正。

7.5.5 桩底岩芯单轴抗压强度试验以及岩石单轴抗压强度标准值的确定，宜按现行国家标准《建筑地基基础设计规范》GB 50007 执行。

7.6 检测数据分析与判定

7.6.1 每根受检桩混凝土芯样试件抗压强度的确定应符合下列规定：

1 取一组 3 块试件强度值的平均值，作为该组混凝土芯样试件抗压强度检测值；

2 同一受检桩同一深度部位有两组或两组以上混凝土芯样试件抗压强度检测值时，取其平均值作为该桩该深度处混凝土芯样试件抗压强度检测值；

3 取同一受检桩不同深度位置的混凝土芯样试件抗压强度检测值中的最小值，作为该桩混凝土芯样试件抗压强度检测值。

7.6.2 桩端持力层性状应根据持力层芯样特征，并结合岩石芯样单轴抗压强度检测值、动力触探或标准贯入试验结果，进行综合判定或鉴别。

7.6.3 桩身完整性类别应结合钻芯孔数、现场混凝土芯样特征、芯样试件抗压强度试验结果，按本规范表 3.5.1 和表 7.6.3 所列特征进行综合判定。

当混凝土出现分层现象时，宜截取分层部位的芯样进行抗压强度试验。当混凝土抗压强度满足设计要求时，可判为 II 类；当混凝土抗压强度不满足设计要求或不能制作成芯样试件时，应判为 IV 类。

多于三个钻芯孔的基桩桩身完整性可类比表 7.6.3 的三孔特征进行判定。

表 7.6.3 桩身完整性判定

类别	特征		
	单 孔	两 孔	三 孔
I	混凝土芯样连续、完整、胶结好，芯样侧表面光滑、骨料分布均匀，芯样呈长柱状、断口吻合		
	芯样侧表面仅见少量气孔	局部芯样侧表面有少量气孔、蜂窝麻面、沟槽，但在另一孔同一深度部位的芯样中未出现，否则应判为 II 类	局部芯样侧表面有少量气孔、蜂窝麻面、沟槽，但在三孔同一深度部位的芯样中未同时出现，否则应判为 II 类

类别	特征		
	单孔	两孔	三孔
II	混凝土芯样连续、完整、胶结较好，芯样侧表面较光滑、骨料分布基本均匀，芯样呈柱状、断口基本吻合。有下列情况之一： 1 局部芯样侧表面有蜂窝麻面、沟槽或较多气孔； 2 芯样侧表面蜂窝麻面严重、沟槽连续或局部芯样骨料分布极不均匀，但对应部位的混凝土芯样试件抗压强度检测值满足设计要求，否则应判为III类	1 芯样侧表面有较多气孔、严重蜂窝麻面、连续沟槽或局部混凝土芯样骨料分布不均匀，但在两孔同一深度部位的芯样中未同时出现； 2 芯样侧表面有较多气孔、严重蜂窝麻面、连续沟槽或局部混凝土芯样骨料分布不均匀，且在另一孔同一深度部位的芯样中同时出现，但该深度部位的混凝土芯样试件抗压强度检测值满足设计要求，否则应判为III类； 3 任一孔局部混凝土芯样破碎段长度不大于10cm，且在另一孔同一深度部位的局部混凝土芯样的外观判定完整性类别为I类或II类，否则应判为III类或IV类	1 芯样侧表面有较多气孔、严重蜂窝麻面、连续沟槽或局部混凝土芯样骨料分布不均匀，但在三孔同一深度部位的芯样中未同时出现； 2 芯样侧表面有较多气孔、严重蜂窝麻面、连续沟槽或局部混凝土芯样骨料分布不均匀，且在任两孔或三孔同一深度部位的芯样中同时出现，但该深度部位的混凝土芯样试件抗压强度检测值满足设计要求，否则应判为III类； 3 任一孔局部混凝土芯样破碎段长度不大于10cm，且在另两孔同一深度部位的局部混凝土芯样的外观判定完整性类别为I类或II类，否则应判为III类或IV类

类别	特征		
	单孔	两孔	三孔
III	大部分混凝土芯样胶结较好，无松散、夹泥现象。有下列情况之一： 1 芯样不连续、多呈短柱状或块状； 2 局部混凝土芯样破碎段长度不大于10cm	大部分混凝土芯样胶结较好，无松散、夹泥现象。有下列情况之一： 1 芯样不连续、多呈短柱状或块状； 2 任一孔局部混凝土芯样破碎段长度大于10cm但不大于20cm，且在另一孔同一深度部位的局部混凝土芯样的外观判定完整性类别为I类或II类，否则应判为IV类	大部分混凝土芯样胶结较好。有下列情况之一： 1 芯样不连续、多呈短柱状或块状； 2 任一孔局部混凝土芯样破碎段长度大于10cm但不大于30cm，且在另两孔同一深度部位的局部混凝土芯样的外观判定完整性类别为I类或II类，否则应判为IV类； 3 任一孔局部混凝土芯样松散段长度不大于10cm，且在另两孔同一深度部位的局部混凝土芯样的外观判定完整性类别为I类或II类，否则应判为IV类
IV	有下列情况之一： 1 因混凝土胶结质量差而难以钻进； 2 混凝土芯样任一段松散或夹泥； 3 局部混凝土芯样破碎长度大于10cm	有下列情况之一： 1 任一孔因混凝土胶结质量差而难以钻进； 2 混凝土芯样任一段松散或夹泥； 3 任一孔局部混凝土芯样破碎长度大于20cm； 4 两孔同一深度部位的混凝土芯样破碎	有下列情况之一： 1 任一孔因混凝土胶结质量差而难以钻进； 2 混凝土芯样任一段松散或夹泥段长度大于10cm； 3 任一孔局部混凝土芯样破碎长度大于30cm； 4 其中两孔在同一深度部位的混凝土芯样破碎、松散或夹泥

注：当上一缺陷的底部位置标高与下一缺陷的顶部位置标高的高差小于30cm时，可认定两缺陷处于同一深度部位。

7.6.4 成桩质量评价应按单根受检桩进行。当出现下列情况之一时，应判定该受检桩不满足设计要求：

1 混凝土芯样试件抗压强度检测值小于混凝土设计强度等级；

2 桩长、桩底沉渣厚度不满足设计要求；

3 桩底持力层岩土性状（强度）或厚度不满足设计要求。

当桩基设计资料未作具体规定时，应按国家现行标准判定成桩质量。

7.6.5 检测报告除应包括本规范第 3.5.3 条规定的内容外，尚应包括下列内容：

1 钻芯设备情况；

2 检测桩数、钻孔数量、开孔位置、架空高度、混凝土芯进尺、持力层进尺、总进尺、混凝土试件组数、岩石试件个数、圆锥动力触探或标准贯入试验结果；

3 按本规范表 D.0.1-3 格式编制的每孔柱状图；

4 芯样单轴抗压强度试验结果；

5 芯样彩色照片；

6 异常情况说明。

8 低应变法

8.1 一般规定

8.1.1 本方法适用于检测混凝土桩的桩身完整性，判定桩身缺陷的程度及位置。桩的有效检测桩长范围应通过现场试验确定。

8.1.2 对桩身截面多变且变化幅度较大的灌注桩，应采用其他方法辅助验证低应变法检测的有效性。

8.2 仪器设备

8.2.1 检测仪器的主要技术性能指标应符合现行行业标准《基桩动测仪》JG/T 3055 的有关规定。

8.2.2 瞬态激振设备应包括能激发宽脉冲和窄脉冲的力锤和锤垫；力锤可装有力传感器；稳态激振设备应为电磁式稳态激振器，其激振力可调，扫频范围为 10Hz～2000Hz。

8.3 现场检测

8.3.1 受检桩应符合下列规定：

1 桩身强度应符合本规范第 3.2.5 条第 1 款的规定；

2 桩头的材质、强度应与桩身相同，桩头的截面尺寸不宜与桩身有明显差异；

3 桩顶面应平整、密实，并与桩轴线垂直。

8.3.2 测试参数设定，应符合下列规定：

1 时域信号记录的时间段长度应在 $2L/c$ 时刻后延续不少于 5ms；幅频信号分析的频率范围上限不应小于 2000Hz；

2 设定桩长应为桩顶测点至桩底的施工桩长，设定桩身截面面积应为施工截面积；

3 桩身波速可根据本地区同类型桩的测试值初步设定；

4 采样时间间隔或采样频率应根据桩长、桩身波速和频域分辨率合理选择；时域信号采样点数不宜少于 1024 点；

5 传感器的设定值应按计量检定或校准结果设定。

8.3.3 测量传感器安装和激振操作，应符合下列规定：

1 安装传感器部位的混凝土应平整；传感器安装应与桩顶面垂直；用耦合剂粘结时，应具有足够的粘结强度；

2 激振点与测量传感器安装位置应避开钢筋笼的主筋影响；

3 激振方向应沿桩轴线方向；

4 瞬态激振应通过现场敲击试验，选择合适重量的激振力锤和软硬适宜的锤垫；宜用宽脉冲获取桩底或桩身下部缺陷反射信号，宜用窄脉冲获取桩身上部缺陷反射信号；

5 稳态激振应在每一个设定频率下获得稳态响应信号，并应根据桩径、桩长及桩周土约束情况调整激振力大小。

8.3.4 信号采集和筛选，应符合下列规定：

1 根据桩径大小，桩心对称布置 2 个～4 个安装传感器的检测点；实心桩的激振点应选择在桩中心，检测点宜在距桩中心 2/3 半径处；空心桩的激振点和检测点宜为桩壁厚的 1/2 处，激振点和检测点与桩中心连线形成的夹角宜为 90°；

2 当桩径较大或桩上部横截面尺寸不规则时，除应按上款在规定的激振点和检测点位置采集信号外，尚应根据实测信号特征，改变激振点和检测点的位置采集信号；

3 不同检测点及多次实测时域信号一致性较差时，应分析原因，增加检测点数量；

4 信号不应失真和产生零漂，信号幅值不应大于测量系统的量程；

5 每个检测点记录的有效信号数不宜少于 3 个；

6 应根据实测信号反映的桩身完整性情况，确定采取变换激振点位置和增加检测点数量的方式再次测试，或结束测试。

8.4 检测数据分析与判定

8.4.1 桩身波速平均值的确定，应符合下列规定：

1 当桩长已知、桩底反射信号明确时，应在地基条件、桩型、成桩工艺相同的基桩中，选取不少于 5 根 I 类桩的桩身波速值，按下列公式计算其平均值：

$$c_m = \frac{1}{n}\sum_{i=1}^{n} c_i \qquad (8.4.1-1)$$

$$c_i = \frac{2000L}{\Delta T} \qquad (8.4.1-2)$$

$$c_i = 2L \cdot \Delta f \qquad (8.4.1-3)$$

式中：c_m——桩身波速的平均值（m/s）；

c_i——第 i 根受检桩的桩身波速值（m/s），且 $|c_i - c_m|/c_m$ 不宜大于 5%；

L——测点下桩长（m）；

ΔT——速度波第一峰与桩底反射波峰间的时间差（ms）；

Δf——幅频曲线上桩底相邻谐振峰间的频差（Hz）；

n——参加波速平均值计算的基桩数量（$n \geq 5$）。

2 无法满足本条第 1 款要求时，波速平均值可根据本地区相同桩型及成桩工艺的其他桩基工程的实测值，结合桩身混凝土的骨料品种和强度等级综合确定。

8.4.2 桩身缺陷位置应按下列公式计算：

$$x = \frac{1}{2000} \cdot \Delta t_x \cdot c \qquad (8.4.2-1)$$

$$x = \frac{1}{2} \cdot \frac{c}{\Delta f'} \qquad (8.4.2-2)$$

式中：x——桩身缺陷至传感器安装点的距离（m）；

Δt_x——速度波第一峰与缺陷反射波峰间的时间差（ms）；

c——受检桩的桩身波速（m/s），无法确定时可用桩身波速的平均值替代；

$\Delta f'$——幅频信号曲线上缺陷相邻谐振峰间的频差（Hz）。

8.4.3 桩身完整性类别应结合缺陷出现的深度、测试信号衰减特性以及设计桩型、成桩工艺、地基条件、施工情况，按本规范表 3.5.1 和表 8.4.3 所列时域信号特征或幅频信号特征进行综合分析判定。

表 8.4.3　桩身完整性判定

类别	时域信号特征	幅频信号特征
Ⅰ	$2L/c$ 时刻前无缺陷反射波，有桩底反射波	桩底谐振峰排列基本等间距，其相邻频差 $\Delta f \approx c/2L$
Ⅱ	$2L/c$ 时刻前出现轻微缺陷反射波，有桩底反射波	桩底谐振峰排列基本等间距，其相邻频差 $\Delta f \approx c/2L$，轻微缺陷产生的谐振峰与桩底谐振峰之间的频差 $\Delta f' > c/2L$
Ⅲ	有明显缺陷反射波，其他特征介于 Ⅱ 类与 Ⅳ 类之间	

续表 8.4.3

类别	时域信号特征	幅频信号特征
Ⅳ	$2L/c$ 时刻前出现严重缺陷反射波或周期性反射波，无桩底反射波；或因桩身浅部严重缺陷使波形呈现低频大振幅衰减振动，无桩底反射波	缺陷谐振峰排列基本等间距，相邻频差 $\Delta f' > c/2L$，无桩底谐振峰；或因桩身浅部严重缺陷只出现单一谐振峰，无桩底谐振峰

注：对同一场地、地基条件相近、桩型和成桩工艺相同的基桩，因桩端部分桩身阻抗与持力层阻抗相匹配导致实测信号无桩底反射波时，可按本场地同条件下有桩底反射波的其他桩实测信号判定桩身完整性类别。

8.4.4 采用时域信号分析判定受检桩的完整性类别时，应结合成桩工艺和地基条件区分下列情况：

1 混凝土灌注桩桩身截面渐变后恢复至原桩径并在该阻抗突变处的反射，或扩径突变处的一次和二次反射；

2 桩侧局部强土阻力引起的混凝土预制桩负向反射及其二次反射；

3 采用部分挤土方式沉桩的大直径开口预应力管桩，桩孔内土芯闭塞部位的负向反射及其二次反射；

4 纵向尺寸效应使混凝土桩桩身阻抗突变处的反射波幅值降低。

当信号无畸变且不能根据信号直接分析桩身完整性时，可采用实测曲线拟合法辅助判定桩身完整性或借助实测导纳值、动刚度的相对高低辅助判定桩身完整性。

8.4.5 当按本规范第 8.3.3 条第 4 款的规定操作不能识别桩身浅部阻抗变化趋势时，应在测量桩顶速度响应的同时测量锤击力，根据实测力和速度信号起始峰的比例差异大小判断桩身浅部阻抗变化程度。

8.4.6 对于嵌岩桩，桩底时域反射信号为单一反射波且与锤击脉冲信号同向时，应采取钻芯法、静载试验或高应变法核验桩端嵌岩情况。

8.4.7 预制桩在 $2L/c$ 前出现异常反射，且不能判断该反射是正常接桩反射时，可按本规范第 3.4.3 条进行验证检测。

实测信号复杂，无规律，且无法对其进行合理解释时，桩身完整性判定宜结合其他检测方法进行。

8.4.8 低应变检测报告应给出桩身完整性检测的实测信号曲线。

8.4.9 检测报告除应包括本规范第 3.5.3 条规定的内容外，尚应包括下列内容：

1 桩身波速取值；

2 桩身完整性描述、缺陷的位置及桩身完整性类别；

3 时域信号时段所对应的桩身长度标尺、指数或线性放大的范围及倍数；或幅频信号曲线分析的频率范围、桩底或桩身缺陷对应的相邻谐振峰间的频差。

9 高应变法

9.1 一般规定

9.1.1 本方法适用于检测基桩的竖向抗压承载力和桩身完整性；监测预制桩打入时的桩身应力和锤击能量传递比，为选择沉桩工艺参数及桩长提供依据。对于大直径扩底桩和预估 Q-s 曲线具有缓变型特征的大直径灌注桩，不宜采用本方法进行竖向抗压承载力检测。

9.1.2 进行灌注桩的竖向抗压承载力检测时，应具有现场实测经验和本地区相近条件下的可靠对比验证资料。

9.2 仪器设备

9.2.1 检测仪器的主要技术性能指标不应低于现行行业标准《基桩动测仪》JG/T 3055 规定的 2 级标准。

9.2.2 锤击设备可采用筒式柴油锤、液压锤、蒸汽锤等具有导向装置的打桩机械，但不得采用导杆式柴油锤、振动锤。

9.2.3 高应变检测专用锤击设备应具有稳固的导向装置。重锤应形状对称，高径（宽）比不得小于1。

9.2.4 当采取落锤上安装加速度传感器的方式实测锤击力时，重锤的高径（宽）比应为1.0～1.5。

9.2.5 采用高应变法进行承载力检测时，锤的重量与单桩竖向抗压承载力特征值的比值不得小于0.02。

9.2.6 当作为承载力检测的灌注桩桩径大于600mm或混凝土桩桩长大于30m时，尚应对桩径或桩长增加引起的桩-锤匹配能力下降进行补偿，在符合本规范第9.2.5条规定的前提下进一步提高检测用锤的重量。

9.2.7 桩的贯入度可采用精密水准仪等仪器测定。

9.3 现场检测

9.3.1 检测前的准备工作，应符合下列规定：

1 对于不满足本规范表3.2.5规定的休止时间的预制桩，应根据本地区经验，合理安排复打时间，确定承载力的时间效应；

2 桩顶面应平整，桩顶高度应满足锤击装置的要求，桩锤重心应与桩顶对中，锤击装置架立应垂直；

3 对不能承受锤击的桩头应进行加固处理，混凝土桩的桩头处理应符合本规范附录B的规定；

4 传感器的安装应符合本规范附录F的规定；

5 桩头顶部应设置桩垫，桩垫可采用10mm～30mm厚的木板或胶合板等材料。

9.3.2 参数设定和计算，应符合下列规定：

1 采样时间间隔宜为 $50\mu s$～$200\mu s$，信号采样点数不宜少于1024点；

2 传感器的设定值应按计量检定或校准结果设定；

3 自由落锤安装加速度传感器测力时，力的设定值由加速度传感器设定值与重锤质量的乘积确定；

4 测点处的桩截面尺寸应按实际测量确定；

5 测点以下桩长和截面积可采用设计文件或施工记录提供的数据作为设定值；

6 桩身材料质量密度应按表9.3.2取值；

表 9.3.2 桩身材料质量密度（t/m³）

钢桩	混凝土预制桩	离心管桩	混凝土灌注桩
7.85	2.45～2.50	2.55～2.60	2.40

7 桩身波速可结合本地经验或按同场地同类型已检桩的平均波速初步设定，现场检测完成后应按本规范第9.4.3进行调整；

8 桩身材料弹性模量应按下式计算：

$$E = \rho \cdot c^2 \qquad (9.3.2)$$

式中：E——桩身材料弹性模量（kPa）；

c——桩身应力波传播速度（m/s）；

ρ——桩身材料质量密度（t/m³）。

9.3.3 现场检测应符合下列规定：

1 交流供电的测试系统应接地良好，检测时测试系统应处于正常状态；

2 采用自由落锤为锤击设备时，应符合重锤低击原则，最大锤击落距不宜大于2.5m；

3 试验目的为确定预制桩打桩过程中的桩身应力、沉桩设备匹配能力和选择桩长时，应按本规范附录G执行；

4 现场信号采集时，应检查采集信号的质量，并根据桩顶最大动位移、贯入度、桩身最大拉应力、桩身最大压应力、缺陷程度及其发展情况等，综合确定每根受检桩记录的有效锤击信号数量；

5 发现测试波形紊乱，应分析原因；桩身有明显缺陷或缺陷程度加剧，应停止检测。

9.3.4 承载力检测时应实测桩的贯入度，单击贯入度宜为2mm～6mm。

9.4 检测数据分析与判定

9.4.1 检测承载力时选取锤击信号，宜取锤击能量较大的击次。

9.4.2 出现下列情况之一时，高应变锤击信号不得作为承载力分析计算的依据：

    1 传感器安装处混凝土开裂或出现严重塑性变形使力曲线最终未归零；

    2 严重锤击偏心，两侧力信号幅值相差超过1倍；

    3 四通道测试数据不全。

9.4.3 桩底反射明显时，桩身波速可根据速度波第一峰起升沿的起点到速度反射峰起升或下降沿的起点之间的时差与已知桩长值确定（图9.4.3）；桩底反射信号不明显时，可根据桩长、混凝土波速的合理取值范围以及邻近桩的桩身波速值综合确定。

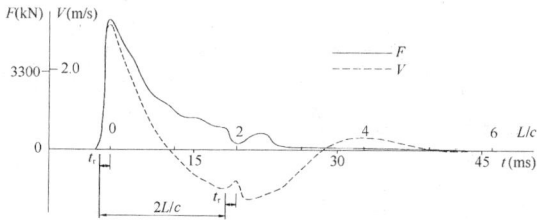

图 9.4.3 桩身波速的确定

9.4.4 桩身材料弹性模量和锤击力信号的调整应符合下列规定：

    1 当测点处原设定波速随调整后的桩身波速改变时，相应的桩身材料弹性模量应按本规范式（9.3.2）重新计算；

    2 对于采用应变传感器测量应变并由应变换算冲击力的方式，当原始力信号按速度单位存储时，桩身材料弹性模量调整后尚应对原始实测力值校正；

    3 对于采用自由落锤安装加速度传感器实测锤击力的方式，当桩身材料弹性模量或桩身波速改变时，不得对原始实测力值进行调整，但应扣除响应传感器安装点以上的桩头惯性力影响。

9.4.5 高应变实测的力和速度信号第一峰起始段不成比例时，不得对实测力或速度信号进行调整。

9.4.6 承载力分析计算前，应结合地基条件、设计参数，对下列实测波形特征进行定性检查：

    1 实测曲线特征反映出的桩承载性状；

    2 桩身缺陷程度和位置，连续锤击时缺陷的扩大或逐步闭合情况。

9.4.7 出现下列情况之一时，应采用静载试验方法进一步验证：

    1 桩身存在缺陷，无法判定桩的竖向承载力；

    2 桩身缺陷对水平承载力有影响；

    3 触变效应的影响，预制桩在多次锤击下承载力下降；

    4 单击贯入度大，桩底同向反射强烈且反射峰较宽，侧阻力波、端阻力波反射弱，波形表现出的桩竖向承载性状明显与勘察报告中的地基条件不符合；

    5 嵌岩桩桩底同向反射强烈，且在时间2L/c后无明显端阻力反射；也可采用钻芯法核验。

9.4.8 采用凯司法判定中、小直径桩的承载力，应符合下列规定：

    1 桩身材质、截面应基本均匀。

    2 阻尼系数 J_c 宜根据同条件下静载试验结果校核，或应在已取得相近条件下可靠对比资料后，采用实测曲线拟合法确定 J_c 值，拟合计算的桩数不应少于检测总桩数的30%，且不应少于3根。

    3 在同一场地、地基条件相近和桩型及其截面积相同情况下，J_c 值的极差不宜大于平均值的30%。

    4 单桩承载力应按下列凯司法公式计算：

$$R_c = \frac{1}{2}(1-J_c) \cdot [F(t_1) + Z \cdot V(t_1)] + \frac{1}{2}(1+J_c) \cdot$$
$$\left[F\left(t_1 + \frac{2L}{c}\right) - Z \cdot V\left(t_1 + \frac{2L}{c}\right)\right] \quad (9.4.8\text{-}1)$$

$$Z = \frac{E \cdot A}{c} \quad (9.4.8\text{-}2)$$

    式中：R_c——凯司法单桩承载力计算值（kN）；

        J_c——凯司法阻尼系数；

        t_1——速度第一峰对应的时刻；

        $F(t_1)$——t_1 时刻的锤击力（kN）；

        $V(t_1)$——t_1 时刻的质点运动速度（m/s）；

        Z——桩身截面力学阻抗（kN·s/m）；

        A——桩身截面面积（m^2）；

        L——测点下桩长（m）。

    5 对于 $t_1 + 2L/c$ 时刻桩侧和桩端土阻力均已充分发挥的摩擦型桩，单桩竖向抗压承载力检测值可采用式（9.4.8-1）的计算值。

    6 对于土阻力滞后于 $t_1 + 2L/c$ 时刻明显发挥或先于 $t_1 + 2L/c$ 时刻发挥并产生桩中上部强烈反弹这两种情况，宜分别采用下列方法对式（9.4.8-1）的计算值进行提高修正，得到单桩竖向抗压承载力检测值：

      1）将 t_1 延时，确定 R_c 的最大值；

      2）计入卸载回弹的土阻力，对 R_c 值进行修正。

9.4.9 采用实测曲线拟合法判定桩承载力，应符合下列规定：

    1 所采用的力学模型应明确、合理，桩和土的力学模型应能分别反映桩和土的实际力学性状，模型参数的取值范围应能限定；

    2 拟合分析选用的参数应在岩土工程的合理范围内；

    3 曲线拟合时间段长度在 $t_1 + 2L/c$ 时刻后延续时间不应小于20ms；对于柴油锤打桩信号，在 $t_1 + 2L/c$ 时刻后延续时间不应小于30ms；

    4 各单元所选用的土的最大弹性位移 s_q 值不应超过相应桩单元的最大计算位移值；

    5 拟合完成时，土阻力响应区段的计算曲线与实测曲线应吻合，其他区段的曲线应基本吻合；

6 贯入度的计算值应与实测值接近。

9.4.10 单桩竖向抗压承载力特征值 R_a 应按本方法得到的单桩竖向抗压承载力检测值的50%取值。

9.4.11 桩身完整性可采用下列方法进行判定：

1 采用实测曲线拟合法判定时，拟合所选用的桩、土参数应符合本规范第9.4.9条第1~2款的规定；根据桩的成桩工艺，拟合时可采用桩身阻抗拟合或桩身裂隙以及混凝土预制桩的接桩缝隙拟合；

2 等截面桩且缺陷深度 x 以上部位的土阻力 R_x 未出现卸载回弹时，桩身完整性系数 β 和桩身缺陷位置 x 应分别按下列公式计算，桩身完整性可按表9.4.11并结合经验判定。

$$\beta = \frac{F(t_1) + F(t_x) + Z \cdot [V(t_1) - V(t_x)] - 2R_x}{F(t_1) - F(t_x) + Z \cdot [V(t_1) + V(t_x)]}$$

$$(9.4.11\text{-}1)$$

$$x = c \cdot \frac{t_x - t_1}{2000} \qquad (9.4.11\text{-}2)$$

式中：t_x——缺陷反射峰对应的时刻（ms）；

x——桩身缺陷至传感器安装点的距离（m）；

R_x——缺陷以上部位土阻力的估计值，等于缺陷反射波起始点的力与速度乘以桩身截面力学阻抗之差值（图9.4.11）；

β——桩身完整性系数，其值等于缺陷 x 处桩身截面阻抗与 x 以上桩身截面阻抗的比值。

表 9.4.11 桩身完整性判定

类 别	β 值
I	$\beta = 1.0$
II	$0.8 \leqslant \beta < 1.0$
III	$0.6 \leqslant \beta < 0.8$
IV	$\beta < 0.6$

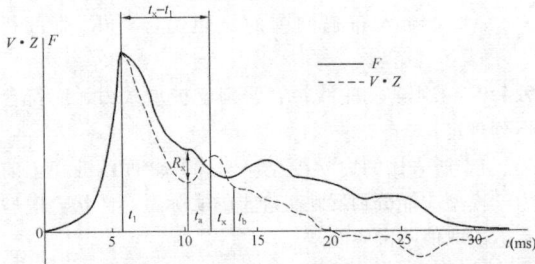

图 9.4.11 桩身完整性系数计算

9.4.12 出现下列情况之一时，桩身完整性宜按地基条件和施工工艺，结合实测曲线拟合法或其他检测方法综合判定：

1 桩身有扩径；

2 混凝土灌注桩桩身截面渐变或多变；

3 力和速度曲线在第一峰附近不成比例，桩身浅部有缺陷；

4 锤击力波上升缓慢；

5 本规范第9.4.11条第2款的情况：缺陷深度 x 以上部位的土阻力 R_x 出现卸载回弹。

9.4.13 桩身最大锤击拉、压应力和桩锤实际传递给桩的能量，应分别按本规范附录G的公式进行计算。

9.4.14 高应变检测报告应给出实测的力与速度信号曲线。

9.4.15 检测报告除应包括本规范第3.5.3条规定的内容外，尚应包括下列内容：

1 计算中实际采用的桩身波速值和 J_c 值；

2 实测曲线拟合法所选用的各单元桩和土的模型参数、拟合曲线、土阻力沿桩身分布图；

3 实测贯入度；

4 试打桩和打桩监控所采用的桩锤型号、桩垫类型，以及监测得到的锤击数、桩侧和桩端静阻力、桩身锤击拉应力和压应力、桩身完整性以及能量传递比随入土深度的变化。

10 声波透射法

10.1 一般规定

10.1.1 本方法适用于混凝土灌注桩的桩身完整性检测，判定桩身缺陷的位置、范围和程度。对于桩径小于0.6m的桩，不宜采用本方法进行桩身完整性检测。

10.1.2 当出现下列情况之一时，不得采用本方法对整桩的桩身完整性进行评定：

1 声测管未沿桩身通长配置；

2 声测管堵塞导致检测数据不全；

3 声测管埋设数量不符合本规范第10.3.2条的规定。

10.2 仪 器 设 备

10.2.1 声波发射与接收换能器应符合下列规定：

1 圆柱状径向换能器沿径向振动应无指向性；

2 外径应小于声测管内径，有效工作段长度不得大于150mm；

3 谐振频率应为 30kHz~60kHz；

4 水密性应满足 1MPa 水压不渗水。

10.2.2 声波检测仪应具有下列功能：

1 实时显示和记录接收信号时程曲线以及频率测量或频谱分析；

2 最小采样时间间隔应小于等于 $0.5\mu s$，系统频带宽度应为 1kHz~200kHz，声波幅值测量相对误差小于5%，系统最大动态范围不得小于100dB；

3 声波发射脉冲应为阶跃或矩形脉冲，电压幅值应为 200 V~1000V；

4 首波实时显示；

5 自动记录声波发射与接收换能器位置。

10.3 声测管埋设

10.3.1 声测管埋设应符合下列规定：

1 声测管内径应大于换能器外径；

2 声测管应有足够的径向刚度，声测管材料的温度系数应与混凝土接近；

3 声测管应下端封闭、上端加盖、管内无异物；声测管连接处应光顺过渡，管口应高出混凝土顶面100mm以上；

4 浇灌混凝土前应将声测管有效固定。

10.3.2 声测管应沿钢筋笼内侧呈对称形状布置（图10.3.2），并依次编号。声测管埋设数量应符合下列规定：

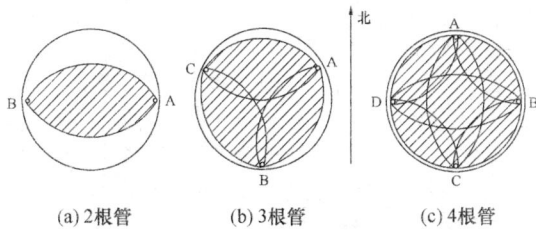

(a) 2根管 (b) 3根管 (c) 4根管

图 10.3.2 声测管布置示意图

注：检测剖面编组（检测剖面序号为 j）分别为：2根管时，AB 剖面（$j=1$）；3根管时，AB 剖面（$j=1$），BC 剖面（$j=2$），CA 剖面（$j=3$）；4根管时，AB 剖面（$j=1$），BC 剖面（$j=2$），CD 剖面（$j=3$），DA 剖面（$j=4$），AC 剖面（$j=5$），BD 剖面（$j=6$）。

1 桩径小于或等于 800mm 时，不得少于 2 根声测管；

2 桩径大于 800mm 且小于或等于 1600mm 时，不得少于 3 根声测管；

3 桩径大于 1600mm 时，不得少于 4 根声测管；

4 桩径大于 2500mm 时，宜增加预埋声测管数量。

10.4 现场检测

10.4.1 现场检测开始的时间除应符合本规范第3.2.5条第1款的规定外，尚应进行下列准备工作：

1 采用率定法确定仪器系统延迟时间；

2 计算声测管及耦合水层声时修正值；

3 在桩顶测量各声测管外壁间净距离；

4 将各声测管内注满清水，检查声测管畅通情况；换能器应能在声测管全程范围内正常升降。

10.4.2 现场平测和斜测应符合下列规定：

1 发射与接收声波换能器应通过深度标志分别置于两根声测管中；

2 平测时，声波发射与接收声波换能器应始终保持相同深度（图10.4.2a）；斜测时，声波发射与接收换能器应始终保持固定高差（图10.4.2b），且两个换能器中点连线的水平夹角不应大于30°；

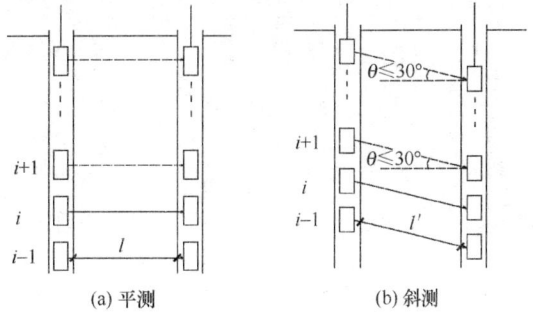

(a) 平测 (b) 斜测

图 10.4.2 平测、斜测示意图

3 声波发射与接收换能器应从桩底向上同步提升，声测线间距不应大于 100mm；提升过程中，应校核换能器的深度和校正换能器的高差，并确保测试波形的稳定性，提升速度不宜大于 0.5m/s；

4 应实时显示、记录每条声测线的信号时程曲线，并读取首波声时、幅值；当需要采用信号主频值作为异常声测线辅助判据时，尚应读取信号的主频值；保存检测数据的同时，应保存波列图信息；

5 同一检测剖面的声测线间距、声波发射电压和仪器设置参数应保持不变。

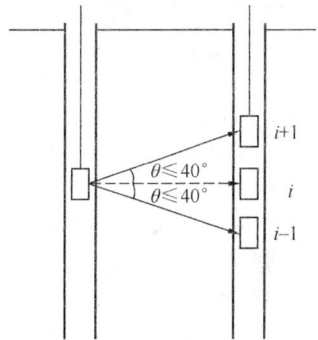

图 10.4.3 扇形扫测示意图

10.4.3 在桩身质量可疑的声测线附近，应采用增加声测线或采用扇形扫测（图10.4.3）、交叉斜测、CT影像技术等方式，进行复测和加密测试，确定缺陷的位置和空间分布范围，排除因声测管耦合不良等非桩身缺陷因素导致的异常声测线。采用扇形扫测时，两个换能器中点连线的水平夹角不应大于40°。

10.5 检测数据分析与判定

10.5.1 当因声测管倾斜导致声速数据有规律地偏高或偏低变化时，应先对管距进行合理修正，然后对数据进行统计分析。当实测数据明显偏离正常值而又无法进行合理修正时，检测数据不得作为评价桩身完整性的依据。

10.5.2 平测时各声测线的声时、声速、波幅及主频，应根据现场检测数据分别按下列公式计算，并绘制声速-深度曲线和波幅-深度曲线，也可绘制辅助的主频-深度曲线以及能量-深度曲线。

$$t_{ci}(j) = t_i(j) - t_0 - t' \qquad (10.5.2\text{-}1)$$

$$v_i(j) = \frac{l'_i(j)}{t_{ci}(j)} \qquad (10.5.2\text{-}2)$$

$$A_{pi}(j) = 20\lg \frac{a_i(j)}{a_0} \qquad (10.5.2\text{-}3)$$

$$f_i(j) = \frac{1000}{T_i(j)} \qquad (10.5.2\text{-}4)$$

式中：i——声测线编号，应对每个检测剖面自下而
上（或自上而下）连续编号；

j——检测剖面编号，按本规范第 10.3.2 条
编组；

$t_{ci}(j)$——第 j 检测剖面第 i 声测线声时（μs）；

$t_i(j)$——第 j 检测剖面第 i 声测线声时测量值
（μs）；

t_0——仪器系统延迟时间（μs）；

t'——声测管及耦合水层声时修正值（μs）；

$l'_i(j)$——第 j 检测剖面第 i 声测线的两声测管的外
壁间净距离（mm），当两声测管平行时，
可取为两声测管管口的外壁间净距离；
斜测时，$l'_i(j)$ 为声波发射和接收换能器
各自中点对应的声测管外壁处之间的净
距离，可由桩顶面两声测管的外壁间净
距离和发射接收声波换能器的高差计算
得到；

$v_i(j)$——第 j 检测剖面第 i 声测线声速（km/s）；

$A_{pi}(j)$——第 j 检测剖面第 i 声测线的首波幅值
（dB）；

$a_i(j)$——第 j 检测剖面第 i 声测线信号首波幅值
（V）；

a_0——零分贝信号幅值（V）；

$f_i(j)$——第 j 检测剖面第 i 声测线信号主频值
（kHz），可经信号频谱分析得到；

$T_i(j)$——第 j 检测剖面第 i 声测线信号周期（μs）。

10.5.3 当采用平测或斜测时，第 j 检测剖面的声速
异常判断概率统计值应按下列方法确定：

1 将第 j 检测剖面各声测线的声速值 $v_i(j)$ 由大
到小依次按下式排序：

$$v_1(j) \geqslant v_2(j) \geqslant \cdots v_k'(j) \geqslant \cdots v_{i-1}(j)$$

$$\geqslant v_i(j) \geqslant v_{i+1}(j)$$

$$\geqslant \cdots v_{n-k}(j) \geqslant \cdots v_{n-1}(j)$$

$$\geqslant v_n(j) \qquad (10.5.3\text{-}1)$$

式中：$v_i(j)$——第 j 检测剖面第 i 声测线声速，$i=$
1，2，……，n；

n——第 j 检测剖面的声测线总数；

k——拟去掉的低声速值的数据个数，$k=$
0，1，2，……；

k'——拟去掉的高声速值的数据个数，$k=$
0，1，2，……。

2 对逐一去掉 $v_i(j)$ 中 k 个最小数值和 k' 个最
大数值后的其余数据，按下列公式进行统计计算：

$$v_{01}(j) = v_m(j) - \lambda \cdot s_x(j) \qquad (10.5.3\text{-}2)$$

$$v_{02}(j) = v_m(j) + \lambda \cdot s_x(j) \qquad (10.5.3\text{-}3)$$

$$v_m(j) = \frac{1}{n-k-k'} \sum_{i=k'+1}^{n-k} v_i(j) \qquad (10.5.3\text{-}4)$$

$$s_x(j) = \sqrt{\frac{1}{n-k-k'-1} \sum_{i=k'+1}^{n-k} (v_i(j) - v_m(j))^2}$$

$$(10.5.3\text{-}5)$$

$$C_v(j) = \frac{s_x(j)}{v_m(j)} \qquad (10.5.3\text{-}6)$$

式中：$v_{01}(j)$——第 j 剖面的声速异常小值判断值；

$v_{02}(j)$——第 j 剖面的声速异常大值判断值；

$v_m(j)$——$(n-k-k')$ 个数据的平均值；

$s_x(j)$——$(n-k-k')$ 个数据的标准差；

$C_v(j)$——$(n-k-k')$ 个数据的变异系数；

λ——由表 10.5.3 查得的与 $(n-k-k')$
相对应的系数。

**表 10.5.3　统计数据个数 $(n-k-k')$
与对应的 λ 值**

$n-k-k'$	10	11	12	13	14	15	16	17	18	20
λ	1.28	1.33	1.38	1.43	1.47	1.50	1.53	1.56	1.59	1.64
$n-k-k'$	20	22	24	26	28	30	32	34	36	38
λ	1.64	1.69	1.73	1.77	1.80	1.83	1.86	1.89	1.91	1.94
$n-k-k'$	40	42	44	46	48	50	52	54	56	58
λ	1.96	1.98	2.00	2.02	2.04	2.05	2.07	2.09	2.10	2.11
$n-k-k'$	60	62	64	66	68	70	72	74	76	78
λ	2.13	2.14	2.15	2.17	2.18	2.19	2.20	2.21	2.22	2.23
$n-k-k'$	80	82	84	86	88	90	92	94	96	98
λ	2.24	2.25	2.26	2.27	2.28	2.29	2.29	2.30	2.31	2.32
$n-k-k'$	100	105	110	115	120	125	130	135	140	145
λ	2.33	2.34	2.36	2.38	2.39	2.41	2.42	2.43	2.45	2.46
$n-k-k'$	150	160	170	180	190	200	220	240	260	280
λ	2.47	2.50	2.52	2.54	2.56	2.58	2.61	2.64	2.67	2.69
$n-k-k'$	300	320	340	360	380	400	420	440	470	500
λ	2.72	2.74	2.76	2.77	2.79	2.81	2.82	2.84	2.86	2.88
$n-k-k'$	550	600	650	700	750	800	850	900	950	1000
λ	2.91	2.94	2.96	2.98	3.00	3.02	3.04	3.06	3.08	3.09
$n-k-k'$	1100	1200	1300	1400	1500	1600	1700	1800	1900	2000
λ	3.12	3.14	3.17	3.19	3.21	3.23	3.24	3.26	3.28	3.29

3 按 $k=0$、$k'=0$、$k=1$、$k'=1$、$k=2$、$k'=2$

……的顺序，将参加统计的数列最小数据 $v_{n-k}(j)$ 与异常小值判断值 $v_{01}(j)$ 进行比较，当 $v_{n-k}(j)$ 小于等于 $v_{01}(j)$ 时剔除最小数据；将最大数据 $v_{k'+1}(j)$ 与异常大值判断值 $v_{02}(j)$ 进行比较，当 $v_{k'+1}(j)$ 大于等于 $v_{02}(j)$ 时剔除最大数据；每次剔除一个数据，对剩余数据构成的数列，重复式（10.5.3-2）～（10.5.3-5）的计算步骤，直到下列两式成立：

$$v_{n-k}(j) > v_{01}(j) \qquad (10.5.3-7)$$

$$v_{k'+1}(j) < v_{02}(j) \qquad (10.5.3-8)$$

4 第 j 检测剖面的声速异常判断概率统计值，应按下式计算：

$$v_0(j) = \begin{cases} v_{\mathrm{m}}(j)(1-0.015\lambda) & \text{当 } C_{\mathrm{v}}(j) < 0.015 \text{ 时} \\ v_{01}(j) & \text{当 } 0.015 \leqslant C_{\mathrm{v}}(j) \leqslant 0.045 \text{ 时} \\ v_{\mathrm{m}}(j)(1-0.045\lambda) & \text{当 } C_{\mathrm{v}}(j) > 0.045 \text{ 时} \end{cases}$$

$$(10.5.3-9)$$

式中：$v_0(j)$ ——第 j 检测剖面的声速异常判断概率统计值。

10.5.4 受检桩的声速异常判断临界值，应按下列方法确定：

1 应根据本地区经验，结合预留同条件混凝土试件或钻芯法获取的芯样试件的抗压强度与声速对比试验，分别确定桩身混凝土声速低限值 v_L 和混凝土试件的声速平均值 v_p。

2 当 $v_0(j)$ 大于 v_L 且小于 v_p 时

$$v_c(j) = v_0(j) \qquad (10.5.4)$$

式中：$v_c(j)$ ——第 j 检测剖面的声速异常判断临界值；

$v_0(j)$ ——第 j 检测剖面的声速异常判断概率统计值。

3 当 $v_0(j)$ 小于等于 v_L 或 $v_0(j)$ 大于等于 v_p 时，应分析原因；第 j 检测剖面的声速异常判断临界值可按下列情况的声速异常判断临界值综合确定：

1）同一根桩的其他检测剖面的声速异常判断临界值；

2）与受检桩属同一工程、相同桩型且混凝土质量较稳定的其他桩的声速异常判断临界值。

4 对只有单个检测剖面的桩，其声速异常判断临界值等于检测剖面声速异常判断临界值；对具有三个及三个以上检测剖面的桩，应取各个检测剖面声速异常判断临界值的算术平均值，作为该桩各声测线的声速异常判断临界值。

10.5.5 声速 $v_i(j)$ 异常应按下式判定：

$$v_i(j) \leqslant v_c \qquad (10.5.5)$$

10.5.6 波幅异常判断的临界值，应按下列公式计算：

$$A_{\mathrm{m}}(j) = \frac{1}{n} \sum_{j=1}^{n} A_{pj}(j) \qquad (10.5.6-1)$$

$$A_c(j) = A_{\mathrm{m}}(j) - 6 \qquad (10.5.6-2)$$

波幅 $A_{pi}(j)$ 异常应按下式判定：

$$A_{pi}(j) < A_c(j) \qquad (10.5.6-3)$$

式中：$A_{\mathrm{m}}(j)$ ——第 j 检测剖面各声测线的波幅平均值（dB）；

$A_{pi}(j)$ ——第 j 检测剖面第 i 声测线的波幅值（dB）；

$A_c(j)$ ——第 j 检测剖面波幅异常判断的临界值（dB）；

n ——第 j 检测剖面的声测线总数。

10.5.7 当采用信号主频值作为辅助异常声测线判据时，主频-深度曲线上主频值明显降低的声测线可判定为异常。

10.5.8 当采用接收信号的能量作为辅助异常声测线判据时，能量-深度曲线上接收信号能量明显降低可判定为异常。

10.5.9 采用斜率法作为辅助异常声测线判据时，声时-深度曲线上相邻两点的斜率与声时差的乘积 PSD 值应按下式计算。当 PSD 值在某深度处突变时，宜结合波幅变化情况进行异常声测线判定。

$$PSD(j,i) = \frac{[t_{ci}(j) - t_{ci-1}(j)]^2}{z_i - z_{i-1}} \qquad (10.5.9)$$

式中：PSD ——声时-深度曲线上相邻两点连线的斜率与声时差的乘积（$\mu s^2/m$）；

$t_{ci}(j)$ ——第 j 检测剖面第 i 声测线的声时（μs）；

$t_{ci-1}(j)$ ——第 j 检测剖面第 $i-1$ 声测线的声时（μs）；

z_i ——第 i 声测线深度（m）；

z_{i-1} ——第 $i-1$ 声测线深度（m）。

10.5.10 桩身缺陷的空间分布范围，可根据以下情况判定：

1 桩身同一深度上各检测剖面桩身缺陷的分布；

2 复测和加密测试的结果。

10.5.11 桩身完整性类别应结合桩身缺陷处声测线的声学特征、缺陷的空间分布范围，按本规范表3.5.1和表10.5.11所列特征进行综合判定。

表 10.5.11 桩身完整性判定

类别	特 征
I	所有声测线声学参数无异常，接收波形正常；存在声学参数轻微异常、波形轻微畸变的异常声测线，异常声测线在任一检测剖面的任一区段内纵向不连续分布，且在任一深度横向分布的数量小于检测剖面数量的50%

续表10.5.11

类别	特　征
Ⅱ	存在声学参数轻微异常、波形轻微畸变的异常声测线，异常声测线在一个或多个检测剖面的一个或多个区段内纵向连续分布，或在一个或多个深度横向分布的数量大于或等于检测剖面数量的50%； 　　存在声学参数明显异常、波形明显畸变的异常声测线，异常声测线在任一检测剖面的任一区段内纵向不连续分布，且在任一深度横向分布的数量小于检测剖面数量的50%
Ⅲ	存在声学参数明显异常、波形明显畸变的异常声测线，异常声测线在一个或多个检测剖面的一个或多个区段内纵向连续分布，但在任一深度横向分布的数量小于检测剖面数量的50%； 　　存在声学参数明显异常、波形明显畸变的异常声测线，异常声测线在任一检测剖面的任一区段内纵向不连续分布，但在一个或多个深度横向分布的数量大于或等于检测剖面数量的50%； 　　存在声学参数严重异常、波形严重畸变或声速低于低限值的异常声测线，异常声测线在任一检测剖面的任一区段内纵向不连续分布，且在任一深度横向分布的数量小于检测剖面数量的50%
Ⅳ	存在声学参数明显异常、波形明显畸变的异常声测线，异常声测线在一个或多个检测剖面的一个或多个区段内纵向连续分布，且在一个或多个深度横向分布的数量大于或等于检测剖面数量的50%； 　　存在声学参数严重异常、波形严重畸变或声速低于低限值的异常声测线，异常声测线在一个或多个检测剖面的一个或多个区段内纵向连续分布，或在一个或多个深度横向分布的数量大于或等于检测剖面数量的50%

注：1　完整性类别由Ⅳ类往Ⅰ类依次判定。
　　2　对于只有一个检测剖面的受检桩，桩身完整性判定应按该检测剖面代表桩全部横截面的情况对待。

10.5.12　检测报告除应包括本规范第3.5.3条规定的内容外，尚应包括下列内容：

　　1　声测管布置图及声测剖面编号；

　　2　受检桩每个检测剖面声速-深度曲线、波幅-深度曲线，并将相应判据临界值所对应的标志线绘制于同一个坐标系；

　　3　当采用主频值、PSD值或接收信号能量进行辅助分析判定时，应绘制相应的主频-深度曲线、PSD曲线或能量-深度曲线；

　　4　各检测剖面实测波列图；

　　5　对加密测试、扇形扫测的有关情况说明；

　　6　当对管距进行修正时，应注明进行管距修正的范围及方法。

附录A　桩身内力测试

A.0.1　桩身内力测试适用于桩身横截面尺寸基本恒定或已知的桩。

A.0.2　桩身内力测试宜根据测试目的、试验桩型及施工工艺选用电阻应变式传感器、振弦式传感器、滑动测微计或光纤式应变传感器。

A.0.3　传感器测量断面应设置在两种不同性质土层的界面处，且距桩顶和桩底的距离不宜小于1倍桩径。在地面处或地面以上应设置一个测量断面作为传感器标定断面。传感器标定断面处应对称设置4个传感器，其他测量断面处可对称埋设2个～4个传感器，当桩径较大或试验要求较高时取高值。

A.0.4　采用滑动测微计时，可在桩身内通长埋设1根或1根以上的测管，测管内宜每隔1m设测标或测量断面一个。

A.0.5　应变传感器安装，可根据不同桩型选择下列方式：

　　1　钢桩可将电阻应变计直接粘贴在桩身上，振弦式和光纤式传感器可采用焊接或螺栓连接固定在桩身上；

　　2　混凝土桩可采用焊接或绑焊工艺将传感器固定在钢筋笼上；对采用蒸汽养护或高压蒸养的混凝土预制桩，应选用耐高温的电阻应变计、粘贴剂和导线。

A.0.6　电阻应变式传感器及其连接电缆，应有可靠的防潮绝缘防护措施；正式测试前，传感器及电缆的系统绝缘电阻不得低于200MΩ。

A.0.7　应变测量所用的仪器，宜具有多点自动测量功能，仪器的分辨力应优于或等于$1\mu\varepsilon$。

A.0.8　弦式钢筋计应按主筋直径大小选择，并采用与之匹配的频率仪进行测量。频率仪的分辨力应优于或等于1Hz，仪器的可测频率范围应大于桩在最大加载时的频率的1.2倍。使用前，应对钢筋计逐个标定，得出压力（拉力）与频率之间的关系。

A.0.9　带有接长杆的弦式钢筋计宜焊接在主筋上，不宜采用螺纹连接。

A.0.10　滑动测微计测管的埋设应确保测标同桩身位移协调一致，并保持测标清洁。测管安装可根据下列情况采用不同的方法：

　　1　对钢管桩，可通过安装在测管上的测标与钢管桩的焊接，将测管固定在桩壁内侧；

　　2　对非高温养护预制桩，可将测管预埋在预制桩中；管桩可在沉桩后将测管放入中心孔中，用含膨润土的水泥浆充填测管与桩壁间的空隙；

　　3　对灌注桩，可在浇筑混凝土前将测管绑扎在主筋上，并应采取防止钢筋笼扭曲的措施。

A.0.11　滑动测微计测试前后，应进行仪器标定，获得仪器零点和标定系数。

A.0.12 当桩身应变与桩身位移需要同时测量时，桩身位移测试应与桩身应变测试同步。

A.0.13 测试数据整理应符合下列规定：

1 采用电阻应变式传感器测量，但未采用六线制长线补偿时，应按下列公式对实测应变值进行导线电阻修正：

采用半桥测量时：

$$\varepsilon = \varepsilon' \cdot \left(1 + \frac{r}{R}\right) \qquad (A.0.13-1)$$

采用全桥测量时：

$$\varepsilon = \varepsilon' \cdot \left(1 + \frac{2r}{R}\right) \qquad (A.0.13-2)$$

式中：ε——修正后的应变值；

ε'——修正前的应变值；

r——导线电阻（Ω）；

R——应变计电阻（Ω）。

2 采用弦式钢筋计测量时，应根据率定系数将钢筋计的实测频率换算成力值，再将力值换算成与钢筋计断面处混凝土应变相等的钢筋应变量。

3 采用滑动测微计测量时，应按下列公式计算应变值：

$$e = (e' - z_0) \cdot K \qquad (A.0.13-3)$$
$$\varepsilon = e - e_0 \qquad (A.0.13-4)$$

式中：e——仪器读数修正值；

e'——仪器读数；

z_0——仪器零点；

K——率定系数；

ε——应变值；

e_0——初始测试仪器读数修正值。

4 数据处理时，应删除异常测点数据，求出同一断面有效测点的应变平均值，并应按下式计算该断面处的桩身轴力：

$$Q_i = \bar{\varepsilon}_i \cdot E_i \cdot A_i \qquad (A.0.13-5)$$

式中：Q_i——桩身第 i 断面处轴力（kN）；

$\bar{\varepsilon}_i$——第 i 断面处应变平均值，长期监测时应消除桩身徐变影响；

E_i——第 i 断面处桩身材料弹性模量（kPa）；当混凝土桩桩身测量断面与标定断面两者的材质、配筋一致时，应按标定断面处的应力与应变的比值确定；

A_i——第 i 断面处桩身截面面积（m²）。

5 每级试验荷载下，应将桩身不同断面处的轴力值制成表格，并绘制轴力分布图。桩侧土的分层侧阻力和桩端阻力应分别按下列公式计算：

$$q_{si} = \frac{Q_i - Q_{i+1}}{u \cdot l_i} \qquad (A.0.13-6)$$

$$q_p = \frac{Q_n}{A_0} \qquad (A.0.13-7)$$

式中：q_{si}——桩第 i 断面与 $i+1$ 断面间侧阻力（kPa）；

q_p——桩的端阻力（kPa）；

i——桩检测断面顺序号，$i = 1, 2, \cdots\cdots, n$，并自桩顶以下从小到大排列；

u——桩身周长（m）；

l_i——第 i 断面与第 $i+1$ 断面之间的桩长（m）；

Q_n——桩端的轴力（kN）；

A_0——桩端面积（m²）。

6 桩身第 i 断面处的钢筋应力应按下式计算：

$$\sigma_{si} = E_s \cdot \varepsilon_{si} \qquad (A.0.13-8)$$

式中：σ_{si}——桩身第 i 断面处的钢筋应力（kPa）；

E_s——钢筋弹性模量（kPa）；

ε_{si}——桩身第 i 断面处的钢筋应变。

A.0.14 指定桩身断面的沉降以及两个指定桩身断面之间的沉降差，可采用位移杆测量。位移杆应具有一定的刚度，宜采用内外管形式：外管固定在桩身，内管下端固定在需测试断面，顶端高出外管 100mm～200mm，并能与测试断面同步位移。

A.0.15 测量位移杆位移的检测仪器应符合本规范第 4.2.4 条的规定。数据的测读应与桩顶位移测量同步。

附录 B 混凝土桩桩头处理

B.0.1 混凝土桩应凿掉桩顶部的破碎层以及软弱或不密实的混凝土。

B.0.2 桩头顶面应平整，桩头中轴线与桩身上部的中轴线应重合。

B.0.3 桩头主筋应全部直通至桩顶混凝土保护层之下，各主筋应在同一高度上。

B.0.4 距桩顶 1 倍桩径范围内，宜用厚度为 3mm～5mm 的钢板围裹或距桩顶 1.5 倍桩径范围内设置箍筋，间距不宜大于 100mm。桩顶应设置钢筋网片 1 层～2 层，间距 60mm～100mm。

B.0.5 桩头混凝土强度等级宜比桩身混凝土提高 1 级～2 级，且不得低于 C30。

B.0.6 高应变法检测的桩头测点处截面尺寸应与原桩身截面尺寸相同。

B.0.7 桩顶应用水平尺找平。

附录 C 静载试验记录表

C.0.1 单桩竖向抗压静载试验的现场检测数据宜按表 C.0.1 的格式记录。

C.0.2 单桩水平静载试验的现场检测数据宜按表 C.0.2 的格式记录。

表 C.0.1　单桩竖向抗压静载试验记录表

工程名称								桩号	日期		
加载级	油压（MPa）	荷载（kN）	测读时间	位移计(百分表)读数				本级沉降（mm）	累计沉降（mm）	备注
				1号	2号	3号	4号			

检测单位：　　　　　　　　　　　校核：　　　　　　　　　　　记录：

表 C.0.2　单桩水平静载试验记录表

工程名称						桩号		日期		上下表距	
油压（MPa）	荷载（kN）	观测时间	循环数	加载		卸载		水平位移(mm)		加载上下表读数差	转角 备注
				上表	下表	上表	下表	加载	卸载		

检测单位：　　　　　　　　　　　校核：　　　　　　　　　　　记录：

附录 D　钻芯法检测记录表

D.0.1　钻芯法检测的现场操作记录和芯样编录应分别按表 D.0.1-1 和表 D.0.1-2 的格式记录；检测芯样综合柱状图应按表 D.0.1-3 的格式记录和描述。

表 D.0.1-1　钻芯法检测现场操作记录表

桩号		孔号		工程名称	
时间		钻进(m)			芯样初步描述及异常情况记录
自	至	自	至	计	

芯样编号	芯样长度(m)	残留芯样

检测日期：　　　　机长：　　　记录：　　　页次：

表 D.0.1-2　钻芯法检测芯样编录表

工程名称			日期	
桩号/钻芯孔号		桩径		混凝土设计强度等级
项目	分段（层）深度（m）	芯样描述	取样编号取样深度	备注
桩身混凝土		混凝土钻进深度，芯样连续性、完整性、胶结情况、表面光滑情况、断口吻合程度、混凝土芯是否为柱状、骨料大小分布情况，以及气孔、空洞、蜂窝麻面、沟槽、破碎、夹泥、松散的情况		

续表 D.0.1-2

项目	分段（层）深度（m）	芯样描述	取样编号取样深度	备注
桩底沉渣		桩端混凝土与持力层接触情况、沉渣厚度		
持力层		持力层钻进深度，岩土名称、芯样颜色、结构构造、裂隙发育程度、坚硬及风化程度；分层岩层应分层描述	（强风化或土层时的动力触探或标贯结果）	

检测单位：　　　记录员：　　　检测人员：

表 D.0.1-3　钻芯法检测芯样综合柱状图

桩号/孔号		混凝土设计强度等级		桩顶标高	开孔时间
施工桩长		设计桩径		钻孔深度	终孔时间
层序号	层底标高（m）	层底深度（m）	分层厚度（m）	混凝土/岩土芯柱状图（比例尺）	桩身混凝土、持力层描述

序号芯样强度深度(m)	备注
□	
□	
□	

编制：　　校核：

注：□代表芯样试件取样位置。

附录 E 芯样试件加工和测量

E.0.1 芯样加工时应将芯样固定，锯切平面垂直于芯样轴线。锯切过程中应淋水冷却金刚石圆锯片。

E.0.2 锯切后的芯样试件不满足平整度及垂直度要求时，应选用下列方法进行端面加工：

1 在磨平机上磨平；

2 用水泥砂浆、水泥净浆、硫磺胶泥或硫磺等材料在专用补平装置上补平；水泥砂浆或水泥净浆的补平厚度不宜大于 5mm，硫磺胶泥或硫磺的补平厚度不宜大于 1.5mm。

E.0.3 补平层应与芯样结合牢固，受压时补平层与芯样的结合面不得提前破坏。

E.0.4 试验前，应对芯样试件的几何尺寸做下列测量：

1 平均直径：在相互垂直的两个位置上，用游标卡尺测量芯样表观直径偏小的部位的直径，取其两次测量的算术平均值，精确至 0.5mm；

2 芯样高度：用钢卷尺或钢板尺进行测量，精确至 1mm；

3 垂直度：用游标量角器测量两个端面与母线的夹角，精确至 0.1°；

4 平整度：用钢板尺或角尺紧靠在芯样端面上，一面转动钢板尺，一面用塞尺测量与芯样端面之间的缝隙。

E.0.5 芯样试件出现下列情况时，不得用作抗压或单轴抗压强度试验：

1 试件有裂缝或有其他较大缺陷时；

2 混凝土芯样试件内含有钢筋时；

3 混凝土芯样试件高度小于 $0.95d$ 或大于 $1.05d$ 时（d 为芯样试件平均直径）；

4 岩石芯样试件高度小于 $2.0d$ 或大于 $2.5d$ 时；

5 沿试件高度任一直径与平均直径相差达 2mm 以上时；

6 试件端面的不平整度在 100mm 长度内超过 0.1mm 时；

7 试件端面与轴线的不垂直度超过 2° 时；

8 表观混凝土粗骨料最大粒径大于芯样试件平均直径 0.5 倍时。

附录 F 高应变法传感器安装

F.0.1 高应变法检测时的冲击响应可采用对称安装在桩顶下桩侧表面的加速度传感器测量；冲击力可按下列方式测量：

1 采用对称安装在桩顶下桩侧表面的应变传感器测量测点处的应变，并将应变换算成冲击力；

2 在自由落锤锤体顶面下对称安装加速度传感器直接测量冲击力。

F.0.2 在桩顶下桩侧表面安装应变传感器和加速度传感器（图 F.0.1a～图 F.0.1c）时，应符合下列规定：

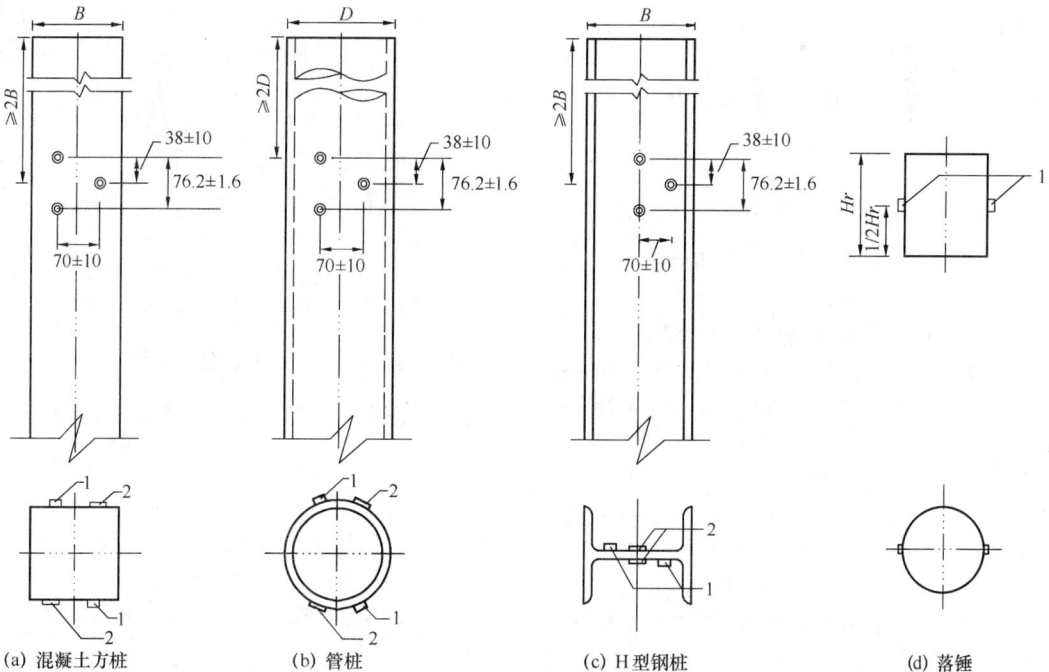

图 F.0.1 传感器安装示意图

注：图中尺寸单位为 mm。

1—加速度传感器；2—应变传感器；B—矩形桩的边宽；D—桩身外径；H_r—落锤锤体高度

1 应变传感器和加速度传感器，宜分别对称安装在距桩顶不小于 $2D$ 或 $2B$ 的桩侧表面处；对于大直径桩，传感器与桩顶之间的距离可适当减小，但不得小于 D；传感器安装面处的材质和截面尺寸应与原桩身相同，传感器不得安装在截面突变处附近；

2 应变传感器与加速度传感器的中心应位于同一水平线上；同侧的应变传感器和加速度传感器间的水平距离不宜大于 80mm；

3 各传感器的安装面材质应均匀、密实、平整；当传感器的安装面不平整时，可采用磨光机将其磨平；

4 安装传感器的螺栓钻孔应与桩侧表面垂直；安装完毕后的传感器应紧贴桩身表面，传感器的敏感轴应与桩中心轴平行；锤击时传感器不得产生滑动；

5 安装应变式传感器时，应对其初始应变值进行监视；安装后的传感器初始应变值不应过大，锤击时传感器的可测轴向变形余量的绝对值应符合下列规定：

  1）混凝土桩不得小于 $1000\mu\varepsilon$；

  2）钢桩不得小于 $1500\mu\varepsilon$。

F.0.3 自由落锤锤体上安装加速度传感器（图 F.0.1d）时，除应符合本规范第 F.0.2 条的有关规定外，尚应保证安装在桩侧表面的加速度传感器距桩顶的距离，不小于下列数值中的较大者：

1 $0.4H_r$；

2 D 或 B。

F.0.4 当连续锤击监测时，应将传感器连接电缆有效固定。

附录 G 试打桩与打桩监控

G.1 试打桩

G.1.1 为选择工程桩的桩型、桩长和桩端持力层进行试打桩时，应符合下列规定：

1 试打桩位置的地基条件应具有代表性；

2 试打桩过程中，应按桩端进入的土层逐一进行测试；当持力层较厚时，应在同一土层中进行多次测试。

G.1.2 桩端持力层应根据试打桩的打桩阻力与贯入度的关系，结合场地岩土工程勘察报告综合判定。

G.1.3 采用试打桩预估桩的承载力应符合下列规定：

1 应通过试打桩复打试验确定桩的承载力恢复系数；

2 复打至初打的休止时间应符合本规范表 3.2.5 的规定；

3 试打桩数量不应少于 3 根。

G.2 桩身锤击应力监测

G.2.1 桩身锤击应力监测应符合下列规定：

1 被监测桩的桩型、材应与工程桩相同；施打机械的锤型、落距和垫层材料及状况应与工程桩施工时相同；

2 监测应包括桩身锤击拉应力和锤击压应力两部分。

G.2.2 桩身锤击应力最大值监测宜符合下列规定：

1 桩身锤击拉应力宜在预计桩端进入软土层或桩端穿过硬土层进入软夹层时测试；

2 桩身锤击压应力宜在桩端进入硬土层或桩侧土阻力较大时测试。

G.2.3 传感器安装点以下深度的桩身锤击拉应力应按下式计算：

$$\sigma_t = \frac{1}{2A}\Big[F\Big(t_1+\frac{2L}{c}\Big) - Z\cdot V\Big(t_1+\frac{2L}{c}\Big)$$
$$+ F\Big(t_1+\frac{2L-2x}{c}\Big)$$
$$+ Z\cdot V\Big(t_1+\frac{2L-2x}{c}\Big)\Big] \qquad (G.2.3)$$

式中：σ_t——深度 x 处的桩身锤击拉应力（kPa）；

    x——传感器安装点至计算点的深度（m）；

    A——桩身截面面积（m^2）。

G.2.4 最大桩身锤击拉应力出现的深度，应与式（G.2.3）确定的最大桩身锤击拉应力相对应。

G.2.5 最大桩身锤击压应力可按下式计算：

$$\sigma_p = \frac{F_{max}}{A} \qquad (G.2.5)$$

式中：σ_p——最大桩身锤击压应力（kPa）；

    F_{max}——实测的最大锤击力（kN）。

当打桩过程中突然出现贯入度骤减甚至拒锤时，应考虑与桩端接触的硬层对桩身锤击压应力的放大作用。

G.2.6 桩身最大锤击应力控制值应符合现行行业标准《建筑桩基技术规范》JGJ 94 的有关规定。

G.3 锤击能量监测

G.3.1 桩锤实际传递给桩的能量应按下式计算：

$$E_n = \int_0^{t_e} F\cdot V\cdot dt \qquad (G.3.1)$$

式中：E_n——桩锤实际传递给桩的能量（kJ）；

    t_e——采样结束的时刻（s）。

G.3.2 桩锤最大动能宜通过测定锤芯最大运动速度确定。

G.3.3 桩锤传递比应按桩锤实际传递给桩的能量与桩锤额定能量的比值确定；桩锤效率应按实测的桩锤最大动能与桩锤额定能量的比值确定。

本规范用词说明

1 为便于在执行本规范条文时区别对待，对要求严格程度不同的用词说明如下：

1）表示很严格，非这样做不可的用词：

正面词采用"必须"，反面词采用"严禁"；

2）表示严格，在正常情况均应这样做的用词：

正面词采用"应"，反面词采用"不应"或"不得"；

3）表示允许稍有选择，在条件许可时首先应这样做的用词：

正面词采用"宜"，反面词采用"不宜"；

4）表示有选择，在一定条件下可以这样做的用词，采用"可"。

2 条文中指明按其他有关标准执行的写法为："应符合……的规定"或"应按……执行"。

引用标准名录

1 《建筑地基基础设计规范》GB 50007

2 《普通混凝土力学性能试验方法标准》GB/T 50081

3 《建筑桩基技术规范》JGJ 94

4 《基桩动测仪》JG/T 3055

中华人民共和国行业标准

建筑基桩检测技术规范

JGJ 106—2014

条 文 说 明

修 订 说 明

《建筑基桩检测技术规范》JGJ 106-2014，经住房和城乡建设部2014年4月16日以第384公告批准、发布。

本规范是在《建筑基桩检测技术规范》JGJ 106-2003的基础上修订而成的。上一版的主编单位是中国建筑科学研究院，参编单位是广东省建筑科学研究院、上海港湾工程设计研究院、冶金工业工程质量监督总站检测中心、中国科学院武汉岩土力学研究所、深圳市勘察研究院、辽宁省建设科学研究院、河南省建筑工程质量检验测试中心站、福建省建筑科学研究院、上海市建筑科学研究院。主要起草人为陈凡、徐天平、朱光裕、钟冬波、刘明贵、刘金砺、叶万灵、滕延京、李大展、刘艳玲、关立军、李荣强、王敏权、陈久照、赵海生、柳春、季沧江。本次修订的主要技术内容是：1. 原规范的10条强制性条文修订减少为4条；2. 取消了原规范对检测机构和人员的要求；3. 基桩检测方法选择原则及抽检数量的规定；4. 大吨位堆载时支墩边与基准桩中心距离的要求；5. 桩底持力层岩土性状评价时截取岩芯数量的要求；6. 钻芯法判定桩身完整性的一桩多钻芯孔关联性判据，桩身混凝土强度对桩身完整性分类的影响；

7. 对低应变法检测结果判定时易出现误判情况进行识别的要求；8. 长桩提前卸载对高应变法桩身完整性系数计算的影响；9. 声测管埋设的要求；10. 声波透射法现场自动检测及其仪器的相关要求；11. 声波透射法的声速异常判断临界值的确定方法；12. 声波透射法多测线、多剖面的空间关联性判据。

本规范修订过程中，编制组对我国基桩检测现状进行了调查研究，总结了《建筑基桩检测技术规范》JGJ 106-2003实施以来的实践经验、出现的问题，同时参考了国外的先进检测技术、方法标准，通过调研、征求意见，对增加和修订的内容进行反复讨论、分析、论证，开展专题研究和工程实例验证等工作，为本次规范修订提供了依据。

为便于广大工程检测、设计、施工、监理、科研、学校等单位有关人员在使用本规范时能正确理解和执行条文规定，《建筑基桩检测技术规范》编制组按章、节、条顺序编制了本规范的条文说明。对条文规定的目的、依据以及执行中需注意的有关事项进行了说明，还着重对强制性条文的强制性理由做了解释。但是，本条文说明不具备与规范正文同等的法律效力，仅供使用者作为理解和把握规范规定的参考。

目　次

1 总　则

1.0.1 桩基础是国内应用最为广泛的一种基础形式，其工程质量涉及上部结构的安全。我国年用桩量逾千万根，施工单位数量庞大且技术水平参差不齐，面对如此之大的用桩量，确保质量一直备受建设各方的关注。我国地质条件复杂多样，桩基工程技术的地域应用和发展水平不平衡。桩基工程质量除受岩土工程条件、基础与结构设计、桩土相互作用、施工工艺以及专业水平和经验等关联因素影响外，还具有施工隐蔽性高、更容易存在质量隐患的特点，发现质量问题难，出现事故处理更难。因此，设计规范、施工验收规范将桩的承载力和桩身结构完整性的检测均列为强制性要求，可见检测方法及其评价结果的正确与否直接关系上部结构的正常使用与安全。

　　2003 版规范较好地解决了各种基桩检测方法的技术能力定位、方法合理选择搭配、结果评价等问题，使基桩检测方法、数量选择、检测操作和结果评价在建工行业内得到了统一，对保证桩基工程质量提供了有力的支持。

　　2003 版规范实施以来，基桩的检测方法及其分析技术也在不断进步，工程桩检测的理论与实践经验也得到了丰富与积累。近十年来随着桩基技术和建设规模的快速发展，全国各地超高层、大跨结构普遍使用超大荷载基桩，单项工程出现了几千甚至上万根基桩用量，这些对基桩质量检测工作如何做到安全且适用提出了新的要求。因此，规范基桩检测工作，总结经验，提高基桩检测工作的质量，对促进基桩检测技术的健康发展将起到积极作用。

1.0.2 本规范适用于建工行业建筑和市政桥梁工程基桩的试验与检测。具体分为施工前为设计提供依据的试验桩检测和施工后为验收提供依据的工程桩检测，重点放在后者，主要检测参数为基桩的承载力和桩身完整性。

　　本规范所指的基桩是混凝土灌注桩、混凝土预制桩（包括预应力管桩）和钢桩。基桩的承载力和桩身完整性检测是基桩质量检测中的两项重要内容，除此之外，质量检测的其他内容与要求已在相关的设计和施工质量验收规范中作了明确规定。本规范的适用范围是根据现行国家标准《建筑地基基础设计规范》GB 50007 和《建筑地基基础工程施工质量验收规范》GB 50202 的有关规定制定的，水利、交通、铁路等工程的基桩检测可参照使用。此外，对于支护桩以及复合地基增强体设计强度等级不小于 C15 的高粘结强度桩（水泥粉煤灰碎石桩），其桩身完整性检测的原理、方法与本规范基桩的桩身完整性检测无异，同样可参照本规范执行。

1.0.3 本条是本规范编制的基本原则。桩基工程的

安全与单桩本身的质量直接相关，而地基条件、设计条件（桩的承载性状、桩的使用功能、桩型、基础和上部结构的形式等）和施工因素（成桩工艺、施工过程的质量控制、施工质量的均匀性、施工方法的可靠性等）不仅对单桩质量而且对整个桩基的正常使用均有影响。另外，检测得到的数据和信号也包含了诸如地基条件、桩身材料、不同桩型及其成桩可靠性、桩的休止时间等设计和施工因素的作用和影响，这些也直接决定了与检测方法相应的检测结果判定是否可靠，及所选择的受检桩是否具有代表性等。如果基桩检测及其结果判定时抛开这些影响因素，就会造成不必要的浪费或隐患。同时，由于各种检测方法在可靠性或经济性方面存在不同程度的局限性，多种方法配合时又具有一定的灵活性。因此，应根据检测目的、检测方法的适用范围和特点，考虑上述各种因素合理选择检测方法，使各种检测方法尽量能互为补充或验证，实现各种方法合理搭配、优势互补，即在达到"正确评价"目的的同时，又要体现经济合理性。

1.0.4 由于基桩检测工作需在工地现场开展，因此基桩检测不仅应满足国家现行有关标准的技术性要求，显然还应符合工地安全生产、防护、环保等有关标准的规定。

2　术语和符号

2.1　术　语

2.1.2 桩身完整性是一个综合定性指标，而非严格的定量指标，其类别是按缺陷对桩身结构承载力的影响程度划分的。这里有三点需要说明：

　　1　连续性包涵了桩长不够的情况。因动测法只能估算桩长，桩长明显偏短时，给出断桩的结论是正常的。而钻芯法则不同，可准确测定桩长。

　　2　作为完整性定性指标之一的桩身截面尺寸，由于定义为"相对变化"，所以先要确定一个相对衡量尺度。但检测时，桩径是否减小可能会比照以下条件之一：

　　　　1）按设计桩径；

　　　　2）根据设计桩径，并针对不同成桩工艺的桩型按施工验收规范考虑桩径的允许负偏差；

　　　　3）考虑充盈系数后的平均施工桩径。

　　所以，灌注桩是否缩颈必须有一个参考基准。过去，在动测法检测并采用开挖验证时，说明动测结论与开挖验证结果是否符合通常是按第一种条件。但严格地讲，应按施工验收规范，即第二个条件才是合理的，但因为动测法不能对缩颈严格定量，于是才定义为"相对变化"。

　　3　桩身结构承载力与混凝土强度有关，设计上根据混凝土强度等级验算桩身结构承载力是否满足设

计荷载的要求。按本条的定义和表3.5.1描述，桩身完整性是与桩身结构承载力相关的非定量指标，限于检测技术水平，本规范中的完整性检测方法（除钻芯法可通过混凝土芯样抗压试验给出实体强度外）显然不能给出混凝土抗压强度的具体数值。虽然完整性检测结果无法给出混凝土强度的具体数值，但显而易见：桩身存在密实性类缺陷将降低混凝土强度，桩身缩颈会减少桩有效承载断面等，这些都影响桩身结构承载力，而对结构承载力的影响程度是借助对桩身完整性的感观、经验判断得到的，没有具体量化值。另外，灌注桩桩身混凝土强度作为桩基工程验收的主控项目，以28d标养或同条件试块抗压强度值为依据已是惯例。相对而言，钻芯法在工程桩验收的完整性检测中应用较少。

2.1.3 桩身缺陷有三个指标，即位置、类型（性质）和程度。高、低应变动测时，不论缺陷的类型如何，其综合表现均为桩的阻抗变小，即完整性动力检测中分析的仅是阻抗变化，阻抗的变小可能是任何一种或多种缺陷类型及其程度大小的表现。因此，仅根据阻抗的变小不能判断缺陷的具体类型，如有必要，应结合地质资料、桩型、成桩工艺和施工记录等进行综合判断。对于扩径而表现出的阻抗变大，应在分析判定时予以说明，不应作为缺陷考虑。

2.1.6、2.1.7 基桩动力检测方法按动荷载作用产生的桩顶位移和桩身应变大小可分为高应变法和低应变法。前者的桩顶位移量与竖向抗压静载试验接近，桩周岩土全部或大部进入塑性变形状态，桩身应变量通常在 $0.1‰\sim1.0‰$ 范围内；后者的桩-土系统变形完全在弹性范围内，桩身应变量一般小于或远小于 $0.01‰$。对于普通钢桩，桩身应变超过 $1.0‰$ 已接近钢材屈服阶所对应的变形；对于混凝土桩，视混凝土强度等级的不同，其出现明显塑性变形对应的应变量小于或远小于 $0.5‰\sim1.0‰$。

3 基本规定

3.1 一般规定

3.1.1 桩基工程一般按勘察、设计、施工、验收四个阶段进行，基桩试验和检测工作多数情况下分别放在设计和验收两阶段，即施工前和施工后。大多数桩基工程的试验和检测工作确是在这两个阶段展开的，但对桩数较多、施工周期较长的大型桩基工程，验收检测应尽早在施工过程中穿插进行，而且这种做法应大力提倡。

本条强调检测方法合理选择搭配，目的是提高检测结果的可靠性和检测过程的可操作性，也是第1.0.3条的原则体现。表3.1.1所列7种方法是基桩检测中最常用的检测方法。对于冲钻孔、挖孔和沉管灌注桩以及预制桩等桩型，可采用其中多种甚至全部方法进行检测；但对异型桩、组合型桩，表3.1.1中的部分方法就不能完全适用（如高、低应变动测法）。因此在具体选择检测方法时，应根据检测目的、内容和要求，结合各检测方法的适用范围和检测能力，考虑设计、地基条件、施工因素和工程重要性等情况确定，不允许超适用范围滥用。同时也要兼顾实施中的经济合理性，即在满足正确评价的前提下，做到快速经济。

工程桩承载力验收检测方法，应根据基桩实际受力状态和设计要求合理选择。以竖向承压为主的基桩通常采用竖向抗压静载试验，考虑到高应变法快速、经济和检测桩数覆盖面较大的特点，对符合一定条件及高应变法适用范围的桩基工程，也可选用高应变法作为补充检测。例如条件相同、预制桩量大的桩基工程中，一部分桩可选用静载法检测，而另一部分可用高应变法检测，前者应作为后者的验证对比资料。对不具备条件进行静载试验的端承型大直径灌注桩，可采用钻芯法检查桩端持力层情况，也可采用深层载荷板试验进行核验。对专门承受竖向抗拔荷载或水平荷载的桩基，则应选用竖向抗拔静载试验方法或水平静载试验方法。

桩身完整性检测方法有低应变法、声波透射法、高应变法和钻芯法，除中小直径灌注桩外，大直径灌注桩一般同时选用两种或多种的方法检测，使各种方法能相互补充印证，优势互补。另外，对设计等级高、地基条件复杂、施工质量变异性大的桩基，或低应变完整性判定可能有技术困难时，提倡采用直接法（静载试验、钻芯和开挖，管桩可采用孔内摄像）进行验证。

3.1.2 施工前进行试验桩检测并确定单桩极限承载力，目的是为设计单位选定桩型和桩端持力层、掌握桩侧桩端阻力分布并确定基桩承载力提供依据，同时也为施工单位在新的地基条件下设定并调整施工工艺参数进行必要的验证。对设计等级高且缺乏地区经验的工程，为获得既经济又可靠的设计施工参数，减少盲目性，前期试桩尤为重要。本条规定的第1~3款条件，与现行国家标准《建筑地基基础设计规范》GB 50007、现行行业标准《建筑桩基技术规范》JGJ 94 的原则一致。考虑到桩基础选型、成桩工艺选择与地基条件、桩型和工法的成熟性密切相关，为在推广应用新桩型或新工艺过程中不断积累经验，使其能达到预期的质量和效益目标，规定本地区采用新桩型或新工艺也应在施工前进行试桩。通常为设计提供依据的试验桩静载试验往往应加载至极限破坏状态，但受设备条件和反力提供方式的限制，试验可能做不到破坏状态，为安全起见，此时的单桩极限承载力取试验时最大加载值，但前提是应符合设计的预期要求。

3.1.3 工程桩的承载力和桩身完整性（或桩身质量）

是国家标准《建筑地基基础工程施工质量验收规范》GB 50202－2002桩基验收中的主控项目，也是现行国家标准《建筑地基基础设计规范》GB 50007和现行行业标准《建筑桩基技术规范》JGJ 94以强制性条文形式规定的必检项目。因工程桩的预期使用功能要通过单桩承载力实现，完整性检测的目的是发现某些可能影响单桩承载力的缺陷，最终仍是为减少安全隐患、可靠判定工程桩承载力服务。所以，基桩质量检测时，承载力和完整性两项内容密不可分，往往是通过低应变完整性普查，找出基桩施工质量问题并得到对整体施工质量的大致估计，而工程桩承载力是否满足设计要求则需通过有代表性的单桩承载力检验来实现。

3.1.4 鉴于目前对施工过程中的检测重视不够，本条强调了施工过程中的检测，以便加强施工过程的质量控制，做到信息化施工。如：冲钻孔灌注桩施工中应提倡或明确规定采用一些成熟的技术和常规的方法进行孔径、孔斜、孔深、沉渣厚度和桩端岩性鉴别等项目的检验；对于打入式预制桩，提倡沉桩过程中的高应变监测等。

桩基施工过程中可能出现以下情况：设计变更、局部地基条件与勘察报告不符、工程桩施工工艺与施工前为设计提供依据的试验桩不同、原材料发生变化、施工单位更换等，都可能造成质量隐患。除施工前为设计提供依据的检测外，仅在施工后进行验收检测，即使发现质量问题，也只是事后补救，造成不必要的浪费。因此，基桩检测除在施工前和施工后进行外，尚应加强桩基施工过程中的检测，以便及时发现并解决问题，做到防患于未然，提高效益。

基桩检测工作不论在何时、何地开展，相关单位应时刻牢记和切实执行安全生产的有关规定。

3.2 检测工作程序

3.2.1 框图3.2.1是检测机构应遵循的检测工作程序。实际执行检测程序中，由于不可预知的原因，如委托要求的变化、现场调查情况与委托方介绍的不符，或在现场检测尚未全部完成就已发现质量问题而需要进一步排查，都可能使原检测方案中的检测数量、受检桩桩位、检测方法发生变化。如首先用低应变法普测（或扩检），再根据低应变法检测结果，采用钻芯法、高应变法或静载试验，对有缺陷的桩重点抽测。总之，检测方案并非一成不变，可根据实际情况动态调整。

3.2.2 根据第1.0.3条的原则及基桩检测工作的特殊性，本条对调查阶段工作提出了具体要求。为了正确地对基桩质量进行检测和评价，提高基桩检测工作的质量，做到有的放矢，应尽可能详细了解和搜集有关技术资料，并按表1填写受检桩设计施工概况表。另外，有时委托方的介绍和提出的要求是笼统的、非

技术性的，也需要通过调查来进一步明确委托方的具体要求和现场实施的可行性；有些情况下还需要检测技术人员到现场了解和搜集。

表1 受检桩设计施工概况表

桩号	桩横截面尺寸	混凝土设计强度等级（MPa）	设计桩顶标高（m）	检测时桩顶标高（m）	施工桩底标高（m）	施工桩长（m）	成桩日期	设计桩端持力层	单桩承载力特征值或极限值（kN）	备注
工程名称				地点				桩型		

3.2.3 本条提出的检测方案内容为一般情况下包含的内容，某些情况下还需要包括桩头加固、处理方案以及场地开挖、道路、供电、照明等要求。有时检测方案还需要与委托方或设计方共同研究制定。

3.2.4 检测所用仪器必须进行定期检定或校准，以保证基桩检测数据的准确可靠性和可追溯性。虽然测试仪器在有效计量检定或校准周期之内，但由于基桩检测工作的环境较差，使用期间仍可能由于使用不当或环境恶劣等造成仪器仪表受损或校准因子发生变化。因此，检测前还应加强对测试仪器、配套设备的期间核查；发现问题后应重新检定或校准。

3.2.5 混凝土是一种与龄期相关的材料，其强度随时间的增加而增长。在最初几天内强度快速增加，随后逐渐变缓，其物理力学、声学参数变化趋势亦大体如此。桩基工程受季节气候、周边环境或工期紧的影响，往往不允许等到全部工程桩施工完并都达到28d龄期强度后再开始检测。为做到信息化施工，尽早发现桩的施工质量问题并及时处理，同时考虑到低应变法和声波透射法检测内容是桩身完整性，对混凝土强度的要求可适当放宽。但如果混凝土龄期过短或强度过低，应力波或声波在其中的传播衰减加剧，或同一场地由于桩的龄期相差大，声速的变异性增大。因此，对于低应变法或声波透射法的测试，规定桩身混凝土强度应大于设计强度的70%，并不得低于15MPa。钻芯法检测的内容之一是桩身混凝土强度，显然受检桩应达到28d龄期或同条件养护试块达到设计强度，如果不是以检测混凝土强度为目的的验证检测，也可根据实际情况适当缩短混凝土龄期。高应变法和静载试验在桩身产生的应力水平高，若桩身混凝土强度低，有可能引起桩身损伤或破坏。为分清责任，桩身混凝土应达到28d龄期或设计强度。另外，

桩身混凝土强度过低，也可能出现桩身材料应力-应变关系的严重非线性，使高应变测试信号失真。

桩在施工过程中不可避免地扰动桩周土，降低土体强度，引起桩的承载力下降，以高灵敏度饱和黏性土中的摩擦桩最明显。随着休止时间的增加，土体重新固结，土体强度逐渐恢复提高，桩的承载力也逐渐增加。成桩后桩的承载力随时间而变化的现象称为桩的承载力时间（或歇后）效应，我国软土地区这种效应尤为突出。大量资料表明，时间效应可使桩的承载力比初始值增长 40%～400%。其变化规律一般是初期增长速度较快，随后渐慢，待达到一定时间后趋于相对稳定，其增长的快慢和幅度除与土性和类别有关，还与桩的施工工艺有关。除非在特定的土质条件和成桩工艺下积累大量的对比数据，否则很难得到承载力的时间效应关系。另外，桩的承载力随时间减小也应引起注意，除挤土上浮、负摩擦等原因引起承载力降低外，已有桩端泥岩持力层遇水软化导致承载力下降的报道。

桩的承载力包括两层涵义，即桩身结构承载力和支撑桩结构的地基岩土承载力，桩的破坏可能是桩身结构破坏或支撑桩结构的地基岩土承载力达到了极限状态，多数情况下桩的承载力受后者制约。如果混凝土强度过低，桩可能产生桩身结构破坏而地基土承载力尚未完全发挥，桩身产生的压缩量较大，检测结果不能真正反映设计条件下桩的承载力与桩的变形情况。因此，对于承载力检测，应同时满足地基土休止时间和桩身混凝土龄期（或设计强度）双重规定，若验收检测工期紧，无法满足休止时间规定时，应在检测报告中注明。

3.2.6 由于检测成本和周期问题，很难做到对桩基工程全部基桩进行检测。施工后验收检测的最终目的是查明隐患、确保安全。为了在有限的检测数量中更能充分暴露桩基存在的质量问题，宜优先检测本条第 1～5 款所列的桩，其次再考虑随机性。

3.2.7 相对于静载试验而言，本规范规定的完整性检测（除钻芯法外）方法作为普查手段，具有速度快、费用较低和检测数量大的特点，容易发现桩基的整体施工质量问题，至少能为有针对性地选择静载试验提供依据。所以，完整性检测安排在静载试验之前是合理的。当基础埋深较大时，基坑开挖产生土体侧移将桩推断或机械开挖将桩碰断的现象时有发生，此时完整性检测应等到开挖至基底标高后进行。

竖向抗压静载试验中，有时会因桩身缺陷、桩身截面突变处应力集中或桩身强度不足造成桩身结构破坏，有时也因锚桩质量问题而导致试桩失败或中途停顿，故建议在试桩前后对试桩和锚桩进行完整性检测，为分析桩身结构破坏的原因提供证据和确定锚桩能否正常使用。

对于混凝土桩的抗拔、水平或高应变试验，常因拉应力过大造成桩身开裂或破损，因此承载力检测完成后的桩身完整性检测比检测前更有价值。

3.2.8 测试数据异常通常是因测试人员误操作、仪器设备故障及现场准备不足造成的。用不正确的测试数据进行分析得出的结果必然不正确。对此，应及时分析原因，组织重新检测。

3.2.9 操作环境要求是按测量仪器设备对使用温湿度、电压波动、电磁干扰、振动冲击等现场环境条件的适应性规定的。

3.3 检测方法选择和检测数量

3.3.1 本条所说的"基桩受力状态"是指桩的承压、抗拔和水平三种受力状态。

"地基条件、桩长相近，桩端持力层、桩型、桩径、成桩工艺相同"即为本规范所指的"同一条件"。对于大型工程，"同一条件"可能包含若干个桩基分项（子分项）工程。同一桩基分项工程可能由两个或两个以上"同一条件"的桩组成，如直径 400mm 和 500mm 的两种规格的管桩应区别对待。

本条规定同一条件下的试桩数量不得少于一组 3 根，是保障合理评价试桩结果的低限要求。若实际中由于某些原因不足以为设计提供可靠依据或设计另有要求时，可根据实际情况增加试桩数量。另外，如果施工时桩参数发生了较大变动或施工工艺发生了变化，应重新试桩。

对于端承型大直径灌注桩，当受设备或现场条件限制无法做竖向抗压静载试验时，可依据现行行业标准《建筑桩基技术规范》JGJ 94 相关要求，按现行国家标准《建筑地基基础设计规范》GB 50007 进行深层平板载荷试验、岩基载荷试验；或在其他条件相同的情况下进行小直径桩静载试验，通过桩身内力测试，确定承载力参数，并建议考虑尺寸效应的影响。另外，采用上述替代方案时，应先通过相关质量责任主体组织的技术论证。

试验桩场地的选择应有代表性，附近应有地质钻孔。设计提出侧阻和端阻测试要求时，应在试验桩施工中安装测试桩身应变或变形的元件，以得到试桩的侧摩阻力分布及桩端阻力，为设计选择桩基持力层提供依据。试验桩的设计应符合试验目的的要求，静载试验装置的设计和安装应符合试验安全的要求。

3.3.2 本条的要求恰好是在打入式预制桩（特别是长桩、超长桩）情况下的高应变法技术优势所在。进行打桩过程监控可减少桩的破损率和选择合理的入土深度，进而提高沉桩效率。

3.3.3 桩身完整性检测，应在保证准确全面判定的原则上，首选适用、快速、经济的检测方法。当一种方法不能全面评判基桩完整性时，应采用两种或多种检测方法组合进行检测。例如：（1）对多节预制桩，接头质量缺陷是较常见的问题。在无可靠验证对比资料和经验时，低应变法对不同形式的接头质量判定尺度较难掌握，所以对接头质量有怀疑时，宜采用低应变法与高应变法或孔内摄像相结合的方式检测。

（2）中小直径灌注桩常采用低应变法，但大直径灌注桩一般设计承载力高，桩身质量是控制承载力的主要因素；随着桩径的增大和桩长超长，尺寸效应和有效检测深度对低应变法的影响加剧，而钻芯法、声透法恰好适合于大直径桩的检测（对于嵌岩桩，采用钻芯法可同时钻取桩端持力层岩芯和检测沉渣厚度）。同时，对大直径桩采用联合检测方式，多种方法并举，可以实现低应变法与钻芯法、声波透射法之间的相互补充或验证，优势互补，提高完整性检测的可靠性。

按设计等级、地质情况和成桩质量可靠性确定灌注桩的检测比例大小，20多年来的实践证明是合理的。

"每个柱下承台检测桩数不得少于1根"的规定涵盖了单桩单柱应全数检测之意。但应避免为满足本条1～3款最低抽检数量要求而贪图省事、不负责任地选择受检桩：如核心筒部位荷载大、基桩密度大，但受检桩却大量挑选在裙楼基础部位；又如9桩或9桩以上的柱下承台仅检测1根桩。

当对复合地基中类似于素混凝土桩的增强体进行检测时，检测数量应按《建筑地基处理技术规范》JGJ 79规定执行。

3.3.4 桩基工程属于一个单位工程的分部（子分部）工程中的分项工程，一般以分项工程单独验收，所以本规范将承载力验收检测的工程桩数量限定在分项工程内。本条同时规定了在何种条件下工程桩应进行单桩竖向抗压静载试验及检测数量低限。

采用挤土沉桩工艺时，由于土体的侧挤和隆起，质量问题（桩被挤断、拉断、上浮等）时有发生，尤其是大面积密集群桩施工，加上施打顺序不合理或打桩速率过快等不利因素，常引发严重的质量事故。有时施工前虽做过静载试验并以此作为设计依据，但因前期施工的试桩数量毕竟有限，挤土效应并未充分显现，施工后的单桩承载力与施工前的试桩结果相差甚远，对此应给予足够的重视。

另需注意：当符合本条六款条件之一，但单桩竖向抗压承载力检测的数量或方法的选择不能按本条执行时，为避免无法实施竖向抗压承载力检测的情况出现，本规范的第3.3.6条和第3.3.7条作为本条的补充条款给予了出路。

3.3.5 预制桩和满足高应变法适用检测范围的灌注桩，可采用高应变法。高应变法作为一种以检测承载力为主的试验方法，尚不能完全取代静载试验。该方法的可靠性的提高，在很大程度上取决于检测人员的技术水平和经验，绝非仅通过一定量的静动对比就能解决。由于检测人员水平、设备匹配能力、桩土相互作用复杂性等原因，超出高应变法适用范围后，静动

对比在机理上就不具备可比性。如果说"静动对比"是衡量高应变法是否可靠的唯一"硬"指标的话，那么对比结果就不能只是与静载承载力数值的比较，还应比较动测得到的桩的沉降和土参数取值是否合理。同时，在不受第3.3.4条规定条件限制时，尽管允许采用高应变法进行验收检测，但仍需不断积累验证资料、提高分析判断能力和现场检测技术水平。尤其针对灌注桩检测中，实测信号质量有时不易保证、分析中不确定因素多的情况，本规范第9.1.1～9.1.2条对此已作了相应规定。

3.3.6 为了全面了解工程桩的承载力情况，使验收检测达到既安全又经济的目的，本条提出可采用高应变法作为静载试验的"补充"，但无完全代替静载试验之意。如场地地基条件复杂、桩施工变异大，但按本规范第3.3.4条规定的静载试桩数量很少，存在抽样数量不足、代表性差的问题，此时在满足本规范第3.3.4条规定的静载试桩数量的基础上，只能是额外增加高应变检测；又如场地地基条件和施工变异不大，按1%抽检的静载试桩数量较大，根据经验能认定高应变法适用且其结果与静载试验有良好的可比性，此时可适当减少静载试桩数量，采用高应变检测作为补充。

3.3.7 端承型大直径灌注桩（事实上对所有高承载力的桩），往往不允许任何一根桩承载力失效，否则后果不堪设想。由于试桩荷载大或场地限制，有时很难、甚至无法进行单桩竖向抗压承载力静载检测。对此，本条规定实际是对本规范第3.3.4条的补充，体现了"多种方法合理搭配，优势互补"的原则，如深层平板载荷试验、岩基载荷试验、终孔后混凝土灌注前的桩端持力层鉴别、成桩后的钻芯法沉渣厚度测定、桩端持力层钻芯鉴别（包括动力触探、标贯试验、岩芯试件抗压强度试验）。

3.4 验证与扩大检测

3.4.1～3.4.5 这五条内容针对检测中出现的缺乏依据、无法或难于定论的情况，提出了验证检测原则。用准确可靠程度（或直观性）高的检测方法来弥补或复核准确可靠程度（或直观性）低的检测方法结果的不确定性，称为验证检测。

管桩孔内摄像的优点是直观、定量化，其原理及操作细节可参见中国工程建设标准化协会发布的《基桩孔内摄像检测技术规程》。

本规范第3.4.4条的做法，介于重新检测和验证检测之间，使验证检测结果与首次检测结果合并在一起，重新对受检桩进行评价。

应该指出：桩身完整性不符合要求和单桩承载力不满足设计要求是两个独立概念。完整性为Ⅰ类或Ⅱ类而承载力不满足设计要求显然存在结构安全隐患；竖向抗压承载力满足设计要求而完整性为Ⅲ类或Ⅳ类

则可能存在安全和耐久性方面的隐患。如桩身出现水平整合型裂缝（灌注桩因挤土、开挖等原因也常出现）或断裂，低应变完整性为Ⅲ类或Ⅳ类，但高应变完整性可能为Ⅱ类，且竖向抗压承载力可能满足设计要求，但存在水平承载力和耐久性方面的隐患。

3.4.6 当需要验证运至现场某批次混凝土强度或对预留的试块强度和浇注后的混凝土强度有异议时，可按结构构件取芯的方式，验证评价桩身实体混凝土强度。注意本条提出的桩实体强度取芯验证与本规范第7章钻芯法有差别，前者只要按《混凝土结构现场检测技术标准》GB/T 50784，在满足随机抽样的代表性和数量要求的条件下，可以给出具有保证率的检验批混凝土强度推定值；后者常因检测桩数少、缺乏代表性而仅对受检单桩的混凝土强度进行评价。

3.4.7、3.4.8 通常，因初次抽样检测数量有限，当抽样检测中发现承载力不满足设计要求或完整性检测中Ⅲ、Ⅳ类桩比例较大时，应会同有关各方分析和判断桩基整体的质量情况，如果不能得出准确判断，为补强或设计变更方案提供可靠依据时，应扩大检测。扩大检测数量宜根据地基条件、桩基设计等级、桩型、施工质量变异性等因素合理确定。

3.5 检测结果评价和检测报告

3.5.1 桩身结构承载力不仅与桩身完整性有关，显然亦与混凝土强度有关，对此已在本规范第2.1.2条条文说明做了解释。如需了解桩身混凝土强度对结构承载力的影响程度，可通过钻取混凝土芯样，按本规范第7章有关规定得到桩身混凝土强度检测值，然后据此验算评价。

表3.5.1规定了桩身完整性类别划分标准，有利于对完整性检测结果的判定和采用。需要特别指出：分项工程施工质量验收时的检查项目很多，桩身完整性仅是主控检查项目之一（承载力也如此），通常所有的检查项目都满足规定要求时才给出是否合格的结论，况且经设计复核或补强处理还允许通过验收。

桩基整体施工质量问题可由桩身完整性普测发现，如果不能就提供的完整性检测结果判断对桩承载力的影响程度，进而估计是否危及上部结构安全，那么在很大程度上就减少了桩身完整性检测的实际意义。桩的承载功能是通过桩身结构承载力实现的。完整性类别划分主要是根据缺陷程度，但这种划分不能机械地理解为不需考虑桩的设计条件和施工因素。综合判定能力对检测人员极为重要。

按桩身完整性定义中连续性的涵义，只要实测桩长小于施工记录桩长，桩身完整性就应判为Ⅳ类。这对桩长虽短、桩端进入了设计要求的持力层且桩的承载力基本不受影响的情况也如此。

按表3.5.1和惯例，Ⅰ、Ⅱ类桩属于所谓"合格"桩，Ⅲ、Ⅳ类桩为"不合格"桩。对Ⅲ、Ⅳ类桩，工程上一般会采取措施进行处理，如对Ⅳ类桩的处理内容包括：补强、补桩、设计变更或由原设计单位复核是否可满足结构安全和使用功能要求；而对Ⅲ桩，也可能采用与处理Ⅳ类桩相同的方式，也可能采用其他更可靠的检测方法验证后再做决定。另外，低应变反射波法出现Ⅲ类桩的判定结论后，可能还附带检测机构要求对该桩采用其他方法进一步验证的建议。

3.5.2 承载力现场试验的实测数据通过分析或综合分析所确定或判定的值称为承载力检测值，该值也包括采用正常使用极限状态要求的某一限值（如变形、裂缝）所对应的加载量值。

本次修订，对原规范条文"……并据此给出单位工程同一条件下的单桩承载力特征值是否满足设计要求的结论"进行了修改，原因是：

1 因为某些桩基分项工程采用多种规格（承载力）的桩，如对每个规格（承载力）的桩均按"1%且不少于3根"的数量做静载检验有时很难实现，故删除了原条文中的"同一条件下"。

2 针对工程桩验收检测，已在静载试验和高应变法相关章节取消了通过统计得到承载力极限值，并以此进行整体评价的要求。因为采用统计方式进行整体评价相当于用小样本推断大母体，基桩检测所采用的百分比抽样并非概率统计学意义上的抽样方式，结果评价时的错判概率和漏判概率未知。举一浅显的例子，假设有两个桩基分项工程，同一条件下的总桩数分别为300根和3000根，验收时应分别做3根和30根静载试验，按算术平均后的极限值（除以2后为特征值）对桩基分项工程进行承载力的符合性评价，显然前者结果的可靠度要低于后者。故不再使用经统计得到的承载力值，避免与工程中常见的具有保证率的验收评价结果相混淆。

3 对于验收检测，尚无要求单桩承载力特征值（或极限值）需通过多根试桩结果的统计得到，自然可以针对一根桩或多根桩的承载力特征值（或极限值），做出是否满足设计要求的符合性结论。

4 原规范条文采用了经过"统计"的承载力值进行符合性评价，有两层含义：（1）承载力验收检验的符合性结论即便明确是针对整个分项工程做出的，理论上也不能代表该工程全部基桩的承载力都满足设计要求；（2）符合性结论即便是针对每根受检桩的承载力而非整个工程做出的，也不会被误解为"仅对来样负责"而无法验收。虽然2003版规范要求符合性结论应针对桩基分项工程整体做出，但在近十年的实施中，绝大多数检测机构出具的符合性结论是按单桩承载力做出的，即只要有一根桩的承载力不满足要求，就需采取补救措施（如增加试桩、补桩或加固等），否则不能通过分项工程验收。可见，新版规范对承载力符合性评价的要求比2003版规范要严。

最后还需说明两点：（1）承载力检测因时间短暂，其结果仅代表试桩那一时刻的承载力，不能包含日后自然或人为因素（如桩周土湿陷、膨胀、冻胀、融沉、侧移，基础上浮、地面超载等）对承载力的影响。（2）承载力评价可能出现矛盾的情况，即承载力不满足设计要求而满足有关规范要求。因为规范一般给出满足安全储备和正常使用功能的最低要求，而设计时常在此基础上留有一定余量。考虑到责权划分，可以作为问题或建议提出，但仍需设计方复核和有关各责任主体方确认。

3.5.3 检测报告应根据所采用的检测方法和相应的检测内容出具检测结论。为使报告具有较强的可读性和内容完整，除众所周知的要求——报告用词规范、检测结论明确、必要的概况描述外，报告中还应包括检测原始记录信息或由其直接导出的信息，即检测报告应包含各受检桩的原始检测数据和曲线，并附有相关的计算分析数据和曲线。本条之所以这样详尽规定，目的就是要杜绝检测报告仅有检测结果而无任何检测数据和图表的现象发生。

4 单桩竖向抗压静载试验

4.1 一般规定

4.1.1 单桩抗压静载试验是公认的检测基桩竖向抗压承载力最直观、最可靠的传统方法。本规范主要是针对我国建筑工程中惯用的维持荷载法进行了技术规定。根据桩的使用环境、荷载条件及大量工程检测实践，在国内其他行业或国外，尚有循环荷载等变形速率及特定荷载下长时间维持等方法。

通过在桩身埋设测试元件，并与桩的静载荷试验同步进行的桩身内力测试，是充分了解桩周土层侧阻力和桩底端阻力发挥特征的主要手段，对于优化桩基设计，积累土层侧阻力和端阻力与土性指标关系的资料具有十分重要的意义。

4.1.2 本条明确规定为设计提供依据的静载试验应加载至桩的承载极限状态甚至破坏，即试验应进行到能判定单桩极限承载力为止。对于以桩身强度控制承载力的端承型桩，当设计另有规定时，应从其规定。

4.1.3 在对工程桩验收检测时，规定了加载量不应小于单桩承载力特征值的2.0倍，以保证足够的安全储备。

4.2 设备仪器及其安装

4.2.1 为防止加载偏心，千斤顶的合力中心应与反力装置的重心、桩横截面形心重合（桩顶扩径可能是例外），并保证合力方向与桩顶面垂直。使用单台千斤顶的要求也如此。

4.2.2 实际应用中有多种反力装置形式，如伞形堆重装置、斜拉锚桩反力装置等，但都可以归结为本条中的四种基本反力装置形式，无论采用哪种反力装置，都需要符合本条的规定，实际应用中根据具体情况选取。对单桩极限承载力较小的摩擦桩可用土锚作反力；对岩面浅的嵌岩桩，可利用岩锚提供反力。

对于利用静力压桩机进行抗压静载试验的情况，由于压桩机支腿尺寸的限制，试验场地狭小，如果压桩机支腿（视为压重平台支墩）、试桩、基准桩三者之间的距离不满足本规范表4.2.6的规定，则不得使用压桩机作为反力装置进行静载试验。

锚桩抗拔力由锚桩桩周岩土的性质和桩身材料强度决定，抗拔力验算时应分别计算桩周岩土的抗拔承载力及桩身材料的抗拉承载力，结果取两者的小值。当工程桩作锚桩且设计对桩身有特殊要求时，应征得有关方同意。此外，当锚桩还受水平力时，尚应在试验中监测锚桩水平位移。

4.2.3 用荷重传感器（直接方式）和油压表（间接方式）两种荷载测量方式的区别在于：前者采用荷重传感器测力，不需考虑千斤顶活塞摩擦对出力的影响；后者需通过率定换算千斤顶出力。同型号千斤顶在保养正常状态下，相同油压时的出力相对误差约为1%～2%，非正常时可超过5%。采用传感器测量荷重或油压，容易实现加卸荷与稳压自动化控制，且测量准确度较高。准确度等级一般是指仪器仪表测量值的最大允许误差，如采用惯用的弹簧管式精密压力表测定油压时，符合准确度等级要求的为0.4级，不得使用大于0.5级的压力表控制加载。当油路工作压力较高时，有时出现油管爆裂、接头漏油、油泵加压不足造成千斤顶出力受限，压力表在超过其3/4满量程时的示值误差增大。所以，应适当控制最大加荷时的油压，选用耐压高、工作压力大和量程大的油管、油泵和压力表。另外，也应避免将大吨位级别的千斤顶用于小荷载（相对千斤顶最大出力）的静载试验中。

4.2.4 对于大量程（50mm）百分表，计量检定规程规定：全程最大示值误差和回程误差应分别不超过$40\mu m$和$8\mu m$，相当于满量程最大允许测量误差不大于0.1%FS。基准桩应打入地面以下足够的深度，一般不小于1m。基准梁应一端固定，另一端简支，这是为减少温度变化引起的基准梁挠曲变形。在满足表4.2.6的规定条件下，基准梁不宜过长，并应采取有效遮挡措施，以减少温度变化和刮风下雨的影响，尤其在昼夜温差较大且白天有阳光照射时更应注意。当基准桩、基准梁不具备规定要求的安装条件，可采用光学仪器测试，其安装的位置应满足表4.2.6的要求。

4.2.5 沉降测定平面宜在千斤顶底座承压板以下的桩身位置，即不得在承压板上或千斤顶上设置沉降观测点，避免因承压板变形导致沉降观测数据失实。

4.2.6 在试桩加卸载过程中，荷载将通过锚桩（地锚）、压重平台支墩传至试桩、基准桩周围地基土使之变形。随着试桩、基准桩和锚桩（或压重平台支墩）三者间相互距离缩小，地基土变形对试桩、基准桩的附加应力和变位影响加剧。

1985 年，国际土力学与基础工程协会（ISSMFE）提出了静载试验的建议方法并指出：试桩中心到锚桩（或压重平台支墩边）和到基准桩各自间的距离应分别"不小于 2.5m 或 3D"，这和我国现行规范规定的"大于等于 4D 且不小于 2.0m"相比更容易满足（小直径桩按 3D 控制，大直径桩按 2.5m 控制）。高重建筑物下的大直径桩试验荷载大、桩间净距小（最小中心距为 3D），往往受设备能力制约，采用锚桩法检测时，三者间的距离有时很难满足"不小于 4D"的要求，加长基准梁又难避免气候环境影响。考虑到现场验收试验中的困难，且压重平台支墩桩下沉或锚桩上拔对基准桩、试桩的影响小于天然地基作为压重平台支墩对它们的影响，以及支墩下 2 倍～3 倍墩宽应力影响范围内的地基进行加固后将减少对试桩和基准桩的影响，故本规范中对部分间距的规定放宽为"不小于 3D"。因此，对群桩间距小于 4D 但大于等于 3D 时的试验现场，可尽量利用受检桩周边的工程桩作为压重平台的支墩或锚桩。

关于压重平台支墩边与基准桩和试桩之间的最小间距问题，应区别两种情况对待。在场地土较硬时，堆载引起的支墩及其周边地面沉降和试验加载引起的地面回弹均很小。如 $\phi1200$ 灌注桩采用 (10×10) m² 平台堆载 11550kN，土层自上而下为凝灰岩残积土、强风化和中风化凝灰岩，堆载和试验加载过程中，距支墩边 1m、2m 处观测到的地面沉降及回弹量几乎为零。但在软土场地，大吨位堆载由于支墩影响范围大而应引起足够的重视。以某一场地 $\phi500$ 管桩用 (7×7) m² 平台堆载 4000kN 为例：在距支墩边 0.95m、1.95m、2.55m 和 3.5m 设四个观测点，平台堆载至 4000kN 时观测点下沉量分别为 13.4mm、6.7mm、3.0mm 和 0.1mm；试验加载至 4000kN 时观测点回弹量分别为 2.1mm、0.8mm、0.5mm 和 0.4mm。但也有报导管桩堆载 6000kN，支墩产生明显下沉，试验加载至 6000kN 时，距支墩边 2.9m 处的观测点回弹近 8mm。这里出现两个问题：其一，当支墩边距试桩较近时，大吨位堆载地面下沉将对桩产生负摩阻力，特别对摩擦型桩将明显影响其承载力；其二，桩加载（地面卸载）时地基土回弹对基准桩产生影响。支墩对试桩、基准桩的影响程度与荷载水平及土质条件等有关。对于软土场地超过 10000kN 的特大吨位堆载（目前国内压重平台法堆载已超过 50000kN），为减少对试桩产生附加影响，应考虑对支墩影响范围内的地基土进行加固；对大吨位堆载支墩出现明显下沉的情况，尚需进一步积累资料和研究可靠的沉降测量方法，简易的办法是在远离支墩处用水准仪或张紧

的钢丝观测基准桩的竖向位移。

4.3 现场检测

4.3.1 本条是为使试桩具有代表性而提出的。

4.3.2 为便于沉降测量仪表安装，试桩顶部宜高出试坑地面；为使试验桩受力条件与设计条件相同，试坑地面宜与承台底标高一致。对于工程桩验收检测，当桩身荷载水平较低时，允许采用水泥砂浆将桩顶抹平的简单桩头处理方法。

4.3.3 本条是按我国的传统做法，对维持荷载法进行的原则性规定。

4.3.4 慢速维持荷载法是我国公认且已沿用几十年的标准试验方法，是其他工程桩竖向抗压承载力验收检测方法的唯一参照标准，也是与桩基设计有关的行业或地方标准的设计参数规定值获取的最可信方法。

4.3.5、4.3.6 按本规范第 4.3.5 条第 2 款，慢速维持荷载法每级荷载持载时间最少为 2h。对绝大多数桩基而言，为保证上部结构正常使用，控制桩基绝对沉降是第一重要的，这是地基基础按变形控制设计的基本原则。在工程桩验收检测中，国内某些行业或地方标准允许采用快速维持荷载法。国外许多国家的维持荷载法相当于我国的快速维持荷载法，最少持载时间为 1h，但规定了较为宽松的沉降相对稳定标准，与我国快速法的差别就在于此。1985 年 ISSMFE 在推荐的试验方法中建议："维持荷载法加载为每小时一级，稳定标准为 0.1mm/20min"。当桩端嵌入基岩时，个别国家还允许缩短时间；也有些国家为测定桩的蠕变沉降速率建议采用终级荷载长时间维持法。

快速维持荷载法在国内从 20 世纪 70 年代就开始应用，我国港口工程规范从 1983 年、上海地基设计规范从 1989 年起就将这一方法列入，与慢速法一起并列为静载试验方法。快速法由于每级荷载维持时间为 1h，各级荷载下的桩顶沉降相对慢速法确实要小一些。相对而言，这种差异是能接受的，因为如将"慢速法"的加荷速率与建筑物建造过程中的施工加载速率相比，显然"慢速法"加荷速率已非常快了，经验表明：慢速法试桩得到的使用荷载对应的桩顶沉降与建筑物桩基在长期荷载作用下的实际沉降相比，要小几倍到十几倍。

快速法试验得到的极限承载力一般略高于慢速法，其中黏性土中桩的承载力提高要比砂土中的桩明显。

在我国，如有些软土中的摩擦桩，按慢速法加载，在最大试验荷载（一般为 2 倍承载力特征值）的前几级，就已出现沉降稳定时间逐渐延长，即在 2h 甚至更长时间内不收敛。此时，采用快速法是不适宜的。而也有很多地方的工程桩验收试验，在每级荷载施加不久，沉降迅速稳定，缩短持载时间不会明显影

响试桩结果；且因试验周期的缩短，又可减少昼夜温差等环境影响引起的沉降观测误差。在此，给出快速维持荷载法的试验步骤供参考：

1 每级荷载施加后维持 1h，按第 5min、15min、30min 测读桩顶沉降量，以后每隔 15min 测读一次。

2 测读时间累计为 1h 时，若最后 15min 时间间隔的桩顶沉降增量与相邻 15min 时间间隔的桩顶沉降增量相比未明显收敛时，应延长维持荷载时间，直至最后 15min 的沉降增量小于相邻 15min 的沉降增量为止。

3 终止加荷条件可按本规范第 4.3.7 条第 1、3、4、5 款执行。

4 卸载时，每级荷载维持 15min，按第 5min、15min 测读桩顶沉降量后，即可卸下一级荷载。卸载至零后，应测读桩顶残余沉降量，维持时间为 1h，测读时间为第 5min、15min、30min。

各地在采用快速法时，应总结积累经验，并可结合当地条件提出适宜的沉降相对稳定控制标准。

4.3.7 当桩身存在水平整合型缝隙、桩端有沉渣或吊脚时，在较低竖向荷载时常出现本级荷载沉降超过上一级荷载对应沉降 5 倍的陡降，当缝隙闭合或桩端与硬持力层接触后，随着持载时间或荷载增加，变形梯度逐渐变缓，以此分析陡降原因。当摩擦桩桩端产生刺入破坏或桩身强度不足桩被压断时，也会出现陡降，但与前相反，随着沉降增加，荷载不能维持甚至大幅降低。所以，出现陡降后终止加载并不代表终止试验，尚应在桩顶下沉量超过 40mm 后，记录沉降满足稳定标准时的桩顶最大沉降所对应的荷载，以大致判断造成陡降的原因。

非嵌岩的长（超长）桩和大直径（扩底）桩的 Q-s 曲线一般呈缓变型，在桩顶沉降达到 40mm 时，桩端阻力一般不能充分发挥。前者由于长细比大、桩身较柔，弹性压缩量大，桩顶沉降较大时，桩端位移还很小；后者虽桩端位移较大，但尚不足以使端阻力充分发挥。因此，放宽桩顶总沉降量控制标准是合理的。

4.4 检测数据分析与判定

4.4.1 除 Q-s、s-$\lg t$ 曲线外，还可绘制 s-$\lg Q$ 曲线及其他分析曲线，如为了直观反映整个试验过程情况，可给出连续的荷载-时间（Q-t）曲线和沉降-时间（s-t）曲线，并为方便比较绘制于一图中。同一工程的一批试桩曲线应按相同的沉降纵坐标比例绘制，满刻度沉降值不宜小于 40mm，当桩顶累计沉降量大于 40mm 时，可按总沉降量以 10mm 的整模数倍增加满刻度值，使结果直观、便于比较。

4.4.2 太沙基和 ISSMFE 指出：当沉降量达到桩径的 10% 时，才可能出现极限荷载；黏性土中端阻充

分发挥所需的桩端位移为桩径的 4%～5%，而砂土中可能高到 15%。故第 4 款对缓变型 Q-s 曲线，按 s 等于 0.05D 确定大直径桩的极限承载力大体上是保守的；且因 D 大于等于 800mm 时定义为大直径桩，当 D 等于 800mm 时，0.05D 等于 40mm，正好与中、小直径桩的取值标准衔接。应该注意，世界各国按桩顶总沉降确定极限承载力的规定差别较大，这和各国安全系数的取值大小、特别是上部结构对桩基沉降的要求有关。因此当按本规范建议的桩顶沉降量确定极限承载力时，尚应考虑上部结构对桩基沉降的具体要求。

关于桩身弹性压缩量：当进行桩身应变或位移测试时是已知的；缺乏测试数据时，可假设桩身轴力沿桩长倒梯形分布进行估算，或忽略端承力按倒三角形保守估算，计算公式为 $\dfrac{QL}{2EA}$。

4.4.3 本条只适用于为设计提供依据时的竖向抗压极限承载力试验结果的统计，统计取值方法按《建筑地基基础设计规范》GB 50007 的规定执行。前期静载试验的桩数一般很少，而影响单桩承载力的因素复杂多变。为数有限的试验桩中常出现个别桩承载力过低或过高，若恰好不是偶然原因造成，简单算术平均容易造成浪费或不安全。因此规定极差超过平均值的 30% 时，首先应分析、查明原因，结合工程实际综合确定。例如一组 5 根试桩的极限承载力值依次为 800kN、900kN、1000kN、1100kN、1200kN，平均值为 1000kN，单桩承载力最低值和最高值的极差为 400kN，超过平均值的 30%，则不宜简单地将最低值 800kN 去掉用后面 4 个值取平均，或将最低和最高值都去掉取中间 3 个值的平均值，应查明是否出现桩的质量问题或场地条件变异情况。当低值承载力的出现并非偶然原因造成时，例如施工方法本身质量可靠性较低，但能够在之后的工程桩施工中加以控制和改进，出于安全考虑，按本例可依次去掉高值后取平均，直至满足极差不超过 30% 的条件，此时可取平均值 900kN 为极限承载力；又如桩数为 3 根或 3 根以下承台，或以后工程桩施工为密集挤土群桩，出于安全考虑，极限承载力可取低值 800kN。

4.4.4 《建筑地基基础设计规范》GB 50007 规定的单桩竖向抗压承载力特征值是按单桩竖向抗压极限承载力除以安全系数 2 得到的，综合反映了桩侧、桩端极限阻力控制承载力特征值的低限要求。

本条中的"单桩竖向抗压极限承载力"来自两种情况：对于验收检测，即为按第 4.4.2 条得到的单根桩极限承载力值；而对于为设计提供依据的检测，还需按第 4.4.3 条进行统计取值。

4.4.5 本条规定了检测报告中应包含的一些内容，有利于委托方、设计及检测部门对报告的审查和分析。

5 单桩竖向抗拔静载试验

5.1 一般规定

5.1.1 单桩竖向抗拔静载试验是检测单桩竖向抗拔承载力最直观、可靠的方法。与本规范的抗压静载试验相似，国内外抗拔桩试验多采用维持荷载法。本规范规定采用慢速维持荷载法。

5.1.2 当为设计提供依据时，应加载到能判别单桩抗拔极限承载力为止，或加载到桩身材料设计强度限值，这里所说的限值对钢筋混凝土桩而言，实则为钢筋的强度设计值。考虑到可能出现承载力变异和钢筋受力不均等情况，最好适当增加试桩的配筋量。工程桩验收检测时，要求加载量不低于单桩竖向抗拔承载力特征值2倍旨在保证桩侧岩土阻力具有足够的安全储备。

桩侧岩土阻力的抗力分项系数比桩身混凝土要大、比钢材要大很多，因此时常出现设计对抗拔桩有裂缝控制要求时，抗裂验算给出的荷载可能小于或远小于单桩竖向抗拔承载力特征值的2倍，因此试验时的最大上拔荷载只能按设计要求确定。设计对桩上拔量有要求时也如此。

5.1.3 与桩顶受竖向压力作用所发挥的桩侧（正）摩阻力相比，当桩顶受拔使桩身受拉时，由于桩周土中的垂直向主应力减小、桩身泊松效应等，将造成桩侧抗拔（负）摩阻力弱化。对于混凝土抗拔桩，当抗拔承载力相对较高且对抗裂有限制要求时，采用常规模式——桩顶拉拔受力状态（桩身受拉）的抗拔桩恐难设计。这一难题可通过无粘结预应力并在桩端用挤压锚锚固的方式予以解决，此时桩身完全处于受压状态且桩侧负摩阻力得到提升。这种受力状态的抗拔桩承载力特征值检测，也可等价地采用在桩底上顶桩的方式（加载装置放在桩底）来实现，但若桩的设计受力状态为桩顶拉拔（桩身受拉）方式，仍采用桩底上顶的方式显然不正确，已有实例表明：同条件下的抗拔桩，桩底上顶时的承载力远高于桩顶拉拔时的承载力。

5.1.4 对于钢筋混凝土桩，最大试验荷载不得超过钢筋的强度设计值，以避免因钢筋拔断提前中止试验或出现安全事故。除此之外，建议检测单位尽量了解设计条件，如抗裂或裂缝宽度验算、作用和抗力的考虑（如抗浮桩设计时的设防水位、桩的浮重度、抗拔阻力取值等），这些因素将对抗拔桩的配筋和承载力取值产生影响。

5.2 设备仪器及其安装

5.2.1 本条的要求基本同本规范第4.2.1条。因拔桩试验时千斤顶安放在反力架上面，当采用二台以上

千斤顶加载时，应采取一定的安全措施，防止千斤顶倾倒或其他意外事故发生。

5.2.2 当采用地基作反力时，两边支座处的地基强度应相近，且两边支座与地面的接触面积宜相同，避免加载过程中两边沉降不均造成试桩偏心受拉。

5.2.5 本条规定出于以下两种考虑：（1）桩顶上拔量测量平面必须在桩身位置，严禁在混凝土桩的受拉钢筋上设置位移观测点，避免因钢筋变形导致上拔量观测数据失实；（2）为防止混凝土桩保护层开裂对上拔量测试的影响，上拔量观测点应避开混凝土明显破裂区域设置。

5.2.6 本条虽等同采用本规范第4.2.6条，但应注意：在采用天然地基提供支座反力时，拔桩时的加载相当于给支座处地面加载，支座附近的地面会出现不同程度的沉降。荷载越大，地基下沉越大。为防止支座处地基沉降对基准桩产生影响，一是应使基准桩与支座、试桩各自之间的间距满足表4.2.6的规定，二是基准桩需打入试坑地面以下一定深度（一般不小于1m）。

5.3 现场检测

5.3.1 本条包含以下四个方面内容：

1 在拔桩试验前，对混凝土灌注桩及有接头的预制桩采用低应变法检查桩身质量，目的是防止因试验桩自身质量问题而影响抗拔试验成果。

2 对抗拔试验的钻孔灌注桩在浇注混凝土前进行成孔检测，目的是查明桩身有无明显扩径现象或出现扩大头，因这类桩的抗拔承载力缺乏代表性，特别是扩大头桩及桩身中下部有明显扩径的桩，其抗拔极限承载力远远高于长度和桩径相同的非扩径桩，且相同荷载下的上拔量也有明显差别。

3 对有接头的预制桩应进行接头拉拔强度验算。对电焊接头的管桩除验算其主筋强度外，还要考虑主筋墩头的折减系数以及管节端板偏心受拉时的强度及稳定性。墩头折减系数可按有关规范取0.92，而端板强度的验算则比较复杂，可按经验取一个较为安全的系数。

4 对于管桩抗拔试验，存在预应力钢棒连接的问题，可通过在桩管中放置一定长度的钢筋笼并浇筑混凝土来解决。

5.3.2 本条规定拔桩试验应采用慢速维持荷载法，其荷载分级、试验方法及稳定标准均同本规范第4.3.5～4.3.6条有关规定。考虑到拔桩过程中对桩身混凝土开裂情况观测较为困难，本次规范修订将"仔细观察桩身混凝土开裂情况"的要求取消。

5.3.3 本条规定出现所列四种情况之一时，可终止加载。但若在较小荷载下出现某级荷载的桩顶上拔量大于前一级荷载下的5倍时，应综合分析原因，有条件加载时可继续加载，因混凝土桩当桩身出现多条环

向裂缝后，桩顶位移可能会出现小的突变，而此时并非达到桩侧土的极限抗拔力。

对工程桩的验收检测，当设计对桩顶最大上拔量或裂缝控制有明确的荷载要求时，应按设计要求执行。

5.4 检测数据分析与判定

5.4.1 拔桩试验与压桩试验一样，一般应绘制 U-δ 曲线和 δ-$\lg t$ 曲线，但当上述二种曲线难以判别时，也可以辅以 δ-$\lg U$ 曲线或 $\lg U$-$\lg \delta$ 曲线，以确定拐点位置。

5.4.2 本条前两款确定的抗拔极限承载力是土的极限抗拔阻力与桩（包括桩向上运动所带动的土体）的自重标准值两部分之和。第 3 款所指的"断裂"是因钢筋强度不够情况下的断裂。如果因抗拔钢筋受力不均匀，部分钢筋因受力太大而断裂，应视该桩试验无效并进行补充试验。不能将钢筋断裂前一级荷载作为极限荷载。

5.4.4 工程桩验收检测时，混凝土桩抗拔承载力可能受抗裂或钢筋强度制约，而土的抗拔阻力尚未充分发挥，只能取最大试验荷载或上拔量控制值所对应的荷载作为极限荷载，不能轻易外推。当然，在上拔量或抗裂要求不明确时，试验控制的最大加载值就是钢筋强度的设计值。

6 单桩水平静载试验

6.1 一般规定

6.1.1 桩的水平承载力静载试验除了桩顶自由的单桩试验外，还有带承台桩的水平静载试验（考虑承台的底面阻力和侧面抗力，以便充分反映桩基在水平力作用下的实际工作状况）、桩顶不能自由转动的不同约束条件及桩顶施加垂直荷载等试验方法，也有循环荷载的加载方法。这一切都可根据设计的特殊要求给予满足，并参考本方法进行。

桩的抗弯能力取决于桩和土的力学性能、桩的自由长度、抗弯刚度、桩宽、桩顶约束等因素。试验条件应尽可能和实际工作条件接近，将各种影响降低到最小的程度，使试验成果能尽量反映工程桩的实际情况。通常情况下，试验条件很难做到和工程桩的情况完全一致，此时应通过试验桩测得桩周土的地基反力特性，即地基土的水平抗力系数。它反映了桩在不同深度处桩侧土抗力和水平位移之间的关系，可视为土的固有特性。根据实际工程桩的情况（如不同桩顶约束、不同自由长度），用它确定土抗力大小，进而计算单桩的水平承载力和弯矩。因此，通过试验求得地基土的水平抗力系数具有更实际、更普遍的意义。

6.2 设备仪器及其安装

6.2.3 若水平力作用点位置高于基桩承台底标高，试验时在相对承台底面处产生附加弯矩，影响测试结果，也不利于将试验成果根据实际桩顶的约束予以修正。球形铰支座的作用是在试验过程中，保持作用力的方向始终水平和通过桩轴线，不随桩的倾斜或扭转而改变。

6.2.6 为保证各测试断面的应力最大值及相应弯矩的测量精度，试桩设置时应严格控制测点的纵剖面与力作用方向之间的偏差。对承受水平荷载的桩而言，桩的破坏是由于桩身弯矩引起的结构破坏。因此对中长桩而言，浅层土的性质起了重要作用，在这段范围内的弯矩变化也最大。为找出最大弯矩及其位置，应加密测试断面。

6.3 现场检测

6.3.1 单向多循环加载法，主要是为了模拟实际结构的受力形式。由于结构物承受的实际荷载异常复杂，所以当需考虑长期水平荷载作用影响时，宜采用本规范第 4 章规定的慢速维持荷载法。由于单向多循环荷载的施加会给内力测试带来不稳定因素，为保证测试质量，建议采用本规范第 4 章规定的慢速或快速维持荷载法；此外水平试验桩通常以结构破坏为主，为缩短试验时间，也可参照港口工程桩基水平承载力试验方法，采用更短时间的快速维持荷载法。

6.3.3 对抗弯性能较差的长桩或中长桩而言，承受水平荷载桩的破坏特征是弯曲破坏，即桩身发生折断，此时试验自然终止。在工程桩水平承载力验收检测中，终止加荷条件可按设计要求或标准规范规定的水平位移允许值控制。考虑软土的侧向约束能力较差以及大直径桩的抗弯刚度大等特点，终止加载的变形限可取上限值。

6.4 检测数据分析与判定

6.4.2 本条中的地基土水平抗力系数随深度增长的比例系数 m 值的计算公式仅适用于水平力作用点至试坑地面的桩自由长度为零时的情况。按桩、土相对刚度不同，水平荷载作用下的桩-土体系有两种工作状态和破坏机理，一种是"刚性短桩"，因转动或平移而破坏，相当于 $\alpha h < 2.5$ 时的情况；另一种是工程中常见的"弹性长桩"，桩身产生挠曲变形，桩下段嵌固于土中不能转动，即本条中 $\alpha h \geqslant 4.0$ 的情况。在 $2.5 \leqslant \alpha h < 4.0$ 范围内，称为"有限长度的中长桩"。《建筑桩基技术规范》JGJ 94 对中长桩的 ν_y 变化给出了具体数值（见表 2）。因此，在按式（6.4.2-1）计算 m 值时，应先试算 αh 值，以确定 αh 是否大于或等于 4.0，若在 2.5～4.0 范围以内，应调整 ν_y 值重新计算 m 值（有些行业标准不考虑）。当 $\alpha h < 2.5$ 时，式

(6.4.2-1) 不适用。

表 2　桩顶水平位移系数 ν_y

桩的换算埋深 ah	4.0	3.5	3.0	2.8	2.6	2.4
桩顶自由或铰接时的 ν_y 值	2.441	2.502	2.727	2.905	3.163	3.526

注：当 $ah>4.0$ 时取 $ah=4.0$。

试验得到的地基土水平抗力系数的比例系数 m 不是一个常量，而是随地面水平位移及荷载而变化的曲线。

6.4.4 对于混凝土长桩或中长桩，随着水平荷载的增加，桩侧土体的塑性区自上而下逐渐开展扩大，最大弯矩断面下移，最后形成桩身结构的破坏。所测水平临界荷载 H_{cr} 为桩身产生开裂前所对应的水平荷载。因为只有混凝土桩才会产生开裂，故只有混凝土桩才有临界荷载。

6.4.5 单桩水平极限承载力是对应于桩身折断或桩身钢筋应力达到屈服时的前一级水平荷载。

6.4.7 单桩水平承载力特征值除与桩的材料强度、截面刚度、入土深度、土质条件、桩水平位移允许值有关外，还与桩顶边界条件（嵌固情况和桩顶竖向荷载大小）有关。由于建筑工程基桩的桩顶嵌入承台深度通常较浅，桩与承台连接的实际约束条件介于固接与铰接之间，这种连接相对于桩顶完全自由时可减少桩顶位移，相对于桩顶完全固接时可降低桩顶约束弯矩并重新分配桩身弯矩。如果桩顶完全固接，水平承载力按位移控制时，是桩顶自由时的 2.60 倍；对较低配筋率的灌注桩按桩身强度（开裂）控制时，由于桩顶弯矩的增加，水平临界承载力是桩顶自由时的 0.83 倍。如果考虑桩顶竖向荷载作用，混凝土桩的水平承载力将会产生变化，桩顶荷载是压力，其水平承载力增加，反之减小。

桩顶自由的单桩水平试验得到的承载力和弯矩仅代表试桩条件的情况，要得到符合实际工程桩嵌固条件的受力特性，需将试桩结果转化，而求得地基土水平抗力系数是实现这一转化的关键。考虑到水平荷载-位移关系的非线性且 m 值随荷载或位移增加而减小，有必要给出 $H-m$ 和 Y_0-m 曲线并按以下考虑确定 m 值：

1 可按设计给出的实际荷载或桩顶位移确定 m 值；

2 设计未作具体规定的，可取水平承载力特征值对应的 m 值。

与竖向抗压、抗拔桩不同，混凝土桩（除高配筋率桩外）在水平荷载作用下的破坏模式一般为弯曲破坏，极限承载力由桩身强度控制。在单桩水平承载力特征值 H_a 的确定上，不采用水平极限承载力除以某

一固定安全系数的做法，而是把桩身强度、开裂或允许位移等条件作为控制因素。也正是因为水平承载桩的承载能力极限状态主要受桩身强度（抗弯刚度）制约，通过水平静载试验给出的极限承载力和极限弯矩对强度控制设计非常必要。

抗裂要求不仅涉及桩身抗弯刚度，也涉及桩的耐久性。虽然本条第 3 款可按设计要求的水平允许位移确定水平承载力，但根据现行国家标准《混凝土结构设计规范》GB 50010，只有裂缝控制等级为三级的构件，才允许出现裂缝，且桩所处的环境类别至少是二级以上（含二级），裂缝宽度限值为 0.2mm。因此，当裂缝控制等级为一、二级时，水平承载力特征值就不应超过水平临界荷载。

7 钻 芯 法

7.1 一 般 规 定

7.1.1 钻芯法是检测钻（冲）孔、人工挖孔等现浇混凝土灌注桩的成桩质量的一种有效手段，不受场地条件的限制，特别适用于大直径混凝土灌注桩的成桩质量检测。钻芯法检测的主要目的有四个：

1 检测桩身混凝土质量情况，如桩身混凝土胶结状况、有无气孔、松散或断桩等，桩身混凝土强度是否符合设计要求；

2 桩底沉渣厚度是否符合设计或规范的要求；

3 桩端持力层的岩土性状（强度）和厚度是否符合设计或规范要求；

4 施工记录桩长是否真实。

受检桩长径比较大时，成孔的垂直度和钻芯孔的垂直度很难控制，钻芯孔容易偏离桩身，故要求受检桩桩径不宜小于 800mm、长径比不宜大于 30。

桩端持力层岩土性状的准确判断直接关系到受检桩的使用安全。《建筑地基基础设计规范》GB 50007 规定：嵌岩灌注桩要求端承桩设计，桩端以下 3 倍桩径范围内无软弱夹层、断裂破碎带和洞隙分布，在桩底应力扩散范围内无岩体临空面。虽然施工前已进行岩土工程勘察，但有时钻孔数量有限，对较复杂的地基条件，很难全面弄清岩石、土层的分布情况。因此，应对桩端持力层进行足够深度的钻探。

7.1.2 当钻芯孔为一个时，规定宜在距桩中心 10cm～15cm 的位置开孔，一是考虑导管附近的混凝土质量相对较差、不具有代表性，二是方便验证时的钻孔位置布置。

为准确确定桩的中心点，桩头宜开挖裸露；来不及开挖或不便开挖的桩，应采用全站仪或经纬仪确定桩位中心。

7.1.3 当采用钻芯法对桩长、桩身混凝土强度、桩身局部缺陷、桩底沉渣、桩端持力层进行验证检测

时，应根据具体验证的目的进行检测，不需要按本规范第 7.6 节进行单桩全面评价。如验证桩身混凝土强度，可将桩作为单根构件，在桩顶浅部对多桩（或单桩多孔）钻取混凝土芯样，且当抽检桩的代表性和数量符合混凝土结构检测标准的相关要求时，可推定基桩的检测批次混凝土强度。如验证桩身局部缺陷，钻进深度可控制为缺陷以下 1m～2m 处，对芯样混凝土质量进行评价，并应进行芯样试件抗压强度试验。

7.2 设　备

7.2.1 钻机宜采用岩芯钻探的液压高速钻机，并配有相应的钻塔和牢固的底座，机械技术性能良好，不得使用立轴旷动过大的钻机。钻杆应顺直，直径宜为 50mm。

钻机设备参数应满足：额定最高转速不低于 790r/min；转速调节范围不少于 4 档；额定配用压力不低于 1.5MPa。

水泵的排水量宜为 50L/min～160L/min，泵压宜为 1.0 MPa～2.0MPa。

孔口管、扶正稳定器（又称导向器）及可捞取松软渣样的钻具应根据需要选用。桩较长时，应使用扶正稳定器确保钻芯孔的垂直度。桩顶面与钻机塔座距离大于 2m 时，宜安装孔口管，孔口管应垂直且牢固。

7.2.2 钻取芯样的真实程度与所用钻具有很大关系，进而直接影响桩身完整性的类别判定。为提高钻取桩身混凝土芯样的完整性，钻芯检测所用钻具应为单动双管钻具，明确禁止使用单动单管钻具。

7.2.3 为了获得比较真实的芯样，要求钻芯法检测应采用金刚石钻头，钻头胎体不得有肉眼可见的裂纹、缺边、少角喇叭形磨损。此外，还需注意金刚石钻头、扩孔器与卡簧的配合和使用的细节：金刚石钻头与岩芯管之间必须安有扩孔器，用以修正孔壁；扩孔器外径应比钻头外径大 0.3mm～0.5mm，卡簧内径应比钻头内径小 0.3mm 左右；金刚石钻头和扩孔器应按外径先大后小的排列顺序使用，同时考虑钻头内径小的先用，内径大的后用。

芯样试件直径不宜小于骨料最大粒径的 3 倍，在任何情况下不得小于骨料最大粒径的 2 倍，否则试件强度的离散性较大。目前，钻头外径有 76mm、91mm、101mm、110mm、130mm 几种规格，从经济合理的角度综合考虑，应选用外径为 101mm 和 110mm 的钻头；当受检桩采用商品混凝土、骨料最大粒径小于 30mm 时，可选用外径为 91mm 的钻头；如果不检测混凝土强度，可选用外径为 76mm 的钻头。

7.2.4 芯样制作分两部分，一部分是锯切芯样，另一部分是对芯样端部进行处理。锯切芯样时应尽可能保证芯样不缺角、两端面平行，可采用单面锯或双面

锯。当芯样端部不满足要求时，可采取补平或磨平方式进行处理。具体要求见本规范附录 E。

7.3 现 场 检 测

7.3.1 钻芯设备应精心安装，钻机立轴中心、天轮中心（天车前沿切点）与孔口中心必须在同一铅垂线上。设备安装后，应进行试运转，在确认正常后方能开钻。钻进初始阶段应对钻机立轴进行校正，及时纠正立轴偏差，确保钻芯过程不发生倾斜、移位。

当出现钻芯孔与桩体偏离时，应立即停机记录，分析原因。当有争议时，可进行钻孔测斜，以判断是受检桩倾斜超过规范要求还是钻芯孔倾斜超过规定要求。

7.3.2 因为钻进过程中钻孔内循环水流不会中断，因此可根据回水含砂量及颜色，发现钻进中的异常情况，调整钻进速度，判断是否钻至桩端持力层。钻至桩底时，为检测桩底沉渣或虚土厚度，应采用减压、慢速钻进。若遇钻具突降，应立即停钻，及时测量机上余尺，准确记录孔深及有关情况。

当持力层为中、微风化岩石时，可将桩底 0.5m 左右的混凝土芯样、0.5m 左右的持力层以及沉渣纳入同一回次。当持力层为强风化岩层或土层时，可采用合金钢钻头干钻的方法和工艺钻取沉渣并测定沉渣厚度。

对中、微风化岩的桩端持力层，可直接钻取岩芯鉴别；对强风化岩层或土层，可采用动力触探、标准贯入试验等方法鉴别。试验宜在距桩底 1m 内进行。

7.3.3 芯样取出后，钻机操作人员应由上而下按回次顺序放进芯样箱中，芯样侧表面上应清晰标明回次数、块号、本回次总块数（宜写成带分数的形式，如 $2\frac{3}{5}$ 表示第 2 回次共有 5 块芯样，本块芯样为第 3 块）。及时记录孔号、回次数、起至深度、块数、总块数、芯样质量的初步描述及钻进异常情况。

有条件时，可采用孔内摄像辅助判断混凝土质量。

检测人员对桩身混凝土芯样的描述包括桩身混凝土钻进深度，芯样连续性、完整性、胶结情况、表面光滑情况、断口吻合程度、混凝土芯样是否为柱状、骨料大小分布情况，气孔、蜂窝麻面、沟槽、破碎、夹泥、松散的情况，以及取样编号和取样位置。

检测人员对持力层的描述包括持力层钻进深度、岩土名称、芯样颜色、结构构造、裂隙发育程度、坚硬及风化程度，以及取样编号和取样位置，或动力触探、标准贯入试验位置和结果。分层岩层应分别描述。

7.3.4 芯样和钻探标示牌的内容包括：工程名称、桩号、钻芯孔号、芯样试件采取位置、桩长、孔深、检测单位名称等，可将一部分内容在芯样上标识，另

一部分标识在指示牌上。对全貌拍完彩色照片后，再截取芯样试件。取样完毕剩余的芯样宜移交委托单位妥善保存。

7.4 芯样试件截取与加工

7.4.1 以概率论为基础、用可靠性指标度量桩基的可靠度是比较科学的评价基桩强度的方法，即在钻芯法受检桩的芯样中截取一批芯样试件进行抗压强度试验，采用统计的方法判断混凝土强度是否满足设计要求。但在应用上存在以下一些困难：一是由于基桩施工的特殊性，评价单根受检桩的混凝土强度比评价整个桩基工程的混凝土强度更合理。二是混凝土桩应作为受力构件考虑，薄弱部位的强度（结构承载能力）能否满足使用要求，直接关系到结构安全。综合多种因素考虑，规定按上、中、下截取芯样试件。

一般来说，蜂窝麻面、沟槽等缺陷部位的强度较正常胶结的混凝土芯样强度低，无论是严把质量关，尽可能查明质量隐患，还是便于设计人员进行结构承载力验算，都有必要对缺陷部位的芯样进行取样试验。因此，缺陷位置能取样试验时，应截取一组芯样进行混凝土抗压试验。

如果同一基桩的钻芯孔数大于一个，其中一孔在某深度存在蜂窝麻面、沟槽、空洞等缺陷，芯样试件强度可能不满足设计要求，按本规范第7.6.1条的多孔强度计算原则，在其他孔的相同深度部位取样进行抗压试验是非常必要的，在保证结构承载能力的前提下，减少加固处理费用。

7.4.2 由于单个岩石芯样截取的长度至少是其直径的2倍，通常在桩底以下1m范围内很难截取3个完整芯样，因此本次修订取消了原规范截取岩石芯样试件数量为"一组3个"的要求。

为便于设计人员对端承力的验算，提供分层岩性的各层强度值是必要的。为保证岩石天然状态，拟截取的岩石芯样应及时密封包装后浸泡在水中，避免暴晒雨淋，特别是软岩。

7.4.3 对于基桩混凝土芯样来说，芯样试件可选择的余地较大，因此，为了避免试件强度的离散性较大，在选取芯样试件时，应观察芯样侧表面的表观混凝土粗骨料粒径，确保芯样试件平均直径不小于2倍表观混凝土粗骨料最大粒径。

为了避免再对芯样试件高径比进行修正，规定有效芯样试件的高度不得小于 $0.95d$ 且不得大于 $1.05d$ 时（d 为芯样试件平均直径）。

附录E规定平均直径测量精确至0.5mm；沿试件高度任一直径与平均直径相差达2mm以上时不得用作抗压强度试验。这里作以下几点说明：

1 一方面要求直径测量误差小于1mm，另一方面允许不同高度处的直径相差大于1mm，增大了芯样试件强度的不确定度。考虑到钻芯过程对芯样直径

的影响是强度低的地方直径偏小，而抗压试验时直径偏小的地方容易破坏，因此，在测量芯样平均直径时宜选择表观直径偏小的芯样部位。

2 允许沿试件高度任一直径与平均直径相差达2mm，极端情况下，芯样试件的最大直径与最小直径相差可达4mm，此时固然满足规范规定，但是，当芯样侧表面有明显波浪状时，应检查钻机的性能，钻头、扩孔器、卡簧是否合理配置，机座是否安装稳固，钻机立轴是否摆动过大，提高钻机操作人员的技术水平。

3 在诸多因素中，芯样试件端面的平整度是一个重要的因素，容易被检测人员忽视，应引起足够的重视。

7.5 芯样试件抗压强度试验

7.5.1 芯样试件抗压破坏时的最大压力值可能与混凝土标准试件明显不同，芯样试件抗压强度试验时应合理选择压力机的量程和加荷速率，保证试验精度。

根据桩的工作环境状态，试件宜在 $20\pm5℃$ 的清水中浸泡一段时间后进行抗压强度试验。但考虑到钻芯过程中诸因素影响均使芯样试件强度降低，同时也为方便起见，允许芯样试件加工完毕后，立即进行抗压强度试验。

7.5.2 当出现截取芯样未能制作成试件、芯样试件平均直径小于2倍试件内混凝土粗骨料最大粒径时，应重新截取芯样试件进行抗压强度试验。条件不具备时，可将另外两个强度的平均值作为该组混凝土芯样试件抗压强度值。在报告中应对有关情况予以说明。

7.5.3、7.5.4 混凝土芯样试件的强度值不等于在施工现场取样、成型、同条件养护试块的抗压强度，也不等于标准养护28天的试块抗压强度。

芯样试件抗压强度与同条件试块或标养试块抗压强度之间存在差别，其原因主要是成型工艺和养护条件的不同，为了综合考虑上述差别以及混凝土徐变、持续持荷等方面的影响，《混凝土结构设计规范》GB 50010在设计强度取值时采用了0.88的折减系数。

大部分实测数据表明桩身混凝土芯样抗压强度低于控制混凝土材料质量的立方体试件抗压强度，但降低幅度存在较大的波动范围，也有一些实测数据表明桩身混凝土芯样抗压强度并不低于控制混凝土材料质量的立方体试件抗压强度。广东有137组数据表明在桩身混凝土中的钻芯强度与立方体强度的比值的统计平均值为0.749。为考察小芯样取芯的离散性（如尺寸效应、机械扰动等），广东、福建、河南等地6家单位在标准立方体试块中钻取芯样进行抗压强度试验（强度等级C15～C50，芯样直径68mm～100mm，共184组），目的是排除龄期、振捣和养护条件的差异。结果表明：芯样试件强度与立方体强度的比值分别为0.689、0.848、0.895、0.915、1.106、1.106，平均

为 0.943，其中有两单位得出了 $\phi68$、$\phi80$ 芯样强度与 $\phi100$ 芯样强度相比均接近于 1.0 的结论。当排除龄期和养护条件（温度、湿度）差异时，尽管普遍认同芯样强度低于立方体强度，尤其是在桩身混凝土中钻芯更是如此，但上述结果表明，尚不能采用一个统一的折算系数来反映芯样强度与立方体强度的差异。作为行业标准，为了安全起见，本规范不推荐采用某一个统一的折算系数，对芯样强度进行修正。

考虑到我国幅员辽阔，在桩身混凝土材料及配比、成孔成桩工艺、施工水平等方面，各地存在较多差异，本规范第 7.5.4 条允许有条件的省、市、地区，通过详尽的对比试验并报当地主管部门审批，在地方标准或相关的规范性文件中提供有地区代表性的芯样强度折算系数。

7.5.5 与工程地质钻探相比，桩端持力层钻芯的主要目的是判断或鉴别桩端持力层岩土性状，因单桩钻芯所能截取的完整岩芯数量有限，当岩石试样单轴抗压强度试验仅仅是配合判断桩端持力层岩性时，检测报告中可不给出岩石单轴抗压强度标准值，只给出单个芯样单轴抗压强度检测值。

按岩土工程勘察的做法和现行国家标准《建筑地基基础设计规范》GB 50007 的相关规定，需要在岩石的地质年代、名称、风化程度、矿物成分、结构、构造相同条件下至少钻取 6 个以上完整岩石芯样，才有可能确定岩石单轴抗压强度标准值。显然这项工作要通过多桩、多孔钻芯来完成。

岩土工程勘察提供的岩石单轴抗压强度值一般是在岩石饱和状态下得到的，因为水下成孔、灌注施工会不同程度造成岩石强度下降，故采用饱和强度是安全的做法。基桩钻芯法钻取岩芯相当于成桩后的验收检验，正常情况下应尽量使岩芯保持钻芯时的"天然"含水状态。只有明确要求提供岩石饱和单轴抗压强度标准值时，岩石芯样试件应在清水中浸泡不少于 12h 后进行试验。

7.6　检测数据分析与判定

7.6.1 混凝土芯样试件抗压强度的离散性比混凝土标准试件要大，通过对几千组数据进行验算，证实取平均值作为检测值的方法可行。

同一根桩有两个或两个以上钻芯孔时，应综合考虑各孔芯样强度来评定桩身承载力。取同一深度部位各孔芯样试件抗压强度（每孔取一组混凝土芯样试件抗压强度检测值参与平均）的平均值作为该深度的混凝土芯样试件抗压强度检测值，是一种简便实用方法。

虽然桩身轴力上大下小，但从设计角度考虑，桩身承载力受最薄弱部位的混凝土强度控制。因此，规定受检桩中不同深度位置的混凝土芯样试件抗压强度检测值中的最小值为该桩混凝土芯样试件抗压强度检测值。

测值。

7.6.2 检测人员可能不熟悉岩土性状的描述和判定，建议有工程地质专业人员参与。

7.6.3 与 2003 版规范相比，在本次修订中，对同一受检桩钻取两孔或三孔芯样的桩身完整性判定做了较大调整：一是强调同一深度部位的不同钻孔的芯样质量的关联性，二是强调局部芯样强度检测值对桩身完整性判定的影响。虽然桩身完整性和混凝土芯样试件抗压强度是两个不同的概念，本规范第 2.1.2 条和第 3.5.1 条的条文说明已做了说明。但是为了充分利用钻芯法的有效检测信息、更客观地评价成桩质量，本规范强调完整性判断应根据混凝土芯样表观特征和缺陷分布情况并结合局部芯样强度检测值进行综合判定，关注缺陷部位能否取样制作成芯样试件以及缺陷部位的芯样试件强度的高低。当混凝土芯样的外观完整性介于Ⅱ类和Ⅲ类之间时，利用出现缺陷部位的"混凝土芯样试件抗压强度检测值是否满足设计要求"这一辅助手段，加以区分。

为便于理解，以三孔桩身完整性Ⅱ类特征之 3 款为例，做两点说明：（1）"且在另两孔同一深度部位的局部混凝土芯样的外观判定完整性类别为Ⅰ类或Ⅱ类"的表述强调了将同一深度部位的局部混凝土芯样质量单列出来进行评价，确定某深度局部范围内的混凝土质量有没有达到完整性Ⅰ类或Ⅱ类判定条件，这里的"Ⅰ类或Ⅱ类"涵盖了芯样完好、芯样有蜂窝等轻微缺陷等情况。（2）对"否则应判为Ⅲ类或Ⅳ类"的理解，例如符合三孔桩身完整性Ⅳ类特征之 4 款条件，完整性应判为Ⅳ类；而既非Ⅱ类又非Ⅳ类者，应判为Ⅲ类。

桩长检测精度应考虑桩底锅底形的影响。按连续性涵义，实测桩长小于施工记录桩长应判为Ⅳ类。

当存在水平裂缝时，可结合水平荷载设计要求和水平裂缝深度进行综合判断：当桩受水平荷载较大且水平裂缝位于桩上部时应判为Ⅳ类桩；当设计对水平承载力无要求且水平裂缝位于桩下部时可判为Ⅱ类桩；其他情况可判为Ⅲ类桩。

7.6.4 本规范第 8～10 章检测方法都能判定桩身完整性类别，限于目前测试技术水平，尚不能将桩身混凝土强度是否满足设计要求与桩身完整性类别直接联系起来，虽然钻芯法能检测桩身混凝土强度，但并非是本规范第 3.5.1 条的要求。此外，钻芯法的桩身完整性Ⅰ类判据中，也未考虑混凝土强度问题，因此，如没有对芯样抗压强度检测的要求，有可能出现完整性为Ⅰ类但混凝土强度却不满足设计要求。

判定受检桩是否满足设计要求除考虑桩长和芯样试件抗压强度检测值外，当设计有要求时，应判断桩底的沉渣厚度、持力层岩土性状（强度）或厚度是否满足设计要求，否则，应判断是否满足相关规范的要求。另外，钻芯法与本规范第 8～10 章的检测方法不同，属于直接法，桩身完整性类别是通过芯样及其外表特征观察得到的。根据表7.6.3关于Ⅳ类桩判据的描述，Ⅳ类桩肯定存在局部的且影响桩身结构承载力的低质混凝土，即桩身混凝土强度不满足设计要求。因此，对于完整性评价为Ⅳ类的桩，可以明确该桩不满足设计要求。

8 低应变法

8.1 一般规定

8.1.1 目前国内外普遍采用瞬态冲击方式，通过实测桩顶加速度或速度响应时域曲线，籍一维波动理论分析来判定基桩的桩身完整性，这种方法称之为反射波法（或瞬态时域分析法）。目前国内几乎所有检测机构采用这种方法，所用动测仪器一般都具有傅立叶变换功能，可通过速度幅频曲线辅助分析判定桩身完整性，即所谓瞬态频域分析法；也有些动测仪器还具备实测锤击力并对其进行傅立叶变换的功能，进而得到导纳曲线，这称之为瞬态机械阻抗法。当然，采用稳态激振方式直接测得导纳曲线，则称之为稳态机械阻抗法。无论瞬态激振的时域分析还是瞬态或稳态激振的频域分析，只是习惯上从波动理论或振动理论两个不同角度去分析，数学上忽略截断和泄漏误差时，时域信号和频域信号可通过傅立叶变换建立对应关系。所以，当桩的边界和初始条件相同时，时域和频域分析结果应殊途同归。综上所述，考虑到目前国内外使用方法的普遍程度和可操作性，本规范将上述方法合并编写并统称为低应变（动测）法。

一维线弹性杆件模型是低应变法的理论基础。有别于静力学意义下按长细比大小来划分杆件，考虑波传播时满足一维杆平截面假设成立的前提是：瞬态激励脉冲有效高频分量的波长与杆的横向尺寸之比不宜小于10。另外，基于平截面假设成立的要求，设计桩身横截面宜基本规则。对于薄壁钢管桩、大直径现浇薄壁混凝土管桩和类似于H型钢桩的异型桩，若激励响应在桩顶面接收时，本方法不适用。钢桩桩身质量检验以焊缝检查和焊缝探伤为主。

本方法对桩身缺陷程度不做定量判定，尽管利用实测曲线拟合法分析能给出定量的结果，但由于桩的尺寸效应、测试系统的幅频与相频响应、高频波的弥散、滤波等造成的实测波形畸变，以及桩侧土阻尼、土阻力和桩身阻尼的耦合影响，曲线拟合法还不能达到精确定量的程度。

对于桩身不同类型的缺陷，低应变测试信号中主要反映桩身阻抗减小，缺陷性质往往较难区分。例如，混凝土灌注桩出现的缩颈与局部松散、夹泥、空洞等，只凭测试信号就很难区分。因此，对缺陷类型进行判定，应结合地质、施工情况综合分析，或采取

开挖、钻芯、声波透射等其他方法验证。

由于受桩周土约束、激振能量、桩身材料阻尼和桩身截面阻抗变化等因素的影响，应力波从桩顶传至桩底再从桩底反射回桩顶的传播为一能量和幅值逐渐衰减过程。若桩过长（或长径比较大）或桩身截面阻抗多变或变幅较大，往往应力波尚未反射回桩顶甚至尚未传到桩底，其能量已完全衰减或提前反射，致使仪器测不到桩底反射信号，而无法评定整根桩的完整性。在我国，若排除其他条件差异而只考虑各地区地基条件差异时，桩的有效检测长度主要受桩土刚度比大小的制约。因各地提出的有效检测范围变化很大，如长径比30～50、桩长30m～50m不等，故本条未规定有效检测长度的控制范围。具体工程的有效检测桩长，应通过现场试验，依据能否识别桩底反射信号，确定该方法是否适用。

对于最大有效检测深度小于实际桩长的长桩、超长桩检测，尽管测不到桩底反射信号，但若有效检测长度范围内存在缺陷，则实测信号中必有缺陷反射信号。因此，低应变方法仍可用于查明有效检测长度范围内是否存在缺陷。

8.1.2 本条要求对桩身截面多变且变化幅度较大的灌注桩的检测有效性进行辅助验证，主要考虑以下几点：

1 阻抗变化会引起应力波多次反射，且阻抗变化截面离桩顶越近，反射越强，当多个阻抗变化截面的一次或多次反射相互叠加时，造成波形难于识别；

2 阻抗变化对应力波向下传播有衰减，截面变化幅度越大引起的衰减越严重；

3 大直径灌注桩的横向尺寸效应，桩径越大，短波长窄脉冲激励造成响应波形的失真就越严重，难以采用；

4 桩身阻抗变化范围的纵向尺度与激励脉冲波长相比越小，阻抗变化的反射就越弱，即所谓偏离一维杆波动理论的"纵向尺寸效应"越显著。

因此，承接这类灌注桩检测前，应在积累本地区经验的基础上，了解工艺和施工情况（例如充盈系数、护壁尺寸、何种土层采用何种施工工艺更容易出现塌孔等），使所选用的验证方法切实可行，降低误判几率。

另外，应用机械啮合接头等施工工艺的预制桩，接缝明显，也会造成检测结果判断不准确。

8.2 仪器设备

8.2.1 低应变动力检测采用的测量响应传感器主要是压电式加速度传感器（国内多数厂家生产的仪器尚能兼容磁电式速度传感器测试），根据其结构特点和动态性能，当压电式传感器的可用上限频率在其安装谐振频率的1/5以下时，可保证较高的冲击测量精度，且在此范围内，相位误差几乎可以忽略。所以应

尽量选用安装谐振频率较高的加速度传感器。

对于桩顶瞬态响应测量，习惯上是将加速度计的实测信号积分成速度曲线，并据此进行判读。实践表明：除采用小锤硬碰硬敲击外，速度信号中的有效高频成分一般在2000Hz以内。但这并不等于说，加速度计的频响线性段达到2000Hz就足够了。这是因为，加速度原始波形比积分后的速度波形要包含更多和更尖的毛刺，高频尖峰毛刺的宽窄和多寡决定了它们在频谱上占据的频带宽窄和能量大小。事实上，对加速度信号的积分相当于低通滤波，这种滤波作用对尖峰毛刺特别明显。当加速度计的频响线性段较窄时，就会造成信号失真。所以，在±10%幅频误差内，加速度计幅频线性段的高限不宜小于5000Hz，同时也应避免在桩顶敲击处表面凹凸不平时用硬质材料锤（或不加锤垫）直接敲击。

高阻尼磁电式速度传感器固有频率在10Hz～20Hz之间时，幅频线性范围（误差±10%时）约在20Hz～1000Hz内，若要拓宽使用频带，理论上可通过提高阻尼比来实现。但从传感器的结构设计、制作以及可用性看却又难于做到。因此，若要提高高频测量上限，必须提高固有频率，势必造成低频段幅频特性恶化，反之亦然。同时，速度传感器在接近固有频率时使用，还存在因相位越迁引起的相频非线性问题。此外由于速度传感器的体积和质量均较大，其二阶安装谐振频率受安装条件影响很大，安装不良时会大幅下降并产生自身振荡，虽然可通过低通滤波将自振信号滤除，但在安装谐振频率附近的有用信息也将随之滤除。综上所述，高频窄脉冲冲击响应测量不宜使用速度传感器。

8.2.2 瞬态激振操作应通过现场试验选择不同材质的锤头或锤垫，以获得低频宽脉冲或高频窄脉冲。除大直径桩外，冲击脉冲中的有效高频分量可选择不超过2000Hz（钟形力脉冲宽度为1ms，对应的高频截止分量约为2000Hz）。目前激振设备普遍使用的是力锤、力棒，其锤头或锤垫多选用工程塑料、高强尼龙、铝、铜、铁、橡皮垫等，锤的质量为几百克至几十千克不等。

稳态激振设备可包括扫频信号发生器、功率放大器及电磁式激振器。由扫频信号发生器输出等幅值、频率可调的正弦信号，通过功率放大器放大至电磁激振器输出同频率正弦激振力作用于桩顶。

8.3 现 场 检 测

8.3.1 桩顶条件和桩头处理好坏直接影响测试信号的质量。因此，要求受检桩桩顶的混凝土质量、截面尺寸应与桩身设计条件基本等同。灌注桩应凿去桩顶浮浆或松散、破损部分，露出坚硬的混凝土表面；桩顶表面应平整干净且无积水；妨碍正常测试的桩顶外露主筋应割掉。对于预应力管桩，当法兰盘与桩身混凝土之间结合紧密时，可不进行处理，否则，应采用电锯将桩头锯平。

当桩头与承台或垫层相连时，相当于桩头处存在很大的截面阻抗变化，对测试信号会产生影响。因此，测试时桩头应与混凝土承台断开；当桩头侧面与垫层相连时，除非对测试信号没有影响，否则应断开。

8.3.2 从时域波形中找到桩底反射位置，仅仅是确定了桩底反射的时间，根据 $\Delta T = 2L/c$，只有已知桩长 L 才能计算波速 c，或已知波速 c 计算桩长 L。因此，桩长参数应以实际记录的施工桩长为依据，按测点至桩底的距离设定。测试前桩身波速可根据本地区同类桩型的测试值初步设定，实际分析时应按桩长计算的波速重新设定或按本规范第8.4.1条确定的波速平均值 c_m 设定。

对于时域信号，采样频率越高，则采集的数字信号越接近模拟信号，越有利于缺陷位置的准确判断。一般应在保证测得完整信号（1024个采样点，且时段不少于 $2L/c+5ms$）的前提下，选用较高的采样频率或较小的采样时间间隔。但是，若要兼顾频域分辨率，则应按采样定理适当降低采样频率或增加采样点数。

稳态激振是按一定频率间隔逐个频率激振，并持续一段时间。频率间隔的选择决定于速度幅频曲线和导纳曲线的频率分辨率，它影响桩身缺陷位置的判定精度；间隔越小，精度越高，但检测时间很长，降低工作效率。一般频率间隔设置为3Hz、5Hz、10Hz。每一频率下激振持续时间，理论上越长越好，这样有利于消除信号中的随机噪声。实际测试过程中，为提高工作效率，只要保证获得稳定的激振力和响应信号即可。

8.3.3 本条是为保证响应信号质量而提出的基本要求：

1 传感器安装底面与桩顶面之间不得留有缝隙，安装部位混凝土凹凸不平时应磨平，传感器用耦合剂粘结时，粘结层应尽可能薄。

2 激振点与传感器安装点应远离钢筋笼的主筋，其目的是减少外露主筋对测试产生干扰信号。若外露主筋过长而影响正常测试时，应将其割短。

3 激振方向应沿桩轴线方向的要求是为了有效减少敲击时的水平分量。

4 瞬态激振通过改变锤的重量及锤头材料，可改变冲击入射波的脉冲宽度及频率成分。锤头质量较大或硬度较小时，冲击入射波脉冲较宽，低频成分为主；当冲击力大小相同时，其能量较大，应力波衰减较慢，适合于获得长桩桩底信号或下部缺陷的识别。锤头较轻或硬度较大时，冲击入射波脉冲较窄，含高频成分较多；冲击力大小相同时，虽其能量较小并加剧大直径桩的尺寸效应影响，但较适宜于桩身浅部缺陷的识别及定位。

5 稳态激振在每个设定的频率下激振时，为避免频率变换过程产生失真信号，应具有足够的稳定激振时间，以获得稳定的激振力和响应信号，并根据桩径、桩长及桩周土约束情况调整激振力。稳态激振器的安装方式及好坏对测试结果起着很大的作用。为保证激振系统本身在测试频率范围内不至于出现谐振，激振器的安装宜采用柔性悬挂装置，同时在测试过程中应避免激振器出现横向振动。

8.3.4 本条主要是对激振点和检测点位置进行了规定，以保证从现场获取的信息尽量完备：

1 本条第1款有两层含义：

第一是减小尺寸效应影响。相对桩顶横截面尺寸而言，激振点处为集中力作用，在桩顶部位可能出现与桩的横向振型相对应的高频干扰。当锤击脉冲变窄或桩径增加时，这种由三维尺寸效应引起的干扰加剧。传感器安装点与激振点距离和位置不同，所受干扰的程度各异。理论研究表明：实心桩安装点在距桩中心约 2/3 半径 R 时，所受干扰相对较小；空心桩安装点与激振点平面夹角等于或略大于 90° 时也有类似效果，该处相当于横向耦合低阶振型的驻点。传感器安装点、激振（锤击）点布置见图1。另应注意：加大安装与激振两点距离或平面夹角将增大锤击点与安装点响应信号时间差，造成波速或缺陷定位误差。

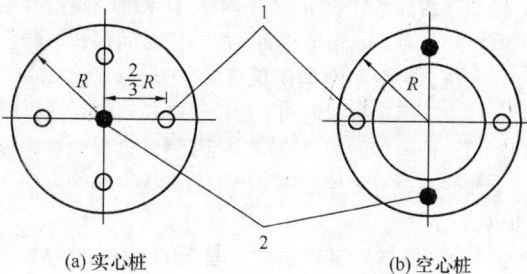

图1 传感器安装点、激振（锤击）点布置示意图
1—传感器安装点；2—激振锤击点

第二是使同一场地同一类型桩的检测信号具有可比性。因不同的激振点和检测点所测信号的差异主要随桩径或桩上部截面尺寸不规则程度变大而变强，因此尽量找出同一场地相近条件下各桩信号的规律性，对复杂波形的判断有利。

当预制桩桩顶高于地面很多，或灌注桩桩顶部分桩身截面很不规则，或桩顶与承台等其他结构相连而不具备传感器安装条件时，可将两支测量响应传感器对称安装在桩顶以下的桩侧表面，且宜远离桩顶。

2 本条第2款所述"适当改变激振点和检测点的位置"是指位置选择可不受第1款的限制。

3 桩径增大时，桩截面各部位的运动不均匀性也会增加，桩浅部的阻抗变化往往表现出明显的方向性，故应增加检测点数量，使检测结果能全面反映桩身结构完整性情况。

4 对现场检测人员的要求绝不能仅满足于熟练操作仪器，因为只有通过检测人员对所获波形在现场的合理、快速判断，才有可能决定下一步激振点、检测点以及敲击方式（锤重、锤垫等）的选择。

5 应合理选择测试系统量程范围，特别是传感器的量程范围，避免信号波峰削波。

6 每个检测点有效信号数不宜少于3个，通过叠加平均可提高信噪比。

8.4 检测数据分析与判定

8.4.1 为分析不同时段或频段信号所反映的桩身阻抗信息、核验桩底信号并确定桩身缺陷位置，需要确定桩身波速及其平均值 c_m。波速除与桩身混凝土强度有关外，还与混凝土的骨料品种、粒径级配、密度、水灰比、成桩工艺（导管灌注、振捣、离心）等因素有关。波速与桩身混凝土强度整体趋势上呈正相关关系，即强度高波速高，但二者并不为一一对应关系。在影响混凝土波速的诸多因素中，强度对波速的影响并非首位。中国建筑科学研究院的试验资料表明：采用普硅水泥，粗骨料相同，不同试配强度及龄期强度相差1倍时，声速变化仅为10%左右；根据辽宁省建设科学研究院的试验结果：采用矿渣水泥，28d 强度为 3d 强度的 4 倍～5 倍，一维波速增加 20% ～30%；分别采用碎石和卵石并按相同强度等级试配，发现以碎石为粗骨料的混凝土一维波速比卵石高约 13%。天津市政研究院也得到类似辽宁院的规律，但有一定离散性，即同一组（粗骨料相同）混凝土试配强度不同的杆件或试块，同龄期强度低约 10%～15%，但波速或声速有提高。也有资料报导正好相反，例如福建省建筑科学研究院的试验资料表明：采用普硅水泥，按相同强度等级试配，骨料为卵石的混凝土声速略高于骨料为碎石的混凝土声速。因此，不能依据波速去评定混凝土强度等级，反之亦然。

虽然波速与混凝土强度二者并不呈一一对应关系，但考虑到二者整体趋势上呈正相关关系，且强度等级是现场最易得到的参考数据，故对于超长桩或无法明确找出桩底反射信号的桩，可根据本地区经验并结合混凝土强度等级，综合确定波速平均值，或利用成桩工艺、桩型相同且桩长相对较短并能够找出桩底反射信号的桩确定的波速，作为波速平均值。此外，当某根桩露出地面且有一定的高度时，可沿桩长方向间隔一可测量的距离段安置两个测振传感器，通过测量两个传感器的响应时差，计算该桩段的波速值，以该值代表整根桩的波速值。

8.4.2 本方法确定桩身缺陷的位置是有误差的，原因是：缺陷位置处 Δt_x 和 $\Delta f'$ 存在读数误差；采样点数不变时，提高采样频率降低了频域分辨率；波速确定的方式及用抽样所得平均值 c_m 替代某具体桩身段波速带来的误差。其中，波速带来的缺陷位置误差 $\Delta x = x \cdot \Delta c / c$（$\Delta c / c$ 为波速相对误差）影响最大，如波速相对误差为5%，缺陷位置为10m时，则误差有0.5m；缺陷位置为20m时，则误差有1.0m。

对瞬态激振还存在另一种误差，即锤击后应力波主要以纵波形式直接沿桩身向下传播，同时在桩顶又主要以表面波和剪切波的形式沿径向传播。因锤击点与传感器安装点有一定的距离，接收点测到的入射峰总比锤击点处滞后，考虑到表面波或剪切波的传播速度比纵波低得多，特别对大直径桩或直径较大的管桩，这种从锤击点起由近及远的时间线性滞后将明显增加。而波从缺陷或桩底以一维平面应力波反射回桩顶时，引起的桩顶面径向各点的质点运动却在同一时刻都是相同的，即不存在由近及远的时间滞后问题。严格地讲，按入射峰-桩底反射峰确定的波速将比实际的高，若按"正确"的桩身波速确定缺陷位置将比实际的浅；另外桩身截面阻抗在纵向较长一段范围内变化较大时，将引起波的绕行距离增加，使"真实的一维杆波速"降低。基于以上两种原因，按照目前的锤击方式测桩，不可能精确地测到桩的"一维杆纵波波速"。

8.4.3 表8.4.3列出了根据实测时域或幅频信号特征、所划分的桩身完整性类别。完整桩典型的时域信号和速度幅频信号见图2和图3，缺陷桩典型的时域信号和速度幅频信号见图4和图5。

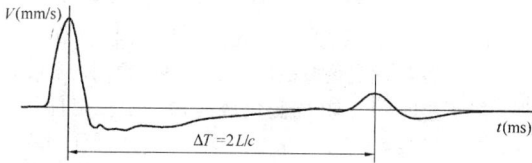

图2　完整桩典型时域信号特征

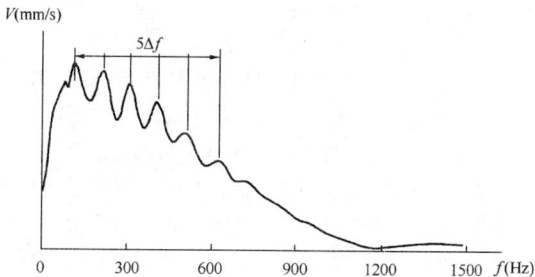

图3　完整桩典型速度幅频信号特征

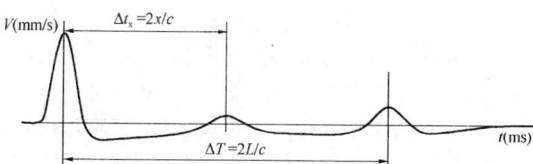

图4　缺陷桩典型时域信号特征

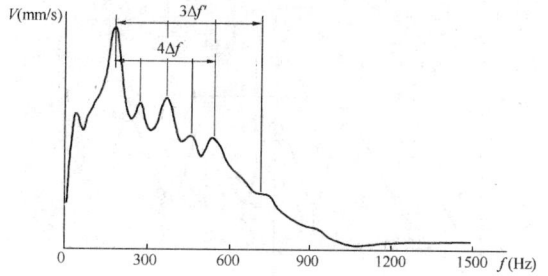

图5　缺陷桩典型速度幅频信号特征

完整桩分析判定，据时域信号或频域曲线特征判定相对来说较简单直观，而分析缺陷桩信号则复杂些，有的信号的确是因施工质量缺陷产生的，但也有是因设计构造或成桩工艺本身局限导致的，例如预制打入桩的接缝，灌注桩的逐渐扩径再缩回原桩径的变截面，地层硬夹层影响等。因此，在分析测试信号时，应仔细分清哪些是缺陷波或缺陷谐振峰，哪些是因桩身构造、成桩工艺、土层影响造成的类似缺陷信号特征。另外，根据测试信号幅值大小判定缺陷程度，除受缺陷程度影响外，还受桩周土阻力（阻尼）大小及缺陷所处深度的影响。相同程度的缺陷因桩周土岩性不同或缺陷埋深不同，在测试信号中其幅值大小各异。因此，如何正确判定缺陷程度，特别是缺陷十分明显时，如何区分是Ⅲ类桩还是Ⅳ类桩，应仔细对照桩型、地基条件、施工情况结合当地经验综合分析判断；不仅如此，还应结合基础和上部结构形式对桩的承载安全性要求，考虑桩身承载力不足引发桩身结构破坏的可能性，进行缺陷类别划分，不宜单凭测试信号定论。

桩身缺陷的程度及位置，除直接从时域信号或幅频曲线上判定外，还可借助其他计算方式及相关测试量作为辅助的分析手段：

1 时域信号曲线拟合法：将桩划分为若干单元，以实测或模拟的力信号作为已知条件，设定并调整桩身阻抗及土参数，通过一维波动方程数值计算，计算出速度时域波形并与实测的波形进行反复比较，直到两者吻合程度达到满意为止，从而得出桩身阻抗的变化位置及变化量大小。该计算方法类似于高应变的曲线拟合法。

2 根据速度幅频曲线或导纳曲线中基频位置，利用实测导纳值与计算导纳值相对高低、实测动刚度的相对高低进行判断。此外，还可对速度幅频信号曲线进行二次谱分析。

图6为完整桩的速度导纳曲线。计算导纳值 N_c、实测导纳值 N_m 和动刚度 K_d 分别按下列公式计算：

导纳理论计算值：　　　$N_c = \dfrac{1}{\rho c_m A}$　　　（1）

实测导纳几何平均值：$N_m = \sqrt{P_{max} \cdot Q_{min}}$　　（2）

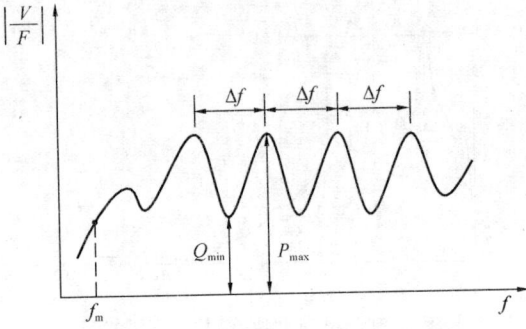

图 6　均匀完整桩的速度导纳曲线图

动刚度：
$$K_d = \frac{2\pi f_m}{\left|\frac{V}{F}\right|_m} \qquad (3)$$

式中：ρ——桩材质量密度（kg/m³）；

c_m——桩身波速平均值（m/s）；

A——设计桩身截面积（m²）；

P_{max}——导纳曲线上谐振波峰的最大值（m/s·N⁻¹）；

Q_{min}——导纳曲线上谐振波谷的最小值（m/s·N⁻¹）；

f_m——导纳曲线上起始近似直线段上任一频率值（Hz）；

$\left|\frac{V}{F}\right|_m$——与 f_m 对应的导纳幅值（m/s·N⁻¹）。

理论上，实测导纳值 N_m、计算导纳值 N_c 和动刚度 K_d 就桩身质量好坏而言存在一定的相对关系：完整桩，N_m 约等于 N_c，K_d 值正常；缺陷桩，N_m 大于 N_c，K_d 值低，且随缺陷程度的增加其差值增大；扩径桩，N_m 小于 N_c，K_d 值高。

值得说明，由于稳态激振过程在某窄小频带上激振，其能量集中、信噪比高、抗干扰能力强等特点，所测的导纳曲线、导纳值及动刚度比采用瞬态激振方式重复性好、可信度较高。

表 8.4.3 没有列出桩身无缺陷或有轻微缺陷但无桩底反射这种信号特征的类别划分。事实上，测不到桩底信号这种情况受多种因素和条件影响，例如：

——软土地区的超长桩，长径比很大；

——桩周土约束很大，应力波衰减很快；

——桩身阻抗与持力层阻抗匹配良好；

——桩身截面阻抗显著突变或沿桩长渐变；

——预制桩接头缝隙影响。

其实，当桩侧和桩端阻力很强时，高应变法同样也测不出桩底反射。所以，上述原因造成无桩底反射也属正常。此时的桩身完整性判定，只能结合经验、参照本场地和本地区的同类型桩综合分析或采用其他方法进一步检测。

对承载有利的扩径灌注桩，不应判定为缺陷桩。

8.4.4　当灌注桩桩截面形态呈现如图 7 情况时，桩身截面（阻抗）渐变或突变，在阻抗突变处的一次或

二次反射常表现为类似明显扩径、严重缺陷或断桩的相反情形，从而造成误判。桩侧局部强土阻力和大直径开口预应力管桩桩孔内土塞部位反射也有类似情况，即一次反射似扩径，二次反射似缺陷。纵向尺寸效应与一维杆平截面假设相违，即桩身阻抗突变段的反射幅值随突变段纵向范围的缩小而减弱。例如支盘桩的支盘直径很大，但随着支盘厚度的减小，扩径反射将愈来愈不明显；若此情形换为缩颈，其危险性不言而喻。以上情况可结合施工、地层情况综合分析加以区分；无法区分时，应结合其他检测方法综合判定。

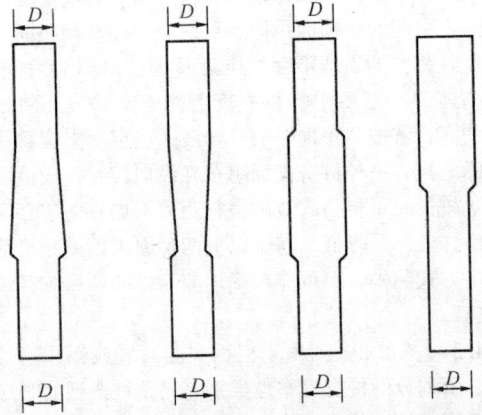

(a) 逐渐扩径　(b) 逐渐缩颈　(c) 中部扩径　(d) 上部扩径

图 7　混凝土灌注桩截面（阻抗）变化示意图

当桩身存在不止一个阻抗变化截面（见图 7c）时，由于各阻抗变化截面的一次和多次反射波相互叠加，除距桩顶第一阻抗变化截面的一次反射能辨认外，其后的反射信号可能变得十分复杂，难于分析判断。此时，在信号没有受尺寸效应、测试系统频响等影响产生畸变的前提下，可按下列建议尝试采用实测曲线拟合法进行辅助分析：

1　宜采用实测力波形作为边界条件输入；

2　桩顶横截面尺寸应按现场实际测量结果确定；

3　通过同条件下、截面基本均匀的相邻桩曲线拟合，确定引起应力波衰减的桩土参数取值。

8.4.5　本条是这次修订增加的内容。由于受横向尺寸效应的制约，激励脉冲的波长有时很难明显小于浅部阻抗变化的深度，造成无法对桩身浅部特别是极浅部的阻抗变化进行定性和定位，甚至是误判，如浅部局部扩径，波形可能主要表现出扩径恢复后的"似缩颈"反射。因此要求根据力和速度信号起始峰的比例差异情况判断桩身浅部阻抗变化程度。建议采用这种方法时，按本规范第 8.3.4 条在同条件下进行多根桩对比，在解决阻抗变化定性的基础上，判定阻抗变化程度，不过，在阻抗变化位置很浅时可能仍无法准确定位。

8.4.6　对嵌岩桩，桩底沉渣和桩端下存在的软弱夹

层、溶洞等是直接关系到该桩能否安全使用的关键因素。虽然本方法不能确定桩底情况,但理论上可以将嵌岩桩桩端视为杆件的固定端,并根据桩底反射波的方向及其幅值判断桩端端承效果,也可通过导纳值、动刚度的相对高低提供辅助分析。采用本方法判定桩端嵌固效果差时,应采用钻芯、静载或高应变等检测方法核验桩端嵌岩情况,确保基桩使用安全。

8.4.8 人员水平低、测量系统动态范围窄、激振设备选择或操作不当、人为信号再处理影响信号真实性等,都会直接影响结论判断的正确性,只有根据原始信号曲线才能鉴别。

9 高 应 变 法

9.1 一 般 规 定

9.1.1 高应变法的主要功能是判定单桩竖向抗压承载力是否满足设计要求。这里所说的承载力是指在桩身强度满足桩身结构承载力的前提下,得到的桩周岩土对桩的抗力(静阻力)。所以要得到极限承载力,应使桩侧和桩端岩土阻力充分发挥,否则不能得到承载力的极限值,只能得到承载力检测值。

与低应变法检测的快捷、廉价相比,高应变法检测桩身完整性虽然是附带性的。但由于其激励能量和检测有效深度大的优点,特别在判定桩身水平整合型缝隙、预制桩接头等缺陷时,能够在查明这些"缺陷"是否影响竖向抗压承载力的基础上,合理判定缺陷程度。当然,带有普查性的完整性检测,采用低应变法更为恰当。

高应变检测技术是从打入式预制桩发展起来的,试打桩和打桩监控属于其特有的功能,是静载试验无法做到的。

除嵌入基岩的大直径桩和摩擦型大直径桩外,大直径灌注桩、扩底桩(墩)由于桩端尺寸效应明显,通常其静载 Q-s 曲线表现为缓变型,端阻力发挥所需的位移很大。另外,增加桩径使桩身截面阻抗(或桩的惯性)按直径的平方增加,而桩侧阻力按直径的一次方增加,桩-锤匹配能力下降。而多数情况下高应变检测所用锤的重量有限,很难在桩顶产生较长持续时间的荷载作用,达不到使土阻力充分发挥所需的位移量。另一原因如本规范第 9.1.2 条条文说明所述。

9.1.2 灌注桩的截面尺寸和材质的非均匀性、施工的隐蔽性(干作业成孔桩除外)及由此引起的承载力变异性普遍高于打入式预制桩,而灌注桩检测采集的波形质量低于预制桩,波形分析中的不确定性和复杂性又明显高于预制桩。与静载试验结果对比,灌注桩高应变检测判定的承载力误差也如此。因此,积累灌注桩现场测试、分析经验和相近条件下的可靠对比验证资料,对确保检测质量尤其重要。

9.2 仪 器 设 备

9.2.1 本条对仪器的主要技术性能指标要求是按建筑工业行业标准《基桩动测仪》JG/T 3055 提出的,比较适中,大部分型号的国产和进口仪器能满足。因动测仪器的使用环境较差,故仪器的环境性能指标和可靠性也很重要。本条对安装于距桩顶附近桩身侧表面的响应测量传感器——加速度计的量程未做具体规定,原因是对不同类型的桩,各种因素影响使最大冲击加速度变化很大。建议根据实测经验来合理选择,宜使选择的量程大于预估最大冲击加速度值的一倍以上。如对钢桩,宜选择 $20000 \text{m/s}^2 \sim 30000 \text{m/s}^2$ 量程的加速度计。

9.2.2 导杆式柴油锤荷载上升时间过于缓慢,容易造成速度响应信号失真。

本条没有对锤重的选择做出规定,因为利用打桩机械测试不一定是休止后的承载力检测,软土场地对长或超长桩的初打监控,出现锤重不符合本规范第 9.2.5～9.2.6 条规定的情况属于正常。另外建工行业多采用筒式柴油锤,它与自由落锤相比冲击动能较大,轻锤也可能完成沉桩工作。

9.2.3 本条之所以定为强制性条文,是因为锤击设备的导向和锤体形状直接关系到信号质量与现场试验的安全。

无导向锤的脱钩装置多基于杠杆式原理制成,操作人员需在离锤很近的范围内操作,缺乏安全保障,且脱钩时会不同程度地引起锤的摇摆,更容易造成锤击严重偏心而产生垃圾信号。另外,如果采用汽车吊直接将锤吊起后脱钩,因锤的重量突然释放造成吊车吊臂的强烈反弹,对吊臂造成损害。因此稳固的导向装置的另一个作用是:在落锤脱钩前需将锤的重量通过导向装置传递给锤击装置的底盘,使吊车吊臂不再受力。扁平状锤如分片组装式锤的单片或混凝土浇筑的强夯锤,下落时不易导向且平稳性差,容易造成严重锤击偏心,影响测试质量。因此规定锤体的高径(宽)比不得小于1。

9.2.4 自由落锤安装加速度计测量桩顶锤击力的依据是牛顿第二和第三定律。其成立条件是同一时刻锤体内各质点的运动和受力无差异,也就是说,虽然锤为弹性体,只要锤体内部不存在波传播的不均匀性,就可视锤为一刚体或具有一定质量的质点。波动理论分析结果表明:当沿正弦波传播方向的介质尺寸小于正弦波波长的1/10,可认为在该尺寸范围内无波传播效应,即同一时刻锤的受力和运动状态均匀。除钢桩外,较重的自由落锤在桩身产生的力信号中的有效频率分量(占能量的90%以上)在200Hz以内,超过300Hz后可忽略不计。按不利条件估计,对力信号有贡献的高频分量波长一般也不小于20m。所以，在大多数采用自由落锤的场合，牛顿第二定律能较严格地成立。规定锤体高径（宽）比不大于1.5正是为了避免波传播效应造成的锤内部运动状态不均匀。这种方式与在桩头附近的桩侧表面安装应变式传感器的测力方式相比，优缺点是：

1 避免了桩头损伤和安装部位混凝土质量差导致的测力失败以及应变式传感器的经常损坏。

2 避免了因混凝土非线性造成的力信号失真（混凝土受压时，理论上讲是对实测力值放大，是不安全的）。

3 直接测定锤击力，即使混凝土的波速、弹性模量改变，也无需修正；当混凝土应力-应变关系的非线性严重时，不存在通过应变环测试换算冲击力造成的力值放大。

4 测量响应的加速度计只能安装在距桩顶较近的桩侧表面，尤其不能安装在桩头变阻抗截面以下的桩身上。

5 桩顶只能放置薄层桩垫，不能放置尺寸和质量较大的桩帽（替打）。

6 锤高一般以2.0m～2.5m为限，则最大使用的锤重可能受到限制，除非采用重锤或厚软锤垫减少锤上的波传播效应。

7 锤在非受力状态时有负向（向下）的加速度，可能被误认为是冲击力变化：如撞击前锤体自由下落时的一g（g为重力加速度）加速度；撞击后锤体可能与桩顶脱离接触（反弹）并回落而产生负向加速度，锤愈轻、桩的承载力或桩身阻抗愈大，反弹表现就愈显著。

8 重锤撞击桩顶瞬时难免与导架产生碰撞或摩擦，导致锤体上产生高频纵、横干扰波，锤的纵、横尺寸越小，干扰波频率就越高，也就越容易被滤除。

9.2.5 我国每年高应变法检测桩的总量粗估在15万根桩以上，已超过了单桩静载验收检测的总桩数，但该法在国内发展不均衡，主要在沿海地区应用。本条强制性条文的规定连同第9.2.6条规定之涵义，在2003年版规范中曾合并于一条强条来表述。为提高强条的可操作性，本次修订保留了锤重低限值的强制性要求。锤的重量大小直接关系到桩侧、桩端岩土阻力发挥的高低，只有充分包含土阻力发挥信息的信号才能视为有效信号，也才能作为高应变承载力分析与评价的依据。锤重不变时，随着桩横截面尺寸、桩的质量或单桩承载力的增加，锤与桩的匹配能力下降，试验中直观表象是锤的强烈反弹，锤落距提高引起的桩顶动位移或贯入度增加不明显，而桩身锤击应力的增加比传递给桩的有效能量的增加效果更为显著，因此轻锤高落距锤击是错误的做法。个别检测机构，为了降低运输（搬运）、吊（安）装成本和试验难度，一味采用轻锤进行试验，由于土阻力（承载力）发挥信息严重不足，遂随意放大调整实测信号，导致承载

力虚高；有时，轻锤高击还引起桩身破损。

本条是保证信号有效性规定的最低锤重要求，也是体现高应变法"重锤低击"原则的最低要求。国际上，应尽量加大动测用锤重的观点得到了普遍推崇，如美国材料与试验协会ASTM在2000年颁布的《桩的高应变动力检测标准试验方法》D4945中提出：锤重选择以能充分调动桩侧、桩端岩土阻力为原则，并无具体低限值的要求；而在2008年修订时，针对灌注桩增加了"落锤锤重至少为极限承载力期望值的1‰～2‰"的要求，相当于本规范所用锤重与单桩竖向抗压承载力特征值的比值为2%～4%。

另需注意：本规范第9.2.3条关于锤的导向和形状要求是从避免出现表观垃圾信号的角度提出，不能证明信号的有效性，即承载力发挥信息是否充分。

9.2.6 本条未规定锤重增加范围的上限值，一是体现"重锤低击"原则，二是考虑以下情况：

1 桩较长或桩径较大时，一般使侧阻、端阻充分发挥所需位移大；

2 桩是否容易被"打动"取决于桩身"广义阻抗"的大小。广义阻抗与桩身截面波阻抗和桩周土岩土阻力均有关。随着桩直径增加，波阻抗的增加通常快于土阻力，而桩身阻抗的增加实际上就是桩的惯性质量增加，仍按承载力特征值的2‰选取锤重，将使锤对桩的匹配能力下降。

因此，不仅从土阻力，也要从桩身惯性质量两方面考虑提高锤重是更科学的做法。当桩径或桩长明显超过本条低限值时，例如，1200mm直径灌注桩，桩长20m，设计要求的承载力特征值较低，仅为2000kN，即使将锤重与承载力特征值的比值提高到3‰，即采用60kN的重锤仍感锤重偏轻。

9.2.7 测量贯入度的方法较多，可视现场具体条件选择：

1 如采用类似单桩静载试验架设基准梁的方式测量，准确度较高，但现场工作量大，特别是重锤对桩冲击使桩周土产生振动，使受检桩附近架设的基准梁受影响，导致桩的贯入度测量结果可靠度下降；

2 预制桩锤击沉桩时利用锤击设备导架的某一标记作基准，根据一阵锤（如10锤）的总下沉量确定平均贯入度，简便但准确度不高；

3 采用加速度信号二次积分得到的最终位移作为贯入度，操作最为简便，但加速度计零漂大和低频响应差（时间常数小）时将产生明显的积分漂移，且零漂小的加速度计价格很高；另外因信号采集时段短，信号采集结束时若桩的运动尚未停止（以柴油锤打桩时为甚）则不能采用；

4 用精密水准仪时受环境振动影响小，观测准确度相对较高。

9.3 现 场 检 测

9.3.1 承载力时间效应因地而异，以沿海软土地区

最显著。成桩后，若桩周岩土无隆起、侧挤、沉陷、软化等影响，承载力随时间增长。工期紧休止时间不够时，除非承载力检测值已满足设计要求，否则应休止到满足表3.2.5规定的时间为止。

锤击装置垂直、锤击平稳对中、桩头加固和加设桩垫，是为了减小锤击偏心和避免击碎桩头；在距桩顶规定的距离下的合适部位对称安装传感器，是为了减小锤击在桩顶产生的应力集中和对偏心进行补偿。所有这些措施都是为保证测试信号质量提出的。

9.3.2 采样时间间隔为$100\mu s$，对常见的工业与民用建筑的桩是合适的。但对于超长桩，例如桩长超过60m，采样时间间隔可放宽为$200\mu s$，当然也可增加采样点数。

应变式传感器直接测到的是其安装面上的应变，并按下式换算成锤击力：

$$F = A \cdot E \cdot \varepsilon \qquad (4)$$

式中：F——锤击力；

A——测点处桩截面积；

E——桩材弹性模量；

ε——实测应变值。

显然，锤击力的正确换算依赖于测点处设定的桩参数是否符合实际。另一需注意的问题是：计算测点以下原桩身的阻抗变化、包括计算的桩身运动及受力大小，都是以测点处桩头单元为相对"基准"的。

测点下桩长是指桩头传感器安装点至桩底的距离，一般不包括桩尖部分。

对于普通钢桩，桩身波速可直接设定为5120m/s。对于混凝土桩，桩身波速取决于混凝土的骨料品种、粒径级配、成桩工艺（导管灌注、振捣、离心）及龄期，其值变化范围大多为3000m/s～4500m/s。混凝土预制桩可在沉桩前实测无缺陷桩的桩身平均波速作为设定值；混凝土灌注桩应结合本地区混凝土波速的经验值或同场地已知值初步设定，但在计算分析前，应根据实测信号进行校正。

9.3.3 对本条各款依次说明如下：

1 传感器外壳与仪器外壳共地，测试现场潮湿，传感器对地未绝缘，交流供电时常出现50Hz干扰，解决办法是良好接地或改用直流供电。

2 根据波动理论分析：若视锤为一刚体，则桩顶的最大锤击应力只与锤冲击桩顶时的初速度有关，落距越高，锤击应力和偏心越大，越容易击碎桩头（桩端进入基岩时因桩端压应力放大造成桩尖破损）。此外，强锤击压应力是使桩身出现较强反射拉应力的先决条件，即使桩头不会被击碎，但当打桩阻力较低（例如挤土上浮桩、深厚软土中的摩擦桩）、且入射压力脉冲较窄（即锤较轻）或桩较长时，桩身有可能被拉裂。轻锤高击并不能有效提高桩锤传递给桩的能量和增大桩顶位移，因为力脉冲作用持续时间显著与锤重有关；锤击脉冲越窄，波传播的不均匀性，即桩身

受力和运动的不均匀性（惯性效应）越明显，实测波形中土的动阻力影响加剧，而与位移相关的静土阻力呈明显的分段发挥态势，使承载力的测试分析误差增加。事实上，若将锤重增加到单桩承载力特征值的10%～20%以上，则可得到与静动法（STATNAMIC法）相似的长持续力脉冲作用。此时，由于桩身中的波传播效应大大减弱，桩侧、桩端岩土阻力的发挥更接近静载作用时桩的荷载传递性状。因此，"重锤低击"是保障高应变法检测承载力准确性的基本原则，这与低应变法充分利用波传播效应（窄脉冲）准确探测缺陷位置有着概念上的区别。

3 打桩过程监测是指预制桩施打开始后进行的打桩全部过程测试，也可根据重点关注的预计穿越土层或预计达到的持力层段测试。

4 高应变试验成功的关键是信号质量以及信号中的信息是否充分。所以应根据每锤信号质量以及动位移、贯入度和大致的土阻力发挥情况，初步判别采集到的信号是否满足检测目的的要求。同时，也要检查混凝土桩锤击拉、压应力和缺陷程度大小，以决定是否进一步锤击，以免桩头或桩身受损。自由落锤锤击时，锤的落距应由低到高；打入式预制桩则按每次采集一阵（10击）的波形进行判别。

5 检测工作现场情况复杂，经常产生各种不利影响。为确保采集到可靠的数据，检测人员应能正确判断波形质量、识别干扰，熟练诊断测量系统的各类故障。

9.3.4 贯入度的大小与桩尖刺入或桩端压密塑性变形量相对应，是反映桩侧、桩端土阻力是否充分发挥的一个重要信息。贯入度小，即通常所说的"打不动"，使检测得到的承载力低于极限值。本条是从保证承载力分析计算结果的可靠性出发，给出的贯入度合适范围，不能片面理解成在检测中减小锤重使单击贯入度不超过6mm。贯入度大且桩身无缺陷的波形特征是$2L/c$处桩底反射强烈，其后的土阻力反射或桩的回弹不明显。贯入度过大造成的桩周土扰动大，高应变承载力分析所用的土的力学模型，对真实的桩-土相互作用的模拟接近程度变差。据国内发现的一些实例和国外的统计资料：贯入度较大时，采用常规的理想弹-塑性土阻力模型进行实测曲线拟合分析，不少情况下预示的承载力明显低于静载试验结果，统计结果离散性很大！而贯入度较小、甚至桩几乎未被打动时，静动对比的误差相对较小，且统计结果的离散性也不大。若采用考虑桩端土附加质量的能量耗散机制模型修正，与贯入度小时的承载力提高幅度相比，会出现难以预料的承载力成倍提高。原因是：桩底反射强意味着桩端的运动加速度和速度强烈，附加土质量产生的惯性力和动阻力恰好分别与加速度和速度成正比。可以想见，对于长细比较大、侧阻力较强的摩擦型桩，上述效应就不会明显。此外，

6mm 贯入度只是一个统计参考值，本章第 9.4.7 条第 4 款已针对此情况作了具体规定。

9.4 检测数据分析与判定

9.4.1 从一阵锤击信号中选取分析用信号时，除要考虑有足够的锤击能量使桩周岩土阻力充分发挥外，还应注意下列问题：

1 连续打桩时桩周土的扰动及残余应力；

2 锤击使缺陷进一步发展或拉应力使桩身混凝土产生裂隙；

3 在桩易打或难打以及长桩情况下，速度基线修正带来的误差；

4 对桩垫过厚和柴油锤冷锤信号，因加速度测量系统的低频特性造成速度信号出现偏离基线的趋势项。

9.4.2 高质量的信号是得出可靠分析计算结果的基础。除柴油锤施打的长桩信号外，力的时程曲线应最终归零。对于混凝土桩，高应变测试信号质量不但受传感器安装好坏、锤击偏心程度和传感器安装面处混凝土是否开裂的影响，也受混凝土的不均匀性和非线性的影响。这些影响对采用应变式传感器测试、经换算得到的力信号尤其敏感。混凝土的非线性一般表现为：随应变的增加，割线模量减小，并出现塑性变形，使根据应变换算到的力值偏大且力曲线尾部不归零。本规范所指的锤击偏心相当于两侧力信号之一与力平均值之差的绝对值超过平均值的 33%。通常锤击偏心很难避免，因此严禁用单侧力信号代替平均力信号。

9.4.3 桩身平均波速也可根据下行波起升沿的起点和上行波下降沿的起点之间的时差与已知桩长值确定。对桩底反射峰变宽或有水平裂缝的桩，不应根据峰与峰间的时差来确定平均波速。桩较短且锤击力波上升缓慢时，可采用低应变法确定平均波速。

9.4.4 通常，当平均波速按实测波形改变后，测点处的原设定波速也按比例线性改变，弹性模量则应按平方的比例关系改变。当采用应变式传感器测力时，多数仪器并非直接保存实测应变值，如有些是以速度（$V = c \cdot \varepsilon$）的单位存储。若弹性模量随波速改变后，仪器不能自动修正以速度为单位存储的力值，则应对原始实测力值校正。注意：本条所说的"力值校正"与本规范第 9.4.5 条所禁止的"比例失调时"的随意调整是截然不同的两种行为。

对于锤上安装加速度计的测力方式，由于力值 F 是按牛顿第二定律 $F = m_r a_r$（式中 m_r 和 a_r 分别为锤体的质量和锤体的加速度）直接测量得到的，因此不存在对实测力值进行校正的问题。F 仅代表作用在桩顶的力，而分析计算则需要在桩顶下安装测量响应加速度计横截面上的作用力，所以需要考虑测量响应加速度计以上的桩头质量产生的惯性力，对实测桩顶力值修正。

9.4.5 通常情况下，如正常施打的预制桩，力和速度信号在第一峰处应基本成比例，即第一峰处的 F 值与 $V \cdot Z$ 值基本相等（见图 9.4.3）。但在以下几种不成比例（比例失调）的情况下属于正常：

1 桩浅部阻抗变化和土阻力影响；

2 采用应变式传感器测力时，测点处混凝土的非线性造成力值明显偏高；

3 锤击力波上升缓慢或桩很短时，土阻力波或桩底反射波的影响。

信号随意比例调整均是对实测信号的歪曲，并产生虚假的结果。如通过放大实测力或速度进行比例调整的后果是计算承载力不安全。因此，为保证信号真实性，禁止将实测力或速度信号重新标定。这一点必须引起重视，因为有些仪器具有比例自动调整功能。

9.4.6 高应变分析计算结果的可靠性高低取决于动测仪器、分析软件和人员素质三个要素。其中起决定作用的是具有坚实理论基础和丰富实践经验的高素质检测人员。高应变法之所以有生命力，表现在高应变信号不同于随机信号的可解释性——即使不采用复杂的数学计算和提炼，只要检测波形质量有保证，就能定性地反映桩的承载性状及其他相关的动力学问题。因此对波形的正确定性解释的重要性超过了软件建模分析计算本身，对人员的要求首先是解读波形，其次才是熟练使用相关软件。增强波形正确判读能力的关键是提高人员的素质，仅靠技术规范以及仪器和软件功能的增强是无法做到的。因此，承载力分析计算前，应有高素质的检测人员对信号进行定性检查和判断。

9.4.7 当出现本条所述五款情况时，因高应变法难于分析判定承载力和预示桩身结构破坏的可能性，建议进行验证检测。本条第 4、5 款反映的代表性波形见图 8，波形反映出的桩承载性状与设计条件不符（基本无侧阻、端阻反射，桩顶最大动位移 11.7mm，贯入度 6mm～8mm）。原因解释参见本规范第 9.3.4 条的条文说明。由图 9 可见，静载验证试验尚未压至

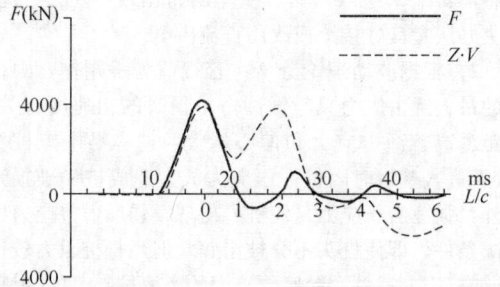

图 8 灌注桩高应变实测波形

注：Φ800mm 钻孔灌注桩，桩端持力层为全风化花岗片麻岩，测点下桩长 16m。采用 60kN 重锤，先做高应变检测，后做静载验证检测。

破坏，但高应变测试的锤重符合要求，贯入度表明承载力已"充分"发挥。当采用波形拟合法分析承载力时，由于承载力比按勘察报告估算的低很多，除采用直接法验证外，不能主观臆断或采用能使拟合的承载力大幅提高的桩-土模型及其参数。

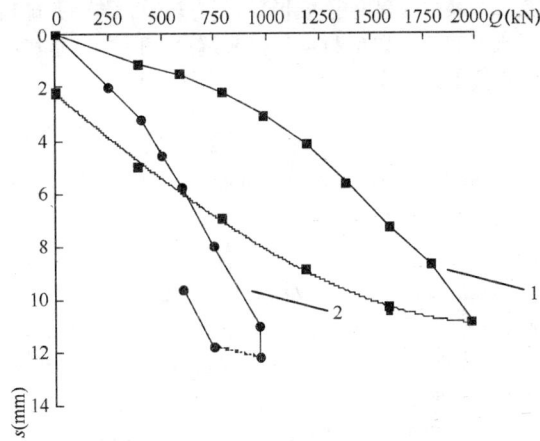

图 9　静载和动载模拟的 Q-s 曲线
1—静载曲线；2—动测曲线

9.4.8 凯司法与实测曲线拟合法在计算承载力上的本质区别是：前者在计算极限承载力时，单击贯入度与最大位移是参考值，计算过程与它们无关。另外，凯司法承载力计算公式是基于以下三个假定推导出的：

1 桩身阻抗基本恒定；

2 动阻力只与桩底质点运动速度成正比，即全部动阻力集中于桩端；

3 土阻力在时刻 $t_2 = t_1 + 2L/c$ 已充分发挥。
显然，它较适用于摩擦型的中、小直径预制桩和截面较均匀的灌注桩。

公式中的唯一未知数——凯司法无量纲阻尼系数 J_c 定义为仅与桩端土性有关，一般遵循随土中细粒含量增加阻尼系数增大的规律。J_c 的取值是否合理在很大程度上决定了计算承载力的准确性。所以，缺乏同条件下的静动对比校核或大量相近条件下的对比资料时，将使其使用范围受到限制。当贯入度达不到规定值或不满足上述三个假定时，J_c 值实际上变成了一个无明确意义的综合调整系数。特别值得一提的是灌注桩，也会在同一工程、相同桩型及持力层时，可能出现 J_c 取值变异过大的情况。为防止凯司法的不合理应用，规定应采用静动对比或实测曲线拟合法校核 J_c 值。

由于式（9.4.8-1）给出的 R_c 值与位移无关，仅包含 $t_2 = t_1 + 2L/c$ 时刻之前所发挥的土阻力信息，通常除桩长较短的摩擦型桩外，土阻力在 $2L/c$ 时刻不会充分发挥，尤以端承型桩显著。所以，需要采用将 t_1 延时求出承载力最大值的最大阻力法（RMX 法），对与位移相关的土阻力滞后 $2L/c$ 发挥的情况进行提

高修正。

桩身在 $2L/c$ 之前产生较强的向上回弹，使桩身从顶部逐渐向下产生土阻力卸载（此时桩的中下部土阻力属于加载）。这对于桩较长、侧阻力较大而荷载作用持续时间相对较短的桩较为明显。因此，需要采用将桩中上部卸载的土阻力进行补偿提高修正的卸载法（RSU 法）。

RMX 法和 RSU 法判定承载力，体现了高应变法波形分析的基本概念——应充分考虑与位移相关的土阻力发挥状况和波传播效应，这也是实测曲线拟合法的精髓所在。另外，凯司法还有几种子方法可在积累了成熟经验后采用，它们是：

1 在桩尖质点运动速度为零时，动阻力也为零，此时有两种与 J_c 无关的计算承载力"自动"法，即 RAU 法和 RA2 法。前者适用于桩侧阻力很小的情况，后者适用于桩侧阻力适中的场合。

2 通过延时求出承载力最小值的最小阻力法（RMN 法）。

9.4.9 实测曲线拟合法是通过波动问题数值计算，反演确定桩和土的力学模型及其参数值。其过程为：假定各桩单元的桩和土力学模型及其模型参数，利用实测的速度（或力、上行波、下行波）曲线作为输入边界条件，数值求解波动方程，反算桩顶的力（或速度、下行波、上行波）曲线。若计算的曲线与实测曲线不吻合，说明假设的模型及参数不合理，有针对性地调整模型及参数重行计算，直至计算曲线与实测曲线（以及贯入度的计算值与实测值）的吻合程度良好且不易进一步改善为止。虽然从原理上讲，这种方法是客观唯一的，但由于桩、土以及它们之间的相互作用等力学行为的复杂性，实际运用时还不能对各种桩型、成桩工艺、地基条件，都能达到十分准确地求解桩的动力学和承载力问题的效果。所以，本条针对该法应用中的关键技术问题，作了具体阐述和规定：

1 关于桩与土模型：（1）目前已有成熟使用经验的土的静阻力模型为理想弹-塑性或考虑土体硬化或软化的双线性模型；模型中有两个重要参数——土的极限静阻力 R_u 和土的最大弹性位移 s_q，可以通过静载试验（包括桩身内力测试）来验证。在加载阶段，土体变形小于或等于 s_q 时，土体在弹性范围工作；变形超过 s_q 后，进入塑性变形阶段（理想弹-塑性时，静阻力达到 R_u 后不再随位移增加而变化）。对于卸载阶段，同样要规定卸载路径的斜率和弹性位移限。（2）土的动阻力模型一般习惯采用与桩身运动速度成正比的线性粘滞阻尼，带有一定的经验性，且不易直接验证。（3）桩的力学模型一般为一维杆模型，单元划分应采用等时单元（实际为特征线法求解的单元划分模式），即应力波通过每个桩单元的时间相等，由于没有高阶项的影响，计算精度高。（4）桩单元除考虑 A、E、c 等参数外，也可考虑桩身阻尼和裂隙。

另外，也可考虑桩底的缝隙、开口桩或异形桩的土塞、残余应力影响和其他阻尼形式。（5）所用模型的物理力学概念应明确，参数取值应能限定；避免采用可使承载力计算结果产生较大变异的桩-土模型及其参数。

2 拟合时应根据波形特征，结合施工和地基条件合理确定桩土参数取值。因为拟合所用的桩土参数的数量和类型繁多，参数各自和相互间耦合的影响非常复杂，而拟合结果并非唯一解，需通过综合比较判断进行参数选取或调整。正确选取或调整的要点是参数取值应在岩土工程的合理范围内。

3 本款考虑两点原因：一是自由落锤产生的力脉冲持续时间通常不超过 20ms（除非采用很重的落锤），但柴油锤信号在主峰过后的尾部仍能产生较长的低幅值延续；二是与位移相关的总静阻力一般会不同程度地滞后于 $2L/c$ 发挥，当端承型桩的端阻力发挥所需位移很大时，土阻力发挥将产生严重滞后，因此规定 $2L/c$ 后延时足够的时间，使曲线拟合能包含土阻力响应区段的全部土阻力信息。

4 为防止土阻力未充分发挥时的承载力外推，设定的 s_q 值不应超过对应单元的最大计算位移值。若桩、土间相对位移不足以使桩周岩土阻力充分发挥，则给出的承载力结果只能验证岩土阻力发挥的最低程度。

5 土阻力响应区是指波形上呈现的静土阻力信息较为突出的时间段。所以本条特别强调此区段的拟合质量，避免只重波形头尾，忽视中间土阻力响应区段拟合质量的错误做法，并通过合理的加权方式计算总的拟合质量系数，突出土阻力响应区段拟合质量的影响。

6 贯入度的计算值与实测值是否接近，是判断拟合选用参数、特别是 s_q 值是否合理的辅助指标。

9.4.10 高应变法动测承载力检测值（见第 3.5.2 条的条文说明）多数情况下不会与静载试验桩的明显破坏特征或产生较大的桩顶沉降相对应，总趋势是沉降量偏小。为了与静载的极限承载力相区别，称为本方法得到的承载力检测值或动承载力。需要指出：本次修订取消了验收检测中对单桩承载力进行统计平均的规定。单桩静载试验常因加荷量或设备能力限制，试桩达不到极限承载力，不论是否取平均，只要一组试桩有一根桩的极限承载力达不到特征值的 2 倍，结论就是不满足设计要求。动测承载力则不同，可能出现部分桩的承载力远高于承载力特征值的 2 倍，即使个别桩的承载力不满足设计要求，但"高"和"低"取平均后仍可能满足设计要求。所以，本章修订取消了通过算术平均进行承载力统计取值的规定，以规避高估承载力的风险。

9.4.11 高应变法检测桩身完整性具有锤击能量大，可对缺陷程度定量计算，连续锤击可观察缺陷的扩大

和逐步闭合情况等优点。但和低应变法一样，检测的仍是桩身阻抗变化，一般不宜判定缺陷性质。在桩身情况复杂或存在多处阻抗变化时，可优先考虑用实测曲线拟合法判定桩身完整性。

式（9.4.11-1）适用于截面基本均匀桩的桩顶下第一个缺陷的程度定量计算。当有轻微缺陷，并确认为水平裂缝（如预制桩的接头缝隙）时，裂缝宽度 δ_w 可按下式计算：

$$\delta_w = \frac{1}{2} \int_{t_a}^{t_b} \left(V - \frac{F - R_x}{Z} \right) \cdot \mathrm{d}t \qquad (5)$$

当满足本条第 2 款"等截面桩"和"土阻力未卸载回弹"的条件时，β 值计算公式为解析解，即 β 值测试属于直接法，在结果的可信度上，与属于半直接法的高应变法检测判定承载力是不同的。"土阻力未卸载回弹"限制条件是指：当土阻力 R_x 先于 $t_1 + 2x/c$ 时刻发挥并产生桩中上部明显反弹时，x 以上桩段侧阻提前卸载造成 R_x 被低估，β 计算值被放大，不安全，因此公式（9.4.11-1）不适用。此种情况多在长桩存在深部缺陷时出现。

9.4.12 对于本条第 1~2 款情况，宜采用实测曲线拟合法分析桩身扩径、桩身截面渐变或多变的情况，但应注意合理选择土参数。

高应变法锤击的荷载上升时间通常在 1ms~3ms 范围，因此对桩身浅部缺陷的定位存在盲区，不能定量给出缺陷的具体部位，也无法根据式（9.4.11-1）来判定缺陷程度，只能根据力和速度曲线不成比例的情况来估计浅部缺陷程度；当锤击力波上升缓慢时，可能出现力和速度曲线不成比例的似浅部阻抗变化情况，但不能排除土阻力的耦合影响。对浅部缺陷桩，宜用低应变法检测并进行缺陷定位。

9.4.13 桩身锤击拉应力是混凝土预制桩施打抗裂控制的重要指标。在深厚软土地区，打桩初始阶段侧阻和端阻虽小，但桩很长，桩能正常爆发起跳（高幅值锤击压应力是产生强拉应力的必要条件），桩底反射回来的上行拉力波的头部（拉应力幅值最大）与下行传播的锤击压力波尾部叠加，在桩身某一部位产生净的拉应力。当拉应力强度超过混凝土抗拉强度时，引起桩身拉裂。开裂部位一般发生在桩的中上部，且桩愈长或锤击力持续时间愈短，最大拉应力部位就愈往下移。当桩进入硬土层后，随着打桩阻力的增加拉应力逐步减小，桩身压应力逐步增加，如果桩在易打情况下已出现拉应力水平裂缝，渐强的压应力在已有裂缝处产生应力集中，使裂缝处混凝土逐渐破碎并最终导致桩身断裂。

入射压力波遇桩身截面阻抗增大时，会引起小阻抗桩身压应力放大，桩身可能出现下列破坏形态：表面纵向裂缝、保护层脱落、主筋压曲外凸、混凝土压碎崩裂。例如：打桩过程中桩端碰上硬层（基岩、孤石、漂石等）表现出的突然贯入度骤减或拒锤，继续

施打会造成桩身压应力过大而破坏。此时，最大压力出现在接近桩端的部位。

9.4.14 本条解释同本规范第8.4.8条。

10 声波透射法

10.1 一般规定

10.1.1 声波透射法是利用声波的透射原理对桩身混凝土介质状况进行检测，适用于桩在灌注成型时已经预埋了两根或两根以上声测管的情况。当桩径小于0.6m时，声测管的声耦合误差使声时测试的相对误差增大，因此桩径小于0.6m时应慎用本方法；基桩经钻芯法检测后（有两个以及两个以上的钻孔）需进一步了解钻芯孔之间的混凝土质量时也可采用本方法检测。

由于桩内跨孔测试的测试误差高于上部结构混凝土的检测，且桩身混凝土纵向各部位硬化环境不同，粗细骨料分布不均匀，因此该方法不宜用于推定桩身混凝土强度。

10.2 仪器设备

10.2.1 声波换能器有效工作面长度指起到换能作用的部分的实际轴向尺寸，该长度过大将夸大缺陷实际尺寸并影响测试结果。

换能器的谐振频率越高，对缺陷的分辨率越高，但高频声波在介质中衰减快，有效测距变小。选配换能器时，在保证有一定的接收灵敏度的前提下，原则上尽可能选择较高频率的换能器。提高换能器谐振频率，可使其外径减少到30mm以下，有利于换能器在声测管中升降顺畅或减小声测管直径。但因声波发射频率的提高，将使声波穿透能力下降。所以，本规范规定用30kHz～60kHz谐振频率范围的换能器，在混凝土中产生的声波波长约8cm～15cm，能探测的缺陷尺度约在分米量级。当测距较大接收信号较弱时，宜选用带前置放大器的接收换能器，也可采用低频换能器，提高接收信号的幅度，但后者要以牺牲分辨力为代价。

桩中的声波检测一般以水作为耦合剂，换能器在1MPa水压下不渗水也就是在100m水深能正常工作，这可以满足一般的工程桩检测要求。对于超长桩，宜考虑更高的水密性指标。

声波换能器宜配置扶正器，防止换能器在声测管内摆动影响测试声参数的稳定性。

10.2.2 由于混凝土灌注桩的声波透射法检测没有涉及桩身混凝土强度的推定，因此系统的最小采样时间间隔放宽至0.5μs。首波自动判读可采用阈值法，亦可采用其他方法，对于判定为异常的波形，应人工校核数据。

10.3 声测管埋设

10.3.1 声测管内径与换能器外径相差过大时，声耦合误差明显增加；相差过小时，影响换能器在管中的移动，因此两者差值取10mm为宜。声测管管壁太薄或材质较软时，混凝土灌注后的径向压力可能会使声测管产生过大的径向变形，影响换能器正常升降，甚至导致试验无法进行，因此要求声测管有一定的径向刚度，如采用钢管、镀锌管等管材，不宜采用PVC管。由于钢材的温度系数与混凝土相近，可避免混凝土凝固后与声测管脱开产生空隙。声测管的平行度是影响测试数据可靠性的关键，因此，应保证成桩后各声测管之间基本平行。

10.3.2 检测剖面、声测线和检测横截面的编组和编号见图10。

本次修订将桩中预埋三根声测管的桩径范围上限由2000mm降至1600mm，使声波的检测范围更能有效覆盖大部分桩身横截面。因多数工程桩的桩径仍在此范围，这首先既保证了检测准确性，又适当兼顾了经济性，即三根声测管构成三个检测剖面时，使声测管利用率最高。声测管按规定的顺序编号，便于复检、验证试验，以及对桩身缺陷的加固、补强等工程处理。

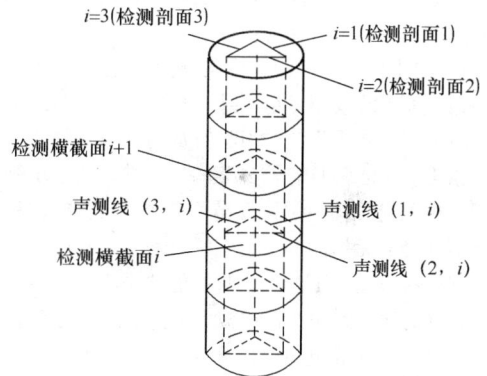

图10 检测剖面、声测线、检测横截面
编组和编号示意图

10.4 现场检测

10.4.1 本条说明如下：

1 原则上，桩身混凝土满28d龄期后进行声波透射法检测是合理的。但是，为了加快工程建设进度、缩短工期，当采用声波透射法检测桩身缺陷和判定其完整性类别时，可适当将检测时间提前，以便能在施工过程中尽早发现问题，及时补救，赢得宝贵时间。这种适当提前检测时间的做法基于以下两个原因：一是声波透射法是一种非破损检测方法，不会因检测导致桩身混凝土强度降低或破坏；二是在声波透射法检测桩身完整性时，没有涉及混凝土强度问题，对各种声参数的判别采用的是相对比较法，混凝土的早期强度和满龄期后的强度有一定的相关性，而混凝土内因各种原因导致的内部缺陷一般不会因时间的增长而明显改善。因此，按本规范第 3.2.5 条第 1 款的规定，原则上只要混凝土硬化并达到一定强度即可进行检测。

2 率定法测定仪器系统延迟时间的方法是将发射、接收换能器平行悬于清水中，逐次改变点源距离并测量相应声时，记录不少于 4 个点的声时数据并作线性回归的时距曲线：

$$t = t_0 + b \cdot l \tag{6}$$

式中：b——直线斜率（$\mu s/mm$）；

l——换能器表面净距离（mm）；

t——声时（μs）；

t_0——仪器系统延迟时间（μs）。

3 声测管及耦合水层声时修正值按下式计算：

$$t' = \frac{d_1 - d_2}{v_t} + \frac{d_2 - d'}{v_w} \tag{7}$$

式中：d_1——声测管外径（mm）；

d_2——声测管内径（mm）；

d'——换能器外径（mm）；

v_t——声测管材料声速（km/s）；

v_w——水的声速（km/s）；

t'——声测管及耦合水层声时修正值（μs）。

10.4.2 对本条说明如下：

1 由于每一个声测管中的测点可能对应多个检测剖面，而声测线则是组成某一检测剖面的两声测管中测点之间的连线，它的声学特征与其声场辐射区域的混凝土质量之间具有较显著的相关性，故本次修订采用"声测线"代替了原规范采用的"测点"。径向换能器在径向无指向性，但在垂直面上有指向性，且换能器的接收响应随着发、收换能器中心连线与水平面夹角 θ 的增大而非线性递减。为达到斜测目的，测试系统应有足够的灵敏度，且夹角 θ 不应大于 30°。

2 声测线间距将影响桩身缺陷纵向尺寸的检测精度，间距越小，检测精度越高，但需花费更多的时间。一般混凝土灌注桩的缺陷在空间有一定的分布范围，规定声测线间距不大于 100mm，可满足工程检测精度的要求。当采用自动提升装置时，声测线间距还可进一步减小。

非匀速下降的换能器在由静止（或缓降）变为向下运动（或快降）时，由于存在不同程度的失重现象，使电缆线出现不同程度松弛，导致换能器位置不准确。因此应从桩底开始同步提升换能器进行检测才能保证记录的换能器位置的准确性。

自动记录声波发射与接收换能器位置时，提升过程中电缆线带动编码器卡线轮转动，编码器计数卡线轮转动值换算得到换能器位置。电缆线与编码器卡线轮之间滑动、卡线轮直径误差等因素均会导致编码器

位置计数与实际传感器位置有一定误差，因此每隔一定间距应进行一次高差校核。此外，自动记录声波发射与接收换能器位置时，如果同步提升声波发射与接收换能器的提升速度过快，会导致换能器在声测管中剧烈摆动，甚至与声测管管壁发生碰撞，对接受的声波波形产生不可预测的影响。因此换能器的同步提升速度不宜过快，应保证测试波形的稳定性。

3 在现场对可疑声测线应结合声时（声速）、波幅、主频、实测波形等指标进行综合判定。

4 桩内预埋 n 根声测管可以有 C_n^2 个检测剖面，预埋 2 根声测管有 1 个检测剖面，预埋 3 根声测管有 3 个检测剖面，预埋 4 根声测管有 6 个检测剖面，预埋 5 根声测管有 10 个检测剖面。

5 不仅要求同一检测剖面，最好是一根桩各检测剖面，检测时都能满足各检测剖面声波发射电压和仪器设置参数不变的条件，使各检测剖面的声学参数具有可比性，利于综合判定。但应注意：4 管 6 剖面时，若采用四个换能器同步提升并自动记录则属例外，此时对角线剖面的测距比边线剖面的测距大 1.41 倍，而长测距会增大声波衰减。

10.4.3 经平测或斜测普查后，找出各检测剖面的可疑声测线，再经加密平测（减小测线间距）、交叉斜测等方式既可检验平测普查的结论是否正确，又可以依据加密测试结果判定桩身缺陷的边界，进而推断桩身缺陷的范围和空间分布特征。

10.5 检测数据分析与判定

10.5.1 当声测管平行时，构成某一检测剖面的两声测管外壁在桩顶面的净距离 l 等于该检测剖面所有声测线测距，当声测管弯曲时，各测线测距将偏离 l 值，导致声速值偏离混凝土声速正常取值。一般情况下声测管倾斜造成的各测线测距变化沿深度方向有一定规律，表现为各条声测线的声速值有规律地偏离混凝土正常取值，此时可采用高阶曲线拟合等方法对各条测线测距作合理修正，然后重新计算各测线的声速。

如果不对斜管进行合理的修正，将严重影响声速的临界值合理取值，因此本条规定声测管倾斜时应作测距修正。但是，对于各声测线声速值的偏离沿深度方向无变化规律的，不得随意修正。因堵管导致数据不全，只能对有效检测范围内的桩身进行评价，不能整桩评价。

10.5.2 在声测中，不同声测线的波幅差异很大，采用声压级（分贝）来表示波幅更方便。式（10.5.2-4）用于模拟式声波仪通过信号周期来推算主频率；数字式声波仪具有频谱分析功能，可通过频谱分析获得信号主频。

10.5.3 对本条解释如下：

1 同批次混凝土试件在正常情况下强度值的波

动是服从正态分布规律的，这已被大量的实测数据证实。由于混凝土构件的声速与其强度存在较显著的相关性，所以其声速值的波动也近似地服从正态分布规律。灌注桩作为一种混凝土构件，可认为在正常情况下其各条声测线的声速测试值也近似服从正态分布规律。这是用概率法计算混凝土灌注桩各剖面声速异常判断概率统计值的前提。

2 如果某一剖面有 n 条声测线，相当于进行了 n 个试件的声速试验，在正常情况下，这 n 条声测线的声速值的波动可认为服从正态分布规律。但是，由于桩身混凝土在成型过程中，环境条件或人为过失的影响或测试系统的误差等都将会导致 n 个测试值中的某些值偏离正态分布规律，在计算某一剖面声速异常判断概率统计值时，应剔除偏离正态分布的声测线，通过对剩余的服从正态分布规律的声测线数据进行统计计算就可以得到该剖面桩身混凝土在正常波动水平下可能出现的最低声速，这个声速值就是判断该剖面各声测线声速是否异常的概率统计值。

3 本规范在计算剖面声速异常判断概率统计值时采用了"双边剔除法"。一方面，桩身混凝土硬化条件复杂、混凝土粗细骨料不均匀、桩身缺陷、声测管耦合状况的变化、测距的变异性（将桩顶面的测距设定为整个检测剖面的测距）、首波判读的误差等因素可能导致某些声测线的声速值向小值方向偏离正态分布。另一方面，混凝土离析造成的局部粗骨料集中、声测管耦合状况的变化、测距的变异、首波判读的误差以及部分声测线可能存在声波沿环向钢筋的绕射等因素也可能导致某些声测线声速值向大值方向偏离正态分布，这也属于非正常情况，在声速异常判断概率统计值的计算时也应剔除，否则两边的数据不对称，加剧剩余数据偏离正态分布，影响正态分布特征参数 v_m 和 s_x 的推定。

双剔法是按照下列顺序逐一剔除：(1) 异常小，(2) 异常大，(3) 异常小，……，每次统计计算后只剔一个，每次异常值的误判次数均为 1，没有改变原规范的概率控制条件。

在实际计算时，先将某一剖面 n 条声测线的声速测试值从大到小排列为一数列，计算这 n 个测试值在正常情况下（符合正态分布规律下）可能出现的最小值 $v_{01}(j) = v_m(j) - \lambda \cdot s_x(j)$ 和最大值 $v_{02}(j) = v_m(j) + \lambda \cdot s_x(j)$，依次将声速数列中大于 $v_{02}(j)$ 或小于 $v_{01}(j)$ 的数据逐一剔除（这些被剔除的数据偏离了正态分布规律），再对剩余数据构成的数列重新计算，直至式（10.5.3-7）和式（10.5.3-8）同时满足，此时认为剩余数据全部服从正态分布规律。$v_{01}(j)$ 就是判断声速异常的概率法统计值。

由于统计计算的样本数是 10 个以上，因此对于短桩，可通过减小声测线间距获得足够的声测线数。

桩身混凝土均匀性可采用变异系数 $C_v = s_x(j)/v_m(j)$ 评价。

为比较"单边剔除法"和"双边剔除法"两种计算方法的差异，将 21 根工程桩共 72 个检测剖面的实测数据分别用两种方法计算得到各检测剖面的声速异常判断概率统计值，如图 11 所示。1 号～15 号桩（对应剖面为 1～48）桩身混凝土均匀、质量较稳定，两种计算方法得到的声速异常判断概率统计值差异不大（双剔法略高）；16 号～21 号桩（对应剖面为 49～72）桩身存在较多缺陷，混凝土质量不稳定，两种计算方法得到的声速异常判断概率统计值差异较大，单剔法得到的异常判断概率统计值甚至会出现明显不合理的低值，而双剔法得到的声速异常判断概率统计值则比较合理。

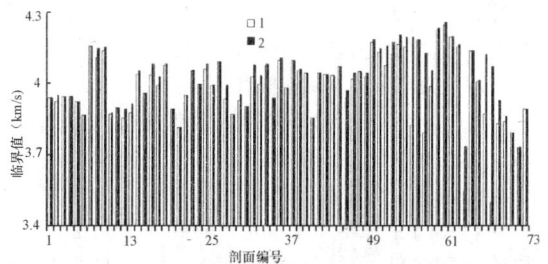

图 11 21 根桩 72 个检测剖面双剔法与单剔法的
异常判断概率统计值比较
1—单边剔除法；2—双边剔除法

再分别将两种计算方法对同一根桩的各个剖面声速异常判断概率统计值的标准差进行统计分析，结果如图 12 所示。由该图可以看到，双剔法计算得到的每根桩各个检测剖面声速异常判断概率统计值的标准差普遍小于单剔法。在工程上，同一根桩的混凝土设计强度，配合比、地基条件、施工工艺相同，不同检测剖面（自下而上）不存在明显差异，各剖面声速异常判断概率统计值应该是相近的，其标准差趋于变小才合理。所以双剔法比单剔法更符合工程实际情况。

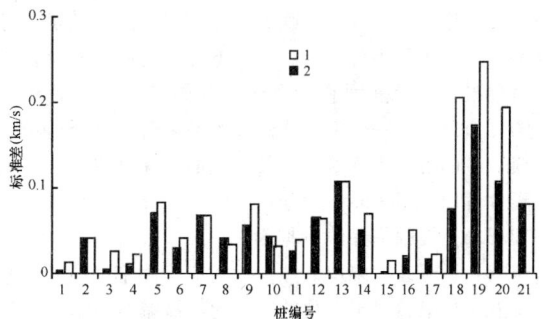

图 12 21 根桩双剔法与单剔法的标准差比较
1—单边剔除法；2—双边剔除法

双剔法的结果更符合规范总则——安全适用。一方面对于混凝土质量较稳定的桩，双剔法异常判断概率统计值接近或略高于单剔法（在工程上偏于安全）；

另一方面对于混凝土质量不稳定的桩，尤其是桩身存在多个严重缺陷的桩，双剔法有效降低了因为声速标准差过大而导致声速异常判断概率统计值过低（如小于3500m/s），从而漏判桩身缺陷而留下工程隐患的可能性。

4 当桩身混凝土质量稳定，声速测试值离散小时，由于标准差 $s_x(j)$ 较小，可能导致异常判断概率统计值 $v_{01}(j)$ 过高从而误判；另一方面当桩身混凝土质量不稳定，声速测试值离散大时，由于 $s_x(j)$ 过大，可能会导致异常判断概率统计值 $v_{01}(j)$ 过小从而导致漏判。为尽量减小出现上述两种情况的几率，对变异系数 $C_v(j)$ 作了限定。

通过大量工程桩检测剖面统计分析，发现将 $C_v(j)$ 限定在 $[0.015, 0.045]$ 区间内，声速异常判断概率统计值的取值落在合理范围内的几率较大。

10.5.4 对本条各款依次解释如下：

1 v_L 和 v_p 的合理确定是大量既往检测经验的体现。当桩身混凝土未达到龄期而提前检测时，应对 v_L 和 v_p 的取值作适当调整。

2 概率法从本质上说是一种相对比较法，它考察的只是各条声测线声速与相应检测剖面内所有声测线声速平均值的偏离程度。当声测管倾斜或桩身存在多个缺陷时，同一检测剖面内各条声测线声速值离散很大，这些声速值实际上已严重偏离了正态分布规律，基于正态分布规律的概率法判据已失效，此时，不能将概率法临界值 $v_0(j)$ 作为该检测剖面各声测线声速异常判断临界值 v_c，式（10.5.4）就是对概率法判据值作合理的限定。

3 同一桩型是指施工工艺相同、混凝土的设计强度和配合比相同的桩。

4 声速的测试值受非缺陷因素影响小，测试值较稳定，不同剖面间的声速测试值具有可比性。取各检测剖面声速异常判断临界值的平均值作为该桩各剖面内所有声测线声速异常判断临界值，可减小各剖面间因为用概率法计算的临界值差别过大造成的桩身完整性判别上的不合理性。另一方面，对同一根桩，桩身混凝土设计强度和配合比以及施工工艺都是一样的，应该采用一个临界值标准来判定各剖面所有声测线对应的混凝土质量。当某一剖面声速临界值明显偏离合理取值范围时，应分析原因，计算时应剔除。

10.5.6 波幅临界值判据为 $A_{pi}(j) < A_m(j) - 6$，即选择当信号首波幅值衰减量为对应检测剖面所有信号首波幅值衰减量平均值的一半时的波幅分贝数为临界值，在具体应用中应注意下面几点：

波幅判据没有采用如声速判据那样的各检测剖面取平均值的办法，而是采用单剖面判据，这是因为不同剖面间测距及声耦合状况差别较大，使波幅不具有可比性。此外，波幅的衰减受桩身混凝土不均匀性、声波传播路径和点源距离的影响，故应考虑声测管间距较大时波幅分散性而采取适当的调整。

因波幅的分贝数受仪器、传感器灵敏度及发射能量的影响，故应在考虑这些影响的基础上再采用波幅临界值判据。当波幅差异性较大时，应与声速变化及主频变化情况相结合进行综合分析。

10.5.7 声波接收信号的主频漂移程度反映了声波在桩身混凝土中传播时的衰减程度，而这种衰减程度又能体现混凝土质量的优劣。接收信号的主频受诸如测试系统的状态、声耦合状况、测距等许多非缺陷因素的影响，测试值没有声速稳定，对缺陷的敏感性不及波幅。在实用时，作为声速、波幅等主要声参数判据之外的一个辅助判据。

在使用主频判据时，应保持声波换能器具有单峰的幅频特性和良好的耦合一致性，接收信号不应超量程，否则削波带来的高频谐波会影响分析结果。若采用FFT方法计算主频值，还应保证足够的频域分辨率。

10.5.8 接收信号的能量与接收信号的幅值存在正相关性，可以将约定的某一足够长时间段内的声波时域曲线的绝对值对时间积分后得到的结果（或约定的某一足够长时段内的声波时域曲线的平均幅值）作为能量指标。接收信号的能量反映了声波在混凝土介质中各个声传播路径上能量总体衰减情况，是测区混凝土质量的综合反映，也是波形畸变程度的量化指标。使用能量判据时，接收信号不应超量程（削波）。

10.5.9 在桩身缺陷的边缘，声时将发生突变，桩身存在缺陷的声测线对应声时-深度曲线上的突变点。经声时差加权后的 PSD 判据图更能突出桩身存在缺陷的声测线，并在一定程度上减小了声测管的平行度差或混凝土不均匀等非缺陷因素对数据分析判断的影响。实际应用时可先假定缺陷的性质（如夹层、空洞、蜂窝等）和尺寸，计算临界状态的 PSD 值，作为 PSD 临界值判据，但需对缺陷区的声速作假定。

10.5.10 声波透射法与其他的桩身完整性检测方法相比，具有信息量更丰富、全面、细致的特点；可以依据对桩身缺陷处加密测试（斜测、交叉斜测、扇形扫测以及 CT 影像技术）来确定缺陷几何尺寸；可以将不同检测剖面在同一深度的桩身缺陷状况进行横向关联，来判定桩身缺陷的横向分布。

10.5.11 表 10.5.11 中声波透射法桩身完整性类别分类特征是根据以下几个因素来划分的：（1）缺陷空间几何尺寸的相对大小；（2）声学参数异常的相对程度；（3）接收波形畸变的相对程度；（4）声速与低限值比较。这几个因素中除声速可与低限值作定量对比外，如Ⅰ、Ⅱ类桩混凝土声速不低于低限值，Ⅲ、Ⅳ类桩局部混凝土声速低于低限值，其他参数均是以相对大小或异常程度来作定性的比较。

预埋有多个声测管的声波透射法测试过程中，多个检测剖面中也常出现某一检测剖面个别声测线声学参数明显异常情况，即空间范围内局部较小区域出现明显缺陷。这种情况，可依据缺陷在深度方向出现的位置和影响程度，以及基桩荷载分布情况和使用特点，将类别划分的等级提高一级，即多个检测剖面中某一检测剖面只有个别声测线声学参数明显异常、波形明显畸变，该特征归类到Ⅱ类桩；而声学参数严重异常、接收波形严重畸变或接收不到信号，则归类到Ⅲ类桩。

这里需要说明：对于只预埋2根声测管的基桩，仅有一个检测剖面，只能认定该检测剖面代表基桩全部横截面，无论是连续多根声测线还是个别声测线声学参数异常均表示为全断面的异常，相当于表中的"大于或等于检测剖面数量的一半"。

根据规范规定采用的换能器频率对应的波长以及100mm最大声测线间距，使异常声测线至少连续出现2次所对应的缺陷尺度一般不会低于10cm量级。

声波接收波形畸变程度示例见图13。

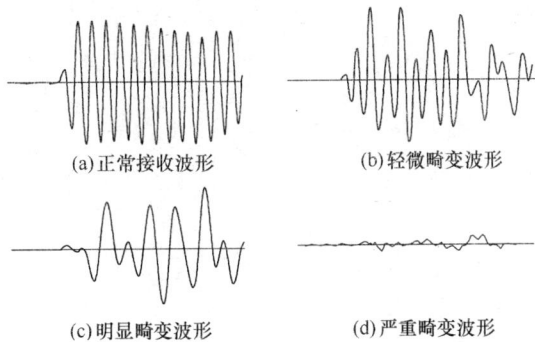

(a)正常接收波形　　　　(b)轻微畸变波形

(c)明显畸变波形　　　　(d)严重畸变波形

图13　接收波形畸变程度示意

10.5.12 实测波形的后续部分可反映声波在接、收换能器之间的混凝土介质中各种声传播路径上总能量衰减状况，其影响区域大于首波，因此检测剖面的实测波形波列图有助于测试人员对桩身缺陷程度及位置直观地判定。

附录 A　桩身内力测试

A.0.1 通过内力测试可解决如下问题：对竖向抗压静载试验桩，可得到桩侧各土层的分层抗压侧阻力和桩端支承力；对竖向抗拔静荷载试验桩，可得到桩侧土的分层抗拔侧阻力；对水平静荷载试验桩，可求得桩身弯矩分布，最大弯矩位置等；对需进行负摩阻力测试的试验桩，可得到桩侧各土层的负摩阻力及中性点位置；对打入式预制混凝土桩和钢桩，可得到打桩过程中桩身各部位的锤击拉、压应力。

灌注桩桩身轴力换算准确与否与桩身横截面尺寸有关，某一成孔工艺对不同地层条件的适应性不同，因此对成孔质量无把握或预计桩身将出现较大变径

时，应进行灌注前的成孔质量检测。

A.0.2 测试方案选择是否合适，一定程度上取决于检测技术人员对试验要求、施工工艺及其细节的了解，以及对振弦、光纤和电阻应变式传感器的测量原理及其各自的技术、环境性能的掌握。对于灌注桩，传感器的埋设难度随埋设数量的增加而增大，为确保传感器埋设后有较高的成活率，重点需要协调成桩过程中与传感器及其电缆固定方式相关的防护问题；为了确保测试结果可靠，检测前应针对传感器的防水、温度补偿、长电缆及受力状态引起的灵敏度变化等实际情况，对传感器逐个进行检查和自校。当需要检测桩身某断面或桩端位移时，可在需检测断面设置位移杆，也可通过滑动测微计直接测量。

A.0.4 滑动测微计测管的体积较大，测管的埋设数量一般根据桩径的大小以及桩顶以上的操作空间决定：对灌注桩宜对称埋设不少于2根；对预制桩，当埋设1根测管时，宜将测管埋设在桩中心轴上。对水平静荷载试验桩，宜沿受力方向在桩两侧对称埋设2根测管，测管可不通长埋设，但应大于水平力影响深度。

A.0.5 应变式传感器可按全桥或半桥方式制作，宜优先采用全桥方式。传感器的测量片和补偿片应选用同一规格同一批号的产品，按轴向、横向准确地粘贴在钢筋同一断面上。测点的连接应采用屏蔽电缆，导线的对地绝缘电阻值应在500MΩ以上；使用前应将整卷电缆除两端外全部浸入水中1h，测量芯线与水的绝缘；电缆屏蔽线应与钢筋绝缘；测量和补偿所用连接电缆的长度和线径应相同。

应变式传感器可视以下情况采用不同制作方法：

1　对钢桩可采用以下两种方法之一：

　1）将应变计用特殊的粘贴剂直接贴在钢桩的桩身，应变计宜采用标距3mm～6mm的350Ω胶基箔式应变计，不得使用纸基应变计。粘贴前应将贴片区表面除锈磨平，用有机溶剂去污清洗，待干燥后粘贴应变计。粘贴好的应变计应采取可靠的防水防潮密封防护措施。

　2）将应变式传感器直接固定在测量位置。

2　对混凝土预制桩和灌注桩，应变传感器的制作和埋设可视具体情况采用以下两种方法之一：

　1）在600mm～1000mm长的钢筋上，轴向、横向粘贴四个（二个）应变计组成全桥（半桥），经防水绝缘处理后，到材料试验机上进行应力-应变关系标定。标定时的最大拉力宜控制在钢筋抗拉强度设计值的60%以内，经三次重复标定，应力-应变曲线的线性、滞后和重复性满足要求后，方可采用。传感器应在浇筑混凝土前按指定位置焊接或绑扎（泥浆护壁灌注桩应焊

接）在主筋上，并满足规范对钢筋锚固长度的要求。固定后带应变计的钢筋不得弯曲变形或有附加应力产生。

2）直接将电阻应变计粘贴在桩身指定断面的主筋上，其制作方法及要求同本条第1款钢桩上粘贴应变计的方法及要求。

A.0.10 滑动测微计探头直接测试的是相邻测标间的应变，应确保测标能与桩体位移协调一致才能测试得到桩体的应变；同时桩身内力测试对应变测试的精度要求极高，必须保持测标在埋设直至测试结束过程中的清洁，防止杂质污染。对灌注桩，若钢筋笼过长、主筋过细，会导致钢筋笼及绑扎在其上的测管严重扭曲从而影响测试，宜采取措施防范。

A.0.13 电阻应变测量通常采用四线制，导线长度超过5m~10m就需对导线电阻引起的桥压下降进行修正。采用六线制长线补偿是指通过增加2根导线作为补偿取样端，从而形成闭合回路，消除长导线电阻

及温度变化带来的误差。

由于混凝土属于非线性材料，当应变或应力水平增加时，其模量会发生不同程度递减，E_i并非常数，实则为割线模量。因此需要将测量断面实测应变值对照标定断面的应力-应变曲线进行内插取值。

进行长期监测时，桩体在内力长期作用下除发生弹性应变外，也会发生徐变，若得到的应变中包含较大的徐变量，应将徐变量予以扣除。

A.0.14、A.0.15 两相邻位移杆（沉降杆）的沉降差代表该段桩身的平均应变，通常位移杆的埋设数量有限，仅依靠位移杆测试桩身应变，很难准确测出桩身轴力分布（导致无法详细了解桩侧阻力的分布）。但有时为了了解端承力的发挥程度，可仅在桩端埋设位移杆，通过测得的桩端沉降估计端承力的发挥状况，此外结合桩顶沉降还可确定桩身（弹性）压缩量。当位移杆底端固定断面处桩身埋设有应变传感器时，可得到该断面处桩身轴力Q_i和竖向位移s_i。

中华人民共和国行业标准

建筑地基检测技术规范

Technical code for testing of building foundation soils

JGJ 340—2015

批准部门：中华人民共和国住房和城乡建设部
施行日期：２０１５年１２月１日

中华人民共和国住房和城乡建设部
公　告

第 786 号

住房城乡建设部关于发布行业标准
《建筑地基检测技术规范》的公告

　　现批准《建筑地基检测技术规范》为行业标准，编号为 JGJ 340-2015，自 2015 年 12 月 1 日起实施。其中，第 5.1.5 条为强制性条文，必须严格执行。

　　本规范由我部标准定额研究所组织中国建筑工业出版社出版发行。

中华人民共和国住房和城乡建设部

2015 年 3 月 30 日

前　言

　　根据住房和城乡建设部《〈关于印发 2010 年工程建设标准规范制订、修订计划〉的通知》（建标〔2010〕43 号）的要求，规范编制组经过广泛调查研究，认真总结实践经验，参考有关国际标准和国外先进标准，并在广泛征求意见的基础上，编制本规范。

　　本规范的主要技术内容是：1 总则；2 术语和符号；3 基本规定；4 土（岩）地基载荷试验；5 复合地基载荷试验；6 竖向增强体载荷试验；7 标准贯入试验；8 圆锥动力触探试验；9 静力触探试验；10 十字板剪切试验；11 水泥土钻芯法试验；12 低应变法试验；13 扁铲侧胀试验；14 多道瞬态面波试验。

　　本规范中以黑体字标志的条文为强制性条文，必须严格执行。

　　本规范由住房和城乡建设部负责管理和对强制性条文的解释，由福建省建筑科学研究院负责具体技术内容的解释。执行过程中如有意见或建议，请寄送福建省建筑科学研究院（地址：福建省福州市杨桥中路 162 号，邮编：350025）。

　　本规范主编单位：福建省建筑科学研究院
　　　　　　　　　　福州建工（集团）总公司
　　本规范参编单位：福建省建筑工程质量检测中心有限公司
　　　　　　　　　　建研地基基础工程有限责任公司
　　　　　　　　　　广东省建筑科学研究院
　　　　　　　　　　建设综合勘察研究设计院

有限公司
机械工业勘察设计研究院
上海岩土工程勘察设计研究院有限公司
同济大学
深圳冶建院建筑技术有限公司
中国科学院武汉岩土力学研究所
现代建筑设计集团上海申元岩土工程有限公司
深圳市勘察研究院有限公司
福建省永固基强夯工程有限公司

　　本规范主要起草人员：侯伟生　施　峰　许国平　高文生　刘越生　徐天平　刘艳玲　李耀刚　张继文　陈　晖　叶为民　杨志银　汪　稔　水伟厚　梁　曦　严　涛　刘小敏　简浩洋　陈利洲　曾　文

　　本规范主要审查人员：龚晓南　滕延京　顾宝和　张　雁　张永钧　王卫东　戴一鸣　刘国楠　康景文　朱武卫

目　　次

Contents

1 总 则

1.0.1 为了在建筑地基检测中贯彻执行国家的技术经济政策，做到安全适用、技术先进、确保质量、保护环境，制定本规范。

1.0.2 本规范适用于建筑地基性状及施工质量的检测和评价。

1.0.3 建筑地基检测方法的选择应根据各种检测方法的特点和适用范围，考虑地质条件及施工质量可靠性、使用要求等因素因地制宜、综合确定。

1.0.4 建筑地基检测除应符合本规范外，尚应符合国家现行有关标准的规定。

2 术语和符号

2.1 术 语

2.1.1 人工地基 artificial ground

为提高地基承载力，改善其变形性质或渗透性质，经人工处理后的地基。

2.1.2 地基检测 foundation soil test

在现场采用一定的技术方法，对建筑地基性状、设计参数、地基处理的效果进行的试验、测试、检验，以评价地基性状的活动。

2.1.3 平板载荷试验 plate load test

在现场模拟建筑物基础工作条件的原位测试。可在试坑、深井或隧洞内进行，通过一定尺寸的承压板，对岩土体施加垂直荷载，观测岩土体在各级荷载下的下沉量，以研究岩土体在荷载作用下的变形特征，确定岩土体的承载力、变形模量等工程特性。

2.1.4 单桩复合地基载荷试验 loading test on single column composite foundation

对单个竖向增强体与地基土组成的复合地基进行的平板载荷试验。

2.1.5 多桩复合地基载荷试验 loading test on multi-column composite foundation

对两个或两个以上竖向增强体与地基土组成的复合地基进行的平板载荷试验。

2.1.6 竖向增强体载荷试验 loading test on vertical reinforcement

在竖向增强体顶端逐级施加竖向荷载，测定增强体沉降随荷载和时间的变化，据此检测竖向增强体承载力。

2.1.7 标准贯入试验 standard penetration test (SPT)

质量为 63.5kg 的穿心锤，以 76cm 的落距自由下落，将标准规格的贯入器自钻孔孔底预打入 15cm，测记再打入 30cm 的锤击数的原位试验方法。

2.1.8 圆锥动力触探试验 dynamic penetration test (DPT)

用一定质量的击锤，以一定的自由落距将一定规格的圆锥探头打入土中，根据打入土中一定深度所需的锤击数，判定土的性质的原位试验方法。

2.1.9 静力触探试验 cone penetration test (CPT)

以静压力将一定规格的锥形探头压入土层，根据其所受抗阻力大小评价土层力学性质，并间接估计土层各深度处的承载力、变形模量和进行土层划分的原位试验方法。

2.1.10 十字板剪切试验 vane shear test

将十字形翼板插入软土按一定速率旋转，测出土破坏时的抵抗扭矩，求软土抗剪强度的原位试验方法。

2.1.11 扁铲侧胀试验 dilatometer test

将扁铲形探头贯入土中，用气压使扁铲侧面的圆形钢膜向孔壁扩张，根据压力与变形关系，测定土的模量及其他有关工程特性指标的原位试验方法。

2.1.12 多道瞬态面波试验 multi-channel transient surface wave exploration test

采用多个通道的仪器，同时记录震源锤击地面形成的完整面波（特指瑞利波）记录，利用瑞利波在层状介质中的几何频散特性，通过反演分析频散曲线获取地基瑞利波速度来评价地基的波速、密实性、连续性等的原位试验方法。

2.2 符 号

2.2.1 作用与作用效应

F——锤击力；

P——芯样抗压试验测得的破坏荷载；

Q——施加于单桩和地基的竖向压力荷载；

s——沉降量；

V——质点振动速度；

γ_0——结构重要性系数。

2.2.2 抗力和材料性能

c——桩身一维纵向应力波传播速度（简称桩身波速）；

c_u——地基土的不排水抗剪强度；

E——桩身材料弹性模量；

E_0——地基变形模量；

E_s——地基压缩模量；

f_{ak}——地基承载力特征值；

f_{cu}——混凝土芯样试件抗压强度；

f_s——双桥探头的侧壁摩阻力；

f_{spk}——复合地基承载力特征值；

N——标准贯入试验实测锤击数；

N'——标准贯入试验修正锤击数；

N_k——标准贯入试验锤击数标准值；

N'_k——标准贯入试验修正锤击数标准值；

N_{10}——轻型圆锥动力触探锤击数；

$N_{63.5}$——重型圆锥动力触探修正锤击数；

N_{120}——超重型圆锥动力触探修正锤击数；

p_s——单桥探头的比贯入阻力；

q_c——双桥探头的锥尖阻力；

Z——桩身截面力学阻抗；

φ——内摩擦角；

v——桩身混凝土声速；

μ——土的泊松比；

ρ——桩身材料质量密度；

γ_R——抗力分项系数。

2.2.3 几何参数

A——桩身截面面积；

b——承压板直径或边宽；

D——桩身直径（外径），芯样试件的平均直径；

L——测点下桩长；

x——传感器安装点至桩身缺陷的距离。

2.2.4 计算系数

α——摩阻比；

δ——原位试验数据的变异系数；

η——温漂系数。

2.2.5 岩土侧胀试验参数

E_D——侧胀模量；

I_D——侧胀土性指数；

K_D——侧胀水平应力指数；

U_D——侧胀孔压指数。

2.2.6 其他

c_m——桩身波速的平均值；

f——频率；

Δf——幅频曲线上桩底相邻谐振峰间的频差；

$\Delta f'$——幅频曲线上缺陷相邻谐振峰间的频差；

s_x——标准差；

T——首波周期；

Δt——触探过程中气温与地温引起触探头的最大温差；

ΔT——速度波第一峰与桩底反射波峰间的时间差；

ΔT_x——速度波第一峰与缺陷反射波峰间的时间差。

3 基 本 规 定

3.1 一 般 规 定

3.1.1 建筑地基检测应包括施工前为设计提供依据的试验检测、施工过程的质量检验以及施工后为验收提供依据的工程检测。需要验证承载力及变形参数的地基应按设计要求或采用载荷试验进行检测。

3.1.2 人工地基应进行施工验收检测。

3.1.3 检测前应进行现场调查。现场调查应根据检测目的和具体要求对岩土工程情况和现场环境条件进行收集和分析。

3.1.4 检测单位应根据现场调查结果，编制检测方案。检测方案应包含下列内容：

    1 工程概况；

    2 检测内容及其依据的标准；

    3 检测数量，抽样方案；

    4 所需的仪器设备和人员及试验时间计划；

    5 试验点开挖、加固、处理；

    6 场地平整，道路修筑，供水供电需求；

    7 安全措施等要求。

3.1.5 检测试验点的数量应满足设计要求并符合下列规定：

    1 工程验收检验的抽检数量应按单位工程计算；

    2 单位工程采用不同地基基础类型或不同地基处理方法时，应分别确定检测方法和抽检数量。

3.1.6 检测用计量器具必须在计量检定或校准周期的有效期内。仪器设备性能应符合相应检测方法的技术要求。仪器设备使用时应按校准结果设置相关参数。检测前应对仪器设备检查调试，检测过程中应加强仪器设备检查，按要求在检测前和检测过程中对仪器进行率定。

3.1.7 当现场操作环境不符合仪器设备使用要求时，应采取保证仪器设备正常工作条件的措施。

3.1.8 检测机构应具备计量认证，检测人员应经培训方可上岗。

3.2 检 测 方 法

3.2.1 建筑地基检测应根据检测对象情况，选择深浅结合、点面结合、载荷试验和其他原位测试相结合的多种试验方法综合检测。

3.2.2 人工地基承载力检测应符合下列规定：

    1 换填、预压、压实、挤密、强夯、注浆等方法处理后的地基应进行土（岩）地基载荷试验；

    2 水泥土搅拌桩、砂石桩、旋喷桩、夯实水泥土桩、水泥粉煤灰碎石桩、混凝土桩、树根桩、灰土桩、柱锤冲扩桩等方法处理后的地基应进行复合地基载荷试验；

    3 水泥土搅拌桩、旋喷桩、夯实水泥土桩、水泥粉煤灰碎石桩、混凝土桩、树根桩等有粘结强度的增强体应进行竖向增强体载荷试验；

    4 强夯置换墩地基，应根据不同的加固情况，选择单墩竖向增强体载荷试验或单墩复合地基载荷试验。

3.2.3 天然地基岩土性状、地基处理均匀性及增强体施工质量检测，可根据各种检测方法的特点和适用范围，考虑地质条件及施工质量可靠性、使用要求等因素，应选择标准贯入试验、静力触探试验、圆锥动力触探试验、十字板剪切试验、扁铲侧胀试验、多道瞬态面波试验等一种或多种的方法进行检测,检测结果结合静载荷试验成果进行评价。

3.2.4 采用标准贯入试验、静力触探试验、圆锥动力触探试验、十字板剪切试验、扁铲侧胀试验、多道瞬态面波试验方法判定地基承载力和变形参数时,应结合地区经验以及单位工程载荷试验比对结果进行。

3.2.5 水泥土搅拌桩、旋喷桩、夯实水泥土桩的桩长、桩身强度和均匀性,判定或鉴别桩底持力层岩土性状检测,可选择水泥土钻芯法。有粘结强度、截面规则的水泥粉煤灰碎石桩、混凝土桩等桩身强度为8MPa以上的竖向增强体的完整性检测可选择低应变法试验。

3.2.6 换填地基的施工质量检验必须分层进行,预压、夯实地基可采用室内土工试验进行检测,检测方法应符合现行国家标准《土工试验方法标准》GB/T 50123 的规定。

3.2.7 人工地基检测应在竖向增强体满足龄期要求及地基施工后周围土体达到休止稳定后进行,并应符合下列规定:

　　1 稳定时间对黏性土地基不宜少于 28d,对粉土地基不宜少于 14d,其他地基不应少于 7d;

　　2 有粘结强度增强体的复合地基承载力检测宜在施工结束 28d 后进行;

　　3 当设计对龄期有明确要求时,应满足设计要求。

3.2.8 验收检验时地基测试点位置的确定,应符合下列规定:

　　1 同地基基础类型随机均匀分布;

　　2 局部岩土条件复杂可能影响施工质量的部位;

　　3 施工出现异常情况或对质量有异议的部位;

　　4 设计认为重要的部位;

　　5 当采取两种或两种以上检测方法时,应根据前一种方法的检测结果确定后一种方法的抽检位置。

3.3 检测报告

3.3.1 检测报告应用词规范、结论明确。

3.3.2 检测报告应包括下列内容:

　　1 检测报告编号,委托单位,工程名称、地点,建设、勘察、设计、监理和施工单位,地基及基础类型,设计要求,检测目的,检测依据,检测数量,检测日期;

　　2 主要岩土层结构及其物理力学指标资料;

　　3 检测点的编号、位置和相关施工记录;

　　4 检测点的标高、场地标高、地基设计标高;

　　5 检测方法,检测仪器设备,检测过程叙述;

　　6 检测数据,实测与计算分析曲线、表格和汇总结果;

　　7 与检测内容相应的检测结论;

　　8 相关图件或试验报告。

4 土(岩)地基载荷试验

4.1 一般规定

4.1.1 土(岩)地基载荷试验适用于检测天然土质地基、岩石地基及采用换填、预压、压实、挤密、强夯、注浆处理后的人工地基的承压板下应力影响范围内的承载力和变形参数。

4.1.2 土(岩)地基载荷试验分为浅层平板载荷试验、深层平板载荷试验和岩基载荷试验。浅层平板载荷试验适用于确定浅层地基土、破碎、极破碎岩石地基的承载力和变形参数;深层平板载荷试验适用于确定深层地基土和大直径桩的桩端土的承载力和变形参数,深层平板载荷试验的试验深度不应小于 5m;岩基载荷试验适用于确定完整、较完整、较破碎岩石地基的承载力和变形参数。

4.1.3 工程验收检测的平板载荷试验最大加载量不应小于设计承载力特征值的 2 倍,岩石地基载荷试验最大加载量不应小于设计承载力特征值的 3 倍;为设计提供依据的载荷试验应加载至极限状态。

4.1.4 土(岩)地基载荷试验的检测数量应符合下列规定:

　　1 单位工程检测数量为每 500m² 不应少于 1 点,且总点数不应少于 3 点;

　　2 复杂场地或重要建筑地基应增加检测数量。

4.1.5 地基土载荷试验的加载方式应采用慢速维持荷载法。

4.2 仪器设备及其安装

4.2.1 土(岩)地基载荷试验的承压板可采用圆形、正方形钢板或钢筋混凝土板。浅层平板载荷试验承压板面积不应小于 0.25m²,换填垫层和压实地基承压板面积不应小于 1.0m²,强夯地基承压板面积不应小于 2.0m²。深层平板载荷试验的承压板直径不应小于 0.8m。岩基载荷试验的承压板直径不应小于 0.3m。

4.2.2 承压板应有足够强度和刚度。在拟试压表面和承压板之间应用粗砂或中砂层找平,其厚度不应超过 20mm。

4.2.3 载荷试验的试坑标高应与地基设计标高一致。当设计有要求时,承压板应设置于设计要求的受检土层上。

4.2.4 试验前应采取措施,保持试坑或试井底岩土的原状结构和天然湿度不变。当试验标高低于地下水位时,应将地下水位降至试验标高以下,再安装试验设备,待水位恢复后方可进行试验。

4.2.5 试验加载宜采用油压千斤顶,且千斤顶的合力中心、承压板中心应在同一铅垂线上。当采用两台或两台以上千斤顶加载时应并联同步工作，且千斤顶型号、规格应相同。

4.2.6 加载反力宜选择压重平台反力装置。压重平台反力装置应符合下列规定：

1 加载反力装置能提供的反力不得小于最大加载量的1.2倍；

2 应对加载反力装置的主要受力构件进行强度和变形验算；

3 压重应在试验前一次加足，并应均匀稳固地放置于平台上；

4 压重平台支墩施加于地基的压应力不宜大于地基承载力特征值的1.5倍。

4.2.7 荷重测量可采用放置在千斤顶上的荷重传感器直接测定；或采用并联于千斤顶油路的压力表或压力传感器测定油压，并应根据千斤顶率定曲线换算荷载。

4.2.8 沉降测量宜采用位移传感器或大量程百分表。位移传感器或大量程百分表安装应符合下列规定：

1 承压板面积大于0.5m²时，应在其两个方向对称安置4个位移测量仪表，承压板面积小于等于0.5m²时，可对称安置2个位移测量仪表；

2 位移测量仪表应安装在承压板上，各位移测量点距承压板边缘的距离应一致，宜为25mm～50mm；对于方形板，位移测量点应位于承压板每边中点；

3 应牢固设置基准桩，基准桩和基准梁应具有一定的刚度，基准梁的一端应固定在基准桩上，另一端应简支于基准桩上；

4 固定和支撑位移测量仪表的夹具及基准梁应避免太阳照射、振动及其他外界因素的影响。

4.2.9 试验仪器设备性能指标应符合下列规定：

1 压力传感器的测量误差不应大于1%，压力表精度应优于或等于0.4级；

2 试验用千斤顶、油泵、油管在最大试验荷载时的压力不应超过规定工作压力的80%；

3 荷重传感器、千斤顶、压力表或压力传感器的量程不应大于最大加载量的3.0倍，且不应小于最大加载量的1.2倍；

4 位移测量仪表的测量误差不应大于0.1%FS，分辨力应优于或等于0.01mm。

4.2.10 浅层平板载荷试验的试坑宽度或直径不应小于承压板边宽或直径的3倍。深层平板载荷试验的试井直径宜等于承压板直径，当试井直径需要大于承压板直径时，紧靠承压板周围土的高度不应小于承压板直径。

4.2.11 当加载反力装置为压重平台反力装置时，承压板、压重平台支墩和基准桩之间的净距应符合表4.2.11规定。

表4.2.11 承压板、压重平台支墩和基准桩之间的净距

承压板与基准桩	承压板与压重平台支墩	基准桩与压重平台支墩
>b且>2.0m	>b且>B且>2.0m	>1.5B且>2.0m

注：b为承压板边宽或直径（m），B为支墩宽度（m）。

4.2.12 对大型平板载荷试验，当基准梁长度不小于12m，但其基准桩与承压板、压重平台支墩的距离仍不能满足本规范表4.2.11的规定时，应对基准桩变形进行监测。监测基准桩的变形测量仪表的分辨力宜达到0.1mm。

4.2.13 深层平板载荷试验应采用合适的传力柱和位移传递装置，并应符合下列规定：

1 传力柱应有足够的刚度，传力柱宜高出地面50cm；传力柱宜与承压板连接成为整体，传力柱的顶部可采用钢筋等斜拉杆固定；

2 位移传递装置宜采用钢管或塑料管做位移测量杆，位移测量杆的底端应与承压板固定连接，位移测量杆宜每间隔一定距离与传力柱滑动相连，位移测量杆的顶部宜高出孔口地面20cm。

4.2.14 孔底岩基载荷试验采用孔壁基岩提供反力进行试验时，孔壁基岩提供的反力应大于最大试验荷载的1.5倍。

4.3 现场检测

4.3.1 正式试验前宜进行预压。预压荷载宜为最大加载量的5%，预压时间宜为5min。预压后卸载至零，测读位移测量仪表的初始读数并应重新调整零位。

4.3.2 试验加卸载分级及施加方式应符合下列规定：

1 地基土平板载荷试验的分级荷载宜为最大试验荷载的1/8～1/12，岩基载荷试验的分级荷载宜为最大试验荷载的1/15；

2 加载应分级进行，采用逐级等量加载，第一级荷载可取分级荷载的2倍；

3 卸载应分级进行，每级卸载量为分级荷载的2倍，逐级等量卸载；当加载等级为奇数级时，第一级卸载量宜取分级荷载的3倍；

4 加、卸载时应使荷载传递均匀、连续、无冲击，每级荷载在维持过程中的变化幅度不得超过分级荷载的±10%。

4.3.3 地基土平板载荷试验的慢速维持荷载法的试验步骤应符合下列规定：

1 每级荷载施加后应按第10min、20min、30min、45min、60min测读承压板的沉降量，以后应每隔半小时测读一次；

2 承压板沉降相对稳定标准：在连续两小时内，每小时的沉降量应小于0.1mm；

3 当承压板沉降速率达到相对稳定标准时，应再施加下一级荷载；

4 卸载时，每级荷载维持 1h，应按第 10min、30min、60min 测读承压板沉降量；卸载至零后，应测读承压板残余沉降量，维持时间为 3h，测读时间应为第 10min、30min、60min、120min、180min。

4.3.4 岩基载荷试验的试验步骤应符合下列规定：

1 每级加荷后立即测读承压板的沉降量，以后每隔 10min 应测读一次；

2 承压板沉降相对稳定标准：每 0.5h 内的沉降量不应超过 0.03mm，并应在四次读数中连续出现两次；

3 当承压板沉降速率达到相对稳定标准时，应再施加下一级荷载；

4 每级卸载后，应隔 10min 测读一次，测读三次后可卸下一级荷载。全部卸载后，当测读 0.5h 回弹量小于 0.01mm 时，即认为稳定，终止试验。

4.3.5 当出现下列情况之一时，可终止加载：

1 当浅层载荷试验承压板周边的土出现明显侧向挤出，周边土体出现明显隆起；岩基载荷试验的荷载无法保持稳定且逐渐下降；

2 本级荷载的沉降量大于前级荷载沉降量的 5 倍，荷载与沉降曲线出现明显陡降；

3 在某一级荷载下，24h 内沉降速率不能达到相对稳定标准；

4 浅层平板载荷试验的累计沉降量已大于等于承压板边宽或直径的 6% 或累计沉降量大于等于 150mm；深层平板载荷试验的累计沉降量与承压板径之比大于等于 0.04；

5 加载至要求的最大试验荷载且承压板沉降达到相对稳定标准。

4.4 检测数据分析与判定

4.4.1 土（岩）地基承载力确定时，应绘制压力-沉降（p-s）、沉降-时间对数（s-$\lg t$）曲线，可绘制其他辅助分析曲线。

4.4.2 土（岩）地基极限荷载可按下列方法确定：

1 出现本规范第 4.3.5 条第 1、2、3 款情况时，取前一级荷载值；

2 出现本规范第 4.3.5 条第 5 款情况时，取最大试验荷载。

4.4.3 单个试验点的土（岩）地基承载力特征值确定应符合下列规定：

1 当 p-s 曲线上有比例界限时，应取该比例界限所对应的荷载值；

2 地基土平板载荷试验，当极限荷载小于对应比例界限荷载值的 2 倍时，应取极限荷载值的一半；岩基载荷试验，当极限荷载小于对应比例界限荷载值的 3 倍时，应取极限荷载值的 1/3；

3 当满足本规范第 4.3.5 条第 5 款情况，且 p-s 曲线上无法确定比例界限，承载力又未达到极限时，地基土平板载荷试验应取最大试验荷载的一半所对应的荷载值，岩基载荷试验应取最大试验荷载的 1/3 所对应的荷载值；

4 当按相对变形值确定天然地基及人工地基承载力特征值时，可按表 4.4.3 规定的地基变形取值确定，且所取的承载力特征值不应大于最大试验荷载的一半。当地基土性质不确定时，对应变形值宜取 0.010b；对有经验的地区，可按当地经验确定对应变形值。

表 4.4.3 按相对变形值确定天然地基及人工地基承载力特征值

地基类型	地基土性质	特征值对应的变形值 s_0
天然地基	高压缩性土	0.015b
	中压缩性土	0.012b
	低压缩性土和砂性土	0.010b
人工地基	中、低压缩性土	0.010b

注：s_0 为与承载力特征值对应的承压板的沉降量；b 为承压板的边宽或直径，当 b 大于 2m 时，按 2m 计算。

4.4.4 单位工程的土（岩）地基承载力特征值确定应符合下列规定：

1 同一土层参加统计的试验点不应少于 3 点，当其极差不超过平均值的 30% 时，取其平均值作为该土层的地基承载力特征值 f_{ak}；

2 当极差超过平均值的 30% 时，应分析原因，结合工程实际判别，可增加试验点数量。

4.4.5 土（岩）载荷试验应给出每个试验点的承载力检测值和单位工程的地基承载力特征值，并应评价单位工程地基承载力特征值是否满足设计要求。

4.4.6 浅层平板载荷试验确定地基变形模量，可按下式计算：

$$E_0 = I_0(1-\mu^2)\frac{pb}{s} \qquad (4.4.6)$$

式中：E_0——变形模量（MPa）；

I_0——刚性承压板的形状系数，圆形承压板取 0.785，方形承压板取 0.886，矩形承压板当长宽比 $l/b=1.2$ 时，取 0.809，当 $l/b=2.0$ 时，取 0.626，其余可计算求得，但 l/b 不宜大于 2；

μ——土的泊松比，应根据试验确定；当有工程经验时，碎石土可取 0.27，砂土可取 0.30，粉土可取 0.35，粉质黏土可取 0.38，黏土可取 0.42；

b——承压板直径或边长（m）；

p——p-s 曲线线性段的压力值（kPa）；

s——与 p 对应的沉降量（mm）。

4.4.7 深层平板载荷试验确定地基变形模量，可按下式计算：

$$E_0 = \omega \frac{pd}{s} \qquad (4.4.7)$$

式中：ω——与试验深度和土类有关的系数，按本规范第 4.4.8 条确定；

d——承压板直径（m）；

p——p-s 曲线线性段的压力值（kPa）；

s——与 p 对应的沉降量（mm）。

4.4.8 与试验深度和土类有关的系数 ω 可按下列规定确定：

1 深层平板载荷试验确定地基变形模量的系数 ω 可根据泊松比试验结果，按下列公式计算：

$$\omega = I_0 I_1 I_2 (1 - \mu^2) \qquad (4.4.8-1)$$

$$I_1 = 0.5 + 0.23 \frac{d}{z} \qquad (4.4.8-2)$$

$$I_2 = 1 + 2\mu^2 + 2\mu^4 \qquad (4.4.8-3)$$

式中：I_1——刚性承压板的深度系数；

I_2——刚性承压板的与土的泊松比有关的系数；

z——试验深度（m）。

2 深层平板载荷试验确定地基变形模量的系数 ω 可按表 4.4.8 选用。

表 4.4.8 深层平板载荷试验确定地基变形模量的系数 ω

d/z 土类	碎石土	砂土	粉土	粉质黏土	黏土
0.30	0.477	0.489	0.491	0.515	0.524
0.25	0.469	0.480	0.482	0.506	0.514
0.20	0.460	0.471	0.474	0.497	0.505
0.15	0.444	0.454	0.457	0.479	0.487
0.10	0.435	0.446	0.448	0.470	0.478
0.05	0.427	0.437	0.439	0.461	0.468
0.01	0.418	0.429	0.431	0.452	0.459

4.4.9 检测报告除应符合本规范第 3.3.2 条规定外，尚应包括下列内容：

1 承压板形状及尺寸、试验点的平面位置图、剖面图及标高；

2 荷载分级及加载方式；

3 本规范第 4.4.1 条要求绘制的曲线及对应的数据表；

4 承载力特征值判定依据；

5 每个试验点的承载力检测值；

6 单位工程的承载力特征值。

5 复合地基载荷试验

5.1 一般规定

5.1.1 复合地基载荷试验适用于水泥土搅拌桩、砂石桩、旋喷桩、夯实水泥土桩、水泥粉煤灰碎石桩、混凝土桩、树根桩、灰土桩、柱锤冲扩桩及强夯置换墩等竖向增强体和周边地基土组成的复合地基的单桩复合地基和多桩复合地基载荷试验，用于测定承压板下应力影响范围内的复合地基的承载力特征值。当存在多层软弱地基时，应考虑到载荷板应力影响范围，选择大承压板多桩复合地基试验并结合其他检测方法进行。

5.1.2 复合地基载荷试验承压板底面标高应与设计要求标高一致。

5.1.3 工程验收检测载荷试验最大加载量不应小于设计承载力特征值的 2 倍，为设计提供依据的载荷试验应加载至复合地基达到本规范第 5.4.2 条规定的破坏状态。

5.1.4 复合地基载荷试验的检测数量应符合下列规定：

1 单位工程检测数量不应少于总桩数的 0.5%，且不应少于 3 点；

2 单位工程复合地基载荷试验可根据所采用的处理方法及地基土层情况，选择多桩复合地基载荷试验或单桩复合地基载荷试验。

5.1.5 复合地基载荷试验的加载方式应采用慢速维持荷载法。

5.2 仪器设备及其安装

5.2.1 单桩复合地基载荷试验的承压板可用圆形或方形，面积为一根桩承担的处理面积；多桩复合地基载荷试验的承压板可用方形或矩形，其尺寸按实际桩数所承担的处理面积确定，宜采用预制或现场制作并应具有足够刚度。试验时承压板中心应与增强体的中心（或形心）保持一致，并应与荷载作用点相重合。

5.2.2 试验加载设备、试验仪器设备性能指标、加载方式、加载反力装置、荷载测量、沉降测量应符合本规范第 4.2.5 条～第 4.2.9 条的规定。

5.2.3 承压板底面下宜铺设 100mm～150mm 厚度的粗砂或中砂垫层，承压板尺寸大时取大值。

5.2.4 试验标高处的试坑宽度和长度不应小于承压板尺寸的 3 倍。基准梁及加荷平台支点宜设在试坑以外，且与承压板边的净距不应小于 2m。

5.2.5 承压板、压重平台支墩边和基准桩之间的中心距离应符合本规范表 4.2.11 规定。

5.2.6 试验前应采取措施，保持试坑或试井底岩土的原状结构和天然湿度不变。当试验标高低于地下水位时，应将地下水位降至试验标高以下，再安装试验设备，待水位恢复后方可进行试验。

5.3 现场检测

5.3.1 正式试验前宜进行预压，预压荷载宜为最大试验荷载的 5%，预压时间为 5min。预压后卸载至零，测读位移测量仪表的初始读数并应重新调整零位。

5.3.2 试验加卸载分级及施加方式应符合下列规定：

1 加载应分级进行，采用逐级等量加载；分级荷载宜为最大加载量或预估极限承载力的 $1/8 \sim 1/12$，其中第一级可取分级荷载的 2 倍；

2 卸载应分级进行，每级卸载量应为分级荷载的 2 倍，逐级等量卸载；

3 加、卸载时应使荷载传递均匀、连续、无冲击，每级荷载在维持过程中的变化幅度不得超过分级荷载的 ±10%。

5.3.3 复合地基载荷试验的慢速维持荷载法的试验步骤应符合下列规定：

1 每加一级荷载前后均各测读承压板沉降量一次，以后每 30min 测读一次；

2 承压板沉降相对稳定标准：1h 内承压板沉降量不应超过 0.1mm；

3 当承压板沉降速率达到相对稳定标准时，应再施加下一级荷载；

4 卸载时，每级荷载维持 1h，应按第 30min、60min 测读承压板沉降量；卸载至零后，应测读承压板残余沉降量，维持时间为 3h，测读时间应为第 30min、60min、180min。

5.3.4 当出现下列情况之一时，可终止加载：

1 沉降急剧增大，土被挤出或承压板周围出现明显的隆起；

2 承压板的累计沉降量已大于其边长（直径）的 6% 或大于等于 150mm；

3 加载至要求的最大试验荷载，且承压板沉降速率达到相对稳定标准。

5.4 检测数据分析与判定

5.4.1 复合地基承载力确定时，应绘制压力-沉降（p-s）、沉降-时间对数（s-$\lg t$）曲线，也可绘制其他辅助分析曲线。

5.4.2 当出现本规范第 5.3.4 条第 1、2 款情况之一时，可视为复合地基出现破坏状态，其对应的前一级荷载应定为极限荷载。

5.4.3 复合地基承载力特征值确定应符合下列规定：

1 当压力-沉降（p-s）曲线上极限荷载能确定，且其值大于等于对应比例界限的 2 倍时，可取比例界限；当其值小于对应比例界限的 2 倍时，可取极限荷

2 当 p-s 曲线为平缓的光滑曲线时，可按表 5.4.3 对应的相对变形值确定，且所取的承载力特征值不应大于最大试验荷载的一半。有经验的地区，可按当地经验确定相对变形值，但原地基土为高压缩性土层时相对变形值的最大值不应大于 0.015。对变形控制严格的工程可按设计要求的沉降允许值作为相对变形值。

表 5.4.3 按相对变形值确定复合地基承载力特征值

地基类型	应力主要影响范围地基土性质	承载力特征值对应的变形值 s_0
沉管挤密砂石桩、振冲挤密碎石桩、柱锤冲扩桩、强夯置换墩	以黏性土、粉土、砂土为主的地基	$0.010b$
灰土挤密桩	以黏性土、粉土、砂土为主的地基	$0.008b$
水泥粉煤灰碎石桩、混凝土桩、夯实水泥土桩、树根桩	以黏性土、粉土为主的地基	$0.010b$
	以卵石、圆砾、密实粗中砂为主的地基	$0.008b$
水泥搅拌桩、旋喷桩	以淤泥和淤泥质土为主的地基	$0.008b \sim 0.010b$
	以黏性土、粉土为主的地基	$0.006b \sim 0.008b$

注：s_0 为与承载力特征值对应的承压板的沉降量；b 为承压板的边宽或直径，当 b 大于 2m 时，按 2m 计算。

5.4.4 单位工程的复合地基承载力特征值确定时，试验点的数量不应少于 3 点，当其极差不超过平均值的 30% 时，可取其平均值为复合地基承载力特征值。

5.4.5 复合地基载荷试验应给出每个试验点的承载力检测值和单位工程的地基承载力特征值，并应评价复合地基承载力特征值是否满足设计要求。

5.4.6 检测报告除应符合本规范第 3.3.2 条规定外，尚应包括下列内容：

1 承压板形状及尺寸；

2 荷载分级方式；

3 本规范 5.4.1 条要求绘制的曲线及对应的数据表；

4 承载力特征值判定依据；

5 每个试验点的承载力检测值；

6 单位工程的承载力特征值。

6 竖向增强体载荷试验

6.1 一般规定

6.1.1 竖向增强体载荷试验适用于确定水泥土搅拌桩、旋喷桩、夯实水泥土桩、水泥粉煤灰碎石桩、混凝土桩、树根桩、强夯置换墩等复合地基竖向增强体的竖向承载力。

6.1.2 工程验收检测载荷试验最大加载量不应小于设计承载力特征值的2倍；为设计提供依据的载荷试验应加载至极限状态。

6.1.3 竖向增强体载荷试验的单位工程检测数量不应少于总桩数的0.5%，且不得少于3根。

6.1.4 竖向增强体载荷试验的加载方式应采用慢速维持荷载法。

6.2 仪器设备及其安装

6.2.1 试验加载宜采用油压千斤顶，加载方式应符合本规范第4.2.5条规定。

6.2.2 加载反力装置应符合本规范第4.2.6条规定。

6.2.3 荷载测量可用放置在千斤顶上的荷重传感器直接测定；或采用并联于千斤顶油路的压力表或压力传感器测定油压，并应根据千斤顶率定曲线换算荷载。

6.2.4 沉降测量宜采用位移传感器或大量程百分表，沉降测定平面宜在桩顶标高位置，测点应牢固地固定于桩身上。

6.2.5 试验仪器设备性能指标应符合本规范第4.2.9条规定。

6.2.6 试验增强体、压重平台支墩边和基准桩之间的中心距离应符合表6.2.6的规定。

表 6.2.6 增强体、压重平台支墩边和基准桩之间的中心距离

增强体中心与压重平台支墩边	增强体中心与基准桩中心	基准桩中心与压重平台支墩边
≥4D且>2.0m	≥3D且>2.0m	≥4D且>2.0m

注：1 D 为增强体直径（m）；
　　2 对于强夯置换墩或大型荷载板，可采用逐级加载试验，不用反力装置，具体试验方法参考结构楼面荷载试验。

6.3 现场检测

6.3.1 试验前应对增强体的桩头进行处理。水泥粉煤灰碎石桩、混凝土桩等强度较高的桩宜在桩顶设置

带水平钢筋网片的混凝土桩帽或采用钢护筒桩帽，加固桩头前应凿成平面，混凝土宜提高强度等级和采用早强剂。桩帽高度不宜小于一倍桩的直径，桩帽下桩顶标高及地基土标高应与设计标高一致。

6.3.2 试验加卸载方式应符合下列规定：

1 加载应分级进行，采用逐级等量加载；分级荷载宜为最大加载量或预估极限承载力的1/10，其中第一级可取分级荷载的2倍；

2 卸载应分级进行，每级卸载量取加载时分级荷载的2倍，逐级等量卸载；

3 加、卸载时应使荷载传递均匀、连续、无冲击，每级荷载在维持过程中的变化幅度不得超过分级荷载的±10%。

6.3.3 竖向增强体载荷试验的慢速维持荷载法的试验步骤应符合下列规定：

1 每级荷载施加后应按第5min、15min、30min、45min、60min测读桩顶的沉降量，以后应每隔半小时测读一次；

2 桩顶沉降相对稳定标准：每1h内桩顶沉降量不超过0.1mm，并应连续出现两次，从分级荷载施加后的第30min开始，按1.5h连续三次每30min的沉降观测值计算；

3 当桩顶沉降速率达到相对稳定标准时，应再施加下一级荷载；

4 卸载时，每级荷载维持1h，应按第15min、30min、60min测读桩顶沉降量；卸载至零后，应测读桩顶残余沉降量，维持时间为3h，测读时间应为第15min、30min、60min、120min、180min。

6.3.4 符合下列条件之一时，可终止加载：

1 当荷载-沉降（Q-s）曲线上有可判定极限承载力的陡降段，且桩顶总沉降量超过40mm～50mm；水泥土桩、竖向增强体的桩径大于等于800mm取高值，混凝土桩、竖向增强体的桩径小于800mm取低值；

2 某级荷载作用下，桩顶沉降量大于前一级荷载作用下沉降量的2倍，且经24h沉降尚未稳定；

3 增强体破坏，顶部变形急剧增大；

4 Q-s曲线呈缓变型时，桩顶总沉降量大于70mm～90mm；当桩长超过25m，可加载至桩顶总沉降量超过90mm；

5 加载至要求的最大试验荷载，且承压板沉降速率达到相对稳定标准。

6.4 检测数据分析与判定

6.4.1 竖向增强体承载力确定时，应绘制荷载-沉降（s-$\lg t$）曲线，沉降-时间对数（s-$\lg t$）曲线，也可绘制其他辅助分析曲线。

6.4.2 竖向增强体极限承载力应按下列方法确定：

1 Q-s 曲线陡降段明显时，取相应于陡降段起点的荷载值；

2 当出现本规范第 6.3.4 条第 2 款的情况时，取前一级荷载值；

3 Q-s 曲线呈缓变型时，水泥土桩、桩径大于等于 800mm 时取桩顶总沉降量 s 为 40mm～50mm 所对应的荷载值；混凝土桩、桩径小于 800mm 时取桩顶总沉降量 s 等于 40mm 所对应的荷载值；

4 当判定竖向增强体的承载力未达到极限时，取最大试验荷载值；

5 按本条 1～4 款标准判断有困难时，可结合其他辅助分析方法综合判定。

6.4.3 竖向增强体承载力特征值应按极限承载力的一半取值。

6.4.4 单位工程的增强体承载力特征值确定时，试验点的数量不应少于 3 点，当满足其极差不超过平均值的 30% 时，对非条形及非独立基础可取其平均值为竖向极限承载力。

6.4.5 竖向增强体载荷试验应给出每个试验增强体的承载力检测值和单位工程的增强体承载力特征值，并应评价竖向增强体承载力特征值是否满足设计要求。

6.4.6 检测报告除应符合本规范第 3.3.2 规定外，尚应包括下列内容：

1 加卸载方法，荷载分级；

2 本规范第 6.4.1 条要求绘制的曲线及对应的数据表，土层剖面图；

3 承载力特征值判定依据；

4 每个试验增强体的承载力检测值；

5 单位工程的承载力特征值。

7 标准贯入试验

7.1 一般规定

7.1.1 标准贯入试验适用于判定砂土、粉土、黏性土天然地基及其采用换填垫层、压实、挤密、夯实、注浆加固等处理后的地基承载力、变形参数，评价加固效果以及砂土液化判别。也可用于砂桩和初凝状态的水泥搅拌桩、旋喷桩、灰土桩、夯实水泥桩等竖向增强体的施工质量评价。

7.1.2 采用标准贯入试验对处理地基土质量进行验收检测时，单位工程检测数量不应少于 10 点，当面积超过 3000m² 应每 500m² 增加 1 点。检测同一土层的试验有效数据不应少于 6 个。

7.2 仪器设备

7.2.1 标准贯入试验设备规格应符合表 7.2.1 的规定。

表 7.2.1 标准贯入试验设备规格

落锤		锤的质量（kg）	63.5
		落距（cm）	76
贯入器	对开管	长度（mm）	＞500
		外径（mm）	51
		内径（mm）	35
	管靴	长度（mm）	50～76
		刃口角度（°）	18～20
		刃口单刃厚度（mm）	1.6
钻杆		直径（mm）	42
		相对弯曲	＜1/1000

注：穿心锤导向杆应平直，保持润滑，相对弯曲＜1/1000。

7.2.2 标准贯入试验所用穿心锤质量、导向杆和钻杆相对弯曲度应定期标定，使用前应对管靴刃口的完好性、钻杆相对弯曲度、穿心锤导向杆相对弯曲度及表面的润滑程度等进行检查，确保设备与机具完好。

7.3 现场检测

7.3.1 标准贯入试验应在平整的场地上进行，试验点平面布设应符合下列规定：

1 测试点应根据工程地质分区或加固处理分区均匀布置，并应具有代表性；

2 复合地基桩间土测试点应布置在桩间等边三角形或正方形的中心；复合地基竖向增强体上可布设检测点；有检测加固土体的强度变化等特殊要求时，可布置在离桩边不同距离处；

3 评价地基处理效果和消除液化的处理效果时，处理前、后的测试点布置应考虑位置的一致性。

7.3.2 标准贯入试验的检测深度除应满足设计要求外，尚应符合下列规定：

1 天然地基的检测深度应达到主要受力层深度以下；

2 人工地基的检测深度应达到加固深度以下 0.5m；

3 复合地基桩间土及增强体检测深度应超过竖向增强体底部 0.5m；

4 用于评价液化处理效果时，检测深度应符合现行国家标准《建筑抗震设计规范》GB 50011 的规定。

7.3.3 标准贯入试验孔宜采用回转钻进，在泥浆护壁不能保持孔壁稳定时，宜下套管护壁，试验深度须在套管底端 75cm 以下。

7.3.4 试验孔钻至进行试验的土层标高以上 15cm 处，应清除孔底残土后换用标准贯入器，并应量得深度尺寸再进行试验。

7.3.5 试验应采用自动脱钩的自由落锤法进行锤击，

并应采取减小导向杆与锤间的摩阻力、避免锤击时的偏心和侧向晃动以及保持贯入器、探杆、导向杆连接后的垂直度等措施。

7.3.6 标准贯入试验应符合下列规定：

1 贯入器垂直打入试验土层中 15cm 应不计击数；

2 继续贯入，应记录每贯入 10cm 的锤击数，累计 30cm 的锤击数即为标准贯入击数；

3 锤击速率应小于 30 击/min；

4 当锤击数已达 50 击，而贯入深度未达到 30cm 时，宜终止试验，记录 50 击的实际贯入深度，应按下式换算成相当于贯入 30cm 的标准贯入试验实测锤击数：

$$N = 30 \times \frac{50}{\Delta S} \qquad (7.3.6)$$

式中：N——标准贯入击数；

ΔS——50 击时的贯入度（cm）。

5 贯入器拔出后，应对贯入器中的土样进行鉴别、描述、记录；需测定黏粒含量时留取土样进行试验分析。

7.3.7 标准贯入试验点竖向间距应视工程特点、地层情况、加固目的确定，宜为 1.0m。

7.3.8 同一检测孔的标准贯入试验点间距宜相等。

7.3.9 标准贯入试验数据可按本规范附录 A 的格式进行记录。

7.4 检测数据分析与判定

7.4.1 天然地基的标准贯入试验成果应绘制标有工程地质柱状图的单孔标准贯入击数与深度关系曲线图。

7.4.2 人工地基的标准贯入试验结果应提供每个检测孔的标准贯入试验实测锤击数和修正锤击数。

7.4.3 标准贯入试验锤击数值可用于分析岩土性状、判定地基承载力，判别砂土和粉土的液化，评价成桩的可能性、桩身质量等。N 值的修正应根据建立的统计关系确定。

7.4.4 当作杆长修正时，锤击数可按下式进行钻杆长度修正：

$$N' = \alpha N \qquad (7.4.4)$$

式中：N'——标准贯入试验修正锤击数；

N——标准贯入试验实测锤击数；

α——触探杆长度修正系数，可按表 7.4.4 确定。

表 7.4.4 标准贯入试验触探杆长度修正系数

触探杆长度（m）	≤3	6	9	12	15	18	21	25	30
α	1.00	0.92	0.86	0.81	0.77	0.73	0.70	0.68	0.65

7.4.5 各分层土的标准贯入锤击数代表值应取每个检测孔不同深度的标准贯入试验锤击数的平均值。同一土层参加统计的试验点不应少于 3 点，当其极差不超过平均值的 30% 时，应取其平均值作为代表值；当极差超过平均值的 30% 时，应分析原因，结合工程实际判别，可增加试验点数量。

7.4.6 单位工程同一土层统计标准贯入锤击数标准值与修正后锤击数标准值时，可按本规范附录 B 的计算方法确定。

7.4.7 砂土、粉土、黏性土等岩土性状可根据标准贯入试验实测锤击数平均值或标准值和修正后锤击数标准值按下列规定进行评价：

1 砂土的密实度可按表 7.4.7-1 分为松散、稍密、中密、密实；

表 7.4.7-1 砂土的密实度分类

$\overline{N}$（实测平均值）	密实度
$\overline{N} \leqslant 10$	松散
$10 < \overline{N} \leqslant 15$	稍密
$15 < \overline{N} \leqslant 30$	中密
$\overline{N} > 30$	密实

2 粉土的密实度可按表 7.4.7-2 分为松散、稍密、中密、密实；

表 7.4.7-2 粉土的密实度分类

孔隙比 e	N_k（实测标准值）	密实度
—	$N_k \leqslant 5$	松散
$e > 0.9$	$5 < N_k \leqslant 10$	稍密
$0.75 \leqslant e \leqslant 0.9$	$10 < N_k \leqslant 15$	中密
$e < 0.75$	$N_k > 15$	密实

3 黏性土的状态可按表 7.4.7-3 分为软塑、软可塑、硬可塑、硬塑、坚硬。

表 7.4.7-3 黏性土的状态分类

I_L	N'_k（修正后标准值）	状态
$0.75 < I_L \leqslant 1$	$2 < N'_k \leqslant 4$	软塑
$0.5 < I_L \leqslant 0.75$	$4 < N'_k \leqslant 8$	软可塑
$0.25 < I_L \leqslant 0.5$	$8 < N'_k \leqslant 14$	硬可塑
$0 < I_L \leqslant 0.25$	$14 < N'_k \leqslant 25$	硬塑
$I_L \leqslant 0$	$N'_k > 25$	坚硬

7.4.8 初步判定地基土承载力特征值时，可按表 7.4.8-1～表 7.4.8-3 进行估算。

表 7.4.8-1 砂土承载力特征值 f_{ak}（kPa）

N'	10	20	30	50
中砂、粗砂	180	250	340	500
粉砂、细砂	140	180	250	340

表 7.4.8-2 粉土承载力特征值 f_{ak}（kPa）

N'	3	4	5	6	7	8	9	10	11	12	13	14	15
f_{ak}	105	125	145	165	185	205	225	245	265	285	305	325	345

表 7.4.8-3 黏性土承载力特征值 f_{ak}（kPa）

N'	3	5	7	9	11	13	15	17	19	21
f_{ak}	90	110	150	180	220	260	310	360	410	450

7.4.9 采用标准贯入试验成果判定地基土承载力和变形模量或压缩模量时，应与地基处理设计时依据的地基承载力和变形参数的确定方法一致。

7.4.10 地基处理效果可依据比对试验结果、地区经验和检测孔的标准贯入试验锤击数、同一土层的标准贯入试验锤击数标准值、变异系数等对下列地基作出相应的评价：

1 非碎石土换填垫层（粉质黏土、灰土、粉煤灰和砂垫层）的施工质量（密实度、均匀性）；

2 压实、挤密地基、强夯地基、注浆地基等的均匀性；有条件时，可结合处理前的相关数据评价地基处理有效深度；

3 消除液化的地基处理效果，应按设计要求或现行国家标准《建筑抗震设计规范》GB 50011 规定进行评价。

7.4.11 标准贯入试验应给出每个试验孔（点）的检测结果和单位工程的主要土层的评价结果。

7.4.12 检测报告除应符合本规范第 3.3.2 条规定外，尚应包括下列内容：

1 标准贯入锤击数及土层划分与深度关系曲线；

2 每个检测孔同一土层的标准贯入锤击数平均值；

3 同一土层标准贯入锤击数标准值；

4 岩土性状分析或地基处理效果评价；

5 复合地基竖向增强体施工质量或桩间土处理效果评价；

6 对地基（土）检测时，可根据地区经验或现场比对试验结果提供土层的变形参数和强度指标建议值。

8 圆锥动力触探试验

8.1 一般规定

8.1.1 圆锥动力触探试验应根据地质条件，按下列原则合理选择试验类型：

1 轻型动力触探试验适用于评价黏性土、粉土、粉砂、细砂地基及其人工地基的地基土性状、地基处理效果和判定地基承载力；

2 重型动力触探试验适用于评价黏性土、粉土、砂土、中密以下的碎石土及其人工地基以及极软岩的地基土性状、地基处理效果和判定地基承载力；也可用于检验砂石桩和初凝状态的水泥搅拌桩、旋喷桩、灰土桩、夯实水泥土桩、注浆加固地基的成桩质量、处理效果以及评价强夯置换效果及置换墩着底情况；

3 超重型动力触探试验适用于评价密实碎石土、极软岩和软岩等地基土性状和判定地基承载力，也可用于评价强夯置换效果及置换墩着底情况。

8.1.2 采用圆锥动力触探试验对处理地基土质量进行验收检测时，单位工程检测数量不应少于 10 点，当面积超过 3000m² 应每 500m² 增加 1 点。检测同一土层的试验有效数据不应少于 6 个。

8.2 仪器设备

8.2.1 圆锥动力触探试验的设备规格应符合表 8.2.1 的规定。

表 8.2.1 圆锥动力触探试验设备规格

类型		轻型	重型	超重型
落锤	锤的质量（kg）	10	63.5	120
	落距（cm）	50	76	100
探头	直径（mm）	40	74	74
	锥角（°）	60	60	60
探杆直径（mm）		25	42、50	50～60

8.2.2 重型及超重型圆锥动力触探的落锤应采用自动脱钩装置。

8.2.3 触探杆应顺直，每节触探杆相对弯曲宜小于 0.5%，丝扣完好无裂纹。当探头直径磨损大于 2mm 或锥尖高度磨损大于 5mm 时应及时更换探头。

8.3 现场检测

8.3.1 经人工处理的地基，应根据处理土的类型和增强体桩体材料情况合理选择圆锥动力触探试验类型，其试验方法、要求按天然地基试验方法和要求执行。

8.3.2 圆锥动力触探试验应在平整的场地上进行，试验点平面布设应符合下列规定：

1 测试点应根据工程地质分区或加固处理分区均匀布置，并应具有代表性；

2 复合地基的增强体施工质量检测，测试点应布置在增强体的桩体中心附近；桩间土的处理效果检测，测试点的位置应在增强体间等边三角形或正方形的中心；

3 评价强夯置换墩着底情况时，测试点位置可选择在置换墩中心；

4 评价地基处理效果时，处理前、后的测试点的布置应考虑前后的一致性。

8.3.3 圆锥动力触探测试深度除应满足设计要求外，尚应符合下列规定：

1 天然地基检测深度应达到主要受力层深度以下；

2 人工地基检测深度应达到加固深度以下 0.5m；

3 复合地基增强体及桩间土的检测深度应超过竖向增强体底部 0.5m。

8.3.4 圆锥动力触探试验应符合下列规定：

1 圆锥动力触探试验应采用自由落锤；

2 地面上触探杆高度不宜超过 1.5m，并应防止锤击偏心、探杆倾斜和侧向晃动；

3 锤击贯入应连续进行，保持探杆垂直度，锤击速率宜为（15～30）击/min；

4 每贯入 1m，宜将探杆转动一圈半；当贯入深度超过 10m，每贯入 20cm 宜转动探杆一次；

5 应及时记录试验段深度和锤击数。轻型动力触探应记录每贯入 30cm 的锤击数，重型或超重型动力触探应记录每贯入 10cm 的锤击数；

6 对轻型动力触探，当贯入 30cm 锤击数大于 100 击或贯入 15cm 锤击数超过 50 击时，可停止试验；

7 对重型动力触探，当连续 3 次锤击数大于 50 击时，可停止试验或改用钻探、超重型动力触探；当遇有硬夹层时，宜穿过硬夹层后继续试验。

8.3.5 圆锥动力触探试验数据可按本规范附录 A 的格式进行记录。

8.4 检测数据分析与判定

8.4.1 重型及超重型动力触探锤击数应按本规范附录 C 的规定进行修正。

8.4.2 单孔连续圆锥动力触探试验应绘制锤击数与贯入深度关系曲线。

8.4.3 计算单孔分层贯入指标平均值时，应剔除临界深度以内的数值以及超前和滞后影响范围内的异常值。

8.4.4 应根据各孔分层的贯入指标平均值，用厚度加权平均法计算场地分层贯入指标平均值和变异系数。

8.4.5 应根据不同深度的动力触探锤击数，采用平均值法计算每个检测孔的各土层的动力触探锤击数平均值（代表值）。

8.4.6 统计同一土层动力触探锤击数平均值时，应根据动力触探锤击数沿深度的分布趋势结合岩土工程勘探资料进行土层划分。

8.4.7 地基土的岩土性状、地基处理的施工效果可根据单位工程各检测孔的圆锥动力触探锤击数、同一土层的圆锥动力触探锤击数统计值、变异系数进行评价。地基处理的施工效果尚宜根据处理前后的检测结果进行对比评价。

8.4.8 当采用圆锥动力触探试验锤击数评价复合地基竖向增强体的施工质量时，宜仅对单个增强体的试验结果进行统计和评价。

8.4.9 初步判定地基土承载力特征值时，可根据平均击数 N_{10} 或修正后的平均击数 $N_{63.5}$ 按表 8.4.9-1、表 8.4.9-2 进行估算。

表 8.4.9-1 轻型动力触探试验推定
地基承载力特征值 f_{ak}（kPa）

N_{10}（击数）	5	10	15	20	25	30	35	40	45	50
一般黏性土地基	50	70	90	115	135	160	180	200	220	240
黏性素填土地基	60	80	95	110	120	130	140	150	160	170
粉土、粉细砂土地基	55	70	80	90	100	110	125	140	150	160

表 8.4.9-2 重型动力触探试验推定地基承载力特征值 f_{ak}（kPa）

$N_{63.5}$（击数）	2	3	4	5	6	7	8	9	10	11	12	13	14	15	16
一般黏性土	120	150	180	210	240	265	290	320	350	375	400	425	450	475	500
中砂、粗砂土	80	120	160	200	240	280	320	360	400	440	480	520	560	600	640
粉砂、细砂土	—	75	100	125	150	175	200	225	250						

8.4.10 评价砂土密实度、碎石土（桩）的密实度时，可用修正后击数按表 8.4.10-1～表 8.4.10-4 进行。

表 8.4.10-1　砂土密实度按 $N_{63.5}$ 分类

$N_{63.5}$	$N_{63.5}\leqslant4$	$4<N_{63.5}\leqslant6$	$6<N_{63.5}\leqslant9$	$N_{63.5}>9$
密实度	松散	稍密	中密	密实

表 8.4.10-2　碎石土密实度按 $N_{63.5}$ 分类

$N_{63.5}$	密实度	$N_{63.5}$	密实度
$N_{63.5}\leqslant5$	松散	$10<N_{63.5}\leqslant20$	中密
$5<N_{63.5}\leqslant10$	稍密	$N_{63.5}>20$	密实

注：本表适用于平均粒径小于或等于 50mm，且最大粒径小于 100mm 的碎石土。对于平均粒径大于 50mm，或最大粒径大于 100mm 的碎石土，可用超重型动力触探。

表 8.4.10-3　碎石桩密实度按 $N_{63.5}$ 分类

$N_{63.5}$	$N_{63.5}<4$	$4\leqslant N_{63.5}\leqslant5$	$5<N_{63.5}\leqslant7$	$N_{63.5}>7$
密实度	松散	稍密	中密	密实

表 8.4.10-4　碎石土密实度按 N_{120} 分类

N_{120}	密实度	N_{120}	密实度
$N_{120}\leqslant3$	松散	$11<N_{120}\leqslant14$	密实
$3<N_{120}\leqslant6$	稍密	$N_{120}>14$	很密
$6<N_{120}\leqslant11$	中密	—	—

8.4.11 对冲、洪积卵石土和圆砾土地基，当贯入深度小于 12m 时，判定地基的变形模量应结合载荷试验比对试验结果和地区经验进行。初步评价时，可根据平均击数按表 8.4.11 进行。

表 8.4.11　卵石土、圆砾土变形模量 E_0 值（MPa）

$\overline{N}_{63.5}$（修正锤击数平均值）	3	4	5	6	8	10	12	14	16
E_0	9.9	11.8	13.7	16.2	21.3	26.4	31.4	35.2	39.0
$\overline{N}_{63.5}$（修正锤击数平均值）	18	20	22	24	26	28	30	35	40
E_0	42.8	46.6	50.4	53.6	56.1	58.0	59.9	62.4	64.3

8.4.12 对换填地基、预压处理地基、强夯处理地基、不加料振冲加密处理地基的承载力特征值和处理效果做初步评价时，可按本规范第 8.4.9 条和第 8.4.10 条进行。

8.4.13 圆锥动力触探试验应给出每个试验孔（点）的检测结果和单位工程的主要土层的评价结果。

8.4.14 检测报告除应符合本规范第 3.3.2 条规定外，尚应包括下列内容：

　　1　圆锥动力触探锤击数与贯入深度关系曲线图（表）；

　　2　同一土层的圆锥动力触探击数统计值；

　　3　提供下列试验要求的试验结果：

　　　1）评价地基土的密实程度和均匀性；

　　　2）评价复合地基竖向增强体的施工质量；

　　　3）结合比对试验结果和地区经验确定的地基土承载力特征值和变形模量建议值。

9　静力触探试验

9.1　一般规定

9.1.1 静力触探试验适用于判定软土、一般黏性土、粉土和砂土的天然地基及采用换填垫层、预压、压实、挤密、夯实处理的人工地基的地基承载力、变形参数和评价地基处理效果。

9.1.2 对处理地基土质量进行验收检测时，单位工程检测数量不应少于 10 点，检测同一土层的试验有效数据不应少于 6 个。

9.2　仪器设备

9.2.1 静力触探可根据工程需要采用单桥探头、双桥探头，单桥可测定比贯入阻力，双桥可测定锥尖阻力和侧壁摩阻力。

9.2.2 单桥触探头和双桥触探头的规格应符合表 9.2.2 的规定，且触探头的外形尺寸和结构应符合下列规定：

　　1　锥头与摩擦筒应同心；

　　2　双桥探头锥头等直径部分的高度，不应超过 3mm，摩擦筒与锥头的间距不应大于 10mm。

表 9.2.2　单桥和双桥静力触探头规格

锥底截面积（cm²）	锥底直径（mm）	锥角（°）	单桥触探头 有效侧壁长度（mm）	双桥触探头 摩擦筒表面积（cm²）	双桥触探头 摩擦筒长度（mm）
10	35.7	60	57	150	133.7
				200	178.4
15	43.7	60	70	300	218.5

9.2.3 静力触探的贯入设备、探头、记录仪和传送电缆应作为整个测试系统按要求进行定期检定、校准

或率定。

9.2.4 触探主机应符合下列规定：

1 应能匀速贯入，贯入速率为（20±5）mm/s，当使用孔压探头触探时，宜有保证贯入速率 20mm/s 的控制装置；

2 贯入和起拔时，施力作用线应垂直机座基准面，垂直度应小于 30′；

3 额定起拔力应大于额定贯入力的 120%。

9.2.5 记录仪应符合下列规定：

1 仪器显示的有效最小分度值不应大于 0.05%FS；

2 仪器按要求预热后，时漂应小于 0.1%FS/h，温漂应小于 0.01%FS/℃；

3 工作环境温度应为 −10℃~45℃；

4 记录仪和电缆用于多功能探头触探时，应保证各传输信号互不干扰。

9.2.6 探头的技术性能应符合下列规定：

1 在额定荷载下，检测总误差不应大于 3%FS，其中线性误差、重复性误差、滞后误差、归零误差均应小于 1%FS；

2 传感器出厂时的对地绝缘电阻不应小于 500MΩ；在 300kPa 水压下恒压 2h 后，绝缘电阻应大于 300MΩ；

3 探头在工作状态下，各部传感器的互扰值应小于本身额定测值的 0.3%；

4 探头应能在 −10℃~45℃ 的环境温度中正常工作，由于温度漂移而产生的量程误差，可按下式计算，不应超过满量程的 ±1%：

$$\frac{\Delta V}{V} = \Delta t \cdot \eta \qquad (9.2.6)$$

式中：ΔV——温度变化所引起的误差（mV）；

V——全量程的输出电压（mV）；

Δt——触探过程中气温与地温引起触探头的最大温差（℃）；

η——温漂系数，一般采用 0.0005/℃。

9.2.7 各种探头，自锥底起算，在 1m 长度范围内，与之连接的杆件直径不得大于探头直径；减摩阻器应在此范围以外（上）的位置加设。

9.2.8 探头储存应配备防潮、防震的专用探头箱（盒），并应存放于干燥、阴凉的处所。

9.3 现场检测

9.3.1 静力触探测试应在平整的场地上进行，测试点应根据工程地质分区或加固处理分区均匀布置，并应具有代表性；当评价地基处理效果时，处理前、后的测试点应考虑前后的一致性。

9.3.2 静力触探测试深度除应满足设计要求外，尚应按下列规定执行：

1 天然地基检测深度应达到主要受力层深度以下；

2 人工地基检测深度应达到加固深度以下 0.5m；

3 复合地基的桩间土检测深度应超过竖向增强体底部 0.5m。

9.3.3 静力触探设备的安装应平稳、牢固，并应根据检测深度和表面土层的性质，选择合适的反力装置。

9.3.4 静力触探头应根据土层性质和预估贯入阻力进行选择，并应满足精度要求。试验前，静力触探头应连同记录仪、电缆在室内进行率定；测试时间超过 3 个月时，每 3 个月应对静力触探头率定一次；当现场测试发现异常情况时，应重新率定。率定方法应符合本规范附录 D 的规定。

9.3.5 静力触探试验现场操作应符合下列规定：

1 贯入前，应对触探头进行试压，确保顶柱、锥头、摩擦筒能正常工作；

2 装卸触探头时，不应转动触探头；

3 先将触探头贯入土中 0.5m~1.0m，然后提升 5cm~10cm，待记录仪无明显零位漂移时，记录初始读数或调整零位，方能开始正式贯入；

4 触探的贯入速率应控制为（1.2±0.3）m/min，在同一检测孔的试验过程中宜保持匀速贯入；

5 深度记录的误差不应超过触探深度的 ±1%；

6 当贯入深度超过 30m，或穿过厚层软土后再贯入硬土层时，应采取防止孔斜措施，或配置测斜探头，量测触探孔的偏斜角，校正土层界线的深度。

9.3.6 静力触探试验记录应符合下列规定：

1 贯入过程中，在深度 10m 以内可每隔 2m~3m 提升探头一次，测读零漂值，调整零位；以后每隔 10m 测读一次；终止试验时，必须测读和记录零漂值；

2 测读和记录贯入阻力的测点间距宜为 0.1m~0.2m，同一检测孔的测点间距应保持不变；

3 应及时核对记录深度与实际孔深的偏差；当有明显偏差时，应立即查明原因，采取纠正措施；

4 应及时准确记录贯入过程中发生的各种异常或影响正常贯入的情况。

9.3.7 当出现下列情况之一时，应终止试验：

1 达到试验要求的贯入深度；

2 试验记录显示异常；

3 反力装置失效；

4 触探杆的倾斜度超过 10°。

9.3.8 采用人工记录时，试验数据可按本规范附录 A 的格式进行记录。

9.4 检测数据分析与判定

9.4.1 出现下列情况时，应对试验数据进行处理：

1 出现零位漂移超过满量程的±1％且小于±3％时，可按线性内插法校正；

2 记录曲线上出现脱节现象时，应将停机前记录与重新开机后贯入 10cm 深度的记录连成圆滑的曲线；

3 记录深度与实际深度的误差超过±1％时，可在出现误差的深度范围内，等距离调整。

9.4.2 单桥探头的比贯入阻力，双桥探头的锥尖阻力、侧壁摩阻力及摩阻比，应分别按下列公式计算：

$$p_s = K_p \cdot (\varepsilon_p - \varepsilon_0) \quad (9.4.2-1)$$

$$q_c = K_q \cdot (\varepsilon_q - \varepsilon_0) \quad (9.4.2-2)$$

$$f_s = K_f \cdot (\varepsilon_f - \varepsilon_0) \quad (9.4.2-3)$$

$$\alpha = f_s / q_c \times 100\% \quad (9.4.2-4)$$

式中：p_s——单桥探头的比贯入阻力（kPa）；

q_c——双桥探头的锥尖阻力（kPa）；

f_s——双桥探头的侧壁摩阻力（kPa）；

α——摩阻比（％）；

K_p——单桥探头率定系数（kPa/$\mu\varepsilon$）；

K_q——双桥探头的锥尖阻力率定系数（kPa/$\mu\varepsilon$）；

K_f——双桥探头的侧壁摩阻力率定系数（kPa/$\mu\varepsilon$）；

ε_p——单桥探头的比贯入阻力应变量（$\mu\varepsilon$）；

ε_q——双桥探头的锥尖阻力应变量（$\mu\varepsilon$）；

ε_f——双桥探头的侧壁摩阻力应变量（$\mu\varepsilon$）；

ε_0——触探头的初始读数或零读数应变量（$\mu\varepsilon$）。

9.4.3 对于每个检测孔，采用单桥探头应整理并绘制比贯入阻力与深度的关系曲线，采用双桥探头应整理并绘制锥尖阻力、侧壁摩阻力、摩阻比与深度的关系曲线。

9.4.4 对于土层力学分层，当采用单桥探头测试时，应根据比贯入阻力与深度的关系曲线进行；当采用双桥探头测试时，应以锥尖阻力与深度的关系曲线为主，结合侧壁摩阻力和摩阻比与深度的关系曲线进行。划分土层力学分层界线时，应考虑贯入阻力曲线中的超前和滞后现象，宜以超前和滞后的中点作为分界点。

9.4.5 土层划分应根据土层力学分层和地质分层综合确定，并应分层计算每个检测孔的比贯入阻力或锥尖阻力平均值，计算时应剔除临界深度以内的数值和超前、滞后影响范围内的异常值。

9.4.6 单位工程同一土层的比贯入阻力或锥尖阻力标准值，应根据各检测孔的平均值按本规范附录 B 计算确定。

9.4.7 初步判定地基土承载力特征值和压缩模量时，可根据比贯入阻力或锥尖阻力标准值按表 9.4.7估算。

表 9.4.7 地基土承载力特征值 f_{ak} 和压缩模量 $E_{s0.1-0.2}$ 与比贯入阻力标准值的关系

f_{ak}(kPa)	$E_{s0.1-0.2}$(MPa)	p_s 适用范围（MPa）	适用土类
$f_{ak}=80p_s+20$	$E_{s0.1-0.2}=2.5\ln(p_s)+4$	0.4～5.0	黏性土
$f_{ak}=47p_s+40$	$E_{s0.1-0.2}=2.44\ln(p_s)+4$	1.0～16.0	粉土
$f_{ak}=40p_s+70$	$E_{s0.1-0.2}=3.6\ln(p_s)+3$	3.0～30.0	砂土

注：当采用 q_c 值时，取 $p_s=1.1q_c$。

9.4.8 静力触探试验应给出每个试验孔（点）的检测结果和单位工程的主要土层的评价结果。

9.4.9 检测报告除应符合本规范第 3.3.2 条规定外，尚应包括下列内容：

1 锥尖阻力、侧壁摩阻力、摩阻比随深度的变化曲线，或比贯入阻力随深度的变化曲线；

2 每个检测孔的比贯入阻力或锥尖阻力平均值；

3 同一土层的比贯入阻力或锥尖阻力标准值；

4 结合比对试验结果和地区经验的地基土承载力和变形模量值；

5 对检验地基处理加固效果的工程，应提供处理前后的锥尖阻力、侧壁摩阻力或比贯入阻力的对比曲线。

10 十字板剪切试验

10.1 一般规定

10.1.1 十字板剪切试验适用于饱和软黏性土天然地基及其人工地基的不排水抗剪强度和灵敏度试验。

10.1.2 对处理地基土质量进行验收检测时，单位工程检测数量不应少于 10 点，检测同一土层的试验有效数据不应少于 6 个。

10.2 仪器设备

10.2.1 十字板剪切试验可分为机械式和电测式，主要设备由十字板头、记录仪、探杆与贯入设备等组成。

10.2.2 十字板剪切仪的设备参数及性能指标应符合表 10.2.2-1～表 10.2.2-4 的规定。

表 10.2.2-1 十字板头主要技术参数

板宽 B（mm）	板高 H（mm）	板厚（mm）	刃角（°）	轴杆直径（mm）	面积比（％）
50	100	2	60	13	14
75	150	3	60	16	13

表 10.2.2-2 扭力测量设备主要技术指标

扭矩测量范围（N·m）	扭矩角测量范围（°）	扭转速率（°/min）
0～80	0～360	6～12

表 10.2.2-3　电测式十字板剪切仪的扭力传感器性能指标

检测总误差	传感器出厂时的对地绝缘电阻	现场试验传感器对地绝缘电阻	传感器护套外径
不应大于 3%FS（其中非线性误差、重复性误差、滞后误差、归零误差均应小于 1%FS）	不应小于 500MΩ（在 300kPa 水压下恒压 1h 后，绝缘电阻应大于 300MΩ）	≥200MΩ	不宜大于 20mm

表 10.2.2-4　电测式十字板记录仪性能指标

时漂	温漂	有效最小分度值
应小于 0.1%FS/h	应小于 0.01%FS/℃	应小于 0.06%FS

10.2.3　加载设备可利用地锚反力系统、静力触探加载系统或其他加压系统。

10.2.4　十字板头、记录仪、探杆、电缆等应作为整个测试系统按要求进行定期检定、校准或率定。

10.2.5　现场量测仪器应与探头率定时使用的量测仪器相同；信号传输线应采用屏蔽电缆。

10.3　现　场　检　测

10.3.1　场地和仪器设备安装应符合下列规定：

　　1　检测孔位应避开地下电缆、管线及其他地下设施；

　　2　检测孔位场地应平整；

　　3　试验过程中，机座应始终处于水平状态；地表水体下的十字板剪切试验，应采取必要措施，保证试验孔和探杆的垂直度。

10.3.2　机械式十字板剪切试验操作应符合下列规定：

　　1　十字板头与钻杆应逐节连接并拧紧；

　　2　十字板插入至试验深度后，应静止 2min～3min，方可开始试验；

　　3　扭转剪切速率宜采用（6～12）°/min，并应在 2min 内测得峰值强度；测得峰值或稳定值后，继续测读 1min，以便确认峰值或稳定值；

　　4　需要测定重塑土抗剪强度时，应在峰值强度或稳定值测试完毕后，按顺时针方向连续转动 6 圈，再按第 3 款测定重塑土的不排水抗剪强度。

10.3.3　电测式十字板剪切仪试验操作应符合下列规定：

　　1　十字板探头压入前，宜将探头电缆一次性穿入需用的全部探杆；

　　2　现场贯入前，应连接量测仪器并对探头进行试力，确保探头能正常工作；

　　3　将十字板头直接缓慢贯入至预定试验深度处，使用旋转装置卡盘卡住探杆；应静止 3min～5min 后，测读初始读数或调整零位，开始正式试验；

　　4　以（6～12）°/min 的转速施加扭力，每 1°～2° 测读数据一次。当峰值或稳定值出现后，再继续测读 1min，所得峰值或稳定值即为试验土层剪切破坏时的读数 P_f。

10.3.4　十字板插入钻孔底部深度应大于 3 倍～5 倍孔径；对非均质或夹薄层粉细砂的软黏性土层，宜结合静力触探试验结果，选择软黏土进行试验。

10.3.5　十字板剪切试验深度宜按工程要求确定。试验深度对原状土地基应达到应力主要影响深度，对处理土地基应达到地基处理深度；试验点竖向间距可根据地层均匀情况确定。

10.3.6　测定场地土的灵敏度时，宜根据土层情况和工程需要选择有代表性的孔、段进行。

10.3.7　十字板剪切试验应记录下列信息：

　　1　十字板探头的编号、十字板常数、率定系数；

　　2　初始读数、扭矩的峰值或稳定值；

　　3　及时记录贯入过程中发生的各种异常或影响正常贯入的情况。

10.3.8　当出现下列情况之一时，可终止试验：

　　1　达到检测要求的测试深度；

　　2　十字板头的阻力达到额定荷载值；

　　3　电信号陡变或消失；

　　4　探杆倾斜度超过 2%。

10.4　检测数据分析与判定

10.4.1　出现下列情况时，宜对试验数据进行处理：

　　1　出现零位漂移超过满量程的±1%时，可按线性内插法校正；

　　2　记录深度与实际深度的误差超过±1%时，可在出现误差的深度范围内等距离调整。

10.4.2　机械式十字板剪切仪的十字板常数可按下式计算确定：

$$K_c = \frac{2R}{\pi D^2 \left(\frac{D}{3} + H \right)} \quad (10.4.2)$$

式中：K_c——机械式十字板剪切仪的十字板常数（1/m²）；

　　　　R——施力转盘半径（m）；

　　　　D——十字板头直径（m）；

　　　　H——十字板板高（m）。

10.4.3　地基土不排水抗剪强度可按下列公式计算确定：

$$c_u = 1000 K_c (P_f - P_0) \quad (10.4.3\text{-}1)$$

或

$$c_u = K(\varepsilon - \varepsilon_0) \quad (10.4.3\text{-}2)$$

或

$$c_u = 10K_c \eta R_y \quad (10.4.3\text{-}3)$$

式中：c_u——地基土不排水抗剪强度（kPa），精确到 0.1kPa；

P_f——剪损土体的总作用力（N）；

P_0——轴杆与土体间的摩擦力和仪器机械阻力（N）；

K——电测式十字板剪切仪的探头率定系数（kPà/με）；

ε——剪损土体的总作用力对应的应变测试仪读数（με）；

ε_0——初始读数（με）；

K_c——十字板常数，当板头尺寸为 50mm×100mm 时，取 0.00218cm^{-3}；当板头尺寸为 75mm×150mm 时，取 0.00065cm^{-3}；

R_y——原状土剪切破坏时的读数（mV）；

η——传感器率定系数（N·cm/mV）。

10.4.4 地基土重塑土强度可按下列公式计算：

$$c'_u = 1000K_c(P'_f - P'_0) \quad (10.4.4\text{-}1)$$

或

$$c'_u = K(\varepsilon' - \varepsilon'_0) \quad (10.4.4\text{-}2)$$

或

$$c'_u = 10K_c \eta R'_y \quad (10.4.4\text{-}3)$$

式中：c'_u——地基土重塑土强度（kPa），精确到 0.1kPa；

P'_f——剪损重塑土体的总作用力（N）；

ε'——剪损重塑土对应的最大应变值；

P'_0、ε'_0——重塑土强度测试前的初始读数；

R'_y——重塑土剪切破坏时的读数（mV）。

10.4.5 土的灵敏度可按下式计算：

$$S_t = c_u/c'_u \quad (10.4.5)$$

式中：S_t——土的灵敏度。

10.4.6 对于每个检测孔，应计算不同测试深度的地基土的不排水剪切强度、重塑土强度和灵敏度，并绘制地基土的不排水抗剪强度、重塑土强度和灵敏度与深度的关系图表。需要时可绘制不同测试深度的抗剪强度与扭转角度的关系图表。

10.4.7 每个检测孔的不排水抗剪强度、重塑土强度和灵敏度的代表值应根据不同深度的十字板剪切试验结果的平均值。参加统计的试验点不应少于 3 点，当其极差不超过平均值的 30% 时，取其平均值作为代表值；当极差超过平均值的 30% 时，应分析原因，结合工程实际判别，可增加试验点数量。

10.4.8 软土地基的固结情况及加固效果可根据地基土的不排水抗剪强度、灵敏度及其变化进行评价。

10.4.9 初步判定地基土承载力特征值时，可按下式进行估算：

$$f_{ak} = 2c_u + \gamma h \quad (10.4.9)$$

式中：f_{ak}——地基承载力特征值（kPa）；

γ——土的天然重度（kN/m^3）；

h——基础埋置深度（m），当 $h>3.0$m 时，宜根据经验进行折减。

10.4.10 十字板剪切试验应给出每个试验孔（点）主要土层的检测和评价结果。

10.4.11 检测报告除应符合本规范第 3.3.2 条规定外，尚应包括下列内容：

 1 每个检测孔的地基土的不排水抗剪强度、重塑土强度和灵敏度与深度的关系曲线（图表），需要时绘制抗剪强度与扭转角度的关系曲线；

 2 根据土层条件和地区经验，对实测的十字板不排水抗剪强度进行修正；

 3 同一土层的不排水抗剪强度、重塑土强度和灵敏度的标准值；

 4 结合比对试验结果和地区经验所确定的地基承载力、估算土的液性指数、判定软黏性土的固结历史、检验地基加固改良的效果。

11 水泥土钻芯法试验

11.1 一般规定

11.1.1 水泥土钻芯法适用于检测水泥土桩的桩长、桩身强度和均匀性，判定或鉴别桩底持力层岩土性状。

11.1.2 水泥土钻芯法试验数量单位工程不应少于 0.5%，且不应少于 3 根。当桩长大于等于 10m 时，桩身强度抗压芯样试件按每孔不少于 9 个截取，桩体三等分段各取 3 个；当桩长小于 10m 时，桩身强度抗压芯样试件按每孔不少于 6 个截取，桩体二等分段各取 3 个。

11.1.3 水泥土桩取芯时龄期应满足设计的要求。

11.2 仪器设备

11.2.1 钻取芯样宜采用液压操纵的高速工程地质钻机，并配备相应的水泵、孔口管、扩孔器、卡簧、扶正稳定器及可捞取松软渣样的钻具。宜采用双管单动或更有利于提高芯样采取率的钻具。钻杆应顺直，钻杆直径宜为 50mm。

11.2.2 钻取芯样钻机应根据桩身设计强度选用合适的薄壁合金钢钻头或金刚石钻头，钻头外径不宜小于 91mm。

11.2.3 锯切芯样试件用的锯切机应具有冷却系统和夹紧牢固的装置；芯样试件端面的补平器和磨平机应满足芯样制作的要求。

11.3 现场检测

11.3.1 钻机设备安装应稳固、底座水平。钻机立轴中心、天轮中心（天车前沿切点）与孔口中心必须在同一铅垂线上。应确保钻机在钻芯过程中不发生倾斜、移位，钻芯孔垂直度偏差小于0.5%。

11.3.2 每根受检桩可钻1孔，当桩直径或长轴大于1.2m时，宜增加钻孔数量。开孔位置宜在桩中心附近处，宜采用较小的钻头压力。钻孔取芯的取芯率不宜低于85%。对桩底持力层的钻孔深度应满足设计要求，且不小于2倍桩身直径。

11.3.3 当桩顶面与钻机底座的高差较大时，应安装孔口管，孔口管应垂直且牢固。

11.3.4 钻进过程中，钻孔内循环水流应根据钻芯情况及时调整。钻进速度宜为50mm/min～100mm/min，并应根据回水含砂量及颜色调整钻进速度。

11.3.5 提钻卸取芯样时，应采用拧卸钻头和扩孔器方式取芯，严禁敲打卸芯。

11.3.6 每回次进尺宜控制在1.5m以内；钻至桩底时，可采用适宜的方法对桩底持力层岩土性状进行鉴别。

11.3.7 芯样从取样器中推出时应平稳，严禁试样受拉、受弯。芯样在运送和保存过程中应避免压、震、晒、冻，并防止试样失水或吸水。

11.3.8 钻取的芯样应由上而下按回次顺序放进芯样箱中，芯样牌上应清晰标明回次数、深度。

11.3.9 及时记录钻进及异常情况，并对芯样质量进行初步描述。应对芯样和标有工程名称、桩号、芯样试件采取位置、桩长、孔深、检测单位名称的标示牌的全貌进行拍照。

11.3.10 钻芯孔应从孔底往上用水泥浆回灌封孔。

11.4 芯样试件抗压强度

11.4.1 试验抗压试件直径不宜小于70mm，试件的高径比宜为1:1；抗压芯样应进行密封，避免晾晒。

11.4.2 芯样试件的加工和测量可按现行行业标准《建筑基桩检测技术规范》JGJ 106的有关规定执行。芯样试件制作完毕可立即进行抗压强度试验。

11.4.3 试验机宜采用高精度小型压力机，试验机额定最大压力不宜大于预估压力的5倍。

11.4.4 芯样试件抗压强度应按下式计算确定：

$$f_{cu} = \frac{4P}{\pi d^2} \qquad (11.4.4)$$

式中：f_{cu}——芯样试件抗压强度（MPa），精确至0.01MPa；

P——芯样试件抗压试验测得的破坏荷载（N）；

d——芯样试件的平均直径（mm）。

11.5 检测数据分析与判定

11.5.1 桩身芯样试件抗压强度代表值应按一组三块试件强度值的平均值确定。水泥土芯样试件抗压强度代表值应取各段水泥土芯样试件抗压强度代表值中的最小值。

11.5.2 桩身强度应按单位工程检验批进行评价。对单位工程同一条件下的受检桩，应取桩身芯样试件抗压强度代表值进行统计，并按下列公式分别计算平均强度、标准差和变异系数，并应按本规范附录B规定计算桩身强度标准值。

$$\bar{q}_{uf} = \frac{\sum_{i=1}^{n} q_{ufi}}{n} \qquad (11.5.2-1)$$

$$\sigma_{uf} = \sqrt{\frac{1}{n-1} \sum_{i=1}^{n} (\bar{q}_{uf} - q_{ufi})^2} \qquad (11.5.2-2)$$

$$\delta_{uf} = \frac{\sigma_{uf}}{q_{uf}} \times 100\% \qquad (11.5.2-3)$$

式中：q_{ufi}——单桩的芯样试件抗压强度代表值（kPa）；

$\bar{q}_{uf}$——检验批水泥土桩的芯样试件抗压强度平均值（kPa）；

σ_{uf}——桩身抗压强度代表值的标准差（kPa）；

δ_{uf}——桩身抗压强度代表值的变异系数；

n——受检桩数。

11.5.3 桩底持力层性状应根据芯样特征、动力触探或标准贯入试验结果等综合判定。

11.5.4 桩身均匀性宜按单桩并根据现场水泥土芯样特征等进行综合评价。桩身均匀性评价标准应按表11.5.4规定执行。

表11.5.4 桩身均匀性评价标准

桩身均匀性描述	芯样特征
均匀性良好	芯样连续、完整，坚硬，搅拌均匀，呈柱状
均匀性一般	芯样基本完整，坚硬，搅拌基本均匀，呈柱状，部分呈块状
均匀性差	芯样胶结一般，呈柱状、块状，局部松散，搅拌不均匀

11.5.5 桩身质量评价应按检验批进行。受检桩桩身强度应按检验批进行评价，桩身强度标准值应满足设计要求。受检桩的桩身均匀性和桩底持力层岩土性状按单桩进行评价，应满足设计的要求。

11.5.6 钻芯孔偏出桩外时，应仅对钻取芯样部分进行评价。

11.5.7 检测报告除应符合本规范第3.3.2条规定外，尚应包括下列内容：

1 钻芯设备及芯样试件的加工试验情况；

2 水泥土桩施工日期，取芯日期，抗压试验日期，芯样所在桩身位置及取样率，芯样彩色照片，异常情况说明；

3 检测桩数、芯样进尺、持力层进尺、总进尺、芯样尺寸，芯样试件组数；

4 地质剖面柱状图和不同标高桩身芯样抗压强度试验结果、重度、水泥用量等；

5 受检桩桩身强度、桩身均匀性和桩底持力层岩土性状评价。

12 低应变法试验

12.1 一般规定

12.1.1 低应变法适用于检测有粘结强度、规则截面的桩身强度大于 8MPa 竖向增强体的完整性，判定缺陷的程度及位置。

12.1.2 低应变法试验单位工程检测数量不应少于总桩数的 10%，且不得少于 10 根。

12.1.3 低应变法的有效检测长度、截面尺寸范围应通过现场试验确定。

12.1.4 低应变法检测开始时间应在受检竖向增强体强度达到要求后进行。

12.2 仪器设备

12.2.1 低应变法检测仪器的主要技术性能指标应符合现行行业标准《基桩动测仪》JG/T 3055 的有关规定，且应具有信号采集、滤波、放大、显示、储存和处理分析功能。

12.2.2 低应变法激振设备宜根据增强体的类型、长度及检测目的，选择不同大小、长度、质量的力锤、力棒和不同材质的锤头，以获得所需的激振频带和冲击能量。瞬态激振设备应包括能激发宽脉冲和窄脉冲的力锤和锤垫；力锤可装有力传感器。

12.3 现场检测

12.3.1 受检竖向增强体顶部处理的材质、强度、截面尺寸应与增强体主体基本等同；当增强体的侧面与基础的混凝土垫层浇筑成一体时，应断开连接并确保垫层不影响检测结果的情况下方可进行检测。

12.3.2 测试参数设定应符合下列规定：

1 增益应结合激振方式通过现场对比试验确定；

2 时域信号分析的时间段长度应在 $2L/c$ 时刻后延续不少于 5ms；频域信号分析的频率范围上限不应小于 2000Hz；

3 设定长度应为竖向增强体顶部测点至增强体底的施工长度；

4 竖向增强体波速可根据当地同类型增强体的测试值初步设定；

5 采样时间间隔或采样频率应根据增强体长度、波速和频率分辨率合理选择；

6 传感器的灵敏度系数应按计量检定结果设定。

12.3.3 测量传感器安装和激振操作应符合下列规定：

1 传感器安装应与增强体顶面垂直；用耦合剂粘结时，应有足够的粘结强度；

2 锤击点在增强体顶部中心，传感器安装点与增强体中心的距离宜为增强体半径的 2/3 并不应小于 10cm；

3 锤击方向应沿增强体轴线方向；

4 瞬态激振应根据增强体长度、强度、缺陷所在位置的深浅，选择合适重量、材质的激振设备，宜用宽脉冲获取增强体的底部或深部缺陷反射信号，宜用窄脉冲获取增强体的上部缺陷反射信号。

12.3.4 信号采集和筛选应符合下列规定：

1 应根据竖向增强体直径大小，在其表面均匀布置 2 个～3 个检测点；每个检测点记录的有效信号数不宜少于 3 个；

2 检测时应随时检查采集信号的质量，确保实测信号能反映增强体完整性特征；

3 信号不应失真和产生零漂，信号幅值不应超过测量系统的量程；

4 对于同一根检测增强体，不同检测点及多次实测时域信号一致性较差，应分析原因，增加检测点数量。

12.4 检测数据分析与判定

12.4.1 竖向增强体波速平均值的确定应符合下列规定：

1 当竖向增强体长度已知、底部反射信号明确时（图 12.4.1-1、图 12.4.1-2），应在地质条件、设计类型、施工工艺相同的竖向增强体中，选取不少于 5 根完整性为 I 类的竖向增强体按式（12.4.1-2）或按式（12.4.1-3）计算波速值，按式（12.4.1-1）计算其平均值：

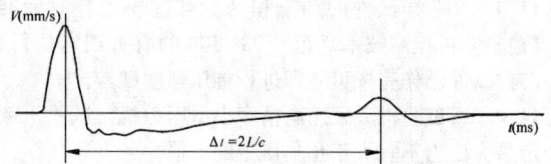

图 12.4.1-1 完整的增强体典型时域信号特征

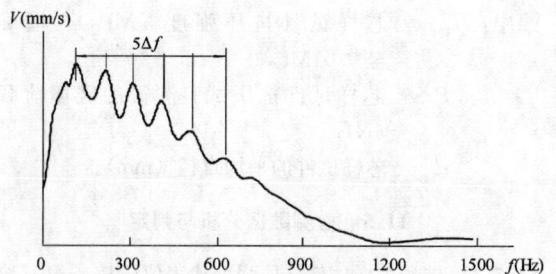

图 12.4.1-2 完整的增强体典型幅频信号特征

$$c_m = \frac{1}{n} \sum_{i=1}^{n} c_i \qquad (12.4.1\text{-}1)$$

时域 $\qquad c_i = \dfrac{2000L}{\Delta t} \qquad (12.4.1\text{-}2)$

频域 $\qquad c_i = 2L \cdot \Delta f \qquad (12.4.1\text{-}3)$

式中：c_m——竖向增强体波速的平均值（m/s）；

$\quad\quad c_i$——第 i 根受检竖向增强体的波速值（m/s），且 $|c_i - c_m|/c_m \leqslant 10\%$；

$\quad\quad L$——测点下增强体长度（m）；

$\quad\quad \Delta t$——速度波第一峰与竖向增强体底部反射波峰间的时间差（ms）；

$\quad\quad \Delta f$——幅频曲线上竖向增强体底部相邻谐振峰间的频差（Hz）；

$\quad\quad n$——参加波速平均值计算的竖向增强体数量（$n \geqslant 5$）。

2 当无法按 1 款确定时，波速平均值可根据当地相同施工工艺的竖向增强体的其他工程的实测值，结合胶结材料、骨料品种和强度综合确定。

12.4.2 竖向增强体缺陷位置应按式（12.4.2-1）或式（12.4.2-2）计算确定：

时域 $\qquad x = \dfrac{1}{2000} \cdot \Delta t_x \cdot c \qquad (12.4.2\text{-}1)$

频域 $\qquad x = \dfrac{1}{2} \cdot \dfrac{c}{\Delta f'} \qquad (12.4.2\text{-}2)$

式中：x——竖向增强体缺陷至传感器安装点的距离（m）；

$\quad\quad \Delta t_x$——速度波第一峰与缺陷反射波峰间的时间差（ms）（图 12.4.2-1）；

$\quad\quad c$——受检竖向增强体的波速（m/s），无法确定时用 c_m 值替代；

$\quad\quad \Delta f'$——幅频信号曲线上缺陷相邻谐振峰间的频差（Hz）（图 12.4.2-2）。

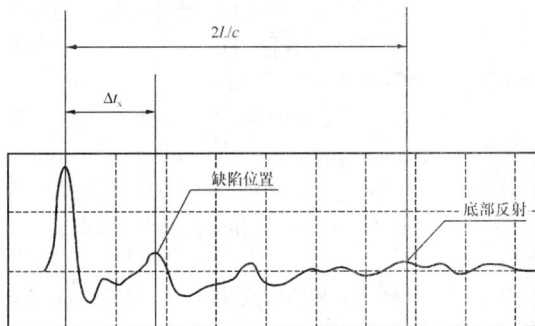

图 12.4.2-1　缺陷位置时域计算示意图

12.4.3 信号处理应符合下列规定：

1 采用加速度传感器时，可选择不小于 2000Hz 的低通滤波对积分后的速度信号进行处理；采用速度传感器时，可选择不小于 1000Hz 的低通滤波对速度信号进行处理；

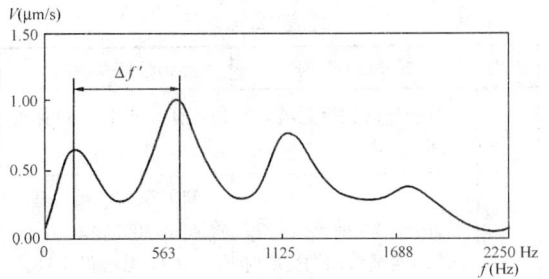

图 12.4.2-2　缺陷位置频域计算示意图

2 当竖向增强体底部反射信号或深部缺陷反射信号较弱时，可采用指数放大，被放大的信号幅值不应大于入射波幅值的一半，进行指数放大后的波形尾部应基本回零；指数放大的范围宜大于 $2L/c$ 的 2/3，指数放大倍数宜小于 20；

3 可使用旋转处理功能，使测试波形尾部基本位于零线附近。

12.4.4 竖向增强体完整性分类应符合表 12.4.4 的规定。

表 12.4.4　竖向增强体完整性分类表

增强体完整性类别	分类原则
Ⅰ 类	增强体结构完整
Ⅱ 类	增强体结构存在轻微缺陷
Ⅲ 类	增强体结构存在明显缺陷
Ⅳ 类	增强体结构存在严重缺陷

12.4.5 竖向增强体完整性类别应结合缺陷出现的深度、测试信号衰减特性以及设计竖向增强体类型、施工工艺、地质条件、施工情况，按本规范表 12.4.4 的分类和表 12.4.5 所列实测时域或幅频信号特征进行综合分析判定。

表 12.4.5　竖向增强体完整性判定信号特征

类别	时域信号特征	幅频信号特征
Ⅰ	除冲击入射波和增强体底部反射波外，在 $2L/c$ 时刻前，基本无同相反射波发生；允许存在承载力有利的反相反射（扩径）；增强体底部阻抗与持力层阻抗有差异时，应有底部反射信号	增强体底部谐振峰排列基本等间距，其相邻频差 $\Delta f \approx c/(2L)$
Ⅱ	$2L/c$ 时刻前出现轻微缺陷反射波；增强体底部阻抗与持力层阻抗有差异时，应有底部反射信号	增强体底部谐振峰排列基本等间距，其相邻频差 $\Delta f \approx c/(2L)$，轻微缺陷产生的谐振峰之间的频差（$\Delta f'$）与增强体底部谐振峰之间的频差（Δf）满足 $\Delta f' > \Delta f$

续表12.4.5

类别	时域信号特征	幅频信号特征
Ⅲ	有明显同相反射波,其他特征介于Ⅱ类和Ⅳ类之间	
Ⅳ	$2L/c$ 时刻前出现严重同相反射波或周期性反射波,无底部反射波; 或因增强体浅部严重缺陷使波形呈现低频大振幅衰减振动,无底部反射波	缺陷谐振峰排列基本等间距,相邻频差 $\Delta f' > c/(2L)$,无增强体底部谐振峰; 或因增强体浅部严重缺陷只出现单一谐振峰,无增强体底部谐振峰

注:对同一场地、地质条件相近、施工工艺相同的增强体,因底部阻抗与持力层阻抗相匹配导致实测信号无底部反射信号时,可按本场地同条件下有底部反射波的其他实测信号判定增强体完整性类别。

12.4.6 低应变法应给出每根受检竖向增强体的完整性情况评价。

12.4.7 出现下列情况之一,竖向增强体完整性宜结合其他检测方法进行判定:

    1 实测信号复杂,无规律,无法对其进行准确评价;

    2 增强体截面渐变或多变,且变化幅度较大。

12.4.8 低应变法检测报告应给出增强体完整性检测的实测信号曲线。

12.4.9 检测报告除应符合本规范第3.3.2条规定外,尚应包括下列内容:

    1 增强体波速取值;

    2 增强体完整性描述、缺陷的位置及增强体完整性类别;

    3 时域信号时段所对应的增强体长度标尺、指数或线性放大的范围及倍数;或幅频信号曲线分析的频率范围、增强体底部或增强体缺陷对应的相邻谐振峰间的频差。

13 扁铲侧胀试验

13.1 一般规定

13.1.1 扁铲侧胀试验适用于判定黏性土、粉土和松散~中密的砂土、预压地基和注浆加固地基的承载力和变形参数,评价液化特性和地基加固前后效果对比。在密实的砂土、杂填土和含砾土层中不宜采用。

13.1.2 对处理地基土质量进行验收检测时,单位工程检测数量不应少于10点,检测同一土层的试验有效数据不应少于6个。

13.1.3 采用扁铲侧胀试验判定地基承载力和变形参数,应结合单位工程载荷试验比对结果进行。

13.2 仪器设备

13.2.1 扁铲侧胀试验设备应包括扁铲测头、测控箱、率定附件、气-电管路、压力源和贯入设备。应按要求定期检定、校准或率定。

13.2.2 扁铲测头外形尺寸和结构应符合下列规定:

    1 长应为230mm~240mm、宽应为94mm~96mm、厚应为14mm~16mm;

    2 探头前缘刃角应为12°~16°;

    3 探头侧面钢膜片的直径应为60mm,厚宜为0.2mm。

13.2.3 测控箱与1m长的气-电管路、气压计、校正器等率定附件组成率定装置。气-电管路的直径不宜超过12mm。压力源可采用干燥的空气或氮气。贯入设备可采用静力触探机具或液压钻机。

13.3 现场检测

13.3.1 试验前准备工作应符合下列规定:

    1 应先将气-电管路贯穿在静力触探探杆中,或直接用胶带绑在钻杆上;

    2 气-电管路贯穿探杆后,一端应与扁铲测头连接;

    3 应检查测控箱、压力源设备完好连接,并将气-电管路另一端与测控箱的测头插座连接;

    4 应将地线接到测控箱的地线插座上,另一端连接于探杆或压机的机座。

13.3.2 扁铲侧胀试验应符合下列规定:

    1 每孔试验前后均应进行探头率定,以试验前后的平均值为修正值;

    2 探头率定时膜片的合格标准,率定时膨胀至0.05mm的气压实测值5kPa~25kPa,率定时膨胀至1.10mm的气压实测值10kPa~110kPa;

    3 应以静力匀速将探头贯入土中,贯入速率宜为2cm/s;试验点间距宜取20cm~50cm;用于判断液化时,试验间距不应大于20cm;

    4 探头达到预定深度后,应匀速加压和减压测定膜片膨胀至0.05mm、1.10mm和回到0.05mm的压力A、B、C值;砂土宜为30s~60s、黏性土宜为2min~3min完成;A与B之和必须大于ΔA与ΔB之和。

13.3.3 进行扁铲侧胀消散试验时,应在测试的深度进行。测读时间间距可取1min、2min、4min、8min、15min、30min、90min,以后每90min测读一次,直至消散结束。

13.4 检测数据分析与判定

13.4.1 出现下列情况时,应对现场试验数据进行处理:

    1 出现零位漂移超过满量程的±1%时,可按线性内插法校正；

2 记录曲线上出现脱节现象时，应将停机前记录与重新开机后贯入 10cm 深度的记录连成圆滑的曲线；

3 记录深度与实际深度的误差超过±1%时，可在出现误差的深度范围内等距离调整。

13.4.2 扁铲侧胀试验成果分析应包括下列内容：

1 对试验的实测数据应按下列公式进行膜片刚度修正：

$$P_0 = 1.05(A - Z_m + \Delta A) - 0.05(B - Z_m - \Delta B)$$
$$(13.4.2-1)$$
$$P_1 = B - Z_m - \Delta B \qquad (13.4.2-2)$$
$$P_2 = C - Z_m + \Delta A \qquad (13.4.2-3)$$

式中：P_0——膜片向土中膨胀之前的接触压力（kPa）；

P_1——膜片膨胀至 1.10mm 时的压力（kPa）；

P_2——膜片回到 0.05mm 时的终止压力（kPa）；

Z_m——调零前的压力表初读数（kPa）。

2 应根据 P_0、P_1 和 P_2 计算下列指标：

$$E_D = 34.7(P_1 - P_0) \qquad (13.4.2-4)$$
$$K_D = (P_0 - u_0)/\sigma_{v0} \qquad (13.4.2-5)$$
$$I_D = (P_1 - P_0)/(P_0 - u_0) \qquad (13.4.2-6)$$
$$U_D = (P_2 - u_0)/(P_0 - u_0) \qquad (13.4.2-7)$$

式中：E_D——侧胀模量（kPa）；

K_D——侧胀水平应力指数；

I_D——侧胀土性指数；

U_D——侧胀孔压指数；

u_0——试验深度处的静水压力（kPa）；

σ_{v0}——试验深度处土的有效上覆压力（kPa）。

3 绘制 E_D、K_D、I_D、U_D 与深度的关系曲线。

13.4.3 天然地基和人工地基的地基承载力及进行液化判别可根据扁铲侧胀的试验指标和载荷试验的对比试验或地区经验进行判定。

13.4.4 扁铲侧胀试验应给出每个试验孔（点）主要土层的检测和评价结果。

13.4.5 检测报告除应符合本规范第 3.3.2 条规定外，尚应包括下列内容：

1 扁铲侧胀试验 E_D、K_D、I_D、U_D 与深度及土层分类与深度关系曲线；

2 每个检测孔的扁铲模量、水平应力指数代表值；

3 同一土层或同一深度范围的扁铲模量、水平应力指数标准值；

4 岩土性状分析或地基处理效果评价。

14 多道瞬态面波试验

14.1 一 般 规 定

14.1.1 多道瞬态面波试验适用于天然地基及换填、预压、压实、夯实、挤密、注浆等方法处理的人工地基的波速测试。通过测试获得地基的瑞利波速度和反演剪切波速，评价地基均匀性，判定砂土地基液化，提供动弹性模量等动力参数。

14.1.2 多道瞬态面波试验宜与钻探、动力触探等测试方法密切配合，正确使用。

14.1.3 采用多道瞬态面波试验判定地基承载力和变形参数时，应结合单位工程地质资料和载荷试验比对结果进行。

14.1.4 当采用多种方法进行场地综合判断时，宜先进行瑞利波试验，再根据其试验结果有针对性地布置载荷试验、动力触探等测点进行点测。

14.1.5 现场测试前应制定满足测试目的和精度要求的采集方案，以及拟采用的采集参数、激振方式、测点和测线布置图及数据处理方法等。测试应避开各种干扰震源，先进行场地及其邻近的干扰震源调查。

14.2 仪 器 设 备

14.2.1 多道瞬态面波试验主要仪器设备应包括振源、检波器、放大器与记录系统、处理软件等。

14.2.2 振源可采用 18 磅大锤、重 60kg～120kg 和落距 1.8m 的砂袋或落重等激振方式，并应保证面波测试所需的频率及激振能量。

14.2.3 检波器及安装应符合下列规定：

1 应采用垂直方向的速度型检波器；

2 检波器的固有频率应满足采集最大面波周期（相应于测试深度）的需要，宜采用频率不大于 4.0Hz 的低频检波器；

3 同一排列检波器之间的固有频率差应小于 0.1Hz，灵敏度和阻尼系数差别不应大于 10%；

4 检波器按竖直方向安插，应与地面接触紧密。

14.2.4 放大器与记录系统应符合下列规定：

1 仪器放大器的通道数不应少于 12 通道；采用的通道数应满足不同面波模态采集的要求；

2 带通 0.4Hz～4000Hz；示值（或幅值）误差不大于±5%；通道一致性误差不大于所用采样时间间隔的一半；

3 仪器采样时间间隔应满足不同面波周期的时间分辨率，保证在最小周期内采样（4～8）点；仪器采样时间长度应满足在距震源最远通道采集完面波最大周期的需要；

4 仪器动态范围不应低于 120dB，模数转换（A/D）的位数不宜小于 16 位。

14.2.5 采集与记录系统处理软件应具备下列功能：

1 具有采集、存储数字信号和对数字信号处理的智能化功能；

2 采集参数的检查与改正、采集文件的组合拼接、成批显示及记录中分辨坏道和处理等功能；

3 识别和剔除干扰波功能；

4 对波速处理成图的文件格式和成图功能，并应为通用计算机平台所调用的功能；

5 分频滤波和检查各分频率有效波的发育及信噪比的功能；

6 分辨识别及利用基态面波成分的功能，反演地层剪切波速和层厚的功能。

14.3 现场检测

14.3.1 有效检测深度不超过 20m 时宜采用大锤激振，不超过 30m 时宜采用砂袋和落重激振。

14.3.2 现场检测时，仪器主机设备等应有防风沙、防雨雪、防晒和防摔等保护措施。

14.3.3 多道瞬态面波测试记录通道应为 12 道或 24 道，道间距宜为 1.0m～3.0m，偏移距根据现场试验确定；宜在排列延长线方向，距排列首端或末端检波器 1.0m～5.0m 处激发，具体参数由现场试验确定。

14.3.4 多通道记录系统测试前应进行频响与幅度的一致性检查，在测试需要的频率范围内各通道应符合一致性要求。

14.3.5 在地表介质松软或风力较大条件下时，检波器应挖坑埋置；在地表有植被或潮湿条件时，应防止漏电。检波器周围的杂草等易引起检波器微动之物应清除；检波器排列布置应符合下列规定：

1 应采用线性等道间距排列方式，震源应在检波器排列以外延长线上激发；

2 道间距应小于最小测试深度所需波长的 1/2；

3 检波器排列长度应大于预期面波最大波长的一半，且大于最大检测深度；

4 偏移距的大小，应根据任务要求通过现场试验确定。

14.3.6 对大面积地基处理采用普测时，测点间距可按半排列或全排列长度确定，一般为 12m～24m。

14.3.7 波速测试点的位置、数量、测试深度等应根据地基处理方法和设计要求确定。遇地层情况变化时，应及时调整观测参数。重要异常或发现畸变曲线时应重复观测。

14.4 检测数据分析与判定

14.4.1 面波数据资料预处理时，应检查现场采集参数的输入正确性和采集记录的质量。采用具有提取频散曲线功能的软件，获取测试点的面波频散曲线。

14.4.2 频散曲线的分层，应根据曲线的曲率和频散点的疏密变化综合分析；分层完成后，可反演计算剪切波层速度和层厚。

14.4.3 根据实测瑞利波波速和动泊松比，可按下列公式计算剪切波波速：

$$V_s = V_R / \eta_s \qquad (14.4.3\text{-}1)$$

$$\eta_s = (0.87 - 1.12\mu_d)/(1 + \mu_d) \quad (14.4.3\text{-}2)$$

式中：V_s——剪切波速度（m/s）；

V_R——面波速度（m/s）；

η_s——与泊松比有关的系数；

μ_d——动泊松比。

14.4.4 对于大面积普测场地，对剪切波速可以等厚度计算等效剪切波速，并应绘制剪切波速等值图，分层等效剪切波速可按下列公式计算：

$$V_{se} = d_0 / t \qquad (14.4.4\text{-}1)$$

$$t = \sum_{i=1}^{n}(d_i / V_{si}) \qquad (14.4.4\text{-}2)$$

式中：V_{se}——土层等效剪切波速（m/s）；

d_0——计算深度（m），一般取 2m～4m；

t——剪切波在计算深度范围内的传播时间（s）；

d_i——计算深度范围内第 i 层土的厚度（m）；

V_{si}——计算深度范围内第 i 层土剪切波速（m/s）；

n——计算深度范围内土层的分层数。

14.4.5 对地基处理效果检验时，应进行处理前后对比测试，并保持前后测点测线一致。可不换算成剪切波速，按处理前后的瑞利波速度进行对比评价和分析。

14.4.6 当测试点密度较大时，可绘制不同深度的波速等值线，用于定性判断场地不同深度处地基处理前后的均匀性。在波速较低处布置动力触探、静载试验等其他测点。根据各种方法的测试结果对处理效果进行综合判断。

14.4.7 瑞利波波速与承载力特征值和变形模量的对应关系应通过现场试验比对和地区经验积累确定；初步判定碎石土地基承载力特征值和变形模量，可按表 14.4.7 估算。

**表 14.4.7 瑞利波波速与碎石土地基承载力
特征值和变形模量的对应关系**

V_R （m/s）	100	150	200	250	300
f_{ak} （kPa）	110	150	200	240	280
E_0 （MPa）	5	10	20	30	45

注：表中数据可内插求得。

14.4.8 多道瞬态面波试验应给出每个试验孔（点）的检测结果和单位工程的主要土层的评价结果。

14.4.9 检测报告除应符合本规范第 3.3.2 条规定外，尚应包括下列内容：

1 检测点平面布置图，仪器设备一致性检查的原始资料，干扰波实测记录；

2 绘制各测点的频散曲线，计算对应土层的瑞利波相速度，根据换算的深度绘制波速-深度曲线或地基处理前后对比关系曲线；有地质钻探资料时，应绘制波速分层与工程地质柱状对比图；

3 根据瑞利波相速度和剪切波速对应关系绘制剪切波速和深度关系曲线或地基处理前后对比关系曲线，面波测试成果图表等；

4 结合钻探、静载试验、动力触探和标贯等其他原位测试结果，分析岩土层的相关参数，判定有效加固深度，综合作出评价。

附录 A 原始记录图表格式

A.0.1 标准贯入试验记录表应符合表 A.0.1 的规定。

A.0.1 标准贯入试验记录表

合同编号＿＿＿＿＿＿＿＿＿＿　　　　　　　　　第＿＿页 共＿＿页

工程名称＿＿＿＿＿＿＿＿＿＿　　　　　　地基类型＿＿＿＿＿＿＿＿

钻孔编号＿＿＿＿＿＿＿＿＿＿　　　　　　钻孔标高＿＿＿＿＿＿＿＿

试验日期＿＿＿＿＿＿＿＿＿＿　　　　　　地下水位＿＿＿＿＿＿＿＿

仪器设备编号＿＿＿＿＿＿＿＿＿　　　　　标定时间＿＿＿＿＿＿＿＿

序号	试验深度 (m)	贯入度 Δ（cm）			对应于 Δ_i 的击数 N_i			实测击数 N	修正击数 N'	探杆长度 (m)	土层定名及描述	备注
		Δ_1	Δ_2	Δ_3	N_1	N_2	N_3	(击/30cm)				
1												
2												
3												
4												
5												
6												
7												
8												

项目负责：　　　　　　　校对：　　　　　　　　　　　　　　　　检测：

A.0.2 动力触探试验记录表应符合表 A.0.2 的规定。

A.0.2 动力触探记录表

合同编号＿＿＿＿＿＿＿＿＿＿

工程名称＿＿＿＿＿＿＿＿＿＿

钻孔编号＿＿＿＿＿＿＿＿＿＿

试验日期＿＿＿＿＿＿＿＿＿＿

仪器设备编号＿＿＿＿＿＿＿＿

地基类型＿＿＿＿＿＿＿＿＿＿

钻孔标高＿＿＿＿＿＿＿＿＿＿

地下水位＿＿＿＿＿＿＿＿＿＿

标定时间＿＿＿＿＿＿＿＿＿＿

探杆总长 (m)	试验深度 (m)	贯入度 (cm)	锤击数 n（击）	$N_{10}=n\times30/\Delta s$ （击/10cm）	土层定名 及描述	备注

探杆 总长 (m)	试验 深度 (m)	贯入 度 (cm)	锤击 数 n （击）	$N'_{63.5}=n\times10/\Delta s$ （击/10cm）	修正后击数 $N_{63.5}=\alpha\cdot N'_{63.5}$ （击/10cm）	土层定 名及 描述	备注

探杆 总长 (m)	试验 深度 (m)	贯入 度 (cm)	锤击 数 n （击）	$N'_{120}=n\times10/\Delta s$ （击/10cm）	修正后击数 $N_{120}=\alpha\cdot N'_{120}$ （击/10cm）	土层定 名及 描述	备注

项目负责：　　　　　　　　校对：　　　　　　　　　　　　　　　　　　　　检测：

A. 0. 3 静力触探试验记录表及成果图应符合表 A.0.3-1～表 A.0.3-4 的规定。

表 A. 0. 3-1　探头标定记录表

探头号	标定内容	工作面积 A (cm^2)	电缆规格	电缆长 (m)	应变计灵敏度数	仪器号	仪器型号	率定系数	桥压 (V)	仪表示值	标定系数 ξ	质量评定		

N	各级荷载 P_i (kN)	仪表读数				读数平均			运算		最佳值 x_i	偏差值		
		加荷		卸荷		加荷 x_i^+	卸荷 x_i^-	加卸荷 $\overline{x}_i$	$(\overline{x}_i)^2$	$\overline{x}_i P_i$		重复性	非线性	滞后
												Δx_i^+	Δx_i^-	$\mid x_i^{\pm}-\overline{x}_i\mid$	$\mid x_i^+ - x_i^-\mid$
0														
1														
2														
3														
4														
5														
6														
7														
8														
9														
10														

$\xi = \sum(\overline{x}_i P_i)/A\sum(\overline{x}_i)^2 =$

$\delta_\tau = (\Delta x_i^+)_{max}/FS =$

$\delta_1 = \mid x_i^+ - x_i^-\mid_{max}/FS =$

$\delta_s = \mid x_i^+ - x_i^-\mid_{max}/FS =$

$\delta_0 = \mid x_0\mid/FS =$

$s = \sqrt{\dfrac{1}{n-1}\sum(x_{max}^{\pm}-x_i^-)^2}$　　$\sum$

起始感量 $Y_0 = \xi\Delta x$

评定意见：

其他说明：

率定：　　　　　　　计算：　　　　　　　复核者：　　　　　　　率定日期：

表 A. 0. 3-2　静力触探记录表

合同编号＿＿＿＿＿＿＿＿＿＿＿＿　　　　　　　　第＿＿＿页　共＿＿＿页

工程名称＿＿＿＿＿＿＿＿＿＿＿＿　　　　　　　　地基类型＿＿＿＿＿＿＿＿＿＿

钻孔编号＿＿＿＿＿＿＿＿＿＿＿＿　　　　　　　　钻孔标高＿＿＿＿＿＿＿＿＿＿

试验日期＿＿＿＿＿＿＿＿＿＿＿＿　　　　　　　　地下水位＿＿＿＿＿＿＿＿＿＿

仪器类型及编号＿＿＿＿＿＿＿＿＿＿　　　　　　　率定系数＿＿＿＿＿＿＿＿＿＿

探头类型及编号＿＿＿＿＿＿＿＿＿＿　　　　　　　标定时间＿＿＿＿＿＿＿＿＿＿

深度 (m)	读数	校正后读数	阻力 (kPa)	初读数及备注	深度 (m)	读数	校正后读数	阻力 (kPa)	初读数及备注

项目负责：　　　　　　　校对：　　　　　　　　　　　　　　检测：

表 A. 0.3-3　单桥静力触探测试成果图

编号＿＿＿＿＿＿＿＿＿＿＿＿＿＿　　　　　　　　　编制＿＿＿＿＿＿＿＿＿＿＿＿
位置＿＿＿＿＿＿＿＿＿＿＿＿＿＿　　　　　　　　　复核＿＿＿＿＿＿＿＿＿＿＿＿
高程＿＿＿＿＿＿＿＿＿＿＿＿＿＿　　　　　　　　　日期＿＿＿＿＿＿＿＿＿＿＿＿

层序	层底深度 d (m)	层面高程 (m)	土名	$\dfrac{p_s}{E_0}$ (MPa)	$\dfrac{\sigma_0}{c_u}$ (kPa)	备注

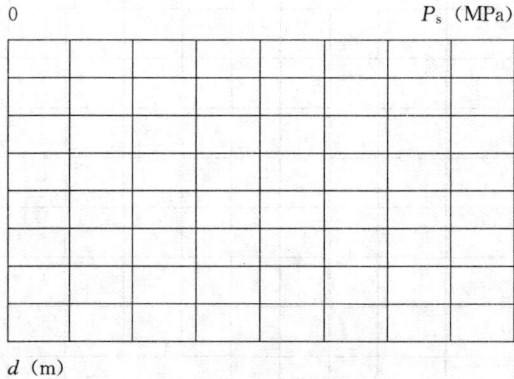

0　　　　　　　　　　　　　　　　　　　P_s (MPa)

d (m)

表 A. 0.3-4　双桥静力触探测试成果图

编号＿＿＿＿＿＿＿＿＿＿＿＿＿＿　　　　　　　　　编制＿＿＿＿＿＿＿＿＿＿＿＿
位置＿＿＿＿＿＿＿＿＿＿＿＿＿＿　　　　　　　　　复核＿＿＿＿＿＿＿＿＿＿＿＿
高程＿＿＿＿＿＿＿＿＿＿＿＿＿＿　　　　　　　　　日期＿＿＿＿＿＿＿＿＿＿＿＿

层序	层底深度 d (m)	层面高程 (m)	土名	端阻 q_c (kPa)	侧阻 f_s (kPa)	摩阻比 R_f	总锥尖阻力 q_T (MPa)	备注

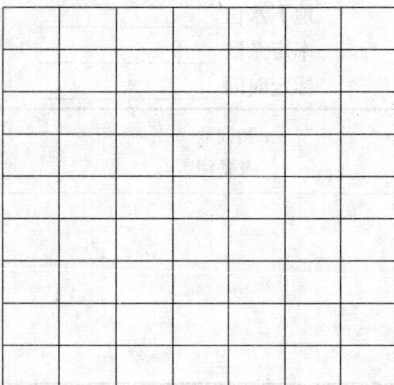

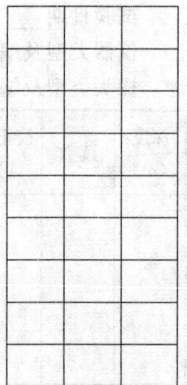

0　　f_s (kPa), q_c (kPa), q_T (MPa)　　　　　　　　　　　　　　　　　　0　　R_f (％)

d (m)

A.0.4 十字板剪切试验记录表及成果图应符合表 A.0.4-1、表 A.0.4-2 的规定。

表 A.0.4-1　十字板剪切试验记录表

工程名称		仪器型号		原状土强度 s_u		(kPa)
试验地点		传感器(钢环)号		重塑土强度 s'_u		(kPa)
试验深度(d)	(m)	率定系数 ξ		灵敏度 $s_t = s_u/s'_u$		
孔口高程	(m)	板头规格、类型 $H/D=$ ， $D=$ (mm)		残余强度 s_{vt}		(kPa)
试验日期		地下水位	(m)	土名、状态		

原状土剪切					重塑土剪切									
序数 j	转角修正量 $\Delta\theta$	修正后转角 θ	仪表读数 ε	修正后读数 (ε)	剪应力 τ (kPa)	序数 j	仪表读数 ε	修正后读数 (ε)	剪应力 τ (kPa)	序数 j	转角修正量 $\Delta\theta$	修正后转角 θ	仪表读数 ε'	修正后读数 (ε')	剪应力 τ (kPa)

仪表初读数	$\varepsilon_0=$ ；$\varepsilon'_0=$	算式	剪应力 $\tau_j = K\xi(\varepsilon_j - \varepsilon_0) =$
读数计量单位			$\tau'_j = K\xi(\varepsilon'_j - \varepsilon'_0) =$
轴杆摩擦读数　原状	$\varepsilon_0 =$		强度 $s_u = (\tau_j)_{max} =$　$s'_u = (\tau'_j)_{max} =$　$s_{ur} = (\tau_j)_{min} =$
重塑			转角修正量 $\Delta\theta_j = \dfrac{7.2\times10^{-5}l(M_1)j}{\pi^2(d_1^4 - d_2^4)}$；修正后转角 $\theta_j = j^\circ - \Delta\theta_j$

项目负责：　　　　　　　　　　　　　　校对：　　　　　　　　　　　　　　试验：

表 A.0.4-2　十字板剪切试验成果图

编　　号 ＿＿＿＿＿＿＿＿＿＿＿＿＿　　　　制图 ＿＿＿＿＿＿＿＿＿＿＿＿＿＿＿＿

位　　置 ＿＿＿＿＿＿＿＿＿＿＿＿＿　　　　校核 ＿＿＿＿＿＿＿＿＿＿＿＿＿＿＿＿

孔口高程 ＿＿＿＿＿＿＿＿＿＿＿＿＿　　　　日期 ＿＿＿＿＿＿＿＿＿＿＿＿＿＿＿＿

试验点号 i	土名	深度 d (m)	高程 (m)	十字板强度		灵敏度 s_t
				原状土 C_u(kPa)	重塑土 C'_u(kPa)	

板头尺寸：高 $H=$ (mm)；宽 $D=$ (mm)

板头常数：$K=$

率定系数：$\xi=$

地下水位：

A.0.5 扁铲侧胀试验记录表及成果图应符合表 A.0.5-1、表 A.0.5-2 的规定。

表 A.0.5-1 扁铲侧胀试验记录表

工程名称＿＿＿＿＿＿＿＿＿＿　　　　　　　　　试验者＿＿＿＿＿＿＿＿＿＿

测点编号＿＿＿＿＿＿＿＿＿＿　　　　　　　　　记录者＿＿＿＿＿＿＿＿＿＿

测点标高＿＿＿＿＿＿＿＿＿＿　　　　　　　　　测头号＿＿＿＿＿＿＿＿＿＿

压入方式＿＿＿＿＿＿＿＿＿＿　　　　　　　　　试验日期＿＿＿＿＿＿＿＿＿＿

试验深度 (m)	测试压力(bar)		
	A	B	C
备注	$\Delta A=$	$\Delta B=$　　$Z_m=$	

项目负责：　　　　　　　　　　校对：　　　　　　　　　　　检测：

表 A.0.5-2 扁铲侧胀试验成果图

孔深		标高		水位埋深		测头号		率定值 Z_a		率定值 Z_b		零读数 Z_m		试验日期		
土层编号	土层名称	层底深度 (m)	层底标高 (m)	厚度 (m)	初始压力 P_0 (kPa)	膨胀压力 (kPa)	ΔP (kPa)	土类指数 I_D	孔压指数 U_D	侧胀模量 E_D (MPa)	水平应力指数 K_D	深度 (m)	P_0、P_1、$\Delta P \sim H$ 曲线	I_D、$U_D \sim H$ 曲线	E_D、$K_D \sim H$ 曲线

附录 B 地基土试验数据统计计算方法

B.0.1 本附录方法适用于天然土地基和处理后地基的标准贯入、动力触探、静力触探等原位试验数据的标准值计算。

B.0.2 标准贯入、动力触探、静力触探等原位试验数据的标准值,应根据各检测点的试验结果,按单位工程进行统计计算。当试验结果需要进行深度修正时,应先进行深度修正。

B.0.3 原位试验数据的平均值、标准差和变异系数应按下列公式计算:

$$\phi_m = \frac{\sum\limits_{i=1}^{n} \phi_i}{n} \tag{B.0.3-1}$$

$$\sigma_f = \sqrt{\frac{1}{n-1}\left[\sum_{i=1}^{n}\phi_i^2 - \frac{(\sum\limits_{i=1}^{n}\phi_i)^2}{n}\right]} \tag{B.0.3-2}$$

$$\delta = \frac{\sigma_f}{\phi_m} \tag{B.0.3-3}$$

式中:ϕ_i——原位试验数据的试验值或试验修正值;当同一检测孔的同一分类土层中有多个检测点时,取其平均值;当难以按深度划分土层时,可根据原位试验结果沿深度的分布趋势自上而下划分(3~5)个深度范围进行统计;

ϕ_m——原位试验数据的平均值;

σ_f——原位试验数据的标准差;

δ——原位试验数据的变异系数;

n——参与统计的个数。

B.0.4 单位工程同一土层或同一深度范围的原位试验数据的标准值应按下列方法确定:

$$\phi_k = \gamma_s \phi_m \tag{B.0.4-1}$$

$$\gamma_s = 1 - \left\{\frac{1.704}{\sqrt{n}} + \frac{4.678}{n^2}\right\}\delta \tag{B.0.4-2}$$

式中:ϕ_k——原位试验数据的标准值;

γ_s——统计修正系数。

附录 C 圆锥动力触探锤击数修正

C.0.1 当采用重型圆锥动力触探推定地基土承载力或评价地基土密实度时,锤击数应按下式修正:

$$N_{63.5} = \alpha_1 N'_{63.5} \tag{C.0.1}$$

式中:$N_{63.5}$——经修正后的重型圆锥动力触探锤击数;

$N'_{63.5}$——实测重型圆锥动力触探锤击数;

α_1——修正系数,按表 C.0.1 取值。

表 C.0.1 重型触探试验的杆长修正系数 α_1

杆长(m) \ $N'_{63.5}$	5	10	15	20	25	30	35	40	≥50
≤2	1.00	1.00	1.00	1.00	1.00	1.00	1.00	1.00	1.00
4	0.96	0.95	0.93	0.92	0.90	0.89	0.87	0.86	0.84
6	0.93	0.90	0.88	0.85	0.83	0.81	0.79	0.78	0.75
8	0.90	0.86	0.83	0.80	0.77	0.75	0.73	0.71	0.67
10	0.88	0.83	0.79	0.75	0.72	0.69	0.67	0.64	0.61
12	0.85	0.79	0.75	0.70	0.67	0.64	0.61	0.59	0.55
14	0.82	0.76	0.71	0.66	0.62	0.58	0.56	0.53	0.50
16	0.79	0.73	0.67	0.62	0.57	0.54	0.51	0.48	0.45
18	0.77	0.70	0.63	0.57	0.53	0.49	0.46	0.43	0.40
20	0.75	0.67	0.59	0.53	0.48	0.44	0.41	0.39	0.36

C.0.2 当采用超重型圆锥动力触探评价碎石土(桩)密实度时,锤击数应按下式修正:

$$N_{120} = \alpha_2 N'_{120} \tag{C.0.2}$$

式中:N_{120}——经修正后的超重型圆锥动力触探锤击数;

N'_{120}——实测超重型圆锥动力触探锤击数;

α_2——修正系数,按表 C.0.2 取值。

表 C.0.2 超重型触探试验的杆长修正系数 α_2

杆长(m) \ N'_{120}	1	3	5	7	9	10	15	20	25	30	35	40
1	1.00	1.00	1.00	1.00	1.00	1.00	1.00	1.00	1.00	1.00	1.00	1.00
2	0.96	0.92	0.91	0.90	0.90	0.90	0.90	0.89	0.89	0.88	0.88	0.88
3	0.94	0.88	0.86	0.85	0.84	0.84	0.84	0.83	0.82	0.82	0.81	0.81
5	0.92	0.82	0.79	0.78	0.77	0.76	0.76	0.75	0.74	0.73	0.72	0.72
7	0.90	0.78	0.75	0.74	0.73	0.71	0.71	0.70	0.68	0.68	0.67	0.66
9	0.88	0.75	0.72	0.70	0.69	0.67	0.67	0.66	0.64	0.63	0.62	0.62

α_2　　N'_{120} 杆长(m)	1	3	5	7	9	10	15	20	25	30	35	40
11	0.87	0.73	0.69	0.67	0.66	0.64	0.64	0.62	0.61	0.60'	0.59	0.58
13	0.86	0.71	0.67	0.65	0.64	0.61	0.61	0.60	0.58	0.57	0.56	0.55
15	0.86	0.69	0.65	0.63	0.62	0.59	0.59	0.58	0.56	0.55	0.54	0.53
17	0.85	0.68	0.63	0.61	0.60	0.57	0.57	0.56	0.54	0.53	0.52	0.50
19	0.84	0.66	0.62	0.60	0.58	0.56	0.56	0.54	0.52	0.51	0.50	0.48

附录 D　静力触探头率定

D.0.1　探头率定可在特制的率定装置上进行，探头率（标）定设备应符合下列规定：

　　1　探头率定用的测力（压）计或力传感器，其公称量程不宜大于探头额定荷载的两倍，精度不应低于Ⅲ级；

　　2　探头率定达满量程时，率定架各部杆件应稳定；

　　3　率定装置对力的传递误差应小于0.5%。

D.0.2　率定前的准备工作应符合下列规定：

　　1　连接触探头和记录仪并统调平衡，当确认正常后，方可正式进行率定工作；

　　2　当采用电阻应变仪时，应将仪器的灵敏系数调至与触探头中传感器所贴的电阻应变片的灵敏系数相同；

　　3　触探头应垂直稳固旋转在率定架上，率定架的压力作用线应与被率定的探头同轴，并应不使电缆线受压；

　　4　对于新的触探头应反复预压到额定载荷，反复次数宜为3次～5次，以减少传感元件由于加工引起的残余应力。

D.0.3　触探头的率定可分为固定桥压法和固定系数法两种，其率定方法和资料整理应符合下列规定：

　　1　当采用固定桥压法时，可按下列要求执行：

　　　1）选定量测仪器的供桥电压，电阻应变仪的桥压应是固定的；

　　　2）逐级加荷，一般每级为最大贯入力的1/10；

　　　3）每级加荷均应标明输出电压值或测记相应的应变量；

　　　4）每次率定，加卸荷不得少于3遍，同时对顶柱式传感器还应转动顶柱至不同角度，观察载荷作用下读数的变化，其测定误差应小于1%FS；

　　　5）计算每一级荷载下输出电压（或应变量）

的平均值，绘制以荷载为纵坐标，输出电压值（或变量值）为横坐标的率定曲线，其线性误差应符合本规范第9.2.6条的规定；

　　　6）按式（D.0.3-1）计算触探头的率定系数：

$$K = \frac{P}{A\varepsilon} \text{ 或 } K = \frac{P}{AU_p} \qquad (D.0.3-1)$$

式中：K——触探头的率定系数（MPa/$\mu\varepsilon$ 或 MPa/mV）；

　　　P——率定时所加的总压力（N）；

　　　A——触探头截面积或摩擦筒面积（mm^2）；

　　　ε——P 所对应的应变量（$\mu\varepsilon$）；

　　　U_p——P 所对应的输出电压（mV）。

　　2　当采用固定系数法时，可按下列要求执行：

　　　1）指定一个标定系数 K，当输出电压每 mV 或画线长每 cm 表示贯入阻力 1MPa、2MPa、4MPa，按式（D.0.3-2）计算出输出电压为满量程时，所需加的总荷载：

$$P = KAl \qquad (D.0.3-2)$$

式中：P——总荷载（N）；

　　　A——探头截面积或摩擦筒面积（mm^2）；

　　　l——满量程的输出电压值（mV）或记录纸带的宽度（cm）。

　　　2）输入一个假设的供桥电压 U，并施加荷载为 $P/2$，记录笔指针未达满量程的一半处，则调整供桥电压，使其指针指于满量程的一半处。然后卸荷，指针应回到零位。如不归零则调指针归零。如此反复加卸荷，使记录笔指针从零位往返至满量程的一半处。

　　　3）在调整后的供桥电压下，按 $P/10$ 逐级加荷至满量程，分级卸荷使记录笔返回零点。

　　　4）按上述步骤，其测试误差应符合本规范第9.2.6条的规定，调整后的供桥电压即为率定的供桥电压值。

本规范用词说明

1　为便于在执行本规范条文时区别对待，对要求严格程度不同的用词说明如下：

    1）表示很严格，非这样做不可的：
        正面词采用"必须"，反面词采用"严禁"；

    2）表示严格，在正常情况下均应这样做的：
        正面词采用"应"，反面词采用"不应"或"不得"；

    3）表示允许稍有选择，在条件许可时首先应这样做的：
        正面词采用"宜"，反面词采用"不宜"；

    4）表示有选择，在一定条件下可以这样做的，采用"可"。

    2 条文中指明应按其他有关标准执行的写法为"应符合……的规定"或"应按……执行"。

引用标准名录

1 《建筑抗震设计规范》GB 50011
2 《土工试验方法标准》GB/T 50123
3 《建筑地基处理技术规范》JGJ 79
4 《建筑基桩检测技术规范》JGJ 106
5 《基桩动测仪》JG/T 3055

中华人民共和国行业标准

建筑地基检测技术规范

JGJ 340—2015

条 文 说 明

制 订 说 明

《建筑地基检测技术规范》JGJ 340 - 2015，经住房和城乡建设部 2015 年 3 月 30 日以第 786 公告批准、发布。

本规范编制过程中，编制组对我国地基检测现状进行了广泛的调查研究，总结了我国地基检测的实践经验，同时参考了国外的先进检测技术、方法标准，通过调研、征求意见，对规范内容进行反复讨论、分析、论证，开展专题研究和工程实例验证等工作，为本次规范编制提供了依据。

为便于广大工程检测、设计、施工、监理、科研、学校等单位有关人员在使用本规范时能正确理解和执行条文规定，《建筑地基检测技术规范》编制组按章、节、条顺序编制了本规范的条文说明。对条文规定的目的、依据以及执行中需注意的有关事项进行了说明，还着重对强制性条文的强制性理由做了解释。但是，本条文说明不具备与规范正文同等的法律效力，仅供使用者作为理解和把握规范规定的参考。

目 次

1 总 则

1.0.1 建筑地基工程是建筑工程的重要组成部分，地基工程质量直接关系到整个建（构）筑物的结构安全和人民生命财产安全。大量事实表明，建筑工程质量问题和重大质量事故较多与地基工程质量有关，如何保证地基工程施工质量，一直倍受建设、勘察、设计、施工、监理各方以及建设行政主管部门的关注。由于我国地缘辽阔，地质条件复杂，基础形式多样，施工及管理水平参差不齐，且地基工程具有高度的隐蔽性，从而使得地基工程的施工比上部建筑结构更为复杂，更容易存在质量隐患。因此，地基检测工作是整个地基工程中不可缺少的重要环节，只有提高地基检测工作的质量和检测结果评价的可靠性，才能真正做到确保地基工程质量与安全。本规范对建筑地基检测方法、检测数量和检测评价作了统一规定，目的是提高建筑地基检测水平，保证工程质量。

1.0.2 建筑地基包含天然地基和人工地基。天然地基可分为天然土质地基和天然岩石地基。人工地基包含采用换填垫层、预压、压实、夯实、注浆加固等方法处理后的地基及复合地基等。复合地基包括采用振冲挤密碎石桩、沉管挤密砂石桩、水泥土搅拌桩、旋喷桩、灰土挤密桩、土挤密桩、夯实水泥土桩、水泥粉煤灰碎石桩、柱锤冲扩桩、微型桩、多桩型等方法处理后的地基。本规范适用于天然地基的承载力特征值试验、变形参数（变形模量和压缩模量）等指标的测定，并对岩土性状进行分析评价；适用于人工地基的承载力特征值试验、变形参数（变形模量和压缩模量）指标测定、地基施工质量和复合地基增强体桩身质量的评价。本规范未包含特殊土地基的内容。

1.0.3 地基工程质量与地质条件、设计要求、施工因素密切相关，目前各种检测方法在可靠性或经济性方面存在不同程度的局限性，多种方法配合时又具有一定的灵活性，而且由于上部结构的不同和地质条件的差异，不同地区的情况也有差别，对地基的设计要求不尽相同。因此，应根据检测目的、检测方法的适用范围和特点，结合场地条件，考虑上述各种因素合理选择检测方法，实现各种方法合理搭配、优势互补，使各种检测方法尽量能互为补充或验证，在达到安全适用的同时，又要体现经济合理。

2 术语和符号

2.1 术 语

2.1.3～2.1.6 根据地基的分类，把地基载荷试验分成三大类。在本规范中，将地基土平板载荷试验和岩基载荷试验合并成为土（岩）地基载荷试验，适用于天然土（岩）地基和采用换填垫层、预压、压实、夯实、注浆加固等方法处理后的人工地基的承载力试验；单桩及多桩复合地基载荷试验适用于采用振冲挤密碎石桩、沉管挤密砂石桩、水泥土搅拌桩、旋喷桩、灰土挤密桩、土挤密桩、夯实水泥土桩、水泥粉煤灰碎石桩、柱锤冲扩桩、微型桩、多桩型等方法处理后的复合地基的承载力试验；竖向增强体载荷试验适用于复合地基中有粘结强度的竖向增强体的承载力试验，竖向增强体习惯上也称为桩，此处的竖向增强体载荷试验相当于现行有关规范中的复合地基的单桩载荷试验。

2.1.7～2.1.11 相应的术语在《建筑地基基础术语标准》GB/T 50941—2014 也做了解释。

3 基 本 规 定

3.1 一 般 规 定

3.1.1 建筑地基工程一般按勘察、设计、施工、验收四个阶段进行，地基试验和检测工作多数情况下分别放在设计和验收两阶段，即施工前和施工后。但对工程量较大、施工周期较长的大型地基工程，验收检测应尽早在施工过程中穿插进行，而且这种做法应大力提倡。强调施工过程中的检测，以便加强施工过程的质量控制，做到信息化施工，及时发现并解决问题，做到防患于未然，提高效益。必须指出：本规范所规定的验收检测仅仅是地基分部工程验收资料的一部分，除应按本规范进行验收检测外，还应该进行其他有关项目的检测和检查；依本规范所完成的检测结果不能代替其他应进行的试验项目。为设计提供依据的检测属于基本试验，应在设计前进行。天然地基的承载力和变形参数，当设计有要求需要在施工后进行验证时，也需要进行检测，一般选择载荷试验进行检测。建筑地基检测方法有土（岩）地基载荷试验、复合地基载荷试验、竖向增强体载荷试验、标准贯入试验、圆锥动力触探试验、静力触探试验、十字板剪切试验、水泥土钻芯法试验、低应变法试验、扁铲侧胀试验、多道瞬态面波试验等。本规范的各种检测方法均有其适用范围和局限性，在选择检测方法时不仅应考虑其适用范围，而且还应考虑其实际实施的可能性，必要时应根据现场试验结果判断所选择的检测方法是否满足检测目的，当不满足时，应重新选择检测方法。例如：动力触探试验，应根据检测对象合理选择轻型、重型或超重型；可能难以对靠近边轴线的复合地基增强体进行载荷试验；当受检桩长径比很大、无法钻至桩底时，钻芯法只能评价已钻取部分的桩身质量；桩身强度过低（小于 8MPa），低应变法无法准确判定桩身完整性。

建筑地基检测工作，应按图 1 程序进行。

```
┌─────────────────────┐
│   委托受理和评审    │
└──────────┬──────────┘
           ↓
┌─────────────────────┐
│ 现场调查制定检测方案 │
└──────────┬──────────┘
           ↓
┌─────────────────────┐
│      检测准备       │
└──────────┬──────────┘
           ↓
┌─────────────────────┐      ┌──────────────────────────┐
│      现场检测       │←─────│必要时重新检测、验证、扩大检测│
└──────────┬──────────┘      └──────────────────────────┘
           ↓                            ↑
┌─────────────────────┐                 │
│   计算分析和结果评价  │─────────────────┘
└──────────┬──────────┘
           ↓
┌─────────────────────┐
│    出具检测报告     │
└─────────────────────┘
```

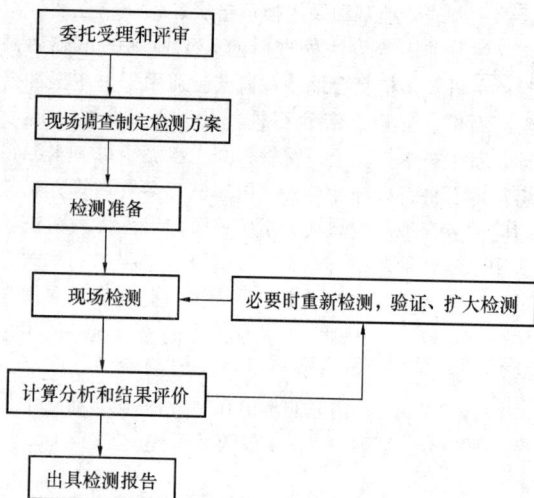

图 1　检测工作程序框图

图 1 是检测机构应遵循的检测工作基本程序。实际执行检测程序中，由于不可预知的原因，如委托要求的变化、现场调查情况与委托方介绍的不符，实施时发现原确定的检测方法难以满足检测目的的要求，或在现场检测尚未全部完成就已发现质量问题而需要进一步排查，都可能使原检测方案中的检测数量、受检桩桩位、检测方法发生变化。

3.1.2　建筑地基分部工程抽样验收检测是《建筑工程施工质量验收统一标准》GB 50300－2013 以强制性条文的形式规定的。建筑地基应进行地基强度和承载力检验是现行《建筑地基基础工程施工质量验收规范》GB 50202 和《建筑地基处理技术规范》JGJ 79 以强制性条文的形式规定的，并且也是 GB 50202 质量验收中的主控项目。

3.1.3　根据本规范第 1.0.3 条的原则及地基检测工作的特殊性，本条对调查阶段工作提出了具体要求。为了正确地对地基工程质量进行检测和评价，提高地基工程检测工作的质量，做到有的放矢，应尽可能详细地了解和搜集有关的技术资料。另外，有时委托方的介绍和提出的要求是笼统的、非技术性的，也需要通过调查来进一步明确检测的具体要求和现场实施的可行性。

3.1.4　本条提出的检测方案内容为一般情况下包含的内容，制定检测方案要考虑的因素较多，一是要考虑检测对象特殊性，如 1m 的压板尺寸与 3m 的压板尺寸，对场地条件和试验设备的要求是不一样的或对检测方法的选择有影响。二是要考虑受检工程所在地区的试验设备能力。三是要考虑场地局限性。同时还应考虑检测过程中可能出现的争议，因此，检测方案可能需要与委托方或设计方共同协商制定，尤其是应确定受检桩桩位、检测点的代表性，有时候委托单位要求检测单位对有疑问的检测对象（如下暴雨时施工的桩、局部暗沟区域的地基处理效果）进行检测，掌握其质量状况。这类检测对象属于特别的检测对象，不具备正常抽样的样品代表性的特性。

3.1.5　根据《建筑工程施工质量验收统一标准》GB 50300－2013 规定，具有独立使用功能的单位工程是建筑工程施工质量竣工验收的基础，因此，一般情况下，检测数量应按单位工程进行计算确定。施工过程的质量检验应根据该工程的施工组织设计的要求进行。设计单位根据上部结构和岩土工程勘察资料，可能在同一单位工程中同时采用天然地基和人工处理地基、天然地基和复合地基等不同地基类型，或采用不同的地基处理方法，对于这种情况，应将不同设计参数或不同施工方法的检测对象划为不同的检验批，按检验批抽取一定数量的样本进行检测。

3.1.6　检测所用计量器具必须送至法定计量检定单位进行定期检定，且使用时必须在计量检定的有效期之内，这是我国《计量法》的要求，以保证检测数据的可靠性和可追溯性。虽然计量器具在有效计量检定周期之内，但由于检测工作的环境较差，使用期间仍可能由于使用不当或环境恶劣等造成计量器具的受损或计量参数发生变化。因此，检测前还应加强对计量器具、配套设备的检查或模拟测试，有条件时可建立校准装置进行自校，发现问题后应重新检定。

3.1.7　操作环境要求应与测量仪器设备对环境温湿度、电压波动、电磁干扰、振动冲击等现场环境条件的要求相一致，例如使用交流电的仪器设备应注意接地问题。

3.2　检测方法

3.2.1　为了保证建筑物的安全，地基应同时满足两个基本要求：第一，为了保证在正常使用期间，建筑物不会发生开裂、滑动和塌陷等有害的现象，地基承载力应满足上部结构荷载的要求，地基必须稳定，保证地基不发生整体强度破坏。第二，地基的变形（沉降及不均匀沉降）不得超过建筑物的允许变形值，保证不会因地基产生过大的变形而影响建筑物的安全与正常使用。当天然土（岩）层不能满足上部结构承载力、沉降变形及稳定性要求时，可采用人工方法进行地基处理。地基处理的目的就是利用换填、夯实、挤密、排水、胶结、加筋和热学等方法对地基进行加固，用以改善地基土的工程特性：（1）提高地基土的抗剪强度；（2）降低地基土的压缩性；（3）改善地基土的透水特性；（4）改善地基土的动力特性。地基质量验收抽样检测应针对不同的地基处理目的，结合设计要求、工程重要性、地质情况和施工方法采取合理、有效的检测手段。宜根据各种检测方法的特点和适用范围，选择多种方法综合检测，并采用先简后繁、先粗后细、先面后点的检测原则，确保对地基的检测合理、全面、有效。在本规范中，标准贯入试验、动力触探试验、静力触探试验、十字板剪切试验、水泥土钻芯法试验、低应变法试验、扁铲侧胀试验、多道瞬态面波试验等原位测试方法算是普查手段，载荷试验可归为繁而细的方法。检测方法的适用性可按表1进行选择。

表1 建筑地基检测方法适用范围

检测方法 / 地基类型	土（岩）地基载荷试验	复合地基载荷试验	竖向增强体载荷试验	标准贯入试验	圆锥动力触探试验	静力触探试验	十字板剪切试验	水泥土钻芯法试验	低应变法试验	扁铲侧胀试验	多道瞬态面波试验
天然土地基	○	×	×	○	○	○	△	×	×	○	○
天然岩石地基	○	×	×	×	×	×	×	○	×	×	△
换填垫层	○	×	×	△	△	△	×	×	×	△	○
预压地基	○	×	△	△	△	○	○	×	×	×	△
压实地基	○	×	×	△	△	○	×	×	×	△	△
夯实地基	○	△	×	△	△	○	×	×	×	△	△
挤密地基	○	×	×	△	△	○	×	×	×	△	△
复合地基 砂石桩	×	○	△	△	△	△	×	×	×	△	×
复合地基 水泥搅拌桩	×	○	△	△	×	×	×	△	×	×	×
复合地基 旋喷桩	×	○	△	△	×	×	×	△	×	×	×
复合地基 灰土桩	×	○	△	△	×	×	×	△	×	×	×
复合地基 夯实水泥土桩	×	○	△	△	×	×	×	△	×	×	×
复合地基 水泥粉煤灰碎石桩	×	○	△	△	×	×	×	×	○	×	×
复合地基 柱锤冲扩桩	×	○	△	×	×	×	×	△	×	×	△
复合地基 多桩型	×	○	△	△	×	×	×	△	×	×	×
复合地基 注浆加固地基	○	△	×	△	△	△	△	△	×	×	△
复合地基 微型桩	×	○	△	×	×	×	×	△	×	△	×

注：表中符号○表示比较适用，△表示基本适用，×表示不适用。

3.2.2 本规范规定了三种载荷试验，并按地基的详细分类对地基载荷试验的适用范围进行规定。对于强夯置换墩，应根据《建筑地基处理技术规范》JGJ 79-2012 的第 6.3.5 条第 11 款的规定：软黏性土中强夯置换地基承载力特征值应通过现场单墩静载荷试验确定；对饱和粉土地基，当处理后能形成 2.0m 以上厚度的硬层时，其承载力可通过现场单墩复合地基静载荷试验确定。

3.2.3、3.2.5 天然地基和人工地基除应进行地基承载力检验，还应采用其他原位测试试验检验其岩土性状、地基处理质量和效果、增强体桩身质量等。地基检测宜先采用原位测试试验进行普查，有针对性地进行载荷试验，然后与载荷试验结果进行对比。

3.2.4 当采用其他原位测试方法评价地基承载力和变形参数时，应结合载荷试验比对结果和地区经验进行评价，本规范各章节中提供的承载力表格仅供初步评价时进行估算。规定在同一工程内或相近工程进行比对试验，取得本地区相近条件的对比验证资料。载荷试验的承压板尺寸要考虑应力主要影响范围能覆盖主要加固处理土层厚度。

3.2.6 垫层的施工质量检验必须分层进行，应在每层的压实系数符合设计要求后铺填上层土。这是《建筑地基处理技术规范》JGJ 79-2012 以强制性条文明确规定的，因此，本规范也要求换填地基必须分层进行压实系数检测，压实系数的具体试验方法参照现行国家标准《土工试验方法标准》GB/T 50123 的有关规定。在夯压密实填土过程中，取样检验分层土的厚度视施工机械而定，一般情况下宜按 20cm～50cm 分层进行检验。采用环刀法取样时，取样点应位于每层 2/3 的深度处。检验砂垫层使用的环刀容积不应小于 200cm³，以减少其偶然误差。

3.2.7 在地基质量验收检测时，考虑间歇时间是因为地基土的密实、土的触变效应、孔隙水压力的消散、水泥或化学浆液的固结等均需有一个期限，施工结束后立即进行验收检测难以反映地基处理的实际效果。间歇时间应根据岩土工程勘察资料、地基处理方法，结合设计要求综合确定。当无工程实践经验时，可参照此条规定执行。

3.2.8 由于检测成本和周期问题，很难做到对地基基础工程全部进行检测。施工后验收检测的最终目的是查明隐患、确保安全。检测抽样的样本要有代表性、随机均匀分布，为了在有限的检测数量中更充分地暴露地基基础存在的质量问题，首先，应选择设计人员认为比较重要的部位；第二，应充分考虑局部岩土特性复杂可能影响施工质量或结构安全，如局部存在破碎带、软弱夹层，或者淤泥层比较厚，与正常地质条件相比，施工质量更难控制；第三，应根据监理记录和施工记录选择施工出现异常情况、可能有质量隐患的部位；第四，一般来说，应采用两种或两种以上的方法对地基基础施工质量进行检测，并应遵循先普查、后详检的原则，因此，应根据前一种方法的检测结果确定后一种方法的检测位置，这样做符合本规范第 1.0.3 条合理搭配、优势互补、相互验证的原则。

4 土（岩）地基载荷试验

4.1 一般规定

4.1.1 土（岩）地基载荷试验是一种在现场模拟地基基础工作条件的原位试验方法，在拟检测的（土）岩地基上置放一定尺寸的刚性承压板，对承压板逐级加荷，测定承压板的沉降（由于承压板为刚性，因此，承压板的沉降等于拟检测地基的沉降）随荷载的变化，以确定土（岩）地基承载力和变形参数。本规范的土（岩）地基载荷试验适用于天然土地基、天然岩石地基及没有竖向增强体的人工处理地基包括换填地基、预压地基、压实地基、挤密地基、强夯地基、注浆地基等。

承压板下应力主要影响范围：对于天然土地基及采用换填、预压、压实、挤密、强夯、注浆等方法处理后的人工地基，根据美国材料试验协会标准（ASTM）D1194 的说明，承压板下应力主要影响范围指大约 2.0 倍承压板直径（或边宽）的深度范围。《建筑地基基础设计规范》GB 50007 - 2011 地基变形计算深度取值略小于 2.5 倍的基础宽度，并指出地基主要受力层系指条形基础底面下深度为 3 倍基础底面宽度，独立基础下为 1.5 倍基础底面宽度，且厚度均不小于 5m 的范围。工程地质手册认为承压板下应力主要影响范围为 1.5 倍～2.0 倍承压板直径（或边宽）的深度范围。对均质地基而言，《铁路工程地质原位测试规程》TB 10018 - 2003 规定平板载荷试验

的作用深度和影响半径约为 $2b$ 和 $1.5b$。因此，可以认为承压板下应力主要影响范围为 2.0 倍～2.5 倍承压板直径（或边宽）以内的深度范围。本章的变形参数主要是指地基的变形模量，未涉及地基基床系数。应力主要影响范围的地基土应该为均质地基，而不能是分层地基。

4.1.2 本规范将载荷试验分为三章，即土（岩）地基载荷试验，复合地基载荷试验和竖向增强体载荷试验，本规范第 3.2.2 条对它们各自的适用范围进行了规定。土（岩）地基载荷试验分为浅层平板载荷试验、深层平板载荷试验和岩基载荷试验，未包含螺旋板载荷试验。浅层平板载荷试验和深层平板载荷试验又统称为地基土平板载荷试验或平板载荷试验。

深层平板载荷试验与浅层平板载荷试验的区别在于荷载是作用于半无限体的表面还是作用于半无限体的内部，浅层平板载荷试验的荷载作用于半无限体的表面，深层平板载荷试验的荷载作用于半无限体的内部。本规范规定深层平板载荷试验的试验深度不应小于 5m，也有资料规定深层平板载荷试验的试验深度不应小于 3m。深层平板载荷试验的深度过浅，则不符合变形模量计算假定荷载作用于半无限体内部的条件。

例如：如果基坑设计深度为 15m，开挖完成后进行载荷试验，试坑宽度符合浅层载荷试验条件，则属于浅层平板载荷试验；如果载荷试验深度为 5.5m，试井直径与承压板直径相同，则属于深层平板载荷试验；如果载荷试验深度为 4.5m，试井直径与承压板直径相同，既不符合浅层平板载荷试验的条件也不符合深层平板载荷试验的条件，则既不属于浅层平板载荷试验也不属于深层平板载荷试验。

对于完整、较完整、较破碎的岩石地基应选择岩基载荷试验，对于破碎、极破碎的岩石地基以及土类地基应选择浅层平板载荷试验或深层平板载荷试验。

4.1.3 根据《建筑地基基础设计规范》GB 50007 - 2011 规定，要求最大加载量不应小于设计要求的地基承载力特征值的 2.0 倍、岩基承载力特征值的 3 倍。如果最大加载量取为设计要求的地基承载力特征值的 2.0 倍、岩基承载力特征值的 3 倍，当其中一个试验点的承载力特征值偏小，按照本规范第 4.4.4 条和第 4.4.5 条的规定，则单位工程的地基承载力特征值不满足设计要求。为了避免这种情况，本规范规定最大加载量不小于设计要求的地基承载力特征值的 2.0 倍、岩基承载力特征值的 3 倍。在设计阶段，为设计提供依据的载荷试验应加载至极限状态，从而获得完整的 $p \cdot s$ 曲线，以便确定承载力特征值。

4.1.4 土（岩）地基载荷试验能准确提供土（岩）地基的承载力及变形参数。对于天然地基，检测数量应按照地基基础占地面积来计算；对于采用土（岩）地基载荷试验确定承载力的人工地基，检测数量应按

照地基处理面积来计算，而不应按照地基基础占地面积来计算，一般来说，单位工程的地基处理面积不小于建（构）筑物的占地面积。对于建筑物以外区域检测密度可适当减少。

4.1.5 对于地基土载荷试验的加载方式，加荷方法为我国惯用的维持荷载法。根据各级荷载维持时间长短及各级荷载作用下地基沉降的相对稳定标准，分为慢速维持荷载法及快速维持荷载法。为了与《建筑地基基础设计规范》GB 50007 - 2011 和《建筑基桩检测技术规范》JGJ 106 - 2014 的规定取得一致，本规范规定应采用慢速维持荷载法。

4.2 仪器设备及其安装

4.2.1 浅层平板载荷试验的承压板尺寸大小与需要评价的处理土层的深度有关，深度越深、承压板尺寸则越大，根据本规范第 4.1.1 条条文说明，承压板下应力主要影响范围为 2.0 倍～2.5 倍承压板直径（或边宽），承压板直径或边宽宜为拟评价处理土层的深度的 1/2 或 2/5。

本规范规定当采用其他原位测试方法评价地基承载力和变形参数时，应结合载荷试验比对结果和地区经验进行评价。载荷试验的承压板尺寸要考虑其应力主要影响范围能覆盖主要加固处理土层厚度。

对于人工地基的载荷试验，由于试验的压板面积有限，考虑到大面积荷载的长期作用结果与小面积短时荷载作用的试验结果有一定的差异，故需要对载荷板尺寸有限制。

强夯处理和预压处理的有效深度为 7m～10m 时，应考虑压板的尺寸效应，根据处理深度的大小，采用较大的承压板，目前 3m 尺寸的承压板应用得不少，最大承压板尺寸超过了 5m。《建筑地基处理技术规范》JGJ 79 - 2012 规定对于强夯地基不应小于 2.0m²，故作此规定。

关于深层平板载荷试验的尺寸确定，《岩土工程勘察规范》GB 50021 - 2001（2009 年版）规定深层平板载荷试验的试井截面应为圆形，承压板直径宜取 0.8m～1.2m，《建筑地基基础设计规范》GB 50007 - 2011 规定承压板直径采用 0.8m。因此本规范规定深层平板载荷试验承压板直径不应小于 0.8m。

对于较破碎岩石，岩基载荷试验采用 0.3m 直径承压板，可能影响试验结果的准确性，因此，本规范规定岩基载荷试验的直径不应小于 0.3m。

土（岩）地基载荷试验承压板形状宜采用圆形板和正方形板，不应采用矩形板。

4.2.2 承压板应有足够刚度，保证加载过程不出现翘曲变形，是为确保地基尽可能产生均匀沉降，以模拟地基在刚性基础作用下的实际受力变形状况。承压板底面下铺砂，主要是找平作用，找平砂层应尽可能薄。

4.2.3 当设计有要求时，承压板应设置于设计要求的受检土层，是本规范的新要求。在实际工程中，由于承压板尺寸大小的限制，难以准确评价深部土层（该部分土层仍然是设计需要验算的主要受力土层之一）的承载能力性状，在这种情况下，有必要将承压板设置在一定深度的受检土层上进行试验，获得更完整的试验资料，对地基承载能力进行评价。

4.2.4 借鉴美国材料试验协会标准（ASTM）D1194 或广东省地方标准《建筑地基基础检测规范》DBJ 15 - 60 - 2008 的规定，为了防止试验过程中场地地基土含水量的变化或地基土的扰动，影响试验效果，要求保持试坑或试井底岩土的原状结构和天然湿度。必要时，应在承压板周边 2m 范围内覆盖防水布。传统的平板载荷试验适用于地下水位以上的土，对于地下水位以下的土，安装试验设备时可采用降水措施，但试验时应保证试土维持原来的饱和状态，这时试验在浸水或局部浸水状态下进行。

4.2.5 当采用两台及两台以上千斤顶加载时，为防止偏心受荷，要求千斤顶活塞直径应一样且应并联同步工作；在设备安装时，千斤顶的合力中心、承压板中心、反力装置重心、拟试验区域的中心应在同一铅垂线上。

4.2.6 加载反力装置应优先选用压重平台反力装置。与桩的静载试验相比，平板载荷试验的试验荷载要小得多，因此，要求压重在试验前一次加足。但对于单墩复合地基载荷试验等，当承压板面积非常大，不配置（难以配置满足规范要求的）反力支墩时，可参考结构载荷试验，一边堆载，一边试验。

4.2.7 用荷重传感器（直接方式）和油压表（间接方式）两种荷载测量方式的区别在于：前者采用荷重传感器测力，千斤顶仅作为加载设备使用而不是作为测量仪器使用，不需考虑千斤顶活塞摩擦对出力的影响；后者采用并联于千斤顶油路的压力表测量力时，应根据千斤顶的校准结果换算力。同型号千斤顶在保养正常状态下，相同油压时的出力相对误差约为 1%～2%，非正常时可高达 5%。采用传感器测量荷重或油压，容易实现加卸荷与稳压自动化控制，且测量精度较高。采用压力表测定油压时，为保证测量精度，其精度等级应优于或等于 0.4 级，不得使用 1.5 级压力表控制加载。

4.2.8 承压板沉降测量仪表可采用位移传感器或百分表等测试仪表，其性能应满足本规范第 4.2.9 条的规定。美国材料试验协会标准（ASTM）D1195 和 D1196 中采用的位移测量仪表测点均距承压板边缘的距离为 25.4mm。为了统一位移测试仪表的安装位置，本规范规定位移测试仪表应安装在承压板上，安装点应在承压板边中而不应安装在角上且各位移测试仪表在承压板上的安装点距承压板边缘的距离宜为 25mm～50mm。对于直径为 0.8m 的深层平板载荷试验,可对称安置2个位移测量仪表。

4.2.9 为保证液压系统的安全,在最大试验荷载时,要求试验用千斤顶、油泵、油管的压力不应超过规定工作压力的80%。压力表的最佳使用范围为压力表量程的1/4～2/3,因此,应根据最大试验荷载合理选择量程适当的压力表。调查表明,部分检测机构由于千斤顶或其他仪器设备所限,存在"大秤称轻物"的现象,本规范规定荷重传感器、千斤顶、压力表或压力传感器的量程不应大于最大加载量的3.0倍,且不应小于最大加载量的1.2倍。

对于机械式大量程(50mm)百分表,《大量程百分表检定规程》JJG 379规定1级标准为:全程示值误差和回程误差分别不超过$40\mu m$和$8\mu m$,相当于满量程(注:FS:full scale,满量程或全量程)测量误差不大于0.1%。

4.2.10 试验试坑宽度或直径不应小于承压板宽度或直径的3倍参考了《建筑地基处理技术规范》JGJ 79-2012的相关规定。对于深层平板载荷试验,试井截面应为圆形,紧靠承压板周围土层高度不应小于承压板直径,以尽量保持半无限体内部的受力状态,避免试验时土的挤出。

4.2.11 承压板、压重平台支墩和基准桩之间的距离综合考虑了广东省建筑科学研究院等单位研究成果和《建筑地基基础设计规范》GB 50007-2011、《建筑地基处理技术规范》JGJ 79-2012、"Standard test method for bearing capacity of soil for static load and spread footings" ASTM D1194的有关规定。

广东省建筑科学研究院等单位的研究成果表明:支墩底面地基荷载小于其地基土极限承载力时,支墩周围地表地基土变形量:距离支墩边大于$1B$且大于2m处地基变形在2mm以内,距离支墩边大于$1.5B$且大于3m处地基变形在1mm以内,距离支墩边大于$2B$且大于4m处地基变形量在0.5mm左右。当支墩底面地基荷载大于地基土极限承载力时,支墩周围地表地基土变形量较大,且可能为沉降也可能为隆起。

1 基准桩与压重平台支墩、承压板之间距离的确定。JGJ 79-2012附录A规定基准点应设在试坑外(试坑宽度不小于承压板尺寸的3倍),也就是要求承压板与基准桩之间的净距大于1倍承压板尺寸。ASTM D1194规定:基准点离承压板(受荷面积)中心的距离为2.4m。如果要求基准点选取在地表地基土变形小于1mm的范围内,则基准桩与压重平台支墩、承压板之间的净距一般应大于$1.5B$且大于3m。从广东省工程实践来看,边宽大于3m的大面积承压板越来越多,综合考虑工程精度要求和实际检测设备情况,将基准桩与压重平台支墩之间的净距离调整为大于$1.5B$且大于2m,将基准桩与承压板之间的净距离调整为大于b且大于2m。

2 承压板与压重平台支墩之间距离的确定。GB 50007-2011附录C和JGJ 79-2012附录A只规定试坑宽度不小于承压板尺寸的3倍,如果支墩设在试坑外,也就是要求承压板与支墩之间的净距大于1倍承压板尺寸。ASTM D1194规定:承压板与压重平台支墩的净距离为2.4m。按支墩地基附加应力控制,承压板与压重平台支墩的净距离可取为$0.5B$;按支墩地基变形控制,承压板与压重平台支墩的净距离宜取为$1B$且大于2.0m;综合以上因素,并结合实际检测情况,将承压板与压重平台支墩之间的净距离规定为$>b$且$>B$且$>2.0m$。

4.2.12 大型平板载荷试验基准梁的安装存在以下问题:型钢一般长12m,超过12m的基准梁需要组装或拼装,现场组装较困难且现场组装的基准梁稳定性较差;一般平板车的运输长度为12m,超过12m的基准梁运输较困难。因此,本规范认为12m长的基准梁即使不满足表4.2.11的规定也可以使用,但在这种情况下应对基准桩位移进行监测。

当需要对基准桩位移进行监测时,《建筑基桩检测技术规范》JGJ 106-2014指出:简易的办法是在远离支墩处用水准仪或张紧的钢丝观测基准桩的竖向位移。与对受检桩的沉降观测要求相比,本规范对基准桩位移的监测要求也降低了,但要求位移测量仪表的分辨力宜达到0.1mm。

4.2.13 传力装置应采用有足够刚度的传力柱组成,并将传力柱与承压板连接成整体,传力柱的顶部可采用钢筋等斜拉杆固定定位,从而确保安全。

位移传递装置宜采用钢管或塑料管做位移测量杆,位移测量杆的底端应与承压板固定连接,每间隔一定距离位移测量杆应与传力柱滑动相连,以保证位移测量的准确性。

4.2.14 当桩底岩基载荷试验采用传力装置进行测试时,其传力装置和位移传递装置的做法同本规范第4.2.13条。桩底岩基载荷试验当采用桩孔基岩提供反力时,鉴于实际情况的复杂性,应确保作业安全,并尽可能减少试验条件对基准桩变形的影响。

4.3 现场检测

4.3.1 在所有试验设备安装完毕之后,应进行一次系统检查。其方法是施加一较小的荷载进行预压,其目的是消除整个量测系统由于安装等人为因素造成的间隙而引起的非真实沉降;排除千斤顶和管路中之空气;检查管路接头、阀门等是否漏油等。如一切正常,卸载至零,待位移测试仪表显示的读数稳定后,并记录位移测试仪表初始读数,即可开始进行正式加载。

4.3.2 《建筑地基基础设计规范》GB 50007-2011规定岩基荷载试验的分级荷载为预估设计荷载的1/10,并规定将极限荷载除以3的安全系数,所得值与对应于比例界限的荷载相比较，取小值为岩石地基承载力特征值。因此，本规范规定岩基载荷试验的荷载分级宜为 15 级。

4.3.3 慢速维持荷载法的测读数据时间、沉降相对稳定标准与《建筑地基基础设计规范》GB 50007 - 2011 的附录 C、D 的规定一致。

4.3.4 《建筑地基基础设计规范》GB 50007 - 2011 和《岩土工程勘察规范》GB 50021 - 2001（2009 年版）规定岩基载荷试验的沉降稳定标准为连续三次读数之差均不大于 0.01mm，鉴于 0.01mm 是百分表的读数精度，在现场试验时难以操作，本规范将岩基载荷试验的沉降稳定标准修改为：30min 读数之差小于 0.03mm，并在四次读数中连续出现两次，卸载半小时一级，以有利于现场操作。

4.3.5 试验终止条件的制定参考了《岩土工程勘察规范》GB 50021 - 2001（2009 年版）、《建筑地基基础设计规范》GB 50007 - 2011 和《建筑地基处理技术规范》JGJ 79 - 2012、《建筑地基基础检测规范》DBJ 15 - 60 - 2008 的规定。发生明显侧向挤出隆起或裂缝，表明受荷地层发生整体剪切破坏，这属于强度破坏极限状态；等速沉降或加速沉降，表明承压板下产生塑性破坏或刺入破坏，这是变形破坏极限状态；过大的沉降（浅层平板载荷试验承压板直径的 0.06 倍、深层平板载荷试验承压板直径的 0.04 倍），属于超过限制变形的正常使用极限状态。当承压板尺寸过大时，增加沉降量明显不易操作且已无太多意义，因此设定沉降量上限为 150mm。

在确定终止试验标准时，对岩基而言，常表现为承压板上的测表不停地变化，这种变化有增加的趋势，荷载加不上去或加上去后很快降下来。

4.4 检测数据分析与判定

4.4.1 同一单位工程的试验曲线的沉降坐标宜按相同比例绘制压力-沉降（p-s）、沉降-时间对数（s-$\lg t$）曲线，加载量的坐标应为压力，也可在同一图上同时标明荷载量和压力值。

4.4.2 地基的极限承载力，是指滑动边界范围内的全部土体都处于塑性破坏状态，地基丧失稳定时的极限承载力。典型的 p-s 曲线上可以分成三个阶段：即压密变形阶段、局部剪损阶段和整体剪切破坏阶段。三个阶段之间存在两个界限荷载，前一个称比例界限（临塑荷载），后一个称极限荷载。比例界限标志着地基土从压密段进入局部剪损阶段，当试验荷载小于比例界限时，地基变形主要处于弹性状态，当试验荷载大于比例界限时，地基中弹性区和塑性区并存。极限荷载标志着地基土从局部剪损破坏阶段进入整体破坏阶段。按本条第 2 款取值，是偏于安全的取值。

4.4.3 关于表 4.4.3 中取值的说明如下：根据《建筑地基基础设计规范》GB 50007 - 2011 关于按相对变形确定地基特征值的规定，取 s/b 或 s/d = 0.01～0.015 所对应的荷载为深层平板载荷试验与浅层平板载荷试验的地基承载力特征值，本规范的取值参照《铁路工程地质原位测试规程》TB 10018 - 2003 表 3.4.2 中的规定，但对压板尺寸作限定，与广东省标准《建筑地基基础检测规范》DBJ 15 - 60 - 2008 表 8.4.3 的规定一致。

4.4.4 当极差超过平均值的 30% 时，如果分析能够明确试验结果异常的试验点不具有代表性，可将异常试验值剔除后，再进行统计计算确定单位工程承载力特征值。

4.4.5 载荷试验不仅要求给出每点的承载力特征值，而且要求给出单位工程的承载力特征值是否满足设计要求的结论。对工业与民用建筑（包括构筑物）来说，单位工程的载荷试验结果的离散性要比单桩承载力的离散性小，因此，有必要根据载荷试验结果给出单位工程的承载力特征值。还需说明两点：① 承载力检测因时间短暂，其结果仅代表试桩那一时刻的承载力，更不能包含日后自然或人为因素（如桩周土湿陷、膨胀、冻胀、融沉、侧移，基础上浮、地面超载等）对承载力的影响。② 承载力评价可能出现矛盾的情况，即承载力不满足设计要求而满足有关规范要求。因为规范一般给出满足安全储备和正常使用功能的最低要求，而设计时常在此基础上留有一定余量。考虑到责权划分，可以作为问题或建议提出，但仍需设计方复核和有关各责任主体方确认。

4.4.6 建筑地基基础施工质量验收一般对变形模量并无要求，考虑到设计的需要，本规范对浅层平板载荷试验确定变形模量进行了规定，计算方法主要参考了《岩土工程勘察规范》GB 50021 - 2001（2009 年版）和广东省地方标准《建筑地基基础检测规范》DBJ 15 - 60 - 2008。本规范进一步规定应优先根据试验确定土的泊松比 μ，当无试验数据时，方可参考经验取值。

4.4.7 深层平板载荷试验确定变形模量的计算公式参考了《岩土工程勘察规范》GB 50021 - 2001（2009 年版）的规定，深层平板载荷试验荷载作用在半无限体内部，式（4.4.7）是在 Mindlin 解的基础上推算出来的，适用于地基内部垂直均布荷载作用下变形模量的计算。

4.4.8 ω 是与试验深度和土类有关的系数。当土的泊松比 μ 根据试验确定时，可按式（4.4.8）计算，该公式来源于岳建勇和高大钊的推导（《工程勘察》2002 年 1 期）；当土的泊松比按本规范第 4.4.6 条的经验取值时，即碎石的泊松比取 0.27，砂土取 0.30，粉土取 0.35，粉质黏土取 0.38，黏土取 0.42，则可制成本规范表 4.4.8。

5 复合地基载荷试验

5.1 一般规定

5.1.1 复合地基与其他地基的区别在于部分土体被增强或被置换形成增强体，由增强体和周围地基土共同承担荷载，本条给出适用于复合地基载荷试验检测的各种地基处理方法。

5.1.2 载荷试验的目的是确定承载力及变形参数，以便为设计提供依据或检验地基是否满足设计要求。载荷试验的应力主要影响范围是 $2.0b \sim 2.5b$（b 为承压板边长），为检测主要处理土层的增强效果，承压板的尺寸与设置标高应考虑到主要处理土层，或设置在主要处理土层顶面，或承台板的尺寸能满足检验主要处理土层影响深度的要求。

5.1.4 本条明确规定复合地基应进行载荷试验。载荷试验的形式可根据实际情况和设计要求采取下面三种形式之一：第一，单桩（墩）复合地基载荷试验；第二，多桩复合地基载荷试验；第三，部分试验点为单桩复合地基载荷试验，另一部分试验点为多桩复合地基载荷试验。选择多桩复合地基平板载荷试验时，应考虑试验设备和试验场地的可行性。无论选择哪种形式的载荷试验，总的试验点数量（而不是受检桩数量）应符合要求。

5.1.5 本条为强制性条文。慢速维持荷载法是我国公认且已沿用几十年的标准试验方法，是行业或地方标准的关于复合地基设计参数规定值获取的最直接方法，是复合地基承载力验收检测方法的可靠参照标准。

5.2 仪器设备及其安装

5.2.1 本规范将承压板应为有足够刚度板作为单独一条提出，原因如下：

　　1 如承压板刚度不够，当荷载加大时，承压板本身的变形影响到沉降量的测读；

　　2 为了检测主要处理土层，当该土层不在基础底面而需采用多桩复合地基载荷试验而加大承压板尺寸以加大压力影响深度时，刚度不足引起承载板本身变形问题更为明显。

5.2.3 影响复合地基载荷试验的主要因素有承压板尺寸和褥垫层厚度，褥垫层厚度主要调节桩土荷载分担比例，褥垫层厚度过小桩对基础产生明显的应力集中，桩间土承载能力不能充分发挥，主要荷载由桩承担失去了复合地基的作用；厚度过大当承压板较小时影响主要加固区的检测效果，造成检测数据失真。如采用设计的垫层厚度进行试验，试验承压板的宽度对独立基础和条形基础应采用基础设计的宽度，对大型基础试验有困难时应考虑承压板尺寸和垫层厚度对试

验结果的影响。

5.2.6 本条特别强调场地地基土含水量的变化或地基土的扰动对试验的影响。复合地基在开挖至基底标高时进行荷载试验，当基底土保护不当、或因晾晒时间过长、或因现场基坑降水导致试验土含水量变化形成硬层时，试验数据失真。

5.3 现场检测

5.3.1 加载前预压在以往静载检测的相关规定中没有提及，检测单位对预压的做法也不规范，个别地方标准定义了预压力取值的范围，但依据不足。在静载荷试验中预压是为了检测加压系统的工作状态，因此建议取最大加荷的 5%。如果按 10% 预压相当于一级的加压量，所得的 p-s 曲线需要修正。

5.3.3 慢速维持荷载法的测读数据时间、沉降相对稳定标准与《建筑地基处理技术规范》JGJ 79-2012 的附录 B 的规定一致。

5.3.4 本条第 2 款为了检验主要处理土层的情况，加大承压板尺寸进行多桩复合地基试验，只规定沉降量大于承压板宽度或直径 6%，明显不易操作且已无太多意义，因此设定沉降量上限为 150mm。

5.4 检测数据分析与判定

5.4.3 地基基础设计规范规定的地基设计原则，各类建筑物地基计算均应满足承载力计算要求，设计为甲、乙级的建筑物均应按地基变形设计，控制地基变形成为地基设计的主要原则。表 5.4.3 规定的承载力特征值对应的相对变形要严于天然地基。对于水泥搅拌桩和旋喷桩，按主要加固土层性质提出的取值范围，高压缩性土取高值。

5.4.4 当极差超过平均值的 30% 时，如果分析明确试验结果异常的试验点不具有代表性，可将异常试验值剔除后，进行统计计算确定单位工程承载力特征值。

6 竖向增强体载荷试验

6.1 一般规定

6.1.1 水泥土搅拌桩、旋喷桩、灰土挤密桩、夯实水泥土桩、水泥粉煤灰碎石桩、树根桩、混凝土桩等复合地基按《建筑地基处理技术规范》JGJ 79-2012 的规定，除了需进行复合地基载荷试验，还需对有粘结强度的增强体进行竖向抗压静载试验。本规范主要是针对这条规定，对有粘结强度的增强体的竖向抗压静载试验进行了技术规定。

6.1.2 在对工程桩抽样验收检测时，规定了加载量不应小于单桩承载力特征值的 2.0 倍，以保证足够的

安全储备。实际检测中，有时出现这样的情况：3根工程桩静载试验，分十级加载，其中一根桩第十级破坏，另两根桩满足设计要求。按本规范第6.4.4条规定，单位工程的单桩竖向抗压承载力特征值不满足设计要求。此时若有一根好桩的最大加载量取为单桩承载力特征值的2.2倍，且试验证实竖向抗压承载力不低于单桩承载力特征值的2.2倍，则单位工程的单桩竖向抗压承载力特征值满足设计要求。显然，若检测的3根桩有代表性，就可避免不必要的工程处理。本条明确规定为设计提供依据的静载试验应加载至破坏，即试验应进行到能判定单桩极限承载力为止。对于以桩身强度控制承载力的端承型桩，当设计另有规定时，应从其规定。

6.1.3 考虑到复合地基大面积荷载的长期作用结果与小面积短时荷载作用的试验结果有一定的差异，而且竖向增强体是主要施工对象，因此，需要再对竖向增强体的承载力和桩身质量进行检测。而且，《建筑地基处理技术规范》JGJ 79-2012作为强制性条文规定，对有粘结强度的复合地基增强体尚应进行单桩静载荷试验和桩身完整性检验。

6.1.4 竖向抗压静载试验是公认的检测增强体竖向抗压承载力最直观、最可靠的传统方法。本规范主要是针对我国建筑工程中惯用的维持荷载法进行了技术规定。根据增强体的使用环境、荷载条件及大量工程检测实践，在国内其他行业或国外，尚有循环荷载、等变形速率及终级荷载长时间维持等方法。

6.2 仪器设备及其安装

6.2.1 为防止加载偏心，千斤顶的合力中心应与反力装置的重心、桩轴线重合，并保证合力方向垂直。

6.2.3 用荷重传感器（直接方式）和油压表（间接方式）两种荷载测量方式的区别在于：前者采用荷重传感器测力，不需考虑千斤顶活塞摩擦对出力的影响；后者需通过率定换算千斤顶出力。同型号千斤顶在保养正常状态下，相同油压时的出力相对误差约为1%～2%，非正常时可高达5%。采用传感器测量荷重或油压，容易实现加卸荷与稳压自动化控制，且测量精度较高。采用压力表测定油压时，为保证测量精度，其精度等级应优于或等于0.4级，不得使用1.5级压力表作加载控制。

6.2.4 对于机械式大量程（50mm）百分表，《大量程百分表检定规程》JJG 379规定的1级标准为：全程示值误差和回程误差分别不超过$40\mu m$和$8\mu m$，相当于满量程测量误差不大于0.1%。沉降测定平面应在千斤顶底座承压板以下的桩顶标高位置，不得在承压板上或千斤顶上设置沉降观测点，避免因承压板变形导致沉降观测数据失实。

6.2.6 在加卸载过程中，荷载将通过锚桩（地锚）、压重平台支墩传至试桩、基准桩周围地基土并使之变形，随着试桩、基准桩和锚桩（或压重平台支墩）三者间相互距离缩小，土体变形对试桩产生的附加应力和使基准桩产生变位的影响加剧。

1985年，国际土力学与基础工程协会（ISSMFE）根据世界各国对有关静载试验的规定，提出了静载试验的建议方法并指出：试桩中心到锚桩（或压重平台支墩边）和到基准桩各自间的距离应分别"不小于2.5m或3D"，这和我国现行规范规定的"大于等于4D且不小于2.0m"相比更容易满足（小直径桩按3D控制，大直径桩按2.5m控制）。高重建筑物下的大直径桩试验荷载大、桩间净距小（规定最小中心距为3D），往往受设备能力制约，采用锚桩法检测时，三者间的距离有时很难满足"不小于4D"的要求，加长基准梁又难避免产生显著的气候环境影响。考虑到现场验收试验中的困难，且加载过程中，锚桩上拔对基准桩、试桩的影响小于压重平台对它们的影响，故本规范中对部分间距的规定放宽为"不小于3D"。

6.3 现场检测

6.3.1 本条主要是考虑在实际工程检测中，因桩头质量问题或局部承压应力集中而导致桩头爆裂、试验失败的情况时有发生，为此建议在试验前对桩头进行加固处理。当桩身荷载水平较低时，允许采用水泥砂浆将桩顶抹平的简单桩头处理方法。

6.3.2 本条是按我国的传统做法，对维持荷载法进行原则性的规定。

6.3.3 慢速维持荷载法的测读数据时间、沉降相对稳定标准与现行行业标准《建筑基桩检测技术规范》JGJ 106的规定一致。慢速维持荷载法是我国公认，且已沿用多年的标准试验方法，也是桩基工程竖向抗压承载力验收检测方法的唯一比较标准。慢速维持荷载法每级荷载持载时间最少为2h。对绝大多数增强体而言，为保证复合地基桩土共同作用，控制绝对沉降是第一位重要的，这是地基基础按变形控制设计的基本原则。

6.3.4 当桩身存在水平整合型缝隙、桩端有沉渣或吊脚时，在较低竖向荷载时常出现本级荷载沉降超过上一级荷载对应沉降5倍的陡降，当缝隙闭合或桩端与硬持力层接触后，随着持载时间或荷载增加，变形梯度逐渐变缓；当桩身强度不足桩被压断时，也会出现陡降，但与前相反，随着沉降增加，荷载不能维持甚至大幅降低。所以，出现陡降后不宜立即卸荷，而应使桩下沉量超过40mm～50mm，以大致判断造成陡降的原因。由于考虑到不同复合地基的增强体的桩径、强度和荷载传递性状的差异，给出了一个总沉降量的区间值，按规定进行取值。

长（超长）增强体的Qs曲线一般呈缓变型，在桩顶沉降达到40mm时，桩端阻力一般不能发挥。由于长细比大、桩身较柔，弹性压缩量大，桩顶沉降较大时，桩端位移还很小。因此，放宽桩顶总沉降量控制标准是合理的。

6.4 检测数据分析与判定

6.4.1 除 $Q\text{-}s$ 曲线、$s\text{-}\lg t$ 曲线外，还有 $s\text{-}\lg Q$ 曲线。同一工程的一批试验曲线应按相同的沉降纵坐标比例绘制，满刻度沉降值不宜小于 40mm，这样可使结果直观、便于比较。

6.4.2 由于有粘结强度的增强体的直径一般较小，桩身强度较低，桩身弹性压缩变形量会较大，因此取 $s=40\text{mm}\sim50\text{mm}$ 对应的荷载为极限承载力，较传统的中、小直径桩的沉降标准有一定的放松。主要考虑到不同复合地基的增强体的桩径、强度和荷载传递性状的差异，给出了一个总沉降量的区间值，按规定进行取值。对于 $s=40\text{mm}\sim50\text{mm}$ 的范围取值，一般桩身强度高且桩长较短时，或桩截面较小，取低值；桩身强度低且桩长较长时，或桩截面较大，取高值。

应该注意，世界各国按桩顶总沉降确定极限承载力的规定差别较大，这和各国安全系数的取值大小、特别是上部结构对地基沉降的要求有关。因此当按本规范建议的按桩顶沉降量确定极限承载力时，尚应考虑上部结构对地基沉降的具体要求。

6.4.3 《建筑地基基础设计规范》GB 50007－2011 规定的竖向抗压承载力特征值是按竖向抗压极限承载力统计值除以安全系数 2 得到的，综合反映了桩侧、桩端极限阻力控制承载力特征值的低限要求。

7 标准贯入试验

7.1 一般规定

7.1.1 标准贯入试验适用于评价砂土、粉土、黏性土的天然地基或人工地基，对残积土的评价在个别省份有一定资料积累。

7.1.2 天然地基和人工地基除应进行地基载荷试验外，还应进行其他原位试验。检测数量参考《建筑地基基础工程施工质量验收规范》GB 50202－2002 第4.1.5 条的规定，并进行细化。

7.2 仪器设备

7.2.1 标准贯入试验设备规格主要参考《岩土工程勘察规范》GB 50021－2001（2009 年版）确定。《岩土工程勘察规范》GB 50021－2001（2009 年版）规定标准贯入试验钻杆直径采用 42mm，贯入器管靴的刃口单刃厚度修改为 1.6mm。

7.2.2 本条明确规定试验仪器的穿心锤质量、导向杆和钻杆相对弯曲度应定期标定；并规定其他需要定期检查的部分。

7.3 现场检测

7.3.1、7.3.2 本条对试验测试点的平面布置和测试深度的详细规定，主要是配合《建筑地基处理技术规范》JGJ 79－2012 关于原位测试手段在地基处理检测中的一些规定，在该基础上进行细化。

7.3.8 在检测天然土地基、人工地基，评价复合地基增强体的施工质量时，要求每个检测孔的标准贯入试验次数不应少于 3 次，间距不大于 1.0m，否则数据太少，难以作出准确评价。

7.4 检测数据分析与判定

7.4.3 标准贯入试验锤击数的修正和使用应根据建立统计关系时的具体情况确定，强调尊重地区经验和土层的区域性。

7.4.7 确定砂土密实度，工程勘察、地基基础设计规范均采用未经修正的数值，为实测平均值，因此表7.4.7-1 采用实测平均值，与现行规范保持一致。

在目前规范中，粉土的密实度和孔隙比存在对应关系，孔隙比、标准贯入试验实测锤击数和密实度三者之间缺乏相应关系；黏性土的状态与液性指数存在相应关系，状态、标准贯入试验修正后锤击数和液性指数三者之间缺乏相应关系。因此，在本规范的编制过程中，需要建立前述各个指标之间的相应关系以更好的指导实际工程。

为统计分析全国情况，对全国华东、华北、东北、中南、西北、西南各区 28 家勘察设计院发出征求意见函，就我们根据部分地区经验拟定的初步意见值征询意见，提供的初步征询意见值见表 2、表 3。

表 2 粉土孔隙比、标准贯入试验实测锤击数和密实度相关关系表

e	初步意见 N_k（实测值）	密实度
—	$N_k \leqslant 5$	松散
$e > 0.9$	$5 < N_k \leqslant 10$	稍密
$0.75 \leqslant e \leqslant 0.9$	$10 < N_k \leqslant 15$	中密
$e < 0.75$	$N_k > 15$	密实

表 3 黏性土状态、标准贯入试验修正后锤击数和液性指数相关关系表

I_L	初步意见 N_k（修正值）	状态
$I_L > 1$	$N_k \leqslant 2$	流塑
$0.75 < I_L \leqslant 1$	$2 < N_k \leqslant 4$	软塑
$0.5 < I_L \leqslant 0.75$	$4 < N_k \leqslant 8$	软可塑
I_L	初步意见 N_k（修正值）	状态
$0.25 < I_L \leqslant 0.5$	$8 < N_k \leqslant 18$	硬可塑
$0 < I_L \leqslant 0.25$	$18 < N_k \leqslant 35$	硬塑
$I_L \leqslant 0$	$N_k > 35$	坚硬

收集整理各单位返回的意见，具有代表性的地区 统计经验值见表4～表7。

表4 粉土孔隙比、标准贯入试验实测锤击数和密实度相关关系表

序号	e	深圳市勘察测绘院	安徽建设工程勘察院	内蒙古建筑勘察设计研究院勘测有限责任公司	中勘冶金勘察设计研究院	福建省建筑设计研究院	密实度
1	—	—	$N_k \leqslant 6$	$N_k \leqslant 5$	$N_k \leqslant 5$	$N_k \leqslant 4$	松散
2	$e > 0.9$	$1 < N_k \leqslant 4$	$6 < N_k \leqslant 13$	$5 < N_k \leqslant 10$	$5 < N_k \leqslant 9$	$4 < N_k \leqslant 12$	稍密
3	$0.75 \leqslant e \leqslant 0.9$	$4 < N_k \leqslant 7$	$13 < N_k \leqslant 25$	$10 < N_k \leqslant 15$	$9 < N_k \leqslant 14$	$12 < N_k \leqslant 18$	中密
4	$e < 0.75$	$7 < N_k \leqslant 15$	$N_k > 25$	$N_k > 15$	$N_k > 14$	$N_k > 18$	密实

表5 粉土孔隙比、标准贯入试验实测锤击数和密实度相关关系表

序号	e	中国建筑东北设计研究院有限公司	浙江大学建筑设计研究院岩土工程分院	北京航天勘察设计研究院	建设综合勘察研究设计院	密实度
1	—	—	$N_k \leqslant 7$	$N_k \leqslant 5$	$N_k \leqslant 5$	松散
2	$e > 0.9$		$7 < N_k \leqslant 13$	$5 < N_k \leqslant 10$	$5 < N_k \leqslant 10$	稍密
3	$0.75 \leqslant e \leqslant 0.9$	$12 < N_k \leqslant 18$	$13 < N_k \leqslant 25$	$10 < N_k \leqslant 15$	$10 < N_k \leqslant 12$	中密
4	$e < 0.75$	$N_k > 18$	$N_k > 25$	$N_k > 15$	$N_k > 12$	密实

表6 黏性土状态、标准贯入试验修正后锤击数和液性指数相关关系表

I_L	安徽建设工程勘察院	深圳市勘察测绘院	内蒙古建筑勘察设计研究院勘测有限公司	中勘冶金勘察设计研究院	福建省建筑设计研究院	状态
$I_L > 1$	$N_k \leqslant 3$	$N_k \leqslant 1.5$	$N_k \leqslant 2$	$N_k \leqslant 2$	$N_k \leqslant 2$	流塑
$0.75 < I_L \leqslant 1$	$3 < N_k \leqslant 5$	$1.5 < N_k \leqslant 4$	$2 < N_k \leqslant 4$	$2 < N_k \leqslant 4$	$2 < N_k \leqslant 5$	软塑
$0.5 < I_L \leqslant 0.75$	$5 < N_k \leqslant 7$	$4 < N_k \leqslant 6$	$4 < N_k \leqslant 8$	$4 < N_k \leqslant 7$	$5 < N_k \leqslant 11$	软可塑
$0.25 < I_L \leqslant 0.5$	$7 < N_k \leqslant 12$	$6 < N_k \leqslant 15$	$8 < N_k \leqslant 15$	$7 < N_k \leqslant 16$	$11 < N_k \leqslant 22$	硬可塑
$0 < I_L \leqslant 0.25$	$12 < N_k \leqslant 20$	$15 < N_k \leqslant 35$	$15 < N_k \leqslant 35$	$16 < N_k \leqslant 30$	$22 < N_k \leqslant 33$	硬塑
$I_L \leqslant 0$	$N_k > 20$	$25 < N_k \leqslant 35$	$N_k > 35$	$N_k > 30$	$N_k > 33$	坚硬

表7 黏性土状态、标准贯入试验修正后锤击数和液性指数相关关系表

I_L	中国建筑东北设计研究院有限公司	浙江大学建筑设计研究院岩土工程分院	北京航天勘察设计研究院	建设综合勘察研究设计院	中建西南勘察设计研究院	状态
$I_L > 1$	$N_k \leqslant 3$	$N_k \leqslant 1.5$	$N_k \leqslant 2$	$N_k \leqslant 2$	$N_k \leqslant 2$	流塑
$0.75 < I_L \leqslant 1$	$3 < N_k \leqslant 5$	$1.5 < N_k \leqslant 4$	$2 < N_k \leqslant 4$	$2 < N_k \leqslant 4$	$2 < N_k \leqslant 4$	软塑
$0.5 < I_L \leqslant 0.75$	$5 < N_k \leqslant 7$	$4 < N_k \leqslant 6$	$4 < N_k \leqslant 8$	$4 < N_k \leqslant 9$	$4 < N_k \leqslant 8$	软可塑
$0.25 < I_L \leqslant 0.5$	$7 < N_k \leqslant 12$	$6 < N_k \leqslant 15$	$8 < N_k \leqslant 15$	$9 < N_k \leqslant 13$	$8 < N_k \leqslant 15$	硬可塑
$0 < I_L \leqslant 0.25$	$12 < N_k \leqslant 20$	$15 < N_k \leqslant 25$	$15 < N_k \leqslant 35$	$13 < N_k \leqslant 25$	$15 < N_k \leqslant 25$	硬塑
$I_L \leqslant 0$	$N_k > 20$	$25 < N_k \leqslant 35$	$N_k > 35$	$N_k > 25$	$N_k > 25$	坚硬

对以上数据分析应用如下：

（1）由表 4 可知，第一行标贯值均值为 5，可以作为松散与稍密粉土的临界值；第二行均值为 10.8，标准值为 9.24，因此选 10 作为稍密与中密粉土的临界值；第三行均值为 14.8，所以选择 15 作为中密与密实粉土的临界值。综上，确定结果见表 8。

表 8 粉土孔隙比、标准贯入试验实测锤击数和密实度相关关系表

e	统计结果 N_k（实测值）	密实度
—	$N_k \leqslant 5$	松散
$e > 0.9$	$5 < N_k \leqslant 10$	稍密
$0.75 \leqslant e \leqslant 0.9$	$10 < N_k \leqslant 15$	中密
$e < 0.75$	$N_k > 15$	密实

（2）由表 6 和表 7 可知，流塑与软塑黏性土标贯值临界值取 2；但因标准贯入试验一般不适用于软塑与流塑软土，建议用标贯进行软土判别时要慎重；软塑与软可塑的临界值均值为 4.33，标准值为 3.91，因此可取为 4；软可塑与硬可塑的临界值均值为 8.33，标准值为 7.09，因此可取为 8；硬可塑与硬塑的临界值均值为 14.2，均值为 12.64，考虑到以 300kPa 的承载力为限，由规范公式 $10.5 + (N-3) \times 2 = 30$ 计算出 $N = 13$，因此取为 14；硬塑与坚硬的临界值均值为 28.6，标准值为 22.8，考虑到全国规范中标贯击数为 23 时地基承载力已经达到 680kPa，足以达到坚硬状态了，因此取值为 25。综上，确定结果见表 9。

表 9 黏性土状态、标准贯入试验修正后锤击数和液性指数相关关系表

I_L	统计结果 N_k（修正值）	状态
$I_L > 1$	$N_k \leqslant 2$	流塑
$0.75 < I_L \leqslant 1$	$2 < N_k \leqslant 4$	软塑
$0.5 < I_L \leqslant 0.75$	$4 < N_k \leqslant 8$	软可塑
$0.25 < I_L \leqslant 0.5$	$8 < N_k \leqslant 14$	硬可塑
$0 < I_L \leqslant 0.25$	$14 < N_k \leqslant 25$	硬塑
$I_L \leqslant 0$	$N_k > 25$	坚硬

本次意见征询表发放的单位见表 10。

表 10 意见征询表发放的单位名称

序号	地区	省份	单位名称
1	华北	北京	北京航天勘察设计研究院
2		北京	北京市勘察设计研究院有限公司
3		北京	军队工程勘察协会
4		北京	中兵勘察设计研究院
5		北京	中航勘察设计研究院

续表 10

序号	地区	省份	单位名称
6	华北	河北	河北建设勘察研究院有限公司
7		河北	中勘冶金勘察设计研究院有限责任公司
8		天津	天津市勘察院
9		山西	山西省勘察设计研究院
10		内蒙古	内蒙古建筑勘察设计研究院勘测有限责任公司
11	东北	辽宁	中国建筑东北设计研究院有限公司
12	华东	上海	上海岩土工程勘察设计研究院有限公司
13		浙江	浙江大学建筑设计研究院岩土工程分院
14		浙江	杭州市勘测设计研究院
15		安徽	安徽省建设工程勘察设计院
16		福建	福建省建筑设计研究院
17		山东	山东正元建设工程有限责任公司
18	中南	河南	河南工程水文地质勘察院有限公司
19		湖北	中南勘察设计院
20		深圳	深圳市勘察测绘院有限公司
21		广西	广西电力工业勘察设计研究院
22	西南	四川	中国建筑西南勘察设计研究院有限公司
23		云南	中国有色金属工业昆明勘察设计研究院
24		贵州	贵州省建筑工程勘察院
25	西北	陕西	机械工业勘察设计研究院
26		陕西	西北综合勘察设计研究院
27		陕西	中国有色金属工业西安勘察设计研究院
28		新疆	新疆建筑设计研究院

7.4.8 标准贯入试验结果用于评价地基承载力时，一定要结合当地载荷试验结果和地区经验。特别是进行地基检测时，采用标准贯入试验判断地基土承载力应和地基处理设计时依据的地区承载力确定方法一致。

应用标准贯入试验评价和确定地基承载力是一个相当复杂的问题，涉及的不确定因素很多，比如沉积年代、沉积环境、成因类型、土中有机质含量、地下水位升降等等。另外，各地方规范关于锤击数 N 值是否修正、如何修正不同，标准值的计算方法不同，不一定存在可比性。制作一个全国性表，难度很大。

通过对国标《建筑地基基础设计规范》GBJ 7-89（已废止）及部分地方标准《河北建筑地基承载力技术规程》DB13（J)/T 48-2005、《北京地区建筑地基基础勘察设计规范》DB 11-501-2009、《南京地区建筑地基基础设计规范》DB 32/112-95、湖北《建筑地基基础技术规范》DB 42/242-2003 等的对比研究，可以看出，河北规范考虑了地质分区，北京规范考虑了新近沉积土。关于锤击数修正，北京规范采用的是有效覆盖压力修正法，与其他规范采用杆长修正法不同；即使是杆长修正，各地规范的最大修正长度也不尽相同，福建、河北和南京规范均达到75m。

综上所述，本条要求应优先采用地方规范，当无地方规范也无地方经验时，在能满足本条限制条件下可使用本规范所列承载力表。

应用承载力表还应注意几个问题：

（1）各地对地基承载力采用标准值还是特征值并不一致，而标准值和特征值概念是存在差异的；

（2）个别地区经验积累的标贯值和承载力对应表主要是针对原状土的，对经过加固的土层结构性有很大改变的情况下并不适用；

（3）作为地基处理效果判定时，只能根据地基处理设计时依据的地区承载力确定方法确定加固后的承载力，不能依据大范围统计确定的承载力表格确定承载力，以避免产生检测结果分歧。

7.4.11 单位工程主要土层的原位试验数据应按本规范附录 B 的规定进行统计计算，给出评价结果。

8 圆锥动力触探试验

8.1 一般规定

8.1.1 圆锥动力触探试验（DPT）是用标准质量的重锤，以一定高度的自由落距，将标准规格的圆锥形探头贯入土中，根据打入土中一定距离所需的锤击数，判定土的力学特性，具有勘探和测试双重功能。

本规范列入了三种圆锥动力触探（轻型、重型和超重型）。轻型动力触探的优点是轻便，对于施工验槽、填土勘察、查明局部软弱土层、洞穴等分布，均有实用价值。重型动力触探应用广泛，其规格标准与国际通用标准一致。超重型动力触探的能量指数（落锤能量与探头截面积之比）与国外的并不一致，但相近，适用于碎石土和软岩。圆锥动力触探试验设备轻巧，测试速度快、费用较低，可作为地基检测的普查手段。

8.2 仪器设备

8.2.1～8.2.3 圆锥动力触探试验设备规格主要参考现行国家标准《岩土工程勘察规范》GB 50021 确定，

并规定重型及超重型圆锥动力触探的落锤应采用自动脱钩装置。触探杆顺直与否直接影响试验结果，本规范对每节触探杆相对弯曲度作了宜小于 0.5% 的规定。圆锥动力触探探杆、锥头的磨损度直接影响试验的准确性，本条对探杆、锥头的容许磨损度作出规定，方便现场检查判断。

8.3 现场检测

8.3.1 对于人工地基，由于处理土的类型或增强体的桩体材料可能各不相同，应根据其材料情况，选择适合的圆锥动力触探试验类型。

8.3.2 本条规定了进行圆锥动力触探试验的试验位置，测试点布置应考虑地质分区或加固处理分区的不同，且应有代表性。评价复合地基增强体施工质量时，应布置在增强体中心位置，评价桩间土的处理效果时，应布置在桩间处理单元的中心位置。评价地基处理效果时，处理前、后测试点应尽可能布置在同一位置附近，才具有较强的可比性。

8.3.3 本条规定了进行动力触探的测试深度，以便较为全面地评价地基的工程特性。对天然地基测试应达到主要受力层深度以下，可结合勘察资料确定试验深度。对人工地基测试应达到加固深度及其主要影响深度以下，复合地基应不小于竖向增强体底部深度。

8.3.4 本条规定进行圆锥动力触探试验时的技术要求：

1 锤击能量是最重要的因素。规定落锤方式采用控制落距的自动落锤，使锤击能量比较恒定。

2 注意保持杆件垂直，锤击时防止偏心及探杆晃动。贯入过程应不间断地连续击入，在黏性土中击入的间歇会使侧摩阻力增大。锤击速度也影响试验成果，一般采用每分钟 15 击～30 击；在砂土、碎石土中，锤击速度影响不大，可取高值。

3 触探杆与土间的侧摩阻力是另一重要因素。试验中可采取下列措施减少侧摩阻力的影响：

（1）探杆直径应小于探头直径，在砂土中探头直径与探杆直径比应大于 1.3；

（2）贯入时旋转探杆，以减少侧摩阻力；

（3）探头的侧摩阻力与土类、土性、杆的外形、刚度、垂直度、触探深度等均有关，很难用一固定的修正系数处理，应采取切合实际的措施，减少侧摩阻力，对贯入深度加以限制。

4 由于地基土往往存在硬夹层，不同规格的触探设备其穿透能力不同，为避免强行穿越硬夹层时损坏设备，对轻型动力触探和重型动力触探分别给出可终止试验的条件。当全面评价人工地基的施工质量，当处理范围内有硬夹层时，宜穿过硬夹层后继续试验。

8.4 检测数据分析与判定

8.4.2～8.4.4 对圆锥动力触探试验成果分析与判定

做如下说明：

1 圆锥动力触探试验主要取得的贯入指标，是触探头在地基土中贯入一定深度的锤击数（N_{10}、$N_{63.5}$、N_{120}）或地基土的动贯入阻力以及对应的深度范围。动贯入阻力可采用荷兰的动力公式：

$$q_d = \frac{M}{M+m} \cdot \frac{M \cdot g \cdot H}{A \cdot e} \quad (1)$$

式中：q_d——动贯入阻力（MPa）；

M——落锤质量（kg）；

m——圆锥探头及杆件系统（包括打头、导向杆等）的质量（kg）；

H——落距（m）；

A——圆锥探头截面积（cm^2）；

e——贯入度，等于 D/N，D 为规定贯入深度，N 为规定贯入深度的击数；

g——重力加速度，其值为 $9.81 m/s^2$。

上式建立在古典的牛顿非弹性碰撞理论（不考虑弹性变形量的损耗）。故限用于：

（1）贯入土中深度小于 12m，贯入度 2mm～50mm；

（2）$m/M<2$。如果实际情况与上述适用条件出入大，用上述计算应慎重。

有的单位已经研制电测动贯入阻力的动力触探仪，这是值得研究的方向。

本规范推荐的分析方法是对触探头在地基土中贯入一定深度的锤击数（N_{10}、$N_{63.5}$、N_{120}）及其对应的深度进行分析判定，这种方法在国内已有成熟的经验。

2 根据触探击数、曲线形态，结合钻探资料可进行力学分层，分层时注意超前滞后现象，不同土层的超前滞后量是不同的。

上为硬土层下为软土层，超前约为 0.5m～0.7m，滞后约为 0.2m；上为软土层下为硬土层，超前约为 0.1m～0.2m，滞后约为 0.3m～0.5m。

在整理触探资料时，应剔除异常值，在计算土层的触探指标平均值时，超前滞后范围内的值不反映真实土性；临界深度以内的锤击数偏小，不反映真实土性；故不应参加统计。动力触探本来是连续贯入的，但也有配合钻探，间断贯入的做法，间断贯入时临界深度以内的锤击数同样不反映真实土性，不应参加统计。

3 整理多孔触探资料时，应结合钻探资料进行分析，对均匀土层，可用厚度加权平均法统计场地分层平均触探击数值。

8.4.5～8.4.7 动力触探指标可用于推定土的状态、地基承载力、评价地基土均匀性等，本条规定通过对各检测孔和同一土层的触探锤击数进行统计分析，得出其平均值（代表值）和变异系数等指标推定土的状态及地基承载力。进行分层统计时，应根据动探曲线

沿深度变化趋势结合勘探资料进行。用于评价地基处理效果时，宜取得处理前、后的动力触探指标进行对比评价。

8.4.8 复合地基竖向增强体的施工工艺和采用材料的种类较多，只有相同的施工工艺并采用相同材料的增强体才有可比性，本条规定只对单个增强体进行评价。

8.4.9 用 N_{10} 评价地基承载力特征值的表分别分析、参考了《铁路工程地质原位测试规程》TB 10018—2003、广东、北京、西安、浙江的资料。

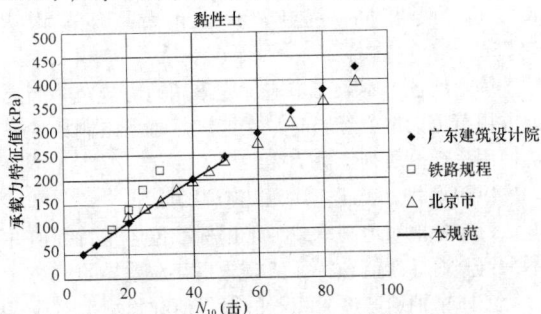

图 2 黏性土承载力特征值与 N_{10} 关系

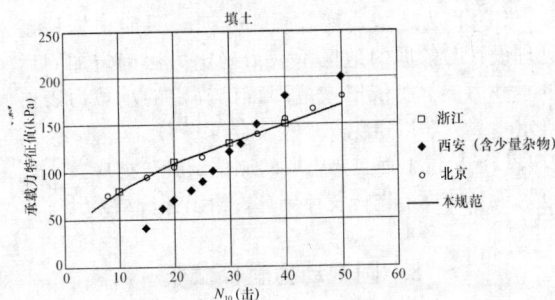

图 3 填土承载力特征值与 N_{10} 关系

本规范所列 N_{10} 评价素填土的承载力，该素填土的成分是黏性土，西安经验所对应的填土含有少量杂物，在击数对应的承载力相对较低，故表 8.4.9 参考了北京、浙江的资料。

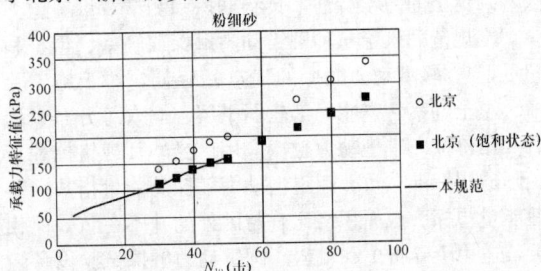

图 4 粉细砂承载力特征值与 N_{10} 关系

粉细砂土的承载力与其饱和程度关系明显，表中数值参照了北京资料中饱和状态下的资料。

用重型动力触探试验 $N_{63.5}$ 评价地基承载力特征值分别参考了原一机部勘测公司西南大队、广东、成

都、沈阳、铁路标准、石油标准等资料和部分工程实测验证资料，适当做了外延和内插。

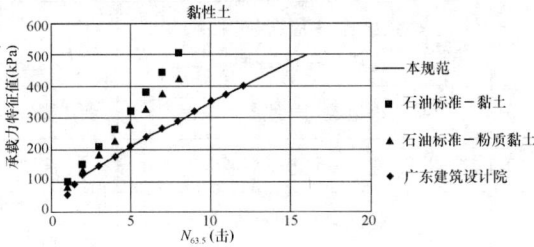

图 5　黏性土承载力特征值与 $N_{63.5}$ 关系

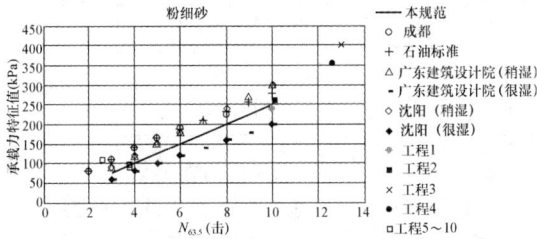

图 6　粉细砂承载力特征值与 $N_{63.5}$ 关系

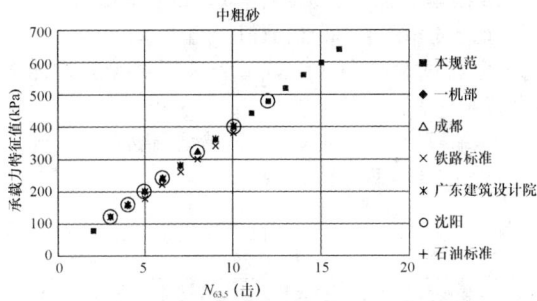

图 7　中粗砂承载力特征值与 $N_{63.5}$ 关系

8.4.10　砂土、碎石桩的密实度评价标准参考了《工程地质手册》、广东省、辽宁省等资料。为方便检测人员使用，本条引用了《岩土工程勘察规范》GB 50021-2001（2009 年版）用 $N_{63.5}$、N_{120} 击数评价碎石土密实度的表格。考虑到碎石土的粒径大小、颗粒组成、母岩成分、填充物等对动力触探锤击数和地基承载力影响较大，各地所测数据离散性也很大，故当需要用动力触探锤击数评价碎石土的承载力时，应结合载荷试验的比对结果和地区经验进行。

8.4.11　推定地基的变形模量 E_0 引用了《铁路工程地质原位测试规程》TB 10018-2003 中的资料。

9　静力触探试验

9.1　一般规定

9.1.1　静力触探试验（CPT）为采用静力方式均匀地将标准规格的探头压入土中，通过量测探头贯入阻力以测定土的力学特性的原位测试方法。一般在黏性土、粉土和砂土及相应的处理土地基中较为适用，对于含少量碎石土层，其适用性应根据碎石含量、粒径级配等条件而定。静力触探试验能较为直观地评价土的均匀性和地基处理效果，结合载荷试验成果或地区工程实践经验，能推定土的承载力及变形参数。

9.2　仪器设备

9.2.1　单桥、双桥探头是国内常用的静力触探探头。国际上不少国家已较广泛采用多功能探头，国内也有勘察单位在工程中成功使用多功能探头。国内部分院校引进的现代多功能 CPTU 系统，配备有四功能 5t、10t、20t 数字式探头，具有常规 CPT、孔压、地震波和电阻率功能模块。数字式探头内传感器后配有电子放大调节元件，清除测试时电缆阻力的影响。另配有温度读数仪，用来校准微波稳定状态下的温度变化，保证测试精度。

9.2.2　国内目前探头锥底截面积有 $10cm^2$、$15cm^2$ 和 $20cm^2$。国际标准探头为锥角 $60°$，锥底截面积为 $10cm^2$，此种规格在国内也较为常用。对于可能有较大的贯入阻力时，可选择锥底面积较大的探头。

9.2.3　静力触探的贯入设备和记录仪作为设备应定期校准，校准的方式可以采用自校、外校，或自校加外校相结合的方式进行。

9.2.4　本条是对触探主机的技术要求，能匀速贯入，且标准速度为 1.2m/min，允许变化范围为 ±0.3m/min。

9.2.5　国内目前常用的记录仪主要有四种：（1）电阻应变仪；（2）自动记录绘图仪；（3）数字式测力仪；（4）数据采集仪（静探微机）。

9.2.6　探头在额定荷载下，室内检测总误差不应大于 3%FS，其中非线性误差、重复性误差、滞后误差、归零误差均应小于 1%FS，要求野外现场的归零误差不应超过 3%FS。

9.2.7　为了不影响测试数据和减少探杆与孔壁的摩阻力，探杆的直径应小于探头直径。如安装减摩阻器，安装位置应在影响范围之外。

9.2.8　国内探头一般采用电阻应变式传感器，应避免受潮和振动。

9.3　现场检测

9.3.1　本条是规定测试点的平面布设，应具有代表性和针对性。对于评价地基处理效果的，前、后测试点应考虑一致性。

9.3.2　本条是规定静力触探测试深度，除设计特殊要求外，一般应达到主要受力层或地基加固深度以下。对于复合地基桩间土测试，其深度应达到竖向增强体深度以下。

9.3.3　本条规定了静力触探设备安装应注意的问题，

如注意施工安全，防止损坏地下管线等。因地制宜选择反力装置，有地锚法、堆载法和利用混凝土地坪反拉法等。

9.3.4 本条规定试验前，探头应连同记录仪、电缆线作为一个系统进行率定。率定有效期为 3 个月，超过 3 个月需要再次率定。当现场测试发现异常时，应重新率定，检验探头有效性。

9.3.5 本条规定静力触探试验现场操作的一些准测，如消除温漂，规定贯入标准速度。为防止孔斜的措施有：下护管或配置测斜探头。

9.3.6 在试验贯入过程中由于温度和传感器受力影响，探头应按一定间隔及时调零，保证测试数据的准确。

9.3.7 当探杆的倾斜角超过了 10°时，测试深度和数据将会失真，应当终止试验。

9.4 检测数据分析与判定

9.4.7 为了统计静力触探试验成果和地基承载力、变形参数的关系，编制组收集了全国各地的一些工程资料，进行分析和统计，得出了以下经验公式。

1 收集资料情况

本次静力触探成果经验关系统计共收集 23 项工程，其中上海 12 项、江苏 5 项、陕西 3 项、辽宁 1 项、山西 1 项、浙江 1 项，详见表 11。

表 11　收集资料一览表

序号	工程名称	工程地点
1	上海中心大厦工程勘察、地灾评估	上海
2	上海市陆家嘴金融贸易区 X2 地块	上海
3	无锡红豆国际广场	江苏无锡
4	上海富士康大厦	上海
5	卢湾区马当路 388 号地块（卢 43 街坊项目）	上海
6	耀皮玻璃有限公司浮法玻璃搬迁项目	江苏常熟
7	虹桥综合交通枢纽地铁西站	上海
8	西部商业开发与西公交中心	上海
9	上海北外滩白玉兰广场	上海
10	无锡国棉 1A、1B 地块	江苏无锡
11	无锡国棉 2 号地块	江苏无锡
12	上海市静安区大中里综合发展项目	上海
13	太原湖滨广场综合项目	山西太原
14	上海市普陀区真如副中心 A3、A5 地块（一期）发展项目	上海
15	静安区 60 号街坊地下空间建设项目	上海
16	上海市长宁区临空 13-1、13-2 地块	上海
17	九龙仓苏州超高层项目	江苏苏州

续表 11

序号	工程名称	工程地点
18	轨道交通 10 号线海伦路站地块综合开发项目	上海
19	杭州市地铁 4 号线一期工程	浙江杭州
20	沈阳东北电子商城	辽宁沈阳
21	西安市城市快速轨道交通一号线一期工程	陕西西安
22	西安市城市快速轨道交通二号线一期工程	陕西西安
23	西安市城市快速轨道交通三号线一期工程	陕西西安

2 地基承载力和压缩模量的确定

确定地基承载力和土体变形模量最直接方法是载荷板试验，但由于载荷板试验一般在表层土进行，无法在深层土体实施，所以本次统计选用旁压试验成果来确定地基土承载力和压缩模量，确定原则如下：

地基土承载力特征值取值：$f_{ak} = 0.9 (p_y - p_0)$，p_y 为旁压试验临塑压力，p_0 为旁压试验原位侧向压力。

压缩模量 $E_{s0.1-0.2}$ 按土工试验结果取值。

3 统计结果（图 8～图 13）

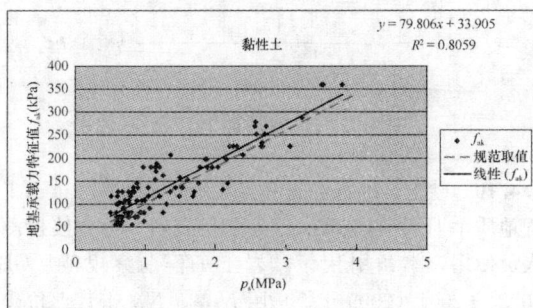

图 8　黏性土地基承载力特征值与 p_s 关系

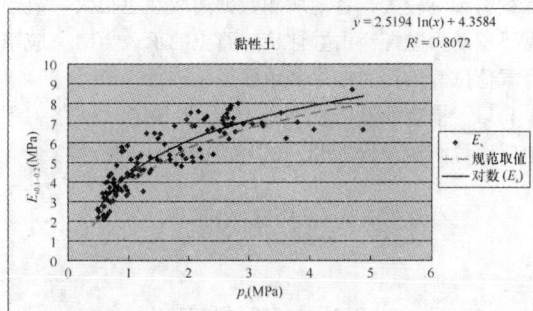

图 9　黏性土 $E_{s0.1-0.2}$ 与 p_s 关系

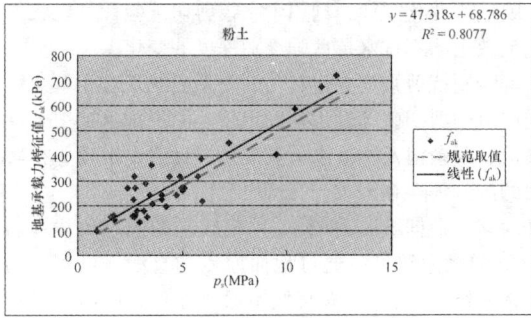

图 10 粉土地基承载力特征值与 p_s 关系

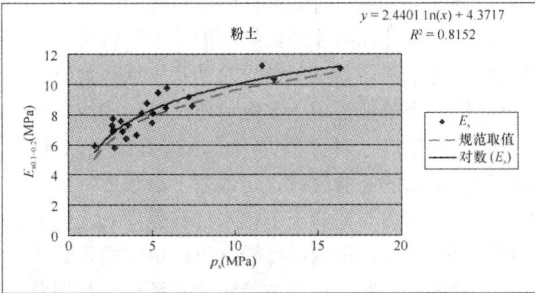

图 11 粉土 $E_{s0.1-0.2}$ 与 p_s 关系

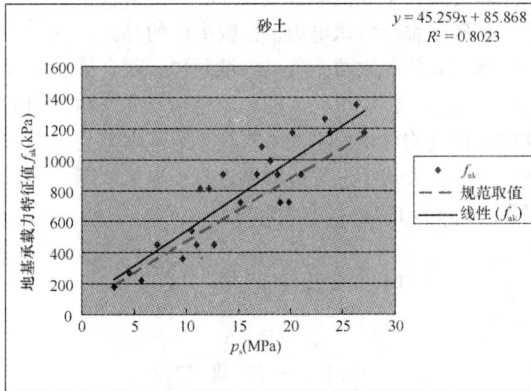

图 12 砂土地基承载力特征值与 p_s 关系

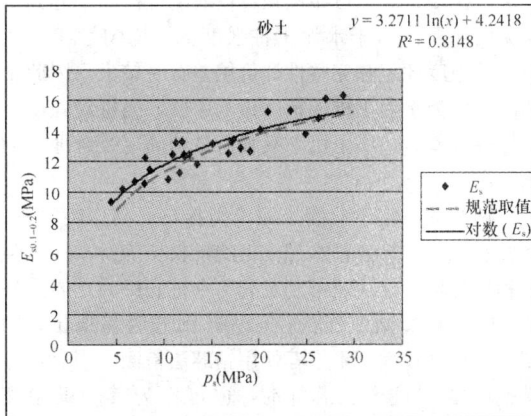

图 13 砂土 $E_{s0.1-0.2}$ 与 p_s 关系

（1）黏性土，规范取值：$f_{ak} = 80p_s + 20$，$E_{s0.1-0.2} = 2.5\ln(p_s) + 4$

（2）粉土，规范取值：$f_{ak} = 47p_s + 40$，$E_{s0.1-0.2} = 2.44\ln(p_s) + 4$

（3）砂土，规范取值：$f_{ak} = 40p_s + 70$，$E_{s0.1-0.2} = 3.6\ln(p_s) + 3$

本次归纳统计的经验公式应进一步通过载荷板对比试验，在工程中验证，积累资料，不断完善。

10 十字板剪切试验

10.1 一般规定

10.1.1 《岩土工程勘察规范》GB 50021 - 2001 (2009 年版）指出，十字板剪切试验可用于测定饱和软黏性土（$\varphi \approx 0$）的不排水抗剪强度和灵敏度；试验成果可按地区经验，确定地基承载力，判定软黏性土的固结历史。

十字板剪切试验的适用范围，大部分国家规定限于饱和软黏性土，软黏性土是指天然孔隙比大于或等于 1.0，且天然含水量大于液限的细粒土。

作为建筑地基检测方法，十字板剪切试验适用于检测饱和软黏性土天然地基及其预压处理地基的不排水抗剪强度和灵敏度，可推定原状土与处理土地基的地基承载力，检验原状土地基质量和桩间土加固效果。

10.2 仪器设备

10.2.1 机械式十字板剪切仪的特点是施加的力偶对转杆不产生额外的推力。它利用蜗轮蜗杆扭转插入土层中的十字板头，借助开口钢环测定土层的抵抗扭力，从而得到土的抗剪强度。

电测十字板剪切仪是相对较新的一种设备。与机械式的主要区别在于测力装置不用钢环，而是在十字板头上端连接一个贴有电阻应变片的扭力传感器装置（主要由高强度弹簧钢的变形柱和成正交贴在其上的电阻片等组成）。通过电缆线将传感器信号传至地面的电阻应变仪或数字测力仪，然后换算十字板剪切的扭力大小。它可以不用事前钻孔，且传感器只反映十字板头处受力情况，故可消除轴杆与土之间，传力机械等的阻力以及坍孔使土层扰动的影响。如果设备有足够的压入力和旋扭力，则可自上而下连续进行试验。

10.2.2 十字板头形状国外有矩形、菱形、半圆形等，但国内均采用矩形，故本规范只列矩形。当需要测定不排水抗剪强度的各向异性变化时，可以考虑采用不同菱角的菱形板头，也可以采用不同径高比板头进行分析。矩形十字板头的宽高比 1∶2 为通用标准。十字板头面积比，直接影响插入板头时对土的挤压扰动，一般要求面积比小于 15%；当十字板头直径为 50mm 和 75mm，翼板厚度分别为 2mm 和 3mm 时，相应的面积比为 13%～14%。

扭力测量设备需满足对测量量程的要求和对使用环境适应性的要求，才可能确保检测工作正常进行。

传感器和记录仪如达到条文规定的技术要求，则由零漂造成的试验误差（归零误差）被控制在 1%FS 以内。零漂可分为时漂和温漂两种：在恒温和零输入状态下，在规定的时段内，仪表对传感器零输出值的变化不小，谓之时漂；在零输入状态下，传感器零输出值随温度变化而改变，称为温漂。

传感器检测总误差若在 3% 以内，则整个测试误差（包括仪器的检测误差、十字板头尺寸误差等在内）被控制在 8% 以内。

传感器的绝缘程度随静置时间延长而降低，对传感器出厂时的绝缘电阻要求既是合理的，也是可行的。武汉冶金勘察研究院就传感器（探头）绝缘电阻对测试误差的影响进行过分析与试验，结论认为探头应变量测试误差在绝缘电阻为 1MΩ 级时可远小于 1%。铁四院在南方若干工点中，也发现同一探头在 5MΩ 和大于 200MΩ 时，其测试值的重现性很好；但当探头绝缘电阻降至 5MΩ 以下时，由于气候潮湿和野外环境恶劣，也许在一夜之间便降为零。为此，本规程将传感器绝缘电阻的使用下限定为 200MΩ，可保证外业工作不受这方面因素影响。

10.2.5 专用的试验记录仪是指与设备主机配套生产制作的专用试验记录仪。试验的信号传输线采用屏蔽电缆可防止或减小杂散信号干扰，保证测试结果准确。

10.3 现场检测

10.3.1 安装平稳才能保证钻杆入土的垂直度以及形成与理论假定一致的剪切圆柱体。

10.3.5 同一检测孔的试验点的深度间距规定宜为 1.5m～2.0m，当需要获得多个检测点的数据而土层厚度不够时，深度间距可放宽至 0.8m；当土层随深度的变化复杂时，可根据工程实际需要，选择有代表性的位置布置试验点，不一定均匀间隔布置试验点，遇到变层，要增加检测点。

10.4 检测数据分析与判定

10.4.3、10.4.4 十字板不排水抗剪强度计算的假定为：当十字板在土中扭转时，土柱周围的剪力是均匀的，土柱体上、下两端也是均匀的。

10.4.5 根据原状土与重塑土不排水抗剪强度的比值可计算灵敏度，可评价软黏土的触变性。

10.4.6、10.4.7 实践证明，正常固结的饱和软黏性土的不排水抗剪强度是随深度增加的；室内抗剪强度的试验成果，由于取样扰动等因素，往往不能很好地

反映这一变化规律；利用十字板剪切试验，可以较好地反映土的不排水抗剪强度随深度的变化。

绘制抗剪强度与扭转角的关系曲线，可了解土体受剪时的剪切破坏过程，确定软土的不排水抗剪强度峰值、残余值及不排水剪切模量。目前十字板头扭转角的测定还存在困难，有待研究。

10.4.8 根据 c_u-h 曲线，判定软土的固结历史：若 c_u-h 曲线大致呈一通过地面原点的直线，可判定为正常固结土；若 c_u-h 直线不通过原点，而与纵坐标的向上延长轴线相交，则可判定为超固结土。

10.4.9 利用十字板剪切试验成果计算出来的地基土承载力特征值，在没有载荷试验作对比的情况下，不宜作为工程设计和验收的最终依据。十字板剪力试验结果宜结合平板载荷试验结果对地基土承载力特征值作出评价。当单独采用十字板剪切试验统计结果评价地基时，初步设计时可根据不排水抗剪强度标准值，根据规范提供的经验公式推定地基土承载力特征值。

地基承载力与原状土不排水抗剪强度 c_u 之间有着良好的线性关系，国内一些勘察设计单位根据几十年大量工程实践经验、现场试验对地基承载力与原状土不排水抗剪强度 c_u 之间的关系进行统计、分析得到一些经验公式。本规范的公式（10.4.9）系根据中国建筑科学研究院及华东电力设计院提供的经验公式，经真空预压处理的吹填土地基、堆载预压联合排水加固的软土地基、换填处理的软弱地基及滨海相沉积的软黏土地基均可采用上述公式计算地基承载力。本条规定对经验公式中的埋置深度进行了取值限制，建议当 $h>3.0$m 时应进行适当折减。

11 水泥土钻芯法试验

11.1 一般规定

11.1.1 钻芯法检测是地基基础工程检测的一个基本方法，比较直观，可靠性强，在灌注桩检测中起到了巨大的作用。由于水泥土桩强度低，均匀性相对较差，其强度评定和完整性评价偏差有时较大，因此钻芯法可作为水泥土桩的辅助检测手段，当桩身强度和均匀性较差时，应采用平板载荷试验确定复合地基的承载力。

钻芯法适用于检测水泥土搅拌桩、高压旋喷桩、夯实水泥土桩等各种水泥土桩的桩长、桩身水泥土强度和桩身均匀性，还可判定和鉴别桩底持力层岩土性状。CFG 桩、微型桩长径比大，钻芯时易偏出，检测实操难度较大，不推荐使用钻芯法检测，当有可靠措施能取到桩全长芯样时，也可作为其辅助检测方法。

11.1.2 以概率论为基础、用可靠性指标度量可靠度是比较科学的评价方法，即在钻芯法受检桩的芯样中

截取一批芯样试件进行抗压强度试验，采用统计的方法判断桩身强度是否满足设计要求。为了取得较多的统计样本，准确评价单位工程同一条件下受检桩的桩身强度标准值，要求受检桩每根桩按上、中、下截取3组9个芯样试件。

11.1.3 水泥土桩的强度按7d、28d、90d龄期均有不同，因此应按设计要求的龄期进行抗压强度试验，以检验水泥土桩的强度是否达到该龄期的强度要求。

11.2 仪 器 设 备

11.2.1~11.2.3 钻取芯样设备一般使用灌注桩取芯设备即可，水泥土桩强度一般较低，使用薄壁合金钻头即可，设备动力要求也可以低一些，但芯样的截取、加工、制作应更加细心。

11.3 现 场 检 测

11.3.1 钻芯设备应精心安装、认真检查。钻进过程中应经常对钻机立轴进行校正，及时纠正立轴偏差，确保钻芯过程不发生倾斜、移位。设备安装后，应进行试运转，在确认正常后方能开钻。

当出现钻芯孔与桩体偏离时，应立即停机记录，分析原因。当有争议时，可进行钻孔测斜，以判断是受检桩倾斜超过规范要求还是钻芯孔倾斜超过规定要求。

11.3.2 当钻芯孔为一个时，规定宜在距桩中心100mm~150mm处开孔，是为了在桩身质量有疑问时，方便第二个孔的位置布置。为准确确定桩的中心点，桩头宜开挖裸露；来不及开挖或不便开挖的桩，应由全站仪测出桩位中心。鉴别桩底持力层岩土性状时，应按设计要求钻进持力层一定的深度，无设计要求时，钻进深度应大于2倍桩身直径。

11.3.6 钻至桩底时，为检测桩底虚土厚度，应采用减压、慢速钻进，若遇钻具突降，应即停钻，及时测量机上余尺，准确记录孔深及有关情况。

对桩底持力层，可采用动力触探、标准贯入试验等方法鉴别。试验宜在距桩底50cm内进行。

11.3.8 芯样取出后，应由上而下按回次顺序放进芯样箱中，芯样侧面上应清晰标明回次数深度。及时记录孔号、回次数、起至深度、芯样质量的初步描述及钻进异常情况。

11.3.9 对桩身水泥土芯样的描述包括水泥土钻进深度，芯样连续性、完整性、胶结情况、水泥土芯样是否为柱状、芯样破碎的情况，以及取样编号和取样位置。

对持力层的描述包括持力层钻进深度，岩土名称、芯样颜色、结构构造，或动力触探、标准贯入试验位置和结果。分层岩层应分别描述。

应先拍彩色照片，后截取芯样试件。取样完毕剩余的芯样宜移交委托单位妥善保存。

11.4 芯样试件抗压强度

11.4.2 本条规定芯样试件加工完毕后，即可进行抗压强度试验，一方面考虑到钻芯过程中诸因素影响均使芯样试件强度降低，另一方面是出于方便考虑。

11.4.4 水泥土芯样试件的强度值计算方法参照混凝土芯样试件的强度值计算方法。

11.5 检测数据分析与判定

11.5.2 由于地基处理增强体设计和施工的特殊性，评价单根受检桩的桩身强度是否满足设计要求并不合理，以概率论为基础、用可靠性指标度量可靠度评价整个工程的桩身强度是比较科学合理的评价方法。单位工程同一条件下每个检验批应按照附录B地基土数据统计计算方法计算桩身抗压强度标准值。

11.5.3 桩底持力层岩土性状的描述、判定应有工程地质专业人员参与，并应符合现行国家标准《岩土工程勘察规范》GB 50021的有关规定。

11.5.4、11.5.5 由于水泥土桩通常为大面积复合地基工程，桩数较多，其中的一根或几根桩并不起到决定作用，而是作为一个整体发挥作用，因此水泥土桩的桩身质量评价应按检验批进行。

除桩身均匀性和桩身抗压强度标准值外，当设计有要求时，应判断桩底持力层岩土性状是否满足或达到设计要求。

此外，由于水泥土桩强度低，均匀性相对较差，其强度评定和均匀性评价偏差有时较大，因此钻芯法仅作为水泥土桩的辅助检测手段，当桩身强度和均匀性较差时，应采用载荷试验确定复合地基的承载力。

12 低应变法试验

12.1 一 般 规 定

12.1.1 目前工程中常用的竖向增强体有碎石桩、砂桩、水泥土桩、石灰桩、灰土桩、CFG桩等。根据竖向增强体的性质，桩体复合地基又可分为三类：散体材料桩复合地基、一定粘结强度材料桩复合地基和高粘结强度材料桩复合地基。其中，散体材料桩复合地基的增强体材料是颗粒之间无粘结的散体材料，如碎石、砂等，散体材料桩只有依靠周围土体的围箍作用才能形成桩体，桩体材料本身单独不能形成桩体。其他可称为粘结材料桩，视粘结强度的不同又可分为一般粘结强度桩和高粘结强度桩（也有人称为半刚性桩和刚性桩）。为保证桩土共同作用，常常在桩顶设置一定厚度的褥垫层。一般粘结强度桩复合地基如水泥土桩复合地基、灰土桩复合地基等，其桩体刚度较小。高粘结强度材料桩复合地基的桩体通常以水泥为主要胶结材料，有时以混凝土或由混凝土与其他掺和料构成，桩身强度较高，刚度很大。

这几种类型中，散体材料增强明显不符合低应变反射法的检测理论模型，因此不属于本规范的检测范围。而经大量试验证明：类似水泥土搅拌法形成的一般粘结强度的竖向增强体，因其掺入水泥量、均匀性变化较大，强度较低，采用低应变法往往难以达到满意的效果，故一般只作为一种试验方法提供工程参考。本规范的检测适用范围主要是高粘结强度增强体，规定增强体强度为 8MPa 以上，当增强体强度达到 15MPa 以上时，可参照现行行业标准《建筑基桩检测技术规范》JGJ 106 进行检测。

低应变法有许多种，目前国内外普遍采用瞬态冲击方式，通过实测桩顶加速度或速度响应时域曲线，用一维波动理论分析来判定基桩的桩身完整性，这种方法称为反射波法（或瞬态时域分析法）。据住房城乡建设部所发工程桩动测单位资质证书的数量统计，绝大多数的单位采用上述方法，所用动测仪器一般都具有傅立叶变换功能，可通过速度幅频曲线辅助分析判定桩身完整性，即所谓瞬态频域分析法；也有些动测仪器还具备实测锤击力并对其进行傅立叶变换的功能，进而得到导纳曲线，这称之为瞬态机械阻抗法。当然，采用稳态激振方式直接测得导纳曲线，则称之为稳态机械阻抗法。无论瞬态激振的时域分析还是瞬态或稳态激振的频域分析，只是习惯上从波动理论或振动理论两个不同角度去分析，数学上忽略截断和泄漏误差时，时域信号和频域信号可通过傅立叶变换建立对应关系。所以，当桩的边界和初始条件相同时，时域和频域分析结果应殊途同归。综上所述，考虑到目前国内外使用方法的普遍程度和可操作性，本规范将上述方法合并编写并统称为低应变（动测）法。

一维线弹性杆件模型是低应变法的理论基础。因此受检增强体的长径比、瞬态激励脉冲有效高频分量的波长与增强体的横向尺寸之比均宜大于 5，设计增强体截面宜基本规则。另外，一维理论要求应力波在杆中传播时平截面假设成立，所以，对异形的竖向增强体，本方法不适用。

本方法对增强体缺陷程度只作定性判定，尽管利用实测曲线拟合法分析能给出定量的结果，但由于增强体的尺寸效应、测试系统的幅频相频响应、高频波的弥散、滤波等造成的实测波形畸变，以及增强体侧土阻尼、土阻力和增强体阻尼的耦合影响，曲线拟合法还不能达到精确定量的程度。

12.1.3 由于受增强体周土约束、激振能量、竖向增强体材料阻尼和截面阻抗变化等因素的影响，应力波从增强体顶传至底再由底反射回顶的传播为一能量和幅值逐渐衰减过程。若竖向增强体过长（或长径比较大）或竖向增强体截面阻抗多变或变幅较大，往往应力波尚未反射回竖向增强体顶甚至尚未传到竖向增强

体底，其能量已完全衰减或提前反射，致使仪器测不到竖向增强体底反射信号，而无法评定竖向增强体的完整性。在我国，若排除其他条件差异而只考虑各地区地质条件差异时，竖向增强体的有效检测长度主要受竖向增强体和土刚度比大小的制约，故本条未规定有效检测长度的控制范围。具体工程的有效检测长度，应通过现场试验，依据能否识别竖向增强体底反射信号，确定该方法是否适用。

截面尺寸主要是因为上述的长径比影响及尺寸效应问题，应当有所限制，但各地、各种规范的规定不同，一般地，按直径小于 2.0m 为宜，具体情况应根据数据的可识别情况通过现场试验确定。

12.2 仪器设备

12.2.1 检测仪器设备除了要考虑其动态性能满足测试要求，分析软件满足对实测信号的再处理功能外，还要综合考虑测试系统的可靠性、可维修性、安全性等。竖向增强体在某种意义上也可以称为"低强度桩"，对仪器设备的要求与基桩检测的要求接近，因此，有关内容可按现行行业标准《基桩动测仪》JG/T 3055。信号分析处理软件应具有光滑滤波、旋转、叠加平均和指数放大等功能。检测报告所附波形曲线必须有横、纵坐标刻度值，方便其他技术人员同波形进行分析和对检测结果的准确性进行评估，可确保可溯源性。

低应变动力检测采用的测量响应传感器主要是压电式加速度传感器（国内多数厂家生产的仪器尚能兼容磁电式速度传感器测试），根据其结构特点和动态性能，当压电式传感器的可用上限频率在其安装谐振频率的 1/5 以下时，可保证较高的冲击测量精度，且在此范围内，相位误差几乎可以忽略。所以应尽量选用自振频率较高的加速度传感器。

对于增强体顶瞬态响应测量，习惯上是将加速度计的实测信号积分成速度曲线，并据此进行判读。实践表明：除采用小锤硬碰硬敲击外，速度信号中的有效高频成分一般在 2000Hz 以内。但这并不等于说，加速度计的频响线性段达到 2000Hz 就足够了。这是因为，加速度原始信号比积分后的速度波形中要包含更多和更尖的毛刺，高频尖峰毛刺的宽窄和多寡决定了它们在频谱上占据的频带宽窄和能量大小。事实上，对加速度信号的积分相当于低通滤波，这种滤波作用对尖峰毛刺特别明显。当加速度计的频响线性段较窄时，就会造成信号失真。所以，在 ±10% 幅频误差内，加速度计幅频线性段的高限不宜小于 5000Hz，同时也应避免在增强体顶敲击处表面凹凸不平时用硬质材料锤（或不加锤垫）直接敲击。

高阻尼磁电式速度传感器固有频率接近 20Hz 时，幅频线性范围（误差 ±10% 时）约在 20Hz～1000Hz 内，若要拓宽使用频带，理论上可通过提高

阻尼比来实现，但从传感器的结构设计、制作以及可用性来看又难于做到。因此，若要提高高频测量上限，必须提高固有频率，势必造成低频段幅频特性恶化，反之亦然。同时，速度传感器在接近固有频率时使用，还存在因相位越迁引起的相频非线性问题。此外由于速度传感器的体积和质量均较大，其安装谐振频率受安装条件影响很大，安装不良时会大幅下降并产生自身振荡，虽然可通过低通滤波将自振信号滤除，但在安装谐振频率附近的有用信息也将随之滤除。综上所述，高频窄脉冲冲击响应测量不宜使用速度传感器。

12.2.2 瞬态激振操作应通过现场试验选择不同材质的锤头或锤垫，以获得低频宽脉冲或高频窄脉冲。除大直径增强体外，冲击脉冲中的有效高频分量可选择不超过 2000Hz（钟形力脉冲宽度为 1ms，对应的高频截止分量约为 2000Hz）。目前激振设备普遍使用的是力锤、力棒，其锤头或锤垫多选用工程塑料、高强尼龙、铝、铜、铁、橡皮垫等材料，锤的质量为几百克至几十千克不等。

12.3 现场检测

12.3.1 增强体头部条件和处理好坏直接影响测试信号的质量。因此，要求受检增强体头部的材质、强度、截面尺寸应与增强体整体基本等同。这就要求在检测前对松散、破损部分进行处理，使得增强体顶部表面平整干净且无积水。因为增强体的强度一般低于混凝土桩，所以桩头处理时强度与下部基本一致即可，不可要求过高，如果按混凝土桩的标准过高要求，容易将符合要求的增强体处理掉。

当增强体与垫层相连时，相当于增强体头部存在很大的截面阻抗变化，对测试信号会产生影响。因此，测试应该安排在垫层施工前，若垫层已经施工，检测时增强体头部应与混凝土承台断开；当增强体头部的侧面与垫层相连时，应断开才能进行试验。

12.3.2 从时域波形中找到增强体底面反射位置，仅仅是确定了增强体底反射的时间，根据 $\Delta t = 2L/c$，只有已知增强体长 L 才能计算波速 c，或已知波速 c 计算增强体长 L。因此，增强体长参数应以实际记录的施工增强体长为依据，按测点至增强体底的距离设定。测试前增强体波速可根据本地区同类型增强体的测试值初步设定，实际分析过程中应由增强体长计算的波速重新设定或按 12.4.1 条确定的波速平均值 c_m 设定。

对于时域信号，采样频率越高，则采集的数字信号越接近模拟信号，越有利于缺陷位置的准确判断。一般应在保证测得完整信号（时段 $2L/c+5ms$，1024 个采样点）的前提下，选用较高的采样频率或较小的采样时间间隔。但是，若要兼顾频域分辨率，则应按采样定理适当降低采样频率或增加采样点数。

12.3.3 本条是为保证获得高质量响应信号而提出的措施：

1 传感器应安装在增强体顶面，传感器安装点及其附近不得有缺损或裂缝。传感器可用黄油、橡皮泥、石膏等材料作为耦合剂与增强体顶面粘结，或采取冲击钻打眼安装方式，不得采用手扶方式。安装完毕后的传感器必须与增强体顶面保持垂直，且紧贴增强体顶表面，在信号采集过程中不得产生滑移或松动。传感器用耦合剂粘结时，粘结层应尽可能薄，但应具有足够的粘结强度；必要时可采用冲击钻打孔安装方式，传感器底安装面应与增强体顶面紧密接触。

2 相对增强体顶横截面尺寸而言，激振点处为集中力作用，在增强体顶部位可能出现与增强体的横向振型相对应的高频干扰。当锤击脉冲变窄或增强体径增加时，这种由三维尺寸效应引起的干扰加剧。传感器安装点与激振点距离和位置不同，所受干扰的程度各异。初步研究表明：实心增强体安装点在距增强体中心约 2/3R（R 为半径）时，所受干扰相对较小，另应注意加大安装与激振两点距离或平面夹角将增大锤击点与安装点响应信号时间差，造成波速或缺陷定位误差。传感器安装点、锤击点布置见图 14。竖向增强体的直径往往较小，如果传感器和激振点距离只有相对量的要求，而没有绝对量的要求，部分小直径的竖向增强体可能会导致传感器和激振点间距过小，因此，另外规定的二者的距离不小于 10cm。

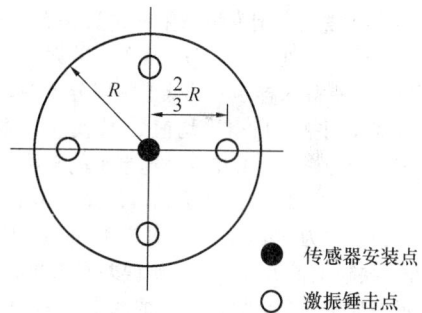

图 14 传感器安装点、锤击点布置示意图

3 瞬态激振通过改变锤的重量及锤头材料，可改变冲击入射波的脉冲宽度及频率成分。锤头质量较大或刚度较小时，冲击入射波脉冲较宽，低频成分为主；当冲击力大小相同时，其能量较大，应力波衰减较慢，适合于获得长度较长的增强体信号或下部缺陷的识别。锤头较轻或刚度较大时，冲击入射波脉冲较窄，含高频成分较多；冲击力大小相同时，虽其能量较小并加剧大直径增强体的尺寸效应影响，但较适宜于增强体浅部缺陷的识别及定位。

12.3.4 本条是对信号采集和筛选而提出的措施：

1 增强体直径增大时，增强体截面各部位的运动不均匀性也会增加，增强体浅部的阻抗变化往往表现出明显的方向性，故应增加检测点数量，使检测结果能全面反映增强体结构完整性情况。一般情况下，增强体的直径较小，布置（2～3）个测试点，已经能较好反映桩身完整性的信息，当然，这（2～3）个测点是指能够测到有效的、一致性较好的测点，如果不能，需要增加测点并分析原因。每个检测点有效信号数不宜少于 3 个，通过叠加平均提高信噪比。

2 应合理选择测试系统量程范围，特别是传感器的量程范围，避免信号波峰削波。

12.4 检测数据分析与判定

12.4.1 为分析不同时段或频段信号所反映的增强体阻抗信息、核验增强体底信号并确定增强体缺陷位置，需要确定增强体波速及其平均值 c_m。波速除与增强体强度有关外，还与骨料品种、粒径级配、密度、水灰比、施工工艺等因素有关。波速与增强体强度整体趋势上呈正相关关系，即强度高波速高，但二者并不是一一对应关系。在影响波速的诸多因素中，强度对波速的影响并非首位。因此，不能依据波速去评定增强体强度等级，反之亦然。对工程地质条件相近、施工工艺相同、同一单位施工的增强体，确定增强体纵波波速平均值，是信号分析的基础。《建筑基桩检测技术规范》JGJ 106 规定 $\mid c_i - c_m \mid /c_m \leqslant 5\%$ 是针对混凝土刚性桩而言的，考虑到竖向增强体波速低（即基数小），差异大，因此，本规范取 $\mid c_i - c_m \mid /c_m \leqslant 10\%$。

12.4.2 本方法确定增强体缺陷的位置是有误差的，原因是：缺陷位置处 Δt_x 和 $\Delta f'$ 存在读数误差；采样点数不变时，提高采样频率降低了频域分辨率；波速确定的方式及用抽样所得平均值 c_m 替代某具体增强体段波速带来的误差。其中，波速带来的缺陷位置误差 $\Delta x = x \cdot \Delta c/c$（$\Delta c/c$ 为波速相对误差）影响最大，如波速相对误差为 5%，缺陷位置为 10m 时，则误差有 0.5m；缺陷位置为 20m 时，则误差有 1.0m。波速在强度低时变化的幅度更大，用桩基中 5%的偏差太严格，考虑到复合地基增强体对长度的要求不如桩基严格，这方面适度放宽一些是比较妥当的。

对瞬态激振还存在另一种误差，即锤击后应力波主要以纵波形式直接沿增强体向下传播，同时在增强体顶又主要以表面波和剪切波的形式沿径向传播。因锤击点与传感器安装点有一定的距离，接收点测到的入射峰总比锤击点处滞后，考虑到表面波或剪切波的传播速度比纵波低得多，特别对大直径增强体，这种从锤击点起由近及远的时间线性滞后将明显增加。而波从缺陷或增强体底以一维平面应力波反射回增强体顶时，引起的增强体顶面径向各点的质点运动却在同一时刻都是相同的，即不存在由近及远的时间滞后问题。所以严格地讲，按入射峰-增强体底反射峰确定的波速将比实际的高，若按"正确"的增强体波速确定缺陷位置将比实际的浅，若能测到 $4L/c$ 的二次增强体底反射，则由 $2L/c$ 至 $4L/c$ 时段确定的波速是正确的。

12.4.3 当检测信号中存在少量高频噪声时，可采用低通滤波方式对测试信号进行处理，以降低测试噪声对测试效果的影响程度，但低通滤波频率应限定在一定范围，否则会使信号失真。若信号存在较多的高频噪声时，应当在检测时通过增强体顶部处理、改变锤头材料或对锤垫厚度进行调整以降低高频噪声，而不能期待事后进行数字滤波。指数放大是提高增强体中下部和底部信号识别能力的有效手段，指数放大倍数宜为（2～20）倍，能识别底部反射信号为宜，过大的放大倍数会使干扰信号一同放大，也可能会使测试波形尾部明显不归零，影响完整性的分析判断。

12.4.4、12.4.5 这两条规定是对检测数据进行分析判别的依据，表 12.4.5 列出了根据实测时域或幅频信号特征所划分的增强体完整性类别。

1 完整增强体分析判定，从时域信号或频域曲线特征表现的信息判定相对来说较简单直观，而分析缺陷增强体信号则复杂些，有的信号的确是因施工质量缺陷产生的，但也有是设计构造或施工工艺本身局限导致的，例如：增强体的逐渐扩径再缩回原增强体直径的变截面，地层硬夹层影响等。因此，在分析测试信号时，应仔细分清哪些是缺陷波或缺陷谐振峰，哪些是因增强体构造、增强体施工工艺、土层影响造成的类似缺陷信号特征。另外，根据测试信号幅值大小判定缺陷程度，除受缺陷程度影响外，还受增强体周围土阻尼大小及缺陷所处的深度位置影响。相同程度的缺陷因增强体周围土性质不同或缺陷埋深不同，在测试信号中其幅值大小各异。因此，如何正确判定缺陷程度，特别是缺陷十分明显时，如何区分是Ⅲ类增强体还是Ⅳ类增强体，应仔细对照增强体类型、地质条件、施工情况结合当地经验综合分析判断。

2 增强体缺陷的程度及位置，除直接从时域信号或幅频曲线上判定外，还可借助其他计算方式及相关测试量作为辅助的分析手段：

例如：时域信号曲线拟合法：将增强体划分为若干单元，以实测或模拟的力信号作为已知条件，设定并调整增强体阻抗及土参数，通过一维波动方程数值计算，计算出速度时域波形并与实测的波形进行反复比较，直到两者吻合程度达到满意为止，从而得出增强体阻抗的变化位置及变化量大小。该计算方法类似于高应变的曲线拟合法。

3 表 12.4.5 信号特征中，有关测不到增强体底部信号这种情况是受多种因素和条件影响，例如：

——软土地区较长的增强体，长径比很大；

——增强体阻抗与持力层阻抗匹配良好；

——增强体截面阻抗显著突变或沿增强体渐变。

此时的增强体完整性判定，只能结合经验、参照本场地和本地区的同类型增强体综合分析或采用其他方法进一步检测。

4 对设计条件有利的扩径增强体，不应判定为缺陷增强体，故仍划分为Ⅰ类。

12.4.8、12.4.9 这两条规定是对低应变法报告的更具体的要求，其中特别要求了要给出实测信号曲线，不能只给个判断的结论，或过度人为处理的曲线。这是因为检测人员水平高低不同，测试过程和测量系统各环节容易出现异常，人为信号处理影响信号真实性，从而影响结论判断的正确性，只有根据原始信号曲线才能鉴别。

13 扁铲侧胀试验

13.1 一般规定

13.1.1 扁铲侧胀试验（DMT），也有译为扁板侧胀试验，是20世纪70年代意大利Silvano Marchetti教授创立。扁铲侧胀试验是将带有膜片的扁铲压入土中预定深度，充气使膜片向孔壁土中侧向扩张，根据压力与变形关系，测定土的模量及其他有关指标。因能比较准确地反映小应变的应力-应变关系，测试的重复性较好，引入我国后，受到岩土工程界的重视，进行了比较深入的试验研究和工程应用，已列入中华人民共和国国家标准《岩土工程勘察规范》GB 50021-2001（2009年版）和中华人民共和国行业标准《铁路工程地质原位测试规程》TB 10018-2003，美国ASTM和欧洲EUROCODE亦列入。经征求意见，决定列入本规范。

扁铲侧胀试验最适宜在软弱、松散土中进行，随着土的坚硬程度或密实程度的增加，适宜性渐差。当采用加强型薄膜片时，也可应用于密实的砂土，参见表12。

表12 扁铲侧胀试验在不同土类中的适用程度

土类 \ 土的性状	$q_c<1.5MPa$, $N<5$		$q_c=7.5MPa$, $N=25$		$q_c=15MPa$, $N=40$	
	未压实填土	自然状态	轻压实填土	自然状态	紧密压实填土	自然状态
黏土	A	A	B	B		B
粉土	B	B	B	C	C	C
砂土	A	A	B	B		C
砾石	C	C	G	G	G	G
卵石	G	G	G	G	G	G
风化岩石	G	C	G	G	G	G
带状黏土	A	B	B	C		C
黄土	A	B	B	C	—	—
泥炭	A	B	B	C	—	—
沉泥、尾矿砂	A	—	B	—	—	—

注：适用性分级：A最适用；B适用；C有时适用；G不适用。

在有使用经验的地区，使用DMT可划分土层并定名，确定静止侧压力系数、超固结比、不排水抗剪强度、变形参数、侧向地基基床系数乃至判定地基液化可能性等。

13.1.3 当采用扁铲侧胀试验评价地基承载力和变形参数时，应结合载荷试验比对结果和地区经验进行评价。规定在同一工程内或相近工程进行比对试验，取得本地区相近条件的对比验证资料。载荷试验的承压板尺寸要考虑应力主要影响范围能覆盖主要加固处理土层厚度。

13.2 仪器设备

13.2.2 设备标准化是扁铲侧胀试验的基础。为使本规程向国际现有标准靠拢，达到保证试验成果质量和资料通用的目的，本条文对扁铲测头的技术性能作了强调。

13.2.3 控制装置主要为测控箱，主要作用是控制试验的压力和指示膜片三个特定位置时的压力，并传送膜片到达特定位移量时的信号。

蜂鸣器和检流计应在扁铲测头膜片膨胀量小于0.05mm或大于等于1.10mm时接通，在膜片膨胀量大于等于0.05mm与小于1.10mm时断开。

膜片膨胀的三个特殊位置的状态见表13。

表13 扁铲侧胀试验膜片膨胀的三个特殊位置及对应状态

位置编号	膨胀量	状态	蜂鸣器和检流计
1	小于0.05mm	压偏	接通
2	大于等于0.05mm且小于1.10mm	膨胀	断开
3	大于等于1.10mm	完全膨胀	接通

一只充气15MPa的10L气瓶，在中密度土和25m长管路的试验，一般可进行1000个测点试验。耗气量随土质密度和管路的增加（长）而增大。

贯入设备是将扁铲测头送入预定试验土层的机具。一般土层中利用静力触探机具代替；在硬塑黏性土或较密实砂层中，利用标准贯入试验机具替代；对于坚硬黏土还可采用液压钻机。

应优先选用静力触探设备，扁铲测头的贯入速率与静力触探探头贯入速率一致，即每分钟20cm左右，贯入探杆与测头通过变径接头连接。

扁铲测头可用以下方式压入土中：

（1）主机为静力触探机具压入，可采用国内目前各种液压双缸静力触探机和CLD-3型手摇静探机（φ28mm以上探杆，接头内径大于或等于12mm，气电管路可贯穿）；

（2）主机为液压钻机压入，若试验在钻孔中，从钻孔底部开始，气电管路可不用贯穿于钻杆中而直接在板头以上的钻杆任何部位的侧面引出；

（3）标准贯入设备锤击击入；

（4）水下试验可用装有设备的驳船以电缆测井法压入或打入。

锤击法会影响试验精度，静力触探设备以手摇静探机压入较理想，应优先选用。

13.3 现 场 检 测

13.3.1 扁铲侧胀试验操作属多岗位联合作业性质，其成果质量与现场操作者的技术素质和工作质量有关，有必要对操作人员进行职业培训。

13.3.2 扁铲侧胀试验具体操作过程如下：

1）关闭排气阀，缓慢打开微调阀，在蜂鸣器停止响声瞬间记录气压值，即 A 读数；

2）继续缓慢加压，直至蜂鸣器鸣响时，记录气压值，即 B 读数；

3）立即打开排气阀，并关闭微调阀以防止膜片过度膨胀导致损坏；

4）将探头贯入至下一测点，在贯入过程中排气阀始终打开，重复下一次试验。

若在试验中需要获取 C 读数，应在步骤 3）中打开微排阀而非打开排气阀，使其缓慢降压直至蜂鸣器停后再次鸣响（膜片离基座为 0.05mm）时，记录 C 读数。

在大气压力下，膜片自然地提起高于它的支座，在 A 位置（膨胀 0.05mm）与 B 位置（膨胀 1.10mm）之间，控制装置的蜂鸣器是关着的。气压必须克服膜片刚度，并使它在空气中移动，使膜片从自然位置移至 A 位置时为 ΔA，移至 B 位置时为 ΔB。它们是不可忽略的。标定程序包括 ΔA 和 ΔB 的气压值，便于修正 A、B、C 的读数。

新膜片的标定值通常在许用范围值之外，而且，在试验或标定中，未实践的新膜片标定值总不稳定。解决的办法即为老化处理过程。重复对膜片加压和减压，增大 ΔA，减少 ΔB，直到它们达许用范围。

取出侧胀板头后，要用直角尺和直尺检查其弯曲度和平面度。直角尺靠在板头上接头两侧，量测两板面到直角尺距离，差值应小于 4mm，否则应予校直。用 150mm 直尺沿板头轴向置于板面凹处，倘用 0.5mm 塞规插不进，其弯曲程度可以接受，若能插进，则需校正（可用液压机或杠杆方法校直）。

试验完毕后应对气电管路作下列检查：

（1）检查管路两端接头的导通性、绝缘性是否良好；

（2）将管路一端密封放入水中，另一端接入 4MPa 气压，检查管路有无泄漏；

（3）检查管路有无阻塞；将一根长管路一端接入测控箱上，另一端空着，加压 4MPa，压力表指针不应超过 800kPa，超过此值，视阻塞程度加以修改；

（4）检查管路是否夹扁或破裂。

13.4 检测数据分析与判定

13.4.2 扁铲侧胀试验中测得的 A 压力是作用在膜片内部使膜片中心向周围土体水平推进 0.05mm 时所需的气压，为获得膜片在向土中膨胀之前作用在膜片上的接触力 P_0（无膨胀时），需要修正 A 压力以考虑膜片刚度、0.05mm 膨胀本身和排气后压力表零度偏差的影响。Marchetti 和 Crapps（1981 年）假设土-膜界面上的压力与膜片位移间的关系成线性，如式（13.4.2-1）。同样，试验中测得的 B 压力是作用在膜片内侧使膜片中心向周围土体推进 1.10mm 时所需要的气压，考虑到膜片刚度和排气后压力表零度偏差。故膜片膨胀 1.10mm 时的膨胀压力 P_1 可根据式（13.4.2-2）得到。根据正常的压力膨胀程序获得常规的 A 和 B 压力，还可读取 C 压力以获得在控制排气时膜片回到 0.05mm 膨胀时膜片的压力，该压力读数 C 由式（13.4.2-3）修正为 P_2。

扁铲侧胀试验时膜片向外扩张可视为在半无限弹性介质中对圆形面积施加均布荷载 ΔP，设弹性介质的弹性模量为 E、泊松比为 μ、膜片中心的外移量为 s，则有

$$s = \frac{4R \cdot \Delta P}{\pi} \cdot \frac{(1-\mu^2)}{E} \qquad (2)$$

式中 R 为膜片的半径，即 30mm，当试验中外移量 s 为 1.10mm 时，且令 $E_D = E/(1-\mu^2)$，则

$$E_D = 34.7\Delta P \qquad (3)$$

式中 $\Delta P = P_1 - P_0$，因而侧胀仪模量 $E_D = 34.7(P_1 - P_0)$。

扁铲侧胀试验各曲线随深度变化反映了土层的若干性质，成为定性、定量评估这些性质的重要依据，与静力触探曲线相比较可得如下特征：

（1）试验曲线连续，具有类似静力触探曲线直观反映土性变化的特点；

（2）黏性土的 I_D 值一般较小，U_D 值一般较大；

（3）砂性土的 I_D 值一般较大，U_D 值非常低，接近 0；

（4）在均质土中贯入，P_0、P_1、P_2、ΔP、E_D 均随深度线性递增，I_D、U_D 保持稳定，K_D 则呈递减趋势；

（5）K_D 曲线很大程度上反映地区土层的应力历史，超固结土 K_D 较大；

（6）在非均质土中贯入，各曲线起伏变化较大，遇砂性土变化加剧。

水平应力指数 K_D 为 1.5～4.0 的一般饱和黏性土，静止土压力系数 K_0 可按下式计算：

$$K_0 = 0.30 K_D^{0.54} \qquad (4)$$

在连云港、宁波、无锡、昆山、武昌地区，对一般饱和黏性土（含软黏土）共开展了 52 组扁铲和

DMT 对比试验，得到静止侧压力系数与 K_D 关系如下：

$$K_0 = 0.34 K_D^{0.54} \quad (5)$$

膨胀压力 $\Delta P \leqslant 100\mathrm{kPa}$ 的饱和黏性土，不排水杨氏模量 E_u 可按下式计算：

$$E_u = 3.5 E_D \quad (6)$$

在昆山、无锡、武昌三地进行了钻孔取样做三轴不排水压缩试验与 DMT、CPT 进行对比，在 39 组 E_u 与 E_D 数据中有 32 组 $\Delta P \leqslant 100\mathrm{kPa}$ 的饱和黏性土，其关系为 $E_u = 2.92 E_D$。

饱和黏性土、饱和砂土及粉土地基的基准水平基床系数 K_{h1}（$\mathrm{kN/m^3}$）可按下式计算：

$$K_{h1} = 0.2 K_h \quad (7)$$

$$K_h = 1817 (1 - A)(P_1 - P_0) \quad (8)$$

式中：K_h——侧胀仪抗力系数；

A——孔隙压力系数，无室内试验数据时，可

按表 14 取值；

1817——量纲为 $\mathrm{m^{-1}}$ 的系数。

表 14　饱和土的 A 值

土类	砂类土	粉土	粉质黏土		黏土	
			$OCR=1$	$1<OCR$ $\leqslant 4$	$OCR=1$	$1<OCR$ $\leqslant 4$
A	0	0.10~ 0.20	0.15~ 0.25	0~ 0.15	0.25~ 0.5	0~ 0.25

若假定土体在小应变条件下为弹性体且侧胀仪膜片对土体的膨胀压力可视为平面应力（单向压缩），则用 DMT 测定地基水平基床系数是可行的。

下面给出上海、深圳各土层扁铲测试结果及分析取值方法，见表 15、表 16。

表 15　上海市各土层扁铲侧胀试验结果统计

土层编号	土层名称	土类指数 I_D		水平应力指数 K_D		扁铲模量 E_D（MPa）		孔压指数 U_D	
		平均值	子样数	平均值	子样数	平均值	子样数	平均值	子样数
		最大值	均方差	最大值	均方差	最大值	均方差	最大值	均方差
		最小值	变异系数	最小值	变异系数	最小值	变异系数	最小值	变异系数
②₀	粉质黏土（江滩土）	0.52	29	3.52	29	3.05	29	−0.28	1
		2.00	0.47	5.41	0.85	10.31	2.65		
		0.24	0.91	2.23	0.25	1.17	0.89		
②₁	粉质黏土			5.88	1	2.48	1		
③上	淤泥质粉质黏土	0.25	19	5.70	14	1.62	17		
		1.66	0.36	6.62	3.84	11.15	2.61		
		0.03	1.50	3.95	0.70	0.18	1.66		
③夹	黏质粉土	0.57	32	4.40	24	4.31	28	0.19	1
		2.57	0.60	6.30	2.71	11.91	3.86		
		0.11	1.07	2.59	0.63	0.73	0.91		
③下	淤泥质粉质黏土	0.20	23	3.77	20	1.59	23	−0.05	4
		0.27	0.02	4.23	1.50	2.40	0.19	0.06	
		0.17	0.12	3.38	0.41	1.46	0.12	−0.17	
④	淤泥质黏土	0.21	178	2.89	170	2.19	180	0.10	37
		0.80	0.08	3.74	0.92	5.61	0.82	0.43	0.12
		0.12	0.38	1.78	0.32	1.13	0.37	−0.21	1.33
⑤₁	粉质黏土	0.25	115	2.64	115	3.69	115	0.17	23
		2.00	0.17	3.07	0.25	20.59	1.71	0.30	0.08
		0.13	0.69	1.65	0.09	1.75	0.47	−0.01	0.52

土层编号	土层名称	汇总							
		土类指数 I_D		水平应力指数 K_D		扁铲模量 E_D (MPa)		孔压指数 U_D	
		平均值	子样数	平均值	子样数	平均值	子样数	平均值	子样数
		最大值	均方差	最大值	均方差	最大值	均方差	最大值	均方差
		最小值	变异系数	最小值	变异系数	最小值	变异系数	最小值	变异系数
⑥	粉质黏土	0.49	97	3.26	97	11.62	97	0.16	18
		0.68	0.07	4.11	0.33	17.74	2.16	0.29	0.06
		0.24	0.15	2.74	0.10	5.28	0.19	0.06	0.39
⑦₁	砂质黏土	0.85	3	3.37	3	21.96	3		
		1.34		3.95		29.40			
		0.30		2.61		8.67			

表16 深圳市各土层扁铲侧胀试验结果统计

地层年代	成因及名称	指标名称 统计项目	初始应力 P_0 (kPa)	膨胀压力 P_1 (kPa)	ΔP (kPa)	扁胀模量 E_D (MPa)	水平压力指数 K_D	材料指数 I_D	静止侧压力系数 K_0
Q^{ml}	人工填土	统计件数	26	26	26	26	26	26	26
		最小值	98.85	177.00	16.80	0.58	1.43	0.11	0.41
		最大值	626.03	1528.50	1120.88	38.89	9.07	5.89	0.74
		平均值	232.02	516.46	284.44	9.87	3.34	1.27	0.56
		标准差	120.71	396.82	315.47	10.95	1.80	1.35	0.09
		变异系数	0.52	0.77	1.11	1.11	0.54	1.06	0.17
Q^{al+pl}	淤泥质黏土	统计件数	8	8	7	7	8	7	8
		最小值	150.00	171.00	12.60	0.44	2.99	0.07	0.52
		最大值	391.93	730.00	489.30	16.98	6.00	2.23	0.80
		平均值	255.40	362.50	128.52	4.46	3.93	0.52	0.65
		标准差	67.39	164.49	120.78	4.19	0.93	0.50	0.08
		变异系数	0.26	0.45	0.94	0.94	11.05	50.33	39.29
	中粗砂（混淤泥）	统计件数	7	7	6	6	7	6	7
		最小值	59.00	206.00	4.20	0.15	0.79	0.02	0.30
		最大值	217.45	263.00	186.90	6.49	2.92	3.00	0.61
		平均值	203.26	231.40	35.18	1.22	2.54	0.21	0.56
		标准差	14.39	20.80	31.01	1.08	0.20	0.19	0.02
		变异系数	0.07	0.09	0.88	0.88	0.08	0.94	0.04

续表16

地层年代	成因及名称	指标名称 统计项目	初始应力 P_0 (kPa)	膨胀压力 P_1 (kPa)	ΔP (kPa)	扁胀模量 E_D (MPa)	水平压力 指数 K_D	材料指数 I_D	静止侧压力 系数 K_0
Q^{al+pl}	黏土①	统计件数	27	27	27	27	27	27	27
		最小值	175.08	317.00	84.53	2.93	1.54	0.36	0.43
		最大值	757.88	2245.00	1565.03	54.31	9.44	4.20	0.72
		平均值	407.82	1055.94	648.12	22.49	3.66	1.65	0.58
		标准差	146.02	546.31	438.67	15.22	1.57	0.96	0.08
		变异系数	0.36	0.52	0.68	0.68	0.43	0.58	0.14
	砂砾①	统计件数	27	27	27	27	27	27	27
		最小值	175.08	317.00	84.53	2.93	1.54	0.36	0.43
		最大值	757.88	2245.00	1565.03	54.31	9.44	4.20	0.72
		平均值	407.82	1055.94	648.12	22.49	3.66	1.65	0.58
		标准差	146.02	546.31	438.67	15.22	1.57	0.96	0.08
		变异系数	0.36	0.52	0.68	0.68	0.43	0.58	0.14
	黏土②	统计件数	6	6	6	6	6	6	6
		最小值	66.28	302.00	235.73	8.18	0.68	1.89	0.28
		最大值	580.73	1605.00	1163.93	40.39	7.11	7.23	0.87
		平均值	407.13	1412.50	1005.38	34.89	5.20	3.43	0.62
		标准差	139.55	124.96	110.73	3.84	1.77	2.20	0.15
		变异系数	0.34	0.09	0.11	0.11	0.34	0.64	0.23
	砂砾②	统计件数	34	34	34	34	34	34	34
		最小值	110.95	238.00	127.05	4.41	0.46	1.04	0.22
		最大值	1024.25	2228.00	2086.35	72.40	8.13	46.73	0.98
		平均值	415.61	1498.03	1082.42	37.56	3.69	3.88	0.56
		标准差	201.69	629.10	507.40	17.61	1.78	3.58	0.13
		变异系数	0.49	0.42	0.47	0.47	0.48	0.92	0.24
Q^{dl}	含砾黏土	统计件数	12	12	12	12	12	12	12
		最小值	39.13	278.00	238.88	8.29	1.09	0.94	0.36
		最大值	798.88	1956.50	1157.63	40.17	11.22	6.11	0.58
		平均值	472.72	1226.20	753.48	26.15	7.25	2.02	0.54
		标准差	206.14	480.39	280.73	9.74	2.78	1.37	0.06
		变异系数	0.44	0.39	0.37	0.37	0.38	0.68	0.12
Q^{el}	砾质黏土	统计件数	272	272	272	272	272	272	272
		最小值	54.75	60.00	5.25	0.18	0.14	0.19	0.12
		最大值	1213.03	2848.00	2049.60	72.12	10.57	7.28	0.72
		平均值	544.61	1257.35	712.74	24.73	4.18	1.54	0.56
		标准差	191.91	428.78	293.22	10.17	1.72	0.88	0.10
		变异系数	0.35	0.34	0.41	0.41	0.41	0.57	0.19

13.4.3 根据《工程地质手册》地基土承载力计算强度：

$$f_0 = n(P_1 - P_0) \qquad (9)$$

式中：f_0——地基承载力计算强度；

n——经验修正系数，黏土取 1.14（相对变形约 0.02），粉质黏土取 0.86（相对变形约 0.015）。

根据《建筑地基基础设计规范》GBJ 7-89（已废止）的附录五土（岩）的承载力标准值的规定，即可求取地基土承载力特征值 f_{ak}。

上式中 $(P_1 - P_0)$ 为同一土层样本测试结果按平均值统计。

13.4.5 扁铲侧胀试验成果的应用经验目前尚不丰富。根据铁道部第四勘察设计院和上海岩土工程勘察设计研究院有限公司的研究成果，利用侧胀土性指数 I_D 划分土类、黏性土的状态，利用侧胀模量计算饱和黏性土的水平不排水弹性模量，利用侧胀水平应力指数 K_D 确定土的静止测压力系数等，均有良好效果，并列入铁道部《铁路工程地质原位测试规程》TB 10018-2003。上海、天津以及国际上都有一些研究成果和工程经验，由于扁铲侧胀试验在我国开展较晚，故应用时必须结合当地经验，并与其他试验方法配合，相互印证。

采用平均值法计算每个检测孔的扁铲模量、水平应力指数代表值。

利用《岩土工程勘察规范》GB 50021-2001（2009年版）第 14.2 条岩土参数的分析和选定中的规定，来计算同一土层或同一深度范围的扁铲模量、水平应力指数标准值。

14 多道瞬态面波试验

14.1 一般规定

14.1.1 目前波速测试方法很多，包括单孔法、跨孔法和面波法，而面波法还有瞬态面波和稳态面波之分。基于目前在测试中，多道瞬态面波法测试方法简便，在地基处理检测中得到推广应用，本次仅将多道瞬态面波编入规范。单孔法和跨孔法已经很成熟，但测试成本较高，适于进行深度较大波速测试，主要应用于勘察场地分类中；而稳态面波虽技术成熟，但由于设备较重成本较高，不利于推广使用，目前工程中应用较少。多道瞬态面波法对地基进行大面积普查，既能降低成本、扩大检测面，又能提高检测速度和精度，在检测地基均匀性方面有独到优势。目前均匀性还停留在宏观定性判断，还不能进行定量判定。

14.1.2 多道瞬态面波法是一种物探手段，用于宏观定性判别岩土体的密实情况和均匀性。若使其波速测试结果和工程地质参数相对应，应结合该场地的地质资料和其他原位测试结果比较后综合判定。

14.1.3 当采用多道瞬态面波试验评价地基承载力和变形参数时，应结合载荷试验比对结果和地区经验进行评价，本章节中提供的承载力表格仅供初步评价时进行估算。应结合单位工程地质资料，在同一工程内或相近工程进行比对试验，取得本地区相近条件的对比验证资料。载荷试验的承压板尺寸要考虑应力主要影响范围能覆盖主要加固处理土层厚度。在没有经验公式可供参考，也没有可对比静载试验的地区或场地，应结合单位工程地质资料，采用普测方法，将获得的波速绘制成等值线，从波速等值线可以定性判断场地地基的加固效果和深度，初步确定整个场地的相对"软"和"硬"区域及程度，从而达到定性地评价地基均匀性的目的。然后在相对较"软"的地方重点布置其他原位测试手段，这样可以避免测点布置的盲目性。

14.1.4 从检测次序角度来讲，宜先采用面测方法，如多道瞬态面波法，后采用点测方法，如动探，静载试验等。地基加固前后的检测是目前研究的一个热点问题，常用的检测方法是在地表做平板载荷试验来确定地基的承载力，用钻探、标贯或动力触探试验来确定其深层的加固程度和加固深度。特别是常规检测方法难以判定的碎石土地基检测方法，各种方法均有其优缺点和适用性，静载试验和动探方法在抽查数量较少时易漏掉薄弱部位，抽查数量较大时费时费钱，特别是针对大厚度开山碎石回填地基，多道瞬态面波法有其突出的优点。近年国内外围海造田和开山造陆工程的大量开展形成的大粒径回填地基，更凸显了多道瞬态面波法效率高、速度快、精度高等优点。

14.1.5 若检测现场附近有夯机、桩机或重型卡车等大型机械的振动，甚至风速过大，都会影响到测试数据的准确性。测试应避开这些震源，或选择在早晨工地开工前或晚上工地下工后进行检测。对测试到的频散曲线要在现场有个初步判断。若数据较差应重新测试直至取得合理数据。

14.2 仪器设备

14.2.1 本条是对目前地基检测中多道瞬态面波勘察方法所需仪器设备性能的基本条件。对波速差别大的地层，或具有低速夹层，宜采用更多的通道，以保证空间分辨率。

多道瞬态面波勘察仪器的主要技术参数如下：

通道数：24 道（12、24 道或更多通道）；

采样时间间隔：一般为 10、25、50、100、250、500、1000、2000、4000、8000（μs）；

采样点数：一般分 512、1024、2048、4096、8192 点等；

模数转换：≥16 位；

动态范围：≥120dB；

模拟滤波：具备全通、低通、高通功能；

频带宽度：0.5Hz～4000Hz。

14.2.2 在锤击、落重、炸药三种震源中，锤击激发的地震波频率最高，采用大锤人工敲击地面，可获得深度20m以内的面波频散信息；落重激发面波频率次之，采用标贯锤或其他重物，吊高一至数米，自由落下，激发出较低频率面波和得到较深处（一般不超过30m）的频散信息；炸药震源频率最低，用它可得到更深处（一般不超过50m）的频散信息。

14.2.3 本条是对检波器的基本要求。检波器是面波测试的重要组成部分，它的频响特性、灵敏度、相位的一致性以及与地面（或被测介质表面）的耦合程度，都直接影响面波记录的质量。

14.2.5 本条主要对面波测试接收和处理软件进行规定，目前常用的面波测试软件基本都有剔除坏道或插值的功能，自动提取频散曲线和自动或手动剪切波速分层反演功能等。

14.3 现场检测

14.3.2、14.3.5 由于面波测试受到振动干扰影响较大，根据以往经验，现场应通过测试前试验确定测试相关参数，或尽量避开干扰波影响；在测试过程中对周围环境和天气情况也要加强注意，大风或周围环境介质干扰也会对测试产生影响，必要时应采取一定措施。

面波测试之前应明确测试目的和环境，根据测试目的和环境不同，调整测试参数。对于进行地层分层测试，需要有现场对比钻孔资料；如仅仅对地基加固效果进行评价时，应在同一点进行地基加固前后的对比；如需要通过反演剪切波速换算地基承载力和模量时，应有其他如静载试验或动力触探等原位测试资料可参照，数量应满足回归计算的需要。

14.3.3 测试记录通道12道和24道为常用通道数量，从精度上来看，地基检测常用道间距一般不超过2m，激发距离应满足采集需要，为同一采集方法，这里作了基本规定。

14.3.6 对大面积地基处理采用普测时，测点间距应根据精度要求来确定。

14.4 检测数据分析与判定

14.4.1 面波数据资料预处理时，应检查现场采集参数的输入正确性和采集记录的质量。若质量不合格应再次采集。采用具有提取频散曲线的功能的软件，获取测试点的面波频散曲线。

14.4.2 频散曲线的分层，应根据曲线的曲率和频散点的疏密变化综合分析；分层完成后，反演计算剪切波层速度和层厚。

14.4.3、14.4.4 对需要计算动参数的场地，可以直接使用面波测试结果进行换算。必要时可用 V_s 计算地基的动弹性模量、动剪切模量和动泊松比。地基的弹性模量、动剪切模量和泊松比应按下列公式计算：

$$G_d = (\rho/g) \cdot V_s^2 \qquad (10)$$

$$E_d = 2(1+\mu_d) \cdot (\rho/g) \cdot V_s^2 \qquad (11)$$

$$\mu_d = \frac{(V_P/V_s)^2 - 2}{2[(V_P/V_s)^2 - 1]} \qquad (12)$$

式中：G_d ——动剪切模量（kPa）；

E_d ——动弹性模量（kPa）；

μ_d ——动泊松比；

ρ ——重力密度（kN/m³）；

g ——重力加速度（m/s²）。

14.4.6 在大面积普测中，可以通过计算分层等效剪切波速，绘制分层等效剪切波速等值线图，通过等值线图直观展示波速高低，对整个场地的波速均匀性进行判定；如场地有剪切波速-承载力或模量回归关系，同样可以通过计算绘制承载力或模量的等值线图，方便设计根据场地情况进行设计。对于单一面波测试报告，可以结合相关规范评价场地的均匀性；如需要对场地承载力和模量进行评价，应结合本场地的其他原位测试结果进行判定。地基加固后波速超过加固前波速的深度可判为按照本方法判定的地基处理有效加固深度。

14.4.7 波速与变形模量、波速与承载力之间存在一定关系，但各个场地之间的差异较大。鉴于目前碎石土收集的资料较全面（25项工程200项静载与波速的对比资料，见图15、图16），为保证规范的严肃性

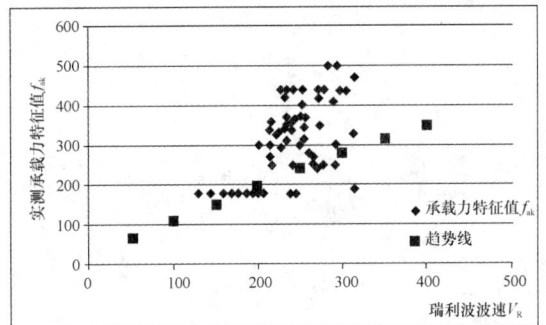

图15 实测承载力特征值 f_{ak} 与瑞利波波速 V_R 关系图

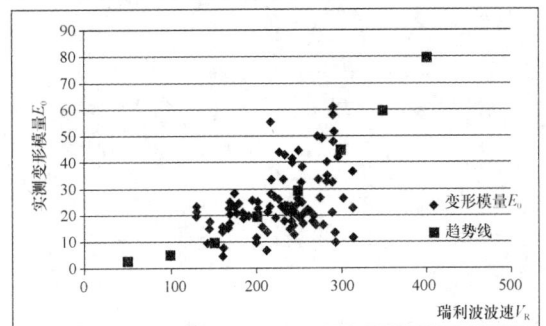

图16 实测变形模量 E_0 与瑞利波波速 V_R 关系图

和安全度，先提出碎石土波速与变形模量、波速与承载力之间的关系，其他土类的关系在相关资料补充全面后再提出。

14.4.8 多道瞬态面波测试应强调结合地质条件和其他原位测试结果综合判断。

中华人民共和国国家标准

生活垃圾卫生填埋处理技术规范

Technical code for municipal solid waste sanitary landfill

GB 50869—2013

主编部门：中华人民共和国住房和城乡建设部
批准部门：中华人民共和国住房和城乡建设部
施行日期：2 0 1 4 年 3 月 1 日

中华人民共和国住房和城乡建设部
公 告

第 107 号

住房城乡建设部关于发布国家标准
《生活垃圾卫生填埋处理技术规范》的公告

现批准《生活垃圾卫生填埋处理技术规范》为国家标准，编号为 GB 50869—2013，自 2014 年 3 月 1 日起实施。其中，第 3.0.3、4.0.2、8.1.1、10.1.1、11.1.1、11.6.1、11.6.3、11.6.4、15.0.5 条为强制性条文，必须严格执行。原行业标准《生活垃圾卫生填埋技术规范》CJJ 17—2004 同时废止。

本规范由我部标准定额研究所组织中国计划出版社出版发行。

中华人民共和国住房和城乡建设部
2013 年 8 月 8 日

前 言

根据住房和城乡建设部《关于印发〈2008 年工程建设标准规范制订、修订计划（第一批）〉的通知》（建标［2008］102 号文）的要求，规范编制组经广泛调查研究，认真总结实践经验，参考有关国际标准和国内先进标准，并在广泛征求意见的基础上，编制了本规范。

本规范共分 16 章和 5 个附录，主要内容包括总则，术语，填埋物入场技术要求，场址选择，总体设计，地基处理与场地平整，垃圾坝与坝体稳定性，防渗与地下水导排，防洪与雨污分流系统、渗沥液收集与处理，填埋气体导排与利用，填埋作业与管理，封场与堆体稳定性，辅助工程，环境保护与劳动卫生，工程施工及验收。

本规范中以黑体字标志的条文为强制性条文，必须严格执行。

本规范由住房和城乡建设部负责管理和对强制性条文的解释，由华中科技大学负责日常管理，由华中科技大学环境科学与工程学院负责具体技术内容的解释。执行过程中如有意见或建议，请寄送华中科技大学环境科学与工程学院（地址：湖北省武汉市洪山区珞瑜路 1037 号，邮政编码：430074）。

本规范主编单位、参编单位、主要起草人和主要审查人：

主编单位：华中科技大学
参编单位：中国科学院武汉岩土力学研究所
中国市政工程中南设计研究总院
上海市环境工程设计科学研究院
城市建设研究院
武汉市环境卫生科研设计院
北京高能时代环境技术股份有限公司
天津市环境卫生工程设计院
深圳市中兰环保科技有限公司
中国瑞林工程技术有限公司
宁波市鄞州区绿州能源利用有限公司

主要起草人：陈朱蕾　薛　强　冯其林　刘　勇
杨　列　罗继武　余　毅　王敬民
齐长青　田　宇　葛　芳　龙　燕
王志国　郑得鸣　刘泽军　史波芬
夏小红　谢文刚　曹　丽　史东晓
俞瑛健
主要审查人：徐文龙　邓志光　秦　峰　张　范
吴文伟　张　益　陶　华　王　琦
陈云敏　潘四红　熊　辉

目　　次

Contents

1 总 则

1.0.1 依据《中华人民共和国固体废物污染环境防治法》,为贯彻国家有关生活垃圾处理的技术法规和技术政策,保证生活垃圾卫生填埋(简称填埋)处理工程质量,制定本规范。

1.0.2 本规范适用于新建、改建、扩建的生活垃圾卫生填埋处理工程的选址、设计、施工、验收和作业管理。

1.0.3 填埋处理工程应不断总结设计与运行经验,在汲取国内外先进技术及科研成果的基础上,经充分论证,可采用技术先进、经济合理的新工艺、新技术、新材料和新设备,提高生活垃圾卫生填埋处理技术的水平。

1.0.4 填埋处理工程的选址、设计、施工、验收和作业管理除应符合本规范外,尚应符合国家现行有关标准的规定。

2 术 语

2.0.1 卫生填埋 sanitary landfill

填埋场采取防渗、雨污分流、压实、覆盖等工程措施,并对渗沥液、填埋气体及臭味等进行控制的生活垃圾处理方法。

2.0.2 填埋库区 compartment

填埋场中用于填埋生活垃圾的区域。

2.0.3 填埋库容 landfill capacity

填埋库区填入的生活垃圾和功能性辅助材料所占用的体积,即封场堆体表层曲面与平整场地底层曲面之间的体积。

2.0.4 有效库容 effective capacity

填埋库区填入的生活垃圾所占用的体积。

2.0.5 垃圾坝 retaining dam

建在填埋库区汇水上下游或周边或库区内,由土石等建筑材料筑成的堤坝。不同位置的垃圾坝有不同的作用(上游的坝截留洪水,下游的坝阻挡垃圾形成初始库容,库区内的坝用于分区等)。

2.0.6 防渗系统 lining system

在填埋库区和调节池底部及四周边坡上为构筑渗沥液防渗屏障所选用的各种材料组成的体系。

2.0.7 防渗结构 liner structure

防渗系统各种材料组成的空间层次。

2.0.8 人工合成衬里 artificial liners

利用人工合成材料铺设的防渗层衬里,目前使用的人工合成衬里为高密度聚乙烯(HDPE)土工膜。采用一层人工合成衬里铺设的防渗系统为单层衬里,采用两层人工合成衬里铺设的防渗系统为双层衬里。

2.0.9 复合衬里 composite liners

采用两种或两种以上防渗材料复合铺设的防渗系统(HDPE土工膜+黏土复合衬里或 HDPE 土工膜+GCL 钠基膨润土垫复合衬里)。

2.0.10 土工复合排水网 geofiltration compound drainage net

由立体结构的塑料网双面粘接渗水土工布组成的排水网,可替代传统的砂石层。

2.0.11 土工滤网 geofiltration fabric

又称有纺土工布,由单一聚合物制成的,或聚合物材料通过机械固结、化学和其他粘合方法复合制成的可渗透的土工合成材料。

2.0.12 非织造土工布(无纺土工布) nonwoven geotextile

由定向的或随机取向的纤维通过摩擦和(或)抱合和(或)粘合形成的薄片状、纤网状或絮垫状土工合成材料。

2.0.13 垂直防渗帷幕 vertical barriers

利用防渗材料在填埋库区或调节池周边设置的竖向阻挡地下水或渗沥液的防渗结构。

2.0.14 雨污分流系统 rainwater and sewage shunting system

根据填埋场地形特点,采用不同的工程措施对填埋场雨水和渗沥液进行有效收集与分离的体系。

2.0.15 地下水收集导排系统 groundwater collection and removal system

在填埋库区和调节池防渗系统基础层下部,用于将地下水汇集和导出的设施体系。

2.0.16 渗沥液收集导排系统 leachate collection and removal system

在填埋库区防渗系统上部,用于将渗沥液汇集和导出的设施体系。

2.0.17 盲沟 leachate trench

位于填埋库区防渗系统上部或填埋体中,采用高过滤性能材料导排渗沥液的暗渠(管)。

2.0.18 集液井(池) leachate collection well(pond)

在填埋场修筑的用于汇集渗沥液,并可自流或用提升泵将渗沥液排出的构筑物。

2.0.19 调节池 equalization basin

在渗沥液处理系统前设置的具有均化、调蓄功能或兼有渗沥液预处理功能的构筑物。

2.0.20 填埋气体 landfill gas

填埋体中有机垃圾分解产生的气体,主要成分为甲烷和二氧化碳。

2.0.21 产气量 gas generation volume

填埋库区中一定体积的垃圾在一定时间中厌氧状态下产生的气体体积。

2.0.22 产气速率 gas generation rate

填埋库区中一定体积的垃圾在单位时间内的产气量。

2.0.23 被动导排 passive ventilation

利用填埋气体自身压力导排气体的方式。

2.0.24 主动导排 initiative guide and extraction

采用抽气设备对填埋气体进行导排的方式。

2.0.25 气体收集率 ratio of landfill gas collection

填埋气体抽气流量与填埋气体估算产生速率之比。

2.0.26 导气井 extraction well

周围用过滤材料构筑,中间为多孔管的竖向导气设施。

2.0.27 导气盲沟 extraction trench

周围用过滤材料构筑,中间为多孔管的水平导气设施。

2.0.28 填埋单元 landfill cell

按单位时间或单位作业区域划分的由生活垃圾和覆盖材料组成的填埋堆体。

2.0.29 覆盖 cover

采用不同的材料铺设于垃圾层上的实施过程,根据覆盖要求和作用的不同可分为日覆盖、中间覆盖和最终覆盖。

2.0.30 填埋场封场 closure of landfill

填埋作业至设计终场标高或填埋场停止使用后,堆体整形、不同功能材料覆盖及生态恢复的过程。

3 填埋物入场技术要求

3.0.1 进入填埋场的填埋物应是居民家庭垃圾、园林绿化废弃物、商业服务网点垃圾、清扫保洁垃圾、交通物流场站垃圾、企事业单位的生活垃圾及其他具有生活垃圾属性的一般固体废弃物。

3.0.2 城镇污水处理厂污泥进入生活垃圾填埋场混合填埋处置时,应经预处理改善污泥的高含水率、高黏度、易流变、高持水性和低渗透系数的特性,改性后的泥质除应符合现行国家标准《城镇污水处理厂污泥处置 混合填埋用泥质》GB/T 23485 的规定外,尚应达到以下岩土力学指标的规定:

1 无侧限抗压强度≥50kN/m²;

2 十字板抗剪强度≥25kN/m²;

3 渗透系数为 10^{-6}cm/s~10^{-5}cm/s。

3.0.3 填埋物中严禁混入危险废物和放射性废物。

3.0.4 生活垃圾焚烧飞灰和医疗废物焚烧残渣经处理后满足现行国家标准《生活垃圾填埋场污染控制标准》GB 16889 规定的条件,可进入生活垃圾填埋场填埋处置。处置时应设置与生活垃圾填埋库区有效分隔的独立填埋库区。

3.0.5 填埋物应按重量进行计量、统计与核定。

3.0.6 填埋物含水量、可生物降解物、外形尺寸应符合具体填埋工艺设计的要求。有条件的填埋场宜采取机械-生物预处理减量化措施。

4 场 址 选 择

4.0.1 填埋场选址应先进行下列基础资料的搜集:

1 城市总体规划和城市环境卫生专业规划;

2 土地利用价值及征地费用;

3 附近居住情况与公众反映;

4 附近填埋气体利用的可行性;

5 地形、地貌及相关地形图;

6 工程地质与水文地质条件;

7 设计频率洪水位、降水量、蒸发量、夏季主导风向及风速、基本风压值;

8 道路、交通运输、给排水、供电、土石料条件及当地的工程建设经验;

9 服务范围的生活垃圾量、性质及收集运输情况。

4.0.2 填埋场不应设在下列地区:

1 地下水集中供水水源地及补给区,水源保护区;

2 洪泛区和泄洪道;

3 填埋库区与敞开式渗沥液处理区边界距居民居住区或人畜供水点的卫生防护距离在 500m 以内的地区;

4 填埋库区与渗沥液处理区边界距河流和湖泊 50m 以内的地区;

5 填埋库区与渗沥液处理区边界距民用机场 3km 以内的地区;

6 尚未开采的地下蕴矿区;

7 珍贵动植物保护区和国家、地方自然保护区;

8 公园,风景、游览区,文物古迹区,考古学、历史学及生物学研究考察区;

9 军事要地、军工基地和国家保密地区。

4.0.3 填埋场选址应符合现行国家标准《生活垃圾填埋场污染控制标准》GB 16889 和相关标准的规定,并应符合下列规定:

1 应与当地城市总体规划和城市环境卫生专业规划协调一致;

2 应与当地的大气防护、水土资源保护、自然保护及生态平衡要求相一致;

3 应交通方便,运距合理;

4 人口密度、土地利用价值及征地费用均应合理;

5 应位于地下水贫乏地区、环境保护目标区域的地下水流向下游地区及夏季主导风向下风向;

6 选址应有建设项目所在地的建设、规划、环保、环卫、国土资源、水利、卫生监督等有关部门和专业设计单位的有关专业技术人员参加;

7 应符合环境影响评价的要求。

4.0.4 填埋场选址比选应符合下列规定:

1 场址预选:应在全面调查与分析的基础上,初定 3 个或 3 个以上候选场址,通过对候选场址进行踏勘,对场地的地形、地貌、植被、地质、水文、气象、供电、给排水、覆盖土源、交通运输与场址周围人群居住情况等进行对比分析,宜推荐 2 个或 2 个以上预选场址;

2 场址确定:应对预选场址方案进行技术、经济、社会及环境比较,推荐一个拟定场址。并应对拟定场址进行地形测量、选址勘察和初步工艺方案设计,完成选址报告或可行性研究报告,通过审查确定场址。

5 总体设计

5.1 一般规定

5.1.1 填埋场总体设计应采用成熟的技术和设备,做到技术可靠、节约用地、安全卫生、防止污染、方便作业、经济合理。

5.1.2 填埋场总占地面积应按远期规划确定。填埋场的各项用地指标应符合国家有关规定及当地土地、规划等行政主管部门的要求。填埋场宜根据填埋场处理规模和建设条件作出分期和分区建设的总体设计。

5.1.3 填埋场主体工程构成内容应包括:计量设施,地基处理与防渗系统,防洪、雨污分流及地下水导排系统,场区道路,垃圾坝,渗沥液收集和处理系统,填埋气体导排和处理(可含利用)系统,封场工程及监测井等。

5.1.4 填埋场辅助工程构成内容应包括:进场道路,备料场,供配电,给排水设施,生活和行政办公管理设施,设备维修,消防和安全卫生设施,车辆冲洗、通信、监控等附属设施或设备,并宜设置应急设施(包括垃圾临时存放、紧急照明等设施)。Ⅲ类以上填埋场宜设置环境监测室、停车场等设施。

5.2 处理规模与填埋库容

5.2.1 填埋场处理规模宜符合下列规定:
    1 Ⅰ类填埋场:日平均填埋量宜为 1200t/d 及以上;
    2 Ⅱ类填埋场:日平均填埋量宜为 500t/d～1200t/d(含500t/d);
    3 Ⅲ类填埋场:日平均填埋量宜为 200t/d～500t/d(含200t/d);
    4 Ⅳ类填埋场:日平均填埋量宜为 200t/d 以下。

5.2.2 填埋场日平均填埋量应根据城市环境卫生专业规划和该工程服务范围的生活垃圾现状产生量及预测产生量和使用年限确定。

5.2.3 填埋库容应保证填埋场使用年限在 10 年及以上,特殊情况下不应低于 8 年。

5.2.4 填埋库容可按本规范附录 A 第 A.0.1 条方格网法计算确定,也可采用三角网法、等高线剖切法等。有效库容可按本规范附录 A 第 A.0.2 条计算确定。

5.3 总平面布置

5.3.1 填埋场总平面布置应根据场址地形(山谷型、平原型与坡地型),结合风向(夏季主导风)、地质条件、周围自然环境、外部工程条件等,并应考虑施工、作业等因素,经过技术经济比较确定。

5.3.2 总平面应按功能分区合理布置,主要功能区应包括填埋区、渗沥液处理区、辅助生产区、管理区等,根据工艺要求可设置填埋气体处理及利用区、生活垃圾机械—生物预处理区等。

5.3.3 填埋库区的占地面积宜为总面积的 70%～90%,不得小于 60%。每平方米填埋库区垃圾填埋量不宜低于 10m³。

5.3.4 填埋库区应按照分区进行布置,库区分区的大小主要应考虑易于实施雨污分流,分区的顺序应有利于垃圾场内运输和填埋作业,应考虑与各库区进场道路的衔接。

5.3.5 渗沥液处理区的布置应符合下列规定:
    1 处理构筑物间距应紧凑、合理,符合现行国家标准《建筑设计防火规范》GB 50016 的要求,并应满足各构筑物的施工、设备安装和埋设各种管道以及养护、维修和管理的要求。
    2 臭气集中处理设施、脱水污泥堆放区域宜布置在夏季主导风向下风向。

5.3.6 辅助生产区、管理区布置应符合下列规定:
    1 辅助生产区、管理区宜布置在夏季主导风向的上风向,与填埋库区之间宜设绿化隔离带。
    2 管理区各项建(构)筑物的组成及其面积应符合国家有关规定。

5.3.7 填埋场的管线布置应符合下列规定:
    1 雨污分流导排和填埋气体输送管线应全面安排,做到导排通畅。
    2 渗沥液处理构筑物间输送渗沥液、污泥、上清液和沼气的管线布置避免相互干扰,应使管线长度短、水头损失小、流通顺畅、不易堵塞和便于清通。各种管线宜用不同颜色加以区别。

5.3.8 环境监测井布置应符合现行国家标准《生活垃圾卫生填埋场环境监测技术要求》GB/T 18772 的有关规定。

5.4 竖向设计

5.4.1 填埋场竖向设计应结合原有地形,做到有利于雨污分流和减少土方工程量,宜使土石方平衡。

5.4.2 填埋库区垂直分区标高宜结合边坡土工膜的锚固平台高程确定,封场标高与边坡应按本规范第 13 章封场与堆体稳定性的规定执行。

5.4.3 填埋库区库底渗沥液导排系统纵向坡度不宜小于 2%。在截洪沟、排水沟等的走线设置上应充分利用原有地形,坡度应使雨水导排顺畅且避免过度冲刷。

5.4.4 调节池宜设置在场区地势较低处,地下水位较低或岩层较浅的地区,宜减少下挖深度。

5.5 填埋场道路

5.5.1 填埋场道路应根据其功能要求分为永久性道路和库区内临时性道路进行布局。永久性道路应按现行国家标准《厂矿道路设计规范》GBJ 22 中的露天矿山道路三级或三级以上标准设计;库区内临时性道路及回(会)车和作业平台可采用中级或低级路面,并宜有防滑、防陷设施。填埋场道路满足全天候使用,并应做好排水措施。

5.5.2 道路选线设计应根据填埋场地形、地质、填埋作业顺序,各填埋阶段标高以及堆土区、渗沥液处理区和管理区位置合理布设。

5.5.3 道路设计应满足垃圾运输车交通量、车载负荷及填埋场使用年限的需求,并应与填埋场竖向设计和绿化相协调。

5.6 计量设施

5.6.1 地磅房应设置在填埋场的交通入口处,并应具有良好的通视条件。

5.6.2 地磅进车端的道路坡度不宜过大,宜设置为平坡直线段,地磅前方 10m 处宜设置减速装置。

5.6.3 计量地磅宜采用动静态电子地磅,地磅规格宜按垃圾车最大满载重量的 1.3 倍～1.7 倍配置,称量精度不宜小于贸易计量Ⅲ级。

5.6.4 填埋场的计量设施应具有称重、记录、打印与数据处理、传输功能,宜配置备用电源。

5.7 绿化及其他

5.7.1 填埋场的绿化布置应符合总平面布置和竖向设计要求,合理安排绿化用地,场区绿化率宜控制在 30% 以内。

5.7.2 填埋场绿化应结合当地的自然条件,选择适宜的植物。填埋场永久性道路两侧及主要出入口、库区与辅助生产区、管理区之间、防火隔离带外、受西晒的生产车间及建筑物、受雨水冲刷的地段等处宜设置绿化带。填埋场封场覆盖后应进行生态恢复。

5.7.3 填埋库区周围宜设安全防护设施及不少于 8m 宽度的防火隔离带,填埋作业区宜设防飞散设施。

5.7.4 填埋场相关建(构)筑物应进行防雷设计,并应符合现行国家标准《建筑物防雷设计规范》GB 50057 的要求。

6 地基处理与场地平整

6.1 地基处理

6.1.1 填埋库区地基是具有承载填埋体负荷的自然土层或经过地基处理的稳定土层,不得因填埋堆体的沉降而使基层失稳。对不能满足承载力、沉降限制及稳定性等工程建设要求的地基应进行相应的处理。

6.1.2 填埋库区地基及其他建(构)筑物地基的设计应按国家现行标准《建筑地基基础设计规范》GB 50007及《建筑地基处理技术规范》JGJ 79的有关规定执行。

6.1.3 在选择地基处理方案时,应经过实地的考察和岩土工程勘察,结合考虑填埋堆体结构、基础和地基的共同作用,经过技术经济比较确定。

6.1.4 填埋库区地基应进行承载力计算及最大堆高验算。

6.1.5 应防止地基沉降造成防渗衬里材料和渗沥液收集管的拉伸破坏,应对填埋库区地基进行地基沉降及不均匀沉降计算。

6.2 边坡处理

6.2.1 填埋库区地基边坡设计应按国家现行标准《建筑边坡工程技术规范》GB 50330、《水利水电工程边坡设计规范》SL 386的有关规定执行。

6.2.2 经稳定性初步判别有可能失稳的地基边坡以及初步判别难以确定稳定性状的边坡应进行稳定计算。

6.2.3 对可能失稳的边坡,宜进行边坡支护等处理。边坡支护结构形式可根据场地地质和环境条件、边坡高度以及边坡工程安全等级等因素选定。

6.3 场地平整

6.3.1 场地平整应满足填埋库容、边坡稳定、防渗系统铺设及场地压实度等方面的要求。

6.3.2 场地平整宜与填埋库区膜的分期铺设同步进行,并应考虑设置堆土区,用于临时堆放开挖的土方。

6.3.3 场地平整应结合填埋场地形资料和竖向设计方案,选择合理的方法进行土方量计算。填挖土方相差较大时,应调整库区设计高程。

7 垃圾坝与坝体稳定性

7.1 垃圾坝分类

7.1.1 根据坝体材料不同,坝型可分为(黏)土坝、碾压式土石坝、浆砌石坝及混凝土坝四类。采用一种筑坝材料的应为均质坝,采用两种及以上筑坝材料的应为非均质坝。

7.1.2 根据坝体高度不同,坝高可分为低坝(低于5m)、中坝(5m～15m)及高坝(高于15m)。

7.1.3 根据坝体所处位置及主要作用不同,坝体位置类型分类宜符合表7.1.3的规定。

表7.1.3 坝体位置类型分类表

坝体类型	习惯名称	坝体位置	坝体主要作用
A	围堤	平原型库区周围	形成初始库容,防洪
B	截洪坝	山谷型库区上游	拦截库区外地表径流并形成库容
C	下游坝	山谷型或库区与调节池之间	形成库容或库区同时形成调节池
D	分区坝	填埋库区内	分隔填埋库区

7.1.4 根据垃圾坝下游情况、失事后果、坝体类型、坝型(材料)及坝体高度不同,坝体建筑级别分类宜符合表7.1.4的规定。

表7.1.4 垃圾坝坝体建筑级别分类表

建筑级别	坝下游存在的建(构)筑物和自然条件	失事后果	坝体类型	坝型(材料)	坝高
I	生产设备、生活管理区	对生产设备造成严重破坏,对生活管理区带来严重损失	C	混凝土坝、浆砌石坝	≥20m
				土石坝、黏土坝	≥15m
II	生产设备	仅对生产设备造成一定破坏或影响	A、B、C	混凝土坝、浆砌石坝	≥10m
				土石坝、黏土坝	≥5m
III	农田、水利或水环境	影响不大,破坏较小,易修复	A、D	混凝土坝、浆砌石坝	<10m
				土石坝、黏土坝	<5m

注:当坝体根据表中指标分属于不同级别时,其级别应按最高级别确定。

7.2 坝址、坝高、坝型及筑坝材料选择

7.2.1 坝址选择应根据填埋场岩土工程勘察及地形地貌等方面的资料,结合坝体类型、筑坝材料来源、气候条件、施工交通情况等因素,经技术经济比较确定。

7.2.2 坝高选择应综合考虑填埋堆体坡脚稳定、填埋库容及投资等因素,经过技术经济比较确定。

7.2.3 坝型选择应综合考虑地质条件、筑坝材料来源、施工条件、坝高、坝基防渗要求等因素,经技术经济比较确定。

7.2.4 筑坝材料的调查和土工试验应按现行行业标准《水利水电工程天然建筑材料勘察规程》SL 251和《土工试验规程》SL 237的规定执行。土石坝的坝体填筑材料应以压实度作为设计控制指标。

7.3 坝基处理及坝体结构设计

7.3.1 垃圾坝地基处理的基本要求应符合国家现行标准《建筑地基基础设计规范》GB 50007、《建筑地基处理技术规范》JGJ 79、《碾压式土石坝设计规范》SL 274、《混凝土重力坝设计规范》DL 5108及《碾压式土石坝施工规范》DL/T 5129的相关规定。

7.3.2 坝基处理应满足渗流控制、静力和动力稳定、允许总沉降量和不均匀沉降量等方面要求,保证垃圾坝的安全运行。

7.3.3 坝坡设计方案应根据坝型、坝高、坝的建筑级别、坝体和坝基的材料性质、坝体所承受的荷载以及施工和运用条件等因素,经技术经济比较确定。

7.3.4 坝顶宽度及护面材料应根据坝高、施工方式、作业车辆行驶要求、安全及抗震等因素确定。

7.3.5 坝坡马道的设置应根据坝面排水、施工要求、坝坡要求和坝基稳定等因素确定。

7.3.6 垃圾坝护坡方式应根据坝型(材料)和坝体位置等因素

确定。

7.3.7 坝体与坝基、边坡及其他构筑物的连接应符合下列规定：

　　1 连接面不应发生水力劈裂和邻近接触面岩石大量漏水。

　　2 不得形成影响坝体稳定的软弱层面。

　　3 不得由于边坡形状或坡度不当引起不均匀沉降而导致坝体裂缝。

7.3.8 坝体防渗处理应符合下列规定：

　　1 土坝的防渗处理可采用与填埋库区边坡防渗相同的处理方式。

　　2 碾压式土石坝、浆砌石坝及混凝土坝的防渗宜采用特殊锚固法进行锚固。

　　3 穿过垃圾坝的管道防渗应采用管靴连接管道与防渗材料。

7.4 坝体稳定性分析

7.4.1 垃圾坝体建筑级别为Ⅰ、Ⅱ类的，在初步设计阶段应进行坝体安全稳定性分析计算。

7.4.2 坝体稳定性分析的抗剪强度计算宜按现行行业标准《碾压式土石坝设计规范》SL 274 的有关规定执行。

8 防渗与地下水导排

8.1 一般规定

8.1.1 填埋场必须进行防渗处理，防止对地下水和地表水的污染，同时还应防止地下水进入填埋场。

8.1.2 填埋场防渗处理应符合现行行业标准《生活垃圾卫生填埋场防渗系统工程技术规范》CJJ 113 的要求。

8.1.3 地下水水位的控制应符合现行国家标准《生活垃圾填埋场污染控制标准》GB 16889 的有关规定。

8.2 防渗处理

8.2.1 防渗系统应根据填埋场工程地质与水文地质条件进行选择。当天然基础层饱和渗透系数小于 1.0×10^{-7} cm/s，且场底及四壁衬里厚度不小于 2m 时，可采用天然黏土类衬里结构。

8.2.2 天然黏土基础层进行人工改性压实后达到天然黏土衬里结构的等效防渗性能要求，可采用改性压实土类衬里作为防渗结构。

8.2.3 人工合成衬里的防渗系统应采用复合衬里防渗结构，位于地下水贫乏地区的防渗系统也可采用单层衬里防渗结构。在特殊地质及环境要求较高的地区，应采用双层衬里防渗结构。

8.2.4 不同复合衬里结构应符合下列规定：

　　1 库区底部复合衬里（HDPE 土工膜＋黏土）结构（图 8.2.4-1），各层应符合下列规定：

　　1）基础层：土压实度不应小于 93%；

　　2）反滤层（可选择层）：宜采用土工滤网，规格不宜小于 200g/m²；

　　3）地下水导流层（可选择层）：石采用卵（砾）石等石料，厚度不应小于 30cm，石料上应铺设非织造土工布，规格不宜小于 200g/m²；

　　4）防渗及膜下保护层：黏土渗透系数不应大于 1.0×10^{-7} cm/s，厚度不宜小于 75cm；

　　5）膜防渗层：应采用 HDPE 土工膜，厚度不应小于 1.5mm；

　　6）膜上保护层：宜采用非织造土工布，规格不宜小于 600g/m²；

　　7）渗沥液导流层：宜采用卵石等石料，厚度不应小于 30cm，石料下可增设土工复合排水网；

　　8）反滤层：宜采用土工滤网，规格不宜小于 200g/m²。

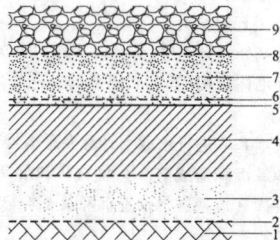

图 8.2.4-1　库区底部复合衬里（HDPE 膜＋黏土）结构示意图
1—基础层；2—反滤层（可选择层）；3—地下水导流层（可选择层）；
4—防渗及膜下保护层；5—膜防渗层；6—膜上保护层；
7—渗沥液导流层；8—反滤层；9—垃圾层

　　2 库区底部复合衬里（HDPE 土工膜＋GCL）结构（图 8.2.4-2，GCL 指钠基膨润土垫），各层应符合下列要求：

　　1）基础层：土压实度不应小于 93%；

　　2）反滤层（可选择层）：宜采用土工滤网，规格不宜小于 200g/m²；

　　3）地下水导流层（可选择层）：宜采用卵（砾）石等石料，厚度不应小于 30cm，石料上应铺设非织造土工布，规格不宜小于 200g/m²；

　　4）膜下保护层：黏土渗透系数不宜大于 1.0×10^{-5} cm/s，厚度不宜小于 30cm；

　　5）GCL 防渗层：渗透系数不应大于 5.0×10^{-9} cm/s，规格不应小于 4800g/m²；

　　6）膜防渗层：应采用 HDPE 土工膜，厚度不应小于 1.5mm；

　　7）膜上保护层：宜采用非织造土工布，规格不宜小于 600g/m²；

　　8）渗沥液导流层：宜采用卵石等石料，厚度不应小于 30cm，石料下可增设土工复合排水网；

　　9）反滤层：宜采用土工滤网，规格不宜小于 200g/m²。

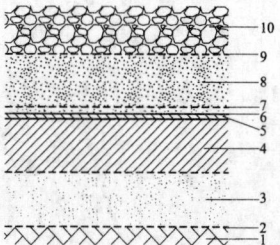

图 8.2.4-2　库区底部复合衬里（HDPE 土工膜＋GCL）结构示意图
1—基础层；2—反滤层（可选择层）；3—地下水导流层（可选择层）；
4—膜下保护层；5—GCL；6—膜防渗层；7—膜上保护层；
8—渗沥液导流层；9—反滤层；10—垃圾层

　　3 库区边坡复合衬里（HDPE 土工膜＋GCL）结构应符合下列规定：

1）基础层：土压实度不应小于90%；

2）膜下保护层：当采用黏土时，渗透系数不宜大于$1.0×10^{-5}$cm/s，厚度不宜小于20cm；当采用非织造土工布时，规格不宜小于600g/m²；

3）GCL防渗层：渗透系数不应大于$5.0×10^{-9}$cm/s，规格不应小于4800g/m²；

4）防渗层：应采用HDPE土工膜，宜为双糙面，厚度不应小于1.5mm；

5）膜上保护层：宜采用非织造土工布，规格不宜小于600g/m²；

6）渗沥液导流与缓冲层：宜采用土工复合排水网，厚度不应小于5mm，也可采用土工布袋（内装石料或沙土）。

8.2.5 单层衬里结构应符合下列规定：

1 库区底部单层衬里结构（图8.2.5），各层应符合下列要求：

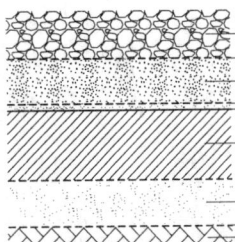

图8.2.5 库区底部单层衬里结构示意图

1—基础层；2—反滤层（可选择层）；3—地下水导流层（可选择层）；
4—膜下保护层；5—膜防渗层；6—膜上保护层；
7—渗沥液导流层；8—反滤层；9—垃圾层

1）基础层：土压实度不应小于93%；

2）反滤层（可选择层）：宜采用土工滤网，规格不宜小于200g/m²；

3）地下水导流层（可选择层）：宜采用卵（砾）石等石料，厚度不应小于30cm，石料上应铺设非织造土工布，规格不宜小于200g/m²；

4）膜下保护层：黏土渗透系数不应大于$1.0×10^{-5}$cm/s，厚度不宜小于50cm；

5）膜防渗层：应采用HDPE土工膜，厚度不应小于1.5mm；

6）膜上保护层：宜采用非织造土工布，规格不宜小于600g/m²；

7）渗沥液导流层：宜采用卵石等石料，厚度不应小于30cm，石料下可增设土工复合排水网；

8）反滤层：宜采用土工滤网，规格不宜小于200g/m²。

2 库区边坡单层衬里结构应符合下列要求：

1）基础层：土压实度不应小于90%；

2）膜下保护层：当采用黏土时，渗透系数不应大于$1.0×10^{-5}$cm/s，厚度不宜小于30cm；当采用非织造土工布时，规格不宜小于600g/m²；

3）防渗层：应采用HDPE土工膜，宜为双糙面，厚度不应小于1.5mm；

4）膜上保护层：宜采用非织造土工布，规格不宜小于600g/m²；

5）渗沥液导流与缓冲层：宜采用土工复合排水网，厚度不应小于5mm，也可采用土工布袋（内装石料或沙土）。

8.2.6 库区底部双层衬里结构（图8.2.6），各层应符合下列规定：

1 基础层：土压实度不应小于93%。

2 反滤层（可选择层）：宜采用土工滤网，规格不宜小于200g/m²。

3 地下水导流层（可选择层）：宜采用卵（砾）石等石料，厚度不应小于30cm，石料上应铺设非织造土工布，规格不宜小于200g/m²。

4 膜下保护层：黏土渗透系数不应大于$1.0×10^{-5}$cm/s，厚度不宜小于30cm。

5 膜防渗层：应采用HDPE土工膜，厚度不应小于1.5mm。

6 膜上保护层：宜采用非织造土工布，规格不宜小于400g/m²。

7 渗沥液检测层：可用土工复合排水网，厚度不应小于5mm；也可采用卵（砾）石等石料，厚度不应小于30cm。

8 膜下保护层：宜采用非织造土工布，规格不宜小于400g/m²。

9 膜防渗层：应采用HDPE土工膜，厚度不应小于1.5mm。

10 膜上保护层：宜采用非织造土工布，规格不宜小于600g/m²。

11 渗沥液导流层：宜采用卵石等石料，厚度不应小于30cm，石料下可增设土工复合排水网。

12 反滤层：宜采用土工滤网，规格不宜小于200g/m²。

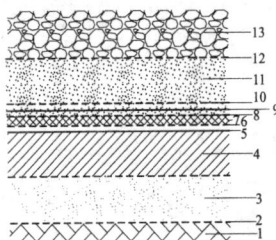

图8.2.6 库区底部双层衬里结构示意图

1—基础层；2—反滤层（可选择层）；3—地下水导流层（可选择层）；4—膜下保护层；
5—膜防渗层；6—膜上保护层；7—渗沥液检测层；8—膜下保护层；
9—膜防渗层；10—膜上保护层；11—渗沥液导流层；12—反滤层；13—垃圾层

8.2.7 HDPE土工膜应符合现行行业标准《垃圾填埋场用高密度聚乙烯土工膜》CJ/T 234的规定。HDPE土工膜厚度不应小于1.5mm，当防渗要求严格或垃圾堆高大于20m时，宜选用不小于2.0mm的HDPE土工膜厚度。

8.2.8 穿过HDPE土工膜防渗系统的竖管、横管或斜管，穿管与HDPE土工膜的接口应进行防漏处理。

8.2.9 在垂直高差较大的边坡铺设防渗材料时，应设锚固平台，平台高差应结合实际地形确定，不宜大于10m。边坡坡度不宜大于1∶2。

8.2.10 防渗材料锚固方式可采用矩形覆土锚固沟，也可采用水平覆土锚固、"V"形槽覆土锚固和混凝土锚固；岩石边坡、陡坡及调节池等混凝土上的锚固，可采用HDPE嵌钉土工膜、HDPE型锁条、机械锚固等方式进行锚固。

8.2.11 锚固沟的设计应符合下列规定：

1 锚固沟距离边坡边缘不宜小于800mm。

2 防渗材料转折处不应存在直角的刚性结构，均应做成弧形结构。

3 锚固沟断面应根据锚固形式，结合实际情况加以计算，不宜小于800mm×800mm。

4 锚固沟中压实度不得小于93%。

5 特殊情况下，应对锚固沟的尺寸和锚固能力进行计算。

8.2.12 黏土作为膜下保护层时的处理应符合下列规定：

1 平整度：应达到每平方米黏土层误差不得大于2cm。

2 洁净度：黏土层不应含有粒径大于5mm的尖锐物料。

3 压实度：位于库区底部的黏土不得小于93%，位于库区边坡的黏土层不得小于90%。

8.3 地下水导排

8.3.1 根据填埋场址水文地质情况，对可能发生地下水对基础层稳定或对防渗系统破坏的潜在危害时，应设置地下水收集导排系统。

8.3.2 地下水水量的计算宜根据填埋场址的地下水水力特征和不同埋藏条件分不同情况计算。

8.3.3 根据地下水水量、水位及其他水文地质情况的不同，可选择采用碎石导流层、导排盲沟、土工复合排水网导流层等方法进行地下水导排或阻断。地下水收集导排系统应具有长期的导排性能。

8.3.4 地下水收集导排系统宜按渗沥液收集导排系统进行设计。地下水收集管管径可根据地下水水量进行计算确定,干管外径(d_n)不应小于 250mm,支管外径(d_n)不宜小于 200mm。

8.3.5 当填埋库区所处地质为不透水层时,可采用垂直防渗帷幕配合抽水系统进行地下水导排。垂直防渗帷幕的渗透系数不应大于 $1×10^{-5}$ cm/s。

9 防洪与雨污分流系统

9.1 填埋场防洪系统

9.1.1 填埋场防洪系统设计应符合国家现行标准《防洪标准》GB 50201、《城市防洪工程设计规范》CJJ 50 及相关标准的技术要求。防洪标准应按不小于 50 年一遇洪水水位设计,按 100 年一遇洪水水位校核。

9.1.2 填埋场防洪系统根据地形可设置截洪坝、截洪沟以及跌水和陡坡、集水池、洪水提升泵站、穿坝涵管等构筑物。洪水流量可采用小流域经验公式计算。

9.1.3 填埋库区外汇水面积较大时,宜根据地形设置数条不同高程的截洪沟。

9.1.4 填埋场外无自然水体或排水沟渠时,截洪沟出水口宜根据场外地形走向、地表径流流向、地表水体位置等设置排水管渠。

9.2 填埋库区雨污分流系统

9.2.1 填埋库区雨污分流系统应阻止未作业区域的汇水流入生活垃圾堆体,应根据填埋库区分区和填埋作业工艺进行设计。

9.2.2 填埋库区分区设计应满足下列雨污分流要求:

1 平原型填埋场的分区应以水平分区为主,坡地型、山谷型填埋场的分区宜采用水平分区与垂直分区相结合的设计。

2 水平分区应设置具有防渗功能的分区坝,各分区应根据使用顺序不同铺设雨污分流导排管。

3 垂直分区宜结合边坡临时截洪沟进行设计,生活垃圾堆高达到临时截洪沟高程时,可将边坡截洪沟改建成渗沥液收集盲沟。

9.2.3 分区作业雨污分流应符合下列规定:

1 使用年限较长的填埋库区,宜进一步划分作业分区。

2 未进行作业的分区雨水应通过管道导排或泵抽排的方法排出库区外。

3 作业分区宜根据一定时间填埋量划分填埋单元和填埋体,通过填埋单元的日覆盖和填埋体的中间覆盖实现雨污分流。

9.2.4 封场后雨水应通过堆体表面排水沟排入截洪沟等排水设施。

10 渗沥液收集与处理

10.1 一般规定

10.1.1 填埋场必须设置有效的渗沥液收集系统和采取有效的渗沥液处理措施,严防渗沥液污染环境。

10.1.2 渗沥液处理设施应符合现行行业标准《生活垃圾渗沥液处理技术规范》CJJ 150 的有关规定。

10.2 渗沥液水质与水量

10.2.1 渗沥液水质参数的设计值选取应考虑初期渗沥液、中后期渗沥液和封场后渗沥液的水质差异。

10.2.2 新建填埋场的渗沥液水质参数可根据表 10.2.2 提供的国内典型填埋场不同年限渗沥液水质范围确定,也可参考同类地区同类型的填埋场实际情况合理选取。

表 10.2.2 国内典型填埋场不同年限渗沥液水质范围(mg/L)(pH 除外)

类别\n项目	填埋初期渗沥液(<5 年)	填埋中后期渗沥液(>5 年)	封场后渗沥液
COD	6000~20000	2000~10000	1000~5000
BOD_5	3000~10000	1000~4000	300~2000
NH_3-N	600~2500	800~3000	1000~3000
SS	500~1500	500~1500	200~1000
pH	5~8	6~8	6~9

注:表中均为调节池出水水质。

10.2.3 改造、扩建填埋场的渗沥液水质参数应以实际运行的监测资料为基准,并预测未来水质变化趋势。

10.2.4 渗沥液产生量宜采用经验公式法进行计算,计算时应充分考虑填埋场所处气候区域、进场生活垃圾中有机物含量、场内生活垃圾降解程度以及场内生活垃圾埋深等因素的影响。渗沥液产生量计算方法应符合本规范附录 B 的规定。

10.2.5 渗沥液产生量计算取值应符合下列规定：

1 指标应包括最大日产生量、日平均产生量及逐月平均产生量的计算；

2 当设计计算渗沥液处理规模时应采用日平均产生量；

3 当设计计算渗沥液导排系统时应采用最大日产生量；

4 当设计计算调节池容量时应采用逐月平均产生量。

10.3 渗沥液收集

10.3.1 填埋库区渗沥液收集系统应包括导流层、盲沟、竖向收集井、集液井（池）、泵房、调节池及渗沥液水位监测井。

10.3.2 渗沥液导流层设计应符合下列规定：

1 导流层宜采用卵（砾）石或碎石铺设，厚度不宜小于300mm，粒径宜为 20mm～60mm，由下至上粒径逐渐减小。

2 导流层与垃圾层之间应铺设反滤层，反滤层可用土工滤网，单位面积质量宜大于 200g/m²。

3 导流层内应设置导排盲沟和渗沥液收集导排管网。

4 导流层应保证渗沥液通畅导排，降低防渗层上的渗沥液水头。

5 导流层下可增设土工复合排水网强化渗沥液导流。

6 边坡导流层宜采用土工复合排水网铺设。

10.3.3 盲沟设计应符合下列规定：

1 盲沟宜采用砾石、卵石或碎石（$CaCO_3$ 含量不应大于10%）铺设，石料的渗透系数不应小于 1.0×10^{-3} cm/s。主盲沟石料厚度不宜小于 40cm，粒径从上到下依次为 20mm～30mm、30mm～40mm、40mm～60mm。

2 盲沟内应设置高密度聚乙烯（HDPE）收集管，管径应根据所收集面积的渗沥液最大日流量、设计坡度等条件计算，HDPE收集干管公称外径（d_n）不应小于 315mm，支管外径（d_n）不应小于200mm。

3 HDPE 收集管的开孔率应保证环刚度要求。HDPE 收集管的布置宜呈直线。Ⅲ类以上填埋场 HDPE 收集管宜设置高压水射流疏通、端头井等反冲洗措施。

4 主盲沟坡度应保证渗沥液能快速通过渗沥液 HDPE 干管进入调节池，纵、横向坡度不宜小于 2%。

5 盲沟系统宜采用鱼刺状和网状布置形式，也可根据不同地形采用特殊布置形式（反锅底形等）。

6 盲沟断面形式可采用菱形断面或梯形断面，断面尺寸应根据渗沥液汇流面积、HDPE 管管径及数量确定。

7 中间覆盖层的盲沟应与竖向收集井相连接，其坡度应能保证渗沥液快速进入收集井。

10.3.4 导气井可兼作渗沥液竖向收集井，形成立体导排系统收集垃圾堆体产生的渗沥液，竖向收集井间距宜通过计算确定。

10.3.5 集液井（池）宜按库区分区情况设置，并宜设在填埋库区外侧。

10.3.6 调节池设计应符合下列规定：

1 调节池容积宜按本规范附录 C 的计算要求确定，调节池容积不应小于三个月的渗沥液处理量。

2 调节池可采用 HDPE 土工膜防渗结构，也可采用钢筋混凝土结构。

3 HDPE 土工膜防渗结构调节池的池坡比宜小于 1:2，防渗结构设计可参考本规范第 8 章的相关规定。

4 钢筋混凝土结构调节池池壁应做防腐蚀处理。

5 调节池宜设置 HDPE 膜覆盖系统，覆盖系统设计应考虑覆盖膜顶面的雨水导排、膜下的沼气导排及池底污泥的清理。

10.3.7 库区渗沥液水位应控制在渗沥液导流层内。应监测填埋堆体内渗沥液水位，当出现高水位时，应采取有效措施降低水位。

10.4 渗沥液处理

10.4.1 渗沥液处理后排放标准应达到现行国家标准《生活垃圾填埋场污染控制标准》GB 16889 规定的指标或当地环保部门规定执行的排放标准。

10.4.2 渗沥液处理工艺应根据渗沥液的水质特性、产生量和达到的排放标准等因素，通过多方案技术经济比较进行选择。

10.4.3 渗沥液处理宜采用"预处理＋生物处理＋深度处理"的工艺组合，也可采用"预处理＋物化处理"或"生物处理＋深度处理"的工艺组合。

10.4.4 渗沥液预处理可采用水解酸化、混凝沉淀、砂滤等工艺。

10.4.5 渗沥液生物处理可采用厌氧生物处理法和好氧生物处理法，宜以膜生物反应器法（MBR）为主。

10.4.6 渗沥液深度处理可采用膜处理、吸附法、高级化学氧化等工艺，其中膜处理宜以反渗透为主。

10.4.7 物化处理可采用多级反渗透工艺。

10.4.8 渗沥液预处理、生物处理、深度处理及物化处理工艺设计参数宜按本规范附录 D 的规定取值。

10.4.9 渗沥液处理中产生的污泥应进行无害化处置。

10.4.10 膜处理过程产生的浓缩液可采用蒸发或其他适宜的处理方式。浓缩液回灌填埋堆体应保证不影响渗沥液处理正常运行。

11 填埋气体导排与利用

11.1 一般规定

11.1.1 填埋场必须设置有效的填埋气体导排设施，严防填埋气体自然聚集、迁移引起的火灾和爆炸。

11.1.2 当设计填埋库容大于或等于 2.5×10^6 t，填埋厚度大于或等于 20m 时，应考虑填埋气体利用。

11.1.3 填埋场不具备填埋气体利用条件时，应采用火炬法燃烧处理，并宜采用能够有效减少甲烷产生和排放的填埋工艺。

11.1.4 未达到安全稳定的老填埋场应设置有效的填埋气体导排设施。

11.1.5 填埋气体导排和利用设施应符合现行行业标准《生活垃圾填埋场填埋气体收集处理及利用工程技术规范》CJJ 133 的有关规定。

11.2 填埋气体产生量

11.2.1 填埋气体产气量估算宜按现行行业标准《生活垃圾填埋场填埋气体收集处理及利用工程技术规范》CJJ 133 提供的方法进行计算。

11.2.2 清洁发展机制（CDM）项目填埋气体产气量的计算，应按本规范附录 E 的规定执行。

11.2.3 填埋场气体收集率宜根据填埋场建设和运行特征进行估算。

11.3 填埋气体导排

11.3.1 填埋气体导排设施宜采用导气井，也可采用导气井和导气盲沟相连的导排设施。

11.3.2 导气井可采用随填埋作业层升高分段设置和连接的石笼导气井，也可采用在填埋体中钻孔形成导气井。导气井的设置应符合下列规定：

1 石笼导气井在导气管四周宜用 $d=20mm\sim80mm$ 级配的碎石等材料填充，外部宜采用能伸缩连接的土工网格或钢丝网等材料作为井筒，井底部宜铺设不破坏防渗层的基础。

2 钻孔导气井钻孔深度不应小于填埋深度的2/3，钻孔应采用防爆施工设备，并应有保护场底防渗层的措施。

3 石笼导气井直径（Φ）不应小于600mm，中心多孔管应采用高密度聚乙烯（HDPE）管材，公称外径（d_n）不应小于110mm，管材开孔率不宜小于2%。

4 导气井兼作渗沥液竖向收集井时，中心多孔管公称外径（d_n）不宜小于200mm，导气井内水位过高时，应采取降低水位的措施。

5 导气井宜在填埋库区底部主、次盲沟交汇点取点设置，并应以设置点为基准，沿次盲沟铺设方向，采用等边三角形、正六边形、正方形等形状布置。

6 导气井的影响半径宜通过现场抽气测试确定。不能进行现场测试时，单一导气井的影响半径可按该井所在位置填埋厚度的0.75倍～1.5倍取值。堆体中部的主动导排导气井间距不宜大于50m，沿堆体边缘布置的导气井间距不宜大于25m，被动导排导气井间距不宜大于30m。

7 被动导气井的导气管管口宜高于堆体表面1m以上。

8 主动导排导气井井口周围应采用膨润土或黏土等低渗透性材料密封，密封厚度宜为1m～2m。

11.3.3 填埋库容大于或等于 1.0×10^6 t，垃圾填埋深度大于或等于10m时，应采用主动导气。

11.3.4 导气盲沟的设置应符合下列规定：

1 宜用级配石料等粒状物填充，断面宽、高均不宜小于1000mm。

2 盲沟中心管宜采用软管，管内径不应小于150mm。当采用多孔管时，开孔率应保证管强度。水平导气管应有不低于2%的坡度，并接至导气总管或场外较低处。每条导气盲沟的长度不宜大于100m。

3 相邻标高的水平盲沟宜交错布置，盲沟水平间距可按30m～50m设置，垂直间距可按10m～15m设置。

4 应与导气井连接。

11.3.5 应考虑堆体沉降对导气井和导气盲沟的影响，防止气体导排设施阻塞、断裂而失去导排功能。

11.4 填埋气体输送

11.4.1 填埋气体输送系统宜采用集气单元方式将临近的导气井或导气盲沟的连接管道进行布置。

11.4.2 填埋气体输送系统应设置流量控制阀门，根据气体流量的大小和压力调整阀门开度，达到产气量和抽气量平衡。

11.4.3 填埋气体抽气系统应具有填埋气体含量及流量的监测和控制功能，以确保抽气系统的正常安全运行。

11.4.4 输送管道设计应符合下列规定：

1 设计应留有允许材料热胀冷缩的伸缩余地，管道固定应设置缓冲区，保证输气管道的密封性。

2 应选用耐腐蚀、伸缩性强、具有良好的机械性能和气密性能的材料及配件。

3 在保证安全运行的条件下，输气管道布置应缩短输气线路。

11.4.5 填埋气体输送管道中的冷凝液排放应符合下列规定：

1 输送管道应设置不小于1%的坡度。

2 输送管道一定管段的最低处应设置冷凝液排放装置。

3 排出的冷凝液应及时收集。

4 收集的冷凝液可直接回喷到填埋堆体中。

11.5 填埋气体利用

11.5.1 填埋气体利用和燃烧系统应统筹设计，应优先满足利用系统的用气，剩余填埋气体应能自动分配到火炬系统进行燃烧。

11.5.2 填埋气体利用方式和规模应根据填埋场的产气量及当地条件等因素，通过多方案技术经济比较确定。气体利用率不宜小于70%。

11.5.3 填埋气体利用系统应设置预处理工序，预处理工艺和设备的选择应根据气体利用方案、用气设备的要求和污染排放标准确定。

11.5.4 填埋气体燃烧火炬应有较宽的负荷适应范围以满足稳定燃烧，应具有主动和被动两种保护措施，并应具有点火、灭火安全保护功能及阻火器等安全装置。

11.6 填埋气体安全

11.6.1 填埋库区应按生产的火灾危险性分类中戊类防火区的要求采取防火措施。

11.6.2 填埋库区防火隔离带应符合本规范第5.7.3条的规定。

11.6.3 填埋场达到稳定安全期前，填埋库区及防火隔离带范围内严禁设置封闭式建（构）筑物，严禁堆放易燃易爆物品，严禁将火种带入填埋库区。

11.6.4 填埋场上方甲烷气体含量必须小于5%，填埋场建（构）筑物内甲烷气体含量严禁超过1.25%。

11.6.5 进入填埋作业区的车辆、填埋作业设备应保持良好的机械性能，应避免产生火花。

11.6.6 填埋库区应防止填埋气体在局部聚集。填埋库区底部及边坡的土层10m深范围内的裂隙、溶洞及其他腔性结构均应予以充填密实。填埋体中不均匀沉降造成的裂隙应及时予以充填密实。

11.6.7 对填埋物中可能造成腔型结构的大件垃圾应进行破碎。

12 填埋作业与管理

12.1 填埋作业准备

12.1.1 填埋场作业人员应经过技术培训和安全教育,应熟悉填埋作业要求及填埋气体安全知识。运行管理人员应熟悉填埋作业工艺、技术指标及填埋气体的安全管理。

12.1.2 填埋作业规程应制定完备,并应制定填埋气体引起火灾和爆炸等意外事件的应急预案。

12.1.3 应根据设计制定分区分单元填埋作业计划,作业分区应采取有利于雨污分流的措施。

12.1.4 填埋作业分区的工程设施和满足作业的其他主体工程、配套工程及辅助设施,应按设计要求完成施工。

12.1.5 填埋作业应保证全天候运行,宜在填埋作业区设置雨季卸车平台,并应准备充足的垫层材料。

12.1.6 装载、挖掘、运输、摊铺、压实、覆盖等作业设备应按填埋日处理规模和作业工艺设计要求配置。Ⅲ类以上填埋场宜配置压实机,在大件垃圾较多的情况下,宜设置破碎设备。

12.2 填 埋 作 业

12.2.1 填埋物进入填埋场应进行检查和计量。垃圾运输车辆离开填埋场前宜冲洗轮胎和底盘。

12.2.2 填埋应采用单元、分层作业,填埋单元作业工序应为卸车、分层摊铺、压实,达到规定高度后应进行覆盖、再压实。填埋单元作业时应控制填埋作业面面积。

12.2.3 每层垃圾摊铺厚度应根据填埋作业设备的压实性能、压实次数及生活垃圾的可压缩性确定,厚度不宜超过 60cm,且宜从作业单元的边坡底部到顶部摊铺;生活垃圾压实密度应大于 $600kg/m^3$。

12.2.4 每一单元的生活垃圾高度宜为 2m～4m,最高不得超过 6m。单元作业宽度按填埋作业设备的宽度及高峰期同时进行作业的车辆数确定,最小宽度不宜小于 6m。单元的坡度不宜大于 1∶3。

12.2.5 每一单元作业完成后应进行覆盖,覆盖层厚度应根据覆盖材料确定。采用 HDPE 膜或线型低密度聚乙烯膜(LLDPE)覆盖时,膜的厚度宜为 0.50mm,采用土覆盖的厚度宜为 20cm～25cm,采用喷涂覆盖的涂层干化后厚度宜为 6mm～10mm。膜的性能指标应符合现行行业标准《垃圾填埋场用高密度聚乙烯土工膜》CJ/T 234 和《垃圾填埋场用线性低密度聚乙烯土工膜》CJ/T 276 的要求。

12.2.6 作业场所应喷洒杀虫灭鼠药剂,并宜喷洒除臭剂及洒水降尘。

12.2.7 每一作业区完成阶段性高度后,暂时不在其上继续进行填埋时,应进行中间覆盖,覆盖层厚度应根据覆盖材料确定,黏土覆盖层厚度宜大于 30cm,膜厚度不宜小于 0.75mm。

12.2.8 填埋作业达到设计标高后,应及时进行封场覆盖。

12.2.9 填埋场内设施、设备应定期检查维护,发现异常应及时修复。

12.2.10 填埋场作业过程的安全卫生管理应符合现行国家标准《生产过程安全卫生要求总则》GB/T 12801 的有关规定。

12.3 填埋场管理

12.3.1 填埋场应按建设、运行、封场、跟踪监测、场地再利用等阶段进行管理。

12.3.2 填埋场建设的有关文件资料应按国家有关规定进行整理与保管。

12.3.3 填埋场日常运行管理中应记录进场垃圾运输车号、车辆数量、生活垃圾量、渗沥液产生量、材料消耗等,记录积累的技术资料应完整,统一归档保管。填埋作业管理宜采用计算机网络管理。填埋场的计量应达到国家三级计量认证。

12.3.4 填埋场封场和场地再利用管理应符合本规范第 13 章的有关规定。

12.3.5 填埋场跟踪监测管理应符合本规范第 15 章的有关规定。

13 封场与堆体稳定性

13.1 一 般 规 定

13.1.1 填埋场封场设计应考虑堆体整形与边坡处理、封场覆盖结构类型、填埋场生态恢复、土地利用与水土保持、堆体的稳定性等因素。

13.1.2 填埋场封场应符合现行行业标准《生活垃圾卫生填埋场封场技术规程》CJJ 112 与《生活垃圾卫生填埋场岩土工程技术规范》CJJ 176 的有关规定。

13.2 填埋场封场

13.2.1 堆体整形设计应满足封场覆盖层的铺设和封场后生态恢复与土地利用的要求。

13.2.2 堆体整形顶面坡度不宜小于 5%。边坡大于 10% 时宜用多级台阶,台阶间边坡坡度不宜大于 1∶3,台阶宽度不宜小于 2m。

13.2.3 填埋场封场覆盖结构(图 13.2.3)各层应由下至上依次为:排气层、防渗层、排水层与植被层。填埋场封场覆盖应符合下列规定:

   1 排气层:堆体顶面宜采用粗粒或多孔材料,厚度不宜小于 30cm,边坡宜采用土工复合排水网,厚度不应小于 5mm。

   2 排水层:堆体顶面宜采用粗粒或多孔材料,厚度不宜小于 30cm。边坡宜采用土工复合排水网,厚度不应小于 5mm;也可采用加筋土工网垫,规格不小于 $600g/m^2$。

   3 植被层:应采用自然土加表层营养土,厚度应根据种植植物的根系深浅确定,厚度不宜小于 50cm,其中营养土厚度不宜小于15cm。

4 防渗层应符合下列要求：

　　1）采用高密度聚乙烯（HDPE）土工膜或线性低密度聚乙烯（LLDPE）土工膜，厚度不应小于1mm，膜上应敷设非织造土工布，规格不宜小于$300g/m^2$；膜下应敷设保护层。

　　2）采用黏土，黏土层的渗透系数不应大于$1.0×10^{-7}cm/s$，厚度不应小于30cm。

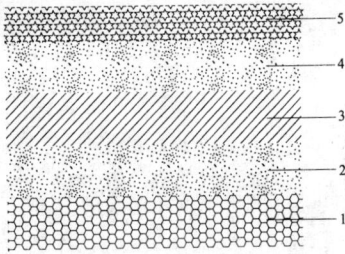

图13.2.3 黏土覆盖系统示意图
1—垃圾层；2—排气层；3—防渗层；4—排水层；5—植被层

13.2.4 填埋场封场覆盖后，应及时采用植被逐步实施生态恢复，并应与周边环境相协调。

13.2.5 填埋场封场后应继续进行填埋气体导排、渗沥液导排和处理、环境与安全监测等运行管理，直至填埋场达到稳定。

13.2.6 填埋场封场后宜进行水土保持的相关维护工作。

13.2.7 填埋场封场后的土地利用应符合下列规定：

　　1 填埋场封场后的土地利用应符合现行国家标准《生活垃圾填埋场稳定化场地利用技术要求》GB/T 25179 的规定。

　　2 填埋场土地利用前应作出场地稳定化鉴定、土地利用论证及有关部门审定。

　　3 未经环境卫生、岩土、环保专业技术鉴定前，填埋场地严禁作为永久性封闭式建（构）筑物用地。

13.2.8 老生活垃圾填埋场封场工程除应符合本规范第13.2.1条～第13.2.7条的要求外，尚应符合下列规定：

　　1 无气体导排设施的或导排设施失效存在安全隐患的，应采用钻孔法设置或完善填埋气体导排系统，已覆盖土层的垃圾堆体可采用开挖网状排气盲沟的方式形成排气层。

　　2 无渗沥液导排设施或导排设施失效的，应设置或完善渗沥液导排系统。

　　3 渗沥液、填埋气体发生地下横向迁移的，应设置垂直防渗系统。

13.3 填埋堆体稳定性

13.3.1 填埋堆体的稳定性应考虑封场覆盖、堆体边坡及堆体沉降的稳定。

13.3.2 封场覆盖应进行滑动稳定性分析，确保封场覆盖层的安全稳定。

13.3.3 填埋堆体边坡的稳定性计算宜按现行国家标准《建筑边坡工程技术规范》GB 50330 中土坡计算方法的有关规定执行。

13.3.4 堆体沉降稳定宜根据沉降速率与封场年限来判断。

13.3.5 填埋场运行期间宜设置堆体沉降与渗沥液导流层水位监测设备设施，对填埋堆体典型断面的沉降、边坡侧向变形情况及渗沥液导流层水头进行监测，根据监测结果对滑移等危险征兆采取应急控制措施。

14 辅 助 工 程

14.1 电 气

14.1.1 填埋场的生产用电应从附近电力网引接，其接入电压等级应根据填埋场的总用电负荷及附近电力网的具体情况，经技术经济比较后确定。

14.1.2 填埋场的继电保护和安全自动装置与接地装置应符合现行国家标准《电力装置的继电保护和自动装置设计规范》GB/T 50062 及《交流电气装置的接地》DL/T 621 中的有关规定。

14.1.3 填埋气体发电工程的电气主接线应符合下列规定：

　　1 发电上网时，应至少有一条与电网连接的双向受、送电线路。

　　2 发电自用时，应至少有一条与电网连接的受电线路，当该线路发生故障时，应有能够保证安全停机和启动的内部电源或其他外部电源。

14.1.4 照明设计应符合现行国家标准《建筑照明设计标准》GB 50034 中的有关规定。正常照明和事故照明宜采用分开的供电系统。

14.1.5 电缆的选择与敷设应符合现行国家标准《电力工程电缆设计规范》GB 50217 的有关规定。

14.2 给排水工程

14.2.1 填埋场给水工程设计应符合现行国家标准《室外给水设计规范》GB 50013 和《建筑给水排水设计规范》GB 50015 的有关规定。

14.2.2 填埋场采用井水作为给水时，饮用水水质应符合现行国家标准《生活饮用水卫生标准》GB 5749 的有关规定，用水标准及定额应满足现行国家标准《建筑给水排水设计规范》GB 50015 中的有关规定。

14.2.3 填埋场排水工程设计应符合现行国家标准《室外排水设计规范》GB 50014 和《建筑给水排水设计规范》GB 50015 的有关规定。

14.3 消 防

14.3.1 填埋场除考虑填埋气体的消防外，还应设置建（构）筑物的室内、室外消防系统。消防系统的设置应符合现行国家标准《建筑设计防火规范》GB 50016 和《建筑灭火器配置设计规范》GB 50140 的有关规定。

14.3.2 填埋场的电气消防设计应符合现行国家标准《建筑设计防火规范》GB 50016 和《火灾自动报警系统设计规范》GB 50116 中的有关规定。

14.4 采暖、通风与空调

14.4.1 填埋场各建筑物的采暖、空调及通风设计应符合现行国家标准《采暖通风与空气调节设计规范》GB 50019 中的有关规定。

15 环境保护与劳动卫生

15.0.1 填埋场环境影响评价及环境污染防治应符合下列规定：

1 填埋场工程建设项目在进行可行性研究的同时,应对建设项目的环境影响作出评价。

2 填埋场工程建设项目的环境污染防治设施应与主体工程同时设计、同时施工、同时投产使用。

3 填埋作业过程中产生的各种污染物的防治与排放应符合国家有关规定。

15.0.2 填埋场应设置地下水本底监测井、污染扩散监测井、污染监测井。填埋场应进行水、气、土壤及噪声的本底监测和作业监测。监测井和采样点的布设、监测项目、频率及分析方法应按现行国家标准《生活垃圾填埋场污染控制标准》GB 16889 和《生活垃圾卫生填埋场环境监测技术要求》GB/T 18772 执行,填埋库区封场后应进行跟踪监测直至填埋体稳定。

15.0.3 填埋场环境污染控制指标应符合现行国家标准《生活垃圾填埋场污染控制标准》GB 16889 的要求。

15.0.4 填埋场使用杀虫灭鼠药剂时应避免二次污染。

15.0.5 填埋场应设置道路行车指示、安全标识、防火防爆及环境卫生设施设置标志。

15.0.6 填埋场的劳动卫生应按照现行国家标准《工业企业设计卫生标准》GBZ 1 和《生产过程安全卫生要求总则》GB/T 12801 的有关规定执行,并应结合填埋作业特点采取有利于职业病防治和保护作业人员健康的措施。填埋作业人员应每年体检一次,并应建立健康登记卡。

16 工程施工及验收

16.0.1 填埋场工程施工前应根据设计文件或招标文件编制施工方案,准备施工设备及设施,合理安排施工场地。

16.0.2 填埋场工程应根据工程设计文件和设备技术文件进行施工和安装。

16.0.3 填埋场工程施工变更应按设计单位的设计变更文件进行。

16.0.4 填埋场各项建筑、安装工程应按现行相关标准及设计要求进行施工。

16.0.5 施工安装使用的材料应符合现行国家相关标准及设计要求;对国外引进的专用填埋设备与材料,应按供货商提供的设备技术规范、合同规定及商检文件执行,并应符合现行国家标准的相应要求。

16.0.6 填埋场工程验收除应按国家规定和相应专业现行验收标准执行外,还应符合下列规定:

1 地基处理应符合本规范第 6 章的要求。

2 垃圾坝应符合本规范第 7 章的要求。

3 防渗工程与地下水导排应符合本规范第 8 章的要求。

4 防洪与雨污分流系统应符合本规范第 9 章的要求。

5 渗沥液收集与处理应符合本规范第 10 章的要求。

6 填埋气体导排与利用应符合本规范第 11 章的要求。

7 填埋场封场应符合本规范第 13 章的要求。

附录 A 填埋库容与有效库容计算

A.0.1 填埋库容采用方格网法计算时,应符合下列规定:

1 将场地划分成若干个正方形格网,再将场底设计标高和封场标高分别标注在规则网格各个角点上,封场标高与场底设计标高的差值应为各角点的高度。

2 计算每个四棱柱的体积,再将所有四棱柱的体积汇总为总的填埋场库容。方格网法库容可按下式计算:

$$V = \sum_{i=1}^{n} a^2 (h_{i1} + h_{i2} + h_{i3} + h_{i4})/4 \qquad (A.0.1)$$

式中：$h_{i1}, h_{i2}, h_{i3}, h_{i4}$——第 i 个方格网各个角点高度(m);

V——填埋库容(m^3);

a——方格网的边长(m);

n——方格网个数。

3 计算时可将库区划分为边长 10m~40m 的正方形方格网,方格网越小,精度越高。

4 可采用基于网格法的土方计算软件进行填埋库容计算。

A.0.2 有效库容按下列公式计算:

1 有效库容为有效库容系数与填埋库容的乘积,应按下式计算:

$$V' = \zeta \cdot V \qquad (A.0.2-1)$$

式中：V'——有效库容(m^3);

V——填埋库容(m^3);

ζ——有效库容系数。

2 有效库容系数应按下式计算:

$$\zeta = 1 - (I_1 + I_2 + I_3) \qquad (A.0.2-2)$$

式中：I_1——防渗系统所占库容系数;

I_2——覆盖层所占库容系数;

I_3——封场所占库容系数。

3 防渗系统所占库容系数 I_1 应按下式计算:

$$I_1 = \frac{A_1 h_1}{V} \qquad (A.0.2-3)$$

式中：A_1——防渗系统的表面积(m^2);

h_1——防渗系统厚度(m);

V——填埋库容(m^3)。

4 覆盖层所占库容系数 I_2 应符合下列规定:

1)平原型填埋场黏土中间覆盖层厚度为 30cm,垃圾层厚度为 10m~20m 时,黏土中间覆盖层所占用的库容系数 I_2 可近似取 1.5%~3%。

2)日覆盖和中间覆盖层采用土工膜作为覆盖材料时,可不考虑 I_2 的影响,近似取 0。

5 封场所占库容系数 I_3 应按下式计算:

$$I_3 = \frac{A_{2T} h_{2T} + A_{2S} h_{2S}}{V} \qquad (A.0.2-4)$$

式中：A_{2T}——封场堆体顶面覆盖系统的表面积(m^2);

h_{2T}——封场堆体顶面覆盖系统厚度(m);

A_{2S}——封场堆体边坡覆盖系统的表面积(m^2);

h_{2S}——封场堆体边坡覆盖系统厚度(m);

V——填埋库容(m^3)。

附录 B 渗沥液产生量计算方法

B.0.1 渗沥液最大日产生量、日平均产生量及逐月平均产生量宜按下式计算,其中浸出系数应结合填埋场实际情况选取。

$$Q = I \times (C_1 A_1 + C_2 A_2 + C_3 A_3 + C_4 A_4)/1000 \quad (B.0.1)$$

式中:Q——渗沥液产生量(m^3/d);

I——降水量(mm/d)。当计算渗沥液最大日产生量时,取历史最大日降水量;当计算渗沥液日平均产生量时,取多年平均日降水量;当计算渗沥液逐月平均产生量时,取多年逐月平均降雨量。数据充足时,宜按 20 年的数据计取;数据不足 20 年时,可按现有全部年数据计取;

C_1——正在填埋作业区浸出系数,宜取 0.4~1.0,具体取值可参考表 B.0.1。

表 B.0.1 正在填埋作业单元浸出系数 C_1 取值表

所在地年降雨量(mm) 有机物含量	年降雨量 ≥800	400≤年降雨量 <800	年降雨量 <400
>70%	0.85~1.00	0.75~0.95	0.50~0.75
≤70%	0.70~0.80	0.50~0.70	0.40~0.55

注:若填埋场所处地区气候干旱、进场生活垃圾中有机物含量低、生活垃圾降解程度低及埋深小时宜取高值;若填埋场所处地区气候湿润、进场生活垃圾中有机物含量高、生活垃圾降解程度高及埋深大时宜取低值。

A_1——正在填埋作业区汇水面积(m^2);

C_2——已中间覆盖区浸出系数。当采用膜覆盖时宜取(0.2~0.3)C_1生活垃圾降解程度低或埋深小时宜取下限,生活垃圾降解程度高或埋深大时宜取上限;当采用土覆盖时宜取(0.4~0.6)C_1(若覆盖材料渗透系数较小、整体密封性好、生活垃圾降解程度低及埋深小时宜取低值,若覆盖材料渗透系数较大、整体密封性较差、生活垃圾降解程度高及埋深大时宜取高值);

A_2——已中间覆盖区汇水面积(m^2);

C_3——已终场覆盖区浸出系数,宜取 0.1~0.2(若覆盖材料渗透系数较小、整体密封性好、生活垃圾降解程度低及埋深小时宜取下限,若覆盖材料渗透系数较大、整体密封性较差、生活垃圾降解程度高及埋深大时宜取上限);

A_3——已终场覆盖区汇水面积(m^2);

C_4——调节池浸出系数,取 0 或 1.0(若调节池设置有覆盖系统取 0,若调节池未设置覆盖系统取 1.0);

A_4——调节池汇水面积(m^2)。

B.0.2 当 A_1、A_2、A_3 随不同的填埋时期取不同值,渗沥液产生量设计值应在最不利情况下计算,即在 A_1、A_2、A_3 的取值使得 Q 最大的时候进行计算。

B.0.3 当考虑生活管理区污水等其他因素时,渗沥液的设计处理规模宜在其产生量的基础上乘以适当系数。

附录 C 调节池容量计算方法

C.0.1 调节池容量可按表 C.0.1 进行计算。

表 C.0.1 调节池容量计算表

月份	多年平均逐月 降雨量(mm)	逐月渗沥液 产生量(m^3)	逐月渗沥液 处理量(m^3)	逐月渗沥液 余量(m^3)
1	M_1	A_1	B_1	$C_1 = A_1 - B_1$
2	M_2	A_2	B_2	$C_2 = A_2 - B_2$
3	M_3	A_3	B_3	$C_3 = A_3 - B_3$
4	M_4	A_4	B_4	$C_4 = A_4 - B_4$
5	M_5	A_5	B_5	$C_5 = A_5 - B_5$
6	M_6	A_6	B_6	$C_6 = A_6 - B_6$
7	M_7	A_7	B_7	$C_7 = A_7 - B_7$
8	M_8	A_8	B_8	$C_8 = A_8 - B_8$
9	M_9	A_9	B_9	$C_9 = A_9 - B_9$
10	M_{10}	A_{10}	B_{10}	$C_{10} = A_{10} - B_{10}$
11	M_{11}	A_{11}	B_{11}	$C_{11} = A_{11} - B_{11}$
12	M_{12}	A_{12}	B_{12}	$C_{12} = A_{12} - B_{12}$

注:表 C.0.1 中将 1~12 月中 $C>0$ 的月渗沥液余量累计相加,即为需要调节的总容量。

C.0.2 逐月渗沥液产生量可根据本规范附录 B 中式(B.0.1)计算,其中 I 取多年逐月降雨量,经计算得出逐月渗沥液产生量 $A_1 \sim A_{12}$。

C.0.3 逐月渗沥液余量可按下式计算:

$$C = A - B \quad (C.0.3)$$

式中:C——逐月渗沥液余量(m^3);

A——逐月渗沥液产生量(m^3);

B——逐月渗沥液处理量(m^3)。

C.0.4 计算值宜按历史最大日降雨量或 20 年一遇连续七日最大降雨量进行校核,在当地没有上述历史数据时,也可采用现有全部年数据进行校核。并将校核值与上述计算出来的需要调节的总容量进行比较,取其中较大者,在此基础上乘以安全系数 1.1~1.3 即为所取调节池容积。

C.0.5 当采用历史最大日降雨量进行校核时,可参考下式计算:

$$Q_1 = I_1 \times (C_1 A_1 + C_2 A_2 + C_3 A_3 + C_4 A_4)/1000 \quad (C.0.5)$$

式中:Q_1——校核容积(m^3);

I_1——历史最大日降雨量(m^3);

C_1、C_2、C_3、C_4 与 A_1、A_2、A_3、A_4 的取值同本规范附录 B 式(B.0.1)。

附录 D 渗沥液处理工艺参考设计参数

表 D 渗沥液处理工艺参考设计参数

渗沥液处理工艺	参考设计参数及技术要求	说明
水解酸化	1 水力停留时间（HRT）不宜小于10h； 2 pH 值宜为 6.5～7.5	水解酸化可采用悬浮式反应器、接触式反应器、复合式反应器等形式
混凝沉淀	1 混凝剂投药方法可采用干投法或湿投法。 药剂调制方法可采用水力法、压缩空气法、机械法等。可采用硫酸铝、聚合氯化铝、三氯化铁和聚丙烯酰胺（PAM）等药剂。 2 干式投配设备应配备混凝剂的破碎设备，应具备每小时投配5kg以上的规模；湿式投配设备应配置一套溶解、搅拌、定量控制和投配设备	干投法流程宜为：药剂输送→粉碎→提升→计量→加药混合。湿投法流程宜为：溶解池→溶液池→定量控制设备→投加设备→混合池。 混凝沉淀采用的混合设备可采用浆板式机械混合槽、分流隔板混合槽、水泵混合等，反应设备可采用隔板式反应池、涡流式反应池、机械搅拌反应池等
UASB	1 UASB 的适宜参数为： 1)反应器适宜温度：常温范围为20℃～30℃，中温范围为30℃～38℃，高温范围为50℃～55℃； 2)容积负荷适宜值为5kgCOD/(m³·d)～15kgCOD/(m³·d)； 3)反应器适宜 pH：6.5～7.8。	池形可设计为圆形、方形或矩形。处理渗沥液量过大时可设计为多个池体并联运行。 反应器反应区的高度可设计为 1.5m～4.0m。 当渗沥液流量小，浓度较高，需要的沉淀区面积小时，沉淀区的面积可以

续表 D

渗沥液处理工艺	参考设计参数及技术要求	说明
UASB	2 UASB 反应器应设置生物气体利用或安全燃烧装置	和反应区相同；当渗沥液流量大，浓度较低，需要的沉淀区面积大时，可采用反应器上部面积大于下部面积的池形
膜生物反应器（MBR）	1 膜生物反应器可采用外置式膜生物反应器或内置式膜生物反应器。 2 膜生物反应器的适宜参数为： 1)进水 COD：外置式不宜大于 20000mg/L，内置式不宜大于 15000mg/L； 2)进水 BOD_5/COD 的比值不宜小于 0.3； 3)进水氨氮 NH_3-N 不宜大于 2500mg/L； 4)水温度宜为 20℃～35℃； 5)污泥浓度：外置式宜为 10000mg/L～15000mg/L，内置式宜为 8000mg/L～10000mg/L； 6)污泥负荷：外置式宜为 0.05kgCOD/(kgMLVSS·d)～0.18kgCOD/(kgMLVSS·d)，内置式宜为 0.04kgCOD/(kgMLVSS·d)～0.12kgCOD/(kgMLVSS·d)； 7)脱氮速率(20℃)：外置式宜为(0.05～0.20)kgNO₂-N/(kgMLSS·d)，内置式宜为(0.05～0.15)kgNO₃-N/(kgMLSS·d)； 8)硝化速率：外置式宜为(0.02～0.10)kgNH₄⁺-N/(kgMLSS·d)，内置式宜为(0.02～0.08)kgNH₄⁺-N/(kgMLSS·d)； 9)剩余污泥产泥系数：0.1kgMLVSS/kgCOD～0.3kgMLVSS/kgCOD。 3 一般情况下，MBR 宜采用 A/O 工艺，当需要强化脱氮处理时，宜采用 A/O/A/O 工艺强化生物处理	"外置式膜生物反应器"中生化反应器与膜单元相对独立，通过混合液循环泵使得处理池内水通过膜组件后外排；"内置式膜生物反应器"其膜浸没在生物反应器内，出水通过负压抽吸经过膜单元后排出。 其中外置膜宜选用管式超滤膜组件，内置膜宜选用板式微滤膜组件、板式超滤膜组件、中空纤维微滤膜组件或中空纤维超滤膜组件

续表 D

渗沥液处理工艺	参考设计参数及技术要求	说明
膜深度处理	1 膜处理可采用纳滤（NF）、卷式反渗透（卷式 RO）、碟管式反渗透（DTRO）等工艺。 2 当采用"NF＋卷式 RO"，NF 段的适宜参数为： 1)进水淤塞指数 SDI_{15} 不宜大于 5； 2)进水游离余氯不宜大于 0.1mg/L； 3)进水悬浮物 SS 不宜大于 100mg/L； 4)进水化学需氧量 COD 不宜大于 1200mg/L； 5)进水生化需氧量（BOD_5）不宜大于 600mg/L； 6)进水氨氮 NH_3-N 不宜大于 200mg/L； 7)进水总氮 TN 不宜大于 300mg/L； 8)水温度宜为 15℃～30℃； 9)pH 值宜为 5.0～7.0； 10)纳滤膜通量宜为 15L/(m²·h)～20L/(m²·h)； 11)水回收率不宜低于 80%(25℃)； 12)操作压力：卷式纳滤膜宜为 0.5MPa～1.5MPa；碟管式纳滤膜为 0.5MPa～2.5MPa。 3 当采用"NF＋卷式 RO"或"卷式 RO"时，卷式 RO 段适宜参数： 1)进水淤塞指数 SDI_{15} 不宜大于 5； 2)进水游离余氯不宜大于 0.1mg/L； 3)进水悬浮物 SS 不宜大于 50mg/L； 4)进水化学需氧量 COD 不宜大于 1200mg/L；	单支膜元件产水量按膜生产商产品技术手册提供的 25℃ 条件下单支膜元件产水量。单位为 m³/d 或 gpd。并按膜生产商产品技术手册提供的温度修正系数进行修正。也可以 25℃ 为设计温度，每升、降 1℃，产水量增加或减少 2.5% 计算

续表 D

渗沥液处理工艺	参考设计参数及技术要求	说明
膜深度处理	5)进水电导率(20℃)不宜大于 20000μS/cm； 6)水温度宜为 15℃～30℃； 7)pH 值宜为 5.0～7.0； 8)反渗透膜通量宜为 10L/(m²·h)～15L/(m²·h)； 9)水回收率不宜低于 70%(25℃)； 10)操作压力宜为 1.5MPa～2.5MPa。 4 当采用"单级 DTRO"时，适宜参数： 1)进水淤塞指数 SDI_{15} 不宜大于 20； 2)进水游离余氯不宜大于 0.1mg/L； 3)进水悬浮物 SS 不宜大于 500mg/L； 4)进水化学需氧量 COD 不宜大于 1200mg/L； 5)进水生化需氧量（BOD_5）不宜大于 600mg/L； 6)进水氨氮 NH_3-N 不宜大于 250mg/L； 7)进水总氮 TN 不宜大于 400mg/L； 8)进水电导率常压级不宜大于 30000μS/cm，高压级不宜大于 100000μS/cm； 9)水温度宜为 15℃～30℃； 10)常压级操作压力不宜大于 7.5MPa，高压级反渗透操作压力不宜大于 12.0MPa 或 20.0MPa； 11)系统水回收率不宜低于 75%(25℃)	单支膜元件产水量按膜生产商产品技术手册提供的 25℃ 条件下单支膜元件产水量。单位为 m³/d 或 gpd。并按膜生产商产品技术手册提供的温度修正系数进行修正。也可以 25℃ 为设计温度，每升、降 1℃，产水量增加或减少 2.5% 计算

续表D

渗沥液处理工艺	参考设计参数及技术要求	说明
多级反渗透处理（以两级DTRO为例）	1 进水淤塞指数 SDI₁₅不宜大于20； 2 进水游离余氯不宜大于0.1mg/L； 3 进水悬浮物 SS 不宜大于1500mg/L； 4 进水化学需氧量 COD 不宜大于35000mg/L； 5 进水氨氮 NH₃-N 不宜大于2500mg/L； 6 进水总氮 TN 不宜大于4000mg/L； 7 进水电导率常压级不宜大于30000μS/cm，高压级不宜大于100000μS/cm； 8 水温度宜为15℃～30℃； 9 常压级操作压力不宜大于7.5MPa，高压反渗透操作压力不宜大于12.0MPa或20.0MPa； 10 单级水回收率不宜低于75%（25℃）	—

附录 E 填埋气体产气量估算

E.0.1 填埋气体产气量宜采用联合国气候变化框架公约（UNF-CCC）方法学模型，按下式计算：

$$E_{CH_4} = \varphi \cdot (1-OX) \cdot \frac{16}{12} \cdot F \cdot DOC_F \cdot MCF \cdot$$

$$\sum_{x=1}^{y} \sum_{j} W_{j,x} \cdot DOC_j \cdot e^{-k_j \cdot (y-x)} \cdot (1-e^{-k_j}) \quad (E.0.1)$$

式中：E_{CH_4}——在 x 年内甲烷产生量（t）；

φ——模型校正因子；

OX——氧化因子；

$16/12$——碳转化为甲烷的系数；

F——填埋气体中甲烷体积百分比（默认值为0.5）；

DOC_F——生活垃圾中可降解有机碳的分解百分率（%）；

MCF——甲烷修正因子（比例）；

$W_{j,x}$——在 x 年内填埋的 j 类生活垃圾成分量（t）；

DOC_j——j 类生活垃圾成分中可降解有机碳的含量，按重量（%）；

j——生活垃圾种类；

x——填埋场投入运行的时间；

y——模型计算当年；

k_j——j 类生活垃圾成分的产气速率常数（1/年）。

E.0.2 参数的选择宜符合下列规定：

1 φ：因模型估算的不确定性，宜采用保守方式，对估算结果进行10%的折扣，建议取值为0.9。

2 OX：反映甲烷被土壤或其他覆盖材料氧化的情况，宜取值0.1。

3 DOC_j：不同生活垃圾成分中可降解有机碳的含量，在计算时应对生活垃圾成分进行分类，不同生活垃圾成分的 DOC 取值宜符合表 E.0.2-1 的规定。

表 E.0.2-1 不同生活垃圾成分的 DOC 取值

生活垃圾类型	DOC_j（%湿垃圾）	DOC_j（%干垃圾）
木质	43	50
纸类	40	44
厨余	15	38
织物	24	30
园林	20	49
玻璃、金属	0	0

4 k_j：生活垃圾的产气速率取值应考虑生活垃圾成分、当地气候、填埋场内的生活垃圾含水率等因素，不同生活垃圾成分的产气速率 k 取值宜符合表 E.0.2-2 的规定。

表 E.0.2-2 不同生活垃圾成分的产气率 k 取值表

生活垃圾类型		寒温带（年均温度<20℃）		热带（年均温度>20℃）	
		干燥 MAP/PET<1	潮湿 MAP/PET>1	干燥 MAP<1000mm	潮湿 MAP>1000mm
慢速降解	纸类、织物	0.04	0.06	0.045	0.07
	木质物、稻草	0.02	0.03	0.025	0.035
中速降解	园林	0.05	0.10	0.065	0.17
快速降解	厨渣	0.06	0.185	0.085	0.40

注：MAP 为年均降雨量，PET 为年均蒸发量。

5 MCF：填埋场管理水平分类及 MCF 取值应符合表 E.0.2-3 的规定。

表 E.0.2-3 填埋场管理水平分类及 MCF 取值表

场址类型	MCF 缺省值
具有良好管理水平	1.0
管理水平不符合要求，但填埋深度≥5m	0.8
管理水平不符合要求，但填埋深度<5m	0.4
未分类的生活垃圾填埋场	0.6

6 DOC_F：联合国政府间气候变化专门委员会（IPCC）指南提供的经过异化的可降解有机碳比例的缺省值为0.77。该值只能在计算可降解有机碳时不考虑木质素碳的情况下才可以采用，实际情况应偏低于0.77，取值宜为0.5～0.6。

本规范用词说明

1 为便于在执行本规范条文时区别对待，对要求严格程度不同的用词说明如下：

　　1）表示很严格，非这样做不可的：
　　　　正面词采用"必须"，反面词采用"严禁"；
　　2）表示严格，在正常情况下均应这样做的：
　　　　正面词采用"应"，反面词采用"不应"或"不得"；
　　3）表示允许稍有选择，在条件许可时首先应这样做的：
　　　　正面词采用"宜"，反面词采用"不宜"；
　　4）表示有选择，在一定条件下可以这样做的，采用"可"。

2 条文中指明应按其他有关标准执行的写法为："应符合……的规定"或"应按……执行"。

引用标准名录

《建筑地基基础设计规范》GB 50007
《室外给水设计规范》GB 50013
《室外排水设计规范》GB 50014
《建筑给水排水设计规范》GB 50015
《建筑设计防火规范》GB 50016
《采暖通风与空气调节设计规范》GB 50019
《建筑照明设计标准》GB 50034
《建筑物防雷设计规范》GB 50057
《电力装置的继电保护和自动装置设计规范》GB/T 50062
《火灾自动报警系统设计规范》GB 50116
《建筑灭火器配置设计规范》GB 50140
《防洪标准》GB 50201
《电力工程电缆设计规范》GB 50217
《建筑边坡工程技术规范》GB 50330
《工业企业设计卫生标准》GBZ 1
《厂矿道路设计规范》GBJ 22
《生活饮用水卫生标准》GB 5749
《生产过程安全卫生要求总则》GB/T 12801
《生活垃圾填埋场污染控制标准》GB 16889
《生活垃圾卫生填埋场环境监测技术要求》GB/T 18772
《城镇污水处理厂污泥处置　混合填埋用泥质》GB/T 23485
《生活垃圾填埋场稳定化场地利用技术要求》GB/T 25179
《城市防洪工程设计规范》CJJ 50
《生活垃圾卫生填埋场封场技术规程》CJJ 112

《生活垃圾卫生填埋场防渗系统工程技术规范》CJJ 113
《生活垃圾填埋场填埋气体收集处理及利用工程技术规范》CJJ 133
《生活垃圾渗沥液处理技术规范》CJJ 150
《生活垃圾卫生填埋场岩土工程技术规范》CJJ 176
《垃圾填埋场用高密度聚乙烯土工膜》CJ/T 234
《垃圾填埋场用线性低密度聚乙烯土工膜》CJ/T 276
《交流电气装置的接地》DL/T 621
《混凝土重力坝设计规范》DL 5108
《碾压式土石坝施工规范》DL/T 5129
《建筑地基处理技术规范》JGJ 79
《土工试验规程》SL 237
《水利水电工程天然建筑材料勘察规程》SL 251
《碾压式土石坝设计规范》SL 274
《水利水电工程边坡设计规范》SL 386

中华人民共和国国家标准

生活垃圾卫生填埋处理技术规范

GB 50869—2013

条 文 说 明

制 订 说 明

《生活垃圾卫生填埋处理技术规范》GB
50869—2013经住房和城乡建设部2013年8月8日以
第107号公告批准发布。

本规范在编制过程中,编制组对我国生活垃圾卫
生填埋场近年来的发展和技术进步及填埋及理选址、
设计、施工和验收的情况进行了大量的调查研究,总
结了我国生活垃圾卫生填埋工程的实践经验,同时参
考了国外先进技术标准,给出了垃圾填埋工程的相关
计算方法及工艺参考设计参数。

为便于广大设计、施工、科研、院校等单位有关
人员在使用本规范时能正确理解和执行条文规定,
《生活垃圾卫生填埋处理技术规范》编制组按章、节、
条顺序编制了本规范的条文说明,对条文规定的目
的、依据以及执行中需注意的有关事项进行了说明。
但是,本条文说明不具备与规范正文同等的法律效
力,仅供使用者作为理解和把握规范规定的参考。

目 次

1 总 则

1.0.1 本条是关于制订本规范的依据和目的的规定。

《中华人民共和国固体废物污染环境防治法》(1996年4月1日实施)规定人民政府应建设城市生活垃圾处理处置设施,防止垃圾污染环境。

条文中的"技术政策"是指《城市生活垃圾处理及污染防治技术政策》(建城〔2000〕120号)及《生活垃圾处理技术指南》(建城〔2010〕61号)。

《城市生活垃圾处理及污染防治技术政策》对卫生填埋的技术政策为:在具备卫生填埋场地资源和自然条件适宜的城市,以卫生填埋作为垃圾处理的基本方案,同时指出卫生填埋是垃圾处理必不可少的最终处理手段,也是现阶段我国垃圾处理的主要方式。《城市生活垃圾处理及污染防治技术政策》还指出:开发城市生活垃圾处理技术和设备,提高国产化水平。着重研究开发填埋专用机具和人工防渗材料、填埋场渗沥液处理、填埋场封场和填埋气体回收利用等卫生填埋技术和成套设备。

《生活垃圾处理技术指南》对卫生填埋的规定为:卫生填埋技术成熟,作业相对简单,对处理对象的要求较低,在不考虑土地成本和后期维护的前提下,建设投资和运行成本相对较低。对于拥有相应土地资源且具有较好的污染控制条件的地区,可采用卫生填埋方式实现生活垃圾无害化处理。

1.0.2 本条是关于本规范的适用范围的规定。

条文中的"改建、扩建"主要指对老填埋场的堆体边坡整理与封场覆盖、填埋气体导排与处理、防渗系统加固与改造、渗沥液导排与处理等治理工程和新库区扩建工程。扩建工程要求按卫生填埋场要求进行全面设计与建设。

1.0.3 本条是关于生活垃圾卫生填埋工程采用新技术应遵循的原则的规定。

我国第一座严格按照标准设计的卫生填埋场是1991年投入运营的杭州天子岭生活垃圾填埋场,相对而言,我国的填埋技术仍处于发展阶段,很多技术都是从国外移植而来,在引用、借鉴国外填埋技术、工程经验时应考虑我国实际情况,选择符合我国垃圾特点及气候、地质条件的填埋技术。

条文中的"新工艺"是指能够提高填埋效率、加速填埋场稳定、减小二次污染的新型填埋工艺,如填埋前的机械-生物预处理、准好氧填埋、生物反应器填埋、高维填埋、垂直防渗膜工艺等。

机械-生物预处理通过机械分选和生物处理方法,可以有效降低水分含量和减少可生物降解物含量、恶臭散发及填埋气排放,并且有助于渗沥液处理,提高填埋库容,节省土地。

准好氧填埋是凭借无动力生物蒸发作用,不仅能有效加速垃圾降解,而且能使垃圾中大部分有机成分以 CO_2、N_2 等气体形式排放,可有效削减 CH_4 的产生。

生物反应器填埋技术将每个填埋单元视为可控小"生物反应器",多个填埋单元构成的填埋场就是一个大的生物反应器。它具有生物降解速度快、稳定化时间短、渗沥液水质较易处理等特点。

高维填埋技术通过合理的设计,提高填埋场的空间利用效率,节约土地资源。传统填埋场空间效率系数一般为 $20m^3/m^2 \sim 30m^3/m^2$,高维填埋的空间效率系数可达 $50m^3/m^2 \sim 70m^3/m^2$。

垂直防渗膜工艺是采用专用设备将 HDPE 膜垂直插入库底,HDPE 膜段之间采用锁扣插接,形成连续的垂直防渗结构。HDPE 膜因其柔韧性,使其能适应地表土的移动且耐久性较好,故此工艺防渗效果好,施工效果可靠,且有较长的使用期限。

1.0.4 本条是关于卫生填埋工程建设应符合有关标准的规定。

3 填埋物入场技术要求

3.0.1 本条是关于进入生活垃圾卫生填埋场的填埋物类别的规定。

条文中"居民家庭垃圾"是指居民家庭产生的生活垃圾;"园林绿化废弃物"是指城市园林绿化管理业进行修剪整理绿化植物和设施以及城市城区范围内的风景名胜区、公园等景观场所产生的废弃物;"商业服务网点垃圾"是指城市中各种类型的商业、服务业及各种专业性生活服务网点所产生的垃圾;"清扫保洁垃圾"是指清扫保洁作业清除的城市道路、桥梁、隧道、广场、公园、水域及其他向社会开放的露天公共场所的垃圾;"交通物流场站垃圾"是指城市公共交通,邮政和公路、铁路、水上和航空运输与其相关的辅助活动场所,包括车辆维修、设施维护、物流服务(如装卸)等场所产生的垃圾;"企事业单位的生活垃圾"是指各单位在日常生活提供服务的活动中产生的固体废物。

有专家建议增加"建筑垃圾",因为我国生活垃圾卫生填埋场均接受施工和拆迁产生的建筑垃圾,而且大多数填埋场均将建筑垃圾作为临时道路和作业平台的垫层材料使用。考虑到建筑垃圾不是限定进入填埋场的危险废物,也不是一般工业固体废弃物,类似的还有堆肥残渣、化粪池粪渣等废弃物,因此本条不对填埋场可接受的生活垃圾之外的废弃物作出具体规定。

填埋场建筑垃圾要求与生活垃圾分开存放,作为建筑材料备用,以满足填埋作业的需要。

3.0.2 本条是关于城镇污水处理厂污泥进入生活垃圾卫生填埋场混合填埋应执行有关标准的规定。

现行国家标准《城镇污水处理厂污泥处置 混合填埋用泥质》GB/T 23485规定城镇污水处理厂污泥进入生活垃圾填埋场时,污泥基本指标及限值要求满足表1的要求,其污染物指标及限值要求满足表2的要求。

表1 基本指标及限值

序号	基本指标	限值
1	污泥含水率(%)	<60
2	pH值	5~10
3	混合比例(%)	≤8

注:表中 pH 指标不限定采用亲水性材料(如石灰等)与污泥混合以降低其含水率措施。

表2 污染物指标及限值

序号	污染物指标	限值
1	总镉(mg/kg 干污泥)	<20
2	总汞(mg/kg 干污泥)	<25
3	总铅(mg/kg 干污泥)	<1000
4	总铬(mg/kg 干污泥)	<1000
5	总砷(mg/kg 干污泥)	<75
6	总镍(mg/kg 干污泥)	<200
7	总锌(mg/kg 干污泥)	<4000
8	总铜(mg/kg 干污泥)	<1500
9	矿物油(mg/kg 干污泥)	<3000
10	挥发酚(mg/kg 干污泥)	<40
11	总氰化物(mg/kg 干污泥)	<10

为达到填埋要求,污泥填埋必须经过预处理工艺。污泥预处理实质上是通过添加改性材料,改善污泥的高含水率、高黏度、易流变、高持水性和低渗透系数的特性。污泥能否填埋取决于污泥或者污泥与其他添加剂形成的混合体的岩土力学性能。我国尚无专门针对污泥填埋的技术规范,因此规定了污泥混合填埋的岩土

力学性能指标。

3.0.3 本条为强制性条文。

条文中"危险废物"是指列入国家危险废物名录或者根据国家规定的危险废物鉴别标准《危险废物鉴别技术规范》HJ/T 298 及鉴别方法认定的具有危险特性的固体废物。如医院临床废物、农药废物、多数化学废渣、含重金属的废渣、废机油等。对危险废物的含义应当把握以下几点：

(1)本条文所说的危险废物不是一般的从公共安全角度说的危险物品，也就是它不是易燃、易爆、有毒的应由公安机关管理的危险物品，而是从对环境的危害与不危害的角度来分类的，是相对于无危害的一般固体废物而言的。

(2)危险废物是用名录来控制的，凡列入国家危险废物名录的废物种类都是危险废物，一旦发现生活垃圾中混有危险废物的，要采取特殊的对应防治措施和管理办法。

(3)虽然没有列入国家危险废物名录，但是根据国家规定的危险废物鉴别标准和鉴别方法，如该废物中某有害、有毒成分含量超标而认定的危险废物。

(4)危险废物的形态不限于固态，也有液态的，如废酸、废碱、废油等。由于危险废物具有急性毒性、毒性、腐蚀性、感染性、易燃易爆性，对健康和环境的威胁较大，因而严禁进入填埋场。

条文中"放射性废物"是指含有放射性核素或被放射性核素污染，其浓度或活度大于国家相关部门规定的水平，并且预计不再利用的物质。放射性废物，按其物理性状分为气载废物、液体废物和固体废物三类。

填埋场操作人员应抽查进场填埋物成分，一旦发现填埋物中混有危险废物和放射性废物，应严禁进场填埋。生活垃圾卫生填埋场应建立严禁危险废物和放射性废物进场的运行管理规程。

环境卫生管理部门应当检查填埋场运行管理规程和检查填埋作业区的填埋物。

3.0.4 本条为关于生活垃圾焚烧飞灰和医疗废物焚烧残渣进入生活垃圾卫生填埋场填埋应执行有关标准及技术要求的规定。

生活垃圾焚烧飞灰和医疗垃圾焚烧残渣经过有效处理能够达到现行国家标准《生活垃圾填埋场污染控制标准》GB 16889 规定的条件后可进入生活垃圾填埋场填埋处置，但因其特殊性，如固化后长期在渗沥液浸泡下具有渗出有害物质的潜在危险，故要求和生活垃圾分开填埋。

与生活垃圾填埋库区有效分隔的独立填埋库区应在设计阶段由设计单位设计独立的填埋分区，经处理后的生活垃圾焚烧飞灰和医疗垃圾焚烧残渣进场由填埋场运行管理单位执行分区填埋作业。

3.0.5 本条为关于填埋物计量、统计与核定方式的规定。

条文中"重量"是指填埋物净重量吨位，它等于装满生活垃圾的总重量吨位减去空垃圾车的重量吨位。

常用的填埋物计量方式有垃圾车的车吨位和重量吨位。不同来源的垃圾，垃圾的体积密度不一样，如对生活垃圾的统计采用垃圾车的车吨位进行，则随着垃圾体积密度的不断变化，车吨位与实际吨位差别也在不断变化。采用车吨位计量垃圾量会导致设计使用年限失真，填埋场处理规模不切实际。因此本条作出"填埋物应按重量进行计量、统计与核定"的规定。

3.0.6 本条为关于填埋物相关重要性状指标的原则性规定。

在多数专家意见的基础上，对"含水量"、"有机成分"及"外形尺寸"等几个重要指标仅作了定性要求，没有给出具体的定量指标。

部分专家提出仅作出定性要求，缺乏可操作性。也有提出"填埋物含水量应满足或调整到符合具体填埋工艺设计要求"的意见。但关于"含水量"的高低，对于规定的填埋物，一般不存在对填埋作业有太大的影响，可以不作规定，但对于没有限定的城市污水处理厂脱水污泥、化粪池粪渣等高含水率的废弃物进入填埋场，单元作

业时摊铺、压实有一定困难，必须采取降低含水量的调整措施。

条文中"外形尺寸"是指填埋物的大小、结构和形状，涉及防渗封场覆盖材料的安全性、填埋气体的安全性以及填埋作业的难宜。对形状尖锐的物体，也要求进行破碎，避免破坏防渗、封场覆盖材料以及填埋作业的机械设备，保证现场工作人员的安全。本规范分别在第11.6.7条规定"对填埋物中可能造成腔型结构的大件垃圾应进行破碎"，避免填埋气体局部聚集爆炸，第12.1.6条规定"在大件垃圾较多的情况下，宜设置破碎设备"，以便填埋作业的进行。因此本条没有作重复规定。

条文中"有条件的填埋场宜采取机械-生物预处理减量化措施"，主要是基于逐步提倡减少原生活垃圾填埋的发展方向提出的。生活垃圾中可生物降解物是填埋处理中恶臭散发、温室气体产生、渗沥液负荷高等问题的主要原因，减少生活垃圾中可生物降解物含量受到了许多发达国家垃圾处理领域的高度关注。20世纪70年代末，德国和奥地利最先提出生活垃圾填埋前的生物预处理，并推广应用，显著改善了传统卫生填埋带来的一些问题。欧洲垃圾填埋方针(CD1999/31/EU/1999)中提出在1995年的基础上，进入填埋场的有机废弃物在2006年减少25%，2009年减少50%，2016年减少65%。德国在1992年颁布的垃圾处理技术标准(TA-Siedlungsabfall)中规定自2005年6月1日起，禁止填埋未经焚烧或生物预处理的生活垃圾。机械-生物预处理是减少生活垃圾中可生物降解物的主要方法之一，近年来该方法在欧洲国家的生活垃圾处理中得到广泛应用。我国大部分城市的生活垃圾含水率可以高达50%～70%，有机质比例大约60%。针对我国混合收集垃圾的特点，将生物处理技术作为填埋的预处理技术，可以有效降低水分含量和减少可生物降解物含量、恶臭散发及填埋气排放，并且有助于渗沥液处理，提高填埋库容，节省土地。

4 场址选择

4.0.1 本条是关于填埋场选址前基础资料搜集工作的基本内容规定。

条文中提出收集"城市总体规划"的要求是因为填埋场作为城市环卫基础设施的一个重要组成部分，填埋场的建设规模要求与城市建设规模和经济发展水平相一致，其场址的选择要求服从当地城市总体规划的用地规划要求。

条文中"地形图"是指符合现行国家标准《总图制图标准》GB/T 50103的要求，其比例尺尺寸建议为1:1000。考虑到有地形图上信息反应不全或者地图的地物特征信息过旧的情况时，建议有条件的地方在地形图资料中增加"航测地形图"。

条文中"工程地质"的要求是从填埋场选址的岩土、理化及力学性质及其对建筑工程稳定性影响的角度提出，了解场地岩土性质和分布、渗透性，不良地质作用。填埋场场址要求选在工程地质性质有利的最密实的松散或坚硬的岩层之上，其工程地质力学性质要求保证场地基础的稳定性和使沉降量最小，并满足填埋场边坡稳定性的要求。场地要选在位于不利的自然地质现象、滑坡、倒石堆等的影响范围之外。

条文中"水文地质"的要求是从防止填埋场渗沥液对地下水的污染及地下水运动情况对库区工程影响的角度提出。了解地地下水的类型、埋藏条件、流向、动态变化情况及与邻近地表水体的关系，邻近水源地的分布及保护要求。填埋场场址宜是独立的水文地质单元。场址的选择要求确保填埋场的运行对地下水的安全。

第7款是填埋场选址对气象资料的基本要求。条文中的"降

水量"资料宜包括最大暴雨雨力(1h 暴雨量)、3h 暴雨强度、6h 雨强度、24h 暴雨强度、多年平均逐月降雨量、历史最大日降雨量和 20 年一遇连续七日最大降雨量等资料。条文中的"基本风压值"是指以当地比较空旷平坦的地面上离地 10m 高统计所得的 50 年一遇 10min 平均最大风速为标准,按基本风压=最大风速的平方/1600 确定的风压值,其要求是基于填埋场建(构)筑物安全设计的角度提出的。

条文中"土石料条件"的要求是指由于填埋场的覆土一般为填埋库区容积的 10%～15%,坝体、防渗以及渗沥液收集工程也需要大量的土石料,如此大的需求量占用耕地或从远距离运输都不经济,填埋场选址要求考虑场址周边,土石料材料的供应情况以及具有相当数量的覆土土源。

4.0.2 本条为强制性条文,是关于填埋场选址限制区域的规定。

填埋场在运行过程中都会对周围环境产生一定的不利影响,如恶臭、病原微生物、扬尘以及防渗系统破坏后的渗沥液扩散污染等。并且在运行管理不善或自然灾害等因素的影响下会存在一定的生态污染风险和安全风险等。在选址过程中,这些影响都应考虑到。故生活垃圾填埋场的选址应远离水源地、居民活动区、河流、湖泊、机场、保护区等重要的、与人类生存密切相关的区域,将不利影响的风险降至最低。

条文规定的不应设在"地下水集中供水水源地及补给区,水源保护区",其具体要求遵守以下原则:

(1)距离水源,有一定卫生防护距离,不能在水源地上游和可能的降落漏斗范围内;

(2)选择在地下水位较深的地区,选择有一定厚度包气带的地区,包气带对垃圾渗沥液净化能力越大越好,以尽可能地减少污染因子的扩散;

(3)场地基础要求位于地下水(潜水或承压水)最高丰水位标高至少 1m 以上;

(4)场地要位于地下水的强径流带之外;

(5)场地要位于含水层的地下水水力坡度的平缓段。

条文中的"洪泛区"是指江河两岸、湖周边易受洪水淹没的区域。

条文中的"泄洪道"是指水库建筑的防洪设备,建在水坝的一侧,当水库里的水位超过安全限度时,水就从泄洪道流出,防止水坝被毁坏。填埋场选址要求考虑场址的标高在 50 年一遇的洪水水位之上,并且在长远规划中的水库等人工蓄水设施的淹没区和保护区之外。

该强制性条文的贯彻实施单位应有建设项目所在地的建设、规划、环保、环卫、国土资源、水利、卫生监督等有关部门和专业设计单位。

4.0.3 本条是关于填埋场选址应符合要求的规定。

条文中的"交通方便,运距合理"是指靠近交通主干道,便于运输。填埋场与公路的距离不宜太近,以便于实施卫生防护。公路离填埋场的距离也不宜太大,以便于布置与填埋场的连通道路。

对于第 5 款规定的填埋场选址要求,其具体环境保护距离的设置宜根据环境影响评价报告结论确定。

填埋场选址还宜考虑填埋场工程建设投资和施工的难度问题。

由于填埋场大多处于农村地区或城乡结合部,因此填埋场选址要求紧密结合农村社会经济状况、农业生态环境特征和农民风俗习惯与文化背景,宜考虑兼顾各社会群体的利益诉求。

填埋场选址还要求考虑场址虽不跨越行政辖区但环境影响可能存在跨越行政辖区的问题。

4.0.4 本条是关于场址比选确定步骤的规定。

条文中的"场址周围人群居住情况"对填埋场选址很重要。填埋场选址场址宜不占或少占耕地及拆迁工程量小。拆迁量大,除了增加初期投资外,拆迁户的安置也较困难。填埋场滋生蚊、蝇等昆虫可能对场址及周边地区基本农田保护区、果园、茶园、蔬菜基

地种植环境及农产品产生不良影响。另外,场址及周边群众因对垃圾厌恶情绪而滋生的对填埋场选址建设的抵触情绪可能发生群体性环境信访问题。这些问题处理不好,可能会给填埋场将来的运行管理带来不利影响。

场址确定方案中所指的"社会",包括民意。民意调查是填埋场选址的重要过程。了解群众的看法和意见,征得大众的理解和支持对于填埋场今后的建设和运行十分重要。

条文中的"选址勘察"可参考以下要求:

(1)选址勘察阶段要求以搜集资料和现场调查为主。宜搜集、调查本规范第 4.0.1 条所列资料。

(2)选址勘察要求初步评价场地的稳定性和适宜性,并对拟选的场址进行比较,提出推荐场址的建议。

(3)选址勘察要求进行下列工作:

1)调查了解拟选场址的不良地质作用和地质灾害发育情况及提出避开的可能性,对场地稳定性作出初步评价;

2)调查了解场址的区域地质、区域构造和地震活动情况,以及附近全新活动断裂分布情况,基本确定选址区的地震动参数;

3)概略了解场址区地层岩性、岩土构造、成因类型及分布特征;

4)调查了解场区地下水埋藏条件,了解附近地表水、水源地分布,概略评价其对场地的影响;

5)调查了解洪水的影响、地表覆土类型,初步评估地下资源可利用性;

6)初步评估拟建工程对下游及周边环境污染的影响;

7)初步分析场区工程与环境岩土问题,以及对工程建设的影响;

8)对工程拟采用的地基类型提出初步意见;

9)初步评估地形起伏及对场地利用或整平的影响,拟采用的地基基础类型,地基处理难易程度,工程建设适宜性。

5 总体设计

5.1 一般规定

5.1.1 本条是关于填埋工程总体设计应遵循的原则的规定。

5.1.2 本条是关于填埋场征地面积及分期和分区建设原则的规定。

《城市生活垃圾处理和给水与污水处理工程项目建设用地指标》(建标〔2005〕157 号)规定:填埋处理工程项目总用地面积应满足其使用寿命 10 年及以上的垃圾容量,填埋库区每平方米占地平均应填埋 8m³～10m³ 垃圾。行政办公与生活服务设施用地面积不得超过总用地面积的 8%～10%(小型填埋处理工程项目取上限)。

采用分期和分区建设方式的优点是:减少一次性投资;减少渗沥液处理投资和运行成本;减少运土或买土的费用,前期填埋库区的开挖土可以在未填埋区域堆放,逐渐地用于前期填埋库区作业时的覆盖土。

分区建设要考虑以下方面:考虑垃圾量,每区的垃圾库容能够满足一段时间使用年限的需要;可以使每个填埋库区在尽可能短的时间内得到封闭;分区的顺序有利于垃圾运输和填埋作业;实现雨、污水分流,使填埋作业面积尽可能小,减少渗沥液的产生量;分区能满足工程分期实施的需要。

5.1.3 本条是关于填埋场主体工程构成内容的规定。

本条规定的目的主要是为避免多列主体工程或漏项。地基处理与防渗系统、垃圾坝、防洪、雨污分流及地下水导排系统、渗沥液导流及处理系统、填埋气体导排及处理系统、封场工程等设施的布置要求可参见本规范有关章节。

5.1.4 本条是关于填埋场辅助工程构成内容的规定。

条文中的"设备"、"车辆"主要包括日常填埋作业中所需的推铺设备(如推土机)、碾压设备(如压实机)、取土设备(如挖掘机、装载机、自卸车)、喷药和洒水设备(如洒水车)、工程巡视设备等其他在填埋作业中要经常使用的机械车辆和设备。

5.2 处理规模与填埋库容

5.2.1 本条是关于填埋场处理规模表征及分类的规定。

处理规模分类是依据《生活垃圾卫生填埋处理工程项目建设标准》(建标〔2009〕124号)的填埋场处理规模分类规定。

处理规模较小而所建填埋场库容太大,或处理规模大而所建填埋场库容太小均会造成投资的浪费。合理使用年限的填埋场,处理规模和填埋库容存在着一定的对应关系,所以要求将填埋场处理规模和填埋库容综合考虑。

5.2.2 本条是关于填埋场日平均处理量确定方法的规定。

通过生活垃圾产量的预测,根据有效库容计算累积的生活垃圾填埋总量,再由使用年限经计算后确定日平均填埋量。

宜采用人均指标和年增长率法、回归分析法、皮尔曲线法和多元线性回归法对生活垃圾产量进行预测。可优先选用人均指标和年增长率法;回归分析法为国家现行标准《城市生活垃圾产量计算及预测方法》CJ/T 106规定的方法,可选用或作为校核;皮尔曲线法和多元线性回归法计算过程复杂,所需历史数据较多,可供参考或用于校核。人均指标法预测生活垃圾产量参考如下:

(1)采用人均指标法预测生活垃圾年产量,见式(1)。

$$\frac{预测年生活垃圾}{年产量} = \frac{该年服务范围}{内的人口数} \times \frac{该年人均生活垃圾}{日产量} \times 365 \quad (1)$$

(2)人口预测:服务范围内的人口预测数据,可主要参考服务区域社会经济发展规划、总体规划以及各专项规划中的数据。

当现有预测数据存在明显问题(如所依据的规划文件人口预测数值小于现状值、翻番增长)或没有规划数据时,可采用近4年人口平均年增长率法进行预测,计算见式(2):

$$规划人口 = 现状人口 \times (1+i)^t \quad (2)$$

式中:i——近4年人口年平均增长率(%);

t——预测年数,宜为使用年限。

现状人口的计算方法为:服务范围内人口数=常住人口数+临时居住人口数+流动人口数$\times K$,其中$K=0.4\sim0.6$。

(3)预测年人均生活垃圾日产量:预测年人均生活垃圾日产量值可参考近十年该市人均生活垃圾日产量数据来确定。

在日产日清的情况下,人均日产量等于该服务范围内一天产出垃圾量与该区域人口数的比值,见式(3):

$$R = \frac{P \cdot W}{S} \times 10^3 \quad (3)$$

式中:R——人均日产量(kg/人);

P——产出地区垃圾的容重(kg/L);

W——日产出垃圾容积(L);

S——居住人数(人)。

5.2.3 本条是关于填埋库容应满足使用年限的基本规定。

填埋场所需有效库容由日平均填埋量和填埋场使用年限决定。

条文中"使用年限在10年及以上"的要求主要是从选址要求满足较大库容的角度提出的。填埋场选址要充分利用天然地形以增大填埋容量。填埋使用年限是填埋场从填入生活垃圾开始至填埋场封场的时间。从理论上讲,填埋场使用年限越长越好,但考虑填埋场的经济性、填埋场选址的可能性以及填埋场封场后利用的可行性,填埋使用年限要求综合各因素合理规划。

5.2.4 本条是关于填埋库容和有效库容计算方法的规定。

(1)填埋场库容计算:地形图完备时,填埋库容计算可优先选用结合计算机辅助的方格网法;库底复杂、起伏变化较大时,填埋库容计算可选择三角网法;填埋库容计算可用等高线剖切法进行校核。

方格网法参考如下:

1)将场地划分成若干个正方形格网,再将场底设计标高和封场标高分别标注在规则网格各个角点上,封场标高与场底设计标高的差值即为各角点的高度。

2)计算每个方格内四棱柱的体积,再将所有四棱柱的体积汇总即可得到总的填埋库容。方格网法库容计算见本规范附录A式(A.0.1)。

3)计算时一般将库区划分为边长10~40m的正方形方格网,方格网越小,精度越高。实际工程计算中应用较多的方法是:将填埋场库区划分为边长20m的正方形方格网,然后结合软件进行计算。

(2)有效库容计算:根据地形计算出的库容为填埋库区的总容量,包含有效库容(实际容纳的垃圾体积)和非有效库容(覆盖和防渗材料占用的体积)。

有效库容由填埋库容与有效库容系数计算取得。长期以来,大部分设计院的有效库容系数取值一般由经验确定(12%~20%),缺乏结合工艺设计的计算依据。本规范根据目前各设计院的覆盖和防渗做法,结合国家现行标准规定的技术指标,细分了覆盖和防渗材料占用体积的有效库容系数,附录A提供了计算方法。

5.3 总平面布置

5.3.1 本条是关于填埋场总平面布置应进行技术经济比较后确定的原则规定。

5.3.2 本条是关于填埋场功能分区布置的原则规定。

5.3.3 本条是关于填埋库区面积使用率要求及填埋库区单位占地面积填埋量的规定。

填埋库区使用面积小于场区总面积的60%会造成征地费用增加及多占用土地,但可以通过优化总体布置提高使用率。根据国内外大多数填埋场的实例,合理的填埋库区使用面积基本控制到70%~90%(处理规模小取下限,处理规模大取上限)。非填埋区的土地要求用于填埋场建设必要的设施和附属工程,避免土地资源的荒置和浪费。

5.3.4 本条是关于填埋库区分区布置应考虑的主要因素的规定。

填埋库区的分区布置要以实际地形为依据,同时结合填埋作业工艺;对平原型填埋场的分区宜以水平分区为主,坡地型、山谷型填埋场的分区可以兼顾水平、垂直分区;垂直分区要求随垃圾堆高增加,将边坡截洪沟逐步改建成渗沥液盲沟。

5.3.5 本条是关于渗沥液处理区构筑物布置及间距的基本要求。

5.3.6 本条是关于填埋场附属建(构)筑物的布置、面积应遵循的原则的规定。

填埋场运行过程中的飘散物和有毒有害气体等,可以随风飘散到生活管理区。我国大部分地区属于亚热带气候,夏季气温普遍较高,填埋库区的影响尤为明显,故条文规定"宜布置在夏季主导风向的上风向"。

条文中的"管理区"可包括办公楼、化验室、员工宿舍、食堂、车库、配电房、食堂、传达室等;根据填埋场总布置的不同,设备维修、车辆冲洗、全场消防水池或供水水塔也可设在管理区。管理区宜根据当地的工作人员编制、居住环境、经济水平等需要确定规模及设计方案。具体生活、管理及其他附属建(构)筑物组成及其面积应因地制宜考虑确定,本规范未作统一规定,但指标要求应符合现行的有关标准。

各类填埋场建筑面积指标不宜超过表3所列指标。

表 3　填埋场建筑面积指标表（m²）

建设规模	生产管理与辅助设施	生活服务设施
Ⅰ级	850～1200	450～640
Ⅱ级	750～1100	380～550
Ⅲ级	650～950	250～440
Ⅳ级	600～850	130～260

注：建设规模大的取上限，建设规模小的取下限。

5.3.7 本条是关于填埋场库区和渗沥液处理区管线布置的基本规定。

5.3.8 本条是关于环境监测井布置应符合有关标准的规定。

5.4　竖 向 设 计

5.4.1 本条是关于竖向设计应考虑因素的原则规定。

条文中的"减少土方工程量"是指要求结合原始地形，尽量减少库底、渗沥液处理区及调节池的开挖深度。

5.4.2 本条是关于填埋场垂直分区和封场标高的原则规定。

在垂直分区建设中，锚固平台一般与临时截洪沟合建，填埋作业至临时截洪沟标高时，截洪沟可改造启用于边坡渗沥液导流。

5.4.3 本条是关于填埋库区库底、截洪沟、排水沟等有关设施坡度设计基本要求的规定。

坡度的要求是为了确保填埋库区库底渗沥液收集系统能自重流导排。如受地下水埋深、土方平衡、平原型填埋场高差和整体设计的影响，可适度降低导排管纵向的坡度要求，但要保证不小于1%的坡度。

5.4.4 本条是关于结合竖向设计考虑调节池位置设置的规定。

调节池设置在场区地势较低处，利于渗沥液自流。

5.5　填埋场道路

5.5.1 本条是关于道路分类和不同类型道路设计基本原则的规定。

填埋场永久性道路等级可依据垃圾车交通量选择：

（1）垃圾车的日平均双向交通量（日交通量以 8 小时计）在 240 辆次以上的进场道路和场区道路，可采用一级露天矿山道路。

（2）垃圾车的日平均双向交通量在 100 辆次～240 辆次的进场道路和场区道路，可采用二级露天矿山道路。

（3）垃圾车的日平均双向交通量在 100 辆次以下的进场道路和场区道路，可采用三级露天矿山道路；辅助道路和封场后盘山道路均宜采用三级露天矿山道路。

不同等级道路宽度可参考表 4 选择。

表 4　车宽和道路宽度（m）

计算车宽		2.3	2.5	3
双车道道路路面宽（路基宽）	一级	7.0（8.0）	7.5（8.0）	9.0（10.0）
	二级	6.5（7.5）	7.0（8.0）	8.0（9.0）
	三级	6.0（7.0）	6.5（7.5）	7.0（8.0）
单车道道路路面宽（路基宽）	一、二级	4.0（5.0）	4.5（5.5）	5.0（6.0）
	三级	3.5（4.5）	4.0（5.0）	4.5（5.5）

注：路肩可适当加宽。

道路纵坡要求不大于表 5 的规定。如受地形或其他条件限制，道路坡度极限要求不大于11%；作业区临时道路坡度宜根据库区垃圾堆体具体情况设计，可适当增大坡度。

表 5　道路最大坡度

道路等级	一级	二级	三级
最大坡度（%）	7	8	9

注：1　受地形或其他条件限制时，上坡的场外道路和进场道路的最大坡度可增加1%；

　2　海拔 2000m 以上地区的填埋场道路的最大坡度不得增加；

　3　在多雾或寒冷冰冻、积雪地区的填埋场道路的最大坡度不宜大于 7%。

条文中"临时性道路"包括施工便道、库底作业道路等。临时性道路宜以块石、碎石作基础，也可采用经多次碾压的填埋垃圾或

建筑垃圾作基础。临时道路计算行车速度以 15km/h 计。受地形或其他条件限制时，临时道路的最大坡度可比永久性道路增加 2%。

条文中"回车平台"是指道路尽头设置的平台，回车平台面积要求根据垃圾车最小转弯半径和路面宽度确定。

条文中"会车平台"是指当填埋场的运输道路为单行道时设置的会车平台，平台的设置根据车流量、道路的长度和路线决定。会车平台不宜设置在道路坡度较大的路段；平台的尺寸大小要求根据运输车辆的车型设计，通常要求预留较大的安全空间。

条文中"防滑"措施包括路面的防滑处理，南方地区由于雨季频繁、垃圾含水率高，通常在临时道路上铺设防滑的钢板或合成防滑模块等。

条文中"防陷"包括对路基的加固处理等防止路面下陷的措施。

5.5.2 本条是关于道路路线设计应考虑因素的基本规定。

5.5.3 本条是关于道路设计应满足填埋场运行要求的基本规定。

5.6　计 量 设 施

5.6.1 本条是关于地磅房设置位置的基本规定。

地磅房宜位于运送生活垃圾和覆盖黏土的车辆进入填埋库区必经道路的右侧。

5.6.2 本条是关于地磅进车路段的规定。

如受地形或其他条件限制，进车端的道路要求不小于 1 辆车长；出车端的道路，要求有不小于 1 辆车长的平坡直线段等。

5.6.3 本条是关于计量地磅的类型、规格及精度的规定。

Ⅰ类填埋场宜设置 2 台地磅。

5.6.4 本条是关于填埋场计量设施应具备的基本功能的规定。

5.7　绿化及其他

5.7.1 本条是关于填埋场绿化布置及绿化率控制的规定。

场区绿化率不包括封场绿化面积。

5.7.2 本条是关于绿化带和封场生态恢复的规定。

条文中的"绿化带"要求综合考虑养护管理，选择经济合理的本地区植物；可种植易于生长的高大乔木，并与灌木相间布置，以减少对道路沿途和填埋场周围居民点的环境污染；生产、生活管理区和主要出入口的绿化布置要求具有较好的观赏及美化效果。

条文中的"生态恢复"宜选用易于生长的浅根树种、灌木和草本作物等。

5.7.3 本条是关于填埋场设置防火隔离带及防飞散设施的规定。

条文中"安全防护设施"主要是指铁丝防护网或者围墙，防止动物窜入或拾荒者随意进入而发生危险。

条文中的"防飞散设施"是为减少填埋作业区垃圾飞扬对周边环境造成的污染。一般要求根据气象资料，在填埋作业区下风向位置设置活动式防飞散网。防飞散网宜采用钢丝网或尼龙网，具体尺寸根据填埋作业情况而定，一般可设置为高 4m～6m，长不小于 100m，并在填埋作业的间歇时间由人工去除网上的垃圾。

5.7.4 本条是关于填埋场防雷设计原则的规定。

6 地基处理与场地平整

6.1 地基处理

6.1.1 本条是关于填埋库区地基应具有承载填埋体负荷，以及当不能满足要求时应进行地基处理的原则规定。

库区的地基要保证填埋堆体的稳定。工程建设前要求结合地勘资料对填埋库区地基进行承载力计算、变形计算及稳定性计算，对不满足建设要求的地基要求进行相应的处理。

6.1.2 本条是关于地基的设计应符合相关标准的原则规定。

本条中的"其他建(构)筑物"主要包括垃圾坝、调节池、渗沥液处理主要构筑物及生活管理区主要建(构)筑物。

6.1.3 本条是关于地基处理方案选择的原则规定。

选用合适的地基处理方案建议考虑以下几点：

(1)根据结构类型、荷载大小及使用要求，结合地形地貌、地层结构、土质条件、地下水特征、环境情况和对邻近建筑的影响等因素进行综合分析，初步选出几种可供考虑的地基处理方案，包括选择两种或多种地基处理措施组成的综合处理方案。

(2)对初步选出的各种地基处理方案，分别从加固原理、适用范围、预期处理效果、耗用材料、施工机械、工期要求和对环境的影响等方面进行技术经济分析和对比，选择最佳的地基处理方法。

(3)对已选定的地基处理方法，宜按建筑物地基基础设计等级和场地复杂程度，在有代表性的场地上进行相应的现场试验或试验性施工，并进行必要的测试，检验设计参数和处理效果。如达不到设计要求时，要查明原因，修改设计参数或调整地基处理方法。

6.1.4 本条是关于填埋库区应进行承载力计算及最大堆高验算的原则规定。

(1)地基极限承载力计算。

1)首先将填埋单元的不规则几何形式简化成规则(矩形)底面，然后采用太沙基极限理论分析地基极限承载力。

2)极限承载力计算见式(4)和式(5)。

$$P'_u = P_u/K \tag{4}$$

$$P_u = \frac{1}{2}b\gamma N_r + cN_c + qN_q \tag{5}$$

式中：P'_u——修正地基极限承载力(kPa)；

P_u——地基极限荷载(kPa)；

γ——填埋场库底地基土的天然重度(kN/m³)；

c——地基土的黏聚力(kPa)，按固结、排水后取值；

q——原自然地面至填埋场底范围内土的自重压力(kPa)；

$N_r、N_c、N_q$——地基承载力系数，均为 $\tan(45° + \varphi/2)$ 的函数，其中，$N_r、N_q$ 与垃圾填埋体的形状和埋深有关，其取值根据地勘资料确定；

φ——地基土内摩擦角(°)，按固结、排水后取值；

b——垃圾体基础底宽(m)；

K——安全系数，可根据填埋规模确定，见表6。

表6 各级填埋场安全系数 K 值表

重要性等级	处理规模(t/d)	K
Ⅰ级	≥900	2.5~3.0
Ⅱ级	200~900	2.0~2.5
Ⅲ级	≤200	1.5~2.0

(2)最大堆高计算。

根据计算出的修正极限承载力 P'_u，可得极限堆填高度 H_{max}。

$$H_{max} = (P'_u - \gamma_2 d)\frac{1}{\gamma_1} \tag{6}$$

式中：P'_u——修正后的地基极限承载力(kPa)，由式(4)求得；

$\gamma_1、\gamma_2$——分别为垃圾堆体和被挖出土体的重力密度(kN/m³)；

d——垃圾堆体埋深(m)。

6.1.5 本条是关于填埋库区地基沉降及不均匀沉降计算要求的规定。

(1)地基沉降计算。

1)采用传统土力学分析法：填埋库区地基沉降可根据现行国家标准《建筑地基基础设计规范》GB 50007 提供的方法，计算出填埋库区地基下各土层的沉降量，加和后乘以一定的经验系数。

2)瞬时沉降、主固结沉降和次固结沉降计算方法：对于黏土地基的沉降计算可分为三部分：瞬时沉降、主固结沉降和次固结沉降。这主要是由于黏土层透水性较差，加载后固结沉降的速度较慢，使主固结与次固结沉降间存在差异。砂土地基的沉降仅包括瞬时沉降。

(2)不均匀沉降计算。

通过布置于填埋库区地基的每一条沉降线上不同沉降点的总沉降计算值，可以确定不均匀沉降、衬里材料和渗沥液收集管的拉伸应变及沉降后相邻沉降点之间的最终坡度。

6.2 边坡处理

6.2.1 本条是关于库区地基边坡设计应符合相关标准的原则规定。

(1)填埋库区边坡工程设计时应取得下列资料：

1)相关建(构)筑物平、立、剖面和基础图等。

2)场地和边坡的工程地质和水文地质勘察资料。

3)边坡环境资料。

4)施工技术、设备性能、施工经验和施工条件等资料。

5)条件类同边坡工程的经验。

(2)填埋库区边坡坡度设计要求：

1)填埋库区边坡坡度宜取 1：2，局部陡坡要求不大于 1：1。

2)削坡修整后的边坡要求光滑整齐，无凹凸不平，便于铺膜。基坑转弯处及边角均要求采取圆角过渡，圆角半径不宜小于1m。

3)对于少部分陡峭的边坡要求削坡平顺，不可形成台阶状、反坡或突然变坡，边坡处边坡角宜小于 20°。

6.2.2 本条是关于地基边坡稳定计算的规定。

(1)填埋库区边坡工程安全等级要求根据边坡类型和坡高等因素确定，见表7。

表7 填埋库区边坡工程安全等级

边坡类型		边坡高度	破坏后果	安全等级
岩质边坡	岩体类型为Ⅰ或Ⅱ类	$H \leq 30$	很严重	一级
			严重	二级
			不严重	三级
		$15 < H \leq 30$	很严重	一级
			严重	二级
	岩体类型为Ⅲ或Ⅳ类	$H \leq 15$	很严重	一级
			严重	二级
			不严重	三级
土质边坡		$10 < H \leq 15$	很严重	一级
			严重	二级
		$H \leq 10$	很严重	一级
			严重	二级
			不严重	三级

注：1 一个边坡工程的各段，可根据实际情况采用不同的安全等级；

　　2 对危害性极严重、环境和地质条件复杂的特殊边坡工程，其安全等级应根据工程情况适当提高。

(2)进行稳定计算时，要求根据边坡的地形地貌、工程地质条件以及工程布置方案等，分区段选择有代表性的剖面。边坡稳定性验算时，其稳定系数要求不小于表8规定的稳定安全系数的要求，否则需对边坡进行处理。

表8　边坡稳定安全系数

安全系数　安全等级　计算方法	一级边坡	二级边坡	三级边坡
平面滑动法			
折线滑动法	1.35	1.30	1.25
圆弧滑动法	1.30	1.25	1.20

注：对地质条件很复杂或破坏后果极严重的边坡工程，其稳定安全系数宜适当提高。

（3）边坡稳定性计算方法，根据边坡类型和可能的破坏形式，可参考下列原则确定：

1）土质边坡和较大规模的碎裂结构岩质边坡宜采用圆弧滑动法计算；

2）对可能产生平面滑动的边坡宜采用平面滑动法进行计算；

3）对可能产生折线滑动的边坡宜采用折线滑动法进行计算；

4）对结构复杂的岩质边坡，可配合采用赤平极射投影法和实体比例投影法分析；

5）当边坡破坏机制复杂时，宜结合数值分析法进行分析。

6.2.3　本条是关于边坡支护解形式选定的原则规定。

边坡支护结构常用形式可参照表9选定。

表9　边坡支护结构常用形式

条件　结构类型	边坡环境	边坡高度 H(m)	边坡工程安全等级	说明
重力式挡墙	场地允许，坡顶无重要建(构)筑物	土坡，H≤8 岩坡，H≤10	一、二、三级	土方开挖后边坡稳定较差时不应采用
扶壁式挡墙	填方区	土坡，H≤10	一、二、三级	土质边坡
悬臂式支护		土坡，H≤8 岩坡，H≤10	一、二、三级	土层较差，或对挡墙变形要求较高时，不宜采用

续表9

条件　结构类型	边坡环境	边坡高度 H(m)	边坡工程安全等级	说明
板肋式或格构式锚杆挡墙支护		土坡，H≤10 岩坡，H≤30	一、二、三级	坡高较大或稳定性较差时宜采用逆作法施工。对挡墙变形有较高要求的土质边坡，宜采用预应力锚杆
排桩式锚杆当墙支护	坡顶建(构)筑物需要保护，场地狭窄	土坡，H≤15 岩坡，H≤30	一、二级	严格按逆作法施工，对挡墙变形有较高要求的土质边坡，应采用预应力锚杆
岩石锚喷支护		Ⅰ类岩坡，H≤30	一、二、三级	—
		Ⅱ类岩坡，H≤30	二、三级	
		Ⅲ类岩坡，H<15	二、三级	
坡率法	坡顶无重要建(构)筑物，场地有放坡条件	土坡，H≤10 岩坡，H≤25	二、三级	不良地质段，地下水发育区、流塑状土时不应采用

6.3　场　地　平　整

6.3.1　本条是关于场地平整应满足填埋场几个基本要求的规定。

（1）要求尽量减少库底的平整设计标高，以减少库底的开挖深度，减少土方量，减少渗沥液、地下水收集系统及调节池的开挖深度。

（2）场地平整设计时除要求满足填埋库容要求外，尚要求兼顾边坡稳定及防渗系统铺设等方面的要求。

（3）场地平整压实度要求：

1）地基处理压实系数不小于0.93；

2）库区底部的表层黏土压实度不得小于0.93；

3）路基范围回填土压实系数不小于0.95；

4）库区边坡的平整压实系数不小于0.90。

（4）场地平整设计要求考虑设置堆土区，用于临时堆放开挖的土方，同时要求做相应的防护措施，避免雨水冲刷，造成水土流失。

（5）场地平整前的临时作业道路设计要求结合地形地势，根据场地平整及填埋场运行时填埋作业的需要，方便机械进场作业，土方调运。

（6）场地平整时要求确保所有裂缝和坑洞被堵塞，防止渗沥液渗入地下水，同时有效防止填埋气体的横向迁移，保证周边建(构)筑物的安全。

6.3.2　本条是关于场地平整应防止水土流失的规定。

（1）场地平整采用与膜铺设同步进行，分区实施场地平整的方式，目的是为防止水土流失和避免二次清基、平整。

（2）用于临时堆放开挖土方的堆土区要求做相应的防护措施，能避免雨水冲刷，防止造成水土流失。

6.3.3　本条是关于填埋场地平整土方量计算要求的规定。

条文中的"填挖土方"，挖包括库区平整、垃圾坝清基及调节池挖方量，填包括库区平整、坝体、日覆盖、中间覆盖及终场覆盖所需的土方量。填埋场地开挖的土方量不能满足填方要求时，要本着就近的原则在周边取土。

条文中的"选择合理的方法进行土方量计算"，是指土方计算宜结合填埋场建设地点的地形地貌、面积大小及地形图精度等因素选择合理的计算方法，并宜采用另一种方法校核。各种方法的适用性比较详见表10。

表10　土方计算方法比较表

计算方法	适用对象	优点	缺点
断面法	断面法计算土方适用于地形沿纵向变化比较连续，地狭长、挖填深度较大且不规则的地段	计算方法简单，精度可根据间距L的长度选定，L越小，精度就越高。适于粗略快速计算	计算量大，尤其是在范围较大、精度要求高的情况下更为明显；计算精度与计算速度矛盾，若是为了减少计算量而加大断面间隔，就会降低计算结果的精度；局限性较大，只适用于条带式路线方面的土方计算
方格网法	对于大面积的土石方估算以及一些地形起伏较小、坡度变化不大的场地宜采用方格网法，方格网法是目前使用最为广泛的土方计算方法	方格网法是土方量计算的最基本的方法之一。简便易于操作，在实际工作中应用非常广泛	地形起伏较大时，误差较大，且不能完全反映地形、地貌特征
三角网法	三角网法计算土方适用于小范围、大比例尺、高精度、地形复杂起伏变化较大的地形情况	适用范围广，精度高，局限性小	高程点录入及计算复杂

计算方法	适用对象	优点	缺点
计算机辅助计算	适用于地形资料完整(等高线及离散点高程)、数据齐全的地形	计算精确,自动化程度高,不易出错,可以自动生成场地三维模型以及场地断面图,直观表达设计成果,应用广泛	对地形图要求非常严格,需要有完整的高程点或等高线地形图

条文中的"填挖土方相差较大时,应调整库区设计高程",如挖方大于填方,要升高设计高程;填方大于挖方,则降低设计高程。

7 垃圾坝与坝体稳定性

7.1 垃圾坝分类

7.1.1 本条是关于筑坝材料不同的坝型分类规定。

7.1.2 本条是关于坝高的分类规定。

7.1.3 本条是关于垃圾坝位置和作用不同的坝体类型分类规定。

7.1.4 本条是关于垃圾坝坝体建筑级别的分类规定。

7.2 坝址、坝高、坝型及筑坝材料选择

7.2.1 本条是关于坝址选择应考虑的因素及技术经济比较的原则规定。

条文中的"岩土工程勘察"可参考以下要求:

(1)勘察范围要求根据开挖深度及场地的工程地质条件确定,并宜在开挖边界外按开挖深度的 1 倍~2 倍范围内布置勘探点;当开挖边界外无法布置勘探点时,要求通过调查取得相应资料;对于软土,勘察范围尚宜扩大。

(2)基坑周边勘探点的深度要求根据基坑支护结构设计要求确定,不宜小于 1 倍开挖深度,软土地区应穿越软土层。

(3)查明断裂带产状、带宽、导水性。

(4)查明与基本坝及堆坝(垃圾)安全有关的地质剖面图及各地层物理力学特性。

(5)明确坝址的地震设防等级。

(6)勘探点间距视地层条件而定,一般工程处于可研性研究阶段勘探点间距不宜大于 30m;初步设计间距不宜大于 20m;施工阶段对于地质变化多样的地区勘探点间距不宜大于 15m;地层变化较大时,要求增加勘探点,查明分布规律。

条文中的"地形地貌",建议结合坝体类型考虑以下坝体选址特点:

山谷型场地:坝体可选择在谷地(填埋库区)的谷口和标高相对较低的垭口或鞍部。

平原型场地:坝体可依库容所需选择,环库区一圈形成库容,坝体建在地质较好的地段。

坡地形场地:坝体可在地势较低的地段选择,与地形连接形成库容。

条文中的"筑坝材料来源"是指坝址附近有无足够宜于筑坝的土石料以及利用有效勘力的可能性。

条文中的"气候条件"是指严寒期长短、气温变幅、雨量和降雨的天数等。

条文中的"施工交通情况"是指有无通向垃圾坝的交通线,可否利用当地的施工基地;铺设各种道路的可能性,包括施工期间直达坝址、运行期间经过坝顶的通路。

在其他条件相同的情况下,垃圾坝要求布置在最窄位置处,以减少坝体工程量。但若最窄位置处地基的地质条件有严重缺陷,则坝址可布置在宽而基础好的位置。

7.2.2 本条是关于坝高设计方案应考虑的因素及技术经济比较的原则规定。

当坝高较低时,由于其筑坝成本与安全性小于增大库容带来的经济性,可以根据实际库容需要进行加高;当坝体高度大于 10m 以上时,由于其筑坝成本与安全性可能大于增大的库容所带来的经济性,此时增加的坝高需进行合理分析。

7.2.3 本条是关于坝型选择方案应考虑的因素及技术经济比较的原则规定。

条文中的"地质条件"是指坝址基岩、覆盖层特征及地震烈度等。

条文中的"筑坝材料来源"是指筑坝材料的种类、性质、数量、位置和运距等。

条文中的"施工条件"是指施工导流、施工进度与分期、填筑强度、气象条件、施工场地、运输条件和初期度汛等。

条文中的"坝高"是指由于土石坝对坡比要求不大于 1:2,故在地基情况较好的情况下,高坝宜采用混凝土坝,可减少坝基的面积和土方量;低坝、中坝可根据实际情况选择。

条文中的"坝基防渗要求"是指若坝基处于浸水中,则宜考虑选择混凝土坝;如因条件限制选择黏土坝,则需考虑对坝基进行防渗处理。

7.2.4 本条是关于筑坝材料的调查和土工试验应符合相关标准的原则规定,以及关于土石坝填筑材料设计控制指标的规定。

(1)筑坝土、石料的选择可参考以下要求:

1)具有或经加工处理后具有与其使用目的相适应的工程性质,并能够长期保持稳定。

2)宜就地、就近取材,减少弃料少占或不占农田;应优先考虑库区建(构)筑物开挖料的利用。

3)便于开采、运输和压实。

4)植被破坏较少且环境影响较小,应便于采取保护措施、恢复水土资源。

(2)筑坝土料宜使用自然形成的黏性土。筑坝土料应具有较好的塑性和渗透稳定性,保证在浸水与失水时体积变化小。

(3)筑坝不得采用的土料有以下几种:

1)含草皮、树根及耕植土或淤泥土,遇水崩解、膨胀的一类土。

2)沼泽土膨润土和地表土。

3)硫酸盐含量在 2% 以上的一类土。

4)未全部分解的有机质(植物残根)含量在 5% 以上的一类土。

5)已全部分解的处于无定形状态的有机质含量在 8% 以上的一类土。

(4)筑坝不宜采用的黏性土有以下几种:

1)塑性指数大于 20 和液限大于 40% 的冲积黏土。

2)膨胀土。

3)开挖、压实困难的干硬黏土。

4)冻土。

5)分散性黏土。

6)湿陷性黄土。

7)当采用以上材料时,应根据其特性采取相应的措施。

(5)土石坝的筑坝石料选择可参考以下要求:

1)粒径大于5mm的砾石土颗粒含量不应大于50%,最大粒径不宜大于150mm或铺土厚度的2/3,0.075mm以下的颗粒含量不应小于15%;填筑时不得发生粗料集中架空现象。

2)人工掺合砾石土中各种材料的掺合比例应经试验论证。

3)当采用含有可压碎的风化岩料或软岩的砾石土筑坝料时,其级配和物理力学指标应按碾压后的级配设计。

4)料场开采的石料和风化料、砾石土均可作为坝壳料,根据材料性质,可将它们用于坝壳的不同部位。

5)采用风化石料或软岩填筑坝壳时,应按压实后的级配确定材料的物理力学指标,并考虑浸水后抗剪强度的降低、压缩性增加等不利情况;软化系数低、不能压碎成砾石土的风化石料和软岩宜填筑在干燥区。

(6)关于土石坝填筑材料设计控制指标的规定中,条文中的"压实度"要求大于96%,分区坝的压实度不得低于95%。设计地震烈度为8度及以上的地区,要求取规定的上限值。

7.3 坝基处理及坝体结构设计

7.3.1 本条是关于垃圾坝地基处理应符合相关标准的原则规定。

7.3.2 本条是关于坝基处理应满足几个基本要求的规定。

条文中的"渗流控制"包括渗透稳定和控制渗流量。当坝体周围有水入侵时应考虑水位变化对坝体稳定性的影响,进行渗流计算。计算坝体和坝基周围有水位时的渗流量,确定浸润线的位置,绘制坝体及坝基的等势线分布情况。

条文中的"允许总沉降量"是指竣工后的浆砌石坝坝顶沉降量不宜大于坝高的1%,黏土坝及土石坝坝顶沉降量不宜大于坝高的2%。对于特殊土的坝基,允许的总沉降量要求视具体情况确定。

7.3.3 本条是关于坝坡设计方案应考虑的因素及技术经济比较的原则规定。

(1)土石坝边坡度可参照类似坝体的施工、运行经验确定。

(2)对初步选定的坝体边坡度,要求根据各种作用力、坝体和坝基土料的物理力学性质、坝体结构特征及施工和运行条件,采用静力稳定计算进行验证。

(3)设计地震烈度为9度的地区,坝顶附近的上、下游坝坡宜缓下陡,或采用加筋堆石、表面钢筋网或大块石堆筑等加固措施。

(4)当坝基抗剪强度较低,坝体不满足深层抗滑稳定要求时,宜采用在坝坡脚压戗的方法提高其稳定性。

(5)若坝基土或筑坝土石料沿坝轴线方向不尽相同时,要求分坝段进行稳定计算,确定相应的坝坡。当各坝段采用不同坡度的断面时,每一坝段的坝坡要求根据该坝段中最大断面来选择。坝坡不同的相邻坝段,中间要设渐变段。

7.3.4 本条是关于坝顶宽度和护面材料设计的原则规定。

(1)条文中"坝顶宽度"的设计不宜小于3m,当需要行车时,坝顶道路宜按3级厂矿道路设计,坝顶沿车道两侧要求设有路肩或人行道,为了有计划地排走地表径流,坝顶路肩上还要设置排水沟。

(2)条文中"坝顶护面材料"要求根据当地材料情况及坝顶用途确定,宜采用密实的砂砾石、碎石、单层砌石或沥青混凝土等柔性材料。

(3)条文中"施工方式"采用机械化作业时,要求保证通过运输车辆及其他机械。

(4)条文中"安全"主要是坝顶两侧要求有安全防护设施,如沿路肩设置各种围栏设施(栏杆、墙等)。

7.3.5 本条是关于坝坡马道设计的原则规定。

(1)马道宽度要求根据用途确定,但最小宽度不宜小于1.5m。

(2)坝顶面要求向上、下侧放坡,以利于坝面排水,坡度宜根据降雨强度,在2%～3%之间选择。

(3)根据施工交通需要,下游坝坡可设置斜马道,其坡度、宽度、转弯半径、弯道加宽和超高等要求满足施工车辆行驶要求。斜马道之间的坝坡可局部变陡,但平均坝坡要求不陡于设计坝坡。

7.3.6 本条是关于垃圾坝护坡方式设计要求的原则规定。

(1)为防止水土流失,坝表面为土、砂、砂砾石等材料时,要求进行护坡处理。

(2)为防止黏土垃圾坝表面冻结或干裂,要求铺非黏土保护层。保护层厚度(包括坝顶面)要求不小于该地区土层的冻结深度。

(3)土石坝可采用堆石材料中的粗颗粒或超径石做护坡。

(4)混凝土坝可根据实际情况选择护坡方式。

(5)下游护坡材料可选择干砌石、堆石卵石或碎石、草皮或其他材料,加土工合成材料。

(6)与调节池连接的黏土坝或土石坝要求进行护坡,且护坡材料要求具有防渗功能。

(7)暂时未铺设防渗膜的分区坝可选用草皮或用临时遮盖物进行简单护坡。

7.3.7 本条是关于坝体与坝基、边坡及其他构筑物连接的设计和处理的原则规定。

(1)坝体与土质坝基及边坡的连接可参考以下要求:

1)坝断面范围内要求清除坝基与边坡上的草皮、树根、含有植物的表土、蛮石、垃圾等其他废料,并要求将清理后的坝基表面土层压实;

2)坝体断面范围内的低强度、高压缩性软土及地震时易液化的土层,要求清除或处理;

3)坝基覆盖层与下游坝体粗粒料(如堆石等)接触处,要符合反滤的要求。

(2)坝体与岩石坝基和边坡的连接可参考以下要求:

1)坝断面范围内的岩石坝基与边坡,要求清除其表面松动石块、凹处积土和突出的岩石。

2)若风化层较深时,高坝宜开挖到弱风化层上部,中、低坝可开挖到强风化层下部。要求在开挖的基础上对基岩再进行灌浆等处理。对断层、张开节理裂隙要求逐条开挖清理,并用混凝土或砂浆封堵。坝基岩面上宜设置混凝土盖板、喷混凝土或喷水泥砂浆。

3)对失水很快且易风化的软岩(如页岩、泥岩等),开挖时宜预留保护层,待开始回填时,随挖除、随回填,或开挖后喷水泥砂浆或喷混凝土保护。

(3)坝体与其他构筑物的连接可参考以下要求:

1)当导排管设置沉降缝时,要做好止水,并在接缝处设反滤层;

2)坝体下游面与坝下导排管道接触处采用反滤料包围管道;

3)坝体和库区边坡的连接处要求做成斜面,避免出现急剧的转折。在与坝体连接处,边坡表面相邻段的倾角变化要求控制在10°以内。山谷型填埋场中的边坡要逐渐向基础方向放缓。

7.3.8 本条是关于坝体防渗处理要求的基本规定。

条文中的"特殊锚固法"可采用HDPE嵌钉土工膜、HDPE型锁条、机械锚等方式进行锚固。

7.4 坝体稳定性分析

7.4.1 本条是关于垃圾坝安全稳定性分析基本要求的规定。

坝体在施工、建成、垃圾填埋作业及封场的各个时期受到的荷载不同,要求分别计算其稳定性。坝体稳定性计算的工况建议如下:

(1)施工期的上、下游坝坡;

(2)填埋作业期的上、下游坝坡;

(3)封场后的下游坝坡;

(4)填埋作业时遇地震、遇洪水的上、下游坝坡。

采用计及条块间作用力的计算方法时,坝体抗滑稳定最小安全系数不宜小于表11的规定。

表11 坝体抗滑稳定最小安全系数

运用条件	坝体建筑级别		
	Ⅰ	Ⅱ	Ⅲ
施工期	1.30	1.25	1.20
填埋作业期	1.20	1.15	1.10
封场稳定期	1.25	1.20	1.15
正常运行遇地震、遇洪水	1.15	1.10	1.05

7.4.2 本条是关于坝体稳定性分析的抗剪强度计算应符合相关标准的原则规定。

8 防渗与地下水导排

8.1 一般规定

8.1.1 本条是关于填埋场必须进行防渗处理的强制性条文规定。

本条从防止填埋场对地下水、地表水的污染和防止地下水入渗填埋场两个方面提出了严格要求。

填埋场进行防渗处理可以有效阻断渗沥液进入到环境中,避免地表水与地下水的污染。此外,应防止地下水进入填埋场,地下水进入填埋场后一方面会大大增加渗沥液的产量,增大渗沥液处理量和工程投资;另一方面,地下水的顶托作用会破坏填埋场底部防渗系统。因此,填埋场必须进行防渗处理,并且在地下水位较高的场区应设置地下水导排系统。

8.1.2 本条是关于填埋场防渗处理应符合相关标准的原则规定。

8.1.3 本条是关于地下水水位的控制应符合相关标准的原则规定。

现行国家标准《生活垃圾填埋场污染控制标准》GB 16889规定:生活垃圾填埋场填区基础层底部要求与地下水年最高水位保持1m以上的距离。当生活垃圾填埋场填区基础层底部与地下水年最高水位距离不足1m时,要求建设地下水导排系统。

地下水导排系统要求确保填埋场的运行期和后期维护与管理期内地下水水位维持在距离填埋场填埋区基础层底部1m以下。

8.2 防渗处理

8.2.1 本条是关于填埋场防渗系统选择及天然黏土衬里结构防渗参数要求的规定。

条文中的"天然黏土类衬里"是指天然黏土符合防渗适用条件

时,可以作为一个防渗层。该防渗层和渗沥液导流层、过滤层等一起构成一个完整的天然黏土防渗系统。压实黏土作为防渗层时的土料选择与施工质量要求应符合现行行业标准《生活垃圾卫生填埋场岩土工程技术规范》CJJ 176—2012第8章的相关规定。

天然黏土衬里的防渗适用条件为:

(1)黏土渗透系数≤1×10^{-7}cm/s;

(2)液限(W_L):25%~30%;

(3)塑限(W_P):10%~15%;

(4)不大于0.074mm的颗粒含量:40%~50%;

(5)不大于0.002mm的颗粒含量:18%~25%。

条文中的"渗透系数"也称水力传导系数,是一个重要的水文地质参数,它的计算由Darcy(达西)定律给出:

$$V = Q/A = KJ \tag{7}$$

式中:V——渗透速度(cm/s);

Q——渗流量(cm³/s);

A——试验围筒的横截面积(cm²);

K——渗透系数(cm/s);

J——水力坡度((H_1-H_2/l);H_1、H_2分别为坡顶、坡底高程,l为坡顶与坡底的水平距离。

当水力坡度$J=1$时,渗透系数在数值上等于渗透速度。因为水力坡度无量纲,渗透系数具有速度的量纲。即渗透系数的单位和渗透速度的单位相同,可用cm/s或m/d表示。考虑到渗透液体性质的不同,Darcy定律有如下形式:

$$V = -k\rho g/\mu \cdot dH/dL \tag{8}$$

式中:ρ——液体的密度;

g——重力加速度;

μ——动力粘滞系数;

dH/dL——水力坡度;

k——渗透率或内在渗透率。

k仅仅取决于岩土的性质而与液体的性质无关。渗透系数和渗透率之间的关系为:$K=k\rho g/\mu=kg/v$(v为渗流速度)。要注意到渗沥液与水的μ不同,渗沥液与水的渗透系数具有差异。

8.2.2 本条是关于填埋场改性黏土衬里结构防渗的技术规定。

条文中的"改性压实黏土类衬里"是指当填埋场区及其附近没有合适的黏土资源或者黏土的性能无法达到防渗要求时,将亚黏土、亚砂土等天然材料中加入添加剂进行人工改性,使其达到天然黏土衬里的等效防渗性能要求。

8.2.3 本条是关于不同人工防渗系统选择条件的原则规定。

条文所指的"双层衬里"系统宜在以下四种情况使用:

(1)国土开发密度较高、环境承载力减弱,或环境容量较小、生态环境脆弱等需要采取特别保护的地区;

(2)填埋容量超过1000万m³或使用年限超过30年的填埋场;

(3)基础天然土层渗透系数大于10^{-5}cm/s,且厚度较小、地下水位较高(距基础底部小于1m)的场址;

(4)混合型填埋场的专用独立库区,即生活垃圾焚烧飞灰和医疗废物焚烧残渣经处理后的最终处置填埋场的独立填埋库区。

8.2.4 本条是关于复合衬里防渗结构的具体要求规定。

(1)条文及结构示意图中的"地下水导流层"、"防渗及膜下保护层"、"渗沥液导流层"、"膜上保护层"及"反滤层"的功能及材料说明如下:

1)地下水导流层:及时对地下水进行导排,防止地下水水位抬高对防渗系统造成破坏。当导排的场区坡度较陡时,地下水导流层可采用土工复合排水网;地下水导流层与基础层、膜下保护层之间采用土工织物层,土工织物层起到反滤、隔离作用。

2)防渗及膜下保护层:防渗及膜下保护层的黏土渗透系数要求不大于1×10^{-7}cm/s。复合衬里结构(HDPE膜+黏土)中,黏土作为防渗层,等效替代天然黏土类衬里结构防渗性能厚度可参考表12。

表12 复合衬里黏土与天然黏土防渗等效替代

渗沥时间(年)	压实黏土层厚度(m) ($K_s=1.0\times10^{-7}$cm/s)	HDPE膜＋压实黏土厚度(m) ($K_s=1.0\times10^{-7}$cm/s)
55	2.00	0.44
60	2.16	0.48
65	2.32	0.52
70	2.48	0.55
75	2.63	0.59
80	2.79	0.63
85	2.95	0.67
90	3.11	0.71
95	3.27	0.75
100	3.43	0.79

3)渗沥液导流层:及时将渗沥液排出,减轻对防渗层的压力。材料一般采用卵(砾)石,某些情况下也有采用土工复合排水网和砾石共同组成导流层。当导流的现场坡度较缓时,土工膜上需增加缓冲护保护层,材料可以采用袋装土或旧轮胎等。

4)膜上保护层:防止 HDPE 膜受到外界影响而被破坏,如石料或垃圾对其的刺穿,应力集中造成膜破损。材料可采用土工布。

5)反滤层:防止垃圾在导流层中积聚,造成渗沥液导流系统堵塞或导流效率降低。

(2)条文中"土工布"说明如下:

1)土工布用作 HDPE 膜保护材料时,要求采用非织造土工布。规格要求不小于 600g/m²。

2)土工布用于盲沟和渗沥液收集导流层的反滤材料时,宜采用土工滤网,规格不宜小于 200g/m²。

3)土工布各项性能指标要求符合国家现行相关标准的要求,主要包括:现行国家标准《土工合成材料 短纤针刺非织造土工布》GB/T 17638、《土工合成材料 长丝纺粘针刺非织造土工布》GB/T 17639、《土工合成材料 长丝机织土工布》GB/T 17640、《土工合成材料 裂膜丝机织土工布》GB/T 17641、《土工合成材料 塑料扁丝编织土工布》GB/T 17690 等。

4)土工布长久暴露时,要充分考虑其抗老化性能;土工布作为反滤材料时,要求充分考虑其防淤堵性能。

(3)条文中"土工复合排水网"说明如下:

1)土工复合排水网中土工网和土工布要求预先粘合,且粘合强度大于 0.17kN/m;

2)土工复合排水网的土工网要求使用 HDPE 材质,纵向抗拉强度大于 8kN/m,横向抗拉强度大于 3kN/m;

3)土工复合排水网的导水率选取要求考虑蠕变、土工布嵌入、生物淤堵、化学淤堵和化学沉淀等折减因素。

4)土工复合排水网的土工布要求符合本规范对土工布的要求;

5)土工复合排水网性能指标要求符合国家现行相关标准的要求。

(4)条文中"钠基膨润土垫"(GCL)说明如下:

1)防渗系统工程中的 GCL 要求表面平整,厚度均匀,无破洞、破边现象。针刺类产品的针刺均匀密实,不允许残留断针。

2)单位面积总质量要求不小于 4800g/m²,并要求符合国家现行标准《钠基膨润土防水毯》JG/T 193 的规定。

3)膨润土体积膨胀度不应小于 24mL/2g。

4)抗拉强度不应小于 800N/10cm。

5)抗剥强度不应小于 65N/10cm。

6)渗透系数应小于 5.0×10^{-11} m/s。

7)抗静水压力 0.6MPa/h,无渗漏。

8.2.5 本条是关于单层衬里防渗结构的具体要求规定。

8.2.6 本条是关于双层衬里防渗结构的具体要求规定。

条文中的"渗沥液检测层"是透过上部防渗层的渗沥液或者气体受到下部防渗层的阻挡而在中间的排水层得到控制和收集,该层可以起到上部防渗膜是否破损渗漏的监测作用。

8.2.7 本条是关于 HDPE 土工膜的使用应符合有关标准及膜厚度选择的规定。

HDPE 膜的选择应考虑地基的沉降、垃圾的堆高及 HDPE 膜锚固时的预留量。

膜厚度的选择可参照以下要求选用:

(1)库区地下水位较深,周围无环境敏感点,且垃圾堆高小于 20m 时,可选用 1.5mm 厚 HDPE 膜。

(2)垃圾堆高介于 20m 至 50m 之间,可选用 2.0mm 厚的 HDPE 膜,同时宜进行拉力核算。

(3)垃圾堆高大于 50m 时,防渗膜厚度选择要求计算。

德国联邦环保署曾对 HDPE 土工膜对各种有机物的防渗性能进行测试,测试数据表明,随着 HDPE 土工膜厚度的增加,污染物扩散能力开始迅速下降,随后下降趋势趋于平缓。当 HDPE 土工膜的厚度为 2.0mm 时,7 种污染物质的渗透能力基本上已处于平缓下降期,再增加土工膜的厚度对渗透能力影响不大;当 HDPE 土工膜的厚度为 1.5mm 时,部分物质已处于平缓下降期,但也还有部分物质仍处于迅速下降期,有的仍处于介于前两者之间的过渡阶段。因此,在一般情况下,仅从防渗性能考虑,填埋场采用 HDPE 土工膜防渗,1.5mm 厚为可用值,2.0mm 厚为较好值,有的国家的标准以土工膜厚 1.5mm 为填埋场低限,有的国家的标准提出土工膜厚不应小于 2.0mm。

条文中未对土工膜宽度作出规定。但在防渗衬里的实际铺设工程中,对 HDPE 土工膜宽度的选择是有一定的要求。渗漏现象的发生,10% 是由于材料的性质以及被尖物刺穿、顶破,90% 是由于土工膜焊接处的渗漏,而土工膜焊接量的多少与材料的幅宽密切相关,以 5.0m 和 7.0m 宽的不同材料对比,前者需要($X/5-1$)个焊缝,后者需要($X/7-1$)个焊缝(X 表示幅宽),前者的焊缝数量超过后者数量近 30%,意味着渗漏可能性增加近 30%。建议宜选用宽幅的 HDPE 土工膜。

8.2.8 本条是关于对穿过 HDPE 土工膜的各种管线接口处理的基本规定。

穿管和竖井的防渗要求:

(1)接触垃圾的穿管管外宜采用 HDPE 膜包裹。

(2)穿管与防渗膜边界刚性连接时,宜采用混凝土锚固块为连接基座,混凝土锚固块建在连接管上,管与膜固定在混凝土内。

(3)穿管与防渗膜边界弹性连接时,穿管要求不得直接焊接在 HDPE 防渗膜上。

(4)置于 HDPE 防渗膜上的竖井(如渗沥液提升竖井、检修竖井等),井底和 HDPE 膜之间要求设置衬里层。

8.2.9 本条是关于锚固平台设置的基本规定。

锚固平台的设置要求是参考国内外实际工程的经验,平台高差大于 10m、边坡坡度大于 1:1 时,对于边坡黏土层施工和防渗层的铺设都较困难。当边坡坡度大于 1:1 时,宜采用其他铺设和特殊锚固方式。

8.2.10 本条是关于防渗材料基本锚固方式和特殊锚固方式的规定。

条文规定的几种锚固方式的施工方法如表13所示。

表13 常见锚固方式的施工方法

锚固方式	施工方法
矩形锚固	在锚固平台一侧开挖一矩形的槽,然后将膜拉过护道并铺入槽中,填土覆盖。比较而言,矩形槽锚固方法安全更好,应用较多
水平锚固	将膜拉到护道上,然后用土覆盖。这种方法通常不够牢固
"V"形槽锚固	锚固平台一侧开挖"V"字形槽,然后将膜拉过护道并铺入槽中,填土覆盖。这种方法对开挖空间要求略大

8.2.11 本条是关于锚固沟设计的基本规定。

8.2.12 本条是关于黏土作为膜下保护层时处理要求的基本规定。

根据对国内外填埋场现场调查情况分析结果,填埋场膜下保护层黏土中砾石形状和尺寸大小对土工膜的安全使用至关重要,一般要求尽可能不含有尖锐砾石和粒径大于 5mm 的砾石,否则需要增加土工膜下保护措施;压实度要求主要是考虑到库底在垃圾填埋堆高条件下其变形在允许范围,减少土工膜的变形,避免渗沥液、地下水导流系统的破坏。

8.3 地下水导排

8.3.1 本条是关于地下水收集导排系统设置条件的基本规定。

8.3.2 本条是关于地下水水量计算应考虑的因素和分不同情况计算的基本规定。

地下水水量的计算要求区分四种情况:填埋库区远离含水层边界,填埋库区边缘降水,填埋库区位于两地表水体之间,填埋库区靠近隔水边界。计算方法可参照现行行业标准《建筑基坑支护技术规程》JGJ 120—2012中附录E。

8.3.3 本条是关于地下水导排几种基本方式选择的原则规定。

对于山谷型填埋场,外来汇水易通过边坡浸入库底影响防渗系统功能,也要求设置地下水导排。

8.3.4 本条是关于地下水导排系统设计原则和收集管管径的规定。

地下水收集导排系统设计要求参考如下:

(1)地下水导流层宜采用卵(砾)石等石料,厚度不应小于30cm,粒径宜为20mm~50mm,石料上应铺设非织造土工布,规格不宜小于200g/m²。

(2)地下水导流盲沟布置可参照渗沥液导排盲沟布置,可采用直线型(干管)或树枝型(干管和支管)。

8.3.5 本条是关于选择垂直防渗帷幕进行地下水导排的地质条件及渗透系数的规定。

(1)垂直防渗帷幕底部要求深入相对不透水层不小于2m;若相对不透水层较深,可根据渗流分析并结合类似工程确定垂直防渗帷幕的深度。

(2)当采用多排灌浆帷幕时,灌浆的孔和排距应通过灌浆试验确定。

(3)当采用混凝土或水泥砂浆灌浆帷幕时,厚度不宜小于400mm。当采用HDPE膜复合帷幕时,总厚度可根据成槽设备最小宽度设计,其中HDPE膜厚度不应小于2mm。

(4)垂直防渗除用于地下水导排外,还可用于老填埋场扩建和封场的防渗整治工程,也可用于离水库、湖泊、江河等大型水域较近的填埋场,防止雨季水域漫出对填埋场产生破坏及填埋场对水域的污染。

9 防洪与雨污分流系统

9.1 填埋场防洪系统

9.1.1 本条是关于填埋场防洪系统设计应符合相关标准及防洪水位标准的基本规定。

9.1.2 本条是关于填埋场防洪系统包括的主要构筑物以及洪水流量计算的规定。

填埋场防洪系统要求根据填埋场的降雨量、汇水面积、地形条件等因素选择适合的防洪构筑物,以有效地达到填埋场防洪目的。

不同类型填埋场截洪坝的设置原则为:

(1)平原型填埋场根据地形、地质条件可在四周设置截洪坝;

(2)山谷型填埋场依据地形、地质条件可在库区上游和沿山坡设置截洪坝;

(3)坡地型填埋场根据地形、地质条件可在地表径流汇集处设置截洪坝。

条文中的"集水池"是指在雨水汇集处设置的用于收集雨水的构筑物。

条文中的"洪水提升泵"是将库区雨水抽排至截洪沟或其他防洪系统构筑物的排水设施,其选用要求满足现行国家标准《泵站设计规范》GB/T 50265的相关要求。

条文中的"涵管"是指上游雨水不能直接导排时设置的位于库底并穿过下游坝的设施,穿坝涵管设计流速的规定要求不大于10m/s。

条文中关于"洪水流量可采用小流域经验公式计算",要求先查询当地洪水水文资料和经验公式,然后选择合理的计算方法进行设计计算。

(1)填埋场库区外汇水区域小于10km²或填埋场建设区域水文气象资料缺乏,可用公路岩土所经验公式(9)计算洪水流量。

$$Q_p = KF^n \tag{9}$$

式中:Q_p——设计频率下的洪峰流量(m³/s);

$\quad\quad K$——径流模数,可根据表14进行取值;

$\quad\quad F$——流域的汇水面积(km²);

$\quad\quad n$——面积参数,当$F<1km²$时,$n=1$;当$F>1km²$时,可按照表15进行取值。

表14 径流模数K值

重现期(年)	华北	东北	东南沿海	西南	华中	黄土高原
2	8.1	8.0	11.0	9.0	10.0	5.5
5	13.0	11.5	15.0	12.0	14.0	6.0
10	16.5	13.5	18.0	14.0	17.0	7.5
15	18.0	14.6	19.5	14.5	18.0	7.7
25	19.5	15.8	22.0	16.0	19.6	8.5

注:重现期为50年时,可用25年的K值乘以1.20。

表15 面积参数n值

地区	华北	东北	东南沿海	西南	华中	黄土高原
n	0.75	0.85	0.75	0.85	0.75	0.80

(2)填埋场建设区域水文气象资料较为完整时,要求采用暴雨强度公式(10)计算洪水流量。

$$Q = q\Psi F \tag{10}$$

式中:Q——雨水设计流量(L/s);

$\quad\quad q$——设计暴雨强度,[L/(s·hm²)],可查询当地暴雨强度公式;

$\quad\quad \Psi$——径流系数,可根据表16取值;

$\quad\quad F$——汇流面积(hm²)。

表 16 径流系数 ψ 值

地面种类	Ψ
级配碎石路面	0.40~0.50
干砌砖石和碎石路面	0.35~0.45
非铺砌砌土地面	0.25~0.35
绿地	0.10~0.20

在进行填埋场治涝设计时,宜根据地形、地质条件进行,并宜充分利用现有河、湖、洼地、沟渠等排水、滞水水域。

9.1.3 本条是关于截洪沟设置的原则规定。

(1)环库截洪沟截洪流量要求包括库区上游汇水以及封场后库区径流。

(2)截洪沟与环库道路合建时,宜设置在靠近垃圾堆体一侧,I 级填埋场和山谷型填埋场环库道路内、外两侧均宜设置截洪沟。

(3)截洪沟的断面尺寸要求根据各段截洪量的大小和截洪沟的坡度等因素计算确定,断面形式可采用梯形断面、矩形断面、U 形断面等。

(4)当截洪沟纵坡较大时,要求采用跌水或陡坡设计,以防止渠道冲刷。

(5)截洪沟出水口可根据场区外地形、受纳水体或沟渠位置等确定。出水口宜采用八字出水口,并采取防冲刷、消能、加固等措施。

(6)截洪沟修砌材料要求根据场区地质条件来选择。

9.1.4 本条是关于填埋场截留的洪水外排的基本规定。

9.2 填埋库区雨污分流系统

9.2.1 本条是关于填埋库区雨污分流基本要求和设计时应依据条件的规定。

9.2.2 本条是关于填埋库区分区设计的基本规定。

(1)条文中"各分区应根据使用顺序不同铺设雨污分流导排管"的要求:

1)上游分区先使用时,导排盲沟途经下游分区段要求采用穿孔管与实壁管分别导流上游分区渗沥液与下游分区雨水。

2)下游分区先使用时,上游库区雨水宜采用实壁管导至下游截洪沟。

(2)库区分区要求考虑与分区进场道路的衔接设计,永久性道路及临时性道路的布置要求能满足分区建设和作业的需求。

(3)使用年限较长的分区,宜进一步划分作业分区实现雨污分流。作业分区可根据一定时间填埋量(如周填埋量、月填埋量)划分填埋作业区,各作业区之间宜采用沙袋堤或小土坝隔开。

9.2.3 本条是关于填埋作业过程中雨污分流措施的规定。

(1)条文中"宜进一步划分作业分区"可根据一定时间填埋量(如周填埋量、月填埋量)划分填埋作业区,各作业区之间宜采用沙袋堤或小土坝隔开。

(2)填埋日作业完成之后,宜采用厚度不小于 0.5mm 的 HDPE 膜或线型低密度聚乙烯膜(LLDPE)进行日覆盖作业,覆盖材料宜按一定的坡度进行铺设,雨水汇集后可通过泵抽排至截洪沟等排水设施。

(3)每一作业区完成阶段性高度后,暂时不在其上继续进行填埋时,要求进行中间覆盖。覆盖层厚度应根据覆盖材料确定。采用 HDPE 膜或线型低密度聚乙烯膜(LLDPE)覆盖时,膜的厚度宜为 0.75mm。覆盖材料宜按一定的坡度进行铺设,以方便表面雨水导排。雨水汇集后可排入临时截洪沟或通过泵抽排至截洪沟等排水设施。

(4)未作业分区的雨水可通过管道导排或泵抽排的方法排入截洪沟等排水设施。

9.2.4 本条是关于封场后的雨水导排方式的规定。

10 渗沥液收集与处理

10.1 一 般 规 定

10.1.1 本条是关于渗沥液必须设置渗沥液收集系统和有效的渗沥液处理措施的强制性条文。

条文中的"有效的渗沥液收集系统"是指垃圾渗沥液产生后会在填埋库区聚集,如果不能及时有效地导排,渗沥液水位升高会对堆体中的填埋物形成浸泡,影响垃圾堆体的稳定性与堆体稳定化进程,甚至会形成渗沥液外渗透成污染事故。渗沥液收集系统必须能够有效地收集堆体产生的渗沥液并将其导出库区。

为了检查渗沥液收集系统是否有效,应监测堆体中渗沥液水位是否正常;为了检查渗沥液处理系统是否有效,应由环保部门或填埋场运行主管单位监测系统出水是否达标。

10.1.2 本条是关于渗沥液处理设施应符合有关标准的原则规定。

10.2 渗沥液水质与水量

10.2.1 本条是关于渗沥液水质参数的设计值应考虑填埋场不同场龄渗沥液水质差异的原则规定。渗沥液的污染物成分和浓度变化很大,取决于填埋物的种类、性质、填埋方式、污染物的溶出速度和化学作用、降雨状况、填埋场场龄以及填埋场结构等,但主要取决于填埋场场龄和填埋场设计构造。

一般认为四、五年以下为初期填埋场,填埋场处于产酸阶段,渗沥液中含有高浓度有机酸,此时生化需氧量(BOD)、总有机碳(TOC)、营养物和重金属的含量均很高、NH₃-N 浓度相对较低,但可生化性较好,且 C/N 比协调,相对而言,此阶段的渗沥液较易处理。

五年至十年为成熟填埋场,随着时间的推移,填埋场处于产甲烷阶段，COD 和 BOD 浓度均显著下降，但 BOD/COD 比下降更为明显，可生化性变差，而 NH_3-N 浓度则上升，C/N 比相对而言不甚理想，此一时期的垃圾渗沥液较难处理。

十年以上为老龄填埋场，此时 COD、BOD 均下降到了一个较低的水平，BOD/COD 比处于较低的水平，NH_3-N 浓度会有所下降，但下降幅度明显小于 COD、BOD 下降幅度，C/N 比处于不协调，虽然此阶段污染程度显著减轻，但远远达不到直接排放的要求，并且较难处理。

10.2.2 本条是关于新建填埋场的渗沥液水质参数设计取值范围的规定。

10.2.3 本条是关于改造、扩建填埋场的渗沥液水质参数设计取值的原则规定。

10.2.4 本条是关于渗沥液产生量计算方法的规定。

渗沥液产生量也可采用水量平衡法、模型法等进行计算，此时宜采用经验公式法或参照同类型的垃圾填埋场实际渗沥液产生量进行校核。

10.2.5 本条是关于渗沥液产生量计算用于渗沥液处理、渗沥液导排及调节池容量时的不同取值规定。

10.3 渗沥液收集

10.3.1 本条是关于渗沥液导流系统设施组成的规定。

条文中"渗沥液收集系统"可根据实际情况进行适当简化，如结合地形设置台自流系统，可不设置泵房。

10.3.2 本条是关于导流层设计要求的规定。

规定"导流层与垃圾层之间应铺设反滤层"是为防止小颗粒物堵塞收集管。

边坡导流层的"土工复合排水网"下部要求与库区底部渗沥液导流层相连接，以保证渗沥液导排至渗沥液导排盲沟。

10.3.3 本条是关于盲沟设计要求的规定。

条文中对于石料的选择，规定原则上"宜采用砾石、卵石或碎石"。由于各地情况不同，对于卵石和砾石量严重不足的地区，可考虑采用碎石，但需要增加对土工膜保护的设计。

规定 $CaCO_3$ 含量是考虑到渗沥液对 $CaCO_3$ 有溶解性，从而可能导致导流层堵塞。导流层石料的 $CaCO_3$ 含量是参考英国的垃圾填埋标准和美国几个州的垃圾填埋标准而提出的。

规定收集管的最小管径要求主要是考虑防止堵塞和疏通的可能。

关于导渗管的"开孔率"，英国标准规定开孔率应小于 $0.01m^2/m$，主要是保证刚度要求。

根据国外实际工程的经验，在导流层管路系统的适当位置（如首、末端等）宜设置清冲洗口，以保证导流系统的长期正常运行。但国内在此方面实际使用的案例较少，在部分中外合作项目中已有设计，尚处于探索阶段。

条文中对盲沟平面布置的选择，规定宜以鱼刺状盲沟、网状盲沟为主要的盲沟平面布置形式，特殊工况条件时可采用特殊布置形式。鱼刺状盲沟布置形式中，次盲沟宜按照 30m～50m 的间距分布，次盲沟与主盲沟的夹角宜采用 15° 的倍数（如 60°）。

梯形盲沟最小底宽可参考表 17 选取。

表 17 梯形盲沟底最小宽度

管径 DN(mm)	盲沟最小底宽 B(mm)
200<DN≤315	D(外径)+400
400<DN≤1000	D(外径)+600

收集管管径选择可根据管径计算结果并结合表 18 确定。

表 18 填埋场用 HDPE 管径规格表

公称外径 D_n(mm)									
规格	250	280	315	355	400	450	500	560	630

10.3.4 本条是关于导气井可兼作渗沥液竖向收集井的规定。

导气井收集渗沥液时，其底部要求深入场底导流层中并与渗沥液收集管网相通，以形成立体的收集导排系统。

10.3.5 本条是关于集液井(池)设置的原则规定。

可根据实际分区情况分别设置集液井(池)汇集渗沥液，再排入调节池。条文中"宜设在填埋库区外部"的原因是当集液井(池)设置在填埋库区外部时构造较为简单，施工较为方便，同时也利于维修、疏通管道。

对于设置在垃圾坝外侧(即填埋库区外部)的集液井(池)，渗沥液导排管穿过垃圾坝后，将渗沥液汇集至集液井(池)内，然后通过自流或提升系统将渗沥液导排至调节池。

根据实际情况，集液井(池)在用于渗沥液导排也可位于垃圾坝内侧的最低洼处，此时要求以砾石堆砌以支撑上覆填埋物、覆盖封场系统等荷载。渗沥液汇集到此通过提升系统越过垃圾主坝进入调节池。此时提升系统中的提升管宜采用斜管的形式，以减少垃圾堆体沉降带来的负摩擦力。斜管通常采用 HDPE 管，半圆开孔，典型尺寸是 DN800，以利于将潜水泵从管道放入集液井(池)，在泵维修或发生故障时可以将泵拉上来。

10.3.6 本条是关于调节池容积计算及结构设计要求的规定。

条文中"土工膜防渗结构"适用于有天然洼地势，容积较大的调节池；条文中的"钢筋混凝土结构"适用于无天然低地势，地下水位较高等情况。

条文中设置"覆盖系统"是为了避免臭气外逸。覆盖系统包括液面浮盖膜、气体收集排放设施、重力压管以及周边锚固等。调节池覆盖膜宜采用厚度不小于 1.5mm 的 HDPE 膜；气体收集管宜采用环状带孔 HDPE 花管，可靠固定于池顶周边；重力压管内需要充填实物以增加膜表面重量。覆盖系统周边锚固要求与调节池防渗结构层的周边锚固沟相连接。

10.3.7 本条是关于填埋堆体内部水位控制的规定。

(1)填埋堆体内渗沥液水位监测除应符合《生活垃圾卫生填埋场岩土工程技术规范》CJJ 176 外，还应符合下列要求：

1)渗沥液水位监测内容包括渗沥液导排层水头、填埋堆体主水位及滞水位。

2)渗沥液导排层水头监测宜在导排层埋设水平水位管，可采用剖面沉降仪与水位计联合测定。

3)填埋堆体主水位及滞水位监测宜埋设竖向水位管采用水位计测量；当堆体内存在滞水位时，宜埋设分层竖向水位管，采用水位计测量主水位和滞水位。

4)水平水位管布点宜在每个排水单元中的渗沥液收集主管附近和距离渗沥液收集管最远处各布置一个监测点。

5)竖向水位管和分层竖向水位管布点要求沿垃圾堆体边坡走向分散布置监测点，平面间距 20m～40m，底部距离衬垫层不应小于 5m，总数不宜少于 2 个；分层竖向水位管底部宜埋至隔水层上方，各支管之间应密闭隔绝。

6)填埋堆体水位监测频次宜为 1 次/月，遇暴雨等恶劣天气或其他紧急情况时，要求提高监测频次；渗沥液导排层水头监测频次宜为 1 次/月。

(2)降低水位措施主要有以下几点：

1)对于堆体边界高程以上的堆体内部积水宜设置水平导排盲沟自流导出，对于堆体边界高程以下的堆体积水可采用小口径竖井抽排。

2)竖井宜选择在堆体较稳定区域开挖，开挖后可采用 HDPE 花管作为导排管。

3)降水导排井及竖井的穿管与封场覆盖要求密封衔接。封场防渗层为土工膜时，穿管与防渗膜边界宜采用弹性连接。

4)填埋作业时可增设中间导排盲沟。

10.4 渗沥液处理

10.4.1 本条是关于渗沥液处理后排放标准应符合有关标准的原则规定。

现行国家标准《生活垃圾填埋场污染控制标准》GB 16889 要求生活垃圾填埋场应设置污水处理装置，生活垃圾渗沥液经处理并符合此标准规定的污染物排放控制要求后，可直接排放。现有和新建生活垃圾填埋场自 2008 年 7 月 1 日起执行该标准表 2 规定的水污染物排放浓度限值。

10.4.2 本条是关于渗沥液处理工艺选择应考虑因素的原则规定。

10.4.3 本条是关于宜采用的几种渗沥液处理工艺组合的规定。

各种组合形式及其适用范围可参考表 19。

表 19 渗沥液处理工艺组合形式

组合工艺	适用范围
预处理＋生物处理＋深度处理	处理填埋场各时期渗沥液
预处理＋物化处理	处理填埋中后期渗沥液
	处理氨氮浓度及重金属含量高、无机杂质多，可生化性较差的渗沥液
	处理规模较小的渗沥液
生物处理＋深度处理	处理填埋初期渗沥液
	处理可生化性较好的渗沥液

10.4.4 本条是关于渗沥液预处理宜采用的几种单元工艺的规定。

预处理的处理对象主要是难处理有机物、氨氮、重金属、无机杂质等。除可采用条文中规定的水解酸化、混凝沉淀、砂滤等方法外，还可采用过去作为主处理的升流式厌氧污泥床（UASB）工艺来强化预处理。

10.4.5 本条是关于渗沥液生物处理宜采用的工艺的规定。

生物处理的处理对象主要是可生物降解有机污染物、氮、磷等。

膜生物反应器（MBR）在一般情况下宜采用 A/O 工艺，基本工艺流程可参考图 1。

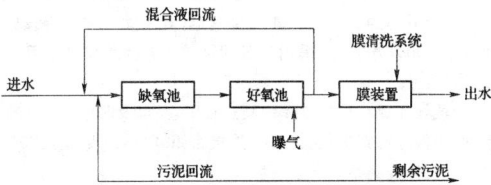

图 1 A/O 工艺流程

当需要强化脱氮处理时，膜生物反应器宜采用 A/O/A/O 工艺。

10.4.6 本条是关于渗沥液深度处理宜采用的工艺的规定。

深度处理的对象主要是难以生物降解的有机物、溶解物、悬浮物及胶体等。可采用膜处理、吸附、高级化学氧化等方法。其中膜处理主要采用反渗透（RO）或碟管式反渗透（DTRO）及其与纳滤（NF）组合等方法，吸附主要采用活性炭吸附等方法，高级化学氧化主要采用 Fenton 高级氧化＋生物处理等方法。深度处理宜以膜处理为主。

当采用"预处理＋生物处理＋深度处理"的工艺流程时，可参考图 2 的典型工艺流程设计。

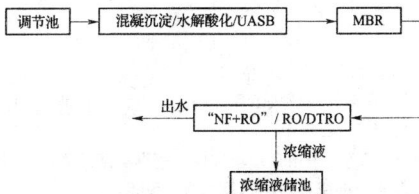

图 2 "预处理＋生物处理＋深度处理"典型流程

10.4.7 本条是关于渗沥液物化处理宜采用的工艺的规定。

物化处理的对象截留所有污染物至浓缩液中。目前较多采用两级碟管式反渗透（DTRO），近几年也出现了蒸发浓缩法（MVC）＋离子交换树脂（DI）组合的物化工艺。

当采用"预处理＋物化处理"的组合工艺时，可参考图 3 的典型工艺流程设计。

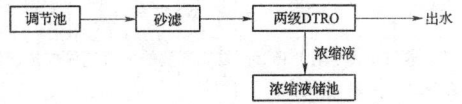

图 3 "预处理＋深度处理"典型工艺流程

10.4.8 本条是关于几种主要渗沥液处理工艺单元设计参数要求的规定。

几种主要工艺单元对渗沥液的处理效果可参考表 20。

表 20 各种渗沥液单元处理工艺处理效果（%）

处理工艺	平均去除率（%）				
	COD	BOD	TN	SS	浊度
水解酸化	<20	<20*	—	—	>40
混凝沉淀	40～60	—	<30	>80	>80
氨吹脱	<30	—	>80	—	30～40
UASB	50～70	>60	—	60～80	—
MBR	>85	>80	>80	>99	40～60
NF	60～80	>80	<10	>99	>99
RO	>90	>90	>85	>99	>99
DTRO	>90	>90	>90	>99	>99

注：* 表示水解酸化处理渗沥液后，BOD 值有可能增加。

10.4.9 本条是关于渗沥液处理过程中产生的污泥处理的原则规定。

10.4.10 本条是关于渗沥液处理过程中产生的浓缩液处理的原则规定。

浓缩液回灌可采用垂直回灌、水平回灌或垂直与水平相结合的回灌形式。渗沥液回灌设计可参考以下要求：

（1）回灌浓缩液所需的垃圾堆体高度不宜小于 10m，在垃圾堆体高度不足 10m 而高于 5m 时，回灌点距离渗沥液收集管出口宜至少有 100m 的距离；

（2）回灌点的布置要求保证渗沥液能均匀回灌于垃圾堆体，并宜每年更换一次布点；

（3）单个回灌点服务半径不宜大于 15m；

（4）回灌水力负荷宜为 20L/（d·m²）～40L/（d·m²）；

（5）配水宜采用连续配水或间歇配水，间歇配水宜根据浓缩液水质、试验数据确定具体的配水次数。

浓缩液蒸发处理可采用浸没燃烧蒸发、热泵蒸发、闪蒸蒸发、强制循环蒸发、碟管式纳滤（DTNF）与 DTRO 的改进型蒸发等处理方法，这些工艺费用较高、设备维护较困难，有条件的地区可采用。

11 填埋气体导排与利用

11.1 一般规定

11.1.1 本条是关于填埋场必须设置有效的填埋气体导排设施的强制性条文。

填埋气体中是含有甲烷等成分的易燃易爆气体,如不采取有效导排设施,大量填埋气体会在垃圾堆体中聚集并随意迁移。填埋作业过程中,局部高浓度的填埋气体可能造成作业人员窒息;如遇明火或闷烧垃圾,则更会有爆炸危险。填埋气体也可能自然迁移至填埋场周边建筑,引发火灾或爆炸。因此填埋场必须设置有效的填埋气体导排设施,将填埋气体集中导排,降低填埋场火灾和爆炸风险;有条件则可加以利用或集中燃烧,亦可减少温室气体排放。

11.1.2 本条是关于填埋场设置填埋气体利用设施条件的规定。

填埋场具有较大的填埋规模和厚度时,填埋气体产生量较大,具有一定的利用价值并能有效减少温室气体排放。

11.1.3 本条是关于不具备填埋气体利用条件的填埋场宜有效减少甲烷产生量的原则规定。

11.1.4 本条是关于老填埋场应设置有效的填埋气体导排和处理设施的原则规定。

根据有关调查情况显示,许多中小城市的旧填埋场没有设置填埋气体导排设施。要求结合封场工程采取竖井(管)等措施进行填埋气体导排和处理,避免填埋气体的安全隐患。

11.1.5 本条是关于填埋气体导排和利用设施应符合有关标准的规定。

11.2 填埋气体产生量

11.2.1 本条是关于填埋气体产气量估算的规定。

填埋气体产气量估算要求根据国家现行标准《生活垃圾填埋场填埋气体收集处理及利用工程技术规范》CJJ 133 规定的 Scholl Canyon 模型,该模型是美国环保局制定的城市固体废弃物填埋场标准背景文件所用的模型。在估算填埋气体产气量前,要对填埋场的具体特征进行分析,选择合适的推荐值或采用实际测量值计算,以保证产气估算模型中参数选择的合理性。

11.2.2 本条是关于清洁发展机制(CDM)项目填埋气体产气量计算的规定。

对于为推广填埋气体回收利用的国际甲烷市场合作计划,其所产生的某些特殊项目宜根据项目要求选择国际普遍认可的填埋气体产气量计算方法。联合国政府间气候变化专门委员会(IPCC)提供的计算模型作为目前国际普遍认可的计算模型,已被普遍应用于国际甲烷市场合作项目中。对于《京都议定书》第 12 条确定的清洁发展机制(CDM)项目,宜采用经联合国气候变化框架公约执行理事会(UNFCCC, EB)批准的 ACM0001 垃圾填埋气体项目方法学工具"垃圾处置场所甲烷排放计算工具"进行产气量估算;当要估算较大范围的产气量,如一个地区或城市的产气量时,宜采用 IPCC 缺省模型进行产气量估算。IPCC 缺省模型多用于填埋气体减排量及气体利用规模的估算。

11.2.3 本条是填埋场气体收集率估算的规定。

(1)填埋气收集率计算见式(11):

$$收集率 = (85\% - X_1 - X_2 - X_3 - X_4 - X_5 - X_6 - X_7) \times 面积覆盖因子 \tag{11}$$

式中:$X_1 \sim X_7$——根据填埋场建设和运行特征所确定的折扣率(%);

面积覆盖因子——由填埋气体系统区域覆盖面积百分率决定。

(2)填埋气体收集折扣率取值可见表 21。

表 21 填埋气体收集折扣率取值表

序号	问 题	折扣率 X_i(%)	
		是	否
1	填埋场填埋的垃圾是否定期进行适当的压实	0	2~4
2	填埋场是否有集中的垃圾倾倒区域	0	4~8
3	填埋场边坡是否有渗沥液渗漏,或填埋场表面是否有水坑/渗沥液坑	10~40	0
4	垃圾平均深度是否有 10m 或以上	0	6~10
5	新填埋的垃圾是否每日或每周进行覆盖	0	6~10
6	已填埋至中期或最终高度的区域是否进行了中期/最终覆盖	0	4~6
7	填埋场是否有铺设土工布或黏土的防渗层	0	3~5

(3)面积覆盖因子(表 22)可通过填埋气系统区域覆盖率确定。

表 22 面积覆盖因子取值表

填埋气体系统区域覆盖率	面积覆盖因子
80%~100%	0.95
60%~80%	0.75
40%~60%	0.55
20%~40%	0.35
<20%	0.15

11.3 填埋气体导排

11.3.1 本条是关于填埋气体导排设施选用的基本规定。

11.3.2 本条是关于导气井设计和技术要求的规定。

(1)导气井要求根据垃圾填埋堆体形状、影响半径等因素合理布置,使全场井式排气道作用范围完全覆盖填埋库区。

(2)新建垃圾填埋场,宜从填埋场使用初期采用随垃圾填埋高度的升高而升高的方式设置井式排气道;对于无气体导排设施的在用或停用填埋场,要求采用垃圾填埋单元封闭后钻孔下管的方式设置导气井。

(3)填埋作业在垃圾堆体加高过程中,要求及时增高井式排气道高度,确保井内管道位置固定、连接密闭顺畅,避免填埋作业机械对填埋气体收集系统产生损坏。

11.3.3 本条是关于超过一定的填埋库容和填埋厚度的填埋场应设置主动导气设施的规定。

条文中的"主动导气"是指通过布置输气管道及气体抽取设备,及时抽取场内的填埋气体并导入气体燃烧装置或气体利用设备的一种气体导排方式,见示意图 4。

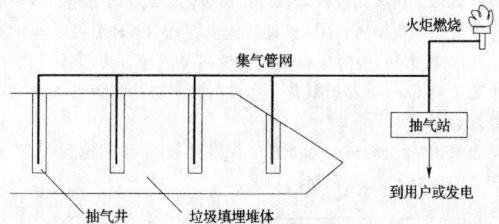

图 4 主动导气示意图

11.3.4 本条是关于导气盲沟的基本规定。

(1)导气盲沟宜在垃圾填埋到一定高度后进行铺设,并与竖井布置相互协调。

(2)导气盲沟可采用在垃圾堆体上挖掘沟道的方式设置,也可采用铺设金属条框或金属网状篮的方式设置。

(3)主动导排导气盲沟外穿垃圾堆体处要求采用膨润土或黏土等低渗透性材料密封,密封厚度宜为 3m~5m。

(4)为保证工作人员安全,被动导排的导气盲沟中排放管的排放口要求高于垃圾堆体表面2m以上。

11.3.5 本条是关于填埋气体导排设施的设计应考虑垃圾堆体沉降变化影响的规定。

11.4 填埋气体输送

11.4.1 本条是关于填埋气体输气管道布置与敷设的规定。

条文中的"集气单元"是指将临近的导气井或导气盲沟阀门集中布置在集气站内，便于对导气井或导气盲沟的调节、监测和控制。输气管道设计要求留有允许材料热胀冷缩的伸缩余地，管道固定要求设置缓冲区，保证收集井与输气管道之间连接的密封性，避免造成管道破坏和填埋气体泄露。在保证安全运行的条件下，输气管道设置要求优化路线，尽量缩短输气线路，减少管道材料用量和气体阻力，降低投资和运行成本。

11.4.2 本条是关于填埋气体流量调节与控制要求的规定。

在填埋气体输送到抽气站的输气系统中，可通过调节阀控制填埋气体的压力和流量，实现安全输送。

每个导气井或导气盲沟的连接管上都要求设置填埋气体监测装置及调节阀。调节阀要求布置在易于操作的位置，并根据填埋气体的流量和压力调整阀门开度。竖井数量较多时宜设置集气站，对同一区域的多个导气井集中调节和控制，也可在系统检修和扩建时将井群的不同部位隔离开来。调节阀的设置要求符合现行行业标准《生活垃圾填埋场填埋气体收集处理及利用工程技术规范》CJJ 133 的有关规定。

11.4.3 本条是关于抽气系统设计要求的规定。

填埋气体主动导排系统的抽气流量要求能随填埋气体产生速率的变化而调节，以防止产气量不足时过抽或产气量充足时气体不能抽出而扩散到大气中的情况发生。

条文中的"抽气系统应具有填埋气体含量及流量的监测和控制功能"是指抽气系统对填埋气体中甲烷及氧气浓度进行监测，填埋气体氧气含量和甲烷含量是抽气系统和处理利用系统安全运行和控制的重要参数，需要时时监测。当气体中氧气含量高时，说明空气进入了填埋气体，应该降低抽气设备转速，当氧含量达到设定的警戒线时，要立即停止抽气。填埋气抽气设备的选择要求符合现行国家标准《生活垃圾填埋场填埋气体收集处理及利用工程技术规范》CJJ 133 的有关规定。

11.4.4 本条是关于填埋气体输气管道设计要求的基本规定。

条文第 2 款对材料选择提出了要求。由于填埋气体含有一些酸性气体，对金属有较大的腐蚀性，因此要求气体收集管道耐腐蚀。由于垃圾堆体易发生不均匀沉降，因此要求管道伸缩性强、具有良好的机械性能和气密性能。输气管道可选用 HDPE 管、PVC 管、钢管和铸铁管等，管道材料特性比较可见表 23。

表 23 输气管道材料特性比较表

材料	HDPE 管	PVC 管	钢管	铸铁管
抗压强度	较弱	较强	强	较强
伸缩性	强	较差	差	差
耐腐蚀性	强	较强	较差	较强
防火性	差	差	好	较好
气密性	好	好	好	较差
投资费用	高	较低	较高	较低
安装难度	较难	易	易	较难

填埋库区输气管道宜选用伸缩性好的 HDPE 软管，场外输气管道要求选用防火性能好、耐腐蚀的金属管道，抽气等动载荷较大的部位不宜采用铸铁管等材质较脆的管道。

11.4.5 本条是关于输气管道中冷凝液排放的基本规定。

本条要求输气管道设计时要求保证一定的坡度并要求设置冷凝液排放装置。填埋气体冷凝液汇集于气体收集系统中的低凹点，会切断传至抽气井的真空，损害系统的运转。输气管道设置不小于 1% 的坡度以使冷凝液在重力作用下被收集并通过冷凝液排

放装置排出，以减小因不均匀沉降造成的阻塞。输气管道运行时要定期检查维护，清除积水、杂物，防止冷凝液堵塞，确保完好通畅。

条文第 4 款对冷凝液处理提出了要求，冷凝液属于污染物，其处置和排放都要求严格控制。从排放阀排出的冷凝液要及时将其抽出或排走，可回喷到垃圾堆体中。

可设置冷凝液收集井收集冷凝液，收集井可根据冷凝液排放阀的位置进行设置。当设置冷凝液收集井时，可采取防冻措施，以防止冷凝液在结冰情况下不能被收集和贮存。

11.5 填埋气体利用

11.5.1 本条是关于填埋气体利用和燃烧系统统筹设计要求的规定。

当填埋气体回收利用时，要求协调控制火炬燃烧设备和气体利用系统的填埋气体流量。在填埋气体产气量基本稳定并达到利用要求的条件下，宜首先满足气体利用系统稳定运行的用气量要求。当填埋气体利用系统正常工作时，要停止火炬运行或低负荷运行消耗剩余气量，以实现填埋气体的充分利用。当填埋气体利用系统停止运行且气体不进行临时储存时，要加大火炬负荷，直至满负荷运行，以减少填埋气体对空排放。

11.5.2 本条是关于填埋气体利用方式和规模选择要求的原则规定。

在选择填埋气体利用方式时，要求考虑不同利用方式的特点和适用条件。填埋气体利用方式和规模要根据气体收集量、经济性、周边能源需求、能源转换技术的可靠成熟性、未来能源发展等，经过技术经济比较确定后优先选择效率高的利用方式，保证较高的填埋气体利用率。填埋气体利用方式和规模的选择要求符合国家现行标准《生活垃圾填埋场填埋气体收集处理及利用工程技术规范》CJJ 133 的有关规定。

填埋气体利用可选择燃烧发电，用作燃气（本地燃气或城镇燃气）、压缩燃料等方式。填埋气体利用系统中可配置储气罐进行临时储存，储气罐容积宜为日供气量的 50%～60%。

填埋气体利用选择可参考以下要求：

（1）填埋气体用作燃烧发电、锅炉燃料、城镇燃气和压缩燃料（压缩天热气、汽车燃料等）时，填埋场的垃圾总填埋量宜大于 150 万 t。

（2）填埋气体用作本地燃气时，燃气用户宜在填埋场周围 3km 以内。

（3）填埋气体用于锅炉燃料时，锅炉设备的选用应符合现行行业标准《生活垃圾填埋场填埋气体收集处理及利用工程技术规范》CJJ 133—2009 中第 7.4.3 条的规定。

（4）填埋气体用于燃烧发电时，发电设备除应符合现行行业标准《气体燃料发电机组 通用技术条件》JB/T 9583.1 的要求外，内燃机发电机组的选用还应符合国家现行标准《生活垃圾填埋场填埋气体收集处理及利用工程技术规范》CJJ 133—2009 中第 7.4.2 条的规定。

（5）填埋气体用作城镇燃气或压缩燃料时，燃气管道、压力容器、加气站等设施设备的选用和设计应符合现行国家标准《城镇燃气设计规范》GB 50028 及《汽车用压缩天然气钢瓶》GB 17258 等相关标准的要求。

11.5.3 本条是关于填埋气体预处理要求的规定。

（1）填埋气体预处理工艺的选用要求：

1）填埋气体预处理工艺的选用要求根据气体利用方案、用气设备的要求和烟气排放标准来确定。在符合设计规定的各项要求的前提下，填埋气体预处理宜选用技术先进、成熟可靠的工艺，确保在规定的运转期内安全正常运行。

2）填埋气体预处理工艺方案设计要求考虑废水、废气及废渣的处理，符合现行国家有关标准的规定，防止对环境造成二次污染。

（2）当填埋气体用储气罐储存时，预处理程度可参考以下要求：

1）填埋气体中的水分、二氧化碳及硫化氢等腐蚀性气体要求

被去除。

2)处理后的填埋气体应符合国家现行有关标准的要求。

(3)当填埋气体用作本地燃气时,预处理程度可参考以下要求:

1)填埋气体中的水分和颗粒物宜被去除,气体中的甲烷含量宜大于40%。

2)处理后的填埋气体需满足锅炉等燃气设备的要求。

(4)当填埋气体用于燃烧发电时,预处理程度可参考以下要求:

1)对填埋气体要求进行脱水、除尘处理,还要求去除硫化氢、硅氧烷等损害发电机的气体成分,气体中的甲烷含量宜大于45%,气体中的氧气含量要求控制在2%以内,可不考虑去除二氧化碳。

2)净化气体需满足发电机组用气的要求,典型燃气发电机组对填埋气体的压力、温度和杂质的要求见表24。

表24 典型燃气发动机对填埋气体的各项要求

序号	项目	符号	数据
1	压力	P	8kPa～20kPa
2	温度	T	10℃～40℃
3	氧气	O_2	≤2%
4	硫化物	H_2S	≤600ppm
5	氯化物	Cl	≤48ppm
6	硅、硅化物	Si	<4mg/m³(标准状态下)
7	氨水	NH_3	≤33ppm
8	残机油、焦油	Tar	<5mg/m(标准状态下)
9	固体粉尘	Dust	<5μm
			<5mg/m³(标准状态下)
10	相对湿度	τ	<80%

(5)当填埋气体用作城镇燃气时,预处理程度可参考以下要求:

1)对填埋气体要求进行脱水、除尘处理,还要求去除二氧化碳、硫化物、卤代烃等微量污染物,气体中的甲烷含量要求达到95%以上。

2)净化气体可参照现行国家标准《城镇燃气设计规范》GB 50028等相关标准的规定执行。

(6)当填埋气体用作压缩天然气等压缩燃料时,预处理程度可参考以下要求:

1)对填埋气体要求进行脱水、除尘及脱硫处理,还要求去除二氧化碳、氮氧化物、硅氧烷、卤代烃等微量污染物,气体中的甲烷含量要求达到97%以上,二氧化碳含量要求小于3%,氧气含量要求小于0.5%。

2)净化气体可参考国家压缩燃料质量标准和规范的要求,填埋气体用于车用压缩天然气时的具体净化要求可见表25。

表25 压缩天然气的净化要求

项目	技术指标
总硫(以硫计)(mg/m³)	≤200
硫化氢(mg/m³)	≤15
二氧化碳 y_{CO_2}(%)	≤3.0
氧气 y_{O_2}(%)	≤0.5
甲烷 y_{CH_4}(%)	≥97

注:气体体积的标准参比条件是101.325kPa,20℃。

11.5.4 本条是关于填埋气体燃烧系统设计要求的规定。

由于主动导排是将气体抽出,集中排放,如果不用火炬燃烧,则大量可燃气体排放会有安全隐患。火炬燃烧系统要求能在设计负荷范围内根据填埋气体产量变化、气体利用设施负荷变化、甲烷浓度变化等情况调节气体流量,保证填埋气体得到充分燃烧。

条文中"稳定燃烧"是指填埋气体得到充分燃烧,填埋气体中的恶臭气体完全分解。

条文提出了填埋气体火炬要求具有的安全保护措施,燃气在点火和熄火时比较容易产生爆炸性混合气体,"阻火器"是防止回火的设备。火炬燃烧系统还要安装温度计、火焰仪等装置。

填埋气体燃烧系统设计要求符合国家现行标准《生活垃圾填埋场填埋气体收集处理及利用工程技术规范》CJJ 133 的有关规定。

11.6 填埋气体安全

11.6.1 本条是关于填埋场防火基本要求的强制性条文规定。

条文中的"生产的火灾危险性分类"是根据生产中使用或产生的物质性质及其数量等因素,将生产场区的火灾危险性分为甲、乙、丙、丁、戊类,根据现行国家标准《建筑设计防火规范》GB 50016的规定,填埋库区界定为生产的火灾危险性分类中的戊类防火区。

填埋库区还要求在填埋场设置消防贮水池或配备洒水车、储备灭火干粉剂和灭火沙土,配置填埋气体监测及安全报警仪器,定期对场区进行甲烷浓度监测。

11.6.2 本条是关于防火隔离带的设置要求的规定。

条文中的"防火隔离带"宜选用植物。植物的选择宜根据当地习惯多选用吸尘、减噪、防毒的草皮及长青低矮灌木,宜采用草皮与灌木交错布置的方式设置防火隔离带。场区内防火隔离带要求定期检查维护。

11.6.3 本条为强制性条文,是关于避免安全问题的相关措施的规定。

填埋场在封场稳定安全期前,由于垃圾中可生物降解成分仍未完全降解,垃圾堆体中仍然存在大量易燃易爆的填埋气体。填埋库区内如有封闭式建(构)筑物,极易聚集填埋气体并引发爆炸。另外,堆放易燃易爆物品,甚至将火种带入填埋库区,也可能引发爆炸,造成火灾。

条文中的"稳定安全期"是指填埋场封场后,垃圾中可生物降解成分基本降解,各项监测指标趋于稳定,垃圾层不发生沉降或沉降非常小的过程。

条文中的"易燃、易爆物品"是指在受热、摩擦、震动、遇潮、化学反应等情况下发生燃烧、爆炸等恶性事故的化学物品。根据《中华人民共和国消防法》的有关规定,"易燃易爆危险物品",包括民用爆炸物品和现行国家标准《危险货物品名表》GB 12268 中以燃烧爆炸为主要特性的压缩气体和液化气体,易爆液体,易燃固体、自燃物品和遇湿易燃物品,氧化剂和有机过氧化剂,毒害品、腐蚀品中部分易燃易爆化学物品等。

填埋场要求制订防火、防爆等应急预案和措施,严格管理车辆和人员进出,场内严禁烟火,填埋场醒目位置要求设置禁火警示标志。

11.6.4 本条为强制性条文,是关于填埋场内甲烷气体含量要求的规定。

条文中"填埋场上方甲烷气体含量必须小于5%",该值参考了美国环保署的指标,其认定空气中甲烷浓度5%为爆炸低限,当浓度为5%～15%时就可能发生爆炸。

由于填埋库区各区域填埋气的产气量、产气浓度都存在差异,为确保场区安全,要求根据现行国家标准《生活垃圾填埋场污染控制标准》GB 16889 等相关标准的要求,对填埋库区、填埋库区内构筑物、填埋气体排放口的甲烷浓度每天进行一次检测。对甲烷的每日检测可采用符合现行国家标准《便携式热催化甲烷检测报警仪》GB 13486 要求的仪器或具有相同效果的便携式甲烷测定器进行测定,对甲烷的监督性检测要求按照现行行业标准《固定污染源排气中非甲烷总烃的测定 气相色谱法》HJ/T 38 中甲烷的测定方法进行测定。

11.6.5 本条是关于填埋场车辆、设备运行安全方面的规定。

对于经常进入填埋作业区的车辆、设备要求有防火措施,并定期检查机械性能,及时更换老旧部件,对摩擦较大的部件宜经常润滑维护,保持良好的机械特性,以避免因摩擦或其他机械故障产生火花而造成安全问题。

11.6.6 本条是关于防止填埋气体在填埋场局部聚集的规定。

11.6.7 本条是关于对可能造成腔型结构填埋物的处理要求的规定。

对填埋物中如桶、箱等本身有一定容积的大件物品以及一些在填埋过程中"可能造成腔型结构的大件物品",要求破碎后再进行填埋。破碎后填埋物的外形尺寸要求符合具体填埋工艺设计的要求。

12 填埋作业与管理

12.1 填埋作业准备

12.1.1 本条是关于填埋场作业人员和运行管理人员的基本要求的规定。

通过加强和规范生活垃圾填埋场运行管理,提升作业人员的业务水平,保证安全运行,规范作业。

填埋场运行管理人员要求掌握填埋场主要技术指标及运行管理要求,并具备执行填埋场基本工艺技术要求和使用有关设施设备的技能,明确有关设施设备的主要性能、使用年限和使用条件的限制。

条文中"熟悉填埋作业要求"具体如下:

(1)了解本岗位的主要技术指标及运行要求,具备操作本岗位机械、设备、仪器、仪表的技能。

(2)坚守岗位,按操作要求使用各种机械、设备、仪器仪表,认真做好当班运行记录。

(3)定期检查所管辖的设备、仪器、仪表的运行状况,认真做好检查记录。

(4)运行管理中发现异常情况,要求采取相应处理措施,登记记录并及时上报。

填埋场作业人员和运行管理人员均要求熟悉运行管理中填埋气体的安全相关知识。

12.1.2 本条是关于填埋作业规程制订和紧急应变计划的规定。

条文中"填埋作业规程"是填埋场运行管理达到卫生填埋技术规范要求的技术保障,要求有本场的年、月、周、日填埋作业规程,严格按填埋作业规程进行作业管理,确保填埋安全并符合现行行业标

准《城市生活垃圾卫生填埋场运行维护技术规程》CJJ 93 的要求。

条文中"制定填埋气体引起火灾和爆炸等意外事件的应急预案"的基本依据有《中华人民共和国突发事件应对法》、《国家突发环境事件应急预案》、《环境保护行政主管部门突发环境事件信息报告办法(试行)》、《突发公共卫生事件应急条例》、《生产经营单位安全生产事故应急预案编制导则》AQ/T 9002、《生活垃圾应急处置技术导则》RISN - TG 005 等。

12.1.3 本条是关于制订分区分单元填埋作业计划的原则规定。

条文中的"分区分单元填埋作业计划"要求包括分区作业计划和分单元分层填埋计划,宜绘制填埋单元作业顺序图。

12.1.4 本条是关于填埋作业开始前的基本设施准备要求的规定。

条文中的"填埋作业分区的工程设施和满足作业的其他主体工程、配套工程及辅助设施"主要包括:作业通道、作业平台(含平台的设置数量、面积、材料、长度、宽度等参数要求)、场内运输、工作面转换、边坡(HDPE膜)保护、排水沟修筑、填埋气井安装、渗沥液导渗等内容。这些设施要求按设计要求进行施工。

12.1.5 本条是关于填埋作业要求的规定。

条文中"卸车平台"的设置要求便于作业,并满足下列要求:

(1)卸车平台基底填埋层要预先构筑;

(2)卸车平台的构筑面积要求满足垃圾车回转倒车的需要;

(3)卸车平台整体要求稳定结实,表面要设置防滑带,满足全天候车辆通行要求。

垃圾卸车平台和填埋作业区域要求在每日作业前布置就绪,平台数量和面积要求根据垃圾填埋量、垃圾运输车流量及气候条件等实际情况分别确定。垃圾卸车平台材料可以是建筑垃圾、石料构筑的一次性卸车平台,或由特制钢板多段拼接、可延伸并重复使用的专用卸车平台,或其他类型的专用平台。其中由钢板拼装的专用卸料作业平台除了可重复使用,还具有较好的防沉陷能力。

12.1.6 本条是关于配置填埋作业设备的规定。

条文中的"摊铺设备"指推土机,条文中的"压实设备"主要指压实机,填埋场规模较小时可用推土机代替压实机进行压实,条文中"覆盖"作业设备一般采用挖掘机、装载机和推土机等多项设备配合作业。

填埋场主要工艺设备要求根据日处理垃圾量和作业区、卸车平台的分布来进行合理配置,可参照表26选用。

表26 填埋场工艺设备选用表(台)

建设规模	推土机	压实机	挖掘机	装载机
Ⅰ级	3~4	2~3	2	2~3
Ⅱ级	2~3	2	2	2
Ⅲ级	1~2	1	1	1~2
Ⅳ级	1~2	1	1	1~2

为防止大件垃圾形成腔性结构,本条提出了"大件垃圾较多情况下,宜配置破碎设备"的要求。

12.2 填埋作业

12.2.1 本条是关于填埋物入场和垃圾车出场时的作业要求的规定。

条文中"检查"的内容包括垃圾运输车车牌号、运输单位、进场日期及时间、垃圾来源、类别等情况。条文中"计量"是指采用计量系统对进场垃圾进行计量,计量的主要设施为地磅房。

(1)进场垃圾检查需注意以下要点:

1)对进入填埋场的垃圾进行不定期成分抽查检测;

2)填埋场入口操作人员要求对进场垃圾适时观察,发现来源不明等要及时抽检;

3)不符合规定的填埋物不能进入填埋区,并进行相应处理、处置;

4)填埋作业现场倾卸垃圾时,一旦发现生活垃圾中混有不符合填埋物要求的固体废物,要及时阻止倾卸并做相应处置,同时对其做详细记录、备案并及时上报。

(2)进场垃圾计量需注意以下要点:

1)对进场垃圾进行计量信息登记;

2)垃圾计量系统要保持完好,计量站房内各种设备要求保持使用正常;

3)操作人员要求做好每日进场垃圾资料备份和每月统计报表工作;

4)操作人员要求做好当班工作记录和交接班记录;

5)计量系统出现故障时,要求立即启动备用计量方案,保证计量工作正常进行;当全部计量系统均不能正常工作时,及时采用手工记录,待系统修复后及时将人工记录数据输入计算机,保证记录完整准确。

12.2.2 本条是关于填埋作业的分类和工序的规定。

条文中的"单元"为某一作业期的作业量,宜取一天的作业量作为一个填埋单元。每个分区要求分成若干单元进行填埋作业。

条文中的"分层"作业是每个分区中的各子单元按照顺序填埋为基础,分为第一阶段填埋作业和第二阶段填埋作业:

第一阶段填埋作业:通常填埋第一层垃圾时宜采用填坑法作业。

第二阶段填埋作业:第一阶段填埋作业完成后,可进行第二阶段填埋作业。在第二阶段作业中,可每 5m 左右为一个作业层,第二阶段填埋作业在地面以上完成,为保证堆体的稳定性,需要修坡,堆坡宜为 1∶3。每升高 5m 设置一个 3m 宽的马道平台,第二阶段填埋作业最终达到的高程为封场高程。第二阶段宜采用倾斜面堆填法。

条文中的"分层摊铺、压实"是指将厚度不大于 600mm 的垃圾摊铺在操作斜面上(斜面坡度小于压实机械的爬坡坡度),然后进行压实,该层压实完成后再进行上一层的摊铺、压实。

填埋单元作业时要求对作业区面积进行控制。

对于 Ⅰ、Ⅱ 类填埋场,宜按照作业区面积与日填埋量之比 0.8~1.0 进行作业区面积的控制,并且按照暴露面积与作业面积之比不大于 1∶3 进行暴露面积的控制。

对于 Ⅲ、Ⅳ 类填埋场,宜按照作业区面积与日填埋量之比 1.0~1.2 进行作业区面积的控制,并且可按照暴露面积与作业面积之比不大于 1∶2 进行暴露面积的控制。雨、雪季填埋区作业单元易打滑、陷车,要求选择在填埋库区入口附近设置备用填埋作业区,以应对突发事件。

12.2.3 本条是关于垃圾摊铺厚度及压实密度要求的规定。

摊铺作业方式有由上往下、由下往上、平推三种,由下往上摊铺比由上往下摊铺压实效果好,因此宜选用从作业单元的边坡底部向顶部的方式进行摊铺,每层垃圾摊铺厚度以 0.4m~0.6m 为宜,条文规定具体"应根据填埋作业设备的压实性能、压实次数及生活垃圾的可压缩性确定"。

填埋场宜采用专用垃圾压实机分层连续不少于两遍碾压垃圾,当压实机发生故障停止使用时,可使用大型推土机连续不少于三遍碾压垃圾。压实作业坡度宜为 1∶4~1∶5,压实后要求保证层面平整,垃圾压实密度要求不小于 $600kg/m^3$。对于日填埋量小于 200t 的 Ⅳ 类填埋场,可采取推土机替代专用垃圾压实机完成压实垃圾作业,但需达到规定的压实密度。小型推土机来回碾压次数则按照垃圾压实密度要求,以大型推土机连续碾压的次数(不少于 3 次)进行相应的等量换算。

12.2.4 本条是关于填埋单元的高度、宽度以及坡度要求的规定。

条文中"每一单元"大小可根据填埋场的不同日处理规模来选取,相关尺寸可参考表 27。

表 27 填埋单元尺寸参照表

日处理规模	填埋单元尺寸 $L \times B \times H (m \times m \times m)$
Ⅰ级	25×9×6
Ⅱ级	20×7×5
Ⅲ级	14×6×4
Ⅳ级	11×6×3

12.2.5 本条是关于日覆盖要求的规定。

每一填埋单元作业完成后的日覆盖主要作用是抑制臭气,防轻质、飞扬物质,减少蚊蝇及改善不良视觉环境。日覆盖主要目的不是减少雨水侵入,对覆盖材料的渗透系数没有要求。根据国内填埋场经验,采用黏土覆盖容易在压实设备上粘结大量土,对压实作业产生影响,因此建议采用砂性土进行日覆盖。

采用膜材料覆盖时作业技术要点如下:

(1)覆盖膜宜选用 0.75mm 厚度、宽度为 7m~8m 的 HDPE 膜,亦可用 LLDPE 膜。覆盖时裁剪长度宜为 20m 左右,要求注意覆盖材料的使用和回收,降低消耗。

(2)覆盖时要求从当日作业面最远处的垃圾堆体逐渐向卸料平台靠近。

(3)覆盖时膜与膜搭接的宽度宜为 0.20m 左右,盖膜方向要求按坡度顺水搭接(即上坡膜压下坡膜)。

条文中的喷涂覆盖技术,是指将覆盖材料通过喷涂设备,加水混合搅拌成浆状,喷涂到所需覆盖的垃圾表层,材料干化后在表面形成一层覆盖膜层。

12.2.6 本条是关于作业场所喷洒杀虫灭鼠药剂、除臭剂及洒水降尘的规定。

喷洒除臭剂是指对作业面采用人工喷淋或对垃圾堆体上空采用高压喷雾风炮的方式进行除臭。

臭气控制除了本条及有关条文规定的堆体"日覆盖"、"中间覆盖"及调节池的"覆盖系统"等要求外,尚宜采取以下措施:

(1)减少和控制填埋作业暴露面;

(2)减少无组织填埋气体排放量;

(3)及时清除场区积水。

在垃圾倾卸、推平、填埋过程中都会产生粉尘,所以规定在填埋作业时要求适当"洒水降尘"。

12.2.7 本条是关于中间覆盖要求的规定。

中间覆盖的主要目的是避免因较长时间垃圾暴露进入大量雨水,产生大量渗沥液,可采用黏土、HDPE 膜、LLDPE 膜等防渗材料进行中间覆盖。黏土覆盖层厚度不宜小于 30cm。

采用膜材料覆盖时作业技术要点如下:

(1)膜覆盖的垃圾堆体中,会产生甲烷、硫化氢等有害健康的气体,将其掀开时,必须有相应的防范措施。

(2)覆盖时膜裁剪根据实际长度,但一般不超过 50m。

(3)覆盖时宜按先上坡后下坡顺序覆盖。

(4)在靠近填埋场防渗坡处的膜覆盖后,要求使膜与边坡接触并有 0.5m~1m 宽度的膜覆盖住边坡。

(5)膜的外缘要拉出,宜开挖矩形锚固沟并在护道处进行锚固。要求通过膜的最大允许拉力计算,确定沟深、沟宽、水平覆盖间距和覆土厚度。

(6)膜与膜之间要进行焊接,焊缝要求保持均匀平直,不允许有漏焊、虚焊或焊洞现象出现。

(7)覆盖后的膜要求平直整齐,膜上需压放有整齐稳固的压膜材料。

(8)压膜材料要求压在膜与膜的搭接处上,摆放的直线间距为 1m 左右。如作业气候通风力比较大时,也可在每张膜的中部摆上压膜袋,直线间距 2m~3m 左右。

12.2.8 本条是关于进行封场和生态环境恢复的原则规定。

封场和生态环境恢复的技术要求在本规范第 13 章中作了具体规定。

12.2.9 本条是关于维护场内设施和设备的原则规定。

本条所指的"设施、设备"主要有各种路面、沟槽、护栏、爬梯、盖板、挡墙、挡坝、井管、监控系统、气体导排系统、渗沥液处理系统和其他各类机电装置等。各岗位人员负责辖区设施日常维护,部门及场部定期组织人员抽查。

各种供电设施、电器、照明设备、通信管线等要求由专业人员定期检查维护;各种车辆、机械和设备日常维护保养及部分小修要求由操作人员负责,中修或大修要求由厂家或专业人员负责;避雷、防爆装置要求由专业人员定期按有关行业标准检测。场区内的各种消防设施、设备要求由岗位人员做好日常管理和场部专职人员定期检查。

12.2.10 本条是关于填埋作业过程实施安全卫生管理应符合有关标准的原则规定。

12.3 填埋场管理

12.3.1 本条是关于填埋场应建立全过程管理的原则规定。

12.3.2 本条是关于填埋场建设有关文件科学管理的规定。

条文中的"有关文件资料"包括场址选择、勘察、环境影响评价、可行性研究、征地、财政拨款、设计、施工直至验收等全过程所形成的所有文件资料,如项目建议书及其批复,可行性研究报告及其批复,环境影响评价报告及其批复,工程地质和水文地质详细勘察报告,设计文件、图纸及设计变更资料,施工记录及竣工验收资料等。

12.3.3 本条是关于填埋场运行记录、管理、计量等级的规定。

运行技术资料除条文中规定的"车辆数量、垃圾量、渗沥液产生量、材料消耗等"外,还要求包括:

(1)垃圾特性、类别;

(2)填埋作业规划及阶段性作业方案进度实施记录;

(3)填埋作业记录(倾卸区域、摊铺厚度、压实情况、覆盖情况等);

(4)渗沥液收集、处理、排放记录;

(5)填埋气体收集、处理记录;

(6)环境监测与运行检测记录;

(7)场区除臭灭蝇记录;

(8)填埋作业设备运行维护记录;

(9)机械或车辆油耗定额管理和考核记录;

(10)填埋场运行期工程项目建设记录;

(11)环境保护处理设施污染治理记录;

(12)上级部门与外来单位到访记录;

(13)岗位培训、安全教育及应急演习等的记录;

(14)劳动安全与职业卫生工作记录;

(15)突发事件的应急处理记录;

(16)其他必要的资料、数据。

归档文件资料保存形式可以是图表、文字数据材料、照片等纸质或电子载体。特殊情况下,也可将少量实物样品归档保存。

Ⅱ级及Ⅱ级以上的填埋场宜采用计算机网络对填埋作业进行管理。

12.3.4 本条是关于填埋场封场和场地再利用管理的规定。

12.3.5 本条是关于填埋场跟踪监测管理的规定。

13 封场与堆体稳定性

13.1 一般规定

13.1.1 本条是关于封场设计应考虑因素的原则规定。

13.1.2 本条是关于封场设计应符合相关标准的规定。

13.2 填埋场封场

13.2.1 本条是关于堆体整形设计应满足的基本要求的规定。

(1)堆体整形挖方作业时,要求采用斜面分层作业法。斜面分层自上而下作业,避免形成甲烷气体聚集的封闭或半封闭空间,防止填埋气体突然膨胀引发爆炸,也可避免陡坡发生滑坡事故。

(2)堆体整形时要求分层压实垃圾以提高堆体抗剪强度,减少堆体的不均匀沉降,增加堆体稳定性,为封场覆盖系统提供稳定的工作面和支撑面。

(3)堆体整形作业过程中,挖出的垃圾要求及时回填。垃圾堆体不均匀沉降造成的裂缝、沟坎、空洞等要求充填密实。

(4)堆体整形与处理过程中,宜采用低渗透性的覆盖材料临时覆盖。

13.2.2 本条是关于封场坡度设计要求的规定。

封场坡度包括"顶面坡度"与"边坡坡度"。顶面坡度不宜小于5%的设置可以防止堆体顶部不均匀沉降造成雨水聚集;边坡宜采用多级台阶进行封场,台阶高度宜按照填埋单元高度进行,不宜大于10m,考虑雨水导排,同时也对堆体边坡的稳定提出了要求。

堆体边坡处理要求如下:

(1)边坡处理设计要求根据需要分列出排水、坡面支护和深层加固等处理方法中常用的处理措施,并规定如何合理选用这些处理方法,组成符合工程实际的综合处理方案。规定可采用的具体处理措施时,要注意与土坡处理措施的异同。

(2)边坡处理的开挖减载、排水、坡面支护和深层加固方法中,对于技术问题较复杂的某些处理措施,可参照土坡处理的要求进一步规定该措施的适用条件、要注意的问题和主要计算内容。

(3)边坡稳定分析要求从短期及长期稳定性两方面考虑,边坡稳定性通常与垃圾堆体的沉降速率、抗剪参数、坡高、坡角、重力密度及孔隙水应力等因素有关。

13.2.3 本条是关于不同最终封场覆盖结构要求的规定。

排气层宜采用粗粒或多孔材料,采用粒径为 $25mm \sim 50mm$、导排性能好、抗腐蚀的粗粒多孔材料,渗透系数要求大于 $1 \times 10^{-2}cm/s$。边坡排气层宜采用与粗粒或多孔材料等效的土工复合排水网。

条文中的"黏土层"在投入使用前要求进行平整压实。黏土层压实度不得小于90%,黏土层平整度要求达到每平方米黏土层误差不得大于2cm。在设计黏土层时要求考虑如沉降、干裂缝以及冻融循环等破坏因素。

条文中的"土工膜",宜与防渗土工膜紧密连接。

排水层宜采用粗粒或多孔材料,排水层渗透系数要求大于 $1 \times 10^{-2}cm/s$,以保证足够的导水性能,保证施于下层衬里的水头小于排水层厚度。边坡排水层要求采用土工复合排水网。设计排水层时,要求尽量减少排水在底部和低渗透水层接触的时间,从而减少降水到达填埋物的可能性。通过顶层渗入的降水可被截住并很快排出,并流到坡脚的排水沟中。

封场边坡的坡度较大,直接采用卵石等作为排水层、排气层则覆盖稳定难以保证,需要以网格作为骨架进行固定,所以规定采用土工复合排水网或加筋土工网垫。

植被层坡度较大处宜采取表面固土措施。

条文中防渗层的"保护层"可采用黏土,也可采用 GCL 或非织造土工布。

(1)黏土:厚度不宜小于 30cm,渗透系数不大于 $1×10^{-5}$ cm/s;

(2)GCL:厚度应大于 5mm,渗透系数应小于 $1×10^{-7}$ cm/s;

(3)非织造土工布:规格不宜小于 $300g/m^2$。

13.2.4 本条是关于封场后实施生态恢复的规定。

生态恢复所用的植物类型宜选择浅根系的灌木和草本植物,以保证封场防渗膜不受损害。植物类型还要适合填埋场环境并与填埋场周边的植物类型相似的植物。

(1)根据填埋堆体稳定化程度,可按恢复初期、恢复中期、恢复后期三个时期分别选择植物类型:

1)恢复初期,生长的植物以草本植物生长为主。

2)恢复中期,生长的植物出现了乔、灌木植物。

3)恢复后期,植物生长旺盛,包括各类草本、花卉、乔木、灌木等。

(2)植被恢复各期可参考如下措施进行维护:

1)恢复初期:堆体沉降较快造成的裂缝、沟坎、空洞等应充填密实,同时应清除积水,并补播草种、树种。

2)恢复中期:不均匀沉降造成的覆盖系统破损应及时修复,并补播草种、树种。

3)恢复后期:定期修剪植被。

13.2.5 本条是关于封场后运行管理和环境与安全监测等内容的规定。

条文中的渗沥液处理直至填埋体稳定的判断,因垃圾成分的多样性与填埋工艺的不同,封场后渗沥液产生量和时间较难确定,宜根据监测数据判断。一般要求直到填埋场产生的渗沥液中水污染物浓度连续两年低于现行国家标准《生活垃圾填埋场污染控制标准》GB 16889 规定的限值。监测应符合《生活垃圾卫生填埋场岩土工程技术规范》CJJ 176—2012 中第 9 章的规定。

条文中的"环境与安全监测"主要包括:

(1)大气监测:环境空气监测中的采样点、采样环境、采样高度及采样频率的要求按现行国家标准《生活垃圾卫生填埋场环境监测技术要求》GB/T 18772 执行。各项污染物的浓度限值要求按现行国家标准《环境空气质量标准》GB 3095 的规定执行。

(2)填埋气监测:要求按现行国家标准《生活垃圾卫生填埋场环境监测技术要求》GB/T 18772 的规定执行。

(3)地表水监测:地表水水质监测的采样布点、监测频率要求按国家现行标准《地表水和污水监测技术规范》HJ/T 91 的规定执行。各项污染物的浓度限值要求按现行国家标准《地表水环境质量标准》GB 3838 的规定执行。

(4)填埋物有机质监测:样品制备要求按国家现行标准《城市生活垃圾采样和物理分析方法》CJ/T 3039 的规定执行。有机质含量的测定要求按国家现行标准《生活垃圾化学特性通用检测方法》CJ/T 96 的规定执行。

(5)植被调查:要求每隔 2 年对植物的覆盖度、植被高度、植被多样性进行检测分析。

13.2.6 本条是关于封场后进行水土保持的原则规定。

填埋场封场后宜对场区水土流失进行评价,其中由侵蚀引起的水土流失每公顷每年不宜超过 5t。

条文中"相关维护工作"包括维护植被覆盖(修剪、施肥等)和保养表土(铺设防腐蚀织物、修整坡度等)。

13.2.7 本条是关于填埋场封场后土地使用要求的规定。

填埋场场地稳定化判定要求可参考表 28。

表 28　填埋场场地稳定化判定要求

利用阶段	低度利用	中度利用	高度利用
利用范围	草地、农地、森林	公园	一般仓储或工业厂房
封场年限(年)	≥3	≥5	≥10
填埋物有机质含量	<20%	<16%	<9%
地表水水质	满足 GB 3838 相关要求		

续表 28

利用阶段	低度利用	中度利用	高度利用
堆体中填埋气	不影响植物生长,甲烷浓度不大于 5%	甲烷浓度 1%~5%	甲烷浓度小于 1%,二氧化碳浓度小于 1.5%
大气	—	GB 3095 三级标准	
恶臭指标	—	GB 14554 三级标准	
堆体沉降	大,>35cm/年	不均匀,10cm/年~30cm/年	小,1cm/年~5cm/年
植被恢复	恢复初期	恢复中期	恢复后期

注:封场年限从填埋场封场后开始计算。

条文中的"土地利用",按照不同利用方式要求满足国家相关环保标准要求。填埋场封场后的土地利用可分为低度利用、中度利用和高度利用三类。

(1)低度利用一般指人与场地非长期接触,主要方式有草地、林地、农地等。

(2)中度利用指人与场地不定期接触,主要包括公园、运动场、野生动物园、高尔夫球场等。

(3)高度利用一般指人与场地长期接触的建(构)筑物。

13.2.8 本条是关于老生活垃圾填埋场封场工程的规定。

13.3 填埋堆体稳定性

13.3.1 本条是关于堆体稳定性所包括内容的规定。

13.3.2 本条是关于封场覆盖稳定性分析的原则规定。

条文中"滑动稳定性分析"宜采用无限边坡分析方法。在进行覆盖稳定性分析时,要求考虑其最不利条件下的稳定性。封场覆盖稳定性安全系数(稳定系数)在 1.25~1.5 为宜。

13.3.3 本条是关于堆体边坡稳定性计算方法的规定。

边坡稳定分析要求从短期及长期稳定性两方面考虑,边坡稳定性通常与垃圾的抗剪参数、坡高、坡角、重力密度及孔隙水应力等因素有关。

堆体边坡稳定定性计算方法选用原则:

(1)堆体边坡滑动面呈圆弧形时,宜采用简化毕肖普(Simplified Bishop)法及摩根斯顿－普赖斯法(Morgenstern-Price)进行抗滑稳定计算。

(2)堆体边坡滑动面呈非圆弧形时,宜采用摩根斯顿－普赖斯法和不平衡推力传递法进行抗滑稳定计算。

(3)边坡稳定性验算时,其稳定性系数要求不小于现行国家标准《建筑边坡工程技术规范》GB 50330—2002 中表 5.3.1 的规定。

13.3.4 本条是关于堆体沉降稳定性判断的规定。

(1)堆体沉降量由沉降时间得到沉降速率,进而通过沉降速率与封场年限判断堆体的稳定性。

(2)填埋堆体沉降速率可作为填埋场地稳定化利用类别的判定特征。填埋堆体沉降速率可根据沉降量与沉降历时计算。

(3)堆体沉降量可通过监测或通过主固结沉降与次固结沉降计算得到。

13.3.5 本条是关于堆体沉降、导排层水头监测要求及应对措施的规定。

(1)堆体沉降监测:

1)填埋堆体沉降的监测内容包括堆体表层沉降、堆体深层不同深度沉降。

2)堆体中的监测点宜采用 30m~50m 的网格布置,在不稳定的局部区域宜增加监测点的密度。

3)沉降计算时监测点的选择要求沿几条选定的沉降线选择不同的监测点。

4)监测周期宜为每月一次,若遇恶劣天气或意外事件,宜适当缩短监测周期。

(2)渗沥液水位监测:见本规范第 10.3.7 条的条文说明。

14 辅 助 工 程

14.1 电 气

14.1.1 本条是关于填埋场供配电系统负荷等级选择的原则规定。

填埋场用电要求经过总变电设施,对各集中用电点(管理区、填埋作业区、渗沥液处理区等)进行配电,然后经过局部配电设施对具体设施供电。

填埋场供电宜按二级负荷设计。

填埋工程要求供配电系统能保证在防洪及暴雨季节不得停电,同时要求节约能源,降低电耗。

用电电压采用 380/220V。变压器接线组别的选择,要求使工作电源与备用电源之间相位一致,低压变压器宜采用干式变压器。

垃圾填埋场宜配置柴油发电机,以备急用。

14.1.2 本条是关于填埋场的继电保护和安全自动装置、过电压保护、防雷和接地要求符合相关标准的原则规定。

继电保护设计可参考下列要求:

(1)10kV 进线要求设置过电流保护。

(2)10kV 出线要求设置电流速断保护、过电流保护及单相接地故障报警。

(3)出线断路器保护至变压器,要求设置速断主保护及过流后备保护。

(4)管理区变电室值班室外要求设置不重复动作的信号系统,要求设置信号箱一台。

(5)10kV 系统要求绝缘监视装置,要求动作于中央信号装置。

(6)变压器要求设短路保护。

(7)低压配电进线总开关要求设置过载长延时和短路速断保护。

(8)低压用电设备及馈线电缆要求设短路及过载保护。

14.1.3 本条是关于填埋气体发电工程电气主接线设计的基本规定。

14.1.4 本条是关于照明设计应符合相关标准的原则规定。

(1)照明配电宜采用三相五线制,电压等级均为 380/220V,接地形式采用 TN-S 系统。

(2)管理区用房照明宜采用荧光灯,道路照明可采用 8m 高的金属杆配高压钠灯,渗沥液处理区设备照明宜设置高杆照明灯。

(3)照度值可采用中值照度值。

14.1.5 本条是关于电缆的选择与敷设应符合相关标准的原则规定。

(1)引入到场区的高压线,要求经技术经济比较后确定架设方式。采用高架架空形式时,要求减少高压线在场区内的长度,并要求沿场区边缘布置。

(2)填埋场内电缆可采用金属铠装电缆,室外敷设时宜以直埋为主,并要求采取有效的阻燃、防火封堵措施。

(3)低压配电室内和低压配电室到渗沥液处理区的线路宜设置电缆沟,电缆在沟内分边分层敷设,低压配电室到其他构筑物一般可采用钢管暗敷,渗沥液处理及填埋气体处理构筑物内则一般采用电缆桥架。

14.2 给排水工程

14.2.1 本条是关于填埋场给水工程设计应符合相关标准的原则规定。

填埋场管理区的生产、生活及消防等用水设计应考虑以下几个方面:

(1)道路喷洒及绿化用水:道路浇洒用水量按 q_1(可取

0.0015)m³/(m²·次),每日浇洒按 2 次计算,绿化用水量按 q_2(可取 0.002)m³/(m²·d)计算,每日浇洒按 1 次计算。道路喷洒及绿化用水量 Q_1 计算见式(12):

$$Q_1 = q_1 \times 2 \times S_1 + q_2 \times S_2 (m^3/d) \qquad (12)$$

式中:S_1——道路喷洒面积(m²);

S_2——绿化面积(m²)。

(2)生活用水量:填埋场主要工种宜实行一班制,生产天数以 365 天计,定员人数为 n。生活用水量按 q_1(可取 0.035)m³/(人·班)计算,时变化系数可取 2.5;淋浴用水量按 q_2(可取 0.08)m³/(人·班)计算,时变化系数可取 1.5。生活用水量 Q_2 计算见公式(13):

$$Q_1 = q_1 \times n \times 2.5 + q_2 \times n \times 1.5 (m^3/d) \qquad (13)$$

(3)消防用水量:填埋场消防系统也采用低压消防系统,消防用水量可取 20L/s,消防延续时间以 4h 计。

(4)汽车冲洗用水量:水量要求符合现行国家标准《建筑给水排水设计规范》GB 50015 的要求,冲洗用水可取 100L/(辆·次)~200L/(辆·次)(如汽车冲洗设施安排在渗沥液处理区,其污水可随渗沥液一同处理。)。

(5)未预见水量可按最高日用水量的 15%~25%合并计算。

14.2.2 本条是关于填埋场饮用水水质应符合相关标准的原则规定。

14.2.3 本条是关于填埋场排水工程设计应符合相关标准的原则规定。

(1)排水量包括管理区的生产、生活污水量和管理区的雨水量。

(2)管理区的污水(冲洗地面水、厕所水、淋浴水、食堂等生产、生活污水)可直接排放到调节池;管理区离渗沥液处理区较远时,则可设置化粪池,使管理区污水经过化粪池消化后再排放到调节池。管理区内污水要求不得直接排往场外。

(3)管理区室外污水(道路及汽车冲洗水等污水)可随雨水一起排入场外。

14.3 消 防

14.3.1 本条是关于填埋场的室内、室外消防设计应符合相关标准的原则规定。

(1)消防等级:

1)填埋区生产的火灾危险性分类为丙戊类。

2)填埋场管理区和渗沥液处理区均宜按照不低于丁类防火区设计。其中,变配电间按 I 级耐火等级设计,其他工房的耐火等级均要求不应低于 II 级,建筑物主要承重构件也宜不低于 II 级的防火等级。

(2)消防措施:

1)填埋场消防设施主要为消防给水和自动灭火设备,具体包括消火栓、消防水泵、消防水池、自动喷水灭火设备、气体灭火器等。

2)填埋场管理区建(构)筑物消防参照现行国家标准《建筑设计防火规范》GB 50016 执行,灭火器按现行国家标准《建筑灭火器配置设计规范》GB 50140 配置。

3)填埋场管理区内要求设置消火栓,综合楼宜设置消防通道,主变压器宜配备泡沫喷淋或排油充氮灭火装置,其他工房及设施可配置气体灭火器。对于移动消防设备,要求选用对大气无污染的气体灭火器。

4)作业区的潜在火源包括受热的垃圾、运输车辆、场内机械设备产生的火星和人为的破坏,填埋作业区要求严禁烟火。

5)作业区内宜配备可燃气体监测仪和自动报警仪,并要求定期对填埋场进行可燃气体浓度监测。

6)填埋作业区附近宜设置消防水池或消防给水系统等灭火设施;受水源或其他条件限制时,可准备洒水车及砂土作消防急用。

填埋场作业的移动设施也要求配备气体灭火器。

14.3.2 本条是关于填埋场电气消防设计应符合相关标准的原则规定。

14.4 采暖、通风与空调

14.4.1 本条是关于各建筑物的采暖、空调及通风设计应符合相关标准的原则规定。

15 环境保护与劳动卫生

15.0.1 本条是关于填埋场进行环境影响评价和环境污染防治要求的规定。

条文中的"环境污染防治设施"主要指防渗系统、渗沥液导排与处理系统、填埋气体导排与处理利用系统、绿化隔离带、监测井等设施。

条文中"国家有关规定",最主要的是指现行国家标准《生活垃圾填埋场污染控制标准》GB 16889。

15.0.2 本条是关于监测井类别以及监测方法应执行的标准的原则规定。

条文中各"监测井"的布设距离要求为:地下水流向上游 30m～50m 处设本底井一眼,填埋场两旁各 30m～50m 处设置污染扩散井两眼,填埋场地下水流向下游 30m 处、50m 处各一眼污染监测井。

条文中各"监测项目",按照现行国家标准《生活垃圾卫生填埋场环境监测技术要求》GB/T 18772 的要求则监测项目繁多,现行行业标准《生活垃圾填埋场无害化评价标准》CJJ/T 107 选择以下重点监测项目进行达标率核算:

地面水监测指标:pH 值、悬浮物、电导率、溶解氧、化学耗氧量、五日生化耗氧量、氨氮、汞、六价铬、透明度;

地下水监测指标:pH 值、氨氮、氯化物、汞、六价铬、大肠菌群;

大气监测指标:总悬浮颗粒物、甲烷气、硫化氢、氨气;

渗沥液处理厂出水监测指标:COD、BOD_5、氨氮、总氮。

15.0.3 本条是关于填埋场环境污染控制指标应执行的标准的原则规定。

现行国家标准《生活垃圾填埋场污染控制标准》GB 16889 首次发布于 1997 年,并于 2008 年对该标准作出修订,此次修订增加了生活垃圾填埋场污染物控制项目数量。

15.0.4 本条是关于避免因库区使用杀虫灭鼠药物和填埋作业造成的二次污染的规定。

条文中的"杀虫灭鼠药剂"一般为化学药剂且有毒性,毒性比较大的杀虫灭鼠药剂首次使用后效果会很好,但对环境和人体伤害较大,要求慎用。

15.0.5 本条为强制性条文,是关于场区主要标识设置的原则规定。

填埋场各项功能标示不清或缺少标示极易造成安全事故,而道路行车指示、安全标识、防火防爆及环境卫生设施设置标志可以有效避免意外人员伤亡、安全事故,并且提高运行管理效率。安全生产是填埋场运行管理中的重中之重,完善的标示系统可以有效保障运行安全。

15.0.6 本条是关于填埋场的劳动卫生应执行的标准及对作业人员的保健措施的规定。

条文中的"填埋作业特点"主要包括:

(1)干燥天气较大风力时,风会带起填埋作业表面的粉尘;

(2)垃圾填埋作业过程中,不可避免存在裸露堆放时段,在夏季极易产生恶臭气体并在空气中扩散;

(3)填埋作业过程中机械设备噪声是主要噪声污染源;

(4)填埋作业所有机械设备频繁移动,有可能造成跌落、损伤事故;

(5)填埋作业过程中存在高温、低温对作业人员的影响;

(6)来自生活垃圾中的病原体(细菌、真菌及病毒)在填埋作业过程中有可能污染工作环境,给工作人员带来健康危害。

填埋作业时的这些作业特点对作业人员的身体都会有影响,在一定条件下,这些因素可对劳动者的身体健康产生不良影响。

条文中的"采取有利于职业病防治和保护作业人员健康的措施"包括:

(1)防尘措施:

1)加强管理,减少倾倒扬尘的产生,同时改善操作工人的劳动保护条件,减缓倾倒扬尘对工人健康的影响;

2)控制粉尘污染的措施,采取在非雨天喷洒水,喷水的次数和水量宜结合当时具体条件,由操作人员和管理人员掌握,把握的原则是不影响填埋作业,同时又能达到最佳控制粉尘的效果。洒水的场所主要是作业区、土源挖掘装运场所、进场和场区道路。

(2)臭气控制措施:填埋作业区的臭气一般按卫生填埋工艺实行日覆盖来避免。而渗沥液调节池则可采取在调节池加盖密闭。此外,可配备过滤式防毒面具,保护作业人员的身体健康。

(3)防噪声措施:对鼓风机等高噪声设备采取安装隔声罩等降噪措施以减缓噪声的影响。

(4)防病原微生物措施:填埋现场作业人员必须身穿工作服并戴口罩和手套。

(5)其他措施:为防止由于实行倒班制而引起工人生活节律紊乱和职业性精神紧张的问题,要求考虑相对固定作息时间。

16 工程施工及验收

16.0.1 本条是关于填埋场编制施工方案的原则规定。

条文中"编制施工方案"的编制准备主要要求包括下列资料：

基础文件：招标文件、设计图纸及说明、地质勘察报告和补遗资料；

国家现行工程建设政策、法规及验收标准；

施工现场调查资料；

施工单位的资源状况及类似工程的施工及管理经验。

条文中"施工方案"的内容一般要求包括以下几个部分：

（1）工程范围：

1）填埋区：主要包括垃圾坝、场地平整、场内防渗系统及渗沥液和填埋气体导排系统等。

2）管理区：主要包括综合楼及生产、生活配套房屋等。

3）渗沥液处理区：主要包括调节池、渗沥液处理设施等。

4）场外工程：主要包括永久性道路、临时道路、场外给水、供配电、排污管线和集污井等。

（2）主要技术组织措施：

1）要求配备有经验、专业齐全的项目经理和管理班子，加强与业主代表、主管部门、监理单位与相关部门的信息沟通，配备专人协调与施工中涉及的相关单位的关系。

2）做好总体施工安排。以某填埋场施工为例：施工单位将工程分为生产管理区等建筑物、道路、填埋库区三个施工区，各施工区间采用平行作业，施工区内采用流水交叉作业。施工人员和机械设备在接到工程中标通知书后开始集结，合同签订后10日内进入施工现场，按施工组织设计要求做好施工前准备工作，筹建场地、办公生活区、临时混凝土拌和系统、水电供应系统等临时设施。

3）积极配合业主，加强与当地有关部门的协调工作，建立良好的施工调度指挥系统，突出土石方工程、防渗工程等重要施工环节，始终保持适宜的、足量的施工机械、设备和作业人员，尽量创造条件安排多班制作业，动态协调施工进度，灵活机动地组织施工，确保工期总目标的实现。

其中，填埋场建设工期的要求还与建设资金落实计划、施工条件等因素有关，在确定填埋场建设工期时，要求根据项目的实际条件合理确定建设工期，防止建设工期拖延和增加工程投资。各类填埋场建设工期安排可参考《生活垃圾卫生填埋处理工程项目建设标准》（建标124—2009），具体见表29。

表29 填埋场建设工期（月）

建设规模	施工建设工期
Ⅰ类	12～24
Ⅱ类	12～21
Ⅲ类	9～15
Ⅳ类	≤12

注：1 表中所列工期以破土动工统计，不包括非正常停工。
　　2 填埋场应分期建设，分期建设的工期宜参照本表确定。

条文中"准备施工设备及设施"的内容包括：

建筑材料准备：根据施工进度计划的需求，编制物资采购计划，做好取样工作，由试验室试配所需各类标号的混凝土（砂浆）配合比，确定抗渗混凝土掺加剂的种类、掺量；

土工材料及管材采购：根据工程要求，调查土工材料、管材厂家，编制土工材料、管材计划，做好施工准备；

建筑施工机具准备：按照施工机具需用量计划，组织施工机具进场；

生产工艺设备准备：按照生产工艺流程及工艺布置图要求，编制工艺设备需用量计划，组织设备进场。

条文中"合理安排施工场地"的内容包括：

施工现场控制网测量：根据给定永久性坐标和高程，进行施工场地控制网复测，设置场地临时性控制测量标桩，并做好保护；

建造临时设施：按照施工平面图及临时设施需用量计划，建造各项临时设施；

做好季节性施工准备：按照施工组织设计的要求，认真落实季节性施工的临时设施和技术组织措施；

做好施工前期调查，查明施工区域内的各种地下管线、电缆等分布情况；

施工准备阶段的工作还包括劳动组织准备和场外协调准备工作。

劳动组织准备一般包括：建立工地领导机构，组建精干的项目作业队，组织劳动力进场，做好职工入场教育培训工作。

场外协调准备工作一般包括：

地方协调工作：及时与甲方代表、监理工程师、当地政府及交通部门取得联系，协商外围事宜，做好施工前准备工作；

材料加工与订货工作：根据各项材料需用量计划，同建材及加工单位取得联系，签订供货协议，保证按时供应。

16.0.2 本条是关于填埋场工程施工和设备安装的基本要求规定。

填埋场主要工程项目一般包括场地平整、坝体修筑、防渗工程、渗沥液及地下水导排工程、填埋气导排及处理工程、渗沥液处理工程以及生活管理区建筑工程等。

16.0.3 本条是关于填埋场工程施工变更应遵守的原则规定。

建设施工过程中，当发现设计有缺陷时，一般问题要求由建设单位、监理单位与设计单位三方协商解决，重大问题要求及时报请设计批准部门解决。

条文中"工程施工变更"是指在工程项目实施过程中，由于各种原因所引起的，按照合同约定的程序对部分工程在材料、工艺、功能、构造、尺寸、技术指标、工程数量及施工方法等方面作出的改变。变更内容包括工程量变更、工程项目的变更、进度计划变更、施工条件变更以及原招标文件和工程量清单中未包括的新增工程等。

16.0.4 本条是关于填埋场各单项建筑、安装工程施工应符合相关标准的原则规定。

填埋场建设施工要求遵循国家现行工程建设政策、法规和规范、施工和验收标准，条文中所指的"现行相关标准"主要有：

（1）《生活垃圾卫生填埋处理工程项目建设标准》建标124

（2）《生活垃圾填埋场封场工程项目建设标准》建标140

（3）《土方与爆破工程施工及验收规范》GBJ 201

（4）《土方与爆破工程施工操作规程》YSJ 401

（5）《碾压式土石坝施工规范》DL/T 5129

（6）《水工建筑物地下开挖工程施工技术规范》SDJ 212

（7）《水工建筑物岩石基础开挖工程施工技术规范》DL/T 5389

（8）《水工混凝土钢筋施工规范》DL/T 5169

（9）《建筑地基基础工程施工质量验收规范》GB 50202

（10）《砌体工程施工质量验收规范》GB 50203

（11）《混凝土结构工程施工质量验收规范》GB 50204

（12）《屋面工程技术规范》GB 50345

（13）《建筑地面工程施工质量验收规范》GB 50209

（14）《建筑装饰装修工程质量验收规范》GB 50210

（15）《粉煤灰石灰类道路基层施工及验收规程》CJJ 4

（16）《生活垃圾卫生填埋技术规范》CJJ 17

（17）《给水排水管道工程施工及验收规范》GB 50268

（18）《给水排水构筑物工程施工及验收规范》GB 50141

（19）《建筑防腐蚀工程施工质量验收规范》GB 50224

（20）《水泥混凝土路面施工及验收规范》GBJ 97

（21）《公路工程质量检验评定标准》JTGF 80/1

（22）《城市道路路基工程施工及验收规范》CJJ 44

（23）《现场设备、工业管道焊接工程施工规范》GB 50236

（24）《给水排水管道工程施工及验收规范》GB 50268

（25）《建筑工程施工质量验收统一标准》GB 50300

（26）《建筑电气工程施工质量验收规范》GB 50303

（27）《工业设备、管道防腐蚀工程施工及验收规范》HGJ 229

（28）《自动化仪表工程施工及质量验收规范》GB 50093

（29）《施工现场临时用电安全技术规范》JGJ 46

（30）《建筑机械使用安全技术规程》JGJ 33

（31）《混凝土面板堆石坝施工规范》DL/T 5128

（32）《混凝土面板堆石坝接缝止水技术规范》DL/T 5115《

（33）《水电水利工程压力钢管制造安装及验收规范》DL/T 5017

（34）《生活垃圾渗滤液碟管式反渗透处理设备》CJ/T 279

（35）《垃圾填埋场用线性低密度聚乙烯土工膜》CJ/T 276

（36）《垃圾填埋场用高密度聚乙烯土工膜》CJ/T 234

（37）《垃圾填埋场压实机技术要求》CJ/T 301

（38）《垃圾分选机　垃圾滚筒筛》CJ/T 5013.1

（39）《钠基膨润土防水毯》JG/T 193

（40）《建筑地基基础设计规范》GB 50007

（41）《建筑边坡工程技术规范》GB 50330

（42）《建筑地基处理技术规范》JGJ 79

（43）《天然气净化装置设备与管道安装工程施工及验收规范》SY/T 0460

（44）《锅炉安装工程施工及验收规范》GB 50273

（45）《机械设备安装工程施工及验收通用规范》GB 50231

（46）《城镇燃气输配工程施工及验收规范》CJJ 33

（47）《建筑给水排水及采暖工程施工质量验收规范》GB 50242

（48）《通风与空调工程施工质量验收规范》GB 50243

（49）《工业金属管道工程施工规范》GB 50235

（50）《工业设备及管道绝热工程施工规范》GB 50126

16.0.5 本条是关于施工安装使用的材料和国外引进的专用填埋设备与材料的原则规定。

条文中"材料应符合现行国家相关标准"所指的材料标准包括：《垃圾填埋场用高密度聚乙烯土工膜》CJ/T 234、《垃圾填埋场用线性低密度聚乙烯土工膜》CJ/T 276，《土工合成材料非织造布复合土工膜》GB/T 17642、《土工合成材料应用技术规范》GB 50290；《钠基膨润土防水毯》JG/T 193 等。

条文中"使用的材料"主要包括膨润土垫（GCL），HDPE 膜、土工布和 HDPE 管材等材料。

填埋场所用其他材料与设备施工及验收可参考以下规定：

（1）发电和电气设备采用现行电力及电气建设施工及验收标准的规定。锅炉要求符合现行国家标准《锅炉安装工程施工及验收规范》GB 50273 的有关规定。

（2）通用设备要求符合现行国家标准《机械设备安装工程施工及验收通用规范》GB 50231 及相应各类设备安装工程施工及验收规范的有关规定。

（3）填埋气体管道施工要求符合国家现行标准《城镇燃气输配工程施工及验收规范》CJJ 33 的有关规定。

（4）采暖与卫生设备的安装与验收要求符合现行国家标准《建筑给水排水及采暖工程施工质量验收规范》GB 50242 的有关规定。

（5）通风与空调设备的安装与验收要求符合现行国家标准《通风与空调工程施工质量验收规范》GB 50243 的有关规定。

（6）管道工程、绝热工程要求分别符合现行国家标准《工业金属管道工程施工规范》GB 50235、《工业设备及管道绝热工程施工规范》GB 50126 的有关规定。

（7）仪表与自动化控制装置按供货商提供的安装、调试、验收规定执行，并要求符合现行国家及行业标准的有关规定。

（8）电气装置要求符合现行国家有关电气装置安装工程施工及验收标准的有关规定。

16.0.6 本条是关于填埋场工程验收应符合的基本要求的规定。

对于条文中第 3 款：防渗工程的验收中，膨润土垫及 HDPE 膜验收检验的取样要求按连续生产同一牌号原料、同一配方、同一规格、同一工艺的产品，检验项目按膨润土垫及 HDPE 膜性能内容执行，配套的颗粒膨润土粉要求使用生产商推荐的并与膨润土垫中相同的钠基膨润土，同时检查在运输过程中有无破损、断裂等现象，须验明产品标识。HDPE 膜焊接质量的好坏是防渗机能成败的关键，所以防渗工程要求由专业膜施工单位进行施工或膜焊接宜由出产厂家派专业技术职员到现场操作、指导、培训，采用土工膜专用焊接设备进行，要求有 HDPE 膜焊接检查记录及焊接检测报告。

对于条文中第 5 款：渗沥液收集系统的施工操作要求符合设计要求，施工前要求对前项工程进行验收，合格后方可进行管网的安装施工，并在施工过程中根据工程顺序进行质量验收。

重要结构部位、隐蔽工程、地下管线，要求按工程设计要求和验收规范，及时进行中间验收。未经中间验收，不得进行后续工程。

填埋场建设各个项目在验收前是否要安排生产阶段，按各个行业的规定执行。对于国外引进的技术或成套设备，要求按合同规定完成负荷调试、设备考核合格后，按照签订的合同和国外提供的设计文件等资料进行竣工验收。除此之外，设备材料的验收还需包括下列内容：

到货设备、材料要求在监理单位监督下开箱验收并做以下记录：箱号、箱数、包装情况，设备或材料名称、型号、规格、数量，装箱清单、技术文件、专用工具，设备、材料时效期限、产品合格证书；

检查的设备或材料符合供货合同规定的技术要求，应无短缺、损伤、变形、锈蚀；

钢结构构件要求有焊缝检查记录及预装检查记录。

填埋场建设工程竣工验收程序可参考《建设项目（工程）竣工验收办法》的规定，具体程序如下：

（1）根据建设项目（工程）的规模大小和复杂程度，整个建设项目（工程）的验收可分为初步验收和竣工验收两个阶段进行。规模较大、较复杂的建设项目（工程）要先进行初验，然后进行全部建设项目（工程）的竣工验收。规模较小、较简单的项目（工程）可以一次进行全部项目（工程）的竣工验收。

（2）建设项目（工程）在竣工验收之前，由建设单位组织施工、设计及使用等有关单位进行初验。初验前由施工单位按照国家规定，整理好文件、技术资料，向建设单位提出交工报告。建设单位接到报告后，要求及时组织相关单位初验。

（3）建设项目（工程）全部完成，经过各单项工程的验收，符合设计要求，并具备竣工图表、竣工决算、工程总结等必要文件资料，由项目（工程）主管部门或建设单位向负责验收的单位提出竣工验收申请报告。

建设工程竣工验收前要求完成下列准备工作：

制订竣工验收工作计划；

认真复查单项工程验收投入运行的文件；

全面评定工程质量和设备安装、运转情况，对遗留问题提出处理意见；

认真进行基本建设物资和财务清理工作，编制竣工决算，分析项目概预算执行情况，对遗留财务问题提出处理意见；

整理审查全部竣工验收资料，包括开工报告，项目批复文件，各单项工程、隐蔽工程、综合管线工程竣工图纸，工程变更记录，工程和设备技术文件及其他必需文件，基础检查记录，各设备、部件安装记录，设备缺损件清单及修复记录，仪表试验记录，安全阀调整试验记录，试运行记录等；

妥善处理、移交厂外工程手续；

编制竣工验收报告，并于竣工验收前一个月报请上级部门批准。

填埋场建设工程验收宜依据以下文件：主管部门的批准文件，

批准的设计文件及设计修改、变更文件，设备供货合同及合同附件，设备技术说明书和技术文件，各种建筑和设备施工验收规范及其他文件。

填埋场建设工程基本符合竣工验收标准，只是零星土建工程和少数非主要设备未按设计规定的内容全部建成，但不影响正常生产时，亦可办理竣工验收手续。对剩余工程，要求按设计留足投资，限期完成。

中华人民共和国国家标准

土工合成材料应用技术规范

Technical code for application of geosynthetics

GB/T 50290—2014

主编部门：中华人民共和国水利部
批准部门：中华人民共和国住房和城乡建设部
施行日期：２０１５年８月１日

中华人民共和国住房和城乡建设部
公 告

第 657 号

住房城乡建设部关于发布国家标准
《土工合成材料应用技术规范》的公告

现批准《土工合成材料应用技术规范》为国家标准，编号为 GB/T 50290—2014，自 2015 年 8 月 1 日起实施。原《土工合成材料应用技术规范》GB 50290—98 同时废止。

本规范由我部标准定额研究所组织中国计划出版社出版发行。

中华人民共和国住房和城乡建设部
2014 年 12 月 2 日

前 言

本规范是根据住房城乡建设部《关于印发〈2010 年工程建设标准规范制订、修订计划〉的通知》（建标〔2010〕43 号）的要求，由水利部水利水电规划设计总院、中国水利水电科学研究院会同有关单位在《土工合成材料应用技术规范》GB 50290—98 基础上共同修订完成的。

本规范共有 8 章，主要技术内容包括：总则、术语和符号、基本规定、反滤和排水、防渗、防护、加筋、施工检测。

本次修订的主要内容有：

（1）增加了土工合成材料应用领域的内容；

（2）补充了术语的解释及英文翻译；

（3）补充了新型材料，完善了土工合成材料分类体系；

（4）修改了材料强度折减系数，增加了材料渗透性指标折减系数；

（5）增加了土石坝坝体排水、道路排水、地下埋管降水等内容，补充完善了反滤准则和设计方法；

（6）增加了土工合成材料膨润土防渗垫防渗内容，完善与增加了土工膜防渗设计与施工内容；

（7）增加了土工系统用于防护内容；

（8）增加了加筋土结构设计、软基筑堤加筋设计与施工、软基加筋桩网结构设计与施工等内容；

（9）增加了施工检测一章。

本规范由住房城乡建设部负责管理，由水利部负责日常管理，由水利部水利水电规划设计总院负责具体技术内容的解释。执行过程中如有意见或建议，请寄送水利部水利水电规划设计总院（地址：北京市西城区六铺炕北小街 2-1 号，邮政编码：100120，E-mail：jsbz@giwp.org.cn）。

本规范主编单位、参编单位、主要起草人和主要审查人：

主 编 单 位：水利部水利水电规划设计总院
中国水利水电科学研究院

参 编 单 位：中国土工合成材料工程协会
北京市水利规划设计研究院
重庆交通科研设计院
中国铁道科学研究院
中国环境科学研究院
中国建筑科学研究院
中交第三航务工程勘察设计院有限公司
中国民航机场建设集团公司
长江科学院
南京水利科学研究院
北京高能时代环境技术股份有限公司

主要起草人：温彦锋　庄春兰　孙东亚　严祖文
白建颖　邓卫东　史存林　董　路
张　峰　黄明毅　魏弋锋　张　伟
杨守华　杨　瑛　邓　刚　田继雪

主要审查人：马毓淦　雷兴顺　汪小刚　辛鸿博
李广信　包承纲　束一鸣　徐　超
滕延京　范明桥　汪庆元　孙胜利
迟景魁　刘学东

目　次

Contents

1 总 则

1.0.1 为了在土工合成材料的设计、施工及检验中，做到安全适用、经济合理、技术先进和保护环境，制定本规范。

1.0.2 本规范适用于水利、电力、铁路、公路、水运、建筑、市政、矿冶、机场、环保等工程建设中应用土工合成材料的设计、施工及检验。

1.0.3 土工合成材料的设计、施工及检验除应符合本规范外，尚应符合国家现行有关标准的规定。

2 术语和符号

2.1 术 语

2.1.1 土工合成材料 geosynthetics

工程建设中应用的与土、岩石或其他材料接触的聚合物材料（含天然的）的总称，包括土工织物、土工膜、土工复合材料、土工特种材料。

2.1.2 土工织物 geotextile(GT)

具有透水性的土工合成材料。按制造方法不同可分为有纺土工织物和无纺土工织物。

2.1.3 有纺土工织物 woven geotextile

由纤维纱或长丝按一定方向排列机织的土工织物。

2.1.4 无纺土工织物 nonwoven geotextile

由短纤维或长丝随机或定向排列成的薄絮垫，经机械结合、热粘合或化学粘合而成的土工织物。

2.1.5 土工膜 geomembrane(GM)

由聚合物（含沥青）制成的相对不透水膜。

2.1.6 复合土工膜 geomembrane composite

土工膜和土工织物（有纺或无纺）或其他高分子材料两种或两种以上的材料的复合制品。与土工织物复合时，可生产出一布一膜、二布一膜（二层织物间夹一层膜）等规格，记为 xxg(布)/xxmm(膜)/xxg(布)。

2.1.7 土工格栅 geogrid

由抗拉条带单元结合成的有规则网格型式的加筋土工合成材料，其开孔可容填筑料嵌入。分为塑料土工格栅、玻纤格栅、聚酯经编格栅和由多条复合加筋带粘接或焊接成的钢塑土工格栅等。

2.1.8 土工带 geobelt

经挤压拉伸或再加筋制成的带状抗拉材料。

2.1.9 土工格室 geocell

由土工格栅、土工织物或具有一定厚度的土工膜形成的条带通过结合相互连接后构成的蜂窝状或网格状三维结构材料。

2.1.10 土工网 geonet(GN)

二维的由条带部件在结点连接而成有规则的网状土工合成材料，可用于隔离、包裹、排液、排气。

2.1.11 土工模袋 geofabriform

由双层的有纺土工织物缝制的带有格状空腔的袋状结构材料。充填混凝土或水泥砂浆后凝结后形成防护板块体。

2.1.12 土工网垫 geomat

由热塑性树脂制成的三维结构，亦称三维植被网。其底部为基础层，上覆泡状膨松网包，包内填沃土和草籽，供植物生长。

2.1.13 土工复合材料 geocomposite

由两种或两种以上材料复合成的土工合成材料。

2.1.14 软式排水管 soft drain pipe

以高强圈状弹簧钢丝作支撑体，外包土工织物及强力合成纤维外覆层制成的管状透水材料。

2.1.15 塑料排水带 prefabricated vertical drain(PVD)

由不同凹凸截面形状、具有连续排水槽的合成材料芯材，外包或外粘无纺土工织物构成的复合排水材料。

2.1.16 盲沟 blind drain

以土工合成材料建成的地下排水通道。如以无纺土工织物包裹的带孔塑料管、在沟内以无纺土工织物包裹透水粒料形成的连续排水暗沟等。

2.1.17 速排龙 rapid drain dragon

我国自制的以聚乙烯制成的耐压多孔块排水材料的商品名称，亦称塑料盲沟材料。结构类似甜点"萨其马"的圆柱体或立方体。为防土粒流失，表面需裹以无纺土工织物滤膜。

2.1.18 土工合成材料隔渗材 geosynthetic barriers

具有隔渗功能的土工合成材料的统称。包括聚合物土工合成材料隔渗材，即常称的土工膜；土工合成材料膨润土隔渗垫；沥青土工合成材料隔渗材，即土工织物上涂沥青而成的隔渗材。

2.1.19 土工合成材料膨润土防渗垫 geosynthetic clay liner(GCL)

土工织物或土工膜间包有膨润土，以针刺、缝接或化学剂粘接而成的一种隔水材料。

2.1.20 聚苯乙烯板块 expanded polystyrene sheet(EPS)

聚苯乙烯中加入发泡剂膨胀经模塑或挤压成的轻质板块。

2.1.21 格宾 gabion

以覆盖聚氯乙烯(PVC)等的防锈金属铁丝、土工格栅或土工网等材料捆扎成的管状、箱状笼体(箱笼)，内填块石或土袋。

2.1.22 软体排 flexible mattress

用于取代传统梢料沉排的防护结构。双层排采用两层有纺土工织物按一定间距和型式将两片缝合在一起。两条联结间形成管带状或网状空间，充填透水料以构成压重砂肋。单层排上系扣预制混凝土块，或抛投砂石或块石等作为压重。两类软体排均需要纵横向以绳网加固，并供牵拉排体定位之用。

2.1.23 土工系统 geosystem

以土工合成材料作为包裹物将分散的土石料聚拢成大、小体积和形状的块体。包括小体积的土工袋、长管状的土工管袋、大体积的土工包等，它们都以土工织物制成。土工袋中亦可包裹混凝土或水泥砂浆形成土工模袋。此外，尚有以土工格栅或表面有PVC防锈涂层的金属丝捆扎成的矩形体或圆柱状体的俗称格宾的箱笼，其中填以块石等。它们都用于筑堤、围垦、建人工岛，作水下大支承体、护坡、护底及坡面防冲等。

2.1.24 反滤 filtration

土工织物在让液体通过的同时保持受渗透力作用的土骨架颗粒不流失的功能。

2.1.25 隔离 separation

防止相邻两种不同介质混合的功能。

2.1.26 加筋 reinforcement

利用土工合成材料的抗拉性能,改善土的力学性能的功能。

2.1.27 防护 protection

利用土工合成材料防止土坡或土工结构物的面层或界面破坏或受到侵蚀的功能。

2.1.28 包裹 containment

将松散的土石料包裹聚合为大块体,防止其流失的功能。包括以有纺土工织物缝制成的个体土袋、大直径长管袋或大体积包,用于充填散土石、疏浚土或垃圾杂物等,利用其大体积和整体性特点,筑造堤坝、圈围人工岛,护岸防崩或形成建筑物的水下基础;或袋内充填混凝土或砂浆(土工模袋),凝固后的模袋常用于边坡防护。上述各工程构件包括格宾,国外统称为土工系统。

2.1.29 平面渗透系数 coefficient of planar permeability

平行于土工织物平面方向的渗透系数。

2.1.30 透水率 permittivity

层流状态下土工织物单位面积受单位水力梯度时沿织物法线方向的渗流量。

2.1.31 导水率 transmissivity

层流状态下土工织物在受单位水力梯度作用时沿织物平面的单宽渗流量。

2.1.32 等效孔径 equivalent opening size(EOS)

用干砂法做试验时,留在筛上的粒组的质量为(总投砂量的)95%时的颗粒尺寸。

2.1.33 梯度比 gradient ratio(GR)

在淤堵试验中,水流通过土工织物及其上 25mm 厚土料时的水力梯度与水流通过上覆 50mm 厚土料时的水力梯度的比值。

2.1.34 渗沥液 leachate

通过填埋场固体废料流出的含可溶物、悬浮物和带出的混合物的液体。

2.1.35 土工合成材料加筋桩网基础 piled foundation with basal reinforcement

亦称加筋桩网结构,系在软基中设置带桩帽的群桩,以土工合成材料在其上形成传力结构,并借桩上垫层和土体形成的拱作用,将大部分堤身重量通过桩身传递给桩下相对硬土层。

2.2 符 号

A——系数,断面积;

A_r——筋材覆盖率;

B,b——系数,宽度;

C_h——水平固结系数;

C_i——相互作用系数;

C_u——不均匀系数;

C_v——(垂直)固结系数;

D,d——力臂,直径,厚度;

d_{15},d_{85}——土的特征粒径;

d_w——当量井直径;

F_s——安全系数;

f——摩擦系数;

GR——梯度比;

H,h——高度;

i——水力梯度;

K_a——主动土压力系数;

K_0——静止土压力系数;

k_g——土工织物的渗透系数;

k_h——土工织物的平面渗透系数;

k_v,k——土的渗透系数;

L——长度;

M_D——滑动力矩;

n——坡率;

O_{95}——土工织物的等效孔径;

q——流量;

r——降水强度;

RF——综合强度折减系数;

s_h——水平间距;

s_v——垂直间距;

T——由加筋材料拉伸试验测得的极限抗拉强度;

T_a——允许抗拉(拉伸)强度;

T_s——筋材总拉力;

T_t——总设计强度;

U_r——固结度;

w_0,w_f——含水率;

z——深度;

α——阻力系数;

β——入渗系数,倾角;

δ——厚度;

ε——应变,延伸率;

θ——导水率;

υ——流速,垂直向;

σ_h——水平应力;

σ_v——垂直应力;

φ——内摩擦角;

ψ——透水率。

3 基 本 规 定

3.1 材 料

3.1.1 土工合成材料性能指标应按工程使用要求确定下列试验项目:

1 物理性能:材料密度、厚度(及其与法向压力的关系)、单位面积质量、等效孔径等;

2 力学性能:拉伸、握持拉伸、撕裂、顶破、CBR 顶破、刺破、胀破等强度和直剪摩擦、拉拔摩擦等;

3 水力学性能:垂直渗透系数(透水率)、平面渗透系数(导水率)、梯度比等;

4 耐久性能:抗紫外线能力、化学稳定性和生物稳定性、蠕变性等。

3.1.2 用于工程的性能指标应模拟工程实际条件进行测试,分析实际环境对测定值的影响。

3.1.3 设计应用的材料允许抗拉(拉伸)强度 T_a 应根据实测的极限抗拉强度 T,通过下列公式计算确定:

$$T_a = \frac{T}{RF} \tag{3.1.3-1}$$

$$RF = RF_{CR} \cdot RF_{iD} \cdot RF_D \tag{3.1.3-2}$$

式中:RF_{CR}——材料因蠕变影响的强度折减系数;

RF_{iD}——材料在施工过程中受损伤的强度折减系数;

RF_D——材料长期老化影响的强度折减系数;

RF——综合强度折减系数。

以上各折减系数应按具体工程采用的加筋材料类别、填土情况和工作环境等通过试验测定。

3.1.4 蠕变折减系数、施工损伤折减系数、老化折减系数在无实测资料时，综合强度折减系数宜采用 2.5～5.0；施工条件差、材料蠕变性大时，综合强度折减系数应采用大值。

3.1.5 土工合成材料与土的拉拔摩擦系数应通过试验测定。无实测资料，对于不均匀系数 $C_u>5$ 的透水性回填土料，用有纺土工织物作为加筋材料时，与土的摩擦系数可采用 $\frac{2}{3}\tan\varphi$；用塑料土工格栅作为加筋材料时，可采用 $0.8\tan\varphi$。

3.1.6 土工合成材料应经具有国家或省级计量部门认可的测试单位测试。材料进场时，应有出厂合格证和标志牌，并应进行抽检。

3.1.7 材料运送过程中应有封盖。存放场地应通风干燥，严禁日光照射并应远离火源。

3.2 设计原则

3.2.1 土工合成材料用于岩土工程的工程设计与施工时应遵从岩土工程及各行业标准的原则。

3.2.2 设计方案应根据工程主要目的、材料布放位置、长期工作条件对材料耐久性要求、施工环境以及经济等因素确定。

3.2.3 重要工程宜通过生产性试验确定设计施工参数。

3.2.4 设计应根据工程需要确定必要的安全监测项目。

3.3 施工检验

3.3.1 应用土工合成材料的工程应根据工程实际情况，制订施工检验细则。

3.3.2 施工时应有专人随时检查。每完成一道工序应按设计要求及时进行质量评定。对土工膜焊接、胶接和土工格栅连接等隐蔽性工程应进行实时验收，合格后，方可进行下道工序。

4 反滤和排水

4.1 一般规定

4.1.1 工程中需要反滤功能时，可采用无纺土工织物，或兼顾其他需要采用有纺土工织物。

4.1.2 工程中需要排水功能时，可采用无纺土工织物（利用其平面排水）；需要排水能力较大时，可采用复合排水材料和结构（排水沟、排水管、软式排水管、缠绕式排水管或塑料排水带等）。

4.1.3 工程中需要排水功能时，应根据具体情况，利用土工合成材料建成的下列不同结构形式的排水体：

1 以无纺土工织物包裹碎石形成的盲沟或渗沟；

2 以无纺土工织物包裹带孔管（塑料管、波纹管、混凝土管等）形成的排水暗管；

3 或利用本条第 1 款和第 2 款的结合体；

4 地基深层排水，利用塑料排水带；

5 空间排水，利用带排水芯材的大面积排水板和排水垫层或速排龙等。

4.1.4 短程和排水量较小时，宜采用包裹式排水暗沟；长距离和排水量较大时，宜采用排水暗管。

4.1.5 用作反滤的无纺土工织物单位面积质量不应小于 300g/m²，拉伸强度应能承受施工应力，其最低强度应符合表 4.1.5 的要求。

表 4.1.5 用作反滤排水的无纺土工织物的最低强度要求[++]

强　度	单　位	$\varepsilon^+<50\%$	$\varepsilon\geqslant50\%$
握持强度	N	1100	700
接缝强度	N	990	630

续表 4.1.5

强　度	单　位	$\varepsilon^+<50\%$	$\varepsilon\geqslant50\%$
撕裂强度	N	400*	250
穿刺强度	N	2200	1375

注：* 表示有纺单丝土工织物时要求为 250N；ε 代表应变；++ 为卷材弱方向平均值。

4.1.6 下列工程可采用土工合成材料作反滤、排水设施：

1 铁路、公路反滤、排水设施；

2 挡墙、土钉墙后排水系统；

3 岸墙后填土排水系统；

4 隧洞、隧道排水系统；

5 土石坝斜墙、心墙上下游侧的过渡层；

6 堤坝坡、灰坝、尾矿坝反滤层；

7 土石坝、堤内排水体；

8 防渗铺盖下排气、排水系统；

9 减压井、农用井等外包反滤层；

10 水下工程结构的反滤层；

11 塑料排水带排水加速软土地基固结；

12 地下、道旁沟管排水外包反滤层；

13 建筑基坑基底排水系统；

14 冻胀区或干旱区用于截断毛细水上升铺设的排水层；

15 其他。

4.2 设计要求

4.2.1 用作反滤、排水的土工织物应符合反滤准则，即应符合下列要求：

1 保土性：织物孔径应与被保护土粒径相匹配，防止骨架颗粒流失引起渗透变形；

2 透水性：织物应具有足够的透水性，保证渗透水通畅排除；

3 防堵性：织物在长期工作中不应因细小颗粒、生物淤堵或化学淤堵等而失效。

4.2.2 反滤材料的保土性应符合下式要求：

$$O_{95}\leqslant Bd_{85} \qquad (4.2.2)$$

式中：O_{95}——土工织物的等效孔径（mm）；

d_{85}——被保护土中小于该粒径的土粒质量占土粒总质量的 85%；

B——与被保护土的类型、级配、织物品种和状态等有关的系数，应按表 4.2.2 的规定采用。当被保护土受动力水流作用时，B 值应通过试验确定。

表 4.2.2 系数 B 的取值

被保护土的细粒 （$d\leqslant0.075$mm）含量（%）	土的不均匀系数或土工织物品种	B 值
≤50	$C_u\leqslant2, C_u\geqslant8$	1
	$2<C_u\leqslant4$	$0.5C_u$
	$4<C_u<8$	$8/C_u$
>50	有纺织物 $O_{95}\leqslant0.3$mm	1
	无纺织物	1.8

注：1 只要被保护土中含有细粒（$d\leqslant0.075$mm），应采用通过 4.75mm 筛孔的土料供选择土工织物之用。

2 C_u 为不均匀系数，$C_u=d_{60}/d_{10}$，$d_{60}、d_{10}$ 为土中小于各该粒径的土质量分别占土粒总质量的 60% 和 10% 的粒径。

4.2.3 反滤材料的透水性应符合下式要求：

$$k_g\geqslant Ak_s \qquad (4.2.3)$$

式中：A——系数，按工程经验确定，不宜小于 10。来水量大、水力梯度高时，应增大 A 值；

k_g——土工织物的垂直渗透系数（cm/s）；

k_s——被保护土的渗透系数（cm/s）。

4.2.4 反滤材料的防堵性应符合下列要求：

1 被保护土级配良好，水力梯度低，流态稳定时，等效孔径应符合下式要求：

$$O_{95} \geqslant 3d_{15} \qquad (4.2.4-1)$$

式中：d_{15}——土中小于该粒径的土质量占土粒总质量的 15% （mm）。

2 被保护土易管涌，具分散性，水力梯度高，流态复杂，$k_s \geqslant 1.0 \times 10^{-5}$ cm/s 时，应以现场土料作试样和拟选土工织物进行淤堵试验，得到的梯度比 GR 符合下式要求：

$$GR \leqslant 3 \qquad (4.2.4-2)$$

3 对于大中型工程及被保护土的 k_s 小于 1.0×10^{-5} cm/s 的工程，应以拟用的土工织物和现场土料进行室内的长期淤堵试验，验证其防堵有效性。

4.2.5 遇往复水流且排水量较大时，应选择较厚的土工织物，或采用砂砾料与土工织物的复合反滤层。

4.2.6 土工织物用作反滤材料时应符合下列要求：

1 应确定土工织物的等效孔径 O_{95}、被保护土的渗透系数 k_s 和特征粒径 d_{15}、d_{85} 等指标。

2 应按本规范第 4.2.2 条～第 4.2.4 条的规定检验待选土工织物的适宜性。

4.2.7 土工织物用作排水材料时应符合下列要求：

1 土工织物应符合反滤准则；

2 土工织物的导水率 θ_a 应满足下式要求：

$$\theta_a \geqslant F_s \theta_r \qquad (4.2.7-1)$$

式中：F_s——排水安全系数，可取 3～5，重要工程取大值。

土工织物具有的导水率 θ_a 和工程要求的导水率 θ_r 应按下列公式计算：

$$\theta_a = k_h \delta \qquad (4.2.7-2)$$

$$\theta_r = q/i \qquad (4.2.7-3)$$

式中：k_h——土工织物的平面渗透系数（cm/s）；

δ——土工织物在预计现场法向压力作用下的厚度（cm）；

q——预估单宽来水量（cm³/s）；

i——土工织物首末端间的水力梯度。

4.2.8 土工织物允许（有效）渗透性指标（如透水率 ψ 和导水率 θ）应根据实测指标除以总折减系数，总折减系数 RF 应按下式计算：

$$RF = RF_{SCB} \cdot RF_{CR} \cdot RF_{IN} \cdot RF_{CC} \cdot RF_{BC} \qquad (4.2.8)$$

式中：RF_{SCB}——织物被淤堵的折减系数；

RF_{CR}——蠕变导致织物孔隙减小的折减系数；

RF_{IN}——相邻土料挤入织物孔隙引起的折减系数；

RF_{CC}——化学淤堵折减系数；

RF_{BC}——生物淤堵折减系数。

以上各折减系数可按表 4.2.8 合理取值。

表 4.2.8 土工织物渗透性指标折减系数

应用情况	折减系数范围				
	RF_{SCB}①	RF_{CR}	RF_{IN}	RF_{CC}②	RF_{BC}
挡土墙滤层	2.0～4.0	1.5～2.0	1.0～1.2	1.0～1.2	1.0～1.3
地下排水滤层	5.0～10.0	1.0～1.5	1.0～1.2	1.2～1.5	2.0～4.0
防冲滤层	2.0～10.0	1.0～1.5	1.0～1.2	1.0～1.2	2.0～4.0
填土排水滤层	5.0～10.0	1.5～2.0	1.0～1.2	1.0～1.5	5.0～10.0③
重力排水	2.0～4.0	2.0～3.0	1.0～1.2	1.2～1.5	1.2～1.5
压力排水	2.0～3.0	2.0～3.0	1.0～1.2	1.1～1.3	1.1～1.3

注：①织物表面盖有乱石或混凝土块时，采用上限值。
②含高碱的地下水数值可取高些。
③混浊水和（或）微生物含量超过 500mg/L 的水采用更高值。

4.2.9 土工织物滤层用于坡面时应进行抗滑稳定性验算。

4.2.10 排水沟、管排水能力 q_c 的确定应符合下列要求：

1 以无纺土工织物包裹透水粒料建成的排水沟的排水能力应按下式计算：

$$q_c = kiA \qquad (4.2.10-1)$$

式中：k——被包裹透水粒料的渗透系数（m/s），可按表 4.2.10 取值；

i——排水沟的纵向坡度；

A——排水沟断面积（m²）。

表 4.2.10 透水粒料渗透系数参考值

粒料粒径 (mm)	k (m/s)	粒料粒径 (mm)	k (m/s)	粒料粒径 (mm)	k (m/s)
≥50	0.80	19 单粒	0.37	6～9 级配	0.06
50 单粒	0.78	12～19 级配	0.20	6 单粒	0.05
35～50 级配	0.68	12 单粒	0.16	3～6 级配	0.02
25 单粒	0.60	9～12 级配	0.12	3 单粒	0.015
19～25 级配	0.41	9 单粒	0.10	0.5～3 级配	0.0015

2 外包无纺土工织物带孔管的排水能力应符合下列规定：

1）渗入管内的水量 q_e 应按下列公式计算：

$$q_e = k_s i \pi d_{ef} L \qquad (4.2.10-2)$$

$$d_{ef} = d \cdot \exp(-2\alpha\pi) \qquad (4.2.10-3)$$

式中：k_s——管周土的渗透系数（m/s）；

i——沿管周围土的渗透坡降；

d_{ef}——等效管径（m），即包裹土工织物的带孔管（直径为 d）虚拟为管壁完全透水的排水管的等效直径；

L——管长度（m），即沿管纵向的排水出口距离；

α——水流流入管内的无因次阻力系数，$\alpha = 0.1 \sim 0.3$。外包土工织物渗透系数大时取小值。

2）带孔管的排水能力 q_t 应按下列公式计算：

$$q_t = vA \qquad (4.2.10-4)$$

$$A = \pi d_e^2/4 \qquad (4.2.10-5)$$

式中：A——管的断面积（m²）；

v——管中水流速度（m/s）。

开孔的光滑塑料管管中水流速度 v 应按下式计算：

$$v = 198.2R^{0.714} i^{0.572} \qquad (4.2.10-6)$$

波纹塑料管管中水流速度 v 应按下式计算：

$$v = 71R^{2/3} i^{1/2} \qquad (4.2.10-7)$$

式中：R——水力半径（m），$R = \dfrac{d_e}{4}$；

d_e——管直径（m）；

i——水力梯度。

3）排水能力 q_c 取应上述 q_e 和 q_t 中的较小值。

3 排水的安全系数应按下式计算：

$$F_s = \frac{q_c}{q_r} \qquad (4.2.10-8)$$

式中：q_r——来水量（m³/s），即要求排除的流量。

要求的安全系数应为 2.0～5.0。设计时，有清淤能力的排水管可取低值。

4.3 施 工 要 求

4.3.1 铺设前应将土工织物制作成要求的尺寸和形状。

4.3.2 铺设面应平整，场地上的杂物应清除干净。铺设应符合下列要求：

1 铺放平顺，松紧适度，并应与土面贴紧。

2 有损坏处应修补或更换。相邻片（块）搭接长度不应小于 300mm；可能发生位移处应缝接；不平地、松软土和水下铺设搭接宽度应适当增大；水流处上游片应铺在下游片上；

3 坡面上铺设宜自下而上进行。在顶部和底部应予固定；坡面上应设防滑钉，并应随铺随压重；

4 与岸坡和结构物连接处应结合良好；

5 铺设人员不应穿硬底鞋。

4.3.3 土料回填应符合下列要求：

1 应及时回填，延迟最长不宜超过 48h；

2 回填土石块最大落高不得大于 300mm，石块不得在坡面上滚动下滑；

3 填土的压实度应符合设计要求；回填 300mm 松土层后，方可用轻碾压实。

4.3.4 用于排水沟的土工织物包裹碎石要求洁净，其含泥量应小于 5%。

4.4 土石坝坝体排水

4.4.1 坝内排水体可采用土工织物或复合排水材料。

4.4.2 土工织物作为坝内排水体，可分为竖式、倾斜式及水平式三种。其功能应符合国家现行有关标准的规定。

4.4.3 排水体选用的土工织物应符合反滤要求。

4.4.4 土工织物排水体排水量可用流网法估算（图 4.4.4）。排水体流量应分段估算。

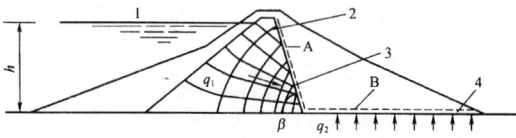

图 4.4.4　坝内排水体示意图

1—水面；2—心墙；3—倾斜式排水；4—水平式排水；
A、B—土工织物或复合排水材料；q_1—来自倾斜式排水体的流量；
q_2—来自水平式排水体的流量；h—坝前水深

4.4.5 土工织物平面导水能力，应按本规范公式(4.2.7-2)和公式(4.2.7-3)沿排水体自上而下逐段计算导水率 θ_a 和 θ_r。

1 选用土工织物导水率应满足本规范公式(4.2.7-1)的要求；

2 倾斜式排水体在设计排水所需导水率 θ_r 时，本规范公式(4.2.7-3)中的水力梯度 i 可按下式计算：

$$i = \sin\beta \qquad (4.4.5)$$

式中：β——排水体的倾角(°)。

4.4.6 下游水平排水体的总排水量应为倾斜式排水底部最大流量和从地基进入水平排水体内的流量之和。

4.5 道路排水

4.5.1 道路基层排水可在基层粒料中或面层下设置透水性强的土工复合排水网，将来水迅速汇流至道旁纵向排水体。复合排水材料抗压强度和导水率应满足设计要求。

4.5.2 道旁纵向排水可采用无纺土工织物包裹的砾碎石的排水沟或包裹的多孔管。设计应符合本规范第 4.2 节的要求。

4.5.3 排水沟或排水管的设计应符合本规范第 4.2 节的选料要求和设计要求。

4.5.4 交通道路为防治翻浆冒泥，可采用由无纺土工织物和砂层形成的组合滤层，即在织物上下各铺一薄层中粗砂，以利排水。

4.6 地下埋管降水

4.6.1 地下埋管降水可采用外包薄层热粘型无纺土工织物的带孔塑料管。管内径宜为 50mm～100mm。

4.6.2 降低地下水位设计应考虑当地自然条件，合理布置排水管位置，限制地下水位不超过一定高度。

4.6.3 设计计算应符合下列要求：

1 每根排水管分配到的降水量应根据地下埋管的布置(图4.6.3)按下式计算：

$$q_r = \beta r s L \qquad (4.6.3-1)$$

式中：β——地基土的入渗系数，建议取 0.5；

r——降水强度(m/s)，按日最大降水强度计；

s——排水管间距(m)；

L——排水管长度(m)。

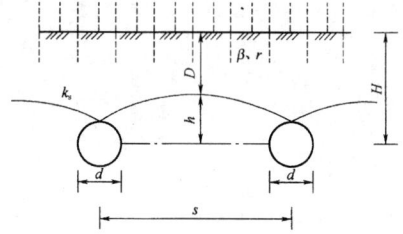

图 4.6.3　地下埋管的布置

2 每根管的进水量应按下式计算：

$$q_c = \frac{2k_s h^2 L}{s} \qquad (4.6.3-2)$$

式中：k_s——地基土的渗透系数(m/s)；

h——规定最高地下水位与排水管中心线的高差(m)。

3 给定 h 时，进水量等于降水分配量时的埋管间距 s 应按下式计算：

$$s = \sqrt{\frac{2k_s}{\beta r}} \cdot h \qquad (4.6.3-3)$$

4 管中流速应按下式计算：

$$v = \frac{q_c}{A} \qquad (4.6.3-4)$$

式中：A——埋管横截面积(m²)；

v——与管几何尺寸及其坡降 i 有关的流速，不同排水管的 v 值可按本规范第 4.2.10 条的规定计算确定。

5 管道的排水能力应加大，安全系数可取 2.0～5.0。

4.7 软基塑料排水带设计与施工

4.7.1 排水带地基设计应按传统的砂井地基设计方法进行：

1 排水带的平面布置可为等边三角形或正方形；

2 排水带的间距及插入深度应通过计算确定；

3 排水带的等效(砂)井直径 d_w 可按下式计算：

$$d_w = 2(b+\delta)/\pi \qquad (4.7.1-1)$$

式中：b——排水带的宽度(cm)；

δ——排水带的厚度(cm)。

4 设计的主要任务应是根据现场条件，确定排水带的平面布置(确定排水带间距 L)，使地基在要求的时限(t_r)内完成规定的平均固结度 U_r。固结所需的时间应按下式计算：

$$t_r = \frac{d_e^2}{8C_h}\left(\ln\frac{d_e}{d_w} - 0.75\right)\ln\frac{1}{1-U_r} \qquad (4.7.1-2)$$

式中：d_e——排水带排水范围的等效直径(cm)。三角形分布时，$d_e = 1.05L$；正方形分布时，$d_e = 1.13L$；

L——排水带的平面间距(cm)；

C_h——地基土的水平固结系数(cm²/s)。

5 固结沉降量和预定时间应满足设计要求。分级施加荷载时应采取现场监测措施；

6 排水带的深度宜打穿软土层。如软土层很厚，对以稳定性控制的设计，人土深度宜超过最危险滑动圆弧面最大深度 2m；对以地基沉降量控制的设计，人土深度应按工程容许沉降量确定；

7 排水带地基表面应铺设厚度大于 400mm 的排水砂垫层。砂料宜选用中、粗砂，含泥量应小于 5%；

8 排水带产品应符合质量标准的规定。

4.7.2 排水带软土地基施工应符合下列规定：

1 插带机插带时应准确定位；

2 插设应垂直并满足设计要求，应采取措施防止发生回带现象；

3 排水带上端应伸入排水砂垫层；

4 排水带存放时应覆盖。

9 路基及其他地基盐渍化防治；

10 膨胀土和湿陷性黄土的防水层；

11 深基坑开挖的支挡结构（地下连墙等）防渗；

12 屋面防漏；

13 其他。

5.2 土工膜防渗设计与施工

5.2.1 保护土工膜的防渗结构（图5.2.1）应包括防渗材料的上垫层、下垫层、上垫层上部的护面、下垫层下部的支持层和排水、排气设施。应用时可根据具体情况简化。

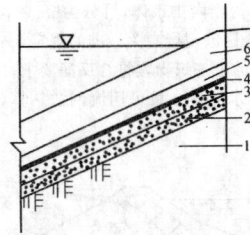

图 5.2.1 防渗结构示意图

1—坝体；2—支持层；3—下垫层；4—土工膜；5—上垫层；6—护面

5.2.2 护面材料可采用压实土料、砂砾料、水泥砂浆、干砌块石、浆砌块石或混凝土板块等。

5.2.3 上垫层材料可采用砂砾料、无砂混凝土、沥青混凝土、土工织物或土工网等。

5.2.4 下垫层材料可采用透水材料、土工织物、土工网、土工格栅等。

5.2.5 膜下排水、排气设施可采用逆止阀、排水管或纵横向排水沟等形成完整的排水排气系统。

5.2.6 土工膜防渗设计与施工应考虑下列因素：

1 工程性质：临时性或永久性工程，主防渗或次防渗；

2 长期工作条件：土工膜是埋在土内，还是外露；是否受极端环境影响（高温与低温、日照、飓风、周围介质腐蚀性）；除施工应力外，有无其他荷载影响（铺在斜坡上受较大拉力、不均匀沉降）；

3 施工条件：当地气温、降水、风力、填料等。

5.2.7 膜材选用应符合下列规定：

1 宜选用聚乙烯膜（PE）和聚氯乙烯膜（PVC）；

2 与水接触的工程宜采用聚乙烯膜；

3 接触富含酸、碱、盐及重金属元素的液体时，应在考虑抗化学作用的原则下优选膜材；

4 废料场含不确定化学成分时，可优先采用高密度聚乙烯膜（HDPE）。

5.2.8 土工膜厚度不宜小于 0.5mm。重要或要求严格的工程（如废料场），膜应予加厚。

5.2.9 土工膜的固定和稳定性应符合下列要求：

1 斜坡上的土工膜应予固定。可在坡顶与坡趾埋入预设的锚定沟，回填土料固定；

2 土工膜的稳定性应按国家现行有关标准的规定进行验算。

5.2.10 施工工序应包括下列内容：

1 准备（清基）工作：场地清除，挖好锚固沟，做好排水排气系统；

2 土工膜选择：宜采用宽幅膜，并在工厂拼接成要求尺寸的膜块，卷在钢轴上妥运工地；

3 铺膜：宜在干燥天气较低温度下进行。铺放松紧适度，不得有折皱，膜尺寸应预留适当的松弛量。工作人员应穿软底鞋；

4 拼接：采用热熔焊法和胶粘法。PE膜用热熔焊法。PVC膜可用热熔焊法或胶粘法。热熔焊法铺膜前应试焊，确定适宜的焊接温度和速度。胶粘法多用于局部修补。胶粘剂的稳定性应符

5 防 渗

5.1 一般规定

5.1.1 土工合成材料用于防渗工程时，主要材料选取应符合下列要求：

1 一般情况下宜采用土工膜或复合土工膜；

2 承受较高拉力时，宜采用加筋复合土工膜；

3 地形复杂，土工膜焊接质量难以保证，要求隔渗受损后易于自愈时，可采用土工合成材料膨润土防渗垫；

4 道路工程可采用现场涂（喷）沥青的薄膜土工织物。

5.1.2 水下大面积铺设土工膜时，应分析膜下水与气的顶托，并采取适当的工程防护措施。

5.1.3 土工膜防渗系统应与周边地基及建筑物连接，形成完全封闭的防渗体系。

5.1.4 防渗设施的范围、高程、尺寸、抗震要求以及与其他部位或岸坡的连接等，应符合主体工程设计要求。

5.1.5 下列工程可采用土工合成材料防渗：

1 土石坝、堆石坝、砌石坝、碾压混凝土坝和混凝土坝等防渗；

2 堤坝前水平防渗铺盖，地基垂直防渗墙；

3 尾矿坝、污水库坝身及库区防渗；

4 施工围堰；

5 引水、输水渠道，蓄液池（坑、塘）；

6 垃圾和废料填埋场（坑）及贮存设施；

7 地铁、地下室和隧道、隧洞防渗衬砌；

8 路基；

合设计要求;

5 拼接合格后尽快分层回填。填料及压实不得损伤土工膜。

5.2.11 拼接质量检测可采用以下检测方法:

1 目测法:观察有无漏接、烫伤、褶皱,是否均匀等;

2 现场检测法:有充气法和真空抽气法;

3 试验室检测法:将焊接好的土工膜抽样送试验室做剪切和剥离试验。剪切强度不应小于母材抗拉强度的80%,且试样断裂不得在缝接处。

5.3 水利工程防渗

5.3.1 土石堤坝的防渗设计应符合下列规定:

1 土工膜类型、材质及厚度的选择应按水头、填料、垫层条件和铺设部位等确定;

2 土工膜用于1级、2级建筑物和高坝时应通过专门论证,膜厚度应按坝堤的重要性和级别采用。1级、2级建筑物土工膜厚度不应小于0.5mm,高水头或重要工程应适当加厚;3级及以下的工程,不应小于0.3mm;

3 防渗结构应确保其稳定性,可采取膜面加糙,按台阶形、锯齿形或折皱形铺设等方法提高其稳定性;

4 斜墙、心墙等用防渗材料应与坝基和岸坡防渗设施紧密连接,形成完整的封闭系统;

5 蓄水池、库底等大面积水下铺设时,防渗膜膜下应设置排水与排气措施。

5.3.2 混凝土坝、碾压混凝土坝、砌石坝的防渗设计应符合下列规定:

1 土工膜及复合土工膜可用于已建和新建混凝土坝、砌石坝等的上游面防渗。但用于1级、2级建筑物和高坝时应通过专门论证;

2 采用抗老化的土工膜及复合土工膜,膜厚度不应小于1.5mm。膜应固定于上游坝面;

3 膜与坝体的结合固定可采用锚固或锚固与粘贴结合的方法。

5.3.3 输水渠道的防渗设计应符合下列规定:

1 防渗材料的类型、材质及厚度应根据当地气候、地质条件和工程规模确定;

2 渠道边坡防渗材料的铺设高度应达到最高水位以上,并有符合要求的超高。防渗材料应予固定;

3 寒冷地区防渗结构应采取防冻措施。

5.3.4 采用土工膜作为防渗层,截断地下水流或地表水流时,应符合下列要求:

1 地下垂直防渗和地下截潜流采用的土工膜厚度不宜小于0.3mm。重要工程的膜厚度不宜小于0.5mm。置膜深度宜在15m以内;

2 用作垂直防渗墙时,透水层中粒径大于50mm的颗粒含量不得超过10%。槽内铺设土工膜应根据地基土质的具体条件,选用成槽机具和固壁方法;

3 挖槽置膜后,应及时回填,并应防止下端绕渗。土工膜的上端应与地面防渗体连接;

4 土工膜用作水库水平防渗(铺盖)时,膜厚度不应小于0.5mm,应采用无纺土工织物的复合膜。膜向水库大坝上游的展伸长度应按相关水工规范计算确定。库底应平整,清除尖硬杂物,膜下排水、排气设施和膜与岸边的密封连接应符合设计要求。

5.4 交通工程防渗

5.4.1 作为路基防渗隔离层,防止路基翻浆冒泥、防治盐渍化和防止地面水浸入膨胀土及湿陷性黄土路基采用的土工膜或复合土工膜,应置于路基的防渗隔离的适当位置,同时截断侧面来水(图5.4.1),并应设置封闭和排水系统。

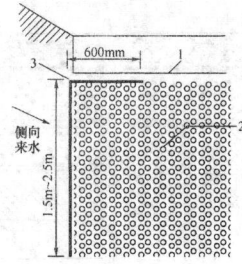

图 5.4.1 截断侧面来水
1—路面;2—碎石层;3—土工膜

5.4.2 地下铁道、交通隧道采用土工膜防渗设计时,应符合下列要求:

1 洞室排水防渗土工膜可采用复合土工膜,排水量较大的洞室可选用合适的防排水复合料;

2 岩体中的洞室、隧洞等,掘成后洞壁应喷浆形成平整面,再设复合土工膜(无纺织物应较厚)。交通隧道用土工膜防渗(图5.4.2)时,膜的土工织物一侧应与洞壁紧贴并固定;

3 洞室两侧壁下方应设纵向及横向排水沟、管。

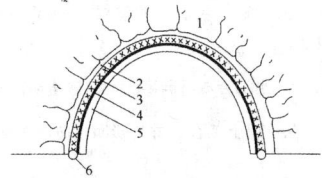

图 5.4.2 交通隧道用土工膜防渗示意图
1—岩体;2—水泥喷浆;3—土工织物;
4—土工膜;5—衬砌;6—纵向排水沟、管

5.5 房屋工程防渗

5.5.1 土工合成材料用于屋面防渗工程时,应符合下列规定:

1 复合土工膜在0.3MPa水压力作用下应能保证30min以上不漏水,耐热稳定性应符合设计要求;

2 复合土工膜可单独用作防水层,也可与其他防水材料结合做成多道防水层。使用时应做好表面防护;

3 复合土工膜的接缝及找平层的粘接剂应与所采用的复合土工膜匹配。

5.5.2 土工织物作为屋面涂膜防水胎基增强材料时,材料性能应满足屋面防水要求。

5.6 环保工程防渗

5.6.1 垃圾填埋场防渗系统设计应符合现行国家标准《生活垃圾填埋污染控制标准》GB 16889的有关规定,防渗方案和相应技术要求可按表5.6.1的规定执行。生活垃圾填埋场防渗结构(图5.6.1)可分为单衬、双衬等类型。

表 5.6.1 生活垃圾填埋场防渗方案选择

地基条件	防渗方案	技术要求
天然地基土 $k<1.0\times10^{-7}$cm/s,$d\geq2$m	天然地基防渗层	土压实后渗透系数$k<1.0\times10^{-7}$cm/s,压实土层厚度$d\geq2$m
天然地基土 $k<1.0\times10^{-5}$cm/s,$d\geq2$m	单层土合成材料防渗层	采用HDPE膜作为防渗衬层,其厚度不小于1.5mm;膜下的压实土厚度$d\geq0.75$m;压实后的渗透系数$k<1.0\times10^{-7}$cm/s
天然地基土 $k\geq1.0\times10^{-5}$cm/s或$d<2$m	双层土合成材料防渗层	采用HDPE膜作为防渗衬层,其厚度不应小于1.5mm;下层HDPE膜下压实土厚度$d\geq0.75$m;压实土的渗透系数$k<1.0\times10^{-7}$cm/s

注:k为渗透系数(cm/s),d为土层厚度(m)。

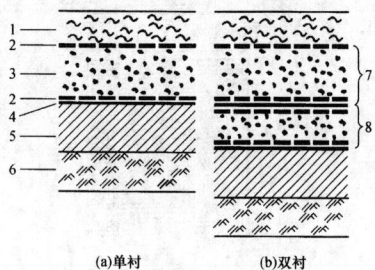

(a)单衬　　　　(b)双衬

图 5.6.1　垃圾填埋场防渗结构示意图
1—垃圾;2—土工织物滤层;3—透水料;4—土工膜;
5—压实土;6—基土;7—集液层;8—检测层

5.6.2　填埋场的双衬防渗系统应包括渗沥液集液层和渗沥液检测层,施工结束后应进行渗漏检测。渗沥液集液层在填埋场运行期间用于控制防渗土工膜 HDPE 上的渗滤液深度不应超过300mm,渗沥液检测层发现防渗层出现渗漏现象时,可及时采取措施。

5.6.3　填埋场最终填满后应及时封场,防止长期降水入渗。封场系统自下而上应包括气体导排层、防渗层、雨水导排层、最终覆土层和地面植被层。

5.7　土工合成材料膨润土防渗垫防渗

5.7.1　下列情况可用土工合成材料膨润土防渗垫或与土工膜联合使用:

1　地形复杂,土工膜焊接质量无法保证;
2　土工膜易受穿刺,要求防渗材自愈性强;
3　地基变形较大,要求防渗材适应性好;
4　气温变化较大;
5　被防渗土料与地下水的交换不被绝对切断。

5.7.2　隔渗材的防渗性能、界面抗剪强度等指标应通过试验测定。

5.7.3　隔渗材用于一般水利工程时(如渠道、水池等覆盖压力小情况),渗透系数应考虑合理取值。

5.7.4　隔渗材用于边坡防渗时,应验算坡面稳定性。

5.7.5　隔渗材在储运、操作等全过程中应符合下列要求:

1　材料应始终存放在防潮袋中,避免直立与弯曲,防止刺破;
2　铺设宜采用挖土机或装载机结合专用框架起吊(图5.7.5-1)。铺放应平整无皱折,不得在地上拖拉,不得直接在其上行车;

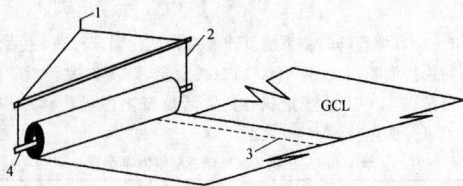

图 5.7.5-1　GCL 起吊装置示意图
1—吊索;2—框架;3—搭接线;4—刚性轴

3　现场铺设应采用搭接。当材料的一面为土工膜时,应焊接。纵横向搭接宽度不应小于150mm,端尾最小应为500mm。搭接处上下片之间应散铺膨润土粉或颗粒,用量宜为 0.4kg/m,并洒水使其粘合;

4　隔渗材应沿坡面展,不得形成横缝;上下片应搭叠,防止水流侵入。坡顶处材料应埋入锚固沟并回填;

5　遇贯穿物时,GCL 的布置(图5.7.5-2)应使其在与贯穿物或结构物连接处的隔渗材接触周边密闭;

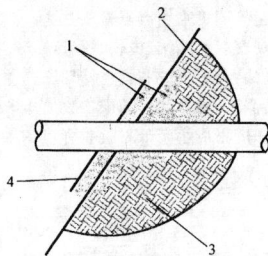

图 5.7.5-2　遇贯穿物时 GCL 的布置
1—膨润土膏或颗粒;2—GCL 主衬砌;3—基土;
4—GCL 次衬砌(搭接至少300mm)

6　隔渗材出现撕裂、穿孔等损伤时,应全部更换,或从新卷材切割片块,配置于损伤部位的上下。片块尺寸围绕损伤区最小搭接不应小于300mm。放片之前,应沿损伤部位四周布放膨润土粉末或膏;

7　隔渗材应避免与非极性液体接触。铺材后及时引净水至覆材区域,使其先充分水化。

6　防　　护

6.1　一　般　规　定

6.1.1　需要利用工程措施实现防冲、防浪、防冻、防震、固砂、险情抢护、防止盐渍化、防泥石流或需用轻质材料使结构减载等时,可选用相应的土工合成材料。

6.1.2　防护用的土工合成材料可根据结构形式和应力变形等条件选用。

6.1.3　下列工程可采用土工合成材料进行防护:

1　江河湖海和渠道、储液池护坡、护底;
2　水下结构基础防冲;
3　道路边坡防冲;
4　涵闸工程护底;
5　涵箱顶部减载;
6　减小路桥衔接处的不均匀沉降;
7　泥石流和悬崖侧建筑物障墙防冲;
8　沙漠地区砂篱滞砂和固砂;
9　爆炸物仓库防爆堤;
10　严寒地区防冻;
11　道路防止盐渍化;
12　隔振与减震;
13　其他。

6.1.4　下列工程可采用土工系统各种包裹体进行防护:

1　建造土坝、顺坝;
2　兴建坝堤或围堰;
3　围垦造地;

4 防治崩岸；

5 建造人工岛；

6 水上或软基上建造浮桥；

7 建造水下平台；

8 建造挡墙；

9 环保疏浚；

10 深海投放垃圾(不得含有毒、有害物质)；

11 其他。

6.2 软体排工程防冲

6.2.1 软体排材料可选用130g/m²以上的有纺土工织物连以尼龙绳网构成。单片软体排可用于一般防护，双片排体可用于重点区防护；按软体排上压载方式，砂肋排可用于淤积区，混凝土连锁排可用于冲刷区。

6.2.2 顺水流方向的排宽应为防护区的宽度、相邻排块缝接或搭接宽度和排体收缩需预留宽度的总和。相邻排块应采取缝接或搭接，搭接宽度不应小于1m。

6.2.3 垂直水流方向的软体排长度应为水上部分软体排长度与水下部分软体排长度之和。水上部分软体排长度应为水上坡面长度和坡顶固定所需长度之和。水下部分软体排长度应为与水上排衔接长度、水下坡长度(含折皱和计入伸缩量所需长度)和预计冲刷所需预留长度之和。

6.2.4 对软体排应进行下列验算：

1 抗浮稳定；

2 排体边缘抗冲刷稳定；

3 沿坡面抗滑稳定；

4 软体排上需要的压重。

6.2.5 软体排沉排施工应根据具体条件分别选用下列方法：

1 人工或机械直接沉排；

2 水上船体或浮桥沉排；

3 寒区冬季冰上沉排。

6.3 土工模袋工程护坡

6.3.1 设置模袋处的边坡不应陡于1∶1，水流流速不宜大于1.5m/s。

6.3.2 模袋护坡设计应包括下列内容：

1 岸坡稳定性验算；

2 模袋选型及充填厚度确定；

3 模袋稳定性验算；

4 模袋护坡的细部构造及边界处理。

6.3.3 模袋类型和规格应根据当地气象、地形、水流条件和工程重要性予以选择。

6.3.4 模袋应进行平面抗滑稳定性验算，其安全系数可按下式计算：

$$F_s = \frac{L_3 + L_2 \cos\alpha}{L_2 \sin\alpha} f_{cs} \tag{6.3.4}$$

式中：L_2、L_3——模袋长度(m)，如图6.3.4所示；

α——坡角(°)；

f_{cs}——模袋与坡面间界面摩擦系数，无实测资料时，可采用约0.5；

F_s——安全系数，应大于1.5。

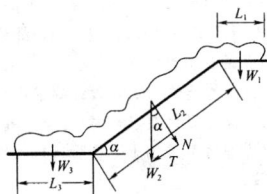

图6.3.4 抗滑稳定分析示意图

6.3.5 模袋厚度应通过抗浮稳定分析和抗冰推移稳定分析确定。

6.3.6 模袋护坡的细部构造和边界处理应符合下列要求：

1 顶部宜采用浆砌块石或填土予以固定；有地面径流处，坡顶应设置防止地表水侵蚀模袋底部的措施；

2 岸坡模袋底端应设压脚或护脚棱体，有冲刷处应采取防冲措施；

3 模袋护坡的侧翼宜设压袋沟；

4 相邻模袋接缝处底部应设土工织物滤层。

6.3.7 模袋护坡施工应符合下列要求：

1 坡面应清理整平，凹陷应填土压实；

2 模袋铺展后应拉紧固定，在充填混凝土或砂浆时不得下滑；

3 充填用混凝土及砂浆的配合比应符合设计要求；采用泵车充填时应连续，充填速度宜为10m³/h～15m³/h，充填压力宜为0.2MPa～0.3MPa，充填近满时，宜暂停片刻，再充至饱满；

4 需要排水的边坡应在混凝土或砂浆充填后初凝前开孔埋设排水管，间距宜为1.0m～1.5m。

6.4 土工网垫植被和土工格室工程护坡

6.4.1 用土工网垫植被护坡时，坡面应平整；应避免在高温、大雨或寒冷季节施工；土工网垫在坡顶、坡趾和坡中间应予固定。

护坡植物应根据当地气温、降水和土质条件等优选草种，必要时应进行试种。应选择土质适应性强、环境适应性强、根系发达、生长快和价格低廉的草种。

6.4.2 土工格室用于工程护坡时，可采用侧壁带孔的土工格室。格室应用钎钉固定，边坡稳定应进行验算。

6.4.3 沙漠地区可采用土工格室固定路堤边坡。格室上不得用压路机压实。

6.5 路面反射裂缝防治

6.5.1 防治路面反射裂缝的材料应符合下列要求：

1 土工织物的单位面积质量不应大于200g/m²，抗拉强度宜大于7.5kN/m，耐温性应在170℃以上；

2 玻纤格栅的孔眼尺寸宜为沥青面层骨料最大粒径的50%～100%，抗拉强度应大于50kN/m。

6.5.2 土工合成材料应铺设于新建沥青面层或旧路沥青罩面层的底部。可满铺或对应裂缝条铺。条铺宽度不宜小于1m。

6.5.3 半刚性基层和刚性基层表面铺沥青面层时，土工合成材料防裂层应根据基层表面裂缝情况确定。裂缝或接缝宜采用条铺方式，连续钢筋混凝土表面宜用满铺方式。

6.5.4 材料铺设应符合下列规定：

1 施工前旧路面应清扫干净，局部坑洞和严重不平的路面应进行整平；

2 长丝纺粘针刺无纺土工织物应先洒布粘层油再摊铺土工织物，最后再洒布粘层油，粘层油用量宜为0.6kg/m²～0.8kg/m²；聚酯玻纤土工织物应在原路面上喷洒0.6kg/m²～0.9kg/m²的重交通道路沥青或SBS改性沥青，喷洒温度宜为160℃～180℃，然后铺设土工织物，摊铺上层沥青混合料前可不再洒粘层油。铺设时应将土工织物拉紧、平整顺直；

3 玻纤格栅宜先铺设，再洒布热沥青粘层油，用量宜为0.4kg/m²～0.6kg/m²。应保证铺设平顺；

4 施工车辆不得在土工合成材料表面转弯。摊铺出现摊铺机车轮打滑时，应在粘层油表面撒石屑，用量宜为3m³/1000m²～5m³/1000m²。

6.6 土工系统用于防护

6.6.1 土工系统包裹体按其体积、形状和构造等可用于下列防护工程：

　　1　土工袋可用于堤坝芯材、护坡压载和护面等结构；

　　2　土工管袋可用于护岸、防冲、建围堤和人工岛，亦可用于工业废料脱水；

　　3　土工包可用于水下结构地基和处置废料垃圾；

　　4　土工箱笼可用于岸坡防护、护底、坡面防护等。

6.6.2　土工袋工程设计与施工应符合下列要求：

　　1　土工袋材料宜为有纺土工织物（有时结合使用无纺土工织物），材料拉伸强度、摩擦系数、透水性和耐久性应符合设计要求；

　　2　土工袋的几何尺寸应根据工程需要确定；

　　3　土工袋填土时的充满度不宜过高，宜为85%；应分层错开叠放，防止水流直接流过袋间空隙；叠袋坡不应陡于1:1.5，坡趾应采取防冲措施；

　　4　土工袋用于堤坝时，底部应垫反滤土工织物；

　　5　土工袋在水中经受水流流速不应大于1.5m/s～2.0m/s，浪高不大于1.5m；

　　6　土工袋用作堤芯时，外面应设置保护层。

6.6.3　土工袋用于防护堤坝时，其设计应符合下列规定：

　　1　土工袋体材料宜选用有纺土工织物。单位面积质量不应小于130g/m²，应符合反滤准则，能经受施工应力。极限抗拉强度不应小于18kN/m；

　　2　防护堤断面型式分全断面、双断面和单断面（图6.6.3）。堤身高度较低时，可选用全断面形式；较高时可选用双断面；单断面宜用于围垦造地工程；

　　3　充填料可采用砂性土、粉细砂类土，黏粒含量不应超过10%。充填密度不宜小于14.5kN/m³，充满度宜为80%～90%；

　　4　防护堤护坡与护底应满足堤防、海堤和防波堤的相关要求；

　　5　堤身整体稳定性应进行验算；

　　6　土工袋之间抗滑稳定性应进行验算。

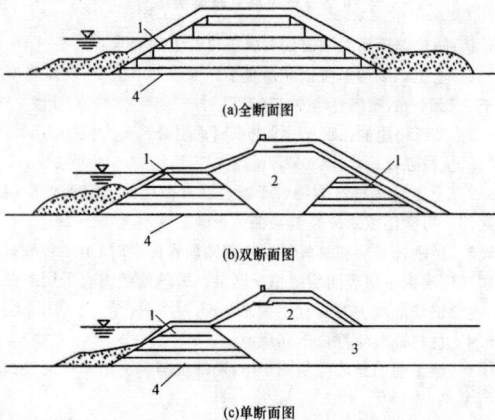

图6.6.3　土工袋（砂被）防护堤断面型式示意图
1—土工织物袋；2—充填土；3—吹填土；4—垫层

6.6.4　土工袋防护堤施工应符合下列规定：

　　1　场地应平整；

　　2　采砂处离堤趾有足够距离；

　　3　采用高压水枪造浆和充填，应按充填、进浆、二次充填的顺序进行。泥浆泵的出口压力宜为0.2MPa～0.3MPa，充满度为85%；

　　4　土工袋应垂直于堤轴线方向铺放，上下袋应错缝，不得形成贯通缝隙；

　　5　水下抛投时，应测定砂袋水面投掷点至沉落于河底的流动距离（流距），并应确定其投放的提前量。

　　6　充填后应尽快护面，不得长时间暴露于日照。

6.6.5　土工管袋设计应包括下列内容：

　　1　土工管袋的材料应为高强有纺土工织物。管袋几何尺寸应根据工程需要确定。织物要求的拉伸强度应通过设计确定；

　　2　土工管袋充填泥浆后，逐步失水固结，其高度逐渐降低。管袋固结后的稳定高度应进行估算，需满足工程设计要求；

　　3　管袋充填后其外形达到稳定所需的时间应进行估算。

6.6.6　土工管袋施工应符合下列要求：

　　1　施工前应平整场地；

　　2　应确定土工管袋的放置位置，沿管轴方向及管外侧可打小木桩以绳带固定其位置；

　　3　管袋下应铺设土工织物防冲垫层，避免管袋出水破坏地基；

　　4　注浆管、充填孔的衔接部位应保持竖直。铺设时应注意充填孔向上（沿着顶部中心线）；

　　5　管袋接头处可用小砂袋等填充空隙；

　　6　管袋应加外保护。

6.6.7　土工包设计应符合下列要求：

　　1　土工包的外裹材料应采用有纺土工织物，必要时可增加内衬。织物强度、反滤、抗紫外线性能、抗磨损能力应满足设计要求；

　　2　土工包体积较大时，可根据实践经验、施工观测作出初步设计以指导施工；

　　3　土工包应在驳船上封包砂料、疏浚物等形成大体积包裹体，依靠GPS将船拖到指定地点，开启船底，投放大包使其沉落于水底。

6.6.8　土工包施工应符合下列规定：

　　1　开底驳船的底板面应光滑。必要时，可在船底板上设HDPE板；

　　2　土工包在驳船甲板上应包装封闭，形状为长条形。装满度不宜过大，且不宜小于50%。长径比不宜大于2；

　　3　土工包接缝强度宜达到材料的拉伸强度；

　　4　船底开启度宜尽可能大。

6.6.9　土工箱笼设计应符合下列要求：

　　1　宜采用高强、高模量、抗老化、耐低温的土工合成材料，拉伸强度应大于30kN/m；抗紫外线剂炭黑掺量不应小于2%。金属丝应外涂PVC层防止锈蚀；

　　2　单个箱笼的最大尺寸宜为2m×1m×1m（长×宽×高）。长度大于1m时，应添加中间隔网。管状笼直径宜为0.5m～0.6m，每隔一定长度应加箍；

　　3　土工箱笼结构应进行笼体的稳定性分析。

6.6.10　土工箱笼施工应符合下列要求：

　　1　箱笼内填充石块应密实；

　　2　石笼高度大于0.5m时，沿高度每隔0.25m～0.40m用高强塑料绳将填料相互绑扎；

　　3　填充时应将箱笼放在平整的地面上；

　　4　箱笼下面应设置无纺土工织物滤层。

6.7　其他防护工程

6.7.1　土工合成材料建造障墙时，应符合下列规定：

　　1　障墙可由土工格栅箱笼堆筑而成，内部应填大块石或土工织物充填袋。箱笼断面宜呈梯形，并应采用筋绳将箱笼捆扎牢固；

　　2　障墙底部应设石块糙面垫层；

　　3　障墙墙体抗滑稳定性应满足设计要求；

　　4　排水能力应满足设计要求，必要时应设置消能墩。

6.7.2　流沙或寒冷地区可采用土工合成材料固砂、屏蔽流沙和建造滞砂篱或滞雪篱。

6.7.3　爆炸物仓库可采用土工合成材料建造防爆堤。防爆堤可为土工格栅加筋土堤，顶宽不宜小于2m，在坡面可植草或喷水泥砂浆护面。

6.7.4 严寒地区挡墙及涵闸底板可采用土工合成材料在墙背及板下设置保温层,并应符合下列规定:

　　1 保温层可采用聚苯乙烯板块。其材料强度、导热系数、吸水率应满足设计要求;

　　2 聚苯乙烯板块保温层的厚度应通过计算确定。小型工程可取当地标准冻深的 1/10~1/15,并不应小于 50mm;

　　3 保温板设置为单向、双向或三向。单向可设于墙背面,双向可设于墙背面和作为墙顶的地面层,三向可设于墙背面、墙顶地面层和垂直于墙轴的两端面。保温板长度应超出保温区范围;

　　4 保温板接缝处应密闭。铺设厚度大于 100mm 时,可采用双层板或企口板,接缝应错开。保温板应固定于墙背。

6.7.5 路桥交接处可用轻质聚苯乙烯板块作填料,可采用沉降计算法确定地基换填需要的开挖深度。

6.7.6 高填方路堤下穿堤涵洞、涵箱顶宽范围内可铺一定厚度的聚苯乙烯板块作为减载措施,降低洞、箱顶的竖向荷载,提高结构安全度。

7 加　筋

7.1 一 般 规 定

7.1.1 土工合成材料可用作加筋材改善土体强度,提高土工结构物稳定性和地基承载力。

7.1.2 用作加筋材的土工合成材料按不同结构需要可分为:土工格栅、土工织物、土工带和土工格室等。

7.1.3 下列工程可采用土工合成材料进行加筋:

　　1 加筋土挡墙;

　　2 加筋土垫层;

　　3 加筋土坡;

　　4 软土地基加固;

　　5 加筋土桥台、桥墩;

　　6 道路加筋;

　　7 桩网式加筋路基;

　　8 大坝抗震防护结构;

　　9 其他。

7.2 加筋土结构设计

7.2.1 加筋土结构设计应进行下列验算:

　　1 外部稳定性(整体稳定性)验算;

　　2 内部稳定性验算,包括加筋材料的强度验算和筋材锚固长度验算。

7.2.2 加筋土结构设计应通过计算,选择加筋材料、确定筋材的布放位置、长度和间距以及排水系统设计等。

7.2.3 加筋材料的选择应符合下列要求:

　　1 按本规范公式(3.1.3-1)求得的筋材允许强度应满足设计要求。同品种筋材应选用在设计使用年限内的蠕变量较低者;

　　2 界面摩阻力应通过试验确定,并选用摩阻力较高者。当无实测资料时,可按本规范第 3.1.5 条的规定选用;

　　3 抗磨损能力、耐久性应满足设计要求。

7.2.4 加筋土填料宜采用洁净粗粒料。

7.2.5 设计中应留有适当的安全裕量。外部稳定性安全系数应符合有关结构设计规范的规定。内部稳定性除特殊要求外,安全系数可采用 1.5。

7.3 加筋土挡墙设计

7.3.1 加筋土挡墙的组成部分应包括:墙面、墙基础、筋材和墙体填土(图 7.3.1)。

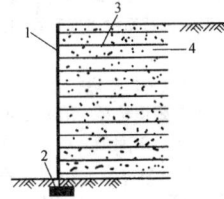

图 7.3.1 加筋土挡墙结构

1—墙面;2—墙基础;3—筋材;4—填土

墙面应根据筋材类型和具体工程要求确定,可采用整体式或拼装板块式的钢筋混凝土板、预制混凝土模块、包裹式墙面、挂网喷浆式墙面等类型。

7.3.2 加筋土挡墙按筋材模量可分为下列两种型式:

　　1 刚性筋式:用抗拉模量高、延伸率低的土工带等作为筋材,墙内填土中的潜在破裂面如图 7.3.2(a)所示;

　　2 柔性筋式:以塑料土工格栅或有纺土工织物等拉伸模量相对较低的材料作为筋材,墙内土中潜在破裂面如朗肯破坏面如图 7.3.2(b)所示。

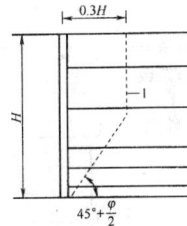

(a)刚性筋墙

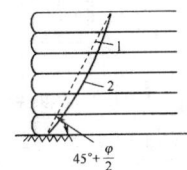

(b)柔性筋墙

图 7.3.2 两类加筋土挡墙的破裂面示意图

1—潜在破裂面;2—实测破裂面;φ—填土的内摩擦力

7.3.3 加筋土挡墙设计采用极限平衡法,应包括下列内容:

　　1 挡墙外部稳定性验算;

　　2 挡墙内部稳定性验算;

　　3 加筋材料与墙面板的链接强度验算;

　　4 确定墙后排水和墙顶防水措施。

7.3.4 外部稳定性验算应将整个加筋土体视为刚体,采用一般重力式挡墙的方法验算墙体的抗水平滑动稳定性、抗深层滑动稳定性和地基承载力。加筋土体可不做抗倾覆校核,但墙底面上作用合力的着力点应在底面中三分段之内。墙背土压力应按朗肯（Rankine）土压力理论确定（图7.3.4）。

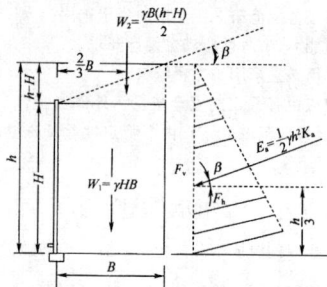

图7.3.4 墙背垂直、填土面倾斜时的土压力计算

7.3.5 内部稳定性验算应包括筋材强度验算和抗拔稳定性验算，并应按下列方法进行：

  1 筋材强度验算应符合下列规定：

    1）每层筋材均应进行强度验算。第 i 层单位墙长筋材承受的水平拉力 T_i 应按下式计算：

$$T_i = [(\sigma_{vi} + \sum \Delta\sigma_{vi})K_i + \Delta\sigma_{hi}]s_{vi}/A_r \quad (7.3.5\text{-}1)$$

  式中：σ_{vi}——验算层筋材所受土的垂直自重压力（kPa）；

    $\sum \Delta\sigma_{vi}$——超载引起的垂直附加压力（kPa）；

    $\Delta\sigma_{hi}$——水平附加荷载（kPa）；

    A_r——筋材面积覆盖率。$A_r = 1/s_{hi}$，筋材满铺时取1；

    s_{hi}——筋材水平间距（m）；

    s_{vi}——筋材垂直间距（m）；

    K_i——土压力系数。

    2）土压力系数 K_i 应按下列公式计算：

    对于柔性筋材［图7.3.5-1(a)］：

$$K_i = K_a \quad (7.3.5\text{-}2)$$

    对于刚性筋材［图7.3.5-1(b)］：

$$K_i = K_0 - [(K_0 - K_a)z_i]/6 \quad 0 < z \leqslant 6\text{m} \quad (7.3.5\text{-}3)$$
$$K_i = K_a \quad z > 6\text{m}$$

  式中：K_a——主动土压力系数；

    K_0——静止土压力系数。

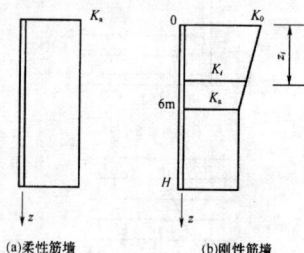

图7.3.5-1 挡墙土压力系数

    3）T_i 应满足下式要求：

$$T_a/T_i \geqslant 1 \quad (7.3.5\text{-}4)$$

  式中：T_a——筋材的允许抗拉强度，应符合本规范第3.1.3条的规定。

    4）当 T_a/T_i 值小于1时，应调整筋材间距，或改用具有更高抗拉强度的筋材。

  2 筋材抗拔稳定性验算应符合下列规定：

    1）第 i 层筋材的抗拔力 T_{pi} 应根据填土破裂面以外筋材的有效长度 L_{ei} 与周围土体产生的摩擦力（图7.3.5-2）按下式计算：

$$T_{pi} = 2\sigma_{vi}BL_{ei}f \quad (7.3.5\text{-}5)$$

  中：f——筋材与土的摩擦系数，应由试验测定；

    L_{ei}——筋材有效长度（m），即破裂面以外的筋材长度，该长度最小不得小于1m；

    B——筋材宽度（m）；筋材满堂铺时，$B=1$。

    2）筋材抗拔稳定性安全系数应按下式确定：

$$F_s = T_{pi}/T_i \quad (7.3.5\text{-}6)$$

    3）安全系数不应小于1.5。当不能满足时，应加长筋材或增加筋材用量，重新进行验算。

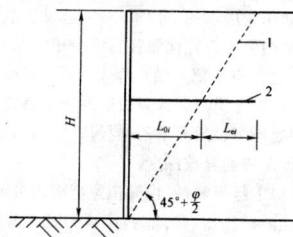

图7.3.5-2 筋材长度
1—破裂面；2—第 i 层筋材

7.3.6 第 i 层筋材总长度 L_i 应按下式计算：

$$L_i = L_{0i} + L_{ei} + L_{wi} \quad (7.3.6)$$

  式中：L_{0i}——第 i 层筋材破裂面以内长度（m）；

    L_{wi}——第 i 层筋外端部包裹土体所需长度，该长度不得小于1.2m；或筋材与墙面连接所需长度（m）。

为施工方便，自上而下筋材宜取等长度，墙高度较大时也可分段采用不同长度。

7.3.7 对于面板为模块的挡墙，模块上下面的抗剪力应符合设计要求：上下相邻筋材面的间距为块体宽度（墙前至墙后间的距离，W_u）的2倍或0.8m两者中的小值。最上层筋材以上和底部筋材以下的面板最大高度不得大于 W_u。

法向压力下模块间的抗剪力应超过面板处水平土压力，安全系数不应小于2。

7.3.8 加筋土挡墙应设置墙内、外的排水措施，并应符合下列规定：

  1 外部排水可在墙顶地面做防水层（如不透水夯实黏土层或混凝土面板等），向墙外方向设散水坡和纵向排水沟，将集水远导。

  2 墙内排水可根据具体条件选用合理的结构型式，但各种排水措施均应通过墙面的冒水孔管将水导出墙外。

  3 挡墙建在丰水山坡坡趾或塌方处时，应向坡内钻仰斜排水管。

7.4 软基筑堤加筋设计与施工

7.4.1 软基上筑堤可在堤底铺设底筋（土工织物或土工格栅）。

7.4.2 当地基土极软，地面又没有草根系覆盖，筋材采用土工格栅时，宜先在地面铺一层单位面积质量不大的无纺土工织物作为隔离层。

7.4.3 利用底筋法加固软基的设计应采用土力学极限平衡总应力分析法，且应包括下列内容：

  1 按常规方法对典型的堤坝断面进行圆弧滑动稳定分析，得到未设置底筋时堤坝的最小安全系数为 F_{su}，而要求的安全系数为 F_{sr}。当 $F_{su} < F_{sr}$ 时，应铺设底筋；

  2 软土地基的承载力验算；

  3 底筋地基的深层抗滑稳定性验算；

  4 底筋地基的浅层抗滑稳定性验算；

  5 地基的沉降计算。

7.4.4 地基承载力验算应符合下列要求：

  1 当地基软土层厚度远大于堤底宽度时，地基极限承载力 q_{ult} 应按下式计算：

$$q_{ult} = C_u N_c \quad (7.4.4\text{-}1)$$

式中：C_u——地基土的不排水抗剪强度(kPa)。

　　　N_c——软基上条形基础下地基承载力因数，N_c取5.14；

　　2　当地基软土层具有限深度时，应进行坡趾处的抗挤出分析。软土层厚度$D_s < L$(图7.4.4)时，抗挤出的安全系数应按下式计算：

$$F_s = \frac{2C_u}{\gamma D_s \tan\theta} + \frac{4.14C_u}{\gamma H} \qquad (7.4.4-2)$$

式中：γ——坡土容重(kN/m³)；

　　　其他符号意义如图7.4.4所示。

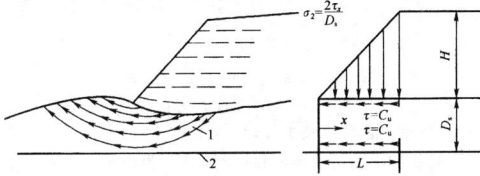

图7.4.4　坡趾承载力校核

1—软土；2—硬土

7.4.5 地基深层抗滑稳定性验算应符合下列要求：

　　1　针对未加底筋的深层软土地基及其上土堤进行深层圆弧滑动稳定分析。如果算得的安全系数大于(及等于)F_{sr}，则无需铺设底筋。但尚应再复核土堤抗浅层平面滑动的能力。

　　2　如果安全系数低于F_{sr}，则要求底筋的抗拉强度T_g(图7.4.5)应按下式计算：

$$T_g = \frac{F_{sr}(M_D) - M_R}{R\cos(\theta - \beta)} \qquad (7.4.5)$$

式中：M_D、M_R——未加筋地基圆弧滑动分析时对应于最危险滑动圆的滑动力矩和抗滑力矩(kN·m)；

　　　R——滑动圆半径(m)；

　　　θ——筋材与滑弧相交点处切线的仰角(°)；

　　　β——原来水平铺放的筋材在圆弧滑动时其方位的改变角度(°)。地基软土或泥炭等可采用$\beta = \theta$。$\beta = 0$为最保守情况。

　　3　采用双层或多层筋时，相邻两层筋间应隔以粒料(砂等)。

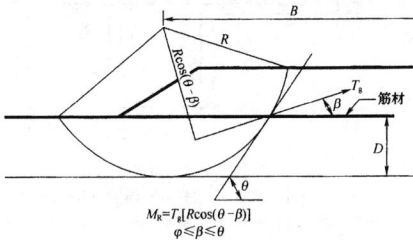

$$M_R = T_g[R\cos(\theta - \beta)]$$
$$\varphi \leqslant \beta \leqslant \theta$$

图7.4.5　地基深层抗滑稳定性验算

7.4.6 浅层平面抗滑稳定性验算应符合下列要求：

　　1　针对未加底筋的浅层软土地基及其上土堤进行浅层抗滑稳定分析(图7.4.6)。分析应按下式计算：

$$F_s = \frac{L\tan\varphi_f}{K_a H} \qquad (7.4.6-1)$$

式中：φ_f——堤底与地基土间的摩擦角(°)；

　　　K_a——堤身土的主动土压力系数。

　　如果算得的安全系数大于(及等于)F_{sr}，则无需铺设底筋。

　　2　如果安全系数低于F_{sr}，则需铺设底筋。要求的底筋抗拉强度T_{ls}[图7.4.6(b)]应按下式计算：

$$F_{sr} = \frac{2(LC_a + T_{ls})}{K_a \gamma H^2} \qquad (7.4.6-2)$$

式中：C_a——地基土与底筋间的黏着力(kPa)。由不排水试验测定。对极软地基土和低堤，可设$C_a = 0$。

　　3　土堤沿底筋顶面的抗滑稳定分析仍按公式(7.4.6-1)和图

7.4.6(a)进行，但公式中的φ_f应改用φ_{sg}(堤底与底筋面间的摩擦角)。

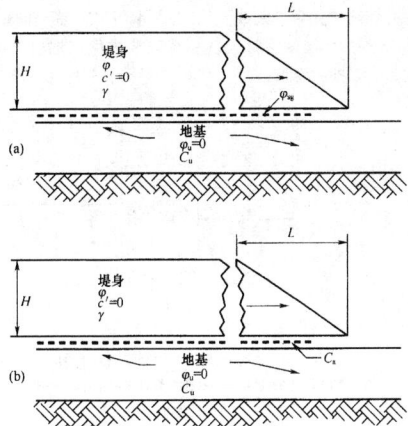

图7.4.6　地基平面抗滑稳定性验算

7.4.7 应取本规范第7.4.5条和第7.4.6条验算结果中的最大值作为筋材需要提供的拉力值。尚应按本规范公式(3.1.3-1)将该值转换为要求的底筋抗拉强度T。

　　另外，选择筋材尚应计及筋材的变形限制，即要考虑筋材的拉伸模量。

7.4.8 地基沉降量与沉降速率可按未加筋时的常规方法估算。

7.4.9 底筋地基施工应符合下列要求：

　　1　场地应平整，并保留透水根系垫层；

　　2　筋材应宽，不应沿纵向接缝，卷材纵向应垂直于堤轴线，人工拉紧使无褶皱；铺筋后，应在48h内填土；

　　3　填土前应检查筋材有无损坏，当有损坏时应及时处理；

　　4　极软地基和一般地基应按相应工序和要求施工。

7.5　加筋土坡设计与施工

7.5.1 加筋土坡筋材可采用土工格栅、土工织物、土工格室或土工网等。

7.5.2 加筋土坡应沿坡高按一定垂直间距水平方向铺放筋材，土坡的地基稳定性和承载力应满足设计要求。

7.5.3 加筋土坡设计应符合下列要求：

　　1　应先对未加筋土坡进行稳定分析，得出最小安全系数F_{su}，并与设计要求的安全系数F_{sr}比较。当$F_{su} < F_{sr}$时，应采取加筋处理措施；

　　2　将本条第1款中所有$F_{su} \approx F_{sr}$的潜在滑弧与滑动面绘在同一幅图中，各滑弧面和平面的外包线即为需要加筋的临界范围(图7.5.3-1)。筋材长度应为至外包线的长度加锚固长度之和；

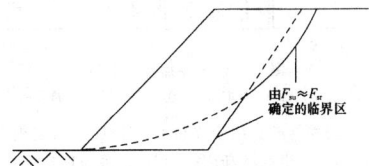

图7.5.3-1　有待加筋的临界区范围

　　3　针对每一假设潜在滑弧，所需筋材总拉力T_s(单宽)应按下式计算：

$$T_s = (F_{sr} - F_{su})M_D/D \qquad (7.5.3)$$

式中：M_D——未加筋土坡某一滑弧对应的滑动力矩(kN·m)；

　　　D——对应于某一滑弧的T_s对于滑动圆心的力臂(m)。当筋材为独立条带(如图7.5.3-2中的$D = Y$时)，T_s作用点可设定在坡高的1/3处。

　　4　各滑弧中T_s的最大值T_{smax}应为设计所需的筋材总加筋

力。当坡高小于6m时，沿坡高可取单一等间距布筋；当坡高大于6m时，沿坡高可分为二区或三区，各区取各自的单一间距布筋；

5 布筋后各层的筋材强度验算和抗拔稳定性验算应符合本规范第7.3.5条的要求；

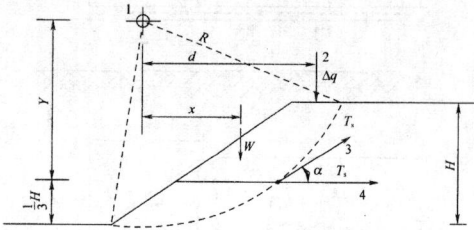

图 7.5.3-2 确定加筋力的圆弧滑动计算
1—滑动圆心；2—超载；3—延伸性筋材满铺拉力（$D = R$）；
4—独立条带筋材拉力（$D = Y$）

6 坡面应植草或采取其他有效的防护，并应设置排水措施。坡内应设置有效的截排水设施。

7.5.4 加筋土坡施工应符合下列规定：

1 填土质量应符合设计要求。压实机械运作时，机械底面与筋材间的土料厚不应小于300mm；

2 当坡面缓于1：1且筋材垂直间距不大于400mm时，坡面处筋材端部可不包裹；否则应予以包裹，折回段应压在上层土之下；

3 对于陡坡，坡面处可采用下列方法之一予以处理：

1）土工袋坡面：以装土工工袋作坡面，土内拌草籽，筋材绕裹土工袋压在上层填土之下；

2）格宾坡面：筋材与格宾连接或压在二层格宾之间，格宾中含土与草籽；

3）金属网坡面：金属网制成有支撑的角型体，其内放置草网垫，其后的压实耕土中含草籽。

7.6 软基加筋桩网结构设计与施工

7.6.1 在极软地基上按常规速度建堤，但要求消除过大的工后沉降时，可采用土工合成材料和碎石或砂砾构成的加筋网垫形式的桩网支承结构。

7.6.2 加筋桩网基础可在软基中设置带桩帽的群桩，利用其上的土工合成材料传力承台和桩间土形成的拱作用，将堤身重量通过桩柱传递给桩下相对硬土层（图7.6.2）。

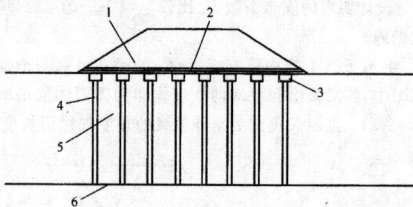

图 7.6.2 软基加筋桩网结构
1—堤；2—传力承台；3—桩帽；4—桩柱；5—软基土；6—持力相对硬土层

7.6.3 加筋桩网基础宜用于堤高不大于10m的工程。设计内容应包括：桩型选择、沿堤横断面桩的分布、堤坡稳定性校核、传力承台或加筋网垫设计和筋材强度确定。

1 桩可采用木桩、预制混凝土桩、振动混凝土桩、水泥土搅拌桩等。桩顶应设配筋桩帽；

2 桩间距宜为1.5m～3.0m。沿堤横断面要求桩分布的范围L_p（图7.6.3-1）可按下列公式计算：

$$L_p = H(n - \tan\theta_p) \qquad (7.6.3-1)$$

$$\theta_p = 45° - \frac{\varphi_{em}}{2} \qquad (7.6.3-2)$$

式中：H——堤身高度（m）；

n——堤坡坡率；

θ_p——与垂线的夹角（°）；

φ_{em}——堤身土的有效内摩擦角（°）。

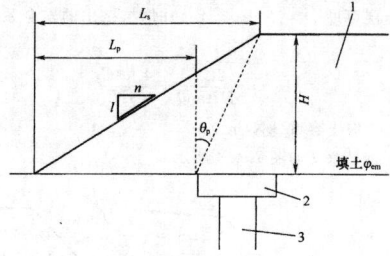

图 7.6.3-1 桩的分布范围计算
1—堤；2—桩帽；3—桩柱

3 堤坡稳定性校核应符合下列规定：

1）堤坡下筋材的强度和长度应满足设计要求。抵抗坡肩处主动土压力 P_a 将堤土推动，筋材抗拉力 T_{ls}（图7.6.3-2）应满足下列公式的要求：

$$T_{ls} \geqslant P_a = \frac{1}{2}K_a f_1 (\gamma H + 2q) H \qquad (7.6.3-3)$$

$$K_a = \tan^2\left(45° - \frac{\varphi_{em}}{2}\right) \qquad (7.6.3-4)$$

式中：K_a——主动土压力系数；

f_1——荷载因数，f_1取1.3；

γ——填料容重（kN/m³）。

提供抗拉力 T_{ls} 的锚固长度 L_e 应按下式计算：

$$L_e = \frac{T_{ls} + T_{rp}}{0.5\gamma H C_i \tan\varphi_{em}} \qquad (7.6.3-5)$$

式中：C_i——筋材与堤土之间抗滑相互作用系数，$C_i < 1$，C_i宜取0.8；

T_{rp}——堤轴向筋材拉力（kN/m）。

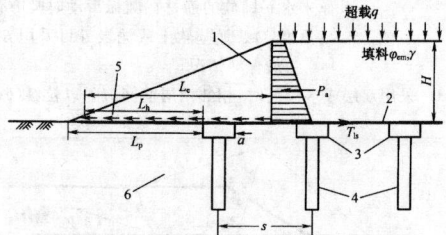

图 7.6.3-2 堤坡抗挤滑验算
1—堤；2—筋材；3—桩帽；4—桩柱；5—外向剪应力；6—基土

2）地基与堤身整体稳定性验算应按传统的圆弧滑动法验算。计算中应考虑桩柱的抗剪力和承台底筋的抗拉作用。

7.6.4 加筋网垫设计应符合下列要求：

1 加筋网垫设计按悬索线理论法设计；

2 土拱作用使桩顶平均垂直应力 p_c' 与堤底平均垂直应力 σ_v' 之比可按下列公式计算：

$$\frac{p_c'}{\sigma_v'} = (C_c a/H)^2 \qquad (7.6.4-1)$$

$$\sigma_v' = f_{fs}\gamma H + f_q q \qquad (7.6.4-2)$$

式中：f_{fs}——土单位质量分项荷载因数，取1.3；

f_q——超载分项荷载因数，取1.3；

C_c——成拱系数。

对于端承桩：

$$C_c = 1.95\frac{H}{a} - 0.18 \qquad (7.6.4-3)$$

对于摩擦桩：

$$C_c = 1.50\frac{H}{a} - 0.07 \qquad (7.6.4-4)$$

3 悬索承受的竖向荷载 W_T 应按下列公式计算：

当 $H>1.4(s-a)$ 时：

$$W_T=\frac{1.4sf_{fs}\gamma(s-a)}{s^2-a^2}\left(s^2-a^2\frac{p_c'}{\sigma_v}\right) \quad (7.6.4-5)$$

当 $0.7(s-a)\leqslant H\leqslant1.4(s-a)$ 时：

$$W_T=\frac{s(f_{fs}\gamma H+f_q q)}{s^2-a^2}\left(s^2-a^2\frac{p_c'}{\sigma_v}\right) \quad (7.6.4-6)$$

4 筋材的单宽拉力 T_{rp} 应按下式计算：

$$T_{rp}=\frac{W_T(s-a)}{2a}\sqrt{1+\frac{1}{6\epsilon}} \quad (7.6.4-7)$$

式中：ϵ——筋材的应变。堆重全部传递给桩时的最大应变为 6%。

5 传力承台筋材的总设计强度 T_t 应按下列公式计算：

堤轴线方向：

$$T_t=T_{rp} \quad (7.6.4-8)$$

横贯堤轴线方向：

$$T_t=T_{ls}+T_{rp} \quad (7.6.4-9)$$

7.6.5 施工应按常规公路标准进行，传力承台施工应符合下列要求：

1 填料应采用高强度粒料。土料宜为 GW（级配良好砾）、GW-GM（级配良好砾-粉土质砾）；

2 加筋材料应为土工格栅或高强有纺土工织物，拉伸强度和伸长率应符合设计要求；

3 布筋位置和高程应符合设计要求。桩帽边缘处筋材中的拉力最大，应在桩帽上放置尺寸稍大的无纺织物缓冲垫层。筋材在堤宽方向应避免接缝；

4 填料铺摊厚度，对机械压实处宜为 250mm，人工夯实处宜为 150mm。压实含水率应控制为 $w_{op}\pm2\%$，压实度不应小于 95%。压实应现场检查；

5 碾压机离筋材的垂直距离不宜小于 150mm。机械宜直行。

8 施工检测

8.1 一般规定

8.1.1 土工合成材料从材料进场、检验、存储到各施工环节及验收，均应进行检测。

8.1.2 材料进场应逐批检查供货是否与批准的种类、型号（规格）相符；是否具有产品的合格证和相关证明文件，以及经国家或省级计量认证单位出具的检测报告。应检查材料有无损伤。如不相符，或有损伤，应予退货或更换。

8.1.3 大幅材料需要供货方事先在厂内连接时，应检查其用材、尺寸和连接是否合格。

8.1.4 施工中每道工序完成经验收合格后，方可进行下一道工序。工序检测内容应列入施工规定。

8.2 检测要求

8.2.1 施工检测应按不同工序中的具体内容和允许偏差逐项检查。

8.2.2 反滤排水工程施工检测应符合下列要求：

1 地下排水沟、管应符合下列规定：

1）无纺土工织物应符合反滤准则，不得沾污受损；

2）排水沟底部应达设计高程，纵向不得有反坡；

3）织物铺放的顺机向应与水流方向一致，不得有折皱，织物与地面应紧贴；

4）织物搭接宽度应符合设计要求；可能发生位移的应加钉固定，上游片应搭在下游片之上；

5）排水沟顶部织物搭接宽不应小于 0.3m；沟顶回填土料应压实，压实度不应小于 95%。

2 软式排水管应符合下列规定：

1）埋管底部应铺砂卵石，安放软管，分层回填压实；

2）接头处应剪去钢丝圈，相互套接，以尼龙绳捆紧，包以无纺土工织物；

3）外包尼龙纱应少受日光照射。

3 塑料排水带应符合下列规定：

1）插带平面位置应准确；

2）插带深度应达设计高程，插带应垂直；

3）插带时带外滤膜不得扯破，带底应可靠锚固；

4）排水带接长时，芯板平接不应小于 0.2m，并应将滤膜覆盖包好；

5）地面应设横向排水砂垫层，厚度不应小于 0.4m。

8.2.3 防渗工程施工检测应符合下列要求：

1 土工膜与复合土工膜防渗应符合下列规定：

1）铺设大面积水下防渗膜应在整平地面后做好排水排气系统；地面不得有坚硬突起物；

2）坡上铺设的土工膜应埋在坡顶锚固沟内；

3）土工膜焊接后应按规定方法检测其密闭性；复合土工膜焊接后应将复合用土工织物整平；土工膜胶接后，除应检验其密封性外，尚应论证其胶结剂长期在水下的可靠性；

4）土工膜与周围地基和结构物的连接应形成完整的密闭系统。

2 GCL 防渗应符合下列规定：

1）坡上铺设应锚固；

2）块间连接宽度应符合规定，搭接块间应布放膨润土膏，搭接缝不应形成水平缝；

3）铺放后洒水应使防渗层充分水化；

4）覆盖层不得含有钙、镁等高价离子的土料。

8.2.4 防护工程施工检测应符合下列要求：

1 软体排防冲防浪工程应符合下列规定：

1）铺放排体应准确定位；排片搭接，上游片应搭在下游片之上；排片上要及时压重；

2）水下排末端做好防冲结构。

2 护坡垫层工程应符合下列规定：

1）织物的顺机向应平行于水流向；

2）相邻织物搭接宽度应符合设计要求；保护层可能发生移动时应以钉锚固；

3）织物应按设计要求埋入锚固沟；水下末端做好防冲结构。

3 土工模袋护岸工程应符合下列规定：

1）水上、水下锚固沟应符合设计要求；

2）充灌用混凝土及砂浆的原材料、配合比和拌和物性能均应符合设计要求；

3）充灌应自下而上，自上游往下游，由深水至浅水进行；充灌过程中及时调整松紧器；充灌后 1h 设置排水管；充灌完毕后及时以水冲洗表面灰渣，待养护；

4）充满度应符合设计要求。

4 路面防止反射裂缝工程应符合下列规定：

1）铺加筋材料应拉紧；横向连接用钉固定，纵向连接可用粘层油；

2）搭接宽度应符合设计规定。转弯处织物应搭接或切割，顺转向叠盖，前一片在上，加固定钉；格栅要割断，顺转向布放；

3）铺设土工织物前应在地面洒粘层油，铺料后，再洒粘层油；用玻纤格栅时，则在铺后洒热沥青粘层油；用油量应符合设计规定。

8.2.5 加筋土工程施工检测应符合下列要求：

1 加筋土挡墙应符合下列规定：

　　1）墙体范围内的地基应用振动碾或汽胎碾压实至规定的压实度；

　　2）筋材的主强度方向应垂直于墙面；

　　3）墙面处为格栅包裹结构时，应采用土工织物或其他材料作内衬，防止填土漏失；

　　4）锚固长度抽查不应小于 2%。

2 软基加筋垫层应符合下列规定：

　　1）筋材的顺机向应垂直于堤轴线；接缝不得平行于轴线，必要时需设钉固定；

　　2）分层回填应始终保持筋材处于拉伸状态。

3 加筋土坡应符合下列规定：

　　1）筋材顺机向应垂直于坡面，加钉防位移；

　　2）筋材垂直间距不宜大于 400mm，边坡不应陡于 1∶1；

　　3）按设计筋材末端要求包裹时，返回长度不应小于 1.2m；

　　4）筋材长度抽查不应小于 2%。

4 软基加筋桩网结构应符合下列规定：

　　1）传力承台填料应符合设计要求；应采用具有高抗剪强度的粗粒土作填料；

　　2）筋材布放位置与高程应符合设计要求；

　　3）填料应分层填筑，分层压实度不应小于 95%，含水率应控制为 $w_{op} \pm 2\%$。

本规范用词说明

1 为便于在执行本规范条文时区别对待，对要求严格程度不同的用词说明如下：

　　1）表示很严格，非这样做不可的：

　　　　正面词采用“必须”，反面词采用“严禁”；

　　2）表示严格，在正常情况下均应这样做的：

　　　　正面词采用“应”，反面词采用“不应”或“不得”；

　　3）表示允许稍有选择，在条件许可时首先应这样做的：

　　　　正面词采用“宜”，反面词采用“不宜”；

　　4）表示有选择，在一定条件下可以这样做的，采用“可”。

2 条文中指明应按其他有关标准执行的写法为：“应符合……的规定”或“应按……执行”。

引用标准名录

《生活垃圾填埋污染控制标准》GB 16889

中华人民共和国国家标准

土工合成材料应用技术规范

GB/T 50290—2014

条 文 说 明

修 订 说 明

《土工合成材料应用技术规范》GB/T 50290—2014，经住房城乡建设部 2014 年 12 月 2 日以 657 号公告批准发布。

本规范是在《土工合成材料应用技术规范》GB 50290—98 的基础上修订而成的，原规范的主编单位是水利部水利水电规划设计总院，参编单位是华北水电学院北京研究生部、中国土工合成材料工程协会、交通部天津港湾工程研究所、铁道科学研究院、民航机场设计总院、交通部重庆公路科学研究所、南京玻璃纤维研究设计院、国家纺织局规划发展司等，主要起草人员是王正宏、董在志、杨灿文、王育人、曾锡庭、钟亮、邓卫东、刘聪凝、吴纯、窦如真等。

本次修订的主要技术内容有：①补充了新型材料，完善了土工合成材料分类体系；②修改了材料强度折减系数，增加了材料渗透性指标折减系数；③增加了土石坝坝体排水、道路排水、地下埋管降水等内容，补充完善了反滤准则和设计方法；④增加了土工合成材料膨润土防渗垫防渗内容，完善与增加了土工膜防渗设计与施工内容；⑤增加了土工系统用于防护内容；⑥增加了加筋土结构设计、软基筑堤加筋设计与施工、软基加筋桩网结构设计与施工等内容；⑦增加了施工检测一章。

本规范修订过程中，编制组进行了广泛的调查研究，认真总结了以往尤其是原规范制订以来我国有关土工合成材料应用技术的实践经验，并参考了有关国家标准、行业标准和国外标准，在听取国内众多专家意见的基础上，经多次认真讨论、修改，最后由水利部会同有关部门审查定稿。

为便于广大设计、施工、科研、学校等单位有关人员在使用本规范时能正确理解和执行条文规定，《土工合成材料应用技术规范》编制组按章、节、条顺序编制了本规范的条文说明，对条文规定的目的、依据以及执行中需注意的有关事项进行了说明。但是，本条文说明不具备与规范正文同等的法律效力，仅供使用者作为理解和把握本规范规定的参考。

目 次

1 总 则

1.0.1 20世纪80年代初,土工合成材料的土工织物、土工膜等在我国已开始应用和研究。1998年我国发生特大洪水后,陆续编制和发布了国家和各行业的土工合成材料的设计和施工标准,执行已超过15年,完成了众多的工程项目,包括国家的许多重大工程。多年来从实践中积累了丰富的经验,加之国内外无论在新材料、新技术或新理论等方面皆有较大创新和发展。在此基础上,对《土工合成材料应用技术规范》GB 50290—98(以下简称原规范)进行了修订,使其内容更加充实和先进,工程人员借此在应用该技术时,可使选材更加经济合理,设计与施工水平进一步提高,工程质量更加完善。

1.0.2 水利、电力、铁路、公路等各行业的土建工程中需要解决的问题都涉及岩土体的稳定、变形、防排水与处理与加固等方面,而土工合成材料种类繁多,功能多样,能基本上弥补岩土体性能在诸多方面的不足,故可满足各行业工程所需。

1.0.3 土工合成材料配合岩土工程应用,只是主体工程中的一个组成部分,其设计施工原理与操作均应与主体工程协调一致;另外,对不同行业,由于特殊要求,在一些细节上常有差异,故在遵守本规范规定的同时,尚应满足国家现行有关标准的规定。

2 术语和符号

2.1 术 语

本节所列的术语是本规范中提及的各种技术词汇,旨在帮助读者更准确地理解它们的含义,从而更深入地掌握各条文述及的技术内容。术语涵盖以下诸方面的内容:材料的名称、材料的功能、材料的性能、技术指标以及少量的工程名称。对术语的定义参考了《土工合成材料工程应用手册》、美国材料与试验协会(ASTM)标准及国际土工合成材料学会(IGS)等的有关资料与文献。IGS于2009年9月颁布了第5版的《土工合成材料的功能、术语、数学和示图符号的推荐性说明》。

2.1.1 土工合成材料产品的原料主要为聚丙烯(PP)、聚乙烯(PE)、聚酯(PET)、聚酰胺(PA)、高密度聚乙烯(HDPE)、发泡聚苯乙烯(EPS)、聚氯乙烯(PVC)、低密度聚乙烯(LDPE)和线形低密度聚乙烯(LLDPE)等。

以上所列材料是制造土工合成材料的最常见的和最通用的原材料。国际和国内已将高密度聚乙烯 HDPE 的写法改为 PE-HD。其他也类似,如 EPS 改为 PS-E,LLDPE 改为 PE-LLD,CPE 改为 PE-C 等,具体参见现行国家标准《塑料 符号与缩略语》GB/T 1844 和《塑料制品标志》GB/T 16288 等。本规范仍暂按传统写法,但望读者注意此改变。

土工合成材料主要包括土工织物、土工膜、土工复合材料和土工特种材料等(图1)。分类系统根据 IGS 分类法编写。

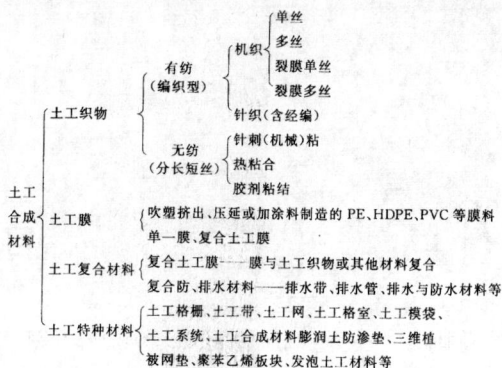

图 1 土工合成材料的分类

2.2 符 号

本节所列符号是各章共用和出现频率较高的符号。岩土工程中常见的业已俗成的通用符号未予列入。

3 基 本 规 定

3.1 材 料

3.1.1 本条规定已包含材料性能测试的常用项目,应根据工程的需要从中选用。

材料应根据工程要求的性能指标优选,不应简单地按物理性能指标(例如单位面积质量等)确定。材料在工程中发挥作用常取决于其主要的力学性能指标,而简单的物理性能指标经常不能反映其特点。特别是有些新产品,由于新材料的应用,单位面积质量虽然减小了,但强度反而有增大或改善。

3.1.2 土工合成材料的性能常随所处温度、压力、试样尺寸等而改变(如无纺土工织物孔径随法向应力而改变等),试验时应使材料处于实际工作条件下。

3.1.3 高分子材料有别于常规材料,其强度受时效与施工影响显著。设计时,首先应考虑材料受不同因素的影响,以材料安全系数反映。它们不同于一般稳定性校核时的工程安全系数 F_s。公式(3.1.3-2)中各折减系数在无实际数据时,可参考表1~表3合理取值。公式(3.1.1-2)和相应各表所列数值为目前国际上所通用,暂引录供设计者查用。

表 1 蠕变折减系数 RF_{CR}

加筋材料	折减系数 RF_{CR}
聚酯(PET)	2.5~2.0
聚丙烯(PP)	5.0~4.0
聚乙烯(PE)	5.0~2.5

表 2 施工损伤折减系数 RF_{iD}

加筋材料	填料最大粒径为102mm，平均粒径 D_{50} 为30mm	填料最大粒径为20mm，平均粒径 D_{50} 为0.7mm
HDPE 单向土工格栅	1.20～1.45	1.10～1.20
PP 双向土工格栅	1.20～1.45	1.10～1.20
PP、PET 有纺土工织物	1.40～2.20	1.10～1.40
PP、PET 无纺土工织物	1.40～2.50	1.10～1.40
PP 裂膜丝有纺土工织物	1.60～3.00	1.10～2.00

注：1 用于加筋的土工织物的单位面积质量不应小于 $270 g/m^2$；
　　2 单位面积质量低、抗拉强度低的加筋材料取表列系数中的大值。

表 3 PET 加筋材料的老化折减系数 RF_D

工作环境的 pH 值	5＜pH＜8	3＜pH＜5,8＜pH＜9
土工织物，Mn＜20000,40＜CEG＜50	1.60	2.00
涂面土工格栅，Mn＞25000,CEG＜30	1.15	1.30

注：1 Mn 为分子量，CEG 为碳酰基；
　　2 表中 pH 值为材料所处介质的酸碱度。

需指出，公式(3.1.3-2)及表1～表3均引自美国 FHWA 的最新标准。我国仅有公路系统对公式(3.1.3-2)中的折减系数 RF_{iD} 立项做过研究，其他两项系数也有个别单位做过少量研究，但研究欠系统，有些成果未对外正式发表。故本规范仍推荐参考有权威性的国外标准。

原材料为 PET 的加筋材料的老化折减系数 RF_D 见表3。PP 与 HDPE 加筋材料制造时掺入了要求数量的抗老化、抗氧化剂，在温度为20℃，设计使用寿命为100年时，老化折减系数可采用1.1。

加筋材料的蠕变特性随原材料、加工工艺等变化较大(尤其是蠕变折减系数)，在有认证的实测指标，并经业主同意的条件下，公式(3.1.3-2)中的各项系数允许按实测指标采用。

目前我国工程中应用的加筋材料多数为塑料土工格栅，此外尚有钢塑格栅、玻纤格栅等，它们的原材料和构造等均不同于塑料格栅，其性能影响因素也不同，故需强调：本条中给出的各折减系数都是针对塑料格栅而言的，不能直接套用于其他类型的格栅。

公式(3.1.3-1)、公式(3.1.3-2)系引自美国联邦公路管理局的 Publication NO. FHWA NHI-06-116，Feb. 2007。需要指出，在该文献中，公式(3.1.3-1)、公式(3.1.3-2)所指是加筋材料在设计寿命内和设计温度时的长期强度(T_{a1})。材料的允许拉伸强度应按公式 $T_a = \dfrac{T_{a1}}{RF \cdot RF_{JNT}}$ 求得，其中 RF_{JNT} 为考虑材料接缝和连接影响的折减系数。由于长期工程实践中，国内外专家都认为现今加筋土设计偏于保守(即材料安全系数偏大)，加之蠕变强度是在无侧限条件下测得。因此，本规范直接将公式(3.1.3-1)确定的指标定为允许强度 T_a，而不再予以折减。

根据掌握的最新资料，例如荷兰 TenCate 集团生产的 TenCate Mirafi PET 高韧聚酯有纺土工织物已大量用于土的加筋，不同规格产品的实测蠕变指标见表4。

表 4 TenCate Mirafi PET 实测蠕变折减系数(纵向延伸率10%)

蠕变折减系数 RF_{CR}	PET 100-50	PET 150-50	PET 200-50	PET 400-50	PET 600-50	PET 1000-50
5年设计寿命	1.28	1.28	1.28	1.28	1.28	1.28
10年设计寿命	1.30	1.30	1.30	1.30	1.30	1.30
60年设计寿命	1.40	1.40	1.40	1.40	1.40	1.40
120年设计寿命	1.45	1.45	1.45	1.45	1.45	1.45

表4列的 RF_{CR} 比表1的值小得多，可以发挥较大的筋材拉伸强度。可见，在有论证条件时，采用实测指标更为合理。

3.1.4 公式(3.1.3-2)中的综合强度折减系数是三项不同性质影响的系数。如果将所取系数相乘，数值可能很大，意味着过低地利用了材料强度，造成浪费。事实上，各种影响因素的严重程度不同，通常也不可能同时发生，故三者乘积应有限制，如本条规定为2.5～5.0。

3.1.5 本条规定是经验总结，为设计提供方便。

3.1.6 出厂材料应有标志牌，并应注明商标、产品名称、代号、等级、规格、执行标准、生产厂名、生产日期、毛重、净重等。外包装宜为黑色。

3.2 设计原则

3.2.1 土工合成材料应用于工程，只是工程材料的变更，它们毕竟是岩土工程中的局部，工程的总体设计计算与施工仍应服从相应的专业和行业标准。

3.2.2 选用材料时，应考虑是用于永久性结构，还是临时性结构；材料是长期埋置于土内，还是暴露于大气。应考虑工程场地周围常年的天气条件，它们会影响施工方法、回填时间要求和临时性的防护措施等。

3.3 施工检验

3.3.1 施工检查、验收的主要内容应包括：清基、材料铺放位置和方向、材料的接缝或搭接、材料与结构物的连接、回填料及压实质量、压重和防护层等。

4 反滤和排水

4.1 一般规定

4.1.1～4.1.3 工程中的反滤和排水传统上采用砂、砾料。它们不仅要从自然界采掘，破坏环境，而且体积巨大，还需要进行筛选。在用作竖向或斜向反滤和排水体时，质量往往还难以保证。采用土工合成材料，因它们是工厂制品，质量轻，运输方便，施工简易，如选用得当，能充分保证工程质量。

无纺土工织物是用作反滤的首选材料，应用最广。如果要求材料有较高的强度或有其他要求，也可选用合适的有纺土工织物。

无纺织物用于排水是依靠其平面(断面)排水能力，但其断面毕竟不大，排水能力有限，故需要大的过水能力时，应考虑改用其他排水材料和结构。

4.1.5 无纺土工织物无论用于单纯反滤或排水，首先要满足反滤准则。同时，要求一定的厚度，保证其能长期安全工作。虽然它们的主要功能是反滤和排水，但要求最低的强度是其发挥作用的前提。表4.1.5中所列要求摘自 Geosynthetic Design and Construction Guidelines Reference Manual(2007)，NHI Course NO. 132013，USA。

4.1.6 土工合成材料用于工程时，反滤和排水的功能密不可分，相互依存，它们的用途甚广，这里只是部分举例。

4.2 设计要求

4.2.1～4.2.4 反滤准则是一切排水材料应满足的条件。它保证材料在允许顺畅排水的同时，土体中的骨架颗粒不随水流流失，又在长期工作中不因土粒堵塞而失效，从而确保有水流通过的土体保持渗流稳定。

条文中的准则是目前美国、加拿大和其他不少国家通用的规定。

4.2.2 动力水流指水流流向及渗透力大小随时间变化频繁的水流,包括双向流、受浪击等动力荷载影响的水流。

4.2.3 来水量大,水力梯度高时,A 值可以增大,这是吸取了我国 1998 年特大洪水时治理管涌险情的教训。在上述情况下,由于来水量过猛,织物孔隙来不及将其即时排走,会造成顶冲使反滤织物失效。故要求织物具有更大的透水性。

4.2.4 土工织物作为反滤料在工程中长期应用时容易被土体中的细颗粒堵塞而失去排水功能。1972 年 Calhoun 提出以拟选用的土工织物与土料在室内进行梯度比试验,可在 24h 内获得梯度比指标 GR 的数值,以快速判别所选土工织物被淤堵的可能性。该判别方法后被美国陆军工程师团所采纳,并建议不淤堵的准则为:

$$GR \leqslant 3 \qquad (1)$$

该准则目前在国际上被广泛采用。

但是,通过多年的应用和研究,国内外学者对该判别准则及试验方法提出了意见。有人认为 $GR=3$ 过大,建议 GR 应在 1.5 以下,才能保证不被淤堵;有人甚至认为 GR 宜定在 0.8 以下;不过也有主张该界限值应比 3 定得更高的。对于试验方法,有学者认为,24h 时间太短,无论是砂性土或黏性土,试验中的渗流都达不到稳定状态。另外,有学者建议对原梯度比试验加以改进,在原装置上增加测压管,给出修正的梯度比。但是,目前国际上仍以 $GR \leqslant 3$ 作为防堵通用准则,可供一般工程采用。对较重要的工程,建议用长期渗透试验结果判别,以更为可靠。

4.2.5 往复水流时,难以期望在织物背后靠较粗土粒架空形成天然滤层,最好有砂砾料与之结合使用。

4.2.7 土工织物用于排水时,除需满足反滤准则外,还要依靠其平面排水功能排走来水,故应验算其排水能力。

4.2.8 土工织物在长期排水过程中,必然受各种因素影响使其透水性减小。在设计中,为考虑该影响,应将试验室测得的透水性指标加以折减,如公式(4.2.8)所示。该式系采自国际通用的规定。式中的各系数理应按工程情况具体测定,但这会相当复杂,故列出了美国公路系统(FHWA)制订的建议数值表,以供合理选用。

4.2.9 土工织物与下卧土间的界面摩擦系数不高,铺在斜坡上,有滑动可能性,应进行稳定性验算。如不稳定,应采取必要措施。

4.2.10 公式(4.2.10-2)和公式(4.2.10-3)是带孔管入渗流量的通用计算公式,连同表 4.2.10 皆采自 N. W. M. John 的 *Geotextiles*(1987 年)一书。

4.4 土石坝坝体排水

4.4.4 排水体上游的来水量可按流网估算:

$$q_1 = k_s \frac{n_1}{n_d} \Delta H \qquad (2)$$

式中:k_s——坝体土的渗透系数(m/s);

ΔH——上下游水头差(m),当下游水位为地面时,ΔH 取 h;

n_1,n_d——流网中的流槽数和水头降落数,图 4.4.4 中的 n_1 取 5,n_d 取 7。

4.5 道路排水

4.5.1 为克服路基长期积水,延长道路使用年限,可利用土工合成材料设置排水系统改善路基排水状况。道路排水系统应包括下列两方面内容:

(1)基层排水:其作用是尽快将流入其中的水量汇集,以便导入道旁排水。

(2)道旁纵向排水:将基层来水通过沟、管引至路外。纵向排水每隔一定距离(50m~150m)应设一排水口将来水导出道路。

4.5.4 路基上形成翻浆冒泥,是因为冻土暖融时,上部先融,产生积水,土的含水率增大,而下部土层仍处于冻态,形成隔层,为此表层土受扰成为泥浆。织物上下各铺砂层,旨在更好地促进反滤排水。

4.6 地下埋管降水

4.6.2 降低地下水位设计应包括下列参数:

(1)已知自然条件:当地的降水强度 r(m/s)、地基土的入渗系数 β、地基土的渗透系数 k_s(m/s)和规定的最高地下水位 D。

(2)待选参数:排水管埋深 H、排水管间距 s、排水管直径 d 及其纵向坡度 i 等。

5 防 渗

5.2 土工膜防渗设计与施工

5.2.1 防渗结构的作用主要是为了保护土工膜和保证膜下的排水排气,从而确保其长期安全工作。

5.2.2、5.2.3 护面材料皆是已建工程中大量采用的类型。土石坝的防护层和上垫层的做法可参考表 5。

表 5 土石坝的防护层及上垫层

防护层型式	土工膜类型	建议上垫层型式	防护层做法
预制混凝土板	复合土工膜(与无纺织物复合)	不设上垫层	混凝土板直接铺在膜上
	土工膜	喷沥青胶砂或浇厚 40mm 的无砂混凝土	板铺在上垫层上,接缝处塞防腐木条或沥青玛琋脂,或 PVC 块料等,留排水孔
现浇混凝土板或钢筋网混凝土板	复合土工膜	不设上垫层	板直接浇在膜上
	土工膜	膜上先浇厚 50mm 的细砂无砂混凝土垫层	在垫层上布置钢筋,再浇混凝土,分缝间距 15m,缝间填防腐木条或沥青玛琋脂,或 PVC 块料等,留排水孔
浆砌石块	复合土工膜	铺厚 150mm、粒径小于 20mm 的碎石垫层	在垫层上砌石,应设排水孔,间距 1.5m
	土工膜	铺厚 50mm、细砾混凝土垫层	—

防护层型式	土工膜类型	建议上垫层型式	防护层做法
干砌石块	复合土工膜	铺厚150mm、粒径小于40mm的碎石垫层	在垫层上铺干砌石块
	土工膜	铺厚80mm的细砾无砂混凝土或无砂沥青混凝土垫层	—

5.2.5 水下大面积铺设土工膜,膜上应设排水排气系统,可根据具体条件分别采用:内填透水料的纵横沟,设置逆止阀,或在膜上压重,亦可考虑有较厚无纺织物的复合膜。库底与斜坡排水排气系统应相连。

大面积铺膜蓄水后,水进入土孔隙会换出原占据在孔隙中的气体,地基中也可能析出潜藏气体或生物分解的气体,均应设法将它们排走。

5.2.7 PE膜比重为0.94~0.96,在水中飘浮;PVC膜比重为1.39,在水中下沉。PE膜用热熔焊法连接,PVC膜可用热熔焊法或胶粘法连接。

5.2.8 土工膜的厚度很薄。虽然在工程中应根据其所受的作用水头大小和工作条件等按经验和计算而定,实际上支承膜片下的垫层安全可靠(垫层坚固,无尖棱物质的级配良好的砂砾层等)时,极薄的膜也能承受较大水头而不致被击穿。如前苏联学者做过土工膜耐水压的试验,在含砾粒67.1%、砂粒32.9%的级配良好的垫层下,0.25mm厚的膜在水头200m作用下也未见因水力作用而破坏的记录。膜需要的厚度固然可以通过计算而合理确定,但计算依据的假定(如膜跨越自由空间的尺寸和形状)经常不能符合实际情况,并且算得的厚度常常都很小,按其采用,安全度很难保证。加之,土工膜的实际防渗能力,首先要靠膜质(产品有无砂眼或其他瑕疵)的可靠,其次要看粘接和施工是否完善,特别是施工质量十分关键,对此,计算中都无法计及。为此,现今土工膜的厚度是靠工程经验确定。不同行业有不同的要求,最终可按行业标准选用。

5.2.10 铺膜应注意膜材随气温的胀缩性。故铺膜最好在较低温度下进行,但不要妨碍焊接质量。膜质不同,温度不同,热系数也不同。但热胀系数宜按1.5×10^{-4},以估算膜所需的松弛量。单位长度的胀缩应为$\Delta L = 1.5 \times 10^{-4} \times$(预计温差范围)。

膜拼接质量现场检测法采用充气法和真空抽气法。

充气法:用于双焊缝膜。封闭双缝之间空腔的两端,往空腔内充气,充至0.05MPa~0.20MPa,静待0.5min。如腔内气压不下降,则为合格。

真空抽气法:利用吸盘、真空泵和真空机等检测。将待检缝处擦净,涂肥皂水,放上吸盘紧压,抽气至负压0.02MPa~0.03MPa,关闭气泵,静待0.5min。观察真空罐内有无气泡和气压变化。如无变化,表明接缝合格。

5.3 水利工程防渗

5.3.2 土工膜在混凝土材料坝中的应用已很普遍。据报道,国际大坝会议(ICOLD)早在1981年就发表了题为《填筑坝中土工薄膜的应用》的第38号通报,报道土工膜首先用于高30m的坝,后来逐渐推广于各种坝型:混凝土重力坝、支墩坝、拱坝、多拱坝、面板堆石坝和沥青面堆石坝。20世纪80年代初碾压混凝土坝(RCC)问世不久,土工膜又被应用于该坝型。1991年国际大坝会议又发表了题为《土工膜用于大坝止水——国际先进水平》的第78号通报,阐明土工膜对于混凝土坝、圬工坝和填筑坝皆是一项成熟技术,而应用于新型碾压混凝土坝乃是一种"预期前景"(future prospect),并强调对于填筑坝,没有理由为其适用高度推荐一个限定高度。

欧洲是应用土工膜于坝工的开拓者。1993年"土工膜和土工合成材料欧洲工作组"专门研究了欧洲的80多座坝,建立了数据库。1999年,曾制订第38号和第78号通报的"填筑坝材料委员会"根据在上述数据库中的发现,责成该工作组起草了一份新通报,阐述土工膜的设计、制造、铺设、质量控制和合同签订等细节。

新通报介绍了坝工中应用土工膜的类别;用于填筑坝的土工膜的类型其中的90%用作坝上游斜墙,只有10%用作心墙,主要是在中国。在混凝土坝和圬工坝中,主要用于修复,即用于坝的上游面,部分用于止水缝,如奥地利高200m的Kolnbrein拱坝和高131m的Schlegeis拱坝以及葡萄牙的Vale do Rossim坝用于修理坏了的止水。用于混凝土坝和圬工坝的43座坝中有37座是PVC土工膜。对于碾压混凝土坝,土工膜于1984年用于新建坝,2000年用于修复坝。对这类坝有两种用法:土工膜外露和土工膜有盖面,它们都有专利。其中前者有2002年完成的哥伦比亚高188m的Miel 1号坝和2003年完成的美国高97m的Olivenhain坝。后者则始建于1984年,包括著名的土耳其高107m的Cindere碾压混凝土坝和安哥拉高110m的Capanda碾压混凝土坝。碾压混凝土坝应用土工膜的情况见表6。

表6 用土工膜的碾压混凝土坝数量

土工膜	PVC	LLDPE	HDPE	总数
外露	10	0	0	10
有盖面	15	1	1	17
接缝外露	3	0	0	3
裂缝外露	2	0	0	2
外露总数	15	0	0	15
有盖面总数	15	1	1	17
坝总数	30	1	1	32

新通报有如下的结束语:土工膜用于坝工的高度现在没有理论上的限值。目前的记录是:新建混凝土面板堆石坝198m(冰岛Karahnjukar,2008),旧重力坝有174m(意大利Alpe Gera,1993/1994),新建碾压混凝土坝188m(哥伦比亚Miel 1,2002)。上游外露膜可抗御严峻环境(紫外线、冰、浪和漂浮物冲击)。

表7是早期已建混凝土坝应用土工膜防渗的另一份统计资料,可供参考。

表7 混凝土坝采用土工膜防渗的部分工程

坝名称	坝型	坝高(m)	坡度	工程完建年份	土工膜类型	膜厚度(mm)	盖面层保护	膜完建年份	膜背支承
Lago Nero	混凝土坝	40	垂直	1929	PVC	2.0	无	1980	GT
Lago Molato	混凝土坝	48	1:1	1928	PVC	3.0	无	1986	GT
Pino Barbellino	混凝土坝	69	垂直	1931	PVC	2.5	无	1987	GT
Cignana	混凝土坝	58	垂直	1928	PVC	2.5	无	1988	GT
Publino	双曲拱坝	42	垂直	1951	PVC	2.5	无	1989	GT GN
Pian Sapejo	连拱坝	19		1923	PVC	2.5	无	1990	GT
Migoelou	混凝土坝	15	垂直	1970	PVC	2.5	无	1989	GT GN
Riou	碾压混凝土坝	30	垂直	1990	PVC	2.5	无	1990	GT
Concepcion	碾压混凝土坝	70	垂直	1990	PVC	2.5	无	1990	GT
Ceresole	连拱坝	52	垂直	1930	PVC	2.5	无	1990	GT
Gorghiglio	混凝土坝	12	1:1	1942	PVC	2.0	无	1979	GT
Crueize	混凝土坝	5	1:1	1950	PVC	2.0	无	1988	GT GN
Alento	混凝土坝	21	1:2.5	1988	PVC	1.5	无	1988	GT
Alpe Gera	干性混凝土坝	174	垂直	1964	PVC	2.2	无	1992	GT

注:1 PVC表示聚氯乙烯,GT表示土工织物,GN表示土工网。
2 表中资料大部分引自第17届国际大坝会议(ICOLD)论文集,1991年。

我国采用土工膜防渗技术开始于20世纪60年代中期,用于渠道防渗。从80年代开始,土工膜应用于中小型土石坝工程的除险加固,80年代末90年代初,一些新建的中小型土石坝工程开始使用土工膜防渗。21世纪以来,已有10余项工程采用复合土工膜防渗,最高的新建坝高56m,险坝加固的高85m,运行情况都令人满意。

表8给出了国内坝工中采用土工膜防渗的工程情况。

表8 我国使用土工膜防渗的部分工程

工程名称	坝型	所在省	最大挡水水头或坝高(m)	使用年份	土工膜类型	膜厚度(mm)	土工膜使用部位
桓仁	混凝土支墩坝	辽宁	79	1967	PVC	2.0	坝面
温泉堡	碾压混凝土拱坝	河北	46.3	1993	PVC	1.5	坝面
温泉	斜墙砂砾石坝	青海	17.5	1994	HDPE	0.6	斜墙
钟吕	斜墙堆石坝	江西	51.5	1998	PVC	0.5	斜墙
王甫洲	心墙砂砾石坝	湖北	13	1999	PVC	0.5	心墙
塘房庙	复合土工膜心墙堆石坝	云南	53	2001	HDPE	0.6	心墙
泰安抽水蓄能	混凝面板堆石坝	山东	100	2005	HDPE	1.5	坝面
西霞院	复合土工膜斜墙砂砾石坝	河南	21	2007	LDPE	0.6	斜墙
仁宗海	复合土工膜防渗堆石坝	四川	56	2008	PE	1.2	坝面

5.3.4 土工膜用于水库防渗铺盖时,要设置排水排气措施,防止水、气顶托造成膜材破坏。可采取的措施有设置逆止阀、挖纵横排水盲沟和重重等。

设置逆止阀的做法是:在膜上每隔30m～50m设一个逆止阀,即在膜上切割一直径为20cm的孔,焊上一块直径为30cm的针刺无纺土工织物。在膜下1.5m深度处预埋一直径为40cm的混凝土块,块上系尼龙绳多根,向上穿过土工织物,并和膜以上的铝盖板连接,如图2所示。膜面以上绳长为15cm。铝板将随膜下水气压力的大小而上浮或下盖。

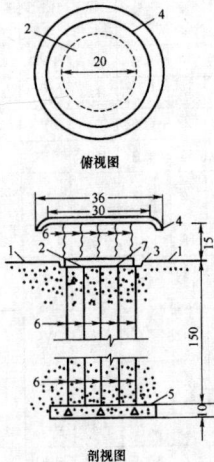

俯视图

剖视图

图2 逆止阀结构示意图

1—土工膜铺盖;2—土工织物,排水直径20cm;3—焊接或胶接;
4—铝盖板,直径30cm;5—混凝土块,直径40cm;6—尼龙绳;7—铝框

在土工膜下地基中开挖排水、气盲沟,使水气汇集于沟内而排走。故盲沟应与外导的或坡上的排水、气通道相连接。盲沟可以土工织物包裹卵、碎石等排水材料建成。

5.6 环保工程防渗

5.6.1、5.6.2 生活垃圾填埋和危险废物填埋的防渗设计等应按环境保护部发布的相应标准执行。

5.6.3 填埋场最终的封盖结构设计应重点考虑:便于维管和防止雨水渗入废料中,宜减少渗滤液的产生。封盖系统从填埋废弃物顶部开始,向上由多层构成,它们的做法与功能如下:①排气层:收集和排走因废料分解而来的可燃气体(甲烷)和其他有害气体(硫化氢等)。可为300mm厚的中粗砂层,或以带孔塑料管代替,再以竖管导出处理,或作能源。②防渗层:可用低透性压实黏土或土工膜建成。③雨水导排层:防止雨水下渗,并将其导走。可采用300mm厚的洁净粗粒料,如SP(级配不良砂),底部有斜坡不缓于3%。亦可采用导水率相当于上述粗粒料的土工合成材料。顶层要铺无纺土工织物滤层,防止被上覆土料堵塞或植被根系入侵。④地面覆土和植被层:用作表面绿化和防冲。可为600mm厚的填土和地表耕植土。

应注意以上各层间的稳定性和封盖系统外坡的稳定性。

5.7 土工合成材料膨润土防渗垫防渗

5.7.1 GCL原用作次隔渗材与土工膜结合使用铺放于固体垃圾场底部与周边防渗。目前正推广应用到其他防渗项目。当遇到条文中所述情况时,可以考虑改用它来替代土工膜。但不排除它与土工膜结合形成复合防渗体系。

5.7.3 在水工建筑上的覆盖压力比GCL渗透试验时,试样上所受有效法向压力(35kPa)为低时,隔渗材的实际渗透系数值将比测定值要大(材料的实际渗透系数值与法向压力有反比关系)。

本条强调渗透系数应合理取值,是因为在测定k值时试样上受到的有效法向应力为35kPa。而研究获知,该k值与法向应力呈反比。如果在实际应用中其上的覆盖压力比试验时的为低,则其k值将较测定值为大。

5.7.4 验算隔渗材在坡面上的稳定性要采用抗剪强度指标。这里指出,抗剪强度验算指标分两种:隔渗材与接触介质(如土或其他材料)的界面抗剪强度;材料本身内部膨润土浸水后的水化强度。

5.7.5 强调GCL在操作时避免直立与弯曲,以及不得从高处掷下,是为了防止其中的膨润土引起移位,而使其渗透性增大。

GCL与不同液体接触时反应不一。用蒸馏水、自来水、垃圾场渗沥液和柴油等分别与之接触,结果发现,蒸馏水水化后膨胀量最大,渗透性低,而柴油几乎不起水化作用,渗透性大。

6 防 护

6.1 一般规定

6.1.2 用于防护的土工合成材料可选用土工织物、土工膜、土工格栅、土工网、土工模袋、土工格室、土工网垫及聚苯乙烯板块等，也可以利用统称为土工系统（geosystem）的各种制品。

土工系统是国外土工合成材料专著中出现不久的一个涵盖较广的术语。主要指以高强土工织物（或其他土工合成材料）制成的能包裹松散岩土、混凝土等形成大块体的封闭系统，和以单片材料，将两端锚固形成挡水、挡土屏障的开敞系统。本节所述限于封闭系统。它们除用于防护外，亦可建成水下平台、围垦造地，兴建人工岛等。

6.1.4 土工系统的各种包裹体能将天然的松散土体聚拢构成连续、整块的大体积，能发挥多种功能，可用来达到防护和更广的工程目的。

6.2 软体排工程防冲

6.2.1 软体排的作用类似于河工中的传统柴排等。但与帚枕、柴排、抛石等护坡相比，土工织物具有反滤功能，能在水流作用下保护土粒不被冲走，同时可使水流通畅，从而保证岸坡稳定。另外，织物系工厂制造，来源丰富，不需要砍伐树木、芦苇，有利于保护自然生态。

6.2.4 软体排的各项验算可参考岩土工程和相关专业标准的方法进行。

6.2.5 软体排的沉排方法和机具并无统一规定，应根据现有条件，因地制宜地组织施工。冰期沉排是我国东北地区采用的方法，冬天先在河流的冰面上制作好排体，待春融时，适时凿冰，四周开沟，助其下沉。

6.3 土工模袋工程护坡

6.3.3 选择的类型和规格包括充灌料是水泥砂浆还是混凝土，以及厚度和有无滤水点等。此外，地形变化大和沉降差大处，尚可选用铰链块型模袋。

6.3.5 模袋抗漂浮所需厚度可按下式估算：

$$\delta \geq 0.07cH_w \sqrt[3]{\frac{L_w}{L_r}} \cdot \frac{\gamma_w}{\gamma_c - \gamma_w} \cdot \frac{\sqrt{1+m^2}}{m} \tag{3}$$

式中：c——面板系数。对大块混凝土护面，c 取 1；护面上有滤水点时，c 取 1.5；

H_w、L_w——波浪高度与长度（m）；

L_r——垂直于水边线的护面长度（m）；

m——坡角 α 的余切值；

γ_c——砂浆或混凝土有效容重（kN/m^3）；

γ_w——水容重（kN/m^3）。

模袋重尚应能抵抗水体冻结产生的水平冻胀力将其沿坡面推动。如果忽略护面材料的抗拉强度，厚度可按下式估算：

$$\delta \geq \frac{\frac{P_i \delta_i}{\sqrt{1+m^2}}(F_s m - f_{cs}) - H_1 C_{cs}\sqrt{1+m^2}}{\gamma_c H_i(1 + mf_{cs})} \tag{4}$$

式中：δ——所需厚度（m）；

δ_i——冰层厚度（m）；

P_i——设计水平冰推力，初始值可取 $150kN/m^2$；

H_i——冰层以上护面垂直高度（m）；

C_{cs}——护面与坡面间黏结力，取 $150kN/m^2$；

f_{cs}——护面与坡面间摩擦系数；

F_s——安全系数，可取 3。

6.3.7 有关模袋充灌的细节和故障排除方法等可由模袋生产厂家和施工队伍提供。充灌料混凝土和砂浆的配合比可参考国内已建工程的经验制订，见表 9 和表 10。

表 9 国内几项模袋工程水泥砂浆配合比

工程名称	水泥砂浆设计要求	水胶比	外加剂		材料用量（kg/m³）				备注
			品种	掺量（%）	水泥	水	砂	外加剂	
嫩江防洪堤护坡	200 号	0.6	普通减水剂	0.3	461	277	1383	1.383	简易模袋
吉林向阳水库库岸护坡	200 号	0.6	木钙	0.3	425	255	1257	1.275	简易模袋
第二松花江鲫鱼泡堤防护坡	200 号 F100	0.65	SK 引气减水剂	0.36	430	280	1290	1.548	简易模袋

表 10 国内几项模袋工程混凝土配合比

工程名称	混凝土设计要求	水胶比	粉煤灰掺量（%）	外加剂		砂率（%）	塌落度（cm）	材料用量（kg/m³）					
				品种	掺量（%）			水泥	粉煤灰	水	砂	小石	外加剂
江阴石庄段长江大堤护坡	C20	0.52	29	泵送剂 JM-Ⅱ	0.60	51	22±1	300	120	208	821	821	2.4
九江长江江心洲崩岸治理	C20	0.50	20	泵送剂 JM-Ⅱ	0.50	50	25	360	90	225	—	—	2.25
辽宁大洼三角洲平原水库护坡	C20 F150	0.53	0	泵送剂 ZL	0.6	55	24	350	0	185	927	820	ZL 2.10
				引气剂 DH₉	0.005								DH₉ 0.0175
	C25 F250	0.51	0	泵送剂 ZL	0.6	55	24	370	0	187	915	810	ZL 2.22
				引气剂 DH₉	0.005								DH₉ 0.0185

工程名称	混凝土设计要求	水胶比	粉煤灰掺量(%)	外加剂 品种	外加剂 掺量(%)	砂率(%)	塌落度(cm)	材料用量(kg/m³) 水泥	粉煤灰	水	砂	小石	外加剂
沈阳市浑蒲区总干渠护坡	—	0.5	20	泵送剂 ZL / 引气剂 DH$_4$ / 引气剂 DH$_9$	0.6 / 0.3 / 0.005	60	24	312	78	196	955	639	ZL 2.34 / DH$_4$ 1.17 / DH$_9$ 0.0195
松花江三家子段护岸	C15	0.62	16	—	—	50		310	62	192	800	800	0
松花江王花泡段护岸	C20 F200	0.42	11	减水剂 FE-C / 引气剂 SJ-1	0.7 / 0.004	50	18	320	40	151	811	811	FE-C 2.52 / SJ-1 0.0144
北京永定河卢沟晓月岸护坡	C20 F100	0.53	0	减水剂 FX-128	1.5	50	22±1	385	0	204	905	905	5.78

6.4 土工网垫植被和土工格室工程护坡

6.4.1 护坡植物应根据当地气温、降水和土质条件等进行优选。中国科学院植物研究所专家曾推荐选用表 11 所列的草籽，可供参考。

表 11 护坡植草参考表①

地 区	草 籽 名 称
华北、东北、西北	野牛草、无芒雀麦、冰草、高羊茅(沈阳以南)
华中、华东	狗牙根、高羊茅、黑麦草、香根草②
西南	扁穗牛鞭草、园草芦、黑草草、香根草
华南	雀稗、假俭草、两耳草、香根草
青藏高原	老芒麦、垂穗披碱草
新疆	无芒雀麦、老芒麦

注：①为中国科学院植物研究所专家推荐；
②香根草是我国南方地区的经验。

6.6 土工系统用于防护

6.6.2 在江河岸坡边有较大风浪之处，为防袋内填料漏失，宜采取纺织物与无纺织物相结合的复布。土工袋充填度过大易于折损破裂或造成袋与袋间的贴合不密。袋的几何尺寸将影响堆积体的稳定性。

土工袋应考虑填土后单人可以搬动，如防汛袋的标准尺寸为950mm×550mm。用作丁坝等芯材时的直径可达 0.6m～1.0m，长度数米。大长度袋亦称土枕，长宽都较大的袋也称砂被。

6.6.3 利用土工袋围海造地时，在沿海一侧可将单断面堤建造至平均潮位以上，在其内侧吹填造地，筑堤和吹填可同时进行。

充填宜利用透水性好的砂性土，这样织物不易淤堵，且填土可加速固结。

6.6.5 土工管袋的材料应力和外形估算，首先由 Leshchinsky 于1995 年根据箍应力基本理论建立的平衡微分方程给出解答。后来在该理论基础上一些学者以水为充灌液进行了试验，结果与理论解相符。为了使用方便，Silvester 得到了各参数间的关系，并制成计算图供设计应用。

(1)管袋设计。

常用管袋的直径为 3m～5m。在确定尺寸后，主要设计任务是估算出管袋材料纵、横向需要的拉伸强度，以及管内泥浆排水固结稳定后管袋外形的几何尺寸。设计可按图 3 进行。图中曲线表示 b_1/S 与下列各待求参数之间的关系。其中 b_1 为管袋内充灌泥浆压力的当量水头高度，S 为管袋周长。其他参数的含义见图 3(a)：H/B 为管袋充灌后高度与宽度比，H/S 为高度与周长比，B/S 为

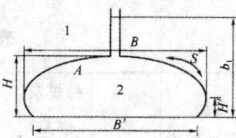

(a)稳定后管袋形状

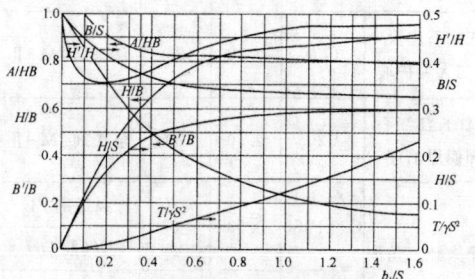

(b)按理论与实验建立的各参数间的关系

图 3 管袋设计用图
1—空气；2—水

宽度与周长比，A/BH 为面积比，B'/B 为接地底宽与宽度比，H'/H 为最大底宽处高度比，$T/\gamma S^2$（γ 为水容重）为箍拉力参数。

根据图3，可按下列顺序求解：

①压力头 b_1 不应超过袋高 H 的1.5倍，即需控制 $b_1/H \approx 1.5$，或 $b_1/S \approx 0.35$。

②按 b_1/S 查 H/S 曲线，求得管袋充填高度 H。

③按 H'/H 曲线，由 H 求得 H'。

④按 H/B 曲线，求得充填后袋的最大宽度 B。

⑤按 $T/\gamma S^2$ 曲线求得管袋材料的环向拉力 T。T 为安全系数 $F_s=1$ 时的织物拉力。选用材料时，应考虑 $F_s=3\sim5$。

⑥管袋材料的轴向拉力（管袋长度方向）T_{axial} 可由图4查取。

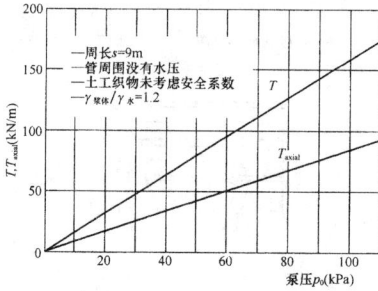

图4 泵压和环向拉力、轴向拉力的关系曲线
T—环向拉力

（2）管袋稳定高度估算。

泥浆失水成土，假设成土后仍完全饱和，按一维固结状态，可得管袋成土时的高度 h 与继续排水高度下降 Δh 的关系如下式：

$$\frac{\Delta h}{h} = \frac{G_s(w_0 - w_f)}{1 + w_0 G_s} \qquad (5)$$

式中：G_s——管袋中土的土粒比重；

w_0、w_f——管袋中泥浆成土时和沉降稳定时的含水率（%）；

（3）变形稳定时间估算。

①充填的是砂土时，充填施工后不久变形即告稳定。

②充填的是黏性土时，稳定时间可按土力学一维固结理论估算。时间 t 按下式估算：

$$t = \frac{T_v}{C_v} h_{av}^2 \qquad (6)$$

式中：T_v——固结时间因数（无因次）；

C_v——土的一维固结系数（cm²/s）；

h_{av}——管袋中固结土的平均厚度（cm），$h_{av} = \frac{1}{2}(h_1 + h_2)$。

其中 h_1 是袋中泥浆成土时的厚度，而 h_2 则为沉降稳定时的厚度。按经验，可取 $h_{av} \approx 0.6D$，D 为管袋直径。

6.6.6 土工管袋顶上的充填孔的间距应根据土的类型确定。因为如是砂土，浆液入管后，砂粒很快沉淀，阻碍后续浆液往远处流动。若为黏粒，其下沉时间较长，充填孔间距可大大增加。

6.6.7 土工包体积大，形状不定，其外包材料的受力条件随施工进程时改变，迄今尚无定型设计方法，初期应用时基本上是根据经验制作，辅以现场观测施工。土工包应力应变的关键时刻是包裹体即将离开驳船船尾和在水中落冲击水底时。设计应按土工包处于最不利状态着手。

近年来随荷兰、美国等国专家们的实践和研究，总结了模型试验、原型观测和力学分析，已拟订了一套供设计用的计算方法，但其涉及因素多，步骤较复杂，加之并未成型，故目前仍需按以往实践经验配合必要的现场观测指导施工。

6.7 其他防护工程

6.7.1 利用土工合成材料修建的柔性障墙可以保护建筑物不受附

近陡岩落石冲击或沟谷处泥石流顶冲破坏。香港九龙狮子岭的某住宅小区曾修建了障墙。该地为一有5万居民的小区，临岩建造，岩坡坡角达 50°～60°，坡上巨石累积，尺寸大的达 1m～3m。研究了多种防护措施最后决定采用柔性障墙，其受巨石冲撞时，墙会产生变形，吸收大部分能量。墙体位移可借其底面的摩阻来阻滞。

6.7.2 滞砂篱和滞雪篱结构可每隔 1.5m～3.0m 竖立高出地表 1m～2m 的桩柱排，并在桩排上固定土工网，形成长距离的防护墙。土工网应有一定的耐久性。

6.7.5 路桥交接处因两侧沉降差造成过高跳台和软基上筑堤导致过大沉降，可利用轻质材料的聚苯乙烯（EPS）块来代换土作填料解决上述问题。可根据该材料特性指标（容重 γ）用传统的单向压缩沉降计算法来确定地基需要的开挖深度，以达到下列目标之一：①开挖后坑底不产生附加应力；②换填后堤顶沉降仅是填土堤的 $1/n$（$n>1$），由设计者按要求决定）。堤身稳定性应仍按传统滑弧法校核。

6.7.6 管、涵结构广泛应用于公路、铁路、水利、市政和军工等部门，其埋设常有两种方式：沟埋式和上埋式。沟埋式是在天然场地挖沟至设计高程，放入管、涵，回填土至地面标高；上埋式是在地面直接布放管、涵，再在其上埋土至要求高程。上埋式管、涵顶部的垂直压力，由于两侧土的填土厚度较管、涵顶的要大，土的压缩量相应较大，故两侧土对管涵土将产生向下的剪应力，从而使顶部承受的竖向压力大于顶上土的自重压力，而使管、涵易被超压破坏。为减小顶部压力，可在顶部铺放压缩性大的材料，使管涵土的沉降大于两侧土沉降，即可起减压作用。

采用 EPS 板块减压，可根据该材料的性质指标（E、μ）和土的压缩性指标等借弹性理论计算出所需的板块厚度。采用的厚度宜为 200mm～300mm，满铺于管、涵顶的宽度范围内。

在挡墙背面竖向铺放一定厚度的 EPS 板，利用其较大的压缩变形，可以减小作用于墙背的主动土压力。

7 加　筋

7.1 一般规定

7.1.1～7.1.3 加筋材料与土的特性随时间而改变，设计人员需据此规定加筋工程的使用年限。英国 BS8006 标准为此规定不同工程的使用年限如表12所示。

表12　加筋土设计使用年限

工 程 类 型	年限（年）
工业厂房结构（矿山）	10～50
海洋与公路结构	60
挡土墙	70
公路挡墙、桥台	120

我国迄今尚无标准，但宜按120年考虑。

7.2 加筋土结构设计

7.2.4 加筋土填料强调宜采用透水性良好的粒状土，其中细粒组（<0.075mm）含量不多于15%，土的塑性指数 $I_p<6$。因为该类土摩阻力大，性质较稳定，土中孔隙水压力小，甚至为零，土的蠕变性低，保证加筋土的长期稳定性。如果采用黏性土填料，设计中要特别注意采用指标的稳定性，对于含水率高的黏性填土，甚至应考虑采用兼有排水功能的加筋材，以消减孔隙水压力对加筋摩阻的负面作用。

7.3 加筋土挡墙设计

7.3.2 筋材按其在受力时延伸率的大小可分为柔性材料与刚性材料。柔与刚是一个相对概念，难以定量划分。在设计中，习惯上将破坏延伸率可能达到10％以上的如土工格栅、土工织物等视为柔性材料；而延伸率仅是3％～4％的如强化加筋带等视为刚性材料。

设计中之所以要区分筋材的柔与刚，是因为其刚度影响土压力的计算。在做墙的外部稳定性核算时，两种情况下墙背土压力都按库仑主动土压力考虑。但做内部稳定性验算时，对于刚性筋墙，因墙内上部填土侧向位移受到筋材应变限制，不能达到主动破坏极限状态，故土压力系数应在静止状态与主动极限状态之间。法国加筋土挡墙规范根据大量试验结果，建议按图7.3.5-1(b)及公式(7.3.5-3)确定土压力系数。而对柔性墙，则仍按库仑主动土压力考虑，如图7.3.5-1(a)及公式(7.3.5-2)。

7.3.5 土压力通常针对单位墙的长度计算。如果墙的填土中的每层筋材是连续铺放，即满堂铺情况，则土压力引起的荷载将由单位长度的筋材来承担，此时公式(7.3.5-1)中的筋材面积覆盖率 $A_r=1$。覆盖率指在筋材非满堂铺（如筋材为土工加筋带，在一层中平面铺放间距为 s_{hi} 时，单位墙长中含有的筋材数，故 $A_r=1/s_{hi}$。例如，若 $s_{hi}=0.5m$，则 $A_r=1/0.5=2$，即每根筋材承担（覆盖）单位墙长1/2范围内的横向荷载。

7.3.7 模块挡墙面板的墙块上下独立叠放，为防止墙面发生局部鼓胀，要求相邻上下块接触面间有足够的摩阻力。对上下层筋材间的间距作出规定，也是为了这个目的。

7.3.8 加筋土挡墙的主体是土料。受到水的作用时，土的强度会发生变化，特别是当填土为黏性土时，水流会产生渗流力和引起土的冲刷，对结构带来负面作用。因此，要特别注意墙体内外的排水措施。

墙体内的排水可以有不同结构型式，应根据当地条件优选。常见的型式有：

(1)紧贴墙面板背设一定厚度的透水料的竖向排水层；

(2)墙后填土为透水料的全断面排水体；

(3)倚贴在墙后开挖坡上的透水料的斜排水层；

(4)位于挡墙底部的水平排水层。

7.4 软基筑堤加筋设计与施工

7.4.7 按第7.4.5条和第7.4.6条算得的底筋强度均未计及材料本身要求的安全系数。但选材时却要求其具有强度储备。

加筋材料在不同拉伸变形时发挥不同抗拉力。过大变形会使堤身裂缝甚至破坏。应该让加筋材发展抗拉功能，而又使其变形限制在一定范围内。可以按筋材的拉伸模量 $T=T_b/\varepsilon$（ε 为筋材应变）来选择要求的材料。通常按堤身填料规定筋材的最大许可应变如下：

无黏性土　　　　$\varepsilon=5\%\sim10\%$
黏性土　　　　　$\varepsilon=2\%$
泥炭　　　　　　$\varepsilon=2\%\sim10\%$

7.4.9 底筋地基填土施工应分别按软软地基和一般地基进行。

(1)极软地基应按下列工序施工(图5)。

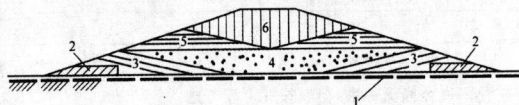

图5　在极软地基上填筑加筋堤的工序
1—横向铺土工织物；2—后卸式卡车卸土筑交通便道（戗堤）；
3—填两侧土，将织物锚定；4—填内部土；
5—填两侧土，使织物被拉紧；6—填最后的中心部分土

①借后卸式卡车沿筋材1边缘卸土，高度不超过1m，以轻型机具散土、压实，形成戗堤式便道2。

②往两戗堤间填土3。平行于堤轴对称地向堤轴方向推进填土4。在平面上始终保持进程为凹形，见图6。

③第一层填土上的施工机械只允许沿堤轴方向行进，不得折回。第一层土仅靠轻型机具压实，填厚0.6m后方允许采用平辗或震动辗。

(2)一般地基应按下列要求施工(图7)。

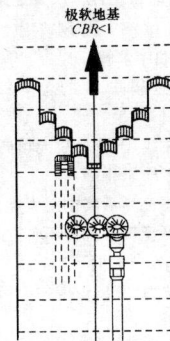

图6　极软地基上两戗堤间填土的工序

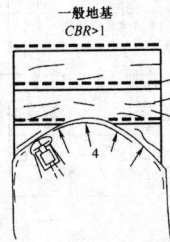

图7　一般地基上，填土促使加筋材料内产生张力示意图
1—筋材(织物)；2—褶皱施工前要拉平；
3—填土 15cm～30cm；4—前进方向

①筋材铺设不得有折皱。

②填土在平面上由堤轴向两侧推进。

③施工机械的大小与重量不得使车辙大于7cm～8cm。第一层土可用平辗或气胎辗压实，但勿压实。施工观测应布置必要仪器，随时监测地基土状态。

7.5 加筋土坡设计与施工

7.5.3 本条推荐的设计方法来源于美国联邦公路管理局(FHWA) 2000年发布的 Mechanically Stabilized Earth Walls And Reinforced Soil Slopes Design And Construction Guidelines（加筋土坡设计与施工导则）。该法与以往方法的最大不同是认为加筋前土坡安全系数最小的滑弧并不代表需要最大筋材拉力的那个滑弧。因此，在定出需要加筋的范围后，仍逐个滑弧地按公式(7.5.3)算出各别要求的筋材总拉力 T_s，最后求诸 T_s 中的最大值 T_{smax} 作为要求的拉筋力。

T_{smax} 是一个土坡单位长度所需的总加筋力，假设是作用在坡高的1/3高度处。需要将其分配给土坡全高范围。建议分配原则如下：

(1)如坡高 $H \leqslant 6m$，将其均匀分配于全高；

(2)如坡高 $H > 6m$，可分为两个或三个垂直等距加筋区。

①分二区：底部　$T_b=\dfrac{3}{4}T_{smax}$

　　　　　　顶部　$T_t=\dfrac{1}{4}T_{smax}$

②分三区：底部　$T_b=\dfrac{1}{2}T_{smax}$

　　　　　　中部　$T_m=\dfrac{1}{3}T_{smax}$

　　　　　　顶部　$T_t=\dfrac{1}{6}T_{smax}$

假设某区分配到的加筋力为 T_z，该部分的筋材层数为 N，则一根筋材拉力 T_i 应满足下式要求：

$$T_i=\frac{T_z}{N} \leqslant T_a \tag{7}$$

式中：T_a——材料的允许抗拉强度(kN/m)。

筋材布置的垂直间距 S_v 宜为400mm～600mm。为避免墙面

向外鼓胀，有时可在相邻二层主筋之间插放辅筋，长度可取1.2m～2.0m，其强度可略小于主筋。若 $S_v \leqslant 400mm$，且边坡缓于1：1，筋材外端不需要折回包裹。

7.6 软基加筋桩网结构设计与施工

7.6.3 本节中推荐的设计方法和内容取材于英国标准 BS8006(1995)：Code of Practice for Strengthened/reinforced Soils and Other Fills，section 8。其中的"桩柱选择"可以参考美国 FHWA 发表的 Publication NO. FHWA NHI - 04 - 001(2005)给出的桩的承载力建议表(表13)。

表13 可考虑的各种桩的技术参数

桩 类 型	承载力(kN)	典型长度(m)	典型直径(mm)
木桩	100～500	5～20	300～550
钢管桩	800～2000	10～40	200～1200
预制混凝土桩	400～1000	10～15	250～600
就地灌注桩(有套管)	400～1400	3～40	200～450
钻孔桩	350～700	5～25	300～600
深层搅拌桩	400～1200	10～30	600～3000
碎石桩	100～500	3～10	450～1200
振动混凝土桩(VCC)	200～600	3～10	450～600

7.6.4 土工合成材料加筋材料加筋桩网基础亦称桩网基础，是在软基中设置群桩，下端坐落于地基中的相对硬层上，在桩帽上满铺土工合成材料筋材网，利用该系统将其上路堤荷载全部或部分地传递给群桩。由于桩柱和地基土的沉降量有差异，路堤土中形成拱作用，使堤重荷载大部分传递给桩顶。

桩网构成的垫层称传力承台。各国有不同的承台设计方法，并不统一。但它们大致可归纳为两大类。一类可称为悬索线理论法，即将筋材网视为挂在桩帽上的索体，路堤荷载作用于悬索，通过其拉力传递给桩顶，再传到地层中硬层。属这类的有英国标准BS8006、瑞典标准和德国方法(EBGEO)等。另一大类可称梁理论法，即由多层筋材，其间填土，构成一有相当刚度的垫层，视为搁置在桩顶上的梁。这类方法有柯林(Collin)法和贵多(Guido)法等。通常而论，悬索线理论法要求筋材的强度大于梁理论法，而梁理论法的桩间距大于悬索线理论法。

悬索线理论法目前采用较多。该法中由于对拱作用按二维或三维计算以及对桩间土反力对承载力贡献程度有不同考虑，出现了不同设计方法。例如 EBGEO 法就按地基土反力模量(modulus of subgrade reaction)来考虑桩间土的支承作用，Russell 法也可以计算地基反力的贡献。但地基反力究竟能起多大作用和是否能始终存在，始终是一个不确定因素。为安全和简化起见，BS8006 标准不考虑地基土对承载力的助益，即假设在拱作用下桩间拱内的路堤荷载全由索体承担再由其传递给桩柱。但 BS8006 法基本上按二维条件处理拱效应，如按实际上更接近三维条件计算的筋材拉力将会增大，故结果又偏于不安全。许多学者做过比较研究，提出"就实用而言，采用简化的例如 BS8006 法足够保守可靠"。另外，美国联邦公路管理局(FHWA)的《地基改良方法》(参考手册，2004)中也推荐了该法。东南亚诸国也基本上以该法作为设计标准。故本规范介绍的是 BS8006 法。

悬索线理论法基本依据为：

(1)最小堤身高度为桩净距(s-a)的70%(s 为桩距，a 为桩帽直径或宽度)。

(2)桩顶上筋材为可延伸材料，筋材最大总许可应变(包括蠕变)为6%。工作期间蠕变不应大于2%。

(3)堤身内存在拱效应。承台内填粒料的强度 $\varphi \geqslant 35°$。

表14是用加筋桩网法已建成的部分工程，其工程技术参数可供设计参考。

表14 加筋桩网法建成堤的部分工程

案例号	参考文献	工程应用	地基土质	桩类型	加筋材料	技术参数
1	Reid et al. (1983)	桥台引堤	软黏土	混凝土送入桩	加筋膜	$H=10m, s=3.5m\sim4.5m$, $a=1.1m\sim1.5m$, $P_c=5\%\sim14\%, N=1$
2	Barksdale et al. (1983)	铁路	极软泥炭	刚性碎石桩	织物	$H=7.6m, s=1.6m\sim2.2m$, $d=0.51m\sim0.56m, T=0$, $P_c=6\%\sim8\%, N=1$
3	Jones et al. (1990)	铁路	极软沉积、泥炭	半预制混凝土桩	土工织物	$H=3m\sim5m, s=2.75m$, $a=1.4, T=0.5m$, $P_c=20\%, N=1$
4	Tsukada et al. (1993)	街道路面	泥炭	混凝土桩	土工格栅 Tensar SS2	$H=1.5m, s=2.1m$, $d=0.8m, P_c=11\%$, $N=1, T=0$
5	Holtz et al. (1993)	路面	均质灰黏土	木桩	多股土工织物	$H=5m\sim6m, s=1.5m$, $a=1m, P_c=44\%$, $N=3$
6	Bel Y et al. (1994)	商场	高压缩性泥炭、黏土	VCC桩	Tensar SS2	$H=2.5m\sim6.0m$, $s=2.2m\sim2.7m$, $d=0.4m, N=1$
7	Card et al. (1995)	轻轨铁路	淤质有机黏土、泥炭、黏土	钻孔桩	双向格栅 SS2	$H=2.5m\sim3.0m, s=3m$, $a=1m, N=3$, $d=0.45m$
8	Topolnicki (1996)	公路、电车路	松填土、泥炭有机质黏土	VCC桩	Tensar SS1, SS2	$H<1.5m, s=1.8m\sim2.5m$, $d=0.55m, P_c=9\%\sim17\%$, $N=2\sim3, T=0$
9	Brandl et al. (1997)	铁路	泥炭、有机质粉土	打入桩	土工格栅	$H>2m, s=1.90m$, $d=0.118m, a=1m$, $P_c=35\%, N=3$
10	Geo-Institute (1997)	桥台引堤	软黏土、砂混合土、夹泥炭砂	VCC桩、碎石桩	土工织物	$H<7m, s=1.6m (VCC)$, $s=2.2m (碎石桩), N=1$
11	Jenner et al. (1998)	旁道	泥炭、软粉土沉积	VCC桩	Tensar SS1, SS2	$H=4m\sim7m, s=2.05m\sim$ $2.35m, d=0.45m$, $s=0.75m, N=2\sim3$
12	Rogbeck et al. (1998)	试验堤	松粉土、细砂	预制混凝土桩	土工格栅	$H=1.7m, s=2.4m$, $1.2m, P_c=25\%$, $N=1$
13	Kuo et al. (1998)	加筋挡土墙	极软弃黏土	木桩	土工织物	$H=6m, s=1.5m$, $a=0.3m, P_c=3\%$, $N=2$
14	Alzamora et al. (2000)	模块加筋挡土墙	0～1击的有机粉土和黏土	注浆桩	单向格栅	$H=2.0m\sim8.2m, s=3m$, $d=1.2m, P_c=13\%$, $N=3$
15	H. A. A. Habib et al. (2002)	公路拓宽	7m厚泥炭和淤泥	混凝土桩	土工格栅 SS30	$H=1.5m\sim2.5m$, $a=0.2m, d=0.29m$, $N=3$
16	H. Zanzinger et al. (2002)	为提速铁路改建	人工填土下为有机质土，$w=$ $300\%\sim$ $600\%, q_u=$ $10kg/m^2$	混凝土桩	Tensar PET 格栅	$N=3$
17	Yee T. W. (2006)	桥台引堤	曼谷软黏土	预制混凝土桩	TenCate Mirafi® PET1000 (1000 kN/m)	$s=1m\sim2m$, $P_c=3\%\sim13\%$, $N=1$

案例号	参考文献	工程应用	地基土质	桩类型	加筋材料	技 术 参 数
18	M. Raithel et al. (2008)	为提速铁路改建	中粉砾砂含有机泥炭，$w=$ $80\%\sim$ 330%，有机质 $w=$ $25\%\sim80\%$	水泥搅拌桩	PVC土工格栅	$H=1.7m, s=1.5m,$ $d=0.63m, N=2$
19	L. R. Zu (2008)	高速铁路试验堤	第四纪湖相沉积	砂桩	土工格栅	$H=6.29m, L=15m\sim25m,$ $d=0.4m, s=2.0m$
20	C. R. Lawson et al. (2010)	路堤基底	泥炭沼泽、超软淤泥	预制混凝土桩	TenCate Geolon® PET800 (800 kN/m)	$H=3m, s=2.5m,$ $a=0.8m, P_c=11\%,$ $N=3$
21	C. R. Lawson et al. (2010)	路堤基底	软冲击黏土	混凝土桩	TenCate Geolon® PET (2000 kN/m~ 1000 kN/m)	$H=12m, s=1.85m,$ $a=0.9m, P_c=43\%,$ $N=2$

注：H—堤高；s—桩的中心距；d—桩直径；a—桩帽宽度；P_c—桩帽覆盖率；N—筋材层数；VCC—振动混凝土桩；效率—桩帽承担的堤重百分率；T—桩帽厚度；L—桩长。

在桩基平面布置上，每根桩有其相应的负荷范围，或影响直径（D_e）。例如：当为棋盘形布置时，$D_e=1.13s$（s为桩间距）；当为等边三角形布置时，$D_e=$ $1.05s$。桩帽覆盖率指桩帽平面面积与单根桩影响面积之比。

8 施 工 检 测

8.2 检 测 要 求

8.2.2 反滤排水工程常用材料为无纺土工织物、软式排水管、排水管及其他排水材料，均应符合反滤准则。

8.2.3 防渗工程常用材料为土工膜、复合土工膜和土工合成材料膨润土防渗垫（GCL）等。

8.2.4 防护工程包括以软体排防冲防浪、以土工织物作垫层护坡、以土工模袋护岸、以土工织物和玻纤格栅防道路反射裂缝、以EPS泡沫板防冻以及以土工系统包裹体建防冲结构等，种类繁多。

护坡垫层工程通常是在临江河坡面铺放土工织物作反滤防冲垫层，其上盖抛石或混凝土块等作保护层。

路面防止反射裂缝采用无纺土工织物或玻纤格栅，铺设于沥青面层的底部。

8.2.5 软基上的加筋垫层分层回填第一层用轻型机械，只允许沿道路轴向行驶。软土地基先以后卸式卡车沿道路两侧筋材边缘卸土，形成交通便道。卸土只能卸在已摊铺成的土面上。卸土高不得超过1m。形成便道后，再平行于路轴由两侧向中心对称填筑，保持填土呈U形向前推进。

中华人民共和国国家标准

地基动力特性测试规范

Code for measurement methods of
dynamic properties of subsoil

GB/T 50269—2015

主编部门：中 国 机 械 工 业 联 合 会
批准部门：中华人民共和国住房和城乡建设部
施行日期：２ ０ １ ６ 年 ５ 月 １ 日

中华人民共和国住房和城乡建设部
公 告

第 896 号

住房城乡建设部关于发布国家标准
《地基动力特性测试规范》的公告

现批准《地基动力特性测试规范》为国家标准，编号为 GB/T 50269—2015，自 2016 年 5 月 1 日起实施。原《地基动力特性测试规范》GB/T 50269—97 同时废止。

本规范由我部标准定额研究所组织中国计划出版社出版发行。

中华人民共和国住房和城乡建设部

2015 年 8 月 27 日

前 言

本规范是根据住房城乡建设部《关于印发〈2010 年工程建设标准规范制订、修订计划〉的通知》（建标〔2010〕43 号）的要求，由机械工业勘察设计研究院有限公司、中国机械工业集团有限公司会同有关单位在原国家标准《地基动力特性测试规范》GB/T 50269—97 的基础上修订完成的。

本规范在编制过程中，编制组经广泛调查研究，认真总结实践经验，参考有关国外先进标准规范，与国内相关标准规范协调，并广泛征求了意见，经反复讨论、修改，最后经审查定稿。

本规范共分 11 章和 1 个附录，主要技术内容包括：总则、术语和符号、基本规定、模型基础动力参数测试、振动衰减测试、地脉动测试、波速测试、循环荷载板测试、振动三轴测试、共振柱测试、空心圆柱动扭剪测试等。

本规范修订的主要内容：

1. 将原规范中第 4 章"激振法测试"改为"模型基础动力参数测试"，并根据计算机技术和测试仪器发展，对本章相应内容进行了修改。

2. 对原规范中基础扭转振动参振总质量的计算公式 4.5.11-2 修改了一处错误，并增加变扰力时基础扭转振动参振总质量计算公式。

3. 对波速测试内容作了重大修改，增加弯曲元法测试。按照单孔法、跨孔法、面波法和弯曲元法分节制定相应规定，并根据当前波速测试技术的发展对内容进行了扩充。

4. 将振动三轴测试和共振柱测试分独立章节编制。

5. 增加空心圆柱动扭剪测试一章。

6. 将原规范附录 A 激振法测试地基动力参数计算表修订为附录 A 地基动力特性测试方法，删除原规范附录 B、附录 C、附录 D、附录 E。

本规范由住房城乡建设部负责管理，由中国机械工业联合会负责日常管理，由机械工业勘察设计研究院有限公司负责具体技术内容的解释。执行过程中如有意见或建议，请寄送机械工业勘察设计研究院有限公司《地基动力特性测试规范》管理组（地址：陕西省西安市新城区咸宁中路 51 号，邮政编码：710043），以供修订时参考。

本规范组织单位、主编单位、参编单位、主要起草人和主要审查人：

组 织 单 位：中国机械工业勘察设计协会

主 编 单 位：机械工业勘察设计研究院有限公司
  中国机械工业集团有限公司

参 编 单 位：中航勘察设计研究院有限公司
  北京市勘察设计研究院有限公司
  机械工业第六设计研究院
  上海交通大学
  温州大学

主要起草人：郑建国 徐 建 钱春宇 刘金光
  韩 煊 王建刚 陈龙珠 蔡袁强
  徐 辉

主要审查人：张建民 化建新 张同亿 杨宜谦
  任书考 高广运 邢心魁 冯志焱

目　次

Contents

1 总 则

1.0.1 为了统一地基动力特性的测试方法,确保测试质量,为工程建设提供可靠的动力参数,制定本规范。

1.0.2 本规范适用于各类建筑物和构筑物的天然地基和人工地基的动力特性测试。

1.0.3 地基动力特性测试方法,应按附录 A 的规定选用。

1.0.4 地基动力特性测试,除应符合本规范外,尚应符合国家现行有关标准的规定。

2 术语和符号

2.1 术 语

2.1.1 模型基础 model foundation

为现场动力参数测试而浇筑的混凝土块体基础或带承台的桩基础。

2.1.2 地基刚度 stiffness of subsoil

施加于地基上的力(力矩)与由它引起的线位移(角位移)之比。

2.1.3 振动线位移 linear displacement of vibration

振动变形体上一点变形后从原来的位置到新位置的连线距离。

2.1.4 地脉动 micro-tremor

由气象、海洋、地壳构造活动的自然力和交通等人为因素所引起的地球表面固有的微弱振动。

2.1.5 场地卓越周期 predominant period of site

场地岩土振动而出现的最大振幅的周期。

2.1.6 压缩波 compression wave

介质中质点的运动方向平行于波传播方向的波。

2.1.7 剪切波 shear wave

介质中质点的运动方向垂直于波传播方向的波。

2.1.8 瑞利波 Rayleigh wave

沿半无限弹性介质自由表面传播的偏振波。

2.1.9 弯曲元法 bending element method

将压电陶瓷弯曲元应用于测试土体波速等参数的方法。

2.1.10 破坏振次 number of cycles to cause failure

试样达到破坏标准所需的等幅循环应力作用次数。

2.1.11 动强度比 ratio of dynamic shear strength

圆柱状试样 45°面上的动剪强度与初始法向有效应力的比值。

2.1.12 振次比 cycle ratio

动应力作用下的振次与破坏振次的比值。

2.1.13 动孔压比 ratio of dynamic pore pressure

在循环应力作用下试样的孔隙水压力增量与侧向有效固结应力的比值。

2.1.14 动剪应力比 ratio of dynamic shear stress

试样 45°面上的动剪应力与侧向有效固结应力的比值。

2.1.15 动剪切模量比 ratio of dynamic shear modulus

对应于某一剪应变幅的动剪切模量,与同一固结应力条件下的最大动剪切模量的比值。

2.2 符 号

2.2.1 作用和作用效应:

d——为 0.707 基础水平回转耦合振动第一振型共振频率所对应的水平线位移;

d_0——振源处的振动线位移;

d_b——基础底面的水平振动线位移;

d_{f1}——第 1 周的振动线位移;

d_i——在幅频响应曲线上选取的第 i 点的频率所对应的振动线位移;

d_m——基础竖向振动的共振振动线位移;

d_{max}——基础最大振动线位移;

d_{m1}——基础水平回转耦合振动第一振型共振峰点水平振动线位移;

$d_{m\psi}$——基础扭转振动共振峰点水平振动线位移;

d_{n+1}——第 $n+1$ 周的振动线位移;

d_r——距振源的距离为 r 处的地面振动线位移;

d_x——基础重心处的水平振动线位移;

$d_{x\varphi}$——基础顶面的水平振动线位移;

$d_{x\varphi1}$——第 1 周的水平振动线位移;

$d_{x\varphi_{n+1}}$——第 $n+1$ 周的水平振动线位移;

$d_{x\psi}$——为 0.707 基础扭转振动的共振频率所对应的水平振动线位移;

d_z——试样顶端的轴向振动线位移幅;

$d_{z\varphi}$——基础水平回转耦合振动第一振型共振峰点竖向振动线位移;

$d_{z\varphi_1}$——第 1 台传感器测试的基础水平回转耦合振动第一振型共振峰点竖向振动线位移;

$d_{z\varphi_2}$——第 2 台传感器测试的基础水平回转耦合振动第一振型共振峰点竖向振动线位移;

d_1——幅频响应曲线上选取的第一个点对应的振动线位移;

d_2——幅频响应曲线上选取的第二个点对应的振动线位移;

f_{at}——无试样时激振压板系统扭转向共振频率;

f_{al}——无试样时激振压板系统轴向共振频率;

f_d——基础有阻尼固有频率;

f_{d1}——基础水平回转耦合振动第一振型有阻尼固有频率;

f_i——在幅频响应曲线上选取的第 i 点的频率;

f_m——基础竖向振动的共振频率;

f_{m1}——基础水平回转耦合振动第一振型共振频率;

$f_{m\psi}$——基础扭转振动的共振频率;

f_{nz}——基础竖向无阻尼固有频率;

f_{n1}——基础水平回转耦合振动第一振型无阻尼固有频率;

f_{nx}——基础水平向无阻尼固有频率;

$f_{n\varphi}$——基础回转无阻尼固有频率;

$f_{n\psi}$——基础扭转振动无阻尼固有频率;

f_0——激振频率;

f_t——试样系统扭转振动的共振频率;

f_l——试样系统轴向振动的共振频率;

$\omega_{m\psi}$——基础扭转振动固有圆频率;

ω_{n1}——基础水平回转耦合振动第一振型无阻尼固有圆频率(rad/s);

ω_1——幅频响应曲线上选取的第一个点对应的振动圆频率(rad/s);

ω_2——幅频响应曲线上选取的第二个点对应的振动圆频率(rad/s)。

2.2.2 计算指标:

c_d——总应力抗剪强度中的动凝聚力;

E——地基弹性模量;

E_{dmax}——最大动弹性模量;

G_{dmax}——最大动剪切模量;

K_z——地基(或桩基)抗压刚度;

K_{z0}——明置模型基础的地基抗压刚度;

K'_{z0}——埋置模型基础的地基抗压刚度；

K_x——地基抗剪刚度；

K_{x0}——明置模型基础的地基抗剪刚度；

K'_{x0}——埋置模型基础的地基抗剪刚度；

K_{ψ}——地基抗弯刚度；

$K_{\psi0}$——明置模型基础的地基抗弯刚度；

$K'_{\psi0}$——埋置模型基础的地基抗弯刚度；

K_{ψ}——地基抗扭刚度；

$K_{\psi0}$——明置模型基础的地基抗扭刚度；

$K'_{\psi0}$——埋置模型基础的地基抗扭刚度；

K_{pz}——单桩抗压刚度；

$K_{p\psi}$——桩基抗弯刚度；

m_a——试样顶端激振压板系统的质量；

m_d——设计基础的质量；

m_{dr}——设计基础的质量比；

m_f——模型基础的质量；

m_r——模型基础的质量比；

m_s——试样的总质量；

m_z——基础竖向振动的参振总质量(包括基础、激振设备和地基参加振动的当量质量)；

$m_{x\varphi}$——基础水平回转耦合振动的参振总质量(包括基础、激振设备和地基参加振动的当量质量)；

m_{ψ}——基础扭转振动的参振总质量(包括基础、激振设备和地基参加振动的当量质量)；

m_0——激振设备旋转部分的质量；

m_1——重锤的质量；

M_{ψ}——激振设备的扭转力矩；

E_d——试样动弹性模量；

G_d——试样动剪切模量；

p_o——试样外围压；

p_i——试样内围压；

P——电磁式激振设备的扰力；

P_a——大气压力；

P_d——设计基础底面静压力；

P_L——最后一级加载作用下，承压板底的总静应力；

P_0——模型基础底面静压力；

P_1——幅频响应曲线上选取的第一个点对应的扰力；

P_2——幅频响应曲线上选取的第二个点对应的扰力；

q——广义剪应力幅值；

Q——承压板上最后一级加载后的总荷载；

r_i——第 i 根桩的轴线至基础底面形心回转轴的距离；

R_f——45°面上试样的动强度比；

R_{ff}——对应于等效破坏振次的动强度比；

S——加荷时地基变形量；

S_P——卸荷时地基塑性变形量；

S_e——地基弹性变形量；

S_{eL}——在地基弹性变形量-应力直线图上，相应于最后一级加载的地基弹性变形量；

T——试样扭矩；

v_g——重锤自由下落时的速度；

v_p——压缩波波速；

v_R——瑞利波波速；

v_s——剪切波波速；

W——试样轴力；

α——地基能量吸收系数；

α_0——潜在破坏面上的初始剪应力比；

μ——地基的泊松比；

μ_d——试样的泊松比；

ρ——质量密度；

ζ_z——地基竖向阻尼比；

ζ_{zi}——第 i 点计算的地基竖向阻尼比；

$\zeta_{x\varphi_1}$——地基水平回转向第一振型阻尼比；

ζ_{ψ}——地基扭转向阻尼比；

γ_d——试样动剪应变幅；

$\gamma_{z\theta}$——试样剪应变；

ε_d——试样动轴应变幅；

ε_r——试样径向应变；

ε_z——试样轴向应变；

ε_θ——试样环向应变；

ε_1——试样大主应变；

ε_2——试样中主应变；

ε_3——试样小主应变；

ζ_t——试样扭转向阻尼比；

$\zeta_{x\varphi_1 0}$——明置模型基础的地基水平回转向第一振型阻尼比；

$\zeta^c_{x\varphi_1}$——明置设计基础的地基水平回转向第一振型阻尼比；

ζ_{z0}——明置模型基础的地基竖向阻尼比；

ζ^c_z——明置设计基础的地基竖向阻尼比；

ζ_{dz}——试样轴向振动阻尼比；

ζ_1——第一点计算的地基竖向阻尼比；

ζ_2——第二点计算的地基竖向阻尼比；

$\zeta_{\psi0}$——明置模型基础的地基扭转向阻尼比；

$\zeta'_{\psi0}$——埋置测试的模型基础的地基扭转向阻尼比；

ζ^c_{ψ}——明置设计基础的地基扭转向阻尼比；

σ_d——试样轴向动应力幅；

σ_r——试样径向应力；

σ_z——试样轴向应力；

σ'_0——试样平均有效主应力；

σ'_1——试样有效大主应力；

σ'_2——试样有效中主应力；

σ'_3——试样有效小主应力；

σ_{f0}——潜在破坏面上的初始法向应力；

σ_{1c}——试样初始轴向固结应力；

σ_{3c}——试样侧向固结应力；

σ'_{1c}——试样固结完后的大主应力值；

σ'_{2c}——试样固结完后的中主应力值；

σ'_{3c}——试样固结完后的小主应力值；

σ_θ——试样环向应力；

Δu——试样孔隙水压力；

τ_d——试样的动剪应力幅；

τ_{f0}——潜在破坏面上的初始剪应力；

τ_{fd}——相应于工程等效破坏振次的动强度；

τ_{fs}——潜在破坏面上的总应力抗剪强度；

$\tau_{z\theta}$——试样剪应力。

2.2.3 几何参数：

A_d——设计基础底面积；

A_s——轴向动应力-动应变滞回圈的面积；

A_t——轴向动应力-动应变滞回曲线图中直角三角形面积；

A_0——模型基础底面积；

D——承压板直径；

D_s——试样直径；

D_1——空心圆柱体试样的外径；

D_2——空心圆柱体试样的内径；

e_0——激振设备旋转部分质量的偏心距；

e_e——激振设备的水平扭转力矩力臂；

h——模型基础高度；

h_1——基础重心至基础顶面的距离；

h_2——基础重心至基础底面的距离；

h_3——基础重心至激振器水平扰力的距离；

h_s——试样高度；

h_t——模型基础的埋置深度；

h_d——设计基础的埋置深度；

H——测点的深度；

H_0——振源与孔口的高差；

H_1——重锤下落高度；

H_2——重锤回弹高度；

ΔH——波速层的厚度；

I——基础底面对通过其形心轴的惯性矩；

I_z——基础底面对通过其形心轴的极惯性矩；

J——基础对通过其重心轴的转动惯量；

J_a——试样顶端激振压板系统的转动惯量；

J_c——基础对通过其底面形心轴的转动惯量；

J_s——试样的转动惯量；

J_z——基础对通过其重心轴的极转动惯量；

l——基础长度；

l_ψ——扭转轴至实测线位移点的距离；

l_1——两台竖向传感器的间距；

Δl——两台传感器之间的水平距离；

L——从板中心到测试孔的水平距离；

r_0——试样外半径；

r_i——试样内半径；

r_0——模型基础的当量半径；

S_1——由振源到第 1 个接收孔测点的距离；

S_2——由振源到第 2 个接收孔测点的距离；

ΔS——由振源到两个接收孔测点的距离之差；

θ——试样顶端的角位移幅；

φ——两台传感器接收到的振动波之间的相位差；

φ_d——试样的动内摩擦角；

φ_1——幅频响应曲线上选取的第一个点对应的扰力与振动线位移之间的相位角；

φ_2——幅频响应曲线上选取的第二个点对应的扰力与振动线位移之间的相位角；

φ_{m1}——基础第一振型共振峰点的回转角位移；

ρ_1——基础第一振型转动中心至基础重心的距离。

2.2.4 计算参数：

C_x——地基抗剪刚度系数；

C_z——地基抗压刚度系数；

C_φ——地基抗弯刚度系数；

C_ψ——地基抗扭刚度系数；

C_1, m_1——最大动剪切模量与平均有效应力关系双对数拟合直线参数；

C_2, m_2——最大动弹性模量与平均固结应力关系双对数拟合直线参数；

e_1——回弹系数；

F_t——扭转向无量纲频率因子；

F_1——轴向无量纲频率因子；

g——重力加速度；

n——在幅频响应曲线上选取计算点的数量；

n_f——自由振动周期数；

n_p——桩数；

t_0——两次冲击的时间间隔；

S_t——试样系统扭转向能量比；

S_1——试样系统轴向能量比；

T_1——仪器激振端轴向惯量因子；

ΔT——压缩波或剪切波传到波速层顶面和底面的时间差；

T_L——压缩波或剪切波从振源到达测点的实测时间；

T_{P1}——压缩波到达第 1 个接收孔测点的时间；

T_{P2}——压缩波到达第 2 个接收孔测点的时间；

T_{S1}——剪切波到达第 1 个接收孔测点的时间；

T_{S2}——剪切波到达第 2 个接收孔测点的时间；

α_z——基础埋深对地基抗压刚度的提高系数；

α_x——基础埋深对地基抗剪刚度的提高系数；

α_φ——基础埋深对地基抗弯刚度的提高系数；

α_ψ——基础埋深对地基抗扭刚度的提高系数；

β_z——基础埋深对竖向阻尼比的提高系数；

$\beta_{x\varphi_1}$——基础埋深对水平回转向第一振型阻尼比的提高系数；

β_ψ——基础埋深对扭转向阻尼比的提高系数；

β_i——基础竖向振动的共振振动线位移与幅频响应曲线上选取的第 i 点振动线位移的比值；

δ_{at}——无试样时激振压板系统扭转自由振动的对数衰减率；

δ_{al}——仪器激振端压板系统轴向自由振动对数衰减率；

δ_d——设计块体基础或桩基础的埋深比；

δ_t——试样系统扭转自由振动的对数衰减率；

δ_0——模型基础的埋深比；

δ_l——试样系统轴向自由振动的对数衰减率；

η——基础底面积与基础底面静压力的换算系数；

η_s——斜距校正系数；

η_p——与泊松比有关的系数；

ξ——与基础的质量比有关的换算系数；

ξ_0——无量纲系数。

3 基 本 规 定

3.0.1 地基动力特性测试前应制定测试方案，测试方案应包括下列内容：

　　1 测试目的和要求；

　　2 测试内容、测试方法和测点仪器布置图；

　　3 数据分析方法。

3.0.2 地基动力特性现场测试应具备下列资料：

　　1 场地的岩土工程勘察资料；

　　2 场地的地下设施、地下管道、地下电缆等的平面图和纵剖面图；

　　3 测试现场及其邻近的振动干扰源。

3.0.3 地基动力特性测试使用的测试仪器应在有效的检定或校准期内，测试前应对仪器设备检查调试。

3.0.4 测试现场应避开外界干扰振源，测点应避开水泥或沥青路面、地下管道和电缆等影响测试数据的场所。

3.0.5 测试报告的内容应包括原始资料、测试仪器、测试结果、测试分析和测试结论。

4 模型基础动力参数测试

4.1 一 般 规 定

4.1.1 周期性振动机器的基础应采用强迫振动测试方法；冲击性振动机器的基础应采用自由振动测试方法。

4.1.2 模型基础动力参数测试,除应符合本规范第3.0.2条的规定外,尚应具备下列资料:

    1 机器的型号、转速、功率;

    2 设计基础的位置和基底标高;

    3 当采用桩时,桩的设计长度、截面尺寸及间距。

4.1.3 模型基础动力参数的测试结果应包括下列内容:

    1 测试的各种幅频响应曲线;

    2 动力参数的测试值;

    3 动力参数的设计值。

4.1.4 模型基础应在明置和埋置的情况下分别进行振动测试。埋置基础周边回填土应分层夯实,回填土的压实系数不宜小于0.94。

4.1.5 桩基的测试应取得下列动力参数:

    1 单桩的抗压刚度;

    2 桩基抗剪和抗扭刚度系数;

    3 桩基竖向和水平回转第一振型以及扭转向的阻尼比;

    4 桩基竖向和水平回转以及扭转向的参振总质量。

4.1.6 天然地基和人工地基的测试应取得下列动力参数:

    1 地基抗压、抗剪、抗弯和抗扭刚度系数;

    2 地基竖向、水平回转向第一振型及扭转向的阻尼比;

    3 地基基础竖向、水平回转向及扭转向的参振总质量。

4.2 设备和仪器

4.2.1 强迫振动测试的激振设备应符合下列规定:

    1 采用机械式激振设备时,工作频率宜为3Hz～60Hz;

    2 采用电磁式激振设备时,激振力不宜小于2000N。

4.2.2 自由振动测试时,竖向激振宜采用重锤自由落体的方式进行,重锤质量不小于基础质量的1/100,落高宜为0.5m～1.0m。

4.2.3 传感器宜采用竖向和水平向的速度型传感器,其通频带宽为2Hz～80Hz,阻尼系数应为0.65～0.70,电压灵敏度不应小于30V·s/m,可测位移不小于0.5mm。

4.2.4 放大器应采用带低通滤波功能的多通道放大器,其各通道幅值一致性偏差不应大于3%,各通道相位一致性偏差不应大于0.1ms,折合输入端的噪声水平应低于1μV,电压增益应大于80dB。

4.2.5 采集与记录装置宜采用模/数转换不低于16位的多通道数字采集和存储系统。数据分析装置应具有频谱分析及专用分析软件功能。

4.3 模 型 基 础

4.3.1 块体基础的尺寸宜采用2.0m×1.5m×1.0m,每组数量不宜少于2个。

4.3.2 桩基础宜采用2根桩,桩间距应取设计桩基础的间距;承台的长宽比应为2:1,其高度不宜小于1.6m;承台沿长度方向的中心轴应与两桩中心连线重合,承台宽度宜与桩间距相同。

4.3.3 模型基础应置于拟建基础的邻近处,其土层结构宜与拟建基础的土层结构相同。

4.3.4 模型基础做明置工况测试时,坑底应保持土层的原状结构,坑底面应保持平整。基坑坑壁至模型基础侧面的距离应大于500mm。

4.3.5 当采用机械式激振设备时,地脚螺栓的埋设深度不宜小于400mm;地脚螺栓或预留孔在模型基础平面上的位置应符合下列规定:

    1 竖向振动测试时,应使激振设备的竖向扰力中心通过基础的重心;

    2 水平振动测试时,应使水平扰力矢量方向与基础沿长度方向的中心轴向一致;

    3 扭转振动测试时,激振设备施加的扭转力矩,应使基础产生绕重心竖轴的扭转振动。

4.4 测 试 方 法

4.4.1 竖向振动测试时,在基础顶面沿长度方向中轴线的两端应对称布置两个竖向传感器。

4.4.2 水平回转振动测试时,在基础顶面沿长度方向中轴线的两端应对称布置两个竖向传感器,并应在中间布置一个水平向传感器,其水平振动方向应与中轴线平行。

4.4.3 扭转振动测试时,在基础顶面沿长度方向中轴线的两端应对称布置两个水平向传感器,其水平振动方向应与中轴线垂直。

4.4.4 强迫振动幅频响应测试时,其激振设备的扰力频率间隔,共振区外不宜大于2Hz,共振区内不应大于1Hz;共振时的振动线位移不宜大于150μm。

4.4.5 强迫振动数据分析,应取振动波形的正弦波部分。

4.4.6 竖向自由振动测试,宜采用重锤自由下落冲击模型基础顶面的中心处,实测基础的固有频率和最大振动线位移。测试有效次数不应少于3次。

4.4.7 水平回转自由振动的测试,可水平冲击与模型基础沿长度方向中轴垂直的侧面,实测基础的固有频率和最大振动线位移。测试有效次数不应少于3次。

4.5 数 据 处 理

Ⅰ 强 迫 振 动

4.5.1 数据处理应采用频谱分析方法,谱线间隔不宜大于0.1Hz。各通道采样点数不宜小于1024点,采样频率应符合采样定理要求,并采用加窗函数进行平滑处理。

4.5.2 数据处理应得到下列幅频响应曲线:

    1 竖向振动时,为基础竖向振动线位移随频率变化的幅频响应曲线;

    2 水平回转耦合振动时,为基础顶面测试点的水平振动线位移随频率变化的幅频响应曲线,及基础顶面测试点由回转振动产生的竖向振动线位移随频率变化的幅频响应曲线;

    3 扭转振动时,为基础顶面测试点在扭转力矩作用下的水平振动线位移随频率变化的幅频响应曲线。

4.5.3 地基竖向阻尼比应在基础竖向振动线位移随频率变化的幅频响应曲线上,选取共振峰峰点和在基础竖向振动的共振频率0.5～0.85范围内不少于三点的频率和振动线位移(如图4.5.3-1、图4.5.3-2所示),并应按下列公式计算:

$$\zeta_z = \frac{\sum\limits_{i=1}^{n} \zeta_{zi}}{n} \qquad (4.5.3-1)$$

$$\zeta_{zi} = \left[\frac{1}{2} \left(1 - \sqrt{\frac{\beta_i^2 - 1}{\alpha_i^4 - 2\alpha_i^2 + \beta_i^2}} \right) \right]^{\frac{1}{2}} \qquad (4.5.3-2)$$

$$\beta_i = \frac{d_m}{d_i} \qquad (4.5.3-3)$$

当为变扰力时: $\alpha_i = \dfrac{f_m}{f_i}$ (4.5.3-4)

当为常扰力时: $\alpha_i = \dfrac{f_i}{f_m}$ (4.5.3-5)

式中:ζ_z——地基竖向阻尼比;

    ζ_{zi}——第 i 点计算的地基竖向阻尼比;

    f_m——基础竖向振动的共振频率(Hz);

    d_m——基础竖向振动的共振振动线位移(m);

f_i——在幅频响应曲线上选取的第 i 点的频率(Hz);

d_i——在幅频响应曲线上选取的第 i 点的频率所对应的振动线位移(m);

β_i——基础竖向振动的共振振动线位移与幅频响应曲线上选取的第 i 点振动线位移的比值;

α_i——基础竖向振动的共振频率与幅频响应曲线上选取的第 i 点频率的比值;

n——在幅频响应曲线上选取计算点的数量。

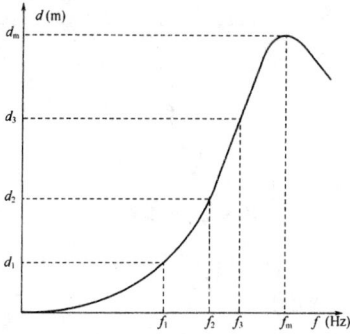

图 4.5.3-1 变扰力的幅频响应曲线

d—振动线位移;d_m—基础竖向振动的共振振动线位移;

d_1—在幅频响应曲线上选取的第 1 点的频率所对应的振动线位移;

d_2—在幅频响应曲线上选取的第 2 点的频率所对应的振动线位移;

d_3—在幅频响应曲线上选取的第 3 点的频率所对应的振动线位移;

f—频率;f_m—基础竖向振动的共振频率;f_1—在幅频响应曲线上选取的第 1 点的频率;

f_2—在幅频响应曲线上选取的第 2 点的频率;f_3—在幅频响应曲线上选取的第 3 点的频率

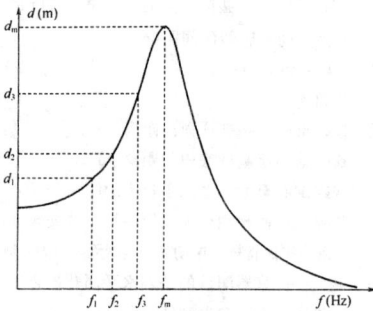

图 4.5.3-2 常扰力的幅频响应曲线

d—振动线位移;d_m—基础竖向振动的共振振动线位移;

d_1—在幅频响应曲线上选取的第 1 点的频率所对应的振动线位移;

d_2—在幅频响应曲线上选取的第 2 点的频率所对应的振动线位移;

d_3—在幅频响应曲线上选取的第 3 点的频率所对应的振动线位移;

f—频率;f_m—基础竖向振动的共振频率;

f_1—在幅频响应曲线上选取的第 1 点的频率;f_2—在幅频响应曲线上选取的第 2 点的频率;

f_3—在幅频响应曲线上选取的第 3 点的频率

4.5.4 基础竖向振动的参振总质量应按下列公式计算:

1 当为变扰力时:

$$m_z = \frac{m_0 e_0}{d_m} \cdot \frac{1}{2\zeta_z \sqrt{1 - \zeta_z^2}} \quad (4.5.4-1)$$

2 当为常扰力时:

$$m_z = \frac{P}{d_m (2\pi f_{nz})^2} \cdot \frac{1}{2\zeta_z \sqrt{1 - \zeta_z^2}} \quad (4.5.4-2)$$

$$f_{nz} = \frac{f_m}{\sqrt{1 - 2\zeta_z^2}} \quad (4.5.4-3)$$

式中:m_z——基础竖向振动的参振总质量(t);

m_0——激振设备旋转部分的质量(t);

e_0——激振设备旋转部分质量的偏心距(m);

P——电磁式激振设备的扰力(kN);

f_{nz}——基础竖向无阻尼固有频率(Hz)。

注:当 m_z 大于基础质量的 2 倍时,应取 m_z 等于基础质量的 2 倍。

4.5.5 地基抗压刚度、地基抗压刚度系数、单桩抗压刚度和桩基抗弯刚度,应按下列公式计算:

1 当为变扰力时:

$$K_z = m_z (2\pi f_{nz})^2 \quad (4.5.5-1)$$

$$C_z = \frac{K_z}{A_0} \quad (4.5.5-2)$$

$$K_{pz} = \frac{K_z}{n_p} \quad (4.5.5-3)$$

$$K_{p\varphi} = K_{pz} \sum_{i=1}^{n} r_i^2 \quad (4.5.5-4)$$

$$f_{nz} = f_m \sqrt{1 - 2\zeta_z^2} \quad (4.5.5-5)$$

式中:K_z——地基(或桩基)抗压刚度(kN/m);

C_z——地基抗压刚度系数(kN/m³);

K_{pz}——单桩抗压刚度(kN/m);

$K_{p\varphi}$——桩基抗弯刚度(kN・m);

r_i——第 i 根桩的轴线至基础底面形心回转轴的距离(m);

A_0——模型基础底面积(m²);

n_p——桩数。

2 当为常扰力时,地基抗压刚度系数、单桩抗压刚度和桩基抗弯刚度应按本规范公式(4.5.5-2)~(4.5.5-4)计算;地基(或桩基)抗压刚度,可按下式计算:

$$K_z = \frac{P}{d_m} \cdot \frac{1}{2\zeta_z \sqrt{1 - \zeta_z^2}} \quad (4.5.5-6)$$

4.5.6 当基础的固有频率较高不能测出共振峰值时,宜采用低频区段求刚度的方法(如图 4.5.6 所示)按下列公式计算:

$$m_z = \frac{\dfrac{P_1}{d_1} \cos\varphi_1 - \dfrac{P_2}{d_2} \cos\varphi_2}{\omega_2^2 - \omega_1^2} \quad (4.5.6-1)$$

$$\zeta_1 = \frac{\tan\varphi_1 \left(1 - \dfrac{\omega_1}{\omega_2}\right)^2}{2 \dfrac{\omega_1}{\omega_2}} \quad (4.5.6-2)$$

$$\zeta_2 = \frac{\tan\varphi_2 \left(1 - \dfrac{\omega_1}{\omega_2}\right)^2}{2 \dfrac{\omega_1}{\omega_2}} \quad (4.5.6-3)$$

$$\zeta_z = \frac{\zeta_1 + \zeta_2}{2} \quad (4.5.6-4)$$

$$K_z = \frac{P_1}{d_1} \cos\varphi_1 + m_z \omega_1^2 \quad (4.5.6-5)$$

式中:P_1——幅频响应曲线上选取的第一个点对应的扰力(kN);

P_2——幅频响应曲线上选取的第二个点对应的扰力(kN);

d_1——幅频响应曲线上选取的第一个点对应的振动线位移(m);

d_2——幅频响应曲线上选取的第二个点对应的振动线位移(m);

φ_1——幅频响应曲线上选取的第一个点对应的扰力与振动线位移之间的相位角,由测试确定;

φ_2——幅频响应曲线上选取的第二个点对应的扰力与振动线位移之间的相位角,由测试确定;

ω_1——幅频响应曲线上选取的第一个点对应的振动圆频率(rad/s);

ω_2——幅频响应曲线上选取的第二个点对应的振动圆频率(rad/s);

ζ_1——第一点计算的地基竖向阻尼比;

ζ_2——第二点计算的地基竖向阻尼比。

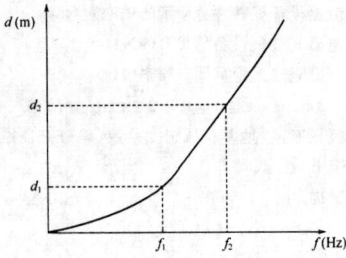

图 4.5.6　未测得共振峰的幅频响应曲线

d—振动线位移；d_1—在幅频响应曲线上选取的第 1 个点对应的振动线位移；
d_2—在幅频响应曲线上选取的第 2 个点对应的振动线位移；
f—频率；f_1—在幅频响应曲线上选取的第 1 点的频率；
f_2—在幅频响应曲线上选取的第 2 点的频率

4.5.7 地基水平回转向第一振型阻尼比，应在幅频响应曲线上选取基础水平回转耦合振动第一振型共振频率和为 0.707 基础水平回转耦合振动第一振型共振频率所对应的水平振动线位移（如图 4.5.7-1、图 4.5.7-2 所示），并应按下列公式计算：

1 当为变扰力时：

$$\zeta_{x\varphi_1} = \left\{ \frac{1}{2} \left[1 - \sqrt{1 - \left(\frac{d}{d_{m1}}\right)^2} \right] \right\}^{\frac{1}{2}} \quad (4.5.7\text{-}1)$$

2 当为常扰力时：

$$\zeta_{x\varphi_1} = \left\{ \frac{1}{2} \left[1 - \sqrt{1 + \frac{1}{3 - 4\left(\frac{d_{m1}}{d}\right)^2}} \right] \right\}^{\frac{1}{2}} \quad (4.5.7\text{-}2)$$

式中：$\zeta_{x\varphi_1}$——地基水平回转向第一振型阻尼比；

d_{m1}——基础水平回转耦合振动第一振型共振峰点水平振动线位移（m）；

d——为 0.707 基础水平回转耦合振动第一振型共振频率所对应的水平线位移（m）。

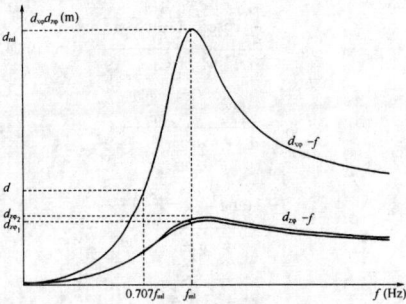

图 4.5.7-1　变扰力的幅频响应曲线

$d_{x\varphi} - f$—基础顶面的水平振动线位移与频率的关系；
$d_{z\varphi} - f$—基础顶面的竖向振动线位移与频率的关系；
d—为 0.707 基础水平回转耦合振动第一振型共振频率所对应的水平线位移（m）；
d_{m1}—基础水平回转耦合振动第一振型共振峰点水平振动线位移；
$d_{x\varphi}$—基础顶面的水平振动线位移；$d_{z\varphi}$—基础顶面的竖向振动线位移；
$d_{z\varphi_1}$—第 1 台竖向传感器测试的基础水平回转耦合振动第一振型共振峰点竖向振动线位移；
$d_{z\varphi_2}$—第 2 台竖向传感器测试的基础水平回转耦合振动第一振型共振峰点竖向振动线位移；
f—频率；f_{m1}—基础水平回转耦合振动第一振型共振频率

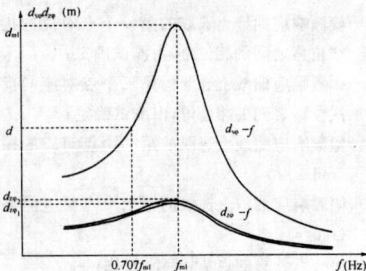

图 4.5.7-2　常扰力的幅频响应曲线

$d_{x\varphi} - f$—基础顶面的水平振动线位移与频率的关系；
$d_{z\varphi} - f$—基础顶面的竖向振动线位移与频率的关系；
d—为 0.707 基础水平回转耦合振动第一振型共振频率所对应的水平线位移；
d_{m1}—基础水平回转耦合振动第一振型共振峰点水平振动线位移；
$d_{x\varphi}$—基础顶面的水平振动线位移；$d_{z\varphi}$—基础顶面的竖向振动线位移；
$d_{z\varphi_1}$—第 1 台竖向传感器测试的基础水平回转耦合振动第一振型共振峰点竖向振动线位移；
$d_{z\varphi_2}$—第 2 台竖向传感器测试的基础水平回转耦合振动第一振型共振峰点竖向振动线位移；
f—频率；f_{m1}—基础水平回转耦合振动第一振型共振频率

4.5.8 基础水平回转耦合振动的参振总质量应按下列公式计算：

1 当为变扰力时：

$$m_{x\varphi} = \frac{m_0 e_0 (\rho_1 + h_3)(\rho_1 + h_1)}{d_{m1}} \cdot \frac{1}{2\zeta_{x\varphi_1}\sqrt{1 - \zeta_{x\varphi_1}^2}} \cdot \frac{1}{i^2 + \rho_1^2}$$

$$(4.5.8\text{-}1)$$

$$\rho_1 = \frac{d_x}{\varphi_{m1}} \quad (4.5.8\text{-}2)$$

$$\varphi_{m1} = \frac{|d_{z\varphi_1}| + |d_{z\varphi_2}|}{l_1} \quad (4.5.8\text{-}3)$$

$$d_x = d_{m1} - h_2 \varphi_{m1} \quad (4.5.8\text{-}4)$$

$$i = \left[\frac{1}{12}(l^2 + h^2) \right]^{\frac{1}{2}} \quad (4.5.8\text{-}5)$$

2 当为常扰力时：

$$m_{x\varphi} = \frac{P(\rho_1 + h_3)(\rho_1 + h_1)}{d_{m1}(2\pi f_{n1})^2} \cdot \frac{1}{2\zeta_{x\varphi_1}\sqrt{1 - \zeta_{x\varphi_1}^2}} \cdot \frac{1}{i^2 + \rho_1^2}$$

$$(4.5.8\text{-}6)$$

$$f_{n1} = \frac{f_{m1}}{\sqrt{1 - 2\zeta_{x\varphi_1}^2}} \quad (4.5.8\text{-}7)$$

式中：$m_{x\varphi}$——基础水平回转耦合振动的参振总质量（t）；

ρ_1——基础第一振型转动中心至基础重心的距离（m）；

d_x——基础重心处的水平振动线位移（m）；

φ_{m1}——基础第一振型共振峰点的回转角位移（rad）；

l_1——两台竖向传感器的间距（m）；

l——基础长度（m）；

h——基础高度（m）；

h_1——基础重心至基础顶面的距离（m）；

h_2——基础重心至基础底面的距离（m）；

h_3——基础重心至激振器水平扰力的距离（m）；

f_{m1}——基础水平回转耦合振动第一振型共振频率（Hz）；

f_{n1}——基础水平回转耦合振动第一振型无阻尼固有频率（Hz）；

$d_{z\varphi_1}$——第 1 台传感器测试的基础水平回转耦合振动第一振型共振峰点竖向振动线位移（m）；

$d_{z\varphi_2}$——第 2 台传感器测试的基础水平回转耦合振动第一振型共振峰点竖向振动线位移（m）；

i——基础回转半径（m）。

注：当 $m_{x\varphi}$ 大于基础质量的 1.4 倍时，应取 $m_{x\varphi}$ 等于基础质量的 1.4 倍。

4.5.9 地基抗剪刚度、地基抗剪刚度系数应按下列公式计算：

1 当为变扰力时：

$$K_x = m_{x\varphi}(2\pi f_{nx})^2 \quad (4.5.9\text{-}1)$$

$$C_x = \frac{K_x}{A_0} \quad (4.5.9\text{-}2)$$

$$f_{nx} = \frac{f_{n1}}{\sqrt{1 - \frac{h_2}{\rho_1}}} \quad (4.5.9\text{-}3)$$

$$f_{n1} = f_{m1}\sqrt{1 - 2\zeta_{x\varphi_1}^2} \quad (4.5.9\text{-}4)$$

式中：K_x——地基抗剪刚度（kN/m）；

C_x——地基抗剪刚度系数（kN/m³）；

f_{nx}——基础水平向无阻尼固有频率（Hz）。

2 当为常扰力时，地基抗剪刚度、地基抗剪刚度系数应按本规范公式（4.5.9-1）～（4.5.9-3）计算，基础水平回转耦合振动第一振型无阻尼固有频率应按本规范公式（4.5.8-7）计算。

4.5.10 地基抗弯刚度和地基抗弯刚度系数应按下列公式计算:

1 当为变扰力时:

$$K_\varphi = J (2\pi f_{n\varphi})^2 - K_x h_2^2 \qquad (4.5.10-1)$$

$$C_\varphi = \frac{K_\varphi}{I} \qquad (4.5.10-2)$$

$$f_{n\varphi} = \sqrt{\rho_1 \frac{h_2^2}{l^2} f_{nx}^2 + f_{n1}^2} \qquad (4.5.10-3)$$

式中:K_φ——地基抗弯刚度(kN·m);

C_φ——地基抗弯刚度系数(kN/m³);

$f_{n\varphi}$——基础回转无阻尼固有频率(Hz);

J——基础对通过其重心轴的转动惯量(t·m²);

I——基础底面对通过其形心轴的惯性矩(m⁴)。

2 当为常扰力时,地基抗弯刚度和地基抗弯刚度系数应按本规范公式(4.5.10-1)~(4.5.10-3)计算,基础水平回转耦合振动第一振型无阻尼固有频率应按本规范公式(4.5.8-7)计算。

4.5.11 地基扭转向阻尼比应在扭转力矩作用下的水平振动线位移随频率变化的幅频响应曲线上选取基础扭转振动的共振频率和为 0.707 基础扭转振动的共振频率所对应的水平振动线位移,并应按下列公式计算:

1 当为变扰力时:

$$\zeta_\psi = \left\{ \frac{1}{2} \left[1 - \sqrt{1 - \left(\frac{d_{x\psi}}{d_{m\psi}} \right)} \right] \right\}^{\frac{1}{2}} \qquad (4.5.11-1)$$

2 当为常扰力时:

$$\zeta_\psi = \left\{ \frac{1}{2} \left[1 - \sqrt{1 + \frac{1}{3 - 4 \left(\frac{d_{m\psi}}{d_{x\psi}} \right)^2}} \right] \right\}^{\frac{1}{2}} \qquad (4.5.11-2)$$

式中:ζ_ψ——地基扭转向阻尼比;

$f_{m\psi}$——基础扭转振动的共振频率(Hz);

$d_{m\psi}$——基础扭转振动共振峰点水平振动线位移(m);

$d_{x\psi}$——为 0.707 基础扭转振动的共振频率所对应的水平振动线位移(m)。

4.5.12 基础扭转振动的参振总质量应按下列公式计算:

1 当为变扰力时:

$$m_\psi = \frac{12 J_z}{l^2 + b^2} \qquad (4.5.12-1)$$

$$J_z = \frac{m_0 e_0 e_e l_\psi}{d_{m\psi}} \cdot \frac{1}{2\zeta_\psi \sqrt{1 - \zeta_\psi^2}} \qquad (4.5.12-2)$$

$$f_{n\psi} = f_{m\psi} \sqrt{1 - 2\zeta_\psi^2} \qquad (4.5.12-3)$$

$$\omega_{n\psi} = 2\pi f_{n\psi} \qquad (4.5.12-4)$$

2 当为常扰力时:

$$f_{n\psi} = \frac{f_{m\psi}}{\sqrt{1 - 2\zeta_\psi^2}} \qquad (4.5.12-5)$$

$$J_z = \frac{M_\psi l_\psi}{d_{m\psi} \omega_{m\psi}^2} \cdot \frac{1 - 2\zeta_\psi^2}{2\zeta_\psi \sqrt{1 - \zeta_\psi^2}} \qquad (4.5.11-6)$$

式中:m_ψ——基础扭转振动的参振总质量(t);

J_z——基础对通过其重心轴的极转动惯量(t·m²);

$f_{n\psi}$——基础扭转振动无阻尼固有频率(Hz);

$\omega_{m\psi}$——基础扭转振动固有圆频率(rad/s);

M_ψ——激振设备的扭转力矩(kN·m);

e_e——激振设备的水平扭转力矩力臂(m);

l_ψ——扭转轴至实测线位移点的距离(m)。

4.5.13 地基抗扭刚度和地基抗扭刚度系数应按下列公式计算:

$$K_\psi = J_z \omega_{n\psi}^2 \qquad (4.5.13-1)$$

$$C_\psi = \frac{K_\psi}{I_z} \qquad (4.5.13-2)$$

式中:K_ψ——地基抗扭刚度(kN·m);

C_ψ——地基抗扭刚度系数(kN/m³);

I_z——基础底面对通过其形心轴的极惯性矩(m⁴)。

Ⅱ 自 由 振 动

4.5.14 地基竖向阻尼比应按下式计算:

$$\zeta_z = \frac{1}{2\pi n_f} \ln \frac{d_{f1}}{d_{n+1}} \qquad (4.5.14)$$

式中:d_{f1}——第 1 周的振动线位移(m);

d_{n+1}——第 $n+1$ 周的振动线位移(m);

n_f——自由振动周期数。

4.5.15 基础竖向振动的参振总质量应按下列公式计算(如图 4.5.15-1、图 4.5.15-2 所示):

$$m_z = \frac{(1 + e_1) m_1 v_g}{d_{max} 2\pi f_{nz}} e^{-\Phi} \qquad (4.5.15-1)$$

$$\Phi = \frac{\tan^{-1} \frac{\sqrt{1 - \zeta_z^2}}{\zeta_z}}{\frac{\sqrt{1 - \zeta_z^2}}{\zeta_z}} \qquad (4.5.15-2)$$

$$f_{nz} = \frac{f_d}{\sqrt{1 - \zeta_z^2}} \qquad (4.5.15-3)$$

$$v_g = \sqrt{2g H_1} \qquad (4.5.15-4)$$

$$e = \sqrt{\frac{H_2}{H_1}} \qquad (4.5.15-5)$$

$$H_2 = \frac{1}{2} g \left(\frac{t_0}{2} \right)^2 \qquad (4.5.15-6)$$

式中:d_{max}——基础最大振动线位移(m);

f_d——基础有阻尼固有频率(Hz);

v_g——重锤自由下落时的速度(m/s);

H_1——重锤下落高度(m);

H_2——重锤回弹高度(m);

e——自然对数;

e_1——回弹系数;

m_1——重锤的质量(t);

t_0——两次冲击的时间间隔(s);

g——重力加速度(m/s²)。

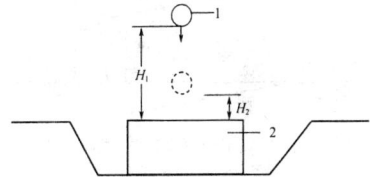

图 4.5.15-1 竖向自由振动
1—重锤;2—模型基础
H_1—重锤下落高度;H_2—重锤回弹高度

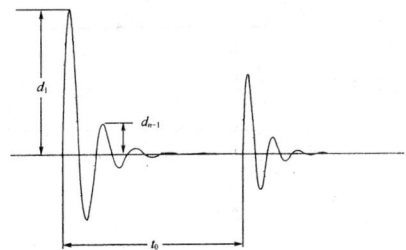

图 4.5.15-2 竖向自由振动波形
d_1—第 1 周的振动线位移;d_{n+1}—第 $n+1$ 周的振动线位移;t_0—两次冲击的时间间隔

4.5.16 自由振动的地基抗压刚度、抗压刚度系数、单桩抗压刚度和桩基抗弯刚度的计算应符合本规范第 4.5.5 条第 1 款的规定。

4.5.17 地基水平回转向第一振型阻尼比应按下式计算:

$$\zeta_{x\varphi_1} = \frac{1}{2\pi n_f} \ln \frac{d_{x\varphi_1}}{d_{x\varphi_{n+1}}} \qquad (4.5.17)$$

式中:$d_{x\varphi_1}$——第一周的水平振动线位移(m);

$d_{x\varphi_{n+1}}$——第 $n+1$ 周的水平振动线位移(m)。

4.5.18 地基抗剪刚度和地基抗弯刚度应按下列公式计算
(如图 4.5.18-1、图 4.5.18-2 所示):

$$K_x = m_f \omega_{n1}^2 \left[1 + \frac{h_2}{h} \left(\frac{d_{x\varphi}}{d_b} - 1 \right) \right] \quad (4.5.18-1)$$

$$K_\varphi = J_c \omega_{n1}^2 \left[1 + \frac{h_2 h}{i^2} \cdot \frac{1}{\frac{d_{x\varphi}}{d_b} - 1} \right] \quad (4.5.18-2)$$

$$J_c = J + m_f h_2^2 \quad (4.5.18-3)$$

$$i = \sqrt{\frac{J_c}{m_f}} \quad (4.5.18-4)$$

$$\omega_{n1} = 2\pi f_{n1} \quad (4.5.18-5)$$

$$f_{n1} = \frac{f_{d1}}{\sqrt{1 - \zeta_{x\varphi1}^2}} \quad (4.5.18-6)$$

$$d_b = d_{x\varphi} - \frac{|d_{z\varphi_1}| + |d_{z\varphi_2}|}{l_1} \cdot h \quad (4.5.18-7)$$

式中:m_f——模型基础的质量(t);

J_c——基础对通过其底面形心轴的转动惯量(t·m²);

i——基础对通过其底面形心轴的转动惯量与模型基础质量的比值平方根(m);

$d_{x\varphi}$——基础顶面的水平振动线位移(m);

$d_{z\varphi_1}$——基础顶面的第 1 个竖向传感器测得的振动线位移(m);

$d_{z\varphi_2}$——基础顶面的第 2 个竖向传感器测得的振动线位移(m);

ω_{n1}——基础水平回转耦合振动第一振型无阻尼固有圆频率(rad/s);

d_b——基础底面的水平振动线位移(m);

f_{d1}——基础水平回转耦合振动第一振型有阻尼固有频率(Hz)。

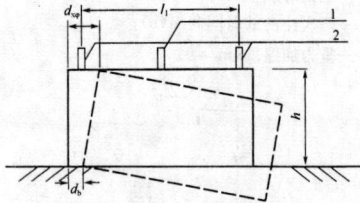

图 4.5.18-1　水平回转耦合振动
1—水平向传感器;2—竖向传感器
l_1—两台竖向传感器的间距;h—基础高度;
$d_{x\varphi}$—基础顶面的水平振动线位移;d_b—基础底面的水平振动线位移

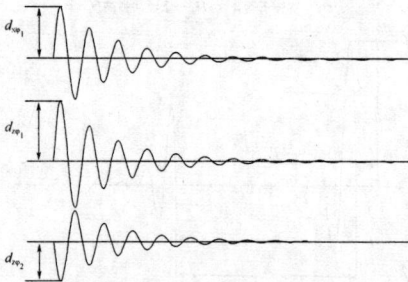

图 4.5.18-2　水平回转耦合振动波形
$d_{x\varphi_1}$—第一周期的水平振动线位移;
$d_{z\varphi_1}$—第 1 台传感器测试的第一周期的竖向振动线位移;
$d_{z\varphi_2}$—第 2 台传感器测试的第一周期的竖向振动线位移

4.6 地基动力参数的换算

4.6.1 当模型基础现场实测得出的地基动力参数,用于机器基础的振动和隔振的设计时,应根据机器基础的设计情况换算成设计采用的地基动力参数。

4.6.2 由明置块体基础测试取得的地基抗压、抗剪、抗弯、抗扭刚度系数以及由明置桩基础测试取得的抗剪、抗扭刚度系数,应乘以基础底面积与基础底面静压力的换算系数,换算系数应按下式计算:

$$\eta = \sqrt[3]{\frac{A_0}{A_d}} \cdot \sqrt[3]{\frac{P_d}{P_0}} \quad (4.6.2)$$

式中:η——基础底面积与基础底面静压力的换算系数;

A_0——模型基础底面积(m²);

A_d——设计基础底面积(m²);

P_0——模型基础底面静压力(kPa);

P_d——设计基础底面静压力(kPa)。

注:1　当 $A_d > 20\text{m}^2$ 时,应取 $A_d = 20\text{m}^2$;
　　2　当 $P_d > 50\text{kPa}$ 时,应取 $P_d = 50\text{kPa}$。

4.6.3 基础埋深对设计基础的地基抗压、抗剪、抗弯、抗扭刚度的提高系数应按下列公式计算:

$$\alpha_z = \left[1 + \left(\sqrt{\frac{K'_{z0}}{K_{z0}}} - 1 \right) \frac{\delta_d}{\delta_0} \right]^2 \quad (4.6.3-1)$$

$$\alpha_x = \left[1 + \left(\sqrt{\frac{K'_{x0}}{K_{x0}}} - 1 \right) \frac{\delta_d}{\delta_0} \right]^2 \quad (4.6.3-2)$$

$$\alpha_\varphi = \left[1 + \left(\sqrt{\frac{K'_{\varphi0}}{K_{\varphi0}}} - 1 \right) \frac{\delta_d}{\delta_0} \right]^2 \quad (4.6.3-3)$$

$$\alpha_\psi = \left[1 + \left(\sqrt{\frac{K'_{\psi0}}{K_{\psi0}}} - 1 \right) \frac{\delta_d}{\delta_0} \right]^2 \quad (4.6.3-4)$$

$$\delta_0 = \frac{h_t}{\sqrt{A_0}} \quad (4.6.3-5)$$

$$\delta_d = \frac{h_d}{\sqrt{A_d}} \quad (4.6.3-6)$$

式中:α_z——基础埋深对地基抗压刚度的提高系数;

α_x——基础埋深对地基抗剪刚度的提高系数;

α_φ——基础埋深对地基抗弯刚度的提高系数;

α_ψ——基础埋深对地基抗扭刚度的提高系数;

K_{z0}——明置模型基础的地基抗压刚度(kN/m);

K_{x0}——明置模型基础的地基抗剪刚度(kN/m);

$K_{\varphi0}$——明置模型基础的地基抗弯刚度(kN·m);

$K_{\psi0}$——明置模型基础的地基抗扭刚度(kN·m);

K'_{z0}——埋置模型基础的地基抗压刚度(kN/m);

K'_{x0}——埋置模型基础的地基抗剪刚度(kN/m);

$K'_{\varphi0}$——埋置模型基础的地基抗弯刚度(kN·m);

$K'_{\psi0}$——埋置模型基础的地基抗扭刚度(kN·m);

δ_0——模型基础的埋深比;

δ_d——设计块体基础或桩基础的埋深比;

h_t——模型基础的埋置深度(m);

h_d——设计基础的埋置深度(m)。

4.6.4 由明置模型基础测试的地基竖向、水平回转向第一振型和扭转向阻尼比,应按下列公式换算成设计采用的阻尼比:

$$\zeta_z^c = \zeta_{z0} \xi \quad (4.6.4-1)$$

$$\zeta_{x\varphi_1}^c = \zeta_{x\varphi_10} \xi \quad (4.6.4-2)$$

$$\zeta_\psi^c = \zeta_{\psi0} \xi \quad (4.6.4-3)$$

$$\xi = \frac{\sqrt{m_r}}{\sqrt{m_{dr}}} \quad (4.6.4-4)$$

$$m_r = \frac{m_f}{\rho A_0 \sqrt{A_0}} \quad (4.6.4-5)$$

$$m_{dr} = \frac{m_d}{\rho A_d \sqrt{A_d}} \quad (4.6.4-6)$$

式中:ζ_{z0}——明置模型基础的地基竖向阻尼比;

$\zeta_{x\varphi_10}$——明置模型基础的地基水平回转向第一振型阻尼比;

$\zeta_{\psi0}$——明置模型基础的地基扭转向阻尼比;

ζ_z^c——明置设计基础的地基竖向阻尼比;

$\zeta_{x\varphi_1}^c$——明置设计基础的地基水平回转向第一振型阻尼比;

ζ_ψ^c——明置设计基础的地基扭转向阻尼比;

ξ——与基础的质量比有关的换算系数;

m_t——模型基础的质量(t);

m_d——设计基础的质量(t);

m_r——模型基础的质量比;

m_{dr}——设计基础的质量比;

ρ——地基的质量密度(t/m³)。

4.6.5 基础埋深对设计基础地基的竖向、水平回转向第一振型和扭转向阻尼比的提高系数,应按下列公式计算:

$$\beta_z = 1 + \left(\frac{\zeta_{z0}'}{\zeta_{z0}} - 1\right)\frac{\delta_d}{\delta_0} \qquad (4.6.5\text{-}1)$$

$$\beta_{x\varphi_1} = 1 + \left(\frac{\zeta_{x\varphi_1 0}'}{\zeta_{x\varphi_1 0}} - 1\right)\frac{\delta_d}{\delta_0} \qquad (4.6.5\text{-}2)$$

$$\beta_\psi = 1 + \left(\frac{\zeta_{\psi 0}'}{\zeta_{\psi 0}} - 1\right)\frac{\delta_d}{\delta_0} \qquad (4.6.5\text{-}3)$$

式中:β_z——基础埋深对竖向阻尼比的提高系数;

$\beta_{x\varphi_1}$——基础埋深对水平回转向第一振型阻尼比的提高系数;

β_ψ——基础埋深对扭转向阻尼比的提高系数;

ζ_{z0}——埋置测试的模型基础的地基竖向阻尼比;

$\zeta_{x\varphi_1 0}$——埋置测试的模型基础的地基水平回转向第一振型阻尼比;

$\zeta_{\psi 0}$——埋置测试的模型基础的地基扭转向阻尼比。

4.6.6 当计算机器基础的固有频率时,由明置模型基础测试取得的地基参加振动的当量质量,应乘以设计基础底面积与模型基础底面积的比值。

4.6.7 由2根或4根桩的桩基础测试取得的单桩抗压刚度,当设计的桩基础超过10根桩时,应分别乘以群桩效应系数0.75或0.90。

5 振动衰减测试

5.1 一般规定

5.1.1 符合下列情况之一时,宜采用振动衰减测试:

1 当设计的车间内同时设置低转速和高转速的机器基础,且需计算低转速机器基础振动对高转速机器基础的影响时;

2 当振动对邻近的精密设备、仪器、仪表可能产生有害的影响时;

3 公路、铁路交通运行对干线道路两侧建筑物可能有影响时;

4 当地采用强夯处理或采用打入式桩基础产生的振动可能对周围建筑物有影响时。

5.1.2 振动衰减测试可采用测试现场附近的动力机器、公路交通、铁路交通等既有振源。当现场附近无上述振源时,可采用模型基础上的机械式激振设备作为振源。

5.1.3 用于振动衰减测试时的基础应埋置,并应符合本规范第4.1.5条的规定。

5.1.4 振动衰减测试用的设备和仪器,应按本规范第4.2节的规定选用。

5.1.5 振动衰减测试的模型基础、激振设备的安装和准备工作,应符合本规范第4.3节的规定。

5.1.6 振动衰减测试结果宜包括下列内容:

1 不同激振频率测试的地面振动线位移,随距振源的距离而变化的曲线;

2 不同激振频率计算的地基能量吸收系数,随距振源的距离而变化的曲线。

5.2 测试方法

5.2.1 振动衰减测试的测点,不应设在浮砂地、草地、松软的地层和冰冻层上。

5.2.2 当作周期性振动衰减测试时,激振设备的频率除应采用设计基础的机器扰力频率外,尚应做各种不同激振频率的振动衰减测试。

5.2.3 振动衰减测试的测点,应沿设计基础需要测试振动衰减的方向进行布置。

5.2.4 振动衰减测试点的传感器布置,在离基础边缘5m范围内应每隔1m布置1台;离基础边缘5m~15m范围内应每隔2m布置1台;离基础边缘15m以外,每应隔5m布置1台;测试半径应大于模型基础当量半径的35倍(如图5.2.4所示)。模型基础的当量半径应按下式计算:

$$r_0 = \sqrt{\frac{A_0}{\pi}} \qquad (5.2.4)$$

式中:r_0——模型基础的当量半径(m)。

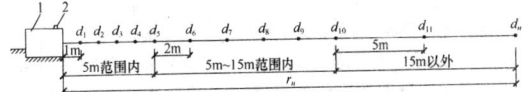

图 5.2.4 传感器布置示意图
1—模型基础;2—激振设备;r_u—测试半径
$d_{1\sim5}$—5m范围内传感器编号;$d_{6\sim10}$—15m以外传感器编号
$d_{11\sim n}$—15m以外传感器编号

5.2.5 对振动处的振动测试,传感器的布置应符合下列规定:

1 当振源为动力机器基础时,应将传感器置于测试基础顶面沿振动波传播方向轴线边缘上;

2 当振源为公路交通车辆时,可将传感器置于外距行车道外侧线0.5m~1.0m处;

3 当振源为铁路交通车辆时,可将传感器置于外距路轨外0.5m~1.0m处;

4 当振源为打入桩时,可将传感器置于距桩边0.3m~0.5m处;

5 当振源为重锤夯击土时,可将传感器置于夯击点边缘外1.0m~2.0m处。

5.3 数据处理

5.3.1 数据处理时,应绘制由各种激振频率测试的地面振动线位移随距振源的距离而变化的曲线图。

5.3.2 地基能量吸收系数,可按下式计算:

$$\alpha = \frac{1}{f_0} \cdot \frac{1}{r_0 - r} \ln \frac{d_r}{d_0 \left[\frac{r_0}{r}\xi_0 + \sqrt{\frac{r_0}{r}(1-\xi_0)}\right]} \qquad (5.3.2)$$

式中:α——地基能量吸收系数(s/m);

f_0——激振频率(Hz);

d_0——振源处的振动线位移(m);

d_r——距振源的距离为某处的地面振动线位移(m);

ξ_0——无量纲系数,可按表5.3.2选用。

表 5.3.2 无量纲系数

土的名称	模型基础的当量半径(m)							
	≤0.5	1.0	2.0	3.0	4.0	5.0	6.0	≥7.0
一般黏性土、粉土、砂土	0.70~0.95	0.55	0.45	0.40	0.35	0.25~0.30	0.23~0.30	0.15~0.20
饱和软土	0.70~0.95	0.50~0.55	0.40	0.35~0.40	0.23~0.40	0.22~0.25	0.20~0.25	0.10~0.15
岩石	0.80~0.95	0.70~0.80	0.65~0.70	0.60~0.65	0.55~0.60	0.50~0.55	0.45~0.50	0.25~0.35

注:1 对于饱和软土,当地下水深1.0m及以下时,无量纲系数宜取较小值,1.0m~2.5m时宜取较大值,大于2.5m时宜取一般黏性土的无量纲系数值。

2 对于岩石覆盖层在2.5m以内时,无量纲系数宜取较大值,2.5m~6.0m时宜取较小值,超过6.0m时,宜取一般黏性土的无量纲系数值。

6 地脉动测试

6.1 一般规定

6.1.1 地脉动测试结果应包括下列内容:
1 脉动时程曲线;
2 功率谱图;
3 测试成果表。

6.2 设备和仪器

6.2.1 地脉动测试系统应符合下列规定:
1 通频带应选择 1Hz~40Hz,信噪比应大于 80dB;
2 低频特性应稳定可靠;
3 测试系统应与数据采集分析系统相配接。

6.2.2 传感器除可按本规范第 4.2.3 条的要求采用外,亦可采用频率特性和灵敏度等满足测试要求的加速度型传感器;对地下脉动测试用的速度型传感器,通频带应为 1Hz~25Hz,并应密封防水。

6.2.3 放大器应符合下列规定:
1 当采用速度型传感器时,放大器应符合本规范第 4.2.4 条的规定;
2 当采用加速度型传感器时,应采用多通道适调放大器。

6.2.4 采集与分析系统应符合本规范第 4.2.5 条的规定。

6.3 测试方法

6.3.1 建筑场地的地脉动测点不应少于 2 个。

6.3.2 记录脉动信号时,距离观测点 100m 内应无人为振动干扰。

6.3.3 测点宜选在天然地基土上,且宜在波速测试孔附近,传感器应按东西、南北、竖向三个方向布设。

6.3.4 地下脉动测试时,测点深度应根据工程需要进行布置。

6.3.5 脉动信号记录时,应根据所需频率范围设置低通滤波频率和采样频率,采样频率宜取 50Hz~100Hz,每次记录时间不应少于 15min,记录次数不宜少于 3 次。

6.4 数据处理

6.4.1 测试数据处理宜采用功率谱分析法。每个样本数据不应少于 1024 个点,采样频率宜取 50Hz~100Hz,并应进行加窗函数处理,频域平均次数不宜少于 32 次。

6.4.2 卓越频率的确定应符合下列规定:
1 卓越频率应采用频谱图中最大峰值所对应的频率;
2 当频谱图中出现多峰且各峰值相差不大时,宜在谱分析的同时,进行相关或互谱分析,并经综合评价后确定场地卓越频率。

6.4.3 场地卓越周期应按下式计算:

$$T_p = \frac{1}{f_p} \qquad (6.4.3)$$

式中:T_p——场地卓越周期(s);

f_p——场地卓越频率(Hz)。

6.4.4 地脉动幅值的确定应符合下列规定:
1 脉动幅值应取实测脉动信号的最大幅值;
2 确定脉动信号的幅值时,应排除人为干扰信号的影响。

7 波 速 测 试

7.1 单 孔 法

Ⅰ 设备和仪器

7.1.1 测试振源应符合下列规定:
1 剪切波测试宜采用水平锤击上压重物的木板激振,当激振能量不足时,可采用弹簧激振法或定向爆破法等振源;
2 压缩波测试宜采用竖向锤击金属板激振,当激振能量不足时,可采用炸药震源或电火花震源等。

7.1.2 传感器宜采用三分量井下传感器,其固有频率不宜大于测试波主频率的 1/2;传感器应紧密固定于井壁上;放大器及记录系统应采用具有信号增强功能的多通道浅层地震仪,其记录时间的分辨率不应低于 1ms;触发器性能应稳定,使用前应进行校正,其灵敏度宜为 0.1ms。

7.1.3 单孔法测试亦可采用与静力触探装置安装在一起的波速测试探头。

Ⅱ 测试方法

7.1.4 测试前的准备工作应符合下列规定:
1 测试孔应垂直,倾斜度允许偏差为 ±2°。
2 测试孔不应出现塌孔或缩孔等现象;当使用套管时,应采用灌浆或填入砂土的方式使套管壁与周围土紧密接触。
3 当剪切波振源采用锤击上压重物的木板时,木板的长向中垂线应对准测试孔中心,孔口与木板的距离宜为 1m~3m;板上所压重物不宜小于 500kg;木板与地面应紧密接触。
4 当压缩波振源采用锤击金属板时,金属板距孔口的距离宜为 1m~3m。

7.1.5 测试工作应符合下列规定:
1 测试时,应根据工程情况及地质分层,每隔 1m~3m 布置一个测点,并宜自下而上按预定深度进行测试。测点布置应与地层的分界线一致,当有较薄夹层时,应适当调整使得其中至少布置有两个测点。
2 剪切波测试时,应沿木板纵轴方向分别打击木板的两端,并记录相位相反的两组剪切波形。
3 最小测试深度不宜小于震源板至孔口之间的距离。
4 测试时应选择部分测点作重复测试,其数量不应少于测点总数的 10%。

Ⅲ 数 据 处 理

7.1.6 压缩波从振源到达测点的时间,应采用竖向传感器记录的波形确定;剪切波从振源到达测点的时间,应采用水平传感器记录的波形确定。

7.1.7 压缩波或剪切波从振源到达测点的时间,应按下列公式进行斜距校正:

$$T = \eta_s T_L \qquad (7.1.7\text{-}1)$$

$$\eta_s = \frac{H + H_0}{\sqrt{L^2 + (H + H_0)^2}} \qquad (7.1.7\text{-}2)$$

式中:T——压缩波或剪切波从振源到达测点经斜距校正后的时间(s);

T_L——压缩波或剪切波从振源到达测点的实测时间(s);

η_s——斜距校正系数;

H——测点的深度(m);

H_0——振源与孔口的高差(m),当振源低于孔口时,H_0 为负值;

L——从板中心到测试孔的水平距离(m)。

7.1.8 由振源到达测点的距离应按测斜数据进行校正。

7.1.9 波速层的划分应结合地质情况按时距曲线上具有不同斜

率的折线段确定。

7.1.10 每一波速层的压缩波波速或剪切波波速应按下列公式计算：

$$v_p = \frac{\Delta H}{\Delta T_p} \quad (7.1.10\text{-}1)$$

$$v_s = \frac{\Delta H}{\Delta T_s} \quad (7.1.10\text{-}2)$$

式中：v_p——压缩波波速(m/s)；

v_s——剪切波波速(m/s)；

ΔH——波速层的厚度(m)；

ΔT_p——压缩波传到波速层顶面和底面的时间差(s)；

ΔT_s——剪切波传到波速层顶面和底面的时间差(s)。

7.2 跨 孔 法

Ⅰ 设备和仪器

7.2.1 跨孔法剪切波振源宜采用剪切波锤，亦可采用标准贯入试验装置；压缩波振源宜采用电火花或爆炸等。

7.2.2 跨孔法采用的传感器、放大器以及记录仪的要求，应符合本规范第7.1.2条的规定。

Ⅱ 测试方法

7.2.3 场地与测点的布置应符合下列规定：

1 测试场地宜平坦；

2 测试孔宜设置一个振源孔和两个接收孔，并布置在一条直线上，孔的间距宜相等；

3 测试孔的间距在土层中宜取 2m～5m，在岩层中宜取8m～15m；

4 根据工程情况及地质分层，测试孔中宜每隔 1m～2m 布置一个测点。

7.2.4 测试孔宜垂直，当测试深度大于 15m 时，应测量测试孔各段倾角和倾斜方向，测点间距不应大于 1m。

7.2.5 采用剪切波锤作振源时，振源孔应下套管，套管壁与孔壁应通过灌浆紧密接触；采用标准贯入试验装置作振源时，振源孔应采用泥浆护壁。

7.2.6 当振源采用剪切波锤时，现场测试应符合下列规定：

1 振源与接收孔内的传感器应设置在同一水平面上；

2 最浅测点的深度宜为 0.4 倍～1.0 倍的孔距，且不宜小于2m；

3 测试时，振源和传感器应保持与孔壁紧贴；

4 测试工作结束后，应选择部分测点作重复观测，其数量不应少于测点总数的 10%；亦可采用振源孔和接收孔互换的方法进行复测。

Ⅲ 数据处理

7.2.7 压缩波从振源到达测点的时间，应采用水平传感器记录的波形确定；剪切波从振源到达测点的时间，应采用竖向传感器记录的波形确定。

7.2.8 由振源到达每个测点的距离，应按测斜数据进行校正。

7.2.9 每个测试深度的压缩波波速及剪切波波速，应按下列公式计算：

$$v_p = \frac{\Delta S}{T_{P2} - T_{P1}} \quad (7.2.9\text{-}1)$$

$$v_s = \frac{\Delta S}{T_{S2} - T_{S1}} \quad (7.2.9\text{-}2)$$

$$\Delta S = S_1 - S_2 \quad (7.2.9\text{-}3)$$

式中：T_{P1}——压缩波到达第 1 个接收孔测点的时间(s)；

T_{P2}——压缩波到达第 2 个接收孔测点的时间(s)；

T_{S1}——剪切波到达第 1 个接收孔测点的时间(s)；

T_{S2}——剪切波到达第 2 个接收孔测点的时间(s)；

S_1——由振源到第 1 个接收孔测点的距离(m)；

S_2——由振源到第 2 个接收孔测点的距离(m)；

ΔS——由振源到两个接收孔测点的距离之差(m)。

7.3 面 波 法

Ⅰ 设备和仪器

7.3.1 面波法测试应符合下列规定：

1 稳态面波法应采用稳态面波仪，瞬态面波法可采用多通道数字地震仪；

2 稳态面波法振源可采用大能量电磁激振器、机械激振器；瞬态面波法振源可根据测试深度和现场环境选择锤击振源、夯击振源、爆炸振源等。

7.3.2 面波法测试采用的传感器、放大器和分析系统应符合下列规定：

1 仪器动态范围不应低于 120dB，模/数转换位数不宜小于16 位；

2 放大器的通频带应满足采集面波频率范围的要求；

3 传感器应具有相同的频响特性，固有频率应满足探测深度的需要；

4 同一次现场测试选用的传感器之间的固有频率差不应大于 0.1Hz，灵敏度差和阻尼系数差不应大于 10%。

Ⅱ 测试方法

7.3.3 面波法的现场测试应符合下列规定：

1 激振器与传感器的安装应与地面紧密接触，并使其保持竖直状态。

2 检波点距或道间距，不宜大于最小勘探深度所需波长的1/2；最小偏移距，可与检波点距或道间距相等。

3 采样点的间隔应满足工程项目的要求。

4 出现异常或发现畸变曲线时应重复测试。

7.3.4 当场地具有钻孔资料时面波测点宜靠近钻孔。

Ⅲ 数据处理

7.3.5 面波法测试数据的处理应符合下列规定：

1 处理时应剔除明显畸变点、干扰点，并将全部数据按频率顺序排列；

2 对数据进行预处理后，应准确区分面波和体波，正确绘制频散曲线；

3 应通过对已知的钻孔等资料对曲线的"之"字形拐点和曲率变化进行分析，求出对应层的面波相速度，并根据换算深度绘制速度-深度曲线。

7.3.6 瑞利波波速应按下式计算：

$$v_R = \frac{2\pi f \Delta l}{\varphi} \quad (7.3.6)$$

式中：v_R——瑞利波波速(m/s)；

φ——两台传感器接收到的振动波之间的相位差(rad)；

Δl——两台传感器之间的水平距离(m)；

f——振源的频率(Hz)。

7.3.7 地基的剪切波波速应按下列公式计算：

$$v_s = \frac{v_R}{\eta_\mu} \quad (7.3.7\text{-}1)$$

$$\eta_\mu = \frac{0.87 + 1.12\mu}{1 + \mu} \quad (7.3.7\text{-}2)$$

式中：η_μ——与泊松比有关的系数；

μ——地基的泊松比。

7.4 弯 曲 元 法

Ⅰ 设备和仪器

7.4.1 弯曲元法测试设备和仪器应包括激发元、接收元、函数发生器、信号放大系统和示波器，并应符合下列规定：

1 输出的激发信号电压允许偏差为±10V；

2 示波器最小分辨率不宜小于 2ns；

3 信号发生器发出的波形信号，升压时间延迟不宜超过 1μs。

7.4.2 弯曲元法测试设备可安装在室内土工仪器中，也可在现场

7.4.3 试样安装应与弯曲元直接紧密接触,滤纸或其他保护膜应为弯曲元的插入留出空隙。

7.4.4 弯曲元测试时,应根据试样的种类,调整弯曲元的加载输出波形、功率、频率,并应调整示波器的放大倍数,且使示波器显示的波形清晰。

Ⅲ 数据处理

7.4.5 波的传播时间宜通过发射波第一个零交叉点与接受波第一个零交叉点的时间差确定(如图7.4.5所示)。

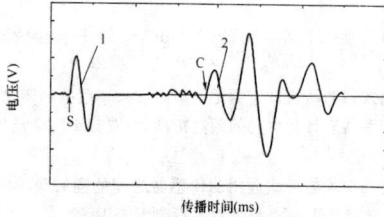

图 7.4.5 时域初达波法示意图

1—发射波;2—接收波;S—发射波第一个零交叉点;C—接收波第一个零交叉点

7.4.6 波的传播距离应取激发元与接收元之间的距离。室内测试时,应以测试时的试样高度减去弯曲元插入试样的深度确定。试样高度应根据土样的初始高度以及轴向应变确定。

7.4.7 土样的剪切波速和压缩波速应按下列公式计算:

$$v_s = L_w/T_s \quad (7.4.7\text{-}1)$$
$$v_p = L_w/T_p \quad (7.4.7\text{-}2)$$

式中:L_w——波的传播距离(m);

T_s——剪切波传播时间(s);

T_p——压缩波传播时间(s)。

8 循环荷载板测试

8.1 一般规定

8.1.1 循环荷载板测试,除应符合本规范第3.0.2条的规定外,尚应具备拟建基础的位置和基底标高等资料。

8.1.2 循环荷载板测试结果应包括下列内容:

1 测试的各种曲线图;

2 地基弹性模量;

3 地基抗压刚度系数的测试值及经换算后的设计值。

8.2 设备和仪器

8.2.1 加荷装置可采用载荷台或采用反力架、液压和稳压等设备。

8.2.2 载荷台或反力架应稳固、安全可靠,其承受荷载能力应大于最大测试荷载的1.5倍。

8.2.3 当采用千斤顶加荷时,其反力支撑可采用荷载台、地锚、坑壁斜撑和平洞顶板支撑。

8.2.4 测试地基变形的仪器,可采用百分表或位移传感器,测量精度不应低于0.01mm。

8.3 测试前的准备工作

8.3.1 承压板应具有足够的刚度,其形状可采用正方形或圆形;承压板面积不宜小于0.5m²;对密实土层,承压板面积可采用0.25m²。

8.3.2 试坑应设置在设计基础邻近处,其土层结构宜与设计基础的土层结构相同,应保持试验土层的原状结构和天然湿度,试坑底

标高宜与设计基础底标高一致。

8.3.3 试坑底面的宽度应大于承压板的边长或直径的3倍。试坑底面应保持水平面,并宜在承压板下用中、粗砂层找平,其厚度宜取10mm~20mm。

8.3.4 荷载作用点与承压板的中心应在同一条竖直线上。

8.3.5 沉降观测装置的固定点应设置在变形影响区以外。

8.4 测试方法

8.4.1 循环荷载的大小和测试次数应根据设计要求和地基性质确定。

8.4.2 荷载应分级施加,第一级荷载应取试坑底面土的自重,变形稳定后再施加循环荷载,其增量可按表8.4.2采用。

表 8.4.2 各类土的循环荷载增量

土 的 名 称	循环荷载增量(kPa)
淤泥、流塑黏性土、松散砂土	≤15
软塑黏性土、新近堆积黄土,稍密的粉、细砂	15~25
可塑~硬塑黏性土、黄土,中密的粉、细砂	25~50
坚硬黏性土、密实的中、粗砂	50~100
密实的碎石土、风化岩石	100~150

8.4.3 测试方法可采用单荷级循环法或多荷级循环法。每一荷级反复循环次数黏性土宜为6次~8次,砂性土宜为4次~6次。

8.4.4 每级荷载的循环时间,加荷与卸荷均宜为5min,并应同时观测变形量。

8.4.5 加荷时地基变形量稳定的标准应符合下列规定:

1 在静力荷载作用下,连续2h观测中,每小时变形量不应超过0.1mm;

2 在循环荷载作用下,最后一次循环得的弹性变形量与前一次循环测得的弹性变形量的差值不应大于0.05mm。

8.4.6 每一级荷载作用下的弹性变形宜取最后一次循环卸载的弹性变形量。

8.5 数据处理

8.5.1 根据测试数据应绘制下列曲线图:

1 应力-时间曲线图;

2 地基变形量-时间曲线图;

3 地基变形量-应力曲线图;

4 地基弹性变形量-应力曲线图。

8.5.2 地基弹性变形量应按下式计算:

$$S_e = S - S_P \quad (8.5.2)$$

式中:S_e——地基弹性变形量(mm);

S——加荷时地基变形量(mm);

S_P——卸荷时地基塑性变形量(mm)。

8.5.3 当地基弹性变形量-应力散点图不能连成一条直线时,应根据各级荷载测得的地基弹性变形量,按最小二乘法进行回归分析计算,得出地基弹性变形量-应力直线图。

8.5.4 地基弹性模量,可根据地基弹性变形量-应力直线图(如图8.5.4所示),按下式计算:

$$E = \frac{(1-\mu^2)Q}{DS_{eL}} \quad (8.5.4)$$

式中:E——地基弹性模量(MPa);

D——承压板直径(mm);

Q——承压板上最后一级加载时的总荷载(N);

S_{eL}——在地基弹性变形量-应力直线图上,相应于最后一级加载的地基弹性变形量(mm)。

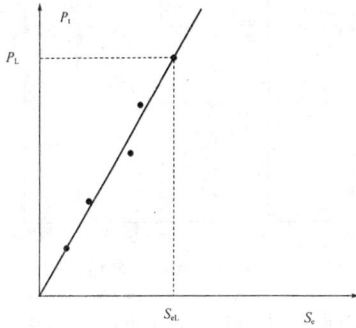

图 8.5.4 地基弹性变形量-应力直线示意图
P_t—应力；P_L—最后一级加载作用下，承压板底的总静应力(kPa)；
S_e—地基弹性变形量；S_{eL}—最后一级加载的地基弹性变形量

8.5.5 地基抗压刚度系数宜按下式计算：

$$C_z = \frac{P_L}{S_{eL}} \qquad (8.5.5)$$

式中：P_L——最后一级加载作用下，承压板底的总静应力(kPa)。

8.5.6 基础设计时，按本章第 8.5.5 条计算的地基抗压刚度系数，应乘以换算系数，换算系数应按本规范第 4.6 节的有关规定确定。

9 振动三轴测试

9.1 一般规定

9.1.1 振动三轴测试可提供下列动力特性参数：

1 应变幅大于 10^{-4} 条件下，土试样的动弹性模量、动剪切模量和阻尼比；

2 土试样的动强度、抗液化强度和动孔隙水压力。

9.1.2 振动三轴测试报告应包括下列内容：

1 动弹性模量比、阻尼比与轴向应变幅的关系曲线，动剪切模量比、阻尼比与剪应变幅的关系曲线；

2 动强度比与破坏振次的关系曲线；

3 动荷载下总应力抗剪强度与潜在破坏面上初始应力的关系以及相应的总应力抗剪强度指标；

4 当需提供动孔隙水压力特性的测试资料时，宜提供动孔压比与振次比的关系曲线，亦可提供动孔压比与动剪应力比的关系曲线。

9.2 设备和仪器

9.2.1 当采用电磁式、液压式等驱动型式的振动三轴仪时，其静力加荷系统和孔隙水压力测量系统应符合现行国家标准《土工试验方法标准》GB/T 50123 的有关规定。

9.2.2 振动三轴测试的主机动力加载系统，除正弦波形外，应具有施加三角波形和给定数字信号波形等多种型式动荷载或动应变的功能。

9.2.3 振动三轴测试主机动力加载系统，当以正弦波形式激振时，实际波形应对称，且其拉、压两个半周的幅值和持时的相对偏差均不宜大于 10%。

9.2.4 振动三轴仪实测的应变幅范围应满足工程动力分析的需要。

9.2.5 用于测试荷载、土样变形和孔隙水压力等参数的动态传感器，应符合量程、频响特性和精度方面的技术要求。记录仪应采用数字采集系统。

9.3 测试方法

9.3.1 试样的制备、安装与饱和方法应符合现行国家标准《土工试验方法标准》GB/T 50123 的有关规定。

9.3.2 天然地基的试样制备宜采用原状土、扰动土和人工地基土的试样制备，其干密度等指标宜与工程现场条件相近。

9.3.3 在周围压力作用下的孔隙水压力系数，饱和砂土、粉土试样不应小于 0.98，饱和黏性土试样不应小于 0.95。

9.3.4 试样的固结应力条件，应根据地基土的现场应力条件确定。每一种试样的初始剪应力比可选用 1 个～3 个，每一个初始剪应力比相对应的侧向固结应力可采用 1 个～3 个，每一个侧向固结应力下可采用 3 个～4 个试样分别选用不同的振次或动应力幅进行试验。

9.3.5 测试时应使试样在静力作用下固结稳定后，再在不排水条件下施加动应力或动应变。

9.3.6 测试试样动弹性模量和阻尼比时，应在给定振动频率的轴向动应力作用下测得试样的动应力-动应变滞回曲线，动应力的作用振次不宜大于 5 次。

9.3.7 测试动弹性模量、动剪切模量和阻尼比随动应变幅的变化时，宜逐级施加动应变幅或动应力幅，后一级的振动线位移可比前一级增大 1 倍。在同一试样上选用允许施加的动应变幅或动应力幅的级数时，应避免孔隙水压力明显升高。

9.3.8 当不能同时测试动剪切模量和动弹性模量时，可根据地基的泊松比取值，由动剪切模量与动弹性模量之间进行换算。

9.3.9 测试试样的动强度或液化强度时，施加的动应力或动应变的波形或频率，应与工程对象所受动力荷载的波形或频率相近。

9.3.10 测试时应在试样上施加轴向动应力或动应变，并应记录应力、应变和孔隙水压力的变化曲线，直至试样达到所规定的破坏标准。

9.3.11 试样动强度的破坏标准，可在动应变幅 2.5×10^{-2}～10.0×10^{-2} 范围内确定。可液化土的抗液化强度试验的破坏标准，可采用初始液化或 2.5×10^{-2} 的动应变幅值。

9.3.12 土试样动强度的等效破坏振次，应根据工程对象承受的循环荷载性质确定。实测破坏振次的分布范围应覆盖工程对象的等效破坏振次。

9.4 数据处理

9.4.1 动应力、动应变和孔隙水压力等物理量，应根据仪器的标定系数及试样尺寸，对测试记录进行换算。

9.4.2 试样动弹性模量和阻尼比，应根据记录的试样轴向动应力-动应变滞回曲线(如图 9.4.2 所示)，按下列公式计算：

$$E_d = \frac{\sigma_d}{\epsilon_d} \qquad (9.4.2-1)$$

$$\zeta_{dz} = \frac{A_s}{\pi A_t} \qquad (9.4.2-2)$$

式中：E_d——试样动弹性模量(kPa)；

σ_d——试样轴向动应力幅(kPa)；

ϵ_d——试样轴向动应变幅；

ζ_{dz}——试样轴向振动阻尼比(%)；

A_s——轴向动应力-动应变滞回圈的面积(如图 9.4.2 中阴影部分所示，kPa)；

A_t——轴向动应力-动应变滞回曲线图中直角三角形面积(如图 9.4.2 所示 abc 的面积，kPa)。

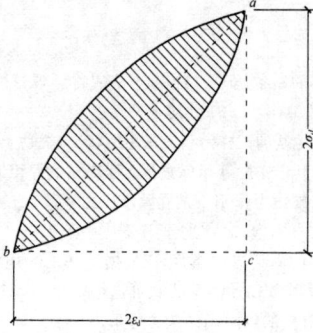

图 9.4.2 轴向动应力-动应变滞回曲线图

ε_d—试样动轴向应变幅；σ_d—试样轴向动应力幅

9.4.3 试样动剪切模量与试样动弹性模量、试样动剪应力与试样轴向动应力幅、试样动剪应变幅与试样动轴应变幅之间的换算应按下列公式计算：

$$G_d = \frac{E_d}{2(1+\mu_d)} \qquad (9.4.3-1)$$

$$\tau_d = \frac{\sigma_d}{2} \qquad (9.4.3-2)$$

$$\gamma_d = \varepsilon_d(1+\mu_d) \qquad (9.4.3-3)$$

式中：G_d——试样动剪切模量(kPa)；

μ_d——试样的泊松比；

τ_d——试样动剪应力幅(kPa)；

γ_d——试样动剪应变幅。

9.4.4 对于每一个固结应力条件，应采用半对数坐标绘制动弹性模量比、阻尼比与轴向应变幅对数值的关系曲线，或动剪切模量比、阻尼比与剪应变幅对数值的关系曲线(如图 9.4.4 所示)。

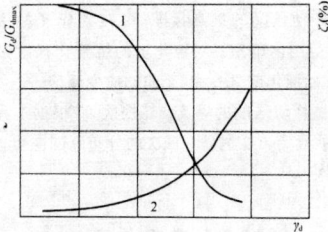

图 9.4.4 动剪切模量比、阻尼比与剪应变幅的关系曲线示意图

1—动剪切模量比；2—阻尼比

G_d—试样动剪切模量；G_{dmax}—最大动剪切模量；

ζ_r—试样轴向振动阻尼比；γ_d—试样动剪应变幅

9.4.5 在测试的动应力、动应变和动孔隙水压力时程曲线上，应按本规范第 9.3.11 条规定确定的破坏标准来确定等效破坏振次；相应于该等效破坏振次的试样，在 45°面上试样的动强度比，应按下列公式计算：

$$R_f = \frac{\sigma_d}{2\sigma_c} \qquad (9.4.5-1)$$

二维时：$\sigma_c = (\sigma_{1c} + \sigma_{3c})/2 \qquad (9.4.5-2)$

三维时：$\sigma_c = (\sigma_{1c} + 2\sigma_{3c})/3 \qquad (9.4.5-3)$

式中：R_f——试样 45°面上的动强度比；

σ_c——试样平均固结应力(kPa)；

σ_{1c}——试样初始轴向固结应力(kPa)；

σ_{3c}——试样侧向固结应力(kPa)。

9.4.6 对在同一固结应力条件下多个试样的测试结果，应绘制动强度比与破坏振次对数值的关系曲线图(如图 9.4.6 所示)。该关系曲线相应于某一初始剪应力比和某一侧向固结应力，应按工程要求的等效破坏振次，在该曲线上确定相应的动强度比。

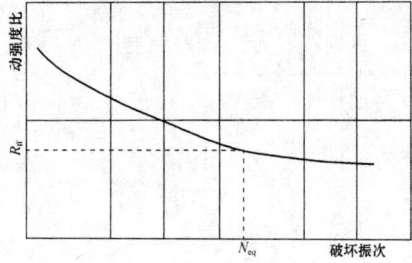

图 9.4.6 动强度比与破坏振次的关系曲线示意图

N_{eq}—等效破坏振次；R_{ff}—对应于等效破坏振次的动强度比

9.4.7 试样潜在破坏面上初始法向有效应力和潜在破坏面上的初始剪应力以及相应于工程等效破坏振次的动强度，宜按下列公式计算：

(1)受压破坏时：

$$\sigma_{f0} = \frac{\sigma_{1c} + \sigma_{3c}}{2} - \frac{(\sigma_{1c} - \sigma_{3c})\sin\varphi_d}{2} \qquad (9.4.7-1)$$

$$\tau_{f0} = \frac{(\sigma_{1c} - \sigma_{3c})\cos\varphi_d}{2} \qquad (9.4.7-2)$$

$$\tau_{fd} = R_{ff}\sigma_c\cos\varphi_d \qquad (9.4.7-3)$$

$$\tau_{fs} = \tau_{f0} + \tau_{fd} \qquad (9.4.7-4)$$

$$\alpha_0 = \frac{\tau_{f0}}{\sigma_{f0}} \qquad (9.4.7-5)$$

式中：σ_{f0}——潜在破坏面上的初始法向应力(kPa)；

φ_d——试样的动内摩擦角(°)；

τ_{f0}——潜在破坏面上的初始剪应力(kPa)；

τ_{fd}——相应于工程等效破坏振次的动强度(kPa)；

R_{ff}——对应于等效破坏振次的动强度比；

τ_{fs}——潜在破坏面上的总应力抗剪强度(kPa)；

α_0——潜在破坏面上的初始剪应力比。

(2)受拉破坏时：

$$\sigma_{f0} = \frac{\sigma_{1c} + \sigma_{3c}}{2} + \frac{(\sigma_{1c} - \sigma_{3c})\sin\varphi_d}{2} \qquad (9.4.7-6)$$

$$\tau_{fs} = \tau_{fd} - \tau_{f0} \qquad (9.4.7-7)$$

9.4.8 当潜在破坏面上的初始剪力比等于零时，饱和砂土相应于工程等效破坏振次的动强度，应按下式计算：

$$\tau_{fd} = C_r R_{ff}\sigma_c \qquad (9.4.8)$$

式中：C_r——测试条件修正系数，其值与静止侧压力系数 k_0 有关，当 $k_0 = 0.4$ 时 C_r 取 0.57；当 $k_0 = 1.0$ 时 C_r 应在 $0.9 \sim 1.0$ 范围内取值。

9.4.9 试样受压破坏与受拉破坏，其轴向动应力幅应按下列表达式进行判别：

1 受压破坏：

$$\sigma_d \leqslant \frac{\sigma_{1c} - \sigma_{3c}}{\sin\varphi_d} \qquad (9.4.9-1)$$

2 受拉破坏：

$$\sigma_d > \frac{\sigma_{1c} - \sigma_{3c}}{\sin\varphi_d} \qquad (9.4.9-2)$$

9.4.10 对应于一定等效破坏振次下潜在破坏面上的总应力抗剪强度，应绘制潜在破坏面上的总应力抗剪强度与潜在破坏面上初始法向有效应力之间的关系曲线，并应按下式计算：

$$\tau_{fs} = c_d + \sigma_{f0}\tan\varphi_d \qquad (9.4.10)$$

式中：c_d——总应力抗剪强度中的动凝聚力(kPa)。

9.4.11 对于不同的固结应力条件，应分别绘制各自潜在破坏面上的总应力抗剪强度曲线，宜采用潜在破坏面上的初始剪应力比来确定固结应力条件。

9.4.12 动孔隙水压力宜取记录时程曲线上的峰值；根据工程需要，也可取残余动孔隙水压力值。

9.4.13 对于同一初始剪应力比所测试的数据，宜绘制出动孔压比与振次比的关系曲线(图 9.4.13)；不同振次时的振次比与动孔压比应根据记录的动孔隙水压力时程曲线与破坏振次确定。

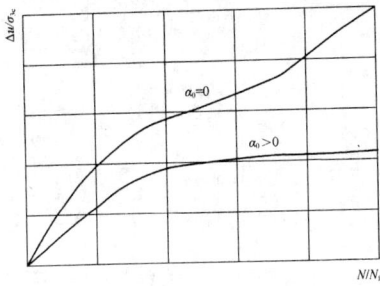

图 9.4.13 动孔压比与振次比的关系曲线示意图

Δu—试样孔隙水压力；σ_{3c}—试样侧向固结应力；
a_0—潜在破坏面上的初始剪应力比；N—振次；N_f—破坏振次

9.4.14 对于潜在破坏面初始剪应力比相同的各个试验，可绘制固定振次作用下的动孔压比与动剪应力比的关系曲线(图9.4.14)，也可根据工程需要，绘制不同初始剪应力比与不同振次作用下的关系曲线。

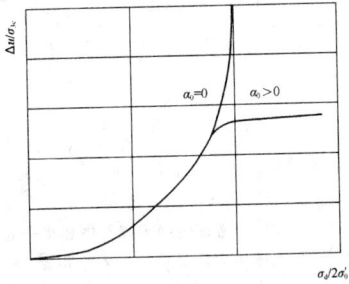

图 9.4.14 动孔压比与动剪应力比的关系曲线示意图

Δu—试样孔隙水压力；σ_{3c}—试样侧向固结应力；a_0—潜在破坏面上的初始剪应力比；
σ_d—试样轴向动应力幅；σ'_0—试样平均有效主应力

10 共振柱测试

10.1 一般规定

10.1.1 共振柱测试报告宜包括下列内容：

1 最大动剪切模量或最大动弹性模量与初始平均固结应力的关系；

2 动剪切模量比、阻尼比与剪应变幅的关系曲线，或动弹性模量比、阻尼比与轴应变幅的关系曲线。

10.2 设备和仪器

10.2.1 共振柱测试设备可采用扭转向激振和轴向激振的共振柱仪。

10.2.2 共振柱测试的主机静力加荷系统和孔隙水压力测量系统，应符合现行国家标准《土工试验方法标准》GB/T 50123 的有关规定。

10.2.3 共振柱测试设备和仪器的实测应变范围以及各种动态传感器，应符合本规范第9.2.4条和第9.2.5条的规定。

10.3 测试方法

10.3.1 试样的制备、安装、饱和、固结的方法，应符合本规范第9.3.1条～第9.3.5条的规定。

10.3.2 动剪切模量或动弹性模量的测试，宜采用稳态强迫振动法，亦可采用自由振动法；阻尼比的测试，宜采用自由振动法。

10.3.3 采用稳态强迫振动法测试时，在轴向动应力幅一定的条件下，宜由低向高逐渐增大振动频率并观测系统的线位移变化，直到出现共振。

10.3.4 采用自由振动法测试时，宜对试样施加瞬时扭矩或力，然后立即释放任其自由振动，并同时记录试样变形随时间的衰减过程。

10.3.5 测试动剪切模量或动弹性模量和阻尼比随应变幅的变化关系时，宜逐级施加动应力幅或动应变幅，后一级的振动线位移可比前一级增大1倍。在同一试样上选用容许施加的动应力幅或动应变幅的级数时，应避免孔隙水压力明显升高，同时试样的应变幅不宜超过 10^{-4}。

10.3.6 当不能同时测试动剪切模量和动弹性模量时，可根据其泊松比，按本规范第9.4.3条有关规定换算。

10.4 数据处理

10.4.1 动应力、动应变和动孔隙水压力等动力参数，应按仪器的的标定系数及试样尺寸，由电测记录值进行换算。

10.4.2 当试样在一端固定、另一端为扭转激振的共振柱仪上测试时，试样的剪应变幅应按下列公式计算：

1 当为圆柱体试样时：

$$\gamma_d = \frac{\theta D_s}{3 h_s} \qquad (10.4.2\text{-}1)$$

2 当为空心圆柱体试样时：

$$\gamma_d = \frac{\theta(D_1 + D_2)}{4 h_s} \qquad (10.4.2\text{-}2)$$

式中：θ——试样扭转角位移(rad)；

D_s——试样直径(m)；

h_s——试样高度(m)；

D_1——空心圆柱体试样的外径(m)；

D_2——空心圆柱体试样的内径(m)。

10.4.3 在扭转激振的共振柱仪上测试时，试样的动剪切模量应按下式计算：

$$G_d = \rho_s \left(\frac{2\pi h_s f_t}{F_t} \right)^2 \qquad (10.4.3)$$

式中：ρ_s——试样的质量密度(kg/m³)；

f_t——试样系统扭转振动的共振频率(Hz)；

F_t——扭转向无量纲频率因数，由第10.4.4条确定。

10.4.4 扭转向无量纲频率因数应按下列公式计算：

$$F_t \cdot \tan F_t = \frac{1}{T_t} \qquad (10.4.4\text{-}1)$$

$$T_t = \frac{J_s}{J_a} \left[1 - \left(\frac{f_{at}}{f_t} \right)^2 \right] \qquad (10.4.4\text{-}2)$$

$$J_s = \frac{m_s d_s^2}{8} \qquad (10.4.4\text{-}3)$$

式中：J_s——试样的转动惯量(kg·m²)；

m_s——试样的总质量(kg)；

J_a——试样顶端激振压板系统的转动惯量(kg·m²)，由仪器标定方法确定；

f_{at}——无试样时激振压板系统扭转向共振频率(Hz)，激振端无弹簧-阻尼器时取0。

10.4.5 扭转向阻尼比应按下列公式计算：

$$\zeta_t = \frac{\delta_t(1 + S_t) - \delta_{at} S_t}{2\pi} \qquad (10.4.5\text{-}1)$$

$$\delta_t = \frac{1}{n_t} \ln \left(\frac{d_{f1}}{d_{n+1}} \right) \qquad (10.4.5\text{-}2)$$

$$S_t = \frac{J_a}{J_s} \left(\frac{f_{at} F_t}{f_t} \right)^2 \qquad (10.4.5\text{-}3)$$

式中：ζ_t——试样扭转向阻尼比；

δ_t——试样系统扭转自由振动的对数衰减率；

δ_{at}——无试样时激振压板系统扭转自由振动的对数衰减率；

S_t——试样系统扭转向能量比。

10.4.6 试样在轴向激振的共振柱仪上测试时，轴向应变幅和动

弹性模量,应按下列公式计算:

$$\varepsilon_d = \frac{d_z}{h_s} \quad (10.4.6\text{-}1)$$

$$E_d = \rho \left(\frac{2\pi h_s f_1}{F_1} \right)^2 \quad (10.4.6\text{-}2)$$

式中:d_z——试样顶端的轴向振动线位移幅(m);

f_1——试样系统轴向振动的共振频率(Hz);

F_1——轴向无量纲频率因数。

10.4.7 轴向无量纲频率因数应按下列公式计算:

$$F_1 \tan F_1 = \frac{1}{T_1} \quad (10.4.7\text{-}1)$$

$$T_1 = \frac{m_a}{m_s} \left[1 - \left(\frac{f_{a1}}{f_1} \right)^2 \right] \quad (10.4.7\text{-}2)$$

式中:T_1——仪器激振端轴向惯量因数;

m_a——试样顶端激振压板系统的质量(kg);

f_{a1}——无试样时激振压板系统轴向共振频率(Hz)。

10.4.8 试样轴向振动阻尼比应按下列公式计算:

$$\zeta_{dz} = \frac{\delta_1 (1 + S_1) - \delta_{a1} S_1}{2\pi} \quad (10.4.8\text{-}1)$$

$$S_1 = \frac{m_a}{m_s} \left(\frac{f_{a1} F_1}{f_1} \right)^2 \quad (10.4.8\text{-}2)$$

式中:δ_1——试样系统轴向自由振动的对数衰减率;

δ_{a1}——仪器激振端压板系统轴向自由振动对数衰减率,应在仪器标定时确定;

S_1——试样系统轴向能量比。

10.4.9 动剪切模量与动弹性模量、动剪应变幅与动轴向应变幅之间的换算,可按本规范第9.4.3条的有关规定进行。

10.4.10 在共振柱仪上测试的最大动剪切模量或最大动弹性模量,应绘制与二维或三维平均固结应力的双对数关系曲线图(如图10.4.10-1、图10.4.10-2所示),其相互关系可用下列公式表达:

$$G_{dmax} = C_1 P_a^{(1-m_1)} \sigma_c^{m_1} \quad (10.4.10\text{-}1)$$

$$E_{dmax} = C_2 P_a^{(1-m_2)} \sigma_c^{m_2} \quad (10.4.10\text{-}2)$$

二维时,可用下式表达:$\sigma_c = (\sigma_{1c} + \sigma_{3c})/2 \quad (10.4.10\text{-}3)$

三维时,可用下式表达:$\sigma_c = (\sigma_{1c} + \sigma_{3c})/3 \quad (10.4.10\text{-}4)$

式中:G_{dmax}——最大动剪切模量(kPa);

E_{dmax}——最大动弹性模量(kPa);

C_1,m_1——最大动剪切模量与平均有效应力关系双对数拟合直线参数(如图10.4.10-1所示);

C_2,m_2——最大动弹性模量与平均固结应力关系双对数拟合直线参数(如图10.4.10-2所示);

P_a——大气压力(kPa)。

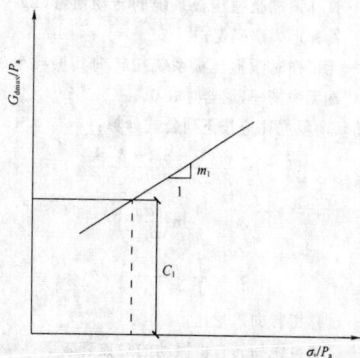

图 10.4.10-1 最大动剪切模量与平均固结应力的关系
G_{dmax}—最大动剪切模量;P_a—大气压力;σ_c—试样平均固结应力;
C_1,m_1—最大动剪切模量与平均有效应力关系双对数拟合直线参数

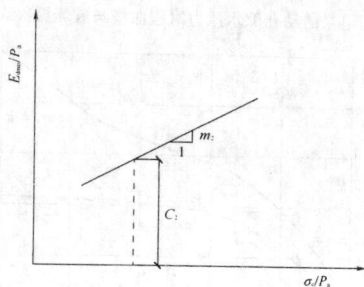

图 10.4.10-2 最大动弹性模量与平均固结应力的关系
E_{dmax}—最大动弹性模量;P_a—大气压力;σ_c—试样平均固结应力;
C_2,m_2—最大动弹性模量与平均固结应力关系双对数拟合直线参数

10.4.11 对应于每一个固结应力条件,根据测试分析结果确定的动剪切模量比、阻尼比与剪应变幅对数值之间的关系曲线,或动弹性模量比、阻尼比与轴向应变幅对数值之间的关系曲线,应按本规范第9.4.4条规定绘制。

11 空心圆柱动扭剪测试

11.1 一般规定

11.1.1 当土体所受动力作用符合下列情况之一时,宜采用空心圆柱动扭剪测试:

1 地震作用,需同时考虑竖向地震作用和水平地震作用时;

2 波浪作用,土体所受广义剪应力大小恒定,主应力轴循环旋转时;

3 交通作用,土体所受广义剪应力和主应力轴同时变化时;

4 其他存在主应力轴变化的动力作用时。

11.2 设备和仪器

11.2.1 空心圆柱仪应具有良好的频响特性,且性能稳定、灵敏度高和失真小。

11.2.2 空心圆柱动扭剪测试的主机静力加载系统和孔隙水压力测量系统,应符合现行国家标准《土工试验方法标准》GB/T 50123的有关规定。

11.2.3 空心圆柱动扭剪测试的主机动力加载系统,应具有施加给定数字信号波形的动荷载或动应变的功能。

11.2.4 土试样几何尺寸应符合下列公式的要求:

$$h_s \geq 5.44 \sqrt{r_o - r_i} \quad (11.2.4\text{-}1)$$

$$r_i / r_o \leq 0.65 \quad (11.2.4\text{-}2)$$

式中:r_o——试样外半径(mm);

r_i——试样内半径(mm)。

11.2.5 测试设备的实测应变幅范围应满足工程动力分析的需要。

11.2.6 用于测试加载应力、土样变形和孔隙水压力等参数的动态传感器,应满足量程、频响特性和精度等方面的技术要求。记录仪应采用数字采集系统。

11.3 测试方法

11.3.1 试样的制备、安装和饱和方法应符合本规范第9.3.1条的规定。

11.3.2 试样制备,其含水量和干密度等指标宜与工程现场条件相类似。

11.3.3 饱和试样在周围压力作用下的孔隙水压力系数应符合本规范第9.3.3条的规定。

11.3.4 测试时应使试样在周围压力作用下进行固结,试样的固结应力条件应根据地基土的现场应力条件确定。试样每小时的排水量不大于 60mm³ 时,可继续施加动应力或动应变。

11.3.5 对不同类型的动荷载作用进行测试时,施加动应力或动应变的波形和频率,应与工程对象所承受的动力荷载相近。

11.3.6 对经受地震、波浪和交通等动力作用的工程土体进行测试时,应采用相应的竖向偏应力和扭矩加载波形。

11.4 数 据 处 理

11.4.1 试样轴力、内围压、外围压、扭矩、轴向位移、外径位移、内径位移、扭转角位移和孔隙水压力等物理量,应按仪器的标定系数及试样尺寸,由测试记录值进行换算确定。

11.4.2 试样轴向应力、环向应力、径向应力和剪应力应按下列公式计算:

$$\sigma_z = \frac{W}{\pi(r_{co}^2 - r_{ci}^2)} + \frac{p_o r_{co}^2 - p_i r_{ci}^2}{(r_{co}^2 - r_{ci}^2)} \quad (11.4.2\text{-}1)$$

$$\sigma_\theta = \frac{p_o r_{co} - p_i r_{ci}}{r_{co} - r_{ci}} \quad (11.4.2\text{-}2)$$

$$\sigma_r = \frac{p_o r_{co} + p_i r_{ci}}{r_{co} + r_{ci}} \quad (11.4.2\text{-}3)$$

$$\tau_{z\theta} = \frac{T}{2}\left[\frac{3}{2\pi(r_{co}^3 - r_{ci}^3)} + \frac{4(r_{co}^3 - r_{ci}^3)}{3\pi(r_{co}^2 - r_{ci}^2)(r_{co}^4 - r_{ci}^4)}\right]$$
$$(11.4.2\text{-}4)$$

式中:σ_z——试样轴向应力(kPa);
σ_θ——试样环向应力(kPa);
σ_r——试样径向应力(kPa);
$\tau_{z\theta}$——试样剪应力(kPa);
W——试样轴力(N);
p_o——试样外围压(kPa);
p_i——试样内围压(kPa);
T——试样扭矩(N·m);
r_{co}——固结完成后试样外径(mm);
r_{ci}——固结完成后试样内径(mm)。

11.4.3 试样有效大主应力、试样中主应力和试样小主应力应按下列公式计算:

$$\sigma_1' = \frac{\sigma_z + \sigma_\theta}{2} + \sqrt{\left(\frac{\sigma_z - \sigma_\theta}{2}\right)^2 + \tau_{z\theta}^2} - \Delta u \quad (11.4.3\text{-}1)$$

$$\sigma_2' = \sigma_r - \Delta u \quad (11.4.3\text{-}2)$$

$$\sigma_3' = \frac{\sigma_z + \sigma_\theta}{2} - \sqrt{\left(\frac{\sigma_z - \sigma_\theta}{2}\right)^2 + \tau_{z\theta}^2} - \Delta u \quad (11.4.3\text{-}3)$$

式中:σ_1'——试样有效大主应力(kPa);
σ_2'——试样有效中主应力(kPa);
σ_3'——试样有效小主应力(kPa);
Δu——试样孔隙水压力(kPa)。

11.4.4 试样轴向应变、试样环向应变、试样径向应变和试样剪应变应按下列公式计算:

$$\varepsilon_z = \frac{d_z}{h_{cs}} \quad (11.4.4\text{-}1)$$

$$\varepsilon_\theta = -\frac{d_o + d_i}{r_{co} + r_{ci}} \quad (11.4.4\text{-}2)$$

$$\varepsilon_r = -\frac{d_o - d_i}{r_{co} - r_{ci}} \quad (11.4.4\text{-}3)$$

$$\gamma_{z\theta} = \frac{\theta(r_{co}^3 - r_{ci}^3)}{3h_{cs}(r_{co}^2 - r_{ci}^2)} \quad (11.4.4\text{-}4)$$

式中:ε_z——试样轴向应变;
ε_θ——试样环向应变;
ε_r——试样径向应变;
$\gamma_{z\theta}$——试样剪应变;
d_z——试样轴向位移(mm);
d_o——试样外径位移(mm);
d_i——试样内径位移(mm);
θ——试样扭转角位移(rad);

h_{cs}——固结完成后试样高度(mm)。

11.4.5 试样大主应变、试样中主应变和试样小主应变应按下列公式计算:

$$\varepsilon_1 = \frac{\varepsilon_z + \varepsilon_\theta}{2} + \sqrt{\left(\frac{\varepsilon_z - \varepsilon_\theta}{2}\right)^2 + \gamma_{z\theta}^2} \quad (11.4.5\text{-}1)$$

$$\varepsilon_2 = \varepsilon_r \quad (11.4.5\text{-}2)$$

$$\varepsilon_3 = \frac{\varepsilon_z + \varepsilon_\theta}{2} - \sqrt{\left(\frac{\varepsilon_z - \varepsilon_\theta}{2}\right)^2 + \gamma_{z\theta}^2} \quad (11.4.5\text{-}3)$$

式中:ε_1——试样大主应变;
ε_2——试样中主应变;
ε_3——试样小主应变。

11.4.6 试样的动弹性模量和试样的动剪切模量,应分别根据记录的轴向动应力-动应变滞回曲线和剪切动应力-动应变滞回曲线(图 9.4.2 所示),按下列公式计算:

$$E_d = \frac{\sigma_d}{\varepsilon_d} \quad (11.4.6\text{-}1)$$

$$G_d = \frac{\tau_{z\theta}}{\gamma_{z\theta}} \quad (11.4.6\text{-}2)$$

11.4.7 在测试记录的动应力、动应变和动孔隙水压力的时程曲线上,应按本规范第 9.3.11 条规定的破坏标准确定破坏振次。相应于该破坏振次的动强度比,应按下列公式计算:

$$R_f = \frac{q}{2\sigma_{0c}'} \quad (11.4.7\text{-}1)$$

$$q = \sqrt{\frac{1}{2}\left[(\sigma_1' - \sigma_2')^2 + (\sigma_1' - \sigma_3')^2 + (\sigma_2' - \sigma_3')^2\right]}$$
$$(11.4.7\text{-}2)$$

$$\sigma_{0c}' = (\sigma_{1c}' + \sigma_{2c}' + \sigma_{3c}')/3 \quad (11.4.7\text{-}3)$$

式中:q——试样广义剪应力幅值(kPa);
σ_{0c}'——初始平均固结应力(kPa);
σ_{1c}'——试样固结完成后的大主应力值(kPa);
σ_{2c}'——试样固结完成后的中主应力值(kPa);
σ_{3c}'——试样固结完成后的小主应力值(kPa)。

11.4.8 同一固结应力条件下多个试样的测试结果,宜绘制动强度比与破坏振次的半对数关系曲线,并可按工程要求的等效破坏振次,由该曲线确定相应的动强度比。

附录 A 地基动力特性测试方法

表 A 地基动力特性测试方法

测试方法	适用范围	工程要求
模型基础动力参数测试	采用强迫振动或自由振动测试方法	为置于天然地基、人工地基和桩基上的动力机器基础的设计提供动力参数
振动衰减测试	振动波沿地面衰减	为机器基础、建筑物与构筑物基础的振动和隔振设计提供地基动力参数
地脉动测试	周期在 0.1s~1.0s,振动线位移小于 3μm	为工程抗震和隔振设计提供场地的卓越周期和脉动幅值
波速测试	采用单孔法、跨孔法、面波法以及弯曲元法测试地基的波速	确定地基的动弹性模量、动剪切模量和动泊松比;进行场地土的类型划分和场地土层的地震反应分析;在地基勘察中,配合其他测试方法综合评价场地土的工程性质
循环荷载板测试	在承压板上反复加荷和卸荷测试	为机器基础设计提供地基弹性模量和地基抗压刚度系数
振动三轴测试	测试黏性土、粉土和砂土的动力特性	为工程场地、边坡、建筑物和构筑物进行动力反应分析和抗震设计提供动力特性参数

测试方法	适用范围	工程要求
共振柱测试	测试黏性土、粉土和砂土试样在应变幅不超过 10^{-4} 条件下的动弹性模量、动剪切模量和阻尼比	为工程场地、边坡、建筑物和构筑物进行动力反应分析提供动力特性参数
空心圆柱动扭剪测试	测试复杂应力路径下黏性土、粉土和砂土的动模量、动强度等特征	为经受地震、波浪和交通等动力作用的工程场地、边坡、建筑物和构筑物进行动力反应分析提供动力特性参数

本规范用词说明

1 为便于在执行本规范条文时区别对待,对要求严格程度不同的用词说明如下:

1)表示很严格,非这样做不可的:
  正面词采用"必须",反面词采用"严禁";
2)表示严格,在正常情况下均应这样做的:
  正面词采用"应",反面词采用"不应"或"不得";
3)表示允许稍有选择,在条件许可时首先应这样做的:
  正面词采用"宜",反面词采用"不宜";
4)表示有选择,在一定条件下可以这样做的,采用"可"。
2 条文中指明应按其他有关标准执行的写法为:"应符合……的规定"或"应按……执行"。

引用标准名录

《动力机器基础设计规范》GB 50040
《土工试验方法标准》GB/T 50123

中华人民共和国国家标准

地基动力特性测试规范

GB/T 50269—2015

条 文 说 明

修 订 说 明

《地基动力特性测试规范》GB/T 50269—2015，经住房城乡建设部 2015 年 8 月 27 日以第 896 号公告批准发布。

本规范是在《地基动力特性测试规范》GB/T 50269—97 的基础上修订而成，上一版的主编单位是机械工业部设计研究院，参编单位是中国水利水电科学研究院、北京市勘察设计研究院、同济大学、机械工业部勘察研究院、中国航空工业勘察设计院，主要起草人是李席珍、俞培基、吴学方、郝增志、吴成元、单志康、黄进、张守华、霍志人、李政。本规范修订过程中，编制组进行了广泛深入的调查研究，总结了我国工程建设地基动力特性测试的实践经验，同时参考了国外先进标准，与国内相关标准协调，通过调研、征求意见及工程试算，对增加和修订内容讨论、分析、论证，取得了重要技术参数。

为便于广大设计、施工、科研、教学等单位有关人员在使用本规范时能正确理解和执行条文规定，《地基动力特性测试规范》编制组按章、节、条顺序编制了本规范的条文说明，对条文规定的目的、依据以及执行中需注意的有关事项进行了说明。但是，本条文说明不具备与规范正文同等的效力，仅供使用者作为理解和把握标准规定的参考。

目　次

1 总　　则

1.0.1 为了使现场和室内的测试、分析、计算方法统一化，为工程建设提供符合实际的地基动力特性参数，做到技术先进、确保质量，很需要有一本各种动力测试方法齐全的规范。《地基动力特性测试规范》GB/T 50269—97（以下简称"原规范"）自1998年实施以来，已有17年时间，在这期间，土的动力特性测试技术有一定的发展，因此，有必要对原规范进行修订。

1.0.2 地基动力特性参数，是机器基础振动和隔振设计以及在动载荷作用下各类建筑物、构筑物的动力反应及地基动力稳定性分析必需的资料。本规范适用于原位和室内确定天然地基（包括膨胀土、湿陷性黄土、残积土等各种特殊土）和人工地基（包括碎石桩、夯实土等人工加固的地基）动力特性的测试、分析。

1.0.3 不同的工程需用的测试方法和动力参数也不相同，如用模型基础振动测试和振动衰减测试的资料可计算地基刚度系数、阻尼比、参振质量和地基土能量吸收系数，主要应用于动力机器基础的振动设计、精密仪器仪表的隔振设计以及评估振动对周围环境的影响等；地脉动测试可确定场地土的卓越周期和线位移，可应用于工程抗震和隔振设计；波速测试主要用于场地土的类型划分、场地土层的地震反应分析，以及用波速计算泊松比、动弹性模量、动剪切模量，也可计算地基刚度系数；循环荷载板测试可计算地基的弹性模量、地基的刚度系数，一般可用于大型机床、水压机、高速公路、铁路等工程设计；振动三轴和共振柱测试可确定地基土的动模量、阻尼比、动强度等参数，可用于对建筑物和构筑物进行动力反应分析以及对地基土和边坡土进行动力稳定性分析。上述说明，相同类型的动力参数，可采用不同的测试、分析方法，因此应根据不同工程设计的实际需要，选择有关的测试、计算方法。如动力机器基础设计所需的动力参数，应优先选用模型基础振动测试，因模型基础振动与动力机器基础的振动是同一种振动类型，将试验基础实测计算的地基动力特性参数，经基底面积、基底静压力、基础埋深等的修正后，最符合设计基础的实际情况。另外，从国外有些国家的资料看，也有用弹性半空间理论来计算机器基础的振动，其地基刚度系数则采用地基土的波速进行计算，这说明不同的计算理论体系需采用不同的测试方法和计算方法。对一些特殊重要的工程，尚应采用几种方法分别测试，以便综合分析、评价场地土层的动力特性。

3 基 本 规 定

3.0.1 为了做好测试工作，在测试前应制定测试方案，将测试目的和要求、内容、方法、仪器布置、加载方法、数据分析方法等列出，以顺利进行测试，保证测试结果满足工程建设的需要。当采用模型基础进行动力参数测试时，尚应根据工程设计的要求，确定模型基础的数量、尺寸，在测试方案中附上模型基础的设计图。

3.0.2 根据地基动力特性现场测试的需要，提出测试时所应具备的资料，其目的是在现场选择测点时，避开这些干扰源和地下管道、电缆等的影响。

3.0.3 根据我国计量法的要求，测试所用的计量器具必须送至法定计量检定单位进行定期检定，且使用时必须在计量检定的有效期内，以保证测试数据的准确可靠性和可追溯性。虽然计量器具

在有效计量检定周期之内，但由于现场测试工作的环境较差，使用期间仍可能由于使用不当或环境恶劣造成计量器具的受损或计量参数发生变化。因此要求测试前对仪器设备进行检测调试，发现问题后应重新检定。

3.0.4 测试场地应尽可能选择在离建筑场地及邻近地区干扰振源较远的位置。实在无法避开干扰振源时，与有关方商量，选择外界干扰源停机的间隙进行测试。由于测点布设在水泥、沥青路面、地下管线和电缆上时，影响测试数据的准确性和代表性，因此应避开这些地方。

3.0.5 为了便于设计使用和资料积累，本条规定了测试报告应包括的几部分内容，其中测试结果、测试分析和测试结论等内容随各章测试方法不同而各不相同，其规定的内容均放在各章的一般规定中。

4 模型基础动力参数测试

4.1 一 般 规 定

采用现场模型基础强迫振动和自由振动方法测试，是为了置于天然地基、人工地基及桩基上的动力机器基础的设计提供动力参数。原规范将本章命名为"激振法测试"，由于各种动力测试方法一般都包括"激振"和"测振"两个部分。用"激振法"来命名本章的内容不太明确和具体。因此本次修订改为"模型基础动力参数测试"。由于天然地基和人工地基的测试方法使用的设备和仪器、现场准备工作、数据处理等都完全相同，仅是块体基础和桩基础的尺寸不同，而块体基础适用于除桩基础以外的天然地基和人工地基上的测试。因此本章各条中提到的模型基础包括块体基础和桩基础，地基动力参数即包括天然地基和人工地基的动力参数。如果仅提块体基础的动力参数，即表示除桩基外的人工地基和天然地基的动力参数。在数据处理时，块体基础和桩基础的幅频响应曲线处理方法相同，块体基础和桩基础的各向阻尼比计算方法相同。条文中各向阻尼比的计算，均包含块体基础和桩基础，基础在各个方向振动参振总质量的计算方法均包括块体基础和桩基础。由测试资料计算地基抗压刚度时，块体基础和桩基础的计算方法亦相同。只是计算抗压刚度系数时，两者才有区别。块体基础的抗压刚度系数由抗压刚度除以基础底面积得到，而对于桩基则除以桩数。

本规范所指动力机器基础，与现行国家标准《动力机器基础设计规范》GB 50040 第1章总则中的规定内容一致。

4.1.1 地基动力参数是计算动力机器基础振动的关键数据，数据的选用是否符合实际，直接影响到基础设计的效果，而测试方法不同，则由测试资料计算的地基动力参数也不完全一致，因此测试方法的选择，应与设计基础的振动类型相符合，如设计周期性振动的机器基础，应在现场采用强迫振动测试方法。

4.1.2 模型基础除尺寸外，其他条件应尽可能模拟实际基础的情况。因此了解这些设计内容，对于测试点的布设是非常重要的。测试点应尽可能布置在实际基础的标高和位置附近。

4.1.3 本条规定了测试结果的具体内容，近几年随着计算机的发展，由测试结果计算出各种参数已经程序化，因此本次修订规范不再罗列计算表。

4.1.4 明置基础的测试目的是为了获得基础下地基的动力参数，埋置基础的测试目的是为了获得埋置后对动力参数的提高效果。因为所有的机器基础都有一定的埋深，有了这两者的动力参数，就可进行机器基础的设计。因此测试基础应分别做明置和埋置两种情况的振动测试。基础四周回填土是否夯实，直接影响埋置作用

对动力参数的提高效果，在做埋置基础的振动测试时，四周的回填土一定要分层夯实，本次修订，规定回填土的压实系数不小于0.94。压实系数为各层回填土平均干密度与室内击实试验求得填土在最优含水量状态下的最大干密度的比值。

4.1.5 桩基抗压刚度除以桩数，即为单桩抗压刚度。参振总质量是台座（基础）、激振器及部分桩土参振质量的总和。

4.1.6 在动力机器基础设计中，需要提供的动力参数就是各个振型的地基刚度系数和阻尼比。通过现场模型基础（小基础）振动试验，可得到各种振型的动力反应曲线（幅频曲线），然后根据质弹阻理论计算出地基刚度系数和阻尼比。

4.2 设备和仪器

4.2.1 机械式激振设备的扰力可分为几档，测试时其扰力一般皆能满足要求。由于块体基础水平回转耦合振动的固有频率及在软弱地基土的竖向振动固有频率一般均较低，因此要求激振设备的最低频率尽可能低，最好能在3Hz就可测得振动波形，至高不能超过5Hz，这样测出的完整的幅频响应共振曲线才能较好地满足数据处理的需要，而桩基础的竖向振动固有频率高，要求激振设备的最高工作频率尽可能的高，最好能达到60Hz以上，以便能测出桩基础的共振峰。电磁式激振设备的工作频率范围很宽，只是扰力太小时对桩基础的竖向振动激不起来，因此规定扰力不宜小于2000N。

4.2.2 重锤质量太小时，难以激发块体基础的自由振动，因此本条规定重锤质量不宜小于基础质量的1/100。规定落高的目的是为了保证落锤具有足够的能量激起能满足测试需要的基础振动。

4.3 模型基础

4.3.1 本条规定了模型基础的尺寸（长×宽×高）和数量。块体数量最少2个，超过2个时可改变超过部分的基础面积而保持高度不变，获得底面积变化对动力参数的影响，或改变超过部分高度而保持底面积不变，获得基底应力变化对动力参数的影响。基础尺寸应保证扰力中心与基础重心在一垂线上，高度应保证地脚螺栓的锚固深度，又便于测试基础埋深对地基动力参数的影响。基础的高度太大，挖土或回填都增加许多劳动量，而高度太小，基础质量小，基础固有频率高，如激振器的扰频不高，就会给测共振峰带来困难，因此基础的高度既不能太大，也不能太小。

机器基础的底面一般为矩形，为了使模型基础与设计基础的底面形状相似，本条规定了采用矩形基础，且其长、宽、高均有一定的比例。

4.3.2 桩基的刚度，不仅与桩的长度、截面大小和地基土的种类有关，还与桩的间距、桩的数量等有关。一般机器基础下的桩数，根据底板面积的大小，从几根到几十根，最多也有到一百多根的，而模型基础的桩数不能太多，根据以往试验的经验，一根桩（带桩承台）的测试效果不理想，2根、4根桩（带桩承台）的测试效果比较好，但4根桩的测试费用较大，因此本条文规定的是2根桩。如现场有条件做桩数对比测试时，也可增加4根桩和6根桩的测试。由于桩基的固有频率比较高，桩承台的高度应该比天然地基的基础高度大，否则固有频率太高，共振峰很难测出来。对桩承台的尺寸作出规定的目的是为了使2根桩的测试资料计算的动力参数，在折算为单桩时可将桩承台划分为1根桩的单元体进行分析。

4.3.3 由于地基的动力特性参数与土的性质有关，如果模型基础下的地基土与工程基础下的地基土不一致，测试资料计算的动力参数不能用于设计基础，因此模型基础的位置应选择在拟建基础附近相同的土层上。模型基础的基底标高，最好与拟建基础基底标高一致，但考虑到有的动力机器基础高度大，基底埋深深，如将小的模型基础也置于同一标高，现场施工与测试工作均有困难。因此规范条文中对此未作规定，就是为了给现场测试工作有灵活余地，可视基底标高的深浅以及基底土的性质确定。关键是要掌

握好模型基础与拟建基础底面的土层结构相同。

4.3.4 坑坑壁至模型基础侧面的距离应大于500mm，其目的是为了在做基础的明置试验时，基础侧面四周的土压力不会影响到基础底面土的动力参数测试。在现场做测试准备工作时，不要把试坑挖得太大，即距离略大于500mm即可。因为距离太大了，做埋置测试时，回填土的工作量大，应根据现场具体情况掌握好分寸。坑底应保持原状土，即挖坑时，不要将模型基础底面的原状土破坏，因为基底土是否遭到破坏，直接影响测试结果。坑底面应为水平面，因为只有水平面，基础浇灌后才能保持基础重心、底面形心和竖向激振力位于同一垂线上。

4.3.5 在现场做准备工作时，一定要注意基础上预埋螺栓或预留螺栓孔的位置。预埋螺栓的位置要严格按试验图纸上的要求，不能偏离，只要有一个螺栓偏离，激振器的底板就安装不进去。预埋螺栓的优点是与现浇基础一次做完，缺点是位置可能放不准，影响激振器的安装，因此在施工时，可采用定位模以保证位置准确。预留螺栓孔的优点是，待激振器安装时，可对准底板螺孔放置螺栓，放好后再灌浆，缺点是与现浇基础不能一次做完。这两种方法选择哪一种，可根据现场条件确定。如为预留孔，则孔的面积不应小于100mm×100mm，孔太小了，灌浆不方便。螺栓的长度不小于400mm，主要是为了保证在受动拉力时有足够的锚固力，不被拉出，具体加工时螺栓下端可制成弯钩或焊一块铁板，以增强锚固力。露出激振器底板上面的螺栓，其螺丝扣的高度，应足够能拧上两个螺母和一个弹簧垫圈。加弹簧垫圈用两个螺母，目的是为了在整个激振测试过程中，螺栓不易被震松。在试验工作结束以前，螺栓的螺丝扣一定要保护好，以免碰坏。

4.4 测试方法

4.4.1 在激振中心两侧对称位置各布置一个竖向传感器，便于对比分析。

4.4.2 在基础顶面两端布置竖向传感器是为了测基础回转时的线位移，以便计算基础的回转角，其间的距离必须量准。

4.4.3 基础的扭转振动测试，过去国内外很少做过，设计时所应用的动力参数均与竖向测试的地基动力参数挂钩，而竖向与扭转向的关系也是通过理论计算所得。为了能测试扭转振动，原机械工业部设计研究院和中航勘察设计研究院进行过多次的测试研究工作，原机械工业部设计研究院于90年代成功地做了扭转振动测试，中航勘察设计研究院还专门设计了扭转激振器，共测试了十几个基础的扭转振动，测出了在扭转扰力矩作用下水平线位移随频率变化的幅频响应共振曲线。条文中传感器的布置方法，最容易判别其振动是否为扭转振动，如为扭转振动，则实测波形的相位相反（即相差180°）。

4.4.4 强迫振动测试时，在共振区以内（即 $0.75f_m \leq f \leq 1.25f_m$，$f_m$ 为共振频率），频率应尽可能测密一些，最好是0.5Hz左右。由于共振峰值很难测得，激振频率在峰点易滑过去，不一定能稳住在峰点，因此只有尽量密集一些，才易找到峰点，减少人为的误差。共振时的线位移幅值太小时测量误差大，因为会落在地微动的幅值区内；而如果线位移大了，一是峰点更难测得，二是线位移太大，有可能使地基土呈现非线性，影响地基土的动力参数的测试。周期性振动的机器基础，当 $f \geq 10$Hz 时，其线位移都不会大于150μm。

4.4.6 竖向自由振动测试，当重锤下落冲击基础后，基础产生有阻尼自由振动，第一个波的线位移最大，然后逐渐减小，基础最大线位移应取第一个波。为减小测试时高频波的影响及避免基础顶面被冲击，测试时可在基础顶面中心处放一块稍厚的橡胶垫。竖向自由振动，有时会出现波形不好的情况，测试时应注意检查波形是否正常。

4.4.7 基础水平自由振动测试，可采用木锤敲击，敲击点在基础侧面轴线顶端，比较易于产生回转振动。敲击时，可以沿长轴线

（与强迫振动时水平激振力的方向一致），也可沿短轴线敲击，可对比两者的参数差异情况，提供设计用的参数，应与设计基础水平扰力的方向一致。

4.5 数据处理

Ⅰ 强迫振动

4.5.3 由 $d_z - f$ 幅频响应曲线计算的地基竖向动力参数，其计算值与选取的点有关，在曲线上选不同的点，计算所得的参数不同。为了统一，除选取共振峰点外，尚在曲线上选取三点，计算平均阻尼比及相应的抗压刚度和参振总质量，这样计算的结果，差别不会太大，这种计算方法，必须要把共振峰峰点测准，$0.85f_m$ 以上的点不取，是因为这种计算方法对试验数据的精度要求较高，略有误差，就会使计算结果产生较大差异；另外，低频段的频率也不宜取得太低，频率太低时，振动线位移很小，受干扰波的影响，测量的误差较大，使计算的误差加大。在实测的共振曲线上，有时会出现小"鼓包"，不能取用"鼓包"上的数据，否则会使计算结果产生较大的误差，因此要根据不同的实测曲线，合理地采集数据。根据过去大量测试资料数据处理的经验，应按下列原则采集数据：

（1）对出现"鼓包"的共振曲线，"鼓包"上的数据不取；

（2）$0.85f_m \leqslant f \leqslant f_m$ 区段内的数据不取；

（3）低频段的频率选择，不宜取得太低，应取波形好的，测量误差小的频率段进行，一般在 $0.5f_m \sim 0.85f_m$ 间取值，较为适宜。

4.5.6 由于在一些情况下不能测到共振峰，这时只能采用低频求刚度的办法计算。但是由于 f_1、f_2 值的选取十分重要，为了减少人为的误差。规定选取的点，要在尽量靠近测试的最大频率的 0.7 倍附近选取。这样能够近似地对应于测出共振峰情况下的 $0.5f_m \sim 0.85f_m$ 的情况。

4.5.7~4.5.11 由于水平回转耦合振动和扭转振动的共振频率一般都在 $10Hz \sim 20Hz$ 之间，低频段波形较好的频率大约 $8Hz$，而 $0.85f_{m1}$ 以上的点不能取，则共振曲线上剩下可选用的点就不多了。因此水平回转耦合振动和扭转振动资料的分析方法与竖向振动不一样，不需要取三个以上的点，而只取共振峰峰点频率及相应的水平振动线位移，和另一频率为 $0.707f_{m1}$ 点的频率和水平振动线位移代入公式（4.5.7-1）、（4.5.7-2）、（4.5.11-1）、（4.5.11-2）计算阻尼比，而且选择这一点计算的阻尼比与选择几点计算的平均阻尼比很接近。

Ⅱ 自由振动

4.5.14 一般有条件做强迫振动试验的工程，都应在现场做强迫振动试验，没有条件时，才仅做自由振动试验。原因是竖向自由振动试验阻尼比较大时，特别是有埋置的情况，实测得的自由振动波少，很快就衰减了，从波形上测得的固有频率值以及由线位移计算的阻尼比都不如强迫振动试验测得的准确。当然，基础固有频率比较高时，强迫振动试验测不出共振峰的情况也会有的。因此有条件时，两种试验都做，可以相互补充。计算固有频率时，应从记录波形的 1/4 波长后面部分取值，因第一个 1/4 波长受冲击的影响，不能代表基础的固有频率。

4.5.18 由于基础水平回转耦合振动测试的阻尼比，较竖向振动的阻尼比小，实测的自由振动衰减波形比较好，从波形上量得的固有频率与强迫振动试验实测的固有频率基本一样。其缺点是不像竖向振动那样可以计算出总的参振质量 m_z（包括土的参振质量，而 K_z 也包括了土的参振质量），只能用模型基础的质量计算地基的刚度。由于水平回转耦合自由振动实测资料不能计算土的参振质量，因此在提供给设计人员使用的实测资料时，一定要写明哪些刚度系数中包含了土的参振质量影响。用这些刚度系数计算基础的固有频率时，也必须将土的参振质量加到基础的质量中。如果刚度系数中不包含土的参振质量，也必须写明设计时不考虑土的参振质量。

4.6 地基动力参数的换算

4.6.1 由于地基动力参数值与基础底面积大小、基础高度、基底应力、基础埋深等有关，而模型基础的面积大小、基础高度、基底应力、基础埋深与设计的实际动力机器基础在这些方面都不可能相同。因此由试验模型基础实测得到的地基动力参数应用于机器基础的振动和隔振设计时，必须进行相应的换算后，才能提供给设计应用。

4.6.3 基础四周的填土能提高地基刚度系数，并随基础埋深比的增大而增加，因此应将模型基础实测的地基刚度系数乘以基础埋深提高系数，进行修正后的地基刚度系数，才能用于设计有埋置的动力机器基础。桩基的抗剪、抗扭刚度系数值，换算方法可与模型块体基础的相同。

4.6.4 基础下地基的阻尼比随基础底面积的增大而增加，并随基底静压力的增大而减小，因此由模型基础试验得出的阻尼比用于设计动力机器基础时，应将测试基础的质量比换算为设计基础的质量比后才能用于机器基础的设计。

4.6.5 基础四周的填土能提高地基的阻尼比，并随基础埋深比的增大而增加，因此按设计基础的埋深比进行修正后的阻尼比，才用于设计有埋置的动力机器基础。

4.6.6 基础振动时地基土参振质量值，与基础底面积的大小有关，因此由模型块体基础在明置时实测幅频响应曲线计算的地基参振质量，应换算为设计基础的底面积后才能应用于设计。

4.6.7 由于桩基的刚度，与试验时的桩数有关，根据 2 根桩桩基实测幅频响应曲线计算的 1 根桩的抗压刚度与 4 根桩桩基测试资料计算的 1 根桩的抗压刚度相比，前者为后者的 1.3 倍，与 6 根桩桩基础测试资料计算的抗压刚度相比，为 1.36 倍。桩数再增加时，其变化逐渐减小，做测试桩基础的桩数规定为 2 根桩，根据工程需要，也可能做 2 根桩和 4 根桩的桩基础振动测试。因此本条规定由 2 根或 4 根桩的桩基础测试资料计算的抗压刚度值，应分别乘以群桩效应系数 0.75 或 0.90 后，才能提供给设计群桩基础应用。

5 振动衰减测试

5.1 一般规定

5.1.1 由于生产工艺的需要，在一个车间内同时设置有低转速和高转速的动力机器基础。一般低转速机器的扰力较大，基础振幅也较大，而高转速的动力机器基础振幅控制很严，因此设计中需要计算低转速机器基础的振动对高转速机器基础的影响，计算值是否符合实际，还与这个车间的地基能量吸收系数 α 有关，因此事先应在现场做基础强迫振动试验，实测振动波在地基中的衰减，以便根据振动随距离的衰减，计算 α 值，提供设计应用。设计人员应按设计基础的距离选用 α 值，以计算低转速机器基础振动对高转速机器基础的影响。

振动能影响精密仪器、仪表的测量精度，也影响精密设备的加工精度。如果其周围有振源，应测定其影响大小，当其影响超过允许值时，必须对设计的精密仪器、仪表、设备等采取隔振或其他有效措施。

5.1.2 利用已投产的锻锤、落锤、冲击机、压缩机基础的振动，作为振源进行衰减测定，是最符合设计基础的实际情况。因振动在地基土中的衰减与很多因素有关，不仅与地基土的种类和物理状态有关，而且与基础的面积、埋置深度、基底应力等有关，与振源是否周期性还是冲击性、是高频还是低频等多种因素有关，而设计基础与上述这些因素比较接近，用这些实测资料计算的 α 值，反过来再用于设计基础，与实际就比较符合。因此在有条件的地方，应尽可能利用现有投产的动力机器基础进行测定，只是在没有条件的情况下才现浇一个基础，采用机械式激振设备作为振源。如果设计的基础受非动力机器基础振动的影响，也可利用现场附近的其他振源，如公路交通、铁路交通等的振动。

5.1.3 由于振动波的衰减与基础的明置和埋置有关，一般明置基础，按实测振动波衰减计算的 α 值大，即衰减快，而埋置基础，按实测振动波衰减计算的 α 值小，衰减慢。特别是水平回转耦合振动，明置基础底面的水平振幅比顶面水平振幅小很多，这是由于明置基础的回转振动较大所致。明置基础的振动波是通过基础底面振动向周围传播，衰减快，如果均用测试基础顶面的振幅计算 α 值时，明置基础的 α 值则要大得多，用此值计算设计基础的振动衰减时偏于不安全。因设计基础均有埋置，故应在测试基础有埋置时测定。

5.2 测试方法

5.2.1 由于传感器放在浮砂地、草地和松软的地层上时，影响测量数据的准确性，因此在选择放传感器的测点时，应避开这些地方。如无法避开，则应将草铲除、整平，将松散土层夯实。

5.2.2 由于振动沿地面的衰减与振源机器的扰力频率有关，一般高频衰减快，低频衰减慢，因此测试基础的激振频率应选择与设计基础机器的扰力频率一致。另外，为了积累扰力频率不相同时测试的振动衰减资料，尚应做各种不同激振频率的振动衰减测试。

5.2.3 由于地基振动衰减的计算公式是建立在地基为弹性半空间无限体这一假定上的，而实际情况不完全如此。振源的方向不同，测试的结果也不相同。因此实测试验基础的振动在地基中的衰减时，传感器置于测试基础的方向，应与设计基础所需测试的方向相同。

5.2.4 由于近距离衰减快，远距离衰减慢，测点布置以近密疏远为原则，一般在离振源距离 10m 以内的范围，地面振幅随振源距离增加而减小得快，因此传感器的布点应布密一些。如在 5m 以内，应每隔 1m 布置一台传感器；5m～15m 范围内，每隔 2m 布置一台传感器；15m 以外，每隔 5m 布置一台传感器。亦可根据设计基础的实际需要，调整传感器的布置间距。

5.2.5 关于各种不同振源处的振动线位移测试，由于传感器测点位置的不同，会导致测试结果也不同，因此，本条对各种不同振源规定了传感器的测点位置。

5.3 数据处理

5.3.2 地基能量吸收系数的计算目前我国应用较普遍的有两种方法。除规范推荐方法外，还有按高里茨公式计算：

$$A_r = A_0 \sqrt{\frac{r_0}{r}} e^{-\alpha(r-r_0)} \tag{1}$$

$$\alpha = \frac{1}{r_0 - r} \ln\left(\frac{A_r}{A_0}\sqrt{\frac{r}{r_0}}\right) \tag{2}$$

对同一种土、同一个振源计算的 α 随距离的变化，从图 1 中可以看出，α 不是一个定值。由于近振源处（约 2 倍～3 倍基础边长），振动衰减很快，计算的 α 值很大，到一定距离后（见图 1），α 值比较稳定，趋向一个变化不大的值，不管用哪个公式计算都是这个规律。因此，如果用一个平均的 α 值计算不同距离的振幅，则得出在近距离内的计算振幅比实际振幅大，而在远距离的计算振幅比实际的小，这样计算的结果都不符合实际。试验中应按照实测资料计算出 α 值随 r 的变化曲线，提供给设计应用，由设计人员根据设计基础离振源的距离选用 α 值。在计算 α 值前，应先将各种激振频率作用下测试的地面振动线位移随离振源距离远近而变化的关系绘制成各种曲线图。由曲线图即可发现测试的资料是否有规律，一般在近距离范围内，振动衰减快，远距离振动衰减慢。

本条文中表 5.3.2 引自现行国家标准《动力机器基础设计规范》GB 50040—96 附录 E。

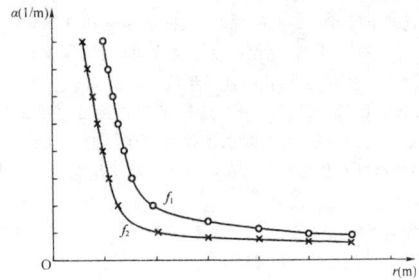

图 1 α 随 r 的变化曲线示意图

6 地脉动测试

6.1 一般规定

地脉动有长周期与短周期之分。周期大于 1.0s 的称为长周期，本规范涉及的地脉动周期在 0.1s～1.0s 范围内，属于短周期地脉动。

地脉动是由气象变化、潮汐、海浪等自然力和交通运输、动力机器等人为扰力引起的波动，经地层多重反射和折射，由四面八方传播到测试点的多维波群随机集合而成。随时间做不规则的随机振动，其振幅为小于几微米的微弱振动。它具有平稳随机过程的特性，即地脉动信号的频率特性不随时间的改变而有明显的不同，它主要反映场地地基土层结构的动力特性。因此它可以用随机过程样本函数集合的平均值来描述。

6.1.1 测试结果中的数据处理，为了避免频谱分析中的频率混淆现象，应对分析数据进行加窗函数处理，如哈明窗、汉宁窗、滑动指数窗等。

6.2 设备和仪器

6.2.1 地脉动的周期为 0.1s～1.0s，振幅一般在 3μm 以下，因此要求地脉动测试系统灵敏度高、低频特性好、工作稳定可靠；信号分析系统应具有低通滤波、加窗函数以及常用的时域和频域分析软件。

6.2.4 地脉动测试目前已较广泛采用能满足地脉动测试分析要求的信号采集记录分析系统。它配备有时域、频域分析的各种软件，既能在现场进行实时分析，也可将信号记录在室内进行分析。

6.3 测试方法

6.3.1 每个建筑场地的地脉动测点，不宜少于 2 个。当同一建筑场地有不同的地质地貌单元，其地层结构不同，地脉动的频谱特征也有差异，此时可适当增加测点数量。

6.3.2 测点选择是否合适，直接影响地脉动测试的精确程度。如果测点选择不好，微弱的脉动信号有可能淹没于周围环境的干扰信号之中，给地脉动信号的数据处理带来困难。

6.3.3 建筑场地钻孔波速测试和地脉动测试，虽然目的和方法有别，但它们都与地层覆盖层的厚度及地层的性质有关，其地层的剪切波速与场地的卓越周期必然有内在的联系。地脉动观测点宜布置于波速孔附近。

测点三个传感器的布置是考虑到有些场地的地层具有方向性。如第四系冲洪积地层不同的方向有差异；基岩的构造断裂也具有方向性。因此要求按水平东西、水平南北、竖直三个方向布设传感器。

6.3.4 不同土工构筑物的基础埋深和形式不同,应根据实际工程需要、布置地下脉动观测点的深度;在城市地脉动观测时,交通运输等人为干扰24h不断,地面振动干扰大,但它随深度衰减很快,一般也需在一定深度的钻孔内进行测试。

通常远处震源的脉动信号是通过基岩传播反射到地层表面的,通过地面与地下脉动的测试,不仅可以了解脉动频谱的性状,还可了解地脉动信号竖向分布情况和场地土层对脉动信号的放大和吸收作用。

6.3.5 本规范规定的脉动信号频率在1Hz~10Hz范围内,按照采样定理,采样频率大于20Hz即可,但实际工作中,最低采样频率常取分析上限频率的2.56倍。然而,采样频率太高,脉动信号的频率分辨率降低,影响卓越周期的分析精度。条文中提出采样频率宜为50Hz~100Hz,就考虑了脉动时域波形和谱图中的频率分辨率。

6.4 数据处理

6.4.1 为了减少频谱分析中的频率混叠现象,事先应对分析数据进行窗函数处理,对脉动信号一般加滑动指数窗,哈明窗、汉宁窗较为合适。

脉动信号的性质可用随机过程样本函数集合的平均值来描述,即脉动信号的卓越频率应是多次频域平均的结果。从数理统计与测试分析系统的计算机内存考虑,经32次频域平均已基本上能满足要求。

6.4.2 脉动信号频谱图一般为一个突出谱峰形状,卓越周期只有一个;如地层为多层结构时,谱图有多阶谱峰形状,通常不超过三阶,卓越周期可按峰值大小分别出;对频谱图中无明显峰值的宽频带,可按电学中的半功率点确定其范围。

6.4.4 脉动幅值应取实测脉动信号的最大幅值。这里所指的幅值,可以是位移、速度、加速度幅值,可以根据测试仪器和工程的需要确定。

7 波速测试

用于测波速的方法较多,本章只涉及单孔法、跨孔法、表面波速法及弯曲元法。目前,因受振源条件及工作条件的限制,单孔法及跨孔法一般只用于测定深度150m以内土层的波速。在波速测试中,最常用的是剪切波速。

单孔法的特点是只用一个试验孔,在地面打击木板产生向下传播的压缩波(P波)和水平极化剪切波(SH波)。测出它到达位于不同深度的传感器的时间,就能定出它在垂直地层方向的传播速度。

跨孔法的特点是多个试验孔,振源产生水平方向传播的波,测出它到达位于各接收孔中与振源同标高的垂直向传感器的时间,可得到剪切波在地层中水平方向传播的速度。跨孔法测试深度较深,可测出地层中的软弱夹层,测试精度相对较高。

面波法是近年来国内外发展很快,应用逐渐广泛的一种浅层地震勘探方法。面波分为瑞利波(R波)和拉夫波(L波),而R波在振动波组中能量最强、线位移最大、频率最低,容易识别也易于测量,所以本规范面波法指瑞利波测试方法。

面波法的特点是在地面求瑞利波的速度,再利用瑞利波速与剪切波速的关系求出剪切波速。根据激振振源的不同,面波法分为稳态法、瞬态法。它们的测试原理相同,只是产生面波的震源不同。目前瞬态面波应用较为广泛。

弯曲元法适用于测试细粒土和砂土从初始状态至塑性变形发展过程中的动力特性,本方法可与振动三轴测试等多种方法相结合。与共振柱等方法相比,弯曲元试验所能够达到的应变量级更小,因此得到的动剪切模量和动弹性模量也更接近于真实值。弯

曲元可以与很多室内及室外设备联合使用,因此可以用来研究各种因素对波速的影响,对动三轴等室内土单元试验,则可以用来研究动力加载历史对波速的影响。

随着基础理论研究、设备水平的不断提高以及工程实践经验的丰富,波速在工程中的应用范围不断得到增加,一般包括:①计算岩土动力参数,动弹性模量、动剪切模量、动泊松比;②计算地基刚度和阻尼比;③划分场地抗震类别;④估算场地卓越周期;⑤判定砂土地基的液化;⑥检验地基加固处理的效果;⑦弯曲元测试可以研究动力加载历史对最大动剪切模量和最大动弹性模量的影响。

7.1 单 孔 法

I 设备和仪器

7.1.1 对于剪切波振源,首先希望它在测线方向产生足够能量的剪切波;其次希望能通过相反方向的激发产生极性相反的二组剪切波,以便于确定剪切波的初至时间。

剪切波震源主要有击板法、弹簧激振法、定向爆破法三种。弹簧激振法、定向爆破法两种震源产生的能量较大,能测试较深的钻孔,而单孔法目前普遍用击板法振源,其优点是简便易行,能得到两组SH波,缺点是能量有限,目前国内能测的深度为100m左右。

研究表明,板较长时,激振效果较好,但一方面是板过大、过长时,改善效果也有限,另外SH波源就不太符合"点源"的假设,同时震源的位置也不太好准确确定,对深度较小的测试可能会带来一定误差。美国ASTM规范说明普遍使用长2.4m、宽0.15m的板。根据我国实际工程实践的情况,木板规格宜采用长1.5m~3m、宽0.15m~0.35m、厚0.05m~0.20m的坚硬木板。

利用电火花振源可同时取得P波及S波,但这种振源往往较易得到P波的初至时间,确定S波的初至时间较难。

压缩波振源要求激发能量大和重复性好。压缩波振源主要有炸药振源、电火花振源、锤击振源三种。理论上讲,在无限空间中爆炸振源不产生剪切波,因此炸药振源是很好的压缩波振源,尤其是适合深孔测试波速,但由于安全问题在城市勘察中已很少使用。电火花振源的主要优点是发射功率较大、传播距离较远、方法简便和激发声波余震短等,其缺点是由于储电电容器等设备复杂笨重、现场需要交流电或发电机。普通电火花振源主要用于产生压缩波,通过用爆炸储能罩改进后,也可产生丰富的剪切波。锤击振源是在地面上水平铺上钢板或铜铝合金板,板与土紧密接触,通过垂直锤击板产生压缩波(纵波)。锤击振源简单方便,但能量相对较弱,测试深度相对较小。

7.1.2 传感器一般应用三分量井下传感器,即在一密封、坚固的圆筒内安置3个互相垂直的传感器,其中1个是竖向的,2个是水平向的,水平向传感器应性能一致。目前常用的是动圈型磁电式速度传感器(又称检波器),其特点是只有当所测的振动的频率大于传感器固有频率时,传感器所测得的振动的幅值畸变及相位畸变才能小。结合我国目前使用的传感器的规格,规定传感器的固有频率宜不大于所测地震波主频的1/2。土层宜采用固有频率小于50Hz的传感器,岩层宜采用固有频率为100Hz左右传感器。在用单孔法时,当所测深度很大时,地震波主频可能较低,此时宜采用固有频率较低的传感器。

在振源激发地震波的同时,触发器送出一个信号给地震仪,启动地震仪记录地震波。触发器的种类很多,有晶体管开关电路,机械式弹簧接触片,也有用速度传感器。触发器的触发时间相对于实际激发时间总是有延迟的,延迟时间的多少视触发器的性能而不同。即使同一类触发器,延迟时间也可能不同,要求延迟时间尽量小,尤其要稳定。

用单孔法时,延迟时间对求第一测点的波速值有影响,其他各测点的波速虽然是用时间差计算的,但由于不是同一次激发的,如

果延迟时间不稳定,则对计算波速值仍有影响。此外,如在同一孔工作过程中换用触发器,为避免由于前后两触发器延迟时间的不同造成误差,可以用后一触发器重复测试前几个测点的方法解决。

7.1.3 波速静力触探测试是在电测静力触探仪的基础上加上一套测量波速的装置,即在静力触探头上部安装一个三分量检波器,采用检层法进行测试,可获得静探和波速两种资料。波速静力触探测试中的波速测试属于单孔法测试,自行成孔,检波器紧贴孔壁。其测试精度高,费用低,速度快,适宜层次少或土层软硬变化大的场地。

7.1.4 单孔法按传感器的位置可分为下孔法及上孔法。传感器在孔下者为下孔法,反之为上孔法。测剪切波速时,一般用下孔法,此时用击板法能产生较纯的剪切波,压缩波的干扰小。上孔法的振源(炸药、电火花)在孔下,传感器在地面,此时振源产生压缩波和剪切波。本章只规定了最常用的下孔法。

单孔法波速测试成孔质量的好坏,会给所测的地层波速造成很大的实际误差,使测试结果完全失真。在城区工作时,现场经常有管道、坑道等地下构筑物,地表还有大量碎石、砖瓦、房渣土等不均匀地层,都不利于激发较纯的剪切波。因此在工作前应了解现场情况,使测试孔离开地下构筑物,并用挖坑放置木板的方法避开地下管道及地表不均匀层,减少它们的影响。

当钻孔必须下套管时,必须使套管壁与孔壁紧密接触,具体要求可参见"跨孔法"中的相关条文要求及条文说明。

一般情况下,根据现场条件确定木板离测试孔的距离 L。虽然击板法能产生较纯的剪切波,但也会有少量压缩波产生,当木板离孔太近时,往往在浅处收到的剪切波由于和前面的压缩波挨得太近,而不能很好地定出其初至时间。

另一方面,当第一层土下有高速层时,则按斯奈尔定律,当入射角为临界角时,会在界面上产生折射波,如 L 过大,则往往会先收到折射波的初至,从而在求波速值时出错。因此,在确定 L 值时应注意工程地质条件。

木板必须与地面紧密接触。实际测试时,有将板底钉有许多钉尺片的做法,激振效果要比未经处理的普通板好得多。此外,在地面泼水或洒灰浆,也可增大板与地面接触的紧密程度。当地面不平时,宜采用刮平的方式,而不宜采用回填方式。

7.1.5 测试点的间隔根据地层界面情况而定。通常的做法是地下水位以上平均每 1m~2m 一个测试点,地下水位以下测试间隔可适当加大。界面处的测点需重复测试。

7.1.7、7.1.8 在单孔法的资料整理过程中,由于木板离试验孔有一定距离 L,因此产生两个问题:

其一,如果靠近地表的地层为低速层,下有高速层就会产生折射波,如图2所示。

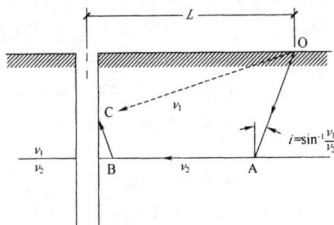

图 2 产生折射波的传播途径

图2中,O点处为振源,C点处为传感器,OC为直达波传播途径,OABC为折射波传播途径。当 L 足够大时,波按OABC行走的时间将小于按OC行走的时间,此时,如仍按直达波计算第一层波速将会产生误差。因此,除在规范中规定振源离孔的距离外,在资料整理中也应考虑是否存在这一问题。

其二,由于存在 L,因此,在计算时不能直接用测试深度差除以波到达测点的时间差而得到该测试间隔的波速值,而必须做斜距校正。斜距校正的方法有多种,其原理大都是把波从振源到接收点的传播途径当作直线,再按三角关系进行校正,如图3所示:

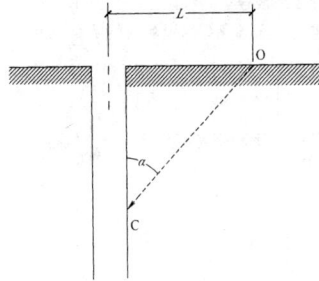

图 3 斜距按三角关系校正图

按这种假设进行的各种校正,虽然公式不同,实质都需计算出 $\cos\alpha$ 值,再进行下一步计算,其结果是一样的。本规范所用的校正方法是其中一种,虽然是近似方法,但简单易行,与有些学者提出的用最优化法按斯奈尔定理得到的结果差别不大。

7.2 跨 孔 法

7.2.1 跨孔法目前较理想的振源是液压式井下剪切波锤,该设备能在孔内某一预定位置产生质点为上下方向振动的剪切波。该方法能产生极性相反的两组剪切波,可比较准确地确定波到达接收孔的初至时间,能在孔中反复测试。但要在振源孔下套管,并在套管与孔壁间隙灌注膨润土与水泥的混合浆液,花费较大,它所激发的能量较小。孔深时,由于连接锤的多条管线易缠绕,且随带油管的重量大,影响设备在孔中的准确定位及激振效果。

也可采用标准贯入装置,其优点是操作简单、能量大,适合于浅孔,但需要考虑振源激发延时对测试波速的影响。

高压电火花震源是良好的纵波震源,与机械震源相比要轻便得多,但若没有解决好定向性问题,则难以确定横波的初至时间。

7.2.2 跨孔法需要在两个孔内安置三分量检波器,信号采集分析仪应在六通道以上,其他设备性能指标要求与单孔法相同。

7.2.3 跨孔法有以下几种常见的布置方式:①双孔(一发一收);②直线三孔(一发两收);③L型五孔(垂直正交的两个方向,共用一个震源孔,一发两收,用于各向异性的岩土体)。最初是用两个试验孔,一个振源孔,一个接收孔。这种方法的缺点是不能消除因触发器的延迟所引起的计时误差,当套管周围填料与土层性质不一致时,会导致传播时间有误差;当用标准贯入器作振源时,因为是在地面敲击钻杆,在计算波速时还应考虑地震波在钻杆内传播的时间。因此目前主张用3个~4个试验孔,排成一直线。当用3个试验孔时,以端点一个孔作为振源孔,其余2个孔为接收孔。在地层不均匀及进行复测时,还可以用另一端的孔作为振源孔进行测试。

一般试验孔宜选用等间距钻孔,这样不仅计算方便,还可以消除触发器的延时。

确定测试孔间距布置主要受地质情况及仪器精度的限制。当所要观测的地层上下有高速层时,可能产生折射波。在离振源距离大于临界距离时,折射波会比直达波先到达接收点,这时所接收到的就是折射波的初至,按这个时间计算出的波速将比实际地层波速值高。因此孔间距不应大于临界距离(见图4),计算临界距离的公式为:

$$X_c = \frac{2\cos i \cos \varphi}{1 - \sin(i+\varphi)}H \qquad (3)$$

$$i = \arcsin(v_1/v_2) \qquad (4)$$

式中：X_c——临界距离(m)；

$\quad\quad H$——沿测试孔方向振源至高速层的距离(m)；

$\quad\quad i$——临界角(°)；

$\quad\quad v_1$——低速层波速(m/s)；

$\quad\quad v_2$——高速层波速(m/s)；

$\quad\quad \varphi$——地层界面倾角(°)，以顺时针方向为正。

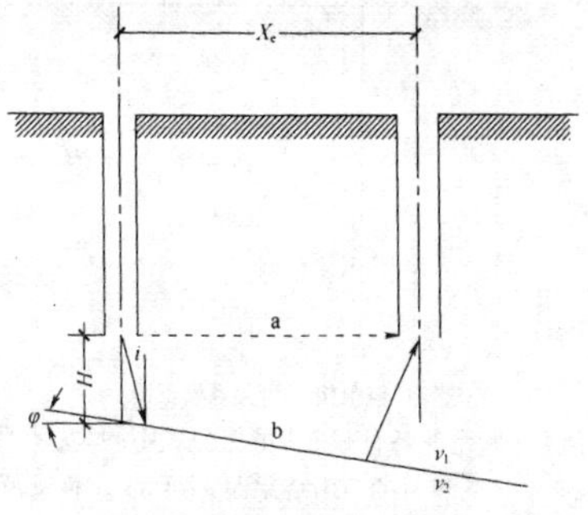

图 4　直达波与折射波传播途径

a—直达波传播途径；b—折射波传播途径

计算的 X_c/H 值见表 1。

表 1　X_c/H 值的计算

φ ＼ v_1/v_2 ＼ X_c/H	0.1	0.2	0.3	0.4	0.45	0.5	0.55	0.6	0.65	0.7	0.75	0.8	0.85	0.9	0.95
0°	2.2	2.4	2.7	3.1	3.2	3.5	3.7	4.0	4.3	4.8	5.3	6.0	7.0	8.7	12.5
10°	2.7	3.0	3.5	4.0	4.4	4.8	5.2	5.8	6.6	7.5	8.9	10.9	14.5	22.6	
20°	3.3	3.7	4.6	5.5	6.2	7.0	8.0	9.2	11.0	13.7	18.0	26.2	46.9		
30°	4.1	5.0	6.3	8.1	9.4	11.3	13.7	17.2	23.0	33.7	58.0				

另外，孔间距离太小，则所观测的由两振源到接收孔的地震波传播时间太短，相对误差会增大，同时由于测试孔垂直度误差带来的误差也会增大，因此孔间距离也不宜太小。

测试孔间距应随地层波速的提高而增大。建议当地层为土层时(剪切波速度一般小于 500m/s)；孔间距采用 2m～5m，其中一般黏性土层可取小值，砂砾石地层可取较大值。当地层为岩层时，应增大孔距。在岩层中采用爆炸、电火花等作为振源时，为能清楚分辨压缩波和剪切波应适当加大距离。

7.2.4 测试孔的要求：

垂直度：用作跨孔法波速试验的钻孔，对钻孔垂直度有很高的要求。当用跨孔法测试的深度超过 15m 时，为了得到在每一测试深度的孔间距的准确数据，应进行测斜工作，因测试孔很难保持竖直，只要一个孔有 1°偏差，在 15m 时就会有 0.262m 的偏移，孔距(以 4m 计)的误差就会达到 6.5%。

由于测斜工作比较复杂，且需精密仪器，一般单位并不具备，因此本条规定只限于深度大于 15m 的孔需测斜，但在测试孔较浅时应特别注意保持其的竖直。

测斜工作对测斜仪的精度要求比较高。为使由于孔斜引起的误差小于 5%，要求测斜仪的灵敏度不小于 0.1°。

7.2.6 采用一次成孔法是在振源孔及接收孔都准备完后，将剪切波锤及传感器分别放入振源孔及接收孔中的预定深度处，并固定于孔壁，再进行测试。可自上而下完成全部测试工作。

测试一般从地面以下 2m 深度开始，其下测点间距为 1m～2m。但也可根据实际地层情况适当增大间距或减小间距。为了避免相邻高速层折射波的影响，一般测点宜选在测试地层的中间位置。

为了保证测试精度，一般选取部分测点进行重复观测，如前后观测误差较大，则应分析原因，在现场予以解决。这种重复仅适用于孔下剪切波锤振源的情况，而无法对标贯器做振源的情况进行重复测试。

Ⅲ　数据处理

7.2.8 按照实际测斜数据计算测点间的距离，对于跨孔法尤为重要。测斜管的安放不同，孔间距的计算方法也不同。

(1)使测斜管导向槽的方位分别为南北方向及东西方向，以北向为 X 轴，东向为 Y 轴，进行测斜得出每一测点在北向和东向相对于地面孔的偏移值 X、Y。则在某一测试深度，由振源孔到接收孔的距离为：

$$S = \sqrt{(S_0\cos\varphi + X_j - X_z)^2 + (S_0\sin\varphi + Y_j - Y_z)^2} \quad (5)$$

式中：S_0——在地面由振源孔到接收孔的距离(m)；

$\quad\quad \varphi$——从地面振源孔到接收孔的连线相对于北向的角度(°)；

$\quad\quad X_j$、Y_j——在接收孔该深度 X 和 Y 方向的偏移(m)；

$\quad\quad X_z$、Y_z——在振源孔该深度 X 和 Y 方向的偏移(m)。

(2)使测斜管一组导向槽的方位与测线(振源孔与接收孔的连线)一致，定为 X 轴，另一组导向槽的方位为 Y 轴。则振源孔和接收孔在某测试深度处的距离为：

$$S = \sqrt{(S_0 + X_j - X_z)^2 + (Y_j - Y_z)^2} \quad (6)$$

上述两方法中，第一种方法具有普遍意义，第二种方法则比较方便。

跨孔法资料整理中，当所测试的地层上下有高速层时，应注意不要将折射波的初至时间当作直达波的初至时间，以免得出错误的结果。可按下列方法判明是否有折射波的影响：

(1)计算出由振源到第一接收孔的波速值：

$$v_{P1} = S_1/T_{P1} \quad (7)$$

$$v_{S1} = S_1/T_{S1} \quad (8)$$

(2)计算出由振源到第二接收孔的波速值：

$$v_{P2} = S_2/T_{P2} \quad (9)$$

$$v_{S2} = S_2/T_{S2} \quad (10)$$

(3)计算出两接收孔之间的波速值：

$$v_{P12} = \Delta S/(T_{P2} - T_{P1}) \quad (11)$$

$$v_{S12} = \Delta S/(T_{S2} - T_{S1}) \quad (12)$$

在考虑到触发器延迟及套管等可能的影响因素后，如果波速值基本一致，可初步认为无折射影响。

(4)参考条文说明表 1，并利用直达波，一层折射、二层折射的时距曲线公式进行计算，以判明在各层(尤其是低速层)中，传感器所接收到的地震波的初至时间是否为直达波的到达时间。

(5)对有怀疑的地层做补充测试工作，例如：变化测试深度，变化振源孔的位置，单独变化振源或传感器的上下位置等，判明是否有折射现象存在。

7.3　面波法

Ⅰ　设备和仪器

7.3.1 瞬态法设备轻便，应用比较广泛，理论研究也较深入，但空间分辨率相对较低；而稳态法空间分辨率高，但要求振源能量大，激振频率低，目前应用相对较少，但作为一种测试方法，这种方法也成功地应用于许多复杂工程，起到了瞬态法不可替代的作用。因此这两种方法可互为补充，应根据具体的工作要求、工作条件选用。

面波测试时，可以根据探测深度的要求来改善激振的条件：勘探深度较浅时，振源应激发高频地震波；勘探深度较深时，振源应激发低频地震波。同时，对于同种振源方式，改变激振点条件和垫板也可以改变激发的地震波频率。根据部分地区经验，振源的选择宜根据现场的探测深度要求和现场环境确定：探测深度 0～15m，宜选择大锤激振；0～30m 选择自由落锤激振；0～50m 以上选择炸药振源，在无法使用炸药的场地可以加大落锤的重量或提高落锤的高度以加大探测深度。

瞬态法的振源激发应根据测试深度和场地条件综合确定，以保证测试所需的频率和足够的激振能量。使用锤击或夯击振源一般应铺设专用垫板。专用垫板硬度较大时，有利于激发高频波(深度小)；专用垫板较软则有利于激发低频波(深度大)。同时，也可通过调整锤击或夯击能量的方式调整测试深度。

7.3.2 本条是面波法测试时所用到的仪器设备的基本要求。这些仪器设备主要包括面波仪和选用的检波器。对于岩土工程勘察，仪器放大器的通频带低频端不宜高于 0.5Hz，高频端不宜低于 4000Hz。接收低频信号选择具有较低固有频率的检波器，接收高频信号要选择具有较高固有频率的检波器。一般宜不大于 4Hz。

Ⅱ 测试方法

7.3.3 本条规定了稳态面波法数据采集时检波点距、采样间隔等关键参数选取时应当遵循的要求和方法。测试可以分为单端或双端激振法。当场地条件较简单时，可采用单端激振法，当场地条件复杂时可采用双端激振法。排列移动方式的选择应保证目的层的连续追踪。

影响多道瑞利波测试质量的因素很多，除了仪器、振源等本身的情况外，采集参数(空间采样点数、时间采样点数、检波器排列长度、偏移距、振源与检波器排列组合等)的合理设计是关键。

(1)偏移距：偏移距是影响瑞利波形成以及分离高阶模成分的重要因素，在设计偏移距时应充分考虑场地工作范围、振源能量和激发频带、最大和最小测试深度，道间距和测线排列长度等综合因素。偏移距的设计一般为 0.3 倍~2.0 倍最大测试波长，推荐为不小于 0.5 倍大波长为最好，相当于检波器排列长度，当重点测试浅层地层时可适当减小至小于 0.3 倍~0.5 倍测线长度。当缺乏经验时，应在现场通过试验确定。

(2)空间采样率(即道间距)、采样点数(即检波器道数)和检波器排列长度共同控制了瑞利波测试的最小和最有效深度，在实际测试中应根据测试目标的深度和规模综合设计采样点数、采样率，保证获得能够有效反映地层剖面结构的瑞利波形信息。

7.3.4 面波靠近钻孔，可将测试结果和钻孔资料进行对比分析。

Ⅲ 数据处理

7.3.5 瑞利波频散曲线的工程解译和应用中，频散曲线的"之"字形特征是重要的分层和解释依据，很多研究成果表明，频散曲线上的"之"字形异常反映了地下弹性接口的分界面，速度曲线突变的深度往往对应介质的接口深度，故一般可以作为划分地质接口的依据。但目前的研究尚未能给出其确切的成因和意义，它不仅与介质的结构变化有关，也与瑞利波的多阶模成分的相互干扰有关，与频散曲线提取原则具有密切关系，并不是所有的"之"字形拐点都可以作为工程解译的依据，因此本条规定应注意正确解译。

根据瑞利波采集数据进行瑞利波信号提纯和频散曲线提取是瑞利波测试中最重要的工作之一。目前关于提取频散曲线的方法主要有频率—波数谱($f-k$)变换法、慢度—频率($\tau-f$)变换法、互相关、表面波谱分析方法、扩充 Prony 方法等。其中 $f-k$ 法能够较为可靠地分离各阶瑞利波成分，是目前比较成熟的数据处理方法，因此本规范推荐采用这种方法。

在进行面波探测成果解释时，明确提出应与钻孔或其他数据相结合。

7.4 弯曲元法

Ⅰ 设备和仪器

7.4.1 弯曲元的核心是两片压电陶瓷片，一个作为激发元，一个作为接收元，它们能够实现机械能(振动波)与电能(电信号)之间的相互转化。其中激发元和接收元由两片压电陶瓷片(PZT)与中心金属加劲层叠合组成。

7.4.2 在现场试验中可以使用便携式弯曲元设备。

Ⅱ 测试方法

7.4.3 应当将弯曲元一次性完全插入土中，以保证与土体良好接触；对粗颗粒土，应当注意弯曲元的保护，尽量避免弯曲元与有尖

角等突起的颗粒直接接触。

7.4.4 弯曲元的波形一般为简谐波，也有三角波、方波等特殊波；频率为决定输出波形是否清晰的主要因素，应该先粗调后微调，以保证输出波形足够清晰。

测试时宜进行三次激振，平行试验的测试结果极差不超过平均值的 10% 时，取平均值。应当对测试结果进行检测，查找原因，重新测试。

Ⅲ 数据处理

7.4.5 在弯曲元试验中，主要有两种确定传播时间的方法，包括直达判别法(通过起始点、波峰或者零交叉点等特殊点判别的方法)与数学相互关系分析法。其中，数学相互关系分析法最为精确，但是操作繁琐，因此本规范建议使用时域初达波法进行判定。

8 循环荷载板测试

8.1 一般规定

循环荷载板测试是将一个刚性压板置于地基表面，在压板上反复进行加荷、卸荷试验，量测各级荷载作用下的变形和回弹量，绘制应力-地基变形滞回曲线，根据每级荷载卸荷时的回弹变形量，确定相应的弹性变形值 S_e 和地基抗压刚度系数。

8.1.1 在进行测试时，应尽可能将试验点布置在实际基础的位置和标高处。

8.2 设备和仪器

8.2.1 测试设备与静力荷载设备相同，有铁架载荷台、油压载荷试验设备，加荷可采用液压稳压装置，或在载荷台上直接加重物。

8.2.2 测试前应考虑设备能承受的最大荷载，同时要考虑反力或重物荷载，设备的承受荷载能力应大于试验最大荷载的 1.5 倍。

8.2.3 采用千斤顶加荷时，其反力可由重物、地锚、坑壁斜撑等提供。可根据现场土层性质、试验深度等具体条件按表 2 选用加荷方法。

表 2 各种加荷方法的适用条件

类型	适用条件
堆载式	设备简单，土质条件不限，试验深度范围大，所需重物较多
撑壁式	设备轻便，试验深度宜在 2m~4m，土质稳定
平洞式	设备简单，要有 3m 以上陡坡，洞顶土层厚度大于 2m，且稳定
锚杆式	设备复杂，需下地锚，表土要有一定锚着力

8.2.4 观测变形值可采用 10mm~30mm 行程的百分表，其量程较大，在试验中不需要经常调表，可减少观测误差，提高测试精度。有条件时，也可采用电测位移传感器观测。

8.3 测试前的准备工作

8.3.1 测试资料表明，在一定条件下，地基土的变形量与荷载板宽度成正比关系，当压板宽度增加(或减少)到一定限度时，变形不再增加(或减小)，趋于一定值。对荷载板大小的选择，各国也不相同，美、英、日国家，偏重使用小压板，原苏联等国家一般规定用 0.5m² ，亦有用 0.25m²(硬土)。我国多采用 0.25m²~0.5m²。

8.3.2 鉴于地基的弹性变形、弹性模量和地基抗压刚度系数与地基土性质有关，如果承压板下面的土与拟建基础下的土性质不同，则由试验资料计算的参数不能用于设计基础，因此承压板的位置应选择在设计基础附近相同土层上。

8.3.3 试坑底面宽度应大于承压板直径的 3 倍，根据研究结果表明：在砂层中，不论压板放在砂的表面，还是放在砂土中一定深度处，在同一水平面上，最大变形范围均发生在 0.7 倍~1.75 倍承

压板直径范围，超过压板直径 3 倍以上，土的变形就极微小了。另外一些试验资料表明，坑壁的影响随离开压板的距离增加而迅速减小，当压板底面宽度和试坑宽度之比接近 1:3 时，这样影响就很小，可以忽略不计。

8.3.4 为了防止加载偏心，千斤顶合力中心应与承压板的中心点重合，并保证力的方向和承压板平面垂直。

8.4 测试方法

8.4.5 测试时，先在某一荷载下（土自重压力或设计压力）加载，使压板下沉稳定（稳定标准为连续 2h 内，每小时变形量不超过 0.1mm）后，再继续施加循环荷载，其值按条文中的表 8.4.2 选取，也可按土的比例界限值的 1/10～1/12 考虑选取，观测相应的变形值。每次加荷、卸荷要求在 10min 内完成（即加荷观测 5min，卸荷回弹观测 5min）。

单荷级循环法：选择一个荷级，以等速加荷、卸荷，反复进行，直至达到弹性变形接近常数为止，一般黏性土为 6 次～8 次，砂性土为 4 次～6 次。

多荷级循环法：选择 3 个～4 个荷级，每一荷级反复进行加荷、卸荷 5 次～8 次，直到弹性变形为一定值后进行第 2 个荷级试验，依次类推，直至加完预定的荷级。

变形稳定标准：考虑到土并非纯弹性体，在同一荷载作用下，不同回次的弹性变形量是不相同的。前后两个回次弹性变形差值小于 0.05mm 时，可作为稳定的标准，并取最后一次弹性变形值。

8.5 数据处理

8.5.1 试验数据经计算、整理后，绘制 P_L-t、$S-t$、$S-P_L$、S_e-P_L 关系曲线图，可分开绘制，也可合起来绘制。

8.5.2 加荷后，地基土产生变形，即包含了弹、塑性变形，称之为总变形；而卸荷回弹变形，可认为是弹性变形值。

8.5.4 地基弹性模量可按弹性理论公式进行计算，关键是要准确测定地基土的弹性变形值。对于地基的泊松比值，可以进行实测，也可按表 3 数值选取。密实的土宜选低值，稍密或松散的土宜选高值。

表 3 各类土的泊松比值

地基土的名称	卵石	砂土	粉土	粉质黏土	黏土
μ	0.2～0.25	0.30～0.35	0.35～0.40	0.40～0.45	0.45～0.50

8.5.5 地基刚度系数是根据循环荷载板试验确定的弹性变形值与应力的比值求得。该方法简单直观，比较符合地基土的实际状况。

9 振动三轴测试

9.1 一般规定

土质地基、边坡以工程建（构）筑物在地震和其他动荷载作用下的动力反应分析和安全评估，需要有土的动变形和强度性质参数。在实验室内测试地基土动力性质的方法有很多种，包括动三轴、动单剪、动扭剪、共振柱和超声波速测试等方法，各有优缺点。目前，国内外在工程实际中应用最广的是本章的振动三轴测试和第 10 章的共振柱测试这两种方法。

9.1.1 土的动力特性参数的确定则取决于所选用的力学模型。在循环作用应力下，土的力学模型很多，但当前较成熟且在国内外工程界应用最广的是等效粘弹体模型，本章以这一模型为理论基础来测定土的动剪切模量、动弹性模量和阻尼比。另外，动三轴试验还可用于测定土的动强度（含饱和砂土的抗液化强度）和动孔隙水压力。

9.1.2 动三轴试验不但可用来对常用力学模型测定土的动力特性参数以供工程设计分析之用，而且还可以根据科学研究探索的需要，对土样的初始应力状态、排水条件和激振方式等按特殊的要求进行试验。本条款涉及的测试报告内容，主要是针对前者而规定的。

9.2 设备和仪器

9.2.1 按驱动方式划分，动三轴仪包括电磁式、液压式、气压式和惯性式。测试中所选用的动三轴仪应满足有关仪器设备和基于测试目的的所需激振能力的基本要求。

9.2.2 激振方式及其特性对土的动力特性影响较大。为更好地反映土的动力特性，振动三轴测试的主机动力加载系统，宜具有按给定任意数字信号波形进行激振的能力。

9.2.3 振动三轴测试的主机动力加载系统，在以正弦波形式激振时，实际波形应对称，且其拉、压两个半周的幅值和持时的相对偏差均不宜大于 10%。

9.2.4 振动三轴仪能够实测的应变幅范围一般为 10^{-4}～10^{-2}，精度高的能测至 10^{-5} 的低应变幅。由于土的应力-应变关系具有强烈的非线性特点，因而要求在工程应用对象动力反应分析所需要的应变幅范围内，通过适当的实验设备实测土的动模量、阻尼比或动强度、动孔压。当需要测试更宽应变范围土的动参数时，应与共振柱试验等进行联合测试。振动三轴仪实测的应变幅范围的上限值，应能满足达到土的动强度所对应的破坏标准的要求。

9.3 测试方法

9.3.3 现行国家标准《土工试验方法标准》GB/T 50123 提出了 3 种饱和土试样的方法，即抽气饱和、水头饱和与反压力饱和。当采用抽气饱和时，该标准要求饱和度不低于 95%；当采用反压力饱和时，该标准认为，孔隙水压力增量与围压增量之比大于 0.98 时试样达到饱和。在室内测试饱和砂土、粉土的动力特性时，试样必须充分饱和，以避免少量含气对其试验结果产生明显的影响。但考虑到饱和黏性土试验饱和时间偏长以及对试验结果的影响相对较小，本条款对其在周围压力作用下的孔隙水压力系数要求放松到不应小于 0.95。

9.3.4 试验的固结应力条件，包括初始剪应力比与固结应力的选用，应使试验结果能满足所试验土样在地基或边坡土中受力范围的要求。对试样个数的规定，主要是为了对测试结果进行统计分析和总结规律的需要。

9.3.5 在试样完成静力固结后，应测量试样的排水量和长度变化，并由此计算振动试验前试样的干密度和试样长度，后者是计算动轴向应变的一个依据。

9.3.6、9.3.7 如果在一个试样上施加多级动应变或动应力以测定动模量和阻尼比随应变幅的变化，可以节省试验工作量，对于原状土还可节省取样数量和解决土性不均匀问题。但是，这样做有可能因预振造成孔隙水压力升高而影响后面几级的试验结果。为减少预振影响，应尽量缩短在每级动应变或动应力下的测试时间，规定了动应力的作用振次不宜大于 5 次，且宜少不宜多。至于对同一试样上允许施加动应变或动应力的级数，因具体情况多变，难以作出统一的合理规定，条文只提出了控制原则。

9.3.8 在未配备振动扭剪仪和振动单剪仪的实验室，只能用振动三轴仪实测动弹性模量。因此，本条允许在动剪切模量与动弹性模量之间相互换算，同时亦允许在剪应变幅与轴向应变幅之间相互换算。

9.3.9 在较大的变化范围来看，振动频率对土的动强度、动孔压和抗液化强度是有一定影响的。以往动三轴试验主要用于测试土受地震动作用的特性，大多实验室配备的动三轴仪的可测振动频率较低，由此总结出土的动力特性受振动频率影响的规律，是否适用于解决高铁、地铁运行振动和其他工业设备运行等产生的高频振动问题,需要研发高频土动三轴仪进行试验研究予以论证。

9.3.11 对于确定动强度的破坏标准,可在动应变幅 2.5×10^{-2} ~ 10.0×10^{-2} 范围内选定,其中对重要工程取较小的数值。如果在开始做某一工程地基的测试工作时,尚未能对破坏标准做出明确选择,则可根据地基土的性质、工程运行条件或荷载的性质以及工程的重要性,选用 1 种~2 种甚至 3 种破坏标准进行试验并整理成果,供进行设计分析时选用。

9.3.12 在振动三轴试验过程中,目前普遍采用的是单向正弦波形式的循环应力,而实际工程中有些重要的动荷载(如地震作用)具有很强的随机性和多频率成分。这样,在室内测试土的动强度时就有了等效循环应力和等效破坏振次的概念。如果实际工程中的动荷载也是正弦波,则等效破坏振次就是实际动荷载的循环作用次数。对于地震作用,目前普遍采用的等效破坏振次与地震级相关,如表 4 所示,可供进行土的动强度试验时参考。与表中所列等效破坏振次相对应的正弦波的等效循环剪应力幅,是地震作用产生的最大动剪应力的 65%。

表 4　地震作用的等效破坏振次和参考持续时间

地震震级 M	6.0	6.5	7.0	7.5	8.0
等效破坏振次 N_{eq}	5	8	12	15~20	26~30
持续时间(s)	8	14	20	40	60

9.4　数 据 处 理

9.4.2 在动三轴仪上测试土样的动弹性模量和阻尼比,对所测得的数据进行处理分析时,均以土的力学模型是理想粘弹体模型为基础,同时考虑土的动模量与阻尼都随应变而变化以反映土的应力-应变关系的非线性特征。

9.4.7 根据基本概念和计算简图,本条款中的动内摩擦角 φ_d 是总应力抗剪强度的一个指标。而由试验结果,土的动内摩擦角与静内摩擦角相差较小,可参照静三轴试验结果取值。

9.4.11 在动三轴仪上测试土的动强度或抗液化强度,是目前国内外应用最广的一种方法。根据动三轴仪中试样的受力条件,用潜在破坏面上的应力状态整理其总应力抗剪强度指标,在概念上较合理,实际应用也较广。因此,本章建议采用这一方法。另外,本规范条文中式(9.4.7-3)适用于 $\alpha_0 \geqslant 0.15$,式(9.4.8)适用于 $\alpha_0 = 0$;当 $0.15 > \alpha_0 > 0$ 时,可用线性插入法取值。

9.4.12 有效应力法分析土体动力反应和抗震稳定,已是一种发展趋势,如现行国家标准《构筑物抗震设计规范》GB 50191 中要求在对尾矿坝进行地震稳定分析时考虑地震引起的孔隙水压力。因此,本章列入了饱和土动孔隙水压力测试。

10　共振柱测试

10.1　一 般 规 定

共振柱测试是根据线性粘弹体模型由实测数据来计算土的动弹模和阻尼比的,因此要求黏性土、粉土土和砂土试样在试验中承受的应变幅一般不超过 10^{-4}。

10.1.1 由于各自测试应变幅范围的限制,往往需要将共振柱测试和振动三轴测试的结果进行综合,才能获得较为完整的动剪切模量比、阻尼比与剪应变幅的关系曲线,或动弹性模量比、阻尼比对轴应变幅的关系曲线。

10.2　设 备 和 仪 器

10.2.1 扭转向激振与纵向激振的激振端压板系统,无弹簧-阻尼器与有弹簧-阻尼器的各种类型共振柱仪都可以采用,但须各自进行有关参数的率定。

10.2.3 共振柱仪能够实测的应变幅范围一般不超过 10^{-4},当需要测定更大应变范围内土的等效粘弹性模型中的动弹模和阻尼比时,可与动三轴试验进行联合测试。

10.3　测 试 方 法

10.3.5 如果在一个试样上施加多级动应变或动应力以测定动模量和阻尼比随应变幅的变化,可以节省试验工作量,对于原状土还可节省取样数量和解决土性不均匀问题。但是,这样做有可能因预振造成孔隙水压力升高而影响后面几级的试验结果。为减少预振影响,应尽量缩短在每级动应变或动应力下的测试时间,这就要求共振柱仪操作人员必须有一定的熟练程度。至于对同一试样上允许施加动应变或动应力的级数,因具体情况多变,难以作出统一的合理规定,本条文只对试验在测试中出现的孔压和最大应变提出了控制原则。

10.4　数 据 处 理

10.4.3 在激振力幅一定的条件下,测得试样系统扭转振动的幅频曲线如图 5 所示,由其峰点确定共振频率 f_1。第 10.4.6 中的 f_1 确定方法与此类似。

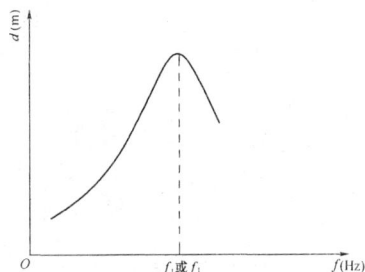

图 5　试样系统稳态强迫振动幅频曲线

10.4.5 在自由振动条件下,测得试样系统扭转振动随时间的变化曲线如图 6 所示。按线性粘弹体模型,若将横轴(时间)采用对数坐标,则其峰点可拟合成一条直线,其斜率便称为试样系统扭转自由振动的对数衰减率 δ_1。当采用式(10.4.5-2)时,宜采用多个 n 值计算,并将其平均值作为要求的对数衰减率。第 10.4.8 中的 δ_1 确定方法与此类似。

10.4.10 整理最大动剪切模量或最大动弹性模量与有效应力的关系时,早期都采用了八面体平均应力。近些年来,已有较多的工作证明,最大动剪切模量只与在质点振动和振动传播两个方向上作用的主应力有关,而几乎不受作用在垂直振动平面上的主应力影响。动三轴仪中试样受轴对称应力,是二维问题;而大量的动力反应分析工作也是二维分析。因此,本章规定,对二维与三维条件,可分别采用本条文中符号说明的方法计算平均固结应力。在整理最大动模量与平均固结应力之间关系的经验公式(10.4.10-1)和(10.4.10-2)中,都引入了大气压力项,以使系数 C_1、C_2 成为无量纲的反映土性质的系数。

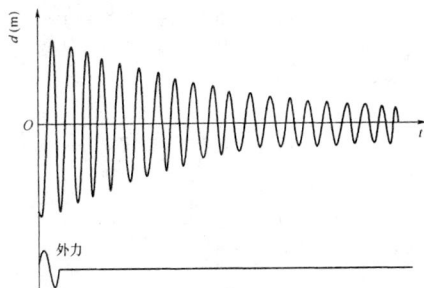

图 6　试样系统自由振动信号

11 空心圆柱动扭剪测试

11.1 一般规定

由于天然土体往往存在各向异性，不同方向上土体的力学性状和参数不同，动三轴仪难以进行土体各向异性的研究，而空心圆柱动扭剪仪则是研究土体各向异性的非常实用的仪器。

空心圆柱仪能够独立控制轴力 W，扭矩 M_T，内压 p_i 与外压 p_o，从而对圆筒状土体单元施加一组独立的应力分量，即单元体轴向应力 σ_d、环向应力 σ_θ、径向应力 σ_r 以及垂直于径向平面的剪应力 $\tau_{z\theta}$，恰与研究平面主应力轴旋转时所需的大、中、小主应力以及大主应力旋转角四个独立变量形成映射关系(图7)，从而达到模拟复杂应力路径的要求。

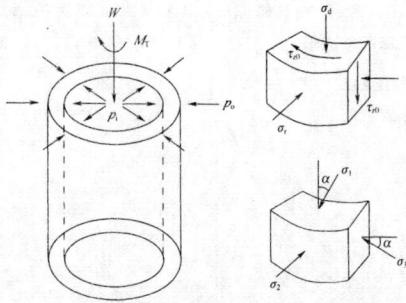

图 7 空心圆柱扭剪原理图

与常规三轴试验相比，空心扭剪试验具有以下优点：试样为空心薄壁，应力应变分布更均匀；试验过程中可以实现主应力轴连续旋转；可以任意控制中主应力 σ_2 的大小；可以实现非三轴复杂应力路径试验。

11.1.1 在以往的地震反应分析中，认为地震作用以水平剪切为主，故简化为单向激振循环荷载条件采用动三轴仪测试来模拟地震运动。然而在近场地震作用下，竖向地震力的作用也是不容忽视的，在这种情况下，采用动扭剪测试实现偏应力与剪应力耦合的荷载作用方式来模拟地震作用更符合实际情况。

主应力方向旋转变化是波浪、交通荷载作用下地基土体所受应力路径的主要特征，其对土体的影响与主应力定向剪切应力路径有着显著区别。动三轴仪只能控制围压和轴向偏应力两个变量，无法模拟主应力轴方向旋转变化，而空心圆柱仪则是模拟主应力轴方向旋转变化的最有效的试验仪器。

11.2 设备和仪器

11.2.1 测试设备由压力室、轴向和旋转双驱动设备、内(外)周围压力系统、反压力系统、孔隙水压力量测系统、轴向和扭转变形量测系统和体积变化量测系统等组成。测试设备中的加压和量测系统均没有规定采用何种方式，因为空心圆柱仪在不断改进，只要设备符合试验要求均可采用。

空心圆柱扭剪系统的核心部分是加载和测量系统，这两部分的精度决定了空心圆柱扭剪系统的性能，而信号控制与转换系统为数据的输出和采集提供了基础。

11.2.3 应力路径对土的动力特性影响较大。实际工程中，土体所受动力荷载的形式是复杂多变的，仅通过于施加常规的正弦波或三角形波难以模拟真实的应力路径。空心圆柱仪的主机动力加载系统，应具有按给定任意数字信号波形进行激振的能力。

11.2.4 为了减小曲率效应和端部效应对试验结果的影响，试样的几何尺寸应满足第11.2.4条的规定，以保证试验结果的合理性。

11.2.5 空心圆柱仪能够实测的应变范围与振动三轴仪相近，一般为 $10^{-4} \sim 10^{-2}$。

11.3 测试方法

11.3.2 原状试样制备过程中，应先对土样进行描述，了解土样的均匀程度、含杂质等情况后，才能保证物理性试验的试样和力学性试验所选用的一样，避免产生试验结果相互矛盾的现象。

现有的内芯切取法主要有机械式和电渗式两种。机械式适用于强度较高的黏性土，利用7个直径不同的钻刀，从小到大依次对试样进行取芯，通过渐进式地修正达到设计空心内径的要求。电渗法适用于含水量高达 $80\% \sim 100\%$ 的软土，对试样施加直流电源正负两极，利用电势降使试样中的水从正极流向负极，产生润滑作用，把一根由探针引导穿过试样正中的电线连上负极，利用张紧的电线切割内壁，如此内芯与试样孔壁在润滑作用下较易分离，对试样的扰动也很小。

11.3.6 针对不同的工程对象，动力试验中应选用相应的真实应力路径。试验中通过控制轴力和扭矩的加载波形，即可得到不同的应力路径。对经受地震、波浪和交通等动力作用的工程土体在 $\tau_{z\theta} - (\sigma_z - \sigma_\theta)$ 平面上的应力路径分别如图8-(a)、8-(b)、8-(c)所示。

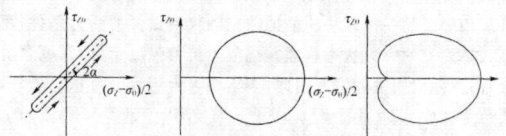

(a)地震作用应力路径 (b)波浪作用应力路径 (c)交通作用应力路径

图 8 地震、波浪、交通作用应力路径

11.4 数据处理

11.4.6 由于空心圆柱扭剪仪既可以像动三轴仪一样测量试样的轴向动应力-动应变，又可以同时测量试样的剪切动应力-动应变，因此空心圆柱扭剪仪可同时求得试样的动弹性模量和动剪切模量。

11.4.7 动三轴仪只能独立控制轴向偏应力和围压两个加载参数，定义强度比时动应力仅为轴向偏应力，即最大主应力与最小主应力之差，不能考虑中主应力的影响。空心圆柱仪能够独立控制轴力 W，扭矩 M_T，内压 p_i 与外压 p_o，可以对立控制三个大主应力的大小和方向。因此，采用空心圆柱仪定义的强度比考虑了中主应力的影响，更加符合工程实际受力状态，其取值也更为准确。

中华人民共和国国家标准

城市轨道交通工程监测技术规范

Code for monitoring measurement of urban rail transit engineering

GB 50911—2013

主编部门：中华人民共和国住房和城乡建设部
批准部门：中华人民共和国住房和城乡建设部
施行日期：2 0 1 4 年 5 月 1 日

中华人民共和国住房和城乡建设部
公 告

第 141 号

住房城乡建设部关于发布国家标准
《城市轨道交通工程监测技术规范》的公告

现批准《城市轨道交通工程监测技术规范》为国家标准，编号为 GB 50911-2013，自 2014 年 5 月 1 日起实施。其中，第 3.1.1、9.1.1、9.1.5 条为强制性条文，必须严格执行。

本规范由我部标准定额研究所组织中国建筑工业出版社出版发行。

中华人民共和国住房和城乡建设部

2013 年 9 月 6 日

前　　言

根据住房和城乡建设部《关于印发〈2010 年工程建设标准规范制订、修订计划〉的通知》（建标〔2010〕43 号）的要求，规范编制组经广泛调查研究，认真总结实践经验，参考有关国际标准和国外先进标准，并在广泛征求意见的基础上，编制本规范。

本规范的主要技术内容是：1. 总则；2. 术语和符号；3. 基本规定；4. 监测项目及要求；5. 支护结构和周围岩土体监测点布设；6. 周边环境监测点布设；7. 监测方法及技术要求；8. 监测频率；9. 监测项目控制值和预警；10. 线路结构变形监测；11. 监测成果及信息反馈。

本规范以黑体字标志的条文为强制性条文，必须严格执行。

本规范由住房和城乡建设部负责管理和对强制性条文的解释，由北京城建勘测设计研究院有限责任公司负责具体技术内容的解释。执行过程中如有意见和建议，请寄送北京城建勘测设计研究院有限责任公司《城市轨道交通工程监测技术规范》编制组（地址：北京市朝阳区安慧里五区六号；邮编：100101）。

本 规 范 主 编 单 位：北京城建勘测设计研究院有限责任公司

本 规 范 参 编 单 位：北京市轨道交通建设管理有限公司

北京城建设计研究总院有限责任公司

北京安捷工程咨询有限公司

国网电力科学研究院

上海岩土工程勘察设计研究院有限公司

广州地铁设计研究院有限公司

北京城建集团有限责任公司

北京市政建设集团有限责任公司

天津市地下铁道集团有限公司

北京城市快轨建设管理有限公司

中铁隧道集团技术中心

北京交通大学

本规范主要起草人员：金　淮　张建全　徐祯祥
张成满　贺少辉　刘　军
吕培印　张晓沪　鲁卫东
林志元　刘观标　孙河川
罗富荣　焦　莹　张晋勋
马雪梅　黄伏莲　马海志
彭友君　李治国　任　干
褚伟洪　胡　波　吴锋波

本规范主要审查人员：贺长俊　沈小克　刘俊岩
徐张建　杨秀仁　曹伍富
刘永中　潘国荣　万姜林

目　　次

Contents

1 总　则

1.0.1 为规范城市轨道交通工程监测工作，做到技术先进、经济合理、成果可靠，保证工程结构和周边环境的安全，制定本规范。

1.0.2 本规范适用于城市轨道交通新建、改建、扩建工程及工程运行维护的监测工作。

1.0.3 城市轨道交通工程监测应编制合理的监测方案，精心组织和实施监测，为动态设计、信息化施工和安全运营及时提供准确、可靠的监测成果。

1.0.4 城市轨道交通工程监测，除应符合本规范外，尚应符合国家现行有关标准的规定。

2　术语和符号

2.1　术　语

2.1.1 监测　monitoring measurement

采用仪器量测、现场巡查或远程视频监控等手段和方法，长期、连续地采集和收集反映工程施工、运营线路结构以及周边环境对象的安全状态、变化特征及其发展趋势的信息，并进行分析、反馈的活动。

2.1.2 周边环境　around environment

城市轨道交通工程施工影响范围内的既有轨道交通设施、建（构）筑物、地下管线、桥梁、高速公路、道路、河流、湖泊等环境对象的统称。

2.1.3 支护结构　supporting structure

基坑支护结构和隧道支护结构的统称。基坑支护结构是指为保证基坑开挖、地下结构施工和周边环境的安全，对基坑侧壁进行临时支挡、加固使基坑侧壁岩土体基本稳定的结构，包括支护桩（墙）和支撑（或锚杆）等结构；隧道支护结构是指隧道开挖过程中及时施作的能够使围岩基本稳定的结构，包括超前支护、临时支护、初期支护和二次衬砌等结构。

2.1.4 周围岩土体　surrounding rock and soil

城市轨道交通基坑、隧道工程施工影响范围内的岩体、土体、地下水等工程地质和水文地质条件的统称。

2.1.5 工程影响分区　influenced zone due to construction

根据周围岩土体和周边环境受工程施工影响程度的大小而进行的区域划分。

2.1.6 风险　risk

不利事件或事故发生的概率（频率）及其损失的组合。

2.1.7 工程监测等级　monitoring measurement grade

根据基坑、隧道工程自身、周边环境和地质条件等的风险大小，对工程监测进行的等级划分。

2.1.8 变形监测　deformation monitoring

对周边环境、支护结构和周围岩土体等监测对象的竖向、水平、倾斜等变化所进行的量测工作。

2.1.9 力学监测　mechanical monitoring

对周边环境、支护结构和周围岩土体等监测对象所承受的拉力、压力及变化等所进行的量测工作。

2.1.10 明挖法　cut and cover method

由地面开挖岩土修筑基坑的施工方法。

2.1.11 盖挖法　cover and cut method

由地面开挖岩土修筑结构顶板及其竖向支撑结构，然后在顶板下面开挖岩土修筑结构的施工方法，包括盖挖顺筑法和盖挖逆筑法。

2.1.12 盾构法　shield method

在岩土体内采用盾构开挖岩土修筑隧道的施工方法。

2.1.13 矿山法　mining method

在岩土体内采用人工、机械或钻眼爆破等开挖岩土修筑隧道的施工方法。

2.1.14 监测点　observation point

直接或间接设置在监测对象上，并能反映监测对象力学或变形特征的观测点。

2.1.15 监测项目控制值　controlled value for monitoring

为满足工程支护结构安全及环境保护要求，控制监测对象的状态变化，针对各监测项目的监测数据变化量所设定的受力或变形的设计允许值的限值。

2.2　符　号

B——矿山法隧道或导洞开挖宽度；

D——盾构法隧道开挖直径；

D'——水平位移累计变化量控制值；

f——构件的承载能力设计值；

f_y——支撑、锚杆的预应力设计值；

H——基坑设计深度；

i——隧道地表沉降曲线 Peck 计算公式中的沉降槽宽度系数；水准仪视准轴与水准管轴的夹角；

l——相邻基础的中心距离；

L——开挖面至监测点或监测断面的水平距离；

L_g——地下管线管节长度；

L_s——沿隧道轴向两监测点间距；

L_t——沿铁路走向两监测点间距；

S——竖向位移累计变化量控制值；

φ——内摩擦角；

v_d——水平位移变化速率控制值；

v_s——竖向位移变化速率控制值。

3 基本规定

3.1 基本要求

3.1.1 城市轨道交通地下工程应在施工阶段对支护结构、周围岩土体及周边环境进行监测。

3.1.2 地下工程施工期间的工程监测应为验证设计、施工及环境保护等方案的安全性和合理性，优化设计和施工参数，分析和预测工程结构和周边环境的安全状态及其发展趋势，实施信息化施工等提供资料。

3.1.3 工程监测应遵循下列工作流程：

1 收集、分析相关资料，现场踏勘；

2 编制和审查监测方案；

3 埋设、验收与保护监测基准点和监测点；

4 校验仪器设备，标定元器件，测定监测点初始值；

5 采集监测信息；

6 处理和分析监测信息；

7 提交监测日报、警情快报、阶段性监测报告等；

8 监测工作结束后，提交监测工作总结报告及相应的成果资料。

3.1.4 工程监测方案编制前应收集并分析水文气象资料、岩土工程勘察报告、周边环境调查报告、安全风险评估报告、设计文件及施工方案等相关资料，并进行现场踏勘。

3.1.5 工程监测方案应根据工程的施工特点，在分析研究工程风险及影响工程安全的关键部位和关键工序的基础上，有针对性地进行编制。监测方案宜包括下列内容：

1 工程概况；

2 建设场地地质条件、周边环境条件及工程风险特点；

3 监测目的和依据；

4 监测范围和工程监测等级；

5 监测对象及项目；

6 基准点、监测点的布设方法与保护要求，监测点布置图；

7 监测方法和精度；

8 监测频率；

9 监测控制值、预警等级、预警标准及异常情况下的监测措施；

10 监测信息的采集、分析和处理要求；

11 监测信息反馈制度；

12 监测仪器设备、元器件及人员的配备；

13 质量管理、安全管理及其他管理制度。

3.1.6 监测点的布设位置和数量应满足反映工程结构和周边环境安全状态的要求。

3.1.7 监测点的埋设位置应便于观测，不应影响和妨碍监测对象的正常受力和使用。监测点应埋设稳固，标识清晰，并应采取有效的保护措施。

3.1.8 现场监测应采用仪器量测、现场巡查、远程视频等多种手段相结合的综合方法进行信息采集。对穿越既有轨道交通、重要建（构）筑物等安全风险较大的周边环境，宜采用远程自动化实时监测。

3.1.9 监测信息采集的频率和监测周期应根据设计要求、施工方法、施工进度、监测对象特点、地质条件和周边环境条件综合确定，并应满足反映监测对象变化过程的要求。

3.1.10 监测信息应及时进行处理、分析和反馈，发现影响工程及周边环境安全的异常情况时，必须立即报告。

3.1.11 当工程遇到下列情况时，应编制专项监测方案：

1 穿越或邻近既有轨道交通设施；

2 穿越重要的建（构）筑物、高速公路、桥梁、机场跑道等；

3 穿越河流、湖泊等地表水体；

4 穿越岩溶、断裂带、地裂缝等不良地质条件；

5 采用新工艺、新工法或其他特殊要求。

3.1.12 突发风险事件时的应急抢险监测应在原有监测工作的基础上有针对性地加密监测点、提高监测频率或增加监测项目，并宜进行远程自动化实时监测。

3.1.13 城市轨道交通应在运营期间对线路中的隧道、高架桥梁和路基结构及重要附属结构等的变形进行监测。

3.2 工程影响分区及监测范围

3.2.1 工程影响分区应根据基坑、隧道工程施工对周围岩土体扰动和周边环境影响的程度及范围划分，可分为主要、次要和可能等三个工程影响分区。

3.2.2 基坑工程影响分区宜按表 3.2.2 的规定进行划分。

表 3.2.2 基坑工程影响分区

基坑工程影响区	范 围
主要影响区（Ⅰ）	基坑周边 0.7H 或 $H \cdot \tan (45° - \varphi/2)$ 范围内
次要影响区（Ⅱ）	基坑周边 0.7H～(2.0～3.0)H 或 $H \cdot \tan(45° - \varphi/2)$～(2.0～3.0)H 范围内
可能影响区（Ⅲ）	基坑周边 (2.0～3.0) H 范围外

注：1 H——基坑设计深度（m），φ——岩土体内摩擦角（°）；

2 基坑开挖范围内存在基岩时，H 可为覆盖土层和基岩强风化层厚度之和；

3 工程影响分区的划分界线取表中 0.7H 或 $H \cdot \tan (45° - \varphi/2)$ 的较大值。

3.2.3 土质隧道工程影响分区宜按表 3.2.3 的规定进行划分。隧道穿越基岩时，应根据覆盖土层特征、岩石坚硬程度、风化程度及岩体结构与构造等地质条件，综合确定工程影响分区界线。

表 3.2.3　土质隧道工程影响分区

隧道工程影响区	范　围
主要影响区（Ⅰ）	隧道正上方及沉降曲线反弯点范围内
次要影响区（Ⅱ）	隧道沉降曲线反弯点至沉降曲线边缘 $2.5i$ 处
可能影响区（Ⅲ）	隧道沉降曲线边缘 $2.5i$ 外

注：i——隧道地表沉降曲线 Peck 计算公式中的沉降槽宽度系数（m）。

3.2.4 工程影响分区的划分界线应根据地质条件、施工方法及措施特点，结合当地的工程经验进行调整。当遇到下列情况时，应调整工程影响分区界线：

　　1 隧道、基坑周边土体以淤泥、淤泥质土或其他高压缩性土为主时，应增大工程主要影响区和次要影响区；

　　2 隧道穿越或基坑处于断裂破碎带、岩溶、土洞、强风化岩、全风化岩或残积土等不良地质体或特殊性岩土发育区域，应根据其分布和对工程的危害程度调整工程影响分区界线；

　　3 采用锚杆支护、注浆加固、高压旋喷等工程措施时，应根据其对岩土体的扰动程度和影响范围调整工程影响分区界线；

　　4 采用施工降水措施时，应根据降水影响范围和预计的地面沉降大小调整工程影响分区界线；

　　5 施工期间出现严重的涌砂、涌土或管涌以及较严重渗漏水、支护结构过大变形、周边建（构）筑物或地下管线严重变形等异常情况时，宜根据工程实际情况增大工程主要影响区和次要影响区。

3.2.5 监测范围应根据基坑设计深度、隧道埋深和断面尺寸、施工工法、支护结构形式、地质条件、周边环境条件等综合确定，并应包括主要影响区和次要影响区。

3.2.6 采用爆破开挖岩土体的地下工程，爆破振动的监测范围应根据工程实际情况通过爆破试验确定。

3.3　工程监测等级划分

3.3.1 工程监测等级宜根据基坑、隧道工程的自身风险等级、周边环境风险等级和地质条件复杂程度进行划分。

3.3.2 基坑、隧道工程的自身风险等级宜根据支护结构发生变形或破坏、岩土体失稳等的可能性和后果的严重程度，采用工程风险评估的方法确定，也可根据基坑设计深度、隧道埋深和断面尺寸等按表 3.3.2 划分。

表 3.3.2　基坑、隧道工程的自身风险等级

工程自身风险等级		等级划分标准
基坑工程	一级	设计深度大于或等于 20m 的基坑
	二级	设计深度大于或等于 10m 且小于 20m 的基坑
	三级	设计深度小于 10m 的基坑
隧道工程	一级	超浅埋隧道；超大断面隧道
	二级	浅埋隧道；近距离并行或交叠的隧道；盾构始发与接收区段；大断面隧道
	三级	深埋隧道；一般断面隧道

注：1　超大断面隧道是指断面尺寸大于 $100m^2$ 的隧道；大断面隧道是指断面尺寸在 $50m^2 \sim 100m^2$ 的隧道；一般断面隧道是指断面尺寸在 $10m^2 \sim 50m^2$ 的隧道；

　　2　近距离隧道是指两隧道间距在一倍开挖宽度（或直径）范围以内；

　　3　隧道深埋、浅埋和超浅埋的划分根据施工工法、围岩等级、隧道覆土厚度与开挖宽度（或直径），结合当地工程经验综合确定。

3.3.3 周边环境风险等级宜根据周边环境发生变形或破坏的可能性和后果的严重程度，采用工程风险评估的方法确定，也可根据周边环境的类型、重要性、与工程的空间位置关系和对工程的危害性按表 3.3.3 划分。

表 3.3.3　周边环境风险等级

周边环境风险等级	等级划分标准
一级	主要影响区内存在既有轨道交通设施、重要建（构）筑物、重要桥梁与隧道、河流或湖泊
二级	主要影响区内存在一般建（构）筑物、一般桥梁与隧道、高速公路或重要地下管线 次要影响区内存在既有轨道交通设施、重要建（构）筑物、重要桥梁与隧道、河流或湖泊 隧道工程上穿既有轨道交通设施
三级	主要影响区内存在城市重要道路、一般地下管线或一般市政设施 次要影响区内存在一般建（构）筑物、一般桥梁与隧道、高速公路或重要地下管线
四级	次要影响区内存在城市重要道路、一般地下管线或一般市政设施

3.3.4 地质条件复杂程度可根据场地地形地貌、工程地质条件和水文地质条件按表 3.3.4 划分。

表 3.3.4　地质条件复杂程度

地质条件复杂程度	等级划分标准
复杂	地形地貌复杂；不良地质作用强烈发育；特殊性岩土需要专门处理；地基、围岩和边坡的岩土性质较差；地下水对工程的影响较大需要进行专门研究和治理
中等	地形地貌较复杂；不良地质作用一般发育；特殊性岩土不需要专门处理；地基、围岩和边坡的岩土性质一般；地下水对工程的影响较小
简单	地形地貌简单；不良地质作用不发育；地基、围岩和边坡的岩土性质较好；地下水对工程无影响

注：符合条件之一即为对应的地质条件复杂程度，从复杂开始，向中等、简单推定，以最先满足的为准。

3.3.5　工程监测等级可按表 3.3.5 划分，并应根据当地经验结合地质条件复杂程度进行调整。

表 3.3.5　工程监测等级

工程监测等级 / 工程自身风险等级 \ 周边环境风险等级	一级	二级	三级	四级
一级	一级	一级	一级	一级
二级	一级	二级	二级	二级
三级	一级	二级	三级	三级

4　监测项目及要求

4.1　一般规定

4.1.1　工程监测对象的选择应在满足工程支护结构安全和周边环境保护要求的条件下，针对不同的施工方法，根据支护结构设计方案、周围岩土体及周边环境条件综合确定。监测对象宜包括下列内容：

　　1　基坑工程中的支护桩（墙）、立柱、支撑、锚杆、土钉等结构，矿山法隧道工程中的初期支护、临时支护、二次衬砌及盾构法隧道工程中的管片等支护结构；

　　2　工程周围岩体、土体、地下水及地表；

　　3　工程周边建（构）筑物、地下管线、高速公路、城市道路、桥梁、既有轨道交通及其他城市基础设施等环境。

4.1.2　工程监测项目应根据监测对象的特点、工程监测等级、工程影响分区、设计及施工的要求合理确定，并应反映监测对象的变化特征和安全状态。

4.1.3　各监测对象和项目应相互配套，满足设计、

施工方案的要求，并形成有效、完整的监测体系。

4.2　仪器监测

4.2.1　明挖法和盖挖法基坑支护结构和周围岩土体监测项目应根据表 4.2.1 选择。

表 4.2.1　明挖法和盖挖法基坑支护结构和周围岩土体监测项目

序号	监测项目	工程监测等级		
		一级	二级	三级
1	支护桩（墙）、边坡顶部水平位移	√	√	√
2	支护桩（墙）、边坡顶部竖向位移	√	√	√
3	支护桩（墙）体水平位移	√	√	○
4	支护桩（墙）结构应力	○	○	○
5	立柱结构竖向位移	√	√	○
6	立柱结构水平位移	√	○	○
7	立柱结构应力	○	○	○
8	支撑轴力	√	√	√
9	顶板应力	○	○	○
10	锚杆拉力	√	√	√
11	土钉拉力	○	○	○
12	地表沉降	√	√	√
13	竖井井壁支护结构净空收敛	√	√	√
14	土体深层水平位移	√	√	○
15	土体分层竖向位移	○	○	○
16	坑底隆起（回弹）	○	○	○
17	支护桩（墙）侧向土压力	○	○	○
18	地下水位	√	√	√
19	孔隙水压力	○	○	○

注：√——应测项目，○——选测项目。

4.2.2　盾构法隧道管片结构和周围岩土体监测项目应根据表 4.2.2 选择。

表 4.2.2　盾构法隧道管片结构和周围岩土体监测项目

序号	监测项目	工程监测等级		
		一级	二级	三级
1	管片结构竖向位移	√	√	√
2	管片结构水平位移	√	○	○
3	管片结构净空收敛	√	√	√
4	管片结构应力	○	○	○
5	管片连接螺栓应力	○	○	○
6	地表沉降	√	○	○
7	土体深层水平位移	○	○	○
8	土体分层竖向位移	○	○	○

序号	监测项目	工程监测等级		
		一级	二级	三级
9	管片围岩压力	○	○	○
10	孔隙水压力	○	○	○

注：√——应测项目，○——选测项目。

4.2.3 矿山法隧道支护结构和周围岩土体监测项目应根据表4.2.3选择。

表 4.2.3 矿山法隧道支护结构和周围岩土体监测项目

序号	监测项目	工程监测等级		
		一级	二级	三级
1	初期支护结构拱顶沉降	√	√	√
2	初期支护结构底板竖向位移	√	○	○
3	初期支护结构净空收敛	√	√	√
4	隧道拱脚竖向位移	○	○	○
5	中柱结构竖向位移	√	○	○
6	中柱结构倾斜	○	○	○
7	中柱结构应力	○	○	○
8	初期支护结构、二次衬砌应力	○	○	○
9	地表沉降	√	√	√
10	土体深层水平位移	○	○	○
11	土体分层竖向位移	○	○	○
12	围岩压力	○	○	○
13	地下水位	√	√	√

注：√——应测项目，○——选测项目。

4.2.4 当遇到下列情况时，应对工程周围岩土体进行监测：

1 基坑深度较大、基底土质软弱或基底下存在承压水且对工程影响较大时，应进行坑底隆起（回弹）监测；

2 基坑侧壁、隧道围岩的地质条件复杂，岩土体易产生较大变形、空洞、坍塌的部位或区域，应进行土体分层竖向位移或深层水平位移监测；

3 在软土地区，基坑或隧道邻近对沉降敏感的建（构）筑物等环境时，应进行孔隙水压力、土体分层竖向位移或深层水平位移监测；

4 工程邻近或穿越岩溶、断裂带等不良地质条件，或施工扰动引起周围岩土体物理力学性质发生较大变化，并对支护结构、周边环境或施工可能造成危害时，应结合工程实际选择岩土体监测项目。

4.2.5 周边环境监测项目应根据表4.2.5选择。当主要影响区存在高层、高耸建（构）筑物时，应进行倾斜监测。既有城市轨道交通高架线和地面线的监测项目可按照桥梁和既有铁路的监测项目选择。

表 4.2.5 周边环境监测项目

监测对象	监测项目	工程影响分区	
		主要影响区	次要影响区
建（构）筑物	竖向位移	√	√
	水平位移	○	○
	倾斜	√	○
	裂缝	√	○
地下管线	竖向位移	√	√
	水平位移	○	○
	差异沉降	√	√
高速公路与城市道路	路面路基竖向位移	√	√
	挡墙竖向位移	√	○
	挡墙倾斜	√	○
桥梁	墩台竖向位移	√	√
	墩台差异沉降	√	√
	墩柱倾斜	√	○
	梁板应力	√	○
	裂缝	√	○
既有城市轨道交通	隧道结构竖向位移	√	√
	隧道结构水平位移	√	○
	隧道结构净空收敛	√	○
	隧道结构变形缝差异沉降	√	√
	轨道结构（道床）竖向位移	√	√
	轨道静态几何形位（轨距、轨向、高低、水平）	√	√
	隧道、轨道结构裂缝	√	○
既有铁路（包括城市轨道交通地面线）	路基竖向位移	√	√
	轨道静态几何形位（轨距、轨向、高低、水平）	√	√

注：√——应测项目，○——选测项目。

4.2.6 当工程周边存在既有轨道交通或对位移有特殊要求的建（构）筑物及设施时，监测项目应与有关管理部门或单位共同确定。

4.2.7 采用钻爆法施工时，应对爆破振动影响范围内的建（构）筑物、桥梁等高风险环境进行振动速度或加速度监测。

4.2.8 仪器监测项目的代号和图例应规范、统一，并宜按本规范附录A执行。

4.3 现 场 巡 查

4.3.1 明挖法和盖挖法基坑施工现场巡查宜包括下

列内容：

1 施工工况：

1）开挖长度、分层高度及坡度，开挖面暴露时间；

2）开挖面岩土体的类型、特征、自稳性，渗漏水量大小及发展情况；

3）降水或回灌等地下水控制效果及设施运转情况；

4）基坑侧壁及周边地表截、排水措施及效果，坑边或基底积水情况；

5）支护桩（墙）后土体裂缝、沉陷，基坑侧壁或基底的涌土、流砂、管涌情况；

6）基坑周边的超载情况；

7）放坡开挖的基坑边坡位移、坡面开裂情况。

2 支护结构：

1）支护桩（墙）的裂缝、侵限情况；

2）冠梁、围檩的连续性，围檩与桩（墙）之间的密贴性，围檩与支撑的防坠落措施；

3）冠梁、围檩、支撑的变形或裂缝情况；

4）支撑架设情况；

5）盖挖法顶板的变形和开裂，顶板与立柱、墙体的连接情况；

6）锚杆、土钉垫板的变形、松动情况；

7）止水帷幕的开裂、渗漏水情况。

4.3.2 盾构法隧道施工现场巡查宜包括下列内容：

1 盾构始发端、接收端土体加固情况；

2 盾构掘进位置（环号）；

3 盾构停机、开仓等的时间和位置；

4 管片破损、开裂、错台、渗漏水情况；

5 联络通道开洞口情况。

4.3.3 矿山法隧道施工现场巡查宜包括下列内容：

1 施工工况：

1）开挖步序、步长、核心土尺寸等情况；

2）开挖面岩土体的类型、特征、自稳性，地下水渗漏及发展情况；

3）开挖面岩土体的坍塌位置、规模；

4）降水或止水等地下水控制效果及降水设施运转情况。

2 支护结构：

1）超前支护施作情况及效果、钢拱架架设、挂网及喷射混凝土的及时性、连接板的连接及锁脚锚杆的打设情况；

2）初期支护结构渗漏水情况；

3）初期支护结构开裂、剥离、掉块情况；

4）临时支撑结构的变位情况；

5）二衬结构施作时临时支撑结构分段拆除情况；

6）初期支护结构背后回填注浆的及时性。

4.3.4 周边环境现场巡查宜包括下列内容：

1 建（构）筑物、桥梁墩台或梁体、既有轨道交通结构等的裂缝位置、数量和宽度，混凝土剥落位置、大小和数量，设施的使用状况；

2 地下构筑物积水及渗水情况，地下管线的漏水、漏气情况；

3 周边路面或地表的裂缝、沉陷、隆起、冒浆的位置、范围等情况；

4 河流湖泊的水位变化情况，水面出现漩涡、气泡及其位置、范围、堤坡裂缝宽度、深度、数量及发展趋势等；

5 工程周边开挖、堆载、打桩等可能影响工程安全的生产活动。

4.3.5 基准点、监测点、监测元器件的完好状况、保护情况应定期巡视检查。

4.4 远程视频监控

4.4.1 对工程施工中风险较大的部位宜进行远程视频监控，且远程视频监控现场应有适当的照明条件，当无照明条件时可采用红外设备进行监控。

4.4.2 下列部位宜进行远程视频监控：

1 明挖法和盖挖法基坑工程的岩土体开挖面、支护结构、周边环境等；

2 盾构法隧道工程的始发、接收井与联络通道；

3 矿山法隧道工程的岩土体开挖面；

4 施工竖井、洞口、通道、提升设备等重点部位。

5 支护结构和周围岩土体监测点布设

5.1 一般规定

5.1.1 支护结构和周围岩土体监测点的布设位置和数量应根据施工工法、工程监测等级、地质条件及监测方法的要求等综合确定，并应满足反映监测对象实际状态、位移和内力变化规律，及分析监测对象安全状态的要求。

5.1.2 支护结构监测应在支护结构设计计算的位移与内力最大部位、位移与内力变化最大部位及反映工程安全状态的关键部位等布设监测点。

5.1.3 监测点布设时应设置监测断面，且监测断面的布设应反映监测对象的变化规律，以及不同监测对象之间的内在变化规律。监测断面的位置和数量宜根据工程条件及规模进行确定。

5.2 明挖法和盖挖法

5.2.1 明挖法和盖挖法的支护桩（墙）、边坡顶部水平位移和竖向位移监测点布设应符合下列规定：

1 监测点应沿基坑周边布设，且监测等级为一级、二级时，布设间距宜为 10m～20m；监测等级为三级时，布设间距宜为 20m～30m；

2　基坑各边中间部位、阳角部位、深度变化部位、邻近建（构）筑物及地下管线等重要环境部位、地质条件复杂部位等，应布设监测点；

3　对于出入口、风井等附属工程的基坑，每侧的监测点不应少于 1 个；

4　水平和竖向位移监测点宜为共用点，监测点应布设在支护桩（墙）顶或基坑坡顶上。

5.2.2　明挖法和盖挖法的支护桩（墙）体水平位移监测点布设应符合下列规定：

1　监测点应沿基坑周边的桩（墙）体布设，且监测等级为一级、二级时，布设间距宜为 20m～40m，监测等级为三级时，布设间距宜为 40m～50m；

2　基坑各边中间部位、阳角部位及其他代表性部位的桩（墙）体应布设监测点；

3　监测点的布设位置宜与支护桩（墙）顶部水平位移和竖向位移监测点处于同一监测断面。

5.2.3　明挖法和盖挖法的支护桩（墙）结构应力监测断面及监测点布设应符合下列规定：

1　基坑各边中间部位、深度变化部位、桩（墙）体背后水土压力较大部位、地面荷载较大或其他变形较大部位、受力条件复杂部位等，应布设竖向监测断面；

2　监测断面的布设位置与支护桩（墙）体水平位移监测点宜共同组成监测断面；

3　监测点的竖向间距应根据桩（墙）体的弯矩大小及土层分布情况确定，且监测点竖向间距不宜大于 5m，在弯矩最大处应布设监测点。

5.2.4　明挖法和盖挖法的立柱结构竖向位移、水平位移和结构应力监测点布设应符合下列规定：

1　竖向位移和水平位移的监测数量不应少于立柱总数量的 5%，且不应少于 3 根，当基底受承压水影响较大或采用逆作法施工时，应增加监测数量；

2　竖向位移和水平位移监测宜选择基坑中部、多根支撑交汇处、地质条件复杂处的立柱；

3　竖向位移和水平位移监测点宜布设在便于观测和保护的立柱侧面上；

4　水平位移监测点宜在立柱结构顶部、底部上下对应布设，并可在中部增加监测点；

5　结构应力监测应选择受力较大的立柱，监测点宜布设在各层支撑立柱的中间部位或立柱下部的 1/3 部位，并宜沿立柱周边均匀布设 4 个监测点。

5.2.5　明挖法和盖挖法的支撑轴力监测断面及监测点布设应符合下列规定：

1　支撑轴力监测宜选择基坑中部、阳角部位、深度变化部位、支护结构受力条件复杂部位及在支撑系统中起控制作用的支撑；

2　支撑轴力监测应沿竖向布设监测断面，每层支撑均应布设监测点；

3　每层支撑的监测数量不宜少于每层支撑数量的 10%，且不应少于 3 根；

4　监测断面的布设位置与相近的支护桩（墙）体水平位移监测点宜共同组成监测断面；

5　采用轴力计监测时，监测点应布设在支撑的端部；采用钢筋计或应变计监测时，可布设在支撑中部或两支点间 1/3 部位，当支撑长度较大时也可布设在 1/4 点处，并应避开节点位置。

5.2.6　盖挖法顶板应力监测点布设应符合下列规定：

1　应选择具有代表性的断面进行顶板应力监测；

2　监测点宜布设在立柱或边桩与顶板的刚性连接部位和两根立柱或边桩与立柱的跨中部位，每个监测点的纵横两个方向均应进行监测。

5.2.7　明挖法和盖挖法的锚杆拉力监测断面及监测点布设应符合下列规定：

1　锚杆拉力监测宜选择基坑各边中间部位、阳角部位、深度变化部位、地质条件复杂部位及周边存在高大建（构）筑物部位的锚杆；

2　锚杆拉力监测应沿竖向布设监测断面，每层锚杆均应布设监测点；

3　每层锚杆的监测数量不应少于 3 根；

4　每根锚杆上的监测点宜设置在锚头附近或受力有代表性的位置；

5　监测点的布设位置与支护桩（墙）体水平位移监测点宜共同组成监测断面。

5.2.8　明挖法和盖挖法的土钉拉力监测点布设应符合下列规定：

1　土钉拉力监测宜选择基坑各边中间部位、阳角部位、深度变化部位、地质条件复杂部位及周边存在高大建（构）筑物部位的土钉；

2　土钉拉力监测应沿竖向布设监测断面，每层土钉均应布设监测点；

3　每根土钉杆体上的监测点应设置在受力有代表性的位置；

4　监测点的布设位置与土钉墙顶水平位移监测点宜共同组成监测断面。

5.2.9　明挖法和盖挖法的周边地表沉降监测断面及监测点布设应符合下列规定：

1　沿平行基坑周边边线布设的地表沉降监测点不应少于 2 排，且排距宜为 3m～8m，第一排监测点距基坑边缘不宜大于 2m，每排监测点间距宜为 10m～20m；

2　应根据基坑规模和周边环境条件，选择有代表性的部位布设垂直于基坑边线的横向监测断面，每个横向监测断面监测点的数量和布设位置应满足对基坑工程主要影响区和次要影响区的控制，每侧监测点数量不宜少于 5 个；

3　监测点及监测断面的布设位置宜与周边环境监测点布设相结合。

5.2.10 明挖法和盖挖法的竖井井壁支护结构净空收敛监测断面及监测点布设应符合下列规定：

1 沿竖向每 3m～5m 应布设一个监测断面；

2 每个监测断面在竖井结构的长、短边中部应布设监测点，每个监测断面不应少于 2 条测线。

5.2.11 明挖法和盖挖法的坑底隆起（回弹）监测点布设应符合下列规定：

1 坑底隆起（回弹）监测应根据基坑的平面形状和尺寸布设纵向、横向监测断面；

2 监测点宜布设在基坑的中央、距坑底边缘的 1/4 坑底宽度处以及其他能反映变形特征的位置；当基底土质软弱、基底以下存在承压水时，宜适当增加监测点；

3 回弹监测标志埋入基坑底面以下宜为 20cm～30cm。

5.2.12 明挖法和盖挖法的地下水位观测孔布设应符合下列规定：

1 地下水位观测孔应根据水文地质条件的复杂程度、降水深度、降水的影响范围和周边环境保护要求，在降水区域及影响范围内分别布设地下水位观测孔，观测孔数量应满足掌握降水区域和影响范围内的地下水位动态变化的要求；

2 当降水深度内存在 2 个及以上含水层时，应分层布设地下水位观测孔；

3 降水区靠近地表水体时，应在地表水体附近增设地下水位观测孔。

5.2.13 明挖法和盖挖法的支护桩（墙）侧向土压力、土体深层水平位移、土体分层竖向位移和孔隙水压力监测点布设，应符合现行国家标准《建筑基坑工程监测技术规范》GB 50497 的有关规定。

5.3 盾 构 法

5.3.1 盾构管片结构竖向、水平位移和净空收敛监测断面及监测点布设应符合下列规定：

1 在盾构始发与接收段、联络通道附近、左右线交叠或邻近段、小半径曲线段等区段应布设监测断面；

2 存在地层偏压、围岩软硬不均、地下水位较高等地质条件复杂区段应布设监测断面；

3 下穿或邻近重要建（构）筑物、地下管线、河流湖泊等周边环境条件复杂区段应布设监测断面；

4 每个监测断面宜在拱顶、拱底、两侧拱腰处布设管片结构净空收敛监测点，拱顶、拱底的净空收敛监测点可兼作竖向位移监测点，两侧拱腰处的净空收敛监测点可兼作水平位移监测点。

5.3.2 盾构管片结构应力、管片围岩压力、管片连接螺栓应力监测点布设应符合下列规定：

1 盾构管片结构应力、管片围岩压力、管片连接螺栓应力监测应布设垂直于隧道轴线的监测断面，监测断面宜布设在存在地层偏压、围岩软硬不均、地下水位较高等地质或环境条件复杂地段，并应与管片结构竖向位移和净空收敛监测断面处于同一位置；

2 每个监测项目在每个监测断面的监测点数量不宜少于 5 个。

5.3.3 盾构法隧道的周边地表沉降监测断面及监测点布设应符合下列规定：

1 监测点应沿盾构隧道轴线上方地表布设，且监测等级为一级时，监测点间距宜为 5m～10m；监测等级为二级、三级时，监测点间距宜为 10m～30m，始发和接收段应适当增加监测点；

2 应根据周边环境和地质条件布设垂直于隧道轴线的横向监测断面，且监测等级为一级时，监测断面间距宜为 50m～100m；监测等级为二级、三级时，间距宜为 100m～150m；

3 在始发和接收段、联络通道等部位及地质条件不良易产生开挖面坍塌和地表过大变形的部位，应有横向监测断面控制；

4 横向监测断面的监测点数量宜为 7 个～11 个，且主要影响区的监测点间距宜为 3m～5m，次要影响区的监测点间距宜为 5m～10m。

5.3.4 盾构法隧道的周围土体深层水平位移和分层竖向位移监测孔及监测点布设应符合下列规定：

1 地层疏松、土洞、溶洞、破碎带等地质条件复杂地段，软土、膨胀性岩土、湿陷性土等特殊性岩土地段，工程施工对岩土体扰动较大或邻近重要建（构）筑物、地下管线等地段，应布设监测孔及监测点；

2 监测孔的位置和深度应根据工程需要确定，并应避免管片背后注浆对监测孔的影响；

3 土体分层竖向位移监测点宜布设在各层土的中部或界面上，也可等间距布设。

5.3.5 孔隙水压力监测点布设应符合下列规定：

1 孔隙水压力监测宜选择在隧道管片结构受力和变形较大、存在饱和软土和易产生液化的粉细砂土层等有代表性的部位进行布设；

2 竖向监测点宜在水压力变化影响深度范围内按土层分布情况布设，竖向监测点间距宜为 2m～5m，且数量不宜少于 3 个。

5.4 矿 山 法

5.4.1 矿山法的初期支护结构拱顶沉降、净空收敛监测断面及监测点布设应符合下列规定：

1 初期支护结构拱顶沉降、净空收敛监测应布设垂直于隧道轴线的横向监测断面，车站监测断面间距宜为 5m～10m，区间监测断面间距宜为 10m～15m；

2 监测点宜在隧道拱顶、两侧拱脚处（全断面开挖时）或拱腰处（半断面开挖时）布设，拱顶的沉降监测点可兼作净空收敛监测点，净空收敛测线宜为1条～3条；

3 分部开挖施工的每个导洞均应布设横向监测断面；

4 监测点应在初期支护结构完成后及时布设。

5.4.2 矿山法的初期支护结构底板竖向位移监测点布设应符合下列规定：

1 监测点宜布设在初期支护结构底板的中部或两侧；

2 监测点的布设位置与拱顶沉降监测点宜对应布设。

5.4.3 矿山法的隧道拱脚竖向位移监测点布设应符合下列规定：

1 在隧道周围岩土体存在软弱土层时，应布设隧道拱脚竖向位移监测点；

2 隧道拱脚竖向位移监测点与初期支护结构拱顶沉降监测宜共同组成监测断面。

5.4.4 矿山法的车站中柱沉降、倾斜及结构应力监测点布设应符合下列规定：

1 应选择有代表性的中柱进行沉降、倾斜监测；

2 当需进行中柱结构应力监测时，监测数量不应少于中柱总数的10%，且不应少于3根，每柱宜布设4个监测点，并在同一水平面内均匀布设。

5.4.5 矿山法的围岩压力、初期支护结构应力、二次衬砌应力监测断面及监测点布设应符合下列规定：

1 在地质条件复杂或应力变化较大的部位布设监测断面时，应力监测断面与净空收敛监测断面宜处于同一位置；

2 监测点宜布设在拱顶、拱脚、墙中、墙脚、仰拱中部等部位，监测断面上每个监测项目不宜少于5个监测点；

3 需拆除竖向初期支护结构的部位应根据需要布设监测点。

5.4.6 矿山法的周边地表沉降监测断面及监测点布设应符合下列规定：

1 监测点应沿每个隧道或分部开挖导洞的轴线上方地表布设，且监测等级为一级、二级时，监测点间距宜为5m～10m；监测等级为三级时，监测点间距宜为10m～15m；

2 应根据周边环境和地质条件，沿地表布设垂直于隧道轴线的横向监测断面，且监测等级为一级时，监测断面间距宜为10m～50m；监测等级为二级、三级时，监测断面间距宜为50m～100m；

3 在车站与区间、车站与附属结构、明暗挖等的分界部位，洞口、隧道断面变化、联络通道、施工通道等部位及地质条件不良易产生开挖面坍塌和地表过大变形的部位，应有横向监测断面控制；

4 横向监测断面的监测点数量宜为7个～11个，且主要影响区的监测点间距宜为3m～5m，次要影响区的监测点间距宜为5m～10m。

5.4.7 矿山法的周围土体深层水平位移和分层竖向位移监测孔及监测点布设应符合本规范第5.3.4条的规定。

5.4.8 矿山法的地下水位观测孔布设应符合下列规定：

1 观测孔位置选择、孔深等应符合本规范第5.2.12条的第1款、第2款的规定；

2 观测孔数量应根据工程需要确定。

6 周边环境监测点布设

6.1 一般规定

6.1.1 周边环境监测点的布设位置和数量应根据环境对象的类型和特征、环境风险等级、所处工程影响分区、监测项目及监测方法的要求等综合确定，并应满足反映环境对象变化规律和分析环境对象安全状态的要求。

6.1.2 周边环境监测点应布设在反映环境对象变形特征的关键部位和受施工影响敏感的部位。

6.1.3 周边环境监测点的布设应便于观测，且不应影响或妨碍环境监测对象的结构受力、正常使用和美观。

6.1.4 爆破振动监测点的布设及要求应符合现行国家标准《爆破安全规程》GB 6722的有关规定。监测建（构）筑物不同高度的振动时，应从基础到顶部的不同高度部位布设监测点。

6.2 建（构）筑物

6.2.1 建（构）筑物竖向位移监测点布设应反映建（构）筑物的不均匀沉降，并应符合下列规定：

1 建（构）筑物竖向位移监测点应布设在外墙或承重柱上，且位于主要影响区时，监测点沿外墙间距宜为10m～15m，或每隔2根承重柱布设1个监测点；位于次要影响区时，监测点沿外墙间距宜为15m～30m，或每隔2根～3根承重柱布设1个监测点；在外墙转角处应有监测点控制；

2 在高低悬殊或新旧建（构）筑物连接、建（构）筑物变形缝、不同结构分界、不同基础形式和不同基础埋深等部位的两侧应布设监测点；

3 对烟囱、水塔、高压电塔等高耸构筑物，应在其基础轴线上对称布设监测点，且每栋构筑物监测点不应少于3个；

4 风险等级较高的建（构）筑物应适当增加监测点数量。

6.2.2 建（构）筑物水平位移监测点应布设在邻近基坑或隧道一侧的建（构）筑物外墙、承重柱、变形缝两侧及其他有代表性的部位，并可与建（构）筑物竖向位移监测点布设在同一位置。

6.2.3 建（构）筑物倾斜监测点布设应符合下列规定：

1 倾斜监测点应沿主体结构顶部、底部上下对应按组布设，且中部可增加监测点；

2 每栋建（构）筑物倾斜监测数量不宜少于2组，每组的监测点不应少于2个；

3 采用基础的差异沉降推算建（构）筑物倾斜时，监测点的布设应符合本规范第6.2.1条的规定。

6.2.4 建（构）筑物裂缝宽度监测点布设应符合下列规定：

1 裂缝宽度监测应根据裂缝的分布位置、走向、长度、宽度、错台等参数，分析裂缝的性质、产生的原因及发展趋势，选取应力或应力变化较大部位的裂缝或宽度较大的裂缝进行监测；

2 裂缝宽度监测宜在裂缝的最宽处及裂缝首、末端按组布设，每组应布设2个监测点，并应分别布设在裂缝两侧，且其连线应垂直于裂缝走向。

6.3 桥　梁

6.3.1 桥梁墩台竖向位移监测点布设应符合下列规定：

1 竖向位移监测点应布设在墩柱或承台上；

2 每个墩柱和承台的监测点不应少于1个，群桩承台宜适当增加监测点。

6.3.2 采用全站仪监测桥梁墩柱倾斜时，监测点应沿墩柱顶、底部上下对应按组布设，且每个墩柱的监测点不应少于1组，每组的监测点不宜少于2个；采用倾斜仪监测时，监测点不应少于1个。

6.3.3 桥梁结构应力监测点宜布设在桥梁梁板结构中部或应力变化较大部位。

6.3.4 桥梁裂缝宽度监测点的布设应符合本规范第6.2.4条的规定。

6.4 地下管线

6.4.1 地下管线监测点埋设形式和布设位置应根据地下管线的重要性、修建年代、类型、材质、管径、接口形式、埋设方式、使用状况，以及与工程的空间位置关系等综合确定。

6.4.2 地下管线位于主要影响区时，竖向位移监测点的间距宜为5m～15m；位于次要影响区时，竖向位移监测点的间距宜为15m～30m。

6.4.3 竖向位移监测点宜布设在地下管线的节点、转角点、位移变化敏感或预测变形较大的部位。

6.4.4 地下管线位于主要影响区时，宜采用位移杆法在管体上布设直接竖向位移监测点；地下管线位于次要影响区且无法布设直接竖向位移监测点时，可在地表或土层中布设间接竖向位移监测点。

6.4.5 隧道下穿污水、供水、燃气、热力等地下管线且风险很高时，应布设管线结构直接竖向位移监测点及管侧土体竖向位移监测点。

6.4.6 地下管线水平位移监测点的布设位置和数量应根据地下管线特点和工程需要确定。

6.4.7 地下管线密集、种类繁多时，应对重要的、抗变形能力差的、容易渗漏或破坏的管线进行重点监测。

6.5 高速公路与城市道路

6.5.1 高速公路与城市道路的路面和路基竖向位移监测点的布设应与路面下方的地下构筑物和地下管线的监测工作相结合，并应做到监测点布设合理、相互协调。

6.5.2 路面竖向位移监测应根据施工工法，按本规范第5.2.9条、第5.3.3条和第5.4.6条的规定，并结合路面实际情况布设监测点和监测断面。对高速公路和城市重要道路，应增加监测断面数量。

6.5.3 隧道下穿高速公路、城市重要道路时，应布设路基竖向位移监测点，路肩或绿化带上应有地表监测点控制。

6.5.4 道路挡墙竖向位移监测点宜沿挡墙走向布设，挡墙位于主要影响区时，监测点间距不宜大于5m～10m；位于次要影响区时，监测点间距宜为10m～15m。

6.5.5 道路挡墙倾斜监测点应根据挡墙的结构形式选择监测断面布设，每段挡墙监测断面不应少于1个，每个监测断面上、下监测点应布设在同一竖直面上。

6.6 既有轨道交通

6.6.1 既有轨道交通隧道结构竖向位移、水平位移和净空收敛监测应按监测断面布设，且既有隧道结构位于主要影响区时，监测断面间距不宜大于5m；位于次要影响区时，监测断面间距不宜大于10m。每个监测断面宜在隧道结构顶部或底部、结构柱、两边侧墙布设监测点。

6.6.2 既有轨道交通高架桥结构监测点的布设可按本规范第6.3节的规定执行。

6.6.3 既有轨道交通地面线的路基竖向位移监测可按本规范第6.6.1条的规定布设监测断面，每个监测断面中的每条股道下方的路基及附属设施均应布设监测点。

6.6.4 既有轨道交通整体道床或轨枕的竖向位移监测应按监测断面布设，监测断面与既有隧道结构或路基的竖向位移监测断面宜处于同一里程。

6.6.5 轨道静态几何形位监测点的布设应按城市轨道交通或铁路的工务维修、养护要求等进行确定。

6.6.6 既有轨道交通其他附属结构监测点布设可按

本规范第 6.2 节的规定执行。

6.6.7 既有轨道交通隧道结构、轨道结构的裂缝监测应符合本规范第 6.2.4 条的规定。

6.6.8 既有轨道交通监测宜采用远程自动化监控系统。

7 监测方法及技术要求

7.1 一般规定

7.1.1 监测方法应根据监测对象和监测项目的特点、工程监测等级、设计要求、精度要求、场地条件和当地工程经验等综合确定，并应合理易行。

7.1.2 变形监测基准点、工作基点的布设应符合下列规定：

1 基准点应布设在施工影响范围以外的稳定区域，且每个监测工程的竖向位移观测的基准点不应少于 3 个，水平位移观测的基准点不应少于 4 个；

2 当基准点距离所监测工程较远致使监测作业不方便时，宜设置工作基点；

3 基准点和工作基点应在工程施工前埋设，并应埋设在相对稳定土层内，经观测确定稳定后再使用；

4 监测期间，基准点应定期复测，当使用工作基点时应与基准点进行联测；

5 基准点的埋设宜符合本规范附录 B 第 B.0.1条、第 B.0.2 条的规定。

7.1.3 监测仪器、设备和元器件应符合下列规定：

1 监测仪器、设备和元器件应满足监测精度和量程的要求，并应稳定、可靠；

2 监测仪器和设备应定期进行检定或校准；

3 元器件应在使用前进行标定，标定记录应齐全；

4 监测过程中应定期进行监测仪器的核查、比对，设备的维护、保养，以及监测元器件的检查。

7.1.4 监测传感器应具备下列性能：

1 与量测的介质特性相匹配；

2 灵敏度高、线性好、重复性好；

3 性能稳定可靠，漂移、滞后误差小；

4 防水性好，抗干扰能力强。

7.1.5 对同一监测项目，现场监测作业宜符合下列规定：

1 宜采用相同的监测方法和监测路线；

2 宜使用同一监测仪器和设备；

3 宜固定监测人员；

4 宜在基本相同的时段和环境条件下工作。

7.1.6 工程周边环境与周围岩土体监测点应在施工之前埋设，工程支护结构监测点应在支护结构施工过程中及时埋设。监测点埋设并稳定后，应至少连续独

立进行 3 次观测，并取其稳定值的平均值作为初始值。

7.1.7 监测精度应根据监测项目、控制值大小、工程要求、国家现行有关标准等综合确定，并应满足对监测对象的受力或变形特征分析的要求。

7.1.8 监测过程中，应做好监测点和传感器的保护工作。测斜管、水位观测孔、分层沉降管等管口应砌筑窨井，并加盖保护；爆破振动、应力应变等传感器应防止信号线被损坏。

7.1.9 工程监测新技术、新方法应用前，应与传统方法进行验证，且监测精度应符合本规范的规定。

7.2 水平位移监测

7.2.1 测定特定方向的水平位移宜采用小角法、方向线偏移法、视准线法、投点法、激光准直法等大地测量法，并应符合下列规定：

1 采用投点法和小角法时，应对经纬仪或全站仪的垂直轴倾斜误差进行检验，当垂直角超出 ±3° 范围时，应进行垂直轴倾斜改正；

2 采用激光准直法时，应在使用前对激光仪器进行检校；

3 采用方向线偏移法时，对主要监测点，可以该点为测站测出对应基准线端点的边长与角度，求得偏差值；对其他监测点，可选适宜的主要监测点为测站，测出对应其他监测点的距离与方向值，按方向值的变化求得偏差值。

7.2.2 测定任意方向的水平位移可根据监测点的分布情况，采用交会、导线测量、极坐标等方法。

7.2.3 当监测点与基准点无法通视或距离较远时，可采用全球定位系统（GPS）测量法或三角、三边、边角测量与基准线法相结合的综合测量方法。

7.2.4 水平位移监测基准点的埋设应符合现行国家标准《城市轨道交通工程测量规范》GB 50308 的有关规定，并宜设置有强制对中的观测墩，或采用精密的光学对中装置，对中误差不宜大于 0.5mm。

7.2.5 水平位移监测点的埋设宜符合本规范附录 B第 B.0.3 条的规定。

7.2.6 水平位移监测网可采用假设坐标系统，并进行一次布网。每次监测前，应对水平位移基准点进行稳定性复测，并以稳定点作为起算点。

7.2.7 测角、测边水平位移监测网宜布设为近似等边的边角网，其三角形内角不应小于 30°，当受场地或其他条件限制时，个别角度可适当放宽。

7.2.8 水平位移监测控制网的技术要求应符合现行国家标准《城市轨道交通工程测量规范》GB 50308 的有关规定。

7.2.9 监测仪器和监测方法应满足水平位移监测点坐标中误差和水平位移控制值的要求，且水平位移监测精度应符合表 7.2.9 的规定。

表 7.2.9　水平位移监测精度

工程监测等级		一级	二级	三级
水平位移控制值	累计变化量 D'（mm）	$D'<30$	$30\leqslant D'<40$	$D'\geqslant 40$
	变化速率 v_d（mm/d）	$v_d<3$	$3\leqslant v_d<4$	$v_d\geqslant 4$
监测点坐标中误差（mm）		$\leqslant 0.6$	$\leqslant 0.8$	$\leqslant 1.2$

注：1　监测点坐标中误差是指监测点相对测站点（如工作基点等）的坐标中误差，为点位中误差的 $1/\sqrt{2}$；

2　当根据累计变化量和变化速率选择的精度要求不一致时，优先按变化速率的要求确定。

7.3　竖向位移监测

7.3.1　竖向位移监测可采用几何水准测量、电子测距三角高程测量、静力水准测量等方法。

7.3.2　竖向位移监测应符合下列规定：

1　监测精度应与相应等级的竖向位移监测网观测相一致；

2　主要监测点应与水准基准点或工作基点组成闭合线路，或附合水准线路；

3　对于采用的水准仪视准轴与水准管轴的夹角（i 角），监测等级一级时，不应大于 $10''$，监测等级二级时，不应大于 $15''$，监测等级三级时，不应大于 $20''$，i 角检校应符合现行国家标准《国家一、二等水准测量规范》GB/T 12897 的有关规定；

4　采用钻孔等方法埋设坑底隆起（回弹）监测标志时，孔口高程宜用水准测量方法测量，高程中误差为 ±1.0mm，沉降标至孔口垂直距离宜采用经检定的钢尺量测；

5　采用静力水准进行竖向位移自动监测时，设备的性能应满足监测精度的要求，并应符合现行行业标准《建筑变形测量规范》JGJ 8 的有关规定；

6　采用电子测距三角高程进行竖向位移监测时，宜采用 $0.5''\sim1''$ 级的全站仪和特制觇牌采用中间设站、不量仪器高的前后视观测方法，并应符合现行行业标准《建筑变形测量规范》JGJ 8 的有关规定。

7.3.3　竖向位移监测网的布设应符合下列规定：

1　竖向位移监测网宜采用城市轨道交通工程高程系统，也可采用假定高程系统；

2　采用几何水准测量、三角高程测量时，监测网应布设成闭合、附合线路或结点网，采用闭合线路时，每次应联测 2 个以上的基准点。

7.3.4　竖向位移监测网的技术要求应符合现行国家标准《城市轨道交通工程测量规范》GB 50308 的有关规定。

7.3.5　竖向位移监测点的埋设宜符合本规范附录 B

第 B.0.4 条～第 B.0.6 条的规定。

7.3.6　监测仪器和监测方法应满足竖向位移监测点测站高差中误差和竖向位移控制值的要求，且竖向位移监测精度应符合表 7.3.6 的规定。

表 7.3.6　竖向位移监测精度

工程监测等级		一级	二级	三级
竖向位移控制值	累计变化量 S（mm）	$S<25$	$25\leqslant S<40$	$S\geqslant 40$
	变化速率 v_s（mm/d）	$v_s<3$	$3\leqslant v_s<4$	$v_s\geqslant 4$
监测点测站高差中误差（mm）		$\leqslant 0.6$	$\leqslant 1.2$	$\leqslant 1.5$

注：监测点测站高差中误差是指相应精度与视距的几何水准测量单程一测站的高差中误差。

7.4　深层水平位移监测

7.4.1　支护桩（墙）体和土体的深层水平位移监测，宜在桩（墙）体或土体中预埋测斜管，采用测斜仪观测各深度处的水平位移。

7.4.2　测斜仪系统精度不宜低于 0.25mm/m，分辨率不宜低于 0.02mm/500mm，电缆长度应大于测斜孔深度。

7.4.3　测斜管宜采用聚氯乙烯（PVC）工程塑料或铝合金管制成，直径宜为 45mm～90mm，管内应有两组相互垂直的纵向导槽。

7.4.4　支护桩（墙）体的水平位移测斜管长度不宜小于桩（墙）体的深度，土体深层水平位移监测的测斜管长度不宜小于基坑设计深度的 1.5 倍。

7.4.5　测斜管埋设应符合下列规定：

1　支护桩（墙）体测斜管埋设宜采用与钢筋笼绑扎一同下放的方法；采用钻孔法埋设时，测斜管与钻孔孔壁之间应回填密实；

2　土体水平位移测斜管应在基坑或隧道支护结构施工 7d 前埋设；

3　埋设前应检查测斜管质量，测斜管连接时应保证上、下管段的导槽相互对准、顺畅，各段接头应紧密对接，管底应保证密封；

4　测斜管埋设时应保持固定、竖直，防止发生上浮、破裂、断裂、扭转；测斜管一对导槽的方向应与所需测量的位移方向保持一致。

7.4.6　深层水平位移监测前，宜用清水将测斜管内冲刷干净，并采用模拟探头进行试孔检查后再使用。监测时，应将测斜仪探头放入测斜管底，恒温一段时间后自下而上以 0.5m 或 1.0m 间隔逐段量测。每监测点均应进行正、反两次量测，并取其平均值为最终值。

7.4.7　深层水平位移计算时，应确定固定起算点，固定起算点可设在测斜管的顶部或底部；当测斜管底部未进入稳定岩土体或已发生位移时，应以管顶为起算点，并应测量管顶的平面坐标进行水平位移修正。

7.4.8 支护桩（墙）体水平位移监测点的埋设宜符合本规范附录 B 第 B.0.7 条的规定。

7.5 土体分层竖向位移监测

7.5.1 土体分层竖向位移监测可埋设磁环分层沉降标，采用分层沉降仪进行监测；也可埋设深层沉降标，采用水准测量方法进行监测。

7.5.2 分层沉降管宜采用聚氯乙烯（PVC）工程塑料管，直径宜为 45mm～90mm。

7.5.3 磁环分层沉降标可通过钻孔在预定位置埋设。安装磁环时，应先在沉降管上分层沉降标的设计位置套上磁环与定位环，再沿钻孔逐节放入分层沉降管。分层沉降管安置到位后，应使磁环与土层粘结固定。

7.5.4 磁环分层沉降标埋设后应连续观测 1 周，至磁环位置稳定后，测定孔口高程并计算各磁环的高程。采用分层沉降仪量测时，应以 3 次测量平均值作为初始值，读数较差不应大于 1.5mm；采用深层沉降标结合水准测量时，水准测量精度应符合本规范表 7.3.6 的规定。

7.5.5 采用磁环分层沉降标监测时，应对磁环距管口深度采用进程和回程两次观测，并取进、回程读数的平均数；每次监测时应测定分层沉降管管口高程的变化，然后换算出分层沉降管外各磁环的高程。

7.5.6 土体分层竖向位移监测点的埋设宜符合本规范附录 B 第 B.0.8 条的规定。

7.6 倾 斜 监 测

7.6.1 倾斜监测应根据现场观测条件和要求，选用投点法、激光铅直仪法、垂准法、倾斜仪法或差异沉降法等观测方法。

7.6.2 投点法应采用全站仪或经纬仪瞄准上部观测点，在底部观测点安装水平读数尺直接读取偏移量，正、倒镜各观测一次取平均值，并根据上、下观测点高度计算倾斜度。

7.6.3 垂准法应在下部测点安装光学垂准仪、激光垂准仪或经纬仪、全站仪加弯管目镜法，在顶部测点安置接收靶，在靶上读取或量取水平位移量与位移方向。

7.6.4 倾斜仪法可采用水管式、水平摆、气泡或电子倾斜仪等进行观测，倾斜仪应具备连续读数、自动记录和数字传输功能。

7.6.5 差异沉降法应采用水准方法测量沉降差，经换算求得倾斜度和倾斜方向。

7.6.6 当采用全站仪或经纬仪进行外部观测时，仪器设置位置与监测点的距离宜为上、下点高差的 1.5 倍～2.0 倍。

7.6.7 倾斜观测精度应符合国家现行标准《工程测量规范》GB 50026 和《建筑变形测量规范》JGJ 8 的有关规定。

7.7 裂 缝 监 测

7.7.1 建（构）筑物、桥梁、既有隧道结构等的裂缝监测内容应包括裂缝位置、走向、长度、宽度，必要时尚应监测裂缝深度。

7.7.2 裂缝监测宜采用下列方法：

　　1 裂缝宽度监测宜采用裂缝观测仪进行测读，也可在裂缝两侧贴、埋标志，采用千分尺或游标卡尺等直接量测，或采用裂缝计、粘贴安装千分表及摄影量测等方法监测裂缝宽度变化；

　　2 裂缝长度监测宜采用直接量测法；

　　3 裂缝深度监测宜采用超声波法、凿出法等。

7.7.3 工程施工前应记录监测对象已有裂缝的分布位置和数量，并对监测裂缝进行统一编号，记录各裂缝的位置、走向、长度、宽度、深度，以及初测日期等。

7.7.4 裂缝监测标志应便于量测，长期观测可采用镶嵌或埋入墙面的金属标志、金属杆标志或楔形板标志；需要测出裂缝纵横向变化值时，可采用坐标方格网板标志。

7.7.5 裂缝宽度量测精度不宜低于 0.1mm，裂缝长度和深度量测精度不宜低于 1.0mm。

7.7.6 当采用测缝传感器自动测记时，应与人工监测数据比对，且数据的观测、传输、保存应可靠。

7.8 净空收敛监测

7.8.1 矿山法初期支护结构和盾构法管片结构的净空收敛可采用收敛计、全站仪或红外激光测距仪进行监测。

7.8.2 采用收敛计监测应符合下列规定：

　　1 应在收敛测线两端安装监测点，监测点与隧道侧壁应固定牢固；监测点安装后应进行监测点与收敛尺接触点的符合性检查，并应进行 3 次独立观测，且 3 次独立观测较差应小于标称精度的 2 倍；

　　2 观测时应施加收敛尺标定时的拉力，观测结果应取 3 次独立观测读数的平均值；

　　3 工作现场温度变化较大时，读数应进行温度修正。

7.8.3 采用红外激光测距仪监测应符合下列规定：

　　1 测距仪的标称精度应优于±2mm；

　　2 应在收敛测线两端设置对中与瞄准标志，隧道侧壁粗糙时，瞄准标志宜采用反射片；对中与瞄准标志设置后，应进行实测精度符合性检查，并应进行 3 次独立观测，且 3 次独立观测较差应小于测距标称精度的 2 倍；

　　3 观测结果应为 3 次独立观测读数的平均值。

7.8.4 采用全站仪进行固定测线收敛监测应符合下列规定：

1 应设置固定仪器设站位置，并在收敛测线两端固定小棱镜或设置反射片，设站点与测线两端点水平投影应呈一直线；

2 应按盘左、盘右两个盘位观测至少一测回，并计算测线两端点的水平距离。

7.8.5 采用全站仪进行隧道全断面扫描收敛监测应符合下列规定：

1 每个断面应设置仪器对中点、定向点和检查点，3点水平投影应呈一直线；

2 应结合断面的剖面结构采集断面数据，断面上每段线型（直线或圆弧）内的有效数据不应少于5个点；

3 宜采用具有无棱镜测距、自动测量功能的全站仪，装载机程序实现自动数据采集，无棱镜测距精度不应低于±3mm；

4 收敛变形数据宜与标准断面进行比较，并以标准断面为基准输出全断面各点向外（拉张）或向内（压缩）变形情况。

7.8.6 矿山法隧道开挖后、盾构法隧道拼装完成后，应及时设置收敛监测点，并进行初始值测量。

7.9 爆破振动监测

7.9.1 爆破振动监测系统由速度传感器或加速度传感器、数据采集仪及数据分析软件组成，速度传感器或加速度传感器可采用垂直、水平单向传感器或三矢量一体传感器。

7.9.2 爆破振动监测传感器的安装应与被测对象之间刚性粘结，并应使传感器的定位方向与所测量的振动方向一致。监测工作中可采用以下方法固定传感器：

1 被测对象为混凝土或坚硬岩石时，宜采用环氧砂浆、环氧树脂胶、石膏或其他高强度粘合剂将传感器固定在混凝土或坚硬岩石表面，也可预埋固定螺栓，将传感器底面与预埋螺栓紧固相连；

2 被测对象为土体时，可先将表面松土夯实，再将传感器直接埋入夯实土体中，并使传感器与土体紧密接触。

7.9.3 仪器安装和连接后应进行监测系统的测试；监测期内整个监测系统应处于良好工作状态。

7.9.4 爆破振动监测仪器量程精度的选择应符合现行国家标准《爆破安全规程》GB 6722的有关规定。

7.10 孔隙水压力监测

7.10.1 孔隙水压力应根据工程测试的目的、土层的渗透性和测试期的长短等条件，选用封闭或开口方式埋设孔隙水压力计进行监测。

7.10.2 孔隙水压力计的量程应满足被测孔隙水压力范围的要求，可取静水压力与超孔隙水压力之和的2倍，精度不宜低于0.5%$F \cdot S$，分辨率不宜低于0.2%$F \cdot S$。

7.10.3 孔隙水压力计的埋设可采用钻孔埋设法、压入埋设法、填埋法等。当在同一测孔中埋设多个孔隙水压力计时，宜采用钻孔埋设法；当在粘性土层中埋设单个孔隙水压力计，宜采用不设反滤料的压入埋设法；在填方工程中宜采用填埋法。

7.10.4 孔隙水压力计应在施工前埋设，并应符合下列规定：

1 孔隙水压力计应进行稳定性、密封性检验和压力标定，并应确定压力传感器的初始值，检验记录、标定资料应齐全；

2 埋设前，传感器透水石应在清水中浸泡饱和，并排除透水石中的气泡；

3 传感器的导线长度应大于设计深度，导线中间不宜有接头，引出地面后应放在集线箱内并编号；

4 当孔内埋设多个孔隙水压力计，监测不同含水层的渗透压力时，应做好相邻孔隙水压力计的隔水措施；

5 埋设后，应记录探头编号、位置并测读初始读数。

7.10.5 采用钻孔法埋设孔隙水压力计时，钻孔应圆直、干净，钻孔直径宜为110mm～130mm，不宜使用泥浆护壁成孔。孔隙水压力计的观测段应回填透水材料，并用干燥膨润土球或注浆封孔。

7.10.6 孔隙水压力监测的同时，应测量孔隙水压力计埋设位置的地下水位。孔隙水压力应根据实测数据，按压力计的换算公式进行计算。

7.11 地下水位监测

7.11.1 地下水位监测宜通过钻孔设置水位观测管，采用测绳、水位计等进行量测。

7.11.2 地下水位应分层观测，水位观测管的滤管位置和长度应与被测含水层的位置和厚度一致，被测含水层与其他含水层之间应采取有效的隔水措施。

7.11.3 水位观测管埋设稳定后应测定孔口高程并计算水位高程。人工观测地下水位的测量精度不宜低于20mm，仪器观测精度不宜低于0.5%$F \cdot S$。

7.11.4 水位观测管的安装应符合下列规定：

1 水位观测管的导管段应顺直，内壁应光滑无阻，接头应采用外箍接头；

2 观测孔孔底宜设置沉淀管；

3 观测孔完成后应进行清洗，观测孔内水位应与地层水位一致，且连通良好。

7.11.5 水位观测管宜至少在工程开始降水前1周埋设，且宜逐日连续观测水位并取得稳定初始值。

7.12 岩土压力监测

7.12.1 基坑支护桩（墙）侧向土压力、盾构法及矿山法隧道围岩压力宜采用界面土压力计进行监测。

7.12.2 土压力计的测试量程可根据预测的压力变化幅度确定，其上限可取设计压力的 2 倍，精度不宜低于 $0.5\%F \cdot S$，分辨率不宜低于 $0.2\%F \cdot S$。

7.12.3 土压力计的埋设可采用埋入式，埋设时应符合下列规定：

　　1 埋设前应对土压力计进行稳定性、密封性检验和压力、温度标定，且检验记录、标定资料应齐全；

　　2 受力面与所监测的压力方向应垂直，并紧贴被监测对象；

　　3 应采取土压力膜保护措施；

　　4 采用钻孔法埋设时，回填应均匀密实，且回填材料宜与周围岩土体一致；

　　5 土压力计导线长度可根据工程监测需要确定，导线中间不应有接头，导线应按一定线路集中于导线箱内；

　　6 应做好完整的埋设记录。

7.12.4 基坑工程开挖前，应至少经过 1 周时间的监测并取得稳定初始值；隧道工程土压力计埋设后应立即进行检查测试，并读取初始值。

7.13 锚杆和土钉拉力监测

7.13.1 锚杆和土钉拉力宜采用测力计、钢筋应力计或应变计进行监测，当使用钢筋束作为锚杆时，宜监测每根钢筋的受力。

7.13.2 测力计、钢筋应力计和应变计的量程宜为设计值的 2 倍，量测精度不宜低于 $0.5\%F \cdot S$，分辨率不宜低于 $0.2\%F \cdot S$。

7.13.3 锚杆张拉设备仪表应与锚杆测力计仪表相互标定。

7.13.4 锚杆或土钉施工完成后应对测力计、钢筋应力计或应变计进行检查测试，并应将下一层土方开挖前连续 2d 获得的稳定测试数据的平均值作为其初始值。

7.14 结构应力监测

7.14.1 结构应力可通过安装在结构内部或表面的应变计或应力计进行量测。

7.14.2 混凝土构件可采用钢筋应力计、混凝土应变计、光纤传感器等进行监测；钢构件可采用轴力计或应变计等进行监测。

7.14.3 结构应力监测应排除温度变化等因素的影响，且钢筋混凝土结构应排除混凝土收缩、徐变以及裂缝的影响。

7.14.4 结构应力监测传感器埋设前应进行标定和编号，埋设后导线应引至适宜监测操作处，导线端部应做好防护措施。

7.14.5 钢筋应力计或应变计的量程宜为设计值的 2 倍，精度不宜低于 $0.25\%F \cdot S$。

7.15 现场巡查

7.15.1 现场巡查可采用人工目测的方法，并辅助以量尺、锤、放大镜、照相机、摄像机等器具。

7.15.2 巡查人员应以填表、拍照或摄像等方式将观测到的有关信息和现象进行记录，可按本规范附录 C 的要求填写巡查记录，并应及时整理巡查信息。

7.15.3 巡查信息应与仪器监测数据进行对比分析，发现异常或险情时，应按规定程序及时通知建设方及相关单位。

7.16 远程视频监控

7.16.1 远程视频监控系统应包括前端采集、数据传输、显示等三个部分。

7.16.2 远程视频监控系统应能实现监视、录像、回放、备份、报警及网络浏览等功能。

7.16.3 实况图像宜采用可通过遥控进行变焦和扫视，俯仰的摄像头，摄像头、拾音器等应安装在便于取景和录音的安全部位，并应采取防撞、防水等保护措施。

7.16.4 视频信号和音频信号可采用无线发送设备或通过有线网络传送到管理部门的监视器中，同时应采用硬盘机或其他大容量的媒介记录图像和声音。

8 监 测 频 率

8.1 一 般 规 定

8.1.1 监测频率应根据施工方法、施工进度、监测对象、监测项目、地质条件等情况和特点，并结合当地工程经验进行确定。

8.1.2 监测频率应使监测信息及时、系统地反映施工工况及监测对象的动态变化，并宜采取定时监测。

8.1.3 对穿越既有轨道交通和重要建（构）筑物等周边环境风险等级为一级的工程，在穿越施工过程中，应提高监测频率，并宜对关键监测项目进行实时监测。

8.1.4 施工降水、岩土体注浆加固等工程措施对周边环境产生影响时，应根据环境的重要性和预测的影响程度确定监测频率。

8.1.5 工程施工期间，现场巡查每天不宜少于一次，并应做好巡查记录，在关键工况、特殊天气等情况下应增加巡查次数。

8.1.6 当遇到下列情况时，应提高监测频率：

　　1 监测数据异常或变化速率较大；

　　2 存在勘察未发现的不良地质条件，且影响工程安全；

　　3 地表、建（构）筑物等周边环境发生较大沉降、不均匀沉降；

4 盾构始发、接收以及停机检修或更换刀具期间；

5 矿山法隧道断面变化及受力转换部位；

6 工程出现异常；

7 工程险情或事故后重新组织施工；

8 暴雨或长时间连续降雨；

9 邻近工程施工、超载、振动等周边环境条件较大改变；

10 当出现本规范第9.1.5条和第9.1.6条规定的警情时。

8.1.7 施工阶段工程监测应贯穿工程施工全过程，满足下列条件时，可结束监测工作：

1 基坑回填完成或矿山法隧道进行二次衬砌施工后，可结束支护结构的监测工作；

2 盾构法隧道完成贯通、设备安装施工后，可结束管片结构的监测工作；

3 支护结构监测结束后，且周围岩土体和周边环境变形趋于稳定时，可结束监测工作；

4 满足设计要求结束监测工作的条件。

8.1.8 建（构）筑物变形稳定标准应符合现行行业标准《建筑变形测量规范》JGJ 8 的有关规定，道路、地下管线等其他周边环境的变形稳定标准宜根据地方经验或评估结果确定。

8.2 监测频率要求

Ⅰ 明挖法和盖挖法

8.2.1 明挖法和盖挖法基坑工程施工中支护结构、周围岩土体和周边环境的监测频率可按表8.2.1确定。

表 8.2.1 明挖法和盖挖法基坑工程监测频率

施工工况		基坑设计深度（m）				
		≤5	5～10	10～15	15～20	>20
基坑开挖深度（m）	≤5	1次/1d	1次/2d	1次/3d	1次/3d	1次/3d
	5～10	—	1次/1d	1次/2d	1次/2d	1次/2d
	10～15	—	—	1次/1d	1次/1d	1次/1d
	15～20	—	—	—	(1次～2次)/1d	(1次～2次)/1d
	>20	—	—	—	—	2次/1d

注：1 基坑工程开挖前的监测频率应根据工程实际需要确定；

2 底板浇筑后可根据监测数据变化情况调整监测频率；

3 支撑结构拆除过程中及拆除完成后3d内监测频率应适当增加。

8.2.2 对于竖井井壁支护结构净空收敛监测频率，在竖井开挖及井壁支护结构施工期间应1次/1d，竖井井壁支护结构整体完成7d后宜1次/2d，30d后宜1次/7d，经数据分析确认井壁净空收敛达到稳定后可1次/(15d～30d)。

8.2.3 坑底隆起（回弹）监测不应少于3次，并应在基坑开挖之前、基坑开挖完成后、浇筑基础混凝土之前各进行1次监测，当基坑开挖完成至基础施工的间隔时间较长时，应增加监测次数。

Ⅱ 盾 构 法

8.2.4 盾构法隧道工程施工中隧道管片结构、周围岩土体和周边环境的监测频率可按表8.2.4确定。

表 8.2.4 盾构法隧道工程监测频率

监测部位	监测对象	开挖面至监测点或监测断面的距离	监测频率
开挖面前方	周围岩土体和周边环境	5D<L≤8D	1次/(3d～5d)
		3D<L≤5D	1次/2d
		L≤3D	1次/1d
开挖面后方	管片结构、周围岩土体和周边环境	L≤3D	(1次～2次)/1d
		3D<L≤8D	1次/(1d～2d)
		L>8D	1次/(3d～7d)

注：1 D——盾构法隧道开挖直径（m），L——开挖面至监测点或监测断面的水平距离（m）；

2 管片结构位移、净空收敛宜在衬砌环脱出盾尾且能通视时进行监测；

3 监测数据趋于稳定后，监测频率宜为1次/(15d～30d)。

Ⅲ 矿 山 法

8.2.5 矿山法隧道工程施工中隧道初期支护结构、周围岩土体和周边环境的监测频率可按表8.2.5确定。

表 8.2.5 矿山法隧道工程监测频率

监测部位	监测对象	开挖面至监测点或监测断面的距离	监测频率
开挖面前方	周围岩土体和周边环境	2B<L≤5B	1次/2d
		L≤2B	1次/1d
开挖面后方	初期支护结构、周围岩土体和周边环境	L≤1B	(1次～2次)/1d
		1B<L≤2B	1次/1d
		2B<L≤5B	1次/2d
		L>5B	1次/(3d～7d)

注：1 B——矿山法隧道或导洞开挖宽度（m），L——开挖面至监测点或监测断面的水平距离（m）；

2 当拆除临时支撑时应增大监测频率；

3 监测数据趋于稳定后，监测频率宜为1次/(15d～30d)。

8.2.6 对于车站中柱竖向位移及结构应力的监测频率，土体开挖时宜为1次/1d，结构施工时宜为（1

次～2次)/7d。

8.2.7 地下水位监测频率应根据水文地质条件复杂程度、施工工况、地下水对工程的影响程度以及地下水控制要求等进行确定,监测频率宜为1次/(1d～2d)。

Ⅴ 爆 破 振 动

8.2.8 钻爆法施工首次爆破时,对所需监测的周边环境对象均应进行爆破振动监测,以后应根据第一次爆破监测结果并结合环境对象特点确定监测频率。重要建(构)筑物、桥梁等高风险环境对象每次爆破均应进行监测。

9 监测项目控制值和预警

9.1 一 般 规 定

9.1.1 城市轨道交通工程监测应根据工程特点、监测项目控制值、当地施工经验等制定监测预警等级和预警标准。

9.1.2 城市轨道交通地下工程施工图设计文件应明确监测项目的控制值,并应符合下列规定:

1 监测项目控制值应根据不同施工方法特点、周围岩土体特征、周边环境保护要求并结合当地工程经验进行确定,并应满足监测对象的安全状态得到合理、有效控制的要求;

2 支护结构监测项目控制值应根据工程监测等级、支护结构特点及设计计算结果等进行确定;

3 周边环境监测项目控制值应根据环境对象的类型与特点、结构形式、变形特征、已有变形、正常使用条件及国家现行有关标准的规定,并结合环境对象的重要性、易损性及相关单位的要求等进行确定;

4 对重要的、特殊的或风险等级较高的环境对象的监测项目控制值,应在现状调查与检测的基础上,通过分析计算或专项评估进行确定;

5 周围地表沉降等岩土体变形控制值应根据岩土体的特性,结合支护结构工程自身风险等级和周边环境安全风险等级等进行确定;

6 监测等级高、工况条件复杂的工程,宜针对不同的工况条件确定监测项目控制值,按工况条件控制监测对象的状态。

9.1.3 监测项目控制值应按监测项目的性质分为变形监测控制值和力学监测控制值。变形监测控制值应包括变形监测数据的累计变化值和变化速率值;力学监测控制值宜包括力学监测数据的最大值和最小值。

9.1.4 城市轨道交通工程监测应根据监测预警等级和预警标准建立预警管理制度,预警管理制度应包括不同预警等级的警情报送对象、时间、方式和流程等。

9.1.5 城市轨道交通工程施工过程中,当监测数据达到预警标准时,必须进行警情报送。

9.1.6 现场巡查过程中发现下列警情之一时,应根据警情紧急程度、发展趋势和造成后果的严重程度按预警管理制度进行警情报送:

1 基坑、隧道支护结构出现明显变形、较大裂缝、断裂、较严重渗漏水、隧道底鼓,支撑出现明显变位或脱落、锚杆出现松弛或拔出等;

2 基坑、隧道周围岩土体出现涌砂、涌土、管涌,较严重渗漏水、突水,滑移、坍塌,基底较大隆起等;

3 周边地表出现突然明显沉降或较严重的突发裂缝、坍塌等;

4 建(构)筑物、桥梁等周边环境出现危害正常使用功能或结构安全的过大沉降、倾斜、裂缝等;

5 周边地下管线变形突然明显增大或出现裂缝、泄漏等;

6 根据当地工程经验判断应进行警情报送的其他情况。

9.2 支护结构和周围岩土体

9.2.1 明挖法和盖挖法基坑支护结构和周围岩土体的监测项目控制值应根据工程地质条件、基坑设计参数、工程监测等级及当地工程经验等确定,当无地方经验时,可按表9.2.1-1和表9.2.1-2确定。

9.2.2 盾构法隧道管片结构竖向位移、净空收敛和地表沉降控制值应根据工程地质条件、隧道设计参数、工程监测等级及当地工程经验等确定,当无地方经验时,可按表9.2.2-1和表9.2.2-2确定。

表9.2.1-1 明挖法和盖挖法基坑支护结构和周围岩土体监测项目控制值

监测项目	支护结构类型、岩土类型	工程监测等级一级			工程监测等级二级			工程监测等级三级		
		累计值(mm)		变化速率(mm/d)	累计值(mm)		变化速率(mm/d)	累计值(mm)		变化速率(mm/d)
		绝对值	相对基坑深度(*H*)值		绝对值	相对基坑深度(*H*)值		绝对值	相对基坑深度(*H*)值	
支护桩(墙)顶竖向位移	土钉墙、型钢水泥土墙	—	—	—	—	—	—	30～40	0.5%～0.6%	4～5
	灌注桩、地下连续墙	10～25	0.1%～0.15%	2～3	20～30	0.15%～0.3%	3～4	20～30	0.15%～0.3%	3～4

监测项目	支护结构类型、岩土类型		工程监测等级一级 累计值(mm) 绝对值	工程监测等级一级 累计值(mm) 相对基坑深度(H)值	工程监测等级一级 变化速率(mm/d)	工程监测等级二级 累计值(mm) 绝对值	工程监测等级二级 累计值(mm) 相对基坑深度(H)值	工程监测等级二级 变化速率(mm/d)	工程监测等级三级 累计值(mm) 绝对值	工程监测等级三级 累计值(mm) 相对基坑深度(H)值	工程监测等级三级 变化速率(mm/d)
支护桩(墙)顶水平位移	土钉墙、型钢水泥土墙		—	—	—	—	—	—	30~60	0.6%~0.8%	5~6
支护桩(墙)顶水平位移	灌注桩、地下连续墙		15~25	0.1%~0.15%	2~3	20~30	0.15%~0.3%	3~4	20~40	0.2%~0.4%	3~4
支护桩(墙)体水平位移	型钢水泥土墙	坚硬~中硬土	—	—	—	—	—	—	40~50	0.4%	6
支护桩(墙)体水平位移	型钢水泥土墙	中软~软弱土	—	—	—	—	—	—	50~70	0.7%	6
支护桩(墙)体水平位移	灌注桩、地下连续墙	坚硬~中硬土	20~30	0.15%~0.2%	2~3	30~40	0.2%~0.4%	3~4	30~40	0.2%~0.4%	4~5
支护桩(墙)体水平位移	灌注桩、地下连续墙	中软~软弱土	30~50	0.2%~0.3%	2~4	40~60	0.3%~0.5%	3~4	50~70	0.5%~0.7%	4~6
地表沉降	坚硬~中硬土		20~30	0.15%~0.2%	2~4	25~35	0.2%~0.3%	3~4	30~40	0.3%~0.4%	2~4
地表沉降	中软~软弱土		20~40	0.2%~0.3%	2~4	30~50	0.3%~0.5%	3~5	40~60	0.4%~0.6%	4~6
立柱结构竖向位移			10~20		2~3	10~20		2~3	10~20		2~3
支护墙结构应力 立柱结构应力			$(60\%\sim70\%)f$			$(70\%\sim80\%)f$			$(70\%\sim80\%)f$		
支撑轴力 锚杆拉力			最大值: $(60\%\sim70\%)f$ 最小值: $(80\%\sim100\%)f_y$			最大值: $(70\%\sim80\%)f$ 最小值: $(80\%\sim100\%)f_y$			最大值: $(70\%\sim80\%)f$ 最小值: $(80\%\sim100\%)f_y$		

注: 1　H——基坑设计深度,f——构件的承载能力设计值,f_y——支撑、锚杆的预应力设计值;

2　累计值应按表中绝对值和相对基坑深度(H)值两者中的小值取用;

3　支护桩(墙)顶隆起控制值宜为 20mm;

4　嵌岩的灌注桩或地下连续墙控制值可按表中数值的 50% 取用。

表 9.2.1-2　竖井井壁支护结构净空收敛监测项目控制值

监测项目	累计值(mm)	变化速率(mm/d)
竖井井壁支护结构净空收敛	30	2

表 9.2.2-1　盾构法隧道管片结构竖向位移、净空收敛监测项目控制值

监测项目及岩土类型		累计值(mm)	变化速率(mm/d)
管片结构沉降	坚硬~中硬土	10~20	2
管片结构沉降	中软~软弱土	20~30	3
管片结构差异沉降		$0.04\%L_s$	
管片结构净空收敛		$0.2\%D$	3

注:L_s——沿隧道轴向两监测点间距,D——隧道开挖直径。

表 9.2.2-2　盾构法隧道地表沉降监测项目控制值

监测项目及岩土类型		工程监测等级 一级 累计值(mm)	工程监测等级 一级 变化速率(mm/d)	工程监测等级 二级 累计值(mm)	工程监测等级 二级 变化速率(mm/d)	工程监测等级 三级 累计值(mm)	工程监测等级 三级 变化速率(mm/d)
地表沉降	坚硬~中硬土	10~20	3	20~30	4	30~40	4
地表沉降	中软~软弱土	15~25	3	25~35	4	35~45	5
地表隆起		10	3	10	3	10	3

注:本表主要适用于标准断面的盾构法隧道工程。

9.2.3　矿山法隧道支护结构变形、地表沉降控制值应根据工程地质条件、隧道设计参数、工程监测等级及当地工程经验等确定,当无地方经验时,可按表9.2.3-1 和表 9.2.3-2 确定。

**表 9.2.3-1 矿山法隧道支护结构变形
监测项目控制值**

监测项目及区域		累计值（mm）	变化速率（mm/d）
拱顶沉降	区间	10～20	3
	车站	20～30	
底板竖向位移		10	2
净空收敛		10	2
中柱竖向位移		10～20	2

表 9.2.3-2 矿山法隧道地表沉降监测项目控制值

监测等级及区域		累计值（mm）	变化速率（mm/d）
一级	区间	20～30	3
	车站	40～60	4
二级	区间	30～40	4
	车站	50～70	4
三级	区间	30～40	4

注：1 表中数值适用于土的类型为中软土、中硬土及坚
硬土中的密实砂卵石地层；
2 大断面区间的地表沉降监测控制值可参照车站
执行。

9.3 周边环境

9.3.1 建（构）筑物监测项目控制值的确定应符合
下列规定：

1 建（构）筑物监测项目控制值应在调查分析
建（构）筑物使用功能、建筑规模、修建年代、结构
形式、基础类型、地质条件等的基础上，结合其与工
程的空间位置关系、已有沉降、差异沉降和倾斜以及
当地工程经验进行确定，并应符合现行国家标准《建
筑地基基础设计规范》GB 50007 的有关规定；

2 对风险等级为一级、二级的建（构）筑物，
宜通过结构检测、计算分析和安全性评估等确定建
（构）筑物的沉降、差异沉降和倾斜控制值；

3 当无地方工程经验时，对于风险等级较低且无
特殊要求的建（构）筑物，沉降控制值宜为 10mm～
30mm，变化速率控制值宜为 1mm/d～3mm/d，差异
沉降控制值宜为 $0.001l$～$0.002l$（l 为相邻基础的中
心距离）。

9.3.2 桥梁监测项目控制值的确定应符合下列规定：

1 桥梁监测项目控制值应在调查分析桥梁规模、
结构形式、基础类型、建筑材料、养护情况等的基础
上，结合其与工程的空间位置关系、已有沉降、差异
沉降和倾斜以及当地工程经验进行确定，并应符合现
行行业标准《城市桥梁养护技术规范》CJJ 99 的有关
规定；

2 桥梁的沉降、差异沉降和倾斜控制值宜通过
结构检测、计算分析和安全性评估确定。

9.3.3 地下管线监测项目控制值的确定应符合下列
规定：

1 地下管线监测项目控制值应在调查分析管线
功能、材质、工作压力、管径、接口形式、埋置深
度、铺设方法、铺设年代等的基础上，结合其与工程
的空间位置关系和当地工程经验进行确定；

2 对风险等级较高的地下管线，宜通过专项调
查、计算分析和安全性评估确定其沉降和差异沉降控
制值；

3 当无地方工程经验时，对风险等级较低且无
特殊要求的地下管线沉降及差异沉降控制值可按表
9.3.3 确定。

表 9.3.3 地下管线沉降及差异沉降控制值

管线类型	沉　降		差异沉降（mm）
	累计值（mm）	变化速率（mm/d）	
燃气管道	10～30	2	$0.3\%L_g$
雨污水管	10～20	2	$0.25\%L_g$
供水管	10～30	2	$0.25\%L_g$

注：1 燃气管道的变形控制值适用于 100mm～400mm 的
管径；
2 L_g——管节长度。

9.3.4 高速公路与城市道路监测项目控制值的确定
应符合下列规定：

1 高速公路与城市道路监测项目控制值应在调
查分析道路等级、路基路面材料、道路现状情况和养
护周期等的基础上，结合其与工程的空间位置关系和
当地工程经验等进行确定，并应符合现行行业标准
《公路沥青路面养护技术规范》JTJ 073.2 和《公路水
泥混凝土路面养护技术规范》JTJ 073.1 的有关规定；

2 对风险等级较高或有特殊要求的高速公路与
城市道路，宜通过现场探测和安全性评估等确定其沉
降控制值；

3 当无地方工程经验时，对风险等级较低且无
特殊要求的高速公路与城市道路，路基沉降控制值可
按表 9.3.4 确定。

表 9.3.4 路基沉降控制值

监测项目		累计值（mm）	变化速率（mm/d）
路基沉降	高速公路、城市主干道	10～30	3
	一般城市道路	20～40	3

9.3.5 城市轨道交通既有线监测项目控制值的确定
应符合下列规定：

1 城市轨道交通既有线监测项目控制值应在调查分析地质条件、线路结构形式、轨道结构形式、线路现状情况等的基础上，结合其与工程的空间位置关系、当地工程经验，进行必要的结构检测、计算分析和安全性评估后确定；

2 城市轨道交通既有线路结构及轨道几何形位的监测项目控制值应符合现行国家标准《地铁设计规范》GB 50157 的有关规定，并应满足线路维修的要求；

3 当无地方工程经验时，城市轨道交通既有线隧道结构变形控制值可按表 9.3.5 确定。

表 9.3.5 城市轨道交通既有线隧道结构变形控制值

监测项目	累计值（mm）	变化速率（mm/d）
隧道结构沉降	3～10	1
隧道结构上浮	5	1
隧道结构水平位移	3～5	1
隧道差异沉降	0.04%L_s	—
隧道结构变形缝差异沉降	2～4	1

注：L_s——沿隧道轴向两监测点间距。

4 城市轨道交通既有线高架线路、地面线路监测控制值应符合本规范第 9.3.2 条、第 9.3.6 条的规定。

9.3.6 既有铁路监测项目控制值的确定应符合下列规定：

1 既有铁路监测项目控制值应符合本规范第 9.3.5 条第 1 款的规定，对高速铁路应在专项评估后确定；

2 既有铁路线路结构及轨道几何形位的监测项目控制值应符合现行行业标准《铁路轨道工程施工质量验收标准》TB 10413 的有关规定，并应满足线路维修的要求；

3 当无地方工程经验时，对风险等级较低且无特殊要求的既有铁路路基沉降控制值可按表 9.3.6 确定，且路基差异沉降控制值宜小于 0.04%L_t（L_t 为沿铁路走向两监测点间距）。

表 9.3.6 既有铁路路基沉降控制值

监测项目		累计值（mm）	变化速率（mm/d）
路基沉降	整体道床	10～20	1.5
	碎石道床	20～30	1.5

9.3.7 爆破振动监测项目控制值包括峰值振动速度值和主振频率值，应符合现行国家标准《爆破安全规程》GB 6722 的有关规定。

10 线路结构变形监测

10.1 一般规定

10.1.1 城市轨道交通工程施工及运营期间，应对其线路中的隧道、高架桥梁、路基和轨道结构及重要的附属结构等进行竖向位移监测，并宜对隧道结构进行净空收敛监测。

10.1.2 线路结构变形监测应根据线路结构形式、地质与环境条件，结合运营安全管理的要求编制监测方案，监测方案中宜包括施工阶段延续的监测项目。

10.1.3 遇到下列情况时，应对相关区段的线路结构进行变形监测，并应编制专项监测方案：

1 不良地质作用对线路结构的安全有影响的区段；

2 存在软土、膨胀性土、湿陷性土等特殊性岩土，且对线路结构的安全可能带来不利影响的区段；

3 因地基变形使线路结构产生不均匀沉降、裂缝的区段；

4 地震、堆载、卸载、列车振动等外力作用对线路结构或路基产生较大影响的区段；

5 既有线路保护区范围内有工程建设的区段；

6 采用新的施工技术、基础形式或设计方法的线路结构等。

10.1.4 重要地段的城市轨道交通线路结构监测宜采用远程自动化的监测方法。

10.1.5 附属结构、车辆基地的重要厂房等建（构）筑物的监测应符合现行行业标准《建筑变形测量规范》JGJ 8 的有关规定。

10.2 线路结构监测要求

10.2.1 隧道、路基的竖向位移监测点的布设应符合下列规定：

1 在直线地段宜每 100m 布设 1 个监测点；

2 在曲线地段宜每 50m 布设 1 个监测点，在直缓、缓圆、曲线中点、圆缓、缓直等部位应有监测点控制；

3 道岔区宜在道岔理论中心、道岔前端、道岔后端、辙叉理论中心等结构部位各布设 1 个监测点，道岔前后的线路应加密监测点；

4 线路结构的沉降缝和变形缝、车站与区间衔接处、区间与联络通道衔接处、附属结构与线路结构衔接处等，应有监测点或监测断面控制；

5 隧道、高架桥梁与路基之间的过渡段应有监测点或监测断面控制；

6 地基或围岩采用加固措施的轨道交通线路结构或附属结构部位应布设监测点或监测断面；

7 线路结构存在病害或处在软土地基等区段时，

应根据实际情况布设监测点。

10.2.2 高架桥梁的每一桥墩均宜布设竖向位移监测点。

10.2.3 基准点的位置或数量应根据整条线路情况统筹考虑，利用施工阶段布设的基准点时，应检查基准点的可靠性。

10.2.4 线路结构监测频率应符合下列规定：

　　1 线路结构施工和试运行期间的监测频率宜每 1 个月～2 个月监测 1 次，当线路结构变形较大或地基承受的荷载发生较大变化时，应增加监测次数；

　　2 线路运营第一年内的监测频率宜每 3 个月监测 1 次，第二年宜每 6 个月监测 1 次，以后宜每年监测 1 次～2 次；

　　3 线路结构存在病害或处在软土地基等区段时，应根据实际情况提高监测频率。

11　监测成果及信息反馈

11.0.1 工程监测成果资料应完整、清晰、签字齐全，监测成果应包括现场监测资料、计算分析资料、图表、曲线、文字报告等。

11.0.2 现场监测资料宜包括外业观测记录、现场巡查记录、记事项目以及仪器、视频等电子数据资料。外业观测记录、现场巡查记录和记事项目应在现场直接记录在正式的监测记录表格中，监测记录表格中应有相应的工况描述。

11.0.3 取得现场监测资料后，应及时对监测资料进行整理、分析和校对，监测数据出现异常时，应分析原因，必要时应进行现场核对或复测。

11.0.4 对监测数据应及时计算累计变化值、变化速率值，并绘制时程曲线，必要时绘制断面曲线图、等值线图等，并应根据施工工况、地质条件和环境条件分析监测数据的变化原因和变化规律，预测其发展趋势。

11.0.5 监测报告可分为日报、警情快报、阶段性报告和总结报告。监测报告应采用文字、表格、图形、照片等形式，表达直观、明确。监测报告宜包括下列内容：

　　1 日报

　　1）工程施工概况；

　　2）现场巡查信息：巡查照片、记录等；

　　3）监测项目日报表：仪器型号、监测日期、观测时间、天气情况、监测项目的累计变化值、变化速率值、控制值、监测点平面位置图等，可采用本规范附录 D 的样式；

　　4）监测数据、现场巡查信息的分析与说明；

　　5）结论与建议。

　　2 警情快报

　　1）警情发生的时间、地点、情况描述、严重程度、施工工况等；

　　2）现场巡查信息：巡查照片、记录等；

　　3）监测数据图表：监测项目的累计变化值、变化速率值、监测点平面位置图；

　　4）警情原因初步分析；

　　5）警情处理措施建议。

　　3 阶段性报告

　　1）工程概况及施工进度；

　　2）现场巡查信息：巡查照片、记录等；

　　3）监测数据图表：监测项目的累计变化值、变化速率值、时程曲线、必要的断面曲线图、等值线图、监测点平面位置图等；

　　4）监测数据、巡查信息的分析与说明；

　　5）结论与建议。

　　4 总结报告

　　1）工程概况；

　　2）监测目的、监测项目和监测依据；

　　3）监测点布设；

　　4）采用的仪器型号、规格和元器件标定资料；

　　5）监测数据采集和观测方法；

　　6）现场巡查信息：巡查照片、记录等；

　　7）监测数据图表：监测值、累计变化值、变化速率值、时程曲线、必要的断面曲线图、等值线图、监测点平面位置图等；

　　8）监测数据、巡查信息的分析与说明；

　　9）结论与建议。

11.0.6 监测数据的处理与信息反馈宜利用专门的工程监测数据处理与信息管理系统软件，实现数据采集、处理、分析、查询和管理的一体化以及监测成果的可视化。

11.0.7 监测日报、警情快报、阶段性报告和总结报告应按规定的格式和内容，及时向相关单位报送。

附录 A　监测项目代号和图例

A.0.1 监测项目代号和图例应具有唯一性。

A.0.2 工程监测断面、监测点编号应结合监测项目及其图例，按工点统一编制。监测点编号宜符合下列规定：

　　1 监测点编号组成格式宜由监测项目代号与监测点序列号共同组成；

　　2 监测项目代号宜采用大写英文字母的形式表示；

　　3 监测点序列号宜采用阿拉伯数字并按一定的顺序或方向进行编号。

A.0.3 支护结构监测项目代号和图例宜符合表 A.0.3-1～表 A.0.3-3 的规定。

表 A.0.3-1　明挖法和盖挖法的基坑支护结构监测项目代号和图例

监测项目	项目代号	图例
支护桩（墙）、边坡顶部水平位移	ZQS	
支护桩（墙）、边坡顶部竖向位移	ZQC	
支护桩（墙）体水平位移	ZQT	
支护桩（墙）结构应力	ZQL	
立柱结构竖向位移	LZC	
立柱结构水平位移	LZS	
立柱结构应力	LZL	
支撑轴力	ZCL	
顶板应力	DBL	
锚杆拉力	MGL	
土钉拉力	TDL	
竖井井壁支护结构净空收敛	SJJ	

表 A.0.3-2　盾构法隧道管片结构监测项目代号和图例

监测项目	项目代号	图例
管片结构竖向位移	GGC	
管片结构水平位移	GGS	
管片结构净空收敛	GGJ	
管片结构应力、管片连接螺栓应力	GGL	

表 A.0.3-3　矿山法支护结构监测项目代号和图例

监测项目	项目代号	图例
初期支护结构拱顶沉降	GDC	
初期支护结构底板竖向位移	DBS	
初期支护结构净空收敛、隧道拱脚竖向位移	JKJ	
中柱结构竖向位移、倾斜	ZZC	
中柱结构应力	ZNL	
初期支护结构、二次衬砌应力	ZHL	

A.0.4　周围岩土体监测项目代号和图例宜符合表 A.0.4 的规定。

表 A.0.4　周围岩土体监测项目代号和图例

监测项目	项目代号	图例
地表沉降	DBC	
土体深层水平位移	TST	
土体分层竖向位移	TCC	
坑底隆起（回弹）	KDC	
支护桩（墙）侧向土压力、管片围岩压力、围岩压力	WTL	
地下水位	DSW	
孔隙水压力	KSL	

A.0.5　周边环境监测项目代号和图例宜符合表 A.0.5 的规定。

表 A.0.5　周边环境监测项目代号和图例

监测项目	项目代号	图例
建（构）筑物、桥梁墩台、挡墙竖向位移	JGC	
建（构）筑物、地下管线、桥梁墩台差异沉降	JGY	
隧道结构竖向位移、轨道结构（道床）竖向位移	SGC	●
建（构）筑物、隧道结构水平位移	JGS	
隧道结构变形缝差异沉降	JGK	
轨道静态几何形位（轨距、轨向、高低、水平）	GDX	
建（构）筑物倾斜	JGQ	◑
桥梁墩柱倾斜、挡墙倾斜	QGQ	
建（构）筑物裂缝	JGF	◖
桥梁裂缝	QGF	
隧道、轨道结构裂缝	SGF	
地下管线竖向位移	GXC	▽（带内实心倒三角）
地下管线水平位移	GXS	
路面竖向位移	LMC	▼
路基竖向位移	LJC	
桥梁梁板应力	LBL	■
爆破振动	BPZ	○

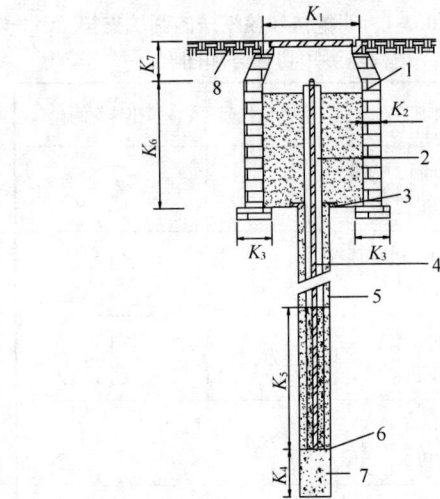

图 B.0.1　深埋钢管水准基准点标石
1—保护井；2—外管；3—外管悬空卡子；4—内管；5—钻孔（内填）；6—基点底靴；7—钻孔底；8—地面；K_1—井盖直径；K_2—井壁厚度；K_3—井底垫圈宽度；K_4—钻孔底封堵厚度；K_5—基点底靴厚度；K_6—井底垫圈面距基点顶部高度；K_7—基准点顶部距井盖顶高度

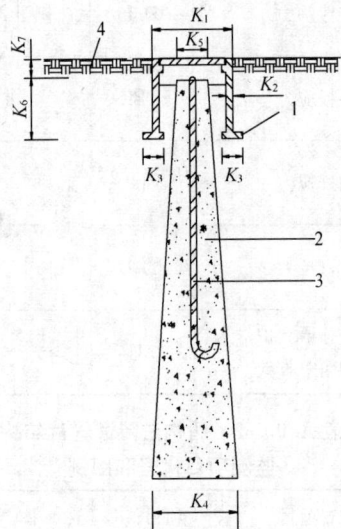

图 B.0.2　平面基准点标石
1—保护井；2—混凝土底座；3—钢标志点；4—地面；K_1—井盖直径；K_2—井壁厚度；K_3—井底垫圈宽度；K_4—混凝土基石底直径；K_5—混凝土基石顶直径；K_6—井底垫圈面距监测点顶部高度；K_7—基准点顶部距井盖顶高度

附录 B　基准点、监测点的埋设

B.0.1 深埋钢管水准基准点标石的埋设（图B.0.1），应符合下列规定：

1 保护井壁宜采用砖砌，井壁厚度宜为240mm，井底垫圈宽度宜为370mm，井深宜为1000mm；井盖宜采用钢质材料，井盖直径宜为800mm；井口标高宜与地面标高相同；

2 基准点应分为内管和外管，且外管直径宜为75mm，内管直径宜为30mm，基准点顶部距离井盖顶宜为300mm，井底垫圈面距基准点顶部高度宜为700mm；

3 基准点宜采用钻机钻孔的方式埋设，基准点底部埋设深度应至相对稳定的土层，钻孔底封堵厚度宜为360mm，基点底靴厚度宜为1000mm。

B.0.2 平面基准点标石的埋设（图B.0.2），应符合下列规定：

1 保护井壁宜采用钢质材料，井壁厚度宜为10mm，井底垫圈宽度宜为50mm，井深宜为200mm～300mm；井盖宜采用钢质材料，井盖直径宜为200mm，井口标高宜与地面标高相同；

2 平面基准点标志宜采用加工成"L"形的钢筋置入混凝土基石中，钢筋直径宜为25mm，顶部可刻划成"十"字或镶嵌直径1mm的铜芯；混凝土基石上部直径宜为100mm，下部直径为300mm，基准点顶部距离井盖顶宜为50mm；

3 平面基准点可采用人工开挖或钻机钻孔的方

式埋设，基准点底部埋设深度应至相对稳定的土层。

B.0.3 支护桩（墙）、边坡顶部水平位移监测点的埋设（图 B.0.3-1、图 B.0.3-2），应符合下列规定：

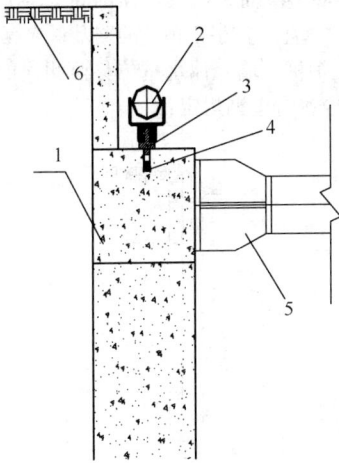

图 B.0.3-1 支护桩（墙）顶水平位移监测点
1—冠梁；2—测量装置；3—连接杆件；
4—固定螺栓；5—支撑；6—地面

1 支护桩（墙）顶水平位移监测点宜采用在基坑冠梁上设置强制对中的观测标志的形式，双测装置宜采用连接杆件与冠梁上埋设的固定螺栓连接，连接杆件尺寸与固定螺栓规格可根据采用的测量装置尺寸要求加工；

2 基坑边坡顶部水平位移监测点宜采用混凝土标石，用于观测标志的螺纹钢直径宜为 18mm～22mm，长度宜为 200mm～400mm；混凝土标石上部直径宜为 100mm，下部直径宜为 200mm，底部埋置深度宜为 300mm～500mm，顶部宜根据现场情况采取有效的保护措施。

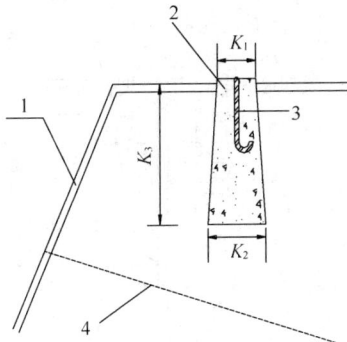

图 B.0.3-2 基坑边坡顶水平位移监测点
1—基坑边坡；2—混凝土标石；3—标志钢筋；
4—锚杆或土钉；K_1—混凝土标石顶直径；
K_2—混凝土标石底直径；K_3—混凝土
基石底距硬化地面高度

B.0.4 建（构）筑物竖向位移监测点的埋设（图 B.0.4），应符合下列规定：

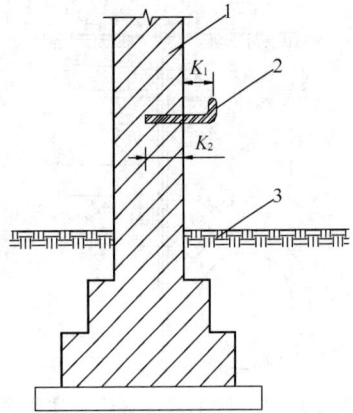

图 B.0.4 建（构）筑物竖向位移监测点
1—砖墙或钢筋混凝土结构；2—监测点；3—地面；
K_1—监测点与建（构）筑物外表面距离；
K_2—监测点埋入结构深度

1 建（构）筑物竖向位移监测点埋设宜采用"L"形螺纹钢，钢筋直径宜为 18mm～22mm，外露端顶部宜加工成球形；

2 标志宜采用钻孔埋入的方式，周边空隙用锚固剂回填密实，标志点的高度宜位于地面以上 300mm；

3 螺纹钢外露端顶部与建（构）筑物外表面的距离宜为 30mm～40mm，螺纹钢埋入结构长度宜为墙体厚度的 1/3～1/2。

B.0.5 地下管线监测点的埋设（图 B.0.5-1、图 B.0.5-2），应符合下列规定：

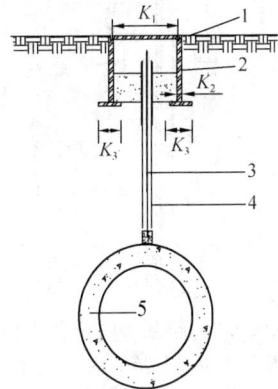

图 B.0.5-1 地下管线位移杆式直接监测点
1—地面；2—保护井；3—测杆；4—保护管；5—管线；
K_1—保护井盖直径；K_2—保护井井壁厚度；
K_3—井底垫圈宽度

1 地下管线管顶竖向位移监测点宜采用测杆形式埋设于管线顶部结构上，测杆底端宜采用混凝土与管线结构或周边土体固定，测杆外应加保护管，保护管外侧应回填密实；

2 地下管线管侧土体监测点宜采用测杆形式埋设于管线外侧土体中，测杆底端宜与管线底标高一致，并宜采用混凝土与管线周边土体固定，测杆外应

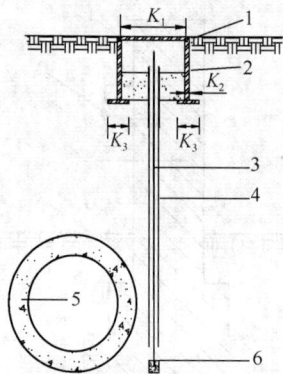

图 B.0.5-2 地下管线管侧土体监测点
1—地面；2—保护井；3—测杆；
4—保护管；5—管线；6—混凝土块；
K_1—保护井盖直径；K_2—保护井井壁厚度；
K_3—井底垫圈宽度

加保护管，保护管外侧应回填密实；

3 保护井壁宜采用钢质材料，井壁厚度宜为10mm，井底垫圈宽度宜为50mm，井深宜为200mm～300mm；井盖宜采用钢质材料，井盖直径宜为150mm，井口标高宜与地面标高相同。

B.0.6 高速公路、城市道路的路基竖向位移监测点的埋设（图 B.0.6），应符合下列规定：

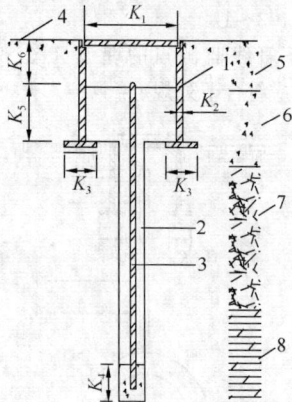

图 B.0.6 路基竖向位移监测点
1—保护井；2—钻孔回填细砂；3—螺纹钢标志；
4—路面；5—面层；6—基层；7—垫层；8—原状土；
K_1—保护井盖直径；K_2—保护井井壁厚度；K_3—井底垫圈
宽度；K_4—底端混凝土固结长度；K_5—井底垫圈面距监测
点顶部高度；K_6—监测点顶部距井盖顶高度

1 高速公路、城市道路的路基竖向位移监测点宜采用钻孔方式埋设，钻孔深度应到原状土层，钻孔直径不宜小于80mm，螺纹钢标志点直径宜为18mm～22mm，底部将螺纹钢标志点用混凝土与周边原状土体固定，底端混凝土固结长度宜为50mm，孔内用细砂回填；

2 路基竖向位移监测点的保护井壁宜采用钢质材料，井壁厚度宜为10mm，井底垫圈宽度宜为50mm，井深宜为200mm～300mm；井盖宜采用钢质材料，井盖直径宜为150mm，井口标高宜与道路地表标高相同；

3 井底垫圈面距监测点顶部高度不宜小于井深长度的1/2，且不宜小于预计的路基最大沉降量。

B.0.7 支护桩（墙）体水平位移监测点的埋设（图B.0.7），应符合下列规定：

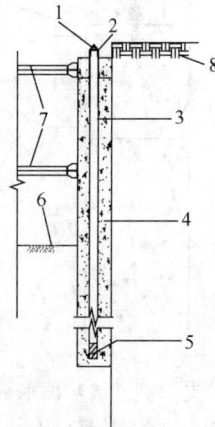

图 B.0.7 支护桩（墙）体水平位移监测点
1—测斜管保护盖；2—钢套管；3—测斜管；4—支护桩
（墙）体；5—测斜管底封堵端；6—基坑底部；7—支撑；
8—地面

1 支护桩（墙）体水平位移监测点宜采用埋设测斜管的形式，测斜管内径宜为59mm，外径宜为71mm，埋置深度应至桩（墙）底部，测斜管管口部位宜采用钢套管保护，管底应进行封堵；

2 测斜管宜在钢筋笼吊装前采用分段连接绑扎形式，并宜每1m绑扎一次。埋设时应保证测斜管的一对导槽垂直于基坑边线。

B.0.8 土体分层竖向位移监测点的埋设（图B.0.8），应符合下列规定：

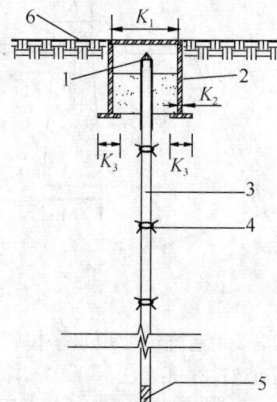

图 B.0.8 土体分层竖向位移监测点
1—分层沉降管保护盖；2—保护井；3—分层沉降管；
4—磁环；5—分层沉降管底封堵端；6—地表；
K_1—保护井盖直径；K_2—保护井井壁厚度；
K_3—井底垫圈宽度

1 土体分层竖向位移监测点宜采用埋设分层沉降管、管外套磁环的形式，分层沉降管内径宜为59mm，外径宜为71mm，埋置深度应符合监测设计要求；分层沉降管口部位宜采用钢套管保护，管底应进行封堵；

2 保护井壁宜采用钢质材料，井壁厚度宜为10mm，井底垫圈宽度宜为50mm，井深宜为200mm～300mm；井盖宜采用钢质材料，井盖直径宜为150mm，井口标高宜与地面标高相同。

附录C 现场巡查报表

C.0.1 明挖法和盖挖法的基坑现场巡查报表可按表C.0.1执行。

表C.0.1 明挖法和盖挖法的基坑现场巡查报表

监测工程名称：　　　　　　　　　报表编号：
巡查时间：　　年　月　日　时　　天气：

分类	巡查内容	巡查结果	备注
施工工况	开挖长度、分层高度及坡度，开挖面暴露时间		
	开挖面岩土体的类型、特征、自稳性，渗漏水量大小及发展情况		
	降水、回灌等地下水控制效果及设施运转情况		
	基坑侧壁及周边地表截、排水措施及效果，坑边或基底有无积水		
	支护桩（墙）后土体有无裂缝、明显沉陷，基坑侧壁或基底有无涌土、流砂、管涌		
	基坑周边有无超载		
	放坡开挖的基坑边坡有无位移、坡面有无开裂		
	其他		
支护结构	支护桩（墙）有无裂缝、侵限情况		
	冠梁、围檩的连续性，围檩与桩（墙）之间的密贴性，围檩与支撑的防坠落措施		
	冠梁、围檩、支撑有无过大变形或裂缝		
	支撑是否及时架设		
	盖挖法顶板有无明显变形和开裂，顶板与立柱、墙体的连接情况		
	锚杆、土钉垫板有无明显变形、松动		
	止水帷幕有无开裂、较严重渗漏水		
	其他		

续表C.0.1

分类	巡查内容	巡查结果	备注
周边环境	建（构）筑物、桥梁墩台或梁体、既有轨道交通结构等的裂缝位置、数量和宽度，混凝土剥落位置、大小和数量，设施能否正常使用		
	地下构筑物积水及渗水情况，地下管线的漏水、漏气情况		
	周边路面或地表的裂缝、沉陷、隆起、冒浆的位置、范围等情况		
	河流湖泊的水位变化情况，水面有无出现漩涡、气泡及其位置、范围，堤坡裂缝宽度、深度、数量及发展趋势等		
	工程周边开挖、堆载、打桩等可能影响工程安全的其他生产活动		
	其他		
监测设施	基准点、监测点的完好状况、保护情况		
	监测元器件的完好状况、保护情况		
	其他		

现场巡查人：　　　　　　　　监测项目负责人：
监测单位：　　　　　　　　　　　第　页共　页

C.0.2 盾构法隧道现场巡查报表可按表C.0.2执行。

表C.0.2 盾构法隧道现场巡查报表

监测工程名称：　　　　　　　　报表编号：
巡查时间：　　年　月　日　时　天气：

分类	巡查内容	巡查结果	备注
施工工况	盾构始发端、接收端土体加固情况		
	盾构掘进位置（环号）		
	盾构停机、开仓等的时间和位置		
	联络通道开洞口情况		
	其他		
管片变形	管片破损、开裂、错台情况		
	管片渗漏水情况		
	其他		

分类	巡查内容	巡查结果	备注
周边环境	建（构）筑物、桥梁墩台或梁体、既有轨道交通结构等的裂缝位置、数量和宽度，混凝土剥落位置、大小和数量，设施能否正常使用		
	地下构筑物积水及渗水情况，地下管线的漏水、漏气情况		
	周边路面或地表的裂缝、沉陷、隆起、冒浆的位置、范围等情况		
	河流湖泊的水位变化情况，水面有无出现漩涡、气泡及其位置、范围、堤坡裂缝宽度、深度、数量及发展趋势等		
	工程周边开挖、堆载、打桩等可能影响工程安全的其他生产活动		
	其他		
监测设施	基准点、监测点的完好状况、保护情况		
	监测元器件的完好状况、保护情况		
	其他		

现场巡查人：　　　　　　监测项目负责人：
监测单位：　　　　　　　　　　第 页 共 页

C.0.3 矿山法隧道现场巡查报表可按表 C.0.3 执行。

表 C.0.3　矿山法隧道现场巡查报表

监测工程名称：　　　　　　报表编号：
巡查时间：　年　月　日　时　天气：

分类	巡查内容	巡查结果	备注
施工工况	开挖步序、步长、核心土尺寸等情况		
	开挖面岩土体的类型、特征、自稳性，地下水渗漏及发展情况		
	开挖面岩土体有无坍塌及坍塌的位置、规模		
	降水或止水等地下水控制效果及降水设施运转情况		
	其他		

分类	巡查内容	巡查结果	备注
支护结构	超前支护施作情况及效果、钢拱架架设、挂网及喷射混凝土的及时性、连接板的连接及锁脚锚杆的打设情况		
	初期支护结构渗漏水情况		
	初期支护结构开裂、剥离、掉块情况		
	临时支撑结构有无明显变位		
	二衬结构施作时临时支撑结构分段拆除情况		
	初期支护结构背后回填注浆的及时性		
	其他		
周边环境	建（构）筑物、桥梁墩台或梁体、既有轨道交通结构等的裂缝位置、数量和宽度，混凝土剥落位置、大小和数量，设施能否正常使用		
	地下构筑物积水及渗水情况，地下管线的漏水、漏气情况		
	周边路面或地表的裂缝、沉陷、隆起、冒浆的位置、范围等情况		
	河流湖泊的水位变化情况，水面有无出现漩涡、气泡及其位置、范围、堤坡裂缝宽度、深度、数量及发展趋势等		
	工程周边开挖、堆载、打桩等可能影响工程安全的其他生产活动		
	其他		
监测设施	基准点、监测点的完好状况、保护情况		
	监测元器件的完好状况、保护情况		
	其他		

现场巡查人：　　　　　　监测项目负责人：
监测单位：　　　　　　　　　　第 页 共 页

附录 D 监测日报表

D.0.1 水平位移、竖向位移监测日报表可按表 D.0.1 执行。

表 D.0.1 ____水平位移、竖向位移监测日报表

监测工程名称：　　　　　　　　　报表编号：　　　　　　　　　天气：

本次监测时间：　年 月 日 时　　　　上次监测时间：　年 月 日 时

仪器型号：　　　　　　　　　仪器出厂编号：　　　　　　　　　检定日期：

监测点号	初始值（mm）	上次累计变化量（mm）	本次累计变化量（mm）	本次变化量（mm）	变化速率（mm/d）	控制值		预警等级	备注
						累计变化值（mm）	变化速率值（mm/d）		

施工工况：

监测结论及建议：

现场监测人：　　　　　　　　　计算人：　　　　　　　　　校核人：

监测项目负责人：　　　　　　　　　监测单位：

D.0.2 深层水平位移监测日报表可按表D.0.2执行。

表 D.0.2 ＿＿＿深层水平位移监测日报表

监测工程名称：　　　　　　　　报表编号：　　　　　　　　　　天气：

本次监测时间：　年　月　日　时　　　　　　　　上次监测时间：　年　月　日　时

| 监测孔号 | 深度(m) | 上次累计变化量(mm) | 本次累计变化量(mm) | 本次变化量(mm) | 变化速率(mm/d) | 控制值 | | 监测深度-位移变化量曲线图： |
						累计变化值(mm)	变化速率值(mm/d)	

施工工况：
监测结论及建议：

现场监测人：　　　　　　计算人：　　　　校核人：

监测项目负责人：　　　　监测单位：

26—34

D.0.3 轴力（拉力）监测日报表可按表 D.0.3 执行。

表 D.0.3 ＿＿＿轴力（拉力）监测日报表

监测工程名称：　　　　　　　　　　报表编号：　　　　　　　　　　天气：

本次监测时间：　年 月 日 时　　　　　　　　　上次监测时间：　年 月 日 时

仪器型号：　　　　仪器出厂编号：　　　　检定日期：

监测点号	初始值 (kN)	上次测值 (kN)	本次测值 (kN)	本次变化值 (kN)	变化速率 (kN/d)	控制值		预警等级	备注
						最大值 (kN)	最小值 (kN)		

施工工况：

监测结论及建议：

现场监测人：　　　　计算人：　　　　校核人：

监测项目负责人：　　　监测单位：

D.0.4 应力、压力监测日报表可按表 D.0.4 执行。

表 D.0.4 _____应力、压力监测日报表

监测工程名称：　　　　　　　　报表编号：　　　　　　　　　　　　　天气：

本次监测时间：　年 月 日 时　　　　　　　　　上次监测时间：　年 月 日 时

仪器型号：　　　　　仪器出厂编号：　　　　检定日期：

监测点号	初始值(kPa)	上次测值(kPa)	本次测值(kPa)	本次变化值(kPa)	变化速率(kPa/d)	控制值(kPa)	预警等级	备注

施工工况：

监测结论及建议：

现场监测人：　　　　　计算人：　　　　　校核人：

监测项目负责人：　　　　监测单位：

本规范用词说明

1 为便于在执行本规范条文时区别对待,对要求严格程度不同的用词说明如下:

1)表示很严格,非这样做不可的用词:

正面词采用"必须",反面词采用"严禁";

2)表示严格,在正常情况下均应这样做的用词:

正面词采用"应",反面词采用"不应"或"不得";

3)表示允许稍有选择,在条件许可时首先应这样做的用词:

正面词采用"宜",反面词采用"不宜";

4)表示有选择,在一定条件下可以这样做的用词,采用"可"。

2 条文中指明应按其他有关标准执行的写法为:"应符合……的规定"或"应按……执行"。

引用标准名录

1 《建筑地基基础设计规范》GB 50007

2 《工程测量规范》GB 50026

3 《地铁设计规范》GB 50157

4 《城市轨道交通工程测量规范》GB 50308

5 《建筑基坑工程监测技术规范》GB 50497

6 《爆破安全规程》GB 6722

7 《国家一、二等水准测量规范》GB/T 12897

8 《城市桥梁养护技术规范》CJJ 99

9 《建筑变形测量规范》JGJ 8

10 《公路水泥混凝土路面养护技术规范》JTJ 073.1

11 《公路沥青路面养护技术规范》JTJ 073.2

12 《铁路轨道工程施工质量验收标准》TB 10413

中华人民共和国国家标准

城市轨道交通工程监测技术规范

GB 50911—2013

条 文 说 明

修 订 说 明

《城市轨道交通工程监测技术规范》GB 50911—2013，经住房和城乡建设部 2013 年 9 月 6 日以第 141 号公告批准、发布。

本规范编制过程中，编制组共召开全体会议 3 次，专题研讨会 10 余次，广泛调研和分析了我国主要轨道交通建设城市的工程监测技术要求、经验总结和其他相关资料，总结了我国开展城市轨道交通建设以来工程监测技术的各类成果。同时，参考了国外先进技术成果，吸收了国内公路、铁路、水利水电等相关行业工程监测的先进理念和最新研究成果，通过调研、征求意见及专家咨询，取得了重要技术参数。

为便于广大设计、施工、科研、学校等单位有关人员在使用本规范时能正确理解和执行条文规定，《城市轨道交通工程监测技术规范》编制组按章、节、条顺序编制了本规范的条文说明，对条文规定的目的、依据以及执行中需注意的有关事项进行了说明，还着重对强制性条文的强制性理由做了解释。但是本条文说明不具备与规范正文同等的法律效力，仅供使用者作为理解和把握规范规定的参考。

目　　次

1 总　则

1.0.1　城市轨道交通工程建筑类型多，通常有地下工程、高架工程和地面线路工程，其中地下工程一般埋深多在二三十米以内，而在此深度范围内大多为第四纪冲洪积、淤积层，或为全、强风化的岩层，地层多松散无胶结，地下水和地表水、大气降水直接联系，工程地质条件和水文地质条件复杂。同时，城市轨道交通线路基本处于环境复杂、人口密集的城区，周边高楼林立，地下管网密集，城市桥梁、道路、既有铁路等纵横交错，沿线交通流量大，工程周边环境条件复杂。复杂的地质条件和环境条件给城市轨道交通工程设计、施工带来诸多难题。

因此，城市轨道交通工程具有建设规模大、建设周期长、地质条件和环境条件复杂、工程风险高等特点，而目前我国轨道交通建设的设计水平、施工能力及管理经验与轨道交通建设的发展速度、规模不相匹配，又加上缺少相应的工程监测技术规范、标准加以指导，使得各地安全事故时有发生。

为保证工程施工安全、周边环境稳定及线路结构自身安全，工程监测尤为重要。随着城市轨道交通的快速发展，工程监测技术也取得了长足的进步。本规范从轨道交通工程安全风险控制的角度出发，总结已有监测经验和监测技术手段，以有效降低轨道交通工程施工的安全风险，减少施工对周边环境的影响，避免线路结构过大变形影响线路运营安全为目标，从而保障人民群众的生命财产安全，以利于社会稳定和节省投资。

1.0.2　城市轨道交通工程的监测工作包括为确保施工和周边环境安全的施工监测，以及确保线路正常使用和运营安全的线路结构变形长期监测。在施工监测过程中，地下工程施工安全监测尤为重要。本规范主要针对城市轨道交通地下工程土建施工中的监测工作进行了详细的规定。

在土建施工、设备安装与调试及线路不载客试运行和运营阶段中，线路结构受地质条件、周边工程建设或环境荷载的影响会出现持续、缓慢的变形，当变形量达到一定程度时会影响到线路结构或运营安全，因此，本规范对城市轨道交通线路结构的变形监测工作也进行了详细的规定。

1.0.3　城市轨道交通工程大多是在地面建筑设施密集、交通繁忙、地质条件复杂的城市中施工，不同的设计方案和施工方法引起的岩土体力学响应在时间和空间上的规律也不尽相同，监测方案的编制应综合考虑这些因素。监测成果是判断支护结构的安全及周边环境的稳定状态、预测地层变形及发展趋势、控制施工对环境影响程度以及分析线路结构健康状态的重要依据，因此，监测过程中，应严格执行监测方案，及

时提供真实、有效的监测成果。

1.0.4　城市轨道交通工程需要遵守的标准有很多，本规范只是其中之一；另外有关国家现行标准中对城市轨道交通工程监测也有一些相关规定，因此本条规定除遵守本规范外，城市轨道交通工程监测尚应符合国家现行有关标准的规定。

2　术语和符号

2.1　术　语

本术语中主要列入了与城市轨道交通工程监测技术相关的术语。监测、风险、明挖法、盖挖法、盾构法、矿山法等术语主要参考了相关国家标准及其他相关资料，周围岩土体、工程影响分区、工程监测等级等新定义主要基于现有研究总结。经过编制组讨论、分析、归纳和整理，相关术语编入本规范中。

本规范术语给出了推荐性英文术语以供参考。

2.2　符　号

城市轨道交通工程监测涉及的内容和专业较多，相同符号在不同专业中有不同的意义。因此，本规范保留通用性较强的符号和对应意义。其他专业中采用相同符号时，为表示区别，符号增加了脚注字母。

3　基　本　规　定

3.1　基　本　要　求

3.1.1　本条为强制性条文，对城市轨道交通地下工程在施工阶段开展监测工作进行了要求。

城市轨道交通工程在施工过程中经常发生支护结构垮塌、周围岩土体坍塌以及建（构）筑物、地下管线等周边环境对象的过大变形或破坏等安全风险事件，因此，在地下工程施工过程中，开展工程监测工作对安全风险事件的预防预报和控制安全风险事件的发生具有十分重要的意义。

工程监测对象主要包括支护结构、周围岩土体和周边环境，支护结构监测对象主要为基坑支护桩（墙）、立柱、支撑、锚杆、土钉，矿山法隧道初期支护、临时支护、二次衬砌以及盾构法隧道管片；周围岩土体监测对象主要为工程周围的岩体、土体、地下水以及地表；周边环境监测对象主要为工程周边的建（构）筑物、地下管线、高速公路、城市道路、桥梁、既有轨道交通以及其他城市基础设施。这些对象的安全状态是控制城市轨道交通地下工程施工安全的关键所在。

按照住建部《城市轨道交通工程安全质量管理暂行办法》（建质〔2010〕5号）的要求，目前全国各

地城市轨道交通工程监测开展了施工监测和第三方监测工作。施工监测是按照施工图设计文件、施工方案及规范等要求，对工程支护结构、周围岩土体和周边环境等进行监测。第三方监测是监测单位受建设单位的委托，按照合同内容及要求对工程支护结构的关键部位及重要周边环境等进行监测，其工作量一般约为施工监测工作量的三分之一。实践证明，施行施工监测和第三方监测的制度对地下工程质量和安全的控制起到了很好的作用，同时，工程监测的技术手段和方法已基本成熟，因此，城市轨道交通地下工程施工阶段开展监测工作是十分必要的，也是完全可行的。

3.1.2 本条指出了城市轨道交通地下工程施工阶段监测的目的。工程监测主要是为评价工程结构自身和周边环境安全提供必需的监测资料，因此，工程监测工作需要依据国家有关法律法规和工程技术标准，通过采用测量测试仪器、设备，对工程支护结构和施工影响范围内的岩土体、地下水及周边环境等的变化情况（如变形、应力等）进行量测和巡视检查，依据准确、详实的监测资料研究、分析、评价工程结构和周边环境的安全状态，预测工程风险发生的可能性，判断设计、施工、环境保护等方案的合理性，为设计、施工相关参数的调整提供资料依据。

3.1.3 本条是通过对各地工程监测工作的开展流程进行归纳、总结的基础上，提出的较为系统的工作流程，遵循该工作流程开展监测工作是实现监测目的、保证监测质量的重要基础。

3.1.4 收集水文气象资料、岩土工程勘察资料、周边环境调查报告、安全风险评估报告等重要的监测背景资料，同时进行必要的现场踏勘，对制定有针对性的监测方案及指导监测作业开展具有重要作用。

监测范围内的周边环境现场踏勘与核查是编制监测方案的重要环节，开展现场踏勘与核查工作时需要注意以下内容：

1 环境对象与工程的位置关系及场地周边环境条件的变化情况；

2 工程影响范围内的建（构）筑物、桥梁、地下构筑物等环境对象的使用现状和结构裂缝等病害情况；

3 重要地下管线和地下构筑物分布情况，并应特别注意是否存在废弃地下管线和地下构筑物，必要时挖探确认。同时，对地下管线的阀门位置，雨水、污水管线的渗漏情况等进行调查。

周边环境对象调查工作一般在设计的前期开展，但受工期及技术条件等限制及其他各种原因影响难免有遗漏或不准确的情况，同时随着城市建设的变化如拆迁、新建、改建等，在轨道交通工程建设过程中，环境条件可能发生较大变化，现场踏勘发现这些情况时应及时与设计单位、建设单位及相关单位等进行沟通，保证监测方案的编制更具体、更有针对性，并且

能符合相关各方的要求。

3.1.5 城市轨道交通土建施工方法主要包括明挖法和盖挖法基坑工程、盾构法及矿山法隧道工程。城市轨道交通工程是一项高风险工程，施工工法不同、地质条件不同、环境条件不同，给工程带来的风险不同。工程监测方案编制之前，需要综合研究工程的风险特点，以及影响工程安全的重要工程部位和施工过程，并对关键部位、关键过程和关键时间提出监测重点，以确保监测方案的针对性。

同时，本条对制定监测方案宜涵盖的内容提出了要求，概括出了监测方案所包含的 13 个要点。

工程场地位置、设计概况及施工方法、辅助措施、施工筹划、场地地质条件、不良地质位置，地下水分布及水位、补给方式、地下水控制方法及周边环境建设年代、基本结构形式、基础形式、与工程的位置关系、风险等级、保护措施等是编制监测方案的重要资料和依据。

监测方案中需要对监测的目的、所依据的设计文件、国家行业地方及企业的规范标准、政府主管部门的有关文件等进行明确。

监测范围、监测对象、工程监测等级、监测项目、基准点及监测点布设方法与保护要求、监测频率及周期、监测控制值、预警标准及异常情况监测措施、监测信息采集处理及反馈等是监测方案的重要内容。

另外，为确保监测工作的质量，监测工作的组织形式及质量保证措施在监测方案中应明确，其内容主要包括：1）开展监测工作的具体人员、仪器设备类型、数量及主要精度指标等；2）监测质量安全及环境保护管理制度、各重要环节质量控制措施；3）各环节作业技术要求和管理细则等。

3.1.6 监测点的布设是开展监测工作的基础，是反映工程自身和周边环境安全的关键，监测点布设时需要认真分析工程支护结构和周边环境特点，确保工程支护结构和周边环境对象受力或位移变化较大的部位有监测点控制，以真实地反映工程支护结构和周边环境对象安全状态的变化情况。同时，还要兼顾监测工作量及费用，达到既控制了安全风险的目的，又节约了费用成本。

3.1.7 监测点的埋设应以不妨碍结构的正常受力或正常使用功能为前提，要便于现场观测，如便于跑点、立尺和数据采集，同时要保证现场作业过程中的人身安全。在满足监测要求的前提下，应尽量避免在材料运输、堆放和作业密集区埋设监测点，以减少对现场观测造成的不利影响，同时也可避免监测点遭到破坏，保证监测数据的质量。

监测点的数值变化是监测对象安全状态的直接反映，监测点埋设质量好坏对监测成果的准确性、可靠性有着较大影响，因此应埋设牢固，并采取可靠方法

避免监测点受到破坏，如对地表位移监测点加保护盖、对传感器引出的导线加保护管、对测斜管加保护管或保护井等。若发现监测点被损坏，需及时恢复或采取补救措施，以保证监测数据的连续性。另外，为便于监测和管理，应对监测点按一定的编号原则进行编号，标明测点类型、保护要求等，并在现场清晰喷涂标识或挂标示牌。

3.1.8 仪器监测和现场巡查是工程监测的常规手段。通过埋设观测标志、布设监测元器件等方式，采用高精度的测量仪器设备或读数仪等进行位移或应力应变监测，获取监测对象状态变化的数据，以便在需要时及时对工程采取安全保护措施。由于仪器监测点的布设位置、数量有限，现场巡查是最有效的补充手段。现场巡查能发现监测对象的过大变形、开裂、渗漏及地面沉陷（隆起）等安全隐患，为支护结构及周边环境安全状态的综合判定提供必要的资料支持。

随着监测技术手段的不断发展和监测服务内容的增多，远程视频系统也逐步应用于城市轨道交通工程监测工作中。视频监测相对现场巡查来说具有远程、实时、便捷的特点，对掌控工程施工进度、施工质量及环境条件变化、监控记录工程风险、防止重大事故发生具有重要作用。

自动化监测具有数据采集和传输快、精度高、稳定性强，安装灵活，不受环境条件限制，可实现24h全天候监测等特点，在安全风险较大的周边环境、工程关键部位采用传统的仪器监测方法难以实施或不能满足工程需要时，可采用远程自动化监测的手段。

3.1.9 监测对象在工程施工过程中的影响变化是一个由小到大，再由大到小的过程，施工对监测对象的影响程度与开挖面和监测对象的位置关系、施工质量控制、地质条件和监测对象的特点等密切相关。因此，监测信息的采集频率要根据工程施工对监测对象的影响程度进行调整，其原则是能反映出监测对象的变化过程。工程监测是一个长时间、连续的工作，应贯穿整个施工全过程。

3.1.10 本条对监测信息的及时分析和异常情况及时报告提出了要求。监测工作要严格执行监测方案，并将监测成果准确、及时地反馈给建设、监理、设计、施工等相关单位，为工程动态设计和信息化施工提供可靠的数据依据。

实际工程建设过程中，很多工程安全事故是由于预先发现或采取措施不及时造成的，由于工程安全隐患不能及时得到处理，致使其进一步导致安全事故，造成人员伤亡、经济损失和社会影响。工程监测工作特别需要重视监测信息的时效性，监测单位及时进行监测信息处理、分析和反馈工作，是保证工程自身及周边环境安全的重要基础工作。

3.1.11 城市轨道交通工程施工过程中，在一些情况下需要编制专项监测方案进行专项监测，本条指出了

其中的几种情况。目前，在国内各轨道交通建设城市一般对既有轨道交通设施、公路交通设施、有特殊要求的环境对象（如文物、重要建筑等）、水体、特殊的地质体、特殊的施工工艺等开展专项监测。

随着我国城市轨道交通建设的不断开展，城市轨道交通网络中线路之间的交叉、换乘不可避免，节点车站大量存在。目前节点车站主要有同期建设、前期预留和穿越既有线三种建设形式，其中穿越既有线最为常见，可分为侧穿、上穿或下穿等类型，工程下穿带来的风险尤为严重。同时，工程周边存在文物、优秀近现代建筑、高层（超高层）建筑、重要桥梁、重要地下军事设施、重要人防工程等重要环境风险对象，也需进行专门的监测设计。

工程下穿河流、湖泊等地表水体，穿越岩溶、断裂带、地裂缝等不良地质条件可能给工程建设带来严重的地质风险，工程控制措施稍有疏忽，便会出现严重的风险后果，因此对存在这些风险的工程也应进行专项监测方案的编制。

3.1.12 城市轨道交通工程建设过程出现风险事件时，为分析、处理及控制风险事件应开展应急抢险监测工作，提供更及时、全面的监测数据。应急抢险监测应根据现场风险发生的实际情况，针对风险事件控制要求在原监测方案的基础上补充监测项目或监测点，并加密监测频率。当采用人工监测不能满足实际需要或存在现场监测作业人员的人身安全问题时可采用远程自动化实时监测手段。

3.1.13 由于工程地质条件、环境条件的变化、列车动荷载作用或既有轨道交通控制保护区内工程施工等的影响，城市轨道交通隧道结构、高架结构及地面线路等难免出现沉降、差异沉降，使线路结构出现变形、变化，进而影响安全运营。目前已建成并运营的城市已出现了隧道结构开裂、渗漏水，及部分线路因过大沉降而停运进行维修和加固的情况。开展线路结构变形监测可为分析线路结构安全及对运营安全的影响、制定线路结构维修加固方案及运营安全管理制度等提供数据支撑，便于及早发现结构位移变形，对线路结构加固、维修，保证线路运营安全具有十分重要意义。

3.2 工程影响分区及监测范围

3.2.1 基坑、隧道工程施工对周围岩土体的扰动范围、扰动程度是不同的，一般来说，邻近基坑、隧道地段的岩土体受扰动程度最大，由近到远的影响程度越来越小。本规范将这一受施工扰动的范围称之为工程影响区。在施工影响范围内根据受施工影响程度的不同，从基坑、隧道外侧由近到远依次划分为主要影响区、次要影响区和可能影响区。

根据工程实践，周边环境对象所处的影响区域不同，受工程施工影响程度不同，工程影响分区主要目

的是区分工程施工对周边地层、环境的影响程度，以便把握工程关键部位，针对受工程影响较大的周边环境对象进行重点监测，做到经济、合理地开展工程周边环境监测工作。

3.2.2 基坑工程影响分区根据目前工程经验和相关研究成果，主要影响区、次要影响区和可能影响区按照与基坑边缘距离的不同进行划分，划分标准依据基坑设计深度。主要影响区、次要影响区和可能影响区以 $0.7H$ 或 $H \cdot \tan(45° - \varphi/2)$ 和 $(2.0 \sim 3.0)H$ 作为分界点，影响区分别用符号 I、II 和 III 表示，具体划分可参考图 1。

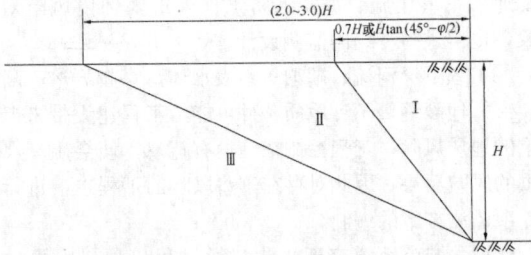

图 1　基坑工程影响分区
H—基坑设计深度；φ—岩土体内摩擦角

北京地区地层较为坚硬、稳定，根据 $H \cdot \tan(45° - \varphi/2)$ 计算结果接近 $0.7H$，主要影响区为基坑周边 $0.7H$ 范围内，次要影响区为基坑周边 $0.7H \sim 2.0H$ 范围内，可能影响区为基坑周边 $2.0H$ 范围外。上海地区地层较为软弱，岩土性质较差，主要影响区可根据 $H \cdot \tan(45° - \varphi/2)$ 计算确定，次要影响区范围适当扩大，为基坑周边 $H \cdot \tan(45° - \varphi/2) \sim 3.0H$ 范围内，可能影响区为基坑周边 $3.0H$ 范围外。广州、重庆等存在基岩的地区，基岩微风化、中等风化岩层较为稳定，工程影响分区主要考虑覆盖土层和基岩全风化、强风化层的影响，H 可按土层和基岩全风化、强风化层厚度之和进行取值计算，综合确定工程影响分区。

3.2.3 隧道工程影响分区没有相关规范、规程的规定，近年来相关研究取得了一些成果，根据研究结论，结合城市轨道交通隧道工程的特点，采用应用范围较广的隧道地表沉降曲线 Peck 计算公式预测的方式，划分隧道工程的不同影响区域。

1 采用 Peck 公式确定沉降槽的相关成果：
隧道地表沉降曲线 Peck 公式表示如下：

$$S_{(x)} = S_{max} \cdot \exp\left(-\frac{x^2}{2 \cdot i^2}\right) \tag{1}$$

$$S_{max} = \frac{V_s}{\sqrt{2\pi} \cdot i} \approx \frac{V_s}{2.5 \cdot i} \tag{2}$$

$$i = \frac{z_0}{\sqrt{2\pi} \cdot \tan\left(45° - \frac{\varphi}{2}\right)} \tag{3}$$

式中：$S_{(x)}$——距离隧道中线为 x 处的地表沉降量（mm）；

S_{max}——隧道中线上方的地表沉降量（mm）；

x——距离隧道中线的距离（m）；

i——沉降槽的宽度系数（m）；

V_s——沉降槽面积（m²）；

z_0——隧道埋深（m）。

各城市确定沉降曲线参数时，要考虑本地区的工程经验。具体划分可参考图 2。

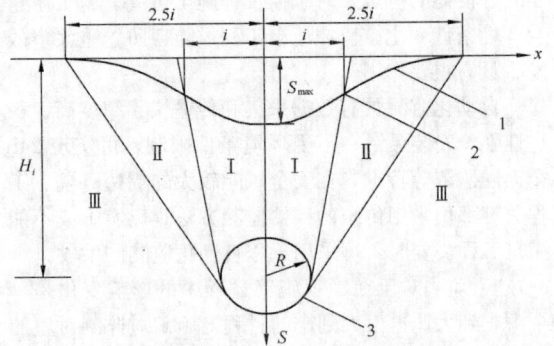

图 2　浅埋隧道工程影响分区
1—沉降曲线；2—反弯点；3—隧道；
i—隧道地表沉降曲线 Peck 计算公式的中沉降槽宽度系数；
H_i—隧道中心埋深；S_{max}—隧道中线上方的地表沉降量

韩煊（2006）在 Tan，Ranjith（2003）工作的基础上进一步补充归纳出沉降槽宽度系数 i 的表达式，从表 1 可以看出对沉降槽宽度系数规律的认识发展过程。

表 1　沉降槽宽度系数 i 的变化规律

类型	文献出处	沉降槽宽度系数 i 的表达式	适用条件	依据
第一类：$i = f(z_0, \varphi)$	Knothe (1957)	$i = \dfrac{z_0}{\sqrt{2\pi}\tan(45° - \varphi/2)}$	岩石类材料	—
第二类：$i/R = a(z_0/2R)^n$	Peck (1969)	$i/R = a(z_0/2R)^n$ $(n = 0.8 \sim 1.0)$	各类土	实测资料
	Attewell，Farmer (1974)	$i/R = (z_0/2R)$	黏土	英国实测资料
	Clough，Schmidt (1981)	$i/R = (z_0/2R)^{0.8}$	黏土（我国上海有应用，唐益群等人，2000）	英国实测资料
	Loganathan，Poulos (1998)	$i/R = 1.15(z_0/2R)^{0.9}$	黏性土	—

类型	文献出处	沉降槽宽度系数 i 的表达式	适用条件	依据
第三类： $i = a(bz_0 + R)$	Atkinson, Potts (1977)	$i = 0.25(z_0 + R)$	松砂	实测和模型试验
		$i = 0.25(1.5z_0 + 0.5R)$	密实和超固结黏土	
第四类： $i = az_0 + b$	O'Reilly, New (1982)	$i = 0.43z_0 + 1.1$	黏性土 $(3m \leqslant z_0 \leqslant 34m)$	英国实测资料
		$i = 0.28z_0 - 0.1$	粒状土 $(6m \leqslant z_0 \leqslant 10m)$	
		$i = Kz_0$	—	（对上述结果的近似）
	Leach (1985)	$i = (0.57 + 0.45z_0)$ $\pm 1.01m$	固结效应 不显著地层	—
	Rankin (1988)	$i = 0.50z_0$	黏土	实测和离心机试验

注：i——隧道地表沉降曲线 Peck 计算公式的中沉降槽宽度系数，z_0——隧道埋深（m），R——隧道半径（m），φ——岩土体内摩擦角（°）。

第一类公式 i 与土层条件直接相关，符合大多数人的基本概念。但对于内摩擦角为 $20° \sim 40°$ 之间的一般土来说，计算得到的 i 为 $(0.57 \sim 0.86)z_0$，与实测伦敦地区经验结果 $(0.2 \sim 0.7)z_0$ 或一般为 $0.50z_0$ 的普遍经验不符。这类公式主要是从矿业工程的经验而来的，因此可能适用于岩石类的材料而不适用于城市浅埋土质隧道情况。

第二、第三和第四类公式，可以看到关于沉降槽宽度的影响因素有两种不同的看法：一是受隧道埋深和半径两个因素的影响；二是仅与埋深有关。

通过对大量的实测结果（包括水工隧道、地下采矿巷道工程）的分析表明，沉降槽的宽度与隧道断面形状和尺寸有关。

韩煊、李宁等（2006，2007）搜集了广州、深圳、上海、北京、柳州、西北、香港、台湾等8个地区的30多组实测地表横向沉降槽的数据，并进行了相关分析，所涉及资料大部分为城市轨道交通隧道工程建设中的实测数据，也有部分为土中开挖的其他浅埋隧道工程实测数据。

我国部分地区城市轨道交通隧道工程开挖引起的沉降槽宽度参数的初步建议值详见表2。其中大部分地区（除北京、上海外）由于资料较少，所给出的值仅供对比参考（表2括号中的值），需要进一步积累资料才能给出比较确定的推荐数值。

表2 我国部分地区沉降槽宽度参数的初步建议值

地区	样本数	基本地层特征	K 的初步建议值
广州	1	黏性土，砂土，风化岩	（0.76）
深圳	9	黏性土，砂土，风化岩	（0.60～0.80）
上海	6	饱和软黏土，粉砂	0.50
柳州	4	硬塑状黏土	（0.30～0.50）

地区	样本数	基本地层特征	K 的初步建议值
北京	13	砂土，黏性土互层	0.30～0.60
西北黄土地区	1	均匀致密黄土	（0.41）
台湾	1	砂砾石	（0.48）
香港	1	冲积层，崩积层	（0.34）

2 相关规范关于隧道影响区的划分标准：

1） 现行国家标准《城市轨道交通地下工程建设风险管理规范》GB 50652 条文说明中将考虑轨道交通地下工程与工程影响范围环境设施的相互邻近程度及相互位置关系分为非常接近、接近、较接近和不接近四类，见表3。

表3 不同施工方法与周围环境设施的邻近关系

施工方法	非常接近	接近	较接近	不接近	说明
明挖法盖挖法	<0.7H	0.7H～1.0H	1.0H～2.0H	>2.0H	H 为地下工程开挖深度或埋深
矿山法（包括钻爆法、浅埋暗挖法等）	<0.5B	0.5B～1.5B	1.5B～2.5B	>2.5B	B 为矿山法隧道毛洞宽度，当隧道采用爆破法施工时，需研究爆破振动的影响
盾构法顶管法	<0.3D	0.3D～0.7D	0.7D～1.0D	>1.0D	D 为隧道的外径
沉井法	<0.5H	0.5H～1.5H	1.5H～2.5H	>2.5H	H 为地下结构埋深

2)《北京地铁工程监控量测设计指南》将隧道工程划分为强烈影响区（Ⅰ）、显著影响区（Ⅱ）和一般影响区（Ⅲ）三个区域，矿山法隧道周围影响分区见表4、图3，盾构法隧道周围影响分区见表5和图4。

表4 矿山法浅埋隧道周边影响分区表

受隧道影响程度分区	区域范围
强烈影响区（Ⅰ）	隧道正上方及外侧 $0.7H_i$ 范围内
显著影响区（Ⅱ）	隧道外侧 $0.7H_i\sim1.0H_i$ 范围内
一般影响区（Ⅲ）	隧道外侧 $1.0H_i\sim1.5H_i$ 范围内

注：1 H_i——矿山法施工隧道底板埋深；
2 本表适用于埋深小于 $3B$（B 为矿山法隧道毛洞宽度）的浅埋隧道；大于 $3B$ 的深埋隧道可参照接近度概念；
3 表中的数值指标为参考值。

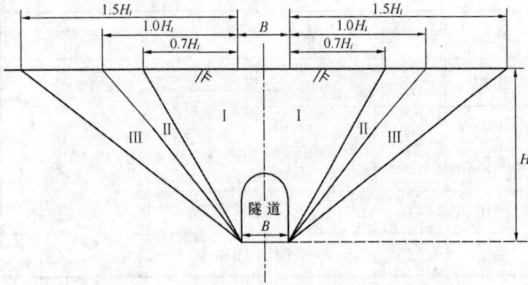

图3 矿山法浅埋隧道周边影响分区图

表5 盾构法隧道周边影响分区表

受隧道影响程度分区	区域范围
强烈影响区（Ⅰ）	隧道正上方及外侧 $0.7H_i$ 范围内
显著影响区（Ⅱ）	隧道外侧 $0.7H_i\sim1.0H_i$ 范围内
一般影响区（Ⅲ）	隧道外侧 $1.0H_i\sim1.5H_i$ 范围内

注：1 H_i——盾构法施工隧道底板埋深；
2 本表适用于埋深小于 $3D$（D 为盾构隧道洞径）的隧道，大于 $3D$ 时可参照接近度概念；
3 表中的数值指标为参考值。

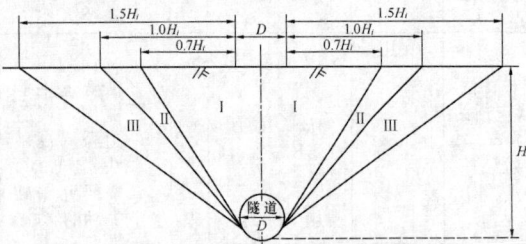

图4 盾构法隧道周边影响分区图

3)《广州市轨道交通地下工程施工监测技术规程》将隧道工程划分为强烈影响区（Ⅰ）和一般影响区（Ⅱ）两个区域，隧道工程影响分区见表6和图5。

表6 隧道工程影响分区表

隧道工程影响分区	区域范围
强烈影响区（Ⅰ）	隧道正上方及外侧 $H_i\cdot\tan(45°-\varphi/2)$ 范围内
一般影响区（Ⅱ）	隧道外侧 $H_i\cdot\tan(45°-\varphi/2)\sim2.0H_i$ 范围内

注：1 H_i——隧道底板埋深（m）。
2 本表适用于埋深小于 $3D$（D 为隧道洞径）的隧道，大于 $3D$ 时也可参照本分区。
3 隧道周围主要为淤泥、淤泥质土或其他高压缩性土时应相应适当调整分区的范围，影响分区应相应扩大。
4 隧道穿越基岩时，应按照覆盖土层厚度和岩层的构造及产状等穿越的实际情况综合确定影响区范围。
5 盾构法或顶管法施工，对周围影响较小时，可适当减小分区范围。

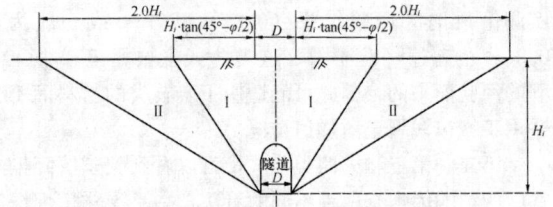

图5 隧道工程影响分区图

3 隧道影响分区界线建议：

根据表1和相关研究成果，城市轨道交通隧道工程开挖半径一般为 $4m\sim8m$，埋深多在 $10m\sim30m$ 之间，除超浅埋、超大断面隧道以外，一般隧道半径对沉降槽宽度的影响作用都可以忽略，可取值 $i=Kz_0$。

根据表4，北京地区沉降槽宽度参数 K 可取最大值 0.60，z_0 即为隧道埋深 H_i，隧道沉降曲线反弯点 $i=0.60H_i$，隧道沉降曲线边缘 $2.5i=1.5H_i$。因此，北京地区隧道主要影响区可取隧道正上方及 $0.60H_i$ 范围内，次要影响区可取隧道周边 $0.60H_i\sim1.5H_i$ 范围内，可能影响区可取隧道周边 $1.5H_i$ 以外。

其他地区可根据工程实例结合地质条件进一步归纳总结隧道沉降槽宽度参数 K 的取值，以合理确定隧道工程影响分区的具体范围。

3.2.4 基坑、隧道工程对周围岩土体的扰动是一个复杂的过程，施工方法不同、地质条件不同，工程施工对周围岩土体的影响有明显的不同，特别是工程影响范围和影响程度受工程地质条件的影响更大。工程影响分区应充分分析具体的工程地质和水文地质条件。

本条列举了软土、不良地质、采取辅助措施以及工程出现异常等条件需要调整工程监测范围和影响分区界线的 5 种情况。

3.2.5 工程自身、周围岩土体与周边环境具有相互作用、相互影响的关系，基坑设计深度、隧道埋深和断面尺寸的大小，支护结构形式的强弱，及地质条件复杂程度的不同，对周边环境的影响程度和影响范围是不同的。同时，周边环境受工程施工的影响程度与其和工程之间的空间位置关系密切相关，越邻近工程的周边环境受影响程度越大。复杂的周边环境对工程安全性也会产生较大影响，对工程支护结构设计及施工措施的要求更加严格。监测范围应结合工程自身的特点和周边环境条件进行确定，监测范围应覆盖工程周边受施工影响的主要影响区和次要影响区两个区域。

3.3 工程监测等级划分

3.3.1 本条对城市轨道交通基坑、隧道工程监测等级划分的依据进行了明确。工程监测等级的划分有利于在监测设计工作量布置时更具针对性，突出重点，合理开展监测工作。根据现行相关规范、工程经验及相关研究成果，工程监测等级的确定需要考虑工程自身特点、周边环境条件和工程地质条件三大影响因素。

3.3.2 工程自身风险是指工程自身设计、施工的复杂程度带来的风险。本规范根据城市轨道交通工程特点，结合相关规范中关于工程安全等级的划分标准，对城市轨道交通基坑、隧道工程自身风险等级进行了划分。应特别注意的是本规范基坑、隧道工程自身风险等级的划分不考虑周边环境和地质条件，与其他规范中的工程安全等级的划分有一定的区别。

1 基坑工程自身风险等级

基坑工程自身风险等级划分的方法较多，尚无统一的标准。国家现行标准《建筑地基基础工程施工质量验收规范》GB 50202、《建筑地基基础设计规范》GB 50007、《建筑基坑支护技术规程》JGJ 120 等划分了基坑工程安全等级，各规范、规程划分的依据或指标主要包括以下几个方面：①基坑设计深度；②周边环境对象特点、分布和保护要求；③工程地质条件；④重要工程或支护结构与主体结构相互关系，支护结构破坏、土体失稳或过大变形的后果（工程自身和周边环境）等。

根据专题研究，本规范以现行行业标准《建筑基坑支护技术规程》JGJ 120 为依据，结合城市轨道交通基坑工程特点，采用支护结构发生变形或破坏、岩土体失稳等的可能性及后果的严重程度，或基坑设计深度对基坑工程自身风险等级进行划分。

现行国家标准《建筑地基基础工程施工质量验收规范》GB 50202 以 7m、10m 为基坑等级划分标准，《建筑地基基础设计规范》GB 50007 以 5m、15m 为基坑等级划分标准。由于城市轨道交通基坑工程设计

深度一般较大，以上所述深度划分标准进行城市轨道交通基坑工程自身风险等级的划分难以反映工程的特点。本规范选用设计深度 10m、20m 为等级划分标准，以合理确定城市轨道交通基坑工程的自身风险等级。

2 隧道工程自身风险等级

隧道工程自身风险等级的划分依据与标准目前研究成果不多，本规范采用隧道埋深和断面尺寸对隧道工程自身风险等级进行划分。

隧道断面尺寸划分标准是依据现行行业标准《铁路隧道施工规范》TB 10204 中的规定，超大断面隧道断面尺寸为大于 100m²，大断面隧道断面尺寸为 50m²～100m²，一般断面隧道断面尺寸为 10m²～50m²。

隧道埋深分类及划分标准在铁路、公路规范和相关专著中有不同的划分方法。

1）现行行业标准《铁路隧道设计规范》TB 10003 规定当地面水平或接近水平，且隧道覆盖厚度值小于表 7 所列数值时，应按浅埋隧道设计。当有不利于山体稳定的地质条件时，浅埋隧道覆盖厚度值应适当加大。表 7 大致按 2.5 倍塌方高度确定。

表 7　浅埋隧道覆盖厚度值（m）

围岩级别	Ⅲ	Ⅳ	Ⅴ
单线隧道	5～7	10～14	18～25
双线隧道	8～10	15～20	30～35

2）《公路隧道设计规范》JTG D70—2004 附录 E 中规定浅埋和深埋隧道的分界，按荷载等效高度值，并结合地质条件、施工方法等因素综合判定。按荷载等效高度的判定公式为：

$$H_p = (2 \sim 2.5)h_q \qquad (4)$$

式中：H_p——浅埋隧道分界深度（m）；

h_q——等效荷载高度（m），$h_q = q/\gamma$，q 为计算所得深埋隧道垂直均布压力（kN/m²），γ 为围岩重度（kN/m³）。

矿山法施工条件下，Ⅳ～Ⅵ级围岩取 $H_p = 2.5h_q$；Ⅰ～Ⅲ级围岩取 $H_p = 2h_q$。

3）王梦恕院士编著的《地下工程浅埋暗挖技术通论》中指出，超浅埋隧道是指拱顶覆土厚度（H_s）与结构跨度（D）之比（覆跨比）$H_s/D \leqslant 0.6$ 的隧道；浅埋隧道是指 $0.6 < H_s/D \leqslant 1.5$ 的隧道；深埋隧道是指 $H_s/D > 1.5$ 的隧道。

表 8 是分界深度的建议值，建议值与塌方统计高度及现行行业标准《铁路隧道设计规范》TB 10003

规定值接近，双线隧道的建议值与计算值相差较大。所以，深埋与浅埋隧道分界深度建议采用下列值：Ⅵ级围岩为4D～6D，Ⅴ级围岩为2.5D～3.5D，Ⅳ级围岩为1.5D～2.5D，Ⅲ级围岩为0.5D～1.0D，Ⅱ级围岩为0.30D～0.5D，Ⅰ级围岩为0.15D～0.30D。同时，分界深度与施工方法及施工技术水平密切相关，若采用新奥法施工，光面爆破，且施工技术水平高，则可取小值；否则，取大值。

表8 分界深度建议值和有关的计算值（单位：m）

线别	围岩级别		Ⅰ	Ⅱ	Ⅲ	Ⅳ	Ⅴ	Ⅵ
单线	2倍塌方高度		1.3	2.58	4.8	8.8	19.2	38.4
	隧道分界深度		0.96	2.24	4.22	11.15	23.25	47.25
	一般分界深度					16.9～20.3	17.5～24.5	35～42
	建议分界深度	按洞径	0.15D～0.3D	0.3D～0.5D	0.5D～1.0D	1.5D～2.5D	2.5D～3.5D	4D～6D
		按埋深	0.9～1.8		10.5～17.5	10.5～17.5	17.5～24.5	28～42
双线	隧道分界深度		0.88	3.46	6.8	18.3	36.3	72
	一般分界深度					33.8～40.6	51～61.8	76～102.7
	建议分界深度	按洞径	0.15D～0.3D	0.3D～0.5D	0.5D～1.0D	1.5D～2.5D	2.5D～3.5D	4D～6D
		按埋深	1.8～3.0	3.0～5.7	5.9～11.7	16.1～26.8	32～44.8	52～78

许多试验资料都验证了这种深埋与浅埋隧道的分界标准，例如北京复兴门折返线隧道，在双线隧道处应用机械式支柱压力计进行拱脚径向压力量测，得出 $P/(\gamma h) > 0.43～0.46$，根据以上判式属于浅埋（图6）。

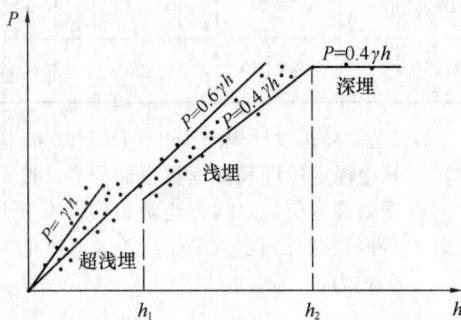

图6 隧道埋深判别示意图

综上所述，根据城市轨道交通隧道工程特点，本规范将隧道埋深分类分为超浅埋、浅埋和深埋三类，主要依据王梦恕院士的研究成果。由于城市轨道交通隧道工程的施工工法较多，地质条件、环境条件较为复杂，隧道深埋、浅埋和超浅埋的划分界限目前难以给出统一的标准，各地可以借鉴上述规范或专著，结合当地工程经验综合确定。

3.3.3 为考虑与现行国家标准《城市轨道交通地下工程建设风险管理规范》GB 50652的衔接，工程周边环境风险等级根据周边环境过大变形或破坏的可能性大小及后果的严重程度，划分为一级、二级、三级和四级。根据这一原则，对具体的环境对象，判断其风险等级需要做大量的工作。环境风险评估对风险发生的可能性应考虑环境与工程的空间关系、地质条件和施工方法，以及环境自身的易损性等因素；环境风险破坏的后果需要考虑环境的重要性、经济价值、社会影响等因素，可见环境风险评估过程是十分复杂和困难的。本规范表3.3.3是总结各城市的经验，按照环境的类型、重要性及与工程的空间位置关系给出的划分方案，可供各地参考。

表3.3.3中周边环境对象的重要性程度可根据环境对象重要性、相关规范、破坏后果或风险评估进行确定，也可参考如下分类：

重要建（构）筑物一般是指文物古迹、近代优秀建筑物，10层以上高层、超高层民用建筑物，重要的烟囱、水塔等；

重要桥梁是指城市高架桥、立交桥等；

重要隧道是指城市过江隧道、公路隧道、铁路隧道等；

重要地下管线是指雨污水干管、中压以上煤气管、直径较大的自来水管、中水管等对工程有较大危害的地下管线等；

城市重要道路是指城市快速路、主干路等；

市政设施是指由市政府出资建造的公共设施，一般指市政规划区内的各种建筑物、构筑物、设备等，主要包括城市道路（含桥梁）、供水、排水、燃气、热力、道路照明、垃圾处理等设施及附属设施。

3.3.4 地质条件复杂程度主要由建设场地形地貌、工程地质水文地质条件等决定。本条主要根据现行国家标准《城市轨道交通岩土工程勘察规范》GB 50307的有关内容制定。

3.3.5 工程支护结构和周边环境是工程风险的主要

承险体，工程支护结构的稳定性和周边环境的安全状态是工程施工过程中关注的重点，也是监测工作的主要内容。因此，工程监测等级主要根据工程自身风险等级和周边环境风险等级确定。

工程周边岩土体是工程支护结构和周边环境对象的载体，也是两者之间相互作用的介质。两者的安全状态及稳定性都受工程地质条件的影响。因此，工程监测等级与工程地质条件的复杂性有很密切的关系。在已有分级的基础上，还需要根据工程地质条件复杂程度对监测等级进行调整。工程地质条件复杂程度为中等或简单时监测等级可不进行调整，工程地质条件为复杂时监测等级上调一级，上调后最高为一级。

4　监测项目及要求

4.1　一般规定

4.1.1 城市轨道交通工程施工工法主要为明挖法、盖挖法、盾构法和矿山法。针对各种施工工法，所有监测对象可归纳为三大类，即工程支护结构、周围岩土体及周边环境。

4.1.2 监测项目的监测数据变化是监测对象状态变化的重要表现形式，选择监测项目时，一般应选择能直接反映监测对象的位移、变形或受力状态的项目。当监测技术难度较大或受条件限制时，也可采用间接监测方法反映监测对象状态的变化情况。

4.1.3 城市轨道交通工程建设是在复杂的城市环境和工程地质条件下进行，工程支护结构、周围岩土体和周边环境对象相互影响、相互制约，是一个密切相关的复杂系统。工程中不同监测对象之间、不同监测对象的监测项目之间以及同一监测对象的不同监测项目之间相互关联，监测对象和监测项目的确定应体现彼此之间的关联性，在组成有效监测体系的同时，选取反映工程安全的重要对象、关键项目开展监测工作，以达到既体现监测体系的完整性，又体现其重点性。

4.2　仪器监测

4.2.1～4.2.3 仪器监测项目一般分为应测和选测项目，应测项目是指施工过程中为保证工程支护结构、周边环境和周围岩土体的稳定以及施工安全应进行日常监测的项目；选测项目是指为了设计、施工和研究的特殊需要在局部段或部位开展的监测项目。

1 明挖法和盖挖法基坑支护结构和周围岩土体共列出了19项监测项目：

支护桩（墙）、边坡顶部水平位移监测对反映整个基坑的安全稳定非常重要。支护桩（墙）顶部的竖向位移也是反映基坑稳定性的一个较为重要的指标，在工程实际中其变形量较小，软弱土地区变形量则相对较大。支护桩（墙）、边坡顶部水平位移和竖向位移对于各个工程监测等级的基坑工程均规定为应测项目。

支护桩（墙）体水平位移监测可以反映出支护桩（墙）沿深度方向上不同位置处的水平变化情况，并且可以及时地确定桩（墙）体最大水平位移值及其深度，对于分析支护桩（墙）的稳定和变形发展趋势起着重要作用。因此，工程监测等级为一、二级的基坑工程均规定为应测项目。对于工程监测等级为三级的基坑工程，由于开挖深度较浅，环境简单，因此规定为选测项目。

支护桩（墙）体结构应力监测能够较好地反映出施工过程中桩（墙）体的受力状态，对验证或修改设计参数具有较好的指导作用。由于应力监测成本高，现场实施复杂，元器件成活率较低，不作为应测项目。

基坑内立柱的变形状态对反映支撑体系的稳定至关重要，立柱一旦变形过大会导致支撑体系失稳。因此，立柱的变形监测也是一项较重要的监测项目，对工程监测等级为一、二级的基坑工程规定立柱结构竖向位移为应测项目，三级的基坑工程为选测项目；对工程监测等级为一级的基坑工程规定立柱结构水平位移为应测项目，二、三级的基坑工程规定为选测项目。立柱内力监测不作为应测项目。

基坑水平支撑为支护桩（墙）提供平衡力，以使其在外侧土压力的作用下不至于出现过大变形，甚至倾覆。支撑轴力是反映基坑稳定性的重要指标。因此，各监测等级的基坑工程均规定为应测项目。

基坑采用锚杆进行侧壁的加固，其拉力变化也是反映基坑稳定性的重要指标，各监测等级的基坑工程均规定为应测项目。

地表沉降是综合分析基坑的稳定以及地层位移对周边环境影响的重要依据，且地表沉降监测简便易行，因此，各监测等级的基坑工程均规定为应测项目。

竖井井壁的净空收敛是直接反映井壁支护结构的受力特征及围岩和支护结构稳定的重要指标。因此，各监测等级的竖井工程均规定为应测项目。

地下工程的破坏大都与地下水的影响有关，地下水是影响基坑安全的一个重要因素，因此，各监测等级的基坑工程均规定为应测项目。当基坑工程受到承压水的影响时，还应进行承压水位的监测。

基坑开挖是一个卸载的过程，随着坑内土体的开挖，坑底土体隆起也会越来越大，尤其是软弱土地区，过大的基底隆起会引起基坑失稳。因此，进行基坑底部隆起观测也十分必要。但由于目前坑底隆起（回弹）的监测方法和监测精度有限，因此，本规范对坑底隆起（回弹）监测规定为选测项目。

对土钉拉力、支护桩（墙）外侧土压力、孔隙水压力、土体分层竖向位移和深层水平位移进行监测，可以了解和掌握桩（墙）体实际受力情况和支护结构的安全状态，对设计和施工具有较好的指导意义，但由于成本较大、操作困难，当设计、施工需要或受力条件复杂时可以选测。

2　盾构法隧道管片结构和周围岩土体共列出了10项监测项目：

盾构施工掘进过程中，地表沉降观测可以反映出盾构施工对岩土体及周边环境影响程度、同步注浆和二次注浆效果，以及盾构机自身的施工状态，对掌握工程安全尤为重要。因此，地表沉降监测项目对各工程监测等级均规定为应测项目。

盾构管片既是隧道的支护结构也是隧道的主体结构，盾构管片结构竖向位移和净空收敛监测对判断工程的质量安全非常重要，能够及时了解和掌握隧道结构纵向坡度变化、差异沉降、管片错台、断面变化及结构受力情况，以及隧道结构变形与限界变化，对盾构施工具有指导意义。因此，各监测等级均规定为应测项目。

盾构管片结构水平位移监测具有一定的难度，但管片背后注浆不及时，或注浆质量不好，地质条件复杂或存在地层偏压时，往往会发生管片的水平漂移，因此，对工程监测等级为一级的盾构隧道工程规定为应测项目，对其他监测等级的盾构隧道工程当出现上述情况时也应进行管片结构水平位移监测。

土体深层水平位移、土体分层竖向位移和孔隙水压力监测，主要根据盾构隧道施工穿越的周围岩土体的工程地质水文地质条件及周边环境情况确定，目的是了解和掌握盾构施工对周围岩土体及周边环境的扰动情况，以及周边岩土对隧道结构的影响程度，可进一步指导工程施工。一般情况下，这些监测项目可根据需要确定。

管片结构应力监测、管片连接螺栓应力监测和管片围岩压力监测主要测试管片的受力状态及特征，掌握管片受力变化，指导工程施工，防止盾构管片受到损坏，这些监测项目一般根据需要确定。

3　矿山法隧道支护结构和周围岩土体共列出了13项监测项目：

初期支护结构拱顶部位是受力的敏感点，其沉降大小反映了初期支护结构的稳定和上覆地层的变形情况，是控制初期支护结构安全以及地层变形的关键指标。因此，将初期支护结构拱顶沉降监测规定为应测项目。

随着隧道内岩土体的开挖卸载，隧道内外形成一个水土压力差，会使结构底板产生一定的隆起，进行初期支护结构底板竖向位移监测可以及时了解隧道结构的变形状况。采用矿山法施工的隧道初期支护结构底板竖向位移值相对较小，因此监测等级为一级的矿山法隧道工程中规定为应测项目，其他情况可根据需

要确定。

初期支护结构净空收敛是指隧道拱顶、拱脚及侧壁之间的相对位移，其监测数据直接反映了围岩压力作用下初期支护结构的变形特征及稳定状态，是检验开挖施工和支护设计是否合理的重要指标。因此，将初期支护结构净空收敛监测规定为应测项目。

中柱结构竖向位移是直接反映整个支护结构的变形与稳定的重要指标，且其监测方法简单。因此，对工程监测等级为一级、二级的矿山法隧道工程规定为应测项目，三级规定为选测项目。

中柱结构倾斜主要是监测中柱在偏心荷载作用下沿水平方向的相对位移，中柱应力监测主要是监测其受力是否超过设计强度，同时也要考虑中柱的偏心荷载情况。一般情况下对各监测等级的矿山法隧道工程，中柱结构的倾斜及应力监测可作为选测项目。当中柱存在偏心荷载如采用 PBA 工法时，在扣顶部大拱的过程中，边拱和中拱按照要求不能同步施工，导致中柱水平受力不平衡。因此，在这种情况下需要根据偏心荷载的大小增加中柱（钢管柱）沿横断面方向的倾斜监测项目。

初期支护、二次衬砌结构应力监测的目的是为了了解初期支护和二次衬砌的变形特征和应力状态，掌握初期支护结构和二次衬砌结构所受应力的大小，可为设计提供依据，可根据需要确定。

地表沉降一方面能反映工程施工质量的控制效果，另一方面又能反映工程施工对周围岩土体及周边环境影响程度，对工程安全尤为重要。因此，地表沉降监测项目对各工程监测等级均为应测项目。

由于隧道施工对岩土体的扰动是由开挖面经岩土体传递到地表的，土体深层水平和竖向位移监测可掌握岩土体内在不同深度处的位移大小，了解围岩的扰动程度和范围，对围岩支护及周边环境保护具有很好的指导作用。由于土体深层水平和竖向位移监测操作较为复杂，成本较高，可根据需要确定。

通过围岩与初期支护结构间接触应力监测，可掌握围岩作用在初期支护结构上荷载的变化及分布规律，对指导施工和设计具有很好的参考价值。由于目前围岩压力监测成本较高，传感器埋设困难，可根据需要确定。

地下水的存在对暗挖施工影响很大，一方面给施工增加难度，另一方面也会给安全施工带来威胁。地下水位观测是监控地下水位变化最直接的手段，根据监测到的水位变化可及时采取应对措施，预防事故的发生。因此，将地下水位监测规定为应测项目。

4.2.4　本条文所列的 4 种情况是指基坑或隧道处于特殊的地质条件、不良的地质作用或复杂的周边环境中，周围岩土体的位移或变形直接反映工程支护结构和周边环境对象的安全状态，所以在此情况下将岩土体的一些监测项目规定为应测。

4.2.5 周边环境的监测项目主要依据国家现行标准《地铁设计规范》GB 50157、《建筑基坑工程监测技术规范》GB 50497、《建筑变形测量规范》JGJ 8、《城市桥梁养护技术规范》CJJ 99以及其他道路养护、既有轨道交通维修等规范、规则确定了建（构）筑物、地下管线、高速公路与城市道路、桥梁、既有城市轨道交通、既有铁路等环境对象的仪器监测项目。

对施工影响区域内的管线监测是一项重要的监测工作，特别是对管材差、抗变形能力弱或有压的管线更应进行监测。由于直接在地下管线上埋设竖向位移和水平位移监测点难度大、成本高，因此本条规定当管线处于主要影响区时其为应测项目，处于非主要影响区时可选测。当支护结构发生较大变形或土体出现坍塌、地面出现裂缝时，管线易发生侧向水平变形，在此情况下应对管线进行水平位移监测。

对既有城市轨道交通地下运营线路监测对象主要包括隧道结构、轨道结构及轨道。其环境风险等级高，变形过大会影响城市轨道交通的运行安全，除隧道结构净空收敛以及次要影响区内隧道结构水平位移、隧道、轨道结构裂缝外，所有监测项目均规定为<u>应测</u>项目。

4.2.6 当工程周边存在既有轨道交通或对位移有特殊要求的建（构）筑物及设施时，监测项目或监测手段往往需要与有关的管理部门或单位协商确定。

4.2.7 爆破振动监测包括爆破振动速度和加速度监测，通过其大小、分布规律的监测，判断爆破振动对结构和周围重要建（构）筑物、桥梁等的振动影响，为调整爆破参数、优化爆破设计提供依据。

4.3 现场巡查

4.3.1～4.3.4 分别给出了明挖法基坑、盖挖法基坑、盾构法隧道和矿山法隧道施工所对应的对施工工况、支护结构以及周边环境进行巡查的主要对象及内容。实际现场巡查工作中应包括但不仅限于此内容，要根据实际情况进行适当增加。

4.3.5 监测基准点、监测点、监测元器件的稳定或完好状况，直接关系到数据的准确性、真实性及连续性，因此，这也是现场巡查的内容之一。

4.4 远程视频监控

4.4.1 远程视频监控是指利用图像采集、传输、显示等设备及语音系统、控制软件组成的工程安全管理监控系统，对在建工程进行监视、跟踪和信息记录。目前，远程视频监控是现场巡查最有力的补充，对于重要风险部位可以通过远程视频监控，实现24h全天候监控。

4.4.2 条文所列内容是重要的风险部位，对这些部位进行远程视频监控有利于进一步地控制工程施工质量，避免事故的发生。

5 支护结构和周围岩土体监测点布设

5.1 一般规定

5.1.1 本条以针对性、合理性和经济性为原则，提出了监测点布设位置和数量的一般性要求。支护结构与周围岩土体是相互作用、相互影响的，二者之间的联系密切，布设监测点时需要对两者统筹考虑。监测点的位置应尽可能地反映监测对象的实际受力、变形状态，以保证对监测对象的状态做出准确的判断。

5.1.2 支护结构和周围岩土体关键部位的稳定性对工程的安全性起控制性作用，所以应针对监测对象的特点，结合工程情况，认真分析工程监测对象的关键部位，并在这些部位布设监测点，以做到重点监测、重点控制。

5.1.3 为反映监测对象的不同部位、不同对象之间、不同监测项目之间的内在联系和变化规律需要设置监测断面。纵向监测断面是指沿着基坑长边方向或隧道走向布设的监测点组成的监测断面；横向监测断面是指沿垂直于基坑长边方向或垂直隧道走向布设的监测点组成的监测断面。考虑不同监测对象的内在联系和变化规律时，不同的监测项目布点要处在同一断面上。如基坑支护结构变形、内力监测点、支撑轴力监测点、地表沉降及岩土体位移监测点和环境对象的监测点等可对应布设，隧道周围岩土体位移监测点与隧道支护结构变形及内力监测点可布设在同一断面上。

5.2 明挖法和盖挖法

5.2.1 明挖法和盖挖法基坑工程的支护桩（墙）、边坡顶部水平位移和竖向位移监测操作简便，且可以较为直接地反映整个基坑的安全状态，其监测点应当沿基坑周边布设。其中，基坑各边中间部位、阳角部位、深度变化部位、邻近建（构）筑物及地下管线等重要环境部位、地质条件复杂部位等，在基坑开挖过程中这些部位最容易出现较大的位移变形，对这些部位的监测能够较好的反应基坑工程的稳定性，因此在类似关键部位应布有监测点控制。

5.2.2 支护桩（墙）体水平位移变形是基坑支护结构体系稳定状态的最直接反映，该监测项目对判断桩（墙）体的安全性至关重要。支护桩（墙）体水平位移监测相对于桩（墙）顶水平和竖向位移监测难度要大，其监测点的布设间距可比桩（墙）顶的监测间距适当大些，可按后者两倍的间距布设，在相近部位其监测点最好与支护桩（墙）顶部水平位移和竖向位移监测点处于同一监测断面，以便于监测数据间的对比分析。在基坑各边中间部位及阳角部位等的桩（墙）体易发生较大的水平位移，应作为重要部位监测。

5.2.3 支护桩（墙）结构应力监测的目的是检验设

计计算结果与实际受力的符合性，监测点的布设需要根据支护结构内力计算结果、基坑规模等因素，布设在支护桩（墙）出现弯矩极值等特征点的部位。为便于分析应力与变形的关系，支护桩（墙）结构应力监测点与支护桩（墙）变形监测点对应布设。

5.2.4 立柱在顶部荷载和支撑荷载作用下会产生沉降、水平位移，在基底回弹的作用下会产生隆起。立柱隆起对支撑是强制位移，产生的附加弯矩将造成节点破坏，甚至造成整个支撑体系失稳、基坑倾覆，在实际工程中出现过立柱隆起超出 20cm、甚至破坏的案例。立柱的竖向位移监测应根据基底地质条件的不同确定具体的监测数量，一般不应少于立柱总根数的 5%。在承压水作用下，立柱竖向位移变化复杂，可能出现持续隆起，应适当增加立柱监测根数。

5.2.5 基坑工程中水平支撑与支护桩（墙）构成了一个完整的支护结构，水平支撑作为支护结构中的重要组成部分，平衡着基坑外侧土压力。支撑轴力随着基坑的开挖而变化，其大小与支护结构的稳定具有极为密切的关系。在同一竖向监测断面内的每道支撑均应进行轴力监测，特别是基坑距底部 1/3 深度处轴力最大，应加强监测。另外，若使用应变计进行轴力监测，应在支撑同一断面上布置 2 个～4 个应变计，以真实反映支撑轴力的变化。

支撑轴力监测中应注意修正各方面的不利影响。根据工程施工监测经验，深基坑支撑轴力的观测数值的偏差往往较大，究其原因主要集中在：1）测点布设的合理性：表面附着式传感器的布设位置应符合圣维南原理避开应力集中的位置，并对称布设以消除附加弯矩的影响；2）长期室外高、低温恶劣环境带来的传感器温度漂移的影响。

5.2.6 盖挖法的结构顶板由于在后续工程施工中同时起到路面结构的支撑作用，顶板与立柱、边桩的连接处均为受力较为复杂的部位，因此，在顶板内力监测点的布置时，应充分考虑这些部位。

5.2.7 当基坑土层软弱并含有地下水时，锚杆施工质量难以达到设计要求，且容易发生蠕变。基坑较深或坑边有高大建筑时，锚杆往往承受较大拉力。因此，有必要对这些部位的锚杆进行拉力监测，以确保工程安全。

5.2.8 城市轨道交通工程中采用土钉墙进行支护的基坑工程相对较少，土钉拉力监测点应选择在受力较大且有代表性的位置，如基坑每边中部、阳角处、地质条件复杂、周边存在高大建（构）筑物的区段。监测点数量和间距视土钉的具体情况而定，各层监测点位置在竖向上宜保持一致。

5.2.9 在基坑周边的地表变形主要控制区布设不少于 2 排的沉降监测点，是为了控制基坑周边的最大地表变形。在有代表性的部位设置垂直于基坑边线的监测断面，是为了监测基坑周边地表变形的范围，分析

基坑工程对周边的影响范围和影响程度。

5.2.10 由于竖井断面一般都比较小，可在竖井长、短边中部各布设 1 条测线，沿竖向按 3m～5m 布设一个监测断面。在竖井内进行净空收敛量测，由于作业空间小、深度大，一定要注意人身安全，或采用非接触测量的方法。

5.2.11 当基坑开挖深度及面积较大、基坑底部遇到有一定膨胀性的土层或坑边有较大荷载的高大建筑时，基坑的开挖卸载容易造成基底隆起。隆起值过大不仅对基坑支护结构有较大影响，而且会对周边建筑的稳定带来威胁。坑底隆起（回弹）监测点的埋设和观测较为困难，一般在预计隆起（回弹）量较大的部位布设监测点。

5.2.12 基坑工程降水分为坑内降水和坑外降水两种形式，一般坑内降水时，水位观测孔通常布设在基坑中部和四角；坑外降水时，水位观测孔通常布设在降水区域中央、长短边中点、周边四角。降水区域长短边中点、周边四角的观测孔一般距结构外 1.5m～2m。水位观测孔的管底埋置深度一般在降水目的层的水位降低深度以下 3m～5m。

5.3 盾 构 法

5.3.1 盾构隧道在盾构始发、接收段及联络通道附近等属于高风险施工部位，存在地层偏压、围岩软硬不均、高地下水位等复杂地质条件区段不仅施工风险大，而且会使隧道结构产生位移和变形，同时，隧道下穿或邻近重要建（构）筑物和地下管线等环境对象时会对环境对象的安全与稳定造成较大影响。因此，本条规定在上述部位或区段应布设管片结构竖向和水平位移、净空收敛监测断面及监测点。

5.3.2 根据盾构管片结构应力、围岩压力及管片连接螺栓应力的监测结果，可以分析管片的受力特征及分布规律、管片结构的安全状态。当盾构隧道处在地质条件及环境条件相对简单的区域时，隧道结构的受力均匀且状态安全，但是，当盾构隧道处在存在地层偏压、围岩软硬不均、地下水位较高等地质或环境条件复杂的地段时，由于受力不均，隧道结构有可能发生变形甚至损坏。因此，在这些区段应布设盾构管片结构应力、管片围岩压力、管片连接螺栓应力监测断面及监测点。

5.3.3 盾构施工时导致地表变形的因素很多，是一个综合性的技术问题。具体来说引起地层变位有以下8个方面的因素：开挖面土体的移动、降水、土体挤入盾尾间隙、盾构姿态的改变、外壳移动与地层间的摩擦和剪切作用、土体由于施工引起的固结、水土压力作用下隧道管片产生的变形，以及随盾构推进而移动的正面障碍物使地层在盾构通过后产生空隙又未能及时注浆。盾构施工引起地表沉降发展的过程及不同阶段见表 9 所示。

表9 盾构施工引起地表沉降发展阶段

	阶段	产生沉降原因
I	先期隆起或沉降	开挖面前方滑裂面以远土体因地下水位下降而导致土体固结沉降。正前方土体受压致密，孔压消散，土体压缩模量增大
II	盾构到达时沉降	周围土体因开挖卸荷（应力释放）导致弹性或弹塑性变形的发生。开挖面设定压力过大时产生隆起
III	盾构通过时沉降	推进时盾壳和土层间的摩擦剪切力导致土体向盾尾空隙后移、仰头或叩头时纠偏。此时周边土体超孔隙水压力达到最大，推进速度和管背注浆对其也有影响
IV	盾尾空隙沉降	尾部空隙导致围岩松动、沉降
V	长期延续沉降	围岩蠕变而产生的塑性变形，包括超孔隙水压消散引起的主固结沉降和土体骨架蠕变引起的次固结沉降

盾构施工引起的地表沉降呈现以盾构机为中心的三维扩散分布。典型的地面沉降曲线如图7所示。

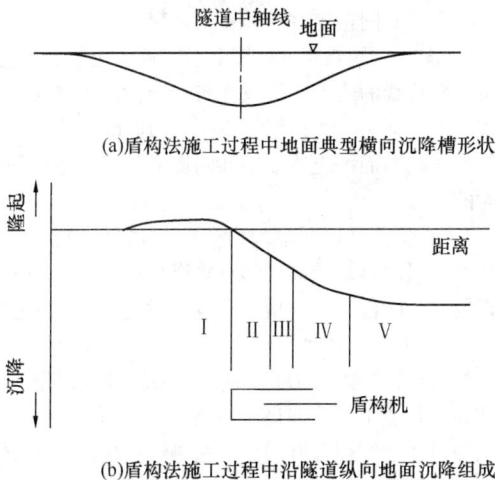

(a)盾构法施工过程中地面典型横向沉降槽形状

(b)盾构法施工过程中沿隧道纵向地面沉降组成

图7 盾构法施工地面沉降曲线图

为保障盾构施工质量、减少对环境的影响，盾构隧道地表监测点的布设必须科学合理。在盾构始发、接收、穿越建（构）筑物地段，以及联络通道和存在不良地质条件的部位等是盾构施工的风险区段，除适当加密纵向监测点的布设外，还应布设横向监测断面。因此，盾构周边地表沉降监测点的布设应根据影响因素和变形特点来综合考虑，一方面应沿盾构轴线方向布置沉降监测点，另一方面在隧道中心轴线两侧的沉降槽范围内设置横向监测点，以测得完整的沉降槽。

5.3.4 盾构隧道土体深层水平位移和分层竖向位移监测的目的主要是为了掌握和了解盾构施工对周围岩土体的影响程度及影响范围（包括深度范围），进而掌握由于岩土体的位移变形对周围建（构）筑物带来的影响。因此，监测孔的布设位置和深度应综合考虑盾构隧道所处工程地质条件和周边环境条件，以及监测孔与隧道结构的相对位置关系等。

5.3.5 孔隙水压力监测一般是盾构施工过程中在一些特殊地段增加的监测项目，此监测项目往往要和管片结构的变形监测及内力监测布设在同一监测断面内，目的是便于分析管片结构及周边环境的变形规律和安全状态，进一步指导工程施工和设计。

5.4 矿 山 法

5.4.1 拱顶沉降是指隧道拱顶部位的竖向变形，净空收敛是指在隧道拱顶、拱脚及侧墙之间的相对位移，拱顶沉降及净空收敛监测数据直接反映初期支护结构和围岩的变形特征。拱顶沉降监测点一般要布设一个或多个测点，其监测点也可作为净空收敛的监测点。拱顶沉降及净空收敛监测断面应在初期支护结构施作完成后紧随开挖面（离开挖工作面2m以内）布设，并及时读取初始值，因开挖初期隧道结构变形速率最大。

5.4.4 对中柱结构应力的监测，其主要目的是监测中柱的受力是否超过设计强度或存在荷载偏心情况。通常可沿中柱周边在同一平面内均匀布设4个监测点（每隔90°一个测点），可用应变计或应变片，见图8所示。

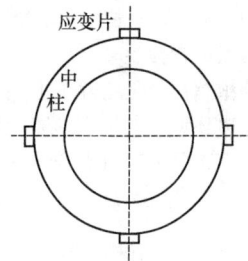

图8 中柱横断面测点布置

5.4.5 围岩压力、初期支护结构应力及二次衬砌应力监测的目的是为了掌握和了解围岩作用在初期支护结构上的压力及初期支护结构、二次衬砌结构的受力特征、分布规律、安全及稳定状况等，监测断面的布设位置主要应考虑地质条件复杂或应力变化较大的部位。

5.4.6 周边地表沉降监测能够反映矿山法施工对周围地层和地表的影响，判断工程施工措施的可靠性和工程施工及周边环境的安全性。隧道或分部开挖施工导洞的轴线上方一般地表沉降较大，是地表沉降监测布点的重要部位。

矿山法隧道通常采用人工或钻爆开挖，每个开挖面的每日进尺受地质条件复杂程度及开挖断面大小等因素的影响，一般人工开挖进尺每日1m～3m，钻爆开挖进尺每日 3m~5m，为保证开挖面附近有地面监测点的控制，监测点的布设间距应根据工程监测等级、周边环境条件、每日开挖进尺综合确定。

在联络通道、隧道变断面及不同工法变换等部位，以及复杂地质条件及环境条件区域施工容易引起较大的地表沉降，在这些特殊部位应布设监测点或监测断面。另外，由于附属结构施工断面较大、覆土厚度较小、下穿管线较多，施工条件差，风险因素多，容易出现开挖面坍塌，事故频率高，因此，应加强附属结构施工监测点的布设。

6 周边环境监测点布设

6.1 一般规定

6.1.1 本条是对周边环境监测点布设提出的一般性原则要求。周边环境对象监测点的布设位置、数量通常要考虑以下几个条件：1）周边环境对象的风险等级大小；2）周边环境所处的工程影响区；3）周边环境对象自身的材质、结构形式；4）工程地质水文地质条件的复杂程度；5）所采用的监测方法和现场监测的可实施性。

6.1.2 反映环境对象变化特征的关键部位与环境对象的类型、特点有很大的关系，如高低悬殊或新旧建（构）筑物连接处、建（构）筑物变形缝、不同基础形式和不同基础埋深部位、地下管线节点和转角点等部位，这些部位一般都是发生位移和变形的关键部位，应布有监测点进行控制。

受施工影响敏感部位是指除了上述的一些关键部位外，还包括周边环境对象抗变形能力较弱的其他部位，如建（构）筑物已出现过大变形或裂缝、地下管线沉降过大或材质老化较为严重等部位。

6.2 建（构）筑物

6.2.1~6.2.4 为了能够反映建（构）筑物竖向位移的变化特征和便于监测结果的分析，监测点的布设应考虑其基础形式、结构类型、修建年代、重要程度及其与轨道交通工程的空间位置关系等因素。本节参照国家现行标准《建筑基坑工程监测技术规范》GB 50497、《建筑地基基础设计规范》GB 50007 和《建筑变形测量规范》JGJ 8 中的有关规定，并结合各地轨道交通监测经验制定。

高层、高耸建（构）筑物的倾斜监测，可采用基础两点间的差异沉降推算倾斜变形，其监测点应符合竖向位移监测点的布设要求。

建（构）筑物的裂缝宽度监测，在开展之前应调查已有的裂缝，根据裂缝特点，选择有代表性的裂缝进行监测。当受工程施工影响出现新的裂缝时，应分析、判断新裂缝对建筑结构安全的影响，选择影响性

较大、发展变化较快的裂缝增设监测点。当存在"Y"或"卜"形等异形裂缝时，在裂缝交口处可以增加 1 组监测点，监测点连线一般垂直于主要裂缝。

6.3 桥 梁

6.3.1 桥梁承台或墩柱是整个桥梁的支撑结构，城市轨道交通工程建设对地层的扰动通过桥梁承台或墩柱传递到桥梁上部结构，引起桥梁整体的变形和应力变化。桥梁承台或墩柱竖向位移是桥梁整体竖向位移的直接反映，在其上布设监测点可获得评价桥梁变形的数据。当承台尺寸较大时，可以适当增加监测点数量，以全面反映桥梁的竖向位移变化。

6.3.3 桥梁墩台的沉降或差异沉降可导致桥梁结构内部应力的变化，当结构出现应力集中而超过其应力限值时，会导致结构开裂甚至破坏。桥梁结构应力监测点一般需要选择在墩台附近或跨中部位的中部和两侧翼板端部等代表性部位。

6.4 地 下 管 线

6.4.1 目前工程中地下管线监测是一个非常重要也是一个非常复杂和困难的工作，通过总结和研究各地城市轨道交通工程对地下管线的监测工作，地下管线的监测主要有间接监测点和直接监测点两种形式。

1 间接监测是指通过观测管线周边土体的变化，间接分析管线的变形。常设在与管线轴线相对应的地表或管周土体中。柔性管线或刚度与周围土体差异不大的管线，与周围土体能够共同变形，可以采用间接监测的方法。

2 直接监测是通过埋设一些装置直接测读管线的变形，风险等级较高、邻近轨道交通工程或对工程危害较大、刚性较大的地下管线一般应布设直接监测点进行监测。

3 直接监测点的埋设方法主要为位移杆法，即将硬塑料管或金属管埋设于所测管线顶面，将位移杆底端埋设在管线顶部并固定。量测时将标尺置于位移杆顶端，只要位移杆放置的位置固定不变，测试结果就能够反映出管线的沉降变化。监测点的埋设方法见图 B.0.5-1。

6.4.2 地下管线与工程的邻近距离不同，受施工的影响程度不同，扰动程度越大地下管线的破坏风险越高，监测点的布设密度应相应增大。因此，主要影响区监测点的布设密度应大于次要影响区。隧道工程下穿地下管线时，监测点间距应取本条款规定间距的小值。

6.4.3 地下管线的节点、转角点、结构软弱部位（金属管线受腐蚀较大部位）、与工程较为邻近可能出现较大变形部位容易发生管线开裂或断裂，是地下管线监测的重点部位。由于地下管线的特殊性，难于调查获得上述部位时，可根据管线特点，利用窨井、阀

门、抽气孔以及检查井等易于调查获得的管线设备作为监测点。

6.4.5 污水、供水、热力管线出现损坏会给工程安全带来巨大影响，实际工程建设过程中管线事故多由于污水或供水管线渗漏造成。同时，供水、热力管线的损坏对周边居民的生活会带来较大的影响。燃气管线可造成可燃气体泄漏，如遇明火可出现爆炸，严重威胁周边人民生命财产安全。因此，当隧道下穿污水、供水、燃气、热力等地下管线且风险很高时，应布设管线结构直接监测点。

由于污水、供水、燃气、热力等管线自身刚性较大，其变形往往会滞后于下方土层，管线和下方土体可能出现较大的脱空。在管线上方土体的荷载作用下，使管线存在较大的损坏风险，严重时可导致管线的断裂。因此，对隧道下穿这类管线时，除布设管线结构直接监测点外，还应布设管侧土体监测点，对管线变形及管侧土体变形同时进行监测，以判断管线与管侧土体的协调变形情况。

6.4.7 工程影响区管线分布比较集中时，重点监测重要的、抗变形能力差的、容易出现渗漏的高风险管线。一方面，通过监测这类管线的变形能够满足要求时，其他管线也能满足，另一方面，这样也可减少监测的工作量。

6.5 高速公路与城市道路

6.5.1 城市道路下方多存在过街通道、地下管线等，路面和路基竖向位移监测点的布设时，应考虑与地下构筑物、地下管线等环境监测点的布设相互协调，适当优化、整合。

6.5.3 高速公路、城市道路的路面与路基刚度差异较大，路面与路基变形不能协调同步，已有工程实测案例表明路面与路基出现分离的情况时有发生，只进行路面竖向位移监测难以反映路基的竖向位移情况，特别是隧道下穿的情况，容易造成路面与路基的脱空，为道路交通带来重大安全隐患。因此，要适当增加路基竖向位移监测点的数量。

6.5.4 公路挡土墙主要有砌体、悬臂式、扶臂式、桩板式、锚杆、锚碇板和加筋土挡土墙等几种类型。根据道路挡墙结构形式、尺寸特征以及工程实际监测经验，道路挡墙竖向位移监测点主要沿挡墙走向布设。与基坑、隧道较为邻近或道路等级较高时，监测点布设间距取本条款规定间距的小值。

6.6 既有轨道交通

6.6.4 根据现行国家标准《地铁设计规范》GB 50517 要求，城市轨道交通隧道内和高架桥的轨道结构一般采用短枕式整体道床，地面正线的轨道结构一般采用混凝土枕碎石道床。轨道结构竖向位移监测主要是指监测整体道床或轨枕的竖向位移。轨道结构竖

向位移监测按监测断面形式布设，并与隧道结构或路基竖向位移监测断面对应布设，便于分析隧道结构、路基与轨道结构竖向位移之间的关系以及差异变形情况，为分析线路结构变形及维护提供依据。

6.6.5 城市轨道交通、铁路的轨道静态几何形位主要包括轨距、轨向、轨道的左右水平和前后高低，轨道静态几何形位监测涉及轨道的行车安全，国家、行业、地方的相关养护标准及工务维修规则对轨道静态几何形位监测均有具体的规定，监测点的布设应按这些相关的规定执行。

7 监测方法及技术要求

7.1 一般规定

7.1.1 工程监测所采用的监测方法和使用的仪器设备多种多样，监测对象和监测项目不同，监测方法和仪器设备就不同，工程监测等级和监测精度不同，采用的监测方法和仪器设备的精度也不一样，另外，由于场地条件、工程经验的不同，也会采用不同的监测方法。总之，监测方法的选择应根据设计要求、施工需要和现场条件等综合确定，并便于现场操作实施。

7.1.2 本条对变形监测网的监测基准点、工作基点的布设要求进行了规定，目的是为了保证基准点和工作基点的稳定性，避免由于基准点不稳定或破坏等原因，导致监测数据不连续或无法解释，因此，对基准点和工作基点应采取有效保护措施。

7.1.3 本条规定是保证监测数据可靠、真实的前提条件，也是国家计量法规的基本要求。结合仪器自身特点、使用频次及使用环境，定期对监测仪器进行维护保养、比对检查，以保证仪器能正常工作。

7.1.4 目前市场上监测传感器的种类较多，质量及费用差别较大，在传感器选型上应重点考虑工程的监测情况和特殊要求，如监测时间的长短、气象和水文地质条件，以及与量测介质的适应性等。

7.1.5 在相同的作业方式下监测，有利于将监测中的系统误差减到最小，达到确保监测数据可靠的目的。

7.1.6 本条强调了监测项目初始值读取的时间，避免因初始值读取不及时或滞后而损失掉变形数据。为保证初始值观测的准确性，要求对各项监测项目初始值观测次数应不少于 3 次，同时需要对初始观测值进行相对稳定性的判别。

7.1.7 监测精度是指监测系统给出的指示值和被测量的真值的接近程度，是受工程监测环境、监测人员和监测仪器精度等因素影响的综合精度。精度在数理统计学中与误差相联系，监测精度越高，相应的监测误差越低。仪器精度只是某种仪器测定一个监测量的读数的准确程度。各监测项目所确定的监测精度，须满足监测对象的安全控制要求，同时还应兼顾经济合

理的原则。

7.1.8 监测元器件的工作状态和监测点的完好程度是获取完整、可靠监测数据的关键，如遭受破坏则有可能造成监控盲区，有些关键部位监测缺失甚至可能威胁到工程的安全，故应高度重视元器件和监测点的保护和恢复工作。

7.1.9 随着工程监测技术的不断发展，全站仪自由设站、测量机器人、静力水准、微波干涉测量等新技术逐渐得到应用和推广。这些监测技术可以弥补常规技术的不足，具有实施安全、高精度、高效率、操作灵活等特点，有效地提高了监测的技术水平，促进了监测工作的开展。采用新技术、新方法进行工程监测的同时，应辅以常规监测方法进行验证，工程实践表明其具有足够的可靠性时方可单独应用。

7.2 水平位移监测

7.2.1 仪器垂直轴倾斜误差，不能通过取盘左、盘右的平均值加以抵消，尤其当垂直角超过±3°时，应严格控制仪器水平气泡偏移；在多测回观测时，可采用测回间重新整平仪器水平气泡来削弱其影响。

方向线偏移法是将视准线小角法与观测点设站法结合使用的方法，这种方法只需仪器一次设站加改正来完成所有观测点位移的测算。

7.2.4 监测基准网一般情况边长均较短，采用强制对中装置的观测墩是提高观测精度的有效方法，强制对中装置宜选用防锈的铜质材料，并采取有效防护措施保证点位的稳定性。

7.2.6 水平位移监测的目的是观测测点的水平位移变化量，所以监测网一般可布设成假设坐标系统。

7.2.7 对较大范围的水平位移监测网可采用 GPS 网，对线型边的水平位移监测适合用单导线、导线网以及视准轴线的形式。对控制面积一般的场地也可布设成边角网的形式，为保证边角网图形强度，三角形长短边不宜悬殊过大，并应合理配置测角和测距的精度，发挥测角和测边精度的互补特性。

7.2.9 水平位移监测精度的确定主要考虑了监测等级和水平位移控制值两方面的因素，水平位移控制值包括变化速率控制值和累计变化量控制值。水平位移监测的精度首先要根据控制值的大小进行确定，特别是要满足速率控制值或在不同工况条件下按各阶段分别进行控制的要求。监测精度确定的原则是监测控制值越小要求的监测精度就越高，同时还要满足不低于同级别监测等级条件下的监测精度要求。

7.3 竖向位移监测

7.3.1 竖向位移监测宜采用几何水准测量，在特殊环境条件及有特殊技术要求时也可采用电子测距三角高程测量、静力水准测量等方法。

7.3.2 将部分监测点与水准基准点和工作基点组成闭合环或附合水准线路，有利于提高精度和避免粗差。

为了忽略因前后视距不等带来的系统误差，本条规定了监测用水准仪 i 角的控制要求，实际监测工作中应特别注意一个测站观测多个中视视距与前后视距相差较大时 i 角的影响，如 i 角为 20″，视距差为 10m 对一测站的高差影响将达 1mm，所以作业中应经常检查校正水准仪的 i 角，并严格控制水准测量中的视距差。

静力水准仪器设备因生产厂商不同，其原理、性能和规格差别较大，应根据不同的设备制定相应的作业和维护规程，并采用人工复核等校验手段，以保证监测仪器满足相关规范的要求。

对于水准测量确有困难且精度要求不高时，可采用电子测距三角高程方法进行，电子测距三角高程测量的视线长度、视线垂直角及中间设站每站的前后视线长度之差，可按现行行业标准《建筑变形测量规范》JGJ 8 的规定实施。

7.3.3 以城市轨道交通工程高程系统作为统一的高程系统，便于各监测项目变形值的相互比较、验证和延续，当使用城市轨道交通工程高程点联测困难或有其他特殊情况时，为保证监测精度及便于监测工作开展也可采用独立坐标系统。

7.3.6 竖向位移监测精度的确定方法与水平位称监测精度的确定方法基本相同。

7.4 深层水平位移监测

7.4.1 测斜仪仪器设备主要由测斜探头、电缆线和读数仪组成，按测斜探头中传感元件的性质分为滑动电阻式、电阻应变片式、振弦式及伺服加速度计式等几种，伺服加速度计式测斜仪灵敏度和精度相对较高，稳定性也较好。

7.4.2 深层水平位移监测数据控制值要求选用测斜仪的分辨率、精度等应满足本条规定，另外也应注意所测孔位的倾斜度是否位于测斜仪传感元件倾角的量程范围内。

7.4.3 测斜管作为供测斜仪定位及上下活动的通道，必须具有一定的柔性及刚度，测斜管直径应与选用测斜仪导轮展开的松紧度相适宜。

7.4.4 土体深层水平位移测斜管埋设深度应依据当地的地质条件、工程经验等因素综合确定。软土地区，土体测斜管埋设深度宜超过支护墙体一定深度，有利于及时发现支护墙底部的位移状态。

7.4.5 保证测斜管的埋设质量是获得可靠数据和保证精度的前提，本条对测斜管的埋设提出了具体要求。埋设前应检查测斜管的管口、十字导槽的加工质量，避免有质量问题的测斜管投入使用。在测斜管埋设过程中，向测斜管内加注清水可以防止测斜管发生上浮。测斜管管壁导槽如与所需测量的位移方向存在夹角，所测得的支护墙体变形量比实际变形偏小。管壁和孔壁之间回填密实是为了使得测斜管与被测土体和支护墙体的变形协调，保证能反映被测对象的真实变形。

7.4.6 为消除测斜仪零漂的影响，每测点都应进行正、反两次量测。由于外界环境温度与地下水温度存在差异，测斜仪探头放到孔底后，恒温一段时间，待读数稳定后方可采样，从而减小测量误差。测斜管一般按 0.5m 或 1.0m 长度分为若干个量测段，在测斜管某一深度位置测得的是两对导轮之间的倾角，可按下式计算各量测段水平位移值：

$$\Delta X_n = \Delta X_0 + L \sum_{i=0}^{n} (\sin \alpha_i - \sin \alpha_{i0}) \tag{5}$$

式中：ΔX_n ——从管口下第 n 个量测段处水平位移值（mm）；

L ——量测段长度（mm）；

α_i ——从管口下第 i 个量测段处本次测试倾角值（°）；

α_{i0} ——从管口下第 i 个量测段处初次测试倾角值（°）；

ΔX_0 ——实测管口水平位移（mm），当采用底部作为起算点时，$\Delta X_0 = 0$。

7.4.7 软弱土地区的实测数据表明，测斜管管底常产生较大的水平位移，因此测斜计算时的起算点选择十分重要。一般情况下应以管顶作为起算点，采用光学仪器测定测斜孔口水平位移作为基准值。但如果测斜管底部嵌岩或进入较深的稳定土层内，也可以底部作为固定起算点。

7.5 土体分层竖向位移监测

7.5.1 分层沉降仪可用来监测由降水、开挖等引起的周围深层土体的竖向位移变化。分层沉降仪探头中安装有电磁探测装置，根据接收的电磁信号来观测埋设在土体不同深度内的磁环的确切位置，再由其所在位置深度的变化计算出土层不同标高处的竖向位移变化情况。

磁环分层沉降量测系统由地下监测器件、地面测试仪器及管口水准测量系统三部分构成。第一部分为埋入地下的材料部分，由分层沉降管、底盖和磁环等组成；第二部分为地面测试仪器——分层沉降仪，由测头、测量电缆、接收系统和绕线盘等组成；第三部分为管口水准测量系统，由水准仪、标尺、脚架、尺垫、基准点等组成。

7.5.3 分层沉降管埋设时分层沉降管和孔壁之间采用黏土回填密实，使得磁环与周围土体能紧密接触，保持与土体变形的协调一致。

7.5.5 分层沉降仪量测时应先用水准仪测出分层沉降管的管口高程，然后将分层沉降仪的探头缓缓放入分层沉降管中。当接收仪发生蜂鸣或指针偏转最大

时，即是磁环的位置。读取第一声声响时测量电缆在管口处的深度尺寸，这样由上向下地测量到孔底，这称为进程测读。

当从该分层沉降管内回收测量电缆时，测头再次通过土层中的磁环，接收系统的蜂鸣器会再次发出蜂鸣声。此时读出测量电缆在管口处的深度尺寸，如此测量到孔口，称为回程测读。

磁环的绝对高程计算公式如下：

$$D_i = H - h_i \tag{6}$$

式中：D_i ——第 i 次磁环绝对高程（mm）；

H ——分层沉降管管口绝对高程（mm）；

h_i ——第 i 次磁环距管口的距离（mm）。

由上式可以计算出磁环的累计竖向位移量：

$$\Delta h_i = D_i - D_0 \tag{7}$$

式中：Δh_i ——第 i 次磁环累计竖向位移（mm）；

D_0 ——磁环初始绝对高程（mm）。

7.6 倾斜监测

7.6.1 建（构）筑物倾斜监测应根据现场观测条件和要求确定不同的监测方法。当被测建（构）筑物具有明显的外部特征点和宽敞的观测场地时，可以采用投点法等，测出每对上部和底部观测点之间的水平位移分量，再按矢量计算方法求得倾斜量和倾斜方向；当被测建（构）筑物内部有一定的竖向通视条件时，可以采用垂准法、激光铅直仪观测法等；当被测建（构）筑物具有足够的整体结构刚度时，可以采用倾斜仪法或差异沉降法。

7.6.3 根据精度要求，观测时按 180°、120°或 90°夹角旋转垂准仪进行下部点对中（分别读取 2 次、3 次或 4 次）算一个测回。

7.7 裂缝监测

7.7.1 裂缝的位置、走向、长度、宽度是裂缝监测的 4 个要素，裂缝深度测量由于手段较为复杂、精度较低，并有可能需要对裂缝表面进行开凿，因此，只有在特殊要求时才进行监测。

7.7.3 工程施工前对周围环境监测对象的裂缝情况进行现状普查是非常重要的一项工作内容。通过裂缝现状普查，一方面能够对周边环境对象的裂缝情况了解和掌握，选择其中部分重要的裂缝进行监测，另一方面也为解决后续工程施工过程中的工程纠纷提供资料依据。

7.8 净空收敛监测

7.8.1 隧道内部净空尺寸的变化，常称为收敛位移。收敛位移监测所需进行的工作比较简单，以收敛位移监测值为判断围岩和支护结构（或管片）稳定性的方法比较直观和明确。目前，隧道净空收敛监测可采用接触和非接触两种方法，其中接触监测主要采用收敛

计进行，非接触监测则主要采用全站仪或红外激光测距仪进行。

7.8.2 采用收敛计进行净空收敛监测相对简单，通过监测布设于隧道周边上的两个监测点之间的距离，求出与上次量测值之间的变化量即为此处两监测点方向的净空变化值。读数时应进行三次，然后取其平均值。

收敛计主要通过调节螺旋和压力弹簧（或重锤）拉紧钢尺（或钢丝），并在每次拉力恒定状态下测读两监测点之间的距离变化来反映隧道的净空收敛情况。根据连接材料和连接方式的不同，收敛计有带式、丝式和杆式三类，其基本组成相同，主要由钢卷尺（不锈钢带、铟钢丝或铟钢带）、拉力控制系统（保持钢卷尺或钢丝在测量时恒力）、位移量测系统及固定的测点等部件组成。目前常用的是百分表读数收敛计和数显式收敛计两种。

1 带式收敛计用钢卷尺连接两个对应点，施加恒定的张拉力（刻度线或指示灯指示），使钢卷尺拉直，然后读取钢卷尺和测表读数。其操作方便、体积小、质量轻，适用范围较广。

带式收敛计的操作步骤如下：

1）在指定位置埋设好一对测座；

2）将仪器的后挂钩与其中一个测座相连，再将定长铟钢丝的接头与钢尺头部相接；

3）将定长铟钢丝的挂钩与另一个测座相连；

4）在钢尺上选择合适的小孔并固定在夹尺器上；

5）采用电动螺旋张紧机构，对钢尺和定长铟钢丝施加恒力，并在读数窗口读数。

2 丝式收敛计用铟钢丝（或钢丝）连接两个对应点，施加恒定张拉力（百分表或电动马达指示），使钢丝丝拉直，然后读数。当隧道断面尺寸很大（跨度大于20m），或温度变化较大，或对变形监测精度要求较高时，应选择丝式收敛计。

丝式收敛计的操作步骤如下：

1）选定监测点并用胶或砂浆固定配套的螺栓；

2）根据两监测点间的距离截取合适长度的铟钢丝；

3）将靠近测力计的一端通过旋转接头与其中一个已安装在固定螺栓上的测座相连；

4）分别通过卡头和旋转接头将钢丝另一端与另一个测座相连，通过拉紧装置拉紧钢丝，并把测力计调到相同的位置，以保持钢丝的受力不变；

5）从位移计测读数据，两次读数之差就是在这两次监测时段内发生的相对位移。

3 对于跨度小、位移较大的隧道，可用杆式收敛仪进行监测，测杆可由数节组成，杆端装设百分表或游标尺，以提高监测精度。

杆式收敛计的操作步骤如下：

1）当作铅垂向监测时，测杆的上下两圆锥面测座应埋设在顶板和底板上；为保证它们基本上能处于同一铅直线上，宜先埋设上测座，再采用吊锤球的方法确定出下测座的位置，钻孔完成安装孔，并用水泥砂浆将圆锥面测座埋设于底板上；

2）初读数的接杆编号应记录清楚，接杆的螺纹每次应拧紧；

3）测座内锥面在每次监测时都应把泥砂灰尘擦干净；

4）监测时先将下端的球形测脚放入下测座的圆锥内，再通过细杆压紧弹簧，并使上端球形测脚放入上测座的圆锥内，再压紧弹簧。压紧弹簧的动作宜慢、稳，每次压紧方法应尽量一致。

每个收敛监测点应安装牢固，并采取保护措施，防止因监测点松动而造成监测数据不准确。收敛计读数应准确无误，读数时视线垂直测表，以避免视差。每次监测反复读数三次，读完第一次后，拧松调节螺母并进行调节，拉紧钢尺（或钢丝）至恒定拉力后重复读数，三次读数差不应超过精度范围，取其平均值为本次监测值。

净空相对位移计算公式：

$$U_n = R_n - R_0 \tag{8}$$

式中：U_n——第 n 次量测时净空相对位移值(mm)；

R_n——第 n 次量测时的观测值(mm)；

R_0——初始观测值(mm)。

当净空相对位移值比较大，在第 n 次测量后需换测试钢尺孔位时，相对位移总值计算公式：

$$U_k = U_n + R_k - R_{n0} \tag{9}$$

式中 U_k——第 k 次量测时净空相对位移值(mm)；

R_k——第 k 次量测时的观测值(mm)；

R_{n0}——第 k 次量测时换孔后读数(mm)。

若变形速率高，量测间隔期间变形量超出仪表量程时，相对位移计算公式：

$$U_k = R_k - R_0 + A_0 - A_k \tag{10}$$

式中：A_0——钢尺初始孔位(mm)；

A_k——第 k 次量测时钢尺孔位(mm)。

当洞室净空大（测线长），温度变化时，应进行温度修正，其计算公式为：

$$U_n = R_n - R_0 - \alpha L(t_n - t_0) \tag{11}$$

式中：t_n——第 n 次量测时温度(℃)；

t_0——初始量测时温度(℃)；

L——量测基线长(mm)；

α——钢尺线膨胀系数（一般 $\alpha = 12 \times 10^{-6}/℃$）。

7.8.4、7.8.5 用全站仪进行隧道净空收敛监测方法包括自由设站和固定设站两种。监测点可采用反射片作为测点靶标，以取代价格昂贵的圆棱镜，反射片正面由均匀分布的微型棱镜和透明塑料薄膜构成，反面涂有压缩不干胶，它可以牢固地粘附在构件表面上。反射片粘贴在隧道测点处的预埋件上，在开挖面附近的反射片，应采取一定的措施对其进行保护，以免施工时反射片表面被覆盖或污染、碰歪或碰掉。通过固定的后视基准点，对比不同时刻监测点的三维坐标，计算该监测点的三维位移变化量（相对于某一初始状态）。该方法能够获取监测点全面的三维位移数据，有利于数据处理和提高自动化程度。

7.9 爆破振动监测

7.9.2 爆破振动监测中，传感器是反映被测信号的关键设备，为了能正确反映所测信号，除了传感器本身的性能指标满足一定要求外，传感器的安装、定位也是极为重要的。为了可靠地测到爆破振动或结构动力响应的记录，传感器应与被测点的表面牢固地结合在一起，否则在爆破振动时往往会导致传感器松动、滑落，使得信号失真。传感器安装时，还应注意定位方向，要使传感器与所测量的震动方向一致，否则，也会带来测量误差。若测量竖向分量，则使传感器的测震方向垂直于地面；若测量径向水平分量，则使传感器的测震方向垂直于由测点至爆破点连线方向。

7.9.3 爆破振动监测的测量导线对监测系统的工作状态有较大影响，一般采用屏蔽线，以防外界电磁干扰信号。测量导线线路一般不与交流电线路平行，以避免强电磁场的干扰。同时，也需注意测量导线的两端固定问题，连接传感器的一端需使一段导线与地面或建（构）筑物等的表面紧密接触固定，防止测量导线局部摆动给传感器带来干扰信号；在测量导线末端与仪器相连段也需采取有效的固定措施。

7.10 孔隙水压力监测

7.10.6 孔隙水压力的大小由现场的量测数据按每个仪器出厂所带的换算公式进行计算。常用的差阻式仪器和振弦式仪器的计算公式如下：

1 采用差阻式孔隙水压力计时，孔隙水压力值计算公式：

$$P = f\Delta Z + b\Delta t \tag{12}$$

式中：P——孔隙水压力（kPa）；

f——渗压计标定系数（kPa/0.01%）；

b——渗压计的温度修正系数（kPa/℃）；

ΔZ——电阻比相对于基准值的变化量；

Δt——温度相对于基准值的变化量（℃）。

2 采用振弦式孔隙水压力计时，仪器的量测采用频率模数 F 来度量，其定义为：

$$F = f^2/1000 \tag{13}$$

式中：f——振弦式仪器中钢丝的自振频率（Hz）。

孔隙水压力值计算公式：

$$P = k(F - F_0) + b(T - T_0) \tag{14}$$

式中：P——孔隙水压力（kPa）；

k——渗压计的标定系数（kPa/kHz^2）；

F——实时测量的渗压计输出值，即频率模数（kHz^2）；

F_0——渗压计的基准值（kHz^2）；

T——本次量测时温度（℃）；

T_0——初始量测时温度（℃）。

若大气压力有较大变化时，应予以修正。

7.14 结构应力监测

7.14.2 钢筋应力计、应变计、光纤传感器和轴力计应根据其特点，采用适宜的安装埋设方法和步骤。

1 钢筋应力计的安装埋设要求如下：

1）钢筋应力计应焊接在同一直径的受力钢筋上并宜保持在同一轴线上，焊接时尽可能使其处于不受力状态，特别不应处于受弯状态；

2）钢筋应力计的焊接可采用对焊、坡口焊或熔槽焊；对直径大于 28mm 的钢筋，不宜采用对焊焊接；

3）焊接过程中，仪器测出的温度应低于60℃，为防止应力计温度过高，可采用间歇焊接法，也可在钢筋应力计部位包上湿棉纱浇水冷却，但不得在焊缝处浇水，以免焊层变脆硬。

2 混凝土应变计的安装埋设要求如下：

1）将试件上粘贴混凝土应变计的部位用丙酮等有机溶剂清除表面的油污；表面粗糙不平时，可用细砂轮或砂纸磨平，再用丙酮等有机溶剂清除表面残留的磨屑；

2）在试件上划制两根光滑、清楚且互相垂直交叉的定位线，使混凝土应变计基底上的轴线标记与其对准后再粘贴；

3）粘贴时在准备好的混凝土应变计基底上均匀地涂一层胶粘剂，胶粘剂用量应保证粘结胶层厚度均匀且不影响混凝土应变计的工作性能；

4）用镊子夹住引线，将混凝土应变计放在粘贴位置，在粘贴处覆盖一块聚四氟乙烯薄膜，且用手指顺混凝土应变计轴向，向引线方向轻轻按压混凝土应变计。挤出多余胶液和胶粘剂层中的气泡，用力加压保证胶粘剂凝固。

3 光纤传感器的安装埋设要求如下：

1）光纤传感器应先埋入与工程材料一致的小型预制件中，再埋入工程结构中，传感器埋入后应确保传感方向与需测受力方向一致；

2）钢筋混凝土结构中，光纤传感器可粘结到钢筋上，以钢筋受力、变形反映结构内部应力、应变状态；

3）可先用小导管保护光纤传感器，在胶粘剂固化前将导管拔出。

4 轴力计的安装埋设要求如下：

1）宜采用专用的轴力计安装架。在钢支撑吊装前，将安装架圆形钢筒上设有开槽的一端面与钢支撑固定端的钢板电焊焊接。焊接时安装架中心点应与钢支撑中心轴线对齐，保持各接触面平整，使钢支撑能通过轴力计正常传力；

2）焊接部位冷却后，将轴力计推入安装架圆形钢筒内，用螺丝把轴力计固定在安装架上，并将轴力计的电缆绑在安装架的两翼内侧，防止在吊装过程中损伤电缆；

3）钢支撑吊装、对准、就位后，在安装架的另一端（空缺端）与支护墙体上的钢板中间加一块加强钢垫板；

4）轴力计受力后即松开固定螺丝。

7.15 现场巡查

7.15.1 巡视检查作为仪器监测方法的有效补充，主要以目测为主。根据巡查计划，结合施工进度，及时进行巡查，并详细做好巡查记录。

7.15.2 现场巡查和仪器监测数据成果之间大多存在着内在的联系，可以把被监测对象从定性和定量两方面有机地结合起来，更加全面地分析工程围（支）护体系及周边环境的变形规律及安全状态，更好地指导施工或及时采取相应的安全措施，保证工程施工顺利进行。

7.15.3 现场巡查到的任何异常情况必须引起足够重视，并结合出现异常区域的监测数据和施工工况进行综合分析判断，及时发现可能出现的事故隐患或征兆，以便施工方及相关单位及时启动应急预案，采取应对措施，避免事故的发生。

8 监 测 频 率

8.1 一 般 规 定

8.1.1 监测频率的确定是监测工作的重要内容，与施工方法、施工进度、工程所处的地质条件、周边环境条件，以及监测对象和监测项目的自身特点等密切相关。同时，监测频率与投入的监测工作量和监测费用有关，在制定监测频率时既要考虑不能错过监测对象的重要变化时刻，也应当合理布置工作量，控制监测费用，选择科学、合理的监测频率有利于监测工作

的有效开展。

8.1.2 工程监测是信息化施工的重要手段，监测频率在整个工程施工过程中要根据施工进度、施工工况及监测对象与施工作业面所处的位置关系进行不断调整，其基本要求应是监测频率能满足反映监测对象随施工进度（时间）的变化规律。

工程监测采用定时监测的方法，可以反映相同时间间隔下，监测对象的变形、变化大小，以便于计算监测对象的变化速率，判断监测对象的变化快慢，及时关注短时内发生较大变化的现象，从累计变化量和变化速率两个方面评价监测对象的安全状态。在监测对象累计变化量、变化速率超过控制值或出现其他异常情况时，应提高监测频率，减小监测时间间隔；监测对象变形、变化趋于稳定时，可适当增大监测时间间隔，减小监测次数。

8.1.3 对穿越既有轨道交通运营线路、建（构）筑物等周边环境，由于其重要性和社会影响性大，对变形控制要求较高，控制指标值相对较为严格，为确保安全，应提高监测的频率，必要时对关键的监测项目进行24h远程实时监测，以便及时发现问题，采取相应安全措施。

8.1.4 在工程施工过程中，为保证工程施工的安全或方便施工，往往都要采用其他的辅助工法，如施工降水或注浆加固等。这些辅助工法的实施也会对周围岩土体及周边环境产生影响。当采用辅助工法时，根据环境对象的重要性程度和预测的变形量大小调整监测频率，周边环境对象较为重要且预测影响较大时，应提高监测频率。

8.1.5 现场巡查是施工监测工作的重要组成部分，是现场仪器监测的最有效补充。在工程施工过程中，根据施工进度合理安排巡查频率，做好巡查记录，发现异常情况时，应立即报告。

8.1.7 本条规定了结束监测工作应满足的条件。施工监测期应包括工程施工的全过程，即从施作支护结构或降水施工之前开始，至土建施工完成之后止。

8.2 监测频率要求

Ⅰ 明挖法和盖挖法

8.2.1 本条主要考虑了基坑设计深度、实际开挖进度和地下结构施作情况等因素制定了城市轨道交通基坑工程的监测频率。

基坑开挖前施作支护结构和施工降水过程中，也会对周边环境和地表产生影响，因此也应进行监测工作，监测频率应根据预测和实际的沉降变形情况确定。

基坑开挖过程中监测频率总体要求是基坑设计深度越大、开挖越深、地质条件和周边环境条件越复

杂、监测频率越高。支护结构、周围岩土体和周边环境在正常条件下可以采用相同的监测频率，当监测对象的监测数据变化较快，则应提高监测频率。

基坑主体结构施作过程中当拆除内支撑时，支护结构受力将发生变化，会给支护结构的稳定带来风险，可根据基坑实际深度和监测对象的变形情况适当提高监测频率。

8.2.2 竖井开挖及井壁结构施工期间是竖井初期支护井壁净空收敛的主要监测时段，以确保竖井施工过程中的安全。竖井在使用过程中的监测也十分重要，应根据净空收敛数据变化情况确定监测频率。

8.2.3 坑底隆起（回弹）与地质条件、基坑开挖深度和开挖范围有着密切的关系，对基底为软弱地层、遇水软化地层或有承压水分布的基坑工程，坑底隆起（回弹）的监测十分必要，但由于坑底隆起（回弹）的监测实施较为困难，在基坑开挖过程中无法进行监测，一般基底隆起的监测只能在基坑开挖之前、开挖完成后和混凝土基础浇筑前这三个阶段进行。

Ⅱ 盾 构 法

8.2.4 盾构法隧道工程施工的监测频率应符合盾构法施工引起周围岩土体变形规律的要求，周围岩土体的变形规律主要包括先期隆起或沉降、盾构到达时沉降、盾构通过时沉降、盾尾空隙沉降和长期延续沉降，对周围岩土体的监测应能反映整个变形过程。

根据上述要求，本条对开挖面前方和后方分别提出了不同的监测频率。盾构法隧道开挖面前方的监测对象主要是周围岩土体和周边环境，具体监测频率根据开挖面与监测点或监测断面的水平距离来确定；盾构法隧道开挖面后方的监测对象除了周围岩土体和周边环境外，管片结构也应进行监测。对于管片结构位移、净空收敛在衬砌环脱出盾尾且能通视时才能进行监测，具体监测的频率也是根据开挖面离开监测断面的水平距离来确定。

Ⅲ 矿 山 法

8.2.5 矿山法隧道结构初期支护结构的拱顶沉降、底板竖向位移和净空收敛监测频率，与初期支护结构的变形速率、监测点或监测断面距开挖面的距离密切相关。矿山法隧道工程的监测频率根据隧道或导洞开挖宽度、监测断面距开挖面的不同距离确定。在拆除临时支撑时或地质条件较差的情况下，初期支护结构容易出现较大的变形，为避免危险的发生，在这种情况下还应适当提高监测频率。

对矿山法施工，周边环境和周围岩土体的变形与开挖面到监测点或监测断面前后的距离、隧道埋深和隧道周边地质条件密切相关，与开挖面越近、地质条件和环境对象越复杂，监测频率应越高。

9 监测项目控制值和预警

9.1 一 般 规 定

9.1.1 本条为强制性条文，对监测预警等级和预警标准的制定工作进行了要求。

工程监测预警是整个监测工作的核心，通过监测预警能够使相关单位对异常情况及时作出反应，采取相应措施，控制和避免工程自身和周边环境等安全事故的发生。工程监测预警需有一定的标准，并要按照不同的等级进行预警，因此，城市轨道交通工程监测应当制定工程监测预警等级和预警标准。

目前，我国城市轨道交通工程在建城市中，由于各地的建设管理水平、施工队伍的素质和施工经验，以及工程地质条件和施工环境不同，对工程监测预警的分级不尽相同，每级的分级标准也不完全一致。另外，由于城市轨道交通工程线路比较长，往往都要划分为若干个标段进行施工，为了便于预警工作的统一管理，通常由建设单位组织设计单位、施工单位、监理单位及相关专家，根据工程特点、监测项目控制值、当地施工经验等，研究制定监测预警等级和预警标准。

9.1.2 监测项目控制值是工程施工过程中对工程自身及周边环境的安全状态或正常使用状态进行判断的重要依据，也是工程设计、工程施工及施工监测等工作的重要控制点。监测项目控制值的大小直接影响到工程自身和周边环境的安全，对施工方法、监测手段的确定以及对施工工期和造价都有很大的影响。因此，合理地确定监测项目控制值是一项十分重要的工作。

监测设计是施工图设计文件的重要组成部分，监测项目控制值是监测设计的重要内容之一，是控制工程自身结构和周边环境安全的重要标准。同时，相关法律、法规和规范性文件对设计文件中明确控制指标及控制值也有具体要求。因此，本条规定在施工图设计文件中应提出监测项目控制值，以满足工程支护结构安全及周边环境保护的要求。

工程设计应针对工程支护结构和周边环境两类监测对象分别确定相应的监测项目控制值，同时应考虑两类监测对象间的相互影响。支护结构监测项目控制值的制定，首先应保证施工过程中的支护结构的稳定及施工安全，同时还要保证周边环境处于正常使用的安全状态。这就要求在制定支护结构控制值时要充分考虑支护结构的设计特点、周围岩土体的特征及周边环境条件。

对于重要的建（构）筑物、桥梁、管线、既有轨道交通等环境对象控制值的确定，主要是在保证其正常使用状态和安全的前提下，分析研究其还能承受的变形量。这往往需要收集环境对象原有的相关工程资料，并通过现场现状调查与检测，进行评估后确定，最终还应符合相关单位的管理要求。

周围岩土体是工程所处的地质环境，是工程支护结构和周边环境对象之间相互作用的媒介。周围地表沉降等岩土体变形可间接反映支护结构和周边环境对象的变形、变化，其相关监测数据能为判定工程结构和周边环境的安全状态提供辅助依据，其控制值的确定应根据工程结构安全等级和周边环境安全风险等级确定。

对于采用分步开挖的暗挖大断面隧道、隧道穿越既有线等监测等级较高、工况条件复杂的工程，一般控制指标较为严格，往往在施工还没有完成之前，监测对象的变化、变形量就已超过控制值，增加了后续施工的难度。因此，对于监测等级较高、工况条件复杂的工程，控制值应按主要工况条件进行分解，以便分阶段控制监测对象的变形，最终满足工程自身和环境控制的要求。

9.1.3 变形监测不但要控制监测项目的累计变化值，还要注意控制其变化速率。累计变化值反映的是监测对象当前的安全状态，而变化速率反映的是监测对象安全状态变化的发展速度，过大的变化速率，往往是突发事故的先兆。因此，变形监测数据的控制值应包括累计变化值和变化速率值。

9.1.4 国家相关法律法规和规范性文件等对突发性事件的应对作出了具体的规定，对城市轨道交通工程施工异常情况的预警预报及响应也有相关的要求。城市轨道交通工程应当根据工程特点、监测项目的控制值、当地施工经验、工程管理及应急能力，制定工程监测预警管理制度，其中包括监测预警等级、分级标准、不同预警等级的警情报送对象、时间、方式、流程及分别采取的应对措施等。工程监测异常情况的预警，可根据事故发生的紧急程度、发展势态和可能造成的危害程度由低到高进行分级管理。

工程监测预警等级的划分要与工程建设城市的工程特点、施工经验等相适应，具体的预警等级可根据工程实际需要确定，一般取监测控制值的70％、85％和100％划分为三级。目前北京市轨道交通工程监测预警体系较为成熟，其工程监测预警分级标准参见表10。

表 10　北京市轨道交通工程监测预警分级标准

预警级别	预警状态描述
黄色预警	变形监测的绝对值和速率值双控指标均达到控制值的70％；或双控指标之一达到控制值的85％
橙色预警	变形监测的绝对值和速率值双控指标均达到控制值的85％；或双控指标之一达到控制值
红色预警	变形监测的绝对值和速率值双控指标均达到控制值

9.1.5 本条为强制性条文，对警情报送进行了要求。

警情报送是工程监测的重要工作之一，也是监测人员的重要职责，通过警情报送能够使相关各方及时了解和掌握现场情况，以便采取相应措施，避免事故的发生。

当监测数据达到预警标准时应进行警情报送，这就要求外业监测工作完成后，应及时对监测数据进行内业整理、计算和分析，发现监测项目的累计变化量或变化速率无论达到任何一级预警标准都要进行警情报送。

9.1.6 本条列出了工程施工中现场巡查工作需要进行警情报送的几种情况。出现这些情况时，可能会严重威胁工程自身及周边环境的安全，需立即进行警情报送，以便及时采取相应措施，保证工程自身和周边环境的安全，避免事故的发生。

9.2　支护结构和周围岩土体

9.2.1～9.2.3 城市轨道交通工程支护结构及周围岩土体监测项目控制值与地质条件、工程规模、周边环境条件等有密切关系，同时控制值对工程的工期、造价等都有较大影响。监测项目控制值的确定需遵循安全与经济相统一，与当前的设计、施工和管理水平相适应，支护结构和周边环境安全有效控制，关键项目严格控制，按地质条件分类控制以及相关规范、地方经验与实测统计结果相协调等原则。因此，合理确定工程施工过程中支护结构及周围岩土体监测项目控制值是一个复杂的过程，本规范为监测项目控制值的确定开展了专题研究。

专题研究收集了有关城市轨道交通工程监测控制指标的规范、规程和工程标准53部，北京、上海、广州等14个轨道交通建设城市25条线路、158个工点的设计文件及第三方监测资料。

研究结果表明，不同地区的工程地质条件往往具有明显的地域特性，如北京的黏性土与砂性土互层、上海的软土地层、广州的上软下硬二元地层等。监测项目的监测数据变化量除与基坑、隧道工程的各项设计参数、工法相关外，还与基坑、隧道所处场区的岩土体特性、类型等因素密切相关。

根据这一特征，本规范开展的监测控制指标专题研究将所收集工点的地层条件按坚硬～中硬土和中软～软弱土两类，分别统计、分析不同监测项目的实测结果。土的分类参照了现行国家标准《建筑抗震设计规范》GB 50011 的工程场地土类型划分标准（见表11）。

表 11　土的类型划分和剪切波速范围

土的类型	岩石名称和性状	土层剪切波速范围（m/s）
岩石	坚硬、较硬且完整的岩石	$V_s > 800$

续表11

土的类型	岩石名称和性状	土层剪切波速范围（m/s）
坚硬土或软质岩石	破碎和较破碎的岩石或软和较软的岩石，密实的碎石土	$800 \geqslant V_s > 500$
中硬土	中密、稍密的碎石土，密实、中密的砾、粗、中砂，$f_{ak} > 150$ 的黏性土和粉土，坚硬黄土	$500 \geqslant V_s \geqslant 250$
中软土	稍密的砾、粗、中砂，除松散外的细、粉砂，$f_{ak} \leqslant 150$ 的黏性土和粉土，$f_{ak} > 130$ 的填土，可塑新黄土	$250 \geqslant V_s > 150$
软弱土	淤泥和淤泥质土，松散的砂，新近沉积的黏性土和粉土，$f_{ak} \leqslant 130$ 的填土，流塑黄土	$V_s \leqslant 150$

注：f_{ak} 为由载荷试验等方法得到的地基承载力特征值（kPa），V_s 为岩土剪切波速。

1 明挖法和盖挖法基坑支护结构和周围岩土体的监测项目控制值

条文中表 9.2.1-1 和表 9.2.1-2 的监测项目控制值，是在对全国各地大量实际工程案例开展专题研究的基础上，结合国家现行标准《建筑基坑工程监测技术规范》GB 50497、《建筑基坑工程技术规范》YB 9258 等相关规范确定。

专题研究共收集和统计分析了北京、上海、广州等 14 个轨道交通建设城市的明挖法和盖挖法基坑工程实测资料，包括 25 条线路的 87 个工点。监测项目主要包括基坑工程的地表沉降、支护桩（墙）顶水平和竖向位移、支护桩（墙）体水平位移，统计内容为每个工点不同监测项目监测点在整个监测期内的实测最终变形值，以及各监测项目主要监测点中实测最终变形值的最大值、最小值和平均值。

1）支护桩（墙）顶竖向位移

①相关规范的规定

现行国家标准《建筑基坑工程监测技术规范》GB 50497 规定的桩（墙）顶竖向位移控制值为 10mm～40mm，北京地区规定的控制值为 10mm。

②实测统计结果

收集的 29 个工点支护桩（墙）顶竖向位移监测资料中，多为中软～软弱土地区的基坑工程，对 29 个工点的支护桩（墙）顶竖向位移监测统计结果见图 9。

竖向位移在 29 个工点中，监测点全部沉降的有

8 个工点，平均沉降量 -11.8mm，其中最大沉降量 -43.3mm、最小沉降量 -0.6mm；监测点全部隆起的有 13 个工点，平均隆起量 10.3mm，其中最大隆起量 15.8mm，最小隆起量 2.9mm；监测点中既有隆起又有沉降的有 8 个工点，最大沉降量 -11.2mm，最大隆起量 25.1mm。

从图 9（a）中可以看出，29 个工点的 303 个监测点中监测点隆起占监测点总数的 53.1%，监测点沉降占监测点总数的 46.9%。监测点的竖向位移实测数值在 -30mm～+20mm（-表示沉降，+表示隆起）的数量约占监测点总数的 93.1%。

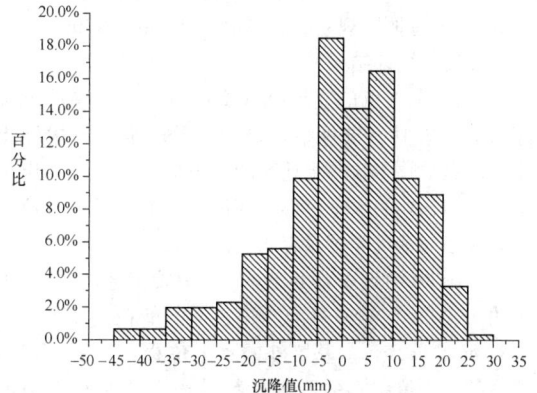

(a) 29 个工点 303 个监测点的最终竖向位移分布频率直方图

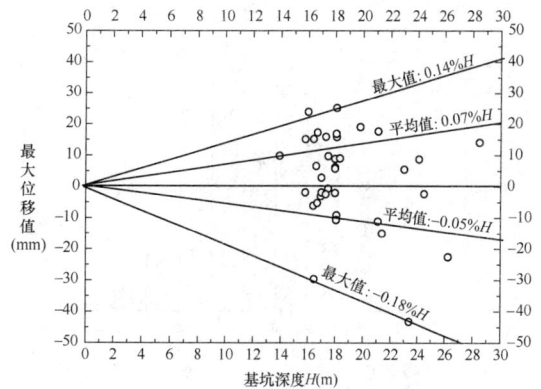

(b) 29 个工点最大竖向位移与基坑深度的关系

图 9 基坑桩（墙）顶竖向位移统计图

从图 9（b）中可以看出，29 个工点中桩（墙）顶最大隆起约为 0.14%H，最大沉降约为 0.18%H。

根据统计结果，桩（墙）顶竖向位移最大变化速率的最大值为 4.8mm/d，大部分工程监测点最大变化速率在 2mm/d 以内。

根据统计结果，桩（墙）顶的竖向位移应按沉降和隆起分别控制。支护桩（墙）顶沉降按 -30mm、0.3%H 进行控制，隆起按 +20mm 进行控制，变化速率按 4mm/d 进行控制，对绝大多数工程都能够满足安全控制的要求。

根据监测项目控制值的确定原则和上述统计结果，并结合相关规范的规定，针对不同工程监测等级

的安全控制要求，本规范推荐的支护桩（墙）顶沉降控制值为：一级基坑累计值 10mm～25mm，相对基坑深度（H）值 0.1％H～0.15％H，变化速率 2mm/d～3mm/d；二级、三级基坑累计值 20mm～30mm，相对基坑深度（H）值 0.15％H～0.3％H，变化速率 3mm/d～4mm/d。各等级基坑隆起控制值均为 20mm。

2）支护桩（墙）顶水平位移

①相关规范的规定

现行国家标准《建筑基坑工程监测技术规范》GB 50497 规定的桩（墙）顶水平位移控制值为 25mm～70mm，上海地区规定的控制值为 25mm～60mm。

②实测统计结果

对 73 个工点的支护桩（墙）顶水平位移监测统计结果见图 10。统计结果显示，无论坚硬～中硬土地区还是中软～软弱土地区的支护桩（墙）顶均出现向基坑内、外的水平位移，其位移量不是很大且位移量的大小与基坑深度没有明显的关系。

从图 10 中可以看出，坚硬～中硬土地区 49 个工点的 592 个监测点中实测数值分布在 -15mm～+35mm（-表示向基坑外的水平位移，+表示向基坑内的水平位移）的监测点数量约占监测点总数的

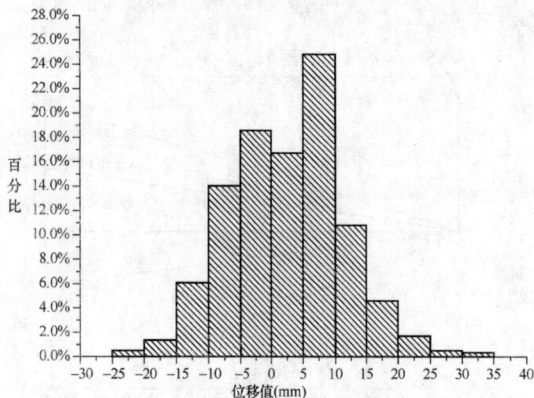

(a) 49 个工点 592 个监测点（坚硬土～中硬土地区）

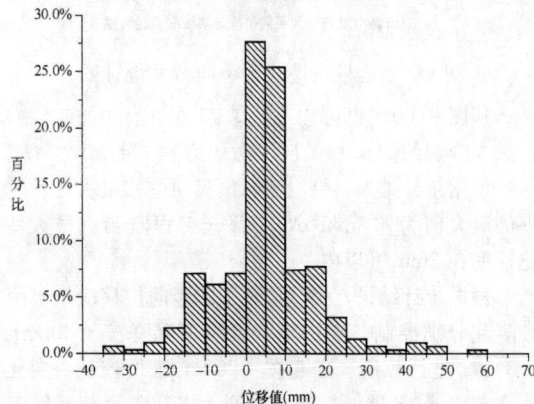

(b) 24 个工点 311 个监测点（中软～软弱土地区）

图 10　73 个工点基坑桩（墙）顶最终水平位移分布频率直方图

98.2％，中软～软弱土地区 24 个工点的 311 个监测点中实测数值分布在 -15mm～+40mm 的监测点数量约占监测点总数的 93.9％。

根据统计结果，桩（墙）顶水平位移最大变化速率的最大值为 4.4mm/d，大部分工程监测点最大变化速率在 2mm/d 以内。

无论坚硬～中硬土地区还是中软～软弱土地区的桩（墙）顶向基坑内的水平位移按 +40mm 进行控制，变化速率按 4mm/d 进行控制，对绝大多数工程都能够满足安全控制的要求。

从图 10（a）中可以看出，基坑支护桩（墙）顶存在向基坑外水平位移的现象，但由于向基坑外的水平位移原因复杂，控制值的确定应结合支护结构形式、支撑轴力的大小和岩土条件。

根据监测项目控制值的确定原则和上述统计结果，并结合相关规范的规定，针对不同工程监测等级的安全控制要求，本规范推荐的支护桩（墙）顶水平位移控制值为：一级基坑累计值 15mm～25mm，相对基坑深度（H）值 0.1％H～0.15％H；变化速率 2mm/d～3mm/d；二级基坑累计值 20mm～30mm，相对基坑深度（H）值 0.15％H～0.3％H，变化速率 3mm/d～4mm/d；三级基坑累计值 20mm～40mm，相对基坑深度（H）值 0.2％H～0.4％H，变化速率 3mm/d～4mm/d。

当需对基坑桩（墙）顶向基坑外的水平位移进行控制时，建议控制值为 15mm。

3）支护桩（墙）体水平位移

①相关规范的规定

现行国家标准《建筑基坑工程监测技术规范》GB 50497 规定的桩（墙）体水平位移控制值：地下连续墙为 40mm～90mm，灌注桩为 45mm～80mm；北京地区规定的控制值为 30mm～50mm，上海地区规定的控制值为 45mm～80mm，广东地区规定的控制值为 30mm～150mm。

②实测统计结果

对 76 个工点的支护桩（墙）体水平位移监测统计结果见图 11，74 个工点的桩（墙）最大水平位移与基坑深度 H 的关系见图 12。

从图 11（a）中可以看出，坚硬～中硬土地区的基坑支护桩（墙）体存在向基坑内、外的水平位移，47 个工点 454 个监测点的支护桩（墙）体水平位移值在 -15mm～+40mm（-表示向基坑外的水平位移，+表示向基坑内的水平位移）的监测点数量约占监测点总数的 89.4％。从图 12（a）中可以看出，45 个工点的最大桩（墙）体水平位移的平均值约为 0.11％H，最大值约为 0.22％H。

根据统计结果，坚硬土～中硬土地区桩（墙）体水平位移的最大变化速率多在 2mm/d～3mm/d，变化速率最大值为 3.4mm/d。

坚硬～中硬土地区支护桩（墙）体向基坑内的水平位移按＋40mm、0.20％H进行控制，变化速率按5mm/d进行控制，对绝大多数工程都能够满足安全控制的要求。

从图11（a）中可以看出，坚硬～中硬土地区基坑支护桩（墙）体存在向基坑外水平位移的现象，但位移量相对较小。由于向基坑外的水平位移原因复杂，控制值的确定应结合支护结构形式、支撑轴力的大小和岩土条件。

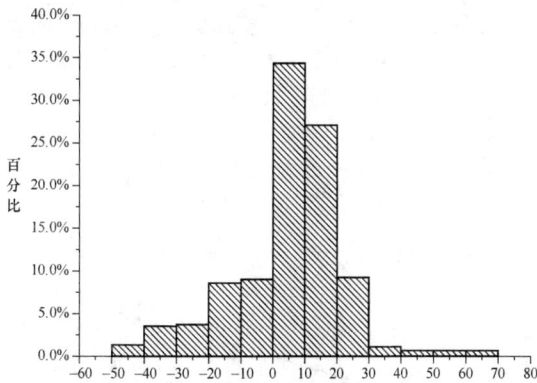

(a) 47个工点454个监测点（坚硬土～中硬土地区）

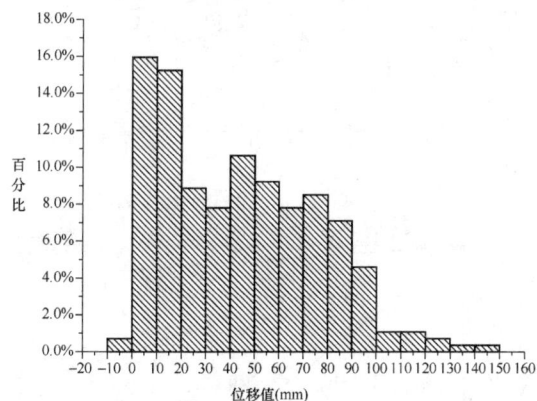

(b) 29个工点282个监测点（中软～软弱土地区）

图11　76个工点基坑桩（墙）体最终
水平位移分布频率直方图

从图11（b）中可以看出，中软～软弱土地区的基坑支护桩（墙）体水平位移分布频率直方图与坚硬～中硬土地区相比具有明显差异，主要表现为向基坑内的水平位移，且位移量比坚硬～中硬土地区的位移量相对较大。29个工点282个监测点的支护桩（墙）体水平位移值在0mm～＋70mm的监测点数量约占监测点总数的76.2％。从图12（b）中可以看出，29个工点的最大桩（墙）水平位移变化范围约为0.07％H～0.73％H，平均值约为0.32％H。

根据统计结果，中软～软弱土地区桩（墙）体水平位移的最大变化速率多在5mm/d以内，变化速率最大值为8.6mm/d。

中软～软弱土地区支护桩（墙）体向基坑内的水

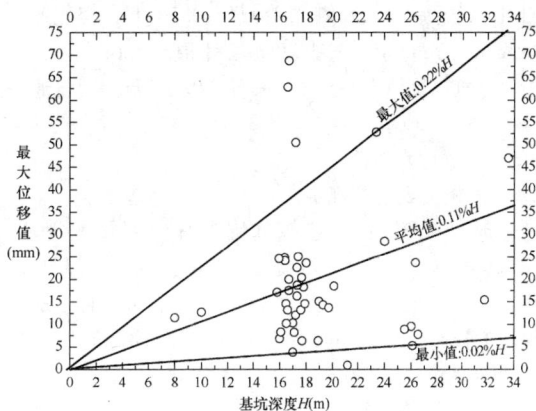

(a) 45个工点（坚硬～中硬土地区）

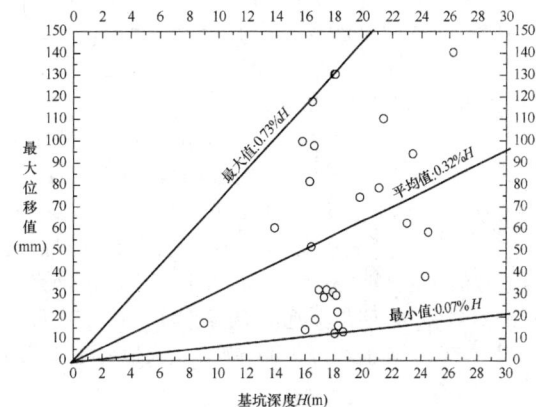

(b) 29个工点（中软～软弱土地区）

图12　74个工点桩（墙）最大水平位
移与基坑深度的关系

平位移按＋70mm、0.70％H进行控制，变化速率按6mm/d进行控制，对大多数工程都能够满足安全控制的要求。

城市轨道交通基坑工程一般深、大且周边环境复杂，对支护桩（墙）体的变形要求严格。根据监测项目控制值的确定原则和上述统计结果，并结合相关规范的规定，针对不同工程监测等级的安全控制要求，本规范推荐的坚硬～中硬土地区支护桩（墙）体水平位移控制值为：一级基坑累计值20mm～30mm，相对基坑深度（H）值0.15％H～0.2％H，变化速率2mm/d～3mm/d；二级基坑累计值30mm～40mm，相对基坑深度（H）值0.2％H～0.4％H，变化速率3mm/d～4mm/d；三级基坑累计值30mm～40mm，相对基坑深度（H）值0.2％H～0.4％H，变化速率4mm/d～5mm/d。

当需对坚硬～中硬土地区基坑桩（墙）体向基坑外的水平位移进行控制时，建议控制值为15mm。

本规范推荐的中软～软弱土地区支护桩（墙）体水平位移控制值为：一级基坑累计值30mm～50mm，相对基坑深度（H）值0.2％H～0.3％H，变化速率2mm/d～4mm/d；二级基坑累计值40mm～60mm，相对基坑深度（H）值 0.3％H～0.5％H，变化速率 3mm/d～5mm/d；三级基坑累计值 50mm～70mm，相对基坑深度（H）值 0.5％H～0.7％H，变化速率 4mm/d～6mm/d。

4）地表沉降

① 相关规范的规定

现行国家标准《建筑基坑工程监测技术规范》GB 50497 规定的地表沉降控制值为 25mm～65mm，北京地区规定的控制值为 30mm～50mm，上海地区规定的控制值为 25mm～60mm，广东地区规定的控制值为 20mm～40mm。

② 实测统计结果

基坑工程地表沉降主要统计沉降变形较大的与基坑边缘最近的两排监测点，对 67 个工点的地表沉降监测统计结果见图 13，63 个工点的最大地表沉降与基坑深度 H 的关系见图 14。

从图 13（a）中可以看出，坚硬～中硬土地区基坑周边地表同时出现沉降和隆起现象，36 个工点 912 个监测点的地表沉降值分布在 －40mm～＋20mm（－表示沉降，＋表示隆起）的监测点数量约占监测点总数的 97.0％。从图 14（a）中可以看出，32 个工点的实测结果表明最大地表隆起约为 0.11％H；最大地表沉降的平均值为 0.09％H，最大地表沉降值约

为 0.18％H。

根据统计结果，坚硬～中硬土地区地表沉降的最大变化速率多在 2mm/d～3mm/d，变化速率最大值为 4.4mm/d。

坚硬～中硬土地区地表沉降按－40mm 和 0.20％H 进行控制，变化速率按 4mm/d 进行控制，对绝大多数工程都能够满足安全控制的要求。

从图 13（b）中可以看出，中软～软弱土地区的基坑周边地表变形分布频率直方图与坚硬～中硬土地区相比具有明显差异，主要表现为沉降，且沉降量比坚硬～中硬土地区的沉降量相对较大。31 个工点 646 个监测点的地表沉降实测数值在－60mm～0mm 的监测点数量约占监测点总数的 83.6％。从图 14（b）中可以看出，31 个工点的最大地表沉降变化范围约为 0.07％H～0.83％H，平均值约为 0.33％H。

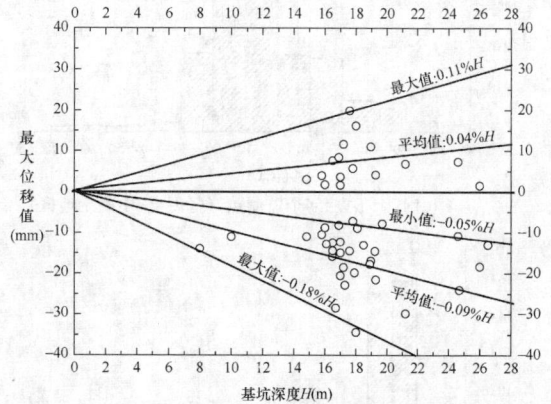

(a) 32个工点（坚硬~中硬土地区）

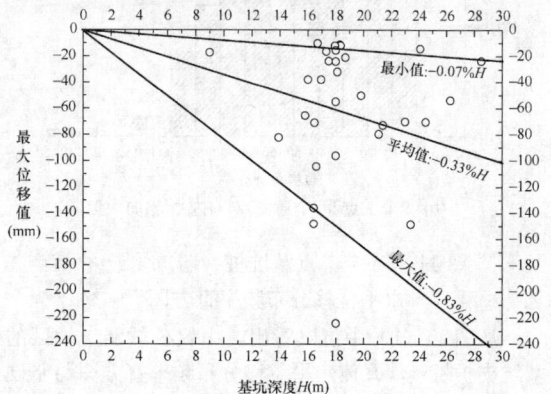

(b) 31个工点（中软~软弱土地区）

图 14　63 个工点最大地表沉降与基坑深度的关系

根据统计结果，中软～软弱土地区地表沉降的最大变化速率多在 2mm/d～3mm/d，变化速率最大值为 7.6mm/d。

中软～软弱土地区地表沉降按－60mm 和 0.60％H 进行控制，变化速率按 6mm/d 进行控制，对绝大多数工程都能够满足安全控制的要求。

根据监测项目控制值的确定原则和上述统计结果，并结合相关规范的规定，针对不同工程监测等级

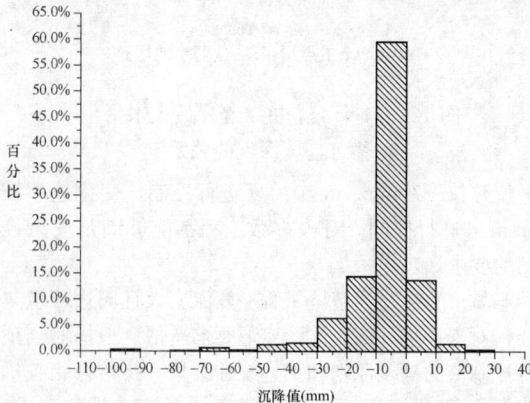

(a) 36个工点912个监测点（坚硬土~中硬土地区）

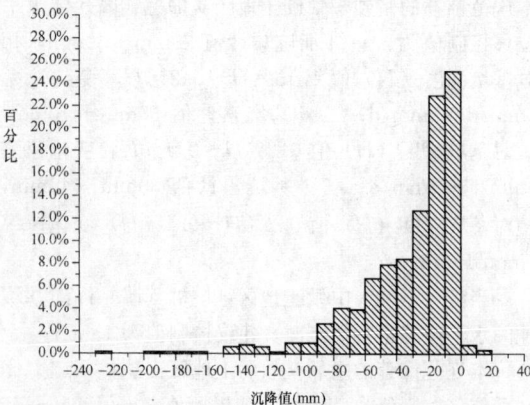

(b) 31个工点646个监测点（中软~软弱土地区）

图 13　67 个工点最终地表沉降分布频率直方图

的安全控制要求，本规范推荐的坚硬～中硬土地区地表沉降控制值为：一级基坑累计值 20mm～30mm，相对基坑深度（H）值 0.15％H～0.2％H，变化速率 2mm/d～4mm/d；二级基坑累计值 25mm～35mm，相对基坑深度（H）值 0.2％H～0.3％H，变化速率 2mm/d～4mm/d；三级基坑累计值 30mm～40mm，相对基坑深度（H）值 0.3％H～0.4％H，变化速率 2mm/d～4mm/d。

当需对坚硬～中硬土地区基坑周边地表隆起进行控制时，建议控制值为 20mm。

本规范推荐的中软～软弱土地区地表沉降控制值为：一级基坑累计值 20mm～40mm，相对基坑深度（H）值 0.2％H～0.3％H，变化速率 2mm/d～4mm/d；二级基坑累计值 30mm～50mm，相对基坑深度（H）值 0.3％H～0.5％H，变化速率 3mm/d～5mm/d；三级基坑累计值 40mm～60mm，相对基坑深度（H）值 0.4％H～0.6％H，变化速率 4mm/d～6mm/d。

综合各类技术规范的规定和实测数据统计分析结果，本条款给出了基坑工程不同监测项目的控制值，其中地表沉降和支护桩（墙）体水平位移根据工程场地土类型的不同，分别给出了监测项目控制值。由于监测等级为三级的基坑工程案例和实测数据较少，其监测项目控制值主要参照二级基坑工程确定，并进行了适当调整。

城市轨道交通工程中支护结构采用土钉墙、型钢水泥土墙的基坑工程较少，实测数据也较少，专题研究未收集到相应的案例和实测数据，其监测项目控制值的确定结合了其他相关规范。

根据基坑工程支撑构件、锚杆等的受力特点和设计要求，其监测项目控制值按最大值和最小值分别进行控制。支撑轴力、锚杆拉力实测值处于控制值的最大值和最小值之间才能保证其功能的正常发挥和工程结构整体的安全。本规范选取构件承载能力设计值以及支撑构件、锚杆预应力设计值的百分比作为监测项目控制值。

2 盾构法隧道管片结构竖向位移、净空收敛和地表沉降控制值

盾构隧道施工过程中管片结构变形及岩土体位移与工程所处范围内的工程地质水文地质条件、周围环境条件及盾构施工参数等密切相关。盾构隧道监测项目控制值应首先结合当地工程特点，经工程类比和分析计算后确定。当无地方经验时可参照本规范确定监测项目控制值。

条文中表 9.2.2-1 和表 9.2.2-2 的监测项目控制值，是在对全国各地大量实际工程案例开展专题研究的基础上，结合相关规范确定。

北京地区规定的盾构法隧道地表沉降控制值为－30mm，地表隆起控制值为＋10mm。

盾构法隧道地表沉降（隆起）监测控制值专题研究收集了北京、杭州、宁波、昆明、上海、无锡和郑州等 7 个城市的 13 条线路、36 个工点的实测资料。对 32 个标准断面盾构隧道的实测统计结果见图 15。

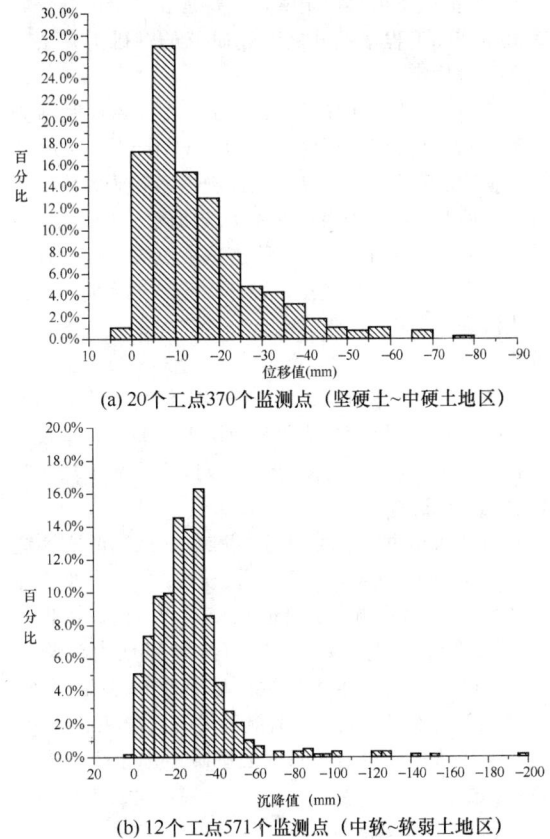

(a) 20个工点370个监测点（坚硬土~中硬土地区）

(b) 12个工点571个监测点（中软~软弱土地区）

图 15 32 个标准断面盾构隧道最终地表沉降分布频率直方图

盾构隧道地表沉降主要统计隧道轴线上方的地表监测点，统计实测结果表明，盾构法隧道地表沉降一般在中软～软弱土地区的变形较大，约 90.2％的监测点沉降实测值在－45mm 以内；坚硬～中硬土地区约 94.1％的监测点沉降实测值在－40mm 以内，隆起实测值多在＋10mm 以内。本规范条文根据不同工程监测等级的安全控制要求，针对标准断面盾构隧道地表沉降给出了累计变化控制值。

综合各类技术规范要求和实测数据统计分析结果，本条款给出了盾构法隧道工程监测项目控制值，其中地表沉降（隆起）根据工程场地土类型的不同，分别给出了监测项目控制值。

盾构法隧道其他监测项目控制值是结合国家现行标准《盾构法隧道施工与验收规范》GB 50446 和《高速铁路隧道工程施工质量验收标准》TB 10753 等规范确定。

3 矿山法隧道支护结构变形、地表沉降控制值

矿山法车站一般开挖断面较大，施工步序多，地表变形控制比矿山法区间隧道困难得多。本规范分别对区间隧道和车站给出不同的控制值，对于渡线段、风道、联络通道等隧道可根据工程具体情况参照选取相关的控制值。条文中表9.2.3-1和表9.2.3-2的监测项目控制值，主要是在对全国部分城市大量实际工程案例开展专题研究的基础上，结合相关规范确定。

北京地区规定的矿山法区间地表沉降控制值为−30mm，车站地表沉降控制值为−60mm。

矿山法隧道地表沉降监测控制值专题研究收集了北京、西安、郑州和南京等4个城市的8条线路、37个工点的实测资料。矿山法隧道地表沉降主要统计隧道轴线上方的地表监测点，统计实测结果表明，车站地表沉降变形最大，北京地区11个车站的最大地表沉降为−31.0mm~−112.2mm，平均值为−80.3mm。由于地质条件、开挖方式、单层或多层结构形式等因素的不同，矿山法隧道地表最终沉降差异较大，本规范结合相关地方标准和实测统计结果确定了矿山法车站地表沉降控制值。

对北京和西安地区21个标准断面区间的实测统计结果见图16，从图中可以看出，在350个监测点中约97.7%的监测点实测值在40mm以内。依据统计结果并结合相关规范，矿山法区间地表沉降按40mm进行控制对绝大多数工程都能够满足要求。本规范条文根据不同工程监测等级的安全控制要求，针对矿山法标准断面区间地表沉降给出了累计变化控制值。

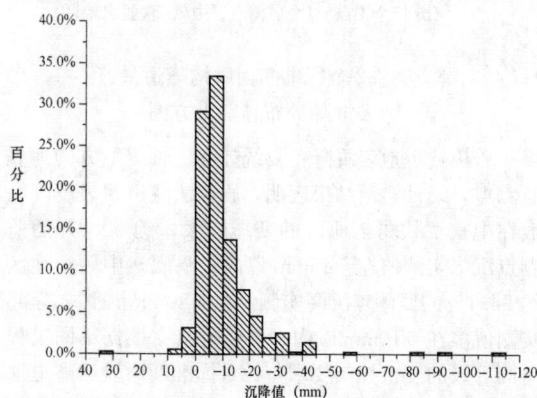

图16 21个标准断面矿山法区间最终地表沉降分布频率直方图（350个监测点）

综合各类技术规范要求和实测数据统计分析，给出了矿山法隧道工程监测项目控制值，其中地表沉降按车站、区间分别给出了监测项目控制值。

矿山法隧道其他监测项目控制值是结合国家现行标准《锚杆喷射混凝土支护技术规范》GB 50086、《铁路隧道施工规范》TB 10204和《公路隧道施工技术规范》JTG/T F60等相关规范确定。

9.3 周 边 环 境

9.3.1 建（构）筑物允许的变形由其自身特点和已有变形决定，工程监测项目控制值与其自身的使用功能、建筑规模、修建年代、结构形式、基础类型和地基条件密切相关。建（构）筑物与工程的空间位置关系决定了其所受工程的影响程度，影响程度的确定应考虑两者之间的空间位置关系。对于建设年代久远的建（构）筑物、存在病害的危险建（构）筑物或国家级文物等特殊建（构）筑物的控制值确定应特别慎重，一般通过专项评估确定监测项目控制值。

对于新建或一般性的建（构）筑物的监测项目控制值可以依据现行国家标准《建筑地基基础设计规范》GB 50007中的有关规定进行确定，但应考虑建（构）筑物已发生的变形。

建（构）筑物监测项目控制值专题研究收集了国家现行标准《建筑地基基础设计规范》GB 50007、《民用建筑可靠性鉴定标准》GB 50292、《危险房屋鉴定标准》JGJ 125和《建筑基坑工程监测技术规范》GB 50497等相关规范，建（构）筑物监测项目控制值的现有研究成果，以及国内主要轨道交通建设城市中114栋建筑的沉降监测成果。

统计实测结果表明，中低层建筑的沉降变化较大，高层、超高层的变形一般较小。综合各类技术规范的规定、已有研究成果和实测数据统计分析，给出了一般建（构）筑物的监测项目控制值，以供各地参考。

9.3.2 桥梁允许的变形由其自身特点和已有变形决定，监测项目控制值与其自身的规模、结构形式、基础类型、建筑材料、养护情况等密切相关，桥梁与工程的空间位置关系决定了其所受工程的影响程度。

桥梁监测项目控制值专题研究收集了国家现行标准《地铁设计规范》GB 50157、《公路桥涵地基与基础设计规范》JTG D63、《公路桥涵养护规范》JTG H11、《铁路桥涵设计基本规范》TB10002.1和《铁路桥涵地基和基础设计规范》TB 10002.5等相关规范，关于桥梁监测项目控制值的现有研究成果，以及国内主要轨道交通建设城市29架桥梁的沉降监测成果。

统计实测结果表明，桥梁沉降实测变形较小，监测点实测值多在15mm以内，这与桥梁采用桩基础和工程施工过程中注重采取有效控制措施有关。

9.3.3 地下管线允许的变形由其自身特点和已有变形决定，监测项目控制值与其自身的功能、材质、工作压力、管径、接口形式、埋置深度、铺设方法、铺设年代等密切相关，地下管线与工程的空间位置关系决定了其所受工程的影响程度。

地下管线监测项目控制值专题研究收集了现行国家标准《给水排水工程管道结构设计规范》GB

50332、《给水排水管道工程施工及验收规范》GB 50268 和《建筑基坑工程监测技术规范》GB 50497 等相关规范，地下管线监测项目控制值的现有研究成果，以及国内主要轨道交通建设城市185条地下管线的沉降监测成果。实测资料中地下管线多以地表间接监测点进行监测，坚硬～中硬土地区监测点实测值多在30mm以内，中软～软弱土地区监测点实测值稍大一些。

20条地下管线的直接监测结果表明，部分地下管线的整体沉降较大，但其差异沉降（倾斜率）未超过控制要求，管体未出现明显的损坏。因此，整体沉降对地下管线的影响较小，应注重地下管线的差异沉降（倾斜率）的控制。

综合各类技术规范要求、已有研究成果和实测数据统计分析，给出了不同功能类型地下管线的监测项目控制值，以供各地参考。

9.3.4 高速公路与城市道路监测项目控制值专题研究收集了国家现行标准《城镇道路养护技术规范》CJJ 36、《公路养护技术规范》JTG H10、《公路技术状况评定标准》JTG H20、《公路沥青路面养护技术规范》JTJ 073.2 和《公路水泥混凝土路面养护技术规范》JTJ 073.1 等相关规范和相关沉降监测成果。

高速公路与城市道路沉降主要是道路路基的沉降，综合各类技术规范要求和实测变形情况，根据道路等级的不同，给出了道路路基沉降的监测项目控制值，以供各地参考。

9.3.5 城市轨道交通既有线监测项目控制值的确定，一般都是在现状调查的基础上通过专项评估确定，同时也要遵循运营管理单位的意见。

城市轨道交通既有线监测项目控制值专题研究收集了现行国家标准《地铁设计规范》GB 50157 和北京、上海等地的城市轨道交通既有线养护、保护标准，以及一些实测变形监测成果。综合各类技术规范要求和实测变形情况，给出了城市轨道交通既有线隧道结构变形的监测项目控制值，以供各地参考。

9.3.6 既有铁路监测项目控制值主要依据现行行业标准《铁路轨道工程施工质量验收标准》TB 10413 和《铁路线路维修规则》（铁运〔1999〕146号）中的有关规定确定。对于高速铁路等特殊的既有铁路线，其过大变形的影响后果极为严重，需通过专项评估确定监测项目控制值，并应满足既有铁路运营单位的要求。

9.3.7 现行国家标准《爆破安全规程》GB 6722 中规定地面建筑的爆破振动判据，采用保护对象所在地质点峰值振动速度和主振频率；水工隧道、交通隧道、电站（厂）中心控制室设备、新浇大体积混凝土的爆破振动判据，采用保护对象所在地质点峰值振动速度。安全允许标准见表12。

表 12　爆破振动安全允许标准

保护对象类别	安全允许振速（cm/s）		
	<10Hz	10Hz～50Hz	50Hz～100Hz
土窑洞、土坯房、毛石房屋	0.5～1.0	0.7～1.2	1.1～1.5
一般砖房、非抗震的大型砌块建筑物	2.0～2.5	2.3～2.8	2.7～3.0
钢筋混凝土结构房屋	3.0～4.0	3.5～4.5	4.2～5.0
一般古建筑与古迹	0.1～0.3	0.2～0.4	0.3～0.5
水工隧道	7～15		
交通隧道	10～20		
水电站及发电厂中心控制室设备	0.5		
新浇大体积混凝土 龄期：初凝～3d 龄期：3d～7d 龄期：7d～28d	2.0～3.0 3.0～7.0 7.0～12		

注：1　表列频率为主振频率，系指最大振幅所对应波的频率。

2　频率范围可根据类似工程或现场实测波形选取。选取频率时亦可参考下列数据：深孔爆破10Hz～60Hz，浅孔爆破4Hz～100Hz。

3　有特殊要求的根据现场具体情况确定。

10　线路结构变形监测

10.1　一　般　规　定

10.1.1 受工程地质条件、施工方法和施工过程中诸多不确定因素的影响，以及运营期间列车动荷载和邻近工程施工的影响，城市轨道交通线路结构在其施工及运营期间会发生不同程度的位移变形，往往会影响到线路结构安全和列车运营安全。因此，在施工及运营阶段，为保证线路结构安全和运营安全，应对线路中的隧道、高架桥梁、路基和轨道结构及重要的附属结构等进行变形监测，为线路维护提供监测数据资料。

10.1.2 线路结构的变形监测主要为保证线路结构安全和运营安全提供监测数据资料，监测方案的编制应满足线路结构安全和运营安全管理的实际要求。监测方案的内容也应包括监测项目、监测范围、布点要求、监测方法、监测期与频率、现场监测作业时段、人员设备进出场要求等。监测方案中宜考虑监测工作的连续性、系统性，可以将施工过程中的线路结构监测项目延续作为运营阶段线路结构的监测项目。

10.2 线路结构监测要求

10.2.1 线路结构的沉降缝和变形缝，车站与区间、区间与联络通道及附属结构与线路结构等衔接处容易产生竖向位移或差异沉降，道岔区和曲线地段出现沉降会更影响运营安全，不良地质区域容易使线路结构产生变形，因此，这些部位是线路结构监测的重要部位，必须有监测点或监测断面控制。

10.2.3 考虑到监测数据的连续性、变形可对比性和监测工作的经济性，应充分利用施工阶段的监测点开展延续项目的监测工作。监测基准点也应尽量利用施工阶段布设的基准点，当基准点的位置或数量不能满足现场观测要求时可重新埋设，其位置和数量要根据整条线路情况统筹考虑。线路结构变形监测中采用的监测点应保证可靠、稳定，基准点或监测点被破坏时要及时恢复。

10.2.4 因地质条件、结构形式、周边环境及施工方法的不同，各地及不同区段等轨道交通线路结构达到完全稳定的持续时间有很大的差异，沉降速率和最终沉降量也各不相同。因此，线路结构的监测频率可以根据各自的实际情况确定，以能够及时、准确、系统地反映线路结构变形为确定原则。

11 监测成果及信息反馈

11.0.1 城市轨道交通工程监测成果主要包括现场实测资料和室内数据处理成果两大类。通过仪器监测、现场巡查和远程视频监控等手段获得各类现场实测资料后，需及时进行计算、分析和整理工作，将现场实测资料转化为完整、清晰的分析、处理成果。室内数据处理成果可以采用图表、曲线等直观且易于反映工程安全问题的表现形式，同时对相关图表、曲线也应附必要的文字说明。在某个阶段或整个过程的监测工作完成后，应形成书面文字报告，对该阶段或整个监测工作进行总结、分析，提出相关分析结论和建议。

11.0.2 工程现场仪器监测应将不同监测项目的实测结果记录到规定的表格中，以便于监测数据的清晰记录和后续的计算、对比和分析。全站仪等可以自动记录现场监测数据的监测仪器，应保存相应的电子数据资料，以便于实测数据的复核和比对，防止实测出现纰漏。现场巡查工作应填写巡查记录表格，将实际巡视检查结果言简意赅地进行记录。远程视频监控应保存好视频监控录像资料，填写相关视频成果保存记录，便于远程视频监控成果的查找和调用。

现场监测资料应与工程实际情况相结合，描述线路名称、合同段、工点名称、施工工法、施工进度等工况资料，以使监测成果与实际工程情况更好地结合，便于分析监测对象的安全状态。

11.0.3 现场监测工作会受自然环境条件变化（气候、天气等）和人为因素（施工损坏监测点等）的影响，仪器监测成果可能因为监测仪器、设备、元器件和传感器等问题出现偏差，当传感器受施工影响出现故障或损坏时，可能给出错误的监测数据。因此，完成现场监测后，应对各类资料进行整理、分析和校对。当发现监测数据波动较大时，应分析是监测对象实际变化还是监测点或监测仪器问题所致。难以确定原因时，应进行复测，防止错误的监测数据影响监测成果的质量。

11.0.4 监测数据采集完成后应及时计算或换算监测对象的累计变化值和变化速率值，以分析判断监测对象的安全状态及发展变化趋势。监测数据的时程曲线可直观、形象地反映监测对象的位移或内力的发展变化趋势及过程，依此判断监测对象的安全状态和发展变化情况。因此，各类监测数据均应及时绘制成相应的时程曲线。监测断面曲线图、等值线图等可以反映监测断面或监测区域的整体变化，以及不同监测部位之间的相互联系及内在规律，对整体分析工程安全状态起着很好的作用。

11.0.5 监测报告根据监测时间阶段和监测结果报告的及时性分为日报、警情快报、阶段性报告和总结报告。各类监测报告均应以表格、图形等"形象化、直观化"的表达形式表示出监测对象的安全状态变化情况，以便于相关人员及专家的分析与判断。

  1）日报是反映监测对象变形、变化的最直接、最简单的报告形式，是实现信息化施工的重要依据。当日监测工作完成后，监测人员应及时整理、分析各类监测信息，确保当日监测成果的正确性。形成日报后，及时反馈给相关单位，以保证信息化施工的顺利开展。

  2）工程出现各类警情异常时，对警情的时间、地点、情况描述、严重程度、施工工况等警情基本信息进行描述，结合监测结果对警情原因进行初步判断，并提出相应的处理措施建议。警情快报应迅速上报相关单位和管理部门，以使警情得到及时、有效的处理。

  3）监测工作持续一段时间后，监测人员应对该阶段的监测工作进行总结，形成阶段性报告，反馈给相关单位。阶段性报告是某一段时间内各类监测信息、监测分析成果的较深入的总结和分析。综合分析后得出该阶段内监测工点各个监测项目以及工程整体的变化规律、发展趋势和评价，以便于为信息化施工提供阶段性指导。

  4）工程监测工作全部完成后，监测单位应向委托单位提交工程监测的总结报告。总结报告包括各类监测数据和巡查信息的汇总、分析与说明，对整个工程监测工作进行分析、评价，得出整体性监测结论与建议，为以后类似工程监测工作积累经验，以便于相关工程监测借鉴和参考。

11.0.6 随着城市轨道交通建设的不断开展，监测技术也得到了很大的进步。远程自动化监测系统、数据处理与信息管理系统软件等新技术应运而生。专业的信息管理软件便于监测数据的采集、处理、分析、查询和管理工作，可以将监测成果及时、准确地反馈给工程参建各方，提高监测成果的时效性。同时，监测成果可以及时、方便地形成时程曲线、断面曲线图、等值线图等可视化较强的图件，便于监测成果的分析、表达，为信息化施工提供了很好的技术支持。

11.0.7 各类监测成果报告应按固定格式要求完成编制，以便报告查阅人员可以及时、准确获得重点关注的信息。报告内容应包括本规范规定的基本内容，言简意赅地总结各类监测信息。监测日报、警情快报和阶段性报告主要为信息化施工服务，一般提交给建设、监理、设计等相关单位。而总结报告主要为总结工程监测效果，积累工程监测经验，可只提交给建设单位。

中华人民共和国国家标准

混凝土结构设计规范

Code for design of concrete structures

GB 50010—2010

（2015 年版）

主编部门：中华人民共和国住房和城乡建设部
批准部门：中华人民共和国住房和城乡建设部
施行日期：２０１１年７月１日

中华人民共和国住房和城乡建设部
公　　告

第 919 号

住房城乡建设部关于发布国家标准
《混凝土结构设计规范》局部修订的公告

现批准《混凝土结构设计规范》GB 50010－2010 局部修订的条文，自发布之日起实施。经此次修改的原条文同时废止。

局部修订的条文及具体内容，将刊登在我部有关

网站和近期出版的《工程建设标准化》刊物上。

中华人民共和国住房和城乡建设部
2015 年 9 月 22 日

修　订　说　明

本次局部修订系根据住房和城乡建设部《关于同意国家标准〈混凝土结构设计规范〉GB 50010－2010 局部修订的函》（建标标函〔2013〕29 号）要求，由中国建筑科学研究院会同有关单位对《混凝土结构设计规范》GB 50010－2010 局部修订而成。

本次修订对混凝土结构用钢筋的品种和规格进行了调整。修订过程中广泛征求了各方面的意见，对具体修订内容进行了反复的讨论和修改，与相关标准进行协调，最后经审查定稿。

此次局部修订，共涉及 9 个条文的修改，分别为第 4.2.1 条、第 4.2.2 条、第 4.2.3 条、第 4.2.4 条、第 4.2.5 条、第 9.3.2 条、第 9.7.6 条、第 11.7.11 条和第 G.0.12 条。

本规范条文下划线部分为修改的内容；用黑体字表示的条文为强制性条文，必须严格执行。

本次局部修订的主编单位：中国建筑科学研究院

本次局部修订的参编单位：重庆大学
郑州大学
北京市建筑设计研

究院
华东建筑设计研究院有限公司
南京市建筑设计研究院有限公司
中国建筑西南设计研究院

本规范主要起草人员：赵基达　徐有邻
黄小坤　朱爱萍
王晓锋　傅剑平
刘立新　柯长华
张凤新　左　江
吴小宾　刘　刚

本规范主要审查人员：徐　建　任庆英
娄　宇　白生翔
钱稼茹　李　霆
王丽敏　耿树江
张同亿

中华人民共和国住房和城乡建设部
公　告

第 743 号

关于发布国家标准
《混凝土结构设计规范》的公告

现批准《混凝土结构设计规范》为国家标准，编号为 GB 50010 - 2010，自 2011 年 7 月 1 日起实施。其中，第 3.1.7、3.3.2、4.1.3、4.1.4、4.2.2、4.2.3、8.5.1、10.1.1、11.1.3、11.2.3、11.3.1、11.3.6、11.4.12、11.7.14 条为强制性条文，必须严格执行。原《混凝土结构设计规范》GB 50010 - 2002 同时废止。

本规范由我部标准定额研究所组织中国建筑工业出版社出版发行。

中华人民共和国住房和城乡建设部

2010 年 8 月 18 日

前　言

根据原建设部《关于印发〈2006 年工程建设标准规范制订、修订计划（第一批）〉的通知》（建标 [2006] 77 号文）要求，本规范由中国建筑科学研究院会同有关单位经调查研究，认真总结实践经验，参考有关国际标准和国外先进标准，并在广泛征求意见的基础上修订完成。

本规范的主要内容是：总则、术语和符号、基本设计规定、材料、结构分析、承载能力极限状态计算、正常使用极限状态验算、构造规定、结构构件的基本规定、预应力混凝土结构构件、混凝土结构构件抗震设计以及有关的附录。

本规范修订的主要技术内容是：1. 补充了结构方案、结构防连续倒塌、既有结构设计和无粘结预应力设计的原则规定；2. 修改了正常使用极限状态验算的有关规定；3. 增加了 500MPa 级带肋钢筋，以 300MPa 级光圆钢筋取代了 235MPa 级钢筋；4. 补充了复合受力构件设计的相关规定，修改了受剪、受冲切承载力计算公式；5. 调整了钢筋的保护层厚度、钢筋锚固长度和纵向受力钢筋最小配筋率的有关规定；6. 补充、修改了柱双向受剪、连梁和剪力墙边缘构件的抗震设计相关规定；7. 补充、修改了预应力混凝土构件及板柱节点抗震设计的相关要求。

本规范中以黑体字标志的条文为强制性条文，必须严格执行。

本规范由住房和城乡建设部负责管理和对强制性条文的解释，由中国建筑科学研究院负责具体技术内容的解释。执行本规范过程中如有意见或建议，请寄送中国建筑科学研究院国家标准《混凝土结构设计规范》管理组（地址：北京市北三环东路 30 号，邮编：100013）。

本 规 范 主 编 单 位：中国建筑科学研究院

本 规 范 参 编 单 位：清华大学

同济大学

重庆大学

天津大学

东南大学

郑州大学

大连理工大学

哈尔滨工业大学

浙江大学

湖南大学

西安建筑科技大学

河海大学

国家建筑工程质量监督检验中心

中国建筑设计研究院

北京市建筑设计研究院

华东建筑设计研究院有限公司

中国建筑西南设计研究院

南京市建筑设计研究院有限公司

中国航空工业规划设计研究院

国家建筑钢材质量监督检 验中心

中建国际建设公司

北京榆构有限公司

左 江　贾 洁　吴小宾

朱建国　蒋勤俭　邓明胜

刘 刚

本规范主要起草人员：赵基达　徐有邻　黄小坤

陶学康　李云贵　李东彬

叶列平　李 杰　傅剑平

王铁成　刘立新　邱洪兴

邱小坛　王晓锋　朱爱萍

宋玉普　郑文忠　金伟良

梁兴文　易伟建　吴胜兴

范 重　柯长华　张凤新

本规范主要审查人员：吴学敏　徐永基　白生翔

李明顺　汪大绥　程懋堃

康谷贻　莫 庸　王振华

胡家顺　孙慧中　陈国义

耿树江　赵君黎　刘琼祥

娄 宇　章一萍　李 霆

吴一红

目　次

Contents

1 总　则

1.0.1 为了在混凝土结构设计中贯彻执行国家的技术经济政策，做到安全、适用、经济，保证质量，制定本规范。

1.0.2 本规范适用于房屋和一般构筑物的钢筋混凝土、预应力混凝土以及素混凝土结构的设计。本规范不适用于轻骨料混凝土及特种混凝土结构的设计。

1.0.3 本规范依据现行国家标准《工程结构可靠性设计统一标准》GB 50153 及《建筑结构可靠度设计统一标准》GB 50068 的原则制定。本规范是对混凝土结构设计的基本要求。

1.0.4 混凝土结构的设计除应符合本规范外，尚应符合国家现行有关标准的规定。

2　术语和符号

2.1　术　语

2.1.1 混凝土结构　concrete structure

以混凝土为主制成的结构，包括素混凝土结构、钢筋混凝土结构和预应力混凝土结构等。

2.1.2 素混凝土结构　plain concrete structure

无筋或不配置受力钢筋的混凝土结构。

2.1.3 普通钢筋　steel bar

用于混凝土结构构件中的各种非预应力筋的总称。

2.1.4 预应力筋　prestressing tendon and/or bar

用于混凝土结构构件中施加预应力的钢丝、钢绞线和预应力螺纹钢筋等的总称。

2.1.5 钢筋混凝土结构　reinforced concrete structure

配置受力普通钢筋的混凝土结构。

2.1.6 预应力混凝土结构　prestressed concrete structure

配置受力的预应力筋，通过张拉或其他方法建立预加应力的混凝土结构。

2.1.7 现浇混凝土结构　cast-in-situ concrete structure

在现场原位支模并整体浇筑而成的混凝土结构。

2.1.8 装配式混凝土结构　precast concrete structure

由预制混凝土构件或部件装配、连接而成的混凝土结构。

2.1.9 装配整体式混凝土结构　assembled monolithic concrete structure

由预制混凝土构件或部件通过钢筋、连接件或施加预应力加以连接，并在连接部位浇筑混凝土而形成整体受力的混凝土结构。

2.1.10 叠合构件　composite member

由预制混凝土构件（或既有混凝土结构构件）和后浇混凝土组成，以两阶段成型的整体受力结构构件。

2.1.11 深受弯构件　deep flexural member

跨高比小于 5 的受弯构件。

2.1.12 深梁　deep beam

跨高比小于 2 的简支单跨梁或跨高比小于 2.5 的多跨连续梁。

2.1.13 先张法预应力混凝土结构　pretensioned prestressed concrete structure

在台座上张拉预应力筋后浇筑混凝土，并通过放张预应力筋由粘结传递而建立预应力的混凝土结构。

2.1.14 后张法预应力混凝土结构　post-tensioned prestressed concrete structure

浇筑混凝土并达到规定强度后，通过张拉预应力筋并在结构上锚固而建立预应力的混凝土结构。

2.1.15 无粘结预应力混凝土结构　unbonded prestressed concrete structure

配置与混凝土之间可保持相对滑动的无粘结预应力筋的后张法预应力混凝土结构。

2.1.16 有粘结预应力混凝土结构　bonded prestressed concrete structure

通过灌浆或与混凝土直接接触使预应力筋与混凝土之间相互粘结而建立预应力的混凝土结构。

2.1.17 结构缝　structural joint

根据结构设计需求而采取的分割混凝土结构间隔的总称。

2.1.18 混凝土保护层　concrete cover

结构构件中钢筋外边缘至构件表面范围用于保护钢筋的混凝土，简称保护层。

2.1.19 锚固长度　anchorage length

受力钢筋依靠其表面与混凝土的粘结作用或端部构造的挤压作用而达到设计承受应力所需的长度。

2.1.20 钢筋连接　splice of reinforcement

通过绑扎搭接、机械连接、焊接等方法实现钢筋之间内力传递的构造形式。

2.1.21 配筋率　ratio of reinforcement

混凝土构件中配置的钢筋面积（或体积）与规定的混凝土截面面积（或体积）的比值。

2.1.22 剪跨比　ratio of shear span to effective depth

截面弯矩与剪力和有效高度乘积的比值。

2.1.23 横向钢筋　transverse reinforcement

垂直于纵向受力钢筋的箍筋或间接钢筋。

2.2　符　号

2.2.1 材料性能

E_c——混凝土的弹性模量；

E_s——钢筋的弹性模量；

C30——立方体抗压强度标准值为 $30N/mm^2$ 的混凝土强度等级；

HRB500——强度级别为 500MPa 的普通热轧带肋钢筋；

HRBF400——强度级别为 400MPa 的细晶粒热轧带肋钢筋；

RRB400——强度级别为 400MPa 的余热处理带肋钢筋；

HPB300——强度级别为 300MPa 的热轧光圆钢筋；

HRB400E——强度级别为 400MPa 且有较高抗震性能的普通热轧带肋钢筋；

f_{ck}、f_c——混凝土轴心抗压强度标准值、设计值；

f_{tk}、f_t——混凝土轴心抗拉强度标准值、设计值；

f_{yk}、f_{pyk}——普通钢筋、预应力筋屈服强度标准值；

f_{stk}、f_{ptk}——普通钢筋、预应力筋极限强度标准值；

f_y、f'_y——普通钢筋抗拉、抗压强度设计值；

f_{py}、f'_{py}——预应力筋抗拉、抗压强度设计值；

f_{yv}——横向钢筋的抗拉强度设计值；

δ_{gt}——钢筋最大力下的总伸长率，也称均匀伸长率。

2.2.2 作用和作用效应

N——轴向力设计值；

N_k、N_q——按荷载标准组合、准永久组合计算的轴向力值；

N_{u0}——构件的截面轴心受压或轴心受拉承载力设计值；

N_{p0}——预应力构件混凝土法向预应力等于零时的预加力；

M——弯矩设计值；

M_k、M_q——按荷载标准组合、准永久组合计算的弯矩值；

M_u——构件的正截面受弯承载力设计值；

M_{cr}——受弯构件的正截面开裂弯矩值；

T——扭矩设计值；

V——剪力设计值；

F_l——局部荷载设计值或集中反力设计值；

σ_s、σ_p——正截面承载力计算中纵向钢筋、预应力筋的应力；

σ_{pe}——预应力筋的有效预应力；

σ_l、σ'_l——受拉区、受压区预应力筋在相应阶段的预应力损失值；

τ——混凝土的剪应力；

w_{max}——按荷载准永久组合或标准组合，并考虑长期作用影响的计算最大裂缝宽度。

2.2.3 几何参数

b——矩形截面宽度，T 形、I 形截面的腹板宽度；

c——混凝土保护层厚度；

d——钢筋的公称直径（简称直径）或圆形截面的直径；

h——截面高度；

h_0——截面有效高度；

l_{ab}、l_a——纵向受拉钢筋的基本锚固长度、锚固长度；

l_0——计算跨度或计算长度；

s——沿构件轴线方向上横向钢筋的间距、螺旋筋的间距或箍筋的间距；

x——混凝土受压区高度；

A——构件截面面积；

A_s、A'_s——受拉区、受压区纵向普通钢筋的截面面积；

A_p、A'_p——受拉区、受压区纵向预应力筋的截面面积；

A_l——混凝土局部受压面积；

A_{cor}——箍筋、螺旋筋或钢筋网所围的混凝土核心截面面积；

B——受弯构件的截面刚度；

I——截面惯性矩；

W——截面受拉边缘的弹性抵抗矩；

W_t——截面受扭塑性抵抗矩。

2.2.4 计算系数及其他

α_E——钢筋弹性模量与混凝土弹性模量的比值；

γ——混凝土构件的截面抵抗矩塑性影响系数；

λ——计算截面的剪跨比，即 $M/(Vh_0)$；

ρ——纵向受力钢筋的配筋率；

ρ_v——间接钢筋或箍筋的体积配筋率；

ϕ——表示钢筋直径的符号，$\phi20$ 表示直径为 20mm 的钢筋。

3 基本设计规定

3.1 一般规定

3.1.1 混凝土结构设计应包括下列内容：

1 结构方案设计，包括结构选型、构件布置及传力途径；

2 作用及作用效应分析；

3 结构的极限状态设计；

4 结构及构件的构造、连接措施；

5 耐久性及施工的要求；

6 满足特殊要求结构的专门性能设计。

3.1.2 本规范采用以概率理论为基础的极限状态设计方法，以可靠指标度量结构构件的可靠度，采用分项系数的设计表达式进行设计。

3.1.3 混凝土结构的极限状态设计应包括：

1 承载能力极限状态：结构或结构构件达到最大承载力、出现疲劳破坏、发生不适于继续承载的变形或因结构局部破坏而引发的连续倒塌；

2 正常使用极限状态：结构或结构构件达到正常使用的某项规定限值或耐久性能的某种规定状态。

3.1.4 结构上的直接作用（荷载）应根据现行国家标准《建筑结构荷载规范》GB 50009 及相关标准确定；地震作用应根据现行国家标准《建筑抗震设计规范》GB 50011 确定。

间接作用和偶然作用应根据有关的标准或具体情况确定。

直接承受吊车荷载的结构构件应考虑吊车荷载的动力系数。预制构件制作、运输及安装时应考虑相应的动力系数。对现浇结构，必要时应考虑施工阶段的荷载。

3.1.5 混凝土结构的安全等级和设计使用年限应符合现行国家标准《工程结构可靠性设计统一标准》GB 50153 的规定。

混凝土结构中各类结构构件的安全等级，宜与整个结构的安全等级相同。对其中部分结构构件的安全等级，可根据其重要程度适当调整。对于结构中重要构件和关键传力部位，宜适当提高其安全等级。

3.1.6 混凝土结构设计应考虑施工技术水平以及实际工程条件的可行性。有特殊要求的混凝土结构，应提出相应的施工要求。

3.1.7 设计应明确结构的用途；在设计使用年限内未经技术鉴定或设计许可，不得改变结构的用途和使用环境。

3.2 结 构 方 案

3.2.1 混凝土结构的设计方案应符合下列要求：

1 选用合理的结构体系、构件形式和布置；

2 结构的平、立面布置宜规则，各部分的质量和刚度宜均匀、连续；

3 结构传力途径应简捷、明确，竖向构件宜连续贯通、对齐；

4 宜采用超静定结构，重要构件和关键传力部位应增加冗余约束或有多条传力途径；

5 宜采取减小偶然作用影响的措施。

3.2.2 混凝土结构中结构缝的设计应符合下列要求：

1 应根据结构受力特点及建筑尺度、形状、使用功能要求，合理确定结构缝的位置和构造形式；

2 宜控制结构缝的数量，并应采取有效措施减

少设缝对使用功能的不利影响；

3 可根据需要设置施工阶段的临时性结构缝。

3.2.3 结构构件的连接应符合下列要求：

1 连接部位的承载力应保证被连接构件之间的传力性能；

2 当混凝土构件与其他材料构件连接时，应采取可靠的措施；

3 应考虑构件变形对连接节点及相邻结构或构件造成的影响。

3.2.4 混凝土结构设计应符合节省材料、方便施工、降低能耗与保护环境的要求。

3.3 承载能力极限状态计算

3.3.1 混凝土结构的承载能力极限状态计算应包括下列内容：

1 结构构件应进行承载力（包括失稳）计算；

2 直接承受重复荷载的构件应进行疲劳验算；

3 有抗震设防要求时，应进行抗震承载力计算；

4 必要时尚应进行结构的倾覆、滑移、漂浮验算；

5 对于可能遭受偶然作用，且倒塌可能引起严重后果的重要结构，宜进行防连续倒塌设计。

3.3.2 对持久设计状况、短暂设计状况和地震设计状况，当用内力的形式表达时，结构构件应采用下列承载能力极限状态设计表达式：

$$\gamma_0 S \leqslant R \qquad (3.3.2-1)$$

$$R = R(f_c, f_s, a_k, \cdots)/\gamma_{Rd} \qquad (3.3.2-2)$$

式中：γ_0——结构重要性系数：在持久设计状况和短暂设计状况下，对安全等级为一级的结构构件不应小于 1.1，对安全等级为二级的结构构件不应小于 1.0，对安全等级为三级的结构构件不应小于 0.9；对地震设计状况下应取 1.0；

S——承载能力极限状态下作用组合的效应设计值：对持久设计状况和短暂设计状况应按作用的基本组合计算；对地震设计状况应按作用的地震组合计算；

R——结构构件的抗力设计值；

$R(\cdot)$——结构构件的抗力函数；

γ_{Rd}——结构构件的抗力模型不定性系数：静力设计取 1.0，对不确定性较大的结构构件根据具体情况取大于 1.0 的数值；抗震设计应采用承载力抗震调整系数 γ_{RE} 代替 γ_{Rd}；

f_c、f_s——混凝土、钢筋的强度设计值，应根据本规范第 4.1.4 条及第 4.2.3 条的规定取值；

a_k——几何参数的标准值，当几何参数的变异性对结构性能有明显的不利影响时，应增减一个附加值。

注：公式（3.3.2-1）中的 $\gamma_0 S$ 为内力设计值，在本规范各章中用 N、M、V、T 等表达。

3.3.3 对二维、三维混凝土结构构件，当按弹性或弹塑性方法分析并以应力形式表达时，可将混凝土应力按区域等代成内力设计值，按本规范第 3.3.2 条进行计算；也可直接采用多轴强度准则进行设计验算。

3.3.4 对偶然作用下的结构进行承载能力极限状态设计时，公式（3.3.2-1）中的作用效应设计值 S 按偶然组合计算，结构重要性系数 γ_0 取不小于 1.0 的数值；公式（3.3.2-2）中混凝土、钢筋的强度设计值 f_c、f_s 改用强度标准值 f_{ck}、f_{yk}（或 f_{pyk}）。

当进行结构防连续倒塌验算时，结构构件的承载力函数应按本规范第 3.6 节的原则确定。

3.3.5 对既有结构的承载能力极限状态设计，应按下列规定进行：

　　1 对既有结构进行安全复核、改变用途或延长使用年限而需验算承载能力极限状态时，宜符合本规范第 3.3.2 条的规定；

　　2 对既有结构进行改建、扩建或加固改造而重新设计时，承载能力极限状态的计算应符合本规范第 3.7 节的规定。

3.4　正常使用极限状态验算

3.4.1 混凝土结构构件应根据其使用功能及外观要求，按下列规定进行正常使用极限状态验算：

　　1 对需要控制变形的构件，应进行变形验算；

　　2 对不允许出现裂缝的构件，应进行混凝土拉应力验算；

　　3 对允许出现裂缝的构件，应进行受力裂缝宽度验算；

　　4 对舒适度有要求的楼盖结构，应进行竖向自振频率验算。

3.4.2 对于正常使用极限状态，钢筋混凝土构件、预应力混凝土构件应分别按荷载的准永久组合并考虑长期作用的影响或标准组合并考虑长期作用的影响，采用下列极限状态设计表达式进行验算：

$$S \leqslant C \qquad (3.4.2)$$

式中：S——正常使用极限状态荷载组合的效应设计值；

　　　　C——结构构件达到正常使用要求所规定的变形、应力、裂缝宽度和自振频率等的限值。

3.4.3 钢筋混凝土受弯构件的最大挠度应按荷载的准永久组合，预应力混凝土受弯构件的最大挠度应按荷载的标准组合，并均应考虑荷载长期作用的影响进行计算，其计算值不应超过表 3.4.3 规定的挠度限值。

表 3.4.3　受弯构件的挠度限值

构件类型		挠度限值
吊车梁	手动吊车	$l_0/500$
	电动吊车	$l_0/600$
屋盖、楼盖及楼梯构件	当 $l_0 < 7\text{m}$ 时	$l_0/200（l_0/250）$
	当 $7\text{m} \leqslant l_0 \leqslant 9\text{m}$ 时	$l_0/250（l_0/300）$
	当 $l_0 > 9\text{m}$ 时	$l_0/300（l_0/400）$

注：1　表中 l_0 为构件的计算跨度；计算悬臂构件的挠度限值时，其计算跨度 l_0 按实际悬臂长度的 2 倍取用；

　　2　表中括号内的数值适用于使用上对挠度有较高要求的构件；

　　3　如果构件制作时预先起拱，且使用上也允许，则在验算挠度时，可将计算所得的挠度值减去起拱值；对预应力混凝土构件，尚可减去预加力所产生的反拱值；

　　4　构件制作时的起拱值和预加力所产生的反拱值，不宜超过构件在相应荷载组合作用下的计算挠度值。

3.4.4 结构构件正截面的受力裂缝控制等级分为三级，等级划分及要求应符合下列规定：

一级——严格要求不出现裂缝的构件，按荷载标准组合计算时，构件受拉边缘混凝土不应产生拉应力。

二级——一般要求不出现裂缝的构件，按荷载标准组合计算时，构件受拉边缘混凝土拉应力不应大于混凝土抗拉强度的标准值。

三级——允许出现裂缝的构件：对钢筋混凝土构件，按荷载准永久组合并考虑长期作用影响计算时，构件的最大裂缝宽度不应超过本规范表 3.4.5 规定的最大裂缝宽度限值。对预应力混凝土构件，按荷载标准组合并考虑长期作用的影响计算时，构件的最大裂缝宽度不应超过本规范第 3.4.5 条规定的最大裂缝宽度限值；对二 a 类环境的预应力混凝土构件，尚应按荷载准永久组合计算，且构件受拉边缘混凝土的拉应力不应大于混凝土的抗拉强度标准值。

3.4.5 结构构件应根据结构类型和本规范第 3.5.2 条规定的环境类别，按表 3.4.5 的规定选用不同的裂缝控制等级及最大裂缝宽度限值 $w_{\lim}$。

表 3.4.5 结构构件的裂缝控制等级及最大裂缝宽度的限值（mm）

环境类别	钢筋混凝土结构		预应力混凝土结构	
	裂缝控制等级	w_{lim}	裂缝控制等级	w_{lim}
一	三级	0.30 (0.40)	三级	0.20
二 a				0.10
二 b		0.20	二级	—
三 a、三 b			一级	—

注：1 对处于年平均相对湿度小于 60% 地区一类环境下的受弯构件，其最大裂缝宽度限值可采用括号内的数值；

2 在一类环境下，对钢筋混凝土屋架、托架及需作疲劳验算的吊车梁，其最大裂缝宽度限值应取为 0.20mm；对钢筋混凝土屋面梁和托梁，其最大裂缝宽度限值应取为 0.30mm；

3 在一类环境下，对预应力混凝土屋架、托架及双向板体系，应按二级裂缝控制等级进行验算；对一类环境下的预应力混凝土屋面梁、托梁、单向板，应按表中二 a 类环境的要求进行验算；在一类和二 a 类环境下需作疲劳验算的预应力混凝土吊车梁，应按裂缝控制等级不低于二级的构件进行验算；

4 表中规定的预应力混凝土构件的裂缝控制等级和最大裂缝宽度限值仅适用于正截面的验算；预应力混凝土构件的斜截面裂缝控制验算应符合本规范第 7 章的有关规定；

5 对于烟囱、筒仓和处于液体压力下的结构，其裂缝控制要求应符合专门标准的有关规定；

6 对于处于四、五类环境下的结构构件，其裂缝控制要求应符合专门标准的有关规定；

7 表中的最大裂缝宽度限值为用于验算荷载作用引起的最大裂缝宽度。

3.4.6 对混凝土楼盖结构应根据使用功能的要求进行竖向自振频率验算，并宜符合下列要求：

1 住宅和公寓不宜低于 5Hz；

2 办公楼和旅馆不宜低于 4Hz；

3 大跨度公共建筑不宜低于 3Hz。

3.5 耐久性设计

3.5.1 混凝土结构应根据设计使用年限和环境类别进行耐久性设计，耐久性设计包括下列内容：

1 确定结构所处的环境类别；

2 提出对混凝土材料的耐久性基本要求；

3 确定构件中钢筋的混凝土保护层厚度；

4 不同环境条件下的耐久性技术措施；

5 提出结构使用阶段的检测与维护要求。

注：对临时性的混凝土结构，可不考虑混凝土的耐久性要求。

3.5.2 混凝土结构暴露的环境类别应按表 3.5.2 的要求划分。

表 3.5.2 混凝土结构的环境类别

环境类别	条件
一	室内干燥环境； 无侵蚀性静水浸没环境
二 a	室内潮湿环境； 非严寒和非寒冷地区的露天环境； 非严寒和非寒冷地区与无侵蚀性的水或土壤直接接触的环境； 严寒和寒冷地区的冰冻线以下与无侵蚀性的水或土壤直接接触的环境
二 b	干湿交替环境； 水位频繁变动环境； 严寒和寒冷地区的露天环境； 严寒和寒冷地区冰冻线以上与无侵蚀性的水或土壤直接接触的环境
三 a	严寒和寒冷地区冬季水位变动区环境； 受除冰盐影响环境； 海风环境
三 b	盐渍土环境； 受除冰盐作用环境； 海岸环境
四	海水环境
五	受人为或自然的侵蚀性物质影响的环境

注：1 室内潮湿环境是指构件表面经常处于结露或湿润状态的环境；

2 严寒和寒冷地区的划分应符合现行国家标准《民用建筑热工设计规范》GB 50176 的有关规定；

3 海岸环境和海风环境宜根据当地情况，考虑主导风向及结构所处迎风、背风部位等因素的影响，由调查研究和工程经验确定；

4 受除冰盐影响环境是指受到除冰盐雾影响的环境；受除冰盐作用环境是指被除冰盐溶液溅射的环境以及使用除冰盐地区的洗车房、停车楼等建筑；

5 暴露的环境是指混凝土结构表面所处的环境。

3.5.3 设计使用年限为 50 年的混凝土结构，其混凝土材料宜符合表 3.5.3 的规定。

表 3.5.3 结构混凝土材料的耐久性基本要求

环境等级	最大水胶比	最低强度等级	最大氯离子含量（%）	最大碱含量（kg/m³）
一	0.60	C20	0.30	不限制
二 a	0.55	C25	0.20	3.0
二 b	0.50(0.55)	C30(C25)	0.15	
三 a	0.45(0.50)	C35(C30)	0.15	
三 b	0.40	C40	0.10	

注：1 氯离子含量系指其占胶凝材料总量的百分比；

2 预应力构件混凝土中的最大氯离子含量为 0.06%；其最低混凝土强度等级宜按表中的规定提高两个等级；

3 素混凝土构件的水胶比及最低强度等级的要求可适当放松；

4 有可靠工程经验时，二类环境中的最低混凝土强度等级可降低一个等级；

5 处于严寒和寒冷地区二 b、三 a 类环境中的混凝土应使用引气剂，并可采用括号中的有关参数；

6 当使用非碱活性骨料时，对混凝土中的碱含量可不作限制。

3.5.4 混凝土结构及构件尚应采取下列耐久性技术措施：

1 预应力混凝土结构中的预应力筋应根据具体情况采取表面防护、孔道灌浆、加大混凝土保护层厚度等措施，外露的锚固端应采取封锚和混凝土表面处理等有效措施；

2 有抗渗要求的混凝土结构，混凝土的抗渗等级应符合有关标准的要求；

3 严寒及寒冷地区的潮湿环境中，结构混凝土应满足抗冻要求，混凝土抗冻等级应符合有关标准的要求；

4 处于二、三类环境中的悬臂构件宜采用悬臂梁-板的结构形式，或在其上表面增设防护层；

5 处于二、三类环境中的结构构件，其表面的预埋件、吊钩、连接件等金属部件应采取可靠的防锈措施，对于后张预应力混凝土外露金属锚具，其防护要求见本规范第10.3.13条；

6 处在三类环境中的混凝土结构构件，可采用阻锈剂、环氧树脂涂层钢筋或其他具有耐腐蚀性能的钢筋、采取阴极保护措施或采用可更换的构件等措施。

3.5.5 一类环境中，设计使用年限为100年的混凝土结构应符合下列规定：

1 钢筋混凝土结构的最低强度等级为C30；预应力混凝土结构的最低强度等级为C40；

2 混凝土中的最大氯离子含量为0.06%；

3 宜使用非碱活性骨料，当使用碱活性骨料时，混凝土中的最大碱含量为3.0kg/m³；

4 混凝土保护层厚度应符合本规范第8.2.1条的规定；当采取有效的表面防护措施时，混凝土保护层厚度可适当减小。

3.5.6 二、三类环境中，设计使用年限100年的混凝土结构应采取专门的有效措施。

3.5.7 耐久性环境类别为四类和五类的混凝土结构，其耐久性要求应符合有关标准的规定。

3.5.8 混凝土结构在设计使用年限内尚应遵守下列规定：

1 建立定期检测、维修制度；

2 设计中可更换的混凝土构件应按规定更换；

3 构件表面的防护层，应按规定维护或更换；

4 结构出现可见的耐久性缺陷时，应及时进行处理。

3.6 防连续倒塌设计原则

3.6.1 混凝土结构防连续倒塌设计宜符合下列要求：

1 采取减小偶然作用效应的措施；

2 采取使重要构件及关键传力部位避免直接遭受偶然作用的措施；

3 在结构容易遭受偶然作用影响的区域增加冗余约束，布置备用的传力途径；

4 增强疏散通道、避难空间等重要结构构件及关键传力部位的承载力和变形性能；

5 配置贯通水平、竖向构件的钢筋，并与周边构件可靠地锚固；

6 设置结构缝，控制可能发生连续倒塌的范围。

3.6.2 重要结构的防连续倒塌设计可采用下列方法：

1 局部加强法：提高可能遭受偶然作用而发生局部破坏的竖向重要构件和关键传力部位的安全储备，也可直接考虑偶然作用进行设计。

2 拉结构件法：在结构局部竖向构件失效的条件下，可根据具体情况分别按梁-拉结模型、悬索-拉结模型和悬臂-拉结模型进行承载力验算，维持结构的整体稳固性。

3 拆除构件法：按一定规则拆除结构的主要受力构件，验算剩余结构体系的极限承载力；也可采用倒塌全过程分析进行设计。

3.6.3 当进行偶然作用下结构防连续倒塌的验算时，作用宜考虑结构相应部位倒塌冲击引起的动力系数。在抗力函数的计算中，混凝土强度取强度标准值 f_{ck}；普通钢筋强度取极限强度标准值 f_{stk}，预应力筋强度取极限强度标准值 f_{ptk} 并考虑锚具的影响。宜考虑偶然作用下结构倒塌对结构几何参数的影响。必要时尚应考虑材料性能在动力作用下的强化和脆性，并取相应的强度特征值。

3.7 既有结构设计原则

3.7.1 既有结构延长使用年限、改变用途、改建、扩建或需要进行加固、修复等，均应对其进行评定、验算或重新设计。

3.7.2 对既有结构进行安全性、适用性、耐久性及抗灾害能力评定时，应符合现行国家标准《工程结构可靠性设计统一标准》GB 50153的原则要求，并应符合下列规定：

1 应根据评定结果、使用要求和后续使用年限确定既有结构的设计方案；

2 既有结构改变用途或延长使用年限时，承载能力极限状态验算宜符合本规范的有关规定；

3 对既有结构进行改建、扩建或加固改造而重新设计时，承载能力极限状态的计算应符合本规范和相关标准的规定；

4 既有结构的正常使用极限状态验算及构造要求宜符合本规范的规定；

5 必要时可对使用功能作相应的调整，提出限制使用的要求。

3.7.3 既有结构的设计应符合下列规定：

1 应优化结构方案，保证结构的整体稳固性；

2 荷载可按现行规范的规定确定，也可根据使用功能作适当的调整；

3 结构既有部分混凝土、钢筋的强度设计值应根据强度的实测值确定；当材料的性能符合原设计的要求时，可按原设计的规定取值；

4 设计时应考虑既有结构构件实际的几何尺寸、截面配筋、连接构造和已有缺陷的影响；当符合原设计的要求时，可按原设计的规定取值；

5 应考虑既有结构的承载历史及施工状态的影响；对二阶段成形的叠合构件，可按本规范第9.5节的规定进行设计。

4 材　料

4.1 混　凝　土

4.1.1 混凝土强度等级应按立方体抗压强度标准值确定。立方体抗压强度标准值系指按标准方法制作、养护的边长为150mm的立方体试件，在28d或设计规定龄期以标准试验方法测得的具有95%保证率的抗压强度值。

4.1.2 素混凝土结构的混凝土强度等级不应低于C15；钢筋混凝土结构的混凝土强度等级不应低于C20；采用强度等级400MPa及以上的钢筋时，混凝土强度等级不应低于C25。

预应力混凝土结构的混凝土强度等级不宜低于C40，且不应低于C30。

承受重复荷载的钢筋混凝土构件，混凝土强度等级不应低于C30。

4.1.3 混凝土轴心抗压强度的标准值 f_{ck} 应按表4.1.3-1采用；轴心抗拉强度的标准值 f_{tk} 应按表4.1.3-2采用。

表 4.1.3-1　混凝土轴心抗压强度标准值（N/mm²）

强度	混凝土强度等级													
	C15	C20	C25	C30	C35	C40	C45	C50	C55	C60	C65	C70	C75	C80
f_{ck}	10.0	13.4	16.7	20.1	23.4	26.8	29.6	32.4	35.5	38.5	41.5	44.5	47.4	50.2

表 4.1.3-2　混凝土轴心抗拉强度标准值（N/mm²）

强度	混凝土强度等级													
	C15	C20	C25	C30	C35	C40	C45	C50	C55	C60	C65	C70	C75	C80
f_{tk}	1.27	1.54	1.78	2.01	2.20	2.39	2.51	2.64	2.74	2.85	2.93	2.99	3.05	3.11

4.1.4 混凝土轴心抗压强度的设计值 f_c 应按表4.1.4-1采用；轴心抗拉强度的设计值 f_t 应按表4.1.4-2采用。

表 4.1.4-1　混凝土轴心抗压强度设计值（N/mm²）

强度	混凝土强度等级													
	C15	C20	C25	C30	C35	C40	C45	C50	C55	C60	C65	C70	C75	C80
f_c	7.2	9.6	11.9	14.3	16.7	19.1	21.1	23.1	25.3	27.5	29.7	31.8	33.8	35.9

表 4.1.4-2　混凝土轴心抗拉强度设计值（N/mm²）

强度	混凝土强度等级													
	C15	C20	C25	C30	C35	C40	C45	C50	C55	C60	C65	C70	C75	C80
f_t	0.91	1.10	1.27	1.43	1.57	1.71	1.80	1.89	1.96	2.04	2.09	2.14	2.18	2.22

4.1.5 混凝土受压和受拉的弹性模量 E_c 宜按表4.1.5采用。

混凝土的剪切变形模量 G_c 可按相应弹性模量值的40%采用。

混凝土泊松比 υ_c 可按0.2采用。

表 4.1.5　混凝土的弹性模量（×10⁴ N/mm²）

混凝土强度等级	C15	C20	C25	C30	C35	C40	C45	C50	C55	C60	C65	C70	C75	C80
E_c	2.20	2.55	2.80	3.00	3.15	3.25	3.35	3.45	3.55	3.60	3.65	3.70	3.75	3.80

注：1 当有可靠试验依据时，弹性模量可根据实测数据确定；

　　2 当混凝土中掺有大量矿物掺合料时，弹性模量可按规定龄期根据实测数据确定。

4.1.6 混凝土轴心抗压疲劳强度设计值 f_c^f、轴心抗拉疲劳强度设计值 f_t^f 应分别按表4.1.4-1、表4.1.4-2中的强度设计值乘疲劳强度修正系数 γ_ρ 确定。混凝土受压或受拉疲劳强度修正系数 γ_ρ 应根据疲劳应力比值 ρ_c^f 分别按表4.1.6-1、表4.1.6-2采用；当混凝土承受拉-压疲劳应力作用时，疲劳强度修正系数 γ_ρ 取0.60。

疲劳应力比值 ρ_c^f 应按下列公式计算：

$$\rho_c^f = \frac{\sigma_{c,min}^f}{\sigma_{c,max}^f} \qquad (4.1.6)$$

式中：$\sigma_{c,min}^f$、$\sigma_{c,max}^f$——构件疲劳验算时，截面同一纤维上混凝土的最小应力、最大应力。

表 4.1.6-1　混凝土受压疲劳强度修正系数 γ_ρ

ρ_c^f	$0 \leqslant \rho_c^f < 0.1$	$0.1 \leqslant \rho_c^f < 0.2$	$0.2 \leqslant \rho_c^f < 0.3$	$0.3 \leqslant \rho_c^f < 0.4$	$0.4 \leqslant \rho_c^f < 0.5$	$\rho_c^f \geqslant 0.5$
γ_ρ	0.68	0.74	0.80	0.86	0.93	1.00

表 4.1.6-2　混凝土受拉疲劳强度修正系数 γ_ρ

ρ_c^f	$0 < \rho_c^f < 0.1$	$0.1 \leqslant \rho_c^f < 0.2$	$0.2 \leqslant \rho_c^f < 0.3$	$0.3 \leqslant \rho_c^f < 0.4$	$0.4 \leqslant \rho_c^f < 0.5$
γ_ρ	0.63	0.66	0.69	0.72	0.74
ρ_c^f	$0.5 \leqslant \rho_c^f < 0.6$	$0.6 \leqslant \rho_c^f < 0.7$	$0.7 \leqslant \rho_c^f < 0.8$	$\rho_c^f \geqslant 0.8$	—
γ_ρ	0.76	0.80	0.90	1.00	—

注：直接承受疲劳荷载的混凝土构件，当采用蒸汽养护时，养护温度不宜高于60℃。

4.1.7 混凝土疲劳变形模量 E_c^f 应按表4.1.7采用。

表 4.1.7　混凝土的疲劳变形模量（×10⁴N/mm²）

强度等级	C30	C35	C40	C45	C50	C55	C60	C65	C70	C75	C80
E_c^f	1.30	1.40	1.50	1.55	1.60	1.65	1.70	1.75	1.80	1.85	1.90

4.1.8 当温度在 0℃～100℃ 范围内时，混凝土的热工参数可按下列规定取值：

线膨胀系数 α_c：$1×10^{-5}/℃$；

导热系数 λ：10.6kJ/(m・h・℃)；

比热容 c：0.96kJ/(kg・℃)。

4.2 钢 筋

4.2.1 混凝土结构的钢筋应按下列规定选用：

1 纵向受力普通钢筋可采用 HRB400、HRB500、HRBF400、HRBF500、HRB335、RRB400、HPB300 钢筋；梁、柱和斜撑构件的纵向受力普通钢筋宜采用 HRB400、HRB500、HRBF400、HRBF500 钢筋。

2 箍筋宜采用 HRB400、HRBF400、HRB335、HPB300、HRB500、HRBF500 钢筋。

3 预应力筋宜采用预应力钢丝、钢绞线和预应力螺纹钢筋。

4.2.2 钢筋的强度标准值应具有不小于 95% 的保证率。普通钢筋的屈服强度标准值 f_{yk}、极限强度标准值 f_{stk} 应按表 4.2.2-1 采用；预应力钢丝、钢绞线和预应力螺纹钢筋的极限强度标准值 f_{ptk} 及屈服强度标准值 f_{pyk} 应按表 4.2.2-2 采用。

表 4.2.2-1　普通钢筋强度标准值（N/mm²）

牌号	符号	公称直径 d（mm）	屈服强度标准值 f_{yk}	极限强度标准值 f_{stk}
HPB300	φ	6～14	300	420
HRB335	Φ	6～14	335	455
HRB400 HRBF400 RRB400	Φ ΦF ΦR	6～50	400	540
HRB500 HRBF500	Φ ΦF	6～50	500	630

表 4.2.2-2　预应力筋强度标准值（N/mm²）

种类		符号	公称直径 d（mm）	屈服强度标准值 f_{pyk}	极限强度标准值 f_{ptk}
中强度预应力钢丝	光面	$φ^{PM}$	5、7、9	620	800
				780	970
	螺旋肋	$φ^{HM}$		980	1270

续表 4.2.2-2

种类		符号	公称直径 d（mm）	屈服强度标准值 f_{pyk}	极限强度标准值 f_{ptk}
预应力螺纹钢筋	螺纹	$φ^T$	18、25、32、40、50	785	980
				930	1080
				1080	1230
消除应力钢丝	光面	$φ^P$	5	—	1570
				—	1860
			7	—	1570
	螺旋肋	$φ^H$	9	—	1470
				—	1570
钢绞线	1×3（三股）	$φ^S$	8.6、10.8、12.9	—	1570
				—	1860
				—	1960
	1×7（七股）		9.5、12.7、15.2、17.8	—	1720
				—	1860
				—	1960
			21.6	—	1860

注：极限强度标准值为 1960N/mm² 的钢绞线作后张预应力配筋时，应有可靠的工程经验。

4.2.3 普通钢筋的抗拉强度设计值 f_y、抗压强度设计值 f_y' 应按表 4.2.3-1 采用；预应力筋的抗拉强度设计值 f_{py}、抗压强度设计值 f_{py}' 应按表 4.2.3-2 采用。

当构件中配有不同种类的钢筋时，每种钢筋应采用各自的强度设计值。

对轴心受压构件，当采用 HRB500、HRBF500 钢筋时，钢筋的抗压强度设计值 f_y' 应取 400 N/mm²。横向钢筋的抗拉强度设计值 f_{yv} 应按表中 f_y 的数值采用；但用作受剪、受扭、受冲切承载力计算时，其数值大于 360N/mm² 时应取 360N/mm²。

表 4.2.3-1　普通钢筋强度设计值（N/mm²）

牌 号	抗拉强度设计值 f_y	抗压强度设计值 f_y'
HPB300	270	270
HRB335	300	300
HRB400、HRBF400、RRB400	360	360
HRB500、HRBF500	435	435

表 4.2.3-2　预应力筋强度设计值（N/mm²）

种　类	极限强度标准值 f_{ptk}	抗拉强度设计值 f_{py}	抗压强度设计值 f'_{py}
中强度预应力钢丝	800	510	410
	970	650	
	1270	810	
消除应力钢丝	1470	1040	410
	1570	1110	
	1860	1320	
钢绞线	1570	1110	390
	1720	1220	
	1860	1320	
	1960	1390	
预应力螺纹钢筋	980	650	400
	1080	770	
	1230	900	

注：当预应力筋的强度标准值不符合表 4.2.3-2 的规定时，其强度设计值应进行相应的比例换算。

4.2.4　普通钢筋及预应力筋在最大力下的总伸长率 δ_{gt} 不应小于表 4.2.4 规定的数值。

表 4.2.4　普通钢筋及预应力筋在最大力下的总伸长率限值

钢筋品种	普　通　钢　筋			预应力筋
	HPB300	HRB335、HRB400、HRBF400、HRB500、HRBF500	RRB400	
δ_{gt}（%）	10.0	7.5	5.0	3.5

4.2.5　普通钢筋和预应力筋的弹性模量 E_s 可按表 4.2.5 采用。

表 4.2.5　钢筋的弹性模量（×10⁵ N/mm²）

牌号或种类	弹性模量 E_s
HPB300	2.10
HRB335、HRB400、HRB500　HRBF400、HRBF500、RRB400　预应力螺纹钢筋	2.00
消除应力钢丝、中强度预应力钢丝	2.05
钢绞线	1.95

4.2.6　普通钢筋和预应力筋的疲劳应力幅限值 Δf^f_y 和 Δf^f_{py} 应根据钢筋疲劳应力比值 ρ^f_s、ρ^f_p，分别按表 4.2.6-1、表 4.2.6-2 线性内插取值。

表 4.2.6-1　普通钢筋疲劳应力幅限值（N/mm²）

疲劳应力比值 ρ^f_s	疲劳应力幅限值 Δf^f_y	
	HRB335	HRB400
0	175	175
0.1	162	162
0.2	154	156
0.3	144	149
0.4	131	137
0.5	115	123
0.6	97	106
0.7	77	85
0.8	54	60
0.9	28	31

注：当纵向受拉钢筋采用闪光接触对焊连接时，其接头处的钢筋疲劳应力幅限值应按表中数值乘以 0.8 取用。

表 4.2.6-2　预应力筋疲劳应力幅限值（N/mm²）

疲劳应力比值 ρ^f_p	钢绞线 $f_{ptk}=1570$	消除应力钢丝 $f_{ptk}=1570$
0.7	144	240
0.8	118	168
0.9	70	88

注：1　当 ρ^f_p 不小于 0.9 时，可不作预应力筋疲劳验算；
　　2　当有充分依据时，可对表中规定的疲劳应力幅限值作适当调整。

普通钢筋疲劳应力比值 ρ^f_s 应按下列公式计算：

$$\rho^f_s = \frac{\sigma^f_{s,min}}{\sigma^f_{s,max}} \tag{4.2.6-1}$$

式中：$\sigma^f_{s,min}$、$\sigma^f_{s,max}$——构件疲劳验算时，同一层钢筋的最小应力、最大应力。

预应力筋疲劳应力比值 ρ^f_p 应按下列公式计算：

$$\rho^f_p = \frac{\sigma^f_{p,min}}{\sigma^f_{p,max}} \tag{4.2.6-2}$$

式中：$\sigma^f_{p,min}$、$\sigma^f_{p,max}$——构件疲劳验算时，同一层预应力筋的最小应力、最大应力。

4.2.7　构件中的钢筋可采用并筋的配置形式。直径 28mm 及以下的钢筋并筋数量不应超过 3 根；直径 32mm 的钢筋并筋数量宜为 2 根；直径 36mm 及以上的钢筋不应采用并筋。并筋应按单根等效钢筋进行计算，等效钢筋的等效直径应按截面面积相等的原则换算确定。

4.2.8　当进行钢筋代换时，除应符合设计要求的构件承载力、最大力下的总伸长率、裂缝宽度验算以及抗震规定以外，尚应满足最小配筋率、钢筋间距、保护层厚度、钢筋锚固长度、接头面积百分率及搭接长度等构造要求。

4.2.9 当构件中采用预制的钢筋焊接网片或钢筋骨架配筋时，应符合国家现行有关标准的规定。

4.2.10 各种公称直径的普通钢筋、预应力筋的公称截面面积及理论重量应按本规范附录 A 采用。

5 结 构 分 析

5.1 基 本 原 则

5.1.1 混凝土结构应进行整体作用效应分析，必要时尚应对结构中受力状况特殊部位进行更详细的分析。

5.1.2 当结构在施工和使用期的不同阶段有多种受力状况时，应分别进行结构分析，并确定其最不利的作用组合。

结构可能遭遇火灾、飓风、爆炸、撞击等偶然作用时，尚应按国家现行有关标准的要求进行相应的结构分析。

5.1.3 结构分析的模型应符合下列要求：

1 结构分析采用的计算简图、几何尺寸、计算参数、边界条件、结构材料性能指标以及构造措施等应符合实际工作状况；

2 结构上可能的作用及其组合、初始应力和变形状况等，应符合结构的实际状况；

3 结构分析中所采用的各种近似假定和简化，应有理论、试验依据或经工程实践验证；计算结果的精度应符合工程设计的要求。

5.1.4 结构分析应符合下列要求：

1 满足力学平衡条件；

2 在不同程度上符合变形协调条件，包括节点和边界的约束条件；

3 采用合理的材料本构关系或构件单元的受力-变形关系。

5.1.5 结构分析时，应根据结构类型、材料性能和受力特点等选择下列分析方法：

1 弹性分析方法；

2 塑性内力重分布分析方法；

3 弹塑性分析方法；

4 塑性极限分析方法；

5 试验分析方法。

5.1.6 结构分析所采用的计算软件应经考核和验证，其技术条件应符合本规范和国家现行有关标准的要求。

应对分析结果进行判断和校核，在确认其合理、有效后方可应用于工程设计。

5.2 分 析 模 型

5.2.1 混凝土结构宜按空间体系进行结构整体分析，并宜考虑结构单元的弯曲、轴向、剪切和扭转等变形对结构内力的影响。

当进行简化分析时，应符合下列规定：

1 体形规则的空间结构，可沿柱列或墙轴线分解为不同方向的平面结构分别进行分析，但应考虑平面结构的空间协同工作；

2 构件的轴向、剪切和扭转变形对结构内力分析影响不大时，可不予考虑。

5.2.2 混凝土结构的计算简图宜按下列方法确定：

1 梁、柱、杆等一维构件的轴线宜取为截面几何中心的连线，墙、板等二维构件的中轴面宜取为截面中心线组成的平面或曲面；

2 现浇结构和装配整体式结构的梁柱节点、柱与基础连接处等可作为刚接；非整体浇筑的次梁两端及板跨两端可近似作为铰接；

3 梁、柱等杆件的计算跨度或计算高度可按其两端支承长度的中心距或净距确定，并应根据支承节点的连接刚度或支座反力的位置加以修正；

4 梁、柱等杆件间连接部分的刚度远大于杆件中间截面的刚度时，在计算模型中可作为刚域处理。

5.2.3 进行结构整体分析时，对于现浇结构或装配整体式结构，可假定楼盖在其自身平面内为无限刚性。当楼盖开有较大洞口或其局部产生明显的平面内变形时，在结构分析中应考虑其影响。

5.2.4 对现浇楼盖和装配整体式楼盖，宜考虑楼板作为翼缘对梁刚度和承载力的影响。梁受压区有效翼缘计算宽度 b_f' 可按表 5.2.4 所列情况中的最小值取用；也可采用梁刚度增大系数法近似考虑，刚度增大系数应根据梁有效翼缘尺寸与梁截面尺寸的相对比例确定。

表 5.2.4 受弯构件受压区有效翼缘计算宽度 b_f'

	情 况		T 形、I 形截面		倒 L 形截面
			肋形梁（板）	独立梁	肋形梁（板）
1	按计算跨度 l_0 考虑		$l_0/3$	$l_0/3$	$l_0/6$
2	按梁（肋）净距 s_n 考虑		$b+s_n$	—	$b+s_n/2$
3	按翼缘高度 h_f' 考虑	$h_f'/h_0 \geq 0.1$	—	$b+12h_f'$	—
		$0.1 > h_f'/h_0 \geq 0.05$	$b+12h_f'$	$b+6h_f'$	$b+5h_f'$
		$h_f'/h_0 < 0.05$	$b+12h_f'$	b	$b+5h_f'$

注：1 表中 b 为梁的腹板厚度；
　　2 肋形梁在梁跨内设有间距小于纵肋间距的横肋时，可不考虑表中情况 3 的规定；
　　3 加腋的 T 形、I 形和倒 L 形截面，当受压区加腋的高度 h_h 不小于 h_f' 且加腋的长度 b_h 不大于 $3h_h$ 时，其翼缘计算宽度可按表中情况 3 的规定分别增加 $2b_h$（T 形、I 形截面）和 b_h（倒 L 形截面）；
　　4 独立梁受压区的翼缘板在荷载作用下经验算沿纵肋方向可能产生裂缝时，其计算宽度应取腹板宽度 b。

5.2.5 当地基与结构的相互作用对结构的内力和变形有显著影响时，结构分析中宜考虑地基与结构相互作用的影响。

5.3 弹 性 分 析

5.3.1 结构的弹性分析方法可用于正常使用极限状态和承载能力极限状态作用效应的分析。

5.3.2 结构构件的刚度可按下列原则确定：

1 混凝土的弹性模量可按本规范表 4.1.5 采用；

2 截面惯性矩可按匀质的混凝土全截面计算；

3 端部加腋的杆件，应考虑其截面变化对结构分析的影响；

4 不同受力状态下构件的截面刚度，宜考虑混凝土开裂、徐变等因素的影响予以折减。

5.3.3 混凝土结构弹性分析宜采用结构力学或弹性力学等分析方法。体形规则的结构，可根据作用的种类和特性，采用适当的简化分析方法。

5.3.4 当结构的二阶效应可能使作用效应显著增大时，在结构分析中应考虑二阶效应的不利影响。

混凝土结构的重力二阶效应可采用有限元分析方法计算，也可采用本规范附录 B 的简化方法。当采用有限元分析方法时，宜考虑混凝土构件开裂对构件刚度的影响。

5.3.5 当边界支承位移对双向板的内力及变形有较大影响时，在分析中宜考虑边界支承竖向变形及扭转等的影响。

5.4 塑性内力重分布分析

5.4.1 混凝土连续梁和连续单向板，可采用塑性内力重分布方法进行分析。

重力荷载作用下的框架、框架-剪力墙结构中的现浇梁以及双向板等，经弹性分析求得内力后，可对支座或节点弯矩进行适度调幅，并确定相应的跨中弯矩。

5.4.2 按考虑塑性内力重分布分析方法设计的结构和构件，应选用符合本规范第 4.2.4 条规定的钢筋，并应满足正常使用极限状态要求且采取有效的构造措施。

对于直接承受动力荷载的构件，以及要求不出现裂缝或处于三 a、三 b 类环境情况下的结构，不应采用考虑塑性内力重分布的分析方法。

5.4.3 钢筋混凝土梁支座或节点边缘截面的负弯矩调幅幅度不宜大于 25%；弯矩调整后的梁端截面相对受压区高度不应超过 0.35，且不宜小于 0.10。

钢筋混凝土板的负弯矩调幅幅度不宜大于 20%。

预应力混凝土梁的弯矩调幅幅度应符合本规范第 10.1.8 条的规定。

5.4.4 对属于协调扭转的混凝土结构构件，受相邻构件约束的支承梁的扭矩宜考虑内力重分布的影响。

考虑内力重分布后的支承梁，应按弯剪扭构件进行承载力计算。

注：当有充分依据时，也可采用其他设计方法。

5.5 弹 塑 性 分 析

5.5.1 重要或受力复杂的结构，宜采用弹塑性分析方法对结构整体或局部进行验算。结构的弹塑性分析宜遵循下列原则：

1 应预先设定结构的形状、尺寸、边界条件、材料性能和配筋等；

2 材料的性能指标宜取平均值，并宜通过试验分析确定，也可按本规范附录 C 的规定确定；

3 宜考虑结构几何非线性的不利影响；

4 分析结果用于承载力设计时，宜考虑抗力模型不定性系数对结构的抗力进行适当调整。

5.5.2 混凝土结构的弹塑性分析，可根据实际情况采用静力或动力分析方法。结构的基本构件计算模型宜按下列原则确定：

1 梁、柱、杆等杆系构件可简化为一维单元，宜采用纤维束模型或塑性铰模型；

2 墙、板等构件可简化为二维单元，宜采用膜单元、板单元或壳单元；

3 复杂的混凝土结构、大体积混凝土结构、结构的节点或局部区域需作精细分析时，宜采用三维块体单元。

5.5.3 构件、截面或各种计算单元的受力-变形本构关系宜符合实际受力情况。某些变形较大的构件或节点进行局部精细分析时，宜考虑钢筋与混凝土间的粘结-滑移本构关系。

钢筋、混凝土材料的本构关系宜通过试验分析确定，也可按本规范附录 C 采用。

5.6 塑 性 极 限 分 析

5.6.1 对不承受多次重复荷载作用的混凝土结构，当有足够的塑性变形能力时，可采用塑性极限理论的分析方法进行结构的承载力计算，同时应满足正常使用的要求。

5.6.2 整体结构的塑性极限分析计算应符合下列规定：

1 对可预测结构破坏机制的情况，结构的极限承载力可根据设定的结构塑性屈服机制，采用塑性极限理论进行分析；

2 对难于预测结构破坏机制的情况，结构的极限承载力可采用静力或动力弹塑性分析方法确定；

3 对直接承受偶然作用的结构构件或部位，应根据偶然作用的动力特征考虑其动力效应的影响。

5.6.3 承受均布荷载的周边支承的双向矩形板，可采用塑性铰线法或条带法等塑性极限分析方法进行承载能力极限状态的分析与设计。

5.7 间接作用分析

5.7.1 当混凝土的收缩、徐变以及温度变化等间接作用在结构中产生的作用效应可能危及结构的安全或正常使用时，宜进行间接作用效应的分析，并应采取相应的构造措施和施工措施。

5.7.2 混凝土结构进行间接作用效应的分析，可采用本规范第5.5节的弹塑性分析方法；也可考虑裂缝和徐变对构件刚度的影响，按弹性方法进行近似分析。

6 承载能力极限状态计算

6.1 一 般 规 定

6.1.1 本章适用于钢筋混凝土构件、预应力混凝土构件的承载能力极限状态计算；素混凝土结构构件设计应符合本规范附录D的规定。

深受弯构件、牛腿、叠合式构件的承载力计算应符合本规范第9章的有关规定。

6.1.2 对于二维或三维非杆系结构构件，当按弹性或弹塑性分析方法得到构件的应力设计值分布后，可根据主拉应力设计值的合力在配筋方向的投影确定配筋量，按主拉应力的分布区域确定钢筋布置，并应符合相应的构造要求；当混凝土处于受压状态时，可考虑受压钢筋和混凝土共同作用，受压钢筋配置应符合构造要求。

6.1.3 采用应力表达式进行混凝土结构构件的承载能力极限状态验算时，应符合下列规定：

1 应根据设计状况和构件性能设计目标确定混凝土和钢筋的强度取值。

2 钢筋应力不应大于钢筋的强度取值。

3 混凝土应力不应大于混凝土的强度取值；多轴应力状态混凝土强度取值和验算可按本规范附录C.4的有关规定进行。

6.2 正截面承载力计算

（Ⅰ）正截面承载力计算的一般规定

6.2.1 正截面承载力应按下列基本假定进行计算：

1 截面应变保持平面。

2 不考虑混凝土的抗拉强度。

3 混凝土受压的应力与应变关系按下列规定取用：

当 $\varepsilon_c \leqslant \varepsilon_0$ 时

$$\sigma_c = f_c \left[1 - \left(1 - \frac{\varepsilon_c}{\varepsilon_0} \right)^n \right] \quad (6.2.1\text{-}1)$$

当 $\varepsilon_0 < \varepsilon_c \leqslant \varepsilon_{cu}$ 时

$$\sigma_c = f_c \quad (6.2.1\text{-}2)$$

$$n = 2 - \frac{1}{60}(f_{cu,k} - 50) \quad (6.2.1\text{-}3)$$

$$\varepsilon_0 = 0.002 + 0.5(f_{cu,k} - 50) \times 10^{-5} \quad (6.2.1\text{-}4)$$

$$\varepsilon_{cu} = 0.0033 - (f_{cu,k} - 50) \times 10^{-5} \quad (6.2.1\text{-}5)$$

式中：σ_c ——混凝土压应变为 ε_c 时的混凝土压应力；

f_c ——混凝土轴心抗压强度设计值，按本规范表4.1.4-1采用；

ε_0 ——混凝土压应力达到 f_c 时的混凝土压应变，当计算的 ε_0 值小于0.002时，取为0.002；

ε_{cu} ——正截面的混凝土极限压应变，当处于非均匀受压且按公式（6.2.1-5）计算的值大于0.0033时，取为0.0033；当处于轴心受压时取为 ε_0；

$f_{cu,k}$ ——混凝土立方体抗压强度标准值，按本规范第4.1.1条确定；

n ——系数，当计算的 n 值大于2.0时，取为2.0。

4 纵向受拉钢筋的极限拉应变取为0.01。

5 纵向钢筋的应力取钢筋应变与其弹性模量的乘积，但其值应符合下列要求：

$$-f'_y \leqslant \sigma_{si} \leqslant f_y \quad (6.2.1\text{-}6)$$

$$\sigma_{p0i} - f'_{py} \leqslant \sigma_{pi} \leqslant f_{py} \quad (6.2.1\text{-}7)$$

式中：σ_{si}、σ_{pi} ——第 i 层纵向普通钢筋、预应力筋的应力，正值代表拉应力，负值代表压应力；

σ_{p0i} ——第 i 层纵向预应力筋截面重心处混凝土法向应力等于零时的预应力筋应力，按本规范公式（10.1.6-3）或公式（10.1.6-6）计算；

f_y、f_{py} ——普通钢筋、预应力筋抗拉强度设计值，按本规范表4.2.3-1、表4.2.3-2采用；

f'_y、f'_{py} ——普通钢筋、预应力筋抗压强度设计值，按本规范表4.2.3-1、表4.2.3-2采用。

6.2.2 在确定中和轴位置时，对双向受弯构件，其内、外弯矩作用平面应相互重合；对双向偏心受力构件，其轴向力作用点、混凝土和受压钢筋的合力点以及受拉钢筋的合力点应在同一条直线上。当不符合上述条件时，尚应考虑扭转的影响。

6.2.3 弯矩作用平面内截面对称的偏心受压构件，当同一主轴方向的杆端弯矩比 $\frac{M_1}{M_2}$ 不大于0.9且轴压比不大于0.9时，若构件的长细比满足公式（6.2.3）的要求，可不考虑轴向压力在该方向挠曲杆件中产生的附加弯矩影响；否则应根据本规范第6.2.4条的规定，按截面的两个主轴方向分别考虑轴向压力在挠曲杆件中产生的附加弯矩影响。

$$l_c/i \leqslant 34 - 12(M_1/M_2) \qquad (6.2.3)$$

式中：M_1、M_2——分别为已考虑侧移影响的偏心受压构件两端截面按结构弹性分析确定的对同一主轴的组合弯矩设计值，绝对值较大端为 M_2，绝对值较小端为 M_1，当构件按单曲率弯曲时，M_1/M_2 取正值，否则取负值；

　　l_c——构件的计算长度，可近似取偏心受压构件相应主轴方向上下支撑点之间的距离；

　　i——偏心方向的截面回转半径。

6.2.4　除排架结构柱外，其他偏心受压构件考虑轴向压力在挠曲杆件中产生的二阶效应后控制截面的弯矩设计值，应按下列公式计算：

$$M = C_m \eta_{ns} M_2 \qquad (6.2.4-1)$$

$$C_m = 0.7 + 0.3 \frac{M_1}{M_2} \qquad (6.2.4-2)$$

$$\eta_{ns} = 1 + \frac{1}{1300(M_2/N + e_a)/h_0} \left(\frac{l_c}{h}\right)^2 \zeta_c \qquad (6.2.4-3)$$

$$\zeta_c = \frac{0.5 f_c A}{N} \qquad (6.2.4-4)$$

当 $C_m \eta_{ns}$ 小于 1.0 时取 1.0；对剪力墙及核心筒墙，可取 $C_m \eta_{ns}$ 等于 1.0。

式中：C_m——构件端截面偏心距调节系数，当小于 0.7 时取 0.7；

　　η_{ns}——弯矩增大系数；

　　N——与弯矩设计值 M_2 相应的轴向压力设计值；

　　e_a——附加偏心距，按本规范第 6.2.5 条确定；

　　ζ_c——截面曲率修正系数，当计算值大于 1.0 时取 1.0；

　　h——截面高度；对环形截面，取外直径；对圆形截面，取直径；

　　h_0——截面有效高度；对环形截面，取 $h_0 = r_2 + r_s$；对圆形截面，取 $h_0 = r + r_s$；此处，r、r_2 和 r_s 按本规范第 E.0.3 条和第 E.0.4 条确定；

　　A——构件截面面积。

6.2.5　偏心受压构件的正截面承载力计算时，应计入轴向压力在偏心方向存在的附加偏心距 e_a，其值应取 20mm 和偏心方向截面最大尺寸的 1/30 两者中的较大值。

6.2.6　受弯构件、偏心受力构件正截面承载力计算时，受压区混凝土的应力图形可简化为等效的矩形应

力图。

矩形应力图的受压区高度 x 可取截面应变保持平面的假定所确定的中和轴高度乘以系数 β_1。当混凝土强度等级不超过 C50 时，β_1 取为 0.80，当混凝土强度等级为 C80 时，β_1 取为 0.74，其间按线性内插法确定。

矩形应力图的应力值可由混凝土轴心抗压强度设计值 f_c 乘以系数 α_1 确定。当混凝土强度等级不超过 C50 时，α_1 取为 1.0，当混凝土强度等级为 C80 时，α_1 取为 0.94，其间按线性内插法确定。

6.2.7　纵向受拉钢筋屈服与受压区混凝土破坏同时发生时的相对界限受压区高度 ξ_b 应按下列公式计算：

1　钢筋混凝土构件

有屈服点普通钢筋

$$\xi_b = \frac{\beta_1}{1 + \dfrac{f_y}{E_s \varepsilon_{cu}}} \qquad (6.2.7-1)$$

无屈服点普通钢筋

$$\xi_b = \frac{\beta_1}{1 + \dfrac{0.002}{\varepsilon_{cu}} + \dfrac{f_y}{E_s \varepsilon_{cu}}} \qquad (6.2.7-2)$$

2　预应力混凝土构件

$$\xi_b = \frac{\beta_1}{1 + \dfrac{0.002}{\varepsilon_{cu}} + \dfrac{f_{py} - \sigma_{p0}}{E_s \varepsilon_{cu}}} \qquad (6.2.7-3)$$

式中：ξ_b——相对界限受压区高度，取 x_b/h_0；

　　x_b——界限受压区高度；

　　h_0——截面有效高度；纵向受拉钢筋合力点至截面受压边缘的距离；

　　E_s——钢筋弹性模量，按本规范表 4.2.5 采用；

　　σ_{p0}——受拉区纵向预应力筋合力点处混凝土法向应力等于零时的预应力筋应力，按本规范公式（10.1.6-3）或公式（10.1.6-6）计算；

　　ε_{cu}——非均匀受压时的混凝土极限压应变，按本规范公式（6.2.1-5）计算；

　　β_1——系数，按本规范第 6.2.6 条的规定计算。

　　注：当截面受拉区内配置有不同种类或不同预应力值的钢筋时，受弯构件的相对界限受压区高度应分别计算，并取其较小值。

6.2.8　纵向钢筋应力应按下列规定确定：

1　纵向钢筋应力宜按下列公式计算：

普通钢筋

$$\sigma_{si} = E_s \varepsilon_{cu} \left(\frac{\beta_1 h_{0i}}{x} - 1\right) \qquad (6.2.8-1)$$

预应力筋

$$\sigma_{pi} = E_s \varepsilon_{cu} \left(\frac{\beta_1 h_{0i}}{x} - 1\right) + \sigma_{p0i} \qquad (6.2.8-2)$$

2　纵向钢筋应力也可按下列近似公式计算：

普通钢筋

$$\sigma_{si} = \frac{f_y}{\xi_b - \beta_1}\left(\frac{x}{h_{0i}} - \beta_1\right) \quad (6.2.8\text{-}3)$$

预应力筋

$$\sigma_{pi} = \frac{f_{py} - \sigma_{p0i}}{\xi_b - \beta_1}\left(\frac{x}{h_{0i}} - \beta_1\right) + \sigma_{p0i} \quad (6.2.8\text{-}4)$$

3 按公式（6.2.8-1）～公式（6.2.8-4）计算的纵向钢筋应力应符合本规范第6.2.1条第5款的相关规定。

式中：h_{0i}——第 i 层纵向钢筋截面重心至截面受压边缘的距离；

x——等效矩形应力图形的混凝土受压区高度；

σ_{si}、σ_{pi}——第 i 层纵向普通钢筋、预应力筋的应力，正值代表拉应力，负值代表压应力；

σ_{p0i}——第 i 层纵向预应力筋截面重心处混凝土法向应力等于零时的预应力筋应力，按本规范公式（10.1.6-3）或公式（10.1.6-6）计算。

6.2.9 矩形、I形、T形截面构件的正截面承载力可按本节规定计算；任意截面、圆形及环形截面构件的正截面承载力可按本规范附录 E 的规定计算。

（Ⅱ） 正截面受弯承载力计算

6.2.10 矩形截面或翼缘位于受拉边的倒 T 形截面受弯构件，其正截面受弯承载力应符合下列规定（图6.2.10）：

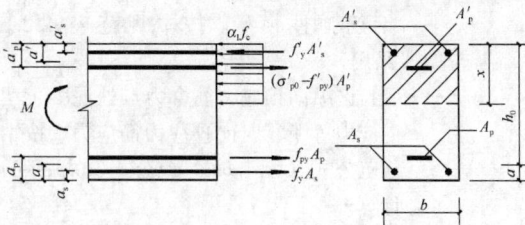

图6.2.10 矩形截面受弯构件正截面受弯承载力计算

$$M \leqslant \alpha_1 f_c bx\left(h_0 - \frac{x}{2}\right) + f'_y A'_s(h_0 - a'_s)$$
$$- (\sigma'_{p0} - f'_{py})A'_p(h_0 - a'_p) \quad (6.2.10\text{-}1)$$

混凝土受压区高度应按下列公式确定：

$$\alpha_1 f_c bx = f_y A_s - f'_y A'_s + f_{py} A_p + (\sigma'_{p0} - f'_{py})A'_p \quad (6.2.10\text{-}2)$$

混凝土受压区高度尚应符合下列条件：

$$x \leqslant \xi_b h_0 \quad (6.2.10\text{-}3)$$
$$x \geqslant 2a' \quad (6.2.10\text{-}4)$$

式中：M——弯矩设计值；

α_1——系数，按本规范第 6.2.6 条的规定计算；

f_c——混凝土轴心抗压强度设计值，按本规范

表 4.1.4-1 采用；

A_s、A'_s——受拉区、受压区纵向普通钢筋的截面面积；

A_p、A'_p——受拉区、受压区纵向预应力筋的截面面积；

σ'_{p0}——受压区纵向预应力筋合力点处混凝土法向应力等于零时的预应力筋应力；

b——矩形截面的宽度或倒 T 形截面的腹板宽度；

h_0——截面有效高度；

a'_s、a'_p——受压区纵向普通钢筋合力点、预应力筋合力点至截面受压边缘的距离；

a'——受压区全部纵向钢筋合力点至截面受压边缘的距离，当受压区未配置纵向预应力筋或受压区纵向预应力筋应力（$\sigma'_{p0} - f'_{py}$）为拉应力时，公式（6.2.10-4）中的 a' 用 a'_s 代替。

6.2.11 翼缘位于受压区的 T 形、I 形截面受弯构件（图 6.2.11），其正截面受弯承载力计算应符合下列规定：

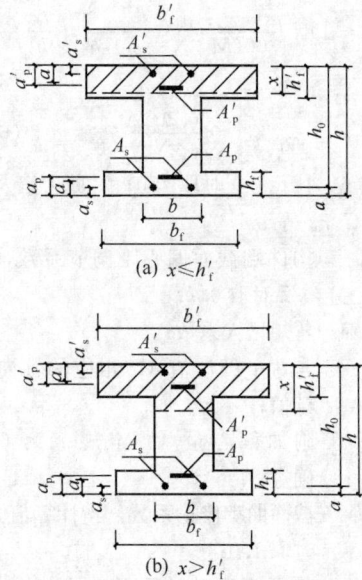

(a) $x \leqslant h'_f$

(b) $x > h'_f$

图 6.2.11 I 形截面受弯构件受压区高度位置

1 当满足下列条件时，应按宽度为 b'_f 的矩形截面计算：

$$f_y A_s + f_{py} A_p \leqslant \alpha_1 f_c b'_f h'_f + f'_y A'_s - (\sigma'_{p0} - f'_{py})A'_p \quad (6.2.11\text{-}1)$$

2 当不满足公式（6.2.11-1）的条件时，应按下列公式计算：

$$M \leqslant \alpha_1 f_c bx\left(h_0 - \frac{x}{2}\right) + \alpha_1 f_c (b'_f - b)h'_f\left(h_0 - \frac{h'_f}{2}\right)$$
$$+ f'_y A'_s(h_0 - a'_s) - (\sigma'_{p0} - f'_{py})A'_p(h_0 - a'_p) \quad (6.2.11\text{-}2)$$

混凝土受压区高度应按下列公式确定：

$$\alpha_1 f_c[bx + (b'_f - b)h'_f] = f_y A_s - f'_y A'_s + f_{py} A_p$$
$$+ (\sigma'_{p0} - f'_{py})A'_p$$
$$\text{(6.2.11-3)}$$

式中：h'_f——T形、I形截面受压区的翼缘高度；

　　　b'_f——T形、I形截面受压区的翼缘计算宽度，按本规范第6.2.12条的规定确定。

　　按上述公式计算 T 形、I 形截面受弯构件时，混凝土受压区高度仍应符合本规范公式（6.2.10-3）和公式（6.2.10-4）的要求。

6.2.12　T 形、I 形及倒 L 形截面受弯构件位于受压区的翼缘计算宽度 b'_f 可按本规范表 5.2.4 所列情况中的最小值取用。

6.2.13　受弯构件正截面受弯承载力计算应符合本规范公式（6.2.10-3）的要求。当由构造要求或按正常使用极限状态验算要求配置的纵向受拉钢筋截面面积大于受弯承载力要求的配筋面积时，按本规范公式（6.2.10-2）或公式（6.2.11-3）计算的混凝土受压区高度 x，可仅计入受弯承载力条件所需的纵向受拉钢筋截面面积。

6.2.14　当计算中计入纵向普通受压钢筋时，应满足本规范公式（6.2.10-4）的条件；当不满足此条件时，正截面受弯承载力应符合下列规定：
$$M \leqslant f_{py} A_p (h - a_p - a'_s) + f_y A_s (h - a_s - a'_s)$$
$$+ (\sigma'_{p0} - f'_{py})A'_p(a'_p - a'_s)$$
$$\text{(6.2.14)}$$

式中：a_s、a_p——受拉区纵向普通钢筋、预应力筋至受拉边缘的距离。

（Ⅲ）正截面受压承载力计算

6.2.15　钢筋混凝土轴心受压构件，当配置的箍筋符合本规范第 9.3 节的规定时，其正截面受压承载力应符合下列规定（图 6.2.15）：
$$N \leqslant 0.9\varphi(f_c A + f'_y A'_s) \qquad \text{(6.2.15)}$$

式中：N——轴向压力设计值；

　　　φ——钢筋混凝土构件的稳定系数，按表 6.2.15 采用；

　　　f_c——混凝土轴心抗压强度设计值，按本规范表 4.1.4-1 采用；

　　　A——构件截面面积；

　　　A'_s——全部纵向普通钢筋的截面面积。

　　当纵向普通钢筋的配筋率大于 3% 时，公式（6.2.15）中的 A 应改用（$A - A'_s$）代替。

表 6.2.15　钢筋混凝土轴心受压构件的稳定系数

l_0/b	≤8	10	12	14	16	18	20	22	24	26	28
l_0/d	≤7	8.5	10.5	12	14	15.5	17	19	21	22.5	24
l_0/i	≤28	35	42	48	55	62	69	76	83	90	97
φ	1.00	0.98	0.95	0.92	0.87	0.81	0.75	0.70	0.65	0.60	0.56

续表 6.2.15

l_0/b	30	32	34	36	38	40	42	44	46	48	50
l_0/d	26	28	29.5	31	33	34.5	36.5	38	40	41.5	43
l_0/i	104	111	118	125	132	139	146	153	160	167	174
φ	0.52	0.48	0.44	0.40	0.36	0.32	0.29	0.26	0.23	0.21	0.19

注：1　l_0 为构件的计算长度，对钢筋混凝土柱可按本规范第 6.2.20 条的规定取用；

　　2　b 为矩形截面的短边尺寸，d 为圆形截面的直径，i 为截面的最小回转半径。

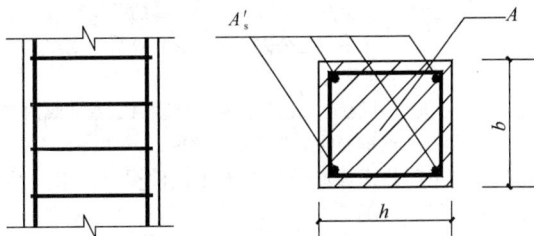

图 6.2.15　配置箍筋的钢筋混凝土轴心受压构件

6.2.16　钢筋混凝土轴心受压构件，当配置的螺旋式或焊接环式间接钢筋符合本规范第 9.3.2 条的规定时，其正截面受压承载力应符合下列规定（图 6.2.16）：

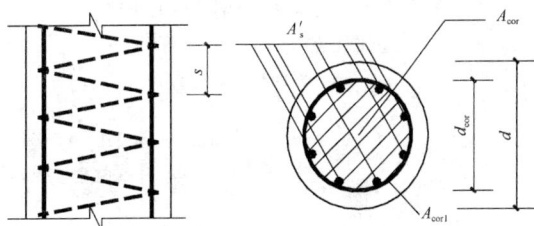

图 6.2.16　配置螺旋式间接钢筋的
钢筋混凝土轴心受压构件

$$N \leqslant 0.9(f_c A_{cor} + f'_y A'_s + 2\alpha f_{yv} A_{ss0})$$
$$\text{(6.2.16-1)}$$

$$A_{ss0} = \frac{\pi d_{cor} A_{ss1}}{s} \qquad \text{(6.2.16-2)}$$

式中：f_{yv}——间接钢筋的抗拉强度设计值，按本规范第 4.2.3 条的规定采用；

　　　A_{cor}——构件的核心截面面积，取间接钢筋内表面范围内的混凝土截面面积；

　　　A_{ss0}——螺旋式或焊接环式间接钢筋的换算截面面积；

　　　d_{cor}——构件的核心截面直径，取间接钢筋内表面之间的距离；

　　　A_{ss1}——螺旋式或焊接环式单根间接钢筋的截面面积；

　　　s——间接钢筋沿构件轴线方向的间距；

α——间接钢筋对混凝土约束的折减系数：当混凝土强度等级不超过 C50 时，取 1.0，当混凝土强度等级为 C80 时，取 0.85，其间按线性内插法确定。

注：1 按公式（6.2.16-1）算得的构件受压承载力设计值不应大于按本规范公式（6.2.15）算得的构件受压承载力设计值的 1.5 倍；

2 当遇到下列任意一种情况时，不应计入间接钢筋的影响，而应按本规范第 6.2.15 条的规定进行计算：

1）当 $l_0/d > 12$ 时；

2）当按公式（6.2.16-1）算得的受压承载力小于按本规范公式（6.2.15）算得的受压承载力时；

3）当间接钢筋的换算截面面积 A_{ss0} 小于纵向普通钢筋的全部截面面积的 25% 时。

6.2.17 矩形截面偏心受压构件正截面受压承载力应符合下列规定（图 6.2.17）：

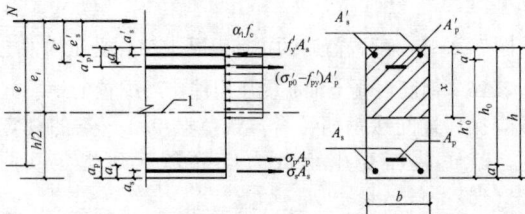

图 6.2.17 矩形截面偏心受压构件正截面受压承载力计算
1—截面重心轴

$$N \leqslant \alpha_1 f_c bx + f'_y A'_s - \sigma_s A_s - (\sigma'_{p0} - f'_{py}) A'_p - \sigma_p A_p$$

(6.2.17-1)

$$Ne \leqslant \alpha_1 f_c bx \left(h_0 - \frac{x}{2} \right) + f'_y A'_s (h_0 - a'_s) - (\sigma'_{p0} - f'_{py}) A'_p (h_0 - a'_p)$$

(6.2.17-2)

$$e = e_i + \frac{h}{2} - a$$ (6.2.17-3)

$$e_i = e_0 + e_a$$ (6.2.17-4)

式中：e——轴向压力作用点至纵向受拉普通钢筋和受拉预应力筋的合力点的距离；

σ_s、σ_p——受拉边或受压较小边的纵向普通钢筋、预应力筋的应力；

e_i——初始偏心距；

a——纵向受拉普通钢筋和受拉预应力筋的合力点至截面近边缘的距离；

e_0——轴向压力对截面重心的偏心距，取为 M/N，当需要考虑二阶效应时，M 为按本规范第 5.3.4 条、第 6.2.4 条规定确定的弯矩设计值；

e_a——附加偏心距，按本规范第 6.2.5 条确定。

按上述规定计算时，尚应符合下列要求：

1 钢筋的应力 σ_s、σ_p 可按下列情况确定：

1）当 ξ 不大于 ξ_b 时为大偏心受压构件，取 σ_s 为 f_y、σ_p 为 f_{py}，此处，ξ 为相对受压区高度，取为 x/h_0；

2）当 ξ 大于 ξ_b 时为小偏心受压构件，σ_s、σ_p 按本规范第 6.2.8 条的规定进行计算。

2 当计算中计入纵向受压普通钢筋时，受压区高度应满足本规范公式（6.2.10-4）的条件；当不满足此条件时，其正截面受压承载力可按本规范第 6.2.14 条的规定进行计算，此时，应将本规范公式（6.2.14）中的 M 以 Ne'_s 代替，此处，e'_s 为轴向压力作用点至受压区纵向普通钢筋合力点的距离；初始偏心距应按公式（6.2.17-4）确定。

3 矩形截面非对称配筋的小偏心受压构件，当 N 大于 $f_c bh$ 时，尚应按下列公式进行验算：

$$Ne' \leqslant f_c bh \left(h'_0 - \frac{h}{2} \right) + f'_y A_s (h'_0 - a_s) - (\sigma_{p0} - f_{py}) A_p (h'_0 - a_p)$$

(6.2.17-5)

$$e' = \frac{h}{2} - a' - (e_0 - e_a)$$ (6.2.17-6)

式中：e'——轴向压力作用点至受压区纵向普通钢筋和预应力筋的合力点的距离；

h'_0——纵向受压钢筋合力点至截面远边的距离。

4 矩形截面对称配筋（$A'_s = A_s$）的钢筋混凝土小偏心受压构件，也可按下列近似公式计算纵向普通钢筋截面面积：

$$A'_s = \frac{Ne - \xi(1 - 0.5\xi) \alpha_1 f_c bh_0^2}{f'_y (h_0 - a'_s)}$$

(6.2.17-7)

此处，相对受压区高度 ξ 可按下列公式计算：

$$\xi = \frac{N - \xi_b \alpha_1 f_c bh_0}{\dfrac{Ne - 0.43\alpha_1 f_c bh_0^2}{(\beta_1 - \xi_b)(h_0 - a'_s)} + \alpha_1 f_c bh_0} + \xi_b$$

(6.2.17-8)

6.2.18 I 形截面偏心受压构件的受压翼缘计算宽度 b'_f 应按本规范第 6.2.12 条确定，其正截面受压承载力应符合下列规定：

1 当受压区高度 x 不大于 h'_f 时，应按宽度为受压翼缘计算宽度 b'_f 的矩形截面计算。

2 当受压区高度 x 大于 h'_f 时（图 6.2.18），应符合下列规定：

$$N \leqslant \alpha_1 f_c \left[bx + (b'_f - b) h'_f \right] + f'_y A'_s - \sigma_s A_s - (\sigma'_{p0} - f'_{py}) A'_p - \sigma_p A_p$$

(6.2.18-1)

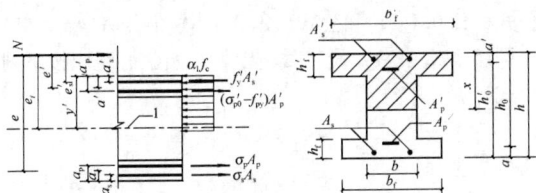

图 6.2.18 I形截面偏心受压构件
正截面受压承载力计算
1—截面重心轴

$$Ne \leqslant \alpha_1 f_c \left[bx\left(h_0 - \frac{x}{2}\right) + (b'_f - b)h'_f\left(h_0 - \frac{h'_f}{2}\right) \right]$$
$$+ f'_y A'_s(h_0 - a'_s) - (\sigma'_{p0} - f'_{py})A'_p(h_0 - a'_p)$$

$$(6.2.18-2)$$

公式中的钢筋应力 σ_s、σ_p 以及是否考虑纵向受压普通钢筋的作用，均应按本规范第 6.2.17 条的有关规定确定。

3 当 x 大于 $(h - h_f)$ 时，其正截面受压承载力计算应计入受压较小边翼缘受压部分的作用，此时，受压较小边翼缘计算宽度 b_f 应按本规范第 6.2.12 条确定。

4 对采用非对称配筋的小偏心受压构件，当 N 大于 $f_c A$ 时，尚应按下列公式进行验算：

$$Ne' \leqslant f_c \left[bh\left(h'_0 - \frac{h}{2}\right) + (b_f - b)h_f\left(h'_0 - \frac{h_f}{2}\right) \right.$$
$$\left. + (b'_f - b)h'_f\left(\frac{h'_f}{2} - a'\right) \right]$$
$$+ f'_y A_s(h'_0 - a_s)$$
$$- (\sigma_{p0} - f'_{py})A_p(h'_0 - a_p)$$

$$(6.2.18-3)$$

$$e' = y' - a' - (e_0 - e_a)$$

$$(6.2.18-4)$$

式中：y'——截面重心至离轴向压力较近一侧受压边的距离，当截面对称时，取 $h/2$。

注：对仅在离轴向压力较近一侧有翼缘的T形截面，可取 b_f 为 b；对仅在离轴向压力较远一侧有翼缘的倒T形截面，可取 b'_f 为 b。

6.2.19 沿截面腹部均匀配置纵向普通钢筋的矩形、T形或I形截面钢筋混凝土偏心受压构件（图 6.2.19），其正截面受压承载力宜符合下列规定：

$$N \leqslant \alpha_1 f_c \left[\xi b h_0 + (b'_f - b)h'_f \right] + f'_y A'_s - \sigma_s A_s + N_{sw}$$

$$(6.2.19-1)$$

$$Ne \leqslant \alpha_1 f_c \left[\xi(1 - 0.5\xi)bh_0^2 + (b'_f - b)h'_f\left(h_0 - \frac{h'_f}{2}\right) \right]$$
$$+ f'_y A'_s(h_0 - a'_s) + M_{sw}$$

$$(6.2.19-2)$$

$$N_{sw} = \left(1 + \frac{\xi - \beta_1}{0.5\beta_1 \omega} \right) f_{yw} A_{sw}$$

$$(6.2.19-3)$$

$$M_{sw} = \left[0.5 - \left(\frac{\xi - \beta_1}{\beta_1 \omega} \right)^2 \right] f_{yw} A_{sw} h_{sw}$$

$$(6.2.19-4)$$

式中：A_{sw}——沿截面腹部均匀配置的全部纵向普通钢筋截面面积；

f_{yw}——沿截面腹部均匀配置的纵向普通钢筋强度设计值，按本规范表 4.2.3-1 采用；

N_{sw}——沿截面腹部均匀配置的纵向普通钢筋所承担的轴向压力，当 ξ 大于 β_1 时，取为 β_1 进行计算；

M_{sw}——沿截面腹部均匀配置的纵向普通钢筋的内力对 A_s 重心的力矩，当 ξ 大于 β_1 时，取为 β_1 进行计算；

ω——均匀配置纵向普通钢筋区段的高度 h_{sw} 与截面有效高度 h_0 的比值（h_{sw}/h_0），宜取 h_{sw} 为 $(h_0 - a'_s)$。

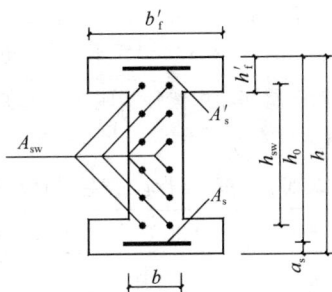

图 6.2.19 沿截面腹部均匀配筋
的 I 形截面

受拉边或受压较小边普通钢筋 A_s 中的应力 σ_s 以及在计算中是否考虑受压普通钢筋和受压较小边翼缘受压部分的作用，应按本规范第 6.2.17 条和第 6.2.18 条的有关规定确定。

注：本条适用于截面腹部均匀配置纵向普通钢筋的数量每侧不少于 4 根的情况。

6.2.20 轴心受压和偏心受压柱的计算长度 l_0 可按下列规定确定：

1 刚性屋盖单层房屋排架柱、露天吊车柱和栈桥柱，其计算长度 l_0 可按表 6.2.20-1 取用。

表 6.2.20-1 刚性屋盖单层房屋排架柱、露天吊车柱和栈桥柱的计算长度

柱的类别		l_0		
		排架方向	垂直排架方向	
			有柱间支撑	无柱间支撑
无吊车房屋柱	单跨	1.5H	1.0H	1.2H
	两跨及多跨	1.25H	1.0H	1.2H

续表6.2.20-1

柱的类别		l_0		
		排架方向	垂直排架方向	
			有柱间支撑	无柱间支撑
有吊车房屋柱	上柱	$2.0H_u$	$1.25H_u$	$1.5H_u$
	下柱	$1.0H_l$	$0.8H_l$	$1.0H_l$
露天吊车柱和栈桥柱		$2.0H_l$	$1.0H_l$	—

注：1 表中 H 为从基础顶面算起的柱子全高；H_l 为从基础顶面至装配式吊车梁底面或现浇式吊车梁顶面的柱子下部高度；H_u 为从装配式吊车梁底面或从现浇式吊车梁顶面算起的柱子上部高度；

2 表中有吊车房屋排架柱的计算长度，当计算中不考虑吊车荷载时，可按无吊车房屋柱的计算长度采用，但上柱的计算长度仍可按有吊车房屋采用；

3 表中有吊车房屋排架柱的上柱在排架方向的计算长度，仅适用于 H_u / H_l 不小于 0.3 的情况；当 H_u / H_l 小于 0.3 时，计算长度宜采用 $2.5H_u$。

2 一般多层房屋中梁柱为刚接的框架结构，各层柱的计算长度 l_0 可按表 6.2.20-2 取用。

表 6.2.20-2 框架结构各层柱的计算长度

楼盖类型	柱的类别	l_0
现浇楼盖	底层柱	$1.0H$
	其余各层柱	$1.25H$
装配式楼盖	底层柱	$1.25H$
	其余各层柱	$1.5H$

注：表中 H 为底层柱从基础顶面到一层楼盖顶面的高度；对其余各层柱为上下两层楼盖顶面之间的高度。

6.2.21 对截面具有两个互相垂直的对称轴的钢筋混凝土双向偏心受压构件（图 6.2.21），其正截面受压承载力可选用下列两种方法之一进行计算：

1 按本规范附录 E 的方法计算，此时，附录 E

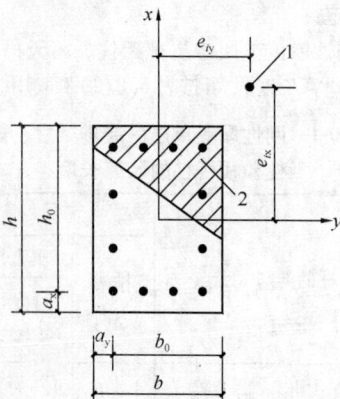

图 6.2.21 双向偏心受压构件截面
1—轴向压力作用点；2—受压区

公式（E.0.1-7）和公式（E.0.1-8）中的 M_x、M_y 应分别用 Ne_{ix}、Ne_{iy} 代替，其中，初始偏心距应按下列公式计算：

$$e_{ix} = e_{0x} + e_{ax} \qquad (6.2.21-1)$$

$$e_{iy} = e_{0y} + e_{ay} \qquad (6.2.21-2)$$

式中：e_{0x}、e_{0y} ——轴向压力对通过截面重心的 y 轴、x 轴的偏心距，即 M_{0x}/N、M_{0y}/N；

M_{0x}、M_{0y} ——轴向压力在 x 轴、y 轴方向的弯矩设计值，为按本规范第 5.3.4 条、6.2.4 条规定确定的弯矩设计值；

e_{ax}、e_{ay} ——x 轴、y 轴方向上的附加偏心距，按本规范第 6.2.5 条的规定确定；

2 按下列近似公式计算：

$$N \leqslant \frac{1}{\dfrac{1}{N_{ux}} + \dfrac{1}{N_{uy}} - \dfrac{1}{N_{u0}}} \qquad (6.2.21-3)$$

式中：N_{u0} ——构件的截面轴心受压承载力设计值；

N_{ux} ——轴向压力作用于 x 轴并考虑相应的计算偏心距 e_{ix} 后，按全部纵向普通钢筋计算的构件偏心受压承载力设计值；

N_{uy} ——轴向压力作用于 y 轴并考虑相应的计算偏心距 e_{iy} 后，按全部纵向普通钢筋计算的构件偏心受压承载力设计值。

构件的截面轴心受压承载力设计值 N_{u0}，可按本规范公式（6.2.15）计算，但应取等号，将 N 以 N_{u0} 代替，且不考虑稳定系数 φ 及系数 0.9。

构件的偏心受压承载力设计值 N_{ux}，可按下列情况计算：

1） 当纵向普通钢筋沿截面两对边配置时，N_{ux} 可按本规范第 6.2.17 条或第 6.2.18 条的规定进行计算，但应取等号，将 N 以 N_{ux} 代替。

2） 当纵向普通钢筋沿截面腹部均匀配置时，N_{ux} 可按本规范第 6.2.19 条的规定进行计算，但应取等号，将 N 以 N_{ux} 代替。

构件的偏心受压承载力设计值 N_{uy} 可采用与 N_{ux} 相同的方法计算。

（Ⅳ）正截面受拉承载力计算

6.2.22 轴心受拉构件的正截面受拉承载力应符合下列规定：

$$N \leqslant f_y A_s + f_{py} A_p \qquad (6.2.22)$$

式中：N ——轴向拉力设计值；

A_s、A_p ——纵向普通钢筋、预应力筋的全部截面面积。

6.2.23 矩形截面偏心受拉构件的正截面受拉承载力应符合下列规定：

1 小偏心受拉构件

当轴向拉力作用在钢筋 A_s 与 A_p 的合力点和 A'_s 与 A'_p 的合力点之间时（图 6.2.23a）：

$$Ne \leqslant f_y A'_s (h_0 - a'_s) + f_{py} A'_p (h_0 - a'_p)$$
$$(6.2.23-1)$$

$$Ne' \leqslant f_y A_s (h'_0 - a_s) + f_{py} A_p (h'_0 - a_p)$$
$$(6.2.23-2)$$

2　大偏心受拉构件

当轴向拉力不作用在钢筋 A_s 与 A_p 的合力点和 A'_s 与 A'_p 的合力点之间时（图 6.2.23b）：

$$N \leqslant f_y A_s + f_{py} A_p - f'_y A'_s + (\sigma'_{p0} - f'_{py}) A'_p - \alpha_1 f_c bx$$
$$(6.2.23-3)$$

$$Ne \leqslant \alpha_1 f_c bx \left(h_0 - \frac{x}{2}\right) + f'_y A'_s (h_0 - a'_s)$$
$$- (\sigma'_{p0} - f'_{py}) A'_p (h_0 - a'_p)$$
$$(6.2.23-4)$$

此时，混凝土受压区的高度应满足本规范公式（6.2.10-3）的要求。当计算中计入纵向受压普通钢筋时，尚应满足本规范公式（6.2.10-4）的条件；当不满足时，可按公式（6.2.23-2）计算。

3　对称配筋的矩形截面偏心受拉构件，不论大、小偏心受拉情况，均可按公式（6.2.23-2）计算。

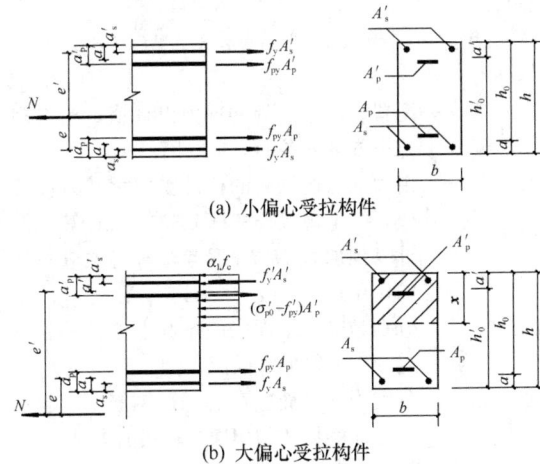

(a) 小偏心受拉构件

(b) 大偏心受拉构件

图 6.2.23　矩形截面偏心受拉构件
正截面受拉承载力计算

6.2.24　沿截面腹部均匀配置纵向普通钢筋的矩形、T 形或 I 形截面钢筋混凝土偏心受拉构件，其正截面受拉承载力应符合本规范公式（6.2.25-1）的规定，式中正截面受弯承载力设计值 M_u 可按本规范公式（6.2.19-1）和公式（6.2.19-2）进行计算，但应取等号，同时应分别取 N 为 0 和以 M_u 代替 Ne_i 。

6.2.25　对称配筋的矩形截面钢筋混凝土双向偏心受拉构件，其正截面受拉承载力应符合下列规定：

$$N \leqslant \frac{1}{\dfrac{1}{N_{u0}} + \dfrac{e_0}{M_u}}$$
$$(6.2.25-1)$$

式中：N_{u0}——构件的轴心受拉承载力设计值；
　　　e_0——轴向拉力作用点至截面重心的距离；

　　　M_u——按通过轴向拉力作用点的弯矩平面计算的正截面受弯承载力设计值。

构件的轴心受拉承载力设计值 N_{u0}，按本规范公式（6.2.22）计算，但应取等号，并以 N_{u0} 代替 N。按通过轴向拉力作用点的弯矩平面计算的正截面受弯承载力设计值 M_u，可按本规范第 6.2 节（Ⅰ）的有关规定进行计算。

公式（6.2.25-1）中的 e_0/M_u 也可按下列公式计算：

$$\frac{e_0}{M_u} = \sqrt{\left(\frac{e_{0x}}{M_{ux}}\right)^2 + \left(\frac{e_{0y}}{M_{uy}}\right)^2}\quad(6.2.25-2)$$

式中：e_{0x}、e_{0y}——轴向拉力对截面重心 y 轴、x 轴的偏心距；
　　　M_{ux}、M_{uy}——x 轴、y 轴方向的正截面受弯承载力设计值，按本规范第 6.2 节（Ⅱ）的规定计算。

6.3　斜截面承载力计算

6.3.1　矩形、T 形和 I 形截面受弯构件的受剪截面应符合下列条件：

当 $h_w/b \leqslant 4$ 时

$$V \leqslant 0.25 \beta_c f_c b h_0\qquad(6.3.1-1)$$

当 $h_w/b \geqslant 6$ 时

$$V \leqslant 0.2 \beta_c f_c b h_0\qquad(6.3.1-2)$$

当 $4 < h_w/b < 6$ 时，按线性内插法确定。

式中：V——构件斜截面上的最大剪力设计值；
　　　β_c——混凝土强度影响系数：当混凝土强度等级不超过 C50 时，β_c 取 1.0；当混凝土强度等级为 C80 时，β_c 取 0.8；其间按线性内插法确定；
　　　b——矩形截面的宽度，T 形截面或 I 形截面的腹板宽度；
　　　h_0——截面的有效高度；
　　　h_w——截面的腹板高度：矩形截面，取有效高度；T 形截面，取有效高度减去翼缘高度；I 形截面，取腹板净高。

注：1　对 T 形或 I 形截面的简支受弯构件，当有实践经验时，公式（6.3.1-1）中的系数可改用 0.3；
　　2　对受拉边倾斜的构件，当有实践经验时，其受剪截面的控制条件可适当放宽。

6.3.2　计算斜截面受剪承载力时，剪力设计值的计算截面应按下列规定采用：

1　支座边缘处的截面（图 6.3.2a、b 截面 1-1）；

2　受拉区弯起钢筋弯起点处的截面（图 6.3.2a 截面 2-2、3-3）；

3　箍筋截面面积或间距改变处的截面（图 6.3.2b 截面 4-4）；

4　截面尺寸改变处的截面。

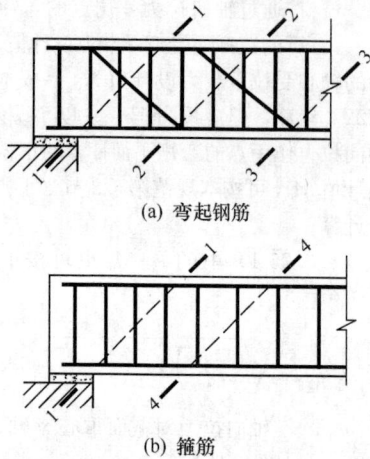

(a) 弯起钢筋

(b) 箍筋

图 6.3.2 斜截面受剪承载力剪力设计值的计算截面

1-1 支座边缘处的斜截面；2-2、3-3 受拉区弯起钢筋弯起点的斜截面；4-4 箍筋截面积或间距改变处的斜截面

注：1 受拉边倾斜的受弯构件，尚应包括梁的高度开始变化处、集中荷载作用处和其他不利的截面；

2 箍筋的间距以及弯起钢筋前一排（对支座而言）的弯起点至后一排的弯终点的距离，应符合本规范第 9.2.8 条和第 9.2.9 条的构造要求。

6.3.3 不配置箍筋和弯起钢筋的一般板类受弯构件，其斜截面受剪承载力应符合下列规定：

$$V \leqslant 0.7\beta_h f_t bh_0 \tag{6.3.3-1}$$

$$\beta_h = \left(\frac{800}{h_0}\right)^{1/4} \tag{6.3.3-2}$$

式中：β_h——截面高度影响系数：当 h_0 小于 800mm 时，取 800mm；当 h_0 大于 2000mm 时，取 2000mm。

6.3.4 当仅配置箍筋时，矩形、T 形和 I 形截面受弯构件的斜截面受剪承载力应符合下列规定：

$$V \leqslant V_{cs} + V_p \tag{6.3.4-1}$$

$$V_{cs} = \alpha_{cv} f_t bh_0 + f_{yv}\frac{A_{sv}}{s}h_0 \tag{6.3.4-2}$$

$$V_p = 0.05N_{p0} \tag{6.3.4-3}$$

式中：V_{cs}——构件斜截面上混凝土和箍筋的受剪承载力设计值；

V_p——由预加力所提高的构件受剪承载力设计值；

α_{cv}——斜截面混凝土受剪承载力系数，对于一般受弯构件取 0.7；对集中荷载作用下（包括作用有多种荷载，其中集中荷载对支座截面或节点边缘所产生的剪力值占总剪力的 75% 以上的情况）的独立梁，取 α_{cv} 为 $\dfrac{1.75}{\lambda+1}$，λ 为计算截面的剪跨比，可取 λ 等于 a/h_0，当 λ 小于 1.5 时，取 1.5，当 λ 大于 3 时，取 3，a 取集中荷载作用点至支座截面或

节点边缘的距离；

A_{sv}——配置在同一截面内箍筋各肢的全部截面面积，即 nA_{sv1}，此处，n 为在同一个截面内箍筋的肢数，A_{sv1} 为单肢箍筋的截面面积；

s——沿构件长度方向的箍筋间距；

f_{yv}——箍筋的抗拉强度设计值，按本规范第 4.2.3 条的规定采用；

N_{p0}——计算截面上混凝土法向预应力等于零时的预加力，按本规范第 10.1.13 条计算；当 N_{p0} 大于 $0.3f_cA_0$ 时，取 $0.3f_cA_0$，此处，A_0 为构件的换算截面面积。

注：1 对预加力 N_{p0} 引起的截面弯矩与外弯矩方向相同的情况，以及预应力混凝土连续梁和允许出现裂缝的预应力混凝土简支梁，均取 V_p 为 0；

2 先张法预应力混凝土构件，在计算预加力 N_{p0} 时，应按本规范第 7.1.9 条的规定考虑预应力筋传递长度的影响。

6.3.5 当配置箍筋和弯起钢筋时，矩形、T 形和 I 形截面受弯构件的斜截面受剪承载力应符合下列规定：

$$V \leqslant V_{cs} + V_p + 0.8f_y A_{sb}\sin\alpha_s + 0.8f_{py}A_{pb}\sin\alpha_p \tag{6.3.5}$$

式中：V——配置弯起钢筋处的剪力设计值，按本规范第 6.3.6 条的规定取用；

V_p——由预加力所提高的构件受剪承载力设计值，按本规范公式（6.3.4-3）计算，但计算预加力 N_{p0} 时不考虑弯起预应力筋的作用；

A_{sb}、A_{pb}——分别为同一平面内的弯起普通钢筋、弯起预应力筋的截面面积；

α_s、α_p——分别为斜截面上弯起普通钢筋、弯起预应力筋的切线与构件纵轴线的夹角。

6.3.6 计算弯起钢筋时，截面剪力设计值可按下列规定取用（图 6.3.2a）：

1 计算第一排（对支座而言）弯起钢筋时，取支座边缘处的剪力值；

2 计算以后的每一排弯起钢筋时，取前一排（对支座而言）弯起钢筋弯起点处的剪力值。

6.3.7 矩形、T 形和 I 形截面的一般受弯构件，当符合下式要求时，可不进行斜截面的受剪承载力计算，其箍筋的构造要求应符合本规范第 9.2.9 条的有关规定：

$$V \leqslant \alpha_{cv} f_t bh_0 + 0.05N_{p0} \tag{6.3.7}$$

式中：α_{cv}——截面混凝土受剪承载力系数，按本规范第 6.3.4 条的规定采用。

6.3.8 受拉边倾斜的矩形、T 形和 I 形截面受弯构件，其斜截面受剪承载力应符合下列规定（图

6.3.8）：

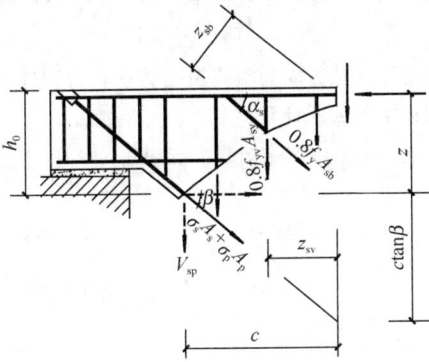

图 6.3.8 受拉边倾斜的受弯构件的
斜截面受剪承载力计算

$$V \leqslant V_{cs} + V_{sp} + 0.8 f_y A_{sb} \sin \alpha_s \quad (6.3.8\text{-}1)$$

$$V_{sp} = \frac{M - 0.8(\sum f_{yv} A_{sv} z_{sv} + \sum f_y A_{sb} z_{sb})}{z + c \tan \beta} \tan \beta$$

$$(6.3.8\text{-}2)$$

式中：M——构件斜截面受压区末端的弯矩设计值；

V_{cs}——构件斜截面上混凝土和箍筋的受剪承载
力设计值，按本规范公式（6.3.4-2）
计算，其中 h_0 取斜截面受拉区始端的垂
直截面有效高度；

V_{sp}——构件截面上受拉边倾斜的纵向非预应力
和预应力受拉钢筋的合力设计值在垂直
方向的投影；对钢筋混凝土受弯构件，
其值不应大于 $f_y A_s \sin \beta$；对预应力混
凝土受弯构件，其值不应大于 $(f_{py} A_p + f_y A_s) \sin \beta$，且不应小于 $\sigma_{pe} A_p \sin \beta$；

z_{sv}——同一截面内箍筋的合力至斜截面受压区
合力点的距离；

z_{sb}——同一弯起平面内的弯起普通钢筋的合力
至斜截面受压区合力点的距离；

z——斜截面受拉区始端处纵向受拉钢筋合力
的水平分力至斜截面受压区合力点的距
离，可近似取为 $0.9 h_0$；

β——斜截面受拉区始端处倾斜的纵向受拉钢
筋的倾角；

c——斜截面的水平投影长度，可近似取
为 h_0。

注：在梁截面高度开始变化处，斜截面的受剪承载力应
按等截面高度梁和变截面高度梁的有关公式分别计
算，并应按不利者配置箍筋和弯起钢筋。

6.3.9 受弯构件斜截面的受弯承载力应符合下列规
定（图 6.3.9）：

$$M \leqslant (f_y A_s + f_{py} A_p) z + \sum f_y A_{sb} z_{sb} + \sum f_{py} A_{pb} z_{pb}$$
$$+ \sum f_{yv} A_{sv} z_{sv} \qquad (6.3.9\text{-}1)$$

此时，斜截面的水平投影长度 c 可按下列条件
确定：

$$V = \sum f_y A_{sb} \sin \alpha_s + \sum f_{py} A_{pb} \sin \alpha_p + \sum f_{yv} A_{sv}$$

$$(6.3.9\text{-}2)$$

式中：V——斜截面受压区末端的剪力设计值；

z——纵向受拉普通钢筋和预应力筋的合力点
至受压区合力点的距离，可近似取为
$0.9 h_0$；

z_{sb}、z_{pb}——分别为同一弯起平面内的弯起普通钢
筋、弯起预应力筋的合力点至斜截面受
压区合力点的距离；

z_{sv}——同一斜截面上箍筋的合力点至斜截面受
压区合力点的距离。

在计算先张法预应力混凝土构件端部锚固区的斜
截面受弯承载力时，公式中的 f_{py} 应按下列规定确
定：锚固区内的纵向预应力筋抗拉强度设计值在锚固
起点处应取为零，在锚固终点处应取为 f_{py}，在两点
之间可按线性内插法确定。此时，纵向预应力筋的锚
固长度 l_a 应按本规范第 8.3.1 条确定。

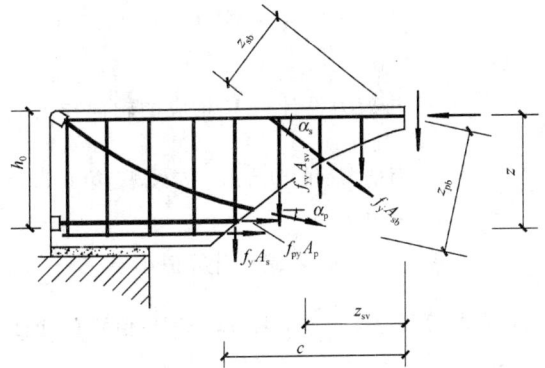

图 6.3.9 受弯构件斜截面受弯承载力计算

6.3.10 受弯构件中配置的纵向钢筋和箍筋，当符合
本规范第 8.3.1 条～第 8.3.5 条、第 9.2.2 条～第
9.2.4 条、第 9.2.7 条～第 9.2.9 条规定的构造要求
时，可不进行构件斜截面的受弯承载力计算。

6.3.11 矩形、T 形和 I 形截面的钢筋混凝土偏心受
压构件和偏心受拉构件，其受剪截面应符合本规范第
6.3.1 条的规定。

6.3.12 矩形、T 形和 I 形截面的钢筋混凝土偏心受
压构件，其斜截面受剪承载力应符合下列规定：

$$V \leqslant \frac{1.75}{\lambda + 1} f_t b h_0 + f_{yv} \frac{A_{sv}}{s} h_0 + 0.07 N$$

$$(6.3.12)$$

式中：λ——偏心受压构件计算截面的剪跨比，取为
$M/(V h_0)$；

N——与剪力设计值 V 相应的轴向压力设计值，
当大于 $0.3 f_c A$ 时，取 $0.3 f_c A$，此处，A
为构件的截面面积。

计算截面的剪跨比 λ 应按下列规定取用：

1 对框架结构中的框架柱，当其反弯点在层高范围内时，可取为 $H_n/(2h_0)$。当 λ 小于 1 时，取 1；当 λ 大于 3 时，取 3。此处，M 为计算截面上与剪力设计值 V 相应的弯矩设计值，H_n 为柱净高。

2 其他偏心受压构件，当承受均布荷载时，取 1.5；当承受符合本规范第 6.3.4 条所述的集中荷载时，取为 a/h_0，且当 λ 小于 1.5 时取 1.5，当 λ 大于 3 时取 3。

6.3.13 矩形、T 形和 I 形截面的钢筋混凝土偏心受压构件，当符合下列要求时，可不进行斜截面受剪承载力计算，其箍筋构造要求应符合本规范第 9.3.2 条的规定。

$$V \leqslant \frac{1.75}{\lambda + 1} f_t b h_0 + 0.07N \qquad (6.3.13)$$

式中：剪跨比 λ 和轴向压力设计值 N 应按本规范第 6.3.12 条确定。

6.3.14 矩形、T 形和 I 形截面的钢筋混凝土偏心受拉构件，其斜截面受剪承载力应符合下列规定：

$$V \leqslant \frac{1.75}{\lambda + 1} f_t b h_0 + f_{yv} \frac{A_{sv}}{s} h_0 - 0.2N$$

$$(6.3.14)$$

式中：N ——与剪力设计值 V 相应的轴向拉力设计值；

λ ——计算截面的剪跨比，按本规范第 6.3.12 条确定。

当公式（6.3.14）右边的计算值小于 $f_{yv} \dfrac{A_{sv}}{s} h_0$ 时，应取等于 $f_{yv} \dfrac{A_{sv}}{s} h_0$，且 $f_{yv} \dfrac{A_{sv}}{s} h_0$ 值不应小于 $0.36 f_t b h_0$。

6.3.15 圆形截面钢筋混凝土受弯构件和偏心受压、受拉构件，其截面限制条件和斜截面受剪承载力可按本规范第 6.3.1 条～第 6.3.14 条计算，但上述条文公式中的截面宽度 b 和截面有效高度 h_0 应分别以 $1.76r$ 和 $1.6r$ 代替，此处，r 为圆形截面的半径。计算所得的箍筋截面面积应作为圆形箍筋的截面面积。

6.3.16 矩形截面双向受剪的钢筋混凝土框架柱，其受剪截面应符合下列要求：

$$V_x \leqslant 0.25\beta_c f_c b h_0 \cos\theta \qquad (6.3.16-1)$$
$$V_y \leqslant 0.25\beta_c f_c b_0 h \sin\theta \qquad (6.3.16-2)$$

式中：V_x ——x 轴方向的剪力设计值，对应的截面有效高度为 h_0，截面宽度为 b；

V_y ——y 轴方向的剪力设计值，对应的截面有效高度为 b_0，截面宽度为 h；

θ ——斜向剪力设计值 V 的作用方向与 x 轴的夹角，$\theta = \arctan(V_y/V_x)$。

6.3.17 矩形截面双向受剪的钢筋混凝土框架柱，其斜截面受剪承载力应符合下列规定：

$$V_x \leqslant \frac{V_{ux}}{\sqrt{1 + \left(\frac{V_{ux}\tan\theta}{V_{uy}}\right)^2}} \qquad (6.3.17-1)$$

$$V_y \leqslant \frac{V_{uy}}{\sqrt{1 + \left(\frac{V_{uy}}{V_{ux}\tan\theta}\right)^2}} \qquad (6.3.17-2)$$

x 轴、y 轴方向的斜截面受剪承载力设计值 V_{ux}、V_{uy} 应按下列公式计算：

$$V_{ux} = \frac{1.75}{\lambda_x + 1} f_t b h_0 + f_{yv} \frac{A_{svx}}{s} h_0 + 0.07N$$

$$(6.3.17-3)$$

$$V_{uy} = \frac{1.75}{\lambda_y + 1} f_t h b_0 + f_{yv} \frac{A_{svy}}{s} b_0 + 0.07N$$

$$(6.3.17-4)$$

式中：λ_x、λ_y ——分别为框架柱 x 轴、y 轴方向的计算剪跨比，按本规范第 6.3.12 条的规定确定；

A_{svx}、A_{svy} ——分别为配置在同一截面内平行于 x 轴、y 轴的箍筋各肢截面面积的总和；

N ——与斜向剪力设计值 V 相应的轴向压力设计值，当 N 大于 $0.3 f_c A$ 时，取 $0.3 f_c A$，此处，A 为构件的截面面积。

在计算截面箍筋时，可在公式（6.3.17-1）、公式（6.3.17-2）中近似取 V_{ux}/V_{uy} 等于 1 计算。

6.3.18 矩形截面双向受剪的钢筋混凝土框架柱，当符合下列要求时，可不进行斜截面受剪承载力计算，其构造箍筋要求应符合本规范第 9.3.2 条的规定。

$$V_x \leqslant \left(\frac{1.75}{\lambda_x + 1} f_t b h_0 + 0.07N\right)\cos\theta$$

$$(6.3.18-1)$$

$$V_y \leqslant \left(\frac{1.75}{\lambda_y + 1} f_t h b_0 + 0.07N\right)\sin\theta$$

$$(6.3.18-2)$$

6.3.19 矩形截面双向受剪的钢筋混凝土框架柱，当斜向剪力设计值 V 的作用方向与 x 轴的夹角 θ 在 $0° \sim 10°$ 或 $80° \sim 90°$ 时，可仅按单向受剪构件进行截面承载力计算。

6.3.20 钢筋混凝土剪力墙的受剪截面应符合下列条件：

$$V \leqslant 0.25\beta_c f_c b h_0 \qquad (6.3.20)$$

6.3.21 钢筋混凝土剪力墙在偏心受压时的斜截面受剪承载力应符合下列规定：

$$V \leqslant \frac{1}{\lambda - 0.5}\left(0.5 f_t b h_0 + 0.13N\frac{A_w}{A}\right) + f_{yv} \frac{A_{sh}}{s_v} h_0$$

$$(6.3.21)$$

式中：N ——与剪力设计值 V 相应的轴向压力设计值，当 N 大于 $0.2 f_c b h$ 时，取 $0.2 f_c b h$；

A ——剪力墙的截面面积；

A_w ——T 形、I 形截面剪力墙腹板的截面面积，对矩形截面剪力墙，取为 A；

A_{sh}——配置在同一截面内的水平分布钢筋的全部截面面积；

s_v——水平分布钢筋的竖向间距；

λ——计算截面的剪跨比，取为 $M/(Vh_0)$；当 λ 小于 1.5 时，取 1.5，当 λ 大于 2.2 时，取 2.2；此处，M 为与剪力设计值 V 相应的弯矩设计值；当计算截面与墙底之间的距离小于 $h_0/2$ 时，λ 可按距墙底 $h_0/2$ 处的弯矩值与剪力值计算。

当剪力设计值 V 不大于公式（6.3.21）中右边第一项时，水平分布钢筋可按本规范第 9.4.2 条、9.4.4 条、9.4.6 条的构造要求配置。

6.3.22 钢筋混凝土剪力墙在偏心受拉时的斜截面受剪承载力应符合下列规定：

$$V \leqslant \frac{1}{\lambda - 0.5}\left(0.5 f_t b h_0 - 0.13 N \frac{A_w}{A}\right) + f_{yv} \frac{A_{sh}}{s_v} h_0$$

$$(6.3.22)$$

当上式右边的计算值小于 $f_{yv}\dfrac{A_{sh}}{s_v}h_0$ 时，取等于 $f_{yv}\dfrac{A_{sh}}{s_v}h_0$。

式中：N——与剪力设计值 V 相应的轴向拉力设计值；

λ——计算截面的剪跨比，按本规范第 6.3.21 条采用。

6.3.23 剪力墙洞口连梁的受剪截面应符合本规范第 6.3.1 条的规定，其斜截面受剪承载力应符合下列规定：

$$V \leqslant 0.7 f_t b h_0 + f_{yv}\frac{A_{sv}}{s}h_0 \qquad (6.3.23)$$

6.4 扭曲截面承载力计算

6.4.1 在弯矩、剪力和扭矩共同作用下，h_w/b 不大于 6 的矩形、T 形、I 形截面和 h_w/t_w 不大于 6 的箱形截面构件（图 6.4.1），其截面应符合下列条件：

当 h_w/b（或 h_w/t_w）不大于 4 时

$$\frac{V}{bh_0} + \frac{T}{0.8W_t} \leqslant 0.25\beta_c f_c \qquad (6.4.1\text{-}1)$$

当 h_w/b（或 h_w/t_w）等于 6 时

$$\frac{V}{bh_0} + \frac{T}{0.8W_t} \leqslant 0.2\beta_c f_c \qquad (6.4.1\text{-}2)$$

当 h_w/b（或 h_w/t_w）大于 4 但小于 6 时，按线性内插法确定。

式中：T——扭矩设计值；

b——矩形截面的宽度，T 形或 I 形截面取腹板宽度，箱形截面取两侧壁总厚度 $2t_w$；

W_t——受扭构件的截面受扭塑性抵抗矩，按本规范第 6.4.3 条的规定计算；

h_w——截面的腹板高度：对矩形截面，取有效高度 h_0；对 T 形截面，取有效高度减去

翼缘高度；对 I 形和箱形截面，取腹板净高；

t_w——箱形截面壁厚，其值不应小于 $b_h/7$，此处，b_h 为箱形截面的宽度。

注：当 h_w/b 大于 6 或 h_w/t_w 大于 6 时，受扭构件的截面尺寸要求及扭曲截面承载力计算应符合专门规定。

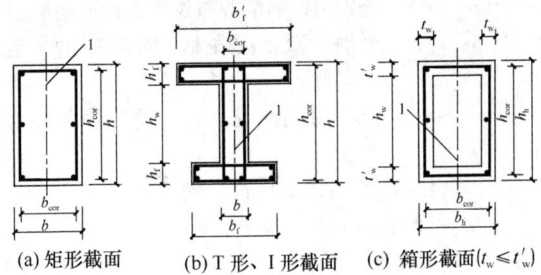

图 6.4.1 受扭构件截面
1—弯矩、剪力作用平面

(a) 矩形截面　　(b) T 形、I 形截面　　(c) 箱形截面（$t_w \leqslant t'_w$）

6.4.2 在弯矩、剪力和扭矩共同作用下的构件，当符合下列要求时，可不进行构件受剪扭承载力计算，但应按本规范第 9.2.5 条、第 9.2.9 条和第 9.2.10 条的规定配置构造纵向钢筋和箍筋。

$$\frac{V}{bh_0} + \frac{T}{W_t} \leqslant 0.7 f_t + 0.05\frac{N_{p0}}{bh_0} \qquad (6.4.2\text{-}1)$$

或

$$\frac{V}{bh_0} + \frac{T}{W_t} \leqslant 0.7 f_t + 0.07\frac{N}{bh_0} \qquad (6.4.2\text{-}2)$$

式中：N_{p0}——计算截面上混凝土法向预应力等于零时的预加力，按本规范第 10.1.13 条的规定计算，当 N_{p0} 大于 $0.3 f_c A_0$ 时，取 $0.3 f_c A_0$，此处，A_0 为构件的换算截面面积；

N——与剪力、扭矩设计值 V、T 相应的轴向压力设计值，当 N 大于 $0.3 f_c A$ 时，取 $0.3 f_c A$，此处，A 为构件的截面面积。

6.4.3 受扭构件的截面受扭塑性抵抗矩可按下列规定计算：

1 矩形截面

$$W_t = \frac{b^2}{6}(3h - b) \qquad (6.4.3\text{-}1)$$

式中：b、h——分别为矩形截面的短边尺寸、长边尺寸。

2 T 形和 I 形截面

$$W_t = W_{tw} + W'_{tf} + W_{tf} \qquad (6.4.3\text{-}2)$$

腹板、受压翼缘及受拉翼缘部分的矩形截面受扭塑性抵抗矩 W_{tw}、W'_{tf} 和 W_{tf}，可按下列规定计算：

1）腹板

$$W_{tw} = \frac{b^2}{6}(3h - b) \qquad (6.4.3\text{-}3)$$

2）受压翼缘

$$W'_{\text{tf}} = \frac{h'^2_{\text{f}}}{2}(b'_{\text{f}} - b) \qquad (6.4.3\text{-}4)$$

3）受拉翼缘

$$W_{\text{tf}} = \frac{h^2_{\text{f}}}{2}(b_{\text{f}} - b) \qquad (6.4.3\text{-}5)$$

式中：b、h——分别为截面的腹板宽度、截面高度；

b'_{f}、b_{f}——分别为截面受压区、受拉区的翼缘宽度；

h'_{f}、h_{f}——分别为截面受压区、受拉区的翼缘高度。

计算时取用的翼缘宽度尚应符合 b'_{f} 不大于 $b+6h'_{\text{f}}$ 及 b_{f} 不大于 $b+6h_{\text{f}}$ 的规定。

3　箱形截面

$$W_{\text{t}} = \frac{b^2_{\text{h}}}{6}(3h_{\text{h}} - b_{\text{h}}) - \frac{(b_{\text{h}} - 2t_{\text{w}})^2}{6}[3h_{\text{w}} - (b_{\text{h}} - 2t_{\text{w}})] \qquad (6.4.3\text{-}6)$$

式中：b_{h}、h_{h}——分别为箱形截面的短边尺寸、长边尺寸。

6.4.4 矩形截面纯扭构件的受扭承载力应符合下列规定：

$$T \leqslant 0.35 f_{\text{t}} W_{\text{t}} + 1.2\sqrt{\zeta} f_{\text{yv}} \frac{A_{\text{st1}} A_{\text{cor}}}{s} \qquad (6.4.4\text{-}1)$$

$$\zeta = \frac{f_{\text{y}} A_{\text{st}l} s}{f_{\text{yv}} A_{\text{st1}} u_{\text{cor}}} \qquad (6.4.4\text{-}2)$$

偏心距 e_{p0} 不大于 $h/6$ 的预应力混凝土纯扭构件，当计算的 ζ 值不小于 1.7 时，取 1.7，并可在公式（6.4.4-1）的右边增加预加力影响项 $0.05\frac{N_{\text{p0}}}{A_0}W_{\text{t}}$，此处，$N_{\text{p0}}$ 的取值应符合本规范第 6.4.2 条的规定。

式中：ζ——受扭的纵向普通钢筋与箍筋的配筋强度比值，ζ 值不应小于 0.6，当 ζ 大于 1.7 时，取 1.7；

$A_{\text{st}l}$——受扭计算中取对称布置的全部纵向普通钢筋截面面积；

A_{st1}——受扭计算中沿截面周边配置的箍筋单肢截面面积；

f_{yv}——受扭箍筋的抗拉强度设计值，按本规范第 4.2.3 条采用；

A_{cor}——截面核心部分的面积，取为 $b_{\text{cor}} h_{\text{cor}}$，此处，$b_{\text{cor}}$、$h_{\text{cor}}$ 分别为箍筋内表面范围内截面核心部分的短边、长边尺寸；

u_{cor}——截面核心部分的周长，取 $2(b_{\text{cor}} + h_{\text{cor}})$。

注：当 ζ 小于 1.7 或 e_{p0} 大于 $h/6$ 时，不应考虑预加力影响项，而应按钢筋混凝土纯扭构件计算。

6.4.5 T 形和 I 形截面纯扭构件，可将其截面划分为几个矩形截面，分别按本规范第 6.4.4 条进行受扭承载力计算。每个矩形截面的扭矩设计值可按下列规定计算：

1　腹板

$$T_{\text{w}} = \frac{W_{\text{tw}}}{W_{\text{t}}}T \qquad (6.4.5\text{-}1)$$

2　受压翼缘

$$T'_{\text{f}} = \frac{W'_{\text{tf}}}{W_{\text{t}}}T \qquad (6.4.5\text{-}2)$$

3　受拉翼缘

$$T_{\text{f}} = \frac{W_{\text{tf}}}{W_{\text{t}}}T \qquad (6.4.5\text{-}3)$$

式中：T_{w}——腹板所承受的扭矩设计值；

T'_{f}、T_{f}——分别为受压翼缘、受拉翼缘所承受的扭矩设计值。

6.4.6 箱形截面钢筋混凝土纯扭构件的受扭承载力应符合下列规定：

$$T \leqslant 0.35 \alpha_{\text{h}} f_{\text{t}} W_{\text{t}} + 1.2\sqrt{\zeta} f_{\text{yv}} \frac{A_{\text{st1}} A_{\text{cor}}}{s} \qquad (6.4.6\text{-}1)$$

$$\alpha_{\text{h}} = 2.5 t_{\text{w}}/b_{\text{h}} \qquad (6.4.6\text{-}2)$$

式中：α_{h}——箱形截面壁厚影响系数，当 α_{h} 大于 1.0 时，取 1.0。

ζ——同本规范第 6.4.4 条。

6.4.7 在轴向压力和扭矩共同作用下的矩形截面钢筋混凝土构件，其受扭承载力应符合下列规定：

$$T \leqslant \left(0.35 f_{\text{t}} + 0.07\frac{N}{A}\right)W_{\text{t}} + 1.2\sqrt{\zeta} f_{\text{yv}} \frac{A_{\text{st1}} A_{\text{cor}}}{s} \qquad (6.4.7)$$

式中：N——与扭矩设计值 T 相应的轴向压力设计值，当 N 大于 $0.3 f_{\text{c}} A$ 时，取 $0.3 f_{\text{c}} A$；

ζ——同本规范第 6.4.4 条。

6.4.8 在剪力和扭矩共同作用下的矩形截面剪扭构件，其受剪扭承载力应符合下列规定：

1　一般剪扭构件

1）受剪承载力

$$V \leqslant (1.5 - \beta_{\text{t}})(0.7 f_{\text{t}} b h_0 + 0.05 N_{\text{p0}}) + f_{\text{yv}} \frac{A_{\text{sv}}}{s} h_0 \qquad (6.4.8\text{-}1)$$

$$\beta_{\text{t}} = \frac{1.5}{1 + 0.5\dfrac{V W_{\text{t}}}{T b h_0}} \qquad (6.4.8\text{-}2)$$

式中：A_{sv}——受剪承载力所需的箍筋截面面积；

β_{t}——一般剪扭构件混凝土受扭承载力降低系数：当 β_{t} 小于 0.5 时，取 0.5；当 β_{t} 大于 1.0 时，取 1.0。

2）受扭承载力

$$T \leqslant \beta_{\text{t}}\left(0.35 f_{\text{t}} + 0.05\frac{N_{\text{p0}}}{A_0}\right)W_{\text{t}} + 1.2\sqrt{\zeta} f_{\text{yv}} \frac{A_{\text{st1}} A_{\text{cor}}}{s} \qquad (6.4.8\text{-}3)$$

式中：ζ——同本规范第 6.4.4 条。

2　集中荷载作用下的独立剪扭构件

1）受剪承载力

$$V \leqslant (1.5 - \beta_t)\left(\frac{1.75}{\lambda + 1}f_t bh_0 + 0.05N_{p0}\right) + f_{yv}\frac{A_{sv}}{s}h_0$$
$$(6.4.8-4)$$

$$\beta_t = \frac{1.5}{1 + 0.2(\lambda + 1)\dfrac{VW_t}{Tbh_0}} \qquad (6.4.8-5)$$

式中：λ——计算截面的剪跨比，按本规范第 6.3.4 条的规定取用；

β_t——集中荷载作用下剪扭构件混凝土受扭承载力降低系数：当 β_t 小于 0.5 时，取 0.5；当 β_t 大于 1.0 时，取 1.0。

    2）受扭承载力

受扭承载力仍应按公式（6.4.8-3）计算，但式中的 β_t 应按公式（6.4.8-5）计算。

6.4.9　T 形和 I 形截面剪扭构件的受剪扭承载力应符合下列规定：

    1　受剪承载力可按本规范公式（6.4.8-1）与公式（6.4.8-2）或公式（6.4.8-4）与公式（6.4.8-5）进行计算，但应将公式中的 T 及 W_t 分别代之以 T_w 及 W_{tw}；

    2　受扭承载力可根据本规范第 6.4.5 条的规定划分为几个矩形截面分别进行计算。其中，腹板可按本规范公式（6.4.8-3）、公式（6.4.8-2）或公式（6.4.8-3）、公式（6.4.8-5）进行计算，但应将公式中的 T 及 W_t 分别代之以 T_w 及 W_{tw}；受压翼缘及受拉翼缘可按本规范第 6.4.4 条纯扭构件的规定进行计算，但应将 T 及 W_t 分别代之以 T'_f 及 W'_{tf} 或 T_f 及 W_{tf}。

6.4.10　箱形截面钢筋混凝土剪扭构件的受剪扭承载力可按下列规定计算：

    1　一般剪扭构件

      1）受剪承载力

$$V \leqslant 0.7(1.5 - \beta_t)f_t bh_0 + f_{yv}\frac{A_{sv}}{s}h_0$$
$$(6.4.10-1)$$

      2）受扭承载力

$$T \leqslant 0.35\alpha_h\beta_t f_t W_t + 1.2\sqrt{\zeta}f_{yv}\frac{A_{st1}A_{cor}}{s}$$
$$(6.4.10-2)$$

式中：β_t——按本规范公式（6.4.8-2）计算，但式中的 W_t 应代之以 $\alpha_h W_t$；

α_h——按本规范第 6.4.6 条的规定确定；

ζ——按本规范第 6.4.4 条的规定确定。

    2　集中荷载作用下的独立剪扭构件

      1）受剪承载力

$$V \leqslant (1.5 - \beta_t)\frac{1.75}{\lambda + 1}f_t bh_0 + f_{yv}\frac{A_{sv}}{s}h_0$$
$$(6.4.10-3)$$

式中：β_t——按本规范公式（6.4.8-5）计算，但式中

的 W_t 应代之以 $\alpha_h W_t$。

    2）受扭承载力

受扭承载力仍应按公式（6.4.10-2）计算，但式中的 β_t 值应按本规范公式（6.4.8-5）计算。

6.4.11　在轴向拉力和扭矩共同作用下的矩形截面钢筋混凝土构件，其受扭承载力可按下列规定计算：

$$T \leqslant \left(0.35f_t - 0.2\frac{N}{A}\right)W_t + 1.2\sqrt{\zeta}f_{yv}\frac{A_{st1}A_{cor}}{s}$$
$$(6.4.11)$$

式中：ζ——按本规范第 6.4.4 条的规定确定；

A_{st1}——受扭计算中沿截面周边配置的箍筋单肢截面面积；

A_{stl}——对称布置受扭用的全部纵向普通钢筋的截面面积；

N——与扭矩设计值相应的轴向拉力设计值，当 N 大于 $1.75f_tA$ 时，取 $1.75f_tA$；

A_{cor}——截面核心部分的面积，取 $b_{cor}h_{cor}$，此处 $b_{cor}、h_{cor}$ 为箍筋内表面范围内截面核心部分的短边、长边尺寸；

u_{cor}——截面核心部分的周长，取 $2(b_{cor} + h_{cor})$。

6.4.12　在弯矩、剪力和扭矩共同作用下的矩形、T 形、I 形和箱形截面的弯剪扭构件，可按下列规定进行承载力计算：

    1　当 V 不大于 $0.35f_t bh_0$ 或 V 不大于 $0.875f_t bh_0/(\lambda + 1)$ 时，可仅计算受弯构件的正截面受弯承载力和纯扭构件的受扭承载力；

    2　当 T 不大于 $0.175f_t W_t$ 或 T 不大于 $0.175\alpha_h f_t W_t$ 时，可仅验算受弯构件的正截面受弯承载力和斜截面受剪承载力。

6.4.13　矩形、T 形、I 形和箱形截面弯剪扭构件，其纵向钢筋截面面积应分别按受弯构件的正截面受弯承载力和剪扭构件的受扭承载力计算确定，并应配置在相应的位置；箍筋截面面积应分别按剪扭构件的受剪承载力和受扭承载力计算确定，并应配置在相应的位置。

6.4.14　在轴向压力、弯矩、剪力和扭矩共同作用下的钢筋混凝土矩形截面框架柱，其受剪扭承载力可按下列规定计算：

    1　受剪承载力

$$V \leqslant (1.5 - \beta_t)\left(\frac{1.75}{\lambda + 1}f_t bh_0 + 0.07N\right) + f_{yv}\frac{A_{sv}}{s}h_0$$
$$(6.4.14-1)$$

    2　受扭承载力

$$T \leqslant \beta_t\left(0.35f_t + 0.07\frac{N}{A}\right)W_t + 1.2\sqrt{\zeta}f_{yv}\frac{A_{st1}A_{cor}}{s}$$
$$(6.4.14-2)$$

式中：λ——计算截面的剪跨比，按本规范第 6.3.12 条确定；

β_t——按本规范第 6.4.8 条计算并符合相关

要求；

ζ——按本规范第6.4.4条的规定采用。

6.4.15 在轴向压力、弯矩、剪力和扭矩共同作用下的钢筋混凝土矩形截面框架柱，当 T 不大于 $(0.175f_t + 0.035N/A)W_t$ 时，可仅计算偏心受压构件的正截面承载力和斜截面受剪承载力。

6.4.16 在轴向压力、弯矩、剪力和扭矩共同作用下的钢筋混凝土矩形截面框架柱，其纵向普通钢筋截面面积应分别按偏心受压构件的正截面承载力和剪扭构件的受扭承载力计算确定，并应配置在相应的位置；箍筋截面面积应分别按剪扭构件的受剪承载力和受扭承载力计算确定，并应配置在相应的位置。

6.4.17 在轴向拉力、弯矩、剪力和扭矩共同作用下的钢筋混凝土矩形截面框架柱，其受剪扭承载力应符合下列规定：

1 受剪承载力

$$V \leqslant (1.5 - \beta_t)\left(\frac{1.75}{\lambda+1}f_tbh_0 - 0.2N\right) + f_{yv}\frac{A_{sv}}{s}h_0$$

（6.4.17-1）

2 受扭承载力

$$T \leqslant \beta_t\left(0.35f_t - 0.2\frac{N}{A}\right)W_t + 1.2\sqrt{\zeta}f_{yv}\frac{A_{st1}A_{cor}}{s}$$

（6.4.17-2）

当公式（6.4.17-1）右边的计算值小于 $f_{yv}\frac{A_{sv}}{s}h_0$ 时，取 $f_{yv}\frac{A_{sv}}{s}h_0$；当公式（6.4.17-2）右边的计算值小于 $1.2\sqrt{\zeta}f_{yv}\frac{A_{st1}A_{cor}}{s}$ 时，取 $1.2\sqrt{\zeta}f_{yv}\frac{A_{st1}A_{cor}}{s}$。

式中：λ——计算截面的剪跨比，按本规范第6.3.12条确定；

A_{sv}——受剪承载力所需的箍筋截面面积；

N——与剪力、扭矩设计值 V、T 相应的轴向拉力设计值；

β_t——按本规范第6.4.8条计算并符合相关要求；

ζ——按本规范第6.4.4条的规定采用。

6.4.18 在轴向拉力、弯矩、剪力和扭矩共同作用下的钢筋混凝土矩形截面框架柱，当 $T \leqslant (0.175f_t - 0.1N/A)W_t$ 时，可仅计算偏心受拉构件的正截面承载力和斜截面受剪承载力。

6.4.19 在轴向拉力、弯矩、剪力和扭矩共同作用下的钢筋混凝土矩形截面框架柱，其纵向普通钢筋截面面积应分别按偏心受拉构件的正截面承载力和剪扭构件的受扭承载力计算确定，并应配置在相应的位置；箍筋截面面积应分别按剪扭构件的受剪承载力和受扭承载力计算确定，并应配置在相应的位置。

6.5 受冲切承载力计算

6.5.1 在局部荷载或集中反力作用下，不配置箍筋或弯起钢筋的板的受冲切承载力应符合下列规定（图6.5.1）：

$$F_l \leqslant (0.7\beta_h f_t + 0.25\sigma_{pc,m})\eta_m h_0$$

（6.5.1-1）

公式（6.5.1-1）中的系数 η，应按下列两个公式计算，并取其中较小值：

$$\eta_1 = 0.4 + \frac{1.2}{\beta_s}$$ （6.5.1-2）

$$\eta_2 = 0.5 + \frac{\alpha_s h_0}{4u_m}$$ （6.5.1-3）

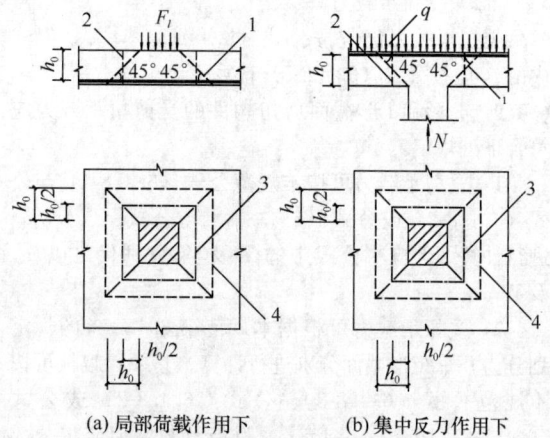

(a) 局部荷载作用下   (b) 集中反力作用下

图 6.5.1　板受冲切承载力计算
1—冲切破坏锥体的斜截面；2—计算截面；
3—计算截面的周长；4—冲切破坏锥体的底面线

式中：F_l——局部荷载设计值或集中反力设计值；板柱节点，取柱所承受的轴向压力设计值的层间差值减去柱顶冲切破坏锥体范围内板所承受的荷载设计值；当有不平衡弯矩时，应按本规范第6.5.6条的规定确定；

β_h——截面高度影响系数：当 h 不大于800mm 时，取 β_h 为 1.0；当 h 不小于2000mm 时，取 β_h 为 0.9，其间按线性内插法取用；

$\sigma_{pc,m}$——计算截面周长上两个方向混凝土有效预压应力按长度的加权平均值，其值宜控制在 1.0N/mm² ～3.5N/mm² 范围内；

u_m——计算截面的周长，取距离局部荷载或集中反力作用面积周边 $h_0/2$ 处板垂直截面的最不利周长；

h_0——截面有效高度，取两个方向配筋的截面有效高度平均值；

η_1——局部荷载或集中反力作用面积形状的影响系数；

η_2——计算截面周长与板截面有效高度之比的影响系数；

β_s ——局部荷载或集中反力作用面积为矩形时的长边与短边尺寸的比值，β_s 不宜大于 4；当 β_s 小于 2 时取 2；对圆形冲切面，β_s 取 2；

α_s ——柱位置影响系数：中柱，α_s 取 40；边柱，α_s 取 30；角柱，α_s 取 20。

6.5.2 当板开有孔洞且孔洞至局部荷载或集中反力作用面积边缘的距离不大于 $6h_0$ 时，受冲切承载力计算中取用的计算截面周长 u_m，应扣除局部荷载或集中反力作用面积中心至开孔外边画出两条切线之间所包含的长度（图 6.5.2）。

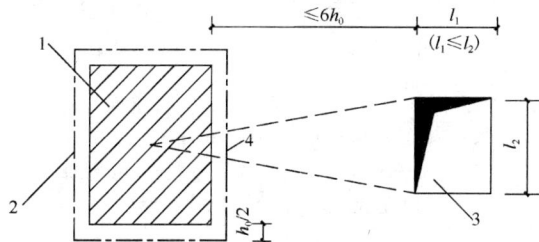

图 6.5.2 邻近孔洞时的计算截面周长
1—局部荷载或集中反力作用面；2—计算截面周长；
3—孔洞；4—应扣除的长度

注：当图中 l_1 大于 l_2 时，孔洞边长 l_2 用 $\sqrt{l_1 l_2}$ 代替。

6.5.3 在局部荷载或集中反力作用下，当受冲切承载力不满足本规范第 6.5.1 条的要求且板厚受到限制时，可配置箍筋或弯起钢筋，并应符合本规范第 9.1.11 条的构造规定。此时，受冲切截面及受冲切承载力应符合下列要求：

1 受冲切截面

$$F_l \leqslant 1.2 f_t \eta u_m h_0 \qquad (6.5.3\text{-}1)$$

2 配置箍筋、弯起钢筋时的受冲切承载力

$$F_l \leqslant (0.5 f_t + 0.25\sigma_{pc,m}) \eta u_m h_0$$
$$+ 0.8 f_{yv} A_{svu} + 0.8 f_y A_{sbu} \sin \alpha \qquad (6.5.3\text{-}2)$$

式中：f_{yv} ——箍筋的抗拉强度设计值，按本规范第 4.2.3 条的规定采用；

A_{svu} ——与呈 45°冲切破坏锥体斜截面相交的全部箍筋截面面积；

A_{sbu} ——与呈 45°冲切破坏锥体斜截面相交的全部弯起钢筋截面面积；

α ——弯起钢筋与板底面的夹角。

注：当有条件时，可采取配置栓钉、型钢剪力架等形式的抗冲切措施。

6.5.4 配置抗冲切钢筋的冲切破坏锥体以外的截面，尚应按本规范第 6.5.1 条的规定进行受冲切承载力计算，此时，u_m 应取配置抗冲切钢筋的冲切破坏锥体以外 $0.5h_0$ 处的最不利周长。

6.5.5 矩形截面柱的阶形基础，在柱与基础交接处以及基础变阶处的受冲切承载力应符合下列规定（图 6.5.5）：

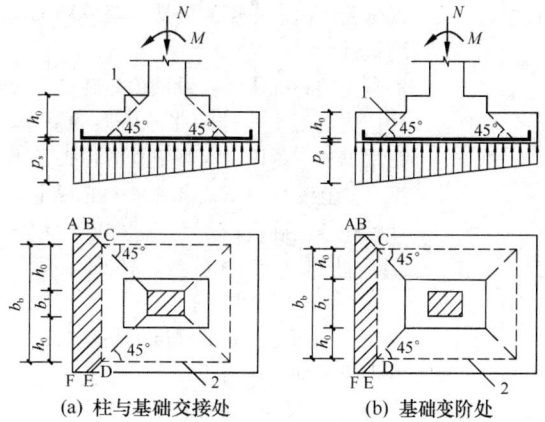

图 6.5.5 计算阶形基础的受冲切承载力截面位置
(a) 柱与基础交接处　(b) 基础变阶处
1—冲切破坏锥体最不利一侧的斜截面；
2—冲切破坏锥体的底面线

$$F_l \leqslant 0.7\beta_h f_t b_m h_0 \qquad (6.5.5\text{-}1)$$
$$F_l = p_s A \qquad (6.5.5\text{-}2)$$
$$b_m = \frac{b_t + b_b}{2} \qquad (6.5.5\text{-}3)$$

式中：h_0 ——柱与基础交接处或基础变阶处的截面有效高度，取两个方向配筋的截面有效高度平均值；

p_s ——按荷载效应基本组合计算并考虑结构重要性系数的基础底面地基反力设计值（可扣除基础自重及其上的土重），当基础偏心受力时，可取用最大的地基反力设计值；

A ——考虑冲切荷载时取用的多边形面积（图 6.5.5 中的阴影面积 ABCDEF）；

b_t ——冲切破坏锥体最不利一侧斜截面的上边长：当计算柱与基础交接处的受冲切承载力时，取柱宽；当计算基础变阶处的受冲切承载力时，取上阶宽；

b_b ——柱与基础交接处或基础变阶处的冲切破坏锥体最不利一侧斜截面的下边长，取 $b_t + 2h_0$。

6.5.6 在竖向荷载、水平荷载作用下，当考虑板柱节点计算截面上的剪应力传递不平衡弯矩时，其集中反力设计值 F_l 应以等效集中反力设计值 $F_{l,eq}$ 代替，$F_{l,eq}$ 可按本规范附录 F 的规定计算。

6.6 局部受压承载力计算

6.6.1 配置间接钢筋的混凝土结构构件，其局部受压区的截面尺寸应符合下列要求：

$$F_l \leqslant 1.35\beta_c \beta_l f_c A_{ln} \qquad (6.6.1\text{-}1)$$

$$\beta_l = \sqrt{\frac{A_b}{A_l}} \qquad (6.6.1\text{-}2)$$

式中：F_l——局部受压面上作用的局部荷载或局部压力设计值；

f_c——混凝土轴心抗压强度设计值；在后张法预应力混凝土构件的张拉阶段验算中，可根据相应阶段的混凝土立方体抗压强度 f'_{cu} 值按本规范表 4.1.4-1 的规定以线性内插法确定；

β_c——混凝土强度影响系数，按本规范第 6.3.1 条的规定取用；

β_l——混凝土局部受压时的强度提高系数；

A_l——混凝土局部受压面积；

A_{ln}——混凝土局部受压净面积；对后张法构件，应在混凝土局部受压面积中扣除孔道、凹槽部分的面积；

A_b——局部受压的计算底面积，按本规范第 6.6.2 条确定。

6.6.2 局部受压的计算底面积 A_b，可由局部受压面积与计算底面积按同心、对称的原则确定；常用情况，可按图 6.6.2 取用。

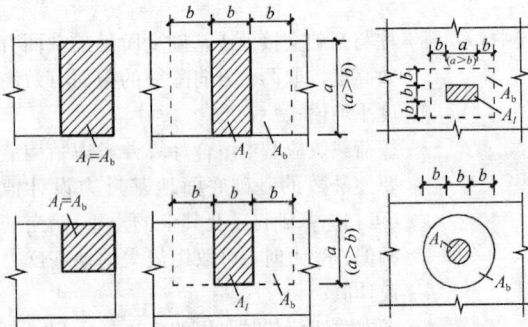

图 6.6.2 局部受压的计算底面积

A_l—混凝土局部受压面积；A_b—局部受压的计算底面积

6.6.3 配置方格网式或螺旋式间接钢筋（图 6.6.3）的局部受压承载力应符合下列规定：

$$F_l \leqslant 0.9(\beta_c\beta_l f_c + 2\alpha\rho_v\beta_{cor} f_{yv})A_{ln}$$

(6.6.3-1)

当为方格网式配筋时（图 6.6.3a），钢筋网两个方向上单位长度内钢筋截面面积的比值不宜大于 1.5，其体积配筋率 ρ_v 应按下列公式计算：

$$\rho_v = \frac{n_1 A_{s1} l_1 + n_2 A_{s2} l_2}{A_{cor} s}$$

(6.6.3-2)

当为螺旋式配筋时（图 6.6.3b），其体积配筋率 ρ_v 应按下列公式计算：

$$\rho_v = \frac{4A_{ss1}}{d_{cor} s}$$

(6.6.3-3)

式中：β_{cor}——配置间接钢筋的局部受压承载力提高系数，可按本规范公式（6.6.1-2）计算，但公式中 A_b 应代之以 A_{cor}，且当 A_{cor} 大于 A_b 时，A_{cor} 取 A_b；当 A_{cor} 不大于混凝土局部受压面积 A_l 的 1.25 倍

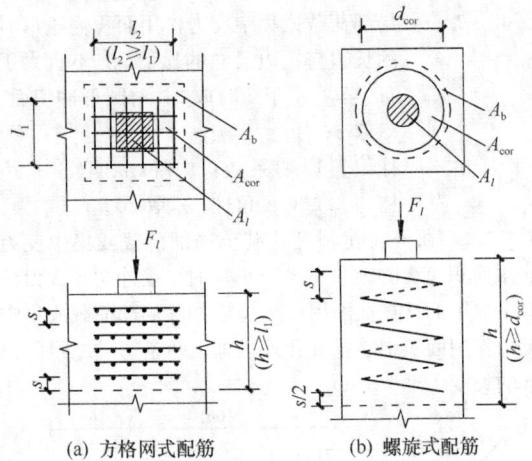

(a) 方格网式配筋　　(b) 螺旋式配筋

图 6.6.3 局部受压区的间接钢筋

A_l—混凝土局部受压面积；A_b—局部受压的计算底面积；A_{cor}—方格网式或螺旋式间接钢筋内表面范围内的混凝土核心面积

时，β_{cor} 取 1.0；

α——间接钢筋对混凝土约束的折减系数，按本规范第 6.2.16 条的规定取用；

f_{yv}——间接钢筋的抗拉强度设计值，按本规范第 4.2.3 条的规定采用；

A_{cor}——方格网式或螺旋式间接钢筋内表面范围内的混凝土核心截面面积，应大于混凝土局部受压面积 A_l，其重心应与 A_l 的重心重合，计算中按同心、对称的原则取值；

ρ_v——间接钢筋的体积配筋率；

n_1、A_{s1}——分别为方格网沿 l_1 方向的钢筋根数、单根钢筋的截面面积；

n_2、A_{s2}——分别为方格网沿 l_2 方向的钢筋根数、单根钢筋的截面面积；

A_{ss1}——单根螺旋式间接钢筋的截面面积；

d_{cor}——螺旋式间接钢筋内表面范围内的混凝土截面直径；

s——方格网式或螺旋式间接钢筋的间距，宜取30mm～80mm。

间接钢筋应配置在图 6.6.3 所规定的高度 h 范围内，方格网式钢筋，不应少于 4 片；螺旋式钢筋，不应少于 4 圈。柱接头，h 尚不应小于 15d，d 为柱的纵向钢筋直径。

6.7 疲 劳 验 算

6.7.1 受弯构件的正截面疲劳应力验算时，可采用下列基本假定：

1 截面应变保持平面；

2 受压区混凝土的法向应力图形取为三角形；

3 钢筋混凝土构件，不考虑受拉区混凝土的抗

拉强度，拉力全部由纵向钢筋承受；要求不出现裂缝的预应力混凝土构件，受拉区混凝土的法向应力图形取为三角形；

4 采用换算截面计算。

6.7.2 在疲劳验算中，荷载应取用标准值；吊车荷载应乘以动力系数，并应符合现行国家标准《建筑结构荷载规范》GB 50009的规定。跨度不大于 12m 的吊车梁，可取用一台最大吊车的荷载。

6.7.3 钢筋混凝土受弯构件疲劳验算时，应计算下列部位的混凝土应力和钢筋应力幅：

1 正截面受压区边缘纤维的混凝土应力和纵向受拉钢筋的应力幅；

2 截面中和轴处混凝土的剪应力和箍筋的应力幅。

注：纵向受压普通钢筋可不进行疲劳验算。

6.7.4 钢筋混凝土和预应力混凝土受弯构件正截面疲劳应力应符合下列要求：

1 受压区边缘纤维的混凝土压应力

$$\sigma_{cc,max}^f \leqslant f_c^f \qquad (6.7.4-1)$$

2 预应力混凝土构件受拉区边缘纤维的混凝土拉应力

$$\sigma_{ct,max}^f \leqslant f_t^f \qquad (6.7.4-2)$$

3 受拉区纵向普通钢筋的应力幅

$$\Delta\sigma_{si}^f \leqslant \Delta f_y^f \qquad (6.7.4-3)$$

4 受拉区纵向预应力筋的应力幅

$$\Delta\sigma_p^f \leqslant \Delta f_{py}^f \qquad (6.7.4-4)$$

式中：$\sigma_{cc,max}^f$ —— 疲劳验算时截面受压区边缘纤维的混凝土压应力，按本规范公式 (6.7.5-1) 计算；

$\sigma_{ct,max}^f$ —— 疲劳验算时预应力混凝土截面受拉区边缘纤维的混凝土拉应力，按本规范第 6.7.11 条计算；

$\Delta\sigma_{si}^f$ —— 疲劳验算时截面受拉区第 i 层纵向钢筋的应力幅，按本规范公式 (6.7.5-2) 计算；

$\Delta\sigma_p^f$ —— 疲劳验算时截面受拉区最外层纵向预应力筋的应力幅，按本规范公式 (6.7.11-3) 计算；

f_c^f、f_t^f —— 分别为混凝土轴心抗压、抗拉疲劳强度设计值，按本规范第 4.1.6 条确定；

Δf_y^f —— 钢筋的疲劳应力幅限值，按本规范表 4.2.6-1 采用；

Δf_{py}^f —— 预应力筋的疲劳应力幅限值，按本规范表 4.2.6-2 采用。

注：当纵向受拉钢筋为同一钢种时，可仅验算最外层钢筋的应力幅。

6.7.5 钢筋混凝土受弯构件正截面的混凝土压应力以及钢筋的应力幅应按下列公式计算：

1 受压区边缘纤维的混凝土压应力

$$\sigma_{cc,max}^f = \frac{M_{max}^f x_0}{I_0^f} \qquad (6.7.5-1)$$

2 纵向受拉钢筋的应力幅

$$\Delta\sigma_{si}^f = \sigma_{si,max}^f - \sigma_{si,min}^f \qquad (6.7.5-2)$$

$$\sigma_{si,min}^f = \alpha_E^f \frac{M_{min}^f(h_{0i} - x_0)}{I_0^f} \qquad (6.7.5-3)$$

$$\sigma_{si,max}^f = \alpha_E^f \frac{M_{max}^f(h_{0i} - x_0)}{I_0^f} \qquad (6.7.5-4)$$

式中：M_{max}^f、M_{min}^f —— 疲劳验算时同一截面上在相应荷载组合下产生的最大、最小弯矩值；

$\sigma_{si,min}^f$、$\sigma_{si,max}^f$ —— 由弯矩 M_{min}^f、M_{max}^f 引起相应截面受拉区第 i 层纵向钢筋的应力；

α_E^f —— 钢筋的弹性模量与混凝土疲劳变形模量的比值；

I_0^f —— 疲劳验算时相应于弯矩 M_{max}^f 与 M_{min}^f 为相同方向时的换算截面惯性矩；

x_0 —— 疲劳验算时相应于弯矩 M_{max}^f 与 M_{min}^f 为相同方向时的换算截面受压区高度；

h_{0i} —— 相应于弯矩 M_{max}^f 与 M_{min}^f 为相同方向时的截面受压区边缘至受拉区第 i 层纵向钢筋截面重心的距离。

当弯矩 M_{min}^f 与弯矩 M_{max}^f 的方向相反时，公式 (6.7.5-3) 中 h_{0i}、x_0 和 I_0^f 应以截面相反位置的 h_{0i}'、x_0' 和 I_0^f 代替。

6.7.6 钢筋混凝土受弯构件疲劳验算时，换算截面的受压区高度 x_0、x_0' 和惯性矩 I_0^f、I_0^f 应按下列公式计算：

1 矩形及翼缘位于受拉区的 T 形截面

$$\frac{bx_0^2}{2} + \alpha_E^f A_s'(x_0 - a_s') - \alpha_E^f A_s(h_0 - x_0) = 0$$
$$(6.7.6-1)$$

$$I_0^f = \frac{bx_0^3}{3} + \alpha_E^f A_s'(x_0 - a_s')^2 + \alpha_E^f A_s(h_0 - x_0)^2$$
$$(6.7.6-2)$$

2 I 形及翼缘位于受压区的 T 形截面

1）当 x_0 大于 h_f' 时（图 6.7.6）

$$\frac{b_f' x_0^2}{2} - \frac{(b_f' - b)(x_0 - h_f')^2}{2} + \alpha_E^f A_s'(x_0 - a_s')$$
$$- \alpha_E^f A_s(h_0 - x_0) = 0 \qquad (6.7.6-3)$$

$$I_0^f = \frac{b_f' x_0^3}{3} - \frac{(b_f' - b)(x_0 - h_f')^3}{3} + \alpha_E^f A_s'(x_0 - a_s')^2$$
$$+ \alpha_E^f A_s(h_0 - x_0)^2 \qquad (6.7.6-4)$$

2）当 x_0 不大于 h_f' 时，按宽度为 b_f' 的矩形截面计算。

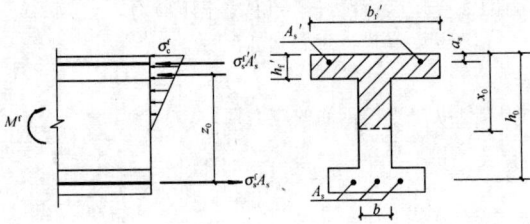

图 6.7.6 钢筋混凝土受弯构件正截面疲劳应力计算

3 x_0'、I_0' 的计算，仍可采用上述 x_0、I_0 的相应公式；当弯矩 $M_{\min}^f$ 与 $M_{\max}^f$ 的方向相反时，与 x_0'、x_0 相应的受压区位置分别在该截面的下侧和上侧；当弯矩 $M_{\min}^f$ 与 $M_{\max}^f$ 的方向相同时，可取 $x_0' = x_0$、$I_0' = I_0^f$。

注：1 当纵向受拉钢筋沿截面高度分多层布置时，公式（6.7.6-1）、公式（6.7.6-3）中 $a_E^f A_s$ $(h_0 - x_0)$ 项可用 $a_E^f \sum_{i=1}^{n} A_{si}(h_{0i} - x_0)$ 代替，公式（6.7.6-2）、公式（6.7.6-4）中 $a_E^f A_s$ $(h_0 - x_0)^2$ 项可用 $a_E^f \sum_{i=1}^{n} A_{si}(h_{0i} - x_0)^2$ 代替，此处，n 为纵向受拉钢筋的总层数，A_{si} 为第 i 层全部纵向钢筋的截面面积；

2 纵向受压钢筋的应力应符合 $\alpha_E^f \sigma_c^f \leqslant f_y'$ 的条件；当 $\alpha_E^f \sigma_c^f > f_y'$ 时，本条各公式中 $a_E^f A_s'$ 应以 $f_y' A_s' / \sigma_c^f$ 代替，此处，f_y' 为纵向钢筋的抗压强度设计值，σ_c^f 为纵向受压钢筋合力点处的混凝土应力。

6.7.7 钢筋混凝土受弯构件斜截面的疲劳验算及剪力的分配应符合下列规定：

1 当截面中和轴处的剪应力符合下列条件时，该区段的剪力全部由混凝土承受，此时，箍筋可按构造要求配置：

$$\tau^f \leqslant 0.6 f_t^f \qquad (6.7.7\text{-}1)$$

式中：τ^f —— 截面中和轴处的剪应力，按本规范第 6.7.8 条计算；

f_t^f —— 混凝土轴心抗拉疲劳强度设计值，按本规范第 4.1.6 条确定。

2 截面中和轴处的剪应力不符合公式（6.7.7-1）的区段，其剪力应由箍筋和混凝土共同承受。此时，箍筋的应力幅 $\Delta\sigma_{sv}^f$ 应符合下列规定：

$$\Delta\sigma_{sv}^f \leqslant \Delta f_{yv}^f \qquad (6.7.7\text{-}2)$$

式中：$\Delta\sigma_{sv}^f$ —— 箍筋的应力幅，按本规范公式（6.7.9-1）计算；

Δf_{yv}^f —— 箍筋的疲劳应力幅限值，按本规范表 4.2.6-1 采用。

6.7.8 钢筋混凝土受弯构件中和轴处的剪应力应按下列公式计算：

$$\tau^f = \frac{V_{\max}^f}{b z_0} \qquad (6.7.8)$$

式中：$V_{\max}^f$ —— 疲劳验算时在相应荷载组合下构件验算截面的最大剪力值；

b —— 矩形截面宽度，T 形、I 形截面的腹板宽度；

z_0 —— 受压区合力点至受拉钢筋合力点的距离，此时，受压区高度 x_0 按本规范公式（6.7.6-1）或公式（6.7.6-3）计算。

6.7.9 钢筋混凝土受弯构件斜截面上箍筋的应力幅应按下列公式计算：

$$\Delta\sigma_{sv}^f = \frac{(\Delta V_{\max}^f - 0.1 \eta f_t^f b h_0) s}{A_{sv} z_0} \qquad (6.7.9\text{-}1)$$

$$\Delta V_{\max}^f = V_{\max}^f - V_{\min}^f \qquad (6.7.9\text{-}2)$$

$$\eta = \Delta V_{\max}^f / V_{\max}^f \qquad (6.7.9\text{-}3)$$

式中：$\Delta V_{\max}^f$ —— 疲劳验算时构件验算截面的最大剪力幅值；

$V_{\min}^f$ —— 疲劳验算时在相应荷载组合下构件验算截面的最小剪力值；

η —— 最大剪力幅相对值；

s —— 箍筋的间距；

A_{sv} —— 配置在同一截面内箍筋各肢的全部截面面积。

6.7.10 预应力混凝土受弯构件疲劳验算时，应计算下列部位的应力、应力幅：

1 正截面受拉区和受压区边缘纤维的混凝土应力及受拉区纵向预应力筋、普通钢筋的应力幅；

2 截面重心及截面宽度剧烈改变处的混凝土主拉应力。

注：1 受压区纵向钢筋可不进行疲劳验算；

2 一级裂缝控制等级的预应力混凝土构件的钢筋可不进行疲劳验算。

6.7.11 要求不出现裂缝的预应力混凝土受弯构件，其正截面的混凝土、纵向预应力筋和普通钢筋的最小、最大应力和应力幅应按下列公式计算：

1 受拉区或受压区边缘纤维的混凝土应力

$$\sigma_{c,\min}^f \text{ 或 } \sigma_{c,\max}^f = \sigma_{pc} + \frac{M_{\min}^f}{I_0} y_0 \quad (6.7.11\text{-}1)$$

$$\sigma_{c,\max}^f \text{ 或 } \sigma_{c,\min}^f = \sigma_{pc} + \frac{M_{\max}^f}{I_0} y_0 \quad (6.7.11\text{-}2)$$

2 受拉区纵向预应力筋的应力及应力幅

$$\Delta\sigma_p^f = \sigma_{p,\max}^f - \sigma_{p,\min}^f \qquad (6.7.11\text{-}3)$$

$$\sigma_{p,\min}^f = \sigma_{pe} + \alpha_{pE} \frac{M_{\min}^f}{I_0} y_{0p} \qquad (6.7.11\text{-}4)$$

$$\sigma_{p,\max}^f = \sigma_{pe} + \alpha_{pE} \frac{M_{\max}^f}{I_0} y_{0p} \qquad (6.7.11\text{-}5)$$

3 受拉区纵向普通钢筋的应力及应力幅

$$\Delta\sigma_s^f = \sigma_{s,\max}^f - \sigma_{s,\min}^f \qquad (6.7.11\text{-}6)$$

$$\sigma_{s,\min}^f = \sigma_{s0} + \alpha_E \frac{M_{\min}^f}{I_0} y_{0s} \qquad (6.7.11\text{-}7)$$

$$\sigma_{s,max}^f = \sigma_{s0} + \alpha_E \frac{M_{max}^f}{I_0} y_{0s} \qquad (6.7.11\text{-}8)$$

式中：$\sigma_{c,min}^f$、$\sigma_{c,max}^f$ ——疲劳验算时受拉区或受压区边缘纤维混凝土的最小、最大应力，最小、最大应力以其绝对值进行判别；

σ_{pc} ——扣除全部预应力损失后，由预加力在受拉区或受压区边缘纤维处产生的混凝土法向应力，按本规范公式（10.1.6-1）或公式（10.1.6-4）计算；

M_{max}^f、M_{min}^f ——疲劳验算时同一截面上在相应荷载组合下产生的最大、最小弯矩值；

α_{pE} ——预应力钢筋弹性模量与混凝土弹性模量的比值：$\alpha_{pE} = E_s/E_c$；

I_0 ——换算截面的惯性矩；

y_0 ——受拉区边缘或受压区边缘至换算截面重心的距离；

$\sigma_{p,min}^f$、$\sigma_{p,max}^f$ ——疲劳验算时受拉区最外层预应力筋的最小、最大应力；

$\Delta\sigma_p^f$ ——疲劳验算时受拉区最外层预应力筋的应力幅；

σ_{pe} ——扣除全部预应力损失后受拉区最外层预应力筋的有效预应力，按本规范公式（10.1.6-2）或公式（10.1.6-5）计算；

y_{0s}、y_{0p} ——受拉区最外层普通钢筋、预应力筋截面重心至换算截面重心的距离；

$\sigma_{s,min}^f$、$\sigma_{s,max}^f$ ——疲劳验算时受拉区最外层普通钢筋的最小、最大应力；

$\Delta\sigma_s^f$ ——疲劳验算时受拉区最外层普通钢筋的应力幅；

σ_{s0} ——消压弯矩 M_{p0} 作用下受拉区最外层普通钢筋中产生的应力；此处，M_{p0} 为受拉区最外层普通钢筋重心处的混凝土法向预加应力等于零时的相应弯矩值。

注：公式（6.7.11-1）、公式（6.7.11-2）中的 σ_{pc}、$(M_{min}^f/I_0)y_0$、$(M_{max}^f/I_0)y_0$，当为拉应力时以正值代入；当为压应力时以负值代入；公式（6.7.11-7）、公式（6.7.11-8）中的 σ_{s0} 以负值代入。

6.7.12 预应力混凝土受弯构件斜截面混凝土的主拉应力应符合下列规定：

$$\sigma_{tp}^f \leqslant f_t^f \qquad (6.7.12)$$

式中：σ_{tp}^f ——预应力混凝土受弯构件斜截面疲劳验算纤维处的混凝土主拉应力，按本规范第

7.1.7条的公式计算；对吊车荷载，应计入动力系数。

7 正常使用极限状态验算

7.1 裂缝控制验算

7.1.1 钢筋混凝土和预应力混凝土构件，应按下列规定进行受拉边缘应力或正截面裂缝宽度验算：

1 一级裂缝控制等级构件，在荷载标准组合下，受拉边缘应力应符合下列规定：

$$\sigma_{ck} - \sigma_{pc} \leqslant 0 \qquad (7.1.1\text{-}1)$$

2 二级裂缝控制等级构件，在荷载标准组合下，受拉边缘应力应符合下列规定：

$$\sigma_{ck} - \sigma_{pc} \leqslant f_{tk} \qquad (7.1.1\text{-}2)$$

3 三级裂缝控制等级时，钢筋混凝土构件的最大裂缝宽度可按荷载准永久组合并考虑长期作用影响的效应计算，预应力混凝土构件的最大裂缝宽度可按荷载标准组合并考虑长期作用影响的效应计算。最大裂缝宽度应符合下列规定：

$$w_{max} \leqslant w_{lim} \qquad (7.1.1\text{-}3)$$

对环境类别为二 a 类的预应力混凝土构件，在荷载准永久组合下，受拉边缘应力尚应符合下列规定：

$$\sigma_{cq} - \sigma_{pc} \leqslant f_{tk} \qquad (7.1.1\text{-}4)$$

式中：σ_{ck}、σ_{cq} ——荷载标准组合、准永久组合下抗裂验算边缘的混凝土法向应力；

σ_{pc} ——扣除全部预应力损失后在抗裂验算边缘混凝土的预压应力，按本规范公式（10.1.6-1）和公式（10.1.6-4）计算；

f_{tk} ——混凝土轴心抗拉强度标准值，按本规范表 4.1.3-2 采用；

w_{max} ——按荷载的标准组合或准永久组合并考虑长期作用影响计算的最大裂缝宽度，按本规范第 7.1.2 条计算；

w_{lim} ——最大裂缝宽度限值，按本规范第 3.4.5 条采用。

7.1.2 在矩形、T 形、倒 T 形和 I 形截面的钢筋混凝土受拉、受弯和偏心受压构件及预应力混凝土轴心受拉和受弯构件中，按荷载标准组合或准永久组合并考虑长期作用影响的最大裂缝宽度可按下列公式计算：

$$w_{max} = \alpha_{cr}\psi\frac{\sigma_s}{E_s}\left(1.9c_s + 0.08\frac{d_{eq}}{\rho_{te}}\right) \qquad (7.1.2\text{-}1)$$

$$\psi = 1.1 - 0.65\frac{f_{tk}}{\rho_{te}\sigma_s} \qquad (7.1.2\text{-}2)$$

$$d_{eq} = \frac{\sum n_i d_i^2}{\sum n_i \nu_i d_i} \quad (7.1.2\text{-}3)$$

$$\rho_{te} = \frac{A_s + A_p}{A_{te}} \quad (7.1.2\text{-}4)$$

式中：α_{cr}——构件受力特征系数，按表 7.1.2-1 采用；

ψ——裂缝间纵向受拉钢筋应变不均匀系数：当 $\psi < 0.2$ 时，取 $\psi = 0.2$；当 $\psi > 1.0$ 时，取 $\psi = 1.0$；对直接承受重复荷载的构件，取 $\psi = 1.0$；

σ_s——按荷载准永久组合计算的钢筋混凝土构件纵向受拉普通钢筋应力或按标准组合计算的预应力混凝土构件纵向受拉钢筋等效应力；

E_s——钢筋的弹性模量，按本规范表 4.2.5 采用；

c_s——最外层纵向受拉钢筋外边缘至受拉区底边的距离（mm）；当 $c_s < 20$ 时，取 $c_s = 20$；当 $c_s > 65$ 时，取 $c_s = 65$；

ρ_{te}——按有效受拉混凝土截面面积计算的纵向受拉钢筋配筋率；对无粘结后张构件，仅取纵向受拉普通钢筋计算配筋率；在最大裂缝宽度计算中，当 $\rho_{te} < 0.01$ 时，取 $\rho_{te} = 0.01$；

A_{te}——有效受拉混凝土截面面积：对轴心受拉构件，取构件截面面积；对受弯、偏心受压和偏心受拉构件，取 $A_{te} = 0.5bh + (b_f - b)h_f$，此处，$b_f$、$h_f$ 为受拉翼缘的宽度、高度；

A_s——受拉区纵向普通钢筋截面面积；

A_p——受拉区纵向预应力筋截面面积；

d_{eq}——受拉区纵向钢筋的等效直径（mm）；对无粘结后张构件，仅为受拉区纵向受拉普通钢筋的等效直径（mm）；

d_i——受拉区第 i 种纵向钢筋的公称直径；对于有粘结预应力钢绞线束的直径取为 $\sqrt{n_1}\, d_{p1}$，其中 d_{p1} 为单根钢绞线的公称直径，n_1 为单束钢绞线根数；

n_i——受拉区第 i 种纵向钢筋的根数；对于有粘结预应力钢绞线，取为钢绞线束数；

ν_i——受拉区第 i 种纵向钢筋的相对粘结特性系数，按表 7.1.2-2 采用。

注：1 对承受吊车荷载但不需作疲劳验算的受弯构件，可将计算求得的最大裂缝宽度乘以系数 0.85；

2 对按本规范第 9.2.15 条配置表层钢筋网片的梁，按公式（7.1.2-1）计算的最大裂缝宽度可适当折减，折减系数可取 0.7；

3 对 $e_0/h_0 \leqslant 0.55$ 的偏心受压构件，可不验算裂缝宽度。

表 7.1.2-1 构件受力特征系数

类 型	α_{cr}	
	钢筋混凝土构件	预应力混凝土构件
受弯、偏心受压	1.9	1.5
偏心受拉	2.4	—
轴心受拉	2.7	2.2

表 7.1.2-2 钢筋的相对粘结特性系数

钢筋类别	钢筋		先张法预应力筋			后张法预应力筋		
	光圆钢筋	带肋钢筋	带肋钢筋	螺旋肋钢丝	钢绞线	带肋钢筋	钢绞线	光面钢丝
ν_i	0.7	1.0	1.0	0.8	0.6	0.8	0.5	0.4

注：对环氧树脂涂层带肋钢筋，其相对粘结特性系数应按表中系数的 80% 取用。

7.1.3 在荷载准永久组合或标准组合下，钢筋混凝土构件、预应力混凝土构件开裂截面处受压边缘混凝土压应力、不同位置处钢筋的拉应力及预应力筋的等效应力宜按下列假定计算：

1 截面应变保持平面；

2 受压区混凝土的法向应力图取为三角形；

3 不考虑受拉区混凝土的抗拉强度；

4 采用换算截面。

7.1.4 在荷载准永久组合或标准组合下，钢筋混凝土构件受拉区纵向普通钢筋的应力或预应力混凝土构件受拉区纵向钢筋的等效应力也可按下列公式计算：

1 钢筋混凝土构件受拉区纵向普通钢筋的应力

1）轴心受拉构件

$$\sigma_{sq} = \frac{N_q}{A_s} \quad (7.1.4\text{-}1)$$

2）偏心受拉构件

$$\sigma_{sq} = \frac{N_q e'}{A_s(h_0 - a'_s)} \quad (7.1.4\text{-}2)$$

3）受弯构件

$$\sigma_{sq} = \frac{M_q}{0.87 h_0 A_s} \quad (7.1.4\text{-}3)$$

4）偏心受压构件

$$\sigma_{sq} = \frac{N_q(e - z)}{A_s z} \quad (7.1.4\text{-}4)$$

$$z = \left[0.87 - 0.12(1 - \gamma'_f)\left(\frac{h_0}{e}\right)^2 \right] h_0 \quad (7.1.4\text{-}5)$$

$$e = \eta_s e_0 + y_s \quad (7.1.4\text{-}6)$$

$$\gamma'_f = \frac{(b'_f - b)h'_f}{bh_0} \quad (7.1.4\text{-}7)$$

$$\eta_s = 1 + \frac{1}{4000 e_0/h_0}\left(\frac{l_0}{h}\right)^2 \quad (7.1.4\text{-}8)$$

式中：A_s——受拉区纵向普通钢筋截面面积；对轴心受拉构件，取全部纵向普通钢筋截面面积；对偏心受拉构件，取受拉较大边的纵向普通钢筋截面面积；对受弯、偏心受压构件，取受拉区纵向普通钢筋截面面积；

N_q、M_q —— 按荷载准永久组合计算的轴向力值、弯矩值；

e' —— 轴向拉力作用点至受压区或受拉较小边纵向普通钢筋合力点的距离；

e —— 轴向压力作用点至纵向受拉普通钢筋合力点的距离；

e_0 —— 荷载准永久组合下的初始偏心距，取为 M_q/N_q；

z —— 纵向受拉普通钢筋合力点至截面受压区合力点的距离，且不大于 $0.87h_0$；

η_s —— 使用阶段的轴向压力偏心距增大系数，当 l_0/h 不大于 14 时，取 1.0；

y_s —— 截面重心至纵向受拉普通钢筋合力点的距离；

γ'_f —— 受压翼缘截面面积与腹板有效截面面积的比值；

b'_f、h'_f —— 分别为受压区翼缘的宽度、高度；在公式（7.1.4-7）中，当 h'_f 大于 $0.2h_0$ 时，取 $0.2h_0$。

2 预应力混凝土构件受拉区纵向钢筋的等效应力

1）轴心受拉构件

$$\sigma_{sk} = \frac{N_k - N_{p0}}{A_p + A_s} \qquad (7.1.4-9)$$

2）受弯构件

$$\sigma_{sk} = \frac{M_k - N_{p0}(z - e_p)}{(\alpha_1 A_p + A_s)z} \qquad (7.1.4-10)$$

$$e = e_p + \frac{M_k}{N_{p0}} \qquad (7.1.4-11)$$

$$e_p = y_{ps} - e_{p0} \qquad (7.1.4-12)$$

式中：A_p —— 受拉区纵向预应力筋截面面积；对轴心受拉构件，取全部纵向预应力筋截面面积；对受弯构件，取受拉区纵向预应力筋截面面积；

N_{p0} —— 计算截面上混凝土法向预应力等于零时的预加力，应按本规范第 10.1.13 条的规定计算；

N_k、M_k —— 按荷载标准组合计算的轴向力值、弯矩值；

z —— 受拉区纵向普通钢筋和预应力筋合力点至截面受压区合力点的距离，按公式（7.1.4-5）计算，其中 e 按公式（7.1.4-11）计算；

α_1 —— 无粘结预应力筋的等效折减系数，取

α_1 为 0.3；对灌浆的后张预应力筋，取 α_1 为 1.0；

e_p —— 计算截面上混凝土法向预应力等于零时的预加力 N_{p0} 的作用点至受拉区纵向预应力筋和普通钢筋合力点的距离；

y_{ps} —— 受拉区纵向预应力筋和普通钢筋合力点的偏心距；

e_{p0} —— 计算截面上混凝土法向预应力等于零时的预加力 N_{p0} 作用点的偏心距，应按本规范第 10.1.13 条的规定计算。

7.1.5 在荷载标准组合和准永久组合下，抗裂验算时截面边缘混凝土的法向应力应按下列公式计算：

1 轴心受拉构件

$$\sigma_{ck} = \frac{N_k}{A_0} \qquad (7.1.5-1)$$

$$\sigma_{cq} = \frac{N_q}{A_0} \qquad (7.1.5-2)$$

2 受弯构件

$$\sigma_{ck} = \frac{M_k}{W_0} \qquad (7.1.5-3)$$

$$\sigma_{cq} = \frac{M_q}{W_0} \qquad (7.1.5-4)$$

3 偏心受拉和偏心受压构件

$$\sigma_{ck} = \frac{M_k}{W_0} + \frac{N_k}{A_0} \qquad (7.1.5-5)$$

$$\sigma_{cq} = \frac{M_q}{W_0} + \frac{N_q}{A_0} \qquad (7.1.5-6)$$

式中：A_0 —— 构件换算截面面积；

W_0 —— 构件换算截面受拉边缘的弹性抵抗矩。

7.1.6 预应力混凝土受弯构件应分别对截面上的混凝土主拉应力和主压应力进行验算：

1 混凝土主拉应力

1）一级裂缝控制等级构件，应符合下列规定：

$$\sigma_{tp} \leqslant 0.85 f_{tk} \qquad (7.1.6-1)$$

2）二级裂缝控制等级构件，应符合下列规定：

$$\sigma_{tp} \leqslant 0.95 f_{tk} \qquad (7.1.6-2)$$

2 混凝土主压应力

对一、二级裂缝控制等级构件，均应符合下列规定：

$$\sigma_{cp} \leqslant 0.60 f_{ck} \qquad (7.1.6-3)$$

式中：σ_{tp}、σ_{cp} —— 分别为混凝土的主拉应力、主压应力，按本规范第 7.1.7 条确定。

此时，应选择跨度内不利位置的截面，对该截面的换算截面重心处和截面宽度突变处进行验算。

注：对允许出现裂缝的吊车梁，在静力计算中应符合公

式（7.1.6-2）和公式（7.1.6-3）的规定。

7.1.7 混凝土主拉应力和主压应力应按下列公式计算：

$$\left.\begin{matrix} \sigma_{tp} \\ \sigma_{cp} \end{matrix}\right\} = \frac{\sigma_x + \sigma_y}{2} \pm \sqrt{\left(\frac{\sigma_x - \sigma_y}{2}\right)^2 + \tau^2}$$

$$(7.1.7\text{-}1)$$

$$\sigma_x = \sigma_{pc} + \frac{M_k y_0}{I_0} \qquad (7.1.7\text{-}2)$$

$$\tau = \frac{(V_k - \sum \sigma_{pe} A_{pb} \sin\alpha_p) S_0}{I_0 b} \qquad (7.1.7\text{-}3)$$

式中：σ_x——由预加力和弯矩值 M_k 在计算纤维处产生的混凝土法向应力；

σ_y——由集中荷载标准值 F_k 产生的混凝土竖向压应力；

τ——由剪力值 V_k 和弯起预应力筋的预加力在计算纤维处产生的混凝土剪应力；当计算截面上有扭矩作用时，尚应计入扭矩引起的剪应力；对超静定后张法预应力混凝土结构构件，在计算剪应力时，尚应计入预加力引起的次剪力；

σ_{pc}——扣除全部预应力损失后，在计算纤维处由预加力产生的混凝土法向应力，按本规范公式（10.1.6-1）或公式（10.1.6-4）计算；

y_0——换算截面重心至计算纤维处的距离；

I_0——换算截面惯性矩；

V_k——按荷载标准组合计算的剪力值；

S_0——计算纤维以上部分的换算截面面积对构件换算截面重心的面积矩；

σ_{pe}——弯起预应力筋的有效预应力；

A_{pb}——计算截面上同一弯起平面内的弯起预应力筋的截面面积；

α_p——计算截面上弯起预应力筋的切线与构件纵向轴线的夹角。

注：公式（7.1.7-1）、公式（7.1.7-2）中的 σ_x、σ_y、σ_{pc} 和 $M_k y_0 / I_0$，当为拉应力时，以正值代入；当为压应力时，以负值代入。

7.1.8 对预应力混凝土吊车梁，在集中力作用点两侧各 $0.6h$ 的长度范围内，由集中荷载标准值 F_k 产生的混凝土竖向压应力和剪应力的简化分布可按图 7.1.8 确定，其应力的最大值可按下列公式计算：

$$\sigma_{y,\max} = \frac{0.6 F_k}{bh} \qquad (7.1.8\text{-}1)$$

$$\tau_F = \frac{\tau^l - \tau^r}{2} \qquad (7.1.8\text{-}2)$$

$$\tau^l = \frac{V_k^l S_0}{I_0 b} \qquad (7.1.8\text{-}3)$$

$$\tau^r = \frac{V_k^r S_0}{I_0 b} \qquad (7.1.8\text{-}4)$$

式中：τ^l、τ^r——分别为位于集中荷载标准值 F_k 作用点左侧、右侧 $0.6h$ 处截面上的剪应力；

τ_F——集中荷载标准值 F_k 作用截面上的剪应力；

V_k^l、V_k^r——分别为集中荷载标准值 F_k 作用点左侧、右侧截面上的剪力标准值。

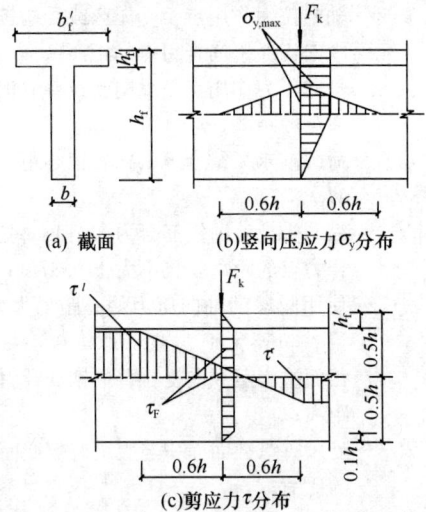

图 7.1.8 预应力混凝土吊车梁集中力作用点附近的应力分布

7.1.9 对先张法预应力混凝土构件端部进行正截面、斜截面抗裂验算时，应考虑预应力筋在其预应力传递长度 l_{tr} 范围内实际应力值的变化。预应力筋的实际应力可考虑为线性分布，在构件端部取为零，在其预应力传递长度的末端取有效预应力值 σ_{pe}（图 7.1.9），预应力筋的预应力传递长度 l_{tr} 应按本规范第 10.1.9 条确定。

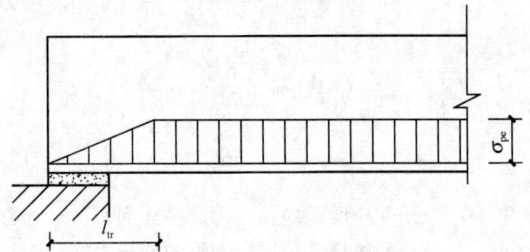

图 7.1.9 预应力传递长度范围内有效预应力值的变化

7.2 受弯构件挠度验算

7.2.1 钢筋混凝土和预应力混凝土受弯构件的挠度可按照结构力学方法计算，且不应超过本规范表 3.4.3 规定的限值。

在等截面构件中，可假定各同号弯矩区段内的刚度相等，并取用该区段内最大弯矩处的刚度。当计算跨度内的支座截面刚度不大于跨中截面刚度的 2 倍或不小于跨中截面刚度的 1/2 时，该跨也可按等刚度构件进行计算，其构件刚度可取跨中最大弯矩截面的刚度。

7.2.2 矩形、T形、倒 T 形和 I 形截面受弯构件考虑荷载长期作用影响的刚度 B 可按下列规定计算：

1 采用荷载标准组合时

$$B = \frac{M_k}{M_q(\theta - 1) + M_k} B_s \quad (7.2.2\text{-}1)$$

2 采用荷载准永久组合时

$$B = \frac{B_s}{\theta} \quad (7.2.2\text{-}2)$$

式中：M_k——按荷载的标准组合计算的弯矩，取计算区段内的最大弯矩值；

M_q——按荷载的准永久组合计算的弯矩，取计算区段内的最大弯矩值；

B_s——按荷载准永久组合计算的钢筋混凝土受弯构件或按标准组合计算的预应力混凝土受弯构件的短期刚度，按本规范第 7.2.3 条计算；

θ——考虑荷载长期作用对挠度增大的影响系数，按本规范第 7.2.5 条取用。

7.2.3 按裂缝控制等级要求的荷载组合作用下，钢筋混凝土受弯构件和预应力混凝土受弯构件的短期刚度 B_s，可按下列公式计算：

1 钢筋混凝土受弯构件

$$B_s = \frac{E_s A_s h_0^2}{1.15\psi + 0.2 + \dfrac{6\alpha_E \rho}{1 + 3.5\gamma_f}} \quad (7.2.3\text{-}1)$$

2 预应力混凝土受弯构件

1） 要求不出现裂缝的构件

$$B_s = 0.85 E_c I_0 \quad (7.2.3\text{-}2)$$

2） 允许出现裂缝的构件

$$B_s = \frac{0.85 E_c I_0}{\kappa_{cr} + (1 - \kappa_{cr})\omega} \quad (7.2.3\text{-}3)$$

$$\kappa_{cr} = \frac{M_{cr}}{M_k} \quad (7.2.3\text{-}4)$$

$$\omega = \left(1.0 + \frac{0.21}{\alpha_E \rho}\right)(1 + 0.45\gamma_f) - 0.7 \quad (7.2.3\text{-}5)$$

$$M_{cr} = (\sigma_{pc} + \gamma f_{tk}) W_0 \quad (7.2.3\text{-}6)$$

$$\gamma_f = \frac{(b_f - b)h_f}{bh_0} \quad (7.2.3\text{-}7)$$

式中：ψ——裂缝间纵向受拉普通钢筋应变不均匀系数，按本规范第 7.1.2 条确定；

α_E——钢筋弹性模量与混凝土弹性模量的比值，即 E_s/E_c；

ρ——纵向受拉钢筋配筋率：对钢筋混凝土受弯构件，取为 $A_s/(bh_0)$；对预应力混凝土受弯构件，取为 $(\alpha_1 A_p + A_s)/(bh_0)$，对灌浆的后张预应力筋，取 $\alpha_1 = 1.0$，对无粘结后张预应力筋，取 $\alpha_1 = 0.3$；

I_0——换算截面惯性矩；

γ_f——受拉翼缘截面面积与腹板有效截面面积

的比值；

b_f、h_f——分别为受拉区翼缘的宽度、高度；

κ_{cr}——预应力混凝土受弯构件正截面的开裂弯矩 M_{cr} 与弯矩 M_k 的比值，当 $\kappa_{cr} > 1.0$ 时，取 $\kappa_{cr} = 1.0$；

σ_{pc}——扣除全部预应力损失后，由预加力在抗裂验算边缘产生的混凝土预压应力；

γ——混凝土构件的截面抵抗矩塑性影响系数，按本规范第 7.2.4 条确定。

注：对预压时预拉区出现裂缝的构件，B_s 应降低 10%。

7.2.4 混凝土构件的截面抵抗矩塑性影响系数 γ 可按下列公式计算：

$$\gamma = \left(0.7 + \frac{120}{h}\right)\gamma_m \quad (7.2.4)$$

式中：γ_m——混凝土构件的截面抵抗矩塑性影响系数基本值，可按正截面应变保持平面的假定，并取受拉区混凝土应力图形为梯形、受拉边缘混凝土极限拉应变为 $2f_{tk}/E_c$ 确定；对常用的截面形状，γ_m 值可按表 7.2.4 取用；

h——截面高度（mm）：当 $h < 400$ 时，取 $h = 400$；当 $h > 1600$ 时，取 $h = 1600$；对圆形、环形截面，取 $h = 2r$，此处，r 为圆形截面半径或环形截面的外环半径。

表 7.2.4 截面抵抗矩塑性影响系数基本值 γ_m

项次	1	2	3		4		5
截面形状	矩形截面	翼缘位于受压区的T形截面	对称I形截面或箱形截面		翼缘位于受拉区的倒T形截面		圆形和环形截面
			$b_f/b \leqslant 2$，h_f/h 为任意值	$b_f/b > 2$，$h_f/h < 0.2$	$b_f/b \leqslant 2$，h_f/h 为任意值	$b_f/b > 2$，$h_f/h < 0.2$	
γ_m	1.55	1.50	1.45	1.35	1.50	1.40	$1.6 - 0.24 r_1/r$

注：1 对 $b_f' > b_f$ 的 I 形截面，可按项次 2 与项次 3 之间的数值采用；对 $b_f' < b_f$ 的 I 形截面，可按项次 3 与项次 4 之间的数值采用；

2 对于箱形截面，b 系指各肋宽度的总和；

3 r_1 为环形截面的内环半径，对圆形截面取 r_1 为零。

7.2.5 考虑荷载长期作用对挠度增大的影响系数 θ 可按下列规定取用：

1 钢筋混凝土受弯构件

当 $\rho' = 0$ 时，取 $\theta = 2.0$；当 $\rho' = \rho$ 时，取 $\theta = 1.6$；当 ρ' 为中间数值时，θ 按线性内插法取用。此处，$\rho' = A_s'/(bh_0)$，$\rho = A_s/(bh_0)$。

对翼缘位于受拉区的倒 T 形截面，θ 应增加 20%。

2 预应力混凝土受弯构件，取 $\theta = 2.0$。

7.2.6 预应力混凝土受弯构件在使用阶段的预加力反拱值，可用结构力学方法按刚度 $E_c I_0$ 进行计算，并应考虑预压应力长期作用的影响，计算中预应力筋的应力应扣除全部预应力损失。简化计算时，可将计算的反拱值乘以增大系数2.0。

对重要的或特殊的预应力混凝土受弯构件的长期反拱值，可根据专门的试验分析确定或根据配筋情况采用考虑收缩、徐变影响的计算方法分析确定。

7.2.7 对预应力混凝土构件应采取措施控制反拱和挠度，并宜符合下列规定：

1 当考虑反拱后计算的构件长期挠度不符合本规范第3.4.3条的有关规定时，可采用施工预先起拱等方式控制挠度；

2 对永久荷载相对于可变荷载较小的预应力混凝土构件，应考虑反拱过大对正常使用的不利影响，并应采取相应的设计和施工措施。

8 构 造 规 定

8.1 伸 缩 缝

8.1.1 钢筋混凝土结构伸缩缝的最大间距可按表8.1.1确定。

表 8.1.1 钢筋混凝土结构伸缩缝最大间距（m）

结构类别		室内或土中	露天
排架结构	装配式	100	70
框架结构	装配式	75	50
	现浇式	55	35
剪力墙结构	装配式	65	40
	现浇式	45	30
挡土墙、地下室墙壁等类结构	装配式	40	30
	现浇式	30	20

注：1 装配整体式结构的伸缩缝间距，可根据结构的具体情况取表中装配式结构与现浇式结构之间的数值；

　　2 框架-剪力墙结构或框架-核心筒结构房屋的伸缩缝间距，可根据结构的具体情况取表中框架结构与剪力墙结构之间的数值；

　　3 当屋面无保温或隔热措施时，框架结构、剪力墙结构的伸缩缝间距宜按表中露天栏的数值取用；

　　4 现浇挑檐、雨罩等外露结构的局部伸缩缝间距不宜大于12m。

8.1.2 对下列情况，本规范表8.1.1中的伸缩缝最大间距宜适当减小：

1 柱高（从基础顶面算起）低于8m的排架结构；

2 屋面无保温、隔热措施的排架结构；

3 位于气候干燥地区、夏季炎热且暴雨频繁地区的结构或经常处于高温作用下的结构；

4 采用滑模类工艺施工的各类墙体结构；

5 混凝土材料收缩较大，施工期外露时间较长的结构。

8.1.3 如有充分依据，对下列情况本规范表8.1.1中的伸缩缝最大间距可适当增大：

1 采取减小混凝土收缩或温度变化的措施；

2 采用专门的预加应力或增配构造钢筋的措施；

3 采用低收缩混凝土材料，采取跳仓浇筑、后浇带、控制缝等施工方法，并加强施工养护。

当伸缩缝间距增大较多时，尚应考虑温度变化和混凝土收缩对结构的影响。

8.1.4 当设置伸缩缝时，框架、排架结构的双柱基础可不断开。

8.2 混凝土保护层

8.2.1 构件中普通钢筋及预应力筋的混凝土保护层厚度应满足下列要求。

1 构件中受力钢筋的保护层厚度不应小于钢筋的公称直径 d；

2 设计使用年限为50年的混凝土结构，最外层钢筋的保护层厚度应符合表8.2.1的规定；设计使用年限为100年的混凝土结构，最外层钢筋的保护层厚度不应小于表8.2.1中数值的1.4倍。

表 8.2.1 混凝土保护层的最小厚度 c（mm）

环境类别	板、墙、壳	梁、柱、杆
一	15	20
二 a	20	25
二 b	25	35
三 a	30	40
三 b	40	50

注：1 混凝土强度等级不大于C25时，表中保护层厚度数值应增加5mm；

　　2 钢筋混凝土基础宜设置混凝土垫层，基础中钢筋的混凝土保护层厚度应从垫层顶面算起，且不应小于40mm。

8.2.2 当有充分依据并采取下列措施时，可适当减小混凝土保护层的厚度。

1 构件表面有可靠的防护层；

2 采用工厂化生产的预制构件；

3 在混凝土中掺加阻锈剂或采用阴极保护处理等防锈措施；

4 当对地下室墙体采取可靠的建筑防水做法或防护措施时，与土层接触一侧钢筋的保护层厚度可适当减少，但不应小于25mm。

8.2.3 当梁、柱、墙中纵向受力钢筋的保护层厚度大于50mm时，宜对保护层采取有效的构造措施。当在保护层内配置防裂、防剥落的钢筋网片时，网片钢筋的保护层厚度不应小于25mm。

8.3 钢筋的锚固

8.3.1 当计算中充分利用钢筋的抗拉强度时，受拉钢筋的锚固应符合下列要求：

1 基本锚固长度应按下列公式计算：

普通钢筋

$$l_{ab} = \alpha \frac{f_y}{f_t} d \qquad (8.3.1\text{-}1)$$

预应力筋

$$l_{ab} = \alpha \frac{f_{py}}{f_t} d \qquad (8.3.1\text{-}2)$$

式中：l_{ab}——受拉钢筋的基本锚固长度；

f_y、f_{py}——普通钢筋、预应力筋的抗拉强度设计值；

f_t——混凝土轴心抗拉强度设计值，当混凝土强度等级高于 C60 时，按 C60 取值；

d——锚固钢筋的直径；

α——锚固钢筋的外形系数，按表 8.3.1 取用。

表 8.3.1 锚固钢筋的外形系数 α

钢筋类型	光圆钢筋	带肋钢筋	螺旋肋钢丝	三股钢绞线	七股钢绞线
α	0.16	0.14	0.13	0.16	0.17

注：光圆钢筋末端应做 180° 弯钩，弯后平直段长度不应小于 $3d$，但作受压钢筋时可不做弯钩。

2 受拉钢筋的锚固长度应根据锚固条件按下列公式计算，且不应小于 200mm：

$$l_a = \zeta_a l_{ab} \qquad (8.3.1\text{-}3)$$

式中：l_a——受拉钢筋的锚固长度；

ζ_a——锚固长度修正系数，对普通钢筋按本规范第 8.3.2 条的规定取用，当多于一项时，可按连乘计算，但不应小于 0.6；对预应力筋，可取 1.0。

梁柱节点中纵向受拉钢筋的锚固要求应按本规范第 9.3 节（Ⅱ）中的规定执行。

3 当锚固钢筋的保护层厚度不大于 $5d$ 时，锚固长度范围内应配置横向构造钢筋，其直径不应小于 $d/4$；对梁、柱、斜撑等构件间距不应大于 $5d$，对板、墙等平面构件间距不应大于 $10d$，且均不应大于 100mm，此处 d 为锚固钢筋的直径。

8.3.2 纵向受拉普通钢筋的锚固长度修正系数 ζ_a 应按下列规定取用：

1 当带肋钢筋的公称直径大于 25mm 时取 1.10；

2 环氧树脂涂层带肋钢筋取 1.25；

3 施工过程中易受扰动的钢筋取 1.10；

4 当纵向受力钢筋的实际配筋面积大于其设计计算面积时，修正系数取设计计算面积与实际配筋面

积的比值，但对有抗震设防要求及直接承受动力荷载的结构构件，不应考虑此项修正；

5 锚固钢筋的保护层厚度为 $3d$ 时修正系数可取 0.80，保护层厚度不小于 $5d$ 时修正系数可取 0.70，中间按内插取值，此处 d 为锚固钢筋的直径。

8.3.3 当纵向受拉普通钢筋末端采用弯钩或机械锚固措施时，包括弯钩或锚固端头在内的锚固长度（投影长度）可取为基本锚固长度 l_{ab} 的 60%。弯钩和机械锚固的形式（图 8.3.3）和技术要求应符合表 8.3.3 的规定。

表 8.3.3 钢筋弯钩和机械锚固的形式和技术要求

锚固形式	技术要求
90° 弯钩	末端 90° 弯钩，弯钩内径 $4d$，弯后直段长度 $12d$
135° 弯钩	末端 135° 弯钩，弯钩内径 $4d$，弯后直段长度 $5d$
一侧贴焊锚筋	末端一侧贴焊长 $5d$ 同直径钢筋
两侧贴焊锚筋	末端两侧贴焊长 $3d$ 同直径钢筋
焊端锚板	末端与厚度 d 的锚板穿孔塞焊
螺栓锚头	末端旋入螺栓锚头

注：1 焊缝和螺纹长度应满足承载力要求；

2 螺栓锚头和焊接锚板的承压净面积不应小于锚固钢筋截面积的 4 倍；

3 螺栓锚头的规格应符合相关标准的要求；

4 螺栓锚头和焊接锚板的钢筋净间距不宜小于 $4d$，否则应考虑群锚效应的不利影响；

5 截面角部的弯钩和一侧贴焊锚筋的布筋方向宜向截面内侧偏置。

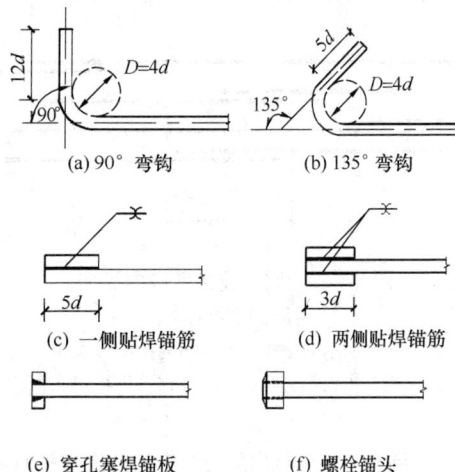

图 8.3.3 弯钩和机械锚固的形式和技术要求

8.3.4 混凝土结构中的纵向受压钢筋，当计算中充分利用其抗压强度时，锚固长度不应小于相应受拉锚固长度的 70%。

受压钢筋不应采用末端弯钩和一侧贴焊锚筋的锚

固措施。

受压钢筋锚固长度范围内的横向构造钢筋应符合本规范第8.3.1条的有关规定。

8.3.5 承受动力荷载的预制构件，应将纵向受力普通钢筋末端焊接在钢板或角钢上，钢板或角钢应可靠地锚固在混凝土中。钢板或角钢的尺寸应按计算确定，其厚度不宜小于10mm。

其他构件中受力普通钢筋的末端也可通过焊接钢板或型钢实现锚固。

8.4 钢筋的连接

8.4.1 钢筋连接可采用绑扎搭接、机械连接或焊接。机械连接接头及焊接接头的类型及质量应符合国家现行有关标准的规定。

混凝土结构中受力钢筋的连接接头宜设置在受力较小处。在同一根受力钢筋上宜少设接头。在结构的重要构件和关键传力部位，纵向受力钢筋不宜设置连接接头。

8.4.2 轴心受拉及小偏心受拉杆件的纵向受力钢筋不得采用绑扎搭接；其他构件中的钢筋采用绑扎搭接时，受拉钢筋直径不宜大于25mm，受压钢筋直径不宜大于28mm。

8.4.3 同一构件中相邻纵向受力钢筋的绑扎搭接接头宜互相错开。钢筋绑扎搭接接头连接区段的长度为1.3倍搭接长度，凡搭接接头中点位于该连接区段长度内的搭接接头均属于同一连接区段（图8.4.3）。同一连接区段内纵向受力钢筋搭接接头面积百分率为该区段内有搭接接头的纵向受力钢筋与全部纵向受力钢筋截面面积的比值。当直径不同的钢筋搭接时，按直径较小的钢筋计算。

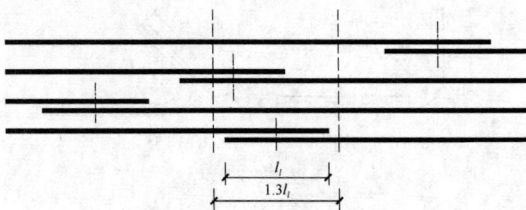

图 8.4.3 同一连接区段内纵向
受拉钢筋的绑扎搭接接头

注：图中所示同一连接区段内的搭接接头钢筋为两根，当钢筋直径相同时，钢筋搭接接头面积百分率为50%。

位于同一连接区段内的受拉钢筋搭接接头面积百分率：对梁类、板类及墙类构件，不宜大于25%；对柱类构件，不宜大于50%。当工程中确有必要增大受拉钢筋搭接接头面积百分率时，对梁类构件，不宜大于50%；对板、墙、柱及预制构件的拼接处，可根据实际情况放宽。

并筋采用绑扎搭接连接时，应按每根单筋错开搭

接的方式连接。接头面积百分率应按同一连接区段内所有的单根钢筋计算。并筋中钢筋的搭接长度应按单筋分别计算。

8.4.4 纵向受拉钢筋绑扎搭接接头的搭接长度，应根据位于同一连接区段内的钢筋搭接接头面积百分率按下列公式计算，且不应小于300mm。

$$l_l = \zeta_l l_a \qquad (8.4.4)$$

式中：l_l ——纵向受拉钢筋的搭接长度；

ζ_l ——纵向受拉钢筋搭接长度修正系数，按表8.4.4取用。当纵向搭接钢筋接头面积百分率为表的中间值时，修正系数可按内插取值。

表 8.4.4 纵向受拉钢筋搭接长度修正系数

纵向搭接钢筋接头面积百分率（%）	≤25	50	100
ζ_l	1.2	1.4	1.6

8.4.5 构件中的纵向受压钢筋当采用搭接连接时，其受压搭接长度不应小于本规范第8.4.4条纵向受拉钢筋搭接长度的70%，且不应小于200mm。

8.4.6 在梁、柱类构件的纵向受力钢筋搭接长度范围内的横向构造钢筋应符合本规范第8.3.1条的要求；当受压钢筋直径大于25mm时，尚应在搭接接头两个端面外100mm的范围内各设置两道箍筋。

8.4.7 纵向受力钢筋的机械连接接头宜相互错开。钢筋机械连接区段的长度为35d，d为连接钢筋的较小直径。凡接头中点位于该连接区段长度内的机械连接接头均属于同一连接区段。

位于同一连接区段内的纵向受拉钢筋接头面积百分率不宜大于50%；但对板、墙、柱及预制构件的拼接处，可根据实际情况放宽。纵向受压钢筋的接头百分率可不受限制。

机械连接套筒的保护层厚度宜满足有关钢筋最小保护层厚度的规定。机械连接套筒的横向净间距不宜小于25mm；套筒处箍筋的间距仍应满足相应的构造要求。

直接承受动力荷载结构构件中的机械连接接头，除应满足设计要求的抗疲劳性能外，位于同一连接区段内的纵向受力钢筋接头面积百分率不应大于50%。

8.4.8 细晶粒热轧带肋钢筋以及直径大于28mm的带肋钢筋，其焊接应经试验确定；余热处理钢筋不宜焊接。

纵向受力钢筋的焊接接头应相互错开。钢筋焊接接头连接区段的长度为35d且不小于500mm，d为连接钢筋的较小直径，凡接头中点位于该连接区段长度内的焊接接头均属于同一连接区段。

纵向受拉钢筋的接头面积百分率不宜大于50%，但对预制构件的拼接处，可根据实际情况放宽。纵向受压钢筋的接头百分率可不受限制。

8.4.9 需进行疲劳验算的构件，其纵向受拉钢筋不

得采用绑扎搭接接头，也不宜采用焊接接头，除端部锚固外不得在钢筋上焊有附件。

当直接承受吊车荷载的钢筋混凝土吊车梁、屋面梁及屋架下弦的纵向受拉钢筋采用焊接接头时，应符合下列规定：

1 应采用闪光接触对焊，并去掉接头的毛刺及卷边；

2 同一连接区段内纵向受拉钢筋焊接接头面积百分率不应大于 25%，焊接接头连接区段的长度应取为 45d，d 为纵向受力钢筋的较大直径；

3 疲劳验算时，焊接接头应符合本规范第 4.2.6 条疲劳应力幅限值的规定。

8.5 纵向受力钢筋的最小配筋率

8.5.1 钢筋混凝土结构构件中纵向受力钢筋的配筋百分率 ρ_{min} 不应小于表 8.5.1 规定的数值。

表 8.5.1 纵向受力钢筋的最小配筋百分率 ρ_{min}（%）

受 力 类 型			最小配筋百分率
受压构件	全部纵向钢筋	强度等级 500MPa	0.50
		强度等级 400MPa	0.55
		强度等级 300MPa、335MPa	0.60
	一侧纵向钢筋		0.20
受弯构件、偏心受拉、轴心受拉构件一侧的受拉钢筋			0.20 和 $45f_t/f_y$ 中的较大值

注：1 受压构件全部纵向钢筋最小配筋百分率，当采用 C60 以上强度等级的混凝土时，应按表中规定增加 0.10；

2 板类受弯构件（不包括悬臂板）的受拉钢筋，当采用强度等级 400MPa、500MPa 的钢筋时，其最小配筋百分率应允许采用 0.15 和 $45f_t/f_y$ 中的较大值；

3 偏心受拉构件中的受压钢筋，应按受压构件一侧纵向钢筋考虑；

4 受压构件的全部纵向钢筋和一侧纵向钢筋的配筋率以及轴心受拉构件和小偏心受拉构件一侧受拉钢筋的配筋率均应按构件的全截面面积计算；

5 受弯构件、大偏心受拉构件一侧受拉钢筋的配筋率应按全截面面积扣除受压翼缘面积 $(b'_f-b)\,h'_f$ 后的截面面积计算；

6 当钢筋沿构件截面周边布置时，"一侧纵向钢筋"系指沿受力方向两个对边中一边布置的纵向钢筋。

8.5.2 卧置于地基上的混凝土板，板中受拉钢筋的最小配筋率可适当降低，但不应小于 0.15%。

8.5.3 对结构中次要的钢筋混凝土受弯构件，当构造所需截面高度远大于承载的需求时，其纵向受拉钢筋的配筋率可按下列公式计算：

$$\rho_s \geqslant \frac{h_{cr}}{h}\rho_{min} \qquad (8.5.3\text{-}1)$$

$$h_{cr} = 1.05\sqrt{\frac{M}{\rho_{min}f_yb}} \qquad (8.5.3\text{-}2)$$

式中：ρ_s——构件按全截面计算的纵向受拉钢筋的配筋率；

ρ_{min}——纵向受力钢筋的最小配筋率，按本规范

第 8.5.1 条取用；

h_{cr}——构件截面的临界高度，当小于 $h/2$ 时取 $h/2$；

h——构件截面的高度；

b——构件的截面宽度；

M——构件的正截面受弯承载力设计值。

9 结构构件的基本规定

9.1 板

（Ⅰ）基 本 规 定

9.1.1 混凝土板按下列原则进行计算：

1 两对边支承的板应按单向板计算；

2 四边支承的板应按下列规定计算：

1）当长边与短边长度之比不大于 2.0 时，应按双向板计算；

2）当长边与短边长度之比大于 2.0，但小于 3.0 时，宜按双向板计算；

3）当长边与短边长度之比不小于 3.0 时，宜按沿短边方向受力的单向板计算，并应沿长边方向布置构造钢筋。

9.1.2 现浇混凝土板的尺寸宜符合下列规定：

1 板的跨厚比：钢筋混凝土单向板不大于 30，双向板不大于 40；无梁支承的有柱帽板不大于 35，无梁支承的无柱帽板不大于 30。预应力板可适当增加；当板的荷载、跨度较大时宜适当减小。

2 现浇钢筋混凝土板的厚度不应小于表 9.1.2 规定的数值。

表 9.1.2 现浇钢筋混凝土板的最小厚度（mm）

板 的 类 别		最小厚度
单向板	屋面板	60
	民用建筑楼板	60
	工业建筑楼板	70
	行车道下的楼板	80
双向板		80
密肋楼盖	面板	50
	肋高	250
悬臂板（根部）	悬臂长度不大于 500mm	60
	悬臂长度 1200mm	100
无梁楼板		150
现浇空心楼盖		200

9.1.3 板中受力钢筋的间距，当板厚不大于 150mm 时不宜大于 200mm；当板厚大于 150mm 时不宜大于板厚的 1.5 倍，且不宜大于 250mm。

9.1.4 采用分离式配筋的多跨板，板底钢筋宜全部伸入支座；支座负弯矩钢筋向跨内延伸的长度应根据负弯矩图确定，并满足钢筋锚固的要求。

简支板或连续板下部纵向受力钢筋伸入支座的锚固长度不应小于钢筋直径的 5 倍，且宜伸过支座中心线。当连续板内温度、收缩应力较大时，伸入支座的长度宜适当增加。

9.1.5 现浇混凝土空心楼板的体积空心率不宜大于 50%。

采用箱形内孔时，顶板厚度不应小于肋间净距的 1/15 且不应小于 50mm。当底板配置受力钢筋时，其厚度不应小于 50mm。内孔间肋宽与内孔高度比不宜小于 1/4，且肋宽不应小于 60mm，对预应力板不应小于 80mm。

采用管形内孔时，孔顶、孔底板厚均不应小于 40mm，肋宽与内孔径之比不宜小于 1/5，且肋宽不应小于 50mm，对预应力板不应小于 60mm。

（Ⅱ）构 造 配 筋

9.1.6 按简支边或非受力边设计的现浇混凝土板，当与混凝土梁、墙整体浇筑或嵌固在砌体墙内时，应设置板面构造钢筋，并符合下列要求：

1 钢筋直径不宜小于 8mm，间距不宜大于 200mm，且单位宽度内的配筋面积不宜小于跨中相应方向板底钢筋截面面积的 1/3。与混凝土梁、混凝土墙整体浇筑单向板的非受力方向，钢筋截面面积尚不宜小于受力方向跨中板底钢筋截面面积的 1/3。

2 钢筋从混凝土梁边、柱边、墙边伸入板内的长度不宜小于 $l_0/4$，砌体墙支座处钢筋伸入板内的长度不宜小于 $l_0/7$，其中计算跨度 l_0 对单向板按受力方向考虑，对双向板按短边方向考虑。

3 在楼板角部，宜沿两个方向正交、斜向平行或放射状布置附加钢筋。

4 钢筋应在梁内、墙内或柱内可靠锚固。

9.1.7 当按单向板设计时，应在垂直于受力的方向布置分布钢筋，单位宽度上的配筋不宜小于单位宽度上的受力钢筋的 15%，且配筋率不宜小于 0.15%；分布钢筋直径不宜小于 6mm，间距不宜大于 250mm；当集中荷载较大时，分布钢筋的配筋面积尚应增加，且间距不宜大于 200mm。

当有实践经验或可靠措施时，预制单向板的分布钢筋可不受本条的限制。

9.1.8 在温度、收缩应力较大的现浇板区域，应在板的表面双向配置防裂构造钢筋。配筋率均不宜小于 0.10%，间距不宜大于 200mm。防裂构造钢筋可利用原有钢筋贯通布置，也可另行设置钢筋并与原有钢筋按受拉钢筋的要求搭接或在周边构件中锚固。

楼板平面的瓶颈部位宜适当增加板厚和配筋。沿板的洞边、凹角部位宜加配防裂构造钢筋，并采取可靠的锚固措施。

9.1.9 混凝土厚板及卧置于地基上的基础筏板，当板的厚度大于 2m 时，除应沿板的上、下表面布置纵、横向钢筋外，尚宜在板厚不超过 1m 范围内设置与板面平行的构造钢筋网片，网片钢筋直径不宜小于 12mm，纵横方向的间距不宜大于 300mm。

9.1.10 当混凝土板的厚度不小于 150mm 时，对板的无支承边的端部，宜设置 U 形构造钢筋并与板顶、板底的钢筋搭接，搭接长度不宜小于 U 形构造钢筋直径的 15 倍且不宜小于 200mm；也可采用板面、板底钢筋分别向下、上弯折搭接的形式。

（Ⅲ）板 柱 结 构

9.1.11 混凝土板中配置抗冲切箍筋或弯起钢筋时，应符合下列构造要求：

1 板的厚度不应小于 150mm；

2 按计算所需的箍筋及相应的架立钢筋应配置在与 45°冲切破坏锥面相交的范围内，且从集中荷载作用面或柱截面边缘向外的分布长度不应小于 $1.5h_0$（图 9.1.11a）；箍筋直径不应小于 6mm，且应做成封闭式，间距不应大于 $h_0/3$，且不应大于 100mm；

3 按计算所需弯起钢筋的弯起角度可根据板的

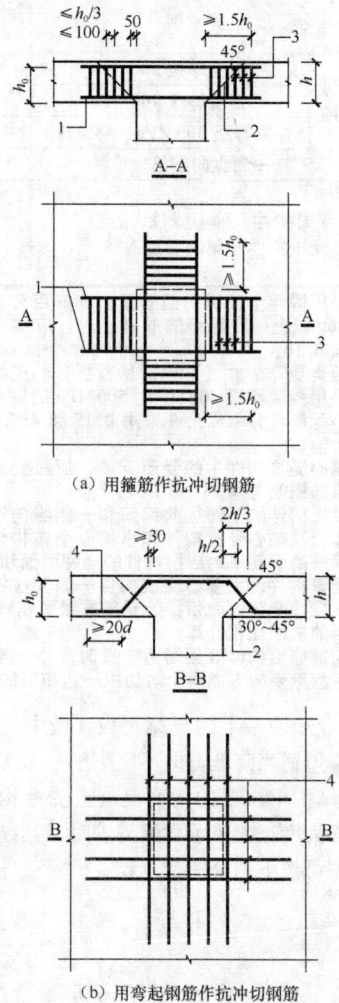

（a）用箍筋作抗冲切钢筋

（b）用弯起钢筋作抗冲切钢筋

图 9.1.11 板中抗冲切钢筋布置
注：图中尺寸单位 mm。
1—架立钢筋；2—冲切破坏锥面；
3—箍筋；4—弯起钢筋

厚度在30°~45°之间选取;弯起钢筋的倾斜段应与冲切破坏锥面相交(图9.1.11b),其交点应在集中荷载作用面或柱截面边缘以外(1/2~2/3)h的范围内。弯起钢筋直径不宜小于12mm,且每一方向不宜少于3根。

9.1.12 板柱节点可采用带柱帽或托板的结构形式。板柱节点的形状、尺寸应包容45°的冲切破坏锥体,并应满足受冲切承载力的要求。

柱帽的高度不应小于板的厚度h;托板的厚度不应小于h/4。柱帽或托板在平面两个方向上的尺寸均不宜小于同方向上柱截面宽度b与4h的和(图9.1.12)。

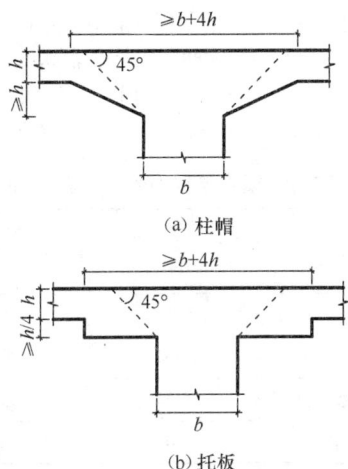

(a) 柱帽

(b) 托板

图 9.1.12 带柱帽或托板的板柱结构

9.2 梁

(Ⅰ) 纵向配筋

9.2.1 梁的纵向受力钢筋应符合下列规定:

1 伸入梁支座范围内的钢筋不应少于2根。

2 梁高不小于300mm时,钢筋直径不应小于10mm;梁高小于300mm时,钢筋直径不应小于8mm。

3 梁上部钢筋水平方向的净间距不应小于30mm和$1.5d$;梁下部钢筋水平方向的净间距不应小于25mm和d。当下部钢筋多于2层时,2层以上钢筋水平方向的中距应比下面2层的中距增大一倍;各层钢筋之间的净间距不应小于25mm和d,d为钢筋的最大直径。

4 在梁的配筋密集区域宜采用并筋的配筋形式。

9.2.2 钢筋混凝土简支梁和连续梁简支端的下部纵向受力钢筋,从支座边缘算起伸入支座内的锚固长度应符合下列规定:

1 当V不大于$0.7f_tbh_0$时,不小于$5d$;当V大于$0.7f_tbh_0$时,对带肋钢筋不小于$12d$,对光圆钢筋不小于$15d$,d为钢筋的最大直径;

2 如纵向受力钢筋伸入梁支座范围内的锚固长度不符合本条第1款要求时,可采取弯钩或机械锚固措施,并应满足本规范第8.3.3条的规定;

3 支承在砌体结构上的钢筋混凝土独立梁,在纵向受力钢筋的锚固长度范围内应配置不少于2个箍筋,其直径不宜小于$d/4$,d为纵向受力钢筋的最大直径;间距不宜大于$10d$,当采取机械锚固措施时箍筋间距尚不宜大于$5d$,d为纵向受力钢筋的最小直径。

注:混凝土强度等级为C25及以下的简支梁和连续梁的简支端,当距支座边$1.5h$范围内作用有集中荷载,且V大于$0.7f_tbh_0$时,对带肋钢筋宜采取有效的锚固措施,或取锚固长度不小于$15d$,d为锚固钢筋的直径。

9.2.3 钢筋混凝土梁支座截面负弯矩纵向受拉钢筋不宜在受拉区截断,当需要截断时,应符合以下规定:

1 当V不大于$0.7f_tbh_0$时,应延伸至按正截面受弯承载力计算不需要该钢筋的截面以外不小于$20d$处截断,且从该钢筋强度充分利用截面伸出的长度不应小于$1.2l_a$;

2 当V大于$0.7f_tbh_0$时,应延伸至按正截面受弯承载力计算不需要该钢筋的截面以外不小于h_0且不小于$20d$处截断,且从该钢筋强度充分利用截面伸出的长度不应小于$1.2l_a$与h_0之和;

3 若按本条第1、2款确定的截断点仍位于负弯矩对应的受拉区内,则应延伸至按正截面受弯承载力计算不需要该钢筋的截面以外不小于$1.3h_0$且不小于$20d$处截断,且从该钢筋强度充分利用截面伸出的长度不应小于$1.2l_a$与$1.7h_0$之和。

9.2.4 在钢筋混凝土悬臂梁中,应有不少于2根上部钢筋伸至悬臂梁外端,并向下弯折不小于$12d$;其余钢筋不应在梁的上部截断,而应按本规范第9.2.8条规定的弯起点位置向下弯折,并按本规范第9.2.7条的规定在梁的下边锚固。

9.2.5 梁内受扭纵向钢筋的最小配筋率$\rho_{tl,min}$应符合下列规定:

$$\rho_{tl,min} = 0.6\sqrt{\frac{T}{Vb}}\frac{f_t}{f_y} \qquad (9.2.5)$$

当$T/(Vb) > 2.0$时,取$T/(Vb) = 2.0$。

式中:$\rho_{tl,min}$——受扭纵向钢筋的最小配筋率,取$A_{stl}/(bh)$;

b——受剪的截面宽度,按本规范第6.4.1条的规定取用,对箱形截面构件,b应以b_h代替;

A_{stl}——沿截面周边布置的受扭纵向钢筋总截面面积。

沿截面周边布置受扭纵向钢筋的间距不应大于200mm及梁截面短边长度;除应在梁截面四角设置

受扭纵向钢筋外，其余受扭纵向钢筋宜沿截面周边均匀对称布置。受扭纵向钢筋应按受拉钢筋锚固在支座内。

在弯剪扭构件中，配置在截面弯曲受拉边的纵向受力钢筋，其截面面积不应小于按本规范第8.5.1条规定的受弯构件受拉钢筋最小配筋率计算的钢筋截面面积与按本条受扭纵向钢筋配筋率计算并分配到弯曲受拉边的钢筋截面面积之和。

9.2.6 梁的上部纵向构造钢筋应符合下列要求：

1 当梁端按简支计算但实际受到部分约束时，应在支座区上部设置纵向构造钢筋。其截面面积不应小于梁跨中下部纵向受力钢筋计算所需截面面积的1/4，且不应少于2根。该纵向构造钢筋自支座边缘向跨内伸出的长度不应小于$l_0/5$，l_0为梁的计算跨度。

2 对架立钢筋，当梁的跨度小于4m时，直径不宜小于8mm；当梁的跨度为4m～6m时，直径不应小于10mm；当梁的跨度大于6m时，直径不宜小于12mm。

（Ⅱ）横 向 配 筋

9.2.7 混凝土梁宜采用箍筋作为承受剪力的钢筋。

当采用弯起钢筋时，弯起角宜取45°或60°；在弯终点外应留有平行于梁轴线方向的锚固长度，且在受拉区不应小于$20d$，在受压区不应小于$10d$，d为弯起钢筋的直径；梁底层钢筋中的角部钢筋不应弯起，顶层钢筋中的角部钢筋不应弯下。

9.2.8 在混凝土梁的受拉区中，弯起钢筋的弯起点可设在按正截面受弯承载力计算不需要该钢筋的截面之前，但弯起钢筋与梁中心线的交点应位于不需要该钢筋的截面之外（图9.2.8）；同时弯起点与按计算充分利用该钢筋的截面之间的距离不应小于$h_0/2$。

当按计算需要设置弯起钢筋时，从支座起前一排的弯起点至后一排的弯终点的距离不应大于本规范表

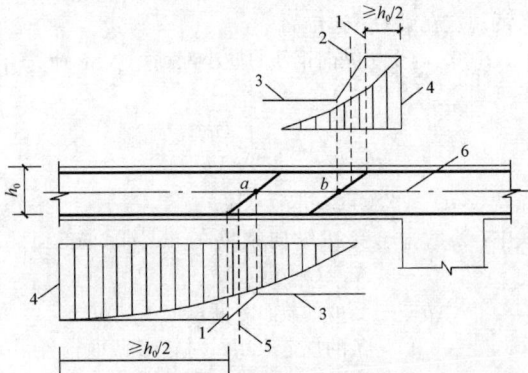

图 9.2.8 弯起钢筋弯起点与弯矩图的关系
1—受拉区的弯起点；2—按计算不需要钢筋"b"的截面；
3—正截面受弯承载力图；4—按计算充分利用钢筋"a"或"b"强度的截面；5—按计算不需要钢筋"a"的截面；
6—梁中心线

9.2.9中"$V > 0.7f_tbh_0 + 0.05N_{p0}$"时的箍筋最大间距。弯起钢筋不得采用浮筋。

9.2.9 梁中箍筋的配置应符合下列规定：

1 按承载力计算不需要箍筋的梁，当截面高度大于300mm时，应沿梁全长设置构造箍筋；当截面高度$h = 150mm$～300mm时，可仅在构件端部$l_0/4$范围内设置构造箍筋，l_0为跨度。但当在构件中部$l_0/2$范围内有集中荷载作用时，则应沿梁全长设置箍筋。当截面高度小于150mm时，可以不设置箍筋。

2 截面高度大于800mm的梁，箍筋直径不宜小于8mm；对截面高度不大于800mm的梁，不宜小于6mm。梁中配有计算需要的纵向受压钢筋时，箍筋直径尚不应小于$d/4$，d为受压钢筋最大直径。

3 梁中箍筋的最大间距宜符合表9.2.9的规定；当V大于$0.7f_tbh_0 + 0.05N_{p0}$时，箍筋的配筋率ρ_{sv}[$\rho_{sv} = A_{sv}/(bs)$]尚不应小于$0.24f_t/f_{yv}$。

表 9.2.9 梁中箍筋的最大间距（mm）

梁高 h	$V > 0.7f_tbh_0$ $+ 0.05N_{p0}$	$V \leqslant 0.7f_tbh_0$ $+ 0.05N_{p0}$
$150 < h \leqslant 300$	150	200
$300 < h \leqslant 500$	200	300
$500 < h \leqslant 800$	250	350
$h > 800$	300	400

4 当梁中配有按计算需要的纵向受压钢筋时，箍筋应符合以下规定：

1）箍筋应做成封闭式，且弯钩直线段长度不应小于$5d$，d为箍筋直径。

2）箍筋的间距不应大于$15d$，并不应大于400mm。当一层内的纵向受压钢筋多于5根且直径大于18mm时，箍筋间距不应大于$10d$，d为纵向受压钢筋的最小直径。

3）当梁的宽度大于400mm且一层内的纵向受压钢筋多于3根时，或当梁的宽度不大于400mm但一层内的纵向受压钢筋多于4根时，应设置复合箍筋。

9.2.10 在弯剪扭构件中，箍筋的配筋率ρ_{sv}不应小于$0.28f_t/f_{yv}$。

箍筋间距应符合本规范表9.2.9的规定，其中受扭所需的箍筋应做成封闭式，且应沿截面周边布置。当采用复合箍筋时，位于截面内部的箍筋不应计入受扭所需的箍筋面积。受扭所需箍筋的末端应做成135°弯钩，弯钩端头平直段长度不应小于$10d$，d为箍筋直径。

在超静定结构中，考虑协调扭转而配置的箍筋，其间距不宜大于$0.75b$，此处b按本规范第6.4.1条的规定取用，但对箱形截面构件，b均应以b_h代替。

（Ⅲ）局 部 配 筋

9.2.11 位于梁下部或梁截面高度范围内的集中荷载，应全部由附加横向钢筋承担；附加横向钢筋宜采用箍筋。

箍筋应布置在长度为 $2h_1$ 与 $3b$ 之和的范围内（图9.2.11）。当采用吊筋时，弯起段应伸至梁的上边缘，且末端水平段长度不应小于本规范第9.2.7条的规定。

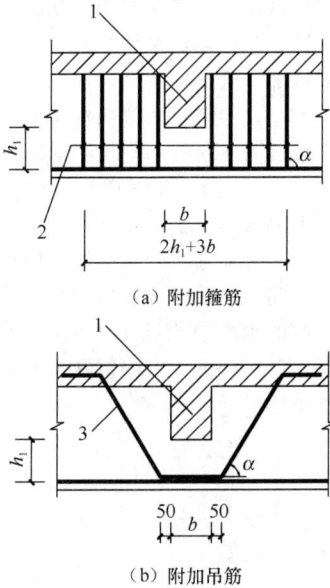

（a）附加箍筋

（b）附加吊筋

图 9.2.11　梁截面高度范围内有集中荷载
作用时附加横向钢筋的布置

注：图中尺寸单位 mm。
1—传递集中荷载的位置；2—附加箍筋；
3—附加吊筋

附加横向钢筋所需的总截面面积应符合下列规定：

$$A_{sv} \geqslant \frac{F}{f_{yv}\sin\alpha} \qquad (9.2.11)$$

式中：A_{sv}——承受集中荷载所需的附加横向钢筋总截面面积；当采用附加吊筋时，A_{sv} 应为左、右弯起段截面面积之和；

F——作用在梁的下部或梁截面高度范围内的集中荷载设计值；

α——附加横向钢筋与梁轴线间的夹角。

9.2.12 折梁的内折角处应增设箍筋（图9.2.12）。箍筋应能承受未在受压区锚固纵向受拉钢筋的合力，且在任何情况下不应小于全部纵向钢筋合力的35%。

由箍筋承受的纵向受拉钢筋的合力按下列公式计算：

未在受压区锚固的纵向受拉钢筋的合力为：

$$N_{s1} = 2f_y A_{s1}\cos\frac{\alpha}{2} \qquad (9.2.12\text{-}1)$$

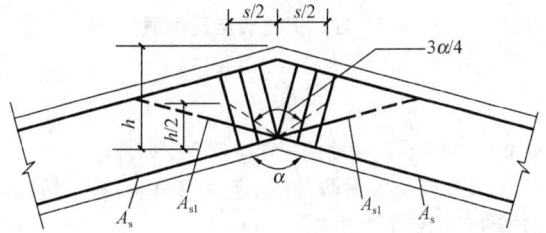

图 9.2.12　折梁内折角处的配筋

全部纵向受拉钢筋合力的 35% 为：

$$N_{s2} = 0.7f_y A_s\cos\frac{\alpha}{2} \qquad (9.2.12\text{-}2)$$

式中：A_s——全部纵向受拉钢筋的截面面积；

A_{s1}——未在受压区锚固的纵向受拉钢筋的截面面积；

α——构件的内折角。

按上述条件求得的箍筋应设置在长度 s 等于 $h\tan(3\alpha/8)$ 的范围内。

9.2.13 梁的腹板高度 h_w 不小于 450mm 时，在梁的两个侧面应沿高度配置纵向构造钢筋。每侧纵向构造钢筋（不包括梁上、下部受力钢筋及架立钢筋）的间距不宜大于 200mm，截面面积不应小于腹板截面面积（bh_w）的 0.1%，但当梁宽较大时可以适当放松。此处，腹板高度 h_w 按本规范第6.3.1条的规定取用。

9.2.14 薄腹梁或需作疲劳验算的钢筋混凝土梁，应在下部 1/2 梁高的腹板内沿两侧配置直径 8mm～14mm 的纵向构造钢筋，其间距为 100mm～150mm 并按下密上疏的方式布置。在上部 1/2 梁高的腹板内，纵向构造钢筋可按本规范第9.2.13条的规定配置。

9.2.15 当梁的混凝土保护层厚度大于 50mm 且配置表层钢筋网片时，应符合下列规定：

1 表层钢筋宜采用焊接网片，其直径不宜大于 8mm，间距不应大于 150mm；网片应配置在梁底和梁侧，梁侧的网片钢筋应延伸至梁高的 2/3 处。

2 两个方向上表层网片钢筋的截面积均不应小于相应混凝土保护层（图9.2.15阴影部分）面积的 1%。

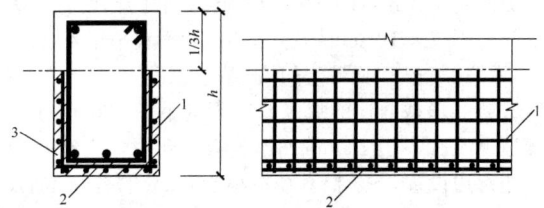

图 9.2.15　配置表层钢筋网片的构造要求
1—梁侧表层钢筋网片；2—梁底表层钢筋网片；
3—配置网片钢筋区域

9.2.16 深受弯构件的设计应符合本规范附录 G 的规定。

9.3 柱、梁柱节点及牛腿

（Ⅰ）柱

9.3.1 柱中纵向钢筋的配置应符合下列规定：

1 纵向受力钢筋直径不宜小于 12mm；全部纵向钢筋的配筋率不宜大于 5%；

2 柱中纵向钢筋的净间距不应小于 50mm，且不宜大于 300mm；

3 偏心受压柱的截面高度不小于 600mm 时，在柱的侧面上应设置直径不小于 10mm 的纵向构造钢筋，并相应设置复合箍筋或拉筋；

4 圆柱中纵向钢筋不宜少于 8 根，不应少于 6 根，且宜沿周边均匀布置；

5 在偏心受压柱中，垂直于弯矩作用平面的侧面上的纵向受力钢筋以及轴心受压柱中各边的纵向受力钢筋，其中距不宜大于 300mm。

注：水平浇筑的预制柱，纵向钢筋的最小净间距可按本规范第 9.2.1 条关于梁的有关规定取用。

9.3.2 柱中的箍筋应符合下列规定：

1 箍筋直径不应小于 $d/4$，且不应小于 6mm，d 为纵向钢筋的最大直径；

2 箍筋间距不应大于 400mm 及构件截面的短边尺寸，且不应大于 15d，d 为纵向钢筋的最小直径；

3 柱及其他受压构件中的周边箍筋应做成封闭式；对圆柱中的箍筋，搭接长度不应小于本规范第 8.3.1 条规定的锚固长度，且末端应做成 135° 弯钩，弯钩末端平直段长度不应小于 5d，d 为箍筋直径；

4 当柱截面短边尺寸大于 400mm 且各边纵向钢筋多于 3 根时，或当柱截面短边尺寸不大于 400mm 但各边纵向钢筋多于 4 根时，应设置复合箍筋；

5 柱中全部纵向受力钢筋的配筋率大于 3% 时，箍筋直径不应小于 8mm，间距不应大于 10d，且不应大于 200mm，d 为纵向受力钢筋的最小直径。箍筋末端应做成 135° 弯钩，且弯钩末端平直段长度不应小于箍筋直径的 10 倍；

6 在配有螺旋式或焊接环式箍筋的柱中，如在正截面受压承载力计算中考虑间接钢筋的作用时，箍筋间距不应大于 80mm 及 $d_{cor}/5$，且不宜小于 40mm，d_{cor} 为按箍筋内表面确定的核心截面直径。

9.3.3 Ⅰ形截面柱的翼缘厚度不宜小于 120mm，腹板厚度不宜小于 100mm。当腹板开孔时，宜在孔洞周边每边设置 2～3 根直径不小于 8mm 的补强钢筋，每个方向补强钢筋的截面面积不宜小于该方向被截断钢筋的截面面积。

腹板开孔的Ⅰ形截面柱，当孔的横向尺寸小于柱截面高度的一半、孔的竖向尺寸小于相邻两孔之间的净间距时，柱的刚度可按实腹Ⅰ形截面柱计算，但在计算承载力时应扣除孔洞的削弱部分。当开孔尺寸超

过上述规定时，柱的刚度和承载力应按双肢柱计算。

（Ⅱ）梁柱节点

9.3.4 梁纵向钢筋在框架中间层端节点的锚固应符合下列要求：

1 梁上部纵向钢筋伸入节点的锚固：

1）当采用直线锚固形式时，锚固长度不应小于 l_a，且应伸过柱中心线，伸过的长度不宜小于 5d，d 为梁上部纵向钢筋的直径。

2）当柱截面尺寸不满足直线锚固要求时，梁上部纵向钢筋可采用本规范第 8.3.3 条钢筋端部加机械锚头的锚固方式。梁上部纵向钢筋宜伸至柱外侧纵向钢筋内边，包括机械锚头在内的水平投影锚固长度不应小于 0.4l_{ab}（图 9.3.4a）。

3）梁上部纵向钢筋也可采用 90° 弯折锚固的方式，此时梁上部纵向钢筋应伸至柱外侧纵向钢筋内边并向节点内弯折，其包含弯弧在内的水平投影长度不应小于 0.4l_{ab}，弯折钢筋在弯折平面内包含弯弧段的投影长度不应小于 15d（图 9.3.4b）。

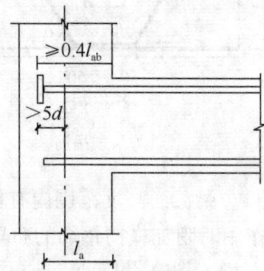

（a）钢筋端部加锚头锚固

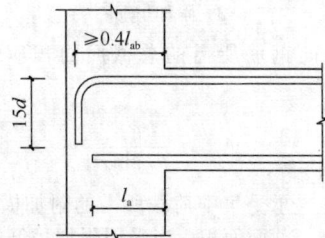

（b）钢筋末端 90° 弯折锚固

图 9.3.4 梁上部纵向钢筋在中间
层端节点内的锚固

2 框架梁下部纵向钢筋伸入端节点的锚固：

1）当计算中充分利用该钢筋的抗拉强度时，钢筋的锚固方式及长度应与上部钢筋的规定相同。

2）当计算中不利用该钢筋的强度或仅利用该钢筋的抗压强度时，伸入节点的锚固长度应分别符合本规范第 9.3.5 条中间节点梁下部纵向钢筋锚固的规定。

9.3.5 框架中间层中间节点或连续梁中间支座，梁的上部纵向钢筋应贯穿节点或支座。梁的下部纵向钢筋宜贯穿节点或支座。当必须锚固时，应符合下列锚固要求：

1 当计算中不利用该钢筋的强度时，其伸入节点或支座的锚固长度对带肋钢筋不小于 $12d$，对光面钢筋不小于 $15d$，d 为钢筋的最大直径；

2 当计算中充分利用钢筋的抗压强度时，钢筋应按受压钢筋锚固在中间节点或中间支座内，其直线锚固长度不应小于 $0.7l_a$；

3 当计算中充分利用钢筋的抗拉强度时，钢筋可采用直线方式锚固在节点或支座内，锚固长度不应小于钢筋的受拉锚固长度 l_a（图 9.3.5a）；

4 当柱截面尺寸不足时，宜按本规范第 9.3.4 条第 1 款的规定采用钢筋端部加锚头的机械锚固措施，也可采用 90°弯折锚固的方式；

5 钢筋可在节点或支座外梁中弯矩较小处设置搭接接头，搭接长度的起始点至节点或支座边缘的距离不应小于 $1.5h_0$（图 9.3.5b）。

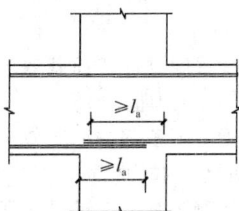

(a) 下部纵向钢筋在节点中直线锚固

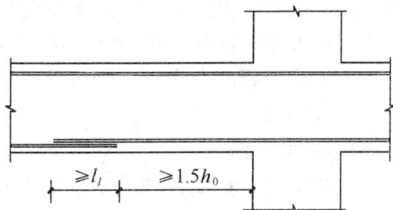

(b) 下部纵向钢筋在节点或支座范围外的搭接

图 9.3.5 梁下部纵向钢筋在中间节点或
中间支座范围的锚固与搭接

9.3.6 柱纵向钢筋应贯穿中间层的中间节点或端节点，接头应设在节点区以外。

柱纵向钢筋在顶层中节点的锚固应符合下列要求：

1 柱纵向钢筋应伸至柱顶，且自梁底算起的锚固长度不应小于 l_a。

2 当截面尺寸不满足直线锚固要求时，可采用 90°弯折锚固措施。此时，包括弯弧在内的钢筋垂直投影锚固长度不应小于 $0.5l_{ab}$，在弯折平面内包含弯弧段的水平投影长度不宜小于 $12d$（图 9.3.6a）。

3 当截面尺寸不足时，也可采用带锚头的机械锚固措施。此时，包含锚头在内的竖向锚固长度不应小于 $0.5l_{ab}$（图 9.3.6b）。

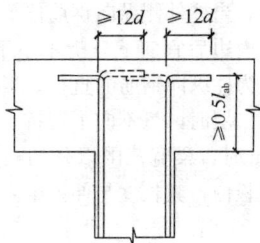

(a) 柱纵向钢筋90°弯折锚固

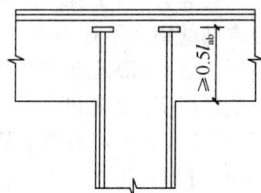

(b) 柱纵向钢筋端头加锚板锚固

图 9.3.6 顶层节点中柱纵向
钢筋在节点内的锚固

4 当柱顶有现浇楼板且板厚不小于 100mm 时，柱纵向钢筋也可向外弯折，弯折后的水平投影长度不宜小于 $12d$。

9.3.7 顶层端节点柱外侧纵向钢筋可弯入梁内作梁上部纵向钢筋；也可将梁上部纵向钢筋与柱外侧纵向钢筋在节点及附近部位搭接，搭接可采用下列方式：

1 搭接接头可沿顶层端节点外侧及梁端顶部布置，搭接长度不应小于 $1.5l_{ab}$（图 9.3.7a）。其中，伸入梁内的柱外侧钢筋截面面积不宜小于其全部面积

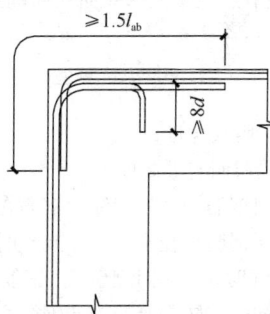

(a) 搭接接头沿顶层端节点外侧及梁端顶部布置

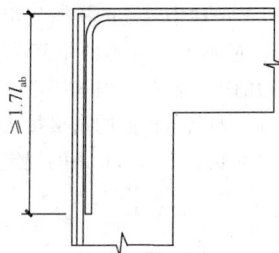

(b) 搭接接头沿节点外侧直线布置

图 9.3.7 顶层端节点梁、柱纵向钢筋
在节点内的锚固与搭接

的 65%；梁宽范围以外的柱外侧钢筋宜沿节点顶部伸至柱内边锚固。当柱外侧纵向钢筋位于柱顶第一层时，钢筋伸至柱内边后宜向下弯折不小于 8d 后截断（图 9.3.7a），d 为柱纵向钢筋的直径；当柱外侧纵向钢筋位于柱顶第二层时，可不向下弯折。当现浇板厚度不小于 100mm 时，梁宽范围以外的柱外侧纵向钢筋也可伸入现浇板内，其长度与伸入梁内的柱纵向钢筋相同。

2 当柱外侧纵向钢筋配筋率大于 1.2% 时，伸入梁内的柱纵向钢筋应满足本条第 1 款规定且宜分两批截断，截断点之间的距离不宜小于 20d，d 为柱外侧纵向钢筋的直径。梁上部纵向钢筋应伸至节点外侧并向下弯至梁下边缘高度位置截断。

3 纵向钢筋搭接接头也可沿节点柱顶外侧直线布置（图 9.3.7b），此时，搭接长度自柱顶算起不应小于 $1.7 l_{ab}$。当梁上部纵向钢筋的配筋率大于 1.2% 时，弯入柱外侧的梁上部纵向钢筋应满足本条第 1 款规定的搭接长度，且宜分两批截断，其截断点之间的距离不宜小于 20d，d 为梁上部纵向钢筋的直径。

4 当梁的截面高度较大，梁、柱纵向钢筋相对较小，从梁底算起的直线搭接长度未延伸至柱顶即已满足 $1.5 l_{ab}$ 的要求时，应将搭接长度延伸至柱顶并满足搭接长度 $1.7 l_{ab}$ 的要求；或者从梁底算起的弯折搭接长度未延伸至柱内侧边缘即已满足 $1.5 l_{ab}$ 的要求时，其弯折后包括弯弧在内的水平段的长度不应小于 15d，d 为柱纵向钢筋的直径。

5 柱内侧纵向钢筋的锚固应符合本规范第 9.3.6 条关于顶层中节点的规定。

9.3.8 顶层端节点处梁上部纵向钢筋的截面面积 A_s 应符合下列规定：

$$A_s \leqslant \frac{0.35 \beta_c f_c b_b h_0}{f_y} \qquad (9.3.8)$$

式中：b_b——梁腹板宽度；

h_0——梁截面有效高度。

梁上部纵向钢筋与柱外侧纵向钢筋在节点角部的弯弧内半径，当钢筋直径不大于 25mm 时，不宜小于 6d；大于 25mm 时，不宜小于 8d。钢筋弯弧外的混凝土中应配置防裂、防剥落的构造钢筋。

9.3.9 在框架节点内应设置水平箍筋，箍筋应符合本规范第 9.3.2 条柱中箍筋的构造规定，但间距不宜大于 250mm。对四边均有梁的中间节点，节点内可只设置沿周边的矩形箍筋。当顶层端节点内有梁上部纵向钢筋和柱外侧纵向钢筋的搭接接头时，节点内水平箍筋应符合本规范第 8.4.6 条的规定。

（Ⅲ）牛　腿

9.3.10 对于 a 不大于 h_0 的柱牛腿（图 9.3.10），其截面尺寸应符合下列要求：

1 牛腿的裂缝控制要求

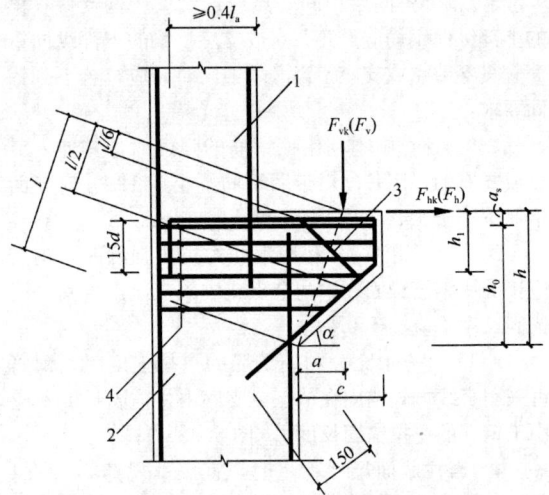

图 9.3.10　牛腿的外形及钢筋配置

注：图中尺寸单位 mm。

1—上柱；2—下柱；3—弯起钢筋；4—水平箍筋

$$F_{vk} \leqslant \beta \left(1 - 0.5 \frac{F_{hk}}{F_{vk}} \right) \frac{f_{tk} b h_0}{0.5 + \frac{a}{h_0}} \qquad (9.3.10)$$

式中：F_{vk}——作用于牛腿顶部按荷载效应标准组合计算的竖向力值；

F_{hk}——作用于牛腿顶部按荷载效应标准组合计算的水平拉力值；

β——裂缝控制系数；支承吊车梁的牛腿取 0.65；其他牛腿取 0.80；

a——竖向力作用点至下柱边缘的水平距离，应考虑安装偏差 20mm；当考虑安装偏差后的竖向力作用点仍位于下柱截面以内时取等于 0；

b——牛腿宽度；

h_0——牛腿与下柱交接处的垂直截面有效高度，取 $h_1 - a_s + c \cdot \tan\alpha$，当 α 大于 45° 时，取 45°，c 为下柱边缘到牛腿外边缘的水平长度。

2 牛腿的外边缘高度 h_1 不应小于 $h/3$，且不应小于 200mm。

3 在牛腿顶受压面上，竖向力 F_{vk} 所引起的局部压应力不应超过 $0.75 f_c$。

9.3.11 在牛腿中，由承受竖向力所需的受拉钢筋截面面积和承受水平拉力所需的锚筋截面面积所组成的纵向受力钢筋的总截面面积，应符合下列规定：

$$A_s \geqslant \frac{F_v a}{0.85 f_y h_0} + 1.2 \frac{F_h}{f_y} \qquad (9.3.11)$$

当 a 小于 $0.3 h_0$ 时，取 a 等于 $0.3 h_0$。

式中：F_v——作用在牛腿顶部的竖向力设计值；

F_h——作用在牛腿顶部的水平拉力设计值。

9.3.12 沿牛腿顶部配置的纵向受力钢筋，宜采用

HRB400级或HRB500级热轧带肋钢筋。全部纵向受力钢筋及弯起钢筋宜沿牛腿外边缘向下伸入下柱内150mm后截断（图9.3.10）。

纵向受力钢筋及弯起钢筋伸入上柱的锚固长度，当采用直线锚固时不应小于本规范第8.3.1条规定的受拉钢筋锚固长度l_a；当上柱尺寸不足时，钢筋的锚固应符合本规范第9.3.4条梁上部钢筋在框架中间层端节点中带90°弯折的锚固规定。此时，锚固长度应从上柱内边算起。

承受竖向力所需的纵向受力钢筋的配筋率不应小于0.20%及$0.45f_t/f_y$，也不宜大于0.60%，钢筋数量不宜少于4根直径12mm的钢筋。

当牛腿设于上柱柱顶时，宜将牛腿对边的柱外侧纵向受力钢筋沿柱顶水平弯入牛腿，作为牛腿纵向受拉钢筋使用。当牛腿顶面纵向受拉钢筋与牛腿对边的柱外侧纵向钢筋分开配置时，牛腿顶面纵向受拉钢筋应弯入柱外侧，并应符合本规范第8.4.4条有关钢筋搭接的规定。

9.3.13 牛腿应设置水平箍筋，箍筋直径宜为6mm~12mm，间距宜为100mm~150mm；在上部$2h_0/3$范围内的箍筋总截面面积不宜小于承受竖向力的受拉钢筋截面面积的1/2。

当牛腿的剪跨比不小于0.3时，宜设置弯起钢筋。弯起钢筋宜采用HRB400级或HRB500级热轧带肋钢筋，并宜使其与集中荷载作用点到牛腿斜边下端点连线的交点位于牛腿上部$l/6$~$l/2$之间的范围内，l为该连线的长度（图9.3.10）。弯起钢筋截面面积不宜小于承受竖向力的受拉钢筋截面面积的1/2，且不宜少于2根直径12mm的钢筋。纵向受拉钢筋不得兼作弯起钢筋。

9.4 墙

9.4.1 竖向构件截面长边、短边（厚度）比值大于4时，宜按墙的要求进行设计。

支撑预制楼（屋面）板的墙，其厚度不宜小于140mm；对剪力墙结构尚不宜小于层高的1/25，对框架-剪力墙结构尚不宜小于层高的1/20。

当采用预制板时，支承墙的厚度应满足墙内竖向钢筋贯通的要求。

9.4.2 厚度大于160mm的墙应配置双排分布钢筋网；结构中重要部位的剪力墙，当其厚度不大于160mm时，也宜配置双排分布钢筋网。

双排分布钢筋网应沿墙的两个侧面布置，且应采用拉筋连系；拉筋直径不宜小于6mm，间距不宜大于600mm。

9.4.3 在平行于墙面的水平荷载和竖向荷载作用下，墙体宜根据结构分析所得的内力和本规范第6.2节的有关规定，分别按偏心受压或偏心受拉进行正截面承载力计算，并按本规范第6.3节的有关规定进行斜截面受剪承载力计算。在集中荷载作用处，尚应按本规范第6.6节进行局部受压承载力计算。

在承载力计算中，剪力墙的翼缘计算宽度可取剪力墙的间距、门窗洞间翼墙的宽度、剪力墙厚度加两侧各6倍翼墙厚度、剪力墙墙肢总高度的1/10四者中的最小值。

9.4.4 墙水平及竖向分布钢筋直径不宜小于8mm，间距不宜大于300mm。可利用焊接钢筋网片进行墙内配筋。

墙水平分布钢筋的配筋率$\rho_{sh}\left(\dfrac{A_{sh}}{bs_v},s_v\right.$为水平分布钢筋的间距$\Big)$和竖向分布钢筋的配筋率$\rho_{sv}\left(\dfrac{A_{sv}}{bs_h},s_h\right.$为竖向分布钢筋的间距$\Big)$不宜小于0.20%；重要部位的墙，水平和竖向分布钢筋的配筋率宜适当提高。

墙中温度、收缩应力较大的部位，水平分布钢筋的配筋率宜适当提高。

9.4.5 对于房屋高度不大于10m且不超过3层的墙，其截面厚度不应小于120mm，其水平与竖向分布钢筋的配筋率均不宜小于0.15%。

9.4.6 墙中配筋构造应符合下列要求：

1 墙竖向分布钢筋可在同一高度搭接，搭接长度不应小于$1.2l_a$。

2 墙水平分布钢筋的搭接长度不应小于$1.2l_a$。同排水平分布钢筋的搭接接头之间以及上、下相邻水平分布钢筋的搭接接头之间，沿水平方向的净间距不宜小于500mm。

3 墙中水平分布钢筋应伸至墙端，并向内水平弯折$10d$，d为钢筋直径。

4 端部有翼墙或转角的墙，内墙两侧和外墙内侧的水平分布钢筋应伸至翼墙或转角外边，并分别向两侧水平弯折$15d$。在转角墙处，外墙外侧的水平分布钢筋应在墙端外角处弯入翼墙，并与翼墙外侧的水平分布钢筋搭接。

5 带边框的墙，水平和竖向分布钢筋宜分别贯穿柱、梁或锚固在柱、梁内。

9.4.7 墙洞口连梁应沿全长配置箍筋，箍筋直径不应小于6mm，间距不宜大于150mm。在顶层洞口连梁纵向钢筋伸入墙内的锚固长度范围内，应设置间距不大于150mm的箍筋，箍筋直径宜与跨内箍筋直径相同。同时，门窗洞边的竖向钢筋应满足受拉钢筋锚固长度的要求。

墙洞口上、下两边的水平钢筋除应满足洞口连梁正截面受弯承载力的要求外，尚不应少于2根直径不小于12mm的钢筋。对于计算分析中可忽略的洞口，洞边钢筋截面面积分别不宜小于洞口截断的水平分布钢筋总截面面积的一半。纵向钢筋自洞口边伸入墙内的长度不应小于受拉钢筋的锚固长度。

9.4.8 剪力墙墙肢两端应配置竖向受力钢筋，并与墙内的竖向分布钢筋共同用于墙的正截面受弯承载力计算。每端的竖向受力钢筋不宜少于 4 根直径为 12mm 或 2 根直径为 16mm 的钢筋，并宜沿该竖向钢筋方向配置直径不小于 6mm、间距为 250mm 的箍筋或拉筋。

9.5 叠 合 构 件

（Ⅰ）水平叠合构件

9.5.1 二阶段成形的水平叠合受弯构件，当预制构件高度不足全截面高度的 40% 时，施工阶段应有可靠的支撑。

施工阶段有可靠支撑的叠合受弯构件，可按整体受弯构件设计计算，但其斜截面受剪承载力和叠合面受剪承载力应按本规范附录 H 计算。

施工阶段无支撑的叠合受弯构件，应对底部预制构件及浇筑混凝土后的叠合构件按本规范附录 H 的要求进行二阶段受力计算。

9.5.2 混凝土叠合梁、板应符合下列规定：

1 叠合梁的叠合层混凝土的厚度不宜小于 100mm，混凝土强度等级不宜低于 C30。预制梁的箍筋应全部伸入叠合层，且各肢伸入叠合层的直线段长度不宜小于 $10d$，d 为箍筋直径。预制梁的顶面应做成凹凸差不小于 6mm 的粗糙面。

2 叠合板的叠合层混凝土厚度不应小于 40mm，混凝土强度等级不宜低于 C25。预制板表面应做成凹凸差不小于 4mm 的粗糙面。承受较大荷载的叠合板以及预应力叠合板，宜在预制底板上设置伸入叠合层的构造钢筋。

9.5.3 在既有结构的楼板、屋盖上浇筑混凝土叠合层的受弯构件，应符合本规范第 9.5.2 条的规定，并按本规范第 3.3 节、第 3.7 节的有关规定进行施工阶段和使用阶段计算。

（Ⅱ）竖向叠合构件

9.5.4 由预制构件及后浇混凝土成形的叠合柱和墙，应按施工阶段及使用阶段的工况分别进行预制构件及整体结构的计算。

9.5.5 在既有结构柱的周边或墙的侧面浇筑混凝土而成形的竖向叠合构件，应考虑承载历史以及施工支顶的情况，并按本规范第 3.3 节、第 3.7 节规定的原则进行施工阶段和使用阶段的承载力计算。

9.5.6 依托既有结构的竖向叠合柱、墙在使用阶段的承载力计算中，应根据实测结果考虑既有构件部分几何参数变化的影响。

竖向叠合柱、墙既有构件部分混凝土、钢筋的强度设计值按本规范第 3.7.3 条确定；后浇混凝土部分混凝土、钢筋的强度应按本规范第 4 章的规定乘以强度利用的折减系数确定，且宜考虑施工时支顶的实际情况适当调整。

9.5.7 柱外二次浇筑混凝土层的厚度不应小于 60mm，混凝土强度等级不应低于既有柱的强度。粗糙结合面的凹凸差不应小于 6mm，并宜通过植筋、焊接等方法设置界面构造钢筋。后浇层中纵向受力钢筋直径不应小于 14mm；箍筋直径不应小于 8mm 且不应小于柱内相应箍筋的直径，箍筋间距应与柱内相同。

墙外二次浇筑混凝土层的厚度不应小于 50mm，混凝土强度等级不应低于既有墙的强度。粗糙结合面的凹凸差应不小于 4mm，并宜通过植筋、焊接等方法设置界面构造钢筋。后浇层中竖向、水平钢筋直径不宜小于 8mm 且不应小于墙中相应钢筋的直径。

9.6 装配式结构

9.6.1 装配式、装配整体式混凝土结构中各类预制构件及连接构造应按下列原则进行设计：

1 应在结构方案和传力途径中确定预制构件的布置及连接方式，并在此基础上进行整体结构分析和构件及连接设计；

2 预制构件的设计应满足建筑使用功能，并符合标准化要求；

3 预制构件的连接宜设置在结构受力较小处，且宜便于施工；结构构件之间的连接构造应满足结构传递内力的要求；

4 各类预制构件及其连接构造应按从生产、施工到使用过程中可能产生的不利工况进行验算，对预制非承重构件尚应符合本规范第 9.6.8 条的规定。

9.6.2 预制混凝土构件在生产、施工过程中应按实际工况的荷载、计算简图、混凝土实体强度进行施工阶段验算。验算时应将构件自重乘以相应的动力系数：对脱模、翻转、吊装、运输时可取 1.5，临时固定时可取 1.2。

注：动力系数尚可根据具体情况适当增减。

9.6.3 装配式、装配整体式混凝土结构中各类预制构件的连接构造，应便于构件安装、装配整体式。对计算时不考虑传递内力的连接，也应有可靠的固定措施。

9.6.4 装配整体式结构中框架梁的纵向受力钢筋和柱、墙中的竖向受力钢筋宜采用机械连接、焊接等形式；板、墙等构件中的受力钢筋可采用搭接连接形式；混凝土接合面应进行粗糙处理或做成齿槽；拼接处应采用强度等级不低于预制构件的混凝土灌缝。

装配整体式结构的梁柱节点处，柱的纵向钢筋应贯穿节点；梁的纵向钢筋应满足本规范第 9.3 节的锚固要求。

当柱采用装配式榫式接头时，接头附近区段内截面的轴心受压承载力宜为该截面计算所需承载力的

1.3～1.5 倍。此时，可采取在接头及其附近区段的混凝土内加设横向钢筋网、提高后浇混凝土强度等级和设置附加纵向钢筋等措施。

9.6.5 采用预制板的装配整体式楼盖、屋盖应采取下列构造措施：

1 预制板侧应为双齿边；拼缝上口宽度不应小于 30mm；空心板端孔中应有堵头，深度不宜少于 60mm；拼缝中应浇灌强度等级不低于 C30 的细石混凝土；

2 预制板端宜伸出锚固钢筋互相连接，并宜与板的支承结构（圈梁、梁顶或墙顶）伸出的钢筋及板端拼缝中设置的通长钢筋连接。

9.6.6 整体性要求较高的装配整体式楼盖、屋盖，应采用预制构件加现浇叠合层的形式；或在预制板侧设置配筋混凝土后浇带，并在板端设置负弯矩钢筋、板的周边沿拼缝设置拉结钢筋与支座连接。

9.6.7 装配整体式结构中预制承重墙板沿周边设置的连接钢筋应与支承结构及相邻墙板互相连接，并浇筑混凝土与周边楼盖、墙体连成整体。

9.6.8 非承重预制构件的设计应符合下列要求：

1 与支承结构之间宜采用柔性连接方式；

2 在框架内镶嵌或采用焊接连接时，应考虑其对框架抗侧移刚度的影响；

3 外挂板与主体结构的连接构造应具有一定的变形适应性。

9.7 预埋件及连接件

9.7.1 受力预埋件的锚板宜采用 Q235、Q345 级钢，锚板厚度应根据受力情况计算确定，且不宜小于锚筋直径的 60%；受拉和受弯预埋件的锚板厚度尚宜大于 $b/8$，b 为锚筋的间距。

受力预埋件的锚筋应采用 HRB400 或 HPB300 钢筋，不应采用冷加工钢筋。

直锚筋与锚板应采用 T 形焊接。当锚筋直径不大于 20mm 时宜采用压力埋弧焊；当锚筋直径大于 20mm 时宜采用穿孔塞焊。当采用手工焊时，焊缝高度不宜小于 6mm，且对 300MPa 级钢筋不宜小于 $0.5d$，对其他钢筋不宜小于 $0.6d$，d 为锚筋的直径。

9.7.2 由锚板和对称配置的直锚筋所组成的受力预埋件（图 9.7.2），其锚筋的总截面面积 A_s 应符合下列规定：

1 当有剪力、法向拉力和弯矩共同作用时，应按下列两个公式计算，并取其中的较大值：

$$A_s \geqslant \frac{V}{\alpha_r \alpha_v f_y} + \frac{N}{0.8\alpha_b f_y} + \frac{M}{1.3\alpha_r \alpha_b f_y z}$$
$$(9.7.2-1)$$

$$A_s \geqslant \frac{N}{0.8\alpha_b f_y} + \frac{M}{0.4\alpha_r \alpha_b f_y z} \quad (9.7.2-2)$$

2 当有剪力、法向压力和弯矩共同作用时，应按下列两个公式计算，并取其中的较大值：

$$A_s \geqslant \frac{V - 0.3N}{\alpha_r \alpha_v f_y} + \frac{M - 0.4Nz}{1.3\alpha_r \alpha_b f_y z} \quad (9.7.2-3)$$

$$A_s \geqslant \frac{M - 0.4Nz}{0.4\alpha_r \alpha_b f_y z} \quad (9.7.2-4)$$

当 M 小于 $0.4Nz$ 时，取 $0.4Nz$。

上述公式中的系数 α_v、α_b，应按下列公式计算：

$$\alpha_v = (4.0 - 0.08d)\sqrt{\frac{f_c}{f_y}} \quad (9.7.2-5)$$

$$\alpha_b = 0.6 + 0.25\frac{t}{d} \quad (9.7.2-6)$$

当 α_v 大于 0.7 时，取 0.7；当采取防止锚板弯曲变形的措施时，可取 α_b 等于 1.0。

式中：f_y——锚筋的抗拉强度设计值，按本规范第 4.2 节采用，但不应大于 300N/mm^2；

V——剪力设计值；

N——法向拉力或法向压力设计值，法向压力设计值不应大于 $0.5f_cA$，此处，A 为锚板的面积；

M——弯矩设计值；

α_r——锚筋层数的影响系数；当锚筋按等间距布置时：两层取 1.0；三层取 0.9；四层取 0.85；

α_v——锚筋的受剪承载力系数；

d——锚筋直径；

α_b——锚板的弯曲变形折减系数；

t——锚板厚度；

z——沿剪力作用方向最外层锚筋中心线之间的距离。

9.7.3 由锚板和对称配置的弯折锚筋及直锚筋共同承受剪力的预埋件（图 9.7.3），其弯折锚筋的截面面积 A_{sb} 应符合下列规定：

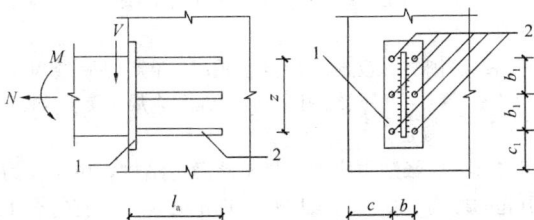

图 9.7.2 由锚板和直锚筋组成的预埋件
1—锚板；2—直锚筋

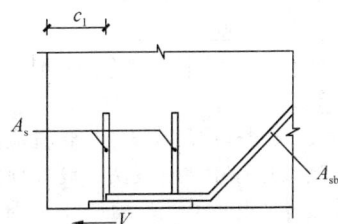

图 9.7.3 由锚板和弯折锚筋及直锚筋组成的预埋件

$$A_{sb} \geqslant 1.4 \frac{V}{f_y} - 1.25\alpha_v A_s \qquad (9.7.3)$$

式中系数 α_v 按本规范第 9.7.2 条取用。当直锚筋按构造要求设置时，A_s 应取为 0。

> 注：弯折锚筋与钢板之间的夹角不宜小于 15°，也不宜大于 45°。

9.7.4 预埋件锚筋中心至锚板边缘的距离不应小于 $2d$ 和 20mm。预埋件的位置应使锚筋位于构件的外层主筋的内侧。

预埋件的受力直锚筋直径不宜小于 8mm，且不宜大于 25mm。直锚筋数量不宜少于 4 根，且不宜多于 4 排；受剪预埋件的直锚筋可采用 2 根。

对受拉和受弯预埋件（图 9.7.2），其锚筋的间距 b、b_1 和锚筋至构件边缘的距离 c、c_1，均不应小于 $3d$ 和 45mm。

对受剪预埋件（图 9.7.2），其锚筋的间距 b 及 b_1 不应大于 300mm，且 b_1 不应小于 $6d$ 和 70mm；锚筋至构件边缘的距离 c_1 不应小于 $6d$ 和 70mm，b、c 均不应小于 $3d$ 和 45mm。

受拉直锚筋和弯折锚筋的锚固长度不应小于本规范第 8.3.1 条规定的受拉钢筋锚固长度；当锚筋采用 HPB300 级钢筋时末端还应有弯钩。当无法满足锚固长度的要求时，应采取其他有效的锚固措施。受剪和受压直锚筋的锚固长度不应小于 $15d$，d 为锚筋的直径。

9.7.5 预制构件宜采用内埋式螺母、内埋式吊杆或预留吊装孔，并采用配套的专用吊具实现吊装，也可采用吊环吊装。

内埋式螺母或内埋式吊杆的设计与构造，应满足起吊方便和吊装安全的要求。专用内埋式螺母或内埋式吊杆及配套吊具，应根据相应的产品标准和应用技术规定选用。

9.7.6 吊环应采用 HPB300 钢筋或 Q235B 圆钢，并应符合下列规定：

1 吊环锚入混凝土中的深度不应小于 $30d$ 并应焊接或绑扎在钢筋骨架上，d 为吊环钢筋或圆钢的直径。

2 应验算在荷载标准值作用下的吊环应力，验算时每个吊环可按两个截面计算。对 HPB300 钢筋，吊环应力不应大于 $65N/mm^2$；对 Q235B 圆钢，吊环应力不应大于 $50N/mm^2$。

3 当在一个构件上设有 4 个吊环时，应按 3 个吊环进行计算。

9.7.7 混凝土预制构件吊装设施的位置应能保证构件在吊装、运输过程中平稳受力。设置预埋件、吊环、吊装孔及各种内埋式预留吊具时，应对构件在该处承受吊装荷载作用的效应进行承载力的验算，并应采取相应的构造措施，避免吊点处混凝土局部破坏。

10 预应力混凝土结构构件

10.1 一般规定

10.1.1 预应力混凝土结构构件，除应根据设计状况进行承载力计算及正常使用极限状态验算外，尚应对施工阶段进行验算。

10.1.2 预应力混凝土结构设计应计入预应力作用效应；对超静定结构，相应的次弯矩、次剪力及次轴力等应参与组合计算。

对承载能力极限状态，当预应力作用效应对结构有利时，预应力作用分项系数 γ_p 应取 1.0，不利时 γ_p 应取 1.2；对正常使用极限状态，预应力作用分项系数 γ_p 应取 1.0。

对参与组合的预应力作用效应项，当预应力作用效应对承载力有利时，结构重要性系数 γ_0 应取 1.0；当预应力作用效应对承载力不利时，结构重要性系数 γ_0 应按本规范第 3.3.2 条确定。

10.1.3 预应力筋的张拉控制应力 σ_{con} 应符合下列规定：

1 消除应力钢丝、钢绞线
$$\sigma_{con} \leqslant 0.75 f_{ptk} \qquad (10.1.3-1)$$

2 中强度预应力钢丝
$$\sigma_{con} \leqslant 0.70 f_{ptk} \qquad (10.1.3-2)$$

3 预应力螺纹钢筋
$$\sigma_{con} \leqslant 0.85 f_{pyk} \qquad (10.1.3-3)$$

式中：f_{ptk}——预应力筋极限强度标准值；

f_{pyk}——预应力螺纹钢筋屈服强度标准值。

消除应力钢丝、钢绞线、中强度预应力钢丝的张拉控制应力值不应小于 $0.4 f_{ptk}$；预应力螺纹钢筋的张拉应力控制值不宜小于 $0.5 f_{pyk}$。

当符合下列情况之一时，上述张拉控制应力限值可相应提高 $0.05 f_{ptk}$ 或 $0.05 f_{pyk}$：

1） 要求提高构件在施工阶段的抗裂性能而在使用阶段受压区内设置的预应力筋；

2） 要求部分抵消由于应力松弛、摩擦、钢筋分批张拉以及预应力筋与张拉台座之间的温差等因素产生的预应力损失。

10.1.4 施加预应力时，所需的混凝土立方体抗压强度应经计算确定，但不宜低于设计的混凝土强度等级值的 75%。

> 注：当张拉预应力筋是为防止混凝土早期出现的收缩裂缝时，可不受上述限制，但应符合局部受压承载力的规定。

10.1.5 后张法预应力混凝土超静定结构，由预应力引起的内力和变形可采用弹性理论分析，并宜符合下列规定：

1 按弹性分析计算时，次弯矩 M_2 宜按下列公

式计算:

$$M_2 = M_r - M_1 \qquad (10.1.5\text{-}1)$$

$$M_1 = N_p e_{pn} \qquad (10.1.5\text{-}2)$$

式中: N_p —— 后张法预应力混凝土构件的预加力, 按本规范公式 (10.1.7-3) 计算;

e_{pn} —— 净截面重心至预加力作用点的距离, 按本规范公式 (10.1.7-4) 计算;

M_1 —— 预加力 N_p 对净截面重心偏心引起的弯矩值;

M_r —— 由预加力 N_p 的等效荷载在结构构件截面上产生的弯矩值。

次剪力可根据构件次弯矩的分布分析计算, 次轴力宜根据结构的约束条件进行计算。

2 在设计中宜采取措施, 避免或减少支座、柱、墙等约束构件对梁、板预应力作用效应的不利影响。

10.1.6 由预加力产生的混凝土法向应力及相应阶段预应力筋的应力, 可分别按下列公式计算:

1 先张法构件

由预加力产生的混凝土法向应力

$$\sigma_{pc} = \frac{N_{p0}}{A_0} \pm \frac{N_{p0} e_{p0}}{I_0} y_0 \qquad (10.1.6\text{-}1)$$

相应阶段预应力筋的有效预应力

$$\sigma_{pe} = \sigma_{con} - \sigma_l - \alpha_E \sigma_{pc} \qquad (10.1.6\text{-}2)$$

预应力筋合力点处混凝土法向应力等于零时的预应力筋应力

$$\sigma_{p0} = \sigma_{con} - \sigma_l \qquad (10.1.6\text{-}3)$$

2 后张法构件

由预加力产生的混凝土法向应力

$$\sigma_{pc} = \frac{N_p}{A_n} \pm \frac{N_p e_{pn}}{I_n} y_n + \sigma_{p2} \qquad (10.1.6\text{-}4)$$

相应阶段预应力筋的有效预应力

$$\sigma_{pe} = \sigma_{con} - \sigma_l \qquad (10.1.6\text{-}5)$$

预应力筋合力点处混凝土法向应力等于零时的预应力筋应力

$$\sigma_{p0} = \sigma_{con} - \sigma_l + \alpha_E \sigma_{pc} \qquad (10.1.6\text{-}6)$$

式中: A_n —— 净截面面积, 即扣除孔道、凹槽等削弱部分以外的混凝土全部截面面积及纵向非预应力筋截面面积换算成混凝土的截面面积之和; 对由不同混凝土强度等级组成的截面, 应根据混凝土弹性模量比值换算成同一混凝土强度等级的截面面积;

A_0 —— 换算截面面积: 包括净截面面积以及全部纵向预应力筋截面面积换算成混凝土的截面面积;

I_0、I_n —— 换算截面惯性矩、净截面惯性矩;

e_{p0}、e_{pn} —— 换算截面重心、净截面重心至预加力作用点的距离, 按本规范第 10.1.7 条的规定计算;

y_0、y_n —— 换算截面重心、净截面重心至所计算纤维处的距离;

σ_l —— 相应阶段的预应力损失值, 按本规范第 10.2.1 条~ 第 10.2.7 条的规定计算;

α_E —— 钢筋弹性模量与混凝土弹性模量的比值: $\alpha_E = E_s / E_c$, 此处, E_s 按本规范表 4.2.5 采用, E_c 按本规范表 4.1.5 采用;

N_{p0}、N_p —— 先张法构件、后张法构件的预加力, 按本规范第 10.1.7 条计算;

σ_{p2} —— 由预应力次内力引起的混凝土截面法向应力。

注: 在公式 (10.1.6-1)、公式 (10.1.6-4) 中, 右边第二项与第一项的应力方向相同时取加号, 相反时取减号; 公式 (10.1.6-2)、公式 (10.1.6-6) 适用于 σ_{pc} 为压应力的情况, 当 σ_{pc} 为拉应力时, 应以负值代入。

10.1.7 预加力及其作用点的偏心距 (图 10.1.7) 宜按下列公式计算:

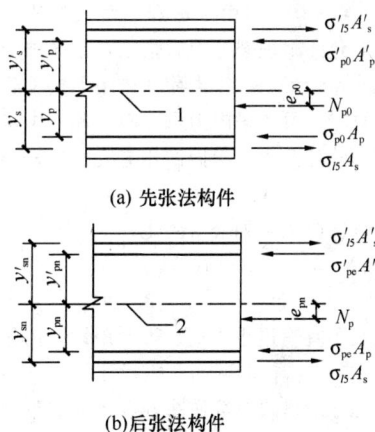

(a) 先张法构件

(b) 后张法构件

图 10.1.7 预加力作用点位置
1—换算截面重心轴; 2—净截面重心轴

1 先张法构件

$$N_{p0} = \sigma_{p0} A_p + \sigma'_{p0} A'_p - \sigma_{l5} A_s - \sigma'_{l5} A'_s \qquad (10.1.7\text{-}1)$$

$$e_{p0} = \frac{\sigma_{p0} A_p y_p - \sigma'_{p0} A'_p y'_p - \sigma_{l5} A_s y_s + \sigma'_{l5} A'_s y'_s}{\sigma_{p0} A_p + \sigma'_{p0} A'_p - \sigma_{l5} A_s - \sigma'_{l5} A'_s} \qquad (10.1.7\text{-}2)$$

2 后张法构件:

$$N_p = \sigma_{pe} A_p + \sigma'_{pe} A'_p - \sigma_{l5} A_s - \sigma'_{l5} A'_s \qquad (10.1.7\text{-}3)$$

$$e_{pn} = \frac{\sigma_{pe} A_p y_{pn} - \sigma'_{pe} A'_p y'_{pn} - \sigma_{l5} A_s y_{sn} + \sigma'_{l5} A'_s y'_{sn}}{\sigma_{pe} A_p + \sigma'_{pe} A'_p - \sigma_{l5} A_s - \sigma'_{l5} A'_s} \qquad (10.1.7\text{-}4)$$

式中: σ_{p0}、σ'_{p0} —— 受拉区、受压区预应力筋合力点处混凝土法向应力等于零时的预应力筋应力;

σ_{pe}、σ'_{pe} —— 受拉区、受压区预应力筋的有效

预应力；

A_p、A'_p——受拉区、受压区纵向预应力筋的截面面积；

A_s、A'_s——受拉区、受压区纵向普通钢筋的截面面积；

y_p、y'_p——受拉区、受压区预应力合力点至换算截面重心的距离；

y_s、y'_s——受拉区、受压区普通钢筋重心至换算截面重心的距离；

σ_{l5}、σ'_{l5}——受拉区、受压区预应力筋在各自合力点处混凝土收缩和徐变引起的预应力损失值，按本规范第10.2.5条的规定计算；

y_{pn}、y'_{pn}——受拉区、受压区预应力合力点至净截面重心的距离；

y_{sn}、y'_{sn}——受拉区、受压区普通钢筋重心至净截面重心的距离。

注：1 当公式（10.1.7-1）～公式（10.1.7-4）中的 $A'_p=0$ 时，可取式中 $\sigma'_{l5}=0$；
2 当计算次内力时，公式（10.1.7-3）、公式（10.1.7-4）中的 σ_{l5} 和 σ'_{l5} 可近似取零。

10.1.8 对允许出现裂缝的后张法有粘结预应力混凝土框架梁及连续梁，在重力荷载作用下按承载能力极限状态计算时，可考虑内力重分布，并应满足正常使用极限状态验算要求。当截面相对受压区高度 ξ 不小于 0.1 且不大于 0.3 时，其任一跨内的支座截面最大负弯矩设计值可按下列公式确定：

$$M = (1-\beta)(M_{GQ} + M_2) \quad (10.1.8-1)$$
$$\beta = 0.2(1 - 2.5\xi) \quad (10.1.8-2)$$

且调幅幅度不宜超过重力荷载下弯矩设计值的 20%。

式中：M——支座控制截面弯矩设计值；

M_{GQ}——控制截面按弹性分析计算的重力荷载弯矩设计值；

ξ——截面相对受压区高度，应按本规范第 6 章的规定计算；

β——弯矩调幅系数。

10.1.9 先张法构件预应力筋的预应力传递长度 l_{tr} 应按下列公式计算：

$$l_{tr} = \alpha \frac{\sigma_{pe}}{f'_{tk}} d \quad (10.1.9)$$

式中：σ_{pe}——放张时预应力筋的有效预应力；

d——预应力筋的公称直径，按本规范附录 A 采用；

α——预应力筋的外形系数，按本规范表 8.3.1 采用；

f'_{tk}——与放张时混凝土立方体抗压强度 f'_{cu} 相应的轴心抗拉强度标准值，按本规范表 4.1.3-2 以线性内插法确定。

当采用骤然放张预应力的施工工艺时，对光面预应力钢丝，l_{tr} 的起点应从距构件末端 $l_{tr}/4$ 处开始计算。

10.1.10 计算先张法预应力混凝土构件端部锚固区的正截面和斜截面受弯承载力时，锚固长度范围内的预应力筋抗拉强度设计值在锚固起点处应取为零，在锚固终点处应取为 f_{py}，两点之间可按线性内插法确定。预应力筋的锚固长度 l_a 应按本规范第 8.3.1 条确定。

当采用骤然放张预应力的施工工艺时，对光面预应力钢丝的锚固长度应从距构件末端 $l_{tr}/4$ 处开始计算。

10.1.11 对制作、运输及安装等施工阶段预拉区允许出现拉应力的构件，或预压时全截面受压的构件，在预加力、自重及施工荷载作用下（必要时应考虑动力系数）截面边缘的混凝土法向应力宜符合下列规定（图10.1.11）：

$$\sigma_{ct} \leqslant f'_{tk} \quad (10.1.11-1)$$
$$\sigma_{cc} \leqslant 0.8 f'_{ck} \quad (10.1.11-2)$$

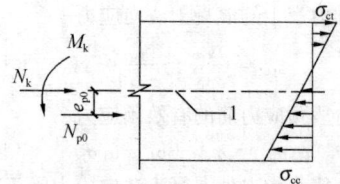

(a) 先张法构件

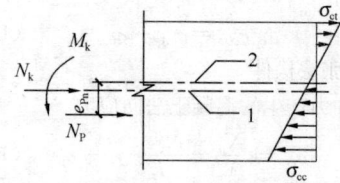

(b) 后张法构件

图 10.1.11 预应力混凝土构件施工阶段验算
1—换算截面重心轴；2—净截面重心轴

简支构件的端部区段截面预拉区边缘纤维的混凝土拉应力允许大于 f'_{tk}，但不应大于 $1.2f'_{tk}$。

截面边缘的混凝土法向应力可按下列公式计算：

$$\sigma_{cc} \text{ 或 } \sigma_{ct} = \sigma_{pc} + \frac{N_k}{A_0} \pm \frac{M_k}{W_0} \quad (10.1.11-3)$$

式中：σ_{ct}——相应施工阶段计算截面预拉区边缘纤维的混凝土拉应力；

σ_{cc}——相应施工阶段计算截面预压区边缘纤维的混凝土压应力；

f'_{tk}、f'_{ck}——与各施工阶段混凝土立方体抗压强度 f'_{cu} 相应的抗拉强度标准值、抗压强度标准值，按本规范表 4.1.3-2、表 4.1.3-1 以线性内插法分别确定；

N_k、M_k——构件自重及施工荷载的标准组合在计算截面产生的轴向力值、弯矩值；

W_0——验算边缘的换算截面弹性抵抗矩。

注：1 预拉区、预压区分别系指施加预应力时形成的截面拉应力区、压应力区；

2 公式（10.1.11-3）中，当 σ_{pc} 为压应力时取正值，当 σ_{pc} 为拉应力时取负值；当 N_k 为轴向压力时取正值，当 N_k 为轴向拉力时取负值；当 M_k 产生的边缘纤维应力为压应力时式中符号取加号，拉应力时式中符号取减号；

3 当有可靠的工程经验时，叠合式受弯构件预拉区的混凝土法向拉应力可按 σ_{ct} 不大于 $2f'_{tk}$ 控制。

10.1.12 施工阶段预拉区允许出现拉应力的构件，预拉区纵向钢筋的配筋率 $(A'_s + A'_p)/A$ 不宜小于 0.15%，对后张法构件不应计入 A'_p，其中，A 为构件截面面积。预拉区纵向普通钢筋的直径不宜大于 14mm，并应沿构件预拉区的外边缘均匀配置。

注：施工阶段预拉区不允许出现裂缝的板类构件，预拉区纵向钢筋的配筋可根据具体情况按实践经验确定。

10.1.13 先张法和后张法预应力混凝土结构构件，在承载力和裂缝宽度计算中，所用的混凝土法向预应力等于零时的预加力 N_{p0} 及其作用点的偏心距 e_{p0}，均应按本规范公式（10.1.7-1）及公式（10.1.7-2）计算，此时，先张法和后张法构件预应力筋的应力 σ_{p0}、σ'_{p0} 均应按本规范第 10.1.6 条的规定计算。

10.1.14 无粘结预应力矩形截面受弯构件，在进行正截面承载力计算时，无粘结预应力筋的应力设计值 σ_{pu} 宜按下列公式计算：

$$\sigma_{pu} = \sigma_{pe} + \Delta\sigma_p \quad (10.1.14-1)$$

$$\Delta\sigma_p = (240 - 335\xi_p)\left(0.45 + 5.5\frac{h}{l_0}\right)\frac{l_2}{l_1} \quad (10.1.14-2)$$

$$\xi_p = \frac{\sigma_{pe}A_p + f_yA_s}{f_cbh_p} \quad (10.1.14-3)$$

对于跨数不少于 3 跨的连续梁、连续单向板及连续双向板，$\Delta\sigma_p$ 取值不应小于 50N/mm²。

无粘结预应力筋的应力设计值 σ_{pu} 尚应符合下列条件：

$$\sigma_{pu} \leqslant f_{py} \quad (10.1.14-4)$$

式中：σ_{pe}——扣除全部预应力损失后，无粘结预应力筋中的有效预应力（N/mm²）；

$\Delta\sigma_p$——无粘结预应力筋中的应力增量（N/mm²）；

ξ_p——综合配筋特征值，不宜大于 0.4；对于连续梁、板，取各跨内支座和跨中截面综合配筋特征值的平均值；

h——受弯构件截面高度；

h_p——无粘结预应力筋合力点至截面受压边缘的距离；

l_1——连续无粘结预应力筋两个锚固端间的总长度；

l_2——与 l_1 相关的由活荷载最不利布置图确定的荷载跨长度之和。

翼缘位于受压区的 T 形、I 形截面受弯构件，当受压区高度大于翼缘高度时，综合配筋特征值 ξ_p 可按下式计算：

$$\xi_p = \frac{\sigma_{pe}A_p + f_yA_s - f_c(b'_f - b)h'_f}{f_cbh_p}$$

$$(10.1.14-5)$$

式中：h'_f——T 形、I 形截面受压区的翼缘高度；

b'_f——T 形、I 形截面受压区的翼缘计算宽度。

10.1.15 无粘结预应力混凝土受弯构件的受拉区，纵向普通钢筋截面面积 A_s 的配置应符合下列规定：

1 单向板

$$A_s \geqslant 0.002bh \quad (10.1.15-1)$$

式中：b——截面宽度；

h——截面高度。

纵向普通钢筋直径不应小于 8mm，间距不应大于 200mm。

2 梁

A_s 应取下列两式计算结果的较大值：

$$A_s \geqslant \frac{1}{3}\left(\frac{\sigma_{pu}h_p}{f_yh_s}\right)A_p \quad (10.1.15-2)$$

$$A_s \geqslant 0.003bh \quad (10.1.15-3)$$

式中：h_s——纵向受拉普通钢筋合力点至截面受压边缘的距离。

纵向受拉普通钢筋直径不宜小于 14mm，且宜均匀分布在梁的受拉边缘。

对按一级裂缝控制等级设计的梁，当无粘结预应力筋承担不小于 75% 的弯矩设计值时，纵向受拉普通钢筋面积应满足承载力计算和公式（10.1.15-3）的要求。

10.1.16 无粘结预应力混凝土板柱结构中的双向平板，其纵向普通钢筋截面面积 A_s 及其分布应符合下列规定：

1 在柱边的负弯矩区，每一方向上纵向普通钢筋的截面面积应符合下列规定：

$$A_s \geqslant 0.00075hl \quad (10.1.16-1)$$

式中：l——平行于计算纵向受力钢筋方向上板的跨度；

h——板的厚度。

由上式确定的纵向普通钢筋，应分布在各离柱边 $1.5h$ 的板宽范围内。每一方向至少应设置 4 根直径不小于 16mm 的钢筋。纵向钢筋间距不应大于 300mm，外伸出柱边长度至少为支座每一边净跨的 1/6。在承载力计算中考虑纵向普通钢筋的作用时，其伸出柱边的长度应按计算确定，并应符合本规范第 8.3 节对锚固长度的规定。

2 在荷载标准组合下，当正弯矩区每一方向上抗裂验算边缘的混凝土法向拉应力满足下列规定时，正弯矩区可仅按构造配置纵向普通钢筋：

$$\sigma_{ck} - \sigma_{pc} \leqslant 0.4f_{tk} \quad (10.1.16-2)$$

3 在荷载标准组合下，当正弯矩区每一个方向上抗裂验算边缘的混凝土法向拉应力超过 $0.4f_{tk}$ 且不大于

$1.0f_{tk}$ 时，纵向普通钢筋的截面面积应符合下列规定：

$$A_s \geqslant \frac{N_{tk}}{0.5f_y} \qquad (10.1.16\text{-}3)$$

式中：N_{tk}——在荷载标准组合下构件混凝土未开裂
截面受拉区的合力；

f_y——钢筋的抗拉强度设计值，当 f_y 大于
360N/mm^2 时，取 360N/mm^2。

纵向普通钢筋应均匀分布在板的受拉区内，并应
靠近受拉边缘通长布置。

4 在平板的边缘和拐角处，应设置暗圈梁或设
置钢筋混凝土边梁。暗圈梁的纵向钢筋直径不应小于
12mm，且不应少于 4 根；箍筋直径不应小于 6mm，
间距不应大于 150mm。

注：在温度、收缩应力较大的现浇双向平板区域内，应
按本规范第 9.1.8 条配置普通构造钢筋网。

10.1.17 预应力混凝土受弯构件的正截面受弯承载
力设计值应符合下列要求：

$$M_u \geqslant M_{cr} \qquad (10.1.17)$$

式中：M_u——构件的正截面受弯承载力设计值，按
本规范公式（6.2.10-1）、公式
（6.2.11-2）或公式（6.2.14）计算，
但应取等号，并将 M 以 M_u 代替；

M_{cr}——构件的正截面开裂弯矩值，按本规范
公式（7.2.3-6）计算。

10.2 预应力损失值计算

10.2.1 预应力筋中的预应力损失值可按表 10.2.1
的规定计算。

表 10.2.1 预应力损失值（N/mm²）

引起损失的因素		符号	先张法构件	后张法构件
张拉端锚具变形和预应力筋内缩		σ_{l1}	按本规范第10.2.2条的规定计算	按本规范第10.2.2条和第10.2.3条的规定计算
预应力筋的摩擦	与孔道壁之间的摩擦	σ_{l2}		按本规范第10.2.4条的规定计算
	张拉端锚口摩擦		按实测值或厂家提供的数据确定	
	在转向装置处的摩擦		按实际情况确定	
混凝土加热养护时，预应力筋与承受拉力的设备之间的温差		σ_{l3}	$2\Delta t$	
预应力筋的应力松弛		σ_{l4}	消除应力钢丝、钢绞线 普通松弛 $0.4\left(\dfrac{\sigma_{con}}{f_{ptk}}-0.5\right)\sigma_{con}$ 低松弛： 当 $\sigma_{con} \leqslant 0.7f_{ptk}$ 时 $0.125\left(\dfrac{\sigma_{con}}{f_{ptk}}-0.5\right)\sigma_{con}$ 当 $0.7f_{ptk}<\sigma_{con}\leqslant 0.8f_{ptk}$ 时 $0.2\left(\dfrac{\sigma_{con}}{f_{ptk}}-0.575\right)\sigma_{con}$ 中强度预应力钢丝：$0.08\sigma_{con}$ 预应力螺纹钢筋：$0.03\sigma_{con}$	

续表 10.2.1

引起损失的因素	符号	先张法构件	后张法构件
混凝土的收缩和徐变	σ_{l5}	按本规范第10.2.5条的规定计算	
用螺旋式预应力筋作配筋的环形构件，当直径 d 不大于 3m 时，由于混凝土的局部挤压	σ_{l6}	—	30

注：1 表中 Δt 为混凝土加热养护时，预应力筋与承受拉力的设备之间的温
差（℃）；

2 当 $\sigma_{con}/f_{ptk}\leqslant 0.5$ 时，预应力筋的应力松弛损失值可取为零。

当计算求得的预应力总损失值小于下列数值时，
应按下列数值取用：

先张法构件　　　　100N/mm^2；

后张法构件　　　　80N/mm^2。

10.2.2 直线预应力筋由于锚具变形和预应力筋内缩
引起的预应力损失值 σ_{l1} 应按下列公式计算：

$$\sigma_{l1}=\frac{a}{l}E_s \qquad (10.2.2)$$

式中：a——张拉端锚具变形和预应力筋内缩值
（mm），可按表 10.2.2 采用；

l——张拉端至锚固端之间的距离（mm）。

表 10.2.2 锚具变形和预应力筋内缩值 a（mm）

锚具类别		a
支承式锚具（钢丝束镦头锚具等）	螺帽缝隙	1
	每块后加垫板的缝隙	1
夹片式锚具	有顶压时	5
	无顶压时	6～8

注：1 表中的锚具变形和预应力筋内缩值也可根据实测
数据确定；

2 其他类型的锚具变形和预应力筋内缩值应根据实
测数据确定。

块体拼成的结构，其预应力损失尚应计及块体间
填缝的预压变形。当采用混凝土或砂浆为填缝材料
时，每条填缝的预压变形值可取为 1mm。

10.2.3 后张法构件曲线预应力筋或折线预应力筋由
于锚具变形和预应力筋内缩引起的预应力损失值 σ_{l1}，
应根据曲线预应力筋或折线预应力筋与孔道壁之间反
向摩擦影响长度 l_f 范围内的预应力筋变形值等于锚
具变形和预应力筋内缩值的条件确定，反向摩擦系数
可按表 10.2.4 中的数值采用。

反向摩擦影响长度 l_f 及常用束形的后张预应力
筋在反向摩擦影响长度 l_f 范围内的预应力损失值 σ_{l1}
可按本规范附录 J 计算。

10.2.4 预应力筋与孔道壁之间的摩擦引起的预应力
损失值 σ_{l2}，宜按下列公式计算：

$$\sigma_{l2}=\sigma_{con}\left(1-\frac{1}{e^{\kappa x+\mu\theta}}\right) \qquad (10.2.4\text{-}1)$$

当（$\kappa x+\mu\theta$）不大于 0.3 时，σ_{l2} 可按下列近似

公式计算：

$$\sigma_{l2} = (\kappa x + \mu\theta)\sigma_{con} \quad (10.2.4\text{-}2)$$

注：当采用夹片式群锚体系时，在 σ_{con} 中宜扣除锚口摩擦损失。

式中：x——从张拉端至计算截面的孔道长度，可近似取该段孔道在纵轴上的投影长度（m）；

θ——从张拉端至计算截面曲线孔道各部分切线的夹角之和（rad）；

κ——考虑孔道每米长度局部偏差的摩擦系数，按表 10.2.4 采用；

μ——预应力筋与孔道壁之间的摩擦系数，按表 10.2.4 采用。

表 10.2.4　摩擦系数

孔道成型方式	κ	μ	
		钢绞线、钢丝束	预应力螺纹钢筋
预埋金属波纹管	0.0015	0.25	0.50
预埋塑料波纹管	0.0015	0.15	—
预埋钢管	0.0010	0.30	—
抽芯成型	0.0014	0.55	0.60
无粘结预应力筋	0.0040	0.09	—

注：摩擦系数也可根据实测数据确定。

在公式（10.2.4-1）中，对按抛物线、圆弧曲线变化的空间曲线及可分段后叠加的广义空间曲线，夹角之和 θ 可按下列近似公式计算：

抛物线、圆弧曲线：$\theta = \sqrt{\alpha_v^2 + \alpha_h^2}$ (10.2.4-3)

广义空间曲线：$\theta = \sum\sqrt{\Delta\alpha_v^2 + \Delta\alpha_h^2}$ (10.2.4-4)

式中：α_v、α_h——按抛物线、圆弧曲线变化的空间曲线预应力筋在竖直向、水平向投影所形成抛物线、圆弧曲线的弯转角；

$\Delta\alpha_v$、$\Delta\alpha_h$——广义空间曲线预应力筋在竖直向、水平向投影所形成分段曲线的弯转角增量。

10.2.5 混凝土收缩、徐变引起受拉区和受压区纵向预应力筋的预应力损失值 σ_{l5}、σ'_{l5} 可按下列方法确定：

1 一般情况

先张法构件

$$\sigma_{l5} = \frac{60 + 340\dfrac{\sigma_{pc}}{f'_{cu}}}{1 + 15\rho} \quad (10.2.5\text{-}1)$$

$$\sigma'_{l5} = \frac{60 + 340\dfrac{\sigma'_{pc}}{f'_{cu}}}{1 + 15\rho'} \quad (10.2.5\text{-}2)$$

后张法构件

$$\sigma_{l5} = \frac{55 + 300\dfrac{\sigma_{pc}}{f'_{cu}}}{1 + 15\rho} \quad (10.2.5\text{-}3)$$

$$\sigma'_{l5} = \frac{55 + 300\dfrac{\sigma'_{pc}}{f'_{cu}}}{1 + 15\rho'} \quad (10.2.5\text{-}4)$$

式中：σ_{pc}、σ'_{pc}——受拉区、受压区预应力筋合力点处的混凝土法向压应力；

f'_{cu}——施加预应力时的混凝土立方体抗压强度；

ρ、ρ'——受拉区、受压区预应力筋和普通钢筋的配筋率：对先张法构件，$\rho = (A_p + A_s)/A_0$，$\rho' = (A'_p + A'_s)/A_0$；对后张法构件，$\rho = (A_p + A_s)/A_n$，$\rho' = (A'_p + A'_s)/A_n$；对于对称配置预应力筋和普通钢筋的构件，配筋率 ρ、ρ' 应按钢筋总截面面积的一半计算。

受拉区、受压区预应力筋合力点处的混凝土法向压应力 σ_{pc}、σ'_{pc} 应按本规范第 10.1.6 条及第 10.1.7 条的规定计算。此时，预应力损失值仅考虑混凝土预压前（第一批）的损失，其普通钢筋中的应力 σ_{l5}、σ'_{l5} 值应取为零；σ_{pc}、σ'_{pc} 不得大于 $0.5f'_{cu}$；当 σ'_{pc} 为拉应力时，公式（10.2.5-2）、公式（10.2.5-4）中的 σ'_{pc} 应取为零。计算混凝土法向应力 σ_{pc}、σ'_{pc} 时，可根据构件制作情况考虑自重的影响。

当结构处于年平均相对湿度低于 40% 的环境下，σ_{l5} 和 σ'_{l5} 值应增加 30%。

2 对重要的结构构件，当需要考虑与时间相关的混凝土收缩、徐变及预应力筋应力松弛预应力损失值时，宜按本规范附录 K 进行计算。

10.2.6 后张法构件的预应力筋采用分批张拉时，应考虑后批张拉预应力筋所产生的混凝土弹性压缩或伸长对于先批张拉预应力筋的影响，可将先批张拉预应力筋的张拉控制应力值 σ_{con} 增加或减小 $\alpha_E\sigma_{pci}$。此处，σ_{pci} 为后批张拉预应力筋在先批张拉预应力筋重心处产生的混凝土法向应力。

10.2.7 预应力混凝土构件在各阶段的预应力损失值宜按表 10.2.7 的规定进行组合。

表 10.2.7　各阶段预应力损失值的组合

预应力损失值的组合	先张法构件	后张法构件
混凝土预压前（第一批）的损失	$\sigma_{l1} + \sigma_{l2} + \sigma_{l3} + \sigma_{l4}$	$\sigma_{l1} + \sigma_{l2}$
混凝土预压后（第二批）的损失	σ_{l5}	$\sigma_{l4} + \sigma_{l5} + \sigma_{l6}$

注：先张法构件由于预应力筋应力松弛引起的损失值 σ_{l4} 在第一批和第二批损失中所占的比例，如需区分，可根据实际情况确定。

10.3　预应力混凝土构造规定

10.3.1 先张法预应力筋之间的净间距不宜小于其公称直径的 2.5 倍和混凝土粗骨料最大粒径的 1.25 倍，

且应符合下列规定：预应力钢丝，不应小于15mm；三股钢绞线，不应小于20mm；七股钢绞线，不应小于25mm。当混凝土振捣密实性具有可靠保证时，净间距可放宽为最大粗骨料粒径的1.0倍。

10.3.2 先张法预应力混凝土构件端部宜采取下列构造措施：

1 单根配置的预应力筋，其端部宜设置螺旋筋；

2 分散布置的多根预应力筋，在构件端部$10d$且不小于100mm长度范围内，宜设置3～5片与预应力筋垂直的钢筋网片，此处d为预应力筋的公称直径；

3 采用预应力钢丝配筋的薄板，在板端100mm长度范围内宜适当加密横向钢筋；

4 槽形板类构件，应在构件端部100mm长度范围内沿构件板面设置附加横向钢筋，其数量不应少于2根。

10.3.3 预制肋形板，宜设置加强其整体性和横向刚度的横肋。端横肋的受力钢筋应弯入纵肋内。当采用先张长线法生产有端横肋的预应力混凝土肋形板时，应在设计和制作上采取防止放张预应力时端横肋产生裂缝的有效措施。

10.3.4 在预应力混凝土屋面梁、吊车梁等构件靠近支座的斜向主拉应力较大部位，宜将一部分预应力筋弯起配置。

10.3.5 预应力筋在构件端部全部弯起的受弯构件或直线配筋的先张法构件，当构件端部与下部支承结构焊接时，应考虑混凝土收缩、徐变及温度变化所产生的不利影响，宜在构件端部可能产生裂缝的部位设置纵向构造钢筋。

10.3.6 后张法预应力筋所用锚具、夹具和连接器等的形式和质量应符合国家现行有关标准的规定。

10.3.7 后张法预应力筋及预留孔道布置应符合下列构造规定：

1 预制构件中预留孔道之间的水平净间距不宜小于50mm，且不宜小于粗骨料粒径的1.25倍；孔道至构件边缘的净间距不宜小于30mm，且不宜小于孔道直径的50%。

2 现浇混凝土梁中预留孔道在竖直方向的净间距不应小于孔道外径，水平方向的净间距不宜小于1.5倍孔道外径，且不应小于粗骨料粒径的1.25倍；从孔道外壁至构件边缘的净间距，梁底不宜小于50mm，梁侧不宜小于40mm，裂缝控制等级为三级的梁，梁底、梁侧分别不宜小于60mm和50mm。

3 预留孔道的内径宜比预应力束外径及需穿过孔道的连接器外径大6mm～15mm，且孔道的截面积宜为穿入预应力束截面积的3.0～4.0倍。

4 当有可靠经验并能保证混凝土浇筑质量时，预留孔道可水平并列贴紧布置，但并排的数量不应超过2束。

5 在现浇楼板中采用扁形锚固体系时，穿过每个预留孔道的预应力筋数量宜为3～5根；在常用荷载情况下，孔道在水平方向的净间距不应超过8倍板厚及1.5m中的较大值。

6 板中单根无粘结预应力筋的间距不宜大于板厚的6倍，且不宜大于1m；带状束的无粘结预应力筋根数不宜多于5根，带状束间距不宜大于板厚的12倍，且不宜大于2.4m。

7 梁中集束布置的无粘结预应力筋，集束的水平净间距不宜小于50mm，束至构件边缘的净距不宜小于40mm。

10.3.8 后张法预应力混凝土构件的端部锚固区，应按下列规定配置间接钢筋：

1 采用普通垫板时，应按本规范第6.6节的规定进行局部受压承载力计算，并配置间接钢筋，其体积配筋率不应小于0.5%，垫板的刚性扩散角应取45°；

2 局部受压承载力计算时，局部压力设计值对有粘结预应力混凝土构件取1.2倍张拉控制力，对无粘结预应力混凝土取1.2倍张拉控制力和（$f_{ptk}A_p$）中的较大值；

3 当采用整体铸造垫板时，其局部受压区的设计应符合相关标准的规定；

4 在局部受压间接钢筋配置区以外，在构件端部长度l不小于截面重心线上部或下部预应力筋的合力点至邻近边缘的距离e的3倍、但不大于构件端部截面高度h的1.2倍，高度为$2e$的附加配筋区范围内，应均匀配置附加防劈裂箍筋或网片（图10.3.8），配筋面积可按下列公式计算：

$$A_{sb} \geqslant 0.18 \left(1 - \frac{l_l}{l_b}\right) \frac{P}{f_{yv}} \quad (10.3.8-1)$$

且体积配筋率不应小于0.5%。

式中：P——作用在构件端部截面重心线上部或下部预应力筋的合力设计值，可按本条第2款的规定确定；

l_l、l_b——分别为沿构件高度方向A_l、A_b的边长或直径，A_l、A_b按本规范第6.6.2条确定；

f_{yv}——附加防劈裂钢筋的抗拉强度设计值，按本规范第4.2.3条的规定采用。

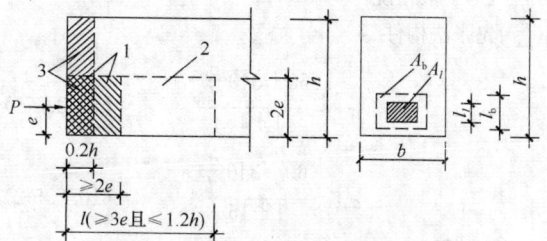

图10.3.8 防止端部裂缝的配筋范围

1—局部受压间接钢筋配置区；2—附加防劈裂配筋区；3—附加防端面裂缝配筋区

5 当构件端部预应力筋需集中布置在截面下部或集中布置在上部和下部时，应在构件端部 $0.2h$ 范围内设置附加竖向防端面裂缝构造钢筋（图10.3.8），其截面面积应符合下列公式要求：

$$A_{sv} \geqslant \frac{T_s}{f_{yv}} \tag{10.3.8-2}$$

$$T_s = \left(0.25 - \frac{e}{h}\right)P \tag{10.3.8-3}$$

式中：T_s——锚固端端面拉力；

P——作用在构件端部截面重心线上部或下部预应力筋的合力设计值，可按本条第2款的规定确定；

e——截面重心线上部或下部预应力筋的合力点至截面近边缘的距离；

h——构件端部截面高度。

当 e 大于 $0.2h$ 时，可根据实际情况适当配置构造钢筋。竖向防端面裂缝钢筋宜靠近端面配置，可采用焊接钢筋网、封闭式箍筋或其他的形式，且宜采用带肋钢筋。

当端部截面上部和下部均有预应力筋时，附加竖向钢筋的总截面面积应按上部和下部的预应力合力分别计算的较大值采用。

在构件端面横向也应按上述方法计算抗端面裂缝钢筋，并与上述竖向钢筋形成网片筋配置。

10.3.9 当构件在端部有局部凹进时，应增设折线构造钢筋（图10.3.9）或其他有效的构造钢筋。

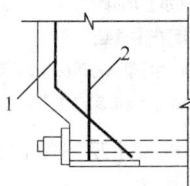

图10.3.9 端部凹进处构造钢筋
1—折线构造钢筋；2—竖向构造钢筋

10.3.10 后张法预应力混凝土构件中，当采用曲线预应力束时，其曲率半径 r_p 宜按下列公式确定，但不宜小于4m。

$$r_p \geqslant \frac{P}{0.35 f_c d_p} \tag{10.3.10}$$

式中：P——预应力束的合力设计值，可按本规范第10.3.8条第2款的规定确定；

r_p——预应力束的曲率半径（m）；

d_p——预应力束孔道的外径；

f_c——混凝土轴心抗压强度设计值；当验算张拉阶段曲率半径时，可取与施工阶段混凝土立方体抗压强度 f'_{cu} 对应的抗压强度设计值 f'_c，按本规范表4.1.4-1以线性内插法确定。

对于折线配筋的构件，在预应力束弯折处的曲率半径可适当减小。当曲率半径 r_p 不满足上述要求时，可在曲线预应力束弯折处内侧设置钢筋网片或螺旋筋。

10.3.11 在预应力混凝土结构中，当沿构件凹面布置曲线预应力束时（图10.3.11），应进行防崩裂设计。当曲率半径 r_p 满足下列公式要求时，可仅配置构造U形插筋。

$$r_p \geqslant \frac{P}{f_t (0.5 d_p + c_p)} \tag{10.3.11-1}$$

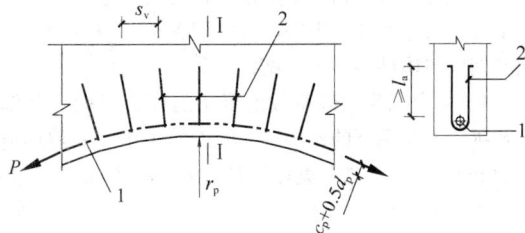

(a) 抗崩裂U形插筋布置　　(b)I—I剖面

图10.3.11 抗崩裂U形插筋构造示意
1—预应力束；2—沿曲线预应力束均匀布置的U形插筋

当不满足时，每单肢U形插筋的截面面积应按下列公式确定：

$$A_{sv1} \geqslant \frac{P s_v}{2 r_p f_{yv}} \tag{10.3.11-2}$$

式中：P——预应力束的合力设计值，可按本规范第10.3.8条第2款的规定确定；

f_t——混凝土轴心抗拉强度设计值；或与施工张拉阶段混凝土立方体抗压强度 f'_{cu} 相应的抗拉强度设计值 f'_t，按本规范表4.1.4-2以线性内插法确定；

c_p——预应力束孔道净混凝土保护层厚度；

A_{sv1}——每单肢插筋截面面积；

s_v——U形插筋间距；

f_{yv}——U形插筋抗拉强度设计值，按本规范表4.2.3-1采用，当大于 $360N/mm^2$ 时取 $360N/mm^2$。

U形插筋的锚固长度不应小于 l_a；当实际锚固长度 l_e 小于 l_a 时，每单肢U形插筋的截面面积可按 A_{sv1}/k 取值。其中，k 取 $l_e/15d$ 和 $l_e/200$ 中的较小值，且 k 不大于1.0。

当有平行的几个孔道，且中心距不大于 $2d_p$ 时，预应力筋的合力设计值应按相邻全部孔道内的预应力筋确定。

10.3.12 构件端部尺寸应考虑锚具的布置、张拉设备的尺寸和局部受压的要求，必要时应适当加大。

10.3.13 后张预应力混凝土外露金属锚具，应采取可靠的防腐及防火措施，并应符合下列规定：

1 无粘结预应力筋外露锚具应采用注有足量防腐油脂的塑料帽封闭锚具端头，并应采用无收缩砂浆或细石混凝土封闭；

2 对处于二b、三a、三b类环境条件下的无粘结预应力锚固系统，应采用全封闭的防腐蚀体系，其封锚端及各连接部位应能承受10kPa的静水压力而不得透水；

3 采用混凝土封闭时，其强度等级宜与构件混凝土强度等级一致，且不应低于C30。封锚混凝土与构件混凝土应可靠粘结，如锚具在封闭前应将周围混凝土界面凿毛并冲洗干净，且宜配置1~2片钢筋网，钢筋网应与构件混凝土拉结；

4 采用无收缩砂浆或混凝土封闭保护时，其锚具及预应力筋端部的保护层厚度不应小于：一类环境时20mm，二a、二b类环境时50mm，三a、三b类环境时80mm。

11 混凝土结构构件抗震设计

11.1 一 般 规 定

11.1.1 抗震设防的混凝土结构，除应符合本规范第1章～第10章的要求外，尚应根据现行国家标准《建筑抗震设计规范》GB 50011规定的抗震设计原则，按本章的规定进行结构构件的抗震设计。

11.1.2 抗震设防的混凝土建筑，应按现行国家标准《建筑工程抗震设防分类标准》GB 50223确定其抗震设防类别和相应的抗震设防标准。

注：本章甲类、乙类、丙类建筑分别为现行国家标准《建筑工程抗震设防分类标准》GB 50223中特殊设防类、重点设防类、标准设防类建筑的简称。

11.1.3 房屋建筑混凝土结构构件的抗震设计，应根据设防类别、烈度、结构类型和房屋高度采用不同的抗震等级，并应符合相应的计算和构造措施要求。丙类建筑的抗震等级应按表11.1.3确定。

表 11.1.3 丙类建筑混凝土结构的抗震等级

结构类型		设防烈度			
		6	7	8	9
框架结构	高度(m)	≤24 / >24	≤24 / >24	≤24 / >24	≤24
	普通框架	四 / 三	三 / 二	二 / 一	一
	大跨度框架	三	二	一	一
框架-剪力墙结构	高度(m)	≤60 / >60	≤24 / >24且≤60 / >60	≤24 / >24且≤60 / >60	≤24 / >24且≤50
	框架	四 / 三	四 / 三 / 二	三 / 二 / 一	二 / 一
	剪力墙	三	三 / 二	二 / 一	一

续表 11.1.3

结构类型		设防烈度			
		6	7	8	9
剪力墙结构	高度(m)	≤80 / >80	≤24 / >24且≤80 / >80	≤24 / >24且≤80 / >80	≤24 / 24~60
	剪力墙	四 / 三	四 / 三 / 二	三 / 二 / 一	二 / 一
部分框支剪力墙结构	高度(m)	≤80 / >80	≤24 / >24且≤80 / >80	≤24 / >24且≤80	—
	剪力墙 一般部位	四 / 三	四 / 三 / 二	三 / 二	—
	剪力墙 加强部位	三 / 二	三 / 二 / 一	二 / 一	—
	框支框架	二	二 / 一	一	—
简体结构	框架-核心筒 框架	三	二	一	—
	框架-核心筒 核心筒	二	二	一	—
	筒中筒 内筒	三	二	一	—
	筒中筒 外筒	三	二	一	—
板柱-剪力墙结构	高度(m)	≤35 / >35	≤35 / >35	≤35 / >35	—
	板柱及周边框架	三 / 二	二 / 二	一 / 一	—
	剪力墙	三 / 二	二 / 二	二 / 一	—
单层厂房结构	铰接排架	四	三	二	一

注：1 建筑场地为I类时，除6度设防烈度外应允许按表内降低一度所对应的抗震构造措施，但相应的计算要求不应降低；

2 接近或等于高度分界时，应允许结合房屋不规则程度及场地、地基条件确定抗震等级；

3 大跨度框架指跨度不小于18m的框架；

4 表中框架结构不包括异形柱框架；

5 房屋高度不大于60m的框架-核心筒结构按框架-剪力墙结构的要求设计时，应按表中框架-剪力墙结构确定抗震等级。

11.1.4 确定钢筋混凝土房屋结构构件的抗震等级时，尚应符合下列要求：

1 对框架-剪力墙结构，在规定的水平地震力作用下，框架底部所承担的倾覆力矩大于结构底部总倾覆力矩的50%时，其框架的抗震等级应按框架结构确定。

2 与主楼相连的裙房，除应按裙房本身确定抗震等级外，相关范围不应低于主楼的抗震等级；主楼结构在裙房顶板对应的相邻上下各一层应适当加强抗震构造措施。裙房与主楼分离时，应按裙房本身确定抗震等级。

3 当地下室顶板作为上部结构的嵌固部位时，地下一层的抗震等级应与上部结构相同，地下一层以下确定抗震构造措施的抗震等级可逐层降低一级，但不应低于四级。地下室中无上部结构的部分，其抗震构造措施的抗震等级可根据具体情况采用三级或四级。

4 甲、乙类建筑按规定提高一度确定其抗震等级时，如其高度超过对应的房屋最大适用高度，则应采取比相应抗震等级更有效的抗震构造措施。

11.1.5 剪力墙底部加强部位的范围，应符合下列规定：

1 底部加强部位的高度应从地下室顶板算起。

2 部分框支剪力墙结构的剪力墙，底部加强部位的高度可取框支层加框支层以上两层的高度和落地剪力墙总高度的1/10二者的较大值。其他结构的剪力墙，房屋高度大于24m时，底部加强部位的高度可取底部两层和墙肢总高度的1/10二者的较大值；房屋高度不大于24m时，底部加强部位可取底部一层。

3 当结构计算嵌固端位于地下一层的底板或以下时，按本条第1、2款确定的底部加强部位的范围尚宜向下延伸到计算嵌固端。

11.1.6 考虑地震组合验算混凝土结构构件的承载力时，均应按承载力抗震调整系数 γ_{RE} 进行调整，承载力抗震调整系数 γ_{RE} 应按表11.1.6采用。

正截面抗震承载力应按本规范第6.2节的规定计算，但应在相关计算公式右端项除以相应的承载力抗震调整系数 γ_{RE}。

当仅计算竖向地震作用时，各类结构构件的承载力抗震调整系数 γ_{RE} 均应取为1.0。

表11.1.6　承载力抗震调整系数

结构构件类别	正截面承载力计算					斜截面承载力计算 各类构件及框架节点	受冲切承载力计算	局部受压承载力计算
	受弯构件	偏心受压柱		偏心受拉构件	剪力墙			
		轴压比小于0.15	轴压比不小于0.15					
γ_{RE}	0.75	0.75	0.8	0.85	0.85	0.85	0.85	1.0

注：预埋件锚筋截面计算的承载力抗震调整系数 γ_{RE} 应取为1.0。

11.1.7 混凝土结构构件的纵向受力钢筋的锚固和连接除应符合本规范第8.3节和第8.4节的有关规定外，尚应符合下列要求：

1 纵向受拉钢筋的抗震锚固长度 l_{aE} 应按下式计算：

$$l_{aE} = \zeta_{aE} l_a \qquad (11.1.7\text{-}1)$$

式中：ζ_{aE}——纵向受拉钢筋抗震锚固长度修正系数，对一、二级抗震等级取1.15，对三级抗震等级取1.05，对四级抗震等级取1.00；

l_a——纵向受拉钢筋的锚固长度，按本规范第8.3.1条确定。

2 当采用搭接连接时，纵向受拉钢筋的抗震搭接长度 l_{lE} 应按下列公式计算：

$$l_{lE} = \zeta_l l_{aE} \qquad (11.1.7\text{-}2)$$

式中：ζ_l——纵向受拉钢筋搭接长度修正系数，按本规范第8.4.4条确定。

3 纵向受力钢筋的连接可采用绑扎搭接、机械

连接或焊接。

4 纵向受力钢筋连接的位置宜避开梁端、柱端箍筋加密区；如必须在此连接时，应采用机械连接或焊接。

5 混凝土构件位于同一连接区段内的纵向受力钢筋接头面积百分率不宜超过50%。

11.1.8 箍筋宜采用焊接封闭箍筋、连续螺旋箍筋或连续复合螺旋箍筋。当采用非焊接封闭箍筋时，其末端应做成135°弯钩，弯钩端头平直段长度不应小于箍筋直径的10倍；在纵向钢筋搭接长度范围内的箍筋间距不应大于搭接钢筋较小直径的5倍，且不宜大于100mm。

11.1.9 考虑地震作用的预埋件，应满足下列规定：

1 直锚钢筋截面面积可按本规范第9章的有关规定计算并增大25%，且应适当增大锚板厚度。

2 锚筋的锚固长度应符合本规范第9.7节的有关规定并增加10%；当不能满足时，应采取有效措施。在靠近锚板处，宜设置一根直径不小于10mm的封闭箍筋。

3 预埋件不宜设置在塑性铰区；当不能避免时应采取有效措施。

11.2　材　　料

11.2.1 混凝土结构的混凝土强度等级应符合下列规定：

1 剪力墙不宜超过C60；其他构件，9度时不宜超过C60，8度时不宜超过C70。

2 框支梁、框支柱以及一级抗震等级的框架梁、柱及节点，不应低于C30；其他各类结构构件，不应低于C20。

11.2.2 梁、柱、支撑以及剪力墙边缘构件中，其受力钢筋宜采用热轧带肋钢筋；当采用现行国家标准《钢筋混凝土用钢　第2部分：热轧带肋钢筋》GB 1499.2中牌号带"E"的热轧带肋钢筋时，其强度和弹性模量应按本规范第4.2节有关热轧带肋钢筋的规定采用。

11.2.3 按一、二、三级抗震等级设计的框架和斜撑构件，其纵向受力普通钢筋应符合下列要求：

1 钢筋的抗拉强度实测值与屈服强度实测值的比值不应小于1.25；

2 钢筋的屈服强度实测值与屈服强度标准值的比值不应大于1.30；

3 钢筋最大拉力下的总伸长率实测值不应小于9%。

11.3　框　架　梁

11.3.1 梁正截面受弯承载力计算中，计入纵向受压钢筋的梁端混凝土受压区高度应符合下列要求：

一级抗震等级

$$x \leqslant 0.25h_0 \quad (11.3.1\text{-}1)$$

二、三级抗震等级

$$x \leqslant 0.35h_0 \quad (11.3.1\text{-}2)$$

式中：x——混凝土受压区高度；

h_0——截面有效高度。

11.3.2 考虑地震组合的框架梁端剪力设计值 V_b 应按下列规定计算：

1 一级抗震等级的框架结构和 9 度设防烈度的一级抗震等级框架

$$V_b = 1.1\frac{(M_{\text{bua}}^l + M_{\text{bua}}^r)}{l_n} + V_{\text{Gb}} \quad (11.3.2\text{-}1)$$

2 其他情况

一级抗震等级

$$V_b = 1.3\frac{(M_b^l + M_b^r)}{l_n} + V_{\text{Gb}} \quad (11.3.2\text{-}2)$$

二级抗震等级

$$V_b = 1.2\frac{(M_b^l + M_b^r)}{l_n} + V_{\text{Gb}} \quad (11.3.2\text{-}3)$$

三级抗震等级

$$V_b = 1.1\frac{(M_b^l + M_b^r)}{l_n} + V_{\text{Gb}} \quad (11.3.2\text{-}4)$$

四级抗震等级，取地震组合下的剪力设计值。

式中：M_{bua}^l、M_{bua}^r——框架梁左、右端按实配钢筋截面面积（计入受压钢筋及梁有效翼缘宽度范围内的楼板钢筋）、材料强度标准值，且考虑承载力抗震调整系数的正截面抗震受弯承载力所对应的弯矩值；

M_b^l、M_b^r——考虑地震组合的框架梁左、右端弯矩设计值；

V_{Gb}——考虑地震组合时的重力荷载代表值产生的剪力设计值，可按简支梁计算确定；

l_n——梁的净跨。

在公式（11.3.2-1）中，M_{bua}^l 与 M_{bua}^r 之和，应分别按顺时针和逆时针方向进行计算，并取其较大值。

公式（11.3.2-2）～公式（11.3.2-4）中，M_b^l 与 M_b^r 之和，应分别取顺时针和逆时针方向计算的两端考虑地震组合的弯矩设计值之和的较大值；一级抗震等级，当两端弯矩均为负弯矩时，绝对值较小的弯矩值应取零。

11.3.3 考虑地震组合的矩形、T 形和 I 形截面框架梁，当跨高比大于 2.5 时，其受剪截面应符合下列条件：

$$V_b \leqslant \frac{1}{\gamma_{\text{RE}}}(0.20\beta_c f_c bh_0) \quad (11.3.3\text{-}1)$$

当跨高比不大于 2.5 时，其受剪截面应符合下列条件：

$$V_b \leqslant \frac{1}{\gamma_{\text{RE}}}(0.15\beta_c f_c bh_0) \quad (11.3.3\text{-}2)$$

11.3.4 考虑地震组合的矩形、T 形和 I 形截面的框架梁，其斜截面受剪承载力应符合下列规定：

$$V_b \leqslant \frac{1}{\gamma_{\text{RE}}}\left[0.6\alpha_{\text{cv}} f_t bh_0 + f_{\text{yv}}\frac{A_{\text{sv}}}{s}h_0\right] \quad (11.3.4)$$

式中：α_{cv}——截面混凝土受剪承载力系数，按本规范第 6.3.4 条取值。

11.3.5 框架梁截面尺寸应符合下列要求：

1 截面宽度不宜小于 200mm；

2 截面高度与宽度的比值不宜大于 4；

3 净跨与截面高度的比值不宜小于 4。

11.3.6 框架梁的钢筋配置应符合下列规定：

1 纵向受拉钢筋的配筋率不应小于表 11.3.6-1 规定的数值；

表 11.3.6-1 框架梁纵向受拉钢筋的最小配筋百分率（%）

抗震等级	梁中位置	
	支座	跨中
一级	0.40 和 80 f_t/f_y 中的较大值	0.30 和 65 f_t/f_y 中的较大值
二级	0.30 和 65 f_t/f_y 中的较大值	0.25 和 55 f_t/f_y 中的较大值
三、四级	0.25 和 55 f_t/f_y 中的较大值	0.20 和 45 f_t/f_y 中的较大值

2 框架梁梁端截面的底部和顶部纵向受力钢筋截面面积的比值，除按计算确定外，一级抗震等级不应小于 0.5；二、三级抗震等级不应小于 0.3；

3 梁端箍筋的加密区长度、箍筋最大间距和箍筋最小直径，应按表 11.3.6-2 采用；当梁端纵向受拉钢筋配筋率大于 2%时，表中箍筋最小直径应增大 2mm。

表 11.3.6-2 框架梁梁端箍筋加密区的构造要求

抗震等级	加密区长度（mm）	箍筋最大间距（mm）	最小直径（mm）
一级	2 倍梁高和 500 中的较大值	纵向钢筋直径的 6 倍，梁高的 1/4 和 100 中的最小值	10
二级	1.5 倍梁高和 500 中的较大值	纵向钢筋直径的 8 倍，梁高的 1/4 和 100 中的最小值	8
三级		纵向钢筋直径的 8 倍，梁高的 1/4 和 150 中的最小值	8
四级		纵向钢筋直径的 8 倍，梁高的 1/4 和 150 中的最小值	6

注：箍筋直径大于 12mm、数量不少于 4 肢且肢距不大于 150mm 时，一、二级的最大间距应允许适当放宽，但不得大于 150mm。

11.3.7 梁端纵向受拉钢筋的配筋率不宜大于

2.5%。沿梁全长顶面和底面至少应各配置两根通长的纵向钢筋，对一、二级抗震等级，钢筋直径不应小于14mm，且分别不应少于梁两端顶面和底面纵向受力钢筋中较大截面面积的1/4；对三、四级抗震等级，钢筋直径不应小于12mm。

11.3.8 梁箍筋加密区长度内的箍筋肢距：一级抗震等级，不宜大于200mm和20倍箍筋直径的较大值；二、三级抗震等级，不宜大于250mm和20倍箍筋直径的较大值；各抗震等级下，均不宜大于300mm。

11.3.9 梁端设置的第一个箍筋距框架节点边缘不应大于50mm。非加密区的箍筋间距不宜大于加密区箍筋间距的2倍。沿梁全长箍筋的面积配筋率 ρ_{sv} 应符合下列规定：

一级抗震等级

$$\rho_{sv} \geqslant 0.30 \frac{f_t}{f_{yv}} \tag{11.3.9-1}$$

二级抗震等级

$$\rho_{sv} \geqslant 0.28 \frac{f_t}{f_{yv}} \tag{11.3.9-2}$$

三、四级抗震等级

$$\rho_{sv} \geqslant 0.26 \frac{f_t}{f_{yv}} \tag{11.3.9-3}$$

11.4 框架柱及框支柱

11.4.1 除框架顶层柱、轴压比小于0.15的柱以及框支梁与框支柱的节点外，框架柱节点上、下端和框支柱的中间层节点上、下端的截面弯矩设计值应符合下列要求：

1 一级抗震等级的框架结构和9度设防烈度的一级抗震等级框架

$$\sum M_c = 1.2 \sum M_{bua} \tag{11.4.1-1}$$

2 框架结构

二级抗震等级

$$\sum M_c = 1.5 \sum M_b \tag{11.4.1-2}$$

三级抗震等级

$$\sum M_c = 1.3 \sum M_b \tag{11.4.1-3}$$

四级抗震等级

$$\sum M_c = 1.2 \sum M_b \tag{11.4.1-4}$$

3 其他情况

一级抗震等级

$$\sum M_c = 1.4 \sum M_b \tag{11.4.1-5}$$

二级抗震等级

$$\sum M_c = 1.2 \sum M_b \tag{11.4.1-6}$$

三、四级抗震等级

$$\sum M_c = 1.1 \sum M_b \tag{11.4.1-7}$$

式中：$\sum M_c$——考虑地震组合的节点上、下柱端的弯矩设计值之和；柱端弯矩设计值的确定，在一般情况下，可将公式（11.4.1-1）～公式（11.4.1-5）计算的弯矩之和，按上、下柱端弹性分析所得的考虑地震组合的弯矩比进行分配；

$\sum M_{bua}$——同一节点左、右梁端按顺时针和逆

时针方向采用实配钢筋和材料强度标准值，且考虑承载力抗震调整系数计算的正截面受弯承载力所对应的弯矩值之和的较大值。当有现浇板时，梁端的实配钢筋应包含梁有效翼缘宽度范围内楼板的纵向钢筋；

$\sum M_b$——同一节点左、右梁端，按顺时针和逆时针方向计算的两端考虑地震组合的弯矩设计值之和的较大值；一级抗震等级，当两端弯矩均为负弯矩时，绝对值较小的弯矩值应取零。

11.4.2 一、二、三、四级抗震等级框架结构的底层，柱下端截面组合的弯矩设计值，应分别乘以增大系数1.7、1.5、1.3和1.2。底层柱纵向钢筋应按柱上、下端的不利情况配置。

注：底层指无地下室的基础以上或地下室以上的首层。

11.4.3 框架柱、框支柱的剪力设计值 V_c 应按下列公式计算：

1 一级抗震等级的框架结构和9度设防烈度的一级抗震等级框架

$$V_c = 1.2 \frac{(M_{cua}^t + M_{cua}^b)}{H_n} \tag{11.4.3-1}$$

2 框架结构

二级抗震等级

$$V_c = 1.3 \frac{(M_c^t + M_c^b)}{H_n} \tag{11.4.3-2}$$

三级抗震等级

$$V_c = 1.2 \frac{(M_c^t + M_c^b)}{H_n} \tag{11.4.3-3}$$

四级抗震等级

$$V_c = 1.1 \frac{(M_c^t + M_c^b)}{H_n} \tag{11.4.3-4}$$

3 其他情况

一级抗震等级

$$V_c = 1.4 \frac{(M_c^t + M_c^b)}{H_n} \tag{11.4.3-5}$$

二级抗震等级

$$V_c = 1.2 \frac{(M_c^t + M_c^b)}{H_n} \tag{11.4.3-6}$$

三、四级抗震等级

$$V_c = 1.1 \frac{(M_c^t + M_c^b)}{H_n} \tag{11.4.3-7}$$

式中：M_{cua}^t、M_{cua}^b——框架柱上、下端按实配钢筋截面面积和材料强度标准值，且考虑承载力抗震调整系数计算的正截面抗震承载力所对应的弯矩值；

M_c^t、M_c^b——考虑地震组合，且经调整后的框架柱上、下端弯矩设计值；

H_n——柱的净高。

在公式（11.4.3-1）中，M_{cua}^t 与 M_{cua}^b 之和应分别按顺时针和逆时针方向进行计算，并取其较大值；N 可取重力荷载代表值产生的轴向压力设计值。

在公式（11.4.3-2）～公式（11.4.3-5）中，M_c^t 与 M_c^b 之和应分别按顺时针和逆时针方向进行计算，并取其较大值。M_c^t、M_c^b 的取值应符合本规范第 11.4.1 条和第 11.4.2 条的规定。

11.4.4 一、二级抗震等级的框支柱，由地震作用引起的附加轴向力应分别乘以增大系数 1.5、1.2；计算轴压比时，可不考虑增大系数。

11.4.5 各级抗震等级的框架角柱，其弯矩、剪力设计值应在按本规范第 11.4.1 条～第 11.4.3 条调整的基础上再乘以不小于 1.1 的增大系数。

11.4.6 考虑地震组合的矩形截面框架柱和框支柱，其受剪截面应符合下列条件：

剪跨比 λ 大于 2 的框架柱

$$V_c \leqslant \frac{1}{\gamma_{RE}}(0.2\beta_c f_c bh_0) \qquad (11.4.6\text{-}1)$$

框支柱和剪跨比 λ 不大于 2 的框架柱

$$V_c \leqslant \frac{1}{\gamma_{RE}}(0.15\beta_c f_c bh_0) \qquad (11.4.6\text{-}2)$$

式中：λ——框架柱、框支柱的计算剪跨比，取 $M/(Vh_0)$；此处，M 宜取柱上、下端考虑地震组合的弯矩设计值的较大值，V 取与 M 对应的剪力设计值，h_0 为柱截面有效高度；当框架结构中的框架柱的反弯点在柱层高范围内时，可取 λ 等于 $H_n/(2h_0)$，此处，H_n 为柱净高。

11.4.7 考虑地震组合的矩形截面框架柱和框支柱，其斜截面受剪承载力应符合下列规定：

$$V_c \leqslant \frac{1}{\gamma_{RE}}\left[\frac{1.05}{\lambda+1}f_t bh_0 + f_{yv}\frac{A_{sv}}{s}h_0 + 0.056N\right]$$

$$(11.4.7)$$

式中：λ——框架柱、框支柱的计算剪跨比；当 λ 小于 1.0 时，取 1.0；当 λ 大于 3.0 时，取 3.0；

N——考虑地震组合的框架柱、框支柱轴向压力设计值，当 N 大于 $0.3f_c A$ 时，取 $0.3f_c A$。

11.4.8 考虑地震组合的矩形截面框架柱和框支柱，当出现拉力时，其斜截面抗震受剪承载力应符合下列规定：

$$V_c \leqslant \frac{1}{\gamma_{RE}}\left[\frac{1.05}{\lambda+1}f_t bh_0 + f_{yv}\frac{A_{sv}}{s}h_0 - 0.2N\right]$$

$$(11.4.8)$$

式中：N——考虑地震组合的框架柱轴向拉力设计值。

当上式右边括号内的计算值小于 $f_{yv}\dfrac{A_{sv}}{s}h_0$ 时，取等于 $f_{yv}\dfrac{A_{sv}}{s}h_0$，且 $f_{yv}\dfrac{A_{sv}}{s}h_0$ 值不应小于 $0.36f_t bh_0$。

11.4.9 考虑地震组合的矩形截面双向受剪的钢筋混凝土框架柱，其受剪截面应符合下列条件：

$$V_x \leqslant \frac{1}{\gamma_{RE}}0.2\beta_c f_c bh_0 \cos\theta \qquad (11.4.9\text{-}1)$$

$$V_y \leqslant \frac{1}{\gamma_{RE}}0.2\beta_c f_c hb_0 \sin\theta \qquad (11.4.9\text{-}2)$$

式中：V_x——x 轴方向的剪力设计值，对应的截面有效高度为 h_0，截面宽度为 b；

V_y——y 轴方向的剪力设计值，对应的截面有效高度为 b_0，截面宽度为 h；

θ——斜向剪力设计值 V 的作用方向与 x 轴的夹角，取为 $\arctan(V_y/V_x)$。

11.4.10 考虑地震组合时，矩形截面双向受剪的钢筋混凝土框架柱，其斜截面受剪承载力应符合下列条件：

$$V_x \leqslant \frac{V_{ux}}{\sqrt{1+\left(\dfrac{V_{ux}\tan\theta}{V_{uy}}\right)^2}} \qquad (11.4.10\text{-}1)$$

$$V_y \leqslant \frac{V_{uy}}{\sqrt{1+\left(\dfrac{V_{uy}}{V_{ux}\tan\theta}\right)^2}} \qquad (11.4.10\text{-}2)$$

$$V_{ux} = \frac{1}{\gamma_{RE}}\left[\frac{1.05}{\lambda_x+1}f_t bh_0 + f_{yv}\frac{A_{svx}}{s_x}h_0 + 0.056N\right]$$

$$(11.4.10\text{-}3)$$

$$V_{uy} = \frac{1}{\gamma_{RE}}\left[\frac{1.05}{\lambda_y+1}f_t hb_0 + f_{yv}\frac{A_{svy}}{s_y}b_0 + 0.056N\right]$$

$$(11.4.10\text{-}4)$$

式中：λ_x、λ_y——框架柱的计算剪跨比，按本规范 6.3.12 条的规定确定；

A_{svx}、A_{svy}——配置在同一截面内平行于 x 轴、y 轴的箍筋各肢截面面积的总和；

N——与斜向剪力设计值 V 相应的轴向压力设计值，当 N 大于 $0.3f_c A$ 时，取 $0.3f_c A$，此处，A 为构件的截面面积。

在计算截面箍筋时，在公式（11.4.10-1）、公式（11.4.10-2）中可近似取 V_{ux}/V_{uy} 等于 1 计算。

11.4.11 框架柱的截面尺寸应符合下列要求：

1 矩形截面柱，抗震等级为四级或层数不超过 2 层时，其最小截面尺寸不宜小于 300mm，一、二、三级抗震等级且层数超过 2 层时不宜小于 400mm；圆柱的截面直径，抗震等级为四级或层数不超过 2 层时不宜小于 350mm，一、二、三级抗震等级且层数超过 2 层时不宜小于 450mm；

2 柱的剪跨比宜大于 2；

3 柱截面长边与短边的边长比不宜大于 3。

11.4.12 框架柱和框支柱的钢筋配置，应符合下列要求：

1 框架柱和框支柱中全部纵向受力钢筋的配筋百分率不应小于表 11.4.12-1 规定的数值，同时，每一侧的配筋百分率不应小于 0.2；对Ⅳ类场地上较高的高层建筑，最小配筋百分率应增加 0.1；

表 11.4.12-1　柱全部纵向受力钢筋最小配筋百分率（%）

柱类型	抗震等级			
	一级	二级	三级	四级
中柱、边柱	0.9 (1.0)	0.7 (0.8)	0.6 (0.7)	0.5 (0.6)
角柱、框支柱	1.1	0.9	0.8	0.7

注：1　表中括号内数值用于框架结构的柱；
2　采用335MPa、400MPa纵向受力钢筋时，应分别按表中数值增加0.1和0.05采用；
3　当混凝土强度等级为C60以上时，应按表中数值增加0.1采用。

2　框架柱和框支柱上、下两端箍筋应加密，加密区的箍筋最大间距和箍筋最小直径应符合表11.4.12-2的规定；

表 11.4.12-2　柱端箍筋加密区的构造要求

抗震等级	箍筋最大间距 (mm)	箍筋最小直径 (mm)
一级	纵向钢筋直径的6倍和100中的较小值	10
二级	纵向钢筋直径的8倍和100中的较小值	8
三级	纵向钢筋直径的8倍和150（柱根100）中的较小值	8
四级	纵向钢筋直径的8倍和150（柱根100）中的较小值	6（柱根8）

注：柱根系指底层柱下端的箍筋加密区范围。

3　框支柱和剪跨比不大于2的框架柱应在柱全高范围内加密箍筋，且箍筋间距应符合本条第2款一级抗震等级的要求；

4　一级抗震等级框架柱的箍筋直径大于12mm且箍筋肢距不大于150mm及二级抗震等级框架柱的直径不小于10mm且箍筋肢距不大于200mm时，除底层柱下端外，箍筋间距应允许采用150mm；四级抗震等级框架柱剪跨比不大于2时，箍筋直径不应小于8mm。

11.4.13　框架边柱、角柱及剪力墙端柱在地震组合下处于小偏心受拉时，柱内纵向受力钢筋总截面面积应比计算值增加25%。

框架柱、框支柱中全部纵向受力钢筋配筋率不应大于5%。柱的纵向钢筋宜对称配置。截面尺寸大于400mm的柱，纵向钢筋的间距不宜大于200mm。当按一级抗震等级设计，且柱的剪跨比不大于2时，柱每侧纵向钢筋的配筋率不宜大于1.2%。

11.4.14　框架柱的箍筋加密区长度，应取柱截面长边尺寸（或圆形截面直径）、柱净高的1/6和500mm中的最大值；一、二级抗震等级的角柱应沿柱全高加密箍筋。底层柱根箍筋加密区长度应取不小于该层柱

净高的1/3；当有刚性地面时，除柱端箍筋加密区外尚应在刚性地面上、下各500mm的高度范围内加密箍筋。

11.4.15　柱箍筋加密区内的箍筋肢距：一级抗震等级不宜大于200mm；二、三级抗震等级不宜大于250mm和20倍箍筋直径中的较大值；四级抗震等级不宜大于300mm。每隔一根纵向钢筋宜在两个方向有箍筋或拉筋约束；当采用拉筋且箍筋与纵向钢筋有绑扎时，拉筋宜紧靠纵向钢筋并钩住箍筋。

11.4.16　一、二、三、四级抗震等级的各类结构的框架柱、框支柱，其轴压比不宜大于表11.4.16规定的限值。对Ⅳ类场地上较高的高层建筑，柱轴压比限值应适当减小。

表 11.4.16　柱轴压比限值

结构体系	抗震等级			
	一级	二级	三级	四级
框架结构	0.65	0.75	0.85	0.90
框架-剪力墙结构、筒体结构	0.75	0.85	0.90	0.95
部分框支剪力墙结构	0.60	0.70	—	

注：1　轴压比指柱地震作用组合的轴向压力设计值与柱的全截面面积和混凝土轴心抗压强度设计值乘积之比值；
2　当混凝土强度等级为C65、C70时，轴压比限值宜按表中数值减小0.05；混凝土强度等级为C75、C80时，轴压比限值宜按表中数值减小0.10；
3　表内限值适用于剪跨比大于2、混凝土强度等级不高于C60的柱；剪跨比不大于2的柱轴压比限值应降低0.05；剪跨比小于1.5的柱，轴压比限值应专门研究并采取特殊构造措施；
4　沿柱全高采用井字复合箍，且箍筋间距不大于100mm、肢距不大于200mm、直径不小于12mm，或沿柱全高采用复合螺旋箍，且螺距不大于100mm、肢距不大于200mm、直径不小于12mm，或沿柱全高采用连续复合矩形螺旋箍，且螺旋净距不大于80mm、肢距不大于200mm、直径不小于10mm时，轴压比限值均可按表中数值增加0.10；
5　当柱截面中部设置由附加纵向钢筋形成的芯柱，且附加纵向钢筋的总截面面积不少于柱截面面积的0.8%时，轴压比限值可按表中数值增加0.05；此项措施与注4的措施同时采用时，轴压比限值可按表中数值增加0.15，但箍筋的配箍特征值λ_v仍应按轴压比增加0.10的要求确定；
6　调整后的柱轴压比限值不应大于1.05。

11.4.17　箍筋加密区箍筋的体积配筋率应符合下列规定：

1　柱箍筋加密区箍筋的体积配筋率，应符合下列规定：

$$\rho_v \geqslant \lambda_v \frac{f_c}{f_{yv}} \qquad (11.4.17)$$

式中：ρ_v——柱箍筋加密区的体积配筋率，按本规范第6.6.3条的规定计算，计算中应扣除重叠部分的箍筋体积；

f_{yv}——箍筋抗拉强度设计值；

f_c——混凝土轴心抗压强度设计值；当强度等级低于C35时，按C35取值；

λ_v——最小配箍特征值，按表11.4.17采用。

表11.4.17 柱箍筋加密区的箍筋最小配箍特征值 λ_v

抗震等级	箍筋形式	轴压比								
		≤0.3	0.4	0.5	0.6	0.7	0.8	0.9	1.0	1.05
一级	普通箍、复合箍	0.10	0.11	0.13	0.15	0.17	0.20	0.23	—	—
	螺旋箍、复合或连续复合矩形螺旋箍	0.08	0.09	0.11	0.13	0.15	0.18	0.21	—	—
二级	普通箍、复合箍	0.08	0.09	0.11	0.13	0.15	0.17	0.19	0.22	0.24
	螺旋箍、复合或连续复合矩形螺旋箍	0.06	0.07	0.09	0.11	0.13	0.15	0.17	0.20	0.22
三、四级	普通箍、复合箍	0.06	0.07	0.09	0.11	0.13	0.15	0.17	0.20	0.22
	螺旋箍、复合或连续复合矩形螺旋箍	0.05	0.06	0.07	0.09	0.11	0.13	0.15	0.18	0.20

注：1 普通箍指单个矩形箍筋或单个圆形箍筋；螺旋箍指单个螺旋箍筋；复合箍指由矩形、多边形、圆形箍筋或拉筋组成的箍筋；复合螺旋箍指由螺旋箍与矩形、多边形、圆形箍筋或拉筋组成的箍筋；连续复合矩形螺旋箍指全部螺旋箍为同一根钢筋加工成的箍筋；

2 在计算复合螺旋箍的体积配筋率时，其中非螺旋箍筋的体积应乘以系数0.8；

3 混凝土强度等级高于C60时，箍筋宜采用复合箍、复合螺旋箍或连续复合矩形螺旋箍，当轴压比不大于0.6时，其加密区的最小配箍特征值宜按表中数值增加0.02；当轴压比大于0.6时，宜按表中数值增加0.03。

2 对一、二、三、四级抗震等级的柱，其箍筋加密区的箍筋体积配筋率分别不应小于0.8%、0.6%、0.4%和0.4%；

3 框支柱宜采用复合螺旋箍或井字复合箍，其最小配箍特征值应按表11.4.17中的数值增加0.02采用，且体积配筋率不应小于1.5%；

4 当剪跨比 λ 不大于2时，宜采用复合螺旋箍或井字复合箍，其箍筋体积配筋率不应小于1.2%；9度设防烈度一级抗震等级时，不应小于1.5%。

11.4.18 在箍筋加密区外，箍筋的体积配筋率不宜小于加密区配筋率的一半；对一、二级抗震等级，箍筋间距不应大于10d；对三、四级抗震等级，箍筋间距不应大于15d，此处，d 为纵向钢筋直径。

11.5 铰接排架柱

11.5.1 铰接排架柱的纵向受力钢筋和箍筋，应按地震组合下的弯矩设计值及剪力设计值，并根据本规范第11.4节的有关规定计算确定；其构造除应符合本节的有关规定外，尚应符合本规范第8章、第9章、第11.1节以及第11.2节的有关规定。

11.5.2 铰接排架柱的箍筋加密区应符合下列规定：

1 箍筋加密区长度：

1）对柱顶区段，取柱顶以下500mm，且不小于柱顶截面高度；

2）对吊车梁区段，取上柱根部至吊车梁顶面以上300mm；

3）对柱根区段，取基础顶面至室内地坪以上500mm；

4）对牛腿区段，取牛腿全高；

5）对柱间支撑与柱连接的节点和柱位移受约束的部位，取节点上、下各300mm。

2 箍筋加密区内的箍筋最大间距为100mm；箍筋的直径应符合表11.5.2的规定。

表11.5.2 铰接排架柱箍筋加密区的箍筋最小直径（mm）

加密区区段	抗震等级和场地类别				
	一级	二级	二级	三级	三级	四级
	各类场地	Ⅲ、Ⅳ类场地	Ⅰ、Ⅱ类场地	Ⅲ、Ⅳ类场地	Ⅰ、Ⅱ类场地	各类场地
一般柱顶、柱根区段	8（10）		8			6
角柱柱顶	10		10			8
吊车梁、牛腿区段有支撑的柱根区段	10		8			8
有支撑的柱顶区段柱变位受约束的部位	10		10			8

注：表中括号内数值用于柱根。

11.5.3 当铰接排架侧向受约束且约束点至柱顶的高度不大于柱截面在该方向边长的2倍，柱顶预埋钢板和柱顶箍筋加密区的构造尚应符合下列要求：

1 柱顶预埋钢板沿排架平面方向的长度，宜取柱顶的截面高度 h，但在任何情况下不得小于 h/2 及300mm；

2 当柱顶轴向力在排架平面内的偏心距 e_0 在 h/

$6 \sim h/4$ 范围内时，柱顶箍筋加密区的箍筋体积配筋率：一级抗震等级不宜小于 1.2%；二级抗震等级不宜小于 1.0%；三、四级抗震等级不宜小于 0.8%。

11.5.4 在地震组合的竖向力和水平拉力作用下，支承不等高厂房低跨屋面梁、屋架等屋盖结构的柱牛腿，除应按本规范第 9.3 节的规定进行计算和配筋外，尚应符合下列要求：

1 承受水平拉力的锚筋：一级抗震等级不应少于 2 根直径为 16mm 的钢筋，二级抗震等级不应少于 2 根直径为 14mm 的钢筋，三、四级抗震等级不应少于 2 根直径为 12mm 的钢筋；

2 牛腿中的纵向受拉钢筋和锚筋的锚固措施及锚固长度应符合本规范第 9.3.12 条的有关规定，但其中的受拉钢筋锚固长度 l_a 应以 l_{aE} 代替；

3 牛腿水平箍筋最小直径为 8mm，最大间距为 100mm。

11.5.5 铰接排架柱柱顶预埋件直锚筋除应符合本规范第 11.1.9 条的要求外，尚应符合下列规定：

1 一级抗震等级时，不应小于 4 根直径 16mm 的直锚钢筋；

2 二级抗震等级时，不应小于 4 根直径 14mm 的直锚钢筋；

3 有柱间支撑的柱子，柱顶预埋件应增设抗剪钢板。

11.6 框架梁柱节点

11.6.1 一、二、三级抗震等级的框架应进行节点核心区抗震受剪承载力验算；四级抗震等级的框架节点可不进行计算，但应符合抗震构造措施的要求。框支柱中间层节点的抗震受剪承载力验算方法及抗震构造措施与框架中间层节点相同。

11.6.2 一、二、三级抗震等级的框架梁柱节点核心区的剪力设计值 V_j，应按下列规定计算：

1 顶层中间节点和端节点

1） 一级抗震等级的框架结构和 9 度设防烈度的一级抗震等级框架：

$$V_j = \frac{1.15 \sum M_{bua}}{h_{b0} - a'_s} \qquad (11.6.2\text{-}1)$$

2） 其他情况：

$$V_j = \frac{\eta_{jb} \sum M_b}{h_{b0} - a'_s} \qquad (11.6.2\text{-}2)$$

2 其他层中间节点和端节点

1） 一级抗震等级的框架结构和 9 度设防烈度的一级抗震等级框架：

$$V_j = \frac{1.15 \sum M_{bua}}{h_{b0} - a'_s}\left(1 - \frac{h_{b0} - a'_s}{H_c - h_b}\right) \quad (11.6.2\text{-}3)$$

2） 其他情况：

$$V_j = \frac{\eta_{jb} \sum M_b}{h_{b0} - a'_s}\left(1 - \frac{h_{b0} - a'_s}{H_c - h_b}\right) \quad (11.6.2\text{-}4)$$

式中：$\sum M_{bua}$ ——节点左、右两侧的梁端反时针或顺时针方向实配的正截面抗震受弯承载力所对应的弯矩值之和，可根据实配钢筋面积（计入纵向受压钢筋）和材料强度标准值确定；

$\sum M_b$ ——节点左、右两侧的梁端反时针或顺时针方向组合弯矩设计值之和，一级抗震等级框架节点左右梁端均为负弯矩时，绝对值较小的弯矩应取零；

η_{jb} ——节点剪力增大系数，对于框架结构，一级取 1.50，二级取 1.35，三级取 1.20；对于其他结构中的框架，一级取 1.35，二级取 1.20，三级取 1.10；

h_{b0}、h_b ——分别为梁的截面有效高度、截面高度，当节点两侧梁高不相同时，取其平均值；

H_c ——节点上柱和下柱反弯点之间的距离；

a'_s ——梁纵向受压钢筋合力点至截面近边的距离。

11.6.3 框架梁柱节点核心区的受剪水平截面应符合下列条件：

$$V_j \leqslant \frac{1}{\gamma_{RE}}(0.3\eta_j \beta_c f_c b_j h_j) \qquad (11.6.3)$$

式中：h_j ——框架节点核心区的截面高度，可取验算方向的柱截面高度 h_c；

b_j ——框架节点核心区的截面有效验算宽度，当 b_b 不小于 $b_c/2$ 时，可取 b_c；当 b_b 小于 $b_c/2$ 时，可取 $(b_b + 0.5h_c)$ 和 b_c 中的较小值；当梁与柱的中线不重合且偏心距 e_0 不大于 $b_c/4$ 时，可取 $(b_b + 0.5h_c)$、$(0.5b_b + 0.5b_c + 0.25h_c - e_0)$ 和 b_c 三者中的最小值。此处，b_b 为验算方向梁截面宽度，b_c 为该侧柱截面宽度；

η_j ——正交梁对节点的约束影响系数：当楼板为现浇、梁柱中线重合、四侧各梁截面宽度不小于该侧柱截面宽度 1/2，且正交方向梁高度不小于较高框架梁高度的 3/4 时，可取 η_j 为 1.50，但对 9 度设防烈度宜取 η_j 为 1.25；当不满足上述条件时，应取 η_j 为 1.00。

11.6.4 框架梁柱节点的抗震受剪承载力应符合下列规定：

1 9 度设防烈度的一级抗震等级框架

$$V_j \leqslant \frac{1}{\gamma_{RE}} \left(0.9 \eta_j f_t b_j h_j + f_{yv} A_{svj} \frac{h_{b0} - a'_s}{s} \right)$$

$$(11.6.4-1)$$

2 其他情况

$$V_j \leqslant \frac{1}{\gamma_{RE}} \left(1.1 \eta_j f_t b_j h_j + 0.05 \eta_j N \frac{b_j}{b_c} + f_{yv} A_{svj} \frac{h_{b0} - a'_s}{s} \right)$$

$$(11.6.4-2)$$

式中：N——对应于考虑地震组合剪力设计值的节点上柱底部的轴向力设计值；当 N 为压力时，取轴向压力设计值的较小值，且当 N 大于 $0.5 f_c b_c h_c$ 时，取 $0.5 f_c b_c h_c$；当 N 为拉力时，取为 0；

A_{svj}——核心区有效验算宽度范围内同一截面验算方向箍筋各肢的全部截面面积；

h_{b0}——框架梁截面有效高度，节点两侧梁截面高度不等时取平均值。

11.6.5 圆柱框架的梁柱节点，当梁中线与柱中线重合时，其受剪水平截面应符合下列条件：

$$V_j \leqslant \frac{1}{\gamma_{RE}} (0.3 \eta_j \beta_c f_c A_j) \qquad (11.6.5)$$

式中：A_j——节点核心区有效截面面积：当梁宽 $b_b \geqslant 0.5D$ 时，取 $A_j = 0.8D^2$；当 $0.4D \leqslant b_b < 0.5D$ 时，取 $A_j = 0.8D (b_b + 0.5D)$；

D——圆柱截面直径；

b_b——梁的截面宽度；

η_j——正交梁对节点的约束影响系数，按本规范第 11.6.3 条取用。

11.6.6 圆柱框架的梁柱节点，当梁中线与柱中线重合时，其抗震受剪承载力应符合下列规定：

1 9 度设防烈度的一级抗震等级框架

$$V_j \leqslant \frac{1}{\gamma_{RE}} \left(1.2 \eta_j f_t A_j + 1.57 f_{yv} A_{sh} \frac{h_{b0} - a'_s}{s} + f_{yv} A_{svj} \frac{h_{b0} - a'_s}{s} \right)$$

$$(11.6.6-1)$$

2 其他情况

$$V_j \leqslant \frac{1}{\gamma_{RE}} \left(1.5 \eta_j f_t A_j + 0.05 \eta_j \frac{N}{D^2} A_j + 1.57 f_{yv} A_{sh} \frac{h_{b0} - a'_s}{s} + f_{yv} A_{svj} \frac{h_{b0} - a'_s}{s} \right)$$

$$(11.6.6-2)$$

式中：h_{b0}——梁截面有效高度；

A_{sh}——单根圆形箍筋的截面面积；

A_{svj}——同一截面验算方向的拉筋和非圆形箍筋各肢的全部截面面积。

11.6.7 框架梁和框架柱的纵向受力钢筋在框架节点区的锚固和搭接应符合下列要求：

1 框架中间层中间节点处，框架梁的上部纵向钢筋应贯穿中间节点。贯穿中柱的每根梁纵向钢筋直径，对于 9 度设防烈度的各类框架和一级抗震等级的框架结构，当柱为矩形截面时，不宜大于柱在该方向

截面尺寸的 1/25，当柱为圆形截面时，不宜大于纵向钢筋所在位置柱截面弦长的 1/25；对一、二、三级抗震等级，当柱为矩形截面时，不宜大于柱在该方向截面尺寸的 1/20，对圆柱截面，不宜大于纵向钢筋所在位置柱截面弦长的 1/20。

2 对于框架中间层中间节点、中间层端节点、顶层中间节点以及顶层端节点，梁、柱纵向钢筋在节点部位的锚固和搭接，应符合图 11.6.7 的相关构造规定。图中 l_{lE} 按本规范第 11.1.7 条规定取用，l_{abE} 按下式取用：

$$l_{abE} = \zeta_{aE} l_{ab} \qquad (11.6.7)$$

式中：ζ_{aE}——纵向受拉钢筋锚固长度修正系数，按第 11.1.7 条规定取用。

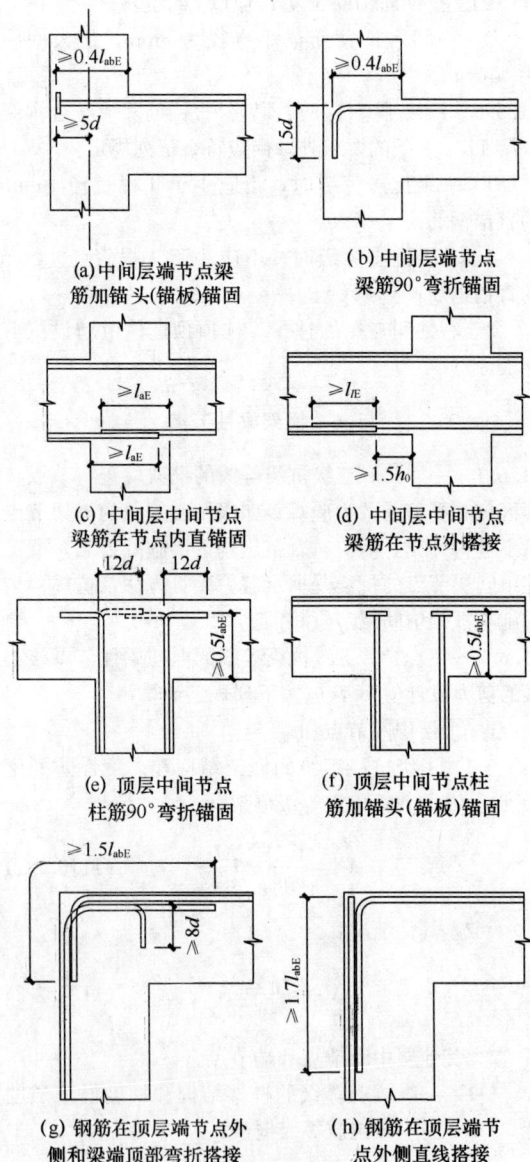

(a) 中间层端节点梁筋加锚头(锚板)锚固

(b) 中间层端节点梁筋 90° 弯折锚固

(c) 中间层中间节点梁筋在节点内直锚固

(d) 中间层中间节点梁筋在节点外搭接

(e) 顶层中间节点柱筋 90° 弯折锚固

(f) 顶层中间节点柱筋加锚头(锚板)锚固

(g) 钢筋在顶层端节点外侧和梁端顶部弯折搭接

(h) 钢筋在顶层端节点外侧直线搭接

图 11.6.7 梁和柱的纵向受力钢筋在节点区的锚固和搭接

11.6.8 框架节点区箍筋的最大间距、最小直径宜按本规范表11.4.12-2采用。对一、二、三级抗震等级的框架节点核心区，配箍特征值 λ_v 分别不宜小于0.12、0.10和0.08，且其箍筋体积配筋率分别不宜小于0.6%、0.5%和0.4%。当框架柱的剪跨比不大于2时，其节点核心区体积配箍率不宜小于核心区上、下柱端体积配箍率中的较大值。

11.7 剪力墙及连梁

11.7.1 一级抗震等级剪力墙各墙肢截面考虑地震组合的弯矩设计值，底部加强部位应按墙肢截面地震组合弯矩设计值采用，底部加强部位以上部位应按墙肢截面地震组合弯矩设计值乘增大系数，其值可取1.2；剪力设计值应作相应调整。

11.7.2 考虑剪力墙的剪力设计值 V_w 应按下列规定计算：

1 底部加强部位

　　1）9度设防烈度的一级抗震等级剪力墙

$$V_w = 1.1 \frac{M_{wua}}{M} V \qquad (11.7.2\text{-}1)$$

　　2）其他情况

　　一级抗震等级

$$V_w = 1.6V \qquad (11.7.2\text{-}2)$$

　　二级抗震等级

$$V_w = 1.4V \qquad (11.7.2\text{-}3)$$

　　三级抗震等级

$$V_w = 1.2V \qquad (11.7.2\text{-}4)$$

　　四级抗震等级取地震组合下的剪力设计值。

2 其他部位

$$V_w = V \qquad (11.7.2\text{-}5)$$

式中：M_{wua}——剪力墙底部截面按实配钢筋截面面积、材料强度标准值且考虑承载力抗震调整系数计算的正截面抗震承载力所对应的弯矩值；有翼墙时应计入墙两侧各一倍翼墙厚度范围内的纵向钢筋；

　　　　M——考虑地震组合的剪力墙底部截面的弯矩设计值；

　　　　V——考虑地震组合的剪力墙的剪力设计值。

　　公式（11.7.2-1）中，M_{wua} 值可按本规范第6.2.19条的规定，采用本规范第11.4.3条有关计算框架柱端 M_{cua} 值的相同方法确定，但其 γ_{RE} 值应取剪力墙的正截面承载力抗震调整系数。

11.7.3 剪力墙的受剪截面应符合下列要求：

　　当剪跨比大于2.5时

$$V_w \leqslant \frac{1}{\gamma_{RE}} (0.2\beta_c f_c b h_0) \qquad (11.7.3\text{-}1)$$

　　当剪跨比不大于2.5时

$$V_w \leqslant \frac{1}{\gamma_{RE}} (0.15\beta_c f_c b h_0) \qquad (11.7.3\text{-}2)$$

式中：V_w——考虑地震组合的剪力墙的剪力设计值。

11.7.4 剪力墙在偏心受压时的斜截面抗震受剪承载力应符合下列规定：

$$V_w \leqslant \frac{1}{\gamma_{RE}} \left[\frac{1}{\lambda-0.5} \left(0.4 f_t b h_0 + 0.1 N \frac{A_w}{A} \right) + 0.8 f_{yv} \frac{A_{sh}}{s} h_0 \right]$$

$$(11.7.4)$$

式中：N——考虑地震组合的剪力墙轴向压力设计值中的较小者；当 N 大于 $0.2 f_c b h$ 时取 $0.2 f_c b h$；

　　　　λ——计算截面处的剪跨比，$\lambda = M/(Vh_0)$；当 λ 小于1.5时取1.5；当 λ 大于2.2时取2.2；此处，M 为与设计剪力值 V 对应的弯矩设计值；当计算截面与墙底之间的距离小于 $h_0/2$ 时，应按距离墙底 $h_0/2$ 处的弯矩设计值与剪力设计值计算。

11.7.5 剪力墙在偏心受拉时的斜截面抗震受剪承载力应符合下列规定：

$$V_w \leqslant \frac{1}{\gamma_{RE}} \left[\frac{1}{\lambda-0.5} \left(0.4 f_t b h_0 - 0.1 N \frac{A_w}{A} \right) + 0.8 f_{yv} \frac{A_{sh}}{s} h_0 \right]$$

$$(11.7.5)$$

式中：N——考虑地震组合的剪力墙轴向拉力设计值中的较大值。

　　当公式（11.7.5）右边方括号内的计算值小于 $0.8 f_{yv} \frac{A_{sh}}{s} h_0$ 时，取等于 $0.8 f_{yv} \frac{A_{sh}}{s} h_0$。

11.7.6 一级抗震等级的剪力墙，其水平施工缝处的受剪承载力应符合下列规定：

$$V_w \leqslant \frac{1}{\gamma_{RE}} (0.6 f_y A_s + 0.8N) \qquad (11.7.6)$$

式中：N——考虑地震组合的水平施工缝处的轴向力设计值，压力时取正值，拉力时取负值；

　　　　A_s——剪力墙水平施工缝处全部竖向钢筋截面面积，包括竖向分布钢筋、附加竖向插筋以及边缘构件（不包括两侧翼墙）纵向钢筋的总截面面积。

11.7.7 筒体及剪力墙洞口连梁，当采用对称配筋时，其正截面受弯承载力应符合下列规定：

$$M_b \leqslant \frac{1}{\gamma_{RE}} \left[f_y A_s (h_0 - a'_s) + f_{yd} A_{sd} z_{sd} \cos\alpha \right]$$

$$(11.7.7)$$

式中：M_b——考虑地震组合的剪力墙连梁梁端弯矩设计值；

f_y——纵向钢筋抗拉强度设计值；

f_{yd}——对角斜筋抗拉强度设计值；

A_s——单侧受拉纵向钢筋截面面积；

A_{sd}——单向对角斜筋截面面积，无斜筋时取 0；

z_{sd}——计算截面对角斜筋至截面受压区合力点的距离；

$α$——对角斜筋与梁纵轴线夹角；

h_0——连梁截面有效高度。

11.7.8 筒体及剪力墙洞口连梁的剪力设计值 V_{wb} 应按下列规定计算：

1 9 度设防烈度的一级抗震等级连梁

$$V_{wb} = 1.1 \frac{M^l_{bua} + M^r_{bua}}{l_n} + V_{Gb} \quad (11.7.8\text{-}1)$$

2 其他情况

$$V_{wb} = \eta_{vb} \frac{M^l_b + M^r_b}{l_n} + V_{Gb} \quad (11.7.8\text{-}2)$$

式中：M^l_{bua}、M^r_{bua}——分别为连梁左、右端顺时针或逆时针方向实配的受弯承载力所对应的弯矩值，应按实配钢筋面积（计入受压钢筋）和材料强度标准值并考虑承载力抗震调整系数计算；

M^l_b、M^r_b——分别为考虑地震组合的剪力墙及筒体连梁左、右梁端弯矩设计值。应分别按顺时针方向和逆时针方向计算 M^l_b 与 M^r_b 之和，并取其较大值。对一级抗震等级，当两端弯矩均为负弯矩时，绝对值较小的弯矩值应取零；

l_n——连梁净跨；

V_{Gb}——考虑地震组合时的重力荷载代表值产生的剪力设计值，可按简支梁计算确定；

η_{vb}——连梁剪力增大系数。对于普通箍筋连梁，一级抗震等级取 1.3，二级取 1.2，三级取 1.1，四级取 1.0；配置有对角斜筋的连梁 η_{vb} 取 1.0。

11.7.9 各抗震等级的剪力墙及筒体洞口连梁，当配置普通箍筋时，其截面限制条件及斜截面受剪承载力应符合下列规定：

1 跨高比大于 2.5 时

1）受剪截面应符合下列要求：

$$V_{wb} \leqslant \frac{1}{\gamma_{RE}} (0.20 \beta_c f_c b h_0) \quad (11.7.9\text{-}1)$$

2）连梁的斜截面受剪承载力应符合下列要求：

$$V_{wb} \leqslant \frac{1}{\gamma_{RE}} \left(0.42 f_t b h_0 + \frac{A_{sv}}{s} f_{yv} h_0 \right)$$

$$(11.7.9\text{-}2)$$

2 跨高比不大于 2.5 时

1）受剪截面应符合下列要求：

$$V_{wb} \leqslant \frac{1}{\gamma_{RE}} (0.15 \beta_c f_c b h_0) \quad (11.7.9\text{-}3)$$

2）连梁的斜截面受剪承载力应符合下列要求：

$$V_{wb} \leqslant \frac{1}{\gamma_{RE}} \left(0.38 f_t b h_0 + 0.9 \frac{A_{sv}}{s} f_{yv} h_0 \right)$$

$$(11.7.9\text{-}4)$$

式中：f_t——混凝土抗拉强度设计值；

f_{yv}——箍筋抗拉强度设计值；

A_{sv}——配置在同一截面内的箍筋截面面积。

11.7.10 对于一、二级抗震等级的连梁，当跨高比不大于 2.5 时，除普通箍筋外宜另配置斜向交叉钢筋，其截面限制条件及斜截面受剪承载力可按下列规定计算：

1 当洞口连梁截面宽度不小于 250mm 时，可采用交叉斜筋配筋（图 11.7.10-1），其截面限制条件及斜截面受剪承载力应符合下列规定：

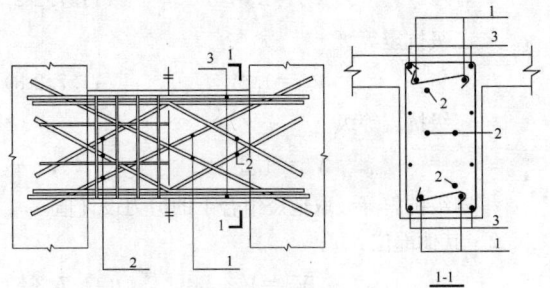

图 11.7.10-1 交叉斜筋配筋连梁
1—对角斜筋；2—折线筋；3—纵向钢筋

1）受剪截面应符合下列要求：

$$V_{wb} \leqslant \frac{1}{\gamma_{RE}} (0.25 \beta_c f_c b h_0) \quad (11.7.10\text{-}1)$$

2）斜截面受剪承载力应符合下列要求：

$$V_{wb} \leqslant \frac{1}{\gamma_{RE}} [0.4 f_t b h_0 + (2.0 \sin α + 0.6 \eta) f_{yd} A_{sd}]$$

$$(11.7.10\text{-}2)$$

$$\eta = (f_{sv} A_{sv} h_0)/(s f_{yd} A_{sd}) \quad (11.7.10\text{-}3)$$

式中：η——箍筋与对角斜筋的配筋强度比，当小于 0.6 时取 0.6，当大于 1.2 时取 1.2；

$α$——对角斜筋与梁纵轴的夹角；

f_{yd}——对角斜筋的抗拉强度设计值；

A_{sd}——单向对角斜筋的截面面积；

A_{sv}——同一截面内箍筋各肢的全部截面面积。

2 当连梁截面宽度不小于 400mm 时，可采用集中对角斜筋配筋（图 11.7.10-2）或对角暗撑配筋（图 11.7.10-3），其截面限制条件及斜截面受剪承载力应符合下列规定：

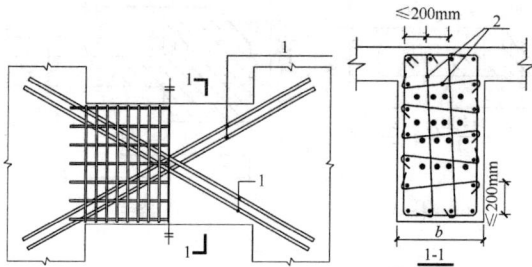

图 11.7.10-2 集中对角斜筋配筋连梁
1—对角斜筋；2—拉筋

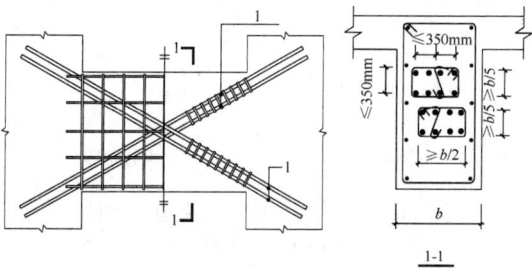

图 11.7.10-3 对角暗撑配筋连梁
1—对角暗撑

1) 受剪截面应符合式（11.7.10-1）的要求。
2) 斜截面受剪承载力应符合下列要求：

$$V_{wb} \leqslant \frac{2}{\gamma_{RE}} f_{yd} A_{sd} \sin\alpha \qquad (11.7.10-4)$$

11.7.11 剪力墙及筒体洞口连梁的纵向钢筋、斜筋及箍筋的构造应符合下列要求：

1 连梁沿上、下边缘单侧纵向钢筋的最小配筋率不应小于 0.15%，且配筋不宜少于 2φ12；交叉斜筋配筋连梁单向对角斜筋不宜少于 2φ12，单组折线筋的截面面积可取为单向对角斜筋截面面积的一半，且直径不宜小于 12mm；集中对角斜筋配筋连梁和对角暗撑连梁中每组对角斜筋应至少由 4 根直径不小于 14mm 的钢筋组成。

2 交叉斜筋配筋连梁的对角斜筋在梁端部位应设置不少于 3 根拉筋，拉筋的间距不应大于连梁宽度和 200mm 的较小值，直径不应小于 6mm；集中对角斜筋配筋连梁应在梁截面内沿水平方向及竖直方向设置双向拉筋，拉筋应勾住外侧纵向钢筋，间距不应大于 200mm，直径不应小于 8mm；对角暗撑配筋连梁中暗撑箍筋的外缘沿梁截面宽度方向不宜小于梁宽的一半，另一方向不宜小于梁宽的 1/5；对角暗撑约束箍筋的间距不宜大于暗撑钢筋直径的 6 倍，当计算间距小于 100mm 时可取 100mm，箍筋肢距不应大于 350mm。

除集中对角斜筋配筋连梁以外，其余连梁的水平钢筋及箍筋形成的钢筋网之间应采用拉筋拉结，拉筋直径不宜小于 6mm，间距不宜大于 400mm。

3 沿连梁全长箍筋的构造宜按本规范第 11.3.6 条和第 11.3.8 条框架梁梁端加密区箍筋的构造要求采用；对角暗撑配筋连梁沿连梁全长箍筋的间距可按本规范表 11.3.6-2 中规定值的两倍取用。

4 连梁纵向受力钢筋、交叉斜筋伸入墙内的锚固长度不应小于 l_{aE}，且不应小于 600mm；顶层连梁纵向钢筋伸入墙体的长度范围内，应配置间距不大于 150mm 的构造箍筋，箍筋直径应与该连梁的箍筋直径相同。

5 剪力墙的水平分布钢筋可作为连梁的纵向构造钢筋在连梁范围内贯通。当梁的腹板高度 h_w 不小于 450mm 时，其两侧面沿梁高范围设置的纵向构造钢筋的直径不应小于 8mm，间距不应大于 200mm；对跨高比不大于 2.5 的连梁，梁两侧的纵向构造钢筋的面积配筋率尚不应小于 0.3%。

11.7.12 剪力墙的墙肢截面厚度应符合下列规定：

1 剪力墙结构：一、二级抗震等级时，一般部位不应小于 160mm，且不宜小于层高或无支长度的 1/20；三、四级抗震等级时，不应小于 140mm，且不宜小于层高或无支长度的 1/25。一、二级抗震等级的底部加强部位，不应小于 200mm，且不宜小于层高或无支长度的 1/16，当墙端无端柱或翼墙时，墙厚不宜小于层高或无支长度的 1/12。

2 框架-剪力墙结构：一般部位不应小于 160mm，且不宜小于层高或无支长度的 1/20；底部加强部位不应小于 200mm，且不宜小于层高或无支长度的 1/16。

3 框架-核心筒结构、筒中筒结构：一般部位不应小于 160mm，且不宜小于层高或无支长度的 1/20；底部加强部位不应小于 200mm，且不宜小于层高或无支长度的 1/16。筒体底部加强部位及其上一层不宜改变墙体厚度。

11.7.13 剪力墙厚度大于 140mm 时，其竖向和水平向分布钢筋不应少于双排布置。

11.7.14 剪力墙的水平和竖向分布钢筋的配筋应符合下列规定：

1 一、二、三级抗震等级的剪力墙的水平和竖向分布钢筋配筋率均不应小于 0.25%；四级抗震等级剪力墙不应小于 0.2%；

2 部分框支剪力墙结构的剪力墙底部加强部位，水平和竖向分布钢筋配筋率不应小于 0.3%。

注：对高度小于 24m 且剪压比很小的四级抗震等级剪力墙，其竖向分布筋最小配筋率应允许按 0.15% 采用。

11.7.15 剪力墙水平和竖向分布钢筋的间距不宜大

于 300mm，直径不宜大于墙厚的 1/10，且不应小于 8mm；竖向分布钢筋直径不宜小于 10mm。

部分框支剪力墙结构的底部加强部位，剪力墙水平和竖向分布钢筋的间距不宜大于 200mm。

11.7.16 一、二、三级抗震等级的剪力墙，其底部加强部位的墙肢轴压比不宜超过表 11.7.16 的限值。

表 11.7.16　剪力墙轴压比限值

抗震等级（设防烈度）	一级（9 度）	一级（7、8 度）	二级、三级
轴压比限值	0.4	0.5	0.6

注：剪力墙肢轴压比指在重力荷载代表值作用下的轴压力设计值与墙的全截面面积和混凝土轴心抗压强度设计值乘积的比值。

11.7.17 剪力墙两端及洞口两侧应设置边缘构件，并宜符合下列要求：

1 一、二、三级抗震等级剪力墙，在重力荷载代表值作用下，当墙肢底截面轴压比大于表 11.7.17 规定时，其底部加强部位及其以上一层墙肢应按本规范第 11.7.18 条的规定设置约束边缘构件；当墙肢轴压比不大于表 11.7.17 规定时，可按本规范第 11.7.19 条的规定设置构造边缘构件；

表 11.7.17　剪力墙设置构造边缘构件的最大轴压比

抗震等级（设防烈度）	一级（9 度）	一级（7、8 度）	二级、三级
轴压比	0.1	0.2	0.3

2 部分框支剪力墙结构中，一、二、三级抗震等级落地剪力墙的底部加强部位及以上一层的墙肢两端，宜设置翼墙或端柱，并应按本规范第 11.7.18 条的规定设置约束边缘构件；不落地的剪力墙，应在底部加强部位及以上一层剪力墙的墙肢两端设置约束边缘构件；

3 一、二、三级抗震等级的剪力墙的一般部位剪力墙以及四级抗震等级剪力墙，应按本规范第 11.7.19 条设置构造边缘构件；

4 对框架-核心筒结构，一、二、三级抗震等级的核心筒角部墙体的边缘构件尚应按下列要求加强：底部加强部位墙肢约束边缘构件的长度宜取墙肢截面高度的 1/4，且约束边缘构件范围内宜全部采用箍筋；底部加强部位以上宜按本规范图 11.7.18 的要求设置约束边缘构件。

11.7.18 剪力墙端部设置的约束边缘构件（暗柱、端柱、翼墙和转角墙）应符合下列要求（图 11.7.18）：

1 约束边缘构件沿墙肢的长度 l_c 及配箍特征值 λ_v 宜满足表 11.7.18 的要求，箍筋的配置范围及相应的配箍特征值 λ_v 和 $\lambda_v/2$ 的区域如图 11.7.18 所示，

其体积配筋率 ρ_v 应符合下列要求：

$$\rho_v \geqslant \lambda_v \frac{f_c}{f_{yv}} \qquad (11.7.18)$$

式中：λ_v——配箍特征值，计算时可计入拉筋。

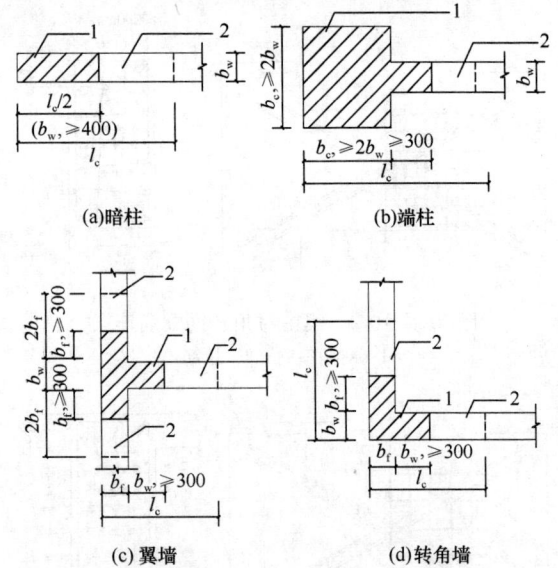

图 11.7.18　剪力墙的约束边缘构件

注：图中尺寸单位为 mm。

1—配箍特征值为 λ_v 的区域；2—配箍特征值为 $\lambda_v/2$ 的区域

计算体积配箍率时，可适当计入满足构造要求且在墙端有可靠锚固的水平分布钢筋的截面面积。

2 一、二、三级抗震等级剪力墙约束边缘构件的纵向钢筋的截面面积，对图 11.7.18 所示暗柱、端柱、翼墙与转角墙分别不应小于图中阴影部分面积的 1.2%、1.0% 和 1.0%。

3 约束边缘构件的箍筋或拉筋沿竖向的间距，对一级抗震等级不宜大于 100mm，对二、三级抗震等级不宜大于 150mm。

表 11.7.18　约束边缘构件沿墙肢的长度 l_c 及其配箍特征值 λ_v

抗震等级（设防烈度）		一级（9 度）		一级（7、8 度）		二级、三级	
轴压比		≤0.2	>0.2	≤0.3	>0.3	≤0.4	>0.4
λ_v		0.12	0.20	0.12	0.20	0.12	0.20
l_c (mm)	暗柱	$0.20h_w$	$0.25h_w$	$0.15h_w$	$0.20h_w$	$0.15h_w$	$0.20h_w$
	端柱、翼墙或转角墙	$0.15h_w$	$0.20h_w$	$0.10h_w$	$0.15h_w$	$0.10h_w$	$0.15h_w$

注：1　两侧翼墙长度小于其厚度 3 倍时，视为无翼墙剪力墙；端柱截面边长小于墙厚 2 倍时，视为无端柱剪力墙；

2　约束边缘构件沿墙肢长度 l_c 除满足表 11.7.18 的要求外，且不宜小于墙厚和 400mm；当有端柱、翼墙或转角墙时，尚不应小于翼墙厚度或端柱沿墙肢方向截面高度加 300mm；

3　h_w 为剪力墙的墙肢截面高度。

11.7.19 剪力墙端部设置的构造边缘构件（暗柱、端柱、翼墙和转角墙）的范围，应按图 11.7.19 确定，构造边缘构件的纵向钢筋除应满足计算要求外，尚应符合表 11.7.19 的要求。

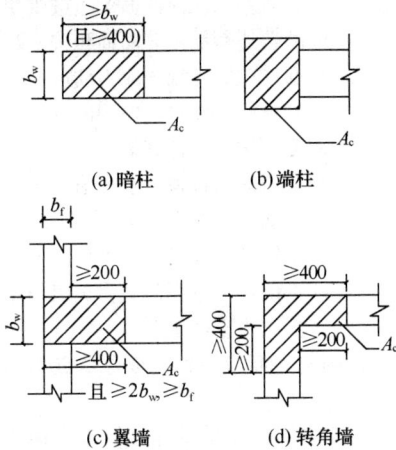

(a)暗柱　　　　　(b)端柱

(c)翼墙　　　　　(d)转角墙

图 11.7.19　剪力墙的构造边缘构件
注：图中尺寸单位为 mm。

表 11.7.19　构造边缘构件的构造配筋要求

抗震等级	底部加强部位			其 他 部 位		
	纵向钢筋最小配筋量（取较大值）	箍筋、拉筋		纵向钢筋最小配筋量（取较大值）	箍筋、拉筋	
		最小直径(mm)	最大间距(mm)		最小直径(mm)	最大间距(mm)
一	$0.01A_c$，$6\phi16$	8	100	$0.008A_c$，$6\phi14$	8	150
二	$0.008A_c$，$6\phi14$	8	150	$0.006A_c$，$6\phi12$	8	200
三	$0.006A_c$，$6\phi12$	6	150	$0.005A_c$，$4\phi12$	6	200
四	$0.005A_c$，$4\phi12$	6	200	$0.004A_c$，$4\phi12$	6	250

注：1　A_c 为图 11.7.19 中所示的阴影面积；
　　2　对其他部位，拉筋的水平间距不应大于纵向钢筋间距的 2 倍，转角处宜设置箍筋；
　　3　当端柱承受集中荷载时，应满足框架柱的配筋要求。

11.8　预应力混凝土结构构件

11.8.1　预应力混凝土结构可用于抗震设防烈度 6 度、7 度、8 度区，当 9 度区需采用预应力混凝土结构时，应有充分依据，并采取可靠措施。

无粘结预应力混凝土结构的抗震设计，应符合专门规定。

11.8.2　抗震设计时，后张预应力框架、门架、转换层的转换大梁，宜采用有粘结预应力筋；承重结构的预应力受拉杆件和抗震等级为一级的预应力框架，应采用有粘结预应力筋。

11.8.3　预应力混凝土结构的抗震计算，应符合下列规定：

　　1　预应力混凝土框架结构的阻尼比宜取 0.03；在框架-剪力墙结构、框架-核心筒结构及板柱-剪力墙结构中，当仅采用预应力混凝土梁或板时，阻尼比应取 0.05；

　　2　预应力混凝土结构构件截面抗震验算时，在地震组合中，预应力作用分项系数，当预应力作用效应对构件承载力有利时应取用 1.0，不利时应取用 1.2；

　　3　预应力筋穿过框架节点核心区时，节点核心区的截面抗震受剪承载力应按本规范第 11.6 节的有关规定进行验算，并可考虑有效预加力的有利影响。

11.8.4　预应力混凝土框架的抗震构造，除应符合钢筋混凝土结构的要求外，尚应符合下列规定：

　　1　预应力混凝土框架梁端截面，计入纵向受压钢筋的混凝土受压区高度应符合本规范第 11.3.1 条的规定；按普通钢筋抗拉强度设计值换算的全部纵向受拉钢筋配筋率不宜大于 2.5%。

　　2　在预应力混凝土框架梁中，应采用预应力筋和普通钢筋混合配筋的方式，梁端截面配筋宜符合下列要求。

$$A_s \geqslant \frac{1}{3}\left(\frac{f_{py}h_p}{f_y h_s}\right)A_p \qquad (11.8.4)$$

注：对二、三级抗震等级的框架-剪力墙、框架-核心筒结构中的后张有粘结预应力框架，式 (11.8.4) 右端项系数 1/3 可改为 1/4。

　　3　预应力混凝土框架梁梁端截面的底部纵向普通钢筋和顶部纵向受力钢筋截面面积的比值，应符合本规范第 11.3.6 条第 2 款的规定。计算顶部纵向受力钢筋截面面积时，应将预应力筋按抗拉强度设计值换算为普通钢筋截面面积。

框架梁端底面纵向普通钢筋配筋率尚不应小于 0.2%。

　　4　当计算预应力混凝土框架柱的轴压比时，轴向压力设计值应取柱组合的轴向压力设计值加上预应力筋有效预加力的设计值，其轴压比应符合本规范第 11.4.16 条的相应要求。

　　5　预应力混凝土框架柱的箍筋宜全高加密。大跨度框架柱可采用在截面受拉较大的一侧配置预应力筋和普通钢筋的混合配筋，另一侧仅配置普通钢筋的非对称配筋方式。

11.8.5　后张预应力混凝土板柱-剪力墙结构，其板柱柱上板带的端截面应符合本规范第 11.8.4 条对受压区高度的规定和公式 (11.8.4) 对截面配筋的要求。

板柱节点应符合本规范第 11.9 节的规定。

11.8.6　后张预应力筋的锚具、连接器不宜设置在梁柱节点核心区内。

11.9 板柱节点

11.9.1 对一、二、三级抗震等级的板柱节点，应按本规范第 11.9.3 条及附录 F 进行抗震受冲切承载力验算。

11.9.2 8 度设防烈度时宜采用有托板或柱帽的板柱节点，柱帽及托板的外形尺寸应符合本规范第 9.1.10 条的规定。同时，托板或柱帽根部的厚度（包括板厚）不应小于柱纵向钢筋直径的 16 倍，且托板或柱帽的边长不应小于 4 倍板厚与柱截面相应边长之和。

11.9.3 在地震组合下，当考虑板柱节点临界截面上的剪应力传递不平衡弯矩时，其考虑抗震等级的等效集中反力设计值 $F_{l,eq}$ 可按本规范附录 F 的规定计算，此时，F_l 为板柱节点临界截面所承受的竖向力设计值。由地震组合的不平衡弯矩在板柱节点处引起的等效集中反力设计值应乘以增大系数，对一、二、三级抗震等级板柱结构的节点，该增大系数可分别取1.7、1.5、1.3。

11.9.4 在地震组合下，配置箍筋或栓钉的板柱节点，受冲切截面及受冲切承载力应符合下列要求：

1 受冲切截面

$$F_{l,eq} \leqslant \frac{1}{\gamma_{RE}}(1.2 f_t \eta u_m h_0) \quad (11.9.4-1)$$

2 受冲切承载力

$$F_{l,eq} \leqslant \frac{1}{\gamma_{RE}} \left[(0.3 f_t + 0.15\sigma_{pc,m}) \eta u_m h_0 + 0.8 f_{yv} A_{svu}\right]$$

$$(11.9.4-2)$$

3 对配置抗冲切钢筋的冲切破坏锥体以外的截面，尚应按下式进行受冲切承载力验算：

$$F_{l,eq} \leqslant \frac{1}{\gamma_{RE}}(0.42 f_t + 0.15\sigma_{pc,m}) \eta u_m h_0$$

$$(11.9.4-3)$$

式中：u_m ——临界截面的周长，公式（11.9.4-1）、公式（11.9.4-2）中的 u_m，按本规范第6.5.1 条的规定采用；公式（11.9.4-3）中的 u_m，应取最外排抗冲切钢筋周边以外 $0.5h_0$ 处的最不利周长。

11.9.5 无柱帽平板宜在柱上板带中设构造暗梁，暗梁宽度可取柱宽加柱两侧各不大于 1.5 倍板厚。暗梁支座上部纵向钢筋应不小于柱上板带纵筋截面积的 1/2，暗梁下部纵向钢筋不宜少于上部纵向钢筋截面积的 1/2。

暗梁箍筋直径不应小于 8mm，间距不宜大于 3/4倍板厚，肢距不宜大于 2 倍板厚；支座处暗梁箍筋加密区长度不应小于 3 倍板厚，其箍筋间距不宜大于100mm，肢距不宜大于 250mm。

11.9.6 沿两个主轴方向贯通节点柱截面的连续预应力筋及板底纵向普通钢筋，应符合下列要求：

1 沿两个主轴方向贯通节点柱截面的连续钢筋的总截面面积，应符合下式要求：

$$f_{py} A_p + f_y A_s \geqslant N_G \quad (11.9.6)$$

式中：A_s ——贯通柱截面的板底纵向普通钢筋截面积；对一端在柱截面对边按受拉弯折锚固的普通钢筋，截面面积按一半计算；

A_p ——贯通柱截面连续预应力筋截面积；对一端在柱截面对边锚固的预应力筋，截面面积按一半计算；

f_{py} ——预应力筋抗拉强度设计值，对无粘结预应力筋，应按本规范第 10.1.14 条取用无粘结预应力筋的应力设计值 σ_{pu}；

N_G ——在本层楼板重力荷载代表值作用下的柱轴向压力设计值。

2 连续预应力筋应布置在板柱节点上部，呈下凹进入板跨中。

3 板底纵向普通钢筋的连接位置，宜在距柱面 l_{aE} 与 2 倍板厚的较大值以外，且应避开板底受拉区范围。

附录 A 钢筋的公称直径、公称截面面积及理论重量

表 A.0.1 钢筋的公称直径、公称截面面积及理论重量

公称直径 (mm)	不同根数钢筋的公称截面面积 (mm²)									单根钢筋理论重量 (kg/m)
	1	2	3	4	5	6	7	8	9	
6	28.3	57	85	113	142	170	198	226	255	0.222
8	50.3	101	151	201	252	302	352	402	453	0.395
10	78.5	157	236	314	393	471	550	628	707	0.617
12	113.1	226	339	452	565	678	791	904	1017	0.888
14	153.9	308	461	615	769	923	1077	1231	1385	1.21
16	201.1	402	603	804	1005	1206	1407	1608	1809	1.58
18	254.5	509	763	1017	1272	1527	1781	2036	2290	2.00(2.11)
20	314.2	628	942	1256	1570	1884	2199	2513	2827	2.47
22	380.1	760	1140	1520	1900	2281	2661	3041	3421	2.98
25	490.9	982	1473	1964	2454	2945	3436	3927	4418	3.85(4.10)
28	615.8	1232	1847	2463	3079	3695	4310	4926	5542	4.83
32	804.2	1609	2413	3217	4021	4826	5630	6434	7238	6.31(6.65)
36	1017.9	2036	3054	4072	5089	6107	7125	8143	9161	7.99
40	1256.6	2513	3770	5027	6283	7540	8796	10053	11310	9.87(10.34)
50	1963.5	3928	5892	7856	9820	11784	13748	15712	17676	15.42(16.28)

注：括号内为预应力螺纹钢筋的数值。

表 A.0.2 钢绞线的公称直径、公称截面面积及理论重量

种类	公称直径 (mm)	公称截面面积 (mm²)	理论重量 (kg/m)
1×3	8.6	37.7	0.296
	10.8	58.9	0.462
	12.9	84.8	0.666
1×7 标准型	9.5	54.8	0.430
	12.7	98.7	0.775
	15.2	140	1.101
	17.8	191	1.500
	21.6	285	2.237

表 A.0.3 钢丝的公称直径、公称截面面积及理论重量

公称直径 (mm)	公称截面面积 (mm²)	理论重量 (kg/m)
5.0	19.63	0.154
7.0	38.48	0.302
9.0	63.62	0.499

附录 B 近似计算偏压构件侧移二阶效应的增大系数法

B.0.1 在框架结构、剪力墙结构、框架-剪力墙结构及筒体结构中，当采用增大系数法近似计算结构因侧移产生的二阶效应（P-Δ 效应）时，应对未考虑 P-Δ 效应的一阶弹性分析所得的柱、墙肢端弯矩和梁端弯矩以及层间位移分别按公式（B.0.1-1）和公式（B.0.1-2）乘以增大系数 η_s：

$$M = M_{ns} + \eta_s M_s \qquad \text{(B.0.1-1)}$$

$$\Delta = \eta_s \Delta_1 \qquad \text{(B.0.1-2)}$$

式中：M_s ——引起结构侧移的荷载或作用所产生的一阶弹性分析构件端弯矩设计值；

M_{ns} ——不引起结构侧移荷载产生的一阶弹性分析构件端弯矩设计值；

Δ_1 ——一阶弹性分析的层间位移；

η_s —— P-Δ 效应增大系数，按 B.0.2 条或第 B.0.3 条确定，其中，梁端 η_s 取为相应节点处上、下柱端或上、下墙肢端 η_s 的平均值。

B.0.2 在框架结构中，所计算楼层各柱的 η_s 可按下列公式计算：

$$\eta_s = \frac{1}{1 - \dfrac{\sum N_j}{DH_0}} \qquad \text{(B.0.2)}$$

式中：D ——所计算楼层的侧向刚度。在计算结构构件弯矩增大系数与计算结构位移增大系数时，应分别按本规范第 B.0.5 条的规定取用结构构件刚度；

N_j ——所计算楼层第 j 列柱轴力设计值；

H_0 ——所计算楼层的层高。

B.0.3 剪力墙结构、框架-剪力墙结构、筒体结构中的 η_s 可按下列公式计算：

$$\eta_s = \frac{1}{1 - 0.14 \dfrac{H^2 \sum G}{E_c J_d}} \qquad \text{(B.0.3)}$$

式中：$\sum G$ ——各楼层重力荷载设计值之和；

$E_c J_d$ ——与所设计结构等效的竖向等截面悬臂受弯构件的弯曲刚度，可按该悬臂受弯构件与所设计结构在倒三角形分布水平荷载下顶点位移相等的原则计算。在计算结构构件弯矩增大系数与计算结构位移增大系数时，应分别按本规范第 B.0.5 条规定取用结构构件刚度；

H ——结构总高度。

B.0.4 排架结构柱考虑二阶效应的弯矩设计值可按下列公式计算：

$$M = \eta_s M_0 \qquad \text{(B.0.4-1)}$$

$$\eta_s = 1 + \frac{1}{1500 e_i / h_0} \left(\frac{l_0}{h}\right)^2 \zeta_c \qquad \text{(B.0.4-2)}$$

$$\zeta_c = \frac{0.5 f_c A}{N} \qquad \text{(B.0.4-3)}$$

$$e_i = e_0 + e_a \qquad \text{(B.0.4-4)}$$

式中：ζ_c ——截面曲率修正系数；当 $\zeta_c > 1.0$ 时，取 $\zeta_c = 1.0$；

e_i ——初始偏心距；

M_0 ——一阶弹性分析柱端弯矩设计值；

e_0 ——轴向压力对截面重心的偏心距，$e_0 = M_0 / N$；

e_a ——附加偏心距，按本规范第 6.2.5 条规定确定；

l_0 ——排架柱的计算长度，按本规范表 6.2.20-1 取用；

h, h_0 ——分别为所考虑弯曲方向柱的截面高度和截面有效高度；

A ——柱的截面面积。对于 I 形截面取：$A = bh + 2(b_f - b)h'_f$。

B.0.5 当采用本规范第 B.0.2 条、第 B.0.3 条计算各类结构中的弯矩增大系数 η_s 时，宜对构件的弹性抗弯刚度 $E_c I$ 乘以折减系数：对梁，取 0.4；对柱，取 0.6；对剪力墙肢及核心筒壁墙肢，取 0.45；当计算各结构中位移的增大系数 η_s 时，不对刚度进行

折减。

> 注：当验算表明剪力墙肢或核心筒壁墙肢各控制截面不开裂时，计算弯矩增大系数 η_s 时的刚度折减系数可取为 0.7。

附录 C 钢筋、混凝土本构关系与混凝土多轴强度准则

C.1 钢筋本构关系

C.1.1 普通钢筋的屈服强度及极限强度的平均值 f_{ym}、f_{stm} 可按下列公式计算：

$$f_{ym} = f_{yk}/(1 - 1.645\delta_s) \qquad (\text{C.1.1-1})$$
$$f_{stm} = f_{stk}/(1 - 1.645\delta_s) \qquad (\text{C.1.1-2})$$

式中：f_{yk}、f_{ym} ——钢筋屈服强度的标准值、平均值；

f_{stk}、f_{stm} ——钢筋极限强度的标准值、平均值；

δ_s ——钢筋强度的变异系数，宜根据试验统计确定。

C.1.2 钢筋单调加载的应力-应变本构关系曲线（图 C.1.2）可按下列规定确定。

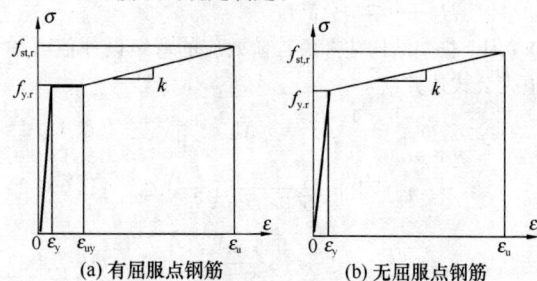

图 C.1.2 钢筋单调受拉应力-应变曲线

(a) 有屈服点钢筋　　(b) 无屈服点钢筋

1 有屈服点钢筋

$$\sigma_s = \begin{cases} E_s\varepsilon_s & \varepsilon_s \leqslant \varepsilon_y \\ f_{y,r} & \varepsilon_y < \varepsilon_s \leqslant \varepsilon_{uy} \\ f_{y,r} + k(\varepsilon_s - \varepsilon_{uy}) & \varepsilon_{uy} < \varepsilon_s \leqslant \varepsilon_u \\ 0 & \varepsilon_s > \varepsilon_u \end{cases}$$

$$(\text{C.1.2-1})$$

2 无屈服点钢筋

$$\sigma_p = \begin{cases} E_s\varepsilon_s & \varepsilon_s \leqslant \varepsilon_y \\ f_{y,r} + k(\varepsilon_s - \varepsilon_y) & \varepsilon_y < \varepsilon_s \leqslant \varepsilon_u \\ 0 & \varepsilon_s > \varepsilon_u \end{cases}$$

$$(\text{C.1.2-2})$$

式中：E_s ——钢筋的弹性模量；

σ_s ——钢筋应力；

ε_s ——钢筋应变；

$f_{y,r}$ ——钢筋的屈服强度代表值，其值可根据实际结构分析需要分别取 f_y、f_{yk} 或 f_{ym}；

$f_{st,r}$ ——钢筋极限强度代表值，其值可根据实际结构分析需要分别取 f_{st}、f_{stk} 或 f_{stm}；

ε_y ——与 $f_{y,r}$ 相应的钢筋屈服应变，可取

$f_{y,r}/E_s$；

ε_{uy} ——钢筋硬化起点应变；

ε_u ——与 $f_{st,r}$ 相应的钢筋峰值应变；

k ——钢筋硬化段斜率，$k = (f_{st,r} - f_{y,r})/(\varepsilon_u - \varepsilon_{uy})$。

C.1.3 钢筋反复加载的应力-应变本构关系曲线（图 C.1.3）宜按下列公式确定，也可采用简化的折线形式表达。

$$\sigma_s = E_s(\varepsilon_s - \varepsilon_a) - \left(\frac{\varepsilon_s - \varepsilon_a}{\varepsilon_b - \varepsilon_a}\right)^p [E_s(\varepsilon_b - \varepsilon_a) - \sigma_b]$$

$$(\text{C.1.3-1})$$

$$p = \frac{(E_s - k)(\varepsilon_b - \varepsilon_a)}{E_s(\varepsilon_b - \varepsilon_a) - \sigma_b} \qquad (\text{C.1.3-2})$$

式中：ε_a ——再加载路径起点对应的应变；

σ_b、ε_b ——再加载路径终点对应的应力和应变，如再加载方向钢筋未曾屈服过，则 σ_b、ε_b 取钢筋初始屈服点的应力和应变。如再加载方向钢筋已经屈服过，则取该方向钢筋历史最大应力和应变。

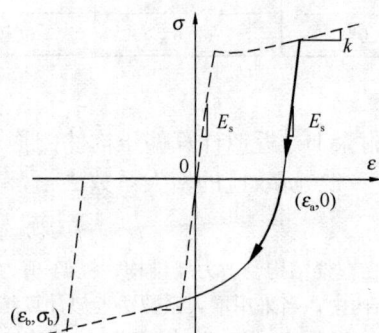

图 C.1.3 钢筋反复加载应力-应变曲线

C.2 混凝土本构关系

C.2.1 混凝土的抗压强度及抗拉强度的平均值 f_{cm}、f_{tm} 可按下列公式计算：

$$f_{cm} = f_{ck}/(1 - 1.645\delta_c) \qquad (\text{C.2.1-1})$$
$$f_{tm} = f_{tk}/(1 - 1.645\delta_c) \qquad (\text{C.2.1-2})$$

式中：f_{cm}、f_{ck} ——混凝土抗压强度的平均值、标准值；

f_{tm}、f_{tk} ——混凝土抗拉强度的平均值、标准值；

δ_c ——混凝土强度变异系数，宜根据试验统计确定。

C.2.2 本节规定的混凝土本构模型应适用于下列条件：

1 混凝土强度等级 C20～C80；

2 混凝土质量密度 $2200\text{kg/m}^3 \sim 2400\text{kg/m}^3$；

3 正常温度、湿度环境；

4 正常加载速度。

C. 2. 3 混凝土单轴受拉的应力-应变曲线（图 C. 2. 3）可按下列公式确定：

$$\sigma = (1-d_t)E_c\varepsilon \qquad (C. 2. 3\text{-}1)$$

$$d_t = \begin{cases} 1-\rho_t\left[1.2-0.2x^5\right] & x \leqslant 1 \\ 1-\dfrac{\rho_t}{\alpha_t\,(x-1)^{1.7}+x} & x > 1 \end{cases}$$
$$(C. 2. 3\text{-}2)$$

$$x = \frac{\varepsilon}{\varepsilon_{t,r}} \qquad (C. 2. 3\text{-}3)$$

$$\rho_t = \frac{f_{t,r}}{E_c\varepsilon_{t,r}} \qquad (C. 2. 3\text{-}4)$$

式中：α_t——混凝土单轴受拉应力-应变曲线下降段的参数值，按表 C. 2. 3 取用；

$f_{t,r}$——混凝土的单轴抗拉强度代表值，其值可根据实际结构分析需要分别取 f_t、f_{tk} 或 f_{tm}；

$\varepsilon_{t,r}$——与单轴抗拉强度代表值 $f_{t,r}$ 相应的混凝土峰值拉应变，按表 C. 2. 3 取用；

d_t——混凝土单轴受拉损伤演化参数。

表 C. 2. 3　混凝土单轴受拉应力-应变曲线的参数取值

$f_{t,r}$ (N/mm²)	1.0	1.5	2.0	2.5	3.0	3.5	4.0
$\varepsilon_{t,r}$ (10⁻⁶)	65	81	95	107	118	128	137
α_t	0.31	0.70	1.25	1.95	2.81	3.82	5.00

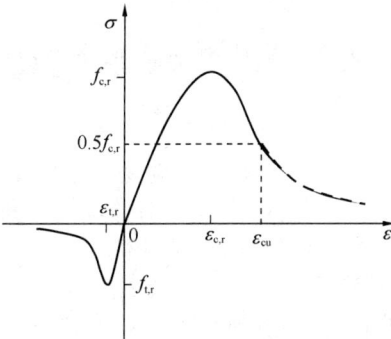

图 C. 2. 3　混凝土单轴应力-应变曲线

注：混凝土受拉、受压的应力-应变曲线示意图绘于同一坐标系中，但取不同的比例。符号取"受拉为负、受压为正"。

C. 2. 4 混凝土单轴受压的应力-应变曲线（图 C. 2. 3）可按下列公式确定：

$$\sigma = (1-d_c)E_c\varepsilon \qquad (C. 2. 4\text{-}1)$$

$$d_c = \begin{cases} 1-\dfrac{\rho_c n}{n-1+x^n} & x \leqslant 1 \\ 1-\dfrac{\rho_c}{\alpha_c\,(x-1)^2+x} & x > 1 \end{cases}$$
$$(C. 2. 4\text{-}2)$$

$$\rho_c = \frac{f_{c,r}}{E_c\varepsilon_{c,r}} \qquad (C. 2. 4\text{-}3)$$

$$n = \frac{E_c\varepsilon_{c,r}}{E_c\varepsilon_{c,r}-f_{c,r}} \qquad (C. 2. 4\text{-}4)$$

$$x = \frac{\varepsilon}{\varepsilon_{c,r}} \qquad (C. 2. 4\text{-}5)$$

式中：α_c——混凝土单轴受压应力-应变曲线下降段参数值，按表 C. 2. 4 取用；

$f_{c,r}$——混凝土单轴抗压强度代表值，其值可根据实际结构分析的需要分别取 f_c、f_{ck} 或 f_{cm}；

$\varepsilon_{c,r}$——与单轴抗压强度 $f_{c,r}$ 相应的混凝土峰值压应变，按表 C. 2. 4 取用；

d_c——混凝土单轴受压损伤演化参数。

表 C. 2. 4　混凝土单轴受压应力-应变曲线的参数取值

$f_{c,r}$ (N/mm²)	20	25	30	35	40	45	50	55	60	65	70	75	80
$\varepsilon_{c,r}$ (10⁻⁶)	1470	1560	1640	1720	1790	1850	1920	1980	2030	2080	2130	2190	2240
a_c	0.74	1.06	1.36	1.65	1.94	2.21	2.48	2.74	3.00	3.25	3.50	3.75	3.99
$\varepsilon_{cu}/\varepsilon_{c,r}$	3.0	2.6	2.3	2.1	2.0	1.9	1.9	1.8	1.8	1.7	1.7	1.7	1.6

注：ε_{cu} 为应力应变曲线下降段应力等于 $0.5 f_{c,r}$ 时的混凝土压应变。

C. 2. 5 在重复荷载作用下，受压混凝土卸载及再加载应力路径（图 C. 2. 5）可按下列公式确定：

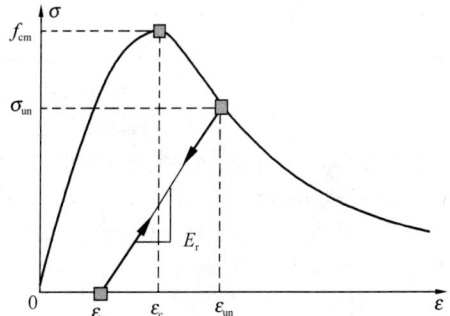

图 C. 2. 5　重复荷载作用下混凝土应力-应变曲线

$$\sigma = E_r(\varepsilon-\varepsilon_z) \qquad (C. 2. 5\text{-}1)$$

$$E_r = \frac{\sigma_{un}}{\varepsilon_{un}-\varepsilon_z} \qquad (C. 2. 5\text{-}2)$$

$$\varepsilon_z = \varepsilon_{un} - \left[\frac{(\varepsilon_{un}+\varepsilon_{ca})\sigma_{un}}{\sigma_{un}+E_c\varepsilon_{ca}}\right] \qquad (C. 2. 5\text{-}3)$$

$$\varepsilon_{ca} = \max\left(\frac{\varepsilon_c}{\varepsilon_c+\varepsilon_{un}},\frac{0.09\varepsilon_{un}}{\varepsilon_c}\right)\sqrt{\varepsilon_c\varepsilon_{un}}$$
$$(C. 2. 5\text{-}4)$$

式中：σ——受压混凝土的压应力；

ε——受压混凝土的压应变；

ε_z——受压混凝土卸载至零应力点时的残余应变；

E_r——受压混凝土卸载/再加载的变形模量；

σ_{un}、ε_{un}——分别为受压混凝土从骨架线开始卸载

时的应力和应变；

ε_{ca}——附加应变；

ε_c——混凝土受压峰值应力对应的应变。

C.2.6 混凝土在双轴加载、卸载条件下的本构关系可采用损伤模型或弹塑性模型。弹塑性本构关系可采用弹塑性增量本构理论，损伤本构关系按下列公式确定：

1 双轴受拉区 ($\sigma'_1 < 0$, $\sigma'_2 < 0$)

1）加载方程

$$\begin{Bmatrix} \sigma_1 \\ \sigma_2 \end{Bmatrix} = (1 - d_t) \begin{Bmatrix} \sigma'_1 \\ \sigma'_2 \end{Bmatrix} \qquad \text{(C.2.6-1)}$$

$$\varepsilon_{t,e} = -\sqrt{\frac{1}{1 - \nu^2} \left[(\varepsilon_1)^2 + (\varepsilon_2)^2 + 2\nu\varepsilon_1\varepsilon_2 \right]}$$
$$\text{(C.2.6-2)}$$

$$\begin{Bmatrix} \sigma'_1 \\ \sigma'_2 \end{Bmatrix} = \frac{E_c}{1 - \nu^2} \begin{bmatrix} 1 & \nu \\ \nu & 1 \end{bmatrix} \begin{Bmatrix} \varepsilon_1 \\ \varepsilon_2 \end{Bmatrix} \quad \text{(C.2.6-3)}$$

式中：d_t——受拉损伤演化参数，可由式

（C.2.3-2）计算，其中 $x = \frac{\varepsilon_{t,e}}{\varepsilon_t}$；

$\varepsilon_{t,e}$——受拉能量等效应变；

σ'_1, σ'_2——有效应力；

ν——混凝土泊松比，可取 0.18~0.22。

2）卸载方程

$$\begin{Bmatrix} \sigma_1 - \sigma_{un,1} \\ \sigma_2 - \sigma_{un,2} \end{Bmatrix} = (1 - d_t) \frac{E_c}{1 - \nu^2} \begin{bmatrix} 1 & \nu \\ \nu & 1 \end{bmatrix} \begin{Bmatrix} \varepsilon_1 - \varepsilon_{un,1} \\ \varepsilon_2 - \varepsilon_{un,2} \end{Bmatrix}$$
$$\text{(C.2.6-4)}$$

式中：$\sigma_{un,1}$、$\sigma_{un,2}$、$\varepsilon_{un,1}$,$\varepsilon_{un,2}$——二维卸载点处的应力、应变。

在加载方程中，损伤演化参数应采用即时应变换算得到的能量等效应变计算；卸载方程中的损伤演化参数应采用卸载点处的应变换算的能量等效应变计算，并且在整个卸载和再加载过程中保持不变。

2 双轴受压区 ($\sigma'_1 \geqslant 0$, $\sigma'_2 \geqslant 0$)

1）加载方程

$$\begin{Bmatrix} \sigma_1 \\ \sigma_2 \end{Bmatrix} = (1 - d_c) \begin{Bmatrix} \sigma'_1 \\ \sigma'_2 \end{Bmatrix} \qquad \text{(C.2.6-5)}$$

$$\varepsilon_{c,e} = \frac{1}{(1 - \nu^2)(1 - \alpha_s)} \left[\alpha_s(1 + \nu)(\varepsilon_1 + \varepsilon_2) \right.$$
$$\left. + \sqrt{(\varepsilon_1 + \nu\varepsilon_2)^2 + (\varepsilon_2 + \nu\varepsilon_1)^2 - (\varepsilon_1 + \nu\varepsilon_2)(\varepsilon_2 + \nu\varepsilon_1)} \right]$$
$$\text{(C.2.6-6)}$$

$$\alpha_s = \frac{r - 1}{2r - 1} \qquad \text{(C.2.6-7)}$$

式中：d_c——受压损伤演化参数，可由公式（C.2.4-2）计算，其中 $x = \frac{\varepsilon_{c,e}}{\varepsilon_c}$；

$\varepsilon_{c,e}$——受压能量等效应变；

α_s——受剪屈服参数；

r——双轴受压强度提高系数，取值范围 1.15~1.30，可根据实验数据确定，在

缺乏实验数据时可取 1.2。

2）卸载方程

$$\begin{Bmatrix} \sigma_1 - \sigma_{un,1} \\ \sigma_2 - \sigma_{un,2} \end{Bmatrix} = (1 - \eta_d d_c) \frac{E_c}{1 - \nu^2} \begin{bmatrix} 1 & \nu \\ \nu & 1 \end{bmatrix}$$

$$\begin{Bmatrix} \varepsilon_1 - \varepsilon_{un,1} \\ \varepsilon_2 - \varepsilon_{un,2} \end{Bmatrix} \qquad \text{(C.2.6-8)}$$

$$\eta_d = \frac{\varepsilon_{c,e}}{\varepsilon_{c,e} + \varepsilon_{ca}} \qquad \text{(C.2.6-9)}$$

式中：η_d——塑性因子；

ε_{ca}——附加应变，按公式（C.2.5-4）计算。

3 双轴拉压区 ($\sigma'_1 < 0$, $\sigma'_2 \geqslant 0$) 或 ($\sigma'_1 \geqslant 0$, $\sigma'_2 < 0$)

1）加载方程

$$\begin{Bmatrix} \sigma_1 \\ \sigma_2 \end{Bmatrix} = \begin{bmatrix} (1 - d_t) & 0 \\ 0 & (1 - d_c) \end{bmatrix} \begin{Bmatrix} \sigma'_1 \\ \sigma'_2 \end{Bmatrix}$$
$$\text{(C.2.6-10)}$$

$$\varepsilon_{t,e} = -\sqrt{\frac{1}{(1 - \nu^2)} \varepsilon_1 (\varepsilon_1 + \gamma\varepsilon_2)}$$
$$\text{(C.2.6-11)}$$

式中：d_t——受拉损伤演化参数，可由式

（C.2.3-2）计算，其中 $x = \frac{\varepsilon_{t,e}}{\varepsilon_t}$；

d_c——受压损伤演化参数，可由式

（C.2.4-2）计算，其中 $x = \frac{\varepsilon_{c,e}}{\varepsilon_c}$；

$\varepsilon_{t,e}$、$\varepsilon_{c,e}$——能量等效应变，其中，$\varepsilon_{c,e}$ 按式（C.2.6-6）计算，$\varepsilon_{t,e}$ 可按式（C.2.6-11）计算。

2）卸载方程

$$\begin{Bmatrix} \sigma_1 - \sigma_{un,1} \\ \sigma_2 - \sigma_{un,2} \end{Bmatrix} = \frac{E_c}{1 - \nu^2} \begin{bmatrix} (1 - d_t) & (1 - d_t)\nu \\ (1 - \eta_d d_c)\nu & (1 - \eta_d d_c) \end{bmatrix} \begin{Bmatrix} \varepsilon_1 - \varepsilon_{un,1} \\ \varepsilon_2 - \varepsilon_{un,2} \end{Bmatrix}$$
$$\text{(C.2.6-12)}$$

式中：η_d——塑性因子。

C.3 钢筋-混凝土粘结滑移本构关系

C.3.1 混凝土与热轧带肋钢筋之间的粘结应力-滑移（$\tau - s$）本构关系曲线（图 C.3.1）可按下列规定确定，曲线特征点的参数值可按表 C.3.1 取用。

线性段 $\tau = k_1 s$ $0 \leqslant s \leqslant s_{cr}$ (C.3.1-1)

劈裂段 $\tau = \tau_{cr} + k_2(s - s_{cr})$ $s_{cr} < s \leqslant s_u$
$$\text{(C.3.1-2)}$$

下降段 $\tau = \tau_u + k_3(s - s_u)$ $s_u < s \leqslant s_r$ (C.3.1-3)

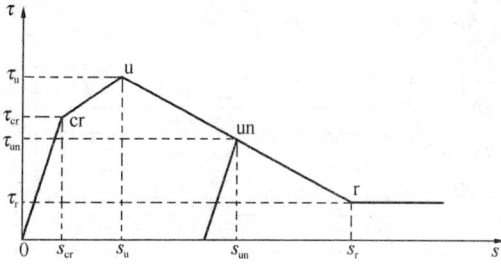

图 C.3.1 混凝土与钢筋间的粘结应力-滑移曲线

残余段　　　$\tau = \tau_r$　$s > s_r$　　　(C.3.1-4)

卸载段　　　$\tau = \tau_{un} + k_1 (s - s_{un})$　　(C.3.1-5)

式中：τ——混凝土与热轧带肋钢筋之间的粘结应力
　　　　　（N/mm²）；

　　　s——混凝土与热轧带肋钢筋之间的相对滑移
　　　　　（mm）；

　　　k_1——线性段斜率，τ_{cr}/s_{cr}；

　　　k_2——劈裂段斜率，$(\tau_u - \tau_{cr})/(s_u - s_{cr})$；

　　　k_3——下降段斜率，$(\tau_r - \tau_u)/(s_r - s_u)$；

　　　τ_{un}——卸载点的粘结应力（N/mm²）；

　　　s_{un}——卸载点的相对滑移（mm）。

**表 C.3.1　混凝土与钢筋间粘结应力-滑移
曲线的参数值**

特征点	劈裂（cr）		峰值（u）		残余（r）	
粘结应力（N/mm²）	τ_{cr}	$2.5f_{t,r}$	τ_u	$3f_{t,r}$	τ_r	$f_{t,r}$
相对滑移（mm）	s_{cr}	$0.025d$	s_u	$0.04d$	s_r	$0.55d$

注：表中 d 为钢筋直径（mm）；$f_{t,r}$ 为混凝土的抗拉强度
特征值（N/mm²）。

C.3.2　除热轧带肋钢筋外，其余种类钢筋的粘结应
力-滑移本构关系曲线的参数值可根据试验确定。

C.4　混凝土强度准则

C.4.1　当采用混凝土多轴强度准则进行承载力计算
时，材料强度参数取值及抗力计算应符合下列原则：

　1　当采用弹塑性方法确定作用效应时，混凝土
强度指标宜取平均值；

　2　当采用弹性方法或弹塑性方法分析结果进行
构件承载力计算时，混凝土强度指标可根据需要，取
其强度设计值（f_c 或 f_t）或标准值（f_{ck} 或 f_{tk}）。

　3　采用弹性分析或弹塑性分析求得混凝土的应
力分布和主应力值后，混凝土多轴强度验算应符合下
列要求：

$$|\sigma_i| \leqslant |f_i| \quad (i=1,2,3) \quad (C.4.1)$$

式中：σ_i——混凝土主应力值，受拉为负，受压为
　　　　　正，且 $\sigma_1 \geqslant \sigma_2 \geqslant \sigma_3$；

　　　f_i——混凝土多轴强度代表值，受拉为负，受
　　　　　压为正，且 $f_1 \geqslant f_2 \geqslant f_3$。

C.4.2　在二轴应力状态下，混凝土的二轴强度由下
列4条曲线连成的封闭曲线（图C.4.2）确定；也可
以根据表C.4.2-1、表C.4.2-2和表C.4.2-3所列的
数值内插取值。

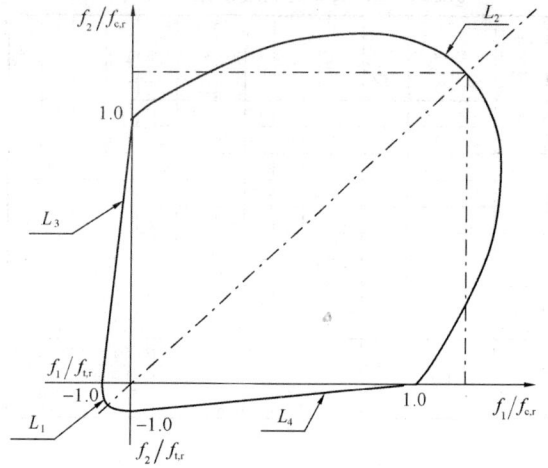

图 C.4.2　混凝土二轴应力的强度包络图

强度包络曲线方程应符合下列公式的规定：

$$
\begin{cases}
L_1: & f_1^2 + f_2^2 - 2\nu f_1 f_2 = (f_{t,r})^2 \\
L_2: & \sqrt{f_1^2 + f_2^2 - f_1 f_2} - \alpha_s(f_1 + f_2) = (1-\alpha_s)f_{c,r} \\
L_3: & \dfrac{f_2}{f_{c,r}} - \dfrac{f_1}{f_{t,r}} = 1 \\
L_4: & \dfrac{f_1}{f_{c,r}} - \dfrac{f_2}{f_{t,r}} = 1
\end{cases}
$$

$$(C.4.2)$$

式中：α_s——受剪屈服参数，由公式（C.2.6-7）
　　　　　确定。

**表 C.4.2-1　混凝土在二轴拉-压应力
状态下的抗拉、抗压强度**

$f_2/f_{t,r}$	0	-0.1	-0.2	-0.3	-0.4	-0.5	-0.6	-0.7	-0.8	-0.9	-1.0
$f_1/f_{c,r}$	1.00	0.90	0.80	0.70	0.60	0.50	0.40	0.30	0.20	0.10	0

表 C.4.2-2　混凝土在二轴受压状态下的抗压强度

$f_1/f_{c,r}$	1.0	1.05	1.10	1.15	1.20	1.25	1.29	1.25	1.20	1.16
$f_2/f_{c,r}$	0	0.074	0.16	0.25	0.36	0.50	0.88	1.03	1.11	1.16

表 C.4.2-3　混凝土在二轴受拉状态下的抗拉强度

$f_1/f_{t,r}$	-0.79	-0.7	-0.6	-0.5	-0.4	-0.3	-0.2	-0.1	0
$f_2/f_{t,r}$	-0.79	-0.86	-0.93	-0.97	-1.00	-1.02	-1.02	-1.02	-1.00

C.4.3　混凝土在三轴应力状态下的强度可按下列规
定确定：

　1　在三轴受拉（拉-拉-拉）应力状态下，混凝
土的三轴抗拉强度 f_3 均可取单轴抗拉强度的0.9倍。

　2　三轴拉压（拉-拉-压、拉-压-压）应力状态下
混凝土的三轴抗压强度 f_1 可根据应力比 σ_3/σ_1 和 $\sigma_2/$

σ_1 按图 C.4.3-1 确定，或根据表 C.4.3-1 内插取值，其最高强度不宜超过单轴抗压强度的 1.2 倍；

表 C.4.3-1 混凝土在三轴拉-压状态下抗压强度的调整系数 ($f_1/f_{c,r}$)

σ_3/σ_1 \ σ_2/σ_1	-0.75	-0.50	-0.25	-0.10	-0.05	0	0.25	0.35	0.36	0.50	0.70	0.75	1.00
-1.00	0	0	0	0	0	0	0	0	0	0	0	0	0
-0.75	0.10	0.10	0.10	0.10	0.10	0.10	0.05	0.05	0.05	0.05	0.05	0.05	0.05
-0.50	—	0.10	0.10	0.10	0.10	0.10	0.10	0.10	0.10	0.10	0.10	0.10	0.10
-0.25	—	—	0.20	0.20	0.20	0.20	0.20	0.20	0.20	0.20	0.20	0.20	0.20
-0.12	—	—	—	0.30	0.30	0.30	0.30	0.30	0.30	0.30	0.30	0.30	0.30
-0.10	—	—	—	0.40	0.40	0.40	0.40	0.40	0.40	0.40	0.40	0.40	0.40
-0.08	—	—	—	—	0.50	0.50	0.50	0.50	0.50	0.50	0.50	0.50	0.50
-0.05	—	—	—	—	—	0.60	0.60	0.60	0.60	0.60	0.60	0.60	0.60
-0.04	—	—	—	—	—	0.70	0.70	0.70	0.70	0.70	0.70	0.70	0.70
-0.02	—	—	—	—	—	0.80	0.80	0.80	0.80	0.80	0.80	0.80	0.80
-0.01	—	—	—	—	—	0.90	0.90	0.90	0.90	0.90	0.90	0.90	0.90
0	—	—	—	—	—	1.00	1.20	1.20	1.20	1.20	1.20	1.20	1.20

注：正值为压，负值为拉。

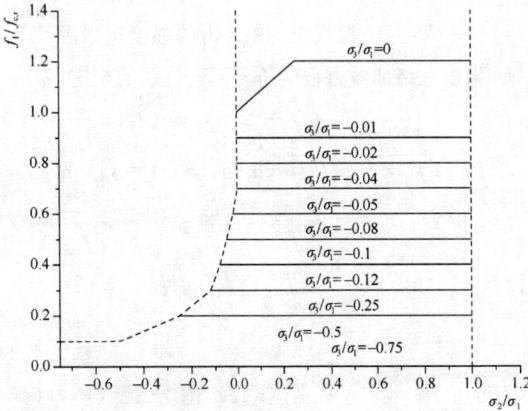

图 C.4.3-1 三轴拉-压应力状态下混凝土的三轴抗压强度

3 三轴受压（压-压-压）应力状态下混凝土的三轴抗压强度 f_1 可根据应力比 σ_3/σ_1 和 σ_2/σ_1 按图 C.4.3-2 确定，或根据表 C.4.3-2 内插取值，其最高强度不宜超过单轴抗压强度的 3 倍。

表 C.4.3-2 混凝土在三轴受压状态下抗压强度的提高系数 ($f_1/f_{c,r}$)

σ_3/σ_1 \ σ_2/σ_1	0	0.05	0.10	0.15	0.20	0.25	0.30	0.40	0.60	0.80	1.00
0	1.00	1.05	1.10	1.15	1.20	1.20	1.20	1.20	1.20	1.20	1.20
0.05	—	1.40	1.40	1.40	1.40	1.40	1.40	1.40	1.40	1.40	1.40
0.08	—	—	1.64	1.64	1.64	1.64	1.64	1.64	1.64	1.64	1.64
0.10	—	—	1.80	1.80	1.80	1.80	1.80	1.80	1.80	1.80	1.80
0.12	—	—	—	2.00	2.00	2.00	2.00	2.00	2.00	2.00	2.00
0.15	—	—	—	2.30	2.30	2.30	2.30	2.30	2.30	2.30	2.30
0.18	—	—	—	—	2.72	2.72	2.72	2.72	2.72	2.72	2.72
0.20	—	—	—	—	3.00	3.00	3.00	3.00	3.00	3.00	3.00

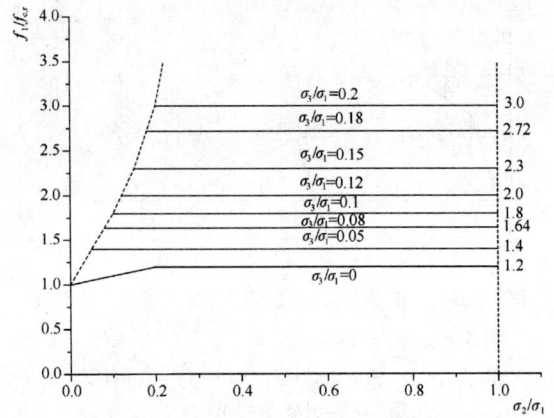

图 C.4.3-2 三轴受压状态下混凝土的三轴抗压强度

附录 D 素混凝土结构构件设计

D.1 一般规定

D.1.1 素混凝土构件主要用于受压构件。素混凝土受弯构件仅允许用于卧置在地基上以及不承受活荷载的情况。

D.1.2 素混凝土结构构件应进行正截面承载力计算；对承受局部荷载的部位尚应进行局部受压承载力计算。

D.1.3 素混凝土墙和柱的计算长度 l_0 可按下列规定采用：

1 两端支承在刚性的横向结构上时，取 $l_0=H$；

2 具有弹性移动支座时，取 $l_0=1.25H \sim 1.50H$；

3 对自由独立的墙和柱，取 $l_0=2H$。

此处，H 为墙或柱的高度，以层高计。

D.1.4 素混凝土结构伸缩缝的最大间距，可按表 D.1.4 的规定采用。

整片的素混凝土墙壁式结构，其伸缩缝宜做成贯通式，将基础断开。

表 D.1.4 素混凝土结构伸缩缝最大间距 (m)

结构类别	室内或土中	露天
装配式结构	40	30
现浇结构（配有构造钢筋）	30	20
现浇结构（未配构造钢筋）	20	10

D.2 受压构件

D.2.1 素混凝土受压构件，当按受压承载力计算时，不考虑受拉区混凝土的工作，并假定受压区的法向应力图形为矩形，其应力值取素混凝土的轴心抗压强度设计值，此时，轴向力作用点与受压区混凝土合力点相重合。

素混凝土受压构件的受压承载力应符合下列规定：

1 对称于弯矩作用平面的截面

$$N \leqslant \varphi f_{cc} A'_c \qquad (D.2.1-1)$$

受压区高度 x 应按下列条件确定：

$$e_c = e_0 \qquad (D.2.1-2)$$

此时，轴向力作用点至截面重心的距离 e_0 尚应符合下列要求：

$$e_0 \leqslant 0.9y'_0 \qquad (D.2.1-3)$$

2 矩形截面（图 D.2.1）

$$N \leqslant \varphi f_{cc} b (h - 2e_0) \qquad (D.2.1-4)$$

式中：N——轴向压力设计值；

φ——素混凝土构件的稳定系数，按表 D.2.1采用；

f_{cc}——素混凝土的轴心抗压强度设计值，按本规范表 4.1.4-1 规定的混凝土轴心抗压强度设计值 f_c 值乘以系数 0.85 取用；

A'_c——混凝土受压区的面积；

e_c——受压区混凝土的合力点至截面重心的距离；

y'_0——截面重心至受压区边缘的距离；

b——截面宽度；

h——截面高度。

当按公式（D.2.1-1）或公式（D.2.1-4）计算时，对 e_0 不小于 $0.45y'_0$ 的受压构件，应在混凝土受拉区配置构造钢筋。其配筋率不应少于构件截面面积的0.05%。但当符合本规范公式（D.2.2-1）或公式（D.2.2-2）的条件时，可不配置此项构造钢筋。

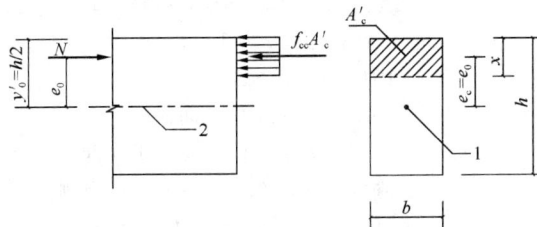

图 D.2.1　矩形截面的素混凝土
受压构件受压承载力计算
1—重心；2—重心线

表 D.2.1　素混凝土构件的稳定系数 φ

l_0/b	<4	4	6	8	10	12	14	16	18	20	22	24	26	28	30
l_0/i	<14	14	21	28	35	42	49	56	63	70	76	83	90	97	104
φ	1.00	0.98	0.96	0.91	0.86	0.82	0.77	0.72	0.68	0.63	0.59	0.55	0.51	0.47	0.44

注：在计算 l_0/b 时，b 的取值：对偏心受压构件，取弯矩作用平面的截面高度；对轴心受压构件，取截面短边尺寸。

D.2.2　对不允许开裂的素混凝土受压构件（如处于液体压力下的受压构件、女儿墙等），当 e_0 不小于 $0.45y'_0$ 时，其受压承载力应按下列公式计算：

1　对称于弯矩作用平面的截面

$$N \leqslant \varphi \frac{\gamma f_{ct} A}{\frac{e_0 A}{W} - 1} \qquad (D.2.2-1)$$

2　矩形截面

$$N \leqslant \varphi \frac{\gamma f_{ct} bh}{\frac{6e_0}{h} - 1} \qquad (D.2.2-2)$$

式中：f_{ct}——素混凝土轴心抗拉强度设计值，按本规范表 4.1.4-2 规定的混凝土轴心抗拉强度设计值 f_t 值乘以系数 0.55 取用；

γ——截面抵抗矩塑性影响系数，按本规范第7.2.4 条取用；

W——截面受拉边缘的弹性抵抗矩；

A——截面面积。

D.2.3　素混凝土偏心受压构件，除应计算弯矩作用平面的受压承载力外，尚应按轴心受压构件验算垂直于弯矩作用平面的受压承载力。此时，不考虑弯矩作用，但应考虑稳定系数 φ 的影响。

D.3　受弯构件

D.3.1　素混凝土受弯构件的受弯承载力应符合下列规定：

1　对称于弯矩作用平面的截面

$$M \leqslant \gamma f_{ct} W \qquad (D.3.1-1)$$

2　矩形截面

$$M \leqslant \frac{\gamma f_{ct} bh^2}{6} \qquad (D.3.1-2)$$

式中：M——弯矩设计值。

D.4　局部构造钢筋

D.4.1　素混凝土结构在下列部位应配置局部构造钢筋：

1　结构截面尺寸急剧变化处；

2　墙壁高度变化处（在不小于 1m 范围内配置）；

3　混凝土墙壁中洞口周围。

注：在配置局部构造钢筋后，伸缩缝的间距仍应按本规范表 D.1.4 中未配构造钢筋的现浇结构采用。

D.5　局部受压

D.5.1　素混凝土构件的局部受压承载力应符合下列规定：

1　局部受压面上仅有局部荷载作用

$$F_l \leqslant \omega \beta_l f_{cc} A_l \qquad (D.5.1-1)$$

2　局部受压面上尚有非局部荷载作用

$$F_l \leqslant \omega \beta_l (f_{cc} - \sigma) A_l \qquad (D.5.1\text{-}2)$$

式中：F_l——局部受压面上作用的局部荷载或局部压力设计值；

$\quad$ A_l——局部受压面积；

$\quad$ ω——荷载分布的影响系数：当局部受压面上的荷载为均匀分布时，取 $\omega=1$；当局部荷载为非均匀分布时（如梁、过梁等的端部支承面），取 $\omega=0.75$；

$\quad$ σ——非局部荷载设计值产生的混凝土压应力；

$\quad$ β_l——混凝土局部受压时的强度提高系数，按本规范公式（6.6.1-2）计算。

附录 E 任意截面、圆形及环形构件
正截面承载力计算

E.0.1 任意截面钢筋混凝土和预应力混凝土构件，其正截面承载力可按下列方法计算：

1 将截面划分为有限多个混凝土单元、纵向钢筋单元和预应力筋单元（图 E.0.1a），并近似取单元内应变和应力为均匀分布，其合力点在单元重心处；

2 各单元的应变按本规范第 6.2.1 条的截面应变保持平面的假定由下列公式确定（图 E.0.1b）：

$$\varepsilon_{ci} = \phi_u [(x_{ci}\sin\theta + y_{ci}\cos\theta) - r] \quad (E.0.1\text{-}1)$$

$$\varepsilon_{sj} = -\phi_u [(x_{sj}\sin\theta + y_{sj}\cos\theta) - r]$$
$$(E.0.1\text{-}2)$$

$$\varepsilon_{pk} = -\phi_u [(x_{pk}\sin\theta + y_{pk}\cos\theta) - r] + \varepsilon_{p0k}$$
$$(E.0.1\text{-}3)$$

3 截面达到承载能力极限状态时的极限曲率 ϕ_u 应按下列两种情况确定：

1）当截面受压区外边缘的混凝土压应变 ε_c 达到混凝土极限压应变 ε_{cu} 且受拉区最外排钢筋的应变 ε_{s1} 小于 0.01 时，应按下列公式计算：

$$\phi_u = \frac{\varepsilon_{cu}}{x_n} \qquad (E.0.1\text{-}4)$$

2）当截面受拉区最外排钢筋的应变 ε_{s1} 达到 0.01 且受压区外边缘的混凝土压应变 ε_c 小于混凝土极限压应变 ε_{cu} 时，应按下列公式计算：

$$\phi_u = \frac{0.01}{h_{01} - x_n} \qquad (E.0.1\text{-}5)$$

4 混凝土单元的压应力和普通钢筋单元、预应力筋单元的应力应按本规范第 6.2.1 条的基本假定确定；

5 构件正截面承载力应按下列公式计算（图 E.0.1）：

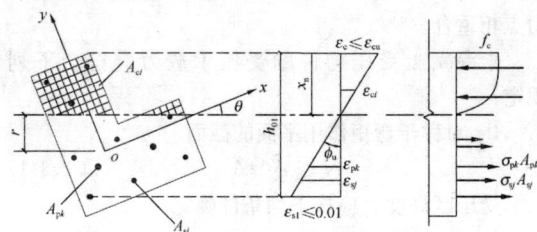

(a) 截面、配筋及其单元划分　(b) 应变分布　(c) 应力分布

图 E.0.1　任意截面构件正截面承载力计算

$$N \leqslant \sum_{i=1}^{l} \sigma_{ci} A_{ci} - \sum_{j=1}^{m} \sigma_{sj} A_{sj} - \sum_{k=1}^{n} \sigma_{pk} A_{pk}$$
$$(E.0.1\text{-}6)$$

$$M_x \leqslant \sum_{i=1}^{l} \sigma_{ci} A_{ci} x_{ci} - \sum_{j=1}^{m} \sigma_{sj} A_{sj} x_{sj} - \sum_{k=1}^{n} \sigma_{pk} A_{pk} x_{pk}$$
$$(E.0.1\text{-}7)$$

$$M_y \leqslant \sum_{i=1}^{l} \sigma_{ci} A_{ci} y_{ci} - \sum_{j=1}^{m} \sigma_{sj} A_{sj} y_{sj} - \sum_{k=1}^{n} \sigma_{pk} A_{pk} y_{pk}$$
$$(E.0.1\text{-}8)$$

式中：$\quad N$——轴向力设计值，当为压力时取正值，当为拉力时取负值；

$\quad M_x$、M_y——偏心受力构件截面 x 轴、y 轴方向的弯矩设计值；当为偏心受压时，应考虑附加偏心距引起的附加弯矩；轴向压力作用在 x 轴的上侧时 M_y 取正值，轴向压力作用在 y 轴的右侧时 M_x 取正值；当为偏心受拉时，不考虑附加偏心的影响；

$\quad \varepsilon_{ci}$、σ_{ci}——分别为第 i 个混凝土单元的应变、应力，受压时取正值，受拉时取应力 $\sigma_{ci} = 0$；序号 i 为 1，2，…，l，此处，l 为混凝土单元数；

$\quad A_{ci}$——第 i 个混凝土单元面积；

$\quad x_{ci}$、y_{ci}——分别为第 i 个混凝土单元重心到 y 轴、x 轴的距离，x_{ci} 在 y 轴右侧及 y_{ci} 在 x 轴上侧时取正值；

$\quad \varepsilon_{sj}$、σ_{sj}——分别为第 j 个普通钢筋单元的应变、应力，受拉时取正值，应力 σ_{si} 应满足本规范公式（6.2.1-6）的条件；序号 j 为 1，2，…，m，此处，m 为钢筋单元数；

$\quad A_{sj}$——第 j 个普通钢筋单元面积；

$\quad x_{sj}$、y_{sj}——分别为第 j 个普通钢筋单元重心到 y 轴、x 轴的距离，x_{sj} 在 y 轴右侧及 y_{sj} 在 x 轴上侧时取正值；

$\quad \varepsilon_{pk}$、σ_{pk}——分别为第 k 个预应力筋单元的应变、应力，受拉时取正值，应力 σ_{pk} 应满足本规范公式（6.2.1-7）的条件，

序号 k 为 1, 2, …, n, 此处, n 为预应力筋单元数;

ε_{p0k}——第 k 个预应力筋单元在该单元重心处混凝土法向应力等于零时的应变, 其值取 σ_{p0k} 除以预应力筋的弹性模量, 当受拉时取正值; σ_{p0k} 按本规范公式 (10.1.6-3) 或 公式 (10.1.6-6) 计算;

A_{pk}——第 k 个预应力筋单元面积;

x_{pk}、y_{pk}——分别为第 k 个预应力筋单元重心到 y 轴、x 轴的距离, x_{pk} 在 y 轴右侧及 y_{pk} 在 x 轴上侧时取正值;

x、y——分别为以截面重心为原点的直角坐标系的两个坐标轴;

r——截面重心至中和轴的距离;

h_{01}——截面受压区外边缘至受拉区最外排普通钢筋之间垂直于中和轴的距离;

θ——x 轴与中和轴的夹角, 顺时针方向取正值;

x_n——中和轴至受压区最外侧边缘的距离。

E.0.2 环形和圆形截面受弯构件的正截面受弯承载力, 应按本规范第 E.0.3 条和第 E.0.4 条的规定计算。但在计算时, 应在公式 (E.0.3-1)、公式 (E.0.3-3) 和公式 (E.0.4-1) 中取等号, 并取轴向力设计值 $N=0$; 同时, 应将公式 (E.0.3-2)、公式 (E.0.3-4) 和公式 (E.0.4-2) 中 Ne_i 以弯矩设计值 M 代替。

E.0.3 沿周边均匀配置纵向钢筋的环形截面偏心受压构件 (图 E.0.3), 其正截面受压承载力宜符合下列规定:

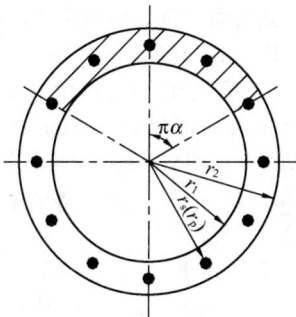

图 E.0.3 沿周边均匀配筋的环形截面

1 钢筋混凝土构件

$$N \leqslant \alpha \alpha_1 f_c A + (\alpha - \alpha_t) f_y A_s \qquad (E.0.3-1)$$

$$Ne_i \leqslant \alpha_1 f_c A (r_1 + r_2) \frac{\sin\pi\alpha}{2\pi} + f_y A_s r_s \frac{(\sin\pi\alpha + \sin\pi\alpha_t)}{\pi} \qquad (E.0.3-2)$$

2 预应力混凝土构件

$$N \leqslant \alpha \alpha_1 f_c A - \sigma_{p0} A_p + \alpha f'_{py} A_p - \alpha_t (f_{py} - \sigma_{p0}) A_p \qquad (E.0.3-3)$$

$$Ne_i \leqslant \alpha_1 f_c A (r_1 + r_2) \frac{\sin\pi\alpha}{2\pi} + f'_{py} A_p r_p \frac{\sin\pi\alpha}{\pi}$$
$$+ (f_{py} - \sigma_{p0}) A_p r_p \frac{\sin\pi\alpha_t}{\pi} \qquad (E.0.3-4)$$

在上述各公式中的系数和偏心距, 应按下列公式计算:

$$\alpha_t = 1 - 1.5\alpha \qquad (E.0.3-5)$$

$$e_i = e_0 + e_a \qquad (E.0.3-6)$$

式中:　A——环形截面积;

A_s——全部纵向普通钢筋的截面面积;

A_p——全部纵向预应力筋的截面面积;

r_1、r_2——环形截面的内、外半径;

r_s——纵向普通钢筋重心所在圆周的半径;

r_p——纵向预应力筋重心所在圆周的半径;

e_0——轴向压力对截面重心的偏心距;

e_a——附加偏心距, 按本规范第 6.2.5 条确定;

α——受压区混凝土截面面积与全截面面积的比值;

α_t——纵向受拉钢筋截面面积与全部纵向钢筋截面面积的比值, 当 α 大于 2/3 时, 取 α_t 为 0。

3 当 α 小于 $\arccos\left(\frac{2r_1}{r_1 + r_2}\right)/\pi$ 时, 环形截面偏心受压构件可按本规范第 E.0.4 条规定的圆形截面偏心受压构件正截面受压承载力公式计算。

注: 本条适用于截面内纵向钢筋数量不少于 6 根且 r_1/r_2 不小于 0.5 的情况。

E.0.4 沿周边均匀配置纵向普通钢筋的圆形截面钢筋混凝土偏心受压构件 (图 E.0.4), 其正截面受压承载力宜符合下列规定:

$$N \leqslant \alpha \alpha_1 f_c A \left(1 - \frac{\sin 2\pi\alpha}{2\pi\alpha}\right) + (\alpha - \alpha_t) f_y A_s \qquad (E.0.4-1)$$

$$Ne_i \leqslant \frac{2}{3} \alpha_1 f_c A r \frac{\sin^3 \pi\alpha}{\pi} + f_y A_s r_s \frac{\sin\pi\alpha + \sin\pi\alpha_t}{\pi} \qquad (E.0.4-2)$$

$$\alpha_t = 1.25 - 2\alpha \qquad (E.0.4-3)$$

$$e_i = e_0 + e_a \qquad (E.0.4-4)$$

式中: A——圆形截面面积;

A_s——全部纵向普通钢筋的截面面积;

r——圆形截面的半径;

r_s——纵向普通钢筋重心所在圆周的半径;

e_0——轴向压力对截面重心的偏心距;

e_a——附加偏心距, 按本规范第 6.2.5 条确定;

α——对应于受压区混凝土截面面积的圆心角 (rad) 与 2π 的比值;

α_t——纵向受拉普通钢筋截面面积与全部纵向普通钢筋截面面积的比值, 当 α 大于

0.625 时，取 α_t 为 0。

注：本条适用于截面内纵向普通钢筋数量不少于 6 根的情况。

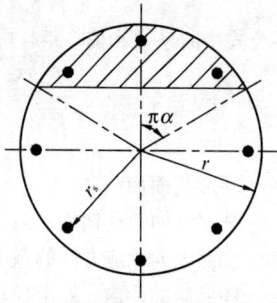

图 E.0.4　沿周边均匀配筋的圆形截面

E.0.5 沿周边均匀配置纵向钢筋的环形和圆形截面偏心受拉构件，其正截面受拉承载力应符合本规范公式（6.2.25-1）的规定，式中的正截面受弯承载力设计值 M_u 可按本规范第 E.0.2 条的规定进行计算，但应取等号，并以 M_u 代替 Ne_i。

附录 F　板柱节点计算用等效集中反力设计值

F.0.1 在竖向荷载、水平荷载作用下的板柱节点，其受冲切承载力计算中所用的等效集中反力设计值 $F_{l,eq}$ 可按下列情况确定：

1 传递单向不平衡弯矩的板柱节点

当不平衡弯矩作用平面与柱矩形截面两个轴线之一相重合时，可按下列两种情况进行计算：

1）由节点受剪传递的单向不平衡弯矩 $\alpha_0 M_{unb}$，当其作用的方向指向图 F.0.1 的 AB 边时，等效集中反力设计值可按下列公式计算：

$$F_{l,eq} = F_l + \frac{\alpha_0 M_{unb} a_{AB}}{I_c} u_m h_0 \quad \text{(F.0.1-1)}$$

$$M_{unb} = M_{unb,c} - F_l e_g \quad \text{(F.0.1-2)}$$

2）由节点受剪传递的单向不平衡弯矩 $\alpha_0 M_{unb}$，当其作用的方向指向图 F.0.1 的 CD 边时，等效集中反力设计值可按下列公式计算：

$$F_{l,eq} = F_l + \frac{\alpha_0 M_{unb} a_{CD}}{I_c} u_m h_0 \quad \text{(F.0.1-3)}$$

$$M_{unb} = M_{unb,c} + F_l e_g \quad \text{(F.0.1-4)}$$

式中：F_l——在竖向荷载、水平荷载作用下，柱所承受的轴向压力设计值的层间差值减去柱顶冲切破坏锥体范围内板所承受的荷载设计值；

α_0——计算系数，按本规范第 F.0.2 条计算；

M_{unb}——竖向荷载、水平荷载引起对临界截面周长重心轴（图 F.0.1 中的轴线 2）处的不平衡弯矩设计值；

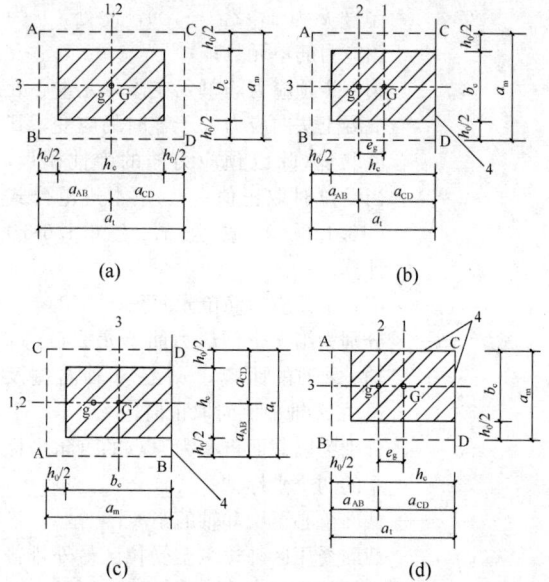

图 F.0.1　矩形柱及受冲切承载力计算的几何参数
（a）中柱截面；（b）边柱截面（弯矩作用平面垂直于自由边）
（c）边柱截面（弯矩作用平面平行于自由边）；（d）角柱截面
1—柱截面重心 G 的轴线；2—临界截面周长重心 g 的轴线；
3—不平衡弯矩作用平面；4—自由边

$M_{unb,c}$——竖向荷载、水平荷载引起对柱截面重心轴（图 F.0.1 中的轴线 1）处的不平衡弯矩设计值；

a_{AB}、a_{CD}——临界截面周长重心轴至 AB、CD 边缘的距离；

I_c——按临界截面计算的类似极惯性矩，按本规范第 F.0.2 条计算；

e_g——在弯矩作用平面内柱截面重心轴至临界截面周长重心轴的距离，按本规范第 F.0.2 条计算；对中柱截面和弯矩作用平面平行于自由边的边柱截面，$e_g = 0$。

2 传递双向不平衡弯矩的板柱节点

当节点受剪传递到临界截面周长两个方向的不平衡弯矩为 $\alpha_{0x} M_{unb,x}$、$\alpha_{0y} M_{unb,y}$ 时，等效集中反力设计值可按下列公式计算：

$$F_{l,eq} = F_l + \tau_{unb,max} u_m h_0 \quad \text{(F.0.1-5)}$$

$$\tau_{unb,max} = \frac{\alpha_{0x} M_{unb,x} a_x}{I_{cx}} + \frac{\alpha_{0y} M_{unb,y} a_y}{I_{cy}}$$

$$\quad \text{(F.0.1-6)}$$

式中：$\tau_{unb,max}$——由受剪传递的双向不平衡弯矩在临界截面上产生的最大剪应力设计值；

$M_{unb,x}$、$M_{unb,y}$——竖向荷载、水平荷载引起对临界截面周长重心处 x 轴、y 轴方向的不平衡弯矩设计值，可按公式（F.0.1-2）或公式（F.0.1-4）同样的方法确定；

α_{0x}、α_{0y}——x 轴、y 轴的计算系数，按本规范第 F.0.2 条和第 F.0.3 条确定；

I_{cx}、I_{cy}——对 x 轴、y 轴按临界截面计算的类似极惯性矩，按本规范第 F.0.2 条和第 F.0.3 条确定；

a_x、a_y——最大剪应力 τ_{max} 的作用点至 x 轴、y 轴的距离。

3 当考虑不同的荷载组合时，应取其中的较大值作为板柱节点受冲切承载力计算用的等效集中反力设计值。

F.0.2 板柱节点考虑受剪传递单向不平衡弯矩的受冲切承载力计算中，与等效集中反力设计值 $F_{l,eq}$ 有关的参数和本附录图 F.0.1 中所示的几何尺寸，可按下列公式计算：

1 中柱处临界截面的类似极惯性矩、几何尺寸及计算系数可按下列公式计算（图 F.0.1a）：

$$I_c = \frac{h_0 a_t^3}{6} + 2h_0 a_m \left(\frac{a_t}{2}\right)^2 \quad \text{(F.0.2-1)}$$

$$a_{AB} = a_{CD} = \frac{a_t}{2} \quad \text{(F.0.2-2)}$$

$$e_g = 0 \quad \text{(F.0.2-3)}$$

$$\alpha_0 = 1 - \frac{1}{1 + \frac{2}{3}\sqrt{\frac{h_c + h_0}{b_c + h_0}}} \quad \text{(F.0.2-4)}$$

2 边柱处临界截面的类似极惯性矩、几何尺寸及计算系数可按下列公式计算：

1）弯矩作用平面垂直于自由边（图 F.0.1b）

$$I_c = \frac{h_0 a_t^3}{6} + h_0 a_m a_{AB}^2 + 2h_0 a_t \left(\frac{a_t}{2} - a_{AB}\right)^2 \quad \text{(F.0.2-5)}$$

$$a_{AB} = \frac{a_t^2}{a_m + 2a_t} \quad \text{(F.0.2-6)}$$

$$a_{CD} = a_t - a_{AB} \quad \text{(F.0.2-7)}$$

$$e_g = a_{CD} - \frac{h_c}{2} \quad \text{(F.0.2-8)}$$

$$\alpha_0 = 1 - \frac{1}{1 + \frac{2}{3}\sqrt{\frac{h_c + h_0/2}{b_c + h_0}}} \quad \text{(F.0.2-9)}$$

2）弯矩作用平面平行于自由边（图 F.0.1c）

$$I_c = \frac{h_0 a_t^3}{12} + 2h_0 a_m \left(\frac{a_t}{2}\right)^2 \quad \text{(F.0.2-10)}$$

$$a_{AB} = a_{CD} = \frac{a_t}{2} \quad \text{(F.0.2-11)}$$

$$e_g = 0 \quad \text{(F.0.2-12)}$$

$$\alpha_0 = 1 - \frac{1}{1 + \frac{2}{3}\sqrt{\frac{h_c + h_0}{b_c + h_0/2}}} \quad \text{(F.0.2-13)}$$

3 角柱处临界截面的类似极惯性矩、几何尺寸及计算系数可按下列公式计算（图 F.0.1d）：

$$I_c = \frac{h_0 a_t^3}{12} + h_0 a_m a_{AB}^2 + h_0 a_t \left(\frac{a_t}{2} - a_{AB}\right)^2 \quad \text{(F.0.2-14)}$$

$$a_{AB} = \frac{a_t^2}{2(a_m + a_t)} \quad \text{(F.0.2-15)}$$

$$a_{CD} = a_t - a_{AB} \quad \text{(F.0.2-16)}$$

$$e_g = a_{CD} - \frac{h_c}{2} \quad \text{(F.0.2-17)}$$

$$\alpha_0 = 1 - \frac{1}{1 + \frac{2}{3}\sqrt{\frac{h_c + h_0/2}{b_c + h_0/2}}} \quad \text{(F.0.2-18)}$$

F.0.3 在按本附录公式（F.0.1-5）、公式（F.0.1-6）进行板柱节点考虑传递双向不平衡弯矩的受冲切承载力计算中，如将本附录第 F.0.2 条的规定视作 x 轴（或 y 轴）的类似极惯性矩、几何尺寸及计算系数，则与其相应的 y 轴（或 x 轴）的类似极惯性矩、几何尺寸及计算系数，可将前述的 x 轴（或 y 轴）的相应参数进行置换确定。

F.0.4 当边柱、角柱部位有悬臂板时，临界截面周长可计算至垂直于自由边的板端处，按此计算的临界截面周长应与按中柱计算的临界截面周长相比较，并取两者中的较小值。在此基础上，应按本规范第 F.0.2 条和第 F.0.3 条的原则，确定板柱节点考虑受剪传递不平衡弯矩的受冲切承载力计算所用等效集中反力设计值 $F_{l,eq}$ 的有关参数。

附录 G 深受弯构件

G.0.1 简支钢筋混凝土单跨深梁可采用由一般方法计算的内力进行截面设计；钢筋混凝土多跨连续深梁应采用由二维弹性分析求得的内力进行截面设计。

G.0.2 钢筋混凝土深受弯构件的正截面受弯承载力应符合下列规定：

$$M \leqslant f_y A_s z \quad \text{(G.0.2-1)}$$

$$z = \alpha_d (h_0 - 0.5x) \quad \text{(G.0.2-2)}$$

$$\alpha_d = 0.80 + 0.04 \frac{l_0}{h} \quad \text{(G.0.2-3)}$$

当 $l_0 < h$ 时，取内力臂 $z = 0.6 l_0$。

式中：x——截面受压区高度，按本规范第 6.2 节计算；当 $x < 0.2h_0$ 时，取 $x = 0.2h_0$；

h_0——截面有效高度：$h_0 = h - a_s$，其中 h 为截面高度；当 $l_0/h \leqslant 2$ 时，跨中截面 a_s 取 $0.1h$，支座截面 a_s 取 $0.2h$；当 $l_0/h > 2$ 时，a_s 按受拉区纵向钢筋截面重心至受拉边缘的实际距离取用。

G.0.3 钢筋混凝土深受弯构件的受剪截面应符合下列条件：

当 h_w/b 不大于 4 时

$$V \leqslant \frac{1}{60}(10 + l_0/h)\beta_c f_c bh_0 \quad (G.0.3\text{-}1)$$

当 h_w/b 不小于 6 时

$$V \leqslant \frac{1}{60}(7 + l_0/h)\beta_c f_c bh_0 \quad (G.0.3\text{-}2)$$

当 h_w/b 大于 4 且小于 6 时，按线性内插法取用。

式中：V——剪力设计值；

l_0——计算跨度，当 l_0 小于 $2h$ 时，取 $2h$；

b——矩形截面的宽度以及 T 形、I 形截面的腹板厚度；

h、h_0——截面高度、截面有效高度；

h_w——截面的腹板高度；矩形截面，取有效高度 h_0；T 形截面，取有效高度减去翼缘高度；I 形和箱形截面，取腹板净高；

β_c——混凝土强度影响系数，按本规范第 6.3.1 条的规定取用。

G.0.4 矩形、T 形和 I 形截面的深受弯构件，在均布荷载作用下，当配有竖向分布钢筋和水平分布钢筋时，其斜截面的受剪承载力应符合下列规定：

$$V \leqslant 0.7\frac{(8 - l_0/h)}{3}f_t bh_0 + \frac{(l_0/h - 2)}{3}f_{yv}\frac{A_{sv}}{s_h}h_0$$
$$+ \frac{(5 - l_0/h)}{6}f_{yh}\frac{A_{sh}}{s_v}h_0 \quad (G.0.4\text{-}1)$$

对集中荷载作用下的深受弯构件（包括作用有多种荷载，且其中集中荷载对支座截面所产生的剪力值占总剪力值的 75% 以上的情况），其斜截面的受剪承载力应符合下列规定：

$$V \leqslant \frac{1.75}{\lambda + 1}f_t bh_0 + \frac{(l_0/h - 2)}{3}f_{yv}\frac{A_{sv}}{s_h}h_0$$
$$+ \frac{(5 - l_0/h)}{6}f_{yh}\frac{A_{sh}}{s_v}h_0 \quad (G.0.4\text{-}2)$$

式中：λ——计算剪跨比：当 l_0/h 不大于 2.0 时，取 $\lambda = 0.25$；当 l_0/h 大于 2 且小于 5 时，取 $\lambda = a/h_0$，其中，a 为集中荷载到深受弯构件支座的水平距离；λ 的上限值为 $(0.92l_0/h - 1.58)$，下限值为 $(0.42l_0/h - 0.58)$；

l_0/h——跨高比，当 l_0/h 小于 2 时，取 2.0；

G.0.5 一般要求不出现斜裂缝的钢筋混凝土深梁，应符合下列条件：

$$V_k \leqslant 0.5f_{tk}bh_0 \quad (G.0.5)$$

式中：V_k——按荷载效应的标准组合计算的剪力值。

此时可不进行斜截面受剪承载力计算，但应按本规范第 G.0.10 条、第 G.0.12 条的规定配置分布钢筋。

G.0.6 钢筋混凝土深梁在承受支座反力的作用部位以及集中荷载作用部位，应按本规范第 6.6 节的规定进行局部受压承载力计算。

G.0.7 深梁的截面宽度不应小于 140mm。当 l_0/h 不

小于 1 时，h/b 不宜大于 25；当 l_0/h 小于 1 时，l_0/b 不宜大于 25。深梁的混凝土强度等级不应低于 C20。当深梁支承在钢筋混凝土柱上时，宜将柱伸至深梁顶。深梁顶部应与楼板等水平构件可靠连接。

G.0.8 钢筋混凝土深梁的纵向受拉钢筋宜采用较小的直径，且宜按下列规定布置：

1 单跨深梁和连续深梁的下部纵向钢筋宜均匀布置在梁下边缘以上 0.2h 的范围内（图 G.0.8-1 及图 G.0.8-2）。

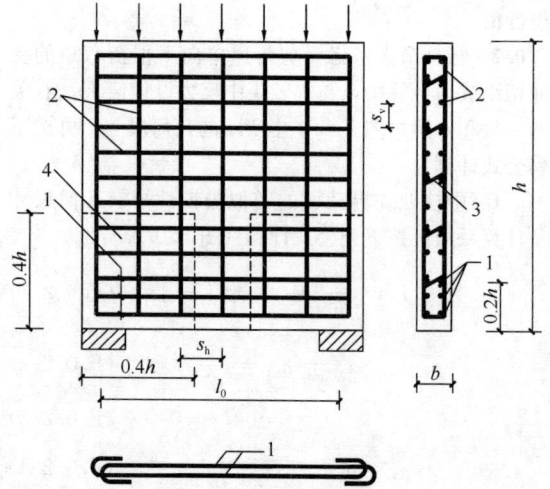

图 G.0.8-1 单跨深梁的钢筋配置
1—下部纵向受拉钢筋及弯折锚固；
2—水平及竖向分布钢筋；
3—拉筋；4—拉筋加密区

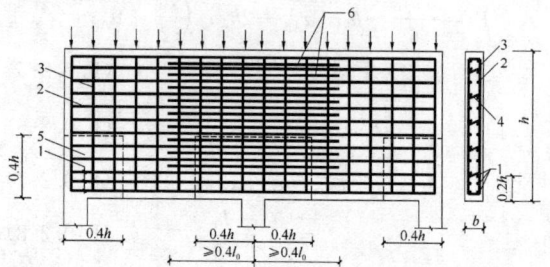

图 G.0.8-2 连续深梁的钢筋配置
1—下部纵向受拉钢筋；2—水平分布钢筋；
3—竖向分布钢筋；4—拉筋；5—拉筋加密区；
6—支座截面上部的附加水平钢筋

2 连续深梁中间支座截面的纵向受拉钢筋宜按图 G.0.8-3 规定的高度范围和配筋比例均匀布置在相应高度范围内。对于 l_0/h 小于 1 的连续深梁，在中间支座底面以上 $0.2l_0 \sim 0.6l_0$ 高度范围内的纵向受拉钢筋配筋率尚不宜小于 0.5%。水平分布钢筋可用作支座部位的上部纵向受拉钢筋，不足部分可由附加水平钢筋补足，附加水平钢筋自支座向跨中延伸的长度不宜小于 $0.4l_0$（图 G.0.8-2）。

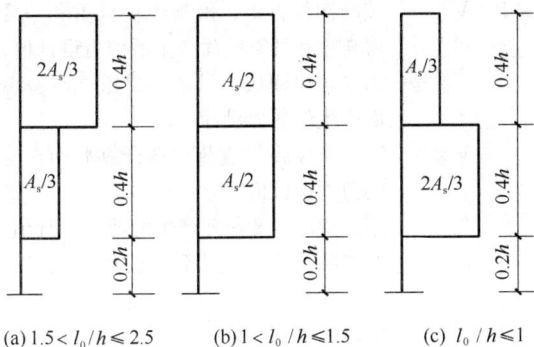

(a) $1.5 < l_0/h \leqslant 2.5$ (b) $1 < l_0/h \leqslant 1.5$ (c) $l_0/h \leqslant 1$

图 G.0.8-3　连续深梁中间支座截面纵向受拉钢筋在
不同高度范围内的分配比例

G.0.9　深梁的下部纵向受拉钢筋应全部伸入支座，不应在跨中弯起或截断。在简支单跨深梁支座及连续深梁梁端的简支支座处，纵向受拉钢筋应沿水平方向弯折锚固（图 G.0.8-1），其锚固长度应按本规范第 8.3.1 条规定的受拉钢筋锚固长度 l_a 乘以系数 1.1 采用；当不能满足上述锚固长度要求时，应采取在钢筋上加焊锚固钢板或将钢筋末端焊成封闭式等有效的锚固措施。连续深梁的下部纵向受拉钢筋应全部伸过中间支座的中心线，其自支座边缘算起的锚固长度不应小于 l_a。

G.0.10　深梁应配置双排钢筋网，水平和竖向分布钢筋直径均不应小于 8mm，间距不应大于 200mm。

　　当沿深梁端部竖向边缘设柱时，水平分布钢筋应锚入柱内。在深梁上、下边缘处，竖向分布钢筋宜做成封闭式。

　　在深梁双排钢筋之间应设置拉筋，拉筋沿纵横两个方向的间距均不宜大于 600mm，在支座区高度为 0.4h，宽度为从支座伸出 0.4h 的范围内（图 G.0.8-1 和图 G.0.8-2 中的虚线部分），尚应适当增加拉筋的数量。

G.0.11　当深梁全跨沿下边缘作用有均布荷载时，应沿梁全跨均匀布置附加竖向吊筋，吊筋间距不宜大于 200mm。

　　当有集中荷载作用于深梁下部 3/4 高度范围内时，该集中荷载应全部由附加吊筋承受，吊筋应采用竖向吊筋或斜向吊筋。竖向吊筋的水平分布长度 s 应按下列公式确定（图 G.0.11a）：

　　当 h_1 不大于 $h_b/2$ 时

$$s = b_b + h_b \qquad\qquad (G.0.11-1)$$

　　当 h_1 大于 $h_b/2$ 时

$$s = b_b + 2h_1 \qquad\qquad (G.0.11-2)$$

式中：b_b——传递集中荷载构件的截面宽度；

　　　h_b——传递集中荷载构件的截面高度；

　　　h_1——从深梁下边缘到传递集中荷载构件底边的高度。

　　竖向吊筋应沿梁两侧布置，并从梁底伸到梁顶，

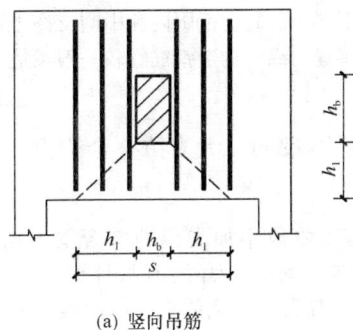

(a) 竖向吊筋

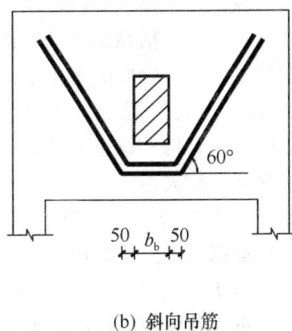

(b) 斜向吊筋

图 G.0.11　深梁承受集中荷载作用时的附加吊筋
注：图中尺寸单位 mm。

在梁顶和梁底应做成封闭式。

　　附加吊筋总截面面积 A_{sv} 应按本规范第 9.2 节进行计算，但吊筋的设计强度 f_{yv} 应乘以承载力计算附加系数 0.8。

G.0.12　深梁的纵向受拉钢筋配筋率 $\rho\left(\rho=\dfrac{A_s}{bh}\right)$、水平分布钢筋配筋率 $\rho_{sh}\left(\rho_{sh}=\dfrac{A_{sh}}{bs_v},\ s_v\ \text{为水平分布钢筋}\right.$ 的间距 $\bigg)$ 和竖向分布钢筋配筋率 $\rho_{sv}\left(\rho_{sv}=\dfrac{A_{sv}}{bs_h},\ s_h\ \text{为竖}\right.$ 向分布钢筋的间距 $\bigg)$ 不宜小于表 G.0.12 规定的数值。

表 G.0.12　深梁中钢筋的最小配筋百分率（%）

钢筋牌号	纵向受拉钢筋	水平分布钢筋	竖向分布钢筋
HPB300	0.25	0.25	0.20
HRB400、HRBF400、RRB400、HRB335	0.20	0.20	0.15
HRB500、HRBF500	0.15	0.15	0.10

注：当集中荷载作用于连续深梁上部 1/4 高度范围内且 l_0/h 大于 1.5 时，竖向分布钢筋最小配筋百分率应增加 0.05。

G.0.13　除深梁以外的深受弯构件，其纵向受力钢筋、箍筋及纵向构造钢筋的构造规定与一般梁相同，

但其截面下部 1/2 高度范围内和中间支座上部 1/2 高度范围内布置的纵向构造钢筋宜较一般梁适当加强。

附录 H　无支撑叠合梁板

H. 0. 1　施工阶段不加支撑的叠合受弯构件（梁、板），内力应分别按下列两个阶段计算。

　　1　第一阶段　后浇的叠合层混凝土未达到强度设计值之前的阶段。荷载由预制构件承担，预制构件按简支构件计算；荷载包括预制构件自重、预制楼板自重、叠合层自重以及本阶段的施工活荷载。

　　2　第二阶段　叠合层混凝土达到设计规定的强度值之后的阶段。叠合构件按整体结构计算；荷载考虑下列两种情况并取较大值：

　　施工阶段　考虑叠合构件自重、预制楼板自重、面层、吊顶等自重以及本阶段的施工活荷载；

　　使用阶段　考虑叠合构件自重、预制楼板自重、面层、吊顶等自重以及使用阶段的可变荷载。

H. 0. 2　预制构件和叠合构件的正截面受弯承载力应按本规范第 6.2 节计算，其中，弯矩设计值应按下列规定取用：

　　预制构件

$$M_1 = M_{1G} + M_{1Q} \qquad (H. 0. 2\text{-}1)$$

　　叠合构件的正弯矩区段

$$M = M_{1G} + M_{2G} + M_{2Q} \qquad (H. 0. 2\text{-}2)$$

　　叠合构件的负弯矩区段

$$M = M_{2G} + M_{2Q} \qquad (H. 0. 2\text{-}3)$$

式中：M_{1G}——预制构件自重、预制楼板自重和叠合层自重在计算截面产生的弯矩设计值；

　　　M_{2G}——第二阶段面层、吊顶等自重在计算截面产生的弯矩设计值；

　　　M_{1Q}——第一阶段施工活荷载在计算截面产生的弯矩设计值；

　　　M_{2Q}——第二阶段可变荷载在计算截面产生的弯矩设计值，取本阶段施工活荷载和使用阶段可变荷载在计算截面产生的弯矩设计值中的较大值。

　　在计算中，正弯矩区段的混凝土强度等级，按叠合层取用；负弯矩区段的混凝土强度等级，按计算截面受压区的实际情况取用。

H. 0. 3　预制构件和叠合构件的斜截面受剪承载力，应按本规范第 6.3 节的有关规定进行计算。其中，剪力设计值应按下列规定取用：

　　预制构件

$$V_1 = V_{1G} + V_{1Q} \qquad (H. 0. 3\text{-}1)$$

　　叠合构件

$$V = V_{1G} + V_{2G} + V_{2Q} \qquad (H. 0. 3\text{-}2)$$

式中：V_{1G}——预制构件自重、预制楼板自重和叠合层自重在计算截面产生的剪力设计值；

　　　V_{2G}——第二阶段面层、吊顶等自重在计算截面产生的剪力设计值；

　　　V_{1Q}——第一阶段施工活荷载在计算截面产生的剪力设计值；

　　　V_{2Q}——第二阶段可变荷载产生的剪力设计值，取本阶段施工活荷载和使用阶段可变荷载在计算截面产生的剪力设计值中的较大值。

　　在计算中，叠合构件斜截面上混凝土和箍筋的受剪承载力设计值 V_{cs} 应取叠合层和预制构件中较低的混凝土强度等级进行计算，且不低于预制构件的受剪承载力设计值；对预应力混凝土叠合构件，不考虑预应力对受剪承载力的有利影响，取 $V_p = 0$。

H. 0. 4　当叠合梁符合本规范第 9.2 节梁的各项构造要求时，其叠合面的受剪承载力应符合下列规定：

$$V \leqslant 1.2 f_t bh_0 + 0.85 f_{yv} \frac{A_{sv}}{s} h_0 \quad (H. 0. 4\text{-}1)$$

此处，混凝土的抗拉强度设计值 f_t 取叠合层和预制构件中的较低值。

　　对不配箍筋的叠合板，当符合本规范叠合界面粗糙度的构造规定时，其叠合面的受剪强度应符合下列公式的要求：

$$\frac{V}{bh_0} \leqslant 0.4(\text{N/mm}^2) \qquad (H. 0. 4\text{-}2)$$

H. 0. 5　预应力混凝土叠合受弯构件，其预制构件和叠合构件应进行正截面抗裂验算。此时，在荷载的标准组合下，抗裂验算边缘混凝土的拉应力不应大于预制构件的混凝土抗拉强度标准值 f_{tk}。抗裂验算边缘混凝土的法向应力应按下列公式计算：

　　预制构件

$$\sigma_{ck} = \frac{M_{1k}}{W_{01}} \qquad (H. 0. 5\text{-}1)$$

　　叠合构件

$$\sigma_{ck} = \frac{M_{1Gk}}{W_{01}} + \frac{M_{2k}}{W_0} \qquad (H. 0. 5\text{-}2)$$

式中：M_{1Gk}——预制构件自重、预制楼板自重和叠合层自重标准值在计算截面产生的弯矩值；

　　　M_{1k}——第一阶段荷载标准组合下在计算截面产生的弯矩值，取 $M_{1k} = M_{1Gk} + M_{1Qk}$，此处，$M_{1Qk}$ 为第一阶段施工活荷载标准值在计算截面产生的弯矩值；

　　　M_{2k}——第二阶段荷载标准组合下在计算截面上产生的弯矩值，取 $M_{2k} = M_{2Gk} + M_{2Qk}$，此处，$M_{2Gk}$ 为面层、吊顶等自重标准值在计算截面产生的弯矩值；M_{2Qk} 为使用阶段可变荷载标准值在计算截面产生的弯矩值；

W_{01}——预制构件换算截面受拉边缘的弹性抵抗矩；

W_0——叠合构件换算截面受拉边缘的弹性抵抗矩，此时，叠合层的混凝土截面面积应按弹性模量比换算成预制构件混凝土的截面面积。

H.0.6 预应力混凝土叠合构件，应按本规范第7.1.5条的规定进行斜截面抗裂验算；混凝土的主拉应力及主压应力应考虑叠合构件受力特点，并按本规范第7.1.6条的规定计算。

H.0.7 钢筋混凝土叠合受弯构件在荷载准永久组合下，其纵向受拉钢筋的应力 σ_{sq} 应符合下列规定：

$$\sigma_{sq} \leqslant 0.9f_y \qquad (H.0.7\text{-}1)$$

$$\sigma_{sq} = \sigma_{s1k} + \sigma_{s2q} \qquad (H.0.7\text{-}2)$$

在弯矩 M_{1Gk} 作用下，预制构件纵向受拉钢筋的应力 σ_{s1k} 可按下列公式计算：

$$\sigma_{s1k} = \frac{M_{1Gk}}{0.87A_s h_{01}} \qquad (H.0.7\text{-}3)$$

式中：h_{01}——预制构件截面有效高度。

在荷载准永久组合相应的弯矩 M_{2q} 作用下，叠合构件纵向受拉钢筋中的应力增量 σ_{s2q} 可按下列公式计算：

$$\sigma_{s2q} = \frac{0.5\left(1 + \dfrac{h_1}{h}\right)M_{2q}}{0.87A_s h_0} \qquad (H.0.7\text{-}4)$$

当 $M_{1Gk} < 0.35M_{1u}$ 时，公式（H.0.7-4）中 $0.5\left(1 + \dfrac{h_1}{h}\right)$ 值应取等于1.0；此处，M_{1u} 为预制构件正截面受弯承载力设计值，应按本规范第6.2节计算，但式中应取等号，并以 M_{1u} 代替 M。

H.0.8 混凝土叠合构件应验算裂缝宽度，按荷载准永久组合或标准组合并考虑长期作用影响所计算的最大裂缝宽度 w_{max}，不应超过本规范第3.4节规定的最大裂缝宽度限值。

按荷载准永久组合或标准组合并考虑长期作用影响的最大裂缝宽度 w_{max} 可按下列公式计算：

钢筋混凝土构件

$$w_{max} = 2\frac{\psi(\sigma_{s1k} + \sigma_{s2q})}{E_s}\left(1.9c + 0.08\frac{d_{eq}}{\rho_{te1}}\right)$$
$$(H.0.8\text{-}1)$$

$$\psi = 1.1 - \frac{0.65f_{tk1}}{\rho_{te1}\sigma_{s1k} + \rho_{te}\sigma_{s2q}} \qquad (H.0.8\text{-}2)$$

预应力混凝土构件

$$w_{max} = 1.6\frac{\psi(\sigma_{s1k} + \sigma_{s2k})}{E_s}\left(1.9c + 0.08\frac{d_{eq}}{\rho_{te1}}\right)$$
$$(H.0.8\text{-}3)$$

$$\psi = 1.1 - \frac{0.65f_{tk1}}{\rho_{te1}\sigma_{s1k} + \rho_{te}\sigma_{s2k}} \qquad (H.0.8\text{-}4)$$

式中：d_{eq}——受拉区纵向钢筋的等效直径，按本规范第7.1.2条的规定计算；

ρ_{te1}、ρ_{te}——按预制构件、叠合构件的有效受拉混凝土截面面积计算的纵向受拉钢筋配筋率，按本规范第7.1.2条计算；

f_{tk1}——预制构件的混凝土抗拉强度标准值。

H.0.9 叠合构件应按本规范第7.2.1条的规定进行正常使用极限状态下的挠度验算。其中，叠合受弯构件按荷载准永久组合或标准组合并考虑长期作用影响的刚度可按下列公式计算：

钢筋混凝土构件

$$B = \frac{M_q}{\left(\dfrac{B_{s2}}{B_{s1}} - 1\right)M_{1Gk} + \theta M_q}B_{s2} \quad (H.0.9\text{-}1)$$

预应力混凝土构件

$$B = \frac{M_k}{\left(\dfrac{B_{s2}}{B_{s1}} - 1\right)M_{1Gk} + (\theta - 1)M_q + M_k}B_{s2}$$
$$(H.0.9\text{-}2)$$

$$M_k = M_{1Gk} + M_{2k} \qquad (H.0.9\text{-}3)$$

$$M_q = M_{1Gk} + M_{2Gk} + \psi_q M_{2Qk} \quad (H.0.9\text{-}4)$$

式中：θ——考虑荷载长期作用对挠度增大的影响系数，按本规范第7.2.5条采用；

M_k——叠合构件按荷载标准组合计算的弯矩值；

M_q——叠合构件按荷载准永久组合计算的弯矩值；

B_{s1}——预制构件的短期刚度，按本规范第H.0.10条取用；

B_{s2}——叠合构件第二阶段的短期刚度，按本规范第H.0.10条取用；

ψ_q——第二阶段可变荷载的准永久值系数。

H.0.10 荷载准永久组合或标准组合下叠合式受弯构件正弯矩区段内的短期刚度，可按下列规定计算。

1 钢筋混凝土叠合构件

　1） 预制构件的短期刚度 B_{s1} 可按本规范公式（7.2.3-1）计算。

　2） 叠合构件第二阶段的短期刚度可按下列公式计算：

$$B_{s2} = \frac{E_s A_s h_0^2}{0.7 + 0.6\dfrac{h_1}{h} + \dfrac{45\alpha_E\rho}{1 + 3.5\gamma_f'}}$$
$$(H.0.10\text{-}1)$$

式中：α_E——钢筋弹性模量与叠合层混凝土弹性模量的比值：$\alpha_E = E_s/E_{c2}$。

2 预应力混凝土叠合构件

1) 预制构件的短期刚度 B_{s1} 可按本规范公式（7.2.3-2）计算。

2) 叠合构件第二阶段的短期刚度可按下列公式计算：

$$B_{s2} = 0.7E_{c1}I_0 \qquad (H.0.10\text{-}2)$$

式中：E_{c1}——预制构件的混凝土弹性模量；

I_0——叠合构件换算截面的惯性矩，此时，叠合层的混凝土截面面积应按弹性模量比换算成预制构件混凝土的截面面积。

H.0.11 荷载准永久组合或标准组合下叠合式受弯构件负弯矩区段内第二阶段的短期刚度 B_{s2} 可按本规范公式（7.2.3-1）计算，其中，弹性模量的比值取 $\alpha_E = E_s/E_{c1}$。

H.0.12 预应力混凝土叠合构件在使用阶段的预应力反拱值可用结构力学方法按预制构件的刚度进行计算。在计算中，预应力钢筋的应力应扣除全部预应力损失；考虑预应力长期影响，可将计算所得的预应力反拱值乘以增大系数 1.75。

附录 J 后张曲线预应力筋由锚具变形和预应力筋内缩引起的预应力损失

J.0.1 在后张法构件中，应计算曲线预应力筋由锚具变形和预应力筋内缩引起的预应力损失。

1 反摩擦影响长度 l_f（mm）（图 J.0.1）可按下列公式计算：

$$l_f = \sqrt{\dfrac{a \cdot E_p}{\Delta\sigma_d}} \qquad (J.0.1\text{-}1)$$

$$\Delta\sigma_d = \dfrac{\sigma_0 - \sigma_l}{l} \qquad (J.0.1\text{-}2)$$

式中：a——张拉端锚具变形和预应力筋内缩值（mm），按本规范表 10.2.2 采用；

$\Delta\sigma_d$——单位长度由管道摩擦引起的预应力损失（MPa/mm）；

σ_0——张拉端锚下控制应力，按本规范第 10.1.3 条的规定采用；

σ_l——预应力筋扣除沿途摩擦损失后锚固端应力；

l——张拉端至锚固端的距离（mm）。

2 当 $l_f \leqslant l$ 时，预应力筋离张拉端 x 处考虑反摩擦后的预应力损失 σ_{l1} 可按下列公式计算：

$$\sigma_{l1} = \Delta\sigma \dfrac{l_f - x}{l_f} \qquad (J.0.1\text{-}3)$$

$$\Delta\sigma = 2\Delta\sigma_d l_f \qquad (J.0.1\text{-}4)$$

式中：$\Delta\sigma$——预应力筋考虑反向摩擦后在张拉端锚下的预应力损失值。

3 当 $l_f > l$ 时，预应力筋离张拉端 x' 处考虑反向摩擦后的预应力损失 σ'_{l1} 可按下列公式计算：

$$\sigma'_{l1} = \Delta\sigma' - 2x'\Delta\sigma_d \qquad (J.0.1\text{-}5)$$

式中：$\Delta\sigma'$——预应力筋考虑反向摩擦后在张拉端锚下的预应力损失值，可按以下方法求得：在图 J.0.1 中设 "$ca'bd$" 等腰梯形面积 $A = a \cdot E_p$，试算得到 cd，则 $\Delta\sigma' = cd$。

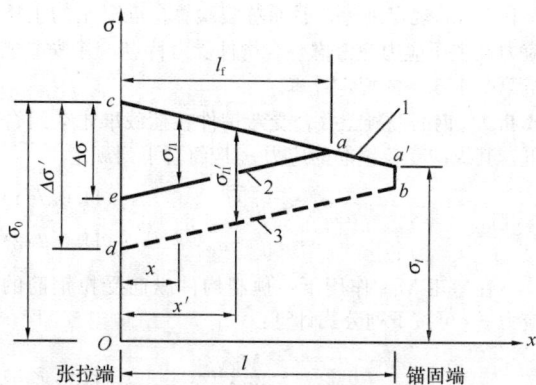

图 J.0.1 考虑反向摩擦后预应力损失计算

注：1 caa' 表示预应力筋扣除管道正摩擦损失后的应力分布线；

2 eaa' 表示 $l_f \leqslant l$ 时，预应力筋扣除管道正摩擦和内缩（考虑反摩擦）损失后的应力分布线；

3 db 表示 $l_f > l$ 时，预应力筋扣除管道正摩擦和内缩（考虑反摩擦）损失后的应力分布线。

J.0.2 两端张拉（分次张拉或同时张拉）且反摩擦损失影响长度有重叠时，在重叠范围内同一截面扣除正摩擦和回缩反摩擦损失后预应力筋的应力可取：两端分别张拉、锚固，分别计算正摩擦和回缩反摩擦损失，分别将张拉端锚下控制应力减去上述应力计算结果所得较大值。

J.0.3 常用束形的后张曲线预应力筋或折线预应力筋，由于锚具变形和预应力筋内缩在反向摩擦影响长度 l_f 范围内的预应力损失值 σ_{l1} 可按下列公式计算：

1 抛物线形预应力筋可近似按圆弧形曲线预应力筋考虑（图 J.0.3-1）。当其对应的圆心角 $\theta \leqslant 45°$ 时（对无粘结预应力筋 $\theta \leqslant 90°$），预应力损失值 σ_{l1} 可按下列公式计算：

$$\sigma_{l1} = 2\sigma_{con}l_f\left(\dfrac{\mu}{r_c} + \kappa\right)\left(1 - \dfrac{x}{l_f}\right) \quad (J.0.3\text{-}1)$$

反向摩擦影响长度 l_f（m）可按下列公式计算：

$$l_f = \sqrt{\dfrac{aE_s}{1000\sigma_{con}(\mu/r_c + \kappa)}} \qquad (J.0.3\text{-}2)$$

式中：r_c——圆弧形曲线预应力筋的曲率半径（m）；

μ——预应力筋与孔道壁之间的摩擦系数，按本规范表 10.2.4 采用；

κ——考虑孔道每米长度局部偏差的摩擦系数，按本规范表 10.2.4 采用；

x——张拉端至计算截面的距离（m）；

a——张拉端锚具变形和预应力筋内缩值（mm），按本规范表10.2.2采用；

E_s——预应力筋弹性模量。

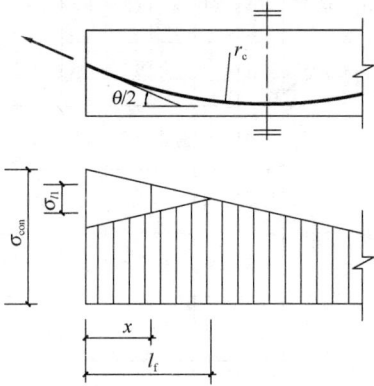

图 J.0.3-1　圆弧形曲线预应力筋的预应力损失 σ_{l1}

2 端部为直线（直线长度为 l_0），而后由两条圆弧形曲线（圆弧对应的圆心角 $\theta \leqslant 45°$，对无粘结预应力筋取 $\theta \leqslant 90°$）组成的预应力筋（图 J.0.3-2），预应力损失值 σ_{l1} 可按下列公式计算：

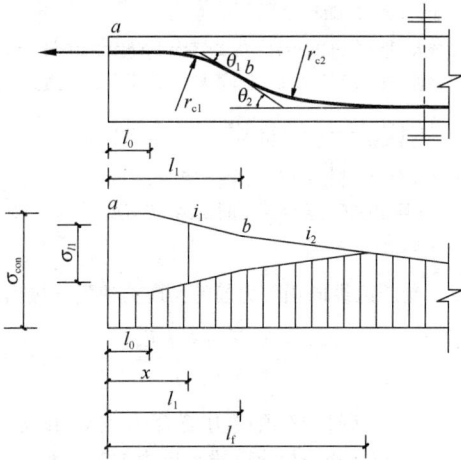

图 J.0.3-2　两条圆弧形曲线组成的预应力筋的预应力损失 σ_{l1}

当 $x \leqslant l_0$ 时

$$\sigma_{l1} = 2i_1(l_1 - l_0) + 2i_2(l_f - l_1) \quad (J.0.3-3)$$

当 $l_0 < x \leqslant l_1$ 时

$$\sigma_{l1} = 2i_1(l_1 - x) + 2i_2(l_f - l_1) \quad (J.0.3-4)$$

当 $l_1 < x \leqslant l_f$ 时

$$\sigma_{l1} = 2i_2(l_f - x) \quad (J.0.3-5)$$

反向摩擦影响长度 l_f（m）可按下列公式计算：

$$l_f = \sqrt{\frac{aE_s}{1000i_2} - \frac{i_1(l_1^2 - l_0^2)}{i_2} + l_1^2} \quad (J.0.3-6)$$

$$i_1 = \sigma_a(\kappa + \mu/r_{c1}) \quad (J.0.3-7)$$

$$i_2 = \sigma_b(\kappa + \mu/r_{c2}) \quad (J.0.3-8)$$

式中：l_1——预应力筋张拉端起点至反弯点的水平投

影长度；

i_1、i_2——第一、二段圆弧形曲线预应力筋中应力近似直线变化的斜率；

r_{c1}、r_{c2}——第一、二段圆弧形曲线预应力筋的曲率半径；

σ_a、σ_b——预应力筋在 a、b 点的应力。

3 当折线形预应力筋的锚固损失消失于折点 c 之外时（图 J.0.3-3），预应力损失值 σ_{l1} 可按下列公式计算：

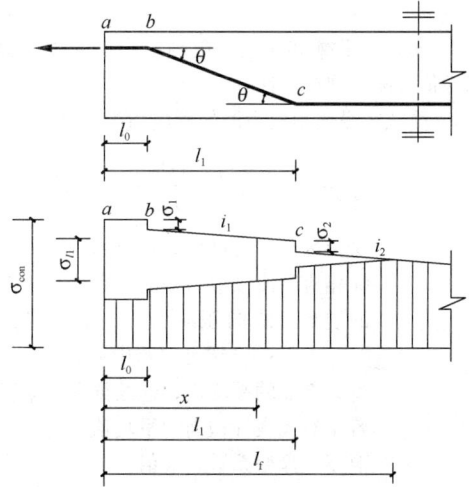

图 J.0.3-3　折线形预应力筋的预应力损失 σ_{l1}

当 $x \leqslant l_0$ 时

$$\sigma_{l1} = 2\sigma_1 + 2i_1(l_1 - l_0) + 2\sigma_2 + 2i_2(l_f - l_1)$$

$$(J.0.3-9)$$

当 $l_0 < x \leqslant l_1$ 时

$$\sigma_{l1} = 2i_1(l_1 - x) + 2\sigma_2 + 2i_2(l_f - l_1)$$

$$(J.0.3-10)$$

当 $l_1 < x \leqslant l_f$ 时

$$\sigma_{l1} = 2i_2(l_f - x) \quad (J.0.3-11)$$

反向摩擦影响长度 l_f（m）可按下列公式计算：

$$l_f = \sqrt{\frac{aE_s}{1000i_2} - \frac{i_1(l_1 - l_0)^2 + 2i_1 l_0(l_1 - l_0) + 2\sigma_1 l_0 + 2\sigma_2 l_1}{i_2} + l_1^2}$$

$$(J.0.3-12)$$

$$i_1 = \sigma_{con}(1 - \mu\theta)\kappa \quad (J.0.3-13)$$

$$i_2 = \sigma_{con}[1 - \kappa(l_1 - l_0)](1 - \mu\theta)^2\kappa$$

$$(J.0.3-14)$$

$$\sigma_1 = \sigma_{con}\mu\theta \quad (J.0.3-15)$$

$$\sigma_2 = \sigma_{con}[1 - \kappa(l_1 - l_0)](1 - \mu\theta)\mu\theta$$

$$(J.0.3-16)$$

式中：i_1——预应力筋 bc 段中应力近似直线变化的斜率；

$\quad\quad i_2$——预应力筋在折点 c 以外应力近似直线变化的斜率；

$\quad\quad l_1$——张拉端起点至预应力筋折点 c 的水平投影长度。

附录 K 与时间相关的预应力损失

K.0.1 混凝土收缩和徐变引起预应力筋的预应力损失终极值可按下列规定计算：

1 受拉区纵向预应力筋的预应力损失终极值 σ_{l5}

$$\sigma_{l5} = \frac{0.9\alpha_p\sigma_{pc}\varphi_\infty + E_s\varepsilon_\infty}{1 + 15\rho} \quad \text{(K.0.1-1)}$$

式中：σ_{pc}——受拉区预应力筋合力点处由预加力（扣除相应阶段预应力损失）和梁自重产生的混凝土法向压应力，其值不得大于 $0.5f'_{cu}$；简支梁可取跨中截面与 1/4 跨度处截面的平均值；连续梁和框架可取若干有代表性截面的平均值；

$\quad\quad \varphi_\infty$——混凝土徐变系数终极值；

$\quad\quad \varepsilon_\infty$——混凝土收缩应变终极值；

$\quad\quad E_s$——预应力筋弹性模量；

$\quad\quad \alpha_p$——预应力筋弹性模量与混凝土弹性模量的比值；

$\quad\quad \rho$——受拉区预应力筋和普通钢筋的配筋率：先张法构件，$\rho = (A_p + A_s)/A_0$；后张法构件，$\rho = (A_p + A_s)/A_n$；对于对称配置预应力筋和普通钢筋的构件，配筋率 ρ 取钢筋总截面面积的一半。

当无可靠资料时，φ_∞、ε_∞ 值可按表 K.0.1-1 及表 K.0.1-2 采用。如结构处于年平均相对湿度低于 40% 的环境下，表列数值应增加 30%。

表 K.0.1-1 混凝土收缩应变终极值 ε_∞（×10^{-4}）

年平均相对湿度 RH		40%≤RH<70%				70%≤RH<99%			
理论厚度 2A/u (mm)		100	200	300	≥600	100	200	300	≥600
预加应力时的混凝土龄期 t_0 (d)	3	4.83	4.09	3.57	3.09	3.47	2.95	2.60	2.26
	7	4.35	3.89	3.44	3.01	3.12	2.80	2.49	2.18
	10	4.06	3.77	3.37	2.96	2.91	2.70	2.42	2.14
	14	3.73	3.62	3.27	2.91	2.67	2.59	2.35	2.10
	28	2.90	3.20	3.01	2.77	2.07	2.28	2.15	1.98
	60	1.92	2.54	2.58	2.54	1.37	1.80	1.82	1.80
	≥90	1.45	2.12	2.27	2.38	1.03	1.50	1.60	1.68

表 K.0.1-2 混凝土徐变系数终极值 φ_∞

年平均相对湿度 RH		40%≤RH<70%				70%≤RH<99%			
理论厚度 2A/u (mm)		100	200	300	≥600	100	200	300	≥600
预加应力时的混凝土龄期 t_0 (d)	3	3.51	3.14	2.94	2.63	2.78	2.55	2.43	2.23
	7	3.00	2.68	2.51	2.25	2.37	2.18	2.08	1.91
	10	2.80	2.51	2.35	2.10	2.22	2.04	1.94	1.78
	14	2.63	2.35	2.21	1.97	2.08	1.91	1.82	1.67
	28	2.31	2.06	1.93	1.73	1.82	1.68	1.60	1.47
	60	1.99	1.78	1.67	1.49	1.58	1.45	1.38	1.27
	≥90	1.85	1.65	1.55	1.38	1.46	1.34	1.28	1.17

注：1 预加力时的混凝土龄期，先张法构件可取 3d~7d，后张法构件可取 7d~28d；

2 A 为构件截面面积，u 为该截面与大气接触的周边长度；当构件为变截面时，A 和 u 均可取其平均值；

3 本表适用于由一般的硅酸盐类水泥或快硬水泥配置而成的混凝土；表中数值系按强度等级 C40 混凝土计算所得，对 C50 及以上混凝土，表列数值应乘以 $\sqrt{\dfrac{32.4}{f_{ck}}}$，式中 f_{ck} 为混凝土轴心抗压强度标准值（MPa）；

4 本表适用于季节性变化的平均温度−20℃~+40℃；

5 当实际构件的理论厚度和预加力时的混凝土龄期为表列数值的中间值时，可按线性内插法确定。

2 受压区纵向预应力筋的预应力损失终极值 σ'_{l5}

$$\sigma'_{l5} = \frac{0.9\alpha_p\sigma'_{pc}\varphi_\infty + E_s\varepsilon_\infty}{1 + 15\rho'} \quad \text{(K.0.1-2)}$$

式中：σ'_{pc}——受压区预应力筋合力点处由预加力（扣除相应阶段预应力损失）和梁自重产生的混凝土法向压应力，其值不得大于 $0.5f'_{cu}$，当 σ'_{pc} 为拉应力时，取 $\sigma'_{pc} = 0$；

$\quad\quad \rho'$——受压区预应力筋和普通钢筋的配筋率：先张法构件，$\rho' = (A'_p + A'_s)/A_0$；后张法构件，$\rho' = (A'_p + A'_s)/A_n$。

注：受压区配置预应力筋 A'_p 及普通钢筋 A'_s 的构件，在计算公式（K.0.1-1）、公式（K.0.1-2）中的 σ_{pc} 及 σ'_{pc} 时，应按截面全部预加力进行计算。

K.0.2 考虑时间影响的混凝土收缩和徐变引起的预应力损失值，可由第 K.0.1 条计算的预应力损失终极值 σ_{l5}、σ'_{l5} 乘以表 K.0.2 中相应的系数确定。

考虑时间影响的预应力筋应力松弛引起的预应力损失值，可由本规范第 10.2.1 条计算的预应力损失值 σ_{l4} 乘以表 K.0.2 中相应的系数确定。

表 K.0.2　随时间变化的预应力损失系数

时间（d）	松弛损失系数	收缩徐变损失系数
2	0.50	—
10	0.77	0.33
20	0.88	0.37
30	0.95	0.40
40		0.43
60		0.50
90	1.00	0.60
180		0.75
365		0.85
1095		1.00

注：1　先张法预应力混凝土构件的松弛损失时间从张拉完成开始计算，收缩徐变损失从放张完成开始计算；

　　2　后张法预应力混凝土构件的松弛损失、收缩徐变损失均从张拉完成开始计算。

本规范用词说明

1　为了便于在执行本规范条文时区别对待，对要求严格程度不同的用词说明如下：

　　1）表示很严格，非这样做不可的：

　　　　正面词采用"必须"，反面词采用"严禁"；

　　2）表示严格，在正常情况下均应这样做的：

　　　　正面词采用"应"，反面词采用"不应"或"不得"；

　　3）表示允许稍有选择，在条件允许时首先这样做的：

　　　　正面词采用"宜"，反面词采用"不宜"；

　　4）表示有选择，在一定条件下可以这样做的，采用"可"。

2　规范中指定应按其他有关标准、规范执行时，写法为："应符合……的规定"或"应按……执行"。

引用标准名录

1　《建筑结构荷载规范》GB 50009

2　《建筑抗震设计规范》GB 50011

3　《建筑结构可靠度设计统一标准》GB 50068

4　《工程结构可靠性设计统一标准》GB 50153

5　《民用建筑热工设计规范》GB 50176

6　《建筑工程抗震设防分类标准》GB 50223

7　《钢筋混凝土用钢　第 2 部分：热轧带肋钢筋》GB 1499.2

中华人民共和国国家标准

混凝土结构设计规范

GB 50010—2010

（2015年版）

条 文 说 明

修 订 说 明

《混凝土结构设计规范》GB 50010-2010 经住房和城乡建设部 2010 年 8 月 18 日以第 743 号公告批准、发布。

本规范是在《混凝土结构设计规范》GB 50010-2002 的基础上修订而成的，上一版的主编单位是中国建筑科学研究院，参编单位是清华大学、天津大学、重庆建筑大学、湖南大学、东南大学、河海大学、大连理工大学、哈尔滨建筑大学、西安建筑科技大学、建设部建筑设计院、北京市建筑设计研究院、首都工程有限公司、中国轻工业北京设计院、铁道部专业设计院、交通部水运规划设计院、西北水电勘测设计院、冶金材料行业协会预应力委员会，主要起草人员是李明顺、徐有邻、白生翔、白绍良、孙慧中、沙志国、吴学敏、陈健、胡德炘、程懋堃、王振东、王振华、过镇海、庄崖屏、朱龙、邹银生、宋玉普、沈聚敏、邸小坛、吴佩刚、周氏、姜维山、陶学康、康谷贻、蓝宗建、干城、夏琪俐。

本规范修订过程中，修订组进行了广泛的调查研究，总结了我国工程建设的实践经验，同时参考了国外先进技术法规、技术标准，许多单位和学者进行了卓有成效的试验和研究，为本次修订提供了极有价值的参考资料。

为便于广大设计、施工、科研、学校等单位有关人员在使用本规范时能正确理解和执行条文规定，《混凝土结构设计规范》修订组按章、节、条顺序编制了本规范的条文说明，对条文规定的目的、依据以及执行中需注意的有关事项进行了说明，还着重对强制性条文的强制性理由作了解释。但是条文说明不具备与标准正文同等的效力，仅供使用者作为理解和把握规范规定的参考。

目　次

1 总　则

1.0.1 本次修订根据多年来的工程经验和研究成果，并总结了上一版规范的应用情况和存在问题，贯彻国家"四节一环保"的技术政策，对部分内容进行了补充和调整。适当扩充了混凝土结构耐久性的相关内容；引入了强度级别为500MPa级的热轧带肋钢筋；对承载力极限状态计算方法、正常使用极限状态验算方法进行了改进；完善了部分结构构件的构造措施；补充了结构防连续倒塌和既有结构设计的相关内容等。

本次修订继承上一版规范为实现房屋、铁路、公路、港口和水利水电工程混凝土结构共性技术问题设计方法统一的原则，修订力求使本规范的共性技术问题能进一步为各行业规范认可。

1.0.2 本次修订补充了对结构防连续倒塌设计和既有结构设计的基本原则，同时增加了无粘结预应力混凝土结构的相关内容。

对采用陶粒、浮石、煤矸石等为骨料的轻骨料混凝土结构，应按专门标准进行设计。

设计下列结构时，尚应符合专门标准的有关规定：

1 超重混凝土结构、防辐射混凝土结构、耐酸（碱）混凝土结构等；

2 修建在湿陷性黄土、膨胀土地区或地下采掘区等的结构；

3 结构表面温度高于100℃或有生产热源且结构表面温度经常高于60℃的结构；

4 需作振动计算的结构。

1.0.3 本规范依据工程结构以及建筑结构的可靠性统一标准修订。本规范的内容是基于现阶段混凝土结构设计的成熟做法和对混凝土结构承载力以及正常使用的最低要求。当结构受力情况、材料性能等基本条件与本规范的编制依据有出入时，则需根据具体情况通过专门试验或分析加以解决。

1.0.4 本规范与相关的标准、规范进行了合理的分工和衔接，执行时尚应符合相关标准、规范的规定。

2 术语和符号

2.1 术　语

术语是根据现行国家标准《工程结构设计基本术语标准》GB/T 50083并结合本规范的具体情况给出的。

本次修订删节、简化了其他标准已经定义的常用术语，补充了各类钢筋及其性能、各类型混凝土构件、构造等混凝土结构特有的专用术语，如配筋率、

混凝土保护层、锚固长度、结构缝等。原规范有关可靠度及荷载等方面的术语，在相关标准中已有表述，故不再列出。

原规范中混凝土结构的结构形式如排架结构、框架结构、剪力墙结构、框架-剪力墙结构、筒体结构、板柱结构等，作为常识也不再作为术语列出。

2.2 符　号

本次修订基本沿用原《混凝土结构设计规范》GB 50010-2002的符号。一些不常用的符号在条文相应处已有说明，在此不再列出。

2.2.1 用"C"后加数字表达混凝土的强度等级；用"HRB"、"HRBF"、"HPB"、"RRB"后加数字表达钢筋的牌号及强度等级。

增加了钢筋在最大拉力下的总伸长率（均匀伸长率）的符号"δ_{gt}"，等同于现行国家标准《钢筋混凝土用钢　第2部分：热轧带肋钢筋》GB 1499.2、《预应力混凝土用钢丝》GB/T 5223和《预应力混凝土用钢绞线》GB/T 5224中的"A_{gt}"。

2.2.4 偏心受压构件考虑二阶效应影响的增大系数有两个：在考虑结构侧移的二阶效应时用"η_s"表示；考虑构件自身挠曲的二阶效应时用"η_{ns}"表示。

增加斜体希腊字母符号"ϕ"，仅表示钢筋直径，不代表钢筋的牌号。

3 基本设计规定

3.1 一般规定

3.1.1 为满足建筑方案并从根本上保证结构安全，设计的内容应在以构件设计为主的基础上扩展到考虑整个结构体系的设计。本次修订补充有关结构设计的基本要求，包括结构方案、内力分析、截面设计、连接构造、耐久性、施工可行性及特殊工程的性能设计等。

3.1.2 本规范根据现行国家标准《工程结构可靠性设计统一标准》GB 50153及《建筑结构可靠度设计统一标准》GB 50068的规定，采用概率极限状态设计方法，以分项系数的形式表达。包括结构重要性系数、荷载分项系数、材料性能分项系数（材料分项系数，有时直接以材料的强度设计值表达）、抗力模型不定性系数（构件承载力调整系数）等。对难于定量计算的间接作用和耐久性等，仍采用基于经验的定性方法进行设计。

本规范中的荷载分项系数应按现行国家标准《建筑结构荷载规范》GB 50009的规定取用。

3.1.3 对混凝土结构极限状态的分类系根据《工程结构可靠性设计统一标准》GB 50153确定的。极限状态仍分为两类，但内容比原规范有所扩大：在承载

能力极限状态中增加了结构防连续倒塌的内容；在正常使用极限状态中增加了楼盖舒适度的要求。

3.1.4 本条规定了确定结构上作用的原则，直接作用根据现行国家标准《建筑结构荷载规范》GB 50009确定；地震作用根据现行国家标准《建筑抗震设计规范》GB 50011确定；对于直接承受吊车荷载的构件以及预制构件、现浇结构等，应按不同工况确定相应的动力系数或施工荷载。

对于混凝土结构的疲劳问题，主要是吊车梁构件的疲劳验算。其设计方法与吊车的工作级别和材料的疲劳强度有关，近年均有较大变化。当设计直接承受重级工作制吊车的吊车梁时，建议根据工程经验采用钢结构的形式。

本次修订增加了对间接作用的规定。间接作用包括温度变化、混凝土收缩与徐变、强迫位移、环境引起材料性能劣化等造成的影响，设计时应根据有关标准、工程特点及具体情况确定，通常仍采用经验性的构造措施进行设计。

对于罕遇自然灾害以及爆炸、撞击、火灾等偶然作用以及非常规的特殊作用，应根据有关标准或由具体条件和设计要求确定。

3.1.5 混凝土结构的安全等级由现行国家标准《工程结构可靠性设计统一标准》GB 50153确定。本条仅补充规定：可以根据实际情况调整构件的安全等级。对破坏引起严重后果的重要构件和关键传力部位，宜适当提高安全等级、加大构件重要性系数；对一般结构中的次要构件及可更换构件，可根据具体情况适当降低其重要性系数。

3.1.6 设计应根据现有技术条件（材料、工艺、机具等）考虑施工的可行性。对特殊结构，应提出控制关键技术的要求，以达到设计目标。

3.1.7 各类建筑结构的设计使用年限并不一致，应按《建筑结构可靠度设计统一标准》GB 50068的规定取用，相应的荷载设计值及耐久性措施均应依据设计使用年限确定。改变用途和使用环境（如超载使用、结构开洞、改变使用功能、使用环境恶化等）的情况均会影响其安全及使用年限。任何对结构的改变（无论是在建结构或既有结构）均须经设计许可或技术鉴定，以保证结构在设计使用年限内的安全和使用功能。

3.2 结构方案

3.2.1 灾害调查和事故分析表明：结构方案对建筑物的安全有着决定性的影响。在与建筑方案协调时应考虑结构体形（高宽比、长宽比）适当；传力途径和构件布置能够保证结构的整体稳固性；避免因局部破坏引发结构连续倒塌。本条提出了在方案阶段应考虑加强结构整体稳固性的设计原则。

3.2.2 结构设计时通过设置结构缝将结构分割为若干相对独立的单元。结构缝包括伸缝、缩缝、沉降缝、防震缝、构造缝、防连续倒塌的分割缝等。不同类型的结构缝是为消除下列不利因素的影响：混凝土收缩、温度变化引起的胀缩变形；基础不均匀沉降；刚度及质量突变；局部应力集中；结构防震；防止连续倒塌等。除永久性的结构缝以外，还应考虑设置施工接槎、后浇带、控制缝等临时性的缝以消除某些暂时性的不利影响。

结构缝的设置应考虑对建筑功能（如装修观感、止水防渗、保温隔声等）、结构传力（如结构布置、构件传力）、构造做法和施工可行性等造成的影响。应遵循"一缝多能"的设计原则，采取有效的构造措施。

3.2.3 构件之间连接构造设计的原则是：保证连接节点处被连接构件之间的传力性能符合设计要求；保证不同材料（混凝土、钢、砌体等）结构构件之间的良好结合；选择可靠的连接方式以保证可靠传力；连接节点尚应考虑被连接构件之间变形的影响以及相容条件，以避免、减少不利影响。

3.2.4 本条提出了结构方案设计阶段应综合考虑的"四节一环保"等问题。

3.3 承载能力极限状态计算

3.3.1 本条列出了各类设计状况下的结构构件承载能力极限状态计算应考虑的内容。

对只承受安装或检修用吊车的构件，根据使用情况和设计经验可不作疲劳验算。

在各种偶然作用（罕遇自然灾害、人为过失以及爆炸、撞击、火灾等人为灾害）下，混凝土结构应能保证必要的整体稳固性。因此本次修订对倒塌可能引起严重后果的特别重要结构，增加了防连续倒塌设计的要求。

3.3.2 本条为承载能力极限状态设计的基本表达式，适用于本规范结构构件的承载力计算。

符号 S 在现行国家标准《建筑结构荷载规范》GB 50009中为荷载组合的效应设计值；在现行国家标准《建筑抗震设计规范》GB 50011中为地震作用效应与其他荷载效应基本组合的设计值，在本条中均为以内力形式表达。

根据《工程结构可靠性设计统一标准》GB 50153的规定，本次修订提出了构件抗力模型不定性系数（构件抗力调整系数）γ_{Rd} 的概念，在抗震设计中为抗震承力调整系数 γ_{RE}。

当几何参数的变异性对结构性能有明显影响时，需考虑其不利影响。例如，薄板的截面有效高度的变异性对薄板正截面承载力有明显影响，在计算截面有效高度时宜考虑施工允许偏差带来的不利影响。

3.3.3 对二维、三维的混凝土结构，当采用应力设计的形式进行承载能力极限状态设计时，可按等代内力的简化方法计算；当采用多轴强度准则进行设计验算时，应符合本规范附录C.4的有关规定。

3.3.4 对偶然作用下结构的承载能力极限状态设计，根据其受力特点对承载能力极限状态设计的表达形式进行了修正：作用效应设计值 S 按偶然组合计算；结构重要性系数 γ_0 取不小于 1.0 的数值；材料强度取标准值。当进行防连续倒塌验算时，按本规范第3.6节的原则计算。

3.3.5 对既有结构进行承载能力验算时，既有结构的承载力应符合复核验算的要求；而对既有结构重新设计时，则应按本规范第3.7节的原则计算。

3.4 正常使用极限状态验算

3.4.1 正常使用极限状态是通过对作用组合效应值的限值进行控制而实现的。本次修订根据对使用功能的进一步要求，新增加了对楼盖结构舒适度验算的要求。

3.4.2 对正常使用极限状态，89版规范规定按荷载的持久性采用两种组合：短期效应组合和长期效应组合。02版规范根据《建筑结构可靠度设计统一标准》GB 50068 的规定，将荷载的短期效应组合、长期效应组合改称为荷载效应的标准组合、准永久组合。在标准组合中，含有起控制作用的一个可变荷载标准值效应；在准永久组合中，含有可变荷载准永久值效应。这就使荷载效应组合的名称与荷载代表值的名称相对应。

本次修订对构件挠度、裂缝宽度计算采用的荷载组合进行了调整，对钢筋混凝土构件改为采用荷载准永久组合并考虑长期作用的影响；对预应力混凝土构件仍采用荷载标准组合并考虑长期作用的影响。

3.4.3 构件变形挠度的限值应以不影响结构使用功能、外观及与其他构件的连接等要求为目的。工程实践表明，原规范验算的挠度限值基本合适，本次修订未作改动。

悬臂构件是工程实践中容易发生事故的构件，表注1中规定设计时对其挠度的控制要求；表注4中参照欧洲标准 EN1992 的规定，提出了起拱、反拱的限制，目的是为防止起拱、反拱过大引起的不良影响。当构件的挠度满足表3.4.3的要求，但相对使用要求仍然过大时，设计时可根据实际情况提出比表括号中的限值更加严格的要求。

3.4.4 本规范将裂缝控制等级划分为三级，等级是对裂缝控制严格程度而言的，设计人员需根据具体情况选用不同的等级。关于构件裂缝控制等级的划分，国际上一般都根据结构的功能要求、环境条件对钢筋的腐蚀影响、钢筋种类对腐蚀的敏感性和荷载作用的时间等因素来考虑。本规范在裂缝控制等级的划分上也考虑了以上因素。

在具体划分裂缝控制等级和确定有关限值时，主要参考了下列资料：历次混凝土结构设计规范修订的有关规定及历史背景；工程实践经验及调查统计国内常用构件的设计状况及实际效果；耐久性专题研究对典型地区实际工程的调查以及长期暴露试验与快速试验的结果；国外规范的有关规定。

经调查研究及与国外规范对比，原规范对受力裂缝的控制相对偏严，可适当放松。对结构构件正截面受力裂缝的控制等级仍按原规范划分为三个等级。一级保持不变；二级适当放松，仅控制拉应力不超过混凝土的抗拉强度标准值，删除了原规范中按荷载准永久组合计算构件边缘混凝土不宜产生拉应力的要求。

对于裂缝控制三级的钢筋混凝土构件，根据现行国家标准《工程结构可靠性设计统一标准》GB 50153 以及作为主要依据的现行国际标准《结构可靠性总则》ISO 2394 和欧洲规范《结构设计基础》EN 1990 的规定，相应的荷载组合按正常使用极限状态的外观要求（限制过大的裂缝和挠度）的限值作了修改，选用荷载的准永久组合并考虑长期作用的影响进行裂缝宽度与挠度验算。

对裂缝控制三级的预应力混凝土构件，考虑到结构安全及耐久性，基本维持原规范的要求，裂缝宽度限值0.20mm。仅在不利环境（二 a 类环境）时按荷载的标准组合验算裂缝宽度限值0.10mm；并按荷载的准永久组合并考虑长期作用的影响验算拉应力不大于混凝土的抗拉强度标准值。

3.4.5 本条对于裂缝宽度限值的要求基本依据原规范，并按新增的环境类别进行了调整。

室内正常环境条件（一类环境）下钢筋混凝土构件最大裂缝剖形观察结果表明，不论裂缝宽度大小、使用时间长短、地区湿度高低，凡钢筋上不出现结露或水膜，则其裂缝处钢筋基本上未发现明显的锈蚀现象；国外的一些工程调查结果也表明了同样的观点。因此对于采用普通钢筋配筋的混凝土结构构件的裂缝宽度限值，考虑了现行国内外规范的有关规定，并参考了耐久性专题研究组对裂缝的调查结果，规定了裂缝宽度的限值。而对钢筋混凝土屋架、托架、主要屋面承重结构等构件，根据以往的工程经验，裂缝宽度限值宜从严控制；对吊车梁的裂缝宽度限值，也适当从严控制，分别在表注中作出了具体规定。

对处于露天或室内潮湿环境（二类环境）条件下的钢筋混凝土构件，剖形观察结果表明，裂缝处钢筋都有不同程度的表面锈蚀，而当裂缝宽度小于或等于0.2mm时，裂缝处钢筋上只有轻微的表面锈蚀。根据上述情况，并参考国内外有关资料，规定最大裂缝宽度限值采用0.20mm。

对使用除冰盐等的三类环境，锈蚀试验及工程实践表明，钢筋混凝土结构构件的受力裂缝宽度对耐久性的影响不是太大，故仍允许存在受力裂缝。参考国内外有关规范，规定最大裂缝宽度限值为0.2mm。

对采用预应力钢丝、钢绞线及预应力螺纹钢筋的预应力混凝土构件，考虑到钢丝直径较小等原因，一旦出现裂缝会影响结构耐久性，故适当加严。本条规定在室内正常环境下控制裂缝宽度采用0.20mm；在露天环境（二a类）下控制裂缝宽度0.10mm。

需指出，当混凝土保护层较大时，虽然受力裂缝宽度计算值也较大，但较大的混凝土保护层厚度对防止裂缝锈蚀是有利的。因此，对混凝土保护层厚度较大的构件，当在外观的要求上允许时，可根据实践经验，对表3.4.5中规范的裂缝宽度允许值作适当放大。

3.4.6 本条提出了控制楼盖竖向自振频率的限值。对跨度较大的楼盖及业主有要求时，可按本条执行。一般楼盖的竖向自振频率可采用简化方法计算。对有特殊要求工业建筑，可参照现行国家标准《多层厂房楼盖抗微振设计规范》GB 50190进行验算。

3.5 耐久性设计

3.5.1 混凝土结构的耐久性按正常使用极限状态控制，特点是随时间发展因材料劣化而引起性能衰减。耐久性极限状态表现为：钢筋混凝土构件表面出现锈胀裂缝；预应力筋开始锈蚀；结构表面混凝土出现可见的耐久性损伤（酥裂、粉化等）。材料劣化进一步发展还可能引起构件承载力问题，甚至发生破坏。

由于影响混凝土结构材料性能劣化的因素比较复杂，其规律不确定性很大，一般建筑结构的耐久性设计只能采用经验性的定性方法解决。参考现行国家标准《混凝土结构耐久性设计规范》GB/T 50476的规定，根据调查研究及我国国情，并考虑房屋建筑混凝土结构的特点加以简化和调整，本规范规定了混凝土结构耐久性定性设计的基本内容。

3.5.2 结构所处环境是影响其耐久性的外因。本次修订对影响混凝土结构耐久性的环境类别进行了较详细的分类。环境类别是指混凝土暴露表面所处的环境条件，设计可根据实际情况确定适当的环境类别。

干湿交替主要指室内潮湿、室外露天、地下水浸润、水位变动的环境。由于水和氧的反复作用，容易引起钢筋锈蚀和混凝土材料劣化。

非严寒和非寒冷地区与严寒和寒冷地区的区别主要在于有无冰冻及冻融循环现象。关于严寒和寒冷地区的定义，《民用建筑热工设计规范》GB 50176-93规定如下：严寒地区：最冷月平均温度低于或等于—10℃，日平均温度低于或等于5℃的天数不少于145d的地区；寒冷地区：最冷月平均温度高于—10℃、低于或等于0℃，日平均温度低于或等于5℃的天数不少于90d且少于145d的地区。也可参考该规范的附录采用。各地可根据当地气象台站的气象参数确定所属气候区域，也可根据《建筑气象参数标准》JGJ 35提供的参数确定所属气候区域。

三类环境主要是指近海海风、盐渍土及使用除冰盐的环境。滨海室外环境与盐渍土地区的地下结构、北方城市冬季依靠喷洒盐水消除冰雪而对立交桥、周边结构及停车楼，都可能造成钢筋腐蚀的影响。

四类和五类环境的详细划分和耐久性设计方法不再列入本规范，它们由有关的标准规范解决。

3.5.3 混凝土材料的质量是影响结构耐久性的内因。根据对既有混凝土结构耐久性状态的调查结果和混凝土材料性能的研究，从材料抵抗性能退化的角度，表3.5.3提出了设计使用年限为50年的结构混凝土材料耐久性的基本要求。

影响耐久性的主要因素是：混凝土的水胶比、强度等级、氯离子含量和碱含量。近年来水泥中多加入不同的掺合料，有效胶凝材料含量不确定性较大，故配合比设计的水灰比难以反映有效成分的影响。本次修订改用胶凝材料总量作水胶比及各种含量的控制，原规范中的"水灰比"改成"水胶比"，并删去了对于"最小水泥用量"的限制。混凝土的强度反映了其密实度而影响耐久性，故也提出了相应的要求。

试验研究及工程实践均表明，在冻融循环环境中采用引气剂的混凝土抗冻性能可显著改善。故对采用引气剂抗冻的混凝土，可以适当降低强度等级的要求，采用括号中的数值。

长期受到水作用的混凝土结构，可能引发碱骨料反应。对一类环境中的房屋建筑混凝土结构则可不作碱含量限制；对其他环境中混凝土结构应考虑碱含量的影响，计算方法可参考协会标准《混凝土碱含量限值标准》CECS 53：93。

试验研究及工程实践均表明：混凝土的碱性可使钢筋表面钝化，免遭锈蚀；而氯离子引起钢筋脱钝和电化学腐蚀，会严重影响混凝土结构的耐久性。本次修订加严了氯离子含量的限值。为控制氯离子含量，应严格限制使用含功能性氯化物的外加剂（例如含氯化钙的促凝剂等）。

3.5.4 本条对不良环境及耐久性有特殊要求的混凝土结构构件提出了针对性的耐久性保护措施。

对结构表面采用保护层及表面处理的防护措施，形成有利的混凝土表面小环境，是提高耐久性的有效措施。

预应力筋存在应力腐蚀、氢脆等不利于耐久性的弱点，且其直径一般较细，对腐蚀比较敏感，破坏后果严重。为此应对预应力筋、连接器、锚夹具、锚头等容易遭受腐蚀的部位采取有效的保护措施。

提高混凝土抗渗、抗冻性能有利于混凝土结构在恶劣环境下的耐久性。混凝土抗冻性能和抗渗性能的等级划分、配合比设计及试验方法等，应按有关标准的规定执行。混凝土抗渗和抗冻的设计可参考《水工混凝土结构设计规范》DL/T 5057的规定。

对露天环境中的悬臂构件，如不采取有效防护措施，不宜采用悬臂板的结构形式而宜采用梁-板结构。

室内正常环境以外的预埋件、吊钩等外露金属件容易引导锈蚀，宜采用内埋式或采取有效的防锈措施。

对于可能导致严重腐蚀的三类环境中的构件，提出了提高耐久性的附加措施：如采用阻锈剂、环氧树脂或其他材料的涂层钢筋、不锈钢筋、阴极保护等方法。环氧树脂涂层钢筋是采用静电喷涂环氧树脂粉末工艺，在钢筋表面形成一定厚度的环氧树脂防腐涂层。这种涂层可将钢筋与其周围混凝土隔开，使侵蚀性介质（如氯离子等）不直接接触钢筋表面，从而避免钢筋受到腐蚀。使用时应符合行业标准《环氧树脂涂层钢筋》JG 3042 的规定。

对某些恶劣环境中难以避免材料性能劣化的情况，还可以采取设计可更换构件的方法。

3.5.5、3.5.6　调查分析表明，国内实际使用超过100年的混凝土结构不多，但室内正常环境条件下实际使用70～80年的房屋建筑混凝土结构大多基本完好。因此在适当加严混凝土材料的控制、提高混凝土强度等级和保护层厚度并补充规定建立定期检查、维修制度的条件下，一类环境中混凝土结构的实际使用年限达到100年是可以得到保证的。而对于不利环境条件下的设计使用年限100年的结构，由于缺乏研究及工程经验，由专门设计解决。

3.5.7　更恶劣环境（海水环境、直接接触除冰盐的环境及其他侵蚀性环境）中混凝土结构耐久性的设计，可参考现行国家标准《混凝土结构耐久性设计规范》GB/T 50476。四类环境可参考现行国家行业标准《港口工程混凝土结构设计规范》JTJ 267；五类环境可参考现行国家标准《工业建筑防腐蚀设计规范》GB 50046。

3.5.8　设计应提出设计使用年限内房屋建筑使用维护的要求，使用者应按规定的功能正常使用并定期检查、维修或者更换。

3.6　防连续倒塌设计原则

房屋结构在遭受偶然作用时如发生连续倒塌，将造成人员伤亡和财产损失，是对安全的最大威胁。总结结构倒塌和未倒塌的规律，采取针对性的措施加强结构的整体稳固性，就可以提高结构的抗灾性能，减少结构连续倒塌的可能性。

混凝土结构防连续倒塌是提高结构综合抗灾能力的重要内容。在特定类型的偶然作用发生时或发生后，结构能够承受这种作用，或当结构体系发生局部垮塌时，依靠剩余结构体系仍能继续承载，避免发生与作用不相匹配的大范围破坏或连续倒塌。这就是结构防连续倒塌设计的目标。无法抗拒的地质灾害破坏作用，不包括在防连续倒塌设计的范围内。

结构防连续倒塌设计涉及作用回避、作用宣泄、障碍防护等问题，本规范仅提出混凝土结构防连续倒塌的设计基本原则和概念设计的要求。

3.6.1　结构防连续倒塌设计的难度和代价很大，一般结构只需进行防连续倒塌的概念设计。本条给出了结构防连续倒塌概念设计的基本原则，以定性设计的方法增强结构的整体稳固性，控制发生连续倒塌和大范围破坏。当结构发生局部破坏时，如不引发大范围倒塌，即认为结构具有整体稳定性。结构和材料的延性、传力途径的多重性以及超静定结构体系，均能加强结构的整体稳定性。

设置竖直方向和水平方向通长的纵向钢筋并应采取有效的连接、锚固措施，将整个结构连系成一个整体，是提供结构整体稳定性的有效方法之一。此外，加强楼梯、避难室、底层边墙、角柱等重要构件；在关键传力部位设置缓冲装置（防撞墙、裙房等）或泄能通道（开敞式布置或轻质墙体、屋盖等）；布置分割缝以控制房屋连续倒塌的范围；增加重要构件及关键传力部位的冗余约束及备用传力途径（斜撑、拉杆）等，都是结构防连续倒塌概念设计的有效措施。

3.6.2　倒塌可能引起严重后果的安全等级为一级的可能遭受偶然作用的重要结构，以及为抵御灾害作用而必须增强抗灾能力的重要结构，宜进行防连续倒塌的设计。由于灾害和偶然作用的发生概率极小，且真正实现"防连续倒塌"的代价太大，应由业主根据实际情况确定。

局部加强法是对多条传力途径交汇的关键传力部位和可能引发大面积倒塌的重要构件通过提高安全储备和变形能力，直接考虑偶然作用的影响进行设计。这种按特定的局部破坏状态的荷载组合进行构件设计，是保证结构整体稳定性的有效措施之一。

当偶然事件产生特大荷载时，按效应的偶然组合进行设计以保持结构体系完整无缺往往代价太高，有时甚至不现实。此时，拉结构件法设计允许爆炸或撞击造成结构局部破坏，在某个竖向构件失效后，使其影响范围仅限于局部。按新的结构简图采用梁、悬索、悬臂的拉结模型继续承载受力，按整个结构不发生连续倒塌的原则进行设计，从而避免结构的整体垮塌。

拆除构件法是按一定规则撤去结构体系中某部分构件，验算剩余结构的抗倒塌能力的计算方法。可采用弹性分析方法或非线性全过程动力分析方法。

实际工程的防连续倒塌设计，应根据具体条件进行适当的选择。

3.6.3　本条介绍了混凝土结构防连续倒塌设计中有关设计参数的取值原则。效应除按偶然作用计算外，还宜考虑倒塌冲击引起的动力系数。材料强度取用标准值，钢筋强度改用极限强度，对无粘结预应力构件则应注意锚夹具对预应力筋有效强度的影响，还宜考虑动力作用下材料强化和脆性的影响，取相应的强度特征值。此外还应考虑倒塌对结构几何参数变化的影响。

3.7 既有结构设计原则

既有结构为已建成、使用的结构。由于历史的原因，我国既有混凝土结构的设计将成为未来工程设计的重要内容。为保证既有结构的安全可靠并延长其使用年限，满足近年日益增多的既有结构加固改建的需要，本次修订新增一节，强调既有混凝土结构设计的原则。

3.7.1 既有结构设计适用于下列几种情况：达到设计年限后延长继续使用的年限；为消除安全隐患而进行的设计校核；结构改变用途和使用环境而进行的复核性设计；对既有结构进行改建、扩建；结构事故或灾后受损结构的修复、加固等。应根据不同的目的，选择不同的设计方案。

3.7.2 既有结构设计前，应根据现行国家标准《建筑结构检测技术标准》GB/T 50344 等进行检测，根据现行国家标准《工程结构可靠性设计统一标准》GB 50153、《工业建筑可靠性鉴定标准》GB 50144、《民用建筑可靠性鉴定标准》GB 50292 等的要求，对其安全性、适用性、耐久性及抗灾害能力进行评定，从而确定设计方案。设计方案有两类：复核性验算和重新进行设计。

鉴于我国传统结构设计安全度偏低以及结构耐久性不足的历史背景，有大量的既有结构面临评定、验算等问题。验算宜符合本规范的规定，强调"宜"是可以根据具体情况作适当调整，如控制使用荷载和功能，控制使用年限等。因为充分利用既有建筑符合可持续发展的基本国策。

当对既有结构进行改建、扩建或加固修复时，须重新进行设计。为保证安全，承载能力极限状态计算"应"按本规范要求进行，但对正常使用状态验算及构造措施仅作"宜"符合本规范的要求。同样可根据具体情况作适当调整，尽量减少重新设计在构造要求方面的经济代价。

无论是复核验算和重新设计，均应考虑检测、评定以实测的结果确定相应的设计参数。

3.7.3 本条规定了既有结构设计的原则。避免只考虑局部加固处理的片面做法。本规范强调既有结构加强整体稳固性的原则，适用的范围更为广泛和系统。应避免由于仅对局部进行加固引起结构承载力或刚度的突变。

设计应考虑既有结构的现状，通过检测分析确定既有部分的材料强度和几何参数，并尽量利用原设计的规定值。结构后加部分则完全按本规范的规定取值。应注意新旧材料结构间的可靠连接，并反映既有结构的承载历史以及施工支撑卸载状态对内力分配的

影响。

4 材 料

4.1 混 凝 土

4.1.1 混凝土强度等级由立方体抗压强度标准值确定，立方体抗压强度标准值 $f_{cu,k}$ 是本规范混凝土各种力学指标的基本代表值。混凝土强度等级的保证率为 95%：按混凝土强度总体分布的平均值减去 1.645 倍标准差的原则确定。

由于粉煤灰等矿物掺合料在水泥及混凝土中大量应用，以及近年混凝土工程发展的实际情况，确定混凝土立方体抗压强度标准值的试验龄期不仅限于 28d，可由设计根据具体情况适当延长。

4.1.2 我国建筑工程实际应用的混凝土强度和钢筋强度均低于发达国家。我国结构安全度总体上比国际水平低，但材料用量并不少，其原因在于国际上较高的安全度是依靠较高强度的材料实现的。为提高材料的利用效率，工程中应用的混凝土强度等级宜适当提高。C15 级的低强度混凝土仅限用于素混凝土结构，各种配筋混凝土结构的混凝土强度等级也普遍稍有提高。

本规范不适用于山砂混凝土及高炉矿渣混凝土，本次修订删除原规范中相关的注，其应符合专门标准的规定。

4.1.3 混凝土的强度标准值由立方体抗压强度标准值 $f_{cu,k}$ 经计算确定。

1 轴心抗压强度标准值 f_{ck}

考虑到结构中混凝土的实体强度与立方体试件混凝土强度之间的差异，根据以往的经验，结合试验数据分析并参考其他国家的有关规定，对试件混凝土强度的修正系数取为 0.88。

棱柱强度与立方强度之比值 α_{c1}：对 C50 及以下普通混凝土取 0.76；对高强混凝土 C80 取 0.82，中间按线性插值；

C40 以上的混凝土考虑脆性折减系数 α_{c2}：对 C40 取 1.00，对高强混凝土 C80 取 0.87，中间按线性插值。

轴心抗压强度标准值 f_{ck} 按 $0.88\alpha_{c1}\alpha_{c2}f_{cu,k}$ 计算，结果见表 4.1.3-1。

2 轴心抗拉强度标准值 f_{tk}

轴心抗拉强度标准值 f_{tk} 按 $0.88\times0.395f_{cu,k}^{0.55}(1-1.645\delta)^{0.45}\times\alpha_{c2}$ 计算，结果见表 4.1.3-2。其中系数 0.395 和指数 0.55 为轴心抗拉强度与立方体抗压强度的折算关系，是根据试验数据进行统计分析以后确定的。

C80 以上的高强混凝土，目前虽偶有工程应用但数量很少，且对其性能的研究尚不够，故暂未列入。

4.1.4 混凝土的强度设计值由强度标准值除混凝土

材料分项系数 γ_c 确定。混凝土的材料分项系数取为 1.40。

1 轴心抗压强度设计值 f_c

轴心抗压强度设计值等于 $f_{ck}/1.40$，结果见表 4.1.4-1。

2 轴心抗拉强度设计值 f_t

轴心抗拉强度设计值等于 $f_{tk}/1.40$，结果见表 4.1.4-2。

修订规范还删除了 02 版规范表注中受压构件尺寸效应的规定。该规定源于前苏联规范，最近俄罗斯规范已经取消。对离心混凝土的强度设计值，应按专门的标准取用，也不再列入。

4.1.5 混凝土的弹性模量、剪切变形模量及泊松比同原规范。混凝土的弹性模量 E_c 以其强度等级值（$f_{cu,k}$ 为代表）按下列公式计算：

$$E_c = \frac{10^5}{2.2 + \frac{34.7}{f_{cu,k}}} \quad (\text{N/mm}^2)$$

由于混凝土组成成分不同（掺入粉煤灰等）而导致变形性能的不确定性，增加了表注，强调在必要时可根据试验确定弹性模量。

4.1.6、4.1.7 根据等幅疲劳 2×10^6 次的试验研究结果，列出了混凝土的疲劳指标。疲劳指标包括混凝土疲劳强度设计值、混凝土疲劳变形模量。而疲劳强度设计值是混凝土强度设计值乘疲劳强度修正系数 γ_p 的数值。上述指标包括高强度混凝土的疲劳验算，但不包括变幅疲劳。

结构构件中的混凝土，可能遭遇受压疲劳、受拉疲劳或拉-压交变疲劳的作用。本次修订根据试验研究，将不同的疲劳受力状态分别表达，扩大了疲劳应力比值的覆盖范围，并将疲劳强度修正系数的数值作了相应调整与补充。

当蒸养温度超过 60℃ 时混凝土容易产生裂缝，并不能简单依靠提高设计强度解决。因此，本次修订删去了蒸养温度超过 60℃ 时，计算需要的混凝土强度设计值需提高 20% 的规定。

4.1.8 本条提供了进行混凝土间接作用效应计算所需的基本热工参数。包括线膨胀系数、导热系数和比热容，数据引自《水工混凝土结构设计规范》DL/T 5057 的规定，并作了适当简化。

4.2 钢 筋

4.2.1 国家现行钢筋产品标准中，不再限制钢筋材料的化学成分和制作工艺，而按性能确定钢筋的牌号和强度级别，并以相应的符号表达。

本次修订根据"四节一环保"要求，提倡应用高强、高性能钢筋。根据混凝土构件对受力性能要求，规定了各种牌号钢筋的选用原则。

1 增加强度为 500MPa 级的高强热轧带肋钢筋；将 400MPa、500MPa 级高强热轧带肋钢筋作为纵向受力的主导钢筋推广应用，尤其是梁、柱和斜撑构件的纵向受力配筋应优先采用 400MPa、500MPa 级高强钢筋，500MPa 级高强钢筋用于高层建筑的柱、大跨度与重荷载梁的纵向受力配筋更为有利；淘汰直径 16mm 及以上的 HRB335 热轧带肋钢筋，保留小直径的 HRB335 钢筋，主要用于中、小跨度楼板配筋以及剪力墙的分布筋配筋，还可用于构件的箍筋与构造配筋；用 300MPa 级光圆钢筋取代 235MPa 级光圆钢筋，将其规格限于直径 6mm～14mm，主要用于小规格梁柱的箍筋与其他混凝土构件的构造配筋。对既有结构进行再设计时，235MPa 级光圆钢筋的设计值仍可按原规范取值。

2 推广应用具有较好延性、可焊性、机械连接性能及施工适应性的 HRB 系列普通热轧带肋钢筋。列入采用控温轧制工艺生产的 HRBF400、HRBF500 系列细晶粒带肋钢筋，取消牌号 HRBF335 钢筋。

3 RRB400 余热处理钢筋由轧制钢筋经高温淬水，余热处理后提高强度，资源能源消耗低、生产成本低。其延性、可焊性、机械连接性能及施工适应性也相应降低，一般可用于对变形性能及加工性能要求不高的构件中，如延性要求不高的基础、大体积混凝土、楼板以及次要的中小结构构件等。

4 增加预应力筋的品种。增补高强、大直径的钢绞线；列入大直径预应力螺纹钢筋（精轧螺纹钢筋）；列入中强度预应力钢丝以补充中等强度预应力筋的空缺，用于中、小跨度的预应力构件，但其在最大力下的总伸长率应满足本规范第 4.2.4 条的要求；淘汰锚固性能很差的刻痕钢丝。

5 箍筋用于抗剪、抗扭及抗冲切设计时，其抗拉强度设计值发挥受到限制，不宜采用强度高于 400MPa 级的钢筋。当用于约束混凝土的间接配筋（如连续螺旋配箍或封闭焊接箍等）时，钢筋的高强度可以得到充分发挥，采用 500MPa 级钢筋具有一定的经济效益。

6 近年来，我国强度高、性能好的预应力筋（钢丝、钢绞线）已可充分供应，故冷加工钢筋不再列入本规范。

4.2.2 钢筋及预应力筋的强度取值按现行国家标准《钢筋混凝土用钢》GB 1499、《钢筋混凝土用余热处理钢筋》GB 13014、《中强度预应力混凝土用钢丝》YB/T156、《预应力混凝土用螺纹钢筋》GB/T 20065、《预应力混凝土用钢丝》GB/T 5223、《预应力混凝土用钢绞线》GB/T 5224 等的规定给出，其应具有不小于 95% 的保证率。

普通钢筋采用屈服强度标志。屈服强度标准值 f_{yk} 相当于钢筋标准中的屈服强度特征值 R_{eL}。由于结构抗倒塌设计的需要，本次修订增列了钢筋极限强度（即钢筋拉断前相应于最大拉力下的强度）标准值

f_{stk}，相当于钢筋标准中的抗拉强度特征值 R_m。

国家标准《钢筋混凝土用钢 第 2 部分：热轧带肋钢筋》GB 1499.2 修订报批稿中，已不再列入 HRBF335 钢筋和直径不小于 16mm 的 HRB335 钢筋；对 HPB300 光圆钢筋从产品供应与实际应用中已基本不采用直径不小于 16mm 的规格。故本次局部修订中删去了牌号为 HRBF335 钢筋，对 HPB300、HRB335 牌号的钢筋的最大公称直径限制为在 14mm 以下。

预应力筋没有明显的屈服点，一般采用极限强度标志。极限强度标准值 f_{ptk} 相当于钢筋标准中的钢筋抗拉强度 σ_b。在钢筋标准中一般取 0.002 残余应变所对应的应力 $\sigma_{p0.2}$ 作为其条件屈服强度标准值 f_{pyk}。本条对新增的预应力螺纹钢筋及中强度预应力钢丝列出了有关的设计参数。

本次修订补充了强度级别为 1960MPa 和直径为 21.6mm 的钢绞线。当用作后张预应力配筋时，应注意其与锚夹具的匹配性。应经检验并确认锚夹具及工艺可靠后方可在工程中应用。原规范预应力筋强度分档太琐碎，故删除不常使用的预应力筋的强度等级和直径，以简化设计时的选择。

4.2.3 钢筋的强度设计值由强度标准值除以材料分项系数 γ_s 得到。延性较好的热轧钢筋，γ_s 取 1.10；对本次修订列入的 500MPa 级高强钢筋，为了适当提高安全储备，γ_s 取为 1.15。对预应力筋的强度设计值，取其条件屈服强度标准值除以材料分项系数 γ_s，由于延性稍差，预应力筋 γ_s 一般取不小于 1.20。对传统的预应力钢丝、钢绞线取 $0.85\sigma_b$ 作为条件屈服点，材料分项系数 1.2，保持原规范值；对新增的中强度预应力钢丝和螺纹钢筋，按上述原则计算并考虑工程经验适当调整，列于表 4.2.3-2 中。

普通钢筋抗压强度设计值 f'_y 取与抗拉强度相同。在偏心受压状态下，混凝土所能达到的压应变可以保证 500MPa 级钢筋的抗压强度达到与抗拉强度相同的值，因此本次局部修订中将 500MPa 级钢筋的抗压强度设计值从 410N/mm² 调整到 435N/mm²；对轴心受压构件，由于混凝土应力达到 f_c 时混凝土压应变为 0.002，当采用 500MPa 级钢筋时，其钢筋的抗压强度设计值取为 400N/mm²。而预应力筋抗压强度设计值较小，这是由于构件中钢筋受到混凝土极限受压应变的控制，受压强度受到制约的缘故。

根据试验研究结果，限定受剪、受扭、受冲切箍筋的抗拉强度设计值 f_{yv} 不大于 360N/mm²；但用作围箍约束混凝土的间接配筋时，其强度设计值不受此限。

钢筋标准中预应力钢丝、钢绞线的强度等级繁多，对于表中未列出的强度等级可按比例换算，插值确定强度设计值。无粘结预应力筋不考虑抗压强度。预应力筋配筋位置偏离受力区较远时，应根据实际受力情况对强度设计值进行折减。

删去了原规范中有关轴心受拉和小偏心受拉构件中的抗拉强度设计取值的注，这是由于采用裂缝宽度计算控制，无须再限制强度值了。

当构件中配有不同牌号和强度等级的钢筋时，可采用各自的强度设计值进行计算。因为尽管强度不同，但极限状态下各种钢筋先后均已达到屈服。

按预应力钢筋抗压强度设计值的取值原则，本次局部修订将预应力螺纹钢筋的抗压强度设计值由 2010 版规范中 410MPa 修改为 400MPa。

4.2.4 本条明确提出了对钢筋延性的要求。根据我国钢筋标准，将最大力下总伸长率 δ_{gt}（相当于钢筋标准中的 A_{gt}）作为控制钢筋延性的指标。最大力下总伸长率 δ_{gt} 不受断口-颈缩区域局部变形的影响，反映了钢筋拉断前达到最大力（极限强度）时的均匀应变，故又称均匀伸长率。

对中强度预应力钢丝，产品标准规定其最大力下总伸长率 δ_{gt} 为 2.5%。但本规范规定，中强度预应力钢丝用做预应力钢筋时，规定其最大力下总伸长率 δ_{gt} 应不小于 3.5%。

4.2.5 钢筋的弹性模量同原规范。由于制作偏差、基圆面积率不同以及钢绞线捻绞紧度差异等因素的影响，实际钢筋受力后的变形模量存在一定的不确定性，而且通常不同程度地偏小。因此，必要时可通过试验测定钢筋的实际弹性模量，用于设计计算。

本次局部修订中，删除了 HRBF335 钢筋牌号，取消了原表注，正文中的"应"改为"可"。

4.2.6 国内外的疲劳试验研究表明：影响钢筋疲劳强度的主要因素为钢筋的疲劳应力幅（$\sigma^f_{s,max} - \sigma^f_{s,min}$ 或 $\sigma^f_{p,max} - \sigma^f_{p,min}$）。本次修订根据钢筋疲劳强度设计值，给出了考虑疲劳应力比值的钢筋疲劳应力幅限值 Δf^f_y 或 Δf^f_{py}，并改变了表达形式：将原规范按应力比值区间取一个值，改为应力比值与应力幅限值对应而由内插取值，使计算更加准确。

出于对延性的考虑，表中未列入细晶粒 HRBF 钢筋，当其用于疲劳荷载作用的构件时，应经试验证。HRB500 级带肋钢筋尚未进行充分的疲劳试验研究，因此承受疲劳作用的钢筋宜选用 HRB400 热轧带肋钢筋。RRB400 级钢筋不宜用于直接承受疲劳荷载的构件。

钢绞线的疲劳应力幅限值参考了我国现行规范《铁路桥涵钢筋混凝土和预应力混凝土结构设计规范》TB 10002.3。该规范根据 1860MPa 级高强钢绞线的试验，规定疲劳应力幅限值为 140N/mm²。考虑到本规范中钢绞线强度为 1570MPa 级以及预应力钢筋在曲线管道中等因素的影响，故表中采用偏安全的限值。

4.2.7 为解决粗钢筋及配筋密集引起设计、施工的困难，本次修订提出了受力钢筋可采用并筋（钢筋束）的布置方式。国外标准中允许采用绑扎并筋的配筋形式，我国某些行业规范中已有类似的规定。经试验研究并借鉴国内、外的成熟做法，给出了利用截面积相等原则计算并筋等效直径的简便方法。本条还给出了应用并筋时，钢筋最大直径及并筋数量的限制。

并筋等效直径的概念适用于本规范中钢筋间距、保护层厚度、裂缝宽度验算、钢筋锚固长度、搭接接头面积百分率及搭接长度等有关条文的计算及构造规定。

相同直径的二并筋等效直径可取为1.41倍单根钢筋直径；三并筋等效直径可取为1.73倍单根钢筋直径。二并筋可按纵向或横向的方式布置；三并筋宜按品字形布置，并均按并筋的重心作为等效钢筋的重心。

4.2.8 钢筋代换除应满足等强代换的原则外，尚应综合考虑不同钢筋牌号的性能差异对裂缝宽度验算、最小配筋率、抗震构造要求等的影响，并应满足钢筋间距、保护层厚度、锚固长度、搭接接头面积百分率及搭接长度等的要求。

4.2.9 钢筋的专业化加工配送有利于节省材料、方便施工、提高工程质量。采用钢筋焊接网片时应符合《钢筋焊接网混凝土结构技术规程》JGJ 114 的规定。宜进一步推广钢筋专业加工配送生产预制钢筋骨架的设计、施工方式。

4.2.10 混凝土结构设计中，要用到各类钢筋的公称直径、公称截面面积及理论重量。根据有关钢筋标准的规定在附录 A 中列出了有关的参数。

5 结 构 分 析

本次修订补充、完善了02版规范的内容：丰富了分析模型、弹性分析、弹塑性分析、塑性极限分析等内容；增加了间接作用分析一节，弥补了02版规范中结构分析内容的不足。所列条款基本反映了我国混凝土结构的设计现状、工程经验和试验研究等方面所取得的进展，同时也参考了国外标准规范的相关内容。

本规范只列入了结构分析的基本原则和各种分析方法的应用条件。各种结构分析方法的具体内容在有关标准中有更详尽的规定，可遵照执行。

5.1 基 本 原 则

5.1.1 在所有的情况下均应对结构的整体进行分析。结构中的重要部位、形状突变部位以及内力和变形有异常变化的部位（例如较大孔洞周围、节点及其附近、支座和集中荷载附近等），必要时应另作更详细的局部分析。

对结构的两种极限状态进行结构分析时，应取用相应的作用组合。

5.1.2 结构在不同的工作阶段，例如结构的施工期、检修期和使用期，预制构件的制作、运输和安装阶段等，以及遭遇偶然作用的情况下，都可能出现多种不利的受力状况，应分别进行结构分析，并确定其可能的不利作用组合。

5.1.3 结构分析应以结构的实际工作状况和受力条件为依据。结构分析的结果应有相应的构造措施加以保证。例如，固定端和刚节点的承受弯矩能力和对变形的限制；塑性铰充分转动的能力；适筋截面的配筋率或受压区相对高度的限制等。

5.1.4 结构分析方法均应符合三类基本方程，即力学平衡方程，变形协调（几何）条件和本构（物理）关系。其中力学平衡条件必须满足；变形协调条件应在不同程度上予以满足；本构关系则需合理地选用。

5.1.5 结构分析方法分类较多，各类方法的主要特点和应用范围如下：

1 弹性分析方法是最基本和最成熟的结构分析方法，也是其他分析方法的基础和特例。它适用于分析一般结构。大部分混凝土结构的设计均基于此法。

结构内力的弹性分析和截面承载力的极限状态设计相结合，实用上简易可行。按此设计的结构，其承载力一般偏于安全。少数结构因混凝土开裂部分的刚度减小而发生内力重分布，可能影响其他部分的开裂和变形状况。

考虑到混凝土结构开裂后刚度的减小，对梁、柱构件可分别取用不同的刚度折减值，且不再考虑刚度随作用效应而变化。在此基础上，结构的内力和变形仍可采用弹性方法进行分析。

2 考虑塑性内力重分布的分析方法可用于超静定混凝土结构设计。该方法具有充分发挥结构潜力，节约材料，简化设计和方便施工等优点。但应注意到，抗弯能力调低部位的变形和裂缝可能相应增大。

3 弹塑性分析方法以钢筋混凝土的实际力学性能为依据，引入相应的本构关系后，可进行结构受力全过程分析，而且可以较好地解决各种体形和受力复杂结构的分析问题。但这种分析方法比较复杂，计算工作量大，各种非线性本构关系尚不够完善和统一，且要有成熟、稳定的软件提供使用，至今应用范围仍然有限，主要用于重要、复杂结构工程的分析和罕遇地震作用下的结构分析。

4 塑性极限分析方法又称塑性分析法或极限平衡法。此法主要用于周边有梁或墙支承的双向板设计。工程设计和施工实践经验证明，在规定条件下按此法进行计算和构造设计简便易行，可以保证结构的安全。

5 结构或其部分的体形不规则和受力状态复杂，又无恰当的简化分析方法时，可采用试验分析的方法。例如剪力墙及其孔洞周围，框架和桁架的主要节点，构件的疲劳，受力状态复杂的水坝等。

5.1.6 结构设计中采用计算机分析日趋普遍，商业的和自编的电算软件都必须保证其运算的可靠性。而且对每一项电算的结果都应作必要的判断和校核。

5.2 分析模型

5.2.1 结构分析时都应结合工程的实际情况和采用的力学模型，对承重结构进行适当简化，使其既能较正确反映结构的真实受力状态，又能够适应所选用分析软件的力学模型和运算能力，从根本上保证所分析结果的可靠性。

5.2.2 计算简图宜根据结构的实际形状、构件的受力和变形状况、构件间的连接和支承条件以及各种构造措施等，作合理的简化后确定。例如，支座或柱底的固定端应有相应的构造和配筋作保证；有地下室的建筑底层柱，其固定端的位置还取决于底板（梁）的刚度；节点连接构造的整体性决定连接处是按刚接还是按铰接考虑等。

当钢筋混凝土梁柱构件截面尺寸相对较大时，梁柱交汇点会形成相对的刚性节点区域。刚域尺寸的合理确定，会在一定程度上影响结构整体分析的精度。

5.2.3 一般的建筑结构的楼层大多数为现浇钢筋混凝土楼盖或有现浇面层的预制装配式楼盖，可近似假定楼盖在其自身平面内为无限刚性，以减少结构分析的自由度数，提高结构分析效率。实践证明，采用刚性楼盖假定对大多数建筑结构的分析精度都能够满足工程设计的需要。

若因结构布置的变化导致楼盖面内刚度削弱或不均匀时，结构分析应考虑楼盖面内变形的影响。根据楼面结构的具体情况，楼盖面内弹性变形可按全楼、部分楼层或部分区域考虑。

5.2.4 现浇楼盖和装配整体式楼盖的楼板作为梁的有效翼缘，与梁一起形成 T 形截面，提高了楼面梁的刚度，结构分析时应予以考虑。当采用梁刚度放大系数法时，应考虑各梁截面尺寸大小的差异，以及各楼层楼板厚度的差异。

5.2.5 本条规定了考虑地基对上部结构影响的原则。

5.3 弹性分析

5.3.1 本条规定了弹性分析的应用范围。

5.3.2 按构件全截面计算截面惯性矩时，可进行简化，既不计钢筋的换算面积，也不扣除预应力筋孔道等的面积。

5.3.3 本条规定了弹性分析的计算方法。

5.3.4 结构中的二阶效应指作用在结构上的重力或构件中的轴压力在变形后的结构或构件中引起的附加内力和附加变形。建筑结构的二阶效应包括重力二阶效应（$P-\Delta$ 效应）和受压构件的挠曲效应（$P-\delta$ 效应）两部分。严格地讲，考虑 $P-\Delta$ 效应和 $P-\delta$ 效应进行结构分析，应考虑材料的非线性和裂缝、构件的曲率和层间侧移、荷载的持续作用、混凝土的收缩

和徐变等因素。但要实现这样的分析，在目前条件下还有困难，工程分析中一般都采用简化的分析方法。

重力二阶效应计算属于结构整体层面的问题，一般在结构整体分析中考虑，本规范给出了两种计算方法：有限元法和增大系数法。受压构件的挠曲效应计算属于构件层面的问题，一般在构件设计时考虑，详见本规范第 6.2 节。

需要提醒注意的是，附录 B.0.4 给出的排架结构二阶效应计算公式，其中也考虑了 $P-\delta$ 效应的影响。即排架结构的二阶效应计算仍维持 02 版规范的规定。

5.3.5 本条规定考虑支承位移对双向板的内力、变形影响的原则。

5.4 塑性内力重分布分析

5.4.1 超静定混凝土结构在出现塑性铰的情况下，会发生内力重分布。可利用这一特点进行构件截面之间的内力调幅，以达到简化构造、节约配筋的目的。本条给出了可以采用塑性调幅设计的构件或结构类型。

5.4.2 本条提出了考虑塑性内力重分布分析方法设计的条件。按考虑塑性内力重分布的计算方法进行构件或结构的设计时，由于塑性铰的出现，构件的变形和抗弯能力调小部位的裂缝宽度均较大。故本条进一步明确允许考虑塑性内力重分布构件的使用环境，并强调应进行构件变形和裂缝宽度验算，以满足正常使用极限状态的要求。

5.4.3 采用基于弹性分析的塑性内力重分布方法进行弯矩调幅时，弯矩调整的幅度及受压区的高度均应满足本条的规定，以保证构件出现塑性铰的位置有足够的转动能力并限制裂缝宽度。

5.4.4 钢筋混凝土结构的扭转，应区分两种不同的类型：

1 平衡扭转：由平衡条件引起的扭转，其扭矩在梁内不会产生内力重分布；

2 协调扭转：由于相邻构件的弯曲转动受到支承梁的约束，在支承梁内引起的扭转，其扭矩会由于支承梁的开裂产生内力重分布而减小，条文给出了宜考虑内力重分布影响的原则要求。

5.5 弹塑性分析

5.5.1 弹塑性分析可根据结构的类型和复杂性、要求的计算精度等选择相应的计算方法。进行弹塑性分析时，结构构件各部分的尺寸、截面配筋以及材料性能指标都必须预先设定。应根据实际情况采用不同的离散尺度，确定相应的本构关系，如应力-应变关系、弯矩-曲率关系、内力-变形关系等。

采用弹塑性分析方法确定结构的作用效应时，钢筋和混凝土的材料特征值及本构关系宜经试验分析确定，也可采用附录 C 提供的材料平均强度、本构模型

或多轴强度准则。

需要提醒注意的是，在采用弹塑性分析方法确定结构的作用效应时，需先进行作用组合，并考虑结构重要性系数，然后方可进行分析。

5.5.2 结构构件的计算模型以及离散尺度应根据实际情况以及计算精度的要求确定。若一个方向的正应力明显大于其余两个正交方向的应力，则构件可简化为一维单元；若两个方向的正应力均显著大于另一个方向的应力，则应简化为二维单元；若构件三个方向的正应力无显著差异，则构件应按三维单元考虑。

5.5.3 本条给出了在结构弹塑性分析中选用钢筋和混凝土材料本构关系的原则规定。钢筋混凝土界面的粘结、滑移对其分析结果影响较显著的构件（如：框架结构梁柱的节点区域等），建议在进行分析时考虑钢筋与混凝土的粘结-滑移本构关系。

5.6 塑性极限分析

5.6.1 对于超静定结构，结构中的某一个截面（或某几个截面）达到屈服，整个结构可能并没有达到其最大承载能力，外荷载还可以继续增加。先达到屈服截面的塑性变形会随之不断增大，并且不断有其他截面陆续达到屈服。直至有足够数量的截面达到屈服，使结构体系即将形成几何可变机构，结构才达到最大承载能力。因此，利用超静定结构的这一受力特征，可采用塑性极限分析方法来计算超静定结构的最大承载力，并以达到最大承载力时的状态，作为整个超静定结构的承载能力极限状态。这样既可以使超静定结构的内力分析更接近实际内力状态，也可以充分发挥超静定结构的承载潜力，使设计更经济合理。但是，超静定结构达到承载力极限状态（最大承载力）时，结构中较早达到屈服的截面已处于塑性变形阶段，即已形成塑性铰，这些截面实际上已具有一定程度的损伤。如果塑性铰具有足够的变形能力，则这种损伤对于一次加载情况的最大承载力影响不大。

5.6.2 结构极限分析可采用精确解、上限解和下限解法。当采用上限解法时，应根据具体结构的试验结果或弹性理论的内力分布，预先建立可能的破坏机构，然后采用机动法或极限平衡法求解结构的极限荷载。当采用下限解法时，可参考弹性理论的内力分布，假定一个满足极限条件的内力场，然后用平衡条件求解结构的极限荷载。

5.6.3 本条介绍双向矩形板采用塑性铰线法或条带法的计算原则。

5.7 间接作用分析

5.7.1 大体积混凝土结构、超长混凝土结构等约束积累较大的超静定结构，在间接作用下的裂缝问题比较突出，宜对结构进行间接作用效应分析。对于允许出现裂缝的钢筋混凝土结构构件，应考虑裂缝的开展使构件刚度降低的影响，以减少作用效应计算的失真。

5.7.2 间接作用效应分析可采用弹塑性分析方法，也可采用简化的弹性分析方法，但计算时应考虑混凝土的徐变及混凝土的开裂引起的应力松弛和重分布。

6 承载能力极限状态计算

6.1 一 般 规 定

6.1.1 钢筋混凝土构件、预应力混凝土构件一般均可按本章的规定进行正截面、斜截面及复合受力状态下的承载力计算（验算）。素混凝土结构构件在房屋建筑中应用不多，低配筋混凝土构件的研究和工程实践经验尚不充分。因此，本次修订对素混凝土构件的设计要求未作调整，其内容见本规范附录D。

02版规范已有的深受弯构件、牛腿、叠合构件等的承载力计算，仍然独立于本章之外给出，深受弯构件见附录G，牛腿见第9.3节，叠合构件见第9.5节及附录H。

有关构件的抗震承载力计算（验算），见本规范第11章的相关规定。

6.1.2 对混凝土结构中的二维、三维非杆系构件，可采用弹性或弹塑性方法求得其主应力分布，其承载力极限状态设计应符合本规范第3.3.2条、第3.3.3条的规定，宜通过计算配置受拉区的钢筋和验算受压区的混凝土强度。按应力进行截面设计的原则和方法与02版规范第5.2.8条的规定相同。

受拉钢筋的配筋量可根据主拉应力的合力进行计算，但一般不考虑混凝土的抗拉设计强度；受拉钢筋的配筋分布可按主拉应力分布图形及方向确定。具体可参考行业标准《水工混凝土结构设计规范》DL/T 5057的有关规定。受压钢筋可根据计算确定，此时可由混凝土和受压钢筋共同承担受压应力的合力。受拉钢筋或受压钢筋的配置均应符合相关构造要求。

6.1.3 复杂或有特殊要求的混凝土结构以及二维、三维非杆系混凝土结构构件，通常需要考虑弹塑性分析方法进行承载力校核、验算。根据不同的设计状况（如持久、短暂、地震、偶然等）和不同的性能设计目标，承载力极限状态往往会采用不同的组合，但通常会采用基本组合、地震组合或偶然组合，因此结构和构件的抗力计算也要相应采用不同的材料强度取值。例如，对于荷载偶然组合的效应，材料强度可取用标准值或极限值；对于地震作用组合的效应，材料强度可以根据抗震性能设计目标取用设计值或标准值等。承载力极限状态验算就是要考察构件的内力或应力是否超过材料的强度取值。

对于多轴应力状态，混凝土主应力验算可按本规范附录 C.4 的有关规定进行。对于二维尤其是三维受压的混凝土结构构件，校核受压应力设计值可采用混凝土多轴强度准则，可以强度代表值的相对形式，利用多轴受压时的强度提高。

6.2 正截面承载力计算

6.2.1 本条对正截面承载力计算方法作了基本假定。

1 平截面假定

试验表明，在纵向受拉钢筋的应力达到屈服强度之前及达到屈服强度后的一定塑性转动范围内，截面的平均应变基本符合平截面假定。因此，按照平截面假定建立判别纵向受拉钢筋是否屈服的界限条件和确定屈服之前钢筋的应力 σ_s 是合理的。平截面假定作为计算手段，即使钢筋已达屈服，甚至进入强化段时，也还是可行的，计算值与试验值符合较好。

引用平截面假定可以将各种类型截面（包括周边配筋截面）在单向或双向受力情况下的正截面承载力计算贯穿起来，提高了计算方法的逻辑性和条理性，使计算公式具有明确的物理概念。引用平截面假定也为利用电算进行混凝土构件正截面全过程分析（包括非线性分析）提供了必不可少的截面变形条件。

国际上的主要规范，均采用了平截面假定。

2 混凝土的应力-应变曲线

随着混凝土强度的提高，混凝土受压时的应力-应变曲线将逐渐变化，其上升段将逐渐趋向线性变化，且对应于峰值应力的应变稍有提高；下降段趋于变陡，极限应变有所减少。为了综合反映低、中强度混凝土和高强混凝土的特性，与 02 版规范相同，本规范对正截面设计用的混凝土应力-应变关系采用如下简化表达形式：

上升段　　$\sigma_c = f_c \left[1 - \left(1 - \dfrac{\varepsilon_c}{\varepsilon_0}\right)^n\right]$　$(\varepsilon_c \leqslant \varepsilon_0)$

下降段　　$\sigma_c = f_c$　　　　$(\varepsilon_0 < \varepsilon_c \leqslant \varepsilon_{cu})$

根据国内中、低强度混凝土和高强度混凝土偏心受压短柱的试验结果，在条文中给出了有关参数：n、ε_0、ε_{cu} 的取值，与试验结果较为接近。

3 纵向受拉钢筋的极限拉应变

纵向受拉钢筋的极限拉应变本规范规定为 0.01，作为构件达到承载能力极限状态的标志之一。对有物理屈服点的钢筋，该值相当于钢筋应变进入了屈服台阶；对无屈服点的钢筋，设计所用的强度是以条件屈服点为依据的。极限拉应变的规定是限制钢筋的强化强度，同时，也表示设计采用的钢筋的极限拉应变不得小于 0.01，以保证结构构件具有必要的延性。对预应力混凝土结构构件，其极限拉应变应从混凝土消压时的预应力筋应力 σ_{p0} 处开始算起。

对非均匀受压构件，混凝土的极限压应变达到 ε_{cu} 或者受拉钢筋的极限拉应变达到 0.01，即这两个极限应变中只要具备其中一个，就标志着构件达到了

承载能力极限状态。

6.2.2 本条的规定同 02 版规范。

6.2.3 轴向压力在挠曲杆件中产生的二阶效应（$P-\delta$ 效应）是偏压杆件中由轴向压力在产生了挠曲变形的杆件内引起的曲率和弯矩增量。例如在结构中常见的反弯点位于柱高中部的偏压构件中，这种二阶效应虽能增大构件除两端区域外各截面的曲率和弯矩，但增大后的弯矩通常不可能超过柱两端控制截面的弯矩。因此，在这种情况下，$P-\delta$ 效应不会对杆件截面的偏心受压承载能力产生不利影响。但是，在反弯点不在杆件高度范围内（即沿杆件长度均为同号弯矩）的较细长且轴压比偏大的偏压构件中，经 $P-\delta$ 效应增大后的杆件中部弯矩有可能超过柱端控制截面的弯矩。此时，就必须在截面设计中考虑 $P-\delta$ 效应的附加影响。因后一种情况在工程中较少出现，为了不对各个偏压构件逐一进行验算，本条给出了可以不考虑 $P-\delta$ 效应的条件。该条件是根据分析结果并参考国外规范给出的。

6.2.4 本条给出了在偏压构件中考虑 $P-\delta$ 效应的具体方法，即 $C_m - \eta_{ns}$ 法。该方法的基本思路与美国 ACI 318-08 规范所用方法相同。其中 η_{ns} 使用中国习惯的极限曲率表达式。该表达式是借用 02 版规范偏心距增大系数 η 的形式，并作了下列调整后给出的：

1 考虑本规范所用钢材强度总体有所提高，故将 02 版规范 η 公式中反映极限曲率的"1/1400"改为"1/1300"。

2 根据对 $P-\delta$ 效应规律的分析，取消了 02 版规范 η 公式中在细长度偏心情况下减小构件挠曲变形的系数 ζ_2。

本条 C_m 系数的表达形式与美国 ACI 318-08 规范所用形式相似，但取值略偏高，这是根据我国所做的系列试验结果，考虑钢筋混凝土偏心压杆 $P-\delta$ 效应规律的较大离散性而给出的。

对剪力墙、核心筒墙肢类构件，由于 $P-\delta$ 效应不明显，计算时可以忽略。对排架结构柱，当采用本规范第 B.0.4 条的规定计算二阶效应后，不再按本条规定计算 $P-\delta$ 效应；当排架柱未按本规范第 B.0.4 条计算其侧移二阶效应时，仍应按本规范第 B.0.4 条考虑其 $P-\delta$ 效应。

6.2.5 由于工程中实际存在着荷载作用位置的不定性、混凝土质量的不均匀性及施工的偏差等因素，都可能产生附加偏心距。很多国家的规范中都有关于附加偏心距的具体规定，因此参照国外规范的经验，规定了附加偏心距 e_a 的绝对值与相对值的要求，并取其较大值用于计算。

6.2.6 在承载力计算中，可采用合适的压应力图形，只要在承载力计算上能与可靠的试验结果基本符合。为简化计算，本规范采用了等效矩形压应力图形，此时，矩形应力图的应力取 f_c 乘以系数 α_1，矩形应力

图的高度可取等于按平截面假定所确定的中和轴高度 x_n 乘以系数 β_1。对中低强度混凝土，当 $n=2$，$\varepsilon_0=0.002$，$\varepsilon_{cu}=0.0033$ 时，$\alpha_1=0.969$，$\beta_1=0.824$；为简化计算，取 $\alpha_1=1.0$，$\beta_1=0.8$。对高强度混凝土，用随混凝土强度提高而逐渐降低的系数 α_1、β_1 值来反映高强度混凝土的特点，这种处理方法能适应混凝土强度进一步提高的要求，也是多数国家规范采用的处理方法。上述的简化计算与试验结果对比大体接近。应当指出，将上述简化计算的规定用于三角形截面、圆形截面的受压区，会带来一定的误差。

6.2.7 构件达到界限破坏是指正截面上受拉钢筋屈服与受压区混凝土破坏同时发生时的破坏状态。对应于这一破坏状态，受压边混凝土应变达到 ε_{cu}；对配置有屈服点钢筋的钢筋混凝土构件，纵向受拉钢筋的应变取 f_y/E_s。界限受压区高度 x_b 与界限中和轴高度 x_{nb} 的比值为 β_1，根据平截面假定，可得截面相对界限受压区高度 ξ_b 的公式（6.2.7-1）。

对配置无屈服点钢筋的钢筋混凝土构件或预应力混凝土构件，根据条件屈服点的定义，应考虑 0.2% 的残余应变，普通钢筋应变取（$f_y/E_s+0.002$）、预应力筋应变取 $[(f_{py}-\sigma_{p0})/E_s+0.002]$。根据平截面假定，可得公式（6.2.7-2）和公式（6.2.7-3）。

无屈服点的普通钢筋通常是指细规格的带肋钢筋，无屈服点的特性主要取决于钢筋的轧制和调直等工艺。在钢筋标准中，有屈服点钢筋的屈服强度以 σ_s 表示，无屈服点钢筋的屈服强度以 $\sigma_{p0.2}$ 表示。

6.2.8 钢筋应力 σ_s 的计算公式，是以混凝土达到极限压应变 ε_{cu} 作为构件达到承载能力极限状态标志而给出的。

按平截面假定可写出截面任意位置处的普通钢筋应力 σ_{si} 的计算公式（6.2.8-1）和预应力筋应力 σ_{pi} 的计算公式（6.2.8-2）。

为了简化计算，根据我国大量的试验资料及计算分析表明，小偏心受压情况下实测受拉边或受压较小边的钢筋应力 σ_s 与 ξ 接近直线关系。考虑到 $\xi=\xi_b$ 及 $\xi=\beta_1$ 作为界限条件，取 σ_s 与 ξ 之间为线性关系，就可得到公式（6.2.8-3）、公式（6.2.8-4）。

按上述线性关系式，在求解正截面承载力时，一般情况下为二次方程。

6.2.9 在 02 版规范中，将圆形、圆环形截面混凝土构件的正截面承载力列在正文，本次修订将圆形截面、圆环形截面与任意截面构件的正截面承载力计算一同列入附录。

6.2.10～6.2.14 保留 02 版规范的实用计算方法。

构件中如无纵向受压钢筋或不考虑纵向受压钢筋时，不需要符合公式（6.2.10-4）的要求。

6.2.15 保留了 02 版规范的规定。为保持与偏心受压构件正截面承载力计算具有相近的可靠度，在正文公式（6.2.15）右端乘以系数 0.9。

02 版规范第 7.3.11 条规定的受压构件计算长度 l_0 主要适用于有侧移受偏心压力作用的构件，不完全适用于上下端有支点的轴心受压构件。对于上下端有支点的轴心受压构件，其计算长度 l_0 可偏安全地取构件上下端支点之间距离的 1.1 倍。

当需用公式计算 φ 值时，对矩形截面也可近似用 $\varphi=\left[1+0.002\left(\dfrac{l_0}{b}-8\right)^2\right]^{-1}$ 代替查表取值。当 l_0/b 不超过 40 时，公式计算值与表列数值误差不致超过 3.5%。在用上式计算 φ 时，对任意截面可取 $b=\sqrt{12i}$，对圆形截面可取 $b=\sqrt{3}d/2$。

6.2.16 保留了 02 版规范的规定。根据国内外的试验结果，当混凝土强度等级大于 C50 时，间接钢筋混凝土的约束作用将会降低，为此，在混凝土强度等级为 C50～C80 的范围内，给出折减系数 α 值。基于与第 6.2.15 条相同的理由，在公式（6.2.16-1）右端乘以系数 0.9。

6.2.17 矩形截面偏心受压构件：

1 对非对称配筋的小偏心受压构件，当偏心距很小时，为了防止 A_s 产生受压破坏，尚应按公式（6.2.17-5）进行验算，此处引入了初始偏心距 $e_i=e_0-e_a$，这是考虑了不利方向的附加偏心距。计算表明，只有当 $N>f_c bh$ 时，钢筋 A_s 的配筋率才有可能大于最小配筋率的规定。

2 对称配筋小偏心受压的钢筋混凝土构件近似计算方法：

当应用偏心受压构件的基本公式（6.2.17-1）、公式（6.2.17-2）及公式（6.2.8-1）求解对称配筋小偏心受压构件承载力时，将出现 ξ 的三次方程。第 6.2.17 条第 4 款的简化公式是取 $\xi\left(1-\dfrac{1}{2}\xi\right)\dfrac{\xi_b-\xi}{\xi_b-\beta_1}$ $\approx 0.43\dfrac{\xi_b-\xi}{\xi_b-\beta_1}$，使求解 ξ 的方程降为一次方程，便于直接求得小偏压构件所需的配筋面积。

同理，上述简化方法也可扩展用于 T 形和 I 形截面的构件。

3 本次对偏心受压构件二阶效应的计算方法进行了修订，即除排架结构柱以外，不再采用 $\eta-l_0$ 法。新修订的方法主要希望通过计算机进行结构分析时一并考虑由结构侧移引起的二阶效应。为了进行截面设计时内力取值的一致性，当需要利用简化计算方法计算由结构侧移引起的二阶效应和需要考虑杆件自身挠曲引起的二阶效应时，也应先按照附录 B 的简化计算方法和按照第 6.2.3 条和第 6.2.4 条的规定进行考虑二阶效应的内力计算。即在进行截面设计时，其内力已经考虑了二阶效应。

6.2.18 给出了 I 形截面偏心受压构件正截面受压承载力计算公式，对 T 形、倒 T 形截面则可按条文注的规定进行计算；同时，对非对称配筋的小偏心受压构件，给出了验算公式及其适用的近似条件。

6.2.19 沿截面腹部均匀配置纵向钢筋（沿截面腹部配置等直径、等间距的纵向受力钢筋）的矩形、T形或I形截面偏心受压构件，其正截面承载力可根据第6.2.1条中一般计算方法的基本假定列出平衡方程进行计算。但由于计算公式较繁，不便于设计应用，故作了必要简化，给出了公式（6.2.19-1）～公式（6.2.19-4）。

根据第6.2.1条的基本假定，均匀配筋的钢筋应变到达屈服的纤维距中和轴的距离为 $\beta\varepsilon\eta_1/\beta_1$，此处，$\beta = f_{yw}/(E_s\varepsilon_{cu})$。分析表明，常用的钢筋 β 值变化幅度不大，而且对均匀配筋的内力影响很小。因此，将按平截面假定写出的均匀配筋内力 N_{sw}、M_{sw} 的表达式分别用直线及二次曲线近似拟合，即给出公式（6.2.19-3）、公式（6.2.19-4）这两个简化公式。

计算分析表明，对两对边集中配筋与腹部均匀配筋呈一定比例的条件下，本条的简化计算与按一般方法精确计算的结果相比误差不大，并可使计算工作量得到很大简化。

6.2.20 规范对排架柱计算长度的规定引自1974年的规范《钢筋混凝土结构设计规范》TJ 10-74，其计算长度值是在当时的弹性分析和工程经验基础上确定的。在没有新的研究分析结果之前，本规范继续沿用原规范的规定。

本次规范修订，对有侧移框架结构的 $P-\Delta$ 效应简化计算，不再采用 $\eta-l_0$ 法，而采用层增大系数法。因此，进行框架结构 $P-\Delta$ 效应计算时不再需要计算框架柱的计算长度 l_0，因此取消了02版规范第7.3.11条第3款中框架柱计算长度公式（7.3.11-1）、公式（7.3.11-2）。本规范第6.2.20条第2款表6.2.20-2中框架柱的计算长度 l_0 主要用于计算轴心受压框架柱稳定系数 φ，以及计算偏心受压构件裂缝宽度的偏心距增大系数时采用。

6.2.21 本条对对称双向偏心受压构件正截面承载力的计算作了规定：

1 当按本规范附录E的一般方法计算时，本条规定了分别按 x、y 轴计算 e_i 的公式；有可靠试验依据时，也可采用更合理的其他公式计算。

2 给出了双向偏心受压的倪克勤（N. V. Nikitin）公式，并指明了两种配筋形式的计算原则。

3 当需要考虑二阶弯矩的影响时，给出的弯矩设计值 M_{0x}、M_{0y} 已经包含了二阶弯矩的影响，即取消了02版规范第7.3.14条中的弯矩增大系数 η_x、η_y，原因详见第6.2.17条条文说明。

6.2.22～6.2.25 保留了02版规范的相应条文。

对沿截面高度或周边均匀配筋的矩形、T形或I形偏心受拉截面，其正截面承载力基本符合 $\dfrac{N}{N_{u0}}+$

$\dfrac{M}{M_u}=1$ 的变化规律，且略偏于安全；此公式改写后即为公式（6.2.25-1）。试验表明，它也适用于对称配筋矩形截面钢筋混凝土双向偏心受拉构件。公式（6.2.25-1）是89规范在条文说明中提出的公式。

6.3 斜截面承载力计算

6.3.1 混凝土构件的受剪截面限制条件仍采用02版规范的表达形式。

规定受弯构件的受剪截面限制条件，其目的首先是防止构件截面发生斜压破坏（或腹板压坏），其次是限制在使用阶段可能发生的斜裂缝宽度，同时也是构件斜截面受剪破坏的最大配箍率条件。

本条同时给出了划分普通构件与薄腹构件截面限制条件的界限，以及两个截面限制条件的过渡办法。

6.3.2 本条给出了需要进行斜截面受剪承载力计算的截面位置。在一般情况下是指最可能发生斜截面破坏的位置，包括可能受力最大的梁端截面、截面尺寸突然变化处、箍筋数量变化和弯起钢筋配置处等。

6.3.3 由于混凝土受弯构件受剪破坏的影响因素众多，破坏形态复杂，对混凝土构件受剪机理的认识尚不很充分，至今未能像正截面承载力计算一样建立一套较完整的理论体系。国外各主要规范及国内各行业标准中斜截面承载力计算方法各异，计算模式也不尽相同。

对无腹筋受弯构件的斜截面受剪承载力计算：

1 根据收集到大量的均布荷载作用下无腹筋简支浅梁、无腹筋简支短梁、无腹筋简支深梁以及无腹筋连续浅梁的试验数据以支座处的剪力值为依据进行分析，可得到承受均布荷载为主的无腹筋一般受弯构件受剪承载力 V_c 偏下值的计算公式如下：

$$V_c = 0.7\beta_h\beta_\rho f_t bh_0$$

2 综合国内外的试验结果和规范规定，对不配置箍筋和弯起钢筋的钢筋混凝土板的受剪承载力计算中，合理地反映了截面尺寸效应的影响。在第6.3.3条的公式中用系数 $\beta_h = (800/h_0)^{\frac{1}{4}}$ 来表示；同时给出了截面高度的适用范围，当截面有效高度超过2000mm后，其受剪承载力还将会有所降低，但对此试验研究尚不够，未能作出进一步规定。

对第6.3.3条中的一般板类受弯构件，主要指受均布荷载作用下的单向板和双向板需按单向板计算的构件。试验研究表明，对较厚的钢筋混凝土板，除沿板的上、下表面按计算或构造配置双向钢筋网之外，如按本规范第9.1.11条的规定，在板厚中间部位配置双向钢筋网，将会较好地改善其受剪承载性能。

3 根据试验分析，纵向受拉钢筋的配筋率 ρ 对无腹筋梁受剪承载力 V_c 的影响可用系数 $\beta_\rho = (0.7 + 20\rho)$ 来表示；通常在 ρ 大于1.5%时，纵向受拉钢筋的配筋率 ρ 对无腹筋梁受剪承载力的影响才较为明显，所以，在公式中未纳入系数 β_p。

4 这里应当说明，以上虽然分析了无腹筋梁受剪承载力的计算公式，但并不表示设计的梁不需配置箍筋。考虑到剪切破坏有明显的脆性，特别是斜拉破坏，斜裂缝一旦出现梁即告剪坏，单靠混凝土承受剪力是不安全的。除了截面高度不大于 150mm 的梁外，一般梁即使满足 $V \leqslant V_c$ 的要求，仍应按构造要求配置箍筋。

6.3.4 02 版规范的受剪承载力设计公式分为集中荷载独立梁和一般受弯构件两种情况，较国外多数国家的规范繁琐，且两个公式在临近集中荷载为主的情况附近计算值不协调，且有较大差异。因此，建立一个统一的受剪承载力计算公式是规范修订和发展的趋势。

但考虑到我国的国情和规范的设计习惯，且过去规范的受剪承载力设计公式分两种情况用于设计也是可行的，此次修订实质上仍保留了受剪承载力计算的两种形式，只是在原有受弯构件两个斜截面承载力计算公式的基础上进行了整改，具体做法是混凝土项系数不变，仅对一般受弯构件公式的箍筋项系数进行了调整，由 1.25 改为 1.0。通过对 55 个均布荷载作用下有腹筋简支梁构件试验的数据进行分析（试验数据来自原冶金建筑研究总院、同济大学、天津大学、重庆大学、原哈尔滨建筑大学、R. B. L. Smith 等），结果表明，此次修订公式的可靠性有一定程度的提高。采用本次修订公式进行设计时，箍筋用钢量比 02 版规范计算值可能增加约 25%。箍筋项系数由 1.25 改为 1.0，也是为将来统一成一个受剪承载力计算公式建立基础。

试验研究表明，预应力对构件的受剪承载力起有利作用，主要因为预压应力能阻滞斜裂缝的出现和开展，增加了混凝土剪压区高度，从而提高了混凝土剪压区所承担的剪力。

根据试验分析，预应力混凝土梁受剪承载力的提高主要与预加力的大小及其作用点的位置有关。此外，试验还表明，预加力对梁受剪承载力的提高作用应给予限制。因此，预应力混凝土梁受剪承载力的计算，可在非预应力梁计算公式的基础上，加上一项施加预应力所提高的受剪承载力设计值 $0.05N_{p0}$，且当 N_{p0} 超过 $0.3f_cA_0$ 时，只取 $0.3f_cA_0$，以达到限制的目的。同时，它仅适用于预应力混凝土简支梁，且只有当 N_{p0} 对梁产生的弯矩与外弯矩相反时才能予以考虑。对于预应力混凝土连续梁，尚未作深入研究；此外，对允许出现裂缝的预应力混凝土简支梁，考虑到构件达到承载力时，预应力可能消失，在未有充分试验依据之前，暂不考虑预应力对截面抗剪的有利作用。

6.3.5、6.3.6 试验表明，与破坏斜截面相交的非预应力弯起钢筋和预应力弯起钢筋可以提高构件的斜截面受剪承载力，因此，除垂直于构件轴线的箍筋外，弯起钢筋也可以作为构件的抗剪钢筋。公式（6.3.5）给出了箍筋和弯起钢筋并用时，斜截面受剪承载力的计算公式。考虑到弯起钢筋与破坏斜截面相交位置的不定性，其应力可能达不到屈服强度，因此在公式中引入了弯起钢筋应力不均匀系数 0.8。

由于每根弯起钢筋只能承受一定范围内的剪力，当按第 6.3.6 条的规定确定剪力设计值并按公式（6.3.5）计算弯起钢筋时，其配筋构造应符合本规范第 9.2.8 条的规定。

6.3.7 试验表明，箍筋能抑制斜裂缝的发展，在不配置箍筋的梁中，斜裂缝的突然形成可能导致脆性的斜拉破坏。因此，本规范规定当剪力设计值小于无腹筋梁的受剪承载力时，应按本规范第 9.2.9 条的规定配置最小用量的箍筋；这些箍筋还能提高构件抵抗超载和承受由于变形所引起应力的能力。

02 版规范中，本条计算公式也分为一般受弯构件和集中荷载作用下的独立梁两种形式，此次修订与第 6.3.4 条相协调，统一为一个公式。

6.3.8 受拉边倾斜的受弯构件，其受剪破坏的形态与等高度的受弯构件相类似；但在受剪破坏时，其倾斜受拉钢筋的应力可能发挥得比较高，在受剪承载力中将占有相当的比例。根据对试验结果的分析，提出了公式（6.3.8-2），并与等高度的受弯构件的受剪承载力公式相匹配，给出了公式（6.3.8-1）。

6.3.9、6.3.10 受弯构件斜截面的受弯承载力计算是在受拉区纵向受力钢筋达到屈服强度的前提下给出的，此时，在公式（6.3.9-1）中所需的斜截面水平投影长度 c，可由公式（6.3.9-2）确定。

如果构件设计符合第 6.3.10 条列出的相关规定，构件的斜截面受弯承载力一般可满足第 6.3.9 条的要求，因此可不进行斜截面的受弯承载力计算。

6.3.11～6.3.14 试验研究表明，轴向压力对构件的受剪承载力起有利作用，主要是因为轴向压力能阻滞斜裂缝的出现和开展，增加了混凝土剪压区高度，从而提高混凝土所承担的剪力。轴压比限值范围内，斜截面水平投影长度与相同参数的无轴向压力梁相比基本不变，故对箍筋所承担的剪力没有明显的影响。

轴向压力对构件受剪承载力的有利作用是有限度的，当轴压比在 0.3～0.5 的范围时，受剪承载力达到最大值；若再增加轴向压力，将导致受剪承载力的降低，并转变为带有斜裂缝的正截面小偏心受压破坏，因此应对轴向压力的受剪承载力提高范围予以限制。

基于上述考虑，通过对偏压构件、框架柱试验资料的分析，对矩形截面的钢筋混凝土偏心构件的斜截面受剪承载力计算，可在集中荷载作用下的矩形截面独立梁计算公式的基础上，加一项轴向压力所提高的受剪承载力设计值，即 $0.07N$，且当 N 大于 $0.3f_cA$ 时，规定仅取为 $0.3f_cA$，相当于试验结果的偏低值。

对承受轴向压力的框架结构的框架柱，由于柱两端受到约束，当反弯点在层高范围内时，其计算截面的剪跨比可近似取 $H_n/(2h_0)$；而对其他各类结构的框架柱的剪跨比则取为 M/Vh_0，与截面承受的弯矩和剪力有关。同时，还规定了计算剪跨比取值的上、下限值。

偏心受拉构件的受力特点是：在轴向拉力作用下，构件上可能产生横贯全截面、垂直于杆轴的初始垂直裂缝；施加横向荷载后，构件顶部裂缝闭合而底部裂缝加宽，且斜裂缝可能直接穿过初始垂直裂缝向上发展，也可能沿初始垂直裂缝延伸再斜向发展。斜裂缝呈现宽度较大、倾角较大，斜裂缝末端剪压区高度减小，甚至没有剪压区，从而截面的受剪承载力要比受弯构件的受剪承载力有明显的降低。根据试验结果并偏稳妥地考虑，减去一项轴向拉力所降低的受剪承载力设计值，即 $0.2N$。此外，第 6.3.14 条还对受拉截面总受剪承载力设计值的下限值和箍筋的最小配筋特征值作了规定。

对矩形截面钢筋混凝土偏心受压和偏心受拉构件受剪要求的截面限制条件，与第 6.3.1 条的规定相同，与 02 版规范相同。

与 02 版规范公式比较，本次修订的偏心受力构件斜截面受剪承载力计算公式，只对 02 版规范公式中的混凝土项采用公式（6.3.4-2）中的混凝土项代替，并将适用范围由矩形截面扩大到 T 形和 I 形截面，且箍筋项的系数取为 1.0。偏心受压构件受剪承载力计算公式（6.3.12）及偏心受拉构件受剪承载力计算公式（6.3.14）与试验数据相比较，计算值也是相当于试验结果的偏低值。

6.3.15 在分析了国内外一定数量圆形截面受弯构件、偏心受压构件试验数据的基础上，借鉴国外有关规范的相关规定，提出了采用等效惯性矩原则确定等效截面宽度和等效截面高度的取值方法，从而对圆形截面受弯和偏心受压构件，可直接采用配置垂直箍筋的矩形截面受弯和偏心受压构件的受剪截面限制条件和受剪承载力计算公式进行计算。

6.3.16～6.3.19 试验表明，矩形截面钢筋混凝土柱在斜向水平荷载作用下的抗剪性能与在单向水平荷载作用下的受剪性能存在着明显的差别。根据国外的有关研究资料以及国内配置周边箍筋的斜向受剪试件的试验结果，经分析表明，构件的受剪承载力大致服从椭圆规律：

$$\left(\frac{V_x}{V_{ux}}\right)^2 + \left(\frac{V_y}{V_{uy}}\right)^2 = 1$$

本规范第 6.3.17 条的公式（6.3.17-1）和公式（6.3.17-2），实质上就是由上面的椭圆方程式转化成在形式上与单向偏心受压构件受剪承载力计算公式相

当的设计表达式。在复核截面时，可直接按公式进行验算；在进行截面设计时，可近似选取公式（6.3.17-1）和公式（6.3.17-2）中的 V_{ux}/V_{uy} 比值等于 1.0，而后再进行箍筋截面面积的计算。设计时宜采用封闭箍筋，必要时也可配置单肢箍筋。当复合封闭箍筋相重叠部分的箍筋长度小于截面周边箍筋长边或短边长度时，不应将该箍筋较短方向上的箍筋截面面积计入 A_{svx} 或 A_{svy} 中。

第 6.3.16 条和第 6.3.18 条同样采用了以椭圆规律的受剪承载力方程式为基础并与单向偏心受压构件受剪的截面要求相衔接的表达式。

同时提出，为了简化计算，对剪力设计值 V 的作用方向与 x 轴的夹角 θ 在 $0°～10°$ 和 $80°～90°$ 时，可按单向受剪计算。

6.3.20 本条规定与 02 版规范相同，目的是规定剪力墙截面尺寸的最小值，或者说限制了剪力墙截面的最大名义剪应力值。剪力墙的名义剪应力值过高，会在早期出现斜裂缝；因极限状态下的抗剪强度受混凝土抗斜压能力控制，抗剪钢筋不能充分发挥作用。

6.3.21、6.3.22 在剪力墙设计时，通过构造措施防止发生剪拉破坏和斜压破坏，通过计算确定墙中水平钢筋，防止发生剪切破坏。

在偏心受压墙肢中，轴向压力有利于抗剪承载力，但压力增大到一定程度后，对抗剪的有利作用减小，因此对轴力的取值需加以限制。

在偏心受拉墙肢中，考虑了轴向拉力的不利影响。

6.3.23 剪力墙连梁的斜截面受剪承载力计算，采用和普通框架梁一致的截面承载力计算方法。

6.4 扭曲截面承载力计算

6.4.1、6.4.2 混凝土扭曲截面承载力计算的截面限制条件是以 h_w/b 不大于 6 的试验为依据的。公式（6.4.1-1）、公式（6.4.1-2）的规定是为了保证构件在破坏时混凝土不首先被压碎。公式（6.4.1-1）、公式（6.4.1-2）中的纯扭构件截面限制条件相当于取用 $T = (0.16～0.2)f_cW_t$；当 T 等于 0 时，公式（6.4.1-1）、公式（6.4.1-2）可与本规范第 6.3.1 条的公式相协调。

6.4.3 本条对常用的 T 形、I 形和箱形截面受扭塑性抵抗矩的计算方法作了具体规定。

T 形、I 形截面可划分成矩形截面，划分的原则是：先按截面总高度确定腹板截面，然后再划分受压翼缘和受拉翼缘。

本条提供的截面受扭塑性抵抗矩公式是近似的，主要是为了方便受扭承载力的计算。

6.4.4 公式（6.4.4-1）是根据试验统计分析后，取用试验数据的偏低值给出的。经过对高强混凝土纯扭

构件的试验验证，该公式仍然适用。

试验表明，当 ζ 值在 $0.5 \sim 2.0$ 范围内，钢筋混凝土受扭构件破坏时，其纵筋和箍筋基本能达到屈服强度。为稳妥起见，取限制条件为 $0.6 \leqslant \zeta \leqslant 1.7$。当 $\zeta > 1.7$ 时取 1.7。当 ζ 接近 1.2 时为钢筋达到屈服的最佳值。因截面内力平衡的需要，对不对称配置纵向钢筋截面面积的情况，在计算中只取对称布置的纵向钢筋截面面积。

预应力混凝土纯扭构件的试验研究表明，预应力可提高构件受扭承载力的前提是纵向钢筋不能屈服，当预加力产生的混凝土法向压应力不超过规定的限值时，纯扭构件受扭承载力可提高 $0.08 \dfrac{N_{p0}}{A_0} W_t$。考虑到实际上应力分布不均匀性等不利影响，在条文中该提高值取为 $0.05 \dfrac{N_{p0}}{A_0} W_t$，且仅限于偏心距 $e_{p0} \leqslant h/6$ 且 ζ 不小于 1.7 的情况；在计算 ζ 时，不考虑预应力筋的作用。

试验研究还表明，对预应力的有利作用应有所限制：当 N_{p0} 大于 $0.3 f_c A_0$ 时，取 $0.3 f_c A_0$。

6.4.6 试验研究表明，对受纯扭作用的箱形截面构件，当壁厚符合一定要求时，其截面的受扭承载力与实心截面是类同的。在公式（6.4.6-1）中的混凝土项受扭承载力与实心截面的取法相同，即取箱形截面开裂扭矩的 50%，此外，尚应乘以箱形截面壁厚的影响系数 α_h；钢筋项受扭承载力取与实心矩形截面相同。通过国内外试验结果的分析比较，公式（6.4.6-1）的取值是稳妥的。

6.4.7 试验研究表明，轴向压力对纵筋应变的影响十分显著；由于轴向压力能使混凝土较好地参加工作，同时又能改善混凝土的咬合作用和纵向钢筋的销栓作用，因而提高了构件的受扭承载力。在本条公式中考虑了这一有利因素，它对受扭承载力的提高值偏安全地取为 $0.07 N W_t / A$。

试验表明，当轴向压力大于 $0.65 f_c A$ 时，构件受扭承载力将会逐步下降，因此，在条文中对轴向压力的上限值作了稳妥的规定，即取轴向压力 N 的上限值为 $0.3 f_c A$。

6.4.8 无腹筋剪扭构件的试验研究表明，无量纲剪扭承载力的相关关系符合四分之一圆的规律；对有腹筋剪扭构件，假设混凝土部分对剪扭承载力的贡献与无腹筋剪扭构件一样，也可认为符合四分之一圆的规律。

本条公式适用于钢筋混凝土和预应力混凝土剪扭构件，它是以有腹筋构件的剪扭承载力为四分之一圆的相关曲线作为校正线，采用混凝土部分相关、钢筋部分不相关的原则获得的近似拟合公式。此时，可找到剪扭构件混凝土受扭承载力降低系数 β_t，其值略大于无腹筋构件的试验结果，但采用此 β_t 值后与有腹筋构件的四分之一圆相关曲线较为接近。

经分析表明，在计算预应力混凝土构件的 β_t 时，可近似取与非预应力构件相同的计算公式，而不考虑预应力合力 N_{p0} 的影响。

6.4.9 本条规定了 T 形和 I 形截面剪扭构件承载力计算方法。腹板部分要承受全部剪力和分配给腹板的扭矩。这种规定方法是与受弯构件受剪承载力计算相协调的；翼缘仅承受所分配的扭矩，但翼缘中配置的箍筋应贯穿整个翼缘。

6.4.10 根据钢筋混凝土箱形截面纯扭构件受扭承载力计算公式（6.4.6-1）并借助第 6.4.8 条剪扭构件的相同方法，可导出公式（6.4.10-1）～公式（6.4.10-3），经与箱形截面试件的试验结果比较，所提供的方法是稳妥的。

6.4.11 本条是此次修订新增的内容。

在轴向拉力 N 作用下构件的受扭承载力可表示为：

$$T_u = T_c^N + T_s^N$$

式中：T_c^N——混凝土承担的扭矩；

T_s^N——钢筋承担的扭矩。

1 混凝土承担的扭矩

考虑轴向拉力对构件抗裂性能的影响，拉扭构件的开裂扭矩可按下式计算：

$$T_{cr}^N = \gamma \omega f_t W_t$$

式中，T_{cr}^N 为拉扭构件的开裂扭矩；γ 为考虑截面不能完全进入塑性状态等的综合系数，取 $\gamma = 0.7$；ω 为轴向拉力影响系数，根据最大主应力理论，可按下列公式计算：

$$\omega = \sqrt{1 - \frac{\sigma_t}{f_t}}$$

$$\sigma_t = \frac{N}{A}$$

从而有：

$$T_{cr}^N = 0.7 f_t W_t \sqrt{1 - \frac{\sigma_t}{f_t}}$$

对于钢筋混凝土纯扭构件混凝土承担的扭矩，本规范取为：

$$T_c^0 = T_{cr}^0 = 0.35 f_t W_t$$

拉扭构件中混凝土承担的扭矩即可取为：

$$T_c^N = \frac{1}{2} T_{cr}^N = 0.35 f_t W_t \sqrt{1 - \frac{\sigma_t}{f_t}}$$

当 $\dfrac{\sigma_t}{f_t}$ 不大于 1 时 $\sqrt{1 - \dfrac{\sigma_t}{f_t}}$ 近似以 $1 - \dfrac{\sigma_t}{1.75 f_t}$ 表述，因此有：

$$T_c^N = \frac{1}{2} T_{cr}^N = 0.35 \left(1 - \frac{\sigma_t}{1.75 f_t}\right) f_t W_t$$

$$= 0.35 f_t W_t - 0.2 \frac{N}{A} W_t$$

2 钢筋部分承担的扭矩

对于拉扭构件，轴向拉力 N 使纵筋产生附加拉应力，因此纵筋的受扭作用受到削弱，从而降低了构件的受扭承载力。根据变角度空间桁架模型和斜弯理论，其受扭承载力可按下式计算：

$$T_s^N = 2\sqrt{\frac{(f_y A_{stl} - N)s}{f_{yv} A_{stl} u_{cor}}} \frac{f_{yv} A_{stl} A_{cor}}{s}$$

但为了与无拉力情况下的抗扭公式保持一致，在与试验结果对比后仍取：

$$T_s^N = 1.2\sqrt{\zeta} f_{yv} \frac{A_{stl} A_{cor}}{s}$$

根据以上说明，即可得出本条文设计计算公式（6.4.11），式中 A_{stl} 为对称布置的受扭用的全部纵向钢筋的截面面积，承受拉力 N 作用的纵向钢筋截面面积不应计入。

与国内进行的 25 个拉扭试件的试验结果比较，本条公式的计算值与试验值之比的平均值为 0.947（0.755~1.189），是可以接受的。

6.4.12 对弯剪扭构件，当 $V \leqslant 0.35 f_t bh_0$ 或 $V \leqslant 0.875 f_t bh_0 / (\lambda + 1)$ 时，剪力对构件承载力的影响可不予考虑，此时，构件的配筋由正截面受弯承载力和受扭承载力的计算确定；同理，$T \leqslant 0.175 f_t W_t$ 或 $T \leqslant 0.175 \alpha_h f_t W_t$ 时，扭矩对构件承载力的影响可不予考虑，此时，构件的配筋由正截面受弯承载力和斜截面受剪承载力的计算确定。

6.4.13 分析表明，按照本条规定的配筋方法，构件的受弯承载力、受剪承载力与受扭承载力之间具有相关关系，且与试验结果大致相符。

6.4.14~6.4.16 在钢筋混凝土矩形截面框架柱受剪扭承载力计算中，考虑了轴向压力的有利作用。分析表明，在 β_t 计算公式中可不考虑轴向压力的影响，仍可按公式（6.4.8-5）进行计算。

当 $T \leqslant (0.175 f_t + 0.035 N/A) W_t$ 时，则可忽略扭矩对框架柱承载力的影响。

6.4.17 本条给出了在轴向拉力、弯矩、剪力和扭矩共同作用下的钢筋混凝土矩形截面框架柱的剪、扭承载力设计计算公式。与在轴向压力、弯矩、剪力和扭矩共同作用下钢筋混凝土矩形截面框架柱的剪、扭承载力 β_t 计算公式相同，为简化设计，不考虑轴向拉力的影响。与考虑轴向拉力影响的 β_t 计算公式比较，β_t 计算值略有降低，$(1.5 - \beta_t)$ 值略有提高；从而当轴向拉力 N 较小时，受扭钢筋用量略有增大，受剪箍筋用量略有减小，但箍筋总用量没有显著差别。当轴向拉力较大，当 N 不小于 $1.75 f_t A$ 时，公式（6.4.17-2）右第 1 项为零。从而公式（6.4.17-1）和公式（6.4.17-2）蜕变为剪扭混凝土作用项几乎不相关的、偏安全的设计计算公式。

6.5 受冲切承载力计算

6.5.1 02 版规范的受冲切承载力计算公式，形式简单，计算方便，但与国外规范进行对比，在多数情况下略显保守，且考虑因素不够全面。根据不配置箍筋或弯起钢筋的钢筋混凝土板的试验资料的分析，参考国内外有关规范，本次修订保留了 02 版规范的公式形式，仅将公式中的系数 0.15 提高到 0.25。

本条具体规定的考虑因素如下：

1 截面高度的尺寸效应。截面高度的增大对受冲切承载力起削弱作用，为此，在公式（6.5.1-1）中引入了截面尺寸效应系数 β_h，以考虑这种不利影响。

2 预应力对受冲切承载力的影响。试验研究表明，双向预应力对板柱节点的冲切承载力起有利作用，主要是由于预应力的存在阻滞了斜裂缝的出现和开展，增加了混凝土剪压区的高度。公式（6.5.1-1）主要是参考我国的科研成果及美国 ACI 318 规范，将板中两个方向按长度加权平均有效预压应力的有利作用增大为 $0.25 \sigma_{pc,m}$，但仍偏安全地未计及在板柱节点处预应力竖向分量的有利作用。

对单向预应力板，由于缺少试验数据，暂不考虑预应力的有利作用。

3 参考美国 ACI 318 等有关规范的规定，给出了两个调整系数 η_1、η_2 的计算公式（6.5.1-2）、公式（6.5.1-3）。对矩形形状的加载面积边长之比作了限制，因为边长之比大于 2 后，剪力主要集中于角隅，将不能形成严格意义上的冲切极限状态的破坏，使受冲切承载力达不到预期的效果，为此，引入了调整系数 η_1，且基于稳妥的考虑，对加载面积边长之比作了不宜大于 4 的限制；此外，当临界截面相对周长 u_m/h_0 过大时，同样会引起受冲切承载力的降低。有必要指出，公式（6.5.1-2）是在美国 ACI 规范的取值基础上略作调整后给出的。公式（6.5.1-1）的系数 η 只能取 η_1、η_2 中的较小值，以确保安全。

本条中所指的临界截面是为了简明表述而设定的截面，它是冲切最不利的破坏锥体底面线与顶面线之间的平均周长 u_m 处板的垂直截面。板的垂直截面，对等厚板为垂直于板中心平面的截面，对变高度板为垂直于板受拉面的截面。

对非矩形截面柱（异形截面柱）的临界截面周长，选取周长 u_m 的形状要呈凸形折线，其折角不能大于 180°，由此可得到最小的周长，此时在局部周长区段离柱边的距离允许大于 $h_0/2$。

6.5.2 为满足设备或管道布置要求，有时要在柱边附近板上开孔。板中开孔会减小冲切的最不利周长，从而降低板的受冲切承载力。在参考了国外规范的基础上给出了本条的规定。

6.5.3、6.5.4 当混凝土板的厚度不足以保证受冲切承载力时，可配置抗冲切钢筋。设计可同时配置箍筋和弯起钢筋，也可分别配置箍筋或弯起钢筋作为抗冲切钢筋。试验表明，配有冲切钢筋的钢筋混凝土板，其破坏形态和受力特性与有腹筋梁相类似，当抗冲切钢筋的数量达到一定程度时，板的受冲切承载力几乎不再增加。为了使抗冲切箍筋或弯起钢筋能够充分发挥作用，本条规定了板的受冲切截面限制条件，即公式（6.5.3-1），实际上是对抗冲切箍筋或弯起钢筋数量的限制，以避免其不能充分发挥作用和使用阶段在局部荷载附近的斜裂缝过大。本次修订参考美国ACI规范及我国的工程经验，对该限制条件作了适当放宽，将系数由02版规范规定的1.05放宽至1.2。

钢筋混凝土板配置抗冲切钢筋后，在混凝土与抗冲切钢筋共同作用下，混凝土项的抗冲切承载力 V'_c 与无抗冲切钢筋板的承载力 V_c 的关系，各国规范取法并不一致，如我国02版规范、美国及加拿大规范取 $V'_c=0.5V_c$，CEB-FIP MC 90规范及欧洲规范 EN 1992-2 取 $V'_c=0.75V_c$，英国规范 BS 8110 及俄罗斯规范取 $V'_c=V_c$。我国的试验及理论分析表明，在混凝土与抗冲切钢筋共同作用下，02版规范取混凝土所能提供的承载力是无抗冲切钢筋板承载力的50%，取值偏低。根据国内外的试验研究，并考虑混凝土开裂后骨料咬合、配筋剪切摩擦有利作用等，在抗冲切钢筋配置区，本次修订将混凝土所能承担的承载力 V'_c 适当提高，取无抗冲切钢筋板承载力 V_c 的约70%。与试验结果比较，本条给出的受冲切承载力计算公式是偏于安全的。

本条提及的其他形式的抗冲切钢筋，包括但不限于工字钢、槽钢、抗剪栓钉、扁钢U形箍等。

6.5.5 阶形基础的冲切破坏可能会在柱与基础交接处或基础变阶处发生，这与阶形基础的形状、尺寸有关。对阶形基础受冲切承载力计算公式，也引进了本规范第6.5.1条的截面高度影响系数 β_h。在确定基础的 F_l 时，取用最大的地基反力值，这样做偏于安全。

6.5.6 板柱节点传递不平衡弯矩时，其受力特性及破坏形态更为复杂。为安全起见，对板柱节点存在不平衡弯矩时的受冲切承载力计算，借鉴了美国ACI 318规范和我国的《无粘结预应力混凝土结构技术规程》JGJ 92-93 的有关规定，在本条中提出了考虑问题的原则，具体可按本规范附录F计算。

6.6 局部受压承载力计算

6.6.1 本条对配置间接钢筋的混凝土结构构件局部受压区截面尺寸规定了限制条件，其理由如下：

1 试验表明，当局压区配筋过多时，局压板底面下的混凝土会产生过大的下沉变形；当符合公式（6.6.1-1）时，可限制下沉变形不致过大。为适当提高可靠度，将公式右边抗力项乘以系数0.9。式中系数1.35系由89版规范公式中的系数1.5乘以0.9而给出。

2 为了反映混凝土强度等级提高对局部受压的影响，引入了混凝土强度影响系数 β_c。

3 在计算混凝土局部受压时的强度提高系数 β_l（也包括本规范第6.6.3条的 β_{cor} 时），不应扣除孔道面积，经试验校核，此种计算方法比较合适。

4 在预应力锚头下的局部受压承载力的计算中，按本规范第10.1.2条的规定，当预应力作为荷载效应且对结构不利时，其荷载效应的分项系数取为1.2。

6.6.2 计算底面积 A_b 的取值采用了"同心、对称"的原则。要求计算底面积 A_b 与局压面积 A_l 具有相同的重心位置，并呈对称；沿 A_l 各边向外扩大的有效距离不超过受压板短边尺寸 b（对圆形承压板，可沿周边扩大一倍直径），此法便于记忆和使用。

对各类型垫板试件的试验表明，试验值与计算值符合较好，且偏于安全。试验还表明，当构件处于边角局压时，β_l 值在1.0上下波动且离散性较大，考虑使用简便、形式统一和保证安全（温度、混凝土的收缩、水平力对边角局压承载力的影响较大），取边角局压时的 $\beta_l=1.0$ 是恰当的。

6.6.3 试验结果表明，配置方格网式或螺旋式间接钢筋的局部受压承载力，可表达为混凝土项承载力和间接钢筋项承载力之和。间接钢筋项承载力与其体积配筋率有关；且随混凝土强度等级的提高，该项承载力有降低的趋势。为了反映这个特性，公式中引入了系数 α。为便于使用且保证安全，系数 α 与本规范第6.2.16条的取值相同。基于与本规范第6.6.1条同样的理由，在公式（6.6.3-1）也考虑了折减系数0.9。

本条还规定了 A_{cor} 大于 A_b 时，在计算中只能取为 A_b 的要求。此规定用以保证充分发挥间接钢筋的作用，且能确保安全。此外，当 A_{cor} 不大于混凝土局部受压面积 A_l 的1.25倍时，间接钢筋对局部受压承载力的提高不明显，故不予考虑。

为避免长、短两个方向配筋相差过大而导致钢筋不能充分发挥强度，对公式（6.6.3-2）规定了配筋量的限制条件。

间接钢筋的体积配筋率取为核心面积 A_{cor} 范围内单位混凝土体积所含间接钢筋的体积，是在满足方格网或螺旋式间接钢筋的核心面积 A_{cor} 大于混凝土局部受压面积 A_l 的条件下计算得出的。

6.7 疲劳验算

6.7.1 保留了89规范的基本假定，它为试验所证实，并作为第6.7.5条和第6.7.11条建立钢筋混凝土和预应力混凝土受弯构件截面疲劳应力计算公式的依据。

6.7.2 本条是根据规范第3.1.4条和吊车出现在跨度不大于12m的吊车梁上的可能情况而作出的规定。

6.7.3 本条明确规定，钢筋混凝土受弯构件正截面和斜截面疲劳验算中起控制作用的部位需作相应的应力或应力幅计算。

6.7.4 国内外试验研究表明，影响钢筋疲劳强度的主要因素为应力幅，即（$\sigma_{\max} - \sigma_{\min}$），所以在本节中涉及钢筋的疲劳应力时均按应力幅计算。受拉钢筋的应力幅 $\Delta \sigma_s^f$ 要小于或等于钢筋的疲劳应力幅限值 Δf_y^f，其含义是在同一疲劳应力比下，应力幅（$\sigma_{\max} - \sigma_{\min}$）越小越好，即两者越接近越好。例如，当疲劳应力比保持 $\rho_s^f = 0.2$ 不变时，可能出现很多组循环应力，诸如 $\sigma_{\min} = 2N/mm^2$，$\sigma_{\max} = 10N/mm^2$；$\sigma_{\min} = 20N/mm^2$，$\sigma_{\max} = 100 N/mm^2$；$\sigma_{\min} = 200N/mm^2$，$\sigma_{\max} = 1000N/mm^2$；它们的应力幅值分别为 $8N/mm^2$、$80N/mm^2$、$800N/mm^2$。若使用 HRB335 级钢筋，则从本规范表 4.2.6-1 可以查得，当应力比 $\rho_s^f = 0.2$ 时，疲劳应力幅限值为 $154N/mm^2$，所以上面所举各组应力幅值中，应力幅值为 $800N/mm^2$ 的情况不满足要求。

6.7.5、6.7.6 按照第 6.7.1 条的基本假定，具体给出了钢筋混凝土受弯构件正截面疲劳验算中所需的截面特征值及其相应的应力和应力幅计算公式。

6.7.7～6.7.9 原 89 版规范未给出斜截面疲劳验算公式，而采用计算配筋的方法满足疲劳要求。02 版规范根据我国大量的试验资料提出了斜截面疲劳验算公式。本规范继续沿用了 02 版规范的规定。

钢筋混凝土受弯构件斜截面的疲劳验算分为两种情况：第一种情况，当按公式（6.7.8）计算的剪应力 τ_c^f 符合公式（6.7.7-1）时，表示混凝土可全部承担截面剪力，仅需按构造配置箍筋；第二种情况，当剪应力 τ_c^f 不符合公式（6.7.7-1）时，该区段的剪应力应由混凝土和垂直箍筋共同承担。试验表明，受压区混凝土所承担的剪应力 τ_c^f 值，与荷载值大小、剪跨比、配筋率等因素有关，在公式（6.7.9-1）中取 $\tau_c^f = 0.1 f_t^f$ 是较稳妥的。

按照我国以往的经验，对（$\tau^f - \tau_c^f$）部分的剪应力应由垂直箍筋和弯起钢筋共同承担。但国内的试验表明，同时配有垂直箍筋和弯起钢筋的斜截面疲劳破坏，都是弯起钢筋首先疲劳断裂；按照 45°桁架模型和开裂截面的应变协调关系，可得到密排弯起钢筋应力 σ_{sb} 与垂直箍筋应力 σ_{sv} 之间的关系式：

$$\sigma_{sb} = \sigma_{sv}(\sin\alpha + \cos\alpha)^2 = 2\sigma_{sv}$$

此处，α 为弯起钢筋的弯起角。显然，由上式可以得到 $\sigma_{sb} > \sigma_{sv}$ 的结论。

为了防止配置少量弯起钢筋而引起其疲劳破坏，由此导致垂直箍筋所能承担的剪力大幅度降低，本规范不提倡采用弯起钢筋作为抗疲劳的抗剪钢筋（密排斜向箍筋除外），所以在第 6.7.9 条中仅提供配有垂直箍筋的应力幅计算公式。

6.7.10～6.7.12 基本保留了原规范对要求不出现裂缝的预应力混凝土受弯构件的疲劳强度验算方法，

对普通钢筋和预应力筋，则用应力幅的验算方法。

按条文公式计算的混凝土应力 $\sigma_{c,\min}^f$ 和 $\sigma_{c,\max}^f$，是指在截面同一纤维计算点处一次循环过程中的最小应力和最大应力，其最小、最大以其绝对值进行判别，且拉应力为正、压应力为负；在计算 $\rho_c^f = \sigma_{c,\min}^f / \sigma_{c,\max}^f$ 时，应注意应力的正负号及最大、最小应力的取值。

第 6.7.10 条注 2 增加了一级裂缝控制等级的预应力混凝土构件（即全预应力混凝土构件）中的钢筋的应力幅可不进行疲劳验算。这是由于大量的试验资料表明，只要混凝土不开裂，钢筋就不会疲劳破坏，即不裂不疲。而一级裂缝控制等级的预应力混凝土构件（即全预应力混凝土构件）不仅不开裂，而且混凝土截面不出现拉应力，所以更不会出现钢筋疲劳破坏。美国规范 如 AASHTO LRFD Bridge Design Specifications 也规定全预应力混凝土构件中的钢筋可不进行疲劳验算。

7 正常使用极限状态验算

7.1 裂缝控制验算

7.1.1 根据本规范第 3.4.5 条的规定，具体给出了对钢筋混凝土和预应力混凝土构件边缘应力、裂缝宽度的验算要求。

有必要指出，按概率统计的观点，符合公式（7.1.1-2）的情况下，并不意味着构件绝对不会出现裂缝；同样，符合公式（7.1.1-3）的情况下，构件由荷载作用而产生的最大裂缝宽度大于最大裂缝限值大致会有 5% 的可能性。

7.1.2 本次修订，构件最大裂缝宽度的基本计算公式仍采用 02 版规范的形式：

$$w_{\max} = \tau_l \tau_s w_m \qquad (1)$$

式中，w_m 为平均裂缝宽度，按下式计算：

$$w_m = \alpha_c \psi \frac{\sigma_{sk}}{E_s} l_{cr} \qquad (2)$$

根据对各类受力构件的平均裂缝间距的试验数据进行统计分析，当最外层纵向受拉钢筋外边缘至受拉区底边的距离 c_s 不大于 65mm 时，对配置带肋钢筋混凝土构件的平均裂缝间距 l_{cr} 仍按 02 版规范的计算公式：

$$l_{cr} = \beta \left(1.9c + 0.08 \frac{d}{\rho_{te}}\right) \qquad (3)$$

此处，对轴心受拉构件，取 $\beta = 1.1$；对其他受力构件，均取 $\beta = 1.0$。

当配置不同钢种、不同直径的钢筋时，公式（3）中 d 应改为等效直径 d_{eq}，可按正文公式（7.1.2-3）进行计算确定，其中考虑了钢筋混凝土和预应力混凝土构件配置不同的钢种、钢筋表面形状以及预应力钢筋采用先张法或后张法（灌浆）等不同的施工工艺，它们与混凝土之间的粘结性能有所不同，这种差异将通过等效直径予以反映。为此，对钢筋混凝土用钢筋，根据国内有关试验资料；对预应力钢筋，参照欧洲混凝土桥梁规范 ENV 1992-2 (1996) 的规定，给出了正文表7.1.2-2的钢筋相对粘结特性系数。对有粘结的预应力筋 d_i 的取值，可按照 $d_i = 4A_p/u_p$ 求得，其中 u_p 本应取为预应力筋与混凝土的实际接触周长；分析表明，按照上述方法求得的 d_i 值与按预应力筋的公称直径进行计算，两者较为接近。为简化起见，对 d_i 统一取用公称直径。对环氧树脂涂层钢筋的相对粘结特性系数是根据试验结果确定的。

根据试验研究结果，受弯构件裂缝间纵向受拉钢筋应变不均匀系数的基本公式可表述为：

$$\psi = \omega_1 \left(1 - \frac{M_{cr}}{M_k}\right) \qquad (4)$$

公式（4）可作为规范简化公式的基础，并扩展应用到其他构件。式中系数 ω_1 与钢筋和混凝土的握裹力有一定关系，对光圆钢筋，ω_1 则较接近1.1。根据偏拉、偏压构件的试验资料，以及为了与轴心受拉构件的计算公式相协调，将 ω_1 统一为1.1。同时，为了简化计算，并便于与偏心受力构件的计算相协调，将上式展开并作一定的简化，就可得到以钢筋应力 σ_s 为主要参数的公式（7.1.2-2）。

α_c 为反映裂缝间混凝土伸长对裂缝宽度影响的系数。根据近年来国内多家单位完成的配置 400MPa、500MPa 带肋钢筋的钢筋混凝土、预应力混凝土梁的裂缝宽度加载试验结果，经分析统计，试验平均裂缝宽度 w_m 均小于原规范公式计算值。根据试验资料综合分析，本次修订对受弯、偏心受压构件统一取 $\alpha_c = 0.77$，其他构件仍同02版规范，即 $\alpha_c = 0.85$。

短期裂缝宽度的扩大系数 τ_s，根据试验数据分析，对受弯构件和偏心受压构件，取 $\tau_s = 1.66$；对偏心受拉和轴心受拉构件，取 $\tau_s = 1.9$。扩大系数 τ_s 的取值的保证率约为95%。

根据试验结果，给出了考虑长期作用影响的扩大系数 $\tau_l = 1.5$。

试验表明，对偏心受压构件，当 $e_0/h_0 \leq 0.55$ 时，裂缝宽度较小，均能符合要求，故规定不必验算。

在计算平均裂缝间距 l_{cr} 和 ψ 时引进了按有效受拉混凝土面积计算的纵向受拉配筋率 ρ_{te}，其有效受拉混凝土面积取 $A_{te} = 0.5bh + (b_f - b) h_f$，由此可达到 ψ 计算公式的简化，并能适用于受弯、偏心受拉和偏心受压构件。经试验结果校准，尚能符合各类受力情况。

鉴于对配筋率较小情况下的构件裂缝宽度等的试验资料较少，采取当 $\rho_{te} < 0.01$ 时，取 $\rho_{te} = 0.01$ 的办法，限制计算最大裂缝宽度的使用范围，以减少对最大裂缝宽度计算值偏小的情况。

当混凝土保护层厚度较大时，虽然裂缝宽度计算值也较大，但较大的混凝土保护层厚度对防止钢筋锈蚀是有利的。因此，对混凝土保护层厚度较大的构件，当在外观的要求上允许时，可根据实践经验，对本规范表3.4.5中所规定的裂缝宽度允许值作适当放大。

考虑到本条钢筋应力计算对钢筋混凝土构件和预应力混凝土构件分别采用荷载准永久组合和标准组合，故符号由02版规范的 σ_{sk} 改为 σ_s。对沿截面上下或周边均匀配置纵向钢筋的构件裂缝宽度计算，研究尚不充分，本规范未作明确规定。在荷载的标准组合或准永久组合下，这类构件的受拉钢筋应力可能很高，甚至可能超过钢筋抗拉强度设计值。为此，当按公式（7.1.2-1）计算时，关于钢筋应力 σ_s 及 A_{te} 的取用原则等应按更合理的方法计算。

对混凝土保护层厚度较大的梁，国内试验研究结果表明表层钢筋网片有利于减少裂缝宽度。本条建议可对配制表层钢筋网片梁的裂缝计算结果乘以折减系数，并根据试验研究结果提出折减系数可取0.7。

本次修订根据国内多家单位科研成果，在本规范裂缝宽度计算公式的基础上，经过适当调整 ρ_{te}、d_{eq} 及 σ_s 值计算方法，即可将原规范公式用于计算无粘结部分预应力混凝土构件的裂缝宽度。

7.1.3 本条提出了正常使用极限状态验算时的平截面基本假定。在荷载准永久组合或标准组合下，对允许出现裂缝的受弯构件，其正截面混凝土压应力、预应力筋的应力增量及钢筋的拉应力，可按大偏心受压的钢筋混凝土开裂换算截面计算。对后张法预应力混凝土连续梁等超静定结构，在外弯矩 M_s 中尚应包括由预加力引起的次弯矩 M_2。在本条计算假定中，对预应力混凝土截面，可按本规范公式（10.1.7-1）及（10.1.7-2）计算 N_{p0} 和 e_{p0}，以考虑混凝土收缩、徐变在钢筋中所产生附加压力的影响。

按开裂换算截面进行应力分析，具有较高的精度和通用性，可用于重要钢筋混凝土及预应力混凝土构件的裂缝宽度及开裂截面刚度计算。计算换算截面时，必要时应考虑混凝土塑性变形对混凝土弹性模量的影响。

7.1.4 本条给出的钢筋混凝土构件的纵向受拉钢筋应力和预应力混凝土构件的纵向受拉钢筋等效应力，是指在荷载的准永久组合或标准组合下构件裂缝截面上产生的钢筋应力，下面按受力性质分别说明：

1 对钢筋混凝土轴心受拉和受弯构件，钢筋应力 σ_{sq} 仍按原规范的方法计算。受弯构件裂缝截面的内力臂系数，仍取 $\eta_s = 0.87$。

2 对钢筋混凝土偏心受拉构件，其钢筋应力计算公式（7.1.4-2）是由外力与截面内力对受压区钢筋合力点取矩确定，此即表示不管轴向力作用在 A_s 和 A'_s 之间或之外，均近似取内力臂 $z = h_0 - a'_s$。

3 对预应力混凝土构件的纵向受拉钢筋等效应力，是指在该钢筋合力点处混凝土预压应力抵消后钢筋中的应力增量，可视它为等效于钢筋混凝土构件中的钢筋应力 σ_{sk}。

预应力混凝土轴心受拉构件的纵向受拉钢筋等效应力的计算公式（7.1.4-9）就是基于上述的假定给出的。

4 对钢筋混凝土偏压构件和预应力混凝土受弯构件，其纵向受拉钢筋的应力和等效应力可根据相同的概念给出。此时，可把预应力及非预应力钢筋的合力 N_{p0} 作为压力与弯矩值 M_k 一起作用于截面，这样，预应力混凝土受弯构件就等效于钢筋混凝土偏心受压构件。

对裂缝截面的纵向受拉钢筋应力和等效应力，由建立内、外力对受压区合力取矩的平衡条件，可得公式（7.1.4-4）和公式（7.1.4-10）。

纵向受拉钢筋合力点至受压区合力点之间的距离 $z=\eta h_0$，可近似按本规范第 6.2 节的基本假定确定。考虑到计算的复杂性，通过计算分析，可采用下列内力臂系数的拟合公式：

$$\eta = \eta_b - (\eta_b - \eta_0)\left(\frac{M_0}{M_e}\right)^2 \tag{5}$$

式中：η_b——钢筋混凝土受弯构件在使用阶段的裂缝截面内力臂系数；

η_0——纵向受拉钢筋截面重心处混凝土应力为零时的截面内力臂系数；

M_0——受拉钢筋截面重心处混凝土应力为零时的消压弯矩：对偏压构件，取 $M_0=N_k\eta_0 h_0$；对预应力混凝土受弯构件，取 $M_0=N_{p0}(\eta_0 h_0-e_p)$；

M_e——外力对受拉钢筋合力点的力矩：对偏压构件，取 $M_e=N_k e$；对预应力混凝土受弯构件，取 $M_e=M_k+N_{p0}e_p$ 或 $M_e=N_{p0}e$。

公式（5）可进一步改写为：

$$\eta = \eta_b - \alpha\left(\frac{h_0}{e}\right)^2 \tag{6}$$

通过分析，适当考虑了混凝土的塑性影响，并经有关构件的试验结果校核后，本规范给出了以上述拟合公式为基础的简化公式（7.1.4-5）。当然，本规范不排斥采用更精确的方法计算预应力混凝土受弯构件的内力臂 z。

对钢筋混凝土偏心受压构件，当 $l_0/h>14$ 时，试验表明应考虑构件挠曲对轴向力偏心距的影响，本规范仍按 02 版规范进行规定。

5 根据国内多家单位的科研成果，在本规范预应力混凝土受弯构件受拉区纵向钢筋等效应力计算公式的基础上，采用无粘结预应力筋等效面积折减系数 α_1，即可将原公式用于无粘结部分预应力混凝土受弯

构件 σ_{sk} 的相关计算。

7.1.5 在抗裂验算中，边缘混凝土的法向应力计算公式是按弹性应力给出的。

7.1.6 从裂缝控制要求对预应力混凝土受弯构件的斜截面混凝土主拉应力进行验算，是为了避免斜裂缝的出现，同时按裂缝等级不同予以区别对待；对混凝土主压应力的验算，是为了避免过大的压应力导致混凝土抗拉强度过大地降低和裂缝过早地出现。

7.1.7、7.1.8 第 7.1.7 条提供了混凝土主拉应力和主压应力的计算方法；第 7.1.8 条提供了考虑集中荷载产生的混凝土竖向压应力及剪应力分布影响的实用方法，是依据弹性理论分析和试验验证后给出的。

7.1.9 对先张法预应力混凝土构件端部预应力传递长度范围内进行正截面、斜截面抗裂验算时，采用本条对预应力传递长度范围内有效预应力 σ_{pe} 按近似的线性变化规律的假定后，利于简化计算。

7.2 受弯构件挠度验算

7.2.1 混凝土受弯构件的挠度主要取决于构件的刚度。本条假定在同号弯矩区段内的刚度相等，并取该区段内最大弯矩处所对应的刚度；对于允许出现裂缝的构件，它就是该区段内的最小刚度，这样做是偏于安全的。当支座截面刚度与跨中截面刚度之比在本条规定的范围内时，采用等刚度计算构件挠度，其误差一般不超过 5%。

7.2.2 在受弯构件短期刚度 B_s 基础上，分别提出了考虑荷载准永久组合和荷载标准组合的长期作用对挠度增大的影响，给出了刚度计算公式。

7.2.3 本条提供的钢筋混凝土和预应力混凝土受弯构件的短期刚度是在理论与试验研究的基础上提出的。

1 钢筋混凝土受弯构件的短期刚度

截面刚度与曲率的理论关系式为：

$$\frac{M_k}{B_s}=\frac{\varepsilon_{sm}+\varepsilon_{cm}}{h_0} \tag{7}$$

式中：ε_{sm}——纵向受拉钢筋的平均应变；

ε_{cm}——截面受压区边缘混凝土的平均应变。

根据裂缝截面受拉钢筋和受压区边缘混凝土各自的应变与相应的平均应变，可建立下列关系：

$$\varepsilon_{sm}=\psi\frac{M_k}{E_s A_s \eta h_0}$$

$$\varepsilon_{cm}=\frac{M_k}{\zeta E_c b h_0^2}$$

将上述平均应变代入前式，即可得短期刚度的基本公式：

$$B_s=\frac{E_s A_s h_0^2}{\dfrac{\psi}{\eta}+\dfrac{\alpha_E \rho}{\zeta}} \tag{8}$$

公式（8）中的系数由试验分析确定：

1）系数 ψ，采用与裂缝宽度计算相同的公式，当 $\psi<0.2$ 时，取 $\psi=0.2$，这将能更好地符合试验结果。

2）根据试验资料回归，系数 $\alpha_E\rho/\zeta$ 可按下列公式计算：

$$\frac{\alpha_E\rho}{\zeta} = 0.2 + \frac{6\alpha_E\rho}{1+3.5\gamma_f} \qquad (9)$$

3）对力臂系数 η，近似取 $\eta=0.87$。

将上述系数与表达式代入公式（8），即可得到公式（7.2.3-1）。

2 预应力混凝土受弯构件的短期刚度

1）不出现裂缝构件的短期刚度，考虑混凝土材料特性统一取 $0.85E_cI_0$，是比较稳妥的。

2）允许出现裂缝构件的短期刚度。对使用阶段已出现裂缝的预应力混凝土受弯构件，假定弯矩与曲率（或弯矩与挠度）曲线是由双折直线组成，双折线的交点位于开裂弯矩 M_{cr} 处，则可求得短期刚度的基本公式为：

$$B_s = \frac{E_cI_0}{\dfrac{1}{\beta_{0.4}} + \dfrac{\dfrac{M_{cr}}{M_k}-0.4}{0.6}\left(\dfrac{1}{\beta_{cr}}-\dfrac{1}{\beta_{0.4}}\right)} \qquad (10)$$

式中：$\beta_{0.4}$ 和 β_{cr} 分别为 $\dfrac{M_{cr}}{M_k}=0.4$ 和 1.0 时的刚度降低系数。对 β_{cr}，可取为 0.85；对 $\dfrac{1}{\beta_{0.4}}$，根据试验资料分析，取拟合的近似值为：

$$\frac{1}{\beta_{0.4}} = \left(0.8 + \frac{0.15}{\alpha_E\rho}\right)(1+0.45\gamma_f) \qquad (11)$$

将 β_{cr} 和 $\dfrac{1}{\beta_{0.4}}$ 代入上述公式（10），并经适当调整后即得本条公式（7.2.3-3）。

本次修订根据国内多家单位的科研成果，在预应力混凝土构件短期刚度计算公式的基础上，采用无粘结预应力筋等效面积折减系数 α_1，适当调整 ρ 值，即可将原公式用于无粘结部分预应力混凝土构件的短期刚度计算。

7.2.4 本条同 02 版规范。计算混凝土截面抵抗矩塑性影响系数 γ 的基本假定取受拉区混凝土应力图形为梯形。

7.2.5、7.2.6 钢筋混凝土受弯构件考虑荷载长期作用对挠度增大的影响系数 θ 是根据国内一些单位长期试验结果并参考国外规范的规定给出的。

预应力混凝土受弯构件在使用阶段的反拱值计算中，短期反拱值的计算以及考虑预加应力长期作用对反拱增大的影响系数仍保留原规范取为 2.0 的规定。由于它未能反映混凝土收缩、徐变损失以及配筋率等因素的影响，因此，对长期反拱值，如有专门的试验分析或根据收缩、徐变理论进行计算分析，则也可不遵守本条的有关规定。

反拱值的精确计算方法可采用美国 ACI、欧洲 CEB-FIP 等规范推荐的方法，这些方法可考虑与时间有关的预应力、材料性质、荷载等的变化，使计算达到要求的准确性。

7.2.7 全预应力混凝土受弯构件，因为消压弯矩始终大于荷载准永久组合作用下的弯矩，在一般情况下预应力混凝土梁总是向上拱曲的；但对部分预应力混凝土梁，常为允许开裂，其上拱值将减小，当梁的永久荷载与可变荷载的比值较大时，有可能随时间的增长出现梁逐渐下挠的现象。因此，对预应力混凝土梁规定应采取措施控制挠度。

当预应力长期反拱值小于按荷载标准组合计算的长期挠度时，则需要进行施工起拱，其值可取为荷载标准组合计算的长期挠度与预加力长期反拱值之差。对永久荷载较小的构件，当预应力产生的长期反拱值大于按荷载标准组合计算的长期挠度时，梁的上拱值将增大。因此，在设计阶段需要进行专项设计，并通过控制预应力度、选择预应力筋配筋数量、在施工上也可配合采取措施控制反拱。

对于长期上拱值的计算，可采用本规范提出的简单增大系数，也可采用其他精确计算方法。

8 构 造 规 定

8.1 伸 缩 缝

8.1.1 混凝土结构的伸（膨胀）缝、缩（收缩）缝合称伸缩缝。伸缩缝是结构缝的一种，目的是为减小由于温差（早期水化热或使用期季节温差）和体积变化（施工期或使用早期的混凝土收缩）等间接作用效应积累的影响，将混凝土结构分割为较小的单元，避免引起较大的约束应力和开裂。

由于现代水泥强度等级提高、水化热加大、凝固时间缩短；混凝土强度等级提高、拌合物流动性加大、结构的体量越来越大；为满足混凝土泵送、免振等工艺，混凝土的组分变化造成收缩增加，近年由此而引起的混凝土体积收缩呈增大趋势，现浇混凝土结构的裂缝问题比较普遍。

工程调查和试验研究表明，影响混凝土间接裂缝的因素很多，不确定性很大，而且近年间接作用的影响还有增大的趋势。

工程实践表明，超长结构采取有效措施后也可以避免发生裂缝。本次修订基本维持原规范的规定，将原规范中的"宜符合"改为"可采用"，进一步放宽对结构伸缩缝间距的限制，由设计者根据具体情况自行确定。

表注 1 中的装配整体式结构，也包括由叠合构件加后浇层形成的结构。由于预制混凝土构件已基本完成收缩，故伸缩缝的间距可适当加大。应根据具体情况，在装配与现浇之间取值。表注2的规定同理。表注3、表注4则由于受到环境条件的影响较大，加严了伸缩缝间距的要求。

8.1.2 对于某些间接作用效应较大的不利情况，伸缩缝的间距宜适当减小。总结近年的工程实践，本次修订对温度变化和混凝土收缩较大的不利情况加严了要求，较原规范作了少量修改和补充。

"滑模施工"应用对象由"剪力墙"扩大为一般墙体结构。"混凝土材料收缩较大"是指泵送混凝土及免振混凝土施工的情况。"施工外露时间较长"是指跨季节施工，尤其是北方地区跨越冬期施工时，室内结构如果未加封闭和保暖，则低温、干燥、多风都可能引起收缩裂缝。

8.1.3 近年许多工程实践表明：采取有效的综合措施，伸缩缝间距可以适当增大。总结成功的工程经验，在本条中增加了有关的措施及应注意的问题。

施工阶段采取的措施对于早期防裂最为有效。本次修订增加了采用低收缩混凝土；加强浇筑后的养护；采用跳仓法、后浇带、控制缝等施工措施。后浇带是避免施工期收缩裂缝的有效措施，但间隔期及具体做法不确定性很大，难以统一规定时间，由施工、设计根据具体情况确定。应该注意的是：设置后浇带可适当增大伸缩缝间距，但不能代替伸缩缝。

控制缝也称引导缝，是采取弱化截面的构造措施，引导混凝土裂缝在规定的位置产生，并预先做好防渗、止水等措施，或采用建筑手法（线脚、饰条等）加以掩饰。

结构在形状曲折、刚度突变，孔洞凹角等部位容易在温差和收缩作用下开裂。在这些部位增加构造配筋可以控制裂缝。施加预应力也可以有效地控制温度变化和收缩的不利影响，减小混凝土开裂的可能性。本条中所指的"预加应力措施"是指专门用于抵消温度、收缩应力的预加应力措施。

容易受到温度变化和收缩影响的结构部位是指施工期的大体积混凝土（水化热）以及暴露的屋盖、山墙部位（季节温差）等。在这些部位应分别采取针对性的措施（如施工控温、设置保温层等）以减少温差和收缩的影响。

本条特别强调增大伸缩缝间距对结构的影响。设计者应通过有效的分析或计算慎重考虑各种不利因素对结构内力和裂缝的影响，确定合理的伸缩缝间距。

本条中的"有充分依据"，不应简单地理解为"已经有了未发现问题的工程实例"。由于环境条件不同，不能盲目照搬。应对具体工程中各种有利和不利因素的影响方式和程度，作出有科学依据的分析和判断，并由此确定伸缩缝间距的增减。

8.1.4 由于在混凝土结构的地下部分，温度变化和混凝土收缩能够得到有效的控制，规范规定了有关结构在地下可以不设伸缩缝的规定。对不均匀沉降结构设置沉降缝的情况不包括在内，设计时可根据具体情况自行掌握。

8.2 混凝土保护层

8.2.1 根据我国对混凝土结构耐久性的调研及分析，并参考《混凝土结构耐久性设计规范》GB/T 50476以及国外相应规范、标准的有关规定，对混凝土保护层的厚度进行了以下调整：

1 混凝土保护层厚度不小于受力钢筋直径（单筋的公称直径或并筋的等效直径）的要求，是为了保证握裹层混凝土对受力钢筋的锚固。

2 从混凝土碳化、脱钝和钢筋锈蚀的耐久性角度考虑，不再以纵向受力钢筋的外缘，而以最外层钢筋（包括箍筋、构造筋、分布筋等）的外缘计算混凝土保护层厚度。因此本次修订后的保护层实际厚度比原规范实际厚度有所加大。

3 根据第3.5节对结构所处耐久性环境类别的划分，调整混凝土保护层厚度的数值。对一般情况下混凝土结构的保护层厚度稍有增加；而对恶劣环境下的保护层厚度则增幅较大。

4 简化表8.2.1的表达：根据混凝土碳化反应的差异和构件的重要性，按平面构件（板、墙、壳）及杆状构件（梁、柱、杆）分两类确定保护层厚度；表中不再列入强度等级的影响，C30及以上统一取值，C25及以下均增加5mm。

5 考虑碳化速度的影响，使用年限100年的结构，保护层厚度取1.4倍。其余措施已在第3.5节中表达，不再列出。

6 为保证基础钢筋的耐久性，根据工程经验基础底面要求做垫层，基底保护层厚度仍取40mm。

8.2.2 根据工程经验及具体情况采取有效的综合措施，可以提高构件的耐久性能，减小保护层的厚度。

构件的表面防护是指表面抹灰层以及其他各种有效的保护性涂料层。例如，地下室墙体采用防水、防腐做法时，与土壤接触面的保护层厚度可适当放松。

由工厂生产的预制混凝土构件，经过检验而有较好质量保证时，可根据相关标准或工程经验对保护层厚度要求适当放松。

使用阻锈剂应经试验检验效果良好，并应在确定有效的工艺参数后应用。

采用环氧树脂涂层钢筋、镀锌钢筋或采取阴极保护处理等防锈措施时，保护层厚度可适当放松。

8.2.3 当保护层很厚时（例如配置粗钢筋；框架顶层端节点弯弧钢筋以外的区域等），宜采取有效的措施对厚保护层混凝土进行拉结，防止混凝土开裂剥落、下坠。通常为保护层采用纤维混凝土或加配钢筋网片。为保证防裂钢筋网片不致成为引导锈蚀的通道，应对其采取有效的绝缘和定位措施，此时网片钢筋的保护层厚度可适当减小，但不应小于 25mm。

8.3 钢筋的锚固

8.3.1 我国钢筋强度不断提高，结构形式的多样性也使锚固条件有了很大的变化，根据近年来系统试验研究及可靠度分析的结果并参考国外标准，规范给出了以简单计算确定受拉钢筋锚固长度的方法。其中基本锚固长度 l_{ab} 取决于钢筋强度 f_y 及混凝土抗拉强度 f_t，并与锚固钢筋的直径及外形有关。

公式 (8.3.1-1) 为计算基本锚固长度 l_{ab} 的通式，其中分母项反映了混凝土对粘结锚固强度的影响，用混凝土的抗拉强度表达。表 8.3.1 中不同外形钢筋的锚固外形系数 α 是经对各类钢筋进行系统粘结锚固试验研究及可靠度分析得出的。本次修订删除了原规范中锚固性能很差的刻痕钢丝。预应力螺纹钢筋通常采用后张法端部专用螺母锚固，故未列入锚固长度的计算方法。

公式 (8.3.1-3) 规定，工程中实际的锚固长度 l_a 为钢筋基本锚固长度 l_{ab} 乘锚固长度修正系数 ζ_a 后的数值。修正系数 ζ_a 根据锚固条件按第 8.3.2 取用，且可连乘。为保证可靠锚固，在任何情况下受拉钢筋的锚固长度不能小于最低限度（最小锚固长度），其数值不应小于 $0.6l_{ab}$ 及 200mm。

试验研究表明，高强混凝土的锚固性能有所增强，原规范混凝土强度最高等级取 C40 偏于保守，本次修订将混凝土强度等级提高到 C60，充分利用混凝土强度提高对锚固的有利影响。

本条还提出了当混凝土保护层厚度不大于 $5d$ 时，在钢筋锚固长度范围内配置构造钢筋（箍筋或横向钢筋）的要求，以防止保护层混凝土劈裂时钢筋突然失锚。其中对于构造钢筋的直径根据最大锚固钢筋的直径确定；对于构造钢筋的间距，按最小锚固钢筋的直径取值。

8.3.2 本条介绍了不同锚固条件下的锚固长度的修正系数。这是通过试验研究并参考了工程经验和国外标准而确定的。

为反映粗直径带肋钢筋相对肋高减小对锚固作用降低的影响，直径大于 25mm 的粗直径带肋钢筋的锚固长度应适当加大，乘以修正系数 1.10。

为反映环氧树脂涂层钢筋表面光滑状态对锚固的不利影响，其锚固长度应乘以修正系数 1.25。这是根据试验分析的结果并参考国外标准的有关规定确定的。

施工扰动（例如滑模施工或其他施工期依托钢筋承载的情况）对钢筋锚固作用的不利影响，反映为施工扰动的影响。修正系数与原规范数值相当，取 1.10。

配筋设计时实际配筋面积往往因构造原因大于计算值，故钢筋实际应力通常小于强度设计值。根据试验研究并参照国外规范，受力钢筋的锚固长度可以按比例缩短，修正系数取决于配筋余量的数值。但其适用范围有一定限制：不适用于抗震设计及直接承受动力荷载结构中的受力钢筋锚固。

锚固钢筋常因外围混凝土的纵向劈裂而削弱锚固作用，当混凝土保护层厚度较大时，握裹作用加强，锚固长度可以减短。经试验研究及可靠度分析，并根据工程实践经验，当保护层厚度大于锚固钢筋直径的 3 倍时，可乘修正系数 0.80；保护层厚度大于锚固钢筋直径的 5 倍时，可乘修正系数 0.70；中间情况插值。

8.3.3 在钢筋末端配置弯钩和机械锚固是减小锚固长度的有效方式，其原理是利用受力钢筋端部锚头（弯钩、贴焊锚筋、焊接锚板或螺栓锚头）对混凝土的局部挤压作用加大锚固承载力。锚头对混凝土的局部挤压保证了钢筋不会发生锚固拔出破坏，但锚头前必须有一定的直段锚固长度，以控制锚固钢筋的滑移，使构件不致发生较大的裂缝和变形。因此对钢筋末端弯钩和机械锚固可以乘修正系数 0.6，有效地减小锚固长度。应该注意的是上述修正的锚固长度已达到 $0.6l_{ab}$，不应再考虑第 8.3.2 条的修正。

根据近年的试验研究，参考国外规范并考虑方便施工，提出几种钢筋弯钩和机械锚固的形式：筋端弯钩及一侧贴焊锚筋的情况用于截面侧边、角部的偏置锚固时，锚头偏置方向还应向截面内侧偏斜。

根据试验研究并参考国外规范，局部受压与其承压面积有关，对锚头或锚板的净挤压面积，应不小于 4 倍锚筋截面积，即总投影面积的 5 倍。对方形锚板边长为 $1.98d$、圆形锚板直径为 $2.24d$，d 为锚筋的直径。锚筋端部的焊接锚板或贴焊锚筋，应满足《钢筋焊接及验收规程》JGJ 18 的要求。对弯钩，要求在弯折角度不同时弯后直线长度分别为 $12d$ 和 $5d$。

机械锚固局部受压承载力与锚固区混凝土的厚度及约束程度有关。考虑锚头集中布置后对局部受压承载力的影响，锚头宜在纵、横两个方向错开，净间距均为不宜小于 $4d$。

8.3.4 柱及桁架上弦等构件中的受压钢筋也存在着锚固问题。受压钢筋的锚固长度为相应受拉锚固长度的 70%。这是根据工程经验、试验研究及可靠度分析，并参考国外规范确定的。对受压钢筋锚固区域的横向配筋也提出了要求。

8.3.5 根据长期工程实践经验，规定了承受重复荷载预制构件中钢筋的锚固措施。本条规定采用受力钢筋末端焊接在钢板或角钢（型钢）上的锚固方式。这种形式同样适用于其他构件的钢筋锚固。

8.4 钢筋的连接

8.4.1 钢筋连接的形式（搭接、机械连接、焊接）各自适用于一定的工程条件。各种类型钢筋接头的传力性能（强度、变形、恢复力、破坏状态等）均不如直接传力的整根钢筋，任何形式的钢筋连接均会削弱其传力性能。因此钢筋连接的基本原则为：连接接头设置在受力较小处；限制钢筋在构件同一跨度或同一层高内的接头数量；避开结构的关键受力部位，如柱端、梁端的箍筋加密区，并限制接头面积百分率等。

8.4.2 由于近年钢筋强度提高以及各种机械连接技术的发展，对绑扎搭接连接钢筋的应用范围及直径限制都较原规范适当加严。

8.4.3 本条用图及文字表达了钢筋绑扎搭接连接区段的定义，并提出了控制在同一连接区段内接头面积百分率的要求。搭接钢筋应错开布置，且钢筋端面位置应保持一定间距。首尾相接形式的布置会在搭接端面引起应力集中和局部裂缝，应予以避免。搭接钢筋接头中心的纵向间距不大于1.3倍搭接长度。当搭接钢筋端部距离不大于搭接长度的30%时，均属位于同一连接区段的搭接接头。

粗、细钢筋在同一区段搭接时，按较细钢筋的截面积计算接头面积百分率及搭接长度。这是因为钢筋通过接头传力时，均按受力较小的细直径钢筋考虑承载受力，而粗直径钢筋往往有较大的余量。此原则对于其他连接方式同样适用。

对梁、板、墙、柱类构件的受拉钢筋搭接接头面积百分率分别提出了控制条件。其中，对板类、墙类及柱类构件，尤其是预制装配整体式构件，在实现传力性能的条件下，可根据实际情况适当放宽搭接接头面积百分率的限制。

并筋分散、错开的搭接方式有利于各根钢筋内力传递的均匀过渡，改善了搭接钢筋的传力性能及裂缝状态。因此并筋应采用分散、错开搭接的方式实现连接，并按截面内各根单筋计算搭接长度及接头面积百分率。

8.4.4 本条规定了受拉钢筋绑扎搭接接头搭接长度的计算方法，其中反映了接头面积百分率的影响。这是根据有关的试验研究及可靠度分析，并参考国外有关规范的做法确定的。搭接长度随接头面积百分率的提高而增大，是因为搭接接头受力后，相互搭接的两根钢筋将产生相对滑移，且搭接长度越小，滑移越大。为了使接头充分受力的同时变形刚度不致过差，就需要相应增大搭接长度。

为保证受力钢筋的传力性能，按接头百分率修正搭接长度，并提出最小搭接长度的限制。当纵向搭接钢筋接头面积百分率为表8.4.4的中间值时，修正系数可按内插取值。

8.4.5 按原规范的做法，受压构件中（包括柱、撑杆、屋架上弦等）纵向受压钢筋的搭接长度规定为受拉钢筋的70%。为避免偏心受压引起的屈曲，受压纵向钢筋端头不应设置弯钩或单侧焊锚筋。

8.4.6 搭接接头区域的配箍构造措施对保证搭接钢筋传力至关重要。对于搭接长度范围内的构造钢筋（箍筋或横向钢筋）提出了与锚固长度范围同样的要求，其中构造钢筋的直径按最大搭接钢筋直径取值；间距按最小搭接钢筋的直径取值。

本次修订对受压钢筋搭接的配箍构造要求取与受拉钢筋搭接相同，比原规范要求加严。根据工程经验，为防止粗钢筋在搭接端头的局部挤压产生裂缝，提出了在受压搭接接头端部增加配箍的要求。

8.4.7 为避免机械连接接头处相对滑移变形的影响，定义机械连接区段的长度为以套筒为中心长度35d的范围，并由此控制接头面积百分率。钢筋机械连接的质量应符合《钢筋机械连接技术规程》JGJ 107的有关规定。

本条还规定了机械连接的应用原则：接头宜互相错开，并避开受力较大部位。由于在受力最大处受拉钢筋传力的重要性，机械连接接头在该处的接头面积百分率不宜大于50%。但对于板、墙等钢筋间距很大的构件，以及装配式构件的拼接处，可根据情况适当放宽。

由于机械连接套筒直径加大，对保护层厚度的要求有所放松，由"应"改为"宜"。此外，提出了在机械连接套筒两侧减小箍筋间距布置，避开套筒的解决办法。

8.4.8 不同牌号钢筋可焊性及焊后力学性能影响有差别，对细晶粒钢筋（HRBF）、余热处理钢筋（RRB）焊接分别提出了不同的控制要求。此外粗直径钢筋的（大于28mm）焊接质量不易保证，工艺要求从严。对上述情况，均应符合《钢筋焊接及验收规程》JGJ 18的有关规定。

焊接连接区段长度的规定同原规范，工程实践证明这些规定是可行的。

8.4.9 承受疲劳荷载吊车梁等有关构件中受力钢筋焊接的要求，与原规范的有关内容相同。

8.5 纵向受力钢筋的最小配筋率

8.5.1 我国建筑结构混凝土构件的最小配筋率与其他国家相比明显偏低，历次规范修订最小配筋率设置水平不断提高。受拉钢筋最小配筋百分率仍维持原规范由配筋特征值（45f_t/f_y）及配筋率常数限值0.20的双控方式。但由于主力钢筋已由335N/mm^{2}提高到400N/mm^2～500N/mm^2，实际上配筋水平已有明显提高。但受弯板类构件的混凝土强度一般不超过C30，配筋基本全都由配筋率常数限值控制，对高强度的400N/mm^{2}钢筋，其强度得不到发挥。故对此类情况的最小配筋率常数限值由原规范的0.20%改为0.15%，实际效果基本与原规范持平，仍可保证结构的安全。

受压构件是指柱、压杆等截面长宽比不大于4的构件。规定受压构件最小配筋率的目的是改善其性能，避免混凝土突然压溃，并使受压构件具有必要的刚度和抵抗偶然偏心作用的能力。本次修订规范对受压构件纵向钢筋的最小配筋率基本不变，即受压构件一侧纵筋最小配筋率仍保持 0.2% 不变，而对不同强度的钢筋分别给出了受压构件全部钢筋的最小配筋率：0.50、0.55 和 0.60 三档，比原规范稍有提高。考虑到强度等级偏高时混凝土脆性特征更为明显，故规定当混凝土强度等级为 C60 以上时，最小配筋率上调 0.1%。

8.5.2 卧置于地基上的钢筋混凝土厚板，其配筋量多由最小配筋率控制。根据实际受力情况，最小配筋率可适当降低，但规定了最低限值 0.15%。

8.5.3 本条为新增条文。参照国内外有关规范的规定，对于截面厚度很大而内力相对较小的非主要受弯构件，提出了少筋混凝土配筋的概念。

由构件截面的内力（弯矩 M）计算截面的临界厚度（h_{cr}）。按此临界厚度相应最小配筋率计算的配筋，仍可保证截面相应的受弯承载力。因此，在截面高度继续增大的条件下维持原有的实际配筋量，虽配筋率减少，但仍应能保证构件应有的承载力。但为保证一定的配筋量，应限制临界厚度不小于截面的一半。这样，在保证构件安全的条件下可以大大减少配筋量，具有明显的经济效益。

9 结构构件的基本规定

9.1 板

（Ⅰ）基 本 规 定

9.1.1 分析结果表明，四边支承板长短边长度的比值大于或等于 3.0 时，板可按沿短边方向受力的单向板计算；此时，沿长边方向配置本规范第 9.1.7 条规定的分布钢筋已经足够。当长短边长度比在 2～3 之间时，板虽仍可按沿短边方向受力的单向板计算，但沿长边方向按分布钢筋配筋尚不足以承担该方向弯矩，应适当增大配筋量。当长短边长度比小于 2 时，应按双向板计算和配筋。

9.1.2 本条考虑结构安全及舒适度（刚度）的要求，根据工程经验，提出了常用混凝土板的跨厚比，并从构造角度提出了现浇板最小厚度的要求。现浇板的合理厚度应在符合承载力极限状态和正常使用极限状态要求的前提下，按经济合理的原则选定，并考虑防火、防爆等要求，但不应小于表 9.1.2 的规定。

本次修订从安全和耐久性的角度适当增加了密肋楼盖、悬臂板的厚度要求。还对悬臂板的外挑长度作出了限制，外挑过长时宜采取悬臂梁-板的结构形式。此外，根据工程经验，还给出了现浇空心楼盖最小厚

度的要求。

根据已有的工程经验，对制作条件较好的预制构件面板，在采取耐久性保护措施的情况下，其厚度可适当减薄。

9.1.3 受力钢筋的间距过大不利于板的受力，且不利于裂缝控制。根据工程经验，规定了常用混凝土板中受力钢筋的最大间距。

9.1.4 分离式配筋施工方便，已成为我国工程中混凝土板的主要配筋形式。本条规定了板中钢筋配置以及支座锚固的构造要求。对简支板或连续板的下部纵向受力钢筋伸入支座的锚固长度作出了规定。

9.1.5 为节约材料、减轻自重及减小地震作用，近年来现浇空心楼盖的应用逐渐增多。本条为新增条文，根据工程经验和国内有关标准，提出了空心楼板体积空心率限值的建议，并对箱形内孔及管形内孔楼板的基本构造尺寸作出了规定。当箱体内模兼作楼盖板底的饰面时，可按密肋楼盖计算。

（Ⅱ）构 造 配 筋

9.1.6 与支承梁或墙整体浇筑的混凝土板，以及嵌固在砌体墙内的现浇混凝土板，往往在其非主要受力方向的侧边上由于边界约束产生一定的负弯矩，从而导致板面裂缝。为此往往在板边和板角部位配置防裂的板面构造钢筋。本条提出了相应的构造要求：包括钢筋截面积、直径、间距、伸入板内的锚固长度以及板角配筋的形式、范围等。这些要求在原规范的基础上作了适当的合并和简化。

9.1.7 考虑到现浇板中存在温度-收缩应力，根据工程经验提出了板应在垂直于受力方向上配置横向分布钢筋的要求。本条规定了分布钢筋配筋率、直径、间距等配筋构造措施；同时对集中荷载较大的情况，提出了应适当增加分布钢筋用量的要求。

9.1.8 混凝土收缩和温度变化易在现浇楼板内引起约束拉应力而导致裂缝，近年来现浇板的裂缝问题比较严重。重要原因是混凝土收缩和温度变化在现浇楼板内引起的约束拉应力。设置温度收缩钢筋有助于减少这类裂缝。该钢筋宜在未配筋板面双向配置，特别是温度、收缩应力的主要作用方向。鉴于受力钢筋和分布钢筋也可以起到一定的抵抗温度、收缩应力的作用，故应主要在未配钢筋的部位或配筋数量不足的部位布置温度收缩钢筋。

板中温度、收缩应力目前尚不易准确计算，本条根据工程经验给出了配置温度收缩钢筋的原则和最低数量规定。如有计算温度、收缩应力的可靠经验，计算结果亦可作为确定附加钢筋用量的参考。此外，在产生应力集中的蜂腰、洞口、转角等易开裂部位，提出了配置防裂构造钢筋的规定。

9.1.9 在混凝土厚板中沿厚度方向以一定间隔配置钢筋网片，不仅可以减少大体积混凝土中温度-收缩

的影响，而且有利于提高构件的受剪承载力。本条作出了相应的构造规定。

9.1.10 为保证柱支承板或悬臂楼板自由边端部的受力性能，参考国外标准的做法，应在板的端面加配 U 形构造钢筋，并与板面、板底钢筋搭接；或利用板面、板底钢筋向下、上弯折，对楼板的端面加以封闭。

（Ⅲ）板 柱 结 构

9.1.11 板柱结构及基础筏板，在板与柱相交的部位都处于冲切受力状态。试验研究表明，在与冲切破坏面相交的部位配置箍筋或弯起钢筋，能够有效地提高板的抗冲切承载力。本条的构造措施是为了保证箍筋或弯起钢筋的抗冲切作用。

国内外工程实践表明，在与冲切破坏面相交的部位配置销钉或型钢剪力架，可以有效地提高板的受冲切承载力，具体计算及构造措施可见相关的技术文件。

9.1.12 为加强板柱结构节点处的受冲切承载力，可采取柱帽或托板的结构形式加强板的抗力。本条提出了相应的构造要求，包括平面尺寸、形状和厚度等。必要时可配置抗剪栓钉。

9.2 梁

（Ⅰ）纵 向 配 筋

9.2.1 根据长期工程实践经验，为了保证混凝土浇筑质量，提出梁内纵向钢筋数量、直径及布置的构造要求，基本同原规范的规定。提出了当配筋过于密集时，可以采用并筋的配筋形式。

9.2.2 对于混合结构房屋中支承在砌体、垫块等简支支座上的钢筋混凝土梁，或预制钢筋混凝土梁的简支支座，给出了在支座处纵向钢筋锚固的要求以及在支座范围内配箍的规定。与原规范相同。工程实践证明，这些措施是有效的。

9.2.3 在连续梁和框架梁的跨内，支座负弯矩受拉钢筋在向跨内延伸时，可根据弯矩图在适当部位截断。当梁端作用剪力较大时，在支座负弯矩钢筋的延伸区段范围内将形成由负弯矩引起的垂直裂缝和斜裂缝，并可能在斜裂缝区前端沿该钢筋形成劈裂裂缝，使纵筋拉应力由于斜弯作用和粘结退化而增大，并使钢筋受拉范围相应向跨中扩展。因此钢筋混凝土梁的支座负弯矩纵向受力钢筋（梁上部钢筋）不宜在受拉区截断。

国内外试验研究结果表明，为了使负弯矩钢筋的截断不影响它在各截面中发挥所需的抗弯能力，应通过两个条件控制负弯矩钢筋的截断点。第一个控制条件（即从不需要该批钢筋的截面伸出的长度）是使该批钢筋截断后，继续前伸的钢筋能保证通过截断点的

斜截面具有足够的受弯承载力；第二个控制条件（即从充分利用截面向前伸出的长度）是使负弯矩钢筋在梁顶部的特定锚固条件下具有必要的锚固长度。根据对分批截断负弯矩纵向钢筋时钢筋延伸区段受力状态的实测结果，规范作出了上述规定。

当梁端作用剪力较小（$V \leqslant 0.7 f_t b h_0$）时，控制钢筋截断点位置的两个条件仍按无斜向开裂的条件取用。

当梁端作用剪力较大（$V > 0.7 f_t b h_0$），且负弯矩区相对长度不大时，规范给出的第二控制条件可继续使用；第一控制条件从不需要该钢筋截面伸出长度不小于 $20d$ 的基础上，增加了同时不小于 h_0 的要求。

若负弯矩区相对长度较大，按以上二条件确定的截断点仍位于与支座最大负弯矩对应的负弯矩受拉区内时，延伸长度应进一步增大。增大后的延伸长度分别为自充分利用截面伸出长度，以及自不需要该批钢筋的截面伸出长度，在两者中取较大值。

9.2.4 由于悬臂梁剪力较大且全长承受负弯矩，"斜弯作用"及"沿筋劈裂"引起的受力状态更为不利。试验表明，在作用剪力较大的悬臂梁内，因梁全长受负弯矩作用，临界斜裂缝的倾角明显较小，因此悬臂梁的负弯矩纵向受力钢筋不宜切断，而应按弯矩图分批下弯，且必须有不少于 2 根上部钢筋伸至梁端，并向下弯折锚固。

9.2.5 梁中受扭纵向钢筋最小配筋率的要求，是以纯扭构件受扭承载力和剪扭条件下不需进行承载力计算而仅按构造配筋的控制条件为基础拟合给出的。本条还给出了受扭纵向钢筋沿截面周边的布置原则和在支座处的锚固要求。对箱形截面构件，偏安全地采用了与实心截面构件相同的构造要求。

9.2.6 根据工程经验给出了在按简支计算但实际受有部分约束的梁端上部，为避免负弯矩裂缝而配置纵向钢筋的构造规定；还对梁架立筋的直径作出了规定。

（Ⅱ）横 向 配 筋

9.2.7 梁的受剪承载力宜由箍筋承担。梁的角部钢筋应通长设置，不仅为方便配筋，而且加强了对芯部混凝土的围箍约束。当采用弯起受剪时，对其应用条件和构造要求作出了规定，与原规范相同。

9.2.8 利用弯矩图确定弯起钢筋的布置（弯起点或弯终点位置、角度、锚固长度等）是我国传统设计的方法，工程实践表明有关弯起钢筋的构造要求是有效的，故维持不变。

9.2.9 对梁的箍筋配置构造要求作出了规定，包括在不同受力条件下配箍的直径、间距、范围、形式等。维持原版规范的规定不变，仅合并统一表达。开口箍不利于纵向钢筋的定位，且不能约束芯部混凝土。故除小过梁以外，一般构件不应采用开口箍。

9.2.10 梁内弯剪扭箍筋的构造要求与原规范相同，工程实践证明是可行的。

（Ⅲ）局部配筋

9.2.11 本条为梁腰集中荷载作用处附加横向配筋的构造要求。

当集中荷载在梁高范围内或梁下部传入时，为防止集中荷载影响区下部混凝土的撕裂及裂缝，并弥补间接加载导致的梁斜截面受剪承载力降低，应在集中荷载影响区 s 范围内配置附加横向钢筋。试验研究表明，当梁受剪箍筋配筋率满足要求时，由本条公式计算确定的附加横向钢筋能较好发挥承剪作用，并限制斜裂缝及局部受拉裂缝的宽度。

在设计中，不允许用布置在集中荷载影响区内的受剪箍筋代替附加横向钢筋。此外，当传入集中力的次梁宽度 b 过大时，宜适当减小由 $3b + 2h_1$ 所确定的附加横向钢筋的布置宽度。当梁下部作用有均布荷载时，可参照本规范计算深梁下部配置悬吊钢筋的方法确定附加悬吊钢筋的数量。

当有两个沿梁长度方向相互距离较小的集中荷载作用于梁高范围内时，可能形成一个总的撕裂效应和撕裂破坏面。偏安全的做法是，在不减少两个集中荷载之间应配附加钢筋数量的同时，分别适当增大两个集中荷载作用点以外附加横向钢筋的数量。

还应该说明的是：当采用弯起钢筋作附加钢筋时，明确规定公式中的 A_{sv} 应为左右弯起段截面面积之和；弯起式附加钢筋的弯起段应伸至梁上边缘，且其尾部应按规定设置水平锚固段。

9.2.12 本条为折梁的配筋构造要求。对受拉区有内折角的梁，梁底的纵向受拉钢筋应伸至对边并在受压区锚固。受压区范围可按计算的实际受压区高度确定。直线锚固应符合本规范第 8.3 节钢筋锚固的规定；弯折锚固则参考本规范第 9.3 节节点内弯折锚固的做法。

9.2.13 本条提出了大尺寸梁腹板内配置腰筋的构造要求。

现代混凝土构件的尺度越来越大，工程中大截面尺寸现浇混凝土梁日益增多。由于配筋较少，往往在梁腹板范围内的侧面产生垂直于梁轴线的收缩裂缝。为此，应在大尺寸梁的两侧沿梁长度方向布置纵向构造钢筋（腰筋），以控制裂缝。根据工程经验，对腰筋的最大间距和最小配筋率给出了相应的配筋构造要求。腰筋的最小配筋率按扣除了受压及受拉翼缘的梁腹板截面面积确定。

9.2.14 本条规定了薄腹梁及需作疲劳验算的梁，加强下部纵向钢筋的构造措施。与02版规范相同，工程实践证明是可行的。

9.2.15 本条参考欧洲规范 EN1992-1-1：2004 的有关规定，为防止表层混凝土碎裂、坠落和控制裂缝宽度，提出了在厚保护层混凝土梁下部配置表层分布钢筋（表层钢筋）的构造要求。表层分布钢筋宜采用焊接网片。其混凝土保护层厚度可按第 8.2.3 条减小为 25mm，但应采取有效的定位、绝缘措施。

9.2.16 深受弯构件（包括深梁）是梁的特殊类型，在承受重型荷载的现代混凝土结构中得到越来越广泛的应用，其内力及设计方法与一般梁有显著差别。本条为引导性条文，具体设计方法见本规范附录G。

9.3　柱、梁柱节点及牛腿

（Ⅰ）柱

9.3.1 本条规定了柱中纵向钢筋（包括受力钢筋及构造钢筋）的基本构造要求。

柱宜采用大直径钢筋作纵向受力钢筋。配筋过多的柱在长期受压混凝土徐变后卸载，钢筋弹性回复会在柱中引起横裂，故应对柱最大配筋率作出限制。

对圆柱提出了最低钢筋数量以及均匀配筋的要求，但当圆柱按方向性配筋时不在此例。

此外还规定了柱中纵向钢筋的间距。间距过密影响混凝土浇筑密实；过疏则难以维持对芯部混凝土的围箍约束。同样，柱侧构造筋及相应的复合箍筋或拉筋也是为了维持对芯部混凝土的约束。

9.3.2 柱中配置箍筋的作用是为了架立纵向钢筋；承担剪力和扭矩；并与纵筋一起形成对芯部混凝土的围箍约束。为此对柱的配箍提出系统的构造措施，包括直径、间距、数量、形式等。

为保持对柱中混凝土的围箍约束作用，柱周边箍筋应做成封闭式。对圆柱及配筋率较大的柱，还对箍筋提出了更严格的要求：末端 135°弯钩，且弯后余长不小于 5d（或 10d），且应勾住纵筋。对纵筋较多的情况，为防止受压屈曲还提出设置复合箍筋的要求。

采用焊接封闭环式箍筋、连续螺旋箍筋或连续复合螺旋箍筋，都可以有效地增强对柱芯部混凝土的围箍约束而提高承载力。当考虑其间接配筋的作用时，对其配箍的最大间距作出限制。但间距也不能太密，以免影响混凝土的浇筑施工。

对连续螺旋箍筋、焊接封闭环式箍筋或连续复合螺旋箍筋，已有成熟的工艺和设备。施工中采用预制的专用产品，可以保证应有的质量。

9.3.3 对承载较大的Ⅰ形截面柱的配筋构造提出要求，包括翼缘、腹板的厚度；以及腹板开孔时的配筋构造要求。基本同原规范的要求。

（Ⅱ）梁柱节点

9.3.4 本条为框架中间层端节点的配筋构造要求。

在框架中间层端节点处，根据柱截面高度和钢筋直径，梁上部纵向钢筋可以采用直线的锚固方式。

试验研究表明，当柱截面高度不足以容纳直线锚固段时，可采用带 90°弯折段的锚固方式。这种锚固端的锚固力由水平段的粘结锚固和弯弧-垂直段的挤压锚固作用组成。规范强调此时梁筋应伸到柱对边再向下弯折。在承受静力荷载为主的情况下，水平段的粘结能力起主导作用。当水平段投影长度不小于 $0.4l_{ab}$，弯弧-垂直段投影长度为 $15d$ 时，已能可靠保证梁筋的锚固强度和抗滑移刚度。

本次修订还增加了采用筋端加锚头的机械锚固方法，以提高锚固效果，减少锚固长度。但要求锚固钢筋伸到柱对边柱纵向钢筋的内侧，以增大锚固力。有关的试验研究表明，这种做法有效，而且施工比较方便。

规范还规定了框架梁下部纵向钢筋在端节点处的锚固要求。

9.3.5 本条为框架中间层中间节点梁纵筋的配筋构造要求。

中间层中间节点的梁下部纵向钢筋，修订提出了宜贯穿节点与支座的要求，当需要锚固时其在节点中的锚固要求仍沿用原规范有关梁纵向钢筋在不同受力情况下锚固的规定。中间层端节点、顶层中间节点以及顶层端节点处的梁下部纵向钢筋，也可按同样的方法锚固。

由于设计、施工不便，不提倡原规范梁钢筋在节点中弯折锚固的做法。

当梁的下部钢筋根数较多，且分别从两侧锚入中间节点时，将造成节点下部钢筋过分拥挤。故也可将中间节点下部梁的纵向钢筋贯穿节点，并在节点以外搭接。搭接的位置宜在节点以外梁弯矩较小的 $1.5h_0$ 以外，这是为了避让梁端塑性铰区和箍筋加密区。

当中间层中间节点左、右跨梁的上表面不在同一标高时，左、右跨梁的上部钢筋可分别锚固在节点内。当中间层中间节点左、右端梁上部钢筋用量相差较大时，除左、右数量相同的部分贯穿节点外，多余的梁筋亦可锚固在节点内。

9.3.6 本条为框架顶层中节点柱纵筋的配筋构造要求。

伸入顶层中间节点的全部柱筋及伸入顶层端节点的内侧柱筋应可靠锚固在节点内。规范强调柱筋应伸至柱顶。当顶层节点高度不足以容纳柱筋直线锚固长度时，柱筋可在柱顶向节点内弯折，或在有现浇板且板厚大于 $100mm$ 时可向节点外弯折，锚固于板内。试验研究表明，当充分利用柱筋的受拉强度时，其锚固条件不如水平钢筋，因此在柱筋弯折前的竖向锚固长度不应小于 $0.5l_{ab}$，弯折后的水平投影长度不宜小于 $12d$，以保证可靠受力。

本次修订还增加了采用机械锚固锚头的方法，以提高锚固效果，减少锚固长度。但要求柱纵向钢筋应伸到柱顶以增大锚固力。有关的试验研究表明，这种

做法有效，而且方便施工。

9.3.7 本条为框架顶层端节点钢筋搭接连接的构造要求。

在承受以静力荷载为主的框架中，顶层端节点处的梁、柱端均主要承受负弯矩作用，相当于 90°的折梁。当梁上部钢筋和柱外侧钢筋数量匹配时，可将柱外侧处于梁截面宽度内的纵向钢筋直接弯入梁上部，作梁负弯矩钢筋使用。也可使梁上部钢筋与柱外侧钢筋在顶层端节点区域搭接。

规范推荐了两种搭接方案。其中设在节点外侧和梁端顶面的带 90°弯折搭接做法适用于梁上部钢筋和柱外侧钢筋数量不致过多的民用或公共建筑框架。其优点是梁上部钢筋不伸入柱内，有利于在梁底标高处设置柱内混凝土的施工缝。

但当梁上部和柱外侧钢筋数量过多时，该方案将造成节点顶部钢筋拥挤，不利于自上而下浇筑混凝土。此时，宜改用梁、柱钢筋直线搭接，接头位于柱顶部外侧。

本次修订还增加了梁、柱截面较大而钢筋相对较细时，钢筋搭接连接的方法。

在顶层端节点处，节点外侧钢筋不是锚固受力，而属于搭接传力问题。故不允许采用将柱筋伸至柱顶，而将梁上部钢筋锚入节点的做法。因这种做法无法保证梁、柱钢筋在节点区的搭接传力，使梁、柱端钢筋无法发挥出所需的正截面受弯承载力。

9.3.8 本条为框架顶层端节点的配筋面积、纵筋弯弧及防裂钢筋等的构造要求。

试验研究表明，当梁上部和柱外侧钢筋配筋率过高时，将引起顶层端节点核心区混凝土的斜压破坏，故对相应的配筋率作出限制。

试验研究还表明，当梁上部钢筋和柱外侧纵向钢筋在顶层端节点角部的弯弧处半径过小时，弯弧内的混凝土可能发生局部受压破坏，故对钢筋的弯弧半径最小值作了相应规定。框架角节点钢筋弯弧以外，可能形成保护层很厚的素混凝土区域，应配构造钢筋加以约束，防止混凝土裂缝、坠落。

9.3.9 本条为框架节点中配箍的构造要求。根据我国工程经验并参考国外有关规范，在框架节点内应设置水平箍筋。当节点四边有梁时，由于除四角以外的节点周边柱纵向钢筋已经不存在过早压屈的危险，故可以不设复合箍筋。

（Ⅲ）牛　腿

9.3.10 本条为对牛腿截面尺寸的控制。

牛腿（短悬臂）的受力特征可以用由顶部水平的纵向受力钢筋作为拉杆和牛腿内的混凝土斜压杆组成的简化三角桁架模型描述。竖向荷载将由水平拉杆的拉力和斜压杆的压力承担；作用在牛腿顶部向外的水平拉力则由水平拉杆承担。

牛腿要求不致因斜压杆压力较大而出现斜压裂缝，故其截面尺寸通常以不出现斜裂缝为条件，即由本条的计算公式控制，并通过公式中的裂缝控制系数 β 考虑不同使用条件对牛腿的不同抗裂要求。公式中的 $(1-0.5F_{hk}/F_{vk})$ 项是按牛腿在竖向力和水平拉力共同作用下斜裂缝宽度不超过 0.1mm 为条件确定的。

符合本条计算公式要求的牛腿不需再作受剪承载力验算。这是因为通过在 $a/h_0 < 0.3$ 时取 $a/h_0 = 0.3$，以及控制牛腿上部水平钢筋的最大配筋率，已能保证牛腿具有足够的受剪承载力。

在计算公式中还对沿下柱边的牛腿截面有效高度 h_0 作出限制。这是考虑当斜角 α 大于 45°时，牛腿的实际有效高度不会随 α 的增大而进一步增大。

9.3.11 本条为牛腿纵向受力钢筋的计算。规定了承受竖向力的受拉钢筋及承受水平力的锚固钢筋的计算方法，同原规范的规定。

9.3.12 承受动力荷载牛腿的纵向受力钢筋宜采用延性较好的牌号为 HRB 的热轧带肋钢筋。本条明确规定了牛腿上部纵向受拉钢筋伸入柱内的锚固要求，以及当牛腿设在柱顶时，为了保证牛腿顶面受拉钢筋与柱外侧纵向钢筋的可靠传力而应采取的构造措施。

9.3.13 牛腿中应配置水平箍筋，特别是在牛腿上部配置一定数量的水平箍筋，能有效地减少在该部位过早出现斜裂缝的可能性。在牛腿内设置一定数量的弯起钢筋是我国工程界的传统做法。但试验表明，它对提高牛腿的受剪承载力和减少斜向开裂的可能性都不起明显作用，故适度减少了弯起钢筋的数量。

9.4 墙

9.4.1 根据工程经验并参考国外有关的规范，长短边比例大于 4 的竖向构件定义为墙，比例不大于 4 的则应按柱进行设计。

墙的混凝土强度要求比 02 版规范适当提高。出于承载受力的要求，提出了墙厚度限制的要求。对预制板的搁置长度，在满足墙中竖筋贯通的条件下（例如预制板采用硬架支模方式）不再作强制规定。

9.4.2 本条提出墙双排配筋及配置拉结筋的要求。这是为了保证板中的配筋能够充分发挥强度，满足承载力的要求。

9.4.3 本条规定了在墙面水平、竖向荷载作用下，钢筋混凝土剪力墙承载力计算的方法以及截面设计参数的确定方法。

9.4.4 为保证剪力墙的受力性能，提出了剪力墙内水平、竖向分布钢筋直径、间距及配筋率的构造要求。可以利用焊接网片作墙内配筋。

对重要部位的剪力墙：主要是指框架-剪力墙结构中的剪力墙和框架-核心筒结构中的核心筒墙体，宜根据工程经验提高墙体分布钢筋的配筋率。

温度、收缩应力的影响是造成墙体开裂的主要原因。对于温度、收缩应力较大的剪力墙或剪力墙的易开裂部位，应根据工程经验提高墙体水平分布钢筋的配筋率。

9.4.5 本条为有关低层混凝土房屋结构墙的新增内容，配合墙体改革的要求，钢筋混凝土结构墙应用于低层房屋（乡村、集镇的住宅及民用房屋）的情况有所增多。钢筋混凝土结构墙性能优于砖砌墙体，但按高层房屋剪力墙的构造规定设计过于保守，且最小配筋率难以控制。本条提出混凝土结构墙的基本构造要求。结构墙配筋适当减小，其余构造基本同剪力墙。多层混凝土房屋结构墙尚未进行系统研究，故暂缺，拟在今后通过试验研究及工程应用，在成熟时纳入。抗震构造要求在第 11 章中表达，以边缘构件的形式予以加强。

9.4.6 为保证剪力墙的承载受力，规定了墙内水平、竖向钢筋锚固、搭接的构造要求。其中水平钢筋搭接要求错开布置；竖向钢筋则允许在同一截面上搭接，即接头面积百分率 100%。此外，对翼墙、转角墙、带边框的墙等也提出了相应的配筋构造要求。

9.4.7 本条提出了剪力墙洞口连梁的配筋构造要求，包括洞边钢筋及洞口连梁的受力纵筋及锚固，洞口连梁配箍的直径及间距等。还对墙上开洞的配筋构造提出了要求。

9.4.8 本条规定了剪力墙墙肢两端竖向受力钢筋的构造要求，包括配筋的数量、直径及拉结筋的规定。

9.5 叠合构件

预制（既有）-现浇叠合式构件的特点是两阶段成形，两阶段受力。第一阶段可为预制构件，也可为既有结构；第二阶段则为后续配筋、浇筑而形成整体的叠合混凝土构件。叠合构件兼有预制装配和整体现浇的优点，也常用于既有结构的加固，对于水平的受弯构件（梁、板）及竖向的受压构件（柱、墙）均适用。

叠合构件主要用于装配整体式结构，其原则也适用于对既有结构进行重新设计。基于上述原因及建筑产业化趋势，近年国内外叠合结构的发展很快，是一种有前途的结构形式。

（Ⅰ）水平叠合构件

9.5.1 后浇混凝土高度不足全高的 40% 的叠合式受弯构件，由于底部较薄，施工时应有可靠的支撑，使预制构件在二次成形浇筑混凝土的重量及施工荷载下，不至于发生影响内力的变形。有支撑二次成形的叠合构件按整体受弯构件设计计算。

施工阶段无支撑的叠合式受弯构件，二次成形浇筑混凝土的重量及施工荷载的作用影响了构件的内力和变形。应根据附录 H 的有关规定按二阶段受力的叠合构件进行设计计算。

9.5.2 对一阶段采用预制梁、板的叠合受弯构件，提出了叠合受力的构造要求。主要是后浇叠合层混凝土的厚度；混凝土强度等级；叠合面粗糙度；界面构造钢筋等。这些要求是保证界面两侧混凝土共同承载、协调受力的必要条件。当预制板为预应力板时，由于预应力造成的反拱、徐变的影响，宜设置界面构造钢筋加强其整体性。

9.5.3 在既有结构上配筋、浇筑混凝土而成形的叠合受弯构件，将在结构加固、改建中得到越来越广泛的应用。其可根据二阶段受力叠合受弯构件的原理进行设计。设计时应考虑既有结构的承载历史、实测评估的材料性能、施工时支撑对既有结构卸载的具体情况，根据本规范第3.3节、第3.7节的规定确定设计参数及荷载组合进行设计。

对于叠合面可采取剔凿、植筋等方法加强叠合面两侧混凝土的共同受力。

(Ⅱ) 竖向叠合构件

9.5.4 二阶段成形的竖向叠合柱、墙，当第一阶段为预制构件时，应根据具体情况进行施工阶段验算；使用阶段则按整体构件进行设计。

9.5.6 本条是根据对既有结构再设计的工程实践及经验，对叠合受压构件中的既有构件及后浇部分构件，提出了根据具体工程情况确定承载力及材料协调受力相应折减系数的原则。

考虑既有构件的承载历史及施工卸载条件，确定承载力计算的原则：考虑实测结构既有构件的几何形状变化以及材料的实际状况，经统计、分析确定相应的设计参数。结构后加部分材料强度按本规范确定，但考虑协调受力对强度利用的影响，应乘小于1的修正系数并应根据施工支顶卸载情况适当增减。

9.5.7 根据工程实践及经验，提出了满足两部分协调受力的构造措施。竖向叠合柱、墙的基本构造要求包括后浇层的厚度、混凝土强度等级、叠合面粗糙度、界面构造钢筋、后浇层中的配筋及锚固连接等，这是叠合界面两侧的共同受力的必要条件。

9.6 装配式结构

根据节能、减耗、环保的要求及建筑产业化的发展，更多的建筑工程量将转为以工厂构件化生产产品的形式制作，再运输到现场完成原位安装、连接的施工。混凝土预制构件及装配式结构将通过技术进步、产品升级而得到发展。

9.6.1 本条提出了装配式结构的设计原则：根据结构方案和传力途径进行内力分析及构件设计；保证连接处的传力性能；考虑不同阶段成形的影响；满足综合功能的需要。为满足预制构件工厂化批量生产和标准化的要求，标准设计时应考虑构件尺寸的模数化、使用荷载的系列化和构造措施的统一规定。

9.6.2 预制构件应按脱模起吊、运输码放、安装就位等工况及相应的计算简图分别进行施工阶段验算。本条给出了不同工况下的设计条件及动力系数。

9.6.3 本条提出装配式结构连接构造的原则：装配整体式结构中的接头应能传递结构整体分析所确定的内力。对传递内力较大的装配整体式连接，宜采用机械连接的形式。当采用焊接连接的形式时，应考虑焊接应力对接头的不利影响。

不考虑传递内力的一般装配式结构接头，也应有可靠的固定连接措施，例如预制板、墙与支承构件的焊接或螺栓连接等。

9.6.4 为实现装配整体式结构的整体受力性能，提出了对不同预制构件纵向受力钢筋连接及混凝土拼缝灌筑的构造要求。其中整体装配的梁、柱，其受力钢筋的连接应采用机械连接、焊接的方式；墙、板可以搭接；混凝土拼缝应作粗糙处理以能传递剪力并协调变形。

各种装配连接的构造措施，在标准设计及构造手册中多有表达，可以参考。

9.6.5、9.6.6 根据我国长期的工程实践经验，提出了房屋结构中大量应用的装配式楼盖（包括屋盖）加强整体性的构造措施。包括齿槽形板侧、拼缝灌筑、板端互连、与支承结构的连接、板间后浇带、板端负弯矩钢筋等加强楼盖整体性的构造措施。工程实践表明，这些措施对于加强楼盖的整体性是有效的。《建筑物抗震构造详图》G 329及有关标准图对此有详细的规定，可以参考。

高层建筑楼盖，当采用预制装配式时，应设置钢筋混凝土现浇层，具体要求应根据《高层建筑混凝土结构技术规程》JGJ 3的规定进行设计。

9.6.7 为形成结构整体受力，对预制墙板及与周边构件的连接构造提出要求。包括与相邻墙体及楼板的钢筋连接、灌缝混凝土、边缘构件加强等措施。

9.6.8 本条为新增条文，阐述非承重预制构件的设计原则。灾害及事故表明，传力体系以外仅承受自重等荷载的非结构预制构件，也应进行构件及构件连接的设计，以避免影响结构受力，甚至坠落伤人。此类构件及连接的设计原则为：承载安全、适应变形、有冗余约束、满足建筑功能以及耐久性要求等。

9.7 预埋件及连接件

9.7.1 预埋件的材料选择、锚筋与锚板的连接构造基本未作修改，工程实践证明是有效的。再次强调了禁止采用延性较差的冷加工钢筋作锚筋，而用HPB300钢筋代换了已淘汰的HPB235钢筋。锚板厚度与实际受力情况有关，宜通过计算确定。

9.7.2 承受剪力的预埋件，其受剪承载力与混凝土强度等级、锚筋抗拉强度、面积和直径等有关。在保证锚筋锚固长度和锚筋到构件边缘合理距离的前提下，根据试验研究结果提出了确定锚筋截面面积的半理论半经验公式。其中通过系数 α_r 考虑了锚筋排数的影响；通过系数 α_v 考虑了锚筋直径以及混凝土抗压强度与锚筋抗拉强度比值 f_c/f_y 的影响。承受法向拉力的预埋件，其钢板一般都将产生弯曲变形。这时，锚筋不仅承受拉力，还承受钢板弯曲变形引起的剪力，使锚筋处于复合受力状态。通过折减系数 α_b 考虑了锚板弯曲变形的影响。

承受拉力和剪力以及拉力和弯矩的预埋件，根据试验研究结果，锚筋承载力均可按线性的相关关系处理。

只承受剪力和弯矩的预埋件，根据试验结果，当 $V/V_{u0} > 0.7$ 时，取剪弯承载力线性相关；当 $V/V_{u0} \leqslant 0.7$ 时，可按受剪承载力与受弯承载力不相关处理。其 V_{u0} 为预埋件单独受剪时的承载力。

承受剪力、压力和弯矩的预埋件，其锚筋截面面积计算公式偏于安全。由于当 $N < 0.5 f_c A$ 时，可近似取 $M - 0.4Nz = 0$ 作为压剪承载力和压弯剪承载力计算的界限条件，故本条相应的计算公式即以 $N \leqslant 0.5 f_c A$ 为前提条件。本条公式不等式右侧第一项中的系数 0.3 反映了压力对预埋件抗剪能力的影响程度。与试验结果相比，其取值偏安全。

在承受法向拉力和弯矩的锚筋截面面积计算公式中，对拉力项的抗力均乘了折减系数 0.8，这是考虑到预埋件的重要性和受力的复杂性，而对承受拉力这种更不利的受力状态，采取了提高安全储备的措施。

对有抗震要求的重要预埋件，不宜采用以锚固钢筋承力的形式，而宜采用锚筋穿透截面后，固定在背面锚板上的夹板式双面锚固形式。

9.7.3 受剪预埋件弯折锚筋面积计算同原规范。

当预埋件由对称于受力方向布置的直锚筋和弯折锚筋共同承受剪力时，所需弯折锚筋的截面面积可由下式计算：

$$A_{sh} \geqslant (1.1V - \alpha_v f_y A_s)/0.8 f_y$$

上式意味着从作用剪力中减去由直锚筋承担的剪力即为需要由弯折锚筋承担的剪力。上式经调整后即为本条公式。根据国外有关规范和国内对钢与混凝土组合结构中弯折锚筋的试验结果，弯折锚筋的角度对受剪承载力影响不大。考虑到工程中的一般做法，在本条注中给出弯折钢筋的角度宜取在 15°～45°之间。在这一弯折角度范围内，可按上式计算锚筋截面面积，而不需对锚筋抗拉强度作进一步折减。上式中乘在作用剪力项上的系数 1.1 是考虑直锚筋与弯折锚筋共同工作时的不均匀系数 0.9 的倒数。预埋件可以只设弯折钢筋来承担剪力，此时可不设或只按构造设置直锚筋，并在计算公式中取 $A_s = 0$。

9.7.4 预埋件中锚筋的布置不能太密集，否则影响锚固受力的效果。同时为了预埋件的承载受力，还必须保证锚筋的锚固长度以及位置。本条对不同受力状

态的预埋件锚筋的构造要求作出规定，同原规范。

9.7.5 为了达到节约材料、方便施工、避免外露金属件引起耐久性问题，预制构件的吊装方式宜优先选择内埋式螺母、内埋式吊杆或吊装孔。根据国内外的工程经验，采用这些吊装方式比传统的预埋吊环施工方便，吊装可靠，不造成耐久性问题。内埋式吊具已有专门技术和配套产品，根据情况选用。

9.7.6 确定吊环钢筋所需面积时，钢筋的抗拉强度设计值应乘以折减系数。在折减系数中考虑的因素有：构件自重荷载分项系数取为 1.2，吸附作用引起的超载系数取为 1.2，钢筋弯折后的应力集中对强度的折减系数取为 1.4，动力系数取为 1.5，钢丝绳角度对吊环承载力的影响系数取为 1.4，于是，当取 HPB300 级钢筋的抗拉强度设计值为 $f_y = 270N/mm^2$ 时，吊环钢筋实际取用的允许拉应力值约为 $65N/mm^2$。

作用于吊环的荷载应根据实际情况确定，一般为构件自重、悬挂设备自重及活荷载。吊环截面应力验算时，荷载取标准值。

由于本次局部修订将 HPB300 钢筋的直径限于不大于 14mm，因此当吊环直径小于等于 14mm 时，可以采用 HPB300 钢筋；当吊环直径大于 14mm 时，可采用 Q235B 圆钢，其材料性能应符合现行国家标准《碳素结构钢》GB/T 700 的规定。

根据耐久性要求，恶劣环境下吊环钢筋或圆钢绑扎接配筋骨架时应隔垫绝缘材料或采取可靠的防锈措施。

9.7.7 预制构件吊点位置的选择应考虑吊装可靠、平稳。吊装着力点的受力区域应作局部承载验算，以确保安全，同时避免产生引起构件裂缝或过大变形的内力。

10 预应力混凝土结构构件

10.1 一般规定

10.1.1 为确保预应力混凝土结构在施工阶段的安全，明确规定了在施工阶段应进行承载能力极限状态等验算，施工阶段包括制作、张拉、运输及安装等工序。

10.1.2 根据现行国家标准《工程结构可靠性设计统一标准》GB 50153 的有关规定，当进行预应力混凝土构件承载能力极限状态及正常使用极限状态的荷载组合时，应计算预应力作用效应并参与组合，对后张法预应力混凝土超静定结构，预应力效应为综合内力 M_r、V_r 及 N_r，包括预应力产生的次弯矩、次剪力和次轴力。在承载能力极限状态下，预应力作用分项系数 γ_p 应按预应力作用的有利或不利分别取 1.0 或 1.2。当不利时，如后张法预应力混凝土构件锚头局

压区的张拉控制力，预应力作用分项系数 γ_p 应取 1.2。在正常使用极限状态下，预应力作用分项系数 γ_p 通常取 1.0。当按承载能力极限状态计算时，预应力筋超出有效预应力值达到强度设计值之间的应力增量仍为结构抗力部分；当按本规范第 6 章的实用方法进行承载力计算时，仅次内力应参与荷载效应组合和设计计算。

对承载能力极限状态，当预应力作用效应列为公式左端项参与作用效应组合时，由于预应力筋的数量和设计参数已由裂缝控制等级的要求确定，且总体上是有利的，根据工程经验，对参与组合的预应力作用效应项，应取结构重要性系数 $\gamma_0 = 1.0$；对局部受压承载力计算、框架梁端预应力筋偏心弯矩在柱中产生的次弯矩等，其预应力作用效应为不利时，γ_0 应按本规范公式（3.3.2-1）执行。

本规范为避免出现冗长的公式，在诸多计算公式中并没有具体列出相关次内力。因此，当应用本规范公式进行正截面受弯、受压及受拉承载力计算，斜截面受剪及受扭截面承载力计算，以及裂缝控制验算时，均应计入相关次内力。

本次修订增加了无粘结预应力混凝土结构承受静力荷载的设计规定，主要有裂缝控制，张拉控制应力限值，有关的预应力损失值计算，受弯构件正截面承载力计算时无粘结预应力筋的应力设计值、斜截面受剪承载力计算，受弯构件的裂缝控制验算及挠度验算，受弯构件和板柱结构中有粘结纵向钢筋的配置，以及施工张拉阶段截面边缘混凝土法向应力控制和预拉区构造配筋，防腐及防火措施。以上规定的条款列在本章及本规范相关章节的条款中。

10.1.3 本次修订增加了中强度预应力钢丝及预应力螺纹钢筋的张拉控制应力限值。

10.1.5 通常对预应力筋由于布置上的几何偏心引起的内弯矩 $N_p e_{pn}$ 以 M_1 表示。由该弯矩对连续梁引起的支座反力称为次反力，由次反力对梁引起的弯矩称为次弯矩 M_2。在预应力混凝土超静定梁中，由预加力对任一截面引起的总弯矩 M_r 为内弯矩 M_1 与次弯矩 M_2 之和，即 $M_r = M_1 + M_2$。次剪力可根据结构构件各截面次弯矩分布按力学分析方法计算。此外，在后张法梁、板构件中，当预加力引起的结构变形受到柱、墙等侧向构件约束时，在梁、板中将产生与预加力反向的次轴力。为求次轴力也需要应用力学分析方法。

为确保预应力能够有效地施加到预应力结构构件中，应采用合理的结构布置方案，合理布置竖向支承构件，如将抗侧力构件布置在结构位移中心不动点附近；采用相对细长的柔性柱以减少约束力，必要时应在柱中配置附加钢筋承担约束作用产生的附加弯矩。在预应力框架梁施加预应力阶段，可将梁与柱之间的节点设计成在张拉过程中可产生滑动的无约束支座，

张拉后再将该节点做成刚接。对后张楼板为减少约束力，可采用后浇带或施工缝将结构分段，使其与约束柱或墙暂时分开；对于不能分开且刚度较大的支承构件，可在板与墙、柱结合处开设结构洞以减少约束力，待张拉完毕后补强。对于平面形状不规则的板，宜划分为平面规则的单元，使各部分能独立变形，以减少约束；当大部分收缩变形完成后，如有需要仍可以连为整体。

10.1.7 当按裂缝控制要求配置的预应力筋不能满足承载力要求时，承载力不足部分可由普通钢筋承担，采用混合配筋的设计方法。这种部分预应力混凝土既具有全预应力混凝土与钢筋混凝土二者的主要优点，又基本上排除了两者的主要缺点，现已成为加筋混凝土系列中的主要发展趋势。当然也带来了一些新的课题。当预应力混凝土构件配置钢筋时，由于混凝土收缩和徐变的影响，会在这些钢筋中产生内力。这些内力减少了受拉区混凝土的法向预压应力，使构件的抗裂性能降低，因而计算时应考虑这种影响。为简化计算，假定钢筋的应力取等于混凝土收缩和徐变引起的预应力损失值。但严格地说，这种简化计算当预应力筋和钢筋重心位置不重合时是有一定误差的。

10.1.8 近年来，国内开展了后张法预应力混凝土连续梁内力重分布的试验研究，并探讨次弯矩存在对内力重分布的影响。这些试验研究及有关文献建议，对存在次弯矩的后张法预应力混凝土超静定结构，其弯矩重分布规律可描述为：$(1-\beta)M_d + \alpha M_2 \leqslant M_u$，其中，$\alpha$ 为次弯矩消失系数。直接弯矩的调幅系数定义为：$\beta = 1 - M_a/M_d$，此处，M_a 为调整后的弯矩值，M_d 为按弹性分析算得的荷载弯矩设计值；直接弯矩调幅系数 β 的变化幅度是：$0 \leqslant \beta \leqslant \beta_{max}$，此处，$\beta_{max}$ 为最大调幅系数。次弯矩随结构构件刚度改变和塑性铰转动而逐步消失，它的变化幅度是：$0 \leqslant \alpha \leqslant 1.0$；且当 $\beta = 0$ 时，取 $\alpha = 1.0$；当 $\beta = \beta_{max}$ 时，可取 α 接近为 0。且 β 可取其正值或负值，当取 β 为正值时，表示支座处的直接弯矩向跨中调幅；当取 β 为负值时，表示跨中的直接弯矩向支座处调幅。上述试验结果从概念设计的角度说明，在超静定预应力混凝土结构中存在的次弯矩，随着预应力构件开裂、裂缝发展以及刚度减小，在极限荷载阶段会相应减小。当截面配筋率高时，次弯矩的变化较小，反之可能大部分次弯矩都会消失。本次修订考虑到上述情况，采用次弯矩参与重分布的方案，即内力重分布所考虑的最大弯矩除了荷载弯矩设计值外，还包括预应力次弯矩在内。并参考美国 ACI 规范、欧洲规范 EN 1992-2 等，规定对预应力混凝土框架梁及连续梁在重力荷载作用下，当受压区高度 $x \leqslant 0.30h_0$ 时，可允许有限量的弯矩重分配，同时可考虑次弯矩变化对截面内力的影响，但总调幅值不宜超过 20%。

10.1.9 对光面钢丝、螺旋肋钢丝、三股和七股钢绞

线的预应力传递长度，均在原规范规定的预应力传递长度的基础上，根据试验研究结果作了调整，并通过给出的公式由其有效预应力值计算预应力传递长度。预应力筋传递长度的外形系数取决于与锚固性能有关的钢筋的外形。

10.1.11、10.1.12 为确保预应力混凝土结构在施工阶段的安全，本规范第10.1.1条规定了在施工阶段应进行承载能力极限状态验算。在施工阶段对截面边缘混凝土法向应力的限值条件，是根据国内外相关规范校准并吸取国内的工程设计经验而得的。其中，对混凝土法向应力的限值，均用与各施工阶段混凝土抗压强度 f'_{cu} 相对应的抗拉强度及抗压强度标准值表示。

预拉区纵向钢筋的构造配筋率，取略低于本规范第8.5.1条的最小配筋率要求。

10.1.13 先张法及后张法预应力混凝土构件的受剪承载力、受扭承载力及裂缝宽度计算，均需用到混凝土法向预应力为零时的预应力筋合力 N_{p0}。本条对此作了规定。

10.1.14 影响无粘结预应力混凝土构件抗弯能力的因素较多，如无粘结预应力筋有效预应力的大小、无粘结预应力筋与普通钢筋的配筋率、受弯构件的跨高比、荷载种类、无粘结预应力筋与管壁之间的摩擦力、束的形状和材料性能等。因此，受弯破坏状态下无粘结预应力筋的极限应力必须通过试验来求得。国内所进行的无粘结预应力梁（板）试验，得出无粘结预应力筋于梁破坏瞬间的极限应力，主要与配筋率、有效预应力、钢筋设计强度、混凝土的立方体抗压强度、跨高比以及荷载形式有关，积累了宝贵的数据。

本次修订采用了现行行业标准《无粘结预应力混凝土结构技术规程》JGJ 92 的相关表达式。该表达式以综合配筋指标 ξ_0 为主要参数，考虑了跨高比变化影响。为反映在连续多跨梁板中应用的情况，增加了考虑连续跨影响的设计应力折减系数。在设计框架梁时，无粘结预应力筋外形布置宜与弯矩包络图相接近，以防在框架梁顶部反弯点附近出现裂缝。

10.1.15 在无粘结预应力受弯构件的预压受拉区，配置一定数量的普通钢筋，可以避免该类构件在极限状态下发生双折线形的脆性破坏现象，并改善开裂状态下构件的裂缝性能和延性性能。

1 单向板的普通钢筋最小面积

本规范对钢筋混凝土受弯构件，规定最小配筋率为 0.2% 和 $45f_t/f_y$ 中的较大值。美国通过试验认为，在无粘结预应力受弯构件的受拉区至少应配置从受拉边缘至毛截面重心之间面积 0.4% 的普通钢筋。综合上述两方面的规定和研究成果，并结合以往的设计经验，作出了本规范对无粘结预应力混凝土板受拉区普通钢筋最小配筋率的限制。

2 梁正弯矩区普通钢筋的最小面积

无粘结预应力梁的试验表明，为了改善构件在正常使用下的变形性能，应采用预应力筋及有粘结普通钢筋混合配筋方案。在全部配筋中，有粘结纵向普通钢筋的拉力占到承载力设计值 M_u 产生总拉力的 25% 或更多时，可更有效地改善无粘结预应力梁的性能，如裂缝分布、间距和宽度，以及变形性能，从而达到接近有粘结预应力梁的性能。本规范公式（10.1.15-2）是根据此比值要求，并考虑预应力筋及普通钢筋重心离截面受压区边缘纤维的距离 h_p、h_s 影响得出的。

对按一级裂缝控制等级设计的无粘结预应力混凝土构件，根据试验研究结果，可仅配置比最小配筋率略大的非预应力普通钢筋，取 ρ_{min} 等于 0.003。

10.1.16 对无粘结预应力混凝土板柱结构中的双向平板，所要求配置的普通钢筋分述如下：

负弯矩区普通钢筋的配置。美国进行过1：3的九区格后张无粘结预应力平板的模型试验。结果表明，只要在柱宽及两侧各离柱边 $1.5\sim2$ 倍的板厚范围内，配置占柱上板带横截面面积 0.15% 的普通钢筋，就能很好地控制和分散裂缝，并使柱带区域内的弯曲和剪切强度都能充分发挥出来。此外，这些钢筋应集中通过柱子和靠近柱子布置。钢筋的中到中间距应不超过 $300mm$，而且每一方向应不少于 4 根钢筋。对通常的跨度，这些钢筋的总长度应等于跨度的 $1/3$。我国进行的1：2无粘结部分预应力平板的试验也证实在上述柱面积范围内配置的钢筋是适当的。本规范根据公式(10.1.16-1)，矩形板在长跨方向将布置更多的钢筋。

正弯矩区普通钢筋的配置。在正弯矩区，双向板在使用荷载下按照抗裂验算边缘混凝土法向拉应力确定普通筋配置数量的规定，是参照美国 ACI 规范对双向板柱结构关于有粘结普通钢筋最小截面面积的规定，并结合国内多年来对该板按二级裂缝控制和配置有粘结普通钢筋的工程经验作出规定的。针对温度、收缩应力所需配置的普通钢筋应按本规范第9.1节的相关规定执行。

在楼盖的边缘和拐角处，通过设置钢筋混凝土边梁，并考虑柱头剪切作用，将该梁的箍筋加密配置，可提高边柱和角柱节点的受冲切承载力。

10.1.17 本条规定了预应力混凝土构件的弯矩设计值不小于开裂弯矩，其目的是控制受拉钢筋总配筋量不能过少，使构件具有应有的延性，以防止预应力受弯构件开裂后的突然脆断。

10.2 预应力损失值计算

10.2.1 预应力混凝土用钢丝、钢绞线的应力松弛试验表明，应力松弛损失值与钢丝的初始应力值和极限强度有关。表中给出的普通松弛和低松弛预应力钢丝、钢绞线的松弛损失值计算公式，是按国家标准

《预应力混凝土用钢丝》GB/T 5223 - 2002 及《预应力混凝土用钢绞线》GB/T 5224 - 2003 中规定的数值综合成统一的公式，以便于应用。当 $\sigma_{con}/f_{ptk} \leqslant 0.5$ 时，实际的松弛损失值已很小，为简化计算取松弛损失值为零。预应力螺纹钢筋、中强度预应力钢丝的应力松弛损失值是分别根据国家标准《预应力混凝土用螺纹钢筋》GB/T 20065 - 2006、行业标准《中强度预应力混凝土用钢丝》YB/T 156 - 1999 的相关规定提出的。

10.2.2 根据锚固原理的不同，将锚具分为支承式和夹片式两类，对每类作出规定。对夹片式锚具的锚具变形和预应力筋内缩值按有顶压或无顶压分别作了规定。

10.2.4 预应力筋与孔道壁之间的摩擦引起的预应力损失，包括沿孔道长度上局部位置偏移和曲线弯道摩擦影响两部分。在计算公式中，x 值为从张拉端至计算截面的孔道长度；但在实际工程中，构件的高度和长度相比常很小，为简化计算，可近似取该段孔道在纵轴上的投影长度代替孔道长度；θ 值应取从张拉端至计算截面的长度上预应力孔道各部分切线的夹角（以弧度计）之和。本次修订根据国内工程经验，增加了按抛物线、圆弧曲线变化的空间曲线及可分段叠加的广义空间曲线 θ 弯转角的近似计算公式。

研究表明，孔道局部偏差的摩擦系数 κ 值与下列因素有关：预应力筋的表面形状；孔道成型的质量；预应力筋接头的外形；预应力筋与孔壁的接触程度（孔道的尺寸，预应力筋与孔壁之间的间隙大小以及预应力筋在孔道中的偏心距大小）等。在曲线预应力筋摩擦损失中，预应力筋与曲线弯道之间摩擦引起的损失是控制因素。

根据国内的试验研究资料及多项工程的实测数据，并参考国外规范的规定，补充了预埋塑料波纹管、无粘结预应力筋的摩擦影响系数。当有可靠的试验数据时，本规范表 10.2.4 所列系数值可根据实测数据确定。

10.2.5 根据国内对混凝土收缩、徐变的试验研究，应考虑预应力筋和普通钢筋的配筋率对 σ_{l5} 值的影响，其影响可通过构件的总配筋率 $\rho(\rho = \rho_p + \rho_s)$ 反映。在公式（10.2.5-1）～公式（10.2.5-4）中，分别给出先张法和后张法两类构件受拉区及受压区预应力筋处的混凝土收缩和徐变引起的预应力损失。公式反映了上述各项因素的影响。此计算方法比仅按预应力筋合力点处的混凝土法向预应力计算预应力损失的方法更为合理。此外，考虑到现浇后张预应力混凝土施加预应力的时间比 28d 龄期有所提前等因素，对上述收缩和徐变计算公式中的有关项在数值上作了调整。调整的依据为：预加力时混凝土龄期，先张法取 7d，后张法取 14d；理论厚度均取 200mm；相对湿度为 40%～70%；预加力后至使用荷载作用前延续的时间取 1

年的收缩应变和徐变系数终极值，并与附录 K 计算结果进行校核得出。

在附录 K 中，本次修订的混凝土收缩应变和徐变系数终极值，是根据欧洲规范 EN 1992-2：《混凝土结构设计——第 1 部分：总原则和对建筑结构的规定》所提供的公式计算得出。混凝土收缩应变和徐变系数终极值是按周围空气相对湿度为 40%～70% 及 70%～99% 分别给出的。混凝土收缩和徐变引起的预应力损失简化公式是按周围空气相对湿度为 40%～70% 得出的，将其用于相对湿度大于 70% 的情况是偏于安全的。对泵送混凝土，其收缩和徐变引起的预应力损失值亦可根据实际情况采用其他可靠数据。

10.3 预应力混凝土构造规定

10.3.1 根据先张法预应力筋的锚固及预应力传递性能，提出了配筋净间距的要求，其数值是根据试验研究及工程经验确定的。根据多年来的工程经验，为确保预制构件的耐久性，适当增加了预应力筋净间距的限值。

10.3.2 先张法预应力传递长度范围内局部挤压造成的环向拉应力容易导致构件端部混凝土出现劈裂裂缝。因此端部应采取构造措施，以保证自锚端的局部承载力。所提出的措施为长期工程经验和试验研究结果的总结。近年来随着生产工艺技术的提高，也有一些预制构件不配置端部加强钢筋的情况，故在特定条件下可根据可靠的工程经验适当放宽。

10.3.3～10.3.5 为防止预应力构件端部及预拉区的裂缝，根据多年工程实践经验及原规范的执行情况，这几条对各种预制构件（肋形板、屋面梁、吊车梁等）提出了配置防裂钢筋的措施。

10.3.6 预应力锚具应根据现行国家标准《预应力筋用锚具、夹具和连接器》GB/T 14370、现行行业标准《预应力筋用锚具、夹具和连接器应用技术规程》JGJ 85 的有关规定选用，并满足相应的质量要求。

10.3.7 规定了后张预应力筋配置及孔道布置的要求。由于对预制构件预应力筋孔道间距的控制比现浇结构构件更容易，且混凝土浇筑质量更容易保证，故对预制构件预应力筋孔道间距的规定比现浇结构构件的小。要求孔道的竖向净间距不应小于孔道直径，主要考虑曲线孔道张拉预应力筋时出现的局部挤压应力不致造成孔道间混凝土的剪切破坏。而对三级裂缝控制等级的梁提出更厚的保护层厚度要求，主要是考虑其裂缝状态下的耐久性。预留孔道的截面积宜为穿入预应力筋截面积的 3.0～4.0 倍，是根据工程经验提出的。有关预应力孔道的并列贴紧布置，是为方便截面较小的梁类构件的预应力筋配置。

板中单根无粘结预应力筋、带束及梁中集束无粘结预应力筋的布置要求，是根据国内推广应用无粘结预应力混凝土的工程经验作出规定的。

10.3.8 后张预应力混凝土构件端部锚固区和构件端面在预应力筋张拉后常出现两类裂缝:其一是局部承压区承压垫板后面的纵向劈裂裂缝;其二是当预应力束在构件端部偏心布置,且偏心距较大时,在构件端面附近会产生较高的沿竖向的拉应力,故产生位于截面高度中部的纵向水平端面裂缝。为确保安全可靠地将张拉力通过锚具和垫板传递给混凝土构件,并控制这些裂缝的发生和开展,在试验研究的基础上,在条文中作出了加强配筋的具体规定。为防止第一类劈裂裂缝,规范给出了配置附加钢筋的位置和配筋面积计算公式;为防止第二类端面裂缝,要求合理布置预应力筋,尽量使锚具能沿构件端部均匀布置,以减少横向拉力。当难于做到均匀布置时,为防止端面出现宽度过大的裂缝,根据理论分析和试验结果,本条提出了限制这类裂缝的竖向附加钢筋截面面积的计算公式以及相应的构造措施。本次修订允许采用强度较高的热轧带肋钢筋。

对局部承压加强钢筋,提出当垫板采用普通钢板开穿筋孔的制作方式时,可按本规范第6.6节的规定执行,采用有关局部受压承载力计算公式确定应配置的间接钢筋;而当采用整体铸造的带有二次翼缘的垫板时,本规范局部受压公式不再适用,需通过专门的试验确认其传力性能,所以应选用经按有关规范标准验证的产品,并配置规定的加强钢筋,同时满足锚具布置间距和边距要求。所述要求可按现行行业标准《预应力筋用锚具、夹具和连接器应用技术规程》JGJ 85 的有关规定执行。

本条规定主要是针对后张法预制构件及现浇结构中的悬臂梁等构件的端部锚固区及梁中间开槽锚固的情况提出的。

10.3.9 为保证端面有局部凹进的后张预应力混凝土构件端部锚固区的强度和裂缝控制性能,根据试验和工程经验,规定了增配折线构造钢筋的防裂措施。

10.3.10、10.3.11 曲线预应力束最小曲率半径 r_p 的计算公式是按本规范附录D有关素混凝土构件局部受压承载力公式推导得出,并与国外规范公式对比后确定的。10ϕ15以下常用曲线预应力钢丝束、钢绞线束的曲率半径不宜小于4m是根据工程经验给出的。当后张预应力束曲线段的曲率半径过小时,在局部挤压力作用下可能导致混凝土局部破坏,故应配置局部加强钢筋,加强钢筋可采用网片筋或螺旋筋,其数量可按本规范有关配置间接钢筋局部受压承载力的计算规定确定。

在预应力混凝土结构构件中,当预应力筋近凹侧混凝土保护层较薄,且曲率半径较小时,容易导致混凝土崩裂。相关计算公式按预应力筋所产生的径向崩裂力不超过混凝土保护层的受剪承载力推导得出。当混凝土保护层厚度不满足计算要求时,第10.3.11条提供了配置U形插筋用量的计算方法及构造措施,

用以抵抗崩裂径向力。在计算应配置U形插筋截面面积的公式中,未计入混凝土的抗力贡献。

这两条是在工程经验的基础上,参考日本预应力混凝土设计施工规范及美国AASHTO规范作出规定的。

10.3.13 为保证预应力混凝土结构的耐久性,提出了对构件端部锚具的封闭保护要求。

国内外应用经验表明,对处于二b、三a、三b类环境条件下的无粘结预应力锚固系统,应采用全封闭体系。参考美国ACI和PTI的有关规定,对全封闭体系应进行不透水试验,要求安装后的张拉端、固定端及中间连接部位在不小于10kPa静水压力下,保持24h不透水,具体漏水位置可用在水中加颜色等方法检查。当用于游泳池、水箱等结构时,可根据设计提出更高静水压力的要求。

11 混凝土结构构件抗震设计

11.1 一 般 规 定

11.1.1、11.1.2 《建筑工程抗震设防分类标准》GB 50223根据对各类建筑抗震性能的不同要求,将建筑分为特殊设防类、重点设防类、标准设防类和适度设防类四类,简称甲、乙、丙、丁类,并规定了各类别建筑的抗震设防标准,包括抗震措施和地震作用的确定原则。《建筑抗震设计规范》GB 50011则规定,6度时的不规则建筑结构、Ⅳ类场地上较高的高层建筑和7度及以上时的各类建筑结构,均应进行多遇地震作用下的截面抗震验算,并符合有关抗震措施要求;6度时的其他建筑结构则只应符合有关抗震措施要求。

在对抗震钢筋混凝土结构进行设计时,除应符合《建筑工程抗震设防分类标准》GB 50223和《建筑抗震设计规范》GB 50011所规定的设计原则外,其构件设计应符合本章以及本规范第1章~第10章的有关规定。本章主要对应进行抗震设计的钢筋混凝土结构主要构件类别的抗震承载力计算和抗震措施作出规定。其中包括对材料抗震性能的要求,以及框架梁、框架柱、剪力墙及连梁、梁柱节点、板柱节点、单层工业厂房中的铰接排架柱以及预应力混凝土结构构件的抗震承载力验算和相应的抗震构造要求。有关混凝土结构房屋抗震体系、房屋适用的最大高度、地震作用计算、结构稳定验算、侧向变形验算等内容,应遵守《建筑抗震设计规范》GB 50011的有关规定。

本次修订不再列入钢筋混凝土房屋建筑适用最大高度的规定。该规定由《建筑抗震设计规范》GB 50011给出。

11.1.3 抗震措施是在按多遇地震作用进行构件截面承载力设计的基础上保证抗震结构在所在地可能出现

的最强地震地面运动下具有足够的整体延性和塑性耗能能力，保持对重力荷载的承载能力，维持结构不发生严重损毁或倒塌的基本措施。其中主要包括两类措施。一类是宏观限制或控制条件和对重要构件在考虑多遇地震作用的组合内力设计值时进行调整增大；另一类则是保证各类构件基本延性和塑性耗能能力的各类抗震构造措施（其中也包括对柱和墙肢的轴压比上限控制条件）。由于对不同抗震条件下各类结构构件的抗震措施要求不同，故用"抗震等级"对其进行分级。抗震等级按抗震措施从强到弱分为一、二、三、四级。本章有关条文中的抗震措施规定将全部按抗震等级给出。根据我国抗震设计经验，应按设防类别、建筑物所在地的设防烈度、结构类型、房屋高度以及场地类别的不同分别选取不同的抗震等级。在表11.1.3中给出了丙类建筑按设防烈度、结构类型和房屋高度制定的结构中不同部分应取用的抗震等级。甲、乙类和丁类建筑的抗震等级应按《建筑工程抗震设防分类标准》GB 50223 的规定在表 11.1.3 的基础上进行调整。

与 02 规范相比，表 11.1.3 作了下列主要调整：

1 考虑到框架结构的侧向刚度及抗水平力能力与其他结构类型相比相对偏弱，根据 2008 年汶川地震震害经验以及优化设计方案的考虑，将框架结构在 9 度区的最大高度限值以及其他烈度区不同抗震等级的划分高度由 30m 降为 24m。

2 考虑到近年来因禁用黏土砖而使层数不多的框架-剪力墙结构、剪力墙结构的建造数量增加，为了更合理地考虑房屋高度对抗震等级的影响，将框架-剪力墙结构、剪力墙结构和部分框支剪力墙结构的高度分档从两档增加为三档，对高度最低一档（小于24m）适度降低了抗震等级要求。

3 因异形柱框架的抗震性能与一般框架有明显差异，故在表注中明确指出框架的抗震等级规定不适用于异形柱框架；异形柱框架应按有关行业标准进行设计。

4 根据近年来的工程经验，调整了对板柱-剪力墙结构抗震等级的有关规定。

5 根据近年来的工程实践经验，明确了当框架-核心筒结构的高度低于 60m 并符合框架-剪力墙结构的有关要求时，其抗震等级允许按框架-剪力墙结构取用。

表 11.1.3 的另一重含义是，表中列出的结构类型也是根据我国抗震设计经验，在《建筑抗震设计规范》GB 50011 规定的最大高度限制条件下，适用于抗震的钢筋混凝土结构类型。

11.1.4 本条给出了在选用抗震等级时，除表11.1.3 外应满足的要求。其中第 1 款中的"结构底部的总倾覆力矩"一般是指在多遇地震作用下通过振型组合求得楼层地震剪力并换算出各楼层水平力后，

用该水平力求得的底部总倾覆力矩。第 2 款中裙房与主楼相连时的"相关范围"，一般是指主楼周边外扩不少于三跨的裙房范围。该范围内结构的抗震等级不应低于按主楼结构确定的抗震等级，该范围以外裙房结构的抗震等级可按裙房自身结构确定。当主楼与裙房由防震缝分开时，主楼和裙房分别按自身结构确定其抗震等级。

11.1.5 按本规范设置了约束边缘构件，并采取了相应构造措施的剪力墙和核心筒壁的墙肢底部，通常已具有较大的偏心受压强度储备，在罕遇水准地震地面运动下，该部位边缘构件纵筋进入屈服后变形状态的几率通常不会很大。但因墙肢底部对整体结构在罕遇地震地面运动下的抗倒塌安全性起关键作用，故设计中仍应预计到墙肢底部形成塑性铰的可能性，并对预计的塑性铰区采取保持延性和塑性耗能能力的抗震构造措施。所规定的采取抗震构造措施的范围即为"底部加强部位"，它相当于塑性铰区的高度再加一定的安全余量。该底部加强部位高度是根据试验结果及工程经验确定的。其中，为了简化设计，只考虑了高度条件。本次修订根据经验将 02 版规范规定的确定底部加强部位高度的条件之一，即不小于总高度的 1/8 改为 1/10；并明确，当墙肢嵌固端设置在地下室顶板以下时，底部加强部位的高度仍从地下室顶板算起，但相应抗震构造措施应向下延伸到设定的嵌固端处。

11.1.6 表 11.1.6 中各类构件的承载力抗震调整系数 γ_{RE} 是根据现行国家标准《建筑抗震设计规范》GB 50011 的规定给出的。该系数是在该规范采用的多遇地震作用取值和地震作用分项系数取值的前提下，为了使多遇地震作用组合下的各类构件承载力具有适宜的安全性水准而采取的对抗力项的必要调整措施。此次修订，根据需要，补充了受冲切承载力计算的承载力抗震调整系数 γ_{RE}。

本次修订把 02 版规范分别写在框架梁、框架柱及框支柱以及剪力墙各节中的抗震正截面承载力计算规定统一汇集在本条内集中表示，即所有这些构件的正截面设计均可按非抗震情况下正截面设计的同样方法完成，只需在承载力计算公式右边除以相应的承载力抗震调整系数 γ_{RE}。这样做的理由是，大量各类构件的试验研究结果表明，构件多次反复受力条件下滞回曲线的骨架线与一次单调加载的受力曲线具有足够程度的一致性。故对这些构件的抗震正截面计算方法不需要像对抗震斜截面受剪承载力计算方法那样在静力设计方法的基础上进行调整。

11.1.7 在地震作用下，钢筋在混凝土中的锚固端可能处于拉、压反复受力状态或拉力大小交替变化状态。其粘结锚固性能较静力粘结锚固性能偏弱（锚固强度退化，锚固段的滑移量偏大）。为保证在反复荷载作用下钢筋与其周围混凝土之间具有必要的粘结锚

固性能，根据试验结果并参考国外规范的规定，在静力要求的纵向受拉钢筋锚固长度 l_a 的基础上，对一、二、三级抗震等级的构件，规定应乘以不同的锚固长度增大系数。

对允许采用搭接接头的钢筋，其考虑抗震要求的搭接长度应根据搭接接头百分率取纵向受拉钢筋的抗震锚固长度 l_{aE}，乘以纵向受拉钢筋搭接长度修正系数 ζ。

梁端、柱端是潜在塑性铰容易出现的部位，必须预计到塑性铰区内的受拉和受压钢筋都将屈服，并可能进入强化阶段。为了避免该部位的各类钢筋接头干扰或削弱钢筋在该部位所具有的较大的屈服后伸长率，规范要求钢筋连接接头宜尽量避开梁端、柱端箍筋加密区。当工程中无法避开时，应采用经试验确定的与母材等强度并具有足够伸长率的高质量机械连接接头或焊接接头，且接头面积百分率不宜超过50%。

11.1.8 箍筋对抗震设计的混凝土构件具有重要的约束作用，采用封闭箍筋、连续螺旋箍筋和连续复合矩形螺旋箍筋可以有效提高对构件混凝土和纵向钢筋的约束效果，改善构件的抗震延性。对于绑扎箍筋，试验研究和震害经验表明，对箍筋末端的构造要求是保证地震作用下箍筋对混凝土和纵向钢筋起到有效约束作用的必要条件。本次修订强调采用焊接封闭箍筋，主要是倡导和适应工厂化加工配送钢筋的需求。

11.1.9 预埋件反复荷载作用试验表明，弯剪、拉剪、压剪情况下锚筋的受剪承载力降低的平均值在20%左右。对预埋件，规定取 γ_{RE} 等于1.0，故将考虑地震作用组合的预埋件的锚筋截面积偏保守地取为静力计算值的1.25倍，锚筋的锚固长度偏保守地取为静力值的1.10倍。构造上要求在靠近锚板的锚筋根部设置一根直径不小于10mm的封闭箍筋，以起到约束端部混凝土、保证受剪承载力的作用。

11.2 材　　料

11.2.1 本条根据抗震性能要求给出了混凝土最高和最低强度等级的限制。由于混凝土强度对保证构件塑性铰区发挥延性能力具有较重要作用，故对重要性较高的框支梁、框支柱、延性要求相对较高的一级抗震等级的框架梁和框架柱以及受力复杂的梁柱节点的混凝土最低强度等级提出了比非抗震情况更高的要求。

近年来国内高强度混凝土的试验研究和工程应用已有很大进展，但因高强度混凝土表现出的明显脆性，以及因侧向变形系数偏小而使箍筋对它的约束效果受到一定削弱，故对地震高烈度区高强度混凝土的应用作了必要的限制。

11.2.2 结构构件中纵向受力钢筋的变形性能直接影响结构构件在地震作用下的延性。考虑地震作用的框架梁、框架柱、支撑、剪力墙边缘构件的纵向受力钢筋宜选用HRB400、HRB500牌号热轧带肋钢筋；

箍筋宜选用HRB400、HRB335、HPB300、HRB500牌号热轧钢筋。对抗震延性有较高要求的混凝土结构构件（如框架梁、框架柱、斜撑等），其纵向受力钢筋应采用现行国家标准《钢筋混凝土用钢　第2部分：热轧带肋钢筋》GB 1499.2中牌号为HRB400E、HRB500E、HRB335E、HRBF400E、HRBF500E的钢筋。这些带"E"的钢筋牌号钢筋的强屈比、屈强比和极限应变（延伸率）均符合本规范第11.2.3条的要求；这些钢筋的强度指标及弹性模量的取值与不带"E"的同牌号热轧带肋钢筋相同，应符合本规范第4.2节的有关规定。

11.2.3 对按一、二、三级抗震等级设计的各类框架构件（包括斜撑构件），要求纵向受力钢筋检验所得的抗拉强度实测值（即实测最大强度值）与受拉屈服强度的比值（强屈比）不小于1.25，目的是使结构某部位出现较大塑性变形或塑性铰后，钢筋在大变形条件下具有必要的强度潜力，保证构件的基本抗震承载力；要求钢筋受拉屈服强度实测值与钢筋的受拉强度标准值的比值（屈强比）不应大于1.3，主要是为了保证"强柱弱梁"、"强剪弱弯"设计要求的效果不致因钢筋屈服强度离散性过大而受到干扰；钢筋最大力下的总伸长率不应小于9%，主要是为了保证在抗震大变形条件下，钢筋具有足够的塑性变形能力。

现行国家标准《钢筋混凝土用钢　第2部分：热轧带肋钢筋》GB 1499.2中牌号带"E"的钢筋符合本条要求。其余钢筋牌号是否符合本条要求应经试验确定。

11.3 框　架　梁

11.3.1 由于梁端区域能通过采取相对简单的抗震构造措施而具有相对较高的延性，故常通过"强柱弱梁"措施引导框架中的塑性铰首先在梁端形成。设计框架梁时，控制梁端截面混凝土受压区高度（主要是控制负弯矩下截面下部的混凝土受压区高度）的目的是控制梁端塑性铰区具有较大的塑性转动能力，以保证框架梁端截面具有足够的曲率延性。根据国内的试验结果和参考国外经验，当相对受压区高度控制在0.25~0.35时，梁的位移延性可达到4.0~3.0左右。在确定混凝土受压区高度时，可把截面内的受压钢筋计算在内。

11.3.2 在框架结构抗震设计中，特别是一级抗震等级框架的设计中，应力求做到在罕遇地震作用下的框架中形成延性和塑性耗能能力良好的接近"梁铰型"的塑性耗能机构（即塑性铰主要在梁端形成，柱端塑性铰出现数量相对较少）。这就需要在设法保证形成接近梁铰型塑性机构的同时，防止梁端塑性铰区在梁端达到罕遇地震下预计的塑性变形状态之前发生脆性的剪切破坏。在本规范中，这一要求是从两个方面来保证的。一方面对梁端抗震受剪承载力提出合理的计算公式，另一方面在梁端进入屈服后状态的条件下适度提高梁经结构弹性分析得出的截面组合剪力设计值（后一个方面即为通常所说的"强剪弱弯"措施或"组合剪力设计值增强措施"）。本条给出了各类抗震等级框架组合剪力设计值增强措施的具体规定。

对 9 度设防烈度的一级抗震等级框架和一级抗震等级的框架结构，规定应考虑左、右梁端纵向受拉钢筋可能超配等因素所形成的屈服抗弯能力偏大的不利情况，取用按实配钢筋、强度标准值，且考虑承载力抗震调整系数算得的受弯承载力值，即 M_{bua} 作为确定增大后的剪力设计值的依据。M_{bua} 可按下列公式计算：

$$M_{bua} = \frac{M_{buk}}{\gamma_{RE}} \approx \frac{1}{\gamma_{RE}} f_{yk} A_s^a (h_0 - a_s')$$

与 02 版规范相比，本次修订规定在计算 M_{bua} 的 A_s^a 中考虑受压钢筋及有效板宽范围内的板筋。这里的板筋指有效板宽范围内平行框架梁方向的板内实配钢筋。对于这里使用的有效板宽，美国 ACI 318-08 规范规定取为与非抗震设计时相同的等效翼缘宽度，这就相当于取梁每侧 6 倍板厚作为有效板宽范围。这一规定是根据进入接近罕遇地震水准侧向变形状态的缩尺框架结构试验中对参与抵抗梁端负弯矩的板筋应力的实测结果确定的。欧洲规范 EN 1998 则建议取用较小的有效板宽，即每侧 2 倍板厚。这大致相当于梁端屈服后不久的受力状态。本规范建议，取用每侧 6 倍板厚的范围作为"有效板宽"，是偏于安全的。

对其他情况下框架梁剪力设计值的确定，则根据不同抗震等级，直接取用与梁端考虑地震作用组合的弯矩设计值相平衡的组合剪力设计值乘以不同的增大系数。

11.3.3 矩形、T 形和 I 形截面框架梁，其受剪要求的截面控制条件是在静力受剪要求的基础上，考虑反复荷载作用的不利影响确定的。在截面控制条件中还对较高强度的混凝土考虑了混凝土强度影响系数 β_c。

11.3.4 国内外低周反复荷载作用下钢筋混凝土连续梁和悬臂梁受剪承载力试验表明，低周反复荷载作用使梁的斜截面受剪承载力降低，其主要原因是起控制作用的梁端下部混凝土剪压区因表层混凝土在上部纵向钢筋屈服后的大变形状态下剥落而导致的剪压区抗剪强度的降低，以及交叉斜裂缝的开展所导致的沿斜裂缝混凝土咬合力及纵向钢筋暗销力的降低。试验表明，在抗震受剪承载力中，箍筋项承载力降低不明显。为此，仍以截面总受剪承载力试验值的下包线作为计算公式的取值标准，将混凝土项取为非抗震情况下的 60%，箍筋项则不予折减。同时，对各抗震等级均近似取用相同的抗震受剪承载力计算公式，这在抗震设防烈度偏低时略偏安全。

11.3.5 为了保证框架梁对框架节点的约束作用，以及减小框架梁塑性铰区段在反复受力下侧屈的风险，框架梁的截面宽度和梁的宽高比不宜过小。

考虑到净跨与梁高的比值小于 4 的梁，作用剪力与作用弯矩的比值偏高，适应较大塑性变形的能力较差，因此，对框架梁的跨高比作了限制。

11.3.6 本规范在非抗震和抗震框架梁纵向受拉钢筋最小配筋率的取值上统一取用双控方案，即一方面规定具体数值，另一方面使用与混凝土抗拉强度设计值和钢筋抗拉强度设计值相关的特征值参数进行控制。本条规定的数值是在非抗震受弯构件规定数值的基础上，参考国外经验制定的，并按纵向受拉钢筋在梁中的不同位置和不同抗震等级分别给出了最小配筋率的相应控制值。这些取值高于非抗震受弯构件的取值。

本条还给出了梁端箍筋加密区内底部纵向钢筋和顶部纵向钢筋的面积比最小取值。通过这一规定对底部纵向钢筋的最低用量进行控制，一方面是考虑到地震作用的随机性，在按计算梁端不出现正弯矩或出现较小正弯矩的情况下，有可能在较强地震下出现偏大的正弯矩。故需在底部正弯矩受拉钢筋用量上给以一定储备，以免下部钢筋的过早屈服甚至拉断。另一方面，提高梁端底部纵向钢筋的数量，也有助于改善梁端塑性铰区在负弯矩作用下的延性性能。本条梁底部钢筋限值的规定是根据我国的试验结果及设计经验并参考国外规范确定的。

框架梁的抗震设计除应满足计算要求外，梁端塑性铰区箍筋的构造要求极其重要，它是保证该塑性铰区延性能力的基本构造措施。本规范对梁端箍筋加密区长度、箍筋最大间距和箍筋最小直径的要求作了规定，其目的是从构造上对框架梁塑性铰区的受压混凝土提供约束，并约束纵向受压钢筋，防止它在保护层混凝土剥落后过早压屈，及其后受压区混凝土的随即压溃。

本次修订将梁端纵筋最大配筋率限制不再作为强制性规定，相关规定移至本规范第 11.3.7 条。

11.3.7～11.3.9 沿梁全长配置一定数量的通长钢筋，是考虑到框架梁在地震作用过程中反弯点位置可能出现的移动。这里"通长"的含义是保证梁各个部位都配置有这部分钢筋，并不意味着不允许这部分钢筋在适当部位设置接头。

此次修订时考虑到梁端箍筋过密，难于施工，对梁箍筋加密区长度内的箍筋肢距规定作了适当放松，且考虑了箍筋直径与肢距的合理搭配，此次修订维持 02 版规范的规定不变。

沿梁全长箍筋的配筋率 ρ_{sv} 是在非抗震设计要求的基础上适当增大后给出的。

11.4 框架柱及框支柱

11.4.1 由于框架柱中存在轴压力，即使在采取必要的抗震构造措施后，其延性能力通常仍比框架梁偏小；加之框架柱是结构中的重要竖向承重构件，对防止结构在罕遇地震下的整体或局部倒塌起关键作用，故在抗震设计中通常均需采取"强柱弱梁"措施，即人为增大柱截面的抗弯能力，以减小柱端形成塑性铰的可能性。

在总结 2008 年汶川地震震害经验的基础上，认为有必要对 02 版规范的柱抗弯能力增强措施作相应加强。具体做法是：对 9 度设防烈度的一级抗震等级框架和 9 度以外一级抗震等级的框架结构，要求仅按左、右梁端实际配筋（考虑梁截面受压钢筋及有效板宽范围内与梁平行的板内配筋）和材料强度标准值求得的梁端抗弯能力及相应的增强系数增大柱端弯矩；对于二、三、四级抗震等级的框架结构以及一、二、三、四级抗震等级的其他框架均分别提高了从左、右梁端考虑地震作用的组合弯矩设计值计算柱端弯矩时的增强系数。其中有必要强调的是，在按实际配筋确定梁端抗弯能力时，有效板宽范围与本规范第 11.3.2 条相同，建议取用每侧 6 倍板厚。

11.4.2 为了减小框架结构底层柱下端截面和框支柱顶层柱上端和底层柱下端截面出现塑性铰的可能性，对此部位柱的弯矩设计值采用直接乘以增强系数的方法，以增大其正截面受弯承载力。本次修订对这些部位使用的增强系数作了与第 11.4.1 条处相呼应的调整。

11.4.3 对于框架柱同样需要通过设计措施防止其在达到罕遇地震对应的变形状态之前过早出现非延性的剪切破坏。为此，一方面应使其抗震受剪承载能力计算公式具有保持抗剪能力达到该变形状态的能力；另一方面应通过对柱截面作用剪力的增强措施考虑柱端截面纵向钢筋数量偏多以及强度偏高有可能带来的作用剪力增大效应。这后一方面的因素也就是柱的"强剪弱弯"措施所要考虑的因素。

本次修订根据与"强柱弱梁"措施处相同的理由，相应适度增大了框架结构柱剪力的增大系数。

在按柱端实际配筋计算柱增强后的作用剪力时，对称配筋矩形截面大偏心受压柱按柱端实际配筋考虑承载力抗震调整系数的正截面受弯承载力 M_{cua}，可按下列公式计算：

由 $\sum x = 0$ 的条件，得出

$$N = \frac{1}{\gamma_{RE}} \alpha_1 f_c bx$$

由 $\sum M = 0$ 的条件，得出

$$Ne = N[\eta_i + 0.5(h_0 - a'_s)]$$
$$= \frac{1}{\gamma_{RE}}[\alpha_1 f_{ck} bx(h_0 - 0.5x) + f_{yk} A^{a'}_s (h_0 - a'_s)]$$

用以上二式消去 x，并取 $h = h_0 + a_s$，$a_s = a'_s$，可得

$$M_{cua} = \frac{1}{\gamma_{RE}}\left[0.5\gamma_{RE} Nh \left(1 - \frac{\gamma_{RE} N}{\alpha_1 f_{ck} bh}\right) + f_{yk} A^{a'}_s (h_0 - a'_s) \right]$$

式中：N —— 重力荷载代表值产生的柱轴向压力设计值；

f_{ck} —— 混凝土轴心受压强度标准值；

f'_{yk} —— 普通受压钢筋强度标准值；

$A^{a'}_s$ —— 普通受压钢筋实配截面面积。

对其他配筋形式或截面形状的框架柱，其 M_{cua} 值可仿照上述方法确定。

11.4.4 对一、二级抗震等级的框支柱，规定由地震作用引起的附加轴向应乘以增大系数，以使框支柱的轴向承载能力适应因地震作用而可能出现的较大轴力作用情况。

11.4.5 对一、二、三、四级抗震等级的框架角柱，考虑到以往震害中角柱震害相对较重，且受扭转、双向剪切等不利作用，其受力复杂，当其内力计算按两个主轴方向分别考虑地震作用时，其弯矩、剪力设计值应取经调整后的弯矩、剪力设计值再乘以不小于 1.1 的增大系数。

11.4.6 本条规定了框架柱、框支柱的受剪承载力上限值，也就是按受剪要求提出的截面尺寸限制条件，它是在非抗震限制条件基础上考虑反复荷载影响后给出的。

11.4.7 抗震钢筋混凝土框架柱的受剪承载力计算公式需保证柱在框架达到其罕遇地震变形状态时仍不致发生剪切破坏，从而防止在以往多次地震中发现的柱剪切破坏。具体方法仍是将非抗震受剪承载力计算公式中的混凝土项乘以 0.6，箍筋项则保持不变。该公式经试验验证能够达到使柱在强震非弹性变形过程中不形成过早剪切破坏的控制目标。

11.4.8 本条给出了偏心受拉抗震框架柱和框支柱的受剪承载力计算公式。该公式是在非抗震偏心受拉构件受剪承载力计算公式的基础上，通过对混凝土项乘以 0.6 后得出的。由于轴向拉力对抗剪能力起不利作用，故对公式中的轴向拉力项不作折减。

11.4.9、11.4.10 这两条是本次修订新增条文，是在非抗震偏心受压构件双向受剪承载力限制条件和计算公式的基础上，考虑反复荷载影响后得出的。

根据国内在低周反复荷载作用下双向受剪钢筋混凝土柱的试验结果，对双向受剪承载力计算公式仍采用在非抗震公式的基础上只对混凝土项进行折减，箍筋项则不予折减的做法。这意味着与非抗震情况下的方法相同，考虑到计算方法的简洁，对于两向相关的影响，在双向受剪承载力计算公式中仍采用椭圆模式表达。

11.4.11 2008 年汶川地震震害经验表明，当柱截面选用过小但仍符合 02 版规范要求时，即使按要求完成了抗震设计，由于多种偶然因素影响，结构中的框架柱仍有可能震害偏重。为此，对 02 版规范中框架柱截面尺寸的限制条件从偏安全的角度作了适当调整。

11.4.12 框架柱纵向钢筋最小配筋率是抗震设计中的一项较重要的构造措施。其主要作用是：考虑到实际地震作用在大小及作用方式上的随机性，经计算确定的配筋数量仍可能在结构中造成某些估计不到的薄弱构件或薄弱截面；通过纵向钢筋最小配筋率规定可以对这些薄弱部位进行补救，以提高结构整体地震反应能力的可靠性；此外，与非抗震情况相同，纵向钢筋最小配筋率同样可以保证柱截面开裂后抗弯刚度不致削弱过多；另外，最小配筋率还可以使设防烈度不高地区一部分框架柱的抗弯能力在"强柱弱梁"措施基础上有进一步提高，这也相当于对"强柱弱梁"措施的某种补充。考虑到推广应用高强钢筋以及适当提高安全度的需要，表11.4.12-1中的纵向钢筋最小配筋率值与02版规范相比有所提高，但采用335MPa级钢筋仍保留了02版规范的控制水平未变。

本次修订根据工程经验对柱箍筋间距的规定作了局部调整，以利于保证混凝土的施工质量。

11.4.13 当框架柱在地震作用组合下处于小偏心受拉状态时，柱的纵筋总截面面积应比计算值增加25%，是为了避免柱的受拉纵筋屈服后再受压时，由于包兴格效应导致纵筋屈服。

为了避免纵筋配置过多，施工不便，对框架柱的全部纵向受力钢筋配筋率作了限制。

柱净高与截面高度的比值为3~4的短柱试验表明，此类框架柱易发生粘结型剪切破坏和对角斜拉型剪切破坏。为减少这种破坏，这类柱纵向钢筋配筋率不宜过大。为此，对一级抗震等级且剪跨比不大于2的框架柱，规定每侧纵向受拉钢筋配筋率不宜大于1.2%，并应沿柱全长采用复合箍筋。对其他抗震等级虽未作此规定，但也宜适当控制。

11.4.14、11.4.15 框架柱端箍筋加密区长度的规定是根据试验结果及震害经验作出的。该长度相当于柱端潜在塑性铰区的范围再加一定的安全余量。对箍筋肢距作出的限制是为了保证塑性铰区内箍筋对混凝土和受压纵筋的有效约束。

11.4.16 试验研究表明，受压构件的位移延性随轴压比增加而减小，因此对设计轴压比上限进行控制就成为保证框架柱和框支柱具有必要延性的重要措施之一。为满足不同结构类型框架柱、框支柱在地震作用组合下的位移延性要求，本条规定了不同结构体系中框架柱设计轴压比的上限值。此次修订对设计轴压比上限值的规定作了以下调整：

1 将设计轴压比上限值的规定扩展到四级抗震等级；

2 根据2008年汶川地震的震害经验，适度加严了框架结构的设计轴压比限值；

3 框架-剪力墙结构和筒体结构主要依靠剪力墙和内筒承受水平地震作用，其中框架部分，特别是中、下层框架，受水平地震作用的影响相对较轻。本

次修订在保持02版规范对其设计轴压比给出比框架结构柱偏松的控制条件的同时，对其中个别取值作了调整。

近年来，国内外试验研究结果表明，采用螺旋箍筋、连续复合矩形螺旋箍筋等配箍方式，能在一般复合箍筋的基础上进一步提高对核心混凝土的约束效应，改善柱的位移延性性能，故规定当配置复合箍筋、螺旋箍筋或连续复合矩形螺旋箍筋，且配箍量达到一定程度时，允许适当放宽柱设计轴压比的上限控制条件。同时，国内研究表明，在钢筋混凝土柱中设置矩形核芯柱不仅能提高柱的受压承载力，也可提高柱的位移延性，且有利于在大变形情况下防止倒塌，类似于型钢混凝土结构中型钢的作用。因此，在设置矩形核芯柱，且核芯柱的纵向钢筋配置数量达到一定要求的情况下，也适当放宽了设计轴压比的上限控制条件。在放宽轴压比上限控制条件后，箍筋加密区的最小体积配筋率应按放松后的设计轴压比确定。

11.4.17 在柱端箍筋加密区内配置一定数量的箍筋（用体积配箍率衡量）是使柱具有必要的延性和塑性耗能能力的另一项重要措施。因抗震等级越高，抗震性能要求相应提高；加之轴压比越高，混凝土强度越高，也需要更高的配箍率，方能达到相同的延性；而箍筋强度越高，配箍率则可相应降低。为此，先根据抗震等级及轴压比给出所需的柱端配箍特征值，再经配箍特征值及混凝土与钢筋的强度设计值算得所需的体积配箍率。02版规范给出的配箍特征值是根据日本及我国完成的钢筋混凝土柱抗震延性性能系列试验按位移延性系数不低于3.0的标准给出的。

虽然2008年汶川地震中柱端破坏情况多有发现，但规范修订组经研究，拟主要通过适度的柱抗弯能力增强措施（"强柱弱梁"措施）和适度降低框架结构柱轴压比上限条件来进一步改善框架结构柱的抗震性能。对02版规范柱端体积配箍率的规定则不作变动。

需要说明的是，因《建筑抗震设计规范》GB 50011规定，对6度设防烈度的一般建筑可不进行考虑地震作用的结构分析和截面抗震验算，在按第11.4.16条及本条确定其轴压比时，轴压力可取为无地震作用组合的轴力设计值，对于6度设防烈度，建造于Ⅳ类场地上较高的高层建筑，因需进行考虑地震作用的结构分析，故应采用考虑地震作用组合的轴向力设计值。

另外，当计算箍筋的体积配箍率时，各强度等级箍筋应分别采用其强度设计值，根据本规范第4.2.3条的表述，其抗拉强度设计值不受360MPa的限制。

11.4.18 本条规定了考虑地震作用框架柱箍筋非加密区的箍筋配置要求。

11.5 铰接排架柱

11.5.1、11.5.2 国内地震震害调查表明，单层厂房屋架或屋面梁与柱连接的柱顶和高低跨厂房交接处支承低跨屋盖的柱牛腿损坏较多，阶形柱上柱的震害往往发生在上下柱变截面处（上柱根部）和与吊车梁上翼缘连接的部位。为了避免排架柱在上述区段内产生剪切破坏并使排架柱在形成塑性铰后有足够的延性，这些区段内的箍筋应加密。按此构造配筋后，铰接排架柱在一般情况下可不进行受剪承载力计算。

根据排架结构的受力特点，对排架结构柱不需要考虑"强柱弱梁"措施和"强剪弱弯"措施。在设有工作平台等特殊情况下，斜截面受剪承载力可能对剪跨比较小的铰接排架柱起控制作用。此时，可按本规范公式（11.4.7）进行抗震受剪承载力计算。

11.5.3 震害调查表明，排架柱柱头损坏最多的是侧向变形受到限制的柱，如靠近生活间或披屋的柱，或有横隔墙的柱。这种情况改变了柱的侧移刚度，使柱头处于短柱的受力状态。由于该柱的侧移刚度大于相邻各柱，当受水平地震作用的屋盖发生整体侧移时，该柱实际上承受了比相邻各柱大得多的水平剪力，使柱顶产生剪切破坏。对屋架与柱顶连接节点进行的抗震性能的试验结果表明，不同的柱顶连接形式仅对节点的延性产生影响，不影响柱头本身的受剪承载力；柱顶预埋钢板的大小和其在柱顶的位置对柱头的水平承载力有一定影响。当预埋钢板长度与柱截面高度相等时，水平受剪承载力大约是柱顶预埋钢板长度为柱截面高度一半时的 1.65 倍。故在条文中规定了柱顶预埋钢板长度和直锚筋的要求。试验结果还表明，沿水平剪力方向的轴向力偏心距对受剪承载力亦有影响，要求不得大于 $h/4$。当 $h/6 \leqslant e_0 \leqslant h/4$ 时，一般要求柱头配置四肢箍，并按不同的抗震等级，规定不同的体积配箍率，以此来满足受剪承载力要求。

11.5.4 不等高厂房支承低跨屋盖的柱牛腿（柱肩梁）亦是震害较重的部位之一，最常见的是支承低跨的牛腿（肩梁）被拉裂。试验结果与工程实践均证明，为了改善牛腿和肩梁抵抗水平地震作用的能力，可在其顶面钢垫板下设水平锚筋，直接承受并传递水平力。承受竖向力所需的纵向受拉钢筋和承受水平拉力的水平锚筋的截面面积，仍按公式（9.3.11）计算。其锚固长度及锚固构造仍按本规范第 9.3 节的规定取用，但其中应以受拉钢筋的抗震锚固长度 l_{aE} 代替 l_a。

11.5.5 为加强柱牛腿预埋板的锚固，要把相当于承受水平拉力的纵向钢筋与预埋板焊连。

11.6 框架梁柱节点

11.6.1、11.6.2 02 版规范规定对三、四级抗震等级的框架节点可不进行受剪承载力验算，仅需满足抗震构造措施的要求。根据近几年进行的框架结构的非线性动力反应分析结果以及对框架结构的震害调查表明，对于三级抗震等级的框架节点，仅满足抗震构造措施的要求略显不足。因此，本次修订增加了对三级抗震等级框架节点受剪承载力的验算要求，同时要求满足相应抗震构造措施。

对节点剪力增大系数作了部分调整，即将二级抗震等级的 1.2 调整为 1.25，三级抗震等级节点需要进行抗震受剪承载力计算后，增大系数取为 1.1。

11.6.3~11.6.6 节点截面的限制条件相当于其抗震受剪承载力的上限。这意味着当考虑了增大系数后的节点作用剪力超过其截面限制条件时，再增大箍筋已无法进一步有效提高节点的受剪承载力。

框架节点的受剪承载力由混凝土斜压杆和水平箍筋两部分受剪承载力组成，其中水平箍筋是通过其对节点区混凝土斜压杆的约束效应来增强节点受剪承载力的。

依据试验结果，节点核心区内混凝土斜压杆截面面积虽然可随柱端轴力的增加而稍有增加，使得在作用剪力较小时，柱轴压力的增大对防止节点的开裂和提高节点的抗震受剪承载力起一定的有利作用；但当节点作用剪力较大时，因核心区混凝土斜向压应力已经较高，轴压力的增大反而会使节点更早发生混凝土斜压型剪切破坏，从而削弱节点的抗震受剪承载力。02 版规范考虑这一因素后已在 9 度设防烈度节点受剪承载力计算公式中取消了轴压力的有利影响。但为了不致使节点中箍筋用量增加过多，在除 9 度设防烈度以外的其他节点受剪承载力计算公式中，保留了轴力项的有利影响。这一做法与试验结果不符，只是一种权宜性的做法。

试验证明，当节点在两个正交方向有梁且在周边有现浇板时，梁和现浇板增加了对节点区混凝土的约束，从而可以在一定程度上提高节点的受剪承载力。但若两个方向的梁截面较小，或不是沿四周均有现浇板，则其约束作用就不明显。因此，规定在两个正交方向有梁，梁的宽度、高度都能满足一定要求，且有现浇板时，才可考虑梁与现浇板对节点的约束系数。对于梁截面较小或只沿一个方向有梁的中节点，或周边未被现浇板充分围绕的中节点，以及边节点、角节点等情况均不考虑梁对节点约束的有利影响。

根据国内试验结果，参考圆柱斜截面受剪承载力计算公式的建立模型，对圆柱截面框架节点提出了受剪承载力计算方法。

11.6.7 在本条规定中，对各类有抗震要求节点的构造措施作了以下调整：

1 对贯穿中间层中间节点梁筋直径与长度比值（相对直径）的限制条件，02 规范主要是根据梁、柱配置 335MPa 级纵向钢筋的节点试验结果并参考国外规范的相关规定从不致给设计中选用梁筋直径造成过大限制的偏松角度制定的。为方便应用，原规定没有体现钢筋强度及混凝土强度对梁筋粘结性能的影响，仅限制了贯穿节点梁筋的相对直径。当梁柱纵筋采用400MPa级和500MPa级钢筋后，反复荷载作用下的节点试验表明，梁筋的粘结退化将明显提前、加重。为保证高烈度区罕遇地震作用下使用高强钢筋的节点中梁筋粘结性能不致过度退化，本次修订将9度设防烈度的各类框架和一级抗震等级框架结构中的梁柱节点中梁筋相对直径的限制条件作了略偏严格的调整。

  2 近几年进行的框架结构非线性动力反应分析表明，顶层节点的延性需求通常比中间层节点偏小。框架震害结果也显示出顶层的震害一般比其他楼层的震害偏轻。为便于施工，在本次修订中，取消原规范第11.6.7条第2款图11.6.7e中顶层端节点梁柱负弯矩钢筋在节点外侧搭接时柱筋在节点顶部向内水平弯折12d的要求，改为梁柱负弯矩钢筋在节点外侧直线搭接。

11.6.8 本条对节点核心区的箍筋最大间距和最小直径作了规定。本次修订增加了对节点箍筋肢距的规定。同时，通过箍筋最小配箍特征值及最小体积配箍率以双控方式控制节点中的最低箍筋用量，以保证箍筋对核心区混凝土的最低约束作用和节点的基本抗震受剪承载力。

11.7 剪力墙及连梁

11.7.1 根据研究成果和地震震害经验，本条规定一级抗震等级剪力墙底部加强部位高度范围内各墙肢截面的弯矩设计值不再取用墙肢底部截面的组合弯矩设计值。由于从剪力墙底部截面向上的纵向受拉钢筋中高应力区向整个塑性铰区高度的扩展，也导致塑性铰区以上墙肢各截面的作用弯矩相应有所增大，故本条规定对底部加强部位以上墙肢各截面的组合弯矩设计值乘以1.2的增大系数。弯矩调整增大后，剪力设计值应相应提高。

11.7.2 对于剪力墙肢底部截面同样需要考虑"强剪弱弯"的要求，即对其作用剪力设计值通过增强系数予以增大。对于9度设防烈度的剪力墙肢要求按底部截面纵向钢筋实际配置情况确定作用剪力的增大幅度，具体做法是用底部截面的"实配弯矩"M_{wua}与该截面的组合弯矩设计值的比值与一个增强系数的乘积来增大作用剪力设计值。其中M_{wua}按材料强度的标准值及底部截面纵向钢筋实际布置的位置和数量计算。

11.7.3 国内外剪力墙的受剪承载力试验结果表明，剪跨比λ大于2.5时，大部分墙的受剪承载力上限接近于0.25f_cbh_0；在反复荷载作用下，其受剪承载力上限下降约20%。据此给出了抗震剪力墙肢的受剪承载力上限值。

11.7.4 剪力墙的反复和单调加载受剪承载力对比

试验表明，反复加载时的受剪承载力比单调加载时降低约15%～20%。因此，将非抗震受剪承载力计算公式中各个组成项均乘以降低系数0.8，作为抗震偏心受压剪力墙肢的斜截面受剪承载力计算公式。鉴于对高轴压力作用下的受剪承载力尚缺乏试验研究，公式中对轴压力的有利作用给予了必要的限制，即不超过0.2f_cbh。

11.7.5 对偏心受拉剪力墙的受剪承载力未做过试验研究。本条根据其受力特征，参照一般偏心受拉构件的受剪性能规律及偏心受压剪力墙的受剪承载力计算公式，给出了偏心受拉剪力墙的受剪承载力计算公式。

11.7.6 水平施工缝处的竖向钢筋配置数量需满足受剪要求。根据剪力墙水平缝剪摩擦理论以及对剪力墙施工缝滑移问题的试验研究，并参照国外有关规范的规定提出本条的要求。

11.7.7 剪力墙及筒体的洞口连梁因跨度通常不大，竖向荷载相对偏小，主要承受水平地震作用产生的弯矩和剪力。其中，弯矩作用的反弯点位于跨中，各截面所受的剪力基本相等。在地震反复作用下，连梁通常采用上、下纵向钢筋用量基本相等的配筋方式，在受弯承载力极限状态下，梁截面的受压区高度很小，如忽略截面中纵向构造钢筋的作用，正截面受弯承载力计算时截面的内力臂可近似取为截面有效高度h_0与a'_s的差值。在设置有斜筋的连梁中，受弯承载力中应考虑穿过连梁端截面顶部和底部的斜向钢筋在梁端截面中的水平分量的抗弯作用。

11.7.8 为了实现强剪弱弯，使连梁具有一定的延性，对于普通配筋连梁给出了连梁剪力设计值的增大系数。对于配置斜筋的连梁，由于斜筋的水平分量会提高梁的抗弯能力，而竖向分量会提高梁的抗剪能力，因此对配置斜筋的连梁，不能通过增加斜筋数量单纯提高梁的抗剪能力，形成强剪弱弯。考虑到满足本规范第11.7.10条规定的连梁已具有必要的延性，故对这几种配置斜筋连梁的剪力增大系数，可取为1.0。

11.7.9～11.7.11 02版规范缺少对跨高比小于2.5的剪力墙连梁抗震受剪承载力设计的具体规定。目前在进行小跨高比剪力墙连梁的抗震设计中，为防止连梁过早发生剪切破坏，通常在进行结构内力分析时，采用较大幅度地折减连梁的刚度以降低连梁的作用剪力。近年来对混凝土剪力墙结构的非线性动力反应分析以及对小跨高比连梁的抗震受剪性能试验表明，较大幅度人为折减连梁刚度的做法将导致地震作用下连梁过早屈服，延性需求增大，并且仍不能避免发生延性不足的剪切破坏。国内外进行的连梁抗震受剪性能试验表明，通过改变小跨高比连梁的配筋方式，可在不降低或有限降低连梁相对作用剪力（即不折减或有限折减连梁刚度）的条件下提高连梁的延性，使该类连梁发生剪切破坏时，其延性能力能够达到地震作用时剪力墙对连梁的延性需求。在对试验结果及相关成果进行分析研究的基础上，本次规范修订补充了跨高比小于2.5的连梁的抗震受剪设计规定。

跨高比小于2.5时的连梁抗震受剪试验结果表明，采取不同的配筋方式，连梁达到所需延性时能承受的最大剪压比是不同的。本次修订增加了跨高比小于2.5适用于两个剪压比水平的3种不同配筋形式连梁各自的配筋计算公式和构造措施。其中配置普通箍筋连梁的设计规定是参考我国现行行业标准《高层建筑混凝土结构技术规程》JGJ 3的相关规定和国内外的试验结果得出的；交叉斜筋配筋连梁的设计规定是根据近年来国内外试验结果及分析得出的；集中对角斜筋配筋连梁和对角暗撑配筋连梁是参考美国 ACI 318-08 规范的相关规定和国内外进行的试验结果得出的。国内外各种配筋形式连梁的试验结果表明，发生破坏时连梁位移延性指标，能够达到非线性地震反应分析时结构对连梁的延性需求，设计时可根据连梁的适应条件以及连梁宽度等要求选择相应的配筋形式和设计方法。

11.7.12 为保证剪力墙的承载力和侧向（平面外）稳定要求，给出了各种结构体系剪力墙肢截面厚度的规定。与02版规范相比，本次修订根据近年来的工程经验对各类结构中剪力墙的最小厚度规定作了进一步的细化和局部调整。

因端部无端柱或翼墙的剪力墙与端部有端柱或翼墙的剪力墙相比，其正截面受力性能、变形能力以及端部侧向稳定性能均有一定降低。试验表明，极限位移将减小一半左右，耗能能力将降低20%左右。故适当加大了一、二级抗震等级墙端无端柱或翼墙的剪力墙的最小墙厚。

本次修订，对剪力墙最小厚度除具体尺寸要求外，还给出了用层高或无支长度的分数表示的厚度要求。其中，无支长度是指墙肢沿水平方向上无支撑约束的最大长度。

11.7.13 为了提高剪力墙侧向稳定和受弯承载力，规定了剪力墙厚度大于140mm时，应配置双排或多排钢筋。

11.7.14 根据试验研究和设计经验，并参考国外有关规范的规定，按不同的结构体系和不同的抗震等级规定了水平和竖向分布钢筋的最小配筋率的限值。

美国 ACI 318 规定，当抗震结构墙的设计剪力小于 $A_{cv}\sqrt{f_c'}$（A_{cv} 为腹板截面面积，f_c' 为混凝土的规定抗压强度，该设计剪力对应的剪压比小于0.02）时，腹板的竖向分布钢筋允许降到同非抗震的要求。因此，本次修订，四级抗震墙的剪压比低于上述数值时，竖向分布筋允许按不小于0.15%控制。

11.7.15 给出了剪力墙分布钢筋最大间距、最大直径和最小直径的规定。

11.7.16～11.7.19 剪力墙肢和筒壁墙肢的底部在罕遇地震作用下有可能进入屈服后变形状态。该部位也是防止剪力墙结构、框架-剪力墙结构和筒体结构在罕遇地震作用下发生倒塌的关键部位。为了保证该部位的抗震延性能力和塑性耗能能力，通常采用的抗震构造措施包括：（1）对一、二、三级抗震等级的剪力墙肢和筒壁墙肢的轴压比进行限制；（2）对一、二、三级抗震等级的剪力墙肢和筒壁墙肢，当底部轴压比超过一定限值后，在墙肢或筒壁墙肢两侧设置约束边缘构件，同时对约束边缘构件中纵向钢筋的最低配置数量以及约束边缘构件范围内箍筋的最低配置数量作出限制。

设计中应注意，表11.7.16中的轴压比限值是一、二、三级抗震等级的剪力墙肢和筒壁墙肢应满足的基本要求。而表11.7.17中的"最大轴压比"则是在剪力墙肢和筒壁墙肢底部设置约束边缘构件的必要条件。

对剪力墙肢和筒壁墙肢底部约束边缘构件中纵向钢筋最低数量作出规定，除了为了保证剪力墙肢和筒壁墙肢底部所需的延性和塑性耗能能力之外，也是为了对剪力墙肢和筒壁墙肢底部的抗弯能力作必要的加强，以便在联肢剪力墙和联肢筒壁墙肢中使塑性铰首先在各层洞口连梁中形成，而使剪力墙肢和筒壁墙肢底部的塑性铰推迟形成。

本次修订提高了三级抗震等级剪力墙的设计要求。

11.8 预应力混凝土结构构件

11.8.1 多年来的抗震性能研究以及震害调查证明，预应力混凝土结构只要设计得当，重视概念设计，采用预应力筋和普通钢筋混合配筋的方式、设计为在活荷载作用下允许出现裂缝的部分预应力混凝土，采取保证延性的措施，构造合理，仍可获得较好的抗震性能。考虑到9度设防烈度地区地震反应强烈，对预应力混凝土结构的使用应慎重对待。故当9度设防烈度地区需要采用预应力混凝土结构时，应专门进行试验或分析研究，采取保证结构具有必要延性的有效措施。

11.8.3 研究表明，预应力混凝土框架结构在弹性阶段阻尼比约为0.03，当出现裂缝后，在弹塑性阶段可取与钢筋混凝土相同的阻尼比0.05；在框架-剪力墙、框架-核心筒或板柱-剪力墙结构中，对仅采用预应力混凝土梁或平板的情况，其阻尼比仍应取0.05进行抗震设计。

预应力混凝土结构构件的地震作用效应和其他荷载效应的基本组合主要按照现行国家标准《建筑抗震设计规范》GB 50011 的有关规定确定，并加入了预应力作用效应项，预应力作用分项系数是参考国内外有关规范作出规定的。

由于预应力对节点的侧向约束作用，使节点混凝土处于双向受压状态，不仅可以提高节点的开裂荷载，也可提高节点的受剪承载力。国内试验资料表明，在考虑反复荷载使有效预应力降低后，可取预应力作用的承剪力 $V_p = 0.4N_{pe}$，式中 N_{pe} 为作用在节点核心区预应力筋的总有效预加力。

11.8.4 框架梁是框架结构的主要承重构件之一，应保证其必要的承载力和延性。

试验研究表明，为保证预应力混凝土框架梁的延性要求，应对梁的混凝土截面相对受压区高度作一定的限制。当允许配置受压钢筋平衡部分纵向受拉钢筋以减小混凝土受压区高度时，考虑到截面受拉区配筋过多会引起梁端截面中较大的剪力，以及钢筋拥挤不方便施工的原因，故对纵向受拉钢筋的配筋率作出不宜大于 2.5% 的限制。

采用有粘结预应力筋和普通钢筋混合配筋的部分预应力混凝土是提高结构抗震耗能能力的有效途径之一。但预应力筋的拉力与预应力筋及普通钢筋拉力之和的比值要结合工程具体条件，全面考虑使用阶段和抗震性能两方面要求。从使用阶段看，该比值大一些好；从抗震角度，其值不宜过大。为使梁的抗震性能与使用性能较为协调，按工程经验和试验研究该比值不宜大于 0.75。本规范公式（11.8.4）对普通钢筋数量的要求，是按该限值并考虑预应力筋及普通钢筋重心离截面受压区边缘纤维距离 h_p、h_s 的影响得出的。本条要求是在相对受压区高度、配箍率、钢筋面积 A_s、A'_s 等得到满足的情况下得出的。

梁端箍筋加密区内，底部纵向普通钢筋和顶部纵向受力钢筋的截面面积应符合一定的比例，其理由及规定同钢筋混凝土框架。

考虑地震作用组合的预应力混凝土框架柱，可等效为承受预应力作用的非预应力偏心受压构件，在计算中将预应力作用按总有效预加力表示，并乘以预应力分项系数 1.2，故预应力作用引起的轴压力设计值为 $1.2N_{pe}$。

对于承受较大弯矩而轴向压力较小的框架顶层边柱，可以按预应力混凝土梁设计，采用非对称配筋的预应力混凝土柱，弯矩较大截面的受拉一侧采用预应力筋和普通钢筋混合配筋，另一侧仅配普通钢筋，并应符合一定的配筋构造要求。

11.9 板 柱 节 点

11.9.2 关于柱帽可否在地震区应用，国外有试验及分析研究认为，若抵抗竖向冲切荷载设计的柱帽较小，在地震荷载作用下，较大的不平衡弯矩将在柱帽附近产生反向的冲切裂缝。因此，按竖向冲切荷载设计的小柱帽或平托板不宜在地震区采用。按柱纵向钢筋直径 16 倍控制板厚是为了保证板柱节点的抗弯刚度。本规范给出了平托板或柱帽按抗震设计的边长及

板厚要求。

11.9.3、11.9.4 根据分析研究及工程实践经验，对一级、二级和三级抗震等级板柱节点，分别给出由地震作用组合所产生不平衡弯矩的增大系数，以及板柱节点配置抗冲切钢筋，如箍筋、抗剪栓钉等受冲切承载力计算方法。对板柱-剪力墙结构，除在板柱节点处的板中配置抗冲切钢筋外，也可采用增加板厚、增加结构侧向刚度来减小板间位移角等措施，以避免板柱节点发生冲切破坏。

11.9.5、11.9.6 强调在板柱的柱上板带中宜设置暗梁，并给出暗梁的配筋构造要求。为了有效地传递不平衡弯矩，板柱节点除满足受冲切承载力要求外，其连接构造亦十分重要，设计中应给予充分重视。

公式（11.9.6）是为了防止在极限状态下楼板塑性变形充分发育时从柱上脱落，要求两个方向贯通柱截面的后张预应力筋及板底普通钢筋受拉承载力之和不小于该层柱承担的楼板重力荷载代表值作用下的柱轴压力设计值。对于边柱和角柱，贯通钢筋在柱截面对边弯折锚固时，在计算中应只取其截面面积的一半。

附录 A 钢筋的公称直径、公称截面
面积及理论重量

表 A.0.1 普通钢筋和预应力螺纹钢筋的公称直径是指与其公称截面面积相等的圆的直径。光面钢筋的公称截面面积与承载受力面积相同；而带肋钢筋承载受力的截面面积小于按理论重量计算的截面面积，基圆面积率约为 0.94。而预应力螺纹钢筋的有关数值也不完全对应，故在表中以括号及注另行表达。必要时，尚应考虑基圆面积率的影响。

表 A.0.2 本规将钢绞线外接圆直径称作公称直径；而公称截面面积即现行国家标准《预应力混凝土用钢绞线》GB/T 5224 中的"参考截面面积"。由于捻绞松紧程度的不同，其值可能有波动，工程应用时如有必要，可以根据实测确定。

表 A.0.3 钢丝的公称直径、公称截面面积及理论重量之间的关系与普通钢筋相似，但基圆面积率较大，约为 0.97。

附录 B 近似计算偏压构件侧移
二阶效应的增大系数法

B.0.1 根据本规范第 5.3.4 条的规定，必要时，也可以采用本附录给出的增大系数法来考虑各类结构中的 P-Δ 效应。根据结构中二阶效应的基本规律，P-Δ 效应只会增大由引起结构侧移的荷载或作用所产生的

构件内力，而不增大由不引起结构侧移的荷载（例如较为对称结构上作用的对称竖向荷载）所产生的构件内力。因此，在计算 P-Δ 效应增大后的杆件弯矩时，公式（B.0.1-1）中的 η_s 应只乘 M_s。

因 P-Δ 效应既增大竖向构件中引起结构侧移的弯矩，同时也增大水平构件中引起结构侧移的弯矩，因此公式（B.0.1-1）同样适用于梁端控制截面的弯矩计算。另外，根据本规范第 11.4.1 条的规定，抗震框架各节点处柱端弯矩之和 ΣM_c 应根据同一节点处的梁端弯矩之和 ΣM_b 进行增大，因此，按公式（B.0.1-1）用 η_s 增大梁端引起结构侧移的弯矩，也能使 P-Δ 效应的影响在 ΣM_b 和增大后的 ΣM_c 中保留下来。

B.0.2 本条对框架结构的 η_s 采用层增大系数法计算，各楼层计算出的 η_s 分别适用于该楼层的所有柱段。该方法直接引自《高层建筑混凝土结构技术规程》JGJ 3-2002。当用 η_s 按公式（B.0.1-1）增大柱端及梁端弯矩时，公式（B.0.2）中的楼层侧向刚度 D 应按第 B.0.5 条给出的构件折减刚度计算。

B.0.3 剪力墙结构、框架-剪力墙结构和筒体结构中的 η_s 用整体增大系数法计算。用该方法算得的 η_s 适用于该结构全部的竖向构件。该方法直接引自《高层建筑混凝土结构技术规程》JGJ 3-2002。当用 η_s 按公式（B.0.1-1）增大柱端、墙肢端部和梁端弯矩时，应采用按第 B.0.5 条给出的构件折减刚度计算公式（B.0.3）中的等效竖向悬臂受弯构件的弯曲刚度 $E_c J_d$。

B.0.4 排架结构，特别是工业厂房排架结构的荷载作用复杂，其二阶效应规律有待详细探讨。到目前为止国内已完成的分析研究工作尚不足以提出更为合理的考虑二阶效应的设计方法，故继续沿用 02 版规范中的 $\eta-l_0$ 法考虑排架结构的 P-Δ 效应。其中，就工业厂房排架结构而言，除屋盖重力荷载外的其他各项荷载都将使排架产生侧移，同时也为了计算方便，故在该方法中采用将增大系数 η_s 统乘排架柱各截面组合弯矩的近似做法，即取 $M=\eta_s(M_{ns}+M_s)=\eta_s M_0$。另外，在排架结构所用的 η_s 计算公式中考虑到：（1）目前所用钢材的强度水平普遍有所提高；（2）引起排架柱各截面弯矩的各项荷载中，大部分均属短期作用，故不再考虑引起极限曲率增长的长期作用影响系数；故将 02 版规范 η 公式中的 1/1400 改为 1/1500。基于与第 6.2.4 条相同的理由，取消了 02 版规范 η 公式中的系数 ζ_2。

B.0.5 细长钢筋混凝土偏心压杆考虑二阶效应影响的受力状态大致对应于受拉钢筋屈服后不久的非弹性受力状态。因此，在考虑二阶效应的结构分析中，结构内各类构件的受力状态也应与此相呼应。钢筋混凝土结构在这类受力状态下由于受拉区开裂以及其他非弹性性能的发展，从而导致构件截面弯曲刚度降低。

由于各类构件沿长度方向各截面所受弯矩的大小不同，非弹性性能的发展特征也各有不同，这导致了构件弯曲刚度的降低规律较为复杂。为了便于工程应用，通常是通过考虑非弹性性能的结构分析，并参考试验结果，按结构非弹性侧向位移相等的原则，给出按构件类型的统一当量刚度折减系数（弹性刚度中的截面惯性矩仍按不考虑钢筋的混凝土毛截面计算）。本条给出的刚度折减系数是以我国完成的结构及构件非弹性性能模拟分析结果和试验结果为依据的，与国外规范给出的相应数值相近。

附录 C　钢筋、混凝土本构关系与混凝土多轴强度准则

本附录的内容与原规范基本相同，仅在混凝土一维本构关系中引入了损伤概念，并新增了混凝土的二维本构关系以及钢筋-混凝土之间的粘结-滑移本构关系。

本附录用于混凝土结构的弹塑性分析和结构的承载力验算。

C.1　钢筋本构关系

C.1.1 钢筋强度的平均值主要用于弹塑性分析时的本构关系，宜实测确定。本条文给出了基于统计的建议值。在 89 规范和 02 规范，钢筋强度参数采用的都是 20 世纪 80 年代的统计数据，当时统计的主要对象是 HPB235、HRB335 钢筋，表 1 中为上述钢筋强度的变异系数。2008～2010 年对全国 HRB335、HRB400 和 HRB500 钢筋强度参数进行了统计分析，与 20 世纪 80 年代的统计结果相比，钢筋强度的变异系数略有减小，但考虑新统计数据有限，且缺少 HRBF、RRB 和 HRB-E、HRBF-E 系列钢筋的统计数据，本规范可参考表 1 的数值确定。

表 1　热轧带肋钢筋强度的变异系数 δ_s（%）

强度等级	HPB235	HRB335
δ_s	8.95	7.43

C.1.2 钢筋单调加载的应力-应变本构关系曲线采用由双折线段或三折线段组成，在没有实验数据时，可根据本规范第 4.2.4 条取 $\varepsilon_u=\delta_{gt}$。

C.1.3 新增了钢筋在反复荷载作用下的本构关系曲线，建议钢筋卸载曲线为直线，并给出了钢筋反向再加载曲线的表达式。

C.2　混凝土本构关系

C.2.1 混凝土强度的平均值主要用于弹塑性分析时的本构关系，宜实测确定。本条给出了基于统计的建议值。在 89 规范和 02 规范中，混凝土强度参数采用

的都是 20 世纪 80 年代的统计数据，表 2 中数值为 20 世纪 80 年代以现场搅拌为主的混凝土的变异系数。目前全国普遍采用的都是商品混凝土。2008～2010 年对全国商品混凝土参数进行了统计，结果表明，与 20 世纪 80 年代统计的现场搅拌混凝土相比，目前普遍采用的商品混凝土的变异系数略有减小，但因统计数据有限，本规范可参考表 2 中的数值采用。

表 2　混凝土强度的变异系数 δ_c（%）

强度等级	C15	C20	C25	C30	C35	C40	C45	C50	C60
δ_c	23.3	20.6	18.9	17.2	16.4	15.6	15.6	14.9	14.1

C. 2. 2　现有混凝土的强度和应力-应变本构关系大都是基于正常环境下的短期试验结果。若结构混凝土的材料种类、环境和受力条件等与标准试验条件相差悬殊，则其强度和本构关系都将发生不同程度的变化。例如，采用轻混凝土或重混凝土、全级配或大骨料的大体积混凝土、龄期变化、高温、截面非均匀受力、荷载长期持续作用、快速加载或冲击荷载作用等情况，均应自行试验测定，或参考有关文献作相应的修正。

C. 2. 3　混凝土单轴受拉的本构关系，原则上采用 02 版规范附录 C 的基本表达式与建议参数。根据近期相关的研究工作，给出了与之等效的损伤本构关系表述，以便与二维本构关系相协调。

修订后的混凝土单轴受拉应力-应变曲线分作上升段和下降段，二者在峰值点处连续。在原规范基础上引入了混凝土单轴受拉损伤参数。与原规范附录相似，曲线方程中引入形状参数，可适合不同强度等级混凝土的曲线形状变化。

表 C. 2. 3 中的参数按以下公式计算取值：

$$\varepsilon_{t,r} = f_{t,r}^{0.54} \times 65 \times 10^{-6}$$

$$\alpha_t = 0.312 f_{t,r}^2$$

C. 2. 4　混凝土单轴受压本构关系，对原规范的上升段进行了修订，下降段在本质上与原规范表达式等价。为与二维本构关系相一致，根据近期相关的研究工作在表述形式上作了调整。

修订后的混凝土单轴受压应力-应变曲线也分为上升段和下降段，二者在峰值点处连续。表 C. 2. 4 相应的参数计算式如下：

$$\varepsilon_{c,r} = (700 + 172\sqrt{f_c}) \times 10^{-6}$$

$$\alpha_c = 0.157 f_c^{0.785} - 0.905$$

$$\frac{\varepsilon_{cu}}{\varepsilon_{c,r}} = \frac{1}{2\alpha_c}(1 + 2\alpha_c + \sqrt{1 + 4\alpha_c})$$

钢筋混凝土结构中混凝土常受到横向和纵向应变梯度、箍筋约束作用、纵筋变形等因素的影响，其应力-应变关系与混凝土棱柱体轴心受压试验结果有差别。可根据构件或结构的力学性能试验结果对混凝土的抗压强度代表值（$f_{c,r}$）、峰值压应变（$\varepsilon_{c,r}$）以及曲线形状参数（α_c）作适当修正。

C. 2. 5　新增了受压混凝土在重复荷载作用下的应力-应变本构曲线，以反映混凝土滞回、刚度退化及强度退化的特性。为简化表述，卸载段应力路径采用直线表达方式。

C. 2. 6　根据近期相关的研究工作，给出了混凝土二维本构关系的表达式，以为混凝土非线性有限元分析提供依据。该本构关系包括了卸载本构方程，实现了一维卸载的残余应变与二维卸载残余应变计算的统一。

C. 3　钢筋-混凝土粘结滑移本构关系

修订规范新增了钢筋与混凝土的粘结应力-滑移本构关系，为结构大变形时进行更精确的分析提供了界面的粘结-滑移参数。钢筋与混凝土之间的粘结应力-滑移本构关系适用范围与第 C. 1 节、第 C. 2 节相同。

建议的带肋钢筋与混凝土之间的粘结滑移本构关系是通过大量试验量测，经统计分析后提出的一般形式。影响粘结-滑移本构关系的因素很多，如混凝土的强度、级配，锚固钢筋的直径、强度、变形指标、外形参数，箍筋配置，侧向压力等都会影响粘结-滑移本构关系。因此，在条件许可的情况下，建议通过试验测定表达式中的参数。

C. 4　混凝土强度准则

C. 4. 1　当以应力设计方式采用多轴强度准则进行承载能力极限状态计算时，混凝土强度指标应以相对值形式表达，且可根据需要，对承载力计算取相对的设计值；对防连续倒塌计算取相对的标准值。

C. 4. 2　混凝土的二轴强度包络图为由 4 条曲线连成的封闭曲线（图 C. 4. 2），图中每条曲线中应力符号均遵循"受拉为负、受压为正"的原则，根据其对应象限确定。根据相关的研究，给出了混凝土二维强度准则的分区表达式，这些表达式原则上也可以由前述混凝土本构关系给出。

为方便应用，二轴强度还可以根据表 C. 4. 2-1～表 C. 4. 2-3 所列的数值内插取值。

C. 4. 3　混凝土的三轴受拉应力状态在实际结构中极其罕见，试验数据也极少。取 $f_3 = 0.9 f_{c,r}$，约为试验平均值。

混凝土三轴抗压强度（f_1，图 C. 4. 3-2）的取值显著低于试验值，且略低于一些国外设计规范规定的值。本规范给出了最高强度（$5f_c$）的限制，用于承载力验算可确保结构安全。混凝土的三轴抗压强度可按照表 C. 4. 3-2 取值，也可以按照下列公式计算：

$$\frac{\overline{f_1}}{f_{c,r}} = 1.2 + 33\left(\frac{\sigma_1}{\sigma_3}\right)^{1.8}$$

附录 D 素混凝土结构构件设计

本附录的内容与 02 版规范附录 A 相同，对素混凝土结构构件的计算和构造作出了规定。

附录 E 任意截面、圆形及环形构件正截面承载力计算

E.0.1 本条给出了任意截面任意配筋的构件正截面承载力计算的一般公式。

随着计算机的普遍使用，对任意截面、外力和配筋的构件，正截面承载力的一般计算方法，可按本规范第 6.2.1 条的基本假定，通过数值积分方法进行迭代计算。在计算各单元的应变时，通常应通过混凝土极限压应变为 ε_{cu} 的受压区顶点作一条与中和轴平行的直线；在某些情况下，尚应通过最外排纵向受拉钢筋极限拉应变 0.01 为顶点作一条与中和轴平行的直线，然后再作一条与中和轴垂直的直线，以此直线作为基准线按平截面假定确定各单元的应变及相应的应力。

在建立本条公式时，为使公式的形式简单，坐标原点取在截面重心处；在具体进行计算或编制计算程序时，可根据计算的需要，选择合适的坐标系。

E.0.3、E.0.4 环形及圆形截面偏心受压构件正截面承载力计算。

均匀配筋的环形、圆形截面的偏心受压构件，其正截面承载力计算可采用第 6.2.1 条的基本假定列出平衡方程进行计算，但计算过于繁琐，不便于设计应用。公式（E.0.3-1）～公式（E.0.3-6）及公式（E.0.4-1）～公式（E.0.4-4）是将沿截面梯形应力分布的受压及受拉钢筋应力简化为等效矩形应力图，其相对钢筋面积分别为 α 及 α_t，在计算时，不需判断大小偏心情况，简化公式与精确解误差不大。对环形截面，当 α 较小时实际受压区为环内弓形面积，简化公式可能会低估了截面承载力，此时可按圆形截面公式计算。

附录 F 板柱节点计算用等效集中反力设计值

F.0.1 在垂直荷载、水平荷载作用下，板柱结构节点传递不平衡弯矩时，其等效集中反力设计值由两部分组成：

1 由柱所承受的轴向压力设计值减去柱顶冲切破坏锥体范围内板所承受的荷载设计值，即 F_l；

2 由节点受剪传递不平衡弯矩而在临界截面上产生的最大剪应力经折算而得的附加集中反力设计值，即 $\tau_{max} u_m h_0$。

本条的公式（F.0.1-1）、公式（F.0.1-3）、公式（F.0.1-5）就是根据上述方法给出的。

竖向荷载、水平荷载引起临界截面周长重心处的不平衡弯矩，可由柱截面重心处的不平衡弯矩与 F_l 对临界截面周长重心轴取矩之和确定。本条的公式（F.0.1-2）、公式（F.0.1-4）就是按此原则给出的；在应用上述公式中应注意两个弯矩的作用方向，当两者相同时，应取加号，当两者相反时，应取减号。

F.0.2、F.0.3 条文中提供了图 F.0.1 所示的中柱、边柱和角柱处临界截面的几何参数计算公式。这些参数是按行业标准《无粘结预应力混凝土结构技术规程》JGJ 92—93 的规定给出的，其中对类似惯性矩的计算公式中，忽略了 h_0^3 项的影响，即在公式（F.0.2-1）、公式（F.0.2-5）中略去了 $a_1 h_0^3/6$ 项；在公式（F.0.2-10）、公式（F.0.2-14）中略去了 $a_1 h_0^3/12$ 项，这表示忽略了临界截面上水平剪应力的作用，对通常的板柱结构的板厚而言，这样近似处理是可以的。

F.0.4 当边柱、角柱部位有悬臂板时，在受冲切承载力计算中，可能是按图 F.0.1 所示的临界截面周长，也可能是如中柱的冲切破坏而形成的临界截面周长，应通过计算比较，以取其不利者作为设计计算的依据。

附录 G 深受弯构件

根据分析及试验结果，国内外均将跨高比小于 2 的简支梁及跨高比小于 2.5 的连续梁视为深梁；而跨高比小于 5 的梁统称为深受弯构件（短梁）。其受力性能与一般梁有一定区别，故单列附录加以区别，作出专门的规定。

G.0.1 对于深梁的内力分析，简支深梁与一般梁相同，但连续深梁的内力值及其沿跨度的分布规律与一般连续梁不同。其跨中正弯矩比一般连续梁偏大，支座负弯矩偏小，且随跨高比和跨数而变化。在工程设计中，连续深梁的内力应由二维弹性分析确定，且不宜考虑内力重分布。具体内力值可采用弹性有限元方法或查阅根据二维弹性分析结果制作的连续深梁的内力表格确定。

G.0.2 深受弯构件的正截面受弯承载力计算采用内力臂表达式，该式在 $l_0/h=5.0$ 时能与一般梁计算公式衔接。试验表明，水平分布筋对受弯承载力的作用约占 10%～30%。故在正截面计算公式中忽略了这部分钢筋的作用。这样处理偏安全。

G.0.3 本条给出了适用于 $l_0/h < 5.0$ 的全部深受弯构件的受剪截面控制条件。该条件在 $l_0/h = 5$ 时与一般受弯构件受剪截面控制条件相衔接。

G.0.4 在深受弯构件受剪承载力计算公式中，竖向钢筋受剪承载力计算项的系数，根据第 6.3.4 条的修改由 1.25 调整为 1.0。

此外，公式中混凝土项反映了随 l_0/h 的减小，剪切破坏模式由剪压型向斜压型过渡，混凝土项在受剪承载力中所占的比例增大。而竖向分布筋和水平分布筋项则分别反映了从 $l_0/h = 5.0$ 时只有竖向分布筋（箍筋）参与受剪，过渡到 l_0/h 较小时只有水平分布筋能发挥有限受剪作用的变化规律。在 $l_0/h = 5.0$ 时，该式与一般梁受剪承载力计算公式相衔接。

在主要承受集中荷载的深受弯构件的受剪承载力计算公式中，含有跨高比 l_0/h 和计算剪跨比 λ 两个参数。对于 $l_0/h \leqslant 2.0$ 的深梁，统一取 $\lambda = 0.25$；而 $l_0/h \geqslant 5.0$ 的一般受弯构件的剪跨比上、下限值则分别为 3.0、1.5。为了使深梁、短梁、一般梁的受剪承载力计算公式连续过渡，本条给出了深受弯构在 $2.0 < l_0/h < 5.0$ 时 λ 上、下限值的线性过渡规律。

应注意的是，由于深梁中水平及竖向分布钢筋对受剪承载力的作用有限，当深梁受剪承载力不足时，应主要通过调整截面尺寸或提高混凝土强度等级来满足受剪承载力要求。

G.0.5 试验表明，随着跨高比的减小，深梁斜截面抗裂能力有一定提高。为了简化计算，本条给出了防止深梁出现斜裂缝的验算条件，这是按试验结果偏下限给出的，并作了合理的放宽。当满足本条公式的要求时，可不再进行受剪承载力计算。

G.0.6 深梁支座的支承面和深梁顶集中荷载作用面的混凝土都有发生局部受压破坏的可能性，应进行局部受压承载力验算，在必要时还应配置间接钢筋。按本规范第 G.0.7 条的规定，将支承深梁的柱伸到深梁顶部能够有效地降低支座传力面发生局部受压破坏的可能性。

G.0.7 为了保证深梁平面外的稳定性，本条对深梁的高厚比（h/b）或跨厚比（l_0/b）作了限制。此外，简支深梁在顶部、连续深梁在顶部和底部应尽可能与其他水平刚度较大的构件（如楼盖）相连接，以进一步加强其平面外稳定性。

G.0.8 在弹性受力阶段，连续深梁支座截面中的正应力分布规律随深梁的跨高比变化，由此确定深梁的配筋分布。

当 $l_0/h > 1.5$ 时，支座截面受压区约在梁底以上 $0.2h$ 的高度范围内，再向上为拉应力区，最大拉应力位于梁顶；随着 l_0/h 的减小，最大拉应力下移；到 $l_0/h = 1.0$ 时，较大拉应力位于从梁底算起 $0.2h \sim 0.6h$ 的范围内，梁顶拉应力相对偏小。达到承载力极限状态时，支座截面因开裂导致的应力重分布使深

梁支座截面上部钢筋拉力增大。

本条以图示给出了支座截面负弯矩受拉钢筋沿截面高度的分区布置规定，比较符合正常使用极限状态支座截面的受力特点。水平钢筋数量的这种分区布置规定，虽未充分反映承载力极限状态下的受力特点，但更有利于正常使用极限状态下支座截面的裂缝控制，同时也不影响深梁在承载力极限状态下的安全性。

本条保留了从梁底算起 $0.2h \sim 0.6h$ 范围内水平钢筋最低用量的控制条件，以减少支座截面在这一高度范围内过早开裂的可能性。

G.0.9 深梁在垂直裂缝以及斜裂缝出现后将形成拉杆拱的传力机制，此时下部受拉钢筋直到支座附近仍拉力较大，应在支座中妥善锚固。鉴于在"拱肋"压力的协同作用下，钢筋锚固端的竖向弯钩很可能引起深梁支座区沿深梁中面的劈裂，故钢筋锚固端的弯折建议改为平放，并按弯折 180° 的方式锚固。

G.0.10 试验表明，当仅配有两层钢筋网时，如果网与网之间未设拉筋，由于钢筋网在深梁平面外的变形未受到专门约束，当拉杆拱拱肋内斜向压力较大时，有可能发生沿深梁中面劈开的侧向劈裂型斜压破坏。故应在双排钢筋网之间配置拉筋。而且，在本规范图 G.0.8-1 和图 G.0.8-2 深梁支座附近由虚线标示的范围内应适当增配拉筋。

G.0.11 深梁下部作用有集中荷载或均布荷载时，吊筋的受拉能力不宜充分利用，其目的是为了控制悬吊作用引起的裂缝宽度。当作用在深梁下部的集中荷载的计算剪跨比 $\lambda > 0.7$ 时，按第 9.2.11 条规定设置的吊筋和按第 G.0.12 条规定设置的竖向分布钢筋仍不能完全防止斜拉型剪切破坏的发生，故应在剪跨内适度增大竖向分布钢筋的数量。

G.0.12 深梁的水平和竖向分布钢筋对受剪承载力所起的作用虽然有限，但能限制斜裂缝的开展。当分布钢筋采用较小直径和较小间距时，这种作用就越发明显。此外，分布钢筋对控制深梁中温度、收缩裂缝的出现也起作用。本条给出的分布钢筋最小配筋率是构造要求的最低数量，设计者应根据具体情况合理选择分布钢筋的配置数量。

G.0.13 本条给出了对介于深梁和浅梁之间的"短梁"的一般性构造规定。

附录 H 无支撑叠合梁板

H.0.1 本条给出"二阶段受力叠合受弯构件"在叠合层混凝土达到设计强度前的第一阶段和达到设计强度后的第二阶段所应考虑的荷载。在第二阶段，因为当叠合层混凝土达到设计强度后仍可能存在施工活载，且其产生的荷载效应可能超过使用阶段可变荷载

产生的荷载效应，故应按这两种荷载效应中的较大值进行设计。

H.0.2 本条给出了预制构件和叠合构件的正截面受弯承载力的计算方法。当预制构件高度与叠合构件高度之比 h_1/h 较小（较薄）时，预制构件正截面受弯承载力计算中可能出现 $\zeta > \zeta_b$ 的情况，此时纵向受拉钢筋的强度 f_y、f_{py} 应该用应力值 σ_s、σ_p 代替，σ_s、σ_p 应按本规范第 6.2.8 条计算，也可取 $\zeta = \zeta_b$ 进行计算。

H.0.3 由于二阶段受力叠合梁斜截面受剪承载力试验研究尚不充分，本规范规定叠合梁斜截面受剪承载力仍按普通钢筋混凝土梁受剪承载力公式计算。在预应力混凝土叠合梁中，由于预应力效应只影响预制构件，故在斜截面受剪承载力计算中暂不考虑预应力的有利影响。在受剪承载力计算中混凝土强度偏安全地取预制梁与叠合层中的较低者；同时受剪承载力应不低于预制梁的受剪承载力。

H.0.4 叠合构件叠合面有可能先于斜截面达到其受剪承载能力极限状态。叠合面受剪承载力计算公式是以剪摩擦传力模型为基础，根据叠合构件试验结果和剪摩擦试件试验结果给出的。叠合式受弯构件的箍筋应按斜截面受剪承载力计算和叠合面受剪承载力计算得出的较大值配置。

不配筋叠合面的受剪承载力离散性较大，故本规范用于这类叠合面的受剪承载力计算公式暂不与混凝土强度等级挂钩，这与国外规范的处理手法类似。

H.0.5、H.0.6 叠合式受弯构件经受施工阶段和使用阶段的不同受力状态，故预应力混凝土叠合受弯构件的抗裂要求应分别对预制构件和叠合构件进行抗裂验算。验算要求其受拉边缘的混凝土应力不大于预制构件的混凝土抗拉强度标准值。由于预制构件和叠合层可能选用强度等级不同的混凝土，故在正截面抗裂验算和斜截面抗裂验算中应按折算截面确定叠合后构件的弹性抵抗矩、惯性矩和面积矩。

H.0.7 由于叠合构件在施工阶段先以截面高度小的预制构件承担该阶段全部荷载，使得受拉钢筋中的应力比假定用叠合构件全截面承担同样荷载时大。这一现象通常称为"受拉钢筋应力超前"。

当叠合层混凝土达到强度从而形成叠合构件后，整个截面在使用阶段荷载作用下除去在受拉钢筋中产生应力增量和在受压区混凝土中首次产生压应力外，还会由于抵消预制构件受压区原有的压应力而在该部位形成附加拉力。该附加拉力虽然会在一定程度上减小受力钢筋中的应力超前现象，但仍使叠合构件与同样截面普通受弯构件相比钢筋拉应力及曲率偏大，并有可能使受拉钢筋在弯矩准永久值作用下过早达到屈服。这种情况在设计中应予防止。

为此，根据试验结果给出了公式计算的受拉钢筋应力控制条件。该条件属叠合受弯构件正常使用极限状态的附加验算条件。该验算条件与裂缝宽度控制条件和变形控制条件不能相互取代。

由于钢筋混凝土构件采用荷载效应的准永久组合，计算公式作了局部调整。

H.0.8 以普通钢筋混凝土受弯构件裂缝宽度计算公式为基础，结合二阶段受力叠合受弯构件的特点，经局部调整，提出了用于钢筋混凝土叠合受弯构件的裂缝宽度计算公式。其中考虑到若第一阶段预制构件所受荷载相对较小，受拉区弯曲裂缝在第一阶段不一定出齐；在随后由叠合截面承受 M_{2k} 时，由于叠合截面的 ρ_{te} 相对偏小，有可能使最终的裂缝间距偏大。因此当计算叠合式受弯构件的裂缝间距时，应对裂缝间距乘以扩大系数 1.05。这相当于将本规范公式 (7.1.2-1) 中的 α_{cr} 由普通钢筋混凝土构件的 1.9 增大到 2.0，由预应力混凝土构件的 1.5 增大到 1.6。此外，还要用 $\rho_{te1}\sigma_{s1k} + \rho_{te}\sigma_{s2k}$ 取代普通钢筋混凝土梁 ψ 计算公式中的 $\rho_{te}\sigma_{sk}$，以近似考虑叠合构件二阶段受力特点。

由于钢筋混凝土构件与预应力混凝土构件在计算正常使用极限状态后的裂缝宽度与挠度时，采用了不同的荷载效应组合，故分列公式表达裂缝宽度的计算。

H.0.9 叠合受弯构件的挠度计算方法同前，本条给出了刚度 B 的计算方法。其考虑了二阶段受力的特征且按荷载效应准永久组合或标准组合并考虑荷载长期作用影响。该公式是在假定荷载对挠度的长期影响均发生在受力第二阶段的前提下，根据第一阶段和第二阶段的弯矩曲率关系导出的。

同样，由于钢筋混凝土构件与预应力混凝土构件在计算正常使用极限状态后的裂缝宽度与挠度时，采用了不同的荷载效应组合，故分列公式表达刚度的计算。

H.0.10～H.0.12 钢筋混凝土二阶段受力叠合受弯构件第二阶段短期刚度是在一般钢筋混凝土受弯构件短期刚度计算公式的基础上考虑了二阶段受力对叠合截面的受压区混凝土应力形成的滞后效应后经简化得出的。对要求不出现裂缝的预应力混凝土二阶段受力叠合受弯构件，第二阶段短期刚度公式中的系数 0.7 是根据试验结果确定的。

对负弯矩区段内第二阶段的短期刚度和使用阶段的预应力反拱值，给出了计算原则。

附录 J 后张曲线预应力筋由锚具变形和预应力筋内缩引起的预应力损失

后张法构件的曲线预应力筋放张时，由于锚具变形和预应力筋内缩引起的预应力损失值，应考虑曲线预应力筋受到曲线孔道上反摩擦力的阻止，按变形协调原理，取张拉端锚具的变形和预应力筋内缩值等于反摩擦力引起的预应力筋变形值，可求出预应力损失值 σ_{l1} 的范围和数值。由图 1 推导过程说明如下，假定：（1）孔道摩擦损失按近似直线公式计算；（2）回缩发生的反向摩擦力和张拉摩擦力的摩擦系数相等。因此，代表锚固前和锚固后瞬间预应力筋应力变化的两根直线 ab 和 $a'b$ 的斜率是相等的，但方向则相反。这样，锚固后整根预应力筋的应力变化线可用折线 $a'bc$ 来代表。为确定该折线，需要求出两个未知量，一个张拉端的摩擦损失应力 $\Delta\sigma$，另一个是预应力反向摩擦影响长度 l_f。

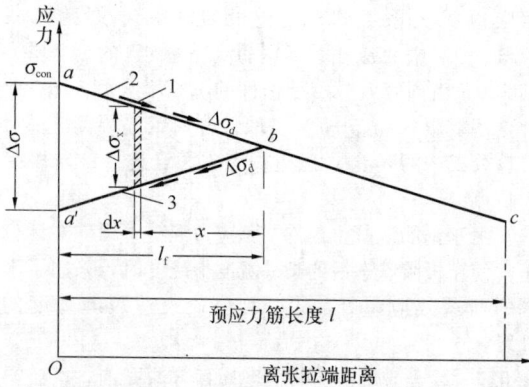

图 1 锚固前后张拉端预应力筋应力变化示意
1—摩擦力；2—锚固前应力分布线；3—锚固后应力分布线

由于 ab 和 $a'b$ 两条线是对称的，张拉端的预应力损失将为

$$\Delta\sigma = 2\Delta\sigma_d l_f$$

式中：$\Delta\sigma_d$ ——单位长度的摩擦损失值（MPa/mm）；
l_f ——预应力筋反向摩擦影响长度（mm）。

反向摩擦影响长度 l_f 可根据锚具变形和预应力筋内缩值 a 用积分法求得：

$$a = \int_0^{l_f} \Delta\varepsilon dx = \int_0^{l_f} \frac{\Delta\sigma_x}{E_p} dx = \int_0^{l_f} \frac{2\Delta\sigma_d x}{E_p} dx = \frac{\Delta\sigma_d}{E_p} l_f^2$$

化简得

$$l_f = \sqrt{\frac{aE_p}{\Delta\sigma_d}}$$

该公式仅适用于一端张拉时 l_f 不超过构件全长 l 的情况，如果正向摩擦损失较小，应力降低曲线比较平坦，或者回缩值较大，则 l_f 有可能超过构件全长 l，此时，只能在 l 范围内按预应力筋变形和锚具内缩变形相协调，并通过试算方法以求张拉端锚下预应力锚固损失值。

本附录给出了常用束形的预应力筋在反向摩擦影响长度 l_f 范围内的预应力损失值 σ_{l1} 的计算公式，这是假设 $\kappa x + \mu\theta$ 不大于 0.3，摩擦损失按直线近似公式计算得出的。由于无粘结预应力筋的摩擦系数小，经过核算，故将允许的圆心角放大为 90°。此外，该计算公式适用于忽略初始直线段 l_0 中摩擦损失影响的

情况。

附录 K 与时间相关的预应力损失

K.0.1、K.0.2 考虑预加力时的龄期、理论厚度等多种因素影响的混凝土收缩、徐变引起的预应力损失计算方法，是参考"部分预应力混凝土结构设计建议"的计算方法，并经过与本规范公式（10.2.5-1）~公式（10.2.5-4）计算结果分析比较后给出的。所采用的方法考虑了普通钢筋对混凝土收缩、徐变所引起预应力损失的影响，考虑预应力筋松弛对徐变损失计算值的影响，将徐变损失项按 0.9 折减。考虑预加力时的龄期、理论厚度影响的混凝土收缩应变和徐变系数终极值，系根据欧洲规范 EN 1992-2：《混凝土结构设计 第 1 部分：总原则和对建筑结构的规定》提供的公式计算得出的。所列计算结果一般适用于周围空气相对湿度 RH 为 40%~70% 和 70%~99%，温度为 $-20℃$~$+40℃$，由一般的硅酸盐类水泥或快硬水泥配制而成的强度等级为 C30~C50 混凝土。在年平均相对湿度低于 40% 的条件下使用的结构，收缩应变和徐变系数终极值应增加 30%。当无可靠资料时，混凝土收缩应变和徐变系数终极值可按表 K.0.1-1 及表 K.0.1-2 采用。对泵送混凝土，其收缩和徐变引起的预应力损失值亦可根据实际情况采用其他可靠数据。松弛损失和收缩、徐变中间值系数取自现行行业标准《铁路桥涵钢筋混凝土和预应力混凝土结构设计规范》TB 10002.3。

对受压区配置预应力筋 A'_p 及普通钢筋 A'_s 的构件，可近似地按公式（K.0.1-1）计算，此时，取 $A'_p = A'_s = 0$；σ'_{l5} 则按公式（K.0.1-2）求出。在计算公式（K.0.1-1）、公式（K.0.1-2）中的 σ_{pc} 及 σ'_{pc} 时，应采用全部预加力值。

本附录 K 所列混凝土收缩和徐变引起的预应力损失计算方法，供需要考虑施加预应力时混凝土龄期、理论厚度影响，以及需要计算松弛及收缩、徐变损失随时间变化中间值的重要工程设计使用。

欧洲规范 EN 1992-2 中有关混凝土收缩应变和徐变系数计算公式及计算结果如下：

1 收缩应变

1）混凝土总收缩应变由干缩应变和自收缩应变组成。其总收缩应变 ε_{cs} 的值按下式得到：

$$\varepsilon_{cs} = \varepsilon_{cd} + \varepsilon_{ca} \tag{12}$$

式中：ε_{cs} ——总收缩应变；
ε_{cd} ——干缩应变；
ε_{ca} ——自收缩应变。

2）干缩应变随时间的发展可按下式得到：

$$\varepsilon_{cd}(t) = \beta_{ds}(t, t_s) \cdot k_h \cdot \varepsilon_{cd,0} \tag{13}$$

$$\beta_{ds}(t,t_s) = \frac{(t-t_s)}{(t-t_s) + 0.04\sqrt{\left(\frac{2A}{u}\right)^3}} \quad (14)$$

$$\varepsilon_{cd,0} = 0.85\left[(220 + 110 \cdot \alpha_{ds1}) \cdot \exp\left(-\alpha_{ds2} \cdot \frac{f_{cm}}{f_{cmo}}\right)\right]$$
$$\cdot 10^{-6} \cdot \beta_{RH} \quad (15)$$

$$\beta_{RH} = -1.55\left[1 - \left(\frac{RH}{RH_0}\right)^3\right] \quad (16)$$

式中：$\varepsilon_{cd,0}$——混凝土的名义无约束干缩值；

$\beta_{ds}(t,t_s)$——描述干缩应变与时间和理论厚度 $2A/u$（mm）相关的系数；

k_h——与理论厚度 $2A/u$（mm）相关的系数，可按表 3 采用；

f_{cm}——混凝土圆柱体 28d 龄期平均抗压强度（MPa）；

f_{cmo}——10MPa；

α_{ds1}——与水泥品种有关的系数，计算按一般硅酸盐水泥或快硬水泥，取为 4；

α_{ds2}——与水泥品种有关的系数，计算按一般硅酸盐水泥或快硬水泥，取为 0.12；

RH——周围环境相对湿度（%）；

RH_0——100%；

t——混凝土龄期（d）；

t_s——干缩开始时的混凝土龄期（d），通常为养护结束的时间，本规范计算中取 $t_s = 3d$；

$(t-t_s)$——混凝土养护结束后的干缩持续期（d）。

表 3　与理论厚度 $2A/u$ 相关的系数 k_h

$2A/u$(mm)	k_h
100	1.0
200	0.85
300	0.75
≥500	0.70

注：A 为构件截面面积，u 为该截面与大气接触的周边长度。

3）混凝土自收缩应变可按下式计算：

$$\varepsilon_{ca}(t) = \beta_{as}(t) \cdot \varepsilon_{ca}(\infty) \quad (17)$$

$$\beta_{as}(t) = 1 - \exp(-0.2t^{0.5}) \quad (18)$$

$$\varepsilon_{ca}(\infty) = 2.5(f_{ck} - 10)10^{-6} \quad (19)$$

式中：f_{ck}——混凝土圆柱体 28d 龄期抗压强度特征值（MPa）。

4）根据公式（12）～公式（19），预应力混凝土构件从预加应力时混凝土龄期 t_0 起，至混凝土龄期 t 的收缩应变值，可按下式计算：

$$\varepsilon_{cs}(t,t_0) = \varepsilon_{cd,0} \cdot k_h \cdot [\beta_{ds}(t,t_s) - \beta_{ds}(t_0,t_s)]$$
$$+ \varepsilon_{ca}(\infty)$$
$$\cdot [\beta_{as}(t) - \beta_{as}(t_0)] \quad (20)$$

2　徐变系数

混凝土的徐变系数可按下列公式计算：

$$\varphi(t,t_0) = \varphi_0 \cdot \beta_c(t,t_0) \quad (21)$$

$$\varphi_0 = \varphi_{RH} \cdot \beta(f_{cm}) \cdot \beta(t_0) \quad (22)$$

$$\beta_c(t,t_0) = \left[\frac{(t-t_0)}{\beta_H + (t-t_0)}\right]^{0.3} \quad (23)$$

公式（22）中的系数 φ_{RH}、$\beta(f_{cm})$ 及 $\beta(t_0)$ 可按下列公式计算：

当 $f_{cm} \leqslant 35$MPa 时，

$$\varphi_{RH} = 1 + \frac{1 - RH/100}{0.1 \cdot \sqrt[3]{\frac{2A}{u}}} \quad (24)$$

当 $f_{cm} > 35$MPa 时，

$$\varphi_{RH} = \left[1 + \frac{1 - RH/100}{0.1 \cdot \sqrt[3]{\frac{2A}{u}}} \cdot \alpha_1\right] \cdot \alpha_2 \quad (25)$$

$$\beta(f_{cm}) = \frac{16.8}{\sqrt{f_{cm}}} \quad (26)$$

$$\beta(t_0) = \frac{1}{0.1 + t_0^{0.20}} \quad (27)$$

公式（23）中的系数 β_H 可按下列两个公式计算：

当 $f_{cm} \leqslant 35$MPa 时，

$$\beta_H = 1.5[1 + (0.012RH)^{18}]\frac{2A}{u} + 250 \leqslant 1500 \quad (28)$$

当 $f_{cm} > 35$MPa 时，

$$\beta_H = 1.5[1 + (0.012RH)^{18}]\frac{2A}{u} + 250\alpha_3 \leqslant 1500\alpha_3 \quad (29)$$

式中：φ_0——名义徐变系数；

$\beta_c(t,t_0)$——预应力混凝土构件预加应力后徐变随时间发展的系数；

t——混凝土龄期（d）；

t_0——预加应力时的混凝土龄期（d）；

φ_{RH}——考虑环境相对湿度和理论厚度 $2A/u$ 对徐变系数影响的系数；

$\beta(f_{cm})$——考虑混凝土强度对徐变系数影响的系数；

$\beta(t_0)$——考虑加载时混凝土龄期对徐变系数影响的系数；

f_{cm}——混凝土圆柱体 28d 龄期平均抗压强度（MPa）；

RH——周围环境相对湿度（%）；

β_H——取决于环境相对湿度 RH（%）和理论厚度 $2A/u$（mm）的系数；

$t-t_0$——预加应力后的加载持续期（d）；

α_1、α_2、α_3——考虑混凝土强度影响的系数：

$$\alpha_1 = \left[\frac{35}{f_{cm}}\right]^{0.7} \qquad \alpha_2 = \left[\frac{35}{f_{cm}}\right]^{0.2} \qquad \alpha_3 = \left[\frac{35}{f_{cm}}\right]^{0.5}$$

3　与计算相关的技术条件

1) 根据国家统计局发布的 1996 年～2005 年（缺 2002 年）我国主要城市气候情况的数据，年平均温度在 5℃～25℃ 之间，年平均相对湿度 RH 除海口为 81.2% 外，其余均在 40%～80% 之间，若按 40%≤RH<60%、60%≤RH<70%、70%≤RH<80% 分组，分别有 11、8、14 个城市。现将相对湿度分为 40%≤RH<70%、70%≤RH<80% 两档，年平均相对湿度分别取其中间值 55%、75% 进行计算。对于环境相对湿度在 80%～100% 的情况，采用 75% 作为其代表值的计算结果，在工程应用中是偏于安全的。本附录表列数据，可近似地适用于温度在 −20℃～+40℃ 之间季节性变化的混凝土。

2) 本计算适用于由一般硅酸盐类水泥或快硬水泥配置而成的混凝土。考虑到我国预应力混凝土结构工程常用的混凝土强度等级为 C30～C50，因此选取 C40 作为代表值进行计算。在计算中，需要对我国规范的混凝土强度等级向欧洲规范中的强度进行转换：根据欧洲规范 EN 1992-2，我国强度等级 C40 的混凝土对应欧洲规范混凝土立方体抗压强度 $f_{ck,cube}$ = 40MPa，通过查表插值计算得到对应的混凝土圆柱体抗压强度特征值 f_{ck} = 32MPa，圆柱体 28d 平均抗压强度 $f_{cm}=f_{ck}+8$ = 40MPa。

3) 混凝土开始收缩的龄期 t_s 取混凝土工程通常采用的养护时间 3d，混凝土收缩或徐变持续时间 t 取 1 年、10 年分别进行计算。对于普通混凝土结构，10 年后其收缩应变值与徐变系数值的增长很小，可以忽略不计，因此可认为 t 取 10 年所计算出来的值是混凝土收缩应变或徐变系数终极值。

4) 当混凝土加载龄期 $t_0 \geq 90d$，混凝土构件理论厚度 $\dfrac{2A}{u} \geq 600mm$ 时，按 $t_0=90d$、$2A/u$ =600mm 计算。计算结果比实际结果偏大，在工程应用中是偏安全的。

5) 有关混凝土收缩应变或徐变系数终极值的计算结果，大体适用于强度等级 C30～C50 混凝土。试验表明，高强混凝土的收缩量，尤其是徐变量要比普通强度的混凝土有所减少，且与 $\sqrt{f_{ck}}$ 成反比。因此，本规范对 C50 及以上强度等级混凝土的收缩应变和徐变系数，需按计算所得的表列值乘以 $\sqrt{\dfrac{32.4}{f_{ck}}}$ 进行折减。式中 32.4 为 C50 混凝土轴心抗压强度标准值，f_{ck} 为混凝土轴心抗压强度标准值。

计算所得混凝土 1 年、10 年收缩应变终值及终极值和徐变系数终值及终极值分别见表 4、表 5、表 6、表 7。

表 4　混凝土 1 年收缩应变终值 ε_{1y}（×10⁻⁴）

年平均相对湿度 RH		40%≤RH<70%				70%≤RH≤99%			
理论厚度 2A/u (mm)		100	200	300	≥600	100	200	300	≥600
预加应力时的混凝土龄期 t_0 (d)	3	4.42	3.28	2.51	1.57	3.18	2.39	1.86	1.21
	7	3.94	3.09	2.39	1.49	2.83	2.24	1.75	1.13
	10	3.65	2.96	2.31	1.44	2.62	2.14	1.69	1.08
	14	3.32	2.82	2.22	1.39	2.38	2.03	1.61	1.04
	28	2.49	2.39	1.95	1.25	1.78	1.71	1.41	0.92
	60	1.51	1.73	1.52	1.02	1.08	1.23	1.08	0.74
	≥90	1.04	1.32	1.21	0.86	0.74	0.94	0.86	0.62

表 5　混凝土 10 年收缩应变终极值 ε_∞（×10⁻⁴）

年平均相对湿度 RH		40%≤RH<70%				70%≤RH≤99%			
理论厚度 2A/u (mm)		100	200	300	≥600	100	200	300	≥600
预加应力时的混凝土龄期 t_0 (d)	3	4.83	4.09	3.57	3.09	3.47	2.95	2.60	2.26
	7	4.35	3.89	3.44	3.01	3.12	2.80	2.49	2.18
	10	4.06	3.77	3.37	2.96	2.91	2.70	2.42	2.14
	14	3.73	3.62	3.27	2.91	2.67	2.59	2.35	2.10
	28	2.90	3.20	3.01	2.77	2.07	2.28	2.15	1.98
	60	1.92	2.54	2.58	2.54	1.37	1.80	1.82	1.80
	≥90	1.45	2.12	2.27	2.38	1.03	1.50	1.60	1.68

表 6 混凝土 1 年徐变系数终值 φ_{1y}

年平均相对湿度 RH		$40\% \leqslant RH < 70\%$				$70\% \leqslant RH \leqslant 99\%$			
理论厚度 $2A/u$ (mm)		100	200	300	$\geqslant 600$	100	200	300	$\geqslant 600$
预加应力时的混凝土龄期 t_0 (d)	3	2.91	2.49	2.25	1.87	2.29	2.00	1.84	1.55
	7	2.48	2.12	1.92	1.59	1.95	1.71	1.57	1.32
	10	2.32	1.98	1.79	1.48	1.82	1.60	1.46	1.24
	14	2.17	1.86	1.68	1.39	1.70	1.49	1.37	1.16
	28	1.89	1.62	1.46	1.21	1.49	1.30	1.19	1.00
	60	1.61	1.37	1.24	1.02	1.26	1.10	1.01	0.85
	$\geqslant 90$	1.46	1.24	1.12	0.92	1.15	1.00	0.91	0.76

表 7 混凝土 10 年徐变系数终极值 φ_{∞}

年平均相对湿度 RH		$40\% \leqslant RH < 70\%$				$70\% \leqslant RH \leqslant 99\%$			
理论厚度 $2A/u$ (mm)		100	200	300	$\geqslant 600$	100	200	300	$\geqslant 600$
预加应力时的混凝土龄期 t_0 (d)	3	3.51	3.14	2.94	2.63	2.78	2.55	2.43	2.23
	7	3.00	2.68	2.51	2.25	2.37	2.18	2.08	1.91
	10	2.80	2.51	2.35	2.10	2.22	2.04	1.94	1.78
	14	2.63	2.35	2.21	1.97	2.08	1.91	1.82	1.67
	28	2.31	2.06	1.93	1.73	1.82	1.68	1.60	1.47
	60	1.99	1.78	1.67	1.49	1.58	1.45	1.38	1.27
	$\geqslant 90$	1.85	1.65	1.55	1.38	1.46	1.34	1.28	1.17

中华人民共和国国家标准

岩土工程勘察安全标准

Standard for safety of geotechnical investigation

GB/T 50585—2019

主编部门：中华人民共和国住房和城乡建设部
批准部门：中华人民共和国住房和城乡建设部
施行日期：２０１９ 年 ８ 月 １ 日

中华人民共和国住房和城乡建设部
公 告

2019年 第29号

住房和城乡建设部关于发布国家标准
《岩土工程勘察安全标准》的公告

　　现批准《岩土工程勘察安全标准》为国家标准，编号为 GB/T 50585 - 2019，自2019年8月1日起实施。原国家标准《岩土工程勘察安全规范》（GB 50585—2010）同时废止。

　　本标准在住房和城乡建设部门户网站（www.

mohurd. gov. cn）公开，并由住房和城乡建设部标准定额研究所组织中国计划出版社出版发行。

中华人民共和国住房和城乡建设部

2019年2月13日

前　　言

　　根据住房和城乡建设部《关于印发〈2016年工程建设标准规范制订、修订计划〉的通知》（建标函〔2015〕274号）的要求，标准编制组经广泛调查研究，认真总结实践经验，参考有关国际标准和国外先进标准，并在广泛征求意见的基础上，修订了本标准。

　　本标准的主要技术内容是：总则，术语和符号，基本规定，工程地质测绘与勘察作业点测放，勘探作业，特殊作业条件勘察，室内试验，原位测试、检测与监测，工程物探，勘察设备，勘察用电，安全防护和作业环境保护，勘察现场临时用房等。

　　本标准修订的主要技术内容是：1. 增加了污染场地勘察作业安全有关内容；2. 增加了岩土工程监测；3. 删除了粉尘溶度测定技术要求；4. 增加了勘察设备液压装置使用。

　　本标准由住房和城乡建设部负责管理，由福建省建筑设计研究院有限公司负责具体技术内容的解释。执行过程中如有意见或建议，请寄送福建省建筑设计研究院有限公司（地址：福建省福州市通湖路188号，邮编：350001）。

　　本 标 准 主 编 单 位：福建省建筑设计研究院有
　　　　　　　　　　　　　限公司
　　　　　　　　　　　　　福建省九龙建设集团有限
　　　　　　　　　　　　　公司

　　本标准参编单位：北京市勘察设计研究院有

限公司

西北综合勘察设计研究院

建设综合勘察研究设计院
有限公司

上海勘察设计研究院（集
团）有限公司

中国建筑西南勘察设计研
究院有限公司

福建省建设工程质量安全
监督总站

福建省交通规划设计院

福建省勘察设计协会工程
勘察与岩土分会

福建泉州勘测设计院有限
公司

深圳市岩土综合勘察设计
有限公司

福建省地质工程研究院

化学工业岩土工程有限
公司

深圳市市政设计研究院有
限公司

河北建设勘察研究院有限
公司

深圳市勘察测绘院有限

公司

本标准主要起草人员：戴一鸣　黄升平　徐张建
　　　　　　　　　吴国来　高文明　郭明田
　　　　　　　　　康景文　夏　群　陈加才
　　　　　　　　　郑也平　赵治海　蔡永明
　　　　　　　　　赖树钦　陈　鸿　刁呈城
　　　　　　　　　吴旭彬　聂庆科　尤苏南

　　　　　　　　　　　　　叶承立　周　文　韩　明
　　　　　　　　　　　　　潘周展　杨雷生　李爱国
本标准主要审查人员：张　炜　王笃礼　化建新
　　　　　　　　　张海东　丁　冰　杨俊峰
　　　　　　　　　刘文连　何　平　杨成斌
　　　　　　　　　管小军

目　次

Contents

1 总　则

1.0.1 为保障岩土工程勘察安全和从业人员的职业健康,保护勘察设备安全和作业环境,确保岩土工程勘察工作正常进行,制定本标准。

1.0.2 本标准适用于建设工程的岩土工程勘察安全作业与管理。

1.0.3 岩土工程勘察安全作业与管理除应符合本标准外,尚应符合国家现行有关标准的规定。

2 术语和符号

2.1 术　语

2.1.1 危险物品　dangerous goods

易燃易爆物品、危险化学品、放射性物品等能够危及人身安全和财产安全的物品。

2.1.2 危险源　hazard source

可能造成人员伤害、疾病、财产损失、破坏环境等根源或状态的统称。

2.1.3 安全生产操作规程　safe operation regulation

在生产活动中为消除可能造成作业人员伤亡、职业危害、设备损毁、财产损失和环境破坏等危险源而制定的具体技术要求和实施程序规定的总称。

2.1.4 安全生产防护设施　safety protection facilities

用于预防作业场所不安全因素或职业有害因素,避免安全生产事故或职业病发生的装置。

2.1.5 安全生产防护措施　security measures for safe work

为保护生产活动中可能导致人员伤亡、设备损坏、职业危害和环境破坏而采取的一系列包含防护用品、防护装置以及限定人的行为规定的总称。

2.1.6 安全标志　safety sign

由图形符号、安全色、几何形状(边框)或文字等构成的用于表达特定安全信息的标识。

2.1.7 勘察作业点　survey points

根据岩土工程勘察的目的和需要而设置的地质测绘、物探、钻探、槽探、井探、洞探、原位测试和监测等的工作点。

2.1.8 最小安全距离　minimum approach distance

作业人员、设备及作业点与危险源或保护对象之间所需保持的最小空间距离。

2.1.9 高原作业区　jobsite in plateau region

海拔 2000m 以上的岩土工程勘察作业区。

2.1.10 高寒作业区　jobsite in alpine-cold region

日平均气温低于 -10℃的岩土工程勘察作业区。

2.2 符　号

C——发生事故可能产生的后果评价因子;

D——危险源危险等级计算值;

E——暴露于危险环境的频繁程度评价因子;

I_a——保护电器自动动作的动作电流;

L——发生事故可能性评价因子;

R_A——接地装置的接地电阻与外露可导电部分的保护导体电阻之和。

3 基本规定

3.0.1 岩土工程勘察全过程应坚持安全第一、预防为主、综合治理的原则,建立安全生产责任制,执行安全生产规章制度。岩土工程勘察安全生产管理人员和项目负责人应具备相应的勘察安全生产知识和管理能力。

3.0.2 勘察安全生产管理应符合下列规定:

　　1　建立安全生产管理机构,配备经安全生产培训考核合格的专职安全生产管理人员;

　　2　告知作业人员作业场所和工作岗位存在的危险源、安全生产防护措施和安全生产事故应急救援预案;作业人员在生产过程中应遵守安全生产操作规程;

　　3　定期进行安全生产检查,制定并实施安全生产事故应急救援预案,每年组织一次综合应急预案演练或专项应急预案演练;

　　4　对从业人员定期进行安全生产教育和安全生产操作技能培训,未经培训考核合格的作业人员不得上岗作业;

　　5　根据现行国家标准《个体防护装备选用规范》GB/T 11651 的有关规定为作业人员配备个体防护装备,勘察作业现场设置安全生产防护设施,每年度安排用于配备个体防护装备、安全生产防护措施、安全生产教育和培训等安全生产费用;

　　6　对有职业病危害的工作岗位或作业场所,应采取符合国家职业卫生标准的防护措施,并应符合现行国家标准《职业健康安全管理体系　要求》GB/T 28001 和《环境管理体系　要求及使用指南》GB/T 24001 的有关规定;

　　7　勘察作业前,应对危险源进行辨识和评价,危险源辨识和评价可按本标准附录 A 执行;危险源危险等级可分为轻微、一般、较大、重大、特大五级,编写勘察纲要时,应根据不同危险等级制定相应的安全生产防护措施;

　　8　与分包单位签订分包合同,明确分包单位安全生产管理责任人各自在安全生产方面的权利和义务,对分包任务作业过程实施安全生产监督;

　　9　对从业人员在作业过程中发生的伤亡事故和职业病状况进行统计、报告和处理。

3.0.3 勘察项目安全生产管理应符合下列规定:

　　1　组织有关专业负责人到现场踏勘,了解勘察现场作业条件,搜集勘察作业场地与安全生产有关的各类地下管线、地上架空线、地下建(构)筑物、地质灾害、水文和气象等资料;

　　2　项目负责人应履行项目安全生产管理职责;

　　3　项目负责人应对作业人员进行安全技术交底;

　　4　作业人员应熟悉和掌握作业场地生存、避险和相关应急救援技能;

　　5　进入施工现场的作业人员应遵守施工现场各项安全生产管理规定;

　　6　保留作业过程安全生产记录。

3.0.4 岩土工程勘察纲要安全生产防护措施应包括下列内容:

　　1　勘察作业现场存在的危险源及相应的安全生产防护措施;

　　2　作业人员应配备的个体防护装备和勘察设备安全防护措施;

　　3　有重大危险源等需经评审或专题论证的勘察作业安全防护措施。

3.0.5 勘察现场安全生产管理应符合下列规定:

　　1　未按规定佩戴和使用个体防护装备的勘察作业人员,不应上岗作业;特种作业人员应持证上岗;从事水域作业的人员应穿救生衣;

　　2　勘察作业点不宜布置在高压输电线路下方;当勘察作业点

布置在地上架空线、地下管线、设施以及构筑物的安全保护范围内时，安全生产防护措施应符合地上架空线、地下管线设施及构筑物所有者的有关管理规定；

3 勘察作业期间，与勘察作业无关的人员不得进入勘察作业场地；

4 作业场地四周应设置安全警示标志、围挡、隔离带或防撞设施等，夜间应设置安全警示灯，作业人员应穿反光背心；

5 勘察设备启动后，作业人员不得离开作业岗位，非作业人员未经许可不得触碰勘察设备；

6 实行多班作业时，应执行交接班制度，填写交接班记录；设备经接班人员检查确认无误后，方可进行后续作业；

7 高处作业人员应佩戴有安全锁的安全带，安全带的使用和保管应符合现行国家标准《安全带》GB 6095 的有关规定。

3.0.6 勘察作业时，勘察作业点与各类地下管线及设施之间的最小水平安全距离应符合相关管理部门的有关规定；导电物体外侧边缘与架空输电线路边线之间的最小安全距离应符合表 3.0.6 的有关规定。

表 3.0.6 勘察作业导电物体外侧边缘与架空输电线路边线之间的最小安全距离

电压（kV）	<1	1~10	35~110	154~330	550
最小安全距离（m）	4.0	5.0	10.0	15.0	20.0

3.0.7 存在危险源的作业场地应采取降低安全风险的勘察作业方式，宜采用自动化、信息化检测和监测手段。当作业场地出现险情时，作业人员应迅速撤离到安全地带。

3.0.8 使用起重机械装卸、迁移勘察设备和吊装部件时，应符合现行国家标准《起重机械安全规程 第 1 部分：总则》GB 6067.1 的有关规定。

4 工程地质测绘与勘察作业点测放

4.1 一般规定

4.1.1 勘察作业组成员不应少于 2 人，作业时两人之间距离不宜超出视线范围，并应配备通信或定位设备。

4.1.2 在高寒、高原作业区，每个作业小组不应少于 3 人，作业时人员之间距离不宜大于 15m，应配备防寒用品、用具，并应采取防紫外线和防高原反应等安全生产防护措施。

4.1.3 在有害动植物分布区域和疫区进行作业时，应配备个体防护装备，携带急救用品和药品等。

4.1.4 在沼泽区域作业，应随身携带探测棒和救生用品、用具，探测棒长度宜为 1.5m。植被覆盖的沼泽地段宜绕道而行，对已知危险区应设置安全标志。

4.1.5 当水深大于 0.6m 或流速大于 3m/s 时，不得徒步涉水；不得单人独自涉水过溪、河。

4.2 工程地质测绘

4.2.1 在崩塌区作业不宜用力敲击岩石，作业过程中应有专人监测危岩的稳定状态。

4.2.2 进入矿区、井、坑或洞内作业，应先进行有毒有害气体检测，并应采取通风措施，井口、坑口或洞口应有人值守；当井、坑或洞深度大于 2.0m 时，应设置安全升降装置或采取其他安全升降措施。

4.2.3 当进行水文点地质测绘作业量测水位时，应采取相应的安全生产防护措施。

4.2.4 使用无人机作业，应符合国家航空管理部门的相关管理规定。

4.2.5 特殊作业条件工程地质测绘应符合本标准第 6 章的有关规定。

4.3 勘察作业点测放

4.3.1 测量仪器安装完毕后，作业人员不得离开作业岗位。

4.3.2 在铁路和占用道路进行勘察作业点测放作业时，应遵守所在地政府有关部门的管理规定，并应有专人指挥作业和协助维持交通秩序。

4.3.3 砍伐树木应遵守所在地政府有关部门的管理规定，砍伐时应预测树倒方向，被砍伐树木与架空输电线路边线之间最小安全距离应符合本标准表 3.0.6 的有关规定，树倒时不得损毁其他设施。

4.3.4 在架空输电线路附近作业时，应选用绝缘性能好的标尺等辅助测量设备；测量设备与架空输电线路边线之间最小安全距离应符合本标准表 3.0.6 的有关规定。

4.3.5 埋设测量标石应避开地下管线等地下设施。

4.3.6 在高楼、基坑、边坡、悬崖等区域临边作业时，应配带攀登工具和安全带等个体防护装备，并应指定专人负责作业现场的安全瞭望工作。

4.3.7 在军事重地、民航机场及周边使用电台等无线电设备时，应遵守所在地政府有关部门的管理规定，并应采取防止无线电波干扰等安全生产防护措施。

4.3.8 雷雨季节不宜使用金属对中杆，确需使用时应采取绝缘防护措施。

5 勘探作业

5.1 一般规定

5.1.1 勘探作业准备工作应符合下列规定：

1 核实勘察场地各类架空线路和地下管线设施、建（构）筑物与勘察作业点之间的安全距离，设置安全生产防护装置和安全标志；

2 当作业过程中需挪动勘探点位置时，应经项目负责人批准，挪动后的勘探点位置应重新核对与各类架空线路、地下管线设施、建（构）筑物之间的最小安全距离，满足规定后方可作业。

5.1.2 勘探设备及安全生产防护装置安装完毕后，勘察项目负责人应组织检查验收，合格后方可进行勘探作业。

5.1.3 勘探作业过程不得在管线设施安全保护范围内堆放易燃、易爆等危险物品。

5.1.4 当作业人员进入探槽、探井或探洞时，掘进、打眼、装炸药包、装岩渣运输、采样或编录等作业应符合下列规定：

1 应先对工作面进行通风、检测后，再检查侧壁、洞顶、工作面岩土体和支护体系的稳定情况；

2 当发现岩土体有不稳定迹象时，应按设计要求进行支护或加固，消除隐患后方可进入工作面作业；

3 当架设、维修或更换支护支架时，不得进行其他作业。

5.1.5 单班单机钻探作业人员陆域不应少于 3 人，水域不应少于 4 人；探井、探槽每组作业人员不应少于 2 人。

5.1.6 泥浆池周边应设置安全标志，作业完成后应及时填平捣实。

5.1.7 勘探孔、探槽、探井或探洞竣工验收后，应按勘察纲要要求进行封孔、回填或封闭洞口。

5.2 钻探

5.2.1 钻塔上作业使用的工具应放入工具袋，不得从钻塔上向下抛掷物品。

5.2.2 升降作业应符合下列规定：

1 升降作业时，作业人员不得徒手导引、触摸或拉拽卷扬机上的钢丝绳；

2 卷扬机操作人员与孔口或钻塔上作业人员应协调配合，按信号进行操作；

3 普通提引器起落钻具或钻杆时，提引器切口应朝下；

4 起落钻具时，作业人员不得徒手扶托钻具底部或钻具刃口，不得在钻塔上进行与升降工序无关的作业；

5 使用垫叉或摘挂提引器时，不得徒手扶托垫叉或提引器底部；

6 当钻具或取土器处于悬吊状态时，不得徒手探摸、清理钻具和取土器内的岩土试样；

7 钻杆不得竖立靠在"A"字形钻塔或三脚钻塔上；

8 跑钻时，不得抢插垫叉或强行抓抱钻具。

5.2.3 钻进作业应符合下列规定：

1 钻机水龙头与主动钻杆连接应牢固，转动应灵活；

2 当维修、安装和拆卸高压胶管、水龙头及调整回转器时，应关停钻机动力设备；

3 在扩孔、扫孔或岩溶地层钻进时，提引器应挂住主动钻杆控制钻具；

4 斜孔钻进应设置提引器导向装置；

5 当钻探停、待机或机械故障时，应将钻具提出钻孔或提升到孔壁稳定的孔段。

5.2.4 冲击钻进的钻具连接应牢固，重量不得超过钻机使用说明书的额定提升重量；活芯应灵活，锁具应紧固，钢丝绳与活套的轴线应保持一致。

5.2.5 孔内事故处理应符合下列规定：

1 当处理孔内事故作业时，非操作人员应撤离基台；

2 不得使用卷扬机、千斤顶、吊锤等同步处理孔内事故；

3 当使用钻机立轴油缸和卷扬机同步顶拔孔内事故钻具，立轴倒杆或卸荷时，应先卸去卷扬机负荷后再卸去立轴油缸负荷；

4 人力打吊锤应有专人统一指挥，不得边锤击边紧丝扣，不得徒手扶托锤垫、钻杆和打箍；

5 当人工反钻具时，作业人员不得处于扳钳扳杆或背钳扳杆回转范围内，不得使用链锁或管钳工具反孔内事故钻具；

6 当使用千斤顶处理孔内事故时，千斤顶应置于基台上，事故钻具上部应挂提引器；当回杆时，不得使用卷扬机吊紧被顶起的事故钻具，不得在水域勘探平台使用千斤顶处理孔内事故。

5.2.6 孔内事故处理结束后，应对作业现场的勘探设备、安全生产防护设施和基台进行检查，并应在消除安全生产事故隐患后再恢复钻探作业。

5.3 槽探和井探

5.3.1 探井、探槽的断面规格、支护方案、掘进方法和通风方式应根据勘探目的、掘进深度、工程地质和水文地质条件、作业条件等影响安全生产因素确定。

5.3.2 探井和探槽作业安全防护应符合下列规定：

1 周边应设置安全标志和高度不低于1.2m的围护栏杆；

2 不得进行夜间作业，停工或待工期间，夜间应设置警示灯，探井应盖好井口盖板。

5.3.3 人工掘进的探槽最高一侧不得超过3.0m，槽底宽度不应小于0.6m，两侧壁应有一定坡度，不稳定侧壁应支护。

5.3.4 探槽人工掘进应符合下列规定：

1 两侧壁坡度不应大于勘察纲要求；

2 当同一探槽内有2人或2人以上同时作业时，作业人员之间应保持不小于3.0m的安全距离；位于斜坡的探槽应自上而下掘进，不得在同一探槽内上下同时掘进；

3 当人工掘进时，不得采用挖空槽底部使之自然塌落的作业方式，不得在槽壁的松石或悬石下方作业；

4 当槽壁出现不稳定土层、悬石或渗水时，应进行支护或封堵后再继续作业。

5.3.5 探井规格设计应符合下列规定：

1 根据地质条件采取相应的支护措施；

2 井口锁口应高于自然地面0.2m；

3 圆形探井直径和矩形探井的宽度不应小于0.8m，并应满足掘进要求；

4 深度不应超过20.0m或不宜超过地下水位。

5.3.6 当探井作业时，井口应有人监管；井口和井下作业人员应保持有效联络，联络信号应明确有效。

5.3.7 探井提升作业应符合下列规定：

1 提升设备应安装制动装置和过卷扬装置，并宜装设深度指示器或在绳索上设置深度标记；

2 提升渣土的容器与绳索应使用安全挂钩连接，安全挂钩和提升用绳的拉力安全系数应大于6；

3 提升作业时，不得撒渣、漏渣土和水，升降设备的升降速度不应超过1.0m/s；

4 井下应设置厚度不小于50mm的木质安全护板，护板距离井底不应大于3.0m，升降作业时井下人员应位于护板下方。

5.3.8 每次爆破后，浅探井的自然通风时间不应少于30min；当深度大于7m时，探井的机械通风时间大于15min，作业人员方可再次进入探井作业。

5.3.9 作业人员和工具上下探井应符合下列规定：

1 作业人员应佩戴带有安全锁的安全带，安全带应拴在稳固件上；

2 作业人员不得乘坐手摇绞车或沿绳索攀登、攀爬井壁上下；

3 当深度超过5.0m时，作业人员不得使用绳梯上下井；

4 工具应采用绳索捆绑并吊桶送送；

5 升降作业人员的卷扬机应装设安全锁，升降速度不应大于0.5m/s。

5.3.10 探井作业期间应保证通风系统、升降系统和供电照明等连续不间断。

5.3.11 探槽顶部两侧和探井井口周边1.0m范围内不得堆载；弃土的堆放高度不得超过1.5m。

5.4 洞探

5.4.1 探洞断面规格、支护、通风和掘进方法应根据勘探目的、掘进深度、工程地质和水文地质条件、掘进条件、周边环境和作业人员安全等洞探安全生产因素确定。

5.4.2 洞探勘察纲要应对洞探作业潜在的安全风险进行评价。洞探设计文件应注明探洞工程的重点部位和环节，保障周边环境和作业安全应采取的措施，并应进行安全技术交底和施工专项安全作业方案审查。

5.4.3 探洞断面设计应符合下列规定：

1 平洞高度不应小于1.8m，斜洞高度不应小于1.7m；

2 运输设备最大宽度与平洞侧壁安全距离不应小于0.25m，人行道宽度不应小于0.5m；

3 有含水地层的探洞，平洞应设置排水沟，斜洞应设置集水井。

5.4.4 探洞洞口设计应符合下列规定：

1 洞口标高应高于当地作业期间预计最高洪水位1.0m以上；

2 当洞口周围和上方存在碎石、块石和不稳定岩体时，应采取支护、排水、固结或隔离等措施；

3 位于道路或斜坡附近的洞口应设置围挡等安全设施和安全标志。

5.4.5 凿岩作业应符合下列规定：

1 凿岩作业前应检查作业面及附近顶板和侧壁，岩石或岩块不得松动；当存在松动岩石或岩块时，应清除后再进行凿岩作业；

2 应采用湿式凿岩方式和采取降低噪声、振动等安全生产防护措施，严禁打干眼；

3 开眼扶钎杆的作业人员不得佩戴手套；当正常钻进时，凿岩机前方不得站人或扶钎杆；

4　不得打残眼和掏瞎炮；

5　严禁使用内燃式凿岩机；在含有瓦斯或煤尘的探洞内凿岩时，应选用防爆型电动凿岩机。

5.4.6　通风与防尘应符合下列规定：

1　每次爆破后经通风除尘排烟，确认洞内空气合格，等待时间大于 15min 后方可进入作业点检查；

2　在掘进工作面回风风流中有害气体和粉尘浓度应符合本标准第 12 章的有关规定；

3　当平洞长度大于 20.0m 时，应采用连续有效的机械通风。

5.4.7　洞探作业过程应定时检查洞壁和支护装置的稳定情况。掘进工作面或洞壁有透水征兆时，应立即停止作业和撤出所有洞内人员，并立即向主管部门报告和启动相应安全生产应急预案。

5.4.8　装运岩渣前应先检查工作面、洞顶和侧壁，不得有松动的岩石，不得有残炮、盲炮，不得有残留的炸药和雷管，清理时应先喷水，后装运岩渣。

5.4.9　停止作业期间，洞口栅门应关闭加锁或封闭洞口，并应设置安全标志。

6　特殊作业条件勘察

6.1　一般规定

6.1.1　当勘察作业场地有下列情况之一时，不得进行夜间作业：

1　滑坡体、崩塌区、泥石流堆积区域；

2　危岩峭壁或岩体破碎的陡坡区；

3　采用筏式勘探平台进行水域勘探。

6.1.2　在江、河、溪、谷等水域或低洼内涝区域勘察作业时，接到洪水、泄洪或上游水库放水等警报讯息后应停止作业；作业人员和装备应撤至洪水位线以上。

6.1.3　在有逸出有害气体或污染颗粒物的场地勘察作业时，应符合下列规定：

1　现场调查、采样或测试作业人员每组不应少于 2 人，作业过程应佩戴个体防护装备并相互监护；

2　应检测和监测有害气体或污染颗粒物浓度；

3　勘察作业点应保持持续有效的机械通风，并应定时检查空气质量；

4　勘察现场应配备应急反应处置用具等安全生产防护设施。

6.1.4　雨季或解冻期，在滑坡体、泥石流堆积区等特殊地质条件和不良地质作用发育区勘察，应对不良地质体进行监测。发现危及作业人员和设备安全的异常情况时，应立即停止作业，并应撤至安全地点。

6.2　水域勘察

6.2.1　水域勘察作业前应进行现场踏勘，并应收集与水域勘察安全生产有关的资料。踏勘和收集资料应包括下列内容：

1　作业水域水深、水下地形、地质条件和人工养殖情况；

2　勘察期间作业水域的水文、气象资料和江河上游水库或水力发电站泄洪、放水等信息；

3　水下电缆、管道的分布及敷设情况；

4　航运及水域所属航监部门的有关规定；

5　严寒和寒冷地区水体的封冻期和冰层厚度。

6.2.2　水域勘察纲要安全生产防护措施应包括下列内容：

1　勘探平台的类型选择、建造、基本安全设施和勘察设备安装；

2　勘探平台锚泊定位要求；

3　水域勘探作业技术方法；

4　水下电缆、管道设施、航运和勘察设备等安全生产防护及养殖保护；

5　作业人员个体防护装备、安全救生培训要求、水域作业和驻船安全规章制度等需交底内容；

6　水域作业防洪水、抗台风和防溺水安全生产防护措施及其安全生产应急救援预案。

6.2.3　水域勘察作业人员应遵守驻船和水域作业的安全规章制度、操作规程和水域交通安全规定。

6.2.4　水域勘探平台应符合下列规定：

1　应根据作业水域的海况、水情、勘探深度、勘探设备类型、勘探点露出水面时间长短和总载荷量等选择承载作业平台的船舶和勘探平台类型；

2　承载的总载荷量或建造勘探平台船舶载重吨位的安全系数应大于 5；在流速小于 1.0m/s 和浪高小于 0.1m 的非通航江河、湖泊、水库等水域勘探，建造筏式勘探平台承载的总载荷量安全系数应大于 3；

3　建造的结构强度应稳定、牢固；勘探设备、作业平台与建造勘探平台使用的船舶之间应联接牢固；双船联拼建造的勘探平台，两船舶应有间距，船舶的几何尺寸、形状、高度、载重吨位应基本相同；

4　作业平台长度不应小于 6.5m，宽度不应小于 4.0m，并应配备救生圈；近水侧应设置防撞设施和高度为 0.9m～1.2m 的防护栏杆；定位锚应设置安全标志；

5　钻塔高度不宜大于 9.0m，浮式勘探平台不得安装塔布或悬挂遮阳布；

6　安装勘探设备与堆放勘探材料应均衡，并应保持浮式勘探平台船舶的吃水深度和船体稳定；

7　移动式或桁架式勘探平台底面应高出勘探期间的最高潮位加 1.5 倍最大浪高。

6.2.5　水域勘探作业应符合下列规定：

1　在通航水域作业的勘探平台定位后，勘探项目负责人应检查勘探平台的建造质量，并应达到设计要求，核实使用锚泊、悬挂作业信号和灯旗等安全标志后，方可进行勘探作业；

2　勘探平台行驶、拖带、抛锚定位、调整锚绳和停泊等工序应由船员统一协调、有序进行；

3　勘察作业人员应配合船员完成勘探平台的行驶、拖带、抛锚定位、调整锚绳和停泊等工序；勘察作业人员不得要求船员违章操作；

4　安装勘探孔导向管的作业人员应佩戴有安全锁的安全带；导向管不得紧贴船身，不得与浮式勘探平台固定连接；

5　勘探单位、作业人员和船员之间应保持不间断通信联络；

6　应定人收集每天的海况、气象和水情资讯；根据海况、水情变化及时调整锚绳；检查浮式勘探平台的锚泊系统，及时清除锚绳、导向管上的漂浮物和船舱内的积水；

7　不得在勘探平台上游的主锚、边锚范围内进行水上或水下爆破作业；

8　待工或停工期间，勘探平台应留足值守船员；

9　建造勘探平台的单体船舶横摆角度大于 3°时，应停止勘探作业；

10　潮间带勘察作业时间应根据潮汐周期确定和调整。

6.2.6　水深大于 10.0m 或离岸大于 5km 的内海勘探作业应符合下列规定：

1　除专用勘探工程船舶或移动式勘探平台外，建造式勘探平台应采用自航式，船体宽度大于 6.0m，承载勘探平台船舶总载重吨位安全系数大于 10 的单体通航船舶；

2　应根据作业海域水下地形、海底堆积物、水文、气象等条件进行抛锚定位；

3 锚绳应使用耐蚀的尼龙绳,安全系数不应小于6,数量不应少于8根。

6.2.7 当勘探平台暂时离开勘察作业点时,应在作业点或孔口管上设置浮标和安全标志。

6.2.8 水域勘察作业完毕应及时清除埋设的套管、井口管和留置在水域的其他障碍物。

6.3 特殊场地和特殊地质条件勘察

6.3.1 在危岩、崩塌、岩体破碎的陡坡或临边勘察作业应符合下列规定:

1 应查明坡壁上岩体、块石的破碎和松动程度,对存在安全隐患的破碎岩体和松动块石应设置拦石安全网;

2 坡脚应设置隔离区和安全标志;不得在陡坡的同一垂直线上同时进行作业;

3 在陡坡或临边作业应系挂带有保险绳的安全带,保险绳一端应固定牢靠。

6.3.2 斜坡勘察作业应符合下列规定:

1 应有防滚石、落石安全生产防护措施;

2 靠近斜坡一侧的勘察场地外围应设置排水沟、安全隔离带和安全标志。

6.3.3 沟谷、低洼地带勘察作业应符合下列规定:

1 收集大雨、暴雨天气预报,洪水和上游水库放水讯息,制定人员、设备进场和撤退的安全路线;

2 加高勘探设备基台,勘察物资应置于洪水位或内涝水位警戒线以上;

3 大雨、暴雨或洪水来临前,作业人员和设备应转移至安全地带。

6.3.4 沙漠、荒漠地区勘察作业应符合下列规定:

1 作业人员应备足饮用水,佩戴护目镜、指南针、遮阳帽等个体防护装备,并应携带通信和定位设备保持联系;

2 作业人员应掌握防御沙尘暴的安全防护措施;

3 作业过程中应经常利用地形、地物等标志确定自己的位置。

6.3.5 高原作业区勘察应符合下列规定:

1 进行气候适应性训练,逐步调整劳动强度;

2 作业现场应配足氧气袋(罐)、防寒衣物和高原反应防治专用品;

3 作业人员应配备遮光、防太阳辐射用品,并应携带通信和定位设备保持联系。

6.3.6 雪地勘察作业人员应佩戴雪镜、穿色彩醒目的防寒服、配备冰镐和手杖等雪地个体防护装备,遇积雪较深或易发生雪崩等危险地带应绕行。

6.3.7 冰上勘察作业应符合下列规定:

1 现场踏勘应收集勘察场地及周边的封冻期、结冰期、冰层以及水文、气象等资料,确定勘察作业场地、勘察器材迁移和人员进出场线,并应设置安全标志;踏勘冰层厚度的人员不得少于2人;

2 勘探作业应在封冻期进行,勘探作业区域冰层厚度不得小于0.4m;

3 勘察期间应掌握作业区域水文和气象动态情况,定人观测冰层融化情况,当发现异常情况时应立即停止作业,撤离人员和设备;

4 冰洞、明流、薄弱冰带应设置安全标志和隔离防护范围;

5 除勘察作业所需的设备器材外,其他设备器材不得堆放在作业场地;

6 不得随意在场房内开凿冰洞,抽水和冲洗液回水的冰洞应远离设备基台位置。

6.3.8 洞室内勘探作业应符合下列规定:

1 作业场地的长度不应小于6.0m,宽度不应小于4.0m;作业区段的洞室顶和侧壁应支护或喷浆加固;天车支撑点强度、附着力应大于钻机卷扬机最大提升力;宜使用电动机作为动力设备;

2 作业期间,场地应保持连续有效的机械通风;

3 当作业过程发现回水、涌水异常时,应立即停止钻进,并应迅速采取有效的止水、排水措施;止水、排水措施不到位时不得将钻具提出钻孔。

6.3.9 污染场地勘察应符合下列规定:

1 踏勘时应收集近期地表水、地下水、渗滤液、大气和填埋气等水、土、气体中的污染气态物质或颗粒物等污染源和污染物成分监测资料;收集原勘察、设计、施工及运营等的相关资料;

2 勘察纲要应根据踏勘收集的资料,预判污染场地的污染物种类和污染程度,制定勘探作业通风和防毒等安全生产防护措施;

3 勘探和测试产生的废弃物应集中收储、妥善隔离和无害化处置;

4 当勘探钻孔钻穿已有防渗层终孔验收后,应按勘察纲要要求及时封孔和检测。

6.4 特殊气象条件勘察

6.4.1 当遇台风、暴雨、雷电、冰雹、大雾、沙尘暴、暴雪等气象灾害时,应停止现场勘察作业,并应做好勘察设备和作业人员的安全防护措施。

6.4.2 当遇雨、雪,4级以上风或浪高大于0.1m时,筏式勘探平台应停止勘探作业。

6.4.3 当遇浓雾、雪,5级以上强风或浪高大于1.5m时,应停止下列勘察作业:

1 水域勘探作业、勘探平台的移位和抛锚定位,交通船舶靠近浮式勘探平台接送作业人员;

2 峭壁、陡坡或滑坡、泥石流和崩塌等易引发地质灾害危险区域的勘察作业;

3 槽探和探井作业;

4 陆域勘探和露天检测作业。

6.4.4 水域勘察接到台风蓝色预警信号应停止勘察作业,勘探平台应撤离勘探位置回港避风;陆域勘探接到台风黄色预警信号应停止勘察作业。

6.4.5 遭遇台风、沙尘暴、暴雨、雷阵雨、暴雪、冰雹等特殊气象条件后,应对勘察设备、用电线路和供水管路等进行检查,发现异常应进行检修,经确认无安全生产事故隐患后方可恢复勘察作业。

6.4.6 雨、雪后或解冻期每天作业前应先检查槽壁、井壁、滑坡体、崩塌体和泥石流堆积区稳定状态,采集监测数据,确认无安全生产事故隐患后方可开始勘察作业。

6.4.7 冬期勘察作业应符合下列规定:

1 作业人员应穿戴防寒个体防护装备;

2 作业现场应设置防滑、防寒和取暖设施;

3 上钻塔作业前应先清除梯子、台板和鞋底上的冰雪,并应及时清除作业场地内和塔套上的冰雪;

4 当日最低气温低于5℃时,给水设施应采取防冻措施;勘察机械设备应按本标准附录B的有关规定采取防冻措施;

5 气温低于−20℃时应停止现场勘察作业。

7 室内试验

7.1 一般规定

7.1.1 试验室应具备通风条件,需要时应设置通风、除尘、消防和防爆设施;应有废水、废气和废弃固体处置设施。

7.1.2 当作业人员从事可能存在烫伤、烧伤、损伤眼睛或其他危险的试验项目时，应使用防烫手套、防腐蚀乳胶手套、防护眼镜等个体防护装备。

7.1.3 试验室采光与照明应满足作业人员安全生产作业要求。作业位置和潮湿工作场所的地面应设置绝缘和防滑等安全生产防护设施。

7.1.4 试验前应先检查仪器和设备性能，发现异常时应进行维修，经检测合格后再投入使用。

7.1.5 试验中使用的各类危险物品，其采购、运输、储存、使用和处置均应符合本标准第12章的有关要求。

7.2 试验室用电

7.2.1 试验室用电设备应使用固定式电源插座供电，电源插座回路应设置带短路、过载和剩余电流动作保护装置的断路器。

7.2.2 潮湿、有腐蚀性气体、蒸汽、火灾危险和爆破危险等试验场所，应选用具有相应安全防护性能的配电设施。

7.2.3 高温炉、烘箱、微波炉、电砂浴和电蒸馏器等电热设备应置于不可燃基座上，使用时应有专人值守。

7.2.4 从用电设备中取放样品时应先切断电源。

7.2.5 电线连接应符合本标准第11章"勘察用电"的有关规定，不得超负荷用电，不得有裸露的电线接头。

7.3 土、水试验

7.3.1 压力试验等相关试验设备应配置过压和故障保护装置。

7.3.2 空气压缩机等试验辅助设备应采取降低噪声等安全生产防护措施。

7.3.3 当使用环刀人工压切土样时，环刀上端应垫上护手的承压物。

7.3.4 熔蜡容器不得加蜡过满，投入样品或搅拌时蜡液不应外溢。

7.3.5 当移动接近沸点的水或溶液时，应先用烧杯夹将其轻轻摇动。

7.3.6 中和浓酸、强碱时应先进行稀释，稀释时不得将水直接加入浓酸中。

7.3.7 开启装有易挥发的液体试剂和其他苛性溶液容器时，应先用水冷却并在通风环境下进行，不得将瓶口朝向试验人员或他人。

7.3.8 当使用会产生爆破、溅洒热液或腐蚀性液体的玻璃仪器试验时，首次试验使用最小试剂量，作业人员应佩戴防护眼镜和使用防护挡板进行操作。

7.3.9 当采取或吸取酸、碱和有毒、放射性试剂和有机溶剂时，应使用专用工具或专用器械。

7.3.10 经常使用强酸、强碱或其他腐蚀性药品的试验室应设置安全标志，并宜在出入口就近设置应急喷淋器、眼睛冲洗器和应急医药品。

7.3.11 对含有污染物质的水、土进行试样制备时，应在通风柜或配有脱排气装置的操作台上进行；作业人员应佩戴口罩、防护眼镜和具有隔污性能的防护手套。

7.3.12 放射源使用应由专人负责，并应限量领用；作业人员应穿戴符合规定的放射性个体防护装备。

7.4 岩石试验

7.4.1 制备试样时应将试件夹持牢固，切削时应在刀口同时注水冷却；当使用自动岩石切割机时，启动前应关闭箱门，刀片停止转动前不得开门。

7.4.2 岩石抗压试验试样应置于上下承压板中心，试样与上下承压板应保持均匀接触。

7.4.3 压力机试验台周边应设置保护网或防护罩。

8 原位测试、检测与监测

8.1 一般规定

8.1.1 测试点、检测点和监测点应选择在不会危及作业安全，又能满足作业需要和技术要求的位置。

8.1.2 当采用堆载配重方式进行原位测试与检测时，宜在试验前一次加够堆载重量，堆载物均匀稳固地放置于堆载平台上。堆载平台重心应与试验点中心重合，堆载平台支座不得置于泥浆池或地基承载力差异较大处。

8.1.3 用于原位测试与检测加载装置的反力不得小于最大加载量的1.2倍，承压板及反力装置构件强度和刚度应满足最大加载量的安全度要求。当采用组合钢梁作为反力系统时，钢梁的架设应受力均衡。

8.1.4 当监测点埋设和处理检测桩桩头时，作业现场宜设置安全生产防护设施。

8.1.5 堆载平台加载、卸载和试验期间，非作业人员不得进入堆载高度1.5倍范围内区域。

8.1.6 当测试与检测试验加载至临近破坏时，作业人员应远离试验装置，并应对加载反力装置的稳定性进行实时监测。

8.1.7 在架空输电线路附近作业时，起重设备与架空输电线路之间的最小安全距离应符合本标准第3.0.6条的规定。

8.1.8 原位测试、检测和监测工作涉及勘探作业时，应符合本标准第5、6、10章的规定。

8.2 原位测试

8.2.1 标准贯入试验和圆锥动力触探试验应符合下列规定：

1 穿心锤起吊前应锁紧销钉；

2 测试过程中应随时观察钻杆的连接状况，钻杆应紧密连接；

3 测试过程中不得徒手持扶持穿心锤、导向杆、锤垫和自动脱钩装置等；

4 测试结束后试验设备应放置到安全位置。

8.2.2 静力触探和扁铲侧胀试验应符合下列规定：

1 设备安装应平稳、牢固、可靠；

2 当采用地锚提供反力时，应合理确定地锚的数量和排列形式；作业过程中应经常检查地锚的稳固状况，发现松动应及时进行调整；

3 作业过程中贯入速度和压力出现异常时应立即停止试验；

4 加压系统宜设置安全生产防护装置。

8.2.3 当手动十字板剪切试验时，杆件、旋转装置和卡瓦的连接、固定应牢固可靠。

8.2.4 旁压试验、扁铲侧胀试验用的高压气瓶应使用合格气瓶，使用过程输出压力不得超过减压阀额定标准；搬运和运输过程中应轻拿轻放、放置稳固，并应由专人操作。

8.3 岩土工程检测

8.3.1 浅层地基静载试验应符合下列规定：

1 试坑平面尺寸不得小于承压板宽度（或直径）的3倍，坑壁不稳的松散土层、软土层或深度大于3.0m的试坑应采取支护措施；

2 反力梁长度每端宜超出试坑边缘2.0m；

3 当拆卸试验设备时，应按合理的顺序进行拆卸；

4 当试验加载、装卸钢梁等重物时，试坑内不得有人滞留。

8.3.2 深层地基静载试验应符合下列规定：

1 当采用地面加载方式时,传力管柱应具有良好刚度,长径比不应大于50,当长径比大于50时应加设扶正装置;

2 当利用井壁或钢筋混凝土支护体提供试验反力时,应有防止井壁松动失稳的措施;

3 测试成井作业、井边及井内测试作业时应符合本标准第5.3.6条和第5.3.7条的规定。

8.3.3 单桩抗压静载试验应符合下列规定:

1 当采用2台或2台以上千斤顶加载时,应采用并联同步工作方式,并应使用同型号、同规格千斤顶,千斤顶的合力应与桩轴线重合;

2 当利用工程桩做锚桩时,应对锚桩的钢筋强度进行复核,周边宜设置防护网,同时应监测锚桩上拔量;要求加载到极限荷载的静载试验应对锚桩钢筋受力情况进行监测。

8.3.4 单桩抗拔静载试验应符合下列规定:

1 使用反力桩或工程桩提供支座反力时,桩顶应进行整平加固,其强度应满足试验最大加载量的需要;

2 当采用天然地基提供反力时,施加于地基的压应力不宜超过地基承载力特征值的1.5倍,反力梁的支点重心应与支座中心重合;

3 抗拔试验桩的钢筋强度应进行复核,其强度应满足试验最大加载量的需要。

8.3.5 单桩水平静载试验应符合下列规定:

1 水平加载宜采用千斤顶,千斤顶与试验桩接触面的强度应满足试验最大加载量的需要;

2 水平加载的反力应大于试验桩最大加载量的1.2倍;

3 千斤顶作用力方向应通过并垂直于桩身轴线。

8.3.6 锚杆拉拔试验应符合下列规定:

1 加载装置安装应牢固、可靠;

2 高压油泵等试验仪器和设备应按就近、方便、安全的原则置放;

3 试验点锚头台座的承压面应整平,并应与锚杆轴线方向垂直;

4 当锚杆拉拔试验位置较高时,应搭设脚手架,并应设置防护栏或防护网;

5 试验加载过程中应对试验锚杆及坡体变形情况进行观测,发现异常应停止试验;

6 锚杆拉拔时,锚杆正后方严禁站人。

8.3.7 高应变动力测桩试验应符合下列规定:

1 重锤应形状对称,具有稳固的导向装置;

2 锤击装置支架安装应平稳、牢固,负荷安全系数不得小于5,钢丝绳安全系数不得小于6;

3 试验前桩锤应放置在桩头或地面上,不得将桩锤悬吊在起吊设备上;

4 锤击时非操作人员应远离试验桩,桩锤悬空时锤下及锤落点周围不得有人滞留。

8.3.8 当采用钻芯法检测桩身质量时,钻探作业应符合本标准第5章的规定。

8.4 岩土工程监测

8.4.1 当使用电锤或射钉枪设置监测点时,应按使用说明书或操作规程正确使用,并应符合本标准第11.3.6条规定;当采用榔头敲击埋设测量标志时,应采取安全防护措施。

8.4.2 当掌子面和支护体系出现险情时,作业人员应立即停止作业并撤至安全地带。

8.4.3 盾构施工监测作业应避开行车、吊装和管片拼装作业路线的区域;盾构法始发与接收段监测作业时,作业人员和架设的监测仪器应远离掘进面土体不稳定的位置。

8.4.4 当城市交通运营期间监测作业时,应得到相关部门的许可。监测作业结束后,应对作业人员、仪器设备进行清点、清场。

8.4.5 当监测作业人员进入运营的高速公路和城市快速路等主干道进行监测作业时,应取得相关部门许可,并应采取可靠的安全防护措施。作业人员应穿反光服,仪器四周应设立安全警示标志,必要时应设置临时围挡,安排专人指挥交通。

9 工程物探

9.1 一般规定

9.1.1 工程物探作业人员应掌握安全用电和触电急救知识。

9.1.2 外接电源的电压、频率等应满足仪器和设备的有关要求。

9.1.3 当选择水域工程物探震源时,应评价所选震源对作业环境和水中生物的影响程度以及存在的危险源。

9.1.4 当采用爆破震源时,应进行安全性评价,并应提供安全性验算结果。

9.1.5 当采用爆破震源作业前,应确定爆破危险边界,并应设置安全隔离带和安全标志,同时应部署警戒人员或警戒船。非作业人员不得进入作业区。

9.2 陆域作业

9.2.1 仪器外壳、面板旋钮、插孔等的绝缘电阻应大于$100M\Omega/500V$。工作电流、电压不得超过仪器额定值,进行电压换挡时应先关闭高压开关。

9.2.2 电路与设备外壳间的绝缘电阻应大于$5M\Omega/500V$;电路应配有可调平衡负载,不得空载和超载运行。

9.2.3 作业前应检查仪器、电路和通信工具的工作性状;未断开电源时,作业人员不得触摸测试设备探头、电极等元器件。

9.2.4 仪器工作不正常时,应先排除电源接触不良和电路短路等外部原因,再使用仪器进行程序检查。仪器检修时应关机并切断电源。

9.2.5 选择和使用电缆、导线应符合下列规定:

1 电缆绝缘电阻值应大于$5M\Omega/500V$,导线绝缘电阻值应大于$2M\Omega/500V$;

2 当布设导线无法避开高压输电线路时,应采取相应的安全防护措施;各类导线应分类置放;

3 当采用车载收放电缆时,车辆行驶速度应小于$5km/h$;

4 井中作业时,电缆抗拉和抗磨强度应满足技术指标要求,不得超负荷使用;电缆高速升降时,不得用手抓提电缆;

5 当导线、电缆通过水田、池塘、河沟等地表水体时,应采用架空方式跨越水体;当导线、电缆通过公路时,可采用架空跨越或深埋地下方式;

6 作业现场使用的电缆、导线应定期检查,绝缘电阻应满足使用要求的规定。

9.2.6 电法勘探作业应符合下列规定:

1 测站与跑极人员应建立可靠的联系方式,供电过程中不得接触电极和电缆;

2 测站应采用橡胶垫板与大地绝缘,绝缘电阻不得小于$10M\Omega$;

3 供电作业人员应使用和佩戴绝缘防护用品,接地电极附近应设置安全标志,并应安排专人负责安全警戒;

4 井中作业时,绞车、井口滑轮和刹车装置等应固定牢靠,绞车与井口滑轮的安全距离不应小于$2m$;

5 易燃、易爆管道上不得采用直接供电法和充电法勘探作业;

6 埋设电极时,应避开供电、供水、通信等地下管线设施。

9.2.7 地下管线探测作业应符合下列规定:

1 作业人员应穿反光工作服,佩戴防护帽、安全灯、安全绳、通信器材等个体防护装备;

2 管道口应设置安全防护栏和安全标志,并应有专人负责安全警戒,夜间应设置安全警示灯,工作结束后及时封盖;

3 当打开雨水、污水窨井盖时,应先进行井口排气通风,测定有害、有毒及可燃气体浓度,经检测安全后方可进行作业;作业人员不得进入情况不明的地下管道、管廊作业;

4 井下管线探测作业不得使用明火。

9.2.8 地震法勘探作业应符合下列规定:

1 仪器设备应放置在震源安全距离以外;

2 震源作业安全防护措施应符合本标准第9.4节的规定;

3 爆破物品存放应符合本标准第12、13章的规定。

9.2.9 电磁法勘探作业应符合下列规定:

1 控制器和发送机开机前应先置于低压档位,变压开关不得连续扳动;关机时应先将开关返回低压档位后再切断电源;

2 发送机的最大供电电压、最大供电电流、最大输出功率及连续供电时间,不得大于仪器说明书规定的额定值;

3 接收站不应布置在靠近强干扰源和金属干扰物的位置;

4 10kV以上高压线下不得布设发送站和接收站;

5 当供电电压大于500V时,供电作业人员应使用和佩戴绝缘防护用品,供电设备应有接地装置,其附近应设置安全标志,并应安排专人负责看管;

6 停止供电未经确认前,不得触及导线接头,并不得进行放线、收线和处理供电事故。

9.3 水域作业

9.3.1 水域工程物探作业应符合下列规定:

1 作业前,应对设备、电缆、钢缆、保险绳、绞车、吊机等进行检查,并应在确认安装牢固且满足作业要求后再开始作业;

2 作业过程中,水下拖曳设备、吊放设备不应超过钢缆额定拉力,收放电缆时船速不应超过3 n mile/h;

3 当遇危及作业安全的障碍物时,应停止作业并收回水下拖曳设备。

9.3.2 采用爆破式震源时,爆破作业船与其他作业船之间应保持通信畅通,爆破作业船与爆破点的安全距离不得小于50.0m。海上作业时,爆破点与其他作业船之间的安全距离不得小于100.0m。

9.3.3 采用电火花震源时,船上作业设备和作业人员应配备防漏电保护设施和装备。

9.3.4 采用机械式震源时,船体应无破损和漏水,不得带故障作业。

9.3.5 采用电法勘探作业时,跑极船、测站船、漂浮电缆应设置醒目的安全标志。

9.3.6 在浅水区或水坑内进行爆破作业时,装药点距水面不应小于1.5m。

9.4 人工震源

9.4.1 爆破震源作业除应符合现行国家标准《爆破安全规程》GB 6722和《地震勘探爆炸安全规程》GB 12950的规定外,尚应符合下列规定:

1 实施爆破作业前,作业人员应撤离至爆破作业影响范围外;

2 爆破工作站设置在通视条件和安全性好,并对爆破作业无影响的上风地带;

3 爆破作业时,作业人员的移动通信设备应处于关闭状态;

4 起爆作业应使用经检验合格的爆破机,不得使用干电池、蓄电池或其他电源起爆;

5 雷管在使用前应进行通断检查,通断检查不得使用万用表;检查时的电流强度不得超过15mA,接通时间不得超过2s,被测定雷管与测定人之间的安全距离不得小于20.0m。

9.4.2 起爆前应同时使用音响和视觉联络信号,并应在确认警戒布置完成后再发布起爆命令。

9.4.3 当出现拒爆时,应先将爆破线从爆破机上拆除,并将其短路10min后再检查拒爆原因。

9.4.4 瞎炮处理应符合下列规定:

1 坑炮应在距原药包0.3m处放置一小药包进行殉爆,不得将原药包挖出处理;

2 放水炮或井炮时应将药包小心收回或提出井外,并置于安全处用小药包销毁。

9.4.5 当作业现场存在下列情形之一时,不得采用爆破震源作业:

1 遇4级以上风浪的水域或5级以上大风、大雾、雪和雷雨天气;

2 作业场地疏散通道不安全或者通道阻塞;

3 爆破参数或者作业质量不满足设计要求;

4 爆破地点20.0m范围内空气中易燃易爆气体含量大于或等于1%,或有易燃易爆气体突出征兆;

5 拟进行爆破作业的工作面有涌水危险或者炮眼温度异常;

6 爆破作业可能危及设备或者建筑物安全;

7 危险区边界上未设警戒;

8 黄昏、夜间或作业场地光线不足或者无照明条件;

9 地下埋设有输气、输油、输电、通信等管线。

9.4.6 非爆破冲击震源作业应符合下列规定:

1 起重冲击震源的起吊设备应完好可靠,起吊高度1.5倍范围内不得有人员滞留;

2 使用敲击震源作业时,重锤与锤把连接应牢固,敲击方向不得有人员滞留。

9.4.7 电火花震源作业应符合下列规定:

1 仪器、设备应有良好接地和剩余电流动作保护装置;

2 当采用高压蓄能器与控制器、放电开关分离装置时,高压蓄能器周围1.0m以内不得站人;

3 不得在高压蓄能器上控制放电。

9.4.8 气枪震源作业应符合下列规定:

1 作业前应根据场地条件和技术要求编制专项作业方案;

2 作业时不得枪口对人;

3 当采用气枪充气时,附近不得有人,不得在大气中放炮;

4 作业完成后,应打开气枪排气开关缓慢排气;

5 对气枪系统进行检查或维修前,应先排除气枪系统内的气体;

6 使用泥枪或水枪系统前,应将通向另一系统的气源切断,并应打开其排气开关;

7 不得将空气枪放入水中充气。

10 勘察设备

10.1 一般规定

10.1.1 勘察作业人员应按勘察设备使用说明书要求正确安装、拆卸、操作和使用设备,不得超载、超速或任意扩大使用范围。

10.1.2 勘察设备的各种安全防护装置、报警装置和监测仪表应齐全、有效。

10.1.3 勘察设备地基应根据设备的安全使用要求修筑或加固,钻塔、三脚架和千斤顶基础应坚实牢固。

10.1.4 勘察设备机架与基台应用螺栓牢固连接,设备安装应稳固、水平。

10.1.5 勘察设备搬迁、安装和拆卸应由专人统一指挥,并应符合下列规定:

 1 按顺序拆卸和迁移设备,不得将设备或部件从高处滚落或抛掷;

 2 汽车运输设备时应装稳绑牢,不得人货混装;

 3 非汽车驾驶员不得移动、驾驶车装勘察设备;

 4 当采用人力装卸设备时,起落跳板应有足够强度,坡度不得超过30°,下端应有防滑装置;

 5 当使用葫芦装卸设备时,三脚架架腿定位或架腿间拉结应稳固。

10.1.6 机械设备外露运转部位应设置防护罩或防护栏杆。作业人员不得跨越运转的设备,不得对运行中的设备运转部位进行维护或检修。

10.1.7 勘察设备液压装置的使用应符合本标准附录C的有关规定。

10.1.8 勘察设备和仪器撤离污染场地时,应进行防腐蚀和去除有害污染物的清理和保养工作。

10.2 钻探设备

10.2.1 钻探机组迁移时钻塔应落下,非车装钻探机组不得整体迁移。

10.2.2 钻塔安装和拆卸应符合下列规定:

 1 钻塔天车应安装过卷扬防护装置;天车轮前缘切点、立轴或转盘中心与钻孔中心应在同一轴线上;

 2 整体起落钻塔应控制起落速度,不得将钻塔自由摔落;钻塔及其构件起落范围内不得放置设备和材料,不得停留或通过人员;

 3 钻塔应与基台牢固连接,构件应安装齐全,不得随意改装;安装或拆卸时作业人员不得在钻塔上下同时作业;

 4 钻塔上工作平台防护栏杆高度不应小于0.9m;平台踏板可选用防滑钢板或厚度不小于50.0mm的木板;

 5 斜塔或高度大于10.0m的直塔应安装钻塔绷绳,钻塔绷绳应采用直径12.5mm以上钢丝绳;斜塔应安装提引器向绳。

10.2.3 卷扬机使用应符合下列规定:

 1 不得用于升降人员;

 2 卷扬机或天车滑轮与钻塔或三脚架应配套;提升物件前,钢丝绳保留在卷筒上的圈数不应少于3圈;

 3 钢丝绳使用应符合现行国家标准《钢丝绳夹》GB/T 5976和《起重机 钢丝绳 保养、维护、检验和报废》GB/T 5972的规定。

10.2.4 泥浆泵使用与维护应符合下列规定:

 1 机架应安装在基台上,各连接部位和管路应连接牢固;

 2 启动前,吸水管、底阀和泵体内应注满清水,压力表缓冲器上端应注满机油,出水阀或分水阀门应打开;

 3 不得超过额定压力运转。

10.2.5 柴油机使用与维护应符合下列规定:

 1 当使用摇把启动时,应紧握摇把,不得中途松手,启动后应立即抽出摇把;使用手拉绳启动时,启动绳一端不得缠绕在手上;

 2 水箱冷却水的温度过高时,应停止勘探作业怠速运转降温,不得采用冷水注入水箱或泼洒内燃机机体冷却降温;

 3 柴油机飞车时,应迅速切断进气通路或高压油路,紧急停车。

10.3 勘察辅助设备

10.3.1 离心水泵安装应牢固平稳。高压胶管接头密封应牢固、可靠,放置宜平直,转弯处固定应牢靠。

10.3.2 潜水泵使用与维护应符合下列规定:

 1 潜水泵应装设保护接零和漏电保护装置,使用前应采用500V摇表检测绝缘电阻,电动机定子绕组的绝缘电阻不得低于0.5MΩ;

 2 潜水泵的负荷线应使用无破损和接头的防水橡皮护铜芯软电缆;

 3 使用前应检查电路和开关,接通电源进行试运转,并应经检查确认旋转方向正确后再放入水中;脱水运转时间不得超过5min;

 4 提泵或下泵前应先切断电源,不得拉拽电缆或出水软管;

 5 电缆和出水软管在潜水泵运转过程应处于不受力状态。

10.3.3 空气压缩机使用与维护应符合下列规定:

 1 作业现场应搭设防护棚,储气罐不得曝晒或高温烘烤;

 2 移动式空气压缩机的拖车应采取接地措施;

 3 输气管路应连接牢固、密封、畅通,不得扭曲;

 4 开启送气阀前,应告知作业地点有关人员,出气口前方不得有人;

 5 运转时储气罐内压力不得超过铭牌额定压力,安全阀应灵敏有效;进气阀、排气阀、轴承及各部件应无异响或过热现象,应定时巡查;

 6 出现运转异常情况时应立即停机排除故障;

 7 停机后应关闭冷却水阀门,打开放气阀,放出冷却器和储气罐内的油水、存气后,作业人员方可离岗。

11 勘察用电

11.1 一般规定

11.1.1 当勘察现场临时用电设备超过5台或总容量超过50kW时,应根据现场条件编制临时用电专项方案。临时用电设施应经验收合格后方可投入使用。

11.1.2 勘察现场临时用电宜采用电源中性点直接接地的220/380V三相四线制低压配电系统,配电系统设置应符合现行国家标准《建设工程施工现场供用电安全规范》GB 50194和《低压配电设计规范》GB 50054的有关规定,并应符合下列规定:

 1 系统配电级数不宜大于三级;

 2 系统应设置电击防护措施;

 3 配电线路应装设短路保护和过负荷保护;

 4 上下级保护装置的动作特性应具有选择性,各级之间应协调配合。

11.1.3 对所使用的用电设备及安全用电装置属国家强制性认证规定的,应采用强制认证合格的产品。

11.1.4 接驳供电线路、拆装和维修用电设备应由持证电工完成,不得带电作业。

11.1.5 用电系统跳闸后,应先查明原因排除故障后再送电,不得强行送电。

11.1.6 当停工或待工时,分配电箱或总配电箱电源应关闭并上锁。停用1h以上的用电设备末级配电箱应断电并上锁。

11.1.7 发生触电事故应立即切断电源,不得未切断电源直接接触触电者。

11.2 勘察现场临时用电

11.2.1 勘察作业现场配电线路的类型应根据敷设方式、作业环境等因素选择,并应符合下列规定:

 1 配电线路宜采用电缆,直埋敷设时宜采用铠装电缆,架空敷设时可采用绝缘导线,绝缘导线应符合现行国家标准《额定电压1kV及以下架空绝缘电缆》GB/T 12527的有关规定;

2 当采用 TN-S 系统时,单根电缆应包含全部相导体、中性导体和保护导体;当采用 TT 系统时,单根电缆应包含全部相导体和中性导体(N)。

11.2.2 配电线路的敷设除应符合现行国家标准《建设工程施工现场供用电安全规范》GB 50194 的有关规定外,尚应符合下列规定:

1 电缆线路应采用埋地或架空敷设,避免机械损伤和介质腐蚀,埋地电缆路径应设置方位标志,不得沿地面明设;

2 架空线路应架设在专用电杆上,不得架设在树木、临时设施或其他设施上;

3 以支架方式敷设的低压电缆应沿建(构)筑物架设,架设高度不应小于 2.5m;

4 电缆直埋时,电缆与地表的距离不应小于 0.7m;电缆四周均应铺垫厚度不小于 0.1m 的砂土,并应铺设盖板保护;

5 勘察作业现场临时用房的室内配线应采用绝缘导线或电缆,室内明敷主干线距地面高度不应小于 2.5m。

11.2.3 勘察作业现场接地保护应符合下列规定:

1 当采用 TN 系统时,保护导体(PE)应由总配电箱(或电柜)电源侧接地母排处引出;

2 当采用 TN-S 系统时,中性导体(N)应通过总剩余电流动作保护装置,保护导体(PE)在电源进线总配电箱、分配电箱处应做重复接地,中性导体(N)与保护导体(PE)不得有电气连接;

3 当采用 TN-C-S 系统时,应在总配电箱处将保护接地中性导体(PEN)分离成中性导体(N)和保护导体(PE),分开后的中性导体(N)与保护导体(PE)不得有电气连接;

4 当采用 TT 系统时,电气设备外露可导电部分应单独设置接地极,且不应与变压器中性点的接地极相连接;

5 保护导体(PE)上不得装设开关或熔断器,保护导体(PE)的最小截面应符合现行国家标准《低压配电设计规范》GB 50054 的有关规定;

6 保护导体(PE)或中性导体(N)应采用焊接、压接、螺栓连接或其他可靠方法连接,不得缠绕或钩挂;

7 电气设备外露的可导电部分应单独与保护导体(PE)可靠连接,不得串联连接;

8 不得利用输送可燃液体、可燃或爆破性气体的金属管道作为电气设备的接地保护导体(PE)。

11.2.4 勘察作业现场接地电阻值应符合下列规定:

1 当采用 TN 系统时,重复接地装置的接地电阻值不应大于 10Ω;在工作接地电阻值允许达到 10Ω 的电力系统中,所有重复接地的等效电阻值不应大于 10Ω;

2 当采用 TT 系统时,接地电阻值应当符合现行国家标准《低压配电设计规范》GB 50054 的有关规定。

11.2.5 勘察作业现场配电系统宜设置总配电箱、分配电箱、末级配电箱,动力和照明配电系统应分设。

11.2.6 配电箱应装设隔离开关、断路器(或熔断器),各分支回路应装设具有短路、过负荷、剩余电流动作保护功能的电器。各种开关电器的额定值和动作整定值应与其控制用电设备的额定值和特性相适应。

11.2.7 每台用电设备的供电回路应有单独的剩余电流动作保护装置,末级配电箱一个出线回路不得直接控制 2 台及以上用电设备。

11.2.8 配电箱应设置在干燥、通风、防潮、无易燃易爆危险物品、不易受撞击和便于操作的位置。末级配电箱与受控制的固定式用电设备水平距离不宜大于 3.0m。

11.2.9 固定式配电箱的中心点与地面的垂直距离为 1.4m～1.6m;移动式配电箱应装设在坚固、稳定的支架上,中心点与地面的垂直距离宜为 0.8m～1.6m。

11.2.10 配电箱的进出线应采用橡皮护套绝缘电缆,进出线口宜设置在箱体下底面,箱内的连接线应采用铜芯绝缘导线,不得改动箱内电器配置和接线;末级配电箱出线不得有接头。

11.2.11 配电箱的电源进线端不得采用插头和插座做活动连接。

11.2.12 配电箱进行维修、检查时,应将前一级电源隔离开关分闸断电,并悬挂"禁止合闸、有人工作"的停电安全标志。

11.2.13 剩余电流动作保护装置应符合下列规定:

1 末级配电箱使用的剩余电流动作保护装置应选用额定剩余动作电流不大于 30mA 的瞬动型产品;

2 各级剩余电流动作保护装置的动作电流值与动作时间应协调配合;

3 剩余电流动作保护装置应装设在各配电箱靠近负荷的一侧,且不得用于启动电气设备的操作;

4 勘察现场使用的剩余电流动作保护装置宜选择动作功能与电源电压无关的产品。

11.2.14 夜间施工、无自然采光或自然采光差的场所及道路等应有照明设施,照明方式、种类、照度等应满足作业要求。

11.2.15 勘察作业现场照明器具选型应符合下列规定:

1 在露天场地,应采用防护等级不低于 IP54 的灯具;

2 在有顶棚场地,应采用防护等级不低于 IP43 的灯具;

3 当环境污染严重时,应采用防护等级不低于 IP65 的灯具;

4 作业现场临时用房照明,宜选用防尘型照明灯具、密闭型防水照明灯具或配有防水灯头的开启式照明灯具;

5 有爆破和火灾危险的井探、洞探作业照明,应按危险场所等级选用防爆型照明灯具。照明灯具的金属外壳应与保护导体(PE)连接。

11.2.16 勘察作业现场照明电压应符合下列规定:

1 当距离地面高度低于 2.5m 时,电压不应大于 36V;

2 潮湿和易触及带电体场所的照明,电源电压不应大于 24V;相对湿度处于 95% 以上的潮湿场所和导电良好的地面照明,电源电压不应大于 12V;

3 移动式和手提式灯具应采用Ⅲ类灯具,并应使用安全特低电压供电。

11.2.17 遭遇台风、雷雨、冰雹和沙尘暴等灾害天气后,恢复作业前应对现场临时用电设施和用电设备进行巡视和检查。

11.2.18 临时用电设施使用完毕后,应及时组织拆除,拆除工作应从电源侧开始。

11.3 用电设备的维护与使用

11.3.1 新投入运行或检修后的用电设备应进行试运行,并应在无异常情况后再转入正常运行。

11.3.2 用电设备的电源线应按其计算负荷选用无接头耐气候型橡皮护套铜芯软电缆。电缆芯线数应根据用电设备及其控制电器的相数和线数选择。

11.3.3 电动机使用与维护应符合下列规定:

1 绝缘电阻不得小于 0.5MΩ,应装设过负荷和短路保护装置,并应根据设备需要装设缺相和失压保护装置;

2 应空载启动,不得在电压过高或过低时启动,三相电动机不得两相运转;

3 当运行中的电动机遭遇突然停电时,应立即切断电源,并应将启动开关置于停止位置;

4 单台交流电动机宜采用熔断器或低压断路器的瞬动过电流脱扣器;

5 正常运转时,不得突然进行反向运转;

6 运行时应无异响、无漏电、轴承温度正常,且电刷与滑环接触良好;

7 当额定电压在 -5%～+5% 变化范围时,可按额定功率连续运行;当超过允许变化范围时,应控制负荷;

8 停止运行后切断电源,启动开关应置于停止位置。

11.3.4 发电机组安装与使用应符合下列规定:

1 发电机房应配置电气火灾相适宜的消防设施,室内不得存储易燃易爆物;

2 发电机房的排烟管道应伸出室外,管道口应至少高出屋檐1.0m,周围4.0m范围内不得使用明火或喷灯;

3 移动式发电拖车应有可靠接地;

4 移动式发电机供电的用电设备,其外露可导电部分和底座应与发电机电源的接地装置连接;移动式发电机系统接地应按有关规定执行;

5 发电机供电系统应安装电源隔离开关及短路、过载、剩余电流动作保护装置和低电压保护装置等;电源隔离开关分断时应有明显可见分断点。

11.3.5 发电机组电源应与其他电源连锁,不得与其他电源并列运行。

11.3.6 手持式电动工具使用与维护应符合下列规定:

1 勘察作业现场不得使用Ⅰ类手持式电动工具;使用金属外壳的Ⅱ类手持式电动工具时,绝缘电阻不小于7MΩ;

2 手持式电动工具的外壳、手柄、插头、开关、负荷线等不得有破损,使用前应进行绝缘检查,并应经检查合格、空载运转正常后再使用;

3 负荷线插头应有专用保护触头,所用插座和插头的结构应一致,不得将导电触头和保护触头混用;

4 手持式电动工具作业时间不宜过长,当温度超过60℃时应停机,待自然冷却后再继续使用;

5 运转中的手持式电动工具不得离手,因故离开或遭遇停电时应关闭末级配电箱电源;

6 作业过程中不得用手触摸运转中的刀具和砂轮,发现刀具或砂轮有破损立即停机更换后再继续作业;

7 手持砂轮机不得使用受潮、变形、裂纹、破碎、磕边缺口或接触过油、碱类的砂轮片,不得使用自行烘干的受潮砂轮片。

12 安全防护和作业环境保护

12.1 一般规定

12.1.1 采购、运输、保管和使用危险物品的从业人员应接受相关专业安全教育、职业卫生防护和应急救援知识培训,并应经考核合格后上岗作业。

12.1.2 在林区、草原、化工厂、燃料厂、加油站及其他对防火有特别要求的场地内作业时,应遵守厂区和当地有关部门的防火规定。

12.1.3 勘探作业现场存在易燃易爆气体时,勘探设备应采取防火防爆措施。

12.1.4 雷雨季节,在易受雷击的空旷场地勘探作业,钻塔应安装防雷装置。

12.1.5 危险物品及存放危险物品的场所应由专人负责管理。存放危险物品的场所应设立安全标志,安全标志应符合现行国家标准《安全标志及使用导则》GB 2894 的规定。

12.2 危险物品储存和使用

12.2.1 危险物品应按其不同的物理、化学性质分别采用相应的包装容器和储存方法,储存量不得超过规定限额。理化性质相抵触、灭火方法不同的危险物品应分库储存并定期检查。储存危险物品的场所应设置防火、防爆、防潮、防泄漏、防盗和通风等安全设施。

12.2.2 危险物品储存、领取和使用应建立管理制度,建立并保存危险物品储存、领取和使用记录。危险物品出入库前应进行出入库检查和登记,领用时应按最小使用量发放。剩余危险物品应及时入库保存,不得在作业现场随意摆放。

12.2.3 危险物品应放置在干燥、阴凉及通风处,储存易燃易爆物品的场所及其周边不得使用明火。易爆物品移动时应轻拿轻放,不得剧烈震动。

12.2.4 危险物品废弃物应分类收集,应按国家有关规定进行处置,并做好记录。危险物品废弃物处理应达到排放标准后方可排放,不得随意丢弃或排入下水管道。遇水易燃、易爆或可生成有毒物质的危险物品残渣不得直接倒入废油桶内,易挥发的易燃物品或有毒物品应存放在密闭容器内。

12.2.5 搬运和使用危险物品的作业人员应穿戴个体防护装备,使用高氯酸和过氧化物等强氧化剂时不得与有机物接触。

12.2.6 测试汞的实验室应安装排风罩,排风罩应安装在接近地面处,测试汞的实验台应有捕收废汞装置。

12.2.7 从事放射性勘探的作业人员,在放射源周围连续工作时间不得超过2h,每次作业结束后应及时更换防辐射服,进行皮肤清洁。距离放射源2.0m内不得进行电焊作业。

12.2.8 放射性试剂和放射源应存放在铅室中。

12.3 防 火

12.3.1 存放易燃易爆危险物品的场所和勘察作业现场、临时房应配备与其火灾性质相适宜的消防器材。消防器材应合理摆放、标志明显,并应有专人负责保管。灭火器材配备应符合现行国家标准《建筑灭火器配置设计规范》GB 50140 的规定,每个作业场所、临时房不得少于2具。

12.3.2 临时用房内不得使用火盆或无保护罩电炉取暖,在无人值守情况下不得使用电热毯取暖。

12.3.3 作业现场取暖装置的烟囱和内燃机排气管应穿过塔布,机房壁板处应安装隔热板或防火罩。排气口距可燃物不得小于2.5m。

12.3.4 寒冷季节作业时,不得使用明火烘烤柴油机或其他设备油底壳。

12.3.5 当油料着火时,应使用砂土、泡沫灭火器或干粉灭火器灭火,不得用水扑救。当用电设备和供电线路着火时,应先切断电源再实施扑救。

12.3.6 在含易燃易爆气体的地层勘探作业时,除应对孔口溢出气体加强监测外,尚应符合下列规定:

1 勘探设备的动力设备应防火罩,现场不得使用明火或存放易燃易爆物品;

2 勘探时应观察孔内泥浆气泡和异常声音,发现返浆异常或勘探孔内有爆破声时,应立即停止作业,测量孔口可燃气体浓度,在确认无危险后方可恢复勘探作业;

3 当勘探孔内有气体逸出或燃烧时,应立即关闭所有机械和电器设备、设立警戒线和疏散附近人员,并应立即报警;

4 勘探孔经封堵处理后,再次测定的易燃易爆气体浓度符合本标准表12.6.2的规定后方可恢复勘探作业,并应保持作业现场通风。

12.3.7 在油气管道附近勘探作业时,应先核查管道的具体位置。在发生钻穿管道事故时,应立即关闭所有机械电器设备,立即报警,并设立警戒线和疏散附近人员。

12.3.8 焊接与切割作业除应按现行国家标准《焊接与切割安全》GB 9448 的规定执行外,尚应符合下列规定:

1 电气焊作业区10.0m范围内不得存放易燃易爆物品,并应配备相应的消防器材;

2 高压气瓶不应放置在易遭受物理打击、阳光暴晒、热源辐射的位置;

3 作业现场氧气瓶与乙炔瓶、明火或热源的安全距离应大于5.0m;乙炔瓶应安装防止回火装置,乙炔瓶及其他易燃物品与焊炬或明火的安全距离应大于10.0m;

4 氧气瓶及其专用工具不得与油类接触,作业人员不得穿戴有油脂的工作服、手套进行作业;

5 焊割炬点火时不得指向人或易燃物品,正在燃烧的焊割炬不得放在工件或地面上,作业人员不得手持焊割炬爬梯、登高;

6 焊割作业结束后,应将气瓶气阀关闭,拧上安全罩,确认作业现场无火灾隐患后方可离开。

12.4 防 雷

12.4.1 避雷装置的接闪器、引下线及接地装置宜采用焊接方式连接,避雷装置安装时应与钻塔绝缘良好。避雷针宜采用铜棒,安装高度应高出塔顶1.5m以上。接闪器和引下线与绷绳的间距不应小于1.0m;接地体与绷绳、地锚的间距不应小于3.0m。

12.4.2 勘察作业现场防雷装置冲击接地电阻值不得大于30Ω。当土壤电阻值不能满足接地电阻要求时,可在接地体附近放置食盐、木炭并加水。

12.4.3 机械、电气设备防雷接地连接的PE线应同时做重复接地,同一台机械、电气设备的重复接地和机械的防雷接地可共用同一接地体,重复接地电阻不应大于10Ω。

12.4.4 遇雷雨天气时,应停止现场勘察作业,应关停电气设备。作业人员应远离高压线、高耸金属构件及其他导电物体,不得在空旷的山顶、大树下等易引雷场所避雨。

12.4.5 外业作业人员遭受雷击时,应立即采取急救措施。

12.5 防 爆

12.5.1 爆破作业人员应经过专业技术培训,并取得相应类别的安全作业证书后方可上岗作业。

12.5.2 爆破作业前,项目负责人应组织现场踏勘,了解和收集爆破作业场地地质环境、气象、水文等资料,编制爆破作业方案,制定安全防护措施和应急预案。

12.5.3 在地质条件复杂场地和水域进行爆破作业,应进行专项爆破设计。

12.5.4 爆破作业前,应对爆破作业勘察场地周边公共设施、建筑物等产生的影响进行安全论证、评估,必要时应采取相应的安全防护措施,并经过有关部门批准后方可实施。

12.5.5 爆破作业应由专人负责指挥,并应在影响范围外做好安全警戒。各种车辆、人员不得进入爆破作业影响范围。

12.5.6 进行爆破作业时,除应采取安全警戒措施外,尚应在通往作业区的道路上设置安全标志。

12.5.7 当采用电起爆时,爆破主线、连接线不应与金属物体接触,不应靠近电缆、电线、信号线、铁轨等导电物体。

12.5.8 当在有矿尘、煤尘、易燃易爆气体爆破危险的作业场地进行爆破作业时,应使用专用电雷管和专用炸药。

12.5.9 爆破作业结束后,应先对作业场地进行通风,待有毒有害气体含量符合要求后再对作业现场进行检查,消除安全隐患后方可进行其他工序作业。出现瞎炮时应按本标准第9.4.4条的规定执行。

12.5.10 探井、探槽爆破作业应符合下列规定:

1 同一爆破对象,一次应只装放一炮;

2 埋藏深度2.0m以下的孤石和漂石不得使用导火索起爆;炮孔在装药前应预先确定井底人员撤离路线、方式以及应急措施;

3 起爆后15min内,人员不得进入作业场地。

12.5.11 进行爆破作业除应符合本标准规定外,尚应符合现行国家标准《爆破安全规程》GB 6722的有关规定。

12.6 防 毒

12.6.1 作业场地有害气体或污染颗粒物浓度超过国家现行标准

《工作场所有害因素职业接触限值 第1部分:化学有害因素》GBZ 2.1的规定时,勘察作业人员应佩戴个体防护装备,并应符合下列规定:

1 下班后应在现场清洗防护装备和个人卫生;

2 不得在勘察现场饮食;

3 当作业现场存在易燃易爆气体时,勘察设备应采取防火、防爆等安全生产防护措施;

4 勘察现场应配备应急处置和应急救援所需用具、设备和药品等。

12.6.2 在含有害气体的场地勘察作业时,应加强监测,并应采取有效的通风、净化和安全生产防护措施。当有害气体浓度超过表12.6.2的规定时,应停止作业,撤离人员。

表 12.6.2 有害气体最大允许浓度

有害气体名称	符 号	允许体积浓度(%)	允许质量浓度(mg/m³)
一氧化碳	CO	0.00240	30
氮氧化物	[NO]	0.00025	5
二氧化硫	SO_2	0.00050	15
硫化氢	H_2S	0.00066	10
氨	NH_3	0.00400	30
瓦斯、沼气	CH_4	1	—

12.6.3 在含有害气体的探洞、探井、探槽、矿井、洞穴内勘探作业,应使用防爆电器设备,采取通风措施,定期检测有害气体浓度,并应符合下列规定:

1 作业人员不得携带火种;

2 氧气体积含量应大于20%,二氧化碳体积含量应小于0.5%;

3 进入长时间停工的探洞、探井、探槽、矿井、洞穴内作业前,应先检测有害气体浓度,有害气体浓度满足本标准表12.6.2的最大允许溶度方可进入作业。

12.6.4 当使用剧毒、腐蚀性、易挥发试剂等危险物品时,操作室应有良好的通风设施,不得在通风设备不正常情况下作业。

12.6.5 使用剧毒、腐蚀性、易挥发试剂等危险物品的作业人员应熟悉剧毒、腐蚀性、易挥发试剂等危险物品的化学性质,作业时必须执行操作规程及有关规定,并应穿戴相应的个体防护装备。

12.6.6 使用剧毒危险物品应实行双人双重责任制,作业过程应双人在场,作业中途不得擅离职守。

12.6.7 使用剧毒、腐蚀性、易挥发试剂等危险物品作业完成后,应对使用过的器皿和作业场所进行清理。剩余剧毒、腐蚀性、易挥发试剂等危险物品应贴上警示标志,并应按规定存储和管理,不得带出室外。

12.7 防 尘

12.7.1 在粉尘环境中作业时,通风设备应符合国家相关标准有关规定,作业人员应按规定正确使用个人防尘用具,并应定期更换。

12.7.2 产生粉尘的作业场所,扬尘点应采取密闭尘源、通风除尘、湿法防尘等综合防尘措施。洞探作业时,风源空气含尘量应小于0.5mg/m³;洞探长度大于20.0m时,应采用机械通风,通风速度应大于0.2m/s;工作面空气中氧气含量应大于20%,二氧化碳含量应小于0.5%,矽尘含量应符合下列规定:

1 当游离SiO_2含量不小于10%且不大于50%时,矽尘含量应小于1mg/m³;

2 当游离SiO_2含量大于50%且不大于80%时,矽尘含量应小于0.7mg/m³;

3 当游离SiO_2含量大于80%时,矽尘含量应小于0.5mg/m³。

12.7.3 粉尘浓度测定应符合现行国家标准《工作场所空气中粉尘测定 第1部分:总粉尘浓度》GBZ/T 192.1的规定。测定应采用滤膜称量法,粉尘采样应在正常作业环境、粉尘浓度达到稳定后进行,每一个试样的取样时间不得少于3min。取样点布置及取样数量应根据作业场地、粉尘影响面积等因素确定,且不得少于3个样本。

12.7.4 井下作业时,工作面风速应大于0.15m/s;洞内作业时,工作面风速应大于0.25m/s。

12.7.5 在粉尘环境中工作的作业人员,应定期进行体检,患有粉尘禁忌症者不得从事产生粉尘的工作。

12.8 作业环境保护

12.8.1 在城镇绿地和自然保护区勘察作业时,应采取措施减小对作业现场植被的破坏和对保护动物的影响。

12.8.2 勘察作业前,应对作业人员进行环境保护交底,对勘探设备进行检查、维护。

12.8.3 作业过程中,应对废油液、泥浆、弃土等废弃物集中收集存放、统一处理,不得随意排放。

12.8.4 作业现场不得焚烧各类废弃物,对易产生扬尘的渣土应采取覆盖、洒水等防护措施。

12.8.5 有毒物质、易燃易爆物品、油类、酸碱类物质和有害气体未经处理不得直接填埋或排放。

12.8.6 在城镇作业时,噪声控制标准应符合国家或地方政府的有关规定,当噪声超标时应采取整改措施,达到标准后方可继续作业。

12.8.7 作业环境的噪声超过85dB(A),作业人员应佩戴相应的个体防护装备。

13 勘察现场临时用房

13.1 一般规定

13.1.1 勘察现场临时生活区与作业区应分开设置,生活区与作业点的安全距离应大于25.0m。

13.1.2 临时用房选址应符合下列规定:

1 不得在洪水淹没区、沼泽地、潮汐影响滩涂区、风口、旋风区、雷击区、雪崩区、滚石区、悬崖和高切坡以及不良地质作用影响的场地内选址;

2 与公路、铁路和存放少量易燃易爆物品仓库的安全距离不应小于30.0m,与油库及加油站的安全距离不应小于50.0m;

3 与架空输电线路边线的最小安全距离应符合本标准表3.0.6的有关规定;

4 与变配电室、锅炉房的安全距离不应小于15.0m;

5 与在建建(构)筑物的安全距离不应小于20.0m;

6 不得设置在吊装机械回转半径区域内及作业设备倾覆影响区域内。

13.1.3 当临时用房使用装配式活动房时,应具有产品合格证书,各构件间连接应可靠牢固。

13.1.4 临时用房应采用阻燃或难燃材料,并应满足环保、消防要求;安装电气设施应符合本标准第11章的有关规定。

13.1.5 临时用房应有防震、防火、防雷设施和抗风雪能力,寒冷季节应有取暖设施,并应符合本标准第12章的有关规定。

13.1.6 建设场地内搭建临时用房应采取预防高空坠物的安全防护措施。

13.2 居住临时用房

13.2.1 居住临时用房不得存放柴油、汽油、氧气瓶、乙炔气瓶、液化气罐等易燃易爆液体或气体容器,不得使用电炉、煤油炉、液化气炉。

13.2.2 居住临时用房室内净高度不得小于2.5m,层铺搭设不应超过两层,应有良好的采光、排气和通风设施,门窗不得向内开启;应按规定配备相应的灭火器材。

13.2.3 配有吊顶的居住临时用房,吊顶及吊顶上的吊挂物安装应牢固。

13.2.4 城镇内勘察临时用房之间的安全距离不应小于5.0m,城镇外勘察临时用房之间的安全距离不应小于7.0m。

13.2.5 冬季临时用房应有采暖和防一氧化碳中毒措施,夏季应有防暑降温和防蚊蝇措施。

13.3 非居住临时用房

13.3.1 非居住临时用房存放易燃易爆和有毒物品时应分类和分专库存放,与居住临时用房的距离应大于30.0m。

13.3.2 存放易燃易爆物品临时用房,不得使用明火和携带火种,电器设备、开关、灯具、线路防爆性能应符合现行国家标准《爆炸性环境 第1部分:设备 通用要求》GB 3836.1的有关规定。

13.3.3 存放易燃易爆物品的非居住临时用房应保持通风并配备足够数量相应类型的灭火器材,且应悬挂安全标志,不得靠近烟火。

13.3.4 勘察现场临时食堂应设置在远离厕所、垃圾站、有毒有害场所等污染源的上风处,并应有简易的排污处理设施。液化气罐应独立存放在通风条件良好的存储间。

附录A 勘察作业危险源辨识和评价

A.0.1 勘察作业前,应根据勘察项目特点、场地条件、勘察方案、勘察手段等对作业过程中的危险源进行辨识。危险源辨识应包括下列环境因素和作业条件:

1 作业现场地形、水文、气象条件,不良地质作用发育情况;

2 场地内及周边影响作业安全的地下建(构)筑物、各种地下管线、地下空洞、架空输电线路等环境条件;

3 临时用电条件、临时用电方案;

4 高度超过2.0m的高处作业;

5 工程物探方法或其他爆破作业,危险物品的储存、运输和使用;

6 勘探设备安装、拆卸、搬迁和使用;

7 作业现场防火、防雷、防爆、防毒;

8 水域勘察作业、特殊场地条件;

9 其他专业性强、操作复杂、危险性大的作业环境和作业条件。

A.0.2 勘察作业危险源危险等级可采用危险性评价因子计算确定,可按下式计算:

$$D = LEC \qquad (A.0.2)$$

式中:D——危险源危险等级计算值;

L——发生事故可能性评价因子;

E——暴露于危险环境的频繁程度评价因子;

C——发生事故可能产生的后果评价因子。

A.0.3 发生事故的可能性、暴露于危险环境频繁程度和发生事故可能产生的后果等评价因子可按表A.0.3取值。

表A.0.3 勘察作业危险源评价因子分值

评价因子	评价内容	分值
发生事故的 可能性	完全可预料到	10
	相当可能	6
	可能,但不经常	3
	可能性小,完全意外	1
	可能性很小	0.5
	极不可能	0.1

续表 A.0.3

评价因子	评价内容	分值
暴露于危险环境的频繁程度	连续暴露	10
	每天工作时间内暴露	6
	每周一次或经常暴露	3
	每月暴露一次	2
	每年几次或偶然暴露	1
发生事故可能产生的后果	重大灾难,3人以上死亡或10人以上重伤	100
	灾难,2～3人死亡或4～10人重伤	40
	非常严重,1人死亡或2～3人重伤	15
	严重,1人重伤	7
	比较严重,轻伤	3
	轻微,需要救护	1

A.0.4 勘察作业危险源危险等级评价可根据危险源危险等级计算值的大小按表 A.0.4 确定。

表 A.0.4　勘察作业危险源危险等级评价

危险等级评价值	危险源危险等级
$D>320$	特大级
$160<D\leqslant320$	重大级
$70<D\leqslant160$	较大级
$20<D\leqslant70$	一般级
$D\leqslant20$	轻微级

A.0.5 凡具备下列条件的危险源应判定为重大级危险源:

1　曾经发生过非常严重的安全事故,且无有效的安全生产防护措施;

2　直接观察到很可能发生非常严重安全事故后果,且无有效的安全生产防护措施;

3　违反安全操作规程,很可能导致非常严重安全事故后果。

A.0.6 判定为重大级的危险源,在制订安全生产管理方案、采取现有的控制技术和措施仍不能降低安全风险时,应判定为特大级危险源。

附录 B　勘察机械设备防冻措施

B.0.1 长期停用的机械设备,冬季应放尽储水部件中的存水,并应进行一次换季设备保养。

B.0.2 当室外气温低于 5℃时,所有用水冷却的机械设备,停止使用或作业过程发生故障停用待修时,均应立即放尽机内存水,各放水阀门应保持开启状态,并应挂上标志。

B.0.3 使用防冻剂的机械设备,在加入防冻剂前应对冷却系统先进行清洗;加入防冻剂后,应在明显处挂上标志。

B.0.4 所有用水冷却的机械设备、车辆等,其水箱、内燃机等都应装上保温罩。

B.0.5 带水作业的机械设备,停用后应冲洗干净,并应放尽水箱及机体内的积水。

B.0.6 带有蓄电池的机械设备,蓄电池液的密度不得低于 1.25,发电机电流应调整到 15A 以上,蓄电池应加装保温罩。

B.0.7 冬季无预热装置内燃机的启动可采用下列方法:

1　可在作业完毕后趁热将曲轴箱内润滑油放出并存入预先准备好的清洁容器内,启动前再将容器加温到 70℃～80℃后注入曲轴箱;

2　将水加热到 60℃～80℃时再注入内燃机冷却系统,不得使用机械拖顶的方法启动内燃机。

B.0.8 应根据气温高低按机械设备的出厂说明书的使用要求选择燃油。柴油机燃油使用标准可按表 B.0.8 选用。

表 B.0.8　柴油机燃油使用标准

序号	气温条件(℃)	柴油标号(#)	备　注
1	高于 4	0	在低温条件下无低凝度柴油时,应采用预热措施方可使用高凝度柴油
2	3～−5	−10	
3	−6～−14	−20	
4	−15～−29	−35	
5	低于 −30	−50	

附录 C　勘察设备液压装置的使用

C.0.1 液压元件安装应符合下列规定:

1　液压泵、液压马达和液压阀的进出油口不得反接;安装时液压泵轴与传动轴应同心;连接螺钉应按规定扭力拧紧;

2　油管应清洁光滑,无裂缝、锈蚀等缺陷,并应采用管夹与机器固定,软管应无急弯或扭曲,不得与其他管道或物件相碰或摩擦。

C.0.2 启动前的检查、启动和运转应符合下列规定:

1　所有操纵杆应处于中间位置;

2　在低温或严寒地带启动液压泵应使用加热器加热提高油温,油温加热不得超过 80℃;

3　当开启放气阀或检查高压系统泄漏时,作业人员不得面对喷射口的方向;

4　当高压系统发生微小或局部喷泻时,应立即卸荷检修,不得用手检查或堵挡;

5　当拆检液压系统及管路时,应确保系统内无高压后拆除。

C.0.3 液压系统在运转中出现下列情况之一时,应停机检查:

1　油温过高,超过允许范围;

2　系统压力不足或完全无压力;

3　流量过大、过小或完全不流油;

4　压力或流量脉动;

5　严重噪声振动;

6　换向阀动作失灵;

7　工作装置功能不良或卡死;

8　油管系统泄漏、内渗、串压、反馈严重时。

C.0.4 作业完毕后,工作装置及控制阀等应回复原位。

本标准用词说明

1　为便于在执行本标准条文时区别对待,对要求严格程度不同的用词说明如下:

　　1)表示很严格,非这样做不可的:

　　　　正面词采用"必须",反面词采用"严禁";

　　2)表示严格,在正常情况下均应这样做的:

　　　　正面词采用"应",反面词采用"不应"或"不得";

　　3)表示允许稍有选择,在条件许可时首先应这样做的:

　　　　正面词采用"宜",反面词采用"不宜";

　　4)表示有选择,在一定条件下可以这样做的,采用"可"。

2　条文中指明应按其他有关标准执行的写法为:"应符合……的规定"或"应按……执行"。

引用标准名录

《低压配电设计规范》GB 50054

《建筑灭火器配置设计规范》GB 50140

《建设工程施工现场供用电安全规范》GB 50194

《安全标志及其使用导则》GB 2894

《爆炸性环境　第1部分:设备　通用要求》GB 3836.1

《起重机　钢丝绳　保养、维护、检验和报废》GB/T 5972

《钢丝绳夹》GB/T 5976

《起重机械安全规程　第1部分:总则》GB 6067.1

《安全带》GB 6095

《爆破安全规程》GB 6722

《焊接与切割安全》GB 9448

《地震勘探爆炸安全规程》GB 12950

《个体防护装备选用规范》GB/T 11651

《额定电压1kV及以下架空绝缘电缆》GB/T 12527

《环境管理体系　要求及使用指南》GB/T 24001

《职业健康安全管理体系　要求》GB/T 28001

《工作场所有害因素职业接触限值　第1部分:化学有害因素》GBZ 2.1

《工作场所空气中粉尘测定　第1部分:总粉尘浓度》GBZ/T 192.1

中华人民共和国国家标准

岩土工程勘察安全标准

GB/T 50585—2019

条 文 说 明

编 制 说 明

《岩土工程勘察安全标准》GB/T 50585-2019，经住房和城乡建设部 2019 年 2 月 13 日以第 29 号公告批准发布。

本标准是在原国家标准《岩土工程勘察安全规范》GB 50585-2010 的基础上修订而成，上一版的主编单位是福建省建筑设计研究院、福建省九龙建设集团有限公司，参编单位是北京市勘察设计研究院有限公司、西北综合勘察设计研究院、上海岩土工程勘察研究院有限公司、福建省工程建设质量安全监督总站、福建省交通规划设计研究院、福建省勘察设计协会工程勘察与岩土分会、福建泉州岩土工程勘测设计研究院、深圳市岩土综合勘察设计有限公司，主要起草人员是戴一鸣、黄升平、徐张建、韩明、高文明、龚渊、柯国生、郑也平、陈加才、赵治海、刁呈城、刘珠雄、蔡永明、林增忠、陈北溪。本次修订的主要技术内容是：1. 增加了污染场地勘察作业安全有关内容；2. 增加了岩土工程监测；3. 删除了粉尘溶度测定技术要求；4. 新增加了附录 C 勘察设备液压装置的使用。

本标准修订过程中，编制组进行了广泛的调查研究，总结了我国工程建设安全生产方面的实践经验，同时参考了国外先进技术法规、技术标准。

为便于广大施工、监理、设计、科研、学校等单位有关人员在使用本标准时能正确理解和执行条文规定，《岩土工程勘察安全标准》编制组按章、节、条顺序编制了本标准的条文说明，对条文规定的目的、依据以及执行中需注意的有关事项进行了说明。但是，本标准条文说明不具备与标准正文同等的法律效力，仅供使用者作为理解和把握标准规定的参考。

目　次

1 总 则

1.0.1 由于国家《安全生产法》《劳动法》《职业病防治法》《消防法》等一系列与安全生产相关法律、法规和条例都进行了修订,依据国家《安全生产法》第十条规定"国务院有关部门应当按照保障安全生产的要求,依法及时制定有关的国家标准或者行业标准,并根据科技进步和经济发展适时修订。生产经营单位必须执行依法制定的保障安全生产的国家标准或者行业标准",针对岩土工程勘察各专业生产过程中存在的不安全生产因素,结合原规范执行5年多勘察行业安全生产特点,对原规范第1.0.1条内容做了修改。

1.0.2 本标准除了第三章基本规定外,主要侧重于与勘察安全作业有关的技术规定。因此,本次修订将原规范条文中的"安全生产管理"修订为"安全作业与管理",并将原规范条文中的适用范围"土木工程、建筑工程、线路管道工程"简化为"建设工程"。

岩土工程勘察涵盖的业务范围很广,工程建设中二十几个行业均涉及与岩体及土体有关的生产安全问题,所以本标准同样适用于与一般工程建设有关的岩土工程勘察安全生产。

由于岩土工程治理及施工密切相关,鉴于目前施工方面的现有安全生产管理规定、规范已很详细,故本标准修订时进行了充分论证,未包括此方面的安全生产内容。

我国的安全生产方针是"安全第一,预防为主,综合治理"。

1.0.3 本标准是根据现行国家《安全生产法》《建筑法》《职业病防治法》《建设工程安全生产管理条例》等法律、法规的有关规定,结合岩土工程勘察安全生产特点编制和修订,因此,从事岩土工程勘察生产作业的安全管理工作除应遵守本标准外,尚应符合国家现行的有关法律、法规和其他技术标准的要求。

2 术语和符号

2.1 术 语

2.1.1 由于新修订的国家《安全生产法》已经将原用语"危险品"修订为"危险物品",因此本次修订也做了相应的修改。详见新修订的国家《安全生产法》第七章附则第一百一十二条。

2.1.2 根据现行国家标准《职业健康安全管理体系 要求》GB/T 28001,危险源是指可能导致人身伤害和(或)健康损害的根源、状态或行为,或其组合。

2.1.6 安全标志分为禁止标志、警告标志、指令标志和提示标志四大类型。

(1)禁止标志是严禁人们不安全行为的图形标志;

(2)警告标志是提醒人们对周围环境引起注意,避免可能发生危险的图形或文字标志;

(3)指令标志是强制人们应做出某种动作或采用防范措施的图形或文字标志;

(4)提示标志是向人们提供标明安全设施或场所等信息的图形或文字标志。

2.1.7 原规范未对条文中出现的勘探点、地质测绘点、钻孔、物探点等做统一规定,导致原规范条文中出现众多不同的专业术语,本次修订根据属性一致的原则将其统一定名为"勘察作业点"。

2.2 符 号

本节中的符号C、D、E、L系来自"LEC危险源识别方法",该方法源于格雷厄姆(Benjamin Graham,1894—1976)的LEC评价法。该评价方法是对具有潜在危险性作业环境中的危险源进行半

定量的一种安全评价方法,也可称为"作业条件危险性评价法(LEC)"。该方法主要用于评价操作人员在具有潜在危险性环境中作业时的危险性、危害性。

该方法用与系统风险有关的三种因素指标值的乘积来评价操作人员伤亡风险大小,这三种因素分别是:L(likelihood,事故发生的可能性)、E(exposure,人员暴露于危险环境中的频繁程度)和C(consequence,一旦发生事故可能造成的后果)。

R_A、I_a符号定义引自现行国家标准《建设工程施工现场供用电安全规范》GB 50194和《交流电气装置的接地设计规范》GB/T 50065的有关规定,表示当采用TT系统供电时,接地电阻与保护电器自动动作电流间的关系。

3 基本规定

3.0.1 为了贯彻执行国家"安全第一,预防为主、综合治理"的安全生产方针,规定勘察单位应建立、健全安全生产责任体系,确定具有自己特色的安全生产管理原则,落实各种安全生产事故防范预案。加强对从业人员的安全培训,确立"不伤害自己、不伤害别人、不被别人伤害"的安全生产理念。勘察单位除应建立、健全安全生产责任制外,更重要的是要求应结合本单位的实际情况,制定和完善相应的安全生产规章制度,加强安全生产管理,保障勘察安全生产和从业人员职业健康。

勘察单位建立、健全安全生产管理机构,配备安全生产管理人员是落实安全生产责任制和确保安全生产的必要条件。对于中、小勘察单位,可以委托经政府有关主管部门批准的安全生产管理中介机构和国家执业注册安全生产管理工程师承担其安全生产管理工作。国家《安全生产法》第二十二条规定,生产经营单位的安全生产管理机构以及安全生产管理人员履行下列职责:

(1)组织或者参与拟订本单位安全生产规章制度、操作规程和生产安全事故应急救援预案;

(2)组织或者参与本单位安全生产教育和培训,如实记录安全生产教育和培训情况;

(3)督促落实本单位重大危险源的安全管理措施;

(4)组织或者参与本单位应急救援演练;

(5)检查本单位的安全生产状况,及时排查生产安全事故隐患,提出改进安全生产管理的建议;

(6)制止和纠正违章指挥、强令冒险作业、违反操作规程的行为;

(7)督促落实本单位安全生产整改措施。

根据《企业安全生产责任体系五落实五到位规定》安监总办〔2015〕27号的有关规定,勘察单位是安全生产管理的责任主体,法定代表人是安全生产的第一责任人。法定代表人应负起职责,制定和完善本单位安全生产方针和规章制度,落实安全生产责任制,治理安全生产隐患。根据国家《安全生产法》第二十四条的有关规定,勘察单位主要负责人和安全生产管理人员必须具备与本单位所从事的生产经营活动相应的安全生产知识和管理能力。条文规定的安全生产培训考核工作系由政府有关主管部门负责或由其指定的有关单位负责实施,勘察单位应对其作业人员的安全教育负责。

安全生产管理工作要点是职责分明,条文根据新修订的《安全生产法》第十八条规定了勘察单位主要负责人对安全生产工作全面负责,是安全生产的第一责任人,其职责是:

(1)建立、健全本单位安全生产责任制;

(2)组织制订本单位安全生产规章制度和操作规程;

(3)组织制订并实施本单位安全生产教育和培训计划;

(4)保证本单位安全生产投入的有效实施;

(5)督促、检查本单位的安全生产工作,及时消除生产安全事故隐患;

(6)组织制订并实施本单位的生产安全事故应急救援预案;

(7)及时、如实报告生产安全事故。

3.0.2 本条对勘察安全生产管理工作做出了规定。

1 要求勘察单位应建立、健全安全生产管理机构,配备经安全生产培训考核合格的专职安全生产管理人员。这是落实安全生产责任制、确保安全生产的必要条件。如果没有建立常设安全生产管理机构和配备专职安全生产管理人员,安全生产管理工作就可能流于形式。对于中、小勘察单位,可以委托经政府有关主管部门批准的安全生产管理中介机构和国家执业注册安全生产管理工程师承担其安全生产管理工作。

2 国家《安全生产法》规定:"生产经营单位应当教育和督促从业人员严格执行本单位的安全生产规章制度和安全操作规程;并向从业人员如实告知作业场所和工作岗位存在的危险因素、防范措施及应急措施",条文强调应向作业人员进行安全生产交底、安全技术措施交底和安全生产事故应采取的应急措施。做到作业人员人人心中有数,达到减少和防止生产过程发生人身伤亡和财产损失事故,消除和控制不安全生产因素的目的。勘察单位如果不能保证从业人员行使这项权利,就是侵犯了从业人员的权利,并应对由此产生的后果承担相应的法律责任。同时从业人员也应履行自己的安全生产义务,即遵守规章制度、服从管理,正确佩戴和使用个体防护装备;接受安全生产教育培训,掌握安全生产技能,发现事故隐患或者其他不安全因素及时报告等。

3 依法进行安全生产管理是生产单位的行为准则。勘察单位应根据国家有关安全生产方面的法律法规、本单位的生产经营范围和作业特点以及作业过程中存在的危险源等,加强安全生产管理,建立、健全安全生产责任制,完善安全生产条件,确保安全生产资金的投入。勘察单位是安全生产管理的责任主体,法定代表人是安全生产的第一责任人。所以法定代表人应负起职责,制定和完善本单位安全生产方针和制度,层层落实安全生产责任制,完善规章制度,治理安全生产隐患。勘察单位制定的安全生产责任制应符合以下要求:

(1)符合国家安全生产法律、法规和政策、方针的要求;

(2)建立、健全安全生产责任制体系要与生产经营单位管理体制协调一致;

(3)制定安全生产责任制体系要求根据本单位、部门、班组、岗位的实际情况;

(4)制定、落实安全生产责任制要有专人与机构来保障落实;

(5)在建立安全生产责任制的同时应建立监督、检查等制度,特别要求注意发挥群众的监督作用。

安全检查制度是落实安全生产责任制的一项具体措施,是防范和杜绝安全生产事故的一项有力保障。通过日常、专项和全面安全检查,可以及时发现可能危及生产的安全隐患,对检查中发现的安全问题及时进行处理。每次检查应将检查情况、安全隐患处理意见和处理结果记录在案,便于追溯。安全生产检查时间、检查内容、检查方法主要有以下几种:

(1)安全生产检查——定期检查、经常性检查、季节性和节假日前检查、不定期职工代表巡视检查;

(2)安全检查内容——专业或专项检查、综合性检查;主要查思想、查管理、查隐患、查整改、查事故报告,调查及处理;

(3)安全检查方法——常规检查法、安全检查表法、仪器检查法。

条文规定的定期检查是指每个项目的勘察周期内应进行不少于一次现场安全生产检查;对勘察周期较长的项目,每个月应进行不少于一次的安全生产检查。对危险部位、生产过程、生产行为和

存在隐患的安全设施,应落实监控人员、确定监控措施和方式、实施重点监控,必要时应连续监控,并采取纠正和预防措施。

在编制安全生产事故应急救援措施时,应尽可能有详细、实用、明确和有效的技术与组织措施。并应定期检验(演习)和评估应急救援预案的有效性,发现有缺陷时应及时进行修订。应急救援措施应包括以下主要内容:

(1)应急救援措施的适用范围;

(2)事故可能发生的地点和可能造成的后果;

(3)事故应急救援的组织机构及其组成单位、组成人员、职责分工;

(4)事故报告的程序、方式和内容;

(5)发现事故征兆或事故发生后应采取的行动和措施;

(6)事故应急救援(包括事故伤员救治)资源信息,包括队伍、装备、物资、专家等有关信息的情况;

(7)事故报告及应急救援有关的具体通信联系方式;

(8)相关的保障措施,如监测组织、交通管制组织、公共疏散组织、安全警戒组织等;

(9)与相关应急救援措施的衔接关系;

(10)应急演练的组织与实施;

(11)应急救援管理措施和要求。

4 国家《劳动法》第六十八条规定:"用人单位应当建立职业培训制度,按照国家规定提取和使用职业培训经费,根据本单位实际情况有计划地对从业人员进行培训。"一般要求对新从业人员的安全生产教育培训时间不得少于24学时,危险性较大的岗位不得少于48学时。

国家《安全生产法》第二十三条规定:"特种作业人员必须按照国家有关规定经专门的安全作业培训,取得特种作业操作资格证书,方可上岗作业。"一般取得《特种作业操作资格证书》的人员,每2年应进行一次复审,连续从事本工种10年以上的,经用人单位进行知识更新教育后,每4年复审一次,未按期复审或复审不合格者,其操作证自行失效。

根据现行国家标准《个体防护装备选用规范》GB/T 11651中第3.1条术语的有关规定,本次修订将原规范条文中的"劳动防护用品"统一修改为"个体防护装备"。其定义是:从业人员为防御物理、化学、生物等外界因素伤害所穿戴、配备和使用的各种护品的总称。在生产作业场所穿戴、配备和使用的劳动防护用品也称个体防护装备。

根据国家《劳动法》第九十二条和国家《安全生产法》第四十二条的有关规定,为了保证个体防护装备在劳动过程中真正对作业人员的人身起保护作用,使作业人员免遭或减轻各种人身伤害或职业危害,条文规定应按作业岗位配备符合国家标准的个体防护装备和安全防护装置。勘察单位对个体防护装备的管理工作应满足以下要求:

(1)应根据作业场所从事的工作范畴及其危害程度,按照法律、法规、标准的规定,为从业人员免费提供符合国家规定的个体防护装备;

(2)购买的个体防护装备应有"三证",即生产许可证、产品合格证和安全鉴定证;

(3)购买的个体防护装备应经本单位安全生产管理部门验收,并应按使用要求,在使用前应对其防护功能进行检查;

(4)应按产品说明书的使用要求,及时更换、报废过期和失效的个体防护装备。

个体防护装备根据防护目的主要分为以下两大类:

(1)以防止伤亡事故为目的,可分为防坠落用品、防冲击用品、防触电用品、防机械外伤用品、防酸碱用品、耐油用品、防水用品、防寒用品等;

(2)以预防职业病为目的,可分为防尘用品、防毒用品、防放射

性用品、防热辐射用品、防噪声用品等。

为了保证从业人员能够配备必要的个体防护装备以及接受有关的安全生产培训,保障从业人员的人身安全与健康,根据国家《安全生产法》第四十四条的规定:"生产经营单位应当安排用于配备劳动用品、进行安全生产培训的经费",本款要求勘察单位应制定、安排和保证安全生产资金的有效投入。

6 本款增加了"并应符合现行国家标准《职业健康安全管理体系 要求》GB/T 28001 和《环境管理体系 要求及使用指南》GB/T 24001 的有关规定"。此外,国家已颁布实施了《职业健康监护技术规范》GBZ 188,对包括粉尘作业人员、接触有害物理因素(噪声、高温等)作业人员和特殊作业人员(电工、高处作业、职业机动车驾驶作业、高原作业等)的职业健康监护均做出了相关规定。因此,在执行本条文时,具体尚应根据现行国家标准《职业健康监护技术规范》GBZ 188 的有关规定执行。

根据国家《安全生产法》和国家《职业病防治法》的有关规定,条文中的"职业病危害"系指从事职业活动的劳动者可能导致职业病的各种危害。职业病危害因素包括:职业活动中存在的各种有害的化学、物理、生物因素以及在作业过程中产生的其他职业有害因素。

国家《职业病防治法》第三十二条规定,对从事接触职业病危害的作业人员,勘察单位应当按照国务院卫生行政部门的规定组织上岗前、在岗期间和离岗时的职业健康检查,并应将检查结果如实告知作业人员。职业健康检查费用由勘察单位承担。勘察单位不得安排未经上岗前职业健康检查的从业人员从事接触职业病危害的作业;不得安排有职业禁忌的劳动者从事其所禁忌的作业;对在职业健康检查中发现有与所从事职业相关的健康遭受危害的从业人员,应当调离原工作岗位,并妥善安置;对未进行离岗前职业健康检查的作业人员不得解除或者终止与其签订的劳动合同。职业健康检查应当由省级以上人民政府卫生行政部门批准的医疗卫生机构承担。职业禁忌是指劳动者从事特定职业或者接触特定职业病危害因素时,比一般职业人群更易于遭受职业病危害和罹患职业病或者可能导致原有自身疾病病情加重,或者在从事作业过程中诱发可能导致对他人生命健康构成危险的疾病的个人特殊生理或者病理状态。

职业病防护措施主要有以下几种:

(1)应在醒目位置设置公告栏,公布有关职业病防治的规章制度、操作规程、职业危害事故应急救援措施和作业场所职业病危害因素检测结果;

(2)应在产生职业病危害作业岗位的醒目位置,设置安全标志和中文警示说明;

(3)对可能发生急性职业损伤的有毒、有害作业场所,应设置报警装置,配置现场急救用品、冲洗设备、应急撤离通道和泄险区;

(4)对可能产生放射性的作业场所和在放射性同位素运输、储存过程中,应配置防护设备和报警装置,保证接触放射性的作业人员佩戴个人剂量计。

7 勘察作业开始前,应根据勘察现场作业条件、拟采取的勘察方法、设备和作业人员素质等,对生产过程中可能存在的不安全生产因素(包括动物、植物、微生物危害源,流行传染病种、疫情传染病,自然环境、人文地理、交通等)进行辨识和评价,危险源辨识和评价可按本标准附录 A 执行,以便根据风险等级大小采取不同的安全生产防护措施。

由于危险源风险大小主要由发生安全事故或危险事件的可能性、暴露于这种危险环境的情况、事故一旦发生可能产生的后果等三方面因素决定,因此,标准推荐勘察作业危险源危险等级评价采用公式 $D=LEC$ 进行评价。这种评价方法简单易行,可以评价人们在某种具有潜在危险的作业环境中进行作业的危险程度,危险程度的级别划分也比较明了、易懂。但是,由于是根据经验确定三个影响因素,即 L、E、C 的分值和划分危险程度等级,因此具有一定的局限性。

表 A.0.3 是根据评价方法中四个危险性评价因子制定的,制定该评价表的主要依据如下:

(1)发生事故的可能性 L:由于事故发生的可能性与其实际发生的概率相关,用概率表示,绝对不可能发生的概率为 0,必然发生的事件概率为 1。但在评价一个系统的危险性时,绝对不可能发生事故是不确切的,即概率为 0 的情况不可能存在。所以将实际上不可能发生的情况作为打分的参考点,将其分值定为 0 和 1;

(2)出现于危险环境的频繁程度 E:作业人员在危险作业条件中出现的次数越多,时间越长,则受到伤害的可能性越大。因此,规定连续出现在潜在危险环境的频率分值为 10,一年中仅出现几次则其出现的频率分值为 1。以 10 和 1 为参考点,再在其区间根据潜在危险作业条件中出现的频率情况进行划分,确定其对应的分值;

(3)发生事故可能产生的后果 C:发生事故造成人身伤害或物质损失程度可以在很大的范围内变化。因此,将需要救护的轻微伤害分值定为 1,并以此为基点,将可造成数人死亡的重大灾难分值定为 100,作为另一个最高参考点。在两个参考点 1~100 之间根据可能造成的伤亡程度划分相应的分值。

本标准建议根据不同危险源危险等级大小制定相应的安全生产防护措施。当危险等级评价值在 20 以下时,危险风险轻微,这种危险性比骑自行车过拥挤马路等日常生活的危险性还低,可以被人们接受,通过建立健全并贯彻安全生产管理制度即可达到风险控制要求,可不专门制定风险控制措施;当危险等级评价值在 20~70 时,在建立健全并贯彻安全生产管理制度的同时,应加强安全生产教育和监督检查以达到风险控制目的,也可不专门制定风险控制措施;当危险等级评价值在 70~160 时,则危险风险明显,应在建立健全并贯彻安全生产管理制度的基础上,针对不同危险源制定相应的风险控制措施;当危险等级评价值在 160~320 时,表明该作业条件具有高度安全风险,应在建立健全并贯彻安全生产管理制度的基础上,对危险源制订专项安全生产管理方案,管理方案包括安全目标和指标、消除或降低危险源的风险控制措施和应急救援预案;当危险等级评价值大于 320 时,则表明该作业条件具有极高安全风险,当采取专项安全生产管理方案仍不能降低危险源的风险时,不得进行勘察作业,应调整勘察方案。

8 根据国家《安全生产法》第四十六条规定:"生产经营单位不得将生产经营项目、场所、设备发包或者出租给不具备安全生产条件或者相应资质的单位或者个人。生产经营项目、场所发包或者出租给其他单位的,生产经营单位应当与承包单位、承租单位签订专门的安全生产管理协议,或者在承包合同、租赁合同中约定各自的安全生产管理职责;生产经营单位对承包单位、承租单位的安全生产工作统一协调、管理,定期进行安全检查,发现安全问题的,应当及时督促整改"。

勘察作业分包是勘察安全生产事故频发的主要根源,而占勘察分包业务量最多的主要是勘察劳务,属于强体力技能作业工种。由于勘察劳务作业大部分是由非经过专业技能培训的从业人员承担,总包单位和分包单位经常从经济利益出发而疏于管理,缺乏对从业人员的技能培训和安全生产教育,往往采用以包代管的管理方式,所以其是造成勘察质量和安全生产事故频发的主要原因。因此,明确勘察作业各方主体的安全生产监督管理职责就显得尤为重要,同时对维护勘察单位和从事勘察现场作业人员的切身权利是有益的,可提高总包方和分包方对勘察作业安全的重视,达到减少发生安全生产事故的目的。

9 根据国家《劳动法》第五十七条的有关规定,勘察单位应对本单位的伤亡事故和职业病状况进行统计、报告和处理,目的是查明事故发生的原因和性质，通过科学分析找出事故的内外关系和发生规律，提出有针对性的防范措施，防止类似事故的再度发生。

安全生产统计分析主要有以下几种方法：

(1)统计学分组：①数量标志分组——按事故、职业病发生的数量、死亡数量、伤亡数量分组等；②简单分组或复合分组——综合性事故率指标、行业事故相对指标等分类分析等；③平行分组体系或复合分组体系——行业分类统计，事故原因分类统计，伤害程度分类统计，经济损失程度分类统计，责任性质分类统计等；

(2)统计汇总：主要有按事故原因、事故后果、事故程度、事故频率、伤害程度、伤害频率等汇总形式，也可以按工种、岗位、工龄、伤害部位等汇总形式；

(3)统计表和统计图：这是一种最常用的统计表述方式，常见的统计图主要有事故发生频率直方图、事故原因分析主次图、事故率控制图、事故频率趋势图等；常见的统计表主要有事故分类表、事故原因统计表、人员伤害程度统计表等。

3.0.3 本条是对勘察项目安全生产管理的规定。

1 条款中的"作业条件"是指能满足勘察作业要求的基本环境条件，如勘察作业所需的用水、用电、道路和作业场地平整程度等。"地下管线"是指地下电力线路、广播电视线路、通信线路、石油天然气管道、燃气管道、供热管道及其相关设施。"地下建(构)筑物"主要是指地下洞室、地下人防工程和市政设施等。收集有关资料是为了保护各类管线、设施和周边建(构)筑物的安全，也是保证勘察作业人员安全的需要，建设单位有责任提供上述有关资料。

只有通过现场踏勘，才能对野外生产作业可能存在的危险源有初步的了解，现场踏勘是制定勘察安全生产方案和拟采取的安全生产防护措施的依据。只有明确勘察项目安全生产管理负责人才能使勘察安全生产措施真正落地。

勘察项目负责人和有关专业负责人进行现场踏勘时，除应收集、了解拟建场地及周边毗邻区域与勘察安全生产有关的资料和作业条件外，还应了解和判断作业场地及毗邻区域内各类管线和设施(架空输电线，地下电缆，易燃、易爆、有毒、有腐蚀介质管道、自来水管道，地下硐室等)是否会构成危及勘察作业安全的危险源；并应判断勘察作业是否会危及周边建(构)筑物的安全。当有上述危险源存在时，应制定相应的安全防护措施，并要求业主排除危险源。在工程勘察纲要或在岩土工程检测方案中应明确保证各类管线、设施和周边建(构)筑物的安全防护措施和安全生产须注意的事项，不得在危险源未排除或安全防护技术措施未落实前进行勘察作业。

2 由于岩土工程勘察项目较其他工程项目具有作业周期短、工程量小、现场作业条件差和流动性大等特点，所以勘察作业和技术管理基本是以项目组的方式展开。因此，由勘察项目负责人承担勘察项目的安全生产管理工作最为适宜，不易使作业现场的安全生产管理流于形式；住房和城乡建设部"建筑工程勘察单位项目负责人质量安全责任七项规定"(建市〔2015〕35号)已做出明确的规定。因此，条文对勘察项目安全生产管理做了较详细的规定。

5 要求进入建筑工地作业，应先了解作业场地施工状况以及与勘察作业点的关系，并应尽量避免在建筑物屋边缘或基坑边沿作业，无法避免时应采取安全防护措施后方可进行作业，即采取专人瞭望、短暂停止施工作业等办法。同时，应遵守建筑工地的安全管理规定。

3.0.4 勘察纲要是实施安全生产的指导性文件，是保证勘探作业质量和安全生产控制的依据。因此，勘察纲要应针对勘察项目特点提出的安全防护技术措施应可靠、安全、有效。安全防护技术措施应包括以下内容：

1 明确勘察进度和安全的关系，体现安全第一；强调勘察纲

要应针对项目的危险源制定相应的安全生产防范措施。

2 岩土工程勘察纲要应有项目安全生产条件描述、安全生产和职业健康要求、安全技术措施和施工现场临时用电方案，还应注明勘察重点的安全生产部位和生产环节，并应对防范勘察安全生产事故提出指导性意见。

3 强调特殊作业条件下勘察作业安全生产防护措施的重要性，特别是当岩土工程勘察涉及坑探作业、爆破作业、特殊场地、特殊地质、特殊气象条件时，应在勘察纲要中针对勘察项目作业场地的安全生产条件，提出保证安全生产、职业健康的防护措施，并组织安全评审。对特别复杂、重要工程应邀请专家进行专题论证。

3.0.5 本条为新增加条文。

1 根据国家新修订的法律、法规，将原"劳动防护用品"一词变更为"个体防护装备"，同时根据修订征求稿征集的修改意见，增加了"特种作业人员应持证上岗"。

根据国家《安全生产法》第四十九条的有关规定，遵守规章制度，服从管理，正确佩戴和使用个体防护装备是从业人员应履行的法定义务，是保障从业人员人身安全，保障勘察单位安全生产的需要。如果从业人员不履行该项义务从而造成人身伤害，勘察单位可以不承担法律责任。

勘察单位应教育从业人员，按照个体防护装备的使用规则和防护要求，使从业人员做到"三会"，即会检查个体防护装备的可靠性，会正确使用个体防护装备，会正确维护保养个体防护装备。并应经常进行监督检查，个体防护装备的使用应在其性能范围内，不得超极限使用。

国家《安全生产法》第二十七条规定："特种作业人员必须按照国家有关规定经专门的安全作业培训，取得相应资格，方可上岗作业"。一般取得《特种作业操作资格证书》的人员，每2年应进行一次复审，连续从事本工种10年以上的，经用人单位进行知识更新教育后，每4年复审一次，未按期复审或复审不合格者，其操作证自行失效。

2 勘察作业点与架空输电线路边线之间的最小安全距离，以及与周边地下管线、地下设施和构筑物的水平安全距离应符合本标准表3.0.6和有关管理部门的规定。

3 对原规范条文中"非作业人员不得进入作业区"的规定做了修改，强调非作业人员不得进入勘察作业影响范围，目的是避免非作业人员由于好奇靠近勘察仪器、设备发生安全生产事故。

4 本款要求对可能危及作业人员和他人安全的作业区、设施和设备等设置隔离带和安全标志，这是一种安全防护措施，目的在于提醒大家保持安全警觉，避免或减少安全生产事故发生。此外，在人流密集的地段尚应派专人指挥，以免非作业人员进入作业场地发生安全事故。在道路或夜间进行勘察点放作业时，应事先做好作业方案，同时应按规定向相关交通管理部门报告，获得批准后方可进行作业。除了应在作业范围四周设立明显的安全标志，并应派专人指挥作业和协助维持交通秩序，作业人员应穿戴反光服等个体防护装备，并应采取措施尽量缩短作业人员和作业仪器在路面停留的时间。

5 本款主要考虑勘察作业有不少用电设备的工作电压大于36V，因此，规定仪器设备接通电源后，作业人员不得离开工作岗位，以免非作业人员进入作业区用手触摸仪器设备，发生漏电伤人或损伤仪器设备的安全生产事故。

6 本款为新增加款。主要是根据原规范实施以来，发现原规范对勘察作业实行多班作业缺少有关交接班管理规定而补充的。

7 本款适用于现场踏勘、检测、监测和勘探等不同类型的高处作业。"高处作业"系指现行国家标准《高处作业分级》GB/T 3608规定的"凡在坠落高度基准面2m以上(含2m)有可能坠落的

高处进行的作业"。在勘察作业过程,不管是在钻塔或陡坡上,在悬崖、建筑基坑、楼层、屋顶、井洞口等临边的高处作业均应系挂安全带。安全带的选择、使用、保管和储存应符合现行国家标准《安全带》GB 6095 的有关规定。

3.0.6 条文中"勘察作业"系指勘探、测量、检测、原位测试以及因作业需要搭设临时工棚和生活房,堆放管材、机具、材料及其他杂物等。

我国境内的管线设施主要有电力、石油天然气、通信、广播电视、城市供水和供热等地下管线设施。其中电力设施具有一套较完整的保护体系,如《电力设施保护条例》和《电力设施保护条例实施细则》等;《石油天然气管道保护条例》中的规定只确定了上游天然气管道和设施的安全保护范围和安全控制范围,未明确进入城市地域的安全保护范围和安全控制范围;《广播电视设施保护条例》明确了线路设施的安全保护范围。因此,本标准引用了上述相关条例的保护范围的规定。

国务院的《城市供水条例》和《城镇燃气管理条例》明确规定设置安全保护范围,但是未规定安全保护范围的数据。《城镇燃气管理条例》则要求县级以上地方人民政府燃气管理部门应当会同城乡规划等有关部门按照国家有关标准和规定划定燃气设施保护范围,并向社会公布。在收集了重庆市供水管理保护法规,深圳、上海、南京、沈阳等城市的城市燃气管理保护法规,天津和济南等城市供热管网建设和保护法规的基础上制定本表。

现行的国家《电信条例》未明确规定保护范围,只在第五十条规定:"从事施工、生产、种植树木等活动,不得危及电信线路或其他电信设施的安全或者妨碍线路畅通,可能危及电信安全时,应当事先通知有关电信业务经营者,并由从事该活动的单位或者个人负责采取必要的安全防护措施。"本标准引用了《福建省电信设施建设与保护条例》中保护范围的有关规定。

由于各地对地下管线(除电力设施、石油天然气管道和广播电视设施外)保护法规的保护区范围的规定存在差异。因此,在编制表 3.0.6 时,选择了水平距离大的数据作为本标准的规定;遇到勘察项目所在地规定的保护区小于本标准时可以遵从当地的规定。

各类地下管线设施管理规定都有要求,当需要在保护区范围内进行作业,应当事先征得相关设施管理单位或所有者的同意,并采取有效防范措施后方可进行作业。勘察单位可以在保证质量前提下,遇到移动后的勘察作业点还在地下管线保护区内时,应与相关地下管线设施管理单位或所有者商定安全保护措施,并负责安全保护措施的实施。

未列入构筑物(构筑物包括城市轨道交通、综合管廊、重要的给水、排污高度设施和地下洞室等),主要是这些构筑物都是大型的,城镇建设规划部门不可能将工程建设项目建在这些构筑物上或其保护区内。正在推广的综合管廊相关城市保护区的规定也有差异,目前难以统一规定,由勘察单位自行收集相关规定参照执行。

表 1 为根据相关规定整理的勘察作业点与管线设施之间的最小水平安全距离。

表 1 勘察作业点与管线设施之间的最小水平安全距离

序号	管线设施类型及管线设施安全距离起算点		最小水平安全距离(m)
1	地下电力电缆线路地面标桩	陆地地下	0.75
		水下线路 二级及以上航道、江河	100
		水下线路 三级及以下航道、中小河流	50
2	石油天然气	地下管道中心线	5
3	广播电视设施地面标志桩	架空线路、馈线	3
		陆地地下线路	5
		天线、塔、桅(杆)周围	5
		水下传输线路	50

续表 1

序号	管线设施类型及管线设施安全距离起算点		最小水平安全距离(m)
4	给水管道设施外侧	$D \geqslant 500mm$	3
		$200mm \leqslant D < 500mm$	2
		$200mm < D$	1
5	燃气管道外侧	低压 $(P < 0.01MPa)$	1.0
		中压 $(P < 0.04MPa)$	2.0
		次高压 $(0.04MPa < P \leqslant 0.8MPa)$	6
		高压 $(0.8MPa < P \leqslant 1.6MPa)$	
		超高压 $(P > 1.6MPa)$	
6	电信电缆线路	架空线路 市区内	0.75
		架空线路 市区外	2
		地下电信线路	3
		水底电缆	50
7	供热管道外缘	架空或地下管道外缘	1.5

根据国务院《电力设施保护条例》第十条的有关规定,该条例对"电力线路保护区"的定义如下:

(1)架空电力线路保护区:导线边线向外侧延伸所形成的两平行线内的区域,在一般地区各级电压导线的边线延伸距离如下:

当电压为 1kV~10kV 时,导线的边线延伸距离为 5.0m;

当电压为 35kV~110kV 时,导线的边线延伸距离为 10.0m;

当电压为 154kV~330kV 时,导线的边线延伸距离为 15.0m;

当电压为 550kV 时,导线的边线延伸距离为 20.0m。

在厂矿、城镇等人口密集地区,架空电力线路保护区的区域可略小于上述规定。但各级电压导线边线延伸的距离,不应小于导线边线在最大计算弧垂及最大计算风偏后的水平距离和风偏后距建筑物的安全距离之和。

(2)电力电缆线路保护区:地下电缆为线路两侧各 0.75m 所形成的两平行线内区域;海底电缆一般为线路两侧各 2 海里(港内为两侧各 100m),江、河电缆一般应大于线路两侧各 100m(中、小河流一般应大于线路两侧各 50m)所形成的两平行线内水域。

3.0.7 本条为新增加条文。主要是针对勘察作业现场易出现安全生产事故的危险源而做出的规定。要求在实际工作中应根据不同专业、工种作业过程中的一些关键节点,通过采用自动化、智能化和信息化手段降低或消除危险因素。

远程视频监控等信息化监测手段是近几年来现场巡查监测的方式之一,在风险较大地段采用远程视频监控,实现全天候监控,可有效降低安全风险,防止安全事故发生。如地铁运营期间,出于安全考虑,禁止人员进入运营线路内从事监测作业,必须采用自动化远程实时监控系统,可以高效、及时、安全、方便地获取检测和监测数据,避免作业时的可能带来的安全风险;勘探作业、原位测试、检测与监测等勘察作业过程中的钻探机械安装、拆卸和搬迁,检测作业堆载平台堆载物垮塌和倾覆;基坑工程、边坡工程处于失稳状态下时的监测作业等安全生产问题。

4 工程地质测绘与勘察作业点测放

4.1 一般规定

4.1.1 从安全生产角度出发,野外作业组成员应由多少人组成才合理,经广泛征求意见和认真分析、研究,从安全防护角度出发,野外作业万一发生安全生产事故,如遇有人摔伤、碰伤等,最少需要 2 人以上才能进行有效救助,所以条文规定作业组不应少于 2 人。

4.1.2 进入高原、高寒作业区前，作业人员应先进行气候和身体的适应性训练，掌握一些高原生活的基本知识。由于作业条件、生活条件、气象条件和医疗条件等相对恶劣，所以要求进入上述地区，应携带足够的防寒装备和给养，配置氧气袋(罐)和治疗高原反应的药物，并应注意防止感冒、冻伤和紫外线灼伤。

为防止发生安全生产事故或发生事故时互相有个照应，因此要求在高海拔地区进行勘察作业时，作业人员应互相成对联络，行进时相互间的距离不得大于15.0m，即应保持在视线范围内，并要求作业组成员不少于3人。

4.1.3 "有害动植物"是指对人体可能造成伤害的动物和有毒植物，野外作业时经常发生被蛇、虫等叮咬事件。在有害动物活动季节，作业时着装要扎紧领口、袖口、衣摆和裤脚，防止有害植物对作业人员可能造成的危害。在有害动物活动区域和有毒植物分布区域，作业人员应携带棍棒探路，并应注意检查是否有狩猎设施，防止触碰伤人，防止跌落井、坑、洞中。应携带急救用品和药品，在发生伤害时可及时治疗。进入疫区应执行作业所在地政府卫生疾控部门的防疫要求，做好预防和防护措施。

4.1.4 在沼泽地区勘察作业时，应携带绳索、木板和长约1.5m的探测棒。过沼泽地时应组成纵队行进，不得单人涉险进入沼泽地区，遇有茂密草地应绕道而行。当发生有人陷入沼泽时，应冷静、及时采取救援和自救措施，或者启动应急救援预案。

4.1.5 条文增加了"不得单人独自涉水过溪、河"的规定，因为当单人涉水滑倒时，可能会出现无人救助的危险状况。

作业时需要徒步涉水过溪、河时，应事先观察好河道的宽度，探明水深、流速、河床淤积情况等，并选择好安全的涉水地点，做好徒步涉水安全防护措施。规定只有当水深在0.6m以内且流速小于3m/s方才允许徒步涉水。徒步涉水渡溪、河有时会发生作业人员不慎摔倒的状况，如果是单人时将处于无人救助状况，可能危及生命安全，所以规定不得单人独自涉水过溪、河。

4.2 工程地质测绘

4.2.1 在不良地质作用地区作业时，特别是在崩塌区、乱石堆、陡坡地带，要求作业时不得用力敲击岩石，不得在同一垂直线上下同时作业，主要是防范作业过程中将高处的危岩、危石敲落或震落，使低处作业人员遭受人身伤害，导致人身伤亡安全生产事故。而要求作业过程应有专人进行监测的规定主要是防范作业过程中可能发生再次崩塌；通过监测，当发现可能再次产生崩塌危险迹象时，应及时通知作业人员撤离，以免坡顶危岩、危石滚落伤及作业人员，保证作业人员的人身安全。

4.2.2 进入情况不明的矿区、井、坑或洞内作业前，应先进行有毒、有害气体测试并采取通风措施，不要盲目进入，以免发生人身安全事故。当进入深度大于2.0m、陡直的洞穴或旧矿区作业时，应设置安全升降设施后方可进入作业，并应携带足够的照明器材、攀登工具和个体防护设备，规定好联络信号和联系方式等。

"井、坑或洞深度大于2.0m时"中的"2.0m"是引用现行国家标准《建筑施工安全技术统一规范》GB 50870高处作业的定义："凡在坠落高度基准面2m以上(含2m)有可能坠落的高处进行的作业"。

4.2.3 对水文点进行地质测绘和调查时应注意以下事项：

(1)进行露天泉水调查作业时，应先确认泉源周边是否有沼泽地或泥沙泞地；遇悬崖、峭壁、峡谷等地形条件时，应采取安全防护措施；

(2)进行水井水位观察作业时，应注意井壁是否有坍塌危险，作为长期观察点的水井，必要时井口应设置防护栏。

4.2.4 本条为新增加条文。

使用无人机进行工程地质调查时应遵守《中华人民共和国民用航空法》《中华人民共和国飞行基本规则》《通用航空飞行管制条例》《轻小无人机运行规定(试行)》等法规的有关规定。

4.2.5 本条为新增加条文。

特殊作业条件勘察作业在本标准第6章有更详细的规定，所以增加第4.2.5条，要求工程地质调查除应执行本章的有关规定外，尚应符合本标准第6章的有关规定。

在第6章特殊作业条件中，规定了水域、特殊场地和特殊地质条件、特殊气象条件、污染场地作业的安全规定，本节不再重复，所以要求工程地质调查除按本节规定执行，尚应符合本标准第6章的有关规定。

4.3 勘察作业点测放

4.3.1 为了防止非作业人员、行人或车辆碰、触仪器脚架，导致摔坏仪器或影响测量成果精度，仪器架设后，作业人员不得擅自离开作业岗位。

4.3.2 在铁路、公路和城市道路进行勘察作业点测放作业应遵守相关交通管理规定，必要时应按规定报告相关交通管理部门，获得批准后方可进行作业。作业时应在作业范围四周设立明显的安全标志，并应派专人指挥作业和协助维持交通秩序。作业人员应穿戴反光背心等个体防护装备，并应采取措施尽量缩短作业人员和作业仪器在路面停留的时间。

4.3.3 根据《中华人民共和国森林法》第三十二条"采伐林木应申请采伐许可证，按许可证的规定进行采伐"、《城市绿化条例》第二十条"任何单位和个人都不得损坏城市树木花草和绿化设施，砍伐城市树木，应经城市人民政府城市绿化行政主管部门批准"等规定，本次修订增加了砍伐树木应遵守相关管理规定的内容。勘察作业点测量放样作业时，有时因树木茂密影响通视而需要砍伐树木，当需要砍伐树木时应遵守相关管理规定，做好报备批准工作。同时作业人员随身携带的砍伐工具应注意保管，特别是登高、上树砍伐树木时，更应注意保管好作业工具，防止工具从高处掉下伤人。本条还要求伐木时应先预测树倒方向，砍伐时应注意观察树倒方向，防止树倒时触碰到电力设施、架空管线和人员等，造成安全生产事故。

4.3.4 在电网密集地区作业应尽量避开架空输电线路、变压器等危险区域，测量设备离架空输电线路的安全距离应符合本标准表3.0.6的有关规定，并应使用非金属标尺，雷雨天气应停止测量作业，防止作业人员触电等安全生产事故。

4.3.5 为了防止埋石作业破坏浅埋在地表的地下管线，发生油、气泄漏和中断通信等安全生产事故。本条规定埋石作业应避开地下管线和其他地下设施。为了避免发生上述安全生产事故，应在作业前查明其分布范围。

4.3.6 本条中所列作业地点系指地形较险峻，需要登高或临边作业的场所。在这种作业地点作业危险性大，所以要求作业时应配带攀登工具和安全带等个体防护装备，并规定作业现场应有专人监护，预防高处岩块松动崩落伤人，导致人身安全生产事故等。

4.3.7 无线电干扰民航和军事通信的事件很多，也引发了很多的诉讼纠纷，特别是在机场周边使用无线电设备，作业对机场的通信和指挥影响很大，当使用的频率相同或相近以及功率太大等影响更大，有可能酿成重大民航安全事故。因此，应遵守《中华人民共和国无线电管理条例》等相关管理规定，并应采取防止无线电波干扰等安全生产防护措施。

4.3.8 要求野外作业采用金属对中杆时应有绝缘保护措施，主要是考虑防雷的需要。由于野外测量作业场地一般均较为开阔，遇雷雨天气使用金属对中杆很容易发生引雷伤人的安全生产事故。同时，目前测量使用的铝合金材质标尺、标杆均导电，在架空输电线路、变压器等危险区域，测量设备离架空输电线路的安全距离应符合本标准表3.0.6的有关规定，雷雨天气应停止测量作业，防止发生作业人员触电等安全生产事故。

5 勘探作业

5.1 一般规定

5.1.1 本条为新增加条文。

在踏勘和编制勘察纲要阶段，通常都是根据建设单位提供的勘察场地管线设施资料编制勘察纲要安全防护措施，为了避免建设单位提供的管线设施资料与实际状况之间的误差，要求进场勘探作业时，尚需要现场核实其实际位置、埋置深度等。勘探现场应根据勘察纲要提供的场地上下管线设施和勘探点位置，采用非机械方法探查、核实勘探作业点与各类管线设施的安全距离，并落实勘察纲要要求的安全防护措施。勘探点的定位既是质量要求也是安全生产需要，为避免擅自移动勘探点或管线设施资料与实际的误差出现安全隐患或安全事故，本条还规定勘探点的挪动需要经勘察项目负责人批准。

5.1.2 勘探作业前的设备安装质量和安全生产防护措施的落实是勘探安全作业的基本保障。勘探设备安装质量检查，包括钻探设备、静探设备、原位测试设备和工程物探设备等安装质量。考虑勘察设备安装质量对勘察安全生产的重要性，所以将其单列了一条规定。现场勘察设备和安全生产防护措施的安装质量直接影响勘察设备和作业人员的人身安全，还影响勘察项目的现场勘探质量；在水域勘察、特殊场地和特殊地质条件的勘探装备和安全生产防护措施的安装质量对设备和作业人员的安全影响更大。除设备安装质量、个体防护装备和安全措施需要落实外，其他安全生产检查验收项目由勘察单位根据勘察项目大小或设备类型自行决定。

住房和城乡建设部2015年3月17日颁发的《建筑工程勘察单位项目负责人质量安全责任七项规定（试行）》第三条"勘察项目负责人应当负责勘察现场作业安全，要求勘察作业人员严格执行操作规程，并根据建设单位提供的资料和场地情况，采取措施保证各类人员，场地内和周边建筑物、构筑物及各类管线设施的安全"的规定，明确勘察项目现场作业安全由勘察项目负责人负责。既是落实"管生产必须管安全"的原则，也强调了勘察项目负责人应组织技术、安全等管理部门的人员对勘探设备安装和防护设施设置等质量进行全面检查验收，消除可能存在的安全生产事故隐患和缺陷，并监督整改。

5.1.4 本条明确了相关作业人员进入工作面之前应按安全防护程序先通风后检测，待检测的空气质量合格后，作业人员方可进入工作面检查侧壁和洞顶稳定情况。当槽、井、洞侧壁地层出现不稳定现象（包括松软、破碎地层出现的槽壁和井壁渗水、落石、坍塌或孤石，探洞透水、冒泥、侧壁滑落等不稳定征兆或迹象）时，应按照支护设计要求，先支护或加固支护等处置后方可进行后续作业。

探井和探洞在编录、采样、凿岩（亦称打眼）和装岩运输前检查架设支撑和活动石块处置。支护是随着探井、探洞的加深、支护支架疲劳、岩土对支架作用力变化，使支架松动或局部损坏影响安全。因此，支护使用过程还要经常检查支护结构的牢固性、安全性，发现问题及时加固或修复。

5.1.5 在保证安全作业的前提条件下，钻探作业人员定员数量与钻机类型和钻探深度有关。为避免钻探劳务分包人从经济利益出发刻意减少必需的作业人员数量，规定每台钻机单班作业时应配备的最少作业人员数量，是保证安全生产的最佳防护措施。修订后的条文明确规定，成建制机台（指按一定定员，配备成套的钻探技术装备，独立进行施工活动的成建制基层单位）即通俗称谓的钻探（亦称"钻机"）的单班钻探作业人员数量系指常见的钻探孔深度100.0m内的30型、50型和XY－1型钻探机组，不包括现场记录员（亦称编录员、描述员）、勘察技术人员和钻机机长。

为了保障有限作业空间作业人员安全，新增加"探井、探槽每

组作业人员不应少于2人"，其目的是一旦发生安全生产事故，另一人可采取措施进行救助，杜绝不必要的伤害。

5.1.6 新修订的条文内容从保护环境和人身安全的角度出发，增加了泥浆池在钻孔终孔后应回填的规定。

5.1.7 勘探孔包括钻探孔、检测孔和静力触探孔等。勘探孔按照勘察纲要的要求"回填"或"封孔"是地表行人、车辆安全和地下工程施工安全的要求，也是环境保护的需要。

探槽、探井和探洞的支护结构多属于临时支护，在探槽或探井完工后，经常出现不回收的情况。因此，本次修订删除了原规范相关内容。

5.2 钻探

5.2.1 条文中的"钻塔"系指升降作业和钻进时悬挂钻具、管材用的构架（引自现行国家标准《钻探工程名词术语》GB 9151）。

在钻塔上作业，不用的工具要随手放入工具袋，防止所携带的工具从高空坠落伤及钻塔下的作业人员。

5.2.2 本条是对升降作业的规定。

1 升降作业过程中，操作人员徒手（指空手，没有任何器械或工具辅助）导引、触摸或拉拽游动的钢丝绳，手容易被钢丝绳带入卷筒，造成人身伤害事故。

2 卷扬机操作人员与钻塔上、孔口操作人员配合不好容易造成人身伤害事故。

3 普通提引器是常用的提引工具，普通提引器提、下钻具时切口朝下是（防止提下钻时，钻具或钻杆脱出砸伤作业人员或砸坏勘探设备）就能满足安全要求。

4 主要是防范钻具或钻杆可能伤及作业人员的安全生产事故；"钻具刃口"指合金钻头、金刚石钻头、提土钻、勺形钻和螺纹钻的刃口。将"与升降钻具无关的作业"修正为"与升降工序无关的作业"，是指整个升降工序过程。

5 防止提引器或垫叉挤砸伤害操作人员。

7 钻杆竖立靠在"A"字形钻塔或三脚钻塔，使钻塔附加了水平力矩，容易使钻塔变形或倾覆，导致人身伤亡事故或设备损毁事故。

8 "跑钻"是指升降钻具过程时钻具掉入孔内的事故。作业人员如采取抢插垫叉或强行抓抱钻具阻止钻具下落等方法时，容易造成垫叉飞出或钻杆横摆振动，引发人身伤害事故。

5.2.3 条款中的"钻进"系指钻头钻入地层或其他介质形成钻孔的过程（引自现行国家标准《钻探工程名词术语》GB 9151）。

1 因为钻进过程偶尔会发生高压胶管缠绕主动钻杆造成伤人的安全生产事故，而目前钻探作业采用的防缠绕措施很不规范，有的会增加新的安全隐患，有的措施存在异议，因此将其删除。同时，为防止出现高压胶管缠绕主动钻杆现象，可以采取经常添加润滑油提高水龙头接头的灵活性，或降低机上余尺的措施，或检查主动钻杆弯曲度并调直等措施。

2 在修配水龙头或调整回转器时，作业人员身体必然靠近回转器，当变速手把置于空挡位置发生机械跑挡时，回转器转动会造成人身伤害事故。

3 在扩孔、扫孔（扫脱落岩芯）或岩溶孔段钻进（包括倒杆），提引器挂住主动钻杆或吊住钻具，主要是为了防止钻具悬空脱落造成安全生产事故。

4 斜孔钻进安全提引器导向装置是为了避免提引器下行时碰撞设备，或下行不到位对作业人员造成伤害。

5 当出现钻进停待或机械故障时，为防止孔壁不稳定产生埋钻等孔内事故，从而发生设备或人身伤亡等安全生产事故，所以规定应将钻具提出钻孔或提升到孔壁稳定的孔段。

5.2.4 本条主要是针对冲击钻机实施冲击钻进工艺，防止钻具重量超过钻机额定提升重量，导致钻机倾斜或倾覆，造成设备或作业人员的伤害做出的规定。

5.2.5 条文中的"孔内事故"系指造成孔内钻具正常工作中断的突发情况;"基台"系指安装钻探设备的地面基础设施;基台梁和基台枕是构成基台的构件(均引自现行国家标准《钻探工程名词术语》GB 9151)。

1 本次修订增加了前置条件"处理孔内事故作业时"。因为不同作业工序作业人员数量不同:如处理孔内事故时,辅助工作如提下钻工序,组装或拆卸处理事故工具等需要较多人相互配合才能完成;而在采用千斤顶处理孔内事故作业时,使用钻机强力提升或使用管钳转动事故钻具时则只需要1人~2人操作,其余非作业人员(即非操作人员)应撤到机台外,协助作业人员观察是否有安全生产隐患,降低非作业人员遭受意外伤害的风险。

2 由于卷扬机与千斤顶同步处理事故易出现卷扬机超负荷、钢丝绳损坏和千斤顶卡瓦脱出伤人等现象;若卷扬机顶紧被顶起的钻杆,一般钻杆弹性变形恢复产生的反力接近千斤顶顶升力(最大顶升力为30t~50t),超过工程勘察钻机卷扬机提升力或钻塔负荷,易引起安全生产事故,因此予以禁止。卷扬机强力提拔时,吊锤同步冲击易导致卷扬机构件损坏;千斤顶顶拔时,吊锤同步冲击易出现千斤顶卡瓦飞出伤人。

3 油压系统超载可由液压系统卸荷阀卸荷,以保证液压系统安全运行。否则,升降机或钻塔将因超负荷而损坏。

4 "吊锤"系指使用悬吊在钻探设备上的重锤向下冲击孔内钻具实现钻进的作业方式(引自现行国家标准《钻探工程名词术语》GB 9151)。人力打吊锤处理孔内事故时,需要多人作业,应有专人指挥和协调一致。打吊锤过程需要检查丝扣连接情况,拧紧丝扣是防止打箍脱造成伤人安全生产事故。

5 "反钻具"是指通过粗径钻具上部的接头或采用反丝钻杆和反丝丝锥,将事故钻具分若干段分次从孔内反取上来(引自现行国家标准《钻探工程名词术语》GB 9151)。人工反钻具是指用反丝扣钻杆和丝锥通过人力把孔内事故钻杆从孔内反出,而粗径钻具再用其他方法处理。用反丝钻杆反孔内事故钻具,钻杆反力逐步增大,直至松扣瞬间反力急剧降低;所以当作业人员身体在扳杆回转范围内遇钻杆反弹带动钳把反转时,人身易受伤害。人工反钻具,体力劳动强度大,且易发生钳把伤人事故,是一项危险性大的强体力劳动。若使用链钳或管钳反孔内事故钻具,由于事故钻具阻力大,容易使链钳、管钳发生链条或钳头断裂,进而导致人身伤害事故,因此予以禁止。

6 钻探使用的千斤顶顶升力一般为30t~50t,勘探平台也无法承受千斤顶的集中荷载,予以禁止。

5.2.6 在处理孔内事故过程中,经常会瞬时或短时间超负荷使用设备,有可能留下事故隐患;为防止钻探设备和设施进一步遭受损坏,因此,要求孔内事故处理后对作业现场的设施、设备进行检查,消除安全生产事故隐患后方可恢复作业。

5.3 槽探和井探

5.3.1 探井和探槽属于在有限作业空间勘察作业,其安全生产条件受诸多因素影响,仅适用于地下水位以上稳定的黄土、黏土、粉质黏土、粉土和素填土等地层。本条出于确保作业人员安全的需求,规定探井、探槽设计技术参数要充分考虑工程地质条件、水文地质条件和作业条件等影响因素,满足井探、槽探作业的安全生产。

5.3.2 本次修订增加了禁止夜间作业的规定。

探槽和探井掘进作业,会影响周边环境安全,本次修订将周边环境需要采取安全防护措施归到一条,目的是防止非作业人员跌落槽、井内。

5.3.3 探槽主要应用于松散较薄的表土层(一般在3.0m左右),且多数布置在坡地,探槽最高一侧深度不大于3.0m的规定是参照地质勘查系统多年的安全生产数据制定的。当挖掘深度大于3.0m时,容易发生探槽塌方造成人身伤亡安全生产事故。

本次修订增加了槽底宽度不小于0.6m的规定,主要是为编录员(亦称记录员、描述员)的编录作业提供最小安全作业空间。

本条对探槽两侧壁的坡度和支护措施只做原则性规定,具体项目的探槽两侧壁的坡度和支护措施由勘察项目的岩土工程师确定。

5.3.4 本条是对探槽人工掘进的规定。

1 本款为新增加条款,要求掘进时坡壁坡度应控制在安全许可范围内。

2 为便于现场安全管理,本次修订参照《地质勘探安全规程》AQ 2004规定的"两人以上同时作业时,相互间距应大于3m",将原规范"应保持适当的安全距离"进行修订,明确了两人之间作业的最小间距。斜坡的坡度为5°~15°(引自国际地理学联合会地貌调查与地貌制图委员会关于地貌详图应用的坡地分类等级的规定)。

3 挖空槽壁底部使之自然塌落的作业方法(俗称"挖神仙土"),难以确定上部土体变形坍落时间,易对作业人员产生伤害事故,此类教训不少,应予以禁止。

5.3.5 探井主要适用于表土厚度大于3.0m(不适合挖掘探槽)、地下水位以上的地层。探井作业隐藏太多偶然的危险安全因素。因此,对探井的设计做出安全规定。本次修订时将探井开挖深度限定为20.0m,既是为了降低作业风险,也是为了限制探井的使用。

1 支护措施防止地表水流入探井内,防止工具或渣土落入探井内,对井内人员造成伤害。

3 岩土工程师设计探井的断面形状和尺寸取决于挖掘深度范围内岩土的性状、支护方式、探井深度和提升设备。探井掘进规格要安全、经济并合理。要求探井直径不应小于0.8m,主要是满足作业人员安全操作空间需要做出的最小规格的规定。矩形探井的宽度指矩形探井的短边。

4 本次修订对探井掘进的最大深度做出了规定。探井深度20.0m内需超过弱含水层时,可采用吊桶或抽水设备(潜水泵)进行明排并增加有效的井壁支护措施;同时,明排并增加有效的支护也将会增加勘察成本、工期和安全生产隐患,也可改为其他勘探手段(如钻探),所以本款采用"宜"。

5.3.6 本条中"有效联络"指的是井口和井下作业人员之间的爆破、升降等联络信号,不但要明确,而且还要看得懂、听得见、不含糊。

5.3.7 本条是对探井提升作业的规定。

4 本次修订补充了安全护板应采用木质的规定。要求探井作业时井下应设置木质安全护板,升降作业时井下作业人员应位于安全护板下方,避免因渣土掉落伤害作业人员的安全生产事故发生。

5.3.8 探井掘进循环一般是在爆破后第二天进行检查,主要检查井壁稳定性,必要时进行护壁作业,检查后再进行清渣、出渣、掘进或再爆破作业。

5.3.9 本条是对作业人员和工具上下探井的规定。

1 增补了安全带拴挂的位置,完善安全带使用要求。

2 本款列出了禁止作业人员上下井的一些危险方法。

4 本款为新增加条款,对升降工具做出规定。主要是为了避免升降工具时发生掉落意外安全生产事故,导致井下人员人身伤害。工具一般放在吊桶底部,长把工具重端向下拴牢。

5 本款要求升降作业人员的电动卷扬机应设置或附带安全锁,以确保作业人员安全。

5.3.10 本条规定探井作业期间通风、升降和供电照明三个系统应该处于不间断运行状态,确保探井掘进过程的作业人员安全。

5.3.11 现场弃土的堆放高度,不仅指单个探井周边的堆放高度,还包括勘探场地每一堆弃土的高度。如果现场弃土堆积过高,会增加场地的危险源。

5.4 洞　探

5.4.1 洞探是岩土工程勘察的一种勘探手段,单项工程工作量不大,常采用小型或微型的凿岩、通风机具或利用发泡剂节约用水的成套设施。探洞作业属于危险性较大工程。探洞设计单位应根据安全要求确定洞探断面规格、支护设计和掘进方法等,对于保证安全生产作业具有重要意义。

洞探设计一般是在初步勘察或详细勘察后,为了核实先期勘察作业资料的可靠性和进一步取得有关资料而进行的。这些资料包括:工程地质测绘和调查、水文地质、工程物探和钻探等有关资料。因此,在洞探设计时应有充分的估计和应变措施,针对作业场地的工程地质、水文地质条件和其他有关资料,以及拟采取的作业方式和手段等。

5.4.2 洞探属于地下有限空间和缺氧等危险性大的作业,在施工过程中,容易导致人员群死群伤或者造成重大经济损失。探洞工程设计由有资质的勘察单位或设计单位承担,勘察设计单位实施的探洞施工主要采用专业分包的方式进行。

5.4.3 本条对探洞断面设计做出了规定。

1、2 对探洞断面规格做出具体的规定,主要是为了满足作业人员最小安全作业空间的需要。

3 对含水地层的探洞,要求应根据探洞类型选择不同的排水方式。

5.4.4 本条对探洞洞口设计做出了规定。

2 本款对洞口的安全稳定性设计做出原则性规定。洞口顶板支护措施,支框应伸出洞口外一定的距离(水利电力工程要求洞口支护应支出洞外不少于3.0m,顶部应加覆盖物,防止上部落物造成伤害);洞口处于破碎岩层时设计常采用加强支护或超前支护;或洞口上方设置排水沟等安全生产防护措施;洞口稳定是探洞安全检查的重点之一。

3 设置"围挡"等安全生产措施,避免作业过程对第三方的行人、车辆等造成伤害的安全生产事故。

5.4.5 本条对凿岩作业做出了规定。

1 凿岩时的振动可能出现松石和活动的岩块。因此,要求在凿岩过程应对工作面、侧壁、洞顶进行巡查—支护或处置—再检查,确认工作面(掌子面)无松动岩石或支护措施可靠后方可继续凿岩。

2 湿式作业时应先开水后给风,凿岩终止应先停水后停风。湿式凿岩宜以液压凿岩机代替风动凿岩机。干钻使工作面(掌子面)粉尘超标,易出现尘肺等职业病,予以禁止。

3 本款增加了凿岩机作业人员的个人防护措施要求;防尘口罩正确选择、使用与维护,详见现行国家标准《呼吸防护用品的选择、使用与维护》GB/T 18664。手持凿岩机在掌子面开眼时,前方没有定位装置,一般需要一个人在前面手持钎杆定位;规定开眼定位后,正常凿岩时前方不得站人是为了防止钎杆意外折断伤人。

5 内燃机废气会增加探洞空气污染,且需要增加通风量、增加施工成本,予以禁止。普通电动凿岩机的电刷的电火花会引起瓦斯(CH_4)或煤尘爆破,予以禁止。

5.4.6 洞探作业通风不仅是为了防尘和降低空气中有毒有害气体浓度,还要保证作业环境有足够氧气保障作业人员健康。本条各款对通风、风速和风量的要求均引用现行行业标准《地质勘探安全规程》AQ 2004 和《水电水利工程坑探规程》DL/T 5050 的有关规定。作业时可根据作业人数、探洞断面和深度、通风方式和风口位置、粉尘或有毒有害气体浓度进行调整。作业单位应配备有害气体和粉尘的测试仪器、通风多参数检测仪、光学瓦斯检定仪、便携式瓦斯监测报警仪、氧气监测仪、一氧化碳监测仪、粉尘采集器、粉尘测定仪及其配套器材等。

1 本款是爆破作业后对通风条件的具体要求。

2、3 通风是保证地下洞室施工有良好的工作环境,最主要的是应有足够的新鲜空气。洞室设计参数规定要保证每人每分钟不应少于4.0m³新鲜空气,水利水电工程坑探实际测定的资料表明,如果仅仅使用标准化湿式凿岩及工作面喷水,粉尘并不能降到2.0mg/m³以下,只有采取连续的通风,风速不小于0.15m/s,才有可能达到国家规定的空气质量标准(详见本标准第12.7节)。

通风方式有自然通风和机械通风。平洞深度小于20.0m,可采用自然通风;当自然通风时间超过30min,有害气体和粉尘含量还超过规定时,就要采用机械通风。

5.4.7 本次修订增加了"启动相应安全生产应急预案"的规定。

探洞透水会造成施工人员重大伤害和设备的损失,是探洞施工安全防范的重点。透水征兆是指在掘进工作面或探洞的其他地点,发现有"出汗"、顶板滴水变大、空气变冷、发生雾气、挂红、水叫等现象。发现透水征兆时,应立即停止工作,撤出所有受水威胁的探洞内作业人员,并立即报告主管部门,针对实际情况采取相应的安全生产防护措施后恢复施工。

5.4.8 本条为新增加条文。

装运岩渣作业前应先进行条文规定的"三检查",排除安全隐患后冲洗岩帮,分层喷水,装运岩渣。对分拣的残炮、盲炮和残留的炸药和雷管分类,应按照规定处理。

爆破的烟雾对人体健康损害极大,浓浓的炮烟会使人窒息乃至伤亡;长时间吸入过量粉尘会造成尘肺,探洞作业过程中凿岩、造孔爆破、装岩运输等各环节都会产生大量粉尘,湿式凿岩、爆破后喷雾、装运岩渣分层洒水、冲洗岩帮等都是降低洞室作业环境粉尘,减少尘肺行之有效的防护措施。

6　特殊作业条件勘察

6.1　一般规定

6.1.1 本条为新增加条文。规定禁止夜间勘察作业的场地条件和区域。

6.1.3 本条为新增加条文。当勘察场地存在逸出有害气体或污染颗粒物(包括污染土和浅层含气地层等)时,对勘察作业人员应采取的安全防护措施做出具体规定,勘察作业包括现场调查、取样、室内外测试和样品分析等过程。

6.1.4 特殊地质条件和不良地质作用发育区勘察系指在滑坡体、泥石流堆积区等危险地带的勘探作业。地质灾害分布的区域均处于不稳定或相对稳定状态,在雨季和解冻期,特别是在外界因素作用下容易诱发新的滑坡、崩塌、泥石流等地质灾害。

6.2　水域勘察

6.2.1 勘察项目负责人和相关专业负责人应通过现场踏勘、收集与水域勘察安全作业有关的资料。收集水域勘察安全资料主要内容应包括:相同作业期间的水深、风向、风力、波浪、水流和潮汐等变化情况,水底铺设电缆、管道等走向和分布情况,人工养殖水生动、植物分布情况和水上通航流量,上游水库或水力发电站放水信息以及勘察水域属地航监部门安全规定等。

不同水域对勘察作业的主要影响因素有所不同:海域的主要影响因素是水深、风浪和流向;江、河下游及入海口的主要影响因素是潮差、潮流、水深、风浪和流速;江、河主要影响因素是水深、风浪和流速;湖泊的主要影响因素是水深、风浪。此外,水底沉积物类型和厚度也直接影响到锚泊稳定性和勘探孔孔口套管的稳定程度。

1 勘察水域的水深资料属于水域勘察主要的勘察条件,与设备和勘探平台类型的选择相关,增补收集"水深"资料的规定。

2 由于江河上游水库或水力发电站泄洪或放水是不定期的,一旦泄洪或放水,易对靠近水库或水电站下游作业项目增加危害。

为此,增补收集"江河上游水库或水力发电站泄洪、放水等信息"的规定。

4 针对勘察项目所在地水域管理为属地化管理,增补了"航运及水域所属航监部门"的规定。

5 为了满足严寒和寒冷地区水域勘察安全的需要,增补收集"严寒和寒冷地区"水体资料的规定。

6.2.2 由于水域勘察作业比陆域勘探存在更多不安全生产因素,水域勘察纲要的安全防护措施除了遵守本标准第3章的有关规定外,针对水域勘察特点,提出需要增补的水域勘察安全生产防护规定。

1 水域勘探使用的船舶是勘探作业平台的载体之一和主要组成部分。

水域勘探平台分为浮式和架空式两种类型,浮式勘探平台分为以船舶组装为载体的浮动式勘探平台和由浮子(也称浮球、浮筒、浮桶)或油桶等与型钢等组合建造的承载勘探设备和材料的筏式勘探平台。架空式勘探平台主要为固定式勘探平台、升降式勘探平台和桁架勘探平台。架空式勘探平台适于滨海和内海作业外,也可在大江大河作业;升降式勘探平台安全性和可靠性好。

稳定、牢固的勘探平台的结构强度关乎勘探设备和勘探人员的基本安全,本标准修订时将"拼装"改为"建造"。引入"建造"一词以强化水域勘探平台的组装、拼接、联结和设置作业的重要性。

2 勘探平台的锚泊定位质量影响水域勘察安全和质量。本次修订该条款增加了"勘探平台"一词,以明确锚泊定位的作业对象。

4 对水下设施和人工养殖的保护措施、航运安全和勘探设备防护措施做出规定。

5 对作业人员的水域作业个人防护和安全技术交底做出规定。

6 对水域作业防洪水、抗台风和防溺水措施及其安全应急预案做出规定,以应对水域突发事件。

6.2.3 本条为新增加条文,强调水域勘察作业人员应遵守水域和船舶作业安全有关规定,详细要求应由船舶租赁双方以协议方式做出明确约定,共同遵守。

6.2.4 本条对水域勘探平台做出了规定。

1 "勘探点露出水面时间长短"指"潮间带"("潮间带"系平均高潮线与平均低潮线之间的区域)勘探时的勘探平台类型的选择。如果勘探点高于低潮线,露出时间能满足施工一个钻孔的时间,宜选用筏式勘探平台坐滩勘探,涨潮淹没滩涂前退出勘探点作业,否则采用适航船舶建造勘探平台作业。

海况为海洋观测专门用语,指海面因风力引起的波动状况。我国于1986年7月1日正式采用国际标准海况等级,即"国际通用波级表"。波级(即海况等级)共分为10级,浪高为三分之一波高。

水情包括:水体正常水位标高、水深、流速、潮汐(水位与涨落潮时间、标高和幅度)、动态水位、波浪状态(风浪和波高大小)等变化。

2 船舶的载重吨位表示船舶在营运中能够使用的载重能力。载重吨位分为总载重吨(Gross Dead Weight Tonnage)和净载重吨(Dead Weight Cargo Tonnage,D. W. C. T.)。选择建造勘探平台船舶宜以船舶净载重吨为宜。

由于"潮间带"使用的筏式勘探平台在退潮进入和涨潮退出勘探点时的作业条件差,流速大于1m/s,浪高超过0.1m(波高大于0.3m),因此"潮间带"勘探使用的筏式勘探平台的安全系数不应小于5。

勘探平台总载荷量或建造勘探平台的船舶载重吨位的简易计算方法为实际最大承载量乘以载重安全系数。实际最大承载量包括勘探平台最多的作业人员总重量,钻探机组总重量,器材总重量

(钻探、原位测试和取样的工具、材料等),建造的平台自身重量、钻机给进油缸的最大提升能力和卷扬机单绳最大起重量,附加勘探期间的设备运转时的临时振动力(钻探设备型号大,振动则大;设备、平台和船舶的联结质量差,振动大),水流流速、风力和波浪潮流冲击力在垂直方向上的分力之和。水流流速或浪高越大,要求安全系数也越大。

根据实际存在的城镇湖、塘和内河水域勘探,增加伐式勘探平台使用范围(流速小于1m/s和浪高小于0.1m的非通航的水域)及其总载荷量的安全系数。

3 结构强度指稳定牢固程度,各类勘探平台拼装结构强度要牢固、稳定,一般要求具备抵抗7级大风浪的冲击和振动能力。两船拼装的浮动式勘探平台应联接牢固,一般做法是舱面应用不少于4根的枕木或型钢作为底梁,钢丝绳围箍船底,以紧绳器拉紧,使两船底梁、船体联结成为一体,中心线平行;两船中间留出钻孔位置的间隙和安装导向管的通道(导向管不能紧贴勘探平台)。

建造水上筏式勘探平台的承载浮力主材料多为网箱养殖泡沫浮子,受力构件主要为型钢、方木、钢丝绳和木质台板等。型钢或方木作业平台、基台和设备要用螺栓联结。

4 勘探平台的宽度为4.0m,主要考虑应用较多的XY-1型钻机基台布置的最小尺寸,外加两侧人员通道和安装栏杆的0.5m位置,增加"作业平台长度不应小于6.5m"的规定。根据现行国家标准《海上平台栏杆》CB/T 3756,防护栏杆高度由原规范的0.9m调整为0.9m~1.2m。

要求平台两侧应设置防撞物,是为了避免交通船、抛锚船靠近时直接碰撞勘探平台,防碰物可采用悬挂废旧轮胎和木头等。

锚位标志可在锚绳上白天挂浮球,夜间亮灯。

筏式勘探平台多为勘探单位自行建造,需要配备救生圈。使用租赁船舶建造勘探平台,虽然船舶按照水域交通法规已经配备救生圈,但是作为建造勘探平台的船舶多为货船或小型运输船联拼建造成的工程船,由于增加了作业人员数,也需要增加配备救生圈。增加救生圈的数量也可以在船舶租赁合同中体现。

5 根据存在多种类型勘探平台,本次修改明确规定了浮式勘探平台(包括浮动式勘探平台和筏式勘探平台)不得安装塔布或悬挂遮阳布。

6 船舶吃水深度和海况影响船舶的稳定性和横摆,可以采取多种措施。因此,本次修订删除了原规范正文中"可采用堆放重物或注水压舱方式保持漂浮钻场稳定"的规定。

建造浮式勘探平台时,船体重心高低影响勘探平台的稳定性,需要注意选择船舶全载时吃水线指标。租赁船舶时难以选择到适宜的船舶,同时载重量随着勘探孔深度的增加也需要调整吃水线高度。因此,在船体抛锚定位时,向船舱内浆注压仓水或装载压重物体的措施,实质是调整吃水线以增加船体的稳定性;作业过程可根据海况和载重量变动情况,调节压仓水量或压重物数量,保持船舶稳定。水利水电工程和地质勘查等工程地质钻探技术标准提供的船舶全载时吃水线指标,可供建造浮式勘探平台选择船舶载重能力的参考。

由于抛锚作业由相应岗位船员根据水情负责完成,且抛锚定位方法多样。勘察作业船舶的行驶、拖运、停泊、抛锚定位、调整锚绳、起锚及移泊等,由船员根据水域情况和规定的作业程序确定。

6.2.5 本条对水域勘探作业做出了规定。

1 本款为新增加条款。勘探平台建造质量是水域勘探安全的基础,水域交通安全规定,悬挂、显示和使用锚泊、作业信号和灯旗等有效的安全标志是水域勘探过程的安全保障。因此,对勘探平台的建造质量的检查是通航水域勘察作业前勘察项目负责人必要的检查项目。

2 本款规定勘探平台行驶、拖带、抛锚定位、调整锚绳和停泊等工序应统一协调、有序进行。

3 本款考虑到船舶上的船员有限，因此要求勘察作业人员配合船员完成相关作业，但不能违章操作。

本标准所称"船员"系指依照《中华人民共和国船员条例》的规定经船员注册取得船员服务簿的人员，包括船长、高级船员、普通船员等。详见《中华人民共和国内河交通安全管理条例》和《中华人民共和国海上交通安全法》有关船员的规定。

4 本款规定导向管安装和维护时作业人员的安全防护措施。

5 通信联络方式有多种，如对讲机、手机和无线电收发报机等，无线通信受网络信号强弱的影响，将"保证"有效通信联络修改为"保持"有效通信联络。

6 海况、水文情况多变，需要定人负责收集海况、天气和水情信息；锚绳和导向管周边的漂浮物越积越多会影响勘探平台稳定性，需要及时清除。

与勘察有关的天气情况主要指勘探期间每日阴晴雨雪、风向和风力。风力指风的强度，常用风级表示，常用的是"蒲福风力等级表"，共分为十八个等级，13级以上风力陆上未见。

7 将原规范第6.1.8条第5款（属于水域勘探作业的规定）调整为本款规定，在勘探平台上游的主锚和边锚范围内实施爆破作业将危及勘探平台的定位和稳定性，予以禁止。

8 将原规范第6.1.8条第6款（属于水域勘探作业的规定）调整为本款规定，并将原规范该条款的"停工、停钻时"修改为"待工或停工期间"；待工指非钻探机台的原因引起的停待所消耗的时间段。

9 横摆亦称横摇，指船舶沿船头船尾的轴线垂直方向上的摇摆。本款规定是针对以单体船舶承载的勘探平台。

10 本款是新增加条款。"潮间带"指平均高潮线与平均低潮线之间的区域。潮汐现象是沿海地区的一种自然现象，指海水在天体（主要是月球和太阳）引潮力作用下所产生的周期性运动，习惯上把海面垂直方向涨落称为潮汐，而海水在水平方向的流动称为潮流。我国的潮汐周期又可分为半日潮型、全日潮型和混合潮型等三类。进出勘探点的作业时间要随着涨落潮的时间周期变化而调整。

6.2.6 内海勘探目前主要是针对海上风力发电工程的应用，水深从20.0m调整为10.0m。勘探作业人员常常吃住在勘探平台的船舶上，直至勘察项目结束。工程勘察内海钻探是非常危险的作业，内海属于重特大危险源。为适应海上风力发电工程勘察安全的需要，对内海勘察条件做出修订。

1 船体宽度不含船舷。单体自航式适航船舶的安全基本要求如下：

(1)在沿海水域作业的船舷、设施和人员应符合《中华人民共和国海上交通安全法》的规定；

(2)在内河通航水域作业以及与内河交通安全有关的活动，应遵守《中华人民共和国内河交通安全管理条例》。

2 抛锚定位作业应由相关岗位的船员实施，勘察作业人员予以协助。

3 锚绳的数量和长度直接影响勘探平台锚泊作业的稳定性。

6.2.7 本条要求勘探平台中途离开孔位应在孔口位置或孔口管上设置浮标和明显的安全标志，主要是为了便于勘探平台再次就位以及避免其他过往船舶撞上孔口管受损，酿成安全生产事故。

6.2.8 如果水底以上遗留有孔口管、保护套管或其他障碍物，由于其隐蔽性强，会对过往船舶的航行安全构成威胁，酿成安全生产事故。

6.3 特殊场地和特殊地质条件勘察

6.3.1 本条第一款规定了陡坡（本次修订引用国际地理学联合会地貌调查与地貌制图委员会关于地貌详图应用的坡地分类来划分坡度等级；坡度5°～15°为斜坡，15°～35°为陡坡，35°～55°为峭坡，

55°～90°为垂直壁）以上坡度或峭坡区域勘察作业要求，要先理清坡壁上的破碎岩体、松动的岩石、悬石等危险因素并分别处置。

6.3.3 沟谷、低洼、内涝地带一般指江、河、溪、谷等水域，以及河滩、山沟、谷地等地势低、下雨易积水的地方。低洼地带勘察作业的主要危险来自汛期大暴雨可能引发的泥石流和山洪暴发，还有城镇的内涝。这些都可能威胁工程勘察人员和设备安全。汛期一天的降雨量可能高达数百毫米，短时间强降雨常造成泥石流和山洪暴发，所以雨季在低洼地带勘察作业应注意收集作业地区短期和当天的天气预报，大雨或暴雨前要做好撤离作业点的工作，以免因自然灾害导致人身伤害和财产损失。泄洪指上游水库开闸排泄洪水。

6.3.4 本条对沙漠、荒漠地区勘察作业做出了规定。

1 本款规定了进入沙漠、荒漠地区作业前，作业组和作业人员保障作业安全应配备的基本装备。

2 本款规定了作业人员应当掌握沙尘暴来临时的防御措施；发生沙尘暴时，作业人员要遮盖设备和材料后，聚集在背风处坐下，蒙头、戴护目镜等。

6.3.5 从低海拔地区进入高原的作业人员，要先进行全面的身体检查，体检合格者方可进行高原作业。一般患有心、肾、肺疾病以及有严重高血压、肝病、贫血患者不宜进入高原地区。勘察单位的防暑降温应严格按照国家四部委的《防暑降温措施暂行办法》执行。

1 要求对初入高原的作业人员进行气候适应性培训，掌握高原基本知识和个体防护技能。

2 该款内容增加了高原作业应携带防寒装备、充足的给养、氧气袋（罐）和防治高原反应药物的规定。应注意防止感冒、冻伤、紫外线灼伤和高原反应，如有人发生上述疾病，应立即采取有效的治疗措施，并将病患者往低海拔地区转移。

3 由于高原和雪地的太阳光线较强，一旦眼睛遭受长时间照射，可能发生雪盲造成暂时性失明，所以作业人员应佩戴遮光眼镜和防太阳辐射用品。

6.3.6 在雪地作业时应结对成行，穿戴好防护用品，选择缓坡迂回行进；遇积雪较深或易发生雪崩等危险地带时应绕行；无安全保障不要强行通过，以免发生人身意外伤亡事故。

6.3.7 本条适用于非车装（钻探深度小于100m）钻机。冰上勘探在接近解冻期最为危险，应事先注意开江和冰层发生碎裂的可能，防止发生安全生产事故。

1 "勘探作业场地"包括勘探值班房、材料堆放场地和勘探作业及人员必要勘探过程活动范围等。

3 本款中"发现异常情况"是指发现危及作业人员或设备安全的异常情况。

6.3.8 为满足地下洞室勘探作业安全需要，将"坑道内勘探作业"扩展为"洞室内勘探作业"。对易发生安全生产事故的主要危险源，规定了应采取的安全生产防护措施。洞室内勘探易引发安全生产事故的危险源主要有：洞室顶板岩土塌落造成作业人员人身伤害；通风不良易引发的作业人员中毒或窒息；洞室照明条件和环境狭窄不符合作业要求，导致作业人员的人身伤害；地表水流入或含水层涌水威胁洞室安全等。

1 本款主要是对洞室钻探场地的安全作业做出规定，要求勘探作业点的位置应符合勘察纲要要求。删去"勘探点应选择在洞顶和洞壁稳定位置"，避免随意移动勘探作业点位置。

洞室勘察作业区顶部不全是稳定岩石，要求对洞室顶和侧壁采取支护或喷浆加固，避免顶板掉块造成人员伤害。对钻探天车的安装做出规定是为了避免在洞室顶部随意建造滑轮支撑点，引发安全生产事故。由于很多洞室都具备使用电力驱动条件，将原条款"不宜使用内燃机"改为"宜使用电动机"。

2 本款对作业现场的机械通风要求做出了规定。

3 本款规定当发现地下水出现涌水等异常时,要迅速查明原因,有针对性地采取止水或封堵等安全技术措施。安全技术措施不到位时,要求不得提出钻具主要是避免增加危险。矿山开采的探水作业应由专业单位施工。

6.3.9 本条为新增加条文。

随着我国加大对环境保护的力度,国家和各地政府相继出台了许多环境保护政策和规定。因此,本标准新增加了污染场地勘察安全生产和作业人员的安全防护等相关规定。污染场地勘察主要指工业污染土、尾矿污染土和垃圾填埋场渗滤液污染土等特殊场地勘察,不包括核污染土勘察安全(实际工程中如遇污染问题时建议按核污染有关规定进行专项防护)。

1 为制定勘察过程的防护,收集污染场地危害人体健康和生态环境的污染源、污染物及其浓度的数据。如现行国家标准《生活垃圾填埋场污染控制标准》GB 16889规定,生活垃圾填埋场管理机构在运营和封场后环境和污染物监测资料包括水污染物排放、地下水质、防渗衬层完整性、甲烷浓度、恶臭污染物以及封场后的污染物浓度测定等监测数据;不同污染土场地需要收集有关与安全防护的个性内容。

2 污染场地有害物的污染程度,可根据现行国家标准《工作场所有害因素职业接触限值 第1部分:化学有害因素》GBZ 2.1和《工作场所有害因素职业接触限值 第2部分:物理因素》GBZ 2.2,并按照现行行业标准《有毒作业场所危害程度分级》AQ/T 4208进行分级,采取相应的防毒措施。

3 "测试"主要指室内作业,废弃物包含废弃的水样和土样等。

4 垃圾填埋场产生的渗滤液溶解和携带了大量含汞、镉、砷、铬等元素的化合物以及苯、酚等有害有机物。渗滤液会从小沟到大沟、从地面到地下、从溪流到江河,污染地表水和地下水源,特别是垃圾垃圾填埋场附近的水源,严重影响周边环境。污染场地勘探孔钻穿已有的防渗层,应按照勘察纲要要求及时封孔和检测,封孔质量要符合勘察纲要要求。

6.4 特殊气象条件勘察

6.4.1 现行国务院《气象灾害防御条例》将气象灾害分为台风、暴雨、暴雪、寒潮、大风、沙尘暴、低温、高温、干旱、雷电、冰雹、霜冻和大雾等。本标准只对影响勘察现场安全的气象灾害做出规定。

台风是热带气旋的一种,是产生于热带洋面上的一种强烈热带气旋。现行国家标准《热带气旋等级》GB/T 19201将热带气旋按照其强度的不同分为六个等级:超强台风(Super TY,底层中心附近最大平均风速大于或等于51.0m/s,即风力16级以上)、强台风(STY,底层中心附近最大平均风速41.5m/s~50.9m/s,即风力14级~15级)、台风(底层中心附近最大平均风速32.7m/s~41.4m/s,即风力12级~13级)、强热带风暴(STS,底层中心附近最大平均风速24.5m/s~32.6m/s,即风力10级~11级)、热带风暴(TS,底层中心附近最大平均风速,17.2m/s~24.4m/s,即风力8级~9级)和热带低压(TD,底层中心附近最大平均风速10.8m/s~17.1m/s,即风力为6级~7级)。

大风(gale)是近地面层风力达蒲福风级8级(平均风速17.2m/s~20.7m/s)或以上的风。中国气象观测业务规定,瞬时风速达到或超过17m/s(或目测估计风力达到或超过8级)的风为大风。有大风出现的一天称为大风日。在中国天气预报业务中则规定,蒲福风级6级(平均风速为10.8m/s~13.8m/s)或以上的风为大风。大风会毁坏地面设施和建筑物,海上的大风则影响航海、海上施工和捕捞等作业,为害甚大,是一种灾害性天气。

气象部门将雨量等级划分为小雨、中雨、大雨、暴雨、大暴雨和特大暴雨。大雨:1d(或24h)降雨量25mm~50mm;暴雨:1d(或24h)降雨量50mm~100mm;大暴雨:1d(或24h)降雨量100mm~250mm。

雾的等级按水平能见度距离划分为5个等级,即轻雾、雾、大雾、浓雾和强浓雾。水平能见度距离200m~500m之间的称为大雾,水平能见度距离50m~200m之间的称为浓雾。

气象灾害的防御工作主要根据勘察项目所在地政府主管部门发布的预警信息开展防御工作。

6.4.2 本条规定筏式勘探平台遇特定气象条件时段需要停止勘探作业。

6.4.3 本条中风力5级时,浪一般1.25m,最高2.5m,属于中浪;风力6级时,浪高一般2.5m,最高4.0m,属于大浪。浪高等于三分之一的波高,根据航行情况,波高达2.5m~3.0m的海浪对于没有机械动力,仍借助于风力的帆船,小马力的机帆船,游艇或小型船只的安全已构成威胁;波高达4.0m~6.0m的巨浪对于1000t以上和万吨以下的中远程的运输作业船舶已构成威胁;水上勘察所用船舶或建造的浮动式勘察平台载重量多在几十吨到近千吨不等,抗波浪能力有一定的局限性,为了勘察人员和设备的安全,本条除了规定遇到灾害性气象条件时应做出限制外,还根据建造勘探平台的船舶条件,对水域勘探作业做出停止勘察活动的限制,同时对陆域勘探和检测作业也做出限制。

6.4.4 我国现行《台风防御指南》发布气象灾害预警信号一般分为四级:Ⅳ级(一般)、Ⅲ级(较重)、Ⅱ级(严重)、Ⅰ级(特别严重),依次用蓝色、黄色、橙色和红色表示,同时以中英文标识,用以通知当地居民及机构采取适当的防御或撤离措施。

台风预警信号分四级,分别用蓝色、黄色、橙色、红色表示。

蓝色预警信号:24h内可能受热带低压影响,平均风力可达6级以上,或阵风7级以上;或者已经受热带低压影响,平均风力为6级~7级,或阵风7级以上并可能持续。

黄色预警信号:24h内可能受热带风暴影响,平均风力可达8级以上,或阵风9级以上;或者已经受热带风暴影响,平均风力为8级~9级,或阵风9级~10级并可能持续。

台风警报是根据热带气旋的强度、影响时间、影响程度和台风编号分为:消息、警报和紧急警报三级。根据不同的台风预警信号,勘察项目所在地政府都会实施相应的防御对策或措施,各单位和个体均应予以执行和遵守。水域(特别是内海离岸远的项目)勘察作业危险性大,更应重视。

6.4.5 特殊气象条件主要指气象灾害及其衍生、次生灾害(含水旱灾害地质灾害、森林草原火灾和海洋灾害等)影响勘察作业安全的条件。

6.4.6 冻土是指0℃以下,并含有冰的各种岩石和土壤。一般可分为短时冻土(数小时/数日以至半月)、季节冻土(半月至数月)及多年冻土(数年至数万年以上)。冻土是一种对温度极为敏感的土体介质,含有丰富的地下冰。因此,冻土具有流变性,其长期强度远低于瞬时强度特征。正是由于这些特征,在冻土区掘进探井和探槽面临两大危险:冻胀和融沉。特别是短时冻土和季节冻土解冻时的融沉,易引起探井井壁或探槽槽壁坍塌,对作业人员造成危害。本条主要针对短时冻土和季节冻土区域解冻时段安全作业做出的规定。

6.4.7 参照现行行业标准《建筑工程冬期施工规程》JGJ/T 104的规定:"室外日平均气温连续5d稳定低于5℃即进入冬期施工;当室外日平均气温连续5d稳定高于5℃时解除冬期施工。起止日期可经实测确定,也可由甲、乙双方协商统一划定"。冬期的低温会给机械的启动、运转、停置保管等带来不少困难,需要采取相应的防冻措施,防止机械因低温运转而产生不正常损耗或冻裂气缸体等安全生产事故。

1 删除了原规范该条款中"不得徒手作业"的规定,并将"劳动保护用品"修改为"个体防护装备"。

2 对原规范该条款内容做了修改,并将"防冻措施"修改为"防滑、防寒和取暖设施"。

3 将原规范第3款"作业现场应采取防滑措施"规定合并到

本条第2款。本款保留冬期上塔作业安全规定。

4 给水设施应采取防冻措施主要是指供水管道防冻措施,一般采用水管掩埋或用保温材料包扎的方法,临时支管除采用包扎方法外,还可以采取安装放水阀门或采用停止供水放尽管道积水的防冻办法。

5 气温低于−20℃,由于天气寒冷,人的手脚动作不灵活,现场作业人员在作业过程中很容易发生安全生产事故,所以应停止现场勘察作业。

7 室内试验

7.1 一般规定

7.1.1 试验过程中产生的废水、废气和废弃固体(以下简称"三废"),对人身体健康和环境有一定影响,特别是存在有害物质的"三废",对试验室作业人员的身体健康影响尤甚。因此,试验室应对"三废"妥善处理,保证作业人员的身体健康。

本条中的防护设施主要指安全防护装置和个体防护装备两个方面,具体应视试验室从事的试验类别而定,并非每个试验室均需要按防爆要求配备个体防护装备和防护设施。一般有化学试验的试验室应按规定进行基本配备。此外,根据国家《消防法》的有关规定,试验室还应配备基本消防设备和设施。

7.1.2 根据国家《劳动保护法》的有关规定,作业人员在从事一些有可能导致人体受到伤害的试验项目时,应按规定佩戴个体防护装备。从各单位反馈的安全生产案例中发现,这类安全生产事故发生的概率较大,主要原因是作业人员未按规定佩戴相应的个体防护装备或未严格执行生产操作规程。所以在从事上述可能导致人体受到伤害的试验项目时,要求作业人员应按规定佩戴相应的个体防护装备。

7.1.3 充足的采光和照明是保证作业人员安全生产的基本作业条件。在阴暗光线条件下作业,人很容易产生疲劳、出现精神不集中现象,易导致安全生产事故。作业照明这一基本作业条件很容易被忽略,从保护作业人员的身体健康和安全生产出发,本条对作业照明条件做出了具体的规定。

7.1.4 岩石试验过程中潜在危险源之一是设备的完好程度不满足试验要求,因此,规定了试验前应对试验仪器设备的完好程度进行检查。

7.1.5 试验室除了可能使用放射性物质外,还有其他易燃易爆、有毒有害化学品,其中比较常见的有强酸、强碱等。由于这些物品用量不大,容易被忽视。本条规定目的是要求重视对这些危险物品的全过程管理,防止造成人身伤害。

7.2 试验室用电

7.2.1 案例调查时发现,不少勘察单位对试验室安全用电工作重视不够,导致出现用电方面的安全生产事故。虽然这些安全生产事故并没有直接导致人员伤亡,但直接影响到正常的生产试验程序,并造成生产设备损毁事故。本标准第11章"勘察用电"对勘察用电和勘察用电设备做了规定,由于勘察现场作业与室内试验用电有所区别,故本章专列一节"试验室用电",对试验室供电、用电设施的安全防护措施提出了具体要求。

本条中"剩余电流动作保护装置"其额定漏电动作电流不应大于30mA,额定漏电动作时间不应大于0.1s。

7.2.2 特殊试验条件的场所,应根据具体的试验条件和试验设备选用有相应防护性能的配电设备,如有爆破危险的试验设备就应选用防爆型的配电设备。

7.2.3 本条中的电热设备系指试验室用的加热设备,这些设备使

用或放置不当很容易导致火灾。从防火的角度出发,规定放置这类电热设备的基座应用阻燃或不可燃材料建造或制造,不得随意放置。使用时一定要有专人值守,防止因加热时间过长、设备老化失修或电线短路等引起火灾。

7.2.5 本条为新增加条文。要求实验室不得乱接乱拉电线,不得超负荷用电,不得有裸露的电线头,不得用其他金属丝代替保险丝。这些要求虽是用电常识,但由于部分作业人员思想上不重视,不按相关规定执行,在试验室安全生产检查中仍发现此类现象,因此本次标准修订时增设该条规定。

7.3 土、水试验

7.3.1~7.3.5 这几条是针对室内土工试验存在的主要不安全生产因素而制定的。分别对试验设备安全防护装置的设置、试验过程对试验人员个体防护装备的使用要求和安全防护措施做出规定。

7.3.6~7.3.10 这几条是针对土、水化学试验存在的不安全因素而制定的。在土、水化学试验过程中,一旦违规操作很容易发生安全生产事故。

强酸、强碱溶于水,稀释时在与水生成化合物的过程中会释放大量的热。如将水加入浓酸极易导致水分汽化溅洒伤人。正确的做法是将浓酸沿容器壁缓慢慢注入盛水的容器中并轻轻搅拌。

7.3.11 本条为新增加条文。随着污染场地勘察业务的兴起,试验室开展污染水、土的试验会增加,这是近年来出现的新情况。这类受到污染的水、土,因可能含有挥发性有机物,常具有刺激气味,甚至可能对眼睛有一定刺激,同时还可能含有其他有毒、有害物质,故除了需保持试验场所的通风外,同时还应加强个体防护,防止皮肤与样品直接接触。试样制备时,在通风柜或配有脱排气装置的操作台上进行,可有效避免试验人员吸入有害气体。

7.3.12 本条中的放射源系指室内试验室所用的放射性同位素等,从事放射性同位素试验的人员,应按照国家有关规定取得上岗试验资格,并应定期进行健康状况检查。具体放射防护工作应遵守国家《放射性同位素与射线装置放射防护条例》的有关规定。放射防护主要以外照射防护为主,防护方法主要有以下三种:

(1)时间防护:用限制试验时间来达到防护目的,由于人体累积照射剂量与接触放射源的时间成正比,所以要求试验人员在进行放射性试验操作时动作要迅速、熟练,以减少照射时间。

(2)距离防护:由于距点状伽马源R处的射线强度和距离的平方成反比,所以在操作使用伽马源时,应尽量增大距离,如用源夹子夹放射源以减少接收剂量。

(3)屏蔽防护:放射源的运输和存储应使用安全可靠的铅罐,室内分装使用铅砖、铅玻璃、铅手套、铅围裙等。

7.4 岩石试验

7.4.1 本条补充了针对自动岩石切割机操作方面的安全要求。保持箱门在岩样切割过程中及刀片停止转动前处于关闭状态,可以最大限度地防止机械转动伤及人身安全的意外事件发生。

7.4.2 岩石试块置于上下承压板中心且保持均匀接触,可使设备处于正常工作状态,使试验正常进行,防止岩块偏心受压导致意外安全事故的发生。

7.4.3 岩石试样破坏时可能发生碎块崩出伤人,因此本条提出在试验台外网设置安全保护网或防护罩的要求。

8 原位测试、检测与监测

8.1 一般规定

8.1.1 制定测试、检测和监测方案时,试验点、监测作业点应尽量

避开危险性较大的地段,例如在建施工现场易发生高空坠物地段、斜坡易坍塌地段、突起的山嘴部位、沼泽区、架空输电线路影响区、地下管道埋设地段、车流较大地段等。

8.1.2 反力装置采用堆载配重时,堆载物应放置均匀、稳固,避免发生倾覆和堆载物滑落,造成人员伤亡或设备毁坏。

8.1.3 本条对采用组合钢梁作为加载反力装置应注意的安全生产事项做出规定,是基于在实际原位测试和检测试验中,曾多次出现因反力装置提供的反力不足以及反力装置构件强度和刚度不足导致安全生产事故。

8.1.4 埋设监测点的标志时应正确使用电锤、射钉枪等,防止钢钉飞出伤人;处理桩头时,易发生飞石伤人事故。因此,应通过设置安全防护网、设立安全标志等措施阻止非作业人员进入作业区,防止发生安全生产事故。

8.1.5 本条对堆载物倾覆可能造成人员伤亡的危险区域做了具体规定,即堆载平台四周外侧 1.5 倍堆载高度范围。

8.1.6 测试或检测试验加载至临近破坏时,将会伴随发生地基土的隆起破坏或桩基的脆性破坏等现象,容易导致安全生产事故发生,故提出要求应加强监测。

8.1.7 在架空输电线路附近作业时,如架设仪器、立尺和设备安放等都存在安全隐患,应与输电线路保持足够安全距离;在架空输电线路附近起重作业时,主要应注意被吊物的摆幅以及起重机的吊臂、吊绳接近外电架空线路和吊装落物对外电架空线路的损伤等。

8.1.8 原位测试、检测与监测所涉及勘探作业、水域作业和用电作业,以及用电设备和勘察设备等的使用,应按本标准相关章节的有关规定执行。

8.2 原位测试

8.2.1 进行标准贯入试验和圆锥动力触探试验时,经常发生自动落锤装置与钻杆连接部位丝扣松动等现象,但作业人员经常未能按操作规程的要求停止试验上紧连接部位丝扣,而是采用直接边作业边上紧丝扣的危险操作方式,导致经常发生作业人员手臂、手指受伤的安全生产事故。因此,本条针对作业过程中存在的不安全生产因素做出相应的规定。

8.2.2 静力触探试验过程中的危险主要来自试验过程中突遇地层阻力增大导致探杆发生脆性断裂,造成作业人员受到伤害的安全生产事故,以及地锚反力不足造成设备倾覆受损或伤人的安全生产事故。

8.2.3 手动式十字板剪切试验过程中,突遇地层阻力增大容易造成操作人员手把反弹伤及作业人员,酿成安全生产事故。

8.2.4 在勘察作业现场,旁压试验所使用的氮气瓶经常被置于阳光直接照射的高温作业环境中,导致瓶内气体膨胀、压力增高,成为重大危险源。所以对氮气瓶的使用和操作做出了明确规定。

8.3 岩土工程检测

8.3.1 当浅层地基静载荷试验试坑的平面尺寸和深度较大时,应按基坑考虑其稳定性,并应采取有效的支护措施,防止坑壁坍塌发生安全生产事故。

8.3.2 本条为新增加条文。重点对深层载荷试验的加载装置和成井作业等有关安全生产方面做出了具体规定。

8.3.3 单桩抗压静载荷试验的危险,主要来自堆载过程和试验过程加载体发生偏心倾覆倒塌而导致伤人的安全生产事故。当采用工程桩作锚桩时,锚桩的钢筋拉拔强度应有足够强度和安全储备,以免锚桩钢筋抗拉强度不足发生断裂,发生静载荷试验装置倾覆倒塌伤人的安全生产事故。

8.3.4 当单桩抗拔静载荷试验采用天然地基提供反力时,两侧支座的地基承载力应基本相同并有足够的安全储备,以免地基强度不足发生剪切破坏,导致载荷试验装置发生倾覆倒塌。两侧支座

与地基的接触面积应相同,以免两侧支座地基受力不均产生不均匀沉降导致试验桩发生偏心现象。同时,还应对抗拔桩的钢筋抗拉强度进行复核,保证抗拔桩的钢筋有足够的抗拉强度和安全储备。

8.3.5 单桩水平静载荷试验反力装置应有足够的强度和刚度,试验桩与加载设备接触面应保证足够的强度,并且应通过安装球形支座保证所施加的水平作用力与桩轴线保持水平,不随桩的倾斜或扭转发生变化,从而保证水平静载荷试验装置不会发生垮塌伤人的安全生产事故。

8.3.6 锚杆拉拔试验的最大危险来自锚杆与拉拔试验装置结合的紧密程度。为了保证锚杆拉拔试验装置各部位均处于一种紧密接触状态,在锚杆拉拔试验前应先对锚杆进行预张拉,减少锚杆拉拔试验过程中可能出现试验装置垮塌等不安全生产因素。如果边坡锚杆拉拔试验的试验锚杆处于较高位置时,则拉拔试验的安全防护措施应按现行国家行业标准《建筑施工高处作业安全技术规范》JGJ 80 的有关规定执行。

8.3.7 高应变动力测桩试验使用起重设备或桩工机械时,其作业安全防护措施应按现行国家行业标准《建筑机械使用安全技术规程》JGJ 33 的有关规定执行。

8.3.8 采用钻芯法检测桩身质量时,应选择机械性能好的液压钻机,不应使用立轴晃动大的非液压钻机,作业过程应保证基座稳固。具体作业过程中的安全防护措施和要求应按本标准第 5 章的有关规定执行。

8.4 岩土工程监测

8.4.1 埋设测量标志点或进行低应变动力检测作业都需要使用"榔头敲击"作业,为了防止榔头敲击作业时脱手飞出发生伤人等安全生产事故,从安全生产角度出发,本条对此做出了相关规定。

8.4.2 矿山法施工,掌子面附近风险较大,上部松散砂石掉落可能造成伤害,掌子面涌水涌砂是坍塌前兆,导洞内各类机械移动容易引起伤害事故。

8.4.4 轨道交通运营期间的监测作业宜在断电后开展,并穿戴好绝缘鞋和绝缘手套等个体防护装备,但由于客观原因存在不能断电的情形,此时应征得相关部门许可,并采取切实可行的安全保障措施确保安全后方可进入现场作业;监测作业完成后,应对监测作业人员、仪器设备进行清点,防止遗漏,影响运营车辆安全。

8.4.5 作业人员进入正常运营的高速公路和城市快速路开展监测作业,是非常危险的行为,极易造成严重的交通事故和人身财产损失。目前非接触测量技术已日趋成熟,建议考虑采用该方法,杜绝安全生产事故。

9 工程物探

9.1 一般规定

9.1.1 由于工程物探野外作业的大部分工作都是由技术人员自己进行操作,因此,要求工程物探作业人员应熟练掌握安全用电知识。编制组在调研过程中发现,实际工作中一些本来需要经过专业技能培训的特殊工种作业经常由物探专业技术人员自己来完成,如爆破作业、用电作业等,存在着很大的安全生产隐患,因此要求作业现场设备安装与调试工作应由经培训合格持证上岗的作业人员操作。

9.1.3 当采用地震勘探方法进行水域勘察时,应从环境保护和安全生产角度出发选择适宜的震源,并应对所选震源可能对作业区水域生态及环境造成的影响程度,以及可能存在的不安全生产因素做出评价。特别是采用爆破震源时,应评估勘探作业对作业水

域生态和动植物的影响程度,并应采取有效防护措施,最大限度地减少对水生动物的伤害。

9.1.4 爆破震源使用过程中存在诸多不安全因素,使用炸药时不能靠经验决定药量,更不能盲目使用未经专业技能培训的人员进行爆破作业,作业人员应经过严格培训及考核,具备上岗资格和能力。不规范作业容易酿成安全生产事故,因此,从安全生产角度出发规定勘察单位采用爆破震源作业时,应在勘察纲要中附安全性验算结果和安全性评价结论。

9.1.5 本条对采用爆破震源作业前应采取的安全防护措施、安全标志等做了规定,强调非作业人员不得进入作业影响范围,目的是避免发生安全生产事故。

9.2 陆 域 作 业

9.2.1～9.2.4 这几条强调操作程序的正确性,避免作业人员因误操作而导致仪器设备损毁和发生人员伤亡等安全生产事故,还考虑了配电设施及用电设备的安全使用和应采取的安全生产防护措施。一般情况下,仪器设备安全用电应符合下列规定:

(1)野外作业用电在保证观测精度的前提下,应采用低电压;

(2)遇雷电天气时,应停止作业并将仪器与供电电源断开;

(3)使用干电池供电电源时,应注意电池极性,严防接错损毁仪器设备,并应防止电解液溅出烧伤作业人员。

9.2.5 电缆和导线是工程物探作业主要辅助设备之一,电缆、导线的正确使用与否关系到生产安全,本条根据不同工作电压条件,规定了电缆、导线的绝缘电阻值范围和正确的使用方法。

9.2.6 本条针对电法勘探作业过程中可能存在的不安全因素,规定了应采取的安全生产防护措施。这些安全生产防护措施除本条规定之外,还应包括以下内容:

(1)应建立测站与跑极人员之间的可靠联系,严格执行呼唤应答制度;

(2)供电过程中任何人均不得接触电极和供电电缆;

(3)当高压导线穿过居民区或道路时,应采取高架线路或派专人看守的办法,并在明显位置设置安全标志;

(4)测站应采用橡胶垫板与大地绝缘,绝缘电阻不得小于10MΩ;

(5)测站与跑极人员应严格遵守跑极、收线、漏电检查等安全规定,测站在未得到跑极人员通知时不得供电;

(6)导线、线架应保持干燥状态,作业人员不得将潮湿导线背在身上直接供电。

9.2.7 本条文针对地下进行管线探测作业过程中可能存在危及安全生产等不安全因素做了规定。管线探测作业的主要危险来自地下管线探测,也可参考现行国家行业标准《测绘作业人员安全规范》CH 1016有关地下管线探测方面的安全生产规定。

9.2.8 地震法勘探作业的不安全因素主要来自震源,有关震源方面的安全生产要求在本章的第4节做了专门的规定。有关爆破物品的存储和安全生产管理工作,除要求应遵守现行国家标准《爆破安全规程》GB 6722的有关规定外,还应符合本标准第12章有关规定。

9.2.9 电磁法勘探作业主要包括瞬变电磁和探地雷达等。瞬变电磁法,在作业过程中存在较多的不安全生产因素,牵涉电源、发送、接收、控制等步骤,其中大能量的瞬变电磁设备在瞬间产生的电流和电压很高,因此,针对该法的安全生产要求做了较详细的规定。

对于探地雷达勘察,当作业人员长时间使用300MHz以上天线进行作业时,应与天线保持一定的安全距离,避免遭受电磁辐射的伤害。由于缺乏可靠资料,因此无法对安全距离做出明确的规定。希望各勘察单位在使用本标准过程中注意积累这方面资料,以便于标准修改时进行补充。

9.3 水 域 作 业

9.3.1 水域工程物探是水域勘察的组成部分,因此,在水域进行工程物探作业应注意的安全生产问题除本章有规定外,尚应符合本标准第6章的有关规定。水域工程物探作业能否做到安全生产,除了作业人员的技术素质外,作业船舶和作业交通工具选择的合理性也是保证其安全生产的一个主要因素。如果作业船舶发生安全生产事故,将会造成重大人身伤亡。所以标准要求在实施水域勘察作业前,勘察单位应对作业船舶或作业工具(平台)的选择给予足够的重视。在海上或江上作业,一般作业船舶的长度不应小于12.0m,吨位不得小于15t,功率不小于24匹马力。

本条根据不同水域工程物探方法的作业程序,分别对作业前仪器设备的准备工作、作业过程中应注意的主要安全生产事项以及可能出现危及安全生产的事故处理方法,作业结束后收放电缆时应采取的安全生产措施等做出规定。

9.3.2 条文对爆破作业船与其他作业船(量测船)之间的拖挂方式、位置及安全生产防护等做出规定。考虑海上安全生产作业的需要,要求爆破作业船与其他作业船之间应保持一定的安全距离,不得少于100.0m。因为海上作业经常会遇上大风、大浪天气,从安全生产角度出发,保证一定的安全距离是必要的。如果作业区是位于江、河、湖、溪等地表水域时,由于相对风平浪静,爆破作业船与其他作业船之间的最小安全距离可根据具体情况而定。当水域作业的炸药量大于10kg时,爆破作业船与爆破点的安全距离可按以下公式估算:

$$R = 15\sqrt{Q} \tag{1}$$

式中:Q——一次爆破的炸药量(kg);

R——最小安全距离(m)。

9.3.3 电火花震源会产生瞬间高电压,如发生漏电事故有可能导致机毁人亡的安全生产事故,因此,要求船上作业设备和作业人员应配备绝缘防护用品和设施。同时,要求在作业过程中应经常检查船上电缆的绝缘程度。

9.3.4 采用机械式震源船,应注意作业过程中不断经受连续冲击,船体可能造成破损、漏水等导致震源船沉没。所以,规定震源船不得载人,并且不得带故障作业,以免因安全生产事故导致人身伤亡事故发生。

9.3.5 水域工程物探除了经常使用的地震勘探方法外,还有电法、电磁法等勘探手段。当采用电法进行勘探作业时,危及作业安全的危险源主要来自作业船上探测设备和导线的绝缘程度、作业船舶的完好性(不漏水)和作业人员绝缘防护用品的配备等。防止漏水、漏电是保证水域工程物探安全生产作业的基本任务。

9.3.6 本条直接引用现行国家标准《爆破安全规程》GB 6722中第5.7.9条。要求装药点距水面应有一定的安全距离,主要是防止起爆后被抛飞的砂石伤及作业人员。确定安全距离应根据装药量、水的深浅程度、目标层(目的物)的埋藏深度等综合考虑。

9.4 人 工 震 源

9.4.1 爆炸是指某一物质系统在发生迅速的物理变化或化学反应时,系统本身的能量借助于气体的急剧膨胀而转化为对周围介质做机械功。爆破是指利用炸药的爆炸能量对介质做功,以达到预定工程目标。根据现行国家标准《爆破安全规程》GB 6722的有关规定,并考虑现行国家标准《地震勘探爆破安全规程》GB 12950是1991年制定,至今未修订,而现行国家标准《爆破安全规程》GB 6722在术语部分已将地震勘探爆炸震源定义为爆破震源。因此,本次修订删除了"爆炸"这一专业术语,统一采用"爆破"这一术语。现行国家标准《爆破安全规程》GB 6722对爆破物品的运输、存放、管理、使用以及作业人员从业条件等均做了详细的规定,能够满足一般民用爆破工程作业安全。本条除了规定工程物探采用爆破震源作业应执行现行国家标准《爆破安全规程》GB 6722 和《地震勘探爆炸安全规程》GB 12950 的规定外，还针对其作业特点做了补充性规定。

1 爆破安全范围(直径)大小一般与药量大小、炸药类型、爆破点的地形、地质条件有关；

3 本款是为了防止电磁或射频电源干扰，可能导致提前起爆造成安全生产事故而做出的规定。

9.4.2 虽然工程物探采用的爆破震源其用药量和爆破当量均较小，但由于其作业点大部分位于地表，稍有不慎就可能酿成安全生产事故。考虑到爆破作业的危险性，从安全生产角度出发，本条强调了爆破作业统一指挥的必要性，对统一指挥的具体方式做了规定。

9.4.3 本条对在作业过程中出现拒爆现象时应采取的安全防护措施，以及在检查拒爆原因时应注意的安全事项做了详细规定。要求进行拒爆原因检查时，负责爆破作业的负责人应在现场进行指导。检查拒爆原因时应注意以下要点：

(1)当爆破回路是通路时，应检查雷管是否错接在计时线上，爆破回路是否短路或漏电；

(2)当爆破回路是断路时，应检查雷管与爆破线连接是否脱落，爆破线是否断路。

9.4.4 在作业过程中出现瞎炮是常见的事，但在处理瞎炮时一定要谨慎小心规范作业，不得凭经验随意处置，否则将很容易发生安全生产事故。本条对坑炮、水炮和井炮三种瞎炮形式的处理方法做出了规定。处理瞎炮时，负责爆破作业的负责人应在现场进行指导。坑炮、水炮和井炮系指炸药放置的环境(炮点)如土石坑中、水中或井中。

9.4.5 本条第9款强调"地下埋设有输气、输油、输电、通信等管线"不得采用爆破震源作业。本次修改主要依据《石油天然气管道保护条例》第十五条，"禁止任何单位和个人从事下列危及管道设施安全的活动……(三)在管道中心线两侧或者管道设施场区外各50米范围内，爆破、开山和修筑大型建筑物、构筑物工程；(四)在埋地管道设施上方巡查便道上行驶机动车辆或者在地面管道设施、架空管道设施上行走；(五)危害管道设施安全的其他行为。"第十六条"在管道中心线两侧各50米至500米范围内进行爆破的，应当事先征得管道企业同意，在采取安全保护措施后方可进行。"

9.4.6 采用非爆破冲击震源作业时的不安全生产因素主要来自机械设备方面，防范这一不安全生产因素主要取决于机械设备的完好程度和作业人员是否按规操作。本条还要求作业过程中非操作人员应与震源保持足够的安全距离，以免发生意外。

9.4.7 采用电火花震源作业时，瞬间会产生较高的电压和电流，所以作业仪器设备应有良好的接地和剩余电流动作保护装置。作业仪器设备和作业人员的绝缘防护措施应落实到位，并对控制放电作业安全做了具体规定。

9.4.8 使用气枪震源最大的不安全因素是作业时会产生很大的高压气流。气枪震源对设备的安全性能要求高，危险性也较大。因此，规定采用气枪震源时应编制专项作业方案，作业过程不得将枪口朝着有人的地方，并应设定一定安全距离，在安全距离内不得人员进入，以防发生安全生产事故。有关气枪震源使用可参照现行行业标准《气枪震源使用技术规范》SY/T 6156 的有关规定执行。

10 勘察设备

10.1 一般规定

10.1.1 任何设备的作业能力和使用范围都有一定限度，在其使用说明书中均有明确规定。勘察实践中许多安全生产事故的发生的原因，是由于从业人员违章操作或不遵守规章制度造成的。超过限度或不按照说明书规定操作，会造成设备故障、损毁或人身伤害的安全生产事故。

本标准的"勘察设备"包括为完成工程建设的岩土工程勘察、测量、检测和监测全过程使用的所有设备和辅助设备。

10.1.2 设备配套的安全防护装置起到及时预报机械的安全状态、保证设备安全运行和作业人员安全的功能。因此，需要保持设备配套的安全防护装置齐全、有效。

10.1.3 地基指钻机、水泵、动力机、钻塔承载处的基础，引自现行国家标准《钻探工程名词术语》GB 9151。勘探设备中钻探机组的重量最大，它对地基承载力的要求与勘探深度有关。一般情况下，将勘探设备基台构件安装在经修整的勘探场地都能满足对地基承载力的要求。如果是软土地基可采用加宽基台构件，增加与场地的接触面来满足要求。加固措施主要是针对钻塔的任一脚(腿)承载处为局部填方或软弱土层时，应进行加固；桅杆式或"A"字形钻塔着力点集中，塔基压应力也大，遇场地软硬不均，容易发生钻塔倾倒事故。

10.1.4 基台指安装钻探设备的地面基础设施，组成基台的构件包括基台枕(指横向铺设在地盘上的基台构件)和基台梁(指纵向铺设在基台枕上的基台构件)，均引自现行国家标准《钻探工程名词术语》GB 9151。基台构件可以是木材或型钢，也可以用钢筋混凝土构件。

10.1.5 勘探设备迁移，需要人力和机械共同安装、拆卸、搬运、材料和工具，需要人机协调，要求应由勘察项目负责人或指定的专人统一指挥，主要是为了协调统一，达到人与人、人机相互配合协调，避免不协调发生安全生产事故。

2 由于采用汽车运输勘察设备时勘察项目所在地经常是交通安全管理薄弱处，经常出现人货混装的现象，容易发生人身伤害事故。因此，本款对此类作业做出规定。此外，汽车运输还要遵守《道路交通安全法》等系列法规。

3 起重机械属于特种设备，起重设备的使用(含吊装)已有详细规定(详见现行国家标准《起重机械安全规程 第1部分:总则》GB 6067.1)。为避免重复，本次修订时将原规范该条有关规定删除。葫芦起重机的安全使用其说明书已有规定。作业现场易出现事故的主要是由于三脚架架腿架设不稳引起，为避免类似事故而做出的规定。

10.1.6 机械外露转动部位主要指皮带传动系统、齿轮传动系统、联轴器传动系统和钻机回转器等部位，而皮带传动系统系指平皮带或三角皮带传动系统。

10.1.7 本条为新增加条文。勘探、检测和试验设备常有液压装置或部件，设备运行期间液压系统均处于高压力状态，为了作业人员和设备安全增加了本条规定。勘察设备液压装置的使用要求详见附录C的有关规定。

10.1.8 本条为新增加条文。为了避免勘探设备在撤离作业现场时将污染物携带出作业场地，对其他非污染场所造成二次污染危害而做出相应的规定。

10.2 钻探设备

10.2.1 钻探机组指钻机、泥浆泵、动力机以及钻塔等配套组合的钻探设备(引自现行国家标准《钻探工程名词术语》GB 9151)。

本条明确规定"非车装钻探机组不得整体迁移"，主要是根据安全生产事故案例调查中发现因非车装钻探机组整体迁移酿成的人身伤害的安全生产事故不少，编制组认为钻探机组的整体迁移作业应严格禁止。

车装(亦称车载，含机动车或履带)钻探机组的使用说明书中要求，车装钻探机组移动时应先将钻塔落下后，方准移动。现场使用中都能得到遵守。因此,本条"钻探机组迁移时钻塔应落下"的规定,实际上包括了车装钻探机组迁移时钻塔应落下的规定。

10.2.2 "钻塔"指钻进时悬挂钻具、管材用的构架(引自现行国家标准《钻探工程名词术语》GB 9151)。钻塔应具有足够的承载能力、强度、刚度、整体稳定性和必要的操作使用空间。常用钻塔从结构上分为单管两脚塔、三脚塔、四角塔、A形塔、桅杆型塔和门字型塔等。

1 钻塔天车设置过卷扬防护装置的目的是防止提升提引器时翻过天车导致人身伤害事故。如果升降系统添加游动滑轮,则钻塔天车轮前缘切点应为钻塔天车轮轴中心,"同一轴线上"。

2 钻塔安装和拆卸(亦称钻塔起落)主要采用整体和分节建立法。钻塔整体或构件起落范围指整体安装和拆卸时,钻塔及构件的起落范围。人字钻塔和三脚钻塔一般多采用整体安装方法,即在地面上先把钻塔构件连接好,然后使用卷扬机将钻塔整体竖立起来并定位牢固。拆卸时则相反,但要控制起落钻塔的速度,要有专人控制牵引绳和观察钻塔起落动向,防止发生倒塔的安全生产事故。钻塔构件起落指分节建立钻塔的构件起落范围,如四脚钻塔。不管钻塔是整体还是分节建立,钻塔及其构件起落范围内均不能放置设备、构件和材料,人员不能停留或穿过钻塔起落范围。

3 钻探设备通过机架用螺栓与基台("基台"指安装钻探设备的地面基础设施,引自现行国家标准《钻探工程名词术语》GB 9151)牢固连接;钻塔塔腿压住基台构件并与基台构件连接,保障勘察设备使用的安全性。塔腿与基台连接方式主要有插销、栓钉插接和螺栓连接,使钻塔塔腿稳固地固定格在基台上,可以防止塔腿在受力时移位可能产生的倒塔或倾斜等安全生产事故。钻塔、钻机通过基台构成一个完整的受力体系,使钻机卷扬机实施升降作业。因此,不随意在钻塔构件上打眼或进行改装,以免受力体系受到破坏降低了钻探设备的强度。钻探升降钻具时难免需要塔上和孔口人员协调配合作业。本款明确表达,安装或拆卸钻塔时,作业人员不得在塔上、塔下同时作业,若同时作业易发生伤害事故,应予禁止。

4 踏板亦称台板,有木质和金属板的,根据实际情况本款添加了"防滑钢板"。

5 根据不同的钻探作业技术要求,钻塔分为直塔和斜塔。高度不同的钻塔稳定性对安装绷绳有不同的要求,避免风力对钻塔的危害,导致对作业人员的伤害;斜塔安装提引器导向绳(亦称导引绳)导引提引器定向下行,避免提引器或钻具碰撞场内构件引起伤害。

10.2.3 本条为新增加条文。

钻机卷扬机(俗称升降机)以及原位测试等使用的卷扬机不属于国家规定的特种设备,除现行国家标准《建筑卷扬机》GB/T 1955外,未见单独使用的卷扬机安全规程。

1 勘察设备配套的卷扬机是用于升降物体而不是用于升降和运送人员,所以使用卷扬机升降和运送人员是一种违规操作行为,易发生人身伤亡等安全生产事故。

2 "配套"指的是钻塔(含三脚架)和天车滑轮(亦称滑车)的负荷(不小于5倍的安全系数)不小于卷扬机的提升能力,天车轮直径与钢丝绳直径的曲径比应满足钢丝绳正常使用寿命和安全要求。本款规定钻塔与卷扬机配套使用,避免添加游动滑轮提升的总负荷超过钻塔额定负荷,避免操作人员盲目对钻塔和天车滑轮实施超负荷作业导致安全生产事故。

由于工程勘察常用的钻机使用说明书对提升作业时钢丝绳在卷扬机卷筒上要保持的环绕圈数要求不一致,有的缺失此项要求;检测作业均采用建筑卷扬机。为了避免绳头固定处直接承受起吊力,参照现行国家标准《建筑卷扬机》GB/T 1955的规定,统一规定钢丝绳的环绕圈数"不应少于3圈"。

3 本款要求卷扬机钢丝绳的检验和使用应按照现行国家标准《钢丝绳夹》GB/T 5976和《起重机钢丝绳保养、维护、安装、检

验和报废》GB/T 5972执行。

10.2.4 本条对泥浆泵的使用与维护做出了规定。

3 本款规定泥浆泵运转时的泵压不得超过泥浆泵铭牌规定的泵压值。

10.2.5 本条对柴油机的使用与维护做出了规定。

1 启动柴油机最大的危险源来摇把脱手或是未能将摇把及时抽出,以及拉绳缠绕在手上等伤及作业人员的安全生产事故。用手摇柄或拉绳启动柴油机,很容易发生摇把反转伤及作业人员的安全生产事故,操作时应予以注意。

2 用冷水注入水箱或泼浇机体,会使高温的水箱和机体因骤冷产生破裂而损坏。

3 柴油机"飞车"是指转速失去控制,大大超过额定转速,发动机剧烈振动,发出轰鸣声,排气管冒出大量黑烟或蓝烟的故障现象。"飞车"不仅造成设备损坏,而且危及人身安全,应引起作业人员高度重视。引起柴油机"飞车"的原因很多,但基本分为两类:一是燃油供给;二是蹿烧机油。两种"飞车"虽然都表现为柴油机超速运转,但具体表现有差别。柴油超供引起"飞车"时,排气管冒黑烟,一般可用切断供油的方法制止;机油引起柴油机"飞车"时,排气管冒蓝烟,这时只切断供油不能有效制止,应同时断绝空气供给和急速减压来制止。发生这种事故最迅速地排除方法是迅速堵塞空气进气通道(可将空气滤清器罩拆下,用衣服或其他物品将进气道堵住),阻止空气进入燃油系统进气道或迅速拧松各高压油管接头,或进入喷油泵的低压油管接头;无扳手时,也可采用砸断油管的应急措施。

10.3 勘察辅助设备

10.3.1 运转中发现漏水、漏气、填料发热、底阀滤网堵塞、运转声音异常、电动机温升过高、电流突然增大、机械零件松动或其他故障时,应立即停机检修。停止作业时,应先关闭压力表,再关闭出水阀,然后切断电源。

10.3.2 本条对潜水泵使用与维护做出了规定。

1 潜水泵为工程勘察勘探常用抽水设备,漏电隐患多,危害大,与作业人员的安全关系密切。新增"装设保护接零和漏电保护装置",是为了确保作业人员的安全。由于潜水泵是在水中工作,其电动机对绝缘程度要求较高,长时间使用需要定期测定其绝缘电阻值。如果绝缘电阻值低于0.5MΩ,说明电动机受潮,应旋开放气封口塞,检查定子绕阻是否有水或油,若有水或油时应放尽并经烘干后方可使用。

潜水泵长时间在水中运转,除了应装设保护接零或剩余电流动作保护装置外,还要定期(每周一次)测定其绝缘电阻值,其值应无下降。

3 潜水泵的电动机和泵都是安装在密封的泵体内,高速运转的热量需要水冷却,不能在水外运转时间过长。

4、5 这两款主要是防止电缆受力断裂,造成意外伤害。

10.3.3 本条对空气压缩机使用与维护做出规定。

1 本款主要是为了降低储气罐温度,提高储存压缩开启质量;远离热源和高温,保证压力容器安全。

2 本款要求移动式空气压缩机的拖车应有接地保护,目的是防止电动机绝缘保护遭破坏,导致作业人员发生触电等安全生产事故。

3 避免输气管路急弯,主要是为了减少输气的阻力,增加输气管路的安全系数。

4 本款将"打开送气阀前"改为"开启送气阀前";将"出口处不得有人作业"改为"出气口前方不得有人"。规定输送压缩空气时出气口不能对准有人的地方,主要是因为压缩空气的压强大,如果直接吹向人体会造成人身伤害事故,所以要特别注意送气过程的安全操作程序,防止压缩空气伤人。

5 本款目的是为安全运转,提出巡查的规定;储气罐作为压

力容器要执行国家有关压力容器定期检验的规定。储气罐安全阀是限制储气罐内压力不超过铭牌规定值的安全保护装置，压力表和安全阀要定期检定。

6 空气压缩机输送高压气体时，作业人员应及时发现、处理运行过程中的异常情况，保障设备和人员的安全；常见的异常情况有：漏水，漏气，漏电或冷却水突然中断，压力表、温度表、电流表、转速表指示值超过规定，排气压力突然升高，排气阀、安全阀失效，机械有异响或电动机电刷发生强烈火花和安全防护，压力控制装置及电气绝缘装置失效等，这些异常情况的持续都会引起设备事故和人员伤害。

7 本款规定是为了避免剩余高压气体造成第三方的伤害。

11 勘察用电

11.1 一般规定

11.1.1 由于勘察现场作业条件与供电条件受现场诸多因素制约，与标准要求的安全作业条件经常有一定的差距。因此，勘察现场作业临时用电应根据现场条件编制临时用电方案。用电设备的数量、种类、分布和计算负荷大小与用电安全有关。临时用电专项专案设计及变更时，必须履行编制、审核、批准、验收程序，由电气工程技术人员组织编制，经相关部门审核及具有法人资格企业的技术负责人批准后实施。变更用电组织设计时应补充有关图纸资料。临时用电工程必须经编制、审核、批准部门和使用单位共同验收，合格后方可投入使用。

临时用电专项方案应包括下列内容：

(1)现场勘测。

(2)确定电源进线、变电所或配电室、配电装置、用电设备位置及线缆走向。

(3)进行负荷计算。

(4)选择变压器。

(5)设计配电系统。

1)设计配电线路，选择导线或电缆；

2)设计配电装置，选择电器；

3)设计接地装置；

4)绘制临时用电工程图纸，主要包括用电工程总平面图、配电装置布置图、配电系统接线图、接地装置设计图。

(6)设计防雷装置。

(7)确定防护措施。

(8)制定安全用电措施和电气防火措施。

当勘察现场用电设备数量达 5 台及以上或总容量在 50kW 及以上时，应根据作业程序、合同工期等进行合理地调配供用电，直到满足安全生产用电为止。当勘察现场用电设备少于 5 台时，由于用电量小，可以在编制勘察纲要时制定符合标准要求的临时用电安全技术措施，并与勘察纲要一起审批。

临时用电工程定期检查按分部、分项工程进行，对安全隐患必须及时处理，并应履行复查验收手续。

11.1.2 根据现行国家标准《建设工程施工现场供用电安全规范》GB 50194 和《低压配电设计规范》GB 50054 的有关规定，把原条文中的短路保护、过载保护和接地故障保护进行拆分和完善，调整为电击防护、短路保护、过负荷保护，并突出电击防护在勘察现场的重要性。根据勘察现场用电环境的实际情况，对配电总体原则做了规定，对配电级数做了限定，并要求对电击和过电流(短路、过负荷)进行防护。

三相四线制系统包括 TN-S 系统、TN-C-S 系统或 TT 系统。勘察现场采用的三相四线制系统，宜采用：

(1)全系统将中性导体(N)与保护导体(PE)分开的 TN-S 系

统(图1)；

(2)在装置的受电点将保护接地中性导体(PEN)分离成保护导体(PE)和中性导体(N)的三相四线制的 TN-C-S 系统(图2)；

(3)全部装置都采用分开的中性导体(N)和保护导体(PE)的 TT 系统(图3)。

1 本款对低压配电系统的配电级数做了限定，勘察作业现场不管采用何种接地系统，低压配电级数均不宜超过三级，否则会给开关整定的选择性动作带来困难，并且也无法将故障的停电范围限定在最小的区域内。

2 本款为新增加的条款，增加的内容主要是依据现行国家标准《用电安全导则》GB/T 13869 中关于用电安全基本原则的有关规定，根据现行国家标准《低压电气装置 第 4-41 部分：安全防护 电击防护》GB 16895.21，电气装置中常用的电击防护措施有：自动切断电源、双重绝缘或加强绝缘、向单台用电设备供电的

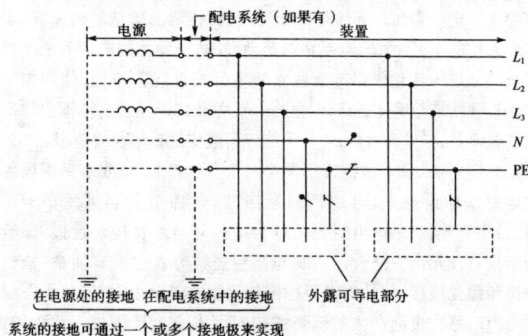

在电源处的接地　在配电系统中的接地　外露可导电部分
系统的接地可通过一个或多个接地极来实现

图 1 全系统将中性导体(N)与保护导体(PE)分开的 TN-S 系统

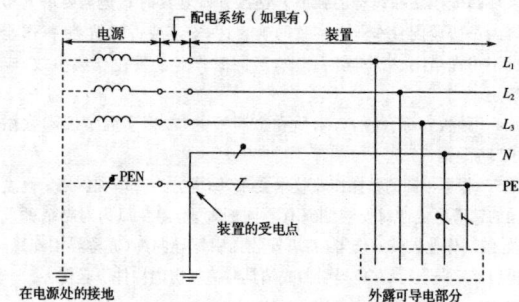

在电源处的接地

图 2 在装置的受电点将保护接地中性导体(PEN)分离成保护导体(PE)和中性导体(N)的三相四线制的 TN-C-S 系统

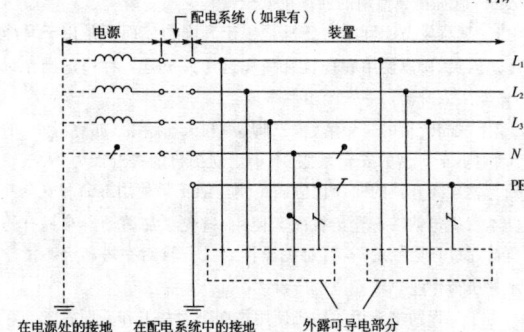

在电源处的接地　在配电系统中的接地　外露可导电部分

图 3 全部装置都采用分开的中性导体(N)和保护导体(PE)的 TT 系统

电气分隔、特低电压等。其中自动切断电源是电气装置中最常用的电击防护保护措施，在实际应用中，往往容易忽视对导线、设备的绝缘保护，电气装置外露可导电部分与保护导体(PE)的连接。

3 短路保护和过负荷保护均属于过电流保护，配电线路装设

短路保护和过负荷保护的目的就是避免线路因过电流导致绝缘受损,进而引发火灾及其他灾害。

4 无论是短路保护、过负荷保护,还是自动切断电源的电击防护,上下级保护装置的动作特性均应具有选择性,且各级之间应能协调配合。对于非重要负荷的短路、过负荷保护电器,允许采用部分选择性或无选择性切断。

11.1.3 将原规范该条文要求使用的电器"应符合现行国家有关标准"的规定修改为"应采用强制性认证合格的产品"。

用电设备指将电能转化为其他形式非电能的电气设备,如:电动机、电焊机、灯具、电动工具、电动机械等。用电安全装置也称保护装置,是指保护用电设备、线路及其人身安全的相关电气设施,如断路器、剩余电流动作保护装置(漏电保护器)等。根据现行国家标准《用电安全导则》GB/T 13869、《建设工程施工现场供用电安全规范》GB 50194和现行国家行业标准《施工现场临时用电安全技术规范》JGJ 46、《民用建筑电气设计规范》JGJ 16的有关规定,用电设备及其用电安全装置应符合上述标准的有关规定,凡国家规定需强制认证的电气产品应取得国家认证后方可使用。

11.1.4 本条是根据现行国家标准《用电安全导则》GB/T 13869有关禁止非电工人员从事电工工作的有关规定制定的。电工作业是一种危险性较大的特殊工种,应经培训考核合格后方可持证上岗作业。许多勘察单位由于对从业人员进行安全用电教育不够,或未有效执行安全用电方面的规章制度,发生了许多因用电不慎造成的触电人身伤亡安全生产事故和电器火灾安全生产事故。为了保证供用电作业安全,规定供用电设备的安装和拆除应由持证上岗的电工进行作业,并且不得带电作业。供用电作业应符合以下规定:

(1)即使是持证电工也不得带电作业;

(2)供用电设施使用完毕后或发生故障时,均应由持证上岗的电工切断电源后方可进行供用电设施拆除作业或查找故障原因和排除故障。

11.1.5 从加强安全用电管理的角度出发,参照现行国家标准《建设工程施工现场供用电安全规范》GB 50194和行业标准《施工现场临时用电安全技术规范》JGJ 46的有关规定,并结合岩土工程勘察作业现场的实际情况,电气装置发生过负荷、短路和失压等故障时,会通过自动开关跳闸,切断电源,保护串接在其后的用电设备;如果在故障未排除之前强行供电,自动开关将失去保护作用而烧坏用电设备。

11.1.6 根据现行国家标准《用电安全导则》GB/T 13869和《建设工程施工现场供用电安全规范》GB 50194的有关规定,结合勘察现场作业实际情况制定了该条文。条文中规定的停用1h以上的用电设备是指包含午休、下班和局部停工1h以上;当出现这种情况时,应将动力末级配电箱断电并上锁,以防止设备被误启动。

11.2 勘察现场临时用电

11.2.1 本条明确了架空敷设时可采用绝缘导线,并应符合现行国家标准《额定电压1kV及以下架空绝缘电缆》GB/T 12527的有关规定。

由于勘察作业场地一般均未经整平、整理,经常有块石、碎砖、固体垃圾等堆放在场地内,而且还经常有多个施工单位、多个工种同时交叉作业,从作业安全防护的角度出发,建议尽可能使用电缆。直埋线路宜采用铠装电缆,以防止开挖、碾压对电力对电缆的破坏。架空线路可采用电缆或架空绝缘导线,不应使用裸导线,使用的绝缘导线应符合现行国家标准《额定电压1kV及以下架空绝缘电缆》GB/T 12527的有关规定。

电缆类型应符合现行国家标准《电力工程电缆设计规范》GB 50217、《额定电压450/750V及以下聚氯乙烯绝缘电缆 第1部分:一般要求》GB/T 5023.1和《额定电压450/750V及以下橡皮绝缘电缆 第1部分:一般要求》GB/T 5013.1关于电缆芯线数的规定,即,当采用TN-S系统时:

(1)电缆中应包含全部相导体、中性导体(N)和保护导体(PE)。

(2)三相四线制配电的电缆线路应采用五芯电缆,五芯电缆应包含淡蓝、绿/黄两种颜色绝缘芯线。淡蓝色芯线应用作N线,绿/黄双色芯线应用作PE线,不得混用。

(3)三相三线时,应选用四芯电缆。

(4)当三相用电设备中配置有单相用电器具时,应选用五芯电缆。

(5)单相二线时应选用三芯电缆。

要求供电电缆采用多芯电缆,避免多根电缆对同一用电设备供电,并要求多芯供电电缆的其中一芯为专用PE线,供用电设备作保护接地。当电缆中的芯数不够时,不得另外增加线来满足芯数。

11.2.2 本条是参考现行国家标准《建设工程施工现场供用电安全规范》GB 50194、《电力工程电缆设计规范》GB 50217和《低压配电设计规范》GB 50054的有关规定,结合岩土工程勘察现场实际作业环境而制定。

由于勘察作业现场经常碰到其他施工单位进行开挖或回填作业,为防止电缆被挖断或碰伤,所以要求供电电缆应沿道路路边或建筑物边线埋设,并宜沿直线敷设。为便于查找、维修和保护电缆,要求转弯处和直线段每隔20.0m应设置电缆走向标志。

为了不妨碍正常作业和人员行走,规定了电缆的架设高度;对直埋电缆规定了最小埋设深度。电缆直埋时,要求电缆之间、电缆与其他管道、道路、建筑物等之间平行和交叉时的最小安全距离应符合现行国家标准《建设工程施工现场供用电安全规范》GB 50194中表7.3.2的规定。当勘察作业现场临时用房的室内配线路距地面高度小于2.5m时,应采用套管等保护措施。

11.2.3 本条根据施工现场临时用电的特点,规定了适合于施工现场临时用电工程系统接地的基本型式。

1～3 TN系统为最常用的接地系统,该系统供电回路如发生故障,其故障电流较大,用断路器、熔断器、剩余电流动作保护装置等保护电器来切断故障回路,该系统容易设置与整定。

中性导体(N)与保护导体(PE)单独敷设后如有电气连接,保护导体(PE)可能会有电流通过,使保护导体(PE)的电位提高,危及人身安全,并可能使剩余电流动作保护装置误动作,因此要保证中性导体(N)与保护导体(PE)电气上的隔离。

供电回路正常时,中性导体(N)与相导体均有电流通过,其总电流矢量和为零,为了保证剩余电流动作保护装置可靠动作,中性导体(N)应接入剩余电流动作保护装置。

根据现行国家标准《系统接地的型式及安全技术要求》GB 14050的有关规定,对TN系统保护导体(PE)重复接地、重复接地电阻值的规定(见本标准第11.2.4条)是考虑到一旦保护导体(PE)发生断线,而其后的电气设备和导体与保护导体(PE)(或设备外露可导电部分)又发生短路或漏电时,降低保护导体(PE)对地电压,并保证系统所设的保护电器应在规定的时间内切断电源。重复接地的目的,在于减少设备外壳带电时的对地电压。

4 当现场供电条件为TT系统时,则勘察作业现场也宜采用TT系统。该TT系统的接地故障电流较小,应在每一回路上装设瞬动型剩余电流动作保护装置。

TT系统可限制故障电压沿保护导体(PE)传导,也即减小故障电压的影响范围。当勘察现场从场外引接电源时,TT系统可防止勘察现场外的故障电压沿保护导体(PE)传导至勘察现场的电气设备外壳上,从而引发电击事故;对于较大规模的勘察现场,采用TT系统在现场内分设几个互不关联的接地极,则限制了故障电压在勘察现场内传导的范围。

5 供电系统装设保护导体(PE)起到预防人身遭受电击的作用,所以应保证其畅通,不允许装设开关和熔断器。保护导体(PE)最小截面应符合现行国家标准《低压配电设计规范》GB 50054和《建设工程施工现场供用电安全规范》GB 50194的有关规定,目的是确保在发生接地故障时,能满足热稳定的要求。

一般情况下,配电装置和电动机械相联接的保护导体(PE)应为截面不小于 2.5mm² 的绝缘多股铜线。手持式电动工具的保护导体(PE)应为截面不小于 1.5mm² 的绝缘多股铜线。

6 为了保证中性导体(N)或保护导体(PE)不会因为接触不良或断线使之失去保护功能而做出的规定。如果随意将中性导体(N)或保护导体(PE)缠绕或钩挂,无法做到可靠连接,一旦电气设备绝缘损坏时,将会导致其外壳带电,威胁作业人员的人身安全。

每一接地装置的接地线应采用 2 根及以上导体,在不同点与接地体做电气连接。不得采用铝导体作接地体或地下接地线。垂直接地体宜采用角钢、钢管或光面圆钢,不得采用螺纹钢。

7 本款参考了现行国家标准《建筑电气工程施工质量验收规范》GB 50303 的相关规定。电气设备的外露可导电部分应与保护导体(PE)单独连接,也就是要求与保护导体(PE)直接连接,而非串联连接,这是确保电气设备安全运行的条件。

下列电气装置的外露可导电部分和装置外可导电部分,均应与保护导体(PE)可靠连接:

(1)电机、变压器、照明灯具、配电箱(柜)等Ⅰ类电气设备的金属外壳,基础型钢与该电气设备连接的金属构架及靠近带电部分的金属围栏;

(2)电缆的金属护套、电缆线路的金属保护管、接线盒等。

现行国家标准《国家电气设备安全技术规范》GB 19517 将电气设备按电击防护的方法分为 0、Ⅰ、Ⅱ、Ⅲ四类。其中 0 类设备已渐趋淘汰。类别的数字不反映设备的安全水平,只反映获得安全的手段。

Ⅰ类设备:不仅依靠基本绝缘进行防电击保护,而且还包括一个附加的安全措施,即把易电击的导电部分连接到设备固定布线中的保护(接地)导体上,使易触及导电部分在绝缘失效时也不会成为带电部分的设备。

Ⅱ类设备:不仅依靠基本绝缘进行防电击保护,而且还包括附加的安全措施(例如双重绝缘或加强绝缘),但对保护接地或依赖设备条件未做规定的设备。

Ⅲ类设备:依靠安全特低电压供电进行防电击保护,而且在其中产生的电压不会高于安全特低电压的设备。

电气设备绝大多数为Ⅰ类,如变压器、电动机、Ⅰ类灯具等。

在勘察现场,手持式电动工具不得采用Ⅰ类设备,移动式和手提式灯具应采用Ⅲ类设备。

11.2.4 当采用 TT 系统时,接地电阻值应当符合下式的规定:

$$I_a \times R_A \leqslant 25V \tag{2}$$

式中:R_A——接地装置的接地电阻与外露可导电部分的保护导体电阻之和,(Ω);

I_a——保护电器自动作的动作电流,当保护电器为剩余电流动作保护装置时 I_a 为额定剩余电流动作电流 $I_{\Delta n}$,(A)。

11.2.5 为了降低三相低压配电系统的不对称性和电压偏差,保证用电的电能质量,配电系统应尽可能做到三相负荷平衡。当单相照明线路电流大于 30A 时,宜采用 220/380V 三相四线制供电。

要求照明和动力末级配电箱应分别设置,主要是确保照明用电安全,不会因动力线路故障而影响照明,导致安全生产事故。

11.2.6 根据现行国家标准《低压配电设计规范》GB 50054、《通用用电设备配电设计规范》GB 50055 及《剩余电流动作保护装置安装和运行》GB/T 13955 的有关规定,本条适用于用电设备的电源隔离和短路、过负荷、剩余电流动作保护需要。当熔断器是具有可见分断点时,可另设隔离开关。电动机控制电器宜采用接触器、起动器或其他电动机专用的控制开关。起动次数少的电动机,其控制电器可采用低压断路器或与电动机类别相适应的隔离开

关。电动机的控制电器不得采用开启式开关。当剩余电流动作保护装置是同时具有短路、过载、漏电保护功能的漏电断路器时,可不装设断路器或熔断器。

常用电动机末端配电箱中的电器规格可按现行行业标准《施工现场临时用电安全技术规范》JGJ 46 附录 C 选用。

11.2.7 当一个回路直接控制 2 台及以上用电设备,其中一台用电设备发生故障时,保护电器动作后会影响其他设备的使用。勘察作业现场开关箱应采用"一机、一闸、一漏、一箱"制原则,以防止发生误操作事故。同时各自供电回路应设有单独的剩余电流动作保护装置。

11.2.8 根据现行国家标准《用电安全导则》GB/T 13869 和《建设工程施工现场供用电安全规范》GB 50194 的有关规定,结合勘察现场作业实际情况,为保障配电箱使用时的安全性和可靠性,对其装设位置的环境条件做出相应的限制性规定。

11.2.9 考虑操作维修的方便性和防止地面杂物、溅水危害,并从勘察现场作业环境现状出发,对配电箱的设置高度做出规定。

11.2.10 本条根据现行国家标准《用电安全导则》GB/T 13869 的有关规定,并参考现行行业标准《施工现场临时用电安全技术规范》JGJ 46 的有关要求而制定,目的是保障配电箱正常的电器功能配置和保护配电箱进出线及其接头不被破坏。

11.2.11 根据现行国家标准《用电安全导则》GB/T 13869 关于"适应施工现场露天作业条件"的规定制定的,电源进线不得采用插头和插座做活动连接,主要是防止插头被触碰带电脱落时可能造成的意外短路和人体触电遭受伤害的安全生产事故。

11.2.12 本条是根据现行国家标准《用电安全导则》GB/T 13869 的有关规定,考虑到勘察现场作业实际环境条件,为保障配电箱使用和维修安全所做的规定。其中定期检查、维修周期不宜超过一个月。配电箱操作程序应符合下列规定:

(1)送电操作顺序:总配电箱⇒分配电箱⇒末级配电箱;

(2)停电操作顺序:末级配电箱⇒分配电箱⇒总配电箱。

出现电气故障等紧急情况可以除外。

11.2.13 剩余电流动作保护装置简称剩余电流保护装置,亦称漏电保护器。剩余电流动作保护装置主要用于电击防护和漏电火灾。剩余电流动作保护装置的选择、安装、运行和管理应符合现行国家标准《剩余电流动作保护电器(RCD)的一般要求》GB/T 6829 和《剩余电流动作保护装置安装和运行》GB/T 13955 的有关规定。

1 装于末端用于直接接触电击事故防护的剩余电流动作保护装置应选用无延时型产品,其额定剩余动作电流不应大于 30mA。剩余电流动作保护装置每天使用前应启动漏电试验按钮试跳一次,试跳不正常时不得继续使用。

本款引自现行行业标准《施工现场临时用电安全技术规范》JGJ 46 的有关规定。安全界限值 30mA 主要引自现行国家标准《电流对人和家畜的效应 第 1 部分:通用部分》GB/T 13870.1 的有关规定。

2 本款参考现行国家标准《剩余电流动作保护装置安装和运行》GB/T 13955 的有关规定,勘察现场电气线易受损伤而发生接地故障,装设二至三级剩余电流动作保护装置可起到防止间接触电击事故和电气火灾事故以及缩小事故范围的作用。

勘察现场根据实际情况装设二至三级剩余电流动作保护装置,构成二级或三级保护系统。各级剩余电流动作保护装置的主回路额定电流值、额定剩余动作值、电流值与动作时间应满足选择性的要求。

3 由于临时用电系统的剩余电流动作保护装置主要是为了防止人身间接触电可能造成伤害,根据现行国家标准《剩余电流动作保护器的一般要求》GB/T 6829 的有关要求,选择的剩余电流动作保护装置应是高速、高灵敏度、电流动作型产品;潮湿或腐蚀场所选用的剩余电流动作保护装置的结构应符合现行国家标准

《外壳防护等级（IP 代码）》GB/T 4208 的防溅型电器。

4 剩余电流动作保护装置产品分为电子式和电磁式。当选用电子式剩余电流动作保护装置产品，根据电子元器件有效工作寿命要求，工作年限一般为 6 年；超过规定年限应进行全面检测，根据检测结果决定可否继续运行。同时，当选用辅助电源故障时不能自动断开的辅助电源型（电子式）产品，还要同时设置缺相保护；根据岩土工程勘察临时用电工程间断性特点作此选择性规定。

11.2.14 本条为新增加条文。勘察作业当需要设置场地照明时应符合现行国家标准《建筑照明设计标准》GB 50034、《室外作业场地照明设计标准》GB 50582 及《建设工程施工现场供用电安全规范》GB 50194 的有关规定。

11.2.15 对勘察作业现场照明器具的防水性能，根据不同外界环境，增加 IP 等级对应规定，对勘察作业现场照明器具的选型作了规定。

1～3 根据现行国家标准《室外作业场地照明设计标准》GB 50582 的有关规定：防护等级指按标准规定的检验方法，外壳对人接近危险部件、防止固体异物进入或水进入所提供的保护程度制订。IP 代码表明外壳对人接近危险部件、防止固体异物或水进入的防护等级以及与这些防护有关的附加信息的代码系统。

根据现行国家标准《外壳防护等级（IP 代码）》GB/T 4028 的规定，IP 代码的第一位特征数字（数字 0～6 或字母 X）表示防止接近危险部件和防止固体异物进入的防护等级，第二位特征数字（数字 0～8 或字母 X）表示防止水进入的防护等级。不要求规定特征数字时，由字母"X"代替。

IP43 的防护，能防止直径不小于 1.0mm 的固体异物进入，能防淋水；IP54 的防护，能防尘、防溅水；IP65 的防护，尘，能防喷水。

4，5 根据现行国家标准《建设工程施工现场供用电安全规范》GB 50194 和现行国家行业标准《施工现场临时用电安全技术规范》JGJ 46 的有关规定，照明器具的选择应按下列环境条件确定：

（1）含有大量尘埃但无爆破和火灾危险的场所，选用防尘型照明器；

（2）有爆破和火灾危险的场所，按危险场所等级选用防爆型照明器；

（3）存在较强振动的场所，选用防振型照明器；

（4）有酸、碱等强腐蚀介质场所，选用耐酸碱型照明器。

11.2.16 由于岩土工程勘察经常是在一种较潮湿的环境中作业，所以本条规定其接触电压限值为 24V，因此，特低电压回路不应采用我国常用的 36V 电压，而应采用 24V 或 12V 电压。在潮湿环境，不应带电作业，一般作业应穿绝缘靴或站在绝缘台上。

11.2.17 由于恶劣天气易发生断线、电气设备损坏、绝缘度降低等事故，所以应加强作业现场临时用电设施的巡视和检查；为了保护巡视和检查人员的人身安全，防止发生触电等人身安全事故，要求巡视时应戴好个体防护装备。

11.2.18 要求应及时拆除临时用电设施和设备，主要是从保护人身安全，防止设备和器材丢失的角度出发而做出的规定。

11.3 用电设备的维护与使用

11.3.1 新购买或经过大修的用电设备，需要经过测试验证性能和适用性。由于新装配的零部件表面咬合程度较差，需要经过磨合，以达到各部件表面的良好接触，如果未达到磨合期满就满负荷使用，会引起粘附磨损而造成安全生产事故。

11.3.2 用电设备电源线的性能应符合现行国家标准《额定电压 450/750V 及以下橡皮绝缘电缆 第 1 部分：一般要求》GB/T 5013.1 和《额定电压 450/750V 及以下橡皮绝缘电缆 第 4 部分：软线和软电缆》GB/T 5013.4 的要求；其截面可参照现行国家行业标准《施工现场临时用电安全技术规范》JGJ 46 附录 C 的有关要求选配。

电缆芯线数应根据负荷及其控制电器的相数和线数确定：三相四线时，应选用五芯电缆；三相三线时，应选用四芯电缆；当三相用电设备中配置有单相用电器具时，应选用五芯电缆；单相二线时，应选用三芯电缆。

11.3.3 本条对电动机使用与维护做出规定。

6 本款引自现行国家标准《电气装置安装工程旋转电机施工及验收规范》GB 50170。

11.3.4 本条对发电机组的安装与使用做出规定。

1 发电机房的灭火设施应根据发电机组的大小、数量、用途等实际情况确定，并应满足现行国家标准《建筑设计防火规范》GB 50016 的要求。

2 排烟管在机房外垂直敷设的管段，距机房墙小于 1.0m 或高出机房屋檐的管段低于 1.0m 时，高温的烟气容易飘进机房与油气混合产生易燃气体或污染机房内的空气。

3 要求供电系统设置电源隔离开关及短路、过载、剩余电流动作保护装置，目的是强调勘察现场临时用电系统安全的一致性。

4 要求移动式发电机系统接地应按现行行业标准《民用建筑电气设计规范》JGJ 16 和《施工现场临时用电安全技术规范》JGJ 46 的有关规定执行。

11.3.5 保留原规范第 11.3.5 条，对原规范条文作了个别修改，将"外电电源"修改为"其他电源"。

规定发电机电源与其他电源的电气隔离措施，目的是为了保证发电机组不会与其他电源并列运行而发生倒送电，造成发电机组烧毁安全生产事故。

11.3.6 保留原规范第 11.3.6 条各款，将原规范第 11.3.7 条调整为本条第 7 款，修改调整后本条共总 7 款，原规范该条除第 5 款外各条款内容未做修改，仅将原规范该条第 5 款中的"开关箱"改为"末级配电箱"。

1 Ⅰ类工具的防止触电保护不仅依靠工具的基本绝缘，而且还包括一个保护接零或接地的安全预防措施，使外露可导电部分在基本绝缘损坏的事故中不能成为导电体。Ⅱ类工具的防止触电保护不仅依靠基本绝缘，而且还提供附加的双重绝缘或加强绝缘，没有保护接零或接地或不依赖设备安装条件的措施，外壳的明显部位有Ⅱ类结构"回"标志。Ⅱ类工具分为绝缘材料外壳Ⅱ类工具和金属外壳Ⅱ类工具；绝缘材料外壳的手持式电动工具怕受压、受潮和腐蚀。Ⅲ类工具防触电保护依靠安全特低电压供电，工具中不会产生比安全特低电压高的电压。

4 本款主要是为了防止机具长时间使用发生故障，同时也是为了延长机具使用寿命而要求采取的安全防护措施。

5 手持电动工具是依靠操作人员的手来控制，如果运行中的机具失去控制会损坏工件和机具，甚至危及人身安全。

7 手持砂轮机转速一般在 10000r/min 以上，所以应对砂轮的质量和安装提出严格要求，以保证作业安全。

12 安全防护和作业环境保护

12.1 一般规定

12.1.1 依据 2014 年 12 月 1 日起修订实施的《中华人民共和国安全生产法》第七章附则中第一百一十二条的规定，"危险物品是指易燃易爆物品、危险化学品、放射性物品等能够危及人身安全和财产安全的物品"。由于危险物品的化学、物理或者毒性特性，使其在生产、储存、装卸、运输过程中容易导致火灾、爆破或者中毒危险，可能引起人身伤亡、财产损害，显然，这是从物品的性质上所作的界定。

（1）《民用爆破物品安全管理条例》规定，民用爆破物品是指用于非军事目的、列入民用爆破物品品名表的各类火药、炸药及其制品和雷管、导火索等点火、起爆器材。

(2)根据《危险化学品安全管理条例》的规定，危险化学品是指具有毒害、腐蚀、爆破、燃烧、助燃等性质，对人体、设施、环境具有危害的剧毒化学品和其他化学品。爆破、燃烧、助燃物品包括压缩气体和液化气体、易燃液体、易燃固体、自燃物品和遇湿易燃物品等。压缩气体和液化气体主要包括氢、甲烷、乙烷、压缩硫化氢、液化石油气、供给城市生活和生产的天然气、人工煤气、重油制气等气体燃料。毒害品如氰化钠、氰化钾、硝基苯等；腐蚀品主要包括酸性腐蚀品和碱性腐蚀品，如甲醛溶液、氨水；二乙醇胺等；其他腐蚀品，如酸性氟化钾、福尔马林溶液等。

(3)放射性物品包括射源和非密封放射性物质，如金属铀、硝石酸钍等。

国家《危险化学品安全管理条例》《民用爆破物品安全管理条例》《放射性同位素与射线装置安全和防护条例》对上述危险物品的采购、运输、存储、使用和处置均有明确规定。采购、运输、存储、使用和处置危险物品的人员应经过相关专业安全教育培训，了解不同危险物品的化学、物理性质，取得资格证书后方可从事本项工作。

12.1.2 因林区、草区、化工厂、燃料厂、加油站等场所是防火重点，有关管理部门或建设单位均有严格的防火规定，勘察作业人员进入上述厂、区勘察作业时，应严格遵守当地有关防火规定。

12.1.3 本条为新增加条文。对勘探作业现场存在易燃易爆气体时，勘探设备应采取的防火防爆措施做出了规定。

12.1.4 鉴于雷雨季节野外钻探作业防雷的重要性，将其与防雷装置接地要求分开，单列本条。在雷雨季节四周空旷的场地勘察作业时，易遭受雷击，尤其是地势较高的空旷场地，所以要求钻塔上应设置防雷装置。

12.1.5 危险物品的分类在本标准第12.1.1条及条文说明中做了详细叙述，本次修订将原规范该条文中"易燃、易爆、剧毒、腐蚀性等危险品"简化为"危险物品"。依据2014年12月1日起修订实施的《中华人民共和国安全生产法》第二十一条"危险物品的生产、经营、储存单位，应当设置安全生产管理机构或者配备专职安全生产管理人员"，以及自2013年12月7日起施行的《危险化学品安全管理条例》第二十四条"危险化学品应当储存在专用仓库、专用场地或者专用储存室内，并由专人负责管理"等相关规定。

原国家标准《安全标志》GB 2894修订为《安全标志及其使用导则》GB 2894。安全标志分为禁止标志、警告标志、指令标志和提示标志四类。禁止标志的含义是禁止人们不安全行为；警告标志的含义是提醒人们对周围环境引起注意，以避免可能发生危险；指令标志的含义是强制人们应做出某种动作或采用防范措施；提示标志的含义是向人们提供某种信息。存放危险物品的场所应设置禁止标志。

12.2 危险物品储存和使用

12.2.1 性质不同的易燃易爆物品或化学品一旦发生事故，采用的灭火方式和手段不同，如有些物品可以用水处理，而有些物品遇水发生剧烈燃烧或爆破，进而扩大事故危害。性质不同的化学品，如强氧化剂和强还原剂放在一起，一旦两者意外接触，立即发生化学反应，引起燃烧或爆破事故。因此，为避免一种危险物品万一发生燃烧或爆破，引起另一种危险物品爆破或燃烧，对性质不同、应急处置措施相克的危险物品不得混放。

国家《民用爆破物品安全管理条例》《危险化学品安全管理条例》等法规和现行国家标准《爆破安全规程》GB 6722对危险物品的存储场所均有严格的规定，存储场所应设置防火、防爆、防毒、防潮、防泄漏、防盗和通风等安全设施。危险物品应按有关规定存放

在符合要求的专用仓库、专用场地或专用存储室内。存储方式、方法和存储数量应符合国家有关标准规定，并由专人负责管理。特殊情况下，应经主管部门审核并报当地县(市)公安机关批准，方准在库外存放。

危险物品存储专用仓库的存储设备和安全设施应定期检测。

12.2.2 按《危险化学品安全管理条例》《民用爆破物品安全管理条例》《放射性同位素与射线装置安全和防护条例》等国家法规要求危险物品储存和使用应建立管理制度。

为防止危险物品流失，建立危险物品储存、领取和使用记录是非常必要的，双人管理、双锁储存、双人使用，便于管理人员相互监督和核查危险物品的数量和去向。另外对能再次使用的剩余危险物品做出相应规定，不得随意处置。

12.2.3 一般危险物品不宜受潮，放置场所应干燥。

12.2.4 废弃危险物品随意倾倒不仅会污染环境，而且可能产生有毒、有害物质，甚至会产生燃烧、爆破等事故，根据《中华人民共和国环境保护法》《中华人民共和国固体废物污染环境防治法》《废弃危险化学品污染环境防治办法》等相关法规要求，危险物品废弃物应分类收集，按规定进行处置并做好详细记录，按规定处理后方可排放，如强酸、强碱经稀释或中和达到排放标准后方可排放。

12.2.5 本条对作业人员劳动防护做出规定，如搬运和使用易燃易爆危险物品的作业人员应穿戴非化纤类服装，防止产生静电；从事放射性作业的人员应穿戴防辐射服；从事易燃、易爆作业以及使用腐蚀性药品如强酸、强碱或氧化剂等进行水、土试验时，应戴护目镜、面罩或口罩，穿戴化学防护衣、安全鞋、塑胶围裙、橡胶手套等防护用品，作业过程要遵守安全操作规程和国家危险化学品安全管理条例的有关规定。

12.2.7 本条为新增加条文。为避免从事放射性勘探作业人员长期受到辐射性影响，根据国家《放射性同位素与射线装置安全和防护条例》的有关规定，对连续作业时间和个人清洁做出规定。

12.2.8 特殊试验项目需要使用放射性试剂或放射源时，应严格遵守国家《放射性同位素与射线装置安全和防护条例》的有关规定。国家对放射性物品的运输、储存、使用、管理等均有严格的规定，放射源放置在铅罩内由专人保管，放射源应由计量部门进行更换，不得将放射源密封外壳打开，不得与人体直接接触。

12.3 防 火

12.3.1 本条对存放易燃易爆危险物品的场所和勘察作业现场的消防器材设置提出了要求，包括临时工棚、仓库、办公场所、试验室、勘察作业现场等。存放易燃易爆危险物品的场所、勘察作业现场、临时用房等设施，应根据可能发生的火灾类型配置相应的消防器材，如灭火器、集水桶、沙土等。消防器材应放在合适位置，便于发生火灾时取用。临时用房包括临时工棚、仓库、办公场所、试验室等。

现行国家标准《建筑灭火器配置设计规范》GB 50140第3.1.2条将灭火器配置场所的火灾种类划分为以下五类：

(1)A类火灾指固体物质火灾。如木材、棉、毛、麻、纸张及其制品等燃烧的火灾。

(2)B类火灾指液体火灾或可熔化固体物质火灾。如汽油、煤油、柴油、原油、甲醇、乙醇、沥青、石蜡等燃烧的火灾。

(3)C类火灾指气体火灾。如煤气、天然气、甲烷、乙烷、丙烷、氢气等燃烧的火灾。

(4)D类火灾指金属火灾。如钾、钠、镁、钛、锆、锂、铝镁合金等燃烧的火灾。

(5)E类(带电)火灾指带电物体的火灾。

勘察作业场所可能发生火灾的类型主要为A、B、C、E类。

现行国家标准《建筑灭火器配置设计规范》GB 50140第

3.2.2条将民用建筑灭火器配置场所的危险等级划分为以下三级:

(1)严重危险级:使用性质重要,人员密集,用电用火多,可燃物多,起火后蔓延迅速,扑救困难,容易造成重大财产损失或人员群死群伤的场所。

(2)中危险级:使用性质较重要,人员较密集,用电用火较多,可燃物较多,起火后蔓延较迅速,扑救较难的场所。

(3)轻危险级:使用性质一般,人员不密集,用电用火较少,可燃物较少,起火后蔓延较缓慢,扑救较易的场所。

勘察作业现场灭火器材的配置数量可根据配置场所危险等级、灭火器最大保护距离等按现行国家标准《建筑灭火器配置设计规范》GB 50140有关规定确定。勘察作业现场、临时用房面积一般不大于200m²,火灾危险等级轻危和中危,设置2具灭火器即可满足上述规范要求,因此,规定每个作业场所、临时用房不少于2具灭火器。

12.3.2 考虑到临时用房内明火取暖容易引起煤气中毒,在本次修订的条文中增加了"临时用房内不得使用火盆或无保护罩电炉取暖"的规定。

12.3.5 不同易燃物品着火时,灭火方法不尽相同。现行国家标准《建筑灭火器配置设计规范》GB 50140规定:A类火灾(固体物质火灾)场所应选择水型灭火器、磷酸铵盐干粉灭火器、泡沫灭火器或卤代烷灭火器;B类火灾(液体火灾或可熔化固体物质火灾)场所应选择泡沫灭火器、碳酸氢钠干粉灭火器、磷酸铵盐干粉灭火器、二氧化碳灭火器、B类火灾的水型灭火器或卤代烷灭火器,极性溶剂的B类火灾场所应选择抗溶性灭火器;C类火灾(气体火灾)场所应选择磷酸铵盐干粉灭火器、碳酸氢钠干粉灭火器、二氧化碳灭火器或卤代烷灭火器;D类火灾(金属火灾)场所应选择扑灭金属火灾的专用灭火器;E类火灾(带电物体火灾)场所应选择磷酸铵盐干粉灭火器、碳酸氢钠干粉灭火器、卤代烷灭火器或二氧化碳灭火器,不得选用装有金属喇叭喷筒的二氧化碳灭火器。因此,勘察作业现场不仅应配备足够相应的灭火器材,而且还应定期对员工进行防火安全教育和培训,以免火灾发生时,采取不当措施导致严重后果。

12.3.6 将原规范该条文中"沼气"修改为"易燃易爆气体",扩大了防护范围;另外增加了恢复钻探作业的条件,对钻孔易燃易爆气体逸出进行封堵,当易燃易爆气体浓度符合本标准表12.6.2的规定后方可进行勘探作业,并应保持作业现场通风条件。

勘探作业可能钻遇的易燃易爆气体主要是沼气和瓦斯,产生沼气的地层主要是湖相沉积的淤泥质黏土和生活垃圾填埋层,产生瓦斯的地层主要是煤炭采空区。在这类地层分布区域勘探作业,应先清理场地及附近的可燃物,勘探过程中应注意观察有无气体逸出,并应提前采取相应的安全生产防护措施。

当场地比较空旷,无火灾隐患时,有瓦斯、沼气溢出,通常采用点火燃烧的方法进行简单处理,待火苗熄灭,沼气浓度符合要求后再重新进行作业。如果现场不能采用点火燃烧进行简单处理且短时间内溢出气体含量没有减少趋势时,应对钻孔溢出气体进行封堵,通常可采用灌注高稠度泥浆或水泥浆进行封堵。

12.3.7 本条为新增加条文。根据近年来城市勘察作业,特别是轨道交通、市政道路等勘察作业,由于既有的各种地下管线分布位置不明,经常发生勘探作业时钻穿不同类型管线,导致重大经济损失的安全生产事故,因此,本次修订时新增加了该条规定。条文中的油气管道包括石油天然气管道和城镇燃气管道。

12.3.8 根据目前乙炔发生器在勘察作业中已经被淘汰使用的实际状况,将原规范该条文中"乙炔发生器应有防回火安全装置"修改为"乙炔瓶应安装防止回火装置",并新增加了对作业人员的安全生产防护要求。

进行焊接、切割作业前,应先将作业场地10.0m范围内所有易燃、易爆危险物品清理干净,并应注意作业环境中的地沟、下水道内有无可燃液体或可燃气体,以免焊渣、金属火星溅入引发火灾或爆破等安全生产事故。

进行高空焊接、切割作业时,不得将使用后剩余的焊条头乱扔,应集中存放,并在焊接、切割作业下方采取隔离防护措施。

12.4 防 雷

12.4.1 本条对避雷装置的接闪器、引下线及接地装置的连接,接闪器和引下线与缆绳的间距,接地体与缆绳地锚的间距分别提出具体要求。

防雷装置避雷针的保护范围系指按滚球法确定的保护范围。滚球法是指选择一个半径为R的球体,沿需要防止雷击的部位滚动,当球体只触及接闪器(包括被利用作为接闪器的金属物),或只触及接闪器和地面(包括与大地接触并能承受雷击的金属物),而不触及需要保护的部位时,则该部分就得到接闪器的保护,单支接闪器的保护范围就可以确定。

避雷装置由接闪器、引下线及接地装置三部分组成,各部分宜用焊接方式连接,搭接焊长度为扁钢宽度的2倍、圆钢直径的6倍,采用螺丝连接时,应加防松螺帽或防松垫片。避雷装置安装时应与钻塔绝缘良好。

接闪器避雷针宜采用铜棒,铜棒直径不应小于20mm;当采用圆钢或钢管制作,圆钢直径不应小于25mm,钢管直径不应小于38mm。引下线宜采用圆钢或金属裸绞线,圆钢直径不应小于8mm,铜质裸绞线截面积不应小于25mm²,铝质裸绞线截面面积不应小于35mm²。

接地装置由接地体和接地线两部分组成。接地体可采用角钢或钢管,角钢厚度不小于4mm,边长不小于40mm,钢管壁厚不小于3.5mm,直径不小于25mm,数量不宜少于2根,每根长度不小于2m。极间距离为长度的2倍,顶端距地面宜为0.5m~0.8m,也可以部分外露,但入地部分长度不小于2m。中性点直接接地系统中,接地线和零线不应小于相线截面的二分之一,接地线采用扁钢时截面不应小于48mm²,采用圆钢时直径不应小于8m,采用裸铜线时截面不应小于4mm²,采用绝缘导线时截面不应小于1.5mm²。

本条内容引自现行行业标准《供水水文地质钻探与管井施工操作规程》CJJ/T 13中第5.4.3条的条文说明。

12.4.2 根据现行行业标准《施工现场临时用电安全技术规范》JGJ 46中第5.4.6条"防雷装置冲击接地电阻值不得大于30Ω"的规定,以及现行行业标准《民用建筑电气设计规范》JGJ 16中第三类防雷建筑的有关规定,考虑到土壤含水量的大小直接影响接地电阻值的大小,因此,本次修订增加了当土壤不能满足接地电阻要求时可采取加盐、木炭和水降低土壤的电阻值等措施。

12.4.3 本条为新增加条文,对机械、电气设备防雷接地和重复接地电阻做出规定。本条内容引自现行行业标准《供水水文地质钻探与管井施工操作规程》CJJ/T 13中第5.4.4条的条文说明。

12.4.4 野外作业遇雷雨天气时,人们经常会跑到大树下避雨,大树最容易遭受雷击,运行中的电气设备以及高压线、高耸金属构件及其他导电物体均可能成为雷电导体,因此,有必要提醒勘察作业人员远离导电的金属构件或其他导电物体,不要在空旷孤立的大树下避雨,以免雷电沿金属构件或其他导电物体引起人身伤亡事故。

12.4.5 本条为新增加条文。一旦发生雷击伤人事件,应急处理措施是否及时得当非常重要,因此,本次修订增加了一旦外业作业人员遭受雷击后应采取应急处理措施的规定。

外业作业人员遭受雷击后,伤者若神志清醒、呼吸心跳自主时,应就地平卧进行观察,不要站立或走动,防止发生休克或心衰;当伤者丧失意识或呼吸停止时,应立即采取人工呼吸或胸腔按压急救措施。

12.5 防 爆

12.5.1 爆破作业是一项危险性很高的工作，稍有不慎就会酿成重大人身伤亡事故，所以，作业人员应经过专业技术培训，熟悉常用爆破物的性能，以及运输、存储、使用爆破、爆破物品的安全知识，并经主管部门考核合格，取得爆破作业人员许可证后，方可上岗从事爆破作业。

12.5.2 爆破作业前不仅要进行爆破工程设计，而且要进行施工组织设计，制定保证作业安全的措施。因此，要求爆破作业开始前应进行踏勘，发现潜在的安全风险，制定应急预案，提前采取控制手段和措施，进而保证爆破作业安全。现行国家标准《爆破安全规程》GB 6722对爆破设计、施工组织设计、安全评估的内容均提出了明确要求。

12.5.3 本条引自现行国家标准《爆破安全规程》GB 6722。对地质条件复杂场地或水域爆破、爆破作业时，常规的爆破作业方案不能满足安全作业要求，应在爆破作业前，对爆区周围人员、地面和地下建(构)筑物及各种设备、设施分布情况等进行详细的调查研究，应制定专项爆破设计。

12.5.4 国家《民用爆破物品安全管理条例》规定，在城市、风景名胜区和重要工程设施附近实施爆破作业时，应当向爆破作业所在地设区的市级人民政府公安机关提出申请，提交《爆破作业单位许可证》和具有相应资质的安全评估企业出具的爆破设计、施工方案评估报告，必要时，应制定应急预案，并经政府有关部门批准，未经政府有关部门批准不得施工。

12.5.5 考虑到爆破作业的危险性，本条强调了爆破作业统一指挥的必要性，对统一指挥和安全警戒措施做了规定。必要时作业现场还应指派专人进行监护，防止非作业人员进入爆破作业影响范围内。

12.5.6 所有爆破作业场地均应采取安全警戒措施。爆破作业可能对周边人员和设施造成爆破冲击伤害，山区爆破、爆破作业可能引起山体崩塌、危岩滚落等地质灾害，因此，爆破作业时除应采取安全警戒措施外，尚应在爆破作业影响范围外的道路两端设置安全标志，必要时还应派专人值守，以免非作业人员闯入作业影响范围内造成人身伤亡事故。

12.5.7 本条为新增加条文。爆破主线、连接线形成短路可能引起爆破安全事故，因此要求爆破主线、连接线与周边设施导电物体不应接触，鉴于对爆破作业安全的重要性，增加本条内容。

12.5.8 本条对特殊作业环境和特殊作业条件下进行爆破作业时，使用专用爆破器材做出规定。

12.5.9 爆破作业结束后，应先通风、再测有毒有害气体含量，然后再进行检查。

根据现行国家标准《爆破安全规程》GB 6722的有关规定，爆破作业完成15min后方准许人员进入爆破区，在无机械通风的半封闭洞室内进行爆破作业，等待时间不少于20min以上，待炮烟排除后，人员方可进入爆破区进行作业。

12.5.10 遇到复杂岩土工程条件时，岩土工程勘察经常采用探井、探槽勘探手段，并对井、槽内遇到的孤石、块石进行爆破作业。这种情况下的不安全生产因素主要取决于能否认真执行安全生产操作规程。

12.5.11 本条为新增加条文，要求对本标准没有规定的内容，应按现行国家标准《爆破安全规程》GB 6722的有关规定执行。

12.6 防 毒

12.6.1 本条为新增加条文。对存在逸出有害气体或污染颗粒物(含污染土和浅层含气地层等)的场地勘察作业时，勘察作业人员应遵守的安全防护做出规定。

1 下班后应在现场及时洗澡并清洗防护装备。防毒呼吸防护

用品的选择、使用与维护应符合现行国家标准《呼吸防护用品的选择、使用与维护》GB/T 18664的规定。

2 勘察作业人员经常在勘察作业现场进餐、进食，当作业场地存在逸出有毒气体或污染颗粒物(含污染土和浅层含气地层等)时，这些有毒、有害物质和气体对勘察作业人员健康有重大影响，为避免"病从口入"，规定勘察作业人员不得在这类勘察作业现场饮食。

12.6.2 表12.6.2中数值引自现行国家标准《爆破安全规程》GB 6722中的表15。

12.6.3 在探洞、探井、探槽、矿井、洞穴内勘察作业，经常会遇到本标准表12.6.2所列的有害气体，当探井、探槽挖掘到生活垃圾填埋层或淤泥土层时，应注意预防土层中的沼气溢出；探洞、矿井、洞穴内作业应特别注意预防含煤地层中的瓦斯溢出。因此，在这类特殊场地作业时，由于有害气体通常易燃、易爆，所以应使用防爆电器设备，并且不得在洞、井内使用明火，同时尚应做好检测工作。常用简易检测方法如下：

(1)有害气体检测：将动物(鸟、鼠等)装在笼内，放入探洞、探井、探槽、矿井、洞穴内测试；

(2)氧气含量检测：将点燃的蜡烛放到探洞、探井、探槽、矿井、洞穴内测试含氧量。

如果停工时间较长，井、洞内有害气体集聚会使浓度升高，当重新进入时，应先检查有害气体溶度，符合要求后方可进入作业。

12.6.4 本条中的剧毒、腐蚀性危险物品系指勘察单位试验室使用的氰化物、氯化物、砷化物、铬化物、浓硫酸和浓碱等。国家《危险化学品安全管理条例》中对剧毒和腐蚀性药品的储存、使用均有明确规定，良好的通风设施是剧毒药品操作室应具备的最基本条件。

12.6.5 试验室发生剧毒、腐蚀性药品意外伤害事故多与违规操作有关，因此，要求作业人员使用剧毒、腐蚀性药品时应严格遵守技术操作规程的有关规定。接触剧毒物质时佩戴防护眼镜，要戴上塑料或橡胶手套，如果手套有破洞，要及时更换，进行危险实验时需要佩戴防毒面具。作业人员应熟悉药品的化学性质，一旦发生意外，应及时采取有效补救措施。当吸入剧毒气体，应首先切断毒气源，加强通风排毒；当腐蚀性药品试剂喷洒到皮肤上时，应及时用干燥棉纱擦除，并根据试剂的化学性质采用水或稀酸、稀碱中和处理。

12.6.6 本条要求使用剧毒危险物品时实行双人双重责任制，即使用时两人同时在场，做好接收和使用记录，记录使用日期、用途、用量、剩余量和剩余物品的处置等信息，双人应同时签字确认，不得一人单独接收和发放，严防剧毒危险物品流出作业场所，对社会安定造成严重危害。

12.6.7 本条对剧毒危险物品使用后的后续管理作业程序作了严格规定，并且对使剩余试剂的处置和保管做出具体规定。

12.7 防 尘

12.7.1 根据2016年9月1日修订施行的《中华人民共和国职业病防治法》，本条对在粉尘环境中工作通风和作业人员穿戴个体防护装备做出规定，避免因劳动防护用品失效影响作业人员的身体健康。

12.7.2 根据现行国家职业卫生标准《工作场所有害因素职业接触限值 第1部分：化学有害因素》GBZ 2.1对不同游离二氧化硅含量情况下的矽尘含量，通风速度、氧气含量、二氧化碳含量做出了规定，而原规范条文仅对作业环境中空气粉尘含量作了规定，对风源空气含尘量未作规定，对通风风速未做规定，硐室作业环境中含尘量和含氧量对作业人员身体健康安全至关重要。考虑到采用条文表述方式比原规范附录C使用更方便，因此，本次修订取消

原规范附录 C，将附录 C 粉尘浓度测定技术要求修订为本标准第 12.7.3 条。

风源空气含尘量、通风速度、工作面氧气和二氧化碳含量等指标系依据《地质勘探安全规程》AQ 2004、《煤矿安全规程》及《缺氧危险作业安全规程》GB 8958 等标准和规程，结合岩土工程勘察实际做出的规定。

在粉尘环境中工作的作业人员除应按规定穿戴相应的个体防护装备外，更重要的是作业场所应采取防尘综合措施。防尘综合措施包括控制尘源、防尘排尘、含尘空气净化等三方面，可以通过采取"水、密、风"等手段达到预防粉尘危害的目的。

12.7.3 本条系依据现行国家标准《作业场所空气中粉尘测定方法》GB 5748 中"取样时，占总数 80% 及以上的测点试样的粉尘浓度应小于 2.0 mg/m³，其他试样不得超过 10mg/m³"而做出的相应规定。

12.7.4 本条为新增加条文。为降低粉尘含量，提高氧气含量，对井下和洞内工作面风速做出规定，条文内容系引自国家安全生产行业标准《地质勘探安全规程》AQ 2004。

12.7.5 坑探、井探、洞探进行的凿岩、爆破作业，土工试验的岩样加工、筛分和磨片作业等均会产生粉尘。生产性粉尘对人体的危害主要是引起矽肺病，粉尘还可引起上呼吸道炎症，锰尘与铍尘可引起肺炎，铬、镍、石棉粉尘易致肺癌。因此，条文根据《国家安全生产法》《劳动保护法》和《职业病防治法》等法律、法规的规定，要求勘察单位定期安排在粉尘环境中工作的作业人员进行体检。

12.8 作业环境保护

12.8.1 国家《环境保护法》和《水土保持法》对施工现场环境保护有严格要求，勘察作业应尽可能减少对作业现场的环境破坏，必要时应变更勘探手段，如采用轻便勘探手段、工程物探、坑探、井探，或在规范允许范围内调整勘探点位置，尽量减少对作业现场植被破坏。

12.8.2 勘察作业前应对作业人员进行环境保护交底，对勘探设备进行检查与维护，目的是提前做好各种预防措施，防止作业过程中油液泄漏造成环境污染。

12.8.3 根据国家《危险废弃物名录》规定，废机油、液压油、真空泵油、柴油、汽油、润滑油、冷却油、含铅废物、含氯化钡废物等均列为危险废物。因此，本条对这类废弃物的处置做出了不得随意堆放和丢弃的规定。

12.8.4 为防止野蛮作业污染作业场地周边的环境和空气质量，规定不得焚烧各类废弃物。

12.8.5 国家《水污染防治法》规定，禁止向水体排放油类、酸类、碱类和剧毒废液。废弃物和废液应放置在专用存储罐内，以免造成环境污染或对人体伤害。野外作业和室内作业产生的废水排放到城市污水管道内的水质应符合国家标准，酸碱类物质应经过中和处理，达到排放标准后才可排放；有毒物质、易燃易爆物品和油类成分分类集中存放，回收处理。

12.8.6 岩土工程勘察作业噪声包括外业作业噪声和室内试验噪声，因此，勘察作业除应符合现行国家标准《建筑施工场界噪声排放标准》GB 12523 和《工业企业厂界环境噪声排放标准》GB 12348 的有关要求外，还应满足对职工职业健康安全的要求。

12.8.7 本条为新增加条文。为保护作业人员不受噪声伤害，对洞内作业噪声标准做出规定，同时限定了噪声环境中连续作业时间。本条系依据国家职业卫生标准《工作场所有害因素职业接触限值 第 2 部分：物理因素》GBZ 2.2 的规定，作业人员每周工作 5d，每天工作 8h，稳态噪声限值为 85dB(A)；每周工作 5d，每天工作不足 8h，需计算 8h 等效声级，限值为 85dB(A)；每周工作不足 5d，需计算 40h 等效声级，限值为 85dB(A)。

13 勘察现场临时用房

13.1 一般规定

13.1.1 由于野外作业往往受客观条件限制，搭建临时用房存在一定困难。在这种情况下，可根据作业现场实际情况搭设临时用房作为宿营场所。在保证最小安全距离的前提下，生活区和作业区应分开设置，为作业人员提供一个相对安全、无污染、环境好的临时住房。

野外宿营地一般指几天内的短期宿营，由于住宿时间短，对住宿条件要求不高，临时用房为各种帐篷。但是宿营地的选址仍应给以足够的重视，如果选址不当，遇恶劣气候条件或地质灾害时，同样也可能发生安全生产事故，造成人身伤亡、财产损失。

13.1.2 规定临时用房应搭建在场地稳定、不易受水淹没、无不良地质作用、周边环境无污染的地方。不得搭建在可能产生滑坡或受地质灾害影响的区域内。临时用房的主体结构应无安全隐患。

选择宿营地时，不应选择在靠近河床或峡谷等低洼处，有崩塌、危岩、块石掉落危险或雪崩可能的陡坡下或悬崖下；并应在保证最小安全距离的情况下，尽量选择靠近水源和燃料补给的地方。应注意避开风口、雨水通道以及可能产生雪崩或滚石掉落等不良地形条件和不良地质作用影响区。

夏季，宿营地点应选择在干燥，地势较高，通风良好，蚊虫较少的地方。通常，湖泊附近和通风的山脊、山顶是夏天较为理想的设营地点，森林和灌木丛也是较理想的宿营地。

冬季，宿营地点应视避风以及距燃料、设营材料、水源的远近等情况而定。应避开易被积雪掩埋的地点，避开崖壁的背风处，在林区和雪地宿营时应先将雪扫净，在雪较厚的地方，应将雪筑实再在雪上铺一层厚 10cm 以上的干草等措施，以防止雪受热融化。

本条第 4 款中的变配电室系指室外放置高压变电及配电设施的构筑物。

13.1.3 本条规定采用装配式临时用房应是由经国家工商注册、建设主管部门颁发生产许可证的厂家生产的产品。不得随意自行制作或采购不合格产品。

13.1.4 本条对临时用房的建筑材料，安全用电等做了具体规定，从而保证临时用房的质量。为作业人员提供有质量保证的临时用房，避免因临时用房质量带来的不安全因素。

13.1.5 虽然临时用房仅供临时使用，但是要求其主体结构应具备一定的安全性和具备一定的抵御风雪能力，并且应有一定的安全防护装置和一定的舒适度，最大限度地满足作业人员一般的生活需求。

13.1.6 本条规定在建设场地内进行勘察作业需要搭建临时用房时，临时用房的房顶应有预防坠物伤人、毁物的安全防护措施。

13.2 居住临时用房

13.2.1 从安全角度出发，要求居住临时用房不得存放易燃、易爆物品。但由于是临时住房，作业人员往往不够重视，经常图方便省事把一些易燃易爆物直接存放在居住临时用房内，很容易引发安全生产事故。从防火、防毒和保护作业人员人身安全的角度出发，对使用"三炉"做出了限制。特别是北方地区冬季，勘察现场居住临时用房经常因作业人员违反安全生产管理规定，在房内违规点火取暖等造成火灾或作业人员中毒的恶性安全生产事故。同时要求临时用房应按国家消防法的有关规定配置相应的消防灭火器材。

13.2.2 从安全防护的角度出发，对居住临时用房的建筑标准、防火、劳动卫生等方面提出具体要求，保证居住临时用房的安全性和适用性。

13.2.4 居住临时用房应满足消防安全距离和消防疏散通道的有关要求，按规定配备灭火器材，并应放置在显眼和便于取用的地点，且不得影响安全疏散。灭火器材应放置稳固，其铭牌应朝外。手提式灭火器宜设置在挂钩、托架上或放置在灭火器材箱内，其顶部离地面高度应小于1.5m，底部离地面高度不宜小于0.15m。灭火器不得放置在超出其使用温度外范围的地点。

13.2.5 本条主要是考虑临时用房居住的舒适度和从职业健康保证措施的角度出发而提出的要求。

13.3 非居住临时用房

13.3.1 本条规定非居住临时用房存放有毒、易燃易爆物品时应分类、分专库存放，不得统放在一个库中以免产生安全隐患，并应与居住临时用房保持一定的安全距离。由于是非居住临时用房，其使用和管理往往无规章制度约束，存放材料、物品随意性很大，大部分无专人值守，当存放有毒、易燃易爆物品时，如果管理不当很容易造成失窃和中毒、火灾、爆破等安全生产事故。

13.3.2 本条明确了对存放易燃易爆物品临时用房内的电气设备、开关、灯具、线路等的防爆性能要求。

对存放易燃易爆物品临时用房的供、用电设备安全提出要求，规定这些场所不得采用明火照明，防止发生火灾、爆破等安全生产事故。

爆破性环境内设置的防爆电气设备应符合现行国家标准《爆炸性环境 第1部分：设备通用要求》GB 3836.1的有关规定。在满足生产工艺及安全的前提下，应减少开关、插座等防爆电气设备的数量；爆炸性粉尘环境内不宜采用携带式电气设备，插座等宜布置在粉尘不易积聚的地点。

13.3.3 本条规定存放易燃易爆物品的临时用房应与生活区保持一定的安全距离，并应采取相应的安全防护措施。从消防角度出发，即使是不居住的临时用房也应具备通风条件，并配备足够数量相应类型的灭火器材。相应类型的灭火器材系指灭火器材的类型应与因存放物品产生的火灾类型相对应。

13.3.4 本条要求野外作业现场设置临时食堂时，选址应在远离一些污染源的地方，并应设置简易的排污设施，以免造成作业场地的二次污染。使用液化燃气的食堂应将燃气罐放置在独立的存放间，不得与食堂作业区或用餐区混放一起，并且存放间应有良好的通风条件，以免因燃气泄漏造成火灾或爆破等安全生产事故。

附录A 勘察作业危险源辨识和评价

A.0.3 本标准附录表A.0.3给出了三个危险性评价因子在不同情况下的分值，主要依据如下：

(1)发生事故可能性L：由于事故发生的可能性与其实际发生的概率相关。用概率表示，绝对不可能发生的概率分值为0，必然发生的事件概率分值规定为10。但在评价一个系统的危险性时，绝对不可能发生事故是不确切的，即概率为0的情况是不可能存在。为便于评分，根据事故发生的可能性将其分值定在0～10之间。

(2)暴露于危险环境频繁程度E：作业人员在危险环境中出现的次数越多，时间越长，则受到伤害的可能性越大。因此，规定连续出现在潜在危险环境的频率分值为10，一年中仅偶尔出现在危险环境中分值为0.1。根据作业人员暴露于危险环境的频繁程度将其分值定在10～0.1之间。

(3)发生事故可能产生的后果C：发生事故造成人身伤害或物质损失程度可以在很大的范围内变化。将需要救护的轻微伤害分值定为1，并以此为基点，将可造成三人以上死亡或十人以上重伤的事故和重大灾难分值定为100，作为最高分值。在两个参考点1～100之间根据可能造成的伤亡程度划分相应的分值。

采用危险性评价因子划分危险等级比较简单、易懂，但根据经验确定3个影响因素的评价因子的分值具有一定的局限性和主观性。

A.0.4 根据本标准附录A.0.2公式的计算结果，按附录A表A.0.4可以判断勘察作业危险源危险等级，当危险源危险等级评价值在20以下时，危险等级为轻微，这种风险危险性很低，可以被人们接受；当危险等级评价值在20～70时，则需要引起注意并加强防范；当危险等级评价值在70～160时，则危险性较大，危害明显，需要采取措施对作业条件进行整改；当危险等级评价值在160～320时，则表明这种情况下勘察作业具有重大危险，危害也大，作业前应制定严格的安全生产管理方案，针对存在的重大风险制定相应的安全控制措施和应急救援预案；当危险等级评价值大于320时，则表明在这种作业条件下危险性特别大，如制定专门的安全控制措施仍不能降低或消除风险，应该调整勘察方案。

A.0.5 本条规定根据曾经发生过非常严重安全事故和可直观判断能发生非常严重安全事故，如违反安全操作规程等现象，应直接判定为重大级危险源。

A.0.6 本条为新增加条文。大多数重大级危险源，对其采取专门安全防护措施后能够把风险降低到可接受程度，但对有些重大级风险，即使采取了专门安全防护措施，仍不能把风险降低到可接受程度，此时应把该危险源判定为特大级危险源。为避免特大级危险源安全风险，可采用变更勘察方案的手段。

中华人民共和国行业标准

高层建筑岩土工程勘察标准

Standard for geotechnical investigation
of tall buildings

JGJ/T 72—2017

批准部门：中华人民共和国住房和城乡建设部
施行日期：２０１８年２月１日

中华人民共和国住房和城乡建设部
公　告

第 1651 号

住房城乡建设部关于发布行业标准
《高层建筑岩土工程勘察标准》的公告

现批准《高层建筑岩土工程勘察标准》为行业标准，编号为 JGJ/T 72-2017，自 2018 年 2 月 1 日起实施。原《高层建筑岩土工程勘察规程》JGJ 72-2004 同时废止。

本标准在住房城乡建设部门户网站（www. mohurd. gov. cn）公开，并由我部标准定额研究所组织中国建筑工业出版社出版发行。

中华人民共和国住房和城乡建设部

2017 年 8 月 23 日

前　言

根据住房和城乡建设部《关于印发〈2013 年工程建设标准规范制订、修订计划〉的通知》（建标〔2013〕6 号）的要求，编制组经广泛调查研究，认真总结工程实践经验，参考有关国际标准和国外先进标准，并在广泛征求意见的基础上，修订了《高层建筑岩土工程勘察规程》JGJ 72-2004。

本标准主要技术内容是：1 总则；2 术语和符号；3 基本规定；4 勘察方案；5 地下水勘察；6 室内试验；7 原位测试；8 岩土工程评价；9 检验和监测；10 特级勘察；11 岩土工程勘察报告。

本标准修订的主要内容是：1. 勘察等级增加了特级；2. 增加了设计参数检测术语，对抗浮设防水位的术语作了修改；3. 对天然地基勘察方案勘探点布设，在花岗岩残积土地区的钻孔深度和连续记录的静力触探或动力触探测试的数量作了调整；4. 对综合确定抗浮设防水位作了修改和补充；5. 增加了按复合地基载荷试验测求的复合地基变形模量 $E_{0,sp}$ 估算复合地基变形量的方法；6. 取消了用静力触探试验成果估算预制桩单桩极限承载力；7. 增加了回弹模量和回弹再压缩模量室内试验要点及估算回弹量和回弹再压缩量的公式；8. 对采用标准贯入试验成果估算预制桩竖向极限承载力作了修改和调整；9. 对嵌岩灌注桩岩石极限侧阻力、极限端阻力经验值作了修改和调整；10. 对泥浆护壁灌注桩不同岩土的抗拔系数 λ 作了补充规定。

本标准由住房和城乡建设部负责管理，由机械工业勘察设计研究院有限公司负责具体技术内容的解释。执行过程中如有意见或建议，请寄送机械工业勘察设计研究院有限公司（地址：西安市咸宁中路 51 号，邮编：710043）。

本 标 准 主 编 单 位：机械工业勘察设计研究院有限公司

本 标 准 参 编 单 位：北京市勘察设计研究院有限公司

上海岩土工程勘察设计研究院有限公司

深圳市勘察测绘院有限公司

中国建筑科学研究院

建设综合勘察研究设计院有限公司

同济大学

上海长凯岩土工程有限公司

深圳市建设综合勘察设计院有限公司

本标准主要起草人员：张　炜　张旷成　沈小克

顾国荣　丘建金　周宏磊

张继文　杨石飞　陈　晖

郭明田　高文生　高广运

高术孝　张文华　侯东利

张　武

本标准主要审查人员：龚晓南　戴一鸣　王步云

顾晓鲁　徐张建　梁金国

化建新　康景文　王卫东

王笃礼　崔鼎九

目　次

Contents

1 总　则

1.0.1 为在高层建筑岩土工程勘察中贯彻执行国家技术经济政策，做到技术先进、经济合理、安全适用、确保质量和保护环境，制定本标准。

1.0.2 本标准适用于高层建筑和高耸结构的岩土工程勘察。

1.0.3 高层建筑和高耸结构的岩土工程勘察除应符合本标准规定外，尚应符合国家现行有关标准的规定。

2　术语和符号

2.1　术　语

2.1.1 高层建筑岩土工程勘察　geotechnical investigation of tall buildings

采用工程地质测绘与调查、勘探、原位测试、室内试验等针对性的勘察手段和方法，对高层建筑和高耸结构场地稳定性、地基稳定性、地基岩土条件、地下水以及它们与工程之间的相互关系进行调查研究，并在此基础上对高层建筑地基基础、基坑工程等作出工程评价和预测建议。

2.1.2 一般性勘探点　general exploratory point

为查明地基主要受力层性质，满足主要受力层地基承载力评价等问题的需要布设的勘探点。

2.1.3 控制性勘探点　control exploratory point

为控制场地地层结构，满足场地、地基基础和基坑工程的稳定性、变形等评价要求布设的勘探点。

2.1.4 取样、测试勘探点　exploratory point for sampling or in-situ testing

采取不扰动土试样、岩石试样或进行原位测试的勘探点。

2.1.5 基准基床系数　basic coefficient of subgrade reaction

采用边长为300mm的方形标准刚性承压板的静力载荷试验，测取得半无限空间地基竖向或水平向表面某点的压力强度与该点相应变形的比值。

2.1.6 抗浮设防水位　ground water level for prevention of up-floating

为满足地下结构抗浮设防安全及抗浮设计技术经济合理的需要，根据场地水文地质条件、地下水长期观测资料和地区经验，预测地下结构在施工期间和使用年限内可能遭遇到的地下水最高水位，用于设计按静水压力计算作用于地下结构基底的最大浮力。

2.1.7 突涌　piping

弱透水土层的自重压力小于其下部承压水水头压力时，土体隆起破坏并同时发生喷水、冒砂的现象，系黏性土渗流破坏的一种形式。

2.1.8 设计参数检验　design parameter verification

在设计、施工期间，对地基基础和基坑工程设计中的控制性设计参数进行检验校核的各种原位测试工作。

2.2　符　号

2.2.1 几何参数

A——基础底面积；

A_p——桩端面积；

B——假想实体基础的等效基础宽度；

b——基础底面宽度；

d——基础埋置深度或桩身直径；

d_c——控制性勘探孔深度；

d_g——一般性勘探孔深度；

L——建筑物长度；

l——桩长度、分段桩长或基础长度；

H_g——自室外地面算起的建筑物高度；

h_{ri}——桩身全断面嵌入第i层中风化、微风化岩层内长度；

u——桩身周长；

u_l——桩群外围周长；

u_r——嵌岩桩嵌岩段周长。

2.2.2 土、岩性能指标与性质参数

a——压缩系数；

c——黏聚力；

C_c——压缩指数；

C_r——回弹再压缩指数；

C_s——回弹指数；

c_u——十字板剪切强度；

C_v——固结系数；

e——孔隙比；

E_0——土的变形模量；

E_m——旁压模量；

E_r——回弹模量；

E_{rc}——回弹再压缩模量；

E_s——土的压缩模量；

$d_s(G_s)$——岩土体的相对密度（比重）；

I_L——液性指数；

k——渗透系数；

p_c——土的先期固结压力；

γ——土的重力密度；

μ——土的泊松比；

w——含水量，含水率；

φ——内摩擦角。

2.2.3 原位测试参数、指标

f_s——双桥静力触探侧壁摩阻力；

K_V、K_h——竖向、水平向基准基床系数；

$N_{63.5}$——重型圆锥动力触探试验实测锤击数；

N_{120}——超重型圆锥动力触探试验实测锤击数；

p_f——旁压试验临塑压力；

p_L——旁压试验极限压力；

N——标准贯入试验实测锤击数；

p_s——单桥静力触探比贯入阻力；

q_c——双桥静力触探锥头阻力；

T——场地土的卓越周期；

v_s——剪切波波速。

2.2.4 抗力、作用与效应参数

f_a——深宽修正后的地基承载力特征值；

f_{ak}——地基承载力特征值；

f_{hak}——原位测试深度处均一土层的地基承载力特征值；

f_{hu}——原位测试深度处均一土层的地基极限承载力；

f_r——岩石饱和单轴极限抗压强度；

f_u——由极限承载力公式计算的地基极限承载力；

f_{sk}——复合地基加固后桩间土承载力特征值；

f_{spk}——复合地基承载力特征值；

F_a——抗浮桩或抗浮锚杆抗拔承载力特征值；

k_0——静止侧压力系数；

p——对应于荷载效应准永久组合时的基底平均压力；

p_0——对应于荷载效应准永久组合时的基底平均附加压力，旁压试验初始压力或载荷试验求得的比例界限压力；

p_z——土的有效自重压力；

q_{pr}——桩端岩石极限端阻力；

q_{ps}——桩端土极限端阻力；

q_{sir}——桩侧第 i 层岩层极限侧阻力；

q_{sis}——桩侧第 i 层土的极限侧阻力；

Q_u——单桩竖向极限承载力；

Q_{ul}——单桩抗拔极限承载力；

R_a——单桩竖向承载力特征值。

2.2.5 计算参数

A_i——平均附加应力系数在第 i 层土的层位深度内积分值；

$\bar{E}_s$——在钻孔位置处、地基变形计算深度范围内的岩土层压缩模量当量值；

m——面积置换率；

s——基础沉降量或载荷试验沉降量；

z_n——沉降计算深度。

2.2.6 系数

K——安全系数，地基不均匀系数界限值；

N_γ、N_q、N_c——地基承载力系数；

ζ_γ、ζ_q、ζ_c——基础形状系数；

ψ_s——沉降计算经验系数。

3 基 本 规 定

3.0.1 高层建筑岩土工程勘察，应针对高层建筑特点，重视地区经验，广泛搜集资料，明确勘察任务要求，采用有针对性的勘察手段，提出资料真实准确、评价合理、建议可行的岩土工程勘察报告或工程咨询报告。

3.0.2 高层建筑岩土工程勘察的勘察等级，应根据高层建筑规模和特征、场地、地基复杂程度以及破坏后果的严重程度，划分为三个等级，具体划分时，应符合表 3.0.2 的规定。

表 3.0.2　高层建筑岩土工程勘察等级划分

勘察等级	高层建筑规模和特征、场地和地基复杂程度及破坏后果的严重程度
特级	符合下列条件之一，破坏后果很严重： 1　高度超过 250m（含 250m）的超高层建筑； 2　高度超过 300m（含 300m）的高耸结构； 3　含有周边环境特别复杂或对基坑变形有特殊要求基坑的高层建筑
甲级	符合下列条件之一，破坏后果很严重： 1　30 层（含 30 层）以上或高于 100m（含 100m）但低于 250m 的超高层建筑（包括住宅、综合性建筑和公共建筑）； 2　体型复杂、层数相差超过 10 层的高低层连成一体的高层建筑； 3　对地基变形有特殊要求的高层建筑； 4　高度超过 200m，但低于 300m 的高耸结构，或重要的工业高耸结构； 5　地质环境复杂的建筑边坡上、下的高层建筑； 6　属于一级（复杂）场地，或一级（复杂）地基的高层建筑； 7　对既有工程影响较大的新建高层建筑； 8　含有基坑支护结构安全等级为一级基坑工程的高层建筑
乙级	符合下列条件之一，破坏后果严重： 1　不符合特级、甲级的高层建筑和高耸结构； 2　高度超过 24m、低于 100m 的综合性建筑和公共建筑； 3　位于邻近地质条件中等复杂、简单的建筑边坡上、下的高层建筑； 4　含有基坑支护结构安全等级为二级、三级基坑工程的高层建筑

注：1　建筑边坡地质环境复杂程度按现行国家标准《建筑边坡工程技术规范》GB 50330 划分判定；

　　2　场地复杂程度和地基复杂程度的等级按现行国家标准《岩土工程勘察规范》GB 50021 判定；

　　3　基坑支护结构的安全等级按现行行业标准《建筑基坑支护技术规程》JGJ 120 判定。

3.0.3 勘察阶段的划分应符合下列规定：

1 对勘察等级为特级或复杂场地、复杂地基的高层建筑岩土工程勘察，勘察阶段应划分为可行性研究勘察、初步勘察、详细勘察三阶段；

2 当场地勘察资料缺乏、建筑总平面布置未定，对勘察等级为甲级的单体高层建筑，或勘察等级为甲级和乙级的高层建筑群的岩土工程勘察，勘察阶段应分为初步勘察和详细勘察两阶段；

3 当场地已有勘察资料能满足初步设计要求，且建筑总平面位置已定时，对甲级和乙级的单体高层建筑，可将初步勘察和详细勘察两阶段合并为一阶段，直接进行详细勘察；

4 当场地和地基复杂，施工中可能出现或已出现有关岩土工程问题时，应进行施工勘察；

5 基槽开挖到底后，应进行施工验槽和验桩。

3.0.4 进行勘察工作前，应详细了解和研究勘察技术要求，并应依据勘察阶段取得委托方提供的下列资料：

1 可行性研究勘察应取得的资料包括：

1）拟建高层建筑的场址地点、占地面积和征地情况；

2）高层建筑的高度，结构类型、地下室层数；

3）场地周边环境，包括既有建筑、道路和地表水体的有关情况；

4）设计方的技术要求。

2 初步勘察应取得的资料包括：

1）建设场地建筑红线角点坐标；附有主楼、裙房、地下室位置的平面图；建筑群的幢数及平面位置；

2）建筑的层数和高度，地下室的层数；

3）场地的拆迁及分期建设情况；

4）勘察场地周边环境条件，既有地下管线及其他地下设施情况；

5）设计方的技术要求。

3 详细勘察前应取得的资料包括：

1）附有建筑红线角点坐标、地形等高线和±0.00高程的建筑总平面布置图；

2）建筑结构类型、特点、层数、总高度和地下室层数；

3）预计的地基基础类型、平面尺寸、荷载、埋置深度和允许变形要求等；

4）场地地表水汇集及排泄情况；

5）地质灾害评估资料，超限高层建筑地震安全性评价报告；

6）勘察场地周边环境条件，包括既有建筑基础类型、埋深、既有道路等级、既有地下管线及其他地下设施情况；

7）设计方的技术要求。

3.0.5 各勘察阶段的勘察方案，应根据高层建筑规模和结构特征、场地和地基复杂程度、委托方的要求，由勘察单位制定。

3.0.6 可行性研究勘察应以搜集资料和工程地质调查为主，从工程地质和岩土工程的角度对拟建高层建筑的可行性、适宜性作出评价并提出建议，并应符合下列规定：

1 应根据区域性地质资料从断裂稳定性、地震稳定性、斜坡稳定性、岩溶稳定性、特殊岩土稳定性等方面，初步判断场地对拟建高层建筑的可行性和适宜性；

2 当已有地质资料不足，对影响项目建设的可行性和适宜性问题作出明确判断依据不充分时，宜进行工程地质测绘和少量针对性的勘探、测试工作；

3 可行性研究勘察报告应对所选场址、建设拟建高层建筑的可行性、适宜性作出判断、比选和评价，对后续的勘察程序及勘察要解决的重点问题、勘探测试手段等提出意见和建议。

3.0.7 初步勘察阶段应在查明地貌、不良地质作用、特殊性岩土、地层结构、岩土特性和地下水埋藏条件的基础上，对场地稳定性和适宜性作出评价；对地基基础方案选型进行初步论证，并提供相关资料、参数和建议，并应符合下列规定：

1 应查明场地所处地貌单元形态和类型；

2 应查明断裂、斜坡、岩溶、地震和特殊岩土等对场地稳定性的影响，提出避让或整治措施的建议；

3 应查明场地地层时代、成因、地层结构、风化带和岩土物理力学性质，对地基基础方案和基坑支护方案选型进行初步论证和评价；

4 应查明地下水类型、补给、径流、排泄条件、年变化幅度和腐蚀性，应从初步勘察阶段起设置地下水观测孔进行长期观测。

3.0.8 详细勘察阶段采取的勘探、测试手段应具有针对性，应详细查明场地工程地质条件和地下水埋藏条件；应为评价、计算地基稳定性、承载力、土压力和变形提供所需资料和参数指标；应为地基基础设计、不良地质作用和特殊性岩土治理、抗浮设计、基坑支护设计、地下水控制等提出建议。

3.0.9 详细勘察阶段应符合下列规定：

1 应详细查明建筑场地地层结构和岩土物理力学性质，并重点查明基础下软弱和坚硬地层的分布及其特性；对于岩质地基和岩质基坑工程，应查明岩石坚硬程度、岩体完整程度、基本质量等级、各风化带厚度及主要结构面的产状；

2 应查明地下水的初见及稳定水位、埋藏条件、类型、补给、径流及排泄条件、季节变化幅度和腐蚀性；应对抗浮设防水位、主要岩土层的渗透系数、基坑工程中地下水控制措施提出建议；当建议采用降水控制措施时，应评价降水对周边环境的影响；

3 根据高层建筑的勘察等级和场地工程地质、水文地质条件，应对地震效应、地基基础方案选型进行论证分析并提出建议；

4 当建议采用天然地基时，应对地基的均匀性、承载力、软弱下卧层、变形、横向倾斜等进行分析评价；应提供设计计算所需各种参数、指标；宜对持力层选择、基础埋深等提出建议；

5 当建议采用复合地基时，应对复合地基增强体类型、持力层选择进行分析评价；

6 当建议采用桩基时，应对桩基类型、持力层选择进行分析评价；应提供桩的极限侧阻力、极限端阻力和变形计算的有关参数；宜对沉桩或成桩可行性、施工对环境的影响和应注意的问题提出建议；

7 高层建筑岩土工程勘察应包括基坑工程勘察的内容，通过勘察应对基坑工程的设计、施工方案提出意见和建议；宜建议各侧边涵盖最不利因素、供设计用于计算的地质剖面；应提供计算基坑稳定性、土压力、变形所需的参数；

8 对开挖深度超过15m的土质和风化岩基坑，宜提供回弹模量和回弹再压缩模量，需要时应布设回弹观测，实测基坑的回弹量；对天然地基或复合地基宜在开挖卸荷后基础底面处进行载荷试验，为最终确定天然地基承载力特征值或复合地基承载力特征值和变形参数进行验证；

9 应对不良地质作用和特殊岩土的防治提出建议，提供所需参数；

10 应对初步勘察中遗留的有关问题提出结论性意见。

3.0.10 高层建筑应从底板施工起进行沉降观测；基坑工程应从围护结构施工起，对支护结构、邻近建筑道路和管线的变形、支护结构应力等进行监测；并宜进行设计参数检验和施工检验。

4 勘察方案

4.1 一般规定

4.1.1 高层建筑可行性研究勘察、初步勘察阶段勘察方案的编制除应符合现行国家标准《岩土工程勘察规范》GB 50021的有关规定外，尚应符合现行国家标准《建筑抗震设计规范》GB 50011的规定。

4.1.2 高层建筑初步勘察除应符合现行国家标准《岩土工程勘察规范》GB 50021的相关规定外，尚应符合下列规定：

1 勘探点的布置应能控制整个建筑场地，勘探线的间距宜为50m～100m，勘探点的间距宜为30m～50m；

2 每栋高层建筑不宜少于一个控制性勘探点；

3 勘探点深度应满足查明地层结构，评价场地稳定性、确定地基承载力、确定场地覆盖层厚度、进行变形计算等所需深度的要求。

4.1.3 详细勘察阶段勘探点的平面布设，应根据高层建筑平面形状、荷载的分布情况确定，并应符合下列规定：

1 当高层建筑平面为矩形时，应按双排布设；当为不规则形状时，宜在凸出部位的阳角和凹进的阴角布设勘探点；

2 在高层建筑层数、荷载和建筑体形变异较大位置处，应布设勘探点；

3 对勘察等级为甲级的高层建筑，当基础宽度超过30m时，应在中心点或电梯井、核心筒部位布设勘探点；

4 单栋高层建筑的勘探点数量，对勘察等级为甲级及其以上的不应少于5个，乙级不应少于4个；控制性勘探点的数量，对勘察等级为甲级及其以上的不应少于3个，乙级不应少于2个；

5 湿陷性黄土、膨胀土、红黏土等特殊性岩土应布设适量的探井；

6 高层建筑群可按建筑物并结合方格网布设勘探点。相邻的高层建筑，勘探点可互相共用，控制性勘探点的数量不应少于勘探点总数的1/2。

4.1.4 详细勘察阶段采取不扰动土试样和原位测试数量应符合下列规定：

1 单栋高层建筑采取不扰动土试样和原位测试勘探点的数量不宜少于全部勘探点总数的2/3，对勘察等级甲级及其以上者不宜少于4个，对乙级不宜少于3个；

2 单栋高层建筑每一主要土层，采取不扰动土试样或十字板剪切、标准贯入试验等原位测试数量不应少于6件（组、次），当采用连续记录的静力触探或动力触探时，不应少于3个孔；

3 同一建筑场地当有多栋高层建筑时，每栋建筑的数量可适当减少。

4.1.5 对于深层土体，黏性土宜采用三重管单动回转取土器，砂土宜采用环刀取土器。

4.1.6 根据工程需要和对不易取得Ⅰ级不扰动土样的土类，应布置适宜的原位测试方法评价其工程性质。

4.1.7 评价土的湿陷性、膨胀性、饱和砂土和粉土地震液化、确定场地覆盖层厚度、查明地下水渗透性等勘探点深度和测试试验深度，尚应符合国家现行有关规范的要求。

4.1.8 在断裂破碎带、冲沟地段、地裂缝等不良地质作用发育场地及位于斜坡上或坡脚下的高层建筑，当需进行整体稳定性验算时，控制性勘探点的深度应满足评价和验算的要求。

4.2 天 然 地 基

4.2.1 详细勘察阶段勘探点间距应根据高层建筑勘

察等级控制在 15m～30m 范围内，并应符合下列规定：

1 勘察等级为甲级及其以上宜取较小值，乙级可取较大值；

2 在暗沟、塘、浜、湖泊沉积地带和冲沟地区，在岩性差异显著或基岩面起伏很大的基岩地区，在断裂破碎带、地裂缝等不良地质作用场地，勘探点间距宜取小值并可适当加密；

3 在浅层岩溶发育地区，宜采用浅层地震勘探和孔间地震 CT 或孔间电磁波 CT 测试等地球物理勘探与钻探相配合进行，查明溶洞和土洞发育程度、范围和连通性。钻孔间距宜取小值或适当加密，溶洞、土洞密集时宜在每个柱基下布置勘探点。

4.2.2 高层建筑详细勘察阶段勘探孔的深度应符合下列规定：

1 控制性勘探点深度应超过地基变形计算深度。

2 控制性勘探点深度，对于箱形基础或筏形基础，在不具备变形深度计算条件时，可按下式计算确定：

$$d_c = d + \alpha_c \beta b \qquad (4.2.2\text{-}1)$$

式中：d_c——控制性勘探点的深度（m）；

d——箱形基础或筏形基础埋置深度（m）；

α_c——与土的压缩性有关的经验系数，根据基础下的地基主要土层按表 4.2.2 取值；

β——与高层建筑层数或基底压力有关的经验系数，对勘察等级为甲级的高层建筑可取 1.1，对乙级高层建筑可取 1.0；

b——箱形基础或筏形基础宽度，对圆形基础或环形基础，按最大直径考虑，对不规则形状的基础，按面积等代成方形、矩形或圆形面积的宽度或直径考虑（m）。

表 4.2.2 经验系数 α_c、α_g 值

土类 值别	碎石土	砂土	粉土	黏性土 （含黄土）	软土
α_c	0.5～0.7	0.7～0.8	0.8～1.0	1.0～1.5	1.5～2.0
α_g	0.3～0.4	0.4～0.5	0.5～0.7	0.7～1.0	1.0～1.5

注：1 表中范围值对同一类土中，地质年代老、密实或地下水位深者取小值，反之者取大值；

2 $b \geqslant 50\text{m}$ 时取小值，$b \leqslant 20\text{m}$ 时，取大值，b 为 20m～50m 时，取中间值。

3 一般性勘探点的深度应适当大于主要受力层的深度，对于箱形基础或筏形基础可按下式计算确定：

$$d_g = d + \alpha_g \beta b \qquad (4.2.2\text{-}2)$$

式中：d_g——一般性勘探点的深度（m）；

α_g——与土的压缩性有关的经验系数，根据基础下的地基主要土层按表 4.2.2 取值。

4 一般性勘探点，在预定深度范围内，有比较稳定且厚度超过 3m 的坚硬地层时，可钻入该层适当

深度并能正确定名和判明其性质；当在预定深度内遇软弱地层时应加深或钻穿。

5 在基岩和浅层岩溶发育地区，当基础底面下的土层厚度小于地基变形计算深度时，一般性钻孔应钻至完整、较完整基岩面；控制性钻孔应深入完整、较完整基岩不小于 5m；专门查明溶洞或土洞的钻孔深度应深入洞底完整地层不小于 5m。

6 在花岗岩地区，对箱形或筏形基础，勘探孔宜穿透强风化岩至中等风化、微风化岩，控制性勘探点宜进入中等、微风化岩 3m～5m，一般性勘探点宜进入中等、微风化岩 1m～2m；当强风化岩很厚时，勘探点深度宜穿透强风化中带，进入强风化下带，控制性勘探点宜进入 3m～5m，一般性勘探点宜进入 1m～2m。

4.2.3 采取不扰动土试样或进行原位测试的竖向间距，基础底面下 1.0 倍基础宽度内宜按 1m～2m，基础底面下 1.0 倍基础宽度以下可根据土层变化情况适当加大距离。

4.2.4 采取岩土试样和进行原位测试除应符合本标准第 4.1.5 条规定外，尚应符合下列规定：

1 在地基主要受力层内，对厚度大于 0.5m 的夹层或透镜体，应采取不扰动土试样或进行原位测试；

2 当土层性质不均匀时，应增加取土数量或原位测试次数；

3 岩石试样的数量每层不应少于 6 件（组），以中等风化、微风化岩石作为持力层时，每层不宜少于 9 件（组）；

4 地下室侧墙计算、基坑稳定性计算或锚杆设计所需的抗剪强度指标试验，每主要土层采取不扰动土试样不应少于 6 件（组）。

4.2.5 对勘察等级为甲级及其以上的高层建筑，或工程经验缺乏，或研究程度较差的地区，应布设静载荷试验确定天然地基持力层的承载力特征值和变形模量。

4.3 桩 基

4.3.1 端承型桩勘探点平面布置应符合下列规定：

1 勘探点应按柱列线布设，其间距应能控制桩端持力层层面和厚度的变化，宜为 12m～24m；

2 对荷载较大或复杂地基的一柱一桩工程，应每柱设置勘探点；

3 在勘探过程中发现基岩中有构造破碎带，或桩端持力层为软硬互层且厚薄不均，或相邻勘探点所揭露桩端持力层层面坡度超过 10%，勘探点应适当加密；

4 岩溶发育场地，当以基岩作为桩端持力层时应按柱位布孔，同时应辅以各种有效的地球物理勘探手段，查明拟建场地范围及有影响地段的各种岩溶

洞隙和土洞的位置、规模、埋深、岩溶堆填物性状和地下水特征。

4.3.2 摩擦型桩勘探点平面布置应符合下列规定：

1 勘探点应按建筑物周边或柱列线布设，其间距宜为20m～30m，当相邻勘探点揭露的主要桩端持力层或软弱下卧层层位变化较大，影响桩基方案选择时，应适当加密勘探点；

2 对基础宽度大于30m的高层建筑，其中心宜布设勘探点；带有裙楼或外扩地下室的高层建筑勘探点布设时应将裙楼和外扩地下室与主楼一同考虑。

4.3.3 端承型桩勘探孔的深度应符合下列规定：

1 当以可压缩地层（包括全风化和强风化岩）作为独立柱基桩端持力层时，勘探点深度应能满足沉降计算的要求，控制性勘探点的深度应深入预计桩端持力层以下 $5d$～$8d$（d 为桩身直径，或方桩的换算直径），直径大的桩取小值，直径小的桩取大值，且不应小于5m；一般性勘探点的深度应达到预计桩端下$3d$～$5d$，且不应小于3m；

2 对一般岩质地基的嵌岩桩，控制性勘探点应钻入预计嵌岩面以下 $3d$～$5d$，且不应小于5m，一般性勘探点深度应钻入预计嵌岩面以下 $1d$～$3d$，且不应小于3m；

3 对花岗岩地区的嵌岩桩，控制性勘探点深度应进入中等、微风化岩 5m～8m，一般性勘探点深度应进入中等、微风化岩 3m～5m；

4 对于岩溶、断层破碎带地区，勘探点应穿过溶洞或断层破碎带进入稳定地层，进入深度不应小于$3d$，且不应小于5m；

5 具多韵律薄层状的沉积岩或变质岩，当风化带内强风化、中等风化、微风化岩呈互层出现时，对拟以微风化岩作为持力层的嵌岩桩，勘探点深度进入微风化岩不应小于5m。

4.3.4 摩擦型桩勘探点的深度应符合下列规定：

1 一般性勘探点的深度应进入预计桩端持力层或预计最大桩端入土深度以下不小于5m；

2 控制性勘探点的深度应达群桩桩基（假想的实体基础）沉降计算深度以下 1m～2m，群桩桩基沉降计算深度宜取桩端平面以下附加应力为上覆土有效自重压力 20%的深度，或按桩端平面以下 $1B$～$1.5B$（B 为假想实体基础宽度）的深度考虑。

4.3.5 桩基勘察的岩土试样采取及原位测试除应符合本标准第4.1.5条规定外，尚应符合下列规定：

1 当采用嵌岩桩时，其桩端持力层的每种岩层，每个建筑场地应采取不少于9组的岩样进行天然和饱和单轴极限抗压强度试验；

2 以不同风化带作桩端持力层的桩基工程，勘察等级为甲级及以上时控制性钻孔宜进行波速测试，按波速值、波速比或风化系数划分岩石风化程度，划分标准应符合现行国家标准《岩土工程勘察规范》

GB 50021 的规定。

4.4 复合地基

4.4.1 对拟采用复合地基的场地，勘察前应收集本地区同类高层建筑的复合地基工程经验和附近场地的地质资料，确定本地区复合地基设计与施工的关键岩土工程问题以及复合地基勘察的重点任务和关键内容，明确复合地基现场试验的必要性和基本要求。

4.4.2 勘察方案应根据建筑地基处理目的和增强体类型进行布设，并应符合下列规定：

1 应查明建筑场地各岩土层分布及性状和地下水的分布及类型，并取得各岩土层承载力特征值、压缩模量以及计算单桩承载力、变形等所需的参数；

2 应查明相对软弱土层的分布范围、深度和厚度情况，以及设计、施工所需的有关技术资料；

3 应查明适宜作为桩端持力层的土层埋深、厚度及其物理力学性质，以及地基土的承载力特征值；

4 对黏性土地基，应取得地基土的压缩模量、不排水抗剪强度、含水量、地下水位及 pH 值、有机质含量等指标；对饱和软黏性土地基，尚应取得灵敏度、固结系数等指标；

5 对湿陷性黄土地基，应重点查明场地湿陷类型、地基湿陷等级、湿陷性土层的分布范围，非湿陷性土层的埋深及性质，提供地基土的湿陷系数、自重湿陷系数、干密度、含水量、最大干密度和最优含水量等指标；

6 对砂土、粉土地基，应重点查明建筑场地液化等级，提供地基土层的标准贯入试验锤击数、静力触探试验比贯入阻力或锥尖阻力和侧壁摩阻力、密实度和液化土层的层位及厚度。

4.4.3 当高层建筑拟采用复合地基时，勘探点布设和勘探深度应符合下列规定：

1 勘探点平面布设应按天然地基勘察方案布设，并应符合本标准第4.2节的规定；当适宜作为桩端持力层的土层顶面高程、厚度变化较大时，应加密勘探点，查明其变化；

2 勘探点深度应符合本标准第4.3节桩基勘察的要求，查明适宜作为桩端持力层的地层分布情况和下卧岩土层的性状。

4.5 基坑工程

4.5.1 基坑工程勘察应与高层建筑地基勘察同步进行。当已有勘察资料不满足要求时，应对基坑工程进行补充勘察。

4.5.2 基坑工程勘察前，应取得委托方提供的下列资料：

1 本基坑的外轮廓线，开挖深度；

2 周边道路和各类地下管线的资料；

3 邻近地下工程的基本情况；

4 邻近建（构）筑物的结构类型、层数、地基与基础类型、埋深、持力层等资料；

5 周边地表水汇集、排泄以及地下管网渗漏情况。

4.5.3 勘察范围应根据开挖深度和场地的岩土工程条件确定，宜在开挖边界线外 1 倍～2 倍开挖深度范围内布置适量勘探点，深厚软土地基、膨胀土地基可适当扩大范围；当开挖边界外无法进行勘探时，应通过调查和搜集取得相应资料。

4.5.4 勘探点应沿基坑各侧边布设，其间距应根据地层复杂程度确定，宜取 15m～30m，且每一侧边的剖面线勘探点不宜少于 3 个。当场地存在软土、饱和粉细砂、深厚填土、暗沟、暗塘等特殊地段以及岩溶地区，应适当加密勘探点，查明其分布和工程特性。

4.5.5 勘探点的深度不宜小于基坑开挖深度的 2 倍，并应穿过软弱土层和饱和砂层。当在要求的勘探深度内遇到微风化岩石时，控制性勘探点深度可进入微风化岩 3m～5m，一般性勘探点深度可进入微风化岩 1m～3m，每个侧边控制性勘探点数量不宜少于该侧边勘探点数量的 1/3，且不宜少于 1 个。

4.5.6 对岩质基坑，勘察工作应以工程地质测绘、调查为主，以钻探、地球物理勘探、原位测试及室内试验为辅；基坑施工期间，宜进行施工地质工作，应查明的内容如下：

1 岩石的坚硬程度、完整程度和风化带的划分；

2 软弱外倾结构面等主要结构面的力学属性、产状、延伸长度、结合程度、充填物状态、充水状况，组合关系与临空面的关系；

3 坡体的含水状况等。

4.5.7 基坑工程勘察试样采取、室内试验和原位测试，除应符合本标准第 4.1.5 条采样规定外，尚应符合下列规定：

1 室内试验应符合下列规定：

1）抗剪强度试验除常规的快剪及固结快剪试验外，尚应进行三轴固结不排水试验和三轴不固结不排水试验；

2）对饱和软土应进行高压固结试验判定其应力历史，必要时，测定其黏粒含量；

3）对砂土应作休止角试验，并宜进行颗粒分析试验，绘制颗粒粒径分布曲线；

4）当人工素填土厚度大于 3.0m 时，应进行重度和抗剪强度试验；

5）对岩质基坑，当存在顺层或外倾岩体软弱结构面时，宜在现场或室内测定结构面的抗剪强度。

2 原位测试应符合下列规定：

1）对一般黏性土和砂土应进行标准贯入试验；

2）对淤泥、淤泥质土应进行十字板剪切和静力触探试验；

3）对碎石土和厚度大于 3.0m 的杂填土应进行重型或超重型动力触探试验；

4）当设计需要时可进行基准基床系数载荷试验、扁铲侧胀试验或旁压试验。

4.5.8 对场地地下水的勘察，除应符合本标准第 5 章求外，尚应符合下列规定：

1 当含水层为卵石层或含卵石颗粒的砂层时，应详细描述或测定卵石的颗粒组成、粒径大小；

2 当附近有地表水体时，宜在其间布设一定数量的勘探孔或观测孔，查明地下水与地表水体之间的水力联系；

3 当场地水文地质资料缺乏或在岩溶发育地区，应进行单孔或群孔分层抽水试验，测求其渗透系数、影响半径、单井涌水量等水文地质参数。

5 地下水勘察

5.0.1 高层建筑地下水勘察应根据工程需要，查明地下水的类型、埋藏条件和变化规律，提供水文地质参数；应针对地基基础形式、基坑和边坡支护形式、施工方法等情况分析评价地下水对地基基础设计、施工和环境影响，预估可能产生的危害，提出预防和处理措施的建议。

5.0.2 对已有地区经验或场地水文地质条件简单，且有常年地下水位监测资料的地区，地下水的勘察可通过调查方法掌握地下水的性质、埋藏条件和变化规律，并宜包括下列内容：

1 地下水的类型、主要含水层及其渗透特性；

2 地下水的补给、径流和排泄条件、地表水与地下水的水力联系；

3 历史最高、最低地下水位及近 3 年～5 年水位变化趋势和主要影响因素；

4 区域性气象资料；

5 地下水腐蚀性和污染源情况。

5.0.3 在无经验地区，当地下水的变化或含水层的水文地质特性对地基评价、地下室抗浮和地下水控制有重大影响时，在调查和满足本标准第 5.0.2 条要求的基础上，应进行专项水文地质勘察，并应符合下列规定：

1 应查明地下水类型、水位及其变化幅度；

2 应明确与工程相关的含水层相互之间的补给关系；

3 应测定地层渗透系数等水文地质参数；

4 在初步勘察阶段应设置长期水位观测孔或孔隙水压力计；

5 对与工程结构有关的含水层，应采取有代表性水样进行水质分析；

6 在岩溶地区，应查明场地岩溶裂隙水的主要发育特征及其不均匀性。

5.0.4 当勘察遇有地下水时，应量测水位，也可埋设孔隙水压力计，或采用孔压静力触探试验进行量测，但在黏性土中应有足够的消散时间；当场地有多层对工程有影响的地下水时，应在代表性地段布设一定数量钻孔分层量测水位。

5.0.5 含水层的渗透系数等水文地质参数的测定，应根据岩土层特性和工程需要，由现场钻孔或探井抽水试验、注水试验或压水试验确定。

5.0.6 地下水对工程的作用和影响评价应符合下列规定：

1 对地基基础、地下结构应评价地下水对结构的上浮作用；对节理不发育的岩石和黏土且有地方经验或实测数据时，可根据经验或实测数据确定其对结构的上浮作用；有渗流时，地下水的水头和作用宜通过渗流计算进行分析评价；

2 验算基坑和边坡稳定性时，应评价地下水及其渗流压力对基坑和边坡稳定的不利影响；

3 采取降水措施时在地下水位下降的影响范围内，应评价降水引发周边环境地面沉降及其对工程的危害；

4 当地下水位回升时，应评价可能引起的土体回弹和附加的浮力等；

5 在湿陷性黄土地区应评价地下水位上升对湿陷性的影响；

6 对粉细砂、粉土地层，应评价在有水头压差情况下产生潜蚀、流砂、管涌的可能性；

7 在地下水位下开挖基坑，应评价降水或截水措施的可行性及其对基坑稳定和周边环境的影响；

8 当基坑底面下存在高水头的承压含水层时，应评价坑底土层的隆起或产生突涌的可能性；

9 在粉土、砂土、卵石地层中，当可能受潮汐波动或地下水渗流影响时，应评价灌注桩、搅拌桩以及注浆工程产生水泥土流失或水泥浆液呈支脉状流失的影响。

5.0.7 地下水的物理、化学作用的评价应符合下列规定：

1 对地下水位以下的工程结构，应评价地下水对混凝土、钢筋混凝土结构中的钢筋的腐蚀性，评价方法应按现行国家标准《岩土工程勘察规范》GB 50021执行；

2 对软岩、强风化、全风化岩石、残积土、湿陷性土、膨胀岩土和盐渍岩土，应评价地下水位变化所产生的软化、崩解、湿陷、胀缩和潜蚀等有害作用；

3 在冻土地区，应评价地下水对土的冻胀和融陷的影响。

5.0.8 当任务需要时，应对地下水的分布和动态特征进行分析，评估工程建设对场地水文地质环境可能造成的影响，提出地下水控制的建议，评估、模拟、预测深基坑降水引起的地下水渗流场的变化及对地面沉降的影响，并提出防治措施建议。

6 室 内 试 验

6.0.1 地基承载力计算所需的抗剪强度试验应符合下列规定：

1 当勘察等级为特级或甲级时，应采取质量等级为Ⅰ级的土试样，进行三轴压缩试验；

2 抗剪强度试验方法应根据施工速度、地层条件和计算公式等选用，宜符合地基实际受力状况，对饱和黏性土或施工速率较快、排水条件差的土，可采用不固结不排水剪，对饱和软黏性土，应对试样在有效自重压力预固结后再进行试验，总应力法提供不固结不排水条件下的黏聚力、内摩擦角参数；经过预压固结的地基，可根据其固结程度采用固结不排水剪，总应力法提供固结不排水条件下的黏聚力、内摩擦角指标；

3 三轴压缩试验结果应提供摩尔圆及其强度包线。

6.0.2 地基沉降计算所用的压缩性指标，根据不同计算方法，可采用下列试验方法确定：

1 当采用分层总和法进行沉降计算时，单轴压缩试验最大压力应超过预计土的有效自重压力与附加压力之和，压缩性指标应取土的有效自重压力至土的有效自重压力与附加压力之和压力段的计算值；

2 当根据应力历史进行固结沉降计算时，应采取质量等级为Ⅰ级的土样进行试验，固结试验的最大压力应满足绘制完整的 $e\text{-}\log p$ 曲线的需要，并求得先期固结压力（p_c）、压缩指数（C_c）和回弹再压缩指数（C_r），回弹压力宜模拟现场卸荷条件；

3 当进行群桩基础变形验算时，对桩端平面以下压缩层范围内的土，应测求土的压缩性指标，试验压力不应小于实际土的有效自重压力与附加压力之和；

4 当依据基坑开挖卸荷引起的回弹量和回弹再压缩量时，应进行压缩－回弹－再压缩固结试验，获取回弹模量和回弹再压缩模量，其试验时加卸荷压力宜模拟实际加、卸荷状况。试验除应符合现行国家标准《土工试验方法标准》GB/T 50123 的有关要求外，尚应按本标准附录 A 回弹模量和回弹再压缩模量室内试验要点执行。

6.0.3 当基坑开挖采用明沟、井点或管井抽水降低地下水位时，宜根据土性情况进行有关土层的常水头或变水头渗透试验。

6.0.4 为验算边坡稳定性和支挡设计需要所进行的抗剪强度试验，宜采用三轴压缩试验，验算整体稳定性和抗隆起稳定性宜采用不固结不排水试验（UU）；当有地区经验时，也可采用直剪快剪试验。计算土压力宜采用固结不排水试验（CU），当需按有效应力法计算土压力时，宜采用测孔隙水压力的固结不排水试验（$\overline{CU}$）；当有地区经验时，也可采用直剪试验的固结快剪试验。

6.0.5 当需根据室内岩石试验结果确定嵌岩桩单桩竖向极限承载力时，应进行饱和单轴抗压强度试验。对于在地下水位以下、多韵律薄层状的黏土质沉积岩或变质岩，可采用天然湿度试样，不进行饱和处理；对较为破碎的中等风化带岩石，取样确有困难时，可取样进行点荷载强度试验，其试验标准及与岩石单轴抗压强度的换算关系应分别按现行国家标准《工程岩体试验方法标准》GB/T 50266 和《工程岩体分级标准》GB/T 50218 执行。

6.0.6 当进行地震反应分析和地基液化判别时，可采用动三轴试验、动单剪试验和共振柱试验，测定地基土的动剪切模量和阻尼比等参数。

7 原位测试

7.0.1 高层建筑岩土工程勘察中原位测试项目，应根据工程计算分析的需要和设计要求，针对性地选择适宜本场地岩土工程条件的原位测试方法。

7.0.2 原位测试成果应结合钻探、室内土工试验、原型试验、地区工程经验经综合分析后使用。

7.0.3 原位测试所用的仪器和设备应定期校准、标定。

7.0.4 原位测试项目可根据设计要求、测定参数、主要用途按表 7.0.4 选用。

表 7.0.4 原位测试项目

试验项目	测定参数	主要用途
浅层、深层载荷试验	加荷-沉降曲线、比例界限压力 p_0（kPa）、极限压力 p_u（kPa）和变形模量	1 确定岩土承载力 2 确定天然地基和复合地基的变形模量 3 计算土的基床系数
大直径桩端阻力载荷试验	加荷-沉降曲线	测定大直径桩（含扩底桩）端阻力
现场剪切试验	抗剪强度参数：黏聚力 c（kPa）、内摩擦角 φ（°）	1 评定岩土抗剪强度 2 估算岩土承载力 3 评估边坡稳定性 4 计算主动或被动土压力
静力触探试验	单桥比贯入阻力 p_s（MPa），双桥锥尖阻力 q_c（MPa）、侧壁摩阻力 f_s（kPa）、摩阻比 R_f（%），孔压静力触探的孔隙水压力 u（kPa）	1 判别土层均匀性和划分地层 2 选择桩基持力层、估算单桩承载力 3 估算地基土承载力、压缩模量和变形模量 4 判断沉桩可能性 5 判别地基土液化可能性及液化等级

续表 7.0.4

试验项目	测定参数	主要用途
标准贯入试验	标准贯入实测击数 N（击）	1 判别土层均匀性、密实度和划分地层和风化带 2 判别地基液化可能性及液化等级 3 估算地基承载力、压缩模量和变形模量 4 选择桩基持力层、估算单桩承载力 5 判断沉桩的可能性
圆锥动力触探试验	动力触探击数 N_{10}、$N_{63.5}$、N_{120}（击）	1 判别土层均匀性、密实度和划分地层 2 估算地基土承载力、变形模量 3 选择桩基持力层、估算单桩承载力
十字板剪切试验	不排水抗剪强度峰值 c_u（kPa）和残余值 c'_u（kPa）	1 测求饱和软黏性土的不排水抗剪强度和灵敏度 2 估算地基土承载力和单桩承载力 3 计算基坑、边坡的土压力和稳定性 4 判断软黏性土的应力历史
现场抽（注）水试验	地下水位、单孔（井）涌水量和岩土层渗透系数 k（m/d），群孔（井）抽水试验可测求影响半径、释水系数、给水度、越流系数等参数	为基础抗浮设计和基坑工程提供水文地质参数
旁压试验	初始压力 p_0（kPa）、临塑压力 p_f（kPa）、极限压力 p_L（kPa）和旁压模量 E_m（kPa）	1 测求地基土的临塑荷载和极限荷载强度，估算地基土的承载力 2 估算地基土的变形模量，估算沉降量 3 估算桩基承载力 4 计算土的侧向基床系数 5 自钻式旁压试验可确定土的原位水平应力和静止侧压力系数

试验项目	测定参数	主要用途
扁铲侧胀试验	侧胀模量 E_D(kPa)、侧胀土性指数 I_D、侧胀水平应力指数 K_D 和侧胀孔压指数 U_D	1 划分土层和区分土类 2 计算土的侧向基床系数 3 判别地基土液化可能性
波速测试	压缩波速 v_p(m/s)、剪切波速 v_s(m/s)	1 划分场地类别 2 划分岩石风化带 3 提供地震反应分析所需的场地土动力参数 4 评价岩体完整性 5 估算场地卓越周期
场地微振动测试	场地卓越周期 T(s) 和脉动幅值	确定场地卓越周期

7.0.5 高层建筑岩土工程勘察原位测试应符合现行国家标准《岩土工程勘察规范》GB 50021 和《建筑地基基础设计规范》GB 50007 的有关规定。

7.0.6 平板载荷试验尚应符合下列规定：

1 平板载荷试验应采用圆形或矩形刚性承压板，承压板面积应根据高层建筑附加荷载、岩土性状、均匀性及下卧层深度等因素确定，浅层土载荷试验承压板面积不应小于 1.00 m^2；深层土载荷试验承压板面积不应小于 0.50m^2，岩石载荷试验承压板面积不宜小于 0.07m^2；

2 浅层载荷试验承压板设置高程宜与浅基础底面高程一致，或与设计要求的受检岩土层高程一致；

3 为求取地基承载力特征值、桩端阻力特征值和变形模量的浅层和深层载荷试验均应采用沉降相对稳定法，并应采用线性回归分析求取或验证比例界限压力特征点，相关系数不应小于 0.90，比例界限前各级压力下的沉降量按线性回归方程计算，比例界限以后各点的沉降量按实测沉降取值；

4 每一受检岩土层的试验数量不应少于 3 个。

7.0.7 现场剪切试验包括土体现场直剪试验、岩体现场直剪试验和岩体现场三轴试验三类，可根据分析计算需要和设计要求选择合适的方法。每一岩土层的试验数量不宜少于 3 处。

7.0.8 静力触探试验尚应符合下列规定：

1 当贯入深度超过 30m 或由厚层软土层贯入硬土层时，应采用导向护管或测斜探头；

2 当采用水冲法下护管时，水冲深度应小于已贯入深度 1m，护管深度应小于水冲深度；

3 当采用测斜探头时，应量测探头倾斜角，校正分层界线。

7.0.9 超深标准贯入试验可采用实测锤击能量，并根据能量衰减及上覆压力对标贯击数的影响进行修正。当根据标准贯入试验击数评估试验土体的密实程度及确定设计参数时，应剔除可能受到地下水作用引起的塌孔、涌砂影响的试验结果。

7.0.10 当需利用圆锥动力触探试验划分地层和划分风化程度界限或提供岩土的力学参数时，每个场地宜布设不少于 3 个点的圆锥动力触探与取土试验孔（井）的对比试验，分析判定分层的超前、滞后效应和所得力学参数的匹配性。

7.0.11 十字板剪切试验尚应符合下列规定：

1 十字板头压至预定试验深度后应静止 2min～3min 后，方可开始试验；

2 试验时十字板头应以 1°/10s～2°/10s 的速度进行扭转剪切，十字板头每转 1° 测读一次，应在 3min～4min 内测得峰值强度，当出现峰值强度或稳定值后，再继续测记 1min；

3 试验点的竖向间距宜为 1m～2m；

4 实测十字板强度 c_u 值是随深度的增加而增加，不宜以其平均值或标准值作为该层土的抗剪强度指标；

5 如需做重塑土试验，应松开夹具使钻杆顺着剪切方向快速旋转 6 圈，使十字板头周围土层充分搅动，重复上述第 2 款，可测得重塑土的抗剪强度。

7.0.12 现场抽（注）水试验尚应符合下列规定：

1 抽水试验段孔径应根据含水层的性质、渗透性和过滤器的类型确定，实际孔径不得小于设计井径；安装过滤器前，将孔内沉渣清除，并保证井壁的稳定；沉淀管应封底，并采用找中器使过滤器居于中间位置，井管上端口应居于钻孔中心，过滤器安装深度的允许偏差宜控制在 ±200mm 以内；

2 抽水试验井管安装后，稀释井内泥浆并在过滤器与孔壁之间及时、连续填充级配砾料，随填随测；过滤器上部的井管外围选用优质黏土或黏土球封闭止水，井管口外围应封闭；

3 正式抽水试验前，抽水孔应进行反复清洗，达到水清砂净无沉淀；

4 注水试验的试验段应采用清水钻进，孔底沉淀物厚度不应大于 5cm，并应减少对试验段土层的扰动；

5 注水试验采用孔壁进水时，对于孔壁稳定性差的试验段可采用过滤器护壁；试验段长度可为 2m～3m；非试验段可用套管隔离，应保证止水效果，套管接头应密合止水；试验段隔离以后，向套管内注入清水，使管中水位高出地下水位一定高度或至套管顶部作为初始水头，停止供水并开始记录管内水位变化情况。

7.0.13 波速试验可分为单孔法和跨孔法，尚应符合下列规定：

1 测试孔应垂直，成孔深度宜大于试验深度0.5m～1.0m，采用泥浆护壁成孔后应采用清水洗孔15min～30min；

2 成孔后可直接测试，亦可下套管后测试。当采用成孔后直接测试时孔径应符合检波器直径要求；当采用下套管测试时，成孔孔径应与套管外径相配；下套管时底部宜封闭，套管内宜灌满清水沉入孔内，套管接头应紧固并采取止水措施；套管下至预定深度固定，孔壁与套管的间隙用中粗砂填实或进行灌浆处理；填砂或灌浆一周后，方可进行测试；

3 跨孔法波速试验应有 2 个或 2 个以上测试孔，孔位可呈直线或放射状布置，孔距宜为 4m。

7.0.14 地面或地下微振动测试，尚应符合下列规定：

1 测点数量应根据工程要求、场地面积及周边环境确定，且不宜少于 2 点；每个测点应放置 1 组 3 个方向相互垂直的拾振器，拾振器宜放置在平整后的天然土层上或指定的测试位置；

2 在孔内测试时，测点深度应根据工程需要确定，应使拾振器紧密地接触孔底或孔壁，同时应在孔口布置一组拾振器，地下及地面同步测试；

3 测点应远离各类干扰源，测试时间应选择在场地环境干扰最低的时间段进行。

8 岩土工程评价

8.1 场地稳定性评价

8.1.1 高层建筑岩土工程勘察应查明影响场地稳定性的不良地质作用，评价其对场地稳定性的影响程度。

8.1.2 对于存在不良地质作用，经技术经济论证能治理的高层建筑场地，应提出防治方案建议。经论证属于滑坡、崩塌、泥石流等地质灾害的危险区域，不应建造高层建筑。

8.1.3 场地稳定性评价应符合下列规定：

1 应划分对建筑抗震有利、一般、不利和危险的地段，提供建筑场地类别和岩土的地震稳定性评价，对需要采用时程分析法补充计算的建筑，尚应根据设计要求提供有代表性的地层结构剖面、场地覆盖层厚度和有关动力参数；

2 场地内存在浅埋的全新活动断裂和发震断裂时，应按现行国家标准《建筑抗震设计规范》GB 50011 提出避让的最小距离；

3 应查明非全新活动断裂的破碎带发育程度，并提出相应的地基处理措施；

4 场地内存在正在活动的地裂缝时，应提出避让距离和采取的措施；

5 在地面沉降持续发展地区，应搜集地面沉降历史资料，预测地面沉降发展趋势，提出高层建筑应采取的措施建议。

8.1.4 位于斜坡地段的高层建筑，其场地稳定性评价应符合下列规定：

1 高层建筑场地不应选在滑坡体上，对选在滑坡体附近的建筑场地，应对滑坡进行专项勘察，验算滑坡稳定性，论证建筑场地的适宜性，并提出治理措施建议；

2 位于斜坡上的高层建筑，应为设计提供进行高层建筑整体稳定性验算所需的地层剖面和有关计算参数；

3 位于边坡下的高层建筑，应分析评价边坡的整体稳定性及对高层建筑的影响。

8.1.5 高层建筑场地应选择在对建筑抗震有利地段或一般地段；当不能避开不利地段时，应采取有效的防护治理措施，并不应在危险地段建设高层建筑。

8.1.6 建筑场地类别应根据土层等效剪切波速和场地覆盖层厚度划分；抗震设防烈度为 7 度～9 度地区，应采用多种方法综合判定饱和砂土和粉土（不含黄土）地震液化的可能性，并提出处理措施的建议；6 度地区可不进行判别，对液化沉陷敏感的乙类建筑可按 7 度的要求进行判别。

8.1.7 溶洞和土洞发育地段，应查明基础底面以下溶洞、土洞大小及顶板厚度，研究地基加固措施。

8.1.8 在滨海、滨湖饱和软黏性土地区，应查明软土的时代、成因和物理力学性质，评价大面积挖、填方可能引起软土流动，造成对本工程和周边环境的影响；8 度及 8 度以上地区软弱黏性土应进行震陷判别和危害性分析；均应提出防治建议。

8.1.9 在地下采空区，应查明采空区上覆岩层的性质、地表变形特征、采空区的埋深和范围，根据高层建筑的基底压力，评价场地稳定性。

8.2 天然地基评价

8.2.1 天然地基分析评价应包括下列内容：

1 评价地基稳定性并提出处理措施的建议；

2 评价地基均匀性；

3 提出地基持力层建议；

4 提供地基持力层和软弱下卧层地基承载力特征值；

5 预测高层和高低层建筑地基的变形特征；

6 对地基基础选型提出建议。

8.2.2 天然地基方案应在拟建场地整体稳定性基础上，根据附属建筑、相邻的既有或拟建建筑、地下设施和地基条件可能发生显著变化的影响等情况进行分析论证。

8.2.3 对判定为不均匀的地基，应进行沉降、差异沉降、倾斜等特征分析评价，并应提出相应建议。符合下列情况之一者，应判定为不均匀地基：

1 地基持力层跨越不同地貌单元或工程地质单元，工程特性差异显著。

2 地基持力层虽属于同一地貌单元或工程地质单元，但存在下列情况之一：

1）中—高压缩性地基，持力层底面或相邻基底高程的坡度大于 10%；

2）中—高压缩性地基，持力层及其下卧层在基础宽度方向上的厚度差值大于 $0.05b$（b 为基础宽度）。

3 同一高层建筑虽处于同一地貌单元或同一工程地质单元，但各处地基土的压缩性有较大差异时，可在计算各钻孔地基变形计算深度范围内当量模量的基础上，根据当量模量最大值 $\overline{E}_{smax}$ 和当量模量最小值 $\overline{E}_{smin}$ 的比值判定地基均匀性。当 $\dfrac{\overline{E}_{smax}}{\overline{E}_{smin}}$ 大于表 8.2.3 中地基不均匀系数界限值 K 时，可按不均匀地基考虑。

表 8.2.3 地基不均匀系数 K 界限值

同一建筑物下各钻孔压缩模量当量值 $\overline{E}_s$ 的平均值（MPa）	≤4	7.5	15	>20
不均匀系数界限值 K	1.3	1.5	1.8	2.5

在地基变形计算深度范围内，某一个钻孔的压缩模量当量值 $\overline{E}_s$ 应根据平均附加应力系数在各层土的层位深度内积分值 A_i 和各土层压缩模量 E_{si}（按实际应力段取值）按下式计算：

$$\overline{E}_s = \frac{\Sigma A_i}{\Sigma \dfrac{A_i}{E_{si}}} \tag{8.2.3}$$

式中：$\overline{E}_s$——压缩模量当量值；

A_i——第 i 层土的层位深度内平均附加应力系数的积分值。

8.2.4 地基承载力应根据岩土工程条件选择适宜的原位测试和室内试验方法，结合理论计算、设计需要和工程经验进行综合评价。特殊土的地基承载力评价应根据特殊土的相关规范和地区经验进行。当需验证地基承载力特征值和变形模量时，宜在大面积开挖卸荷后的基础底面处进行载荷试验。

8.2.5 岩石地基应根据现行国家标准《岩土工程勘察规范》GB 50021 划分和评定岩石坚硬程度、岩体完整程度、风化程度和岩体基本质量等级，其承载力特征值应按现行国家标准《建筑地基基础设计规范》GB 50007 确定。

8.2.6 地基承载力计算应符合下列规定：

1 应验算持力层及软弱下卧层的地基承载力；

2 当高层建筑周边的附属建筑基础处于超补偿状态，且其与高层建筑不能形成刚性整体结构时，应根据由此造成高层建筑基础侧限力的永久性削弱及其对地基承载力的影响进行验算；

3 当拟提高附属建筑部分基底压力，以加大其地基沉降、减小高低层建筑之间的差异沉降时，应同时验算地基承载力及地基极限承载力。

8.2.7 地基承载力特征值 f_{ak} 和修正后的地基承载力特征值 f_a 应按现行国家标准《建筑地基基础设计规范》GB 50007 确定。地基承载力特征值 f_{ak} 也可按本标准附录 B 进行估算，采用估算的地基极限承载力 f_u 除以安全系数 K 确定。

8.2.8 采用旁压试验（PMT）成果估算岩性均一土层的竖向地基承载力时，可按下列方法进行承载力估算，并应结合其他评价方法综合判定：

1 通过旁压临塑压力估算原位测试深度处地基承载力特征值时，应按下式计算：

$$f_{hak} = \lambda(p_f - p_0) \tag{8.2.8-1}$$

式中：f_{hak}——原位测试深度处均一土层的地基承载力特征值（kPa），在无经验地区，在原位测试深度处用浅层或深层载荷试验验证；

p_0——由旁压试验曲线和经验综合确定的土的初始压力（kPa）；

p_f——由旁压试验曲线确定的临塑压力（kPa）；

λ——修正系数，结合地区经验取值，但不应大于 1。

2 通过旁压极限压力估算原位测试深度处地基极限承载力 f_{hu} 和原位测试深度处地基承载力特征值 f_{hak} 时，可按下列公式计算：

$$f_{hu} = p_L - p_0 \tag{8.2.8-2}$$

$$f_{hak} = f_{hu}/K \tag{8.2.8-3}$$

式中：f_{hu}——原位测试深度处均一土层的地基极限承载力（kPa）；

p_L——由旁压试验曲线确定的极限压力（kPa）；

K——旁压极限承载力安全系数，根据地区经验在 2～4 之间选取，且 f_{hak} 不高于临塑压力 p_f。

8.2.9 当场地、地基整体稳定且持力层为完整、较完整的中等风化、微风化岩体时，可不进行地基变形验算。其他地基的最终沉降宜按现行国家标准《建筑地基基础设计规范》GB 50007 规定的方法计算，也可按本标准规定的其他计算方法，并应根据后期地面填方和相邻建设工程的影响进行地基沉降预测。

8.2.10 对不能准确取得压缩模量的地基土，包括碎石土、砂土、花岗岩残积土、全风化岩、强风化岩等，可按本标准附录 C 采用变形模量 E_0 分别估算高层建筑箱形或筏形基础及扩展基础或条形基础的地基沉降量。

8.2.11 当地基由饱和土层组成且次固结变形忽略不

计时，根据Ⅰ级土样的标准固结试验结果，可采用下列计算方法分层预测超固结土、正常固结土和欠固结土的基础沉降，然后合计估算总沉降，并结合地区经验进行修正和判断：

1 利用标准固结试验测求土的回弹再压缩指数（C_r）、压缩指数（C_c）、初始孔隙比（e_0）和先期固结压力（p_c），根据先期固结压力 p_c 与土的有效自重压力 p_z 的比值——超固结比 OCR，确定土的固结状态。当超固结比 OCR＜1.0 时，为欠固结土；当 OCR 为 1.0～1.2 时，可视为正常固结土；当 OCR＞1.2 时，可视为超固结土。

2 超固结土的固结沉降量可按下列规定估算：

1） 当超固结土层中的 $p_{0i}+p_{zi}\leqslant p_{ci}$ 时，该层土的固结沉降量可按下式估算：

$$s_i = \frac{h_i}{1+e_{0i}}C_{ri}\log\left(\frac{p_{zi}+p_{0i}}{p_{zi}}\right) \quad (8.2.11\text{-}1)$$

式中：s_i——第 i 层土的固结沉降量（mm）；

h_i——第 i 层土的平均厚度（mm）；

e_{0i}——第 i 层土的初始孔隙比平均值；

C_{ri}——第 i 层土的回弹再压缩指数平均值；

p_{zi}——第 i 层土的有效自重压力平均值（kPa）；

p_{0i}——对应于荷载效应准永久组合时，第 i 层土有效附加压力平均值（kPa）；

p_{ci}——第 i 层土的先期固结压力平均值（kPa）。

2） 当超固结土层中的 $p_{0i}+p_{zi}>p_{ci}$ 时，该层土的固结沉降量可按下式估算：

$$s_i = \frac{h_i}{1+e_{0i}}\left[C_{ri}\log\left(\frac{p_{ci}}{p_{zi}}\right)+C_{ci}\log\left(\frac{p_{zi}+p_{0i}}{p_{ci}}\right)\right]$$
$$(8.2.11\text{-}2)$$

式中：C_{ci}——第 i 层土的压缩指数平均值。

3 当为正常固结土时，该层土的固结沉降量可按下式估算：

$$s_i = \frac{h_i}{1+e_{0i}}C_{ci}\log\left(\frac{p_{zi}+p_{0i}}{p_{zi}}\right) \quad (8.2.11\text{-}3)$$

4 当为欠固结土时，该层土的沉降量可按下式估算：

$$s_i = \frac{h_i}{1+e_{0i}}C_{ci}\log\left(\frac{p_{zi}+p_{0i}}{p_{ci}}\right) \quad (8.2.11\text{-}4)$$

5 整个沉降计算深度内的总沉降量应为各土层沉降量之和。沉降计算深度对于中、低压缩性土应算至有效附加压力等于上覆土有效自重压力20%处，对于高压缩性土应算至有效附加压力等于上覆土有效自重压力10%处。当无相邻荷载影响时，亦可按本标准附录C计算沉降量。

8.2.12 高层建筑整体倾斜宜结合建筑物荷载分布和地层分布情况进行分析。

8.3 桩 基 评 价

8.3.1 桩基工程分析评价宜具备下列条件：

1 了解工程结构的类型、特点、荷载情况和变形控制等要求；

2 掌握场地的工程地质和水文地质条件，了解岩土体的非均质性、随时间延续的增减效应以及土性参数的不确定性；

3 了解分析地区经验和类似工程的经验；

4 缺乏经验地区通过设计参数检验和施工检验取得实测数据，调整和修改设计和施工方案。

8.3.2 桩基评价应包括下列内容：

1 提出桩型和桩端持力层的建议；

2 提供建议桩型的侧阻力、端阻力和桩基设计其他岩土参数；

3 对沉（成）桩可能性、桩基施工对环境影响进行评价。

8.3.3 当任务需要时，可对下列内容进一步评价或提出专门的工程咨询报告：

1 估算单桩、群桩承载力和桩基沉降量；

2 对各种可能的桩基方案进行技术经济分析比选，并提出建议；

3 对欠固结土和有大面积堆载的桩基，分析桩侧产生负摩阻力的可能性及其对桩基承载力的影响并提出相应防治措施的建议；

4 当持力层为倾斜地层、层面起伏大或岩土中有洞穴时，评价桩的稳定性，并提出处理措施的建议。

8.3.4 桩端持力层选择应符合下列规定：

1 持力层宜选择层位稳定、压缩性较低的可塑—坚硬状态黏性土、中密以上的粉土、砂土、碎石土和残积土，以及不同风化程度的基岩；不应选择在可液化土层、湿陷性土层或软土层中；

2 当存在软弱下卧层时，桩端以下硬持力层厚度宜超过3倍桩径；扩底桩的持力层厚度宜超过3倍扩底直径，且均不宜小于5m。

8.3.5 桩型选择应根据工程性质、地质条件、施工条件、场地周围环境及经济指标等综合确定，并应符合下列规定：

1 当持力层顶面起伏不大、坡度小于10%、周围环境允许且沉桩可能时，可采用钢筋混凝土预制桩；

2 当荷载较大，桩较长或需穿越一定厚度的坚硬土层，需选用较重的锤，锤击过程可能使桩身产生较大锤击应力时，宜采用预应力桩；或经方案比较，证明技术可行、经济合理时，也可采用钢桩；

3 当土层中有难以清除的孤石或有硬质夹层、岩溶地区或基岩面起伏大的地层，均不宜采用钢筋混凝土预制桩、预应力桩和钢桩，可采用钢筋混凝土灌注桩；

  4 在基岩埋藏相对较浅、单柱荷载较大时，宜采用嵌岩钢筋混凝土灌注桩；

  5 当场地周围环境保护要求较高、采用钢筋混凝土预制桩或预应力桩难以控制沉桩挤土影响时，可采用钢筋混凝土灌注桩或压入式 H 型钢桩。

8.3.6 当挤土桩需贯穿的岩土层中分布有一定厚度的或需进入一定深度的坚硬状态黏性土、中密以上的粉土、砂土、碎石土和全风化、强风化基岩时，应从下列因素综合考虑其沉桩的可能性：

  1 各岩土组成的力学特性；

  2 桩的结构、强度、形式和设备能力；

  3 类似工程经验等；

  4 在工程桩施工前进行沉桩试验，测定压入桩贯入阻力及打入桩总锤击数、最后 1m 锤击数及贯入度；

  5 在打入桩沉桩过程中进行高应变动力法试验，测定打桩过程中桩身压应力和拉应力，根据试验结果评定沉桩可能性、桩进入持力层后单桩承载力的变化以及其他施工参数。

8.3.7 沉（成）桩对周围环境的主要影响分析评价宜包括下列内容：

  1 锤击沉桩产生的多次反复振动，对邻近既有建（构）筑物及公用设施等的损害；

  2 对饱和黏性土地基宜分析评价大量、密集的挤土桩或部分挤土桩对邻近既有建（构）筑物和地下管线等造成的影响；

  3 大直径挖孔桩成孔时，分析评价松软地层可能坍塌的影响、降水对周围环境影响以及有毒、有害或可燃气体对人身安全的影响；

  4 灌注桩施工中产生的泥浆对环境的污染。

8.3.8 挤土桩和部分挤土桩可根据工程和周围环境条件，选择下列一种或几种措施减少沉桩影响：

  1 合理安排沉桩顺序；

  2 控制沉桩速率；

  3 设置竖向排水通道；

  4 在桩位或桩区外预钻孔取土；

  5 设置防挤沟等。

8.3.9 单桩承载力应通过现场静载荷试验确定。估算单桩承载力时应结合地区的经验，采用静力触探试验、标准贯入试验或旁压试验等原位测试结果进行计算，并根据地质条件类似的试桩资料综合确定。单桩竖向承载力特征值 R_a 可按下式确定：

$$R_a = Q_u / K \qquad (8.3.9)$$

式中：R_a——单桩竖向承载力特征值（kN）；

   Q_u——单桩竖向极限承载力（kN）；

   K——安全系数，按本标准所列计算式所估算的 Q_u 值，均可取 $K=2$。

8.3.10 当以静力触探试验确定预制桩的单桩竖向极限承载力时，可按现行行业标准《建筑桩基技术规范》JGJ 94 估算。

8.3.11 当根据标准贯入试验结果，确定预制桩、预应力管桩、沉管灌注桩的单桩竖向极限承载力时，可按本标准附录 D 估算。

8.3.12 对嵌入中等风化和微风化岩石中的嵌岩灌注桩，可根据岩石的坚硬程度、单轴抗压强度和岩体完整程度，按下式估算单桩极限承载力：

$$Q_u = u_s \sum_{i=1}^{n} q_{sis} l_i + u_r \sum_{i=1}^{n} q_{sir} h_{ri} + q_{pr} A_p$$

$$(8.3.12)$$

式中：Q_u——嵌入中等风化、微风化岩石中的灌注桩单桩竖向极限承载力（kN）；

  u_s、u_r——分别为桩身在土、全风化、强风化岩石和中等、微风化岩石中的周长（m）；

  q_{sis}、q_{sir}——分别为第 i 层土、岩的极限侧阻力（kPa），q_{sis} 可按现行行业标准《建筑桩基技术规范》JGJ 94 确定，q_{sir} 可按表 8.3.12 经地区经验验证后确定；

  q_{pr}——岩石极限端阻力（kPa），应按本标准附录 E 大直径桩端阻力载荷试验要点确定，岩石极限侧阻力宜用载荷试验确定，当无条件进行载荷试验时，可按表 8.3.12 经地区经验验证后确定；

  h_{ri}——桩身全断面嵌入第 i 层中风化、微风化岩石内长度（m）；

  A_p——桩底端面积（m²）。

表 8.3.12 嵌岩灌注桩岩石极限侧阻力、极限端阻力经验值

岩石风化程度	岩石饱和单轴极限抗压强度标准值 f_{rk} (MPa)	岩体完整程度	岩石极限侧阻力 q_{sir} (kPa)	岩石极限端阻力 q_{pr} (kPa)
中等风化	软岩 $5 < f_{rk} \leqslant 15$	极破碎、破碎	300～800	3000～9000
中等风化或微风化	较软岩 $15 < f_{rk} \leqslant 30$	较破碎	800～1200	9000～16000
微风化	较硬岩 $30 < f_{rk} \leqslant 60$	较完整	1200～2000	16000～32000

注：1 表中极限侧阻力和极限端阻力适用于孔底残渣厚度为 50mm～100mm 的钻孔、冲孔、旋挖灌注桩；对于残渣厚度小于 50mm 的钻孔、冲孔灌注桩和无残渣挖孔桩，其极限端阻力可按表中数值乘以 1.1～1.2 取值；

  2 对于扩底桩，扩大头斜面及斜面以上直桩部分 1.0m～2.0m 不计侧阻力（扩大头直径大者取大值，反之取小值）；

  3 风化程度愈弱、抗压强度愈高、完整程度愈好、嵌入深度愈大，其侧阻力、端阻力可取较高值，反之取较低值，也可根据 f_{rk} 值按内插求得；

  4 对于软质岩，单轴极限抗压强度可采用天然湿度试样进行，不经饱和处理。

8.3.13 预制桩的桩周土极限侧阻力 q_{sis} 可根据旁压试验曲线的极限压力 p_L 按表 8.3.13 确定；桩端土的极限端阻力 q_{ps} 可按下列公式估算：

$$黏性土：\quad q_{ps}=2p_L \quad\quad (8.3.13-1)$$

$$粉土：\quad q_{ps}=2.5p_L \quad\quad (8.3.13-2)$$

$$砂土：\quad q_{ps}=3p_L \quad\quad (8.3.13-3)$$

当为钻孔灌注桩时，其桩周极限侧阻力 q_{sis} 可按预制桩的 70%～80% 采用；桩的极限端阻力 q_{ps} 可按预制桩的 30%～40% 采用。

表 8.3.13　预制桩的桩周极限侧阻力 q_{sis}

旁压试验 p_L (kPa) 土性 \ q_{sis} (kPa)	200	400	600	800	1000	1200	1400	1600	1800	2000	2200	2400	≥2600
黏性土	10	24	36	50	64	74	80	86	90				
粉土		24	40	52	66	76	84	92	96	98	100		
砂土		24	40	54	68	84	94	100	106	110	114	118	120

注：1　表中数值可内插；
　　2　表中数据对无经验的地区应先进行验证。

8.3.14 详细勘察阶段，桩基沉降验算宜根据工程性质及设计要求，按现行国家标准《建筑地基基础设计规范》GB 50007 计算最终沉降量，亦可在取得地区经验后用有关原位测试参数按本标准附录 F 估算。

8.3.15 对需估算桩基最终沉降量的高层建筑，应提供土试样压缩曲线、地基土在有效自重压力至有效自重压力加附加压力之和时的压缩模量 E_s。对无法或难以采取不扰动土样的土层，可在取得地区经验后根据原位测试参数按本标准附录 F 表 F.0.2 换算土的压缩模量 E_s 值。

8.4　复合地基评价

8.4.1 勘察等级为乙级的高层建筑采用复合地基方案时，应符合本节的规定，勘察等级为甲级的高层建筑拟采用复合地基方案时，尚应进行充分论证。

8.4.2 高层建筑岩土工程勘察中复合地基评价应包括下列内容：

1　根据设计条件、工程地质和水文地质条件、环境及施工条件，对复合地基增强体的类型和提出建议；

2　提供桩间土天然地基承载力特征值和增强体桩侧、桩端阻力特征值等有关复合地基承载力设计及变形分析所需的计算参数；

3　建议增强体的加固深度及桩端持力层；

4　建议桩端进入持力层的深度；

5　提供地下水的埋藏条件和腐蚀性评价，对淤泥和泥炭土应提供有机质含量，分析对复合地基桩体的影响，并提出处理措施和建议；

6　对复合地基设计参数检验和设计、施工中注意的问题提出建议；

7　对复合地基的检验、监测工作提出建议。

8.4.3 高层建筑复合地基增强体选型的建议应符合下列规定：

1　对深厚软土地基，不宜建议采用散体材料（桩）增强体；

2　当地基承载力或变形不能满足设计要求时，应建议采用刚性或半刚性桩；

3　当以消除建筑场地砂土液化为主要目的时，宜建议选用砂石挤密桩；当以消除地基土湿陷性为主要目的时，宜建议选用灰土挤密桩。

8.4.4 高层建筑复合地基的承载力特征值和变形模量应通过单桩或多桩复合地基载荷试验确定。

8.4.5 当复合地基受力层范围内存在软弱下卧层时，应按现行国家标准《建筑地基基础设计规范》GB 50007 的规定进行验算。

8.4.6 高层建筑复合地基的变形计算应符合下列规定：

1　刚性桩、半刚性桩复合地基变形计算应按现行国家标准《建筑地基基础设计规范》GB 50007 执行。为计算变形的复合地基模量宜采用复合地基载荷试验所求得的复合地基变形模量 $E_{0,sp}$，按本标准附录 C 估算刚性桩或半刚性桩复合地基沉降量；

2　其他增强体类型复合地基加固深度范围内，复合土层的压缩模量可按现行行业标准《建筑地基处理技术规范》JGJ 79 的规定取值。

8.4.7 复合地基施工检验除应符合本标准第 9 章有关规定外，尚应符合下列规定：

1　复合地基方案选型期间，未进行过复合地基载荷试验或增强体载荷试验的工程，应进行复合地基载荷试验或增强体载荷试验的施工检验。复合地基载荷试验要点和试验数量，应按现行行业标准《建筑地基处理技术规范》JGJ 79 执行；

2　当复合地基以刚性灌注桩作为增强体时，其桩身质量应采用低应变法、钻芯法等进行检验，检测具体方法和数量应按现行行业标准《建筑基桩检测技术规范》JGJ 106 执行；

3　桩间土性状改善程度，宜根据土类选用静力触探、十字板剪切试验、圆锥动力触探、标准贯入试验和钻探取土试验等方法进行检验。

8.5　高低层建筑差异沉降评价

8.5.1 存在下列情况之一时，应进行高低层建筑差异沉降分析评价：

1　主体与裙房或附属地下建筑结构之间不设永久沉降缝；

2　内部荷载差异显著，平面不规则或荷载分布不均造成建筑物显著偏心；

3 采用不同类型基础；

4 不均匀地基或压缩性较高的地基。

8.5.2 在详细勘察阶段，差异沉降分析可根据各建筑物或各建筑部分的基底平均竖向荷载分别估算建筑重心、角点的地基沉降量。沉降估算应包括相邻建筑和结构施工完成后地基剩余沉降的影响，结合基础整体刚度情况和实测资料类比，综合评估各建筑部分的沉降特性及其影响。处于超补偿状态的基础，应采用地基回弹再压缩模量和建筑基底总压力进行沉降估算。

8.5.3 差异沉降分析时，当数据资料不能满足要求时，应进行补充勘察并提供所需成果。

8.5.4 对荷载差异显著的高低层建筑工程，在下列情况下，宜采用经过工程有效验证的模型，进行地基基础与上部结构共同作用分析，为确定地基方案提供依据：

1 采取可能的设计、施工调整措施后，相邻建筑或各建筑部分估算的差异沉降接近现行标准限值或设计限值时；

2 按沉降控制设计的摩擦桩；

3 高层建筑主楼及其附属建筑采用联合基础时；

4 基坑开挖引起的地基回弹再压缩量占地基总沉降量的比例超过 20%时。

8.5.5 在进行沉降估算或配合设计对地基基础与上部结构共同作用分析时，宜考虑下列因素的影响：

1 地下水位变化和岩土参数的不确定性；

2 荷载偏心作用；

3 地基回弹再压缩的影响；

4 桩间土对建筑基底荷载的分担；

5 施工顺序、施工阶段和施工后浇带的影响；

6 结构施工完成后至沉降稳定期间的地基剩余沉降。

8.5.6 当预测的差异沉降接近或超过现行规范标准或设计的限值时，可对结构设计或施工提出下列减少地基差异沉降不利影响的建议：

1 调整地基持力层：高层建筑部分宜选择排水固结较快、后期沉降小的土层和岩层；裙房部分宜选择压缩性相对较高的土层；

2 不同建筑物或建筑部分的建造顺序；

3 设置沉降缝或施工后浇带及其位置，施工后浇带的浇筑时间；

4 适当扩大高层建筑部分基底面积；

5 低层裙房、地下建筑物采用条基或独立柱基加防水板的基础形式，宜增加裙房结构自重、配重或覆土；

6 调整高层建筑与裙房之间的连接刚度，或采用变刚度调平设计，并进行桩长、桩径、桩间距的优化；

7 进行局部换土、加固处理或采用局部深基础方案；

8 减少地基差异沉降的措施，宜兼顾建筑基础结构抗浮问题。

8.5.7 进行上部结构、基础与地基共同作用分析的工程，应进行基坑回弹与沉降监测。

8.6 地下室抗浮评价

8.6.1 地下室抗浮评价应包括下列基本内容：

1 分析提出合理的抗浮设防水位建议；

2 根据抗浮设防水位，结合地下室埋深、结构自重等情况，对抗浮有关问题提出建议；

3 对可能设置抗浮锚杆、抗浮桩或采取其他抗浮措施的工程，应提供极限侧阻力和抗拔系数 λ 等设计计算参数的建议值。

8.6.2 抗浮设防水位的综合确定宜符合下列规定：

1 抗浮设防水位宜取地下室自施工期间到全使用寿命期间可能遇到的最高水位。该水位应根据场地所在地貌单元、地层结构、地下水类型、各层地下水水位及其变化幅度和地下水补给、径流、排泄条件等因素综合确定；当有地下水长期水位观测资料时，应根据实测最高水位以及地下室使用期间的水位变化，并按当地经验修正后确定；

2 施工期间的抗浮设防水位可按勘察时实测的场地最高水位，并根据季节变化导致地下水位可能升高的因素，以及结构自重和上覆土重尚未施加时，浮力对地下结构的不利影响等因素综合确定；

3 场地具多种类型地下水，各类地下水虽然具有各自的独立水位，但若相对隔水层已属饱和状态、各类地下水有水力联系时，宜按各层水的混合最高水位确定；

4 当地下结构邻近江、湖、河、海等大型地表水体，且与本场地地下水有水力联系时，可按地表水体百年一遇高水位及其波浪壅高，结合地下排水管网等情况，并根据当地经验综合确定抗浮设防水位；

5 对于城市中的低洼地区，应根据特大暴雨期间可能形成街道被淹的情况确定，对南方地下水位较高、地基土处于饱和状态的地区，抗浮设防水位可取室外地坪高程。

8.6.3 当建设场地处于斜坡地带且高差较大或者地下水赋存条件复杂、变化幅度大、地下室使用期间区域性补给、径流和排泄条件可能有较大改变或工程需要时，应进行专门论证，提供抗浮设防水位的专项咨询报告。

8.6.4 对位于斜坡地段的地下室或其他可能产生明显水头差的场地上的地下室，进行抗浮设计时，应分析地下水渗流在地下室底板产生的非均布荷载对地下室结构的影响。

8.6.5 地下室在稳定地下水位作用下的浮力应按静水压力计算。对临时高水位作用下所受的浮力，在黏性土地层中可根据当地经验适当折减。

8.6.6 当地下室自重及其承受的荷载小于地下水浮力作用时，宜设置压重或设置抗浮锚杆或抗浮桩。对高层建筑附属裙房或主楼以外、独立结构的地下室宜推荐选用增加配重或抗浮锚杆；对地下室所受浮力较大或地下室地基较差时宜推荐选用抗浮桩。

8.6.7 未设置抗浮锚杆或抗浮桩，仅以建筑自重或附加填土或配重抗浮的地下室，应考虑施工期间各种工况下不利荷载组合时地下室的临时抗浮稳定性，并应采取可靠的控制地下水位措施，防止地下室上浮。

8.6.8 抗浮桩和抗浮锚杆的抗拔承载力应通过现场抗拔静载荷试验确定。

8.6.9 初步设计时，抗浮桩的单桩抗拔极限承载力可按下式估算：

$$Q_{ul} = \sum_{i=1}^{n} \lambda_i q_{si} u_i l_i \qquad (8.6.9)$$

式中：Q_{ul}——单桩抗拔极限承载力（kN）；

u_i——桩的破坏表面周长（m），对于等直径桩取 $u_i = \pi d$，对于扩底桩按表 8.6.9-1 取值；

q_{si}——桩侧表面第 i 层岩土的抗压极限侧阻力（kPa）；应按现行行业标准《建筑桩基技术规范》JGJ 94 确定；

λ_i——第 i 层土的抗拔系数，当无当地经验时，可按表 8.6.9-2 取值；

l_i——第 i 层土的桩长（m）。

表 8.6.9-1 扩底桩破坏表面周长 u_i

自桩底起算的长度 l_i	$\leqslant 5d$	$> 5d$
u_i	πD	πd

注：D—桩的扩底直径（m）；d—桩身直径（m）。

表 8.6.9-2 抗拔系数 λ_i

桩型	预制桩		泥浆护壁的冲孔、钻孔、旋挖灌注桩			
土、岩类别	砂土	黏性土、粉土	砂土	黏性土、粉土	全风化、强风化岩	中等风化、微风化岩
λ_i	0.5~0.7	0.7~0.8	0.4~0.6	0.5~0.7	0.7~0.8	0.8~0.9

注：1 桩长 l 与桩径 d 之比小于 20 时，λ_i 取较小值，反之取较大值；

2 砂土、粉土密度较小，黏性土状态较软者，λ_i 取较小值，反之取较大值；

3 风化程度越强取较小值，反之取较大值；

4 表中 λ_i 值在有充分试验依据的条件下，可根据地区经验作适当调整。

8.6.10 群桩可能发生整体破坏时，单桩的抗拔极限承载力可按下式验算：

$$Q_{ul} = \frac{1}{n} \sum \lambda_i q_{si} u_l l_i \qquad (8.6.10)$$

式中：u_l——桩群外围周长；

n——桩群内的桩数。

8.6.11 抗浮桩抗拔承载力特征值可按下式计算：

$$F_{a1} = Q_{ul}/2.0 \qquad (8.6.11)$$

式中：F_{a1}——抗浮桩抗拔承载力特征值（kN）。

8.6.12 抗浮锚杆承载力特征值可按下式估算：

$$F_{a2} = \sum f_{sai} u_i l_i \qquad (8.6.12)$$

式中：F_{a2}——抗浮锚杆抗拔承载力特征值（kN）；

u_i——锚固体周长（m），对于等直径锚杆取 $u_i = \pi d$（d 为锚固体直径）；

f_{sai}——第 i 层岩土体与锚固体粘结强度特征值（kPa），宜按现行国家标准《建筑边坡工程技术规范》GB 50330 确定。

8.7 基坑工程评价

8.7.1 基坑工程岩土工程评价应包括下列内容：

1 对基坑支护方案和解决基坑工程可能产生的主要岩土工程问题提出建议，应提供基坑工程设计和施工所需的岩土参数；

2 对地下水控制方案提出建议，场地拟采取降水措施时，应提供水文地质计算有关参数和预测降水对周边环境可能造成的影响；

3 对基坑周边环境可能产生的影响进行预测，并对基坑工程的监测提出建议。

8.7.2 宜根据场地所在地貌单元、地层结构、地下水特征，提供基坑各侧壁安全可靠、经济合理、有代表性的综合地质剖面。

8.7.3 基坑工程各项计算参数的试验方法和取值，应根据其用途和计算方法按现行行业标准《建筑基坑支护技术规程》JGJ 120 确定。

8.7.4 当场地附近有地表水体时，宜分析场地地下水与邻近地表水体的补给、径流、排泄条件，判明地表水与地下水的水力联系，以及对场地地下水水位、基坑涌水量的影响。

8.7.5 当基坑底部为饱和软土或基坑深度内有软弱夹层时，应进行抗隆起和整体稳定性验算；当基坑底部为砂土层，尤其是粉细砂地层并存在承压水时，应进行抗渗流稳定性验算，并提供有关参数和防治措施的建议；当土的有机质含量超过 10% 时，如建议采用水泥土方案，应分析有机质对水泥土可凝固性的影响。

9 检验和监测

9.1 设计参数检验

9.1.1 设计参数检验宜包括下列内容：

1 大直径桩端阻力载荷试验；

2 单桩竖向抗压、抗拔静载荷试验；

3 单桩水平静载荷试验；

4 复合地基的静载荷试验；

5 抗浮桩和抗浮锚杆抗拔试验；

6 最终确定天然地基承载力的载荷试验；

7 重要岩土层现场抗剪强度试验；

8 判定沉桩可能性的沉桩试验。

9.1.2 对于勘察等级为甲级及以上的高层建筑，单桩抗压、抗拔承载力应采用现场单桩竖向抗压、抗拔静载荷试验进行检验，在同一条件下不应少于 3 根。试验方法应按现行行业标准《建筑基桩检测技术规范》JGJ 106 执行。当基础埋置深度很大，宜在开挖卸荷后的基础底面进行试桩，此时，也可采用自平衡法进行试桩。

9.1.3 单桩水平承载力和桩侧土的水平抗力系数的比例系数应通过单桩水平静载荷试验进行检验，其数量不应少于 3 根。试验方法应按现行行业标准《建筑基桩检测技术规范》JGJ 106 执行。

9.1.4 大直径桩的端阻力应采用大直径桩单桩端阻力载荷试验进行检验，其数量不宜少于 3 根。试验方法应按本标准附录 E 执行。

9.1.5 对于采用复合地基的高层建筑，应进行单桩或多桩复合地基载荷试验，以最终确定复合地基承载力和变形模量，试验点的数量不应少于 3 点。试验方法应按现行行业标准《建筑地基处理技术规范》JGJ 79 和《建筑地基检测技术规范》JGJ 340 执行。

9.1.6 对于高层建筑的抗浮桩和抗浮锚杆，应进行抗拔静载荷试验确定其抗拔承载力，宜采用循环加、卸载法，试验数量不应少于 3 根。试验方法应按本标准附录 G 执行。

9.1.7 用于基坑支护的锚杆（土钉），应进行现场试验确定其抗拔承载力，试验数量每一主要土层不宜少于 3 根。试验方法应按现行行业标准《建筑基坑支护技术规程》JGJ 120 执行。

9.1.8 当基础埋置深度超过 15m 时，最终确定天然地基或复合地基承载力特征值和变形模量的浅层平板载荷试验，宜在开挖卸荷后的基础底面进行，其数量不应少于 3 处。试验方法应按现行国家标准《建筑地基基础设计规范》GB 50007 执行。

9.1.9 当以现场直接剪切试验确定岩土体抗剪强度时，试验方法应按现行国家标准《岩土工程勘察规范》GB 50021 执行，其数量不应少于 2 组。

9.1.10 当以荷载试验确定地基的竖向和水平方向基准基床系数时，试验方法应按本标准附录 H 执行。

9.2 施工检验

9.2.1 施工检验应包括下列内容：

1 基槽检验；

2 桩基持力层检验；

3 复合地基、桩基检测；

4 岩土性状、地下水埋藏特征的核查。

9.2.2 基槽检验应在天然地基开挖或基坑开挖到底时进行，应检查其揭露的地基条件与勘察成果的相符性，包括用轻便动力触探等手段检测暗浜、古井、墓穴的位置、土层的分布、持力层的埋深和岩土性状等。

9.2.3 桩基工程应通过试钻或试打检验岩土条件与勘察成果的相符性。对大直径挖孔桩，应核查桩基持力层的岩土性质、埋深和起伏变化情况。桩身质量可采用反射波法、声波透射法或钻芯法检测，单桩承载力可采用静载荷试验检测。

9.2.4 复合地基工程应根据复合地基类型对增强体和桩间土进行检测，检测方法可按现行行业标准《建筑地基检测技术规范》JGJ 340 执行。

9.2.5 当发现岩土性状、地下水埋藏特征与原勘察报告不符或有异常时，应对出现的问题进行分析并提出解决意见，必要时可进行施工阶段补充勘察。

9.3 现场监测

9.3.1 工程施工及使用过程中应对岩土体性状、周边环境、相邻建筑、地下管线设施所引起的变化进行现场监测，并视其变化规律和发展趋势，提出相应的防治措施。任务需要时，现场监测主要包括下列内容：

1 基坑工程监测；

2 基底回弹观测；

3 沉桩施工监测；

4 地下水长期观测；

5 建筑物沉降观测。

9.3.2 现场监测应根据委托方要求、工程性质、施工场地条件与周围环境受影响程度有针对性地从施工开始进行。当出现下列情况之一时，应开展相应监测工作：

1 基坑开挖施工引起周边土体位移、坑底土隆起影响支挡结构、相邻建筑和地下管线设施的安全时；

2 地基加固或打入桩施工时，可能影响相邻建筑、地下管线和道路安全时；

3 当地下水位的升降影响岩土的稳定时；

4 当地下水上升对建（构）筑物产生浮托力或对地下室和地下构筑物的防潮、防水产生较大影响时。

9.3.3 现场监测前应进行踏勘、编制工作纲要、设置监测点和基准点、测定初始值、确定报警值。

9.3.4 基坑施工前应对周围建筑物和有关设施的现状、裂缝开展情况等进行调查，并应进行记录或拍照、摄像作为施工前档案资料。

9.3.5 各类仪器设备在埋设安装前均应进行重新标定。各种测量仪器除精度需满足设计要求外，应定期由法定计量单位进行检验、校正，并出具合格证。

9.3.6 现场监测的结果应分析整理、仔细校核，及时提交当日报表。当监测值达到报警指标时，应及时签发报警通知。必要时，应根据监测结果提出施工建议和预防措施。

9.3.7 基坑工程监测应按现行国家标准《建筑基坑工程监测技术规范》GB 50497 执行。

9.3.8 坑底回弹监测应符合下列规定：

1 监测点宜按剖面布置，监测剖面宜从中部开始向纵向和横向延伸，数量不应少于 2 条；

2 剖面上监测点间距宜为 10m～30m，数量不宜少于 3 个；

3 直接监测点竖向上宜布置在基坑底部 0.2m～0.3m 或基底相应的目标土层内。

9.3.9 沉桩施工监测应根据工程情况、有关规范和设计要求选择下列部分或全部内容进行：

1 在挤土桩和部分挤土桩沉桩施工影响范围内地表土和深层土体的水平、竖向位移和孔隙水压力的变化情况；

2 邻近建筑物的沉降及邻近地下管线水平、竖向位移；

3 当为锤击法沉桩时，还应根据需要监测振动和噪声。

9.3.10 地下水长期观测应符合下列规定：

1 观测孔宜按三角形布置，同一水文地质单元观测孔数不宜少于 3 个；

2 地下水位变化较大的地段或上层滞水或裂隙水赋存地段，均应布置观测孔；

3 在邻近地表水体的地段，应观测地下水与地表水的水力联系；

4 地下水受污染地段，应定期进行水质变化的观测；

5 观测期限应至少有一个水文年；

6 对采用基底地下水减压法抗浮工程，应在基底均匀布置水压力计，每个基底不应少于 4 处，监测应从基础顶板完成后开始，监测频率不应少于每 6 个月一次，监测期限不应小于设计正常使用期。

9.3.11 建筑物沉降观测应符合下列规定：

1 在被观测建筑物周边的适当位置，应布置 2 个～3 个沉降观测水准基点。水准基点标石应埋设在基岩层或其他稳定地层中。埋设位置以不受周边建（构）筑物基础压力的影响为准，在建筑区内，水准基点与邻近建筑物的距离应大于建筑物基础最大宽度的 2 倍；

2 沉降观测点的布设应根据建筑物体形、结构形式、工程地质条件等确定，可沿建筑物外墙周边、角点、中点每隔 10m～15m 或每隔 2 根～3 根柱基设置。对高低层连接处、不同地基基础类型、沉降缝连接处以及荷载有明显差异处，均应布置沉降观测点；

3 沉降观测应根据建筑物的重要性、使用要求、基础类型、工程地质条件及预估沉降量等因素综合确定；

4 宜在基础底板浇筑后开始测量，施工期间宜每增加一层观测一次，竣工后，第一年每隔 2 个～3 个月观测一次，以后每隔 4 个～6 个月观测一次，直至沉降相对稳定为止；

5 沉降相对稳定标准可根据观测目的、要求并结合地基土压缩性确定，高层建筑采用半年内日平均沉降速率（0.01～0.02）mm/d 作为沉降相对稳定标准，对软土地基沉降观测时间宜持续 5 年～8 年；

6 埋设在基础底板上的初始沉降观测点应随施工逐层向上引测至地面以上。

10 特级勘察

10.0.1 勘察等级为特级的高层建筑岩土工程勘察（以下简称特级勘察），其勘察阶段应按本标准第 3.0.3 条规定分为可行性研究勘察、初步勘察、详细勘察三阶段进行。

10.0.2 特级勘察应根据原位测试、原型试验或类似工程实测沉降反分析，结合地区经验综合论证后提出计算稳定性、承载力、强度、变形分析评价的参数。

10.0.3 特级勘察勘探点布置范围应包括核心筒、主楼投影区、主楼外扩区（一般为建筑物边线外一至二柱跨），并宜与结构设计共同确定边线取值；勘探点数量、间距及控制性勘探点的数量应符合本标准第 4 章勘察等级甲级的规定，控制性勘探点宜布置在建筑物主体四周角点及核心筒中心部位。

10.0.4 特级勘察勘探点深度应根据基础埋深、荷载分布、地层结构及基础方案等条件综合确定，并应符合下列规定：

1 当以可压缩土层（包括全风化和强风化岩）作为桩筏、桩箱基础桩端持力层时，一般性勘探孔的深度应进入预计最大桩端入土深度以下不小于 0.7b（b 为筏形或箱形基础宽度），控制性勘探孔孔深应达到桩端平面以下附加应力为上覆土有效自重压力 20% 的深度，并不小于桩端平面以下 1.5b，当遇微风化基岩时，一般性勘探孔可钻入微风化岩 1m～3m 后终孔，控制性勘探孔可钻入微风化岩 3m～5m 后终孔；

2 对一般岩质地基的嵌岩桩，一般性勘探孔深度应钻入预计嵌岩面以下 3d～5d，控制性勘探孔应钻入预计嵌岩面以下 5d～8d，并应满足筏形或箱形基础平面以下不小于 1.0b。

10.0.5 为场地地震反应分析提供资料的勘探孔，应能代表场地的地层结构和不同工程地质单元，孔深应进入基岩层且剪切波速不小于 500m/s。当基岩埋深大于 100m，且有邻近或区域深孔资料、土动力参数可参照时，孔深可适当减少，但不应小于 100m。

10.0.6 特级勘察应结合土层条件及工程要求，进行下列原型试验：

1 当拟以坚硬密实土、砂、卵石层或全、强风化岩作为特级勘察超高层建筑桩基或复合桩基持力层时，应进行桩基或复合桩基载荷试验，以提供相应地基的承载力特征值和变形模量；

2 宜实测基坑回弹量；

3 当桩基采用超长桩、后注浆、扩底桩等技术时，应结合试成（沉）桩以及现场静载试验实测结果提供相应设计、施工参数；

4 当水文地质参数难以通过室内试验获取时，应通过单井或群井抽水试验提供相应参数；

5 抗浮桩、抗浮锚索、锚杆应进行抗拔力试验。

10.0.7 评价大直径超长桩对桩基承载力及建筑物沉降影响时，宜分析下列因素的影响：

1 尺寸效应对单桩承载力影响；

2 超长桩桩身压缩量；

3 嵌岩桩中非嵌岩段侧阻力的贡献；

4 主楼外扩区与投影区、核心筒桩基变刚度协调底板变形。

10.0.8 基础埋深较大时，应分析卸荷引起的地基土回弹和回弹再压缩对工程的不利影响，估算地基土的回弹量和回弹再压缩量，分析地基土应力历史对回弹量的影响。地基的回弹变形量 s_r、地基的回弹再压缩量 s_{rc} 可按下列公式估算：

1 正常固结土可按下列公式估算：

$$s_r = \psi_r \sum_{i=1}^{n} \frac{\sigma_{zri}}{E_{ri}} h_i \qquad (10.0.8\text{-}1)$$

$$s_{rc} = \psi_{rc} \sum_{i=1}^{n} \frac{\sigma_{zrci}}{E_{rci}} h_i \qquad (10.0.8\text{-}2)$$

$$\sigma_{zri} = \delta_m \alpha_i p_c \qquad (10.0.8\text{-}3)$$

$$\sigma_{zrci} = \delta_m \alpha_i p_{0c} \qquad (10.0.8\text{-}4)$$

式中：s_r、s_{rc} ——地基的回弹量（mm）、地基的回弹再压缩量（mm）；

σ_{zri} ——由于基坑开挖卸荷，引起基础底面处及底面以下第 i 层土中点处产生向上回弹的附加应力，相当于该处有效自重压力的减量（kPa），为负值；

σ_{zrci} ——基坑开挖卸荷回弹后，随着结构施工再加荷，加至卸除基坑底面以上土的有效自重压力时，基坑底面及基坑底面以下第 i 层土中点产生的附加应力的增量（kPa），为正值；

ψ_r、ψ_{rc} ——回弹量计算经验系数和回弹再压缩量计算经验系数，应根据类似工程

条件下沉降观测资料及群桩作用情况综合确定，当无经验时可取 1.0；

n ——地基变形计算深度范围内所划分的土层数；

h_i ——第 i 层土厚度（m）；

δ_m ——由 Boussinesq 解，换算为 Mindlin 解的应力修正系数，可按本标准附录 J 确定，当 $\delta_m > 1.0$ 时取 $\delta_m = 1.0$；

α_i ——按 Boussinesq 解的竖向附加应力系数，可根据本标准附录 C 表 C.0.3 确定，l、b 分别为基础底面的长度和宽度，z_i 为基坑底面至第 i 层土中点的距离；

p_c ——基坑底面处有效自重压力（kPa），地下水位以下应扣除浮力；

p_{0c} ——基坑开挖卸荷后，随着结构施工基坑底面处新增的附加压力；

E_{ri}、E_{rci} ——第 i 层土的回弹模量、回弹再压缩模量（MPa），按本标准附录 A 回弹模量和回弹再压缩模量室内试验要点确定。

2 当需分析地基土应力历史对回弹的影响时，可采用回弹指数 C_{si} 按下列公式估算地基回弹量：

$$s_r = \psi_r \sum_{i=1}^{n} \frac{C_{si} h_i}{1 + e_{0i}} \lg \left[\frac{p_{czi} + \sigma_{zri}}{p_{czi}} \right]$$

$$(10.0.8\text{-}5)$$

$$p_{czi} = p_{ci} \cdot \delta_m \qquad (10.0.8\text{-}6)$$

式中：C_{si} ——坑底开挖面以下第 i 层土的回弹指数，C_{si} 可用 e-$\log p$ 曲线按应力变化范围确定；

e_{0i} ——第 i 层土的初始孔隙比；

p_{czi} ——考虑应力修正系数（δ_m）后的第 i 层土层中点点的原有土层有效自重压力（kPa）；

p_{ci} ——第 i 层土的原有有效自重压力（kPa）。

10.0.9 当地基回弹量按本标准第 10.0.8 条估算时，计算深度应自基坑底面算起，算到坑底以下 1.5 倍基坑开挖深度处，当在计算深度以下尚有软弱下卧土层时，应算至软弱下卧层底部。

10.0.10 估算基坑回弹对桩基影响时宜同时分析单桩在上部荷载作用下产生沉降的影响。

10.0.11 邻近重大市政设施、重要建筑、地铁的超高层建筑，评价其施工对周边环境造成的影响时宜分析下列因素的影响：

1 基坑工程开挖引起的坑壁侧向位移和坑底土体回弹；

2 长时间的基坑降水活动引起大面积土体沉降，进而引起周边环境的差异沉降；

3 密集高层建筑的桩基拖带影响范围内地铁隧道共同沉降；

4 周边各类工程活动在空间与时间上的叠加影响效应；

5 在工程活动作用时，周边环境自身结构的变形响应。

10.0.12 特级勘察应根据设计要求进行设计参数检验，当采用天然地基时，应进行浅层平板载荷试验，以最终确定持力层的承载力特征值、变形模量或竖向基床系数；当采用桩基时，应进行基桩竖向抗压、抗拔载荷试验或水平载荷试验，以最终确定基桩的抗压、抗拔承载力特征值、桩侧地基土水平抗力系数的比例系数，基桩的竖向、水平向基床系数等参数。

10.0.13 底板监测可根据荷载分布特点布置，并宜包括下列内容：

1 底板挠曲、差异变形；

2 底板钢筋应力；

3 基底土压力；

4 基底回弹量和回弹再压缩量；

5 底板施工过程中大体积混凝土水化热；

6 桩端阻力、桩侧摩阻力分布规律。

11 岩土工程勘察报告

11.1 一般规定

11.1.1 高层建筑岩土工程勘察报告应结合工程特点和主要岩土工程问题进行编写，并应资料完整、真实准确、数据无误、图表清晰、结论有据，工程措施建议因地制宜、合理可行。文字报告与图表部分应协调一致。

11.1.2 针对特殊、复杂、疑难问题，可根据任务要求，进行有关的专门岩土工程勘察与评价，提供专题咨询报告。

11.2 勘察报告主要内容和要求

11.2.1 高层建筑岩土工程初步勘察报告应满足初步设计的要求，对拟建场地的稳定性和建筑适宜性作出明确判断，作为设计确定高层建筑总平面布置、选择地基基础类型、防治不良地质作用的依据。

11.2.2 高层建筑岩土工程详细勘察报告应满足施工图设计要求，为高层建筑地基基础设计、地基处理、基坑与边坡工程、基础施工方案及地下水控制方案的确定等提供岩土工程资料，并应作出相应的分析和评价。高层建筑岩土工程详细勘察报告应包括下列内容：

1 建筑、结构条件及荷载特点，地下室层数、基础埋深及形式等基本情况；

2 场地和地基的稳定性、不良地质作用、特殊性岩土和地震效应评价；

3 采用天然地基的可能性，地基均匀性、承载力评价；

4 对复合地基和桩基的桩型和桩端持力层选择，桩的侧阻力、端阻力提出建议；

5 地基变形特征预测；

6 地下水和地下室抗浮评价；

7 基坑开挖和支护的评价；

8 施工中应注意的工程问题及工程对环境的影响分析与评价；

9 对检测与监测的建议；

10 对初步勘察中遗留的问题作出结论。

11.2.3 详细勘察报告应阐明影响高层建筑的场地、地基稳定性及不良地质作用的分布及发育情况，评价其对工程的影响。场地地震效应的分析与评价应符合现行国家标准《建筑抗震设计规范》GB 50011 的规定；建筑边坡稳定性的分析与评价应符合现行国家标准《建筑边坡工程技术规范》GB 50330 的规定。

11.2.4 详细勘察报告应对地基岩土层的空间分布规律、均匀性、强度和变形性质及与工程有关的其他特性进行定性和定量评价。岩土参数指标的分析和选用应符合现行国家标准《建筑地基基础设计规范》GB 50007 和《岩土工程勘察规范》GB 50021 的规定。

11.2.5 详细勘察报告应阐明场地地下水的类型、埋藏条件、水位、渗流状态，提供有关水文地质参数，并应评价地下水对混凝土和钢筋混凝土中钢筋的腐蚀性及对深基坑、边坡工程的不良影响。深基础位于地下水位以下者，应分析地下水对成桩工艺及复合地基施工的影响。

11.2.6 天然地基方案应对地基持力层及下卧层进行分析，提出地基承载力和沉降计算的岩土参数和指标，宜结合工程条件对地基变形进行分析评价。当采用岩石作为天然地基持力层时，应鉴定岩层的时代、名称和风化程度，并进行岩石坚硬程度、岩体完整程度和岩体基本质量等级的划分，以确定岩石地基的承载力。

11.2.7 桩基方案应分析提出桩型、桩端持力层的建议，提供桩基承载力和桩基沉降计算的参数，宜进行不同情况下桩基承载力和桩基沉降量的分析与评价，对各种可能选用的桩基方案宜进行必要的分析比较，提出建议。

11.2.8 复合地基方案应根据高层建筑特征及场地条件，建议增强体类型，并提供加固深度或桩端持力层建议。应提供复合地基承载力及变形分析计算所需的岩土参数指标。

11.2.9 基坑工程应根据基坑的规模及场地条件，对基坑支护方案、基坑工程可能产生的主要岩土工程问题等提出建议。应根据场地水文地质条件，对地下水控制方案提出建议。

11.2.10 勘察报告应根据可能采用的地基基础方案、基坑支护方案及场地的工程地质、水文地质环境条件，对地基基础及基坑支护等施工中应注意的岩土工程问题及设计参数检测、现场检验、监测工作提出建议。

11.2.11 当遇到下列特殊岩土工程问题时，应根据任务要求进行专门岩土工程工作或分析研究，提供专题咨询报告：

1 场地范围内或附近存在性质或规模尚不明确的活动断裂及地裂缝、滑坡、高边坡、地下采空区等不良地质作用的工程；

2 水文地质条件复杂或环境特殊，需现场进行专门水文地质试验，以确定水文地质参数的工程；或需进行专门的施工降水、截水设计，并需分析研究降水、截水对建筑本身及邻近建筑和设施等周边环境影响的工程；

3 对地下水防护有特殊要求，需进行专门的地下水动态分析研究、专门进行地下室抗浮设计的工程；

4 建筑结构特殊或对差异沉降有特殊要求，需进行专门的上部结构、地基与基础共同作用分析计算与评价的工程；

5 根据工程要求，需对地基基础方案进行优化、比选分析论证的工程；

6 抗震设计所需的时程分析评价；

7 有关工程设计重要参数的最终检测、核定等。

11.3 图表及附件

11.3.1 高层建筑岩土工程勘察报告所附图件应体现勘察工作的主要成果，反映拟建场地的地层结构与岩土工程性质的变化，并应与报告书文字相互呼应。主要图件及附件应包括下列内容：

1 岩土工程勘察任务委托书（含建筑物基本情况及勘察技术要求）；

2 拟建建筑平面位置及勘探点平面布置图；

3 工程地质钻孔柱状图或综合工程地质柱状图；

4 工程地质剖面图；

5 当工程地质条件复杂或地基基础分析评价需要时，宜绘制下列图件：

1）关键地层层面等高线图和等厚度线图；

2）工程地质三维图；

3）工程地质分区图；

4）基坑各侧壁代表性的综合地质剖面；

5）特殊土或特殊地质问题的专门性图件；

6）设计参数检验、原型试验的图件。

11.3.2 高层建筑岩土工程勘察报告所附表格和曲线宜包括下列内容：

1 土工试验及水质分析成果表；

2 地基土原位测试试验曲线及数据表；

3 岩土层的强度和变形试验曲线；

4 重要的岩土工程设计分析成果图表等。

附录 A 回弹模量和回弹再压缩模量室内试验要点

A.0.1 回弹模量和回弹再压缩模量应按室内固结试验测得的回弹曲线和回弹再压缩曲线计算求取。卸荷回弹引起回弹量的计算深度宜等同于沉降计算深度。

A.0.2 基础底面下第 i 层土回弹曲线和回弹再压缩曲线（图 A.0.2）测求，应符合下列规定：

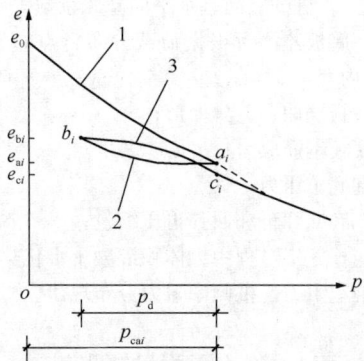

图 A.0.2 第 i 层土回弹曲线和回弹再压缩曲线示意图
1—恢复自重压力压缩曲线；2—回弹线；
3—回弹再压缩曲线

1 在基础底面下第 i 层土中点 a_i 处取不扰动土样，切取环刀进行标准固结试验，分级加荷至取样深度 a_i 点的有效自重压力 p_{cai} 处，$p_{cai} = \gamma'_h h_i$（γ'_h 为 h_i 深度以上土的按厚度加权平均有效重度，位于地下水位以下的土层取浮重度，h_i 为第 i 层中点取样深度）；

2 从第 i 层中点有效自重压力 p_{cai} 处开始分级卸荷，分级不少于 2 个点，卸荷压力 p_d 按基础底面埋深确定，即 $p_d = \gamma'_d d$（γ'_d 为基础埋置深度 d 以上土层按厚度加权平均有效重度），卸至 $p_d = 0$ 处，可获得回弹曲线 a_i、b_i 点的孔隙比；

3 在 $p_d = 0$ 处，再分级加荷至 p_{cai} 处，可获得回弹再压缩曲线上 c_i 点处的孔隙比；

4 根据回弹曲线和回弹再压缩曲线，按下列公式计算第 i 层回弹模量 E_{ri} 和回弹再压缩模量 E_{rci}；

$$E_{ri} = (1 + e_{ai}) \frac{p_d}{e_{bi} - e_{ai}} \qquad (A.0.2-1)$$

$$E_{rci} = (1 + e_{bi}) \frac{p_d}{e_{bi} - e_{ci}} \qquad (A.0.2-2)$$

式中：E_{ri}、E_{rci}——第 i 层土的回弹模量，第 i 层土的回弹再压缩模量；

e_{bi}、e_{ai}、e_{ci}——回弹曲线和回弹再压缩曲线上，分别为 b_i、a_i、c_i 点固结压力下

相对稳定后的孔隙比。

A. 0. 3 加荷、卸荷分级压力按取土深度和开挖深度，由试验设计确定；加荷和卸荷每级压力后，每小时变形小于等于 0.01mm 时，作为相对稳定标准。

A. 0. 4 试验中的其他要求应符合现行国家标准《土工试验方法标准》GB/T 50123 标准固结试验的规定。

附录 B　天然地基极限承载力估算

B. 0. 1　天然地基极限承载力可按下列公式估算：

$$f_u = \frac{1}{2} N_\gamma \zeta_\gamma b\gamma + N_q \zeta_q \gamma_0 d + N_c \zeta_c \bar{c}_k$$
$$\text{(B. 0. 1-1)}$$
$$f_{ak} = f_u / K \qquad \text{(B. 0. 1-2)}$$

式中：f_u——地基极限承载力（kPa）；

　　　f_{ak}——地基承载力特征值（kPa）；

N_γ、N_q、N_c——地基承载力系数，根据地基持力层代表性内摩擦角标准值 $\bar{\varphi}_k$（°），按表 B. 0. 1-1 确定；

　ζ_γ、ζ_q、ζ_c——基础形状修正系数，按表 B. 0. 1-2 确定；

　　b、l——分别为基础（包括箱形基础和筏形基础）底面的宽度与长度，当基础宽度大于 6m 时，取 $b=6m$；

　γ_0、γ——分别为基底以上和基底组合持力层的土体平均重度（kN/m³）。位于地下水位以下且不属于隔水层的土层取浮重度；当基底土层位于地下水位以下但属于隔水层时，γ 可取天然重度；如基底以上的地下水与基底高程处的地下水之间有隔水层，基底以上土层在计算 γ_0 时可取天然重度；

　　　　d——基础埋置深度（m）；

　　　$\bar{c}_k$——地基持力层代表性黏聚力标准值（kPa）；

　　　　K——安全系数，应根据建筑安全等级和土性参数的可靠性在 2～3 之间选取。

B. 0. 2　天然地基极限承载力计算时，基础埋置深度 d 应根据不同情况按下列规定选取：

　1　一般自室外地面高程算起，对于地下室采用箱形或筏形基础时，自室外天然地面起算，采用独立柱基或条形基础时，从室内地面起算；

　2　在填方整平地区，可自填土地面起算；但若填方在上部结构施工后完成时，自填方前的天然地面起算；

　3　当高层建筑周边附属建筑为超补偿基础时，宜分析周边附属建筑基底压力低于土层自重压力的影响。

表 B. 0. 1-1　极限承载力系数表

$\bar{\varphi}_k$ (°)	N_c	N_q	N_γ	$\bar{\varphi}_k$ (°)	N_c	N_q	N_γ
0	5.14	1.00	0.00	26	22.25	11.85	12.54
1	5.38	1.09	0.07	27	23.94	13.20	14.47
2	5.63	1.20	0.15	28	25.80	14.72	16.72
3	5.90	1.31	0.24	29	27.86	16.44	19.34
4	6.19	1.43	0.34	30	30.14	18.40	22.40
5	6.49	1.57	0.45	31	32.67	20.63	25.99
6	6.81	1.72	0.57	32	35.49	23.18	30.22
7	7.16	1.88	0.71	33	38.64	26.09	35.19
8	7.53	2.06	0.86	34	42.16	29.44	41.06
9	7.92	2.25	1.03	35	46.12	33.30	48.03
10	8.35	2.47	1.22	36	50.59	37.75	56.31
11	8.80	2.71	1.44	37	55.63	42.92	66.19
12	9.28	2.97	1.69	38	61.35	48.93	78.03
13	9.81	3.26	1.97	39	67.87	55.96	92.25
14	10.37	3.59	2.29	40	75.31	64.20	109.41
15	10.98	3.94	2.65	41	83.86	73.90	130.22
16	11.63	4.34	3.06	42	93.71	85.38	155.55
17	12.34	4.77	3.53	43	105.11	99.02	186.54
18	13.10	5.26	4.07	44	118.37	115.31	224.64
19	13.93	5.80	4.68	45	133.88	134.88	271.76
20	14.83	6.40	5.39	46	152.10	158.51	330.35
21	15.82	7.07	6.20	47	173.64	187.21	403.67
22	16.88	7.82	7.13	48	199.26	222.31	496.01
23	18.05	8.66	8.20	49	229.93	265.51	613.16
24	19.32	9.60	9.44	50	266.89	319.07	762.86
25	20.72	10.66	10.88				

注：$N_q = e^{\pi \tan \bar{\varphi}_k} \tan^2 \left(45° + \dfrac{\bar{\varphi}_k}{2} \right)$，$N_c = (N_q - 1) \cot \bar{\varphi}_k$，

　　$N_\gamma = 2 (N_q + 1) \tan \bar{\varphi}_k$。

表 B. 0. 1-2　基础形状修正系数

基础形状	ζ_γ	ζ_q	ζ_c
条　形	1.00	1.00	1.00
矩　形	$1-0.4\dfrac{b}{l}$	$1+\dfrac{b}{l}\tan\bar{\varphi}_k$	$1+\dfrac{b}{l}\dfrac{N_q}{N_c}$
圆形或方形	0.60	$1+\tan\bar{\varphi}_k$	$1+\dfrac{N_q}{N_c}$

附录 C　用变形模量 E_0 估算天然和复合地基最终沉降量

C. 0. 1　对筏形和箱形基础，地基最终平均沉降量可按下式估算：

$$s = \psi_s pb\eta \sum_{i=1}^{n} \left(\frac{\delta_i - \delta_{i-1}}{E_{0i}} \right) \qquad \text{(C. 0. 1)}$$

式中：s——地基最终平均沉降量（mm）；

　　　ψ_s——沉降经验系数，根据地区经验确定，对花岗岩残积土 ψ_s 可取 1；

　　　　p——对应于荷载效应准永久组合时的基底平

均压力（kPa），地下水位以下扣除水浮力；

b——基础底面宽度（m）；

δ_i、δ_{i-1}——沉降应力系数，与基础长宽比（l/b）和基底至第 i 层和第 $i-1$ 层（岩）土底面的距离 z 有关，可按表 C.0.1-1 确定；

E_{0i}——基底下第 i 层土的变形模量（MPa），可通过载荷试验或地区经验确定；

η——考虑刚性下卧层影响的修正系数，可按表 C.0.1-2 确定。

表 C.0.1-1　按 E_0 估算地基沉降应力系数 δ_i

$m=\dfrac{2z}{b}$	圆形基础 $b=2r$	矩形基础 $n=l/b$						条形基础 $n \geqslant 10$
		1.0	1.4	1.8	2.4	3.2	5.0	
0.0	0.000	0.000	0.000	0.000	0.000	0.000	0.000	0.000
0.4	0.067	0.100	0.100	0.100	0.100	0.100	0.100	0.104
0.8	0.163	0.200	0.200	0.200	0.200	0.200	0.200	0.208
1.2	0.262	0.299	0.300	0.300	0.300	0.300	0.300	0.311
1.6	0.346	0.380	0.394	0.397	0.397	0.397	0.397	0.412
2.0	0.411	0.446	0.472	0.482	0.486	0.486	0.486	0.511
2.4	0.461	0.499	0.538	0.556	0.565	0.567	0.567	0.605
2.8	0.501	0.542	0.592	0.618	0.635	0.640	0.640	0.687
3.2	0.532	0.577	0.637	0.671	0.696	0.707	0.709	0.763
3.6	0.558	0.606	0.676	0.717	0.750	0.768	0.772	0.831
4.0	0.579	0.630	0.708	0.756	0.796	0.802	0.830	0.892
4.4	0.596	0.650	0.735	0.789	0.837	0.867	0.883	0.949
4.8	0.611	0.668	0.759	0.819	0.873	0.908	0.932	1.001
5.2	0.624	0.683	0.780	0.884	0.904	0.948	0.977	1.050
5.6	0.635	0.697	0.798	0.867	0.933	0.981	1.018	1.095
6.0	0.645	0.708	0.814	0.887	0.958	1.011	1.056	1.138
6.4	0.653	0.719	0.828	0.904	0.980	1.031	1.092	1.178
6.8	0.661	0.728	0.841	0.920	1.000	1.065	1.122	1.215
7.2	0.668	0.736	0.852	0.935	1.019	1.088	1.152	1.251
7.6	0.674	0.744	0.863	0.948	1.036	1.109	1.180	1.285
8.0	0.679	0.751	0.872	0.960	1.051	1.128	1.205	1.316
8.4	0.684	0.757	0.881	0.970	1.065	1.146	1.229	1.347
8.8	0.689	0.762	0.888	0.980	1.078	1.162	1.251	1.376
9.2	0.693	0.768	0.896	0.989	1.089	1.178	1.272	1.404
9.6	0.697	0.772	0.902	0.998	1.100	1.192	1.291	1.431
10.0	0.700	0.777	0.908	1.005	1.110	1.205	1.309	1.456
11.0	0.705	0.786	0.912	1.022	1.132	1.230	1.349	1.506
12.0	0.710	0.794	0.933	1.037	1.151	1.257	1.384	1.550

注：1　l 与 b 分别为矩形基础的长度与宽度（m）；
　　2　z 为基础底面至该层土底面的距离（m）；
　　3　r 为圆形基础的半径（m）。

表 C. 0. 1-2　修正系数 η

$m=\dfrac{z_n}{b}$	$0<m\leqslant0.5$	$0.5<m\leqslant1$	$1<m\leqslant2$	$2<m\leqslant3$	$3<m\leqslant5$	$m>5$
η	1.00	0.95	0.90	0.80	0.75	0.70

C. 0. 2　按变形模量 E_0 预测沉降时，沉降计算深度 z_n 可按下式确定：

$$z_n=(z_m+\xi b)\beta \qquad (C.0.2\text{-}1)$$

式中：z_n——沉降计算深度（m）；

　　　z_m——与基础长宽比有关的经验值，按表 C. 0. 2-1 确定；

　　　ξ——折减系数，按表 C. 0. 2-1 确定；

　　　β——调整系数，按表 C. 0. 2-2 确定。

表 C. 0. 2-1　z_m 值和折减系数 ξ

l/b	1	2	3	4	$\geqslant5$
z_m	11.6	12.4	12.5	12.7	13.2
ξ	0.42	0.49	0.53	0.60	1.00

表 C. 0. 2-2　调整系数 β

土类	碎石土	砂土	粉土	黏性土、花岗岩残积土	软土
β	0.30	0.50	0.60	0.75	1.00

当无相邻荷载影响，基础宽度在 30m 范围内时，基础中点的地基沉降计算深度也可按下式计算：

$$z_n=b(2.5-0.4\ln b) \qquad (C.0.2\text{-}2)$$

C. 0. 3　对扩展基础、条形基础按变形模量 E_0 预测地基沉降时，可按下列公式估算：

$$s=\eta\sum_{i=1}^{n}\frac{p_{0i}}{E_{0i}}h_i \qquad (C.0.3\text{-}1)$$

$$p_{0i}=\alpha_i(p_k-p_c) \qquad (C.0.3\text{-}2)$$

式中：s——地基最终沉降量（mm）；

　　　E_{0i}——基底下第 i 层土的变形模量（MPa）；

　　　h_i——第 i 层土的厚度（m）；

　　　η——沉降计算经验系数，对花岗岩类的土岩层可取 0.8；对其他土层宜根据实测资料和工程经验确定；

　　　p_{0i}——第 i 层中点处的附加压力（kPa）；

　　　p_k——对应于荷载效应标准永久组合基础底面的平均压力（kPa）；

　　　p_c——基础底面以上土的自重压力标准值（kPa）；

　　　α——矩形基础和条形基础均布荷载作用下中心点竖向附加应力系数，可根据表 C. 0. 3 确定，l、b 分别为基础底面的长度和宽度，z_i 为基础底面至第 i 层土中点的距离。

表 C. 0. 3　矩形基础和条形基础均布荷载作用下中心点竖向附加应力系数 α（Boussinesq 解）

$2z/b$	l/b											条形基础
	1	1.2	1.4	1.6	1.8	2	3	4	5	6	10	
0	1.000	1.000	1.000	1.000	1.000	1.000	1.000	1.000	1.000	1.000	1.000	1.000
0.2	0.994	0.995	0.996	0.996	0.996	0.997	0.997	0.997	0.997	0.997	0.997	0.997
0.4	0.960	0.968	0.972	0.974	0.975	0.976	0.977	0.977	0.977	0.977	0.977	0.977
0.6	0.892	0.910	0.920	0.926	0.930	0.932	0.936	0.936	0.937	0.937	0.937	0.937
0.8	0.800	0.830	0.848	0.859	0.866	0.870	0.878	0.880	0.881	0.881	0.881	0.881
1.0	0.701	0.740	0.766	0.782	0.793	0.800	0.814	0.817	0.818	0.818	0.818	0.818
1.2	0.606	0.651	0.682	0.703	0.717	0.727	0.748	0.753	0.754	0.755	0.755	0.755
1.4	0.522	0.569	0.603	0.628	0.645	0.658	0.685	0.692	0.694	0.695	0.696	0.696
1.6	0.449	0.496	0.532	0.558	0.578	0.593	0.627	0.636	0.639	0.640	0.642	0.642
1.8	0.388	0.433	0.469	0.496	0.517	0.534	0.573	0.585	0.590	0.591	0.593	0.593
2.0	0.336	0.379	0.414	0.441	0.463	0.481	0.525	0.540	0.545	0.547	0.549	0.550
2.2	0.293	0.333	0.366	0.393	0.416	0.433	0.482	0.499	0.505	0.508	0.511	0.511
2.4	0.257	0.294	0.325	0.352	0.374	0.392	0.443	0.462	0.470	0.473	0.477	0.477
2.6	0.226	0.260	0.290	0.315	0.337	0.355	0.408	0.429	0.438	0.442	0.446	0.447
2.8	0.201	0.232	0.260	0.284	0.304	0.322	0.377	0.400	0.410	0.414	0.419	0.420
3.0	0.179	0.208	0.233	0.256	0.276	0.293	0.348	0.373	0.384	0.389	0.395	0.396
3.2	0.160	0.187	0.210	0.232	0.251	0.267	0.322	0.348	0.360	0.366	0.373	0.374
3.4	0.144	0.169	0.191	0.211	0.229	0.244	0.299	0.326	0.339	0.345	0.353	0.354

2z/b	l/b											条形基础
	1	1.2	1.4	1.6	1.8	2	3	4	5	6	10	
3.6	0.131	0.153	0.173	0.192	0.209	0.224	0.278	0.305	0.319	0.327	0.335	0.337
3.8	0.119	0.139	0.158	0.176	0.192	0.206	0.259	0.287	0.301	0.309	0.318	0.320
4.0	0.108	0.127	0.145	0.161	0.176	0.190	0.241	0.269	0.285	0.293	0.303	0.306
4.2	0.099	0.116	0.133	0.148	0.163	0.176	0.225	0.254	0.270	0.278	0.290	0.292
4.4	0.091	0.107	0.123	0.137	0.150	0.163	0.211	0.239	0.255	0.265	0.277	0.280
4.6	0.084	0.099	0.113	0.127	0.139	0.151	0.197	0.226	0.242	0.252	0.265	0.268
4.8	0.077	0.091	0.105	0.118	0.130	0.141	0.185	0.213	0.230	0.240	0.254	0.258
5.0	0.072	0.085	0.097	0.109	0.121	0.131	0.174	0.202	0.219	0.229	0.244	0.248
6.0	0.051	0.060	0.070	0.078	0.087	0.095	0.130	0.155	0.172	0.184	0.202	0.208
7.0	0.038	0.045	0.052	0.059	0.065	0.072	0.100	0.122	0.139	0.150	0.171	0.179
8.0	0.029	0.035	0.040	0.046	0.051	0.056	0.079	0.098	0.113	0.125	0.147	0.158
9.0	0.023	0.028	0.032	0.036	0.041	0.045	0.064	0.081	0.094	0.105	0.128	0.140
10.0	0.019	0.022	0.026	0.030	0.033	0.037	0.053	0.067	0.079	0.089	0.112	0.126
12.0	0.013	0.016	0.018	0.021	0.023	0.026	0.038	0.048	0.058	0.066	0.088	0.106
14.0	0.010	0.012	0.013	0.015	0.017	0.019	0.028	0.036	0.044	0.051	0.070	0.091
16.0	0.007	0.009	0.010	0.012	0.013	0.015	0.022	0.028	0.034	0.040	0.057	0.079
18	0.006	0.007	0.008	0.009	0.011	0.012	0.017	0.023	0.028	0.032	0.047	0.071
20	0.005	0.006	0.007	0.008	0.009	0.009	0.014	0.018	0.023	0.027	0.040	0.064
25	0.003	0.004	0.004	0.005	0.005	0.006	0.009	0.012	0.015	0.017	0.027	0.051
30	0.002	0.003	0.003	0.003	0.004	0.004	0.006	0.008	0.010	0.012	0.019	0.042
35	0.002	0.002	0.002	0.002	0.003	0.003	0.005	0.006	0.008	0.009	0.015	0.036
40	0.001	0.001	0.002	0.002	0.002	0.002	0.004	0.005	0.006	0.007	0.011	0.032

附录 D 标准贯入试验成果估算 预制桩竖向极限承载力

D.0.1 采用标准贯入试验成果测求混凝土预制桩的极限侧阻力可按表 D.0.1 取值。

表 D.0.1 用标准贯入实测击数 N 测求混凝土 预制桩极限侧阻力 q_{sis}

土的名称	标准贯入试验实测击数 N（击）	混凝土预制桩极限侧阻力 q_{sis}（kPa）
淤泥	N<3	14~20
淤泥质土	3<N≤5	22~30
黏性土	流塑 N≤2	24~40
	软塑 2<N≤4	40~55
	可塑 4<N≤8	55~70
	硬可塑 8<N≤15	70~86
	硬塑 15<N≤30	86~98
	坚硬 N>30	98~105
粉土	稍密 2<N≤6	26~46
	中密 6<N≤12	46~66
	密实 12<N≤30	66~88
粉细砂	稍密 10<N≤15	24~48
	中密 15<N≤30	48~66
	密实 N>30	66~88
中砂	中密 15<N≤30	54~74
	密实 N>30	74~95
粗砂	中密 15<N≤30	74~95
	密实 N>30	95~116
砾砂	密实 N>30	116~138
全风化软质岩	30<N≤50	100~120
全风化硬质岩	40<N≤70*	140~160

续表 D.0.1

土的名称	标准贯入试验实测击数 N（击）	混凝土预制桩极限侧阻力 q_{sis}（kPa）
强风化软质岩	$N>50$	160～240
强风化硬质岩	$N>70^*$	220～300

注：1 全风化、强风化软质岩和全风化、强风化硬质岩系指其母岩分别为 $f_{rk}\leqslant15MPa$、$f_{rk}>30MPa$ 的岩石；
    2 单桩极限承载力最终宜通过单桩静载荷试验确定；
    3 表中数据可根据地区经验作适当调整；
    4 带 * 者，主要适用于花岗岩、花岗片麻岩和火山凝灰岩硬质岩。

D.0.2 采用标准贯入试验成果测求混凝土预制桩的极限端阻力可按表 D.0.2 取值。

表 D.0.2 用标准贯入试验实测击数测求混凝土预制桩极限端阻力 q_{ps}

土层类别 q_{ps}（kPa） N（击） 入土深度（m）	强风化软质岩 $N>50$ 强风化硬质岩 $N>70^*$		全风化软质岩 $30<N\leqslant50$ 全风化硬质岩 $40<N\leqslant70^*$		$15<N\leqslant(40)$ 中密—密实中、粗、砾砂	$4<N\leqslant(40)$ 可塑—坚硬黏性土	$6<N\leqslant30$ 中密—密实粉土
	硬质岩	软质岩	硬质岩	软质岩	中密、密实 15～(40)	硬塑、坚硬 15～(40)	可塑、硬可塑 4～15	密实 12～30	中密 6～12
<9	7000～9000	6000～7500	5000～6500	4000～5000	4000～7500	2500～3800	850～2300	1500～2600	950～1700
9～16	9000	7500	6500	5000	5500～9500	3800～5500	1400～3300	2100～3300	1400～2100
16～30	9000～11000	7500～9000	6500～8000	5000～6000	6500～10000	5500～6000	1900～3600	2700～3600	1900～2700
>30	11000	9000	8000	6000	7500～11000	6000～6800	2300～4400	3600～4400	2500～3400

注：1 表中极限端阻力 q_{ps} 可根据标准贯入试验实测击数用插入法求取，表中 N 值带（ ）者，系为插入法用；
    2 表中中密—密实的中砂、粗砂、砾砂的 q_{ps} 范围值，中砂取小值，粗砂取中值，砾砂取大值；
    3 表中数据可根据地区经验作适当调整；
    4 带 * 者，主要适用于花岗岩、花岗片麻岩和火山凝灰岩硬质岩。

D.0.3 采用标准贯入试验成果可按下式估算预制桩单桩竖向极限承载力：

$$Q_u = u\sum q_{sis}l_i + q_{ps}A_p \qquad (D.0.3)$$

式中：q_{sis}——第 i 层土的极限侧阻力（kPa）；
      q_{ps}——桩端土极限端阻力（kPa）。

附录 E 大直径桩端阻力载荷试验要点

E.0.1 大直径桩极限端阻力载荷试验应采用圆形刚性承压板，其直径应为 0.8m。

E.0.2 承压板应置于桩端持力层上，亦可在试井完成后，直接在外径为 0.8m 的钢环内浇灌混凝土而成，当试井直径大于承压板直径时，紧靠承压板周围外侧的土层高度不应小于 0.8m；承压板上用小于试井直径的钢管联结，延伸至地面进行加荷；亦可利用井壁护圈作反力加荷，沉降观测宜直接在底板上进行。

E.0.3 加荷等级可按预估极限端阻力的 1/15～1/10 分级施加，最大荷载应达到破坏，且不应小于设计端阻力的两倍。

E.0.4 在加每级荷载后的第一小时内，每隔 10min、10min、10min、15min、15min 观测一次，以后每隔 30min 观测一次。

E.0.5 在每级荷载作用下，当连续 2h，每小时的沉降量小于 0.1mm 时，则认为已经稳定，可施加下一级荷载。

E.0.6 符合下列条件之一时可终止加载：
    1 当荷载—沉降曲线上，有可判定极限端阻力的陡降段，且沉降量超过（0.04～0.06）d（d 为承压板直径），压缩性小的岩土取小值，反之取大值；
    2 本级沉降量大于前一级沉降量的 5 倍；
    3 某级荷载作用下经 24h 沉降量尚不能达到稳定标准；
    4 当持力层岩土层坚硬，沉降量很小时，最大加载量已不小于设计端阻力 2 倍。

E.0.7 卸载观测应符合下列规定：
    1 卸载的每级荷载为加载每级荷载的 2 倍；
    2 每级卸载后，隔 15min、15min、30min 观测一次，即可卸下一级荷载；
    3 全部卸载后隔 3h～4h 再测读一次。

E.0.8 端阻力特征值的确定应符合下列规定：
    1 满足终止加载条件前三条之一时，其对应的前一级压力定为极限端阻力；
    2 当 $p\text{-}s$ 曲线有明显的比例界限时，取比例界限所对应压力为端阻力特征值，但其值不应大于最大加载量或极限端阻力的一半；
    3 当 $p\text{-}s$ 曲线无明显的拐点时，可取 $s=(0.008～0.015)d$（对全风化、强风化、中等风化岩取较小值，对黏性土取较大值，砂类土取中间值）所对应的 p 值，作为端阻力特征值，但其值不应大于最大加载量或极限端阻力的一半。

E.0.9 同一岩土层参加统计的试验点不应少于 3 点，当试验实测值的极差不超过平均值的 30% 时，取此平均值作为极限端阻力或端阻力特征值。

附录 F 原位测试参数估算群桩基础最终沉降量

F.0.1 用原位测试参数换算土压缩模量 E_s，或直接用原位测试参数估算预制群桩基础沉降量的方法适用于一般黏性土、粉土和砂土地基，应符合下列规定：

1 桩中心距小于 $6d$、排列密集的预制桩群桩基础；

2 桩基承台、桩群和桩间土可视为实体基础，不计入沿桩身的应力扩散；

3 沉降计算深度自桩端全断面平面算起，算至有效附加压力等于土有效自重压力的 20% 处，有效附加压力应计入相邻基础影响；

4 各地区应根据当地的工程实测资料统计对比、验证，确定相应的桩基沉降计算经验系数。

F.0.2 对无法或难以采取不扰动土试样的填土、粉土、砂土和深部土层，可根据静力触探试验、标准贯入试验和旁压试验测试参数按表 F.0.2 的经验关系换算土的压缩模量 E_s 值，此压缩模量为有效自重压力至有效自重压力加附加压力之和段的压缩模量。

表 F.0.2 土的压缩模量 E_s 与原位测试参数的经验关系

原位测试方法	土性	E_s(MPa)	适用深度(m)	适用范围值
静力触探试验	一般黏性土	$E_s = 3.3p_s + 3.2$ $E_s = 3.7q_c + 3.4$	15～70	$0.8 \leqslant p_s \leqslant 5.0$(MPa) $0.7 \leqslant q_c \leqslant 4.0$(MPa)
	粉土及粉细砂	$E_s = (3～4)p_s$ $E_s = (3.4～4.4)q_c$	20～80	$3.0 \leqslant p_s \leqslant 25.0$(MPa) $2.6 \leqslant q_c \leqslant 22.0$(MPa)
标准贯入试验	粉土及粉细砂	$E_s = (1～1.2)N$	<120	$10 \leqslant N \leqslant 50$(击)
	中、粗砂	$E_s = (1.5～2)N$		$10 \leqslant N \leqslant 50$(击)
旁压试验	一般黏性土	$E_s = (0.7～1)E_m$	>10	—
	粉土	$E_s = (1.2～1.5)E_m$		
	粉细砂	$E_s = (2～2.5)E_m$		
	中、粗砂	$E_s = (3～4)E_m$		

注：表中经验公式仅适用于桩基，使用前应根据地区资料进行验证。

F.0.3 预制群桩基础最终沉降量可按下列公式估算：

$$s = \eta \psi_{s1} \psi_{s2} \sum_{i=1}^{n} \frac{p_{0i} h_i}{E_{si}} \quad (F.0.3-1)$$

$$\eta = 1 - 0.5 p_{cz}/p_0 \quad (F.0.3-2)$$

式中：s——桩基最终沉降量（mm）。

η——桩端入土深度修正系数；$\eta < 0.3$ 时，取 0.3；

p_{cz}——桩端处土的有效自重压力（kPa）；

p_0——对应于荷载效应准永久组合时的桩端处的有效附加压力（kPa）；

ψ_{s1}——桩侧土性修正系数，当桩侧土有层厚不小于 0.3B（B 为等效基础宽度）的硬塑状的黏性土或中密—密实砂土时，$\psi_{s1} = 0.7～0.8$；可塑状黏性土或稍密砂土时，$\psi_{s1} = 1$；流塑状淤泥质土时，$\psi_{s1} = 1.2$；

ψ_{s2}——桩端土性修正系数，当桩端下有层厚 $\geqslant 0.5B$ 的硬塑状的黏性土或中密—密实砂土时，$\psi_{s2} = 0.8$；可塑状黏性土或稍密砂土时，$\psi_{s2} = 1$；流塑状淤泥质土时，$\psi_{s2} = 1.1$；

p_{0i}——桩端下第 i 土层中的平均有效附加压力（采用 Boussinesq 应力分布解）（kPa）；

E_{si}——桩端下第 i 土层中的平均压缩模量（MPa），可按表 F.0.2 确定；

h_i——桩端下第 i 土层的厚度（m）。

F.0.4 采用静力触探试验或标准贯入试验方法估算桩基础最终沉降量，可按下列公式计算：

$$s = \psi_s \frac{p_0}{2} B\eta / (3.3 \overline{p}_s) \quad (F.0.4-1)$$

$$s = \psi_s \frac{p_0}{2} B\eta / (4 \overline{q}_c) \quad (F.0.4-2)$$

$$s = \psi_s \frac{p_0}{2} B\eta / \overline{N} \quad (F.0.4-3)$$

$$B = \sqrt{A} \quad (F.0.4-4)$$

式中：s——桩基最终沉降量（mm）；

ψ_s——桩基沉降估算经验系数，应根据类似工程条件下沉降观测资料和经验确定；

B——等效基础宽度（m）；

η——桩端入土深度修正系数；可按式（F.0.3-2）计算，$\eta < 0.3$ 时，取 0.3；

A——等效基础面积（m²）；

$\overline{p}_s$——取 1 倍 B 范围内静探比贯入阻力按厚度修正平均值（MPa）；

$\overline{q}_c$——取 1 倍 B 范围内静探锥尖阻力按厚度修正平均值（MPa）；

$\overline{N}$——取 1 倍 B 范围内标准贯入试验击数按厚度修正平均值，计算方法与静力触探计算方法相同。

F.0.5 静力触探比贯入阻力按厚度修正平均值 $\overline{p}_s$（图 F.0.5）可按下式计算：

$$\overline{p}_s = \sum_{i=1}^{n} p_{si} I_{si} h_i / \left(\frac{1}{2}B\right) \quad (F.0.5)$$

式中：p_{si}——桩端以下第 i 层土的比贯入阻力（MPa）；

I_{si}——第 i 层土应力衰减系数，取该层土深度中点处与桩端处为 1.0，一倍等效基础宽度深度处为 0 的应力三角形交点值；

h_i——桩端下第 i 层土厚度（m）。

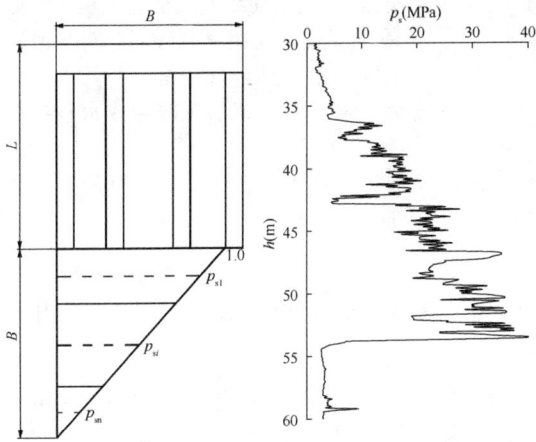

图 F.0.5 $\overline{p}_s$ 计算方法示意图

加荷标准 循环数	加荷量 / 预计最大试验荷载（%）							
第一循环	10	—	—	30	—	—	—	10
第二循环	10	30	—	50	—	—	30	10
第三循环	10	30	50	—	70	—	50	30	10
第四循环	10	30	50	70	80	70	50	30	10
第五循环	10	30	50	80	90	80	50	30	10
第六循环	10	30	50	90	100	90	50	30	10
观测总时间（min）	5	5	5	5	10	5	5	5	5

注：在每级加荷等级观测时间内，测读桩锚头位移不应少于3次。

1 锚头或桩头位移不收敛；

2 某级荷载作用下，锚头或桩头变形量达到前一级荷载作用下的5倍；

3 抗浮桩累计拔出量超过100mm或抗浮锚杆累计拔出量超过设计允许值。

G.0.9 在每级加荷等级观测时间间隔内，位移增量不超过0.1mm，并连续出现两次，即可认为变形相对稳定，方可加下一级荷载，否则应按间隔时间继续观测，直到位移增量在2h内小于2.0mm，方可施加下一级荷载。

G.0.10 抗浮桩和抗浮锚杆抗拔试验结果应进行详细记录，并绘制有关图表，编写详细的分析报告。

G.0.11 可根据下列方法确定抗浮桩或抗浮锚杆抗拔极限承载力：

1 试验出现破坏时，取破坏荷载的前一级荷载作为抗拔极限承载力；

2 在最大试验荷载下未达到本标准第G.0.8条规定的破坏标准时，取最大试验荷载为抗拔极限承载力；

3 根据荷载与变形及时间的关系，取荷载-变形（Q-s）曲线陡升起始点所对应的荷载或 s-$\lg t$ 曲线尾部显著弯曲点所对应的前一级荷载为抗拔极限承载力。

附录 G 抗浮桩和抗浮锚杆 抗拔静载荷试验要点

G.0.1 试验应采用接近于抗浮桩和抗浮锚杆的实际工作条件的试验方法，以确定单桩（或单根锚杆）的抗拔极限承载力。

G.0.2 试验的加载装置，对抗浮桩可采用液压千斤顶加载，对抗浮锚杆可采用穿孔液压千斤顶加载。千斤顶和油泵的额定压力必须大于试验压力，且试验前应进行标定。加载反力装置的承载力和刚度应满足最大试验荷载的要求。

G.0.3 计量仪表（测力计、位移计和计时表等）应满足测试要求的精度。位移量一般采用百分表或电子位移计测量，对大直径桩应在其两个正交直径方向对称安置4个位移测试仪表，中、小直径桩可安置2个或3个位移测试仪表。

G.0.4 在确定桩身强度或锚杆锚固段浆体强度达到设计要求的前提下，从成桩或锚杆注浆后到开始试验的休止时间，对于砂土和粉土，不应少于10d；对于非饱和黏性土，不应少于15d；对于饱和黏性土，不应少于28d，对于泥浆护壁灌注桩，宜适当延长休止时间。

G.0.5 对于重要工程或缺乏经验的地层，试验桩（或锚杆）数应不少于3根。

G.0.6 进行抗拔力试验时，预计最大试验荷载应加至破坏或预估抗拔设计承载力的两倍。试验桩或试验锚杆的配筋应满足最大试验荷载的要求。

G.0.7 根据抗浮桩和抗浮锚杆的实际受荷特征，加荷方式宜采用循环加、卸载法，加荷等级与位移测读间隔时间应按表G.0.7确定。

G.0.8 当出现下列情况之一时，即可终止加载，此时的荷载为破坏荷载：

附录 H 竖向和水平向基准基床 系数载荷试验要点

H.0.1 竖向和水平向载荷试验应布置在有代表性的平面位置和高程处，压缩层内每个土层不宜少于3组试验。

H.0.2 竖向基准基床系数载荷试验的试坑直径不应

小于承压板边长的 3 倍，水平向基准基床系数载荷试验承压板设置深度不应小于 1.0m。

H.0.3 用于基床系数载荷试验的标准承压板应为方形，其边长应为 300mm。

H.0.4 最大加载量应达到破坏。承压板的安装、加载分级、观测时间、稳定标准和终止加载条件等，应符合现行国家标准《建筑地基基础设计规范》GB 50007 浅层平板载荷试验要点的要求。

H.0.5 根据载荷试验成果分析要求，应绘制荷载强度 p 与沉降或水平变形 s 曲线，必要时绘制各级荷载下沉降或水平变形 s 与时间 t 或时间对数 $\lg t$ 曲线；根据 p-s 曲线拐点，结合 s-$\lg t$ 曲线特征，确定比例界限压力。

H.0.6 根据标准承压板载荷试验 p-s 曲线，可按下式计算竖向基准基床系数 K_v 或水平基准基床系数 K_h（kN/m^3）：

$$K_v \text{ 或 } K_h = \frac{p_0}{s} \qquad (\text{H.0.6})$$

式中：p_0——实测 p-s 关系曲线上比例界限压力，如 p-s 关系曲线无明显直线段，p_0 可取极限压力之半（kPa）；

s——为相应于该 p_0 值的沉降量或水平变形（m）。

H.0.7 对于非标准承压板载荷试验计算的基床系数，可不进行面积大小的修正。

附录 J 回弹变形和回弹再压缩变形计算用表

J.0.1 矩形和条形均布荷载作用下中心点 Boussinesq 解竖向附加应力系数可按本标准表 C.0.3 确定。
J.0.2 由 Boussinesq 解变为 Mindlin 解的应力修正系数 δ_m 可按表 J.0.2 确定。

表 J.0.2 应力修正系数 δ_m

L/B \ h/B	0.2	0.3	0.4	0.6	0.8	1.0	1.2	1.4	1.6	1.8	2.0
1	1.000	0.954	0.899	0.814	0.750	0.702	0.663	0.633	0.608	0.588	0.570
1.1	1.000	0.960	0.905	0.819	0.756	0.707	0.669	0.638	0.613	0.593	0.575
1.2	1.000	0.965	0.911	0.825	0.762	0.713	0.674	0.643	0.618	0.597	0.580
1.3	1.000	0.970	0.916	0.830	0.767	0.718	0.680	0.649	0.623	0.602	0.585
1.4	1.000	0.975	0.921	0.836	0.772	0.723	0.685	0.653	0.628	0.607	0.589
1.5	1.000	0.979	0.925	0.840	0.777	0.728	0.689	0.658	0.633	0.611	0.594
1.6	1.000	0.983	0.929	0.845	0.782	0.733	0.694	0.663	0.637	0.616	0.598
1.7	1.000	0.987	0.933	0.849	0.786	0.737	0.699	0.667	0.642	0.620	0.602
1.8	1.000	0.990	0.937	0.854	0.791	0.742	0.703	0.672	0.646	0.624	0.606
1.9	1.000	0.993	0.941	0.857	0.795	0.746	0.707	0.676	0.650	0.629	0.610
2.0	1.000	0.996	0.944	0.861	0.799	0.750	0.711	0.680	0.654	0.632	0.614
2.2	1.000	1.000	0.950	0.868	0.806	0.758	0.719	0.688	0.662	0.640	0.622
2.4	1.000	1.000	0.954	0.874	0.813	0.765	0.726	0.695	0.669	0.647	0.629
2.6	1.000	1.000	0.959	0.879	0.818	0.771	0.733	0.701	0.675	0.654	0.635
2.8	1.000	1.000	0.962	0.884	0.824	0.776	0.738	0.707	0.682	0.660	0.641
3.0	1.000	1.000	0.965	0.888	0.828	0.782	0.744	0.713	0.687	0.665	0.647
3.2	1.000	1.000	0.967	0.891	0.832	0.786	0.749	0.718	0.692	0.671	0.652
3.4	1.000	1.000	0.969	0.894	0.836	0.790	0.753	0.722	0.697	0.675	0.657
3.6	1.000	1.000	0.970	0.897	0.839	0.794	0.757	0.727	0.701	0.680	0.661
3.8	1.000	1.000	0.971	0.899	0.842	0.797	0.761	0.730	0.705	0.684	0.666
4.0	1.000	1.000	0.972	0.900	0.845	0.800	0.764	0.734	0.709	0.687	0.669
4.2	1.000	1.000	0.972	0.902	0.847	0.803	0.767	0.737	0.712	0.691	0.673

续表 J.0.2

L/B＼h/B	0.2	0.3	0.4	0.6	0.8	1.0	1.2	1.4	1.6	1.8	2.0
4.4	1.000	1.000	0.973	0.903	0.849	0.805	0.769	0.740	0.715	0.694	0.676
4.6	1.000	1.000	0.973	0.904	0.850	0.807	0.772	0.742	0.718	0.697	0.679
4.8	1.000	1.000	0.972	0.905	0.851	0.809	0.774	0.744	0.720	0.699	0.681
5.0	1.000	1.000	0.972	0.905	0.853	0.810	0.775	0.746	0.722	0.701	0.683
5.2	1.000	1.000	0.972	0.906	0.854	0.811	0.777	0.748	0.724	0.703	0.686
5.4	1.000	1.000	0.971	0.906	0.854	0.813	0.778	0.750	0.726	0.705	0.687
5.6	1.000	1.000	0.971	0.906	0.855	0.814	0.780	0.751	0.727	0.707	0.689
5.8	1.000	1.000	0.970	0.906	0.856	0.815	0.781	0.753	0.729	0.708	0.691
6.0	1.000	1.000	0.970	0.906	0.856	0.815	0.782	0.754	0.730	0.710	0.692
6.2	1.000	1.000	0.969	0.906	0.856	0.816	0.783	0.755	0.731	0.711	0.693
6.4	1.000	1.000	0.968	0.906	0.857	0.816	0.783	0.756	0.732	0.712	0.695
6.6	1.000	1.000	0.968	0.906	0.857	0.817	0.784	0.756	0.733	0.713	0.696
6.8	1.000	1.000	0.967	0.906	0.857	0.817	0.785	0.757	0.734	0.714	0.697
7.0	1.000	1.000	0.966	0.906	0.857	0.818	0.785	0.758	0.734	0.715	0.697
7.2	1.000	1.000	0.966	0.905	0.857	0.818	0.785	0.758	0.735	0.715	0.698
7.4	1.000	1.000	0.965	0.905	0.857	0.818	0.786	0.759	0.736	0.716	0.699
7.6	1.000	1.000	0.964	0.905	0.857	0.818	0.786	0.759	0.736	0.717	0.699
7.8	1.000	0.999	0.964	0.905	0.857	0.819	0.787	0.760	0.737	0.717	0.700
8.0	1.000	0.998	0.963	0.904	0.857	0.819	0.787	0.760	0.737	0.718	0.701
8.2	1.000	0.998	0.963	0.904	0.857	0.819	0.787	0.760	0.737	0.718	0.701
8.4	1.000	0.997	0.962	0.904	0.857	0.819	0.787	0.761	0.738	0.718	0.701
8.6	1.000	0.996	0.962	0.904	0.857	0.819	0.787	0.761	0.738	0.719	0.702
8.8	1.000	0.996	0.961	0.903	0.857	0.819	0.788	0.761	0.738	0.719	0.702
9.0	1.000	0.995	0.961	0.903	0.857	0.819	0.788	0.761	0.739	0.719	0.702
9.2	1.000	0.994	0.960	0.903	0.857	0.819	0.788	0.761	0.739	0.720	0.703
9.4	1.000	0.994	0.960	0.903	0.857	0.819	0.788	0.762	0.739	0.720	0.703
9.6	1.000	0.993	0.959	0.903	0.857	0.819	0.788	0.762	0.739	0.720	0.703
9.8	1.000	0.993	0.959	0.902	0.857	0.819	0.788	0.762	0.739	0.720	0.704
10.0	1.000	0.993	0.959	0.902	0.857	0.819	0.788	0.762	0.740	0.720	0.704

注：L 为基坑长，B 为基坑宽，h 为挖深。

本标准用词说明

1 为便于在执行本标准条文时区别对待，对要求严格程度不同的用词说明如下：

　　1）表示很严格，非这样做不可的：
　　　　正面词采用"必须"，反面词采用"严禁"；

　　2）表示严格，在正常情况下均应这样做的：
　　　　正面词采用"应"，反面词采用"不应"或"不得"；

　　3）表示允许稍有选择，在条件许可时首先这样做的：
　　　　正面词采用"宜"，反面词采用"不宜"；

　　4）表示有选择，在一定条件下可以这样做的，采用"可"。

2 条文中指明应按其他有关标准执行的写法为："应符合……的规定"或"应按……执行"。

引用标准名录

1 《建筑地基基础设计规范》GB 50007
2 《建筑抗震设计规范》GB 50011
3 《岩土工程勘察规范》GB 50021
4 《土工试验方法标准》GB/T 50123
5 《建筑地基基础工程施工质量验收规范》 GB 50202
6 《工程岩体分级标准》GB/T 50218
7 《工程岩体试验方法标准》GB/T 50266
8 《建筑边坡工程技术规范》GB 50330
9 《建筑基坑工程监测技术规范》GB 50497
10 《高层建筑筏形与箱形基础技术规范》JGJ 6
11 《建筑地基处理技术规范》JGJ 79
12 《建筑桩基技术规范》JGJ 94
13 《建筑基桩检测技术规范》JGJ 106
14 《建筑基坑支护技术规程》JGJ 120
15 《建筑地基检测技术规范》JGJ 340

中华人民共和国行业标准

高层建筑岩土工程勘察标准

JGJ/T 72—2017

条 文 说 明

修 订 说 明

《高层建筑岩土工程勘察标准》JGJ/T 72-2017，经住房和城乡建设部 2017 年 8 月 23 日以第 1651 号公告批准、发布。

本标准是在《高层建筑岩土工程勘察规程》JGJ 72-2004 的基础上修订而成。上一版的主编单位是机械工业勘察设计研究院；参编单位有北京市勘察设计研究院、上海岩土工程勘察设计研究院、深圳市勘察测绘院、同济大学、上海广联岩土工程钻探有限公司；主要起草人员是张旷成、张炜、孔千、丘建金、张文华、沈小克、陆文浩、陈晖、周宏磊、顾国荣、高广运、高术孝。

本标准修订过程中，编制组进行了国内超高层建筑勘察方面的调查研究，总结了我国高层建筑建设过程中的实际经验，同时参考了国外先进技术、法规、标准，通过工程验证、试验和征求意见，获取了本规范修订技术内容的有关技术参数。

为便于广大设计、施工、科研、学校等单位的有关人员在使用本标准时能正确理解和执行条文规定，《高层建筑岩土工程勘察标准》修订组按章、节、条顺序编制了本标准的条文说明，对条文规定的目的、依据以及执行中需注意的有关事项进行了说明。但是，本条文说明不具备与标准正文同等的法律效力，仅供使用者作为理解和把握标准规定的参考。

目　　次

1 总 则

1.0.1 本条主要明确了制定本标准的目的和指导思想。制定本标准的目的在于在高层建筑岩土工程勘察中贯彻执行国家技术经济政策，合理统一技术标准，促进岩土工程技术进步；为高层建筑而进行的岩土工程勘察，在指导思想上应起好四个方面的桥梁作用：即"承上启下"、地质体与结构体之间、工程地质与土木工程之间、勘察与设计之间的桥梁作用，且应在它们之间保证有足够的"搭接长度"。岩土工程勘察不仅是客观地反映工程地质条件，而且要为高层建筑的设计、施工和建设的全过程服务。在制定勘察方案、选择勘察手段和方法、进行岩土工程分析评价、提出勘察报告以及在建设期间的全过程都应做到技术先进、经济合理、安全适用、确保质量和保护环境。为达到上述目的，本次修订中加强了分析评价内容，并注意吸收了近十年来高层建筑岩土工程勘察中的新技术和新经验，尤其是原位测试技术的应用。

1.0.2 本条规定了本标准的适用范围。本标准中所指高层建筑含超高层建筑。高层、超高层建筑系根据国家标准《民用建筑设计通则》GB 50352－2005 划分确定，该通则规定：1. 住宅建筑按层数划分为：1层～3层为低层；4层～6层为多层；7层～9层为中高层；10层及 10层以上为高层住宅；2. 除住宅建筑之外的民用建筑高度不大于 24m 者为单层或多层建筑，大于 24m 者为高层建筑（不包括建筑高度大于24m 的单层公共建筑）；3. 建筑高度大于 100m 的民用建筑为超高层建筑。本标准中的高耸结构系指电视塔、水塔、烟囱、冷却塔、石油化工塔、贮仓等民用与工业高耸结构。

本次修订对勘察等级增加了特级，是指高度超过 250m（含 250m）的超高层建筑、高度超过 300m（含 300m）的高耸结构以及含有周边环境特别复杂或对基坑变形有特殊要求基坑的高层建筑。

1.0.3 在执行本标准时，尚应符合的现行国家标准主要包括：《岩土工程勘察规范》GB 50021、《建筑地基基础设计规范》GB 50007、《建筑抗震设计规范》GB 50011、《建筑边坡工程技术规范》GB 50330、《工程岩体分级标准》GB/T 50218、《土工试验方法标准》GB/T 50123 等，尤其是其中的强制性条文。

2 术语和符号

2.1 术 语

2.1.1 "岩土工程勘察"在国家标准《岩土工程勘察规范》GB 50021 术语中及《岩土工程基本术语标准》GB/T 50279 中均有解释，本条文针对高层建筑特点强调两点：一是采用针对性勘察手段和方法；二是勘察工作为解决高层建筑、高耸结构建设中有关岩土工程问题而进行。

2.1.2 一般性勘探点是以查明地基主要受力层性质，满足评价地基（桩基）承载力等一般性问题为目的的勘探点。

2.1.3 控制性勘探点是以控制场地的地层结构，满足场地、地基、基坑稳定性评价及地基变形计算为目的的勘探点。

2.1.6 近年来随着高层建筑地下室的不断加深，地下室在地下水作用下的抗浮评价显得越来越重要，而抗浮评价中的重要内容之一就是要确定抗浮设防水位。确定抗浮设防水位的原则是既要保证设防安全，又要技术经济合理；确定抗浮设防水位的依据是场地水文地质条件、地下水长期观测资料和地区经验；抗浮设防水位的特性是包括施工期和使用期可能遭遇到的地下水最高水位，而这个水位是预测性质的；其用途是设计按静水压力计算作用于地下结构基底的最大浮力。

3 基 本 规 定

3.0.1 本条提出了高层建筑岩土工程勘察的共性和原则性要求。高层建筑的特点是竖向和水平荷载均很大，基础埋置深，地基基础均系按变形控制设计，制定勘察方案和分析评价时应充分考虑这些特点。考虑到我国幅员宽广，地基条件差异性很大，故进行勘察时要重视地区经验，因地制宜布置勘察方案和进行分析评价；实践证明，只有在详细了解和摸清建设和设计要求情况下才能使勘察工作有较强的针对性、解决好设计和施工所关心的岩土工程问题，做到勘察评价有的放矢，勘察结论与建议切合工程实际，故本条强调了要充分掌握委托方和设计方的要求。原始资料的真实性是保证工程质量的基础，在 2000 年 1 月 30 日由国务院颁发的《建筑工程质量管理条例》中，就提出了"勘察成果必须真实准确"，故本标准的基本规定中规定"提出资料真实准确、评价合理、建议可行的岩土工程勘察报告或工程咨询报告"。

3.0.2 高层建筑的勘察等级应根据高层建筑规模和特征、场地和地基复杂程度以及破坏后果的严重程度确定，而高层建筑、超高层建筑、高耸结构的地基基础设计等级为甲级或乙级，没有丙级，按国家标准《工程结构可靠性设计统一标准》GB 50153 附录 A 的规定相应的安全等级为一级或二级，没有三级；上述高层建筑所含基坑或邻近建筑边坡的支护结构的安全等级均属一级或二级，没有三级，故高层建筑的勘察等级只有特级、甲级和乙级，没有丙级，其中特级和甲级的安全等级为一级，乙级的安全等级为二级，没有三级。

本次修订增加了特级，这是因近年来高层建筑越来越高，据摩天城市网2012年《摩天城市报告》，若采用以152m（500ft）为"摩天大楼"的美国标准，截至2012年，中国已有470座"摩天大楼"，还有在建的332座，预计至2022年，中国"摩天大楼"总数将达1318座。处于前期报建阶段最高者为长沙远大集团的"天空城市"，最高达838m，超过迪拜塔10m，另现已封顶的上海中心大厦高度为632m，在建的深圳平安国际金融中心高达600m，这类高层建筑，竖向和水平荷载均很大，抗震、抗风要求很高，使用寿命长、投资巨大（引自"中国频建摩天大楼能否打破'劳伦斯魔咒'"一文，载于《基础工程》双月刊杂志2014贺岁版、第5卷、总第22期）。

根据建设部2003年9月12日颁发的《工程勘察技术进步与技术政策要点》："对于城市中按规划确定场址的重大工程，必须留有足够的前期工作时间，投入必要的经费，论证场址的安全性和稳定性，预测和解决有关岩土工程难题，为后续工作打好基础"，上述"摩天大楼"是城市中有历史意义的标志性建筑，显然是城市中的重大工程，为贯彻上述技术政策，保证这类建筑地基基础的绝对安全，将其从原勘察等级甲级中分出来，划为特级，多花一些时间，多做一些更详尽的工作是必要的。至于特级的具体划分标准，根据中国摩天大楼TOP100统计排名，截至2014年1月23日，中国（包括港、澳、台）已建成或封顶的超高层建筑，高度超过258m（含258m）者共105栋，其中超过300m（含300m）共48栋，占105栋的46%，已建成或封顶的最高建筑为上海中心大厦，楼高632m，121层，基础底板厚6m；据查国家标准《建筑设计防火规范》GB 50016-2014 总则中第1.0.6条：建筑高度大于250m的建筑，除应符合本规范的要求外，尚应结合实际情况采取更加严格的防火措施，其防火设计应提交国家消防部门专题研究论证。另据查中国已建成并投产使用的高耸结构，广州、成都、北京、上海、天津、郑州、沈阳7个城市的电视塔均超过300m，目前最高者为广州电视塔，主塔高450m，发射天线桅杆160m，总高610m；超高层建筑的地下室有少数达5层~6层，开挖深度超过30m。根据中国建设超高层建筑的现实情况，本标准将勘察等级特级的标准定为：（1）高度超过250m（含250m）的超高层建筑；（2）高度超过300m（含300m）的高耸结构；（3）含有周边环境特别复杂或对基坑变形有特殊要求基坑的高层建筑。对于勘察等级为特级者，应有针对性地做更为详尽的岩土工程勘察工作，在总结已有勘察实践经验的基础上，特别增设了第10章特级勘察，对其勘察阶段划分，各阶段勘察方案布设、强化原位测试、设计参数检验和施工检验、定性定量评价等提出了要求。

有关勘察等级甲级和乙级的具体划分与现行国家标准《建筑地基基础设计规范》GB 50007设计等级相适应。本次修订对乙级的条件规定更加具体，便于操作。

3.0.3 由于岩土工程问题造成高层建筑地基破坏，或影响其正常使用的后果均很严重或严重，近年来工程实践表明，其勘察工作有必要强调勘察工作分阶段、逐步深化，不要不分工程具体情况，均按所谓"一阶段勘察"进行。为此，将原规程"勘察阶段的划分'宜'符合下列规定"改为"应"。

第1款 考虑到勘察等级为特级的超高层建筑属城市中有历史意义和深远影响的标志性建筑，建设条件逐步成熟，故对这些建筑的勘察工作，应留有足够的勘察周期，投入必要的人力和经费，对场地的稳定性、地基的安全性、技术经济合理性做充分的论证，为此应按可行性研究勘察、初步勘察、详细勘察三阶段进行。

第2款 是针对勘察资料缺乏，建筑总图未定的单体甲级或甲级和乙级高层建筑群所做的规定，凡符合第2款规定的条件，应按初步勘察和详细勘察两阶段进行。

第3款 是针对已有勘察资料较充分能满足初步勘察要求，且总图已定时，对甲级和乙级的单体高层建筑而做的规定，凡符合第3款规定的条件，可将初步勘察和详细勘察合并为一阶段按详细勘察阶段的深度要求进行勘察。

第4款 当场地和地基复杂时，例如在岩溶地区，基岩起伏大，溶洞成串发育，桩基的入岩和嵌岩深度变化很大，一般都要逐桩进行1个~3个"超前钻"，实际就是施工勘察。故本款作出应进行施工勘察的规定。

第5款 现行国家标准《建筑地基基础设计规范》GB 50007-2011 第10.2.1条强制性条文规定，基槽（坑）开挖到底后，应进行基槽（坑）检验。建设部2007年颁发的《建设工程勘察质量管理办法》第9条明确规定，勘察单位应参与施工验槽。

3.0.4 本次修订做了以下几点修改：

1 考虑到进行勘察工作前，只有在详细了解和吃透勘察技术要求，并取得委托方所提供的有关资料后，才能针对性地制定出保证安全、经济合理的勘察方案，故将可行性研究勘察、初步勘察和详细勘察"宜"取得的资料，改为"应"取得的资料，当有些资料，委托方不一定掌握时，应由委托方委托有关单位查明后，由委托方提供；

2 增加了可行性研究勘察应取得的资料；

3 原规程JGJ 72-2004在初步勘察和详细勘察前应取得由委托方提供的资料中包括勘察场地地震背景，此项任务应是勘察单位自身完成的工作，由委托方提供不合适，故予以取消；

4 在原规程JGJ 72-2004详细勘察前应取得的

资料中包括"荷载效应组合"一项，考虑到此应由设计中按有关设计规范取值，不需由委托方专门提出，予以取消。

3.0.5 勘察方案包括勘探测试手段的选择、勘探点平面布设及勘探测试深度的要求等，勘察方案制定的好坏是保证勘察工作质量、满足工程设计、施工要求、技术经济合理的关键，它应根据场地具体地质条件的复杂程度制定。由于勘察单位对场地地质情况更为了解，故明确勘察方案应由勘察单位在详细了解委托方和设计方要求的基础上由勘察单位制定，避免由委托方和设计方布孔和确定深度，勘察单位只"照打不误"的不正常、不合理现象。

3.0.6 本次修订增加了勘察等级为特级应进行可行性研究勘察，本阶段主要任务是在充分了解场地稳定性的基础上，对建设超高层建筑是否可行和适宜作出判断和评价；可行性研究勘察的工作方法是搜集资料和工程地质调查为主，当已有资料不足，难以对一些重大问题作出明确判断时，可进行工程地质测绘和少量勘探、测试工作；可行性研究勘察报告应对所选场地是否适合建设超高层建筑作出明确的判断和评价，并对以后的勘察程序、要解决的重点问题、勘探测试手段等提出意见和建议。

3.0.7 高层建筑初步勘察的目的和任务是需对场地稳定性作出评价。初步勘察应当解决的主要问题：

第1款　提出要查明场地所在地貌单元形态和类型，是因地貌形态是地质历史时期各种营力作用长期演变的结果，它是岩土时代、成因、地层结构、岩土特性的综合反映，对宏观判定场地稳定性、承载力、岩土特性等至关重要，勘察时应详加论证，并力求判断准确。

第2款　本次修订将初步勘察应查明的"场地稳定性"归纳为五个方面：

（1）断裂稳定性——在查明断裂形成时代、产状、力学属性基础上，对是否属于全新活动断裂或发震断裂作出评价；

（2）斜坡稳定性——本场地是否有崩塌、滑坡、泥石流等地质灾害存在，预测在场地整平过程中所形成边坡的稳定性；

（3）岩溶稳定性——在查明岩溶形态基础上，对溶沟、溶槽、溶洞的稳定性和发育程度作出评价；

（4）特殊性岩土的稳定性——如湿陷性土湿陷后引起的场地稳定问题；软土地区大面积填土，导致软土流动、滑移，对本场地和邻近建筑场地的稳定性造成影响；膨胀岩土滑移稳定性；盐渍岩土的溶陷性、溶蚀洞穴的分布和发育程度等；

（5）地震稳定性——对建筑抗震有利、一般、不利和危险地段的划分和评价，提供场地覆盖层厚度、类别；对地震时可能引起的滑坡、崩塌、液化和震陷特性等进行评价。

上述五个方面的场地稳定性是初勘中需解决的重点问题，应作出评价，并提出避让或整治措施的建议。

第3款　明确了在初步勘察阶段应对高层建筑的地基基础方案和基坑支护进行论证和评价。

第4款　系有关地下水勘察的要求。本款中的"径流"是指地下水从补给区至排泄区的流动途径和流动区范围。当地下水埋藏深度浅，勘察单位应提供抗浮设防水位的建议，在没有系统的地下水长期观察资料情况下，地下水年变化幅度是提供抗浮水位的重要依据，故本次修订强调要从初步勘察起设置地下水长期观测孔，即便是获得一个水文年的变化情况，亦很有参考价值。

3.0.8 本条概括了高层建筑详细勘察的目的和任务，其主要任务是为设计提供计算地基稳定性、承载力、土压力、变形所需资料和参数。新修订的行业标准《高层建筑筏形与箱形基础技术规范》JGJ 6-2011增加了筏形与箱形基础地基稳定性计算方法，在基本规定强制性条文中规定："对建造在斜坡上的高层建筑，应进行整体稳定验算"。在地基计算一章中，增加了稳定性计算一节，包括：抗滑移稳定性计算、抗倾覆稳定性计算，用极限平衡理论的圆弧滑动法验算地基整体稳定性和抗浮稳定性验算等。为此，岩土工程勘察应为这些计算提供资料和参数指标，并进行评价；除为高层建筑地基基础设计中稳定性、强度（包括承载力、土压力）、变形三大计算提供所需资料和参数指标外，尚应对基础方案、不良地质作用和特殊岩土防治方案、抗浮设计、基坑支护设计、地下水控制等提出建议。

3.0.9 本条是为落实详细勘察阶段的任务而对详勘阶段应解决的主要问题做出的具体规定：

第1款　规定需查明基础下软弱和坚硬地层的分布，查明软弱地层分布是软弱下卧层验算、基坑支护土压力计算和锚杆，或内支撑支点选择的需要；查明坚硬地层分布是天然地基持力层和复合地基、桩基选择桩端持力层的需要。本款还较详细地提出了岩质地基和岩质基坑应查明的内容要求。

第2款　原规程 JGJ 72-2004 没有明确要求勘察单位要提供抗浮设防水位，根据近十年的工程实践，抗浮设防水位还是应由勘察单位为主提出建议，本次修订明确了详勘阶段应提供地下水年变化幅度和抗浮设防水位。目前住房和城乡建设部已在组织编制行业标准《建筑地下结构抗浮技术规范》，深圳市亦在编制深圳市标准《深圳市建筑抗浮技术规范》，这两本规范中均包含有"抗浮设防水位的确定"的章节，将为如何确定安全、经济合理的抗浮设防水位提供依据。

第3款　明确提出详勘阶段要根据高层建筑勘察等级和场地工程地质条件和水文地质条件，对所勘察项目的地基基础方案选型进行论证分析，提出优选方案的建议。目前绝大多数勘察单位都已这样做，只是分析的深浅程度不一和建议的技术经济合理性和可行性还有待提高。

第4款　本款提出当建议采用天然地基时，应分析评价的主要内容，其中提出对地基变形、横向倾斜（即基础短边方向倾斜）进行分析，这是因为有的设计院对岩土工程不熟悉，他们希望勘察单位帮助进行分析，作为勘察单位来说，对其进行预测分析后，也可检验所提供计算参数是否合理，这种互相结合，取长补短、共同解决岩土工程问题的做法值得提倡，对提高岩土工程勘察水平大有好处，为此列入了详勘阶段应评价的内容之一。

第5、6款系当建议采用复合地基、桩基时应评价的内容，其中有关复合地基增强体的选型和桩基的选型，是保证高层建筑和超高层建筑基础方案安全和技术经济合理的重要内容，目前大多数的勘察报告中均有这方面的分析评价内容，但分析、评价的水平尚有待提高。

第7款　本款是针对基坑工程设计、施工应评价的内容。原规程JGJ 72-2004规定提供各侧边地质模型的建议，此要求未被各勘察单位所理解。新修订的行业标准《建筑基坑支护技术规程》JGJ 120-2012，基本规定一章3.1节设计原则第3.1.11条提出："应按基坑各部位的开挖深度、周边环境条件、地质条件等因素划分设计计算剖面。对每一计算剖面，应按其最不利条件进行计算。在3.4水平荷载一节的第3.4.3条，对成层土、土压力计算时，各土层计算厚度应如何取值作了具体规定"，这些规定说明计算剖面的合理选取是确定作用于支护结构上的土压力的关键因素之一，非常重要，而勘察人员对场地地质条件最为了解，故本款中规定勘察报告

中宜建议涵盖最不利因素的地质剖面。

第8款　对开挖深度大于、等于15m的基坑，应充分考虑大面积开挖卸荷后，地基回弹、鼓胀、松弛、应力状态改变等对地基承载力和变形的影响，一些工程实例说明，影响是较大的。例如深圳市某高层建筑工程，设计采用筏形基础天然地基，以全风化、强风化花岗岩作为持力层，承载力特征值采用300kPa，基坑开挖深度达18m，作为设计参数检验，在大面积开挖卸荷后的基础底板深度处进行了6个承压板为1m×1m的平板载荷试验，试验结果证明：在压力为450kPa～600kPa以前 ps 曲线均呈直线，即比例界限压力 p_0 可定为450kPa～600kPa，完全可以满足承力特征值300kPa的要求，地基回弹再压缩量较大达3mm～6mm（即按最小二乘法修正后的 s_0 值），最大回弹量（s'_{rmax}）为最大荷载下原始沉降量（s'_{pmax}）的41%～97%；且全风化、强风化花岗岩的变形模量 E_0 值仅为20MPa～60MPa，仅相当于花岗岩残积砾质黏土变形模量的经验值（具体试验成果见表1和图1），这很可能是由于卸荷后，基底以下土质由于回弹使土质鼓胀、松弛所引起。对开挖深度较大基坑，还应通过室内固结试验，测求回弹模量和回弹再压缩模量，供设计计算回弹量和回弹再压缩量。至于15m的具体深度，系根据经验，且与现行国家标准《建筑地基基础设计规范》GB 50007-2011规定"开挖深度大于15m的基坑工程"划为甲级相一致；在软土地区，回弹量为基坑挖深的5‰～15‰，即当基坑挖深为15m时，其回弹量可能达75mm～225mm，回弹再压缩量可能更大，这个数值相当可观。还规定对天然地基或复合地基宜在卸荷后基础底面处进行浅层或复合地基载荷试验，对天然地基或复合地基承载力特征值、变形模量进行验证。

表1　深圳福田区某工程天然地基开挖18m后基础底面处平板载荷试验成果（承压板1m×1m）

试验点编号	试验岩土	p(kPa) s', s'_r	0	150	225	300	375	450	525	600	p_0 / s'_{rmax}	s_0 / C	s / s'_{rmax}/s'_{pmax}	r / 300时 s/d	E_0(MPa) / K_v (MN/m³)
Ftyy-1	强风化花岗岩	s'	0.00	5.79	6.79	8.12	9.30	10.41	11.33	12.53	600	3.54	12.6	0.999	41.8
		s'_r	1.02	8.98		11.21		12.31			11.51	0.01504	0.92	0.00714	47.6
Ftyy-2	全风化花岗岩	s'	0.00	5.82	7.39	8.97	10.36	12.08	13.35	15.76	525	2.83	13.4	0.999	34.4
		s'_r	0.47	12.38		14.40		15.72			15.29	0.0202	0.97	0.00788	39.2
Ftyy-3	全风化花岗岩	s'	0.00	9.16	10.98	12.79	14.87	16.99	19.44	22.95	525	4.84	19.1	0.998	24.1
		s'_r	13.63	19.39		21.73		22.63			9.31	0.0272	0.41	0.0115	27.5
Ftyy-4	全风化花岗岩	s'	0.00	10.48	11.93	14.05	15.74	17.25	19.49	23.22	525	5.8	19.2	0.989	24
		s'_r	9.41	18.04		21.35		22.34			13.81	0.0256	0.59	0.0119	27.3
Ftyy-5	全风化花岗岩	s'	0.00	9.85	12.83	14.86	17.02	19.72	23.27	29.12	450	5.28	19.6	0.998	20.1
		s'_r	15.05	24.08		26.55		27.94			14.07	0.0319	0.48	0.0132	23

续表1

试验点编号	试验岩土	p(kPa) s'、s'_r	0	150	225	300	375	450	525	600	$\dfrac{p_0}{s'_{rmax}}$	$\dfrac{s_0}{C}$	$\dfrac{s}{s'_{rmax}/s'_{pmax}}$	$\dfrac{r}{300时\ s/d}$	$\dfrac{E_0\ (MPa)}{K_v\ (MN/m^3)}$
Ftyy-10	强风化花岗岩	s'	0.00	4.83	5.71	6.38	6.84	7.67	8.05	8.24	600	3.92	8.5	0.986	61.9
		s'_r	4.59	6.76		8.08		8.01			3.65	0.0077	0.44	0.00552	70.6

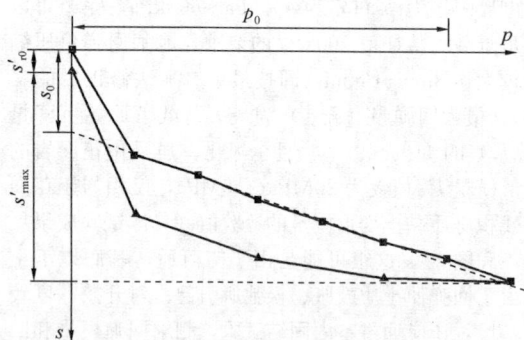

图 1　载荷试验 p-s 曲线

图 1 和表 1 中 s'、s'_r—各级压力下原始沉降量和原始回弹量（mm）；

s—按线性回归法修正后沉降量（mm），$s=s_0+Cp_0$；

s_0—修正后 p-s 直线段交于 s 轴的截距，其物理意义是底板不平、大面积卸荷后地基回弹、松弛后的回弹再压缩量；

C—修正后的 p-s 直线段斜率；

p_0—比例界限压力（kPa）；

r—相关系数；

s'_{rmax}—最大回弹量（mm）；$s'_{rmax}=s'_{pmax}-s'_{r0}$

s'_{pmax}—最大荷载下的原始沉降量（mm）；

s'_{r0}—卸荷至零点时的非弹性变形量；

E_0—变形模量（MPa），$E_0=I_0(1-\mu^2)\dfrac{p_0d}{s}$，

$=0.877\times\dfrac{p_0}{s}$，$I_0$—方形板，取 0.886，$\mu$—泊松比，取 0.35，$d$—承压板换算直径，1.128m；

K_v—竖向基准基床系数（MN/m³），$K_v=\dfrac{p_0}{s}$。

3.0.10 由于高层建筑都是按变形设计，都应从基础施工开始时即进行沉降观测，鉴于以往的工程中，往往都是在结构出地面后才开始观测，使观测数据不完整，故作了上述明确规定。为保证基坑工程支护结构的安全，对支护结构内力也应进行监测。原规程规定，"对勘察等级为甲级的高层建筑应进行沉降观测"意味着乙级可以不做沉降观测，不妥，本次作了修订。

4 勘 察 方 案

4.1 一 般 规 定

4.1.1 对可行性研究勘察和初步勘察阶段，勘探手段的选择及勘探点布设要求，在现行国家标准《岩土工程勘察规范》GB 50021 中均有明确规定，为避免重复，本条中明确此两阶段的勘察方案的制定按该规范执行，在本标准第 3.0.5、3.0.6 条中分别补充了一些针对高层建筑特点的要求；详勘阶段的勘察方案应按本章规定制定。

4.1.2 《岩土工程勘察规范》GB 50021 对勘探孔布置在初勘阶段较为宽泛，没有针对高层建筑的针对性要求。同时高层建筑特别是超高层建筑，建筑结构等资料在初勘前尚存在一定的不确定性，故初步勘察阶

段适当多布置并加深控制性钻孔，可以控制整个场地地质条件，避免孔深不足造成不能满足稳定性、变形评价计算的要求。根据高层建筑的重要性和变形设计的特点，勘察精度要求较高，初勘勘探线、勘探点间距，按现行国家标准《岩土工程勘察规范》GB 50021一级（复杂）场地的规定执行。

4.1.3 提出了详细勘察阶段勘探点平面布设应考虑的原则和布设的数量，布设原则就是根据建筑物平面形状和荷载的分布情况，对如何布设做了一些具体规定：

1 是适应建筑体形做出的规定，当建筑平面为矩形时，应按双排布设，当为不规则形状时，宜在突出部位的角点和凹进的阴角布设；

2 是针对建筑荷载差异做出的规定，即在层数、荷载和建筑体型变异较大位置处，应布设勘探点；

3 规定了对勘察等级为甲级的高层建筑，当基础宽度超过 30m 时，要在中心点或电梯井、核心筒部位布设勘探点，因这些部位一般荷载最大，为计算建筑物这些部位的最大沉降，需查清这些部位的地层结构；

4 是对勘探点数量做了规定，对单幢甲级及其以上的不少于 5 个，乙级不少于 4 个，同时规定了控制性勘探点的数量对甲级及其以上的不应少于 3 个，乙级不少于 2 个；

5 是对特殊岩土场地勘察基本要求；

6 是针对高层建筑群做出的规定。目前，我国经济建设持续发展，高层建筑勘察往往不是一幢两幢，而是一个小区或数幢同时进行。该款规定比较灵活，既可按单幢高层建筑布设，亦可结合方格网布设，相邻建筑的勘探点可互相共用，控制性勘探点的数量不应少于勘探点总数的1/2。

4.1.4 提出了详细勘察阶段采取不扰动土试样和原位测试的共性要求。

4.2 天然地基

4.2.1 本条规定了详细勘察阶段勘探点间距和加密原则。原规程JGJ 72-2004规定勘探点间距应控制在15m～35m以内，为与现行国家标准《岩土工程勘察规范》GB 50021中等复杂程度地基取得一致，改为15m～30m。既适用于单幢建筑，也适用于高层建筑群。对于勘探点间距取值和复杂地基的加密作了一些具体规定。

4.2.2 由于花岗岩残积土、全（强）风化岩均属可压缩层，其埋藏深度、厚度变化很大，对勘察等级为甲、乙级的高层建筑，当拟以全、强风化岩作为箱基或筏基天然地基持力层时，为变形计算需要应查明残积土、全（强）风化岩的厚度和分布深度，当强风化岩厚度很大时，在深圳、厦门地区其层底深度有的地区达100余米，宜将强风化岩划分为土状、砂砾状、块状的上、中、下三带。根据经济合理地选择地基持力层和优化地基础方案的需要，本款规定勘探孔宜穿透强风化岩至中等、微风化一定深度，强风化岩厚度较大时宜穿透中带进入下带一定深度。

4.2.3 规定了采取不扰动土试样和进行原位测试的竖向间距，为了保证不扰动土试样和原位测试指标有一定数量，规定基础底面下1.0倍基础宽度内采样及试验点间距按1m～2m，以下根据土层变化情况适当加大距离，且在同一钻孔中或同一勘探点采取土试样和原位测试宜结合进行。这里的原位测试主要是指标准贯入试验，旁压试验，扁铲侧胀试验等。

4.2.4 本条第1款所指"夹层"，按现行《岩土工程勘察规范》第3.3.6条的规定，同一土层薄厚层相间出现，薄层与厚层的厚度比大于1/3时，定为"互层"，厚度比为1/10～1/3时宜定为"夹层"。而"透镜体"通常是指另一种土、岩层的零星分布形式，不是同一岩、土层，故两者并列。

4.3 桩 基

4.3.1 本条是对端承型桩基勘探点平面布设做出的规定：

第1款 勘探点间距12m～24m，是考虑柱距通常为6m的倍数而提出。

第2、3款 主要是规定勘探点的加密原则。原规程JGJ 72-90和《建筑桩基技术规范》JGJ 94均规定，当相邻勘探点所揭露桩端持力层层面坡度超过10%时，宜加密勘探点；现行国家标准《岩土工程勘察规范》GB 50021规定，相邻勘探点揭露持力层层面高差宜控制为1m～2m。当勘探点间距为12m～24m时，按10%控制即为高差1.2m～2.4m，因而两者规定是一致的。对于复杂地基的一柱一桩工程，宜每柱设置勘探点，这里的复杂地基是指端承桩桩端持力层岩土种类多，很不均匀，性质变化大的地基，且一柱一桩多为荷载很大，一旦出现差错或事故，将影响大局，难以弥补和处理，故规定按柱位布孔。

第4款 本款是指岩溶发育场地，溶沟、溶槽、溶洞发育，显然属复杂场地，此时若以基岩作为桩端持力层，应按柱位布孔。但单纯钻探工作往往还难以查明其发育程度和发育规律，故应辅以有效地球物理勘探方法，近年来地球物理勘探技术发展很快，有效的方法有电法、地震法（浅层折射法或浅层反射法）及钻孔电磁波透视法等。连通性系指土洞与溶洞的连通性、溶洞本身的连通性和岩溶水的连通性。

4.3.2 本条是对摩擦型桩勘探点平面布设做出的规定，摩擦型桩勘探点间距20m～30m，基础宽度大于30m时，中心点宜布勘探点，系根据各勘察、设计单位多年来积累的经验，实践证明是经济合理的。

4.3.3 本条是对端承型桩勘探孔深度做出的规定：

1 本条1款所指作为桩端持力层的可压缩地层，包括硬塑、坚硬状态的黏性土；中密、密实的砂土和碎石土，还包括全风化和强风化岩。这些岩土按现行行业标准《建筑桩基技术规范》JGJ 94-2008的规定，全断面进入持力层的深度不宜小于：黏性土、粉土2d（d为桩径），砂土1.5d，碎石土1d。当存在软弱下卧层时，桩端以下硬持力层厚度不宜小于3d；《欧洲地基基础规范EUROCODE 7》（中国建筑科学研究院地基基础研究所编译，中英文对照版，1995年12月），新版将原规定勘探深度为6d～10d，改为"钻探、触探或其他原位试验，通常宜进行到预期的桩尖深度下5倍桩身直径深度处，或至少在此深度下5m处，有时也需要比这个深度更深的钻孔，另一个要求是勘探的深度应大于在桩尖水平处组成基础的群桩的矩形周边的短边长度"。根据以上国内外的经验，本次修订规定：一般性勘探点深度应达到预计桩端下3d～5d，且不应小于3m，控制性勘探点应深入预计桩端下5d～8d，且不应小于5m。

2 本条第2款是对一般岩性地基嵌岩桩的勘探深度做出规定，由于嵌岩桩是指嵌入中等风化或微风化岩石的钢筋混凝土灌注桩，且系大直径桩，这种桩型一般不需考虑沉降问题，尤其是以微风化岩作为持力层，往往是以桩身强度控制单桩承载力。嵌岩桩的勘探深度与岩石成因类型和岩性有关。一般岩质地基系指岩浆岩、正变质岩及厚层状的沉积岩，这些岩体多系整体状结构和块状结构，岩石风化带明确，层位稳定，进入微风化带一定深度后，其下一般不会再出现软弱夹层，故规定一般性勘探点进入预计嵌岩面以下 $1d\sim3d$，且不应小于 3m，控制性勘探点进入预计嵌岩面以下 $3d\sim5d$，且不应小于 5m。

3　本条第 3 款是对花岗岩地区嵌岩桩勘探深度的规定，花岗岩地区，在残积土和全、强风化带中常出现球状风化体，直径一般为 1m～3m，最大可达 5m，岩性呈微风化状，钻探过程中容易造成误判，为此，第 3 款中对此特予强调，一般性和控制性勘探点均要求进入微风化一定深度，目的是杜绝误判。

4　本条第 5 款是对多韵律薄层状沉积岩或变质岩嵌岩桩勘探深度的规定：在具多韵律薄层状沉积岩或变质岩地区，常有强风化、中等风化、微风化呈互层或重复出现的情况，此时若要以微风化岩层作为嵌岩桩的持力层时，必须保证微风化岩层具有足够厚度，为此本条第 5 款规定，勘探点深度应进入微风化岩厚度不小于 5m 方能终孔。

4.3.4　对于摩擦型桩虽然是以侧阻力为主，但在勘察时，还是应寻求相对较坚硬、较密实的地层作为桩端持力层，故规定一般性勘探孔的深度应进入预计桩端持力层或最大桩入土深度以下不小于 5m，此 5m 值是按以可压缩地层作为桩端持力层和中等直径桩考虑确定的；对高层建筑采用的摩擦型桩，多为筏基或箱基下的群桩，此类桩筏或桩箱基础除考虑承载力满足要求外，还要验算沉降，为满足验算沉降需要，提出了控制性勘探孔深度的要求。

4.3.5　以基岩作桩端持力层时，桩端阻力特征值取决于岩石的坚硬程度、岩体的完整程度和岩石的风化程度。岩石坚硬程度的定量指标为岩石单轴饱和抗压强度；岩体的完整程度定量指标为岩体完整性指数，它为岩体与岩块压缩波速度比值的平方；岩石风化程度的定量指标为波速比，它为风化岩石与新鲜岩石压缩波波速之比。因此在勘察等级为甲级及以上的高层建筑勘察时宜进行岩体的压缩波波速测试，按完整性指数判定岩体的完整程度，按波速比判定岩石风化程度，这对决定桩端阻力和桩侧阻力的大小有关键性作用。

4.4　复合地基

4.4.1　复合地基是在不良地基中设置竖向增强体（桩体），通过置换、挤密作用对土体进行加固，形成地基土与竖向增强体共同承担建筑荷载的人工地基。根据复合地基桩体的刚度可分为柔性桩复合地基、半刚性桩复合地基和刚性桩复合地基。针对高层建筑特点，本标准采用复合地基时，主要应采用刚性桩复合地基，如 CFG（水泥、粉煤灰、碎石）桩、素混凝土桩和预制桩（含预应力管桩和预制方桩）。对 10 层左右的高层建筑亦可采用以水泥搅拌桩为增强体的半

刚性桩。

利用竖向增强体的高强度、低变形特性，可以改善天然地基土体在强度、变形方面的不足，同时可以辅助部分柔性桩复合地基解决地基土液化、湿陷等工程问题，从而满足高层建筑对地基的要求。

目前，复合地基在许多地区得到了广泛的应用，采用复合地基方案的建筑物也由十几层、二十几层，发展到三十几层，取得了丰富的地区经验。勘察前除了搜集一般工程勘察所需的基础资料外，强调应注意收集地区经验。由于我国地域辽阔，工程地质与水文地质条件、建筑材料及施工机械与方法不尽相同，区域性很强，由此引发的工程问题复杂，应对措施也十分丰富，因此要强调依据规范和地区经验来编制复合地基勘察方案。需要解决的主要岩土工程问题包括建筑地基的强度、变形、湿陷性、液化等。

4.4.2　本条文对高层建筑常用复合地基类型的勘察方案布设提出相应的要求：

第 1 款　对于本条"取得各岩土层承载力特征值、压缩模量以及计算单桩承载力、变形等所需的参数"中提及的各岩土层主要指基坑深度范围内、基础影响深度范围内的各主要岩土层。

第 2 款　不同的地基加固方法，分别对地下水水位及流动状态、腐蚀性、pH 值、硫酸盐含量、土质及土中含水量、有机质含量等因素有着不同的要求和限制；有些加固方法只适用于地下水位以上的地层；水泥土的抗压强度随土层含水量的增加而迅速降低；土中有机质含量越高，水泥的加固效果就越差，甚至单用水泥无法对有机质含量高的土进行加固；地下水 pH 值高、硫酸盐含量高时，用水泥加固效果差等。因此，应根据不同的地基加固方法结合地区性经验布设相应的勘察工作，提供相应的指标。

第 5 款　对于辅以采用挤密桩法消除黄土湿陷性的刚性桩复合地基，其中涉及土或灰土桩挤密法的规范有《挤密桩法处理地基技术规程》DBJ 61、国家标准《湿陷性黄土地区建筑规范》GB 50025、行业标准《建筑地基处理技术规范》JGJ 79。经验表明，土的含水量及干密度对采用土或灰土桩挤密法消除黄土湿陷性效果影响很大，成孔的好坏在于土的含水量，桩距大小在于土的干密度，当土的含水量大于 23% 及饱和度超过 65% 时往往难以成孔，而且挤密效果差，为了达到消除黄土湿陷性效果，要求灰土的干密度 $\rho_d\geq1.5g/cm^3$ 或者其压实系数 $\lambda\geq0.97$（此为国家标准《湿陷性黄土地区建筑规范》GB 50025 轻型击实仪的标准）。

第 6 款　对于辅以采用砂石桩挤密法消除地震液化的刚性桩复合地基，由于在成桩过程中桩间土受到多次预振作用、砂石桩的排水通道作用、成桩对桩间土的挤密、振密作用，有效地消散了由振动引起的超孔隙水压力，同时土的结构强度得以提高，从而使得

地基土的抗液化能力得到提高，表现在标贯击数的增加、静力触探比贯入阻力的提高等方面。在地基勘察时应进行相关的试验，提供相应的测试结果，以对比和检验加固后的效果。

4.4.3 考虑到复合地基方案的特点、区域适用性及工程经验，对于高度超过100m（含100m）的高层建筑在采用复合地基方案时应慎重，需在仔细计算分析论证的基础上采用。高层建筑拟采用复合地基时的勘察方案布设要求：

1 复合地基勘察方案布设有其特点，其勘探点平面布设和勘探点间距应按4.2节天然地基规定执行；对某些桩端持力层起伏大的部位宜加密勘探点，查明桩端持力层顶板起伏及其厚度的变化；

2 勘探孔深度则应符合第4.3节桩基勘察要求，重点是查明桩端持力层的地层分布和性状，当需要按变形控制设计时，还需查明下卧岩土层的性状。

4.5 基坑工程

4.5.1 近十年来基坑出现的破坏事故不少，为此各方都给予了高度重视，"基坑工程"已成为岩土工程领域中的一门热门学科。

为基坑工程而进行的勘察工作是高层建筑岩土工程勘察的一个重要组成部分，故本条规定应与高层建筑勘察同步进行，如果详勘时勘探点布置不能满足基坑工程设计要求，应按本节要求进行专门的基坑工程补充勘察，包括勘探点的布置、深度，原位测试和土工试验均应符合本节的相关要求。

4.5.2 本次修编时保留了应取得委托方提供的周边环境条件等资料，增加了基坑工程外轮廓线、开挖深度等资料，以便勘察人员有针对性布孔并确定钻孔深度。

周边环境是基坑工程的勘察、设计、施工中必须首先考虑的问题，在进行这些工作时应有"先人后己"的概念，周边环境的复杂程度是决定基坑工程设计等级、支护结构方案选型等最重要的因素之一，勘察最后的结论和建议亦必须充分考虑对周边环境影响而提出。为此，本条规定了勘察时，委托方应提供的周边环境的资料，如果委托方不能提供周边环境条件等资料或提供的资料不全，委托方可以通过购买服务专项委托勘察单位进行勘察，可采用开挖、物探、专用仪器等进行探测，或通过收集取得相关资料。

4.5.3 勘察平面范围应适当扩到基坑边界以外，是因为验算基坑整体稳定性时需要知道基坑外侧岩土体的物理力学条件，此外，基坑支护可能需设置锚杆，还有降水、截水等都必须了解和掌握基坑边线外一定距离内的地质情况，但扩展外出的具体距离，各规范规定不尽一致，本标准要求勘察范围达到基坑边线以外1倍～2倍基坑开挖深度，但是高层建筑多在城市的已建成区，而业主一般都要将红线范围内用足，地下室外墙边线往往靠近红线甚至压在红线上，要扩展到红线以外很远进行勘察工作有困难，通常只有依靠调查，搜集邻近工程的勘察和竣工资料来解决。

4.5.4 本条强调基坑工程勘探点应沿基坑边线布设，且每边不宜少于3个点，这在实际工程中非常重要，有时候仅利用地基勘察资料可能会有误差，必要时应按本条要求进行补充勘察。

4.5.5 关于勘探孔深度，本标准规定"勘探孔的深度不宜小于基坑深度2倍"，这样可以满足绝大部分基坑工程的要求，并规定应穿过软土层和主要含水层，如果场地存在多层含水层且埋深很大时，应由该项目勘察与设计共同研究决定勘探点深度的增减；在基坑深度内遇微风化基岩时，一般性勘探点应钻入微风化岩1m～3m，控制性勘探点可钻入微风化岩3m～5m，是因为有的地区强风化、中等风化、微风化岩呈互层出现，为避免微风化岩面误判，需进入一定深度。

4.5.6 本条是关于岩质基坑勘察要求，勘察人员也可参照边坡规范关于岩质边坡的相关勘察要求进行勘察。

4.5.7 基坑工程设计最重要的是计算支护结构所受的土压力，因此提供准确的岩土抗剪强度指标非常重要，本次修编强调各种抗剪强度试验的重要性，要求进行三轴的UU和CU试验，勘察报告中宜同时提供不同试验方法得到的抗剪强度指标，供设计选取。对于岩质基坑，控制基坑安全的主要是软弱结构面，本条建议有条件时宜进行现场试验测定结构面的抗剪强度。由于砂土很难取得原状土样，故要求对砂、砾、卵石层进行水上、水下休止角试验，主要是根据测得的天然休止角来预估这类土的内摩擦角。

另外针对为基坑设计提供有关参数而应进行的原位测试项目提出了要求。其中在地下连续墙和排桩支护设计中，要按弹性地基梁计算，需要提供基床系数，故提出设计需要时，应进行现场基床系数试验，测求竖向和水平向基床系数的载荷试验要点见附录H。

4.5.8 地下水是影响基坑工程安全的重要因素，本条规定了基坑工程设计应查明的场地水文地质条件的有关问题。其中土的渗透系数对基坑工程非常重要，本条强调了应进行现场抽水试验，提供准确的渗透系数指标。当含水层为卵石层或含卵石颗粒的砂层时，强调要详细描述或测求卵石颗粒的粒径和颗粒组成（级配），这是因为卵石粒径的大小，对设计和施工时选择截水方案和选用机具设备有密切关系；例如，当卵石粒径大、含量多时，采用深层搅拌桩形成帷幕截水会有很大困难，甚至不可能。

5 地下水勘察

5.0.1 本条规定了高层建筑勘察中对地下水的基本

要求。在高层建筑勘察中地下水对基础工程和环境的影响问题越来越突出，如基础设计中的抗浮、基坑支护设计中侧向水压力、基坑开挖过程中管涌、突涌以及工程降水引起地面沉降等环境问题，大量工程经验表明，地下水作用对工程建设的安全与造价产生极大影响。因此，勘察中要求查明与工程有关的水文地质条件，评价地下水对工程的作用和影响，预测可能产生的岩土工程危害，为设计和施工提供必要的水文地质资料。

查明地下水类型主要是查明场地地下水是属于上层滞水、潜水和承压水的某一种或某几种；地下水埋藏条件包括地下水分布和埋藏深度，含水层岩性、层数以及地下水的补给、径流、排泄条件。

5.0.2、5.0.3 主要依据地区经验的丰富程度、场地的水文地质条件的复杂程度、地区有无地下水长期观测资料以及对工程影响程度，有针对性地区分为地下水调查和现场勘察两部分内容。在调查和专项水文地质勘察中，从高层建筑工程勘察角度出发，侧重查明地下水类型、与工程有关的含水层分布、承压水水头、渗透性以及地下水与地表水的水力联系，尤其是地下水与江、河、湖、海等地表水体的水力联系。

5.0.4 对工程有重大影响的多层含水层，在分层测水位时，应采取止水措施将被测含水层与其他含水层隔离后测定地下水位或承压水头高度。也可采用埋设孔隙水压力计进行量测，或采用孔压静力触探试验进行量测。搞清多层地下水水位，对基础设计和基坑支护设计十分重要，并涉及基坑施工的安全性问题，故本条对此作了明确规定。

5.0.5 含水层的渗透系数等水文地质参数测定，有现场试验和室内试验两种方法，一般室内试验由于边界条件与实际相差太大（如在上海地区的黏性土中往往夹有薄层粉砂），室内与现场试验结果会差几个数量级，如选择参数不当，可能造成不安全的降水设计，故本条提出宜采用现场试验。

5.0.6 根据高层建筑基础埋深较大的特点，以及在工程建设中由于降水而引起的环境问题，本条文规定评价地下水对工程的作用和影响的要求。如地下水对结构的上浮作用，经济合理地确定抗浮设防水位将涉及工程造价、施工难度和周期等一些十分关键的问题；施工中降、排水引起的潜水位或承压水头的下降，虽能减少水的浮力，但增加了土体的有效压力，使土体产生附加沉降，在黏性土地层中也可能出现"流泥"现象，引起地面塌陷，造成不均匀沉降而对周围环境（邻近建筑物、地下管线等）产生不良影响等环境问题；当基坑下有承压含水层时，由于基坑开挖减少了基坑底部隔水土层的厚度，在承压水头压力作用下，基坑底部土体将会产生隆起或突涌等危险现象。受潮汐波动、地下水流动的粉土、砂土、卵石地层中，由于地下水流动，夹带水泥颗粒，使水泥颗粒

呈支脉状流失，造成止水效果不理想，应考虑其不利影响。

5.0.8 即使是在赋存条件和水质基本不变的前提下，地下水对岩土体和结构基础的作用往往也是一个渐变的过程，开始可能不为人们所注意，一旦危害明显就难以处理。由于受环境，特别是人类活动的影响，地下水位和水质还可能发生变化。所以在勘察时要注意调查研究，在充分了解地下水赋存环境和岩土条件的前提下做出合理的预测和评价。

6 室内试验

6.0.1 为准确计算地基承载力，c、φ 值参数的选用非常重要，而采样和抗剪强度试验的方法对 c、φ 值影响很大。高层建筑勘察比一般工程勘察更重要，故本标准只强调三轴压缩试验，未提直剪试验。

对饱和黏性土和深部的土样，为消除取土时应力释放和结构扰动的影响，应在自重压力下固结后再进行剪切试验。现行国家标准《岩土工程勘察规范》GB 50021 和行业标准《建筑基坑支护技术规程》JGJ 120 均有这样的规定，但试验证明，固结方法不同，将使试验成果差异很大，建议有关单位应尽快制定自重固结的统一试验标准。

关于抗剪强度试验的方法，总的原则是应该与建筑物的实际受力状况以及施工工况相符合。对于施工加荷速率较快，地基土的排水条件较差的黏土、粉质黏土等，固结排水时间较长，如加荷速率较快，来不及达到完全固结，土已剪损，这种情况下宜采用不固结不排水剪（UU）。但应注意三轴 UU 试验所测得的值只能代表该层深度处原位状态的性状，由于它是随深度的增加而增加，故不能作为该层土的指标，只能作为该深度处的不排水强度参数（详见龚晓南，从勘察报告不固结不排水试验成果引起的思考，《地基处理》2008 年 6 月：44～45）。由于 UU 试验在施加周围压力和轴向荷载过程中都不排水，所施加周围压力将全部由孔隙水承担，周围压力的大小不能改变摩尔圆的直径，故从理论上看，φ 角应等于零（陈肇元、崔京浩，深基坑支护技术综述，内部资料 1997：55-59）。当由于取土扰动、土试样未充分饱和等原因，φ 角不等于零时，应取 φ 等于零。对于施工加荷速率较慢，地基土的排水条件较好，如经过预压固结的地基，预压施工期间已完成部分固结，这种情况下可根据其固结程度采用固结不排水剪（CU）。原状砂土取样困难时可考虑采用冷冻法等取土技术。

6.0.2 压缩试验方法应与所选用计算沉降方法相适应，试验选用合适与否直接影响到计算沉降量的正确性。

1 本款是针对分层总和法进行的压缩试验而定。对高层建筑地基来说，不应按固定的 100kPa～

200kPa 压力段所求得的压缩模量。而应按土的自重压力至土自重压力与附加压力之和的压力段，取其相应压缩模量。这样的试验方法和取值与工程实际受力情况较符合，显然是合理的。

2 本款是针对考虑应力历史的固结沉降计算所需参数的试验方法，这种沉降计算需用先期固结压力 p_c、压缩指数 C_c 和回弹再压缩指数 C_r 三个参数。为准确求得 p_c 值，最大压力应加至出现较长的直线段，必要时可加至 $3000kPa \sim 5000kPa$，否则难以在 e-$\log p$ 曲线上准确求得 p_c 和 C_c 值。p_c 值可按卡式图解法确定。C_r 值宜在预计的 p_c 值之后进行卸载回弹试验确定。卸荷回弹压力从何处开始过去不明确，本标准规定从所取土样处的上覆有效自重压力处开始，这是考虑取土后应力释放，在室内重新恢复其原始应力状态。对于超固结土应超过预估的前期固结压力，并以不影响 p_c 值的选取为原则，具体卸至何处，应根据基坑开挖深度确定。

3 群桩深基础变形验算时，取对应实际不同压力段的压缩模量、压缩指数 C_c、回弹再压缩指数 C_r 等进行计算。

4 回弹模量和回弹再压缩模量的测求，可按照上述第 2 款说明的方法。对有效自重压力分段取整，获得回弹和回弹再压缩曲线，利用回弹曲线的割线斜率计算回弹模量，利用回弹再压缩割线斜率计算回弹再压缩模量。高层建筑的基坑越来越深，回弹量和回弹再压缩量的计算相当重要，本次修订特增加了附录 A 回弹模量、回弹再压缩模量试验要点。

6.0.3 基坑开挖需降低地下水位时，可根据土性进行原位测试和室内渗透试验确定相应参数，以满足降水设计需要。为了估算砂土的内摩擦角，对于砂土应进行水上、水下的休止角试验。

6.0.4 在验算边坡稳定性以及基坑工程中的支挡结构设计时，土的抗剪强度参数应慎重选取。三轴压缩试验受力明确，又可控制排水条件，因此本标准规定宜采用三轴压缩试验方法。现对其中主要问题说明如下：

1 不同规范计算土压力时 c、φ 的取值规定为，现行行业标准《建筑基坑支护技术规程》JGJ 120：c、φ 应按照三轴固结不排水试验确定，当有可靠经验时，可采用直剪固快试验确定。上海市工程建设规范《上海地基基础设计规范》DBJ 08-11：水土分算时，c、φ 取固结不排水（CU）或直剪固快的峰值；水土合算时，c、φ 取直剪固快的峰值。其他部分行业规范和地方规范关于土压力计算时，c、φ 值的确定可参见《岩土工程勘察规范》GB 50021 相应条文说明。

2 对于饱和黏性土，本标准推荐采用三轴固结不排水 CU 强度参数计算土压力，其主要依据：一是饱和黏性土渗透性弱、渗透系数较小，宜采用三轴压缩试验总应力法 CU 试验；二是根据原规程 JGJ 72-2004 版修订时，曾做过直剪固结快剪、三轴 CU、三轴 UU 计算土压力的对比试算，证明采用三轴 CU 计算土压力是安全和合适的。

总体说来，按 CU 参数计算是偏于安全和合适的。参考我国其他行业标准和地方标准，本标准规定，计算土压力宜采用固结不排水试验（CU）。当有可靠经验时，也可采用直剪固快试验指标。由于饱和黏性土，尤其是饱和软黏性土，原始固结度不高，且受到取土扰动的影响，为了不使试验结果过低，故规定了应在有效自重压力下进行预固结后再剪的试验要求。

3 对于砂、砾、卵石土由于渗透性强，渗透系数大，可以很快排水固结，且这类土均应采用土水分算法，计算时其重度是采用有效重度，故其强度参数从理论上看，均应采用有效强度参数，即 c'、φ'，其试验方法应是有效应力法，三轴固结不排水测孔隙水压力（$\overline{CU}$）试验，测求有效强度。但实际工程中，很难取得砂、砾、卵石的原状试样而进行室内试验，采用砂土天然休止角试验和现场标准贯入试验可估算砂土的有效内摩擦角 φ'，一般情况下按 $\varphi' = \sqrt{20N} + 15°$ 估算，式中 N 为标准贯入实测击数。

4 对于抗隆起验算，一般都是基坑底部或支护结构底部有软黏性土时才验算，因而应当采用饱和软黏性土的三轴 UU 试验方法所得强度参数，或采用原位十字板剪切试验测得的不排水强度参数。对于整体稳定性验算，当为饱和软黏性土时，亦应采用不固结不排水强度参数。

6.0.6 动三轴、动单剪和共振柱是土的动力性质试验中目前比较常用的三种方法。其他试验方法或还不成熟，或仅作专门研究之用，故本标准未作规定。

7 原 位 测 试

7.0.1 原位测试基本上是在原位应力条件下对岩土体进行试验，因其测试结果有较高的可靠性和代表性，是高层建筑岩土工程勘察中十分重要的手段，尤其在难以取得原状土样的地层更能发挥出它的优势，能提供较准确的有关参数供设计计算高层建筑地基承载力、沉降、稳定性和基坑支护设计、计算用。但由于原位测试成果运用一般是建立在统计公式基础上的，有很强的地区性和土类的局限性，因此，在选择原位测试方法时应综合考虑岩土条件、设计对参数的要求、地区经验和测试方法的适用性等因素。

7.0.2 正是由于原位测试成果应用一般建立在统计经验公式上的，因此尤其需要积累经验，重视与原型试验、工程实测对比，综合分析，完善经验公式，将有助于缩短勘察工期，提高勘察质量。

7.0.3 对量测设备应定期检验，对探头、传输电缆和记录仪应作为系统进行定期标定。

7.0.4 各种原位测试均应遵照相应的试验规程进行，表2列出了可供参考的相关标准。

表 2　原位测试的相关试验标准

试验项目	相关试验标准
载荷试验	国家标准《建筑地基基础设计规范》GB 50007 国家标准《岩土工程勘察规范》GB 50021
静力触探试验	协会标准《静力触探技术标准》CECS 04 行业标准《静力触探试验规程》YS 5223 行业标准《铁路工程地质原位测试规程》TB 10018
标准贯入试验	行业标准《标准贯入试验规程》YS 5213 行业标准《铁路工程地质原位测试规程》TB 10018
圆锥动力触探试验	行业标准《圆锥动力触探试验规程》YS 5219 行业标准《铁路工程地质原位测试规程》TB 10018
十字板剪切试验	行业标准《电测十字板剪切试验规程》YS 5220 行业标准《铁路工程地质原位测试规程》TB 10018
现场抽（注）水试验	行业标准《注水试验规程》YS 5214 行业标准《抽水试验规程》YS 5215
旁压试验	行业标准《旁压试验规程》YS 5224 行业标准《PY型预钻式旁压试验规程》JGJ 69 行业标准《铁路工程地质原位测试规程》TB 10018
扁铲侧胀试验	行业标准《铁路工程地质原位测试规程》TB 10018
波速测试	国家标准《地基动力特性测试规范》GB/T 50269
场地微振动测试	协会标准《场地微振动测量技术规程》CECS 74

7.0.5 本章主要针对高层建筑岩土工程勘察原位测试的特点，提出了原位测试过程中除了满足现行有关规范规定外，尚应注意的事项。有关各类原位测试方法的现场操作、资料分析、成果应用等可参见有关测试规程、手册。

7.0.6 对本条说明三点：

1 载荷试验目前有两种方法：一为沉降相对稳定法，又称慢速法，另一种为沉降非稳定法，又称快速法，考虑到高层建筑勘察中载荷试验的重要性，为确保试验质量，规定应采用前者，并规定浅层载荷试验的承压底板面积应不小于 $1m^2$，使其影响深度更大，代表性更好。

2 比例界限是确定地基承载力特征值的关键，而所谓比例界限是 p-s 曲线上沉降量 s 随压力 p 成比例增加的特征点，即直线变形转为非直线变形的拐点。故本标准规定应进行线性回归分析，并要求相关系数 r 达到 0.90 以上，否则会造成比例界限误判。例如：本标准条文说明表1所示基础底面深度 18m 处所做 6 个浅层载荷试验，其中 3、4、5 号三个载荷试验，在设计基底压力 300kPa 时，其原始沉降量分别为 12.79mm、14.05mm 和 14.56mm，大于 $0.01d$ $=11.28mm$（d 为方形底板换算直径 1128mm），试验单位认为不能满足设计基底压力为 300kPa 的要求，后经线性回归分析，其比例界限可分别取 525kPa、525kPa 和 425kPa，其相关系数 r 分别为 0.998、0.989 和 0.998，说明比例界限取值是合理的。另在设计要求基底压力为 300kPa 时，允许沉降量可取 $0.015d = 0.015 \times 1128 = 16.92mm$（现行国家标准《建筑地基基础设计规范》GB 50007 附录 C 规定当压板面积为 $0.25m^2 \sim 0.5m^2$ 时，可取 $s/d = 0.01 \sim 0.015$，而本试验压板面积为 $1.0m^2$，故可取较大值 $0.015d$），实测（或修正后的）沉降量均小于此值，满足变形要求。

3 线性回归方程的表达式为 $s = s_0 + Cp$，式中 s 为修正后的沉降量，s_0 为修正后直线段交于 s 轴的截距，其物理意义是大面积开挖卸荷地基回弹后，再加荷至卸荷压力时的回弹再压缩量，现一些手册中均规定将其舍弃，只按 Cp 计算不妥，C 为直线斜率，p 为各级压力，本条对比例界限前后修正后的沉降量 s 如何取值做出了规定。

7.0.7 土体现场直剪试验分为大型剪切仪法和水平推挤法两种；岩体现场直剪试验分为岩体本身、岩体沿软弱结构面和岩体沿混凝土接触面的直剪试验三种，剪切荷载的施加有平推法、斜推法和楔形体法三种；岩体现场三轴试验，分为等围压三轴（$\sigma_1 = \sigma_2 = \sigma_3$）和真三轴（$\sigma_1 > \sigma_2 > \sigma_3$）试验两种。有关原位剪切试验，在国内公开报导较少。《岩土工程学报》2006 年第 7 期报导了徐文杰、胡瑞林、曾如意"水下土石混合体的原位大型水平推剪试验研究"一文，中科院地质与地球物理所工程地质力学重点实验室等在云南丽江市虎跳峡龙蟠乡做了大型原位试验，该场地土石混合体骨料主要为砂岩，少量为板岩，填充物为黏土，含量甚少，经颗粒分析：粒径大于 2mm 的颗粒约为 80%，粒径小于 2mm 的细粒主要为 0.1mm～

2mm 的砂粒，约占细粒总含量的 90%，<0.1mm 的粉粒和黏粒甚少（按现行国家标准《岩土工程勘察规范》GB 50021，此种土可定名为圆砾或角砾），经 5 组试样尺寸为 $80cm \times 80cm \times 30cm$ 的水平推剪试验结果：天然状态下 2 组，黏聚力 c 值为 0.42kPa 和 1.58kPa，内摩擦角 φ 为 47.83° 和 49.81°，浸水状态下 3 组，c 值为 0.25kPa～0.28kPa，平均值为 0.27kPa，φ 角为 57.96°～60.31°，平均值为 59.40°。此种混合土细粒含量仅占 20%，属角砾、圆砾，c 值很小可以理解，但 φ 角无论天然状态或浸水状态均超过 45°，却非常少见。该文作者对浸水状态下 c 值降低、φ 值大大提高的原因作了解释：浸水后粒间填充土遇水软化、崩解，有些细粒被水流带走，削弱了粒间粘结作用，孔隙率增大（密度变松），使 c 值明显降低；由于天然状态下粒间填充黏土起到"润滑"作用，而浸水后碎石与碎石间变为"裸露"接触，引起内摩擦角急剧上升。

《岩土工程技术》2016 年第 1 期报导了张旷成、朱杰兵、陈明"花岗岩强风化岩块和残积土岩土混合料填土强夯后的抗剪强度"一文，2011 年为广东珠海××港××项目兴建高达 44m、长达 2600m 的高填方人工边坡设计需要，进行了大型剪切盒直剪试验，填料为花岗岩强风化岩和残积土的岩土混合料，其中含粒径大于 200mm 的块石和大于 20mm 的碎石，边坡填筑后，采用分层强夯处理，虚铺厚度为 6m 以内时，采用单击夯击能 3000kN·m，虚铺厚度为 12m 以内时，采用单击夯击能 5000kN·m。试验由长江水利委员会长江科学院、水利部岩土力学与工程重点实验室进行，装入直剪盒的填料为粒径小于 20mm 的颗粒质量约占总质量的 30%，粒径 20mm～100mm 的粒径约占总质量的 70%，直剪盒尺寸长×宽×高分别为 500mm×500mm×300mm，含水率为 5%，试验时填料厚度减为 3.0m，夯击能减为 1500kN·m，试验结果为：强夯处理后岩土混合料本身内摩擦角 φ = 38°，黏聚力 c = 101kPa。岩土混合料与原始地面交界面的内摩擦角 φ = 39.1°，黏聚力 c = 108.9kPa。强夯后的岩土混合料具有较高黏聚力的原因，该文作者认为主要是：

（1）岩土混合料中的碎石岩块为抗剪断贡献了较大的抗剪断黏聚力；

（2）花岗岩残积土本身具有较高的原始黏聚力；

（3）强风化花岗岩残积土强夯后产生了加固黏聚力。

7.0.11 对本条说明如下：

1 十字板剪切试验适用于测定饱和软黏土的不排水抗剪强度，对夹粉砂或粉土薄层或有植物根的饱和黏性土不宜采用。

2 十字板剪切试验所测求得到的 c_u 值相当于三轴不固结不排水试验（UU 试验）的 c_{uu} 值，其 φ 角等于零。

3 十字板剪切强度 c_u 与三轴 UU 试验所得 c_{uu} 值一样，都有一个重要特性，它是随上覆压力（深度）的增加而增加，不同深度的 c_u 值是所在深度原位状态下的不排水强度参数，不是某层饱和软黏土的不排水抗剪强度指标，不能采用平均或厚度加权平均求得的 $\overline{c_u}$ 值，作为该层土的不排水抗剪强度指标。

4 根据不同深度的十字板不排水强度 c_u 值，可以按线性回归的方法求取近似直剪固结快剪的 c_{cq}、φ_{cq} 指标。

示例：深圳××海底管线工程勘察由香港辉固土力工程公司测得海域内淤泥不同深度的十字板不排水强度 c_u 值如图 2 所示。

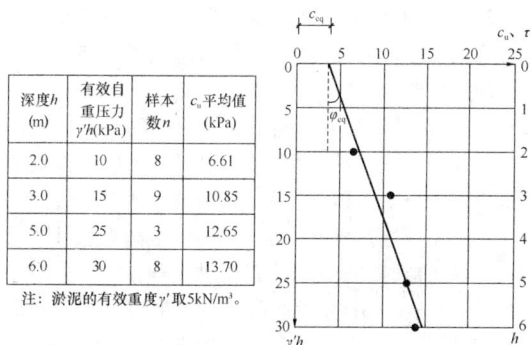

深度h (m)	有效自重压力 $\gamma'h$(kPa)	样本数 n	c_u平均值 (kPa)
2.0	10	8	6.61
3.0	15	9	10.85
5.0	25	3	12.65
6.0	30	8	13.70

注：淤泥的有效重度 γ' 取 $5kN/m^3$。

图 2　根据淤泥不同深度 c_u 值求直剪固结快剪强度指标示意图

按 $\tau = \gamma'h \cdot \tan\varphi + c$ 进行线性回归分析获得：

$\tau = \gamma'h \times 0.3196 + 4.561$，相关系数 $r = 0.9335$，

即 $\tan^{-1}\varphi = 0.3196$，$\varphi_{cq} = 17.7°$，$c_{cq} = 4.561kPa$，

还可以按现行行业标准《铁路工程地质原位测试规程》TB 10018 求取三轴固结不排剪的 φ_{cq}、和 c_{cu} 指标。

8 岩土工程评价

8.1 场地稳定性评价

8.1.1 高层建筑其破坏后果是很严重的，因而应充分查明影响场地稳定性的不良地质作用，评价其对场地稳定性的影响程度，不良地质作用主要是指岩溶、滑坡、崩塌、活动断裂、采空区、地面沉降和地震效应等。

8.1.2 本条规定了对存在不良地质作用，但危害较小，经技术经济论证能治理且别无选择的地段，可以选做高层建筑场地，但应提出防治方案，采取安全可靠的治理措施。对经论证属于地质灾害的危险区，不应选作高层建筑建设场地。

8.1.3 本条提出了高层建筑场地稳定性评价应符合的要求：

1 本款系按照现行国家标准《建筑抗震设计规范》GB 50011 第 4.1.9 条内容提出；

2 本款规定了抗震设防烈度为 8 度和 9 度、场地内存在全新活动断裂和发震断裂，其土层覆盖厚度分别小于 60m 和 90m 时为浅埋断裂，高层建筑应避开，避让的最小距离应按现行国家标准《建筑抗震设计规范》GB 50011 的规定确定；

3 本款规定对非全新活动断裂的破碎带情况，应查明并采取相应的地基处理措施；

4 高层建筑应避开活动地裂缝，在我国西安和山西大同等地区地裂缝活动强烈，地裂缝的安全距离和应采取的措施有地方专门性的勘察和设计规程，可供参照执行；

5 关于地面沉降，强调在地面沉降持续发展地区，应搜集已有资料，预测地面沉降发展趋势，提出应采取的措施。

8.1.4 本条是针对位于斜坡地段的高层建筑场地的稳定性评价；滑坡对工程安全具有严重威胁，滑坡能造成重大人身伤亡和经济损失，因此，明确规定高层建筑场地不应选在滑坡体上。拟建场地附近存在滑坡或有滑坡可能时，应进行专门滑坡勘察。

8.1.5 本条所指的有利地段、一般地段、不利地段和危险地段按现行国家标准《建筑抗震设计规范》GB 50011 的规定确定，高层建筑场地应选择在抗震有利地段或一般地段，不应选择在抗震危险地段，避开不利地段，当不能避开时，应采取有效措施。

8.1.6 本条明确应划分建筑场地类别，对抗震设防烈度为 7 度～9 度地区，均应进行饱和砂土和粉土的液化判别和提出地基处理建议，6 度地区可不进行判别。

8.1.8 在滨海、滨湖地区曾发生过大面积填方、软土流动引发工程事故的案例。例如深圳后海湾发生过大面积填方造成新近海积淤泥流动，涌入邻近 100 余米正在施工的地铁鲤鱼门站基坑内，使基坑失稳；再如 2013 年云南昆明滇池附近，曾发生大面积填方引起基坑下泥炭质土发生流动，使填方区 60m～70m 的建筑小区内数栋正待验收入住的 8 层建筑产生倾斜，最大顶层位移 180mm，远超过允许倾斜 0.004 的标准。该 8 层建筑采用直径为 400mm 的静压预应力管桩，桩长 32m，桩端置于稳定的粉土和黏土层上。基底下 5m 左右有厚约 4m 的泥炭质土，其 $w=381\%$、$\gamma=10.8\mathrm{kN/m^3}$、$e=8.75$、$I_L=1.25$、标贯 $N=1.7$、静探 $q_c=0.34\mathrm{MPa}$、$f_s=24.6\mathrm{kPa}$，其下还有两层稍好的泥炭质土。在查明原因后，采用隔离桩挡土和顶托纠偏进行了处理。

8 度及 8 度以上地区，软弱黏性土应进行震陷判别和危害性分析。上述不利的软土稳定性问题，均应提出防治建议。

8.2 天然地基评价

8.2.1 本条明确了天然地基分析评价应包括的基本内容，本次修订取消了场地稳定性、地下室防水和抗浮以及基坑工程评价，场地稳定性在初勘阶段进行明确评价，而地下室抗浮以及基坑工程的评价内容详见本标准第 8.6、8.7 节。

1 地基稳定性主要是指因地形、地貌或设计方案造成建筑地基侧限削弱或不均衡，而可能导致基础整体失稳；或软弱地基、局部软弱地基如暗浜、暗塘等，超过承载能力极限状态的地基失稳，此时应进行稳定性验算或提请设计进行整体稳定性验算，并提供预防措施建议。

2 地基均匀性评价，是地基按变形控制设计的基础，故应根据本标准 8.2.3 条的规定，对地基均匀性作出定性和定量的评价。

3 建议高层建筑地基持力层和基础埋深等内容，以及是否存在软弱下卧层等。

4 根据地基条件、地下水条件、高层建筑的设计方案和可能采取的基础类型，采用载荷试验、理论计算、原位测试（静力触探、标准贯入试验、圆锥动力触探、旁压试验）等多种方法，结合地区经验提供各土层的地基承载力特征值。

5 预测建筑地基的变形特征，是因高层建筑地基设计主要是按变形控制的设计原则和现行国家标准《岩土工程勘察规范》GB 50021 强制性条文，要求评价变形特征，包括高层、低层建筑地基的总沉降量、差异沉降、倾斜等。通过变形特征的分析、预测，方可验证所提地基基础方案建议是否真正可行、所提各种变形参数是否切合实际。在已知高层建筑荷载及埋深等条件时，应进行变形特征预测，提供计算沉降的有关参数，具体的评价要求见本标准第 8.5 节。

8.2.2 在工程勘察实践中，只着眼于地基，忽略宏观的场区环境、地基整体稳定性分析评价的情况还不时出现，因此必须引起重视。

我国在 20 世纪 80 年代以前的"高层建筑"多数为 20 层以下的单体建筑，基础埋深往往不超过 10m，故地基分析的工况相对简单，我国 1990 年前后颁布的国家或地方标准基本以该时期的资料为依据。20 世纪 90 年代以来，现代城市建设中的高层建筑除高度显著增大，致使基础影响深度加大外，还常包括多层、低层附属建筑，以及纯地下建筑（如地下车库），由此造成建筑地基周围的应力边界条件发生变化；其次，基础埋深的显著增加，在某些地区有可能遇到多层地下水等以前未曾遇到的问题。因此，现代高层建筑的岩土工程分析必须有针对性地分析相关各种条件的变化，在工程分析中考虑其影响，才有可能正确地进行工程判断并提供有效的专业建议。应特别注意的一些明显问题在第8.2.3~8.2.6条中加以指明。

8.2.3 虽然地基均匀性判断不是精确的定量分析，而且随着计算机应用和分析软件的普及，差异沉降变形的分析都可方便快捷地进行，但地基均匀性评价仍有其积极的指导作用，尤其是地貌、工程地质单元和地基岩土层结构等条件具有重要的控制性影响，往往会被忽视或轻视。

地基明显不均匀将直接导致建筑的倾斜、影响电梯正常运行，即使采用桩基也发生过明显倾斜问题。

表8.2.3列出的"地基不均匀系数界限值"借鉴了北京地区的一种定性评价地基不均匀性的定量方法，可作为初判地基是否均匀、是否需要进一步做分析沉降变形的依据。该不均匀系数指地基土本身满足规定的勘察精度条件下的土的压缩性不均匀，不包括结构调整、设计计算和施工误差的影响。下面举例进行说明。

案例：地基不均匀系数计算

1 设计资料

基础长度4.00m，宽度4.00m，基础埋深2.50m，水位埋深10.00m，基础底面平均压力125kPa。各钻孔地层参数如表3所示。

表3 各钻孔地层参数

孔号	土层编号	岩性	厚度(m)	埋深(m)	重度(kN/m³)	E_s(MPa)
1	1	填土	1.20	1.20	18.00	0.00
	2	粉质黏土、黏质粉土	1.50	2.70	19.00	5.00
	3	细砂、粉砂	3.00	5.70	20.00	15.00
	4	卵石、圆砾	10.00	15.70	20.00	30.00
2	1	填土	1.20	1.20	18.00	0.00
	2	粉质黏土、黏质粉土	4.00	2.70	19.00	5.00
	3	细砂、粉砂	1.00	6.20	20.00	15.00
	4	卵石、圆砾	10.00	16.20	20.00	30.00
3	1	填土	1.20	1.20	18.00	0.00
	2	粉质黏土、黏质粉土	2.00	3.20	19.00	5.00
	3	细砂、粉砂	2.00	5.20	20.00	15.00
	4	卵石、圆砾	10.00	15.20	20.00	30.00
4	1	填土	1.20	1.20	18.00	0.00
	2	粉质黏土、黏质粉土	2.50	3.70	19.00	5.00
	3	细砂、粉砂	1.80	5.80	20.00	15.00
	4	卵石、圆砾	10.00	15.80	20.00	30.00

2 过程计算

先以1号孔为例，计算结果如表4所示。

表4 计算结果

z(m)	l/b	z/b	$\bar{\alpha}$	$z\,\bar{\alpha}$	$z_i\,\bar{\alpha_i}-z_{i-1}\,\bar{\alpha_{i-1}}$	E_{si}(MPa)
0	1.00	0	1.000	0		
2.70	1.00	0.68	0.828	2.2359	2.2359	15.00
4.40	1.00	1.10	0.664	2.9199	0.6840	30.00

1号孔的压缩模量当量值 $\bar{E}_s$ 为：

$$\bar{E}_{s1}=\frac{\sum A_i}{\sum \dfrac{A_i}{E_{si}}}=16.99\text{MPa}$$

同理计算得出 $\bar{E}_{s2}=6.66\text{MPa}$，$\bar{E}_{s3}=15.47\text{MPa}$，$\bar{E}_{s4}=11.19\text{MPa}$。

各钻孔压缩模量当量平均值 $\bar{E}_{s平}=12.58\text{MPa}$，

$\bar{E}_{smax}=16.99\text{MPa}$，$\bar{E}_{smin}=6.66\text{MPa}$，$\dfrac{\bar{E}_{smax}}{\bar{E}_{smin}}=2.55$。

3 结论

查表8.2.3，$\bar{E}_{s平}=12.58\text{MPa}$ 对应的不均匀系数界限值 K 为1.70，2.55＞1.70，因此该地基为不均匀地基。

8.2.4 因地基破坏模式的问题，目前高层建筑天然地基承载力的确定尚没有固定的模式或方法，因此本标准强调采用多种手段方法进行综合判断。当高层建筑设有多层、低层附属建筑和地下车库时，为减小差异沉降可能采用条形基础或独立基础，此时通过现场试验和对其地基承载力进行验证是很有必要的。

本条强调在当基础埋深较大时，应在大面积开挖卸荷后的基础底面处进行载荷试验的理由详见本标准第3.0.9条第8款的条文说明。

8.2.6 高层建筑周边的低层—多层附属建筑或纯地下车库的基底平均压力可能显著小于基底标高处的土体自重应力，使地基处于超补偿应力状态，从而造成高层建筑地基侧限（应力边界条件）的永久性削弱。因此，在地基承载力分析（深宽修正）、建筑地基整体稳定性分析时应注意考虑其影响。

如果高层建筑周边的低层裙房跨度不大且与高层建筑有刚性连接，则高层建筑的荷载可以传递到裙房部分，使裙房基底压力接近或大于基底高程处的土体自重压力，计算裙房地基承载力时，应考虑其影响。

地基变形控制是绝大多数高层建筑确定地基承载力的首要原则。通过减小基础尺寸来加大附属建筑物基底压力，从而减小附属建筑与高层建筑之间的差异沉降是工程实践中的一种常规办法，但必须仔细核算其地基的极限承载力，确保地基不会发生强度破坏而导致失稳。

8.2.7 本条继续保留了评价计算地基极限承载力的方法，这是因为：

1 它符合国际上通行的极限状态设计原则，例如《欧洲地基基础规范》EUROCODE7就规定了承载力系数与本标准完全相同的极限承载力公式；但换算为设计承载能力时，不是除以总安全系数，而是根据材料特性除以分项安全系数 γ_m，对 $\tan\varphi$，$\gamma_m=1.2\sim1.25$，对 c'，c_u，$\gamma_m=1.5\sim1.8$，但计算是采用有效强度 c'、φ'；

2 对于高层建筑附属裙房或低层建筑的地下室，当采用条形基础或独立基础时，由于其埋深从室内地面高程算起埋深小，此时应验算其极限承载力能否满足要求；

3 验算地基稳定性和基坑工程抗隆起稳定性，实质上就是验算地基极限承载力能否满足要求；

4 本次修订将安全系数 K 如何选取放入附录 B 中。

8.2.8 西方国家采用旁压试验进行基础工程评价有较长的时间，不同国家的专家学者也提出过多种方法。但在天然地基承载力和地基沉降计算方面，外国的评价公式主要基于小尺寸的建筑基础，计算方式也较复杂。本规范参照上海地区经验，选择了对极限压力和临塑压力的统计分析方法，与通过国内地基规范确定的地基承载力、载荷试验或已有经验进行对比，提出利用旁压试验结果分析确定均一岩性地层地基承载力标准值的建议。

旁压试验目前在国内使用得还不广泛，但更多地采用原位测试是勘察行业的一个发展方向。原规程 JGJ 72-2004 修订时的统计资料源于上海、西安和北京地区 12 个在地基条件方面具有一定代表性的工程，尽管在统计规律上具有相似的规律性，但尚缺少西南、华南、东北等地区的代表性试验数据。因此，作为全国性的标准，该分析结果的覆盖面还不是十分充分。有鉴于此，同时考虑地区经验亟待进一步积累和行业发展方向，一是提出具体承载力表的时机还不成熟，二是应鼓励岩土工程师的实践总结、发挥创造性，各地一方面应进一步积累旁压试验资料及工程使用中的经验，另一方面在使用旁压试验时应结合其他测试评价方法，综合验证工程判断。

在根据旁压试验成果的分析应用中，临塑压力法和极限压力法是目前国内常用的确定地基承载力的方法，不同地区在应用中不同程度地积累了一定的经验，如北京已纳入到 2009 版的北京地方标准《北京地区建筑地基基础勘察设计规范》DBJ 11-501（以下简称："北京规范"）当中，上海已纳入到新修编的上海地方标准《上海市岩土工程勘察规范》DBJ 08-37（以下简称"上海规范"）当中。一些行业标准中也有相应的规定或建议。规范修订时也采用了临塑压力法和极限压力法，按照不同岩性、不同地区进行了综合统计分析和比较，也同已有的承载力标准值进行了对比。

条文中的旁压试验曲线上的初始压力 p_0，临塑压力 p_f 和极限压力 p_L 其物理意义见图 3。

1 原规程 JGJ 72-90 修订过程中共搜集到上海地区、西安地区、北京地区 12 项工程的旁压试验资料，全部采用预钻式旁压仪。经筛选分析，纳入计算、统计、比较的旁压数据共 278 组，涉及的钻孔深度在 1m~100m。这些工程的地理位置和测试地层的地貌条件见表 5 和表 6，旁压试验压力随深度变化散点图参见图 4~图 6。

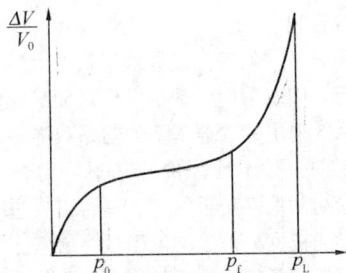

图 3 旁压试验典型应力与应变关系曲线

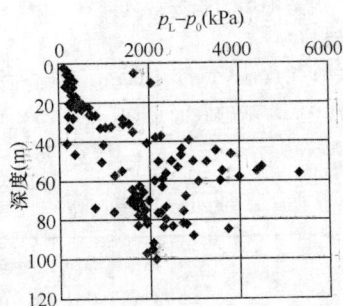

图 4 上海地区（PMT 可求出 p_L）

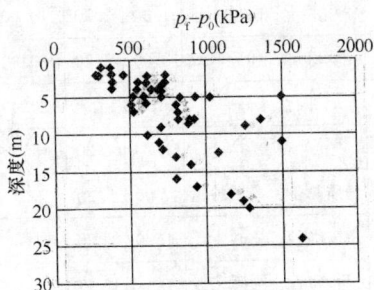

图 5 西安地区（PMT 未全部求出 p_L）

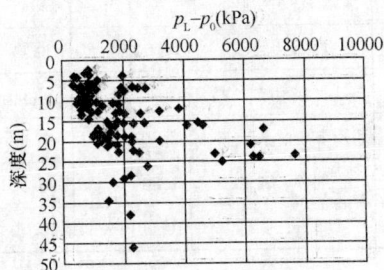

图 6 北京地区（PMT 可求出 p_L）

表 5 工程名称和地貌、地层条件

序号	工程名称	测试地貌地层条件	地区
1	中日友好医院	北京平原 永定河冲洪积扇 中—中下部	北京
2	外交部住宅楼		
3	昆仑饭店		
4	外交公寓楼		
5	浦东 21 世纪大厦	滨海河湖相	上海
6	上海龙腾广场		
7	上海地铁 3 号线		
8	上海国际金融大厦		
9	环球金融中心		
10	西安电缆厂高层住宅楼	渭河冲积阶地相	西安
11	西安大雁塔		
12	陕西省旅游学校校址		

表 6 各工程旁压试验数量和深度

地点	工程项目数量	旁压数据量（组）	测试深度范围（m）
上海	5	112	2～100
西安	3	52	1～24
北京	4	114	2.5～46

2 为求得临塑压力计算地基承载力特征值时的修正系数 λ 和通过旁压极限承载力分析地基承载力特征值时的安全系数 K，对三个地区的数据进行统计分析，主要结果如下：

1）上海地区

上海数据分析情况：

① 上海规范对旁压试验确定地基承载力已有规定，即对于黏性土、粉土和砂土，λ 取值 0.9～0.7，K 取值 2.2～2.7。本次统计结果与上述规定基本吻合。

② 图 7～图 9 为针对不同土类，采用旁压临塑压力和旁压极限压力计算结果的对比图。根据对比图，

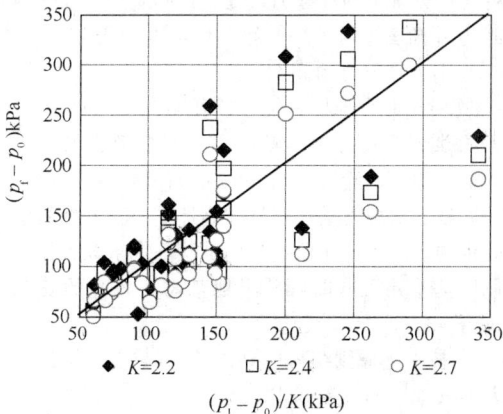

图 7 上海地区黏性土

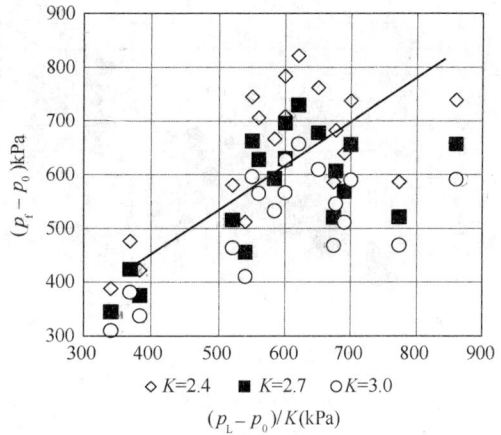

图 8 上海地区粉土

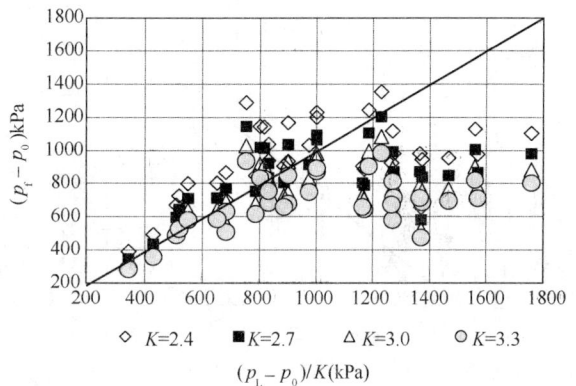

图 9 上海地区砂土

黏性土 K 在 2.2～2.7，粉土和砂土的 K 值在 2.4～3.3 左右。

③ 从本次统计结果看，根据旁压测试结果确定的上海地区砂土层的承载力较高，主要是由于本次所统计的测试数据相应的地层深度较大。所有统计样本中，小于 30m 的仅有 2 组，其余都超过了 30m，其中 30m～50m 的数据为 8 组，50m 以上的数据有 33 组。由于深层砂土的旁压试验结果值一般均很高，由此计算得出的承载力值也很高，因此除根据旁压测试外，尚应结合其他方法和地区经验综合确定承载力。

2）西安地区

西安地区资料中的粉土测试数据较少且不够完整，故仅选取黏性土和砂土进行分析。

西安数据分析情况：

① 从西安地区 3 个工程 52 组试验结果看，采用旁压试验确定地基承载力的规律性较好，黏性土承载力特征值在 100kPa～500kPa，与《地基基础设计规范》GBJ 7 给出的黏性土承载力基本值的范围值基本一致。因此根据旁压临塑压力（取 $\lambda=1$）直接确定承载力特征值是可行的，根据旁压极限压力确定承载力特征值时，K 可取值为 2.7 左右。

② 西安地区的砂土样本较少，并且与北京和上

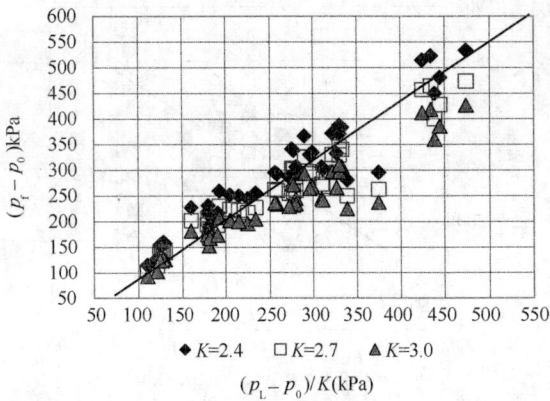

图 10　西安地区黏性土

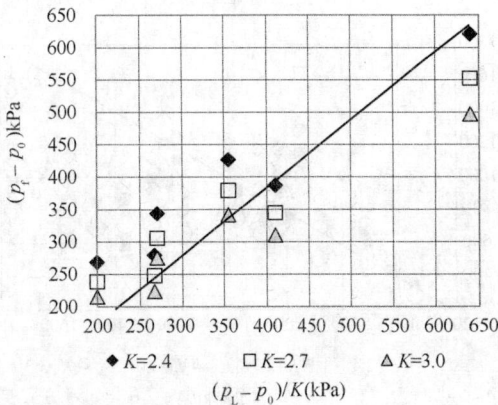

图 11　西安地区砂土

海地区相比较，测试深度浅，在 4m～5m 以内，由此得出的承载力也低得多。

3）北京地区

① 黏性土见表 7。

表 7　北京地区黏性土统计分析表

统计指标	p_L-p_0		p_L-p_0		$(p_L-p_0)/$ (p_L-p_0)	$(p_L-p_0)<1400$ 时的 $f_{ak}=(p_L-p_0)/K$		
	深度 <30m	深度 ≥30m	<1400	≥1400		$K=2.4$	$K=2.7$	$K=3.0$
平均值	310	779	842	1863	2.2	356	316	285
最大值	423	642	1370	2347	2.7	615	547	492
最小值	217	947	360	1477	1.9	150	133	120
标准差	59.3	—	257	291	0.26	112	99.6	89.6
变异系数	0.19	—	0.31	0.16	0.12	0.31	0.32	0.31
样本数	12	4	54	19	16	54	54	54

② 粉土见表 8。

表 8　北京地区粉土统计分析表

统计指标	p_L-p_0		p_L-p_0		$(p_L-p_0)/$ (p_L-p_0)	$(p_L-p_0)<1900$ 时的 $f_{ak}=(p_L-p_0)/K$		
	<1900	≥1900	<1900	≥1900		$K=2.7$	$K=3.0$	$K=3.3$
平均值	414	1173	1335	2349	2.12	495	445	405
最大值	—	1319	1830	2800	2.75	678	610	555

续表 8

统计指标	p_L-p_0		p_L-p_0		$(p_L-p_0)/$ (p_L-p_0)	$(p_L-p_0)<1900$ 时的 $f_{ak}=(p_L-p_0)/K$		
	<1900	≥1900	<1900	≥1900		$K=2.7$	$K=3.0$	$K=3.3$
最小值	—	1039	665	1900	1.76	246	222	205
标准差			384	310	0.47	142	128	116
变异系数			0.29	0.13	0.22	0.29	0.29	0.29
样本数	1	3	14	5	4	14	14	14

③ 砂土见表 9。

表 9　北京地区砂土统计分析表

统计指标	p_L-p_0		p_L-p_0		$(p_L-p_0)/$ (p_L-p_0)	$(p_L-p_0)<4000$ 时的 $f_{ak}=(p_L-p_0)/K$		
	<4000	≥4000	<4000	≥4000		$K=3.0$	$K=3.3$	$K=3.6$
平均值	1155	2912	2563	5665	2.06	854	777	712
最大值	1267	3888	3811	7645	2.60	1270	1155	1059
最小值	934	1944	1854	4060	1.71	618	562	515
标准差	—		630	1156	0.29	210	191	175
变异系数	—		0.25	0.20	0.14	0.25	0.25	0.25
样本数	3	4	11	10	7	11	11	11

北京数据分析情况：

① 所搜集整理北京地区旁压试验资料的成果以极限压力 p_L 和初始压力 p_0 为主，因此本次计算和统计分析主要是对极限压力法的验证和评估。

② 通过统计分析，北京地区旁压试验压力和由此确定的承载力特征值都具有明显的差异性。以 p_L-p_0 的结果为例：

对于黏性土以 $p_L-p_0=1400$kPa 为界，小于和大于 1400kPa 的统计样本的标准差基本相当（表 7）；

对于粉土以 $p_L-p_0=1900$kPa 为界，小于和大于 1900kPa 的统计样本集合的标准差基本相当（表 8）；

同样，对于砂土在 $p_L-p_0=4000$kPa 处也可分为 2 个统计集合，且各统计指标相差超过 2 倍。

由于在同样安全系数 K 条件下，过大的 p_L-p_0 值将使计算得出的承载力过高，且同北京地区已有的承载力评价经验相差过大，因此本次仅统计分析 p_L-p_0 小于界限值的样本。

③ 对于北京地区砂土，将统计结果同本地区所积累的砂土承载力相比较，即使安全系数 K 为 3.6 时，根据旁压试验所得到的承载力仍然较高。由于北京地区砂土承载力是在定量控制地基差异沉降的条件下确定的，因此，在根据旁压试验确定承载力并严格控制地基差异沉降时，砂土地基需要较高的安全系数 K。

④ 按上述原则统计得到的 K 值与本次统计的上海及西安地区的结果基本一致。

3 综合上海、西安、北京三地资料，对不同岩性进行统计对比情况如表 10～表 12 所示。

表 10　黏性土综合对比表

指　标	统计指标	上海地区	西安地区	北京地区
(p_f-p_0)	平均值	137	265	310
	最大值	341	474	423
	最小值	60	110	217
	变异系数	0.49	0.37	0.19
	样本数	34	42	12
$f_{ak}=$ $(p_L-p_0)/K$	$K=2.2$ 平均值	143		
	最大值	334		
	最小值	53		
	变异系数	0.50		
	样本数	34		
	$K=2.4$ 平均值	131	296	356
	最大值	306	533	615
	最小值	48	115	150
	变异系数	0.50	0.35	0.31
	样本数	34	42	54
	$K=2.7$ 平均值	116	263	316
	最大值	272	474	547
	最小值	43	103	133
	变异系数	0.50	0.35	0.32
	样本数	34	42	54
	$K=3.0$ 平均值	104	237	285
	最大值	245	427	492
	最小值	39	92	120
	变异系数	0.50	0.35	0.31
	样本数	34	42	54

表 11　粉土综合对比表

指　标	统计指标	上海地区	西安地区	北京地区
(p_f-p_0)	平均值	594		414
	最大值	859		
	最小值	340		
	变异系数	0.23		
	样本数	18		1
$f_{ak}=$ $(p_L-p_0)/K$	$K=2.4$ 平均值	641		556
	最大值	821		763
	最小值	388		277
	变异系数	0.20		0.29
	样本数	18		14
	$K=2.7$ 平均值	570		495
	最大值	730		678
	最小值	344		246
	变异系数	0.22		0.29
	样本数	18		14

续表 11

指　标	统计指标	上海地区	西安地区	北京地区
$f_{ak}=$ $(p_L-p_0)/K$	$K=3.0$ 平均值	513		445
	最大值	657		610
	最小值	310		222
	变异系数	0.20		0.29
	样本数	18		14
	$K=3.3$ 平均值			405
	最大值			555
	最小值			205
	变异系数			0.29
	样本数			14

表 12　砂土综合对比表

指　标	统计指标	上海地区	西安地区	北京地区
(p_f-p_0)	平均值	1004	357	1155
	最大值	1759	640	1267
	最小值	345	200	934
	变异系数	0.35	0.44	—
	样本数	35	6	3
$f_{ak}=$ $(p_L-p_0)/K$	$K=2.7$ 平均值	951	345	949
	最大值	1354	552	1411
	最小值	390	239	687
	变异系数	0.23	0.33	0.25
	样本数	35	6	11
	$K=3.0$ 平均值	760	310	854
	最大值	1083	497	1270
	最小值	312	215	618
	变异系数	0.23	0.34	0.25
	样本数	35	6	11
	$K=3.3$ 平均值	691		777
	最大值	984		1155
	最小值	283		562
	变异系数	0.23		0.25
	样本数	35		11
	$K=3.6$ 平均值			712
	最大值			1059
	最小值			515
	变异系数			0.25
	样本数			11

由 $(p_L-p_0)/(p_f-p_0)$ 得出 K 值的统计结果可比性较强，表明各地旁压曲线 p_0、p_f 和 p_L 之间的比例关系是基本一致的。

根据计算统计结果、已有的工程经验，建议在根据旁压试验极限压力分析地基承载力特征值时，不同土层岩性的 K 值范围值参见表13。由于统计工程的基础设计资料不完整，无法正确分析深宽修正后的地基承载力特征值 f_a，因此上述 K 值不得低于2，并应根据各地情况、经验和其他评价方法不断总结，综合确定地基承载力。

表13 极限承载力安全系数 K 取值建议

土层岩性	K
黏性土	2.0~2.4
粉土	2.3~3.3
砂土	2.7~4.0

北京规范对临塑修正系数（相当于 λ）规定为 0.7~1.0，上海规范对临塑修正系数规定为 0.7~0.9。因缺少对比资料，未对 λ 的取值进行分析，但认为按照不大于1计算是合理和安全的。

采用临塑压力法及极限压力法估算地基承载力特征值的方法可行，计算结果基本合理，说明旁压试验是综合评价地基承载力的一种有效方法之一，但在具体工程应用中，应采用多种不同方法进行对比分析，并积累各地区的地区经验。

除对地基承载力的确定的分析外，原计划研究各地 E_m 的统计规律，并通过计算来验证估算沉降的适用性。但由于所搜集的资料中，具体的建筑荷载、基础尺寸和埋深不甚清楚，更缺少必要的沉降观测数据，同时各地勘察资料中的常规压缩模量的试验方法也不统一，无法进行有效的归类统计分析，故放弃了采用旁压试验结果直接或间接估算天然地基沉降的方法的研究。

本次修订对该条条文中的 f_{ak} 名称作了修改，对条文说明作了补充：

1 在本标准修订送审稿审查会上有的专家提出：按照旁压试验原位测试深度所测得的临塑压力 p_f 或极限压力 p_L 与根据土物理力学性质指标按国内原地基规范查表、载荷试验或地区经验所求得的地基承载力，进行对比统计分析获得的承载力特征值与现行地基规范所定义的 f_{ak} 不能完全等同，前者为横向加荷，后者为竖向加荷。原《上海地基基础设计规范》DGJ 08-11-1999 叫"不同埋深处地基土的承载力"，《北京地区建筑地基基础勘察设计规范》DBJ 11-501-2009 叫"地基承载力标准值 f_{ka}"，本标准改称为："旁压试验原位测试深度处的地基承载力特征值 f_{hak}，并要乘以小于1的修正系数，才能等同于 f_{ak}"。f_{hak} 可用作估算浅基础持力层承载力特征值 f_{ak} 的方法之一，按现行国家标准《建筑地基基础设计规范》GB 50007 规定，当基础宽度大于3m，或埋置深度大于5m时，由载荷试验或其他原位测试、经验值等方法确定的 f_{ak} 值尚应进行深宽修正，故 f_{hak} 亦应进行深宽修正。

f_{hnk} 还可直接作为桩和扩底桩的端阻力特征值 R_{pk}，$R_{pk}=q_{pk}/2$（q_{pk} 为极限端阻力标准值），由于桩、扩底桩等属于深基础，而深基础的承载力，不应按浅基础承载力的理念进行深、宽修正，故 f_{hak} 可直接作为端阻力特征值，不进行深宽修正。

2 根据卞昭庆"赴美岩土工程考察报告"（1985年9月~10月，原载孙宏伟主编《岩土工程进展与实践案例选编》，中国建筑工业出版社，2016年9月第1版）介绍了美国STS公司咨询报告为芝加哥市900号工程利用旁压试验成果评价持力层承载力的案例，900号工程位于芝加哥市北密芝安大街，为一65层的塔式大楼，周围是5层裙楼，塔楼地下室3层，底板位于地面下10m，塔楼两根最重柱荷载为52MN，其他柱为22.7MN~36.3MN，裙楼柱荷载为6.8MN~13.6MN。

美国STS公司岩土工程咨询报告建议塔楼基础形式为钻孔扩底墩，扩底墩筑在⑤层硬盘上，硬盘层面深度26m~27m，层底深度30m~33m，硬盘为砂质黏土、粉土和粉质黏土互层。硬盘是指坚硬、不透水、塑性高的土，胶结物不易溶解，直接掺水不会成为塑体。硬盘的最大净承载力为1465kPa（即由墩底传到地基的压力，不计土的自重，不做深度修正）。咨询报告还提出一个扩底桩的较浅深度的方案，即置于地面下，18m~22m的④层坚硬的粉质黏土上，④层为粉质黏土，坚硬至很硬，低塑的含水量 $w=13\%~15\%$，高塑的 $w=35\%$，④层层底深度为24m~26m。其净承载力为500kPa。对基桩的沉降估算为1.9cm~4.5cm，桩间沉降差为6mm~13mm。

考察报告估计：⑤层和④层的净承载力是根据大量旁压试验成果得到的，例如第⑤层硬盘，旁压试验实测临塑压力 p_f 平均值为1680kPa，极限压力 p_L 平均值为3580kPa，而采用的净承载力为1465kPa，为 p_f 值的87%（即修正系数 λ 为0.87），或 p_L 除以2.45的安全系数；而第④层坚硬粉质黏土，旁压临塑压力 p_f 平均值为780kPa，极限压力 p_L 平均值为1470kPa，采用的净承载力为500kPa，为 p_f 值的65%（即修正系数 λ 为0.65），或 p_L 除以3。考察报告认为在美国旁压试验确定承载力的方法主要是以 p_L 除以2.5~3，同时不得大于 p_f 值。另在美国不考虑初始压力 p_0 值（在原位测试总表中，不出现 p_0 值）。

从以上对比可以看出，美国利用旁压试验测试数据估算地基承载力的方法和取值，与国内方法是大致相同的，他们用的安全系数略小，但他们不减去初始压力 p_0 值。

8.2.9 当场地、地基整体稳定，高层建筑建于完整、较完整的中等风化—微风化岩体上时，可不进行地基变形验算，但岩溶、断裂发育等地区应仔细论证。

8.2.10 关于按变形模量 E_0 计算地基沉降列入附录

C，现对有关问题作如下说明：

1 本次修订取消了粉土，是按照目前的勘察技术水平，认为粉土是可以采取原状土样的。

2 公式（C.0.1）是计算筏形和箱形基础地基最终沉降量的公式，它是由苏联 K.E 叶戈洛夫提出（见 Π.Γ 库兹明《土力学讲义》，高等教育出版社，1959），该式的沉降应力系数是按刚性基础下，考虑了三个应力分量（σ_x、σ_y 和 σ_z）而得出，因而土的侧胀受一定条件的限制。高层建筑的箱形或筏形大基础，在与高层建筑共同作用下刚度很大，因而用该式计算沉降是合适的。由于是按刚性基础计算而得，计算所得地基沉降是平均沉降。对于一些不能准确取得压缩模量 E_s 值的岩土，如碎石土、砂土、含碎石、砾石的花岗岩残积土、全风化岩、强风化岩等，均可按本式进行计算。根据大量工程对比，计算结果与实测沉降比较接近，作为对国家标准《建筑地基基础设计规范》GB 50007 的补充列入本标准。

3 按公式（C.0.1）计算时，采用基底平均压力 p，而不是用附加压力 p_0，这是考虑高层建筑的筏形、箱形基础埋置深，往往处于补偿或超补偿状态，即 p_0 很小，甚至 $p_0<0$，出现负值，但在平均压力 p 作用下并非不发生沉降，且往往会超过回弹再压缩量，按 p 值计算结果与实测沉降接近。

4 关于地基变形模量 E_0 值，各地区对各类土都进行过大量载荷试验，或用标准贯入试验击数 N 与 E_0 值（广东省标准、深圳市标准《地基基础设计规范》），或圆锥动力触探击数 $N_{63.5}$ 与 E_0 建立了经验关系（辽宁省标准《建筑地基基础设计规范》），且国内许多岩土工程勘察单位均可按设计要求提供 E_0 值。各地区可建立本地区的经验关系式，或建立本地区的沉降经验系数 ψ_s。

5 关于沉降计算深度 $z_n=(z_m+\xi b)\beta$，是根据建研院何颐华先生《大基础地基压缩层深度计算方法的研究》一文而提出，该式的特点是考虑了土性不同对压缩层的影响，其计算的 z_n 值与实测压缩层深度作过对比，并作了修正。按表 C.0.2-2 确定 β 值时，若地基土为多层土组成时，首先按 $z_n=(z_m+\xi b)$ 确定其沉降计算深度，再按此深度范围内各土层厚度加权平均值确定 β 值。

而沉降计算深度 $z_n=b(2.5-0.4\ln b)$，是国家标准《建筑地基基础设计规范》GB 50007 以实测压缩层深度 z_n 与基础宽度 b 的比值关系分析统计而得，由于均是按实测压缩层深度分析后得到的，应该比较符合实际，故列入，但经对比，后者较前者深，在实际工程中需要考虑更为安全，可按后者计算。

6 本次修订在附录 C 中增加了扩展基础、条形基础用变形模量 E_0 计算最终沉降量的公式（C.0.3-1）、公式（C.0.3-2），该公式在深圳花岗岩残积土用过近 30 年，实践证明计算值与实测值非常接近。但

将该公式引入本标准时，对第 i 层的附加压力 p_{0i} 的计算略作改动，即将 p_{0i} 为"基底附加压力在 i 层土的顶面和底面所产生的附加压力之和的一半"改为现通行的"第 i 层中点处的附加压力"。对于其他岩土，只要是变形模量 E_0 取值合适，应该是适用的。

8.2.11 通过标准固结试验指标、考虑土的应力历史计算土层的固结沉降是饱和土地区和国际上习惯的主要方法之一，为促进取样技术水平和土样质量的提高，满足国外设计企业越来越多地进入中国建设市场的需要，有必要继续采用该评价方法。

由于在瞬时（剪切变形）变形和次固结变形的评价方面，尚无统一的普遍适合各地区的方法，故本标准仅限于以主固结为主的地基条件。

关于正常固结的确定，不同学者的观点和考虑不尽相同（$OCR=1\sim2$）。综合考虑后按 OCR 略高于理论值（以 $1.0\sim1.2$）确定，并结合地区经验进行修正和判断，但在工程实践中，首要的影响因素是取样的质量（包括取样、包装、防护和运输条件）。

8.2.12 实际工程中对倾斜的预测与很多因素有关，如地层分布、建筑荷载分布（包括大小和平面分布）及基础结构刚度、施工顺序等。由于近年计算机性能的快速提高和相关商业化软件的增多，可以在勘察阶段的沉降计算分析中考虑地层条件与建筑荷载条件，以较快捷地计算不同地层条件与荷载分布情况下基底不同位置的沉降。按照统计实测资料，结构刚度不同的基础整体挠度约在万分之一至万分之四，对沉降值影响较大，但对建筑整体倾斜的影响与地层及荷载的分布相比相对较小，故根据角点地基沉降计算建筑物整体倾斜可以作为一种判断的方法。重要的是要采用合理划分的地层及相关参数，在计算中考虑建筑荷载的分布（包括相邻建筑影响）。对建筑物整体倾斜的计算结果，应在与地区实测资料进行对比的基础上进行判断。

8.3 桩 基 评 价

8.3.1 主要提出桩基工程分析评价及计算所需的基本条件以及主要工作思路，特别指出土体的不均匀性、软土的时间效应和不同施工工况造成土性参数的不确定性的特点，强调搜集类似工程经验的重要性。

8.3.2 本条是对桩基分析评价的主要内容提出了要求。其中第 1~3 款均为基本内容，一般勘察报告均应包括。

8.3.3 当任务需要且具备条件时，提倡按岩土工程要求进行桩基分析、评价和计算。分析评价中应结合场地的工程地质、工程性质以及周围环境等条件，做到重点突出、针对性强、评价结论有充分依据、确切合理、提供建议切实可行。

8.3.4 当存在连续沉积、层位稳定的多层持力层，可合并作为复合持力层，并应满足进入持力层深度及

持力层厚度要求。本条第 2 款当存在软弱下卧层时，持力层厚度的规定，是按照现行行业标准《建筑桩基技术规范》JGJ 94 作出的规定。

8.3.6 关于判断沉桩可能性，是桩基分析中常遇到的问题，如何分析评价，是一个复杂的问题，有岩土组成的力学特性、桩身强度、沉桩设备等诸多因素，一般宜在工程桩施工前进行沉桩试验，测定贯入阻力（指压入桩）、总锤击数、最后 1m 锤击数及贯入度（指打入桩）或在沉桩过程中进行高应变动力法试验（指打入桩），测定打桩过程中桩身压应力和拉应力等，以评定沉桩可能性、桩进入持力层后单桩承载力的变化以及其他施工参数。

近年来沉桩工艺有所改变，大能量 D80、D100 柴油锤在工程中使用较多，常用的柴油锤性能及使用桩型等可参考表 14。

除常规的采用打入式外，在一些大城市采用静力压桩工艺沉桩，其优点避免了锤击沉桩的噪声、振动，同时由于目前压桩机械的改进和压桩能力提高，在上海等一些地区已有 900t 的全液压静力压桩机，部分液压静力压桩机的主要参数可参考表 15。

表 14 锤重选择参数表

锤重		柴油锤（kN）						
		25	35	45	60	72	D80	D100
锤的动力性能	冲击部分重（kN）	25	35	45	60	72	80	100
	总重（kN）	65	72	96	150	180	170	200
	冲击力（kN）	2000~2500	2500~4000	4000~5000	5000~7000	7000~10000	>10000	>12000
	常用冲程（m）	1.8~2.3					2.1~3.1	
适用的桩规格	预制桩、预应力管桩的边长或直径（mm）	350~400	400~450	450~500	500~600	≥600	≥600	≥600
	钢管桩直径（mm）	400		600	≥600	≥600	≥600	
持力层 黏性土	一般进入深度（m）	1.5~2.5	2~3	2.5~3.5	3~4	3~5		
	静力触探比贯入阻力 p_s 平均值（MPa）	4	5	>5	>5	>5		
持力层 砂土	一般进入深度（m）	0.5~1.5	1~2	1.5~2.5	2~3	2.5~3.5	4~8	8~12
	标准贯入实测击数 N 值（击）	20~30	30~40	40~45	45~50	>50	>50	>50
锤的常用控制贯入度（cm/10 击）		2~3		3~5		4~8	5~10	7~12
单桩极限承载力（kN）		800~1600	2500~4000	3000~5000	5000~7000	7000~10000	>10000	>10000

表 15 液压静力压桩机的主要技术参数

参数	型号	单位	YZY-100	YZY-150	YZY-200	YZY-300	YZY-400	YZY-450	YZY-500	YZY-600	JNB-800	JNB-900
大身	横向行程（一次）	m	2.4	2.4	2.5	3	3	3	3	3	3	3
	纵向行程（一次）	m	0.6	0.6	0.6	0.5	0.5	0.5	0.5	0.5	0.5	0.6
	最大回转角	°	20	20	20	18	18	18	18	18	20	20
纵横向行走速度	前行	m/min	3	3	3	2	2	2	1.8	1.8	1.8	2
	回程	m/min	6	6	6	4.2	4.2	4.2	4	4	4	4.2
最大压入力（名义）		kN	1000	1500	2000	3000	4000	4500	5000	6000	8000	9000
最大锁紧力		kN	—	—	—	7600	9000	10000	10000	10000	10000	10000
压桩截面	最大	m²	0.3× 0.3	0.35× 0.35	0.4× 0.4	0.45× 0.45	0.5× 0.5	0.5× 0.5	0.55× 0.55	0.55× 0.55	0.60× 0.60	0.60× 0.60
	最小	m²	0.2× 0.2	0.25× 0.25	0.3× 0.3	0.4× 0.4	0.4× 0.4	0.4× 0.4	0.40× 0.40	0.40× 0.40	0.45× 0.45	0.45× 0.45

参数 \ 型号		单位	YZY-100	YZY-150	YZY-200	YZY-300	YZY-400	YZY-450	YZY-500	YZY-600	JNB-800	JNB-900
油泵	系统压力	MPa	31.5	31.5	31.5	31.5	31.5	31.5	31.5	31.5	31.5	31.5
油泵	最大流量	l/min	100	100	143	143	143	143	154	167	175	175
电机总功率		kW	55	55	77	85	85	85	92	100	110	110
接地比压	大船	t/m²	7.6	9.5	9.5	9.2	12.3	13.8	13.8	14.2	15.8	15
接地比压	小船	t/m²	10.8	11.6	11.6	9.8	13.1	14.7	15.7	17.5	16.6	16
整机	外形尺寸 长×宽×高	m	6×7.6×12	7.15×7.6×12	8×8×3	10.6×9×8.6	10.6×9×9	10.6×9×9	11×9×9.1	11.1×10×9.1	11.1×10×10	11.1×10×10
整机	自重	t	60	80	100	150	180	190	200	200	230	250
整机	配重	t	40	70	100	180	250	290	340	430	570	650
大身	外形尺寸 长×宽×高	m	7×2.2×1.7	7×2.2×2	7×2.2×2	10×3.5×0.9	10×3.5×1	10×3.5×1	10×3.5×1	10×3.5×2.3	10×3.5×2.3	10×3.5×2.3
大身	装运重量（包括牛腿）	t	18	22	25	45	50	55	55	60	58	60

8.3.7、8.3.8 这两条主要考虑高层建筑在城市施工中沉（成）桩对周围环境的影响以及相应的防治措施，也是目前城市环境岩土工程中所需要分析评价和治理的问题。需要指出的是，由于人工挖孔桩存在受地质条件限制、工人劳动强度大、危险性高、大量抽水容易造成周边建筑损害等缺陷，各地已逐步限制使用人工挖孔桩。

8.3.9 单桩承载力应通过现场静载荷试验确定。采用可靠的原位测试参数进行单桩承载力估算，其估算精度较高，并参照地质条件类似的试桩资料综合确定，能满足一般工程设计需要；在确保桩身强度不破坏的条件下，试桩加载尽可能至基桩极限承载力状态。

基桩在荷载作用下，由于桩长和进入持力层的深度不同，其桩侧阻力和桩端阻力的发挥程度是不同的，因而桩侧阻力特征值和桩端阻力特征值，并非定值。且单桩承载力特征值，无论是从理论上或从工程实践上，均是以载荷试验的极限承载力为基础，因此，本标准只规定了估算单桩极限承载力的公式，并规定按极限承载力除以总安全系数 K 的常规方法来估算单桩竖向承载力特征值 R_a，即公式（8.3.9），按本标准所提出公式估算 R_a 时，其 K 值均可取 2。

目前高层建筑基础愈来愈深，大面积开挖卸荷后，基础底面以下桩周围压将随卸荷深度的增加而降低，加之卸荷后地基受到回弹、鼓胀、松弛的影响，桩周侧阻力亦将有不同程度的降低，基础埋深越大，卸荷越多，桩侧阻力降低越多，当基础埋深较大时，单桩承载力载荷试验宜在基础底面处进行。

8.3.10 采用静探方法确定单桩极限承载力，被勘察人员和设计人员广泛使用，其估算值与实测值较为接近，可按现行行业标准《建筑桩基技术规范》JGJ 94 进行估算。需要指出，对大直径开口型预制桩应按相关规定考虑桩端闭塞效应。为避免与现行行业标准 JGJ 94 重复，取消了原规程 JGJ 72-2004 附录 C。

8.3.11 对于高层、超高层建筑，桩埋置较深，当持力层为硬质黏性土、粉土、砂土、碎石土、全风化岩和强风化岩时，除黏性土外均很难取得不扰动土样、通过室内试验求得其压缩性、密实性等工程特性指标，而标准贯入试验是国际上通用的测试手段，在国内已有相当丰富的经验，因此原规程提出用标准贯入试验锤击数与打入、压入预制桩各类岩土的极限侧阻力和极限端阻力建立关系，避免了取土扰动和不能取得不扰动试样的影响。但原 2004 规程由于按标贯实测击数对黏性土状态的分档和对粉土密实度的分档不合适，致使所计算的侧阻力偏低，本次修订对原分档进行了修改，且经实际工程数据进行了验证后列入了本标准，详见附录 D 及其条文说明。

国内外早有人提出了用标准贯入试验锤击数计算单桩极限承载力的公式，如 Meyerhof（1976）提出的公式见《加拿大岩土工程手册》和我国贾庆山提出的公式。但这些公式经核算侧阻力计算结果明显偏小，端阻力未考虑随深度增加的影响，本标准未予采纳。

8.3.12 本条所称嵌岩灌注桩系指桩身下部嵌入中等风化、微风化岩石一定深度的挖孔、冲孔、钻孔、旋挖形成的钢筋混凝土灌注桩。原规程公式是在《建筑桩基技术规范》JGJ 94-94 基础上确定的，现行《建筑桩基技术规范》已进行了修订，其中嵌岩段侧阻力系数和端阻力系数作了调整，并简化合并为侧阻和端阻综合系数 ζ_r。为保持各规范之间一致性，本条表 8.3.12 的取值作了调整，调整后的数据，经试算对比与按现行行业标准《建筑桩基技术规范》JGJ 94-2008 计算结果基本一致。

本次修订表 8.3.12 的具体修改及与 JGJ 94-2008 计算结果对比如下：

1 考虑到实际工程中，到目前为止，尚无将桩端持力层一定要求要放在"未风化"和单轴抗压强度 $f_{rk}>60$MPa 的岩石上，且目前灌注桩桩身混凝土强度等级均采用 C60 以下，而 C60 混凝土轴心抗压强度设计值 f_c 为 27.5MPa，轴心抗压强度标准值 f_{rk} 为 38.5MPa。为此，本次修订取消了原规程（JGJ 72-2004）"未风化"和"$60<f_{rk}\leq90$"、"（坚硬岩）、完整"一栏；

2 根据本标准（以下简称"《高标》"）公式（8.3.12）估算嵌岩桩单桩极限承载力与修订后的行业标准《建筑桩基技术规范》JGJ 94-2008（以下简称"《桩规》"）嵌岩桩按该规程公式（5.3.9-1）～公式（5.3.9-3）计算的极限承载力对比分析结果，将"较软岩" q_{pr} 由 9000kPa～18000kPa 调整为 9000kPa～16000kPa，将"较硬岩"一栏 q_{pr} 由 18000kPa～36000kPa 调整为 16000kPa～32000kPa；

3 为验证本标准按公式（8.3.12）和表 8.3.12 所规定的 q_{sir} 和 q_{pr} 值估算的单桩竖向极限承载力的合理性，与现《桩规》对比如下：

设桩径为 2.0m、直桩、不扩底。

按《桩规》计算时，用 $Q_{rk}=\zeta_r f_{rk} A_p$ 计算；

按本标准计算时，用 $Q_u=u_r \sum_{i=1}^{n} q_{sir} h_{ri}+q_{pr} A_p$ 对比结果见表 16。

表16 桩径 $d=2$m 时，《桩规》与《高标》嵌岩桩总极限阻力 Q_u 对比

Q_u (kN) f_{rk} (MPa)	$\eta=h_t/d$	0	0.5	1.0	2.0	3.0	4.0	5.0	6.0	7.0	8.0
	h_t (m)	0	1.0	2.0	4.0	6.0	8.0	10.0	12.0	14.0	16.0
5	①桩规 Q_{rk}	9425	12566	14923	18535	21206	23248	24662	25604	26075	26704
	②高标 Q_u	9425	11310	13195	16964	20734	24504	28274	32044	35813	39583
	①/②	1.000	1.111	1.131	1.093	1.023	0.949	0.872	0.799	0.728	0.675
15	①桩规 Q_{rk}	28274	37699	44768	55606	63617	69743	73985	76812	78226	80111
	②高标 Q_u	28274	33301	38327	48381	58433	68487	78540	88593	98646	108699
	①/②	1.000	1.132	1.168	1.149	1.089	1.018	0.942	0.867	0.793	0.737
30	①桩规 Q_{rk}	42412	61261	76341	84823	94248	98018				
	②高标 Q_u	50265	57805	65345	80424	95504	110582				
	①/②	0.844	1.060	1.168	1.055	0.987	0.886				
60	①桩规 Q_{rk}	84823	122522	152681	169646	188496	196035				
	②高标 Q_u	100531	113097	125664	150796	175929	201062				
	①/②	0.844	1.083	1.215	1.125	1.071	0.975				

从表 16 对比结果可以看出：

1）两本规范的计算来自不同的途径，但其计算结果是接近的，尤其是当深径比 η 由 0～4 时，《桩规》①较《高标》②略大，①/②比值的平均值，当 f_{rk} 分别为 5、15、30、60MPa 时，依次为 1.051、1.093、1.000 和 1.052；当 η 由 5～8 时，《桩规》①较《高标》②为小，且随深径比的增大，

①/②比值越来越小，当 f_{rk} 为 5MPa 时，①/②平均值为 0.769；f_{rk} 为 15MPa 时，①/②平均值为 0.835，但《高标》计算结果仍是安全的；

2）实际工程中深径比 $\eta>4$ 者，较少，常用灌注桩桩径为 1m～2m，要将桩嵌入中风化、微风化内 5m～10m 者，更少；

3）总的来看，在勘察期间用公式（8.3.12）

和表 8.3.12 估算嵌岩桩单桩承载力是偏于安全和合理的；

4) 现行《桩规》计算 Q_{rk} 公式的综合修正系数 ζ_r 是将嵌岩段原侧阻力系数 ζ_s 和端阻力系数 ζ_p 经归整合并而得（见《桩规》5.3.9 条条文说明），理论上是合理的，但这只适合嵌岩为同一岩性，即嵌岩段全为中风化岩或全为微风化岩的情况。而实际工程中，要以微风化岩作为桩端持力层时，必然要穿过中风化岩，此时，只有采用侧阻力与端阻力分开计算，求其总和，才能获得合理的结果，本标准的计算公式是按此表达的。

8.3.13 旁压试验方法既能获得土的强度特性，还可测得土的变形特性，其结果常常能直接用来预测地基土强度、变形特性，且适用性较广，采用旁压试验估算单桩垂直极限承载力在国外应用已相当普遍，法国 1985 年（SETRA-LCPC1985）规程中建议的方法较为适用，经适当修改，可估算桩极限侧阻力和桩极限端阻力标准值。

本次收集了上海地区近 30 项资料，通过旁压试验方法与静探方法得到的单桩极限承载力估算值（样本数 342 组）并与部分单桩静载荷试验实测值（样本数 79 组）比较，结果详见图 12～图 14。

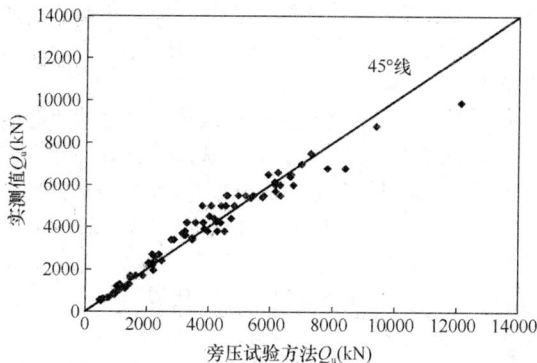

图 12 实测值与旁压试验方法比较（样本数 79 组）

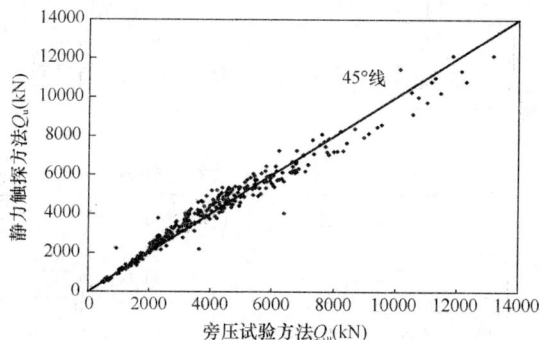

图 13 静力触探方法与旁压试验方法计算结果比较（样本数 342 组）

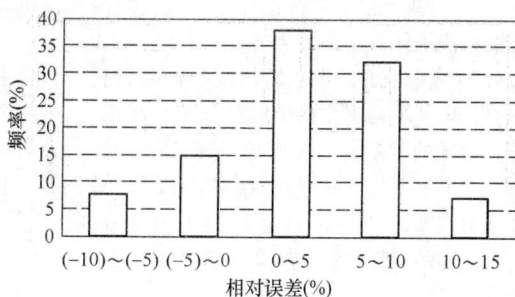

图 14 采用旁压试验方法估算单桩极限承载力的相对误差频图

（以上摘自上海岩土工程勘察设计研究院负责市建设技术发展基金会科研项目《上海地区密集群桩沉降计算与承载力课题研究报告》）

由图表明：旁压试验成果估算单桩极限承载力与静力触探试验方法相比，其估算精度相当，与试桩结果相比，其相对误差一般小于 15%，接近试桩的实测值。

8.4 复合地基评价

8.4.1 国内复合地基方案已用于 35 层建筑的地基处理，但对复合地基仍存在研究不够、理论滞后的问题（工作机理、沉降分析、抗震性能等）。个别工程存在以下现象：竣工后沉降量较大，不均匀沉降，抗震性能研究甚少，桩身混凝土难以保证达到较高的设计强度等级等，因此复合地基方案仍有待于不断总结工程经验和提高理论分析水平，目前将复合地基的适用范围限制在勘察等级为乙级和部分甲级的高层建筑是必要的。

对勘察等级为甲级的高层建筑拟采用复合地基方案时，需极其谨慎，其增强体的类型应建议采用刚性桩。复合地基的勘察、试验、设计、施工等各方应紧密配合，宜按以下程序进行：

1 根据高层建筑上部结构对复合地基承载力、变形的要求，以及建筑场地工程地质和水文地质条件，设计应首先明确加固目的、加固深度和范围；

2 根据场地工程地质和水文地质条件、环境条件、机具设备条件和地区经验，选择合适的增强体（桩体）、增强体直径、间距及持力层等，作出复合地基方案设计；

3 宜选择代表性地段采用复合地基载荷试验进行设计参数检验，以确定复合地基承载力特征值和变形模量等有关参数；在无经验地区尚宜进行不同增强体、不同间距的试验；

4 根据设计参数检验结果优化、修改设计方案后，再进行施工；

5 施工中应按设计要求或指定的规范进行监测、检验工作，并根据反馈信息对原设计进行补充或修改；

6 施工完成后应按设计要求或指定的规范进行验收检测工作。

8.4.2 本条文列出勘察阶段复合地基评价应包括的内容。随着勘察工作逐步向岩土工程的深入，发挥岩土工程师的专业特长，对地基基础进行深入分析计算，是勘察工作的发展方向，提高勘察工作的技术含量十分重要。

1 在对诸多加固方案（包括不同桩型、桩距、桩径、桩长、置换率）的初步对比筛选后，应对所建议的方案进行计算分析，在达到设计要求的基础上对复合地基方案提出建议。

2 第3款建议适宜的加固深度，是指确定增强体的桩顶及桩底高程，包括有效桩长以及保护桩长部分。

8.4.3 本条文规定了选择复合地基类型的一般原则，此外，尚应根据不同地区的地质条件、地区经验等情况选择适宜的增强体类型。

1 软土地层散体材料增强体的侧限约束力很弱，桩体在上部高层建筑大荷载作用下将产生侧向挤出，达不到将荷载传递到深部地层的作用即达不到提高地基承载能力的目的，同时满足不了建筑对沉降变形的要求，在深厚软土地区，当建筑荷载较大时，不宜采用柔性散体材料增强体加固地基。

2 针对高层建筑荷载大、沉降要求严格的特点，采用刚性桩加固的复合地基，其承载能力高、变形小、设计施工质量可控性强、竣工检验方法成熟并有成功经验，故宜优先考虑采用此方法进行加固。

3 本款是考虑宜优先采用经验比较成熟的加固方法。针对高层建筑荷载大的特点，在处理湿陷性地基时，灰土桩挤密法较土桩挤密法更能满足高层建筑对地基的承载力要求，宜优先选用。

8.4.4 鉴于复合地基承载力特征值和变形模量是由桩间土和增强体的不同组合共同提供，情况变化复杂，难于准确计算求得，加上施工条件、施工质量难于控制，故本标准强调复合地基的承载力和变形模量应采用单桩或多桩复合地基载荷试验确定。现行国家标准《建筑地基基础设计规范》GB 50007和行业标准《建筑地基处理技术规范》JGJ 79均将复合地基承载力特征值应按复合地基载荷试验或单桩载荷试验确定作为强制性条文。既然作了单桩或多桩复合地基载荷试验，不仅可以得到复合地基承载力特征值，还可以同时获得复合地基的变形模量，过去对此重要参数没有加以利用，本标准强调应加以利用，详见第8.4.6条条文说明。

8.4.6 本条第1款对刚性桩、半刚性桩复合地基，没有推荐采用现行国家标准《建筑地基基础设计规范》GB 50007和现行行业标准《建筑地基处理技术规范》JGJ 79所规定复合地基各土层的压缩模量等于天然地基压缩模量的ζ倍，即ζ＝f_{spk}/f_{sk}的概念。

因两本规范的条文说明都没有从理论上和工程实例对比中把这种关系说清楚。但却有工程实例说明复合地基压缩模量提高的倍数远小于承载力提高的倍数，见表17。

表17 深圳市宝安新中心区裕安路静动联合排水固结法淤泥承载力特征值、压缩模量加固后/加固前倍数ζ

指标	加固前		加固后		加固前加固后倍数ζ
	平均值	承载力f_0	平均值	承载力f_0	
静力触探p_s	①0.13MPa	20.1kPa	0.33MPa	59.4kPa	2.95
十字板c_u	②8.58kPa	26.9kPa	20.97kPa	65.8kPa	2.45
含水率w_k	③74.2%	40.0kPa	58.65%	57.0kPa	1.43
压缩模量$\overline{E}_{s1-2}$	1.84MPa		2.19MPa		1.19

注：1 $f_0=183.4\sqrt{P_s}-46$（铁道部第三勘察设计院）；
　2 《GBJ 7-89》式（5.14），不考虑深、宽因素，用$\varphi=0$，则$f_v=3.14c_u$；
　3 用含水率查《GBJ 7-89》附表5-5。

本标准推荐采用单桩或多桩复合地基载荷试验求得的变形模量按本标准附录C估算刚性桩和半刚性桩复合地基的沉降量，现举工程实例加以说明：

工程实例1：大面积梁筏基础，用CFG刚性桩复合地基，按附录C公式（C.0.1）计算沉降量。

该工程实例见芦萍珍等"CFG桩复合地基增强体偏位影响"一文，原载孙宏伟主编《岩土工程进展与实践案例选编》P310～P319。

某办公楼为钢筋混凝土框架核心筒结构，地上24层，地下2层，基础为梁筏基础，地基采用CFG刚性桩复合地基，基础底面地基承载力特征值：

Ⅰ区不小于550kPa，Ⅱ区不小于380kPa，Ⅰ区为核心筒区，其长、宽原文未标出，现按原文图3设计及施工桩位分布图桩距1.2m估算$l≈29m$、$b≈19m$，Ⅱ区为周围非核心筒区，估算其$l≈49.2m$、$b≈40.8m$，CFG桩桩径皆为400mm，桩间距皆为1.2m，面积置换率皆为8.73%，桩长Ⅰ区为15m，Ⅱ区13m，桩身混凝土等级皆为C20，单桩承载力特征值R_aⅠ区为730kN，Ⅱ区为230kN。

基础底面以下岩土工程参数见表18，场区稳定水位埋深14.6m～16.3m。

表18 基础底面以下岩土参数

土层	天然重度（kN/m³）	固结快剪		压缩模量E_{s1-2}（MPa）	极限侧阻力标准值q_{sk}（kPa）	极限端阻力标准值（kPa）	地基承载力特征值（kPa）
		c（kPa）	φ（°）				
⑤细砂	19.5	1	25.0	28.0	50	—	240
⑥粉质黏土	19.3	25.1	24.8	11.7	66	1400	180
⑦细砂	19.5	0	33.0	33.0	65	2400	280
⑧卵石	20.0	0	30.0	46.0	150	4500	400

土层	天然重度 (kN/m³)	固结快剪		压缩模量 E_{s1-2} (MPa)	极限侧阻力标准值 q_{sik} (kPa)	极限端阻力标准值 q_{pk} (kPa)	地基承载力特征值 (kPa)
		c (kPa)	φ (°)				
⑨细砂	21.5	0	30.0	32.0	—	—	280
⑩粉质黏土	19.8	52.5	29.0	8.71	—	—	200
⑪细砂	20.0	0	32.0	35.0	—	—	280

该工程梁筏基础以第⑤层细砂作为持力层，其承载力特征值 f_{ak} 仅为 240kPa，该层厚度仅为 2m，其下为厚度 8m～10m 的粉质黏土和细砂层，其 f_{ak} 仅分别为 180kPa 和 280kPa，不能满足 550kPa（Ⅰ区）和 380kPa（Ⅱ区）的要求，故采用 CFG 复合地基。

该工程做了 6 个单桩复合地基载荷试验，承压板尺寸为 1.2m×1.2m 的方板，承压板面积 A 为 1.44m²，按照原文图 6 单桩复合地基载荷试验 p-s 曲线，对Ⅰ区，当承载力特征值为 550kPa 时，6 个载荷试验平均沉降为 7.8mm，对Ⅱ区，当承载力特征值为 380kPa 时，6 个载荷试验平均沉降为 3.6mm，故复合地基的变形模量为：

$$E_{0,sp} = (1-\mu^2)\frac{P}{sd} \qquad (1)$$

式中 μ 值按经验取 0.30，d 为按方形板面积换算为圆形板的等代直径，$d=\sqrt{\dfrac{4\times1.44}{\pi}}=1.354\text{m}$，故对Ⅰ区复合地基压缩层范围内综合变形模量 $E_{0,sp}=(1-0.3^2)\dfrac{550\times1.44}{7.8\times1.354}=68.0\text{MPa}$；对Ⅱ区，$E_{0,sp}=(1-0.3^2)\dfrac{380\times1.44}{3.6\times1.354}=102.0\text{MPa}$。

由于系梁筏基础，可按本标准附录 C 公式（C.0.1）估算沉降量 s：

$$s = \psi_s\, pb\eta\sum\left(\frac{\delta_i-\delta_{i-1}}{E_{0,sp}}\right) \qquad (2)$$

ψ_s 为沉降经验取 1，η 为考虑刚性下卧层的修正系数，本工程无岩石等刚性下卧层，取 1，对Ⅰ区，按 $b=19\text{m}$，$l=29\text{m}$，$l/b=29/19=1.53\approx1.6$，z 为基础底面至该层底面的距离，按 $z=$ 桩长 $=15.0\text{m}$，

$2z/b=2\times15/19=1.578\approx1.6$，按插入法查表 C.0.1-1 求得 $\delta_i=0.396$；对Ⅱ区，按 $b=40.8\text{m}\approx41\text{m}$，$l=49.2\text{m}\approx49\text{m}$，$l/b=49/41=1.195\approx1.2$，$z=$ 桩长 $=13.0\text{m}$，$2z/b=2\times13/41=0.634$，按插入法查表 C.0.1-1 求得 $\delta_i=0.16$，故：

对Ⅰ区 $\quad s=1\times550\times19\times1\times\left(\dfrac{0.396}{68}\right)=60.9\text{mm}$

对Ⅱ区 $\quad s=1\times380\times41\times1\times\dfrac{0.16}{102}=24.4\text{mm}$

原文未附该工程的实测沉降，但附了按程序 PLAXIS3D 计算的沉降，Ⅰ区的沉降范围值为 40mm～67mm，平均值为 53.5mm，该程序所计算的沉降可能是按柔性基础计算的沉降，得出的沉降是中心大、周边小，而公式（C.0.1）是按刚性基础计算的沉降，得出的是平均沉降（详见本标准 8.2.10 条文说明），本计算的平均沉降 60.9mm 较 53.5mm 略大；对Ⅱ区，按程序计算的沉降范围值为 15mm～40mm，平均沉降为 27.5mm，本计算平均沉降为 24.4mm，较 27.5mm 略小，总的来说，两者计算结果极为接近。

本条第 1 款规定，刚性桩、半刚性桩复合地基除可按复合压缩模量 $E_{s,sp}$ 计算变形外，也可用复合地基载荷试验所得复合变形模量 $E_{0,sp}$ 按本标准附录 C、用变形模量 E_0 估算复合地基最终沉降量。现举工程实例加以说明。

工程实例 2：用半刚性水泥搅拌桩作为复合地基增强体，按附录 C，用公式（C.0.3）计算沉降量。

现选择广东省惠州地区采用三个深层水泥搅拌桩增强体、均做过单桩复合地基载荷试验的独立基础和条形基础工程（引自《广东省土木与建筑》2010 年第 12 期，吕广平、刘奇斌"高承载力深层水泥搅拌桩地基的应用"）。按复合地基变形模量 $E_{0,sp}$ 计算沉降与实测沉降对比见表 19～表 21。

表 19　三个工程的楼高、地层和水泥搅拌桩情况

工程名称	地层情况	设计要求承载力	实测沉降（mm）
1　惠东县远东大厦综合楼，楼高 9 层半	①杂填土，层厚 3.5m；②淤泥质粉质黏土，层厚 1.5m；③冲积粉层黏土，厚约 2m，可塑—硬塑	250kPa 水泥土桩 $\phi600$，$l=8\text{m}$	<10
2　罗生住宅楼惠州陈江镇，楼高 9 层半	①杂填土，厚约 5.5m；②淤泥质粉质黏土，厚约 2.5m；③冲积粉层黏土，厚约 1.5m，硬塑	250kPa 水泥土桩 $\phi600$，$l=8\text{m}$	
3　曾生公寓，惠州市马庄，楼高 9 层半	①素填土，厚约 3.5m；②淤泥质黏土，厚约 5.3m；③冲积砾砂，层厚大于 4m	220kPa 水泥土桩 $\phi600$，$l=9\text{m}$	5～8

表20 各实例的土层物理力学性能指标及计算参数

项目名称	各土层厚度 $L_1 \sim L_3$ (m)	$q_{s1} \sim q_{s3}$ (kPa)	q_p (kPa)	桩径 (mm)	截面积 (m^2)	f_{ak} (kPa)	f_{spk} (kPa)	置换率 m (%)	水泥量 (kg/m)	基础形式及桩距
实例1	2.0，1.5，1.0	8，5，20	300	600	0.283	80	250	40	60	独立基础，900×900
实例2	4.0，2.5，1.0	8，5，20	300	600	0.283	80	250	40	60	条型基础，900×900
实例3	2.0，4.0，0.5	8，5，25	350	600	0.283	80	220	30	60	独立基础，1000×1000

注：1 f_{ak}、f_{spk}分别为桩间土承载力特征值、设计承载力特征值；
　　2 采用矩形布桩，柱下增加1~2根桩，呈梅花形布置。

表21 各实例的载荷试验检测结果

项目名称	最大荷载 (kN)	压板面积 (m^2)	总沉降量 (mm)	残余沉降量 (mm)	承载力对应沉降量 (mm)	回弹率 (%)	复合地基变形模量 $E_{0,sp}$ (MPa)
实例1	2×250× 0.85² 360	0.72 $d=0.959$	18.8 10.4 14.8	11.0 5.8 9.4	7.4 4.3 4.4	41.66 44.38 36.57	25.2 43.3 42.4 平均36.9
实例2	2×250× 0.85² 360	0.72 $d=0.959$	23.4 16.0 22.5	20.0 12.7 18.2	6.8 6.0 3.1	14.56 20.60 19.24	27.4 31.1 60.1 平均39.5
实例3	2×220× 1.0² 440	1.00 $d=1.129$	24.7 11.8 16.1	16.2 9.7 13.2	6.2 3.8 3.8	34.14 18.06 18.01	31.1 50.8 50.8 平均44.2

表中复合地基变形模量系按 $E_{0,sp} = I_0(1-\mu^2)pd/s$ 求得，由于系方形承压板 $I_0=0.886$，取泊松比 $\mu=0.35$，复合地基承载力特征值取250kPa 和 220kPa，方形承压板换算直径 $d=0.85$（或1.0）/0.886=0.959m（或1.129），s 取各试验点承载力特征值下的沉降量（mm）。

用上述复合地基平均变形模量 $E_{0,sp}$ 按本标准附录C第C.0.3条的公式（C.0.3-1）$s_1 = \eta \sum_{i=1}^{n} \frac{p_{0i}}{E_{0,sp}} h_i$ 和公式（C.0.3-2）$p_{0i} = \alpha_i(p_k - p_c)$ 计算沉降。

[实例1] 原文明确该实例采用独立基础，但未注明基础尺寸和埋深，现设基础为方形，2.0m×2.0m，埋深 d 为2.0m，$h=8.0$m，按 $l/b=1$，$2z/b=2×4/2=4.0$，查表C.0.3，$\alpha_i=0.108$，$p_0=0.108×(250-2×19)=22.9$kPa，取 $\eta=1.0$，则 $s_1=1.0×22.9×8/36.9=4.96$mm。原文明确本实例实测沉降为小于10mm，计算与实测沉降基本吻合。

[实例2] 原文明确该实例为条形基础，但未明确基础宽度和埋深，现设 $b=1.8$m，$d=2.0$m，$2z/b=2×4/1.8=4.44$，查表C.0.3（条基），$\alpha_i=0.278$，$p_0=0.278(250-2×19)=58.9$kPa，则 $s_2=1.0×58.9×8/39.5=11.9$mm，该文未明确本楼的实测沉降量。

[实例3] 原文明确本楼为独立基础，但未明确基础尺寸和埋深，现设基础为矩形 $l=2.2$m，$b=1.8$m，$l/b=2.2/1.8=1.22≈1.2$，$d=2.0$m，$2z/b=2×4.5/1.8=5.0$，查表C.0.3，$\alpha_i=0.085$，$p_0=0.085×（220-38)=15.5$kPa，则 $s_3=1.0×15.5×9/44.2=3.2$mm，略小于实测值5mm~8mm。

以上说明用复合地基变形模量 $E_{0,sp}$ 和上述公式计算搅拌桩复合地基的沉降是可行的。

8.4.7 复合地基竣工后，应对复合地基的承载力和变形参数、竖向增强体质量和桩间土进行检验：

本条第1款提出应用复合地基荷载试验对复合地基承载力和变形参数进行检验，既然做了复合地基载荷试验，不仅可以获得复合地基的承载力特征值，还可以根据其 p-s 曲线求得复合地基变形模量，在本标准第8.4.6条条文说明中详细介绍了4个工程用 $E_{0,sp}$ 计算的沉降与实测沉降吻合的实例，说明其可行。

8.5 高低层建筑差异沉降评价

8.5.1 由于现代高层建筑的多样化设计，不均匀的地基变形并非只是地基本身不均匀造成的，如不均匀软土地基上不规则平面的建筑物（偏心）、大底盘上高低错落多栋建筑物造成的基底荷载差异等，都是岩土工程师要综合考虑的因素。针对近年常见的差异沉降问题，本条概括为四种需要注意加强沉降分析的工况，其中也包括单体建筑物，因为现代建筑常在底层和地下室有大开间的设计需要并多采用刚度相对较小的筏形基础，框筒、框剪结构建筑物的电梯井或角柱、组合柱部位的集中荷载会明显高于基底平均荷载。

8.5.2 由于在勘察阶段通常还不可能具备基础设计荷载的分布和结构刚度资料，故勘察阶段的差异沉降预测一般限于不同楼座之间的平均沉降差。估算建筑物重心、边角点的地基沉降量及结构到顶后的剩余沉降量，有助于判断不同楼座之间差异沉降的影响。

8.5.3 在近年工程实践中，由于基础设计分析与勘察之间会发生脱节现象（并不是由勘察单位承担基础设计分析），存在着勘察成果资料与数据不能有效满足基础工程设计分析的情况。因此，要求勘察单位必须做好前期策划，以确保能够在勘察阶段获取设计分析地质模型所需的特定参数和资料。在工程中，切忌将设计分析决策建立在不可靠的基础上，故当所提供的勘察成果在完整性和可靠性方面确实不能有效满足基础设计分析需要，应由勘察单位进行必要的补充勘察，提供正确、完整的数据资料输入。

8.5.4 基底附加压力越小、基坑深度越大，则地基回弹再压缩变形占地基沉降的比例越大，从而使以往规范建议的很多沉降计算方法不再适用。根据上海、北京的观测资料，建筑基坑开挖后的最大回弹再压缩量与基坑的深度有一定的对应关系（表22），可作为判断地基回弹再压缩变形占地基总沉降比例的参考。此外，根据北京、上海的工程实践，如结构相连的相邻建筑（后浇带两侧）的后期沉降差在3cm～4cm范围内，有可能通过设计、施工措施加以调整。

表22 基坑最大回弹再压缩量与基坑深度的比值

地基主要持力层土质	低压缩性砂土、碎石土	中低—中压缩性黏性土	中高—高压缩性黏性土
s_e/H	1‰～2‰	2‰～4‰	5‰～10‰

注：s_e 为地基回弹再压缩变形，H 为基坑深度。

8.5.5 获取和选择合理的土工参数对地基基础工程的分析结果具有关键的影响，而土工参数与试验方法又是密切相关的，故在从勘察成果资料中选择土工参数指标时必须注意其试验方法。

在通过结构-地基共同作用分析进行差异沉降分析时，通常要采取提高局部基底压力以加大沉降、减小差异沉降的设计措施，该措施应以不发生有关部位地基破坏为前提，为此还应进行相应的地基极限承载力验算。

8.5.6 增加墙体厚度对结构刚度贡献较小，调节差异沉降效果也不大，因此将原2004规程中"在不影响建筑使用功能的条件下，适当增加裙房墙体结构"删除。

8.6 地下室抗浮评价

8.6.1 随着高层建筑在全国迅猛发展，建筑物越来越高，国内已经出现超过600m的超高层建筑，由于高层建筑一般都有地下室，相对应的地下室也越挖越深，已经有超过30m深的基坑，地下室抗浮问题已经引起工程界普遍关注，抗浮设防水位所涉及的工程费用和潜在的风险也越来越大。因此合理进行高层建筑的抗浮评价在勘察报告中显得比以往更加重要。

地下室抗浮评价主要有三个问题：

1 提供抗浮设防水位，这是近年来的重点也是难点，经常引起争论，还发生有建设单位要求勘察人员有意降低抗浮水位以达到节省投资的目的等问题，这样做会给工程留下隐患；勘察人员宜按本节第8.6.2条要求给出场地地下室抗浮设防水位；

2 根据地下室埋深和上部结构自重，初步评估地下室抗浮稳定性，如果自重与浮力相差不大，一般建议采用配重或地面覆土等措施，如果抗浮水位与常年平均地下水位相差较大，使用期间达到抗浮水位的概率很小，或者场地处于山坡地带，有自流排泄条件，可以建议采用设置排水盲沟、集水井等排水设施进行抗浮设计；必要时应建议设置抗浮桩或抗浮锚杆；

3 如果抗浮压力较大，需要设置抗浮锚杆或抗拔桩时，应给出相应的设计参数，包括桩（锚杆）的侧阻力和抗拔系数λ的建议值。

8.6.2 地下室抗浮设防水位的确定是高层建筑勘察的主要内容之一，由于地下室面积越来越大，基坑深度也越来越深，抗浮水位定得过高，工程费用可能浪费很大；定得过低，如果地下室发生上浮破坏，后果也很严重。由于抗浮设防水位是地下室使用期间可能遇到的最高水位，这个水位显然不是勘察期间实测到的场地最高水位，也不完全是历史上观测或记录到的历史最高水位，而是地下室使用期间可能遇到的最高水位，也就是说这个水位是岩土工程师根据场地条件和当地经验预测的、未来可能出现的一个水位，这个水位既反映了岩土工程师的经验判断水平，也反映当地技术经济发展水平；而地下室未来几十年使用期间，地下水位变化可能很大，这就给岩土工程师确定合理设防水位带来很大的困难。

我国幅员辽阔，场地工程地质、水文地质条件千差万别，要统一规定一个抗浮设防水位取值标准非常困难。

因此本条第1款仅给出一个取值原则，具体应由岩土工程师按场地条件和当地经验选取。当有地下水长期观测资料时，可根据历史上最高水位，来推定和预测今后使用期间的地下水最高水位；当没有地下水长期观测资料，而对当地不同地貌单元地下水季节变化幅度有经验数据时，可按"勘察期间实测地下水位"＋"地下水季节变化幅度"（旱季勘察时加变化幅度大值，雨季勘察时加变幅小值）＋"意外补给可能带来的地下水升高值"，来预测和推定地下水抗浮设防水位。

本条第2款规定施工期间临时抗浮稳定的设防水位选取办法，以引起地下室设计与施工人员重视，因为实际工程中确实发生过施工过程中地下室整体上浮的事故，岩土工程师在抗浮评价中有必要提醒设计和施工人员关注此类问题，并在施工过程中加强基坑抽排水，防止地下室发生上浮问题，特别是地下室埋置不太深，没有设置抗浮桩或抗浮锚杆的项目。

本条第3款考虑场地存在上层滞水、潜水和多层承压水，各层地下水虽然具有各自的独立水位，但若相对隔水层已属饱和状态，说明各类地下水具有水力联系，且由于场地勘察孔打穿了所有含水层，桩基施工时也将场地可能存在的多个含水量连通起来，甚至地下室肥槽回填未处理好也可能引起地下水各层互相连通，因此地下室使用期间，各类地下水实际上是相互连通的，故本款规定按各层水的混合最高水位确定。

本条第4款规定了地表水和地下水有水力联系，地表水体一般都有系统的水文观测资料，可通过地表水体100年的洪水位来推定地下水100年的最高水位，按现行国家标准《工程结构可靠性设计统一标准》GB 50153 的规定，"标志性建筑和特别重要的建筑结构"使用年限为 100 年，高层建筑属于此类。故取百年一遇洪水位或潮水位是合适的。我国许多大城市群地下水都与地表水关系密切，如广州、深圳等珠江三角洲城市群受珠江水系和海水位影响，上海和江苏、浙江等的城市受长江水系、太湖等湖水位或海水位的影响，武汉市受长江和汉江水位的影响等。

本条第 5 款是针对我国南方地区许多城市，在雨季往往会遭遇特大暴雨，使城市中一些低洼地区形成水涝，例如深圳市在 2008 年和 2014 年 5 月～6 月发生暴雨，不少低洼地区均被水淹。若这些地区正值地下结构施工，其基坑将会被雨水淹没，由于浸泡会造成正在施工的地下结构上浮，而洪水灾害是难以阻止的。因而从保证地下结构施工安全出发其抗浮设防应取室外地坪高程。

8.6.3 考虑到某些地区地下水赋存条件复杂，补给和排泄条件在建筑使用期间可能发生较大变化，例如南水北调等大型水利工程或周边大型水库应急放水等可能对该地区地下水产生较大影响，而地下水的抗浮设防水位是一个有如抗震设防一样的重要技术经济指标，较为复杂，故对于这类重要工程的抗浮设防水位应由建设单位委托有资质的单位进行专门论证后提出。

8.6.4 地下室若处于斜坡地段或施工降水等原因产生稳定渗流场时，渗透压力在地下室底板将产生非均布荷载，勘察报告中宜提请抗浮设计注意这种非均布荷载对地下室结构的影响。

8.6.5 地下室所受浮力应按静水压力计算，即地下室底板所受的浮力强度 $p=\gamma_w h$，式中 γ_w 为水的重度，h 为底板上作用点到地下室抗浮设防水位的距离，即使在黏性土地基或地下室底板直接与基岩接触的情况下也不宜折减。因为地下室底板所受浮力不因黏性土的渗透性差而减小，即使地下室底板直接与基岩接触，由于基岩总是存在节理和裂隙等，且混凝土与基岩接触面也存在微裂隙，水压力也不宜折减。如因暴雨等因素产生临时高水位，如果该水位持续时间较短，在黏性土中不能形成有效浮力，根据当地经验可以适当折减。

8.6.6 直接位于高层建筑主体结构下的地下室，主要是施工期间的临时抗浮稳定问题，一般可通过工程桩或基坑临时强排水等措施来解决；而对于附属的裙房或主楼以外独立结构的地下室，由于荷载小，仅需设置少数抗压桩，甚至不需设置基桩，故推荐采用抗浮锚杆较为经济合理，如果地质条件较差，地下水水位变化很大或地下室所受浮力较大，基底可能产生频繁的拉压循环荷载，且受压时地基承载力明显不足时，宜选用抗浮桩。

8.6.7 本条文提醒设计和施工人员注意地下室施工期间的临时抗浮稳定问题，深圳和其他城市已经发生多起地下室施工期间上浮破坏的事故，勘察报告中应提醒后续设计与施工单位采取可靠的基坑排水措施。

8.6.8 抗浮桩和抗浮锚杆的抗拔极限承载力，一般都应通过现场抗拔静载荷试验确定，抗拔静载荷试验应符合附录 G 的规定，考虑到地下水水位和地下室使用荷载是变化的，所以附录 G 中要求采用循环加卸荷方式进行试验，试验方法是参考了现行行业标准《建筑桩基技术规范》JGJ 94、国家标准《建筑边坡工程技术规范》GB 50330 和《岩土锚杆与喷射混凝土支护工程技术规范》GB 50086 中有关基桩抗拔和锚杆抗拔试验相关规定后综合确定的。

8.6.9～8.6.11 抗浮桩抗拔承载力可按公式（8.6.9）～公式（8.6.11）进行估算，如当地有较丰富的工程经验，也可按经验值进行估算，但正式施工前仍应进行抗拔静载荷试验进行验证。

关于抗拔系数 λ_i，考虑到桩型不同，λ_i 系数应有所区别，预制桩是挤土桩，由于桩周土被挤压，其抗拔系数应较泥浆护壁的冲、钻、旋挖灌注桩（以下简称灌注桩）的取土桩（非挤土桩）为高。预制桩的 λ_i 采用按现行行业标准《建筑桩基技术规范》JGJ 94 的规定，即砂土取 0.5～0.7，黏性土取 0.7～0.8；灌注桩对砂土取较低的 0.4～0.6，灌注桩对黏性土、粉土和风化岩情况比较复杂，其抗拔系数取何值？现做如下分析：

1 按桩基竖向抗拔静载试验检测结果进行分析：

1）受检桩的基本情况

从深圳市建筑工程质量检测中心搜集到"灌注桩（冲、钻、旋挖）抗拔检测情况信息汇总"，共 105 根桩，遍布深圳市各区，其中冲孔桩 50 根、占总桩数 48%，钻孔桩 11 根、占 11%，旋挖桩 42 根、占 41%，其中 2 根为扩底桩，由于不知具体尺寸，不参加分析；103 根直桩中，有 48 根桩、占 47%，以中风化作为持力层，则其侧阻段应为强、全风化和第四系土层，其余 55 根桩、占 53%，以强风化作为持力层，则其侧阻段仅包括全风化岩及第四系土层，基岩大部分为花岗岩，很少桩为泥质粉砂岩和泥岩。受检桩桩径为 0.8m～1.8m，桩长为 4.0m～55.8m；设计要求抗拔承载力特征值为 400kN～4700kN，多数为 1500kN～2500kN，抗拔检测按设计要求抗拔特征值的 1 倍～2.7 倍进行检测，即安全系数有 1.0、1.08、1.2、1.23、1.5、1.65、2.0、2.62、2.7，较多数为 2.0，检测值≥检测要求值为合格，反之，不合格。检测结果有 16 根桩不合格，占总桩数 15.5%；有 2 根桩，钢筋拉断，占 2%，未获得确切检测值；合格桩 85 根，占总桩数 82.5%。

2）由于不知道受检桩侧阻段的岩土名称和厚度，只能以桩长作为总侧阻段厚度，反算其总的综合抗拔侧阻段特征值 $\bar{q}_{sa}$ 来进行分析：

$$\bar{q}_{sa} = T_{sa}/\pi \cdot d \cdot l \qquad (3)$$

式中 $\bar{q}_{sa}$——侧阻段总的综合抗拔侧阻力特征值（kPa）；

T_{sa}——设计要求的抗拔力特征值（kN）；

d——桩径（m）；

l——侧阻段总厚度，即桩长（m）。

对于检测要求值，安全系数大于、等于 2 时，还可按极限侧阻力标准值进行分析。

$$\bar{Q}_{suk} = T_{uk}/\pi \cdot d \cdot l \qquad (4)$$

式中 $\bar{Q}_{suk}$——侧阻段总的综合抗拔极限侧阻力标准值（kPa）；

T_{uk}——检测要求安全系数≥2 时的检测值（kN）。

3）5 根侧阻力特征值小于 10kPa 的合格桩分析：

85 根合格桩的 $\bar{q}_{sa}$ 计算结果其范围值为 5.06kPa～46kPa，其中有 5 根受检桩 $\bar{q}_{sa}$＜10kPa，其具体情况如表 23 所示。

表 23　$\bar{q}_{sa}$ 小于 10kPa 的合格桩分析

序号	桩型	桩径(m)	桩长(m)	持力层	设计要求 T_s(kN)	检测要求(kN)/安全系数	检测值(kN)	$\bar{q}_{sa}$(kPa)	减少桩长后 $\bar{q}_{sa}$(kPa)
14	冲孔桩	1.0	40.86	强风化中带	650	1300/2.0	1300	5.06	l=15m/13.8
44	冲孔桩	1.2	27.0	强风化花岗岩	1000	2000/2.0	2000	9.80	l=20m/13.3
52	旋挖桩	1.5	23.7	中风化岩	1000	2700/2.7	2700	8.95	l=15m/14.1
71	旋挖桩	0.8	25.8	中风化岩	400	800/2.0	800	6.69	l=12m/13.3
73	冲孔桩	1.2	31.54	强风化泥岩	750	1500/2.0	1500	6.31	l=15m/13.3

分析认为，反算的 $\bar{q}_{sa}$ 很小的原因，并非是侧阻段有很软的土层使其 $\bar{q}_{sa}$ 很小，而是设计的桩很长，由于桩长 l 与 $\bar{q}_{sa}$ 成反比，致使 $\bar{q}_{sa}$ 很小，例如 14 号桩设计要求 T_s 值仅为 650kN，其桩长达 41m，反算 $\bar{q}_{sa}$ 仅为 5.06kPa，若桩长减少至 15m，其 $\bar{q}_{sa}$=13.8kPa，$\bar{Q}_{suk}$=27.6kPa，只要上部土层为可塑黏性土或中密粉细砂，桩长 15m，按现行行业标准《建筑桩基技术规范》JGJ 94，取该档最低抗压极限侧阻力，抗拔系数 λ 均取 0.6，所计算的抗拔极限侧阻力标准值 T_{uk} 均能满足 1300kN 的要求，桩长不需要 41m。

4）安全系数为 2 的合格桩中反算的 $\bar{q}_{sa}$ 有 4 根受检桩大于 30kPa，最高达 46kPa，这是由于桩较短、检测值较大所致，还可能是受到侧阻段有全风化、强风化岩、甚至中风化岩等高侧阻力的影响，作为黏性土不会有如此高的侧阻力。

5）合格桩中有 4 根冲孔桩桩径为 1.5m，设计要求抗拔承载力为 3300kN，其中两根桩长为 4.0m，反算桩侧侧阻力特征值 $\bar{q}_{sa}$ 为 175kPa，另两根桩长为 5m，反算 $\bar{q}_{sa}$ 为 140kPa，表中列的持力层为中风化岩，由此认为此纯系中风化岩侧阻力的实测数据，为确定中风化岩侧阻力特征值，很有参考价值，此 4 根桩未包括在上述 4 根 $\bar{q}_{sa}$＞30kPa 的桩中。

6）在 16 根不合格桩中有 11 根均能满足设计要求的抗拔力特征值 T_{sa}，只是不满足检测值要求，其余 5 根桩不能满足设计要求 T_{sa} 值，例如序号 47 和 48 号桩，桩径 1.2m，桩长仅为 10.3m 和 9.3m，设计要求的 T_s 值为 2000kN，但检测值仅为 1200kN 和 800kN，不合格的原因自然是桩太短。

7）3 根序号为 53、54、55 的合格桩，设计要求抗拔承载力为 4700kN（103 根桩中最大值），桩径 1.5m，桩长依次为 38.07m、34.10m 和 32.25m，按 1.2 倍设计值 5640kN 进行检测，全部合格，反算的 $\bar{q}_{sa}$ 值依次为 26.2kPa、29.2kPa 和 30.9kPa，受检桩相对不长，侧阻力得到充分发挥。

8）看不出冲孔桩、钻孔桩、旋挖桩的抗拔力有多大差异。

综合以上分析认为：泥浆护壁的灌注桩，对黏性土和粉土其抗拔侧阻力特征值宜控制在 5kPa～30kPa 之内。

2 通过试桩获得的实测综合抗拔侧阻力特征值和规范规定的抗压侧阻力特征值反求抗拔系数 λ_i。

按现行行业标准《建筑桩基技术规范》JGJ 94 规定："抗拔侧阻力特征值"＝λ_i×"抗压侧阻力特征值"，故 $\lambda_i = \dfrac{抗拔侧阻力特征值}{抗压侧阻力特征值}$。

根据 103 根桩的统计分析，85 根合格桩（占受检桩的 82.5%），其 $\bar{q}_{sa}$ 范围值为 5kPa～46kPa，只有 4 根桩 $\bar{q}_{sa}$＞30kPa，这些大于 30kPa 的桩可能受到全风化、强风化岩的影响，即第四系土层包括黏性土、粉土和砂土，其实测抗拔侧阻力特征值均在 5kPa～30kPa 之内。

现行行业标准《建筑桩基技术规范》JGJ 94 表 5.3.5-1 所列泥浆护壁桩抗压侧阻力特征值（表列为极限值，除以安全系数 2，变为特征值），这个表的值在全国应用多年，同行比较认可。对黏性土和粉土其范围值为 10.5kPa～51kPa，出于安全考虑，最高取 45kPa；对各类砂土，其范围值为 12kPa～65kPa，出于安全考虑，最高取 50kPa；对于全风化岩（包括软质岩和硬质岩）其范围值为 40kPa～70kPa；对于强风化岩（包括软质岩和硬质岩）其范围值为 70kPa～120kPa。反求泥浆护壁桩的 λ_i：

黏性土和粉土：$\lambda_i = \dfrac{5\sim30}{10\sim45} = 0.5\sim0.7$

各类砂土：$\lambda_i = \dfrac{5\sim30}{12\sim50} = 0.4\sim0.6$

关于全风化岩和强风化岩的 λ_i 系数，在深圳龙岗××医院工程中，对全风化炭质泥岩 q_{sia} 仅提为 35kPa，全风化泥质粉砂岩仅提为 45kPa，前者小于规范的最低值，后者略大于最低值，后做了调整，前者改为 45kPa，后者改为 65kPa，介于范围值 40kPa～70kPa 之间，λ_i 取 0.75；对于强风化岩，原勘察报告对上述两种岩石分别提为 55kPa～70kPa，小于或等于规范最低值，后调整为 80kPa～100kPa，介于 70kPa～120kPa 之间，λ_i 取 0.8。若按原勘察报告值计算，13 根桩压桩中有 6 根（近一半）的桩，9 根抗拔桩中有 2 根计算小于检测值，显然，原勘察提值偏低，故做了调整，λ_i 系数可取 0.7～0.8。

对于中风化、微风化岩的 λ_i 系数，本标准推荐按嵌岩桩表 8.3.12 求取抗压侧阻力特征值，即中风化岩抗压侧阻力特征值范围为 150kPa～600kPa，微风化岩抗压侧阻力特征值范围为 600kPa～1000kPa，λ_i 系数可取 0.8～0.9。

3　工程实例验证

深圳龙岗区××医院桩基工程，由于在岩溶分布区，地层相变复杂，曾做过 13 根抗压灌注桩载荷试验（其中 10 根为冲孔桩，3 根为挖孔桩）和 9 根抗拔桩的荷载试验（其中 6 根为冲孔桩，3 根为挖孔桩），每根试验桩桩位处至少有 1 个钻孔，最多达 3 个钻孔，对侧阻段和持力层的岩土名称、厚度及岩土物理力学性指标都有确切数据。经深圳市检测中心检测结果，所有受检桩的抗压、抗拔承载力设计值和检测值均合格。张旷成等在"深圳市龙岗区石炭系测水组地层岩溶分布区桩基工程勘察设计中几个问题的研讨"一文（原载《建筑科学》2013 年增刊 2）中曾根据原勘察报告所提供的有关参数，计算出基桩抗压、抗拔承载力特征值，与按静载试验所实测得的抗压、抗拔承载力进行的对比研究，发现由于原勘察报告所提供参数偏低，致使 13 根抗压桩中有 6 根桩（近一半）计算的抗压承载力特征值小于检测值，9 根抗拔桩中有 2 根抗拔承载力特征值也小于检测值。例如②、⑤、⑥、⑦层粉质黏土，I_L 分别为 0.25、0.15、0.40、0.23，按规范属硬可塑档，其抗压承载力特征值为 34kPa～43kPa，但勘察报告只提为 20kPa、25kPa、23kPa、26kPa，比最小值还小得多，为此作了调整。调整后计算值满足了检测值的要求，各土层调整前、后抗压、抗拔侧阻力特征值取值如表 24 所示。

该工程 9 根抗拔桩载荷试验检测值与计算值对比如表 25 所示。

表 24　土、岩层调整前、后抗压、抗拔侧阻力特征值取值

序号	岩土名称及性质	w (%)	e	I_L	c_q (kPa)	φ_q (°)	修正后 N (击)	q_{sia} (kPa) 抗压桩	抗拔桩 λ_i	抗拔桩 取值
①	人工填土，松散—稍密	18.4	0.561	0.30	9	14.4	8	$\dfrac{8}{10}$	0.60	$\dfrac{5}{6}$
②	粉质黏土 Q_4^{al+pl}，可塑为主，局部软塑	23.4	0.679	0.25	30.2	11.3	9	$\dfrac{20}{40}$	0.70	$\dfrac{14}{28}$
③	淤泥质粉质黏土，Q_4^{al}，流塑	35.8	0.958	1.25	7.7	3.9	2	$\dfrac{8}{10}$	0.60	$\dfrac{5}{6}$
④	粉砂 Q_4^{al+pl}，松散、稍密	16.7					8	$\dfrac{20}{12}$	0.50	$\dfrac{10}{6}$
⑤	含碎石粉质黏土，可塑、硬塑	25.4	0.769	0.15	27.7	18.6	12	$\dfrac{25}{42}$	0.70	$\dfrac{18}{29}$
⑥	含角砾粉质黏土，可塑、硬塑	26.1	0.743	0.40	22.7	15.0	14	$\dfrac{23}{34}$	0.70	$\dfrac{16}{24}$
⑦	粉质黏土 Q_3^{el}，可塑、硬塑	24.2	0.698	0.23	30.9	31.6	16	$\dfrac{26}{42}$	0.70	$\dfrac{18}{29}$
⑧	全风化炭质泥岩、泥质粉砂岩						34	$\dfrac{35\sim45}{45\sim65}$	0.75	$\dfrac{26\sim34}{34\sim49}$
⑨	强风化炭质泥岩、泥质粉砂岩						>50	$\dfrac{55\sim70}{80\sim100}$	0.80	$\dfrac{44\sim56}{64\sim80}$
⑩中风化泥质粉砂岩，⑪微风化泥质粉砂岩，⑫全风化炭质泥岩，⑬强风化炭质泥岩，⑭微风化石灰岩从略，λ_i 系数取 0.7～0.8。										

注：表中分子为原勘察报告所提值，分母为按规范调整后的值。

表 25　抗拔桩载荷试验检测值与计算值对比表

序号 原桩号	桩型	桩径 （m）	桩长 （m）	抗拔承载力设计值/ 上拔量 （kN）/（mm）	抗拔承载力 检测值/上拔量 （kN）/（mm）	抗拔承载力 计算特征值 （kN）	计算值与检 测值比值	综合侧阻 力特征值 $\bar{q}_{sa}$
$\dfrac{1}{209}$	冲孔桩	1.20	25.44	1250/0.42	2500/0.79	32310	1.29	13.0
$\dfrac{2}{348}$	冲孔桩	1.20	34.54	750/0.45	1500/1.24	19566	13.04	6.3
$\dfrac{3}{512}$	冲孔桩	1.40	34.48	2250/1.94	4500/7.75	7926	1.76	13.0
$\dfrac{4}{513}$	冲孔桩	1.40	26.75	1750/3.12	3500/9.48	16800	4.80	13.8
$\dfrac{5}{528}$	冲孔桩	1.40	22.67	1750/2.14	3500/14.48	3088(4192)	0.88(1.19)	17.6
$\dfrac{6}{553}$	冲孔桩	1.40	28.55	2250/1.33	4500/20.32	6270	1.39	17.6
$\dfrac{7}{579}$	挖孔桩	1.20	23.60	1250/0.71	2500/2.02	2013(3113)	0.81(1.25)	14.0
$\dfrac{8}{595}$	挖孔桩	1.20	23.10	750/0.24	1500/0.43	9343	6.23	8.6
$\dfrac{9}{613}$	挖孔桩	1.40	20.10	750/0.12	1500/0.29	1742	1.15	9.9

注：表中计算特征值栏中，不带括号者为完全按原报告所建议计算结果，而带括号者为经调整后的计算结果。

经过上述工程实例分析，在侧阻段有土名、厚度和有关岩土物理力学指标后，完全按现行行业标准《建筑桩基技术规范》JGJ 94 所规定的抗压极限侧阻力特征值表，极限侧阻力除以安全系数 2，乘以合理的抗拔系数 λ 后，计算所得抗拔承载力特征值，与抗拔载荷试验所得检测值对比研究后得出如下认识：

1）勘察单位在提供抗压侧阻力特征值时，应遵守现行行业标准《建筑桩基技术规范》JGJ 94 表 5.3.5-1 的规定，不应随意折减，致使抗拔承载力特征值过低，设计桩过长，工程实践证明，该表已有足够安全度；

2）上述工程为冲孔桩和挖孔桩，严格按现行桩基规范对抗压桩侧阻力取值，抗拔系数 λi 对黏性土取 0.7、砂土取 0.6、全风化岩取 0.75、强、中、微风化岩取 0.8（详见表 24），按此计算结果，抗压桩和抗拔桩计算承载力和检测值的比值均大于 1，说明具有 2.0 以上安全系数，足够安全；

3）9 根抗拔桩中有 3 根桩抗拔设计要求值均仅为 750kN，但综合侧阻力特征值均小于 10kPa，经查这 3 根桩的侧阻段均没有第②层流塑淤泥质黏性土，正如前述，这是由于桩相对过长，有如抗拔锚杆的锚固段一样，应有一个"临界长度"，当超过此长度后，锚固力发挥不出来；

4）看不出冲孔桩与人工挖孔桩有多大差异。

4　结语

经过 103 根桩检测结果分析和工程实例验证后认为：

1）泥浆护壁的冲、钻、旋挖桩的抗拔系数 λi 对砂土取 0.4～0.6；对黏性土、粉土取 0.5～0.7，砂土、粉土密实度较松、黏性土状态较软者，λi 应取较小值，反之应取较大值；对全风化、强风化岩取 0.7～0.8，中风化、微风化岩 0.8～0.9，风化程度越强者取较小值，反之取较大值；取值过程中应考虑地区经验和施工工艺水平。

2）抗拔桩的桩长设计应根据抗拔承载力和变形控制确定。抗拔桩有如抗拔锚杆的锚固段一样，应该有一个"临界长度"，当超过此长度后，锚固力发挥不出来。此问题相当重要，留待今后作进一步研究。

3）抗拔桩的抗拔效果，施工因素影响很大，施工中应控制泥浆浓度，减少泥皮厚度，并应避免形成桩径上大下小的"喇叭口"情况，若此，抗拔力将大大降低。

4）在审查过程中，上海的专家认为泥浆护壁灌注桩 λi 系数对黏性土，仍可采用 0.7～0.8；广东省的地基基础设计规范修订报批稿，对花岗岩残积土 λ_i 为 0.3～0.5；根据应重视地区经验的原则，表中的 λ_i 系数，在有充分试验依据的条件下，可根据地区经验作适当调整。

8.6.12 抗浮锚杆应结合施工工艺进行锚杆抗拔试验，公式（8.6.12）仅供初步设计估算时采用。

8.7 基坑工程评价

8.7.1 本条规定了基坑工程评价应包括的内容，对其中条文说明如下：

1 由于勘察人员对周边环境和场地工程地质、水文地质条件最为了解，因而可以对可能采用的基坑支护方案提出建议，当各侧边条件差异很大且复杂时，每个侧边可建议不同的支护方案；同时，可将基坑工程可能面临的主要岩土工程问题揭示出来，并应提供基坑工程设计和施工所需的岩土参数。

2 许多工程实践证明，基坑降水往往会造成邻近地面沉降，对邻近建筑、管线等造成影响，因而本款提出，若需采取降水措施时，应提供水文地质计算的相应参数、预测降水及其对周边环境可能造成的影响，建议设计人员计算周边地面下沉量和影响范围。

3 基坑开挖不可避免会对周边环境产生影响，勘察人员可以根据场地岩土条件和周边环境条件，对可能产生的对周边环境影响进行预测，并对周边环境监测要点提出建议。

8.7.2 基坑支护设计中，支护结构的荷载是土、水压力，而土、水压力的大小则取决于地层结构剖面和计算参数（主要是 c、φ 值），而过去此代表性的综合地质剖面由设计人员选定，不一定经济合理，现提出每一侧边的综合地质剖面由勘察人员提出建议。当条件简单时，亦可指定按某个勘察孔或地层剖面进行计算，并提供相应的计算参数。

8.7.3 勘察报告所建议的各项参数，尤其是抗剪强度参数，将直接用于工程计算和设计，十分重要，而这些参数由于实验方法不同，得出的结果各异，它应当与采用的计算方法和安全度相匹配，为此，本条规定了基坑工程计算指标的实验方法，现对其中主要问题说明如下：

1 现行国家标准《建筑地基基础设计规范》GB 50007、现行行业标准《建筑基坑支护技术规程》JGJ 120 及湖北省、深圳市、广东省等基坑工程地方标准均规定对黏性土宜采用土水合算，对砂土宜采用土水分算；冶金行业标准，上海市和广州市基坑工程标准则规定以土水分算为主，有经验时，对黏性土可采用土水合算。根据试算对比（详见原规程 JGJ 72 - 2004 第 6.0.5 条条文说明），当采用土水合算时，其抗剪强度参数宜用总应力法的固结不排水（CU）试验参数；当用土水分算时，其抗剪强度参数宜用三轴有效应力法、固结不排水测孔隙压力（CU）试验；

2 对于砂、砾、卵石土由于渗透性强，渗透系数大，可以很快排水固结，这类土均应采用土水分算法，计算时其重力密度是采用有效重力密度，故其强度参数从理论上看，均应采用有效强度参数，即（c'、φ'），其试验方法应是有效应力法，三轴固结不排水测孔隙水压力（$\overline{CU}$）试验，测求有效强度。但实际工程中，是很难取得砂、砾、卵石的原状试样而进行室内试验，故本条规定可采用砂土天然休止角试验和现场标准贯入试验来估算砂土有效内摩擦角 φ'，一般情况下可按 $\varphi' = (\sqrt{20N} + 15)$ 估算，式中 N 为标准贯入实测击数；

3 对于欠固结或饱和黏性土，本标准和《建筑基坑支护技术规程》JGJ 120 都规定宜采用有效自重压力下预固结的三轴不固结不排水抗剪强度指标 c_{uu}、φ_{uu}，但目前的国标《土工试验方法标准》GB/T 50123 中没有预固结方法的试验标准，宜注意选择合适的试验方法；

4 对于抗隆起验算，一般都是基坑底部或支护结构底部有软黏土时才验算，因而应当采用上述饱和软黏土的 UU 试验方法所得强度参数，或采用原位十字板剪切试验测得的不排水强度参数。对于整体稳定性验算亦应采用不固结不排水强度参数；

5 对于静止土压力计算，公式规定应用有效强度指标 c'、φ' 值；

6 基坑工程计算的试验方法和用途可按表 26 选用。

表 26 基坑工程计算参数的试验方法和用途

计算参数	试验方法	用途
土粒相对密度（比重）d_s、重度 γ 孔隙比 e	室内土工试验	抗渗流稳定计算
砂土休止角	室内土工试验	估算土内摩擦角
内摩擦角 φ 黏聚力 c	1 总应力法，三轴不固结不排水（UU）试验	抗隆起验算和整体稳定性验算
	2 总应力法，三轴固结不排水（CU）试验	用土水合算计算土压力
	3 有效应力法，三轴不固结不排水测孔隙水压力（$\overline{CU}$）试验，求有效强度参数	用土水分算法计算土压力、计算静止土压力
十字板剪切强度 c_u	原位十字板剪切试验	用于抗隆起验算、整体稳定性验算

续表 26

计算参数	试验方法	用途
标准贯入试验击数 N	现场标准贯入试验	判断砂土密实度或按经验公式估算 φ 值
渗透系数 k	室内渗透试验，现场抽水试验	用于降水和截水设计
基床系数 k_v、k_b	附录 H 基床系数载荷试验要点，旁压试验、扁铲侧胀试验	用于支护结构按弹性地基梁计算

8.7.4 由于估算基坑涌水量、进行降水设计和预测降水对邻近建筑的影响等，这些均涉及比较专业的水文地质问题，一般的岩土工程设计人员有一定的困难，而勘察人员比较了解，故本条规定在此情况下应提供水文地质计算有关参数，包括计算的边界条件、地层结构、渗透系数等。

8.7.5 目前国内许多基坑工程均采用比较经济的土钉墙支护方案，但当基坑底部为饱和软土时，由于基坑底部隆起，侧壁整体失稳的事故较多，为此对有类似情况的工程，应建议设计进行抗隆起验算，验算的方法、公式和安全系数在现行国家标准《建筑地基基础设计规范》GB 50007 和行业标准《建筑基坑支护技术规程》JGJ 120 中已有规定，计算结果不能满足时，应采取坑底被动区加固、微型桩加强等措施；当基坑底部为砂土，尤其是粉、细砂地层和存在承压水时，应建议设计进行抗渗流稳定性验算。

基坑工程常采用水泥搅拌桩或高压喷射注浆形成止水帷幕，如果土中有机质含量太高，水泥土可能不凝固，不能形成止水帷幕，如果采用搅拌桩形成重力式挡墙的支护方案更应该注意这个问题。应该要求进行现场或室内试验进行验证。

9 检验和监测

9.1 设计参数检验

9.1.1 设计参数检验主要是指勘察结束后设计施工期间，应在现场进行的各种与岩土工程有关的试验，目的是为地基基础设计、地下室抗浮设计和基坑支护设计等工程设计中所采用的重要参数进行检验、校核，对所采用施工工艺和控制施工的重要参数能否达到设计要求进行核定。从目前情况看，有些业务勘察单位并未开展起来，但从岩土工程发展来看，这些都是在高层建筑勘察设计中需要岩土工程师解决的问题，故在规范条文中列这些试验项目，希望勘察单位能进一步拓展业务，积累工程经验。试验要点应按相关标准执行。

9.1.2 有关抗拔系数 λ_i 修订的依据已在 8.6.9～8.6.11 条条文说明中作了详细说明。后来看见《广东土木与建筑》2017 年第 1 期发表的深圳市建设工程质量检测中心杨立、张译天"深圳地区灌注桩抗拔性状分析"一文，文中提出，为避免不合格桩的概率太高，在现有施工和测试水平条件下，要调低抗拔桩的抗拔系数 λ_i，由现在中～微风化的 0.8～0.9 调低至 0.26～0.36。本标准在详细研究杨文后认为，将 λ_i 调低至小于第四系土层 λ_i 不合理。可以考虑保持 λ_i 和 f_{rk} 不变，调低 C_2 值，计算见表 27。

表 27 λ_i 值不变时反算的 C_2' 和 C_2 值不变时反算的 λ_i'

按规范计算 $R_{ta}① = 0.85 \times C_2 \times \lambda_i \times f_{rk}$						$m = \dfrac{R_{ta}②}{R_{ta}①}, C_2' = mC_2, \lambda_i' = m\lambda_i$			
嵌岩段岩性	f_{rk}	施工系数	C_2	λ_i	$R_{ta}①$	$R_{ta}'②$	m	桩数	C_2'	λ_i'
中风化花岗岩	17500	0.85	0.05	0.80	595	249	0.42	17	0.021	0.34
中风化变粒岩	17500	0.85	0.05	0.80	595	194	0.33	23	0.017	0.26
中风化泥质砂岩	4000	0.85	0.04	0.80	109	49	0.45	11	0.018	0.36
强风化岩下段	70	0.85	0.04	0.75	70	31	0.44	38	0.018	0.33

注：1 由于系对比，计算 R_{ta} 时不考虑 u、h；
    2 $R_{ta}'②$ 是实测桩的平均值。

从表 27 计算结果可看出，当抗拔系数保持不变，反算的 C_2' 值为 0.017～0.021，平均值 0.019，确实要降低，但杨文说，由于多数未达极限状态，实测值可再高些。

现行《建筑桩基技术规范》JGJ 94-2008 条文说明提供了相当于 C_2、C_1 的 ζ_s 和 ζ_p 值，对较硬岩、坚硬岩 ζ_s 值为 0.04～0.06，ζ_p 为 0.4～0.6，对极软岩、软岩，ζ_s 为 0.040～0.060，ζ_p 为 0.42～0.73，换算为特征值，应除 2 或乘 0.5，即换算为特征值时，相当于 C_2 的 ζ_s 值可取为 0.02～0.03，相当于 C_1 值的 ζ_p 可取 0.2～0.3。

现行行业标准《公路桥涵地基与基础设计规范》JTGD 63-2007 规定对完整，较完整，较破碎，破碎、极破碎三类，其 C_1 分别为 0.6、0.5、0.4，C_2 分别为 0.05、0.04、0.03，但表注 2 规定对钻孔桩要降低 20%即乘 0.8 的系数；表注 3 规定对中风化岩作为持力层，C_1、C_2 要分别乘 0.75 的折减系数。折减后 C_1 分别为 0.36、0.3 和 0.24；C_2 分别为 0.03、0.024、0.018，取整为 0.03、0.025、0.02。

本标准未采用 C_2 法，而是采用表 8.3.12 求得的灌注桩极限侧阻力 q_{sir} 和极限端阻力 q_{pr} 计算。C_2 法与高标法对比如表 28。

表 28 C₂ 法与高标法对比

| C_2 法 $R_{ta}① = f_{rk} \cdot 0.85 \lambda_i C_2$ | | | | 高标法 $R_{ta}② = q_{sir} \cdot 0.85 \lambda_i \cdot 0.5$ | | | | |
f_{rk} (MPa)	C_2	施工系数	λ_i	$R_{ta}①$ (kPa)	q_{sir} (kPa)	变换系数	λ_i	$R_{ta}②$ (kPa)	$\dfrac{R②}{R①}$
5	0.020	0.85	0.80	68	300	0.5	0.80	102	1.5
15	0.025	0.85	0.85	271	800	0.5	0.85	289	1.07
30	0.030	0.85	0.90	689	1200	0.5	0.90	459	0.67

当基础埋置深度很大,由于开挖卸荷,桩侧围岩应力降低,桩侧阻力可能减少,为此宜在基础底面处进行试桩,试桩方法由现通行的孔口"拉力型"改为孔底"推压型"。此时,试桩方法可由自平衡法来实现。该法装置简单,不占用过大场地,不需加载物和锚桩,可用于大吨位试桩。郭盛等在"深覆土条件下自平衡法基桩静载试验初探"一文(原载《建筑科学》2013 年 9 月增刊:119-124)中,较详细地介绍了桩长 29m、桩径 1.8m、桩顶设计标高在现地面下 20m、单桩设计承载力特征值达 7000kN 的试桩结果。

9.1.4 本标准提出的大直径桩端阻力载荷试验是模拟大直径桩的实际受力状态,采用的圆形刚性板直径 800mm,试井直径等于承压板直径,试井底不保留 3 倍承压板宽度,即在桩周有超载的情况下进行。

9.1.5 为更准确地确定复合地基承载力,有必要作两部分工作,一是对复合地基的增强体(柔性桩、半刚性桩、刚性桩)进行静载荷试验;二是对单桩或多桩承担的加固面积进行平板载荷试验。

9.1.6 对抗浮桩或抗浮锚杆,应根据其实际受力状况选择试验方法,本标准推荐均采用循环加、卸载法。

9.1.8 当基础埋深大于 15m 时,由于开挖卸荷后,地基回弹、鼓胀、松弛,将可能使地基承载力、变形模量降低,故对天然地基和复合地基等浅基础宜在基础底面处做浅层平板载荷试验进行验证。

9.2 施 工 检 验

9.2.2 基槽检验工作是由建设方、施工方会同勘察、设计单位一起进行,主要对基槽揭露的地层情况进行检查,是否到了设计所要求的地基持力层等。

9.2.3 由于桩基工程的重要性和隐蔽性,应在工程桩施工前进行试钻或试打,检验实际岩土条件与勘察成果的相符性。对大直径挖孔桩,应逐桩进行持力层检验。对桩身质量的检验,抽检数量应根据工程重要性、地质条件、基础形式、施工工艺等因素综合确定,抽检数量应按现行行业标准《建筑基桩检测技术规范》JGJ 106 执行,抽检方式必须随机、均匀、有代表性,对重要工程及一柱一桩形式的工程宜 100%检验。对于高应变确定单桩承载力应有静载的对比资料。

9.3 现 场 监 测

9.3.1、9.3.2 现场监测的内容主要取决于工程性质及周围环境的状况。本条文列出了应布置现场监测的几种情况,基于岩土工程的理论计算还不十分精确,具有半经验半理论特点,为保证工程安全,监测是非常必要的,既能根据监测数据指导施工,也为岩土工程的反演计算研究提供资料。

9.3.3~9.3.5 正式监测前应做的准备工作。

9.3.6 监测资料应及时整理,监测报表应及时提交有关方,以指导以后施工。当监测值达到或超过报警值时,应有醒目的标识,并及时报警。

9.3.7~9.3.10 包含了基坑监测、坑底回弹监测、沉桩施工监测和地下水长期观测的基本内容,具体实施时应根据需要选择监测项目。

9.3.11 建筑物沉降观测应符合条文规定,未尽事项可按现行行业标准《建筑变形测量规范》JGJ 8 执行。关于沉降相对稳定标准:根据现行行业标准《建筑变形测量规范》JGJ 8,"一般观测工程,若沉降速度小于(0.01~0.04)mm/d,可认为已进入稳定阶段";上海工程建设规范《地基基础设计规范》DBJ 08-11规定"半年沉降量不超过 2mm,并连续出现两次";很多城市规定沉降相对稳定标准为沉降速度小于0.01mm/d,所以对高层建筑采用半年内日平均沉降速率(0.01~0.02)mm/d 作为沉降相对稳定标准。

10 特 级 勘 察

10.0.1 由于超高层建筑竖向、水平荷载大、变形要求严,基础埋置深,设计复杂,建筑结构设计条件只能逐步明确,因此特级勘察工作应根据设计条件而逐步深入,有序地分阶段进行,以保证勘察工作的技术经济合理。设计期间的设计参数检验主要进行原位试验或原型试验,为设计提供可靠参数;施工期间,往往会暴露出一些岩土工程问题,应针对这些问题进行补充性质的施工勘察。

10.0.2 特级勘察勘探孔深度较大,工程地质钻探、取样、测试工艺存在一定的局限性,例如深部原状土样(特别是软土)的采取极易造成扰动,卵石层(可能的桩端持力层)的采取难度很大等,另外取出土样应力释放对试验结果会有较大的影响。因此应当鼓励研制和采用更为先进的钻探、取样技术,如深孔软土取样器、植物胶护壁以及采取砂砾石土样等,以便更为准确地鉴别地层分布。对于深部地层的原位测试,如标准贯入试验、重型圆锥动力触探试验,由于深度越大,能量损失越大,造成试验结果的准确性下降,同时对深部砂卵石的适用程度也需要进一步探讨;其他原位测试方法,由于试验设备的限制,也只能测试到一定深度。因此,需要改进现有的测试方法,采取辅助措施获得深层土体的测试参数。同时也认识到单一或几种方法已经不能满足高层建筑特级勘察要求，应该多收集同类型的工程经验，精心编制现场原型试验方案，通过多参数的综合分析，相互验证，以建立与原位测试参数、土的物理力学性指标的经验统计关系，指导工程实践。

10.0.4 由于勘察等级为特级的超高层建筑较甲级荷载更大、基础埋置更深，绝大多数都将采用桩基，只有极少数有可能采用天然地基、复合地基，本条针对采用桩基时的两种情况对其勘探深度的要求做出了规定：

1 当基岩埋置很深，例如上海、天津、西安等地，只能以可压缩性土层（包括全风化、强风化岩）作为桩筏或桩箱基础的桩端持力层，此时一般性钻孔的深度应适当大于主要受力层的深度，根据天然地基计算沉降的经验取 $0.7b$，对于控制性钻孔应超过计算沉降深度即压缩层的深度，根据天然地基计算沉降的经验取 $1.5b$；

2 当基岩埋置深度相对较浅，以中风化、微风化岩作为桩端持力层的嵌岩桩，其单桩竖向极限承载力标准值的确定，按现行行业标准《建筑桩基技术规范》JGJ 94，它取决于嵌岩深径比 h_r/d 和岩石的饱和单轴抗压强度 f_{rk}。JGJ 94 和本标准第 4 章规定一般性勘探点为 $1d\sim3d$，控制性勘探点为 $3d\sim5d$，由于特级勘察建筑荷载较甲级更大，为取得更高的单桩承载力，一般性勘探点取 $3d\sim5d$，控制性勘探点深度取 $5d\sim8d$，现行行业标准《建筑桩基技术规范》JGJ 94 最大嵌岩深度为 $8d$。

10.0.8 早在 20 世纪三四十年代 Terzaghi 等就注意到小的开挖段产生的回弹量比大的开挖段要小的事实。Baladi（1968）曾研究了线弹性介质内条形挖方坑底的隆起问题。Duncan（1970）利用了曲线模型，对基坑隆起进行了有限元计算。

日本《建筑基础构造设计基准》规定坑底隆起回弹量使用分层总和法，其计算式为：

$$s_c = \sum_{i=1}^{n} \frac{C_{si} h_i}{1 + e_{0i}} \lg\left(\frac{p_{ni} + \Delta p_i}{p_{ni}}\right) \tag{5}$$

式中：C_{si}——坑底开挖面以下第 i 层土的回弹指数，C_{si} 可用 e-$\lg p$ 曲线按应力变化范围做回弹试验确定；

e_{0i}——相应于第 i 层土的孔隙比；

h_i——第 i 层土的厚度（m）；

p_{ni}——第 i 层土层中心的原有土层上覆荷重（kN/m²）；

Δp_i——挖去的第 i 层土的荷载（kN/m²）。

上海地基基础设计规范采用工程上常用的分层总和法计算基坑开挖时土体隆起变形计算：

$$s_r = Bp_0 \sum_{i=1}^{n} (\delta_i - \delta_{i-1})/E_{ei} \tag{6}$$

式中：E_{ei} 为第 i 层土体的割线膨胀模量；p_0 为基坑顶面作用的荷载，即把挖去的土重作用于基坑顶面；B 为基础宽度；δ_i，δ_{i-1} 为沉降系数。

上述两种回弹变形计算模式中，第一种考虑土体应力历史，比较合理，但是自上而下的应力卸载量保持不变与理论及实测差别较大；公式无法考虑尺寸效应，基坑规模往往决定了回弹量大小；公式中将卸载作为反向荷载与自重荷载相加后来确定对应位置孔隙比，概念不合理。第二种考虑分层应力差别，与实际情况相似，而且能考虑尺寸效应，但是无法考虑土体应力历史，应力解采用布氏解与实际情况有差别，尤其对于深基坑，效应更明显。因此本标准修订时，当采用回弹指数方法，卸载解应采用坑底一定深度处 Mindlin 解，不同深度采用不同应力解。

$$s_r = \sum_{i=1}^{n} \frac{C_{ri} \cdot h_i}{1 + e_i} \lg\left[\frac{p_{zi} + \sigma_{zi}}{p_{zi}}\right] \tag{7}$$

式中：C_{ri}——坑底开挖面以下第 i 层土的回弹指数，C_{ri} 可用 e-$\lg p$ 曲线按应力变化范围做回弹试验确定；

e_i——相应于的第 i 层土的孔隙比；

h_i——第 i 层土的厚度（m）；

p_{zi}——第 i 层土层中心的原有土层上覆荷重（kN/m²）；

σ_{zi}——按修正后 Boussinesq 解计算的挖去第 i 层土层顶及层顶衰减应力平均值，即按土层中点的应力计算（kN/m²）。

计算坑底卸载产生的土体应力采用 Mindlin 解更合理，但分析表明在较浅基坑情况下按 Mindlin 解计算的挖去第 i 层土层顶及层顶减少的应力平均值与 Boussinesq 解相差不大，当开挖深度与基坑开挖宽度比超过 0.2 后，误差相对较大，当深宽比为 2 时，按 Mindlin 解计算附加应力仅为按 Boussinesq 解的 57%，因此对于深基坑有必要按照 Mindlin 解进行土体中卸载应力计算。Mindlin 解推导过程及计算方法如下：

基坑开挖后，土体卸载所产生的竖直向应力对于埋深为 D_3、面积为 $2A \times 2B$ 的矩形地下室，由于土体卸载而在地基土中所产生的竖向应力（如图 15、图 16 所示），为 Mindlin 解在面积区域 $2A \times 2B$ 范围内的积分，即：

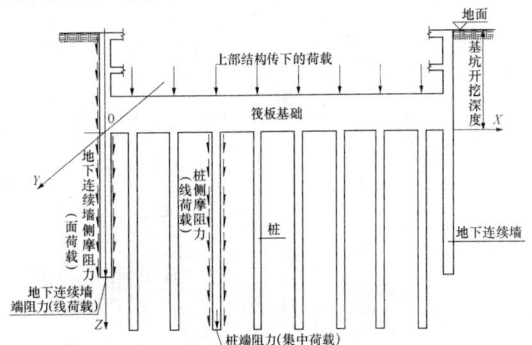

图 15 剖面示意图

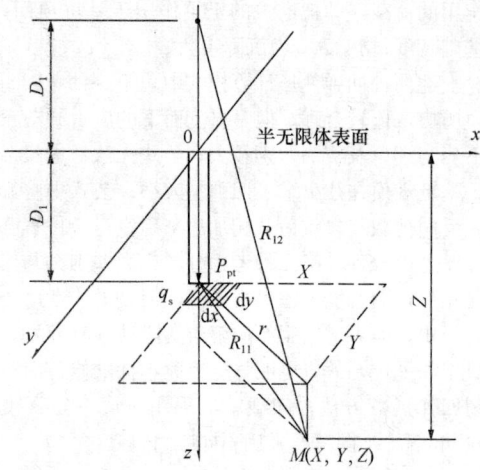

图 16 Mindlin 解示意图

$$\sigma_s = \frac{q_s}{8\pi(1-\mu)}\int_{-A}^{A}\int_{-B}^{B}\left\{\frac{(1-2\mu)(Z-D_3)}{R_{11}^3}\right.$$
$$+\frac{(1-2\mu)(Z-D_3)}{R_{12}^3}-\frac{3(Z-D_3)^3}{R_{11}^5}$$
$$-\left[\frac{3(3-4\mu)Z(Z+D_3)^2+3D_3(Z+D_3)(5Z-D_3)}{R_{12}^5}\right]$$
$$\left.-\frac{30D_3Z(Z+D_3)^3}{R_{12}^7}\right\}drdy \tag{8}$$

式中：

$R_{11}^2=r^2+(z-D_3)^2, R_{12}^2=r^2+(z+D_3)^2, r^2=x^2+y^2$

对上式积分后得：

$$\Delta\sigma_z=\frac{p}{8\pi(1-\mu)}\left\{(-2+2\mu)\arctan\frac{BL}{(h-z)\sqrt{B^2+L^2+(h-z)^2}}\right.$$
$$+(2-2\mu)\arctan\frac{BL}{(h+z)\sqrt{B^2+L^2+(h+z)^2}}$$
$$-\frac{BL[B^2+L^2+2(h-z)^2](h-z)}{[B^2+(h-z)^2][L^2+(h-z)^2]\sqrt{B^2+L^2+(h-z)^2}}$$
$$-\frac{2hLz(h+z)^3}{B[B^2+(h+z)^2][B^2+L^2+(h+z)^2]^{3/2}}$$
$$+\frac{2hLz(h+z)^3(h+z-B)(h+z+B)}{B^3[B^2+(h+z)^2]^2\sqrt{B^2+L^2+(h+z)^2}}$$
$$+\frac{4hLz(h+z)\sqrt{B^2+L^2+(h+z)^2}}{B[L^2+(h+z)^2]^2}$$
$$-\frac{2hLz[-3B^2+(h+z)^2]\sqrt{B^2+L^2+(h+z)^2}}{B^3(h+z)[L^2+(h+z)^2]}$$
$$\left.+\frac{BL[B^2+L^2+2(h+z)^2][h^2-2hz+3z^2-4\mu(h+z)]}{(h+z)[B^2+(h+z)^2][L^2+(h+z)^2]\sqrt{B^2+L^2+(h+z)^2}}\right\}$$
$$=\frac{p}{8\pi(1-\mu)}\left\{(-2+2\mu)\arctan\frac{m}{(k-n)\sqrt{1+m^2+(k-n)^2}}\right.$$
$$+(2-2\mu)\arctan\frac{m}{(k+n)\sqrt{1+m^2+(k+n)^2}}$$
$$-\frac{m[1+m^2+2(k-n)^2](k-n)}{[1+(k-n)^2][m^2+(k-n)^2]\sqrt{1+m^2+(k-n)^2}}$$
$$-\frac{2kmn(k+n)^3}{[1+(k+n)^2][1+m^2+(k+n)^2]^{3/2}}$$

$$+\frac{2kmn(k+n)^3(k+n-1)(k+n+1)}{[1+(k+n)^2]^2\sqrt{1+m^2+(k+n)^2}}$$
$$+\frac{4kmn(k+n)\sqrt{1+m^2+(k+n)^2}}{[m^2+(k+n)^2]^2}$$
$$-\frac{2kmn[-3+(k+n)^2]\sqrt{1+m^2+(k+n)^2}}{(k+n)[m^2+(k+n)^2]^2}$$
$$\left.+\frac{m[1+m^2+2(k+n)^2][k^2-2kn+3n^2-4\mu(k+n)]}{(k+n)[1+(k+n)^2][m^2+(k+n)^2]\sqrt{1+m^2+(k+n)^2}}\right\} \tag{9}$$

式中：$m=\frac{L}{B}$，$n=\frac{z}{B}$，$k=\frac{h}{B}$。其中 L 为长，B 为宽，z 为自坑底算起深度，h 为基坑开挖深度。

上式表明除了与基坑开挖尺寸相关以外，还与土体的泊松比 μ 相关。通过大量计算表明，对于土体泊松比在 0.25~0.45 间，不同泊松比对计算结果影响较小，一般可按 0.4 进行计算。

上述公式计算较为麻烦，故实际计算时可按 Boussinesq 解应力值乘以一修正系数，表明其与 Mindlin 解之间的对应关系，简写为：

$$\sigma_{zri}=\delta_m\alpha_i p_c \tag{10}$$

其中 α_i 是按 Boussinesq 解计算的附加应力系数，可按附录 C 表 C.0.3 确定，δ_m 为应力修正系数，可通过查附录 J 表 J.0.2 确定，当 $\delta_m>1$ 时取 $\delta_m=1.0$。

公式（10.0.8-1）~公式（10.0.8-4）的基本理念是：当基坑逐步开挖卸荷至基础底面时，基础底面及其以下的各土层必然产生向上的回弹应力，在基础底面处其值等于所卸除土的有效自重压力，可以此作为计算向上回弹量的附加应力。它在基础底面处最大；随着离基础底面越远，此应力越小，此应力的衰减按 Boussinesq 解的 α 系数求取，然后乘以修正系数 δ_m，变为 Mindlin 解。此即为式中的 $\sigma_{zri}=\delta_m\alpha_i p_c$，在求得各层的回弹附加应力后，根据胡克（Hookean）定律——在弹性限度内，物体的形变跟引起形变的外力成正比。在已知变形模量 E_0 后，即可按 $s_c=\frac{\sigma}{E_0}$ 求取回弹量。

现举例说明两种计算方法：某基坑长 60m，宽 50m，地下水位在地表以下 0.5m，地基土参数如表 26 所示，计算开挖深度为 25m 时回弹量，回弹计算中采用的土性指标如表 29 所示。

表 29　回弹量计算中采用的土性指标

层序	土层名称	层底深度 (m)	重度 γ (kN/m³)	初始孔隙比 e_0	回弹指数 C_{si}	回弹模量 E_{ti} (MPa)
①	填土	1.5	18.0			
②	粉质黏土	3.5	18.5	0.90	0.07	25
③	淤泥质粉质黏土	8	17.5	1.20	0.05	20
④	淤泥质黏土	18	16.8	1.40	0.07	12.5
⑤₁	粉质黏土	22	18.0	1.00	0.05	25

续表29

层序	土层名称	层底深度(m)	重度γ(kN/m³)	初始孔隙比e_0	回弹指数C_{si}	回弹模量E_{ri}(MPa)
⑤₃	粉质黏土	45	18.4	0.90	0.04	30
⑤₄	粉质黏土	48	19.5	0.70	0.01	75
⑦	细砂	72	19.0	0.70	0.005	300

分别按照回弹模量法和回弹指数法计算回弹量，计算终止深度按照1.5倍基坑开挖深度（遇淤泥质土继续算至淤泥质土层底）。

1 按公式（10.0.8-1）、公式（10.0.8-3）和图17计算回弹量，自重应力计算见表30，开挖至25m时卸土应力 $p_0=198kPa$，$\psi_r=1.0$，$\delta_m=0.868$。

$$s_r = \psi_r \sum_{i=1}^{n} \frac{\sigma_{zri}}{E_{ri}} h_i \quad (11)$$

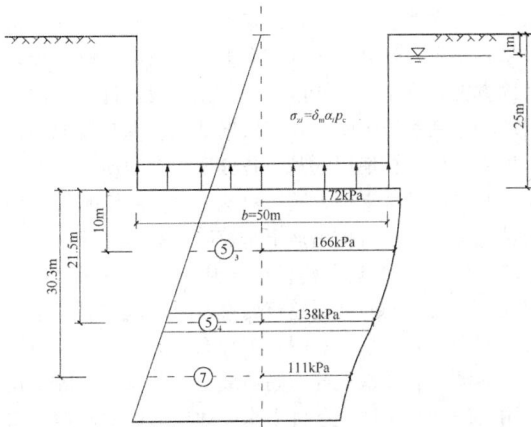

图17 基坑回弹量计算示意

表30 按回弹模量法计算回弹量示例

层序	层底深度h_i(m)	层厚h_i(m)	重度γ(kN/m³)	层底自重应力σ_{cz}(kPa)	层中点至底板距离Z(m)	层中点附加压力系数α_i	$\sigma_{zri}=\delta_m\alpha_i p_c$(kPa)	回弹模量E_{ri}(MPa)	分层回弹量s_c(mm)
①	1.5	1.5	18.0	22					
②	3.5	2.0	18.5	39					
③	8.0	4.5	17.5	73					
④	18.0	10.0	16.8	141					
⑤₁	22.0	4.0	18.0	173					
⑤₂	25.0	3.0	18.4	198		1.000	172		
⑤₃	45.0	20.0	18.4	366	10.0	0.968	166	30	110.7
⑤₄	48.0	3.0	19.5	395	21.5	0.803	138	75	5.5
⑦	62.5	14.5	19.0	526	30.3	0.646	111	300	5.4
合计									121.6

2 按公式（10.0.8-5）计算，开挖至25m时卸土应力 $p_0=198kPa$，$\psi_r=1.0$，$\delta_m=0.868$。

$$s_r = \psi_r \sum_{i=1}^{n} \frac{C_{si} h_i}{1+e_{0i}} \lg\left(\frac{p_{czi}+\sigma_{zri}}{p_{czi}}\right) \quad (12)$$

公式（12）实质上是考虑应力历史，按正常固结土计算回弹量的公式，计算示例，见表31。

表31 按回弹指数法计算回弹量示例

层序	层底深度(m)	层厚h_i(m)	重度γ(kN/m³)	初始孔隙比e_{0i}	回弹指数C_{si}	第i层中点原有自重压力 $\sigma_{zri}=\delta_m\cdot\alpha p_c$(kPa)	$p_{czi}=p_{ci}\cdot\delta_m$(kPa)	$\dfrac{C_{si}h_i}{1+e_{0i}}$	$\lg\left(\dfrac{p_{czi}+\sigma_{zri}}{p_{czi}}\right)$	分层回弹量s_c(mm)
①	1.5	1.5	18.0							
②	3.5	2.0	18.5	0.9	0.07					
③	8.0	4.5	17.5	1.2	0.05					
④	18.0	10.0	16.8	0.4	0.07					
⑤₁	22.0	4.0	18.0	1.00						
⑤₂	25.0	3.0	18.4	0.90	0.04	172				
⑤₃	45.0	20.0	18.4	0.90	0.04	166	245	0.421	0.225	94.7
⑤₄	48.0	3.0	19.5	0.70	0.01	138	331	0.018	0.151	2.7
⑦	62.5	14.5	19.0	0.70	0.005	111	400	0.043	0.106	4.6
合计										102.0

从表30和表31计算结果看，前者略大于后者，但总的看来，比较接近。

10.0.11 伴随着近年来大规模的城市建设，密集的市政设施、地铁网络如血脉一般贯通城市，超高层建筑往往邻近重大市政设施、重要建筑、地铁，其建设施工（基坑开挖与降水、高层建筑桩基工程等）的群体活动都会对周边环境安全造成不同程度的影响：超高层建筑往往建设在城市核心区的繁华地带，周边环境条件极其复杂，特别当超高层建筑以建筑组团方式建设时，如北京CBD、上海陆家嘴、广州珠江新城等，因此除了自身各工序的协调外，还需考虑相邻地块、地下共同体（交通市政廊道）的同期或者交叉施工问题，结合地层、地下水条件开展综合施工与管理。

随着地下水资源的不断超量开采，区域地面沉降成为城市建设活动中所面临的一个重要地质灾害问题，具有易发性、缓变性、累进性和不可逆性等特点。当大面积地面沉降量达到一定程度后会对城市道路、地下管线设施、轨道交通、桥涵及其他各类建（构）筑物的正常使用带来不利影响，甚至造成破坏。因此如果拟建超高层建筑位于区域地面沉降区时，应分析区域地面沉降可能对该工程基础稳定性造成的不利影响。

深大基坑往往会涉及多层地下水的施工降水问题，尤其是对于目前密集的高层建筑群，而施工降水将造成工程场区及其周边地区地下水位（或水头）的下降，引起一定范围内孔隙水压力场和有效应力场的重新分布。由于地下水位（或水头）降低，将造成受降水影响范围内的地基土层有效应力增大，从而将导致地基土层压缩或沉降，进而引起影响范围内各类地下、地面建（构）筑物的变形、开裂，管线的爆裂等不良影响，因此也需要予以正确合理的评价。

10.0.12 设计参数检验的概念是原规程 JGJ 72-2004 首次提出的，经 10 多年规程执行和工程实践后，认为对超高层建筑，特别是勘察等级为特级的超高层建筑，进行设计参数检验非常有必要。例如屋面结构高度达 596.5m 的天津 117 大厦，按设计要求进行了桩直径 1m 的 4 根超长桩（2 根 100m，2 根 120m）和 10 根 100m 长的锚桩的试桩工作，根据试桩的过程数据和成桩检测数据分析，调整了工程桩的设计参数，满足了 117 大厦结构受力的安全要求（详见《基础工程》2015 年第 6 卷，总 32 期，左传文"解读天津 117 大厦：中国结构第一高楼"一文）。

11 岩土工程勘察报告

11.1 一般规定

11.1.1 本条是对高层建筑岩土工程勘察报告总的要求，包括了四个方面，一是报告书要结合高层建筑的特点和各地区的主要岩土工程问题；二是对报告书的基本要求；三是强调报告书要因地制宜，突出重点，有工程针对性；四是说明文字报告与图表的关系。

11.1.2 本条是指通常的高层建筑岩土工程勘察报告书内容不能包括的特殊岩土工程问题（具体见11.2.11），宜进行专门岩土工程勘察评价，提交专题咨询报告，咨询费用应另行计算。

11.2 勘察报告主要内容和要求

11.2.1 本条提出高层建筑初步勘察报告书的要求，报告书内容应回答建筑场地稳定性和建筑适宜性，高层建筑总平面图，选择地基基础类型，防治不良地质现象等问题，以满足高层建筑初步设计要求。

11.2.2 本条提出了高层建筑详细勘察报告的服务对象，指出了详细勘察报告应解决高层建筑地基基础设计与施工中的主要问题；强调了高层建筑岩土工程详细勘察报告与一般建筑详细勘察报告相比应突出的内容，包括拟建高层建筑的基本情况、场地及地基的稳定性与地震效应、天然地基、桩基、复合地基、地下水、基坑工程、施工中应注意的工程问题、有关风险及对周边环境影响分析、警示及评价等，其中第 8 款是本次修订时增加的。

11.2.3 高层建筑场地稳定性及不良地质作用的发育情况，如果已做过初勘并有结论，则在详勘中应结合工程的平面布置，评价其对工程的影响；如果没有进行初勘，则应在分析场地地形、地貌与环境地质条件的基础上进行具体评价，并作出结论。

11.2.4 详勘报告应明确而清楚地论述地基土层的分布规律，对地基土的物理力学性质参数及工程特性进行定性、定量评价，岩土参数的分析和选用应符合有关国家标准。

11.2.5 由于地下水在高层建筑设计中的作用和影响日益受到重视，因此在传统的查明水文地质条件和参数的前提下，本次修订还要求报告书对地下水抗浮设防水位、地下水对基础及边坡的不良影响，以及对地基基础施工的影响进行分析和评价。

11.2.6 详勘报告书对天然地基方案的分析，首先应着眼于对地基持力层和下卧层的评价，在归纳了勘察成果及工程条件的基础上，提出地基承载力和沉降计算所需的有关参数供设计使用。

11.2.7 详勘报告对桩基方案的分析，首先应着眼于桩型及桩端持力层（桩长）的建议，提出桩基承载力和桩基沉降计算的有关参数供设计使用，对各种可能方案进行比选，推荐最佳方案。

11.2.8 详勘报告对复合地基方案的分析，应在分析建筑物要求及地基条件的基础上提出可能的复合地基加固方案，确定加固深度，提出相关设计计算参数。

11.2.9 勘察报告要求，宜根据基坑规模及场地条件提出供设计计算使用的基坑各侧壁综合地质剖面的建议，并建议基坑支护方案。对地下水位高于基坑底面的基坑工程，还宜提出地下水控制方案的建议。

11.2.11 对高层建筑建设中遇到的一些特殊岩土工程问题，勘察期间高层建筑勘察有时难以解决，这些特殊问题主要包括：查明与工程有关的性质或规模不明的活动断裂及地裂缝、高边坡、地下采空区等不良作用，复杂水文地质条件下水文地质参数的确定或水文地质设计，特殊条件下的地下水动态分析及地下室抗浮设计，工程要求时的上部结构、地基与基础共同作用分析，地基基础方案优化分析及论证，地震时程分析及有关设计重要参数的最终检测、核定等。针对这些问题要单独进行专门的勘察测试或技术咨询，并单独提出专门的勘察测试或咨询报告。

11.3 图表及附件

11.3.1 勘察报告所附图件应与报告书内容紧密结合，具体分两个层次，首先是每份勘察报告书都应附的图件及附件主要有四种，本次修订增加了"岩土工程勘察任务书"的附件，它是勘察工作的主要依据之一；另一个层次是根据场地工程地质条件或工程分析需要而宜绘制的图件，这是本次修订增加的内容，它是根据不同场地及工程的情况来选择，条文只列出四种，实际工作还可以选择和补充。

11.3.2 勘察报告所附表格和曲线，一方面要全面反映勘察过程中测试和试验的结果，另一方面要为岩土工程分析评价和地基基础设计计算提供数据。条文也只列了四种，实际工作也可以进行选择和补充。

附录 A 回弹模量和回弹再压缩模量室内试验要点

A.0.1 由于基坑开挖荷载将引起基坑底面以下的土体产生回弹，而计算回弹量所需深度与计算沉降所需深度密切相关，故规定计算回弹的计算深度等同于计算天然地基和桩基沉降的计算深度。

A.0.2 说明如下：

第 1 款　分级加荷至基坑底面下每层土中点的有效自重压力处，取样深度的有效自重压力是为恢复试样所处的原位应力状态，故每层土的 p_{cai} 是不同的。

第 2 款　卸荷压力 p_d 值是相同的，但开始卸荷的起始点 p_{cai} 是不相同的。p_{cai} 是第 i 层中点原位深度处的有效自重压力值，$e_{bi}-e_i$ 是试样由于卸荷 p_d 后，a_i 点回弹至 b_i 点的回弹量，代表该土层开挖卸荷后所产生的回弹量。

第 3 款　试样由回弹后的 b_i 点再加荷至 c_i 点，$e_{bi}-e_{ci}$ 是试样由回弹后的 b_i 点再加荷 p_d 至 p_{cai} 的 c_i 点所产生的再压缩量，代表该层土的回弹再压缩量。

第 4 款　变形模量是应力与应变的比值，此处，应力是基坑开挖卸荷的卸荷压力 p_d，应变是应力作用下试样变形 Δs 与试样高度的比值，设试样原始高度为 1，变形后的高度为 $1+e_a$（或 $1+e_b$），故可得到公式（A.0.2-1）和公式（A.0.2-2）。

附录 D 标准贯入试验成果估算预制桩竖向极限承载力

D.0.1 对于高层建筑，桩端埋置较深，有效桩长内可能穿过的黏性土、粉土、砂土、碎石土、全风化岩、强风化岩地层。除黏性土外均难取得不扰动土样测求桩侧阻力、端阻力所需指标，而标准贯入试验是国内外通用的测试手段，因此原规程 JGJ 72-2004 提出用标准贯入试验实测击数 N 与预制桩各类岩土的极限侧阻力、极限端阻力建立关系。根据 47 根预制桩的载荷试验实测与计算的对比提出了附录 D 用标贯实测击数 N 求极限侧阻力表 D.0.1-1 和求极限阻力表 D.0.1-2 两张表。但经有关单位应用后提出这两张表存在以下问题：

1 用标贯试验实测击数确定的黏性土、粉土极限侧阻力较用静力触探、液性指数、孔隙比确定的极侧阻力低很多。

经检查，侧阻力偏低的原因主要是标贯实测击数对黏性土状态的分档和对粉土密度的分档不合适。

根据《工程地质手册》第四版手拉绳实测标贯击数 $N_{(手)}$ 与黏性土液性指数 I_L 建立了关系，另 Terzaghi 和 Peck 亦早已建立了实测标贯击数与黏性土的状态的关系，此关系在国际上通用，直到最近，在国外的勘探报告中仍采用此标准，现将两者对比列于表 32。

表 32　标贯实测击数 N 与黏性土状态的经验关系

	$N_{(手)}$	<2	2~4	4~7	7~18	18~35	>35
冶金部勘察公司	I_L	>1	1~0.75	0.75~0.50	0.5~0.25	0.25~0	<0
	状态	流动	软塑	可塑	硬可塑	硬塑	坚硬
Terzaghi & Peck	N	<2	2~4	4~8	8~15	15~30	>30
	稠度状态	Very soft 很软	soft 软	firm 中等	stiff 硬	very stiff 很硬	hard 坚硬

从表 32 对比可看出，两者在可塑以前是一致的，可塑以后前者偏大，另考虑到前者系手拉绳测试的标准，现标准贯入试验早已不用而均采用机械控制，自动落锤，且考虑后者是国际上通用标准，故本标准应采用后者作为划分黏性土状态的标准。原 JGJ 72-2004 规程虽然参考了上述标准，但并未按此划分，例如按泰氏标准 N 为 4~8，相当于可塑，按现行行业标准《建筑桩基技术规范》JGJ 94 其极限侧阻力为 55kPa~70kPa，而原 JGJ 72-2004 规程，N 为 5~10 时，其 q_{sis} 仅为 20kPa~30kPa；N 为 8~15 时为硬可塑，其 q_{sis} 为 70kPa~86kPa，而原规程 N 为 10~15 时，仅为 30kPa~50kPa。

现随机抽出三个工程的 6 组一般黏性土，既做了液性指数 I_L 又做了标贯试验 N 的测试，按现行行业标准《建筑桩基技术规范》JGJ 94 表 5.3.5-1，以 I_L、Terzaghi & Peck 分档标准 N_1 和原规程 JGJ 72-2004 表 D.0.1-1N_2 三种方法，严格按插入法求其侧阻力进行对比如表 33 所示。

表 33　一般黏性土按 I_L、N_1、N_2 计算极限侧阻力对比

序号	工程名称	土名	w（%）	e	I_L	实测标贯击数 N	q_{sis}（kPa）按I_L	按N_1	按N_2
1	深圳市埔地吓污水处理厂	Q^{el} 粉质黏土 $m_1=14$，$m_2=21$	32.9	0.920	0.41	9.7	80.8	73.9	29.4
2	深圳会展中心	Q^{el+pl} 黏土（1） $m_1=17$，$m_2=16$	22.0	0.756	0.02	12.9	87.2	81.3	41.8
3	深圳会展中心	Q^{el+pl} 黏土（2） $m_1=12$，$m_2=7$	26.3	0.811	0.37	5.7	78.0	61.3	21.3
4	深圳会展中心	Q^{el} 含砾黏土 $m_1=45$，$m_2=43$	25.4	0.907	0.06	13.0	89.0	81.4	42.0
5	深圳会展中心	Q^{el+pl} 淤泥质黏土 $m_1=10$，$m_2=8$	51.5	1.387	1.38	3.8	24.0	46.8	<20
6	深圳临海大道	Q^{el+pl} 粉质黏土 $m_1=11$，$m_2=55$	31.3	0.914	0.11	10.3	91.3	75.3	31.2

注：表中的土性参数均为标准值，其中 m_1 为物性指标的频数，m_2 为标贯频数。

从表 33 对比可看出：

1）按原规程 JGJ 72 - 2004 表 D.0.1 计算的极限侧阻力较按桩规以 I_L 分档计算的侧阻力偏低很多，不能应用，需要修订。

2）按 N_1 分档所计算的侧阻力与按 I_L 计算的侧阻力比较接近，约为后者的 0.8～0.9，偏于安全。但对软塑一档（序号 5），按 N_1 所算得的侧阻力偏高，应用时应加以注意。

对于粉土，原规程 JGJ 72 - 2004 按标贯实测击数对粉土密实度分档所求得极限侧阻力同样存在偏低现象，需要修改。经测算对比修改为：$2 < N \leqslant 6$ 稍密，$6 < N \leqslant 12$ 中密，$12 < N \leqslant 28$ 密实，记为 $N_①$；原规程 JGJ 72 - 2004：$5 < N \leqslant 10$ 稍密，$10 < N \leqslant 15$ 中密，$15 < N \leqslant (28)$ 密实，记为 $N_②$；按单桥静力触探贯入阻力 p_s 计算的极限侧阻力，按 $q_{sis} = 0.02 p_s$ 记为按 p_s；按孔隙比 e 计算极限侧阻力的标准为：$0.9 < e \leqslant (1.0)$ 稍密，$0.75 < e \leqslant 0.9$ 中密，$(0.6) < e \leqslant 0.75$ 密实，记为按 e，带括号者为插入法计算用。随机抽样以此四种分档方法，按现行行业标准《建筑桩基技术规范》JGJ 94 各分档可规定的极限侧阻力计算对比如表 34 所示。

表 34　粉土按孔隙比 e、静力触探 p_s 和标贯实测击数 N 计算极限侧阻力对比

序号	工程名称	土名	w (%)	ρ	e	I_P	p_s (MPa)	N (击)	q_{sis} (kPa)			
									按 e	按 p_s	按 $N_①$	按 $N_②$
1	深圳市龙岗污水处理厂	$Q_4^{al.+pl.}$ 粉土	26.5	1.95	0.79	9.2	—	4.5	61		39	<26
2	郑州太阳城	$Q_4^{3al.}$②粉土	12.0	1.74	0.90	6.1	4.9	8.5	46	98	54	40
		$Q_4^{3al.+L.}$③粉土	21.0	2.01	0.73	6.5	5.6	10.2	69	112	60	47
		$Q_4^{1al.}$⑤粉土，层底深度 15.5m～19m	24.2	1.92	0.82	6.9	4.8	6.9	57	96	49	34
		$Q_3^{2al.}$⑦粉土	24.5	2.00	0.80	7.8	9.4	16.3	59	188	72	68
		$Q_3^{3al.}$⑧粉土，层底深度 28m～30m	23.0	2.04	0.75	7.8	4.9	11.8	66	98	65	53
		$Q_3^{1al.}$⑨粉土，层底深度 44m～46m	20.2	2.07	0.63	10.0	17.4	23.4	84	348	82	80
		$Q_2^{al.+pl.}$⑫粉土层底深度 50m～51m	25.2	1.99	0.73	7.0	9.8	26.8	69	196	86	86
		$Q_2^{al.+pl.}$⑬粉土夹粉质黏土，层底深度 58m	23.2	2.05	0.72	10.5	11.6	24.9	70	232	84	83
		$Q_2^{al.+pl.}$⑭粉土夹粉质黏土，层底深度 64m	23.2	2.05	0.65	10.3	7.3	27.4	81	146	87	87
3	北京京棉一厂	粉土②₁层	18.9	2.02	0.58	6.4		11	77		63	50
4	北京大望京项目	粉土②₁层	20.4	2.00	0.62	6.5		11	74		63	50
		粉土③₂层	19.9	2.06	0.58	7.9		11	77		63	50
		粉土④₂层	20.4	2.06	0.58	8.3		15	77		70	66
		粉土⑤₁层	19.9	2.05	0.60	8.2		19	75		76	73
5	北京大兴榆垡项目	粉土②层	24.7	1.84	0.85	8.2		9	53		56	42
		粉土④₂层	21.3	1.94	0.67	7.0		16	71		72	68
		粉土⑤₁层	19.0	2.09	0.60	5.8		12	75		66	54
		粉土⑥₁层	21.0	2.03	0.61	8.2		18	75		74	71

序号	工程名称	土名	w (%)	ρ	e	I_P	p_s (MPa)	N (击)	q_{sis} (kPa) 按 e	按 p_s	按 $N_①$	按 $N_②$
6	北京通州项目	粉土②₂层	21.7	2.03	0.62	7.9		8	74		53	38
		粉土③₁层	21.5	2.00	0.64	7.4		14	73		69	62
7	北京四惠项目	粉土②₁层	19.8	2.02	0.60	7.7		12	75		66	54
		粉土②₂层	18.7	2.05	0.56	6.4		14	78		69	62
		粉土④₁层	21.1	2.04	0.60	8.8		15	75		70	66
8	北京昌平项目	粉土②₁层	18.9	1.94	0.66	8.2		6	72		46	30
		粉土③₁层	21.7	2.01	0.63	6.7		10	59		59	46
		粉土④₁层	19.0	2.06	0.56	8.0		14	78		69	62
		粉土⑤层	19.9	2.05	0.58	7.4		18	77		74	71
		粉土⑥₁层	18.7	2.07	0.53	8.1		25	80		84	75
9	北京房山项目	粉土②₂层	20.5	1.96	0.66	8.3		7	72		49	34
		粉土③₃层	20.7	1.96	0.66	7.8		17	72		73	69

从表 34 对比可以看出：

1）以静力触探 $q_{sis}=0.02p_s$ 计算极限侧阻力远大于按孔隙比 e 计算的极限侧阻力，应用时宜加以注意；

2）按原规程 JGJ 72-2004 以 $N_②$ 划分密度标准计算的侧阻力远小于按孔隙比 e 计算的极限侧阻力，不宜采用；

3）按标贯实测击数以 $N_①$ 分档计算的极限侧阻力与按孔隙比计算的极限侧阻力比较接近，有大有小，（按 e）/（按 $N_①$）所确定 q_{sis} 的比值为 0.8～1.15，有 1 个数据为 1.56；另属 Q_3 埋深在 20m 以下的粉土，其标贯击数均在 12 以上，属密实状态，这是合理的。本次修订采用 $N_①$ 标准；

4）对于北京地区，本次搜集的 7 个工程项目分布于北京市的各个区域。由于北京市特殊的地质成因，大部分粉土均为超固结土，属密实状态，本次统计样本个别为中密状态，因此室内试验的孔隙比均比较小，按照孔隙比确定的极限侧阻力值偏高（部分受近代河流影响区域除外），而按照标准贯入试验以 $N_①$ 分档计算的极限侧阻力相对较合理。

2 用标准贯入击数确定极限端阻力时，原规程 JGJ 72-2004 没有考虑岩土性质的差异。现将可以作为预制桩桩端持力层的主要岩土类别，按标贯击数实测击数 N 分档，参照行业标准《建筑桩基技术规范》JGJ 94 提出了预制桩极限端阻力的表。由于流塑、软塑的黏性土、稍密粉土、稍密状态的砂土均不适宜作为预制桩的桩端持力层，故本标准未列。

3 关于花岗岩类岩石风化带的划分标准，主要应以野外鉴别为主，且风化程度是渐变的，但工程上又必须划出明确的界限。在深圳市建设初期的大量岩土工程勘察中，就提出了用标准贯入试验经杆长修正后的击数 $N'>50$ 击作为划分花岗岩强风化的标准，并在花岗岩残积土的承载力表中，明确花岗岩残积土的 N' 为 4 击～30 击，此规定纳入了国家标准《岩土工程勘察规范》GB 50021-94 之中，现行国家标准 GB 50021-2001 沿用了 GB 50021-94 的规定，但明确了 N 以"试验锤击数"为准，即不进行杆长修正。

杆长修正最早来自国家标准《建筑地基基础设计规范》GBJ 7-89，据《岩土工程勘察规范》GB 50021-94 第 9.5.4 条条文说明："杆长修正的理论依据来源于牛顿的碰撞理论，杆件系统质量不得超过锤重的两倍，这样就限制杆长在 21m 以内"，国内有的规范将杆长延伸至 75m，修正系数为 0.5 是没有理论依据的，而且所有杆长修正系数都没有做过专门的试验。这就是目前由原来的 N' 改为 N 的原因。

本标准考虑到由杆长修正 N'，改为不修正 N 后，其击数标准亦应作修改，若不改，将会使残积土、全风化、强风化的界限划浅，偏于不安全。故对击数标准要做修改，现以杆长为21m、最小修正系数 $\alpha=0.7$ 为准，反算实测击数 N 的击数，即 $N=30/0.7=42$，取40击作为划分残积土的标准，$N=50/0.7=71$，取70作为划分强风化的标准，改用不修正的实测击数后，花岗岩类岩石击数标准应修改为：花岗岩残积土 $N<40$，花岗岩全风化 $40<N\leqslant70$，花岗岩强风化 $N>70$。经大量工程实践，用此标准划分花岗岩类岩石风化带与野外鉴别吻合。

至于全风化软质岩和强风化软质岩的划分标准是按现行行业标准《建筑桩基技术规范》JGJ 94 的标准执行，即该规范全风化软质岩 $30<N\leqslant50$，强风化软质岩虽然未按实测标准贯入击数 N，而按重型动力触探 $N_{63.5}>10$ 划分，但全风化软质岩的实测标贯击数最大为 $N\leqslant50$，则强风化硬质岩的 N 自然应为 $N>50$ 击。

附录 E　大直径桩端阻力载荷试验要点

E.0.1　制定本要点的目的是为测求大直径桩（包括扩底桩）的极限端阻力，以作为设计确定端阻力特征值的基础，不包括确定"埋深等于或大于3m的深部地基土的承载力"。

一般认为，载荷试验在各种原位测试中是最为可靠的，并以此作为其他原位测试和试验结果的对比依据。但这一认识的正确性是有前提条件的，即基础影响深度范围内的土层变化应均一。实际地基土层往往是非均质土或多层土，当土层变化复杂时，载荷试验反映的承压板影响范围内地基土的性状与实际基础下地基土的性状将有很大的差异。故在进行载荷试验时，对尺寸效应要有足够的认识。

考虑到大直径桩的定义是 $d\geqslant0.8m$ 的桩，故承压板直径取 0.8m。

E.0.2　本试验装置的设置原则是为模拟大直径桩的实际受力状态，要求试井直径等于承压板直径，当试井直径大于承压板直径时，紧靠承压板周围土层高度不应小于 0.8m，以尽量保持承压板和荷载作用于半无限体内部的受力状态。加载时宜直接测量承压板的沉降，以避免加载装置变形的影响。

E.0.6　终止加载条件中的第 1 款系判定极限端阻力的沉降量标准。

E.0.8　本条第 3 款，原规程 JGJ 72-90 规定，当 ps 曲线上无明显拐点时，可取 $s=(0.005\sim0.01)d$ 所对应的 p 值，参照现行国家标准《岩土工程勘察规范》GB 50021 和一些实测资料修改为 $s=(0.008\sim0.015)d$。

附录 F　原位测试参数估算群桩基础最终沉降量

F.0.1　本条规定了用原位测试参数按经验关系换算土的压缩模量后，直接用原位测试参数估算群桩基础最终沉降量方法的适用范围和适用条件，尤其是在本条第 4 款中明确了用本附录的有关公式计算沉降时，应与本地区实测沉降进行统计对比和验证，确定合理的经验系数。

F.0.2　对无法或难以采取原状土样的土层，如砂土、深部粉土和黏性土等，可根据原位测试成果按标准中表 F.0.2 经验公式确定压缩模量 E_s 值。

对砂土和粉土，主要依据旁压试验 E_m 与单桥静力触探比贯入阻力 p_s、标准贯入试验 N 值建立相应统计关系（近 100 项工程数据），如图 18 和图 19 所示。

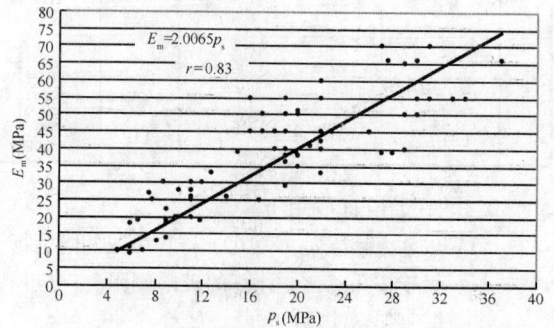

图 18　旁压试验模量与静探比贯入阻力 p_s 关系图

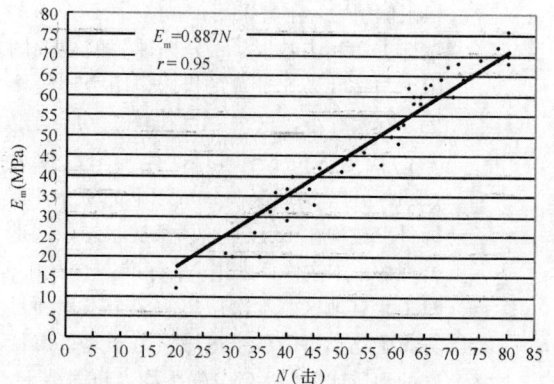

图 19　旁压试验模量与标准贯入试验击数 N 关系图

由图可见，E_m 与 p_s、N 值有良好的线性关系（相关系数分别为 0.83 和 0.95），由 E_s 与 E_m 相关关系［即 $E_s=(1.5\sim2.0)E_m$］，可得到 $E_s=(3\sim4)p_s$ 或 $E_s=(1.33\sim1.77)N$，与目前勘察单位已使用经验

公式基本一致，故表中对于粉土和粉细砂采用经验公式 $E_s = (3 \sim 4)p_s$ 或 $E_s = (1.0 \sim 1.2)N$。对深部黏性土，通过 p_s 值与室内试验 E_s 值建立相应经验关系见图 20（约 100 项工程数据）。

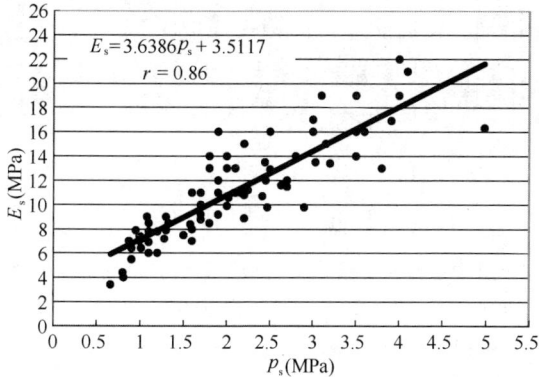

图 20　压缩模量 E_s 与静探比贯入阻力 p_s 关系图

由图可见，E_s 与 p_s 值存在较好的相关性（相关系数约为 0.86），考虑安全储备，对统计公式进行适当折减（乘 0.9 系数），求得经验公式 $E_s = 3.3p_s + 3.2$。

F.0.3、F.0.4　关于桩基最终沉降量估算及其计算指标。在详勘阶段，一般可采用实体深基础方法估算，如有详细荷载分布图和桩位图，可采用 Mindlin 应力分布解的单向压缩分层总和法估算。但通过大量工程沉降实测资料统计，其估算值精度仍不够理想，造成上述方法计算精度不高的原因有：

1　没有考虑桩侧土的作用，即沿桩身的压力扩散角，而实际上即便在软土地区，如上海浅层软土的内摩擦角已很小，但或多或少存在着一定的桩身摩擦力，且随桩的深度增加，土质渐变硬，摩擦力也增大。目前由于施工技术有了很大的提高，沉桩设备能量大的柴油锤已达 D100，液压锤已有 30t，静压桩设备最大压力已达 900t，与十多年前情况完全不同，一般高层建筑物或超高层建筑物均穿过较硬黏性土、中密的砂土甚至穿过厚层粉细砂。这样导致计算所得的作用在实体深基础底面（即桩端平面处）的有效附加压力偏大，相应地桩端平面处以下土中的有效附加压力也偏大。

2　在计算桩端平面以下土中的有效附加压力时，采用了弹性理论中的 Mindlin 或 Boussinesq 应力分布解，与土性无关（土层的软弱、土颗粒的粗细等）可能使实际土体中的应力与计算值不相符，也导致计算应力偏小或偏大，在软黏性土和密实砂土中尤为突出。

3　确定地基土的压缩模量是一个关键性的问题。据目前的勘察水平，深层地基土的压缩模量很难准确确定，因为不扰动土样的采取受到很大的限制，特别是粉土、砂土扰动程度更大，导致地基土的压缩模量

偏小或失真。

4　对沿海地区深层黏性土由于具有较长的地质年代，一般具有超压密性（$OCR > 1$），尤其是地质时代属 Q_8 的黏性土，据一些工程试验数据，由于取土扰动，使 OCR 明显偏小。

如不考虑这些因素，势必造成沉降量估算值偏大。为提高桩基沉降估算精度，桩基沉降估算经验系数应根据类似工程条件下沉降观测资料和经验确定；计算参数（如 E_s）宜通过原位测试方法取得或通过建立经验公式求得；当有工程经验时，可采用国际上通用的旁压试验等原位测试方法估算桩基沉降量，本次修订工作收集的上海地区近 150 项工程的沉降实测资料，在进行计算值与实测值的对比、分析、统计后，使计算值与实测值较为接近，提出采用原位测试成果计算桩基沉降量方法，在使用时应注意其经验性和适用条件。

本标准修订中推荐了两种方法，第一种按实体深基础假定的分层总和法（$s = \eta p_{s1} \psi_{s2} \sum p_{0i} h_i / E_{si}$），通过对桩端入土深度、桩侧土性和桩端土性修正，以提高桩基的计算精度。

本标准所提出的计算方法与实测值比较结果见图 21 和图 22。

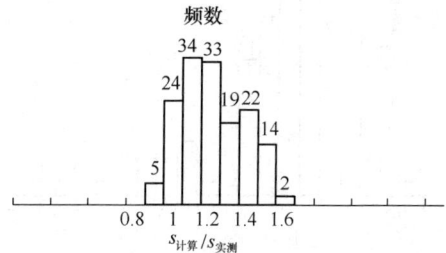

图 21　沉降量计算值与实测值之比频图

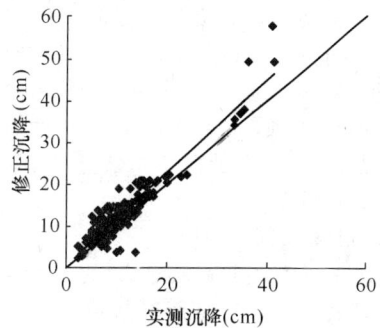

图 22　沉降量计算值与实测值散点图

由上图可见，一般情况下，按建议方法计算的沉降量大于实测值，其平均值为 1.2，变异系数为 14%，计算值与实测值比值在 0.9～1.3 区间占到 75%，其计算精度能满足工程设计要求。

但必须说明：本次修订工作所收集的近 150 项工程的沉降实测资料主要分布在上海地区，尚需全国其

他地区的资料加以验证和补充。

第二种方法是采用静力触探试验或标准贯入试验方法估算桩基础最终沉降量。根据专题报告，收集上海地区 120 幢建筑物工程资料及其地质资料进行分析，按建议方法计算，与实测沉降比较见图 23，相对误差频数分布见图 24。

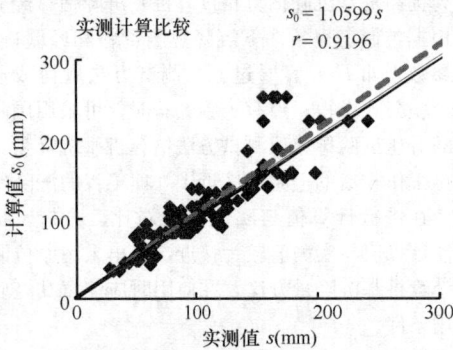

图 23 静力触探试验参数经验法计算与实测比较

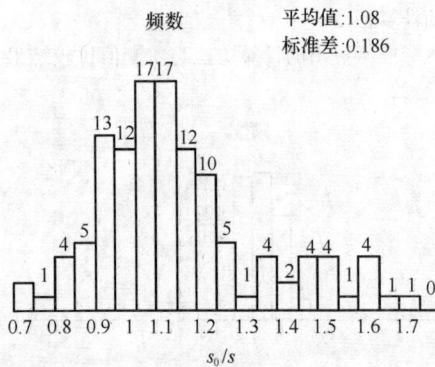

图 24 静力触探试验参数经验法相对误差频数分布

从图中可见，计算值与实测值比值平均值为 1.08，标准偏差为 0.19，偏于保守，按截距为 0 进行拟合的相对误差为 6%（$r=0.92$）。相对误差在 20% 以内的有 96 项，占总数（120 项）的 80%。由此可见，静力触探方法计算简单，概念明确，计算精度能满足设计要求。

附工程计算实例：

某工程有三幢 20 层高层建筑，基础为半地下室加短桩，埋深 1.7m，平面面积为 489.3m²，箱基底板梁轴线下布置 183 根 0.4m×0.4m×7.5m 钢筋混凝土预制桩，场地地质情况见图 25。

按本方法计算沉降的步骤如下：

1 确定基础等效宽度 $B=\sqrt{A}=\sqrt{489.3}=22.1$m；

2 作直角三角形，使横边等于 1.0，竖边为基础等效宽度 $B=22.1$m；

3 自桩端起，划分土层，计算各土层厚度，自

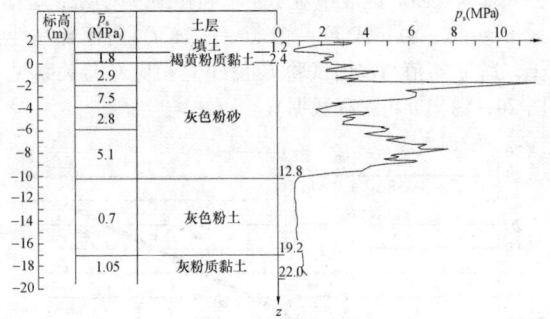

图 25 场地地质情况

各土层中点作水平线，交三角形斜边，算出各水平线长度 I_{si}（$0<I_{si}<1$），计算过程见表 35。

4 按下式计算 $\bar{p}_s$：

$$\bar{p}_s=\sum_{i=1}^{n}p_{si}I_{si}h_i\left(\frac{1}{2}B\right)$$
$$=(5.1\times0.92\times3.6+0.7\times0.7\times6.4+1.05\times0.27\times12.1)/(0.5\times22.1)$$
$$=2.11(\text{MPa})$$

表 35 I_{si} 计算表

p_{si} (MPa)	厚度 (m)	埋深 (m)	简图	I_{si}
		9.2		1.0
5.1	3.6	12.8		0.92
0.7	6.4	19.2		0.70
1.05				
	12.1			0.27
		31.3		

5 按公式（F.0.4-1）计算最终沉降

取桩端有效附加应力 $p_0=20\times15=300$kPa，桩端地基土有效自重应力 $p_{cz}=8.5\times9.2=78.2$kPa，桩端入土深度修正系数 $\eta=1-0.5p_{cz}/p_0=1-0.5\times78.2/300=0.87>0.3$

最终沉降

$$s=\phi_s\frac{p_0}{2}B\eta/(3.3\bar{p}_s)$$
$$=1.0\times300/2\times22.1\times0.87/(3.3\times2.11)$$
$$=414\text{mm}$$

该工程三幢高层最终实测沉降分别为 363.1mm，410.6mm，419.1mm，计算结果与实测十分吻合。

附录 H 竖向和水平向基准基床系数载荷试验要点

H.0.1 本试验要点适用于测求弹性地基竖向和水平向基准基床系数。原 2004 规程没有对水平向基床系

数的标准试验方法作出规定，本次修订推荐采用与竖向基床系数相同的标准方法求取。水平向基准基床系数试验时将承压板置于坑壁，采用水平向压力加载。

上海《地基基础设计规范》DGJ 08-11-2010 附录 G 提供了上海地区竖向基床系数、水平向基床系数，见表 36，可供与试验结果对比、校核、参考。

表 36　上海地基基础设计规范竖向和水平向基床系数经验值

地基土分类	K_v (kN/m³)	K_h (kN/m³)
流塑的黏性土	5000～10000	3000～15000
软塑的黏性土和松散的粉性土	10000～20000	15000～30000
可塑的黏性土和稍密－中密粉性土	20000～40000	30000～150000
硬塑的黏性土和密实的粉性土	40000～100000	150000 以上
松散的砂土（不含新填砂）	10000～15000	3000～15000
稍密的砂土	15000～20000	15000～30000
中密的砂土	20000～25000	30000～100000
密实的砂土	25000～40000	100000 以上
水泥土搅拌桩，加固置换率 25%	8%≤水泥掺量≤12% 10000～15000	
	水泥掺量＞12% 20000～25000	

H.0.3 载荷试验中承压板采用边长为 300mm 的方形板。现行行业标准《铁路路基设计规范》TB 10001 规定采用 30cm 直径的圆形承压板，取下沉量为 0.125cm 的荷载强度为基床系数；现行行业标准《公路路面现场测试规程》JTG E60，"承压板测定土基回弹模量试验方法"规定采用直径为 30cm 的圆形承压板；《高层建筑岩土工程勘察规程》JGJ 72-2004，规定采用直径为 300mm 圆形承压板。1955 年 Terzaghi 最早采用 1 平方英尺面积的方形承压板载荷试验测定竖向基准基床系数；之后按基础尺寸换算的基床系数多引用 Terzaghi 公式。本次修订将承载板改为方形板。

H.0.6、H.0.7 本试验要点仅提供竖向及水平向基准基床系数。基床系数并不是岩土的特性指标，而是与基础或构件尺寸密切相关的计算系数。勘察单位可根据试验的结果提供基准基床系数，设计单位根据计算目的、基础或构件的尺寸、刚度进行修正，取得设计基础或设计构件下的基床系数。

原规程 JGJ 72-2004 规定竖向基床系数可按太沙基（Terzaghi，1955）建议的方法进行基础尺寸和形状的修正。对于砂性土地基，竖向载荷试验得出基床反力系数仅需进行基础尺寸修正；对于黏性土地基，则需进行基础尺寸和基础形状两项修正：

1 根据实际基础尺寸，修正后的竖向地基土基床系数 K_{v1}（kN/m³）按下列公式计算：

黏性土：　　$K_{v1} = \dfrac{0.30}{b} K_v$　　　　(13)

砂　土：　　$K_{v1} = \left(\dfrac{b+0.30}{2b}\right)^2 K_v$　　(14)

式中：b——基础底面宽度（m）。

2 根据实际基础形状，修正后的竖向地基基床系数 K_s（kN/m³）按下列公式计算：

黏性土：　　$K_s = K_{v1}\left(\dfrac{2l+b}{3l}\right)$　　(15)

砂　土：　　$K_s = K_{v1}$　　　　　　　(16)

式中：l——基础底面的长度（m）。

按照原规程 JGJ 72-2004 条文说明，当竖向载荷试验采用非标准承压板时，必须将试验结果修正为基准基床反力系数 K_v（kN/m³），具体修正方法如下：

1 根据非标准板载荷试验 p-s 曲线，按下式计算竖向载荷试验基床系数 K'_v（kN/m³）：

$$K'_v = \frac{p_0}{s}　　　　(17)$$

式中：p_0——比例界限压力；如 p-s 关系曲线无初始直线段，p_0 可取极限荷载之半（kPa）；

　　　s——为相应于该 p_0 值的沉降量（m）。

2 由非标准板载荷试验所得基床系数 K'_v，按下列公式计算竖向基准基床系数 K_v（kN/m³）：

黏性土：　　$K_v = 3.28 d K'_v$　　　(18)

砂　土：　　$K_v = \dfrac{4d^2}{(d+0.30)^2} K'_v$　(19)

式中：d——承压板的直径（m），当为方形承压板时，按其面积换算为等代直径。

上述修正公式是原规程 JGJ 72-2004 在条文说明中所列公式，执行过程中广东省建筑设计研究院的魏路先生曾于 2010 年 3 月 2 日来函提出疑问：他们设计一学校教学楼，7 层框架，1 层地下室，采用梁筏基础，持力层为②₁ 砂质黏性土（可能是残积），天然地基承载力特征值 200kPa，$E_s=3.3$MPa，在计算筏板时，基床系数是一个重要参数，对配筋影响较大，做过压板尺寸为 0.707m×0.707m 的载荷试验，试验成果如表 37 所示。

表 37　载荷试验原始成果

荷载 p (kN)	0	50	75	100	125	150	175	200
压力 p_0 (kPa)	0	100	150	200	250	300	350	400
累计沉降 s (mm)	0.00	1.27	2.82	4.84	7.24	10.78	14.78	20.40

设 $\mu=0.35$，则 $E_0=(1-\mu^2)\dfrac{p}{sd}=(1-0.35^2)$

$\dfrac{100}{4.84\times0.798}=22.7\text{MPa}$

非标准板基准基床系数 $K'_v=\dfrac{p_0}{s}=\dfrac{200}{0.00484}=$

41322kN/m^3

对非标准板进行修正 $K_v=3.28\cdot d\cdot K'_v=3.28$

$\times0.798\times41322=108178\text{kN/m}^3$

梁筏基础尺寸 $b\times l=47.6\text{m}\times54.6\text{m}$

按实际基础尺寸进行修正 $K_{vl}=\dfrac{0.30}{b}K_v=\dfrac{0.3}{47.6}\times$

$108178=682\text{kN/m}^3$

再进行实际基础形状修正 $K_s=\dfrac{2l+b}{3l}K_{vl}=$

$\dfrac{2\times54.6+47.6}{3\times54.6}\times682=653\text{kN/m}^3$

通过上述工程实例计算分析后认为：

1 基准基床系数 K_v 是按太沙基早年建议使用 1 平方英尺面积的承压底板载荷试验求得。现行国家标准《岩土工程勘察规范》GB 50021，规定尺寸为 300mm×300mm 的方形标准板，而该工程实例等采用 0.707m×0.707m 的非标准板 0.5m² 进行试验，试验结果 $K'_v=41322\text{kN/m}^3$ 与经验值吻合。如按非标准板进行修正，其 $K_v=107178\text{kN/m}^3$ 较经验值大很多。宰金珉主编的《高层建筑基础分析与设计》中 P53 页和史佩栋等主编的《高层建筑基础工程手册》P95 页均提出当承压底板宽度 $B_1\geqslant0.707\text{m}$ 时，可不做面积大小的修正。为此本次修订规定不进行非标准板的修正。

2 太沙基建议的基础尺寸和形状（方形或矩形）修正，主要是针对独立柱基而言，而该工程是梁筏基础，若按太沙基建议的方法修正，所得 K_{vl} 和 K_s 值会相当小，不符合实际，故认为对筏形和箱形大面积基础可不进行基础尺寸和基础形状的修正。

中华人民共和国行业标准

既有建筑地基基础加固技术规范

Technical code for improvement of soil and
foundation of existing buildings

JGJ 123—2012

批准部门：中华人民共和国住房和城乡建设部
施行日期：２０１３ 年 ６ 月 １ 日

中华人民共和国住房和城乡建设部
公　告

第 1452 号

住房城乡建设部关于发布行业标准
《既有建筑地基基础加固技术规范》的公告

现批准《既有建筑地基基础加固技术规范》为行业标准，编号为 JGJ 123 - 2012，自 2013 年 6 月 1 日起实施。其中，第 3.0.2、3.0.4、3.0.8、3.0.9、3.0.11、5.3.1 条为强制性条文，必须严格执行。原行业标准《既有建筑地基基础加固技术规范》JGJ 123 - 2000 同时废止。

本规范由我部标准定额研究所组织中国建筑工业出版社出版发行。

中华人民共和国住房和城乡建设部
2012 年 8 月 23 日

前　　言

根据住房和城乡建设部《关于印发〈2009 年工程建设标准规范制订、修订计划〉的通知》（建标〔2009〕88 号）的要求，规范编制组经广泛调查研究，认真总结实践经验，参考有关国际标准和国外先进标准，并在广泛征求意见的基础上，修订了《既有建筑地基基础加固技术规范》JGJ 123 - 2000。

本规范的主要技术内容是：总则、术语和符号、基本规定、地基基础鉴定、地基基础计算、增层改造、纠倾加固、移位加固、托换加固、事故预防与补救、加固方法、检验与监测。

本规范修订的主要技术内容是：1. 增加术语一节；2. 增加既有建筑地基基础加固设计的基本要求；3. 增加邻近新建建筑、深基坑开挖、新建地下工程对既有建筑产生影响时，应采取对既有建筑的保护措施；4. 增加不同加固方法的承载力和变形计算方法；5. 增加托换加固；6. 增加地下水位变化过大引起的事故预防与补救；7. 增加检验与监测；8. 增加既有建筑地基承载力持载再加荷载荷试验要点；9. 增加既有建筑桩基础单桩承载力持载再加荷载荷试验要点；10. 增加既有建筑地基基础鉴定评价的要求；11. 原规范纠倾加固和移位一章，调整为纠倾加固、移位加固两章；12. 修订增层改造、事故预防和补救、加固方法等内容。

本规范中以黑体字标志的条文为强制性条文，必须严格执行。

本规范由住房和城乡建设部负责管理和对强制性条文的解释，由中国建筑科学研究院负责具体技术内容的解释。执行过程中如有意见或建议，请寄送中国建筑科学研究院（地址：北京市北三环东路 30 号，邮编：100013）。

本 规 范 主 编 单 位：中国建筑科学研究院
本 规 范 参 编 单 位：福建省建筑科学研究院
　　　　　　　　　　　河南省建筑科学研究院
　　　　　　　　　　　北京交通大学
　　　　　　　　　　　同济大学
　　　　　　　　　　　山东建筑大学
　　　　　　　　　　　中国建筑技术集团有限公司
本规范主要起草人员：滕延京　张永钧　刘金波
　　　　　　　　　　　张天宇　赵海生　崔江余
　　　　　　　　　　　叶观宝　李　湛　张　鑫
　　　　　　　　　　　李安起　冯　禄
本规范主要审查人员：沈小克　顾国荣　张丙吉
　　　　　　　　　　　康景文　柳建国　柴万先
　　　　　　　　　　　潘凯云　滕文川　杨俊峰
　　　　　　　　　　　袁内镇　侯伟生

目　　次

Contents

1 总　则

1.0.1 为了在既有建筑地基基础加固的设计、施工和质量检验中贯彻执行国家的技术经济政策，做到安全适用、技术先进、经济合理、确保质量、保护环境，制定本规范。

1.0.2 本规范适用于既有建筑因勘察、设计、施工或使用不当；增加荷载、纠倾、移位、改建、古建筑保护；遭受邻近新建建筑、深基坑开挖、新建地下工程或自然灾害的影响等需对其地基和基础进行加固的设计、施工和质量检验。

1.0.3 既有建筑地基基础加固设计、施工和质量检验除应执行本规范外，尚应符合国家现行有关标准的规定。

2　术语和符号

2.1　术　语

2.1.1 既有建筑　existing building

已实现或部分实现使用功能的建筑物。

2.1.2 地基基础加固　soil and foundation improvement

为满足建筑物使用功能和耐久性的要求，对建筑地基和基础采取加固技术措施的总称。

2.1.3 既有建筑地基承载力特征值　characteristic value of subsoil bearing capacity of existing buildings

由载荷试验测定的在既有建筑荷载作用下地基土固结压密后再加荷，压力变形曲线线性变形段内规定的变形所对应的压力值，其最大值为再加荷段的比例界限值。

2.1.4 既有建筑单桩竖向承载力特征值　characteristic value of a single pile bearing capacity of existing buildings

由单桩静载荷试验测定的在既有建筑荷载作用下桩周和桩端土固结压密后再加荷，荷载变形曲线线性变形段内规定的变形所对应的荷载值，其最大值为再加荷段的比例界限值。

2.1.5 增层改造　vertical extension

通过增加建筑物层数，提高既有建筑使用功能的方法。

2.1.6 纠倾加固　improvement for tilt rectifying

为纠正建筑物倾斜，使之满足使用要求而采取的地基基础加固技术措施的总称。

2.1.7 移位加固　improvement for building shifting

为满足建筑物移位要求，而采取的地基基础加固技术措施的总称。

2.1.8 托换加固　improvement for underpinning

通过在结构与基础间设置构件或在地基中设置构件，改变原地基和基础的受力状态，而采取托换技术进行地基基础加固的技术措施的总称。

2.2　符　号

2.2.1 作用和作用效应

F_k ——作用的标准组合时基础加固或增加荷载后上部结构传至基础顶面的竖向力；

G_k ——基础自重和基础上的土重；

H_k ——作用的标准组合时基础加固或增加荷载后桩基承台底面所受水平力；

M_k ——作用的标准组合时基础加固或增加荷载后作用于基础底面的力矩；

M_{xk} ——作用的标准组合时作用于承台底面通过桩群形心的 x 轴的力矩；

M_{yk} ——作用的标准组合时作用于承台底面通过桩群形心的 y 轴的力矩；

N ——滑板承受的竖向作用力；

N_a ——顶升支承点的荷载；

p_k ——作用的标准组合时基础加固或增加荷载后基础底面处的平均压力；

p_{kmax} ——作用的标准组合时基础加固或增加荷载后基础底面边缘的最大压力；

p_{kmin} ——作用的标准组合时基础加固或增加荷载后基础底面边缘的最小压力；

P_p ——静压桩施工设计最终压桩力；

Q ——单片墙线荷载或单柱集中荷载；

Q_k ——作用的标准组合时基础加固或增加荷载后桩基中轴心竖向力作用下任一单桩的竖向力；

2.2.2 材料的性能和抗力

F ——水平移位总阻力；

f_a ——修正后的既有建筑地基承载力特征值；

f_0 ——滑板材料抗压强度；

p_s ——静压桩压桩时的比贯入阻力；

q_{pa} ——桩端端阻力特征值；

q_{sia} ——桩侧阻力特征值；

R_a ——既有建筑单桩竖向承载力特征值；

R_{Ha} ——既有建筑单桩水平承载力特征值；

W ——基础加固或增加荷载后基础底面的抵抗矩，建筑物基底总竖向荷载；

μ ——行走机构摩擦系数。

2.2.3 几何参数

A ——基础底面面积；

A_p ——桩底端横截面面积；

A_0 ——滑动式行走机构上下轨道滑板的水平面积；

d ——设计桩径；

s ——地基最终变形量；

s_0——地基基础加固前或增加荷载前已完成的地基变形量；

s_1——地基基础加固后或增加荷载后产生的地基变形量；

s_2——原建筑荷载下尚未完成的地基变形量；

u_p——桩身周长。

2.2.4 设计参数和计算系数

n——桩基中的桩数或顶升点数；

q——石灰桩每延米灌灰量；

η_c——充盈系数。

3 基 本 规 定

3.0.1 既有建筑地基基础加固，应根据加固目的和要求取得相关资料后，确定加固方法，并进行专业设计与施工。施工完成后，应按国家现行有关标准的要求进行施工质量检验和验收。

3.0.2 既有建筑地基基础加固前，应对既有建筑地基基础及上部结构进行鉴定。

3.0.3 既有建筑地基基础加固设计与施工，应具备下列资料：

1 场地岩土工程勘察资料。当无法搜集或资料不完整，不能满足加固设计要求时，应进行重新勘察或补充勘察。

2 既有建筑结构、地基基础设计资料和图纸、隐蔽工程施工记录、竣工图等。当搜集的资料不完整，不能满足加固设计要求时，应进行补充检验。

3 既有建筑结构、基础使用现状的鉴定资料，包括沉降观测资料、裂缝、倾斜观测资料等。

4 既有建筑改扩建、纠倾、移位等对地基基础的设计要求。

5 对既有建筑可能产生影响的邻近新建建筑、深基坑开挖、降水、新建地下工程的有关勘察、设计、施工、监测资料等。

6 受保护建筑物的地基基础加固要求。

3.0.4 既有建筑地基基础加固设计，应符合下列规定：

1 应验算地基承载力。

2 应计算地基变形。

3 应验算基础抗弯、抗剪、抗冲切承载力。

4 受较大水平荷载或位于斜坡上的既有建筑物地基基础加固，以及邻近新建建筑、深基坑开挖、新建地下工程基础埋深大于既有建筑基础埋深并对既有建筑产生影响时，应进行地基稳定性验算。

3.0.5 邻近新建建筑、深基坑开挖、新建地下工程对既有建筑产生影响时，除应优化新建地下工程施工方案外，尚应对既有建筑采取深基坑开挖支挡、地下墙（桩）隔离地基应力和变形、地基基础或上部结构加固等保护措施。

3.0.6 既有建筑地基基础加固设计，可按下列步骤进行：

1 根据加固的目的，结合地基基础和上部结构的现状，考虑上部结构、基础和地基的共同作用，选择并制定加固地基、加固基础或加强上部结构刚度和加固地基基础相结合的方案。

2 对制定的各种加固方案，应分别从预期加固效果，施工难易程度，施工可行性和安全性，施工材料来源和运输条件，以及对邻近建筑和周围环境的影响等方面进行技术经济分析和比较，优选加固方法。

3 对选定的加固方法，应通过现场试验确定具体施工工艺参数和施工可行性。

3.0.7 既有建筑地基基础加固使用的材料，应符合国家现行有关标准对耐久性设计的要求。

3.0.8 加固后的既有建筑地基基础使用年限，应满足加固后的既有建筑设计使用年限的要求。

3.0.9 纠倾加固、移位加固、托换加固施工过程应设置现场监测系统，监测纠倾变位、移位变位和结构的变形。

3.0.10 既有建筑地基基础的鉴定、加固设计和施工，应由具有相应资质的单位和有经验的专业人员承担。承担既有建筑地基基础加固施工的工程管理和技术人员，应掌握所承担工程的地基基础加固技术与质量要求，严格进行质量控制和工程监测。当发现异常情况时，应及时分析原因并采取有效处理措施。

3.0.11 既有建筑地基基础加固工程，应对建筑物在施工期间及使用期间进行沉降观测，直至沉降达到稳定为止。

4 地基基础鉴定

4.1 一 般 规 定

4.1.1 既有建筑地基基础鉴定应按下列步骤进行：

1 搜集鉴定所需的基本资料。

2 对搜集到的资料进行初步分析，制定现场调查方案，确定现场调查的工作内容及方法。

3 结合搜集的资料和调查的情况进行分析，提出检验方法并进行现场检验。

4 综合分析评价，作出鉴定结论和加固方法的建议。

4.1.2 现场调查应包括下列内容：

1 既有建筑使用历史和现状，包括建筑物的实际荷载、变形、开裂等情况，以及前期鉴定、加固情况。

2 相邻的建筑、地下工程和管线等情况。

3 既有建筑改造及保护所涉及范围内的地基情况。

4 邻近新建建筑、深基坑开挖、新建地下工程的现状情况。

4.1.3 具有下列情况时，应进行现场检验：

1 基本资料无法搜集齐全时。

2 基本资料与现场实际情况不符时。

3 使用条件与设计条件不符时。

4 现有资料不能满足既有建筑地基基础加固设计和施工要求时。

4.1.4 具有下列情况时，应对既有建筑进行沉降观测：

1 既有建筑的沉降、开裂仍在发展。

2 邻近新建建筑、深基坑开挖、新建地下工程等，对既有建筑安全仍有较大影响。

4.1.5 既有建筑地基基础鉴定，应对下列内容进行分析评价：

1 既有建筑地基基础的承载力、变形、稳定性和耐久性。

2 引起既有建筑开裂、差异沉降、倾斜的原因。

3 邻近新建建筑、深基坑开挖和降水、新建地下工程或自然灾害等，对既有建筑地基基础已造成的影响或仍然存在的影响。

4 既有建筑地基基础加固的必要性，以及采用的加固方法。

5 上部结构鉴定和加固的必要性。

4.1.6 鉴定报告应包含下列内容：

1 工程名称，地点，建设、勘察、设计、监理和施工单位，基础、结构形式，层数，改造加固的设计要求，鉴定目的，鉴定日期等。

2 现场的调查情况。

3 现场检验的方法、仪器设备、过程及结果。

4 计算分析与评价结果。

5 鉴定结论及建议。

4.2 地 基 鉴 定

4.2.1 应结合既有建筑原岩土工程勘察资料，重点分析下列内容：

1 地基土层的分布及其均匀性，尤其是沟、塘、古河道、墓穴、岩溶、土洞等的分布情况。

2 地基土的物理力学性质，特别是软土、湿陷性土、液化土、膨胀土、冻土等的特殊性质。

3 地下水的水位变化及其腐蚀性的影响。

4 建造在斜坡上或相邻深基坑的建筑物场地稳定性。

5 自然灾害或环境条件变化，对地基土工程特性的影响。

4.2.2 地基的检验应符合下列规定：

1 勘探点位置或测试点位置应靠近基础，并在建筑物变形较大或基础开裂部位重点布置，条件允许时，宜直接布置在基础之下。

2 地基土承载力宜选择静载荷试验的方法进行检验，对于重要的增层、增加荷载等建筑，应按本规范附录 A 的规定，进行基础下载荷试验，或按本规范附录 B 的规定，进行地基土持载再加荷载荷试验，检测数量不宜少于 3 点。

3 选择井探、槽探、钻探、物探等方法进行勘探，地下水埋深较大时，优先选用人工探井的方法，采用物探方法时，应结合人工探井、钻孔等其他方法进行验证，验证数量不应少于 3 点。

4 选用静力触探、标准贯入、圆锥动力触探、十字板剪切或旁压试验等原位测试方法，并结合不扰动土样的室内物理力学性质试验，进行现场检验，其中每层地基土的原位测试数量不应少于 3 个，土样的室内试验数量不应少于 6 组。

4.2.3 地基分析评价应包括下列内容：

1 地基承载力、地基变形的评价；对经常受水平荷载作用的高层建筑，以及建造在斜坡上或边坡附近的建（构）筑物，应验算地基稳定性。

2 引起既有建筑开裂、差异沉降、倾斜等的原因。

3 邻近新建建筑，深基坑开挖和降水，新建地下工程或自然灾害等，对既有建筑地基基础已造成的影响，以及仍然存在的影响。

4 地基加固的必要性，提出加固方法的建议。

5 提出地基加固设计所需的有关参数。

4.3 基 础 鉴 定

4.3.1 基础的现场调查，应包括下列内容：

1 基础的外观质量。

2 基础的类型、尺寸及埋置深度。

3 基础的开裂、腐蚀或损坏程度。

4 基础的倾斜、弯曲、扭曲等情况。

4.3.2 基础的检验可采用下列方法：

1 基础材料的强度，可采用非破损法或钻孔取芯法检验。

2 基础中的钢筋直径、数量、位置和锈蚀情况，可通过局部凿开或非破损方法检验。

3 桩的完整性可通过低应变法、钻孔取芯法检验，桩的长度可通过开挖、钻孔取芯法或旁孔透射法等方法检验，桩的承载力可通过静载荷试验检验。

4.3.3 基础的检验应符合下列规定：

1 对具有代表性的部位进行开挖检验，检验数量不应少于 3 处。

2 对开挖露出的基础应进行结构尺寸、材料强度、配筋等结构检验。

3 对已开裂的或处于有腐蚀性地下水中的基础钢筋锈蚀情况应进行检验。

4 对重要的增层、增加荷载等采用桩基础的建筑，宜按本规范附录 C 的规定进行桩的持载再加荷载荷试验。

4.3.4 基础的分析评价应包括下列内容：

1 结合基础的裂缝、腐蚀或破损程度，以及基础材料的强度等，对基础结构的完整性和耐久性进行分析评价。

2 对于桩基础，应结合桩身质量检验、场地岩土的工程性质、桩的施工工艺、沉降观测记录、载荷试验资料等，结合地区经验对桩的承载力进行分析和评价。

3 进行基础结构承载力验算，分析基础加固的必要性，提出基础加固方法的建议。

5 地基基础计算

5.1 一般规定

5.1.1 既有建筑地基基础加固设计计算，应符合下列规定：

1 地基承载力、地基变形计算及基础验算，应符合现行国家标准《建筑地基基础设计规范》GB 50007 的有关规定。

2 地基稳定性计算，应符合国家现行标准《建筑地基基础设计规范》GB 50007 和《建筑地基处理技术规范》JGJ 79 的有关规定。

3 抗震验算，应符合现行国家标准《建筑抗震设计规范》GB 50011 的有关规定。

5.1.2 既有建筑地基基础加固设计，应遵循新、旧基础，新增桩和原有桩变形协调原则，进行地基基础计算。新、旧基础的连接应采取可靠的技术措施。

5.2 地基承载力计算

5.2.1 地基基础加固或增加荷载后，基础底面的压力，可按下列公式确定：

1 当轴心荷载作用时：

$$p_k = \frac{F_k + G_k}{A} \qquad (5.2.1-1)$$

式中：p_k ——相应于作用的标准组合时，地基基础加固或增加荷载后，基础底面的平均压力值（kPa）；

F_k ——相应于作用的标准组合时，地基基础加固或增加荷载后，上部结构传至基础顶面的竖向力值（kN）；

G_k ——基础自重和基础上的土重（kN）；

A ——基础底面积（m^2）。

2 当偏心荷载作用时：

$$p_{kmax} = \frac{F_k + G_k}{A} + \frac{M_k}{W} \qquad (5.2.1-2)$$

$$p_{kmin} = \frac{F_k + G_k}{A} - \frac{M_k}{W} \qquad (5.2.1-3)$$

式中：p_{kmax} ——相应于作用的标准组合时，地基基础加固或增加荷载后，基础底面边缘最大压力值（kPa）；

M_k ——相应于作用的标准组合时，地基基础加固或增加荷载后，作用于基础底面的力矩值（kN·m）；

p_{kmin} ——相应于作用的标准组合时，地基基础加固或增加荷载后，基础底面边缘最小压力值（kPa）；

W ——基础底面的抵抗矩（m^3）。

5.2.2 既有建筑地基基础加固或增加荷载时，地基承载力计算应符合下列规定：

1 当轴心荷载作用时：

$$p_k \leqslant f_a \qquad (5.2.2-1)$$

式中：f_a ——修正后的既有建筑地基承载力特征值（kPa）。

2 当偏心荷载作用时，除应符合式（5.2.2-1）要求外，尚应符合下式规定：

$$p_{kmax} \leqslant 1.2 f_a \qquad (5.2.2-2)$$

5.2.3 既有建筑地基承载力特征值的确定，应符合下列规定：

1 当不改变基础埋深及尺寸，直接增加荷载时，可按本规范附录 B 的方法确定。

2 当不具备持载试验条件时，可按本规范附录 A 的方法，并结合土工试验、其他原位试验结果以及地区经验等综合确定。

3 既有建筑外接结构地基承载力特征值，应按外接结构的地基变形允许值确定。

4 对于需要加固的地基，应采用地基处理后检验确定的地基承载力特征值。

5 对扩大基础的地基承载力特征值，宜采用原天然地基承载力特征值。

5.2.4 地基基础加固或增加荷载后，既有建筑桩基础群桩中单桩桩顶竖向力和水平力，应按下列公式计算：

1 轴心竖向力作用下：

$$Q_k = \frac{F_k + G_k}{n} \qquad (5.2.4-1)$$

2 偏心竖向力作用下：

$$Q_{ik} = \frac{F_k + G_k}{n} \pm \frac{M_{xk} y_i}{\sum y_i^2} \pm \frac{M_{yk} x_i}{\sum x_i^2} \qquad (5.2.4-2)$$

3 水平力作用下：

$$H_{ik} = \frac{H_k}{n} \qquad (5.2.4-3)$$

式中：Q_k ——地基基础加固或增加荷载后，轴心竖向力作用下任一单桩的竖向力（kN）；

F_k ——相应于作用的标准组合时，地基基础加固或增加荷载后，作用于桩基承台顶面的竖向力（kN）；

G_k ——地基基础加固或增加荷载后，桩基承台自重及承台上土自重（kN）；

n ——桩基中的桩数；

Q_{ik} ——地基基础加固或增加荷载后，偏心竖向力作用下第 i 根桩的竖向力（kN）；

M_{xk}、M_{yk} ——相应于作用的标准组合时，作用于承台底面通过桩群形心的 x、y 轴的力矩（kN·m）；

x_i、y_i ——桩 i 至桩群形心的 y、x 轴线的距离（m）；

H_k ——相应于作用的标准组合时，地基基础加固或增加荷载后，作用于承台底面的水平力（kN）；

H_{ik} ——地基基础加固或增加荷载后，作用于任一单桩的水平力（kN）。

5.2.5 既有建筑单桩承载力计算，应符合下列规定：

1 轴心竖向力作用下：

$$Q_k \leqslant R_a \qquad (5.2.5-1)$$

式中：R_a ——既有建筑单桩竖向承载力特征值（kN）。

2 偏心竖向力作用下，除满足公式（5.2.5-1）外，尚应满足下式要求：

$$Q_{ikmax} \leqslant 1.2R_a \qquad (5.2.5-2)$$

式中：Q_{ikmax} ——基础中受力最大的单桩荷载值（kN）。

3 水平荷载作用下：

$$H_{ik} \leqslant R_{Ha} \qquad (5.2.5-3)$$

式中：R_{Ha} ——既有建筑单桩水平承载力特征值（kN）。

5.2.6 既有建筑单桩承载力特征值的确定，应符合下列规定：

1 既有建筑下原有的桩，以及新增加的桩的单桩竖向承载力特征值，应通过单桩竖向静载荷试验确定；既有建筑原有桩的单桩静载荷试验，可按本规范附录C进行；在同一条件下的试桩数量，不宜少于增加总桩数的1%，且不应少于3根；新增加桩的单桩竖向承载力特征值，应按现行国家标准《建筑地基基础设计规范》GB 50007的方法确定。

2 原有桩的单桩竖向承载力特征值，有地区经验时，可按地区经验确定。

3 新增加的桩初步设计时，单桩竖向承载力特征值可按下式估算：

$$R_a = q_{pa}A_p + u_p \Sigma q_{sia}l_i \qquad (5.2.6-1)$$

式中：R_a ——单桩竖向承载力特征值（kN）；

q_{pa}、q_{sia} ——桩端端阻力、桩侧阻力特征值（kPa），按地区经验确定；

A_p ——桩底端横截面面积（m²）；

u_p ——桩身周边长度（m）；

l_i ——第 i 层岩土的厚度（m）。

4 桩端嵌入完整或较完整的硬质岩中，可按下式估算单桩竖向承载力特征值：

$$R_a = q_{pa}A_p \qquad (5.2.6-2)$$

式中：q_{pa} ——桩端岩石承载力特征值（kN）。

5.2.7 在既有建筑原基础内增加桩时，宜按新增加的全部荷载，由新增加的桩承担进行承载力计算。

5.2.8 对既有建筑的独立基础、条形基础进行扩大基础，并增加桩时，可按既有建筑原地基增加的承载力承担部分新增荷载、其余新增加的荷载由桩承担进行承载力计算，此时地基土承担部分新增荷载的基础面积应按原基础面积计算。

5.2.9 既有建筑桩基础扩大基础并增加桩时，可按新增加的荷载由原基础桩和新增加桩共同承担，进行承载力计算。

5.2.10 当地基持力层范围内存在软弱下卧层时，应进行软弱下卧层地基承载力验算，验算方法应符合现行国家标准《建筑地基基础设计规范》GB 50007的有关规定。

5.2.11 对邻近新建建筑、深基坑开挖、新建地下工程改变原建筑地基基础设计条件时，原建筑地基应根据改变后的条件，按现行国家标准《建筑地基基础设计规范》GB 50007的规定进行承载力验算。

5.3 地基变形计算

5.3.1 既有建筑地基基础加固或增加荷载后，建筑物相邻柱基的沉降差、局部倾斜、整体倾斜值的允许值，应符合现行国家标准《建筑地基基础设计规范》GB 50007的有关规定。

5.3.2 对有特殊要求的保护性建筑，地基基础加固或增加荷载后的地基变形允许值，应按建筑物的保护要求确定。

5.3.3 对地基基础加固或增加荷载的既有建筑，其地基最终变形量可按下式确定：

$$s = s_0 + s_1 + s_2 \qquad (5.3.3)$$

式中：s ——地基最终变形量（mm）；

s_0 ——地基基础加固前或增加荷载前，已完成的地基变形量，可由沉降观测资料确定，或根据当地经验估算（mm）；

s_1 ——地基基础加固或增加荷载后产生的地基变形量（mm）；

s_2 ——原建筑物尚未完成的地基变形量（mm），可由沉降观测结果推算，或根据地方经验估算；当原建筑物基础沉降已稳定时，此值可取零。

5.3.4 地基基础加固或增加荷载后产生的地基变形量，可按下列规定计算：

1 天然地基不改变基础尺寸时，可按增加荷载量，采用由本规范附录B试验得到的变形模量计算。

2 扩大基础尺寸或改变基础形式时，可按增加荷载量，以及扩大后或改变后的基础面积，采用原地基压缩模量计算。

3 地基加固时，可采用加固后经检验测得的地基压缩模量或变形模量计算。

5.3.5 采用增加桩进行地基基础加固的建筑物基础沉降，可按下列规定计算：

1 既有建筑不改变基础尺寸，在原基础内增加桩时，可按增加荷载量，采用桩基础沉降计算方法计算。

2 既有建筑独立基础、条形基础扩大基础增加桩时，可按新增加的桩承担的新增荷载，采用桩基础沉降计算方法计算。

3 既有建筑桩基础扩大基础增加桩时，可按新增加的荷载，由原基础桩和新增加桩共同承担荷载，采用桩基础沉降计算方法计算。

6 增层改造

6.1 一般规定

6.1.1 既有建筑增层改造后的地基承载力、地基变形和稳定性计算，以及基础结构验算，应符合本规范第5章的有关规定。采用外套结构增层时，应按新建工程的要求，确定地基承载力。

6.1.2 当采用新、旧结构通过构造措施相连接的增层方案时，除应满足地基承载力条件外，尚应分别对新、旧结构进行地基变形验算，并应满足新、旧结构变形协调的设计要求；当既有建筑局部增层时，应进行结构分析，并进行地基基础验算。

6.1.3 当既有建筑的地基承载力和地基变形，不能满足增层荷载要求时，可按本规范第11章有关方法进行加固。

6.1.4 既有建筑增层改造时，对其地基基础加固工程，应进行质量检验和评价，待隐蔽工程验收合格后，方可进行上部结构的施工。

6.2 直接增层

6.2.1 对沉降稳定的建筑物直接增层时，其地基承载力特征值，可根据增层工程的要求，按下列方法综合确定：

1 按基底土的载荷试验及室内土工试验结果确定：

　1）按本规范附录B的规定进行载荷试验确定地基承载力；

　2）在原建筑物基础下1.5倍基础宽度的深度范围内，取原状土进行室内土工试验，确定地基土的抗剪强度指标，以及土的压缩模量等参数，并结合地区经验，确定地基承载力特征值。

2 按地区经验确定：

建筑物增层时，可根据既有建筑原基底压力值、建筑使用年限、地基土的类别，并结合当地建筑物增层改造的工程经验确定，但其值不宜超过原地基承载力特征值的1.20倍。

6.2.2 直接增层需新设承重墙时，应采用调整新、旧基础底面积，增加桩基础或地基处理等方法，减少基础的沉降差。

6.2.3 直接增层时，地基基础的加固设计，应符合下列规定：

1 加大基础底面积时，加大的基础底面积宜比计算值增加10%。

2 采用桩基础承受增层荷载时，应符合本规范第5.2.8条的规定，并验算基础沉降。

3 采用锚杆静压桩加固时，当原钢筋混凝土条形基础的宽度或厚度不能满足压桩要求时，压桩前应先加宽或加厚基础。

4 采用抬梁或挑梁承受新增层结构荷载时，梁的截面尺寸及配筋应通过计算确定。

5 上部结构和基础刚度较好，持力层埋置较浅，地下水位较低，施工开挖对原结构不会产生附加下沉和开裂时，可采用加深基础或在原基础下做坑式静压桩加固。

6 施工条件允许时，可采用树根桩、旋喷桩等方法加固。

7 采用注浆法加固既有建筑地基时，对注浆加固易引起附加变形的地基，应进行现场试验，确定其适用性。

8 既有建筑为桩基础时，应检查原桩体质量及状况，实测土的物理力学性质指标，确定桩间土的压密状况，按桩土共同工作条件，提高原桩基础的承载能力。对于承台与土层脱空情况，不得考虑桩土共同工作。当桩数不足时，应补桩；对已腐烂的木桩或破损的混凝土桩，应经加固处理后，方可进行增层施工。

9 对于既有建筑无地质勘察资料或原地质勘察资料过于简单不能满足设计需要、而建筑物下有人防工程或场地条件复杂，以及地基情况与原设计发生了较大变化时，应补充进行岩土工程勘察。

10 采用扶壁柱式结构直接增层时，柱体应落在新设置的基础上，新、旧基础宜连成整体，且应满足新、旧基础变形协调条件，不满足时应进行地基加固处理。

6.3 外套结构增层

6.3.1 采用外套结构增层，可根据土质、地下水位、新增结构类型及荷载大小选用合理的基础形式。

6.3.2 位于微风化、中风化硬质岩地基上的外套增层工程，其基础类型与埋深可与原基础不同，新、旧基础可相连在一起，也可分开设置。

6.3.3 采用外套结构增层，应评价新设基础对原基础的影响，对原基础产生超过允许值的附加沉降和倾斜时应对新设基础地基进行处理或采用桩基础。

6.3.4 外套结构的桩基施工，不得扰动原地基基础。

6.3.5 外套结构增层采用天然地基或采用由旋喷桩、搅拌桩等构成的复合地基，应考虑地基受荷后的变形，避免增层后，新、旧结构产生标高差异。

6.3.6 既有建筑有地下室，外套增层结构宜采用桩基础，桩位布置应避开原地下室挑出的底板；如需凿除部分底板时，应通过验算确定；新、旧基础不得相连。

7 纠倾加固

7.1 一般规定

7.1.1 纠倾加固适用于整体倾斜值超过现行国家标准《建筑地基基础设计规范》GB 50007 规定的允许值，且影响正常使用或安全的既有建筑纠倾。

7.1.2 应根据工程实际情况，选择迫降纠倾和顶升纠倾的方法，复杂建筑纠倾可采用多种纠倾方法联合进行。

7.1.3 既有建筑纠倾加固设计前，应进行倾斜原因分析，对纠倾施工方案进行可行性论证，并对上部结构进行安全性评估。当上部结构不能满足纠倾施工安全性要求时，应对上部结构进行加固。当可能发生再度倾斜时，应确定地基加固的必要性，并提出加固方案。

7.1.4 建筑物纠倾加固设计应具备下列资料：

1 纠倾建筑物有关设计和施工资料。

2 建筑场地岩土工程勘察资料。

3 建筑物沉降观测资料。

4 建筑物倾斜现状及结构安全性评价。

5 纠倾施工过程结构安全性评价分析。

7.1.5 既有建筑纠倾加固后，建筑物的整体倾斜值及各角点纠倾位移值应满足设计要求。尚未通过竣工验收的倾斜建筑物，纠倾后的验收标准，应符合有关新建工程验收标准要求。

7.1.6 纠倾加固完成后，应立即对工作槽（孔）进行回填，对施工破损面进行修复；当上部结构因纠倾施工产生裂损时，应进行修复或加固处理。

7.2 迫降纠倾

7.2.1 迫降纠倾应根据地质条件、工程对象及当地经验，采用掏土纠倾法（基底掏土纠倾法、井式纠倾法、钻孔取土纠倾法）、堆载纠倾法、降水纠倾法、地基加固纠倾法和浸水纠倾法等方法。

7.2.2 迫降纠倾的设计，应符合下列规定：

1 对建筑物倾斜原因，结构和基础形式、整体刚度，工程地质条件，环境条件等进行综合分析，遵循确保安全、经济合理、技术可靠、施工方便的原则，确定迫降纠倾方法。

2 迫降纠倾不应对上部结构产生结构损伤和破坏。当施工对周边建筑物、场地和管线等产生不良影响时，应采取有效技术措施。

3 纠倾后的地基承载力，地基变形和稳定性应按本规范第 5 章的有关规定进行验算，防止纠倾后的再度倾斜。当既有建筑的地基承载力和变形不能满足要求时，可按本规范第 11 章有关方法进行加固。

4 应确定各控制点的迫降纠倾量。

5 纠倾施工工艺和操作要点。

6 设置迫降的监控系统。沉降观测点纵向布置每边不应少于 4 点，横向每边不应少于 2 点，相邻测点间距不应大于 6m，且建筑物角点部位应设置倾斜值观测点。

7 应根据建筑物的结构类型和刚度确定纠倾速率。迫降速率不宜大于 5mm/d，迫降接近终止时，应预留一定的沉降量，以防发生过纠现象。

8 应制定出现异常情况的应急预案，以及防止过量纠倾的技术处理措施。

7.2.3 迫降纠倾施工，应符合下列规定：

1 施工前，应对建筑物及现场进行详细查勘，检查纠倾施工可能影响的周边建筑物和场地设施，并应采取措施消除迫降纠倾施工的影响，或降低影响程度及影响范围，并做好查勘记录。

2 编制详细的施工技术方案和施工组织设计。

3 在施工过程中，应做到设计、施工紧密配合，严格按设计要求进行监测，及时调整迫降量及施工顺序。

7.2.4 基底掏土纠倾法可分为人工掏土法或水冲掏土法，适用于匀质黏性土、粉土、填土、淤泥质土和砂土上的浅埋基础建筑物的纠倾。当缺少地方经验时，应通过现场试验确定具体施工方法和施工参数，且应符合下列规定：

1 人工掏土法可选择分层掏土、室外开槽掏土、穿孔掏土等方法，掏土范围、沟槽位置、宽度、深度应根据建筑物迫降量、地基土性质、基础类型、上部结构荷载中心位置等，结合当地经验和现场试验综合确定。

2 掏挖时，应先从沉降量小的部位开始，逐渐过渡，依次掏挖。

3 当采用高压水冲掏土时，水冲压力、流量应根据土质条件通过现场试验确定，水冲压力宜为 1.0MPa～3.0MPa，流量宜为 40L/min。

4 水冲过程中，掏土槽应逐渐加深，不得超宽。

5 当出现掏土过量，或纠倾速率超出控制值时，应立即停止掏土施工。当纠倾至设计控制值可能出现过纠现象时，应立即采用砾砂、细石或卵石进行回填，确保安全。

7.2.5 井式纠倾法适用于黏性土、粉土、砂土、淤泥、淤泥质土或填土等地基上建筑物的纠倾。井式纠倾施工，应符合下列规定：

1 取土工作井，可采用沉井或挖孔护壁等方式形成，具体应根据土质情况及当地经验确定，井壁宜采用钢筋混凝土，井的内径不宜小于 800mm，井壁混凝土强度等级不得低于 C15。

2 井孔施工时，应观察土层的变化，防止流砂、涌土、塌孔、突陷等意外情况出现。施工前，应制定相应的防护措施。

3 井位应设置在建筑物沉降量较小的一侧，井位可布置在室内，井位数量、深度和间距应根据建筑物的倾斜情况、基础类型、场地环境和土层性质等综合确定。

4 当采用射水施工时，应在井壁上设置射水孔与回水孔，射水孔孔径宜为150mm～200mm，回水孔孔径宜为60mm；射水孔位置，应根据地基土质情况及纠倾量进行布置，回水孔宜在射水孔下方交错布置。

5 高压射水泵工作压力、流量，宜根据土层性质，通过现场试验确定。

6 纠倾达到设计要求后，工作井及射水孔均应回填，射水孔可采用生石灰和粉煤灰拌合料回填。

7.2.6 钻孔取土纠倾法适用于淤泥、淤泥质土等软弱地基上建筑物的纠倾。钻孔取土纠倾施工，应符合下列规定：

1 应根据建筑物不均匀沉降情况和土层性质，确定钻孔位置和取土顺序。

2 应根据建筑物的底面尺寸和附加应力的影响范围，确定钻孔的直径及深度，取土深度不应小于3m，钻孔直径不应小于300mm。

3 钻孔顶部3m深度范围内，应设置套管或套筒，保护浅层土体不受扰动，防止地基出现局部变形过大。

7.2.7 堆载纠倾法适用于淤泥、淤泥质土和松散填土等软弱地基上体量较小且纠倾量不大的浅埋基础建筑物的纠倾。堆载纠倾施工，应符合下列规定：

1 应根据工程规模、基底附加压力的大小及土质条件，确定堆载纠倾施加的荷载量、荷载分布位置和分级加载速率。

2 应评价地基土的整体稳定，控制加载速率；施工过程中，应进行沉降观测。

7.2.8 降水纠倾法适用于渗透系数大于10^{-4}cm/s的地基土层的浅埋基础建筑物的纠倾。设计施工前，应论证施工对周边建筑物及环境的影响，并采取必要的隔水措施。降水施工，应符合下列规定：

1 人工降水的井点布置、井深设计及施工方法，应按抽水试验或地区经验确定。

2 纠倾时，应根据建筑物的纠倾量来确定抽水量大小及水位下降深度，并应设置水位观测孔，随时记录所产生的水力坡降，与沉降实测值比较，调整纠倾水位降深。

3 人工降水时，应采取措施防止对邻近建筑地基造成影响，且应在邻近建筑附近设置水位观测井和回灌井；降水对邻近建筑产生的附加沉降超过允许值时，可采取设置地下隔水墙等保护措施。

4 建筑物纠倾接近设计值时，应预留纠倾值的1/10～1/12作为滞后回倾值，并停止降水，防止建筑物过纠。

7.2.9 地基加固纠倾法适用于淤泥、淤泥质土等软弱地基上沉降尚未稳定、整体刚度较好且倾斜量不大的既有建筑物的纠倾。应根据结构现况和地区经验确定适用性。地基加固纠倾施工，应符合下列规定：

1 优先选择托换加固地基的方法。

2 先对建筑物沉降较大一侧的地基进行加固，使该侧的建筑物沉降减少；根据监测结果，再对建筑物沉降较小一侧的地基进行加固，迫使建筑物倾斜纠正，沉降稳定。

3 对注浆等可能产生增大地基变形的加固方法，应通过现场试验确定其适用性。

7.2.10 浸水纠倾法适用于湿陷性黄土地基上整体刚度较大的建筑物的纠倾。当缺少当地经验时，应通过现场试验，确定其适用性。浸水纠倾施工，应符合下列规定：

1 根据建筑结构类型和场地条件，可选用注水孔、坑或槽等方式注水纠倾。注水孔、注水坑（槽）应布置在建筑物沉降量较小的一侧。

2 浸水纠倾前，应通过现场注水试验，确定渗透半径、浸水量与渗透速度的关系。当采用注水孔（坑）浸水时，应确定注水孔（坑）布置、孔径或坑的平面尺寸、孔（坑）深度、孔（坑）间距及注水量；当采用注水槽浸水时，应确定槽宽、槽深及分隔段的注水量；工程设计，应明确水量控制和计量系统。

3 浸水纠倾前，应设置严密的监测系统及防护措施。应根据基础类型、地基土层参数、现场试验数据等估算注水后的后期纠倾值，防止过纠的发生；设置限位桩；对注水流入沉降较大一侧地基采取防护措施。

4 当浸水纠倾的速率过快时，应立即停止注水，并回填生石灰料或采取其他有效的措施；当浸水纠倾速率较慢时，可与其他纠倾方法联合使用。

7.2.11 当纠倾速率较小，或原纠倾方法无法满足纠倾要求时，可结合掏土、降水、堆载等方法综合使用进行纠倾。

7.3 顶升纠倾

7.3.1 顶升纠倾适用于建筑物的整体沉降及不均匀沉降较大，以及倾斜建筑物基础为桩基础等不适用采用迫降纠倾的建筑纠倾。

7.3.2 顶升纠倾，可根据建筑物基础类型和纠倾要求，选用整体顶升纠倾、局部顶升纠倾。顶升纠倾的最大顶升高度不宜超过800mm；采用局部顶升纠倾，应进行顶升过程结构的内力分析，对结构产生裂缝等损伤，应采取结构加固措施。

7.3.3 顶升纠倾的设计，应符合下列规定：

1 通过上部钢筋混凝土顶升梁与下部基础梁组

成上、下受力梁系，中间采用千斤顶顶升，受力梁系平面上应连续闭合，且应进行承载力及变形等验算（图7.3.3-1）。

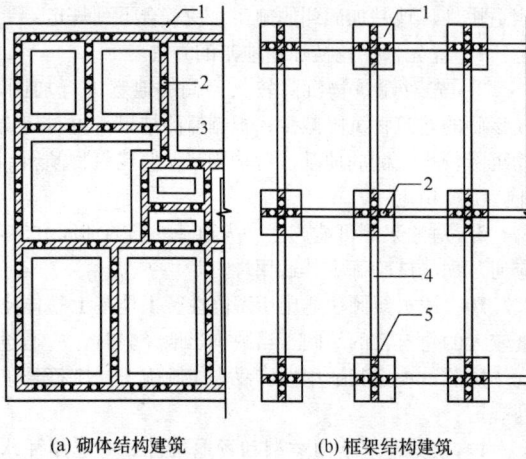

(a) 砌体结构建筑　　　(b) 框架结构建筑

图7.3.3-1　千斤顶平面布置图
1—基础；2—千斤顶；3—托换梁；
4—连系梁；5—后置牛腿

2 顶升梁应通过托换加固形成，顶升托换梁宜设置在地面以上500mm位置，当基础梁埋深较大时，可在基础梁上增设钢筋混凝土千斤顶底座，并与基础连成整体。顶升梁、千斤顶、底座应形成稳固的整体（图7.3.3-2）。

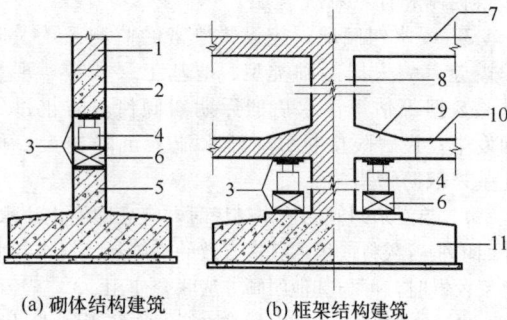

(a) 砌体结构建筑　　　(b) 框架结构建筑

图7.3.3-2　顶升梁、千斤顶、底座布置
1—墙体；2—钢筋混凝土顶升梁；3—钢垫板；4—千斤顶；
5—钢筋混凝土基础梁；6—垫块（底座）；7—框架梁；
8—框架柱；9—托换牛腿；10—连系梁；11—原基础

3 对砌体结构建筑，可根据墙体线荷载分布布置顶升点，顶升点间距不宜大于1.5m，且应避开门窗洞及薄弱承重构件位置；对框架结构建筑，应根据柱荷载大小布置。单片墙或单柱下顶升点数量，可按下式估算：

$$n \geqslant K\frac{Q}{N_a} \qquad (7.3.3)$$

式中：n——顶升点数（个）；
Q——相应于作用的标准组合时，单片墙总荷载或单柱集中荷载（kN）；

N_a——顶升支承点千斤顶的工作荷载设计值（kN），可取千斤顶额定工作荷载的0.8；
K——安全系数，可取2.0。

4 顶升量可根据建筑物的倾斜值、使用要求以及设计过纠量确定。纠倾后，倾斜值应符合现行国家标准《建筑地基基础设计规范》GB 50007的要求。

7.3.4 砌体结构建筑的顶升梁系，可按倒置在弹性地基上的墙梁设计，并应符合下列规定：

1 顶升梁设计时，计算跨度应取相邻三个支承点中两边缘支点间的距离，并进行顶升梁的截面承载力及配筋设计。

2 当既有建筑的墙体承载力验算不能满足墙梁的要求时，可调整支承点的间距或对墙体进行加固补强。

7.3.5 框架结构建筑的顶升梁系的设置，应为有效支承结构荷载和约束框架柱的体系。顶升梁系包含顶升牛腿及连系梁两个部分，牛腿应按后设置牛腿设计，并应符合下列规定：

1 计算分析截断前、后柱端的抗压，抗弯和抗剪承载力是否满足顶升要求。

2 后设置牛腿，应符合现行国家标准《混凝土结构设计规范》GB 50010的规定，并验算牛腿的正截面受弯承载力，局部受压承载力及斜截面的受剪承载力。

3 后设置牛腿设计时，钢筋的布置、焊接长度及（植筋）锚固应符合现行国家标准《混凝土结构设计规范》GB 50010和《混凝土结构加固设计规范》GB 50367的有关规定。

7.3.6 顶升纠倾的施工，应按下列步骤进行：

1 顶升梁系的托换施工。

2 设置千斤顶底座及顶升标尺，确定各点顶升值。

3 对每个千斤顶进行检验，安放千斤顶。

4 顶升前两天内，应设置完成监测测量系统，对尚存在连接的墙、柱等结构，以及水、电、暖气和燃气等进行截断处理。

5 实施顶升施工。

6 顶升到位后，应及时进行结构连接和回填。

7.3.7 顶升纠倾的施工，应符合下列规定：

1 砌体结构建筑的顶升梁应分段施工，梁分段长度不应大于1.5m，且不应大于开间墙段的1/3，并应间隔进行施工。主筋应预留搭接或焊接长度，相邻分段混凝土接头处，应按混凝土施工缝做法进行处理。当上部砌体无法满足托换施工要求时，可在各段设置支承芯垫，其间距应视实际情况确定。

2 框架结构建筑的顶升梁、牛腿施工，宜按柱间隔进行，并应设置必要的辅助措施（如支撑等）。当在原柱中钻孔植筋时，应分批（次）进行，每批（次）钻孔削弱后的柱净截面，应满足柱承载力计算要求。

　3　顶升的千斤顶上、下应设置应力扩散的钢垫块，顶升过程应均匀分布，且应有不少于30%的千斤顶保持与顶升梁、垫块、基础梁连成一体。

　4　顶升前，应对顶升点进行承载力试验。试验荷载应为设计荷载的1.5倍，试验数量不应少于总数的20%，试验合格后，方可正式顶升。

　5　顶升时，应设置水准仪和经纬仪观测站。顶升标尺应设置在每个支承点上，每次顶升量不宜超过10mm。各点顶升量的偏差，应小于结构的允许变形。

　6　顶升应设统一的监测系统，并应保证千斤顶按设计要求同步顶升和稳固。

　7　千斤顶回程时，相邻千斤顶不得同时进行；回程前，应先用楔形垫块进行保护，或采用备用千斤顶支顶进行保护，并保证千斤顶底座平稳。楔形垫块及千斤顶底座垫块，应采用外包钢板的混凝土垫块或钢垫块。垫块使用前，应进行强度检验。

　8　顶升达到设计高度后，应立即在墙体交叉点或主要受力部位增设垫块支承，并迅速进行结构连接。顶升高度较大时，应设置安全保护措施。千斤顶应待结构连接达到设计强度后，方可分批分期拆除。

　9　结构的连接处应不低于原结构的强度，纠倾施工受到削弱时，应进行结构加固补强。

8　移　位　加　固

8.1　一　般　规　定

8.1.1　建筑物移位加固适用于既有建筑物需保留而改变其平面位置的整体移位。

8.1.2　建筑物移位，按移动方法可分为滚动移位和滑动移位两种，应优先采用滚动移位方法；滑动移位方法适用于小型建筑物。

8.1.3　建筑物移位加固设计前，应具备下列资料：

　1　移位总平面布置。

　2　场地及移位路线的岩土工程勘察资料。

　3　既有建筑物相关设计和施工资料，以及检测鉴定报告。

　4　既有建筑物结构现状分析。

　5　移位施工对周边建筑物、场地、地下管线的影响分析。

8.1.4　建筑物移位加固，应对上部结构进行安全性评估。当上部结构不能满足移位施工要求时，应对上部结构进行加固或采取有效的支撑措施。

8.1.5　建筑物移位加固设计时，应对移位建筑的地基承载力和变形进行验算。当不满足移位要求时，应对地基基础进行加固。

8.1.6　建筑移位就位后，应对建筑物轴线、垂直度进行测量，其水平位置偏差应为±40mm，垂直位

移增量应为±10mm。

8.1.7　移位工程完成后，应立即对工作槽（孔）进行回填、回灌，当上部结构因移位施工产生裂损时，应进行修复或加固处理。

8.2　设　　计

8.2.1　设计前，应调查核实作用在结构上的实际荷载，并对建筑物轴线及构件的实际尺寸进行现场测量核对，并对结构或构件的材料强度、实际配筋进行抽检。

8.2.2　移位加固设计，应考虑恒荷载、活荷载及风荷载的组合，恒荷载及活荷载应按实际荷载取值，当无可靠依据时，活荷载标准值及基本风压值应符合现行国家标准《建筑结构荷载规范》GB 50009的规定；移位施工期间的基本风压，可按当地10年一遇的风压值采用。

8.2.3　建筑物移位加固设计，应包括托换结构梁系、移位地基基础、移动装置、施力系统和结构连接等设计内容。

8.2.4　托换结构梁系的设计，应符合下列规定：

　1　托换梁系由上轨道梁、托换梁及连系梁组成（图8.2.4）。托换梁系应考虑移位过程中，上部结构竖向荷载和水平荷载的分布和传递，以及移位时的最不利组合，可按承载能力极限状态进行设计。荷载分项系数，应符合现行国家标准《建筑结构荷载规范》GB 50009的规定。

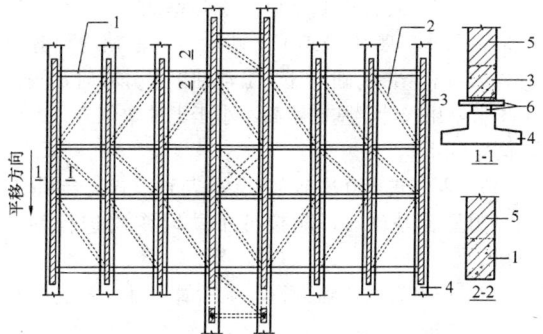

图 8.2.4　托换梁系构件组成示意
1—托换梁；2—连系梁；3—上轨道梁；4—轨道基础；
5—墙（柱）；6—移动装置

　2　托换梁可按简支梁、连续梁设计。对砌体结构，当上部砌体及托换梁符合现行国家标准《砌体结构设计规范》GB 50003的要求时，可按简支墙梁、连续墙梁设计。

　3　上轨道梁应根据地基承载力、上部荷载及上部结构形式，选用连续上轨道梁或悬挑上轨道梁。连续上轨道梁可按无翼缘的柱（墙）下条形基础梁设计。悬挑上轨道梁宜用于柱构件下，且应以柱中线对称布置，按悬挑梁或牛腿设计。上轨道梁线刚度，应

满足梁底反力直线分布假定。

4 根据上部结构的整体性、刚度、平移路线地基情况，以及水平移位类型等情况对托换梁系的平面内、外刚度进行设计。

8.2.5 移位加固地基基础设计，应包括轨道地基基础及新址地基基础，且应符合下列规定：

1 轨道地基设计时，原地基承载力特征值或单桩承载力特征值可乘以系数 1.20；轨道基础应按永久性工程设计，荷载分项系数按现行国家标准《混凝土结构设计规范》GB 50010 的规定采用。当验算不满足移位要求时，地基基础加固方法可按本规范第 11 章选用。

2 新址地基基础应符合新建工程的要求，且应考虑移位过程中的荷载不利布置，以及就位后的结构布置，进行地基基础的设计；当就位地基基础由新、旧两部分组成时，应考虑新、旧基础的变形协调条件。

3 轨道基础，可根据荷载传递方式分为抬梁式、直承式及复合式。设计时，应根据场地地质条件，以及建筑物原基础形式选择轨道基础形式。

4 抬梁式轨道基础由下轨道梁及集中布置的桩基础或独立基础组成。下轨道梁应考虑移位过程荷载的不利布置，按连续梁进行正截面受弯承载力及斜截面承载力计算，其梁高不得小于梁跨度的 1/6。当下轨道梁直接支承于桩上时，其构造尚应满足承台梁的构造要求。

5 直承式轨道基础以天然地基为基础持力层，可采用无筋扩展基础或扩展基础。当辊轴均匀分布时，按墙下条形基础。当辊轴集中分布时，按柱下条形基础设计，基础梁高不小于辊轴集中分布区中心间距的 1/6。

6 复合式轨道基础为抬梁式与直承式复合基础，当采用复合基础时，应按桩土共同作用进行计算分析。

7 应对轨道基础进行沉降验算，并应进行平移偏位时的抗扭验算。

8.2.6 移动装置可分为滚动式及滑动式两种，设计应符合下列规定：

1 滚动式移动装置（图 8.2.6）上、下承压板宜采用钢板，厚度应根据荷载大小计算确定，且不宜小于 20mm。辊轴可采用直径不小于 50mm 的实心钢棒或直径不小于 100mm 的厚壁钢管混凝土棒，辊轴间距应根据计算确定，且不宜大于 200mm。辊轴的径向承压力宜通过试验确定，也可用下式计算实心钢辊轴的径向承压力设计值 P_i：

$$P_i = k_p \frac{40dlf^2}{E} \qquad (8.2.6\text{-}1)$$

式中：k_p——经验系数，由试验或施工经验确定，一

般可取 0.6；

d——辊轴直径（mm）；

l——辊轴有效承压长度（mm），取上、下承压长度的较小值；

f——辊轴的抗压强度设计值（N/mm²）；

E——钢材的弹性模量（N/mm²）。

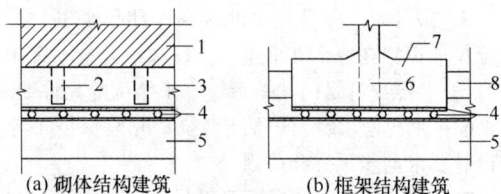

图 8.2.6 水平移位辊轴均匀分布构造示意
1—墙；2—托换梁；3—连续上轨道梁；4—移动装置；5—轨道基础；6—墙（柱）；7—悬挑上轨道梁；8—连系梁

2 滑动式行走机构上、下轨道滑板的水平面积 A_0，应根据滑板的耐压性能，按下式计算：

$$A_0 \geqslant \frac{N}{f_0} \qquad (8.2.6\text{-}2)$$

式中：N——滑板承受的竖向作用力设计值（N）；

f_0——滑板材料抗压强度设计值（N/mm²）。

8.2.7 施力系统设计，应符合下列规定：

1 移位动力的施加可采用牵引、顶推和牵引顶推组合三种施力方式。牵引式适用于重量较小的建筑物移位，顶推式及牵引顶推组合方式适用于重量较大的建筑物移位。当建筑物旋转移位时，应优先选用牵引式或牵引顶推组合方式。

2 移位设计时，水平移位总阻力 F 可按下式计算：

$$F = k_s(iW + \mu W) \qquad (8.2.7\text{-}1)$$

式中：k_s——经验系数，由试验或施工经验确定，可取 1.5～3.0；

i——移位路线下轨道坡度；

W——作用的标准组合时建筑物基底总竖向荷载（kN）；

μ——行走机构摩擦系数，应根据试验确定。

3 施力点应根据荷载分布均匀布置，施力点的竖向位置应靠近上轨道底面，施力点的数量可按下式估算：

$$n = k_G \frac{F}{T} \qquad (8.2.7\text{-}2)$$

式中：n——施力点数量（个）；

k_G——经验系数，当采用滚动式行走机构时取 1.5，当采用滑动式行走机构时取 2.0；

F——水平移位总阻力，按本规范式（8.2.7-1）计算；

T——施力点额定工作荷载值（kN）。

8.2.8 建筑物移位就位后，应进行上部结构与新址

地基基础的连接设计，连接设计应符合下列规定：

1 连接构件应按国家有关标准的要求进行承载力和变形计算。

2 砌体结构建筑移位就位后，上部构造柱纵筋应与新址基础中预埋构造柱纵筋连接，连接区段箍筋间距应加密，且不大于100mm，托换梁系与基础间的空隙采用细石混凝土填充密实。

3 框架结构柱的连接应按计算确定。新址基础应预埋柱筋与上部框架柱纵筋连接，连接区段箍筋间距应加密，且不应大于100mm。柱连接区段采用细石混凝土灌注，连接区段宜采用外包钢筋混凝土套、外包型钢法等进行加固。

4 对于特殊建筑，当抗震设计要求无法满足时，可结合移位加固采用减震、隔震技术连接。

8.3 施　工

8.3.1 移位加固施工前，应编制详细的施工技术方案和施工组织设计。

8.3.2 托换梁施工，除应符合本规范第7.3.7条的规定外，尚应符合下列规定：

1 施工前，应设置水平标高控制线，上轨道梁底面标高应保证在同一水平面上。

2 上轨道梁施工时，可分段置入上承压板，并保证其在同一水平面上，上承压板宜可靠固定在上轨道梁底面，板端部应设置防翘曲构造措施。

3 当设计需要双向移位时，其上承压板可在托换施工时，进行双向预埋；也可先进行单向预埋，另一方向可在换向时进行置换。

8.3.3 移位加固地基基础施工，应符合下列规定：

1 轨道基础顶面标高应保证在同一水平面上，其表面应平整。

2 轨道地基基础和新址地基基础施工后，经检验达到设计要求时，方可进行移位施工。

8.3.4 移动装置施工，应符合下列规定：

1 移动装置包括上、下承压板，滚动支座或滑动支座，可在托换施工时，分段预先安装；也可在托换施工完成后，采取整体顶升后，一次性安装。

2 当采用滚动移位时，可采用直径不小于50mm的钢辊轴作为滚动支座；采用滑动移位时，可采用合适的橡胶支座作为滑动支座，其规格、型号等应统一。

3 当采用工具式下承压板时，每根承压板长度宜为2000mm，相互间连接构件应根据移位反力，按钢结构设计进行计算。

4 当移位距离较长时，宜采用可移动、可重复使用、易拆装的工具式下承压板，并与反力支座结合。

8.3.5 移位施工，应符合下列规定：

1 移位前，应对上托换梁系和移位地基基础等进行施工质量检验及验收。

2 移位前，应对移动装置、反力装置、施力系统、控制系统、监测系统、应急措施等进行检验与检查。

3 正式移位前，应进行试验性移位，检验各装置与系统的工作状态和安全可靠性能，并测读各移位轨道推力，当推力与设计值有较大差异时，应分析其原因。

4 移动施工时，动力施加应遵循均匀、分级、缓慢、同步的原则，动力系统应有测读装置，移动速度不宜大于50mm/min，应设置限制滚动装置，及时纠正移位中产生的偏移。

5 移位施工时，应避免建筑物长时间处于新、旧基础交接处，减少不均匀沉降对移位施工的影响。

6 移位施工过程中，应对上部建筑结构进行实时监测。出现异常时，应立即停止移位施工，待查明原因，消除隐患后，方可继续施工。

7 当折线、曲线移位施工过程需进行换向，或建筑物移位完成后，需置换或拆除移动装置时，可采用整体顶升方法，顶升施工应符合本规范第7.3.7条的规定。

9 托换加固

9.1 一般规定

9.1.1 发生下列情况时，可采用托换技术进行既有建筑地基基础加固：

1 地基不均匀变形引起建筑物倾斜、裂缝。

2 地震、地下洞穴及采空区土体移动，软土地基沉陷等引起建筑物损害。

3 建筑功能改变，结构承重体系改变，基础形式改变。

4 新建地下工程，邻近新建建筑，深基坑开挖，降水等引起建筑物损害。

5 地铁及地下工程穿越既有建筑，对既有建筑地基影响较大时。

6 古建筑保护。

7 其他需采用基础托换的工程。

9.1.2 托换加固设计，应根据工程的结构类型、基础形式、荷载情况以及场地地基情况进行方案比选，分别采用整体托换、局部托换或托换与加强建筑物整体刚度相结合的设计方案。

9.1.3 托换加固设计，应满足下列规定：

1 按上部结构、基础、地基变形协调原则进行承载力、变形验算。

2 当既有建筑基础沉降、倾斜、变形、开裂超过国家有关标准规定的控制指标时，应在原因分析的基础上，进行地基基础加固设计。

9.1.4 托换加固施工前，应制定施工方案；施工过程中，应对既有建筑结构变形、裂缝、基础沉降进行监测；工程需要时，尚应进行应力（或应变）监测。

9.2 设 计

9.2.1 整体托换加固的设计，应符合下列规定：

1 对于砌体结构，应在承重墙与基础梁间设置托换梁，对于框架结构，应在承重柱与基础间设置托换梁。

2 砌体结构的托换梁，可按连续梁计算。框架结构的托换梁，可按倒置的牛腿计算。

3 基础梁应进行地基承载力和变形验算；原基础梁刚度不满足时，应增大截面尺寸；地基承载力和变形验算不满足要求时，可按本规范第 11 章的方法进行地基加固。

4 按托换过程中最不利工况，进行上部结构内力复核。

5 分析评价进行上部结构加固的必要性及采取的保护措施。

9.2.2 局部托换加固的设计，应符合下列规定：

1 进行上部结构的受力分析，确定局部托换加固的范围，明确局部托换的变形控制标准。

2 进行局部托换加固的地基承载力和变形验算。

3 进行局部托换基础或基础梁的内力验算。

4 按局部托换最不利工况，进行上部结构的内力、变形复核。

5 分析评价进行上部结构加固的必要性及采取的保护措施。

9.2.3 地基承载力和变形不满足设计要求时，应进行地基基础加固。加固方法可按本规范第 11 章的规定采用锚杆静压桩、树根桩、加大基础底面积或采用抬墙梁、坑（墩）式托换，以及采用复合地基、桩基相结合的托换方式，并对地基加固后的基础内力进行验算，必要时，应采取基础加固措施。

9.2.4 新建地铁或地下工程穿越建筑物时，地基基础托换加固设计应符合下列规定：

1 应进行穿越工程对既有建筑物影响的分析评价，计算既有建筑的内力和变形。影响较小时，可采用加强建筑物基础刚度和结构刚度，或采用隔断防护措施的方法；可能引起既有建筑裂缝和正常使用时，可采用地基加固和基础、上部结构加固相结合的方法；穿越施工既有建筑存在安全隐患时，应采用加强上部结构的刚度、局部改变结构承重体系和加固地基基础的方法。

2 需切断建筑物桩体或在桩端下穿越时，应采用桩梁式托换、桩筏式托换以及增加基础整体刚度、扩大基础的荷载托换体系，必要时，应采用整体托换技术。

3 穿越天然地基、复合地基的建筑物托换加固，

应采用桩梁式托换、桩筏式托换或地基注浆加固的方法。

9.2.5 既有建筑功能改造，改变上部结构承重体系或基础形式，地基基础托换加固设计，可采用下列方法：

1 建筑物需增加层高或因建筑物沉降量过大，需抬升时，可采用整体托换。

2 建筑物改变平面尺寸，增大开间或使用面积，改变承重体系时，可采用局部托换。

3 建筑物增加地下室，宜采用桩基进行整体托换。

9.2.6 因地震、地下洞穴及采空区土体移动、软土地基变形、地下水位变化、湿陷等造成地基基础损害时，地基基础托换加固，可采用下列方法：

1 建筑物不能正常使用时，可采用整体托换加固，也可采用改变基础形式的方法进行处理。

2 结构（包括基础）构件损害，不能满足设计要求时，可采用局部托换及结构构件加固相结合的方法。

3 地基承载力和变形不满足要求时，应进行地基加固。

9.2.7 采用抬墙法托换，应符合下列规定：

1 抬墙梁应根据其受力特点，按现行国家标准《混凝土结构设计规范》GB 50010 的规定进行结构设计。

2 抬墙梁的位置，应避开一层门窗洞口，当不能避开时，应对抬墙梁上方的门窗洞口采取加强措施。

3 当抬墙梁与上部墙体材料不同时，抬墙梁处的墙体，应进行局部承压验算。

9.2.8 采用桩式托换，应满足下列规定：

1 当有地下洞穴、采空区影响时，应进行成桩的可行性分析。

2 评估托换桩的施工对原基础的影响。对产生影响的基础采取加固处理后，方可进行托换桩的施工。

3 布桩时，托换桩与新建地下工程、采空区、地下洞穴净距不应小于 1.0m，托换桩端进入地下工程、采空区、地下洞穴底面以下土层的深度不应少于 1.0m。

4 采取减少托换桩与原基础沉降差的措施。

9.3 施 工

9.3.1 采用钢筋混凝土坑（墩）式托换时，应在既有基础基底部位采用膨胀混凝土、分次浇筑、排气等措施充填密实；当既有基础两侧土体存在高度差时，应采取防止基础侧移的措施。

9.3.2 采用桩式托换时，应采用对地基土扰动较小的成桩方法进行施工。

10 事故预防与补救

10.1 一般规定

10.1.1 当既有建筑因外部条件改变，可能引起的地基基础变形影响其正常使用或危及安全时，应遵循预防为主的原则，采取必要措施，确保既有建筑的安全。

10.1.2 既有建筑地基基础出现工程事故时的补救，应符合下列原则：

 1 分析判断造成工程事故的原因。

 2 分析判断事故对整体结构安全及建筑物正常使用的影响。

 3 分析判断事故对周围建筑物、道路、管线的影响。

 4 采取安全、快速、施工方便、经济的补救方案。

10.1.3 当重要的既有建筑物地基存在液化土时，或软土地区建筑物因地震可能产生震陷时，应按现行国家标准《建筑抗震设计规范》GB 50011 的规定进行地基、基础或上部结构加固。

10.2 地基不均匀变形过大引起事故的补救

10.2.1 对于建造在软土地基上出现损坏的建筑，可采用下列补救措施：

 1 对于建筑体型复杂或荷载差异较大引起的不均匀沉降，或造成建筑物损坏时，可根据损坏程度采用局部卸载，增加上部结构或基础刚度，加深基础，锚杆静压桩、树根桩加固等补救措施。

 2 对于局部软弱土层或暗塘、暗沟等引起差异沉降较大，造成建筑物损坏时，可采用锚杆静压桩、树根桩等加固补救措施。

 3 对于基础承受荷载过大或加荷速率过快，引起较大沉降或不均匀沉降，造成建筑物损坏时，可采用卸除部分荷载、加大基础底面积或加深基础等减小基底附加压力的措施。

 4 对于大面积地面荷载或大面积填土引起柱基、墙基不均匀沉降，地面大量凹陷，或柱身、墙身断裂时，可采用锚杆静压桩或树根桩等加固。

 5 对于地质条件复杂或荷载分布不均，引起建筑物倾斜较大时，可按本规范第 7 章有关规定选用纠倾加固措施。

10.2.2 对于建造在湿陷性黄土地基上出现损坏的建筑，可采取下列补救措施：

 1 对非自重湿陷性黄土场地，当湿陷性土层较薄，湿陷变形已趋稳定或估计再次浸水湿陷量较小时，可选用上部结构加固措施；当湿陷性土层较厚，湿陷变形较大或估计再次浸水湿陷量较大时，可选用

石灰桩、灰土挤密桩、坑式静压桩、锚杆静压桩、树根桩、硅化法或碱液法等进行加固，加固深度宜达到基础压缩层下限。

 2 对自重湿陷性黄土场地，可选用灰土挤密桩、坑式静压桩、锚杆静压桩、树根桩或灌注桩等进行加固。加固深度宜穿透全部湿陷性土层。

10.2.3 对于建造在人工填土地基上出现损坏的建筑，可采取下列补救措施：

 1 对于素填土地基，由于浸水引起较大的不均匀沉降而造成建筑物损坏时，可采用锚杆静压桩、树根桩、灌注桩、坑式静压桩、石灰桩或注浆等进行加固。加固深度应穿透素填土层。

 2 对于杂填土地基上损坏的建筑，可根据损坏程度，采用加强上部结构或基础刚度，并进行锚杆静压桩、灌注桩、旋喷桩、石灰桩或注浆等加固。

 3 对于冲填土地基上损坏的建筑，可采用本规范第 10.2.1 条的规定进行加固。

10.2.4 对于建造在膨胀土地基上出现损坏的建筑，可采取下列补救措施：

 1 对建筑物损坏轻微，且膨胀等级为Ⅰ级的膨胀土地基，可采用设置宽散水及在周围种植草皮等保护措施。

 2 对于建筑物损坏程度中等，且膨胀等级为Ⅰ、Ⅱ级的膨胀土地基，可采用加强结构刚度和设置宽散水等处理措施。

 3 对于建筑物损坏程度较严重或膨胀等级为Ⅲ级的膨胀土地基，可采用锚杆静压桩、树根桩、坑式静压桩或加深基础等加固方法。桩端应埋置在非膨胀土层中或伸到大气影响深度以下的土层中。

 4 建造在坡地上的损坏建筑物，除应对地基或基础加固外，尚应在坡地周围采取保湿措施，防止多向失水造成的危害。

10.2.5 对于建造在土岩组合地基上，因差异沉降造成建筑物损坏，可根据损坏程度，采用局部加深基础、锚杆静压桩、树根桩、坑式静压桩或旋喷桩等加固措施。

10.2.6 对于建造在局部软弱地基上，因差异沉降过大造成建筑物损坏，可根据损坏程度，采用局部加深基础或桩基加固等措施。

10.2.7 对于基底下局部基岩出露或存在大块孤石，造成建筑物损坏，可将局部基岩和孤石凿去，铺设褥垫层或采用在土层部位加深基础或桩基加固等。

10.3 邻近建筑施工引起事故的预防与补救

10.3.1 当邻近工程的施工对既有建筑可能产生影响时，应查明既有建筑的结构和基础形式、结构状态、建成年代和使用情况等，根据邻近工程的结构类型、荷载大小、基础埋深、间隔距离以及土质情况等因素，分析可能产生的影响程度，并提出相应的预防

措施。

10.3.2 当软土地基上采用有挤土效应的桩基，对邻近既有建筑有影响时，可在邻近既有建筑一侧设置砂井、排水板、应力释放孔或开挖隔离沟，减小沉桩引起的孔隙水压力和挤土效应。对重要建筑，可设地下挡墙。

10.3.3 遇有振动效应的地基处理或桩基施工时，可采用开挖隔振沟，减少振动波传递。

10.3.4 当邻近建筑开挖基槽、人工降低地下水或迫降纠倾施工等，可能造成土体侧向变形或产生附加应力时，可对既有建筑进行地基基础局部加固，减小该侧地基附加应力，控制基础沉降。

10.3.5 在邻近既有建筑进行人工挖孔桩或钻孔灌注桩时，应防止地下水的流失及土的侧向变形，可采用回灌、截水措施或跳挖、套管护壁等施工方法等，并进行沉降观测，防止既有建筑出现不均匀沉降而造成裂损。

10.3.6 当邻近工程施工造成既有建筑裂损或倾斜时，应根据既有建筑的结构特点、结构损害程度和地基土层条件，采用本规范第 7 章、第 9 章和第 11 章的方法对既有建筑地基基础进行加固。

10.4 深基坑工程引起事故的预防与补救

10.4.1 当既有建筑周围进行新建工程基坑施工时，应分析新建工程基坑支护施工过程、基坑支护体系变形、基坑降水、基坑失稳等对既有建筑地基基础安全的影响，并采取有效的预防措施。

10.4.2 基坑支护工程对既有建筑地基基础的保护设计，应包括下列内容：

1 查清既有建筑的地基基础和上部结构现状，分析基坑土方开挖对既有建筑的影响。

2 查清基坑支护工程周围管线的位置、尺寸和埋深以及采取的保护措施。

3 当地下水位较高需要降水时，应采用帷幕截水、回灌等技术措施，避免由于地下水位下降影响邻近既有建筑和周围管线的安全。

4 基坑采用锚杆支护结构时，避免采用对邻近既有建筑地基稳定和基础安全有影响的锚杆施工工艺。

5 应在既有建筑上和深基坑周边设置水平变形和竖向变形观测点。当水平或竖向变形速率超过规定时，应立即停止施工，分析原因，并采取相应的技术措施。

6 对可能发生的基坑工程事故，应制定应急处理方案。

10.4.3 当基坑内降水开挖，造成邻近既有建筑或地下管线发生沉降、倾斜或裂损时，应立刻停止坑内降水，查出事故原因，并采取有效加固措施。应在基坑截水墙外侧，靠近邻近既有建筑附近设置水位观测井

和回灌井。

10.4.4 当邻近既有建筑为桩基础或新建建筑采用打入式桩基础时，新建基坑支护结构外缘与邻近既有建筑的距离不应小于基坑开挖深度的 1.5 倍。无法满足最小安全距离时，应采用隔振沟或钢筋混凝土地下连续墙等保护既有建筑安全的基坑支护形式。

10.4.5 当既有建筑临近基坑时，该侧基坑周边不得搭建临时施工建筑和库房，不得堆放建筑材料和弃土，不得停放大型施工机械和车辆。基坑周边地面应做护面和排水沟，使地面水流向坑外，并防止雨水、施工用水渗入地下或坑内。

10.4.6 当既有建筑或地下管线因深基坑施工而出现倾斜、裂缝或损坏时，应根据既有建筑的上部结构特点、结构损害程度和地基土层条件，采用本规范第 7 章、第 9 章和第 11 章的方法对既有建筑地基基础进行加固或对地下管线采取保护措施。

10.5 地下工程施工引起事故的预防与补救

10.5.1 当地下工程施工对既有建筑、地下管线或道路造成影响时，可采用隔断墙将既有建筑、地下管线或道路隔开或对既有建筑地基进行加固。隔断墙可采用钢板桩、树根桩、深层搅拌桩、注浆加固或地下连续墙等；对既有建筑地基加固，可采用锚杆静压桩、树根桩或注浆加固等方法，加固深度应大于地下工程底面深度。

10.5.2 应对地下工程施工影响范围内的通信电缆、高压、易燃和易爆管道等管线采取预防保护措施。

10.5.3 应对地下工程施工影响范围内的既有建筑和地下管线的沉降和水平位移进行监测。

10.6 地下水位变化过大引起事故的预防与补救

10.6.1 对于建造在天然地基上的既有建筑，当地下水位降低幅度超出设计条件时，应评价地下水位降低引起的附加沉降对既有建筑的影响，当附加沉降值超过允许值时应对既有建筑地基采取加固处理措施；当地下水位升高幅度超出设计条件时，应对既有建筑采取增加荷载、增设抗浮桩等加固处理措施。

10.6.2 对于采用桩基或刚性桩复合地基的既有建筑物，应计算因地下水位降低引起既有建筑基础产生的附加沉降。

10.6.3 对于建造在湿陷性黄土、膨胀土、冻胀土及回填土地基上的既有建筑，地下水位变化过大引起事故的预防与补救措施应符合下列规定：

1 对于建造在湿陷性黄土地基上的既有建筑，应分析地下水位升高产生的湿陷对既有建筑地基变形的影响。当既有建筑地基湿陷沉降量超过现行国家标准《湿陷性黄土地区建筑规范》GB 50025 的要求时，应按本规范第 10.2.2 条的规定，对既有建筑采取加固处理措施。

2 对于建造在膨胀土或冻胀土上的既有建筑，应分析地下水位升高产生的膨胀或冻胀对既有建筑基础的影响，不满足正常使用要求时可按本规范第10.2.4条的规定采取补救措施。

3 对建造在回填土上的既有建筑，当地下水位升高，造成既有建筑的地基附加变形超过允许值时，可按照本规范第10.2.3条的规定，对既有建筑采取加固处理措施。

11 加固方法

11.1 一般规定

11.1.1 确定地基基础加固施工方案时，应分析评价施工工艺和方法对既有建筑附加变形的影响。

11.1.2 对既有建筑地基基础加固采取的施工方法，应保证新、旧基础可靠连接，导坑回填应达到设计密实度要求。

11.1.3 当选用钢管桩等进行既有建筑地基基础加固时，应采取有效的防腐或增加钢管腐蚀量壁厚的技术保护措施。

11.2 基础补强注浆加固

11.2.1 基础补强注浆加固适用于因不均匀沉降、冻胀或其他原因引起的基础裂损的加固。

11.2.2 基础补强注浆加固施工，应符合下列规定：

1 在原基础裂损处钻孔，注浆管直径可为25mm，钻孔与水平面的倾角不应小于30°，钻孔孔径不应小于注浆管的直径，钻孔孔距可为0.5m～1.0m。

2 浆液材料可采用水泥浆或改性环氧树脂等，注浆压力可取0.1MPa～0.3MPa。如果浆液不下沉，可逐渐加大压力至0.6MPa，浆液在10min～15min内不再下沉，可停止注浆。

3 对单独基础每边钻孔不应少于2个；对条形基础应沿基础纵向分段施工，每段长度可取1.5m～2.0m。

11.3 扩大基础

11.3.1 扩大基础加固包括加大基础底面积法、加深基础法和抬墙梁法等。

11.3.2 加大基础底面积法适用于当既有建筑物荷载增加、地基承载力或基础底面积尺寸不满足设计要求，且基础埋置较浅，基础具有扩大条件时的加固，可采用混凝土套或钢筋混凝土套扩大基础底面积。设计时，应采取有效措施，保证新、旧基础的连接牢固和变形协调。

11.3.3 加大基础底面积法的设计和施工，应符合下列规定：

1 当基础承受偏心受压荷载时，可采用不对称加宽基础；当承受中心受压荷载时，可采用对称加宽基础。

2 在灌注混凝土前，应将原基础凿毛和刷洗干净，刷一层高强度等级水泥浆或涂混凝土界面剂，增加新、老混凝土基础的粘结力。

3 对基础加宽部分，地基上应铺设厚度和材料与原基础垫层相同的夯实垫层。

4 当采用混凝土套加固时，基础每边加宽后的外形尺寸应符合现行国家标准《建筑地基基础设计规范》GB 50007中有关无筋扩展基础或刚性基础台阶宽高比允许值的规定，沿基础高度隔一定距离应设置锚固钢筋。

5 当采用钢筋混凝土套加固时，基础加宽部分的主筋应与原基础内主筋焊接连接。

6 对条形基础加宽时，应按长度1.5m～2.0m划分单独区段，并采用分批、分段、间隔施工的方法。

11.3.4 当不宜采用混凝土套或钢筋混凝土套加大基础底面积时，可将原独立基础改成条形基础；将原条形基础改成十字交叉条形基础或筏形基础；将原筏形基础改成箱形基础。

11.3.5 加深基础法适用于浅层地基土层可作为持力层，且地下水位较低的基础加固。可将原基础埋置深度加深，使基础支承在较好的持力层上。当地下水位较高时，应采取相应的降水或排水措施，同时应分析评价降排水对建筑物的影响。设计时，应考虑原基础能否满足施工要求，必要时，应进行基础加固。

11.3.6 基础加深的混凝土墩可以设计成间断的或连续的。施工时，应先设置间断的混凝土墩，并在挖掉墩间土后，灌注混凝土形成连续墩式基础。基础加深的施工，应按下列步骤进行：

1 先在贴近既有建筑基础的一侧分批、分段、间隔开挖长约1.2m、宽约0.9m的竖坑，对坑壁不能直立的砂土或软弱地基，应进行坑壁支护，竖坑底面埋深应大于原基础底面埋深1.5m。

2 在原基础底面下，沿横向开挖与基础同宽，且深度达到设计持力层深度的基坑。

3 基础下的坑体，应采用现浇混凝土灌注，并在距原基础底面下200mm处停止灌注，待养护一天后，用掺入膨胀剂和速凝剂的干稠水泥砂浆填入基底空隙，并挤实填筑的砂浆。

11.3.7 当基础为承重的砖石砌体、钢筋混凝土基础梁时，墙基应跨越两墩之间，如原基础强度不能满足两墩间的跨越，应在坑间设置过梁。

11.3.8 对较大的柱基用基础加深法加固时，应将柱基面积划分为几个单元进行加固，一次加固不宜超过基础总面积的20%，施工顺序，应先从角端处开始。

11.3.9 抬墙梁法可采用预制的钢筋混凝土梁或钢

梁，穿过原房屋基础梁下，置于基础两侧预先做好的钢筋混凝土桩或墩上。抬墙梁的平面位置应避开一层门窗洞口。

11.4 锚杆静压桩

11.4.1 锚杆静压桩法适用于淤泥、淤泥质土、黏性土、粉土、人工填土、湿陷性黄土等地基加固。

11.4.2 锚杆静压桩设计，应符合下列规定：

1 锚杆静压桩的单桩竖向承载力可通过单桩载荷试验确定；当无试验资料时，可按地区经验确定，也可按国家现行标准《建筑地基基础设计规范》GB 50007 和《建筑桩基技术规范》JGJ 94 有关规定估算。

2 压桩孔应布置在墙体的内外两侧或柱子四周。设计桩数应由上部结构荷载及单桩竖向承载力计算确定；施工时，压桩力不得大于该加固部分的结构自重荷载。压桩孔可预留，或在扩大基础上由人工或机械开凿，压桩孔的截面形状，可做成上小下大的截头锥形，压桩孔洞口的底板、板面应设保护附加钢筋，其孔口每边不宜小于桩截面边长的 50mm～100mm。

3 当既有建筑基础承载力和刚度不满足压桩要求时，应对基础进行加固补强，或采用新浇筑钢筋混凝土挑梁或抬梁作为压桩承台。

4 桩身制作除应满足现行行业标准《建筑桩基技术规范》JGJ 94 的规定外，尚应符合下列规定：

1) 桩身可采用钢筋混凝土桩、钢管桩、预制管桩、型钢等；

2) 钢筋混凝土桩宜采用方形，其边长宜为 200mm～350mm；钢管桩直径宜为 100mm～600mm，壁厚宜为 5mm～10mm；预制管桩直径宜为 400mm～600mm，壁厚不宜小于 10mm；

3) 每段桩节长度，应根据施工净空高度及机具条件确定，每段桩节长度宜为 1.0m～3.0m；

4) 钢筋混凝土桩的主筋配置应按计算确定，且应满足最小配筋率要求。当方桩截面边长为 200mm 时，配筋不宜少于 4φ10；当边长为 250mm 时，配筋不宜少于 4φ12；当边长为 300mm 时，配筋不宜少于 4φ14；当边长为 350mm 时，配筋不宜少于 4φ16；抗拔桩主筋由计算确定；

5) 钢筋宜选用 HRB335 级以上，桩身混凝土强度等级不应小于 C30 级；

6) 当单桩承载力设计值大于 1500kN 时，宜选用直径不小于 φ400mm 的钢管桩；

7) 当桩身承受拉应力时，桩节的连接应采用焊接接头；其他情况下，桩节的连接可采用硫磺胶泥或其他方式连接。当采用硫磺

胶泥接头连接时，桩节两端连接处，应设置焊接钢筋网片，一端应预埋插筋，另一端应预留插筋孔和吊装孔；当采用焊接接头时，桩节的两端均应设置预埋连接件。

5 原基础承台除应满足承载力要求外，尚应符合下列规定：

1) 承台周边至边桩的净距不宜小于 300mm；

2) 承台厚度不宜小于 400mm；

3) 桩顶嵌入承台内长度应为 50mm～100mm；当桩承受拉力或有特殊要求时，应在桩顶四角增设锚固筋，锚固筋伸入承台内的锚固长度，应满足钢筋锚固要求；

4) 压桩孔内应采用混凝土强度等级为 C30 或不低于基础强度等级的微膨胀早强混凝土浇筑密实；

5) 当原基础厚度小于 350mm 时，压桩孔应采用 2φ16 钢筋交叉焊接于锚杆上，并应在浇筑压桩孔混凝土时，在桩孔顶面以上浇筑桩帽，厚度不得小于 150mm。

6 锚杆应根据压桩力大小通过计算确定。锚杆可采用带螺纹锚杆、端头带镦粗锚杆或带爪肢锚杆，并应符合下列规定：

1) 当压桩力小于 400kN 时，可采用 M24 锚杆；当压桩力为 400kN～500kN 时，可采用 M27 锚杆；

2) 锚杆螺栓的锚固深度可采用 12 倍～15 倍螺栓直径，且不应小于 300mm，锚杆露出承台顶面长度应满足压桩机具要求，且不应小于 120mm；

3) 锚杆螺栓在锚杆孔内的胶粘剂可采用植筋胶、环氧砂浆或硫磺胶泥等；

4) 锚杆与压桩孔、周围结构及承台边缘的距离不应小于 200mm。

11.4.3 锚杆静压桩施工应符合下列规定：

1 锚杆静压桩施工前，应做好下列准备工作：

1) 清理压桩孔和锚杆孔施工工作面；

2) 制作锚杆螺栓和桩节；

3) 开凿压桩孔，孔壁凿毛；将原承台钢筋割断后弯起，待压桩后再焊接；

4) 开凿锚杆孔，应确保锚杆孔内清洁干燥后再埋设锚杆，并以胶粘剂加以封固。

2 压桩施工应符合下列规定：

1) 压桩架应保持竖直，锚固螺栓的螺母或锚具应均衡紧固，压桩过程中，应随时拧紧松动的螺母；

2) 就位的桩节应保持竖直，使千斤顶、桩节及压桩孔轴线重合，不得采用偏心加压；压桩时，应垫钢板或桩垫，套上钢桩帽后再进行压桩。桩位允许偏差应为 ±20mm，

桩节垂直度允许偏差应为桩节长度的±1.0%；钢管桩平整度允许偏差应为±2mm，接桩处的坡口应为45°，焊缝应饱满、无气孔、无杂质，焊缝高度应为 $h=t+1$（mm，t 为壁厚）；

3）桩应一次连续压到设计标高。当必须中途停压时，桩端应停留在软弱土层中，且停压的间隔时间不宜超过24h；

4）压桩施工应对称进行，在同一个独立基础上，不应数台压桩机同时加压施工；

5）焊接接桩前，应对准上、下节桩的垂直轴线，且应清除焊面铁锈后，方可进行满焊施工；

6）采用硫磺胶泥接桩时，其操作施工应按现行国家标准《建筑地基基础工程施工质量验收规范》GB 50202 的规定执行；

7）可根据静力触探资料，预估最大压桩力选择压桩设备。最大压桩力 $P_{p(z)}$ 和设计最终压桩力 P_p 可分别按式（11.4.3-1）和式（11.4.3-2）计算：

$$P_{p(z)} = K_s \cdot p_{s(z)} \qquad (11.4.3-1)$$
$$P_p = K_p \cdot R_d \qquad (11.4.3-2)$$

式中：$P_{p(z)}$——桩入土深度为 z 时的最大压桩力（kN）；

K_s——换算系数（m²），可根据当地经验确定；

$p_{s(z)}$——桩入土深度为 z 时的最大比贯入阻力（kPa）；

P_p——设计最终压桩力（kN）；

K_p——压桩力系数，可根据当地经验确定，且不宜小于 2.0；

R_d——单桩竖向承载力特征值（kN）。

8）桩尖应达到设计深度，且压桩力不小于设计单桩承载力 1.5 倍时的持续时间不少于 5min 时，可终止压桩；

9）封桩前，应凿毛和刷洗干净桩顶桩侧表面，并涂混凝土界面剂，压桩孔内封桩应采用 C30 或 C35 微膨胀混凝土，封桩可采用不施加预应力的方法或施加预应力的方法。

11.4.4 锚杆静压桩质量检验，应符合下列规定：

1 最终压桩力与桩入土深度，应符合设计要求。

2 桩帽梁、交叉钢筋及焊接质量，应符合设计要求。

3 桩位允许偏差应为±20mm。

4 桩节垂直度允许偏差不应大于桩节长度的 1.0%。

5 钢管桩平整度允许偏差应为±2mm，接桩处的坡口应为45°，接桩处焊缝应饱满、无气孔、无杂质，焊缝高度应为 $h=t+1$（mm，t 为壁厚）。

6 桩身试块强度和封桩混凝土试块强度，应符合设计要求。

11.5 树 根 桩

11.5.1 树根桩适用于淤泥、淤泥质土、黏性土、粉土、砂土、碎石土及人工填土等地基加固。

11.5.2 树根桩设计，应符合下列规定：

1 树根桩的直径宜为150mm～400mm，桩长不宜超过30m，桩的布置可采用直桩或网状结构斜桩。

2 树根桩的单桩竖向承载力可通过单桩载荷试验确定；当无试验资料时，也可按现行国家标准《建筑地基基础设计规范》GB 50007 的有关规定估算。

3 桩身混凝土强度等级不应小于C20；混凝土细石骨料粒径宜为 10mm～25mm；钢筋笼外径宜小于设计桩径的 40mm～60mm；主筋直径宜为 12mm～18mm；箍筋直径宜为6mm～8mm，间距宜为 150mm～250mm；主筋不得少于 3 根；桩承受压力作用时，主筋长度不得小于桩长的 2/3；桩承受拉力作用时，桩身应通长配筋；对直径小于 200mm 树根桩，宜注水泥砂浆，砂粒粒径不宜大于 0.5mm。

4 有经验地区，可用钢管代替树根桩中的钢筋笼，并采用压力注浆提高承载力。

5 树根桩设计时，应对既有建筑的基础进行承载力的验算。当基础不满足承载力要求时，应对原基础进行加固或增设新的桩承台。

6 网状结构树根桩设计时，可将桩及周围土体视作整体结构进行整体验算，并应对网状结构中的单根树根桩进行内力分析和计算。

7 网状结构树根桩的整体稳定性计算，可采用假定滑动面不通过网状结构树根桩的加固体进行计算，有地区经验时，可按圆弧滑动法，考虑树根桩的抗滑力进行计算。

11.5.3 树根桩施工，应符合下列规定：

1 桩位允许偏差应为±20mm；直桩垂直度和斜桩倾斜度允许偏差不应大于1%。

2 可采用钻机成孔，穿过原基础混凝土。在土层中钻孔时，应采用清水或天然地基泥浆护壁；可在孔口附近下一段套管；作为端承桩使用时，钻孔应全桩长下套管。钻孔到设计标高后，清孔至孔口泛清水为止；当土层中有地下水，且成孔困难时，可采用套管跟进成孔或利用套管替代钢筋笼一次成桩。

3 钢筋笼宜整根吊放。当分节吊放时，节间钢筋搭接焊缝采用双面焊时，搭接长度不得小于 5 倍钢筋直径；采用单面焊时，搭接长度不得小于 10 倍钢筋直径。注浆管应直插到孔底，需二次注浆的树根桩应插两根注浆管，施工时，应缩短吊放和焊接时间。

4 当采用碎石和细石填料时，填料应经清洗，投入量不应小于计算桩孔体积的 90%。填灌时，应同时采用注浆管注水清孔。

5 注浆材料可采用水泥浆、水泥砂浆或细石混凝土，当采用碎石填灌时，注浆应采用水泥浆。

6 当采用一次注浆时，泵的最大工作压力不应低于 1.5MPa。注浆时，起始注浆压力不应小于 1.0MPa，待浆液经注浆管从孔底压出后，注浆压力可调整为 0.1MPa～0.3MPa，浆液泛出孔口时，应停止注浆。

当采用二次注浆时，泵的最大工作压力不宜低于 4.0MPa，且待第一次注浆的浆液初凝时，方可进行第二次注浆。浆液的初凝时间根据水泥品种和外加剂掺量确定，且宜为 45min～100min。第二次注浆压力宜为 1.0MPa～3.0MPa，二次注浆不宜采用水泥砂浆和细石混凝土；

7 注浆施工时，应采用间隔施工、间歇施工或增加速凝剂掺量等技术措施，防止出现相邻桩冒浆和窜孔现象。

8 树根桩施工，桩身不得出现缩颈和塌孔。

9 拔管后，应立即在桩顶填充碎石，并在桩顶 1m～2m 范围内补充注浆。

11.5.4 树根桩质量检验，应符合下列规定：

1 每 3 根～6 根桩，应留一组试块，并测定试块抗压强度。

2 应采用载荷试验检验树根桩的竖向承载力，有经验时，可采用动测法检验桩身质量。

11.6 坑式静压桩

11.6.1 坑式静压桩适用于淤泥、淤泥质土、黏性土、粉土、湿陷性黄土和人工填土且地下水位较低的地基加固。

11.6.2 坑式静压桩设计，应符合下列规定：

1 坑式静压桩的单桩承载力，可按现行国家标准《建筑地基基础设计规范》GB 50007 的有关规定估算。

2 桩身可采用直径为 100mm～600mm 的开口钢管，或边长为 150mm～350mm 的预制钢筋混凝土方桩，每节桩长可按既有建筑基础下坑的净空高度和千斤顶的行程确定。

3 钢管桩管内应满灌混凝土，桩管外宜做防腐处理，桩段之间的连接宜用焊接连接；钢筋混凝土预制桩，上、下桩节之间宜用预埋插筋并采用硫磺胶泥接桩，或采用上、下桩节预埋铁件焊接成桩。

4 桩的平面布置，应根据既有建筑的墙体和基础形式及荷载大小确定，可采用一字形、三角形、正方形或梅花形等布置方式，应避开门窗等墙体薄弱部位，且应设置在结构受力节点位置。

5 当既有建筑基础承载力不能满足压桩反力时，应对原基础进行加固，增设钢筋混凝土地梁、型钢梁或钢筋混凝土垫块，加强基础结构的承载力和刚度。

11.6.3 坑式静压桩施工，应符合下列规定：

1 施工时，先在贴近被加固建筑物的一侧开挖

竖向工作坑，对砂土或软弱土等地基应进行坑壁支护，并在基础梁、承台梁或直接在基础底面下开挖竖向工作坑。

2 压桩施工时，应在第一节桩桩顶上安置千斤顶及测力传感器，再驱动千斤顶压桩，每压入下一节桩后，再接上一节桩。

3 钢管桩各节的连接处可采用套管接头；当钢管桩较长或土中有障碍物时，需采用焊接接头，整个焊口（包括套管接头）应为满焊；预制钢筋混凝土方桩，桩尖可将主筋合拢焊在桩尖辅助钢筋上，在密实砂和碎石类土中，可在桩尖处包以钢板桩靴，桩与桩间接头，可采用焊接或硫磺胶泥接头。

4 桩位允许偏差应为 ±20mm；桩节垂直度允许偏差不应大于桩节长度的 1%。

5 桩尖到达设计深度后，压桩力不得小于单桩竖向承载力特征值的 2 倍，且持续时间不应少于 5min。

6 封桩可采用预应力法或非预应力法施工：

  1）对钢筋混凝土方桩，压桩达到设计深度后，应采用 C30 微膨胀早强混凝土将桩与原基础浇筑成整体；

  2）当施加预应力封桩时，可采用型钢支架托换，再浇筑混凝土；对钢管桩，应根据工程要求，在钢管内浇筑微膨胀早强混凝土，最后用混凝土将桩与原基础浇筑成整体。

11.6.4 坑式静压桩质量检验，应符合下列规定：

1 最终压桩力与压桩深度，应符合设计要求。

2 桩材试块强度，应符合设计要求。

11.7 注 浆 加 固

11.7.1 注浆加固适用于砂土、粉土、黏性土和人工填土等地基加固。

11.7.2 注浆加固设计前，宜进行室内浆液配比试验和现场注浆试验，确定设计参数和检验施工方法及设备；有地区经验时，可按地区经验确定设计参数。

11.7.3 注浆加固设计，应符合下列规定：

1 劈裂注浆加固地基的浆液材料可选用以水泥为主剂的悬浊液，或选用水泥和水玻璃的双液型混合液。防渗堵漏注浆的浆液可选用水玻璃、水玻璃与水泥的混合液或化学浆液，不宜采用对环境有污染的化学浆液。对有地下水流动的地基土层加固，不宜采用单液水泥浆，宜采用双液注浆或其他初凝时间短的速凝配方。压密注浆可选用低坍落度的水泥砂浆，并应设置排水通道。

2 注浆孔间距应根据现场试验确定，宜为 1.2m～2.0m；注浆孔可布置在基础内、外侧或基础内，基础内注浆后，应采取措施对基础进行封孔。

3 浆液的初凝时间，应根据地基土质条件和注浆目的确定，砂土地基中宜为 5min～20min，黏性土

地基中宜为 1h~2h。

4 注浆量和注浆有效范围的初步设计，可按经验公式确定。施工图设计前，应通过现场注浆试验确定。在黏性土地基中，浆液注入率宜为 15%～20%。注浆点上的覆盖土厚度不应小于 2.0m。

5 劈裂注浆的注浆压力，在砂土中宜为 0.2MPa～0.5MPa，在黏性土中宜为 0.2MPa～0.3MPa；对压密注浆，水泥砂浆浆液坍落度宜为 25mm～75mm，注浆压力宜为 1.0MPa～7.0MPa。当采用水泥-水玻璃双液快凝浆液时，注浆压力不应大于 1MPa。

11.7.4 注浆加固施工，应符合下列规定：

1 施工场地应预先平整，并沿钻孔位置开挖沟槽和集水坑。

2 注浆施工时，宜采用自动流量和压力记录仪，并应及时对资料进行整理分析。

3 注浆孔的孔径宜为 70mm～110mm，垂直度偏差不应大于 1%。

4 花管注浆施工，可按下列步骤进行：

1）钻机与注浆设备就位；

2）钻孔或采用振动法将花管置入土层；

3）当采用钻孔法时，应从钻杆内注入封闭泥浆，插入孔径为 50mm 的金属花管；

4）待封闭泥浆凝固后，移动花管自下向上或自上向下进行注浆。

5 塑料阀管注浆施工，可按下列步骤进行：

1）钻机与灌浆设备就位；

2）钻孔；

3）当钻孔钻到设计深度后，从钻杆内灌入封闭泥浆，或直接采用封闭泥浆钻孔；

4）插入塑料单向阀管到设计深度。当注浆孔较深时，阀管中应加入水，以减小阀管插入土层时的弯曲；

5）待封闭泥浆凝固后，在塑料阀管中插入双向密封注浆芯管，再进行注浆，注浆时，应在设计注浆深度范围内自下而上（或自上而下）移动注浆芯管；

6）当使用同一塑料阀管进行反复注浆时，每次注浆完毕后，应用清水冲洗塑料阀管中的残留浆液。对于不宜采用清水冲洗的场地，宜用陶土浆灌满阀管内。

6 注浆管注浆施工，可按下列步骤进行：

1）钻机与注浆设备就位；

2）钻孔或采用振动法将金属注浆管压入土层；

3）当采用钻孔法时，应从钻杆内灌入封闭泥浆，然后插入金属注浆管；

4）待封闭泥浆凝固后（采用钻孔法时），捅去金属管的活络堵头进行注浆，注浆时，应在设计注浆深度范围内，自下而上移动注浆管。

7 低坍落度砂浆压密注浆施工，可按下列步骤进行：

1）钻机与灌浆设备就位；

2）钻孔或采用振动法将金属注浆管置入土层；

3）向底层注入低坍落度水泥砂浆，应在设计注浆深度范围内，自下而上移动注浆管。

8 封闭泥浆的 7d 立方体试块的抗压强度应为 0.3MPa～0.5MPa，浆液黏度应为 80″～90″。

9 注浆用水泥的强度等级不宜小于 32.5 级。

10 注浆时可掺用粉煤灰，掺入量可为水泥重量的 20%～50%。

11 根据工程需要，浆液拌制时，可根据下列情况加入外加剂：

1）加速浆体凝固的水玻璃，其模数应为 3.0～3.3。水玻璃掺量应通过试验确定，宜为水泥用量的 0.5%～3%；

2）为提高浆液扩散能力和可泵性，可掺加表面活性剂（或减水剂），其掺加量应通过试验确定；

3）为提高浆液均匀性和稳定性，防止固体颗粒离析和沉淀，可掺加膨润土，膨润土掺加量不宜大于水泥用量的 5%；

4）可掺加早强剂、微膨胀剂、抗冻剂、缓凝剂等，其掺加量应分别通过试验确定。

12 注浆用水不得采用 pH 值小于 4 的酸性水或工业废水。

13 水泥浆的水灰比宜为 0.6～2.0，常用水灰比为 1.0。

14 劈裂注浆的流量宜为 7L/min～15L/min。充填型灌浆的流量不宜大于 20L/min。压密注浆的流量宜为 10L/min～40L/min。

15 注浆管上拔时，宜使用拔管机。塑料阀管注浆时，注浆芯管每次上拔高度应与阀管开孔间距一致，且宜为 330mm；花管或注浆管注浆时，每次上拔或下钻高度宜为 300mm～500mm；采用砂浆压密注浆，每次上拔高度宜为 400mm～600mm。

16 浆体应经过搅拌机充分搅拌均匀后，方可开始压注。注浆过程中，应不停缓慢搅拌，搅拌时间不应大于浆液初凝时间。浆液在泵送前，应经过筛网过滤。

17 在日平均温度低于 5℃ 或最低温度低于 -3℃ 的条件下注浆时，应在施工现场采取保温措施，确保浆液不冻结。

18 浆液水温不得超过 35℃，且不得将盛浆桶和注浆管路在注浆体静止状态暴露于阳光下，防止浆液凝固。

19 注浆顺序应根据地基土质条件、现场环境、周边排水条件及注浆目的等确定，并应符合下列规定：

1）注浆应采用先外围后内部的跳孔间隔的注浆施工，不得采用单向推进的压注方式；

2）对有地下水流动的土层注浆，应自水头高的一端开始注浆；

3）对注浆范围以外有边界约束条件时，可采用从边界约束远侧往近侧推进的注浆的方式，深度方向宜由下向上进行注浆；

4）对渗透系数相近的土层注浆，应先注浆封顶，再由下至上进行注浆。

20 既有建筑地基注浆时，应对既有建筑及其邻近建筑、地下管线和地面的沉降、倾斜、位移和裂缝进行监测，且应采用多孔间隔注浆和缩短浆液凝固时间等技术措施，减少既有建筑基础、地下管线和地面因注浆而产生的附加沉降。

11.7.5 注浆加固地基的质量检验，应符合下列规定：

1 注浆检验时间应在注浆施工结束 28d 后进行。质量检测方法可用标准贯入试验、静力触探试验、轻便触探试验或静载荷试验对加固地层进行检测。对注浆效果的评定，应注重注浆前后数据的比较，并结合建筑物沉降观测结果综合评价注浆效果。

2 应在加固土的全部深度范围内，每间隔 1.0m 取样进行室内试验，测定其压缩性、强度或渗透性。

3 注浆检验点应设在注浆孔之间，检测数量应为注浆孔数的 2%～5%。当检验点合格率小于或等于 80%，或虽大于 80% 但检验点的平均值达不到强度或防渗的设计要求时，应对不合格的注浆区实施重复注浆。

4 应对注浆凝固体试块进行强度试验。

11.8 石 灰 桩

11.8.1 石灰桩适用于加固地下水位以下的黏性土、粉土、松散粉细砂、淤泥、淤泥质土、杂填土或饱和黄土等地基加固，对重要工程或地质条件复杂而又缺乏经验的地区，施工前，应通过现场试验确定其适用性。

11.8.2 石灰桩加固设计，应符合下列规定：

1 石灰桩桩身材料宜采用生石灰和粉煤灰（火山灰或其他掺合料）。生石灰氧化钙含量不得低于 70%，含粉量不得超过 10%，最大块径不得大于 50mm。

2 石灰桩的配合比（体积比）宜为生石灰：粉煤灰＝1：1、1：1.5 或 1：2。为提高桩身强度，可掺入适量水泥、砂或石屑。

3 石灰桩桩径应由成孔机具确定。桩距宜为 2.5 倍～3.5 倍桩径，桩的布置可按三角形或正方形布置。石灰桩地基处理的范围应比基础的宽度加宽 1 排～2 排桩，且不小于加固深度的一半。石灰桩桩长

应由加固目的和地基土质等决定。

4 成桩时，石灰桩材料的干密度 ρ_d 不应小于 $1.1t/m^3$，石灰桩每延米灌灰量可按下式估算：

$$q = \eta_c \frac{\pi d^2}{4} \qquad (11.8.2)$$

式中：q——石灰桩每延米灌灰量（m^3/m）；

η_c——充盈系数，可取 1.4～1.8。振动管外投料成桩取高值；螺旋钻成桩取低值；

d——设计桩径（m）。

5 在石灰桩顶部宜铺设 200mm～300mm 厚的石屑或碎石垫层。

6 复合地基承载力和变形计算，应符合现行行业标准《建筑地基处理技术规范》JGJ 79 的有关规定。

11.8.3 石灰桩施工，应符合下列规定：

1 根据加固设计要求、土质条件、现场条件和机具供应情况，可选用振动成桩法（分管内填料成桩和管外填料成桩）、锤击成桩法、螺旋钻成桩法或洛阳铲成桩工艺等。桩位中心点的允许偏差不应超过桩距设计值的 8%，桩的垂直度允许偏差不应大于桩长的 1.5%。

2 采用振动成桩法和锤击成桩法施工时，应符合下列规定：

1）采用振动管内填料成桩法时，为防止生石灰膨胀堵住桩管，应加压缩空气装置及空中加料装置；管外填料成桩，应控制每次填料数量及沉管的深度；采用锤击成桩法时，应根据锤击的能量，控制分段的填料量和成桩长度；

2）桩顶上部空孔部分，应采用 3：7 灰土或素土填孔封顶。

3 采用螺旋钻成桩法施工时，应符合下列规定：

1）根据成孔时电流大小和土质情况，检验场地情况与原勘察报告和设计要求是否相符；

2）钻杆达设计要求深度后，提钻检查成孔质量，清除钻杆上泥土；

3）施工过程中，将钻杆沉入孔底，钻杆反转，叶片将填料边搅拌边压入孔底，钻杆被压密的填料逐渐顶起，钻尖升至离地面 1.0m～1.5m 或预定标高后停止填料，用 3：7 灰土或素土封顶。

4 洛阳铲成桩法适用于施工场地狭窄的地基加固工程。洛阳铲成桩直径可为 200mm～300mm，每层回填料厚度不宜大于 300mm，用杆状重锤分层夯实。

5 施工过程中，应设专人监测成孔及回填料的质量，并做好施工记录。如发现地基土质与勘察资料不符时，应查明情况并采取有效处理措施后，方可继续施工。

6 当地基土含水量很高时，石灰桩应由外向内

或沿地下水流方向施打，且宜采用间隔跳打施工。

11.8.4 石灰桩质量检验，应符合下列规定：

1 施工时，应及时检查施工记录。当发现回填料不足，缩径严重时，应立即采取补救处理措施。

2 施工过程中，应检查施工现场有无地面隆起异常及漏桩现象；并应按设计要求，抽查桩位、桩距，详细记录，对不符合质量要求的石灰桩，应采取补救处理措施。

3 质量检验可在施工结束28d后进行。检验方法可采用标准贯入、静力触探以及钻孔取样室内试验等测试方法，检测项目应包括桩体和桩间土强度，验算复合地基承载力。

4 对重要或大型工程，应进行复合地基载荷试验。

5 石灰桩的检验数量不应少于总桩数的2%，且不得少于3根。

11.9 其他地基加固方法

11.9.1 旋喷桩适用于处理淤泥、淤泥质土、黏性土、粉土、砂土、黄土、素填土和碎石土等地基。对于砾石粒径过大，含量过多及淤泥、淤泥质土有大量纤维质的腐殖土等，应通过现场试验确定其适用性。

11.9.2 灰土挤密桩适用于处理地下水位以上的粉土、黏性土、素填土、杂填土和湿陷性黄土等地基。

11.9.3 水泥土搅拌桩适用于处理正常固结的淤泥与淤泥质土、素填土、软-可塑黏性土、松散-中密粉细砂、稍密-中密粉土、松散-稍密中粗砂、饱和黄土等地基。

11.9.4 硅化注浆可分双液硅化法和单液硅化法。当地基土为渗透系数大于2.0m/d的粗颗粒土时，可采用双液硅化法（水玻璃和氯化钙）；当地基的渗透系数为0.1m/d～2.0m/d的湿陷性黄土时，可采用单液硅化法（水玻璃）；对自重湿陷性黄土，宜采用无压力单液硅化法。

11.9.5 碱液注浆适用于处理非自重湿陷性黄土地基。

11.9.6 人工挖孔混凝土灌注桩适用于地基变形过大或地基承载力不足等情况的基础托换加固。

11.9.7 旋喷桩、灰土挤密桩、水泥土搅拌桩、硅化注浆、碱液注浆的设计与施工应符合现行行业标准《建筑地基处理技术规范》JGJ 79的有关规定。人工挖孔混凝土灌注桩的设计与施工应符合现行行业标准《建筑桩基技术规范》JGJ 94的有关规定。

12 检验与监测

12.1 一般规定

12.1.1 既有建筑地基基础加固工程，应按设计要求及现行国家标准《建筑地基基础工程施工质量验收规范》GB 50202的规定进行质量检验。

12.1.2 对既有建筑地基基础加固工程，当监测数据出现异常时，应立即停止施工，分析原因，必要时采取调整既有建筑地基基础加固设计或施工方案的技术措施。

12.2 检验

12.2.1 既有建筑地基基础加固施工，基槽开挖后，应进行地基检验。当发现与勘察报告和设计文件不一致，或遇到异常情况时，应结合地质条件，提出处理意见；对加固设计参数取值、施工方案实施影响大时，应进行补充勘察。

12.2.2 应对新、旧基础结构连接构件进行检验，并提供隐蔽工程检验报告。

12.2.3 基础补强注浆加固基础，应在基础补强后，对基础钻芯取样进行检验。

12.2.4 采用锚杆静压桩、坑式静压桩，应进行下列检验：

1 桩节的连接质量。

2 桩顶标高、桩位偏差等。

3 最终压桩力及压入深度。

12.2.5 采用现浇混凝土施工的树根桩、混凝土灌注桩，应进行下列检验：

1 提供经确认的原材料力学性能检验报告，混凝土试件留置数量及制作养护方法、混凝土抗压强度试验报告，钢筋笼制作质量检验报告等。

2 桩顶标高、桩位偏差等。

3 对桩的承载力应进行静载荷试验检验。

12.2.6 注浆加固施工后，应进行下列检验：

1 采用钻孔取样检验，室内试验测定加固土体的抗剪强度、压缩模量等，检验地基土加固土层的均匀性。

2 加固后地基土承载力的静载荷试验；有地区经验时，可采用标准贯入试验、静力触探试验，并结合地区经验进行加固后地基土承载力检验。

12.2.7 复合地基加固施工后，应对地基处理的施工质量进行检验：

1 桩顶标高、桩位偏差等。

2 增强体的密实度或强度。

3 复合地基承载力的静载荷试验，增强体承载力和桩身完整性检验。

12.2.8 纠倾加固和移位加固施工，应对顶升梁或托换梁的施工质量进行检验。

12.2.9 托换加固施工，应对托换结构以及连接构造进行检验，并提供隐蔽工程检验报告。

12.3 监测

12.3.1 既有建筑地基基础加固施工时，应对影响范围内的周边建筑物、地下管线等市政设施的沉降和位移进行监测。

12.3.2 既有建筑地基基础加固施工降水对周边环境有影响时，应对有影响的建筑物及地下管线、道路进行沉降监测，对地下水位的变化进行监测。

12.3.3 外套结构增层，应对外套结构新增荷载引起的既有建筑附加沉降进行监测。

12.3.4 迫降纠倾施工，应在施工过程中对建筑物的沉降、倾斜值及结构构件的变形、裂缝进行监测，直到纠倾施工结束，监测周期应根据纠倾速率确定。

12.3.5 顶升纠倾施工，应在施工过程中对建筑物的倾斜值，结构构件的变形、裂缝以及千斤顶的工作状态进行监测，必要时，应对结构的内力进行监测。

12.3.6 移位施工过程中，应对建筑物结构构件的变形、裂缝以及施力系统的工作状态进行实时监测，必要时，应对结构的内力进行监测。

12.3.7 托换加固施工，应对建筑的沉降、倾斜、裂缝进行监测，必要时，应对建筑的水平移位或结构内力（或应变）进行监测。

12.3.8 注浆加固施工，应对施工引起的建筑物附加沉降进行监测。

12.3.9 采用加大基础底面积、加深基础进行基础加固时，应对开挖施工槽段内结构的变形和裂缝情况进行监测。

附录 A 既有建筑基础下
地基土载荷试验要点

A.0.1 本试验要点适用于测定地下水位以上既有建筑地基的承载力和变形模量。

A.0.2 试验压板面积宜取 $0.25m^2 \sim 0.50m^2$，基坑宽度不应小于压板宽度或压板直径的 3 倍。试验时，应保持试验土层的原状结构和天然湿度。在试压土层的表面，宜铺不大于 20mm 厚的中、粗砂层找平。

A.0.3 试验位置应在承重墙的基础下，加载反力可利用建筑物的自重，使千斤顶上的测力计直接与基础下钢板接触（图 A.0.3）。钢板大小和厚度，可根据基础材料强度和加载大小确定。

A.0.4 在含水量较大或松散的地基土中挖试验坑时，应采取坑壁支护措施。

A.0.5 加载分级、稳定标准、终止加载条件和承载力取值，应按现行国家标准《建筑地基基础设计规范》GB 50007 的规定执行。

A.0.6 在试验挖坑时，可同时取土样检验其物理力学性质，并对地基承载力取值和地基变形进行综合

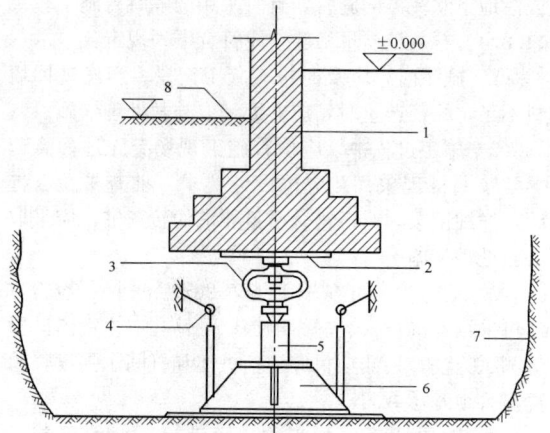

图 A.0.3 载荷试验示意

1—建筑物基础；2—钢板；3—测力计；4—百分表；
5—千斤顶；6—试验压板；7—试坑壁；8—室外地坪

分析。

A.0.7 当既有建筑基础下有垫层时，试验压板应埋置在垫层下的原土层上。

A.0.8 试验结束后，应及时采用低强度等级混凝土将基坑回填密实。

附录 B 既有建筑地基承载力持载
再加荷载荷试验要点

B.0.1 本试验要点适用于测定既有建筑基础再增加荷载时的地基承载力和变形模量。

B.0.2 试验压板可取方形或圆形。压板宽度或压板直径，对独立基础、条形基础应取基础宽度。对基础宽度大，试验条件不满足时，应考虑尺寸效应对检测结果的影响，并结合结构和基础形式以及地基条件综合分析，确定地基承载力和地基变形模量；当场地地基无软弱下卧层时，可用小尺寸压板的试验确定，但试验压板的面积不宜小于 $2.0m^2$。

B.0.3 试验位置应在与原建筑物地基条件相同的场地进行，并应尽量靠近既有建筑物。试验压板的底标高应与原建筑物基础底标高相同。试验时，应保持试验土层的原状结构和天然湿度。

B.0.4 在试压土层的表面，宜铺不大于 20mm 厚的中、粗砂层找平。基坑宽度不应小于压板宽度或压板直径的 3 倍。

B.0.5 试验使用的荷载稳压设备稳压偏差允许值不应大于施加荷载的 $\pm 1\%$；沉降观测仪表 24h 的漂移值不应大于 0.2mm。

B.0.6 加载分级、稳定标准、终止加载条件应按现行国家标准《建筑地基基础设计规范》GB 50007 的规定执行。试验加荷至原基底使用荷载压力时应进行持载。持载时，应继续进行沉降观测。持载时间不得

少于 7d。然后再继续分级加载，直至试验完成。

B.0.7 在含水量较大或松散的地基土中挖试验坑时，应采取坑壁支护措施。

B.0.8 既有建筑再加荷地基承载力特征值的确定，应符合下列规定：

1 当再加荷压力-沉降曲线上有比例界限时，取该比例界限所对应的荷载值。

2 当极限荷载小于对应比例界限的荷载值的 2 倍时，取极限荷载值的一半。

3 当不能按上述两款要求确定时，可取再加荷压力-沉降曲线上 $s/b=0.006$ 或 $s/d=0.006$ 所对应的荷载，但其值不应大于最大加载量的一半。

4 取建筑物地基的允许变形值对应的荷载值。

注：s 为载荷板沉降值；b、d 分别为载荷板的宽度或直径。

B.0.9 同一土层参加统计的试验点不应少于 3 点，各试验实测值的极差不得超过其平均值的 30%，取平均值作为该土层的既有建筑再加荷的地基承载力特征值。既有建筑再加荷的地基变形模量，可按比例界限所对应的荷载值和变形进行计算，或按规定的变形对应的荷载值进行计算。

附录 C 既有建筑桩基础单桩承载力持载再加荷载荷试验要点

C.0.1 本试验要点适用于测定既有建筑桩基础再增加荷载时的单桩承载力。

C.0.2 试验桩应在与原建筑物地基条件相同的场地，并应尽量靠近既有建筑物，按原设计的尺寸、长度、施工工艺制作。开始试验的时间：桩在砂土中入土 7d 后；黏性土不得少于 15d；对于饱和软黏土不得少于 25d；灌注桩应在桩身混凝土达到设计强度后，方能进行。

C.0.3 加载反力装置，试桩、锚桩和基准桩之间的中心距离，加载分级，稳定标准，终止加载条件，卸载观测应按现行国家标准《建筑地基基础设计规范》GB 50007 的规定执行。试验加荷至原基桩使用荷载时，应进行持载。持载时，应继续进行沉降观测。持载时间不得少于 7d。然后再继续分级加载，直至试验完成。

C.0.4 试验使用的荷载稳压设备稳压偏差允许值不应大于施加荷载的±1%；沉降观测仪表 24h 的漂移值不应大于 0.2mm。

C.0.5 既有建筑再加荷的单桩竖向极限承载力确定，应符合下列规定：

1 作再加荷的荷载-沉降（$Q-s$）曲线和其他辅助分析所需的曲线。

2 当曲线陡降段明显时，取相应于陡降段起点

的荷载值。

3 当出现 $\frac{\Delta s_{n+1}}{\Delta s_n} \geqslant 2$ 且经 24h 尚未达到稳定而终止试验时，取终止试验的前一级荷载值。

4 $Q-s$ 曲线呈缓变型时，取桩顶总沉降量 s 为 40mm 所对应的荷载值。

5 按上述方法判断有困难时，可结合其他辅助分析方法综合判定。对桩基沉降有特殊要求时，应根据具体情况选取。

6 参加统计的试桩，当满足其极差不超过平均值的 30% 时，可取其平均值作为单桩竖向极限承载力。极差超过平均值的 30% 时，宜增加试桩数量，并分析离差过大的原因，结合工程具体情况，确定极限承载力。对桩数为 3 根及 3 根以下的柱下桩台，取最小值。

C.0.6 再加荷的单桩竖向承载力特征值的确定，应符合下列规定：

1 当再加荷压力-沉降曲线上有比例界限时，取该比例界限所对应的荷载值。

2 当极限荷载小于对应比例界限荷载值的 2 倍时，取极限荷载值的一半。

3 当按既有建筑单桩允许变形进行设计时，应按 $Q-s$ 曲线上允许变形对应的荷载确定。

本规范用词说明

1 为便于在执行本规范条文时区别对待，对要求严格程度不同的用词说明如下：

　1）表示很严格，非这样做不可的：
　　　正面词采用"必须"，反面词采用"严禁"；

　2）表示严格，在正常情况下均应这样做的：
　　　正面词采用"应"，反面词采用"不应"或"不得"；

　3）表示允许稍有选择，在条件许可时首先应这样做的：
　　　正面词采用"宜"，反面词采用"不宜"；

　4）表示有选择，在一定条件可以这样做的，采用"可"。

2 条文中指明应按其他有关标准执行的写法为："应按……执行"或"应符合……的规定"。

引用标准名录

1 《砌体结构设计规范》GB 50003

2 《建筑地基基础设计规范》GB 50007

3 《建筑结构荷载规范》GB 50009

4 《混凝土结构设计规范》GB 50010

5 《建筑抗震设计规范》GB 50011

6 《湿陷性黄土地区建筑规范》GB 50025

7 《建筑地基基础工程施工质量验收规范》GB 50202

8 《混凝土结构加固设计规范》GB 50367

9 《建筑变形测量规范》JGJ 8

10 《建筑地基处理技术规范》JGJ 79

11 《建筑桩基技术规范》JGJ 94

中华人民共和国行业标准

既有建筑地基基础加固技术规范

JGJ 123—2012

条 文 说 明

修 订 说 明

《既有建筑地基基础加固技术规范》JGJ 123 - 2012，经住房和城乡建设部 2012 年 8 月 23 日以第 1452 号公告批准、发布。

本规范是在《既有建筑地基基础加固技术规范》JGJ 123 - 2000 的基础上修订而成的，上一版的主编单位是中国建筑科学研究院，参编单位是同济大学、北京交通大学、福建省建筑科学研究院，主要起草人员是张永钧、叶书麟、唐业清、侯伟生。本次修订的主要技术内容是：1. 既有建筑地基基础加固设计的基本规定；2. 邻近新建建筑、深基坑开挖、新建地下工程对既有建筑产生影响时，对既有建筑采取的保护措施；3. 不同加固方法的承载力和变形计算方法；4. 托换加固；5. 地下水位变化过大引起的事故预防与补救；6. 检验与监测要求；7. 既有建筑地基承载力持载再加荷载荷试验要点；8. 既有建筑桩基础单桩承载力持载再加荷载荷试验要点；9. 既有建筑地基基础鉴定评价要求；10. 增层改造、事故预防和补救、加固方法等。

本次规范修订过程中，编制组进行了广泛的调查研究，总结了我国建筑地基基础领域的实践经验，同时参考了国外先进技术法规、技术标准，通过调研、征求意见及工程试算，对增加和修订内容的反复讨论、分析、论证，取得了重要技术参数。

为便于广大设计、施工、科研、学校等单位有关人员在使用本规范时能正确理解和执行条文规定，《既有建筑地基基础加固技术规范》编制组按章、节、条顺序编制了本规范的条文说明，对条文规定的目的、依据以及执行中需注意的有关事项进行了说明，还着重对强制性条文的强制性理由作了解释。但是，本条文说明不具备与规范正文同等的法律效力，仅供使用者作为理解和把握规范规定的参考。

目 次

1 总　则

1.0.1 根据我国情况，既有建筑因各种原因需要进行地基基础加固者，从建造年代来看，除少数古建筑和新中国成立前建造的建筑外，绝大多数是新中国成立以来建造的建筑，其中又以新中国成立初期至20世纪70年代末建造的建筑占主体，改革开放以来建造的大量建筑，也有一小部分需要进行加固。就建筑类型而言，有工业建筑和构筑物，也有公用建筑和大量住宅建筑。因而，需要进行地基基础加固的既有建筑范围很广、数量很多、工程量很大、投资很高。因此，既有建筑地基基础加固的设计和施工必须认真贯彻国家的各项技术经济政策，做到技术先进、经济合理、安全适用、确保质量、保护环境。

1.0.2 本条规定了规范的适用范围。增加荷载包括加固改造增加的荷载以及直接增层增加的荷载；自然灾害包括地震、风灾、水灾、泥石流、海啸等。

3　基本规定

3.0.1 本条是对地基基础加固的设计、施工、质量检测的总体要求。既有建筑使用后地基土经压密固结作用后，其工程性质与天然地基不同，应根据既有建筑地基基础的工作性状制定设计方案和施工组织设计，精心施工，保证加固后的建筑安全使用。

3.0.2 既有建筑在进行加固设计和施工之前，应先对地基、基础和上部结构进行鉴定，根据鉴定结果，确定加固的必要性和可能性，针对地基、基础和上部结构的现状分析和评价，进行加固设计，制定施工方案。

3.0.3 本条是对既有建筑地基基础加固前应取得资料的规定。

3.0.4 本条是对既有建筑地基基础加固设计的要求。既有建筑地基基础加固设计，应满足地基承载力、变形和稳定性要求。既有建筑在荷载作用下地基土已固结压密，再加荷时的荷载分担、基底反力分布与直接加荷的天然地基不同，应按新老地基基础的共同作用分析结果进行地基基础加固设计。

3.0.5 邻近新建建筑、深基坑开挖、新建地下工程对既有建筑产生影响时，改变了既有建筑地基基础的设计条件，一方面应在邻近新建建筑、深基坑开挖、新建地下工程设计时对既有建筑地基基础的原设计进行复核，同时在邻近新建建筑、深基坑开挖、新建地下工程自身的结构设计时应对其长期荷载作用的荷载取值、变形条件考虑既有建筑的作用。不满足时，应优先采取调整邻近新建建筑的规划设计、新建地下工程施工方案、深基坑开挖支挡、地下墙（桩）隔离地基应力和变形等对既有建筑的保护措施，需要时应进行既有建筑地基基础或上部结构加固。

3.0.6 在选择地基基础加固方案时，本条强调应根据所列各种因素对初步选定的各种加固方案进行对比分析，选定最佳的加固方法。

大量工程实践证明，在进行地基基础设计时，采用加强上部结构刚度和承载力的方法，能减少地基的不均匀变形，取得较好的技术经济效果。因此，在选择既有建筑地基基础加固方案时，同样也应考虑上部结构、基础和地基的共同作用，采取切实可行的措施，既可降低费用，又可收到满意的效果。

3.0.7 地基基础加固使用的材料，包括水泥、碱液、硅酸钠以及其他胶结材料等，应符合环境保护要求，根据场地类别不同加固方法形成的增强体或基础结构应符合耐久性设计要求。

3.0.8 根据现行国家标准《工程结构可靠性设计统一标准》GB 50153 的要求，既有建筑加固后的地基基础设计使用年限应满足加固后的建筑物设计使用年限。

3.0.9 纠倾加固、移位加固、托换加固施工过程可能对结构产生损伤或产生安全隐患，必须设置现场监测系统，监测纠倾变位、移位变位和结构的变形，根据监测结果及时调整设计和施工方案，必要时启动应急预案，保证工程按设计完成。目前按工程建设需要，纠倾加固、移位加固、托换加固工程的设计图纸和施工组织设计，均应进行专项审查，通过审查后方可实施。

3.0.10 既有建筑地基基础加固的施工，一般来说，具有技术要求高、施工难度大、场地条件差、不安全因素多、风险大等特点，本条特别强调施工人员应具备较高的素质。施工过程中除了应有专人负责质量控制外，还应有专人负责严密的监测，当出现异常情况时，应采取果断措施，以免发生安全事故。

3.0.11 既有建筑进行地基基础加固时，沉降观测是一项必须做的工作，它不仅是施工过程中进行监测的重要手段，而且是对地基基础加固效果进行评价和工程验收的重要依据。由于地基基础加固过程中容易引起对周围土体的扰动，因此，施工过程中对邻近建筑和地下管线也应进行监测。沉降观测终止时间应按设计要求确定，或按国家现行标准《工程测量规范》GB 50026 和《建筑变形测量规范》JGJ 8 的有关规定确定。

4　地基基础鉴定

4.1　一般规定

4.1.1 既有建筑地基基础进行鉴定可采用以下步骤（图1）：

由于现场实际情况的变化，鉴定程序可根据实际

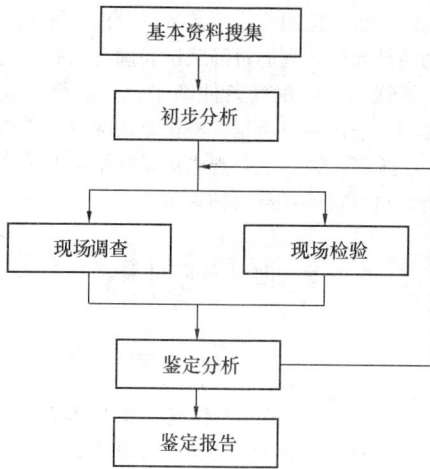

图 1 鉴定工作程序框图

情况调整。例如：所鉴定的既有建筑基本资料严重缺失，则首先应进行现场调查，根据调查的情况分析确定现场检验方法和内容。根据现场调查及现场检验获得的资料作出分析，根据分析结果再到现场进行进一步的调查和必要的现场检验，才可能给出鉴定结论。现场调查情况与搜集的资料不符或在现场检验后发现新的问题而需要进一步的检验。

4.1.2 由于地基基础的隐蔽性，现场检验困难、复杂，不可能进行大面积的现场检验，在进行现场检验前，应首先在所掌握的基本资料基础上进行初步分析，根据初步分析的结果，确定下一步现场检验的工作重点和工作内容，并根据现场实际情况确定可以采用的现场检验方法。无论是资料搜集还是现场调查都应围绕加固的目的结合初步分析结果进行。资料搜集和现场调查过程中可能发生对初步分析结果更进一步深入的分析结果，两者应结合进行。

4.1.3、4.1.4 当根据所搜集和调查的资料仍无法对既有建筑的地基基础作出正确评价时，应进行现场检验和沉降观测，严禁凭空推断而得出鉴定结论。

基础的沉降是反映地基基础情况的一个最直接的综合指标，而目前往往无法获得连续的、真实的沉降观测资料。当既有建筑的变形仍在发展，根据当前状况得出的鉴定结果并不能代表既有建筑以后的情况，也需要进一步进行沉降观测。

当需要了解历史沉降情况而缺乏有效的沉降资料时，也可根据设计标高结合现场调查情况依照当地经验进行估算。

4.1.5 分析评价是鉴定工作的重要内容之一，需要根据所得到的资料围绕加固的目的、结合当地经验进行综合分析。除了给出既有建筑地基基础的承载力、变形、稳定性和耐久性的分析评价外，尚应根据加固目的的不同进行下列相应的分析评价：

1 因勘察、设计、施工或因使用不当而进行的既有建筑地基基础加固，应在充分了解引起建筑物开裂、沉降、倾斜的原因后，才能针对原因提出合理有效的加固方法，因此，对于此类加固，应分析引起既有建筑的开裂、沉降、倾斜的原因，以便确定合理有效的加固方法。

2 增加荷载、纠倾、移位、改建、古建筑保护而进行的既有建筑地基基础加固，只有在对既有建筑地基基础的实际承载力和改造、保护的要求比较后，才能确定出既有建筑的地基基础是否需要进行加固及如何加固，故此类加固应针对改造、保护的要求，结合既有建筑的地基基础的现状，来比较分析既有建筑改造、保护时地基加固的必要性。

3 遭受邻近新建建筑、深基坑开挖、新建地下工程或自然灾害的影响而进行的既有建筑地基基础加固，应首先分析清楚对既有建筑地基基础已造成的影响和仍然存在的影响情况后，才能采取有效措施消除已经造成的影响和避免进一步的影响，所以对于该类地基基础加固应对既有建筑的影响情况作出分析评价。

另外，对既有建筑地基基础进行鉴定的主要目的就是为了进行既有建筑地基基础加固，因此，对既有建筑地基基础的分析评价尚应结合现场条件来分析不同地基基础加固方法的适用性和可行性，以便给出建议的地基基础加固方法；当涉及上部结构的问题时，应对上部结构鉴定和加固的必要性进行分析，必要时提出进行上部结构鉴定和加固的建议。

4.1.6 本条规定为鉴定报告应该包含的基本内容。为了使得鉴定报告内容完整，有针对性，报告的内容有时尚应包括必要的情况说明甚至证明材料等。

鉴定结论是鉴定报告的核心内容，必须叙述用词规范、表达内容明确。同时为了使得鉴定报告确实能够对既有建筑地基基础加固的设计和施工起到一定的指导作用，鉴定结论的内容除了给出对既有建筑地基基础的评价外，尚应给出对加固设计和施工方法的建议。

鉴定报告应包含调查资料及现场测试数据和曲线，以及必要的计算分析过程和分析评价结果，严禁鉴定报告仅有鉴定结论而无数据和分析过程。

4.2 地 基 鉴 定

4.2.1 地基基础需要加固的原因与场地工程地质、水文地质情况以及由于环境条件变化或者是地下水的变化关系密切，这种情况需结合既有建筑原岩土工程勘察报告中提供的水文、岩土数据，结合现场调查和检验的结果，进行比较分析。

4.2.2 地基检验的方法应根据加固的目的和现场条件选用，作以下几点说明：

1 当有原岩土工程勘察报告且勘察报告的内容较齐全时，可补充少量代表性的勘探点和原位测试点，一方面用来验证原岩土工程勘察报告的数据，另一方面比较前后水位、岩土的物理力学参数等变化情况。

2 对于一般的工程，测点在变形较大部位（如既有建筑的四个"大角"及对应建筑物的重心点位置）或其附近布置即可，而对于重要的既有建筑，应根据既有建筑的情况在中间部位增加 1 个～3 个测点。

当仅仅需要查明局部岩土情况时，也可仅仅在需要查明的部位布置 3 个～5 个测点。但当土层变化较大如探测原始冲沟的分布情况时，则需要根据情况增加测点。

3 当条件允许时宜在基础下取不扰动土样进行室内土的物理力学性质试验。当无地下水时勘探点应尽量采用人工挖槽的方法，该方法还可以利用开挖的坑槽对基础进行现场调查和检测。坑槽的布置应分段，严禁集中布置而对基础产生影响。

4 目前越来越多的物理勘探方法应用在工程测试中，但由于各种物探方法都有着这样或那样的局限，因此，实际工程中应采用物探方法与常规勘探方法相结合的方式来进行地基的检验测试，利用物探方法快速方便的优点进行大面积检测，对物探检测发现的异常点采用常规勘探方法（如开挖、钻探等）来验证物探检测结果和确定具体数据。

5 对于重要的增加荷载如增层改造的建筑，应按本规范规定的方法通过现场荷载试验确定地基土的承载力特征值。

4.2.3 地基进行评价时地区经验很重要，应结合当地经验根据现场调查和检验结果进行综合分析评价。

4.3 基础鉴定

4.3.1～4.3.3 基础为隐蔽工程，由于现场条件的限制，其检测不可能大面积展开，因此应根据初步分析结果结合现场调查情况，确定代表性的部位进行检测，现场检测可按下述方法步骤进行：

1 确定代表性的检查点位置。一般选取上部变形较大处、荷载较大处及上部结构对沉降敏感处对应的位置或附近作为代表性点，另选取 2 处～3 处一般性代表点，一般性代表点应随机均匀布置。

2 开挖目测检查基础的情况。

3 根据开挖检查的结果，根据现场实际条件选用合适的检测方法对基础进行结构检测，如基础为桩基时尚需进行基桩完整性和承载力检测。

4 对于重要的增加荷载如增层改造的建筑，采用桩基时应按本规范规定的方法通过现场载荷试验确定基桩的承载力特征值。

4.3.4 基础结构的评价，重点是结构承载力、完整性和耐久性评价。涉及地基评价的数据包括基础尺寸、埋深等，应给出检测评价结果。

桩的承载力不但和桩周土的性质有关，而且还和桩本身的质量、桩的施工工艺等有着极大的关系，如果现场条件允许，宜通过静载试验确定既有建筑桩基中桩的承载力，当现场条件确实无法进行静载试验时，在测试确定桩身质量、桩长等情况下，应结合地质情况、施工工艺、沉降观测记录并结合地区经验综合分析后给出桩的承载力估算值。

5 地基基础计算

5.1 一般规定

5.1.1 进行结构加固的工程或改变上部结构功能时对地基的验算是必要的，需进行地基基础加固的工程均应进行地基计算。既有建筑因勘察、设计、施工或使用不当，增加荷载，遭受邻近新建建筑、深基坑开挖、新建地下工程或自然灾害的影响等可能产生对建筑物稳定性的不利影响，应进行稳定性计算。既有建筑地基基础加固或增加荷载时，尚应对基础的抗冲、剪、弯能力进行验算。

5.1.2 既有建筑地基在建筑物荷载作用下，地基土经压密固结作用，承载力提高，在一定荷载作用下，变形减少，加固设计可充分利用这一特性。但扩大基础或增加桩进行加固时，新旧基础、新增加桩与原基础桩由于地基变形的差异，地基反力的分布是按变形协调的原则，新旧基础、新增加桩与原基础桩分担的荷载与天然地基时有所不同，应按变形协调的原则进行设计。扩大基础或改变基础形式时应保证新旧基础采取可靠的连接构造。

5.2 地基承载力计算

5.2.3 既有建筑地基承载力特征值的确定，应根据既有建筑地基基础的工作性状确定。既有建筑地基土的压密在荷载作用下已完成或基本完成，再加荷时地基土的"压密效应"，使其增加荷载的一部分由原地基土承担。

1 本规范附录 B 是采用与原基础、地基条件基本相同条件下，通过持载试验确定承载力，用于不改变原基础尺寸、埋深条件直接增加荷载的设计条件。中国建筑科学研究院地基所的试验结果表明（图 2），原地基土在压力下固结压密后再加荷，荷载变形曲线明显变缓，表明其承载力提高。图 3 的结果表明，持载 7d 后（粉质黏土），变形趋于稳定。

2 采用本规范附录 B 进行试验有困难时，可按本规范附录 A 的方法结合土工试验、其他原位试验结果结合地区经验综合确定。

3 外接结构的地基变形允许值一般较严格，应根据场地特性和加固施工的措施，按变形允许值确定地基承载力特征值。

4 加固后的地基应采用在地基处理后通过检验

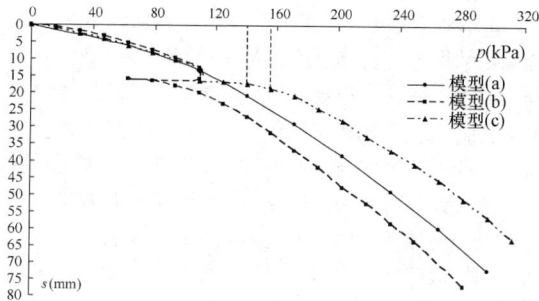

图 2 直接加载模型（a）、持载后扩大
基础加载模型（b）和持载后继续加载模型（c）
p-s 曲线对比

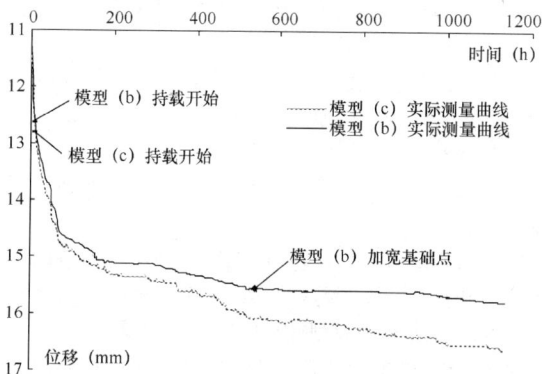

图 3 基础板(b)和(c)在持载时
位移随时间发展情况

确定的地基承载力特征值。

5 扩大基础加固或改变基础形式，再加荷时原基础仍能承担部分荷载，可采用本规范附录 B 的方法确定其增加值，其余增加荷载由扩大基础承担而采用原地基承载力特征值设计，相对简单。

模型试验的结果见图 4。

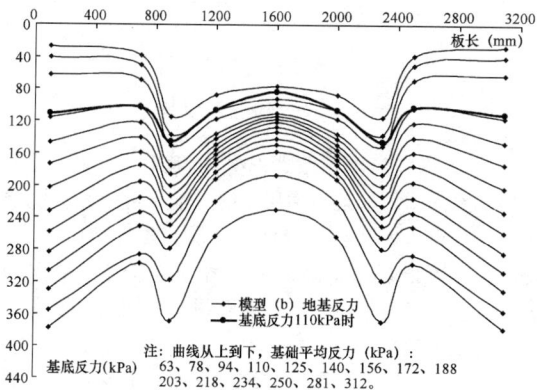

图 4 模型（b）基底下的地基反力

当附加荷载小于先前作用荷载的 42.8% 时，上部荷载基本上由旧基础承担。但当附加荷载增加到先前作用荷载的 100% 时，新旧基础开始共同承担上部荷载。此时基底反力基本上呈现平均分布状态。

但扩大基础再加荷的荷载变形曲线变形比未扩大基础时的变形大，为简化设计，本次修订建议采用扩大基础加固或改变基础形式加固时，仍采用天然地基承载力特征值设计。

5.2.6 本条为既有建筑单桩承载力特征值的确定原则。

既有建筑下原有的桩以及新增加的桩单桩竖向承载力特征值应通过单桩竖向静载荷试验确定。既有建筑原有的桩单桩的静载荷试验，有条件时应在既有建筑下进行，无条件时可按本规范附录 C 的方法进行；既有建筑下原有的桩的单桩竖向承载力特征值，有地区经验时也可按地区经验确定。

5.2.7 天然地基在使用荷载下持载，土层固结完成后在原基础内增加桩的试验结果，新增荷载在再加荷的初始阶段，大部分荷载由新增加的桩承担。

模型试验独立基础持载结束后在基础内植入树根桩形成桩基础再加载，在荷载达到 320 kN 前，承台下地基土反力增加很小（表 1），这说明上部结构传来的荷载几乎都由树根桩承担。随着上部结构的荷载增大，承台下地基土反力有了一定的增长，在加荷的中后期，承台下地基土分担的上部结构荷载达到 30% 左右。

表 1 桩土分担荷载

荷载(kN)	240	280	320	360	400	440
荷载增加(kN)①	40	80	120	160	200	240
桩承担荷载(kN)	35.50	78.12	117.11	146.19	164.42	184.36
土承担荷载(kN)	4.50	1.88	2.89	13.81	35.58	55.64
桩土分担荷载比	7.89	41.55	40.52	10.59	4.62	3.31
荷载(kN)	480	520	560	600	640	680
荷载增加(kN)②	280	320	360	400	440	480
桩承担荷载(kN)	208.74	228.81	255.97	273.95	301.51	324.62
土承担荷载(kN)	71.26	91.19	104.03	126.05	138.49	155.38
桩土分担荷载比	2.93	2.51	2.46	2.17	2.18	2.09

注：①和②是指对 200kN 增加值。

5.2.8 既有建筑原地基增加的承载力可按本规范第 5.2.3 条的原则确定，地基土承担部分新增荷载的基础面积应按原基础面积计算。

模型试验独立基础持载结束后扩大基础底面积并植入树根桩，基础上部结构传来的荷载由原独立基础下的地基土、扩大基础底面积下的地基土、桩共同承担（表 2）。

表 2 桩土分担荷载

荷载(kN)	240	280	340	400	460	520	580
荷载增加(kN)	40	80	140	200	260	320	380
桩承担荷载(kN)	18.5	37.7	64.2	104.2	148.1	180.8	219.3
桩土分担荷载比(kN)	0.86	0.89	0.85	1.09	1.32	1.30	1.36
荷载(kN)	640	700	760	820	880	940	1000
荷载增加(kN)	440	500	560	620	680	740	800
桩承担荷载(kN)	253.7	293.0	324.9	357.8	382.7	410.4	432.9
桩土分担荷载比(kN)	1.36	1.41	1.38	1.36	1.29	1.25	1.18

5.2.9 本条原则的试验资料如下：

模型试验原桩基础持载结束后扩大基础底面积并植入树根桩,桩土分担荷载见表3。可知在增加荷载量为原荷载量时,新增加桩与原桩基础桩分担的荷载虽先后不同,但几乎共同分担。

表3 桩土分担荷载

荷载(kN)	240	280	360	440	520	600
荷载增加(kN)	40	80	160	240	320	400
原基础桩顶荷载增加(kN)	6.17	11.06	14.66	20.06	25.28	31.78
新基础桩顶荷载增加(kN)	3.05	8.02	15.23	23.76	32.09	39.42
桩承担荷载	36.88	76.32	119.56	175.28	229.48	284.80
桩分担总荷载比	0.92	0.95	0.75	0.73	0.72	0.71
桩土分担荷载比	11.82	20.74	2.96	2.71	2.54	2.47
荷载(kN)	760	840	920	1000	1160	1320
荷载增加(kN)	560	640	720	800	960	1120
原基础桩顶荷载增加(kN)	47.24	57.33	66.58	75.88	87.96	102.00
新基础桩顶荷载增加(kN)	54.18	60.68	67.44	75.49	96.50	112.95
桩承担荷载	405.68	472.04	536.08	605.48	737.84	859.80
桩分担总荷载比	0.72	0.74	0.74	0.76	0.77	0.77
桩土分担荷载比	2.63	2.81	2.91	3.11	3.32	3.30

5.2.11 邻近新建建筑、深基坑开挖、新建地下工程改变既有建筑地基设计条件的复核,应包括基础侧限条件、深宽修正条件、地下水条件等。

5.3 地基变形计算

5.3.1 加固后既有建筑的地基变形控制重要的是差异沉降和倾斜两项指标,国家标准《建筑地基基础设计规范》GB 50007-2011 表5.3.4中给出砌体承重结构基础的局部倾斜、工业与民用建筑相邻柱基的沉降差、桥式吊车轨面的倾斜(按不调整轨道考虑)、多层和高层建筑的整体倾斜、高耸结构基础的倾斜值是保证建筑物正常使用和结构安全的数值,工程设计应严格控制。既有建筑加固后的建筑物整体沉降控制,对于有相邻基础连接或地下管线连接时应视工程情况控制,可采取临时工程措施,包括断开、改变连接方式等,不允许时应对建筑物整体沉降控制,采用减少建筑物整体沉降的处理措施或顶升托换抬高建筑等方法。

5.3.2 有特殊要求的建筑物,包括古建筑、历史建筑等保护,要求保持现状;或者建筑物变形有更严格的要求时,应按建筑物的地基变形允许值,进行地基变形控制。

5.3.3 既有建筑地基变形计算,可根据既有建筑沉降稳定情况分为沉降已经稳定者和沉降尚未稳定者两种。对于沉降已经稳定的既有建筑,其地基最终变形量 s 包括已完成的地基变形量 s_0 和地基基础加固后或增加荷载后产生的地基变形量 s_1,其中 s_1 是通过计算确定的。计算时采用的压缩模量,对于地基基础加固的情况和增加荷载的情况是有区别的：前者是采用地基基础加固后经检测得到的压缩模量,而后者是采用增加荷载前经检验得到的压缩模量。对于原建筑沉降尚未稳定且增加荷载的既有建筑,其地基最终变形量 s 除了包括上述 s_0 和 s_1 外,尚应包括原建筑荷载下尚未完成的地基变形量 s_2。

5.3.4 本条为地基基础加固或增加荷载后产生的地基变形量的计算原则：

1 按本规范附录 B 进行试验,可按增加荷载量以及由试验得到的变形模量计算确定。

2 增大基础尺寸或改变基础形式时,可按增加荷载量以及增大后的基础或改变后的基础由原地基压缩模量计算确定。

3 地基加固时,应采用加固后经检验测得的地基压缩模量,按现行行业标准《建筑地基处理技术规范》JGJ 79 的有关原则计算确定。

5.3.5 本条为既有建筑基础为桩基础时的基础沉降计算原则：

1 按桩基础的变形计算方法,其变形为桩端下卧层的变形。

2 增加的桩承担的新增荷载,为新增荷载减去原地基承载力提高承担的荷载。

3 既有建筑桩基础扩大基础增加桩时,可按新增加的荷载由原基础桩和新增加桩共同承担荷载按桩基础计算确定,此时可不考虑桩间土分担荷载。

6 增层改造

6.1 一般规定

6.1.1 既有建筑增层改造的类型较多,可分为地上增层、室内增层和地下增层。地上增层又分为直接增层,外扩整体增层与外套结构增层。各类增层方式,都涉及对原地基的正确评价和新老基础协调工作问题。既有建筑直接增层时,既有建筑基础应满足现行有关规范的要求。

6.1.2 采用新旧结构通过构造措施相连接的增层方案时,地基承载力应按变形协调条件确定。

6.2 直接增层

6.2.1 确定直接增层地基承载力特征值的方法,本规范推荐了试验法和经验法。经验法是指当地的成熟经验,如没有这方面材料的积累,应采用试验法。

对重要建筑物的地基承载力确定，应采用两种以上方法综合确定。直接增层时，由于受到原墙体强度和地基承载力限制，一般不宜增层太多，通常不宜超过3层。

6.2.2 直接增层需新设承重墙基础，确定新基础宽度时，应以新旧纵横墙基础能均匀下沉为前提，可按以下经验公式确定新基础宽度：

$$b' = \frac{F+G}{f_a}M \tag{1}$$

式中：b'——新基础宽度（m）；

$F+G$——作用的标准组合时单位基础长度上的线荷载（kN/m）；

f_a——修正后的地基承载力特征值（kPa）；

M——增大系数，建议按 $M = E_{s2}/E_{s1} > 1$ 取值；

E_{s1}、E_{s2}——分别为新旧基础下地基土的压缩模量。

6.2.3 直接增层时，地基基础的加固方法应根据地基基础的实际情况和增层荷载要求选用。本规范列出的部分方法都有其适用条件，还可参考各地区经验选用适合、有效的方法。

采用抬梁或挑梁承受新增层结构荷载时，梁可置于原基础或地梁下，当采用预制的抬梁时，梁、桩和基础应紧密连接，并应验算抬梁或挑梁与基础或地梁间的局部受压、受弯、受剪承载力。

6.3 外套结构增层

6.3.1～6.3.6 当既有建筑增加楼层较多时常采用外套结构增层的形式。外套结构的地基基础应按新建工程设计。施工时应将新旧基础分开，互不干扰，并避免对既有建筑地基的扰动，而降低其承载力。

对位于高水位深厚软土地基上建筑物的外套结构增层，由于增层结构荷载一般较大，常采用埋置较深的桩基础。在桩基施工成孔时，易对原基础（尤其是浅埋基础）产生影响，引起基础附加下沉，造成既有建筑下沉或开裂等，因此应根据工程的具体情况，选择合理的地基处理方法和基础加固施工方案。

7 纠 倾 加 固

7.1 一 般 规 定

7.1.1 纠倾的建筑层数多数在8层以内，构筑物高度多数在25m以内。近年来，国内已有高层建筑纠倾成功的例子，这些建筑物其整体倾斜多数超过0.7%，即超过现行行业标准《危险房屋鉴定标准》JGJ 125的危险临界值，影响安全使用；也有部分虽未超过危险临界值，但已超过设计规定的允许值，影响正常使用。

7.1.2 既有建筑纠倾加固方法可分为迫降纠倾和顶升纠倾两类。

迫降纠倾是从地基入手，通过改变地基的原始应力状态，强迫建筑物下沉；顶升纠倾是从建筑结构入手，通过调整结构自身来满足纠倾的目的。因此从总体来讲，迫降纠倾要比顶升纠倾经济、施工简便，但遇到不适合采用迫降纠倾时即可采用顶升纠倾。特殊情况可综合采用多种纠倾方法。

7.1.3 建筑物的倾斜多数是由于地基原因造成的，或是浅基础的变形控制欠佳，或是由于桩基和地基处理设计、施工质量问题等，建筑物纠倾施工将影响地基基础和上部结构的受力状态，因此纠倾加固设计应根据现状条件分析产生倾斜的原因，论证纠倾可行性，对上部结构进行安全评估，确保建筑物安全。如果建筑物的倾斜原因包括建筑物荷载中心偏移等，应论证地基加固的必要性，提出地基加固方法，防止再度倾斜。

7.1.4 建筑物纠倾加固设计是指导纠倾加固施工的技术性文件，以往有些纠倾工程存在直接按经验方法施工的情况，存在一定盲目性，因此有必要明确纠倾加固前期应做的工作，使之做到经济、合理、确保安全。

7.1.5 由于既有建筑物各角点倾斜值与其自身原有垂直度有关，因此对于纠倾加固后的验收，规定了以设计要求控制，对于尚未通过竣工验收的建筑物规定按新建工程验收要求控制。

7.1.6 施工过程中开挖的槽、孔等在工程完工后如不及时进行回填等处理将会对建筑物安全使用和人们日常生活带来安全隐患，水、电、暖等设施与日常生活有关，应予重视。

要加强对避雷设施修复后的检查与检测。当上部结构产生裂损时，应由设计单位明确加固修复处理方法。

7.2 迫 降 纠 倾

7.2.1 迫降纠倾是通过人工或机械的办法来调整地基土体固有的应力状态，使建筑物原来沉降较小侧的地基土土体应力增加，迫使土体产生新的竖向变形或侧向变形，使建筑物在短时间内沉降加剧，达到纠倾的目的。

7.2.2 迫降纠倾与建筑物特征、地质情况、采用的迫降方法等有关，因此迫降的设计应围绕几个主要环节进行：选择合理的纠倾方法；编制详细的施工工艺；确定各个部位迫降量；设置监控系统；制定实施计划。根据选择的方法和编制的操作规程，做到有章可循，否则盲目施工往往失败或达不到预期的效果。由于纠倾施工会影响建筑物，因此强调了对主体结构不应产生损伤和破坏，对非主体结构的裂损应为可修复范围，否则应在纠倾加固前先进行加固处理。纠倾后应防止出现再次倾斜的可能性，必要时应对地基基础进行加固处理。对于纠倾过程可能存在的结构裂损、局部破坏应有加固处理预案。

纠倾加固施工过程可能出现危及安全的情况，设计时应有应急预案。过量纠倾可能会产生结构的再次损伤，应该防止其出现，设计时必须制定防止过量纠倾的技术措施。

7.2.3 迫降纠倾是一种动态设计信息化施工过程，因此沉降观测是极其重要的，同时观测结果应反馈给设计，以调整设计，指导施工，这就要求设计施工紧密配合。迫降纠倾施工前应做好详细的施工组织设计，并详细勘察周围场地现状，确定影响范围，做好查勘记录，采取措施防止出现对相邻建筑物和设施可能产生的影响。

7.2.4 基底掏土纠倾法是在基础底面以下进行掏挖土体，削弱基础下土体的承载面积迫使沉降，其特点是可在浅部进行处理，机具简单，操作方便。人工掏土法早在 20 世纪 60 年代初期就开始使用，已经处理了相当多的多层倾斜建筑。水冲掏土法则是 20 世纪 80 年代才开始应用研究，它主要利用压力水泵代替人工。该法直接在基础底面下操作，通过掏冲带出部分土体，因此对匀质土比较适用，施工时控制掏土槽的宽度及位置是非常重要的，也是掏土迫降效果好坏或成败的关键。

7.2.5 井式纠倾法是利用工作井（孔）在基础下一定深度范围内进行排土、冲土，一般包括人工挖孔、沉井两种。井壁有钢筋混凝土壁、混凝土孔壁，为确保施工安全，对于软土或砂土地基先试挖成井，方可大面积开挖井（孔）施工。

井式纠倾法可分为两种：一种是通过挖井（孔）排土、抽水直接迫降，这种在沿海软土地区比较适用；另一种是通过井（孔）辐射孔进行射水掏冲土迫降。可视土质情况选择。

工作井（孔）一般是设置在建筑物周边，在沉降较小侧多设置，沉降较大侧少设置或不设置。建筑的宽度比较大时，井（孔）也可设置在室内，每开间设一个井（孔），可根据不同的迫降量布置辐射孔。

为方便施工井底深度宜比射水孔位置低。

工作井可用砂土或砂石混合料分层夯实回填，也可用灰土比为 2：8 的灰土分层夯实回填，接近地面 1m 范围内的井壁应拆除。

7.2.6 钻孔取土纠倾法是通过机械钻孔取土成孔，依靠钻孔所形成的临空面，使土体产生侧向变形形成淤孔，反复钻孔取土使建筑物下沉。

7.2.7 堆载纠倾法适用于小型工程且地基承载力比较低的土层条件，对大型工程项目一般不适用，此法常与其他方法联合使用。

沉降观测应及时绘制荷载-沉降-时间关系曲线，及时调整堆载量，防止过纠，保证施工安全。

7.2.8 降水纠倾法适用的地基土主要取决于降水的方法，当采用真空法或电渗法时，也适用于淤泥土，但在既有建筑邻近使用应慎重，若有当地成功经验时也可采用。采用人工降水时应注意对水资源保护以及对环境影响。

7.2.9 加固纠倾法，实际上是对沉降大的部分采用地基托换补强，使其沉降减少；而沉降小的一侧仍继续下沉，这样慢慢地调整原来的差异沉降。这种方法一般用于差异沉降不大且沉降未稳定尚有一定沉降量的建筑物纠倾。使用该方法时，由于建筑物沉降未稳定，应对上部结构变形的适应能力进行评价，必要时应采取临时支撑或采取结构加固措施。

7.2.10 浸水纠倾法是利用湿陷性黄土遇水湿陷的特性对建筑物进行纠倾的，为了确保纠倾安全，必须通过系统的现场试验确定各项设计、施工参数，施工过程中应设置水量控制计量系统以及监测系统，确保浸水量准确，应有必要的防护措施，如预设限沉的桩基等，当水量过量时可采用生石灰吸收。

7.3 顶升纠倾

7.3.1 顶升纠倾是通过钢筋混凝土或砌体的结构托换加固技术，将建筑物的基础和上部结构沿某一特定的位置进行分离，采用钢筋混凝土进行加固、分段托换、形成全封闭的顶升托换梁（柱）体系。设置能支承整个建筑物的若干个支承点，通过这些支承点的顶升设备的启动，使建筑物沿某一直线（点）作平面转动，即可使倾斜建筑得到纠正。若大幅度调整各支承点的顶高量，即可提高建筑物的标高。

顶升纠倾过程是一种基础沉降差异快速逆补偿过程，当地基土的固结度达 80% 以上，基础沉降接近稳定时，可通过顶升纠倾来调整剩余不均匀沉降。

顶升纠倾法仅对沉降较大处顶升，而沉降小处则仅作分离及同步转动，其目的是将已倾斜的建筑物纠正，该法适用于各类倾斜建筑物。

7.3.2 顶升纠倾早期在福建、浙江、广东等省应用较多，现在国内应用已较普遍，这足以证明顶升纠倾技术是一种可靠的技术，但如何正确使用却是问题的关键。某工程公司承接了一栋三层住宅的顶升纠倾，由于施工未能遵循一般的规律，顶升施工作用与反作用力，即基础梁与托换梁这对关系不具备，顶升机没有足够的安全储备和承托垫块无法提供稳定性等原因造成重大的工程事故。从理论上顶升高度是没有限值的，但为确保顶升的稳定性，本规范规定顶升纠倾最大顶升高度不宜超过 80cm。因为当一次顶升高度达到 80cm 时，其顶升的建筑物整体稳定性存在较大风险，目前国内虽已有顶升 240cm 的成功例子，但实际是分多次顶升施工的。

整体顶升也可应用于建筑物竖向抬升，提高其空间使用功能。

7.3.3 顶升纠倾设计必须遵循下列原则：

1 顶升应通过钢筋混凝土组成的一对上、下受力梁系实施，虽然在实际工程中已出现类似利用锚杆静压桩、原有基础或地基作为反力基座来进行顶升纠倾，其应用主要为较小型建筑物，且实际工程不多，尚缺乏普遍性，并存在一定的不确定因素和危险性，因此规范仍强调应由上、下梁系受力。

2 原规范采用荷载设计值，荷载分项系数约为1.35，本次修订改为采用荷载标准组合值，安全系数调整为2.0，以保持安全储备与原规范一致。

3 托换梁（柱）体系应是一套封闭式的钢筋混凝土结构体系。

4 顶升是在钢筋混凝土梁柱之间进行，因此顶升梁及底座都应该是钢筋混凝土的整体结构。

5 顶升的支托垫块必须是钢板混凝土块或钢垫块，具有足够的承载力及平整度，且是组合装配的工具式垫块，可抵抗水平力。顶升过程中保证上下顶升梁及千斤顶、垫块有不少于30%支点可连成一整体。

顶升量的确定应包括三个方面：

1）纠正建筑物倾斜所需各点的顶升量，可根据不同倾斜率及距离计算。

2）使用要求需要的整体顶升量。

3）过纠量。考虑纠正以后建筑物沉降尚未稳定还有少量的倾斜，则可通过超量的纠正来调整最终的垂直度。这个量应通过沉降计算确定，要求超过的纠倾量或最终稳定的倾斜值应满足现行国家标准《建筑地基基础设计规范》GB 50007 的要求，当计算不能满足时，则应进行地基基础加固。

7.3.4 砌体结构建筑的荷载是通过砌体传递的。根据顶升的技术特点，顶升时砌体结构的受力特点相当于墙梁作用体系或将托换梁上的墙体视为弹性地基，托换梁按支座反力作用下的弹性地基梁设计。考虑协同工作的差异，顶升梁的支座计算距离可按图5所示选取。有地区经验时也可加大顶升梁的刚度，不考虑墙体的刚度，按连续梁进行顶升梁设计。

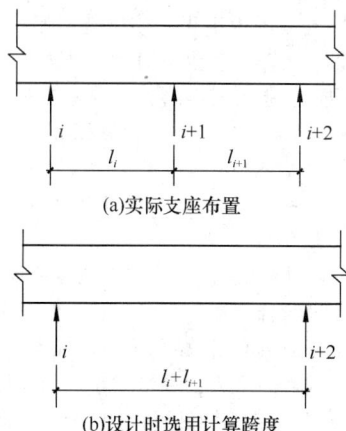

(a)实际支座布置

(b)设计时选用计算跨度

图5　计算跨度示意

7.3.5 框架结构荷载是通过框架柱传递的，顶升力应作用于框架柱下，但是要将框架柱切断，首先必须增设一个能支承整体框架柱的结构体系，这个结构托换体系就是后设置的牛腿及连系梁共同组成的。连系梁应能约束框架柱间的变位及调整差异顶升量。

纠倾前建筑已出现倾斜，结构的内力有不同程度的变化，断柱时结构的内力又将发生改变，因此设计时应对各种状态下的结构内力进行验算。

7.3.6 顶升纠倾一般分为顶升梁系托换，千斤顶设置与检验，测量监测系统设置，统一指挥系统设置、整体顶升、结构连接修复等步骤。

7.3.7 砌体结构进行顶升托换梁施工前，必须对墙体按平面进行分段，其分段长度不应大于1.5m，应根据砌体质量考虑在分段长度内每0.5m～0.6m先开凿一个竖槽，设置一个芯垫（芯垫埋入托换梁不取出，应不影响托换梁的承载力、钢筋绑扎及混凝土浇筑施工），用高强度等级水泥砂浆塞紧。预留搭接钢筋向两边凿槽外伸，且相邻墙段应间隔进行，并每段长不超过开间段的1/3，门窗洞口位置保证连续不得中断。

框架结构建筑的施工应先进行后设置牛腿、连系梁及千斤顶下支座的施工。由于凿除结构柱的保护层，露出部分主筋，因此一定要间隔进行，待托换梁（柱）体系达到强度后再进行相邻施工。当全部托换完成并经过试顶后确定承载力满足设计要求，方可进行断柱施工。

顶升前应对顶升点进行试顶试验，试验的抽检数量不少于20%，试验荷载为设计值的1.5倍，可分五级施工，每级历时1min～2min并观测顶升梁的变形情况。

每次顶升最大值不超过10mm，主要考虑到位置的先后对结构的影响，按结构允许变形（0.003～0.005)l 来限制顶升量。

若千斤顶的最大间距为1.2m，则结构允许变形差为(0.003～0.005)×1200＝3.6mm～6.0mm。

当顶升到位的先后误差为30%时，变形差3mm<3.6mm。

基于上述原因，力求协调一致，因此强调统一指挥系统，千斤顶同步工作。当有条件采用电气自动化控制全液压机械顶升，则可靠度更高。

顶升到位后应立即进行连接，因为此时整体建筑靠支承点支承着，若是有地震等的影响会出现危险，所以应尽量缩短这种不利时间。

8 移 位 加 固

8.1 一 般 规 定

8.1.1 由于城市改造、市政道路扩建、规划变更、场地用途改变、兴建地下建筑等需要建筑物搬迁移位或转动一定的角度，有时为了更好地保护古建、文物建筑，减少拆除重建，均可采用移位加固技术。目前移位技术在国内已得到广泛应用，已有十二层建筑物移位的成功经验。但一般多用于多层建筑的同一水平面移位，对大幅度改变其标高的工程未见实例。

8.1.2 由于移位滚动摩阻小于移位滑动摩阻，且滚动移位的施工精度要求相对滑动移位要低些。在实际工程中一般多数采用滚动方法，滑动方法仅在小型建筑物有应用，在大型建筑物应用应慎重。

8.1.3 移位所涉及的建筑结构及地基基础问题专业技术性强，要求在移位方案确定前应先通过搜集资料、补充计算验算、补充勘察等取得有关资料。

8.1.4 建筑物移位时对原结构有一定影响，在移位过程中建筑物将处于运动状态和受力不稳定状态，相对于移位前有许多不利因素，因此应对移位的建筑物进行必要的安全性评估。评估的主要内容为建筑物的结构整体性、抵抗竖向及水平向变形的能力。

8.1.5 建筑移位将改变原地基基础的受力状态，经验算后若不能满足移位过程或移位后的要求，则应进行地基基础加固，可选用本规范第 11 章有关加固方法。

8.1.6 建筑物移位后的验收主要包含建筑物轴线偏差和垂直度偏差，由于建筑物移位过程不可避免存在偏位，因此，轴线偏差控制在 ±40mm 以内认为是适宜的，对垂直度允许误差在 ±10mm。

8.2 设 计

8.2.1 一般情况下建筑物经多年使用后，其使用功能均可能存在一定程度变化，对使用较久的建筑设计前应调查核实其现状。

8.2.2 考虑到移位加固施工是一个短期过程，移位过程建筑物已停止使用。为使设计更为合理，建议恒荷载和活荷载按实际荷载取值，基本风压按当地 10 年一遇的风压采用。

由于移位加固工程的复杂性和不确定因素较多，设计时应注重概念设计，尽量全面地考虑到各种不利因素，按最不利情况设计，从而确保建筑物安全。

8.2.4 托换梁系设计应遵循的原则：

1 托换梁系由上轨道梁、托换梁或连系梁组成，与顶升纠倾托换一样，托换梁系是通过托换方式形成的一个梁系，其设计应考虑上部结构竖向荷载受力和移位时水平荷载的传递，根据最不利组合按承载能力极限状态设计，其荷载分项系数按现行国家标准《建筑结构荷载规范》GB 50009 采用。

2 托换梁是以上轨道梁为支座，可按简支或连续梁设计，托换梁的作用与转换梁相同，用于传递不连续的竖向荷载，由于一般需通过分段托换施工形成，故称为托换梁。对砌体结构当满足条件时其托换梁可按简支墙梁或连续墙梁设计。

3 上轨道梁可分成连续和悬挑两种类型，一般连续式上轨道梁用于砌体结构，而悬挑式上轨道梁用于框架结构或砌体结构中的柱构件。

4 在移位过程中，托换梁系平面内不可避免产生一定的不平衡力或力矩，因此造成偏位或对旋转轴心产生拉力。各下轨道基础（指抬梁式下轨道基础）也有可能存在不均匀的沉降变形，所以在进行托换梁系的设计时应充分考虑平移路线地基情况、水平移位类型、上部结构的整体性和刚度等，对托换梁系的平面内和平面外刚度进行设计。

8.2.5 移位地基基础包括移位过程中轨道地基基础和就位后新址地基基础，其设计原则如下：

1 轨道地基应满足建筑物行进过程中不出现过大沉降或不均匀沉降，其地基承载力特征值可考虑乘以 1.20 的系数采用。轨道基础设计的荷载分项系数应按现行国家标准《混凝土结构设计规范》GB 50010 采用。当有可靠工程经验时，当轨道基础利用建筑物原基础时，考虑长期荷载作用效应，原地基承载力特征值或单桩承载力特征值可提高 20%。

2 新址地基基础按新建工程设计，但应注意移位加固的特点，考虑移位就位时的荷载不利布置和一次性加载效应。

3 轨道基础形式是根据上部结构荷载传递与场地地质条件确定的，应综合考虑经济性和可靠性。

7 移位过程中的轨道地基基础沉降差和沉降量将直接影响移位施工，由于移位过程中不可避免会出现偏位，因此应对其进行抗扭计算。特别在抬梁式轨道基础设计中，应考虑偏位产生的对小直径桩的偏心作用，并保证轨道基础梁有一定的抗扭刚度。

8.2.6 滚动式移动装置主要由上、下承压板与钢辊轴组成，在实际工程中，承压板一般为钢板，主要起扩散滚轴径向压应力的作用，避免轨道基础混凝土产生局部承压破坏，其扩散面积与钢板厚度有关。规范建议采用的钢板厚度不宜小于 20mm。地基较好，轨道梁刚度较大，移位时钢板变形小时可适当减少厚度。国内工程应用中有采用 10mm 钢板成功的实例。辊轴的直径过小移动较慢，过大易产生偏位，规范建议控制在 50mm 较为合适。式 (8.2.6-1) 为经验公式，参考国家标准《钢结构设计规范》GB 50017 - 2003 式 (7.6.2)，引入经验系数 k_D 以综合考虑平移过程减小摩擦阻力的要求以及辊轴受力的不均匀性。

8.2.7 根据实际情况和工程经验选择牵引式、顶推式或牵引顶推组合式施力系统，施力点的竖向位置在满足局部承压或偏心受拉的条件下，应尽量靠近托换梁系底面，其目的是为了尽量减小反力支座的弯曲。行走机构摩擦系数，其经验值对钢材滚动摩擦系数可取 0.05～0.1，聚四氟乙烯与不锈钢板的滑动摩擦系数可取 0.05～0.07。

8.2.8 建筑物就位后的连接关系到建筑物后期使用安全，因此要保证不改变原有结构受力状态，连接可靠性不低于原有标准。对于框架结构而言，由于框柱主筋一般在同一平面切断，因此，要求对此区域进行加强。

结合移位加固对建筑物采用隔震、减震措施进行抗震加固可节省较多费用。因此建筑物移位且需抗震加固时应综合考虑进行设计与施工。

8.3 施 工

8.3.1 移位加固施工具有特殊性，应编制专项的施工技术方案和施工组织设计方案，并应通过专项论证后实施。

8.3.2 托换梁系中的上轨道梁的施工质量将直接影响到移位加固实施，其关键点在于上轨道梁底标高是否水平，及各上轨道梁底标高是否在同一水平面。

8.3.3 移位地基基础施工应严格按统一的水平标高控制线施工，保证其顶面标高在同一水平面上。其控制措施可在其地基基础顶面采用高强度材料进行补平，对局部超高区域可采用机械打磨修整。

8.3.4 移位装置包含上承压板、下承压板、滚动或滑行支座，其型号、材质等应统一，防止产生变形差。托换施工时预先安装其优点是节省费用，但施工要求较高；采用后期整体顶升后一次性安装其优点是水平控制较易调整，但增加费用。

工具式下承压板由槽钢、钢板、混凝土加工制作而成，其大样示意图见图 6，其优点是可移动、可拆装、可重复使用，使用方便，节省费用。

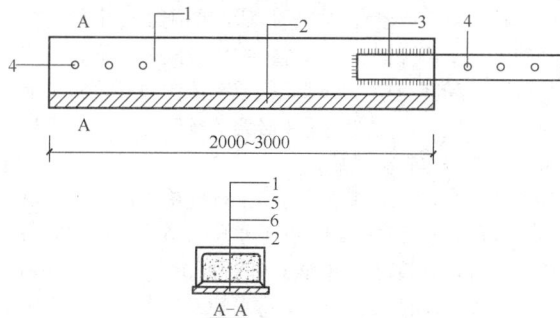

图 6 组合式下轨道板

1—槽钢；2—封底钢板；3—连接钢板；
4—ϕ20 孔；5—细石混凝土；6—ϕ6@200

8.3.5 移位实施前应对托换梁系和移位地基基础等进行验收，对移位装置、反力装置、施力系统、控制系统、监测系统、指挥系统、应急措施等进行检验和检查。确认合格后，方可实施移位施工。

正式移位前的试验性移位，主要是检测各装置与系统间的工作状态和安全可靠性能，测试各施力点推力与理论计算值差异，以便复核与调整。

移位过程中应控制移动速度并应及时调整偏位，其偏位宜采用辊轴角度来调整。对于建筑物长时间处于新旧基础交接处时应考虑不均匀沉降对上部结构及后续移位产生的不利影响，对上部结构应进行实时监测，确保上部结构安全。

建筑物移位加固近年来得到了较大发展，其技术也日趋完善与成熟，从早期小型、低层、手动千斤顶或卷扬机外加动力，发展到目前多层或高层、液压千斤顶外加动力系统。在施力系统、控制系统、监测系统、指挥系统等方面尚可应用现代科技技术，增加自动化程度。

9 托 换 加 固

9.1 一 般 规 定

9.1.1 "托换技术"是指对结构荷载传递路径改变的结构加固或地基加固的通称，在地基基础加固工程中广泛应用。本节所指"托换加固"，是对采用托换技术所需进行的地基基础加固措施的总称。在纠倾工程、移位工程中采用的"托换技术"尚应符合第 7 章、第 8 章的有关规定。

9.1.2 托换加固工程的设计应根据工程的结构类型、基础形式、荷载情况以及场地地基情况进行方案比选，选择设计可靠、施工技术可行且安全的方案。

9.1.3 托换加固是在原有受力体系下进行，其实施应按上部结构、基础、地基共同作用，按托换地基与原地基变形协调原则进行承载力、变形验算。为保证工程安全，当既有建筑沉降、倾斜、变形、开裂已出现超过国家现行有关标准规定的控制指标时，应采取相应处理措施，或制定适用于该托换工程的质量控制标准。

9.1.4 托换加固工程对既有建筑结构变形、裂缝、基础沉降进行监测，是保证工程安全、校核设计符合性的重要手段，必须严格执行。

9.2 设 计

9.2.1 本条为既有建筑整体托换加固设计的要求。整体托换加固，应在上部结构满足整体托换要求条件下进行，并进行必要的计算分析。

9.2.2 局部托换加固的受力分析难度较大，确定局部托换加固的范围以及局部托换的位移控制标准应考虑既有建筑的变形适应能力。

9.2.4 这是近年工程中产生的新的问题。穿越工程的评价分析方法，采用的托换技术，以及采用桩梁式托换、桩筏式托换以及增加基础整体刚度、扩大基础的荷载托换体系等，应根据工程情况具体分析确定。

9.2.5 既有建筑功能改造，改变上部结构承重体系或基础形式，地基基础托换加固设计方案应结合工程经验、施工技术水平综合分析后确定。

9.2.6 针对因地震、地下洞穴及采空区土体移动、软土地基变形、地下水变化、湿陷等造成地基基础损害，提出地基基础托换加固可采用的方法。

9.3 施 工

9.3.1、9.3.2 托换加固施工中可能对持力土层产生扰动，基础侧移等情况，应采取必要的工程措施。

10 事故预防与补救

10.1 一般规定

10.1.1 对于既有建筑，地基基础出现工程事故，轻则需加固处理，且加固处理一般比较困难；重则造成既有建筑的破坏，出现人员伤亡和重大经济损失。因此，对于既有建筑地基基础工程事故应采取预防为主的原则，避免事故发生。

10.1.2 本条为地基基础事故补救的一般原则。对于地基基础工程事故处理应遵循的原则首先应保证相关人员的安全，其次应分析事故原因，避免事故进一步扩大。采取的加固措施应具备安全、施工速度快、经济的特点。

10.1.3 20世纪五六十年代甚至更早的一些建筑，在勘察、设计阶段未进行抗震设防。当地震发生时由于液化和震陷造成建筑物的破坏。如我国的邢台地震、唐山地震、日本的阪神地震都有类似报道。采用天然地基的建筑物，液化常常造成建筑物的倾斜或整体倾覆。对于坡地岸边采用桩基的建筑物，可能会造成桩头部位混凝土受到剪压破坏。在软土地区采用天然地基的建筑，地震可能造成震陷，如1976年唐山地震影响到天津，天津汉沽的一些建筑震陷超过600mm。因此，对于一些重要的既有建筑物，可能存在液化或震陷问题时，应按现行国家标准《建筑抗震设计规范》GB 50011进行鉴定和加固。

10.2 地基不均匀变形过大引起事故的补救

10.2.1 软土地基系指主要由淤泥、淤泥质土或其他高压缩性土层构成的地基。这类地基土具有压缩性高、强度低、渗透性弱等特点，因此这类地基的变形特征除了建筑物沉降和不均匀沉降大以外，沉降稳定历时长，所以在选用补救措施时，尚应考虑加固后地基变形问题。此外，由于我国沿海地区的淤泥和淤泥质土一般厚度都较大，因此在采用本条的补救措施时，尚需考虑加固深度以下地基的变形。

10.2.2 湿陷性黄土地基的变形特征是在受水浸湿部位出现湿陷变形，一般变形量较大且发展迅速。在考虑选用补救措施时，首先应估计有无再次浸水的可能性，以及场地湿陷类型和等级，选择相应的措施。在

确定加固深度时，对非自重湿陷性黄土场地，宜达到基础压缩层下限；对自重湿陷性黄土场地，宜穿透全部湿陷性土层。

10.2.3 人工填土地基中最常见的地基事故是发生在以黏性土为填料的素填土地基中。这种地基如堆填时间较短，又未经充分压实，一般比较疏松，承载力较低，压缩性高且不均匀，一旦遇水具有较强湿陷性，造成建筑物因大量沉降和不均匀沉降而开裂损坏，所以在采用各种补救措施时，加固深度均应穿透素填土层。

10.2.4 膨胀土是指土中黏粒成分主要由亲水性矿物组成，同时具有显著的吸水膨胀和失水收缩两种变形特性的黏性土。由于膨胀土的胀缩变形是可逆的，随着季节气候的变化，反复失水吸水，使地基不断产生反复升降变形，而导致建筑物开裂损坏。

目前采用胀缩等级来反映胀缩变形的大小，所以在选用补救措施时，应以建筑物损坏程度和胀缩等级作为主要依据。此外，对于建造在坡地上的损坏建筑，要贯彻"先治坡，后治房"的方针，才能取得预期的效果。

10.2.5 土岩组合地基上损坏的建筑主要是由于土层与基岩压缩性相差悬殊，而造成建筑物在土岩交界部位出现不均匀沉降而引起裂缝或损坏。由于土岩组合地基情况较为复杂，所以首先应详细探明地质情况，选用切合实际的补救措施。

10.3 邻近建筑施工引起事故的预防与补救

10.3.1 目前城市用地越来越紧张，建筑物密度也越来越大，相邻建筑施工的影响应引起高度重视，对邻近建筑、道路或管线可能造成影响的施工，主要有桩基施工、基槽开挖、降水等。主要事故有沉降、不均匀沉降、局部裂损，局部倾斜或整体倾斜等。施工前应分析可能产生的影响采用必要的预防措施，当出现事故后应采取补救措施。

10.3.2 在软土地基中进行挤土桩的施工，由于桩的挤土效应，土体产生超静孔隙水压力造成土体侧向挤出，出现地面隆起，可能对邻近既有建筑造成影响时，可以采用排水法（塑料排水板、砂桩或砂井等）、应力释放孔法或隔离沟等来预防对邻近既有建筑的影响，对重要的建筑可设地下挡墙阻挡挤土产生的影响。

10.3.5 人工挖孔桩是一种既简便又经济的桩基施工方法，被广泛地采用，但人工挖孔桩施工对周围影响较大，主要表现在降低地下水位后出现流砂、土的侧向变形等，应分析可能造成的影响并采取相应预防措施。

10.4 深基坑工程引起事故的预防与补救

10.4.1 基坑支护施工过程、基坑支护体系变形、基

坑降水、基坑失稳都可能对既有建筑地基基础造成破坏，特别是在深厚淤泥、淤泥质土、饱和黏性土或饱和粉细砂等地层中开挖基坑，极易发生事故，对这类场地和深基坑必须充分重视，对可能发生的危害事故应有分析、有准备、预先做好危害事故的预防措施。

10.4.2 本条为基坑支护设计对既有建筑的保护措施：

2 近年来的一些基坑支护事故表明，如化粪池、污水井、给水排水管线的漏水均能造成基坑的破坏，影响既有建筑的安全。原因一是化粪池、污水井、给水排水管线原来就存在渗漏水现象，周围土体含水量高、强度低，如采用土钉墙支护会造成局部失稳；原因二是基坑水平变形过大，造成管线开裂，水渗透到基坑造成基坑破坏。这些基坑事故都可能危害既有建筑的安全。

3 我国每年都有基坑支护降水造成既有建筑、道路、管线开裂的报道，因此，地下水位较高时，宜避免采用开敞式降水方案，当既有建筑为天然地基时，支护结构应采用帷幕止水方案。

4 锚杆或土钉下穿既有建筑基础时，施工过程对基底土的扰动及浆液凝固前都可能产生沉降，如锚杆的倾斜角偏大则会出现建筑物的倾斜，应尽量避免下穿既有建筑基础。当无法解决锚杆对邻近建筑物的安全造成的影响时，应变更基坑支护方案。

5 基坑工程事故，影响到周边建筑物、构筑物及地下管线，工程损失很大。为了确保基坑及其周边既有建筑的安全，首先要有安全可靠的支护结构方案，其次要重视信息化施工，掌握基坑受力和变形状态，及时发现问题，迅速妥善处理。

10.4.3 基坑降水常引发基坑周边建筑物倾斜、地面或路面下陷开裂等事故，防止的关键在于保持基坑外水位的降深，一般可采取设置回灌井和有效的止水墙等措施。反之，不设回灌井，忽视对水位和邻近建筑物的观测或止水墙工程粗糙漏水，必然导致严重后果。因此，在地下水位较高的场地，地下水处理是保证基坑工程安全的重要技术措施。

10.4.4 在既有建筑附近进行打入式桩基础施工对既有建筑地基基础影响较大，应采取有效措施，保证既有建筑安全。

10.4.5 基坑周边不准修建临时工棚，因为场地坑边的临建工棚对环境卫生、工地施工安全、特别是对基坑安全会造成很大威胁。地表水或雨水渗漏对基坑安全不利，应采取疏导措施。

10.5 地下工程施工引起事故的预防与补救

10.5.1 隔断法是在既有建筑附近进行地下工程施工时，为避免或减少土体位移与变形对建筑物的影响，而在既有建筑与施工地面间设置隔断墙（如钢板桩、地下连续墙、树根桩或深层搅拌桩等墙体）予以保护

的方法，国外称侧向托换（lateral underpinning）。墙体主要承受地下工程施工引起的侧向土压力，减少地基差异变形。上海市延安东路外滩天文台由于越江隧道经过其一侧时，就是采用树根桩进行隔断法加固的。

当地下工程施工时，会产生影响范围内的地面建筑物或地下管线的位移和变形，可在施工前对既有建筑的地基基础进行加固，其加固深度应大于地下工程的底面埋置深度，则既有建筑的荷载可直接传递至地下工程的埋置深度以下。

10.5.3 在地下工程施工过程中，为了及时掌握邻近建筑物和地下管线的沉降和水平位移情况，必须及时进行相应的监测。首先需在待测的邻近建筑或地下管线上设置观测点，其数量和位置的确定应能正确反映邻近建筑或地下管线关键点的沉降和位移情况，进行信息化施工。

10.6 地下水位变化过大引起事故的预防与补救

10.6.1 地下水位降低会增大建筑物沉降，造成道路、设备管线的开裂，因此在既有建筑周围大面积降水时，对既有建筑应采取保护措施。当地下水位的上升可能超过抗浮设防水位时，应重新进行抗浮设计验算，必要时应进行抗浮加固。

10.6.2 地下水位下降造成桩周土的沉降，对桩产生负摩阻力，相当于增大了桩身轴力，会增大沉降。

10.6.3 对于一些特殊土，如湿陷性黄土、膨胀土、回填土，地下水位上升都能造成地基变形，应采取预防措施。

11 加 固 方 法

11.1 一 般 规 定

11.1.1 既有建筑地基基础进行加固时，应分析评价由于施工扰动所产生的对既有建筑物附加变形的影响。由于既有建筑物在长期使用下，变形已处于稳定状态，对地基基础进行加固时，必然要改变已有的受力状态，通过加固处理会使新旧地基基础受力重新分配。首先应对既有建筑原有受力体系分析，然后根据加固的措施重新考虑加固后的受力体系。通常可借助于计算机对各种过程进行模拟，而且能对各种工况进行分析计算，对复杂的受力体系有定量的、较全面的了解。这个工作也是最近几年随着电子计算机的广泛应用才得以实现的。

对于有地区经验，可按地区经验评价。

11.1.2 既有地基基础加固对象是已投入使用的建筑物，在不影响正常使用的前提下达到加固改造目的。新建基础与既有基础连接的变形协调，各种地基基础

加固方法的地基变形协调，应在设计要求的条件下通过严格的施工质量控制实现。导坑回填施工应达到设计要求的密实度，保证地基基础工作条件。

锚杆静压桩加固，当采用钢筋混凝土方桩时，顶进至设计深度后即可取出千斤顶，再用C30微膨胀早强混凝土将桩与原基础浇筑成整体。当控制变形严格，需施加预应力封桩时，可采用型钢支架托换，而后浇筑混凝土。对钢管桩，应根据工程要求，在钢管内浇筑C20微膨胀早强混凝土，最后用C30混凝土将桩与原基础浇筑成整体。

抬墙梁法施工，穿过原建筑物的地圈梁，支承于砖砌、毛石或混凝土新基础上。基础下的垫层应与原基础采用同一材料，并且做在同一标高上。浇筑抬墙梁时，应充分振捣密实，使其与地圈梁底紧密结合。若抬墙梁采用微膨胀混凝土，其与地圈梁挤密效果更佳。抬墙梁必须达到设计强度，才能拆除模板和墙体。

树根桩在既有基础上钻孔施工，树根桩完成后，在套管与孔之间采用非收缩的水泥浆注满。为了增强套管与水泥浆体之间的荷载传递能力，在套管置入之前，在钢套管上焊上一定间距的钢筋剪力环。树根桩在既有基础上钻孔施工，树根桩完成后，在套管与孔之间采用非收缩的水泥浆注满。

11.1.3 钢管桩表面应进行防腐处理，但实施的效果难于检验，采用增加钢管桩腐蚀壁厚，较易实施。

11.2 基础补强注浆加固

11.2.1、11.2.2 基础补强注浆加固法的特点是：施工方便，可以加强基础的刚度与整体性。但是，注浆的压力一定要控制，压力不足，会造成基础裂缝不能充满，压力过高，会造成基础裂缝加大。实际施工时应进行试验性补强注浆，结合原基础材料强度和粘结强度，确定注浆施工参数。

注浆施工时的钻孔倾角是指钻孔中心线与地平面的夹角，倾角不应小于30°，以免钻孔困难。注浆孔布置应在基础损伤检测结果基础上进行，间距不宜超过2.0m。

封闭注浆孔，对混凝土基础，采用的水泥砂浆强度不应低于基础混凝土强度；对砌体基础，水泥砂浆强度不应低于原基础砂浆强度。

11.3 扩大基础

11.3.2、11.3.3 扩大基础底面积加固的特点是：1. 经济；2. 加强基础刚度与整体性；3. 减少基底压力；4. 减少基础不均匀沉降。

对条形基础应按长度1.5m～2.0m划分成单独区段，分批、分段、间隔分别进行施工。绝不能在基础全长上挖成连续的坑槽或使坑槽内地基土暴露过久而使原基础产生或加剧不均匀沉降。沿基础高度隔一定距离应设置锚固钢筋，可使加固的新浇混凝土与原有基础混凝土紧密结合成为整体。

当既有建筑的基础开裂或地基基础不满足设计要求时，可采用混凝土套或钢筋混凝土套加大基础底面积，以满足地基承载力和变形的设计要求。

当基础承受偏心受压时，可采用不对称加宽；当承受中心受压时，可采用对称加宽。原则上应保持新旧基础的结合，形成整体。

对加套混凝土或钢筋混凝土的加宽部分，应采用与原基础垫层的材料及厚度相同的夯实垫层，可使加套后的基础与原基础的基底标高和应力扩散条件相同和变形协调。

11.3.4 采用混凝土或钢筋混凝土套加大基础底面积尚不能满足地基承载力和变形等的设计要求时，可将原独立基础改成条形基础；将原条形基础改成十字交叉条形基础或筏形基础；将原筏形基础改成箱形基础。这样更能扩大基底面积，用以满足地基承载力和变形的设计要求；另外，由于加强了基础的刚度，也可减少地基的不均匀变形。

11.3.5、11.3.6 加深基础法加固的特点是：1. 经济；2. 有效减少基础沉降；3. 不得连续或集中施工；4. 可以是间断墩式也可以是连续墩式。

加深基础法是直接在基础下挖槽坑，再在坑内浇筑混凝土，以增大原基础的埋置深度，使基础直接支承在较好的持力层上，用以满足设计对地基承载力和变形的要求。其适用范围必须在浅层有较好的持力层，不然会因采用人工挖坑而费工费时又不经济；另外，场地的地下水位必须较低才合适，不然人工挖土时会造成邻近土的流失，即使采取相应的降水或排水措施，在施工上也会带来困难，而降水亦会导致对既有建筑产生附加不均匀沉降的隐患。

所浇筑的混凝土墩可以是间断的或连续的，主要取决于被托换的既有建筑的荷载大小和墩下地基土的承载能力及其变形性能。

鉴于施工是采用挖槽坑的方法，所以国外对基础加深法称坑式托换（pit underpinning）；亦因在坑内要浇筑混凝土，故国外对这种施工方法亦有称墩式托换（pier underpinning）。

11.3.7 如果加固的基础跨越较大时，应验算两墩之间能否满足承载力和变形的要求，如计算强度和变形不满足既有建筑原设计的要求，应采取设置过梁措施或采取托换措施，以保证施工中建筑物的安全。

11.3.9 抬墙梁法类似于结构的"托梁换柱法"，因此在采用这种方法时，必须掌握结构的形式和结构荷载的分布，合理地设置梁下桩的位置，同时还要考虑桩与原基础的受力及变形协调。抬墙梁的平面位置应避开一层门窗洞口，不能避开时，应对抬墙梁上的门窗洞口采取加强措施，并应验算梁支承处砖墙的局部承压强度。

11.4 锚杆静压桩

11.4.1 锚杆静压桩是锚杆和静压桩结合形成的桩基施工工艺。它是通过在基础上埋设锚杆固定压桩架，以既有建筑的自重荷载作为压桩反力，用千斤顶将桩段从基础中预留或开凿的压桩孔内逐段压入土中，再将桩与基础连接在一起，从而达到提高基础承载力和控制沉降的目的。

11.4.2、11.4.3 当既有建筑基础承载力不满足压桩所需的反力时，则应对基础进行加固补强；也可采用新浇筑的钢筋混凝土挑梁或抬梁作为压桩的承台。

封桩是锚杆静压桩技术的关键工序，封桩可分别采用不施加预应力的方法及施加预应力的方法。

不施加预应力的方法封桩工序（图7）为：

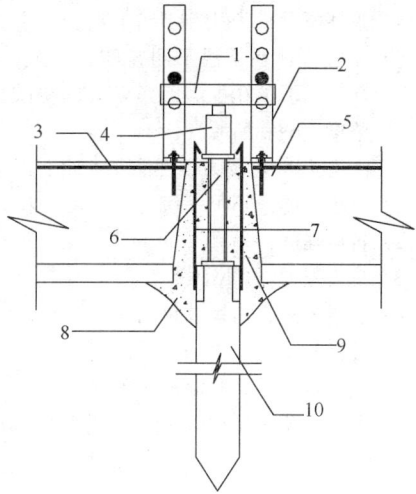

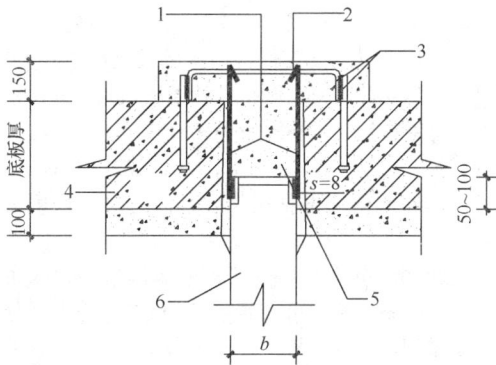

图 7　锚杆静压桩封桩节点示意

1—锚固筋（下端与桩焊接，上端弯折后与交叉钢筋焊接）；2—交叉钢筋；3—锚杆（与交叉钢筋焊接）；4—基础；5—C30 微膨胀混凝土；6—钢筋混凝土桩

清除压桩孔周围桩帽梁区域内的泥土-将桩帽梁区域内基础混凝土表面清洗干净-清洗压桩孔壁-清除压桩孔内的泥水-焊接交叉钢筋-检查-浇捣 C30 或 C35 微膨胀混凝土-检查封桩孔有无渗水。锚固筋不宜少于 4 Φ 14。

对沉降敏感的建筑物或要求加固后制止沉降起到立竿见影效果的建筑物（如古建筑、沉降缝两侧等部位），其封桩可采用预加预应力的方法（图8）。通过预加反力封桩，附加沉降可以减少，收到良好的效果。

具体做法：在桩顶上预加反力（预加反力值一般为 1.2 倍单桩承载力），此时底板上保留了一个相反的上拔力，由此减少了基底反力，在桩顶预加反力作用下，桩身即形成了一个预加反力区，然后将桩与基础底板浇捣微膨胀混凝土，形成整体，待封桩混凝土硬结后拆除桩顶上千斤顶，桩身有很大的回弹力，从而减少基础的拖带沉降，起到减少沉降的作用。

常用的预加反力装置为一种用特制短反力架，通过特制的预加反力短柱，使千斤顶和桩顶起到传递荷载的作用，然后当千斤顶施加要求的反力后，立即浇

图 8　预加反力封桩示意

1—反力架；2—压桩架；3—板面钢筋；4—千斤顶；5—锚杆；6—预加反力钢筋（槽钢或钢管）；7—锚筋；8—C30 微膨胀混凝土；9—压桩孔；10—钢筋混凝土桩

捣 C30 或 C35 微膨胀早强混凝土，当封桩混凝土强度达到设计要求后，拆除千斤顶和反力架。

1) 锚杆静压桩对工程地质勘察除常规要求外，应补充进行静力触探试验。

2) 压桩施工时不宜数台压桩机同时在一个独立柱基上施工，压桩施工应一次到位。

3) 条形基础桩位靠近基础两侧，减少基础的弯矩。独立柱基围绕柱子对称布置，板基、筏基靠近荷载大的部位及基础边缘，尤其角的部位，适应马鞍形基底接触应力分布。

大型锚杆静压桩法可用于新建高层建筑桩基工程中经常遇到的类似断桩、缩径、偏斜、接头脱开等质量事故工程，以及既有高层建筑的使用功能改变或裙房区的加层等基础托换加固工程。

在加固工程中硫磺胶泥是一种常用的连接材料，下面对硫磺胶泥的配合比和主要物理力学性能指标简单介绍。

1 硫磺胶泥的重量配合比为：硫磺∶水泥∶砂∶聚硫橡胶（44∶11∶44∶1）。

2 硫磺胶泥的主要物理性能如下：

1) 热变性：硫磺胶泥的强度与温度的关系：在 60℃ 以内强度无明显影响；120℃ 时变液态且随着温度的继续升高，由稠变稀；到 140℃～145℃ 时，密度最大且和易性最好；170℃ 时开始沸腾；超过 180℃ 开始焦化，且遇明火即燃烧。

2) 重度：22.8kN/m³～23.2kN/m³。

3) 吸水率：硫磺胶泥的吸水率与胶泥制作质量、重度及试件表面的平整度有关，一般为 0.12%～0.24%。

4) 弹性模量：$5×10^4$ MPa。

5) 耐酸性：在常温下耐盐酸、硫酸、磷酸、40%以下的硝酸、25%以下的铬酸、中等浓度乳酸和醋酸。

3 硫磺胶泥的主要力学性能要求如下：

1) 抗拉强度：4MPa；

2) 抗压强度：40MPa；

3) 抗折强度：10MPa；

4) 握裹强度：与螺纹钢筋为 11MPa；与螺纹孔混凝土为 4MPa；

5) 疲劳强度：参照混凝土的试验方法，当疲劳应力比 ρ 为 0.38 时，疲劳强度修正系数为 $\gamma_p > 0.8$。

11.5 树 根 桩

11.5.1 树根桩也称为微型桩或小桩，树根桩适用于各种不同的土质条件，对既有建筑的修复、增层、地下铁道的穿越以及增加边坡稳定性等托换加固都可应用，其适用性非常广泛。

11.5.2 树根桩设计时，应对既有建筑的基础进行有关承载力的验算。当不满足要求时，应先对原基础进行加固或增设新的桩承台。树根桩的单桩竖向承载力可按载荷试验得到，也可按国家现行标准《建筑地基基础设计规范》GB 50007 有关规定结合地区经验估算，但应考虑既有建筑的地基变形条件的限制和考虑桩身材料强度的要求。设计人员要根据被加固建筑物的具体条件，预估既有建筑所能承受的最大沉降量。在载荷试验中，可由荷载-沉降曲线上求出相应允许沉降量的单桩竖向承载力。

11.5.3 树根桩的施工由于采用了注浆成桩的工艺，根据上海经验通常有 50%以上的水泥浆液注入周围土层，从而增大了桩侧摩阻力。树根桩施工可采用二次注浆工艺。采用二次注浆可提高桩极限摩阻力的 30%~50%。由于二次注浆通常在某一深度范围内进行，极限摩阻力的提高仅对该土层范围而言。

如采用二次注浆，则需待第一次注浆的浆液初凝时方可进行。第二次注浆压力必须克服初凝浆液的凝聚力并剪裂周围土体，从而产生劈裂现象。浆液的初凝时间一般控制在 45min~60min 范围，而第二次注浆的最大压力一般不大于 4MPa。

拔管后孔内混凝土和浆液面会下降，当表层土质松散时会出现浆液流失现象，通常的做法是立即在桩顶填充碎石和补充注浆。

11.5.4 树根桩试块取自成桩后的桩顶混凝土，按现行国家标准《混凝土结构设计规范》GB 50010，试块尺寸为 150mm 立方体，其强度等级由 28d 龄期的用标准试验方法测得的抗压强度值确定。树根桩静载荷试验可参照混凝土灌注桩试验方法进行。

11.6 坑式静压桩

11.6.1 坑式静压桩是采用既有建筑自重做反力，用千斤顶将桩段逐段压入土中的施工方法。千斤顶上的反力梁可利用原有基础下的基础梁或基础板，对无基础梁或基础板的既有建筑，则可将底层墙体加固后再进行坑式静压桩施工。这种对既有建筑地基的加固方法，国外称压入桩（jacked piles）。

当地基土中含有较多的大块石、坚硬黏性土或密实的砂土夹层时，由于桩压入时难度较大，需要根据现场试验确定其适用与否。

11.6.2 国内坑式静压桩的桩身多数采用边长为 150mm~250mm 的预制钢筋混凝土方桩，亦有采用桩身直径为 100mm~600mm 开口钢管，国外一般不采用闭口的或实体的桩，因为后者顶进时属挤土桩，会扰动桩周的土，从而使桩周土的强度降低；另外，当桩端下遇到障碍时，则桩身就无法顶进。开口钢管桩的顶进对桩周土的扰动影响相对较小，国外使用钢管的直径一般为 300mm~450mm，如遇漂石，亦可用锤击破碎或用冲击钻头钻除，但一般不采用爆破方法。

桩的平面布置都是按基础或墙体中心轴线布置的，同一个施工坑内可布置 1~3 根桩，绝大部分工程都是采用单桩和双桩。只有在纵横墙相交部位的施工坑内，横墙布置 1 根和纵墙 2 根形成三角的 3 根静压桩。

11.6.3 由于压桩过程中是动摩擦力，因此压桩力达 2 倍设计单桩竖向承载力特征值相应的深度土层内，对于细粒土一般能满足静载荷试验时安全系数为 2 的要求；遇有碎石土，卵石土粒径较大的夹层，压入困难时，应采取掏土、振动等技术措施，保证单桩承载力。

对于静压桩与基础梁（或板）的连接，一般采用木模或临时砖模，再在模内浇灌 C30 混凝土，防止混凝土干缩与基础脱离。

为了消除静压桩顶进至设计深度后，取出千斤顶时桩身的卸载回弹，可采用克服或消除这种卸载回弹的预应力方法。其做法是预先在桩顶上安装钢制托换支架，在支架上设置两台并排的同吨位千斤顶，垫好垫块后同步压至压桩终止压力后，将已截好的钢管或工字钢的钢柱塞入桩顶与原基础底面间，并打入钢楔挤紧后，千斤顶同步卸荷至零，取出千斤顶，拆除托换支架，对填塞钢柱的上下两端周边应焊牢，最后用 C30 混凝土将其与原基础浇筑成整体。

封桩可根据要求采用预应力法或非预应力法施工。施工工艺可参考第 11.4 节锚杆静压桩封桩方法。

11.7 注 浆 加 固

11.7.1 注浆加固（grouting）亦称灌浆法，是指利用液压、气压或电化学原理，通过注浆管把浆液注入地层中，浆液以填充、渗透和挤密等方式，将土颗粒或岩石裂隙中的水分和空气排除后占据其位置，经一定时间后，浆液将原来松散的土粒或裂隙胶结成一个整体，形成一个结构新、强度大、防水性能高和化学稳定性良好的"结石体"。

注浆加固的应用范围有：

1 提高地基土的承载力、减少地基变形和不均匀变形。

2 进行托换技术，对古建筑的地基加固常用。

3 用以纠倾和抬升建筑。

4 用以减少地铁施工时的地面沉降，限制地下水的流动和控制施工现场土体的位移等。

11.7.2 注浆加固的效果与注浆材料、地基土性质、地下水性质关系密切，应通过现场试验确定加固效果，施工参数，注浆材料配比、外加剂等，有经验的地区应结合工程经验进行设计。注浆加固设计依加固目的，应满足土的强度、渗透性、抗剪强度等要求，加固后的地基满足均匀性要求。

11.7.3 浆液材料可分为下列几类（图9）：

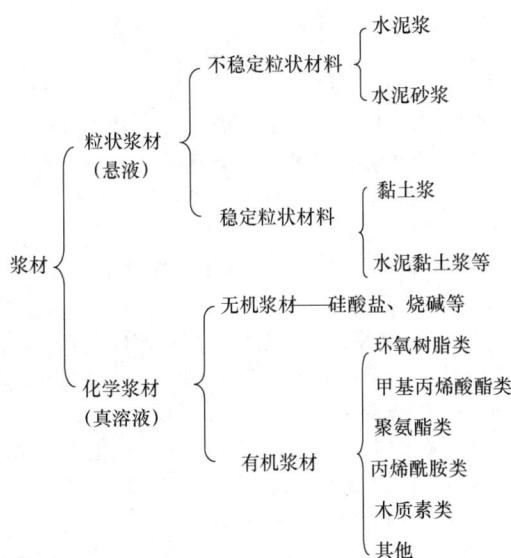

图 9 浆液材料

注浆按工艺性质分类可分为单液注浆和双液注浆。在有地下水流动的情况下，不应采用单液水泥浆，而应采用双液注浆，及时凝结，以免流失。

初凝时间是指在一定温度条件下，浆液混合剂到丧失流动性的这一段时间。在调整初凝时间时必须考虑气温、水温和液温的影响。单液注浆适合于凝固时间长，双液注浆适合于凝固时间短。

假定软土的孔隙率 $n = 50\%$，充填率 $\alpha = 40\%$，故浆液注入率约为20%。

若注浆点上覆盖土厚度小于 $2m$，则较难避免在注浆初期产生"冒浆"现象。

按浆液在土中流动的方式，可将注浆法分为三类：

1 渗透注浆

浆液在很小的压力下，克服地下水压、土粒孔隙间的阻力和本身流动的阻力，渗入土体的天然孔隙，并与土粒骨架产生固化反应，在土层结构基本不受扰动和破坏的情况下达到加固的目的。

渗透注浆适用于渗透系数 $k > 10^{-4} \text{ cm/s}$ 的砂性土。

2 劈裂注浆

当土的渗透系数 $k < 10^{-4} \text{ cm/s}$，应采用劈裂注浆，在劈裂注浆中，注浆管出口的浆液对周围地层施加了附加压应力，使土体产生剪切裂缝，而浆液则沿裂缝面劈裂。当周围土体是非匀质体时，浆液首先劈入强度最低的部分土体。当浆液的劈裂压力增大到一定程度时，再劈入另一部分强度较高的部分土体，这样劈入土体中的浆液便形成了加固土体的网络或骨架。

从实际加固地基开挖情况看，浆液的劈裂途径有竖向的、斜向的和水平向的。竖向劈裂是由土体受到扰动而产生的竖向裂缝；斜向的和水平向的劈裂是浆液沿软弱的或夹砂的土层劈裂而形成的。

3 压密注浆

压密注浆是指通过钻孔在土中灌入极浓的浆液，在注浆点使土体压密，在注浆管端部附近形成"浆泡"，当浆泡的直径较小时，灌浆压力基本上沿钻孔的径向扩展。随着浆泡尺寸的逐渐增大，便产生较大的上抬力而使地面抬动。浆泡的形状一般为球形或圆柱形。浆泡的最后尺寸取决于土的密度、湿度、力学条件、地表约束条件、灌浆压力和注浆速率等因素。离浆泡界面 $0.3m \sim 2.0m$ 内的土体都能受到明显的加密。评价浆液稠度的指标通常是浆液的坍落度。如采用水泥砂浆浆液，则坍落度一般为 $25mm \sim 75mm$，注浆压力为 $1MPa \sim 7MPa$。当坍落度较小时，注浆压力可取上限值。

渗透、劈裂和压密一般都会在注浆过程中同时出现。

"注浆压力"是指浆液在注浆孔口的压力，注浆压力的大小取决于以上三种注浆方式的不同、土性的不同和加固设计要求的不同。

由于土层的上部压力小，下部压力大，浆液就有向上抬高的趋势。灌注深度大，上抬不明显，而灌注深度浅，则上抬较多，甚至溢到地面上来，此时可用多孔间歇注浆法，亦即让一定数量的浆液灌注入上层孔隙大的土中后，暂停工作让浆液凝固，这样就可把上抬的通道堵死；或者加快浆液的凝固时间，使浆液（双液）出注浆管就凝固。

11.7.4 注浆压力和流量是施工中的两个重要参数，任何注浆方式均应有压力和流量的记录。自动流量和压力记录仪能随时记录并打印出注浆过程中的流量和压力值。

在注浆过程中，对注浆的流量、压力和注浆总流量中，可分析地层的空隙、确定注浆的结束条件、预测注浆的效果。

注浆施工方法较多，以上海地区而论最为常用的是花管注浆和单向阀管注浆两种施工方法。对一般工程的注浆加固，还是以花管注浆作为注浆工艺的主体。

花管注浆的注浆管在头部 1m～2m 范围内侧壁开孔，孔眼为梅花形布置，孔眼直径一般为 3mm～4mm。注浆管的直径一般比锥尖的直径小 1mm～2mm。有时为防止孔眼堵塞，可在开口的孔眼外再包一圈橡皮环。

为防止浆液沿管壁上冒，可加一些速凝剂或压浆后间歇数小时，使在加固层表面形成一层封闭层。如在地表有混凝土之类的硬壳覆盖的情况，也可将注浆管一次压到设计深度，再由下而上分段施工。

花管注浆工艺虽简单，成本低廉，但其存在的缺点是：1 遇卵石或块石层时沉管困难；2 不能进行二次注浆；3 注浆时易于冒浆；4 注浆深度不及塑料单向阀管。

注浆时可采用粉煤灰代替部分水泥的原因是：

1 粉煤灰颗粒的细度比水泥还细，及其占优势的球形颗粒，使比仅含有水泥和砂的浆液更容易泵送，用粉煤灰代替部分水泥或砂，可保持浆体的悬浮状态，以免发生离析和减少沉积来改善可泵性和可灌性。

2 粉煤灰具有火山灰活性，当加入到水泥中可增加胶结性，这种反应产生的粘结力比水泥砂浆间的粘结更为坚固。

3 粉煤灰含有一定的水溶性硫酸盐，增强了水泥浆的抗硫酸盐性。

4 粉煤灰掺入水泥的浆液比一般水泥浆液用的水少，而通常浆液的强度与水灰比有关，它随水的减少而增加。

5 使用粉煤灰可达到变废为宝，具有社会效益，并节约工程成本。

每段注浆的终止条件为吸浆量小于 1L/min～2L/min。当某段注浆量超过设计值的 1 倍～1.5 倍时，应停止注浆，间歇数小时后再注，以防浆液扩到加固段以外。

为防止邻孔串浆，注浆顺序应按跳孔间隔注浆方式进行，并宜采用先外围后内部的注浆施工方法，以防浆液流失。当地下水流速较大时，应考虑浆液在水流中的迁移效应，应从水头高的一端开始注浆。

在浆液进行劈裂的过程中，产生超孔隙水压力，孔隙水压力的消散使土体固结和劈裂浆体的凝结，从而提高土的强度和刚度。但土层的固结要引起土体的

沉降和位移。因此，土体加固的效应与土体扰动的效应是同时发展的过程，其结果是导致加固土体的效应和某种程度土体的变形，这就是单液注浆的初期会产生地基附加沉降的原因。而多孔间隔注浆和缩短浆液凝固时间等措施，能尽量减少既有建筑基础因注浆而产生的附加沉降。

11.7.5 注浆施工质量高不等于注浆效果好，因此，在设计和施工中，除应明确规定某些质量指标外，还应规定所要达到的注浆效果及检查方法。

1 计算灌浆量，可利用注浆过程中的流量和压力曲线进行分析，从而判断注浆效果。

2 由于浆液注入地层的不均匀性，采用地球物理检测方法，实际上存在难以定量和直接反映的缺点。标准贯入、轻型动力触探和静力触探的检测方法，简单实用，但它存在仅能反映取样点的加固效果的特点，因此对地基注浆加固效果评价的检查数量应满足统计要求，检验标准应通过现场试验对比校核使用。

3 检验点的数量和合格的标准除应按规范条文执行外，对不足 20 孔的注浆工程，至少应检测 3 个点。

11.8 石 灰 桩

11.8.1 石灰桩是由生石灰和粉煤灰（火山灰或其他掺合料）组成的加固体。石灰桩对环境具有一定的污染，在使用时应充分论证对环境要求的可行性和必要性。

石灰桩对软弱土的加固作用主要有以下几个方面：

1 成孔挤密：其挤密作用与土的性质有关。在杂填土中，由于其粗颗粒较多，故挤密效果较好；黏性土中，渗透系数小的，挤密效果较差。

2 吸水作用：实践证明，1kg 纯氧化钙消化成为熟石灰可吸水 0.32kg。对石灰桩桩体，在一般压力下吸水量约为桩体体积的 65%～70%。根据石灰桩吸水总量等于桩间土降低的水总量，可得出软土含水量的降低值。

3 膨胀挤密：生石灰具有吸水膨胀作用，在压力 50kPa～100kPa 时，膨胀量为 20%～30%，膨胀的结果使桩周土挤密。

4 发热脱水：1kg 氧化钙在水化时可产生 280cal 热量，桩身温度可达 200℃～300℃，使土产生一定的气化脱水，从而导致土中含水量下降、孔隙比减小、土颗粒靠拢挤密，在所加固区的地下水位也有一定的下降，并促使某些化学反应形成，如水化硅酸钙的形成。

5 离子交换：软土中钠离子与石灰中的钙离子发生置换，改善了桩间土的性质，并在石灰桩表层形成一个强度很高的硬层。

以上这些作用，使桩间土的强度提高、对饱和粉土和粉细砂还改善了其抗液化性能。

6 置换作用：软土为强度较高的石灰桩所代替，从而增加了复合地基承载力，其复合地基承载力的大小，取决于桩身强度与置换率大小。

11.8.2 石灰桩桩径主要取决于成孔机具，目前使用的桩管常用的有直径325mm和425mm两种；用人工洛阳铲成孔的一般为200mm～300mm，机动洛阳铲成孔的直径可达400mm～600mm。

石灰桩的桩距确定，与原地基土的承载力和设计要求的复合地基承载力有关，一般采用2.5倍～3.5倍桩径。根据山西省的经验，采用桩距3.0倍～3.5倍桩径的，地基承载力可提高0.7倍～1.0倍；采用桩距2.5倍～3.0倍桩径的，地基承载力可提高1.0倍～1.5倍。

桩的布置可采用三角形或正方形，而采用等边三角形布置更为合理，它使桩周土的加固较为均匀。

桩的长度确定，应根据地质情况而定，当软弱土层厚度不大时，桩长宜穿过软弱土层，也可先假定桩长，再对软弱下卧层强度和地基变形进行验算后确定。

石灰桩处理范围一般要超出基础轮廓线外围1排～2排，是基底压力向外扩散的需要，另外考虑基础边桩的挤密效果较差。

11.8.4 石灰桩施工记录是评估施工质量的重要依据，结合抽检结果可作出质量检验评价。

通过现场原位测试的标准贯入、静力触探以及钻孔取样进行室内试验，检测石灰桩施工质量及其周围土的加固效果。桩周土的测试点应布置在等边三角形或正方形的中心，因为该处挤密效果较差。

11.9 其他地基加固方法

11.9.1 旋喷桩是利用钻机钻进至土层的预定位置后，以高压设备通过带有喷嘴的注浆管使浆液以20MPa～40MPa的高压射流从喷嘴中喷射出来，冲击破坏土体，同时钻杆以一定速度渐渐向上提升，将浆液与土粒强制搅拌混合，浆液凝固后，在土中形成固结加固体。

固结加固体形状与喷射流移动方向有关。一般分为旋转喷射（简称旋喷）、定向喷射（简称定喷）和摆动喷射（简称摆喷）三种形式。托换加固中一般采用旋转喷射，即旋喷桩。当前，高压喷射注浆法的基本工艺类型有：单管法、二重管法、三重管法和多重管法等四种方法。

旋喷固结体的直径大小与土的种类和密实程度有较密切的关系。对黏性土地基加固，单管旋喷注浆加固体直径一般为0.3m～0.8m；三重管旋喷注浆加固体直径可达0.7m～1.8m；二重管旋喷注浆加固体直径介于上述二者之间。多重管旋喷直径为2.0m～4.0m。

一般在黏性土和黄土中的固结体，其抗压强度可达5MPa～10MPa，砂类土和砂砾层中的固结体其抗压强度可达8MPa～20MPa。

11.9.2 灰土挤密桩适应于无地下水的情况下，其特点是：1 经济；2 灵活性、机动性强；3 施工简单，施工作业面小等。灰土挤密桩法施作时一定要对称施工，不得使用生石灰与土拌合，应采用消解后的石灰，以防灰料膨胀不均匀造成基础拉裂。

11.9.3 水泥土搅拌桩由于设备较大，一般不用于既有建筑物基础下的地基加固。在相邻建筑施工时，要考虑其挤土效应对相邻基础的影响。

11.9.4 化学灌浆的特点是适应性比较强，施工作业面小，加固效果比较快。但是，这种方法对地下水有一定的污染，当施工场地位于饮水源、河流、湖泊、鱼池等附近时，对注浆材料和浆液配比要严格控制。

11.9.6 人工挖孔混凝土灌注桩的特点就是能提供较大的承载能力，同时易于检查持力层的土质情况是否符合设计要求。缺点是施工作业面要求大，施工过程容易扰动周边的土。该方法应在保证安全的条件下实施。

12 检验与监测

12.1 一般规定

12.1.1 地基基础加固施工后，应按设计要求及现行国家标准《建筑地基基础工程施工质量验收规范》GB 50202的规定进行施工质量检验。对于有特殊要求或国家标准没有具体要求的，可按设计要求或专门制定针对加固项目的检验标准及方法进行检验。

12.1.2 地基基础加固工程应在施工期间进行监测，根据监测结果采取调整既有建筑地基基础加固设计或施工方案的技术措施。

12.2 检验

12.2.1 基槽检验是重要的施工检验程序，应按隐蔽工程要求进行。

12.2.2 新旧结构构件的连接构造应进行检验，提供隐蔽工程检验报告。

12.2.3 对基础钻芯取样，可采用目测方法检验浆液的扩散半径、浆液对基础裂缝的填充效果；尚应进行抗压强度试验测定注浆后基础的强度。钻芯取样数量，对条形基础宜每隔5m～10m，或每边不少于3个，对独立柱基础，取样数可取1个～2个，取样孔宜布置在两个注浆孔中间的位置。

12.2.7 复合地基加固可在原基础上开孔并对既有建筑基础下地基进行加固，也可用于扩大基础加固中既有建筑基础外的地基加固，或两者联合使用。但在原基础内实施难度较大，目前实际工程不多。对于扩大基础加固施工质量的检验，可根据场地条件按《建筑地基处理技术规范》JGJ 79 的要求确定检验方法。

12.3 监 测

12.3.1、12.3.2 基槽开挖和施工降水等可能对周边环境造成影响，为保证周边环境的安全和正常使用，应对周边建筑物、管线的变形及地下水位的变化等进行监测。

12.3.4、12.3.5 纠倾加固施工，当各点的顶升量和迫降量不一致时，可能造成结构产生新的裂损，应对结构的变形和裂缝进行监测，根据监测结果进行施工控制。

12.3.6 移位施工过程中，当建筑物处于新旧基础交接处时，由于新旧基础的地基变形不同，可能造成建筑物产生新的损害，因此应对建筑物的变形、裂缝等进行监测。

12.3.7 托换加固要改变结构或地基的受力状态，施工时应对建筑的沉降、倾斜、开裂进行监测。

12.3.8 注浆加固施工会引起建筑物附加沉降，应在施工期间进行建筑物沉降监测。视沉降发展速率，施工后的一段时间也应进行沉降监测。

12.3.9 采用加大基础底面积加固法、加深基础加固法对基础进行加固时，当开挖施工槽段内结构在加固前已产生裂缝或加固施工时产生裂缝或变形时，应对开挖施工槽段内结构的变形和裂缝情况进行监测，确保安全。

中华人民共和国行业标准

劲性复合桩技术规程

Technical specification for strength composite piles

JGJ/T 327—2014

批准部门：中华人民共和国住房和城乡建设部
施行日期：2 0 1 4 年 1 0 月 1 日

中华人民共和国住房和城乡建设部
公　告

第 332 号

住房城乡建设部关于发布行业标准
《劲性复合桩技术规程》的公告

现批准《劲性复合桩技术规程》为行业标准，编号为 JGJ/T 327-2014，自 2014 年 10 月 1 日起实施。

本规程由我部标准定额研究所组织中国建筑工业出版社出版发行。

中华人民共和国住房和城乡建设部

2014 年 2 月 28 日

前　言

根据住房和城乡建设部《关于印发〈2011 年工程建设标准规范制订、修订计划〉的通知》（建标 [2011] 17 号）的要求，规程编制组经广泛调查研究，认真总结实践经验，参考有关国外先进标准，并在广泛征求意见的基础上，编制本规程。

本规程的主要技术内容是：1 总则；2 术语和符号；3 基本规定；4 设计；5 施工；6 质量检测与验收等。

本规程由住房和城乡建设部负责管理，由万通建设集团有限公司负责具体技术内容的解释。执行过程中如有意见或建议，请寄送万通建设集团有限公司（地址：南通市掘港镇芳泉路 7 号，邮政编码：226400）。

本规程主编单位：万通建设集团有限公司
　　　　　　　　昆明二建建设（集团）有限公司

本规程参编单位：江苏通州基础工程有限公司
　　　　　　　　南通五建跃进建筑安装工程有限公司
　　　　　　　　建基建设集团有限公司
　　　　　　　　中国华西企业有限公司
　　　　　　　　南通市建筑设计研究院有限公司
　　　　　　　　江苏地基工程有限公司
　　　　　　　　如东水利电力建筑工程有限责任公司
　　　　　　　　江苏顺通建设集团有限公司
　　　　　　　　江苏科信岩土工程勘察有限公司

本规程主要起草人员：邓亚光　胡学明　吴　笙
　　　　　　　　　　饶英伟　蔡瑞平　钱于军
　　　　　　　　　　倪锡兵　邢马华　张京京
　　　　　　　　　　於　军　苏贤杰　韩小霞
　　　　　　　　　　刘跃进　余小颉　褚国栋
　　　　　　　　　　刘新玉　从为民　韩豫昆
　　　　　　　　　　沈海燕　杨国胜　韩田斌
　　　　　　　　　　张国建　葛家君　姚锋祥
　　　　　　　　　　陆　忠　曹薛平　张汪应
　　　　　　　　　　茅亚丽　胡　锁　王　凯
　　　　　　　　　　江　建

本规程主要审查人员：缪昌文　张　雁　钱力航
　　　　　　　　　　叶观宝　康景文　邹科华
　　　　　　　　　　刘松玉　郑　刚　陈忠平
　　　　　　　　　　葛兴杰　廖红建　傅　明

目　次

Contents

1 总 则

1.0.1 为了在劲性复合桩的设计、施工、质量检测与验收中，贯彻执行国家的技术经济政策，做到技术先进、安全适用、经济合理、保证质量、保护环境，制定本规程。

1.0.2 本规程适用于建筑工程中劲性复合桩的设计、施工、质量检测与验收。

1.0.3 劲性复合桩的设计应综合分析地质条件、上部结构与荷载特征、施工技术条件、工程环境等因素，因地制宜，选择相应的成桩材料和施工工艺。

1.0.4 劲性复合桩的设计、施工、质量检测与验收除应符合本规程外，尚应符合国家现行有关标准的规定。

2 术语和符号

2.1 术 语

2.1.1 劲性复合桩 strength composite piles
散体桩、柔性桩、刚性桩经复合施工形成的具有互补增强作用的桩。

2.1.2 散体桩 granular column
碎石、砂、砖瓦碎块、钢渣、矿渣等散体材料形成的桩。

2.1.3 柔性桩 flexible pile
水泥、石灰等胶结材料与土混合形成的桩。

2.1.4 刚性桩 rigid pile
混凝土、钢、水泥粉煤灰碎石混合料等材料形成的桩。

2.1.5 散柔复合桩 granular & flexible composite pile
散体桩和柔性桩复合的桩。

2.1.6 柔刚复合桩 flexible & rigid composite pile
柔性桩和刚性桩复合的桩。

2.1.7 散刚复合桩 granular & rigid composite pile
散体桩和刚性桩复合的桩。

2.1.8 三元复合桩 granular & flexible & rigid composite pile
散体桩、柔性桩和刚性桩复合的桩。

2.1.9 内芯 inner core
除散柔复合桩外的劲性复合桩桩体中心的刚性部分。

2.1.10 外芯 outer core
劲性复合桩中内芯以外的部分。

2.2 符 号

2.2.1 抗力和材料性能

f_{ak}——地基土承载力特征值；

f_{cu}——与散柔复合桩桩身材料配比相同的室内加固土边长为 70.7mm 或 50.0mm 的立方体试块，在标准养护条件下 90d 龄期的立方体抗压强度平均值；

f_{sk}——桩间土的承载力特征值；

f_{spk}——复合地基的承载力特征值；

q_{sia}——柔刚复合桩、三元复合桩复合段外芯及散柔复合桩复合段第 i 土层侧阻力特征值；

q_{sja}——柔刚复合桩、三元复合桩及散柔复合桩非复合段第 j 土层侧阻力特征值；

q_{sa}^c——劲性复合桩复合段内芯侧阻力特征值；

q_{sja}^c——劲性复合桩非复合段内芯第 j 土层侧阻力特征值；

q_{pa}——柔刚复合桩、三元复合桩及散柔复合桩的端阻力特征值；

q_{pa}^c——劲性复合桩内芯桩端土的端阻力特征值；

R_a——劲性复合桩单桩竖向抗压承载力特征值；

T_{ua}——群桩呈非整体破坏时劲性复合桩单桩竖向抗拔承载力特征值；

T_{ga}——群桩呈整体破坏时劲性复合桩单桩竖向抗拔承载力特征值。

2.2.2 几何参数

A_p——劲性复合桩桩身截面积；

A_p^c——劲性复合桩内芯桩身截面积；

l^c——劲性复合桩复合段长度；

l_i——劲性复合桩复合段第 i 土层厚度；

l_j——劲性复合桩非复合段第 j 土层厚度；

m——面积置换率；

s_a——桩间距；

U——桩群复合段外芯外围周长；

U^c——桩群复合段内芯外围周长；

u——柔刚复合桩、三元复合桩复合段外芯及散柔复合桩桩身周长；

u^c——劲性复合桩内芯桩身周长。

2.2.3 计算系数

n——群桩的桩数、散体桩桩土应力比；

α——桩端天然地基土承载力折减系数；

β——桩间土承载力发挥系数；

λ——劲性复合桩单桩承载力发挥系数、复合段外芯抗拔系数；

λ^c——劲性复合桩复合段内芯抗拔系数；

λ_j——劲性复合桩非复合段内芯第 j 土层抗拔系数；

ξ_p——分别为劲性复合桩复合段外芯端阻力调整系数；

ξ_{si}——劲性复合桩复合段外芯侧阻力调整系数；

η——桩身强度折减系数。

3 基本规定

3.0.1 劲性复合桩适用于淤泥、淤泥质土、黏性土、粉土、砂土以及人工填土等地基。

3.0.2 劲性复合桩用于泥炭土、有机质土、pH值小于4的土、塑性指数大于25的黏土，或地下水渗流影响成桩质量以及在腐蚀性环境中和无工程经验的地区时，应通过试验确定其适用性。

3.0.3 劲性复合桩设计施工前，应具备下列资料：

1 场地的岩土工程勘察、上部结构及基础设计等资料；

2 类似地质条件的工程经验和使用情况等；

3 施工场地及其周边环境情况；

4 施工机械及设备的型号与性能、动力条件及对地质条件的适应性；施工机械设备的进出场及现场运行条件。

3.0.4 劲性复合桩设计应满足承载力、变形和稳定性要求，并应符合下列规定：

1 应根据地质条件、结构要求及荷载特征选用复合桩型及参数；

2 对大型、重要或地质条件复杂的工程，设计前应进行试验性施工，检验设计、施工参数、处理效果及适用性。

3.0.5 劲性复合桩的耐久性应符合国家现行相关标准的规定。

4 设　　计

4.1 一　般　规　定

4.1.1 劲性复合桩可按散柔复合桩、散刚复合桩、柔刚复合桩和三元复合桩等类型进行设计。

4.1.2 散刚复合桩、柔刚复合桩和三元复合桩用于复合地基时，刚性桩强度等级不宜低于C15；用于桩基础时，刚性桩强度等级不宜低于C25，且应满足桩身承载力的要求。

4.1.3 劲性复合桩用于桩基础时应穿透软弱土层。

4.1.4 散体桩的桩身材料宜级配良好，最大粒径应小于50mm。柔性桩设计前应对拟使用材料进行室内配比试验。

4.2 复合桩构造

4.2.1 散柔复合桩的构造（图4.2.1）应符合下列规定：

1 散体桩的桩长不宜大于柔性桩的桩长；

2 散体桩桩径宜为220mm～500mm，柔性桩桩径宜为500mm～1200mm；

3 柔性桩水泥掺入量宜为12%～18%，土质松

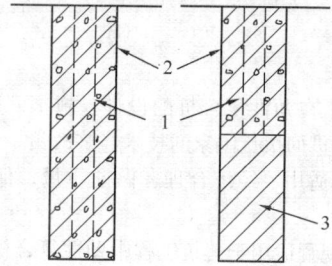

(a) 全复合散柔复合桩　(b) 分段复合散柔复合桩

图4.2.1　散柔复合桩构造示意图

1—先行施工散体桩位置；2—散柔复合桩；3—柔性桩

软时应加大掺入量。

4.2.2 散刚复合桩的构造（图4.2.2）应符合下列规定：

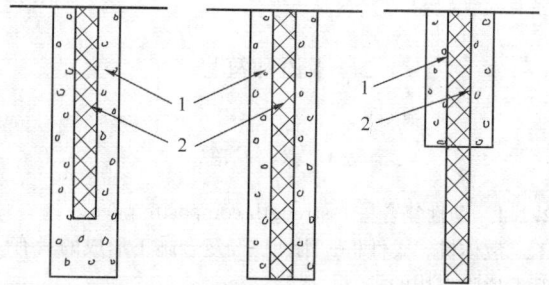

(a) 短芯散刚复合桩　(b) 等芯散刚复合桩　(c) 长芯散刚复合桩

图4.2.2　散刚复合桩构造示意图

1—散体桩；2—刚性桩

1 散体桩桩径宜为280mm～600mm，刚性桩桩径宜为220mm～500mm；

2 当刚性桩桩长大于散体桩桩长时，刚性桩应进入相对较硬的持力土层；

3 当散体桩桩长大于刚性桩桩长时，刚性桩下散体桩的长度宜为（3～5）倍刚性桩桩径。

4.2.3 柔刚复合桩构造（图4.2.3）应符合下列规定：

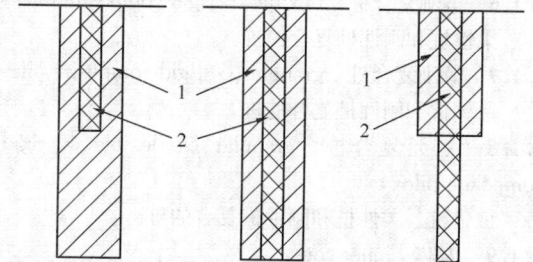

(a) 短芯柔刚复合桩　(b) 等芯柔刚复合桩　(c) 长芯柔刚复合桩

图4.2.3　柔刚复合桩构造示意图

1—柔性桩；2—刚性桩

1 柔性桩桩径宜为500mm～1200mm，刚性桩桩径宜为220mm～800mm；

2 当刚性桩的桩长大于柔性桩桩长时，刚性桩

应进入较硬的持力土层；

3 柔刚复合桩复合段的外芯厚度宜为 150mm ～250mm；

4 柔性桩在刚性桩桩端以下部分的长度宜根据土层状况及工程设计要求确定。

4.2.4 三元复合桩构造（图 4.2.4）应同时符合本规程第 4.2.1 和第 4.2.3 条的规定。

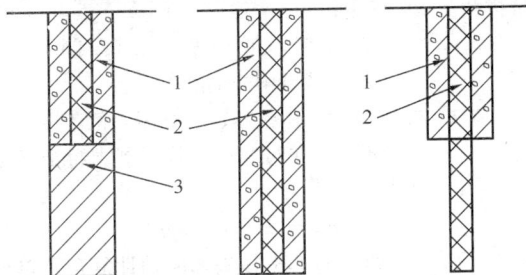

(a) 短芯三元复合桩　(b) 等芯三元复合桩　(c) 长芯三元复合桩

图 4.2.4　三元复合桩构造示意图
1—散柔复合桩；2—刚性桩；3—柔性桩

4.3　桩 基 设 计

4.3.1 劲性复合桩作为桩基础基桩时应符合下列规定：

1 当劲性复合桩作为抗拔桩时应选用柔刚复合桩或三元复合桩；

2 桩间距不应小于 4 倍内芯直径，且不应小于 1.5 倍外芯直径；

3 桩身承载力及裂缝控制宜按内芯进行验算；

4 内芯应与承台连接。

4.3.2 劲性复合桩单桩竖向抗压承载力设计应符合下列规定：

1 劲性复合桩单桩竖向抗压承载力特征值应根据单桩竖向抗压载荷试验确定；

2 初步设计时，对散刚复合桩可按公式（4.3.2-1）和公式（4.3.2-2）估算，对柔刚复合桩和三元复合桩可按公式（4.3.2-1）～公式（4.3.2-4）估算并取其中的小值：

　　1）劲性复合桩桩侧破坏面位于内、外芯界面时，基桩竖向抗压承载力特征值可按下列公式估算：

长芯桩：$R_a = u^c q_{sa}^c l^c + u^c \sum q_{sja}^c l_j + q_{pa}^c A_p^c$

$$\text{(4.3.2-1)}$$

短芯桩和等芯桩：$R_a = u^c q_{sa}^c l^c + q_{pa}^c A_p^c$ (4.3.2-2)

式中：R_a——劲性复合桩单桩竖向抗压承载力特征值（kN）；

　　u^c——劲性复合桩内芯桩身周长（m）；

　　l^c、l_j——分别为劲性复合桩复合段长度和非复合段第 j 土层厚度（m）；

　　A_p^c——劲性复合桩内芯桩身截面积（m²）；

q_{sa}^c——劲性复合桩复合段内芯侧阻力特征值（kPa），宜按地区经验取值。无地区经验时，宜取室内相同配比水泥土试块在标准条件下 90d 龄期的立方体（边长 70.7mm）无侧限抗压强度的（0.04～0.08）倍，当内芯为预制混凝土类桩或外芯水泥土桩采用干法施工时宜取较高值。对散刚复合桩可取 30kPa ～50kPa；

q_{sja}^c——劲性复合桩非复合段内芯第 j 土层侧阻力特征值（kPa），可按地区经验取值。也可根据内芯桩型按现行行业标准《建筑桩基技术规范》JGJ 94 取值；

q_{pa}^c——劲性复合桩内芯桩端土的端阻力特征值（kPa），宜按地区经验取值。对长芯桩与等芯桩也可根据内芯桩型按现行行业标准《建筑桩基技术规范》JGJ 94 取值；对短芯散刚复合桩可取 1200kPa～1500kPa，对短芯柔刚复合桩和短芯三元复合桩可取 2000kPa～3000kPa。

　　2）劲性复合桩桩侧破坏面位于外芯和桩周土的界面时，基桩竖向抗压承载力特征值可按下列公式估算：

长芯桩：
$$R_a = u \sum \xi_{si} q_{sia} l_i + u^c \sum q_{sja}^c l_j + q_{pa}^c A_p^c$$

$$\text{(4.3.2-3)}$$

短芯桩与等芯桩：
$$R_a = u \sum \xi_{si} q_{sia} l_i + \alpha \xi_p q_{pa} A_p \quad \text{(4.3.2-4)}$$

式中：u——劲性复合桩复合段桩身周长（m）；

　　l_i——劲性复合桩复合段第 i 土层厚度（m）；

　　A_p——劲性复合桩桩身截面积（m²），对散刚复合桩应取刚性桩桩身截面积；对柔刚复合桩和三元复合桩，当刚性桩桩长大于柔性桩或散柔复合桩桩长时，应取刚性桩桩身截面积；

q_{sia}——劲性复合桩复合段外芯第 i 土层侧阻力特征值（kPa），宜按地区经验取值。无经验时，可按表 4.3.2-1 取值；

q_{pa}——劲性复合桩端阻力特征值（kPa），宜按地区经验取值。也可取桩端地基土未经修正的承载力特征值；

　　α——劲性复合桩桩端天然地基土承载力折减系数，对柔刚复合桩可取 0.70～0.90，对三元复合桩可取 0.80～1.00；

ξ_{si}、ξ_p——分别为劲性复合桩复合段外芯第 i 土层侧阻力调整系数、端阻力调整系数，宜按地区经验取值。无经验时，可按表 4.3.2-2 取值；非复合段侧阻力调整系数、端阻力调整系数均取 1.0。

表 4.3.2-1　劲性复合桩外芯侧阻力特征值 q_{sa}

土的名称	土的状态		侧阻力特征值 q_{sa} (kPa)
人工填土	稍密～中密		10～18
淤泥	—		6～9
淤泥质土			10～14
黏性土	流塑	$I_L>1$	12～19
	软塑	$0.75<I_L\leqslant1$	19～25
	软可塑	$0.5<I_L\leqslant0.75$	25～34
	硬可塑	$0.25<I_L\leqslant0.5$	34～42
	硬塑	$0<I_L\leqslant0.25$	42～48
	坚硬	$I_L\leqslant0$	48～51
粉土	稍密	$0.9<e$	12～22
	中密	$0.75<e\leqslant0.9$	22～32
	密实	$e\leqslant0.75$	32～42
粉砂	稍密	$10<N\leqslant15$	11～23
	中密	$15<N\leqslant30$	23～32
	密实	$30<N$	32～43
细砂	稍密	$10<N\leqslant15$	13～25
	中密	$15<N\leqslant30$	25～34
	密实	$30<N$	34～45

表 4.3.2-2　劲性复合桩复合段外芯侧阻力调整系数 ξ_{si}、端阻力调整系数 ξ_p

调整系数	土的类别				
	淤泥	黏性土	粉土	粉砂	细砂
ξ_{si}	1.30～1.60	1.50～1.80	1.50～1.90	1.70～2.10	1.80～2.30
ξ_p	—	2.00～2.20	2.00～2.40	2.30～2.70	2.50～2.90

3) 在表 4.3.2-1、表 4.3.2-2 中，当劲性复合桩外芯为干法搅拌桩时，取高值；外芯为湿法搅拌桩和旋喷桩时，取低值；内芯为预制桩时，取高值；内芯为现浇混凝土桩时，取低值；内外芯截面积比值大时，取高值；三元复合桩取高值。

4.3.3 劲性复合桩桩基软弱下卧层承载力验算应符合下列规定：

1　散刚复合桩宜按刚性桩桩底平面验算；

2　对柔刚复合桩和三元复合桩，为长芯或等芯复合桩时，宜按刚性桩桩底平面验算；为短芯复合桩时，宜同时按复合段桩底平面和非复合段桩底平面验算。

4.3.4 劲性复合桩桩基沉降计算应从刚性桩桩底平面起算并应符合现行国家标准《建筑地基基础设计规

范》GB 50007 的有关规定；刚性桩桩底下非复合桩体的压缩模量宜按现行国家标准《复合地基技术规范》GB/T 50783 相关规定取值。

4.3.5 劲性复合桩用于抗拔桩时，应采用长芯或等芯复合桩。单桩竖向抗拔承载力特征值的确定应符合下列规定：

1　单桩竖向抗拔承载力特征值应根据单桩竖向抗拔载荷试验确定；

2　初步设计时，可按式（4.3.5-1）～式（4.3.5-3）估算，并取其中的小值；

1) 群桩呈非整体破坏，且破坏面位于内、外芯界面时，单桩竖向抗拔承载力特征值可按下式估算：

$$T_{ua}=u^c\lambda^c q_{sa}^c l^c+u^c\sum\lambda_j q_{sja}l_j \quad (4.3.5\text{-}1)$$

式中：T_{ua}——群桩呈非整体破坏时劲性复合桩单桩竖向抗拔承载力特征值（kN）；

λ^c——劲性复合桩复合段内芯抗拔系数，宜按地区经验取值。无地区经验时，可取 0.70～0.90；

λ_j——非复合段内芯第 j 土层抗拔系数，宜按地区经验取值。无地区经验时可根据土的类别按表 4.3.5 取值；

2) 群桩呈非整体破坏，且破坏面位于外芯和桩周土的界面时，单桩竖向抗拔承载力特征值可按下式估算：

$$T_{ua}=u\sum\lambda\xi_{si}q_{sia}l_i+u^c\sum\lambda_j q_{sja}l_j \quad (4.3.5\text{-}2)$$

式中：λ——为劲性复合桩复合段外芯抗拔系数，宜按地区经验取值，无地区经验时可根据土的类别按表 4.3.5 取值；

3) 群桩呈整体破坏时，单桩竖向抗拔力特征值可按下式估算：

$$T_{ga}=(U\sum\xi_{si}q_{sia}l_i+U^c\sum\lambda_j q_{sja}^c l_j)/n \quad (4.3.5\text{-}3)$$

式中：T_{ga}——群桩呈整体破坏时劲性复合桩单桩竖向抗拔承载力特征值（kN）；

U、U^c——分别为桩群复合段外芯外围周长和桩群复合段内芯外围周长（m）；

n——群桩的桩数。

表 4.3.5　抗　拔　系　数

土的类别	λ_j	λ
砂土	0.50～0.70	0.60～0.80
黏性土、粉土	0.70～0.80	0.75～0.85

4.3.6 劲性复合桩的水平承载力特征值应根据现场水平载荷试验确定。

4.4　复合地基设计

4.4.1 劲性复合桩作为复合地基增强体时应符合下

列规定：

 1 应选用散柔复合桩、散刚复合桩、柔刚复合桩或三元复合桩；

 2 劲性复合桩复合地基设计时宜在基础范围内布桩；

 3 劲性复合桩的置换率应根据设计要求的复合地基承载力、地基土特性、施工工艺等确定，桩间距不宜小于 3 倍内芯直径。

4.4.2 劲性复合桩的长度应根据上部结构对承载力和变形的要求确定，宜穿透软弱土层到达承载力相对较高的土层；为提高抗滑稳定性而设置的劲性复合桩，其桩底标高应低于处理后最危险滑动面以下 2m。

4.4.3 劲性复合桩复合地基承载力特征值确定应符合下列规定：

 1 复合地基承载力特征值应根据单桩复合地基或多桩复合地基载荷试验确定；

 2 初步设计时，复合地基承载力特征值可按下式估算：

$$f_{spk} = \lambda m \frac{R_a}{A_p} + \beta(1-m)f_{sk} \quad (4.4.3)$$

式中：f_{spk} ——复合地基承载力特征值（kPa）；

  λ ——单桩承载力发挥系数，应按地区经验取值，无经验时可取 0.95～1.0；

  m ——面积置换率；

  R_a ——单桩竖向抗压承载力特征值（kN）；

  β ——桩间土承载力发挥系数，应按地区经验取值，无经验时可取 0.8～1.0；

  f_{sk} ——处理后桩间土承载力特征值（kPa），应按地区经验确定；无试验资料时可取天然地基承载力特征值。

4.4.4 劲性复合桩单桩竖向抗压承载力特征值应根据单桩载荷试验确定，初步设计时，散刚复合桩、柔刚复合桩和三元复合桩可按本规程第 4.3.2 条规定估算，散柔复合桩可按下列公式估算，并应取计算结果的小值：

$$R_a = u\sum \xi_{si}q_{sia}l_i + u\sum q_{sja}l_j + \alpha\xi_p q_{pa}A_p$$

$$(4.4.4\text{-}1)$$

$$R_a = \eta f_{cu}A_p \quad (4.4.4\text{-}2)$$

式中：q_{sia} ——散柔复合桩复合段第 i 土层侧阻力特征值（kPa），宜按地区经验取值。无经验时，可按本规程表 4.3.2-1 取值；

  q_{sja} ——散柔复合桩非复合段第 j 土层侧阻力特征值（kPa），宜按地区经验取值。无经验时，可按现行行业标准《建筑地基处理技术规范》JGJ 79 的规定取值；

  q_{pa} ——散柔复合桩端阻力特征值（kPa），宜按地区经验取值。也可取桩端地基土未经修正的承载力特征值；

  ξ_{si} ——散柔复合桩第 i 土层侧阻力调整系数，宜按地区经验取值。无经验时，可按本规程表 4.3.2-2 中相应值的 0.9 倍取值；

  ξ_p ——散柔复合桩端阻力调整系数，宜按地区经验取值。无经验时，对非复合的桩端应取 1.0，对复合的桩端宜取 1.1～1.5；

  α ——散柔复合桩桩端地基土承载力折减系数，对非复合的桩端可取 0.40～0.60，对复合段桩端可取 0.6～0.8；

  η ——桩身强度折减系数，可取 0.25～0.35；

  f_{cu} ——与散柔复合桩桩身材料配比相同的室内加固土边长为 70.7mm 或 50.0mm 的立方体试块，在标准养护条件下 90d 龄期的立方体抗压强度平均值（kPa）。

4.4.5 劲性复合桩处理深度范围以下存在软弱下卧层时，应按现行国家标准《复合地基技术规范》GB/T 50783 的有关规定进行下卧层承载力验算。

4.4.6 复合地基的变形应为复合土层的平均压缩变形与桩端以下未加固土层的压缩变形之和。可按现行国家标准《复合地基技术规范》GB/T 50783 的有关规定进行计算。

4.4.7 劲性复合桩桩顶和基础之间应设置褥垫层。褥垫层材料宜用中砂、粗砂或级配砂石，碎石最大粒径不宜大于 30mm。褥垫层的厚度宜取 150mm～300mm，当桩径大或桩距大时褥垫层厚度宜取大值。

5 施 工

5.1 一般规定

5.1.1 散体桩和柔性桩施工应符合现行行业标准《建筑地基处理技术规范》JGJ 79 的有关规定。

5.1.2 刚性桩施工应符合下列规定：

 1 当刚性桩采用混凝土预制桩、钢桩或灌注桩时，应符合现行行业标准《建筑桩基技术规范》JGJ 94 的有关规定；

 2 当刚性桩采用水泥粉煤灰碎石桩时，应符合现行行业标准《建筑地基处理技术规范》JGJ 79 的有关规定。

5.1.3 劲性复合桩施工前应进行成桩工艺试验，数量不得少于 3 根。当成桩质量不能满足设计要求时，应在调整设计与施工有关参数后，重新进行试验。

5.1.4 劲性复合桩中各单体桩桩位的允许偏差应为 ±10mm，散柔复合桩的垂直度允许偏差应为 1%，散刚复合桩、柔刚复合桩与三元复合桩的垂直度允许偏差应为 0.5%。

5.2 施工准备

5.2.1 施工前应具备下列资料:

    1 岩土工程勘察报告、建筑物平面布置图、桩位布置图及技术要求;

    2 砂、石、水泥、石灰、粉煤灰、钢材等原材料的产品合格证书及抽样送检报告;

    3 砂石配比、水泥土配比、混凝土配比试验资料;

    4 预制混凝土方桩、先张法预应力管桩、钢桩等成品桩产品合格证书及现场抽样检验资料;

    5 试验性施工资料;

    6 平面及高程引测点资料;

    7 邻近建(构)筑物和地下设施类型、分布及结构质量情况;

    8 专项施工方案。

5.2.2 施工前应平整场地并清除地上和地下障碍物,当表层土松软时应碾压夯实;场地平整后应测量场地平面标高,桩顶设计标高以上宜预留 300mm～500mm 土层。

5.2.3 桩定位前应按单个建(构)筑物设置轴线定位点及水准基点,并应采取措施加以保护。后施工的桩应重新定位。

5.2.4 施工前应检查施工机械设备的工作性能及各种计量装置的完好程度。

5.3 施工工艺

5.3.1 散柔复合桩施工时,宜先施工散体桩,再施工柔性桩。

5.3.2 散柔复合桩也可选用下列工艺施工:

    1 预混工艺:将砂与水泥预混后进行现场成桩;

    2 先砂后粉工艺:用粉喷桩机先喷干细砂搅拌,再喷水泥粉体搅拌成桩;

    3 先粉后砂工艺:用粉喷桩机先喷水泥粉体搅拌,再喷干细砂搅拌成桩;

    4 双喷工艺:将水泥粉体和干砂从两个喷口喷入土中搅拌成桩。

5.3.3 散刚复合桩施工时,宜在原地用同一桩机,先施工散体桩,再施工刚性桩。当土层松软时,散体桩宜采用复打或扩底工艺。

5.3.4 散刚复合桩施工时,可将桩管沉至设计深度后,置入预制混凝土桩,并在其周边灌注散体材料,拔管后成桩。

5.3.5 柔刚复合桩施工时,宜先施工柔性桩,再施工刚性桩。刚性桩施工宜在柔性桩施工后 6h 内进行。

5.3.6 三元复合桩施工宜先打散体桩,后打柔性桩,形成散柔复合桩,再在散柔复合桩中施工刚性桩。刚性桩施工宜在散柔性桩施工后 6h 内进行。

6 质量检测与验收

6.1 成桩质量检查

6.1.1 劲性复合桩质量应按散体桩、柔性桩、刚性桩三种类型进行检查,应符合国家现行标准《建筑地基基础工程施工质量验收规范》GB 50202、《建筑桩基技术规范》JGJ 94 和《建筑地基处理技术规范》JGJ 79 的有关规定。

6.1.2 劲性复合桩施工过程中应随时检查施工记录,出现异常情况应及时处理。

6.1.3 基槽开挖后应检查桩位、内外芯中心偏差、桩径、桩顶标高、桩顶质量、桩数、坑(槽)底土质情况。

6.2 承载力检测

6.2.1 劲性复合桩应在成桩 21d 后进行承载力检测,试验应在设计标高处进行,每个单体工程的检测数量不应少于工程桩总数的 1%,且不应少于 3 根(组)。

6.2.2 劲性复合桩单桩载荷试验的压板尺寸应与劲性复合桩截面尺寸一致。

6.2.3 劲性复合桩复合地基载荷试验应符合现行行业标准《建筑地基处理技术规范》JGJ 79 的有关规定。压板尺寸应根据设计置换率确定。按相对变形值确定复合地基承载力特征值时,对散柔复合桩可取沉降与压板边长或直径的比值等于 0.007 所对应的压力值,对柔刚复合桩和散刚复合桩可取沉降与压板边长或直径的比值等于 0.008 所对应的压力值,对三元复合桩可取沉降与压板边长或直径的比值等于 0.009 所对应的压力值。

6.3 工程验收

6.3.1 劲性复合桩工程验收应在基坑(槽)开挖后进行,验收合格后方可进行下道工序施工。

6.3.2 劲性复合桩工程验收应包括下列资料:

    1 设计文件、施工图以及设计变更通知书;

    2 岩土工程勘察报告;

    3 开工报告;

    4 图纸会审记录;

    5 技术交底文件;

    6 试验性施工记录;

    7 施工组织设计或施工方案;

    8 原材料或成品桩的产品合格证书及抽样检验资料、材料配比试验资料、样桩的位置等;预制桩芯桩、钢桩芯桩产品质量合格证,原材料的质量合格证和质量鉴定文件;

    9 施工记录及隐蔽工程验收文件;

    10 桩体质量检查记录、取样送检记录及试验报告等；

11　施工过程中质量问题处理记录；

12　桩位、桩顶标高、垂直度实测记录；

13　载荷试验报告、桩身完整性检测报告；

14　工程竣工图，补桩记录等；

15　竣工报告；

16　工程质量控制资料核查记录；

17　工程质量验收报告。

本规程用词说明

1　为了便于在执行本规程条文时区别对待，对于要求严格程度不同的用词说明如下：

1）表示很严格，非这样做不可的：

正面词采用"必须"，反面词采用"严禁"；

2）表示严格，在正常情况下均应这样做的：

正面词采用"应"，反面词采用"不应"或"不得"；

3）表示允许稍有选择，在条件允许时首先应这样做的：

正面词采用"宜"，反面词采用"不宜"；

4）表示有选择，在一定条件下可以这样做的，采用"可"。

2　条文中指明应按其他有关标准执行的写法为："应符合……的规定"或"应按……的执行"。

引用标准名录

1　《建筑地基基础设计规范》GB 50007

2　《建筑地基基础工程施工质量验收规范》GB 50202

3　《复合地基技术规范》GB/T 50783

4　《建筑地基处理技术规范》JGJ 79

5　《建筑桩基技术规范》JGJ 94

中华人民共和国行业标准

劲性复合桩技术规程

JGJ/T 327—2014

条 文 说 明

制 订 说 明

《劲性复合桩技术规程》JGJ/T 327-2014，经住房和城乡建设部 2014 年 2 月 28 日以第 332 号公告批准、发布。

本规程编制过程中，编制组进行了劲性复合桩技术的研究和工程应用情况的调查研究，总结了我国工程建设中劲性复合桩技术和工程应用的实践经验，同时参考了国外先进技术法规、技术标准，通过实际工程的现场试验取得了劲性复合桩设计施工的重要技术参数。

为便于广大设计、施工、科研、学校等单位有关人员在使用本规程时能正确理解和执行条文规定，《劲性复合桩技术规程》编制组按章、节、条顺序编制了本规程的条文说明，对条文规定的目的、依据以及执行中需注意的有关事项进行了说明。但是，本条文说明不具备与标准正文同等的法律效力，仅供使用者作为理解和把握标准规定的参考。

目　次

1 总 则

1.0.1 劲性复合桩施工技术是由散体桩，柔性桩，刚性桩等通过一定的工艺，将两种或三种单体桩进行复合，形成劲性复合桩的一项技术。目前，劲性复合桩施工技术已在江苏、上海、云南、河北等地使用，推广应用项目已达到 1000 多项。为了使本技术更好地推广应用，并确保质量、保护环境、减少污染、经济合理、安全适用、规范操作的目的，制定本规程。

1.0.3 劲性复合桩应用时应详细了解场地工程地质和水文地质条件，了解土层形成年代和成因，掌握土的工程性质，特别是穿越土层和桩端土的类别与性质，结合工程经验，进行计算分析。由于岩土工程分析中计算条件的模糊性、信息的不完全性、计算方法的局限性和各种假想边界条件的不确定性，不能完全精确计算出地基基础的承载力、沉降量、稳定性等指标，需要岩土工程师在计算分析结果和工程经验类比的基础上综合判断。劲性复合桩设计应在充分了解功能要求、荷载的性质与大小和掌握必要资料的基础上，研究设计条件，先定性分析，再定量分析，从技术方法的适宜性和有效性、施工的可操作性、质量的可控性、环境限制，以及经济性等多方面进行论证，然后选择一个或几个方案，进行必要的计算、验算和试验，通过比较分析，逐步完善设计。

2 术语和符号

2.1 术 语

2.1.1 在岩土工程的实际应用中，单一桩型有一定的局限性：砂石桩等散体材料桩对软弱地基处理后承载力提高幅度不大；水泥土类桩的桩身强度受土质、施工工艺影响较大；在软土中采用振动沉管灌注桩施工时，由于振动和挤土效应易造成缩径和断桩现象；预应力管桩在软土中单桩承载力较低，且需进入密实土层，桩身材料得不到充分发挥。20 世纪 90 年代初至今，全国各地逐步发展了刚性桩、柔性桩、散体桩相互复合的桩型，并用于实际工程。

劲性复合桩是将常用的散体材料桩、柔性水泥土类桩、刚性混凝土类桩三种单一桩型相互复合，后一种桩体在前一种桩体上进行再次施工，形成互补增强的劲性复合桩型。可分为散体桩与柔性桩复合成的散柔复合桩、散体桩与刚性桩复合成的散刚复合桩、柔性桩与刚性桩复合成的柔刚复合桩，以及散柔复合桩和刚性桩复合成的三元复合桩。其中在散体桩、柔性桩或散柔复合桩桩体上再进行刚性桩施工后形成的桩又称为劲芯复合桩。劲芯复合桩由内芯和外芯两部分组成，根据内芯的长度又可分为长芯、等芯和短芯等。

2.1.3 除水泥以外，也可采用粉煤灰、石灰、化学浆液或混合料等胶结材料，采用粉喷、湿喷、高压旋喷、注浆及复合方法等施工工艺。

2.1.5 散柔复合桩是由散体桩与柔性桩复合形成的桩。可先施工散体桩，后再在散体桩上原位施工柔性桩；也可先施工散体桩，后注浆或施工含砂水泥土复合桩。

2.1.6 柔刚复合桩是由柔性桩与刚性桩复合形成的桩。可先施工水泥土柔性桩，在水泥土硬化前，在水泥土桩桩体上打入刚性桩。

2.1.7 散刚复合桩是由散体桩与刚性桩复合形成的桩。可先施工散体桩，再在散体桩上原位施打刚性桩。也可利用特殊工艺同时施打散体桩和刚性桩。

2.1.8 三元复合桩是由散体桩、柔性桩、刚性桩三种桩复合形成的桩。可先施工散柔复合桩，散柔复合桩桩身硬化前，在桩体上施打刚性桩形成散柔刚三元复合桩；也可先施工散刚复合桩，再在散体外芯内注浆形成散刚柔三元复合桩。

3 基 本 规 定

3.0.1 劲性复合桩作为复合地基竖向增强体时，适用于处理淤泥、淤泥质土、粉土、填土、黏性土以及砂土等软弱地基。对于其他地基土质条件，应通过试验研究和取得工程经验后方可应用。

3.0.3 类似地质条件的工程经验和使用情况，包括劲性复合桩的施工条件、设计施工经验、载荷试验资料和沉降观测资料等。施工场地及其周边环境情况，包括地面建（构）筑物、地下工程、周边道路及管线等情况。

4 设 计

4.1 一 般 规 定

4.1.2 劲性复合桩用于复合地基时，刚性桩可选用预制混凝土桩、现浇混凝土桩和水泥粉煤灰碎石桩等；用于桩基时，可选用预制混凝土桩和现浇混凝土桩。

4.1.3 劲性复合桩桩长可根据工程要求和工程地质条件通过计算确定：

1 当软弱土层厚度不大时，劲性复合桩桩长宜穿过软弱土层；

2 当软土层厚度较大时，对按稳定性控制的工程，劲性复合桩桩长应不小于处理后最危险滑动面以下 2m 的深度；对按变形控制的工程，劲性复合桩桩长应满足加固后地基变形量不超过国家现行标准《建筑地基基础设计规范》GB 50007 中建筑物地基容许变形量和满足软弱下卧层强度要求；

3 对可液化的地基，劲性复合桩桩长按要求的抗震处理深度确定；

4 桩长不宜小于 4m。

4.1.4 散体桩的桩身材料级配应通过级配试验确定，使之达到设计强度要求，密实度应等于或大于 95%。

4.2 复合桩构造

4.2.1 散柔复合桩是由散体桩与柔性桩复合而成，其施工过程如图 1 所示。根据单桩荷载传递规律，上部桩体受力大，先行施工小直径的散体砂桩，再在砂桩体上施工柔性搅拌桩，通过机械搅拌把砂、土和水泥搅拌成均匀的散柔复合桩，或先行施工散体碎石桩，再在散体桩中注浆形成散柔复合桩，采用散柔复合桩进行复合加强。下部受力小，柔性桩桩体能满足其要求，因此散体桩桩长不宜大于柔性桩的桩长。

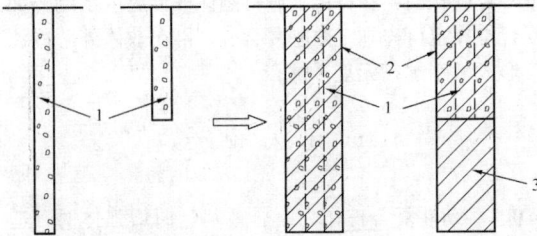

图 1　散柔复合桩施工过程
1—先行施工散体桩位置；2—散柔复合桩；3—柔性桩

散柔复合桩一般用于软弱地基，散体桩一般为沉管砂石桩，直径为 220mm～500mm，柔性桩宜为桩径 500mm～1200mm 的深层搅拌桩。当柔性桩采用深层搅拌成桩时，散体桩桩径宜小于 300mm，骨料粒径宜小于 40mm，否则深层搅拌难以施工，且容易损坏搅拌叶片，达不到预期目的效果；当柔性桩采用注浆或高压喷射注浆时，骨料粒径和散体桩桩径可以适当加大。在散体桩中注浆形成散柔复合桩时，散体桩的直径可取大值。

4.2.2 散刚复合桩是由散体桩与刚性桩复合而成。

1 散体桩存在有效桩长，一般不超过其桩径的 5 倍。所以本条规定，刚性桩下散体桩的长度不超过刚性桩直径的（3～5）倍。对刚性桩下的散体桩进行扩底，能有效提高桩端阻力，使刚性桩的桩端应力得到有效扩散，减少变形。

2 在软土中采用振动沉管灌注桩时，由于施工振动和挤土效应易造成缩径和断桩现象，采用散刚复合桩能有效地避免这一现象。为更好地发挥散刚复合桩的优势，土质较为软弱时，散体桩宜进行复打。

4.2.3 柔刚复合桩是由柔性桩与刚性桩复合而成。柔刚复合桩复合段的外芯厚度是指柔刚复合桩桩体外缘减去桩芯外缘的最小值。规定外芯厚度宜为 150mm～250mm 的目的是为了发挥复合段的复合功

能效果，减少桩位偏差和垂直度偏差而产生的不良影响。根据长期以来的施工实践经验，确定柔刚复合桩复合段的外芯厚度不宜小于 150mm。但外芯厚度也不能过大，过大会失去复合效果。除条文中所示的构造外，柔刚复合桩可根据土层分布采用分段复合的构造形式，如图 2 所示。

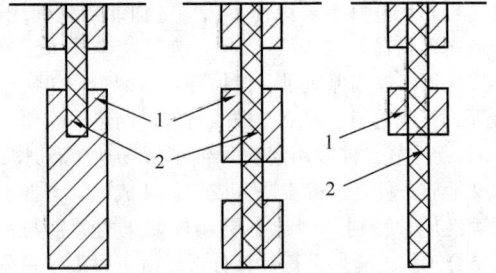

图 2　柔刚复合桩分段复合构造示意图
1—柔性桩；2—刚性桩

4.2.4 三元复合桩是由散体桩、柔性桩、刚性桩三种桩体进行复合而成。除条文中所示的构造外，三元复合桩也可采用如图 3 所示的构造。

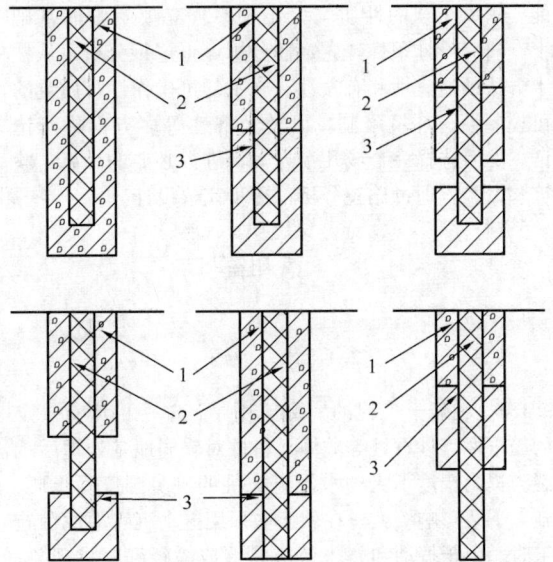

图 3　三元复合桩其他构造形式示意图
1—散柔复合桩；2—刚性桩；3—柔性桩

4.3 桩基设计

4.3.1 散柔复合桩属水泥土类桩，不适用于桩基础。散刚复合桩和柔刚复合桩可以改善刚性桩桩侧土体的性能，提高单桩竖向和水平承载力。

4.3.2 本条在估算劲性复合桩的承载力时，考虑了两种破坏模式，即芯桩与外芯之间接触面的破坏以及桩周土的破坏。本条提供的劲性复合桩侧阻力特征值 q_{sa}、劲性复合桩端阻力特征值 q_{pa} 取值原则及外芯侧阻力调整系数 ξ_s、端阻力调整系数 ξ_p 是根据 25 个工程的完整实测资料及大量的工程实践经验确定的。劲

芯复合桩复合段内芯侧阻力特征值 q_{sa}^c 取水泥土室内试块无侧限抗压强度的（0.04～0.08）倍。

对于劲性复合桩分段复合的情况（如图 2、图 3 所示），承载力计算时，可将分段复合桩分为长芯桩、等芯桩或短芯桩的组合形式，按各段桩型计算承载力后相加得到。

工程算例：

南通某工程采用柔刚复合桩作为桩基础，外芯为干法水泥土搅拌桩，直径 800mm，桩长 16.5m，内芯为 PHC 管桩，直径 400mm，桩长 13m。土层分布及相关参数如表 1 所示。水泥土室内试块 90 天龄期无侧限抗压强度为 2MPa。

表 1　土层分布及相关参数

层号	土层	厚度 (m)	q_{sa} (kPa)	q_{pa} (kPa)	ξ_{si}	ξ_p
1	素填土混杂填土	1.0	12		1.30	
2	粉质黏土夹粉土	1.0	28		1.60	
3-1	淤泥质粉质黏土夹粉土	1.2	25		1.50	
3-2	粉土夹粉质黏土	1.1	30		1.80	
4	粉砂夹粉土	3.2	32		1.90	
5-1	粉砂	2.3	36		2.00	
5-2	粉砂夹粉土	1.0	32		1.90	
5-3	粉砂	1.7	36		2.00	
6	粉砂夹粉土	4.7	32	150	1.90	2.40

劲芯复合桩桩侧破坏面位于内、外芯界面时，按公式（4.3.2-2）计算如下：

$$R_a = u^c q_{sa}^c l^c + q_{pa}^c A_p^c$$
$$= 0.4 \times 3.14 \times 0.06 \times 2000 \times 13 + 2500 \times 3.14 \times 0.4^2/4$$
$$= 2273 \text{ (kN)}$$

劲芯复合桩桩侧破坏面位于外芯和桩周土的界面时，按公式（4.3.2-4）计算如下：

$$R_a = u \sum \xi_{si} q_{sia} l_i + \alpha \xi_p q_{pa} A_p$$
$$= 0.8 \times 3.14 \times (1.30 \times 12 \times 1.0 + 1.60 \times 28 \times 1.0 + 1.50 \times 25 \times 1.2 + 1.80 \times 30 \times 1.1 + 1.90 \times 32 \times 3.2 + 2.00 \times 36 \times 2.3 + 1.90 \times 32 \times 1.0 + 2.0 \times 36 \times 1.7 + 1.9 \times 32 \times 0.5 + 32 \times 3.5) + 150 \times 3.14 \times 0.8^2/4$$
$$= 2212 \text{ (kN)}$$

上述两者计算值取小值，则单桩承载力特征值为 2212kN，且按外芯与桩周土破坏。

现场载荷试验单桩承载力极限值为 4960kN，则承载力特征值取 2480kN，较估算值略大。说明按第 4.3.2 条能较好的估算劲芯复合单桩承载力特征值，且偏于安全。现场开挖量测劲芯复合桩直径约为

890mm，比 800mm 直径的水泥土桩有所扩大。在极限荷载下，现场实测芯桩桩底应力为桩顶应力的 10% 左右。水泥土芯样无侧限抗压强度约为 1.5MPa。对比施工前后静力触探结果，桩间土强度提高 30%～50%。现场实测水平特征值高达 200kN，比管桩高 90% 左右。当外芯采用 900mm 湿法搅拌桩时，其单桩极限承载力也在 5000kN 左右。采用湿法搅拌桩时，宜采用较小的水灰比，以减少浆体外溢。

4.4　复合地基设计

4.4.7　由于劲性复合桩的刚度较大，单桩承载力较高，应在劲性复合桩桩顶和基础之间设置褥垫层。褥垫层在复合地基中有如下作用：（1）保证桩、土共同承担荷载，它是劲性复合桩形成复合地基的重要条件；（2）通过改变褥垫层厚度，调整桩垂直荷载的分担，通常褥垫层越薄，桩承担的荷载占总荷载的百分比越高；（3）减少基础底面的应力集中；（4）调整桩、土水平荷载的分担，褥垫层越厚，土分担的水平荷载占总荷载的百分比越大，桩分担的水平荷载占总荷载的百分比越小；对抗震设防区，不宜采用厚度过薄的褥垫层设计；（5）褥垫层的设置，可使桩间土承载力充分发挥，作用在桩间土表面的荷载在桩侧的土单元体产生竖向和水平的附加应力，水平向附加应力作用在桩表面具有增大侧阻的作用，在桩端产生的竖向附加应力对提高单桩承载力是有益的。

5　施　　工

5.1　一般规定

5.1.3　每个劲性复合桩的施工现场，由于土质有差异、桩身材料多样、复合桩的类型较多、施工工序较复杂，因而复合桩的质量有较大的差别。所以在正式施工前，均应按施工组织设计确定的施工工艺制作数根工艺性试桩，再最后确定设计施工参数。

5.3　施　工　工　艺

5.3.1　散柔复合桩施工时，一般在散体桩施工完成后再施工柔性桩，施工的散体桩数量可多于拟施工的散柔复合桩数量。"细而密"的散体桩缩短了排水路径，能及时消散后期搅拌桩施工时产生的超孔隙水压力，有利于桩间软土排水固结，并使散体材料、水泥等固化剂与土体充分搅拌成均匀且强度较高的复合桩体。

5.3.3　散刚复合桩施工时，宜采用同一桩机，先施工散体桩再施工刚性桩。施工时，一般采用振动沉管打桩机施工散体桩，当散体桩施工完成后，采用同一桩机复打刚性桩，直径与散体桩相等，形成散刚复合桩。当土质松软时，散体桩要采取复打或扩底工艺，

提高密实度增强承载力。

5.3.5 柔刚复合桩施工时，宜先施工柔性桩，再施工刚性桩。一般情况下宜在柔性桩施工后 6h 内施工刚性桩。因为柔性桩所用材料主要是胶结材料，在柔性桩硬化前施工刚性桩可以提高柔性桩与刚性桩的握裹力。

6 质量检测与验收

6.1 成桩质量检查

6.1.2 劲性复合桩施工过程中应检查每道工序的施工记录，对施工中出现的异常情况的桩，应及时会同设计及有关单位进行及时处理。

6.2 承载力检测

6.2.1 劲性复合桩集置换、排水排气固结、胶结、压密、充填、挤密、互补增强等作用于一体，可有效避免对桩间土的结构扰动，可在成桩 21d 后进行静荷载试验。

6.2.2 在复合桩单桩载荷试验时，宜对桩顶进行保护，可在桩顶部位设置桩帽，避免试验时压碎或损伤桩顶。

6.2.3 按相对变形值确定各类型劲性复合桩复合地基承载力特征值时，s/b 取值是根据长期工程实践经验并参照行业标准《建筑地基处理技术规范》JGJ 79 的相关规定确定了取值范围。

中华人民共和国行业标准

水泥土复合管桩基础技术规程

Technical specification for pile foundation of
pipe pile embedded in cement soil

JGJ/T 330—2014

批准部门：中华人民共和国住房和城乡建设部
施行日期：２０１４年１０月１日

中华人民共和国住房和城乡建设部
公　告

第 383 号

住房城乡建设部关于发布行业标准
《水泥土复合管桩基础技术规程》的公告

现批准《水泥土复合管桩基础技术规程》为行业标准，编号为 JGJ/T 330 - 2014，自 2014 年 10 月 1 日起实施。

本规程由我部标准定额研究所组织中国建筑工业

出版社出版发行。

中华人民共和国住房和城乡建设部

2014 年 4 月 16 日

前　　言

根据住房和城乡建设部《关于印发 2012 年工程建设标准规范制订修订计划的通知》（建标［2012］5 号）的要求，规程编制组经广泛调查研究，认真总结实践经验，参考有关国际标准和国外先进标准，并在广泛征求意见的基础上，编制本规程。

本规程主要技术内容是：1　总则；2　术语和符号；3　基本规定；4　设计；5　施工；6　质量检验与工程验收。

本规程由住房和城乡建设部负责管理，由山东省建筑科学研究院负责具体技术内容的解释。执行过程中如有意见或建议，请寄送山东省建筑科学研究院（地址：山东省济南市无影山路 29 号，邮政编码：250031）。

本 规 程 主 编 单 位：山东省建筑科学研究院
　　　　　　　　　　　中建八局第一建设有限公司
本 规 程 参 编 单 位：广东省建筑科学研究院
　　　　　　　　　　　浙江省建筑科学设计研究院有限公司
　　　　　　　　　　　天津大学建筑设计研究院
　　　　　　　　　　　山东同圆设计集团有限公司
　　　　　　　　　　　浙江大学
　　　　　　　　　　　德州市建筑规划勘察设计研究院
　　　　　　　　　　　滨州市建设工程质量监督站

山东省城乡建设勘察院
山东鑫国基础工程有限公司
东营市建筑工程质量检测站
山东正元地理信息工程有限责任公司
山东铁正工程试验检测中心有限公司
山东省军区后勤部基建营房处
上海建华管桩有限公司

本规程主要起草人员：宋义仲　徐天平　秦家顺
　　　　　　　　　　　徐承强　卜发东　程海涛
　　　　　　　　　　　于敬海　王希岭　李建业
　　　　　　　　　　　张树胜　高传印　朱　锋
　　　　　　　　　　　杨　桦　王庆军　付宪章
　　　　　　　　　　　惠畦国　唐晓武　田文成
　　　　　　　　　　　鲁爱民　张善法　苏玉玺
　　　　　　　　　　　孟　炎　米春荣　崔宏海
　　　　　　　　　　　葛振刚　于克猛　李文洲
　　　　　　　　　　　张培学　张晓静　刘　勇
　　　　　　　　　　　马凤生　曾晓文
本规程主要审查人员：高文生　钱力航　刘俊岩
　　　　　　　　　　　郑　刚　王卫东　陈振建
　　　　　　　　　　　孙剑平　房泽民　王金玉
　　　　　　　　　　　张维汇　曹怀武

目　次

Contents

1 总　　则

1.0.1 为了在水泥土复合管桩基础工程中贯彻执行国家的技术经济政策，做到安全适用、技术先进、经济合理、确保质量，制定本规程。

1.0.2 本规程适用于非抗震设计及抗震设防烈度小于等于8度地区采用高喷搅拌法形成的建（构）筑物低承台水泥土复合管桩基础的设计、施工、质量检验与验收。

1.0.3 水泥土复合管桩基础的设计与施工，应综合考虑工程地质与水文地质条件、上部结构类型、使用功能、荷载特征、施工技术条件与环境；应因地制宜，节约资源，强化施工质量控制与管理。

1.0.4 水泥土复合管桩基础的设计、施工、质量检验与验收除应符合本规程外，尚应符合国家现行有关标准的规定。

2　术语和符号

2.1　术　　语

2.1.1 水泥土复合管桩　pipe pile embedded in cement soil

由高喷搅拌法形成的水泥土桩与同心植入的预应力高强混凝土管桩复合而形成的基桩。

2.1.2 水泥土复合管桩基础　pile foundation of pipe pile embedded in cement soil

由设置于土层中的水泥土复合管桩和连接于桩顶的承台组成的基础。

2.1.3 高喷搅拌法　jet-mixing method

采用高压水或高压浆液形成高速喷射流束，冲击、切割、破碎地层土体，由搅拌机具将水泥浆等材料与地基土强制搅拌的施工方法。

2.1.4 预应力高强混凝土管桩　prestressed high-strength concrete pipe pile

采用离心成型的先张法预应力高强度混凝土环形截面桩，混凝土强度等级不低于C80。

2.1.5 填芯混凝土　core concrete

灌填在管桩顶部内腔一定深度的混凝土。

2.1.6 成桩工艺性试验　piling process test

为验证地层条件适应性、确定相关施工工艺及参数和施工措施而进行的成桩施工。

2.2　符　　号

2.2.1 作用和作用效应

F_k ——荷载效应标准组合下，作用于承台顶面的竖向力；

G_k ——桩基承台和承台上土自重标准值；

H_{Eik} ——地震作用效应和荷载效应标准组合下，作用于第 i 基桩的水平力；

H_{ik} ——荷载效应标准组合下，作用于第 i 基桩的水平力；

H_k ——荷载效应标准组合下，作用于桩基承台底面的水平力；

M_{xk}、M_{yk} ——荷载效应标准组合下，作用于承台底面，绕通过桩群形心的 x、y 主轴的力矩；

Q_c ——荷载效应基本组合下的桩顶轴向压力设计值；

Q_{ct} ——荷载效应基本组合下的桩顶轴向拉力设计值；

Q_{Ek} ——地震作用效应和荷载效应标准组合下，基桩的平均竖向力；

Q_{Ekmax} ——地震作用效应和荷载效应标准组合下，基桩的最大竖向力；

Q_{ik} ——荷载效应标准组合偏心竖向力作用下，第 i 基桩的竖向力；

Q_j ——第 j 基桩在荷载效应准永久组合作用下，桩顶的附加荷载；

Q_k ——荷载效应标准组合轴心竖向力作用下，基桩的平均竖向力；

Q_{kmax} ——荷载效应标准组合偏心竖向力作用下，桩顶最大竖向力；

s ——桩基最终沉降量；

s_e ——桩身压缩量；

σ_c ——土的自重应力；

σ_z ——土中竖向附加应力；

σ_{zi} ——桩端平面下第 i 计算土层 1/2 厚度处竖向附加应力。

2.2.2 抗力和材料性能

E_{cs} ——水泥土弹性模量；

EI ——桩身抗弯刚度；

E_p ——管桩混凝土弹性模量；

E_{pcs} ——有管桩段水泥土复合管桩桩身材料复合模量；

$\overline{E}_s$ ——沉降计算深度范围内土层压缩模量的当量值；

E_{si} ——第 i 计算土层的压缩模量；

f_c ——管桩混凝土轴心抗压强度设计值；

f_{cu} ——与桩身水泥土配比相同的室内水泥土试块（边长为70.7mm的立方体）在标准养护条件下 28d 龄期的立方体抗压强度平均值；

f_n ——填芯混凝土与管桩内壁的粘结强度设计值；

f_{py} ——管桩预应力钢筋抗拉强度设计值；

f_y ——锚固钢筋的抗拉强度设计值；

m ——地基土水平抗力系数的比例系数；

q_{pk} ——极限端阻力标准值；

q_{sk} ——管桩—水泥土界面极限侧阻力标准值；

q_{sik} ——第 i 层土的极限侧阻力标准值；

Q_{sl} ——有管桩段水泥土复合管桩总极限侧阻力标准值；

Q_{uk} ——单桩竖向极限承载力标准值；

R_a ——单桩竖向承载力特征值；

R_{ha} ——单桩水平承载力特征值。

2.2.3 几何参数

A_l ——有管桩段水泥土净截面面积；

A_L ——水泥土复合管桩桩端面积；

A_p ——管桩截面面积；

A_{ps} ——管桩全部纵向预应力钢筋的截面面积；

A_s ——填芯混凝土内锚固钢筋总面积；

b_0 ——桩身计算宽度；

d ——管桩直径；

d_0 ——管桩扣除保护层后的直径；

d_c ——管桩内径；

D ——水泥土复合管桩直径；

I_p ——管桩换算截面惯性矩；

l、L ——管桩、水泥土复合管桩长度；

l_i、L_i ——管桩、水泥土复合管桩长度范围内第 i 层土的厚度；

l_{ca} ——填芯混凝土深度；

n ——桩基中的桩数；

n_1 ——沉降计算深度范围内土层的计算分层数；

u_c ——管桩内腔圆周长度；

u_p ——管桩周长；

U ——水泥土复合管桩周长；

U_l ——群桩外周边长度；

x_i、x_j、y_i、y_j ——第 i、j 基桩至通过桩群形心的 y、x 主轴的距离；

Z_n ——桩基沉降计算深度；

Δz_i ——第 i 计算土层的厚度；

χ_{0a} ——桩顶允许水平位移。

2.2.4 计算系数

C ——考虑管桩纵向预应力钢筋墩头与端板连接处受力不均匀等因素影响而取的折减系数；

K ——安全系数；

m_p ——管桩截面面积与有管桩段水泥土复合管桩总截面面积之比；

n_0 ——管桩与水泥土的应力比；

p_g ——管桩纵向预应力筋配筋率；

ν_x ——桩顶水平位移系数；

α ——桩的水平变形系数；

α_E ——管桩预应力钢筋弹性模量与混凝土弹性模量之比；

α_l、α_L ——管桩底部桩身总轴力占桩顶荷载之比、水泥土复合管桩底部总端阻力占桩顶荷载之比；

β_1、β_2 ——有管桩段、无管桩段桩身压缩折减系数；

γ_0 ——结构重要性系数；

η ——桩身水泥土强度折减系数；

λ_1、λ_{2i} ——管桩抗拔系数、水泥土复合管桩抗拔系数；

ξ ——管桩—水泥土界面极限侧阻力标准值与对应位置水泥土立方体抗压强度平均值之比；

ξ_{e1}、ξ_{e2} ——有管桩段、无管桩段桩身压缩系数；

φ ——沉降计算经验系数；

ψ_c ——管桩施工工艺系数。

3 基 本 规 定

3.0.1 水泥土复合管桩可用于素填土、粉土、黏性土、松散砂土、稍密砂土、中密砂土等土层。遇有下列情况时，应通过现场和室内试验确定其适用性：

1 淤泥、淤泥质土、吹填土、含有大量植物根茎土；

2 地下水具有中—强腐蚀性、地下水流速较大的场地；

3 含有较多块石、漂石或其他障碍物；

4 含有不宜作为持力层的坚硬夹层；

5 密实砂层。

3.0.2 水泥土复合管桩基础设计与施工前应按国家现行有关标准进行岩土工程勘察，重点查明各土层的厚度和组成、土的含水率、密实度、颗粒组成及含量、胶结情况、塑性指数、有机质含量、地下水位、pH 值、腐蚀性等。

3.0.3 当无可靠的水泥土复合管桩基础工程经验时，设计前应针对桩长范围内主要土层进行室内水泥土配合比试验，选择合适的水泥品种、外掺剂及其掺量，并应符合下列规定：

1 宜选用普通硅酸盐水泥，强度等级可选用 42.5 级或以上，对于地下水有腐蚀性环境宜选用抗腐蚀性水泥；

2 水泥掺量不宜小于被加固土质量的 20%；

3 水泥浆的水灰比应按工程要求确定，可取 0.8~1.5；

4 外掺剂可根据工程需要和地质条件选用具有早强、缓凝及节省水泥等作用的材料。

3.0.4 设计前应选择有代表性场地进行成桩工艺性

试验，类似条件下试验数量不宜少于3组。

3.0.5 工程桩正式施工前应进行静载试验，确定单桩承载力。同一条件下，试桩数量不应少于3根，无当地工程经验时应进行桩身内力测试。当地质条件复杂、桩施工质量可靠性低时，宜增加试桩数量。

3.0.6 填芯混凝土应采用微膨胀混凝土，强度等级不宜低于C40。

3.0.7 对于采用水泥土复合管桩基础的建（构）筑物，在其主体结构施工及使用期间，应按现行行业标准《建筑变形测量规范》JGJ 8 的有关规定进行沉降观测直至沉降稳定。

4 设 计

4.1 一 般 规 定

4.1.1 水泥土复合管桩基础设计等级应根据建筑规模、功能特征、对差异变形的适应性、场地地基和建筑物体形的复杂性以及由于桩基问题可能造成建筑破坏或影响正常使用的程度，按现行行业标准《建筑桩基技术规范》JGJ 94 的有关规定确定。

4.1.2 水泥土复合管桩基础应根据具体条件分别进行下列承载能力计算：

1 应根据桩基的使用功能和受力特征分别进行桩基的竖向承载力计算和水平承载力计算；

2 应对桩身和承台结构承载力进行计算；

3 当桩端平面以下存在软弱下卧层时，应进行软弱下卧层承载力验算；

4 对于承受拔力的桩基，应进行基桩和群桩的抗拔承载力计算；

5 对于抗震设防区的桩基，应进行抗震承载力验算。

4.1.3 下列水泥土复合管桩基础应进行沉降计算：

1 设计等级为甲级的桩基；

2 设计等级为乙级的，且建筑物体形复杂、荷载分布显著不均匀或桩端平面以下存在软弱土层的桩基。

4.1.4 水泥土复合管桩基础设计时，所采用的作用效应与相应的抗力应符合下列规定：

1 确定桩数和布桩时，应采用传至承台底面的荷载效应标准组合；相应的抗力应采用单桩承载力特征值；

2 计算荷载作用下的桩基沉降和水平位移时，应采用荷载效应准永久组合；计算水平地震作用、风载作用下的桩基水平位移时，应采用水平地震作用、风载效应标准组合；

3 验算抗震设防区桩基的整体稳定性时，应采用地震作用效应和荷载效应的标准组合；

4 计算承台内力、确定承台高度、配筋和验算桩身强度时，上部结构传来的荷载效应组合和相应的基底反力，应按承载能力极限状态下荷载效应的基本组合，采用相应的分项系数；当进行承台裂缝控制验算时，应分别采用荷载效应标准组合和荷载效应准永久组合；

5 桩基结构安全等级、结构设计使用年限和结构重要性系数应按国家现行有关建筑结构标准的规定采用，但结构重要性系数 γ_0 不应小于1.0；

6 对桩基结构进行抗震验算时，其承载力调整系数应按现行国家标准《建筑抗震设计规范》GB 50011 的规定采用。

4.1.5 水泥土复合管桩基础设计应具备下列基本资料：

1 岩土工程勘察报告；

2 建筑场地与环境条件资料；

3 建筑物的总平面布置图；建筑物的结构类型、荷载，建筑物的使用条件和设备对基础竖向及水平位移的要求；建筑结构的安全等级；

4 施工条件资料；

5 供设计比较用的有关桩型及实施可行性的资料。

4.1.6 与桩身水泥土配比相同的室内水泥土试块（边长为70.7mm的立方体）在标准养护条件下28d龄期的立方体抗压强度平均值不宜低于4MPa。

4.2 桩的选型与布置

4.2.1 水泥土复合管桩的选型应符合下列规定：

1 水泥土桩直径与管桩直径之差，应根据环境类别、承载力要求、桩侧土性质等综合确定，且不应小于300mm；

2 水泥土桩直径与管桩直径之比可按表 4.2.1 的规定确定，水泥土强度高者取低值，反之取高值：

表 4.2.1 水泥土桩直径与管桩直径之比

d(mm)	300	400	500	600	800
D/d	2.7～3.0	2.0～2.5	1.7～2.2	1.5～2.0	1.4～1.8

3 管桩长度应根据计算确定，且不宜小于水泥土桩长度的2/3；

4 管桩可按现行行业标准《建筑桩基技术规范》JGJ 94 的有关规定采用 AB 型或 B 型、C 型预应力高强混凝土管桩，不宜采用 A 型桩，直径宜为300mm、400mm、500mm、600mm、800mm。

4.2.2 水泥土复合管桩的布置应符合下列规定：

1 对于排数不少于3排且桩数不少于9根的桩基，基桩的中心距不应小于 4.5d，且不应小于 2.5D；对于其他情况的桩基，基桩的中心距不应小于 4.0d，且不应小于 2.5D；

2 宜选择中、低压缩性土层作为桩端持力层，桩端全断面进入持力层的长度可按现行行业标准《建筑桩基技术规范》JGJ 94 的有关规定执行；当存在软弱下卧层时，桩端以下持力层厚度不宜小于 3D。

4.3 桩基计算

4.3.1 水泥土复合管桩基础中单桩桩顶作用力应按下列公式计算：

1 轴心竖向力作用下

$$Q_k = \frac{F_k + G_k}{n} \qquad (4.3.1-1)$$

2 偏心竖向力作用下

$$Q_{ik} = \frac{F_k + G_k}{n} \pm \frac{M_{xk} y_i}{\sum y_j^2} \pm \frac{M_{yk} x_i}{\sum x_j^2} \quad (4.3.1-2)$$

3 水平力作用下

$$H_{ik} = \frac{H_k}{n} \qquad (4.3.1-3)$$

式中：Q_k —— 荷载效应标准组合轴心竖向力作用下，基桩的平均竖向力（kN）；

F_k —— 荷载效应标准组合下，作用于承台顶面的竖向力（kN）；

G_k —— 桩基承台和承台上土自重标准值（kN），对稳定的地下水位以下部分应扣除水的浮力；

n —— 桩基中的桩数；

Q_{ik} —— 荷载效应标准组合偏心竖向力作用下，第 i 基桩的竖向力（kN）；

M_{xk}、M_{yk} —— 荷载效应标准组合下，作用于承台底面的，绕通过桩群形心的 x、y 主轴的力矩（kN·m）；

x_i、x_j、y_i、y_j —— 第 i、j 基桩至通过桩群形心的 y、x 主轴的距离（m）；

H_{ik} —— 荷载效应标准组合下，作用于第 i 基桩的水平力（kN）；

H_k —— 荷载效应标准组合下，作用于桩基承台底面的水平力（kN）。

4.3.2 水泥土复合管桩基础的抗震验算应按国家现行标准《建筑抗震设计规范》GB 50011、《建筑桩基技术规范》JGJ 94 的有关规定执行。

4.3.3 单桩竖向承载力计算应符合下列规定：

1 荷载效应标准组合：

轴心竖向力作用下

$$Q_k \leqslant R_a \qquad (4.3.3-1)$$

偏心竖向力作用下，除应满足式（4.3.3-1）外，尚应满足下式的要求：

$$Q_{kmax} \leqslant 1.2 R_a \qquad (4.3.3-2)$$

2 地震作用效应和荷载效应标准组合：

轴心竖向力作用下

$$Q_{Ek} \leqslant 1.25 R_a \qquad (4.3.3-3)$$

偏心竖向力作用下，除应满足式（4.3.3-3）外，尚应满足下式的要求：

$$Q_{Ekmax} \leqslant 1.5 R_a \qquad (4.3.3-4)$$

式中：R_a —— 单桩竖向承载力特征值（kN）；

Q_{kmax} —— 荷载效应标准组合偏心竖向力作用下，桩顶最大竖向力（kN）；

Q_{Ek} —— 地震作用效应和荷载效应标准组合下，基桩的平均竖向力（kN）；

Q_{Ekmax} —— 地震作用效应和荷载效应标准组合下，基桩的最大竖向力（kN）。

4.3.4 单桩竖向承载力特征值 R_a 应按下式确定：

$$R_a = \frac{1}{K} Q_{uk} \qquad (4.3.4)$$

式中：K —— 安全系数，取 $K = 2$；

Q_{uk} —— 单桩竖向极限承载力标准值（kN）。

4.3.5 单桩竖向抗压极限承载力标准值的确定应符合下列规定：

1 单桩竖向抗压极限承载力标准值应通过单桩竖向抗压静载试验确定，试验方法应按本规程第 6.4.4 条执行；

2 初步设计时单桩竖向抗压极限承载力标准值可按下列公式估算，并取其中的较小值：

$$Q_{uk} = U \sum q_{sik} L_i + q_{pk} A_L \qquad (4.3.5-1)$$

$$Q_{uk} = u_p q_{sk} l \qquad (4.3.5-2)$$

$$q_{sk} = \eta f_{cu} \xi \qquad (4.3.5-3)$$

式中：U —— 水泥土复合管桩周长（m）；

q_{sik} —— 第 i 层土的极限侧阻力标准值（kPa），无当地经验时，可取现行行业标准《建筑桩基技术规范》JGJ 94 规定的泥浆护壁钻孔桩极限侧阻力标准值的 1.5 倍～1.6 倍；

L_i —— 水泥土复合管桩长度范围内第 i 层土的厚度（m）；

q_{pk} —— 极限端阻力标准值（kPa），无当地经验时，可取现行行业标准《建筑桩基技术规范》JGJ 94 规定的泥浆护壁钻孔桩极限端阻力标准值；

A_L —— 水泥土复合管桩桩端面积（m²）；

u_p —— 管桩周长（m）；

q_{sk} —— 管桩—水泥土界面极限侧阻力标准值（kPa）；

l —— 管桩长度（m）；

η —— 桩身水泥土强度折减系数，可取 0.33；

f_{cu} —— 与桩身水泥土配比相同的室内水泥土试块（边长为 70.7mm 的立方体）在标准养护条件下 28d 龄期的立方体抗压强度平均值（kPa）；

ξ —— 管桩—水泥土界面极限侧阻力标准值与对应位置水泥土立方体抗压强度平均值之比，可取 0.16。

4.3.6 单桩竖向抗拔极限承载力标准值的确定应符合下列规定：

1 单桩竖向抗拔极限承载力标准值应通过单桩竖向抗拔静载试验确定，试验方法应按本规程第6.4.8条执行；

2 初步设计时单桩竖向抗拔极限承载力标准值可按下列公式估算，并取其中的较小值：

单桩或群桩呈非整体破坏时：

$$Q_{uk} = u_p \lambda_1 q_{sk} l \qquad (4.3.6\text{-}1)$$

$$Q_{uk} = U \sum \lambda_{2i} q_{sik} l_i \qquad (4.3.6\text{-}2)$$

群桩整体破坏时：

$$Q_{uk} = \frac{1}{n} U_l \sum \lambda_{2i} q_{sik} l_i \qquad (4.3.6\text{-}3)$$

式中：λ_1、λ_{2i}——管桩抗拔系数、水泥土复合管桩抗拔系数，可按表4.3.6取值；

l_i——管桩长度范围内第 i 层土的厚度（m）；

U_l——群桩外周边长度（m）。

表 4.3.6 管桩、水泥土复合管桩抗拔系数

土类	λ_1 值	λ_{2i} 值
砂土	0.90～0.95	0.50～0.70
黏性土、粉土	0.80～0.90	0.70～0.80

4.3.7 桩身竖向承载力应符合下列规定：

1 桩轴心受压时，荷载效应基本组合下的桩顶轴向压力设计值 Q_c 应同时满足下列公式要求：

有管桩段：

$$Q_c \leqslant \psi_c f_c \left(A_p + \frac{A_l}{n_0} \right) \qquad (4.3.7\text{-}1)$$

无管桩段：

$$Q_c - 1.35 \frac{Q_{sl}}{K} \leqslant \frac{\eta f_{cu} A_L}{1.6} \qquad (4.3.7\text{-}2)$$

$$Q_{sl} = U \sum q_{sik} l_i \qquad (4.3.7\text{-}3)$$

式中：Q_c——荷载效应基本组合下的桩顶轴向压力设计值（kN）；

ψ_c——管桩施工工艺系数，取0.85；

f_c——管桩混凝土轴心抗压强度设计值（kPa），应按现行国家标准《混凝土结构设计规范》GB 50010的有关规定取值；

A_p——管桩截面面积（m²）；

A_l——有管桩段水泥土净截面面积（m²）；

n_0——管桩与水泥土的应力比，宜由现场试验确定，当无实测资料时可按表4.3.7取值；

Q_{sl}——有管桩段水泥土复合管桩总极限侧阻力标准值（kN）。

表 4.3.7 管桩与水泥土的应力比

水泥土强度 f_{cu}（MPa）	应力比 n_0
4～6	30～50
6～8	20～30
8～10	15～20
10～15	10～15

注：水泥土强度高时应力比取低值，反之取高值。

2 桩轴心受拉时，荷载效应基本组合下的桩顶轴向拉力设计值 Q_{ct} 应同时满足下列公式要求：

$$Q_{ct} \leqslant C f_{py} A_{ps} \qquad (4.3.7\text{-}4)$$

$$Q_{ct} \leqslant f_n u_c l_{cn} \qquad (4.3.7\text{-}5)$$

$$Q_{ct} \leqslant f_y A_s \qquad (4.3.7\text{-}6)$$

式中：Q_{ct}——荷载效应基本组合下的桩顶轴向拉力设计值（kN）；

C——考虑管桩纵向预应力钢筋墩头与端板连接处受力不均匀等因素影响而取的折减系数，可取0.85；

f_{py}——管桩预应力钢筋抗拉强度设计值（kPa），应按现行国家标准《混凝土结构设计规范》GB 50010的有关规定取值；

A_{ps}——管桩全部纵向预应力钢筋的截面面积（m²）；

f_n——填芯混凝土与管桩内壁的粘结强度设计值（kPa），宜由现场试验确定；当无试验资料时，C40微膨胀混凝土的 f_n 可取360kPa；

u_c——管桩内腔圆周长度（m）；

l_{ca}——填芯混凝土深度（m）；

f_y——锚固钢筋的抗拉强度设计值（kPa），应按现行国家标准《混凝土结构设计规范》GB 50010的有关规定取值；

A_s——填芯混凝土内锚固钢筋总面积（m²）。

4.3.8 单桩水平承载力计算应符合下列规定：

荷载效应标准组合：

$$H_{ik} \leqslant R_{ha} \qquad (4.3.8\text{-}1)$$

地震作用效应和荷载效应标准组合：

$$H_{Eik} \leqslant 1.25 R_{ha} \qquad (4.3.8\text{-}2)$$

式中：H_{Eik}——地震作用效应和荷载效应标准组合下，作用于第 i 基桩的水平力（kN）；

R_{ha}——单桩水平承载力特征值（kN）。

4.3.9 单桩水平承载力特征值的确定应符合下列规定：

1 单桩水平承载力特征值应通过单桩水平静载试验确定，试验方法应按本规程第6.4.7条执行；

2 初步设计时单桩水平承载力特征值可按下列公式估算：

$$R_{\text{ha}} = 0.6 \frac{\alpha^3 EI}{\nu_x} \chi_{0a} \qquad (4.3.9\text{-}1)$$

$$\alpha = \sqrt[5]{\frac{mb_0}{EI}} \qquad (4.3.9\text{-}2)$$

$$EI = 0.85 E_p I_p \qquad (4.3.9\text{-}3)$$

$$I_p = \frac{\pi (d^2 - d_c^2)}{64} \left[(d^2 + d_c^2) + 2 (\alpha_E - 1) p_g d_0^2 \right] \qquad (4.3.9\text{-}4)$$

$$b_0 = 0.9 (1.5d + 0.5) \qquad (4.3.9\text{-}5)$$

式中：α —— 桩的水平变形系数（1/m）；

EI —— 桩身抗弯刚度（MN·m²）；

ν_x —— 桩顶水平位移系数，可按现行行业标准《建筑桩基技术规范》JGJ 94 的有关规定取值；

χ_{0a} —— 桩顶允许水平位移（mm）；

m —— 地基土水平抗力系数的比例系数（MN/m⁴），宜通过单桩水平静载试验确定，当无试验资料时，可按现行行业标准《建筑桩基技术规范》JGJ 94 规定的预制桩的地基土水平抗力系数的比例系数适当提高后采用；

b_0 —— 桩身计算宽度（m）；

E_p —— 管桩混凝土弹性模量（MPa），应按现行国家标准《混凝土结构设计规范》GB 50010 的有关规定取值；

I_p —— 管桩混凝土换算截面惯性矩（m⁴）；

d —— 管桩直径（m）；

d_c —— 管桩内径（m）；

α_E —— 管桩预应力钢筋弹性模量与混凝土弹性模量之比；

p_g —— 管桩纵向预应力筋配筋率；

d_0 —— 管桩扣除保护层后的直径（m）。

3 群桩水平承载力特征值可取各单桩水平承载力特征值的总和。

4.3.10 当水泥土复合管桩桩周土体因自重固结、地面大面积堆载等因素影响而产生的沉降大于桩的沉降时，应根据工程具体情况考虑负摩阻力对桩基承载力和沉降的影响；当无工程经验时，可按现行行业标准《建筑桩基技术规范》JGJ 94 的有关规定估算。

4.3.11 水泥土复合管桩基础的沉降变形计算值不应大于桩基沉降变形允许值。桩基沉降变形允许值应符合国家现行标准《建筑地基基础设计规范》GB 50007、《建筑桩基技术规范》JGJ 94 的有关规定。

4.3.12 桩基最终沉降量包括桩身压缩量与由单向压缩分层总和法计算的土层沉降，可按下列公式计算：

$$s = \varphi \sum_{i=1}^{n_1} \frac{\sigma_{zi}}{E_{si}} \Delta z_i + s_e \qquad (4.3.12\text{-}1)$$

$$s_e = \xi_{e1} \frac{Q_j l}{E_{pcs} (A_p + A_l)} + \xi_{e2} \frac{Q_j (L - l)}{E_{cs} A_L} \qquad (4.3.12\text{-}2)$$

$$\xi_{e1} = \beta_1 \frac{1 \pm \alpha_l}{2} \qquad (4.3.12\text{-}3)$$

$$\xi_{e2} = \beta_2 \frac{\alpha_l + \alpha_L}{2} \qquad (4.3.12\text{-}4)$$

$$E_{pcs} = m_p E_p + (1 - m_p) E_{cs} \qquad (4.3.12\text{-}5)$$

式中：s —— 桩基最终沉降量（mm）；

φ —— 沉降计算经验系数，可按当地经验取值；

n_1 —— 沉降计算深度范围内土层的计算分层数，应结合土层性质确定；

σ_{zi} —— 桩端平面下第 i 计算土层 1/2 厚度处竖向附加应力（kPa），可按现行国家标准《建筑地基基础设计规范》GB 50007 中的明德林应力公式方法计算；

E_{si} —— 第 i 计算土层的压缩模量（MPa），应采用土的自重应力至土的自重应力加附加应力作用段的压缩模量；

Δz_i —— 第 i 计算土层的厚度（m），不应超过计算深度的 0.3 倍；

s_e —— 桩身压缩量（mm）；

ξ_{e1}、ξ_{e2} —— 有管桩段、无管桩段桩身压缩系数；

Q_j —— 第 j 基桩在荷载效应准永久组合作用下，桩顶的附加荷载（kN）；当地下室埋深超过 5m 时，取荷载效应准永久组合作用下的总荷载为考虑回弹再压缩的等代附加荷载；

E_{pcs}、E_{cs} —— 有管桩段水泥土复合管桩桩身材料复合模量、水泥土弹性模量（MPa）；

L —— 水泥土管桩长度（m）；

β_1、β_2 —— 有管桩段、无管桩段桩身压缩折减系数，无试验资料时可取 1.0；

α_l、α_L —— 管桩底部桩身总轴力占桩顶荷载之比、水泥土复合管桩底部总端阻力占桩顶荷载之比，宜根据试验确定，当无试验资料时可根据本规程第 4.3.5 条规定的桩侧、端阻力值进行计算；

m_p —— 管桩截面面积与有管桩段水泥土复合管桩总截面面积之比。

4.3.13 桩基沉降计算深度 Z_n 可按应力比法确定，即计算深度处的附加应力 σ_z 与土的自重应力 σ_c 应符合下式要求：

$$\sigma_z \leqslant 0.1 \sigma_c \qquad (4.3.13)$$

式中：σ_z —— 土中竖向附加应力（kPa）；

σ_c —— 土的自重应力（kPa）。

4.3.14 水泥土复合管桩基础承台设计除应符合国家现行标准《建筑地基基础设计规范》GB 50007、《建筑桩基技术规范》JGJ 94 的有关规定外，尚宜符合下列规定：

1 承台计算时，桩基竖向反力宜按全部由管桩承担计算；

2 承台受冲切计算时，桩径宜按管桩直径计算；

3 宜进行上部结构—承台—桩—土共同工作分析。

4.4 构 造 要 求

4.4.1 水泥土复合管桩中管桩接头数量不宜超过1个。管桩的连接应符合现行行业标准《建筑桩基技术规范》JGJ 94 的有关规定；对于承受拔力的桩，接头连接强度不得小于管桩桩身强度。

4.4.2 水泥土复合管桩桩中心至承台边缘的距离应符合下列规定：

1 边桩中心至承台边缘的距离不宜小于管桩的直径，且水泥土复合管桩的外边缘至承台边缘的距离不应小于150mm；

2 对于墙下条形承台梁，桩中心至承台梁边缘的距离不宜小于管桩的直径，且水泥土复合管桩的外边缘至承台梁边缘的距离不应小于75mm。

4.4.3 水泥土复合管桩与承台宜采用填芯混凝土中埋设锚固钢筋的连接方式，并应符合下列规定：

1 管桩嵌入承台内的长度，当管桩直径小于800mm时不宜小于50mm，当管桩直径大于等于800mm时不宜小于100mm；

2 对于承压桩，填芯混凝土深度应大于6倍管桩直径，且不得小于3.0m；对于承受拔力的桩，填芯混凝土深度应按本规程公式（4.3.7-5）计算确定，且不得小于3.0m；对承受水平力较大的桩，宜通长填芯；

3 对于承压桩，锚固钢筋数量和规格可按表4.4.3选取；对于承受拔力的桩，锚固钢筋面积应按本规程公式（4.3.7-6）计算确定且应满足表4.4.3规定；箍筋可按表4.4.3选取；

表4.4.3 锚固钢筋、箍筋数量和规格（mm）

管桩直径	300	400	500	600	800	1000
锚固钢筋	4Φ16	4Φ20	6Φ18	6Φ20	6Φ20	8Φ20
箍筋	φ6@200	φ6@200	φ8@200	φ8@200	φ8@150	φ8@150

4 填芯混凝土中应通长配置锚固钢筋；

5 锚固钢筋锚入承台内的长度：承压桩不应小于35倍钢筋直径；承受拔力的桩应按现行国家标准《混凝土结构设计规范》GB 50010 的有关规定确定。

4.4.4 承台之间的连接除应符合国家现行标准《建筑地基基础设计规范》GB 50007、《建筑桩基技术规范》JGJ 94 的有关规定外，尚应符合下列规定：

1 同一承台的桩数不多于2根时，应加强承台间的拉结；

2 有抗震要求的柱下桩基承台，宜在两个主轴方向设置连系梁。

5 施 工

5.1 施 工 准 备

5.1.1 水泥土复合管桩施工应具备下列资料：

1 岩土工程勘察报告；

2 桩基工程施工图及图纸会审纪要；

3 建筑场地和相邻区域内的建筑物、地下管线、地下构筑物和架空线路等的调查资料；

4 主要施工机械及其配套设备的技术性能资料；

5 桩基工程的施工组织设计；

6 水泥等原材料质检报告；

7 管桩的出厂合格证及相关技术参数说明；

8 有关施工工艺参数的试验参考资料。

5.1.2 施工前应清除地下和空中障碍物并完成三通一平。平整后的场地标高应高出水泥土复合管桩设计桩顶标高不小于0.5m。

5.1.3 基桩轴线的控制点和水准点应设在不受施工影响的地方，并妥善保护，施工中应定期复测。

5.1.4 施工前应对水泥土复合管桩施工机械及其配套设备进行试运行，并对流量、压力、钻杆提升速度与钻杆旋转速度等施工参数进行标定。

5.1.5 成桩工艺性试验应符合下列规定：

1 应根据场地地层分布情况及设计资料确定成桩工艺性试验位置与数量；

2 水泥土复合管桩中的水泥土桩工艺性试验可采用喷水或喷水泥浆的方法；

3 成桩工艺性试验时应按本规程附录A的要求做好记录；

4 选择施工机械，初步确定成桩施工工艺参数。

5.2 施 工 机 械

5.2.1 水泥土复合管桩施工机械包括整体式与组合式。有条件时应选用整体式施工机械。

5.2.2 水泥土复合管桩中的水泥土桩施工机具应具有高压喷射与机械搅拌功能，并宜根据地层条件选用合适的钻具。

5.2.3 水泥土复合管桩中的水泥土桩施工主要配套设备应符合下列规定：

1 注浆泵、高压水泵的压力、流量应满足施工要求，其额定压力不应小于设计规定压力的1.2倍；

2 空气压缩机的供气量和额定压力不应小于设计规定值；

3 水泥浆搅拌机的性能应与需浆量相适应，并保证浆液搅拌均匀；

4 储浆桶的容积应能满足连续供给高压喷射浆液的需要。

5.2.4 应根据设计文件、岩土工程勘察报告、施工场地周边环境情况选用适宜的水泥土复合管桩中的管桩施工机械。

5.3 施工作业

5.3.1 施工单位应按桩基施工图进行桩位放样并填写放线记录，桩位放样允许偏差应为10mm，经监理单位或建设单位复核签证后方可开工。

5.3.2 桩位点应设有不易破坏的明显标记，并宜在施工时进行桩位复核。

5.3.3 水泥土复合管桩施工应按下列步骤进行：

1　采用高喷搅拌法施工水泥土桩；

2　分别封闭首节管桩底端及末节管桩顶端；

3　在水泥土初凝前，将管桩同心植入水泥土桩中至设计标高。

5.3.4 水泥土复合管桩施工工艺应按下列流程进行：

1　水泥土桩施工机具就位、桩机调平；

2　制备水泥浆；

3　高喷搅拌钻进下沉；

4　高喷搅拌提升；

5　复搅复喷；

6　关闭高喷搅拌设备；

7　采用整体式施工机械时，旋转桩架、管桩定位；采用组合式施工机械时，移走水泥土桩施工机具，管桩施工机具就位、管桩定位调直；

8　水泥土初凝前沉桩、接桩、送桩至设计标高；

9　移位，进行下一根桩施工。

5.3.5 水泥土复合管桩中的水泥土桩施工除应符合现行行业标准《建筑地基处理技术规范》JGJ 79的有关规定外，尚应符合下列规定：

1　水泥土桩施工参数应根据成桩工艺性试验确定，并在施工中进行控制；

2　水泥浆应过筛后使用，其搅拌时间不应少于2min，自制备至用完的时间不应超过2h；

3　施工中钻杆垂直度允许偏差应为1%；

4　对需要提高强度或增加喷搅次数的部位应采取复搅复喷措施；

5　停浆面高出桩顶设计标高不应小于500mm，桩径、有效桩长不应小于设计值。

5.3.6 水泥土复合管桩中的管桩施工除应符合现行行业标准《建筑桩基技术规范》JGJ 94的有关规定外，尚应符合下列规定：

1　管桩施工前应清除水泥土桩施工后的桩顶返浆；

2　管桩垂直度允许偏差应为0.5%；

3　管桩定位允许偏差应为10mm；

4　管桩植入水泥土桩中时应采取监控预防措施；

5　多节管桩接桩时应保证接桩质量和上下节段的桩身垂直度；

6　管桩桩顶标高允许偏差应为±50mm。

5.3.7 水泥土复合管桩施工过程中应按本规程附录A的要求做好记录。

5.3.8 基坑开挖与承台施工除应符合现行行业标准《建筑桩基技术规范》JGJ 94的有关规定外，尚应符合下列规定：

1　基坑开挖宜分层均匀进行，且桩周围土体高差不宜大于1.0m。机械开挖时，应确保桩体不受损坏；应采用人工截桩头，不得造成桩顶标高以下桩身断裂。

2　浇筑填芯混凝土前，应将管桩内壁浮浆清理干净。

3　管桩及锚固钢筋埋入承台的长度应符合设计要求；承台混凝土应一次浇筑完成。

5.4 施工安全和环境保护

5.4.1 水泥土复合管桩施工安全应符合下列规定：

1　应定期检查机械及防护设施，确保安全运行；

2　施工前应对注浆泵、高压水泵、空气压缩机、水龙头等设备和供水、供气、供浆管路系统进行安全检查；

3　遇暴风雨、雷电时，应暂停施工并切断电源；

4　施工完成后应在桩位处设置防护措施。

5.4.2 环境保护应符合下列规定：

1　应采用加防护罩等措施对施工机械进行降噪处理；

2　水泥运输、水泥浆搅拌应采取覆盖、封闭等防尘措施；

3　废弃水泥浆应处理后排放，不得污染环境；

4　应及时清理返浆并集中堆放。

6 质量检验与工程验收

6.1 一般规定

6.1.1 水泥土复合管桩质量检验按时间顺序可分为三个阶段：施工前检验、施工中检验和施工后检验。

6.1.2 水泥土复合管桩质量检验主控项目应包括水泥及外掺剂质量、水泥用量、桩数、桩位偏差、桩身完整性和单桩承载力。

6.2 施工前检验

6.2.1 施工前应对水泥、外掺剂、管桩、接桩用材料等产品质量进行检验。

6.2.2 施工前应对施工机械设备及性能进行检验。

6.2.3 施工前应对桩位放样偏差进行检验。

6.2.4 施工前质量检验应符合本规程附录B的规定。

6.3 施工中检验

6.3.1 成桩工艺性试验应对水泥土固结体的形态大

小、垂直度、胶结情况、桩身均匀程度及水泥土强度进行检验。

6.3.2 水泥土复合管桩中的水泥土桩施工时应检查桩位放样偏差、水泥用量、浆液压力、水压、气压、水灰比、钻杆提升速度、钻杆旋转速度、桩底标高、垂直度。

6.3.3 水泥土复合管桩中的水泥土桩宜采用软取芯法检验水泥土强度，检验数量不宜小于总桩数的 1％，且不宜少于 3 根桩。

6.3.4 水泥土复合管桩中的管桩施工时应检查管桩的植入情况、桩长、垂直度、接桩质量、接桩上下节平面偏差、接桩节点弯曲矢高、接桩停歇时间、桩顶标高。

6.3.5 水泥土复合管桩施工质量检验应符合本规程附录 C 的规定。

6.3.6 在施工过程中施工单位应按本规程第 6.3.5 条规定对每根桩进行质量检验，对不符合预定质量参数的桩经监理单位确认后报设计单位进行处理。

6.4 施 工 后 检 验

6.4.1 基坑开挖至设计标高后应检查水泥土复合管桩的桩数、桩位偏差、桩径、桩顶标高，当不符合设计要求时应采取补救措施。

6.4.2 施工完成后的工程桩应进行桩身完整性检验和竖向承载力检验。

6.4.3 竖向承载力的检验应采用单桩竖向抗压静载试验，检测桩数不应少于同条件下总桩数的 1％，且不应少于 3 根；当总桩数少于 50 根时，不应少于 2 根。

6.4.4 单桩竖向抗压静载试验除应符合现行行业标准《建筑基桩检测技术规范》JGJ 106 的有关规定外，尚应符合下列规定：

　　1 检测时宜在桩顶铺设粗砂或中砂找平层，厚度宜取 20mm～30mm；

　　2 找平层上的刚性承压板直径应与水泥土复合管桩的设计直径相一致；

　　3 对直径不小于 800mm 的水泥土复合管桩，Q-s 曲线呈缓变型时，单桩竖向极限承载力可取 s/D 等于 0.05 对应的荷载值。

6.4.5 桩身完整性检验应采用低应变法，检测桩数不应少于总桩数的 20％，且不得少于 10 根，且每根柱下承台的检测桩数不应少于 1 根。

6.4.6 水泥土质量检验可按现行行业标准《建筑地基处理技术规范》JGJ 79 的有关规定采用浅部开挖或轻型动力触探。水泥土强度可采用钻芯法检测。

6.4.7 对于承受水平力较大的水泥土复合管桩，除应按现行行业标准《建筑基桩检测技术规范》JGJ 106 的有关规定进行单桩水平静载试验外，尚应符合下列规定：

　　1 检测桩数不应少于同条件下总桩数的 1％，且不应少于 3 根；

　　2 水平推力应施加在管桩上；

　　3 单桩水平承载力特征值应按水平临界荷载的 0.6 倍取值，且不应大于单桩水平极限承载力的 50％。

6.4.8 对于承受拔力的水泥土复合管桩，应按现行行业标准《建筑基桩检测技术规范》JGJ 106 的有关规定进行单桩竖向抗拔静载试验。检测桩数不应少于同条件下总桩数的 1％，且不应少于 3 根。

6.4.9 水泥土复合管桩施工后质量检验应符合本规程附录 D 的规定。

6.5 工 程 验 收

6.5.1 基坑开挖至设计标高后，建设单位应会同施工、监理、设计等单位进行水泥土复合管桩验收。

6.5.2 水泥土复合管桩验收应在施工单位自检合格的基础上进行，并应具备下列资料：

　　1 岩土工程勘察报告、桩基施工图、图纸会审纪要、设计变更；

　　2 经审批的施工组织设计、施工方案、技术交底及执行中的变更单；

　　3 桩位测量放线图，包括工程桩位线复核签证单；

　　4 管桩的出厂合格证、相关技术参数说明、进场验收记录；

　　5 水泥等其他材料的质量合格证、见证取样文件及复验报告；

　　6 施工记录及隐蔽工程验收文件；

　　7 工程质量事故及事故调查处理资料；

　　8 单桩承载力及桩身完整性检测报告；

　　9 基坑挖至设计标高时基桩竣工平面图及桩顶标高图；

　　10 其他必须提供的文件或记录。

6.5.3 承台工程验收除应符合现行国家标准《混凝土结构工程施工质量验收规范》GB 50204 的有关规定外，尚应具备下列资料：

　　1 承台钢筋、混凝土的施工与检查记录；

　　2 桩头与承台的锚筋、边桩离承台边缘距离、承台钢筋保护层记录；

　　3 桩头与承台防水构造及施工质量；

　　4 承台厚度、长度和宽度的量测记录及外观情况描述；

　　5 其他必须提供的文件或记录。

附录 A　施工记录表

表 A　施工记录表

工程名称：　　　设计桩径：水泥土桩　mm / 管桩　mm　　设计桩长：水泥土桩　m / 管桩　m　　设计桩顶/桩底标高：水泥土桩　m / 管桩　m

水泥品种：　　　水灰比：　　　　　搅拌翅外径：　　mm　　喷（浆、气、水）嘴直径：　　mm

序号	施工日期	桩号	孔口标高(m)	施工工序	水泥土桩									预应力高强混凝土管桩								备注
					时间		下沉/提升起始标高(m)	浆液压力(MPa)	气压(MPa)	水压(MPa)	钻杆旋转速度(r/min)	钻杆下沉/提升速度(cm/min)	垂直度偏差(%)	水泥用量(kg)	时间		桩长(m)	桩顶标高(m)	送桩深度(m)	接桩时间	终压力/最终激振力(kN)	垂直度偏差(%)	
					开始	结束									开始	结束							
				下沉																			
				提升																			
				下沉																			
				提升																			
				下沉																			
				提升																			
				下沉																			
				提升																			
				下沉																			
				提升																			
				下沉																			
				提升																			

施工单位项目技术负责人：　　质检员：　　监理工程师（建设单位项目技术负责人）：

附录 B　施工前质量检验标准

表 B　施工前质量检验标准

项	序	检查项目	允许偏差或允许值	检查方法
主控项目	1	水泥及外掺剂质量	符合出厂及设计要求	查产品合格证和抽样送检
一般项目	1	施工机械设备及性能	符合出厂及设计要求	查设备标定记录
	2	桩位放样（mm）	10	查放线记录
	3	管桩外观质量	无蜂窝、漏筋、裂缝，色感均匀，桩顶处无空隙	直观
	4	管桩桩径（mm）	±5	用钢尺量
	5	管壁厚度（mm）	≤5	用钢尺量
	6	管桩桩长	按设计要求	用钢尺量
	7	桩尖中心线（mm）	2	用钢尺量
	8	端部倾斜（mm）	0.5%D	用水平尺量
	9	桩体弯曲（mm）	1/1000 l	用钢尺量
	10	管桩内壁浮浆	不得有浮浆	直观
	11	接桩用材料	符合出厂及设计要求	查产品合格证或抽样送检

注：1　D 为水泥土复合管桩直径；

　　2　l 为管桩长度。

附录 C 施工中质量检验标准

表 C 施工中质量检验标准

项	序	检查项目	允许偏差或允许值	检查方法
主控项目	1	水泥用量	按设计要求	查施工记录
一般项目	1	浆液压力	按施工组织设计要求	查施工记录
	2	水压	按施工组织设计要求	查施工记录
	3	气压	按施工组织设计要求	查施工记录
	4	水灰比	按施工组织设计要求	查施工记录
	5	钻杆提升速度	按施工组织设计要求	查施工记录
	6	钻杆旋转速度	按施工组织设计要求	查施工记录
	7	水泥土桩垂直度（％）	1	经纬仪
	8	水泥土桩的桩底标高	按设计要求	测量钻头深度
	9	管桩垂直度（％）	0.5	经纬仪
	10	管桩的桩顶标高(mm)	±50	水准仪
	11	接桩质量	按设计或规范要求	满足设计或规范要求
	12	接桩停歇时间（min）	＞5	秒表测定
	13	接桩上下节平面偏差（mm）	10	用钢尺量
	14	接桩节点弯曲矢高（mm）	$1/1000\ l$	用钢尺量

注：l 为管桩长度。

附录 D 施工后质量检验标准

表 D 施工后质量检验标准

项	序	检查项目	允许偏差或允许值	检查方法
主控项目	1	承载力	按设计要求	按本规程
	2	桩位偏差（mm）	$100+0.005H$	用全站仪及钢尺量
	3	桩身完整性	按设计要求	按本规程
	4	桩数	按设计要求	现场清点
一般项目	1	水泥土复合管桩桩径	按设计要求	用钢尺量
	2	桩顶标高（mm）	±50	水准仪

注：H 为施工现场地面标高与桩顶设计标高的距离。

本规程用词说明

1 为便于在执行本规程条文时区别对待，对要求严格程度不同的用词说明如下：

1）表示很严格，非这样做不可的：

正面词采用"必须"；反面词采用"严禁"；

2）表示严格，在正常情况下均应这样做的：

正面词采用"应"；反面词采用"不应"或"不得"；

3）表示允许稍有选择，在条件允许时首先应这样做的：

正面词采用"宜"；反面词采用"不宜"；

4）表示有选择，在一定条件下可以这样做的，采用"可"。

2 条文中指明应按其他有关标准执行的写法为："应符合……的规定"或"应按……执行"。

引用标准名录

1 《建筑地基基础设计规范》GB 50007

2 《混凝土结构设计规范》GB 50010

3 《建筑抗震设计规范》GB 50011

4 《混凝土结构工程施工质量验收规范》GB 50204

5 《建筑变形测量规范》JGJ 8

6 《建筑地基处理技术规范》JGJ 79

7 《建筑桩基技术规范》JGJ 94

8 《建筑基桩检测技术规范》JGJ 106

中华人民共和国行业标准

水泥土复合管桩基础技术规程

JGJ/T 330—2014

条 文 说 明

制 订 说 明

《水泥土复合管桩基础技术规程》JGJ/T 330 - 2014，经住房和城乡建设部 2014 年 4 月 16 日以第 383 号公告批准、发布。

本规程编制过程中，编制组进行了广泛和深入的调查研究，总结了已有的工程经验，同时参考了国外先进技术标准，通过试验，取得了大量重要技术参数。

为便于广大设计、施工、科研、学校等单位有关人员在使用本规程时能正确理解和执行条文规定，《水泥土复合管桩基础技术规程》编制组按章、节、条顺序编制了本规程的条文说明，对条文规定的目的、依据以及执行中需要注意的有关事项进行了说明。但是，本条文说明不具备与规程正文同等的法律效力，仅供使用者作为理解和把握规程规定的参考。

目　次

1 总　　则

1.0.2 水泥土复合管桩基础主要用于工业与民用建筑、构筑物等工程中承受竖向抗压荷载的低承台桩基础。市政、公路与桥梁、铁路、港口、水利等工程采用低承台桩基时可参考使用，但尚应符合有关行业标准的规定。

水泥土复合管桩中的水泥土部分采用高喷搅拌法形成。

2 术语和符号

2.1 术　　语

2.1.1 水泥土复合管桩（又称管桩水泥土复合基桩）是基于水泥土桩和预应力高强混凝土管桩两种桩型的特点提出的一种新桩型，由作为芯桩使用的预应力高强混凝土管桩、包裹在芯桩周围的水泥土桩和填芯混凝土优化匹配复合而成（图1）。这里的"优化匹配"体现在本规程第4.1.6条、第4.2.1条等有关水泥土强度、水泥土复合管桩选型的规定中。

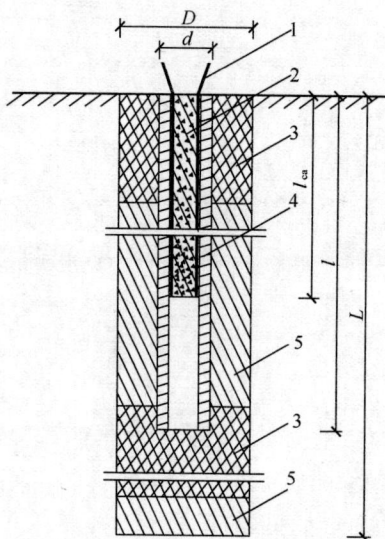

图 1　水泥土复合管桩
1—锚固钢筋；2—填芯混凝土；3—复喷段；
4—预应力高强混凝土管桩；5—水泥土桩

水泥土复合管桩可充分发挥水泥土桩桩侧摩阻力和预应力高强混凝土管桩桩身材料强度，具有大直径、长桩、高承载力、性价比高的特点。

目前水泥土复合管桩最大直径可达2m，桩长可达40m。其中水泥土桩由高喷搅拌法施工，水泥土初凝前同心植入预应力高强混凝土管桩。

2.1.3 高喷搅拌法综合了高压喷射与搅拌法两种工艺的优点。由高压水或高压浆液形成高速喷射流束，

冲击、切割、破碎地层土体，同时采用搅拌翅等强制搅拌水泥浆液与地基土，可有效控制桩身均匀性、成桩直径，返浆量小，提高了施工效率。

2.1.5 填芯混凝土不仅具有构造作用，而且具有提高承载力、抗震等作用，填芯混凝土深度应符合本规程第4.4.3条规定。

2.2 符　　号

2.2.3 本条规定了水泥土复合管桩的几何参数符号，重点对桩径、桩长、桩身截面积等参数符号解释如下：

水泥土复合管桩计算时，不考虑管桩植入时对水泥土桩直径的挤扩作用，水泥土复合管桩直径与水泥土桩直径相等，为等直径桩。

D 表示水泥土复合管桩直径，等于水泥土桩直径。

L 表示水泥土复合管桩总长度，等于水泥土桩长度。

A_l 表示有管桩段环形水泥土部分净截面面积；A_L 表示基桩底端的面积，等于无管桩段水泥土桩截面面积。

3 基 本 规 定

3.0.1 水泥土复合管桩由水泥土桩与同心植入的管桩构成，施工工艺包括水泥土桩施工与管桩植入两个步骤，其材料性能、施工方法决定了该桩型可用于素填土、粉土、黏性土、松散砂土、稍密砂土、中密砂土等土层，尤其适用于软弱土层，对于第1～5款所列情况应通过现场和室内试验确定其适用性。

3.0.2 岩土工程勘察报告应符合国家现行标准《岩土工程勘察规范》GB 50021、《建筑抗震设计规范》GB 50011、《高层建筑岩土工程勘察规程》JGJ 72、《建筑桩基技术规范》JGJ 94、《建筑地基处理技术规范》JGJ 79的有关规定，包括：提供按承载能力极限状态和正常使用极限状态进行设计所需的岩土物理力学参数及原位测试参数；建筑场地不良地质作用及防治方案；地下水位埋藏情况、类型和水位变化幅度及抗浮设计水位，土、水腐蚀性评价；抗震设防区按抗震设防烈度提供的液化土层资料；有关特殊性地基土评价。

3.0.3 当无可靠经验时，设计前应按现行行业标准《水泥土配合比设计规程》JGJ/T 233 的有关规定进行室内水泥土配合比试验；也可以结合本规程第3.0.4、3.0.5条中的成桩工艺性试验与静载试验，进行钻芯法检测。

当桩长范围内为成层土时，应选择主要土层进行室内水泥土配合比试验，并以其中的较弱土层对应的标准养护条件下28d龄期的立方体抗压强度平均值作

为本规程第4.3.5、4.3.6、4.3.7条单桩承载力计算依据。

水泥品种与强度等级对水泥土成桩质量至关重要，应根据工程要求确定。宜优先选用42.5级及以上的普通硅酸盐系列水泥。在某些地区的地下水中含有大量硫酸盐，因硫酸盐与水泥发生反应时，对水泥土具有结晶性侵蚀，会出现开裂、崩解而丧失强度。为此应选用抗硫酸盐水泥，使水泥土中产生的结晶膨胀物质控制在一定的数量范围内，借以提高水泥土的抗侵蚀性能。

水泥掺量可取被加固土质量的20%～35%，当土质较差或设计要求水泥土强度较高时，水泥掺量可取高值。

水泥浆水灰比应根据地层条件及设备条件通过现场试验确定，可取0.8～1.5，生产实践中常用1.0。对于地下水位以上地层或设备喷射有困难等情况，水灰比可取高值。

3.0.4 成桩工艺性试验的目的是：验证地层条件适应性；确定实际成桩步骤、浆液压力、水压、气压、水灰比、钻杆提升速度、钻杆旋转速度等工艺参数；了解钻进阻力及植桩情况并采取相应措施。

成桩工艺性试验时可以采用超声波、井径仪或钻芯等方法检查成桩直径及桩身均匀程度。

成桩工艺性试验应选择有代表性场地进行，试验桩的直径、长度等参数应符合设计要求。

在条件许可时，可以将成桩工艺性试验与第3.0.5条规定的静载试验合二为一。

3.0.5 按国家现行标准《建筑地基基础设计规范》GB 50007、《建筑基桩检测技术规范》JGJ 106的有关规定，水泥土复合管桩作为一种新桩型，应在工程桩正式施工前进行基桩竖向或水平静载试验，并加载至破坏，确定单桩竖向极限承载力或水平极限承载力，为设计人员提供足够的设计依据。

3.0.6 为了提高填芯混凝土与管桩桩身混凝土的整体性，应清除管桩内壁浮浆后采用微膨胀混凝土填芯。

3.0.7 为了积累资料，本条规定对所有应用水泥土复合管桩基础的建（构）筑物均应进行沉降观测，沉降观测应符合现行行业标准《建筑变形测量规范》JGJ 8的有关规定。

4 设 计

4.1 一般规定

4.1.2、4.1.3 为确保桩基设计的安全，在进行桩基设计时应按本条文规定的原则进行承载能力与沉降计算。

软弱下卧层承载力验算应按现行行业标准《建筑桩基技术规范》JGJ 94有关规定执行。

对位于坡地、岸边的建筑物，应慎用水泥土复合管桩基础；当采用水泥土复合管桩基础时，应按现行行业标准《建筑桩基技术规范》JGJ 94有关规定进行整体稳定性验算，并采取减小水泥土复合管桩与管桩直径比、植入等长管桩、通长填芯等措施。

4.1.4 本条规定了桩基设计时所采用的作用效应组合和抗力，已与国家现行标准《建筑地基基础设计规范》GB 50007、《建筑桩基技术规范》JGJ 94等协调。

4.1.5 岩土工程勘察报告应符合本规程第3.0.2条规定。

建筑场地与环境条件资料包括：交通设施、地上及地下管线、地下构筑物的分布；相邻建筑物安全等级、基础形式及埋置深度；附近类似地层条件场地的桩基工程试桩资料和单桩承载力设计参数；周围建筑物的防振、防噪声的要求；返浆排放条件；建筑物所在地区的抗震设防烈度和建筑场地类别。

施工条件资料包括：施工机械设备条件，动力条件，施工工艺对地层条件的适应性；水、电及有关建筑材料的供应条件；施工机械进出场及现场运行条件。

4.1.6 考虑到桩身水泥土强度折减系数、管桩—水泥土界面粘结性能、管桩与水泥土荷载分担比等因素，水泥土强度存在下限值，本条规定与桩身水泥土配比相同的室内水泥土试块（边长为70.7mm的立方体）在标准养护条件下28d龄期的立方体抗压强度平均值不宜低于4MPa。

试验表明，对于本规程第3.0.1条规定的素填土、粉土、黏性土、松散砂土、稍密砂土、中密砂土，采用42.5级普通硅酸盐水泥、掺入比20%～35%，按《水泥土配合比设计规程》JGJ/T 233方法配制的水泥土试样立方体抗压强度平均值可达到4MPa以上。

4.2 桩的选型与布置

4.2.1 本条规定了水泥土复合管桩的选型原则。

1 水泥土桩直径与管桩直径之比

水泥土复合管桩是在强度较低的大直径水泥土桩中植入合适的预应力高强混凝土管桩，提高桩身材料复合强度，以达到与桩侧土阻力的匹配（图2）。

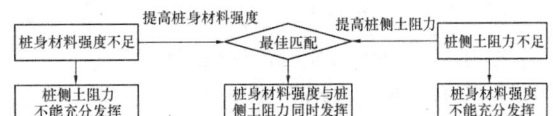

图2 匹配关系

当水泥土桩直径与管桩直径之比增大至某值后，桩身材料复合强度对应承载力小于桩侧土阻力对应承载力，桩身材料强度与桩侧土阻力不匹配，即水泥土桩直径与管桩直径之比存在上限值。

水泥土复合管桩在竖向荷载作用下的工作机理为：管桩承担的大部分荷载通过管桩—水泥土界面传递至水泥土桩，然后再通过水泥土—土界面传递至桩侧土，管桩、水泥土桩、桩侧土构成了由刚性向柔性过渡的结构。作为管桩与桩侧土之间的过渡层—"水泥土"不宜太薄，否则无法保证水泥土复合管桩有效工作。包裹在管桩周围的水泥土还起到了保护层作用，改善了管桩的耐久性。综合考虑水泥土复合管桩承载力机理、桩基所处环境类别、施工偏差、垂直度偏差等因素，"水泥土"不宜太薄，水泥土桩直径与管桩直径之差不应小于300mm。

水泥土复合管桩与承台采用本规程第4.4.3条规定的方式连接时，管桩承担70%以上的荷载，结合管桩与水泥土的应力比测试结果，可以计算出常用管桩直径、水泥土强度工况下的水泥土桩直径与管桩直径之比的取值范围，如表4.2.1所示，当水泥土强度高或桩侧土质较好时取小值。条文中仅列出了管桩直径为300mm、400mm、500mm、600mm、800mm时水泥土桩直径与管桩直径之比的取值范围，对于其他直径的管桩可参考取用。

2 管桩长度与水泥土桩长度之比

管桩底端以下的水泥土桩为柔性—半刚性桩，存在临界桩长，其长度随着水泥土桩直径与水泥土强度的增加而增大。管桩相当于水泥土桩中的配筋，其长度不宜小于总桩长的2/3。对变形控制要求较高的工程、桩底端土质较差或承受拔力、抗震作用时，管桩可与水泥土桩等长。

试验与计算结果表明无管桩段桩身压缩量占桩身总压缩比例随着管桩长度与水泥土桩长度之比的增大基本呈线性减小，为了减小沉降、提高承载力，管桩长度与水泥土桩长度比应取高值。

3 管桩选择

按现行行业标准《建筑桩基技术规范》JGJ 94的有关规定，A型管桩桩身混凝土有效预压应力值较小，相应的桩身抗弯、抗剪、抗拉性能均劣于AB型、B型、C型管桩。为了确保水泥土复合管桩基础的安全，不宜选用A型管桩。

4.2.2 水泥土复合管桩与承台采用本规程第4.4.3条规定的方式连接时，管桩承担70%以上的荷载，因此确定基桩的中心距时，应主要考虑管桩直径 d，并兼顾水泥土复合管桩直径 D。

在确定基桩的中心距时，需考虑如下因素：

1 管桩封底，属于挤土桩；
2 植入管桩时水泥土呈流塑状态；
3 水泥土复合管桩属于摩擦桩；
4 防止相邻桩的水泥土施工时相互影响；
5 桩侧土位移影响范围。

单桩竖向抗压与水平静载试验表明，桩侧土沉降

与水平位移均随着至桩心距离的增大迅速减小（图3），距离桩心2.5D处桩侧土沉降约为桩顶沉降的10%、水平位移为0。这说明至桩中心2.5D范围内桩、土影响较明显，超出该距离后影响较小甚至可以忽略。

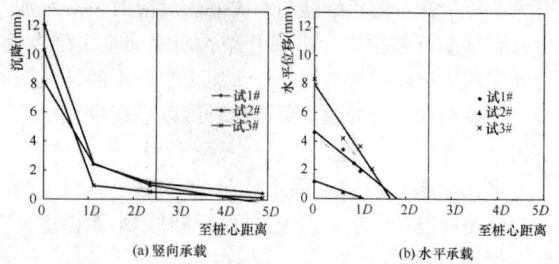

（a）竖向承载　　（b）水平承载

图3　桩侧土影响范围

综合上述因素，参照现行行业标准《建筑桩基技术规范》JGJ 94，本条规定了基桩的中心距。

当地层中有可以利用的中、低压缩土层时，宜尽量选作为持力层，发挥其对提高承载力的贡献。桩端全断面进入持力层的深度及其至软弱下卧层的距离可按现行行业标准《建筑桩基技术规范》JGJ 94的有关规定执行。

4.3 桩 基 计 算

4.3.1 水泥土复合管桩主要用于承受竖向抗压荷载，应尽量避免承受较大的上拔与水平荷载，因此本条仅给出了桩基设计中沿用已久的针对"一般建筑物和受水平力（包括力矩与水平剪力）较小"情况的桩顶作用力计算公式。

4.3.3 本条规定了单桩竖向承载力计算应满足的要求。已与国家现行标准《建筑地基基础设计规范》GB 50007、《建筑抗震设计规范》GB 50011、《建筑桩基技术规范》JGJ 94等协调。

4.3.4 本规程中桩基竖向抗压、抗拔承载力计算均采用综合安全系数 $K=2$。

4.3.5 为保证水泥土复合管桩设计的可靠性，单桩竖向抗压极限承载力标准值应采用单桩竖向抗压静载试验确定，并应重视类似工程、邻近工程的经验。

初步设计时可采用经验公式估算单桩竖向抗压极限承载力标准值，并按本规程第4.3.7条验算桩身竖向承载力。其中式（4.3.5-1）基于水泥土—土界面计算，式（4.3.5-2）基于管桩—水泥土界面计算。

当采用经验公式进行估算时，极限侧阻力标准值、极限端阻力标准值应由静载试验结果统计分析求得。当无试验资料时极限侧、端阻力标准值可根据岩土工程勘察报告或现行行业标准《建筑桩基技术规范》JGJ 94规定的泥浆护壁钻孔桩极限侧、端阻力标准值乘以提高倍数得到。

根据搜集到的39组单桩竖向抗压静载试验及内

力测试资料，统计不同土层对应的水泥土复合管桩极限侧阻力标准值如表1所示，与岩土工程勘察报告或现行行业标准《建筑桩基技术规范》JGJ 94规定的泥浆护壁钻孔桩极限侧阻力标准值对比，前者约为后者的1.5倍～1.6倍。且多数试桩为桩头材料破坏，桩侧摩阻力尚未充分发挥，本规程规定的提高倍数1.5～1.6是偏于保守的。

表1　极限侧阻力标准值

土的名称	土的状态	q_{sik} (kPa)
填土	—	30～42
淤泥	—	18～28
淤泥质土	—	30～42
黏性土	$I_L > 1$	38～58
	$0.75 < I_L \leq 1$	58～80
	$0.50 < I_L \leq 0.75$	80～102
	$0.25 < I_L \leq 0.50$	102～126
	$0 < I_L \leq 0.25$	126～144
	$I_L \leq 0$	144～152
粉土	$e > 0.9$	36～64
	$0.75 \leq e \leq 0.9$	64～94
	$e < 0.75$	94～124
粉细砂	稍密	34～70
	中密	70～96
	密实	96～130

按式（4.3.5-2）基于管桩—水泥土界面计算单桩竖向抗压极限承载力标准值时，将管桩外围的水泥土视作均匀介质，管桩底端阻力作为安全储备。

采用室内大型剪切试验，测试了管桩与由粉质黏土、砂土、粉土等拌制的水泥土界面之间的粘结强度。测试结果表明，管桩—水泥土界面极限侧阻力标准值与对应位置水泥土立方体抗压强度平均值之比一般为0.16～0.19，为偏于安全，计算时可取0.16。

4.3.6 本条规定了水泥土复合管桩单桩竖向抗拔极限承载力标准值的确定方法。

研究表明，水泥土复合管桩承受竖向上拔荷载时一般有三种破坏模式：水泥土复合管桩从地基土中拔出、管桩从水泥土桩中拔出、管桩材料破坏。因此单桩或群桩呈非整体破坏时，单桩竖向抗拔极限承载力标准值应按式（4.3.6-1）、式（4.3.6-2）分别计算管桩—水泥土界面、水泥土—土界面对应的总极限侧阻力标准值，并按本规程第4.3.7条验算桩身竖向承载力。计算单桩竖向抗拔极限承载力时不考虑无管桩段水泥土桩的自重。

表4.3.6中λ_1为对应于管桩—水泥土界面的抗拔系数，该界面极限侧阻力在抗拔与抗压时基本一致，因此λ_1规定值较高；λ_{2i}为对应于水泥土—土界面的抗拔系数，与现行行业标准《建筑桩基技术规范》

JGJ 94的规定一致。

4.3.7 本条规定了水泥土复合管桩承受竖向荷载时桩身竖向承载力的验算方法。

单桩竖向抗压静载试验表明，水泥土复合管桩与承台采用本规程第4.4.3条规定方式连接时，在极限荷载作用下，桩头呈现管桩、水泥土先后破坏的渐进破坏模式；而在轴向压力设计值对应荷载作用下，管桩与水泥土均未发生破坏。即在轴向压力设计值对应荷载作用下，桩头未发生渐进破坏，管桩与水泥土共同变形、共同承担上部竖向荷载。因此，验算轴心受压情况下桩身竖向承载力时，应同时考虑管桩与水泥土两种材料的承载性能。

式（4.3.7-1）基于管桩验算了桩头材料强度，式（4.3.7-2）验算了管桩底端处水泥土材料强度。在本规程第4.1.6条给出的水泥土材料强度范围及表4.3.7给出的应力比情况下，桩顶轴向压力设计值一般由管桩材料强度控制，因此桩头材料验算时仅给出了基于管桩材料强度的验算公式，而未给出基于水泥土材料强度的验算公式。

根据国家现行标准《工程结构可靠性设计统一标准》GB 50153、《水利水电工程结构可靠度设计统一标准》GB 50199、《水泥土配合比设计规程》JGJ/T 233的有关规定，本规程中将水泥土立方体抗压强度平均值作为水泥土抗压强度标准值使用，其材料性能分项系数取1.6。

轴向压力设计值对应荷载作用下，管桩与水泥土共同变形，符合等应变假定，应力比实测值与二者弹性模量之比接近。表4.3.7给出了轴向压力设计值对应荷载作用下，管桩与水泥土的应力比取值范围，可在初步设计时选用。

填芯混凝土与管桩内壁粘结强度受填芯混凝土的强度和组成成分、管桩内壁的粗糙程度、填芯混凝土长度等因素影响，一般可取填芯混凝土轴心抗拉强度的0.21倍。当填芯混凝土强度等级为C30、C35时，填芯混凝土与管桩内壁粘结强度设计值f_n可取300kPa、330kPa。

4.3.9 按本规程第6.4.7条规定方法进行的单桩水平静载试验结果表明，水泥土复合管桩水平极限荷载为水平临界荷载的1.18倍～1.20倍，为了使单桩水平承载力特征值具有足够的安全储备，即其安全系数达到2，单桩水平承载力特征值计算时应取0.6的折减系数。

水平荷载作用下，水泥土复合管桩破坏模式为外围水泥土开裂，而管桩未发生破坏。地基土水平抗力系数的比例系数随管桩周围水泥土强度、厚度的增加而提高，因此当无试验资料时，地基土水平抗力系数的比例系数可以按现行行业标准《建筑桩基技术规范》JGJ 94中有关预制桩的规定，并适当提高后采用。

搜集到的单桩水平静载试验（水泥土复合管桩直径 800mm，植入 PHC 400 AB 95）结果表明：水平临界荷载对应水平位移为 4mm～9mm，相应的地基土水平抗力系数的比例系数为 40MN/m⁴ ～ 80MN/m⁴。

4.3.10 当水泥土复合管桩桩周土体因自重固结或因地面大面积堆载而产生的沉降大于桩的沉降时，应考虑由此引起的桩侧负摩阻力对桩基承载力和沉降的影响，并考虑对无管桩段水泥土桩的拖曳影响。

4.3.11 桩基沉降变形计算是桩基设计中的一个重要组成部分。当桩基产生过大变形时，可能影响建筑物正常使用，甚至造成建筑物破坏，危及人们的安全。因此水泥土复合管桩基础的沉降变形计算值不应大于国家现行标准《建筑地基基础设计规范》GB 50007、《建筑桩基技术规范》JGJ 94 规定的允许值。

4.3.12 本条规定了水泥土复合管桩基础最终沉降量计算方法。不论单桩、单排桩、桩中心距大于 6 倍桩径的桩基，还是桩中心距不大于 6 倍桩径的群桩基础，其最终沉降量计算均采用单向压缩分层总和法，并计入桩身弹性压缩量。

　　1 桩身压缩量

根据搜集到的 27 组单桩竖向抗压静载试验、内力测试及实体工程沉降观测资料，单桩桩身压缩量约占总沉降量的 36%～75%，平均值为 64%；群桩基础中桩身压缩量约占总沉降量的 15%。可见水泥土复合管桩桩身压缩量占总沉降量比例较大，桩基最终沉降量计算时应计入桩身压缩量。

水泥土复合管桩可分为有管桩段与无管桩段，两段的轴力分布、弹性模量有较大差异，应分段计算桩身压缩量。

　　2 桩身材料弹性模量

水泥土复合管桩与承台采用本规程第 4.4.3 条规定的方式连接时，水泥土直接与承台接触，管桩—水泥土界面未发生滑移，二者能共同承担外部竖向荷载，符合等应变假定，有管桩段桩身材料弹性模量可采用考虑面积比的复合模量。

水泥土材料弹性模量宜根据试验确定，当无试验资料时可近似取水泥土无侧限抗压强度的（600～1000）倍，水泥土强度高者取高值，反之取低值。

　　3 桩身压缩系数与桩身压缩折减系数

内力测试结果表明，竖向荷载作用下桩身轴力基本呈折线分布，拐点在管桩底端。基于桩侧阻力矩形分布假定给出了桩身压缩系数确定方法。

桩身压缩折减系数则考虑了桩侧阻力实际分布形式与矩形分布假定的差异。

　　4 沉降计算经验系数

水泥土复合管桩是一种新桩型，沉降观测资料较少，尚无法给出适合于全国范围内应用的沉降计算经验系数。

根据山东地区搜集到的 27 组单桩竖向抗压静载试验及内力测试资料，单桩总沉降量实测值与计算值之比为 0.56～1.67，平均值为 0.84，单桩、单排桩、桩中心距大于 6 倍桩径的桩基沉降计算经验系数可取 1.00，偏于安全。

根据山东地区实体工程沉降观测资料，沉降计算深度范围内土层压缩模量的当量值为 30MPa 左右时，扣除桩身压缩量后桩底土层实测沉降量与单向压缩分层总和法计算最终沉降量之比为 0.45～0.49，该值约为国家标准《建筑地基基础设计规范》GB 50007－2011 附录 R 表 R.0.5 推荐沉降计算经验系数的 0.65 倍～0.71 倍。根据工程比拟法，群桩基础沉降计算经验系数可按表 2 取值。

表 2　沉降计算经验系数

$\overline{E}_s$(MPa)	≤15	25	35	≥40
φ	0.68	0.54	0.40	0.20

其中，$\overline{E}_s$ 为沉降计算深度范围内土层压缩模量的当量值（MPa），应按现行国家标准《建筑地基基础设计规范》GB 50007 的有关规定确定；φ 可根据 $\overline{E}_s$ 内插取值。

4.3.13 水泥土复合管桩基础沉降计算深度应按应力比法确定，即按附加应力与自重应力之比为 10% 确定计算深度。

4.3.14 在竖向荷载作用下，水泥土复合管桩中的管桩承担主要荷载，本条 1、2 款规定按管桩承担全部荷载来进行承台计算，偏于安全。

4.4　构 造 要 求

4.4.1 为了保证水泥土复合管桩施工质量，应在水泥土桩施工完成后及时植入管桩，尽量缩短桩机挪动、接桩时间等，因此选择桩长时应考虑管桩成品长度，控制管桩接头数量不宜超过 1 个。对于承受拔力的水泥土复合管桩，管桩承担全部拔力，管桩接头应采用等强度连接。

4.4.2 水泥土复合管桩中的管桩与水泥土作为一个整体共同承担外部荷载，且管桩承担主要荷载，因此确定桩中心至承台边缘距离时应以管桩为主并兼顾水泥土桩。

4.4.3 水泥土复合管桩与承台宜采用管桩填芯混凝土中埋设锚固钢筋的方式连接，也可结合当地经验在桩顶设置加强帽等构造措施（图 4）。

具体操作时应注意：

　　1 水泥土桩桩头应凿至垫层底标高，设置加强帽时应凿至垫层底标高以下 $D/2$；

　　2 桩与承台连接的防水构造应按现行行业标准《建筑桩基技术规范》JGJ 94 的有关规定执行。

对于承压桩，填芯混凝土的主要作用是改善桩顶的受力状态，有利于桩与承台的连接；对于承受拔力

(a) 一般连接

(b) 截桩与承台连接

(c) 现浇加强帽

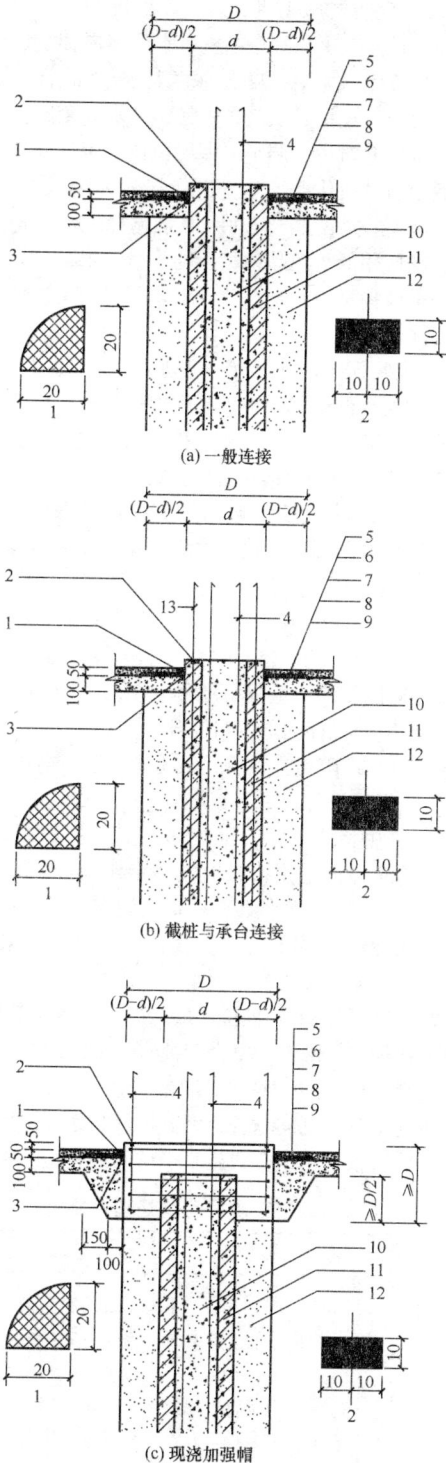

图 4　桩与承台连接构造

1—聚硫嵌缝膏；2—遇水膨胀橡胶条；3—缓膨型遇水膨胀橡胶条；4—锚固钢筋；5—C20细石混凝土；6—底板防水层；7—聚合物水泥防水砂浆；8—1.5厚水泥基渗透结晶型防水涂料；9—混凝土垫层；10—填芯混凝土；11—预应力高强混凝土管桩；12—水泥土桩；13—管桩纵向预应力钢筋

的桩，还起到将力均匀传至桩身的作用。填芯混凝土的灌注深度及质量直接影响到力的传递，设计时应慎重处理，必要时应通过试验确定。

对于承受拔力的桩也可以采用管桩底部固定锚固钢筋的构造措施，即把通长的锚固钢筋焊接于管桩底部的端板或桩尖上，由锚固钢筋将拔力传递至管桩底部。

5　施　　工

5.1　施　工　准　备

5.1.2　为保证水泥土复合管桩正常施工，施工用的供水、供电、道路、排水、临时房屋等临时设施，必须在开工前准备就绪。建筑场地应平整、密实，无地下和空中障碍物，地基承载力应满足施工机械接地压力的要求。

5.1.3　基桩轴线的控制点和水准点应设置在位置稳定、易于长期保存的地方。当有工作基点时，应定期将其与基准点进行联测。

5.1.4　本条规定的主要目的是：在施工前通过对施工机械及其配套设备的试运行及对流量、浆液压力、水压、气压、钻杆提升速度与钻杆旋转速度等施工参数的标定，确认现场所有设备能够安全正常运转、施工参数是否满足本规程第5.2.3条要求；施工参数由成桩工艺性试验确定。

5.1.5　应综合考虑场地地层分布情况、上部结构荷载、拟采用桩参数等，按本规程第3.0.4条的要求确定成桩工艺性试验位置与数量。

水泥土复合管桩中的水泥土桩工艺性试验可先采用喷水的方法初步确定工艺参数，在此基础上再采用喷水泥浆的方法并宜植入管桩。

成桩工艺性试验时应详细记录不同时间或深度处对应的施工参数值，并采用开挖、井径仪、取芯等方法检验成桩质量，为选择施工机械、确定相关施工工艺及参数和施工措施提供详尽的资料。

5.2　施　工　机　械

5.2.1　水泥土复合管桩施工机械包括整体式与组合式两种，为了提高施工效率及保证成桩质量，应优先选用整体式施工机械。

水泥土复合管桩整体式施工机械同时具备水泥土桩施工和管桩施工两种功能。采用三支点式履带打桩机为桩架，与桩架平行设置的钻杆顶端设置高压旋喷水龙头、动力头，钻杆底端设置搅拌翅、水平向喷嘴、钻头，钻杆通过高压旋喷水龙头与喷浆、喷气、喷水系统连接后形成水泥土桩施工机具。在桩架上与水泥土桩施工机具成90度夹角设置管桩施工机具，管桩施工机具由设置于桩架顶端的卷扬、可沿桩架上下运动的振动锤以及设置于桩架底端的夹桩器组成。通过旋转桩架先后进行水泥土桩与管桩的定位及施工。

水泥土复合管桩组合式施工机械由水泥土桩施工机械和管桩施工机械等两种设备组合而成。水泥土桩施工机械原理与整体式施工机械中的水泥土桩施工机具部分相同；管桩施工机械可采用静力压桩机。

5.2.2 高喷搅拌法综合了高压喷射与搅拌法两种工艺的优点，所选用的机具应具有高压喷射与机械搅拌功能，并依靠动力头及钻杆自重进行自钻式下沉，其中高压喷射可采用双管法或三管法。

钻具特别是钻头形式，应能适应不同的地层条件，提高自钻式下沉的速度。

5.2.3 本条给出了水泥土复合管桩中的水泥土桩施工主要配套设备即注浆泵、高压水泵、空气压缩机、水泥浆搅拌机、储浆桶的技术要求。其中浆液压力、水压、气压等设计规定值应按施工组织设计要求确定。

5.2.4 本条给出了水泥土复合管桩中的管桩施工机械选择时应考虑的影响因素。

设计文件主要指水泥土复合管桩的技术要求，如管桩型号、桩位、桩顶标高等。

岩土工程勘察报告主要指场地的工程地质条件与水文地质条件。

场地环境条件对施工机械选用的影响主要体现在边桩的施工。当场地狭窄，环境条件复杂，无法将基坑开挖范围加大，则管桩施工机械的选择必须考虑边桩的施工能力。

5.3 施工作业

5.3.2 桩位点处设置明显标记及施工时进行桩位复核的目的是：避免漏桩、校验桩位放样偏差。

5.3.3 本条说明了水泥土复合管桩的施工步骤，其要点在于首先采用高喷搅拌法施工外围水泥土桩，其次为管桩植入水泥土桩的合理时机应在水泥土初凝前，同时确保管桩与水泥土桩的同轴度。

水泥土初凝前特指：在该时段内水泥土保持流塑状态，管桩同心植入水泥土桩后，不影响水泥土的成桩形态、后期强度以及管桩—水泥土界面的粘结强度。

根据已有的工程经验，在正常施工条件下，水泥土桩施工完成后（2～3）h，水泥土尚未初凝。综合考虑多种因素，推荐管桩施工与水泥土桩施工完成时间间隔为（0.5～1.0）h，最大不宜超过2h。

为避免流塑状态的水泥土进入管桩内腔，影响后期填芯混凝土施工，应采用薄铁皮等方法将首节管桩底端及末节管桩顶端封闭。

5.3.4 本条给出了水泥土复合管桩施工工艺流程，具体说明如下：

1 水泥土桩施工机具就位、桩机调平：检查注浆泵、高压水泵、空气压缩机、水泥浆搅拌机、储浆桶、高压旋喷水龙头、喷嘴等机具的性能指标是否符合施工要求，连接好供浆、供气、供水等管路，将桩机移至桩位并对中、调平。由现场技术人员检查确认无误后方可开机作业。

2 制备水泥浆：启动水泥浆搅拌机，制备水泥浆。现场所用的水泥品种、强度等级、水灰比、外掺剂的种类及掺量应符合设计要求，不得使用过期的和受潮结块的水泥。

3 高喷搅拌钻进下沉：启动注浆泵、高压水泵、空气压缩机、储浆桶、桩机等施工机具设备，浆液压力、水压、气压等施工参数应符合高喷搅拌的钻进下沉施工要求，喷射钻具开始自钻式下沉至设计深度。

4 高喷搅拌提升：喷射钻具在设计深度处喷浆搅拌30s后开始提升，提升过程中钻杆提升速度、钻杆旋转速度、浆液压力、水压、气压等施工参数应符合高喷搅拌的提升施工要求，并始终保持送浆连续，中途不得间断。

5 复搅复喷：重复前述作业，对需复搅复喷段进行高压喷射搅拌的下沉与提升。

6 关闭高喷搅拌设备：关闭注浆泵、高压水泵、空气压缩机等设备。

7 采用整体式施工机械时，旋转桩架、管桩定位；采用组合式施工机械时，移走水泥土桩施工机具，管桩施工机具就位、管桩定位调直。

8 沉桩、接桩、送桩：管桩植入时可以采用抱压、振动、顶压或锤击等方式。

9 桩机移至下一桩位，重复进行上述施工步骤。

上述规定了水泥土复合管桩施工工艺流程，在其工艺流程中出现的一些常见问题可按表3进行处理。表中所列施工常见问题、原因分析及其处理措施是水泥土复合管桩采用组合式施工机械时的经验总结。

表3 施工常见问题处理措施

常见问题	发生原因	处理措施
桩位偏差	定位不准	对水泥土桩及管桩施工采用全站仪定位、复检
	施工中垂直度偏差超出规定值	采用线锤或经纬仪控制水泥土桩与管桩施工时的垂直度
水泥土复合管桩直径小	浆液压力小；浆液流量小	调整浆液压力、流量、钻杆提升速度、钻杆旋转速度、搅拌翅直径等施工参数

常见问题	发生原因	处理措施
桩身水泥土强度达不到设计要求	水泥掺量小 水灰比大 搅拌不匀；局部喷浆量小、喷浆不连续	增大水泥掺量 减小水灰比 减小钻杆提升速度、增加搅拌均匀程度及喷浆量、连续喷浆
水泥土断桩	喷浆不连续	恢复供浆后喷头提升或下沉 1.0m 后再行下沉或提升施工，保证接茬
钻进下沉困难、电流值高、跳闸	电压偏低 土质坚硬，阻力太大 遇大块石等障碍物漏电	调高电压 加大浆液压力；更换合适的钻具 开挖排除障碍物 检查电缆接头，排除漏电
浆液过早用完或剩余过多	供浆管路堵塞、漏浆 钻杆提升速度过慢或过快 投料不准、加水量少或过多 钻进过程耗浆量太大	检修注浆泵及供浆管路 调整钻杆提升速度 重新标定投料量及加水量 减小钻进耗时
注浆泵堵塞、供浆管路堵塞、爆裂，喷嘴堵塞	水泥浆杂质多 供浆管路内有杂物 杂物进入喷嘴	增加水泥浆过滤遍数或更换过滤网 拆洗供浆管路、注浆泵 检查拆洗喷嘴
注浆泵压力剧增或剧减	喷浆嘴或注浆管路堵塞 喷浆嘴或注浆管路漏浆；喷杆磨损漏浆	拆洗检查 更换喷杆
注浆泵压力不稳	注浆泵内进气 注浆泵内进入硬质颗粒 注浆泵机械磨损	排除空气 拆洗检查 更换磨损件
空气压缩机不工作	线路或电机出现问题 喷气嘴堵塞或供气管路堵塞	检查线路及电机 检查清洗供气管路、喷气嘴及钻头内部气腔

常见问题	发生原因	处理措施
水泥浆进入空气压缩机储气罐	钻头在地下时气被憋住，造成回浆	提起钻头，清洗空气压缩机储气罐
注浆泵压力、钻杆提升速度等施工参数与设计不符	喷嘴直径与设计不符 供浆管路堵塞 调速电机控制器出现问题	检查喷嘴直径 检查供浆管路 检查或更换调速电机控制器
冒浆多	土质太黏，搅拌不动 遇硬土或障碍物下沉困难 浆液流量过大 喷浆下沉、提升速度小 水灰比过大	加强搅拌 清除障碍物 调整浆液流量 加大升降速度及喷搅遍数 减少水灰比
不返气、不返浆	供气、供浆管路堵塞 下沉过快，上层黏土层封住返气、返浆通道	疏通供气、供浆管路 降低下沉速度；提起钻头，待返气、返浆后再行下沉施工
相邻桩附近冒气、冒水	距离施工桩太近 临近桩施工完成时间较短	间隔施工 增加相邻桩施工时间间隔
埋钻	钻头埋置地下较深时，钻杆停止转动同时不喷气、不喷浆 遇流砂等土层	降低钻进速度；检查电路及设备，防止出现钻杆停止转动等故障 维修设备时，应将钻杆提至地面
管桩施工达不到设计标高	管桩施工与水泥土桩施工完成时间间隔过长 接桩时间过长 水灰比小或注浆量少 压桩力或激振力不足 桩身偏斜，压入土中 水泥土不均匀	减少时间间隔 缩短接桩时间 增大水灰比或注水搅拌 加大压桩力或激振力 确保管桩位置及垂直度 增加喷搅次数
管桩掉入水泥土中	水灰比过大 管桩未封底	减小水灰比 管桩封底；施工时采取控制措施
管桩内进浆	管桩顶、底封闭不严密 接桩漏焊	管桩顶、底封严密 焊接严密

按表 3 所列常见问题，在施工前可以做好有针对性的应急预案；在施工过程中可以根据施工现场实际情况，快速找出原因，并及时采取相应的处理措施，确保水泥土复合管桩施工质量。

整体式施工机械与组合式施工机械施工水泥土复合管桩的工艺流程基本相同，仅在管桩的施工定位及其植桩方式上有所区别。因此，采用整体式施工机械时，施工常见问题的处理措施可以按表 3 执行，并应在今后施工中进一步积累资料，加以完善。

5.3.5 水泥土复合管桩中的水泥土桩施工参数如浆液压力、气压、水压及流量、喷嘴个数及直径、搅拌翅直径、钻杆提升速度、钻杆旋转速度、水泥品种及强度等级、水灰比、水泥用量等由成桩工艺性试验确定，在施工中应严格控制，不得随意更改。在确保水泥土桩桩顶标高、有效桩长、桩径、垂直度、水泥土强度达到设计要求的前提下，施工单位可根据本工程的施工经验、土质条件等对施工参数作必要的调整。

表 4、表 5 列出了部分实际工程的高喷搅拌法水泥土桩施工参数，供参考。

表 4　部分实际工程水泥土桩施工参数

适用土质	素填土、粉土、黏性土、松散—中密砂土	
施工参数		
空气	压力（MPa）	0.7
	流量（m³/min）	1～2
	喷嘴间隙（mm）及个数	1～2（1～2）
浆液	水灰比	0.9～1.2
	压力（MPa）	4～25
	流量（L/min）	35～130
钻头	喷嘴孔径（mm）及个数	2.4～2.8（1～2）
	搅拌翅外径（mm）	350～700
钻杆	钻杆外径（mm）	219
	提升速度（cm/min）	20～25
	旋转速度（r/min）	23

表 5　部分实际工程水泥土桩直径与水泥浆压力

土质	标贯击数（击）	桩径（m）	水泥浆压力（MPa）
黏性土	4～11	1.0	7～15
粉土	7～18	1.0	10～15
砂土	5～12	1.0	7～10

需要提高强度或增加喷搅次数而采取复搅复喷措施的部位一般指桩顶部位、管桩底部、塑性指数较高的黏土层以及因故停浆或喷浆不连续的部位等。复喷复搅段长度宜根据作用在桩顶及管桩底部荷载大小、土质条件、水泥用量、水灰比、浆液流量、提升速度、施工异常情况等因素综合确定。

5.3.6 本条规定了水泥土复合管桩中的管桩的施工措施及允许偏差。

管桩施工前，应将水泥土桩施工后的桩孔附近返浆清理干净，露出桩顶轮廓，以方便管桩植入时中心位置的确定。同时应预先用薄铁皮等封闭首节管桩底端与末节管桩顶端、提前架设全站仪及水准仪、管桩施工设备预就位等。

管桩垂直度控制对水泥土复合管桩成桩质量相当关键，应制定可靠的垂直度控制措施。

采用组合式机械进行水泥土复合管桩施工时，为保证管桩与水泥土桩之间的同轴度，在水泥土桩施工结束后宜采用精度为 $2mm + 2 \times 10^{-6} \cdot S$（$S$ 为测量距离，单位为 km）的全站仪对管桩植入位置进行放样定位，定位允许偏差应为 10mm。采用整体式机械时，在水泥土桩施工完成后通过旋转桩架进行管桩的定位。

在管桩植入水泥土桩中时允许有少量水泥土挤出，并应采取监控预防措施，如根据监测的植桩情况采取措施防止首节管桩掉入水泥土桩中。

管桩接桩有焊接、法兰连接和机械快速连接三种方式，采用其中任一种连接方式时均应保证接桩质量和上下节段的桩身垂直度。

5.3.7 水泥土复合管桩试桩及工程桩的施工均应按本规程附录 A 施工记录表的要求进行记录，也可根据工程实际情况对该表格格式进行重新设计，但其包含的施工信息必须齐全。

本规程附录 A 施工记录表中将水泥土复合管桩施工过程分为多次"下沉"、"提升"，其主要原因为钻进下沉过程与钻杆提升过程可以采用不同的施工参数如浆液压力等，另外便于记录复搅复喷段的施工。

试桩施工时应注意分析总结钻进下沉速度与地层及钻头钻具的相关关系，必要时改进钻具形式及钻进施工参数，控制好水泥用量。

5.3.8 采用机械开挖土方时，不得碰及桩身，挖到离桩顶标高 0.4m 以上时，宜改用人工挖除桩顶余土，以保证水泥土复合管桩的质量。

5.4　施工安全和环境保护

5.4.1 高压注浆设备是水泥土复合管桩工程施工中的重要危险源，所以针对注浆泵、高压水泵、空气压缩机、供浆、供气、供水管路等设备应制定相应安全技术措施，如：对于安全阀要进行施压检验；对于注浆泵、高压水泵、空气压缩机应指定专人管理，一旦发生故障，应及时停泵停机，及时排除故障，并做好运转情况记录。施工过程中必须按设备操作规程进行操作，严禁违规操作。

5.4.2 应根据施工现场的设备噪声等常见环境因素，制定现场环境保护的控制措施。做好水泥运输过程中的防散落与沿途污染措施；施工场地和运输道路要定期清扫，保持整洁卫生，防治扬尘；采取措施降低施工噪声，尽量减轻噪声扰民。

6 质量检验与工程验收

6.1 一般规定

6.1.1 影响水泥土复合管桩单桩承载力和桩身完整性的因素存在于桩基施工的全过程中，仅有施工后的检验和验收是不全面、不完整的。如施工过程中出现的局部地质条件与岩土工程勘察报告不符、工程桩施工参数与成桩工艺性试验确定的参数不同、原材料发生变化、设计变更、施工单位变更等情况，都可能产生质量隐患，因此，加强施工过程中的检验是有必要的，应按不同施工阶段对水泥土复合管桩进行检验。

水泥土复合管桩质量检验主要包括对水泥土桩施工、管桩施工及施工工序过程的质量检验。

6.1.2 参照国家现行标准《建筑地基基础工程施工质量验收规范》GB 50202、《建筑基桩检测技术规范》JGJ 106、《建筑桩基技术规范》JGJ 94 相关规定，本条给出了水泥土复合管桩质量检验的主控项目，如水泥及外掺剂质量、水泥用量、桩数、桩位偏差、桩身完整性和单桩承载力。

6.2 施工前检验

6.2.1～6.2.4 参照国家现行标准《建筑地基基础工程施工质量验收规范》GB 50202、《建筑桩基技术规范》JGJ 94 给出了水泥土复合管桩施工前质量检验标准。

桩位放样指的是施工前按本规程第 5.3.1 条要求根据水泥土复合管桩桩位平面布置图在施工现场进行的桩位放样，有别于水泥土桩施工结束后管桩施工前的放样定位。

本规程附录 B 中施工机械设备及性能检查涵盖了对注浆泵压力表、调速电机转速表的检查，主要通过本规程第 5.1.4 条规定来实现，因此检查设备的标定记录即可。

进入现场的管桩除应按本规程附录 B 要求进行检查外，还必须查验产品合格证。管桩内壁浮浆严重影响填芯混凝土与管桩内壁的粘结力，降低二者的整体性，因此本规程规定管桩内壁不得残留有浮浆。

6.3 施工中检验

6.3.1 对于成桩工艺性试验，应通过开挖检查水泥土固结体，可以研究其形态大小、垂直度及胶结情况与施工参数，比如浆液压力及流量、喷嘴直径、钻杆提升速度、钻杆旋转速度等之间的关系，从而确定合理的水泥土桩施工参数。

开挖检查一般在水泥土桩施工 3d 后进行，可沿水泥土固结体周围或一侧进行，开挖深度视土层性质和场地范围确定。

由于开挖检查深度有限，工艺性试验成桩质量检查还应采用钻芯法检查水泥土喷搅均匀程度、成桩直径沿地层的变化，并测试水泥土的抗压强度。钻芯法包括常规取芯与软取芯，可按本规程第 6.3.3 条、第 6.4.6 条规定执行。

6.3.3 软取芯是指在刚施工完成而尚未凝固的水泥土桩中取浆液制作试块，可按现行行业标准《型钢水泥土搅拌墙技术规范》JGJ/T 199 的有关规定执行。

浆液取样点可设置在桩顶、管桩底端以下 0.5m 范围内及最软弱土层处的水泥土桩内。

6.3.5 参照国家现行标准《建筑地基基础工程施工质量验收规范》GB 50202、《建筑桩基技术规范》JGJ 94，给出了水泥土复合管桩施工质量检验项目及检验标准，便于在施工期间查明施工参数、工艺方法等是否满足设计要求而开展自检工作。当发现某些指标达不到设计要求时，需要及时采取相应措施，使水泥土复合管桩施工质量达到设计要求。

6.3.6 施工过程中要求按单桩进行检验有助于问题得到及时的处理。经监理单位确认后报设计单位进行处理的方法有多种，可以通过桩身完整性或单桩承载力的验证检测；也可以通过有效手段证明确实需要调整施工工艺参数来解决；或通过设计复核计算；对于不合格的桩采取补桩等措施。

6.4 施工后检验

6.4.1 本条给出了基坑开挖至设计标高后对水泥土复合管桩进行检查的内容。

6.4.2、6.4.3 按国家现行标准《建筑地基基础设计规范》GB 50007、《建筑地基基础工程施工质量验收规范》GB 50202、《建筑基桩检测技术规范》JGJ 106 的有关规定，应对施工完成后的工程桩进行桩身完整性和竖向承载力检验。桩身完整性与基桩承载力密切相关，桩身完整性有时会严重影响基桩承载力，桩身完整性检测抽样率较高，费用较低，通过检测可减少桩基安全隐患，并可为判定基桩承载力提供参考。

6.4.4 单桩竖向抗压静载试验方法应按现行行业标准《建筑基桩检测技术规范》JGJ 106 的有关规定执行，其中的桩头处理方法、刚性承压板尺寸大小及单桩竖向承载力取值方法是已有水泥土复合管桩工程检测经验的总结。

6.4.5 桩身完整性检验应采用现行行业标准《建筑基桩检测技术规范》JGJ 106 中的低应变法。现场检测时，可分别对水泥土、管桩部分进行低应变检测，水泥土复合管桩的桩身完整性类别判定主要受管桩的桩身完整性控制。有条件时，可采用孔内摄像法对管桩部分的桩身完整性进行检测。

6.4.6 按现行行业标准《建筑地基处理技术规范》

JGJ 79 的有关规定可采用浅部开挖或轻型动力触探方法进行水泥土的质量检验，浅部开挖的检查数量为总桩数的 5％；轻型动力触探的检验数量为总桩数的 1％，且不少于 3 根。经浅部开挖或轻型动力触探和静载荷试验对水泥土强度有怀疑时，应采用钻芯法对水泥土强度进行验证检测。钻芯法检测应在成桩 28d 后进行，检验数量为总桩数的 0.5％，且每项单体工程不应少于 6 点。可采用结构取芯法对水泥土进行钻芯取样，制成试块，进行水泥土强度测定。强度评定方法可按现行行业标准《建筑基桩检测技术规范》JGJ 106 的有关规定执行。

6.4.7 水泥土复合管桩与承台采用本规程第 4.4.3 条规定的方式连接时，相当于水平荷载施加在管桩上，因此水泥土复合管桩单桩水平静载试验时，水平荷载应施加在管桩上。

水泥土复合管桩是一种新桩型，为偏于安全，根据本规程第 4.3.9 条条文说明，单桩水平承载力特征值应同时满足不大于水平临界荷载的 0.6 倍与水平极限承载力的 50％两个条件。

6.4.8 水泥土复合管桩进行单桩竖向抗拔静载试验时可采用管桩内灌注填芯混凝土并预埋通长抗拔钢筋、管桩底端固定抗拔钢筋（焊接于端板或桩尖上）等方法传递拔力。抗拔钢筋种类与数量应通过计算确定。

6.4.9 本条给出了水泥土复合管桩施工后的质量检验项目及检验标准。

水泥土复合管桩的桩位偏差通过量测管桩的桩位偏差进行控制。水泥土复合管桩的桩径是指以管桩中心为基准的外围水泥土的最小桩径，只要该最小桩径能达到设计要求即可。

6.5 工 程 验 收

6.5.1～6.5.3 工程验收除应符合本规程有关规定外，尚应符合当地主管部门关于工程验收及国家现行标准《建筑地基基础工程施工质量验收规范》GB 50202、《建筑桩基技术规范》JGJ 94 的有关规定。

中华人民共和国行业标准

预应力混凝土管桩技术标准

Technical standard for prestressed concrete pipe pile

JGJ/T 406—2017

批准部门：中华人民共和国住房和城乡建设部
施行日期：2 0 1 8 年 2 月 1 日

中华人民共和国住房和城乡建设部
公　告

第 1650 号

住房城乡建设部关于发布行业标准
《预应力混凝土管桩技术标准》的公告

现批准《预应力混凝土管桩技术标准》为行业标准，编号为 JGJ/T 406-2017，自 2018 年 2 月 1 日起实施。

本标准在住房城乡建设部门户网站（www.mohurd.gov.cn）公开，并由我部标准定额研究所组织中国建筑工业出版社出版发行。

中华人民共和国住房和城乡建设部

2017 年 8 月 23 日

前　言

根据住房和城乡建设部《关于印发〈2014 年工程建设标准规范制订修订计划〉的通知》（建标〔2013〕169 号文）的要求，标准编制组经调查研究，认真总结实践经验，参考有关国际标准和国外先进标准，并在广泛征求意见的基础上，编制本标准。

本标准主要内容是：1. 总则；2. 术语和符号；3. 基本规定；4. 材料与分类；5. 基础设计；6. 复合地基；7. 基坑支护；8. 施工；9. 质量检测与验收。

本标准由住房和城乡建设部负责管理，由建华建材投资有限公司负责具体技术内容的解释。执行本标准过程中如有意见或建议，请寄送建华建材投资有限公司（地址：江苏省镇江市润州区冠城路 8 号工人大厦 12 层建华建材投资有限公司，邮编：212003）。

本标准主编单位：建华建材投资有限公司
　　　　　　　　中国建筑科学研究院

本标准参编单位：华东建筑设计研究院有限公司
　　　　　　　　中交上海港湾工程设计研究院有限公司
　　　　　　　　广东省建筑工程集团有限公司
　　　　　　　　上海市基础工程集团有限公司
　　　　　　　　清华大学
　　　　　　　　天津大学
　　　　　　　　国家建筑工程质量监督检验中心
　　　　　　　　安徽省建筑科学研究设计院
　　　　　　　　湖北省建筑科学研究院
　　　　　　　　河北省建筑科学研究院
　　　　　　　　福建省建筑科学研究院
　　　　　　　　江苏省建筑科学研究院有限公司
　　　　　　　　郑州大学综合设计研究院
　　　　　　　　合肥工业大学
　　　　　　　　河北工业大学
　　　　　　　　上海市政工程设计研究总院（集团）有限公司
　　　　　　　　浙江大学建筑设计研究院有限公司
　　　　　　　　建基建设集团有限公司
　　　　　　　　上海强劲地基工程股份有限公司

本标准主要起草人员：张　雁　高文生　王卫东
　　　　　　　　　　周国然　徐天平　周同和
　　　　　　　　　　郑　刚　李耀良　张建民
　　　　　　　　　　陈　凡　袁内镇　郭　杨
　　　　　　　　　　张振拴　侯伟生　胡明亮
　　　　　　　　　　刘春原　杨成斌　吴江斌

目　次

Contents

1 总　则

1.0.1 为规范预应力混凝土管桩工程应用,贯彻执行国家的技术经济政策,做到安全适用、经济合理、保护环境,制定本标准。

1.0.2 本标准适用于建筑工程中预应力混凝土管桩的设计、施工、检测与验收。

1.0.3 管桩的应用应根据地质条件、工程性质、荷载分布特征、施工技术条件与环境保护等因素优化设计,因地制宜地选择施工工艺、精心施工、严格监控。

1.0.4 预应力混凝土管桩应用除应符合本标准的规定外,尚应符合国家现行有关标准的规定。

2　术语和符号

2.1　术　语

2.1.1 预应力混凝土管桩　prestressed concrete pipe pile
采用离心和预应力工艺成型的圆环形截面的预应力混凝土桩,简称管桩。桩身混凝土强度等级为C80及以上的管桩为高强混凝土管桩(简称PHC管桩),桩身混凝土强度等级为C60的管桩为混凝土管桩(简称PC管桩),主筋配筋形式为预应力钢棒和普通钢筋组合布置的高强混凝土管桩为混合配筋管桩(简称PRC管桩)。

2.1.2 管桩基础　concrete pipe pile foundation
由沉入土(岩)层中的管桩和连接于桩顶的承台共同组成的建(构)筑物基础。

2.1.3 锤击贯入法　hammer-driving method
利用锤击设备将管桩打至土(岩)层设计深度的沉桩施工方法。

2.1.4 静力压桩法　jacked driving method
利用静压设备将管桩压至土(岩)层设计深度的沉桩施工方法。

2.1.5 中掘法　method of dig construction
在管桩中空部插入专用钻头,边钻孔取土边将桩沉入土(岩)中的沉桩施工方法。

2.1.6 植入法　method of planting pile
预先用钻机在桩位处钻孔或采用搅拌、旋喷成桩,然后将管桩植入其中的施工方法。

2.1.7 终压控制标准　standard for stop pressing
将桩沉至设计要求时终止压桩的施工控制条件。

2.1.8 抱压式压桩机　pile pressing machine with cramp pressing type
在桩身侧部施加压力的液压式压桩机。

2.1.9 桩身抱压允许压桩力　allowable pressure of pile with cramp pressing
桩身允许的最大抱压力。

2.1.10 顶压式压桩机　pile pressing machine with top pressing type
在桩顶部施加压力作用的液压式压桩机。

2.1.11 桩身顶压允许压桩力　allowable pressure of pile with top pressing
桩身允许的最大顶压力。

2.1.12 填芯混凝土　filling concrete for pipe pile head
填筑在管桩顶部或底部内腔一定深度的混凝土。

2.1.13 送桩　pile following
沉桩过程中,借助送桩器将桩顶送至设计要求标高的施工工序。

2.1.14 管桩土塞效应　plugging effect of pipe pile
开口桩尖沉桩过程中,土体涌入管桩内的土芯固结闭塞后对桩端阻力发挥程度的影响效应。

2.1.15 复压　repeated pressing
静力压桩施工完成后,间隔一段时间再次施压的作业方法。

2.1.16 收锤标准　standard for stop hammering
将桩端沉至设计要求时终止锤击的控制条件。

2.1.17 贯入度　penetration
用落锤锤击管桩一定击数后,管桩进入土(岩)层中的深度。

2.2　符　号

2.2.1　几何参数

A——管桩桩身横截面面积;

A_p——管桩由外径计算得到的面积;

A_{p1}——管桩空心部分敞口面积;

A_{py}——全部纵向预应力钢棒的总截面面积;

A_s——全部纵向非预应力钢筋的总截面面积;

A_{sd}——填芯混凝土纵向钢筋总截面面积;

D_p——纵向预应力钢棒分布圆的直径;

d、d_1——管桩外径、内径;

d_e——预应力钢棒的公称直径;

h_b——桩端进入持力层深度;

L_a——填芯混凝土高度;

l_i——桩周第 i 层土(岩)的厚度;

r_p、r_s——纵向预应力钢棒、非预应力钢筋重心所在圆周的半径;

t——管桩壁厚;

t_s——端板厚度;

u——桩身周长;

u_l——桩群外围周长。

2.2.2　作用和作用效应

F_k——按荷载效应标准组合计算的作用于承台顶面的竖向力;

G_k——桩基承台和承台上土自重标准值；

H_{ik}——按荷载效应标准组合计算的作用于第 i 基桩或复合基桩的水平力；

H_k——按荷载效应标准组合计算的作用于承台底面的水平力；

M_k——接桩处按荷载效应标准组合计算的弯矩值；

M_{xk}, M_{yk}——按荷载效应标准组合计算的作用于承台底面的外力，绕通过桩群形心的 x、y 主轴的力矩；

N_k——相应于荷载效应标准组合时，轴心竖向力作用下任一单桩的竖向力；

N_{ik}——按荷载效应标准组合计算的偏心竖向力作用下第 i 根桩的竖向力；

N_{tk}——按荷载效应标准组合计算的作用于单桩桩顶的竖向拔力；

N_{Ekmax}——相应于荷载效应标准组合时偏心竖向力作用下单桩最大竖向力；

x_i、x_j、y_i、y_j——第 i、j 基桩或复合桩基至 y、x 轴的距离。

2.2.3 抗力和材料性能

E_c——桩身混凝土的弹性模量；

E_s——预应力钢棒的弹性模量；

f_{yk}——非预应力钢筋抗拉强度标准值；

f_c——桩身混凝土轴心抗压强度设计值；

f_{ck}——桩身混凝土轴心抗压强度标准值；

$f_{cu,k}$——管桩桩身混凝土立方体抗压强度标准值；

f_n——填芯混凝土与管桩内壁的粘结强度设计值；

f_t——桩身混凝土轴心抗拉强度设计值；

f_{tk}——混凝土轴心抗拉强度标准值；

f_t^w——焊缝抗拉强度设计值；

f_v——端板抗剪强度设计值；

f_{py}——预应力钢棒的抗拉强度设计值；

f'_{py}——预应力钢棒的抗压强度设计值；

f_{ptk}——预应力钢棒抗拉强度标准值；

f_y——非预应力钢筋抗拉强度设计值；

f_{spa}——经深度修正后的复合地基承载力特征值；

f_{t1}——填芯混凝土的抗拉强度设计值；

f_{yv}——箍筋抗拉强度设计值；

f_t^w——焊缝抗拉强度设计值；

G_p——基桩自重；

G_{gp}——群桩基础所包围体积的桩土总自重除以总桩数；

M——管桩桩身受弯承载力设计值；

M_u——管桩桩身受弯承载力极限值；

M_{cr}——管桩桩身开裂弯矩；

N——按荷载效应标准组合计算的轴心竖向力作用下单桩所受竖向力设计值；

N_t——单桩抗拔力设计值；

Q_{uk}——单桩竖向极限承载力标准值；

Q_{sk}、Q_{pk}——总极限侧阻力标准值、总极限端阻力标准值；

q_{sik}、q_{pk}——桩侧第 i 层土的极限侧阻力标准值、极限端阻力标准值；

q_p——桩端阻力特征值；

q_{si}——桩周第 i 层土的侧阻力特征值；

R——基桩或复合基桩竖向承载力特征值；

R_h——单桩基础或群桩中基桩的水平承载力特征值；

R_a——单桩竖向抗压承载力特征值；

R_{ha}——单桩水平承载力特征值；

R_m——桩身的抗弯承载力特征值；

R_{ta}——单桩抗拔承载力特征值；

R_v——管桩桩身斜截面受剪承载力设计值；

R_b——桩身允许抱压压桩力；

R_d——桩身允许顶压压桩力；

V——管桩剪力设计值；

σ_{ck}——荷载效应标准组合下桩身混凝土正截面法向拉应力；

σ_{pc}——管桩桩身截面混凝土有效预压应力；

σ_{p0}——预应力钢棒合力点处混凝土法向应力等于零时的预应力钢棒应力。

2.2.4 计算参数及其他

d_m——基础埋置深度；

n——群桩基础中的桩数；

ν_x——管桩桩顶水平位移系数；

α_E——钢筋弹性模量与混凝土弹性模量之比；

α_p——桩端端阻力发挥系数；

β_c——混凝土强度影响系数；

γ——考虑离心工艺影响及截面抵抗矩塑性影响的综合系数；

γ_0——结构重要性系数；

γ_m——基础底面以上土的加权平均重度；

λ_i——管桩抗拔系数；

λ_p——桩端土塞效应修正系数；

μ——截桩后混凝土的有效预压应力折减系数；

χ_{0a}——管桩桩顶允许水平位移。

3 基 本 规 定

3.0.1 用于桩基础、地基处理及基坑支护工程的管桩几何尺寸和桩身力学性能宜符合本标准附录A的规定。

3.0.2 岩土工程勘察报告有关管桩选用的评价应包括下列内容：

　　1 评价管桩应用于该场地的适宜性；

　　2 当场地中存在孤石、坚硬夹层、障碍物、岩溶、土洞和构造断裂等不良地质条件时，评价沉桩可行性并提出可行的沉桩方法或替代施工方法。

3.0.3 抗震设防区的管桩基础设计应符合现行国家标准《建筑抗震设计规范》GB 50011 的有关规定。

3.0.4 管桩的耐久性应满足设计使用年限的要求。

3.0.5 管桩施工监控应保证桩身完整、无损伤。沉桩方法的选用应根据具体的地质情况、工程特点、场地施工条件以及挤土、施工振动、噪声等对周边环境和安全影响等因素确定。

3.0.6 当沉桩施工遇到下列情况时，宜采用植入法或中掘法沉桩：

　　1 影响桩身质量、邻近建（构）筑物、地下管线的正常使用和安全时；

　　2 当遇到密实的砂土、碎（卵）石土等硬土夹层，桩端难于沉到设计标高时；

　　3 当遇到坚硬岩、较硬岩层或遇有漂石、孤石时。

3.0.7 管桩基础施工前宜在现场进行沉桩工艺试验。当采用锤击法施工工艺时，宜同时进行沉桩工艺监测。

3.0.8 污染土和地下水对管桩的腐蚀性等级，应按现行国家标准《岩土工程勘察规范》GB 50021、《工业建筑防腐蚀设计规范》GB 50046 的有关规定确定。

3.0.9 管桩混凝土及桩身防腐要求应符合表3.0.9-1和表3.0.9-2的规定。

3.0.10 当管桩桩身防腐不满足本标准表3.0.9-2规定的防腐指标要求时，应采取相应措施进行防护，并应符合表3.0.10的要求。

表 3.0.9-1　管桩混凝土防腐要求

项目 桩型	混凝土最低强度等级	最大水胶比	抗渗等级	钢筋最小保护层厚度（mm）	Cl^-含量（%）	碱含量（kg/m³）	胶材最小用量（kg/m³）
PHC管桩、PRC管桩	C80	0.35	≥P12	35	≤0.06	≤3.0	430
PC管桩	C60	0.40	≥P12	35	≤0.06	≤3.0	400

表 3.0.9-2　管桩桩身防腐要求

桩型	保护措施和要求		腐蚀性介质和强度等级								
			SO_4^{2-}			Cl^-			pH值		
			强	中	弱	强	中	弱	强	中	弱
PHC管桩、PRC管桩、PC管桩	提高桩身混凝土耐腐蚀性能	电通量（C）	≤800	≤1000	可不防护	≤800	≤1000	可不防护	≤500	≤800	可不防护
		抗硫酸盐等级	KS150≥0.85	KS120≥0.85							
		氯离子迁移系数D_{RCM}（10^{-12}m²/s）	—	—		≤4.0	≤7.0				

注：表中所列基本要求为设计使用年限为50年，设计使用年限为100年时的材料要求应专项论证。

表 3.0.10　管桩桩身防护要求

桩型	保护措施和要求	腐蚀性介质和强度等级								
		SO_4^{2-}			Cl^-			pH值		
		强	中	弱	强	中	弱	强	中	弱
PHC管桩、PRC管桩	1. 增加钢筋混凝土保护层厚度（mm）	≥10	≥5	可不防护	≥10	≥5	可不防护	≥10	≥5	可不防护

续表 3.0.10

桩型	保护措施和要求	腐蚀性介质和强度等级								
		SO_4^{2-}			Cl^-			pH 值		
		强	中	弱	强	中	弱	强	中	弱
PHC 管桩、PRC 管桩	2. 表面涂刷防腐蚀涂层厚度（μm）	≥500	≥300	可不防护	≥500	≥300	可不防护	≥500	≥300	可不防护
PC 管桩	1. 增加钢筋混凝土保护层厚度（mm）	≥15	≥10	可不防护	≥15	≥10	可不防护	≥15	≥10	可不防护
	2. 表面涂刷防腐蚀涂层厚度（μm）	≥500	≥300		≥500	≥300		≥500	≥300	

注：1 本表适用于设计使用年限为 50 年，桩基础所处的地下水、土的腐蚀介质主要为硫酸盐、氯盐和酸环境。当其他腐蚀介质或 pH≤2.0 时，以及设计使用年限为 100 年时，防护措施应专项论证。

2 桩身混凝土材料可根据防腐蚀要求，采用抗硫酸盐硅酸盐水泥，也可在普通水泥中掺入抗硫酸盐的外加剂、矿物掺合料、钢筋阻锈剂。

3 管桩不得单独采用亚硝酸盐类的阻锈剂。

4 在中、强腐蚀环境中，预应力混凝土管桩有效壁厚不应小于 95mm。

5 桩身涂刷防腐蚀涂层的长度，应大于污染土层的厚度。

6 当有两类以上腐蚀性介质同时作用时，应分别满足各自防护要求，但相同的防护措施不叠加。

3.0.11 管桩基础应减少接桩数量，接头宜位于非污染土层中，可采用焊接或机械接桩。位于污染土层中的桩接头，接桩钢零件应涂刷防腐蚀耐磨涂层或增加钢零件厚度，其腐蚀裕量不小于 2mm，也可采用热收缩聚乙烯套膜保护。

3.0.12 当管桩的表面涂有防腐蚀涂料时，在估算单桩承载力时，可不计入涂层范围内的桩侧阻力。

3.0.13 管桩的其他防护尚应符合现行国家标准《工业建筑防腐蚀设计规范》GB 50046 的规定。

3.0.14 管桩用混凝土的耐久性能试验方法应符合现行国家标准《普通混凝土长期性能和耐久性能试验方法标准》GB/T 50082 的有关规定。

4 材料与分类

4.1 材 料

4.1.1 预应力钢筋应采用预应力混凝土用钢棒，其质量应符合现行国家标准《预应力混凝土用钢棒》GB/T 5223.3 中低松弛螺旋槽钢棒的规定，基本尺寸应符合表 4.1.1 的规定。

表 4.1.1 预应力钢棒的基本尺寸

公称直径（mm）	基本直径及允许偏差（mm）	公称截面面积（mm²）	最小截面面积（mm²）	理论重量（kg/m）	允许最小重量（kg/m）
7.1	7.25±0.15	40.0	39.0	0.314	0.306
9.0	9.15±0.20	64.0	62.4	0.502	0.490

续表 4.1.1

公称直径（mm）	基本直径及允许偏差（mm）	公称截面面积（mm²）	最小截面面积（mm²）	理论重量（kg/m）	允许最小重量（kg/m）
10.7	11.10±0.20	90.0	87.5	0.707	0.687
12.6	13.10±0.20	125.0	121.5	0.981	0.954
14.0	14.15±0.20	154.0	149.6	1.209	1.184

4.1.2 端板材质应采用 Q235B，并应符合下列规定：

1 端板制造不得采用铸造工艺；

2 端板厚度不得有负偏差，用于抗拔桩工程的端板厚度宜增加且应满足设计要求；

3 除焊接坡口、桩套箍连接槽、预应力钢棒锚固孔、消除焊接应力槽、机械连接孔外，端板表面应平整，不得开槽和打孔。

4.1.3 管桩采用免蒸压养护工艺时，掺合料宜采用矿渣微粉、硅灰等，并应符合下列规定：

1 矿渣微粉的质量不应低于现行国家标准《用于水泥和混凝土中的粒化高炉矿渣粉》GB/T 18046 表 1 中 S95 级的有关规定；

2 硅灰的质量应符合现行国家标准《砂浆和混凝土用硅灰》GB/T 27690 的有关规定；

3 掺合料进厂必须有供方提供的该批材料的检验报告和质保书，存放对应挂牌标明品种、生产厂家、数量及进厂日期，掺合料不得混合存放；

4 当采用其他品种的掺合料时，应通过试验确定，确认符合管桩混凝土质量要求后，方可使用。

4.1.4 管桩用其他原材料要求尚应符合现行国家标

准《先张法预应力混凝土管桩》GB 13476 的规定。

4.2 分 类

4.2.1 管桩按外径可分为 300mm、350mm、400mm、450mm、500mm、550mm、600mm、700mm、800mm、1000mm、1200mm、1400mm 等。

4.2.2 管桩按使用领域可分为桩基基础用管桩、地基处理用管桩、基坑支护用管桩等。

4.2.3 管桩按桩身混凝土强度等级及主筋配筋形式，可分为预应力高强混凝土管桩、混合配筋管桩、预应力混凝土管桩。

4.2.4 预应力高强混凝土管桩按有效预应力值大小可分为 A 型、AB 型、B 型和 C 型，其对应混凝土有效预压应力值宜分别为 4MPa、6MPa、8MPa 和 10MPa，其抗弯性能应符合本标准附录 A 的规定。

4.2.5 管桩按养护工艺可分为高压蒸汽养护管桩或常压蒸汽养护管桩。

5 基础设计

5.1 一般规定

5.1.1 管桩基础设计宜具备下列基本资料：

1 岩土工程勘察报告，建筑物所在地区的抗震设防烈度和建筑场地类别，地基土液化、冻胀性、湿陷性、膨胀性评价，地基土、水的腐蚀性评价；

2 建筑场地总平面布置图、建筑物地下室平面布置图，建筑物上部结构类型与荷载，建筑物对基础沉降及水平位移的要求；

3 建筑场地地上及地下管线、地下构筑物的分布，受沉桩影响的邻近建（构）筑物的地基基础情况及防振、防噪声要求，施工机械进出场及现场运行条件；

4 沉桩设备性能、施工工艺及其对场地条件的适应性；

5 可选用的管桩规格、接头形式及生产条件。

5.1.2 管桩选型应符合下列规定：

1 基础设计等级为甲级的桩基础和抗拔桩不宜选用 A 型桩；

2 当用于端承型桩且需穿越一定厚度较硬土层时，不宜选用 A 型管桩；

3 用于抗震设防烈度 8 度及以上地区时，与承台连接的首节管桩不应选用 A 型桩，宜选用混合配筋管桩或 AB 型、B 型、C 型的预应力高强混凝土管桩；

4 直径为 300mm 的管桩仅适用于弱腐蚀场地环境；对于中等及强腐蚀场地，应选用 AB 型或 B 型、C 型管桩，并应根据不同的腐蚀性等级采用相应的防腐措施。

5.1.3 管桩的布置应符合下列规定：

1 管桩的最小中心距应符合表 5.1.3 的规定。

表 5.1.3 管桩的最小中心距

土类与桩基情况		排数不少于 3 排且桩数不少于 9 根的摩擦型桩桩基	其他情况
挤土桩	饱和黏性土	4.5d	4.0d
	非饱和土、饱和非黏性土	4.0d	3.5d
部分挤土桩	饱和黏性土	4.0d	3.5d
	非饱和土、饱和非黏性土	3.5d	3.0d
非挤土植入桩		3.0d	3.0d

注：1 桩的中心距指两根桩桩端横截面中心之间的距离；
2 d—管桩外径；
3 当纵横向桩距不相等时，其最小中心距应满足"其他情况"一栏的规定；
4 "部分挤土桩"指沉桩时采取引孔或应力释放孔等措施的管桩基础；
5 液化土、湿陷性土等特殊土，可适当减小桩距。

2 单桩或单排桩宜直接布置于柱、墙等竖向构件之下；当采用多桩或群桩时，宜使桩群承载力合力点与其竖向荷载效应准永久组合的合力作用点相重合。

3 同一结构单元宜避免同时采用摩擦桩和端承桩。当受条件限制必须采用时，则应估算其产生的差异沉降对上部结构的影响，并采取相应的处理措施。

4 应选择硬土层作为桩端持力层。桩端全截面（不包括桩尖部分）进入持力层深度，对于黏性土、粉土不宜小于 2.0d，砂土、全风化、强风化软质岩等不宜小于 1.5d，碎石土、强风化硬质岩等不宜小于 1.0d。当存在软弱下卧层时，桩端以下持力层厚度不宜小于 4d，并应进行软弱下卧层承载力和群桩沉降验算。

5.1.4 单桩竖向极限承载力标准值的确定应符合下列规定：

1 设计等级为甲级、乙级的管桩基础，应在施工前采用单桩静载荷试验确定，在同一条件下的试桩数量不应少于 3 根，并应符合下列规定：

1）试桩的规格、长度及地质条件应具有代表性；

2）试桩应选在地质勘探孔附近；

3）试桩施工条件应与工程桩一致。

2 设计等级为丙级的管桩基础，可结合静力触探原位试验参数和工程经验参数综合确定。

5.1.5 对于承受水平荷载大的设计等级为甲级、乙级的管桩基础，应通过现场单桩水平静载试验确定单桩水平承载力特征值。试验宜采用单向多循环加载法或慢速维持荷载法，按现行行业标准《建筑基桩检测技术规范》JGJ 106执行。

5.1.6 受水平荷载的管桩，其桩身受弯承载力和受剪承载力的验算应符合下列规定：

1 应验算桩身相同配筋形式的最大弯矩处的受弯承载力；

2 应验算桩顶斜截面的受剪承载力；

3 桩身所承受最大弯矩和水平剪力的计算，可按现行行业标准《建筑桩基技术规范》JGJ 94计算；

4 桩身正截面受弯承载力和斜截面受剪承载力的计算，应按本标准第5.2.12条～第5.2.17条的规定执行。

5.1.7 预应力管桩应按下列规定进行受拉应力验算：

1 对于严格要求不出现裂缝的预应力管桩，其裂缝控制等级应为一级，在荷载效应标准组合下混凝土不应产生拉应力，应符合下式要求：

$$\sigma_{ck} - \sigma_{pc} \leqslant 0 \qquad (5.1.7\text{-}1)$$

2 对于一般要求不出现裂缝的预应力管桩，其裂缝控制等级应为二级，在荷载效应标准组合下受拉边缘的应力不应大于混凝土轴心受拉强度标准值，应符合下式要求：

$$\sigma_{ck} - \sigma_{pc} \leqslant f_{tk} \qquad (5.1.7\text{-}2)$$

式中：σ_{ck} ——荷载效应标准组合下桩身混凝土正截面法向拉应力（N/mm²）；

σ_{pc} ——管桩桩身截面混凝土有效预压应力（N/mm²）；

f_{tk} ——混凝土轴心抗拉强度标准值（N/mm²）。

5.1.8 管桩桩身轴心受拉时，裂缝控制等级为一级；管桩桩身受弯时，处于弱腐蚀环境及以上的管桩裂缝控制等级为二级，中等、强腐蚀环境及以上的管桩裂缝控制等级为一级。

5.2 桩 基 计 算

5.2.1 对于一般建筑物和受水平力（包括力矩和水平剪力）较小的高层建筑物，当采用桩型相同的多桩或群桩基础，群桩中单桩桩顶作用力应按下列公式计算：

1 轴心竖向力作用下

$$N_k = \frac{F_k + G_k}{n} \qquad (5.2.1\text{-}1)$$

2 偏心竖向力作用下

$$N_{ik} = \frac{F_k + G_k}{n} \pm \frac{M_{xk} y_i}{\sum y_j^2} \pm \frac{M_{yk} x_i}{\sum x_j^2}$$
$$(5.2.1\text{-}2)$$

3 水平力作用下

$$H_{ik} = \frac{H_k}{n} \qquad (5.2.1\text{-}3)$$

式中：F_k ——按荷载效应标准组合计算的作用于承台顶面的竖向力（kN）；

G_k ——桩基承台和承台上土自重标准值（kN）；

N_k ——相应于荷载效应标准组合时，轴心竖向力作用下任一单桩的竖向力（kN）；

n ——群桩基础中的桩数；

N_{ik} ——按荷载效应标准组合计算的偏心竖向力作用下第 i 根桩的竖向力（kN）；

M_{xk}、M_{yk} ——按荷载效应标准组合计算的作用于承台底面的外力，绕通过桩群形心的 x、y 主轴的力矩（kN·m）；

x_i、x_j、y_i、y_j ——第 i、j 基桩或复合桩基至 y、x 轴的距离（m）；

H_k ——按荷载效应标准组合计算的作用于桩基承台底面的水平力（kN）；

H_{ik} ——按荷载效应标准组合计算的作用于第 i 基桩或复合基桩的水平力（kN）。

5.2.2 单桩承载力验算应符合下列规定：

1 不考虑地震作用效应组合的标准值：

1）轴心竖向力作用下

$$N_k \leqslant R \qquad (5.2.2\text{-}1)$$

2）偏心竖向力作用下，除满足式（5.2.2-1）外，尚应满足

$$N_{kmax} \leqslant 1.2R \qquad (5.2.2\text{-}2)$$

3）水平力作用下

$$H_{ik} \leqslant R_h \qquad (5.2.2\text{-}3)$$

2 考虑地震作用效应组合的标准值：

1）轴心竖向力作用下

$$N_{Ek} \leqslant 1.25R \qquad (5.2.2\text{-}4)$$

2）偏心竖向力作用下，除满足式（5.2.2-4）外，尚应满足：

$$N_{Ekmax} \leqslant 1.5R \qquad (5.2.2\text{-}5)$$

3）水平力作用下

$$H_{ik} \leqslant 1.25R_h \qquad (5.2.2\text{-}6)$$

式中：R ——基桩或复合基桩竖向承载力特征值（kN）；

N_{kmax} ——荷载效应标准组合偏心竖向力作用下，桩顶最大竖向力（kN）；

N_{Ek} ——地震作用效应和荷载效应标准组合下，基桩或复合基桩的平均竖向力（kN）；

N_{Ekmax} ——地震作用效应和荷载效应标准组合下，基桩或复合基桩的最大竖向力（kN）；

R_h ——单桩基础或群桩中基桩的水平承载力特征值，对于单桩基础，可取单桩的水平

承载力特征值 R_{ha}（kN），R_{ha} 按本标准第 5.2.11 条确定。

5.2.3 承受竖向拔力的管桩基础，应按下式验算单桩的抗拔承载力

$$N_{tk} \leqslant R_{ta} \qquad (5.2.3)$$

式中：N_{tk}——按荷载效应标准组合计算的作用于单桩桩顶的竖向拔力（kN）；

R_{ta}——单桩竖向抗拔承载力特征值（kN）。

5.2.4 以单桩竖向抗压静载试验确定单桩竖向承载力时，单桩竖向抗压承载力特征值 R_a 应按下式计算：

$$R_a = \frac{Q_{uk}}{K} \qquad (5.2.4)$$

式中：Q_{uk}——单桩竖向极限承载力标准值；

K——安全系数，取 $K=2$。

5.2.5 管桩单桩竖向承载力标准值可结合工程经验参数或静力触探原位试验结果按下列公式估算：

$$Q_{uk} = Q_{sk} + Q_{pk} = u \sum q_{sik} l_i + q_{pk}(A + \lambda_p A_{p1}) \qquad (5.2.5\text{-}1)$$

当 $h_b/d < 5$ 时，$\lambda_p = 0.16 h_b/d \qquad (5.2.5\text{-}2)$

当 $h_b/d \geqslant 5$ 时，$\lambda_p = 0.8 \qquad (5.2.5\text{-}3)$

$$A = \frac{\pi}{4}(d^2 - d_1^2) \qquad (5.2.5\text{-}4)$$

$$A_{p1} = \frac{\pi}{4} d_1^2 \qquad (5.2.5\text{-}5)$$

式中：Q_{sk}、Q_{pk}——总极限侧阻力标准值、总极限端阻力标准值；

q_{sik}、q_{pk}——桩侧第 i 层土的极限侧阻力标准值、极限端阻力标准值，可由当地静载荷试验结果统计分析得到，或根据场地单桥或双桥探头静力触探试验结果，按现行行业标准《建筑桩基技术规范》JGJ 94 取值；

A——管桩桩身横截面面积（m²）；

A_{p1}——管桩空心部分敞口面积（m²）；

u——桩身周长；

λ_p——桩端土塞效应修正系数，对于闭口管桩 $\lambda_p = 1.0$，对于敞口管桩按式（5.2.5-2）、式（5.2.5-3）取值；

h_b——桩端进入持力层深度（m）；

l_i——桩周第 i 层土（岩）的厚度（m）；

d，d_1——管桩外径、内径（m）。

5.2.6 对于轴向受压的管桩基础，不考虑压屈影响时，桩身混凝土强度验算应符合下式规定：

$$N \leqslant \psi_c f_c A \qquad (5.2.6)$$

式中：ψ_c——成桩工艺系数，当采用抱压式或锤击式施工时，ψ_c 取 0.70，当采用顶压式施工时，ψ_c 取 0.80，当采用植入工法或中掘工法施工时，ψ_c 取 0.85；

f_c——桩身混凝土轴心抗压强度设计值（N/mm²），按现行国家标准《混凝土结构设计规范》GB 50010 的规定取值；

A——管桩桩身横截面面积（mm²）；

N——轴心竖向力作用下单桩所受竖向压力设计值（kN）。

5.2.7 偏心受压管桩正截面受压承载力的验算宜符合下列规定：

1 预应力高强混凝土管桩、预应力混凝土管桩：

$$N \leqslant \alpha \alpha_1 f_c A - \sigma_{p0} A_{py} + f'_{py} A_{py} r_p + \alpha_t (f_{py} - \sigma_{p0}) A_{py} \qquad (5.2.7\text{-}1)$$

$$N \eta e_i \leqslant \alpha_1 f_c A (r_1 + r_2) \frac{\sin \pi \alpha}{2\pi} + f'_{py} A_{py} r_p \frac{\sin \pi \alpha}{\pi} + (f_{py} - \sigma_{p0}) A_{py} r_p \frac{\sin \pi \alpha_t}{\pi} \qquad (5.2.7\text{-}2)$$

$$\alpha_t = 0.45(1 - \alpha) \qquad (5.2.7\text{-}3)$$

2 混合配筋管桩：

$$N \leqslant \alpha \alpha_1 f_c A - \sigma_{p0} A_{py} + f'_{py} A_{py} r_p + \alpha_t (f_{py} - \sigma_{p0}) A_{py} + (\alpha - \alpha_t) f_y A_s \qquad (5.2.7\text{-}4)$$

$$N \eta e_i \leqslant \alpha_1 f_c A (r_1 + r_2) \frac{\sin \pi \alpha}{2\pi} + f'_{py} A_{py} r_p \frac{\sin \pi \alpha}{\pi} + (f_{py} - \sigma_{p0}) A_{py} r_p \frac{\sin \pi \alpha_t}{\pi} + f_y A_s r_s \left(\frac{\sin \pi \alpha + \sin \pi \alpha_t}{\pi} \right) \qquad (5.2.7\text{-}5)$$

$$\alpha_t = 1 - 1.5\alpha \qquad (5.2.7\text{-}6)$$

式中：N——轴心竖向力作用下单桩所受竖向压力设计值（kN）；

A——管桩桩身横截面面积（m²）；

r_1、r_2——管桩环形截面的内、外半径（m）；

A_{py}、A_s——全部纵向预应力钢棒、非预应力钢筋的总截面面积（m²）；

r_p、r_s——纵向预应力钢棒、非预应力钢筋重心所在圆周的半径（m）；

α_1——混凝土矩形应力图的应力值与轴心抗压强度设计值之比，对 C60 取 $\alpha_1 = 0.98$，C80 取 $\alpha_1 = 0.94$；

α——受压区混凝土截面面积与全截面面积的比值；

α_t——纵向受拉预应力钢棒截面面积与全部纵向预应力钢棒截面面积的比值，当 α 大于 2/3 时，取 α_t 为 0；

f_c——混凝土轴心抗压强度设计值（N/mm²）；

f_{py}——预应力钢棒抗拉强度设计值（N/mm²）；

f'_{py}——预应力钢棒抗压强度设计值（N/mm²）；

f_y——非预应力钢筋抗拉强度设计值（N/mm²）；

σ_{p0} ——预应力钢棒合力点处混凝土法向应力等于零时预应力钢棒应力（MPa）；

e_i ——初始偏心距 $e_i = e_0 + e_a$；

e_0 ——轴向压力对截面重心的偏心距，$e_0 = M/N$，M 为管桩桩身正截面受弯承载力设计值；

e_a ——附加偏心距，$e_a = d/30$，且 $e_a \geqslant 20\text{mm}$，$d$ 为管桩外径；

η ——考虑二阶弯矩影响的轴向压力偏心距增大系数。

5.2.8 计算偏心受压管桩正截面受压承载力时，可不考虑偏心距的增大影响，取 $\eta = 1$。管桩偏心受压时的承载力取值应满足附录 B 轴力与弯矩的关系曲线。

5.2.9 初步设计时，可按下列规定计算群桩基础呈非整体破坏和呈整体破坏时的基桩抗拔力特征值，并取较小值：

1 群桩呈非整体破坏：

$$R_{ta} = \Sigma \lambda_i q_{sik} u_i l_i / 2 + G_p \quad (5.2.9\text{-}1)$$

式中：R_{ta} ——管桩抗拔承载力特征值；

u_i ——桩身周长，取 $u_i = \pi d$；

l_i ——桩周第 i 层土的厚度；

q_{sik} ——桩侧表面第 i 层土的抗压极限侧阻力标准值；

λ_i ——抗拔系数，可按表 5.2.9 取值；

G_p ——基桩自重，地下水位以下取浮重度。

表 5.2.9 管桩抗拔系数 λ_i

土的类别	λ 值
黏性土、粉土	0.70～0.80
松散—密实砂土	0.50～0.70
残积土，全、强风化岩	0.60～0.70

注：桩长 l 与桩径 d 之比小于 20 时，λ 取小值。

2 群桩呈整体破坏：

$$R_{ta} = \left(\frac{1}{n} u_l \Sigma \lambda_i q_{sik} l_i \right)/2 + G_{gp} \quad (5.2.9\text{-}2)$$

式中：u_l ——桩群外围周长；

n ——群桩基础中的桩数；

G_{gp} ——群桩基础所包围体积的桩土总自重除以总桩数，地下水位以下取浮重度。

5.2.10 承受竖向上拔力作用的管桩应进行预应力钢棒抗拉强度、端板孔口抗剪强度、接桩连接强度、桩顶填芯混凝土与承台连接处强度等验算，并应按不利处的抗拉强度确定管桩的抗拔承载力。

1 根据预应力钢棒抗拉强度验算单桩抗拔承载力时，应按下式进行验算：

$$N_t \leqslant C f_{py} A_{py} \quad (5.2.10\text{-}1)$$

式中：N_t ——单桩抗拔力设计值（kN），可近似按 $1.35 R_{ta}$ 计算；

C ——考虑预应力钢棒镦头与端板连接处受力不均匀等因素的影响而取的折减系数，$C = 0.85$；

f_{py} ——预应力钢棒抗拉强度设计值（N/mm^2）；

A_{py} ——全部纵向预应力钢棒的总截面面积（mm）。

2 根据管桩端板锚固孔抗剪强度验算单桩抗拔承载力时（图 5.2.10），应按下式进行验算：

$$N_t \leqslant n' \pi (d_3 + d_4) \left(t_s - \frac{h_1 + h_2}{2} \right) f_v / 2 \quad (5.2.10\text{-}2)$$

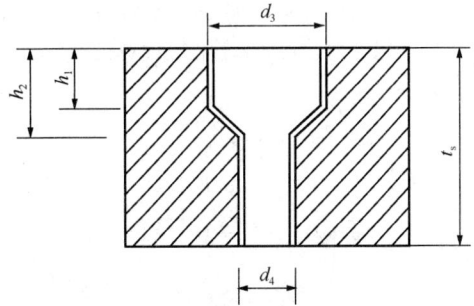

图 5.2.10 端板锚固孔示意图

式中：N_t ——单桩抗拔力设计值（kN）；

n' ——预应力钢棒数量（根）；

d_3 ——端板上预应力钢棒锚固孔台阶上口直径（mm）；

d_4 ——端板上预应力钢棒锚固孔台阶下口直径（mm）；

h_1 ——端板上预应力钢棒锚固孔台阶上口距端板顶距离（mm）；

h_2 ——端板上预应力钢棒锚固孔台阶下口距端板顶距离（mm）；

f_v ——端板抗剪强度设计值（N/mm^2），取 $f_v = 120$ N/mm^2；

t_s ——端板厚度（mm）。

3 根据管桩接桩连接处强度验算单桩抗拔承载力时，机械连接应按现行国家及地方有关标准的规定进行计算，焊接连接应按下列公式进行验算：

$$N_t \leqslant \frac{1}{4} \pi (d_5^2 - d_6^2) f_t^w \quad (5.2.10\text{-}3)$$

式中：N_t ——单桩抗拔力设计值（kN）；

d_5 ——焊缝外径（mm）；

d_6 ——焊缝内径（mm）；

f_t^w ——焊缝抗拉强度设计值。

4 根据管腔内填芯微膨胀混凝土深度及填芯混凝土纵向钢筋验算单桩抗拔承载力时，应按下列公式进行验算：

$$N_t \leq k_1 \pi d_1 L_a f_n \tag{5.2.10-4}$$

$$N_t \leq A_{sd} f_y \tag{5.2.10-5}$$

式中：N_t——单桩抗拔力设计值（kN）；

k_1——经验折减系数，取 0.8；

d_1——管桩内径；

L_a——填芯混凝土高度；

f_n——填芯混凝土与管桩内壁的粘结强度设计值，宜由现场试验确定，当缺乏试验资料时，C30 微膨胀混凝土可取 0.35N/mm²；

A_{sd}——填芯混凝土纵向钢筋总截面面积；

f_y——填芯混凝土纵向钢筋的抗拉强度设计值。

5.2.11 当管桩的水平承载力由水平位移控制，且缺少单桩水平荷载试验资料时，除 A 型管桩外，可按变形控制采用下列公式估算管桩基础单桩水平承载力特征值：

$$R_{ha} \leq 0.75 \frac{\alpha^3 EI}{\nu_x} \chi_{0a} \tag{5.2.11-1}$$

$$EI = 0.85 E_c I_0 \tag{5.2.11-2}$$

$$I_0 = \frac{\pi}{64}(d^4 - d_1^4) + (\alpha_E - 1) A_{py} D_p^2 \tag{5.2.11-3}$$

$$\alpha = \sqrt[5]{\frac{m b_0}{EI}} \tag{5.2.11-4}$$

$$b_0 = 0.9(1.5d + 0.5) \tag{5.2.11-5}$$

式中：E_c——混凝土弹性模量；

I_0——桩身换算截面惯性矩；

d——管桩外径；

d_1——管桩内径；

D_p——纵向预应力钢棒分布圆的直径；

A_{py}——全部纵向预应力钢棒的总截面面积；

α_E——钢筋弹性模量与混凝土弹性模量之比；

χ_{0a}——管桩桩顶允许水平位移（m）；

ν_x——管桩桩顶水平位移系数，按表 5.2.11-1 取值；

α——管桩的水平变形系数（1/m）；

m——桩侧土的水平抗力系数的比例系数（MN/m⁴），可按表 5.2.11-2 选用；

b_0——管桩桩身计算宽度（m）。

表 5.2.11-1 管桩桩顶水平位移系数 ν_x

桩顶约束情况	桩的换算深度（αh）	ν_x
铰接	4.0	2.441
	3.5	2.502
	3.0	2.727
	2.8	2.905
	2.6	3.163
	2.4	3.526

33—14

续表 5.2.11-1

桩顶约束情况	桩的换算深度（αh）	ν_x
刚接	4.0	0.940
	3.5	0.970
	3.0	1.028
	2.8	1.055
	2.6	1.079
	2.4	1.095

注：1 当 $\alpha h > 4.0$ 时，取 $\alpha h = 4.0$；

2 3 桩及 3 桩以上承台且满足附录 A 节点要求可视为刚接；

3 2 桩及单桩承台有双向拉梁约束且满足附录 A 节点要求可视为刚接；

4 不满足 2 或 3 要求时可视为铰接。

表 5.2.11-2 桩侧土水平抗力系数的比例系数 m 值

序号	地基土类别	管桩 m (MN/m⁴)	相应桩顶面处水平位移 (mm)
1	淤泥，淤泥质土、饱和湿陷性黄土	2.0～4.5	10
2	流塑、软塑黏性土，松散粉土，松散粉细砂，松散或稍密填土	4.5～6.0	10
3	可塑黏性土，稍密粉土，中密填土，稍密粉砂	6.0～10	10
4	硬塑、坚硬黏性土，中密或密实粉土，中密中粗砂，密实老填土	10～22	10

注：1 当桩顶位移大于 10mm 时，m 值宜适当降低；反之，可适当提高；

2 当水平荷载为长期荷载时，应将表列数值乘以 0.4 后采用；

3 当桩侧面为几种土层组成时，应求得主要影响深度 $h_m = 2(d+1)$（m）范围内的 m 值作为计算值。

5.2.12 管桩桩身正截面受弯承载力计算应符合下列规定：

1 管桩（预应力高强混凝土管桩、预应力混凝土管桩）正截面受弯承载力设计值计算：

$$M \leq \alpha_1 f_c A(r_1 + r_2) \frac{\sin \pi \alpha}{2\pi}$$
$$+ f'_{py} A_{py} r_p \frac{\sin \pi \alpha}{\pi}$$
$$+ (f_{py} - \sigma_{p0}) A_{py} r_p \frac{\sin \pi \alpha_1}{\pi} \tag{5.2.12-1}$$

$$\alpha = \frac{0.55 \sigma_{p0} A_{py} + 0.45 f_{py} A_{py}}{\alpha_1 f_c A + f'_{py} A_{py} + 0.45(f_{py} - \sigma_{p0}) A_{py}} \tag{5.2.12-2}$$

$$\alpha_t = 0.45(1-\alpha) \qquad (5.2.12\text{-}3)$$

2 管桩（预应力高强混凝土管桩、预应力混凝土管桩）正截面受弯承载力极限值计算：

$$M_u \leqslant \alpha_1 f_{ck} A(r_1+r_2)\frac{\sin\pi\alpha}{2\pi} + f'_{py} A_{py} r_p \frac{\sin\pi\alpha}{\pi}$$
$$+ (f_{ptk}-\sigma_{p0})A_{py} r_p \frac{\sin\pi\alpha_t}{\pi} \qquad (5.2.12\text{-}4)$$

$$\alpha = \frac{0.55\sigma_{p0}A_{py} + 0.45 f_{ptk}A_{py}}{\alpha_1 f_{ck}A + f'_{py}A_{py} + 0.45(f_{ptk}-\sigma_{p0})A_{py}}$$
$$(5.2.12\text{-}5)$$

$$\alpha_t = 0.45(1-\alpha) \qquad (5.2.12\text{-}6)$$

式中：M——管桩桩身受弯承载力设计值（kN·m）；

M_u——管桩桩身受弯承载力极限值（kN·m）；

A——管桩桩身横截面面积（mm²）；

A_{py}——全部纵向预应力钢棒的总截面面积（mm²）；

r_1、r_2——管桩环形截面的内、外半径（mm）；

r_p——纵向预应力钢棒重心所在圆周的半径（mm）；

α_1——混凝土矩形应力图的应力值与轴心抗压强度设计值之比，对 C60 取 $\alpha_1=0.98$，C80 取 $\alpha_1=0.94$；其间按线性内插法确定；

α——矩形应力图中，混凝土受压区面积与全截面面积的比值；

α_t——矩形应力图中，纵向受拉预应力钢棒达到屈服强度的钢筋面积与全部纵向预应力钢棒截面面积的比值；

f_c——混凝土轴心抗压强度设计值（N/mm²）；

f_{ck}——混凝土轴心抗压强度标准值（N/mm²）；

f_{py}——预应力钢棒抗拉强度设计值（N/mm²）；

f_{ptk}——预应力钢棒抗拉强度标准值（N/mm²）；

f'_{py}——预应力钢棒抗压强度设计值（N/mm²）；

σ_{p0}——预应力钢棒合力点处混凝土法向应力等于零时的预应力钢棒应力（N/mm²）。

5.2.13 混合配筋管桩正截面受弯承载力应符合下列规定：

1 混合配筋管桩正截面受弯承载力设计值：

$$M \leqslant \alpha_1 f_c A(r_1+r_2)\frac{\sin\pi\alpha}{2\pi} + f'_{py}A_{py}r_p\frac{\sin\pi\alpha}{\pi}$$
$$+ (f_{py}-\sigma_{p0})A_{py}r_p\frac{\sin\pi\alpha_t}{\pi}$$
$$+ f_y A_s r_s\left(\frac{\sin\pi\alpha + \sin\pi\alpha_t}{\pi}\right) \qquad (5.2.13\text{-}1)$$

$$\alpha = \frac{f_{py}A_{py} + f_y A_s}{\alpha_1 f_c A + f'_{py}A_{py} + 1.5(f_{py}-\sigma_{p0})A_{py} + 2.5 f_y A_s}$$
$$(5.2.13\text{-}2)$$

$$\alpha_t = 1 - 1.5\alpha \qquad (5.2.13\text{-}3)$$

2 混合配筋管桩正截面受弯承载力极限值计算：

$$M_u \leqslant \gamma'\Big(\alpha_1 f_{ck} A(r_1+r_2)\frac{\sin\pi\alpha}{2\pi} + f'_{py}A_{py}r_p\frac{\sin\pi\alpha}{\pi}$$
$$+ (f_{ptk}-\sigma_{p0})A_{py}r_p\frac{\sin\pi\alpha_t}{\pi}$$
$$+ f_{yk}A_s r_s\left(\frac{\sin\pi\alpha + \sin\pi\alpha_t}{\pi}\right)\Big) \qquad (5.2.13\text{-}4)$$

$$\alpha = \frac{f_{ptk}A_{py} + f_{yk}A_s}{\alpha_1 f_{ck} A + f'_{py}A_{py} + 1.5(f_{ptk}-\sigma_{p0})A_{py} + 2.5 f_{yk}A_s}$$
$$(5.2.13\text{-}5)$$

$$\alpha_t = 1 - 1.5\alpha \qquad (5.2.13\text{-}6)$$

式中：A——管桩桩身横截面面积（mm²）；

A_s——全部纵向非预应力钢筋的总截面面积（mm²）；

A_{py}——全部纵向预应力钢棒的总截面面积（mm²）；

r_1、r_2——环形截面的内、外半径（mm）；

r_s——纵向非预应力钢筋重心所在圆周的半径（mm）；

r_p——纵向预应力钢棒重心所在圆周的半径（mm）；

α——受压区混凝土截面面积与全截面面积的比值；

α_t——矩形应力图中，纵向受拉预应力钢棒达到屈服强度的钢筋面积与全部纵向预应力钢棒截面面积的比值；

f_c——混凝土轴心抗压强度设计值（N/mm²）；

f_{ck}——混凝土轴心抗压强度标准值（N/mm²）；

f_{py}——预应力钢棒抗拉强度设计值（N/mm²）；

f_{ptk}——预应力钢棒抗拉强度标准值（N/mm²）；

f'_{py}——预应力钢棒抗压强度设计值（N/mm²）；

f_y——非预应力钢筋抗拉强度设计值（N/mm²）；

f_{yk}——非预应力钢筋抗拉强度标准值（N/mm²）；

σ_{p0}——预应力钢棒合力点处混凝土法向应力等于零时的预应力钢棒应力（N/mm²）；

γ'——考虑实际条件下的综合折减系数，取 $\gamma'=0.95$。

5.2.14 当按二级裂缝控制等级验算受弯管桩受拉边缘应力时，其正截面受弯承载力应符合下式规定：

$$M_{cr} \leqslant (\sigma_{pc} + \gamma f_{tk})W_0 \qquad (5.2.14\text{-}1)$$
$$W_0 = 2I_0/d \qquad (5.2.14\text{-}2)$$
$$I_0 = \frac{\pi}{4}(d^4 - d_1^4) + \left(\frac{E_s}{E_c}-1\right)A_{py}\frac{r_p^2}{2} \qquad (5.2.14\text{-}3)$$

式中：M_{cr}——管桩桩身开裂弯矩（kN·m）；

σ_{pc}——包括混凝土有效预压应力在内的管桩横截面承受的压应力（MPa）；

γ——考虑离心工艺影响及截面抵抗矩塑性

影响的综合系数，对 C60 取 $\gamma = 2.0$，对 C80 取 $\gamma = 1.9$；

f_{tk}——混凝土轴心抗拉强度标准值；

W_0——截面换算弹性抵抗矩；

E_s、E_c——分别为预应力钢棒、混凝土的弹性模量。

5.2.15 管桩的受剪截面应符合下式规定：

$$V \leqslant 0.12\beta_c f_c (d^2 - d_1^2) \qquad (5.2.15)$$

式中：V——管桩剪力设计值（kN）；

β_c——混凝土强度影响系数：C80 混凝土，取 $\beta_c = 0.8$；C60 混凝土，取 $\beta_c = 0.93$。

5.2.16 管桩桩身斜截面受剪承载力应符合下式规定：

$$V \leqslant R_v \qquad (5.2.16)$$

式中：R_v——管桩桩身斜截面受剪承载力设计值，按本标准第 5.2.17 条确定。

5.2.17 管桩桩身斜截面受剪承载力设计值 R_v 应按下列公式规定确定：

1 管桩斜截面受剪承载力设计值，可按下式计算：

$$R_v \leqslant \frac{0.7tI}{s_0}\sqrt{(\sigma_{pc} + 2f_t)^2 - \sigma_{pc}^2} + \frac{\pi}{2}f_{yv}A_{sv1}\sin\alpha \frac{d}{s}$$

$$(5.2.17\text{-}1)$$

2 管桩截桩部位斜截面受剪承载力设计值，可按下式计算：

$$R_v \leqslant \frac{0.7tI}{s_0}\sqrt{(\mu\sigma_{pc} + 2f_t)^2 - (\mu\sigma_{pc})^2}$$

$$+ \frac{\pi}{2}f_{yv}A_{sv1}\sin\alpha \frac{d}{s} \qquad (5.2.17\text{-}2)$$

3 符合本标准管桩填芯混凝土构造的管桩填芯部位斜截面受剪承载力设计值，可按下式计算：

$$R_v \leqslant \frac{0.7tI}{s_0}\sqrt{(\sigma_{pc} + 2f_t)^2 - \sigma_{pc}^2}$$

$$+ \frac{\pi}{2}f_{yv}A_{sv1}\sin\alpha \frac{d}{s} + 0.3f_{t1}d_1^2 \qquad (5.2.17\text{-}3)$$

4 符合本标准管桩填芯混凝土构造的管桩截桩部位的填芯部位斜截面受剪承载力设计值，可按下式计算：

$$R_v \leqslant \frac{0.7tI}{s_0}\sqrt{(\mu\sigma_{pc} + 2f_t)^2 - (\mu\sigma_{pc})^2}$$

$$+ \frac{\pi}{2}f_{yv}A_{sv1}\sin\alpha \frac{d}{s_v} + 0.3f_{t1}d_1^2 \qquad (5.2.17\text{-}4)$$

$$\mu = \frac{m}{l_{tr}} \qquad (5.2.17\text{-}5)$$

$$l_{tr} = 0.14\frac{\sigma_{pc}}{f_{tk}}d_e \qquad (5.2.17\text{-}6)$$

$$I = \frac{\pi}{64}(d^4 - d_1^4) \qquad (5.2.17\text{-}7)$$

$$s_0 = \frac{1}{12}(d^3 - d_1^3) \qquad (5.2.17\text{-}8)$$

式中：μ——截桩后混凝土的有效预压应力折减系数；

l_{tr}——截桩后预应力筋的预应力传递长度；

d_e——预应力钢棒的公称直径；

m——计算截面至截桩顶的距离，当 $m > l_{tr}$ 时，取 $m = l_{tr}$；

f_t——管桩混凝土的轴心抗拉强度设计值（MPa）；

f_{t1}——填芯混凝土的抗拉强度设计值（MPa）；

f_{yv}——箍筋抗拉强度设计值（MPa）；

t——管桩壁厚（mm）；

I——管桩截面相对中心轴的惯性矩（mm^4）；

s_0——中心轴以上截面对中心轴的面积矩（mm^3）；

A_{sv1}——单支箍筋的截面面积（mm^2）；

$\sin\alpha$——螺旋斜向箍筋与纵轴夹角的正弦值；

s_v——箍筋间距（mm）。

5.2.18 管桩基础的沉降计算应符合现行行业标准《建筑桩基技术规范》JGJ 94 的有关规定。

5.3 构 造 要 求

5.3.1 管桩与承台连接的一端或各节桩连接端处可设置锚固筋并应符合设计要求。

5.3.2 预应力钢棒应沿其分布圆周均匀配置，用于桩基工程的管桩最小配筋率不应小于 0.5%，并不得少于 6 根，间距允许偏差应为 ±5mm。

5.3.3 混合配筋管桩的非预应力钢筋与预应力钢棒数量宜按 1:1 间隔对称布置且非预应力钢筋屈服强度标准值不宜低于 400MPa。当混合配筋管桩的非预应力钢筋与预应力钢棒数量小于 1:1 时，非预应力钢筋应符合下列规定：

1 总筋数不应少于预应力钢棒总筋数的 50%；

2 直径不应小于 10mm 且不应小于预应力钢棒的直径；

3 屈服强度标准值不宜低于 400MPa。

5.3.4 管桩两端螺旋筋加密区长度不得小于 2000mm，加密区螺旋筋的螺距为 45mm，其余部分螺旋筋的螺距为 80mm，螺距允许偏差为 ±5mm；螺旋筋的直径不应小于表 5.3.4 的规定。

表 5.3.4 螺旋筋的直径

管桩外径 d （mm）	管桩型号	螺旋筋直径 d_v （mm）
300～400	A、AB、B、C	4
500～600	A、AB、B、C	5
700	A、AB、B、C	6
800	A、AB、B、C	6
1000～1200	A、AB、B	6
	C	8
1300～1400	A、AB	7
	B、C	8

5.3.5 预应力钢棒放张时，管桩用混凝土立方体抗压强度标准值不得低于 45MPa。

5.3.6 管桩出厂时的桩身混凝土抗压强度不得低于

设计的混凝土强度等级值。

5.3.7 桩基工程用管桩的钢筋混凝土保护层厚度不得小于35mm，地基处理和临时性设施基础用管桩的钢筋混凝土保护层厚度不应小于25mm。

5.3.8 管桩接桩应符合下列规定：

1 管桩上下节拼接可采用端板焊接连接或机械接头连接，接头应保证管桩内纵向钢筋与端板等效传力，接头连接强度不应小于管桩桩身强度。任一基桩的接头数量不宜超过3个。

2 用作抗拔的管桩宜采用专门的机械连接接头或经专项设计的焊接接头。当在强腐蚀环境采用机械接头时，宜同时采用焊接连接。

3 焊接接头连接施工应符合本标准8.3节的规定。

5.3.9 管桩桩尖应符合下列规定：

1 应根据地质条件和布桩情况选用桩尖，宜选用开口型桩尖。

2 腐蚀环境下的管桩或当桩端位于遇水易软化的风化岩层时，可根据穿过的土层性质、打（压）桩力的大小以及挤土程度选用平底形、平底十字形或锥形闭口型桩尖。桩尖焊缝应连续饱满不渗水，且在首节桩沉桩后立即在桩端灌注高度不小于1.2m的补偿收缩混凝土或中粗砂拌制的水泥砂浆进行封底，混凝土强度等级不宜低于C20，水泥砂浆强度等级不宜低于M15。

3 桩尖宜采用钢板制作，钢板应采用Q235B钢材，其质量应符合现行国家标准《碳素结构钢》GB/T 700的有关规定，钢板厚度不宜小于16mm，且应满足沉桩过程对桩尖的刚度和强度要求。桩尖制作和焊接应符合现行国家标准《钢结构焊接规范》GB 50661的有关规定。

5.3.10 管桩顶部与承台连接处的混凝土填芯应符合下列规定：

1 对于承压桩，填芯混凝土深度不应小于3倍桩径且不应小于1.5m；对于抗拔桩，填芯混凝土深度应按本标准5.2.10条计算确定，且不得小于3m；对于桩顶承担较大水平力的桩，填芯混凝土深度应按计算确定，且不得小于6倍桩径并不得小于3m。

2 填芯混凝土强度等级应比承台和承台梁提高一个等级，且不应低于C30。应采用无收缩混凝土或微膨胀混凝土。混凝土限制膨胀率和限制干缩率的测定应按现行国家标准《混凝土外加剂应用技术规范》GB 50119的有关规定执行。

3 管腔内壁浮浆应清除干净，并刷纯水泥浆。填芯混凝土应灌注饱满，振捣密实，下封层不得漏浆。

5.3.11 管桩与承台连接应符合下列规定：

1 桩顶嵌入承台内的长度宜为50mm～100mm。

2 应采用桩顶填芯混凝土内插钢筋与承台连接的方式。对于没有截桩的桩顶，可采用桩顶填芯混凝土内插钢筋和在桩顶端板上焊接钢板后焊接锚筋相结合的方式。连接钢筋宜采用热轧带肋钢筋。

3 对于承压桩，连接钢筋配筋率按桩外径实心截面计算不应小于0.6%，数量不宜少于4根，钢筋插入管桩内的长度应与桩顶填芯混凝土深度相同，锚入承台内的长度不应小于35倍钢筋直径。

4 对于抗拔桩，连接钢筋面积应根据抗拔承载力确定，钢筋插入管桩内的长度应与桩顶填芯混凝土深度相同，锚入承台内的长度应按现行国家标准《混凝土结构设计规范》GB 50010确定。

6 复 合 地 基

6.1 一 般 规 定

6.1.1 当采用管桩作为复合地基竖向增强体时，应根据地质条件、工程特点与地基处理要求，结合工程当地技术水平与地方经验，可单独使用形成刚性桩复合地基，也可与碎石桩、水泥土桩、灰土挤密桩和土挤密桩、现场灌注的混凝土桩等组合使用，形成多桩型复合地基。

6.1.2 可根据单桩承载力设计要求、施工方法等因素选用管桩、水泥土复合管桩等劲性管桩作为复合地基竖向增强体。

6.1.3 地基处理所采用的管桩及其他材料，应符合耐久性设计要求。

6.1.4 管桩复合地基应根据地质条件、环境影响程度，选择打入、压入、中掘、植入等方法施工。

6.1.5 管桩复合地基的设计选型应符合下列规定：

1 应选择承载力和压缩模量高的土层作为管桩桩端持力层；

2 地基中有多层坚硬土层时，可采用长桩与短桩组合的管桩复合地基方案，当采用管桩与其他增强体组合形成多桩型复合地基时，应将管桩设计为复合地基主要增强体；

3 浅部存在软土、欠固结土、湿陷性黄土、可液化土时，宜先采用预压、压实、夯实、挤密等方法或低强度桩处理浅层地基，再采用管桩复合地基处理，处理效果应满足国家现行标准《建筑地基处理技术规范》JGJ 79和《湿陷性黄土地区建筑规范》GB 50025的相关规定；

4 当管桩挤土效应能减低或消除黄土湿陷性、砂土和粉土液化时，也可单独使用管桩复合地基。

6.1.6 管桩复合地基只可在基础范围内布置增强体，对需要进行抗震设计的地基采用多桩型复合地基时，增强体布置范围应能满足地基抗液化处理的要求。

6.1.7 管桩复合地基应进行包括软弱下卧层承载力在内的承载力、变形和稳定性验算。

6.1.8 当对管桩复合地基进行承载力深度修正计算时，应对复合地基中的管桩桩身强度进行验算。

6.2 设 计

6.2.1 管桩增强体直径宜取 300mm～600mm。间距应按复合地基承载力设计要求，考虑土层情况、施工机具、施工工法等综合确定。对正常固结土，当采用锤击、静压施工方法时，桩间距不宜小于 $3d$，桩长范围内土层挤土效应明显时，桩间距不宜小于 $3.5d$。对需要利用挤土效应处理湿陷性黄土、可液化土及采用非挤土方法施工和采用水泥土复合管桩时，可取 $(2.5～3)d$。

6.2.2 管桩复合地基应在基础和增强体之间设置褥垫层，并应符合下列规定：

1 褥垫层厚度宜取管桩增强体直径的 1/2；采用多桩型复合地基时，宜取对复合地基承载力贡献大的增强体桩径的 1/2，且不宜小于 200mm；

2 褥垫层材料可选用中粗砂、最大粒径不大于 25mm 的级配砂石；

3 对未要求全部消除湿陷性的黄土、膨胀土地基，宜采用灰土垫层，其厚度不宜小于 300mm；

4 桩顶应采用填芯混凝土等方式进行封闭，填芯高度不宜小于管桩直径的 3 倍，填芯混凝土强度等级不宜小于 C30；

5 砂石褥垫层夯填度不应小于 0.93，灰土褥垫层压实系数不应小于 0.95。

6.2.3 初步设计时，管桩单桩承载力特征值与桩身强度设计值可按下列公式估算：

1 采用锤击、静压法施工时，单桩承载力特征值、桩身强度应符合下列公式要求：

$$R_a = u \sum_{i=1}^{n} q_{si} l_i + \alpha_p q_p A_p \qquad (6.2.3\text{-}1)$$

$$f_{cu,k} \geqslant 4 \frac{\lambda R_a}{A_p} \left[1 + \frac{\gamma_m (d_m - 0.5)}{f_{spa}} \right] \qquad (6.2.3\text{-}2)$$

式中：u——桩身周长（m）；

A_p——管桩由外径计算得到的面积（m^2）；

q_{si}——桩周第 i 层土的侧阻力特征值（kPa）；

l_i——桩周第 i 层土（岩）的厚度（m）；

α_p——桩端端阻力发挥系数，可按地区经验确定，一般可取 0.8～1.0；

q_p——桩端阻力特征值（kPa），可按经验取值，无经验时可由现行行业标准《建筑桩基技术规范》JGJ 94 查表得到；

$f_{cu,k}$——管桩桩身混凝土立方体抗压强度标准值（N/mm^2）；

γ_m——基础底面以上土的加权平均重度（kN/m^3），地下水位以下取浮重度；

d_m——基础埋置深度（m）；

f_{spa}——经深度修正后的复合地基承载力特征值（kPa）。

2 采用中掘、植入方法或在水泥土中植入管桩形成水泥土复合管桩时，单桩竖向承载力特征值、桩身强度可按下列公式计算：

$$R_a = \pi \sum_{i=1}^{n} d_{si} q_{si} l_{pi} + q_p A'_p \qquad (6.2.3\text{-}3)$$

$$f_{cu,k} \geqslant 3.5 \frac{\lambda R_a}{A_p} \left[1 + \frac{\gamma_m (d_m - 0.5)}{f_{spa}} \right] \qquad (6.2.3\text{-}4)$$

式中：q_{si}——桩侧阻力特征值，可取泥浆护壁钻孔灌注桩桩侧阻力特征值；

q_p——水泥土桩桩端阻力特征值，应根据管桩插入深度确定，当插入深度大于水泥土桩底时，应按管桩桩端阻力值取；当插入深度小于水泥土桩底时，应按水泥土桩桩端阻力值取；当插入深度等于水泥土桩长时，可按灌注桩桩端阻力值取；

A'_p——桩由外径计算得到的面积，当插入深度大于水泥土桩底时，取管桩由外径计算得到的面积；当插入深度小于或等于水泥土桩底时，取水泥土桩由外径计算得到的面积；

d_{si}——分层土中水泥土桩直径。

6.2.4 管桩复合地基应进行变形计算，计算结果应小于现行国家标准《建筑地基基础设计规范》GB 50007 的规定限值或设计限值。设计等级为甲级的建筑应进行变形监测。

6.2.5 水泥土复合管桩的相关计算可按现行行业标准《劲性复合桩技术规程》JGJ/T 327 执行。

7 基 坑 支 护

7.1 一 般 规 定

7.1.1 管桩支护不宜用于下列工程：

1 深厚淤泥等软土基坑工程；

2 开挖深度大于 10m 的膨胀性土或填土基坑工程；

3 支护结构挠曲变形计算结果大于 30mm 的基坑工程。

7.1.2 管桩支护结构设计选型，应符合下列规定：

1 悬臂式支护适用于深度小于 7m、安全等级为三级的基坑工程，双排桩支护适用于基坑深度小于 10m、安全等级为三级的基坑工程；

2 管桩-复合土钉墙支护适用于深度小于 10m、安全等级不大于二级的基坑工程；

3 安全等级为一级的基坑工程宜选用排桩-预应力锚杆支护或排桩-内支撑支护形式，支护深度不宜大于 12m；

4 当基坑不同部位的周边环境条件、土层性状、基坑深度等不同时，可分别采用不同的支护形式；

5 当需要设置截水帷幕时，可采用水泥土墙内插管桩的形式，水泥土墙可根据土层情况、施工对周边环境扰动程度，选用搅拌水泥土连续墙、旋喷水泥土连续墙、渠式切割连续墙等。

7.1.3 管桩支护设计应评价管桩施工方法对周边环境的影响，并应根据影响程度选择施工方法和工艺。

7.1.4 管桩的选型应符合下列规定：

1 宜选用混合配筋管桩，当选用预应力高强混凝土管桩或预应力混凝土管桩时，除微型桩复合土钉支护外，不应选用 A 型桩；

2 当采用两节桩时，可根据土层和土压力分布特征、管桩内力计算结果，选用由混合配筋管桩及预应力高强混凝土管桩组合的形式；

3 排桩-锚杆或排桩-内支撑支护的管桩直径不宜小于 600mm；管桩复合土钉支护，管桩直径可小于 300mm。

7.1.5 支护管桩构造应符合下列规定：

1 支护用管桩接头不宜超过 1 个，连接时应采用端板对端板焊接等方法连接；悬臂式支护时，宜采用单节桩。

2 采用悬臂桩支护时，桩间距应满足下式要求：

$$s \leqslant 0.9(1.5d + 0.5) \qquad (7.1.5)$$

式中：d——管桩直径；

s——管桩中心间距。

3 当采用排桩-锚杆支护时，桩净距宜为 300mm～900mm，砂性土中宜采用较小桩间距，当桩间净距大于 500mm 时，桩间土宜采用钢板网喷射混凝土等防护措施封闭。

4 排桩顶应设置冠梁，对混凝土冠梁，混凝土强度等级不应低于 C30，宽度宜大于排桩桩径，高度不宜小于 400mm。

7.1.6 用于基坑支护的管桩接头应满足与桩身等强度设计要求。

7.1.7 当用于基坑支护的管桩接头采用焊接时，接桩处按荷载效应标准组合计算的弯矩值应符合下列公式规定：

$$1.0\gamma_0 M_k \leqslant M_{cr} \qquad (7.1.7)$$

式中：M_{cr}——不考虑非预应力钢筋作用的管桩桩身开裂弯矩计算值；

γ_0——支护结构重要性系数，不应小于 1.0；

M_k——接桩处按荷载效应标准组合计算的弯矩值。

7.1.8 当采用多节管桩时，应进行管桩配桩设计，接桩位置不宜设在计算最大弯矩或剪力位置。

7.1.9 管桩支护设计尚应符合现行行业标准《建筑基坑支护技术规程》JGJ 120 的相关规定。

7.2 施工与监测要求

7.2.1 管桩施工与质量检验应符合下列规定：

1 宜采用静压、植入、中掘法施工，局部静压法施工困难或邻近建（构）筑物基础及管线对挤土效应影响敏感时，可采用引孔施工工艺，并应采用间隔成桩的施工顺序；引孔孔径不应大于管桩直径的 0.8 倍；

2 桩位偏差不应大于 50mm，垂直度偏差不应大于 1/100，桩底标高应符合设计要求；

3 接桩宜采用套箍连接或焊接后再套箍连接的方法；

4 填芯混凝土出露的钢筋笼长度应满足设计计算要求；

5 施工前应检查管桩外观质量，校核桩位，施工中应检查焊接质量、垂直度；施工后应检测桩身完整性；

6 开挖前应对质量检验存在缺陷的管桩进行设计复核或采取补救加固措施。

7.2.2 在水泥土中或水泥土帷幕中插入管桩的施工应符合下列规定：

1 采用搅拌施工工艺时，相邻搅拌桩施工时间间隔，黏性土不宜大于 12h，砂性土不宜大于 8h；

2 采用高压旋喷工艺时，应采用隔孔分序作业，相邻孔作业时间间隔，黏性土不宜小于 24h，砂性土不宜小于 12h；

3 管桩插入作业，宜在搅拌施工完成后（6～8）h，旋喷施工完成后（3～4）h 内完成；

4 插入管桩的直径宜小于水泥土桩直径或墙最小宽度 50mm，桩间距应符合设计要求，偏差不应大于 50mm。

7.2.3 腰梁与冠梁施工要求，应符合附录 C 的规定。

7.2.4 管桩支护结构监测，除应满足设计要求外尚应符合下列规定：

1 安全监测应覆盖管桩支护结构施工、土方开挖、基坑工程使用与维护直至基坑回填的全过程；

2 宜对管桩挠曲变形进行监测，监测方法可采用填芯混凝土中预埋测斜管并结合桩顶水平位移监测；

3 宜对管桩的裂缝进行监测；

4 宜对管桩芯桩钢筋与冠梁的连接处外观进行检查。

7.2.5 管桩基坑工程报警值的确定，除应满足设计与现行国家标准《建筑基坑工程监测技术规范》GB 50497 的规定外，尚应符合下列规定：

1 管桩桩身内力应大于设计值；

2 管桩产生的挠曲变形大于 20mm 且变形不收敛。

8 施 工

8.1 一 般 规 定

8.1.1 沉桩施工前，应进行下列准备工作：

1 调查场地及毗邻区域内的地下及地上管线、建筑物及障碍物受沉桩施工影响的情况，并应提出相应的技术安全措施；

2 调查现场的地质、地形、气象等情况并提出相应的安全质量措施；

3 处理或清除场地内影响沉桩的高空及地下障碍物；

4 平整场地，地基土表面处理；

5 在不受施工影响的位置设置坐标、高程控制点及轴线定位点；

6 经审查批准的施工组织设计或施工方案；

7 供电、供水、排水、道路、照明、通信、临设工房等的安设；

8 管桩基础施工图、设计交底及图纸会审纪要；

9 对防汛有影响的工程，汛期施工时，应执行防汛工作的有关规定。

8.1.2 沉桩施工前，应具备下列文件和资料：

1 拟建场地的岩土工程勘察报告；

2 向施工作业人员作技术安全交底；

3 根据工程具体情况编制施工组织设计或施工方案；

4 拟建场地周围道路及建（构）筑物、地下管线、高空线路等相关的技术资料；

5 主要施工设备的技术性能资料；

6 管桩出厂合格证及产品说明书；

7 施工工艺的试验资料；

8 保障工程质量、安全生产、文明施工和季节性施工的技术措施。

8.1.3 当桩基施工影响邻近建筑物、地下管线的正常使用和安全时，应调整施工工艺或沉桩施工顺序，并可采用下列一种或多种辅助措施：

1 锤击沉桩时，宜采用"重锤轻击"法施工；

2 在施工场地与被保护对象间开挖缓冲沟，根据挤土情况可反复在缓冲沟内取土；

3 全部或部分桩采用引孔沉桩；

4 在饱和软土地区设置砂井或塑料排水板；

5 采用植入法、中掘法等方法施工；

6 控制沉桩速率、优化沉桩流程；

7 对被保护建筑物进行加固处理。

8.1.4 施工时应设置相应观测点，对先期沉入的基桩顶部进行上浮、下沉以及水平位移监测。

8.1.5 当桩基施工毗邻边坡或在边坡上施工时，应监测施工对边坡的影响；在邻近湖、塘的施工场区，

应防止桩位偏移和倾斜。

8.1.6 沉桩施工顺序应符合下列规定：

1 沉桩顺序应在施工组织设计或施工方案中明确；

2 对于桩的中心距小于 4 倍桩径的群桩基础，应由中间向外或向后退打；对于软土地区桩的中心距小于 4 倍桩径的排桩，或群桩基础的同一承台的桩采用锤击法沉桩时，可采取跳打或对角线施打的施工顺序；

3 多桩承台边缘的桩宜待承台内其他桩施工完成并重新测定桩位后再施工；

4 对于一侧靠近现有建（构）筑物的场地，宜从毗邻建（构）筑物的一侧开始由近至远端施工；

5 同一场地桩长差异较大或桩径不同时，宜遵循先长后短、先大直径后小直径的施工顺序。

8.1.7 桩位控制应符合下列规定：

1 桩位测放应根据桩位平面图、建筑红线和主要基准轴线确定，桩位误差应符合设计要求；

2 沉桩时桩机定位应准确、平稳，保证在施工中不会发生倾斜、移动。

8.1.8 管桩的混凝土强度必须达到设计混凝土强度等级和规定的龄期后方可使用。

8.1.9 管桩的沉桩施工应符合下列规定：

1 第一节管桩起吊就位插入地面下 0.5m～1.0m 时的垂直度偏差不得大于 0.5%；

2 当桩身垂直度偏差超过 0.8% 时，应找出原因并作纠正处理；沉桩后，严禁用移动桩架的方法进行纠偏；

3 沉桩、接桩、送桩宜连续进行；

4 管桩沉桩施工工艺应与沉桩工艺试验一致。

8.1.10 沉桩施工时，每根桩应根据沉桩工艺由专职记录员分别按本标准附录 D～附录 F 的要求实时做好施工记录，并经当班监理人员验证签名后方可作为施工记录。

8.1.11 送桩时，需用两台互为正交的经纬仪随时观测控制送桩器的垂直度，送桩器与桩身的纵向轴线应保持一致。

8.1.12 沉桩的控制深度应根据地质条件、贯入度、压桩力、设计桩长、标高等因素综合确定。当桩端持力层为黏性土时，应以标高控制为主，贯入度、压桩力控制为辅；当桩端持力层为密实砂性土时，应以贯入度、压桩力控制为主，标高控制为辅。

8.1.13 采用引孔辅助沉桩法时，引孔的直径、孔深及数量应符合下列规定：

1 引孔直径不宜超过桩直径的 2/3，深度不宜超过桩长的 2/3，并应采取防塌孔的措施；

2 引孔宜采用长螺旋钻机引孔，垂直偏差不宜大于 0.5%，钻孔中有积水时，宜用开口型桩尖；

3 引孔作业和沉桩作业应连续进行，间隔时间不宜大于12h；

4 采用引孔辅助沉桩法的终压（锤）标准应根据相应的沉桩工艺，依据本标准第8.4节、第8.5节的有关规定执行。

8.1.14 遇下列特殊情况之一时应暂停沉桩，应与设计、监理等有关人员研究处理后方可继续施工：

1 压桩力或沉桩贯入度突变；

2 沉桩入土深度与设计要求差异大；

3 实际沉桩情况与地质报告中的土层性质明显不符；

4 桩头混凝土剥落、破碎，或桩身混凝土出现裂缝或破碎；

5 桩身突然倾斜；

6 地面明显隆起、邻桩上浮或位移过大；

7 沉桩过程出现异常声响；

8 压桩不到位，或总锤击数超过规定值。

8.1.15 沉桩完成后应对桩头高出或低于地表部分进行保护处理。

8.1.16 基坑开挖时应制定施工方案，桩顶以上1.0m内的土方，应采用人工开挖与小型挖土机械相配合的方法。当桩顶高低不齐时，应采用人工逐批开挖出桩头，截桩后再行开挖。

8.1.17 严禁在基坑影响范围内的施工现场进行边沉桩边开挖施工。

8.1.18 在饱和黏性土、粉土地区，应在沉桩全部完成15d后进行开挖。

8.1.19 挖土应均衡分层进行，对流塑状软土的基坑开挖，高差不应超过1.0m。

8.1.20 基坑顶部边缘地带堆土、堆放重物及机械车辆的荷载不得超过设计允许荷载的限值。

8.1.21 挖土机械和运土车辆在基坑中工作时不应对管桩和基坑围护结构进行直接挤推。

8.2 起吊、搬运与堆放

8.2.1 管桩运输宜采用平板车或驳船，装卸及运输时应采取防止桩滑移与损伤的措施。

8.2.2 管桩的现场堆放应符合下列规定：

1 堆放场地应平整、坚实，排水条件良好；

2 堆放时应采取支垫措施，支垫材料宜选用长方木或枕木，不得使用有棱角的金属构件；

3 应按不同规格、长度及施工流水顺序分类堆放；

4 当场地条件许可时，宜单层或双层堆放；叠层堆放及运输过程堆叠时，外径500mm以上的管桩不宜超过5层，直径为400mm以下的管桩不宜超过8层，堆叠的层数还应满足地基承载力的要求；

5 叠层堆放时，应在垂直于桩身长度方向的地面上设置两道垫木，垫木支点宜分别位于距桩端0.21倍桩长处；采用多支点堆放时上下叠层支点不应错位，两支点间不得有突出地面的石块等硬物；管桩堆放时，底层最外缘桩的垫木处应用木楔塞紧。

8.2.3 管桩的吊运应符合下列规定：

1 管桩在吊运过程中应轻吊轻放，严禁碰撞、滚落；

2 管桩不宜在施工现场多次倒运；

3 管桩长度不应大于15m且应符合现行国家标准《先张法预应力混凝土管桩》GB 13476规定的单节长度，宜采用两点起吊（图8.2.3-1）；也可采用专用吊钩钩住桩两端内壁进行水平起吊，吊绳与桩夹角应大于45°；

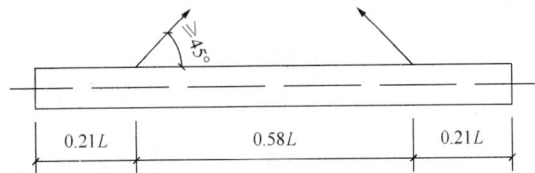

图8.2.3-1 15m以下桩吊点位置

4 管桩长度大于15m且小于30m的管桩或拼接桩，应采用四点吊（图8.2.3-2）；长度大于30m的管桩或拼接桩，应采用多点吊，吊点位置应另行验算。

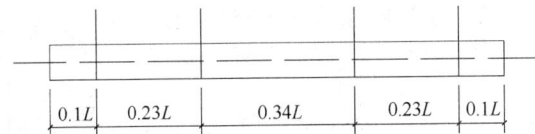

图8.2.3-2 15m～30m长桩吊点位置

8.2.4 施工现场移桩应符合下列规定：

1 管桩叠层堆放时，应采用吊机取桩，严禁拖拉移桩；

2 应保持桩机的稳定和桩的完整；

3 采用三点支撑履带自行式打桩机施工时不宜拖拉取桩。

8.3 接桩与截桩

8.3.1 管桩施工应避免在桩尖接近密实砂土、碎石、卵石等硬土层时进行接桩。

8.3.2 焊接接桩除应符合现行国家标准《钢结构工程施工质量验收规范》GB 50205中二级焊缝的规定外，尚应符合下列规定：

1 入土部分桩段的桩头宜高出地面1.0m。

2 下节桩的桩头处宜设置导向箍或其他导向措施。接桩时，上、下节桩段应保持顺直，错位不超过2mm；逐节接桩时，节点弯曲矢高不得大于1/1000桩长，且不得大于20mm。

3 上、下节桩接头端板坡口应洁净、干燥，且焊接处应刷至露出金属光泽。

4 手工焊接时宜先在坡口圆周上对称点焊 4 点~6 点，待上、下节桩固定后拆除导向箍再分层焊接，焊接宜对称进行。

5 焊接层数不得少于 2 层，内层焊渣必须清理干净后方能施焊外层，焊缝应饱满、连续。

6 手工电弧焊接时，第一层宜用 φ3.2mm 电焊条施焊，保证根部焊透。第二层可用粗焊条，宜采用 E43 型系列焊条；采用二氧化碳气体保护焊时，焊丝宜采用 ER50-6 型。

7 桩接头焊好后应进行外观检查，检查合格后必须经自然冷却，方可继续沉桩。自然冷却时间不应少于表 8.3.2 所列时间，严禁浇水冷却，或不冷却就开始沉桩。

表 8.3.2 自然冷却时间表（min）

锤击桩	静压桩	采用二氧化碳气体保护焊
8	6	3

8 钢桩尖宜在工厂内焊接；当在工地焊接时，宜在堆放现场焊接。严禁桩起吊后点焊、仰焊的做法。

9 桩身接头焊接外露部分应作防锈处理。

10 雨天焊接时，应采取防雨措施。

8.3.3 管桩采用机械连接方式时，其间隙应保证采用沥青填料填满，并应符合下列规定：

1 采用机械螺纹接头接桩时，应符合下列规定：

　1）接桩前检查桩两端制作的尺寸偏差及连接件，无损伤后方可起吊施工，下节桩段的桩头宜高出地面 0.8m~1.0m；

　2）接桩时，卸下上、下节桩两端的保护装置后，应清理接头残留物；

　3）采用专用接头锥度对中，对准上下节桩后，旋紧连接；

　4）可采用专用链条式扳手旋紧，锁紧后两端板尚应有 1mm~2mm 的间隙。

2 采用机械啮合接头接桩时，宜符合下列步骤：

　1）连接前，连接处的桩端端头板必须先清理干净，把满涂沥青涂料的连接销用扳手逐根旋入管桩带孔端板的螺栓孔内，并用钢模型板检测调整连接销的方位；

　2）剔除下边已就位管桩带槽端板连接槽内填塞的泡塑保护块，在连接槽内注入不少于 0.5 倍槽深的沥青涂料，并沿带槽端板外周边抹上宽度 20mm、厚度 3mm 的沥青涂料，当管桩基础的地基土、地下水具有中等以上腐蚀性时，带槽端板板面应满涂沥青涂料，厚度不应小于 2mm；

　3）将上节管桩吊起，使连接销与带槽端板上的各个连接口对准，随即将连接销插入连接槽内；

　4）加压使上、下桩节的桩端端头板接触，接桩完成。

3 采用其他机械方式接桩时，应符合相应机械连接方式操作要求的规定，固定正确、牢固。

8.3.4 管桩截桩应采用锯桩器，严禁采用大锤横向敲击截桩或强行扳拉截桩。

8.4 静压法沉桩

8.4.1 静力压桩设备宜采用液压式压桩机，桩机型号应根据地质条件、桩型和受力情况及本标准附录 G 确定，并应符合下列规定：

1 压桩机最大压桩力应大于考虑群桩挤密效应的最大压桩动阻力，还应小于压桩机的机架重量和配重之和的 0.8 倍，不得在浮机状态下施工；

2 采用顶压式压桩机时，桩帽或送桩器与桩之间应加设弹性衬垫；

3 采用抱压式压桩机时，夹持机构中夹具应避开桩身两侧合缝的位置；

4 压桩过程中的最大压桩力值应符合设计要求，或根据沉桩工艺试验值确定，不宜大于桩身结构竖向承载力设计值的 1.5 倍；

5 压桩机的选择还应综合考虑下列因素后确定：

　1）夹持机构应适应桩截面形状，且桩身混凝土不发生夹裂现象；

　2）压边桩的能力应能满足现场施工作业条件要求；

　3）最大压桩力应达到按本条第 4 款所规定的终压力值。

8.4.2 压桩机资料应具备下列内容：

1 压桩机型号、机架重量（不含配重）、整机的额定压桩力等；

2 压桩机的外形尺寸及拖运尺寸；

3 压桩机的最小边桩距及压边桩机构的额定压桩力；

4 长、短船型靴履的接地压力；

5 夹持机构的形式；

6 液压油缸的数量、直径，率定后的压力表读数与压桩力的对应关系；

7 吊桩机构的性能及吊桩能力。

8.4.3 选择抱压式或顶压式液压压桩机时，桩身允许抱压压桩力、顶压压桩力可按下列公式计算：

1 抱压施工压桩力

预应力混凝土管桩：

$$R_b \leqslant 1.0 f_c A \qquad (8.4.3\text{-}1)$$

预应力高强混凝土管桩、混合配筋管桩：

$$R_b \leqslant 0.95 f_c A \qquad (8.4.3\text{-}2)$$

2 顶压施工压桩力

$$R_d \leqslant 1.1 R_b \qquad (8.4.3\text{-}3)$$

式中：R_b——桩身允许抱压压桩力（kN）；

$\quad\quad R_d$——桩身允许顶压压桩力（kN）；

$\quad\quad f_c$——桩身混凝土轴心抗压强度设计值（kPa）；

$\quad\quad A$——管桩桩身横截面面积（m²）。

8.4.4 压桩机就位后应精确定位，采用线锤对点时，锤尖距离放样点不宜大于 10mm。

8.4.5 沉桩工艺试验完成后应提供下列信息资料：

1 压桩全过程记录，包括桩不同入土深度时的压桩力、压桩力曲线等；

2 桩身混凝土经抱压后完整性的检查检测资料；

3 压桩机整体运行情况；

4 桩接头形式及接头施工记录。

8.4.6 静压法施工沉桩速度不宜大于 2m/min。

8.4.7 抱压式液压压桩机压桩作业尚应符合下列规定：

1 压桩机应安装能满足最大压桩力要求的配重；

2 当机上吊机在进行吊桩续桩过程中，压桩机严禁行走和调整；

3 压桩过程中应经常注意观察桩身混凝土的完整性，一旦发现桩身裂缝或掉角，应立即停机，找出原因，采取改进措施后方可再施压；

4 遇有夹持机具打滑、压桩机下陷或浮机时，应暂停压桩作业，采取处理措施。

8.4.8 静压施工应配备专用送桩器，严禁采用工程用桩作为送桩器，送桩器应符合下列规定：

1 送桩器应有足够的强度和刚度，送桩器长度应满足送桩深度的要求；

2 送桩器的横截面外周形状应与所压桩相一致，下端应设置套筒，套筒深度宜为 300mm～350mm，内径应比管桩外径大 20mm～30mm，送桩器的弯曲度不得大于送桩器长度的 1‰；

3 送桩器上应有尺寸标志；

4 送桩器下端面应设置排气孔，保证管桩内腔与外界相通。

8.4.9 采用送桩器施工时，应符合下列规定：

1 送桩器与桩顶的接触面应平整，并与送桩器中心轴线垂直。送桩器与桩顶的接触面间应加衬垫，防止桩顶压碎。衬垫需经常更换，送桩器与桩顶接触面应密贴。

2 送桩前应测量桩的垂直度，并检查桩头质量。最上面一节桩的端板应套上防土桩帽，桩帽用 1mm～2mm 的薄钢板焊成，薄钢板上应开孔，保证管桩内腔与外界连通。合格后方可送桩，送桩作业应连续进行。

3 送桩前，管桩露出地面高度宜为 0.3m～0.5m。

8.4.10 当场地上部有较厚的淤泥土层时，送桩器应开孔排淤、排泥，送桩深度不宜小于 1.5m。当场地上无淤泥土层或确有沉桩经验，且采取相应的措施保证桩身的垂直度满足要求时，送桩深度不宜超过 12m。

8.4.11 终压控制标准应符合下列规定：

1 终压标准应根据设计要求、沉桩工艺试验情况、桩端进入持力层情况及压桩动阻力等因素，结合静载荷试验情况确定；

2 摩擦桩与端承摩擦桩以桩端标高控制为主，终压力控制为辅；

3 当终压力值达不到预估值时，单桩竖向承载力特征值宜根据静载试验确定，不得任意增加复压次数；

4 当压桩力已达到终压力或桩端已到达持力层时应采取稳压措施；

5 当压桩力小于 3000kN 时，稳压时间不宜超过 10s；当压桩力大于 3000kN 时，稳压时间不宜超过 5s；

6 稳压次数不宜超过 3 次，对于小于 8m 的短桩或稳压贯入度大的桩，不宜超过 5 次。

8.5 锤击法沉桩

8.5.1 锤击式打桩机械应根据场地条件、工程特点、施工前沉桩工艺试验、管桩截面尺寸及强度、承载力特征值、持力层土性及进入深度等综合选定，打桩锤宜选用液压锤或柴油锤。打桩机的桩架和底盘必须具有足够的强度、刚度和稳定性，并应与桩锤相匹配。筒式柴油锤的冲击体质量不宜小于本标准附录 H 规定的低限值。

8.5.2 桩帽及垫层的设置应符合下列规定：

1 桩帽应有符合要求的强度、刚度和耐打性；

2 桩帽套筒应与施打的管桩直径相匹配，桩帽下部套桩头用的套筒应做成圆筒形，圆筒形中心应与锤垫中心重合，筒体深度宜取 350mm～400mm，内径应比管桩外径大 20mm～30mm，严禁使用过渡性钢套，用大桩帽打小直径管桩；

3 打桩时桩帽套筒底面与桩头之间应设置桩垫，桩垫可采用纸板、棕绳、胶合板等材料制作，厚度应均匀一致，压缩后桩垫厚度应为 120mm～150mm，且应在打桩期间经常检查，及时更换或补充；

4 桩帽上部直接接触打桩锤的部位应设置锤垫，锤垫应用竖纹硬木或钢丝绳制作，其厚度应为 150mm～200mm，打桩前应进行检查、校正或更换。

8.5.3 送桩器及其衬垫设置除应符合 8.4.8 条、8.5.2 条规定外，尚应符合下列规定：

1 插销式送桩器下端的插销长度宜取 200mm～300mm，外径应比桩内径小 20mm～30mm，对于内孔存有余浆的管桩，不应采用插销式送桩器；

2 送桩作业时，送桩器与桩头之间应设置桩垫，桩垫经锤击压实后的厚度不宜小于 60mm。

8.5.4 锤击沉桩施工应符合下列规定：

1 首节桩插入时，应认真检查桩位及桩身垂直度偏差，校正后的垂直度偏差应为±0.5%；

2 当管桩沉入地表土后就遇上厚度较大的淤泥层或松软的回填土时，柴油锤应采用不点火空锤的方式施打；液压锤应采用落距为200mm～300mm的方式施打；

3 管桩施打过程中，宜重锤轻击，应保持桩锤、桩帽和桩身的中心线在同一条直线上，并随时检查桩身的垂直度；

4 在较厚的黏土、粉质黏土层中施打管桩，宜将每根桩一次性连续打到底，减少中间休歇时间；

5 管桩内孔充满水或淤泥时，桩身上部应设置排气（水）孔；

6 重要工程应采用高应变法进行打桩过程监测，并对监测结果进行分析。

8.5.5 每根桩的总锤击数及最后1m沉桩锤击数宜进行控制，混合配筋管桩、预应力高强混凝土管桩总锤击数不宜超过2000击，最后1m沉桩锤击数不宜超过300击；预应力混凝土管桩总锤击数不宜超过1500击，最后1m沉桩锤击数不宜超过250击。

8.5.6 打桩的最后贯入度量测应符合下列条件：

1 桩头和桩身完好；

2 桩锤、桩帽、桩身及送桩器中心线重合；

3 桩帽及送桩器套筒内衬垫厚度符合本标准规定；

4 打桩结束前即完成测定，不得间隔较长时间后才量测。

8.5.7 收锤标准应根据工程地质条件、桩的承载性状、单桩承载力特征值、桩规格及入土深度、打桩锤性能规格及冲击能量、桩端持力层性状及桩尖进入持力层深度、最后贯入度或最后1m～3m的每米沉桩锤击数等因素综合确定。

8.5.8 当以贯入度控制时，最后贯入度不宜小于30mm/10击。当持力层为较薄的强风化岩层且下卧层为中、微风化岩层时，最后贯入度不应小于25mm/10击，此时宜量测一阵锤的贯入度，若达到收锤标准即可收锤。

8.5.9 管桩桩尖规格及构造宜符合本标准附录J的规定。

8.5.10 有下列要求之一时，应按现行行业标准《建筑基桩检测技术规范》JGJ 106的规定，监测试打桩过程。在相同施工工艺和相近地基条件下，进行沉桩工艺试验的数量不应少于3根：

1 确定打桩过程中桩身最大的拉应力或压应力；

2 确定沉桩工艺参数；

3 选择沉桩设备；

4 选择桩端持力层；

5 设计要求。

8.6 植入法沉桩

8.6.1 当在水泥土或旋喷桩中植入管桩时，施工应符合现行行业标准《劲性复合桩技术规程》JGJ/T 327和《水泥土复合管桩基础技术规程》JGJ/T 330的规定。

8.6.2 当采用钻孔等成孔工艺植入法沉桩时，应符合下列规定：

1 成孔工艺应符合现行行业标准《建筑桩基技术规范》JGJ 94的规定；

2 护壁浆液宜采用水泥浆、水泥与膨润土混合浆液，相关配比及性能应符合工艺与性能要求，应由现场工艺试验与静载试验确定。

8.6.3 采用植入法沉桩时，施工前应进行沉桩工艺试验和静载试验，确定施工工艺和施工参数。

8.6.4 植入管桩前应将桩孔附近返浆清理干净。

8.6.5 植入法沉桩时应采取监控预防措施，多节管桩接桩时应保证接桩质量和桩身垂直度。

8.6.6 植入法沉桩施工时，管桩垂直度允许偏差不应大于0.5%，定位允许偏差应为±10mm，桩顶标高允许偏差应为±50mm。

8.7 中掘法沉桩

8.7.1 中掘法沉桩适用于桩端持力层为一般黏性土层、粉土层、砂土层、碎石类土层、强风化基岩和软质岩层的地质情况。

8.7.2 中掘法施工前应进行沉桩工艺试验和静载试验，确定施工工艺和施工参数。

8.7.3 浆液制备及注入装置、浆液输送管线等组成的供浆系统应先进行调试，试运转正常后方可施工。

8.7.4 中掘法沉桩应符合下列规定：

1 施工前，应在桩位处做好标记。桩机就位后，应将桩准确放到桩位，桩芯容许偏差应为±30mm；

2 沉桩时桩垂直度容许偏差应为±0.5%；

3 在桩中空部分安装螺旋钻杆、钻挖桩底端内壁土体时，宜注入压缩空气（或水），边排土边连续沉桩；

4 钻挖时应控制钻挖深度，钻进深度与管桩前端距离应小于2倍桩径；

5 在砂土、淤泥质土中，宜注入压缩空气辅助排土；在超固结黏性土中宜压水和加大压缩空气辅助排土；

6 在具有承压水的砂层中钻进时，应边在桩的中空部分保持大于地下水压的孔内水头、边钻进施工；

7 钻进结束提钻时，应慢速提起螺旋钻杆。

8.7.5 当钻头进入持力层上部时，应将扩大翼打开至扩大直径的尺寸进行扩大钻挖，扩头直径应符合设计要求，桩端扩大部分的高度L_p宜为$1.0+d+h$

(m)，扩头进入持力层的深度应符合下列规定：

　　1　当桩径 $d\leq800mm$ 时，h 取 $2d$（m），钻孔标高位于设计桩端标高以下 $2d$ 处；

　　2　当桩径 $d>800mm$ 时，h 取 1.0（m），钻孔标高位于设计桩端标高以下 1.0m 处。

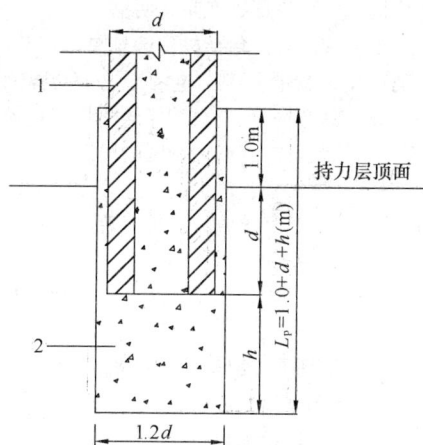

图 8.7.5　桩端扩大部分示意图
1—管桩；2—桩端扩大部分

8.7.6　当钻至扩底深度时，开始注入浆液，钻头应上下反复旋转，保证浆液与地基土搅拌混合均匀，同时沉桩至设计标高。浆液材料宜为 42.5 级以上的普通硅酸盐水泥，可加入水玻璃或早强剂。

8.7.7　中掘法沉桩施工尚应符合现行行业标准《随钻跟管桩技术规程》JGJ/T 344 的相关规定。

9　质量检测与验收

9.1　质 量 检 测

9.1.1　管桩质量检查和检测宜按单位工程进行抽检，当工程规模大、施工方法不同或使用不同生产厂家的管桩时，可将单位工程划分为若干个检验批，并按检验批进行抽检。

9.1.2　监理人员和施工单位应对运到现场的管桩成品质量进行下列内容的检查和检测：

　　1　应按照设计图纸要求，根据产品合格证、运货单及管桩外壁的标志，对管桩的规格和型号进行逐条检查。当施工工艺对龄期有要求时，应核查龄期，管桩的龄期应满足施工工艺要求。

　　2　应对管桩的尺寸偏差和外观质量进行抽检。抽查数量不应少于管桩桩节总数的 2%，管桩的尺寸偏差和外观质量应符合现行国家标准《先张法预应力混凝土管桩》GB 13476 的有关规定。同一检验批中，当抽检结果出现一节管桩不符合质量要求时，应加倍检查，再发现有不合格的管桩时，该检验批的管桩不准使用。

　　3　应对管桩端板几何尺寸进行抽检。抽查数量不应少于管桩桩节总数的 2%，检测结果应符合现行行业标准《先张法预应力混凝土管桩用端板》JC/T 947 的有关规定，凡端板厚度或电焊坡口尺寸不合格的桩，不得使用。

　　4　应对管桩的预应力钢棒数量和直径、螺旋筋直径和间距、螺旋筋加密区的长度以及钢筋混凝土保护层厚度进行抽检。每个检验批抽检桩节数不应少于两根，检测结果应符合设计要求或现行国家标准《先张法预应力混凝土管桩》GB 13476 的有关规定。同一检验批中，仍有不合格的管桩时，该检验批的管桩不准使用。

9.1.3　应对桩身垂直度进行检查。检查应符合下列规定：

　　1　应检查第一节桩定位时的垂直度；当垂直度偏差不大于 0.5% 时，方可进行施工；

　　2　在施工过程中，应及时抽检桩身垂直度；

　　3　送桩前，应对桩身垂直度进行检查；

　　4　管桩基础承台施工前，应对工程桩桩身垂直度进行检查，垂直度偏差应为 ±1%。

9.1.4　施工过程中，应监测施工对周围环境的影响。监测应符合下列规定：

　　1　应根据施工组织方案检查工程桩的施工顺序；

　　2　当施工振动或挤土可能危及周边的建筑物、道路、市政设施时，应对周边建（构）筑物的变形和裂缝情况进行监测；

　　3　对挤土效应明显或大面积群桩基础，应抽样监测已施工工程桩的上浮量及桩顶偏位值，工程桩的监测数量不应少于 1% 且不得少于 10 根。

9.1.5　施工记录应按下列规定进行审核：

　　1　当配置施工自动记录仪时，应对自动记录仪的工作状态、所记录的各种施工数据进行逻辑分析判定；

　　2　当采用人工记录时，应对作业班组所安排专人记录的内容进行检查；

　　3　工程桩施工完成后，施工记录应经旁站监理人员签名确认，方可作为施工记录。

9.1.6　当对桩身混凝土强度存在异议时，可对管桩桩身混凝土强度进行抽检，检测方法宜采用钻芯法或管桩全截面抗压试验方法。钻芯法检测及结果评价宜符合现行国家标准《钻芯检测离心高强混凝土抗压强度试验方法》GB/T 19496 的有关规定，且芯样直径宜为 70mm～100mm，最小不得小于 70mm。管桩全截面抗压试验应符合本标准附录 K 的规定。当对钻芯法的检测结果评价有争议时，可采用管桩全截面抗压试验进行评价。

9.1.7　当对管桩所用预应力钢棒、螺旋筋、桩端板材料的材质有争议或怀疑时，应对钢材（钢筋）材质进行抽检。

9.1.8 应对桩顶标高和桩位偏差进行检测，检测结果应符合现行国家标准《建筑地基基础工程施工质量验收规范》GB 50202 的有关规定。

9.1.9 工程桩施工完毕后，工程桩单桩承载力和桩身完整性应进行抽样检测，检测数量和检测方法应符合现行行业标准《建筑基桩检测技术规范》JGJ 106 的有关规定。对水泥土桩中植入管桩的管桩基础，单桩承载力试验应采用静载试验。

9.1.10 对于管桩复合地基，除应按本标准第 9.1.9 条对管桩进行检测外，还应进行复合地基平板载荷试验，复合地基平板载荷试验的检测数量和检测方法应符合现行行业标准《建筑地基检测技术规范》JGJ 340 的有关规定。对设计要求消除地基液化、湿陷性的，应进行桩间土的液化、湿陷性检验。

9.1.11 锤击沉桩过程中出现贯入度突变时，应停止锤击沉桩施工，按现行行业标准《建筑基桩检测技术规范》JGJ 106 规定的方法，对出现贯入度突变的基桩进行检测，并在相同施工工艺和相近地基条件下，与未出现贯入度突变的基桩进行对比检测或监测，查明贯入度突变的原因。

9.1.12 试沉桩阶段未进行打桩过程监测的长桩、超长桩，当其穿越深厚软土层时，宜按现行行业标准《建筑基桩检测技术规范》JGJ 106 规定的方法，在工程桩锤击施工阶段进行打桩过程监测。

9.1.13 下列管桩基础应在承台完成以后的施工期间及使用期间进行沉降变形观测直至沉降达到稳定标准；当设计有要求时，应满足设计要求。

　　1 地基基础设计等级为甲级的管桩基础；

　　2 地质条件复杂地基基础设计等级为乙级的管桩基础；

　　3 设计施工工艺采用植入法或中掘法的管桩基础；

　　4 采用管桩复合地基；

　　5 桩端持力层为遇水易软化风化岩层的管桩基础。

9.1.14 当基坑支护结构中使用管桩时，宜对管桩的挠度进行监测，基坑的监测应符合现行国家标准《建筑基坑工程监测技术规范》GB 50497 的有关规定。

9.2 工程验收

9.2.1 管桩的桩顶标高、桩位偏差和桩身垂直度的验收程序应符合下列规定：

　　1 当桩顶标高与施工现场标高一致时，可待全部管桩施打完毕后一次性验收；

　　2 当需要送桩时，在送桩前应进行桩身垂直度检查，合格后方可送桩；

　　3 全部管桩施工结束，并开挖到设计标高后再进行竣工验收。

9.2.2 工程验收时应具备下列资料：

　　1 桩基设计文件和施工图，包括施工图纸会审记录、设计变更资料；

　　2 桩位测量放线图，包括工程基线复核签证单；

　　3 岩土工程勘察报告；

　　4 施工组织设计或施工方案；

　　5 管桩出厂合格证、产品说明书；

　　6 施工记录汇总，包括桩位编号图；

　　7 现场用桩检查资料，包括管桩的规格型号，尺寸偏差和外观质量，预应力钢棒的数量和直径，螺旋筋的直径和间距，螺旋筋加密区的长度，钢筋混凝土保护层厚度，桩端板和桩尖的尺寸，预应力钢棒和螺旋筋抽检、接头焊缝验收记录等汇总资料；

　　8 桩基工程竣工图；

　　9 桩顶标高、桩顶平面位置、垂直度偏差检测结果；

　　10 预应力钢棒、螺旋筋、桩端板材质检验报告，管桩混凝土强度检测报告；

　　11 桩身完整性检测报告；

　　12 单桩承载力检测报告，对管桩复合地基还应有复合地基承载力检测报告；

　　13 监测资料；

　　14 发生质量事故时的处理记录；

　　15 施工技术措施记录。

9.2.3 工程验收尚应符合现行国家标准《建筑地基基础工程施工质量验收规范》GB 50202 的有关规定。

附录 A　管桩结构形式、桩身配筋及桩身力学性能参数表

A.0.1 管桩结构形式（图 A.0.1-1～图 A.0.1-2），桩套箍结构形式（图 A.0.1-3）及参数（表 A.0.1）。

　　1 管桩（预应力高强混凝土管桩、预应力混凝土管桩）的结构形式（图 A.0.1-1）；

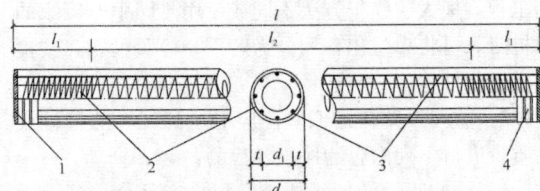

图 A.0.1-1　管桩（预应力高强混凝土管桩、
预应力混凝土管桩）结构形式

t—壁厚；l—桩长；d—管桩外径；d_1—管桩内径；
l_1—桩端加密区长度；l_2—非加密区长度；1—端板；
2—螺旋筋；3—预应力钢棒；4—桩套箍

　　2 管桩（混合配筋管桩）的结构形式（图 A.0.1-2）；

　　3 管桩的桩套箍结构形式（图 A.0.1-3）及结构参数（表 A.0.1）

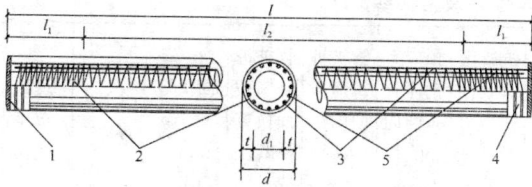

图 A.0.1-2 管桩（混合配筋管桩）结构形式

t—壁厚；l—桩长；d—外径；d_1—管桩内径；l_1—桩端加密区长度；l_2—非加密区长度；1—端板；2—螺旋筋；3—预应力钢棒；4—桩套箍；5—非预应力钢筋

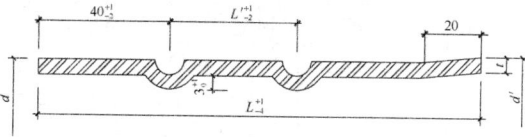

图 A.0.1-3 管桩桩套箍的结构形式

表 A.0.1 管桩桩套箍的结构参数表

外径(mm) 项目	300	350	400	450	500	550	600	700	800	900	1000	1200	1400
d(mm)	299	349	399	449	499	549	599	699	799	899	999	1199	1399
d'(mm)	303	353	403	453	503	553	603	703	803	903	1003	1203	1403
t(mm)	1.5~2.0			1.5~2.0			1.6~2.3						
L(mm)	120		150		150		250		300				
L'(mm)	40		50		50		150		150				

A.0.2 受压管桩与承台连接构造（图 A.0.2）及填芯混凝土内配筋（表 A.0.2）。

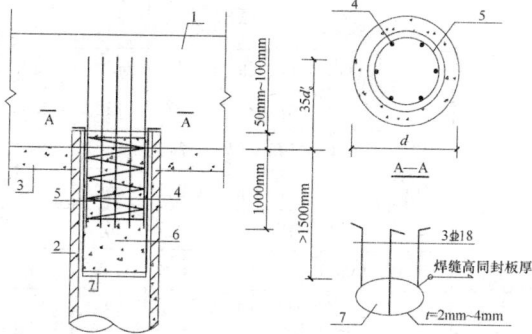

图 A.0.2 受压管桩与承台连接构造图

1—承台或底板；2—管桩；3—垫层；4—灌芯混凝土内纵筋；5—灌芯混凝土内箍筋；6—微膨胀混凝土灌芯；7—支托钢板及吊筋；d'_e—填芯钢筋直径（mm）

表 A.0.2 填芯混凝土内配筋表

管桩外径 d （mm）	灌芯混凝土内配筋	
	4	5
300	4 ⏀ 14	Φ 6@200
350	4 ⏀ 14	Φ 6@200
400	4 ⏀ 16	Φ 6@200

续表 A.0.2

管桩外径 d （mm）	灌芯混凝土内配筋	
	4	5
450	4 ⏀ 16	Φ 6@200
500	6 ⏀ 16	Φ 8@200
550	6 ⏀ 16	Φ 8@200
600	6 ⏀ 18	Φ 8@200
700	6 ⏀ 18	Φ 8@200
800	6 ⏀ 20	Φ 8@150
900	6 ⏀ 20	Φ 8@150
1000	8 ⏀ 20	Φ 8@150
1200	10 ⏀ 20	Φ 8@150
1400	12 ⏀ 20	Φ 8@150

A.0.3 不截桩受拉管桩与承台连接构造（图 A.0.3-1）和截桩受拉管桩与承台连接构造（图 A.0.3-2）。

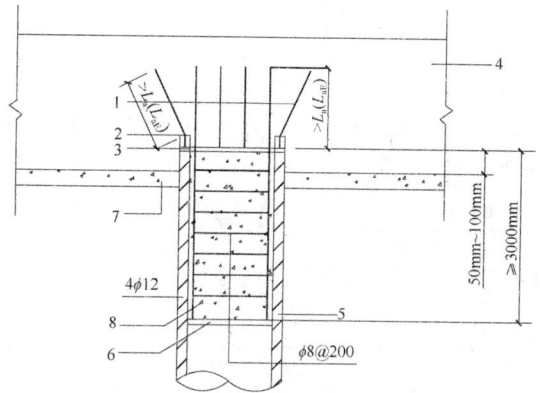

图 A.0.3-1 不截桩受拉管桩与承台连接构造图

1—锚固钢筋；2—锚板；3—端板；4—承台或底板；5—管桩；6—4mm 厚托板；7—垫层；8—微膨胀灌芯混凝土

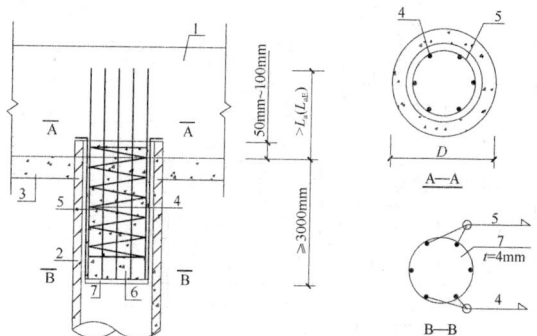

图 A.0.3-2 截桩受拉管桩与承台连接构造图

1—承台或底板；2—管桩；3—垫层；4—灌芯混凝土内纵筋；5—灌芯混凝土内箍筋；6—微膨胀灌芯混凝土；7—支托钢板

A.0.4 桩基工程、基坑支护工程用管桩推荐桩型桩身配筋及相关参数应按表 A.0.4-1～表 A.0.4-4 取值。

表 A. 0. 4-1　PHC管桩桩身配筋及相关参数表

规 格 (代号-外径-壁厚)	型号	单节长度 L 5~ (m)	主筋数量 与直径 (mm)	螺旋筋 直径 (mm)	预应力 钢棒 面积 A_{py} (mm²)	配筋率 (%)	混凝土 有效预 压应力 σ_{pc} (MPa)	预应力 钢棒分 布圆周 直径 D_p (mm)	管桩桩 身横截 面面积 A (mm²)	管桩桩 身横截 面换算 面积 A_0 (mm²)	换算截 面抵抗 矩 W_0 (mm³× 10^6)	截桩后 桩端预 应力传 递长度 L_{tr} (mm)	理论 重量 (kg/m)
PHC400(95)	AB	13	7φ10.7	4	630	0.69%	5.87	308	91028	93713	5.965	406	237
PHC400(95)	B	14	10φ10.7	4	900	0.99%	8.03	308	91028	94864	6.033	387	237
PHC400(95)	C	15	13φ10.7	4	1170	1.29%	10.01	308	91028	96016	6.102	370	237
PHC450(95)	A	13	8φ9.0	4	512	0.48%	4.23	358	105950	108133	8.105	353	275
PHC450(95)	AB	14	8φ10.7	4	720	0.68%	5.77	358	105950	109020	8.168	406	275
PHC450(95)	B	15	12φ10.7	4	1080	1.02%	8.24	358	105950	110554	8.277	385	275
PHC450(95)	C	16	15φ10.7	4	1350	1.27%	9.94	358	105950	111705	8.359	371	275
PHC500(100)	A	14	11φ9.0	5	704	0.56%	4.84	406	125664	128665	10.929	348	327
PHC500(100)	AB	15	11φ10.7	5	990	0.79%	6.59	406	125664	129884	11.029	400	327
PHC500(100)	B	16	11φ12.6	5	1375	1.09%	8.75	406	125664	131526	11.165	449	327
PHC500(100)	C	17	13φ12.6	5	1625	1.29%	10.06	406	125664	132591	11.252	435	327
PHC550(110)	A	14	12φ9.0	5	768	0.51%	4.40	456	152053	155327	14.526	351	395
PHC550(110)	AB	15	12φ10.7	5	1080	0.71%	6.01	456	152053	156657	14.652	404	395
PHC550(110)	B	17	12φ12.6	5	1500	0.99%	8.01	456	152053	158448	14.821	456	395
PHC550(110)	C	18	15φ12.6	5	1875	1.23%	9.67	456	152053	160047	14.972	439	395
PHC500(125)	A	13	12φ9.0	5	768	0.52%	4.53	406	147262	150536	11.775	350	383
PHC500(125)	AB	14	12φ10.7	5	1080	0.73%	6.18	406	147262	151866	11.884	403	383
PHC500(125)	B	15	12φ12.6	5	1500	1.02%	8.24	406	147262	153657	12.032	454	383
PHC500(125)	C	16	15φ12.6	5	1875	1.27%	9.93	406	147262	155256	12.164	437	383
PHC550(125)	A	14	14φ9.0	5	896	0.54%	4.66	456	166897	170717	15.249	350	434
PHC550(125)	AB	15	14φ10.7	5	1260	0.75%	6.34	456	166897	172269	15.396	402	434
PHC550(125)	B	17	14φ12.6	5	1750	1.05%	8.44	456	166897	174358	15.593	452	434
PHC550(125)	C	18	17φ12.6	5	2125	1.27%	9.93	456	166897	175956	15.744	437	434
PHC600(110)	A	15	14φ9.0	5	896	0.53%	4.60	506	169332	173152	18.201	350	440
PHC600(110)	AB	16	14φ10.7	5	1260	0.74%	6.26	506	169332	174703	18.367	402	440
PHC600(110)	B	18	14φ12.6	5	1750	1.03%	8.34	506	169332	176792	18.590	453	440
PHC600(110)	C	19	17φ12.6	5	2125	1.25%	9.81	506	169332	178391	18.760	438	440
PHC600(130)	A	15	16φ9.0	5	1024	0.53%	4.63	506	191951	196317	19.485	350	499
PHC600(130)	AB	16	16φ10.7	5	1440	0.75%	6.31	506	191951	198090	19.674	402	499
PHC600(130)	B	17	16φ12.6	5	2000	1.04%	8.40	506	191951	200478	19.929	452	499
PHC600(130)	C	19	20φ12.6	5	2500	1.30%	10.12	506	191951	202609	20.156	435	499
PHC700(110)	A	17	12φ10.7	6	1080	0.53%	4.60	590	203889	208494	26.801	416	530
PHC700(110)	AB	18	24φ9.0	6	1536	0.75%	6.33	590	203889	210438	27.043	338	530
PHC700(110)	B	20	24φ10.7	6	2160	1.06%	8.52	590	203889	213098	27.374	383	530
PHC700(110)	C	22	24φ12.6	6	3000	1.47%	11.16	590	203889	216679	27.819	424	530
PHC700(130)	A	16	13φ10.7	6	1170	0.50%	4.38	590	232792	237780	29.037	418	605
PHC700(130)	AB	18	26φ9.0	6	1664	0.71%	6.04	590	232792	239886	29.299	340	605
PHC700(130)	B	19	26φ10.7	6	2340	1.01%	8.14	590	232792	242768	29.657	386	605

规格 (代号-外径-壁厚)	型号	单节长度 L 5~ (m)	主筋数量与直径 (mm)	螺旋筋直径 (mm)	预应力钢棒面积 A_{py} (mm²)	配筋率 (%)	混凝土有效预压应力 σ_{pc} (MPa)	预应力钢棒分布圆周直径 D_p (mm)	管桩桩身横截面面积 A (mm²)	管桩桩身横截面换算面积 A_0 (mm²)	换算截面抵抗矩 W_0 (mm³×10⁶)	截桩后桩端预应力传递长度 L_{tr} (mm)	理论重量 (kg/m)
PHC700(130)	C	21	26ϕ12.6	6	3250	1.40%	10.70	590	232792	246647	30.140	429	605
PHC800(110)	A	19	15ϕ10.7	6	1350	0.57%	4.89	690	238447	244202	37.234	414	620
PHC800(110)	AB	20	15ϕ12.6	6	1875	0.79%	6.58	690	238447	246440	37.567	471	620
PHC800(110)	B	22	30ϕ10.7	6	2700	1.13%	9.01	690	238447	249957	38.091	379	620
PHC800(110)	C	24	30ϕ12.6	6	3750	1.57%	11.76	690	238447	254434	38.757	418	620
PHC800(130)	A	18	16ϕ10.7	6	1440	0.53%	4.57	690	273633	279772	40.744	416	711
PHC800(130)	AB	19	16ϕ12.6	6	2000	0.73%	6.16	690	273633	282159	41.099	475	711
PHC800(130)	B	21	32ϕ10.7	6	2880	1.05%	8.47	690	273633	285911	41.657	384	711
PHC800(130)	C	23	32ϕ12.6	6	4000	1.46%	11.10	690	273633	290685	42.368	425	711
PHC1000(130)	A	21	32ϕ9.0	6	2048	0.58%	4.97	880	355314	364045	70.426	347	924
PHC1000(130)	AB	23	32ϕ10.7	6	2880	0.81%	6.75	880	355314	367592	71.113	398	924
PHC1000(130)	B	25	32ϕ12.6	6	4000	1.13%	8.97	880	355314	372367	72.037	447	924
PHC1000(130)	C	26	32ϕ14.0	8	4928	1.39%	10.65	880	355314	376323	72.803	477	924
PHC1200(150)	A	23	30ϕ10.7	6	2700	0.55%	4.73	1060	494801	506311	118.663	415	1286
PHC1200(150)	AB	25	30ϕ12.6	6	3750	0.76%	6.36	1060	494801	510788	119.711	473	1286
PHC1200(150)	B	27	45ϕ12.6	6	5625	1.14%	9.04	1060	494801	518781	121.582	446	1286
PHC1200(150)	C	29	45ϕ14.0	8	6930	1.40%	10.73	1060	494801	524345	122.885	476	1286
PHC1300(150)	A	24	24ϕ12.6	7	3000	0.55%	4.79	1160	541925	554714	143.480	488	1409
PHC1300(150)	AB	26	48ϕ10.7	7	4320	0.80%	6.66	1160	541925	560342	144.937	399	1409
PHC1300(150)	B	29	48ϕ12.6	8	6000	1.11%	8.84	1160	541925	567504	146.790	448	1409
PHC1300(150)	C	30	48ϕ14.0	8	7392	1.36%	10.50	1160	541925	573438	148.326	479	1409
PHC1400(150)	A	25	25ϕ12.6	7	3125	0.53%	4.61	1260	589049	602371	170.499	490	1532
PHC1400(150)	AB	27	50ϕ10.7	7	4500	0.76%	6.41	1260	589049	608233	172.161	401	1532
PHC1400(150)	B	30	50ϕ12.6	8	6250	1.06%	8.53	1260	589049	615693	174.276	451	1532
PHC1400(150)	C	31	50ϕ14.0	8	7700	1.31%	10.15	1260	589049	621875	176.028	483	1532

注：PHC管桩的混凝土强度等级为C80。

表 A.0.4-2 PC管桩桩身配筋及相关参数表

规格 (代号-外径-壁厚)	型号	单节长度 L 5~ (m)	主筋数量与直径 (mm)	螺旋筋直径 (mm)	预应力钢棒面积 A_{py} (mm²)	配筋率 (%)	混凝土有效预压应力 σ_{pc} (MPa)	预应力钢棒分布圆周直径 D_p (mm)	管桩桩身横截面面积 A (mm²)	管桩桩身横截面换算面积 A_0 (mm²)	换算截面抵抗矩 W_0 (mm³×10⁶)	截桩后桩端预应力传递长度 L_{tr} (mm)	理论重量 (kg/m)
PC400(95)	AB	12	7ϕ10.7	4	630	0.69%	5.85	308	91028	93898	5.976	441	237
PC400(95)	B	14	11ϕ10.7	4	990	1.09%	8.66	308	91028	95538	6.073	414	237
PC400(95)	C	15	13ϕ10.7	4	1170	1.29%	9.94	308	91028	96358	6.122	401	237
PC450(95)	A	12	8ϕ9.0	4	512	0.48%	4.21	358	105950	108283	8.115	384	275
PC450(95)	AB	13	8ϕ10.7	4	720	0.68%	5.75	358	105950	109230	8.183	442	275
PC450(95)	B	15	12ϕ10.7	4	1080	1.02%	8.20	358	105950	110870	8.300	418	275

规 格 (代号-外径-壁厚)	型号	单节长度 L 5~ (m)	主筋数量与直径 (mm)	螺旋筋直径 (mm)	预应力钢棒面积 A_{py} (mm²)	配筋率 (%)	混凝土有效预压应力 σ_{pc} (MPa)	预应力钢棒分布圆周直径 D_p (mm)	管桩桩身横截面积 A (mm²)	管桩桩身横截面换算面积 A_0 (mm²)	换算截面抵抗矩 W_0 (mm³×10⁶)	截桩后桩端预应力传递长度 L_{tr} (mm)	理论重量 (kg/m)
PC450(95)	C	16	15ϕ10.7	4	1350	1.27%	9.87	358	105950	112100	8.387	402	275
PC500(100)	A	14	11ϕ9.0	5	704	0.56%	4.83	406	125664	128871	10.946	379	327
PC500(100)	AB	15	11ϕ10.7	5	990	0.79%	6.56	406	125664	130174	11.053	434	327
PC500(100)	B	16	11ϕ12.6	5	1375	1.09%	8.70	406	125664	131928	11.198	487	327
PC500(100)	C	17	14ϕ12.6	5	1750	1.39%	10.61	406	125664	133636	11.338	465	327
PC550(110)	A	14	12ϕ9.0	5	768	0.51%	4.39	456	152053	155552	14.548	382	395
PC550(110)	AB	15	12ϕ10.7	5	1080	0.71%	5.98	456	152053	156973	14.682	440	395
PC550(110)	B	17	12ϕ12.6	5	1500	0.99%	7.97	456	152053	158886	14.863	495	395
PC550(110)	C	18	15ϕ12.6	5	1875	1.23%	9.61	456	152053	160595	15.024	476	395
PC500(125)	A	13	12ϕ9.0	5	768	0.52%	4.52	406	147262	150761	11.793	381	383
PC500(125)	AB	14	12ϕ10.7	5	1080	0.73%	6.16	406	147262	152182	11.910	438	383
PC500(125)	B	15	12ϕ12.6	5	1500	1.02%	8.19	406	147262	154095	12.068	493	383
PC500(125)	C	16	15ϕ12.6	5	1875	1.27%	9.87	406	147262	155804	12.209	474	383
PC550(125)	A	14	14ϕ9.0	5	896	0.54%	4.64	456	166897	170979	15.274	380	434
PC550(125)	AB	15	14ϕ10.7	5	1260	0.75%	6.32	456	166897	172637	15.431	436	434
PC550(125)	B	16	14ϕ12.6	5	1750	1.05%	8.40	456	166897	174869	15.641	490	434
PC550(125)	C	17	17ϕ12.6	5	2125	1.27%	9.87	456	166897	176578	15.803	474	434
PC600(110)	A	15	14ϕ9.0	5	896	0.53%	4.58	506	169332	173414	18.229	381	440
PC600(110)	AB	16	14ϕ10.7	5	1260	0.74%	6.24	506	169332	175072	18.406	437	440
PC600(110)	B	18	14ϕ12.6	5	1750	1.03%	8.29	506	169332	177304	18.644	492	440
PC600(110)	C	19	19ϕ12.6	5	2375	1.40%	10.67	506	169332	180151	18.948	464	440
PC600(130)	A	15	16ϕ9.0	5	1024	0.53%	4.62	506	191951	196616	19.517	381	499
PC600(130)	AB	16	16ϕ10.7	5	1440	0.75%	6.28	506	191951	198511	19.719	437	499
PC600(130)	B	17	16ϕ12.6	5	2000	1.04%	8.35	506	191951	201062	19.991	491	499
PC600(130)	C	18	21ϕ12.6	5	2625	1.37%	10.45	506	191951	203910	20.295	467	499
PC700(110)	A	17	13ϕ10.7	6	1170	0.57%	4.94	590	203889	209219	26.892	449	530
PC700(110)	AB	18	26ϕ9.0	6	1664	0.82%	6.77	590	203889	211470	27.171	364	530
PC700(110)	B	20	26ϕ10.7	6	2340	1.15%	9.06	590	203889	214549	27.554	410	530
PC700(110)	C	22	26ϕ12.6	6	3250	1.59%	11.80	590	203889	218695	28.070	451	530
PC700(130)	A	16	14ϕ10.7	6	1260	0.54%	4.68	590	232792	238532	29.131	452	605
PC700(130)	AB	17	28ϕ9.0	6	1792	0.77%	6.43	590	232792	240956	29.432	366	605
PC700(130)	B	19	28ϕ10.7	6	2520	1.08%	8.63	590	232792	244272	29.844	414	605
PC700(130)	C	21	28ϕ12.6	6	3500	1.50%	11.27	590	232792	248736	30.399	457	605
PC800(110)	A	18	16ϕ10.7	6	1440	0.60%	5.17	690	238447	245007	37.354	447	620
PC800(110)	AB	20	16ϕ12.6	6	2000	0.84%	6.93	690	238447	247558	37.734	507	620
PC800(110)	B	22	32ϕ10.7	6	2880	1.21%	9.45	690	238447	251567	38.330	406	620

规格 （代号-外径-壁厚）	型号	单节长度 L 5～ （m）	主筋数量与直径 （mm）	螺旋筋直径 （mm）	预应力钢棒面积 A_{py} （mm²）	配筋率 （%）	混凝土有效预压应力 σ_{pc} （MPa）	预应力钢棒分布圆周直径 D_p （mm）	管桩桩身横截面面积 A （mm²）	管桩桩身横截面换算面积 A_0 （mm²）	换算截面抵抗矩 W_0 （mm³×10⁶）	截桩后桩端预应力传递长度 L_{tr} （mm）	理论重量 （kg/m）
PC800(110)	C	24	32φ12.6	6	4000	1.68%	12.27	690	238447	256669	39.089	445	620
PC800(130)	A	18	17φ10.7	6	1530	0.56%	4.82	690	273633	280603	40.868	451	711
PC800(130)	AB	19	17φ12.6	6	2125	0.78%	6.48	690	273633	283313	41.271	512	711
PC800(130)	B	21	34φ10.7	6	3060	1.12%	8.86	690	273633	287573	41.905	412	711
PC800(130)	C	23	34φ12.6	6	4250	1.55%	11.56	690	273633	292994	42.711	454	711
PC1000(130)	A	21	24φ10.7	6	2160	0.61%	5.20	880	355314	365154	70.641	447	924
PC1000(130)	AB	23	24φ12.6	6	3000	0.84%	6.97	880	355314	368981	71.381	507	924
PC1000(130)	B	25	32φ12.6	6	4000	1.13%	8.91	880	355314	373536	72.263	485	924
PC1000(130)	C	26	40φ14.0	8	6160	1.73%	12.58	880	355314	383376	74.168	490	924
PC1200(150)	A	23	32φ10.7	6	2880	0.58%	5.00	1060	494801	507921	119.040	449	1286
PC1200(150)	AB	24	32φ12.6	6	4000	0.81%	6.71	1060	494801	513023	120.234	510	1286
PC1200(150)	B	27	48φ12.6	6	6000	1.21%	9.49	1060	494801	522134	122.367	478	1286
PC1200(150)	C	29	50φ14.0	8	7700	1.56%	11.58	1060	494801	529879	124.180	504	1286
PC1300(150)	A	24	24φ12.6	7	3000	0.55%	4.78	1160	541925	555591	143.707	531	1409
PC1300(150)	AB	26	48φ10.7	7	4320	0.80%	6.63	1160	541925	561605	145.263	434	1409
PC1300(150)	B	28	48φ12.6	8	6000	1.11%	8.79	1160	541925	569258	147.244	486	1409
PC1300(150)	C	30	48φ14.0	8	7392	1.36%	10.43	1160	541925	575599	148.885	519	1409
PC1400(150)	A	25	25φ12.6	7	3125	0.53%	4.59	1260	589049	603285	170.758	533	1532
PC1400(150)	AB	27	50φ10.7	7	4500	0.76%	6.38	1260	589049	609549	172.534	436	1532
PC1400(150)	B	29	50φ12.6	8	6250	1.06%	8.48	1260	589049	617521	174.794	490	1532
PC1400(150)	C	31	50φ14.0	8	7700	1.31%	10.08	1260	589049	624126	176.666	523	1532

注：PC 管桩的混凝土强度等级为 C60。

表 A.0.4-3　PRC 管桩桩身配筋及相关参数表（Ⅰ型）

规格 （代号-外径-壁厚）	型号	单节长度 L 5～ （m）	预应力钢棒数量与直径 （mm）	非预应力钢筋数量与直径 （mm）	螺旋筋直径 （mm）	预应力钢棒面积 A_{py} （mm²）	非预应力钢筋面积 A_s （mm²）	配筋率 （%）	混凝土有效预压应力 σ_{pc} （MPa）	纵向主筋分布圆周直径 D_p （mm）	管桩桩身横截面面积 A （mm²）	管桩桩身横截面换算面积 A_0 （mm²）	换算截面抵抗矩 W_0 （mm³×10⁶）	截桩后桩端预应力传递长度 L_{tr} （mm）	理论重量 （kg/m）
PRCⅠ400(95)	AB	13	7φ10.7	7 Φ10	4	630	550	1.30%	5.90	308	91028	93713	5.965	568	237
PRCⅠ400(95)	B	14	10φ10.7	10 Φ10	4	900	785	1.85%	8.09	308	91028	94864	6.033	542	237
PRCⅠ400(95)	D	15	10φ12.6	10 Φ10	4	1250	785	2.24%	10.63	308	91028	96357	6.122	602	237
PRCⅠ450(95)	AB	14	8φ10.7	8 Φ10	4	720	628	1.27%	5.80	358	105950	109020	8.168	569	275
PRCⅠ450(95)	B	15	12φ10.7	12 Φ10	4	1080	942	1.91%	8.30	358	105950	110554	8.277	539	275
PRCⅠ450(95)	D	17	12φ12.6	12 Φ10	4	1500	942	2.31%	10.90	358	105950	112345	8.405	598	275
PRCⅠ500(100)	AB	15	11φ10.7	11 Φ12	5	990	1244	1.78%	6.64	406	125664	129884	11.029	559	327
PRCⅠ500(100)	B	16	14φ10.7	14 Φ12	5	1260	1583	2.26%	8.22	406	125664	131035	11.124	540	327
PRCⅠ500(100)	C	17	11φ12.6	11 Φ12	5	1375	1244	2.08%	8.83	406	125664	131526	11.165	628	327

续表 A.0.4-3

规格 (代号-外径-壁厚)	型号	单节长度 L 5～ (m)	预应力 钢棒数量与直径 (mm)	非预应力钢筋数量与直径 (mm)	螺旋筋直径 (mm)	预应力钢棒面积 A_{py} (mm^2)	非预应力钢筋面积 A_s (mm^2)	配筋率 (%)	混凝土有效预压应力 σ_{pc} (MPa)	纵向主筋分布圆周直径 D_p (mm)	管桩桩身横截面面积 A (mm^2)	管桩桩身横截面换算面积 A_0 (mm^2)	换算截面横截面抵抗矩 W_0 (mm^3 $\times10^6$)	截桩后桩端预应力传递长度 L_{tr} (mm)	理论重量 (kg/m)
PRCⅠ500(100)	D	18	14φ12.6	14Φ12	5	1750	1583	2.65%	10.79	406	125664	133124	11.296	599	327
PRCⅠ500(125)	AB	14	12φ10.7	12Φ12	5	1080	1357	1.65%	6.23	406	147262	151866	11.884	564	383
PRCⅠ500(125)	B	15	14φ10.7	14Φ12	5	1260	1583	1.93%	7.15	406	147262	152634	11.948	553	383
PRCⅠ500(125)	C	16	12φ12.6	12Φ12	5	1500	1357	1.94%	8.30	406	147262	153657	12.032	635	383
PRCⅠ500(125)	D	16	14φ12.6	14Φ12	5	1750	1583	2.26%	9.46	406	147262	154723	12.120	619	383
PRCⅠ550(110)	AB	16	12φ10.7	12Φ12	5	1080	1357	1.60%	6.05	456	152053	156657	14.652	566	395
PRCⅠ550(110)	B	17	12φ12.6	12Φ12	5	1500	1357	1.88%	8.08	456	152053	158448	14.821	638	395
PRCⅠ550(110)	C	18	15φ12.6	15Φ12	5	1875	1696	2.35%	9.76	456	152053	160047	14.972	614	395
PRCⅠ550(110)	D	18	16φ12.6	16Φ12	5	2000	1810	2.51%	10.30	456	152053	160579	15.023	606	395
PRCⅠ550(125)	AB	15	14φ10.7	14Φ12	5	1260	1583	1.70%	6.40	456	166897	172269	15.396	562	434
PRCⅠ550(125)	B	17	14φ12.6	14Φ12	5	1750	1583	2.00%	8.51	456	166897	174358	15.593	632	434
PRCⅠ550(125)	C	18	17φ12.6	17Φ12	5	2125	1923	2.43%	10.02	456	166897	175956	15.744	610	434
PRCⅠ550(125)	D	18	18φ12.6	18Φ12	5	2250	2036	2.57%	10.51	456	166897	176489	15.795	603	434
PRCⅠ600(110)	AB	17	14φ10.7	14Φ12	5	1260	1583	1.68%	6.31	506	169332	174703	18.367	563	440
PRCⅠ600(110)	B	17	16φ10.7	16Φ12	5	1440	1810	1.92%	7.11	506	169332	175471	18.449	553	440
PRCⅠ600(110)	C	14	14φ12.6	14Φ12	5	1750	1583	1.97%	8.41	506	169332	176792	18.590	634	440
PRCⅠ600(110)	D	19	16φ12.6	16Φ12	5	2000	1810	2.25%	9.42	506	169332	177858	18.704	619	440
PRCⅠ600(130)	AB	16	16φ10.7	16Φ12	5	1440	1810	1.69%	6.36	506	191951	198090	19.674	562	499
PRCⅠ600(130)	B	17	18φ10.7	18Φ12	5	1620	2036	1.90%	7.06	506	191951	198858	19.756	554	499
PRCⅠ600(130)	C	18	16φ12.6	16Φ12	5	2000	1810	1.98%	8.47	506	191951	200478	19.929	633	499
PRCⅠ600(130)	D	18	18φ12.6	18Φ12	5	2250	2036	2.23%	9.36	506	191951	201543	20.042	620	499
PRCⅠ700(110)	AB	19	18φ10.7	18Φ12	6	1620	2036	1.79%	6.70	590	203889	210796	27.088	558	530
PRCⅠ700(110)	B	20	22φ10.7	22Φ12	6	1980	2488	2.19%	7.99	590	203889	212330	27.278	543	530
PRCⅠ700(110)	C	21	20φ12.6	20Φ12	6	2500	2262	2.34%	9.72	590	203889	214547	27.554	615	530
PRCⅠ700(110)	D	22	22φ12.6	22Φ12	6	2750	2488	2.57%	10.51	590	203889	215613	27.686	603	530
PRCⅠ700(130)	AB	18	18φ10.7	18Φ12	6	1620	2036	1.57%	5.94	590	232792	239698	29.276	567	605
PRCⅠ700(130)	B	19	22φ10.7	22Φ12	6	1980	2488	1.92%	7.11	590	232792	241233	29.467	553	605
PRCⅠ700(130)	C	20	20φ12.6	20Φ12	6	2500	2262	2.05%	8.69	590	232792	243450	29.742	630	605
PRCⅠ700(130)	D	20	22φ12.6	22Φ12	6	2750	2488	2.25%	9.42	590	232792	244516	29.875	619	605
PRCⅠ800(110)	B	21	24φ10.7	24Φ12	6	2160	2714	2.04%	7.52	690	238447	247655	37.748	549	620
PRCⅠ800(110)	C	23	24φ12.6	24Φ12	6	3000	2714	2.40%	9.93	690	238447	251236	38.281	612	620
PRCⅠ800(130)	B	20	24φ10.7	24Φ12	6	2160	2714	1.78%	6.66	690	273633	282841	41.201	559	711
PRCⅠ800(130)	C	22	24φ12.6	24Φ12	6	3000	2714	2.09%	8.84	690	273633	286422	41.733	627	711
PRCⅠ1000(130)	B	22	26φ10.7	26Φ12	6	2340	2941	1.49%	5.65	880	355314	365290	70.667	571	924
PRCⅠ1000(130)	C	24	26φ12.6	26Φ12	6	3250	2941	1.74%	7.56	880	355314	369169	71.418	645	924
PRCⅠ1200(150)	A	23	30φ10.7	30Φ12	6	2700	3393	1.23%	4.76	1060	494801	506311	118.663	581	1286
PRCⅠ1200(150)	AB	25	30φ12.6	30Φ112	6	3750	3393	1.44%	6.40	1060	494801	510788	119.711	662	1286

注：表中 PRC 管桩（Ⅰ型）的混凝土强度等级为 C80。

表 A.0.4-4　PRC管桩桩身配筋及相关参数表(Ⅱ型)

规格(代号-外径-壁厚)	型号	单节长度 L 5~ (m)	预应力钢棒数量与直径 (mm)	非预应力钢筋数量与直径 (mm)	螺旋筋直径 (mm)	预应力钢棒面积 A_{py} (mm²)	非预应力钢筋面积 A_s (mm²)	配筋率 (%)	混凝土有效预压应力 σ_{pc} (MPa)	预应力钢棒分布圆周直径 D_p (mm)	管桩桩身横截面面积 A (mm²)	换算截面面积 A_0 (mm²)	换算截面抵抗矩 W_0 (mm³ ×10⁶)	截桩后桩端预应力传递长度 L_{tr} (mm)	理论重量 (kg/m)
PRCⅡ400(95)	AB	13	7ϕ10.7	4ϕ12	4	630	452	1.19%	5.89	308	91028	93713	5.965	568	237
PRCⅡ400(95)	B	14	10ϕ10.7	5ϕ12	4	900	565	1.61%	8.07	308	91028	94864	6.033	542	237
PRCⅡ400(95)	D	15	10ϕ12.6	5ϕ14	4	1250	770	2.22%	10.63	308	91028	96357	6.122	602	237
PRCⅡ450(95)	AB	14	8ϕ10.7	4ϕ12	4	720	452	1.11%	5.79	358	105950	109020	8.168	569	275
PRCⅡ450(95)	B	15	12ϕ10.7	6ϕ12	4	1080	679	1.66%	8.29	358	105950	110554	8.277	540	275
PRCⅡ450(95)	D	17	12ϕ12.6	6ϕ14	4	1500	924	2.29%	10.90	358	105950	112345	8.405	598	275
PRCⅡ500(100)	AB	15	11ϕ10.7	6ϕ12	5	990	679	1.33%	6.62	406	125664	129884	11.029	559	327
PRCⅡ500(100)	B	16	14ϕ10.7	7ϕ12	5	1260	792	1.63%	8.17	406	125664	131035	11.124	541	327
PRCⅡ500(100)	C	17	11ϕ12.6	7ϕ14	5	1375	1078	1.95%	8.82	406	125664	131526	11.165	628	327
PRCⅡ500(100)	D	18	14ϕ12.6	7ϕ14	5	1750	1078	2.25%	10.75	406	125664	133124	11.296	600	327
PRCⅡ500(125)	AB	14	12ϕ10.7	6ϕ12	5	1080	679	1.19%	6.21	406	147262	151866	11.884	564	372
PRCⅡ500(125)	B	15	14ϕ10.7	7ϕ12	5	1260	792	1.39%	7.12	406	147262	152634	11.948	553	372
PRCⅡ500(125)	C	16	12ϕ12.6	6ϕ14	5	1500	924	1.65%	8.28	406	147262	153657	12.032	636	372
PRCⅡ500(125)	D	16	14ϕ12.6	7ϕ14	5	1750	1078	1.92%	9.44	406	147262	154723	12.120	619	372
PRCⅡ550(110)	AB	16	12ϕ10.7	6ϕ12	5	1080	679	1.16%	6.03	456	152053	156657	14.652	566	395
PRCⅡ550(110)	B	17	12ϕ12.6	6ϕ14	5	1500	924	1.59%	8.06	456	152053	158448	14.821	639	395
PRCⅡ550(110)	C	18	15ϕ12.6	8ϕ14	5	1875	1232	2.04%	9.74	456	152053	160047	14.972	615	395
PRCⅡ550(110)	D	18	16ϕ12.6	8ϕ14	5	2000	1232	2.13%	10.27	456	152053	160579	15.023	607	395
PRCⅡ550(125)	AB	15	14ϕ10.7	7ϕ12	5	1260	792	1.23%	6.37	456	166897	172269	15.396	562	434
PRCⅡ550(125)	B	17	14ϕ12.6	7ϕ14	5	1750	1078	1.69%	8.49	456	166897	174358	15.593	633	434
PRCⅡ550(125)	C	18	17ϕ12.6	9ϕ14	5	2125	1385	2.10%	10.00	456	166897	175956	15.744	611	434
PRCⅡ550(125)	D	18	18ϕ12.6	9ϕ14	5	2250	1385	2.18%	10.47	456	166897	176489	15.795	604	434
PRCⅡ600(110)	AB	17	14ϕ10.7	7ϕ12	5	1260	792	1.21%	6.29	506	169332	174703	18.367	563	440
PRCⅡ600(110)	B	17	16ϕ10.7	8ϕ12	5	1440	905	1.38%	7.08	506	169332	175471	18.449	554	440
PRCⅡ600(110)	C	18	14ϕ12.6	7ϕ14	5	1750	1078	1.67%	8.38	506	169332	176792	18.590	634	440
PRCⅡ600(110)	D	19	16ϕ12.6	8ϕ14	5	2000	1232	1.91%	9.39	506	169332	177858	18.704	620	440
PRCⅡ600(130)	AB	16	16ϕ10.7	8ϕ12	5	1440	905	1.22%	6.33	506	191951	198090	19.674	562	499
PRCⅡ600(130)	B	17	18ϕ10.7	8ϕ12	5	1620	905	1.32%	7.03	506	191951	198858	19.756	554	499
PRCⅡ600(130)	C	18	16ϕ12.6	8ϕ14	5	2000	1232	1.68%	8.44	506	191951	200478	19.929	633	499
PRCⅡ600(130)	D	18	18ϕ12.6	9ϕ14	5	2250	1385	1.89%	9.33	506	191951	201543	20.042	621	499
PRCⅡ700(110)	AB	19	18ϕ10.7	9ϕ12	6	1620	1018	1.29%	6.67	590	203889	210796	27.088	559	530
PRCⅡ700(110)	B	20	22ϕ10.7	11ϕ12	6	1980	1244	1.58%	7.95	590	203889	212330	27.278	544	530

续表 A. 0. 4-4

规格（代号-外径-壁厚）	型号	单节长度 L 5～ (m)	预应力钢棒数量与直径 (mm)	非预应力钢筋数量与直径 (mm)	螺旋筋直径 (mm)	预应力钢棒面积 A_{py} (mm²)	非预应力钢筋面积 A_s (mm²)	配筋率 (%)	混凝土有效预压应力 σ_{pc} (MPa)	预应力钢棒分布圆周直径 D_p (mm)	管桩桩身横截面积 A (mm²)	换算截面面积 A_0 (mm²)	换算截面抗抵矩 W_0 (mm³×10⁶)	截桩后桩端预应力传递长度 L_{tr} (mm)	理论重量 (kg/m)
PRCⅡ700(110)	C	21	20φ12.6	10Φ14	6	2500	1539	1.98%	9.69	590	203889	214547	27.554	616	530
PRCⅡ700(110)	D	22	22φ12.6	11Φ14	6	2750	1693	2.18%	10.48	590	203889	215613	27.686	604	530
PRCⅡ700(130)	AB	18	18φ10.7	9Φ12	6	1620	1018	1.13%	5.92	590	232792	239698	29.276	567	605
PRCⅡ700(130)	B	19	22φ10.7	11Φ12	6	1980	1244	1.38%	7.08	590	232792	241233	29.467	554	605
PRCⅡ700(130)	C	20	20φ12.6	10Φ14	6	2500	1539	1.74%	8.66	590	232792	243450	29.742	630	605
PRCⅡ700(130)	D	22	22φ12.6	11Φ14	6	2750	1693	1.91%	9.39	590	232792	244516	29.875	620	605
PRCⅡ800(110)	B	21	24φ10.7	12Φ12	6	2160	1847	1.68%	7.50	690	238447	247655	37.748	549	620
PRCⅡ800(110)	C	23	24φ12.6	12Φ14	6	3000	1847	2.03%	9.90	690	238447	251236	38.281	613	620
PRCⅡ800(130)	B	20	24φ10.7	12Φ12	6	2160	1357	1.29%	6.63	690	273633	282841	41.201	559	711
PRCⅡ800(130)	C	22	24φ12.6	12Φ14	6	3000	1847	1.77%	8.82	690	273633	286422	41.733	628	711
PRCⅡ1000(130)	B	22	26φ10.7	13Φ12	6	2340	1470	1.07%	5.63	880	355314	365290	70.667	571	924
PRCⅡ1000(130)	C	24	26φ12.6	13Φ14	6	3250	2001	1.48%	7.54	880	355314	369169	71.418	646	924
PRCⅡ1200(150)	A	23	30φ10.7	15Φ12	6	2700	1696	0.89%	4.74	1060	494801	506311	118.663	581	1286
PRCⅡ1200(150)	AB	25	30φ12.6	15Φ14	6	3750	2309	1.22%	6.39	1060	494801	510788	119.711	662	1286

注：表中 PRC 管桩（Ⅱ型）的混凝土强度等级为 C80。

A. 0. 5 桩基工程、基坑支护工程用管桩推荐桩型桩身力学性能应按表 A. 0. 5-1～表 A. 0. 5-12 取值。

表 A. 0. 5-1 PHC 管桩桩身力学性能表

规格（代号-外径-壁厚）	型号	抗裂抗弯性能			抗拉性能		桩身施工允许最大压力	
		桩身开裂弯矩 M_{cr} (kN·m)	桩身受弯承载力设计值 M (kN·m)	桩身受弯承载力极限值 M_u (kN·m)	按标准组合计算的抗裂拉力 N_k (kN)	桩身轴心受拉承载力设计值 N_t (kN)	抱压 R_b (kN)	顶压 R_d (kN)
PHC400(95)	AB	70	87	117	550	536	3104	3415
PHC400(95)	B	84	117	159	762	765	3104	3415
PHC400(95)	C	97	143	194	961	995	3104	3415
PHC450(95)	A	82	85	115	457	435	3613	3975
PHC450(95)	AB	95	116	157	629	612	3613	3975
PHC450(95)	B	117	163	220	911	918	3613	3975
PHC450(95)	C	132	193	261	1110	1148	3613	3975
PHC500(100)	A	118	131	176	623	598	4286	4714
PHC500(100)	AB	138	176	238	855	842	4286	4714
PHC500(100)	B	164	230	311	1151	1169	4286	4714
PHC500(100)	C	180	261	353	1333	1381	4286	4714
PHC550(110)	A	150	158	214	684	653	5186	5704

规格 (代号-外径-壁厚)	型号	抗裂抗弯性能			抗拉性能		桩身施工允许最大压力	
		桩身开裂弯矩 M_{cr} (kN·m)	桩身受弯承载力设计值 M (kN·m)	桩身受弯承载力极限值 M_u (kN·m)	按标准组合计算的抗裂拉力 N_k (kN)	桩身轴心受拉承载力设计值 N_t (kN)	抱压 R_b (kN)	顶压 R_d (kN)
PHC550(110)	AB	175	215	291	941	918	5186	5704
PHC550(110)	B	206	284	383	1270	1275	5186	5704
PHC550(110)	C	233	337	455	1548	1594	5186	5704
PHC500(125)	A	123	135	183	683	653	5022	5525
PHC500(125)	AB	144	184	248	939	918	5022	5525
PHC500(125)	B	170	242	327	1266	1275	5022	5525
PHC500(125)	C	193	288	388	1542	1594	5022	5525
PHC550(125)	A	161	178	241	795	762	5692	6261
PHC550(125)	AB	189	242	326	1093	1071	5692	6261
PHC550(125)	B	224	318	429	1472	1488	5692	6261
PHC550(125)	C	249	369	498	1747	1806	5692	6261
PHC600(110)	A	191	205	277	796	762	5775	6353
PHC600(110)	AB	224	278	375	1094	1071	5775	6353
PHC600(110)	B	265	365	493	1474	1488	5775	6353
PHC600(110)	C	295	423	571	1750	1806	5775	6353
PHC600(130)	A	205	225	304	909	870	6546	7201
PHC600(130)	AB	240	306	413	1249	1224	6546	7201
PHC600(130)	B	285	402	543	1683	1700	6546	7201
PHC600(130)	C	323	477	644	2050	2125	6546	7201
PHC700(110)	A	282	296	400	959	918	6954	7649
PHC700(110)	AB	331	405	547	1332	1306	6954	7649
PHC700(110)	B	395	536	724	1815	1836	6954	7649
PHC700(110)	C	475	682	921	2418	2550	6954	7649
PHC700(130)	A	299	313	422	1042	995	7939	8733
PHC700(130)	AB	350	429	579	1449	1414	7939	8733
PHC700(130)	B	417	571	771	1977	1989	7939	8733
PHC700(130)	C	501	731	987	2640	2763	7939	8733
PHC800(110)	A	402	431	581	1194	1148	8132	8945
PHC800(110)	AB	469	575	776	1620	1594	8132	8945
PHC800(110)	B	568	772	1043	2252	2295	8132	8945
PHC800(110)	C	685	976	1317	2993	3188	8132	8945
PHC800(130)	A	427	450	608	1279	1224	9332	10265
PHC800(130)	AB	496	604	816	1739	1700	9332	10265
PHC800(130)	B	599	818	1104	2422	2448	9332	10265
PHC800(130)	C	721	1042	1407	3228	3400	9332	10265
PHC1000(130)	A	766	823	1112	1809	1741	12118	13330

规格 (代号-外径-壁厚)	型号	抗裂抗弯性能			抗拉性能		桩身施工允许最大压力	
		桩身开裂 弯矩 M_{cr} (kN·m)	桩身受弯 承载力设 计值 M (kN·m)	桩身受弯 承载力极 限值 M_u (kN·m)	按标准组 合计算的 抗裂拉力 N_k (kN)	桩身轴心 受拉承载 力设计值 N_t (kN)	抱压 R_b (kN)	顶压 R_d (kN)
PHC1000(130)	AB	901	1110	1499	2483	2448	12118	13330
PHC1000(130)	B	1071	1448	1954	3338	3400	12118	13330
PHC1000(130)	C	1205	1687	2278	4006	4189	12118	13330
PHC1200(150)	A	1262	1316	1777	2393	2295	16875	18563
PHC1200(150)	AB	1469	1762	2379	3251	3188	16875	18563
PHC1200(150)	B	1817	2451	3308	4689	4781	16875	18563
PHC1200(150)	C	2045	2854	3853	5626	5891	16875	18563
PHC1300(150)	A	1535	1600	2160	2657	2550	18482	20331
PHC1300(150)	AB	1821	2207	2979	3729	3672	18482	20331
PHC1300(150)	B	2165	2880	3888	5017	5100	18482	20331
PHC1300(150)	C	2434	3360	4536	6023	6283	18482	20331
PHC1400(150)	A	1793	1818	2454	2775	2656	20090	22098
PHC1400(150)	AB	2121	2514	3394	3898	3825	20090	22098
PHC1400(150)	B	2516	3292	4444	5251	5313	20090	22098
PHC1400(150)	C	2826	3850	5198	6310	6545	20090	22098

表 A.0.5-2　PHC管桩桩身力学性能表

规格 (代号-外径-壁厚)	型号	抗压性能		
		桩身轴心受压承载力 设计值 N(kN) (打入式或抱压式施工)	桩身轴心受压承载力 设计值 N(kN) (顶压式施工)	桩身轴心受压承载力 设计值 N(kN) (中掘法或植入法施工)
PHC400(95)	AB	2288	2614	2778
PHC400(95)	B	2288	2614	2778
PHC400(95)	C	2288	2614	2778
PHC450(95)	A	2663	3043	3233
PHC450(95)	AB	2663	3043	3233
PHC450(95)	B	2663	3043	3233
PHC450(95)	C	2663	3043	3233
PHC500(100)	A	3158	3609	3835
PHC500(100)	AB	3158	3609	3835
PHC500(100)	B	3158	3609	3835
PHC500(100)	C	3158	3609	3835
PHC550(110)	A	3821	4367	4640
PHC550(110)	AB	3821	4367	4640
PHC550(110)	B	3821	4367	4640
PHC550(110)	C	3821	4367	4640

规格 (代号-外径-壁厚)	型号	抗压性能		
		桩身轴心受压承载力 设计值 N(kN) (打入式或抱压式施工)	桩身轴心受压承载力 设计值 N(kN) (顶压式施工)	桩身轴心受压承载力 设计值 N(kN) (中掘法或植入法施工)
PHC500(125)	A	3701	4229	4494
PHC500(125)	AB	3701	4229	4494
PHC500(125)	B	3701	4229	4494
PHC500(125)	C	3701	4229	4494
PHC550(125)	A	4194	4793	5093
PHC550(125)	AB	4194	4793	5093
PHC550(125)	B	4194	4793	5093
PHC550(125)	C	4194	4793	5093
PHC600(110)	A	4255	4863	5167
PHC600(110)	AB	4255	4863	5167
PHC600(110)	B	4255	4863	5167
PHC600(110)	C	4255	4863	5167
PHC600(130)	A	4824	5513	5857
PHC600(130)	AB	4824	5513	5857
PHC600(130)	B	4824	5513	5857
PHC600(130)	C	4824	5513	5857
PHC700(110)	A	5124	5856	6222
PHC700(110)	AB	5124	5856	6222
PHC700(110)	B	5124	5856	6222
PHC700(110)	C	5124	5856	6222
PHC700(130)	A	5850	6686	7104
PHC700(130)	AB	5850	6686	7104
PHC700(130)	B	5850	6686	7104
PHC700(130)	C	5850	6686	7104
PHC800(110)	A	5992	6848	7276
PHC800(110)	AB	5992	6848	7276
PHC800(110)	B	5992	6848	7276
PHC800(110)	C	5992	6848	7276
PHC800(130)	A	6876	7859	8350
PHC800(130)	AB	6876	7859	8350
PHC800(130)	B	6876	7859	8350
PHC800(130)	C	6876	7859	8350
PHC1000(130)	A	8929	10205	10842
PHC1000(130)	AB	8929	10205	10842
PHC1000(130)	B	8929	10205	10842
PHC1000(130)	C	8929	10205	10842
PHC1200(150)	A	12434	14211	15099

规格 (代号-外径-壁厚)	型号	抗压性能		
		桩身轴心受压承载力设计值 N(kN) (打入式或抱压式施工)	桩身轴心受压承载力设计值 N(kN) (顶压式施工)	桩身轴心受压承载力设计值 N(kN) (中掘法或植入法施工)
PHC1200(150)	AB	12434	14211	15099
PHC1200(150)	B	12434	14211	15099
PHC1200(150)	C	12434	14211	15099
PHC1300(150)	A	13619	15564	16537
PHC1300(150)	AB	13619	15564	16537
PHC1300(150)	B	13619	15564	16537
PHC1300(150)	C	13619	15564	16537
PHC1400(150)	A	14803	16917	17975
PHC1400(150)	AB	14803	16917	17975
PHC1400(150)	B	14803	16917	17975
PHC1400(150)	C	14803	16917	17975

注：表中混凝土强度等级为 C80，桩身轴心受压承载力设计值未考虑压屈影响，其打入式或抱压式施工、顶压式施工、中掘法或植入法施工的综合折减系数 Ψ_c 分别取 0.7、0.8、0.85 进行计算。

表 A.0.5-3　PHC 管桩桩身力学性能表

规格 (代号-外径-壁厚)	型号	抗剪性能							等直径实心圆截面受剪承载力设计值 [V] (kN) N=0	等直径实心圆截面受剪承载力设计值 [V] (kN) N=0.3f_cA	等直径实心圆截面受弯承载力设计值 [M] (kN·m) (ρ=1%)	等直径实心圆截面受弯承载力设计值 [M] (kN·m) (ρ=1.5%)
		按标准组合计算的抗裂剪力 ≤ (kN)	桩身斜受剪承载力设计值 ≤ (kN)	桩身斜受剪承载力极限值 ≤ (kN)	截桩部位斜截面受剪承载力设计值 ≤ (kN)	截桩部位斜截面受剪承载力极限值 ≤ (kN)	填芯部位斜截面受剪承载力设计值 ≤ (kN)	填芯部位斜截面受剪承载力极限值 ≤ (kN)				
PHC400(95)	AB	151	179	250	122	171	141	197	128	166	65.8	93.6
PHC400(95)	B	160	197	276	126	177	145	204				
PHC400(95)	C	168	212	297	131	183	150	210				
PHC450(95)	A	168	187	261	137	192	166	232	154	202	95.1	135.5
PHC450(95)	AB	175	203	285	139	194	168	235				
PHC450(95)	B	187	227	318	145	203	174	243				
PHC450(95)	C	195	241	338	149	209	178	249				
PHC500(100)	A	202	251	351	186	260	224	314	182	241	132.1	188.6
PHC500(100)	AB	212	272	380	188	264	227	318				
PHC500(100)	B	224	295	413	191	268	230	322				
PHC500(100)	C	232	308	432	195	272	233	326				
PHC550(110)	A	242	289	404	215	302	262	367	213	284	177.7	254.0
PHC550(110)	AB	253	313	438	218	306	265	371				
PHC550(110)	B	266	340	476	221	310	268	375				
PHC550(110)	C	278	361	505	227	317	273	383				

| 规格
(代号-外径-壁厚) | 型号 | 抗剪性能 | | | | | | | 等直径实心圆截面受剪承载力设计值 [V] (kN) N=0 | 等直径实心圆截面受剪承载力设计值 [V] (kN) N=0.3f_cA | 等直径实心圆截面受弯承载力设计值 [M] (kN·m) (ρ=1%) | 等直径实心圆截面受弯承载力设计值 [M] (kN·m) (ρ=1.5%) |
		按标准组合计算的抗裂剪力 ≤ (kN)	桩身斜受剪承载力设计值 ≤ (kN)	桩身斜受剪承载力极限值 ≤ (kN)	截桩部位斜截面受剪承载力设计值 ≤ (kN)	截桩部位斜截面受剪承载力极限值 ≤ (kN)	填芯部位斜截面受剪承载力设计值 ≤ (kN)	填芯部位斜截面受剪承载力极限值 ≤ (kN)				
PHC500(125)	A	235	283	396	209	292	235	330	182	241	132.1	188.6
PHC500(125)	AB	246	308	431	211	296	238	334				
PHC500(125)	B	259	335	469	215	301	242	338				
PHC500(125)	C	271	356	498	220	308	247	346				
PHC550(125)	A	267	317	444	232	325	271	379	213	284	177.7	254.0
PHC550(125)	AB	280	345	483	236	330	274	384				
PHC550(125)	B	296	376	527	239	335	278	389				
PHC550(125)	C	307	397	555	245	342	283	397				
PHC600(110)	A	271	321	450	238	333	300	420	245	330	232.7	332.9
PHC600(110)	AB	283	349	488	241	338	303	424				
PHC600(110)	B	299	380	531	245	343	307	429				
PHC600(110)	C	310	400	559	250	350	312	437				
PHC600(130)	A	307	358	501	262	366	311	436	245	330	232.7	332.9
PHC600(130)	AB	322	390	546	265	371	315	441				
PHC600(130)	B	340	426	596	270	377	319	447				
PHC600(130)	C	354	452	633	276	387	326	456				
PHC700(110)	A	326	424	593	321	449	420	588	317	433	374.7	537.2
PHC700(110)	AB	342	458	641	333	466	432	605				
PHC700(110)	B	362	496	695	338	474	437	612				
PHC700(110)	C	386	538	753	344	482	443	620				
PHC700(130)	A	370	462	647	348	487	431	603	317	433	374.7	537.2
PHC700(130)	AB	387	501	701	361	506	444	622				
PHC700(130)	B	409	544	761	367	514	450	630				
PHC700(130)	C	436	591	827	374	523	457	639				
PHC800(110)	A	384	497	696	372	520	516	723	398	549	565.7	812.2
PHC800(110)	AB	402	535	749	376	526	520	728				
PHC800(110)	B	428	583	817	393	551	538	753				
PHC800(110)	C	458	633	886	401	561	545	763				
PHC800(130)	A	437	541	757	403	564	528	740				
PHC800(130)	AB	457	583	816	407	570	533	746				
PHC800(130)	B	485	638	893	426	597	551	772				
PHC800(130)	C	517	694	971	434	608	560	783				

续表 A.0.5-3

规格 (代号-外径-壁厚)	型号	抗剪性能							等直径实心圆截面受剪承载力设计值 $[V]$ (kN) $N=0$	等直径实心圆截面受剪承载力设计值 $[V]$ (kN) $N=0.3f_cA$	等直径实心圆截面受弯承载力设计值 $[M]$ (kN·m) $(\rho=1\%)$	等直径实心圆截面受弯承载力设计值 $[M]$ (kN·m) $(\rho=1.5\%)$
		按标准组合计算的抗裂剪力 ≤ (kN)	桩身斜受剪承载力设计值 ≤ (kN)	桩身斜受剪承载力极限值 ≤ (kN)	截桩部位斜截面受剪承载力设计值 ≤ (kN)	截桩部位斜截面受剪承载力极限值 ≤ (kN)	填芯部位斜截面受剪承载力设计值 ≤ (kN)	填芯部位斜截面受剪承载力极限值 ≤ (kN)				
PHC1000(130)	A	574	704	986	522	731	757	1060				
PHC1000(130)	AB	602	763	1068	529	741	764	1070	585	821	1122.1	1614.4
PHC1000(130)	B	638	829	1160	537	752	772	1081				
PHC1000(130)	C	664	1030	1441	699	978	934	1307				
PHC1200(150)	A	794	929	1301	677	947	1024	1434				
PHC1200(150)	AB	830	1006	1408	685	958	1032	1445	808	1148	1958.9	2822.1
PHC1200(150)	B	890	1117	1564	710	994	1058	1481				
PHC1200(150)	C	927	1367	1914	905	1267	1252	1753				
PHC1300(150)	A	871	1110	1554	824	1154	1253	1754				
PHC1300(150)	AB	917	1205	1687	853	1194	1282	1795	933	1331	2500.3	3603.9
PHC1300(150)	B	970	1412	1977	974	1363	1403	1964				
PHC1300(150)	C	1010	1481	2074	982	1375	1411	1976				
PHC1400(150)	A	942	1191	1667	889	1245	1409	1972				
PHC1400(150)	AB	990	1292	1808	920	1287	1439	2014	1066	1528	3133.2	4518.1
PHC1400(150)	B	1046	1514	2120	1049	1469	1568	2195				
PHC1400(150)	C	1088	1588	2223	1058	1481	1577	2208				

表 A.0.5-4　PC管桩桩身力学性能表

规格 (代号-外径-壁厚)	型号	抗裂抗弯性能			抗拉性能		桩身施工允许最大压力	
		桩身开裂弯矩 M_{cr}(kN·m)	桩身受弯承载力设计值 M (kN·m)	桩身受弯承载力极限值 M_u(kN·m)	按标准组合计算的抗裂拉力 N_k(kN)	桩身轴心受拉承载力设计值 N_t(kN)	抱压 R_b (kN)	顶压 R_d (kN)
PC400(95)	AB	69	85	114	549	536	2503	2754
PC400(95)	B	87	120	162	827	842	2503	2754
PC400(95)	C	96	134	181	958	995	2503	2754
PC450(95)	A	80	84	113	456	435	2914	3205
PC450(95)	AB	94	113	152	628	612	2914	3205
PC450(95)	B	115	155	209	909	918	2914	3205
PC450(95)	C	131	181	244	1107	1148	2914	3205
PC500(100)	A	115	128	173	622	598	3456	3801
PC500(100)	AB	136	170	230	854	842	3456	3801
PC500(100)	B	161	218	295	1148	1169	3456	3801
PC500(100)	C	185	256	345	1417	1488	3456	3801
PC550(110)	A	147	156	210	683	653	4181	4600

规格 （代号-外径-壁厚）	型号	抗裂抗弯性能			抗拉性能		桩身施工允许最大压力	
		桩身开裂弯矩 M_{cr}(kN·m)	桩身受弯承载力设计值 M（kN·m）	桩身受弯承载力极限值 M_u（kN·m）	按标准组合计算的抗裂拉力 N_k(kN)	桩身轴心受拉承载力设计值 N_t(kN)	抱压 R_b（kN）	顶压 R_d（kN）
PC550(110)	AB	172	209	282	939	918	4181	4600
PC550(110)	B	203	271	366	1267	1275	4181	4600
PC550(110)	C	230	317	427	1544	1594	4181	4600
PC500(125)	A	121	133	179	682	653	4050	4455
PC500(125)	AB	141	178	241	937	918	4050	4455
PC500(125)	B	168	231	312	1263	1275	4050	4455
PC500(125)	C	190	270	364	1537	1594	4050	4455
PC550(125)	A	158	175	236	794	762	4590	5049
PC550(125)	AB	185	234	316	1090	1071	4590	5049
PC550(125)	B	221	302	408	1468	1488	4590	5049
PC550(125)	C	246	346	466	1742	1806	4590	5049
PC600(110)	A	187	201	272	795	762	4657	5122
PC600(110)	AB	220	269	364	1092	1071	4657	5122
PC600(110)	B	261	347	469	1471	1488	4657	5122
PC600(110)	C	310	426	575	1922	2019	4657	5122
PC600(130)	A	201	221	299	908	870	5279	5807
PC600(130)	AB	236	297	401	1247	1224	5279	5807
PC600(130)	B	281	383	517	1679	1700	5279	5807
PC600(130)	C	328	461	622	2132	2231	5279	5807
PC700(110)	A	286	312	421	1033	995	5607	6168
PC700(110)	AB	339	419	565	1431	1414	5607	6168
PC700(110)	B	407	538	727	1943	1989	5607	6168
PC700(110)	C	491	660	891	2580	2763	5607	6168
PC700(130)	A	302	328	443	1116	1071	6402	7042
PC700(130)	AB	357	443	598	1548	1523	6402	7042
PC700(130)	B	428	574	775	2107	2142	6402	7042
PC700(130)	C	516	710	959	2803	2975	6402	7042
PC800(110)	A	406	446	602	1267	1224	6557	7213
PC800(110)	AB	477	585	790	1716	1700	6557	7213
PC800(110)	B	581	762	1028	2377	2448	6557	7213
PC800(110)	C	702	928	1253	3149	3400	6557	7213
PC800(130)	A	430	467	630	1352	1301	7525	8277
PC800(130)	AB	503	616	831	1835	1806	7525	8277
PC800(130)	B	610	811	1094	2549	2601	7525	8277
PC800(130)	C	737	999	1348	3387	3613	7525	8277
PC1000(130)	A	770	844	1140	1899	1836	9771	10748
PC1000(130)	AB	904	1107	1494	2572	2550	9771	10748

规格 （代号-外径- 壁厚）	型号	抗裂抗弯性能			抗拉性能		桩身施工允许最大压力	
		桩身开裂弯矩 M_{cr}(kN·m)	桩身受弯承载 力设计值 M （kN·m）	桩身受弯承载 力极限值 M_u （kN·m）	按标准组合计 算的抗裂拉力 N_k(kN)	桩身轴心受拉 承载力设计值 N_t(kN)	抱压 R_b （kN）	顶压 R_d （kN）
PC1000(130)	B	1056	1368	1847	3330	3400	9771	10748
PC1000(130)	C	1356	1781	2404	4822	5236	9771	10748
PC1200(150)	A	1274	1366	1844	2539	2448	13607	14968
PC1200(150)	AB	1492	1797	2426	3442	3400	13607	14968
PC1200(150)	B	1858	2417	3263	4950	5100	13607	14968
PC1200(150)	C	2146	2818	3805	6135	6545	13607	14968
PC1300(150)	A	1505	1568	2117	2653	2550	14903	16393
PC1300(150)	AB	1791	2131	2877	3722	3672	14903	16393
PC1300(150)	B	2134	2725	3679	5004	5100	14903	16393
PC1300(150)	C	2402	3125	4219	6005	6283	14903	16393
PC1400(150)	A	1758	1785	2409	2771	2656	16199	17819
PC1400(150)	AB	2085	2433	3284	3891	3825	16199	17819
PC1400(150)	B	2479	3124	4218	5237	5313	16199	17819
PC1400(150)	C	2788	3595	4853	6291	6545	16199	17819

表 A. 0. 5-5　PC 管桩桩身力学性能表

规格 （代号-外径-壁厚）	型号	抗压性能		
		桩身轴心受压承载力 设计值 N(kN) （打入式或抱压式施工）	桩身轴心受压承载力 设计值 N(kN) （顶压式施工）	桩身轴心受压承载力 设计值 N(kN) （中掘法或植入法施工）
PC400(95)	AB	1752	2003	2128
PC400(95)	B	1752	2003	2128
PC400(95)	C	1752	2003	2128
PC450(95)	A	2040	2331	2477
PC450(95)	AB	2040	2331	2477
PC450(95)	B	2040	2331	2477
PC450(95)	C	2040	2331	2477
PC500(100)	A	2419	2765	2937
PC500(100)	AB	2419	2765	2937
PC500(100)	B	2419	2765	2937
PC500(100)	C	2419	2765	2937
PC550(110)	A	2927	3345	3554
PC550(110)	AB	2927	3345	3554
PC550(110)	B	2927	3345	3554
PC550(110)	C	2927	3345	3554
PC500(125)	A	2835	3240	3442
PC500(125)	AB	2835	3240	3442
PC500(125)	B	2835	3240	3442

规格 （代号-外径-壁厚）	型号	抗压性能		
		桩身轴心受压承载力 设计值 N(kN) （打入式或抱压式施工）	桩身轴心受压承载力 设计值 N(kN) （顶压式施工）	桩身轴心受压承载力 设计值 N(kN) （中掘法或植入法施工）
PC500(125)	C	2835	3240	3442
PC550(125)	A	3213	3672	3901
PC550(125)	AB	3213	3672	3901
PC550(125)	B	3213	3672	3901
PC550(125)	C	3213	3672	3901
PC600(110)	A	3260	3725	3958
PC600(110)	AB	3260	3725	3958
PC600(110)	B	3260	3725	3958
PC600(110)	C	3260	3725	3958
PC600(130)	A	3695	4223	4487
PC600(130)	AB	3695	4223	4487
PC600(130)	B	3695	4223	4487
PC600(130)	C	3695	4223	4487
PC700(110)	A	3925	4486	4766
PC700(110)	AB	3925	4486	4766
PC700(110)	B	3925	4486	4766
PC700(110)	C	3925	4486	4766
PC700(130)	A	4481	5121	5442
PC700(130)	AB	4481	5121	5442
PC700(130)	B	4481	5121	5442
PC700(130)	C	4481	5121	5442
PC800(110)	A	4590	5246	5574
PC800(110)	AB	4590	5246	5574
PC800(110)	B	4590	5246	5574
PC800(110)	C	4590	5246	5574
PC800(130)	A	5267	6020	6396
PC800(130)	AB	5267	6020	6396
PC800(130)	B	5267	6020	6396
PC800(130)	C	5267	6020	6396
PC1000(130)	A	6840	7817	8305
PC1000(130)	AB	6840	7817	8305
PC1000(130)	B	6840	7817	8305
PC1000(130)	C	6840	7817	8305
PC1200(150)	A	9525	10886	11566
PC1200(150)	AB	9525	10886	11566
PC1200(150)	B	9525	10886	11566
PC1200(150)	C	9525	10886	11566

规格 (代号-外径-壁厚)	型号	抗压性能		
		桩身轴心受压承载力设计值 N(kN) (打入式或抱压式施工)	桩身轴心受压承载力设计值 N(kN) (顶压式施工)	桩身轴心受压承载力设计值 N(kN) (中掘法或植入法施工)
PC1300(150)	A	10432	11922	12667
PC1300(150)	AB	10432	11922	12667
PC1300(150)	B	10432	11922	12667
PC1300(150)	C	10432	11922	12667
PC1400(150)	A	11339	12959	13769
PC1400(150)	AB	11339	12959	13769
PC1400(150)	B	11339	12959	13769
PC1400(150)	C	11339	12959	13769

注：表中混凝土强度等级为 C60，桩身轴心受压承载力设计值未考虑压屈影响，其打入式或抱压式施工、顶压式施工、中掘法或植入法施工的综合折减系数 Ψ_c 分别取 0.7、0.8、0.85 进行计算。

表 A.0.5-6 PC管桩桩身力学性能表

规格 (代号-外径-壁厚)	型号	抗剪性能							等直径实心圆截面受剪承载力设计值 [V] (kN) N=0	等直径实心圆截面受剪承载力设计值 [V] (kN) N=0.3f_cA	等直径实心圆截面受弯承载力设计值 [M] (kN·m) (ρ=1%)	等直径实心圆截面受弯承载力设计值 [M] (kN·m) (ρ=1.5%)
		按标准组合计算的抗裂剪力 ≤ (kN)	桩身斜受剪承载力设计值 ≤ (kN)	桩身斜受剪承载力极限值 ≤ (kN)	截桩部位斜截面受剪承载力设计值 ≤ (kN)	截桩部位斜截面受剪承载力极限值 ≤ (kN)	填芯部位斜截面受剪承载力设计值 ≤ (kN)	填芯部位斜截面受剪承载力极限值 ≤ (kN)				
PC400(95)	AB	140	171	240	115	161	134	187	128	166	65.8	93.6
PC400(95)	B	152	194	271	120	169	139	195				
PC400(95)	C	157	203	284	123	172	142	199				
PC450(95)	A	156	179	250	129	181	158	221	154	202	95.1	135.5
PC450(95)	AB	163	195	272	131	183	160	224				
PC450(95)	B	175	217	304	136	191	165	231				
PC450(95)	C	182	231	324	140	196	169	237				
PC500(100)	A	188	241	337	176	247	215	301	182	241	132.1	188.6
PC500(100)	AB	198	261	365	179	250	217	304				
PC500(100)	B	210	284	397	181	254	220	308				
PC500(100)	C	221	302	422	186	260	224	314				
PC550(110)	A	225	277	388	204	286	251	351	213	284	177.7	254.0
PC550(110)	AB	235	300	420	207	289	253	355				
PC550(110)	B	249	327	457	210	294	256	359				
PC550(110)	C	260	346	485	214	300	261	365				
PC500(125)	A	218	271	380	197	276	224	314	182	241	132.1	188.6
PC500(125)	AB	229	295	413	200	280	227	317				
PC500(125)	B	243	322	450	203	284	230	322				
PC500(125)	C	254	341	478	208	291	235	328				

规格 (代号-外径-壁厚)	型号	抗剪性能							等直径实心圆截面受剪承载力设计值[V] (kN) N=0	等直径实心圆截面受剪承载力设计值[V] (kN) N=0.3f_cA	等直径实心圆截面受弯承载力设计值[M] (kN·m) (ρ=1%)	等直径实心圆截面受弯承载力设计值[M] (kN·m) (ρ=1.5%)
		按标准组合计算的抗裂剪力≤ (kN)	桩身斜受剪承载力设计值≤ (kN)	桩身斜受剪承载力极限值≤ (kN)	截桩部位斜截面受剪承载力设计值≤ (kN)	截桩部位斜截面受剪承载力极限值≤ (kN)	填芯部位斜截面受剪承载力设计值≤ (kN)	填芯部位斜截面受剪承载力极限值≤ (kN)				
PC550(125)	A	248	304	426	220	308	258	362	213	284	177.7	254.0
PC550(125)	AB	261	331	463	223	312	261	366				
PC550(125)	B	276	361	505	226	317	265	371				
PC550(125)	C	287	380	532	231	323	270	377				
PC600(110)	A	252	308	431	225	315	287	402	245	330	232.7	332.9
PC600(110)	AB	264	335	469	228	320	290	406				
PC600(110)	B	280	364	510	232	324	294	411				
PC600(110)	C	298	395	553	239	335	301	422				
PC600(130)	A	285	343	480	247	346	297	415	245	330	232.7	332.9
PC600(130)	AB	300	374	523	250	351	300	420				
PC600(130)	B	318	408	571	254	356	304	426				
PC600(130)	C	336	439	615	262	367	312	437				
PC700(110)	A	306	415	581	308	431	406	569	317	433	374.7	537.2
PC700(110)	AB	323	449	629	319	447	418	586				
PC700(110)	B	344	487	682	325	455	423	593				
PC700(110)	C	369	528	739	331	463	429	601				
PC700(130)	A	347	452	632	332	465	415	581	317	433	374.7	537.2
PC700(130)	AB	365	490	686	345	483	428	600				
PC700(130)	B	388	533	746	351	491	434	608				
PC700(130)	C	416	579	810	357	500	441	617				
PC800(110)	A	360	485	679	356	498	500	700	398	549	565.7	812.2
PC800(110)	AB	379	523	732	360	504	504	706				
PC800(110)	B	406	571	799	377	527	521	729				
PC800(110)	C	436	618	866	384	537	528	739				
PC800(130)	A	409	527	738	385	539	510	714				
PC800(130)	AB	430	569	796	389	545	514	720				
PC800(130)	B	459	623	872	407	570	532	745				
PC800(130)	C	492	677	947	415	581	540	756				
PC1000(130)	A	538	685	959	492	688	727	1017	585	821	1122.1	1614.4
PC1000(130)	AB	566	741	1037	497	696	732	1025				
PC1000(130)	B	597	796	1115	510	714	745	1043				
PC1000(130)	C	655	1044	1462	684	957	919	1286				

规格 (代号-外径-壁厚)	型号	抗剪性能							等直径实心圆截面受剪承载力设计值[V] (kN) N=0	等直径实心圆截面受剪承载力设计值[V] (kN) N=0.3f_cA	等直径实心圆截面受弯承载力设计值[M] (kN·m) (ρ=1%)	等直径实心圆截面受弯承载力设计值[M] (kN·m) (ρ=1.5%)
		按标准组合计算的抗裂剪力≤ (kN)	桩身斜受剪承载力设计值≤ (kN)	桩身斜受剪承载力极限值≤ (kN)	截桩部位斜截面受剪承载力设计值≤ (kN)	截桩部位斜截面受剪承载力极限值≤ (kN)	填芯部位斜截面受剪承载力设计值≤ (kN)	填芯部位斜截面受剪承载力极限值≤ (kN)				
PC1200(150)	A	744	905	1267	644	901	991	1388	808	1148	1958.9	2822.1
PC1200(150)	AB	782	981	1374	652	912	999	1399				
PC1200(150)	B	844	1091	1527	676	947	1024	1433				
PC1200(150)	C	890	1351	1892	874	1224	1221	1710				
PC1300(150)	A	810	1069	1496	786	1100	1215	1701	933	1331	2500.3	3603.9
PC1300(150)	AB	855	1160	1624	812	1137	1241	1738				
PC1300(150)	B	907	1363	1909	932	1305	1361	1905				
PC1300(150)	C	947	1429	2001	940	1316	1369	1916				
PC1400(150)	A	875	1146	1605	848	1187	1367	1914	1066	1528	3133.2	4518.1
PC1400(150)	AB	922	1244	1741	876	1226	1395	1953				
PC1400(150)	B	978	1462	2046	1004	1406	1523	2133				
PC1400(150)	C	1020	1532	2145	1012	1417	1532	2144				

表 A.0.5-7 PRC管桩(Ⅰ型)桩身力学性能表

规格 (代号-外径-壁厚)	型号	抗裂抗弯性能			抗拉性能		桩身施工允许最大压力	
		桩身开裂弯矩 M_{cr}(kN·m)	桩身受弯承载力设计值 M (kN·m)	桩身受弯承载力极限值 M_u (kN·m)	按标准组合计算的抗裂拉力 N_k (kN)	桩身轴心受拉承载力设计值 N_t (kN)	抱压 R_b (kN)	顶压 R_d (kN)
PRCⅠ400(95)	AB	72	116	151	553	536	3104	3415
PRCⅠ400(95)	B	86	156	204	767	765	3104	3415
PRCⅠ400(95)	D	103	188	248	1025	1063	3104	3415
PRCⅠ450(95)	AB	98	155	201	633	612	3613	3975
PRCⅠ450(95)	B	120	217	283	918	918	3613	3975
PRCⅠ450(95)	D	144	260	343	1225	1275	3613	3975
PRCⅠ500(100)	AB	142	258	330	863	842	4286	4714
PRCⅠ500(100)	B	161	313	402	1076	1071	4286	4714
PRCⅠ500(100)	C	168	309	403	1161	1169	4286	4714
PRCⅠ500(100)	D	192	368	481	1436	1488	4286	4714
PRCⅠ500(125)	AB	148	271	348	946	918	5022	5525
PRCⅠ500(125)	B	160	309	397	1091	1071	5022	5525
PRCⅠ500(125)	C	175	328	427	1276	1275	5022	5525
PRCⅠ500(125)	D	190	369	482	1464	1488	5022	5525
PRCⅠ550(110)	AB	180	316	405	948	918	5186	5704
PRCⅠ550(110)	B	212	382	497	1280	1275	5186	5704

续表 A.0.5-7

规格 (代号-外径-壁厚)	型号	抗裂抗弯性能			抗拉性能		桩身施工允许最大压力	
		桩身开裂弯矩 M_{cr}(kN·m)	桩身受弯承载 力设计值 M (kN·m)	桩身受弯承载 力极限值 M_u (kN·m)	按标准组 合计算的 抗裂拉力 N_k (kN)	桩身轴心 受拉承载 力设计值 N_t (kN)	抱压 R_b (kN)	顶压 R_d (kN)
PRCⅠ550(110)	C	239	453	591	1562	1594	5186	5704
PRCⅠ550(110)	D	248	474	619	1654	1700	5186	5704
PRCⅠ550(125)	AB	194	356	457	1102	1071	5692	6261
PRCⅠ550(125)	B	230	429	560	1484	1488	5692	6261
PRCⅠ550(125)	C	256	497	649	1764	1806	5692	6261
PRCⅠ550(125)	D	264	518	677	1855	1913	5692	6261
PRCⅠ600(110)	AB	230	407	522	1103	1071	5775	6353
PRCⅠ600(110)	B	246	455	585	1248	1224	5775	6353
PRCⅠ600(110)	C	272	491	639	1486	1488	5775	6353
PRCⅠ600(110)	D	292	543	708	1675	1700	5775	6353
PRCⅠ600(130)	AB	247	451	579	1260	1224	6546	7201
PRCⅠ600(130)	B	262	498	640	1405	1377	6546	7201
PRCⅠ600(130)	C	293	544	709	1697	1700	6546	7201
PRCⅠ600(130)	D	312	596	777	1886	1913	6546	7201
PRCⅠ700(110)	AB	350	618	793	1411	1377	6954	7649
PRCⅠ700(110)	B	388	726	934	1697	1683	6954	7649
PRCⅠ700(110)	C	439	801	1044	2084	2125	6954	7649
PRCⅠ700(110)	D	463	857	1118	2267	2338	6954	7649
PRCⅠ700(130)	AB	356	616	789	1425	1377	7939	8733
PRCⅠ700(130)	B	393	728	936	1716	1683	7939	8733
PRCⅠ700(130)	C	443	809	1054	2115	2125	7939	8733
PRCⅠ700(130)	D	467	870	1134	2303	2338	7939	8733
PRCⅠ800(110)	B	519	940	1208	1862	1836	8132	8945
PRCⅠ800(110)	C	618	1116	1455	2494	2550	8132	8945
PRCⅠ800(130)	B	531	945	1212	1883	1836	9332	10265
PRCⅠ800(130)	C	629	1134	1478	2532	2550	9332	10265
PRCⅠ1000(130)	B	839	1360	1740	2065	1989	12118	13330
PRCⅠ1000(130)	C	984	1651	2145	2792	2763	12118	13330
PRCⅠ1200(150)	A	1303	1936	2470	2409	2295	16875	18563
PRCⅠ1200(150)	AB	1511	2374	3078	3270	3188	16875	18563

表 A.0.5-8　PRC 管桩(Ⅰ型)桩身力学性能表

规格 (代号-外径-壁厚)	型号	抗压性能		
		桩身轴心受压承载力 设计值 N(kN) (打入式或抱压式施工)	桩身轴心受压承载力 设计值 N(kN) (顶压式施工)	桩身轴心受压承载力 设计值 N(kN) (中掘法或植入法施工)
PRCⅠ400(95)	AB	2288	2614	2778
PRCⅠ400(95)	B	2288	2614	2778

规格 (代号-外径-壁厚)	型号	抗压性能		
		桩身轴心受压承载力 设计值 N(kN) (打入式或抱压式施工)	桩身轴心受压承载力 设计值 N(kN) (顶压式施工)	桩身轴心受压承载力 设计值 N(kN) (中掘法或植入法施工)
PRCⅠ400(95)	D	2288	2614	2778
PRCⅠ450(95)	AB	2663	3043	3233
PRCⅠ450(95)	B	2663	3043	3233
PRCⅠ450(95)	D	2663	3043	3233
PRCⅠ500(100)	AB	3158	3609	3835
PRCⅠ500(100)	B	3158	3609	3835
PRCⅠ500(100)	C	3158	3609	3835
PRCⅠ500(100)	D	3158	3609	3835
PRCⅠ500(125)	AB	3701	4229	4494
PRCⅠ500(125)	B	3701	4229	4494
PRCⅠ500(125)	C	3701	4229	4494
PRCⅠ500(125)	D	3701	4229	4494
PRCⅠ550(110)	AB	3821	4367	4640
PRCⅠ550(110)	B	3821	4367	4640
PRCⅠ550(110)	C	3821	4367	4640
PRCⅠ550(110)	D	3821	4367	4640
PRCⅠ550(125)	AB	4194	4793	5093
PRCⅠ550(125)	B	4194	4793	5093
PRCⅠ550(125)	C	4194	4793	5093
PRCⅠ550(125)	D	4194	4793	5093
PRCⅠ600(110)	AB	4255	4863	5167
PRCⅠ600(110)	B	4255	4863	5167
PRCⅠ600(110)	C	4255	4863	5167
PRCⅠ600(110)	D	4255	4863	5167
PRCⅠ600(130)	AB	4824	5513	5857
PRCⅠ600(130)	B	4824	5513	5857
PRCⅠ600(130)	C	4824	5513	5857
PRCⅠ600(130)	D	4824	5513	5857
PRCⅠ700(110)	AB	5124	5856	6222
PRCⅠ700(110)	B	5124	5856	6222
PRCⅠ700(110)	C	5124	5856	6222
PRCⅠ700(110)	D	5124	5856	6222
PRCⅠ700(130)	AB	5850	6686	7104
PRCⅠ700(130)	B	5850	6686	7104
PRCⅠ700(130)	C	5850	6686	7104
PRCⅠ700(130)	D	5850	6686	7104
PRCⅠ800(110)	B	5992	6848	7276

续表 A.0.5-8

规格 (代号-外径-壁厚)	型号	抗压性能		
		桩身轴心受压承载力 设计值 N(kN) (打入式或抱压式施工)	桩身轴心受压承载力 设计值 N(kN) (顶压式施工)	桩身轴心受压承载力 设计值 N(kN) (中掘法或植入法施工)
PRCⅠ800(110)	C	5992	6848	7276
PRCⅠ800(130)	B	6876	7859	8350
PRCⅠ800(130)	C	6876	7859	8350
PRCⅠ1000(130)	B	8929	10205	10842
PRCⅠ1000(130)	C	8929	10205	10842
PRCⅠ1200(150)	A	12434	14211	15099
PRCⅠ1200(150)	AB	12434	14211	15099

注：表中混凝土强度等级为 C80，桩身轴心受压承载力设计值未考虑压屈影响，其打入式或抱压式施工、顶压式施工、中掘法或植入法施工的综合折减系数 ψ_c 分别取 0.7、0.8、0.85 进行计算。

表 A.0.5-9　PRC管桩(Ⅰ型)桩身力学性能表

规格 (代号-外径-壁厚)	型号	抗剪性能							等直径实心圆截面受剪承载力设计值[V] (kN) N=0	等直径实心圆截面受剪承载力设计值[V] (kN) N=0.3f_cA	等直径实心圆截面受弯承载力设计值[M] (kN·m) (ρ=1%)	等直径实心圆截面受弯承载力设计值[M] (kN·m) (ρ=1.5%)
		按标准组合计算的抗裂剪力 ≤ (kN)	桩身斜受剪承载力设计值 ≤ (kN)	桩身斜受剪承载力极限值 ≤ (kN)	截桩部位斜截面受剪承载力设计值 ≤ (kN)	截桩部位斜截面受剪承载力极限值 ≤ (kN)	填芯部位斜截面受剪承载力设计值 ≤ (kN)	填芯部位斜截面受剪承载力极限值 ≤ (kN)				
PRCⅠ400(95)	AB	151	172	240	113	158	132	184	128	166	65.8	93.6
PRCⅠ400(95)	B	160	189	265	116	163	135	189				
PRCⅠ400(95)	D	170	208	291	118	165	137	192				
PRCⅠ450(95)	AB	175	195	273	128	180	157	220	154	202	95.1	135.5
PRCⅠ450(95)	B	187	218	305	133	186	162	227				
PRCⅠ450(95)	D	199	239	335	135	189	164	230				
PRCⅠ500(100)	AB	212	262	367	175	246	214	300	182	241	132.1	188.6
PRCⅠ500(100)	B	221	279	390	179	250	217	304				
PRCⅠ500(100)	C	225	285	399	178	249	216	303				
PRCⅠ500(100)	D	236	303	425	181	254	220	308				
PRCⅠ500(125)	AB	246	296	415	196	275	223	312				
PRCⅠ500(125)	B	252	308	432	199	278	225	315				
PRCⅠ500(125)	C	260	323	452	199	278	226	316				
PRCⅠ500(125)	D	268	337	472	201	282	228	319				
PRCⅠ550(110)	AB	253	301	422	203	284	250	350	213	284	177.7	254.0
PRCⅠ550(110)	B	267	328	459	206	288	252	353				
PRCⅠ550(110)	C	278	348	487	209	293	256	359				
PRCⅠ550(110)	D	282	354	496	211	295	257	360				
PRCⅠ550(125)	AB	280	332	465	219	306	257	360				
PRCⅠ550(125)	B	296	362	507	221	310	260	364				
PRCⅠ550(125)	C	307	382	535	225	315	264	369				
PRCⅠ550(125)	D	311	388	544	227	317	265	371				

规格 (代号-外径-壁厚)	型号	抗剪性能							等直径实心圆截面受剪承载力设计值 [V] (kN) N=0	等直径实心圆截面受剪承载力设计值 [V] (kN) N=0.3f_cA	等直径实心圆截面受弯承载力设计值 [M] (kN·m) (ρ=1%)	等直径实心圆截面受弯承载力设计值 [M] (kN·m) (ρ=1.5%)
		按标准组合计算的抗裂剪力 ≤ (kN)	桩身斜受剪承载力设计值 ≤ (kN)	桩身斜受剪承载力极限值 ≤ (kN)	截桩部位斜截面受剪承载力设计值 ≤ (kN)	截桩部位斜截面受剪承载力极限值 ≤ (kN)	填芯部位斜截面受剪承载力设计值 ≤ (kN)	填芯部位斜截面受剪承载力极限值 ≤ (kN)				
PRCⅠ600(110)	AB	284	336	470	224	314	286	401	245	330	232.7	332.9
PRCⅠ600(110)	B	290	348	487	226	317	288	404				
PRCⅠ600(110)	C	300	366	512	227	318	289	404				
PRCⅠ600(110)	D	307	379	531	230	321	291	408				
PRCⅠ600(130)	AB	322	375	525	246	344	295	413				
PRCⅠ600(130)	B	328	387	542	248	347	298	417				
PRCⅠ600(130)	C	340·	410	574	249	349	299	418				
PRCⅠ600(130)	D	348	423	592	252	352	301	422				
PRCⅠ700(110)	AB	345	448	627	309	433	408	571	317	433	374.7	537.2
PRCⅠ700(110)	B	357	470	658	313	439	412	577				
PRCⅠ700(110)	C	373	497	696	315	441	414	580				
PRCⅠ700(110)	D	380	509	713	318	445	416	583				
PRCⅠ700(130)	AB	386	480	672	332	465	416	582				
PRCⅠ700(130)	B	398	504	705	337	472	420	588				
PRCⅠ700(130)	C	415	534	747	339	474	422	590				
PRCⅠ700(130)	D	423	547	766	341	478	424	594				
PRCⅠ800(110)	B	412	535	748	360	504	504	706	398	549	565.7	812.2
PRCⅠ800(110)	C	438	579	811	364	510	509	712				
PRCⅠ800(130)	B	463	573	802	387	542	512	717				
PRCⅠ800(130)	C	490	622	871	392	549	517	724				
PRCⅠ1000(130)	B	585	700	980	487	681	722	1010	585	821	1122.1	1614.4
PRCⅠ1000(130)	C	615	758	1062	492	689	727	1017				
PRCⅠ1200(150)	A	795	893	1251	632	885	980	1371	808	1148	1958.9	2822.1
PRCⅠ1200(150)	AB	831	968	1355	638	893	986	1380				

表 A.0.5-10　PRC 管桩(Ⅱ型)桩身力学性能表

规格 (代号-外径-壁厚)	型号	抗裂抗弯性能			抗拉性能		桩身施工允许最大压力	
		桩身开裂弯矩 M_{cr} (kN·m)	桩身受弯承载力设计值 M (kN·m)	桩身受弯承载力极限值 M_u (kN·m)	按标准组合计算的抗裂拉力 N_k (kN)	桩身轴心受拉承载力设计值 N_t (kN)	抱压 R_b (kN)	顶压 R_d (kN)
PRCⅡ400(95)	AB	72	112	146	552	536	3104	3415
PRCⅡ400(95)	B	86	147	194	766	765	3104	3415
PRCⅡ400(95)	D	103	188	247	1025	1063	3104	3415
PRCⅡ450(95)	AB	98	146	191	632	612	3613	3975

规格 （代号-外径-壁厚）	型号	抗裂抗弯性能			抗拉性能		桩身施工允许最大压力	
		桩身开裂弯矩 M_{cr} （kN·m）	桩身受弯承载 力设计值 M （kN·m）	桩身受弯承载 力极限值 M_u （kN·m）	按标准组 合计算的 抗裂拉力 N_k （kN）	桩身轴心 受拉承载 力设计值 N_t （kN）	抱压 R_b （kN）	顶压 R_d （kN）
PRCⅡ450(95)	B	120	204	269	916	918	3613	3975
PRCⅡ450(95)	D	144	259	342	1224	1275	3613	3975
PRCⅡ500(100)	AB	142	225	294	860	842	4286	4714
PRCⅡ500(100)	B	160	270	355	1071	1071	4286	4714
PRCⅡ500(100)	C	168	300	393	1160	1169	4286	4714
PRCⅡ500(100)	D	192	344	453	1432	1488	4286	4714
PRCⅡ500(125)	AB	148	232	305	942	918	5022	5525
PRCⅡ500(125)	B	159	265	348	1086	1071	5022	5525
PRCⅡ500(125)	C	174	305	401	1272	1275	5022	5525
PRCⅡ500(125)	D	190	343	453	1460	1488	5022	5525
PRCⅡ550(110)	AB	179	271	355	945	918	5186	5704
PRCⅡ550(110)	B	212	356	468	1276	1275	5186	5704
PRCⅡ550(110)	C	239	426	561	1558	1594	5186	5704
PRCⅡ550(110)	D	248	442	583	1648	1700	5186	5704
PRCⅡ550(125)	AB	194	305	401	1097	1071	5692	6261
PRCⅡ550(125)	B	229	400	526	1480	1488	5692	6261
PRCⅡ550(125)	C	255	467	616	1759	1806	5692	6261
PRCⅡ550(125)	D	264	483	637	1849	1913	5692	6261
PRCⅡ600(110)	AB	230	350	458	1098	1071	5775	6353
PRCⅡ600(110)	B	245	392	514	1242	1224	5775	6353
PRCⅡ600(110)	C	271	457	602	1482	1488	5775	6353
PRCⅡ600(110)	D	292	506	667	1670	1700	5775	6353
PRCⅡ600(130)	AB	247	386	507	1254	1224	6546	7201
PRCⅡ600(130)	B	262	419	553	1397	1377	6546	7201
PRCⅡ600(130)	C	292	506	667	1693	1700	6546	7201
PRCⅡ600(130)	D	312	554	731	1880	1913	6546	7201
PRCⅡ700(110)	AB	349	533	698	1405	1377	6954	7649
PRCⅡ700(110)	B	386	628	825	1688	1683	6954	7649
PRCⅡ700(110)	C	438	748	985	2078	2125	6954	7649
PRCⅡ700(110)	D	462	800	1055	2259	2338	6954	7649
PRCⅡ700(130)	AB	355	528	692	1419	1377	7939	8733
PRCⅡ700(130)	B	392	627	823	1708	1683	7939	8733
PRCⅡ700(130)	C	443	754	993	2109	2125	7939	8733
PRCⅡ700(130)	D	466	811	1068	2296	2338	7939	8733
PRCⅡ800(110)	B	518	859	1118	1856	1836	8132	8945
PRCⅡ800(110)	C	617	1042	1372	2486	2550	8132	8945

规格 (代号-外径-壁厚)	型号	抗裂抗弯性能			抗拉性能		桩身施工允许最大压力	
		桩身开裂弯矩 M_{cr} (kN·m)	桩身受弯承载力设计值 M (kN·m)	桩身受弯承载力极限值 M_u (kN·m)	按标准组合计算的抗裂拉力 N_k (kN)	桩身轴心受拉承载力设计值 N_t (kN)	抱压 R_b (kN)	顶压 R_d (kN)
PRCⅡ800(130)	B	529	812	1066	1874	1836	9332	10265
PRCⅡ800(130)	C	628	1057	1392	2526	2550	9332	10265
PRCⅡ1000(130)	B	838	1167	1526	2057	1989	12118	13330
PRCⅡ1000(130)	C	983	1537	2019	2785	2763	12118	13330
PRCⅡ1200(150)	A	1301	1655	2162	2401	2295	16875	18563
PRCⅡ1200(150)	AB	1510	2207	2893	3264	3188	16875	18563

表 A.0.5-11　PRC 管桩(Ⅱ型)桩身力学性能表

规格 (代号-外径-壁厚)	型号	抗压性能		
		桩身轴心受压承载力设计值 N(kN) (打入式或抱压式施工)	桩身轴心受压承载力设计值 N(kN) (顶压式施工)	桩身轴心受压承载力设计值 N(kN) (中掘法或植入法施工)
PRCⅡ400(95)	AB	2288	2614	2778
PRCⅡ400(95)	B	2288	2614	2778
PRCⅡ400(95)	D	2288	2614	2778
PRCⅡ450(95)	AB	2663	3043	3233
PRCⅡ450(95)	B	2663	3043	3233
PRCⅡ450(95)	D	2663	3043	3233
PRCⅡ500(100)	AB	3158	3609	3835
PRCⅡ500(100)	B	3158	3609	3835
PRCⅡ500(100)	C	3158	3609	3835
PRCⅡ500(100)	D	3158	3609	3835
PRCⅡ500(125)	AB	3701	4229	4494
PRCⅡ500(125)	B	3701	4229	4494
PRCⅡ500(125)	C	3701	4229	4494
PRCⅡ500(125)	D	3701	4229	4494
PRCⅡ550(110)	AB	3821	4367	4640
PRCⅡ550(110)	B	3821	4367	4640
PRCⅡ550(110)	C	3821	4367	4640
PRCⅡ550(110)	D	3821	4367	4640
PRCⅡ550(125)	AB	4194	4793	5093
PRCⅡ550(125)	B	4194	4793	5093
PRCⅡ550(125)	C	4194	4793	5093
PRCⅡ550(125)	D	4194	4793	5093
PRCⅡ600(110)	AB	4255	4863	5167
PRCⅡ600(110)	B	4255	4863	5167

续表 A.0.5-11

规格 (代号-外径-壁厚)	型号	抗压性能		
		桩身轴心受压承载力设计值 N(kN) (打入式或抱压式施工)	桩身轴心受压承载力设计值 N(kN) (顶压式施工)	桩身轴心受压承载力设计值 N(kN) (中掘法或植入法施工)
PRC Ⅱ 600(110)	C	4255	4863	5167
PRC Ⅱ 600(110)	D	4255	4863	5167
PRC Ⅱ 600(130)	AB	4824	5513	5857
PRC Ⅱ 600(130)	B	4824	5513	5857
PRC Ⅱ 600(130)	C	4824	5513	5857
PRC Ⅱ 600(130)	D	4824	5513	5857
PRC Ⅱ 700(110)	AB	5124	5856	6222
PRC Ⅱ 700(110)	B	5124	5856	6222
PRC Ⅱ 700(110)	C	5124	5856	6222
PRC Ⅱ 700(110)	D	5124	5856	6222
PRC Ⅱ 700(130)	AB	5850	6686	7104
PRC Ⅱ 700(130)	B	5850	6686	7104
PRC Ⅱ 700(130)	C	5850	6686	7104
PRC Ⅱ 700(130)	D	5850	6686	7104
PRC Ⅱ 800(110)	B	5992	6848	7276
PRC Ⅱ 800(110)	C	5992	6848	7276
PRC Ⅱ 800(130)	B	6876	7859	8350
PRC Ⅱ 800(130)	C	6876	7859	8350
PRC Ⅱ 1000(130)	B	8929	10205	10842
PRC Ⅱ 1000(130)	C	8929	10205	10842
PRC Ⅱ 1200(150)	A	12434	14211	15099
PRC Ⅱ 1200(150)	AB	12434	14211	15099

注：表中混凝土强度等级为 C80，桩身轴心受压承载力设计值未考虑压屈影响，其打入式或抱压式施工、顶压式施工、中掘法或植入法施工的综合折减系数 Ψ_c 分别取 0.7、0.8、0.85 进行计算。

表 A.0.5-12　PRC 管桩(Ⅱ型)桩身力学性能表

规格 (代号-外径-壁厚)	型号	抗剪性能							等直径实心圆截面受剪承载力设计值 [V] (kN) N=0	等直径实心圆截面受剪承载力设计值 [V] (kN) N=0.3f_cA	等直径实心圆截面受弯承载力设计值 [M] (kN·m) (ρ=1%)	等直径实心圆截面受弯承载力设计值 [M] (kN·m) (ρ=1.5%)
		按标准组合计算的抗裂剪力 ≤ (kN)	桩身斜受剪承载力设计值 ≤ (kN)	桩身斜受剪承载力极限值 ≤ (kN)	截桩部位斜截面受剪承载力设计值 ≤ (kN)	截桩部位斜截面受剪承载力极限值 ≤ (kN)	填芯部位斜截面受剪承载力设计值 ≤ (kN)	填芯部位斜截面受剪承载力极限值 ≤ (kN)				
PRC Ⅱ 400(95)	AB	151	172	240	113	158	132	184	128	166	65.8	93.6
PRC Ⅱ 400(95)	B	160	189	265	116	163	135	189				
PRC Ⅱ 400(95)	D	170	207	290	118	165	137	192				
PRC Ⅱ 450(95)	AB	175	195	273	128	180	157	220	154	202	95.1	135.5
PRC Ⅱ 450(95)	B	187	218	305	133	186	162	226				
PRC Ⅱ 450(95)	D	199	239	335	135	189	164	230				

续表 A.0.5-12

规格（代号-外径-壁厚）	型号	抗剪性能							等直径实心圆截面受剪承载力设计值 [V] (kN) N=0	等直径实心圆截面受剪承载力设计值 [V] (kN) N=0.3fₖA	等直径实心圆截面受弯承载力设计值 [M] (kN·m) (ρ=1%)	等直径实心圆截面受弯承载力设计值 [M] (kN·m) (ρ=1.5%)
		按标准组合计算的抗裂剪力 ≤ (kN)	桩身斜受剪承载力设计值 ≤ (kN)	桩身斜受剪承载力极限值 ≤ (kN)	截桩部位斜截面受剪承载力设计值 ≤ (kN)	截桩部位斜截面受剪承载力极限值 ≤ (kN)	填芯部位斜截面受剪承载力设计值 ≤ (kN)	填芯部位斜截面受剪承载力极限值 ≤ (kN)				
PRCⅡ500(100)	AB	212	262	366	175	245	214	299	182	241	132.1	188.6
PRCⅡ500(100)	B	221	278	389	179	250	217	304				
PRCⅡ500(100)	C	225	285	398	178	249	216	303				
PRCⅡ500(100)	D	236	303	424	181	254	220	308				
PRCⅡ500(125)	AB	246	296	414	196	275	223	312				
PRCⅡ500(125)	B	252	308	431	198	278	225	315				
PRCⅡ500(125)	C	260	323	452	199	278	225	316				
PRCⅡ500(125)	D	267	336	471	201	282	228	319				
PRCⅡ550(110)	AB	253	301	421	203	284	250	350	213	284	177.7	254.0
PRCⅡ550(110)	B	267	327	458	205	288	252	353				
PRCⅡ550(110)	C	278	348	487	209	293	256	358				
PRCⅡ550(110)	D	282	354	495	211	295	257	360				
PRCⅡ550(125)	AB	280	332	464	218	306	257	360				
PRCⅡ550(125)	B	296	362	507	221	310	260	364				
PRCⅡ550(125)	C	307	382	534	225	315	264	369				
PRCⅡ550(125)	D	311	388	543	226	317	265	371				
PRCⅡ600(110)	AB	284	336	470	224	314	286	400	245	330	232.7	332.9
PRCⅡ600(110)	B	290	347	486	226	317	288	404				
PRCⅡ600(110)	C	299	365	511	227	318	289	404				
PRCⅡ600(110)	D	307	379	530	229	321	291	408				
PRCⅡ600(130)	AB	322	375	525	246	344	295	413				
PRCⅡ600(130)	B	328	386	541	248	347	297	416				
PRCⅡ600(130)	C	340	409	573	249	348	298	418				
PRCⅡ600(130)	D	348	423	592	251	352	301	421				
PRCⅡ700(110)	AB	345	447	626	309	433	408	571	317	433	374.7	537.2
PRCⅡ700(110)	B	357	469	657	313	439	412	577				
PRCⅡ700(110)	C	372	497	695	315	441	414	579				
PRCⅡ700(110)	D	380	508	712	317	444	416	583				
PRCⅡ700(130)	AB	386	479	671	332	465	415	582				
PRCⅡ700(130)	B	398	503	704	337	471	420	588				
PRCⅡ700(130)	C	415	533	747	338	474	422	590				
PRCⅡ700(130)	D	422	546	765	341	477	424	594				
PRCⅡ800(110)	B	412	534	747	360	504	504	706	398	549	565.7	812.2
PRCⅡ800(110)	C	438	578	810	364	510	509	712				
PRCⅡ800(130)	B	462	572	801	387	542	512	717				
PRCⅡ800(130)	C	489	621	870	392	549	517	724				

规格（代号-外径-壁厚）	型号	抗剪性能							等直径实心圆截面受剪承载力设计值 [V] (kN) N=0	等直径实心圆截面受剪承载力设计值 [V] (kN) N=0.3f_cA	等直径实心圆截面受剪承载力设计值 [M] (kN·m) (ρ=1%)	等直径实心圆截面受弯承载力设计值 [M] (kN·m) (ρ=1.5%)
		按标准组合计算的抗裂剪力 ≤ (kN)	桩身斜受剪承载力设计值 ≤ (kN)	桩身斜受剪承载力极限值 ≤ (kN)	截桩部位斜截面受剪承载力设计值 ≤ (kN)	截桩部位斜截面受剪承载力极限值 ≤ (kN)	填芯部位斜截面受剪承载力设计值 ≤ (kN)	填芯部位斜截面受剪承载力极限值 ≤ (kN)				
PRCⅡ1000(130)	B	585	699	979	487	681	722	1010	585	821	1122.1	1614.4
PRCⅡ1000(130)	C	615	758	1061	492	688	727	1017				
PRCⅡ1200(150)	A	794	893	1250	632	885	979	1371	808	1148	1958.9	2822.1
PRCⅡ1200(150)	AB	831	967	1354	638	893	985	1380				

A.0.6 地基处理用管桩推荐桩型桩身配筋及相关参数应按表 A.0.6-1、表 A.0.6-2 取值。

表 A.0.6-1 地基处理用管桩推荐桩型桩身配筋及相关参数表

规格（代号-外径-壁厚）	型号	单节长度 L 5~(m)	主筋数量与直径 (mm)	螺旋筋直径 (mm)	预应力钢棒面积 A_{py} (mm²)	配筋率 ρ (%)	混凝土有效预压应力 σ_{pc} (MPa)	预应力钢棒分布圆周直径 D_p (mm)	管桩桩身横截面积 A (mm²)	管桩桩身横截面换算面积 A_0 (mm²)	换算截面抵抗矩 W_0 (mm³×10⁶)	截桩后桩端预应力传递长度 L_{tr} (mm)	理论重量 (kg/m)
PHC300(70)	A	11	6φ7.1	4	240	0.47%	4.15	230	50580	51603	2.481	278	132
PHC300(70)	AB	11	6φ9.0	4	384	0.76%	6.37	230	50580	52217	2.508	338	132
PHC300(70)	B	12	8φ9.0	4	512	1.01%	8.19	230	50580	52762	2.532	325	132
PHC300(70)	C	13	8φ10.7	4	720	1.42%	10.87	230	50580	53649	2.572	363	132
PHC350(80)	A	11	8φ7.1	4	320	0.47%	4.13	280	67858	69223	3.920	279	176
PHC350(80)	AB	12	8φ9.0	4	512	0.75%	6.34	280	67858	70041	3.966	338	176
PHC350(80)	B	13	10φ9.0	4	640	0.94%	7.71	280	67858	70587	3.996	328	176
PHC350(80)	C	14	10φ10.7	4	900	1.33%	10.27	280	67858	71695	4.059	368	176
PHC400(95)	A	12	7φ9.0	4	448	0.49%	4.30	308	91028	92938	5.919	352	237
PC300(70)	A	11	6φ7.1	4	240	0.47%	4.14	230	50580	51673	2.484	303	132
PC300(70)	AB	11	6φ9.0	4	384	0.76%	6.35	230	50580	52329	2.513	367	132
PC300(70)	B	12	8φ9.0	4	512	1.01%	8.15	230	50580	52912	2.539	352	132
PC300(70)	C	13	8φ10.7	4	720	1.42%	10.79	230	50580	53860	2.581	393	132
PC350(80)	A	11	8φ7.1	4	320	0.47%	4.12	280	67858	69316	3.925	303	176
PC350(80)	AB	12	8φ9.0	4	512	0.75%	6.31	280	67858	70191	3.974	367	176
PC350(80)	B	13	10φ9.0	4	640	0.94%	7.67	280	67858	70774	4.007	356	176
PC350(80)	C	14	10φ10.7	4	900	1.33%	10.20	280	67858	71958	4.073	399	176
PC400(95)	A	12	7φ9.0	4	448	0.49%	4.29	308	91028	93069	5.927	383	237

注：表中 PHC 管桩、PC 管桩的混凝土强度等级分别为 C80、C60。

表 A.0.6-2　地基处理用管桩推荐桩型桩身配筋及相关参数表

规格（外径-壁厚）	型号	单节长度 L 5～(m)	主筋数量与直径 (mm)	螺旋筋直径 (mm)	预应力钢棒面积 A_{py} (mm²)	配筋率 ρ (%)	混凝土有效预压应力 σ_{pc} (MPa)	预应力钢棒分布圆直径 D_p (mm)	管桩桩身横截面面积 A (mm²)	管桩桩身横截面换算面积 A_0 (mm²)	换算截面抵抗矩 W_0 (mm³×10⁶)	截桩后桩端预应力传递长度 L_{tr} (mm)	理论重量 (kg/m)
300(60)	A	11	6ϕ7.1	4	240	0.53%	4.61	250	45239	44999	2.360	276	118
300(60)	AB	12	6ϕ9.0	4	384	0.85%	7.03	250	45239	44855	2.392	333	118
350(60)	A	12	8ϕ7.1	4	320	0.59%	5.04	300	54664	54344	3.512	274	142
350(60)	AB	14	8ϕ9.0	4	512	0.94%	7.66	300	54664	54152	3.565	328	142
400(60)	A	14	7ϕ9.0	4	448	0.70%	5.92	340	64088	65998	4.913	341	167
400(60)	AB	15	7ϕ10.7	4	630	0.98%	7.99	340	64088	66774	4.969	388	167
450(60)	A	15	8ϕ9.0	4	512	0.70%	5.90	390	73513	75696	6.543	341	191
450(60)	AB	16	8ϕ10.7	4	720	0.98%	7.96	390	73513	76583	6.618	388	191
500(65)	A	16	11ϕ9.0	5	704	0.79%	6.62	440	88829	91830	8.882	336	231
500(65)	AB	18	11ϕ10.7	5	990	1.11%	8.89	440	88829	93049	9.000	380	231
550(65)	A	17	12ϕ9.0	5	768	0.78%	6.49	480	99039	102313	11.122	337	258
550(65)	AB	18	12ϕ10.7	5	1080	1.09%	8.73	480	99039	103643	11.262	381	258
600(65)	A	22	14ϕ9.0	5	896	0.82%	6.82	530	109249	113069	13.668	334	284
600(65)	AB	23	14ϕ10.7	5	1260	1.15%	9.15	530	109249	114620	13.850	378	284
700(70)	A	24	12ϕ10.7	6	1080	0.78%	6.52	630	138544	143148	20.534	400	360
700(70)	AB	27	24ϕ9.0	6	1536	1.11%	8.85	630	138544	145092	20.809	320	360
800(80)	A	21	15ϕ10.7	6	1350	0.75%	6.28	730	180956	186711	30.635	402	470
800(80)	AB	22	15ϕ12.6	6	1875	1.04%	8.36	730	180956	188949	31.008	453	470

注：混凝土强度等级为C80。

A.0.7 地基处理用管桩推荐桩型桩身力学性能应按表 A.0.7-1～表 A.0.7-4 取值。

表 A.0.7-1　地基处理用管桩推荐桩型桩身力学性能表

规格（代号-外径-壁厚）	型号	抗裂抗弯性能			抗拉性能		桩身施工允许最大压力	
		桩身开裂弯矩 M_{cr} (kN·m)	桩身受弯承载力设计值 M (kN·m)	桩身受弯承载力极限值 M_u (kN·m)	按标准组合计算的抗裂拉力 N_k(kN)	桩身轴心受拉承载力设计值 N_t(kN)	抱压 R_b (kN)	顶压 R_d (kN)
PHC300(70)	A	25	26	35	214	204	1725	1898
PHC300(70)	AB	31	39	53	333	326	1725	1898
PHC300(70)	B	36	50	68	432	435	1725	1898
PHC300(70)	C	43	64	87	583	612	1725	1898
PHC350(80)	A	39	41	55	286	272	2314	2546
PHC350(80)	AB	49	62	84	444	435	2314	2546
PHC350(80)	B	54	75	101	544	544	2314	2546
PHC350(80)	C	66	97	131	736	765	2314	2546
PHC400(95)		60	64	86	399	381	3104	3415
PC300(70)	A	24	25	34	214	204	1391	1530

规格 (代号-外径-壁厚)	型号	抗裂抗弯性能			抗拉性能		桩身施工允许最大压力	
		桩身开裂弯矩 M_{cr} (kN·m)	桩身受弯承载 力设计值 M (kN·m)	桩身受弯承载 力极限值 M_u (kN·m)	按标准组 合计算的 抗裂拉力 N_k(kN)	桩身轴心 受拉承载 力设计值 N_t(kN)	抱压 R_b (kN)	顶压 R_d (kN)
PC300(70)	AB	30	38	52	332	326	1391	1530
PC300(70)	B	35	48	64	431	435	1391	1530
PC300(70)	C	43	60	81	581	612	1391	1530
PC350(80)	A	39	40	54	286	272	1866	2053
PC350(80)	AB	48	60	81	443	435	1866	2053
PC350(80)	B	54	72	97	543	544	1866	2053
PC350(80)	C	65	91	123	734	765	1866	2053
PC400(95)	A	59	63	85	399	381	2503	2754

注：表中 PHC 管桩、PC 管桩的混凝土强度等级分别为 C80、C60。

表 A.0.7-2　地基处理用管桩推荐桩型桩身力学性能表

规格 (代号-外径-壁厚)	型号	抗压性能		
		桩身轴心受压承载力 设计值 N(kN) (打入式或抱压式施工)	桩身轴心受压承载力 设计值 N(kN) (顶压式施工)	桩身轴心受压承载力 设计值 N(kN) (中掘法或植入法施工)
PHC300(70)	A	1271	1453	1543
PHC300(70)	AB	1271	1453	1543
PHC300(70)	B	1271	1453	1543
PHC300(70)	C	1271	1453	1543
PHC350(80)	A	1705	1949	2071
PHC350(80)	AB	1705	1949	2071
PHC350(80)	B	1705	1949	2071
PHC350(80)	C	1705	1949	2071
PHC400(95)	A	2288	2614	2778
PC300(70)	A	974	1113	1182
PC300(70)	AB	974	1113	1182
PC300(70)	B	974	1113	1182
PC300(70)	C	974	1113	1182
PC350(80)	A	1306	1493	1586
PC350(80)	AB	1306	1493	1586
PC350(80)	B	1306	1493	1586
PC350(80)	C	1306	1493	1586
PC400(95)	A	1752	2003	2128

注：表中 PHC 管桩、PC 管桩的混凝土强度等级分别为 C80、C60。

表 A.0.7-3 地基处理用管桩推荐桩型桩身力学性能表

规格 (外径-壁厚)	型号	抗裂抗弯性能			抗拉性能		桩身施工允许最大压力	
		桩身开裂弯矩 M_{cr} (kN·m)	桩身受弯承载 力设计值 M (kN·m)	桩身受弯承载 力极限值 M_u (kN·m)	按标准组 合计算的 抗裂拉力 N_k(kN)	桩身轴心 受拉承载 力设计值 N_t(kN)	抱压 R_b (kN)	顶压 R_d (kN)
300(60)	A	25	27	36	213	204	1543	1697
300(60)	AB	31	41	55	330	326	1543	1697
350(60)	A	38	43	58	282	272	1864	2051
350(60)	AB	48	64	87	436	435	1864	2051
400(60)	A	58	69	93	391	381	2186	2404
400(60)	AB	69	92	124	533	536	2186	2404
450(60)	A	77	90	122	447	435	2507	2758
450(60)	AB	92	120	162	610	612	2507	2758
500(65)	A	111	136	184	608	598	3029	3332
500(65)	AB	133	180	242	827	842	3029	3332
550(65)	A	138	166	224	664	653	3378	3715
550(65)	AB	165	219	295	905	918	3378	3715
600(65)	A	174	211	285	772	762	3726	4099
600(65)	AB	209	278	375	1049	1071	3726	4099
700(70)	A	255	303	409	934	918	4725	5198
700(70)	AB	307	403	544	1284	1306	4725	5198
800(80)	A	373	436	589	1172	1148	6171	6789
800(80)	AB	442	572	773	1579	1594	6171	6789

表 A.0.7-4 地基处理用管桩推荐桩型桩身力学性能表

规格 (外径-壁厚)	型号	抗压性能		
		桩身轴心受压承载力 设计值 N(kN) (打入式或抱压式施工)	桩身轴心受压承载力 设计值 N(kN) (顶压式施工)	桩身轴心受压承载力 设计值 N(kN) (中掘法或植入法施工)
300(60)	A	1064	1216	1292
300(60)	AB	1064	1216	1292
350(60)	A	1281	1464	1555
350(60)	AB	1281	1464	1555
400(60)	A	1611	1841	1956
400(60)	AB	1611	1841	1956
450(60)	A	1847	2111	2243
450(60)	AB	1847	2111	2243
500(65)	A	2232	2551	2711
500(65)	AB	2232	2551	2711
550(65)	A	2489	2844	3022
550(65)	AB	2489	2844	3022

规　格 (外径-壁厚)	型号	抗压性能		
		桩身轴心受压承载力 设计值 N(kN) （打入式或抱压式施工）	桩身轴心受压承载力 设计值 N(kN) （顶压式施工）	桩身轴心受压承载力 设计值 N(kN) （中掘法或植入法施工）
600(65)	A	2745	3138	3334
600(65)	AB	2745	3138	3334
700(70)	A	3482	3979	4228
700(70)	AB	3482	3979	4228
800(80)	A	4547	5197	5522
800(80)	AB	4547	5197	5522

注：表中混凝土强度等级为 C80，桩身轴心受压承载力设计值未考虑压屈影响，其打入式或抱压式施工、顶压式施工、中掘法或植入法施工的综合折减系数 ψ_c 分别取 0.7、0.8、0.85 进行计算。

附录 B　管桩偏心受压 N-M 曲线

B. 0. 1　PHC 管桩 A 型偏心受压 N-M 曲线（图 B. 0. 1）。

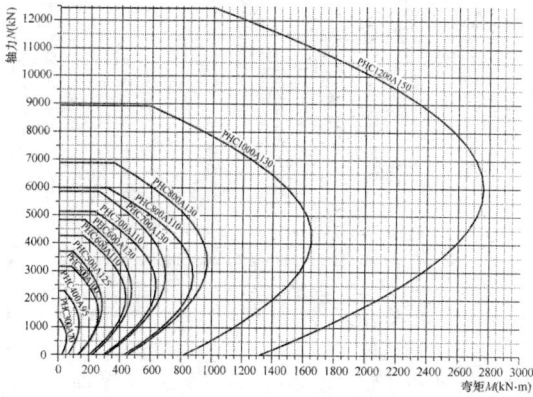

图 B. 0. 1　PHC 管桩 A 型偏心受压 N-M 曲线

B. 0. 2　PHC 管桩 AB 型偏心受压 N-M 曲线（图 B. 0. 2）。

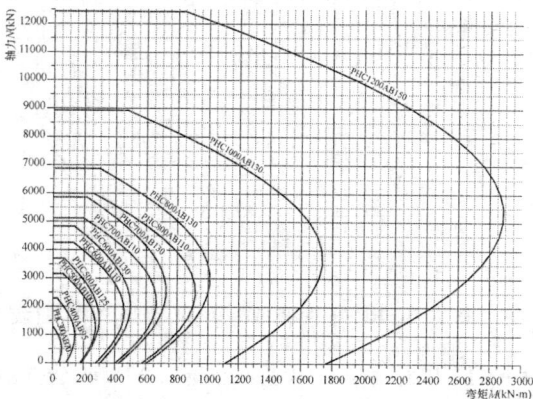

图 B. 0. 2　PHC 管桩 AB 型偏心受压 N-M 曲线

B. 0. 3　PHC 管桩 B 型偏心受压 N-M 曲线（图 B. 0. 3）。

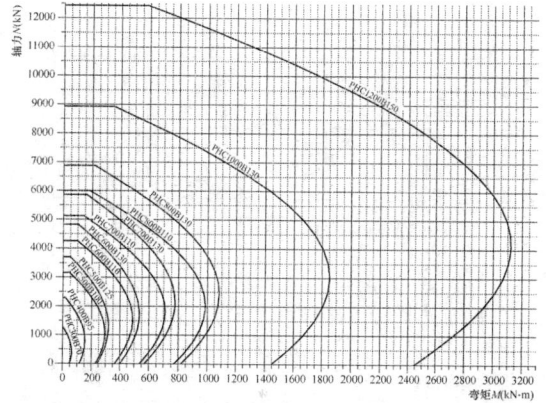

图 B. 0. 3　PHC 管桩 B 型偏心受压 N-M 曲线

B. 0. 4　PHC 管桩 C 型偏心受压 N-M 曲线（图 B. 0. 4）。

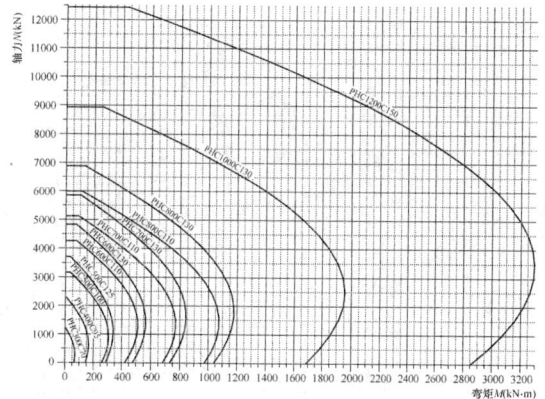

图 B. 0. 4　PHC 管桩 C 型偏心受压 N-M 曲线

B. 0. 5　PC 管桩 A 型偏心受压 N-M 曲线（图 B. 0. 5）。

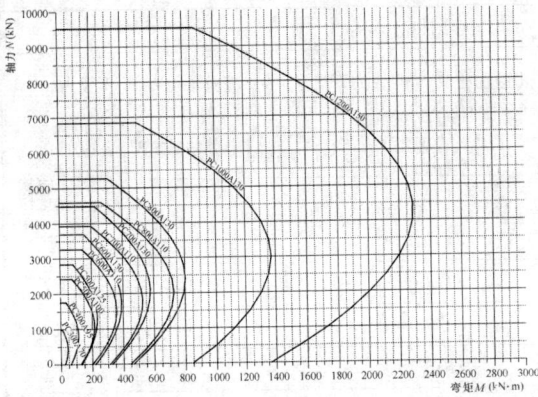

图 B.0.5 PC管桩 A 型偏心受压 N-M 曲线

B.0.6 PC 管桩 AB 型偏心受压 N-M 曲线（图 B.0.6）。

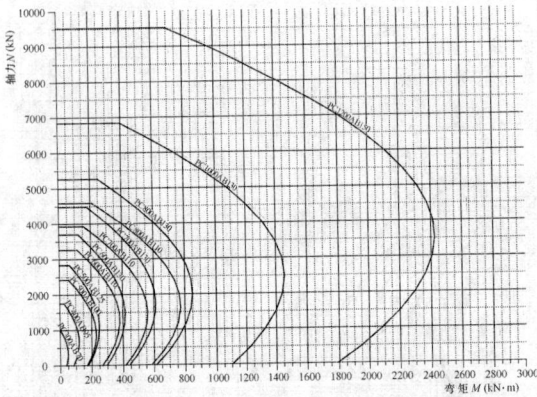

图 B.0.6 PC管桩 AB 型偏心受压 N-M 曲线

B.0.7 PC 管桩 B 型偏心受压 N-M 曲线（图 B.0.7）。

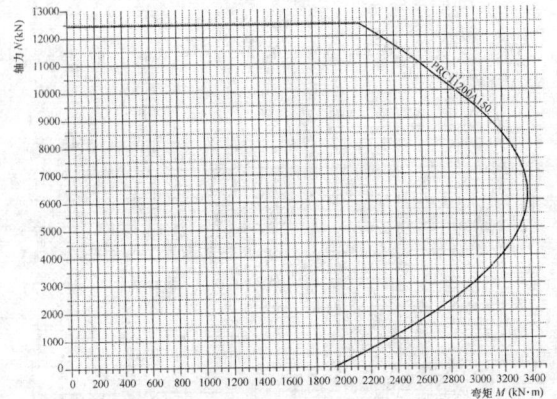

图 B.0.7 PC管桩 B 型偏心受压 N-M 曲线

B.0.8 PC 管桩 C 型偏心受压 N-M 曲线（图 B.0.8）。

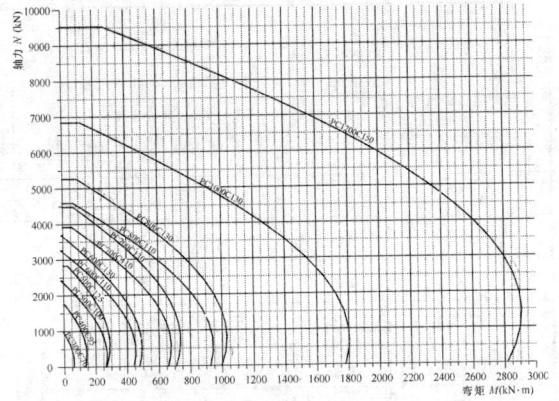

B.0.8 PC管桩 C 型偏心受压 N-M 曲线

B.0.9 PRC-Ⅰ管桩 A 型偏心受压 N-M 曲线（图 B.0.9）。

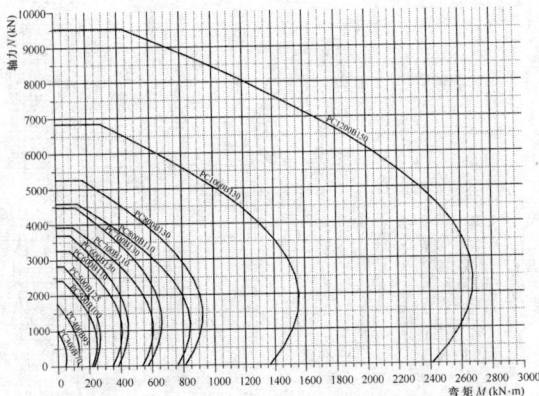

图 B.0.9 PRC-Ⅰ管桩 A 型偏心受压 N-M 曲线

B.0.10 PRC-Ⅰ管桩 AB 型偏心受压 N-M 曲线（图 B.0.10）。

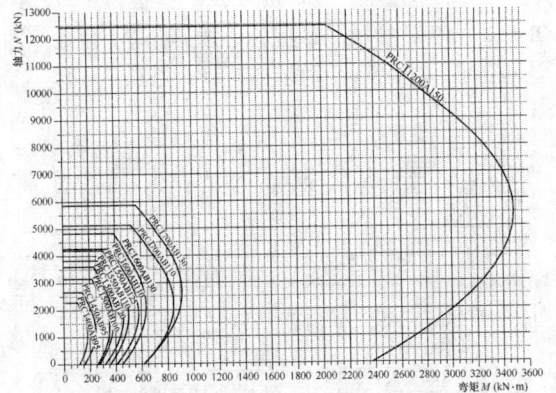

图 B.0.10 PRC-Ⅰ管桩 AB 型偏心受压 N-M 曲线

B.0.11 PRC-Ⅰ管桩 B 型偏心受压 N-M 曲线（图 B.0.11）。

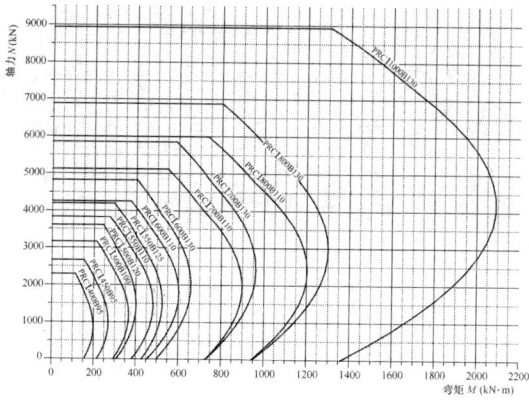

图 B.0.11 PRC-Ⅰ管桩 B 型偏心受压 N-M 曲线

B.0.12 PRC-Ⅰ管桩 C 型偏心受压 N-M 曲线（图 B.0.12）

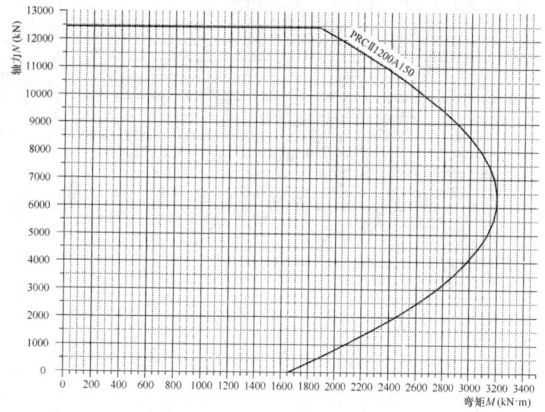

图 B.0.12 PRC-Ⅰ管桩 C 型偏心受压 N-M 曲线

B.0.13 PRC-Ⅰ管桩 D 型偏心受压 N-M 曲线（图 B.0.13）。

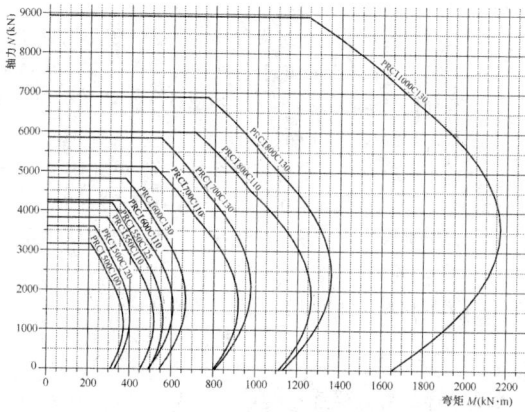

图 B.0.13 PRC-Ⅰ管桩 D 型偏心受压 N-M 曲线

B.0.14 PRC-Ⅱ管桩 A 型偏心受压 N-M 曲线（图 B.0.14）。

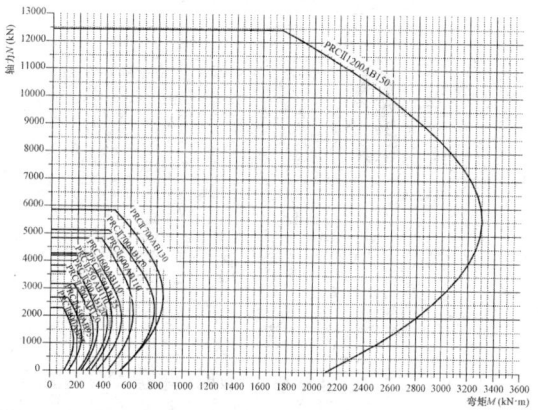

图 B.0.14 PRC-Ⅱ管桩 A 型偏心受压 N-M 曲线

B.0.15 PRC-Ⅱ管桩 AB 型偏心受压 N-M 曲线（图 B.0.15）。

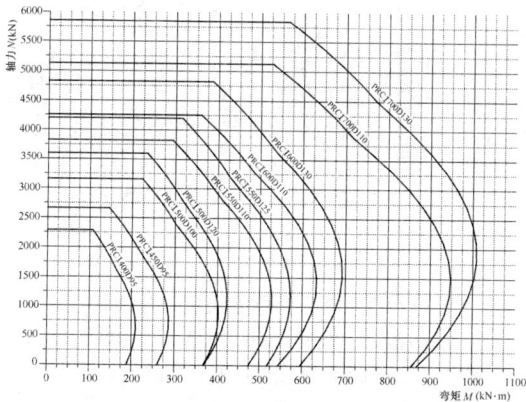

图 B.0.15 PRC-Ⅱ管桩 AB 型偏心受压 N-M 曲线

B.0.16 PRC-Ⅱ管桩 B 型偏心受压 N-M 曲线（图 B.0.16）。

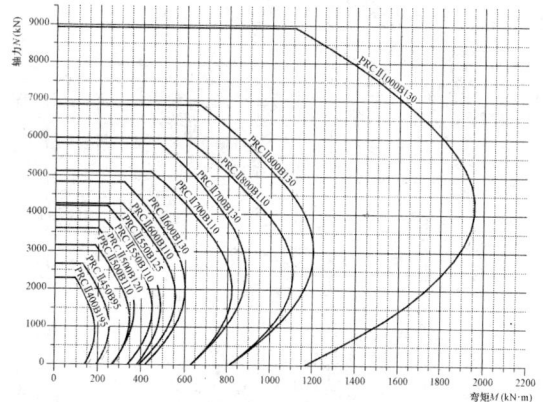

图 B.0.16 PRC-Ⅱ管桩 B 型偏心受压 N-M 曲线

B.0.17 PRC-Ⅱ管桩 C 型偏心受压 N-M 曲线（图 B.0.17）。

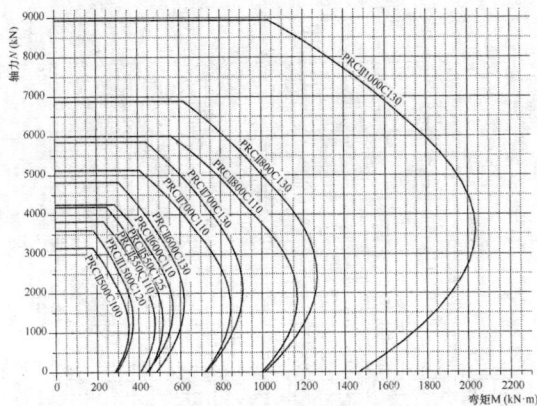

图 B.0.17 PRC-Ⅱ管桩 C 型偏心受压 N-M 曲线

B.0.18 PRC-Ⅱ管桩 D 型偏心受压 N-M 曲线（图 B.0.18）。

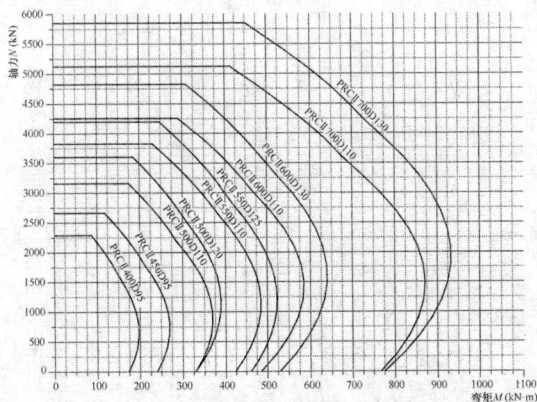

图 B.0.18 PRC-Ⅱ管桩 D 型偏心受压 N-M 曲线

附录 C 管桩与腰梁、冠梁的连接构造示意图

C.0.1 管桩与腰梁连接构造（图 C.0.1）。

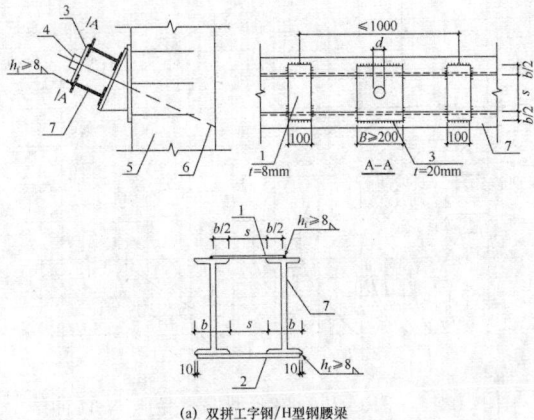

(a) 双拼工字钢/H型钢腰梁

图 C.0.1 钢腰梁构造（一）

1—顶部缀板；2—底部缀板；3—锚头承压板；
4—锚具；5—管桩；6—锚杆；7—工字钢或 H 型钢

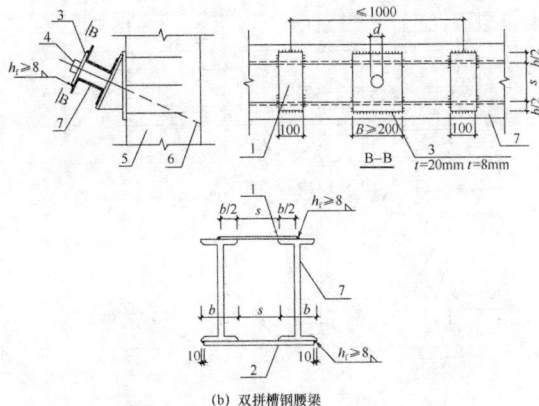

(b) 双拼槽钢腰梁

图 C.0.1 钢腰梁构造（二）

1—顶部缀板；2—底部缀板；3—锚头承压板；
4—锚具；5—管桩；6—锚杆；7—槽钢

注：1 对于双拼槽钢，其规格宜选用 [18～ [36；对于双拼工字钢，其规格宜选用 I16～I32；

2 双拼钢腰梁应通过缀板焊接为整体，缀板的尺寸及间距应根据在锚杆集中荷载作用下的局部受压稳定与受扭稳定计算确定，两相邻锚头之间不应少于 1 块；焊缝高度不应小于 8mm；

3 锚头承压板开洞 d 根据锚杆杆体的直径确定，其宽度 B 应满足局部承压要求，且不小于 200mm；

4 顶部缀板、底部缀板、锚头承压板钢材牌号为 Q235 或 Q345；

5 锚杆设置在相邻管桩之间。

C.0.2 管桩与冠梁连接构造（图 C.0.2）。

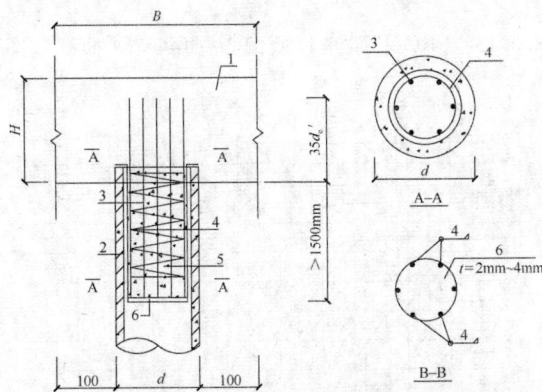

图 C.0.2 混凝土冠梁与管桩连接构造

1—冠梁；2—管桩；3—灌芯混凝土内纵筋；
4—灌芯混凝土内箍筋；5—微膨胀灌芯混凝土；
6—支托钢板

注：管桩与冠梁宜采用混凝土，混凝土冠梁与管桩连接时，冠梁高度 H 不应小于 400mm 且不宜小于管桩直径的 2/3。

附录 D 静压沉桩施工记录表

表 D 静压沉桩施工记录表

工程名称：_____ 施工单位：_____ 桩顶设计标高：_____ 生产厂家：_____ 第 页

建设单位：_____ 桩型及规格：_____ 自然地面标高：____ 设计承载力特征值：___ 共 页

总包单位_____ 桩机型号：_____压力换算值：双缸 1MPa 时＝_____ kN；四缸 1MPa 时＝_____ kN；

六缸 1MPa 时＝_____ kN；

日期 日/月	序号	起止时间 时：分	下 桩				中 桩				中 桩				上 桩				送 桩		终压力值 (kN)	终压次数	桩入土总深度 (m)	备注
			长度 (m)	油压值 (MPa)			长度 (m)	油压值 (MPa)			长度 (m)	油压值 (MPa)			长度 (m)	油压值 (MPa)			深度 (m)	油压值 (MPa)				
				桩下端	桩中间	桩上端		桩下端	桩中间	桩上端		桩下端	桩中间	桩上端		桩下端	桩中间	桩上端						

建设单位代表：　　监理：　　工程负责人：　　技术负责人：　　记录员：　　年 月 日

附录 E 锤击沉桩施工记录表

表 E 锤击沉桩施工记录表

施工单位：　　　　　　　　　　　　　　　　　　　　　　　　　　　　第　页

工程名称				工程地址				打桩顺序号		
管桩外径	mm	管桩壁厚	mm	质量等级		接头形式		管桩生产厂		
桩位编号		桩尖形式		桩机型号		桩锤类型		单桩承载力特征值		kN

锤 击 记 录

桩节顺序 （从底至顶）	节长及桩身号 (m)	锤规格及落距	锤击起止时间			每米沉桩锤击数																累计总数	电焊焊接时间(min) 及焊缝外观质量
			日	时	分	1	2	3	4	5	6	7	8	9	10	11	12	13	14	15		
第一节																						
第二节																						
第三节																						
第四节																		总锤击数				

收 锤 及 验 收 记 录

收锤时间	月 日 时	锤规格落距		最后贯入度	mm/10 击	mm/10 击	mm/10 击
配桩长度	m 送桩深度 m	桩入土深度	m	桩高出自然地面	m	桩顶状况	
经灯光或孔内摄像检查后的基本情况		用开口桩时，管内进土高度	m	天气			
				填表日期		年 月 日	
记录员		班组长		工地负责人		监理代表	

附录F 植入法沉桩施工记录表

表F 植入法沉桩施工记录表

工程名称：　　　　　　　施工单位：
建设单位：　　　　　　　总包单位：
施工日期：　　　　　　　桩　　号：

桩型及规格	设计承载力特征值 (kN)		配桩	
钻孔深度	实际钻孔深度		自然地面标高	
钻孔直径	扩孔部分直径		扩孔部分高度	
桩顶设计标高	桩顶实际标高		±0.000	
钻孔过程记录				

序号	接杆米数	开始钻孔时间	钻孔完成时间	备注
1				
2				
3				

修孔、扩孔及拔杆过程记录

项　目	开始时间	完成时间
修孔过程		
扩孔过程		
拔杆过程		

植桩过程记录

序号	桩型	植入桩机型号	开始接桩时间	接桩完成时间	开始沉桩时间	沉桩完成时间
1						
2						
3						
总桩长		桩校正完成时间				
备注						

水泥浆情况	桩端用水量 (kg)	桩周用水量 (kg)	用水量合计 (kg)	桩端水泥用量 (kg)	桩周水泥用量 (kg)	水泥量合计 (kg)	桩端水灰比	桩周水灰比
设计用量								
实际用量								

专业监理工程师：	专业质量检查员：		记录：
年　月　日	年　月　日		年　月　日

附录G 静压桩机及适用范围参数表

G.0.1 静压桩机技术参数应按表G.0.1取值

表G.0.1 静压桩机技术参数表

压桩机型号(吨位) 项目	160~ 180	240~ 280	300~ 360	400~ 460	500~ 600	800~ 1000	1200~ 1400
最大压桩力 (kN)	1600~ 1800	2400~ 2800	3000~ 3600	4000~ 4600	5000~ 6000	8000~ 10000	12000~ 14000
行程(m) 纵向(一次)	3	3	3	3	3	3	3
行程(m) 横向(一次)	0.5	0.5	0.5	0.5	0.5	0.55	0.55
最大回转角(°)	18	18	18	18	18	20	20

G.0.2 静压桩机适用范围参数应按表G.0.2取值。

表G.0.2 静压桩机适用范围参数表

压桩机型号(吨位) 项目	160~ 180	240~ 280	300~ 360	400~ 460	500~ 600	800~ 1000	1200~ 1400
适用管桩 最小桩径(mm)	300	300	400	400	500	500	600
适用管桩 最大桩径(mm)	400	500	500	550	600	800	800
单桩承载力特征值(kN)	500~ 1000	800~ 1500	1000~ 1900	1500~ 2500	1800~ 2800	2800~ 3600	4000~ 4800
桩端持力层	中密~密实砂层、硬塑~坚硬黏土层	密实砂层、坚硬黏土层、全风化岩层	密实砂层、坚硬黏土层、全风化岩层	密实砂层、坚硬黏土层、全风化岩层、强风化岩层	密实砂层、坚硬黏土层、全风化岩层、强风化岩层	密实砂层、坚硬黏土层、全风化岩层、强风化岩层	密实砂层、坚硬黏土层、全风化岩层、强风化岩层
桩端持力层标贯值N	20~25	20~35	30~40	30~50	30~55	35~60	30~65
穿透中密—密实砂层厚度(m)	约1.5	1.5~2.5	2~3	2~4	3~5	4~6	4~6

注：1 压桩机应根据工程地质条件、估算的最大压桩阻力、单桩极限承载力、入土深度及桩身强度并结合地区经验等因素综合考虑后选用；

2 最大压桩力为理论最大压桩力，压桩时压桩机提供的最大压桩力约为其机架重量和配重之和的0.8倍；

3 本表中静压桩机施工边、角桩及正常桩时，与邻近建（构）筑物施工的最小距离宜为2m~5m。

附录 H 柴油锤重选择及适用范围参数表

H.0.1 柴油锤重选择技术参数应按表 H.0.1 取值。

表 H.0.1 柴油锤重选择技术参数表

柴油锤型号	35	45	50	62	72	80	100	120
冲击体质量（t）	3.5	4.5	5.0	6.2	7.2	8.0	10.0	12.0
锤体总质量（t）	7.2～8.2	9.2～10.5	9.2～11.0	12.5～15.0	18.4	17.4～20.5	20.0	20.0
常用冲程（m）	1.8～2.3	1.8～2.3	1.8～3.2	1.9～3.6	1.8～2.5	2.0～3.4	2.0～3.4	2.0～3.4
液压锤规格（t）	5～7	6～8	7～9	9～11	9～13	11～13	13～15	13～15

H.0.2 柴油锤重适用范围参数应按表 H.0.2 取值。

表 H.0.2 柴油锤重适用范围参数表

柴油锤型号	35	45	50	62	72	80	100	120
适用管桩规格	$\phi300$ $\phi400$	$\phi300$ $\phi400$	$\phi400$ $\phi500$	$\phi400$ $\phi500$	$\phi500$ $\phi600$	$\phi600$	$>\phi600$	$>\phi600$
单桩竖向承载力特征值适用范围（kN）	400～1200	600～1600	800～1800	1600～2600	1800～3000	2000～3500	>3700	>3700
桩尖可进入的岩土层	密实砂层坚硬土层全风化岩	密实砂层坚硬土层强风化岩	强风化岩（N>50）	强风化岩（N>50）	强风化岩（N>50）	强风化岩（N>50）	强风化岩（N>50）	强风化岩（N>50）
常用收锤贯入度（mm/10击）	20～30	20～50	20～50	20～50	30～60	30～60	70～120	70～120

注：1 本表仅供选锤用，选择时宜重锤低击。
　　2 本表适用于桩长 16m～60m，且桩端进入硬土层有一定深度。
　　3 本表中的柴油锤施工时，与邻近建（构）筑物的最小距离宜为 1.5m。

附录 J 管桩桩尖规格及构造图

J.0.1 平底十字形桩尖构造（图 J.0.1）及尺寸（表 J.0.1）。

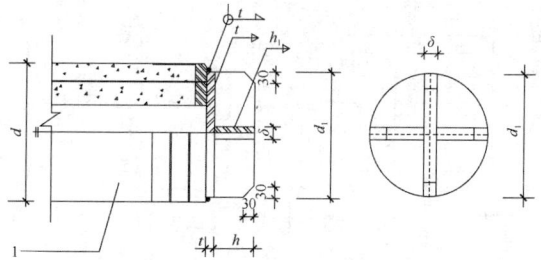

图 J.0.1 平底十字形桩尖
1—管桩桩身

表 J.0.1 平底十字形桩尖构造尺寸（mm）

d	d_1	h	δ	t	h_1
300	270	115～140	≥14	≥8	≥10
400	350	115～140	≥16	≥10	≥10
500	450	125～175	≥18	≥12	≥12
600	540	125～175	≥18	≥14	≥14
700	640	175～275	≥20	≥14	≥14
800	730	175～275	≥20	≥16	≥20
1000	920	275～375	≥22	≥20	≥16
1200	1110	275～375	≥24	≥22	≥20
1400	1300	375～475	≥26	≥24	≥22

J.0.2 尖底十字 Ⅰ（Ⅱ）型桩尖构造（图 J.0.2）及尺寸（表 J.0.2）。

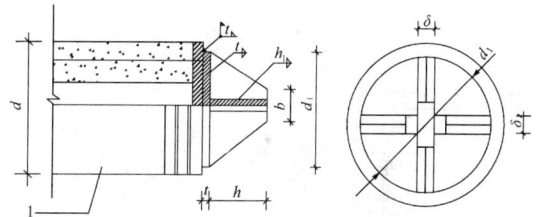

图 J.0.2 尖底十字形桩尖
1—管桩桩身

表 J.0.2 尖底十字形桩尖构造尺寸（mm）

d	d_1	h	b	δ	t	h_1
300	270	100～250	30	≥14	≥8	≥10
400	350	125～275	40	≥16	≥10	≥10
500	450	175～375	50	≥16	≥12	≥12
600	540	225～475	60	≥18	≥14	≥14
700	640	275～575	70	≥20	≥14	≥14
800	730	325～575	80	≥20	≥16	≥20
1000	920	425～675	100	≥22	≥20	≥16
1200	1110	475～775	120	≥24	≥22	≥20
1400	1300	525～875	140	≥26	≥24	≥22

J.0.3 锯齿十字形桩尖构造（图 J.0.3）及尺寸（表 J.0.3）。

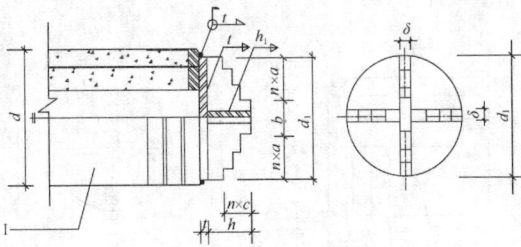

图 J.0.3 锯齿十字形桩尖
1—管桩桩身

表 J.0.3 锯齿十字形桩尖构造尺寸（mm）

d	d_1	h	n	a	b	c	δ	t	h_1
300	270	80～200	2	45	30	35	≥14	≥8	≥10
400	350	100～250	2	50	40	45	≥16	≥10	≥10
500	450	150～300	3	55	50	45	≥16	≥12	≥12
600	540	200～350	3	65	60	55	≥18	≥14	≥14
700	640	275～425	4	70	70	70	≥20	≥14	≥14
800	730	325～475	4	75	80	70	≥20	≥16	≥20
1000	920	350～500	5	85	100	90	≥22	≥20	≥16
1200	1110	375～525	6	95	120	100	≥24	≥22	≥20
1400	1300	425～575	6	105	140	110	≥26	≥24	≥22

J.0.4 四棱锥形桩尖构造（图 J.0.4）及尺寸（表 J.0.4）。

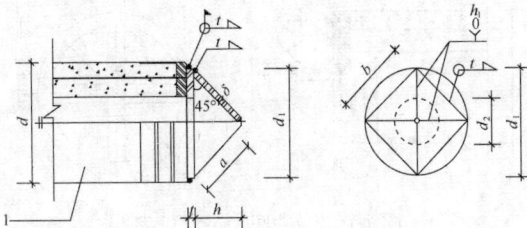

图 J.0.4 四棱锥形桩尖
1—管桩桩身

表 J.0.4 四棱锥形桩尖构造尺寸（mm）

d	d_1	d_2	h	a	b	δ	t	h_1
300	270	100	175～275	184	184	≥14	≥8	≥10
400	350	120	175～300	247	247	≥16	≥10	≥10
500	450	150	225～375	318	318	≥16	≥12	≥12
600	540	200	270～450	382	382	≥18	≥14	≥14
700	640	200	325～575	452	452	≥20	≥14	≥14
800	730	250	375～575	516	516	≥20	≥16	≥20
1000	920	300	475～675	650	650	≥22	≥20	≥16
1200	1110	350	575～775	750	750	≥24	≥22	≥20
1400	1300	400	675～875	850	850	≥26	≥24	≥22

注：必要时桩尖内可灌 C30 混凝土填实。

J.0.5 六棱锥形桩尖构造（图 J.0.5）及尺寸（表 J.0.5）。

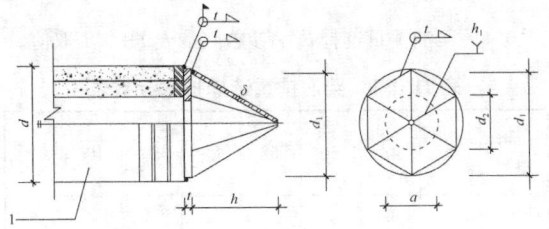

图 J.0.5 六棱锥形桩尖
1—管桩桩身

表 J.0.5 六棱锥形桩尖构造尺寸（mm）

d	d_1	d_2	h	a	δ	t	h_1
300	270	100	175～275	120	≥14	≥8	≥10
400	350	120	175～300	165	≥16	≥10	≥10
500	450	150	225～375	215	≥16	≥12	≥12
600	540	200	270～450	260	≥18	≥14	≥14
700	640	250	325～575	310	≥20	≥14	≥14
800	730	300	375～575	370	≥20	≥16	≥20
1000	920	350	475～675	440	≥22	≥20	≥16
1200	1110	400	575～775	540	≥24	≥22	≥20
1400	1300	450	675～875	650	≥26	≥24	≥22

注：必要时桩尖内可灌 C30 混凝土填实。

J.0.6 H 钢 1 型桩尖构造（图 J.0.6）及尺寸（表 J.0.6）。

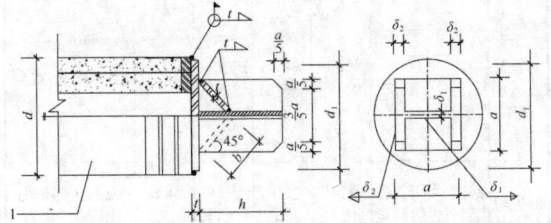

图 J.0.6 H 钢 1 型桩尖
1—管桩桩身

表 J.0.6 H 钢 1 型桩尖构造尺寸（mm）

d	d_1	h	a	b	HW 型钢	δ_1	δ_2	t
300	270	175～275	200	130	200×200	≥8	≥12	≥8
400	350	175～300	250	163	250×250	≥9	≥14	≥10
500	450	225～375	300	198	300×300	≥10	≥15	≥12
600	540	270～450	350	232	350×350	≥12	≥19	≥14
700	640	325～575	400	280	400×400	≥14	≥23	≥14
800	730	375～575	450	320	450×450	≥16	≥27	≥16
1000	920	475～675	500	400	500×500	≥16	≥31	≥20
1200	1110	575～775	600	480	600×600	≥18	≥35	≥22
1400	1300	675～875	700	550	700×700	≥20	≥39	≥24

J.0.7 H 钢 2 型桩尖构造（图 J.0.7）及尺寸（表 J.0.7）。

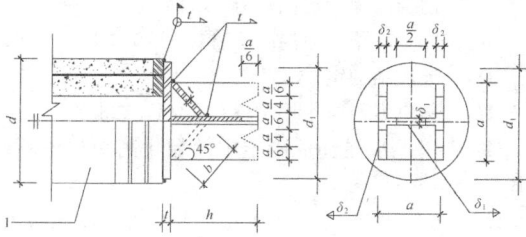

图 J.0.7 H 钢 2 型桩尖
1—管桩桩身

表 J.0.7 H 钢 2 型桩尖构造尺寸（mm）

d	d_1	h	a	b	HW 型钢	δ_1	δ_2	t
300	270	175～275	200	130	200×200	≥12	≥12	≥8
400	350	175～300	250	163	250×250	≥14	≥14	≥10
500	450	225～375	300	198	300×300	≥15	≥15	≥12
600	540	270～450	350	232	350×350	≥19	≥19	≥14
700	640	325～575	400	280	400×400	≥14	≥23	≥14
800	730	375～575	450	320	450×450	≥16	≥27	≥16
1000	920	475～675	500	400	500×500	≥16	≥31	≥20
1200	1110	575～775	600	480	600×600	≥18	≥35	≥22
1400	1300	675～875	700	550	700×700	≥20	≥39	≥24

J.0.8 开口形桩尖构造（图 J.0.8）及尺寸（表 J.0.8）。

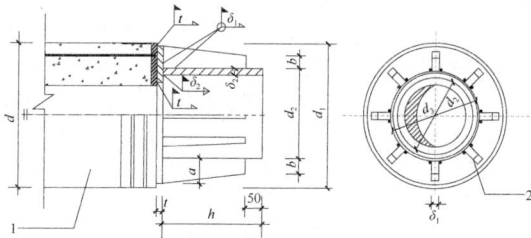

图 J.0.8 开口形桩尖
1—管桩桩身；2—加劲肋 n 条

表 J.0.8 开口形桩尖构造尺寸（mm）

d	d_1	d_2	d_3	h	a	b	δ_1	δ_2	t	n
300	270	219	180	100～250	25	15	12～14	10	≥8	4
400	350	299	250	125～275	30	20	12～14	10	≥10	5
500	450	377	300	175～375	30	20	12～16	12	≥12	6
600	540	480	400	225～475	30	20	12～16	12	≥14	8
700	640	580	500	275～575	35	25	14～20	14	≥14	9
800	730	660	600	325～575	35	25	14～20	14	≥16	10
1000	920	850	780	425～675	45	30	16～22	16	≥20	12
1200	1110	1030	950	475～775	50	35	16～24	18	≥22	12
1400	1300	1200	1050	525～875	55	40	18～26	20	≥24	14

附录 K 管桩全截面桩身混凝土抗压强度试验评价

K.0.1 本附录适用于管桩全截面桩身抗压强度试验评价管桩桩身混凝土强度。

K.0.2 试件应从工地现场随机抽取的管桩上截取，截取试件时应避开管桩螺旋筋加密区。试件的长径比应为 1.0～2.0（试件的长径比应为 2：1，长度的尺寸允许偏差宜为±5%）。

K.0.3 抗压试验宜在试验机上进行，也可采用千斤顶施加荷载。试验用的计量器具应进行检定或校准。

K.0.4 试验前，应对试件的垂直度和平整度进行测量，并应符合下列规定：

1 试件端面的平整度在 100mm 长度内应为±0.1mm；

2 试件端面与轴线的垂直度应为±2°。

K.0.5 当试件的平整度和垂直度不能满足要求时，应选用以下方法进行端面加工：

1 采用磨平方法。

2 用硫黄胶泥等材料进行补平。补平层应与试件端部结合牢固，受压时补平层与试件的结合面不得提前破坏。

K.0.6 管桩全截面试件的抗压强度应按下式计算：

$$f_{cu,k} = \xi \cdot \frac{P}{A} \qquad (K.0.6)$$

式中：$f_{cu,k}$——试件抗压强度标准值（MPa），精确至 0.1MPa；

P——试件抗压试验测得的破坏荷载（N）；

A——管桩桩身横截面积（mm²）；

ξ——试件抗压强度换算系数，宜取 1.0。

K.0.7 管桩全截面试件的抗压强度值不小于管桩混凝土强度设计等级的 95% 时，可认为抽检的管桩混凝土强度满足设计要求。

K.0.8 当一个试件的强度值不满足设计要求时，可再截取两个试件进行试验，试验后，当三个强度试验值的中值（或平均值）满足 K.0.7 条要求时，可认为抽检的管桩混凝土强度满足设计要求。

本标准用词说明

1 为便于在执行本标准条文时区别对待，对要求严格程度不同的用词说明如下：

1） 表示很严格，非这样做不可的：
正面词采用"必须"，反面词采用"严禁"；

2） 表示严格，在正常情况下均应这样做的：
正面词采用"应"，反面词采用"不应"或"不得"；

3） 表示允许稍有选择，在条件许可时首先应

这样做的:

正面词采用"宜",反面词采用"不宜";

4) 表示有选择,在一定条件下可以这样做的,采用"可"。

2 条文中指明应按其他有关标准执行的写法为:"应符合……的规定"或"应按……执行"。

引用标准名录

1. 《建筑地基基础设计规范》GB 50007
2. 《混凝土结构设计规范》GB 50010
3. 《建筑抗震设计规范》GB 50011
4. 《钢结构设计规范》GB 50017
5. 《岩土工程勘察规范》GB 50021
6. 《湿陷性黄土地区建筑规范》GB 50025
7. 《工业建筑防腐蚀设计规范》GB 50046
8. 《普通混凝土长期性能和耐久性能试验方法标准》GB/T 50082
9. 《混凝土外加剂应用技术规范》GB 50119
10. 《建筑地基基础工程施工质量验收规范》GB 50202
11. 《钢结构工程施工质量验收规范》GB 50205
12. 《建筑基坑工程监测技术规范》GB 50497
13. 《钢结构焊接规范》GB 50661
14. 《先张法预应力混凝土管桩》GB 13476
15. 《碳素结构钢》GB/T 700
16. 《预应力混凝土用钢棒》GB/T 5223.3
17. 《用于水泥和混凝土中的粒化高炉矿渣粉》GB/T 18046
18. 《钻芯检测离心高强混凝土抗压强度试验方法》GB/T 19496
19. 《砂浆和混凝土用硅灰》GB/T 27690
20. 《建筑地基处理技术规范》JGJ 79
21. 《建筑桩基技术规范》JGJ 94
22. 《建筑基桩检测技术规范》JGJ 106
23. 《建筑基坑支护技术规程》JGJ 120
24. 《劲性复合桩技术规程》JGJ/T 327
25. 《水泥土复合管桩基础技术规程》JGJ/T 330
26. 《建筑地基检测技术规范》JGJ 340
27. 《随钻跟管桩技术规程》JGJ/T 344
28. 《先张法预应力混凝土管桩用端板》JC/T 947

中华人民共和国行业标准

预应力混凝土管桩技术标准

JGJ/T 406—2017

条 文 说 明

制 定 说 明

《预应力混凝土管桩技术标准》JGJ/T 406 -
2017，经住房和城乡建设部 2017 年 8 月 23 日以第
1650 号公告批准、发布。

本标准编制过程中，为贯彻执行国家的技术经济
政策，编制组进行了充分的调查研究，结合了近年来
我国管桩生产及应用的实践经验与技术发展水平、相
关研究成果，参考了国内外相关标准并与现行国家标
准相协调，确定了相关指标参数。

为便于广大勘察、设计、施工、生产、检测、监
理、科研及学校等单位有关人员在使用本标准时能正
确理解和执行条文规定，《预应力混凝土管桩技术标
准》编制组按章、节、条顺序编制了本标准的条文说
明，对条文规定的目的、依据以及执行中需注意的有
关事项进行了说明。但是，本条文说明不具备与标准
正文同等的法律效力，仅供使用者作为理解和把握标
准规定的参考。

目　次

1 总　则

1.0.1、1.0.2　混凝土管桩在国内外的应用已有 90 多年的历史，预应力混凝土管桩也有 60 多年的历史，预应力高强混凝土管桩有 50 年的历史。研究、生产、使用混凝土管桩较多的国家主要有日本、中国、美国、加拿大、意大利、英国、荷兰、德国等，尤其是处于地震活跃地带中的日本，是世界上管桩应用最早、在桩基工程中用量占比最多的国家之一。我国早在 1944 年就开始生产离心钢筋混凝土管桩（RC 管桩）。20 世纪 60 年代，由于铁路建设的需要，研发了预应力钢筋混凝土管桩（PC 管桩），并批量生产 $\phi400$ 和 $\phi550$ 的 PC 管桩；20 世纪 70 年代，由于港口建设的需要，研制生产了大直径的后张法预应力混凝土管桩（雷蒙特桩）。20 世纪 80 年代，先后开发生产了先张法预应力高强混凝土管桩（PHC 管桩）和先张法预应力混凝土薄壁管桩（PTC 管桩）。

随着城市化建设的快速发展，预应力混凝土管桩的应用领域不断扩大，管桩及其配套产品逐步形成了一个新兴的行业，得到了快速发展。据不完全统计，目前全国管桩生产企业约 600 家，分布在 25 个省市自治区，与管桩相关的上下游产业包括设备、材料（钢材、砂石）等行业，带动着几百家设备制造企业、材料制造企业、供应商等行业的上下游配套企业，为管桩行业配套的辅助产品年产值超过 1000 亿元，为社会提供了几十万个就业岗位。产量已由最初的几万米发展至 3.5 亿延米，占据预制桩基础总量的 90% 以上，产值超过 600 亿元。我国已成为全球生产应用预应力混凝土管桩最多的国家。随着国产化能力和机械装备技术水平的提高，管桩的生产装备已全部实现国产，并且逐步出口东南亚等国家。管桩所用的 PC 钢棒经过消化吸收，国产母材的质量稳定性和加工工艺水平有了大幅度提高，产品质量可达到进口同类产品的水平，完全满足了我国管桩生产的需求，并且也已出口日本、东南亚等国家和地区。本标准主要是对采用钢棒生产的先张法预应力混凝土管桩的设计、施工、检测与验收等方面做出相关规定。目前，国内管桩生产和应用主要向工艺装备及生产线的机械化和自动化、生产过程的节能环保、适应不同地质条件的特殊桩型、组合配桩设计及钻（引）孔植桩施工工法等方向发展。由于管桩具备先进的生产工艺及完善的标准体系，产品质量得到了良好保证，管桩经过钢筋骨架编笼、配制混凝土拌合物、混凝土喂料、合模、施加预应力、高速离心、蒸养、预应力放张、拆模、（压蒸养护）等工艺流程制作而成，在工业和民用建筑、公路、铁路、港口、机场、水利等领域的国家重点工程均使用了预应力混凝土管桩，为国家经济建设发挥了重要作用。为贯彻执行国家的技术经济政策，

结合我国管桩生产及应用的实践经验与技术发展水平，整合现行国家及行业技术标准，编制管桩行业标准成为必然。

1.0.3　本条强调管桩应用应考虑的各种主要因素，特别是施工方法选择应考虑因地制宜、环境保护等技术条件。认真勘察、优化设计、精心施工、严格监控，是保证管桩做到安全适用、经济合理、质量可控的前提。

3　基 本 规 定

3.0.1　随着我国预应力混凝土管桩生产、应用的快速发展，管桩的应用范围越来越广，在工业与民用建筑、市政、水利、公路、桥梁、码头等工程中得到了广泛应用。近年来，为改善管桩的工作性能，提高管桩的抗弯、抗水平以及抗震能力，同时也为了扩大管桩的应用范围，本标准除了包含传统常见的预应力高强混凝土管桩（PHC 管桩）、预应力混凝土管桩（PC 管桩）等桩型外，还将近年来涌现出的混合配筋管桩（PRC 管桩）也涵盖在内。

3.0.6　管桩桩身强度较高，可穿越各类软土、填土、可塑状黏性土、粉土、松散或稍密的砂土，进入硬塑或坚硬状黏性土、密实的砂土、碎石土、强风化岩层及中风化极软岩层一定深度。目前预应力管桩的施工方法主要有锤击贯入法、静力压桩法及植入法、中掘法等。锤击贯入沉桩时存在桩身较易损伤、对环境有噪声、振动、油烟污染等问题，它的应用在城市中受到了一定的限制。但由于锤击法具有低成本、穿透土层能力强、施工方便等优点，在环境条件允许的地方仍有很大的市场。

静力压桩法适用于浅层土易穿越、桩端持力层较致密、坚硬的场地。桩端持力层可选择硬塑、坚硬黏土，中密—密实的粉土和砂土、碎石土、全风化岩层和强风化岩层。表层土质软弱且压机作业面承载力低的场地应预先处理，方可采用静力压桩法，以免在这样的场地出现桩机陷机、桩位偏移过大、周边环境隆沉而对邻近道路、管线、建筑物产生危害等事故。当采用抱压方式沉桩时，由于抱压力过大而发生桩身破损的现象也时有发生。

因此，当场地存在含孤石或障碍物较多且不易清除的地层，桩端以上存在难以穿透的坚硬黏性土、密实的砂土、碎石土层的场地时或可能因锤击、抱压力过大引起桩身破损时，宜选用植入法或中掘法沉桩，并应通过现场沉桩工艺试验确定其适用性。另外，采用植入工法具有以下几个优点：①施工时挤土效应小；②成桩后桩身完整无损伤；③桩身承载力及耐久性提高。

管桩施工也可配合引孔辅助法沉桩，它是减轻挤土效应常用的一种有效方法，也可以采用引孔法穿越

坚硬夹层增加桩的入土深度。

3.0.7 通过现场沉桩工艺试验，可评价选用合适的沉桩方法，确定施工方法的相关工艺控制参数。沉桩工艺试验可为成桩设备、工艺的选择提供参考，可用来确定桩长、承载力等参数，评估成桩施工过程中对场地土、周围环境的影响。

3.0.9、3.0.10 钢筋混凝土桩的自身耐久性能对桩的耐久性有重要作用，所以对混凝土的强度等级、水胶比、抗渗等级和钢筋的混凝土保护层均有较高的要求。在硫酸根离子、氯离子介质腐蚀条件下，提出桩身采用耐腐蚀材料制作的措施是个治本的办法，当已能满足防腐蚀性能要求时，可以不再考虑其他防护措施。

1 在硫酸根离子介质腐蚀条件下，桩身可采用抗硫酸盐硅酸盐水泥混凝土或掺入抗硫酸盐的外加剂、矿物掺合料的普通硅酸盐水泥混凝土制作；

2 在氯离子介质腐蚀条件下，可在混凝土内掺入钢筋阻锈剂、矿物掺合料。

采用抗硫酸盐硅酸盐水泥和掺入抗硫酸盐的外加剂、钢筋阻锈剂、矿物掺合料等外加剂时，应符合《工业建筑防腐蚀设计规范》GB 50046 的规定。

本标准对于管桩采用增加混凝土腐蚀裕量的方法，即为了保证桩基在腐蚀环境下的使用安全，在结构计算或构造所需要的截面尺寸以外增加腐蚀损耗预见量，其数值参照国内外有关资料确定，是最小下限要求。硫酸根离子和酸性介质（pH 值）是对混凝土的腐蚀，本标准采用了增加混凝土腐蚀裕量的措施；而氯离子是对钢筋的腐蚀，不推荐采用增加混凝土腐蚀裕量的措施。

当管桩需要采取表面防护措施时，桩表面可采用环氧沥青、聚氨酯（氰凝）的涂层。这些涂层在国内均有使用经验，在细粒土的地层中，打桩时一般不会磨损。

4 材料与分类

4.1 材 料

4.1.2 本条对端板的材质、构造、制作工艺及要求提出了详细的规定。这是结合各地的现状并借鉴部分省、市的经验而专门制定的，目的是规范生产、质量管控与市场监管。目前，从部分地方的管桩现场施工情况看，端板的制造很不规范又缺乏监控，出现了不少问题，因此本条详细规定了端板构造的具体要求。

4.1.3 随着国家对节能、环保的要求越来越高，部分管桩生产企业及科研单位已成功研发管桩常压蒸气养护及免蒸气养护工艺，通过工程实践表明，管桩采用常压蒸气养护及免蒸气养护工艺能节约资源，降低能耗，符合节能环保要求。免蒸压养护工艺制作的管桩，其掺合料品种不只是矿渣微粉和硅灰，也与各工序有关。为规范管桩免蒸压生产，本条对采用免蒸压工艺所用的掺合料的指标、检测、存放做出了明确的要求。

4.2 分 类

4.2.5 本条按管桩的养护工艺进行分类。常压蒸汽养护和免蒸汽养护应不少于 3d 龄期，如有其他有效措施且有试验数据表明混凝土抗压强度、抗折强度能达到标准养护 28d 龄期的强度时，可适当进行调整。高压蒸气养护的管桩应不少于 1d 的龄期且高压蒸养后在常温下静停 1d 后方可沉桩。高压蒸汽养护结束后，当管桩桩体表面温度与环境温度相差大于 80℃时或管桩因外部因素的影响被迅速降温时，桩身极易产生开裂。养护结束后，应打开两端的高压釜门并将管桩留在高压釜内进行降温，不得立即将管桩拉出高压釜，在冬期及雨期生产管桩时，还应采取相关保护措施，防止管桩与外部的温度相差过大或受到雨淋，导致管桩外面温度被急速冷却而致使桩身开裂。

5 基 础 设 计

5.1 一 般 规 定

5.1.1 本条为满足管桩基础设计所具备的基本资料，以满足桩型、桩端持力层、单桩承载力、布桩等概念设计阶段和施工图设计阶段的资料要求。除建筑场地工程地质、水文地质资料、场地类别、抗震设防烈度外，还包括建筑平面布置、结构类型、荷载分布、使用功能、桩的施工条件、类似地质条件的试桩资料等，都是桩基设计所需的基本资料。特别要关注场地的环境条件，影响管桩运输、锤击或静压施工等场地环境条件对管桩应用可行性的影响。由于管桩施工工艺的要求，第 4 款对施工设备能力及场地适应性提出明确要求，第 5 款对管桩生产条件提出要求，特别是当根据工程需求，设计对管桩规格、构造、材料等提出特殊要求时，应考察当地管桩生产厂家的生产条件和能力是否能达到要求。

5.1.2 在甲级管桩基础、抗震设防烈度 8 度及 8 度以上地区、工程地质条件复杂区域和用作抗拔桩时，禁止使用 A 型管桩，是因为 A 型管桩的配筋率在 0.5％左右，抗弯和抗剪承载力较低，尤其是桩身受弯承载力设计值比开裂弯矩值提高不多，桩身一旦开裂，很快达到承载力设计值，延性差，桩身易受弯破坏，可以作为仅承受竖向压力的复合地基的增强体使用。抗拔桩主要承受拉力，且抗拔桩的裂缝控制等级为一级，A 型桩的受拉承载力较低。

管桩可适用于抗震设防烈度 8 度的地区，但应根据建筑物情况及桩基实际受力状况，按所选桩型的各项力学指标加以选用，并采取相应的构造措施。将各型号管桩桩身的抗剪承载力、抗裂弯矩、抗弯承载力与相同直径、配筋率较大的灌注桩的各项力学指标进行比较。一般灌注桩采用C30混凝土，纵筋配筋率为 $0.6\%\sim0.8\%$，箍筋为 $\phi6@200$，考虑到8度区加强配筋，纵筋配筋率为 1.0%，箍筋为 $\phi8@200$；主要比较对抗震能力有影响的指标，即抗剪、抗弯承载力、延性等，比较结果如下：

1 管桩的抗剪承载力均大于相同直径灌注桩的抗剪承载力；

2 各种直径A型管桩的开裂弯矩值均小于相同直径灌注桩的抗弯承载力设计值，但设计值相当，600mm直径AB型管桩的开裂弯矩值略小于相同直径灌注桩的抗弯承载力设计值，其余各种型号管桩的开裂弯矩值均大于相同直径灌注桩的抗弯承载力设计值。

编制组通过对16根混合配筋预应力混凝土管桩的抗震性能试验，典型复式配筋预应力混凝土管桩与普通A型预应力混凝土管桩滞回曲线如图1所示。桩身位移延性系数 2.6～3.9，平均值为3.25，混合配筋管桩的变形延性和耗能能力比普通管桩显著提高。

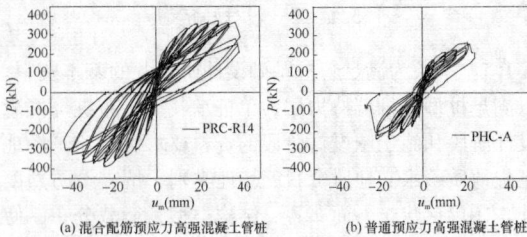

(a) 混合配筋预应力高强混凝土管桩　(b) 普通预应力高强混凝土管桩

图1　管桩滞回曲线图

编制组通过10根混合配筋预应力混凝土管桩和2根普通预应力混凝土管桩的抗弯性能试验表明，两种桩型的裂缝根数和宽度均有较大差别，混合配筋管桩破坏时有16条裂缝，而普通管桩破坏时只有8条裂缝，且最大裂缝宽度远大于混合配筋管桩，达到极限状态时，混合配筋管桩受拉区钢筋首先屈服，然后受压区混凝土被压碎而破坏，有明显的预兆。而普通管桩因受拉区预应力钢筋被拉断导致桩突然发生破坏。由此说明配置非预应力筋的管桩较普通管桩有更好的延性和明显的预兆。在预应力钢筋相同的情况下，混合配筋管桩与普通管桩相比，前者较后者对开裂荷载的提高不明显，而极限荷载有了显著的提高，破坏时挠度大于普通预应力管桩。

编制组通过不同箍筋间距、填芯、非预应力钢筋不同的布筋方式（间隔布筋和并筋布置，如图2所示）的混合配筋预应力混凝土管桩和普通预应力混凝土管桩的抗震性能试验（表1）表明，普通管桩的破坏过程可以分为以下几个阶段：

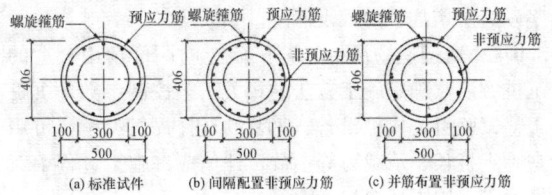

(a) 标准试件　(b) 间隔配置非预应力筋　(c) 并筋布置非预应力筋

图2　配筋情况

表1　试件的具体参数

试件编号	桩型	桩径 (mm)	壁厚 (mm)	箍筋	预应力筋	改进措施
P1	AB	500	100	$\phi5@80$	$11\phi10.7$	—
P2	A	500	100	$\phi5@80$	$11\phi9.0$	标准试件，配筋率0.10%
P3	A	500	100	$\phi5@60$	$11\phi9.0$	箍筋间距，配筋率0.13%
P4	A	500	100	$\phi5.5@80$	$11\phi9.0$	箍筋直径，配箍率0.12%
P5	A	500	100	$\phi5.5@60$	$11\phi9.0$	箍筋直径和间距，配箍率0.16%
P6	A	500	100	$\phi5@80$	$11\phi9.0$	管桩内填芯
P7	A	500	100	$\phi5@80$	$11\phi9.0$	非预应力筋 $11\underline{\Phi}12$ 间隔布置
P8	A	500	100	$\phi5@80$	$11\phi9.0$	非预应力筋 $11\underline{\Phi}14$ 间隔布置
P9	A	500	100	$\phi5@80$	$11\phi9.0$	非预应力筋 $11\underline{\Phi}14$ 并筋布置

（1）在弯矩最大的跨中位置出现初始裂缝；

（2）试件屈服后，裂缝的数量不再增加，但是长度和宽度都不断地增加；

（3）试件最终都是发生受弯破坏，表现为破坏时在跨中位置有一道主裂缝，预应力钢筋被拉断失去承载力，为脆性破坏。

而混合配筋管桩的破坏模式与普通管桩明显不同，其破坏过程可以分为以下几个阶段：

（1）跨中位置出现初始裂缝；

（2）随着加载的进行，裂缝的数量不断增加，同时裂缝的长度和宽度也不断地增加；

（3）加载后期，预应力筋相继被拉断，拉应力转由非预应力筋承受，荷载持续上升；

（4）构件跨中挠度继续增加，跨中混凝土被压碎，荷载缓慢下降，试件发生破坏。

在荷载-位移滞回曲线（图3）上，普通管桩滞回曲线捏缩比较严重，增加箍筋的间距或者直径对PHC管桩的滞回性能的改善作用不大。而混合配筋管桩的滞回曲线比较饱满，抗弯承载力也高于普通管桩。试验结果还表明：

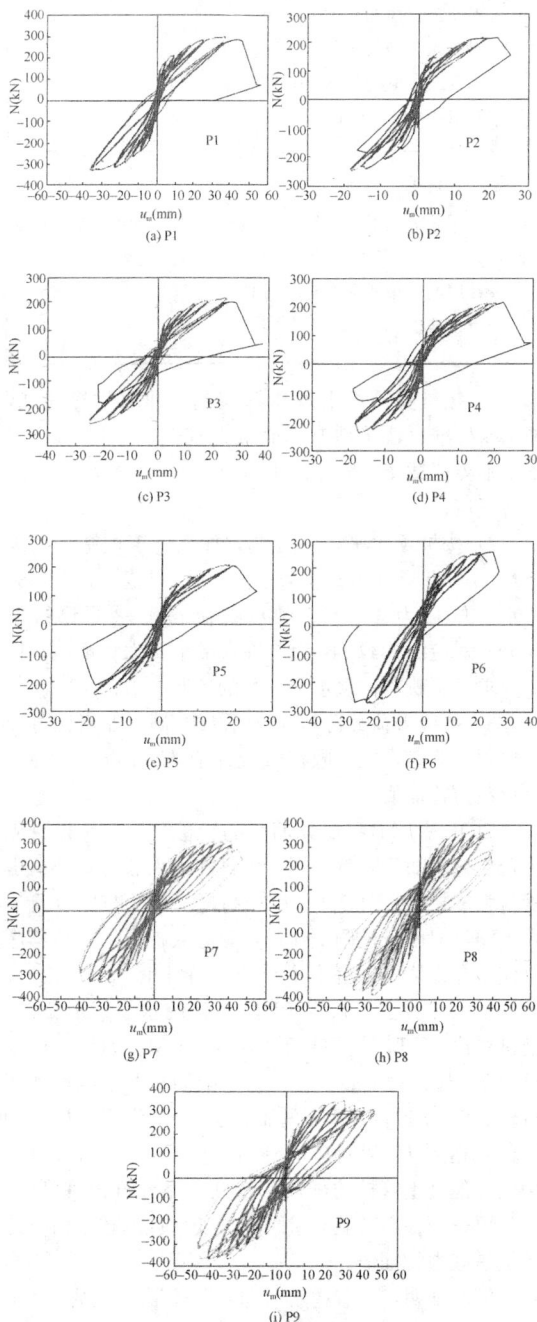

（a）P1　（b）P2
（c）P3　（d）P4
（e）P5　（f）P6
（g）P7　（h）P8
（i）P9

图3　试验荷载位移滞回曲线

（1）混合配筋管桩的位移延性系数在3.5左右，位移延性系数大于一般钢筋混凝土框架柱要求的位移延性系数；

（2）随着非预应力筋的直径越大，构件的滞回曲线越饱满，耗能性能越好；

（3）AB型桩的抗弯承载力和滞回性能都优于A型桩；填芯的PHC管桩的抗弯承载力都有所提高，但是延性的改善并不明显。采用箍筋加密加粗等改进措施不能明显提高PHC管桩的延性系数。

通过8根混合配筋预应力混凝土管桩和普通预应力混凝土管桩的抗弯、抗剪性能试验表明：

（1）相比普通管桩，混合配筋管桩的抗弯性能得到了明显改善，且原预应力钢筋配筋率越低效果越明显。断裂破坏时，混合配筋管桩的跨中挠度明显大于普通管桩，延性性能得到改善。

（2）非预应力螺纹钢筋的配置明显减小了桩身裂缝的长度和平均宽度，但裂缝分布范围及数量有一定程度的增加；桩身主要应力位于跨中纯弯段内，裂缝出现前跨中界面应变基本符合平截面假定，裂缝出现后中性轴明显上移，混合配筋管桩断裂前受压区部分混凝土呈压碎状。

（3）非预应力钢筋的配置能明显提高剪力作用下的桩身刚度，且较大幅度减小了管桩的变形。

（4）混合配筋管桩抗剪承载力的提高幅度与原预应力钢筋的配筋率密切相关。A型管桩的破坏剪力及极限剪力提高幅度高于AB型PHC管桩。

（5）非预应力的配置改变了剪力作用下的桩身应力和裂缝分布规律及断裂性状。混合配筋管桩呈斜剪破坏性状，而普通型管桩的断裂处位于跨中附近，呈弯断破坏性状。

上述研究成果表明，抗震设防区不应采用A型管桩，其余各型管桩均可使用，但8度设防区尤其当建筑场地类别为Ⅲ、Ⅳ类时，地基土对管桩的约束比较弱，地震剪力和弯矩主要由管桩基础承担，宜采用混合配筋管桩或AB型、B型、C型的PHC管桩。

腐蚀环境下应用管桩时，除优先采用防腐蚀性能好的防腐蚀管桩外，还可选择保护层厚度大、抗裂能力强的管桩，所以应选用AB型或B型、C型管桩，且桩身合缝和端头不得有漏浆。

5.1.3 基桩最小中心距规定主要基于两个因素，其一是减小群桩效应，有效发挥桩的承载力。一般讲桩距越小，桩基相互影响越明显，桩基的承载力和支承刚度因桩土相互作用而降低。其二是减小沉桩工艺对桩身质量的影响。对于管桩而言，通常采用锤击或静压施工，为挤土桩，为减小挤土负面效应，在饱和黏性土和密实土层条件下，桩距应适当加大，特别是对于桩的排列与数量较多的群桩。当采用挤土效应非常小的植入工法沉桩时，管桩的间距可参照非挤土灌注桩的间距要求。

关于桩端持力层选择和进入持力层的深度要求。桩端持力层是影响基桩承载力的关键性因素，不仅制约桩端阻力而且影响侧阻力的发挥，因此选择较硬土层为桩端持力层至关重要；其次，应保证桩端进入持力层的深度，有效发挥其承载力。进入持力层的深度除考虑承载性状外尚应同成桩工艺可行性相结合。

5.1.4 本条规定单桩竖向抗压、抗拔极限承载力标准值的确定方法。单桩竖向极限承载力计算受计算模式、土体强度参数、成桩工艺等因素的影响较大，单桩竖向极限承载力仍以原位原型载荷试验为最可靠的确定方法，其次是利用地质条件相同的试桩资料和原位测试得到的桩侧阻力、端阻力与土的物理力学指标的经验关系参数确定。对于不同桩基设计等级应采用不同可靠性水准的单桩竖向极限承载力确定方法。对于设计等级为甲级和乙级的管桩基础，单桩竖向极限承载力的确定要把握两点，一是以单桩静载试验为主要依据且应在设计阶段进行，二是要重视综合判定的思想。单桩极限承载力标准值指通过不少于3根的单桩现场静载试验确定的，反映特定地质条件、桩型与工艺、几何尺寸的单桩极限承载力代表值。静载荷试验方法应按现行行业标准《建筑基桩检测技术规范》JGJ 106 的有关规定执行，为设计提供依据的单桩静载荷试验应采用慢速维持荷载法。

当有丰富地区经验时，还可以在正式施工前通过试压桩配合复压法验证用经验公式得到的单桩竖向承载力特征值估算值的可信度。根据辽宁省及国内其他地区的经验，在试压桩沉桩完成再停歇 24h 后以 2 倍单桩竖向抗压承载力特征值进行复压，通过桩顶的沉降判断其承载力是否能达到设计要求，试验便捷且能充分体现静压桩的技术特点。

5.1.5 管桩单桩水平承载力特征值与管桩的规格型号、桩周土质条件、桩顶水平位移允许值和桩顶嵌固情况等因素有关，重要工程或者水平承载要求较高时，应通过现场水平载荷试验确定单桩水平承载力特征值，可更为直接和可靠地确定实际场地条件下桩在水平荷载下的承载力与变形情况。为设计提供依据的试验桩，宜加载至桩顶出现较大水平位移或桩身结构破坏；对工程桩抽样检测，可按设计要求的水平位移允许值控制加载。

目前根据水平静载荷试验确定单桩水平承载力特征值的方法主要有三种（表2）：

表2 单桩水平承载力特征值载荷试验确定方法

序号	单桩水平承载力特征值确定方法	规范
1	水平载荷试验曲线 10mm 水平位移对应的荷载 H_{10} 乘以 0.75	《建筑桩基技术规范》JGJ 94－2008

续表 2

序号	单桩水平承载力特征值确定方法	规范
2	当桩身不允许开裂或灌注桩桩身配筋率小于 0.65% 时，可取水平临界荷载 H_{cr} 的 0.75 倍；对于钢筋混凝土预制桩、钢桩和桩身配筋率不小于 0.65% 的灌注桩，可取设计桩顶标高处允许水平位移对应荷载的 0.75 倍，对于水平位移不敏感、敏感的建筑，其允许水平位移分别取 10mm、6mm	《建筑基桩检测技术规范》JGJ 106－2014
3	当桩身不允许裂缝时，取水平临界荷载 H_{cr} 统计值乘以 0.75；当桩身允许出现裂缝时，取极限荷载统计值 H_u 除以 2	《建筑地基基础设计规范》GB 50007－2011

1）按桩身是否出现裂缝控制，即取临界荷载，如国家标准《建筑地基基础设计规范》GB 50007 取水平临界荷载 H_{cr} 统计值乘以 0.75 为单桩水平承载力特征值；

2）按桩顶水平位移控制，如《建筑桩基技术规范》JGJ 94 和《建筑基桩检测技术规范》JGJ 106，取水平位移为 10mm（对水平位移敏感的建筑取 6mm）对应的荷载 H_{10} 为单桩水平承载力特征值，这一要求是反映对桩顶水平位移的控制要求；

3）按极限荷载除以安全系数控制，如当桩身允许出现裂缝时，取极限荷载统计值 H_u 除以 2 作为单桩承载力特征值。

对于 A、AB 型低配筋率的管桩，通常是桩身先出现裂缝，随后断裂破坏，单桩水平承载力特征值由桩身强度控制。对于 B、C 型高配筋率管桩，桩身虽未断裂，但由于桩侧土体塑性隆起或桩顶水平位移超过使用允许值，单桩水平承载力特征值受位移控制。上海地区开展了十余组 PHC 管桩的水平载荷试验，通过对比 H_{cr} 和 H_{10} 可以看出，对于 AB 型桩，H_{10} 明显大于 H_{cr}；对于 B 型桩，由于配筋率及承载性能相对较高，H_{cr} 数值提高，从而试验中 H_{cr} 大于 H_{10}，即当荷载达到 H_{cr} 时对应的桩顶位移大于 10mm。由于预应力混凝土管桩的配筋率较低且不允许出现裂缝，一般可采用临界荷载与桩顶允许变形值的较小值确定单桩承载力特征值。

试验证明，荷载稳定时间、循环形式、周期和加载速率等因素都对桩的水平承载力试验结果有影响。为了模拟实际荷载形式，主要可分为单向多循环加载卸载和维持荷载法。多循环加载主要是为了模拟实际结构在承受风、地震、波浪等反复水平作用的一种试验加载方法。当考虑承受长期水平荷载作用时，宜采用慢速维持荷载法，加载方法相对简洁、明了。上海开展过同一场地、同一桩型的两种加载试验，后者得到的临界荷载比前者大1～2级荷载，主要是由于多循环加载法在每一级荷载下反复加卸载，试验桩受力更复杂，更易达到临界荷载。但从按水平位移控制确定水平承载力特征值的取值来看，两者差别不大，考虑到试验过程的操作便利性和结果判定的准确性，建议采用慢速维持荷载法。

桩的水平承载力静载试验除了桩顶自由的单桩试验外，还有带承台桩的水平静载试验（可考虑承台底面阻力和侧面抗力，以便充分反映桩基在水平力作用下的实际工作状况）、桩顶不能自由转动的不同约束条件及桩基施加垂直荷载等试验方法。可根据设计的特殊要求进行试验。

5.1.7、5.1.8 根据管桩所处的环境类别，参照《混凝土结构设计规范》GB 50010，结构构件正截面的裂缝控制等级分为三级。管桩桩身裂缝控制计算主要用于抗拔桩和承受水平力的桩。考虑管桩混凝土保护层较薄，钢筋直径小，管桩开裂后承载力的增加空间不多，刚度也下降较多，为保证其耐久性，对桩身裂缝的控制从严规定，所以裂缝控制等级严于普通钢筋混凝土桩。即除临时性结构外，管桩桩身均不允许出现裂缝。抗拔管桩、中等、强腐蚀环境中的管桩，桩身裂缝控制等级为一级。弱腐蚀环境中承受水平力的预应力混凝土管桩，桩身裂缝控制等级为二级。

5.2 桩 基 计 算

5.2.1 关于桩顶竖向力和水平力的计算，是基于上部结构分析得到的桩、墙等竖向构件作用于基础的荷载作用。其假定为：①承台为绝对刚性；②桩与承台为铰接；③各基桩的刚度相等。

采用式（5.2.1-2）计算偏心竖向力作用下的群桩受力时，该式为简化公式，适用于计算坐标系的原点为群桩形心，且要求坐标轴方向为群桩的主轴方向，即计算坐标轴必须为群桩形心主轴。当采用通过群桩形心的任意坐标轴时，可按式（1）计算：

$$Q_{ik} = \frac{F_k + G_k}{n}$$
$$+ \frac{(M_x \sum x_j^2 + M_y \sum x_j y_j) y_i - (M_y \sum y_j^2 + M_x \sum x_j y_j) x_i}{\sum x_j^2 \sum y_j^2 - \sum x_j y_j \sum x_j y_j}$$

(1)

应用该公式时，坐标、力和弯矩的正负应严格遵照笛卡尔坐标体系。

5.2.5 管桩单桩竖向极限承载力仍以原位原型静载荷试验为最可靠的确定方法。其次是根据土的物理力学指标与承载力参数之间的经验关系计算单桩竖向极限承载力，核心问题是不同土层极限侧阻力 q_{sik} 和极限端阻力 q_{pk} 经验参数的收集。很难给出涵盖不同区、土质，具有一定的可靠性和较大适用性的管桩极限侧摩阻力和桩端阻力标准值。由于静力触探与静压桩在贯入机理及贯入速率等方面的一致性，通过试桩载荷资料建立的原位测试指标与桩侧阻力与端阻力经验关系估算预制桩单桩承载力已为工程界广泛认可，特别是有地区经验时，其承载力的估算可靠度较高。可以按行业标准《建筑桩基技术规范》JGJ 94-2008 中的5.3.3条、5.3.4条，根据单桥探头、双桥探头静力触探资料或标准贯入指标确定桩侧阻力和端阻力。另外，行业标准《建筑桩基技术规范》JGJ 94-2008 收集得到 317 根预制桩试桩资料，并参考了上海、天津、浙江、福建、深圳等省市地方标准给出的经验值，得到包括预制桩桩型的 q_{sik}、q_{pk} 经验值。在工程设计前期缺乏资料时，可以参照行业标准《建筑桩基技术规范》JGJ 94-2008 的表 5.3.5-1、表 5.3.5-2 取值，进行管桩承载力的估算。该表根据土层状态（I_L、N、$N_{63.5}$）的范围值给出各种状态对应的桩侧摩阻力和桩端阻力均为范围值。这样做不方便技术人员操作，需要有丰富经验的工程师对土层的状态范围及其对应的摩阻力和端阻力作出判断后给出具体数值，不同的工程师给出的具体数值可能差别较大。

以上管桩承载力计算方法并未区分静压管桩还是锤击管桩等施工方式。对于采用植入法施工的管桩，其承载力应采用载荷试验确定，并在积累较多的工程经验后，建立相关的承载力估算方法与经验参数。

5.2.6 桩身结构强度验算不同于一般的轴心受压构件的强度验算，一方面它需考虑桩在制作、运输、沉桩、接桩或水下作业等施工过程中，多种不确定因素对桩身材料的削弱影响；另一方面，也需考虑桩在地基土中实际受力状态与理想的轴心受压状态之间的差异在长期荷载作用下可能产生的不利影响。国内外工程界多数是通过成桩工艺系数或工作条件系数来控制桩身材料容许应力的实用方法，来综合考虑上述两方面因素的影响。因此，按桩身混凝土强度计算桩的承载力时，应按成桩工艺的不同将混凝土的轴心抗压强度设计值乘以综合折减系数 ψ_c 按本条规定计算。

行业标准《建筑桩基技术规范》JGJ 94-2008 中的预应力管桩成桩工艺系数取为 0.85，国家标准《建筑地基基础设计规范》GB 50007-2011 中预应力管桩取为 0.55～0.65。由此可见，目前各规范关于预应力管桩桩身强度的计算和成桩工艺系数取值上还存在一些差异，根据表中所列预应力混凝土管桩桩身强度计算公式计算得到的数值差别较大。部分规范成桩工艺系数取值不高的原因主要是基于当前预应力管桩应用中存在的一些问题：如部分工程预应力管桩龄期不到便开始沉桩、部分工程受土层条件（硬土或基岩）或沉桩方式（锤击）的影响，导致桩身沉桩过程中混凝土受损。因此，预应力管桩工艺系数取值应关注桩身出厂质量，并考虑场地条件、施工方式等因素。考虑到管桩采用工厂化制作，桩身质量比灌注桩更有保证，并结合工程实践，对抱压式施工取综合折减系数 $\psi_c = 0.70$，对顶压式施工取综合折减系数 $\psi_c = 0.80$，总体上强调在桩基施工中应根据各专项标准的要求严格施工、加强现场管理和监理。对于采用植入工法或中掘工法施工的管桩，桩身完整性受施工因素的影响较小，将 ψ_c 提高至 0.85。

对于高承台基桩，桩身穿越可液化土或不排水抗剪强度小于 10kPa 的软弱土层的基桩，应考虑压屈影响，可依据行业标准《建筑桩基技术规范》JGJ 94 - 2008 中的 5.8.4 条计算。

5.2.8 对于桩身穿越可液化土或不排水抗剪强度小于 10kPa 的软弱土层基桩，应考虑桩身在弯矩作用平面内的挠曲对轴向力偏心距的影响，按本标准式（5.2.7-2）、式（5.2.7-5）计算时，偏心距应乘以考虑二阶弯矩影响的轴向压力偏心距增大系数 η，η 可按现行国家标准《混凝土结构设计规范》GB 50010 确定。

5.2.10 预应力管桩作为抗拔桩，有几方面问题值得注意。首先，预应力管桩作为抗拔桩时桩身结构强度如何控制尚没有一致认识。现行国家标准设计图集《预应力混凝土管桩》10G409 中采用预应力钢筋的抗拉强度来确定桩身抗拔承载力，广东省地方标准《预应力混凝土管桩基础技术规程》采用混凝土有效预压应力进行控制，也有其他地方标准在此基础上还考虑混凝土的抗拉强度。其间的差别主要体现在对管桩混凝土抗裂性能的不同认识。其本质是对于预应力混凝土管桩抗裂控制要求的不同，相比较而言，采用预压有效应力进行控制是较为安全的。其次，影响预应力管桩抗拔承载力的另一方面是焊缝强度、端头板厚度以及桩顶与承台的连接构造（包括填芯高度、插筋的设置）等。从理论计算看，端板与预应力钢棒连接强度是抗拔桩的薄弱环节，当预应力管桩作为抗拔桩时，端板厚度需要作适当加强。管桩内采用微膨胀混凝土填芯并内设插筋是管桩与承台连接的较好方式，填芯高度和插筋应进行验算。在试验研究方面，浙江省进行了管桩［PC500（100）AB 型］结构抗拉性能的试验研究，从单桩结构强度、焊缝、填芯等方面进行了拉伸破坏性试验。在 11 根试桩中，6 根拉力直接作用于端板上的试桩中 5 根首先出现墩头断裂、端板拉脱，另 1 根先出现桩身裂缝再出现墩头断裂。5 根填芯后拉力通过钢筋施加的试桩，3 根首先出现桩身裂缝，1 根墩头断裂，另 1 根未破坏；5 根试桩均未出现填芯段滑移，桩身裂缝均首先出现在套箍尾端。试验结果表明，在接头焊缝质量和填芯质量保证的前提下，拉伸作用下桩身混凝土首先出现环裂，但管桩仍能继续承载，然后是墩头断裂或环向裂缝宽度达到 1.0mm～1.5mm，从而导致管桩破坏。室内试

验的受力情况与工程实际情况虽不尽相同，但也提供了一些有益的参考。

实际工程中，管桩作为抗拔桩时，影响桩身抗拔承载力的因素较多，需要验算钢棒及墩头抗拉强度、端板孔口抗剪强度、接桩连接强度、桩顶（采用填芯混凝土）与承台连接处强度等桩身结构强度。取以上计算得到的最小值作为桩身抗拔承载力设计值，并满足荷载效应基本组合作用下基桩的上拔荷载。当与桩土抗拔承载力特征值进行比较时，可以采用简化规则，近似按设计值除以 1.35 后应不小于抗拔桩承载力特征值进行计算。

抗拔管桩采用电焊焊接接头时，焊缝坡口要比承压桩大一些，留有安全裕量，故抗拔桩的焊缝坡口尺寸应适当加大，需要特制，或者坡口尺寸虽不加大，但焊缝的 10% 应进行探伤检查。

抗拔桩的桩顶填芯混凝土长度和连接钢筋总横截面积的经验计算公式。抗拔桩填芯混凝土的抗剪强度由于管桩内壁或多或少存在着一层浮浆层而离散性较大，加上管桩尤其是小直径管桩的内孔直径较小，填芯混凝土施工环境差，质量稳定性也差，故填芯混凝土与管桩内壁的粘结强度设计值，宜现场试验确定。当缺乏试验资料时，标准提出：C30 掺微膨胀剂的填芯混凝土 f_n 可取 0.30MPa～0.35MPa，以上建议值是通过一些抗拔试验资料反算出来的，是留有一定的安全储备。当然，若填芯混凝土的施工质量较差，取 $f_n = 0.30$MPa 也会有问题，因此保证填芯混凝土的质量是关键。

5.2.11 影响单桩水平承载力和位移的因素包括桩身截面抗弯刚度、桩侧土质条件、桩的入土深度、桩顶约束条件等。对于低配筋率的桩，通常是桩身先出现裂缝，随后断裂破坏，单桩水平承载力由桩身强度控制。对于抗弯能力强的桩，桩身虽未断裂，但由于桩侧土体塑性隆起，或桩顶水平位移大大超过使用允许值，也认为桩的水平承载力达到极限状态。此时，单桩水平承载力由位移控制。根据第 5.1.2 条文说明，除 A 型管桩外其余各种型号管桩的开裂弯矩值均大于相同直径配筋率为 1% 的灌注桩的抗弯承载力设计值，可认为是抗弯能力强的桩，当桩的水平承载力由水平位移控制，可用公式（5.2.11）计算管桩水平承载力特征值。

试验和理论研究表明，对于 A、AB、B 和 C 型管桩，桩型变化对单桩水平承载线性阶段影响不大，单桩水平承载力仅微小增加。但随着配筋率增加及混凝土预压应力提高，可显著延缓 H-Y 曲线后期变形，提高桩身延性，改善极限状态下的承载能力。预应力管桩受弯应按二级裂缝控制等级进行要求，水平承载力特征值取 10mm 位移对应的 H_{10} 和临界荷载 H_{cr} 较小值。对于 A、AB 型管桩，发生 10mm 位移时桩身混凝土进入非线性阶段，即 H_{10} 略大于 H_{cr}，水平承

载力特征值应取 H_{cr}。对于 B、C 型管桩，配筋率和混凝土预压应力较高，H_{cr} 提高较大，10mm 位移时曲线尚在线性变形范围内，H_{10} 小于 H_{cr} 水平承载力特征值应取 H_{10}。

填芯对管桩单桩水平承载力影响不大，但设置钢筋笼后的灌芯可显著改善 H-Y 曲线后期变形性状。桩顶转动刚度约束条件对水平承载力影响显著。在承台的作用下，管桩水平承载力有所提高，且显著改善 H-Y 曲线后期变形性状。承台厚度在满足规范构造要求下，具有较大整体刚度，厚度变化对水平承载力影响不明显。承台水平尺寸及其下土体的竖向变形约束条件对水平承载力影响较大。

5.2.13 混合配筋管桩正截面受弯承载力设计值依据《混凝土结构设计规范》GB 50010 进行计算。标准编制组选取管桩国家标准设计图集《预应力混凝土管桩》10G409 中外径为 400mm、500mm、600mm 的各 PHC 管桩型号进行混合配筋试算，混凝土设计强度 C80，普通钢筋型号为 HRB400，和预应力钢棒均匀分布。计算各 PHC 管桩型号混合配筋后的综合配筋率（即预应力钢棒面积与普通钢筋面积之和与混凝土有效面积的比值）、抗裂弯矩值、极限弯矩标准值与设计值。计算结果表明，极限弯矩标准值随着综合配筋率的提高而增大，有较强的相关性，增加一倍的配筋率，极限弯矩提高约 30% 左右，而开裂弯矩仅仅提高 2%～7%，混合配筋后管桩的延性增加主要原因是配筋提高了管桩的极限弯矩，而开裂弯矩提高幅度很小，使得两者的比值有所增加。郑州大学所做的 6 组混合配筋预应力管桩试验结果可以看到，外径为 600mm，配有 16 根直径为 10.7mm 的预应力钢棒的混凝土管桩抗裂荷载为 307.8kN，在管桩中加配 8 根直径为 12mm 的普通钢筋后，平均抗裂荷载为 322.9kN，仅提高了 4.9%（图 4）。试验结果支持以上试算结论，即混合配筋对提高预应力管桩抗裂弯矩的帮助不大。

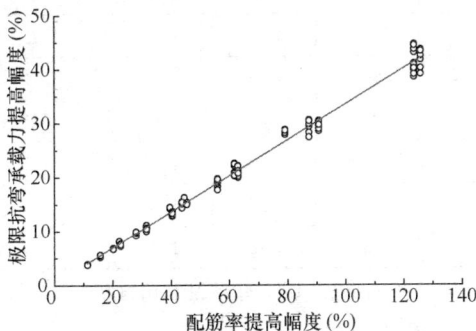

图 4 配筋率提高幅度与管桩极限抗弯
承载力提高幅度关系

极限弯矩标准值计算时，极限弯矩标准值 M_u 可按公式（5.2.13-1）～公式（5.2.13-4）计算，

但公式中的"≤"应改为"="，"f_c"应改用混凝土轴心抗压强度标准值"f_{ck}"，"f_{py}"应改用预应力钢棒强度标准值"f_{ptk}"。关于混合配筋预应力混凝土管桩的受弯极限承载力计算目前国内采取的计算方法主要有：

1 郑州大学主编的河南省地方标准设计图集《混合配筋预应力混凝土管桩》09YG101 第 7.4 条，PRC 管桩正截面受弯极限承载力计算公式为：

$$M_u = \alpha_1 f_{ck} A (r_1 + r_2) \frac{\sin\pi\alpha}{2\pi} + f'_{py} A_{py} r_p \frac{\sin\pi\alpha}{\pi}$$
$$+ (f_{ptk} - \sigma_{p0}) A_{py} r_p \frac{\sin\pi\alpha_t}{\pi}$$
$$+ f_{yk} A_s r_s \left(\frac{\sin\pi\alpha + \sin\pi\alpha_t}{\pi} \right) \tag{2}$$

$$\alpha = \frac{0.55\sigma_{p0} A_{py} + 0.45 f_{ptk} A_{py} + 0.5 f_{yk} A_s}{\alpha_1 f_{ck} A + f'_{py} A_{py} + 0.45(f_{ptk} - \sigma_{p0}) A_{py} + f_{yk} A_s} \tag{3}$$

$$\alpha_t = 0.45(1 - \alpha) \tag{4}$$

式中：A——混合配筋桩环形截面面积；

A_s——普通钢筋截面面积；

A_{py}——预应力钢棒截面面积；

r_1、r_2——环形截面的内、外半径；

r_s——纵向普通钢筋重心所在的圆周的半径；

r_p——纵向预应力钢棒重心所在圆周的半径；

α——受压区混凝土截面面积与全截面面积的比值；

α_t——矩形应力图中，纵向受拉预应力钢棒达到屈服强度的钢筋面积与全部纵向预应力钢棒截面面积的比值；

f_{ck}——混凝土轴心抗压强度标准值；

f_{yk}——非预应力钢筋抗拉强度标准值；

f_{ptk}——预应力钢棒抗拉强度标准值；

f'_{py}——预应力钢棒抗压强度设计值；

σ_{p0}——预应力钢棒合力点处混凝土法向应力等于零时的预应力钢棒应力。

2 《混凝土结构设计规范》GB 50010 - 2010 第 E.0.2～E.0.3 条，将普通预应力钢筋与预应力钢棒对混凝土构件提供的抗弯承载力进行叠加后，得到受压区混凝土截面面积与全截面面积的比值 α 及 PRC 管桩正截面受弯承载力极限值计算公式如下：

$$M_u = \alpha_1 f_{ck} A (r_1 + r_2) \frac{\sin\pi\alpha}{2\pi} + f'_{py} A_{py} r_p \frac{\sin\pi\alpha}{\pi}$$
$$+ (f_{ptk} - \sigma_{p0}) A_{py} r_p \frac{\sin\pi\alpha_t}{\pi}$$
$$+ f_{yk} A_s r_s \left(\frac{\sin\pi\alpha + \sin\pi\alpha_t}{\pi} \right) \tag{5}$$

$$\alpha = \frac{f_{ptk} A_{py} + f_{yk} A_s}{\alpha_1 f_{ck} A + f'_{py} A_{py} + 1.5(f_{ptk} - \sigma_{p0}) A_{py} + 2.5 f_{yk} A_s} \tag{6}$$

$$\alpha_t = 1 - 1.5\alpha \tag{7}$$

3 国内也有部分学者考虑预应力钢棒与非预应

力钢筋在受力过程中的协同作用，提出混合配筋桩正截面受弯承载力极限值计算公式如下：

$$M_u = \alpha_1 f_{ck} A(r_1 + r_2)\frac{\sin\pi\alpha}{2\pi} + f'_{py} A_{py} r_p \frac{\sin\pi\alpha}{\pi}$$

$$+ (f_{ptk} - \sigma_{p0}) A_{py} r_p \frac{\sin\pi\alpha_t}{\pi}$$

$$+ \sigma_s A_s r_s \left(\frac{\sin\pi\alpha + \sin\pi\alpha_t}{\pi}\right) \quad (8)$$

$$\alpha = \frac{0.55\sigma_{p0}A_{py} + 0.45 f_{ptk}A_{py} + 0.5\sigma_s A_s}{\alpha_1 f_{ck} A + f'_{py} A_{py} + 0.45(f_{ptk} - \sigma_{p0})A_{py} + \sigma_s A_s} \quad (9)$$

$$\alpha_t = 0.45(1-\alpha) \quad (10)$$

$$\sigma_s = \frac{f_{ptk} - \sigma_{p0}}{E_{py}} E_s \quad (11)$$

式中：r_s——纵向普通钢筋重心所在的圆周的半径；

σ_s——预应力钢棒达到极限抗拉强度时普通钢筋的应力，$0 \leqslant \sigma_s < f_y$；当 $\sigma_s \geqslant f_y$ 时，取 $\sigma_s = f_y$；

E_s——普通钢筋的弹性模量；

E_{py}——预应力钢棒的弹性模量。

对以上三个计算公式进行比对，公式（2）与公式（5）的区别在于 α、α_t 的取值不同，而公式（8）与公式（2）的主要区别在于对预应力钢棒达到极限抗拉强度时普通钢筋的应力 σ_s 进行了修正 $0 \leqslant \sigma_s < f_y$；当 $\sigma_s \geqslant f_y$ 时，取 $\sigma_s = f_y$。编制组收集了 PRC 管桩的受弯极限承载力试验数据，分别采用以上三个计算方法进行计算并与试验结果进行比对，如表 3 所示。

表 3 PRC 管桩极限弯矩计算与试验结果汇总表

序号	PRC 管桩型号直径（壁厚）	配筋（预应力＋非预应力）	极限弯矩计算结果（kN·m）			试验结果（kN·m）	试验结果与计算结果比值		
			式(8)	式(5)	式(2)		式(8)	式(5)	式(2)
1		12φ10.7＋12Φ12	260	371	330	415.0	1.60	1.12	1.26
2		11φ12.6＋11Φ12	292	421	377	400.0	1.37	0.95	1.06
3		11φ12.6＋11Φ12	292	421	377	418.0	1.43	0.99	1.11
4		12φ10.7＋8Φ12*	241	346	314	352.2	1.46	1.02	1.12
5		12φ10.7＋8Φ12*	241	346	314	364.4	1.51	1.05	1.16
6		14φ10.7＋8Φ12*	261	377	345	402.1	1.54	1.07	1.17
7	500 (100)	14φ10.7＋8Φ12*	261	377	345	417.2	1.60	1.11	1.21
8		16φ10.7＋8Φ12*	280	405	372	435.7	1.56	1.08	1.17
9		16φ10.7＋8Φ12*	280	405	372	489.6	1.75	1.21	1.32
10		11φ9.0＋11Φ18	283	385	339	398.6	1.41	1.04	1.18
11		11φ9.0＋11Φ16	252	347	305	435.9	1.73	1.26	1.43
12		11φ9.0＋11Φ14	225	312	274	407.0	1.81	1.30	1.49
13		11φ9.0＋11Φ12	200	282	248	344.3	1.72	1.22	1.39
14		11φ9.0＋11Φ14	225	312	274	396.0	1.76	1.27	1.45
15		16φ10.7＋8Φ12*	377	549	495	588.4	1.56	1.07	1.19
16		16φ10.7＋8Φ12*	377	549	495	588.4	1.56	1.07	1.19
17	600 (110)	18φ10.7＋10Φ12*	417	605	549	629.3	1.51	1.04	1.15
18		18φ10.7＋10Φ12*	417	605	549	621.9	1.49	1.03	1.13
19		15φ9.0＋7Φ16	310	438	387	605.0	1.95	1.38	1.56
20		15φ10.7＋7Φ16	383	549	486	698.0	1.82	1.27	1.44

注：＊号表示该 PRC 管桩的混凝土强度等级为 C60，预应力钢棒抗拉强度标准值为 1570MPa，张拉比例为 0.72。

结果比对如图 5 所示。

由图 5、表 3 可知：

（1）公式（2）的部分计算结果与试验结果仍有一定的偏差，有较大的富余量。

（3）公式（5）的计算结果更接近于试验结果，即与试验结果比较符合，误差最小，负偏差小于 5%。

（4）公式（8）的计算结果偏小，较保守，试验的结果与理论的计算结果比值均大于 1.4，部分计算结果与试验结果相差近两倍，与实际误差较大。

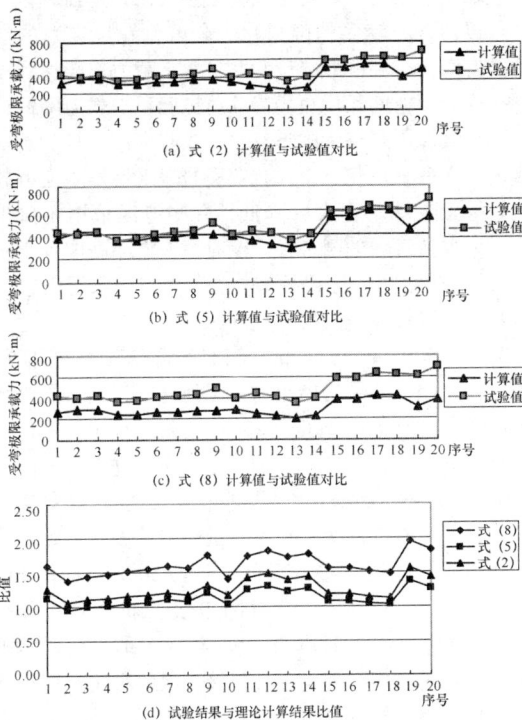

图 5 试验值与计算值对比

(a) 式 (2) 计算值与试验值对比

(b) 式 (5) 计算值与试验值对比

(c) 式 (8) 计算值与试验值对比

(d) 试验结果与理论计算结果比值

考虑实际制作上的误差及保证率，对公式（5）的计算值乘以 0.95 的折减系数后再与试验值的对比如图 6 所示。

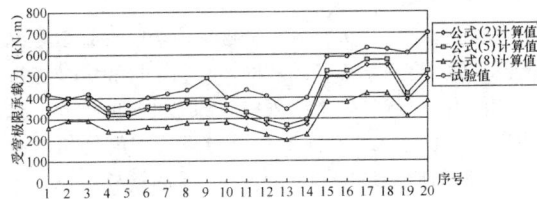

图 6 计算值与试验值比较

从图 6 可知，相比于公式（2）和公式（8），在公式（5）的计算值乘以 0.95 的折减系数后，其计算值均小于试验值，误差最小，与试验值最吻合。

综上所述，混合配筋混凝土管桩受弯承载力极限值按《混凝土结构设计规范》GB 50010 进行计算，同时考虑实际制作上的误差及保证率，在计算混合配筋管桩受弯极限承载力时，乘以折减系数 $\gamma' = 0.95$，即：

$$M_u \leqslant \gamma' \left(\alpha_1 f_{ck} A(r_1 + r_2) \frac{\sin\pi\alpha}{2\pi} + f'_{py} A_{py} r_p \frac{\sin\pi\alpha}{\pi} \right.$$
$$+ (f_{ptk} - \sigma_{p0}) A_{py} r_p \frac{\sin\pi\alpha_t}{\pi}$$
$$\left. + f_{yk} A_s r_s \left(\frac{\sin\pi\alpha + \sin\pi\alpha_t}{\pi} \right) \right) \quad (12)$$

5.2.15 管桩基础中的管桩属于偏心受压或偏心受拉

构件，支护结构中的管桩属于受弯构件，按《混凝土结构设计规范》GB 50010 的规定，为防止构件发生斜压破坏，并限制使用阶段可能发生的斜裂缝宽度，对这类混凝土构件的受剪截面提出限值条件：对于方形截面受剪截面限值条件为：$V \leqslant 0.25\beta_c f_c bh$，对于圆形截面按 GB 50010 的规定，可得出受剪截面限值条件为：$V \leqslant 0.25\beta_c f_c d^2$。GB 50010 没有给出环形截面受剪截面限值条件，公式（5.2.15）是根据圆形截面受剪限值条件减去空心部分混凝土面积，并考虑到环形截面剪应力最大值约为圆形截面剪应力最大值的 1.5 倍得出的公式。

5.2.17 目前，普遍采用的管桩抗剪承载力计算公式为：

$$V \leqslant \frac{tI}{s_0} \sqrt{(\sigma_{pc} + 2\phi_t f_t)^2 - \sigma_{pc}^2} \quad (13)$$

应用该公式时有如下问题需要解决：

1 该公式仅考虑预应力和混凝土的贡献，没有考虑箍筋的作用；

2 工程中经常需要截桩，截桩后预应力传递段的抗剪承载力无法计算；

3 工程中对于截桩部位的处理方法是截桩后采用灌芯混凝土与承台连接，截桩灌芯部位的抗剪承载力无法计算；

4 工程桩一般处于偏压状态，该公式没有考虑剪跨比对受剪承载力的影响。

上海开展了预应力管桩 PHC-AB 400（80）型管桩抗剪试验共 8 组，试验分为剪跨比为 1、2 两种情形，且考虑了在无轴压及轴压 1300kN 作用两种情形。试验结果表明，在纯剪状态下，当剪跨比为 1 时，发生比较明显的剪跨段斜截面破坏；当剪跨比为 2 时，1 根管桩因剪跨段的斜裂缝而破坏，1 根管桩因纯弯段截面底筋被拉断而破坏，破坏形态变得复杂。在轴压 1300kN 下，桩身出现沿桩长方向的裂缝而破坏，极限抗剪承载力比纯剪状态下提高了约 20%，因此，管桩的抗剪承载力应考虑轴向压力的有利作用。推导了综合反映预应力管桩混凝土环形截面和螺旋箍筋对抗剪承载力贡献的管桩抗剪承载力计算公式，可适用于预应力管桩、非预应力管桩的纯剪和压剪承载力计算。

编制组对 PHC 管桩抗剪性能进行试验研究，试验研究分为两部分：PHC 管桩抗剪承载力公式试验研究与截桩、填芯工艺对 PHC 管桩抗剪性能影响试验研究。两部分试验涉及不同直径、不同壁厚、不同有效预压应力的管桩共 25 根。实际工程中剪跨比 λ 会出现不小于 3 的情况，尤其在软硬土层交接处，偏于安全，编制的标准将剪跨比取为 3；填芯混凝土的抗剪承载力不考虑箍筋的作用，同时考虑剪跨比的影响，得到本条适用不同条件的三个计算公式。

5.3 构 造 要 求

5.3.1 管桩锚固筋的设置宜结合工程的地质情况及施工要求进行设置。桩端设置锚固筋，主要使桩端受力更加均匀，尤其是在抗拔工程中。对于单节抗拔桩的工程可在与承台连接的一端设置锚固筋即可，对于多节抗拔桩的工程宜两端均设置锚固筋。

5.3.2 根据《建筑地基基础设计规范》GB 50007 和《混凝土结构设计规范》GB 50010 的要求以及管桩实际应用情况，本条规定了用于桩基工程的管桩预应力钢棒的最小配筋率不应低于 0.5%。

5.3.3 本条对 PRC 管桩的非预应力钢筋的设置数量、直径及强度等进行了要求，只有在满足本条规定的前提下，PRC 管桩的性能才得到有效发挥。

5.3.4 本条结合《建筑地基基础设计规范》GB 50007 和《先张法预应力混凝土管桩》GB 13476 的要求制定。

5.3.5 在预应力钢棒放张时，若管桩的混凝土立方体抗压强度低于 45MPa，对于较长的管桩（>10m），在起吊时，桩身容易出现环裂。

5.3.8 管桩接头处的连接强度均不应低于桩身，以保证力的传递并可使接头的位置不受限制。接头质量受现场施工环境、施工工人技术等影响较大，接头数量较多时，施工的风险更大，且接头超过 3 个时，通常桩长超过 50m，沉桩难度加大且沉桩过程的垂直度控制要求更高，可能会由于接桩的施工误差易造成管桩桩身在竖向力作用下的偏心受压或弯曲破坏。因此，规定一根管桩的接头数量不宜超过 3 个接头。对于采用锚杆静压施工工艺的管桩，受施工空间、压桩设备的限制，每节桩长较短，其接头数量可不受 3 个的限制。若干工程事故经验表明，对于管桩用作抗拔桩的接头连接，应进行专门的设计。当采用植桩工艺施工时，可减少上述不利影响因素。

5.3.9 对于坚硬薄夹层或较厚的稍密—中密砂土层的场地，常常出现桩难以进入持力层的情况，从而导致桩基承载力和沉降不能满足设计要求；另外，沉桩困难容易损坏桩身和压桩机。对于管桩，选择合适的桩尖不但可以增强桩的穿透能力，而且可减少压桩对原状土的扰动，保证单桩竖向承载力的正常发挥。桩端持力层为强（全）风化岩时，不设桩尖不易保证桩端进入持力层的深度，桩的稳定性不能保证，应设置桩尖。一般优先选择开口桩尖，开口桩尖压桩阻力更小，挤土效应更小，对桩侧土体损伤也小。需增加沉桩穿透能力时可采用锥形桩尖，其他情况可选用平底形或十字形。对于采用闭口型桩尖的管桩，可在管桩内腔采用照明拍摄对桩身进行检查，也便于处理桩身缺陷。

不设桩尖的管桩桩底容易破损，且预应力钢棒端头无保护板容易受腐蚀，腐蚀环境下应设置桩尖。对于桩端持力层为易软化的风化岩层（尤其是强风化泥岩，以及含泥较多的强风化、全风化花岗岩）的场地，有时压桩和静载荷试验时显示承载力均能达到设计要求，但时间长后再做静载荷试验，承载力降低许多。究其原因是桩端附近有水，或有水渗到桩尖。对含泥较多的强风化、全风化花岗岩遇水易发生崩解软化，导致桩端阻力大大降低。有些地区采用闭口桩尖，为保持桩尖的耐久性，及时灌入灌注高度不小于 1.2m 的补偿收缩混凝土或中粗砂拌制的水泥砂浆进行封底，可较好地解决软化问题。

5.3.10、5.3.11 5.3.10、5.3.11 条是对管桩顶部与承台之间连接结构做出的一系列规定。桩顶嵌入承台内的长度宜为 50mm～100mm 的规定源于《建筑桩基技术规范》JGJ 94-94 的规定，当桩进入承台的深度为 50mm～100mm 时（大桩取较大值），可实现桩与承台的半刚性连接。当时的试验结果表明，此时桩顶弯矩相对刚性连接，弯矩可降低 40%，水平位移增加约 25%。此时十分有利于桩基抵抗地震等较大作用的水平荷载。日本自 1995 年阪神地震后，明确规定桩与承台应实现半刚性连接。因此对建筑管桩基础，特别强调桩进入承台深度的规定。

上部结构荷载通过承台传递给管桩，不同性质荷载的传递对于桩顶与承台连接要求不同。竖向压力的传递要求桩顶与承台底紧密接触，竖向拔力的传递要求桩顶与承台连接的抗拉强度应大于管桩的抗拔承载力，水平力的传递要求桩顶与承台连接的抗剪强度大于桩的水平承载力。

无论承压桩及抗拔桩，管桩桩顶均应设置填芯混凝土，主要是用于插筋的锚固，有利于桩和承台连接的简化，同时从整体上改善桩顶部位桩身的抗剪、抗弯能力。桩顶填芯混凝土长度与连接钢筋的长度相同，一般的做法是用 2mm～3mm 厚的钢板做成一个圆形的托盘，托盘的作用是挡住填芯混凝土不下落到桩底，托盘的直径应比管桩内径小 20mm 左右（以能放入管桩内孔为准），然后将连接钢筋的钢筋笼垂直焊在托盘上，施工作业时，先将管桩顶部内孔清洗干净，将钢筋笼连同托盘小心地放入管桩内孔，放入深度应根据承压桩和抗拔桩的设计深度而定，然后临时固定钢筋笼，再灌入填芯混凝土至管桩顶面，用混凝土振动棒振动密实。

填芯混凝土的施工质量与整个管桩基础的质量紧密相连，故一定要精心施工，保证质量。实践表明，填芯采用补偿收缩混凝土或微膨胀混凝土可取得较好效果。填芯补偿收缩混凝土的限制膨胀率宜为 0.025%，填芯微膨胀混凝土的限制膨胀率宜为 0.03%，限制干缩率均不大于 0.015%。膨胀率过大，影响填芯混凝土的强度，也会对管桩内壁产生环向压力，使桩头处于复杂受力状态，导致桩头劈裂。膨胀率过小，补偿不了混凝土的干缩，填芯混凝土与管壁间结合不紧密，不能传递拉力。在确定了限值膨胀率和限值干缩率后，生产补偿收缩混凝土或微膨胀混凝土时，采用膨胀剂的品种和数量应通过试验确定，试验应按现行国家标准《混凝土外加剂应用技术规范》GB 50119 的有关规定执行。

对于承压桩统一采用桩顶填芯混凝土中埋设连接钢筋的连接方法；对于抗拔桩提供两种做法：桩顶不截桩时与承台连接方法，桩顶截桩时与承台连接方法。采用桩顶不截桩时与承台的连接方法时，如果拉力较大，还应验算端板的厚度，使其满足受力要求，必要时还应在管桩内设置端板锚固钢筋；也可以采用桩顶截桩时与承台的连接方法。如果用连接钢筋作为抗拔桩的受力钢筋，则填芯混凝土的深度、连接钢筋的总横截面积，应按本标准 5.2.10 条的有关规定进行计算。

6 复 合 地 基

6.1 一 般 规 定

6.1.1～6.1.4 近年来，以管桩作为竖向主要劲性增强体的多桩型复合地基在地基处理工程中得到广泛应用，如湿陷性黄土地区，先采用挤土的灰土桩处理湿陷性，再施工管桩形成复合地基或作为桩基；再如可液化土，先采用碎石桩挤密消除湿陷性，再施工管桩形成复合地基或作为桩基。管桩施工方法的选择应遵循"考虑设计意图、方便施工、对承载力与变形控制有利"等原则，并尽量减少对环境的影响。打入、压入法施工对管桩损伤普遍存在，中掘、植入方法对管桩损伤较小且不存在挤土效应，应根据土层或管桩选型情况选择工法。当需要利用挤土效应时，应选择挤土沉桩方法。

6.1.8 复合地基承载力特征值进行深度修正后的承载力值，实际上可以视为处理后地基承载力的容许值。由于天然地基的竖向变形刚度远小于增强体竖向变形刚度，通过深度修正增加的承载力作为荷载作用于复合地基顶面时，试验结果表明此时的桩土荷载分担并不完全按照预先假定的比例进行。基底桩间土荷载在达到其承载力特征值后分担荷载的水平可能远小于增强体单桩，因此，应对复合地基中的管桩桩身强度进行验算。当设计取用不经深度修正的复合地基承载力特征值时，只需按单桩承载力特征值验算。

6.2 设 计

6.2.1 总体上，相对于桩基而言，复合地基中桩间距的确定可适当放宽。考虑到挤土方法施工时的挤土效应可能产生增强体桩的偏位、倾斜、桩身上浮等影响单桩承载力和地基处理效果，本标准规定：对正常固结土，当采用锤击、静压施工方法时，桩间距不宜小于 $3d$，桩长范围内土层挤土效应明显时，桩间距不宜小于 $3.5d$。对湿陷性黄土和可液化土一般密实度较差，挤土效应对加固土是有利的；复合管桩水泥土桩中插入管桩不会产生挤土效应。因此，桩间距可取 $(2.5\sim3)d$。

6.2.2 复合地基需要设置褥垫层，但褥垫层设置的厚度多少为宜目前尚缺乏系统研究并且认识存在分歧。理论分析与模型试验结果表明，桩径确定后，在桩间距（或置换率）不变的前提下，褥垫层厚度与单桩承载力发挥密切关联，厚度越大增强体单桩承载力发挥度越小。但对刚性基础条件下刚性桩复合地基而言，褥垫层厚度较小桩间土承载力发挥度较小，可能影响地基处理的经济性。因此，褥垫层厚度应根据桩的间距或置换率、桩的竖向变形刚度、上部结构对沉降的要求等综合确定。夯填度为夯实后的厚度与虚铺厚度的比值。本条规定基于垫层材料产生滑动的一般性认识和工程经验，设计时可根据具体情况选用。

6.2.3 预应力混凝土桩身承载力计算时，应充分考虑成桩工艺对桩身材料损伤情况。显然，采用中掘、植入方法施工或在水泥土中插入管桩的施工方法对桩身材料损伤较小，因此，其桩身强度折减系数可适当降低。在进行水泥土复合管桩桩身强度计算时，不应考虑管桩外包水泥土的作用。

7 基 坑 支 护

7.1 一 般 规 定

7.1.1 通过管桩与灌注桩力学性能分析比较及工程应用，人们对预应力管桩的抗剪强度、抗弯承载力的认识逐步有了提高。其实，预应力管桩用于支护结构的最大问题是预应力管桩的脆性破坏和接头施工质量。

7.1.2～7.1.4 管桩支护应用于基坑工程在我国已有10多年的历史，支护形式主要有悬臂支护、桩-锚支护、桩-撑支护。为了保证管桩基坑工程安全，促进管桩支护技术的健康发展，对基坑工程中的管桩支护形式做一些限制。有条件的地区，在逐步积累经验后可以适当放宽适用范围。标准试验时，PHC、PC 管桩为受拉区钢筋拉断的脆性破坏模式，PRC 管桩为受压区混凝土破坏的模式，相对较好。因此，宜优先选用 PRC 管桩。条件许可时，采用上下组合桩支护可以节省工程造价。对各种支护结构适用条件的限制，主要为了控制管桩挠度或挠曲变形。当计算的挠度或挠曲变形超过限制要求时，可以采用增加锚杆或支撑排数、减少排桩间距、调整管桩直径等方法减少挠度或挠曲变形值。

7.1.5 用于支护的管桩原则上宜用单节桩，当需要接桩时应严格控制接头数量。连接时采用端板对端板的可靠焊接或套箍连接，是保证等强度连接的关键。排桩间距要求主要考虑排桩外侧土体形成拱效应的条件。公式（7.1.5）参考了现行国家行业标准《建筑桩基技术规范》JGJ 94 的相关规定。当采用排桩-预应力锚杆、复合土钉支护时，采取喷射混凝土等措施后，该间距可以适当放宽。

7.1.6 本条对管桩接头处的抗弯做出了明确的规定。管桩的接头是管桩用于基坑支护时的关键部位，其接头的连接质量与强度影响到基坑支护结构的施工安全与质量。用于基坑支护的管桩主要承受水平力产生的弯矩和剪力，其接头所承受的弯矩和剪力远高于用于建筑桩基础的管桩接头。一旦管桩接头的连接强度不足，易造成基坑在施工过程中出现安全问题，甚至发生基坑坍塌、周边建筑物倾斜甚至倒塌等严重安全事故。管桩与灌注桩不同，灌注桩通过钢筋笼之间的搭接焊可满足搭接焊处的抗弯强度与桩身等强度设计要求。而管桩的连接主要通过端板焊接、机械连接或端板焊接与机械连接组合连接等方式，不同的连接方式对施工质量的控制及现场施工人员的水平要求也不一样，同时不同的连接方式的接头抗弯性能也不一致。当用于基坑的管桩涉及多节桩接头时，为控制接头的连接质量，确保基坑支护的稳定，接头不管采用哪种连接方式，均应满足与桩身等强度设计要求。

7.1.7 根据本标准附录 A 的管桩桩身力学性能表，对管桩受弯时的开裂值、设计值、极限值进行对比分析得出：

（1）对 PHC 管桩来说，除 A 型管桩外，AB 型、B 型及 C 型管桩受弯时的极限值与开裂值的比值均大于 1.6，极限值与设计值的比值均大于 1.3（详见表4）。

（2）对 PRC 管桩来说，不管是 Ⅰ 型还是 Ⅱ 型的各种型号，受弯时的极限值与开裂值的比值均大于 1.7，极限值与设计值的比值均大于 1.3（详见表5、表6）。

由此说明，对预应力管桩（PHC、PRC 桩）而言，其抗弯能力设计控制水准与普通钢筋混凝土设计是基本相当的，可以按照普通钢筋混凝土设计相关规范执行。但是，用于基坑支护的管桩，当涉及多节桩时，在接桩处的桩身强度往往因制作、连接方式、现场及人为等原因可能会造成强度一定程度的损失，设计时应考虑这种可能性，即在设计时应考虑接头处强

度作折减。编制组对 7 组管桩焊接接头进行抗弯试验（详见表7），接头处的实测开裂弯矩值与桩身开裂弯矩计算值的比值为 1.14～1.20，接头实测极限弯矩值与桩身开裂计算值的比值为 1.80～2.26。根据 PHC 管桩以往大量的抗弯试验结果，管桩接头开裂弯矩的实测值与桩身开裂弯矩计算值的比值在1.20～1.35。因此在支护结构荷载综合分项系数取为 1.25 的情况下，多节管桩的接桩处按荷载效应标准组合计算的弯矩值在满足公式（7.1.7）的前提下是在安全可控的范围内，并且偏于安全。

表 4　PHC 管桩桩身力学性能比值

型号	设计值/开裂值	极限值/开裂值	极限值/设计值	备注
PHC A 型桩	1.06	1.41	1.32	表格中的数值为平均值
PHC AB 型桩	1.24	1.65	1.33	
PHC B 型桩	1.38	1.84	1.34	
PHC C 型桩	1.45	1.95	1.35	

表 5　PRC 管桩 Ⅰ 型桩身力学性能比值

型号	设计值/开裂值	极限值/开裂值	极限值/设计值	备注
PRC Ⅰ A 型桩	1.49	1.98	1.34	表格中的数值为平均值
PRC Ⅰ AB 型桩	1.74	2.33	1.34	
PRC Ⅰ B 型桩	1.84	2.47	1.35	
PRC Ⅰ C 型桩	1.83	2.50	1.36	
PRC Ⅰ D 型桩	1.88	2.57	1.37	

表 6　PRC 管桩 Ⅱ 型桩身力学性能比值

型号	设计值/开裂值	极限值/开裂值	极限值/设计值	备注
PRC Ⅱ A 型桩	1.27	1.74	1.37	表格中的数值为平均值
PRC Ⅱ AB 型桩	1.53	2.10	1.37	
PRC Ⅱ B 型桩	1.63	2.24	1.38	
PRC Ⅱ C 型桩	1.72	2.37	1.38	
PRC Ⅱ D 型桩	1.78	2.46	1.38	

表 7　管桩接头抗弯试验结果汇总表

试验序号	管桩直径(mm)	管桩壁厚(mm)	混凝土等级	配筋		桩身计算开裂弯矩(kN·m)	接头实测开裂弯矩(kN·m)	接头开裂实测值/计算值(kN·m)	接头实测极限弯矩(kN·m)	接头极限弯矩实测值/开裂计算值(kN·m)
				钢棒	非预应力钢筋					
PRC-1	500	100	C80	12φ10.7	12Φ12	148	169	1.14	274	1.85

试验序号	管桩直径(mm)	管桩壁厚(mm)	混凝土等级	配筋		桩身计算开裂弯矩(kN·m)	接头实测开裂弯矩(kN·m)	接头开裂实测值/计算值(kN·m)	接头实测极限弯矩(kN·m)	接头极限弯矩实测值/开裂计算值(kN·m)
				钢棒	非预应力钢筋					
PRC-2	500	100	C80	12φ10.7	12φ12	148	169	1.14	297	2.01
PRC-3	500	100	C80	12φ10.7	12φ12	148	177	1.20	285	1.93
PRC-4	500	100	C80	12φ10.7	12φ12	148	177	1.20	278	1.88
PRC-5	500	100	C80	12φ10.7	12φ12	148	177	1.20	335	2.26
PRC-6	500	100	C80	12φ10.7	12φ12	148	169	1.14	266	1.80
PHC	500	100	C80	10φ10.7		132	158	1.20	260	1.97

7.2 施工与监测要求

7.2.5 本条明确管桩基坑工程报警值的确定，除应满足设计与现行国家标准《建筑基坑工程监测技术规范》GB 50497的要求外，当管桩所受的水平力超过桩身的设计值时，管桩的裂缝及挠曲变形将会发展更快，不利于基坑的安全，应立即报警。管桩挠曲变形控制条件，是基于防止和控制管桩脆性破坏的发生。大量的试验数据表明，当管桩产生的挠曲变形超过20mm且变形不收敛时，此时管桩所受的水平力已达到桩身的设计强度，应立即报警。

8 施 工

8.1 一 般 规 定

8.1.1、8.1.2 施工前应准备好相关的各种资料，特别应着重在三个方面：一是场地气象、地形、地质资料，根据场地条件选择合适的施工设备，确定桩体强度及考虑是否加桩尖等；二是场地现状及周围环境，包括影响管桩施工的高压架空线、地下电缆、地下管线、位于桩位处的旧建筑物基础和杂填土中的石块等，场地回填情况、地下构筑物等埋藏情况等资料，同时应考虑施工对周围建筑及环境造成的影响；三是编写施工组织设计，它是作为现场管理和质量保障的主要依据，能充分反映施工单位现场管理水平和技术水平。在管桩施工前应清除或妥善处理地下障碍物，不然会妨碍施工，延误工期，影响沉桩质量。

8.1.6 沉桩顺序是施工方案的一项重要内容，以往施工单位不注意合理安排沉桩顺序而造成事故的事例很多，如桩位偏移、挤断上拔、地面隆起过多、建筑物破坏等，因此，施工时必须合理安排施工序。

8.1.7 桩位施放是现场控制重要环节之一，同时需防止施工时的桩点跑位，因此，施工时需经常对将要施工的桩位进行复核，以保障桩点位误差在允许范围内。

8.1.8 管桩不同于灌注桩，其在沉桩施工时就受到较大竖向荷载作用，并且在吊运过程中易发生桩身磕碰开裂等现象，因此要求管桩的混凝土强度必须达到设计混凝土抗压、抗拉强度和规定的龄期后方可使用。

8.1.12 为准确控制沉桩深度或桩顶标高，施工前对全部工程的桩顶标高进行分类，并在施工时严格按设计标高执行，一般采用水准仪控制桩顶标高。对于以密实土层作为桩端持力层的场地沉桩时，锤击法可采用贯入度控制，最后三阵贯入度不宜小于30mm/10击，以防止将桩头打坏，并根据不同的锤型或不同的设计要求综合确定；静压法可采用压桩力控制，其控制的压桩力不能超过桩身结构承载力设计值。对于不能达到设计要求的桩，应及时向设计人员反馈；当施工桩长与设计桩长差异较大时，设计应采取相应的措施。

8.1.13 当遇到密实的砂土等硬夹层，桩难于穿透沉到设计标高，或需要减少桩的挤土效应时，此时可采用引孔辅助沉桩法。

引孔孔径一般比管桩直径小100mm，否则设计应考虑钻孔对承载力的影响；也有与管桩直径一样的孔径，主要看现场的土质情况、桩直径、桩的密集程度等因素而定。

一般情况下，钻孔深度不宜超过12m，主要是因为钻孔太深，孔的垂直度偏差不易控制，一旦钻孔倾斜，管桩下沉时很难纠偏，也容易发生桩身折断事故。

钻孔内积水，宜采用开口形桩尖，若用封口形桩尖，桩端部一般达不到孔底，会造成工程质量事故。

8.1.14 沉桩过程综合反映了土层的阻力、桩身质量、桩锤锤击和压桩机效能，沉桩出现的异常情况与地质、设计、施工、桩质量均有关，因此，施工遇到本条所列情况之一时均应暂停打桩，并及时报设计、监理等有关人员，以便进行原因分析、研究处理解决的措施。

8.1.15 沉桩后，桩头高出地表部分需小心保护，严禁施工机械碰撞或将桩头用作拉锚点；沉桩后，管桩孔洞应做好回填、覆盖等措施，防止坠人、坠物事件发生。

8.1.16 当基坑深度范围内有较厚的淤泥等软弱土层时，软土部分及其以下土方宜采用人工开挖，可在桩与桩之间采取构件连接措施。

8.1.17 当基坑有围护结构时，不论采用何种支护形式，一般均不宜先施工围护结构再打桩，否则会造成以下不良后果：一是后打桩会对围护结构产生挤压，使其变形或破坏，影响其在基坑开挖后的挡土止水效果；二是围护结构先形成、后打管桩时的挤土受其约束，使孔隙水压力骤增且难以消除，在基坑挖土时，先挖的土坑就成为超孔隙水压力释放的去向和场所，导致工程桩倾斜；三是容易造成管桩随着土的隆起而上浮。

8.1.18 一般饱和黏性土、粉土地区，超孔隙水压力的消散时间为15d，淤泥质土时间会更长一些，因此建议各地区结合当地经验确定合理的基坑开挖时间。

8.1.19 本条引用现行行业标准《建筑桩基技术规范》JGJ 94。管桩工程的基坑开挖是一项很重要的工作，为指导土方开挖，需制定详细可行的土方开挖方案。土方开挖要分层，由于土方开挖未分层造成管桩偏移甚至桩身断裂事故时有发生，为防止挖土机械对管桩的碾压和碰撞而破坏桩体，对流塑性状软土的基坑开挖，其高差不应超过1.0m，否则容易导致管桩大量偏移或断桩。

8.2 起吊、搬运与堆放

8.2.2 现场管桩的堆放多采用单层堆放或双层堆放，堆放对场地平整要求较高，双层堆放应在桩下放置垫木。

8.3 接桩与截桩

8.3.1 管桩连接时需要的时间较长，停歇在接近硬土层（碎石、卵石、砂层）的管桩再行沉桩时，易造成沉桩困难。

8.3.4 管桩截桩应采用锯桩器。先行截桩应采取有效措施防止桩头开裂，若截桩时出现较严重的裂缝应继续下移截桩，将裂缝段去除。

8.4 静压法沉桩

8.4.11 终压标准有点类似于打桩的收锤标准，主要的定量控制指标是：终压力值、终压次数和稳压时间。稳压时间一般规定为3s~5s，所以实际上只有终压力值和终压次数这两项。终压次数一般不宜超过3次。靠增加终压次数来提高静压桩的承载力，是得不偿失的一种做法，终压次数太多，承载力并没有太多的增长，反而容易引起桩身和压桩机的破损。当然，对施压入土深度小于8m的短桩，允许终压次数可增

至3次~5次。稳压时间是指终压时每次用终压力值持续稳压的时间，不宜太长，一般应控制在3s~5s。稳压时间太长，压桩机上高压油泵和油管很快破损。另外，增加稳压时间，对单桩承载力的增加并不起多大效果，因为这些都是瞬间压力，倒不如增大终压力值，反而能起到一点增载的效果，但终压力值受桩身抱压允许压桩力的限制，不能无限增加。

8.5 锤击法沉桩

8.5.4 沉桩时，必须严格控制第一节桩的沉桩质量，认真注意稳桩、压桩时的桩身变化情况，发现有偏移或倾斜时，应立即分析原因，采取校正措施。开始锤击时，宜用低能量、低冲程或空锤锤击3击~5击，在确认桩身贯入方向无异常时，方可连续锤击。

8.5.5 对每根桩的总锤击数及最后1m沉桩击数进行限制，目的是防止桩身混凝土产生疲劳破坏。有统计资料表明，大多数管桩工程的桩的总锤击数在300击~1500击之间，少数超过2000击，个别达到3000击甚至4000击；超过3000击时，桩身容易被打坏或产生严重的"内伤"。当某工地为数不少的桩总锤击数超过本条规定时，设计者应从锤型、持力层和收锤贯入度等方面去反复调整。

8.5.7 收锤标准包括的内容、指标较多，如桩的入土深度、每米沉桩锤击数、最后一米沉桩锤击数、总锤击数、最后贯入度、桩尖进入持力层深度等。一般情况下，桩端持力层、最后贯入度或最后一米沉桩锤击数为主要控制指标，其中桩端持力层作为定性控制指标，最后贯入度或最后一米锤击数作为定量控制指标。其余指标可根据具体情况有所选择作为参考指标。定量指标中用得最多的是最后贯入度，一般以最后3阵（每阵10击）的贯入度来判断该桩能否收锤。而最后贯入度大小又与工程地质条件、桩承载性状、单桩承载力特征值、桩规格及桩入土深度、打桩锤的规格、性能及冲击能量大小、桩端持力层性状及桩尖进入持力层深度等因素有关，需要综合考虑后确认。但由于地质等条件复杂多变，最后贯入度并非是打桩收锤的唯一定量控制指标，应具体情况具体分析，最终目的是为了保障单桩的承载能力，控制建筑物的沉降，使建（构）筑物安全、适用。

8.5.8 确定最后贯入度的控制指标，主要是要解决好一个"度"的问题。贯入度过大不行，基桩达不到设计承载力；贯入度过小也不好，基桩易被打坏。总之，要"恰如其分"，既能达到桩的承载力，又能保持桩身的完整性。在常规情况下，标准要求所确定的贯入度指标不要小于每阵（10击）30mm。这样做既保护了桩身，又延长了打桩锤的使用寿命。有些特殊的地质条件，如强风化岩层较薄（≤1.0m）且上覆土层又较软弱时，要达到同样的承载力，最后贯入度控制值可适当减少，但不宜小于25mm/10击；否则，

应从设计入手，适当减少单桩竖向抗压承载力特征值。在这种特殊的地质条件下测量一阵贯入度，若贯入度值达到收锤标准时即可收锤，若再打第二阵，管桩易被打坏。当然，在以全风化岩层、密实砂层、坚硬土层作为桩端持力层的管桩工程，应量测最后三阵贯入度值，当每阵贯入度值逐渐递减且最后二阵达到收锤标准时，即可收锤，终止施打。

8.6 植入法沉桩

8.6.4 植入管桩前清除桩顶返浆，露出桩孔轮廓，有助于管桩植入时中心位置的确定。

8.6.5 管桩接桩有端板焊接、机械连接等方式，采用其中任一种连接方式时均应保证接桩质量和上下节段的桩身垂直度。

8.7 中掘法沉桩

8.7.6 桩端通过注浆形成扩大头，相当于增大了端部的直径和桩长，提高了管桩垂直承载力。同时在注浆压力作用下，浆液会在桩端以上一定高度范围内沿着桩土间上渗，通过渗透、劈裂、充填、挤密和胶结作用，填充桩身与桩周边土体的空隙，并渗入桩周土体一定宽度范围，在桩周形成脉状结石体，如同树根植入土中，从而改善地基土承载力，提高桩侧摩阻力。扩底浆液配合比可参照表8。

表8 扩底浆液配合比

桩径 （mm）	计算量 （m³）	混合量 （m³）	水泥 （kg）	水 （kg）	比例
600	1.103	1.110	1200	720	
800	2.040	2.060	2240	1350	$W/C=60\%$
1000	3.540	3.560	3880	2328	
1200	6.680	6.697	7300	4380	

9 质量检测与验收

9.1 质量检测

9.1.1 单位工程所用的管桩，进行质量检查和检测时，是否需要划分为若干个检验批，视工程实际情况而定。如果验收批的样本数量较大，当出现不合格情况时，该检验批的管桩不准使用，可能会造成较大浪费；如果单位工程划分的验收批较多，可能会增加抽检数量。诸如管桩的规格和型号、尺寸偏差和外观质量，桩端板几何尺寸等检查项目，可按供货批次划分检验批；管桩的预应力钢棒数量和直径、螺旋筋直径和间距、螺旋筋加密区的长度以及钢筋混凝土保护层厚度、桩身混凝土强度等检查项目，可按管桩生产厂家划分检验批。

9.1.2 建筑工程中使用的管桩，除应按产品标准进行生产质量控制和出厂检验外，管桩运到工地后，施工前，还应进行成品桩质量检查和检测。本条列出的质量检查检测工作，应由施工单位完成并实行旁站监理。

管桩的规格和型号、尺寸偏差和外观质量、桩端板几何尺寸，应在管桩运到工地后及时进行检查和抽检。目前管桩成品桩质量存在最大的问题是混凝土强度低和端板质量问题，端板质量存在三个方面问题，一是端板材质未采用Q235钢材，而采用铸钢或"地条钢"，可焊性差而不符合要求；二是端板厚度偏薄，导致钢棒与端板的连接较差；三是电焊坡口尺寸不规范，导致焊缝高度不符合要求。因此，对焊接接头，应重点检查端板厚度和电焊坡口尺寸。当采用机械连接接头时，端板的结构与采用焊接方式的端板结构有一定的差异。为了实现通过连接部件对两节桩的连接，管桩的连接质量既与连接部件质量有关，也与桩端接头质量有关，应重点检查端板厚度和桩端接头以及连接部件。当对端板材质疑时，应执行本标准第9.1.7条的规定。

管桩的预应力钢棒数量和直径、螺旋筋直径和间距、螺旋筋加密区的长度以及钢筋混凝土保护层厚度，可利用先施工的2m以上长度的余桩经人工破碎后进行检测；若工地没有余桩可利用，则应在工地上随机选取两节桩经人工破碎后检测。检测预应力钢棒规格可截一段钢筋称其重量，检测螺旋筋直径和保护层厚度可用游标卡尺，检测螺旋筋间距和加密区长度可用钢卷尺。

9.1.3 第一节底桩垂直度控制的好坏对整根桩的垂直度影响至关重要，因此对底桩垂直度控制要严格一些，不得大于0.5%。送桩以后桩身垂直度偏差不易测量，故在送桩前应进行桩身垂直度测量。一般情况下，送桩前后的桩身垂直度不会有大的变化，但对于深基坑内的基桩，有时由于基坑土方开挖不当会引起桩身倾斜，而且这种桩身倾斜往往导致桩基施工单位和土方开挖单位的责任纠纷，为了理清其责任纠纷，在深基坑土方过程中和开挖后，需再次测量桩身垂直度。桩身垂直度可采用吊线坠法或经纬仪测量。

9.1.4 由于施工方法和工序不合理，或未结合地质条件科学合理地选择桩型，不少工程中出现工程桩上浮甚至发生桩位偏移，对不调整设计方案和施工方案的情况，只能通过加强监测来控制工程质量，本标准对监测数量进行了明确规定，监测点应设置在已施工的工程桩桩上部裸露的部位，根据施工情况确定监测频次，且应在施工后及时进行第一次监测（基准值）读数。条件允许时，监测应延伸至基坑土方开挖期间。

9.1.5 目前，国内管桩施工记录大多采用人工记录，也有一些地区针对锤击法施工采用打桩自动记录仪，打桩自动记录仪主要记录每米锤击数并由此获得总锤击数和贯入度。施工记录内容包括施工桩长（入土深度）、配桩情况，每米锤击数等施工过程信息，收锤标准和终压标准等工程桩终止施工的情况，焊接接头的焊接情况，以及对施工过程中出现异常情况的记录。

9.1.6 管桩混凝土强度是影响工程质量安全的主要因素，也是管桩生产厂家和地基基础施工单位对管桩质量纠纷的主要矛盾，因此，本标准对管桩桩身混凝土强度抽检进行了明确规定，一是明确可选择两种检测方法，即钻芯法或管桩全截面抗压试验方法；二是影响钻芯法检测结果的因素比较多，如取样、样品处理等都会影响评价结果，当对钻芯法的检测评价结果有争议时，可采用管桩全截面抗压试验进行评价。

9.1.9、9.1.10 在本标准中，管桩有三种使用方式，即桩基础中的管桩、复合地基中的管桩和支护结构中的管桩。不论哪种情况，均应对工程桩桩身质量完整性和单桩承载力进行抽检。单桩承载力检测，视设计要求而定，可能只包括单桩竖向抗压承载力，也可能包括单桩竖向抗压承载力、单桩竖向抗拔承载力和单桩水平承载力。检测单桩竖向抗压承载力可采用静载试验和高应变法，检测桩身质量完整性可采用低应变法和高应变法。应该指出，对于基坑支护工程中的管桩，其水平受力状况与现行行业标准《建筑基桩检测技术规范》JGJ 106单桩水平荷载试验假定的基桩水平受力状况是有差别的，如何科学合理地评价基坑支护工程中的管桩水平承载能力满足设计要求，尚需进一步进行研究。此外，本标准规定，对水泥土桩中植入管桩的管桩基础，应采用静载试验对水泥土复合管桩的单桩承载力进行试验；对于管桩复合地基，还应进行复合地基平板载荷试验，对设计要求消除地基液化、湿陷性的，应进行桩间土的液化、湿陷性检验。

有些地方标准规定采用低压灯泡吊入管桩内腔作桩身完整性检查，或用孔内摄像仪进行检查，作为低应变法和高应变法检测结果的补充，是有实际工程意义的，值得鼓励，但作为行业标准，本标准未进行规定。另外，对于一般工程中的预应力管桩，有些地方标准鼓励采用高应变法同时进行桩身完整性和单桩抗压承载力的检测，这与地方工程质量控制水平和检测技术水平有关，作为行业标准，本标准未进行规定，各地可执行地方标准。

中华人民共和国国家标准

供水水文地质勘察规范

Standard for hydrogeological investigation of water-supply

GB 50027—2001

主编部门：原国家冶金工业局
批准部门：中华人民共和国建设部
施行日期：２００１年１０月１日

关于发布国家标准
《供水水文地质勘察规范》的通知

建标〔2001〕144 号

根据我部《关于印发一九九八年工程建设国家标准制订、修订计划（第二批）的通知》（建标〔1998〕244 号）的要求，由原国家冶金工业局会同有关部门共同修订的《供水水文地质勘察规范》，经有关部门会审，批准为国家标准，编号为 GB 50027—2001，自 2001 年 10 月 1 日起施行，其中，1.0.3、1.0.4、3.2.7、5.1.2、5.2.4、5.3.7、5.4.2、9.1.1、9.1.3、9.2.1、9.4.1、10.0.1、10.0.2、10.0.5、11.0.2、11.0.3、11.0.4、11.0.5、11.0.6 为强制性条文，必须严格执行。自本规范施行之日起，原国家标准《供水水文地质勘察规范》GBJ 27—88 同时废止。

本规范由中冶集团武汉勘察研究总院负责具体解释工作，建设部标准定额研究所组织中国计划出版社出版发行。

中华人民共和国建设部
二〇〇一年七月四日

前　　言

本规范是根据建设部建标〔1998〕244 号文的要求，由国家冶金工业局主编，具体由中冶集团武汉勘察研究总院会同中国市政工程西南设计研究院、国土资源部储量司、国家电力东北电力设计院等单位组成修订组，对《供水水文地质勘察规范》GBJ 27—88 进行修订而成。经建设部 2001 年 7 月 4 日以建标〔2001〕144 号文批准，并会同国家质量监督检验检疫总局联合发布。

在修订过程中，修订组针对原规范在执行中发现的问题及在勘察中提出的新要求，结合近年来有关生产科研所取得的新成果，列出专题进行了深入的调查研究，提出修订稿。经在全国范围内广泛征求意见，反复修改，最后由原国家冶金工业局会同有关部门审查定稿。

本规范共分 11 章和 4 个附录。修改的主要内容有：增写了术语与符号一章；增补了地下水量计算时段的选择、利用同位素测井资料计算渗透系数的公式、水文地质条件复杂程度的划分等条文；扩充了采用数值法计算允许开采量的条款，调整了勘察阶段的划分，修正了非填砾过滤器进水缝隙尺寸的规定等条文；肯定了当前供水水文地质勘察的一些成熟作法，强调了环境保护和对新技术、新工艺的推广应用。

在执行本规范过程中，希望各单位在勘察实践中注意积累资料，总结经验。如发现需要修改和补充之处，请将意见和有关资料寄交武汉市青山区冶金大道 177 号中冶集团武汉勘察研究总院《供水水文地质勘察规范》国家标准管理组〔邮政编码　430080，传真 (027)86861906，E-mail：wsgri@public. wh. hb. cn〕，以供今后修订时参考。

本规范主编单位、参编单位和主要起草人：

主 编 单 位: 中国冶金建设集团武汉勘察研究
总院

参 编 单 位: 中国市政工程西南设计研究院
冶金勘察研究总院
国家电力总公司东北电力设计院
国土资源部储量司

主要起草人: 彭易华　龙建中　陈树林　张锡范
韩再生　韩国良　李天成

目　　次

1 总 则

1.0.1 为了做好供水水文地质勘察工作,正确地反映水文地质条件,合理地评价、开发和保护地下水资源,保持良好的生态环境,特制定本规范。

1.0.2 本规范适用于城镇和工矿企业的供水水文地质勘察。

1.0.3 供水水文地质勘察工作开始前,必须明确勘察任务和要求,搜集分析现有资料,进行现场踏勘,提出勘察纲要。水文地质勘察工作结束后,应编写供水水文地质勘察报告。

1.0.4 供水水文地质勘察工作的内容和工作量,应根据水文地质条件的复杂程度,需水量的大小,不同勘察阶段、勘察区已进行工作的程度和拟选用的地下水资源评价方法等因素,综合考虑确定。

1.0.5 供水水文地质条件的复杂程度,可划分为简单、中等和复杂三类。其划分原则宜符合表 1.0.5 中的规定。

表 1.0.5　供水水文地质条件复杂程度分类

类别	水文地质特征
简单	基岩岩层水平或倾角缓,构造简单,岩性稳定均一,多为低山丘陵;第四系沉积物均匀分布,河谷平原宽广;含水层埋藏浅,地下水的补给、径流、排泄条件清楚;水质类型较单一
中等	基岩褶皱和断裂变动明显,岩性岩相不稳定,地貌形态多样;第四系沉积物分布不均匀,有多级阶地且显示不清;含水层埋藏浅深不一,地下水形成条件较复杂,补给和边界条件不易查清;水质类型较复杂
复杂	基岩褶皱和断裂变动强烈,构造复杂,火成岩大量分布,岩相变化极大,地貌形态多且难鉴别;第四系沉积物分布错综复杂;含水层不稳定,其规模、补给和边界难以判定;水质类型复杂

1.0.6 拟建供水水源地按需水量大小,可分为四级:

特大型　需水量≥15 万 m³/d
大　型　5 万 m³/d≤需水量<15 万 m³/d
中　型　1 万 m³/d≤需水量<5 万 m³/d
小　型　需水量<1 万 m³/d

1.0.7 供水水文地质勘察工作划分为地下水普查、详查、勘探和开采四个阶段。不同勘察阶段工作的成果,应满足相应设计阶段的要求。

注:在区域水文地质调查不够、相关资料缺乏的地区进行勘察时,可根据需要开展地下水调查工作。

1.0.8 供水水文地质勘察阶段的任务和深度,应符合下列要求:

　1 普查阶段:概略评价区域或需水地区的水文地质条件,提出有无满足设计所需地下水水量可能性的资料。推断的可能富水地段的地下水允许开采量应满足 D 级的精度要求,为设计前期的城镇规划,建设项目的总体设计或厂址选择提供依据。

　2 详查阶段:应在几个可能的富水地段基本查明水文地质条件,初步评价地下水资源,进行水源地方案比较。控制的地下水允许开采量应满足 C 级精度的要求,为水源地初步设计提供依据。

　3 勘探阶段:查明拟建水源地范围的水文地质条件,进一步评价地下水资源,提出合理开采方案。探明的地下水允许开采量应满足 B 级精度的要求,为水源地施工图设计提供依据。

　4 开采阶段:查明水源地扩大开采的可能性,或研究水量减少,水质恶化和不良环境工程地质现象等发生的原因。在开采动态或专门试验研究的基础上,验证的地下水允许开采量应满足 A 级精度的要求,为合理开采和保护地下水资源,为水源地的改、扩建设计提供依据。

1.0.9 勘察阶段除应与设计阶段相适应外,尚可根据需水量、现有资料和水文地质条件等实际情况,进行简化与合并。勘察阶段简化与合并后提出的允许开采量,应满足其中高阶段精度的要求。

1.0.10 当水文地质条件简单,现有资料较多,水源地已基本确定,少数管井能满足需水要求时,可直接打勘探开采井。对有使用价值的勘探孔,如不影响统一开采布局时,也可结合成井。

1.0.11 在供水水文地质勘察的过程中,应加强对成熟的经验和有科学依据的新技术、新工艺和新方法的推广应用,以不断提高勘察工作的效率和水平。

1.0.12 供水水文地质勘察工作,除应执行本规范规定外,尚应执行国家现行有关标准的规定。

1.0.13 供水水文地质勘察报告编写内容、符号及图例选用应符合本规范附录 A、附录 B、附录 C 的规定。

2　术语与符号

2.1　术　语

2.1.1 含水层　aquifer
导水的饱水岩土层。

2.1.2 潜水　phreatic water
地表以下,第一个稳定隔水层(渗透性能极弱的岩土层)之上具有自由水面的地下水。

2.1.3 承压水　confined water
充满于两个隔水层之间具承压性质的地下水。

2.1.4 水文地质条件　hydrogeological condition
地下水的分布、埋藏、补给、径流和排泄条件,水质和水量及其形成地质条件等的总称。

2.1.5 水文地质单元　hydrogeological unit
具有统一边界和补给、径流、排泄条件的地下水系统。

2.1.6 完整孔　completely penetrating well
进水部分揭穿整个含水层的钻孔。

2.1.7 非完整孔　partially penetrating well
进水部分仅揭穿部分含水层的钻孔。

2.1.8 钻孔结构　borehole structure
构成钻孔柱状剖面技术要素的总称,包括孔身结构,实管、过滤管、滤料及止水的位置等。

2.1.9 水文地质勘探孔　hydrogeological exploration borehole
为查明水文地质条件,按水文地质钻探要求施工的钻孔。

2.1.10 抽水孔　pumping well
水文地质勘探中用作抽水试验的钻孔。

2.1.11 过滤器　screen assembly
位于抽水孔的试验含水层部位,起滤水、挡砂及护壁作用的装置。

2.1.12 填砾过滤器　gravel-packed screen
滤水管外充填某种规格滤料的过滤器。

2.1.13 过滤器骨架管孔隙率　percentage of open area of screen
骨架管的滤水孔眼的总面积与滤水管的表面积之比。

2.1.14 稳定流抽水试验　steady-flow pumping test
在抽水过程中,要求出水量和动水位同时相对稳定,并有一定延续时间的抽水试验。

2.1.15 非稳定流抽水试验　unsteady-flow pumping test
在抽水过程中,一般仅保持抽水量固定而观测地下水位变化,或保持水位降深固定,而观测抽水量和含水层中地下水位变化的抽水试验。

2.1.16 单孔抽水试验　single well pumping test
只在一个抽水孔中进行的不带或带观测孔的抽水试验。

2.1.17 群孔抽水试验　pumping test of well group
两个或两个以上的抽水孔同时抽水,各孔的水位和水量有明显相互影响的抽水试验。

2.1.18 开采性抽水试验 trail-exploitation pumping test

按开采条件或接近开采条件要求进行的抽水试验。

2.1.19 水文地质参数 hydrogeological parameters

表征地层水文地质特征的数量指标,包括渗透系数、导水系数、释水系数、给水度、越流参数等。

2.1.20 地下水补给量 groundwater recharge

在天然或开采条件下,单位时间内以各种形式进入含水层的水量。

2.1.21 地下水储存量 groundwater storage

赋存于含水层中的重力水体积。

2.1.22 地下水允许开采量(地下水可开采量) allowable yield of groundwater

通过技术经济合理的取水方案,在整个开采期内出水量不会减少,动水位不超过设计要求,水质和水温变化在允许范围内,不影响已建水源地正常开采,不发生危害性的环境地质现象的前提下,单位时间内从水文地质单元或取水地段中能够取得的水量。

2.1.23 水文地质概念模型 conceptual hydrogeological model

把含水层实际的边界类型、内部结构、渗透性质、水力特征和补给、排泄等条件概化为便于进行数学与物理模拟的模式。

2.1.24 地下水数值模型 numerical model of groundwater

以水文地质概念模型为基础所建立的,能逼近实际地下水系统结构、水流运动特征和各种渗透要素的一组数学关系式。

2.1.25 数值模型识别 calibration of numerical model

根据已知的初始、边界条件,对地下水数值模型的计算结果进行分析,以达到选择正确参数(即参数识别),校正已建数值模型和边界条件的计算过程。

2.1.26 数值模型检验 verification of numerical model

采用模型识别后的参数和初始、边界条件,选用不同计算时段的资料进行数值模拟,将计算所得数据和实际观测数据进行对比,检验数值模型的正确性。

2.1.27 地下水预报 groundwater forecast

在模型识别和检验的基础上,给定模型的初始、边界条件,预报地下水的水位、水量在时间和空间上的变化。

2.1.28 同位素示踪测井 radioactive tracer logging

利用人工放射性同位素^{131}I、^{82}Br等标记天然流场或人工流场中钻孔内的地下水流,采用示踪或稀释原理测定含水层某些水文地质参数的方法。

2.2 符 号

B——计算断面的宽度、越流参数;

E——地下水的蒸发量;

F——含水层的面积、降水入渗面积;

H——自然情况下潜水含水层的厚度;

h——承压水含水层自项板算起的压力水头高度、潜水含水层在抽水试验时的厚度、潜水含水层在降水前观测孔中的水位高度、水位恢复时的潜水含水层的厚度;

$\bar{h}$——潜水含水层在自然情况下和抽水试验时的厚度平均值;

Δh^2——潜水含水层在自然情况下的厚度 H 和抽水试验时的厚度 h 的平方差;

I——地下水的水力坡度;

K——渗透系数;

l——过滤器的长度;

M——承压水含水层的厚度;

m_i——曲线拐点处的斜率;

N_0——同位素初始计数率;

N_b——放射性本底计算率;

N_b——放射性本底计算率;

N_t——同位素 t 时计数率;

Q——出水量、地下水径流量、降水入渗补给量;

R——影响半径;

r——抽水孔过滤器的半径、观测孔至抽水孔的距离;

r_0——探头的半径;

S——承压含水层的释水系数;

s——水位下降值、水位恢复时的剩余下降值;

t——时间;

V——潜水含水层的体积;

V_t——测点的渗透速度;

$W(u)$——井函数;

W——地下水的储存量、弹性储存量;

ΔW——连续两年内相同一天的地下水储存量之差;

X——降水量;

α——降水入渗系数、流场畸变校正系数;

μ——潜水含水层的给水度。

3 水文地质测绘

3.1 一般规定

3.1.1 水文地质测绘,宜在比例尺大于或等于测绘比例尺的地形地质图基础上进行。当只有地形图而无地质图或地质图的精度不能满足要求时,应进行地质、水文地质测绘。

3.1.2 水文地质测绘的比例尺,普查阶段宜为 1:100000~1:50000;详查阶段宜为 1:50000~1:25000;勘探阶段宜为 1:10000 或更大的比例尺。

3.1.3 水文地质测绘的观测路线,宜按下列要求布置:

1 沿垂直岩层(或岩浆岩体)、构造线走向。

2 沿地貌变化显著方向。

3 沿河谷、沟谷和地下水露头多的地带。

4 沿含水层(带)走向。

3.1.4 水文地质测绘的观测点,宜布置在下列地点:

1 地层界线、断层线、褶皱轴线、岩浆岩与围岩接触带、标志层、典型露头和岩性、岩相变化带等。

2 地貌分界线和自然地质现象发育处。

3 井、泉、钻孔、矿井、坎儿井、地表坍陷、岩溶水点(如暗河出入口、落水洞、地下湖)和地表水体等。

3.1.5 水文地质测绘每平方公里的观测点数和路线长度,可按表3.1.5确定。

表 3.1.5 水文地质测绘的观测点数和观测路线长度

测绘比例尺	地质观测点数(个/km²)		水文地质测绘点数(个/km²)	观测路线长度(km/km²)
	松散层地区	基岩地区		
1:100000	0.10~0.30	0.25~0.75	0.10~0.25	0.50~1.00
1:50000	0.30~0.60	0.75~2.00	0.20~0.60	1.00~2.00
1:25000	0.60~1.80	1.50~3.00	1.00~2.50	2.50~4.00
1:10000	1.80~3.60	3.00~7.50	2.50~7.50	4.00~8.00
1:5000	3.60~7.20	6.00~16.00	5.00~15.00	6.00~12.00

注:1 同时进行地质和水文地质测绘时,表中地质观测点数应乘以2.5;复核性水文地质测绘时,观测点数为规定数的40%~50%。

2 水文地质条件简单时采用小值,复杂时采用大值,条件中等时采用中间值。

3.1.6 进行水文地质测绘时,可利用现有遥感影像资料进行判释与填图,减少野外工作量和提高图件的精度。

3.1.7 遥感影像资料的选用,宜符合下列要求:

1 航片的比例尺与填图的比例尺接近。

2 陆地卫星影像选用不同时间各个波段的 1:500000 或 1:250000 的黑白像片以及彩色合成或其他增强处理的图像。

3 热红外图像的比例尺不小于 1：50000。

3.1.8 遥感影像填图的野外工作，应包括下列内容：

1 检验判释标志。

2 检验判释结果。

3 检验外推结果。

4 补充室内判释难以获得的资料。

3.1.9 遥感影像填图的野外工作量，每平方公里的观测点数和路线长度，宜符合下列规定：

1 地质观测点数宜为水文地质测绘地质观测点数的 30%～50%。

2 水文地质观测点数宜为水文地质测绘水文地质观测点数的 70%～100%。

3 观测路线长度宜为水文地质测绘观测路线长度的 40%～60%。

3.2 水文地质测绘内容和要求

3.2.1 地貌调查，宜包括下列内容：

1 地貌的形态、成因类型及各地貌单元间的界线和相互关系。

2 地形、地貌与含水层的分布及地下水的埋藏、补给、径流、排泄的关系。

3 新构造运动的特征、强度及其对地貌和区域水文地质条件的影响。

3.2.2 地层调查，宜包括下列内容：

1 地层的成因类型、时代、层序及接触关系。

2 地层的产状、厚度及分布范围。

3 不同地层的透水性、富水性及其变化规律。

3.2.3 地质构造调查，宜包括下列内容：

1 褶皱的类型，轴的位置、长度及延伸和倾伏方向；两翼和核部地层的产状、裂隙发育特征及富水地段的位置。

2 断层的位置、类型、规模、产状、断距、力学性质和活动性；断层上、下盘的节理发育程度；断层带充填物的性质和胶结情况；断层带的导水性、含水性和富水地段的位置。

3 不同岩层层位和构造部位中节理的力学性质、发育特征、充填情况、延伸和交接关系及其富水性。

4 测区所属的地质构造类型、规模、等级（包括对构造变动历史、新构造的发育特点及其与老构造的关系的了解）和测区所在的构造部位及其富水性。

3.2.4 泉的调查，宜包括下列内容：

1 泉的出露条件、成因类型和补给来源。

2 泉的流量、水质、水温、气体成分和沉淀物。

3 泉的动态变化、利用情况；若有供水意义时，应设观测站进行动态观测。

3.2.5 水井调查，宜包括下列内容：

1 井的类型、深度、井壁结构、井周地层剖面、出水量、水位、水质及其动态变化。

2 地下水的开采方式、开采量、用途和开采后出现的问题。

3 选择有代表性的水井进行简易抽水试验。

3.2.6 地表水调查，宜包括下列内容：

1 地表水的流量、水位、水质、水温、含砂量及动态变化；地表水（包括农田灌溉和污水排放等）与地下水（包括暗河和泉）的补排关系。

2 利用现状及其作为人工补给地下水的可能性。

3 河床或湖底的岩性和淤塞情况，以及岸边的稳定性。

3.2.7 水质调查，应包括下列内容：

1 水质简易分析：取样水点数不应少于本规范表 3.1.5 中水文地质观测点总数的 40%。分析项目包括：颜色、透明度、嗅和味、沉淀、Ca^{2+}、Mg^{2+}、$(Na^+ + K^+)$、HCO_3^-、Cl^-、SO_4^{2-}，pH 值、可溶性固形物总量、总硬度等。

2 水质专门分析：取样水点数不应少于简易分析点数的 20%。分析项目：生活饮用水应符合国家现行的《生活饮用水卫生标准》GB 5479 的要求；生产用水应按不同工业企业的具体要求确定；在有地方病或水质污染的地区，应根据病情和污染的类型确定。

3 划分地下水的水化学类型，了解地下水水化学成分的变化规律。

4 了解地下水污染的来源、途径、范围、深度和危害程度。

3.3 各类地区水文地质测绘的专门要求

3.3.1 各类地区水文地质测绘的专门要求，应根据勘察任务要求和地区的水文地质条件来确定调查的内容、范围及其工作精度。

3.3.2 山间河谷及冲洪积平原地区的调查，宜包括下列内容：

1 古河道的变迁、古河床的分布和多种成因沉积物的叠置情况及其特点。

2 阶地的形态、分布范围、地质结构、成因和叠置关系。

3.3.3 冲洪积扇地区的调查，宜包括下列内容：

1 冲洪积扇的边界、规模和分布，扇轴的位置和走向，沿扇轴方向的岩性变化规律。

2 地下水溢出带的位置和水文地质特征。

3.3.4 滨海平原、河口三角洲和沿海岛屿地区的调查，宜包括下列内容：

1 海水的入侵范围、咸水（包括现代海水和古代残留海水）与淡水的分界面及其变化规律。

2 淡水层（透镜体）的分布范围、厚度和水位，及其动态变化。

3 咸水区中淡水泉的成因、补给来源、出露条件、水质和水量。

4 潮汐对地下水动态的影响。

3.3.5 黄土地区的调查，宜包括下列内容：

1 黄土中所夹粉土、姜结石和砂卵石含水层的分布范围、埋藏条件和富水性。

2 黄土柱状节理、孔隙、溶蚀孔洞的发育特征和含水性。

3 黄土塬上洼地的分布、成因和含水性。

4 黄土底部岩层的含水性或隔水性。

3.3.6 沙漠地区的调查，宜包括下列内容：

1 古河道、潜蚀洼地和微地貌（砂丘、草滩、湖岸、天然堤等）的分布及其与地下淡水层（透镜体）的关系。

2 喜水植物的分布及其与地下水的埋深和化学成分的关系。

3 砂丘覆盖和近代河道两侧的淡水层的分布及其埋藏条件。

3.3.7 冻土地区的调查，宜包括下列内容：

1 多年冻土和岛屿状冻土的分布范围。

2 冻土地貌（醉林、冰锥、冰丘和冰水岩盘等）的分布规律及其与地下水的关系。

3 多年冻土层的上下限、厚度、分布规律和赋存的地下水类型（冻结层的层上水、层间水、层下水）。

4 融区的成因、类型、分布范围和水文地质特征。

3.3.8 碎屑岩地区的调查，宜包括下列内容：

1 岩层的互层情况，风化裂隙、构造裂隙的发育程度和深度，及其与地下水赋存的关系。

2 可溶盐的分布和溶蚀程度，咸水与淡水的分界面。

3.3.9 可溶岩地区的调查，宜包括下列内容：

1 微地貌（岩溶漏斗、竖井和洼地等）和岩溶泉与地下水分布的关系。

2 构造、岩性、地下水径流和地表水文网等因素与岩溶发育的关系。

3 暗河（地下湖）的位置、规模、水位和流量，及其补给条件和开发条件。

    4 大型洞穴的形状、规模和充填物。

3.3.10 岩浆岩和变质岩地区的调查,宜包括下列内容:

    1 风化壳的发育特征、分布规律和含水性。

    2 岩体、岩脉的岩性、产状、规模、穿插特征,及其与围岩接触带的破碎程度和含水性。

    3 玄武岩的柱状节理和孔洞的发育特征及其含水性。

4 水文地质物探

4.0.1 采用水文地质物探(简称物探)方法,应根据勘察区的水文地质条件,被探物体的物理特征和不同的工作内容等因素确定。宜采用多种物探方法进行综合探测。

4.0.2 采用物探方法时,被探测物体应具备下列基本条件:

    1 与相邻介质对同一物性参数有明显的差异。

    2 有一定的规模。

    3 所引起的异常值,在干扰情况下尚有足够的显示。

4.0.3 采用物探方法,可探测下列内容:

    1 覆盖层的厚度、隐伏的古河床和埋藏的冲洪积扇的位置。

    2 断层、裂隙带、岩脉等的产状和位置,含水层的宽度和厚度。

    3 地质剖面。

    4 地下水的水位、流向和渗透速度。

    5 地下水的可溶性固形物和咸水、淡水的分布范围。

    6 暗河的位置和隐伏岩溶的分布。

    7 多年冻土层下限的埋藏深度等。

4.0.4 物探工作的布置、参数的确定、检查点的数量和重复测量的误差,应符合国家现行有关标准的规定。

4.0.5 对勘探孔宜进行水文测井工作,配合钻探取样划分地层,为取得有关参数提供依据。

4.0.6 对物探的实测资料,应结合地质和水文地质条件进行综合分析,提出具有相应水文地质解释的物探成果。

5 水文地质钻探与成孔

5.1 水文地质勘探孔的布置

5.1.1 勘探孔的布置,宜在水文地质测绘和物探的基础上进行。

5.1.2 勘探孔的布置,应能查明勘察区的地质和水文地质条件,取得有关水文地质参数和评价地下水资源所需的资料。

    注:采用数值法评价地下水资源时,勘探孔的布置应满足查明水文地质边界条件和水文地质参数分区的要求。

5.1.3 松散层地区勘探线的布置,宜按表5.1.3确定。

表 5.1.3 松散层地区勘探线的布置

类型	勘探线的布置
宽度小于5km的山间河谷、冲积阶地地区	垂直地下水流向或地貌单元布置。在傍河或在河床下取渗透水时,应结合拟建取水构筑物类型布置垂直和平行河床的勘探线
冲洪积平原地区	垂直地下水流向布置
冲洪积扇地区	沿扇轴布置勘探线,选择富水地段,再在富水地段布置垂直扇轴(或垂直地下水流向)的勘探线
滨海沉积地区	垂直海岸线布置,查明咸水与淡水的分界面,再在分界面上游选择一定距离(按咸水不能入侵到拟建水源地考虑),垂直海岸线布置勘探线
黄土地区	垂直和沿沟谷、黄土注地布置,平行或垂直黄土塬的长轴布置
沙漠地区	垂直和沿河流、古河道(包括河流消失带)和潜蚀注地布置,或垂直沙丘覆盖的冲积、湖积含水层中的地下水流向布置
多年冻土地区	垂直河流布置,查明融冻类型;并结合地貌横切耐寒或喜水植物生长地段布置,查明冻土与融区分布界限

5.1.4 松散层主要类型地区勘探线、孔距离,宜符合表5.1.4的规定。

表 5.1.4 松散层主要类型地区勘探线、孔距离

类型	勘察阶段	勘探线间距(km)	勘探孔间距(km)
冲洪积平原地区	详查	3.0～6.0	1.0～3.0
	勘探	1.0～3.0	0.5～1.5
宽度为1～5km的山间河谷冲积阶地地区	详查	1.0～4.0	0.3～1.5
	勘探	0.5～2.0	0.2～1.0
宽度小于1km的山间河谷冲积阶地地区	详查	0.5～2.0	0.2～0.4
	勘探	0.3～1.0	0.1～0.3
冲洪积扇地区	详查	1.0～4.0	0.3～1.5
	勘探	0.5～2.0	0.2～1.0

    注:普查阶段,当搜集现有资料达不到精度要求时,应布置少量勘探孔。

5.1.5 基岩地区勘探孔的布置,宜按表5.1.5确定。

表 5.1.5 基岩地区勘探孔的布置

类型	勘探孔的布置
碎屑岩地区	布置在下列富水地段:(1)厚层砂岩、砾岩分布区的断裂破碎带(张性断裂破碎带、压性断裂主动盘一侧破碎带);(2)褶皱轴方向剧变的外侧;(3)岩层倾角由陡变缓的偏缓地段;(4)背斜轴部和倾没端等构造变动显著的地段;(5)产状近于水平的岩层的裂隙密集带和共轭裂隙的密集部位;(6)碎屑岩与火成岩岩脉或侵入体的接触带附近;(7)地下水的集中排泄带
可溶岩地区	按碎屑岩地区规定布置外,尚可布置在可溶岩与其他岩层(包括非可溶岩和弱可溶岩)的接触带,裂隙岩溶发育带和岩溶微地貌(如溶隙注地、串珠状漏斗等)发育处,强径流带
岩浆岩和变质岩地区	布置在断层破碎带、岩脉发育带、不同岩体接触带、弱风化裂隙发育带以及原生柱状节理和原生空洞发育层

5.2 水文地质勘探孔的结构

5.2.1 勘探孔的深度,宜钻穿有供水意义的主要含水层(带)或含水构造带。

5.2.2 勘探孔的孔径设计,应包括下列内容:

    1 开孔直径。

    2 孔身各段直径及变径的位置。

    3 终孔直径。

5.2.3 勘探孔抽水试验段的直径应根据可能的出水量大小、抽水试验的技术要求和过滤器的类型及外径确定。

5.2.4 当需查明各含水层(带)的水位、水质、水温、透水性或隔离水质不好的含水层时,应进行止水工作,并检查止水效果。

    注:长期观测孔亦应在观测层(带)与非观测层(带)之间进行止水。

5.2.5 抽水孔过滤器的下端,应设置管底封闭的沉淀管,其长度宜为2～4m。

5.2.6 勘探孔结构的设计,应根据勘察区的地层特性、测试要求及钻探工艺等因素综合考虑,并宜尽量简化。

5.3 抽水孔过滤器

5.3.1 抽水孔过滤器的类型,根据不同含水层的性质,可按表5.3.1采用。抽水试验的观测孔,宜采用包网过滤器。

表 5.3.1 抽水孔过滤器的类型选择

含水层	抽水孔过滤器类型
具有裂隙、溶洞(其中有大量充填物)的基岩	骨架过滤器、缠丝过滤器或填砾过滤器
卵(碎)石、圆(角)砾	缠丝过滤器或填砾过滤器
粗砂、中砂	缠丝过滤器或填砾过滤器
细砂、粉砂	填砾过滤器或包网过滤器

    注:基岩含水层,当裂隙、溶洞(其中很少充填物)稳定时,可不设置过滤器。

5.3.2 抽水孔过滤器骨架管的内径，在松散层中，宜大于200mm；在基岩中，宜大于100mm。

抽水试验观测孔过滤器骨架管的外径，不宜小于75mm。

5.3.3 抽水孔过滤器的长度，宜符合下列规定：

1 含水层厚度小于30m时，可与含水层厚度一致。

2 含水层厚度大于30m时，可采用20～30m；当含水层的渗透性差时，其长度可适当增加。

抽水试验观测孔过滤器的长度可采用2～3m。

5.3.4 抽水孔过滤器骨架管孔隙率，不宜小于15%。

5.3.5 非填砾过滤器的包网网眼、缠丝缝隙尺寸，宜按表5.3.5确定。

表5.3.5 非填砾过滤器进水缝隙尺寸

过滤器类型	网眼、缝隙尺寸(mm)	
	含水层不均匀系数 $\eta_1 \leqslant 2$	含水层不均匀系数 $\eta_1 > 2$
缠丝过滤器	$(1.25\sim1.5)d_{50}$	$(1.5\sim2.0)d_{50}$
包网过滤器	$(1.5\sim2.0)d_{50}$	$(2.0\sim2.5)d_{50}$

注：1 细砂取较小值，粗砂取较大值。
　　2 d_{50}为含水层筛分颗粒组成中，过筛质量累计为50%时的最大颗粒直径。

5.3.6 填砾过滤器的滤料规格和缠丝间隙，可按下列规定确定：

1 当砂土类含水层 η_1 小于10时，填砾过滤器的滤料规格，宜采用下式计算：

$$D_{50} = (6\sim8)d_{50} \qquad (5.3.6-1)$$

2 当碎石土类含水层 d_{20} 小于2mm时，填砾过滤器的滤料规格，宜采用下式计算：

$$D_{50} = (6\sim8)d_{20} \qquad (5.3.6-2)$$

3 当碎石土类含水层 d_{20} 大于或等于2mm时，应充填粒径10～20mm的滤料。

4 填砾过滤器滤料的 η_2 值应小于或等于2。

5 填砾过滤器的缠丝间隙和非缠丝过滤器的孔隙尺寸，可采用 D_{10}。

注：1 η_1 为砂土类含水层的不均匀系数，即 $\eta_1 = d_{60}/d_{10}$；η_2 为填砾过滤器滤料的不均匀系数，即 $\eta_2 = D_{60}/D_{10}$。
　　2 d_{10}、d_{20}、d_{60} 为含水层土样筛分中能通过网眼的颗粒，其累计质量占试样总质量分别为10%、20%、60%时的最大颗粒直径。
　　3 D_{10}、D_{50}、D_{60} 为滤料试样筛分中能通过网眼的颗粒，其累计质量占试样总质量分别为10%、50%、60%时的最大颗粒直径。

5.3.7 填砾过滤器的滤料厚度，粗砂以上含水层应为75mm，中砂、细砂和粉砂含水层应为100mm。

5.4 勘探孔施工

5.4.1 水文地质勘探孔的钻进和成孔工艺，应符合下列要求：

1 基岩勘探孔，应采用清水钻进。

2 松散层勘探孔，根据含水层特性和勘探要求，可采用水压或泥浆钻进。

3 冲洗介质的质量应符合国家现行的《供水管井技术规范》GB 50296 的有关规定。

4 在钻进有供水意义的含水层时，严禁采用向孔内投放粘土块代替泥浆护壁。

5 在下过滤器和填滤料前，应将孔内的稠泥浆换为稀泥浆。

6 抽水孔必须及时洗孔。抽水试验观测孔也应进行洗孔，宜洗至水位变化反映灵敏。

5.4.2 水文地质勘探孔的成孔质量，应符合下列要求：

1 孔身各段直径达到设计要求。

2 孔身在100米深度内其孔斜度不大于1.5°。

3 孔深误差不大于2‰。

4 洗孔结束前的出孔含砂量不大于1/20000（体积比）。

5.4.3 钻探过程中采取土样、岩样，宜符合下列规定：

1 取出的土样宜正确反映原有地层的颗粒组成。

2 采取鉴别地层的岩、土样，非含水层宜每3～5m取一个，含水层宜每2～3m取一个，变层时，应加取一个。

3 采取试验用的土样，厚度大于4m的含水层，宜每4～6m取一个，含水层厚度小于4m时，应取一个。

4 试验用土样的取样质量，宜大于下列数值：

砂　　　　　　　　　　　　　　　1kg
圆砾（角砾）　　　　　　　　　　3kg
卵石（碎石）　　　　　　　　　　5kg

5 基岩岩芯的采取率，宜大于下列数值：

完整岩层　　　　　　　　　　　　70%
构造破碎带、风化带、岩溶带　　　30%

6 有测井和井下电视配合工作时，鉴别地层的土样、岩样的数量可适当减少。

5.4.4 松散层土的分类，应按本规范附录D的规定执行。

5.4.5 土样和岩样（岩芯）的描述，应符合表5.4.5的规定。

表5.4.5 土样和岩样（岩芯）的描述内容

类别	描述内容
碎石土类	名称、岩性成分、磨圆度、分选性、粒度、胶结情况和充填物（砂、粘性土的含量）
砂土类	名称、颜色、矿物成分、粒度、分选性、胶结情况和包含物（粘性土、动植物残骸、卵砾石等含量）
粘性土类	名称、颜色、湿度、有机物含量、可塑性和包含物
岩石类	名称、颜色、矿物成分、结构、构造、胶结物、化石、岩脉、包裹物、风化程度、裂隙性质、裂隙和岩溶发育程度及其充填情况

5.4.6 在钻探过程中，应对水位、水温、冲洗液消耗量、漏水位置、自流水的水头和自流量、孔壁坍塌、涌砂和气体逸出的情况、岩层变层深度、含水构造和溶洞的起止深度等进行观测和记录。

5.4.7 钻探结束时，应对所揭露的地层进行准确分层，并根据含水层的水头、水质情况分别进行回填和隔离封孔。

5.4.8 勘探孔应测量坐标和孔口高程。

5.4.9 勘探开采井的钻探工作除应遵守本章的规定外，尚应符合现行《供水管井技术规范》GB 50296 的要求。

6 抽水试验

6.1 一般规定

6.1.1 抽水孔的布置，应根据勘察阶段，地质、水文地质条件和地下水资源评价方法等因素确定，并宜符合下列要求：

1 详查阶段，在可能富水的地段均宜布置抽水孔。

2 勘探阶段，在含水层（带）富水性较好和拟建取水构筑物的地段均宜布置抽水孔。

6.1.2 抽水孔占勘探孔（不包括观测孔）总数的百分比（%），宜不少于表6.1.2的规定。

表6.1.2 抽水孔占勘探孔总数的百分比

地 区	详查阶段	勘探阶段
基岩地区	80	90
岩性变化较大的松散层地区	70	80
岩性变化不大的松散层地区	60	70

注：抽水试验的工作量中，宜包括带观测孔的抽水试验。

6.1.3 在松散含水层中，可用放射性同位素稀释法或示踪法测定地下水的流向、实际流速和渗透速度等，了解地下水的运动状态。

6.1.4 抽水试验观测孔的布置，应根据试验目的和计算公式的要求确定，并宜符合下列要求：

1 以抽水孔为原点,宜布置1~2条观测线。

2 1条观测线时,宜垂直地下水流向布置;2条观测线时,其中一条宜平行地下水流向布置。

3 每条观测线上的观测孔宜为3个。

4 距抽水孔近的第一个观测孔,应避开三维流的影响,其距离不宜小于含水层的厚度;最远的观测孔距第一个观测孔的距离不宜太远,并应保证各观测孔内有一定水位下降值。

5 各观测孔的过滤器长度宜相等,并安装在同一含水层和同一深度。

6.1.5 对富水性强的大厚度含水层,需要划分几个试验段进行抽水时,试验段的长度可采用20~30m。

6.1.6 对多层含水层,需分层研究时,应进行分层(段)抽水试验。

6.1.7 采用数值法评价地下水资源时,宜进行一次大流量、大降深的群孔抽水试验,并应以非稳定流抽水试验为主。

6.1.8 抽水试验前和抽水试验时,必须同步测量抽水孔和观测孔、点(包括附近的水井、泉和其他水点)的自然水位和动水位。如自然水位的日动态变化很大时,应掌握其变化规律。抽水试验停止后,必须按本规范第6.3.3条的要求测量抽水孔和观测孔的恢复水位。

抽水试验结束后,应检查孔内沉淀情况。必要时,应进行处理。

6.1.9 抽水试验时,应防止抽出的水在抽水影响范围内回渗到含水层中。

6.1.10 水质分析和细菌检验的水样,宜在抽水试验结束前采取。其件数和数量应根据用水目的和分析要求确定。

6.1.11 水位的观测,在同一试验中应采用同一方法和工具。抽水孔的水位测量应读到厘米,观测孔的水位测量应读到毫米。

6.1.12 出水量的测量,采用堰箱或孔板流量计时,水位测量应读数到毫米;采用容积法时,量桶充满水所需的时间不宜少于15s,应读到0.1s;采用水表时,应读到0.1m³。

6.2 稳定流抽水试验

6.2.1 抽水试验时,水位下降的次数应根据试验目的确定,宜进行3次。其中最大下降值可接近孔内的设计动水位,其余2次下降值宜分别为最大下降值的1/3和2/3。

各次下降的水泵吸水管口的安装深度应相同。

注:当抽水孔出水量很小,试验时的出水量已达到抽水孔极限出水能力时,水位下降次数可适当减少。

6.2.2 抽水试验的稳定标准,应符合在抽水稳定延续时间内,抽水孔出水量和动水位与时间关系曲线只在一定的范围内波动,且没有持续上升或下降的趋势。

注:1 当有观测孔时,应以最远观测孔的动水位判定。

2 在判定动水位有无上升或下降趋势时,应考虑自然水位的影响。

6.2.3 抽水试验的稳定延续时间,宜符合下列要求:

1 卵石、圆砾和粗砂含水层为8h。

2 中砂、细砂和粉砂含水层为16h。

3 基岩含水层(带)为24h。

注:根据含水层的类型、补给条件、水质变化和试验的目的等因素,稳定延续时间可适当调整。

6.2.4 抽水试验时,动水位和出水量观测的时间,宜在抽水开始后的第5、10、15、20、25、30min各测一次,以后每隔30min或60min测一次。

水温、气温观测的时间,宜每隔2~4h同步测量一次。

6.3 非稳定流抽水试验

6.3.1 抽水孔的出水量,应保持常量。

6.3.2 抽水试验的延续时间,应按水位下降与时间[s(或 Δh^2)~$\lg t$]关系曲线确定,并应符合下列要求:

1 s(Δh^2)~$\lg t$ 关系曲线有拐点时,则延续时间宜至拐点后的线段趋于水平。

2 s(Δh^2)~$\lg t$ 关系曲线没有拐点时,则延续时间宜根据试验目的确定。

注:1 在承压含水层中抽水时,采用 s~$\lg t$ 关系曲线;在潜水含水层中抽水时,采用 Δh^2~$\lg t$ 关系曲线。

2 拐点是指曲线上斜率的导数为零的点。

3 当有观测孔时,应采用最远观测孔的 s(或 s^2)~$\lg t$ 关系曲线。

6.3.3 抽水试验时,动水位和出水量观测的时间,宜在抽水开始后第1、2、3、4、6、8、10、15、20、25、30、40、50、60、80、100、120min各观测一次,以后可每隔30min观测一次。

6.3.4 群孔抽水试验,宜符合下列要求:

1 当一个抽水孔抽水时,对另一个最近的抽水孔产生的水位下降值,不宜小于20cm。

2 抽水孔的水位下降次数应根据试验目的而定。

3 当抽水孔附近有地表水或地下水露头时,应同步观测其水位、水质和水温。

6.3.5 开采性抽水试验,宜符合下列要求:

1 宜在枯水期进行。

2 总出水量宜等于或接近需水量(宜大于需水量的80%)。

3 下降漏斗的水位能稳定时,则稳定延续期不宜少于1个月。

4 下降漏斗的水位不能稳定时,则抽水时间宜延续至下一个补给期。

7　地下水动态观测

7.0.1 地下水动态观测线、孔的布置,应能控制勘察区或水源地开采影响范围内的地下水动态。根据不同的观测目的,观测孔、线的布置宜分别符合下列要求:

1 查明各含水层之间的水力联系时,可分层布置观测孔。

2 需要获得边界地下水动态资料时,观测孔宜在边界有代表性的地段布置。

3 查明污染源对水源地地下水的影响时,观测孔宜在连接污染源和水源地的方向上布置。

4 查明咸水与淡水分界面的动态特征(包括海水入侵)时,观测线宜垂直分界面布置。

5 需要获得用于计算地下水径流量的水位动态资料时,观测线宜垂直和平行计算断面布置。

6 需要获得用于计算地区降水入渗系数的水位动态资料时,观测孔宜在有代表性的不同地段布置。

7 查明地下水与地表水体之间的水力联系时,观测线宜垂直地表水体的岸边线布置。

8 查明水源地在开采过程中下降漏斗的发展情况时,宜通过漏斗中心布置相互垂直的两条观测线。

9 查明两个水源地的相互影响或附近矿区排水对水源地的影响时,观测孔宜在连接两个开采漏斗中心的方向上布置。

10 为满足数值法计算要求,观测孔的布置应保证对计算区各分区参数的控制。

7.0.2 地下水动态观测点,宜利用已有的勘探孔、水井和泉。

7.0.3 地下水动态观测孔过滤器的结构和类型,可按本规范第5.3.1~5.3.5条抽水试验观测孔的有关规定执行。

7.0.4 地下水动态观测孔的过滤器,应下至所需观测的含水层最低水位以下2~5m,其管口应高出地面0.5~1m。孔口应设置保护装置,在孔口地面应采取防渗措施。分层观测的观测孔应分层止水。观测孔的洗井应符合本规范第5.4.1条的要求。

7.0.5 观测井、孔的出水量、水位、水温、气温和泉的流量,宜每隔

5～10d 观测一次,当其变化剧烈时应增加观测次数。各观测点的观测,应定时进行。

计算降水入渗系数所需的水位的观测时间,应根据计算的具体要求确定。

7.0.6 水质分析和细菌检验用的水样,宜在丰水期和枯水期各取一次,在污染地区应增加取样次数。采取水样前宜进行抽(掏)水洗井(孔)。

7.0.7 查明咸水与淡水分界面时,宜每月取水样一次,作单项离子分析。

7.0.8 查明地表水和地下水之间的水力联系时,应在观测地下水动态的同时,观测有关地表水的动态。

7.0.9 地下水动态观测期间,应系统掌握有关的气象和水文资料。

7.0.10 地下水动态观测,应在勘察期间尽早进行。观测的持续时间,详查阶段不宜少于一个枯水季节;勘探阶段不宜少于一个水文年;开采阶段应进行长期观测。

7.0.11 观测孔如有淤塞、反应不灵敏和孔口有变动时,应及时处理。

8 水文地质参数计算

8.1 一般规定

8.1.1 水文地质参数的计算,必须在分析勘察区水文地质条件的基础上,合理选用公式(选用的公式应注明出处)。

8.1.2 本章所列潜水孔的计算公式,当采用观测孔资料时,其使用范围应限制在抽水孔水位下降漏斗坡度小于1/4处。

8.2 渗透系数

8.2.1 单孔稳定流抽水试验,当利用抽水孔的水位下降资料计算渗透系数时,可采用下列公式:

1 当 $Q \sim s$(或 Δh^2)关系曲线呈直线时,

  1)承压水完整孔:

$$K = \frac{Q}{2\pi sM} \ln \frac{R}{r} \qquad (8.2.1-1)$$

  2)承压水非完整孔:

  当 $M > 150r, l/M > 0.1$ 时:

$$K = \frac{Q}{2\pi sM}(\ln \frac{R}{r} + \frac{M-l}{l} \ln \frac{1.12M}{\pi r}) \qquad (8.2.1-2)$$

  或当过滤器位于含水层的顶部或底部时:

$$K = \frac{Q}{2\pi sM}[\ln \frac{R}{r} + \frac{M-l}{l} \ln(1 + 0.2\frac{M}{r})] \qquad (8.2.1-3)$$

  3)潜水完整孔:

$$K = \frac{Q}{\pi(H^2 - h^2)} \ln \frac{R}{r} \qquad (8.2.1-4)$$

  4)潜水非完整孔:

  当 $\bar{h} > 150r, l/\bar{h} > 0.1$ 时:

$$K = \frac{Q}{\pi(H^2 - h^2)}(\ln \frac{R}{r} + \frac{\bar{h}-l}{l} \cdot \ln \frac{1.12\bar{h}}{\pi r}) \qquad (8.2.1-5)$$

  或当过滤器位于含水层的顶部或底部时:

$$K = \frac{Q}{\pi(H^2 - h^2)}[\ln \frac{R}{r} + \frac{\bar{h}-l}{l} \cdot \ln(1 + 0.2\frac{\bar{h}}{r})]$$

$$(8.2.1-6)$$

式中 K——渗透系数(m/d);

  Q——出水量(m³/d);

  s——水位下降值(m);

  M——承压水含水层的厚度(m);

  H——自然情况下潜水含水层的厚度(m);

$\bar{h}$——潜水含水层在自然情况下抽水试验时的厚度的平均值(m);

  h——潜水含水层在抽水试验时的厚度(m);

  l——过滤器的长度(m);

  r——抽水孔过滤器的半径(m);

  R——影响半径(m)。

2 当 $Q \sim s$(或 Δh^2)关系曲线呈曲线时,可采用插值法得出 Q $\sim s$ 代数多项式,即:

$$s = a_1 Q + a_2 Q^2 + \cdots\cdots a_n Q^n \qquad (8.2.1-7)$$

式中 $a_1、a_2\cdots\cdots a_n$——待定系数。

  注:a_1 宜按均差表求得后,可相应地将公式(8.2.1-1)、(8.2.1-2)、(8.2.1-3)中的 Q/s 和公式(8.2.1-4)、(8.2.1-5)、(8.2.1-6)中的 $\frac{Q}{H^2 - h^2}$ 以 $1/a_1$ 代换,分别进行计算。

3 当 s/Q(或 $\Delta h^2/Q$)$\sim Q$ 关系曲线呈直线时,可采用作图截距法求出 a_1 后,按本条第二款变换,并计算。

8.2.2 单孔稳定流抽水试验,当利用观测孔中的水位下降资料计算渗透系数时,若观测孔中的值 s(或 Δh^2)在 s(或 Δh^2)$\sim \lg r$ 关系曲线上能连成直线,可采用下列公式:

1 承压水完整孔:

$$K = \frac{Q}{2\pi M(s_1 - s_2)} \ln \frac{r_2}{r_1} \qquad (8.2.2-1)$$

2 潜水完整孔:

$$K = \frac{Q}{\pi(\Delta h_1^2 - \Delta h_2^2)} \ln \frac{r_2}{r_1} \qquad (8.2.2-2)$$

式中 $s_1、s_2$——在 $s \sim \lg r$ 关系曲线的直线段上任意两点的纵坐标值(m);

  $\Delta h_1^2、\Delta h_2^2$——在 $\Delta h^2 \sim \lg r$ 关系曲线的直线段上任意两点的纵坐标值(m²);

  $r_1、r_2$——在 s(或 Δh^2)$\sim \lg r$ 关系曲线上纵坐标为 $s_1、s_2$(或 $\Delta h_1^2、\Delta h_2^2$)的两点至抽水孔的距离(m)。

8.2.3 单孔非稳定流抽水试验,在没有补给的条件下,利用抽水孔或观测孔的水位下降资料计算渗透系数时,可采用下列公式:

1 配线法:

  1)承压水完整孔:

$$\begin{cases} K = \frac{0.08Q}{Ms}W(u) & (8.2.3-1) \\ u = \frac{S}{4KM} \cdot \frac{r^2}{t} & (8.2.3-2) \end{cases}$$

  2)潜水完整孔:

$$\begin{cases} K = \frac{0.159Q}{\Delta h^2}W(u) \\ u = \frac{\mu}{4KH} \cdot \frac{r^2}{t} \end{cases} 或 \begin{cases} K = \frac{0.08Q}{\bar{h}s}W(u) & (8.2.3-3) \\ u = \frac{\mu}{4K\bar{h}} \cdot \frac{r^2}{t} & (8.2.3-4) \end{cases}$$

式中 $W(u)$——井函数;

  S——承压水含水层的释水系数;

  μ——潜水含水层的给水度。

2 直线法:

  当 $\frac{r^2 S}{4KMt}$(或 $\frac{r^2 \mu}{4K\bar{h}t}$)$< 0.01$ 时,可采用公式(8.2.2-1)、(8.2.2-2)

或下列公式:

  1)承压水完整孔:

$$K = \frac{Q}{4\pi M(s_2 - s_1)} \cdot \ln \frac{t_2}{t_1} \qquad (8.2.3-5)$$

  2)潜水完整孔:

$$K = \frac{Q}{2\pi(\Delta h_2^2 - \Delta h_1^2)} \cdot \ln \frac{t_2}{t_1} \qquad (8.2.3-6)$$

式中 $s_1、s_2$——观测孔或抽水孔在 $s \sim \lg t$ 关系曲线的直线段上任意两点的纵坐标值(m);

  $\Delta h_1^2、\Delta h_2^2$——观测孔或抽水孔在 $\Delta h^2 \sim \lg t$ 关系曲线的直线段上任意两点的纵坐标值(m²);

t_1、t_2——在s(或Δh^2)~$\lg t$关系曲线上纵坐标为s_1、s_2(或Δh_1^2、Δh_2^2)两点的相应时间(min)。

8.2.4 单孔非稳定流抽水试验,在有越流补给(不考虑弱透水层水的释放)的条件下,利用s~$\lg t$关系曲线上拐点处的斜率计算渗透系数时,可采用下式:

$$K=\frac{2.3Q}{4\pi\cdot M\cdot m_i\cdot e^{r/B}} \tag{8.2.4}$$

式中 r——观测孔至抽水孔的距离(m);

B——越流参数;

m_i——s~$\lg t$关系曲线上拐点处的斜率。

注:1 拐点处的斜率,应根据抽水孔或观测孔的稳定最大下降值的1/2确定曲线的拐点位置及拐点处的水位下降值,再通过拐点作切线计算得出。

2 越流参数,应根据$e^{r/B}\cdot K_0^{r/B}=2.3\frac{s_i}{m_i}$,从函数表中查出相应的$r/B$,然后确定越流参数$B$。

8.2.5 稳定流抽水试验或非稳定流抽水试验,当利用水位恢复资料计算渗透系数时,可采用下列公式:

1 停止抽水前,若动水位已稳定,可采用公式(8.2.4)计算,式中的m_i值应采用恢复水位的s~$\lg(1+\frac{t_k}{t_T})$曲线上拐点的斜率。

2 停止抽水前,若水位没有稳定,仍呈直线下降时,可采用下列公式:

1)承压水完整孔:

$$K=\frac{Q}{4\pi Ms}\ln(1+\frac{t_k}{t_T}) \tag{8.2.5-1}$$

2)潜水完整孔:

$$K=\frac{Q}{2\pi(H^2-h^2)}\ln(1+\frac{t_k}{t_T}) \tag{8.2.5-2}$$

式中 t_k——抽水开始到停止的时间(min);

t_T——抽水停止时算起的恢复时间(min);

s——水位恢复的剩余下降值(m);

h——水位恢复的潜水含水层厚度(m)。

注:1 当利用观测孔资料时,应符合$\frac{r^2S}{4KMt_k}$(或$\frac{r^2\mu}{4Kht_k}$)<0.01的要求。

2 如恢复水位曲线直线段的延长线不通过原点时,应分析其原因,必要时应进行修正。

8.2.6 利用同位素示踪测井资料计算渗透系数时,可采用下列公式:

$$K=\frac{V_f}{I} \tag{8.2.6-1}$$

$$V_f=\frac{\pi(r^2-r_0^2)}{2art}\ln\frac{N_0-N_b}{N_t-N_b} \tag{8.2.6-2}$$

式中 V_f——测点的渗透速度(m/d);

I——测试孔附近的地下水水力坡度;

r——测试孔滤水管内半径(m);

r_0——探头半径(m);

t——示踪剂浓度从N_0变化到N_t所需的时间(d);

N_0——同位素在孔中的初始计数率;

N_t——同位素t时的计数率;

N_b——放射性本底计数率;

a——流场畸变校正系数。

8.3 给水度和释水系数

8.3.1 潜水含水层的给水度和承压水含水层的释水系数,可利用单孔非稳定流抽水试验观测孔的水位下降资料计算确定,或采用野外试验和室内试验的方法确定。

8.4 影响半径

8.4.1 利用稳定流抽水试验观测孔中的水位下降资料计算影响半径时,可采用下列公式:

1 承压水完整孔:

$$\lg R=\frac{s_1\lg r_2-s_2\lg r_1}{s_1-s_2} \tag{8.4.1-1}$$

2 潜水完整孔:

$$\lg R=\frac{\Delta h_1^2\lg r_2-\Delta h_2^2\lg r_1}{\Delta h_1^2-\Delta h_2^2} \tag{8.4.1-2}$$

8.4.2 缺少观测孔的水位下降资料时,影响半径可采用经验数据,也可选用有关公式计算。

8.5 降水入渗系数

8.5.1 勘察区或附近设有地下水均衡场时,降水入渗系数可直接采用均衡场的降水入渗系数的观测计算值或采用比拟法确定。

8.5.2 在平原地区,利用降水过程前后的地下水水位观测资料计算潜水含水层的一次降水入渗系数时,可采用下式近似计算:

$$\alpha=\mu(h_{max}-h\pm\Delta h\cdot t)/X \tag{8.5.2}$$

式中 α——一次降水入渗系数;

h_{max}——降水后观测孔中的最大水柱高度(m);

h——降水前观测孔中的水柱高度(m);

Δh——临近降水前,地下水水位的天然平均降(升)速(m/d);

t——从h变到h_{max}的时间(d);

X——t日内降水总量(m)。

9 地下水水量评价

9.1 一般规定

9.1.1 进行地下水的水量评价,应具备下列资料:

1 勘察区含水层的岩性、结构、厚度、分布规律、水力性质、富水性以及有关参数。

2 含水层的边界条件,地下水的补给、径流和排泄条件。

3 水文、气象资料和地下水动态观测资料。

4 初步拟定的取水构筑物类型和布置方案。

5 地下水的开采现状和今后的开采规划。

9.1.2 地下水水量评价的方法,应根据需水量、勘察阶段和勘察区水文地质条件确定。宜选择几种适合于勘察区特点的方法进行计算和分析比较,得出符合实际的结论。

9.1.3 进行地下水的水量评价时,应根据需水量要求,结合勘察区的水文地质条件,计算地下水的补给量和允许开采量,必要时应计算储存量。

9.1.4 进行地下水的水量评价时,宜按下列步骤进行:

1 根据初步估算的地下水水量和拟定的开采方案,计算取水构筑物的开采能力和区域动水位。

2 确定开采条件下能够取得的补给量,包括补给量的增量、蒸发与溢出的减量。

3 根据需水量和水源地类型(常年的、季节性或非稳定型的),论证在整个开采期内的开采和补给的平衡。

4 确定允许开采量。

9.1.5 计算和评价地下水水量时,计算时段的选择应符合下列规定:

1 补给量充足,水文地质单元具有多年调蓄能力时,可采用"多年平均"作为计算时段。

2 补给量不充足,水文地质单元调蓄能力不大时,可采用需水保证率年作为计算时段。

3 介于上述两者之间,可采用连续枯水年组或设计枯水年组作为计算时段。

9.2 补给量的确定

9.2.1 地下水的补给量应计算由下列途径进入含水层(带)的水量:

1 地下水径流的流入。
2 降水渗入。
3 地表水渗入。
4 越层补给。
5 其他途径渗入。

9.2.2 计算补给量时,应按自然状态和开采条件下两种情况进行。

9.2.3 进入含水层的地下水径流量,可按下式计算:

$$Q = K \cdot I \cdot B \cdot M \qquad (9.2.3)$$

式中 Q——地下水径流量(m³/d);
K——渗透系数(m/d);
I——自然状态或开采条件下的地下水水力坡度;
B——计算断面的宽度(m);
M——承压含水层的厚度(m)。

9.2.4 降水入渗的补给量,可按下列公式计算:

1 按降水入渗系数计算时:

$$Q = F \cdot \alpha \cdot X / 365 \qquad (9.2.4-1)$$

式中 Q——日平均降水入渗补给量(m³/d);
F——降水入渗的面积(m²);
α——年平均降水入渗系数;
X——年降水量(m)。

2 在地下水径流条件较差,以垂直补给为主的潜水分布区,计算降水入渗补给量时:

$$Q = \mu \cdot F \cdot \sum \Delta h / 365 \qquad (9.2.4-2)$$

式中 $\sum \Delta h$——一年内每次降水后,地下水水位升幅之和(m);
μ——潜水含水层的给水度。

3 地下水径流条件良好的潜水分布区,可用数值法计算降水入渗补给量。

9.2.5 农田灌溉水和人工漫灌水的入渗补给量,可根据灌入量、排放量减去蒸发量及其他消耗量进行计算。

9.2.6 河、渠的入渗补给量,可根据勘察区上下游断面的流量差或河渠渗入的有关公式计算和确定。

9.2.7 利用各项补给量之和确定总补给量时,应对各单项补给项目进行具体分析,确定对本区起主导作用的项目,并避免重复。

9.2.8 利用开采区内的地下水排泄量和含水层中地下水储存量之差计算补给量时,可按下式计算:

$$Q_B = E + Q_Y + Q_J + Q_K + \Delta W / 365 \qquad (9.2.8)$$

式中 Q_B——日平均地下水补给量(m³/d);
E——日平均地下水蒸发量(m³/d);
Q_Y——日平均地下水溢出量(m³/d);
Q_J——流向开采区外的日平均地下水径流量(m³/d);
Q_K——日平均地下水开采量(m³/d);
ΔW——连续两年内相同一天的地下水储存量之差(年储存量小于上年者取负值)(m³/d)。

9.2.9 地下水总补给量,可根据水源地上游地下水最小径流量与水源地影响范围内潜水最低、最高水位之间的储存量(m³/d)之和确定。

9.3 储存量的计算

9.3.1 潜水含水层的储存量,可按下式计算:

$$W = \mu \cdot V \qquad (9.3.1)$$

式中 W——地下水的储存量(m³);
μ——潜水含水层的给水度;

V——潜水含水层的体积(m³)。

9.3.2 承压水含水层的弹性储存量,可按下式计算:

$$W = F \cdot S \cdot h \qquad (9.3.2)$$

式中 W——地下水的弹性储存量(m³);
F——含水层的面积(m²);
S——弹性释水系数;
h——承压水含水层自顶板算起的压力水头高度(m)。

9.4 允许开采量的计算和确定

9.4.1 允许开采量的计算和确定,应符合下列要求:

1 取水方案在技术上可行,经济上合理。
2 在整个开采期内动水位不超过设计值,出水量不会减少。
3 水质、水温的变化不超过允许范围。
4 不发生危害性的环境地质现象和影响已建水源地的正常生产。

9.4.2 当能够确定勘察区地下水在开采条件下的各项均衡要素时,宜采用水均衡法计算和确定允许开采量。

9.4.3 在地下水的补给以地下水径流为主,含水层的厚度不大、储存量很少且下游又允许疏干的情况下,可采用地下水断面径流量法确定允许开采量,其值不宜大于最小的地下水径流量。

9.4.4 水源地具有长期开采的动态资料,证明地下水有充足的补给,且能形成较稳定的水位下降漏斗时,可根据总出水量与区域漏斗中心处的水位下降的相关关系,计算单位下降系数,并应结合相应的补给量确定扩大开采时的允许开采量。

9.4.5 含水层埋藏较浅,开采期间地表水能充分补给时,可根据取水构筑物的型式和布局,采用有关岸边渗入公式确定允许开采量。

9.4.6 需水量不大,且地下水有充足补给时,可只计算取水构筑物的总出水量作为允许开采量。

9.4.7 当地下水属周期性补给,且有足够的储存量,采用枯水期疏干储存量的方法计算允许开采量时,宜符合下列要求:

1 能够取得的部分储存量,应满足枯水期的连续开采,且抽水孔中动水位的下降不超过设计要求。

2 应保证被疏干的部分储存量能在补给期间得到补偿。

9.4.8 利用泉作为供水水源时,根据泉的动态观测资料,结合地区的水文、气象资料,评价泉的允许开采量时,宜分别符合下列规定:

1 需水量显著小于泉的枯水流量时,可根据泉的调查和枯水期的实测资料直接进行评价。

2 需水量接近泉的枯水流量时,可根据泉流量的动态曲线和流量频率曲线进行评价,也可建立泉流量的消耗方程式进行评价。

3 需水量大于泉的枯水流量时,如有条件,宜在枯水期进行降低水位的试验,确定有无扩大泉水流量的可能性。在此基础上进行评价。

9.4.9 利用暗河作为供水水源时,可根据枯水期暗河出口处的实测流量评价允许开采量。如有长期观测资料,也可结合地区的水文、气象资料,根据暗河的流量频率曲线进行评价。

9.4.10 在暗河分布地区,某一地段的允许开采量可采用地下径流模数法概略评价,也可选择合适的断面,通过天然落水洞、竖井或抽水孔进行抽水,计算过水断面上的总径流量进行评价。

9.4.11 勘察区与某一开采区的水文地质条件基本相似,且开采区已具有多年的实际开采资料时,根据两地区的典型比拟指标,可采用比拟法评价勘察区的允许开采量。

9.4.12 布置群井开采地下水时,允许开采量可根据群孔抽水试验的总出水能力和开采条件下的相应补给量,并结合设计要求的动水位,反复试算和调整后确定。

9.4.13 水文地质条件复杂,补给条件难以查明时,可采用开采性抽水试验的实测资料直接(或适当推算)确定允许开采量。

9.4.14 当采用数值法计算允许开采量时,应符合下列要求:

  1 水文地质条件的概化。

    1)宜以完整的水文地质单元作为计算区。

    2)按含水层的岩性结构、水力性质、导水特征等,可分区概化为:潜水或承压水,均质或非均质,各向同性或各向异性,单层、双层或多层。

    3)地下水流状态,可根据其特征分别概化为稳定流或非稳定流,一维流、二维平面流或剖面流,准三维流或三维流。

    4)计算区边界可概化为给定地下水水位(水头)的一类边界,或给定侧向径流量的二类边界;或给定地下水侧向流量与水位关系的三类边界。

  2 数值模型的建立。

    1)计算区网格剖分的疏密,应与相应勘察阶段的资料相适合,布局合理。

    2)按含水层特征分区,给出水文地质参数的初始估算值。如需在模型识别过程中调整分区,应与其水文地质特征相符合。

    3)宜采用拟合-校正方法反求水文地质参数,识别和检验数值模型;数值模型的识别和检验,必须利用相互独立的不同时段的资料分别进行。

    4)利用非稳定流试验资料识别模型,应使地下水位的实际观测值与模拟计算值的变化曲线 $h \sim t$ 趋势一致,并采用使得水位拟合均方差等目标函数达到最小,作为判断标准。

    5)利用稳定流试验资料识别模型,模拟的流场应与实测流场的形态一致,且地下水流向应相同。

  3 地下水预报。

    1)对计算区的大气降水和河川径流进行水文分析,评价平、枯、丰不同年份的降水量和径流量,作为地下水预报的基础。

    2)根据预测分时段给出预报的外部条件,包括预报期间的边界的流量、水位、垂向交换的水量等。必要时,可建立相应的统计模型或计算区外围的区域大模型进行计算。

    3)对给定的方案或各种可行的开采方案进行预报,应论证其是否满足给定的技术、经济和环境的约束条件。

    4)预报成果的精度,可采用地下水预报模型进行地下水均衡计算的结果,进行分析和评定。

9.4.15 在确定允许开采量的过程中,如需计算各抽水孔内或邻近孔内的水位下降值时,应考虑由于三维流、紊流、孔损等因素的影响而产生的水位附加下降值。

9.4.16 地下水允许开采量可划分为 A、B、C、D 四级,各级的精度宜按下列内容进行分析和评价:

  1 水文地质条件的研究程度。

  2 动态观测时间的长短。

  3 计算所引用的原始数据和参数的精度。

  4 计算方法和公式的合理性。

  5 补给的保证程度。

9.4.17 推断的(D级)允许开采量的精度应符合下列规定:

  1 初步查明含水层(带)的空间分布和水文地质特征。

  2 初步圈定可能富水的地段。

  3 根据单孔抽水试验确定所需的水文地质参数。

  4 概略评价地下水资源,估算地下水允许开采量。

9.4.18 控制的(C级)允许开采量的精度应符合下列规定:

  1 基本查明含水层(带)的空间分布和水文地质特征。

  2 初步掌握地下水的补给、径流、排泄条件及其动态变化规律。

  3 根据带观测孔的单孔抽水试验或枯水期的地下水动态资料确定有代表性的水文地质参数。

  4 结合开采方案初步计算允许开采量,提出合理的采用值。

  5 初步论证补给量,提出拟建水源地的可靠性评价。

9.4.19 探明的(B级)允许开采量的精度应符合下列规定:

  1 查明拟建水源地区的水文地质条件与供水有关的环境水文地质问题,提出开采地下水必需的有关含水层资料和数据。

  2 根据一个水文年以上的地下水动态资料和群孔抽水试验或开采性抽水试验,验证水文地质计算参数,掌握含水层的补给条件及供水能力。

  3 结合具体的开采方案建立和完善数值模型,计算和评价补给量,确定允许开采量。

  4 预测开采条件下的地下水水位、水量、水质可能发生的变化。

  5 提出不使地下水水量减少和水质变差的保护措施。

  注：直接利用泉水天然流量作为允许开采量时,应具有 20 年以上泉流量系列观测资料。

9.4.20 验证的(A级)允许开采量的精度应符合下列规定:

  1 具有为解决开采水源地具体课题所进行的专门研究和试验成果。

  2 根据开采的动态资料进一步完善地下水数值模型,并逐步建立地下水管理模型。

  3 掌握 3 年以上水源地连续的开采动态资料,并对地下水允许开采量进行系统的多年的均衡计算和评价。

  4 提出水源地改造、扩建及保护地下水资源的具体措施。

10 地下水水质评价

10.0.1 地下水水质评价,应在查明地下水的物理性质、化学成分、卫生条件和变化规律的基础上进行。对与开采的含水层有水力联系的其他含水层,以及能影响该层水质的地表水均应进行综合评价。

10.0.2 生活饮用水的水质评价,应按国家现行的《生活饮用水卫生标准》GB 5749 执行。在有地方病的地区,应根据当地环境保护和卫生部门等有关单位提出的水质特殊要求进行。

10.0.3 生产用水的水质评价,应按生产或设计提出的水质要求和现行的有关生产用水标准进行评价。

10.0.4 地下水质变化复杂的地区,应分区、分层进行评价。

10.0.5 在地下水受到污染的地区,应在查明污染现状的基础上,着重对与污染源有关的有害成分进行评价,并提出改善水质和防止水质进一步恶化的建议和措施。

10.0.6 评价地下水水质时,应预测地下水开采后水质可能发生的变化,并提出卫生防护措施。

11 地下水资源保护

11.0.1 勘察期间应根据全面规划、合理开采、开源节流、化害为利的原则,及时开展与地下水资源保护有关的水文地质工作。

11.0.2 凡出现下列情况的地区,在没有采取专门措施时,不应再进行扩大开采量的勘察:

  1 现有水源地的开采量和补给量已趋平衡,且在当前的技术经济条件下补给量已不能增加。

  2 水质明显恶化,不能满足需要。

  3 现有水源地的开采已产生危害性的环境地质问题。

11.0.3 在已有水源地的附近,进行新水源地或扩大已有水源地的勘察时,应符合下列要求:

1 掌握已有水源的开采动态和发展规划。

2 协调新建水源和已有水源地的开采动水位。

3 合理利用多层含水层。

11.0.4 在地下水开采过程中,根据地下水动态观测资料,应对地下水的补给量和允许开采量进一步计算和评价,对水位、水质的变化和不良环境地质现象的发生作出预测。必要时,应提出调整开采方案或采取防护措施的建议。

11.0.5 在有污染源(包括咸水)的地区进行勘察时,应符合下列规定:

1 水源地应选择在污染源的上游。

2 进行污染调查,了解污染源对地下水水质的影响,并应预测开采后可能发生的变化。

3 控制开采量和开采动水位,防止劣质水的入侵。

4 对开采井及观测孔采取止水措施,防止垂直方向上不同含水层中水质优劣不同的地下水直接发生联系。

5 水质分析除进行一般项目的分析外,应根据污染源的类型、性质和有害物质成分,进行相应的有害元素和有机化合物的分析及放射性物质的测定。

11.0.6 大量开采地下水的地区,应根据上部土体的压缩性和各层地下水的区域水位下降值,评价有无引起地面沉降的可能性。在已产生地面沉降的地区,应建立地下水观测网,设置测定地面沉降值的分层标和基岩标进行监测,并采取调整开采方案的措施进行控制。

11.0.7 在开采地下水的地区,为地下水的合理开发和保护,应做好地下水动态监测工作,并按国家有关规定的要求,设置水源卫生防护带。

附录 A 供水水文地质勘察报告编写提纲

序言

说明任务的来源及要求。

简要评述勘察区以往水文地质工作的程度及地下水开发利用的现状和规划。

概述勘察工作的进程以及完成的工作量。

1 自然地理及地质概况

概述勘察区的地形和地貌条件。

简述气象和水文特征。

叙述地层和主要地质构造的分布及特征。

本部分应侧重叙述与地下水的形成、补给、径流、排泄条件以及与地下水污染有关的内容。

2 水文地质条件

叙述含水层(带)的空间分布及其水文地质特征。

阐述地下水的补给、径流、排泄条件及其动态变化规律。

叙述地下水的水化学特征、污染现状及其变化规律。

说明拟采含水层(带)与相邻含水介质及其他水体之间的水力联系状况。

3 勘察工作

结合地下水资源评价方法的需要,论述勘察工作的主要内容及其布置,提出本次勘察工作的主要成果,并评述其质量和精度。

4 地下水资源评价

论述水文地质参数计算的依据,正确计算所需的水文地质参数。论述水文地质条件概化和数学模型的建立。

水量计算:计算地下水的天然补给量和储存量,以及开采条件下的补给增量。根据保护资源、合理开发的原则,提出相应勘察阶段允许开采量,论证其保证程度,并预测其可能的变化趋势。

水质评价:根据任务要求,说明水质的可用性,结合环境水文地质条件,预测开采条件下地下水水质有无遭受污染的可能性,提出保护和改善地下水水质的措施。

预测地下水开采可能引起的环境地质问题。

5 结论和建议

提出拟建水源地的地段和主要水文地质数据和参数。

评价地下水的允许开采量、水质及其精度。

建议取水构筑物的型式和布局。

指出水源地在施工中和投产后应注意的事项。

建议地下水动态观测网点的设置及要求。

建议水源地卫生防护带的设置及要求。

指出本次工作的不足和存在问题。

主要附件

1. 勘察工程平面布置图

2. 水文地质图及其剖面图

3. 与地下水有关的各种等值线图

4. 勘探孔柱状图及抽水试验综合图

5. 水文、气象资料图表

6. 井(泉)调查表

7. 水质分析成果统计表

8. 颗粒分析成果统计表

9. 地下水动态观测图表

注:编写报告时,应根据需水量大小、水文地质条件的复杂程度和勘察阶段,对本提纲的内容进行合理的增、删。论述应突出资源评价,言简意赅。文字与图表应相互呼应。

附录 B 地层符号

B.1 地层年代符号

界	系		统	
新生界 K_z	第四系 Q		全新统 Q_4 或 Q_h	
			更新统 Q_p	上更新统 Q_3
				中更新统 Q_2
				下更新统 Q_1
	第三系 R	上第三系 N	上新统 N_2	
			中新统 N_1	
		下第三系 E	渐新统 E_3	
			始新统 E_2	
			古新统 E_1	
中生界 M_z	白垩系 K		上白垩统或白垩系上统 K_2	
			下白垩统或白垩系下统 K_1	
	侏罗系 J		上侏罗统或侏罗系上统 J_3	
			中侏罗统或侏罗系中统 J_2	
			下侏罗统或侏罗系下统 J_1	
	三叠系 T		上三叠统或三叠系上统 T_3	
			中三叠统或三叠系中统 T_2	
			下三叠统或三叠系下统 T_1	
古生界 P_z	上古生界 P_{z2}	二叠统 P	上二叠统或二叠系上统 P_2	
			下二叠统或二叠系下统 P_1	
		石炭系 C	上石炭统或石炭系上统 C_3	
			中石炭统或石炭系中统 C_2	
			下石炭统或石炭系下统 C_1	
		泥盆系 D	上泥盆统或泥盆系上统 D_3	
			中泥盆统或泥盆系中统 D_2	
			下泥盆统或泥盆系下统 D_1	

续表B.1

界	系	统
古生界 Pz	下古生界 Pz1	志留系 S	上志留统或志留系上统 S₃
			中志留统或志留系中统 S₂
			下志留统或志留系下统 S₁
		奥陶系 O	上奥陶统或奥陶系上统 O₃
			中奥陶统或奥陶系中统 O₂
			下奥陶统或奥陶系下统 O₁
		寒武系 ∈	上寒武统或寒武系上统 ∈₃
			中寒武统或寒武系中统 ∈₂
			下寒武统或寒武系下统 ∈₁
元古界 Pt	上元古界 Pt3	震旦系 Z	上震旦统或震旦系上统 Z₂
			下震旦统或震旦系下统 Z₁
		青白口系 Qn	
	中元古界 Pt2	蓟县系 Jx	
		长城系 Ch	
	下元古界 Pt1		
太古界 Ar	上太古界 Ar2		
	下太古界 Ar1		

注：1 时代不明的变质岩为M；前寒武系为An∈；前震旦系为An Z。
2 "震旦系"一名限用于湖北长江三峡东部剖面为代表的一段晚前寒武系地层，分上、下两统。
3 我国北方晚前寒武系地层划分仍有不同意见，为便于工作，自下而上可沿用长城系、蓟县系、青白口系三个年代地层单位名称。

B.2 第四纪地层成因类型符号

人工填土	Q^ml	海陆交互相沉积层	Q^mc
植物层	Q^pd	冰积层	Q^gl
冲积层	Q^al	冰水沉积层	Q^fgl
洪积层	Q^pl	火山堆积层	Q^v
坡积层	Q^dl	崩积层	Q^col
残积层	Q^el	滑坡堆积层	Q^del
风积层	Q^eol	泥石流堆积层	Q^sef
湖积层	Q^l	生物堆积层	Q^o
沼泽沉积层	Q^h	化学堆积层	Q^ch
海相沉积层	Q^m	成因不明堆积层	Q^pr

注：1 两种成因混合的沉(堆)积层，可用混合符号。
例如：冲积与洪积混合层，可用Q^{al+pl}表示。
2 地层与成因的符号可合起来使用。例如：由冲积形成的第四系上更新统，可用Q₃^al表示。

附录C 供水水文地质勘察常用图例及符号

C.1 土和岩石

C.1.1 松散沉积物

C.1.2 沉积岩

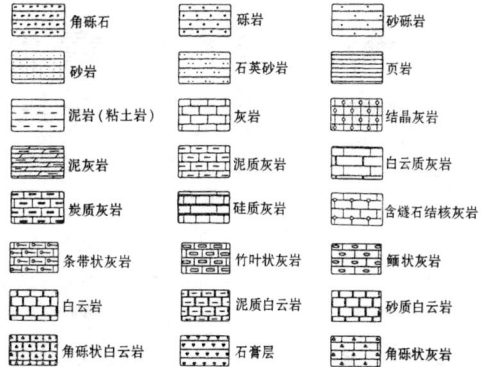

C.1.3 岩浆岩

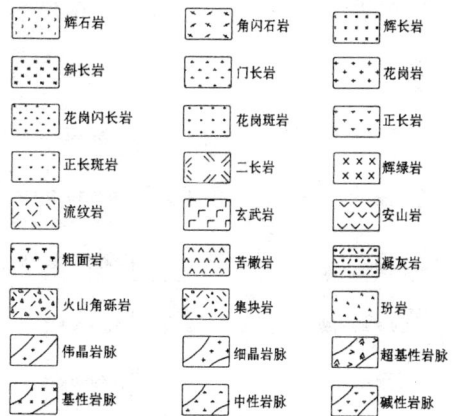

C.1.4 变质岩

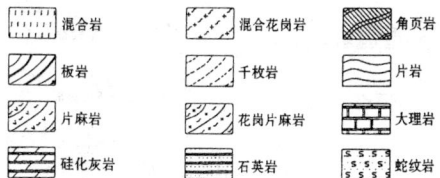

C.1.5 构造岩

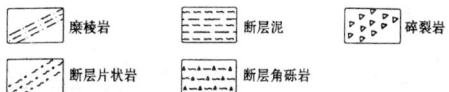

C.2 地貌及物理地质现象

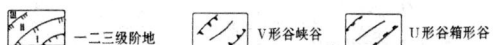

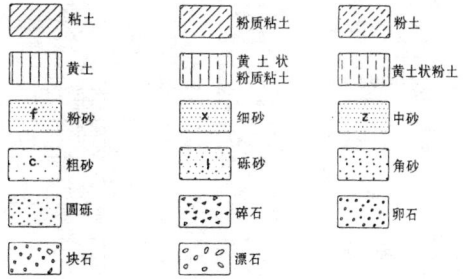

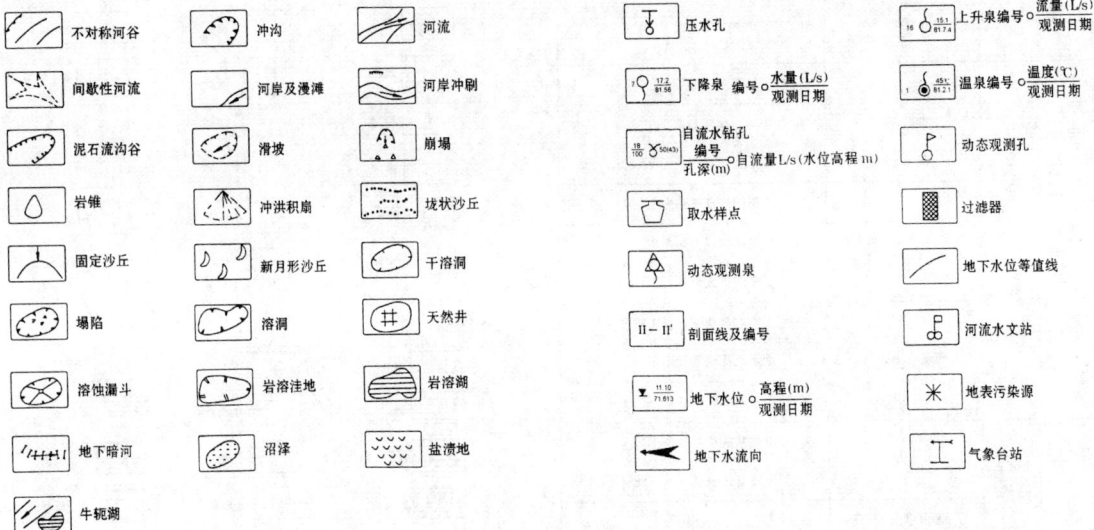

不对称河谷　冲沟　河流

间歇性河流　河岸及漫滩　河岸冲刷

泥石流沟谷　滑坡　崩塌

岩锥　冲洪积扇　垄状沙丘

固定沙丘　新月形沙丘　干溶洞

塌陷　溶洞　天然井

溶蚀漏斗　岩溶洼地　岩溶湖

地下暗河　沼泽　盐渍地

牛轭湖

压水孔　上升泉编号○流量(L/s)／观测日期

下降泉　编号○水量(L/s)／观测日期　温泉编号○温度(℃)／观测日期

自流水钻孔　编号○自流量L/s(水位高程m)／孔深(m)　动态观测孔

取水样点　过滤器

动态观测泉　地下水位等值线

Ⅱ—Ⅱ' 剖面线及编号　河流水文站

地下水位　高程(m)／观测日期　地表污染源

地下水流向　气象台站

C.3　地质构造

岩层产状　倒转地层产状

节理产状　片理产状

背斜轴线　向斜轴线

盆地构造　穹窿构造

实测断层(性质不明)　推测断层(性质不明)

实测正断层及产状　推测正断层及产状

实测逆断层及产状　推测逆断层及产状

实测平推断层　推测平推断层

压性断裂及产状(带齿盘上冲)　张性断裂及产状(带齿盘下落)

扭性断裂及产状(箭头示两盘相对运动方向)　压扭性断层及产状(带齿盘相对斜冲)

张扭性断裂(带齿盘相对斜落)　断层破碎带

挤压破碎带　节理密集带

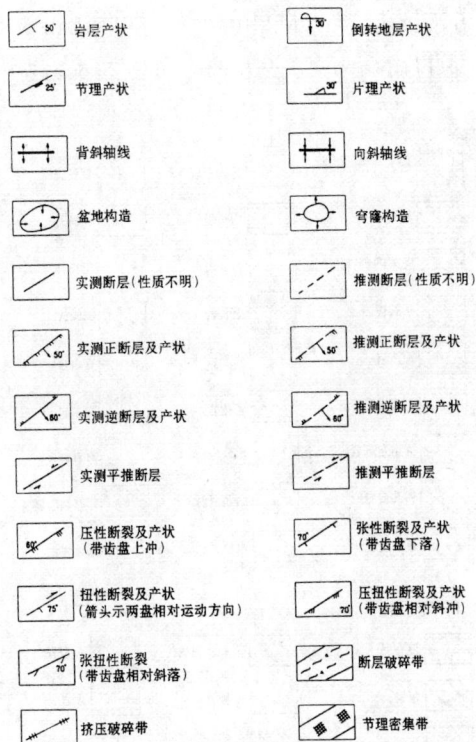

C.4　勘探测试点线

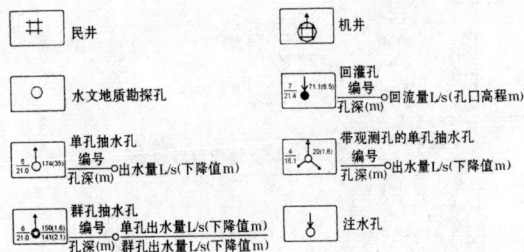

民井　机井

水文地质勘探孔　回灌孔 编号○回灌量L/s(孔口高程m)／孔深(m)

单孔抽水孔 编号○出水量L/s(下降值m)／孔深(m)　带观测孔的单孔抽水孔 编号○出水量L/s(下降值m)／孔深(m)

群孔抽水孔 编号○单孔出水量L/s(下降值m)／孔深(m)群孔出水量L/s(下降值m)　注水孔

附录D　土的分类

类别	名称	说　　明
碎石土类	漂石	圆形及亚圆形为主,粒径大于200mm的颗粒超过总质量的50%
	块石	棱角形为主,粒径大于200mm的颗粒超过总质量的50%
	卵石	圆形及亚圆形为主,粒径大于20mm的颗粒超过总质量的50%
	碎石	棱角形为主,粒径大于20mm的颗粒超过总质量的50%
	圆砾	圆形及亚圆形为主,粒径大于2mm的颗粒超过总质量的50%
	角砾	棱角形为主,粒径大于2mm的颗粒超过总质量的50%
砂土类	砾砂	粒径大于2mm的颗粒占总质量的25%～50%
	粗砂	粒径大于0.5mm的颗粒超过总质量的50%
	中砂	粒径大于0.25mm的颗粒超过总质量的50%
	细砂	粒径大于0.075mm的颗粒超过总质量的85%
	粉砂	粒径大于0.075mm的颗粒不超过占总质量的50%～85%
粘性土类	粉土	塑性指数:$I_p \leqslant 10$
	粉质粘土	塑性指数:$10 < I_p \leqslant 17$
	粘土	塑性指数:$I_p > 17$

注:1　土的名称应根据粒径分组由大到小以最先符合者确定。
　　2　野外临时确定土的名称时,可采用一般常用的经验方法。

本规范用词说明

1　为便于在执行本规范条文时区别对待,对要求严格程度不同的用词说明如下:

　1)表示很严格,非这样做不可的用词:
　　正面词采用"必须";反面词采用"严禁"。

　2)表示严格,在正常情况下均应这样做的用词:
　　正面词采用"应";反面词采用"不应"或"不得"。

　3)表示允许稍有选择,在条件许可时,首先应这样做的用词:
　　正面词采用"宜";反面词采用"不宜"。

　　表示有选择,在一定条件下可以这样做的,采用"可"。

2　规范中指定应按其他有关标准、规范执行时,写法为:"应符合"……规定"或"应按……执行"。

中华人民共和国国家标准

供水水文地质勘察规范

GB 50027—2001

条 文 说 明

目　次

1 总 则

1.0.1 多年来，由于过量开采地下水，各地相继出现了诸如水量减少、水质恶化、地面沉降、土地沙化等一系列与生态环境失衡所产生的环境水文地质问题。为了把有限的水资源合理开发而保持良好的生态环境，本次修订时对供水水文地质勘察的宗旨，增加了对生态环境保护的强调。

1.0.2 随着国民经济的发展，农村集镇和乡镇企业迅速兴起，同时也增加了对用水的需求。由于地下水具有许多地表水不可比拟的优点，所以集镇和乡镇企业都越来越多地利用地下水。事实上，不少单位已承担过这方面的任务，并按本规范的要求，向委托单位提交了勘察资料。鉴于上述情况，故本规范的适应范围也相应地扩大到城镇。

1.0.3 勘察纲要是根据搜集已有资料和现场踏勘结果编制的，是指导勘察工作、编制各项具体计划以及检查所完成工作的主要依据。

考虑到勘察纲要用语在许多部门和系统已习用多年，同时又为避免与设计部门的有关设计书相混淆，所以本规范仍沿用"勘察纲要"的称谓。

由于勘察纲要内容涉及许多方面，且有些内容如施工进度、人员设备、经济预算等，又多属经营管理和劳动定额方面的范围，加之大小工程的勘察内容和工作量悬殊很大，故本规范未将勘察纲要内容提纲，仅在条文中提出编制的基本要求。实际工作中可根据具体工程的特点和需要来编制，并且应该注意两点：一是必须充分搜集已有资料，避免与前人工作重复；二是现场踏勘必须认真，避免遗漏重要的地质、水文地质现象。

1.0.4 本条强调的勘察工作的内容和工作量，是根据一系列因素，结合勘察区具体情况及拟选用的地下水资源评价方法综合考虑确定的。条文所述诸因素中的"拟选用的地下水资源评价方法"，其含义是不同的资源评价方法对勘察工作量的大小及其布置的要求是不同的。譬如，采用数值法评价地下水资源，与传统的稳定流解析法有所不同。数值法要求勘察孔应在勘察区有控制性的布置，以查明边界的水文地质条件为主，而且抽水试验应采用非稳定流方法。强调资源评价方法与勘察工作的内容和工作量联系考虑，旨在获得的勘察资料有的放矢，实用可靠。

1.0.5 原规范第1.0.4条，对影响水文地质勘察工作内容和深度应综合考虑的诸多因素作了规定，其中水文地质条件的复杂程度列在首位。但是在实际工作中如何具体判定水文地质条件复杂的程度，未作进一步规定，以致难以操作。为了正确指导供水水文地质勘察工作，合理确定勘察工作的规模，以达到技术和经济效果的统一，本次修订时纳采了各单位的意见，增补了该条文，将水文地质条件的复杂程度划分为简单、中等、复杂三类，详见表1.0.5。该表所列特征内容，主要以构造、岩性、地貌为构架，并辅以含水介质及地下水的基本特征补充而选择的。这与传统的水文地质理论，即构造、岩性和地貌是影响一个地区水文地质条件复杂程度、制约一个地区地下水形成和赋存机制的主导因素是相吻合的。值得说明的是，由于实际工作中研究对象的多样性和复杂性，表1.0.5中所列的各种特征，往往难以准确判断，因此在工作初期（如普查阶段），当把握不准时，可把复杂程度提高一个档次处理。其次，规定本条文后，在使用表3.1.5时可按表中注②的规定执行；当使用表5.1.4时，在水文地质条件简单时采用大数值；反之，则相反；条件中等时，则采用中间值。

1.0.6 需水量是用户根据用水需要提出的，是供水勘察委托任务书中的主要内容，也是勘察单位和业主签定勘察施工合同内容的重要依据。不言而喻，勘察单位按合同协议布置勘察工作内容和

工作量，即组织一定的勘察规模，为用户找到的水源地，其允许开采量必须满足需水量，用户方可验收。因此，本次修订时增补了该条文，以满足实际工作的需要。条文中按需水量大小将拟建水源地规模划分为四级，是参照各部门有关标准中的相关内容制订的。

1.0.7 20世纪80年代中期修订规范（TJ 27—78）时，国家计委标准定额局明确指出，水文地质勘察阶段的划分应按储发[1987]27号文的规定修改。所以，修改后的规范（GBJ 27—88）将水文地质勘察划分为地下水调查、普查、详查、勘探和开采五个阶段，以适应各部门和单位在实际工作中的不同要求。但是，经过十余年的施行，各单位普遍反映，上述划分不适合供水勘察的实际情况与需要。鉴于下述基本事实：一、有关资料表明，从建国至1994年止，全国区域水文地质调查工作已全部完成，区域水文地质条件和地下水资源的分布已基本查清，多年来的供水水文地质勘察工作，一般均是在上述工作的基础上进行的。二、从抽样性地收集到的近十年来各地所完成的50个水源地勘察资料来看，未见有涉及地下水调查阶段工作的工程项目。三、目前国内从事水文地质勘察较多的地矿、冶金、建设、电力、铁路等部门所制订的供水水文地质勘察规范，均未将地下水调查列为一个勘察阶段，勘察阶段基本都是划分为四个阶段，只是名称的叫法不一。本次修订时将供水勘察阶段调整为普查、详查、勘探和开采四个阶段，删除了地下水调查阶段。

值得指出的是，水文地质勘察虽然划分为上述四个阶段，但核心的阶段应是详查和勘探（也即过去习用多年，与供水设计阶段相对应的初步勘察和详细勘察），普查和开采则可认为是核心阶段的前后延伸。诚然，只有如此理解供水水文地质勘察的全过程，才能获取完整的地下水资料。

其次，目前我国少数地区，尤其是西部待开发地区，比例尺小于1：200000的区域水文地质调查仍有空白。倘在此类地区为城市、工矿进行供水水文地质勘察时，还需进行地下水调查阶段的工作，故在本条后加注了规定。

1.0.8 本条文规定与原规范条文比较，有两点不同：一是删除了原条文第一款有关地下水资源调查阶段的内容；二是对供水勘察各阶段的工作与设计全过程各期工作的对应关系作了进一步的明确。

针对实际工作的需要，建设部城建司于1993年颁发了市政工程设计技术管理标准，规定设计工作的全过程分为设计前期、设计阶段、设计后期三个阶段。设计前期工作主要包括项目可行性研究，编制项目建议书及可行性研究报告；设计阶段包括初步设计和施工图设计；设计后期工作包括配合施工，参加工程试运行，设计回访，工程设计总结等。无疑，供水设计的全过程也应基本如此。所以为满足供水设计全过程各期工作对供水勘察基础资料的要求，本条按四款分别对不同勘察阶段的工作任务和深度作了明确规定。

条文中强调各阶段提出的地下水允许开采量应相应满足A、B、C、D各级精度的要求，可以理解为勘察阶段的工作内容和工作量应达到的标准。本规范第9.4.17～9.4.20条对此已有明确规定。

以"推断的"、"控制的"、"探明的"、"验证的"分别相应替代本条各款中"提出的"、"估算的"、"提出的"、"重新评价的"等用词，能使表述更加明确和贴切。据了解，美国等国外有关的分类标准对此也是如此表述的。

1.0.9 本次修订，将水文地质勘察工作调整为四个阶段，但对于具体的勘察工程，不必循序逐一进行，可根据实际的需要，对勘察阶段进行简化与合并。这样对节省勘察费用、缩短水源地建设周期都是有利的。所以，凡属下列情况之一者，勘察阶段均可简化与合并。一、水文地质条件简单，需水量容易得到满足的工程。二、只有一个水源地方案。三、详查过程中，设计部门根据所获初步资料能确定水源地。四、勘察阶段难以划分的基岩地区找水。

1.0.11 众所周知，多年来有关水文地质勘探、测试、地下水动态监测、地下水资源评价等方面行之有效的新技术、新方法、新工艺，如先进的物探、同位素、遥感、计算机等新技术，可谓层出不穷。例如，激发极化法、电导率成像系统、核磁共振等物探新技术已取得了满意的效果；又如井下彩色电视系统、单孔声波测井仪、轻便测井仪、超声波流量计、水位监测自动采集系统、水质连续仪等先进设备仪器的应用，提高了工作效率和勘察资料精度。如此实例，不胜枚举。但是，全国范围内各部门、各单位的推广应用尚不平衡，且力度也不大，这不仅束缚和阻碍着水文地质勘察科学技术的发展速度，而且在一定程度上也制约着本规范内容的完善与水平的提高。有鉴于此，本次修订时在总则中增加了本条文，以引起各方面对这一问题的重视。

2 术语与符号

2.1 术　语

2.1.1～2.1.28 截至目前，国内已先后出版了几本涉及水文地质勘察的名词术语标准，如《钻探工程名词术语》《水文地质术语》、《地质词典》《给水、排水设计基本术语标准》等，但这些标准对同一概念的冠名与解释，往往不尽相同，甚至差异较大。不仅如此，就是原规范也存在类似不严谨的问题。例如"抽水孔"，也称为"抽水试验孔"、"抽水试验钻孔"、"抽水井"，使得同一概念有四个不同名称，而且"孔"和"井"的内涵还是迥然不同的。诸如此类，不乏其例。显然，这样势必给实际工作和相互交流带来不便。所以，为了协调认识，统一标准，本次修订规范时在参考有关名词术语标准和技术标准的基础上，对本规范所涉及的术语及其定义作了统一规定，增补了以"孔"为中心的"术语"部分。必须指出，本术语部分不同于系列性的术语标准，所以不可能广而全，而是按国标通用的要求，选择国内各供水勘察部门在实际工作中共同使用较多的术语。因此，各部门在工作中如尚感不足，可根据工程的特点和要求，另选其他有关标准中的术语。

2.2 符　号

本次修订时在原规范所列符号的基础上，增加了同位素示踪测井求参数的有关符号。

3 水文地质测绘

3.1 一般规定

3.1.1、3.1.2 城镇和工矿企业的供水水文地质勘察工作，一般是在已有水文地质测绘资料的基础上进行的。所以，第3.1.2条可理解为应根据不同的勘察阶段搜集相应精度的水文地质测绘图件。

水文地质测绘是一项专门性的工作，有其独立性。鉴于这种情况，也是为了对被利用的地质和水文地质测绘资料进行研究和校核，本规范规定了测绘的一般要求。显然，独立完成不同比例尺的水文地质测绘工作，本规范的规定是不够的，还需遵循相应的技术规范和规程的要求。

3.1.5 观测点数量和观测路线长度是表征水文地质测绘工作精度的主要指标。自20世纪70年代编制规范（TJ 27—78）时予以规定以来，原规范表2.1.5中的指标一直未曾修订而沿用至今。近年来，随着遥感技术和其他新技术、新方法在水文地质勘察中卓

有成效的应用，使许多部门在实际工作中，在不影响工作精度的前提下，减少了野外工作量，提高了生产效率，获益匪浅。因此，不少部门和单位反映，在今后的实际工作中，若仍按原规范中的定额指标要求布置工作量，显然在技术和经济上是不合理的，应将其指标适当放宽。为此，在本次修订过程中，通过搜集国内近十年来78个各种类型水源地的实例资料，经过综合分析和归纳，对原规范表2.1.5中的部分定额指标做了适当修改。但从修改的结果（本规范表3.1.5）来看，由于实际资料的局限，改动的不多，而且定额放宽的幅度也不大，仅在0.1～1.5之间，所以此项工作仍有待今后继续调研和补充。

值得指出的是，有些部门在勘探阶段为了查明取水地段有供水意义的构造形迹特征，常进行大比例尺1∶5000的水文地质测绘。冶金、建设、水电部门就是如此，并且在本部门的水文地质勘察规范中，列入了比例尺1∶5000的水文地质测绘的观测点数和观测路线长度的定额。考虑到这方面的实际需要，在本规范表3.1.5中增加了比例尺1∶5000的定额标准。

3.1.7 关于遥感影像比例尺的选用

遥感影像比例尺的选用，应以保证图像质量获得最佳判释效果为原则。从使用的情况来看，遥感影像资料的不同，所选用的比例尺也不一样。

1 利用航片填图时，使用的航片比例尺可与任务图的比例尺接近。当小于任务图比例尺时，如工作区面积不大，可将航片放大后使用，但放大倍数不宜大于4倍。表1为原煤炭部《大比例尺航空地质测量规程》规定的比例尺，可供遥感水文地质填图参考。

表1　航空地质测量使用的航片比例尺

填图比例尺	航片比例尺
1∶50000	1∶30000～1∶60000
1∶25000	1∶16000～1∶30000
1∶10000	1∶10000～1∶18000
1∶5000	1∶8000 ～1∶15000

2 规定可选用不同时间的陆地卫星像片，旨在放宽像片的选用尺度。当有不同时间的陆地卫星像片时，以选用近期的为好。陆地卫星像片的影像最佳放大倍数为3倍，相应的比例尺为1∶100万。美国地质调查所和我国的经验证明，影像放大6倍（相应比例尺为1∶50万）仍能保证图像的质量。在地质应用中也有把影像放大成1∶25万后使用的。

3 热红外图像规定的比例尺是根据表2中有关资料的统计结果提出来的。热红外图像比例尺一般不小于1∶5万。

表2　热红外图像应用效果表

时间（年）	单位	地区	传感器	波长（mm）	比例尺	有效显示
1980	广东地质局	广州～从化	DS-1230	10～12	1∶26000	热污染、地热异常增强等
1980	岩溶所	桂林	DS-1230	10～12	1∶5000～1∶36000	区分白云岩、石灰岩、古河道等
1980	地质遥感中心	内蒙河套			1∶25000	古河道
1983	原水文四队	广东瑶山	THy-2	8～14	1∶50000	赋水断裂

3.1.8 遥感影像填图的检验

遥感影像填图是由室内判释和野外检验两个部分组成的。需要强调的是，野外检验是必不可少的工序。尤其是那些在遥感影像上难以获见的资料，如岩层和断层的产状，断层的某些性质，钻孔、井、泉的所属含水层类型、水位、出水量和水质等，必须到野外实地去补充。

3.1.9 遥感影像填图的野外工作量

遥感影像填图的野外工作与水文地质测绘相同，观测路线采

用穿越法,有意义的地段采用追索法,或者两者相结合。利用遥感影像资料填图的目的:一是提高成图的精度;二是减少野外工作量。两者比较,前者是主要的。条文中有关观测点数和路线长度的数量要求,是根据我国 14 个应用航片填图的有关技术数据统计得出的。执行本条款时,应根据图像可判程度,地区的研究程度以及影像上难以获见资料的多少等综合确定。

3.2 水文地质测绘内容和要求

3.2.1～3.2.7 水文地质测绘的内容和要求等规定,都是具有普遍性的。在执行时,应结合勘察区的具体条件、特征,突出重点。本规范把有关水文地质测绘内容和要求的条款另列一节,这样与前节"一般规定"的内容不致混淆;与后节的"专门要求"也较为协调。

3.3 各类地区水文地质测绘的专门要求

3.3.1～3.3.10 原则上规定了各类地区进行水文地质测绘时,其调查内容、调查范围和工作精度,应根据接受任务的技术要求和勘察区的水文地质条件来确定。

4 水文地质物探

4.0.1 物探方法在解决水文地质问题时,有成功的经验,也有不理想的实例。在这样的情况下,使用多种方法互相对照,对获取正确的结果是有帮助的。必须指出,采用多种物探方法进行探测时,应考虑被探测体本身具备的各种可被利用的物理条件和其他条件,这是应用物探方法获得成功的基本条件,切忌盲目使用。

4.0.2 物探在供水勘察中已被广泛应用,从经验看,在解决某些特定问题上,有相对成熟的或相对不成熟的。查其原因,对物探适用条件的认真考虑与否,则是问题的关键所在。因此,为提高物探的应用效果,本条文规定了采用物探时,被探测体应具备的基本条件。考虑到各种物探方法的适用条件不尽一致,在此只能对被探测体的共性要求,作出一般规定。

4.0.5 水文测井已被广泛应用并取得成功,为提高钻探取样的精度,做到一孔多用,在勘探孔中配合进行物探水文测井工作,是十分必要的。譬如采用视电阻率、自然电位、人工放射性同位素等方法测井,可为确定含水层深度、厚度和结构提供依据;在抽水试验过程中进行流量测井,抽水后进行扩散法测井,均可提高含水层渗透性和涌水量确定的精度。

5 水文地质钻探与成孔

5.1 水文地质勘探孔的布置

5.1.1 钻探是水文地质勘探工作的主要手段之一。如何合理地布置勘探孔,直接关系到整个勘察工程的质量。在程序上,勘探孔的布置应在水文地质测绘和物探工作之后,即在获取水文地质测绘资料和物探资料的基础上进行布置,以避免勘探孔布置的盲目性。

5.1.2 布置勘探孔的目的,一是查明地质和水文地质条件,二是取得计算参数和评价地下水资源所需的资料。本条为强调勘探孔的布置应满足与地下水资源评价方法的需求,特加注规定。当采用数值法评价地下水资源时,需侧重对水资源计算区边界的勘察,并满足计算区水文地质参数分区的要求,以避免以往采用传统的解析方法评价资源时,勘探孔的布置侧重在拟建井的范围内,而

对外围(或补给区)地段考虑较少。

5.1.3～5.1.5

1 勘察钻孔的布置方式。1)松散层地区:从大量工程实例来看,基本上都是采取垂直地下水流向或地表水体布置(当拟在岸边取渗透水时,勘探线以平行地表水岸边线布置为主)。因此,本规范依据这些资料,对比较常见的各类地区的钻孔布置方式按类型作了规定。2)基岩地区:通过多年来大量的基岩地区勘探找水工作,已积累了不少的经验。如运用构造、地质力学和新构造等方法寻找储水构造,成功地解决了许多实际问题。然而,应如何合理在这些储水构造布置勘探方案,从目前了解到的资料来看,仍然缺乏研究和总结。本规范所规定的勘探孔位的选择,都是以往工作经验的总结,且这些地段或部位往往较多成为取水地段。因此,基岩地区的勘探孔布置方案,仍有待今后继续调研并加以补充。

2 松散层地区勘探线、孔的间距。本规范对松散层地区勘探线、孔的间距,还是保留了常用的剖面线距和孔距形式。从收集的工程实例来看,凡采用这种布孔方式的工程,其地下水资源评价方法,一般均采用解析方法。当采用其他方法(如数值法)评价地下水资源时,可不受这种传统布孔方案的限制,应以满足数值模型对评价勘察区水资源的需要来布置勘探孔。

5.2 水文地质勘探孔的结构

5.2.1 勘探孔深度是根据任务的要求和勘察区的水文地质条件而确定的,不能规定一个具体的数值。为此,本条文只作了原则的规定,即应钻穿有供水意义的主要含水层(带)或含水构造带。这样规定,是基于正确取得水文地质数据和参数及评价地下水资源的需要。但是本条文不能理解为在勘探工程中所有的勘探孔都要求钻穿含水层或含水构造带。譬如,当勘察区地下水丰富,远远大于需水量要求时,勘探孔深度也可根据具体任务要求来定。

条文中的"有供水意义",应理解为是针对任务的"需水量"而言的。

5.2.4 本条文对止水的规定与要求,主要是针对勘探孔而言的。同样,作为长期观测孔,为保证观测资料的正确,也应分层止水。故本次修订时以注的形式对此作了规定。

5.2.6 本条文是新增条文,旨在要求在实际工作中充分搜集、研究和利用已有资料,合理设计钻孔结构,达到节省勘察费用、提高效益的目的。

5.3 抽水孔过滤器

规范的原版(TJ 27—78)及其第一次修订版(GBJ 27—88)(称原规范),均将有关过滤器类型选择和设计的规定作为一节放在《抽水试验》一章中。实践表明,大多数的钻孔是处在不稳定或松散孔壁的情况下,必须设置过滤器才能进行抽水试验,所以设置过滤器应是钻探成孔工艺中不可缺少的环节。基于上述情况,本次修订时,将原规范《抽水试验》一章中有关过滤器规定的一节内容移入修订后的本规范《水文地质钻探与成孔》一章。

5.3.1 原规范将填砾过滤器、非填砾过滤器、滤料,改称为"填粒过滤器"、"非填粒过滤器""填粒",是基于滤料并非都是粒径大于 2mm 的砾石这一实际情况所为。但填砾过滤器,滤料之名称已习用多年,久为同仁认可,并为现行国家标准《供水管井技术规范》GB 50296 所采用。鉴于上述情况,并为与相邻规范在相关问题方面保持协调与一致,故本次修订时予以更改,恢复使用原名称。

关于过滤器类型的选择,本次修订时,对粗砂、中砂含水层而言,去掉了包网过滤器,而对细砂、粉砂含水层则增加了包网过滤器。这样,不仅能节省勘察成本,降低施工难度,而且由于抽水孔抽水是为求取参数,抽水时间不长,包网过滤器对试验资料精度影响不大,所以如此修改是适应时下勘察市场要求的。

5.3.2 松散层中的一些专门试验报告和有关的生产实践表明,在

相同的条件下，抽水试验过滤器的直径增加，其出水量随之相应增加。当直径增加到一定限度时，出水量增加的幅度逐渐减少。譬如，过滤器直径大于 200mm 时，出水量增加的幅度一般就很小。如图 1 所示(图中数字 1～10 为试验孔组的编号，1 号孔组为地层渗透系数最小，依次增大，10 号孔组为地层渗透系数最大)。据此，当采用 φ200mm 过滤器抽水孔的出水量去推算大口径生产井的出水量，可以理解为，其误差相对的会小一些。另外，从施工条件来看，为在松散层地区设置 φ200mm 过滤器，一般需钻凿 φ300～500mm 的钻孔，这在勘察时容易满足。所以，本条文仍规定，"抽水孔过滤器直径，在松散层中宜大于 200mm"。

至于基岩勘探孔中的过滤器直径(或勘探孔径)，因缺乏实际试验资料，出水量与孔径的关系更难掌握。但考虑到基岩勘探孔孔径过大时钻进困难，而过小又不能安装抽水设备，为至少能满足空气压缩机抽水的要求，并保证获得比较正确的抽水试验资料，所以本条文仍规定"在基岩层中，宜大于 100mm"。

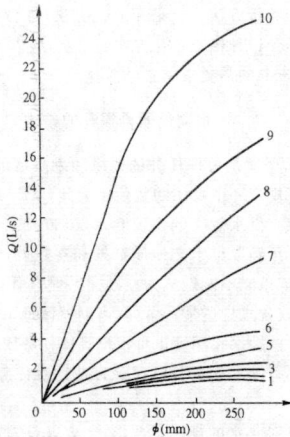

图 1 过滤器直径与出水量关系曲线图

5.3.3 一些试验研究资料揭示了过滤器长度与出水量的关系，在相同条件下，抽水孔出水量随过滤器长度的增加而增加。但当过滤器长度达到某一数值后，出水量增加的幅度却很小，甚至毫无实际意义，如图 2 所示。由此，从实用的角度可以引出一个过滤器"有效长度"的概念，即指抽水孔的出水量增加强度 ΔQ(L/s)/ΔL(m)<0.5，或进水量占整个抽水孔出水量 90%～95% 时的过滤器长度。在通常的出水量和水位下降值的情况下，过滤器"有效长度"大致为 20～30m(见表 3)。

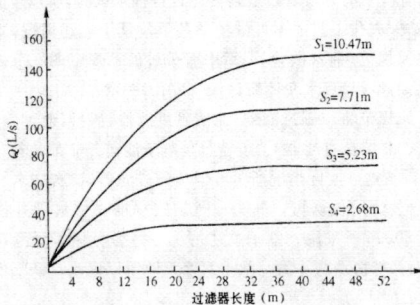

图 2 出水量与过滤器长度关系示意图

表 3 过滤器"有效长度"(L_0)值表

S(m)	Q(L/s)	q(L/s m)	L_0(m)
4.31	39.92	9.26	(38.15+24.90)/2=31.50
1.50	20.10	13.40	22.50

续表3

S(m)	Q(L/s)	q(L/s m)	L_0(m)
1.30	18.30	14.10	21.50
1.00	14.80	14.80	20.50
3.57	32.60	9.13	26.08
0.94	10.30	10.90	18.05
		9.05	24.32
10.47	155.36	15.02	36.80
7.77	116.58	15.00	30.00
5.23	76.16	14.53	26.00
2.56	35.91	14.01	19.20
4.59	107.66	23.40	30.80

注：S——水位下降值(m)。

Q——单位时间的总出水量(L/s)。

q——单位水位下降值的出水量(L/sm)。

表中数值基本上是在渗透性能较好的砂砾、卵石层中得出的。对于渗透性差一些的含水层，L_0(为井液扩散试验时，扩散段长度与以上井管长度之和的算术平均值)的数值将偏大一些。本条文对厚含水层中过滤器的长度可采用 20～30m，在执行中可以理解为：当水位下降值较小或渗透性能较好的情况下，可采用 20～30m；当水位下降值较大或渗透性能较弱的情况下，可采用 30m 或更长一些。另外，当确有把握采用某些计算公式换算不同过滤器长度的出水量时，也可采用其他数值。

5.3.4 原规范第 5.2.3 条对抽水孔过滤器骨架管的孔隙率所作的规定，对供水水文地质勘察而言，显然是要求过高，因为超过了现行国标《供水管井技术规范》GB 50296 有关规定的要求，故本次修订时将其由不小于 20%，降低至不小于 15%。

5.3.5 对非填砾的包网过滤器的网眼尺寸及缠丝过滤器的缠丝间隙尺寸，原规范第 5.2.6 条分两款作了相应的规定。从规定的内容看，第一款是明显的引用了原苏联国家规范关于均匀含水层非填砾过滤器尺寸的规定，但第二款却是套用英、美等国对非填砾过滤器进水缝隙尺寸的要求。必须指出，原苏联和英、美对相关问题的规定是不同的。如原苏联规范规定井水含砂量标准为 1/10000，而英、美等国则大多规定在 1/20000 以下。两者相差悬殊。显然，如果把两个宽严不同的规定加以混合，势必会导致非均匀含水层中过滤器的网眼、缝隙尺寸反而小于均匀含水层情况的不合理结果。

须知，抽水孔出水含砂量的高低，不仅直接反映成孔质量的好坏，而且也直接影响抽水试验资料的精度。我国多年的勘察实践表明，原苏联国家规范对非填砾过滤器进水缝隙尺寸的规定是符合抽水孔的实际情况的，所以也是原规范第 5.2.6 条第一款规定的依据所在。因此，对非均匀含水层，亦应采用同一标准的规定，使之相互协调。为此，本次修订时对原规范第 5.2.6 条作了修正。

5.3.6 规范(TJ 27—78)对填砾过滤器滤料规格的要求是采用表格的形式表述的，按此规定的滤料粒径，其成井质量不佳，使用寿命短，且规定分档过细，使用不便。据此，原规范将滤料粒径改用国际上普遍采用的以标准粒径乘滤水系数的计算方法确定。实践证明，按计算方法确定的滤料粒径是适用的，故对原条文及其条文说明未作改动。

1 公式的形式。根据含水层的颗分资料确定的标准粒径 d_1 乘以滤水系数(D_{50}/d_1)来确定，形式简洁，使用方便。

2 砂土类含水层的滤料规格。对砂土类含水层，通过国内 18 个工程实例的反复试算，并参考苏、日、英、西德等国的规定，确定适合我国的 d_1 为 d_{50}，则滤水系数(D_{50}/d_{50})为 6～8。由此计算的结果，与规范(TJ 27—78)的规定一致。

试算中发现，若砂砾和粗砂地层的不均匀系数 η_i(d_{50}/d_{10}) 值大于 10 时，则应除去其中的粗颗粒后重新筛分，直至 η_i<10 后才能按本条款的公式计算。否则，计算的滤料粒径过大。

3 碎石土类含水层的滤料规格。确定 d_i 较为困难，国外有关规范也都回避此规定。经 20 个工程实例的对比和检验，最终确定碎石土类含水层的滤料粒径 d_i 为 d_{20}，其滤水系数 (D_{50}/d_{20}) 为 6～8。按此计算的结果与规范 (TJ 27—78) 的规定比较，出现两种情况：

1）当 d_{20}<2mm 时，计算确定的滤料粒径均小于规范 (TJ 27—78) 规定的滤料粒径，约小 1～4 个规格级差。实践证明，在这一类含水层中按规范 (TJ 27—78) 规定的滤料粒径充填，不少勘探孔出砂，而改用本计算的结果，则效果较好。

2）当 d_{20}≥2mm 时，计算确定的滤料粒径均大于规范 (TJ 27—78) 规定的滤料粒径，由于滤料粒径过大，则无挡砂的作用。为减少作业难度，故本条款规定当 d_{20}≥2mm 的碎石类含水层时，可充填粒径 10～20mm 的滤料。

4 一般来说，滤料粒径均匀，则孔隙率大，透水性较好。为较好地保证滤料的过水性能，故规定滤料的不均匀系数 η_i 值应小于或等于 2。

5 为了保证缠丝或骨架管的穿孔孔径能阻挡 90% 滤料，规定缠丝间隙尺寸采用 D_{10}。

5.3.7 关于填砾过滤器的滤料厚度的规定，多年来的工程实践证明是合适的，既有利于水量增加，又有利于钻探施工。

5.4 勘探孔施工

5.4.1 基岩钻孔由于孔壁稳定，应采用清水钻进。在松散层地区，当孔壁不易坍塌，钻进比较容易的情况下，为避免复杂的洗井工作，可采用水压钻进；反之，则应采用泥浆钻进。当采用泥浆护壁钻进时，为了避免滤料层的淤塞，造成洗井困难，应在下管前和充填滤料前换浆，将孔内的稠泥浆逐步换为稀泥浆。实践证明，充填滤料前换浆比下管前换浆更为重要。

关于洗井的质量标准，各行业标准中都有规定，有的是定性规定，有的是定量指标。本条文保留了原有的规定。

近几年来，在以往机械洗孔方法的同时，又出现不少采用化学洗孔的方法，或者说既有机械功能又有化学功能的洗孔法，如三磷酸钠和压风机联合洗孔法，液态二氧化碳洗孔法，二氧化碳喷压酸洗孔法，且洗孔效果均较好。据此，本条文强调选用洗孔方法时，要根据实际情况采用多种有效的方法。

关于洗孔出水含砂量，其数值计算有质量比和体积比两种形式，且前者约为后者的 2 倍。我国的习惯做法是：在现场直接按体积比测定水中含砂量，无需再烘干再换算成质量比，这样简便易行。故本条款规定的含砂量数值是体积比。国内不少勘察部门多年的工程实践表明，这一数值是能满足生产实际需要的。

5.4.2 规定孔斜的要求，不仅能保证抽水试验正常进行，而且也能保证正确判定地层或孔隙岩溶的深度和位置。本条文规定孔斜不宜大于 1.5° 的要求，是考虑到目前我国常用的井斜仪的精度，其误差一般为 ±0.5°。

本条文中规定，孔深误差不宜超过 2‰，是综合分析了各行业所编规范的有关规定，为保证钻探精度而得出的。该数据包括了测量工具本身的误差和相应的观测误差。

5.4.3 钻探中的取样，直接影响鉴定地层的准确程度。因此本规范首先提出"取出的土样应正确反映原有地层的颗粒组成"的原则规定。在执行本条款时，应注意钻进方法及不断改进取样工具，以期提高取样的准确性。

在取样数量方面，各部级规范的要求出入不大，而且实际做法也基本相同。因此在综合这些资料的基础上作了相应的规定。对于试验用土样的鉴别，应强调在现场进行，尤其是砂土类和碎石土类。

6 抽水试验

6.1 一般规定

6.1.3 应用人工放射性同位素稀释法是确定地下水运动状态要素行之有效的测试手段。

国外对稀释法和示踪法久已广为应用，且有成熟的经验。近年来，我国已有不少单位对放射性同位素技术在水文地质勘察方面的推广应用进行了大量工作，并有不少应用实例，效果较佳。采用人工放射性同位素可测定松散含水层中渗透流速、实际流速、流向、有效孔隙度和弥散率等参数，进而可确定含水层的渗透系数和弥散系数。

6.1.4

1 关于观测孔布置的方向。当地下水存在着坡度（尤其是水力坡度较大）时，在不同方向上的水头损失是不相等的。因此，需要根据试验的目的来考虑观测线的布置方向。譬如，为计算水文地质参数，观测线常垂直地下水流向布置，以减少水力坡度对计算参数的影响；若测量含水层不同方向的非均匀性和实测抽水的影响范围，可根据具体目的布置观测线；若需要查明边界条件时，应在边界有代表性的地段布置观测孔。

2 关于观测孔距抽水孔的距离。为计算参数用的观测孔距抽水孔的距离，应取决于从观测孔中测得的水位下降值是否符合计算公式中的要求。譬如常用的计算公式：

$$s = \frac{Q}{2\pi KM}\ln\frac{R}{r} \tag{1}$$

是假设地下水为层流和二维流的情况下推导出来的，而没有考虑在产生紊流和三维流时所造成的水头损失。因此从观测孔中测得的水位下降值应满足推导上述公式的条件。

观测孔距抽水孔的距离，一般当 r>M 时，紊流、三维流的影响就很小，对计算精度不会有大的影响。所以本规范规定，距抽水孔的第一个观测孔的距离宜大于含水层厚度。三维流的影响与抽水孔的出水量及过滤器直径的大小有关，如抽水孔出水量很小，过滤器直径比较大时，则第一个观测孔可以靠抽水孔更近一些。

关于远观测孔的距离，一般要求从孔中测得的水位尽量不受含水层边界的影响且易于达到稳定，以便于资料的分析和采用多种方法计算水文地质参数。为此，原则规定"距第一个观测孔的距离不宜太远"。这样，也可保证孔中有较大的水位降，减少测量时的观测误差。

上述规定，主要是为了利用观测孔中的水位下降值求水文地质参数而制定的。若是为了实测影响范围或其他用途，则不受其限制。

3 关于观测孔的数量。观测孔的数量与所采用的计算公式的要求有关。为了能使用同一资料采用多种方法进行计算，相互比较，因此规定同一观测线上的观测孔数宜为 3 个。

5 关于观测孔过滤器的设置。对观测孔过滤器的设置，要求置于同一含水层、同一深度，过滤器长度相同，以增强可比性，给分析、利用资料提供方便。

6.1.7 原规范条文规定，采用数值法评价地下水资源时，宜进行一次大流量大降深的抽水试验。但是，究竟是单孔、还是群孔抽水试验，则未作明确规定。实践表明，采用数值法计算和评价地下水资源时，有时需要反求参数，或识别和检验数值模型的合理性。所有这些，都需要有模拟域的水量、水位和边界条件方面的资料。为了满足这些要求，唯独通过大流量、大降深的群孔抽水试验才能达到目的。所以本次修订时，进一步明确规定，采用数值法计算时，宜进行大流量、大降深的群孔抽水试验。此处用词为宜，表示允许选择。例如，当水文地质条件简单，通过常规勘察手段能够查明补给和边界条件,利用地下水自然动态资料能满足数值法计算要求,就不必进行群孔抽水试验;反之,当计算区地下水赋存条件复杂,其补给和边界条件难以查明时,则必须进行开采性的群孔抽水试验。

至于强调应以非稳定流抽水试验为主,因为建立数值模型所需的含水层导水系数(T)、释水系数(S)、越流参数(B)及给水度(μ)等水文地质参数,用稳定流抽水试验是无法获得的。

6.1.8 自然水位是抽水试验的基础资料,必须正确测定和获得。若抽水前后自然水位发生变化,应分析原因(如降雨、气压、钻进生产用水等),予以校正。

考虑到利用稳定流抽水试验的恢复水位资料计算水文地质参数的需要,本条文规定,恢复水位的测量应按非稳定流抽水试验的观测时间间隔进行。

本次修订时,对本条文内容未作大的改动,仅在测量抽水孔、观测孔……的"测量"一词前加了"同步"二字,以保证资料对比和分析结果的精度。

6.1.12 目前在抽水试验工作中,出水量的测量,除了原条文所规定的方法外,不少单位也采用水表计数法测定,结果可靠。故本次修订时,也将此法纳入本规范。

6.2 稳定流抽水试验

6.2.1 稳定流抽水试验不宜少于3次下降,其理由是:

1 可以获得孔的抽水试验特性曲线,以便正确选择计算水文地质参数的公式。

2 有可能推算孔的出水量。

3 有可能验证水文地质参数的计算是否准确,例如采用3次不同下降值计算所得的渗透系数应基本一致。

对可不作3次下降的抽水试验,在本条注中作了说明。

6.2.2 关于水位的稳定标准,本条文没有采用通常的"在多长时间的间隔内不超过某一数值"的规定。因为抽水试验中时常遇到这样的情况,即使在规定的时间间隔内水位变化不超过规定的数值,但是从相邻的时间间隔内水位变化的对比来看,水位实际上并没有稳定,而呈现持续上升或下降的趋势。因此,动水位的稳定与否,单看水位的波动范围是不够的,更主要的是要考虑有无持续上升或持续下降的趋势。所谓"在一定范围内波动",是指不同的抽水设备,可能出现的水位上下波动值。在执行时,必须注意自然水位的变化及其对抽水时动水位的影响。

6.2.3 规定稳定延续时间,主要是为了检查抽水试验地段,由孔中抽出的水量与地下水对孔的补给是否已经达到平衡。达到两者平衡的时间,对各种补给条件和不同颗粒组成的含水层是不一样的。实际上,一旦出水量与补给量能达到平衡时,稳定延续时间就没有必要太长,因为在整个稳定延续时间内,水位的波动已在允许范围内。

据此,本条文将稳定延续时间适当作了缩短。但在补给条件较差的地区,应特别注意是否达到了稳定,必要时,应延长稳定延续时间。

6.3 非稳定流抽水试验

6.3.1 本条规定出水量在抽水试验过程中应保持常量。事实上,有的非稳定流计算公式,抽水试验的出水量也可以不保持常量,或呈阶梯流量进行。所以,不排斥根据勘察工程的具体情况而选用相适应的抽水试验技术要求,以满足计算公式的需要。

6.3.3 对非稳定流抽水试验观测时间的要求,各部门的认识不尽一致:一种意见要求增加20s、40s的观测次数,认为这是满足公式"瞬时现象"的要求;另一种意见认为,由于含水层的释放总存在"滞后现象",即使观测出1min前的数据也无意义。考虑到目前测试技术的水平,本条文规定抽水开始后1min进行观测,以便观测数据在$s\sim \lg t$曲线上达到均匀分布。

6.3.4、6.3.5 在原规范中,"互阻抽水试验"和"开采试验抽水"放在"稳定流抽水试验"一节中。本次修订时,将其列入"非稳定流抽水试验"一节中,并且按技术语的规定,分别改称为"群孔抽水试验"和"开采性抽水试验"。勘察实践表明:一、这两种抽水试验的下降水位不易稳定,能够达到稳定的情况是不多见的,且往往需要经历相当长的非稳定期,所以理应放在"非稳定流抽水试验"一节,并按非稳定抽水试验要求进行;二、两种抽水试验,一般都是进行定流量、一次降深抽水,所以分析和应用试验资料时,均着重分析降深与时间($s\sim \lg t$),降速与出水量($\Delta s/\Delta t\sim Q$)关系,与非稳定流抽水试验相同。

群孔抽水试验,一般为定流量、一次降深抽水。但有时在有补给保证的前提下,可根据总出水量与水位降深关系推断允许开采量(在适当范围内),因此增补了"其下降次数应根据试验目的而定"一款的规定。

开采性抽水试验,一般是在水文地质条件复杂、补给条件不清的地区进行。由于这类地区评价地下水资源比较困难,用一般的解析方法难以解决问题或可靠性不大时,需要借助开采性抽水试验来验证地下水补给量或确定允许开采量,本条的规定就是基于这点而拟订的。

由于这种抽水试验方法的工期长、消耗大,除特殊情况需在勘探阶段进行外,一般应利用开采井结合试生产进行。

7 地下水动态观测

7.0.1 一般来说,地下水动态观测孔的布置,应能控制勘察区或水源地开采影响范围内的地下水动态。随着观测的目的,亦即所要解决的问题的不同,观测孔的具体布置也各各不相同,原规范对此作了一些原则性的规定。本规范考虑了采用数值法计算和评价地下水资源时,应在有代表性的边界地段布置动态观测孔,并应保证对计算区各分区参数的控制,故本次修订时对此作了强调。

7.0.5 按时进行地下水动态的观测,并取得有关资料,对于正确认识勘察区的水文地质条件、地下水的运动规律、计算和评价地下水资源、检验勘察成果的质量等,都是很重要的。

地下水动态观测的时间间隔,因条件和观测目的的不同而异,如自然条件变化大时和变化小时不一样,目的不同时也不一样,等等。因此本条文规定的5~10d观测一次,只是代表一般情况下需要这样做。具体执行时,观测的时间间隔可因时、因地增长或缩短,以达到预期的目的。

7.0.10 本次修订时,在本条文最后增加了"开采阶段应进行长期观测"的要求,一是使本条文内容更为完整;二是与9.4.20条第三款的规定相呼应。

8 水文地质参数计算

8.1 一般规定

8.1.1 水文地质参数是计算和评价地下水资源必不可少的数据。为了准确地求得参数,不仅应对抽水试验的技术要求作出规定,保证原始数据的精度,而且对参数计算的技术要求也应作出具体规定。在实际工作中,由于计算的方法和公式选择不当,往往出现参数计算不准(有时误差可达数倍)的现象。这说明对计算参数作一些规定是有必要的。

鉴于目前对参数计算的经验总结和科研得还不够,加之自然界的条件、抽水孔的情况和抽水试验的方法又是多种多样,所以规范的规定很难满足各种情况下的计算需要。因此本规范只规定了一些基本的要求和列举少数最基本的计算公式,如承压—潜水孔,非均质含水层中的孔的计算公式,以及非稳定流的越流公式,均没有列出。基岩裂隙含水层和岩溶含水层的参数计算方法也未能很好解决。故在选择计算方法和计算公式时,可不受本规范公式的限制,应根据勘察区具体的水文地质条件和公式的适用范围,合理地选用公式,避免盲目地套用。

8.1.2 本规范所列的潜水井计算公式,除应符合含水层均质、等厚和产状水平等一般条件外,还应符合下降漏斗的坡度应小于1/4的条件。只有这样,实际情况与推导公式的假定条件(流线倾角的正弦用正切代替)才比较相符,计算结果的误差才可能在允许范围之内。

8.2 渗透系数

8.2.1、8.2.2

1 考虑公式的适用条件。利用稳定流抽水试验资料计算渗透系数,仍为目前勘察报告中常用的方法。但实际应用的结果问题很多,主要表现在同一水文地质条件下,算出的 K 值不是常数(不论采用同一公式或不同公式计算,结果均非常数),有时偏小,有时偏大。出现这些问题的原因,除勘探孔施工方面的因素外,主要是由于公式推导时的假设条件与实际水文地质条件不符,以及抽水试验时,井壁及其周围含水层中产生的三维流、紊流的影响等。所以,应用本规范列出的公式及未列出的稳定流公式,都应尽量考虑这些因素对计算渗透系数的影响。

2 采用单孔稳定流抽水试验资料计算渗透系数的方法。本规范规定,根据抽水试验关系曲线 $Q \sim s(\Delta h^2)$ 的不同类型,选用相应的公式以求符合公式的适用条件。

1)当抽水试验关系曲线 $Q \sim s(\Delta h^2)$ 呈直线时,可选用本规范公式 8.2.1-1~8.2.1-6。$Q \sim s(\Delta h^2)$ 关系曲线呈直线,说明该抽水试验资料孔损的影响小,可直接选用公式计算 K 值。

2)当抽水试验关系曲线 $Q \sim s(\Delta h^2)$ 呈曲线时,说明该抽水试验孔损较大,若要计算 K 值,应消除这部分的影响值,以提高单孔计算 K 值的精度。为此,本条文采用截距法和插值法多项式,以消除孔损的影响。

所谓孔损系指由于孔壁与滤水管的阻力以及地下水自孔周含水层的水平运动转化为滤水管内的垂直运动而产生孔壁内外水位不一致的现象。

理论推导可知,任何 $Q \sim s$ 关系曲线均可采用一个高次多项式表示:

$$s = a_1 Q + a_2 Q^2 + \cdots\cdots a_n Q^n \qquad (2)$$

式中 $a_1, a_2 \cdots\cdots a_n$ 为待定系数。

而一次项系数 a_1 可用下式表达:

$$a_1 = \frac{1}{2\pi KM} \cdot \ln \frac{R}{r} \qquad (3)$$

由此可知,当求得 a_1 值后,即可求得 K 值。

(1)插值法 $Q \sim s$ 代数多项式。以四组 $Q \sim s$ 抽水试验资料为例,则(2)式可简化为:

$$s = a_1 Q + a_2 Q^2 + a_3 Q^3 + a_4 Q^4 \qquad (4)$$

采用均差表(见表4)求 $Q \sim s$ 多项式及其待定参数 a_1。

表 4 均 差 表

n	Q (m³/d)	S (m)	一阶均差	二阶均差	三阶均差	四阶均差
0	0	0				
1	Q_1	s_1	a_{11}			
2	Q_2	s_2	a_{12}	a_{22}		
3	Q_3	s_3	a_{13}	a_{23}	a_{33}	
4	Q_4	s_4	a_{14}	a_{24}	a_{34}	a_{44}

表中 $a_{11} = \dfrac{s_1 - 0}{Q_1 - 0}$ $a_{12} = \dfrac{s_2 - s_1}{Q_2 - Q_1}$ $a_{13} = \dfrac{s_3 - s_2}{Q_3 - Q_2}$

$$a_{14} = \frac{s_4 - s_3}{Q_4 - Q_3} \qquad a_{22} = \frac{a_{12} - a_{11}}{Q_2 - 0} \qquad a_{23} = \frac{a_{13} - a_{12}}{Q_3 - Q_1}$$

$$a_{24} = \frac{a_{14} - a_{13}}{Q_4 - Q_2} \qquad a_{33} = \frac{a_{23} - a_{22}}{Q_3 - 0} \qquad a_{34} = \frac{a_{24} - a_{23}}{Q_4 - Q_1}$$

$$a_{44} = \frac{a_{34} - a_{33}}{Q_4 - 0}$$

则:$s = a_{11} Q + a_{22} Q(Q - Q_1) + a_{33} Q(Q - Q_1)(Q - Q_2)$
$\qquad + a_{44} Q(Q - Q_1)(Q - Q_2)(Q - Q_3)$ $\qquad (5)$

对(5)式展开得:

$$a_1 = a_{11} - a_{22} Q_1 + a_{33}(Q_1 Q_2) - a_{44} Q_1 Q_2 Q_3$$

求得待定系数 a_1 后,即可按本条款的规定,以 $1/a_1$ 取代相应公式中的 Q/s[或 $Q/(H^2 - h^2)$]分别计算 K 值。

据百余实例的统计,$Q \sim s$ 多项式的阶数,一般只要3~4阶即能准确地描述 $Q \sim s$ 资料的函数关系。在作均差表时,要求抽水段落在 $Q \sim s$ 曲线上均匀分布,否则,需要在 $Q \sim s$ 图上取等距点作均差表。

对于 $Q \sim s$ 多项式,其待定系数还可采用联立方程式或最小二乘法等其他方法求解。

(2)作图截距法。当 $s/Q \sim Q$(或 $\Delta h^2/Q \sim Q$)关系曲线呈直线时,可采用作图截距法求待定系数 a_1(如图3所示)。

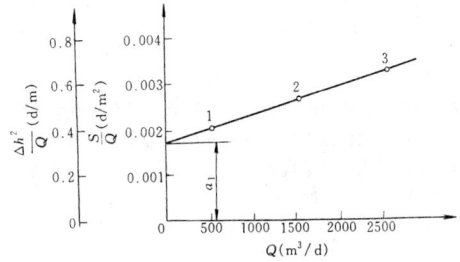

图 3 s/Q(或 $\Delta h^2/Q$)$\sim Q$ 关系曲线示意图

显然,为求得 a_1 应做一次小下降的抽水,以使 $s/Q \sim Q$ 关系曲线上能有一个实测点靠近纵轴,从而提高截距的精度。另外,作图截距法的应用条件是抽水试验资料的曲线关系应为抛物线型(即 $s = a_1 Q + a_2 Q^2$)。当 $Q \sim s$ 不是抛物线型时,即 $s/Q \sim Q$ 不是直线而呈曲线,则该资料包括 Q 的高次方项,且曲线的"截距"存在随意性,故本条文给出的 $Q \sim s$ 的多项式是为描述抽水资料的一般公式。

3 非完整井公式。本规范列出的两个非完整井公式由我国学者导出。与常用的国外公式(如马斯盖特公式、吉林斯基公式、巴布什金公式、纳斯列尔格公式等)进行对比验证的结果表明,规范列举的非完整井公式的计算精度是比较高的。

4 利用带观测孔的单孔稳定流抽水试验资料计算 K 值的方法。规范推荐的公式是常用的裘布依——蒂姆公式,但使用该式时常遇到两个问题:

1)采用靠近抽水孔的观测孔资料时,算得的 K 值有偏小现象。

2)采用远离抽水孔的观测孔资料时,算得的 K 值又往往偏大。

产生这些现象的主要原因,除可能是抽水没有达到稳定的要求外,还在于没有考虑公式的适用条件,即抽水试验关系曲线 $s \sim \lg r$ 应成直线关系:

$$s = \frac{Q}{2\pi KM} \ln R - \frac{Q}{2\pi KM} \ln r \qquad (6)$$

只有利用 $s \sim \lg r$ 曲线的直线段上的资料(也就是利用直线的斜率)才能得到准确的 K 值。因为靠近抽水孔的观测孔由于受孔周阻力的影响,容易偏离直线段;远离抽水孔的观测孔则受边界的形状和性质的影响,也将偏离直线段。因此在采用本公式时,要求

观测孔内的 s（或 Δh^2）值在 s（或 Δh^2）$\sim \lg r$ 关系曲线上能连成直线（如图 4 所示）。

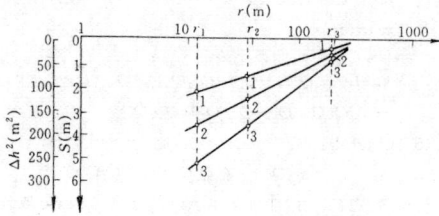

图 4 s（或 Δh^2）$\sim \lg r$ 关系曲线示意图

当然，由于水文地质条件的多种多样，抽水试验获得的 $s \sim \lg r$ 关系曲线可能不出现理想的直线段，这时选择的计算数据具有一定的近似值。

8.2.3、8.2.4

1 地下水无补给时。当抽水试验时地下水无补给，而且含水层又是无界，即边界尚未明显起作用的情况下，可采用本规范列举的泰斯公式及雅可布公式进行计算。但是，自然界完全符合泰斯公式条件的比较少，因此使用时应分析含水层和抽水条件与公式的推导条件是否相符。

当采用配线法时，一般来说，实测曲线与标准曲线的重迭段不应少于 1 个对数周期，否则计算结果会出现随意性。

当采用直线法时，则不能忽视 $\dfrac{r^2 s}{4KMt} < 0.01$ 的要求。

2 地下水有补给时。本规范列举了汉度士的拐点计算公式，在一定条件下（如越流补给条件下相邻弱透水层弹性储量的释放可忽略不计，上覆的补给层具有常水头等），无界含水层中任一点的水位下降值，在抽水时间足够长时，可用下式表示：

$$s = \frac{Q}{2\pi KM} \cdot K_0\left(\frac{r}{B}\right) \tag{7}$$

按照 $s \sim \lg t$ 关系曲线上拐点的特性可知：

$$s_i = \frac{s_{max}}{2} \tag{8}$$

$$r/BK_0(r/B) = 2.3 s_i / m_i \tag{9}$$

式中 s_i——为 $s \sim \lg t$ 关系曲线上拐点处的水位下降值；

s_{max}——最大水位下降值（稳定下降值）；

$K_0(r/B)$——虚变元零阶贝塞尔函数；

B——越流参数；

m_i——$s \sim \lg t$ 曲线上拐点处的切线斜率（见图 5）。

以（8）、（9）代入（7）得：

$$K = 2.3Q/4\pi M m_i \cdot e^{r/B} \tag{10}$$

使用该方法的要点是，拐点必须取准。

关于非稳定流抽水试验计算水文地质参数的公式，若考虑不同补给类型、边界条件及含水层延迟释水等，则有各种模型的公式。为与公式配套，有关手册还编制出了专用的标准曲线和函数表。在选用这些公式时，应根据地区条件，并分析公式推导的假设条件和适用范围，务必做到所选用的公式与勘察区条件相符，才能获得比较满意的结果。

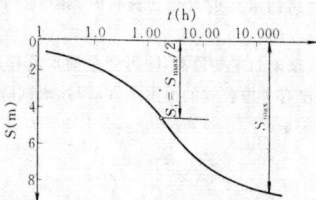

图 5 $s \sim \lg t$ 关系曲线示意图

此外，非稳定流抽水试验，当抽水孔出水量大时，往往也会产生孔损影响。由于采用非稳定流公式计算 K 值时，多数不是利用抽水孔

内水位降的绝对值，而是采用 $s \sim \lg t$ 曲线关系上的斜率，究竟各种孔损及紊流对其有多大影响，有待继续研究；当采用孔中水位及孔为非完整型时，使用公式时都应注意和考虑孔损及非完整性的影响。

8.2.5 采用恢复水位资料计算 K 值，由于水位没有波动等干扰因素的影响，故取得的原始数据精度比抽水试验时的高。在选用公式时，应注意试验结束前动水位的变化状态。根据动水位已稳定（如图 6 的实线曲线所示）或没有稳定（如图 6 虚直线所示），选用不同公式，并考虑满足公式的适用条件。

8.2.6 本条所列含水层渗透系数计算公式，是国内外有关单位对单孔同位素测试技术历时四十多年潜心试验研究而得出的。实践证明，该公式理论推导严格，方法可行，完全可以求得渗透系数。此项研究与试验成果详见江苏科学技术出版社出版的《同位素示踪测井》一书，是一项值得大力推广的技术。故本次修订时将其纳入本规范。

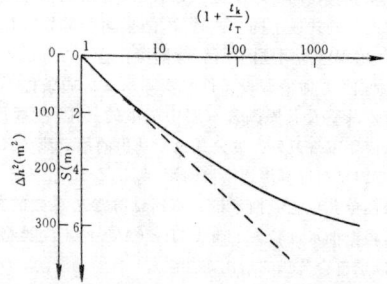

图 6 s（或 Δh^2）$\sim \lg\left(1 + \dfrac{t_k}{t_T}\right)$ 关系曲线示意图

求 α 可采用下列公式：

当为填砾过滤器时：

$$\alpha = \frac{8}{(1+\frac{K_2}{K_2})\{1+(\frac{r_1}{r_2})^2 + \frac{K_2}{K_1}[1-(\frac{r_1}{r_2})^2]\} + (1-\frac{K_3}{K_2})\{(\frac{r_1}{r_3})^2 + (\frac{r_2}{r_3})^2 + \frac{K_2}{K_1}[(\frac{r_1}{r_3})^2 - (\frac{r_2}{r_3})^2]\}} \tag{11}$$

当为未填砾过滤器时，即 $r_2 = r_3$，$K_2 = K_3$ 时，上述公式可简化为下式：

$$\alpha = \frac{4}{1 + (\frac{r_1}{r_2})^2 + \frac{K_3}{K_1}[1 - (\frac{r_1}{r_2})^2]} \tag{12}$$

当为基岩裸孔不下入滤水管时，一般均直接采用 $\alpha = 2$。

式中 r_1、r_2、r_3——分别为滤水管内半径、滤水管外半径、勘探孔半径（m）；

K_1、K_2、K_3——分别为滤水管（网）、滤料层、含水层的渗透系数（m/d）；

K_1、K_2、K_3 的求取分述如下：

$$K_1 = 0.1 f$$

注：此式仅适用于塑料管材，其他材质情况下的 K_1 值则应另选算式。

式中 f——滤水管（网）孔隙率。

$$K_2 = C_2 d_{50}^2$$

式中 C_2——受滤料颗粒形状、样品选取和滤层厚度影响的值，一般可取 $C_2 = 0.45$；

d_{50}——筛余滤料占总质量 50% 的最大颗粒（或网眼）直径（cm）。

$$K_3 = C_3 d_m^2$$

式中 C_3——受含水层颗粒形状、取舍度、地层密度影响的系数；

d_m——标准的颗粒粒径。

根据 Hazen 的经验，如 $d_m = d_{10}$（cm）时，则相同的砂，$C_3 = 150$；不同的砂，$C_3 = 60$；$d_{10} < 0.3$cm 的任意砂，$C_3 = 116$。

此外，K_3 也可根据实际经验值直接估算或用迭代法试算求得。

8.3 给水度和释水系数

8.3.1 目前给水度的确定方法仍是采用实验室法、经验系数法、野外测定法和抽水试验法等；而释水系数的确定一般均采用抽水试验法。但从使用情况来看，这些方法都有不完善之处。实验室法需要的原状土样难于采取；由于自然界含水层结构复杂多样，经验系数法采用系数时必然带有随意性；野外测定法施工比较麻烦，而且受指示剂性质的影响很大，测定的结果有成功的也有失败的；抽水试验法则受推导公式时假设条件的限制（如泰斯公式没有考虑补给和水的延迟释放等）。根据有些实例的计算，当抽水时间短时，得出偏小很多的结果；若抽水时间很长时，倘能证实没有补给参入，则结果尚较理想，而一旦有补给参入进来，则得出偏大很多的结果。总之，这些方法都有局限性，只能在某种特定条件下使用，才能获得正确的结果，因此本节对给水度和释水系只是定性地加以规定，在执行时应根据具体条件采用不同的方法。

8.4 影响半径

8.4.1、8.4.2 影响半径采用裘布依公式求得。但由于裘布依公式推导时的条件与实际不符，因此计算结果是一个近似值。此外，在没有观测孔的情况下，影响半径的确定，目前只能依赖于经验数据或经验公式。

值得指出的是，用稳定流抽水试验所得的影响半径，在数值法计算中是不需要的。可以断言，随着非稳定流抽水试验和数值法在地下水资源计算和评价中的推广和应用，影响半径在实际工作中的应用会逐步淡化。

8.5 降水入渗系数

8.5.1 国内陆续建立了一些地下水均衡场，这是研究有关地下水运动的野外实验室，应充分利用均衡场取得的数据和成果。

地下水均衡场可以直接观测降水入渗量，并计算入渗系数，其观测数据比较精确可靠，水文地质勘察工作中应充分利用这些资料。如果勘察区没有，而邻近地区有地下水均衡场，可根据水文地质比拟法间接采用这些观测值和计算值。

8.5.2 本条款列举的计算公式是根据降水入渗系数 α 的定义，结合平原区地下水运动的特点得出的，故只适用于平原区。此外，还应注意下列几点：

1 公式中应用了一个近似关系，即把降雨期的地下水位平均降（L）幅（Δh）看作是和降雨前相等的。

2 对有毛细现象，但在降雨前后毛细高度不变的含水层，可不考虑毛细水对 μ 值的影响；反之，则应考虑其影响。

3 当含水层分布较广，入渗条件因地段而异时，应分区分段计算，或取得有代表性的多点的 α 值，然后取加权（以降雨量为权）平均值。

4 公式只考虑由于降水直接入渗而引起的水位降（L），没有考虑降水期间由于其他因素可能造成的水位降（L）。

5 公式求得的是一次降水过程的入渗系数。

6 基岩地区，由于 μ 值较难获得和含水层的非均匀性，一般不宜采用本公式。

9 地下水水量评价

9.1 一般规定

9.1.3、9.1.4 本次修订对地下水资源分类未作改动，仍采用补给量、储存量和允许开采量的分类方法。此分类方法突出了补给量在地下水资源评价中的重要性。

地下水水量的评价，最终是提出允许开采量值，并论证其补给保证程度。因为在地下水的补给、径流和排泄（开采可认为是人为排泄）运动过程中，补给是起着主导作用的。径流是补给的运动形式，排泄来源于补给。无补给的排泄，地下水终究会枯竭或滞流，其径流也就不复存在。勘察区地下水水量的评价是多因素综合评价的结果，一般应根据需水量、勘察阶段、开采方案等要求和具体的水文地质条件，考虑地下水补给量的补给和储存量的调节，最终确定出允许开采量。所以，对于储存量不一定每个工程都要计算，只有在补给量不足时，才应计算储存量，并论证其动用后的可恢复性，以发挥其调节作用。虽然储存量愈大，调节能力也愈强，但究竟能动用多少，仍是由补给量的补偿能力决定的。汲取超过年补给量补偿能力的开采量，则按此量建设的水源地不能成为稳定的开采水源。另外，应突出预计开采条件下的补给增量和排泄减量。

9.1.5 计算和评价地下水允许开采量的诸多方法，均涉及到计算时间的选择。例如，采用水均衡法时，涉及到均衡期；采用数值模拟进行地下水预报时，涉及到预报期；又如当利用泉或暗河作为供水水源时，规范第 9.4.8～9.4.10 条规定采用泉衰减方程法、泉流量频率曲线法、暗河流量频率曲线法、地下径流模数法、暗河断面截流法等水文分析方法时，也涉及到计算时间的选择。毋庸置疑，计算和评价地下水允许开采量时，其精度与计算时段的选择有着密切的关系。但原规范对计算时段如何合理选择未予规定，所以本次修订时，在水量计算的"一般规定"中增补了本条文，并分三款对不同情况下如何选择计算时段作了规定，现具体说明于下：

1 采用"多年平均"作为计算时段。目前实际工作中大致有如下三种方法：一是采用平水年（P＝50%）的丰、平、枯水季作为计算时段；二是采用勘察年份的前几年（如取前 5 年或 7 年）；三是采用典型年组合，如取丰（P＝25%）、平（P＝50%）、枯（P＝75%）水三年作为计算时段（如农田供水）。实际工作中常应用后两种。

2 采用需水保证率年份作为计算时段。这是在不考虑储存量或储存量小，其调节能力有限时而常用的方法。如以岩溶泉作供水水源时，以其流量频率曲线为依据，按需水保证率（P＝95%或97%）要求直接进行评价；又如仅具有当年调节能力的孔隙潜水水源地，采用需水保证率年份的丰、平、枯水季作为计算时段。

3 采用连续枯水年组或设计枯水年组作计算时段。这是目前电力系统在傍河水源地地下水资源评价中常用的方法。此类水源地下水补给主要有大气降水、上游的地表径流及开采条件下的河水补给量。由于水源地面积小，前两项补给有限，因此河水补给量往往占允许开采量的 70%～80%，所以合理确定河水补给量是正确评价可采资源的依据。为此，须在地表径流丰水年组与枯水年组多年交替出现的变化规律中，选取对供水最不利的连续枯水年组作为计算时段。具体方法是，设已知河流年径流量的递减系列 $Q_1、Q_2、Q_3……Q_n$，其总项数为 n，每项在序列中的序号为 m，用数学期望公式 $P=\dfrac{m}{n+1}\times100$ 计算各项的经验频率。然后以各年河流年径流量的经验频率为纵坐标，以年序为横坐标，绘制该经验频率过程线，在 P＝50% 以下过程线所包围的面积最大者为最不利的枯水时段。至于设计枯水年组，则是由连续枯水年频率组合起来的，即是由实测资料系列分析出来的，而不是人为拟定的。

9.2 补给量的确定

9.2.1 原条文为定义性的解释，现改为技术法规性的表述形式，以满足规范条文编写的要求。其次考虑到农田灌溉水、人工漫灌水对地下水的补给作用，故本次修订时将第五款的规定修改为"其他途径渗入"补给，从而拓广了该款所规定的内容。

9.2.3～9.2.9 降水入渗补给量和地下径流补给量的计算公式虽是常用的补给计算公式，但关键是公式中的参数和原始数据都应尽量准确，否则，影响计算的精度。关于地表水体（河、湖、灌溉水等)的补给量计算,目前缺乏比较符合实际情况的计算公式(如河流补给量的计算公式一般都要求河岸垂直切穿整个含水层到隔水底板,但这种情况是很少的);断面法亦涉及断面流量的准确测定问题。这些都影响着计算的精度。

根据地下水均衡原理,补给量也可采用排泄量反算,故本规范作了推荐,可根据实际情况选用。在一般情况下,无论是直接求单项补给量或是用排泄量反求总的补给量,均应根据勘察区的具体条件选取主要项目,而舍去非主要项目进行计算,且避免有重复的项目参与计算。

9.3 储存量的计算

9.3.1、9.3.2 储存量系指储存于含水层内的重力水体积,随时间而变。因此,可根据计算的不同目的,采用不同时间的储存量。

关于承压水的弹性储存量,由于本规范中规定了非稳定流计算公式,故列出了相应的计算公式。

9.4 允许开采量的计算和确定

9.4.1 原规范条文内容为定义性的解释,现改为技术法规性的条款,以符合规范条文编写的基本原则。所以本次修订时,条文内容保持不变,仅在表述形式上作了修正。

9.4.2 水均衡法是计算和评价地下水资源的基本理论和基础,而且也是论证采用各种方法计算和评价地下水资源结果的保证程度的基本方法。所以当能确定勘察区及其邻近地区地下水在开采条件下的各项补给量和消耗量时,应首先采用此法计算和评价地下水资源。故本次修订时增补了该条文。条文中的用词为第三级,因为水均衡法是集计算开采量和论证补给保证程度于一体的方法,所以如条件具备,是首先采用的计算和评价方法。

当采用水均衡法时,应注意均衡区、均衡要素及均衡时段的选择:

1 均衡区:原则上应为整个水文地质单元,但当勘察区或取水地段面积不大,仅为整个单元的一部分时,应分两种情况确定:一是以水源地或取水地段作为均衡区;二是将整个水文地质单元作为均衡区。但是不论何种情况,其计算的地下水允许开采量应分别满足相应勘察阶段精度的要求。

2 均衡要素:包括各项补给量和消耗量,计算时应选择主要项目,避免重复。同时应注意均衡要素在开采前后可能发生的变化,并以计算和确定开采条件下的均衡要素为主。

3 均衡计算时段:选择均衡计算时段时,应注意均衡要素在一年或多年内的变化,以及评价区的需水要求和水文地质条件等因素,具体选择可参考本规范第9.1.5条的规定。

9.4.3～9.4.15 允许开采量的计算方法较多,本规范仅列出一些常用的方法。这些方法的选用应根据勘察区的需水量、勘察阶段和水文地质条件等因素确定,也可选用本规范未提及的却又适用于勘察区的确定方法。在选用计算允许开采量的方法时,应注意方法的适用条件。

1 地下水径流量法(9.4.3条)。使用这种方法时,应注意两点:

1)只有在开采时能控制整个含水层横断面(如含水层是条带状)的情况下,地下水径流量才能接近全部获得。

2)"以地下水径流补给为主",是指不论开采前、后,均以径流补给为主,不产生其他途径进入含水层的新的补给源。"含水层厚度不大"的含义是指取用储存量的意义很小。

2 相关分析法(9.4.4、9.4.8、9.4.9条)。使用这种方法的前提是,必须有足够的动态观测资料,大致有两种情况:一种已经投产的水源地,根据对其动态观测所获得的区域动水位和总开采量建立相关关系,预测动水位再进一步下降时的允许开采量;另一种是利用泉或暗河的流量资料和气象、水文资料建立相关关系,以求得泉或暗河的允许开采量。很明显,前一种相关关系没有考

虑扩大开采时的补给因素是否可能增加,若扩大开采补给不足时,仅根据相关关系预测是有问题的,应进一步验证相应的补给量。对于后一种相关关系,当需水量大于动态观测的最枯水流量时,也存在类似的问题。

3 群孔抽水试验法(9.4.5、9.4.12、9.4.15条)。采用有关岸边渗入公式(如常用的映像法干扰孔排公式)确定傍河取水的允许开采量,一应注意公式的适用条件;二应考虑边界条件的影响;三应考虑长期开采后的淤塞对渗入的影响。根据群孔抽水试验确定的允许开采量,可以与拟建的井群布置方案结合起来考虑,这样更能提高允许开采量的精度。由于一般的解析公式没有考虑孔损影响所引起的附加水位下降值,所以计算抽水孔内或附近的水位下降值时,其结果将会偏小。

4 开采储存量法(9.4.7条)。有两种可能的情况:一种是含水层地下水的储存量很大,而补给量相对较小,水源地以开采储存量为主。此时水源地的动水位始终不能稳定,保持持续下降的趋势;另一种是在储存量不大,但允许开采的部分储存量,到丰水期可以得到补偿。上述两种情况,都应该保证在开采期间,计算的动水位值不应超过设计要求(设计的取水设备最低安装深度);否则就应减少开采量(或调整孔间的距离),并以最小储存量的水位作为计算开采动水位的起点。

5 试验开采法(9.4.13条)。在基岩地区,由于补给一时很难查清,常采用这种方法确定允许开采量。鉴于这种试验方法工期长、费用较高,故只适用于孔数不多,开采量不太大的工程。当使用这种方法时,技术上应满足群孔抽水试验的要求。

6 数值解法(9.4.14条)。20世纪90年代以来,随着水文地质计算软件的迅速开发,数值法在地下水资源计算和评价中的应用已趋普遍,故本次修订时删除了原条文中的"对复杂的大型水源地"的限制性用语。原规范仅对勘探试验工作应如何取得满足数值法计算要求的勘察资料作了规定。历时十年之后,许多单位已在数值法计算方面积累了不少的经验和资料。在此基础上,为使其更具可操作性,本次修订时对原条文作了充实,扩充为三款13项。现将建模过程中应注意的两个问题强调如下:一是关于水文地质条件的概化,这是直接影响所建数值模型精度的关键,所以应对勘察区水文地质条件作深入细致的了解,合理概化出贴近实际的水文地质概念模型。所谓合理概化,既忌太抽象、太简单化而偏离实际,也忌过分强调符合实际而保留众多因素,使模型复杂化;二是关于模型的识别与检验,鉴于目前逆问题(反求水文地质参数)的直接解法在计算中的稳定性差,所以一般采用间接法,即拟合——校正反求参数的方法。又由于识别和检验是建模的两个阶段,所以必须利用相互独立的不同阶段的资料分别进行。必须指出,条文中的各款、项,是仅对数值法的实际应用作了必要的较为具体的规定,至于细节性的技术事项,在实际工作中可参考有关的工程资料和手册。

7 比拟法(9.4.11条)。当勘察区邻近地区有开采水源地的长观资料时,应该充分利用这些资料。可以断言,用比拟法确定的允许开采量,其精度直接取决于水文地质条件的相似程度。

9.4.16～9.4.20 地下水允许开采量是通过一系列的勘察工作,并对所获得的勘察资料进行归纳、计算和分析后得出的一项定量成果。这项成果的精度是与勘察阶段相适应的。勘察阶段不同,相应勘察工作布置的密度和深度,水文地质条件的研究程度,以及各项计算所依据的原始数据的精度均有差异。据此,本规范对允许开采量的精度从4个方面进行论证和评价,并同时对4个不同勘察阶段的允许开采量的精度要求作了具体规定。这是对勘察工作进行全面评价的标准。

四级允许开采量的精度,D级精度最低,由低到高,A级精度最高。应该指出的是,对于不同小比例尺的水文地质测绘,其精度应符合有关规范的规定。本条文对C级允许开采量与B级允许

开采量精度的区分，首先是在于完成的工作量不同；其次是 B 级允许开采量的精度，强调了对大型而复杂的水源地要求有一个水文年以上的地下水动态观测资料，并进行群孔抽水或开采性抽水试验，还需要建立和不断完善勘察区地下水资源评价的数值模型。这些对地下水的合理开发、管理和保护，是必不可少的基础工作。

对于直接利用较大的泉水天然流量作为勘探阶段的允许开采量，要求具有 20 年以上泉流量系列观测资料的规定，应理解为：直接由泉流量长期观测资料确定其开采量，不进行勘察工作，相当于第 9.4.8 条第一款或第二款的内容，这时泉流量系列观测资料应具有 20 年以上的时间才能保证达到勘探阶段的精度。譬如娘子关泉，具有 20 年以上流量观测资料，其预报的流量误差一般在 20% 以内，可达到勘探阶段的精度。

当勘察区范围较大时，其不同地段水文地质条件的研究程度可能是不等同的。也就是说有研究程度高的地段，也存在研究程度低的地段。这样，在提交水源地的允许开采量时，根据勘察工作和研究程度的不同，可以提交和审批一种以上（含一种）精度级别的地下水允许开采量。

必须强调指出：本条文对允许开采量精度的分级，对水源地生产后引起的地下水的流动性和恢复性，研究是不够的。譬如，勘察水源地提交的允许开采量都是在某种补给条件下得到的。当补给条件发生变化时，其精度就会直接受到影响。因此，有关允许开采量的精度必须继续深入地研究。

10　地下水水质评价

10.0.2、10.0.3　生活饮用水的水质标准，国家颁布有《生活饮用水卫生标准》GB 5749，生活水质的评价应根据此标准进行。有地方病的地区，水质的评价应根据当地环保部门和卫生部门提出的水质特殊要求进行。关于生产用水的水质要求，由于企业用水目的不同，标准不一，目前国内尚无全国统一的规定，所以只能根据相应的部颁标准或按使用单位、设计单位提出的要求进行评价。

10.0.6　必须强调指出，水质的预测是一个重要的问题，不仅要了解水质的现状，尤其是要预测地下水开采后水质可能发生的变化。这在以往是注意不够的。所以，本条文作了原则性的规定。

11　地下水资源保护

原规范本章有关条文中所涉及到的地下水人工补给，不论为何目的而施，不外乎都是促使地下水产生量和质的变化，而且是一项必须与环保密切结合的工作。所以严格地说，此项保护地下水资源与环境的工作应属环保工作范畴，不应是供水水文地质勘察任务的范围。鉴于此，本规范未再列入这方面的内容。

11.0.1　水源的勘察和水源的保护有着密切的联系，而水源的保护实质上是属于生态环境保护的范畴。所以，从勘察地下水源开始，就必须从保护生态环境的角度出发，考虑到可能发生的问题，并尽量避免或解决这些问题。由于过去仅从局部考虑，出现过量开采地下水，导致不少地区地下水位大幅度下降、地面沉降、地下水水质污染等。因此，对地下水的勘察、开发、利用和保护，必须强调"全面规划，合理开采，开源节流，化害为利"的原则。

11.0.3　在已采水源地的邻近地段勘察新水源或扩大已有水源时，只有在寻找到新的补给量（或原有补给量还有剩余）时才能建立新水源或扩大已有水源，避免形成袭夺同一补给量的格局。

11.0.5　勘探工作是对天然地层的一种"破坏"，俗称开了许多"天窗"，而使得水质优劣不同的地下水发生联系，甚至成为人为污染地下水的"捷径"。据此，本规范强调应认真做好井、孔的止水或回填等工作。

11.0.7　为了做好地下水资源的保护，一项重要的基础工作是对地下水动态的长期观测。尤其是水源地投产后，进一步开展地下水动态的长期观测工作，不断积累资料，及时发现和解决问题，显得更为重要。过去，这方面的工作一般只是建议生产部门去作，结果是有些生产部门往往只顾使用，未对地下水动态进行观测。因此，为了协调各方面的关系，共同做好地下水动态的监测工作，应在当地政府有关部门的统一领导和规划下进行。

附录A　供水水文地质勘察报告编写提纲

本提纲的编制，是按正规大型水源地考虑的，侧重阐述勘察区的水文地质条件及与其密切相关的内容，以便对一个地下水文单元建立起清晰、完整的概念，从而有助于正确选择计算和评价地下水资源的方法。

关于供水水文地质勘察的任务，主要是确定水源地的允许开采量，并论证其保证程度。所以本提纲强调的核心内容是补给量，尤其是开采条件下的补给增量和有关地下水污染等方面的问题，以便合理开发、保护地下水资源。

关于水文地质条件和地下水资源评价，前者是阐明一个地区的基本条件，也是后者地下水资源评价的基础和依据。以往有些报告对水文地质条件和地下水资源评价的阐述缺乏有机地联系。须知，前者条件的叙述应该是为后者数值模型的建立服务。同样，本提纲的文字叙述和附件也应相互呼应，密切衔接。

本提纲未分详查和勘探两个阶段编写。详查和勘探的目的、工作内容和方法是相似的，不同的是要求勘察成果的精度不一样，因此毋须分阶段编制。对此，本提纲的注已作了说明，执行中可据实际需要灵活掌握和运用。另外，本提纲没有明确提出勘察报告章节的划分，可以理解为允许根据工程任务的大小和特点灵活掌握。此外，勘察工程名称应注明×省×市×县，××水源地供水水文地质勘察（××阶段）报告，以便存档和查阅。

附录B　地层符号

关于"地层年代符号"中震旦系的划归问题，建国以来的大量实际资料证实，我国南方"震旦系"新于北方"震旦系"。20 世纪 70 年代对"震旦系"问题多次进行讨论，一直没有得到统一认识。1975 年编制中国地质图时，提出了一个折中的临时办法，将原来南方的"震旦系"保留，称之为"震旦系"，而将北方的"震旦系"总称为"震旦亚界"。这样则出现一名二用之弊。全国地层委员会于 1982 年 7 月召开的《晚前寒武纪地层分类命名会议》，重点讨论了"震旦系"的含义和使用范围，最后决定停止使用"震旦亚界"一名，将"震旦系"一名限用于湖北长江三峡东部剖面为代表的一段晚前寒武纪地层（即晚前寒武系最上部的一个系一级的地层年代单位）；对以蓟县剖面为代表的北方晚前寒武纪地层的划归，仍有分歧意见。为便于今后工作，自下而上暂分别可沿用"长城系"、"蓟县系"、"青白口系"3 个地层年代单位。

附录C　供水水文地质勘察常用图例及符号

本图例的编制：

一、求其通用性，通用的具体体现是常用。从搜集到的各部门所编制的图例看，有的比较简单，有的较为复杂，但共同使用的图例还是比较多的。本图例则是选择这些共同使用的图例组成。

二、关于图例的名称，虽然各部门的称谓不一，但其所表示的内容是一样的。本图例采用"图例"的统称而未采用"花纹"的名称，以符合习惯的叫法。

三、关于相邻规范涉及同一内容的图例，应求得统一，以便交流和使用。

另外，本图例还尽量做到宜简避繁，宜粗避细，以符合国标通用的要求。至于各部门为照顾工程特点，可根据需要，另行选择或拟定其他的图例。为便于微机成图，本次修订时对少数图例花纹作了修改。

附录 2020 年度全国注册土木工程师（岩土）专业考试所使用的标准和法律法规（草案＊）

一、标准

1.《岩土工程勘察规范》（GB 50021—2001）（2009 年版）

2.《建筑工程地质勘探与取样技术规程》（JGJ/T 87—2012）

3.《工程岩体分级标准》（GB/T 50218—2014）

4.《工程岩体试验方法标准》（GB/T 50266—2013）

5.《土工试验方法标准》（GB/T 50123—2019）

6.《地基动力特性测试规范》（GB/T 50269—2015）

7.《水利水电工程地质勘察规范》（GB 50487—2008）

8.《水运工程岩土勘察规范》（JTS 133—2013）

9.《公路工程地质勘察规范》（JTG C20—2011）

10.《铁路工程地质勘察规范》（TB 10012—2019）

11.《城市轨道交通岩土工程勘察规范》（GB 50307—2012）

12.《工程结构可靠性设计统一标准》（GB 50153—2008）

13.《建筑结构荷载规范》（GB 50009—2012）

14.《建筑地基基础设计规范》（GB 50007—2011）

15.《水运工程地基设计规范》（JTS 147—2017）

16.《公路桥涵地基与基础设计规范》（JTG 3363—2019）

17.《铁路桥涵地基和基础设计规范》（TB 10093—2017 J 464—2017）

18.《建筑桩基技术规范》（JGJ 94—2008）

19.《建筑地基处理技术规范》（JGJ 79—2012）

20.《碾压式土石坝设计规范》（DL/T 5395—2007）

21.《公路路基设计规范》（JTG D30—2015）

22.《铁路路基设计规范》（TB 10001—2016 J 447—2016）

23.《土工合成材料应用技术规范》（GB/T 50290—2014）

24.《生活垃圾卫生填埋处理技术规范》（GB 50869—2013）

25.《铁路路基支挡结构设计规范》（TB 10025—2019）

26.《建筑边坡工程技术规范》（GB 50330—2013）

27.《建筑基坑支护技术规程》（JGJ 120—2012）

28.《铁路隧道设计规范》（TB 10003—2016 J 449—2016）

29.《公路隧道设计规范 第一册 土建工程》（JTG 3370.1—2018）

30.《湿陷性黄土地区建筑规范》（GB 50025—2018）

31.《膨胀土地区建筑技术规范》（GB 50112—2013）

32.《盐渍土地区建筑技术规范》（GB/T 50942—2014）

33.《铁路工程不良地质勘察规程》（TB 10027—2012 J 1407—2012）

34.《铁路工程特殊岩土勘察规程》（TB 10038—2012 J 1408—2012）

35.《地质灾害危险性评估规范》（DZ/T 0286—2015）

36.《中国地震动参数区划图》（GB 18306—2015）

37.《建筑抗震设计规范》（GB 50011—2010）（2016 年版）

38.《水电工程水工建筑物抗震设计规范》（NB 35047—2015）

＊ 本文件为草案，请以住房和城乡建设部执业资格注册中心发布的考试考务文件为准。

39.《公路工程抗震规范》（JTG B02—2013）

40.《建筑地基检测技术规范》（JGJ 340—2015）

41.《建筑基桩检测技术规范》（JGJ 106—2014）

42.《建筑基坑工程监测技术规范》（GB 50497—2009）

43.《建筑变形测量规范》（JGJ 8—2016 J719—2016）

44.《城市轨道交通工程监测技术规范》（GB 50911—2013）

45.《混凝土结构设计规范》（GB 50010—2010）（2015 年版）

46.《岩土工程勘察安全规范》（GB/T 50585—2019）

47.《高层建筑岩土工程勘察标准》（JGJ/T 72—2017）

48.《既有建筑地基基础加固技术规范》（JGJ 123—2012）

49.《供水水文地质勘察规范》（GB 50027—2001）

50.《劲性复合桩技术规程》（JGJ/T 327—2014）

51.《水泥土复合管桩基础技术规程》（JGJ/T 330—2014）

52.《预应力混凝土管桩技术标准》（JGJ/T 406—2017）

二、法律法规

1.《中华人民共和国建筑法》

2.《中华人民共和国招标投标法》

3.《工程建设项目勘察设计招标投标办法》（国家发展和改革委员会令第 2 号）

4.《中华人民共和国合同法》

5.《建设工程质量管理条例》（国务院令第 279 号）

6.《建设工程勘察设计管理条例》（国务院令第 662 号）

7.《中华人民共和国安全生产法》

8.《建设工程安全生产管理条例》（国务院令第 393 号）

9.《安全生产许可证条例》（国务院令第 397 号）

10.《建设工程质量检测管理办法》（建设部令第 141 号）

11.《实施工程建设强制性标准监督规定》（建设部令第 81 号）

12.《地质灾害防治条例》（国务院令第 394 号）

13.《建设工程勘察设计资质管理规定》（住建部令第 160 号）

14.《勘察设计注册工程师管理规定》（建设部令第 137 号）

15.《注册土木工程师（岩土）执业及管理工作暂行规定》（建设部建市〔2009〕105 号）

16. 住房城乡建设部关于印发《建筑工程五方责任主体项目负责人质量终身责任追究暂行办法》的通知（建质【2014】124 号）

17.《房屋建筑和市政基础设施工程施工图设计文件审查管理办法》（住建部令〔2013〕第 13 号）

18.《危险性较大的分部分项工程安全管理规定》（住建部第 37 号令）

19. 住房和城乡建设部关于进一步推进工程总承包发展的若干意见（建市〔2016〕93 号）